실내건축 용어대사전

황세옥 신경주 남경숙 정원주 오찬옥 공저

기문당

머 리 말

본 실내건축용어대사전은 10여 년을 준비한 끝에 세상에 내놓게 되었다.

전문용어는 어느 학문에 있어서나 가장 기본적이고 필수적으로 숙지되어야 한다. 용어가 제대로 정리되지 않고서는 학문연구가 불가능하며, 잘못된 용어는 오히려 혼선만 가중될 뿐이다. 특히 실내건축 분야의 특성상 신학문에 따른 신공법과 신재료 등의 출현으로 최신용어들이 급격하게 많이 쓰이기 시작하였으며, 이러한 시대적 요구에 부응하는 새로운 용어들이 정리되지 못한 채 학교와 현장에서 제각기 쓰이고 있다. 따라서 필자는 오래 전부터 이러한 용어들을 제대로 이해하는 것이 중요하다는 인식하에 관련 전문 용어를 집약하여 이번에 처음으로 실내건축용어대사전이란 이름으로 내놓게 되었다.

본 용어사전은 건축 전반에 걸친 용어와 여타 디자인 관련 용어까지 알기 쉽게 상세한 해설과 풀이로 이해하기 쉽도록 꾸며 건축 관련 분야를 이해하는 데 큰 도움이 될 것으로 기대한다. 이를 위하여 본 용어사전의 출판에는 많은 자료가 광범위하게 사용되었으며 객관성을 확보하기 위하여 관련 학회에서 용어에 관련된 논문 내용들을 참고하였다.

본 용어사전은 찾아보기 용이하도록 ㄱ.ㄴ.ㄷ. 순으로 배치하였고, 가.나.다 순으로 기재하였으며, 용어를 이해하는 데 가장 알기 쉽고, 찾아보고, 읽히도록 꾸몄으며 그 동안 근거없이 잘못 사용되었거나 개인적인 주관으로 편하게 사용되어 온 많은 용어를 정리하였다. 예컨대 덤벙주초는 막돌초석 혹은 자연석 초석으로, 굴립주는 백이주로, 그랭이는 그렝이로 통일하고, 소로(小櫨)와 소루(小累)를 혼용하여 소로(小累)라고 하는 잘못된 관행을 소로(小櫨)와 소루(小累)로 구분하였으며, 일본식 심벽(心壁)을 산자벽(散子壁)으로, 맛배지붕은 맞배지붕으로 고치는 등 그 동안 자리잡지 못하고 무분별하게 사용되어 온 용어를 정리하였다는 점에서 그 의의를 찾을 수 있다.

최근에는 포켓용으로 들고 다닐 수 있도록 소형으로 제작된 용어사전이 큰 인기이다.

그러나 용어는 어느 학자의 개인적인 주장이거나 의견이 되어서는 아니 된다. 용어는 기본적으로 왜곡되지 않고 어원을 찾아 정착된 것으로 보편적이고 객관적인 내용과 기준에 충실하여야 한다. 그러나 현실적으로는 한 사람이 시기에 따라 같은 용어에 대하여 다르게 표현·기술하거나 어느 집단의 의견으로 보편성과 객관성이 결여된 경우가 있으며, 이에 대한 반대의견 역시 만만치 않다. 또한 잘못된 용어가 이미 널리 사용되어 익숙해져 오히려 고치는 것이 불편할 정도로 정착된 용어도 적지 않게 발견된다. 그밖에 건축 관련용어는 일제 강점기를 거치면서 외래어를 그대로 사용함으로써 아직까지 정리되지 못한 용어 또한 수두룩하다. 본 용어사전은 이러한 문제점을 우리말로 표현하는 데 중점을 두고 비교할 수 있도록 꾸몄으며, 용어의 어원을 찾아 밝히려는 데 노력하였다. 그럼에도 불구하고 본 용어사전 내용 중 혹 잘못되거나 왜곡된 부분이 있다면 이는 전적으로 필자의 책임이며, 문제의 소지가 있는 용어는 끊임없이 규명하고 바로잡아 재간(再刊) 시 반영시킬 것을 약속드린다.

본 용어사전의 출간은 바른 용어 사용을 알리는 시작의 출발점이자 신호탄이다. 계속해서 용어를 바로잡는 데 견인차 역할을 다짐한다.

필자로서는 오랜 기간 준비하면서도 원고 마감과 분량에 보다 많은 용어가 게재되지 못한 아쉬움과 서운함을 감출 수 없지만 계속되는 용어 연구는 개정판으로 보완될 것으로 위로해 본다.

본 용어사전 출간은 전적으로 출판사측의 사명감에 의한 결과이다. 자칫 사장(死藏)될 뻔한 용어사전 출간은 개인적으로도 매우 중요한 일이 아닐 수 없다.

그 동안 본 용어사전을 맡아 함께 해주신 집필진들의 노고에 감사드리며, 끝으로 어려운 환경 속에서도 출판을 결정한 기문당 강해작 사장님에게 깊은 신뢰와 감사의 말씀을 드린다.

2015년 1월 30일

한국고건축문화재기술연구소장 황세옥

일 러 두 기

1. 기본방침

① 이 사전은 「실내건축용어대사전」으로 현대건축과 전통건축에 관련된 공학·디자인·예술·인문·인물·환경 분야의 용어를 두루 다루었다. 또한 고고학 문화재와 민속학까지 관련 분야 전반에 걸친 용어를 수록하여 시대정신에 입각한 사전을 목표로 편찬하였다.

② 이 사전은 용어해설과 영한대역으로 구성하였다.

③ 용어 선정은 대학교과서를 중심으로 각종 국내·외 단행본과 사전·신문·잡지 등에서 광범위하게 조사하였으며, 약 38,000여 용어를 수록하였다.

④ 용어 정리는 통용되는 전문어는 물론 특수어·외래어·시사어·고어·인명·서명 등 사용 빈도에 따른 중요도에 따라 최대한 망라하여 선정·수록하였다.

2. 표제어

① 표제어는 한글, 한자, 외국어(영어, 기타)의 순으로 기재하였다.

② 모든 표제어는 한 개의 단어로 간주하여 가능한 띄어쓰기를 하지 않고 붙여쓰기로 하였다.

③ 표제어는 한글을 원칙으로 하되, 대체어가 없거나 보편적으로 사용하는 외래어의 경우는 교육부의 편수법에 따라 그대로 사용하였다.

④ 발음은 같으나 뜻이 다른 용어는 1), 2)을 붙여 구분하였다.

⑤ 배열은 자음(ㄱ, ㄴ, ㄷ…) 순으로 하되 조사(…의, …는, …에, …를 등)는 무시하였다.

3. 해설

① 표제어의 해설은 ①, ②, ③……으로 분류하고, 보다 구체적인 세분화는 ㉠, ㉡, ㉢으로 하였다.

② 표제어의 설명을 보조하기 위하여 필요에 따라 사진, 그림 등을 삽입하였다.

③ 인물의 해설은 출생년도와 사망년도만 기재하였다.

4. 외래어 및 약어명

① 외래어는 교육부가 제정한 한글화 표기방법에 의거함을 원칙으로 하였다.

② 영한대역은 알파벳순으로 수록하고, 그에 상응하는 한글용어를 명시하였다.

③ 이 사전에 사용된 약어(외래어, 학술명)는 다음과 같다.

그 : 그리스어
뉴니 : 뉴기니아어
독 : 독일어
프 : 프랑스어
스 : 스페인어
아 : 아랍어
오 : 오스트리아어
이 : 이탈리아어
포 : 포르투갈어
학 : 학술명

5. 기호 및 부호

① 이 사전에 사용된 기호는 다음과 같다.

: 표제어와 해설을 구분

; 해석에 딸린 구분

= 동의어와 같은 뜻의 용어

- 글자의 생략 · 표제어 부분의 생략 표시

⇨ 찾아보라는 뜻으로 참고되는 표제어 앞에 표시

⇔ 반대어 · 상반어라는 뜻

「」 저서, 인용서명, 출전 등의 표시

[ ] 단위표시

' ' 인용표시, 별칭

② 이 사전에 사용된 부호는 다음과 같다.

B.C.	서력 · 기원 전	cm	센티미터
A.D.	서력 · 기원 후	mm	밀리미터
KS	한국산업규격	km^2	제곱킬로미터
km	킬로미터	m^2	제곱미터
m	미터	μ	미크론
°C	섭씨온도	π	원주율
°F	화씨온도	J	주울
°K	절대온도	erg	에르그
a	아르	rad	라디안
ha	헥타르	cal	칼로리
t	톤	HP	마력
A	암페어	ft	피트
yd	야드	%	퍼센트

g	그램	°	도
kg	킬로그램	Ω	옴
l	리터	mHg	수은주미터
dl	데시리터	Lx	럭스
mol	몰	dB	데시벨
h	아워	cd	캔들
kt, kn	노트	pH	피에이치
dyn	다인	′	분
W	와트	″	초
kW	킬로와트	OZ	온스
Wh	와트시	mb	밀리바
V	볼트	bar	바
Å	옹스트롬		

차 례

【ㄱ】

ㄱ자집 : ①지붕이나 집의 평면이 'ㄱ'자 형태를 한 집. ②중부지방의 일반적인 홑집형태. ③부엌·방·마루가 이어져 ㄱ자형으로 배치된 형태. ④지붕의 용마루가 ㄱ자로 꺾여서 회첨골이 형성된 집. ⑤충청도는 곱패집(=), 평안도는 꺾은집(=), 경기도는 곱은자집(=).

가감저항기(加減抵抗器, rheostat) : 저항선을 감고 여기에 탭(tap)을 대어 저항값을 조절하도록 한 저항기로서 전류 조절용임.

가개 : '대마루', '용마루'의 옛말.

가고일(gargoyle, gargouille[프]) : ①건축물의 지붕 바로 밑 부분에 사람, 괴수, 동물 모양으로 돌출 조각된 낙수물받이. 지붕으로부터 흘러내린 빗물을 내보내는 토수통로 기능을 하며, 중세 고딕건축물에 흔히 사용되었음. ②프랑스의 랑 대성당(12~13세기)에서 건물을 지을 때 소가 도왔다고 하는 구전에 의거하여 소를 본뜬 것이 눈에 띔. ③홈통주둥이(=)·가르고일(=).

가고일

가공목(加工木, dressed lumber) : ①거칠게 잘려진 원목을 사용 가능하도록 제재소에서 다듬은 목재. ②보통 원재목보다 두께가 13㎜ 정도 얇아짐.

가공인입선(架空引入線, service drop) : 기장 가까운 전봇대로부터 수용가(受用家)까지 전기를 끌어오기 위해 인입되는 공중배선(空中配線).

가공판유리(加工板琉璃) : ①평판유리에 각종 무늬를 찍어낸 장식용 유리. ②공장에서 보통의 생산공정으로 만들어진 다음 다시 가공공정을 거쳐 만든 판유리. ③연마유리·무늬유리·거울·합유리·젖빛유리·에칭유리·강화유리 등이 있음.

가구 [1)](家具, furniture, meubles[프]) : 가구는 1차적으로 표현기능으로서 지각적 의미(perceptual meaning)와 2차적으로 연상적 의미(associational meaning)로 가구 소유주의 사회적·경제적 지위로 구분할 수 있음. 아래 그림처럼 기호학(semiotics)적으로 설명하면 의자의 다리는 땅에 버틴다는 고정의 의미로서 '지(地)'를, 팔걸이와 등받이는 몸을 기댄다는 지탱의 의미로서 '인(人)'을, 머리 부위는 장식을 나타내는 상징적 의미로서 '천(天)'을 의미하는데, 이렇게 전체가 의자라는 의미임.

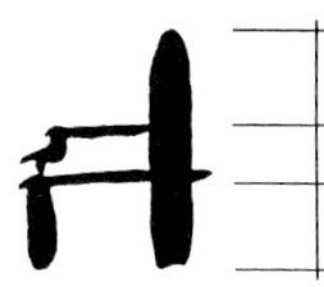

가구는 인테리어 디자인에 있어서 대부분의 모든 영역에 존재하는 디자인 요소의 하나이며, 가구디자인은 재료·문양 등이 그 시대의 종교·사상 등과 통합되어 총체적으로 표현되고 실내공간 구성에도 영향을 미침. 가구는 건축과 사람 사이의 매체가 되어 실내공간과 개인공간 사이의 모양과 스케일을 연결하는 역할을 함. 또한 작업이나 휴식 등 인간의 행위를 보다 쾌적하고 안락하게 해주고 능률 향상을 위해 사용됨. 가구의 형태와 배치에

ㄱ

따라 어느 정도 실내공간의 연출이나 성격을 시각적으로 규정하고 환경을 바꿀 수 있으므로 각 가구의 모양이나 윤곽·색·질감·스케일을 공간적으로 통일함과 동시에 그 방의 특징을 명확히 해 주는 역할을 담당함. 가구는 독어의 뫼벨(möbel)과 불어의 모빌리에(mobilier)로 '움직이는 물건' 또는 '가지고 다닐 수 있는 물건'을 의미함. 영어로는 퍼니처(furniture)로 '설비된 장비용구(裝備用具)'의 의미이며, 협의(狹義)로는 실내의 생활이나 작업 등에 쓰이는 모든 장비·설비·도구 및 비품을 말하고, 광의(廣義)로는 거리의 가구(street furniture)와 건축적 가구도 포함함. 가구의 종류는 일반적으로 다음과 같이 분류함. ①이동 여부에 의한 분류 ㉠이동가구(portable furniture) : 자유로이 움직이며 공간에 융통성을 부여하는 일반적인 이동 가능한 가구(movable furniture)를 말함. ㉡고정가구(built-in-furniture) : 특정한 사용목적이나 물품을 수납하기 위해 건축화된 가구를 말하며, '붙박이가구'라고도 함. ㉢모듈러가구(moduler furniture) : 이동식 가구이면서 시스템화되어 있어서 공간의 낭비가 없고, 가동성·적응성 및 융통성 있는 가구. ②용도에 따른 분류 ㉠휴식용 가구(rest furniture) : 안락의자·소파·침대 등. ㉡작업용 가구(working furniture) : 책상·테이블·제도대·요리대 등. ㉢다목적용 가구(multipurpose furniture) : 칸막이 겸 수납장 등과 같이 두 가지 이상의 용도를 갖는 복합기능의 가구. ㉣주방용 가구(kitchen furniture) : 주방 가구는 크게 상부장과 하부장으로 구분. 상부장에는 유리장·후드(hood)장·코너 오픈장 등이 있으며, 하부장에는 코너장·서랍장·레인지대·싱크 캐비닛·인출식 조리대·키큰장 등이 있고, 그밖에 식탁과 의자 등이 있음. ㉤혼례용 가구(wedding furniture) : 혼례용 가구에는 장롱·화장대·문갑·서랍장·장식장·침대 등이 있음. ㉥학생용 가구(student furniture) : 학생용 가구는 유아용 가구·아동용 가구·시니어(senior) 가구로 구분되며, 책상·침대·옷장·이불장·책장·서랍장 등이 있음. ③구조형식에 의한 분류 ㉠단위식 가구(unit furniture) : 필요에 따라 가구의 형태를 변화시키는 성격을 갖는 가구. ㉡조합식 가구(sectional furniture) : 독립된 부품의 조립과 분리가 가능한 가구. ㉢조립식 가구(D.I.Y ; do it yourself) : 부품의 기능성을 개별화시켜 조립·제작하는 가구. ㉣접개식 가구(folding furniture) : 필요한 부분을 접었다 폈다 할 수 있는 융통성 있는 가구. ㉤시스템 가구(system furniture) : 단일(單一)가구에 서로 다른 기능성을 결합시킨 가구. ④건물의 종류에 따른 분류 ㉠주거용 가구(residential furniture) : 주택·아파트 등에 사용하는 가구. ㉡상업용 가구(commercial furniture) : 상점 등에서 영업을 위해 사용하는 가구. ㉢사무용 가구(office furniture) : 사무실 등에서 업무를 추진하기 위하여 사용하는 가구. ⑤인체 동작에 의한 분류 ㉠인체계 가구(人體系家具, ergonomics) : 의자·침대·소파 등 가구 자체가 인체를 직접 지지하는 가구. 인체지지용 가구 또는 에르고노믹스(ergonomics)계 가구라고도 함. ㉡준인체계 가구(準人體系家具, semi-ergonomics) : 사람과 물체, 물체와 물체의 관계를 갖는가구. 기능 치수의 원점이 좌위기준점인 좌골결절점과 입위기준점인 발뒤꿈치에 있는 테이블·탁자·책상·조리대·카운터·판매대 등의 가구를 말함. 작업용 가구 또는 세미 에르고노믹스(semi-ergonomics)계 가구라고도 함. ㉢건축계 가구(建築系家具, shelter) : 물체와 물체, 물체와 공간과의 관계를 갖는 가구. 기능 치수의 원점이 입위기준점인 발뒤꿈치에 있는 선반·벽장·옷장·칸막이 등의 가구. 정리 수납용 가구 또는 셸터(shelter)계 가구라고도 함. ⑥가구설계는 1/10 축척(scale)을 기본으로 함. ㉠혼례용·사무용·

가구형상의 분류

식당용·학생용 가구 : 1/10. ㉡주방가구 : 1/20. ㉢의자 : 1/5. ㉣상세도·단면도 : 1/1 스케일(scale)로 함.

가구[2)](架構, frame, rahmen[독]) : ①집을 만드는 뼈대의 얽기. ②재료를 서로 얽어 짜맞추어 만든 구조물. ③지붕을 받기 위하여 들보와 여러 가지 부재들이 이루는 복잡한 조합을 통칭. ④건물을 구성하는 뼈대(骨組). 부재의 결합방식에 따라 라멘이나 트러스 또는 병용 등의 방식으로 구분. ⑤'집의 구조'를 의미함. ⑥목재·철재 등 비교적 가늘고 긴 강력한 부재를 조립하여 뼈대를 만드는 구조. ⑦공간을 형성하는 목조건물의 골격구조. ⑧종류 ㉠가구(架構)방식에 따라 단층(單層), 중층(重層), 통층(通層)으로 구분되고, ㉡규모에 따라 삼량가(三樑架), 오량가(五樑架), 칠량가(七樑架), 구량가(九樑架) 등으로 구분.

가구[3)](街區, block) : 도로에 의해 구획된 주택지 또는 필지(筆地, lot).

가구도(家具圖, furniture drawing) : 가구에 대한 도면.

가구드로잉(家具−, furniture drawing) : 가구를 설계하는 것을 의미하며, 디자ᄋ 구상을 도면(圖面)으로 구체화ᄉ · ①

가구디자인(家具意匠, furnitu 재료·구 고려하여 생활양식에 맞추어 ᄀ록 계획·설계 조·형태·경제 등ᄼ 양식디자인(style 상호 밀접ᄒ 인(modern design)으 하는 ᄌ de

로 구분됨. 현대디자인 가구는 기능성·재료성·구조미·형태미·경제성이 있어야 함. ②가구디자인의 양식적 흐름은 건축이나 인테리어와 같이 이집트→그리스→로마네스크→고딕→르네상스→바로크→로코코→네오클래시즘→엠파이어→아르누보→바우하우스→현대 순으로 발전하였음.

가구배치(家具配置, furniture arrangement) : ⇨가구의 배치방법(=).

가구상세도(家具詳細圖, furniture detail) : 의자·책상 등 각 가구마다의 평면·정면·측면·단면 등의 상세도.

가구식 구조(架構式構造, framed structure, post lintel construction) : ①건축구조의 구성양식에 의한 분류의 하나로 목구조·철구조와 같이 비교적 가늘고 긴 강력한 재료를 가로·세로로 맞추어 조립·구축한 구조. ②각 부재의 이음과 맞춤 및 배치와 조립 등에 따라 강도가 좌우됨. 또한 이 구조의 뼈대를 삼각형으로 짜 맞추면 안정된 구조체를 이룰 수 있음. ③특징은 구조체가 주로 삼각형태를 이루고 접합방법에 따라 강도가 좌우됨. ④기둥과 보로 구성되는 기본적인 건축구조 방식. 이 구조에서는 특히 부재의 조립과 접착방법이 중요하며 그 여하에 따라 견고하거나 약하게도 될 수 있음. ⑤인방식 구조(=).

가구식 기단(架構式基壇) : ①목조가구를 짜듯이 구성하는 기단으로 먼저 지면에 지대석(地臺石)을 놓고 그 위에 건물의 기둥을 세우듯이 기둥석을 세움. 이때 세워진 모서리의 기둥을 우주석(隅柱石), 중간의 기둥을 탱주석(撑柱石)이라 함. ②기둥과 기둥 사이에는 면석(面石)이라는 청판석(廳板石)을 놓고, 다시 그 위에 수평으로 갑석(甲石)을 놓아서 완성. ③삼국시대 대표적인 기단방식.

가구식 기단

ㄱ

가구식 조립구조(架構式組立構造, framed prefabricated structure, traditional fabricated construction) : 뼈대(骨組)를 목재나 철재 또는 기성 콘크리트재 등으로 구성하고, 벽판(창문틀 포함)·바닥판(계단판 포함)·지붕판 등의 단위판(panel)을 조립하는 구조.

가구용 직물(家具用織物, upholstery, upholstery fabric) : ①소파나 의자의 전체 또는 좌판이나 등받이를 싸는 천. 고대로부터 유래되었으나 푹신하게 속재료를 넣고 직물로 싸는 현대와 같은 개념은 16세기 후반 프랑스에서 시작되었음. ② 17세기의 의자구조는 좌판이나 등받이 골조에 넓적한 끈을 서로 엮고 리넨 천을 깐 후 속재료로 말총을 넣고, 다시 리넨 천을 한 겹 씌운 후 가죽이나 직물을 골조에 못으로 박아 마감하였음. 18세기에는 속재료로 말총 대신 단순하지만 스프링이 쓰이기 시작했으며, 1822년 코일 스프링이 발명되었으나 스프링 위에는 여전히 말총을 얇게 넣은 방석을 얹고 그 위에 직물을 씌워 완충효과를 강화하였음. ③1850년경에는 직물을 씌운 후 스프링 사이로 단추를 깊게 달아(deep button) 형태를 잡아주는 방법이 고안되었음. 1920년경에는 플라스틱을 비롯한 새로운 합성소재의 출현으로 의자의 형태가 변하는데, 코일 스프링은 고무나 폴리우레탄으로, 직물는 천연섬유에서 합성섬유로 대체되었음.

가구의 다리(leg) : ①테이블의 [illegible]판이나 의자의 좌판 등을 지지하는 길[illegible] 받침대. ②가구의 몸체를 지탱해 주는 받[illegible]으로 시대와 양식에 따라 다음과 같[illegible] 다양한 종류가 있음. ㉠캐브리올 다리(cabriole leg) : 이중으로 굽었으며, 아래로 내려갈수록 가늘어지는 형태로 18세기에 널리 쓰인 다리. 무릎부분(knee)은 넓고 밖으로 굽었으며, 그 아랫부분은 내려갈수록 가늘어지면서 부드럽게 안으로 굽어짐. 17세기 후반 영국에서 개발되어 18세기 로코코 가구의 특징이 되었음. 이 다리에 붙어 있는 발(foot)은 초기에 동물주먹형 발(paw foot)이었고, 그 후에는 주로 여의주와 용발톱형 발(ball and claw foot)이 많이 쓰였음. 이 형태는 곧은 다리의 신고전양식(Neoclassic)이 출현하면서 서서히 사라졌음. ㉡컵형 다리(cupped leg) : 컵 모양으로 선반가공한 다리. 영국의 왕정복고(Restoration)시대에 널리 쓰였음. ㉢코끼리형 다리(elephant-trunk leg) : 윗부분은 밖으로 굽었고 바닥부분은 안으로 굽어나가다가 끝에서 나선형이 된 다리. 짧고 육중하며 중국의 명나라 가구에 주로 쓰였음. ㉣플랑드르식 소용돌이형 다리(Flemish scroll leg) : 다리가 시작하는 부분과 바닥에 닿는 부분이 소용돌이형으로 되어 있는 것으로 17세기에 널리 쓰인 다리. 의자의 다리가 아닌 장이나 궤 등의 상자형 가구(case furniture)의 다리는 그 길이가 짧아 플랑드르식 소용돌이형 발(Flemish scroll foot)과의 구별이 어려움. ㉤말보로 다리(Marlborough leg) : 조각이나 장식이 없는 사각형의 긴 나무토막과 유사한 다리. 아래로 내려갈수록 가늘어지는 것도 있으며, 발(foot)에는 아무런 장식 없이 나무토막이 그대로 잘린 형태이거나 삽형 발(spade foot)로 되어 있음. ㉥세이버 다리(saber leg, scimitar leg, waterloo leg) : 의자나 앞다리가 옛 병사의 검이나 초승달처럼 약간 휘어진 다리. 다리의 단면은 보통 납작한 직사각형이며, 아래쪽으로 내려가면서 약간 가늘어지고, 고대 그리스의 클리즈모스(klismos) 의자의 다리에서 유래했으며, 18~19세기 영국의 섭[illegible](Regency)양식과 미국의 제국(American [illegible])양식에 널리 사용되었음. ㉦소용[illegible] 다리(scroll leg) : 바로크시대의 [illegible]인 S자[illegible] [illegible]받침대(stand)에 주로 쓰[illegible] 가공한 다리[illegible]의 다리. ㉧나선형 다리(spiral [illegible]) [illegible]으로 돌려가며 선반 [illegible]와 그 이후에 각국에서 널리 사용되었음. ㉷스텀프 다리(stump leg) : 단면이 정사각형인 두툼한 다리로 보통 의자의 뒷다리로 쓰였음. 앤여왕시대와 로코코 가구에 주로 사용되었음. ㉸회전다리(swing leg) : 테이블의 상판 밑에 고정되어 있다가 필요할 때에 회전할 수 있는 다리. ㉹테이퍼드 다리(tapered leg) : 곧고 단면이 사각이며 아래쪽으로 내려갈수록 좁아지는 다리. 18세기 중반에 소개되어 의자·탁자·사이드보드 등의 다리로 사용되었음. ㉺트럼펫형 다리(trumpet leg) : 트럼펫 모양으로 선반가공한 다리. 영국 왕정복고시대(Restoration) 및 윌리엄과 메리(William and Mary)의 가구에 주로 사용되었음.

가구의 발(foot) : 가구를 지지하는 다리의 하단이나 몸체 하단의 끝부분. 발의 형태는 다양하며 대표적인 유형은 다음과 같음. ①여의주와 용발톱 브래킷형 발(ball and claw bracket foot) : 여의주와 용발톱형 발 위 가구의 몸체에 달린 브래킷이 있는 발. ②여의주와 용발톱형 발(ball and claw foot) : 구슬이나 공을 쥐고 있는 동물의 발모양을 조각한 가구의 발. 이러한 모양은 용의 발이 여의주를 움켜쥔 중국의 장식 모티프에서 유래된 것임. ③공형 발(ball foot) : 공처럼 둥글게 선반가공한 모양의 발. ④브래킷형 발(bracket foot) : 가구의 네 모서리에 각각 두 개씩 판재를 연귀짜임으로 맞추어 가구를 지탱하도록 고안한 발. ⑤둥근 빵형 발(bun foot) : 둥근 형태를 약간 납작하게 눌러 놓은 듯한 모양의 발. 양파형 발(onion foot)이라고도 함. ⑥발굽형 발(cloven foot, hoof foot) : 말이나 염소처럼 굽이 있는 동물의 발처럼 조각한 발. ⑦개주먹형 발(dogs paw foot) : 돌고래로 추정되는 물고기 형태를 조각한 발. ⑧늑골형 발(drake foot) : 발등 부위에 서너 개의 골이 파인 모양의 발. ⑨네덜란드식 발(dutch foot) : 발등 부분에 특징적인 조각 없이 유연한 곡선형태로 단순하게 조각된 발. 윤곽선 모양에 따라 패드형·슬리퍼형·뱀형 발 등. ⑩프랑스식 브래킷형 발(French bracket foot) : 브래킷의 모서리가 아래쪽에서 약간 바깥으로 퍼진 브래킷형 발. ⑪참외형 발(melon foot) : 양파형 발에 규칙적으로 수직 골을 판 참외형태의 발. ⑫오지 브래킷형 발(ogee bracket foot) : 브래킷의 모서리가 위에서 볼록하고 아래에서 오목해지는 S자 형태를 지닌 브래킷형 발. ⑬패드형 발(pad foot) : 네덜란드식 발의 일종으로 하키나 골프채의 끝부분과 유사한 형태의 발. ⑭소용돌이형 발(scroll foot) : 발이 바깥쪽으로 휘면서 바닥에 닿는 부분에서는 안쪽을 향해 소용돌이 모양으로 말려 들어간 형태의 발. ⑮슬리퍼형 발(slipper foot) : 네덜란드식 발의 일종으로 발끝이 슬리퍼 모양으로 뾰족해진 형태의 발. ⑯뱀형 발(snake foot) : 네덜란드식 발의 일종으로 발끝이 뱀의 머리 모양으로 뭉뚝한 형태의 발. ⑰삽형 발(spade foot) : 발끝이 육면체처럼 사면으로 깎여 있으나 아래쪽이 위보다 가늘어져 삽 모양을 이룬 발. ⑱스페인식 발(Spanish foot) : 바깥쪽으로 휘면서 발끝에서 안쪽으로 말려드는 소용돌이형의 발과 유사하지만 발등 부위에 규칙적인 수직선의 골이 파여진 발. ⑲토막형 발(stub foot) : 짧고 옆으로 퍼진 육면체 모양의 아래가 가늘어진 형태의 발. 주로 상자형 가구에 사용됨.

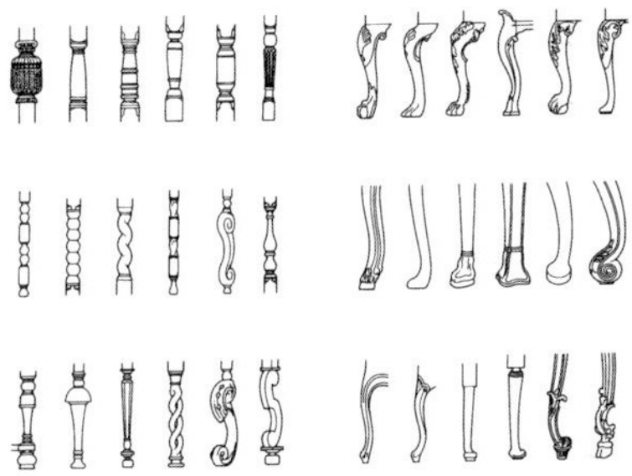

다양한 가구 다리와 발

ㄱ

⑳세 갈래형 발(tern foot) : 발등에 바깥쪽으로 말려드는 세 줄의 소용돌이가 조각된 발.

가구의 배치방법(家具-配置方法, furniture arrangement method) : ①가구의 배치는 실내공간의 기능을 고려하여 동선이나 작업능률상 문제가 없어야 함. ②방법은 크게 집중적 배치(集中的 配置)와 분산적 배치(分散的 配置)로 분류됨. ㉠집중적 배치는 구심적(求心的)인 것이고, 분산적 배치는 원심적(遠心的)인 것임. ㉡침실이나 식사실처럼 실에서의 행동이나 목적이 명확한 경우에는 집중적 배치가 채택되고, 거실(living room)과 같이 그 목적이나 행동이 비교적 자유로운 경우에는 분산적 배치방법이 쓰임. ㉢집중적 가구배치는 실내가 정돈되어 보이지만 딱딱한 느낌이 들고, 분산적 배치는 다소 혼란스러운 느낌이 들지만 색다른 실내구성(室內構成)이 됨. ㉣그밖에 대면형, 코너형, U자형, 직선형, 복합형, 자유형, 원형 등으로 구분함.

가구재(家具材, furniture materials) : ①가구를 제작하는 데 쓰이는 재료는 주로 목재, 금속, 유리·합성수지 등이 단독 또는 복합적으로 쓰임. ②가구재로는 수장재보다 더욱 흠이 없는 곧은결의 기건재(함수율 15%)를 사용하며, 나왕·호두나무(walnut)·티크(teak)·마호가니(mahogany)·자단(紫檀)·흑단(黑檀) 등이 쓰임.

가구칸막이(家具間-, furniture partition) : 실(室)과 실 사이를 벽체 대신 가구를 배치하여 구획하는 것. 필요에 따라 가변성(可變性) 있는 공간구성이 가능함.

가께수리 : ⇨각게수리(=).

가나(伽羅) : ⇨침향(=).

가느대 : 각도가 45°로 된 것.

가는결(細柾理, fine grain) : ⇨곧은결(=).

가는 띠장식(stringing) : ①가구장식에서 주변의 무늬목과 대조를 이루는 색채의 가는 상감띠. ②일반 띠장식보다 훨씬 섬세하며, 가구의 상감기법(marquetry) 패널에서는 외곽선으로 사용되기도 함. ③목재나 금속으로 제작되며, 특히 영국 섭정(Regency)양식에서는 황동(brass)이 보편적으로 사용되었음.

가단주철(可鍛鑄鐵) : ①백주철을 700~1,000℃의 고온에서 70~100시간 풀림하여 시멘타이트를 분해 또는 소실시켜 주철에 인성(靭性)과 연성(延性)을 증가시켜 가단성(可鍛性)을 부여한 것. 따라서 가단주철은 단련하여 원하는 모양으로 만들 수 있는 장점이 있음. ②주철 중 탄소함유량이 적은 단면 가공할 수 있는 것. ③주철의 기계적 성질에 의한 분류 중 하나. ④비중 7.2~7.6, 인장강도 25~35kg/㎟, 연신율 2~5% 정도, 탄소량 2.4~2.6 정도이며 보통 주철보다 인성(靭性)이 수배 더 강함. ⑤종류는 파단면의 상태에 따라 흑심가단주철(黑心可鍛鑄鐵)과 백심가단주철(白心可鍛鑄鐵)로 구분하는데, 흑심가단주철이 탄소량이 더 많음.

가대제한법(家垈制限法) : 신분에 따라 집터의 크기를 제한하던 법.

가대탁자(架臺卓子) : ⇨트레슬테이블(=).

가도관(假導管, tracheid) : 침엽수를 구성하는 요소로 식물의 유관속(維管束 ; 관다발)의 목부(木部)를 구성하는 중공세장(中空細長)한 관상세포로 전체의 90~97%를 점하고 있으며, 수분의 통로와 수간(樹幹)을 지지하는 역할을 함.

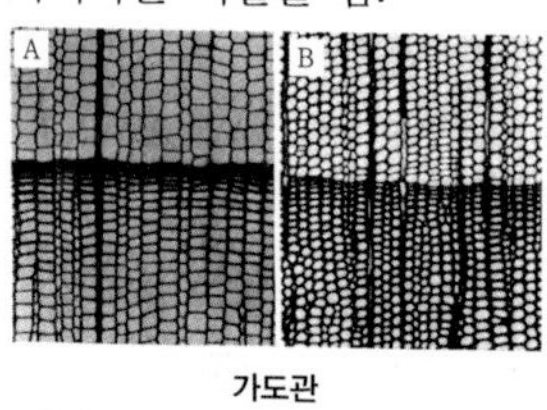

가도관

가독도(可讀度, visibility, legibility) : ①간판의 문자나 기호 읽기에 용이한 정도. ②⇨식별성(≒).

가독성(可讀性, readability) : ①문자나 기호

를 얼마나 이해하기 쉬운가 하는 정도. ②문자나 기호가 그 주위의 것과 각각 구별되어 보이는 성질. ③문자나 기호가 언어, 글, 이야기 등에서 나타났을 때 그 재료의 재인판독(再認判讀)을 할 수 있는 성질. ④본다는 것을 시각적 관점에서 본 성질 중 하나. 가독도(＝)·명시성(≒).

가동칸막이(可動－, movable partition wall) : 필요에 따라 설치하고, 이동과 해체가 가능한 칸막이.

가두풍경(街頭風景, streetscape) : ①관찰자를 위해 지면(紙面) 위의 모든 요소들을 관련시킨 도시풍경의 연출. ②요소들 중의 일부는 건축물의 후퇴·나무·공원과 개방된 공간·도로표지·도로시설물 등으로 이루어져 있음. ③우연히 이루어진 것도 있고, 계획적으로 조절된 것도 있으며, 이들 모두는 환경을 만드는 주요한 형태로 작용함.

가드로브(garde－robe) : ①옷장이나 아르무와르(armoire)를 지칭하는 용어. ②중세 시대의 성에 있는 은밀한 곳.

가드룬(gadroon, gadrorn, godroon) : ⇨거드룬(＝).

가드룬닝(gadrooning) : ⇨거드룬(＝).

가드룬몰딩(gadroon moulding) : ⇨거드룬.

가든체어(garden chair) : 테라스·베란다·덱(deck) 등 실외에 사용하는 금속·플라스틱·목재 등의 의자.

가든퍼니처(garden furniture) : 정원이나 옥외에서 사용하는 가구를 총칭.

가락지듀벨(ring dowel, ring dübel) : ①가락지 모양의 듀벨로써 지름 100㎜, 살두께 4~6㎜ 정도의 파이프를 10~20㎜ 정도로 잘라서 사용. ②힘이 균일하게 작용하도록 그 일부를 절단한 것도 있고 주철물 또는 철판을 구부려 만든 것도 있음. ③보통 끌이나 칼 등의 나무자루 또는 기둥머리 등에 쪼개지지 않도록 둘러 감은 쇠로 만든 테. ④⇨듀벨.

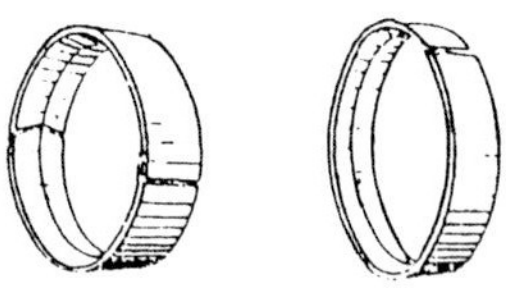

가락지듀벨

가람(伽藍, Buddhist temple) : ①범어를 음역한 것으로 사찰(寺刹)을 뜻함. ②절(＝).

가람나무 : ①상수리나무. ②도토리과 나무.

가람배치(伽藍配置) : ①사찰 건축의 형식화된 틀 혹은 정형화된 공간배치. ②불교사원을 건축할 때의 중요한 건물들, 즉 금당(金堂), 탑(塔), 문(門), 회랑(回廊), 강당(講堂), 경루(經樓), 종루(鐘樓), 승방(僧房) 등의 규모와 상호간 거리 및 위치 등의 공간적인 규칙성. ③인도에서 처음으로 사원이 생겼을 때도 불사리(佛舍利)를 안치한 탑을 중심으로 승려들이 기거하는 승방은 일정거리를 두고 다른 공간에 배치시켰으며, 이러한 기본관념이 중국에 전달되어 남북조시대에 일정한 가람배치의 형식화가 완성되었으며 우리나라의 사원건축에도 영향을 주었음. ④우리나라 가람배치의 원형은 불교를 가장 먼저 받아들인 고구려에 있을 것으로 여겨지며, 고구려의 가람배치를 알 수 있는 자료는 청암리사지(淸岩里寺址), 정릉사지(定陵寺址), 원오리사지(元五里寺址)가 있으며, 특히 원래 금강사지(金剛寺址)라고 하는 청암리사지를 발굴조사한 결과, 서남향의 가람배치임이 밝혀졌음. 팔각형으로 암반을 깎아 놓은 자리(목탑자리로 추측됨)를 중심으로 그 동·서·북쪽에 금당지가 들어서고 북금당(北金堂) 북편에 강당지를 마련한 1탑 3금당식(一塔三金堂式)임. 동명왕릉(東明王陵) 앞에 있는 정릉사지도 발굴조사에 의해 18동이나 되는 대규모 사찰이었음이 밝혀졌음. ⑤백제의 사원 건축자료는 고구려에 비해 비교적 많은 예가 알려져 있음. 그 중 1935~1936년에 발굴된 군수리사지(軍守里寺址)의 경우는 남·북이 일직선으로 중문지(中

門址), 탑지, 금당지, 강당지가 배치되고, 금당 좌우에도 역시 금당지라 여겨지는 건물지가 나타났음. 이러한 구조는 백제 특유의 양식으로, 일본에 전래되어 아스카사(飛鳥寺)의 금당배치와 같은 초기 사찰의 양식이 되었음. 익산의 미륵사지(彌勒寺址)는 신라의 황룡사지(皇龍寺址)에 견주는 백제 최대의 사찰로 중앙에는 금당과 목탑지, 그 앞에 중문이 배치되고 동서 양쪽에 금당·석탑·중문이 한 단위로 묶여 배치되었음. ⑥신라는 가장 늦게 불교를 수용하였지만 곧 국가적인 종교로 발전하여 경주 일대에 거찰(巨刹)들이 축조되기 시작하였음. 신라뿐만 아니라 삼국 중 최대의 사찰인 황룡사는 진흥왕 13년(553)에 착공되어 1차 및 2차 가람이 완성되기까지는 30년이나 걸렸음. 이 황룡사지를 발굴한 결과, 사찰의 중심축에는 남·북 일직선으로 중문, 목탑, 금당, 강당이 배치되어 있고, 이 목탑 좌우에는 경루와 종루가 있으며, 회랑은 중문과 강당을 연결하면서 방형으로 사찰 전체를 에워싸는 가람으로 밝혀졌음. 사찰건축은 통일신라시대에 들어와 한층 성행하였고 경주 일대에만 사천왕사(四天王寺), 고선사(高仙寺), 망덕사(望德寺), 감은사(感恩寺), 불국사(佛國寺), 창림사(昌林寺), 황복사(皇福寺) 등 60여 개가 넘는 것으로 알려졌음. 고신라시대 가람의 대표가 황룡사라면, 사천왕사지(四天王寺址)는 전형적인 통일신라시대의 가람배치를 보여 줌.

가람천장(伽藍天障, cathedral ceiling) : 현대 주택에서 골조가 겉으로 노출되어 있고 높이가 높은 천장을 말함.

가랍나모 : 떡갈나무의 옛말.

가랍집 : ①조선시대 노비계급 중 외거노비의 살림집. ②호지집(=).

가래나무(楸木, 山核桃, 核桃楸, Mandshurica Walnut, Juglans mandshurica Maxim[학]) : ①호두과(walnut)의 낙엽활엽교목으로 우리나라의 강원도 등 중부이남 지방에서 조림·분포. ②온난대지역에 생장하는데 중국 원산으로 연륜이 뚜렷하고, 심재는 적갈색, 변재는 암갈색으로 심·변재의 구분이 뚜렷함. 산공재(散孔材)로 나무갗은 거칠고, 가벼우며, 결은 곧고 무늬가 고우며, 질이 좋음. 조직은 거칠고 기건비중 0.53, 전건비중 0.50, 함수율 1% 변화에 대한 평균수축률은 방사방향 0.18%, 접선방향 0.31%로 보통. 강도는 압축강도 420kg/㎠, 인장강도 1,200kg/㎠, 휨강도 800kg/㎠로 약한 편임. 보존성이 불량하고 부후(腐朽)가 쉬우며, 절삭가공·표면연삭이 양호하고 건조와 염색도 잘 됨. 내후성은 불량함. ③주로 가구·총대·조각·건축·비행기·무늬단판·공예·운동구 등에 사용.

가랜드(garland) : ①꽃이라든지 잎을 띠모양이나 고리와 같이 연속적으로 연결한 화환모양 또는 화환장식. ②줄무늬 및 화환·나뭇잎이나 과일·꽃모양의 장식.

가로근(-筋) : ①보강블록조에서 벽의 가로방향에 배근한 철근으로 보통 3켜 또는 4켜마다 배근함. 가로근은 세로근을 갈고리로 감고 모서리는 서로 깊이 물려 40d 이상 정착하며, 이을 때에는 이음길이를 25d 이상으로 하고, 그 위치는 엇갈리게 함. ②횡근(=).

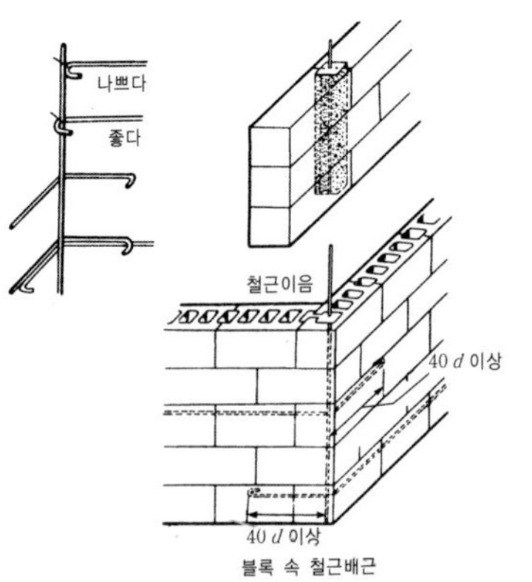

가로근

가로근용 블록(-筋用-, block with horizontal bar) : ①철근을 가로 배치하고 콘크리트를 다져 넣을 수 있게 된 블록.

'가로근 삽입블록'이라고도 함. ②횡근용 블록(=).

가로대(一帶, leg, rail, cross rail, ledger) : ①가설받침대에서 가로대와 선대로 연결되는 부재. ②패널을 만드는데 있어서 수평적 면이 형성되는 부분을 말함. ⇨세로대(⇔). ③두 개의 수직기둥(세로대)과 결합되거나 수직기둥에 의해 지탱되는 수평부재의 총칭. 가로대에는 ㉠탁자다리를 연결하는 단순한 다리 버팀대(stretcher). ㉡의자 등받이에서는 두 개의 지주(post) 사이를 연결하는 등받이 부재. ㉢목재 패널이나 창문틀의 세로대(stile)에 상응하며 맨 위나 맨 아래 것을 제외한 수평부재. ㉣실내 징두리판벽(dodo)의 가로대가 있음.

가로대

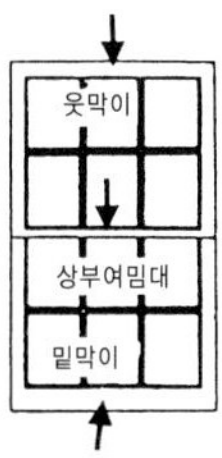

막이

가로반절벽돌(一半切璧乭, split) : 벽돌 두께의 1/2로 절단한 토막벽돌.

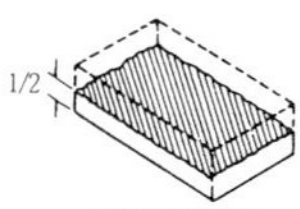

가로반절벽돌

가로수길(allèe[프]) : 나무가 심어진 넓게 펼쳐진 산책로.

가로장부맞춤 : 기둥의 가로쇠목 맞춤법의 일종.

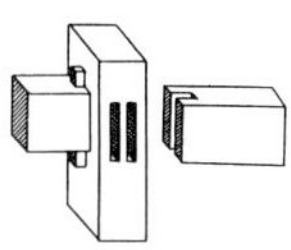

가로장부맞춤

가로줄눈(horizontal joint, bed joint, transverse joint) : ①벽돌·돌 등을 쌓을 때 수평방향으로 생기는 줄눈. ②수평줄눈(=)· 세로줄눈(⇔).

가로층(一層, course) : 모르타르(mortar)와 함께 이어 쌓은 벽이나 아치(arch) 위에 수평으로 연속하는 석조물 유닛(unit)의 층으로 수평접합부는 전체 길이가 되고, 수직접합부는 깨져서 계속되는 선의 형태가 없음.

가로톱 : ⇨썰음톱·동가리톱·자름톱·끈치톱(=).

가로틀(rail) : 패널(panel)의 프레임(frame) 방법으로서 양판문이나 창 새시(sash) 또는 서랍장 등의 다양한 수평부재를 말함.

가로파일(lateral file) : ①종래에 앞에서 뒤로 철하던 방법 대신 옆으로 나란히 철하는 방법에 따라 개발된 서류정리함. ②종래의 것보다 깊이가 깊지 않아 공간을 유용하게 쓸 수 있다는 장점이 있음.

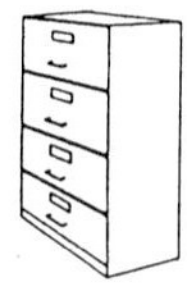

가로파일

가로판벽(橫板壁, laying panel) : ①널을 기둥·샛기둥에 수평(가로)으로 댄 것으로서 비교적 얇은 널을 그냥 포개는 방법과 반턱 개탕하여 물리는 방법이 사용됨. ②종류에는 영식 비닐판벽·턱솔비닐판벽·얇은 널판벽·누름대판벽 등으로 분류. ③⇨판벽·비닐판벽.

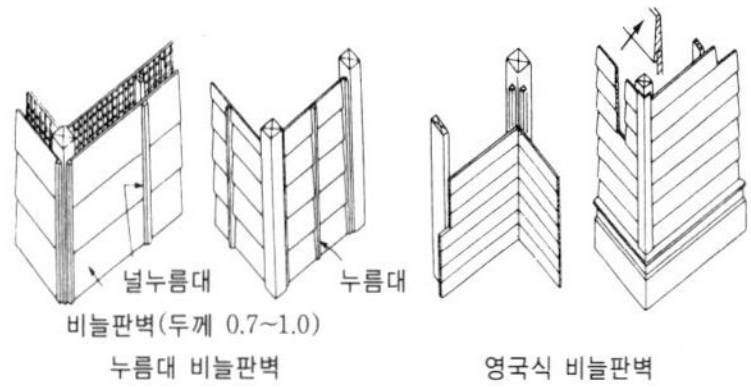

가로판벽

가로형 간판(一形看板, horizontal type signboard) : ①옥외광고물의 일종. ②문자·도형 등을 목재·아크릴·금속재 등의 판에 표시하거나 입체형으로 제작하여 건물의 벽면에 가로로 길게 부착하는 광고물.

가류고무(加硫一, vulcanized rubber) : ①생고무에 적당한 양의 유황, 기타 배합제·안료 등을 균일하게 혼합하여 약 150℃ 내외의 온도로 몇 십 분간 과열공기나 증기로 가열하여 화합시킨 고무. ②생고무에 유황을 혼합하여 그 물리적·화학적 성질을 개량하여 사용목적에 적응시킨 것. 즉 광선·열에 약한 생고무의 경도(硬度)를 개량한 것으로 패킹(packing)·파이프(pipe)·호스(hose)·스펀지(sponge) 등 광범위하게 사용. ③가황고무(=).

ㄱ

가르고일(gargoyle) : ⇨가고일(=).

가르드로브(garde-robe) : ①옷장. ②중세에는 세면장을 부르는 이름으로도 사용됨.

가르드로브

가르스(garth, cloister garth) : 회랑(會廊)으로 둘러싸여진 앞마당 또는 사각형의 뜰이나 정원.

가른돌 : 쓰임새에 따라 모양대로 쪼갠 돌.

가름장 : ①마구리의 가운데 부분을 따내어 두 갈래로 만든 장부. 기둥과 인방의 맞춤에 사용. ②인방·지방·장여 등의 기둥에 박는 촉을 중간에 오려내어 쌍구멍에 끼워 넣는 두 갈래로 된 장부나 그 방식. ⇨가름장부(=)· 가림장이(=).

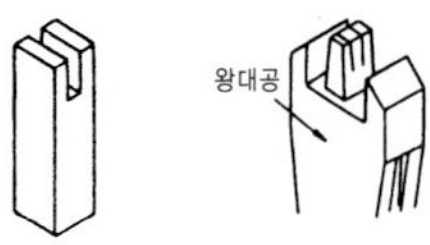

가름장

가름장맞춤 : ①기둥과 너비가 넓은 보와의 맞춤 등에 쓰이며, 보통 보강철물을 써서 연결. ②목구조에서 작은 재의 한 끝을 두 갈래의 장부형식으로 끼울 구멍에 끼우고 되맞춤한 다음 메뚜기를 지른 가름장부에 의한 맞춤. 주로 한식 구조의 중방보와 기둥 맞춤에 사용. ③⇨안장맞춤.

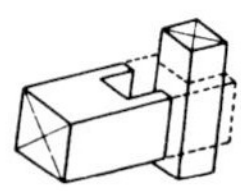
가름장맞춤

가름장장부맞춤 : ①가름장 사이에 장부가 끼어 있는 맞춤을 말함. ②양식 지붕틀에서 왕대공과 마룻대와의 맞춤에 사용. 주로 기둥과 보의 맞춤에 사용함. ③⇨가름장맞춤.

가름장장부맞춤

가리개(lambrequin, shade, valance) : ①창·문 등의 위쪽 또는 위와 옆에 드리운 천(fabric). ②선반 끝이나 창문을 따라 장식된 짧은 드레이퍼리(drapery). ③롤 블라인드, 롤 스크린, 롤 커튼으로 불리는 단순하며 깔끔한 느낌을 주는 창 처리방법으로 창의 적당한 높이에서 멈추게 할 수 있어서 일광·조망 및 시각조절이 용이하고, 창 이외의 칸막이 스크린으로도 효과적으로 사용할 수 있음. ④사용재료에는 천 이외에 발과 같은 목재로 된 것이 있고, 작동방법은 스프링 체인식과 리모컨에 의한 모터감기식이 있음.

가림벽(影壁) : ⇨내외벽(=).

가림패널(modesty panel) : 앉은 사람의 다리가 보이지 않도록 책상의 뒷면에 댄 패널.

가림패널

가마(kiln) : ①어떤 것을 건조시키거나 굽거나 태우기 위한 노(爐)나 오븐(oven), 특히 도기 및 벽돌을 굽거나 목재를 건조시키기 위한 곳. ②각종 토기, 도기, 자기, 벽돌, 기와 등을 넣고 고온에서 소성했던 구조물.

가마건조(-乾燥, kiln dry) : 열·공기순환·습도를 조절한 가마 속에서 재목(材木)을 건조시킨 것.

가마터(窯址) : ⇨가마.

가묘(家廟, household shrine, family shrine) : ①집안에 설치한 사당. ②조상의 신주를 모셔놓은 집. ③사당·사우(=).

가묘제(家廟制) : 조상에게 제사를 지내기 위하여 집안에 사당공간을 두는 제도.

가문비나무(唐檜, Yeddo spruce, Yezo spruce, Picea jezoensis Carr.[학]) : ①북부 산악지대·만주·일본 북부·시베리아에 분포하며, 표고 500~2,300m 지역에서 생장함. 수고 40m, 흉고직경 1m에 달하며 상록침엽교목으로 수피는 암갈색 또는 적갈색, 회갈색이며 인편상(鱗片狀)임. ②변재로부터 심재를 향하여 짙어지는 담황갈색으로 심변재의 구분이 불분명함. 맛과 냄새는 없음. 기건비중 0.43, 전건비중 0.39, 함수율 1% 변화에 대한 평균수축률은 방사방향 0.15%, 접선방향 0.29%로 큼. 강도는 압축강도 350kg/㎠, 인장강도 1,200kg/㎠, 휨강도 700kg/㎠, 전단강도 70kg/㎠로 약함. 건조·가공·할렬·표면마무리 등이 양호하고 도장성은 보통이나 내후 보존성은 낮음. 특히 음(音)의 전달성이 양호함. ③주로 차량·건축·기구·조선·항공기·악기(피아노)·휨가공재·펄프 등에 사용.

가미당가(－唐家) : 일본 사람들이 신주를 모셔두려고 만든 조그만 집 모양의 상자.

가발의자(假髮－, periwing chair) : ①7세기 영국 윌리엄과 메리(William and Mary) 시대에 등받이가 높고 꼭대기의 가로대가 정교하게 조각되어 있는 의자. ②그 시대에 유행한 가발과 머리장식에 맞추어 디자인되었고 호두나무로 선반가공한 다리와 함께 등받이는 보통 등나무로 엮어서 만듦.

가법혼색(加法混色) : ⇨가산혼합.

가벽면(假壁面, false front) : 건물의 크기나 중요성을 위조(僞造)한 입면.

가변(可變) : 사물의 모양이나 성질이 바뀌거나 달라질 수 있는 것.

가변성(可變性, flexibility) : ①공간의 가변성은 단일한 공간을 다목적으로 사용하거나 효과적으로 이용하기 위한 필수적인 성격. ②일정한 조건에서 변할 수 있는 성질이나 변화에 대응할 수 있는 가용범위 또는 대응능력 그 자체를 의미함. ③융통성(≒)·가변적 융통성(≒).

가변성 흡음구조(可變性吸音構造) : ⇨가변성 흡음장치.

가변성 흡음장치(可變性吸音裝置) : ①공간의 기능과 용도·목적에 따라 흡음의 가변성을 갖도록 계획·설계된 흡음장치. ②실의 용도에 따라 잔향시간을 조절할 수 있으므로 다목적용 오디토리엄과 방송스튜디오·시청각실 등 특수실의 경우에 실제 이용되고 있음. 즉 강당을 필요에 따라서는 음악실로 사용해야 하는 경우와 같이 그 사용목적에 따라 적정한 잔향시간을 다르게 하기 위하여 실의 총 흡음량이 가변성을 갖게 계획·설계하는 것. ③종류에는 가동흡음판벽(可動吸音板壁), 원통 회전식 흡음장치(圓筒回轉式吸音裝置), 흡음장막(吸音裝膜)과 기타 가(可)흡음장치 등이 있음.

가변요소(可變要素, infill system) : ①건축물을 구성하는 건축구성재 중에서 비고정적인 요소로 작용하는 비구조체 부분. ②내장부품(바닥재·내벽재·창호재·마감재·기타 등), 설비부품(조립식 욕실·주방가구·파이프 덕트·기타 등), 외장부품(외벽재·지붕재·창호재·마감재·기타 등).

가변적 융통성(可變的 融通性, flexibility) : ①가변성과 융통성의 개념을 혼합한 개념. ②3가지 구성요소는 ㉠고정요소(fixed element) : 기둥·내력벽·슬래브·수직덕트 ㉡부분고정·부분가변요소(semi－fixed element ; 비내력 소석벽제·수평덕트 등). ㉢가변요소(non－fixed element) : 가변벽체·가동형 수납벽체 등.

가변풍량 단일덕트방식(可變風量單一－方式, variable air volume single duct system) : 공기조화 대상실의 부하변동에 따라 송풍량을 조절하는 전공기식 공조방식.

가변형 무대(可變形舞臺, adaptable stage) : 필요에 따라 무대와 객석이 변화될 수 있는 평면형식. 현대극장에서 많이 사용. 특징은 무대와 객석의 크기·모양·배열, 그리고 그 상호관계를 한정하지 않고 필요에 따라 변경할 수 있음. 공연하는 작품의 성격에 따라 가장 적합한 성격의 공간을 만들 수 있음. 최소한의 비용으로 공연장 표현에 대한 최대한의 선택 가능성을 부여하고, 다양한 변화 방법이 고려되어야 함.

가변형 주택(可變形住宅, flexible housing) : ①다양한 생활양식과 생활요구의 변화 및 가족구성원의 성장 등 입주자의 변화에 따라 실내공간을 변경할 수 있게 가변성을 부여한 주택. ②가변성 확대를 위한 방안으로 척도조정(Modular Coor－dination)과 칸막이벽(movable partition)의 조정을 통하여 주거기능의 변화에 다각적으로 공간이 대응함. ③거주자의 생애주기(生涯週期)와 기호에 맞추어 주택의 내부구조를 자유롭게 바꾸려는 개인

ㄱ

의 욕구와 주택의 낡은 부분을 손쉽게 교체하여 주택의 평균 내구년수(耐久年數)를 늘려서 개축에 따른 사회적 비용을 절감하고, 그 비용으로 도시환경의 질을 개선하려는 공공의 욕구가 맞물려 요구되는 주택. ④융통형 주택(=)·백년주택(=).

가변흡음구조(可變吸音構造) : ⇨가변성 흡음구조(=).

가변흡음체(可變吸音體, variable absorber) : ①각종 음악·강연 등 실의 사용 목적이 변할 경우 그 때부터 사용목적에 적합한 잔향시간으로 바꾸기 위해 천장·벽 등에 장치하여 실의 흡음력을 바꾸는 구조체. ②병풍식·회전 원통식·미닫이문식 등이 있음.

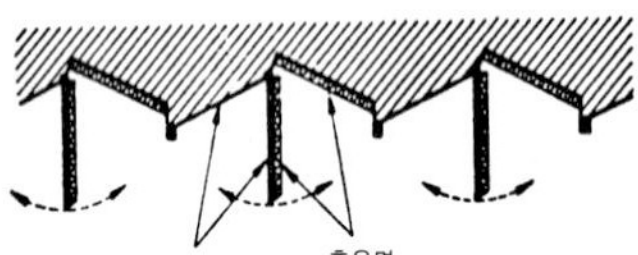

가변흡음체

가볼리지(gabology) : ①garbage(쓰레기)에 학문을 뜻하는 접미사 logy를 붙여 만든 신어. ②최근 '쓰레기장을 조사해 그 지역에 사는 사람들의 생활실태를 알아보는 사회학의 한 수법'으로 갑자기 유행하기 시작했음. ③원래 garbologist는 쓰레기 수집인부라는 뜻이었으나 최근 도시에서의 심각한 쓰레기 증가를 반영, '쓰레기 연구자'의 뜻으로 쓰이는 경우가 많음. ④쓰레기학(=).

가분(gaboon) : ①오쿠메(Okoumé)에 대한 영국 이름. ②아프리카 서부 해안이 본산지인 단단한 목재. 부드럽고 곧은결을 지닌 나무로 분홍빛 또는 갈색이 특징임. 유럽에서는 합판의 소재로 널리 사용되며 가구와 실내장식재로도 쓰임.

가사[1](家事) : 집안 일을 총칭.

가사[2](家舍) : 큰집(家)과 작은 집(舍)을 총칭.

가사노동공간(家事勞動空間) : 가사노동이 행해지는 장소로 부엌·세탁장·가사실·창고·서비스 야드(service yard) 등.

가사실(家事室, workroom) : ①주택에 있어 세탁·다리미질 등 가사작업을 하는 실. ②주부의 가사노동을 위한 방으로 취사 이외의 가사, 예컨대 세탁·다림질·재봉, 그 외 가정 내의 작업중심인 공간. 기능적으로 부엌과 인접하여 배치하는 것이 동선계획상 유리함. ③유틸리티룸·다용도실(=).

가산[1](加算, addition) : 두 개 또는 그 이상의 형태가 겹쳐서 보다 큰 형태를 이루는 결합.

가산[2](假山, artificial hill, artificial stone hill in a garden or pond) : ①석가산(石假山)의 준말. ②정원에 돌을 쌓아올려 만든 조그맣게 만든 산. ③정원 같은 곳에 돌 따위로 산처럼 꾸며 놓은 것 또는 그 산. ④조산(=).

가산액(加算額, mark up) : 디자이너에 대한 정가나 원가에 더해지는 일정한 금액.

가산혼색(加算混色) : ⇨가산혼합(=).

가산혼합(加算混合, additive color mixture, additive farbmisschung[독]) : ①빛(색광)의 삼원색인 빨강·초록색·청색을 혼합하여 색을 만드는 혼색법칙. 서로 혼합하여 만들어지는 색은 원래의 색들보다 반사되는 색파장이 증가하므로 가산혼합이라고 함. 서로 혼합할수록 밝은 색이 되며, 세 가지 색을 합하면 백색이 됨. ②혼합된 색의 명도는 혼합하려는 색의 명도보다 높아지며 보색끼리의 혼합은 무채색이 되고, 원색인쇄의 색분해·스포트

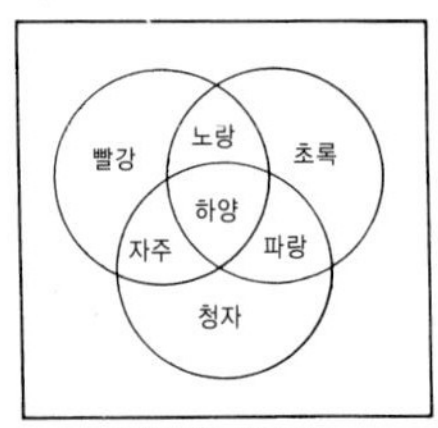

가법혼색인 빛의 원색

가산혼합

라이트(spotlight)·컬러 TV, 기타 조명 등에 사용됨. ③가법혼색(=)·가산혼색(=)·가법혼합(=)·정혼합(=)·상가혼합(=)·플러스혼합(=).

가상도(假想圖, phantom view) : 시점(視點)으로부터 가려진 상세의 표현이 가능하도록 투명하게 만들어진 도해 부분(圖解部分).

가상색(假想色) : ⇨고유색(=).

가상선(假想線, phantom line, imaginary line) : ①두 개의 짧은 획(劃)이나 점(點)들에 의해 분리된 비교적 긴 부분으로 구성된 끊어진 선. ②일반적으로 대지선(垈地線) 또는 건축물 일부분의 다른 위치나 없어진 부분의 상대적 위치를 표현하는데 사용.

가상현실기술(假想現實技術, virtual reality skill) : 인간의 감각기관에 컴퓨터에 의한 합성정보를 직접 제시하고, 인간의 주위에 인공적인 공간을 영상으로 생성하는 것을 목적으로 하는 기술.

가새(brace, bracing, diagonal bracing) : ①견고성을 주기 위해 사용되는 가구의 부재. ②건축구조의 한 부분에서 다른 부분으로 하중을 전달하기 위해 골조 내에서 대각선 모양으로 가로지르는 구조재 또는 보강재. ③두 개의 주요 목재(대들보) 사이에서 그것을 고정시키거나 각도를 유지하기 위해 있는 받침목. ④네모 구조로 된 골조의 변형을 방지하기 위하여 그 대각선상으로 건너지르는 보강재(벽가새·하늘가새 등). ⑤가새는 45°에 가깝게 하는 것이 유리하고 뼈대에 가해지는 수평력(P)이 크면 기둥보다 큰 응력이 생김. 따라서 45°에 가깝게 하고 단면이 큰 것이 좋으나 너무 크면 기둥에 구부림 모멘트(bending moment)가 생기게 되어 좌절(挫折)할 우려가 있음. ⑥가새는 경사도가 적을수록 약하게 되므로 이때는 기둥 중간에 허리잡이를 별도로 대고 가새를 지르기도 함. ⑦가새는 보통 단일형강 또는 조립재를 사용하지만 응력이 작은 지붕면 가새 등은 봉강(round bar)을 사용하고 볼트 또는 턴버클(turn buckle) 조임으로 하며, 또한 뼈대가 수평으로 교체(交替)되는 하중을 받으면 가새에는 압축응력과 인장응력이 번갈아 일어남. ⑧가새에 생기는 응력은 다음 식을 사용함. 주요건물에서는 한 방향 가새로만 하지 않고 X자형으로 하여 인장·압축을 겸하도록 함. ⑨가새의 종류는 사용재의 크기에 따라 굵은가새와 가는가새로, 뼈대의 구성면에 따라 수평가새와 수직가새로, 위치에 따라 평벽가새와 심벽가새로 분류.

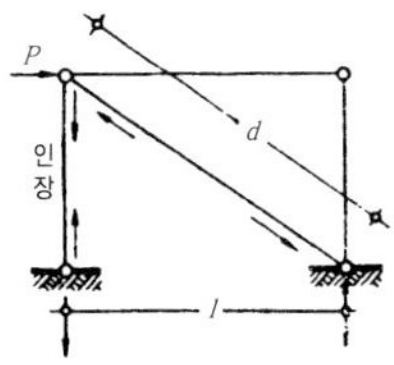

$$X = P\frac{d}{l}$$

X : 가새에 일어나는 응력(kg)
P : 뼈대에 가해지는 수평력(kg)
l : 기둥의 간격(m)
d : 가새의 길이(m)

가새에 생기는 응력

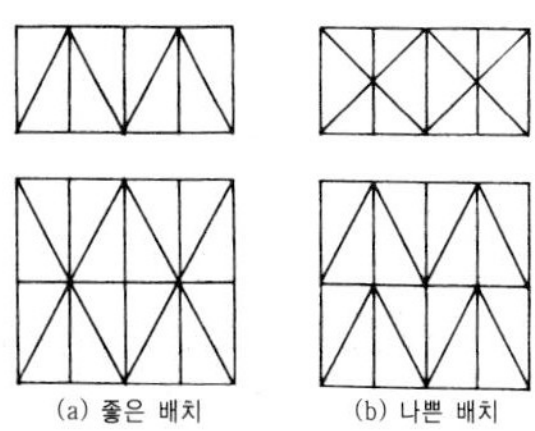

가새의 배치

가새골조(-骨造, braced frame) : ①가새골조를 사용한 프레임. ②거트와 골조의 기둥을 장부촉이음으로 잇고 틈새를 샛기둥으로 채움.

가새보강골조(-補强骨組, braced frame) : 연성골조에 가새를 설치하여 횡력에 저항할 수 있도록 한 구조로 보통 40층 이내가 적당함.

가설(假說, hypothesis) : 디자인 과정에서 논

리적이거나 경험적인 결과를 끌어내고 시험하기 위해 시안이나 가정을 내세우는 것.

가설공사(假設工事, temporary work) : ①건축물을 완성하기 위한 일시적인 제반 시설·설비 및 수단을 총칭. ②종류는 비계공사·현장사무실·현장창고·현장화장실·가설전기·현장전화·현장조명 등이 있음.

가설공사비(假設工事費, temporary work cost) : ①가설공사를 하기 위하여 필요한 비용. ②예컨대 가설전기, 현장사무실 등으로 보통 본 공사비의 5~10%를 차지함.

가설받침대(假設-臺, centering) : ①축조할 때부터 구조물이 스스로 지지할 수 있을 때까지 조적식 아치나 궁륭을 지지하기 위한 가설물. ②대개 나무로 만들어져서 원형 또는 아치를 지탱시켜 주기 위해 공사가 끝날 때까지 임시로 설치하는 구조.

가설작업(假設作業, false work) : 아직 자체적으로 지지할 수 없는 부재를 임시로 지지하고 있는 임시작업.

가성소다(苛性-, sodium hydroxide) : 보통 '양잿물' 또는 '수산화나트륨'이라고 함. 식염수(食鹽水)를 전기분해하거나 탄산소다에 석회수(石灰水)를 가하여 만듦. 주로 칠공사에 있어 헌칠면 및 일부의 녹청소할 때 사용.

가소성(加塑性, plasticity) : 어떤 물질의 상태가 유동체도 아니고 탄성체도 아니며, 어떤 외력을 제거하여도 다시 원형으로 돌아가지 않고 변형된 상태로 남아 있는 성질.

가소제(加塑濟, plasticizer) : 물을 거의 사용하지 않고 작업할 수 있는 콘크리트나 모르타르를 만들기 위한 첨가제.

가솔리에(gasolier) : ①19세기 중반에 유행한 가스등으로 장식된 샹들리에(chandelier). 구조는 청동으로 만들어지고 가스등은 유리관으로 이루어졌음. ②유리관으로 된 가스등의 샹들리에(chandelier[프])로 19세기 중반에 유행한 주로 청동으로 제작된 장식성이 강한 등.

가솔린조집기(-阻集器, gasoline interceptor) : ⇨가솔린 트랩(=).

가솔린 트랩(gasoline trap) : ①드럼 트랩의 일종으로 가솔린을 많이 사용하는 곳에 쓰이는 것으로 배수에 함유된 가솔린을 트랩 위에 뜨게 하여 통기관을 통해서 휘발시킴. ②휘발성 기름을 취급하는 세차장·차고 등지에서 사용되는 것으로 가솔린을 트랩의 수면에 띄워 배기관을 통하여 휘발방산(揮發放散)시킴. ③가솔린조집기(=).

가스관(-管, gas pipe) : 가스송수를 위하여 사용되는 철관의 일종.

가스압접공법(-壓接-, gas welding splice method) : ①철근콘크리트공사에서 철근이음방법의 일종으로 가공이 상당히 단순화되어 가공장소의 면적을 감소시킴. 압접 단면에 1kg/㎟ 이상의 압력으로 맞대어 서서히 압력을 증가시켜 접합함. 보통 비·바람이 있을 때는 작업을 즉시 중지해야 함. 겹침이음과 비교할 때 콘크리트 부어넣기가 용이함. ②가스압접이음의 용접부는 ㉠용접돌출부의 직경은 원칙적으로 철근직경의 1.5배 이상 ㉡용접돌출부의 길이는 철근직경의 1.2배 이상 ㉢철근중심축의 편심량은 철근직경의 1/5 이하 ㉣용접돌출부 단부에서 용접면의 엇갈림은 철근직경의 1/4 이하.

가스압접이음(-壓接-, gas welding joint) : ①철근공사 중 철근 이음공법의 하나. ②철근의 접합면을 직각으로 절단하여 맞대고 압력을 가하면서 옥시 아세틸렌 가스(oxy acethylene)의 중성염으로 가열하여 접합부가 부풀어 올라 접합하는 방식. ③특징은 구조적으로 유리하고 가공 공사비가 감소함.

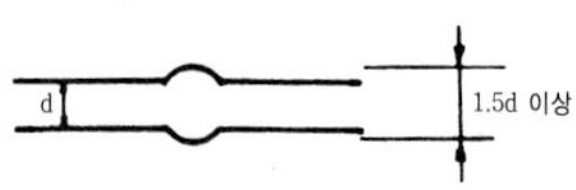

가스압접이음

가스용접(-熔接, gas welding) : ①1901년 푸세(E. Fouche)와 피카르(Piccard)에 의해 발명된 것으로, 가스의 화염으로 접합부를 열용해시킴과 동시에 용접봉(welding rod)을 녹여 접합하는 방법. 일반적으로 산소와 아세틸렌의 조합에 의한 산소아세틸렌용접(oxyacetylene welding)이 가장 많이 사용됨. 최고의 온도는 각각 3,500℃, 1,500℃로서 전기용접에 비해 아름답고 1㎜ 정도의 얇은 것도 용접이 가능함. ②주로 박강판·동판·황동판·알루미늄·두랄루민판 등의 용접에 사용.

가스크로마토그래프(gas cromato graph) : ①배기가스 중 유해물질의 정량이나 공장에서 배출되는 물질 중의 유해물질 정량 등에 사용함. 이동상과 고정상을 사용함. ②물질 특유의 농도평형을 이용해서 혼합물을 분리하는 크로마토그래프의 일종으로서 이동상에 기체를 사용하는 것을 가스 크로마토그래프라 함. 이 방법은 선택성이 우수하며 많은 성분계의 분석이 됨. 또 검출의 감도와 정량의 정도가 높으며 거의 모든 기체의 분석이 가능한 특징이 있음.

가슴 : ①서까래의 아래쪽. ②'덜미'와 '가슴은' 도리와 서까래가 맞닿는 곳을 가리킴.

가습기(加濕氣, humidifier) : 실내에 습도를 제공하고 조절해 주는 기계장치.

가시각(可視角) : 관객이 객석에서 무대를 볼 때 객석의 중심선에서 한쪽으로 너무 치우쳐 있으면 연기자와 배경의 관계위치가 흩어져 보이게 됨. 따라서 적당한 수평시각의 허용한도는 보통 60°로 하는데 무대의 연극을 보기 위해서는 각 객석에서 무대 전면이 보여야 하기 때문에 시각은 작을수록 좋음.

가시거리(可視距離) : ①관람에 적합한 거리의 한계. ②한계는 A지역·B지역·C지역으로 구분. ㉠A지역(15m) : 인형극이나 아동극 및 연극과 같이 배우의 표정과 동작을 자세히 감상할 필요가 있는 공연에 적합한 거리. ㉡B지역(22m) : 주로 오페라, 국악, 발레 등 대사가 쓰이는 공연에 적합. ㉢C지역(38m) : 배우의 일반적인 동작만이 보이는 거리로 2차 허용거리라고 함.

가시광선(可視光線, visual rays, visible ray, visible radiation, visible spectrum) : ①인간의 눈으로 지각할 수 있는 약 380~780㎚ 범위까지의 전자파. 380㎚보다 짧은 파장의 영역에는 자외선(ultraviolet)·X선·γ선·우주선 등이 있고, 780㎚보다 긴 파장의 영역에는 적외선(infrared)·전파 등이 있음. 이러한 빛은 1초 동안 30만㎞의 속도로 공간을 직진함. ②물리적인 빛이 정상인의 눈에 색채로 지각되는 파장범위인 380~760m(milli micro : 1/1,000μ) 사이에 있는 전자파의 띠. 파장이 짧을수록 보라색에 가깝고 길수록 빨강색에 가까움.

가시나무(cyclobal anopsis myrsinaefolia) : 너도밤나무과의 상록활엽교목. 키는 약 10m. 우리나라의 전남·일본·대만·중국 등지에 분포. 변재는 초록색을 띤 연한 흑색이나 연한 갈색을 띤 회색임. 심재는 회색을 띤 흑색. 비중은 0.90, 재질은 치밀하고, 단단하며, 인성(靭性)이 있고, 탄력이 크고, 신축이 적음. 주로 차량·선박·공구 등 강도와 경도가 요구되는 곳에 사용.

가시도(加視度, visibility) : ①대상물의 존재 또는 형상이 잘 보이는 정도. ②⇨명시도(=).

가시도 레벨(可視度-, visibility level) : 작업면의 휘도·휘도대비·크기·색채·표면의 질감 등 시작업에 영향을 미치는 복합적인 요인들을 하나의 척도로 나타낸 것.

가시볼트(rag bolt, fang bolt) : ①머리가 없고 가시가 돋힌 볼트. ②끝부분으로 갈수록 굵고, 가시를 돋쳐 만든 볼트. 콘크리트·돌 등의 기초에 교량이나 건물의 끝부분을 고정하는 데 사용됨.

가시새 : ①중깃에 끼우는 가느다란 막대기. ②중깃에 가로지르는 막대기.

가시성(加視性) : ①문자나 도형의 존재를 알아 볼 수 있는 정도의 수준. ②명시도(≒).

가시적 구조(可視的構造, visible structure) : 무게·색깔·무늬·질감 등의 속성을 지닌 구조선을 갖춘 구조.

가시철사 : ⇨가시철선(=).

가시철선(-鐵線, barbed wire, entanglements) : ①두 가닥의 철선을 꼰 사이에 짧은 철선가시를 감아 넣어 만든 철선을 말하며, 한 가닥에 가시를 감은 것도 있음. 철선은 지름 1.6~2.9㎜ 아연도금 철선을 사용하며, 주로 철조망(鐵條網)을 만드는데 사용함. ②'가시철사', '가시줄가시철'이라고도 함. ③가시철선은 아이오아식(iowa type)과 글리덴식(gliden type) 두 종류가 있음.

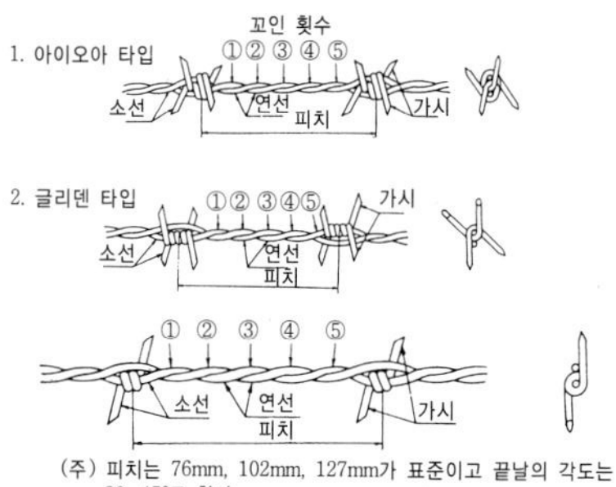

(주) 피치는 76mm, 102mm, 127mm가 표준이고 끝날의 각도는 30~45°로 한다.

가시철선의 종류 및 모양

가심[1] : ⇨가심질(=).

가심[2] : '굽이'의 경우에는 휘어 들어간 부분이 '가슴'이고, 휘어 나온 부분이 '덜미'임.

가심질 : ①구멍을 약간 크게 만들거나 다듬는 일. ②드릴로 뚫은 구멍이나 끌로 파낸 자리를 리머(reamer)나 가심끌로 다시 곱게 다듬는 일.

가압시멘트기와(加壓-) : 시멘트와 모래를 주원료로 하여 가압·성형한 기와로서 평형·S형·재래형이 있고 제조시 안료를 넣어 착색시키거나 도료를 표면에 도장하여 기와의 색깔을 내기도 함.

가연성(可燃性, combustible) : 발화(發火)와 연소(燃燒)에 대한 재료의 성능.

가열감량(加熱減量, ligniton loss) : 시멘트를 900~1,000℃에서 열을 가하였을 때에 감소되는 질량을 원래 질량에 대하여 백분율로 나타낸 값. 주로 시멘트 속에 포함되어 있는 수분(H_2O)과 이산화탄소(CO_2)의 합계량과 거의 같음.

가열건조도료(加熱乾燥塗料) : ①페인트나 에나멜 도장을 가열·건조에 의하여 도막을 형성하는 것으로서, 일명 '소부도장(燒付塗裝)'이라고도 함. ②그 가열온도는 70~80℃에서 250~260℃로 도료의 종류에 따라 다름. 일반적으로 가열건조 도료는 상온(上溫)에서 건조하지 않고 도료를 도포한 후 가열에 의하여 건조도막이 형성되는 것으로 바탕에 밀착성이 증가되고 도막이 견고해지며 광택이 좋아짐. 또한 도막의 탄성이 커지고 내마모성이 증가하며, 내후성·내수성·내약품성·내열성 등이 좋음. 설계도면상 또는 인테리어 현장에서 주로 금속판재 등 철물에는 소부도장인 가열건조도료를 사용함. ③종류로는 유성 멜라민계와 에폭시계 가열건조도료가 있음.

가열도장도료(加熱塗裝塗料) : 페인트나 에나멜 도장을 100~120℃로 가열하여 도막을 급속히 건조시키는 것.

가옥(家屋, house, house building) : ①서민(庶民)이 살기 위해 지은 집을 말하며, 건물과 거의 같은 뜻으로 사용됨. 가옥 중에서 특히 살림살이에 쓰이는 가옥을 살림집이라 하고, 오늘날에는 보통 주택(住宅)이라고도 함. ②살림집·주택·가택(=).

가옥트랩(家屋-, house trap) : 옥내배수 수평주관의 말단 등 가옥 내의 배수기구에 부착하여 공공하수관으로부터 해로운 하수가스가 집안으로 침입하는 것을 방지.

가요성(可撓性, flexibility) : 물체가 힘을 받을 때 구부러지는 성질.

가요성 합판(可撓性合板, flexible plywood) : 단판(單板, veneer) 2장을 섬유방향이 평행하게 포개서 그 사이에 탄력성이 있고 질긴 특수고무로 만든 얇은 판을 끼워 넣고 가열 접착한 합판. 주로 곡면 기둥·원형 벽체·곡면 장식재 등에 사용.

가용성 금속(可溶性金屬, fusible metal) : ①녹는 점이 90℃ 이하인 금속합금. ②주로

납땜이나 전기용 안전장치에 사용.

가우디 : ⇨안토니오 가우디(=).

가위형 의자(－椅子, scissors chair) : ⇨엑스자형 의자(=).

가위형 트러스(scissors truss) : ①물매지붕을 지지하기 위해 사용되는 트러스의 일종. ②십자형으로 묶여져 반대방향의 서까래 중간지점에 연결됨.

가위형 트러스

가이드베인(guide vane) : 덕트의 구부러진 부분의 기류를 안정시키기 위해 사용하는 것.

가이드풀리(guide pully) : 회전창(pivoted window) 상부에 개폐를 위하여 대는 것으로 사슬(chain)로 여닫음.

가이존(geison[독]) : ⇨코니스(=).

가장 늦은 개시시각(－開始時刻) : ⇨엘에스티(=).

가장 늦은 결합점시각(－結合點時刻) : ⇨엘티(=).

가장 빠른 결합점시각(－結合點時刻) : ⇨이티(=).

가장 빠른 종료시각 : ⇨이에프티(=).

가장자리장식(－裝飾, margin draft) : 다듬어지지 않은 중심부분을 둘러싸는 가장자리 장식으로서 보통 조각칼의 폭만큼 네모난 석재의 테두리를 따라 폭이 좁게 장식되었음.

가적 : ①맞배지붕집의 박공벽에서 달아낸 외쪽지붕으로 꾸민 것(안동·영천 방언). ②툇기둥을 세우고 가적지붕처럼 퇴를 달아내어 공간을 확대하기도 함(고창군 현곡정사). ③사랑(=).

가적지붕 : ⇨가적(=).

가제보(gazebo) : ①휴식·놀이·조망 및 독서를 위하여 정원 내 또는 정원을 조망할 수 있는 언덕에 설치하는 작은 원형 또는 팔각형의 정자(亭子) 혹은 전망대. 일반적으로 디자인은 주위 전경이나 주택과 조화를 이루도록 계획함. ②노대·벨베데레(=).

가조시간(可照時間) : 맑은 날씨일 때 일출(日出)에서 일몰(日沒)까지의 시간. 즉 하루 중 태양이 비칠 수 있는 시간수를 말하며, 해가 떠서 질 때까지의 시간수에서 구름이 낀 시간수를 뺀 시간수. 계절과 지역에 따라 가조시간수가 다름. 기상학상의 가조시간은 하루 중에 h=－34′가 되는 2시각 간의 주간의 시간수를 말함.

가조시수(可照時數) : ⇨가조시간(=).

가족구성(家族構成, family make-up) : 가족을 구성하는 세대원의 성별·연령·세대주와의 관계에 따라 결정되는 가족유형.

가족실(家族室, family room) : ①가족의 오락이나 휴식 및 난란을 목적으로 만들어진 주거공간 내의 실(室). ②조리공간과 식탁이 어느 정도 구획되어 있는 경우 식탁이 있는 부분.

가족오락실(家族娛樂室) : ⇨가족실(=).

가죽나무(假僧木, 山椿樹, 臭椿, tree of heaven, Ailanthus Altissima Swingle[학] : ①중국 원산의 소나무과(Simaroubaceae). ②연륜이 매우 뚜렷하고, 재색은 담적황색 또는 담황백색으로 심·변재의 구분이 뚜렷하지 않음. 나무갗은 거칠고, 결이 곧으며 환공재(環孔材)임. 수축성과 흡수성은 보통. 휨강도와 전단강도는 강하고, 압축강도는 보통이며, 인장강도는 약함. 충격 휨 흡수에너지는 보통이고, 경도는 높음. 건조성과 대패가공성은 보통이며, 휨가공성은 양호함. 접착성은 보통이고, 도장성은 양호함. 합판제조적성과 보통 시멘트경화성은 보통이고, 내후성은 불량함. ③주로 건축(내장)·가구·기구 등으로 사용함.

가중(加重) : ⇨감각의 가중(=).

가중평균높이(加重平均高) : ①실의 체적을 실면적으로 나눈 평균값. ②동일한 실에서 반자높이가 다른 부분이 있는 경우에는 그 각 부분의 반자면적에 따라 가중평균높이로 함.

가지리브 : ①'묶는 것'이란 뜻의 프랑스어 lier에서 나온 용어. ②마룻대 리브(둥근 지붕의 서까래)나 아치굽에서 솟아오르는

형태가 아닌 고딕양식의 둥근 천장에서 중간의 소형 리브.

가지색(-色) : ①관용색명으로 어두운 회색보라. ②먼셀기호 7.5P2.5/2.5임.

가지지붕틀(hip rafter, angle rafter, angle ridge) : 지붕틀의 경우 그 중간에 약 2m 간격으로 대는 보. 이때 가지자보(jack rafter)만 걸어 중도리를 받게 할 수 있음. 이 가지ㅅ지붕틀의 평보인 ㅅ자보를 각각 가지평보·말굽평보·가지자보·말굽ㅅ자보라 함.

가지형 촛대(-形-臺, candelabra, candelabrum) : 나뭇가지 모양의 이동형 촛대로 샹들리에나 브래킷 같은 장식 조명기구.

가지형 촛대

가짓침대(-寢臺, garget bed) : 매트리스를 아래위로 움직이거나 등받이나 침대면의 각도를 자유롭게 조절할 수 있는 침대. 원래 병원에서 환자를 위한 의료용으로 개발되었지만 오늘날 고급화 지향 분위기 속에서 일반용도의 제품화가 됨.

가청범위(可聽範圍) : ⇨가청주파수.

가청음(可聽音) : ⇨가청주파수(=).

가청주파수(加聽周波數, audio frequency) : ①정상적인 사람의 귀로 들을 수 있는 주파수(周波數). ②사람에 따라 다소 다르지만 보통 20~20,000Hz(c/s) 범위.

가청치(可聽値, threshold of hearing) : 음(音)을 들을 수 있을 때와 없을 때의 경계가 되는 음성레벨. 주파수에 따라 다르며, 가청치보다 높거나 낮은 음은 들을 수 없음.

가치공학(價値工學, value engineering) : ⇨밸류 엔지니어링(=).

가치근거제(價値根據制, value-oriented fee method) : 디자인 회사가 서비스의 가치와 질에 기초하여 서비스의 가격을 부과하는 개념.

가칠(假漆) : ⇨가칠단청(=).

가칠단청(假漆丹靑) : ①무늬가 없이 단색으로 칠한 단청. ②단청을 할 때에 애벌로 하는 가장 낮은 등급의 소박한 단청. ③긋기단청·모로단청·금단청 등을 위한 바탕면이 되기도 함. ④화려한 의장성보다는 주로 방부의 목적에 충실한 단청. ⑤가칠에 사용되는 안료는 뇌록·석간주·육색·백분·미색·삼청·삼록·양록 등으로 다양한데 뇌록과 석간주가 가장 많이 쓰임. ⑥부재의 면닦기가 완료되면 바탕면에 교착제를 포수하고 건조 후 다시 바탕칠을 도채함. 바탕칠이 완전히 마른 뒤에 각 부재에 적용되는 색으로 2회 이상 가칠을 시채함. ⑦창방 이상의 가로 부재에는 뇌록을 가칠하며, 기둥을 포함한 그 이하 부재와 합각판 등에는 석간주를 가칠함. ⑧각종 벽에는 토육색·주홍육색·삼청·삼록 등을 가칠하며, 연목 사이의 연공에는 분가칠을 시행함. ⑨주로 사찰의 요사채나 궁·능의 협문, 일반주택 등에 적용.

가칠단청의 실례 - 서울 문묘 명륜당(보물 141호)

가칠편수(假漆編修) : 단청을 하기 전에 가칠을 하는 칠쟁이의 우두머리.

가택(家宅) : ①가택은 양반이나 사대부의 살림집을 의미함. 택(宅)은 주로 양반이 사는 집을 지칭할 때 사용함. 예컨대 청주 택 등. ②가옥(=).

가토(Kato[필]) : ⇨베칵(=).

가현운동(假現運動, apparent movement, schelnbegung[독]) : ①독일의 게슈탈트(Gestalt) 심리학파인 베르트하이머(M. Wertheimer : 1880~1943)에 의해 알려진 것으로 망막 위에 연속적으로 자극된 두 개 이상의 빛이 시간 간격이나 공간 간격이 클 때에는 두 빛의 자극이 별도로 지각되나, 그 반대의 경우에는 하나의 자극으로 지각된다는 이론. ②가현운동은 계시대비에 관계함. ③정지하고 있는 대상물이 어떤 조건하에서 마치 운동하고 있는 것같이 보이는 현상. 종류는 β운동·δ운동·

γ운동으로 구분함. ㉠β운동이란 영화의 원리로서 2개 이상의 자극 사이의 휴지시간(休止時間)이 60°(60/1,000sec)가 최적시상(最適時相)임. 반대로 30° 이하에서는 두 자극이 동시에 보이고 200° 이상에서는 먼저 자극이 소실되고 다음 자극이 일어나는 소위 단기시상(斷起時相)이 됨. ㉡δ운동은 두 자극 중 후자의 강도를 높이면 가현운동(假現運動)이 양자의 중간에서 일어나며 앞으로 역행했다가 뒤로 되돌아옴. ㉢γ운동이란 또 하나의 자극을 단시간에 작용하면 그것이 나타날 때에 크게 보이고 꺼질 때에 작게 보이는 현상. ④인접된 두 점에 초당 12~20회의 속도로 각각 광선을 투사하면 실제로 광선이 움직이는 것이 아님에도 두 점 사이에 광선이 왕래하는 운동을 지각하는 현상. 예컨대 영화나 전광판과 같은 일정한 간격 이상으로 자극을 제시함으로써 가현운동현상을 일으켜 운동을 지각하게 됨.

가현운동지각현상(假現運動知覺現狀) : ⇨가현운동.

가형토기(家型土器, vessel in the form of a house) : 가야 및 삼국시대나 통일신라시대에 토기에서 보이는 흙을 집이나 창고 형태로 빚어 만들어 구운 토기.

가황(加黃, vulcanization) : ①생고무에 황을 첨가하여 성질을 바꾸는 처리. ②황이 많이 첨가된 것(25%)을 에보나이트라고 부르며 내산성이 있음.

가황고무(加黃-, vulcanization rubber) : ⇨가류고무(=).

각[1](閣, many-storied building) : ①1층 이상의 건축물을 말함. ②석축이나 단 위에 높게 세운 집. ③건물 내부를 다시 분리한 상층부분 또는 차단하기 위한 문. ④궁궐·절·객사 같은 곳에서 중요한 구실을 하는 건물로 대개 1층 팔작집으로 지어지나 원래는 누와 함께 2층 건물을 뜻하는 한자어임. ⑤누·누각(=).

각[2](桷) : ①모난 서까래. ②상주 양진당 처럼 주로 겹처마에서 주심도리까지는 둥근 서까래를 쓰고, 바깥처마 부분에서는 각으로 만든 서까래(부연)를 씀.

각강(角鋼, square bar) : 모가 있는 단면의 강철대.

각개 통기관(各個通氣管, individual vent pipe, back vent pipe) : 위생기구마다 통기관이 하나씩 설치되는 것으로 통기방식 중에서 가장 이상적임.

각게수리 : ①여닫이문에 여러 개의 서랍이 설치된 일종의 금고기능을 하던 장. 주로 귀중품·문서 등을 보관하는 데 사용하였으며, 약장으로도 이용되었음. ②안방과 사랑방에서 함께 쓰였넌 난층장 양식의 가구. ③각게수리는 중국의 영향을 받은 것으로 중국에서는 정궤(頂櫃) 또는 천안주자감(天眼廚欌嵌)이라 하는 소형장을 '각비슈리'라 하였으며, 영조51(1771)년에 간행된 『역어유해보』에서는 천안주를 '각기소리'라 표기하였음.

각꺾쇠(角-) : ⇨꺾쇠(=).

각끌기계(刻-機械, hollow chisel mortizer) : 부재 맞춤의 홈을 따내는데 사용하는 목공기계. 각끌기계는 수동식으로 홈을 파내야 하므로 주로 수가구에 사용.

각도리(角道里) : 단면이 방형 또는 장방형으로 된 도리.

각도리가(角道里家, house with square girder) : ⇨납도리집(=).

각도방향의 착시(角度方向-錯視) : ①점이 예각의 내측으로 들어가 보임. ②짧은 선의 영향으로 구부러져 보임. ③방향의 착시(=).

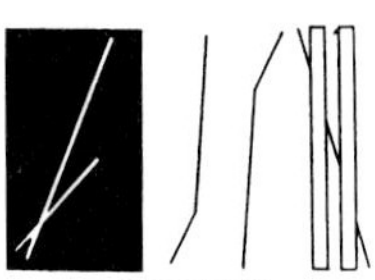
포겐도르프 착시

각도의 착시

각도의 착시(角度-錯視) : ⇨방향의 착시·체르너의 착시(=).

각두정(角頭釘) : 못의 꼭대기가 모가 난 못.

ㄱ

각루(角樓, corner tower as a sentry post) : ①성벽 모서리 위에 지은 다락집. ②성을 지키는 보초병이 망을 보는 곳.

각륜 침대(脚輪寢臺) : ⇨트런들침대(=).

각목(角木) : ⇨각재(=).

각석(角石, square stone, dimension cut stone, ashlar, ashler) : ①모가지게 가공한 석재. ②'장대석(長臺石)'·'장석(長石)'이라고도 함. 큰 것은 운반·취급이 곤란하고 비싸므로 보통 단면 400㎜각, 길이 2,000㎜ 이내의 것이 이상적임. ③주로 화강석재가 사용됨.

각섬석(角閃石, amphibole, hornblende) : ①조암(造岩)광물의 일종. ②철·마그네슘·알루미늄·칼슘 등의 규산화합물로 색은 흑색이고 안정도가 적음. ③비중은 2.9~3.6, 경도 5~6임.

각심재(角心齋) : 예안 이씨가에서 재실로 사용하고 있는 건물. 이 건물은 원래 종로구 경운동 66-8번지에 있는 민익두 가옥(서울특별시 민속자료 제15호)과 같은 곳에 있었음. 민익두 가옥은 앞채였고 이 가옥은 뒤채였음. 이 가옥은 일제시기에 경성공업고등학교를 졸업하고 화신백화점 등 많은 중요 건축물을 설계했던 박길룡(1898~1943)의 작품으로 1930년대 후반 개량한옥의 모습을 잘 나타내고 있음. 각심재는 '工'자형의 건물 내부에 현관과 화장실 및 욕실을 둔 건물. 이처럼 한식가옥에 현관을 만들고 화장실과 목욕탕을 건물 내부에 설치하고 이들을 연결하는 긴 복도를 둔 점 등은 한국 주택발달사를 알 수 있는 중요한 자료로 평가받고 있음. 서울특별시 민속자료 제16호로 지정되었음.

각심재

각재(角材, rectangular timber, square timber) : ①나무의 단면이 네모꼴이 되도록 깎은 나무. ②목재의 단면을 정사각형·직사각형·구형의 모양으로 제재한 목재. ③목재의 길이는 규격에 있어 1.8m·2.7m·3.6m의 정척물(定尺物)과 이보다 0.9m씩 길어진 4.5m·5.4m·6.3m 등의 난척물(亂尺物) 및 1.8m 이하의 짧은 단척물(短尺物)이 있음.

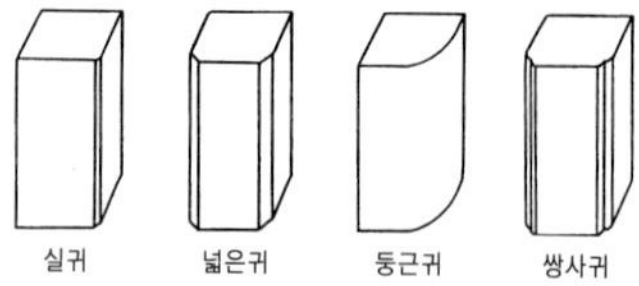

각재 귀접이의 기본형

각재가구(角材家具, horn furniture) : ①사슴·물소 등 동물의 뿔을 사용해서 만든 의자·소파·옷걸이 등의 가구. ②중세에 제작되기 시작하여 19세기에 다시 유럽과 미국 특히 독일·영국에서 크게 유행함. ③뿔가구(=).

각재가구

각주(角柱, prism) : ①정다각형 또는 2차원 형태에 두께 또는 높이를 부가한 것. ②기둥의 단면이 각형으로 4각기둥이 일반적으로 널리 사용되며, 6각기둥은 정자의 기둥에, 8각기둥은 사찰의 추녀를 받치는 활주(活柱)에 각각 사용함. ③플로렌스(Florence, 1060)에 있는 2층 로마네스크 세례당은 기하학적으로 각추형 지붕을 가진 각주형임. 그밖에 에로 사리넨(Eero Saarinen, 1955)의 M.I.T의 원통형 예배당과 팩스톤(Sir Joseph Paxton, 1851)의 수정궁의 반원통형 유리지붕 등이 유명함. ④⇨기둥.

각주두(角柱頭, angular capital) : 전통적인 이오니아식 기둥의 변형된 주두형식으로 4개의 측면에서 소용돌이 장식이 대각선으로 돌출된 형태를 취함. 16세기에 비센쵸 스카모치(Vicenzo Scamozzi : 1552~1616)에 의해 디자인되어 스카모치 이오닉(Scamozzi Ionic)이라고 함. 주두는 일반적인 2개의 전면부 대신 소용돌이 장식

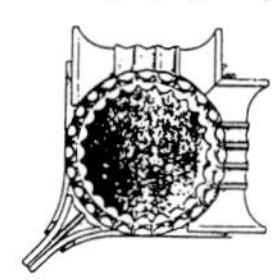
각주두

(vault)이 만나는 지점에서 모서리가 각이 진 4개의 특징이 있는 전면부로 구성. 그 위에는 오목한 측면을 갖는 아바커스(abacus)가 있음.

각형 돔(角形-, font dome) : 사각형 또는 다각형 평면의 각 변에서 중앙의 한 꼭짓점을 향해 올라온 형태의 돔(dome).

각형 돔

간(間, span, room, bay, the size of a room, interval) : ①기둥과 기둥 사이의 간격. ②기둥 간격의 크기. ③실(室) 또는 방(房). ④실수(室數) 또는 방수(房數). ⑤두 부재의 안목 또는 중심간 거리. ⑥사방을 둘러막은 공간이나 띄어 놓은 거리. ⑦일정한 간격으로 어떤 건물이나 물건에 사이를 두고 갈라서 나누는 살. ⑧칸·칸살(=).

간격(間隔, interval) : ①두 대상물이나 두 점 또는 두 상태 사이의 공간. 도면상 표기는 @로 표시. ②물체와 물체 사이의 틈. ③한 물건에서 다른 물건까지 떨어져 있는 거리. 즉 두 부재 사이의 거리. ④시간·공간·길이·면적·각도·명암·색채 등과 같이 동일한 성질·종류·부류 등의 양이나 크기 차이의 정도. ⑤사이(=).

간격재(間隔材, spacer, spreader) : ①철근과 거푸집 또는 철근과 철근의 간격을 유지하기 위하여 쓰는 철제, 철근제 또는 모르타르제 등의 굄(chair) 또는 끼움쪽(packing block)을 말하며, 경미한 공사에 있어서 벽돌이나 자갈 등이 사용됨. ②벽·기초 거푸집의 간격을 유지하는 버팀대.

간결화(簡潔化, compaction) : ①지각심리에 관한 용어. ②어느 것의 이미지를 정확히 전달하기 위하여 그 모양이나 색 등의 어느 부분을 더욱 선명하게 하거나 생략하여 조형 전체를 통일해 나가는 조작. ③유기적 추상조각가 C. 브랜쿠시는 "단순화는 예술의 목적은 아니지만, 물질의 참된 의미에 접근하면 단순화에 이른다."고 언급함.

간공기(間工期) : ①화살표 네트워크에서 어느 결합점에서 종료결합점에 이르는 최장패스의 소요시간. ②서클 네트워크에서 어느 작업에서 최후작업에 이르는 최장패스의 소요시간.

간극(間隙) : ⇨공극(=).

간답 : 기둥과 기둥 사이(의 너비).

간막이(間-, partition) : ⇨칸막이(=).

간방(艮方) : 북동쪽.

간사(間砂) : ①잡석보다 약간 작은 막생긴 돌. ②석재를 채취할 때 쪼개지고 다소 모진 한 면이 약 200~300㎜ 정도의 막생긴 돌. 주로 석축이나 돌쌓기에 사용.

간사이(柱間) : ⇨스팬(=).

간살 : ①기둥과 기둥 사이. ②일정한 규격으로 건물을 둘러막은 공간. ③주간(=).

간살이(柱間) : ①건물을 구성함에 있어 기둥과 기둥 사이를 하나의 단위로 삼았는데 그것을 간(間)이라 함. ②기둥의 개수에 따라 건물의 규모를 계산하였으며, 칸은 들보가 걸리는 방향과 도리가 걸리는 간격에 따라 양간(樑間)과 도리간(道理間)이라 부르는데, 지금은 정면·측면 및 몇 칸이라 계산함. 또한 칸의 위치에 따라 어칸(御間)·내칸(來間)·툇간(退間)이라 부르고, 안팎의 구조에 따라 외진(外陣), 내진(內陣)이라 함.

간상세포(桿狀細胞, rod cell) : ⇨간상체(=).

간상양각기(桿狀兩角器, beam calipers) : 체폭(體幅), 족장(足長) 등을 측정하기 위한 인체계측기.

간상체(桿狀體, rod, stäbchen[독], bâtonnet[프]) : ①길이 약 0.06㎜의 가늘고 긴 망막 시세포의 일종으로 주로 어두운 곳에서 물건을 볼 때 작용하며, 0.1럭스(Lux) 이하의 어두운 빛을 감지하는 데 세포수는 약 1억 3천만 개. 명암(明暗) 감각만을 구분. 즉 흑색·회색·백색만을 구분하는 망막시세포의 일종으로 '한상체(旱狀體)'라고도 함. ②눈이 어두운 밝기의 빛에 순응되어 있을 때 작동하는 수광세포. 추상체보다 더 민감하지만 스펙트럼은 흑백으로 나타나게 됨. ③봉상체(=).

ㄱ

간섭(干涉, interference) : ①두 개 이상의 음파가 동시에 어떤 점에 도달하면 서로 강화하거나 약화되는 것으로 '소리(音)의 간섭'이라고 함. ②같은 주파수를 가진 2 이상의 빛이나 음파가 동시에 한 점에 도달하였을 때 그 점에서 파(波)가 겹쳐서 강화되거나 상쇄되는 현상. 서로 겹쳐져서 생긴 파(波)의 진폭은 각 파의 진폭의 대수합 또는 벡터합이 됨. ③충돌(=).

간섭반사(干涉反射, interference reflection) : ①반사광선의 서로의 간섭에 의하여 나타나는 색으로서 비눗방울에 나타나는 색, 수면에 펼쳐진 기름의 표면에 나타나는 색의 현상. ②이 경우의 색을 간섭색이라고 함.

간섭색(干涉色, interference color) : 조개나 전복 껍데기 또는 물 위에 얇게 떠 있는 기름이나 비누거품, 코팅된 숟가락 등의 물체 표면이 막으로 입혀 빛의 간섭이 생기는, 즉 반사되는 두 빛이 간섭 효과 때문에 생기는 채색 줄무늬 색을 간섭색이라고 함. 이 간섭색의 줄무늬는 17세기 영국의 물리학자 뉴턴(Isaac Newton : 1642~1727)이 연구한 것으로 '뉴턴 줄무늬'라고도 함.

간수[1](間數) : ①집의 기둥 사이의 수효(數爻). ②칸수(=).

간수[2](-水) : 소금이 습기를 만나 저절로 녹아 흐르는 물. 보통 염화마그네시아($MgCl_2$)를 말함.

간역(看役) : 건축이나 토목 따위의 공사를 보살핌.

간의대(簡儀臺, observatory) : 조선시대에 천체의 운행과 현상을 관측하던 기구.

간이달비계(間易-飛階, gondola, swinging scaffolds) : ①경미한 작업용으로 된 비계. 보통 단독으로 사용하지만 여러 개를 연결하여 사용하는 경우도 있음. ②곤돌라(=).

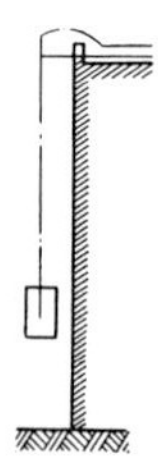

간이달비계

간이식당(簡易食堂, cafeteria, snack counter, snack stand, commissary) : ①간편한 시설에서, 간단한 음식을 파는 식당. ②최근 24시 김밥집 등이 그 실례임.

간접가열식 급탕방식(間接加熱式給湯方式, indirect heating water boiler method) : ①저탕조 내에 가열코일을 설치하고 열원으로서 보일러에서 만들어진 증기 또는 고온수로 가열코일 내를 통하여 물을 가열하는 방식. ②급탕용 보일러가 별도로 필요하지 않고, 보일러 내면에 스케일이 발생할 우려가 없음.

간접공사비(間接工事費, indirect construction cost) : ①공사의 개별 작업에 직접적인 관계를 가진 것이 아니고 전 프로젝트 수행에 관련되어 발생하는 비용. ②이 비용에는 현장관리인 인건비, 현장사무실 임차료·설비공사비·사무비·사무장비의 임차료·관리비·시설감가상각비 등의 현장경비와 일반관리비(교통통신비, 잡비, 기타 경비 등)가 포함되며, 공기가 지연되면 비례하여 증가함. ③직접공사비(=).

간접광(間接光) : ⇨간접조명(=).

간접광고(間接廣告, indirect action advertising) : ①주로 상표에 대한 신뢰를 높이기 위해 기업광고나 광고 상품의 특질 등을 선전하여 받는 사람의 이해를 높이는 광고 등이 포함됨. ②텔레비전 연속극에서 술마시는 장면에 어떤 특정 브랜드를 보여주는 장면 등.

간접글레어(間接-, indirect glare) : ⇨반사글레어(=).

간접난방(間接煖房, indirecting heating) : 난방에 필요한 열원인 증기나 온수를 실내로 끌어들이지 않고 공기를 가열하여 그 더운 바람으로 난방하는 방식. 온풍난방은 그 한 예임.

간접방수(間接防水) : ⇨드라이에리어(=).

간접비(間接費, overhead expenses) : ①회사의 수입창출과는 관계없이 발생하는 지출. ②판매관리비(=).

간접여유(間接餘裕, interfering float, dependent float) : 총여유(TF ; total float)시간과 자유여유(FF ; free float)시간과의

ㄱ

차를 말하며, 자유여유시간을 넘어 간접여유(IF ; interfering float 또는 dependent float)시간을 사용하면 그만큼 후속작업의 여유시간이 감소됨.

간접조도(間接照度, indirect illumination) : ①간접조명방식에 의한 조도. ②상호반사로 인한 조도. ③간접조명(=)· 반사조도(=).

간접조명(間接照明, indirect lighting, in-directing light) : ①광원의 빛을 일차적으로 벽이나 천장에 비추어 그 반사광으로 필요한 조도를 얻는 조명방식. ②빛의 90~100%가 위로 향하고, 0~10%가 아래로 향함. ③천장면이나 상부 벽면에 비춘 후, 반사시켜 조도를 구하므로 균일한 조도와 부드럽고 자연스러운 분위기를 형성하여 눈부심이 없음. ④현휘나 그림자가 생기지 않도록 하기 위해 사용. ⑤직접조명보다 입체감과 극적인 생동감이 적고 빛의 이용률이 직접조명의 1/3로 떨어져 조명효율이 낮아서 비경제적인 결점이 있음. 간접조명은 천장이나 벽에 비춘 반사광을 이용하므로 마감재료의 색채와 재질감 등을 고려하여 계획.

간접조명

간접주광률(間接晝光率, indirect daylight factor) : 주광률의 성분 가운데 창문에서 오는 직접광이 아니라 천장이나 벽 표면의 반사광에 의한 것.

간접채광(間接採光, light by the borrowed light) : 인접한 실(室)이나 복도의 바깥쪽 창문을 거쳐 간접적으로 들어오는 햇빛.

간접하중(間接荷重, indirect load) : ⇨하중(=).

간주(間柱) : 기둥과 기둥 사이에 벽체를 따로 구성하거나 문얼굴을 세우기 위해 세우는 기둥. 반쪽으로 세우기도 함.

간지석(間知石) : ⇨견칫돌(=).

간판(看板, sign board, panneau d'affich-age[프]) : ⇨사인보드(=).

간포(間包) : ①기둥과 기둥 사이의 중간에 배치한 공포. ②주간포·공간포(=).

갈[1](碣, small monument with rounded top) : 지붕돌을 얹지 아니하고 머리부분을 둥그스름하게 만든 작은 비석.

갈[2] : 전통건축에서 첨차와 살미가 십자로 맞추어지기 때문에 주두에 십자로 사갈을 튼 부분. ⇨주두.

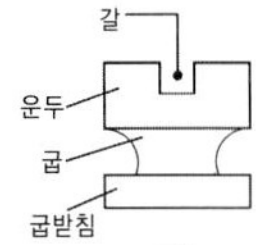

갈

갈고리걸쇠(hooked latch) : 갈고리를 구부려 걸게 된 걸쇠.

갈고리걸쇠

갈고리못(hook nail) : 머리가 직각으로 구부러져 있는 못.

갈고리볼트(hook bolt) : ①머리가 갈고리로 되어 있는 볼트. ②체목(體木)에 사용되는 보강철물로 머리 대신 한쪽 끝을 갈고리로 만든 볼트. ③보통 '앵커볼트(anchor bolt)' 또는 '기초볼트'라고 함.

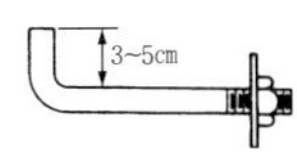

갈고리볼트

갈고리손잡이 : ⇨돌림손잡이(=).

갈고리자물쇠(hook bolt lock) : 미닫이문 옆 밑에 붙이는 자물쇠.

갈기(研磨) : ①석재 표면마감을 위한 가공으로 시간이 가장 많이 걸리며, 가공원가도 가장 높음. ②바탕은 켜낸 돌을 기준으로 하여 거친갈기·물갈기·정갈기로 구분됨. ③갈기는 주로 수동식 갈기보다는 수동의 3~5배 정도 능률적인 자동연마기가 사용되는 기계갈기가 사용됨.

갈라짐(crack) : ⇨크랙(=).

갈림(割裂, split) : ⇨갈라짐·할열(=).

갈모(-帽) : ①비가 올 때 갓 위에 덮어씌우는 모자. ②접어서 두는데, 펴면 세모꼴로 위가 뾰족하고 아래가 넓음.

갈모금

갈모금 : 단청 문양의 일종.

갈모산방(-帽散枋) : ①선자 서까래 밑을 괴어서 처마가 휘어져 올라가게 하는 갈모 모양으로 된 산방. ②추녀 쪽에 있는 선자 서까래가 들려 올라간 기울기대로 받쳐져 있는 갈모모양의 산방. ③선자 서까래의 곡(曲)을 잡는 구실을 함. ④산방(=).

ㄱ

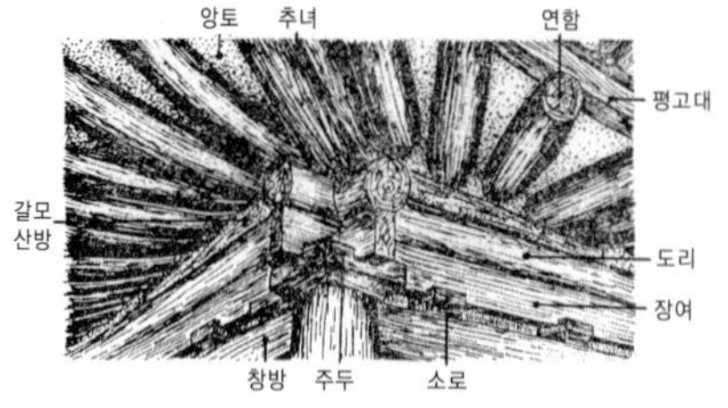

갈모산방

갈바철판(-鐵板, galvanized steel plate) : ①표면에 아연도금을 한 얇은 철판. ②일반적으로 '함석' 또는 '아연도금판'이라고도 함.

갈비 : ①지붕의 넓이. ②앞쪽 처마 끝에서 뒤편 처마 끝까지의 가장 넓은 간격.

갈색(褐色) : ①관용색명으로 어두운 주황색. ②먼셀기호 6YR3/7.

갈은유리(研磨板琉璃) : 두께 3~9㎜의 판유리의 한 면 또는 양면이 동일한 유리. ②광선의 통과량이 많고 또 일정한 통과가 되므로 고급건축이나 거울유리로 사용.

갈짓자 무늬장식(-之字-裝飾) : ⇨쉐브론(=).

갈참나무(槲·槲櫟, 白反, 淸剛樹, Oriental white oak, white oak·turkey oak, Quercus aliena Blume[학]) : ①너도밤나무과의 낙엽활엽교목. 키는 27~30m, 직경 1.5m 정도. 나무갗은 거칠고, 결이 곧으며 환공재(環孔材)임. 심재는 갈색이나 홍갈색이고 변재는 담홍백색이나 백색으로 심·변재의 구별이 뚜렷함. 곧은결 면은 아름다운 무늬가 있으나, 휨이 크고 습기에 약함. 생재는 충해 상처를 입기 쉬우나 건조·고비중재이고, 수축성이 크며, 흡수성은 보통임. 압축강도, 휨강도, 전단강도는 강하고, 인장강도는 보통. 충격·휨·흡수에너지는 크고, 경도는 보통임. 제재가공성과 대패가공성은 보통이고, 건조성은 불량하며, 휨가공성은 양호함. 접착성은 보통이고, 도장성은 양호함. 합판제조적성은 보통이고, 섬유판 제조적성은 불량함. 시멘트경화성과 내후성은 보통임. ②주로 가구재·기구재·마루판·베니어판·단작재·성냥재료 등으로 사용.

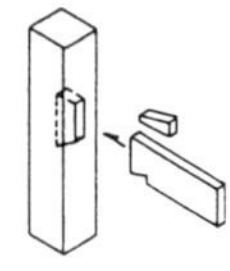
갈퀴맞춤

갈퀴맞춤 : 꿸대를 기둥에 맞출 때 사용하는 맞춤.

갈포(葛布, grass cloth) : 면사(綿絲)·마사(麻絲) 등을 날실(縱絲)로 하고, 칡줄기의 섬유를 씨실(橫絲)로 하여 짠 베의 뒷면에 종이를 붙인 것. 주로 벽지에 이용.

갈포벽지(葛布壁紙, kohen wall paper) : ①칡의 섬유(넝쿨)를 섞어 만든 종이. ②면의 날실에 천연 칡잎을 씨실로 하여 짠 벽지로 우아한 멋은 있으나 충격에는 약함. ③장점은 인공재료에서 느낄 수 없는 거칠고 자연스러운 느낌이 나고, 후염에 따른 다양한 색상을 가질 수 있으며 때에 따라 탈색도 가능. 단점은 갈포를 얽고 있는 면사로 인해 전반적으로 수명이 짧고, 대량생산이 어려움.

감(龕) : ⇨감실·벽감(=).

감가상각(減價償却, depreciation) : 자본설비의 수명은 제한되어 있다는 개념에서 나온 것. 이것은 회사가 수익을 추구하는 데 있어 고정자산의 사용을 표현하는 것.

감가소각(減價消却, amortization) : 무형자산에 감가상각을 의미. 특허나 저작권 보호를 받고 있는 무형자산을 계속 사용함으로써 가치가 감소되는 것을 의미함.

감각(感覺, sense) : ①외계(外界)의 물리적인 특성에 대하여 인체의 센서가 느끼는 정도. 즉 내부환경 및 외부환경의 자극이 협의의 감각기관인 감각 수용기로 받아들여져 구심성 신경계를 매개로 대뇌피질의 감각영역으로 전달되어 그것에 의해 직접 야기되는 의식체험. ②감각에는 시각·청각·후각·미각·촉각의 오감(五感)이 속함.

감각의 가중(感覺-加重) : ①두 개의 자극을 일정한 간격을 두고 주어진 경우에 그 효과가 겹쳐 단일 자극의 경우보다도 크게 되는 경우. ②가중(=).

감각정보(感覺情報, sensory information) : ①건축환경 내에서 환경의 인지에 도움을 줄 수 있는 정보요소 중 하나. ②직접 인지될 수 있는 정보로서 바닥·벽 또는 마감재료로부터 전체 공간구성에 이르기까지의 영역을 포함하는 1차적 정보.

감각척도(感覺尺度, sensory scale) : ①감각의 크기와 질을 수량으로 나타내어 그 수량을 사용한 척도. ②웨버-페히너의 법칙(Weber-Fechner's law)이 유명함.

감광률(感光率, depreciation ratio) : 빛이 물체를 투과할 때 감쇠하는 비율.

감광보상률(減光補償率, depreciation factor) : ①조명기구가 사용 중에 광원의 능률저하 또는 기구의 오손 등으로 조도가 점차 저하되므로 광원의 교환 또는 기구의 소재를 할 때까지 필요로 하는 조도를 유지할 수 있도록 미리 여유를 두기 위한 비율. ②조명설계를 광속법(光速法)으로 하는 경우에 점등시간에 따른 감광 또는 먼지로 인한 조명기구의 효율저하를 고려한 광원의 광속여유계수.

감광성유리(感光性琉璃) : 소다석회유리에 0.01~0.05%의 금·은·구리의 이온을 용해하고 또 0.1%의 산화세륨(CeO_2)과 0.3%의 산화주석(SnO_2)이나 산화안티몬(Sb_2O_3)의 환원제를 첨가한 것. 자외선에 의한 세륨이온이 변화하여 방출전자(電子)가 귀금속이온에 포착되어 중성현상(中性現狀)을 일으킴.

감내림새 : 박공면의 끝에 쓰는 감새기와.

감독의자(監督椅子, director's chair) : ①목재골조의 캔버스 직물로 된 등받이가 있는 X자형 접이의자. ②18세기 이래 군대에서 사용된 이동식 가구에서 전래된 것으로 오늘날에 와서는 크롬이나 황동 골조에 가죽으로 된 것도 있음. ③영화감독들이 종종 사용하여 감독의자라는 명칭이 생겼음.

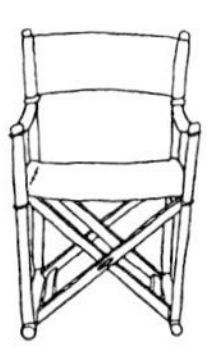
감독의자

감떫이칠 : 감나무 열매의 떫이로 만든 도료.

감람석(橄欖石, peridot, olivine, chrysolite) : ①화성암의 일종으로 성분은 철분·마그네슘·석회분 등으로 구성. 경도 6~7, 광택이 강하지만 내후성이 약함. 보통 올리브색의 투명 또는 반투명한 결정을 이루지만 화성암에 포함된 것은 외면이 용해한 것처럼 둥그스름한 결정을 이룬 것도 있음. 각 성분들이 변질되어 적갈색 또는 백색의 변성암으로 된 것이 사문암·사회암 등. ②주로 장식재로 사용.

감리(監理, supervising) : ①설계도 및 시방서 내용에 알맞게 실현되도록 시공의 입회·확인 및 지도를 하는 업무. ②종류; ㉠공사감리(3층 이상 또는 200㎡ 이상) ㉡상주감리(연면적 5,000㎡ 이상, 5개 층 이상으로 3,000㎡ 이상) ㉢책임감리(300세대 이상의 공동주택, 국가정부투자기관이 발주하는 100억 이상으로서 PQ 대상인 22개 공종과 발주관서장이 인정하는 공사).

감리자(監理者, supervisor) : 전문지식과 기술 및 경험을 활용하여 설계도서대로 시공되었는지 여부를 검사하며, 공정한 입장에서 공사관리 및 기술 지도하는 기술자.

감법혼색(減法混色) : ⇨감산혼합·감법혼합·가산혼합(⇔).

감산(減算, subtraction) : 포지티브(positive)한 형태 위에 네거티브(negative) 형태가 중첩되는 현상.

감산혼합(減算混合, subtractive color) : 가산혼합의 반대 개념으로 빛과는 달리 염료나 색소를 혼합할수록 어두워지며 흑색에 가까워짐.

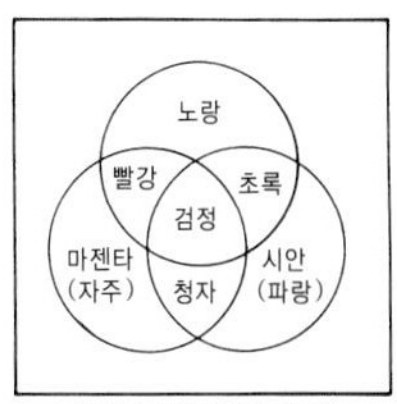

감법혼색인 안료의 원색
감산혼합

감상거리(感想距離) : ①대상물의 전체나 인상을 볼 때의 거리. ②관찰거리(≒)·시거리(≒).

감새 : ⇨감새기와(=).

감새기와 : ①박공측을 감싸는 기와. ②박공지붕의 경사면을 따라 이는 걸침기와. ③오른감새와 왼감새가 있음.

감새마루 : 박공·합각 박공 옆에 지붕마루를 꾸미지 아니하고 수키와를 덮는 정도로 꾸민 내림마루.

감색(紺色, navy blue) : ①관용색명으로 검은 빛을 띤 남색. ②관용색명으로 어두운 보라를 띤 파랑. ③먼셀 19R5.5/12.

감색혼합(減色混合, subtractive color) : ⇨감산혼합(=).

감성(感性) : ①여러 가지 감각이 합성되어 종합화된 것으로 생리적인 특성을 중시하는 감각과 심리량으로서의 느낌과 같은 것들이 다중적으로 통합된 것. ②외부의 물리적 자극에 의한 감각·지각으로부터 인간의 내부에서 일어나는 체험으로 쾌적감·고급감·불쾌감·불편함 등의 복합적인 감정. 즉 감성이란 빛을 보고 단순히 밝다고 느끼는 것보다는 쾌적함·편리함 등을 생각하는 고차원적인 감각형태.

감성공학(感性工學, ergonomics) : ①고객의 감성이나 이미지를 제품 설계자가 정량적·정성적으로 측정하고 과학적으로 분석·평가하여 이를 제품이나 환경의 설계에 적극적으로 응용함으로써 보다 편리하고 안락하며 안전하고 더 나아가서 인간의 삶을 쾌적하게 하는 기술. ②감성공학에서는 SD기법에 의한 감성어휘의 요인분석과 다변량 해석 등을 통해 사용자의 감성을 적용함. ③감성공학은 인간·기계·환경과의 총체적인 시스템, 즉 휴먼 인터페이스(human interface)를 영역으로 함. ⇨에르고노믹스(=).

감소율(減少率, decay rate) : ⇨감쇠율(=).

감쇠(減衰, attenuation) : 음파의 단위면적당 음에너지나 음압의 감소. 3차원 공간에서 흡수·산란 등의 작용에 의해 음원으로부터 거리가 증가함에 따라서 감쇠가 발생.

감쇠율(減衰率) : ①음파가 전파할 때 그 에너지가 매질(媒質)에 흡수되어 감쇠하는 정도를 나타내는 수치. ②음원이 멈춘 뒤 음압레벨의 감소율. 일반적으로 dB/s로 표시.

감수제(減水劑, water reducing agent) : ①포조리스·AE제와 같은 콘크리트의 혼화제(표면활성제)의 일종. ②시멘트 입자를 분산하여 콘크리트 소요의 워커빌리티를 얻는데 필요한 단위수량을 감소시키는 것을 주목적으로 하는 혼화제. 감수작용의 대부분이 시멘트 입자의 분산효과에 의하기 때문에 분산제(分散劑, dispersing agent)라고도 함. ③효과는 콘크리트 단위수량 감소(10~15%), 워커빌리티(작업성) 개선, 단위시멘트량 절감(5~10%), 수밀성 및 내구성 증대, 온도상승 저감, 강도 증가(10~20%), 응결지연 조절 가능. 또한 골재나 입도분포의 나쁜 골재를 쓴 콘크리트의 성질이 개선되어 시공을 용이하게 하는 등의 효과가 있음. ④초가소제(=).

감실(龕室, niche, alcove, tabernacle, wing of antechamber, shrine, niche in temple) : ①두꺼운 벽을 우묵하게 만든 곳. ②신주나 예배상을 놓아두는 작은 방이나 방 모양의 공예품. ③벽면이나 굵은기둥에 있어서 조그마하고 우묵하게 만든 공간. ④벽난로(fire place) 상부에 오목하게 들어간 부분. ⑤종교적인 대상물 또는 망자의 신위를 모셔두는 벽 속에 움푹 들어간 공간이나 장(欌). ⑥고구려 무덤에서 앞방의 양 옆에 딸린 방. ⑦감·벽감·니치(=).

감압밸브(減壓−, pressure reducing valve) : 고압배관과 저압배관 사이에 설치하여 저압측의 증기 사용량 증감에 관계없이 또는 고압측 압력의 변동에 관계없이 밸브의 리프트를 자동적으로 조절하여 증기유량과 저압측의 압력을 일정하게 유지하는 작용을 하는 난방설비용 밸브.

감영(監營, local government office) : ①조선시대 관찰사(감사)가 정무를 보던 청사(廳舍). ②순영(=).

감온비(減溫比) : 시료(試料)의 온도가 변하면 침입도가 달라지는 것. 변화의 정도가 적은 것이 좋음.

감온성(感溫性, temperature susceptibility) : 온도에 따른 견고성의 변화 정도.

감은사지(感恩寺址) : ①경북 월성군 양북면 용당리에 위치한 통일신라시대의 사찰지(사적 제31호). ②감은사는 삼국을 통일한 31대 문무왕이 새 나라의 위엄을 세우고,

동해로 쳐들어오던 왜구를 부처의 힘으로 막아내어 나라의 안정을 도모하고자 세운 절로서 그 아들인 신문왕이 아버지의 뜻을 이어받아 즉위 이듬해인 682년에 완공.

감은사지동서3층석탑(感恩寺址東西三層石塔) : ①감은사터 앞뜰에 나란히 서 있는 쌍탑. 옛 신라의 1탑 중심에서 삼국통일 직후 쌍탑가람으로 가는 최초의 배치를 보임. ②금당 앞 동서에 세운 3층 석탑은 ㉠동·서 서로 같은 형식과 규모인 신라 최대의 3층 석탑. 신라 석조물의 대표적 작품. 웅장한 구조와 당당한 기풍은 신라 3층 석탑의 으뜸임. 높이는 9㎝이며 상륜부는 상실되고 지금은 철간만이 남아 있음. ㉡가장 큰 특징은 각 부분들이 수십 개에 이르는 부분석재로 조립되었다는 것. ㉢탑을 세운 시기는 신문왕 2년(682)으로, 1960년 탑을 해체·수리할 때 서쪽 탑 3층 몸돌에서 청동제사리(보물 제366-1호)와 청동제사각감(보물 제366-2호)이 발견되었음. ㉣2층 기단 위에 3층 탑신부에 상륜을 차례로 형성하였는데 이러한 상하 기단의 양식 또한 이 석탑에서 비롯한 것임. ③석탑의 전체 구조에서 기단부나 탑신부를 목조 건축을 모방하여 석재로 구형함으로써 신라 석탑과 한국 석탑의 시원을 이룸. ④하층기단의 탱주가 3주이며 초층 탑신 네 귀퉁이의 우주도 별석(別石)을 세움으로써 시원 양식의 각부가 그대로 신라식 정형의 모태가 되어 옥개 받침이 5단이고 낙수면은 지붕 모양으로 경사를 보이게 되어 있음.

감은사지동서3층석탑

감잡이 : ⇨감잡이쇠(=).

감잡이쇠(strap, stirrup, hanger, large metal strap) : ①맞춤으로 접합되어 있는 수직의 문선과 수평의 막이가 서로 벌어지는 것을 막기 위해 부착한 철물. ②구조적으로 접합부분이나 모서리 부분을 잡아 줄 뿐만 아니라 외부와 접촉할 때 가구 자체의 모서리를 보호해주는 역할을 하는 금구장식. ③ㄷ자형으로 구부려서 만든 띠쇠로서 두 부재를 감아 연결하는 목재이음·맞춤을 보강하는 철물. 평보에 대공을 달아 맬 때 또는 평보와 ㅅ자보의 밑에, 기둥과 들보를 걸쳐대고 못을 박을 때, 대문 장부에 감아 박을 때 사용. ④'감잡이'·'감좌비(甘左非)'라고도 함.

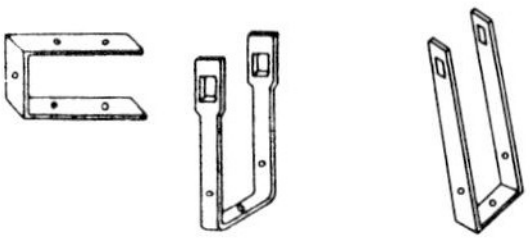
감잡이쇠

감정이입(感情移入, einfühlung[독]) : 인간이 외부의 대상(對象)과 정서적(情緖的)으로 일체화하는 일. 철학자 로버트 비셔(Robert Visher)가 1872년에 처음 사용.

감좌배 : 대문짝에 박는 쇠띠.

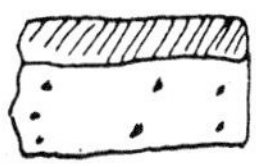
감좌배

감지능력(感知能力) : ①목적에 맞는 행동을 하기 위한 3가지 능력 중 하나. ②자신을 둘러싸고 있는 환경을 이해하거나 환경이 내포하고 있는 정보를 감지하는 능력.

감청색(紺靑色, Prussian blue) : ①페로시안(ferrocyan)화한 쇠를 주성분으로 하는 안료의 이름. 산뜻하고 짙은 남빛을 내는 안료 및 그 빛. ②제조법에 따라 다소 녹색기미의 청색에서 자색기미의 청색까지 범위가 넓지만 색이름으로는 녹색쪽으로 기울어진 짙은 청색을 가리키는 경우가 많음. ③짙은 청색(deep blue). ④관용색명으로 어두운 회색빛 파랑. ⑤먼셀기호 5.0PB3.0/10.0. ⑥베를린블루(=).

감촉(感觸, hand) : 직물·피혁 등의 물체에 손에 닿아 피부로 느끼는 느낌.

감탕 : ①갖풀과 송진을 끓여서 만든 풀. ②아주 곤죽같이 된 진흙.

감흥(感興, sentiments) : ①마음에 깊이 감동되어 일어나는 흥취. ②어떠한 현상에 감동이 솟아오르게 되는 경우로서 그 자

ㄱ

극과 감격으로 인하여 사상이나 감정에 반응작용이 일어나 제작의욕이 생김.

갑벽(甲壁) : ⇨갑창(=).

갑벽장지(甲壁障紙) : ⇨갑창(=).

갑사강당(甲寺講堂) : 충청남도 유형문화재 95호, 420년 창건 추정, 정유재란 때 소실된 후 1614년(광해군6)에 중건, 1798년(정조22)에 대대적인 중수, 1890년(고종27)에 크게 보수. 최근 보수공사에서 "강당"이 아니라 "정문"으로 확인되었음. 앞으로는 갑자정으로 수정이 필요함. 정면 3칸, 측면 3칸의 겹처마 팔작지붕, 측면 풍판이 없음. 우물마룻 바닥에 연등천장, 2고주7량가 구조, 종량 가운데 파련대공을 세우고 종도리를 받치도록 함. 기단과 자연석 덤벙주초 위에 원주를 세움. 각 칸에 2개씩의 공포를 설치한 다포집으로 내외2출목5포작임. 공포와 공포 사이는 철(凸)형 포벽을 두었으나 벽화는 없음. 귀솟음과 공포형식에서 조선 전기의 모습이 보임.

갑사대웅전(甲寺 大雄殿) : ①충청남도 유형문화재 105호, 420년(백제 구이신왕 원년)으로 추정, 1604(선조37)년에 중건. ②외벌대 기단과 덤벙주초에 원주를 세우고 양측면 가운데는 방주로 보조기둥을 세움. 공포는 전후면만 짜올리고 귀포를 두지 않은 다포식 구조. 주간(柱間)에 올린 공간포는 양협간에는 1개씩, 가운데 3칸에는 2개씩 놓았음. 공포와 공포 사이는 철(凸)형의 포벽을 두고 불상을 그렸음. 전면 창호는 모두 띠살문으로 3칸은 사분합 들어열개문이고 양협간은 분합 들어열개문. 후면 어칸에는 분합 장판문, 그 밖의 측면과 후면의 외벽은 판벽처리. 천장은 가운데 종량 높이에서 격자 모양의 우물반자를 설치하고, 반자 주변은 빗천장으로 마감함. 닫집은 후대에 별도로 설치함.

갑사대적전(甲寺大寂殿) : ①충청남도 유형문화재 106호, 1826년(순조26) 건립. ②정면 3칸, 측면 3칸의 다포식 겹처마 팔작지붕. 정면에 잘 다듬은 화강석 두벌대, 측면과 후면은 외벌대 기단에 음각으로 주좌를 새긴 덤벙주초를 놓고 원주를 세움. 다포식 구조(조선후기 특징), 바닥은 정면 2칸 열은 우물마루, 후면 1칸은 온돌방 구조. 천장은 우물천장에 불상이 있는 가운데 부분은 층급천장 구조.

갑사대적전

갑상(甲像) : 궁궐 따위의 귀마루에 얹는 신상.

갑석(甲石) : ①돌 위에 다시 포개어 얹는 납작한 돌. ②위에 뚜껑처럼 덮어 놓은 돌. ③위치에 따라 상대, 중대, 하대갑석으로 구분됨. ④갑돌(=).

갑장지문(甲壯紙門) : ①장지문의 덧문으로 문살 안팎에 두꺼운 종이를 바른 장지문. ②채광을 고려하여 창호지를 발랐으며 문살은 보통 卍자살·亞자살로 문살을 세밀하게 나눈 세살문은 모두 쌍여닫이, 미닫이 형식으로 되어 있음. ③북쪽으로 갈수록 문살의 밀도가 낮은 정(井)자문살이 사용되었고, 남쪽으로 갈수록 문살의 밀도가 높은 창살이 사용되었음. ④감장지문은 밤에 닫는 문임.

갑종방화문(甲種防火門) : ①건축물의 방화구획 등을 위해 개구부에 설치한 방화문의 하나. ②골조가 철제이고 그 양면에 두께 0.5㎜ 이상의 철판을 붙인 것. 철제로 되어 철판 두께가 1.5㎜ 이상인 것. 또는 국토교통부 장관이 이에 준하는 방화성능이 있다고 인정하여 지정한 것.

갑창(甲窓) : ①방한(防寒)을 목적으로 장지문 안에 이중으로 만든 창. ②창호의 울거미와 살대 전체를 두꺼운 종이로 모두 싸바름으로써 빛이 일체 투과되지 않도록 만든 창호. ③문틀은 내보이게 하고 창면에는 종이를 두껍게 바름. ④방의 창문 내부에 두는 덧문으로 방한(防寒)을 위하여 다는 것. ⑤두껍닫이에 갑창을 다는 경우도 있음. ⑥방의 창문 안에 내부 덧문으로 쓰거나 다락·벽장문에 쓰임. ⑦이런 구조의 문짝을 장지문으로 사용할 때 맹장지라 함. ⑧흑창·맹장지·복장지·도듬문(=).

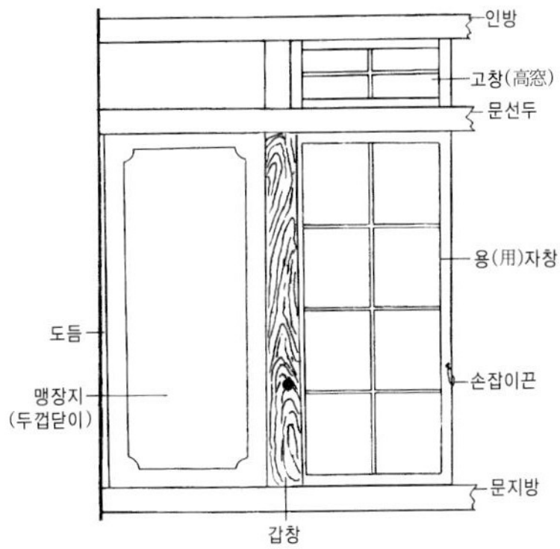

갑창 영창의 구조

갓기둥 : ⇨안두리기둥(=).

갓기와 : ⇨두겁대(=).

갓나무 : 의자 뒷다리 맨 위에 가로질러 댄 나무.

갓돌(coping, fractable) : ①물이 저절로 떨어지도록 표면 위에 평평하거나 경사져 있는 또는 벽이나 난간 꼭대기의 가로층 전체에 걸쳐 있는 보호덮개. 만일 그것이 벽을 넘어서 연장된다면 벽 아랫부분을 보호하기 위해 물방울이 똑똑 떨어질 수 있도록 다듬어짐. ②지붕 위에 연장되고 장식적 외곽선을 형성하는 계단이나 곡선으로 꺾인 건축물의 박공지붕 끝에 있는 갓돌(coping). ③트리글리프(≒).

갓두리돌 : 벽 윗 끝에 쌓는 몰딩이 있는 돌.

갓복도(-複道, side corridor) : ①복도의 한 편으로만 실이 배치되고 다른 편은 외부로 면한 복도. ②특징은 엘리베이터대당 사용가구수가 증가하기 때문에 고층화할 때는 유리하지만 가구가 통로에 면하고 있어서 프라이버시에 침해를 받을 수 있음. ③편복도(=).

강(鋼, steel) : ①탄소 0.04~1.7%를 함유하는 Fe와 C의 합금을 말하며, 탄소강(炭素鋼, carbon steel)이라고도 함. ②강은 탄소의 함유량에 따라 기계적·물리적 성질이 달라지고 사용목적에 따라 우수한 성질의 재료를 만들 수 있음. 또한 가공성이 우수하여 판(板)·봉(棒)·관(管)·선(線) 등으로 만들어지며, 담금질·뜨임 등의 열처리를 하면 기계적 성질은 광범위하게 변하므로 매우 편리한 재료임. ③강의 종류는 탄소량의 증가에 의한 경도에 따라 극연강(極軟鋼, 탄소 0.25% 이하), 연강(軟鋼, 탄소 0.25~0.5%), 경강(硬鋼, 탄소 0.5~1.0%), 극경강(極硬鋼, 탄소 1.0% 이상)의 4가지로 구분함.

탄소량의 증가에 따른 경도

분류	종류	탄소량(%)	인장강도 (kg/㎟)	연신율 (%)
저탄소강	극연강(極軟鋼)	0.12 이하	40 이하	25
	연강(軟鋼)	0.13~0.20	40~45	20
	반연강(半軟鋼)	0.21~0.35	45~50	16
고탄소강	반경강(半硬鋼)	0.36~0.50	50~60	15
	경강(硬鋼)	0.51~0.80	60~70	14
	최경강(最硬鋼)	0.82~2.06	70 이상	8

강관(鋼管, steel pipe) : ①얇은 강철제(鋼鐵製) 판으로 된 관(管, pipe). 특징은 강도가 크며, 두께가 얇고, 길게 만들 수 있어 진동이나 충격에 저항이 큰 장점이 있는 반면에 두께가 얇으므로 내구성이 작아 이형관(異形管)을 만들 수 없는 단점이 있음. ②강철관(=).

강관가구(鋼管家具, pipe furniture) : ⇨파이프가구(=).

강관기둥(鋼管-, steel pipe column) : ①강관으로 된 기둥. ②화재 및 강도를 고려하여 관 속에 콘크리트를 채우거나 외부에 피복하는 경우도 있음.

강관말뚝(鋼管-, steel pipe) : ①강관으로 된 말뚝. ②지름 150~400㎜, 길이 6m 정도. 관의 두께는 지름에 따라 적당한 치수로 함.

강관받침기둥(鋼管-, steel pipe support) : ①바닥·보 등의 콘크리트 거푸집을 지지하는 강관제 지주재(鋼管製, 支柱材). ②내관·외관·길이 조절용 나사봉 또는 나사관 등으로 구성되고 상단에 받침판, 하단에 바닥판이 있음. 강도는 길이 3.4m인 경우 4t의 압축하중에 견딜 수 있음.

강관비계(鋼管飛階, steel pipe scaffolding) : ①강철제 파이프로 된 비계를 말하며, '파이프 비계'라고도 함. 형태가 정확하고 내구성이 있으며, 운반·보관이 편리하고, 조립·해체가 편리한 장점이 있으나 초기 비용이 많이 들며, 전류가 흐르거나 온도에 따른 감각이 좋지 않고 조립 부속품이 회사마다 달라 혼합하여 사용하기가 곤란함. ②강관에 구멍을 뚫어서 반관으로 쓰는 경우도 있음. ③강관비계 설치 시 필요한 부속철물은 커플링(coupling)·베이스 철물·수평가새 등이 있음. ④파이프비계(=).

강관틀비계(鋼管-飛階, prefabricated scaffolding) : ①강관을 사용하여 미리 사다리꼴 또는 우물정자(井字) 모양으로 만들어 두고 현장에서 짜 맞추어 쓰는 조립비계. 일반적으로 '틀비계'라고 함. ②강관틀비계의 구성은 다음과 같음. ㉠기본틀 : 틀비계에서 비계기둥 역할을 하는 세로부재. ㉡선대 : 기본틀에서 기둥 역할을 하는 세로부재. ㉢장선대 : 기본틀에서 장선 역할을 하는 가로부재. ㉣띠장대 : 두 개의 기본틀에 연결하는 수평재. ㉤버팀대 : 틀비계에서 바깥으로 내뻗치고 비계발판을 떠받치는 틀. ㉥부속철물 : 이음철물·연결철물·받침(base)철물·보버팀철물(가새 등) 등.

강광(强光, hard light) : 물체의 명암대비와 그림자가 뚜렷하게 생기도록 하는 직사광.

강괴(鋼塊, ingot steel) : 선철을 전로·평로·염기성로 등에 의하여 탄소함유량을 적게 한 철.

강구조(鋼構造, steel structure) : ①건물의 골조(骨組, frame)를 철강재로 구성하는 것. 철골구조라고도 함. ②강구조는 골조구조(framed structure)와 쉘구조(shell structure)로 구분. ③골조구조는 트러스(truss)구조, 강성구조(rigid frame), 아치(arch)구조 등이 있으며, 쉘구조는 입체트러스(space frame)구조가 있음.

강귀 : ⇨손자귀(=).

강다리 : ①물건을 버틸 때 어긋맞게 괴는 나무. ②도리 바깥쪽으로 내민 추녀 끝의 비녀장을 하는 단단한 나무. ③추녀가 처지는 것을 방지하기 위해 추녀 뒤뿌리와 중도리 왕지를 결속하는 부재.

강달 : 물건을 버티려고 어긋맞게 괴는 나무.

강담 : 돌로만 쌓은 담.

강당(講堂, lecture hall) : ①학교 등에서 강연·강의·의식 등을 하기 위하여 특별히 마련한 큰 방. ②불경을 강의하거나 불교 의식을 진행하던 건물.

강도[1](强度, strength) : ①재료나 부재에 부하를 주었을 때, 파괴될 때까지의 변형저항 능력 또는 구조물을 형성하는 재료가 외력을 받았을 때, 이에 저항하여 변형이나 파괴되지 않고 구조물 본래의 사명을 완수할 수 있는 저항능력으로 인장강도·압축강도·휨강도·비틀림강도 등이 있음. ②단위는 ㎏/㎠ 또는 ㎏/㎟로 표시.

강도[2](剛度, relative stiffness) : 부재가 휘어지지 않을 정도로 강고(剛固)함을 나타내는 하나의 값.

강릉 객사문(江陵 客舍門) : 강원도 강릉시 용강동 58-1에 위치, 국보 51호, 10세기 중엽 창건, 14세기말 20세기초 중건. 936년(고려 태조19년)말 건축. 강릉부 객사로 임영관 건립. 객사문은 정면 3칸, 측면 2칸(48.42척×15.36척) 규모의 평삼문. 오량가 맞배지붕. 전후면의 기둥은 자연석 주초 위에 배흘림의 원주로 중앙은 방주로 처리하여 그 사이에 문을 설치함. (사용된 영조척은 332.8~333.8㎜ 범위로 봉정사 극락전, 수덕사 대웅전, 부석사 조사당의 영조척과 유사함). 어칸 13척, 협칸 11척, 측면 7척으로 2칸으로 구성. 중앙의 기둥도 평주이며 모든 기둥 사이에 종횡으로 창방이 설치됨. 헛첨차 위에 초제공 살미첨차가 밖으로 2출목으로 결구되었으며, 안으로는 1출목 구성 위에 대들보 설치. 대들보 위로 주심도리와 출목도리를 받치는 별도의 부재가 구성되었는데 바깥쪽은 운공형태, 안쪽은 첨차형태. 출목도리에 단장여가 사용되고, 주심도리에서는 단장여와 같은 단면이 사용되어 장여로 구성됨.

강릉 객사문

강릉 경양사(江陵鏡陽祠) : ①신라 공신 충렬공 관설당 박제상의 위패를 모신 사당. ②강원도 유형문화재 59호. ③세 벌로 쌓은 기단 위에 정면 3칸 측면 2칸의 풍판이 있는 맞배지붕 건물로 익공양식으로 결구. 전면 툇간의 열주는 원형 주초석 위에 원주, 나머지는 방형의 주초석 위에 방주를 세움. 전면에는 두 짝의 여닫이 세살문을 달고 상부에는 모름을 돌림. 내삼문 우측에는 방이, 좌측에는 창고를 배치함. 모선재는 정면 4칸, 측면 2칸의 삼량가구 맞배지붕에 풍판이 달린 건물로 중앙 2칸은 장마루의 툇마루와 우물마루로 된 대청, 양쪽은 방으로 구성됨. 정문과 일직선상에 대칭성을 가지고 위치한 사당은 공간의 엄숙성을 주며, 약간 틀어 위치한 모선재는 독자적인 공간성을 가짐.

강릉 경양사

강릉 계련당(江陵桂蓮堂) : ①과거시험에 합격한 사람들의 회합과 여론 조성의 장소로 사용된 사마소(司馬所). ②조선 초에 창건, 1810년 중건, 강원도 유형문화재 39호. ③사괴석 두 벌대로 쌓은 기단 위에 자연석 주초석을 두고 원주, 나머지는 방주로 처리. 전면에 툇마루 설치. 방 하나와 대청으로 구성된 정면 3칸, 측면 3칸의 팔작지붕 건물.

강릉 계련당

강릉 금란정(江陵金蘭亭) : ①강원도 문화재자료 5호. 조선 말기 시인 김형진이 경포대 북쪽 시루봉 아래에 세운 정자. ②정면 3칸, 측면 2칸의 팔작기와집. 전면에는 우측으로 누마루를 두고, 좌측의 전면은 툇간마루, 그 뒤로는 방을 구성하였으며 누마루의 벽은 회벽마감, 천장은 우물천장으로 하였음. 전면 창호는 하부에 머름을 두고 사분합으로 된 세살문으로 구성하고 측면은 두 짝과 네 짝의 판문으로 구성. 툇간마루로 통하는 문은 두 짝 여닫이 세살문이며 방을 향해서는 네 짝 여닫이 세살문을 달았음. 방은 마루보다 30㎝ 낮고, 마루쪽 벽의 하부는 머름을 돌림. 천장은 고미반자로 되어 가칠단청이 되어 있음.

강릉 금란정

강릉 남진용가옥(江陵南鎭容家屋) : ①강원도 문화재 자료 60호, "가경 23년(嘉慶二十三年, 무인(1818년) 3월초 오월신시(戊寅三月五月申時)"라는 상량문이 발견되어 정확히 19세기 초 창건이 확인됨. ②겹집의 안채가 곳간과 이어져 ㄱ자 형태를 이루고, ㄴ자로 조성된 사랑채가 장방형의 안마당을 감싸며, 전형적인 이 지역의 ㅁ자 형태를 이룸. ③평면상으로는 안채와 이어져 안마당의 폐쇄적 평면을 구성하는 곳간은 벽체와 지붕형태를 달리하여 각 공간의 기능과 위계에 따른 구성을 보여 줌. ④안채는 두 벌대 기단과 자연석 초석 위에 세워진 전면 4칸, 측면 2칸의

ㄱ

겹집. ⑤사랑채는 사괴석을 두 벌로 쌓은 기단과 자연석 초석 위에 세움. 전면에는 우물마루로 된 툇마루가 조성됨. 마루의 전면 창호는 사분합, 측면에는 두 짝 여닫이문을 설치함. 문의 상부는 빗살창, 하부는 판재로 되어 방위에 따라 다양한 문 구성. 사랑채 전면과 마루방의 측면 외벽에는 상부에 머름을 둘렀으며 흙벽 위에 석회마감함.

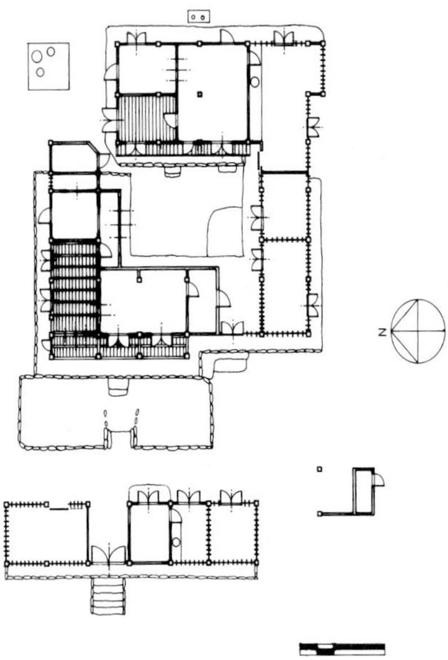

강릉 남진용가옥

강릉 방해정(江陵放海亭) : 강원도 유형문화재 50호, 19세기 중엽 창건, 1859(조선 철종10년) 통천(通川) 군수였던 산석거사(山石居士) 이봉구가 객사 일부를 옮겨 이곳에 정자를 짓고 건립하여 만년을 보냈고, 그의 증손 이근우가 1940년 중수함. 정면 4칸, 측면 3칸의 ㄱ자형 홑처마 팔작지붕으로 2개의 온돌방과 마루방, 부엌을 달아 살림집으로 사용이 가능케 하였음. 전면은 모두 들어열개 분합문의 띠살문. 경포호의 전경을 한눈에 감상할 수 있는 풍광이 좋은 위치에 자리잡은 별당형식의 정자.

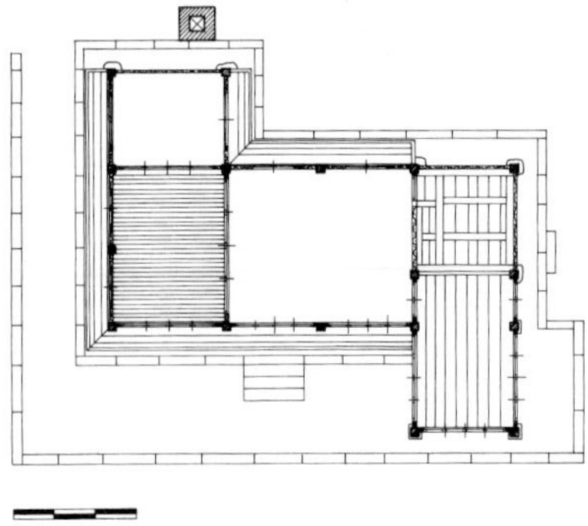
강릉 방해정

강릉 오성정(江陵五星亭) : ①강원도 유형문화재 47호. ②1927년에 건립된 정자로서 정묘생(丁卯生)의 동갑계원들이 회갑기념으로 세운 건물. ③정(丁)자형 평면은 정묘계(丁卯契)를 상징하는 특이한 평면을 구성. 헐린 강릉 객사의 부재료가 사용되었다고 전하는 이 건물은 굵직한 배흘림기둥이 사용되어 견고하게 보이지만 규모에 비해 큰 부재를 사용하여 우리나라 건축의 특유한 멋이 없음.

강릉 오죽헌(江陵烏竹軒) : ⇨오죽헌(=).

강릉 칠사당(江陵七事堂) : 강원도 강릉시 명주동 38-1 위치 강원도 유형문화재 7호, 17세기 창건, 1632년(조선 인조10년) 3월에 중건되고, 1726년(조선 영조2년)에 확장 중수, 1866년(조선 고종3년)에는 한 때 진위대(鎭衛隊)의 청사로 쓰이다가 이듬해 화재로 소실되었던 것을 부사(府使) 조명하(趙命夏)가 다시 중수함. 정면 좌측에 누마루를 별도로 달아낸 ㄱ자형 평면으로 정면 7칸, 측면 3칸의 규모이며, 측면 1칸은 툇간으로 되어 있고, 오른쪽 뒤편에는 방 2칸과 툇마루를 툇간으로 구성, 누마루 부분의 4개의 기둥과 전면의 툇기둥은 원기둥으로서 원주형 초석 위에 세움. 공포는 하부가 앙서(仰書), 상부는 수서(垂書)인 삼익공 형식, 겹처마 팔작지붕 3면에 삼분합 띠살문, 누마루 연결부분에는 다락방 설치, 왼쪽 1칸은 온돌 설치, 외부문은 기둥 사이마다 쌍분합 띠살문을 설치하고,

중앙부 3칸은 모두 대청마루를 두고, 오른쪽 2칸은 온돌방을 두고 방 앞에 툇마루를 두어 대청마루와 연결됨.

강릉 함대식가옥(江陵咸大植家屋) : ⇨함대식가옥(=).

강릉 향헌사(江陵鄕賢祠) : ①후세의 모범이 되는 지역 배출 인물의 위패를 봉안하고 제를 올리기 위한 사당. ②강원도 유형문화재 8호, 조선 인조23년(1645) 당시 부사 강백년과 전직 관리인 이상혐, 김충민 등의 주장으로 건립. 1867년 화재로 소실 후 1921년 후손들에 의해 중건. 1994년 '황영조 기념체육관' 건립으로 현 위치(강원도 강릉시 교동 238-3)로 옮김. ③정면 3칸 측면 2칸의 겹처마 맞배지붕 건물. 3량가구의 익공양식 결구, 전열 툇간은 원형 주초석 위에 원주, 그 외는 방형 주초석에 방주를 세움. 사당 내부는 우물마룻바닥에 연등천장 마감, 풍판 설치.

강릉 향헌사

강릉 호해정(江陵湖海亭) : ①강원도 유형문화재 62호. 1754년(조선 영조30년)에 진사 신정복이 강릉시 죽헌동에 있던 자기집 별당 안포당(案浦堂)을 헐어서 현 위치에 이건. ②정면 2칸, 측면 2칸의 홑처마 팔작기와집. 정면 세 기둥만 원주, 나머지는 방주를 사용하고 익공으로 결구함. 약간의 배흘림이 보이고 익공 결구도 유려함. 전면 양칸에는 머름을 설치하고 중간에 문골을 넣은 사분합 골판문을 설치.

강릉 호해정

강릉 화부산사(江陵花浮山祠) : 신라의 김유신을 모신 매우 소박한 사당. 1884년 창건. 정면 3칸 측면 2칸의 맞배지붕집. 장대석 초벌대 위에 사괴석 두 벌을 쌓고 다시 장대석 쌓기로 마감한 기단. 전면에는 원형 주초석 위에 원주 사용하고 나머지는 방형 주초석 위에 방주 설치. 내부는 우물마루와 우물천장으로 마감. 3칸 대문 좌우에 수직방이 한 칸씩 달려 있음.

강릉 화부산사

강릉 황산사(江陵篁山祠) : 강릉최씨 시조인 고려 개국공신 경흥부원군 충무공 최필달을 모신 사당. 전체적으로 황산사와 고직고 두 건물은 건물의 규모·높이·사용된 부재의 크기가 달라 건축의 위계를 자연스럽게 표현함. 내삼문을 중심으로 내담장의 중첩·크기와 높이를 달리하며 깊이감을 더하는 맞배지붕의 구성으로 사묘건축의 공간과 조형적 특성을 잘 표현함. 장대석 세 벌대 기단 위에 3칸 규모, 외부 바닥은 전돌을 깔음. 툇간 전면 정면에는 원형 주초석 위에 원주를 세우고 나머지는 방형초석에 방주 사용. 정면에는 두 짝 여닫이문을 달고 우물마루임. 구조는 익공양식으로 결구하였으며 겹처마에 맞배지붕으로 풍판을 설치함. 계단 2개를 기단 좌우에 배치함. 수직고는 정면 3칸, 측면 2칸의 건물로 전면에 툇마루를 설치함.

강릉 황산사

강모래(江沙, river sand) : 강에서 채취한 모래.

ㄱ

강사(江沙) : ⇨강모래(=).

강성(鋼性, rigidity stiffness) : ①부재나 구조물이 외력에 대하여 형상·치수를 정확히 유지할 수 있는 능력. ②재료가 외력을 받아도 잘 변형되지 않는, 즉 외력(外力)에 저항하려는 성질. 강성이 큰 재료는 외력을 받아도 변형을 적게 일으키며, 강성이 작은 재료는 외력을 받으면 변형을 많이 일으킴. 강성은 탄성계수(E)와 밀접한 관계를 갖으나 강도와는 직접적인 관계가 없음. 영률(Young's modulus)이나 탄성계수(Elastic modulus) 등은 재료의 강성을 표시하는 계수임.

강송(剛松) : ⇨춘양목(=).

강수량(降水量, precipitation) : ①강우량·강수량을 합하여 표시한 것으로 비·눈·우박·서리·이슬 등 대기 중의 수증기가 지면에 떨어진 것을 수량으로 나타낸 것. ②일반적으로 물방울 지름이 0.5㎜인 것을 비, 그 이하인 것을 이슬비라고 하며, 단위는 ㎜임.

강씨고가(姜氏古家) : ①민속자료 11호, 17세기 건립, 1980년대 개축시 낡은 부재 안을 교체하여 원형대로 해체·보수함. 원래 안채는 현 소유주의 9대조인 강지횡(姜志横)이 건립한 250~300년된 건물로 전해지나 일제 강점기 때 화재로 소실됨. 현 소유주는 강영구. ②대문채와 사랑채, 안채가 3잠형으로 병렬배치되어 경남지방의 전형적인 배치법. 조선 후기 부농주거형식을 보여 줌. ③사랑채인 사이재(思而齋)는 1600년대에 건립했다고 전해짐. 원래 마루 2칸에 방 2칸을 둔 4칸 구성이나 현재는 양측에 한 칸씩 덧붙여진 6칸 규모, 사랑방 옆에 약재를 보관하는 약방으로 가족들의 약 처방을 위한 작은 방이 있음. 사랑대청에는 뒤편에 감실을 두어 사당이 없는 집에서 제청(祭廳)으로 사용. 맞배지붕 양측에 부섭지붕을 첨가한 지붕형태. 민도리집으로서 결구의 장식성은 없으며 사괴석 기단과 툇마루 부분에 우물반자, 둥근세살 및 정(井)자살 갑창 등 미려하고 고급스런 수장이 사용됨. 사랑채 옆으로 중문채를 세워 그 사이를 중문간으로 사용. ④안채는 중앙에 2칸의 대청을 갖는 총 6칸 규모이나 증축하여 8칸 모습임. 증축 부분에 부섭을 달아 부섭단 맞배지붕임. ⑤안채 우측에 위치한 곳간채는 정면 9m, 측면 8m로 벽체를 두터운 돌담벽으로 처리하고, 주변기둥이 없이 중앙에 팔각기둥 하나만을 세운 사모 우진각 지붕형태임. 공간의 단열성과 내부공간의 유용화에 유리한 탁월한 기법.

강씨고가 입구

강씨고가 근경

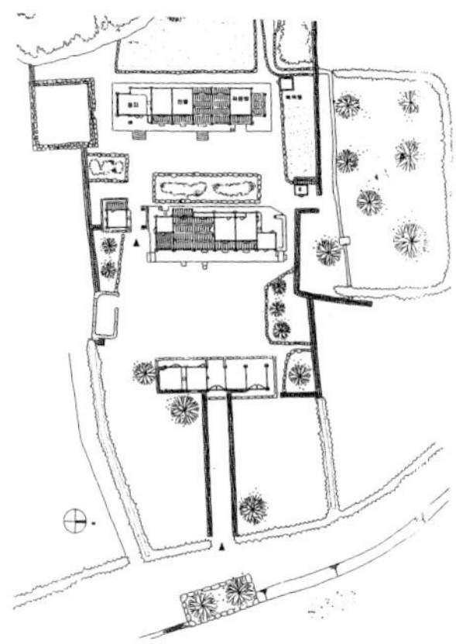

강씨고가 배치도

강약감(强弱感, strength and weakness feeling) : ①색에서 보이는 강한 느낌과 약한 느낌. 색의 강약감은 주로 채도의 고저에 따라 정해짐. 즉 명도에 관계없이 채도가 높은 색은 강한 느낌을 줌. ②색채의 강약감(=).

강열감량(强熱減量, ignition loss ; ig loss) : 시멘트를 950~1,050℃에서 강열했을 때의 감량. 주로 시멘트 속에 포함된 물(H_2O)과 탄산가스(CO_2)의 양으로서 신선한 시멘트의 강열감량은 보통 0.5~0.8%

정도이고 이것은 클링커(clinker)에 의하여 첨가된 석고의 결정수량(結定水量)과 거의 같으며, 시멘트 풍화(風化)의 정도를 판단하기 위하여 많이 사용됨. 시멘트가 풍화되면 비중이 작아지고 분말도가 나빠지며, 응결(凝結)이 지연되고 강도는 저하됨.

강의 열처리(鋼-熱處理) : ⇨열처리(=).

강자갈(江砂利, river gravel) : 강가에서 채취한 자갈.

강재보(鋼材樑, steel beam) : 강재로 만들어진 단. ⇨조립보(=).

강재의 인장강도(鋼材-引張强度) : ①구조용 강재의 시험편(試驗片)을 양 끝에 고정시키고 인장력을 가하면 시험편이 절단됨. 이때 최대하중 (P)을 시험편 단면적(A)으로 나눈 값을 인장강도(σ)라고 함. 즉 $\sigma=\frac{P}{A}$(kg/㎟). ②탄소함유량이 0.9~1.0% 정도 함유시 인장강도가 최대로 됨.

강절(剛節, rigid joint) : 구조역학상(構造力學上) 한쪽 부재가 이동하지 않는다고 생각했을 때 다른 부재가 절점(節點)을 중심으로 회전할 수 없는 절점구조(節點構造).

강절점 아치(剛節點-, rigid arch) : 목재·철재·보강콘크리트로 된 활(弓)구조. 이동휨응력에 견딜 수 있는 강재로 구성.

강접이음(剛接-, rigid joint) : 어떠한 방향에서의 회전이나 변형도 방지하고 연결된 부재 사이의 각도를 유지시키며, 힘과 모멘트를 모두 전달하는 구조적 결합.

강제거푸집(鋼製-, steel form) : 강철로 만든 거푸집. 조립 및 해체가 용이하고, 또 정밀도가 높은 장점이 있음.

강제단관비계(鋼製單管飛階) : ⇨단관비계(=).

강제대류(强制對流, forced convection) : 블로어(blower)·팬(fan)·분사펌프 등을 이용한 유체의 강제순환에 의한 기류의 상태. 강제대류가 일어나고 있을 때에도 자연대류는 발생하지만 강제대류에 비해 매우 적음.

강제셔터(鋼製-, steel shutter) : ①두루마리(卷狀, 주름)로 감아올려 개폐하는 오르내리 여닫이의 철재문. ②연강판인 슬랫(slat) 또는 파이프(pipe)를 연속시켜 커튼처럼 면을 구성하고 개구부의 양측에 설치한 가이드 레일(guide rail)에 따라 개폐. ③개폐장치는 수동식(손으로 감아올리는 장치)·전동식(전동장치)·퓨즈장치식(화재시 퓨즈장치가 용융되어 자동적으로 작동하는 장치) 등이 있음.

강제순환식 온수난방법(强制循環式溫水煖房法, forced circulation system) : ①순환펌프를 사용하여 관내 온수를 강제적으로 순환시키는 방법. ②규모가 큰 건물에 있어서도 순환이 자유롭고 신속하며 균일하게 공급할 수 있음.

강제창호(强製窓戶, steel sash) : ①강재(鋼材)로 울거미·살 등을 만든 창호. ②제작회사에서 창문과 창문틀을 제작하여 반입하며, 설치할 때는 틀에 댄 정착철물을 묻어 고정하고, 철골골조에 있어서는 작은 나사못 또는 용접하여 철골에 고정. ③최근에는 그 사용이 감소되고 있음.

강제칸막이(鋼製-, steel partition) : 강제의 틀에 유리·플러시 패널 등을 부착한 칸막이 패널.

강제환기(强制換氣, forced ventilation) : ⇨기계환기(=).

강조(强調, emphasis) : ①어떤 영역이나 물체가 뛰어나게 보이게 하거나 관찰자의 흥미를 끌 수 있도록 하기 위해 어떤 중요성을 부여하는 디자인 법칙 중의 하나. ②대조·예외 또는 대비를 통해 구성요소에 부여되는 현저함이나 강세. ③실내에서의 강조란 관심의 초점이자 중심이 되고 통일감과 질서감을 느끼게 하며, 다른 모든 구성요소들은 그것에 종속하거나 2차적인 것이 됨. 강조는 지배적인 하나의 아이디어나 디자인의 주제를 요구하며, 디자인에 있어 통일을 이루는데 중요함.

강조기법(强調技法) : ⇨강조조명기법(=).

강조색(强調色, accent color, emphasis color)

: ①주조색에 대비되는 색을 작은 면적에 배색하여 강조하는 악센트 색. ②특정부분을 강하게 하거나 변화있게 하여 시각적·공간적인 단조로움을 깨뜨리고 힘과 중심 또는 균형을 잡아주며, 질서감과 통일된 느낌을 주기 위해 사용하는 색. ③악센트컬러(=)·바탕색(⇔).

강조조명(强調照明, accent lighting) : ⇨악센트조명(=).

강조조명기법(强調照明技法, emphasis lighting methods, high lighting) : ①물체를 강조하거나 어느 한 부분에 주의를 집중시키고자 할 때 사용하는 연출기법. ②강조조명인 경우 특정물체나 배경조명보다 약 5배 정도 또는 그 이상의 밝기로 비추어 강한 음양의 대조로 사람의 주의나 시선을 끌어 인간의 행위 결정을 유도함. ③보통 각도조절이 가능한 매입조명기구(down light)나 스포트라이트(spot light)를 사용하며, 각도조절은 0~35°가 적당. ④유리면의 반사를 피하기 위하여 벽에서 떨어뜨려 설치. ⑤하이라이팅(=).

강진 영랑생가(康津永郎生家) : ⇨영랑생가(=).

강철(鋼鐵, steel) : ①주철보다는 적고 연철보다는 많은 탄소를 함유하고 있는, 즉 탄소함유량이 0.03~1.7%인 철. ②선철(銑鐵)을 정련하여 불순물을 산화·제거시켜 열처리하여 만듦. ③구성성분·열처리에 따라 다양한 강도·경도·신축성을 나타내는 여러 종류의 철합금. ④인성·가단성이 우수하고 인발가공이 가능하고, '보통강'이라고 함.

강철사(鋼鐵絲, steel wire) : 강철로 만든 철사.

강철유리(鋼鐵硫璃, steel glass) : ⇨강화유리(=).

강철재(鋼鐵材, steel) : 탄소함유량이 0.05~0.15% 정도 포함된 건축용 강재.

강판(鋼板, steel plate) : ①강(鋼)으로 만든 얇고 넓은 판재를 총칭. ②두께가 3㎜ 이상, 너비가 125㎜ 이상인 것. ③강괴(鋼塊)를 압연하고 얇고 넓게 만든 철판으로서 보통 판상강재의 총칭. ④종류; ㉠두께에 따라 박강판(薄鋼板 : 3㎜두께 이하의 강판), 중강판(中鋼板 : 3~6㎜의 강판), 후강판(厚鋼板 : 6㎜ 이상의 강판)으로 구분. ㉡제조공정에 따라 열간압연강판·냉간압연강판·아연도강판·가공강판(착색 아연도강판·비닐피복강판·무늬강판 등), 스테인리스강판 등으로 구분. ⑤크기는 보통 914×1,829㎜·1,219×2,438㎜·1,524×3,048㎜ 등. ⑥철판(=).

강화반닫이(江華-) : ①강화지방에서 만들어지는 반닫이. ②주로 소나무로 만들며 폭에 비해 높이가 높고, 무쇠장식에 만(卍)자 또는 아(亞)자를 투각하여 장식성을 높이고 중심 절개부에 표자(瓢子)형 경첩을 달고 좌우에 사각의 경첩을 부착. 표자형 경첩 아래에는 배꼽장식이 있으며 자물쇠 앞바탕 좌우에는 광두정을 대어 자물쇠를 열고 잠글 때 판재를 보호할 수 있게 하였음. 또한 대부분 반닫이는 길목이 천판에 부착되어 문판의 자물쇠 앞바탕까지 ㄱ자형으로 꺾어져 있으며, 따라서 천판 위에 물건을 올려놓을 경우 문을 열기가 불편한데 강화반닫이는 길목이 천판의 이마에 달려 있어서 천판에 물건을 올려놓아도 문을 여닫기 편리하게 설계되었음.

강화안전유리(强化安全琉璃) : ⇨강화유리(=).

강화유리(强化琉璃, tempered glass, toughened glass, tempered safety glass, turflite glass) : ①고열에 의한 특수한 열처리(열적 응력 발생)를 하여 기계적 강도를 향상시킨 특수유리로서 평면 및 곡면의 판유리를 약 500~600℃까지 열처리한 후 냉각공기로 양면을 급랭·강화하여 강도를 높인 안전유리의 일종. '강화안전유리(tempered safety glass)'라고도 함. ②내충격강도 및 하중강도가 보통 판유리보다 3~8배 정도 높고, 인장강도는 2,000㎏/㎠ 정도(보통유리는 600㎏/㎠), 경도는 7 정도이고, 휨강도는 6~20배 정도이며, 200℃ 이상의 온도변화에도 강하여 '강철유리

(steel glass)', 가공조작상 '급랭유리'라고도 함. ③강화유리는 파손될 때 작은 파편이 비산(飛散)하거나 조각이 모가 나지 않고, 비교적 작고 둥근 콩알 모양의 파편으로 부상 없이 안전. ④강화 열처리 후에 절단·구멍뚫기 등의 재가공이나 변경이 극히 곤란하므로 제작 전에 소정의 치수로 정확히 가공해야 함. 특히 유리문(glass door)에 사용되는 12㎜ 두께의 강화유리는 절단이 불가능하므로 열처리 전에 정확한 소요치수로 절단하며, 손잡이 위치의 구멍뚫기를 해야 함.

강화유리문(强化琉璃門, tempered door) : ⇨템퍼드 도어(=).

강화판유리(强化板琉璃) : ⇨강화유리(=).

강화폴리에스테르(强化-, reinforced polyester) : ⇨강화플라스틱(=).

강화플라스틱(强化-, fiber glass reinforced plastics) : ①고분자 매트릭스에 고강도 섬유를 첨가한 플라스틱으로 강화제로서 가장 많이 쓰이는 불포화 폴리에스테르 수지에 유리 섬유를 사용한 것으로 유리 섬유 강화 플라스틱(약칭 FRP)이 대표적이며, 그 밖에 탄소섬유, 나일론, 폴리에스테르계열 섬유들도 쓰임. ②여러 가지 플라스틱 중에서 내충격성이 가장 크고, 건축구조체와 욕조·정화조·물탱크·골판·자동차·보트·안전모자·파이프·적층판 등에 이용됨. 에폭시 수지의 강화 플라스틱도 있음.

강화합판(强化合板, compressed laminated) : 단판(單板, veneer)에 페놀수지 등의 합성수지를 침윤(浸潤)시켜 겹층으로 만들어 고압·가열하여 만든 판을 만들고, 비중은 1.25~1.4이며, 강도는 가공을 하지 않은 목재보다 훨씬 크고, 내구성·내수성이 있음.

강회(降灰) : ⇨생석회(=).

갖바치 : 지난날, 가죽신 만드는 일을 업으로 삼던 사람.

갖은금단청(-錦丹靑) : ①금단청 중 하나. ②금단청 중 가장 화려한 단청으로 문양을 더욱 밀도있게 도채하고, 각종의 별화를 화려하게 장식함. ③고분법이나 돋움질을 이용하여 문양을 도드라지게 표현하거나 그 위에 금박을 사용하여 찬란한 광채의 장엄효과를 극대화함. ④아주 잘된 금단청을 '갖은금단청'이라 부름. 이 양식은 많은 시간과 고가(高價)의 경비가 소요되기 때문에 사찰의 대불전에만 지극히 제한적으로 적용되고 있음.

갖은금단청의 실례-시흥 영각사 무량수전

갖은삼포(-三包) : ①주심과 기둥 사이의 중간에도 1출목 다포계의 삼포작 공포를 앉혀서 꾸민 것. ②기둥 사이에는 화반과 운궁을 얹고 주심에서 1출목 이익공으로 짠 것.

갖은포 : ⇨간포·주간포·공간포(=).

갖은포집(-包-) : ⇨다포작·다포집(=).

갖추매기 : ①초가집에서 서까래 평고대 위에 참새 등의 침입을 막기 위하여 방비하는 것. 평고대 위로 채받이나 삼대를 엮어 설치하고 흙으로 싸바름. ②새굴매기(=).

갖풀 : 교착제(=).

갗 : ⇨가죽·나무갗(=).

개(箇, 個) : ①낱으로 된 물건의 수효를 세는 단위. ②낱(=).

개가식(開架式, open shelf system, open stack system) : 열람자가 서고(書庫)에서 직접 책을 확인하고 선택할 수 있는 도서관의 서고방식으로 자유개가식·안전개가식·반개가식의 세 가지가 있음.

개공(開工) : ①목수 따위의 일꾼들이 일을 시작하는 것. ②시공과 같은 뜻이지만 시공(施工)은 일본말로 추정.

개공식(開工式) : 일꾼들이 역사(役事)를 시작할 때에 지내는 고사.

개구멍반닫이 : ⇨반닫이.

개구부(開口部, opening) : ①실내디자인에 있어서 개구부는 바닥·벽체·천장과 함께 건축물의 표정과 실내공간의 성격을 규정하는 중요한 요소로 그 위치·크기·개수·

형태·목적은 실의 성격·용도·규모에 따라 다르며, 가구배치와 동선 계획에 결정적인 영향을 미침. ②개구부는 채광·환기·조망(眺望) 등을 위한 창과 사람과 물건 등의 통행·출입을 위한 문으로 구분되며, 그밖에 기능이나 용도에 따라 방화문·배연구·비상구·점검구·환기구 등의 특수개구부가 있음. ③사후에 유지관리나 안전성·개폐방법 등도 고려되어야 함. ④개구부의 크기는 문틀을 포함한 밖의 치수. 인방(引枋)과 문선(門楦)으로 구성.

개구색(開口色, aperture color, lochfarbe[독]) : ①원래는 작은 구멍을 통해 들여다 볼 때의 지각색을 말하며, 이 개구색을 느끼는 것을 개구지각이라고 함. ②개구색은 빛으로 자극하는 물체 자체에 대해서는 아무런 지각을 일으키지 않는 조건에서 순수한 색만을 느끼는 상태를 가리킴. 실제로는 색채를 측정하는 광학장치의 시야에서 보이는 것과 같은 색을 가리킴.

개념(槪念, concept) : ①디자인에 있어서는 주어진 주제(theme)에 대하여 갖게 되거나 제시된 이미지(image) 또는 아이디어(idea)를 말하는 것으로 구상·생각·관점의 의미. ②사물이 어떠하고 어떠해야 한다는 마음속의 이미지나 공식을 말함. ③여러 요소들(아이디어·사고·관념·관찰 등)을 하나의 총체로 통합시켜 주는 아이디어.

개념가구(槪念家具, concept furniture) : 색상·디자인·개성 등 디자이너의 생각이 강하게 작용한 가구.

개념미술(槪念美術, conceptual art) : ⇨개념예술(=).

개념예술(槪念藝術, conceptual art, process art) : 1960년대부터 1980년대까지 나타난 미술사조로서 물질적인 형태 속에서 구체화되는 것이 아니라는 근본 개념으로 구성된다거나, 언어가 미술의 근본소재가 되며 미술과 미술이론 사이의 장벽은 허물어지고, 또는 미술행위는 미술 그 자체의 본성을 탐구한다는 등의 원칙에 준하여 형성됨. 모든 결과 또는 표현은 예술가에 의해 탐구된 일반적 결론의 잠정적인 예시로서 탐구됨.

개념적 건축양식(槪念的建築樣式, conceptual architectural style) : 1990년 이후에 등장한 경향이나 정설(定說)이 없는, 즉 순수한 연구 및 고찰이 없는 무한한 활동으로서 정의되는 건축양식. 건축양식의 형태는 '보이지 않는', '상상의 건축'이라고 불렀음. 왜냐하면 그것은 실현된 적이 없었던 건축물이나 도시에 대한 평면과 드로잉을 표현했기 때문이고, 이는 발달의 개념적 단계에서 정지된 건축양식이라고 간주됨. '시뮬레이션'된 건축양식은 레이저 광선에 의해 공간 속으로 발사된 건축물들의 광학기술적 이미지들로 이루어질 수 있음. '보이지 않는' 건축양식은 틀에 박힌 건축재료들 대신에 공기의 분사들을 사용하여 벽돌과 가구를 만들기 위해 에너지의 소비를 표현함.

개념조명(槪念照明, conceptual lighting) : ⇨조명.

개다리헌함 : ⇨계자각(=).

개더드럴 글라스(gathedrall glass) : 스테인드 글라스(stained glass)의 일종으로 앤티크 글라스(antique glass)보다 값이 싸고 주로 옅은 색임.

개돌 : 개울에서 나는 둥글고 큰 돌.

개두지 : ①사벽질을 할 때 노란 빛깔이 나도록 섞는 물감. ②벽이 노르스름하게 보이게 하려고 흙 따위에 섞는 물감.

개량떠붙임공법(改良-工法) : 바탕에 얇게 바탕 모르타르를 바른 뒤 타일 뒷면에 붙임 모르타르를 엷게 바르고 바탕에 눌러 붙이는 타일 시공법.

개량목재(改良木材, improved wood, modified wood) : ①물리적·화학적 처리를 하여 본래의 성질보다 우수한 성질을 갖게 하는 목재를 총칭. ②예컨대 합판·집성재·하드보드·파티클보드·적층재 등.

개량압착공법(改良壓縮工法) : 떠붙임공법과 압축공법을 개량하기 위하여 바탕과 타일 뒷면에 붙임용 모르타르를 각각 바르고 타일을 붙이는 타일의 시공법.

개런티빌딩(Guaranty Building) : D. 아들러(Dankmar Adler : 1844~1900) L. H. 설리번(Louis Henry Sullivan, 1856~1924) 사무소가 설계한 버펄로 시(市)의 처칠가(街)와 버펄로 시의 남서부 모퉁이에 있는 건물(1894~95). 아들러 설리번 사무소의 최후 작품이며, 시카고파 마천루 건축의 최고 작품. 1층의 기둥은 3층 이상의 주형의 2스팬에 하나씩 세워져 넓은 유리창 사이에 둥근 기둥이 나타나 르 코르뷔지에의 필로티(pilotis)를 예견하게 하였음. 이 작품은 1890년에 입사한 G. G.엘름즐리가 실시설계를 담당하여 설리번을 도왔고, 현재는 푸르덴셜 빌딩(prudential building)이라고 함.

개문루(開門樓) : ⇨포정문(=).

개문장치(開門裝置, door opener) : ⇨도어오프너(=).

개미허리의자(-椅子) : 덴마크의 건축가 아르네 야콥센(Arne Jacobsen;1902~1970)이 디자인한 표주박 모양의 등받이를 갖는 다리가 세 개인 의자.

개발자(開發者, developer) : 부동산 등의 투자 대상에 대하여 소유·관리 또는 매각 등을 목적으로 건축 프로젝트를 창출하고 실제 수행하는 개인 또는 단체.

개방감(開放感, open feeling) : 실내에서 전개되는 넓은 공간이나 실외로 향해 열린 개구부를 통해 시각적으로 밝은 공간에서 지각되는 시원한 느낌 또는 그러한 상태.

개방공간(開放空間, open space) : ⇨오픈 플래닝(=)·폐쇄공간(⇔).

개방시방서(開放施方書, open specification) : 소유주가 원래 지정된 것과 비슷한 대체품을 인정해주는 시방서.

개방적 벽체(開放的壁體, opening wall) : ① 벽체의 높이가 1,200~1,500㎜ 정도의 낮은 벽체. ②시각적으로는 개방되며 안락한 분위기 연출이 가능한 편안한 높이로 주로 감각적인 분위기를 요하는 커피숍이나 레스토랑 등에 설치하는 낮은 칸막이(low partition)에 적합.

개방퇴적시간(開放堆積時間, open assembly time) : ①접착층을 공기에 노출시켜 방치하는 시간. ②퇴적시간(=).

개방평면계획(開放平面計劃, open planning) : ⇨오픈플래닝(=).

개방형 건축시스템(開放型建築-, OBS ; Open Building System) : ①건축물의 각 유형별로 정립한 모듈정합 설계지침(design guideline)과 건축구성재의 카탈로그를 바탕으로 규격화된 건축구성재를 생산·적용하는 시스템. ②동일한 유형의 건축물에서는 건축구성재의 호환성을 확보할 수 있는 시스템.

개방형 시스템(開放型, open system) : ①모든 건축물의 유형별로 각각 구축한 '개방형 건축시스템(OBS)'을 관련 분야(자재생산·설계·시공·유지·관리 등)에서 공통적으로 활용할 수 있도록 종합적으로 체계를 구축한 시스템. ②특히 건축가의 주도하에서 사회적으로 합의된 치수정합(dimensional coordination)과 성능(performance)에 대한 표준(standards)을 바탕으로 운영되는 시스템임.

개방형 오피스(開放形-, open office) : ①개실의 형태에 따른 업무공간의 유형 중 하나. ②면적은 보통 4~5㎡/인이 필요함. ③책상이나 비품들은 창측의 간부급을 중심으로 칸막이를 사용하지 않고 서열에 따라 일정하게 평행·배치. ④특징 ; ㉮장점 : ㉠복도·통로 면적의 최소화로 공간이 절약되고, 구석진 부분의 공간낭비가 없어 사용 면적이 큼. ㉡가구·비품·설비가 임의 위치나 목적에 맞게 이동 가능하고 부서 간에 벽과 문이 없어서 경제적인 면에서 시설비·관리가 적게 듦. ㉢동선이 자유롭고 커뮤니케이션이 용이함. ㉣한 공간에서 모든 직원이 함께 일하므로 일반직에 대한 관리직의 감독이 용이. ㈏단점 : ㉠소음과 프라이버시의 확보가 문제되며 개방감은 심리적으로 산만한 분위기를 형성하여 능률의 저하를 초래할 수 있음. ㉡직급에 따른 가구배치로 비우호적인 분위기와 관리직을 중심으로 한 배열은 계급의식을 조장함. ㉢각 개인의 주위환경을 통제하여 비개성적인 공간이 되기 쉬움. ⑤오픈플래닝(=).

개별계획(個別計劃, closed planning) : ⇨ 폐쇄공간플래닝(=).

개별회로(個別回路, individual circuit) : 하나의 전기기구에 전기를 공급하는 분기회로.

개불탕 : 부처를 그린 그림.

개산견적(概算見積, preliminary estimate, rough estimate) : ①전체 공사비를 개략적으로 산출하는 견적으로 주로 건축주가 자금조달의 참고용으로 단위설비별·단위면적별·가격비율별·수량비율별 등으로 대략의 공사비를 측정·산출하는 견적방법. ②개산견적의 산출방법으로는 면적법·체적법·용도단위법 등이 사용됨. ③과거 공사의 실적·통계자료·물가지수 등을 기초로 하여 개략적으로 공사비를 산출하는 방식으로 설계도서가 불완전할 때 또는 정밀한 산출시간이 없을 때 주로 사용.

개서어나무(狗西木, horn beam, Carpinus tschonoskii Maxim) : ①자작나무과로 연륜이 뚜렷하지 않고, 재색은 담황백색 또는 황백색으로 심·변재의 구분이 뚜렷하지 않음. 나무갗은 곱고, 결이 곧으며 방사성이 강한 산공재(散孔材)임. 고비중재이고, 수축성과 흡수성은 큼. 압축강도, 인장강도, 휨강도, 전단강도는 강하고, 충격 휨 흡수에너지는 보통이며, 경도는 높음. 제재가공성과 건조성은 보통이고, 대패가공성은 불량하며, 휨가공성은 양호. 접착성은 보통이고, 도장성은 불량. 파티클보드 제조적성과 섬유판 제조적성은 보통. 시멘트경화성과 내후성은 불량. 목탄제조 및 펄프화 적성은 보통. ②주로 가구·악기·운동구·기구·버섯재배 등으로 사용함.

개선문(凱旋門, triumphal arch) : ①전쟁이나 기타 공적 행사를 기념하기 위하여 세우는 기념물. ②일반적으로 중앙에 대형 아치문이 있고 좌우에 그보다 작은 아치가 배치되는 형식을 취함.

개선문 모티브(凱旋門−, triumphal motive) : ⇨팔라디오 모티브(=).

개성(個性, personality) : ①그 사람의 자신이나 그 존재만큼 누구도 흉내낼 수 없는 것. ②퍼스낼러티(=).

개수(改修, revision, repair) : ①잘못된 곳을 바로 고쳐 보다 편리한 생활기능을 수행하도록 만드는 작업을 말하며, 수선보다 확대된 상위개념. ②개조(=).

개수기(改水器) : ⇨개수대(=).

개수대(改水臺, sink) : 부엌·취사장 등에서 식품·식기·기구 등을 세척하기 위한 작업대. 개수기(=)·개수통(=).

개스킷(gasket) : ①새시의 부속재료로서 보통 패킹(packing)이라 지칭함. ②내후성이 우수하고 장기간 경화하지 않으며, 시공이 용이한 특징이 있음. ③고무계와 합성수지계로 분류되며, 고무계에는 네오프렌 고무(neoprene rubber)·실리콘 고무(silicone rubber)·SBR(styrene butadiene rubber)·부틸고무(butyl rubber) 및 하이퍼론(hyperon) 등으로 네오프렌이 가장 많이 사용됨. ④합성수지계는 보통 연질염화비닐이 사용되고 형상으로는 H형·Y형·ㄷ형으로 구분되며 실링 개스킷(sealing gasket)으로서 줄눈(reveal)에 끼워 넣는 것도 있음.

개실(個室, private room) : ⇨개인실(=).

개심사대웅전(開心寺大雄殿) : 보물 143호, 651년(백제 의자왕) 창건, 1350년(고려 충정왕2) 처능대사 중수, 1471년 중창, 1484년(성종15) 중수. 사찰 전면에 장방형 연못을 두고, 일주문은 생략, 해탈문과 대웅전, 안양루, 심검당, 무량수전, 명부전이 배치됨. 대웅전은 정면 3칸, 측면 3칸의 겹처마 맞배지붕으로, 잘 가공된 판석과 갑석으로 대웅전 기단을 조성, 기단 측면에 계단을 둠. 초석은 자연석 덤벙주초이며, 기둥은 배흘림 원주를 세우고 다포식 공포를 짜올림. 우물마룻 바닥에 연등천장. 기둥 상부에서 창방과 평방을 걸치고 각 칸에 2조씩의 주간포를 짜올림. 내부의 대들보 위에 포기둥을 세운 다음 종량을 걸치고 종량 위에 파련대공을 세우고 종도리를 올림. 종량 전후로는 작은 우미량을 걸고 내목도리를 올렸음. 명부전(冥府殿)은 1613년 건립(지방문화재자료 194호), 자연석 기단 위에 막돌 초석을 놓고 원주를 세움. 정면 3칸 측면 3칸 이며, 가구는 이중보를 설치한 무고주5량가 구조. 종량 위에 파련대공을 올려 종도리를 받치도록 하고 천장은 연등천장.

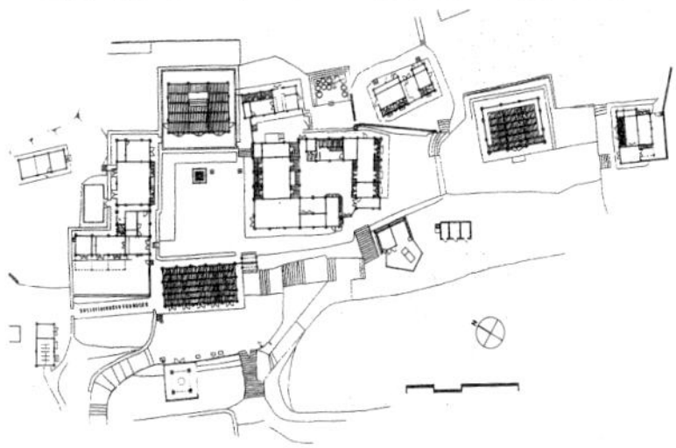

서산 개심사대웅전 배치도

서산 개심사대웅전 평면도

개와(蓋瓦, roofing tile) : ①지붕을 이는 데 쓰기 위하여 흙이나 시멘트 등을 구워 만든 건축자재. ②기와(=).

개와곡(蓋瓦谷, channel between the rows of tiles) : ①한식기와 지붕에서 수키와와 수키와 사이에 빗물이 잘 흘러내리도록 골이 진 부분. ②기왓고랑·기왓골(=).

개와장(蓋瓦匠) : ①기와를 잇는 사람. ②기와를 만드는 장인. ③와장·와박사(=).

개와즙(蓋瓦茸) : ①산자를 엮은 위에 기와를 덮는 일. ②와즙·기와잇기(=).

개인거리(個人距離, personal distance, in-dividual distance) : ⇨개체거리(=).

개인공간(個人空間, personal space) : ①각 개인의 프라이버시를 위해 계획된 사적(私的)인 공간. ②개인의 기호·취미·개성 등 사생활 보장이 상당히 요구되는 공간. 침실·서재·작업실·공부방 등이 이에 속함. ③이는 개인화된 공간과 구별. 개인화된 공간은 영토로서 구획되어 온 자연 또는 건축환경의 한 부분. ④한 사람이 다른 사람과 편안하게 대화할 수 있다고 느끼는 일정치 않은 주관적인 거리. ⑤사적거리(=).

개인생활공간(個人生活空間) : 가족 각자가 개인적인 생활을 하는 공간으로 부부침실을 비롯한 아동실·노인실 등의 침실공간과 욕실·화장실·세면실 등의 생리위생공간이 포함됨. 공간의 성격상 독립성과 프라이버시(privacy)가 확보되어야 하고, 따라서 공동생활공간과는 복도 등을 사이에 두고 인접시키지 않는 것이 바람직하지만 위치상 연결이 편리하도록 해야 함.

개인존중형 오피스(個人尊重型-, private office) : ①개인의 행동이 타인으로부터 간섭받지 않고 프라이버시가 존중되는 개인존중형 사무실. ②투시형 유리로 차단하거나 낮은 칸막이(low partition)형임.

개인회사(個人會社, sole proprietorship) : ①가장 간단하고 비용이 최소로 드는 사업유형. ②회사와 개인 소유주는 한 명으로 동일함.

개자리 : ①굴뚝에 면하는 벽 안쪽에 재를 모으기 위해 깊이 판 고랑. ②불길이 고래에서 굴뚝으로 연결되기 전에 고래보다도 깊이 파인 골이나 웅덩이가 있어서 재 및 연기를 머무르게 하는 부분.

개장(蓋匠) : ⇨개와장·기와쟁이(=).

개정쾌적도(改訂快適圖) : Yaglou 등이 1923~1929년에 걸쳐 ET를 지표로 하여 만든 거의 무풍(無風)상태인 경우에 적용되는

ㄱ

쾌적도를 ASHRAE에 의해 채용되고, 후일에 일부를 개정하여 1960년에 Koch 등의 연구에 근거한 4개의 등체감선(等體感線)이 개선된 그림.

개조(改造) : ⇨개수(=).

개조재사용(改造再使用, adaptive reuse) : 오래된 건물이나 공간을 현재의 사용목적에 맞도록 개조하여 사용하는 것.

개주먹형발(-形-, dog's paw foot) : 사자의 발보다 작은 개의 섬세한 모양으로 조각한 가구의 발. 18세기 말과 19세기 초에 신고전주의 양식의 가구에 사용.

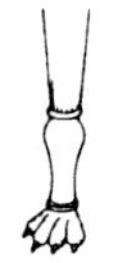

개주먹형발

개채(改彩) : ①단청의 낡은 채색을 새롭게 칠하는 일. ②개칠(=).

개체거리(個體距離) : ①홀(E. T. Hall)이 미국인을 대상으로 조사한 인간 상호간의 거리에 대한 4단계 중 하나. ②약 450~1,200㎝로 팔을 뻗어 상대의 신체에 접촉이 가능한 거리로, 개인적인 관계가 성립함. ③사람의 신체를 감싸고 있지만 눈에는 보이지 않는 영역이며, 평균적으로는 팔을 뻗어 원을 그리는 전도의 범위. ④대인거리·개인거리(=).

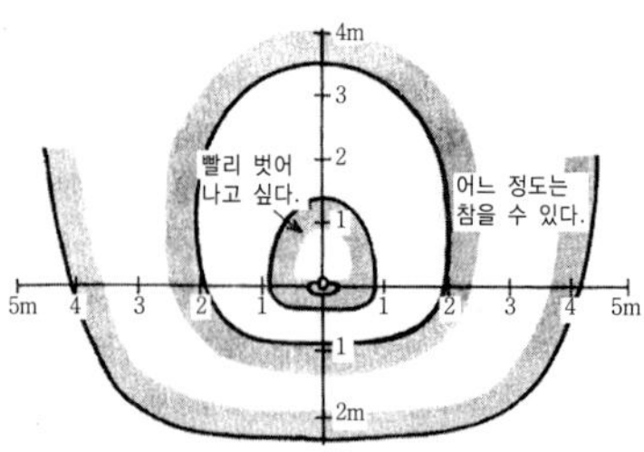

개인거리

개체공간(個體空間) : ⇨개인공간(=).

개체영역(個體領域) : 각 개인이나 집단의 상징적 의미를 갖는 일상적이고 배타적으로 사용되는 영역.

개초(蓋草) : ①이엉. ②이엉으로 지붕을 잇는 일. ③지붕을 잇는 재료.

개초방도가(蓋草房都家) : ①개초장이들이 조직한 도가. ②지붕을 잇는 자재를 제작·공급하는 도매상.

개초장(蓋草匠) : ①지붕을 잇는 일을 업으로 하는 장인. ②초가지붕을 잇는 일을 하는 전문가. ③이엉장이·초즙장이(=).

개축(改築) : ①기존 건축물의 전부 또는 일부(내력벽·기둥·보·지붕틀 중 3 이상이 포함되는 경우)를 철거하고, 다시 그 대지 안에 종전과 동일한 규모로 축조하는 것. ②개축은 자의(自意) 또는 기타 행위에 의하여 건축물을 철거하고 다시 축조하는데 반하여 재축은 재해(災害)에 의하여 멸실된 건축물을 다시 축조하는 점이 다름.

개칠(改漆) : ⇨개채(=).

개탕(rabbet, quirk) : ①장지나 판자 따위를 끼우려고 홈을 팔 때 쓰는 대패. 대팻집과 대팻날의 너비가 같음. ②널빤지와 널빤지를 끼워 맞추기 위해 그 끝에 만든 홈. ③한 부재를 또 다른 부재와 분리시키는 날카로운 각이나 홈. ④쇠시리(moulding)의 가늘고 긴 홈 또는 장지·빈지·판자 등을 끼우기 위한 홈으로 벽홈개탕·장지개탕·유리홈개탕 등이 있음. ⑤사개(=).

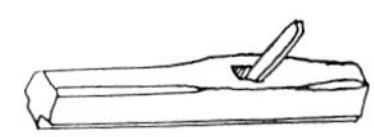

개탕

개탕구슬선(quirk bead) : 몰딩이나 판재의 표면 및 모서리에 있는 가늘고 긴 홈.

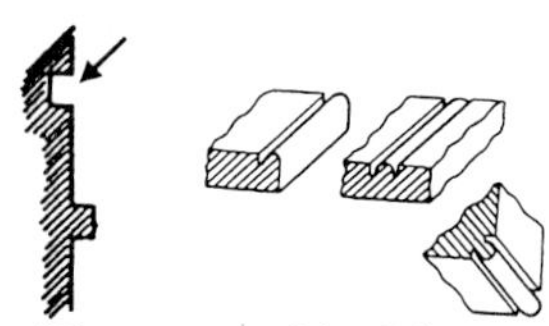

개탕   개탕 구슬선

개탕머리 : ⇨필리스터 헤드(=).

개탕식 제혀쪽매(offset tongue and groove joint) : ⇨제혀쪽매(=).

개판(蓋板, roof board, shingle) : ①고미혀 위에 가로질러 대는 천판(天板)으로 '고미천장개판'이라고도 함. ②장롱·기물 등의 상층부에 덮어 대는 널. 모양을 내기 위해 몸체보다 크게 삐져나온 판. ③지붕이나 서까래 위를 덮는 널. ④물건의 위에 엎어 대는 널의 총칭. ⑤서까래 사이를 막는 널판. ⑥대궐이나 큰 절 따위에서나 쓰며 보통 살림집에서는 개판을 쓰지 않음. ⑦지붕널(=).

개판초 : 부연 개판에 그린 단청.

개폐기(開閉器, switch) : ①정격(定格) 또는 정상상태에서 전기회로를 개폐하는 기구. 옥내배선에 있어서 전로(電路)를 조작하거나 보수하기에 편할 목적으로 설치. ②용도에 따라 다양한 종류가 있음. 특히 조명용 개폐기를 점멸기(點滅器)라고도 함. ③스위치(=).

개폐기실(開閉器室, switchgear room) : 건물의 차단기·개폐기 및 모선(母線)을 장치한 실(室).

개폐장치(開閉裝置, switchgear) : ⇨분전반(=).

개폐조정기(開閉調整機, adjuster, casement adjuster) : 여닫이창 또는 여닫이문의 개폐시 여는 각도를 조절하여 고정시키는 철물.

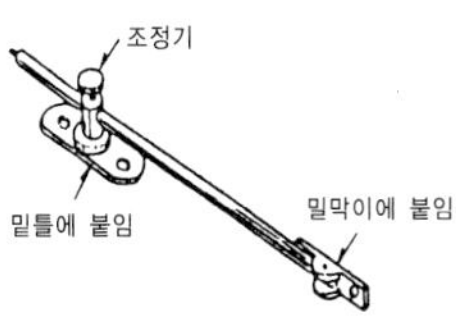

개폐조정기

개흘레 : ①기둥 밖으로 새로 물리어 칸을 늘리든지 벽장을 만들든지 하여 조그맣게 달아낸 칸살. ②퇴(=).

객관(客館) : ⇨객사(=).

객사(客舍, temporary residence of a traveler) : ①고려·조선조 때 지방관아의 하나로 각 고을에 설치하여 외국 사신이나 다른 곳에서 온 벼슬아치를 대접하고 머물게 하던 숙소. ②관청의 손님과 중앙으로부터 임금의 뜻을 받들고 내려온 사신들을 머물게 하며 접대하던 건물. ③중앙의 가장 중요한 위치에 자리한 주사(主舍 : 정청)에 국왕을 상징하는 전패와 중국의 천자를 상징하는 궐패를 모셔놓고, 지방관아의 수령이 초하루와 보름, 그리고 나라에 큰일이 있을 때 의식을 행하던 곳. ④객사의 구성은 주사(主舍)를 중심으로 동서 좌우에 익헌(翼軒)이 대칭으로 배치, 주변에 지형에 순응하여 자유롭게 누정(樓亭)을 배치. 익헌은 큰 대청마루와 툇마루가 있는 온돌방이 설치됨. 동익현에는 문관이, 서익현에는 무관이 머무름. 또한 이들을 접대하기 위한 부엌·곳간·온돌방으로 구성된 고직사(庫直舍)가 지어짐. ⑤주사의 지붕은 높은 맞배지붕, 익현건물은 본전보다 낮은 팔작지붕으로 대칭적인 형태를 이룸. ⑥객사는 전국 360여 개의 군·현에서 거의 표준화된 건축양식으로 왕권의 권위를 보여주는 건물로 건축됨. ⑦막돌허튼층쌓기 기단 위에 막돌초석을 놓고 기둥을 세웠으며, 공포는 주로 익공식 두공을 사용하였으나 일부 객사의 문에서는 주심포식 공포를 사용하기도 함. ⑧객관(=).

객실(客室, guest room, drawing room) : ①호텔·주택 등에서 투숙객의 취침을 목적으로 사용하는 공간 또는 식당 등에서 고객이 식사한 후 휴식이나 담소를 위한 공간. ②입구와 침대에서 점멸이 가능하도록 스위치를 설치. ③호텔 객실의 면적은 싱글(single)인 경우 약 18.500㎡, 더블(double)은 22.400㎡, 트윈(twin)은 30.400㎡, 스위트(sweet)는 45.400㎡임.

객실서비스레스토랑(客室-, guest room service restaurant) : ①객실마다 음식이 운반·제공되는 형식의 레스토랑. ②주로 식사·상담·화합·유흥 등의 목적으로 이용되는 요정·고급 레스토랑에서 볼 수 있음. ③각 실의 독립성과 입·퇴실시 혼잡을 피하기 위해 전실이나 알코브 등을 둠. 또한 복도에서 직접 실내를 볼 수 없도록 계획함.

객장(客場) : ①은행의 공간에서 고객이 카운터에서 용무를 처리하는 시간 동안 머무르는 중요한 공간임. ②규모는 카운터의 창구수와 예상고객수·필기대·대기를 위한 충분한 여유공간을 고려하여 면적을 산출. ③전면길이는 최소한 1.5m×창구개수－양측면의 여유분(1.5~2m씩)이 필요. 후면길이는 예금계는 최소 2.5~3m,

대부계는 4.5~5m 정도가 필요. ④종류는 고객업무의 처리 소요시간을 기준으로 슈퍼 퀵 서비스공간(super quick service space)·퀵 서비스공간(quick service space)·슬로우 서비스공간(slow service space)으로 구분.

갤러리(gallery, galerie[프]) : ①원래는 지붕이 있고 한쪽 면이 개방된 발코니(balcony) 같은 여러 형태의 보행 통로나 복도·회랑의 공간을 의미하였으나 오늘날에는 미술관이나 화랑의 의미로 사용. ②걸으면서 바라보도록 벽에 그림 등을 걸고 미술품을 장식하는 경우가 있어 화랑(畵廊)으로 발전하였음. ③교회건축에서는 측랑(側廊)의 상층 부분으로 신랑(身廊)에 대해 열려 있는 부분. ④선반이나 상판의 모서리를 따라 축소된 레일링(railing)이 있는 것을 말하며, 특히 그런 테이블을 갤러리 탑 테이블(gallery top table)이라고 함. ⑤탁자, 천판의 돌출된 가장자리, 흔히 황동제 그릴로 장식.

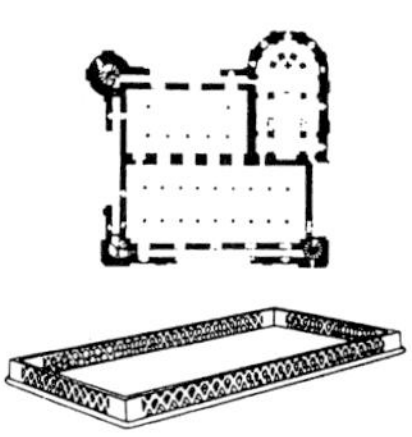
갤러리

갤러리 및 복도형(-複道形, gallery and corridor type) : ①전시공간의 순회형식의 일종으로 복도를 두고 각 실을 접속시켜 동선을 연속시켜 나가는 형식. ②중앙의 중정(中庭)이나 오픈 스페이스(open space)를 중심으로 복도가 둘러싸는 동선(巡路)으로 구성하는 경우가 많음. ③복도에서 각 실로 직접 출입할 수 있고 필요한 전시실을 일시적으로 폐쇄하기 쉬우며, 복도의 일부도 전시장으로 사용할 수 있음. ④르네상스 건축에서 사용된 형태.

갤러리 및 코리더형(-形, gallery and corridor type) : ⇨갤러리 및 복도형(=).

갤러리아(galleria) : ①보통 궁륭지붕이 있고 상업시설이 일렬로 배치된 산책을 위한 넓은 유보로(遊步路)·마당 또는 실내 몰(mall). ②볼트 천장이 설치되어 있고, 일련의 상점점포들이 배열된 공간. ③독립된 여러 상점들이 공용의 중앙공간을 통하여 출입할 수 있는 복합·다기능의 쇼핑센터(shopping center).

갤러리키친(gallery kitchen) : 비행기·선박·보트 등 특수공간에 설치·사용되는 작고 좁은 간이부엌.

갤룬(galloon) : ①커튼이나 가구 등에 사용되는 직물의 끝마무리에 사용되는 리본 모양의 레이스로 된 끈 형태의 장식. ②가는 끈(때때로 금·은실을 짜 넣은 무명 또는 명주의)

갤릴리(galilee) : 일부 중세 영국교회의 서측 단부에 위치하여 고해자용 부곡예배당으로 사용된 작은 현관 부분(galilee porch) 또는 소예배당(小禮拜堂).

갬브럴루프(gamblel roof) : ⇨망사르드지붕(=).

갱립소(gang rip saw) : 부재를 사용할 때 켜는 데 사용하는 목공기계로 두께에 따라 톱날을 4~7개까지 끼울 수 있으며 1회에 여러 부재를 켤 수 있음. 최대 가공규격은 높이, 넓이가 100×275㎜이며 최소 가공규격은 3×5㎜.

갱시팅(gang seating) : 공항·병원·강당 등에서 볼 수 있는 서로 연결된 의자.

갱의실(更衣室, fitting room) : ①주로 의류매장 등에서 고객이 구입을 원하는 상품을 입어 보기 위한 공간. ②크기는 최소 900×900㎜에서 보통 900×1,200㎜ 정도.

갱 폼(gang form) : ①연속해서 사용할 수 있는 위치에 대형 패널(panel)로 유닛(unit)화하여 반복 사용할 수 있는 거푸집 공법. ②특징은 시공능률 향상·노동력 절감·공기 단축·가설재 절약·무비계 가능·초기 투자비 과다·양중장비 설치·제작시 해체 후 보관

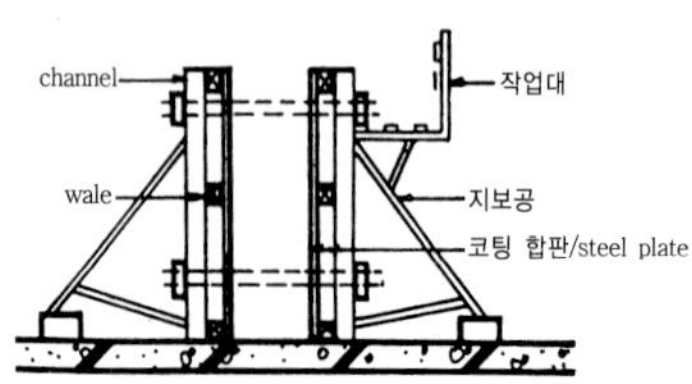

갱 폼

ㄱ

장소 필요함.

거(鋸, saw) : ①물건을 자르거나 켜는 데 쓰는 연장. ②목재·금속·대나무·플라스틱 등을 자르거나 켜는 데 쓰는 공구. ③최근에는 종래의 톱날 대신 초경금속이나 다이아몬드 등을 용착한 기계톱으로 돌·석면판·유리·아스팔트 등의 절단도 가능함. 가정용 전기공구로 동력이나 전력을 이용한 원형톱과 지그소(jig-saw)가 있음. ④띠모양의 톱날을 붙인 큰톱형식의 톱은 고대 로마시대부터 오늘날까지 쓰임. ⑤산업혁명 이후에 나타난 기계톱인 원형톱은 1777년 영국에서 특허를 얻었고, 후에 조선용으로 많이 쓰였으며, 1808년에는 증기기관으로 운전되기도 하였음. 띠톱은 1808년에 영국에서 특허를 얻었으나, 오랜 사용에 견딜 수 있는 강철대(鋼鐵帶)가 나온 뒤인 1849년 무렵 실용화되었음. ⑥우리나라에서는 석기시대부터 돌톱이 등장하여 목공도구의 하나로 이용되어 옴. 1917년 전라남도 나주군(羅州郡) 반남면(潘南面) 고분군에서 출토된 톱은 길이 26.5㎝, 너비 3㎝이고, 몸통 머리부분은 삼각형 끝에는 손잡이가 달려 있음. 백제의 유품으로 알려졌으며, 톱날이 전신에 만들어져 있음. 손잡이 부분에 목질 흔적이 있고, 날은 약간 위로 굽어 있음. 톱의 제작연대는 5~6세기의 것으로 짐작됨. 이 톱 외에 현존하는 톱은 대부분 조선시대의 것으로 이 때 사용된 톱은 켤톱·자름톱·대톱·중톱·소톱 외에 특수 용도를 위한 돌림톱·실톱·칼톱·절톱·손톱·세톱 등이 있음. ⑦종류 ; 켤톱은 가장 일반적인 것으로 목재의 섬유방향으로 켜는 것임. 자름톱은 목재의 섬유방향에 대해 직각으로 자르는 톱이고, 대톱은 주로 원목을 제재할 때 둘러서 밀고 당기면서 사용하는 것으로 톱니를 크게 하여 한 번에 많이 켤 수 있도록 되어 있음. 중톱은 목수들이 많이 쓰는 것으로, 거량[鋸樑(톱량)]을 톱소매에 끼울 때 거량이 회전할 수 있도록 하여 켤 때나 자를 때에 마음대로 조정, 사용할 수 있도록 만들었음. 소톱[小鋸(소거)]은 목수뿐 아니라 창호나 가구를 짜는 소목장들이 많이 사용하는데, 톱니가 작고 간격도 좁게 되어 있음. 돌림톱은 곡선·구멍 등을 내는 데, 실톱은 곡선·원형·파도형을 내는 데 쓰임. ⇨톱(=).

거꾸로아치(inverted arch) : ①기초 등에 사용되는 거꾸로 틀은 아치. ②특히 내력기둥 등에 하중을 균일하게 분포시켜 부동침하를 막기 위해 기초 상부에 많이 사용. ③하중을 기초 콘크리트 위에 널리 분산시켜 지반을 감소시키려고 개구부나 기둥 하부에 둔 것. ④⇨역아치(=).

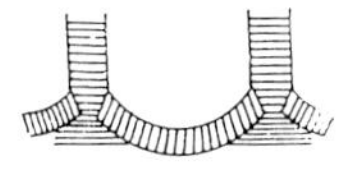
거꾸로아치

거나이트(gunite) : ①시멘트 건(gun)으로 모르타르를 건식(乾式)으로 뿜칠하는 것 또는 그 뿜칠한 모르타르. ②숏크리트(shot-crete)의 일종으로 원래는 모르타르 뿜칠기계의 상품이었으나 현재는 그 공법을 말함.

거는 선대 : ⇨지두리대(=).

거단(鋸斷) : 톱으로 절단하는 작업.

거대고층건축(巨大高層建築) : 1964~1976년에 현존하는 도시들을 대체하기 위해 수많은 건축가들에 의해 제안된 것으로, 거대한 고층 건물을 설계하는데 있어 개개의 건축물들은 단지 구성요소들에 불과하거나 개성을 잃어버렸음. 총체적인 목적은 업무와 레저를 위한 종합 환경을 마련하는 것.

거더(girder) : ①구조적 부재로 다른 보를 떠받치고 있는 보. ②집중되는 하중이나 작은 들보들을 받치고 넓은 폭에 사용되는 육중한 들보. ③길이에 따라 분리된 지점에서 주보(主樑)로부터 떨어지는 집중하중을 지지하도록 설계된 큰보. ④큰보(=), 작은보·빔(≒).

거드룬(gadroon) : ①주로 테이블 상판 등의 가구 가장자리에 사용되는 수평으로 연속 배치된 볼록한 형태의 장식문양. 갈대나 마디 문양으로 정교하게 조각된 볼록 몰딩. ②계란의 볼록한 면이 반복되어 장식된 몰딩. ③기다란 계란형 문양들이 같은 방향으로 연속되어 표면으로 돌출되어 있는 장식.

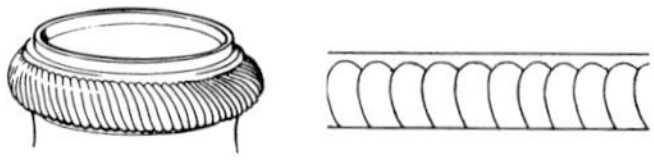

거드룬

거듭비비기(remixing) : 콘크리트 또는 모르타르가 아직 굳기 시작하지는 않았지만 비빈 후 상당한 시간이 경과한 경우 또는 재료분리가 일어난 경우에 다시 비비는 작업. 일반적으로 재료 혼합 후 약 1시간 이내에 다시 비비는 작업.

거래원(去來源, trade sources) : 디자이너가 한 프로젝트를 완수하는데 이용되는 다양한 제품이나 서비스를 제공하는 제조업자·거래업자 그룹.

거리(距離, distance) : 두 곳 사이의 떨어진 정도. 종류는 물리적 거리와 심리적 거리로 분류하고, 물리적 거리는 공간거리와 시간거리로 구분함. 공간거리는 실거리(이동거리, trip거리)와 직선거리로 구분.

거리미술(-美術) : ⇨스트리트아트(=).

거리의 역자승법칙(距離-逆自乘法則) : ①"조도는 광도에 비례하고 거리의 제곱에 반비례한다"를 말함. ②빛은 직진하므로 점광원에서 d배 떨어진 곳에서는 동일 광속이 d^2배의 면적으로 퍼지며 따라서 조도는 $1/d^2$배로 감소하고, 광도가 m배가 되면 광속도 m배가 됨.

거멀 : '거멀장'의 준말.

거멀대(dovetailed ledge) : ①목재의 접합부에 사용하는 산지, 쐐기, 촉 등과 같은 보강재(reinforcement)의 일종. ②오림목의 양옆에 세모 홈을 파서 주먹장 모양으로 만들어 널 뒷면에 판 주먹형 홈에 끼워(때려 넣어) 널이 오므라지거나 갈라지는 것을 막는 오림목.

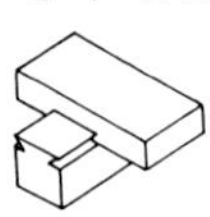

거멀대

거멀띠(dovetail cleat, side cleat) : 널이 우그러지지 않게 그 뒤에 주먹장으로 끼워대는 띠장.

거멀띠장(dovetail ledge) : 넓은 널의 건조·수축에 따르는 우그러짐 또는 비틀림을 막기 위해 주먹장형으로 널에 끼워댄 띠장.

거멀띠장쪽매(dovetail ledge joint) : 널 뒤에 띠장을 주먹장으로 물려 끼워 대는 쪽매를 말하며, '거멀쪽매'라고도 함.

거멀맞춤 : 너비장·주먹장·산지 등의 거멀을 장치하여 단단히 물려지게 하는 맞춤으로 주먹장 맞춤보다 약간 튼튼하지만 복잡하여 잘 쓰이지 않음.

거멀못(furring nail, staple) : ①나무 그릇 따위의 벌어진 곳이나 금간 곳에 거멀장처럼 걸쳐서 박는 못. ②와이어 라스를 고정하는데 사용하는 못. ③가시철선 등을 거멀하여 박는 쌍가지 못. ④두 부재를 연결하거나 벌어지는데 사용하는 ㄷ자형으로 구부려 만든 못. ⑤보통 '스태플'이라고 함. ⑥거멀쇠의 일종.

거멀쇠(巨勿鐵, clamp, cramp) : ①목재의 구조 절점을 보강하기 위한 철물. ②부재의 이음새, 맞춤새에 틈서리가 벌어지지 않도록 보강하는 철물. ③목재를 단단히 대어 붙일 때 사용되는 쇠. ④서로 교차되는 나무를 고정시키는 데에 쓰이는 둥근 쇠. ⑤좌우 쪽을 연결하거나 떨어지지 않게 죄어 대는 철물 및 부재의 이음새·맞춤새에 대어 틈서리가 벌어지지 않도록 연결하여 보강하는 철물. ⑥긴결철물·거멀쪽·거물철(=).

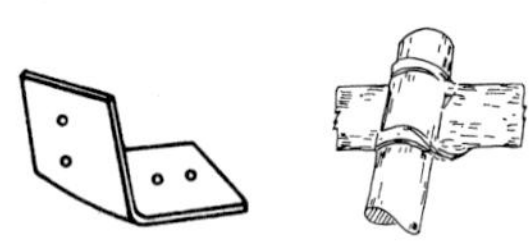

거멀쇠

거멀이음(scarf joint) : ①인장 또는 압축에 견디도록 하기 위해 두 부재의 마구리를 가늘게 하거나 따내기 또는 절반으로 하여 겹쳐대어 만들어진 마구리이음. ②반턱으로 하되 끝머리는 서로 깊이 파서 물리게 된 이음. ③거멀맞춤(=).

거멀장(clamp, cramp) : ①세간(집안 살림에

사용하는 모든 기구)이나 나무그릇의 모퉁이에 겹쳐대는 쇳조각. ②물건 사이를 연결시켜 벌어지지 못하게 하는 일. ③두 부재의 이음(연결)을 보강하는 장식이나 그 쇠를 의미. ④두 물건 사이를 연결시켜 벌어지지 않게 쇳조각을 대는 것.

거멀장부 : 거멀맞춤에 있어 거멀하기 위해 따로 댄 너비장 같은 장부.

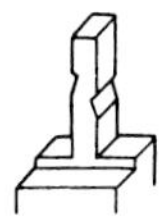
거멀장부

거멀장부맞춤 : 한 부재의 좌우에 턱맞춤으로 되는 두 재에 길게 파 놓고 위에서 산지를 꽂아 빠지지 않게 하는 맞춤.

거멀장식(－裝飾, ornamental stud) : ⇨거멀장(＝).

거멀쪽매 : ⇨거멀띠장쪽매(＝).

거목(居木, saddle tree) : ⇨안장대(＝).

거몰쇠 : ⇨거멀쇠(＝).

거몰이 : '거멀'의 사투리.

거물철(巨勿鐵) : ⇨거멀쇠(＝).

거미다리형 탁자(－形卓子, spider leg table) : 18세기 영국과 미국의 치펜데일 양식의 탁자로 상판이 아래로 접혀지며 8개의 다리와 다리버팀대가 부착됨.

거북이받침대 : ⇨귀부(＝).

거석(巨石, megalith) : 매우 큰 돌이 간단한 장식이 된 것으로 고대건축에서 기초로 사용.

거석쌓기(巨石積, Cyclopean masonry) : Tynis나 Mycenae에 세워진 건물에서 흔히 볼 수 있는 것과 같이 거대한 돌의 집합으로 이루어진 벽. 신화의 Cyclopes의 이름을 따서 명명되었음.

거실(居室, living room) : ①디자인적으로는 휴식과 안락의 장소로서 정서생활이나 손님접견장소·식사·TV시청·독서·대화 등 다목적 기능을 갖는 가족단란 중심의 사회적 공간인 공적 공간(公的空間). ②법규적으로는 건축물 안에서 거주(居住)·집무(執務)·작업(作業)·집회(集會)·오락(娛樂), 기타 이와 유사한 목적을 위하여 사용되는 방(房).

거실의 규모(居室－規模, dimension of living room) : ①거실의 규모는 가족수·가족구성·전체 주택의 규모·접객 빈도 등에 따라 결정되고, 주생활양식에 따라서도 좌우됨. ②일반적인 거실의 이상적인 규모는 1인당 최소한 4~6㎡ 정도이며 5인 가족이 식당을 겸할 경우 그 규모는 최소한 16.5㎡이나 권장기준인 18~24㎡가 바람직함. ③최소한 5인이 앉을 수 있는 소파 한 세트와 TV를 시청할 수 있는 최소한의 거리를 기준으로 할 경우 거실의 규모는 11.0~16.5㎡ 정도. ④거실의 규모에 대한 결정은 크기 자체뿐만 아니라 통과교통의 유무(有無)와 평면식의 영향도 같이 고려해야 함. 연속된 긴 변은 음향기구·책장·응접세트 등 가구배치에 효과적임.

거실의 유형(居室－類型, types sorts of living room) : 대별(大別)하면 거실 전용으로 사용하는 경우·응접실 겸용 거실·서재 겸용 거실·식당 겸용 거실(리빙 다이닝)·부엌 식당 겸용 거실(리빙 다이닝 키친)·취미생활 겸용 거실·홈바 겸용의 거실 등이 있음.

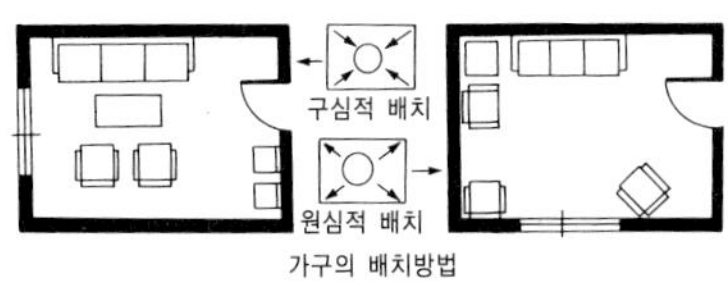

가구의 배치방법

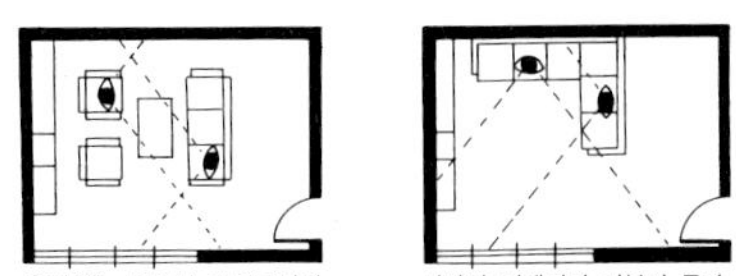
응접에는 좋으나 거실로서의 시선은 무리다.
시야가 전개되어 기분이 좋다.
거실의 가구배치와 시선

거실의 유형

거실의 형태(居室－形態, form of living room) : 거실의 평면형태는 주택 전체의 계획이나 그 위치 등에 따라 다양해지나 거실은 실의 성격상 많은 가구가 필요하고, 이 가구배치를 위하여 가능한 충분한 면적 확보를 하는 것이 좋음. 거실의 형태는 장방형보다 짧은 변이 너무 좁지 않을 정도의 장방형이 가구배치와 TV의 시청에 효과적임.

거심재(去心材) : 수심(樹心)이 들어 있지 않은 제재목.

거싯판(-板, gusset plate) : ⇨거싯플레이트(=).

거싯플레이트(gusset plate) : ①철골구조에서 기둥·보의 귀퉁이 부분이나 트러스 절점(節點 또는 結點) 등에 접합하는 부재를 접합하기 위해 쓰이는 강판을 총칭. ②거싯판으로서 편심이 생기지 않도록 접합. ③거싯판은 보통 6㎜ 이상으로 하고, 접합용 리벳, 볼트는 최소한 재에 2개 이상, 6개 이하로 한 줄로 배치. ④거싯판의 크기는 리벳, 볼트의 간격과 연단거리에 의하여 결정하고, 일반적으로 리벳 중심선에서 30도 바깥에 오도록 배치함. ⑤거싯판은 직각 정형에 가깝도록 함.

거울색 : ⇨경영색(=).

거울유리(-琉璃, mirror glass) : ⇨반사유리(=).

거울조명(-照明, mirror lighting) : 전신을 비춰볼 수 있는 거울 조명은 거울 자체가 아니라 사람을 적당히 비출 수 있어야 하는 조명의 하나. 거울 부위를 효과적으로 조명하는 것은 욕실조명에서 가장 중요한 부분. 자신의 일상생활을 이 거울을 통해 부드럽고 그림자 없이 비춰 볼 수 있다는 것은 친근감을 더해 주는 요소가 됨. 빛의 제한된 범위는 거울로부터 사람의 전신에 이르기까지 충분히 비출 수 있어야 하고, 거기서 자신을 충분히 볼 수 있어야 하며, 그 각도는 45°가 보기에 좋음.

거울판(-板, panel board) : 틀·액자 등의 속에 넣는 패널.

거위목 난간(-欄干) : ⇨계자난간(=).

거적 : 짚을 두툼하게 엮거나 새끼로 날로 짚으로 쳐서 만든 물건.

거적문(-門) : ①선사시대의 움집에서부터 사용한 것으로 추정되는 가장 원시적인 문. ②추수 후에 얻어지는 짚을 가지고 두툼하게 엮어 넓은 거적을 짠 다음 달아맨 문. ③재료에 따른 문의 일종. ④'거적문에 돌쩌귀'라고 하면 제격에 맞지 않아 어울리지 아니함을 뜻함.

거절(擧折) : ⇨자꺾음장여(=).

거제수나무(黃檀木, 黃樺樹, Birch, Betula costata Trautv[학]) : 지리산 상부 및 중부 이북에 분포하고, 낙엽·활엽·교목임. 심재는 황갈색이고 변재는 담황갈색으로 심변재의 구분이 뚜렷하며 연륜은 뚜렷하지 않음. 산공재(散孔材)로 나무갗은 곱고 목리(나뭇결)는 통직(通直)이며, 기건비중 0.67, 전건비중 0.63, 수축률은 방사방향 6.61%, 접선방향 9.76%, 용적수축률 15%로 보통이며 강도는 압축강도 511kg/㎠, 휨강도 1071kg㎠, 전단강도 150kg/㎠, 인장강도는 강하고 건조는 보통이며 접착·도장성은 양호하며 내후성은 보통임. 용도는 운동구·기구·무늬단판·가구·목공예·악기 등에 사용.

거주성(居住性, livability) : ①주거의 쾌적성, 심리적인 쾌적도와 단열, 차음성 등의 물리적 쾌적도 등 종합적인 효과를 나타내는 것. ②주거행위와 관계되는 건물의 종합적인 성능. 단열성(斷熱性)·차음성(遮音性) 등의 개별 성능이 복합되어 생기는 종합적인 효과를 표현한 용어.

거주자하중(居住者荷重, occupant load, occupancy load) : ①건물 사용에 허용된 거주자 1인당 ㎡를 이용하여 결정할 수 있는 건물 또는 건물의 부분에서 항시 거주하는 사람 수. ②건물의 규정은 거주자하중을 건물의 비상구 폭과 소요개수를 결정하는 데 사용.

거주하중(居住荷重) : ⇨적재하중(=).

거즈(gauze) : ①경사·위사의 밀도가 성긴 얇고 비치는 직물로서 시어 커튼에 사용. 견·레이온·아세테이트·나일론·폴리에스테르·리넨 등의 섬유로서 주로 평직으로 제작되나 사직이나 여직으로도 제작. ②평평 짜기(plain weave)·리노우 짜기(leno weave)·도비 짜기(dobby weave)로 만들어진 얇은 천. 특히 빛 분산을 위해 유리창에 따라 커튼으로 사용.

거찰(巨刹, the great Buddhist temple) : ①규모가 크거나 이름난 절. ②큰절·대찰(=).

거창 갈계리임씨고가(居昌葛溪里林氏古家) : ⇨임씨고가(=).

거창 대정리신씨고가(居昌大亭里愼氏古家) : ⇨신씨고가(=).

거창 무릉리정씨고가(居昌武陵里鄭氏古家) : ⇨정씨고가(=).

거치문(鋸齒文, saw-tooth pattern, triangle band pattern) : ①한 줄의 빗금을 엇갈리게 그어나가 연속된 세모꼴의 모습을 나타낸 무늬. 세모꼴을 연속시켜 여기에 빗금을 그어 톱니모양을 나타낸 무늬. ② '톱니무늬', '세모띠무늬', '삼각대문(三角帶文)'이라고도 함.

거친갈기 : 쇳가루(鐵砂) 또는 카보런덤(carborundum) 숫돌을 사용하여 거친 갈기 처리한 공정.

거친널판(-板) : 대패질을 하지 않은 널판.

거친대패 : ⇨초련대패·막대패(=).

거친도드락망치 : 사방 50㎜ 안에 25눈의 돌기가 있는 도드락망치로 두들겨 다듬는 돌 표면 마무리.

거친돌막쌓기(rustication, rubble work, opus incertum[그]) : ①석재의 거친면을 다듬지 않고 접한 면만 대강 다듬어 쌓는 일. ②표면을 여러 가지로 가공한 돌덩어리를 줄눈(joint)이 깊게 새겨지도록 하여 불규칙하게 쌓아가는 방법으로 '제면쌓기'라고도 함. 돌의 재질감과 깊은 줄눈에 의한 요철이 만드는 음영감이 건물에 야취(野趣)가 나고 중량감(重量感)이 나며, 특유한 표정을 주는 효과가 있어 전원건축(田園建築) 등에 적합. 돌의 표면이 평평하고 매끈매끈한 것으로 사각 송곳 모양이라든지, 꺼칠꺼칠하게 마무리하거나 정과 같은 것으로 거칠게 처리하는 등 여러 마무리 방법이 있음. ③마름돌쌓기·러프스티케이션·제면쌓기(=).

거친돌막쌓기

거친돌쌓기 : ⇨거친돌막쌓기(=).

거친목조직(-木組織, coarse texture) : ①목재를 구성하고 있는 세포가 평균 이상의 큰 세포로 구성되어 있을 때 그 목재의 재면. ②나무갗(≒).

거친아치(rough arch) : ①보통벽돌을 그냥 쓰고 줄눈을 쐐기모양으로 한 것. ②외관에 무관하거나 중요하지 않은 부분에 보통벽돌을 사용하고 줄눈을 쐐기모양으로 한 아치. ③창문 또는 문의 인방 위에 보통 벽돌을 써서 아치를 틀어 그 줄눈을 쐐기형으로 만든 아치. ④개구부 폭이 비교적 작고 아치 높이가 클 때에는 단층 옆세워쌓기로 함. ⑤아치(=).

거친잔다듬 : 날망치의 날 간격 5~6㎜되는 날망치로 일정방향으로 찍어 다듬는 돌 표면 마무리.

거친정다듬 : ①사방 100㎜ 안에 정자국이 15개 정도 나도록 정으로 쪼아 다듬는 돌 표면 마무리. ②큰정다듬(=).

거트(girt) : 1층 위의 중간층에서 가새골조 기둥과 연결된 수평목재. 상부 거트(raised girt, 바닥 장선과 평행이고 수평인 거트)와 하부 거트(dropped girt, 바닥 장선을 지지하도록 밑에 놓인 거트)가 있음.

거티(guttae) : ①처마장식인 트리글리프(triglyph)의 하부에 있는 작은 원추형 또는 원기둥형 장식. ②주로 도리아 양식에서 사용되었음.

거티

거푸집[1)](form, forms) : ①콘크리트 부어넣기 작업과 응결(凝結)·경화(硬化)하는 동안 충분한 강도가 얻어질 때까지 원하는 일정한 형상과 치수로 유지시키며, 그 경화에 필요한 수분의 누출을 방지하고 외기(外氣)의 영향을 받지 않게 하는 콘크리트 구조체(構造體)를 성형하는 주형(鑄型)인 가설구조물(temporary structure). ②거푸집의 종류는 목재 거푸집·금속제 거푸집·합성수지 거푸집·와플 거푸집(waffle form)·데크플레이트 키 스톤 거푸집(deck plate, key stone form)·터널거푸집(tunnel form)·플라잉 거푸집(flying form, flying shore)·트래블링 거푸집(travelling form)·슬라이딩 거푸집(sliding form)·유로 거푸집(euro form) 등이 있음. ③주로 목재와 철제 및 플라스틱제 거푸집이 사용됨.

거푸집2)(鎔范, mould) : ①주물의 바탕으로 쓰이는 모형. ②금속을 녹여 부어서 어떤 물건을 만들기 위한 원래의 틀.

거푸집공사(－工事, form－work) : 새로이 타설한 콘크리트를 지지하는데 필요한 거푸집을 비롯하여 필요한 지지부재·버팀대·철물 등을 포함한 가설구조물.

거푸집덱킹(form decking) : 철근콘크리트 슬래브가 자체적인 힘을 유지하도록 영구적인 거푸집으로 사용되는 철제 덱킹.

거푸집블록(form block) : 속이 비어 있는 ㄱ자형·ㄷ자형·I자형·T자형 등과 같은 블록을 거푸집으로 생각하고, 그 안에 철근과 콘크리트를 넣고 기둥과 벽으로 사용함으로써 콘크리트의 거푸집용을 겸하게 된 살두께(shell thickness)가 얇고 속이 빈 블록으로 '형틀용 블록'이라고도 함. 보통 조적식 블록조로 하여 2~3층 정도의 극히 단순한 실용적인 건물에 쓰이지만 내부에 철근을 배근하고 콘크리트를 채워서 내력벽인 라멘(rahmen)조로 구축하기도 함.

거푸집블록조(－造, form block structure) : ①철근콘크리트조에서 사용하는 목재나 철재 거푸집 대신에 ㄱ자형·ㄷ자형·T자형·ㅁ자형 등으로 살(shell)두께가 작은 콘크리트조의 거푸집 블록을 쓰고, 그 안에 철근을 배근하고 콘크리트를 부어넣어 벽이나 기둥을 만드는 구조로 2층 정도가 보통이고, 3층까지도 가능. ②한국건축학회의 거푸집 콘크리트 블록조 설계기준에는 압축면의 최소 압축강도는 135kg/㎠ 이상으로 규정. ③제1종과 제2종이 있음.

거푸집용 못 : ⇨이중머리못(＝).

거푸집존치기간(－存置期間) : 콘크리트를 부어 넣은 후 거푸집을 걷어 낼 때까지의 기간. 즉 거푸집은 콘크리트가 경화하여 예상되는 모든 하중에 대하여 견딜 수 있는 충분한 강도가 날 때까지 보양(保養)하도록 상당기간 존치해야 함.

거푸집콘크리트블록(fill－up concrete block) : ①L형·Z형 등의 얇은 판 모양으로 된 콘크리트블록. ②콘크리트 타입(打入)용 거푸집으로서 사용하고, 그대로 마감재가 되는 박판으로 구성된 콘크리트 블록.

거푸집콘크리트블록구조(－構造, fill－up concrete block structure) : ①비교적 얇은 콘크리트의 블록판을 조합해서 만들어진 중공(中空) 부분에 철근을 넣고 콘크리트를 타설하여 벽이나 기둥을 만드는 구조. ②주로 소규모 건축에 쓰임.

거품유리(－琉璃, foam glass) : ⇨기포유리(＝).

건강등(健康燈) : ⇨건강램프(＝).

건강램프(健康－) : ①건강선(健康線)인 파장이 280~310㎚인 치료효과가 있는 자외선을 다량으로 방사하는 램프. ②280㎚ 이하는 투과시키지 않는 자외선 투과유리를 사용한 초고압 수은램프 또는 형광램프. ③치료를 위한 근접조사 및 학교·보육원·병원·사우나 등에서 일반조명과 나란히 설치. ④태양등(＝).

건강선(建康線) : ①직사일광에 포함된 자외선 가운데 지상에 도달하는 약 290~320㎚ 범위의 파장역. ②인체의 건강유지와 증진 및 치료에 효과가 있다고 하여 건강선 또는 발견자의 이름을 따서 '도르노역(Dorno域)' 또는 '도르노선(Dorno rays)'이라고 함. ③ 화학선·도르노역(＝).

건강주택(健康住宅, healthy housing) : ①몸과 마음의 건강을 위하여 인간성이 풍부한 환경창조를 목표로 하는 주택. ②몸과 마음을 위해 건강조성에 적합한 공간, 심신을 편안하게 할 수 있는 휴게공간 등이 필요함. 또한 마음의 건강을 위해서는 커뮤니케이션 공간으로 다수가 모일 수 있는 다목적 공간과 자연과 친화할 수 있는 공간, 거주성이 양호한 개인공간 추구가 필요함.

건강환기(健康換氣, health ventilation) : 호흡과 취사(炊事) 등에 필요한 산소를 공급하고 실내의 유해가스와 냄새 등 오염물질을 허용수준 이하로 제거하기 위한 환기. ⇨환기.

건공기(乾空氣, dry air) : ⇨건조공기(=).

건구도(建具圖, furniture, fitting list) : 각 실에 배치되는 주요 가구를 평면·입면·단면으로 그린 도면. 주로 특수한 실내장식 목적 또는 클라이언트(client)의 요구가 있을 때 작성.

건구온도(乾球溫度, dry bulb temperature ; DB) : 건습구 습도계의 건구온도계에 나타난 온도. 액체 온도계 등 보통 온도계로 측정한 공기온도를 말하며, 상대습도를 구할 때의 습구온도와 반대되는 개념. 건구온도를 측정하는 온도계를 건구온도계(dry-bulb thermometer)라고 함.

건구온도계(乾球溫度計) : ⇨건구온도.

건구조립기(建具組立機, assembling press) : 문짝의 제작에 사용되고 있으며 1차 조립된 문짝을 프레스 하향 압력에 의해 문짝 각 부재의 틈 방지 및 더 강한 조립을 위해 사용되고 있음.

건기와(乾蓋瓦) : ①'건기와깔기'의 준말. ②흙을 쓰지 않은 채 기와만을 임시로 깔아 두는 기법. ③보토를 깔아 바닥기와를 이을 때 새우흙을 이겨서 쓰지 않고 마른 흙을 그냥 쓰는 기법.

건나이트(gunite) : 시멘트·모래·고로슬래그·물이 혼합된 경량 콘크리트 시공시 필요 두께에 도달할 때까지 계속해서 호스를 통하여 콘크리트를 고속으로 분사하여 뿜칠하는 것. 보통 숏크리트(shot-crete)라고 함.

건넌방(-房) : ①안방에서 대청을 건너 맞은 편에 있는 방. ②며느리방(=).

건넛방(-房) : 건너편에 있는 방.

건목 : 정성들여 다듬지 않고 거칠게 대강 만드는 일, 또는 그렇게 만든 물건.

건물(建物, building) : ①토지에 정착하여 건설되어 지붕과 공간을 막아 사람의 출입에 적합하게 만든 공작물. ②지붕과 기둥·벽·개구부 등이 있고 주로 거주·작업·저장 등의 용도에 사용되어 인간생활을 용이하게 해주는 공간. ③건축물(≒).

건물난방부하계수(建物暖房負荷系數, building load coefficient) : 실내온도를 1일 1℃ 올리는 데 필요한 열량.

건물실상(建物實狀, building imagery) : 관조자의 미의식에서 오는 건물의 상징성 및 가치성.

건물지(建物址, site of ancient building) : ①옛날에 건물이 세워져 있던 자리나 터. ②집터(=).

건방(乾方) : 서북쪽. 정북(正北)과 정서(正西)의 사이 한가운데를 중심으로 한 45도 각도 안의 방향.

건부(乾腐) : ⇨건부식(=).

건부식(乾腐蝕, dried corrosion, dryrot) : ①수분을 포함하지 않는 공기에 의한 산화 등의 반응에 의해 부식되는 화학적 부식. 예컨대 Zn+O=ZnO 등. 특히 비교적 건조된 상태의 목재인 경우에 습기가 적은 곳에서도 번식이 왕성한 부후균(腐朽菌)에 의해 갈색으로 변색하며 썩음. ②대기 중에서의 금속의 부식은 습기와 산소가 결합하여 수산화이온이 생겨 이 수산화이온이 철과 결합하여 수산화제일철이 생기고, 이것은 다시 산화되어 수산화제이철로 되어 붉은 녹이 발생함. 염분을 많이 포함하는 해안지대와 SO_2와 SO_3 등의 산화황·암모늄·염 등이 많은 공장지대에서는 부식이 촉진되며, 산·알칼리 또는 염류가 있으면 침식됨.

건비빔(dry mix) : ①콘크리트나 모르타르 비빔에서 물을 거의 함유하지 않거나 상대적으로 다른 성분에 비해 골재가 너무 많아서 슬럼프(slump)가 없거나 매우 작음. ②스티프믹스(=).

건뿌림마감(dry shake finish) : 고름질한 콘크리트 표면의 과잉수가 증발하고 표면을 흙손으로 작업한 후 시멘트·모래·안료를 건조상태로 혼합하여 표면에 뿌려 착색 마무리를 하는 것.

건새 : 지붕산자 밑에 앙토하지 않고 그대로 둔 것.

건설경영혁신(建設經營革新) : ①기업의 업무방식 등 모든 경영을 보완개선과 추구 및 재구축을 통하여 기업의 경쟁력 강화, 이윤 극대화, 나아가 우량기업으로서의 지속적인 발전을 위해 혁신적으로 실시하는 것. ②분류 ; business reengineering, bench marking, down sizing, restructuring, 고객만족, 시간경영 등으로 구분.

건설관리제도(建設管理制度, Construction Management ; C.M) : 대규모 건설프로젝트에서 발주자의 위임으로 설계자·시공자를 관리하는 제도. 최근 건축물이 대형화·초고층화·복잡화됨에 따라 설계자와 시공자의 능력한계를 넘어 전문직이 발주자를 대신하여 공사를 추진하여 대규모 공사 발주시 발주자·설계자·시공자간을 조정하고 관리하는 방식.

건설물(建設物) : ⇨건조물(=).

건설소음(建設騷音, construction noise) : ①도로나 건물의 건설에 따르는 소음. ②건설기계에서 30m 떨어져도 해머는 90dB(A), 콤프레셔와 리벳은 80dB(A), 콘크리트 브레커는 75dB(A)의 소음을 발생함. ③소음규제법은 작업장소에서 30m되는 지점의 소음레벨과 작업 시간을 규제하고 있음.

건성쌓기 : ⇨메쌓기(=).

건성유(乾性油, drying oil, dried oil) : ①건조성이 있는 기름을 총칭. ②건조가 빠른 유지류. 아마인유(亞麻仁油)와 같이 얇은 층의 상태가 공기 중에 노출·접촉하면 산소를 흡수(吸收)·산화(酸化)하여 경화(硬化)·고화(固化)되고 튼튼하고 탄력이 있으며, 강한 고무피막(층)을 형성하게 되는 것으로서 도료의 원료가 되는 유기성 액체임. 건성유에는 피마자유·들깨기름·야자기름·오동나무기름·대마유·어유(魚油) 등이 있음.

건소로 : 건소루(=).

건소루(件小累) : ①반쪽만 만들어 끼우는 소로. ②건소로(=).

건식(乾蝕) : ⇨건부식(=).

건식구조(乾式構造, dry construction) : ①물을 사용하지 않고 시공하는 구조공법으로 공장에서 일정한 규격제품으로 제작·생산되어 현장에서 조립·설치하므로 작업이 간단하고 공사기간이 단축되며 정확한 시공이 가능함. 대량 생산이 가능하고 경제적임. ②목조 또는 철골조에서 보드류·합판·금속판 등의 규격품을 사용해서 벽과 천장을 만드는 공법. 현장에서 물을 사용하지 않고 시공할 수 있다는 점에서 붙여진 명칭임. ⇨습식구조(⇔).

건식법(乾式法, dry process) : 시멘트 원료를 수분 1% 이하로 건조하여 균질하게 배합시켜 분쇄하여 시멘트를 만드는 법.

건식벽(乾式壁, dry wall) : ①건식구조의 벽으로 물을 사용하는 모르타르를 사용하지 않고 조적하여 만든 벽. ②실내공간에 벽을 만드는 일반적인 기술로 플라스터 보드(plaster board)·석고 보드(gypsum board)·벽 보드 시트나 큰 패널이 벽을 지탱하는 구조적 재료나 샛기둥을 커버하기 위해 플라스터 자리에 사용.

건식섬유판(乾式纖維板, dry fiberboard) : 리그노 셀룰로오스를 고온에서 기계적·화학적으로 처리한 섬유나 섬유다발에 접착제를 첨가하여 열압시켜 만든 판. 종류는 섬유판의 제조조건을 변화시켜 여러 종류의 섬유판을 만들 수 있음. 즉 하드보드·중밀도 섬유판(medium density fiberboard ; MDF)·인슐레이션 보드(insulation board) 등을 들 수 있음.

건식성형(乾式成型) : ⇨프레스성형(=).

건식스프링클러(乾式-, dry pipe system sprinkler device) : ①화재발생시 스프링클러 헤드가 열렸을 때 방출되는 가압공기로 채워져 있으며, 파이프를 통해 물이 흐르고, 열린 노즐을 통하여 물이 분산되는 스프링클러 시스템. 평상시에는 배관내에 압축공기가 내재되어 있으며, 화재

발생시 공기를 방출시킨 다음 물을 분사시키는 방식으로 급수관이 동결할 우려가 있는 한랭지에 적합. ②스프링클러·건식파이프시스템(=).

건식조인트(乾式－) : ⇨드라이조인트(=)·습식조인트(⇔).

건식타일(乾式－, dried tile) : ①프레스 성형공법에 의해 제작되는 간단한 형태의 보통 타일. ②치수의 정밀도가 높고 소지(素地)가 치밀하며, 표면이 평활하고, 모서리가 정확하며, 얇아도 비교적 강한 고능률의 타일임. ③내장타일·바닥타일·모자이크타일 등에 사용.

건식파이프시스템(乾式－, dry pipe system) : ⇨건식스프링클러(=).

건조(乾燥, seasoned) : 재목(材木)의 이용가치를 높이기 위해 건조시켜 함수율을 줄인 것.

건조공기(乾燥空氣, dry air) : ①수증기를 전혀 함유하지 않은 공기로 '건공기'라고 함. ②건공기에 습기가 혼합된 공기를 '습공기(濕空氣, moist air)'라고 함. 건조공기는 실험실에서만 가능. ③자연대기 상태에서는 존재하지 않음.

건조물(建造物) : ⇨건축물(=)·건설물(=).

건조수축(乾燥收縮, shrinkage, drying shrinkage) : ①목재의 치수가 작아지는 현상으로 함수율이 섬유포화점 이하로 떨어질 때 일어남. ②결방향으로는 수축이 매우 적게 일어나지만, 결의 직각방향으로는 심하게 일어남. ③습기 손실에 의해 생기는 콘크리트·모르타르 또는 플라스터의 부피가 감소하는 것.

건조재(乾燥材) : 함수율 15% 이하로 감소시킨 목재.

건조제(乾燥劑, drier, siccatif[프]) : ①유성도료의 건조를 촉진시키기 위해 수분을 흡착시켜 습도를 낮추는 물질 또는 금속이나 그 화합물. ②일반적으로 리서지(litharge)·수산화망간·붕산·망간·연(鍊)·염화코발트 등의 산화물이나 염류 등이 사용됨. ③건조제는 코발트 건조제·망간 건조제·연 건조제·아연 건조제·칼슘 건조제로 또는 액상 드라이어(液狀 dryer)·분상 드라이어(粉狀 dryer)·호상 드라이어(糊狀 dryer)로 분류. ④실리카겔(silica-gel)과 활성알루미나가 대표적임.

건축(建築, architecture) : ①건축법상 용어의 정의는 건축물을 신축·증축·개축(改築)·재축(再築) 또는 이전하는 것. ②고도의 기술과 예술적 가치를 갖는 건물, 즉 건축물을 말하며, 그 어원은 '큰·으뜸·우두머리 등'의 뜻을 갖는 'archi'와 '기술'을 뜻하는 'tecture'의 합성어로 '큰 기술 또는 모든 기술의 으뜸'을 의미함. 따라서 '건축은 기능성·예술성이 우수해야 함.' 또한 오늘날에는 교량에서 도시에 이르기까지 지상에 설치하는 모든 구축물을 기능과 목적을 충족시키며, 나아가서 조형상의 감동을 지니도록 종합적으로 계획하고 구조하는 기술 또는 구조물 일체를 말함.

건축가(建築家, architect) : ①건축을 설계·감리하는 사람으로 조형상 예술적 감정을 가지고 건축물을 디자인하는 동시에 각 분야 전문가의 기술을 통합·지도하여 하나의 유기체가 되도록 하는 코디네이터(coordinator)라고 할 수 있음. 법률에 의하여 자격이 주어진 개인 또는 조직을 건축사(建築士, registered architect)라고 함. ②건물의 설계 및 시공에 대한 많은 경험과 풍부한 건축 관련 전문지식을 토대로 건축설계 분야에 종사하는 자.

건축가시대(建築家時代, architect's period) : 18세기 영국의 가구와 장식 등에서 활약하던 크리스토퍼 렌(Sir Christopher Wren : 1632~1723)·제임스 깁스(James Gibbs : 1682~1754)·아이작 웨어(Isaac Ware : ? ~1766). 윌리엄 켄트(William Kent : 1685~1748)·아담 형제(Adam's Brothers, Robert Adam : 1728~92) 등의 건축가. 이들의 작품은 건축적 주제와 컨셉을 실내디자인과 가구디자인에 적용.

건축가용 책상(建築家用冊床, architect's desk) : 18세기 영국에서 개발된 책상과 제도판이 조합된 치펜데일 양식의 책상. 경사진 책상면을 만들기 위해 들어올릴 수 있는 덧판(lid)이 부착되었음.

건축가조합(architect's co-partnership) : 영국 런던의 건축협회에 속한 여덟 명의 학생들이 1939년에 결성한 건축가의 그룹명(group name : 1915~17). C.K. Capon, P.L. Cocke, M.H. Cooke, Powets 등에 의해 1945년 재구성. Oxford의 St. John's College의 학생시설(1956~59)·Cambridge의 King's College의 시설(1960~62) 등을 디자인하였음. 이들이 남긴 유산은 정교한 건설자문회사의 발전을 촉진시켰고, 일찍이 그들은 산업화된 건축재료를 사용하였으며, 건축활동을 할 때는 자신들의 이름을 밝히지 않았음.

건축계가구(建築系家具, shelter system) : ①인체공학적 가구분류 중의 하나. ②건축계 가구는 물체와 물체, 물체와 공간과의 관계로 이루어지며, 선반·벽장·옷장 등 수납용 가구가 이에 해당함.

건축계획(建築計劃, architectural planning) : 건축물의 기능과 사용목적을 충분히 발휘하기 위해 적절한 재료와 구조·미(美)·최소한의 공사비로 건축법규에 저촉되지 않는 범위 내에서 최대한의 목적을 이루도록 설계하고 계획하는 것.

건축공간(建築空間, architectural space) : 건물의 바닥·벽체·지붕에 의해서 한정되는 입체적인 공간.

건축과제(建築課題, building task) : 미국의 언어학자인 변형문법의 창시자인 Norm Chomsky(1928~)가 "건축의 지향(Intentions in Architecture, 1966)"에서 건축형태(建築形態)로 나타난 것의 의미적인 부분을 말하며, 그것은 상징환경(象徵環境)에 의해 결정된다고 말함.

건축구성재(建築構成材, component building) : ①건축물을 구성하고 있는 전체 구성재. ②고정식 부분을 담당하는 구성요소(support system : 내력벽·기둥·슬래브 등)와 비고정적 부분을 담당하는 가변요소(infill system ; 고정요소를 제외한 내장재·외장재·창호재·마감재 등)로 구분함.

건축구조의 분류(建築構造-分類) : ①사용재료에 따른 분류 ; 나무구조(wooden construction)·벽돌구조(brick construction)·시멘트 블록구조(cement block construction)·돌구조(stone construction)·철근콘크리트구조(reinforced construction)·철골구조(steel skelton construction)·철골철근콘크리트구조(steel framed reinforced concrete construction)·조립구조(prefabricated construction). ②구성양식에 의한 분류 ; 조적식 구조(masonry structure)·가구식 구조(framed structure)·일체식 구조(monolithic structure). ③시공과정에 의한 분류 ; 습식구조(wet constructure)·건식구조(dry constructure). ④시대에 따른 분류 ; 전통건축·현대건축.

건축구조학(建築構造學) : ①미·구조·기능 등의 요인을 가장 경제적으로 이룩할 수 있는 건축적 구성 기술을 연구하는 학문. ②건축물을 위협하는 자연적·인위적 파괴작용으로부터 안전하고 견고하게 구축·보호하는 동시에 그 내용연한을 될 수 있는 한 연장하는 것을 목적으로 함.

건축규모계획(建築規模計劃) : ⇨규모계획.

건축그래픽(建築-, architectural graphic) : ①건축도면 작성에 관한 모든 것. ②도면 외에도 사진, 도안, 모형 등까지 포함하여 시각화하는 모든 것.

건축디자인(建築-) : ⇨건축의장(=).

건축면적(建築面積) : 건축물(지표면으로부터 1m 이하에 있는 부분 제외)의 외벽(외벽이 없는 경우에는 외곽부분의 기둥)의 중심선(처마·차양·부연, 기타 이와 유사한 것으로서 당해 외벽의 중심선으로부터 수평거리 1m 이상 돌출된 부분이 있는 경우에는 그 끝부분으로부터 수평거리 1m를 후퇴한 선)으로 둘러싸인 부분의 수평투영면적. 다만, 태양열을 주된 에너지원으로 이용하는 주택인 경우 그 건축면적의 산정방법은 건설교통부령으로 함.

건축목공(建築木工, architectural carpenter) : 건축공사 중 목작업에 전문적으로 종사하는 인부.

건축목공제품(建築木工製品, architectural millwork) : 특별한 작업에 사용될 맞춤 가공품을 위한 기성제품.

건축물(建築物) : ①지상에 축조된 공작물. ②지상·지하에 인공적으로 만들어진 공작물. ③기념문이나 기념탑과 같이 건물과 비슷한 형태를 갖추고 있는 것(기념상·기념문·기념탑·기념비·물탱크·전주)이나 이에 부속되는 대문·담장·굴뚝과 같은 것을 통칭. ④건축법에서 사용하는 용어의 정의는 토지에 정착하는 공작물 중 지붕 및 기둥 또는 벽이 있는 것과 이에 부수되는 시설(건축물에 부속된 담장·대문 기타 이와 유사한 것), 공중(公衆)의 용(用)에 공(供)하는 관람시설·지하 또는 고가(高架)의 공작물(工作物)에 설치하는 사무소·공연장·점포·창고, 기타 공작물을 말함. ⑤건물(≒).

건축물의 높이(建築物-) : 지표면으로부터 당해 건축물 상단까지의 높이.

건축물의 주요구성(建築物-主要構成) : ①기초(foundation). ②기둥(column) ③벽(wall). ④바닥(floor). ⑤지붕(roof). ⑥반자(ceiling). ⑦계단(stairs, stairway). ⑧수장(fixture). ⑨창호(window & door). ⑩마무리(finishing) 등.

건축법규(建築法規, building code, building permit) : 건물의 설계와 시공·설비 등 제반 사항을 제한·규제·조정하기 위해 명문으로 규정한 법문(法文).

건축선(建築線) : 도로와 접한 부분에 있어서 건축물을 건축할 수 있는 선으로 대지와 도로의 경계선.

건축설계(建築設計, architectural design) : 건축의 기획·계획·설계·제도 등을 모두 포함하는 것으로 크게 계획(plan)·의장(design)·공학(engineering)으로 구분하나 계획·설계가 건축설계의 중심임. ⇨건축디자인(=).

건축설비(建築設備, architectural equipment, building facility) : ①건축물의 기능·효용을 원활히 하기 위해 건축물에 설치하는 제반 설비(諸般設備). ②건축법에서 사용하는 용어의 정의는 건축물에 설치하는 설비에는 전기·전화·가스·급수·배수·환기·난방·소화·배연 및 오물처리의 설비와 굴뚝·승강기·피뢰침·국기게양대·공동시청·안테나·유선방송 수신시설·우편물 수취함. 기타 건설교통부령이 정하는 설비.

건축술(建築術, architectonics, the building science of construction) : ①한 예술작품을 통일시키는 구조 또는 개념. ②집과 같은 건축물을 짓거나 쌓는 기술. ③건축양식(=).

건축스케일(建築-, architectural scale) : ⇨모듈러(=).

건축양식(建築樣式, a style of architecture) : ①시대나 지역에 따라 다르게 나타나는 건물의 형식이나 모습의 특징. ②동양건축양식·서양건축양식·한국건축양식·중국건축양식·조선시대건축양식·르네상스건축양식 등. ③건축술(=).

건축어휘(建築語彙) : ⇨건축적 어휘(=).

건축예술(建築藝術, the art of architecture) : 건축이나 도시를 사람들의 미적·정신적·물리적 요구에 맞게 구상·설계·실현하기 위한 과학과 예술.

건축용 콘크리트(建築用-, architectural concrete) : 원하는 외관을 얻기 위하여 재료의 선택·거푸집 타설·마무리 등에 특별한 주의가 요구되는 노출 콘크리트 또는 그 작업.

건축의 개방형 시스템(建築-開放型-, OSB ; Open System Building) : ⇨개방형 시스템(=).

건축의장(建築意匠, architectural design) : ①광의의 건축설계의 일부분. ②형태를 만들고 장식하며 아름답게 꾸미는 작업. ③실용적·미적인 창작행위. ④데이터(data)에 입각하여 아름답고, 기능적이며 안전한 건축을 독창적으로 창조하는 행

ㄱ

위 및 과정. ⑤공간을 인식하고 새로운 공간을 창조하며 목적에 부합되는 공간 미학을 위해 이루어지게 하는 것. ⑥건축 디자인(≒).

건축의 칠등(建築-七燈, the seven light of architecture) : 영국의 낭만주의 시대의 사상가·사회운동가인 존 러스킨(John Luskin : 1819~1900)의 유명한 저서명(1849년 발행).

건축장식(建築裝飾, architectural ornament) : ①건축의 세부를 색채 문양이나 조각 등으로 장식하는 일. ②일반적으로 외부를 장식한다는 의미로 사용되지만 실내장식을 포함.

건축재료(建築材料, building materials) : 건축에 쓰는 재료.

건축적 공간(建築的空間, architectural space) : 실존적 공간(existential space)을 구체화한 것.

건축적 아이디어(建築的-, architectural ideas) : ①공간의 연속성, 구조와 형태의 통합, 경관과 조화된 건물 위치, 채광 및 공간 등과 같이 외형적인 구성적 관심으로 변화된 개념. ②각각은 모든 건물의 전반적인 설계에 영향을 미치게 됨.

건축적 어휘(建築的 語彙) : ①건축에서 사용되는 특정 부분. 즉 창문·문·기둥·페디먼트와 같은 것(상징·부호·기호·기표 등). ②건축물은 일정한 어휘를 사용한 문장과 같은 것으로 건축을 텍스트(text), 그리고 건축을 에워싸고 있는 주변 환경을 콘텍스트(context)라고 함.

건축적 조명(建築的照明) : ⇨건축화조명.

건축조각(建築彫刻, architectural sculpture) : 건축과 일체가 되어 있는 조각으로 장식적인 동시에 독립된 상징적 표현을 나타냄. ⇨환경조각.

건축주(建築主, owner) : ①특정 재산에 대한 법적인 권리 또는 소유권을 갖고 있는 개인 또는 단체. 일반적으로 건축주는 건축가의 고객이며, 설계계약 당사자. ②건축법상 용어의 정의는 건축물의 건축·대수선·건축설비의 설치 또는 공작물의 축조(築造)에 관한 공사를 발주하거나 현장관리인을 두어 스스로 그 공사를 행하는 자. ③발주자(=).

건축철학(建築哲學, architectural philosophy) : 건축에 관한 철학, 즉 건축형상의 기본원리를 추구하는 학문.

건축폐기물(建築廢棄物) : 고층 빌딩 건설에 의한 도시재개발과 고속도로·교량공사 등으로 대량발생 방출되는 잔토는 물론 건설폐자재·폐플라스틱·금속 쓰레기. 최근 매립할 장소가 부족하게 되어 불법 투기가 눈에 띄게 늘고 있는데, 이것은 하천을 오염시키며 악취·가스 등 각종 공해를 발생시키는 원인이 됨.

건축학(建築學, architectonics) : ①건축에 대하여 예술적·기술적·과학적으로 연구하는 진보된 학문과 기술·예술의 총화로 이루어진 학문 분야. ②과학과 기술의 결합으로 이루어지는 학문. 즉 건축학을 구성하는 것은 4개의 분야로 대별. 미적 분야(의장학·미학·소묘·설계제도 등)·구조적 분야(재료역학·구조역학·건축구조학)·기능적 분야(계획학·조명학·음향학·설비학 등)·기타 분야(사학·재료학·시공·법규·도시계획 등)

건축화조명(建築化照明, architectural light) : 조명기구에 의한 조명방식이 아니라 조명이 건축과 일체가 되고 건축물을 형성하는 각 부분의 구조나 일부가 광원화되는 조명방식을 말하며, 크게 직접조명방식과 간접조명방식으로 구분. 시설비가 고가이지만 쾌적한 실내환경의 분위기를 위하여 상업공간이나 업무공간의 전체조명으로 많이 사용. 1)직접조명방식, ①광천장조명(光天障照明, luminous ceiling ; 건축구조체로 천장에 조명기구를 설치하고 그 밑에 루버(louver)나 유리·플라스틱·아크릴·창호지와 같은 확산 투과판으로 광천장을 마감처리하는 대표적인 건축화 조명방식. 발광면 휘도를 비교적 낮게 하여 글레어(glare) 현상을 없애고 작업면 조도를 향상시키기 위해 이용함. 특히 루버를 사용하는 경우에는 루버천장 또는 루버 홀(louver hall)이라고 함. ②광창조명(光窓照明, lighting window light) ; 광원을 넓은 면적의 벽면에 매립하는 조명방식으로 전망(vista)적인 효과를 낼 수 있으며, 시선에 안락한 배경으로 작용하고, 최근에는 지하철이나 상업공간의 전시적·광고적 효과를 위한 와일드 스크린(wild screen)으로 많이 이용되고 있음. 2)간접조명방식, ①코브조명(cove light) ; 광원을 천장이나 벽면에 달고 그 직접광을 일단 코브면의 벽이나 천장에 반사시켜 그 반사광으로 채광하는 조명방식. ②벽면조명(wall surface light) ; 벽면 또는 천장면의 일부(一部)를 광원으로 처리하는 조명방식. ㉠커튼 조명(curtain light) : 천장과 벽이 만나는 경계를 오목하게 처리한 커튼박스(curtain box) 내부에 광원을 배치하고 커튼을 조명하는 조명방식. ㉡밸런스 조명(valance light) ; 특히 천장고가 높은 경우 벽면 또는 창문의 상부에 설치하는 조명방식. 천장고가 낮은 경우에는 하향조명으로 처리하는 것이 유리함. ㉢코니스 조명(cornice light) ; 연속열(連續列) 조명기구가 벽 또는 창의 상부에 위치하여 모든 빛이 아래로만 향하도록 하는 조명방식. 그림·커튼·벽지 등 벽면부착물과 벽면 자체에 시각적인 흥미를 상승시킴. 천장고가 낮은 실내에 사용하면 천장면이 부상하는 듯한 효과로 심리적인 안정감을 얻을 수 있음. ㉣캐노피조명(canopy light) ; 벽 또는 천장면의 일부를 매입 내지 돌출되게 하여 설치하는 조명방식으로 사용자의 얼굴에 적당한 조도분배가 요구되는 카운터의 상부, 욕실 세면대 상부·드레싱 룸(dressing room) 등에 설치. ㉤코너라인조명(corner line light) : 연속열(連續列) 조명기구를 천장 또는 코너에 설치하는 조명방식으로 휴식을 취하기 위한 차분하고 안정된 분위기의 요구에 적합함.

건코트(乾−, dry coat) : 수용성(水用性)도료. 휘발성이 강하므로 뿜칠(spray)함. 잔잔한 무늬로서 입자 자체의 자연미를 나타냄. 접착력·작업성이 우수하고, 단열효과와 방음성 및 결로현상 방지효과가 있으며, 주로 내·외벽면에 사용.

건텍스(乾−, dry tex) : 유용성(油用性) 도료임. 제반성은 건텍스와 같으며 유용성으로 도막이 더욱 강함. 건물의 내외벽면에 사용.

건폐율(建蔽率, building coverage) : 건축면적의 대지면적에 대한 비율. 즉 건폐율(%)=건축면적/대지면적×100(%)

걷이 : 기둥 위에 얹히는 보목의 안팎 어깨를 깎아내는 일. 종류에는 소매걷이·도래걷이·반걷이·민걷이 등이 있음.

걸레받이(base plate, skirt, skirting, skirting board, mop board, plinth) : ①벽과 바닥이 접하는 부분에 설치되는 보호적 또는 장식적 테두리. ②벽면이 더러워지기 쉬운 것을 방지하고 벽과 바닥을 잘 마무리하며, 장식을 겸하여 두께 20~30㎜, 높이 100~200㎜ 정도로 가로대는 판재. ③벽면보다 10~20㎜ 정도 내밀거나 들여 밀기도 하며, 벽면과 같은 면으로 처리하기도 함. ④재료는 목재·석재·타일·고무·금속판 등이 사용됨. ⑤나무 걸레받이인 경우 두께 25㎜, 너비 250㎜ 정도의 널. 이 걸레받이는 경제적으로 경사지게 비켜서 사용하기도 함. ⑥설치는 바닥미장공사 전에 하는 경우와 끝난 후에 하는 경우가 있음. ⑦고막이(≒).

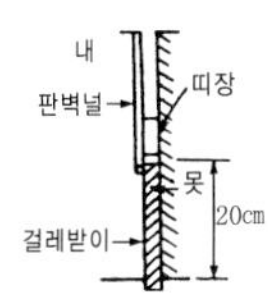

걸레받이

걸쇠[1)](latch) : ①창호를 닫아거는 철물. ②문이 열리지 않게 돌리거나 꽂아서 거는 창호 철물로 열쇠를 쓰지 않는 헛걸쇠를 말함. 종류는 ㉠넓적걸쇠 : 통자물쇠를 채우게 된 것. ㉡도래걸쇠 : 빗장을 돌려 걸게 된 것. ㉢갈고리걸쇠 : 갈고리를

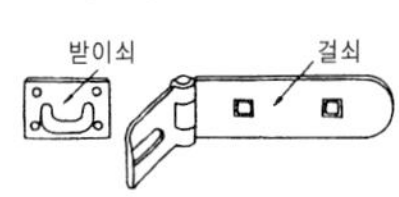

걸쇠와 받이쇠

구부려 걸게 된 것. ㉣크레센트(crescent) : 오르내리창에 걸어 잠기게 한 것.

걸쇠[2] : 단청(丹靑)의 병머리초(甁頭草)에 그리는 무늬의 일부.

걸음장 : 동자기둥 아래(쪼구미)의 촉을 대각(對角)의 두 가장이(나뭇가지의 몸)로 만드는 방식. 종류에는 오른걸음장·왼걸음장이 있음.

걸음장맞춤 : 들보 위에 동자기둥을 세울 때 밑에 대각선상으로 두 개의 촉을 내어 내리꽂는 맞춤. 원걸음·그른걸음의 구별이 있음.

걸이 : ⇨막장(=).

걸침기와 : 지붕 경사에 기와가 걸쳐서 흘러내리지 않도록 기와 끝부분에 턱이 있는 기와.

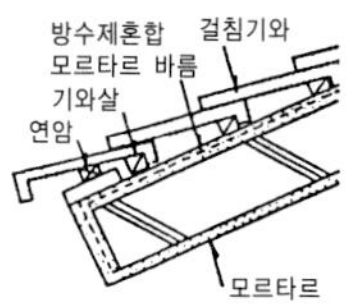

걸침기와

걸침안장쇠 : ⇨안장쇠.

걸침턱맞춤(cogged joint) : ①수평재의 턱을 따내고 직교하는 재가 통으로 내려 끼이게 된 나무의 맞춤. ②큰보에 작은 보를 걸칠 때, 멍에 위에 장선을 걸칠 때, 지붕보와 도리 및 층보와 장선에 사용되는 맞춤. ③보통 지지재 위에 직교하는 가로재를 사용. ④⇨맞춤.

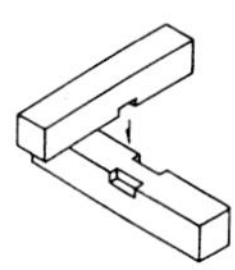
걸침턱맞춤

걸침턱이음 : ⇨걸침턱맞춤(=).

검은갈색(-褐色) : ⇨번트앰버(=).

검은상자법 : ⇨블랙박스형(=).

검정벽돌(-甓乭, black brick) : ①진흙을 반죽하여 빚어 불완전연소로 소성(燒成)하여 빛깔이 검게 된 벽돌로 '흑벽돌'이라고도 함. ②주로 치장용 벽돌로 사용. 흙벽돌과의 혼동에 주의. ③⇨흑벽돌(=).

겉고살 : ①이엉 위에 걸쳐대는 새끼. ②이엉을 이을 때 겉으로 잡아매는 새끼. ③⇨속고살(⇔).

겉목(-木) : ①제재하지 않은 거친 나무. ②원목(=).

겉보기비중(-比重, apparent specific gravity) : ①공극(空隙)·수분(水分)을 포함시킨 재료의 비중. ②골재의 건조중량을 표면 건조포화상태의 골재의 용적으로 나눈 값. 종류에는 절대건조상태의 비중과 건조포화상태의 비중이 있음. ㉠절대건조상태(絶對乾燥狀態) : 110℃ 정도의 온도에서 24시간 이상 골재를 건조시킨 상태로서 절건상태(絶乾狀態) 또는 노건조상태(爐乾燥狀態)라고 함. ㉡표면 건조포화상태(表面乾燥飽和狀態) : 골재 입자의 표면에 물은 없으나 공극에는 물이 꽉 차 있는 상태로서 표건상태(表乾狀態) 또는 SSD상태라고 함.

겉보기의 일양성(-一様性, uniformity of attraction) : 명도가 높은 색은 팽창성을, 명도가 낮은 색은 수축성을 나타냄. 따라서 팽창성의 사물과 수축성의 사물 크기를 같아 보이도록 하기 위하여 수축성의 사물 크기를 약간 크게 하여 외관상으로 같아 보이도록 하는 현상.

게눈 : ①사래 끝에 소용돌이 모양으로 새김질한 무늬. ②박공널이나 추녀 끝에 소용돌이 모양으로 새김질을 하여 장식한 것. ③용의 수염처럼 생겼다고 '수염'이라고도 함.

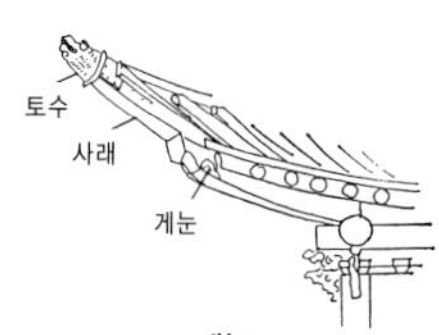

게눈

게눈각 : ①박공널이나 추녀 끝에 나선형으로 조각한 것. ②해안각(=).

게눈모 : ①둥근 돌기가 있게 접은 모. ②⇨모접기.

게롱간(Geronggang, Cratoxylon arborescent Blume) : ①인도네시아·말레이시아·보르네오·수마트라·자바 지대에 분포. ②변재는 황색 또는 암홍색이며 금색을 띠기도 하고 심재는 암갈색 또는 담적색이나 대기중에 장시간 있으면 암색을 띠기도 하며 때로는 금색광을 나타냄. 나무갗은 거침. 기건비중 0.54, 수축률은 보통. 강도는 압축강도 208kg/㎠, 휨강도 480kg/㎠로 강도가 약함. 내구성은 낮고 방부제 주입이 용이하며 가공성은 비교적 양호함. ③주로 가구·내장·건축 등에 사용.

게루투(Gerutu, Parashorea paruifolia Waytt-Smith) : ①인도네시아·말레이시아·보루네오·미얀마·태국·베트남 등에 분포. ②변재는 담황색에서 농암황색으로 변하며 심재도 변재와 유사한 암갈색으로 종(縱)으로 골이 나 있음. 목리는 교착하지만 리본무늬가 선명하고 나무갗은 거칠고 균일하며 기건비중은 0.64~0.77 정도로 무거운 편이며, 강도는 강함. 내구성이 비교적 약하고, 포삭면(鉋削面)이 곱고 못을 잘 받으나 건조에는 주의해야 함. 제재 직후 청병균(靑病菌)에 주의해야 하며 방부제 주입이 잘 안 되어 접지사용은 부적합함. ③주로 실내구조재·바닥재·합판·단판·벽재·창틀·내장·가구 등에 사용.

게르버보(Gerber's beam) : ①3개 이상의 지점(支點)을 가진 보. ②외형적으로는 외적부정정(外的不靜定) 같으나 부재의 적당한 곳에 활절(滑節)을 넣어 힘의 평형조건만으로 풀 수 있도록 한 보. 그 구조는 단순보와 내민보(또는 캔틸레버 보)가 연결된 것이라 생각할 수 있음.

게슈탈트(Gestalt[독]) : ①자체적 구조 또는 체제를 갖는 대상의 형태를 의미함. ②요소의 부분 합으로부터는 나올 수 없는 통일된 형태·패턴 또는 분야의 특징적인 부분. ③사물의 추상적 형태, 형상을 뜻하는 대상 자체(구조 내지는 체제를 갖춘). 영어의 형태(form), 패턴(pattern), 구조(structure), 형상(configuration) 등의 의미가 내포된 것.

게슈탈트사법칙(-四法則, Gestalt's factor, factor of configuration) : 지각에 있어서 대상의 형태에 대한 구분(segregation)을 규정하는 공통적인 요인을 축출하는 법칙으로 형태의 법칙에서 공통의 원리를 표현하고자 하는 논리화작업. 따라서 게슈탈트 4법칙은 질서의 법칙으로 구조 내에 갖는 에너지운동으로 긴장이 작용하며 여기에는 4가지 법칙인 접근성·유사성·연속성·폐쇄성이 작용하며 그 외에도 Figure ground의 법칙, 방향의 법칙 등이 있음. ①접근성(근접성)의 요인(factor of proximity) ; 형태가 보다 더 가까이 있는 두 개 또는 그 이상의 시각요소들은 패턴이나 그룹으로 지각될 가능성이 크다는 법칙. 근접성이라고도 하며 사물의 공간적 배열에서뿐만 아니라 면적의 문제에 있어서도 발생함. ②유사성의 요인(factor of similarity) ; 형태·규모·색채·질감 등에 있어서 유사한 시각적 요소들이 서로 연관되어 자연스럽게 그룹핑(grouping)하여 하나의 패턴으로 보이는 법칙. 이는 형태·크기·위치의 유사성과 의미의 유사성으로 대별되며, 접근성보다 지각의 그룹핑에 있어서 다소 강하게 지각됨. ③연속성의 요인(factor of continuity) ; 유사한 배열이 하나의 묶음으로 지각되는 것. 즉 '공동운명의 법칙'이라고도 함. ④폐쇄성의 요인(factor of closure) ; 시각요소들이 어떤 형상을 지각하는데 있어서 폐쇄된 느낌을 주는 법칙. 완전한 선은 불완전한 선보다 더욱 폐쇄적인 느낌을 주고, 그밖에 공동 운명의 요인(uniform destiny) ; 배열이나 성격이 같은 것끼리는 집단화(grouping)되어 보이는 성질.

게슈탈트심리학(-心理學, Gestalt psychology) : 독일에서 1912년경 베르트하이머(Wert-heimer), 코파(Koffa), 코흘러(Kohler) 등 베를린학파에 의하여 전개된 주로 정신과정의 체계화를 취급하는 학문.

게슈탈트요인 : ⇨게슈탈트 사법칙(=).

게슈탈트학(-學, Gestalt theory) : ①1910년경 게슈탈트(독일어로 형태를 의미)심리학의 베를린학파에서 새로운 이론이 나타났음. 즉 지각행위에 있어서의 비합리적인 힘이 지각되는 대상에 반응하여 그것을 변형시킨다는 것을 표명했고, 결국 이것은 실험에 의해 증명될 수 있었으며, 이 이론에 의한 시지각에 관한 실험의 동작은 20세기 근대건축운동의 발전에 커다란 영향을 끼쳤음. ②총체적 과정으로서 인간의 지각을 '전체는 부분의 합보다 크다'고 이해함. ③요소의 부분 합으로부터는 나올 수 없는 통일된 형태, 패턴 또는 분야의 특징적인 부분. ④형태조직은 시각적 구성요소 사이의 상호관계를 표현. 시각영역이 뚜렷한 부분과 관련 부분으로 구성되어 환경을 인지하도록 구조적으로 이루어졌다는 개념에서 발전해왔음. ⑤형태심리학(=).

게스트룸(guest room) : ①외국 비즈니스맨을 위한 숙박시설로 주로 관광지나 중심가에 위치함. ②객실(=).

게시시설(揭示施設) : ①옥외광고물의 일종. ②광고탑·광고판, 기타 공작물로서 옥외광고물을 게시 또는 표시하기 위한 시설.

게이블(gable, giebel[독], pignon[프]) : ⇨박공장식(=).

게이블드루프(gabled roof, saddleback roof) : ⇨박공지붕(=)·맞배지붕(=).

게이블보드(gable board) : ⇨바지보드(=)·박공장식(=)·박공판(=)· 박공구조(=).

게이손(geison[그]) : ⇨게이블(=).

게이지(gauge) : ①철골조에서는 각 게이지라인(gauge line) 간의 거리 또는 게이지라인과 재면(材面)과의 거리. ②설비에서는 표준치수를 의미. ③조적조에서는 어떤 크기나 형태를 위해서 돌이나 벽돌을 자르거나 가는 것을 말함. ④카펫의 직조되거나 짜여진 간격을 나타내는 것. 단위는 ㎜를 사용.

게이지라인(gauge line) : ①리벳이나 볼트가 일렬상에 있을 때 그 중심선을 연결하는 선으로서 리벳이나 볼트 배치의 기준이 되는 선. ②재축(材軸)방향의 리벳 중심선을 말하며, 리벳은 이 선에 맞추어 배치.

게이지콕(gauge cock) : 보일러의 수위를 알기 위해 설치한 콕으로 현재는 쓰지 않음.

게이트레그테이블(gate leg table) : ①끝이 타원형 또는 반원형으로 된 드롭 리프 테이블(drop leaf table)로 17세기초 자코비안 가구에서 소개되었고 미국 식민지 시대에 유행되었음. ②테이블의 상판과 다리가 접거나 펼 수 있도록 제작된 테이블. 16세기 말(르네상스시대 중 영국 엘리자베스여왕시대)에 영국에서 고안되어 17세기에는 유럽과 미 대륙에 크게 유행하였음.

게이트레그테이블

게이트밸브(gate valve) : ①관(管)을 흐르는 액체를 차단하는 데 사용하는 밸브. ②수로(水路)를 가로지르는 쐐기 모양의 수문을 내려 줌으로써 밀폐되는 지수선. 쐐기형의 밸브가 오르내림으로써 개폐됨. ③2인치 이하는 전부 포금제 나사 맞춤이 보통이고, 유체의 흐름에 의한 마찰 손실이 적으므로 물과 증기배관에 주로 사용됨. 고온의 유체(300℃ 이하)와 10~14kg/㎠의 압력에 사용할 수 있음. ④끝나사형과 안나사형이 있음. ⑤⇨슬루스밸브(=).

게인[1](gain) : 다른 부재를 끼워 맞추기 위해 부재를 판 홈, 즉 장부구멍.

게인[2](gaine) : 상부에는 인간의 머리나 상반신이 조각되고 하부에는 동물의 발 모양이 장식되었으며, 하부로 내려올수록 가늘어지는 사각형의 기둥.

게임테이블(game table) : 17세기경에 고안된 게임판이 부착된 테이블. 일반적으로 상판에는 서양 장기판으로 사용하거나 상판을 옆으로 밀고 주사위 놀이용으로 사용.

게임테이블

게짐스(gesims[독]) : ⇨코니스(=).

겐트제단화(-祭壇畵, Ghent) : 벨기에 겐트시(市)에 있는 제단화. 제단의 배경장식은 1432년에 완성되었으며, 1434년에는 아크에 의해 처음으로 고딕(gothic) 초상화가 완성됨. 그것은 아르놀피니(Arnolfini)와 그의 부인의 2인상(二人像)임.

겔화(-化, gelation) : 완전히 유동성이 없이 젤리상태가 되는 것.

겨릅이엉 : 겨릅대(지롭대·계롭대·마골)를 여러 가닥 모숨 쥐어 엮는 이엉. 새를 잇듯이 거꾸로 촘촘히 박아 이음.

겨릅집 : ①마(麻) 껍질을 벗겨 지붕재료로 사용한 집. ②볏짚을 쉽게 구할 수 없으나, 마(麻)를 다량으로 키우는 지방에서 겨릅집을 많이 지음. ③지붕재료에 의한 전통민가 유형의 하나.

겨울리조트호텔(winter resort hotel) : 이용계절에 따른 리조트 호텔의 일종으로 겨울 한철 동안 피크(peak)로 이용되는 호텔로 스키·스케이팅·설경(雪景)의 즐거움이나 피한(避寒)을 위한 호텔.

겨자색(-色, mustard) : ①관용색명으로 칙칙한 노랑. ②먼셀기호 3Y7/6임.

격간(格間, panel, coffer, coffer clearance) : ①절점(節點)과 절점의 사이 또는 바둑무늬판과 같은 우물정(井)자형의 한 칸. ②소란반자 따위의 소란(小欄). ③격자천장(格子天障)에 있어서 종횡으로 걸친 격자틀 사이에 생기는 정방형의 공간. ④천장, 둥근천장 또는 돔 등에 박아 넣어진 판 또는 소란(小欄). 이것은 대개 8각형의 형태를 띠며 장식적인 조각이 되어 있음. ⑤정간·코퍼(=).

격간길이(格間長, panel length) : 격간의 길이 또는 트러스를 구성하는 부재의 절점(節點)간 길이 및 절점과 절점간의 길이.

격담(隔墻) : ①공간과 공간을 구분하고 갈라놓은 담. ②우리의 전통주택에서 대표적인 경우는 안채와 사랑채 사이에 격담을 두는 것으로 이는 한국전통주거에서 유가적 교훈인 공간적 표현이 바로 이러한 '공간의 질서'라고 할 수 있음.

격문(格文, lattice pattern, diagonal checkerboard pattern) : ①선을 교차시켜 문살 모양으로 만든 무늬. ②문살무늬(=)·격자문(=).

격벽[1](隔壁, bulkhead) : 거푸집의 끝부분을 막는 칸막이 또는 시공줄눈에서 새로 타설하는 콘크리트의 이동을 방지하기 위한 것.

격벽[2](隔壁, partition wall) : 2개의 공간을 막은 벽. ⇨칸막이벽(=).

격자(格子, grid, lattice, grating grill, grille [프]) : ①한 구성에서 형태의 위치를 지정하기 위하여 일정한 간격을 가진 수직선(점)이나 수평선(점). ②가늘고 긴 부재를 상하좌우에 직각으로 짜 맞춘 것. ③차양(遮陽)·은폐(隱蔽)·장식(裝飾)을 위해 또는 개구부(開口部)를 보호하기 위해 목재·금속·석재 또는 콘크리트 등의 부재(部材)를 바둑판 모양의 스크린(screen)이나 파티션(partition)을 만드는 창살의 장식에 배치하고, 주로 창 등의 개구부에 사용.

격자

격자계획(格子計劃, grid planning) : 어느 일정한 격자를 설정하여 그 격자와 대응할 수 있게 평면 또는 입면을 계획하는 것.

격자돔(格子-, lattice dome) : ⇨래티스돔(=).

격자무늬(格子-, lattice pattern, plaid) : 서로 정확하게 규칙적인 각도의 가는 띠에 의해 창조된 패턴(pattern). 결과로서 생기는 체크무늬의 외양은 선과 가는 띠 사이의 관계와 간격에 의존하는 매우 폭넓은 패턴을 만들 수 있음.

격자문[1](格子紋) : ⇨격문(=).

격자문[2](格子門, latticed door) : ①문살을 바둑판처럼 가로세로가 일정한 간격으로 직각이 되게 짠 문. ②살문·프렌치도어(=).

격자보(格子梁, lattice girder) : ①상하 플랜지(flange)에 ㄱ형강을 쓰고 웨브(web)재로 대철(帶鐵, flat steel)을 45°·60°·90° 등의 일정한 각도(ㅅ자형)로 접합한 조립보의 일종. 웨브재를 플랜지에 90°로 댄 것을 격자보라 하고, 경사로 어긋 매기어 접합한 것을 래티스보라고 함. ②래티스보(=).

격자빗살창(格子斜箭窓) : ⇨만살빗살창(=).

격자선(格子線, grid) : ⇨그리드(=).

격자세공(格子細工, fretting) : 창살과 마찬

ㄱ

가지로 석재와 목재 안에 있는 패턴의 바탕을 깎아냄으로써 만들어진 장식.

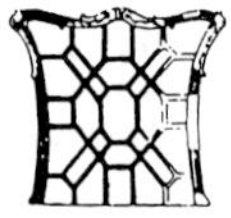
격자세공

격자원기둥(格子圓柱, lattice column) : 구조를 격자형으로 제작한 원기둥으로 작은 부재로 큰 힘을 받을 수 있음.

격자장식(格子裝飾, lattice work) : 격자형으로 세공된 장식으로 주로 의자의 등받이·문·장식장 등에 사용됨.

격자창(格字窓, lattice window) : ①문살을 바둑판처럼 가로세로가 일정한 간격으로 직각이 되게 짠 창. ②래티스(lattice) 형태의 살로 만들어진 테두리가 격자로 된 창. ③살창·래티스 윈도·프렌치 윈도(=).

격자창

격자천장(格子天障, coffering ceiling) : ⇨조정·격천장·우물천장(=).

격자형태(格子形態, lattice form) : 격자나 바구니를 엮은 식의 직조법으로 가는 띠를 서로 위아래로 교차시킨 결과이고, 그 결과는 띠의 넓이와 부재들의 간격과 교대에 의해 다양한 직사각형이나 대각선의 체크로 이루어진 패턴. 격자의 형태들은 가벼운 장식의 구조물로 사용됨.

격점(格點, panel point) : ①부재의 교점(交點)을 말하며, 절점(節點)이라고도 함. ②절점(=).

격천장(格天障, coffered ceiling, Kassettendecke[독]) : ⇨우물천장(=).

견련페인트(堅練塗料, paste paint, stuff paint) : ①안료의 흡유량(吸油量)에 따라 최소한의 보일유(boil油)로 안료(顔料)를 반죽한 유성페인트의 일종으로 풀처럼 단단하게 굳은 도료. ②조성은 안료 80~90%, 유분 10~20%. ③도장의 목적에 적합하게 자유로이 조절할 수 있으며, 저장 중 쉽게 변질되지 않고 특수하게 조합하여 바닥칠용 도료로도 사용하며, 겹칠용 또는 퍼티(putty)로도 사용.

견본(見本, sample, swatch) : 벽지·직물·카펫·타일·목재 등의 색채·문양·질감 등을 보여주고 선택에 도움을 주기 위해 작게 만들어 놓은 것을 말하며, 샘플을 붙여놓은 판을 샘플보드(sample board)라고 함.

견적(見積, estimate, estimation, quotation) : ①설계도서·현장설명 및 질의응답에 따라 공사시공 계약조건에 맞는 건물의 공사비를 산출하는 것. ②설계도서의 완비 후 공사시공계약 조건에 맞추어 시공에 필요한 자재·인원 및 장비 등 총공사비를 산출하는 것을 말하며, 이러한 행위를 견적작업이라고 함. ③공사량에 단가를 곱하여 공사비를 산출하는 기술 활동. ④종류는 명세견적과 개산견적으로 대별됨. ⑤보통 면적(㎡), 개수(個數), 식(式, set)을 단위로 함. 면적당·개수당·식(式)당의 산출근거를 '일위대가'라고 함. ⑥⇨일위대가·적산(≒).

견적서(見積書, pro forma, estimate, estimation) : ①손익계산서와 같은 재무관련 계획서. ②공사가격을 미리 적산하여 산출한 계산서.

견적인(見積人, estimator) : 전문 업무구분에서 견적서를 작성하는 업무만을 담당하는 사람.

견적작업(見積作業) : ⇨견적.

견치석(犬齒石) : 한 면이 300㎜ 각 정도의 네모뿔 모양으로 가공한 석재로 간지석(間智石)이라고도 함. 주로 화강석·안산암으로 만들며, 석축에 쓰이고, 보통 견칫돌이라고 함. 특히 150~250㎜ 각인 것을 '사괴석(四塊石)' 또는 사고석이라 하여 한식 벽의 장식벽이나 돌담 또는 방화벽(防火壁) 쌓기에 쓰이고, 사괴석의 2배 정도인 것을 '이고석'이라고 함.

견치장식(犬齒裝飾, dog tooth molding) : ①13세기 특히 영국에서 사용한 장식으로 4개의 잎이 피라미드 모양으로 돌출한 것을 배열한 방식. ②초기 영국의 고딕 건축물에서 사용된 이빨모양이 연속적으로 배열된 장식.

도그투스

송곳니 장식

견칫돌 : ⇨견치석(=)·간지석(=)·사괴석(=).

견칫돌쌓기 : ①흙막이 또는 호안(護岸)을 위하여 돌을 쌓는 것. 대각선으로 배치한 송곳니 모양의 4잎이 중심에서 피라미드처럼 앞으로 솟아 있는 연속된 조각문양. ②초기 영국의 고딕 건축물에서 돌출된 중심으로부터 방사된 조각적 나뭇잎으로 형성된 피라미드 모양의 장식이 근접하게 연속된 형태. ③석축(=)·도그투스몰딩(=).

견해(見解, aspect) : 사물을 바라보거나 주시(注視)하는 관점(觀點).

결(grain) : 나무·돌 등의 바탕 조직에 나타나는 줄무늬. 목재인 경우 나이테의 형태·사출수(수심에서 나이테를 가로질러 반지름 방향으로 그어진 선) 및 불규칙한 착색(着色, stain)으로 나타나는 무늬.

결구(結構, structure, structure system) : ①얽거나 짜서 만든 것. ②일정한 형태로 얼개를 만듦. ③짜임새(=).

결로(結露) : ⇨결로현상(=).

결로방지계획(結露防止計劃) : 일반적으로 결로를 방지하는 방법은 ①온도구배(溫度勾配)를 높게 함. ②중공층(中空層)에 환기를 함. ③노점온도의 구배(勾配)를 낮게 하고, 온도가 높은 쪽에 가까이 방습층(防濕層)을 설치하는 것이 더욱 유효한 방법이며, 벽돌은 블록보다도 투습성이 떨어짐.

결로방지법(結露防止法) : 지속적으로 나타나는 결로를 방지할 수 있는 일반적인 3가지 방법으로는 환기(ventilation)·난방(heating)·단열(insulation)이 필요함. 결로방지용 페인트(anti-condensation paint)가 결로의 근본적인 방지책은 되지 못함.

결로의 원인(結露-原因) : ①원인 ; ㉠실내외 온도차 : 실내에서 가장 온도가 낮은 표면(창문·냉수 파이프 등)에 가장 먼저 발생함. 외기온도가 낮은 경우 실내 각 부위의 표면온도는 단열성능이 가장 낮은 곳이 가장 낮음. ㉡실내습기의 과대발생 : 부엌과 욕실에서 발생하는 습기, 연도장치가 없는 등유난로의 사용, 가정에서 호흡·조리·세탁 등의 활동. ㉢환기 부족 : 겨울철에 실내 창문을 닫고 생활하는 습관이 결로발생의 원인. ㉣구조재의 열적 특성 : 연속적인 단열을 할 수 없는 열적 취약부위 또는 외피에 사용하는 투습성이 강한 재료 등. ㉤시공 불량 ; 단열시공이 불완전한 경우 결로발생의 원인. ㉥시공 직후의 미건조상태 ; 미건조된 벽체로부터 습기가 방출. ②종류 ; ㉠발생부위에 따라 표면결로(surface condensation)와 내부결로(interstitial condensation), ㉡시간에 따라 일시적 결로와 지속적 결로로 분류됨.

결로현상(結露現狀, condensation phenomenon) : ①어떤 습공기가 계속된다면 일정한 온도에서 그 공기는 포화상태가 되며, 이러한 노점(dew point)상태에서 습공기가 그 이하의 물체 표면과 접촉하면 얇은 액체막이 형성되면서 발생하는 현상. 결로가 생기면 불투습성의 재료표면에 물방울이 맺히고, 흡수성 물질에는 습기가 차서 곰팡이류와 각종 균의 번식으로 인한 불쾌한 냄새가 일게 되고 내장재료의 손상을 초래함. ②실내의 습한 공기가 벽·천장 등에 접촉할 때 이슬이 맺히는 현상. 결로의 발생은 실내·외의 온도차가 클 때 또는 내부 습도가 높을 때 생기고, 결로현상의 방지는 일정한 실내온도의 유지·습기 발생의 억제·환기 등. ③결로가 일어나기 쉬운 곳 : 벽체의 열관류율이 작고 기밀도가 높은 실내공간, 현관 주위에 벽체와 북향 벽이나 최상층의 천장, 외벽에 면해 있는 붙박이장이나 실내의 구석, 열교(熱橋, heat bridge)현상이 발생하는 부위 등.

결상유리(結霜硫璃, frost formation glass) : 젤라틴(gelatin) 수용액(10~30%)을 유리 표면에 얇게 바르고 약 40℃ 정도의

온도로 하여 수분을 증발시킬 경우 젤라틴이 건조하여 벗겨지고 유리표면에 결상형의 문양이 생긴 유리. 온도가 높을수록 문양은 섬세하고 결상부분을 갈아내면 문양은 더욱 좋아짐.

결속봉(結束−, tie rod) : 구조적으로 연결되어 힘을 받는 쇠나 강봉. 특히 아치나 뼈대의 아래쪽 끝부분의 퍼짐을 잡아주는 부재.

결원아치(缺圓−, segmental arch) : ①반원(半圓)보다 작은 원호형(圓弧形)으로 된 아치. ②반원보다 작은 원호형으로 된 아치로 아치굽선 이하에 있는 하나 또는 둘 이상의 중심점으로부터 줄눈방향이 형성되는 아치. ③변화를 조성하는 의장효과가 있음. ④세그멘탈 아치·원호아치(=).

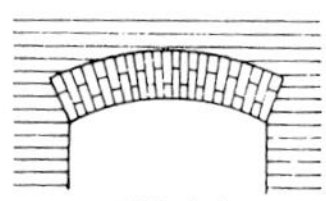
결원아치

결정화유리(結晶化琉璃, crystallized glass, glass ceramics) : 자외선이나 감마선의 조사(照射) 또는 백금이나 산화티탄 등을 사용하여 본래 무정형(無定型)인 구조를 미결정(未結晶)의 집합체로 한 유리. 기계적·열적 강도가 높고, 팽창계수가 매우 적으며 내열 충격성이 매우 우수. 모스 경도가 6.5로 내마모성이 우수하여 표면 손상이 거의 없음. 내산성·내알칼리성이 우수하여 광택이 유지됨. 흡수성이 없어 스모그(smog) 등이 노출되어도 동파의 우려가 없고, 표면이 오염되지 않음. 주로 건축물의 내·외벽·바닥·기둥·카운터 상판·실내마감재 등에 사용.

결합(結合, union, combination) : ①조형적·디자인적인 의미로는 이음매가 없는 부분들의 집합 또는 전체를 구성하기 위한 조합(組合)을 의미. ②분절(≒).

결합수(結合水) : ⇨자유수(⇔).

결합점(結合點, node, event) : ①전체 작업을 세분한 각각 단위작업의 개시시각과 종료시각. ②네트워크 공정표의 구성요소의 일종으로 작업(혹은 더미)과 작업(혹은 더미)간을 연결하는 단계로서 작업의 개시점이나 종료점을 표시하고, 다른 작업과 연결점을 표시. ③단계마다 번호를 부여하며, 후속단계의 번호보다 작아야 함. 일반적으로 동그라미(○)로 표시하고 '단계(段階)'라고 함.

결합통기관(結合通氣管, yoke vent pipe) : 고층 건축물에서 도피 통기관(relief vent pipe)을 설치하는 것과 같은 이유로 5개 층마다 배수 수직주관과 통기 수직주관을 연결하여 설치한 관을 말함. 보통 통기 수직주관과 같은 관경으로 하지만 50㎜ 이하이면 효과적인 통기작용이 이루어지지 않음.

결합형 이력서(結合形履歷書, combination résumé) : 연대순 이력서와 직무 위주 이력서, 이 두 특징을 이용하여 작성하는 이력서.

겹간통(−間通) : 겹집에서 앞과 뒤의 간이 서로 통하게 된 것.

겹곱팽이 : 단청에서 곱팽이가 겹쳐 문양이 크게 된 문양.

겹곱팽이

겹녹화(−錄畵) : 녹화가 겹쳐진 것.

겹녹화머리초 : 녹색으로 꽃을 겹쳐 그린 머리초.

겹녹화머리초

겹대패 : ①대패의 한 가지. ②나뭇결을 곱게 깎기 위하여 날 위에 덧날을 끼운 대패. 나무가 매우 곱게 깎임. ③접대패(=).

겹도리(−道里) : 도리가 겹쳐 포개진 형태.

겹문(−門) : ①두 겹으로 된 문. ②홑문(⇔).

겹벽(−壁) : ⇨이중벽(=).

겹보(−栿, built up beam, keyed compound beam) : ①목재 또는 강재의 두 부재를 하나로 만들어 강력한 부재로 구성한 보. ②중보(=).

겹비계(−飛階, double scaffold) : ⇨비계.

겹엽(−葉) : 매화 모양을 점같이 찍은 무늬.

겹유리(−琉璃, pair glass) : ⇨복층유리(=).

겹장고머리초 : 장고 모양이 겹쳐서 된 머리초.

겹장고머리초

겹집(house with several wings) : ①방(房) 또는 실(室)들이 보 방향으로 두 줄로 배열된 집. ②건물의 평면에서 전후에 여러 실이 맞붙어 배치된 집. ③한 개의 종마루 밑에 두 줄로 나란히 방을 만든 집. ④종마루 하나 밑에 간이 겹쳐진 집. 전형적인 북부지방 민가의 평면형. ⑤태백산맥 줄기를 따라 영동지방까지 내려옴. ⑥두줄백이집·양통집(=).

겹창(−窓) : ⇨이중창·중창(=).

겹처마(twofold eaves) : ①서까래와 부연을 한꺼번에 구성한 처마. ②처마 끝 서까래가 2단(이상)으로 된 처마. ③처마 끝에 처마 서까래와 부연을 걸어 꾸민 처마. ④처마 서까래 위에 부연을 달아서 꾸민 처마. ⑤처마 밑의 서까래 위에 짧은 서까래를 잇대어 달아낸 처마. ⑥중첩·이중처마(=)·홑처마(⇔).

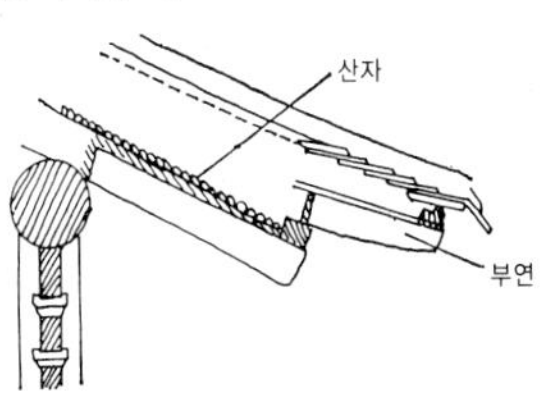

겹처마

겹처마대서까래 : 평고대를 초매기, 부연평고대를 이매기라 하며 단청에서는 반대로 말함.

겹쳐진 장식(−裝飾, interlaced ornament) : 합성형태들을 창조하기 위해 겹쳐지거나 서로 엮어진 장식.

겹치기맞춤 : ①금속이나 나무의 형태를 변형시키지 않고 이으려는 면을 그대로 포개어 접착제나 못으로 고정시키는 이음. ②한쪽 끝 또는 일부를 원래 두께의 반정도 도려내어 같은 방법으로 가공한 다른 쪽과 포개는 이음. ⇨맞춤.

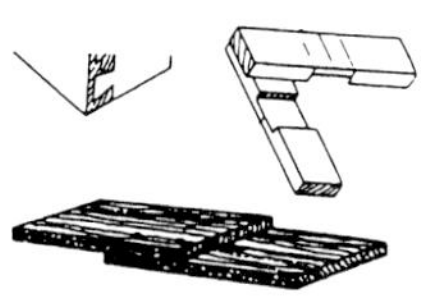
겹치기맞춤

겹치기이음 : ⇨이음.

겹친보 : 각재를 2~3개 포개고 수직으로 볼트를 넣어 조인 보. 수평 전단력에 의한 포갬 면의 미끄럼을 방지하기 위해 산지 또는 듀벨을 처넣지만 중앙부보다 단부에 많이 넣어야 함. 이 보는 단일재에 비해 2개 포갬은 70~75%, 3개 포갬은 60~65% 정도 강도가 감소되므로 단면 크기를 보완해야 함. 포갬보(=).

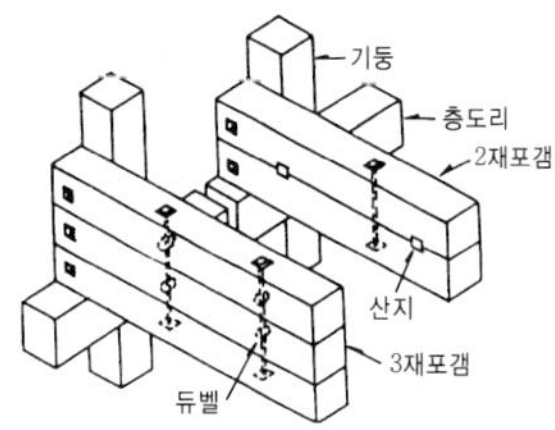

겹친보(=포갬보)

겹친이음(lap joint) : ⇨겹침이음(=).

겹침이음(lap joint) : ①두 부재의 끝 또는 끝면을 겹쳐서 만든 접합을 총칭하는 용어. ②결속선을 철근이음 1개소에 대하여 두 군데 이상 두 겹으로 걸쳐 결속하는 일반적인 철근이음공법. ③두 부재를 단순히 겹치게 대고 볼트·큰못·산지 등으로 보강한 이음. 듀벨이나 볼트를 사용한 이음은 트러스(truss)와 같은 큰 칸사이 구조에 쓰임. 주로 공사 시에 비계 통나무의 이음에 쓰임. 특히, 뒤벨(dübel[독])과 볼트를 쓰면 큰 칸사이 트러스(truss)에도 쓰임.

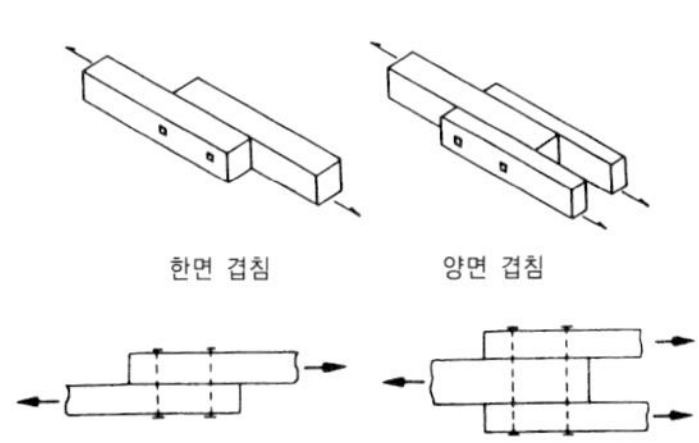

겹침이음

경각(經閣) : ⇨경루(=).

경간(徑間, inter-columniation, clear span) : 인접한 두 기둥 또는 두 보 사이의 공간 또는 마주보는 면(안 면)의 거리.

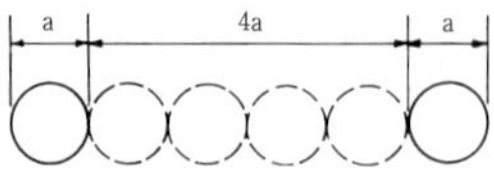

경간

경감아치(輕減穹窿, discharging arch, relieving arch) : 하중을 줄이기 위해 다른 구조적 부재 위에 세워지는 것. ⇨디스차징 아치·릴리빙 아치·아치.

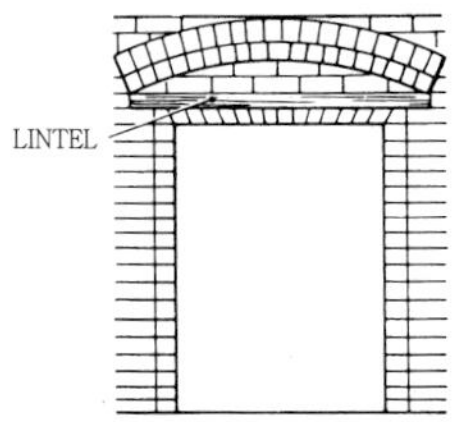

경감아치

경계대비(境界對比) : ⇨연변대비(=).

경계벽(境界壁, party wall) : 주호(住戶) 사이를 구획하는 벽.

경계석(境界石) : ①경계에 가로 길게 놓은 돌. ②경계임을 나타내기 위하여 표지로 세운 돌.

경골구조(輕骨構造, balloon frame construction) : ①경골 재료에 의한 구조. ②목구조의 하나로 모퉁이의 기둥 및 샛기둥(stud) 등의 수직방향의 부재는 토대 위에서부터 지붕틀 구조의 보 또는 도리까지 연속적으로 배치되고 마루 또는 지붕을 지탱하는 수평부재는 그 샛기둥 등에 못으로 고정되어 있는 구조. ③소형 목조주택을 건축할 때 제1단계로 도입되는 골조공사. ④지붕널과 실내마감재료 벽 내부와 바닥 밑에 빈 공간을 만들어 파이프·전선·그밖에 단열재를 그곳에 묻는 경제적이면서도 간단한 시스템.

경골식 구조(輕骨式構造) : 5×10cm각, 5×15cm각 정도의 일정한 표준치의 재를 사용하여 벽체·지붕틀 또는 마루틀을 꾸미는 구조법.

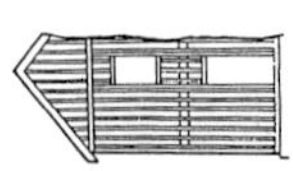

경골식 구조

경교장(京橋莊) : ①서울특별시 유형문화재 제129호(2001년 지정), 1936년 착공, 1939년 준공. 지상2층 지하1층, 연면적 874.05㎡(264.4평), 면적 1,119.2㎡(1동), 벽돌조. 종로구 평동 108-1 소재, ②건립일은 1938년 12월 15일. 설계자는 한국 근대건축가인 김세연(金世演)이며, 시공자는 일본 대림조(大林組) 경성지점. 김세연은 경기도 광주 출신으로 경기고등공업학교의 전신인 경성공업전문학교 건축과를 1920년에 졸업(박길용(朴吉龍)에 이어 두 번째 한국인 경성공업 건축과 출신)하고 1941년까지 조선총독부에 근무했으며, 한국인 최초의 구조계산 전문가였음. ③좌우대칭의 안정된 비례와 정면 중앙 1층에는 승하차장을 두었고, 그 상부 2층에는 5개의 아치창을, 지붕 중앙에는 지붕 돌출창(bay window)을, 정면 1층 좌우에는 원형 베이 윈도(bay window)를, 2층에는 3개씩 장방형 수직창을 설치하고, 지붕은 완만한 경사를 이룬 우진각지붕으로 단아한 외관이 특징. 전체적인 건물양식은 고전주의적 경향을 보임. 1930년대 성숙된 건축술을 잘 보여줌. ④광복 후 김구 선생이 한동안 사저(私邸)로 사용했으며, 이때부터 경교장으로 불림. 1949년 안두희에 의해 저격 사건이 벌어진 현장이기도 함. 경교장의 이름은 교북동(橋北洞) 경찰파출소 부근에 있던 다리 이름인 경구교(京口橋)를 줄여서 부른 경교에서 유래. 경구교가 널리 알려진 이유는 중국 사신이 도성 안으로 들어올 때 이 다리에서 군악을 연주하였기 때문이라 함. ⑤내부에 부분적인 변형이 있지만 건물 외관이나 기본적인 형태가 잘 보존되어 있음.

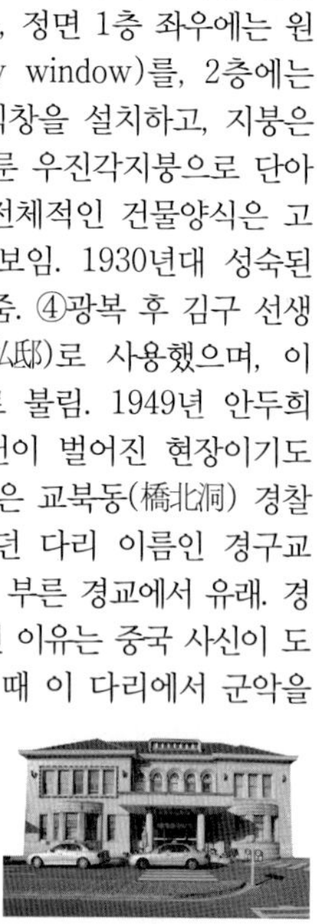

경교장

경금속(輕金屬, light metal) : ①편의상 금속의 비중 5를 기준으로 하여 그 이하의 가벼운 금속을 경금속이라고 함. ②알루미늄(Al)·마그네슘(Mg)·칼슘(Ca)·티탄(Ti)·나트륨(Na) 등.

경금속도료(輕金屬塗料, coating of light metal) : 경금속의 요소성분을 사용한 도료를 말하며, 알루미늄·마그네슘 등이 있음. 염분·묽은 산과 알칼리에 부식되기 쉬우며, 도막의 부착성이 약하므로 내식성과 부착력이 강한 도료를 사용해야 함. 특히 바닥칠용 도료로는 염기성 크롬산 아연을 함유한 도료를 사용하고 전색제로는 페놀수지·프탄수지·벤질 셀룰로오스·비닐계 수지 등의 니스를 사용. 또한 마그네슘의 바닥칠용 도료에는 연단·아연가루·염기성 크롬산 납·알루미늄 가루 등을 안료에 배합하여 사용하고 전색제로는 페놀수지, 비닐계 수지 등의 니스를 사용함.

경당[1](經堂) : ⇨경루(=).

경당[2](經幢) : ⇨석당(=).

경도[1](硬度, hardness) : ①재료의 굳은 정도를 표시하는 단위. ②재료의 기계적 성질의 하나로 단단한 정도 또는 외력에 의해 국부적으로 소성변형(塑性變形)시키려는 힘에 대한 재료가 나타내는 저항. 표시방법으로 광물은 모어(Mohe)의 인소법(引搔法, scratch), 금속·목재 등은 브리넬(Brinell)의 타각법(打刻法, indentation)과 쇼어(Shore)의 탄력 에너지법(彈力法, resilence) 또는 마모저항법(磨耗低抗法) 등의 경도시험이 쓰이는데 건축재료의 경도로는 브리넬 경도·모어 경도가 많이 이용됨.

경도[2](經度, longitude) : 영국 그리니치(greenwich)를 지나는 본초 자오선을 기준으로 임의지점인 자오선까지의 지구 표면상 동서 각거리(角距離).

경도시험(硬度試驗, hardness test) : 작은 공구 또는 다이아몬드 추를 강재 표면에 부딪히게 하여 오목하게 들어가는 상황에 따라 판정하는 시험.

경량골재(輕量骨材, light weight aggregate) : ①비중이 적은 화산석·질석 등의 골재. ②콘크리트의 중량 경감을 목적으로 사용되는 골재를 총칭. 인공 경량 골재에는 팽창혈암·팽창 점토·팽창 점판암·소성 플라이애시 등의 구조용 경량골재와 소성규조토·팽창 진주암·팽창흑요석 등의 비구조용 인공 경량골재가 있음. 비구조용은 주로 단열·방음의 목적으로 사용함.

경량골조구조(輕量骨造構造, light frame construction) : ①강재의 두께가 4㎜ 미만의 것을 이용한 강재구조. ②소각재(小角材)나 경량 형강을 조밀한 간격으로 대고 지붕널을 활용하여 건축물의 구성요소를 이루게 한 구조체계.

경량기포콘크리트(輕量氣泡-) : ①무기질 단열재료의 일종. ②에이엘시패널(=).

경량모르타르(輕量-, lighting mortar) : 경골재에 시멘트를 혼합한 모르타르.

경량벽돌(輕量甓乭, light weight brick) : 경량벽돌은 저급점토·목탄가루·톱밥 등으로 혼합·성형한 후 소성하여 만든 보통벽돌보다 가벼운 벽돌. 벽돌의 무게를 감소시킬 목적으로 내부에 구멍을 내어 단열·흡음·방음·보온효과가 있고 가공이 용이하여 특수한 목적으로 사용. 종류에는 구멍벽돌과 다공(多孔)벽돌이 있음.

경량블록(輕量-, light weight block) : 비중이 1.8 미만의 블록. 경량골재를 사용하여 건물 위 자중(自重)을 경감시킬 목적으로 비내력벽 등의 조적용으로 쓰임. 경량골재로는 천연경량제와 인공경량제가 있는데 천연경량제에는 화산자갈·경석·용암 등이 있고, 인공경량제에는 흑요석·진주암·질석의 소성품과 공업 부산물인 석탄재강·슬래그(slag) 등이 있음.

경량칸막이(輕量間幕-, light partition) : 일반적으로 중량을 경량화시킨 이동형 칸막이로 된 문 또는 벽체를 말하며, 접이문이나 아코디언도어(accordion door)형식을 취함. 칸막이용 보드류로 수성페인트로 마감, 필요에 따라 스테인리스 판이나 방음을 위해 유리섬유(glass wool) 위에 마감재를 처리하기도 함.

경량콘크리트(輕量-, light weight concrete) : ①중량을 경감할 목적으로 만들어진(보통 콘크리트 : 기건비중 2.00 이하, 단위 중량 2,400kg/㎥) 중량이 적은 콘크리트. ②일반적으로 천연 경량골재는 구조용 콘크리트 골재에 부적합하며, 인공 경량골재가 구조용 콘크리트 골재로서 널리 사용되고 있음. ③경량콘크리트는 보통 콘크리트, 기포콘크리트, 다공질 콘크리트·톱밥 콘크리트로 구분됨. ④경량콘크리트의 장점은 ㉠자중(自重)이 적어 건물 중량을 줄일 수 있음. ㉡콘크리트의 운반이나 부어넣기의 노력을 절감시킬 수 있음. ㉢열전도율이 낮고 내화성 및 방음효과가 크며, 흡음률도 보통콘크리트와 거의 같음. ㉣냉난방의 열손실을 방지할 수 있음. ⑤단점은 ㉠시공이 번거롭고 재료의 처리가 필요함. ㉡다공질로서 강도가 작고 건조수축이 큼. ㉢흡음률이 크므로 동해(冬害)에 대한 저항성이 약하여 지하실 등에는 부적합함. ㉣철근과 콘크리트와의 부착력이 감소됨.

경량합판(輕量合板, light weight plywood) : 보통의 심판(心板) 대신에 수지 가공한 종이를 벌집 모양으로 결합한 합판. 보통 두께 20㎜ 이상의 두꺼운 것을 가볍게 만든 것.

경량형강(輕量形鋼, light weight shape steel) : 구조재의 무게를 경감시킬 목적으로 단면이 작은 얇은 강판을 냉간성형하여 가장 유효한 단면형상으로 만든 형강. 경량형강의 단면형태는 일반형 강재와 같지만 형강 단면 끝에 혀를 달아 구부려 좌굴성능을 더욱 좋게 한 리프 스틸(lip steel)과 철판의 단면에 리브(rib)를 내어 바닥과 벽체 등의 일반구조형이나 가설구조물 등에 쓰임. 조립·도장 및 가공을 위해 측판에 적당한 구멍을 뚫은 개량된 것도 있고, 이를 LGS(light girder steel structure) 또는 '경량철골구조'라고도 함.

경루(經樓) : ①절에서 불경이나 불경판을 보관하는 건물. ②경각·경당·경장(=).

경면반사(鏡面反射, specular reflection) : ①거울을 거쳐 사물을 보는 경우로서 반사면에 있어서 광선의 성질에 거의 변화를 주지 않는 완전반사. ②빛의 방향을 한 방향으로만 변화시키는 것으로 입사각(θ)과 반사각(γ)은 같음. ③완전반사(=).

경목(硬木, hard wood) : ①보통 목질이 굳은 활엽수(낙엽수 또는 광엽수)를 취재한 목재. ②떡갈나무·너도밤나무·느티나무·참나무·박달나무·벚나무·단풍나무 등. 글자 그대로 단단한 나무를 의미하는 것은 아님. ③경재(=)·연목(⇔).

경사(傾斜, gradient, pitch) : ①지붕면의 기울기. ②수평을 기준으로 한 경사도. ③물매·지붕기울기(=).

경사기능재료(傾斜機能材料) : 초고온에 접하는 쪽은 세라믹으로 하여 초내열성을 부여하고, 반대로 극저온에 적절한 열전도성과 기계적 강도를 부여함과 동시에 최대한의 열응력 완화기능을 발현시킬 수 있는 재료.

경사날염(經絲捺染, warp printing) : 날염한 경사와 무지염의 위사로 제작하면 직물의 표면에는 무늬의 윤곽과 색조가 번진 우아하고 독특한 분위기의 무늬가 나타남.

경사단형장부맞춤(table-hunched mortise and tenon joint) : ⇨장부맞춤.

경사돌림띠(傾斜-, raking cornice) : 지붕 또는 박공의 경사에 따라 설치한 돌림띠.

경사돌림띠

경사로(傾斜路, ramp, slope way) : ①계단의 변형. ②두 개 층을 연결해 주는 비탈진 바닥면, 통로 또는 길. 구배는 법령에 의하면 ⅛(8%) 이하(wheel chair를 고려하면 1/12 이하로 하는 것이 좋음)로 하고 표면은 거친 면이나 미끄러지지 않는 재료로 해야 함. 손잡이 난간이 없는 경우 최대 경사는 5%이고, 그 이상이면 휠체어 사용자가 불편하며(경사로 길이 9.2m 이상 될 때나 경사로의 방향이 바뀌는 곳에는 넓은 휴식용 평면 설치), 자동차를 대상으로 할 경우 약 1/6(17%) 이하로 완만한 것이 좋음. ③램프·램프웨이(=).

경사면(傾斜面, cant) : 마감재의 경사 정도 또는 면접기. 예컨대, 유리 면접기 등이 대표적임.

경사아치(傾斜-, rampant arch) : ①아치의 한쪽 기점(起點)이 다른 쪽 기점보다 높은 아치. ②한쪽 다리를 올린 모양(rampant)과 비슷하여 붙여진 명칭.

경사의자(傾斜椅子, slanting chair) : 사람이 자유롭게 각도를 조절할 수 있는 의자. 주로 비행훈련 등 실험하는 사람과 실험을 받는 사람이 이용.

경사재(傾斜材, diagonal member) : ⇨사재(=).

경사진 형태(傾斜-形態, battered form) : 벽의 외측면에 있는 것으로서 바닥에서부터 꼭대기까지 실제의 수직면으로부터 완만하게 경사진 형태.

경사투영도(傾斜透影圖, oblique drawing, oblique projection) : 투영면에 대하여 경사진 평행광선에 의해 투영시키는 방법으로 그려진 투시도.

경사평면(傾斜平面, grading plan) : 시공부지 지표면에 제안된 마감 등고선과 높이를 나타내는 평면.

경사형 쇼윈도(傾斜形-, battered type show window) : 유리면을 경사지게 처리하여 단조로움이 적게 하여 시선과 동선을 자연스럽게 유도하고 유리면의 눈부심도 적음.

경산(景山) : 중국 명대에 북경에 도성을 세울 때 원(元) 왕조의 왕기를 누르기 위해 풍수설에 근거하여 자금성 북쪽 뒤 원대의 궁전 자리에 만든 인공산.

경산목(京山木) : 산에서 육로로 운반해 온 목재.

경상(經床) : ⇨서안(書案).

경석[1](硬石, hard stone) : ①굳은 질의 돌. ②압축강도가 500kg/㎠ 이상인 아주 단단한 돌.

경석[2](輕石, pumice) : 공극(空隙)이 매우 많은 파리질(玻璃質) 화산암을 총칭.

경석고(硬石膏, anhydrite) : ①무수석고에 명반(明礬)·붕사(硼砂)·규사(硅砂)·점토(粘土) 등을 소량 가하거나 티브사이트와 같은 불순석고를 가하여 다시 고온(500~1,000℃)으로 소성 분쇄한 것으로 경도 3.0~3.5, 비중 2.89~2.99, 무색 또는 백색·회색의 빛깔로 물을 흡수하면 경석고가 됨. ②석고.

경석고플라스터(硬石膏-, anhydrite plaster) : ①무수석고를 특별한 화학처리를 한 것으로 킨즈시멘트(Keen's Cement)라고 함. ②경석고에 명반 등을 촉진제로 배합한 미장재로 시공이 까다롭고 고가이므로 특별한 경우 이외는 사용하지 않음. 경석고를 주성분으로 하는 킨즈 시멘트(Keen's cement)는 경질로서 벽이나 바닥바름 재료로서 사용함. ③특징은 점도가 있어 시공이 쉬우며, 수축균열에 대해 양호하며, 강도와 표면의 경도가 커서 광택을 갖으며, 방습적인 효과도 있음.

경수(硬水, hard water) : ①석회·마그네슘 등의 광물질이 비교적 많이 함유된 경도(硬度) 10 이상의 물. ②탄산수소염(鹽)으로 녹아 있는 것은 끓여서 침전시켜 연수(軟水)로 만들 수 있어 일시 경수라고 함. ③주로 공업용수나 음료수로는 적합하지 않음. ④연수(⇔).

경암(硬岩) : 화강암·안산암 등으로서 굴착 또는 절취에 화약을 사용해야 하며, 균열상태가 1m 이내로서 석축용으로 쓸 수 있는 암질.

경연감(硬軟感) : ①시각적 경험 등에 의해 색채가 부드럽게 느껴지기도 하고 딱딱하게 느껴지기도 하는 것. 주로 색의 채도 및 명도에 의해 좌우됨. ②⇨색채의 경연감.

경영색(鏡映色, mirrored color) : ①거울에 나타난 색으로 '거울색'이라고도 함. 경영색은 거울면에서의 물체감만 크게 의식하지 않는다면 심리학적으로도 실제의 물체색과 거의 같은 것으로 지각됨으로써 경영색은 사물의 고유색(inherent color, local color)과 거의 동일하게 지각. ②거울색(=).

경이정(憬夷亭) : ①충청남도 유형문화재 123호, 조선 초기 창건. 충남 태안군 태안읍 동문리 573 위치. ②사신들을 위하여 사용하던 건물 중 하나이자 방어사(防禦使)가 군사용으로 사용한 곳. ③정면 3칸 측면 3칸의 겹처마 팔작지붕. 초석은 덤벙주초를 쓰고 원주를 세움. 네 모서리에는 8각 장초석 위에 활주를 세움. 무고주5량가 구조로 대들보 양쪽에는 포대공을 세우고 종량을 올림. 대들보 양측면 방향으로 2개씩의 충량을 걸치고 충량 위에도 포대공을 세웠음. 종량 위에는 파련대공을 세웠음. 바닥은 우물마루이고, 천장은 서까래가 노출된 연등천장.

경작업(輕作業) : 에너지 대사율이 1~2 정도인 작업.

경장(經場) : ⇨경루(=).

경재(硬材) : ⇨경목(=).

경쟁입찰(競爭入札, competitive tendering, competitive bidding) : ①수많은 판매자들이 프로젝트에 입찰하여 다양한 가격을 제시하는 것. ②두 사람 이상의 시공업자에게 공사의 도급액을 받아 가격 등 건축주에게 가장 유리한 시공업자를 선정하는 결정방법. 일반적으로 관보·공보·신문 등에 공고하여 많은 일반 입찰자를 경쟁적으로 모집함.

경제강도(經濟强度) : ①재료의 파괴강도를 허용강도로 나눈 값. ②재료의 단가를 비중으로 나눈 값. ⇨비강도.

경제강도의 치수(經濟强度-値數) : 재료의 단가를 비중으로 나눈 값. 즉 경제강도의 치수=단가/비중을 말함.

경제성(經濟性, economy) : 자원을 아끼고 절약하며 효과적으로 사용하고 취급하는 것.

경제형 벽돌(經濟形壁돌, economy brick) : 102×102×203㎜의 공칭치수를 가진 벽돌.

경질고무(硬質-, hard rubber) : ⇨에보나이트(=).

경질도기(硬質陶器, vitrified clay pipe) : 도석(陶石)에 찰흙을 혼합하여 1,200~1,300℃의 열로 초벌구이한 후 유약을 바르고 900℃로 다시 구운 도기. 흡수율은 0.3~5% 정도이며, 주로 양변기·세면기·욕조 등을 만듦.

경질벽돌(硬質壁돌, clinker brick) : 단단하게 구운 벽돌. 특히 포장재료로 사용되는 조밀하고 단단하게 구운 벽돌.

경질석(硬質石) : ⇨경석(=).

경질섬유판(硬質纖維板, hard fiber board, hard board) : ①목재 펄프에 접착제를 사용하여 열압·건조·제판한 목재섬유제품. ②특징은 ㉠비중이 0.8 이상. 함수율 5%~13%, 휨강도 350~450kg/㎠. ㉡강도·경도가 비교적 큼. ㉢가로세로 방향성에 대한 강도차가 적음(강도차 10% 이하). ㉣질이 굳고, 표면이 매끈매끈(평활)하며 표면 치장성이 풍부하고 내마모성이 큼. ㉤가로세로 신축이 거의 같으므로 비틀림이 적음. ㉥구멍뚫기·본뜨기·구부림 등의 2차 가공이 용이함. ㉦두꺼운 판은 차음성·단열성이 우수함. ③주로 내장재·가구재·창호재·합판 대용재 및 수장재 등으로 사용. ④텍스·파이버보드·하드보드(=).

경질염화비닐(硬質鹽化-, hard vinyl chloride) : ①열가소성 수지의 일종. 주성분인 염화비닐수지에 소량의 안정제·착색제 등을 배합하여 만듦. 가소제(연질염화비닐수지는 약 30% 정도의 가소제 포함)를 함유하지 않아 강성(剛性)이 있음. ②외관이 아름답고 성형가공이 용이하며, 내화학약품성·내유성(耐油性)·내구성·전기절연성·난연성(難燃性)이 뛰어남. ③주로 수도관·홈통·간판·용기·음판 등에 널리 사용됨.

경질우레탄폼(硬質-, hard urethane foam) : ①유기질 단열재료의 일종(KS M 3809). ②특징은 방수성·내투습성이 우수하여 방습층을 겸한 단열재로 사용함. 내약품성도 우수하나 접착성은 불량함. ③종류는 판형과 현장 발포식으로 구분함. 기타 요소수지·페놀수지 등을 이용하여 발포시키는 단열재료가 있음.

경천사(敬天寺)석탑 : 국보 제86호. 고려 충목왕(忠穆王) 4년(1348) 경기 개풍군 광덕면 부소산(扶蘇山) 자락 경천사에 있던 것을 여러 차례 옮겨 놓음(국립문화재연구소에서 1995년 이후 10년 동안 보존처리가 실시됐음). 이 석탑은 1907년 일본 궁내 대신 다나카미스야키(田中光顯)에 의해 일본에 밀반출되었다가 1918년 반환돼 경복궁 회랑에 보관됐다가 1959년 경복궁 내 전통공예관 앞에 시멘트로 복원되었으며 1962년 12월 20일에 국보로 지정됐음. 이 석탑은 거의 모든 우리나라 탑이 홀수층인 것과는 달리 양수인 10층이라는 점이 독특함.

경첨주(擎檐柱) : 기둥에 덧붙여진 처마를 지지하는 기둥.

경첩 : ⇨정첩(=).

경포대(鏡浦臺) : ①관동팔경의 하나. ②1326년(고려 충숙왕 13년)에 강원도 안렴사 박숙정이 현 방해정 뒷산에 창건 1508년(조선 중종3년)에 강릉 부사 한급이 현 위치로 이건. 수 차례에 걸친 중건이 있었음. ③정면 5칸, 측면 5칸의 규모로 단층 겹처마 팔작지붕, 한 벌의 장대석 기단 위에 자연석을 가공한 덤벙주초를 놓고 원주를 세움. 이익공으로 공포를 구성하고 보아지가 결구된 이 고주5량가구의 연등천장 구성. 양툇칸은 정면 1칸을 제외하고는 마루를 깔지 않고 흙바닥으로 처리. 내부 마루는 높이가 다른 세 부분으로 구성되어 바닥높이 조절을 통해 대(臺)로서의 기능에 충실하면서도 공간의 위계와 다양성을 추구하여

경포대

시각의 연속성이 요구되는 곳에 적절히 공간의 형태를 부여함.

경합금(輕合金, light alloy) : ①보통 비중이 약 0.4 이하인 합금을 총칭하는 용어. ②알루미늄이나 마그네슘을 주성분으로 하고, 여기에 다른 금속(니켈·크롬·구리 등)을 첨가한 것. ③알루미늄이 주성분인 두랄루민과 마그네슘이 주성분인 일렉트론 등이 있음.

경험에 의한 착시(經驗-錯視) : ⇨착시.

경험적 규칙(經驗的規則, heuristic rules) : 오랜 경험에 의해 축적된 경험적인 지식을 의미. 디자인에서 주로 절차규칙이 적용되지 않거나 지식이 부족한 경우에 사용되는 경험적인 일반규칙. 예컨대, "주택의 향은 남향이 좋다"라는 규칙은 일사량에 관한 지식이 없어도 오랜 생활에 의해 얻어지는 경험적인 지식.

경화(硬化, hardness) : ①모르타르 또는 콘크리트 등이 시간이 경과함에 따라 수화(水和)에 의하여 유동성과 점성을 상실하고 고화(固化)하는 현상을 응결(凝結)이라고 하며 이 과정 이후를 경화라고 함. 즉 응결이 끝난 후 모르타르·콘크리트가 굳어지는 것. ②⇨응결.

경화수축(硬化收縮, curing shrinkage) : 콘크리트나 모르타르가 굳어서 수축하는 것.

경화작용(硬化作用, hardening) : 시멘트 경화시의 화학작용.

경화적층재(硬化積層材, densified laminated wood) : ①합성수지의 레졸용액을 목재에 침투시켜 열중합(熱重合)하여 레짓(resite) 상태로 만든 개량 목재. ②경화한 목재의 단판(單板, veneer)을 상압(上壓) 또는 저압(低壓)으로 적층·성형한 것과 20~180㎏/㎠의 고압으로 가열·성형한 것이 있음.

경화촉진제(硬化促進劑) : ①시멘트의 경화작용을 촉진시키기 위해 사용하는 염화칼슘·규산소다·식염 등을 말함. ②2% 정도의 $CaCl_2$를 혼입하면 응결·촉진되어 방동효과가 있음. ③응결촉진제 사용시 주의사항 ㉠식염은 철근 등을 부식시킴. ㉡단기강도·조

기발열량이 높아지나 4% 이상 사용하면 유해함. ㉢마모저항이 커지고 건조수축도 증가함. ㉣콘크리트의 시공연도가 빨리 감소되므로 시공작업을 신속히 해야 함.

경화합판(硬化合板) : 단판에 프레놀수지를 침투시켜 높은 압력을 가해서 만든 합판으로 강도·내수성·전기절연성 등이 매우 우수함.

곁간(−間, side room) : ⇨곁채·날개채·딴채(=).

곁채(side room) : ①몸채 곁에 딸린 다른 집채. ②집의 본채에 딸려 붙은 칸살. ③곁간·날개채·딴채(=).

계관석(鷄冠石, sandarach[그]) : 닭의 벼슬처럼 붉은 빛이 도는 돌.

계급체계(階級體系, hierarchy) : 다른 것보다 위에 있는 순위나 등급이 매겨진 순서대로 정돈된 또는 크기(큰 것에서 작은 것까지), 모양(비슷하거나 그렇지 않음), 배치(강조나 배치)와 같은 순서의 배열 또는 시스템.

계단[1](戒壇) : 계(戒)를 주는 의식이 이루어지는 단.

계단[2](階段, stair, stairs, stair way, steps) : ①사람이 오르내리기 위하여 건물이나 비탈에 만든 층층대. ②외부 또는 내부에 붙여서 각 층에 연결하는 계단참을 갖고 있는 두 개 또는 그 이상의 연속적인 층 사이를 이동하기 위한 일련의 계단 또는 두 층 사이의 계단으로, 일반적으로 상하층 두 공간을 수직방향으로 연결하는 층단으로 된 통행공간. 층층대 또는 층계라고도 함. ③종류는 기능·형태에 따라 곧은 계단·꺾은 계단·돌음계단·경사로 등과 목조계단·석조계단·벽돌조 계단·철골조 계단·철근콘크리트조 계단·이상 재료의 혼용 계단 등으로 구분하고 재료에 따라 목조계단·철계단·철근콘크리트계단 등으로 구분함. ④건축법규에서 계단의 단너비·단높이의 치수·계단참·난간의 설치방법 등이 규정되어 있음. ⑤ 계단의 폭은 750~1,000㎜ 정도가 보통이며, 단높이는 보통 180㎜ 내외(220㎜ 이하), 단너비는 250㎜ 내외(210㎜ 이상)로 함. ⑥ 계단이 구비해야 할 조건은 ㉠폭이 적당할 것. ㉡축상높이와 노면의 길이가 적당할 것. ㉢경사가 너무 크지 않을 것. ㉣축상과 노면과의 전 계단에 대해서 같은 조건일 것. ㉤양단으로 떨어질 우려가 있는 것은 난간을 구비할 것. ㉥노면의 첨단부는 보강 또는 눈에 띄는 것일 것. ㉦조명 때문에 노면에 상단 계단의 그림자가 생기지 않을 것. ㉧축상은 수직일 것. ㉨축면은 수평일 것. ㉩노면은 미끄럽지 않을 것. ㉪최종계단이나 최초계단이 분명히 인식될 것 등이 있음. ⑦층단·층층대(=).

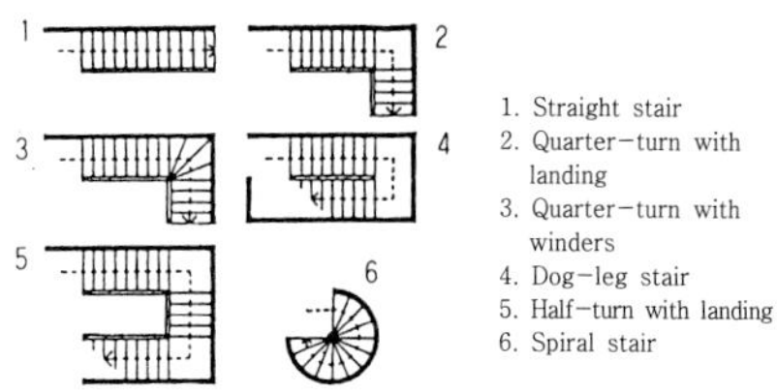

계단의 종류

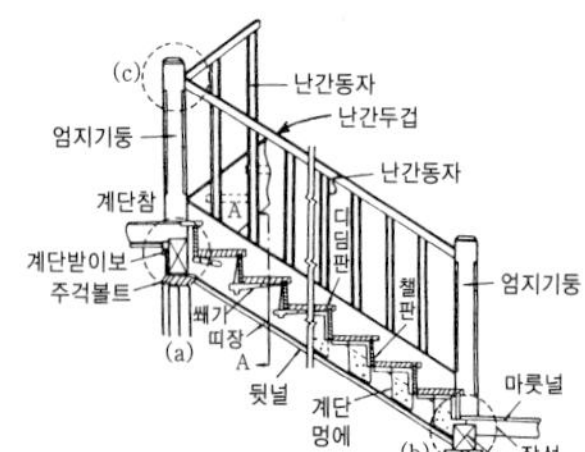

계단의 명칭

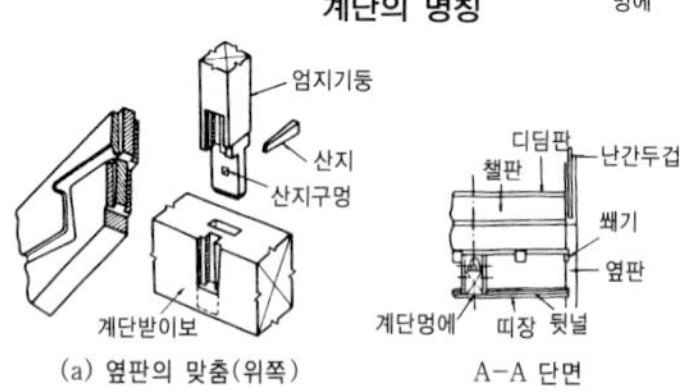

계단의 구조

계단난간[1](階段欄干, balustrade) : 발코니의 끝을 따라 상부 난간이나 하부 난간 또는 난간동자를 포함하는 연속적인 난간 시스템.

계단난간[2](階段欄干, handrail) : ①계단에

설치한 난간. ②핸드레일(=).

계단논슬립(階段-, stairs non-slip) : 계단의 디딤판 끝에 대어 오르내릴 때 미끄러지지 않게 부착·설치하는 철물류·고무류·타일류 등의 미끄럼막이. 주로 황동제가 사용됨. 표면의 홈에는 경질고무·카보런덤(carborundum)·비닐 등을 넣어 내마모성, 탄성을 좋게 한 것도 있음. 폭은 50~70㎜, 두께는 3~4㎜ 정도, 길이는 900㎜, 1,500㎜, 1,800㎜ 등의 기성제품이 있음(황동제는 폭 50㎜, 길이 1,800㎜, 무게 2.3kg 이상임).

계단뒤판(階段-板) : ⇨챌판(=).

계단멍에(階段-, rough stringer, carriage) : 목재 계단의 디딤판이 길 때 휘청거리지 않도록 그 중간 밑을 받치는 경사진 나무.

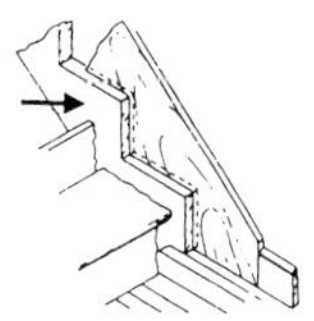

계단멍에

계단상세도(階段詳細圖, stairs detail) : 계단실 내부 전체의 재료 및 마감상태를 상세하게 나타낸 도면.

계단식 형태(階段式形態, stepped form) : 일련의 연속적인 증가에 의해 확장되거나 축소되는 특징을 갖는 형태.

계단실(階段室, staircase, stair case) : ①계단을 설치하기 위해 만든 공간. ②건물 내에서 계단이 점유하는 공간. ③한 층에서 다른 층으로 오르거나 내려가기 위한 구조를 이루는 수직적 요소. 계단실의 형태는 비록 외부의 벽 가까이에 있더라도 흔히 건축물의 외부로서 표현됨.

계단실형(階段室形, direct access type) : ①계단실 또는 엘리베이터 홀에서 직접 각 주호(住戶)로 가는 통로가 있는 형식의 집합주택. ②갓복도형(=).

계단옆판(階段-板, string, stringer) : 계단의 디딤판과 챌판을 받쳐 댄 양옆의 널.

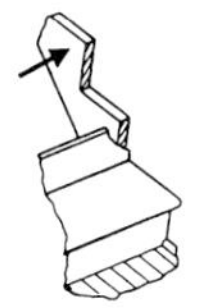

계단옆판

계단우석(階段隅石) : ①돌로 쌓은 담벽의 모서리에 세운 돌. ②귓돌 돌계단의 옆을 막아 놓은 널찍한 돌. ③계단 옆막이 돌. ④우석·소맷돌(=).

계단참(階段站, ladening, stair landing) : ①계단의 도중에 만든 면이 넓은 단(段). ②계단을 오르내릴 때의 위험방지나 휴식 또는 방향을 바꾸어 올라가는 단. ③계단을 오르내릴 때 발걸음을 쉬거나 또는 돌아 올라가는 조금 넓게 된 계단의 한 부분.

계단코(階段-, nosing) : 계단 발판의 모서리. 일반적으로 둥글게 처리한 계단 챌면(riser) 위로 돌출된 디딤면의 끝부분. 보통 25~38㎜ 정도임.

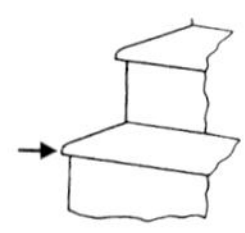

계단코

계란색(鷄卵色, egg's color) : ①관용색명으로 연한 빨강을 띤 노랑. ②먼셀기호 10YR8/7.5임.

계면(界面, boundary face) : 두 개의 근접한 상(相)이 공유하고 있는 면 또는 접촉하고 있는 경계면.

계면활성제(界面活性濟, surface active agent) : ①콘크리트 혼합에서 용수의 표면장력을 감소시키는 혼화제. ②습윤과 물의 통과 작용을 용이하게 하거나 혼화물에서 다른 첨가제의 분산과 현탁화를 증가시킴. ③서팩턴트(=)⇨혼화제(=).

계산공기(計算工期) : ①일정(日程)을 진행 방향으로 산출하여 구한 공기. ②⇨공정관리·공기.

계산대(計算臺) : ⇨캐시카운터(=).

계속대비(繼續對比) : ⇨계시대비(=).

계수나무(桂樹-) : ①낙엽교목으로 키는 27m, 직경 1.8m 정도 자람. 심재는 갈색으로 심재·변재의 구별이 명확함. 나뭇결이 균질이고 정밀하며 휨이 작고 가공이 용이하고 점력이 있음. ②주로 가구재·건축내장재·기구제 등으로 사용.

계수나무색(桂樹-色, cinnamon) : ①관용색명으로 칙칙한 주황색. ②먼셀기호 10R5.5/6임.

계시대비(繼視對比, successive contrast) : ①어떤 색을 보고 난 후에 바로 이어서

다른 색을 보는 경우, 먼저 본 색의 영향으로 나중에 보는 색이 다르게 보이는 현상. 예) 잠시 동안 빨강 그림을 주시하고 난 후 노랑 배경을 보면 연속되어 나타나는 색은 연두색(yellow green color)이 됨. 처음부터 보색인 보라를 주시했다면 노랑 배경은 더욱 노랑색으로 보임. ②계속대비·연속대비(=).

계약(契約, contract) : ①어떤 행동을 수행하거나 수행하지 않겠다는 두 명 또는 그 이상의 당사자간의 약속이나 합의. 이에 대한 이행이나 불이행은 법적 구속력을 가짐. ②둘 또는 그 이상의 복수 당선자가 특정과업 수행에 관한 구속력을 갖는 서면합의.

계약관리단계(契約管理段階, contract administration phase) : 가구나 설비·마감재를 주문할 뿐만 아니라 실제적으로 시공작업을 하는 프로젝트의 단계.

계약도면(契約圖面, contract drawing) : ⇨실시도면(=).

계약도서(契約圖書, contract documents) : 공사계약을 서술한 법적 문서. 건축주와 도급자간에 합의사항·계약조건, 그리고 프로젝트의 시공도면 및 시방서를 포함하며, 모든 부록사항 및 수정사항, 그 외 계약도서로 포함되도록 명시된 도서로 구성.

계약도서단계(契約圖書段階, contract documents phase) : 프로젝트에서 요구되는 건축·시공·설치를 위해 필요한 작업도면·스케줄·시방서를 최종적으로 준비하는 과정.

계약디자인(契約-, contract design) : ①모든 비주거용 실내디자인을 총칭하는 용어. ②원래 대규모 상업시설과 공공시설 프로젝트를 일컫는 것으로 사용되었음. 이러한 프로젝트에서 가구 직물과 조명기구와 같은 요소의 구입은 소매상을 통하기 보다는 계약에 의해 구입되기 때문에 "계약디자인"이라 부르게 되었음.

계약위반(契約違反, breach of contract) : 계약을 한 쌍방 중 하나가 합의된 대로 의무를 이행하지 않는 것.

계약의 궤(契約-櫃, ark of the convenant) : 출애굽기 후 유대인들이 사막을 유랑하며 지니고 다니던 십계명이 새겨진 두 개의 석판이 담긴 상자.

계약제안서(契約提案書) : ⇨구매확인서(=).

계열동작(系列動作) : 상대적으로 독립되고 분리된 동작의 계열을 이룩한 동작. 예컨대 피아노·타이핑 등. ⇨동작.

계자각(鷄子脚) : ①누각난간이나 개청난간 따위에 세워 조각한 기둥. ②한옥에서 누마루나 대청의 난간 중간 중간에 풀 무늬를 새겨서 세워진 가늘고 짧은 동자기둥. ③기둥 모양이 닭의 다리와 같기도 하고 거위의 목과도 비슷함. ④대개 두꺼운 널판을 씀. ⑤개다리헌함(=).

계자난간(鷄子欄干, balustrade with bracket) : ①계자각을 세운 난간. ②초각(草刻)한 닭다리 모양의 짧은 기둥인 계자각(鷄子脚)으로 꾸민 난간. ③난간동자의 기둥 위쪽이 마루보다 앞으로 나와 시원하고 장식적인 공간감을 주는 바깥으로 삐져나온 난간. ④가장 호화스럽게 짜는 난간. ⑤기둥을 닭볏 모양으로 만든 난간. ⑥난간두겁대를 받치는 짧고 가느스름한 기둥. ⑦거위목난간·닭벼슬난간(=).

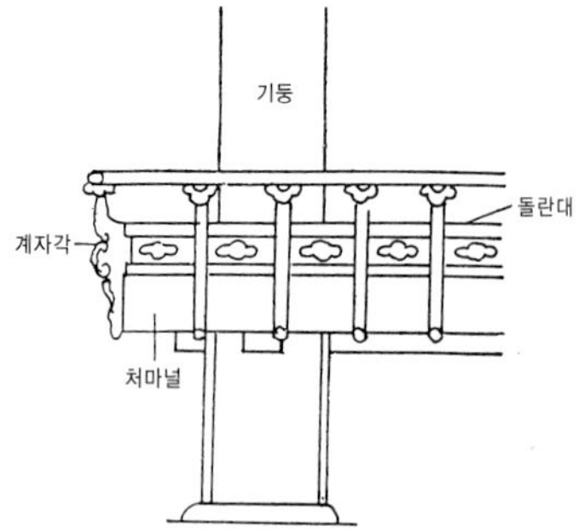

계자난간

계장(計裝, instrumentation) : 시스템의 운전 및 성능 관리를 하기 위하여 설치된 측정장치·제어장치·감시장치 또는 그 장치를 설치하는 작업.

계절상품(季節商品, seasonable goods) : 계

절에 적절한 상품 또는 시기가 적절한 상품.

계절색(季節色, season color) : 계절을 대표하거나 혹은 그 계절에 즐기는 색채. 그 계절의 유행색과 관계 있으므로 계절 유행색이라고도 함. 계절색은 계절 대표색과 계절 기호색으로 구분. 일반적으로 계절 대표색은 그 계절을 연상시키는 계절 연색성이, 계절 기호색은 그 계절에 사회적으로 선호될 수 있는 계절 사회색이 고려되어야 함.

계조(階調, gradation) : ⇨그라데이션(=).

계통도(系統圖, schematic diagram, distribution diagram, system diagram) : 여러 조직의 구성 또는 작업 및 자재 등의 흐름을 시각적으로 알기 쉽게 나타낸 그림.

계풍(界風) : 부재의 머리초, 쇠첩 다음에 좌우 먹당기를 연결하여 재의 상하에 장획 먹긋기를 한 사이.

계획단위개발(計劃單位開發, planned unit development) : ①일정한 규모 이상의 주거단지에 대하여 이를 하나의 계획단위로 보아 용적률과 건폐율 대신 전체의 밀도만을 규제하여 다양한 높이, 다양한 형태의 주거형식으로 변화시켜 획일성의 개선과 경제성을 유지시키는 기법. ②전원집합주택의 개발에 대응하기 위해 미국에서 시작하였음.

계획수량(計劃數量) : ①설계수량(정미수량)에 할증률을 가한 수량. ②실제 공사에 소요되는 수량. ③자재소요수량(=).

고가(古家, old house) : ①지은 지 오래된 집. ②옛집(=).

고가도로(高架道路) : 지면과 대로 위에 놓여 있으며 종종 거리를 가로질러 건축물에 연결되는 다리.

고가수조(高架水槽, elevated water tank) : ①우물물 또는 상수를 일단 물받이 탱크에 받아 이것을 양수펌프에 의해 건물 옥상 또는 높은 곳에 가설한 탱크로 양수하여 그 수위를 이용하여 탱크에서 밑으로 설치된 급수관에 의해 급수하는 방식. ②특징은 항상 일정한 수압으로 급수할 수 있음. 저수량을 언제나 확보할 수 있으므로 단수가 되지 않음. 수압의 과대 등에 따른 밸브류 등 배관 부속품의 파손이 적음. 대규모 급수설비에 적합함.

고가수조방식(高架水槽方式) : ⇨고가수조(=).

고가탱크(高架-, high tank, elevated tank) : ⇨고가수조(=).

고가탱크방식(高架-方式) : ⇨고가수조(=).

고각(高閣, tall building) : ①높게 지은 집이나 누각. ②다락집(=).

고간(庫間, storage house) : ①살림살이나 온갖 물건을 두는 곳. ②곳간·곡간(=).

고강도강관(高強度鋼管, extra strong pipe) : ①강도를 증가시키기 위해 판두께를 증가시킨 구조용 강관. ②기호는 pipe x-strong으로 표시.

고강도방전램프(高強度放電, high intensity discharge lamp ; HID lamp) : 수은등·메탈할라이드등(metal haloid lamp) 등 고압나트륨등을 총칭하며, 보통 HID등이라고 함. HID등은 효율이 높고 소형으로 고출력, 배광의 제어가 비교적 용이하며, 주로 홀이나 공장·체육관 등의 대규모 공간이나 운동경기장·공원·광장·정원·도로 등의 옥외공간에 사용.

고강도철근(高強度鐵筋, high tension bar) : ①고강도철근은 보통 철근보다 인장력이 크고 일반적으로 항복점(降伏點)강도가 3,500kg/㎠ 이상인 철근으로 보통 하이 바(high bar)라고 함. 이 철근은 탄소강에 소량의 니켈·망간·규소 등을 첨가하여 만든 것임. 이 철근을 사용할 때 콘크리트 강도도 큰 것으로 해야 함. ②⇨고력철근.

고강도콘크리트(高強度-, high-tension concrete) : ①고강도콘크리트는 내구성·수밀성이 확보되는 고품질 콘크리트로서 설계기준강도가 보통 콘크리트인 경우 300kg/㎠, 경량콘크리트는 270kg/㎠ 이상임. ②일반적으로 건축현장에서는 350kg/㎠, 420kg/㎠, 토목현장에서는 450kg/㎠ 강도의 콘크리트가 사용 중에 있으며, 시험타설은 500kg/㎠,

ㄱ

700kg/㎠, 800kg/㎠ 강도가 타설 중에 있음.

고객권(顧客圈, customer's area) : 고객이 이용하는 일체의 동선과 실내외 공간을 총칭. 즉 상업공간의 고객권은 현관·매장 내 고객 전용통로·계단·엘리베이터·에스컬레이터 또한 편리함을 제공하는 휴게실·식당·화장실 등이 포함.

고객대기실(顧客待機室, public space, waiting room) : 은행 등 현관이나 출입구 가까이 만든 홀. 건물 이용자의 대기 및 휴게 등에 이용. 일반적으로 간이 소파 또는 스툴을 배치하고 간단히 읽을 수 있는 잡지 등을 비치함.

고객만족(顧客滿足, customer satisfaction) : ①건설경영혁신 방식 중 하나. ②기업의 최종 결과물인 제품으로 고객을 만족시키기 위해 경영자 및 전 종업원이 끊임없이 개선과 혁신을 통하여 기업의 장기적 성공을 추구하는 기법.

고객발굴(顧客發掘, prospecting) : 새로운 고객을 찾아 그들과 약속을 얻어내는 과정.

고갱이(pith) : ①초목의 줄기 한 가운데에 연한 심. ②통나무의 중심에 발생한 작고 부드러운 속.

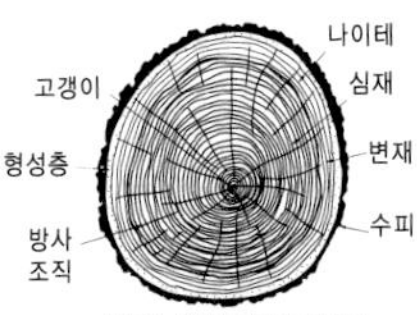

목재 횡단면의 명칭

고건축(古建築, ancient architecture, traditional architecture) : ①옛 시대의 건축. ②오래된 건축(=).

고공기(考工記) : ①중국 주(周)시대의 관제(官制)를 기록한 주례(周禮)의 1편으로 궁실조영(宮室造營), 도성조영(都城造營) 및 각종 차(車)·악기(樂器)·병기(兵器), 금속(金屬)에 이르는 각종 기술에 관한 백과사전. ②이 책은 당초 기원전 5~3세기에 걸친 중국 춘추전국시대에 쓰인 것으로 알려져 있으나 중간에 분실하여 전한시대(前漢時代)에 복간되었음.

고관의자(高官椅子, Siége Curule) : 르그레인(Pierre Legrain : 1889~1929)이 1923년 제작한 진주 자개로 상감·조각한 흑단의자.

고광(高光, highlight) : 높은 광도로 조명함으로써 강조하는 것.

고구려기와(高句麗蓋瓦) : ①고구려 건축물에 사용된 기와. ②국내성 도읍기에 중국계통의 제작기술을 받아들여 수키와와 암키와, 글씨가 새겨진 수막새가 제작되었고 불교가 전래된 4세기 후반부터는 삼국시대 기와의 대표적 무늬인 연꽃무늬수막새가 출현. ③평양으로 도읍을 옮긴 다음에는 막새의 면을 구획하는 선이 점차 사라지고 사잇잎이나 여러 무늬가 새롭게 나타나면서 고구려의 독자적인 양식이 성립됨. 고구려의 전형적인 연꽃무늬수막새는 대부분 적갈색으로 연꽃잎의 수가 6개나 8개가 대부분이며 연꽃잎의 끝이 날카롭게 도드라지고 무늬나 선이 굵고 강렬하여 강한 인상을 줌. ④수막새에 장식된 무늬도 다양해져 연꽃무늬 외에도 구름·인동·풀잎·도깨비얼굴(鬼面)·기하학(幾何學)무늬 등이 나타남. 그 외에 고구려에서만 보이는 반원막새에는 귀면·두꺼비·연꽃 등의 다양한 무늬가 새겨지고 귀면기와는 눈과 이빨을 과장되고 날카롭게 표현되고 있음.

고구려 막새기와(아차산 홍련봉 유적에서 발굴)

고구려자(高句麗−) : ⇨고려척(=).

고구려척(高句麗尺) : ⇨고려척(=).

고급주택(高級住宅) : 공동주택에서 주택의 전용면적이(주거전용으로 사용하는 지하실부분의 면적 포함) 165㎡ 이상이고, 그 양도가액이 5억 원을 초과하는 주택(지방세법)으로 평당 가격이 1천만 원이 넘는 고가의 아파트로 분양면적 65평 이상의 아파트.

고기능성콘크리트공법(高機能性−工法, High Performance Concrete, HPC) : 바이브레이터(Vibrator)를 사용하지 않고 자중(自重)에 의해 유입되어 형틀 속에 충분히 충전

(充塡)되는 작업성을 갖는 동시에 재료분리가 없는 콘크리트. 동경대학 토목공학과 교수인 岡村甫 선생에 의해 제안된 매력있는 콘크리트.

고기압(高氣壓, high anticyclone) : ①어떤 구역의 내부가 주위보다 기압이 높은 경우. 대상(帶狀)의 고기압의 부분을 리지(ridge)라고 함. ②저기압(⇔).

고다드(Goddard) : 미국 로드아일랜드(Rhode Island)의 뉴포트(Newport)에 있는 가구 제조업자의 가문을 말함. 이들의 가구는 뛰어난 품질과 장인정신으로 여러 박물관에 소장되었으며, 로드아일랜드 가구(Rhode Island Furniture) 또는 뉴포트 가구(Newport Furniture)로 더욱 유명함. 이들은 타운센트(Town-sent) 가문과 함께 18~19세기 미국 가구제작의 대표적인 그룹을 이루었음.

고대광실(高臺廣室, grand residence, palatial mansion) : 매우 크고 좋은 집.

고대그리스건축(古代-建築, Greek Architecture) : 그리스 건축(BC11~BC4세기경까지)은 그 대상이 전적으로 신전건축에만 한정되며, 석재를 사용, 기둥과 보로 구성된 매우 단순한 구조형식의 건축미를 갖음. 따라서 신을 위한 공간으로서 형식성이 적은 보다 인간적인 스케일의 건물을 축조하였음. 또한 로마인들과는 대조적으로 내부공간에는 그다지 관심을 보이지 않았으며 외부공간을 더 중시하였고, 따라서 그리스 신전은 매우 질서있고 짜임새가 있으며 대칭을 중시한 건축적 특징을 지니고 있음. 형태적으로는 기둥과 보로 구성된 가구식(架構式, post-lintel) 구조로 기둥은 착시교정을 위한 배흘림과 기둥간격의 조정과 같은 수법을 사용하고 있음. 그리스 신전은 입면상 기단과 기둥 및 엔태블래처(Entablature)로 3등분되며 이를 오더(order)라고 함. 그리스 오더는 도리아(Doric)·이오니아(Ionic)·코린트(Corinthian)의 3가지 양식으로 발전됨.

고대색명(古代色名) : ①고대에서부터 사용되던 색이름. ②관용색명(=)· 현대색명(⇔).

고대양식(古代樣式) : 강건한 로마네스크시대가 개회한 양식으로, 종교와 정신의 존재가 모든 사람의 성에 있어서 가장 중요한 관심거리이며 개인의 부와 능력의 많은 부분이 전지전능하신 신의 영광을 위해 바쳐지는 시대의 문명을 건축에 미적으로 표현한 것. 모든 분야에 있어서 전통적이고 이상주의적임.

고도(高度, high key) : ⇨고명도(=).

고도내수성합판(高度耐水合板) : ①내수성의 강도에 따른 합판 분류의 하나. ②요소수지 또는 이와 동등 이상의 접착제를 사용한 합판.

고도원(高度圓) : 지평면에 평행한 소원(小圓)을 말하며, 지평면에 수직인 대원(大圓)을 방위원(方位圓)이라고 함.

고두꽂이쇠(cat bar, cat bar bolt) : ①손잡이로 고두리가 달린 찌름걸쇠로 된 꽂이쇠로 '고두꽂이'라고도 함. ②고두리가 달린 찌름걸쇠로 된 꽂이쇠.

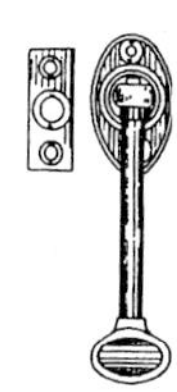

고두꽂이쇠

고딕(Gothic) : ①중세(약 1150~1500년대) 후반기의 건축양식. 특징은 뾰족아치와 궁륭으로 석조건물에 도입되었음. ②이탈리아인이 고트족(族)의 예술을 야만적이라고 모욕하며 부른데서 유래하며, 넓은 의미로는 고딕풍의 미술 전반을 가리킴. 14세기 최고조(最高潮)에 달한 그리스도교 예술양식. ③로마네스크양식을 발전시켜서 그 초자연성(超自然性)을 극복하여 회화·조각에 있어서는 신과 자연의 질서에 따르는 극적인 힘찬 표현을 나타냄.

고딕건축(-建築, gothic architecture) : ①로마네스크 건축 발전단계의 연장으로 중세 그리스도교 건축의 궁극적인 완성을 가져온 12세기 전반 북부 프랑스에서 시작된 건축양식. ②16세기 중반까지 영국·독일·이탈리아 등 서부 유럽으로 번져 13~14세기에 전성기를 이룬 건축양식. ③주재료는 벽돌·석재·목재이고 구조는 아치·볼트식이었음. ④일반적인 평면 형태는 정면에서 보아 좌우에 높은 첨탑이 있고 입구의 아치형은 위 끝이 뾰족하며 벽이 작은 반면에, 문이 많고 위로 뻗은 수직선이 많음. ⑤'노트르담 사원', '쾰른 대사원', '밀라노 사원' 등이 대표적인 건물.

고딕부흥(－復興, Gothic revival) : ⇨고딕부흥양식(＝).

고딕부흥양식(－復興樣式, Gothic revival) : ①고딕건축의 정신과 형태를 부흥시키고자 한 운동. 18세기말에 시작되어 19세기에 주로 프랑스·독일·영국, 그리고 미국에서도 약간 유행했음. 이 양식이 20세기에 들어서도 교회건물에는 채택되고 있음. ②1820~70년경에 걸쳐 유럽대륙에서 나타난 고딕건축양식의 부흥운동으로 영국을 중심으로 프랑스나 독일 등에서 활발히 전개되었음. 이 운동은 러스킨(Jone Luskin : 1819~1900)과 모리스(William Morris : 1836~96)의 영향이 컸으며, 낭만적인 민족주의가 그 바탕이 되었음. 특히 영국의 푸긴(A.W.N. Pugin : 1812~52)은 위대한 건축가이자 고딕부흥양식의 공헌자로서 65개의 교회를 고딕양식으로 설계하였음.

고딕아치(Gothic arch) : ①두 개의 중심점과 사등분 원으로 구성된 일반적 형태의 뾰족 아치. ②경쾌한 반면 엄숙한 분위기 연출의 의장효과가 있음. ③아치·첨두아치(＝).

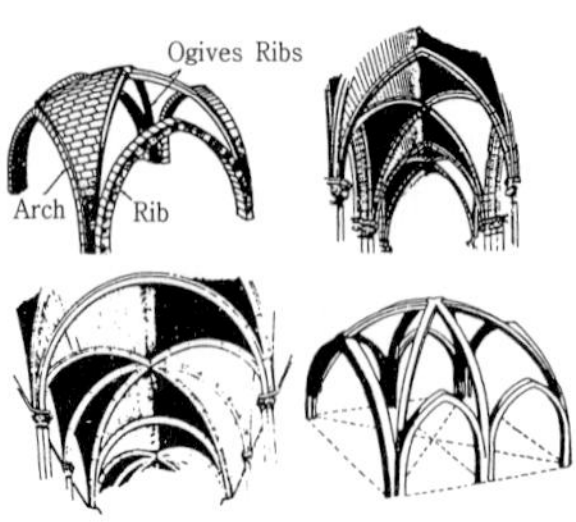

고딕아치

고딕양식(－樣式, Gothic style) : ①12세기 중엽 북부 프랑스에서 일어난 후 르네상스가 시작될 때까지(1150) 영국·독일·이탈리아 등 유럽 전역에 퍼져 13~14세기에 전성기를 이룬 건축·실내·가구양식. ②고딕의 명칭은 르네상스시기에 이탈리아인이 로마시대의 고전예술을 파괴한 고트족(Goth族)의 예술을 야만적인 것이라고 모욕하며 부른데서 유래함. ③고딕양식의 건축적인 특징은 첨두아치(pointed arch)·부연 버팀벽(flying buttress)·서까래(rib)·궁륭천장(vault)·창문의 트레이서리(tracery in windows) 등으로 재료는 벽돌·석재·목재 등이 사용되었음. 건물은 정면에서 보면 좌우에 높은 첨탑(尖塔)이 있고 입구의 아치형은 위 끝이 뾰족하며, 벽이 적은 반면에 문이 많고 위로 뻗은 수직선으로 되어 있음. 특히 면적이 큰 창문은 많은 빛의 양을 유입하고 색유리(stained glass)로 디자인되어 종교적인 신비로움을 더함. ④유명한 고딕양식의 건축물은 파리 근교에 있는 생 드니 성당(Abby of St. Denis, 1144)과 노트르담 사원(Notre Dame, 1163)·독일 쾰른(Köln)의 대사원·이탈리아의 밀라노 사원 등. ⑤가구는 비율·치수 등에 있어 외형상 장중한 것이 대부분으로 직선을 선으로 한 장방형으로 되어 접합부분도 거의 직각으로 구성되어 딱딱한 느낌을 줌. 의자는 대부분 직립형이며 등받이에 문장 조각이나 창식(窓飾), 원화창식(圓花窓飾)의 부조를 하였으며 목제의 천개(天蓋, canopy)를 가진 의자도 있음. 주로 참나무를 사용하였으며, 비교적 거칠고 중량감이 있음. ⑥수직선을 많이 사용한 것이 특징으로 상자형태의 함(函)은 중세시대의 가구 중 가장 중요한 가구의 하나인데 정치적 여건이 불완전한 기간 동안 가구의 필수적 장점인 운반의 용이성을 보유하고 있었기 때문임.

고딕양식

고란(高欄, tail railing) : ①툇간·툇마루·계

단·다리·수미단 등에 높게 꾸미는 난간. ②높은난간(=).

고래(system of flues of a hypocaust) : ①방의 구들장 밑으로 나 있는 불길과 연기가 통하여 나가는 길. ②아궁이 쪽에서 굴뚝 쪽으로 열과 연기가 통하는 통로.

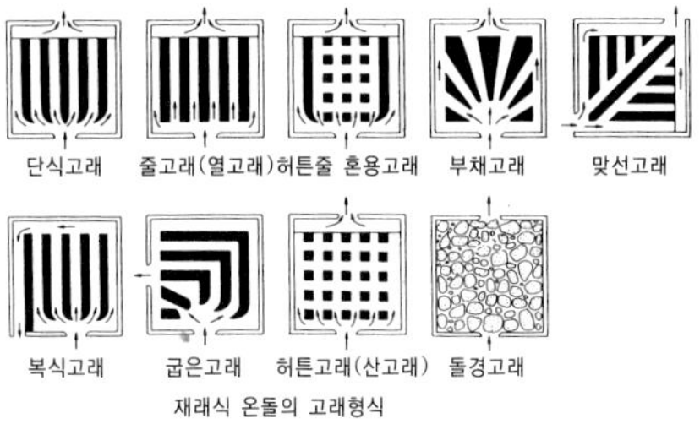

고래의 종류

고량토(高粱土) : ⇨고령토(=).

고려척(高麗尺, Koguryo's scale) : ①장수왕대 이후 고구려·백제·고대 일본에서 사용했던 자. ②35.5636㎝. ③고구려자·고구려척(=).

고력볼트(高力-, high tension bolt) : ①고력볼트는 접합부의 높은 강성(剛性)과 강도를 얻기 위하여 사용되는 고인장력 강도(高引張力强度)의 볼트로서 고장력볼트 또는 고인장력볼트라고 함. 고력볼트의 인장강도는 8t/㎠ 이상으로 강도에 따라 H8B, H10B, H11B의 3종이 있음. ②고장력볼트·하이텐션볼트(=).

고력알루미늄합금(高力-合金, high tension aluminum alloy) : ①1906년 독일의 Wilm이 발명한 두랄루민계 합금. 항공기용으로 발달한 것. ②알루미늄·구리가 주재료였으나 알루미늄·구리·마그네슘제(24S) 초(超)두랄루민이 생산되고, 또 알루미늄·아연·구리·마그네슘계 초초(超超) 두랄루민이 개발되었음.

고력철근(高力鐵筋, high tension steel bar) : ⇨고강도철근(=).

고령자복지계획(高齡者福祉計劃) : ⇨실버프로그램(=).

고령자주택(高齡者住宅, retirement housing) : 고령자용으로 특정 계획된 주택.

고령토(高嶺土, kaoline, porcelain clay) : ①자기와 흰색 포틀랜드 시멘트 제조에 이용되는 미세하며 화학적으로 순수한 흰 점토를 말함. 바위 속에 있는 장석(長石)의 풍화에 의해서 생기는데 미세한 박판상(薄板狀) 또는 인편상(鱗片狀)으로 산출되며, 내화성이 강하고 소성 색상이 거의 순백색임. ②카올린나이트(kaolinite)·할로이사이트(halloysite) 등 점토광물을 총칭. ③중국의 고량산(高粱山)에서 유래하여 '고량토(高粱土)' 또는 '고릉토(高陵土)'라고도 함. ④자기점토(=).

고로벽돌(高爐壁乭) : ⇨광재벽돌(=).

고로쇠나무(山椒木, Painted maple, Aer mono Maxim.[학]) : ①단풍나무과(Aceraceae)의 낙엽 활엽교목. 산지의 숲 속에 자라나고 키는 20m 정도 자람. 충북을 제외한 전국 각지·일본·사할린·중국 등에 분포. ②연륜이 매우 뚜렷하지 않고, 재색은 담갈색 또는 황백색으로 심·변재의 구분이 뚜렷하지 않음. 나무갗은 곱고, 결이 곧으며 산공재임. 고비중재이고, 수축성은 보통이고, 흡수성은 작음. 전단강도는 강하고, 압축강도·인장강도·휨강도·충격흡수에너지는 보통이고, 경도는 높음. 제재가공성과 건조성은 보통이고, 대패가공성은 보통이며, 휨가공성은 양호함. 접착성과 도장성은 보통임. 시멘트경화성과 내후성은 불량하며, 재질이 치밀하고 잘 갈라지지 않음. ③주로 체육관이나 볼링장 바닥·바이올린 뒤판·스키·테니스 라켓·볼링 핀 및 장식재나 가구재·화장단판·건축(내장·마루판)·악기·조각·공예 등에 사용.

고로슬래그(高爐-, granulated slag, blast furnace slag) : 선철(銑鐵)의 제조과정에서 생긴 고로 슬래그에 물을 뿌려 급랭(急冷)시켜 모래나 경석(硬石)모양으로 만든 것.

고로슬래그 쇄석(高爐鑛滓碎石, granulated slag with crushed stone) : 철을 생산하는 과정에서 용광로에 생기는 광재(鑛滓, slag)를 공기 중에서 서서히 냉각시켜 경화된 것을 파쇄하여 만든 골재.

고로슬래그 콘크리트(高爐-, granulated slag concrete) : ①고로슬래그시멘트 사용, 산업폐기물 활용 효과. ②종류는 냉각 슬래그(도로용 콘크리트 골재, 철도용 자갈, 뒤채움재), 수쇄 슬래그(시멘트용, 연약지반개량, 세골재용), 팽창 슬래그(고압증기로 냉각 경량골재 사용) 등.

고로시멘트(高爐-, slag cement, portland blast furnace cement) : ①급랭 분쇄한 광재+포틀랜드 시멘트(70% 이내)+석고. ②광재(鑛滓, slag)와 포틀랜드 시멘트 클링커 및 석고를 혼합한 시멘트. ③단독으로는 경화하지 않으나 포틀랜드 시멘트의 수화에 의하여 생성되는 수산화칼슘($Ca[OH]_2$) 또는 석고에 의해 잠재수경성이 자격(刺激)되어 경화현상을 나타냄. ④특징은 ㉠비중(2.9)이 낮음. ㉡응력시간이 김. ㉢초기강도(단기강도)는 약간 낮으나 장기강도는 보통 포틀랜드시멘트와 같은 정도 또는 그 이상으로 장기양생이 필요함. ㉣건조수축이 커 시공시 유의하며 양생을 충분히 해야 함. ㉤화학저항성이 높아 해수에 대한 저항성이 크고 공장폐수·하수 등에 접하는 콘크리트에 적합함. ⑤주로 단면이 큰 구조체(매스 콘크리트)·해안공사·지중구조물 등에 사용. ⑥슬래그 시멘트(=).

고루(鼓樓, drum tower) : ①사찰에 부속되어 건립되는 누정건축물. ②절이나 도시에서 큰 북을 달아 놓은 누각. ③종루와 마주 서 있고, 금당(金堂)·강당(講堂)의 앞쪽 좌우에 있음. ④종루는 동쪽에 고루는 서쪽에 위치함. ⑤건축양식은 2층인데 큰 북은 이층에 달음. 법회를 열 때 대중의 모임을 알리며 또 아침·저녁 예불을 할 때와 시간을 알릴 때 이 종을 침.

고르기(grading, leveling) : 지면이나 바닥을 평평하게 만드는 일.

고름대(-帶, screed) : 타설한 콘크리트 슬래브(slab)를 적정 레벨로 맞추기 위해 고름질하는데 사용되는 목재 또는 철재로 된 직선 자.

고름모르타르(level off mortar) : 마감재를 설치하기 위해 바탕 바닥을 평평하게 하는 모르타르.

고름질(dubbing, dubbing out) : 미장공사에 있어서 초벌바름 또는 재벌바름 후의 우묵한 곳을 내살려 바름면을 평탄하게 고르는 작업. 초벌바름 후 약 1주일간 방치하여 균열이 충분히 진행된 다음 재벌바름을 함.

고릉토(高陵土) : ⇨고령토(=).

고리 : ①둥근 쇠고리. ②서랍이나 문 등에 사용되는 금구장식. ③문여닫이의 손잡이로 쓰이는 둥근 철물. ④분합문의 들쇠. ⑤가락지처럼 둥글게 만든 쇠붙이. ⑥문 따위를 걸어 잠그는 데에 쓰는 장식. ⑦고리가 몇 개 연결된 것은 사슬이라고 하고 사슬이 달린 고리가 사슬고리임. ⑧안방에서 물건을 수납하는 고래(古來)로부터 사용된 궤의 일종. ⑨버들고리(설기) 등이 있음. ⑩주로 싸리채나 대쪽을 걸어서 만듦. ⑪⇨반닫이.

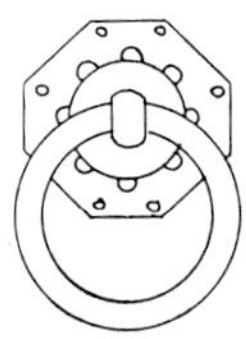
고리

고리금 : 단청문양의 일종.

고리금

고리띠장식(-裝飾, ceinture) : 주신(柱身)의 상부와 하부에 둘러진 고리몰딩으로 주신을 주두(柱頭)나 주초(柱礎)와 분리하는 역할을 하는 기둥 둘레의 가는 고리띠.

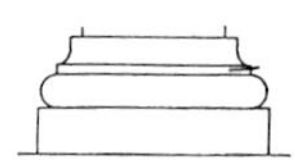
고리띠장식

고리문잠금쇠(-門-, chain door fastener) : 문의 보조적인 장치로 장치에 달린 체인의 길이만큼만 문이 열리도록 고안된 문과 문설주에 부착하는 일종의 안전장치.

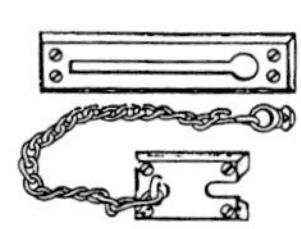
고리문잠금쇠

고리짜임양탄자(hooking rug) : 삼베나 캔버스(canvas) 등의 바탕 직물에 고리짜기를 하는 도구(hook)로 실을 뽑아 올려 다양한 색과 패턴으로 짠 카펫.

고리형 등받이의자(−形−椅子, loop back chair) : 등받이가 고리처럼 생긴 타원형인 의자 또는 윈저(windsor)의자 중 팔걸이가 없고 리본 등 받이가 있는 의자.

고리형 등받이의자

고리형 선반가공재(形旋盤加工材, ring turning) : ①일정한 수평 홈이 파여져 고리가 결합된 것처럼 보이는 선반가공 부재. ②링터닝(=).

고리형 손잡이(−形−, ring handle, ring pull) : 주로 건축적인 문이나 가구의 문 또는 서랍에 부착하여 사용하는 원형·타원형 또는 동물 두상(頭像)을 한 철이나 황동으로 된 둥근 고리로 철물(hard ware)의 일종. 르네상스에서 최초로 가구에 사용되었으며, 특히 18세기 후반부터 19세기 초반까지 신고전주의 양식에서 많이 사용됨. 오늘날에는 고전적인 건축이나 가구의 손잡이로 사용될 뿐 거의 사용하지 않음.

고리형 손잡이

고리형 파일(−形−, loop pile) : ⇨카펫.

고막석(庫莫石) : ⇨고막이돌(=).

고막이 [1] : ①중방 밑을 막은 돌. ②수장공사나 온돌구조에 있어서 바깥 벽의 아랫도리 지면에 닿는 부분에서 500㎜ 정도를 벽면보다 약 10~30㎜ 정도 나오게 하거나 들여 미는 하인방 또는 토대 밑의 벽·벽돌·돌 등을 모르타르 또는 진흙으로 쌓는 일. ③걸레받이(≒).

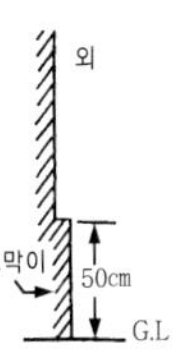

고막이

고막이 [2] : 하방 하부와 기단 사이의 벽.

고막이돌(庫莫−) : 벽 하부 하인방(下引枋) 또는 문지방과 지면 사이에 막아 놓은 돌.

고맥이 : ⇨고막이(=).

고맥이돌 : ⇨고막이돌(=).

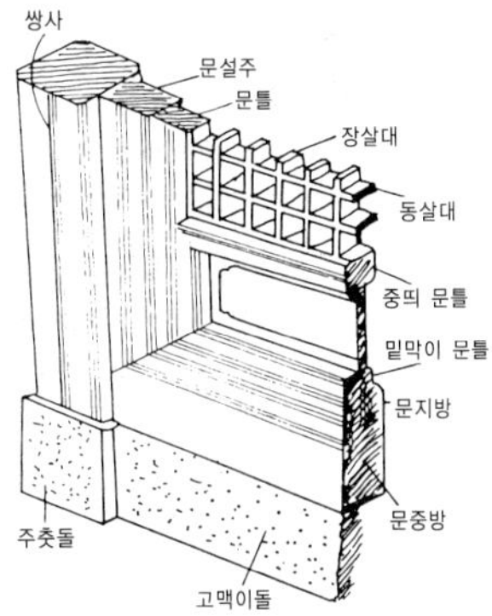

고맥이돌

고명도(高明度, tint, light color, high color) : ①순색에 흰색을 혼입하여 만든 밝은 색으로 명도의 11단계 중 10~7도(4단계)를 말함. ②우세한 색조나 주조명도가 거의 7, 8, 9에 가까운 구성. ⇨명도.

고무 [1] : 천장에 바람벽과 같이 나뭇가지를 놓고 그곳을 흙으로 싸바르는 것. 고무를 천장에 누르면 추위와 더위를 막아 단열재 역할을 함. 주로 강원도 산간지방에서 굴피집이나 귀틀집 등에 사용.

고무 [2](rubber, gum) : 고무는 열대지방의 천연 고무나무에서 채취하여 응고(凝固)시켜 만든 생고무(raw rubber)를 주원료로 하여 아연화·탄산마그네슘·카본블랙(carbon black) 등 화학처리를 가하여 유황이나 염화유황 등 가류제(加硫劑)로 처리하여 탄성·불전도성·충격에 강하고 내수성이 강하게 물리적 성질을 개량한 것. 고무류에는 라텍스(latex)·가류고무(加硫 rubber)·고무유도체 등이 있음.

고무나무(para rubber tree) : ①브라질 아마존 하류 원산으로 1870년대에 동남아에 식재하기 시작하여 현재는 전 세계 고무 생산량의 40% 이상을 이 지방에서 생산. 주로 인도네시아·말레이시아·태국 등이 주산지. ②심변재 구분은 분명하며 백색 또는 연한 황색 대기 중에 장시간 노출되면 연분홍 또는 담황색으로 변함. 목리는 통직하고 광택이 있으며 나무갖은 거친 편. 기건비중 0.40~0.60, 수축률은 방사방향 2.3%, 접선방향 5.1%로 적음. 강도는 압축강도 328kg/㎠, 휨강도 665kg/㎠로 약함. 절삭가공·접착·도장성은 보통이고 건조는 어려운 편으로 변형이 잘 됨. 특히 부후균과 곰팡이에 약하며 변색균의 침입이 극히 심하므로 수중저목(水中貯木)과 부패처리를 반드시 함. ③주로 가구·내장·합판 등에 사용.

고무래(bull float) : 크고 평평한 날을 긴 손잡이에 붙인 크기가 큰 콘크리트 고름용 작업용구.

고무바탕페인트 : ⇨라텍스페인트(=).

고무콘크리트(rubber concrete) : 주로 폐타이어(가루고무)를 녹이는 용매로 녹여 만든 시멘트보다 가볍고 단단한 개발품으로 수원대 고분자공학과 홍영근(洪英瑾) 교수와 정경호(丁炅鎬) 교수가 개발한 발명품으로 실험결과 무게가 시멘트콘크리트의 64%, 압축강도는 시멘트콘크리트의 2.2배 정도임.

고무타일(rubber tile, gum tile) : ①고무를 원료로 만든 타일형의 바닥재. ②천연·합성고무 또는 가황(加黃)고무에 무기질 충진재로 만든 타일형 바닥깔기 재료. 보통 두께 3~9㎜, 크기 300㎜각으로 탄성이 있고 여러 문양의 디자인이 있음. ③러버타일(=).

고무풀 : 고무나무 분비유액을 응고시켜 만든 고무풀.

고문(庫門) : ①곳간채에 설치하는 문. ②주로 판장문으로 함.

고물반자 : ⇨고미반자(=).

고미가래 : ⇨고미혀(=).

고미다락(attic, garrett, garret) : ①고미(지붕)와 보꾹(천장) 사이의 빈 공간으로 양식 지붕틀의 다락방(attic)과 같음. 또한 고대건축에서 코니스(cornice) 또는 엔태블러처(entablature) 위의 중이층 및 장식벽. ②보꾹방·애틱·다락·다락방(=).

고미다락

고미다락방 : ⇨고미다락(=).

고미반자 : ①반자틀에 고미받이(고미가래를 받는 도리)와 고미가래(고미 서까래)를 걸은 위 또는 다락 장선 위에 산자를 엮어 흙질을 하고 회반죽한 반자 또는 제고물반자. ②고미받이에 고미서까래를 걸고 산자 엮기 후 흙칠한 반자. ③고물반자(=).

고미받이 : 고미반자를 꾸미기 위해 전후 도리의 중간에서 지붕보 위에 건너 대어 고미혀를 받는 가로재.

고미서까래 : ⇨고미혀(=).

고미집 : 지붕 밑에 고미반자를 꾸미거나 고미다락을 만든 집.

고미혀 : ①고미받이와 도리 사이에 걸쳐놓은 서까래 모양의 각재(角材). 보통 그 위에 산자를 엮고 흙칠을 하여 고미반자를 꾸밈. ②고미서까래·고미가래(=).

고방(庫房) : ①부식재 및 조리기구 등을 수장하는 곳. ②주로 안채의 부엌 옆이나 부엌 맞은편 또는 안방의 위쪽이나 옆에 만들어져 물건을 보관하는 수장공간. ③바닥은 일반적으로 우물마루이고 때로 온돌바닥이나 단순히 흙바닥으로 마무리되기도 함. ④강릉 선교장 온돌방 내 고방, 월성 양동마을 손동만가옥의 건넌방에 연이어 만들어진 고방 등이 있음.

고벨린(Gobelins) : ⇨고블랭(=).

고복초석(鼓腹礎石) : ⇨고복형 초석(=).

고복형(鼓腹形) : 배가 볼록 나온 형.

고복형 초석(鼓腹形 礎石) : ①북 모양으로 생긴 주춧돌. ②북통 주초석(=).

고부조(高浮彫, high relief, haunt relief, alto relievo) : ①평판 부조 중 그 형태가 바닥에서 가장 높이 돌출되어 거의 분리된 것처럼 보이도록 하는 조각기법으로 건축장식에 사용. ②부조는 그 살두께의 높이에 의해 고부조·평부조·박부조로 구분하며, 이 중 고부조의 살두께가 가장 두꺼움.

고부조

ㄱ

고부탕이 : 필목(疋木)을 지을 필(疋)에 꺾이어 겹쳐 넘어간 곳.

고분1)(古墳, tumulus) : 모든 옛무덤 가운데 원시시대·삼국시대에 이루어진 무덤을 일컬음.

고분2)(高粉) : 화면을 두드러지게 그리는 것.

고블랭(Gobelins) : ①고블랭 가문에 의해 창안된 태피스트리를 '고블랭 태피스트리'라고 하며, 일반적으로 새·꽃 등의 큰 무늬가 있는 두꺼운 직물. 1826년에는 카펫을 생산하기 시작함. ②1630년 프랑스 루이 13세 때 염색업자인 고블랭 가문에 의해 설립된 태피스트리(tapestry)공장을 말함. 최초의 공장 설립자인 쟝 고블랭(Jean Gobelin, 1476년 사망)은 자신이 발견한 심홍색(深紅色) 염료를 사용하여 생산한 제품으로 명성을 얻고 사업 기반을 튼튼하게 굳힘.

고블랭

고블랭직(-織, tapisserie des gobelin) : 파리의 고블랭 공장에서 제작한 벽걸이용 직물. 여러 색상을 사용하여 인물·풍경·그림 모양 등을 정밀하게 짠 것.

고비(考備) : ①측면에 문서나 편지를 꽂을 수 있도록 칸막이가 되어 있는 납작한 목조 벽걸이. ②종이로 주머니나 상자처럼 만들거나 종이오리로 십자(+)모양으로 만들어 벽에 붙임.

고사(庫舍) : ⇨곳집(=).

고사새끼 : 초가집의 지붕을 이을 때 먼저 지붕 위에 잡는 버릿줄.

고산사대웅전1)(高山寺大雄殿) : 보물 399호, 강원도 홍성군 결성면 무량리 492 위치, 창건 미상, 1626년 중수. 정면 3칸, 측면 3칸으로 무고주7량집에 겹처마 팔작지붕. 기단은 큰 막돌 두벌대로 쌓고 덤벙주초에 어간 기둥은 배흘림 원주를 세움. 기둥 상부에서 창방을 끼우고 평방을 올린 다음 주심포식 공포를 짜 올림. 첨차 하단부는 연화두(蓮花頭) 모양으로 초각하였으며, 소로에는 굽받침이 있는 것이 사용됨(고려말 조선초 건축기법). 종량 아랫부분에는 격자모양의 우물반자를 만듦. 바닥은 우물마루임. 창호는 전면 3칸과 측면 전면 열에만 달아 둠. 모두 하단에 단 정(井)자살 창호인데 어간은 사분합, 협간은 분합문이며 측면에는 홑문.

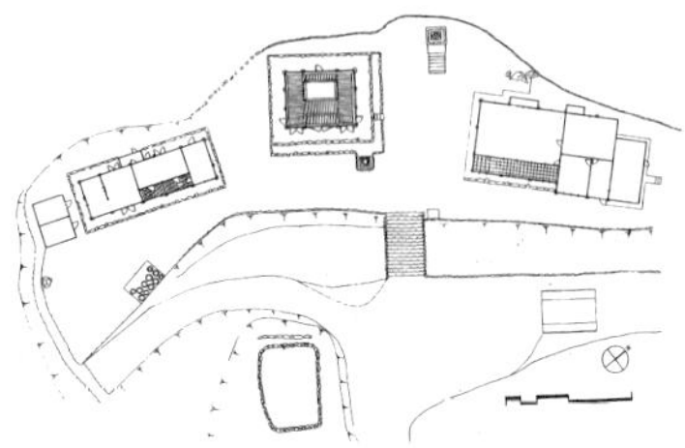

고산사대웅전 배치도

고산사대웅전2)(高山寺大雄殿) : 충청남도 유형문화재 10호, 대전광역시 동구 대성동 산3 위치. 통일신라 말기 창건, 원래 이름은 법장산 법장사(法藏寺)였음. 현재 대웅전 건물은 1636년(인조14)에 수증대사(水登大師)가 중수한 것으로 조선중기의 장식적 요소가 잘 표현됨. 배치는 탑을 두지 않고 분산배치. 대웅전은 정면 3칸, 측면 3칸이고 겹처마 맞배지붕. 기단은 원래 막돌이나 보수하면서 돌을 다듬고 줄을 맞추어 바른층쌓기, 초석은 자연석을 이용한 덤벙주초. 기둥은 민흘림기둥이며, 기둥 상부는 다포계의 전형적인 구조인 창방과 평방을 걸고 그 위에 다포식 공포를 얹음. 창방 끝은 조각됨. 내부는 무고주5량가. 대들보 양측에 세운 동자주 사이에 환하게 웃고 있는 사람모양으로 조각한 기둥을 세워 중보를 받치고 있음. 중보 위의 천장은 우물반자로 만들어 서까래가 노출되지 않도록 하고 반자에는 단청을 함. 법당 내부에는 연화문양과 용이 특히 많이 장식됨(조선중기 이후 화려한 장식 경향). 법당 전면의 문은 모두 띠살문, 양측 칸은 분합 띠살문. 우측 벽면에 조그만 띠살문을 달아 평상시 출입하도록 하고 그 외는 모두 벽을 막음.

ㄱ

대웅전 기둥은 귀솟음기법 사용.

고삽 : ①귀평방 머리 위에 얹어 귀의 공포(한대)를 받치는 짧은 부재. ②귀한대 제공을 받친 나무토막. ③이방·귀방(=).

고샃 : ⇨고샅(=).

고상부(鼓狀部) : ⇨드럼(=).

고상식(高床式) : ①원시건축형식 중 일종. ②4개 또는 9개의 높은 기둥 위에 마루를 놓고 벽체 상부는 맞배지붕을 가지는 집모양.

고샅 : ①마을의 좁은 골목길이나 길목. ②전통주택은 좁은 골목길을 따라 들어가야 대문이 위치하는데, 이 좁은 막다른 골목길을 말함. ③건축적으로 진입과정에서 긴장감을 고조시키며 입구와 만나게 하는 방법으로 해석됨. ④마을과 주거가 만나는 반공적(半公的) 공간으로서 한국건축의 고유한 개념.

고샅길

고샅고샅 : 좁은 골목마다.

고샅길 : ⇨고샅(=).

고색단청(古色丹靑) : ①기존 단청의 문양과 퇴색된 색채와 비슷하게 도채하는 단청. ②백골집에 처음 도채하는 신생단청에 대한 상대적 개념. ③건물보수시에 신재(新材)로 교체된 것 또는 구재(舊材)를 대패질하여 신재면과 같이 된 부분을 기존 부재면의 단청과 같은 빛깔로 채색하는 것.

고선사지(高仙寺址) : 경북 경주시 보덕동(普德洞)에 있던 신라 때의 절터. 신라 신문왕(神文王) 때 원효(元曉)가 머무른 일이 있음.(여기에 있던 3층석탑과 석등대석(石燈臺石) 및 귀부(龜趺)는 국립경주박물관으로 옮겼음)

고선사지삼층탑(高仙寺址三層塔) : ①원효대사가 주지로 있었던 고선사의 옛 터에 세워져 있던 탑(국보 38호). ②덕동댐 건설로 인해 절터가 물에 잠기게 되자 1975년에 지금의 자리인 국립경주박물관으로 옮겨 세워 놓았음. ③탑은 2단의 기단(基壇) 위에 3층의 탑신(塔身)을 쌓아 놓은 모습인데, 통일신라시대 석탑양식의 전형적인 형태. 기단은 여러 개의 돌로 구성하였으며, 각 면에는 기둥 모양을 새겨 놓았음. 탑신도 여러 개의 돌을 조립식으로 짜 맞추었으나, 3층 몸돌만은 하나의 돌로 이루어져 있음. 이는 사리장치를 넣어둘 공간을 마련하기 위한 배려로, 석탑을 해체하여 복원하면서 밝혀졌음. 밑면에는 계단 모양으로 5단의 받침을 새겨 놓았음. ④통일신라시대 전기인 7세기 후반에 세워졌을 것으로 추측되며, 전형적인 석탑양식으로 옮겨지는 초기과정을 잘 보여주고 있음. ⑤탑신부는 초층과 2층의 탑신이 여러 개의 석재로 이루어졌고 양쪽에 우주를 각 출하여 역시 목조건축을 모방하였으며 각 층의 옥개석이 8매씩으로 형성되어 있어 아직 단일성을 보이지 않는 점 등이 시원양식으로서 주목됨.

고선사지삼층석탑

고설각(高設閣) : ⇨고주집(=).

고설대문(高設大門) : ⇨솟을대문(=).

고성능열반사유리(高性能熱反射儒理) : ⇨열선반사유리.

고성능콘크리트(高性能-, high performance concrete) : 고강도성·고내구성·고시공성의 3박자의 성능을 고루 갖춘 콘크리트.

고성 청간정(高城淸澗亭) : ①강원도 유형문화재 32호, 15세기 창건, 20세기 중건. 1520년(조선 중조15년)에 군수 최청이 중수한 기록으로 보아 초창(初創)은 그 이전으로 여겨지며 창건 연대 및 창건자는 밝혀져 있지 않음. ②전면 3칸, 측면 2칸의 겹처마 팔작기와집. 초석은 팔각기둥형으로 전후면의 8개는 그 높이가 2.1m나 되어 마루귀틀을 받치는 1층 기둥으로 삼았음. 중앙부는 높이 1.2m 정도의 초석 위에 팔각형 동자주를 세워 전후면의 초석과 함께 아래층의 구조체를 형성. 2층의 8개

기둥은 모두 원주. 기둥 중심에서 외측으로 약 2척 정도 띄워 사면을 모두 단층 궁판을 갖춘 평난간으로 처리. 바닥은 우물마루.

고속살수여상방식(高速撒水濾床方式, high rate trickling filter process) : 처리대상 인원 101~2,000명 이상의 범위에서 처리방식일 때 적용되는 오물처리시설.

고속엘리베이터(高速-, high speed elevator) : 120m/s 이상의 속도를 내는 엘리베이터. 직류 가변 전압식으로 대부분 기어리스(gearless)형을 채용.

고속톱(高速-, universal saw) : 소(小)부재 가공에 적합하며 각도 작업·홈 작업·절단 등에 쓰이는 다목적 목공기계. 톱날 각도는 1~46°이며 톱날두께는 주로 3㎜를 사용.

고수조식(高水槽式) : ⇨하이탱크식(=).

고스트라인(ghost line) : 강(鋼) 속에 들어있는 인함유대(燐含有帶). 보통 강에는 인(燐)이 0.04~0.05% 함유되어 있음.

고스트패턴(ghost pattern) : ①벽체나 천장의 열절연(熱絶緣)이 빈약하고, 목조의 샛기둥·졸대·지붕바탕·펠대 등의 부분보다 절연이 잘 되지 않아 샛기둥 및 지붕 바탕에 해당하는 부분만이 덜 더러워져 하얗게 보이는 경우의 얼룩. ②장소에 따라 표면온도가 다른데서 생김.

고안(考案, devise) : 기존의 아이디어나 원리를 새롭게 조합하거나 응용하여 마음속에 형성(形成)하는 것.

고알루미나질내화벽돌(高-質耐火壁乭) : ①주성분인 알루미나(Al_2O_3)가 45~80% 이상 함유된 중성 내화벽돌. ②1종·2종이 있고 1종은 전주품(電鑄品), 2종은 소성품(燒成品)으로서 특급, 1급(SK38 이상), 2급(SK37 이상), 3급(SK36 이상), 4급(SK35 이상)으로 구분.

고압(高壓, high voltage) : 높은 전압을 조작·전송·공급하는 것.

고압나트륨등(高壓-燈, high pressure solidium lamp) : ①저압 나트륨등보다 넓은 스펙트럼의 금백색 빛을 발생하는 나트륨등. ②증기압이 높은 나트륨 발광을 이용한 고휘도 방전등으로 수은등에 비해 램프효율이 높고, 점등방향이 자유로우며, 긴 수명과 광속 감퇴가 적은 장점을 가짐. ③주로 천장이 높은 공장이나 체육관·강당·실내·외의 스포츠센터·홀이나 로비·주유소·박람회장 등의 투광조명으로 사용. ④HIS등(=).

고압력라미네이트(高壓力-, high pressure laminated) : 84~140㎏/㎠ 범위의 압력 하에서 적층 플라스틱으로 주형을 만들고 경화시킨 것으로, 주로 역상단 표면체와 캐비닛 제작용으로 사용.

고압방전등(高壓放電燈, high intensity discharge lamp) : ①밀폐된 유리관 속에 있는 수은·메탈할라이드·고압나트륨 등 금속 증기를 통한 전기방전에 의해 많은 양의 빛이 발산되는 방전등. ②HID등(=).

고압베니어(高壓-, compreg veneer) : 합성수지 접착제를 사용하여 고압으로 압착하여 만든 베니어.

고압수은등(高壓水銀燈, high pressure mercury vapor lamp) : 증기압 100~760㎜Hg의 수은증기 속에서의 방전(放電)을 이용한 램프. 주로 도로·정원·높은 천장의 공장 등에 사용. 고압수은등은 형광등이나 백열전구에 비교하면 다음과 같은 특성을 가지고 있음. ①휘도(輝度)가 높음(1,000~10,000cd/㎠). ②등 한 개당 전력 및 광속이 큼. ③백열전구에 비해 효율이 높음. ④연색성(演色性)이 나쁨. ⑤점등(點燈)·재점등(再點燈)에 시간이 걸림.

고압환기(高壓換氣) : ⇨기계환기(=).

고연색성형광등(高演色性螢光燈, high color rendering fluorescent lamp) : 연색성(演色性)을 개선하기 위해 장파장 역(域)의 빛을 보강한 형광등.

고운대패 : ⇨재련대패·마무리대패.

고운도드락다듬 : 사방 50㎜ 안에 100눈의 돌기가 있는 도드락망치로 두들겨 다듬는 돌표면 마무리.

고운목조직(-木組織, fine texture) : 목재를 구성하고 있는 세포가 평균 이상의 작은 세포로 구성되어 있는 재면.

고운사(孤雲寺) : ①경상북도 의성군 단촌면(丹村面) 구계리(龜溪里) 166 등운산(騰雲山)에 있는 절. ②통일신라시대 신문왕 때(681) 의상대사(義湘祖師)가 등운산(騰雲山) 밑 계곡에 고운사(高雲寺)를 창건하였으나 그 후 여러 차례 중수함. 1835년(헌종1)에 불탄 것을 만송(晩松)·호암(虎巖)·수열(守悅) 등이 재건하였음. ③경내에 27동의 건물이 있는 사찰로 대부분의 건물이 오래되어 낡았으며 1970년경에 극락전·요사채·집무실 등 6동을 보수했으며, 대웅전·명부전·거운루·고금당·연지암·일주문·천왕문 등이 낡은 채로 있음. 현재 대한불교 조계종 제16교구 본사로서 안동시군·영주시·영풍군·봉화군·영양군 등에 54개의 말사를 두고 있음.

고운잔다듬 : 날망치의 날간격 1.5~2㎜되는 날망치로 일정방향으로 찍어 다듬는 돌 표면 마무리.

고운정다듬(-錠-) : 사방 100㎜ 안에 정 자국이 70개 정도 나도록 정으로 쪼아 다듬는 돌표면 마무리. ⇨작은 정다듬(=).

고유감각(固有感覺) : ⇨고유감각기(=).

고유색(固有色, inherence color) : ①우리가 실제로 어떤 대상을 볼 때 보이고 느껴지는 색이 아니라, 물체 자신이 원래부터 지니고 있는 색. ②어떤 사물에 대한 고유한 색은 있을 수 없음. 따라서 고유색은 일상적으로 태양광선 아래서 볼 수 있는 색을 말하며, 가상색은 수시로 변해 보이는 색을 말함. 즉 색은 사물 자체의 색이 아니라 빛이 사물에 준 특성에 의해서 보인 가상색(假象色)임.

고유음향저항(固有音響抵抗, specific acoustic resistance) : 음을 전달하는 매질의 밀도 ρ와 그 매질 속의 음의 전파 속도 c를 곱한 값 ρ_c를 말함.

고유저항(固有抵抗) : ⇨저항률(=).

고유진동(固有振動) : 진동계가 각각 고유진동수에 있어서 정상상태에 있는 경우의 진동형태의 것. 그 계의 자유도의 수만큼 형태가 존재하고 실제 진동에 있어서는 이 고유진동형이 몇 개 정도 복합된 형태.

고유컨덕턴스(固有-, essential conductance) : ⇨도전율(=).

고의장성 도료(高意匠性塗料) : ①구운벽돌이나 석재와 같은 중후한 질감을 나타내는 벽체의 뿜칠재료. ②천연골재를 수지로 굳혀서 모서리부를 만들 수 있고 줄눈도 설치할 수 있음. ③그밖에 시트지로 가공된 것을 붙여서 시공하는 건식공법도 있음. ④특징은 곡면시공이 가능하고 누구나 시공할 수 있으며 공사기간도 빠름.

고장력강(高張力鋼, high strength steel) : 고강도(인장강도 50㎏/㎟ 이상, 항복점 30㎏/㎟ 이상)의 강. 탄소량만을 증가한 고탄소강과 다른 원소(망간·규소·니켈·크롬·몰리브덴·티탄 등)를 소량 첨가한 특수강 및 담금질·뜨임 등의 열처리를 한 것이 있음. 일반적으로 용접성·가공성이 우수하고 항복점이 높아 사용강재의 단면이 적어 재료가 절약됨.

고장력볼트(高張力-, high tension bolt) : 눈금이 있는 텐션 렌치로 조이는 고력볼트. 두 부재의 접합면에 강한 압축으로 발생한 마찰력에 의해서 하중이 전달됨. ⇨고력볼트(=).

고장력볼트접합(高張力-接合) : ①고탄소강 또는 합금강을 열처리한 항복강도 7tonf/㎠ 이상, 인장강도 9tonf/㎠ 이상의 고장력 볼트를 죄여서 부재간의 마찰력을 이용한 접합방식. ②특징 ; ㉠접합부 변형이 적고 화재의 위험이 없음. ㉡접합부분의 소요강도 확보가 크고, 소음 공해가 적음. ㉢설비가 간단하며 불량개소 수정이 용이함. ㉣공기단축이 가능. ㉤노동력 절감. ㉥숙련공 필요. ㉦시공기계가 단순하여 능률 저하. ㉧고소작업 검사의 어려움. ㉨고가. ③접합방식은 마찰접합·인장접합·지압접합 등.

고재선가옥(高在宣家屋) : ①전라남도 민속자료 제5호, 1915년경에 원래 가옥이 있던 자리에 재건축. ②안채는 전후좌우 툇집으로 전후퇴의 칸 치수가 일반적인 규모보다 큼. 건넌방 모퇴는 일부분에 건넌방을 위한 아궁이를 설치한 함실을 두고 나머지는 건넌방에서 사용하는 감실을 둠. 부엌은 전후면과 모서리면으로의 툇간을 모두 활용하여 상대적으로 규모가 큼. ③사랑채는 두 칸의 폭을 갖는 두줄백이집, 전면에만 툇간을 두고 우측면과 후면으로는 동선을 위한 쪽마루를 덧댐. 온돌방과 마루방이 각각 ㄱ자형의 구성으로 서로 맞물려 있는 형태. 좌측 한 칸의 전퇴를 포함한 전체 2칸의 반의 폭을 이용하여 가운데 반 칸으로 아궁이가 있는 공간을 삼고 전후의 온칸에는 온돌을 만듦. 온돌방 전면에는 두짝 여닫이문, 온돌방 사이는 미닫이, 온돌방과 대청이 만나는 부분은 사분합 들문을 설치하여 각각 용도에 적합한 창호를 설치. ④안채와 사랑채는 모두 사각기둥을 사용하고, 기둥 상부에는 공포를 사용하지 않고 보아지와 장여를 곁들인 건실한 사개맞춤으로 마감.

고저스(gorgeous) : ①호화롭고 사치스런 이미지. ②스타일에 관계없이 전통적으로도 현대적으로도 표현할 수 있음. ③요소 하나하나가 고급스런 존재감을 보다 화려하게 연출해 보임. ④목재가구는 광택이 나게 마무리. ⑤대리석과 같은 묵직하고 고급스런 소재, 금색과 은색의 도장, 크리스털의 광택 등을 효과적으로 조합하면 한결 좋음.

고적(古蹟, historical remains) : 옛 문화를 보여주는 건물이나 물건이 있던 터.

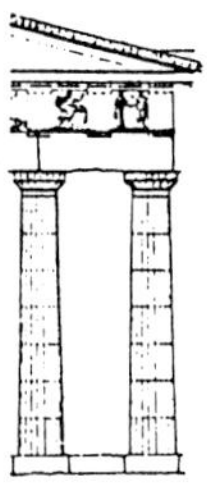

고전적인 기둥

고전(古典, classic) : ①고대 그리스와 로마의 건축·예술·문학·조각·회화 등을 지칭하는 것으로 고대양식의 근원(antique source)의 의미로 사용. 반면에 고대 그리스와 로마의 양식을 기조로 발전된 18~19세기의 건축과 예술이 신고전으로 불림. ⇨고전주의·신고전주의.

고전건축(古典建築, classical architecture) : ①고대 그리스와 로마의 건축. ②완전한 균형상태가 이루어진 모범적·전형적인 상태(classic)와 고대건축의 모방을 기조(基調)로 한 양식(樣式)을 지칭. ③이탈리아 르네상스와 그 이후 바로크→고전 부흥양식 등의 근본이 됨.

고전부흥(古典復興, classic revival) : 고대 그리스와 로마의 미술·건축을 모방한 양식으로 보통 이탈리아 르네상스, 18세기말과 19세기 초의 영국과 미국의 신고전주의 운동.

고전양식(古典樣式, classic style) : 서양 건축양식에 있어서 고대 그리스와 로마의 건축·예술양식.

고전적(古典的, classical) : 고대 그리스 또는 로마, 그리고 이들로부터 파생된 것들로, 특히 오더(order)의 사용을 가리킴.

고전적인 모던(古典的-, classic modern) : 1960~70년대의 양식 중 하나로 미스(Mies van der Rohe : 1886~1969), 브로이어(Marcel Breuer : 1902~1981), 르 코르뷔지에(Le Corbusier : 1887~1965) 같은 사람들이 디자인한 가구들. 더 이상 생산되지는 않았지만 레퍼토리로 소생되었음. 빅토리아풍의 철제 흔들의자와 나무를 구부려 만든 토넷(MIchael Thonet, 1796~1871)의 가구와 같은 것들이 전형적인 모던 클래식으로 통하지만 임즈·사리넨·해리 베르토이어(Harry Bertoria) 같은 현대 디자이너들이 포함.

고전주의(古典主義, classicism, Klassik[독]) : ①고대 그리스·로마의 예술작품을 모범으로 삼는 예술의 법칙이나 경향 및 양식 또는 고대 그리스·로마의 미술·예술·문화적 특성을 반영한 양식이나 예술론. ②그리스·로마건축에 대한 추억·지성 및 아름다운 기품재현을 목표로 18세기 중엽 이후 발생한 사조. ③이탈리아를 중심으로 각지에 퍼진 르네상스 예술에서 볼 수 있는 것이 대표적인 예. ④특징은 평형과 질서 및 명석(明晳)을 구하며, 형식의 정돈·간소·엄격한 구성을 중요시하였음. ⇨신고전주의.

고전주의건축(古典主義建築, classicism architecture) : ①1750년경 유럽에서 일어난 건축사조. ②특징은 고대 그리스·로마의 건축문화를 연구하여 고전건축양식의 우수한 면인 균형·안정·위엄·조화·규칙 등을 모방하려는 경향을 가짐. ③대표적인 건축물로는 영국의 대영박물관·독일의 왕립극장·프랑스의 에트왈 개선문 등임. ④고전파건축(=).

고정단(固定端, fixed end) : 부재(部材)가 고정상태로 지지되어 있을 때의 그 끝부분. 어느 방향으로도 이동할 수 없을 뿐만 아니라 회전도 할 수 없는 구조.

고정단보(固定端-, fixed end beam) : ①양끝단의 회전이나 이동을 할 수 없게 고정된 보. ②고정단(固定端)은 휨응력을 고정시켜 보의 강성(剛性)을 높여주고 최대 처짐을 줄여줌. ③등분포하중일 경우 지지점 위의 모멘트는 스팬 약 1/3 부위의 모멘트와 크기가 같고 방향이 반대임.

고정단접합(固定端接合, fixed end connection) : 구조물의 끝을 지지점에 연결하는 강접이음.

고정요소(固定要素, support system) : ①건축물을 구성하는 건축구성재 중 가운데서 고정적 요소로 작용하는 구조체 부분. ②내력벽·기둥·보·슬래브·덕트·코어(계단실·승강기 등)

고정지점아치(固定支點-, fixed arch) : 활모양으로 구성되어 고정지점으로 된 틀구조.

고정차양장치(固定遮陽裝置) : ①창의 옆이나 윗부분에 부착된 수직수평 루버는 여름에는 햇빛을 차단하고 겨울에는 가능한 많은 햇빛을 받아들이는데 유리함. ②남쪽 창은 수평차양, 동쪽과 서쪽 창은 수직차양을 설치하는 것이 빛의 차단에 효과적임. ③햇빛이 돌출면에 반사되어 실내로 사입되는 것을 방지하기 위해서 돌출면의 색채는 어두운 것이 좋음. ④주광에 의한 조명효과를 위해 수평 돌출물의 밑면은 지면에서 반사된 빛을 재반사(再反射)하여 실내로 받아들일 수 있도록 밝은 색이어야 함.

고정창(固定窓, fixed window) : ⇨붙박이창(=).

고정창

고정하중(高定荷重, fixed load) : ①건축구조물의 자중(自重) 또는 구조물에 고정되어 항상 일정한 위치에 작용하는 하중. 지붕에 쌓인 눈도 고정하중에 포함. ② 사하중(=).

고주(高柱, interior tall column) : ①보통 기둥보다 높게 된 기둥. ②변두리기둥보다 더 높은 기둥. ③솟을지붕 또는 동자기둥을 겸하여 쓰이는 기둥. ④외진과 내진 사이에 세운 평주보다 높은 기둥. ⑤앞퇴가 있는 살림집에서 평주 안통에 세우는 기둥. ⑥방에서는 머름틀인 문얼굴이, 대청에서는 분합과 교창이 설치되는 벽체가 구성됨. ⑦보통 평주(平柱)보다 높은 기둥으로서 주로 내진주(內陳柱)의 경우에 사용. 또는 동자기둥을 겸하는 기둥. ⑧기둥·장주·높은기둥(=).

고주각(高柱閣) : ①집채의 일부에 평주보다 높은 기둥을 써서 지은 집. ②고주집(=).

고주대문(高柱大門) : ⇨솟을대문(=).

고주오량집(高柱五梁-) : 평주 앞쪽으로 고주(高柱) 하나를 더 세워 앞퇴를 구성한 오량집.

고주집(高柱-) : ①정간이 높게 된 집. ② 고설각(=).

고설각

고주파(高周波, high frequence wave) : ①높은 소리의 진동수. ②20,000Hz보다 높은 주파수의 음. ③높은 주파수의 진동 또는 파동을 총칭하거나 특정한 주파수의 전파를 가리키는 말. ④

⇨저주파(⇔).

고주파곡면집성기(高周波曲面集成氣) : 고주파에 의한 집성방법은 고주파 평면 집성기와 유사기능을 가지고 있으며 의자의 좌판·등판·무늬목이나 합판(두께 3.2㎜)을 사용하여 곡면 집성할 수 있다는 것이 다름. 최대 집성규격은 1,700(너비)×900(길이)×100(높이)㎜. 집성시간은 원목의 경우 두께 35㎜는 1분, 85㎜는 4분 정도 걸림.

고주파양생(高周波養生, high frequency curing and protecting) : 거푸집 바닥과 콘크리트 위에 철판을 놓아 양극으로 하여 고주파를 흘러 보내어 양생하는 방법.

고주파집성기(高周波集成機, high frequency gathering machine) : ①각재·판재·무늬목을 집성하는 목공기계. ②약 1,200V의 고주파에 의해 집성되므로 집성시간이 빠름. ③집성시간은 부재의 두께 및 수종에 따라 다르지만 원목의 경우 35㎜는 1분, 85㎜는 4분 정도. ④집성 최대 규격은 1200(너비)×2400(길이)×85(높이)㎜.

고직사(庫直舍) : ①관아·서원·향교 등의 관리를 받은 사람이 사는 집. ②고지기집(=).

고착제(固着濟, matrix) : 콘크리트나 모르타르에 있어서 골재를 붙이는 물질 또는 재료. 모르타르에서는 시멘트페이스트(cement paste), 콘크리트에서는 모르타르를 의미함.

고창(高窓, clearstory, clerestory, fanlight) : ①채광(採光)과 환기(換氣)를 목적으로 천장면 가까이 있는 높은 벽에 위치한 측창의 일종. 프라이버시를 요하는 욕실·화장실이나 환기가 요구되는 식당·부엌·다용도실 등에 적합. ②창의 안쪽 실내공간이 바깥쪽 지붕면보다 높게 솟아올라 햇빛을 받아들이도록 한 창. ③창문 위쪽에 낸 창으로 예전에는 보통 살을 교살로 만들었기 때문에 '교창(交窓)' 또는 '교살창'이라고도 함. 주로 환기·채광용으로 사용. ④건물에서 벽의 높은 곳에 위치한 창문. 일반적으로 2층과 1층 천장 높이 사이에 위치. ⑤고딕풍 건축 대사원의 아일(aisle) 지붕 위에 높은 창이 달려 있는 층. ⑥명층·채광창·고창층·팬라이트(=).

고창

고창채광(高窓採光, high side lighting) : ①고창을 통해 햇빛을 도입하는 방법. 조도분포는 좋으나 조망(眺望)이 막히고 통풍상태가 열악한 결점이 있음. ②주로 미술관·공장 등에 채용.

고창층(高窓層) : ⇨고창(=).

고채도(高彩度) : ①한 색상 중에서 채도가 가장 높은 색을 그 색상 중의 순색이라 하고, 순색에 가까운 것은 채도가 강하고 진한 것이며, 이를 고채도(高彩度)라 하고 연한 채도는 순색의 색기가 약한 것을 말하며, 이것을 저채도(低彩度)라 함. ②채도단계는 1~14까지이며, 채도가 가장 높은 것은 빨강과 노랑의 순색으로 14.

고체감쇠(固體減衰, solid damping) : 재료 자체의 내부에 생긴 내부마찰로 인한 저항력.

고체도료(固體塗料) : ⇨라쥴래커(=).

고체전달음(固體傳達音, structure bone sound) : ⇨고체전파음(=).

고체전파음(固體傳波音, structure bone sound, impact sound, solid bone sound) : ①음의 매체가 고체인 경우 고체 내부의 진동을 통해, 즉 지반이나 건축구조물을 통해 전달되어 고체표면 어디에서나 전달되는 음으로 되어 공중에 퍼지는 경우. ②고체전달음(=).

고출력 형광램프(高出力螢光燈, high output fluorescent lamp) : 관이 길고 전류가 많이 흐르게 하여 단위길이에 대한 출력, 즉 광속(光速)을 보통의 약 1.4배로 한 형광램프. 보통의 약 2.2배로 한 것을 '초고출력 형광램프'라고 함.

고측채광(高側採光) : ⇨고창(=).

고층(高層, multi-story) : 건물의 층수가 5~6층부터 14~15층 정도의 것.

고층건물(高層建物, high-rise) : 비교적 많은 층수를 갖고 엘리베이터 시설을 갖춘 건물.

고층건축(高層建築, multi-story building, high-rise building, tall building) : ⇨마천루(=).

고콜 : ①두메에서 밤에 불을 켤 때 불붙은 관솔을 올려놓기 위해 벽에 뚫어 놓은 구멍. ②⇨코글.

고크롬강(高-鋼, high chrome steel) : 크롬 함유량이 많은 특수강의 일종으로 탄소 1.0% 이하, 크롬 12~18%의 고(高)크롬강을 스테인리스강(stainless steel)이라고 함. 일반적으로 크롬 함유량이 많은 것일수록 내부식성과 내열성이 우수함.

고탄소강(高炭素鋼, high carbon steel) : 탄소량의 함유량이 0.6% 이상인 것. 보통 탄소량이 0.4~1.6% 정도이고 소량의 망간·규소·인·황 등이 포함되며, 주로 공구류 제작·피아노선 등에 사용함.

고택(古宅, old house) : ①지은 지 오래 된 집. ②고인이 생전에 살던 집.

고토[1](苦土) : ⇨마그네시아(=).

고토[2](Koto, Pterygota macrocarpa K. Schum[학].) : ①적도 아프리카에 반낙엽 밀림(半落葉密林) 중에 분포하며 주로 코트디브와르·나이지리아·카메룬에 생육. ②심변재가 구분되며 심재는 도갈색(桃褐色)~적갈색(赤褐色). 변재는 회백색으로 폭이 350㎜임. 나무갖은 거칠며, 기건비중 0.60~0.80, 용적수축률 12.2%로 보통임. 강도는 압축강도 459kg/㎠, 휨강도 1,284kg/㎠, 횡인장강도 20.6kg/㎠, 전단강도 74kg/㎠로 강함. 제재는 용이하며 내구성·도장성은 양호. 건조에 장시간이 걸림. ③주로 내외장·기구·지중건조물 등에 사용.

고토질내화벽돌(苦土質耐火甓乭, magnesia firebrick) : ⇨마그네시아질 내화벽돌(=).

고트후프풋(goat hoof foot) : 프랑스 로코코시대에 유행한 테이블의 염소발굽형 다리.

고트후프풋

고티베(Ktibé., Nesogordonia papaverifera R. Cap[학]) : ①시에라리온에서 카메룬과 가봉의 제일 북쪽까지 분포하며 주산지는 코트디브와르·가나·카멜룬. ②심재는 벌채 직후 밝은 갈색에서 자갈색이나 빛에 바래 엷게 되며, 변재는 담갈색으로 때로 도색(桃色). 목리는 교착하고 정목(柾目)에서 리본무늬가 나타나며 매우 고움. 중중재(中重材)로 기건비중 0.80, 수축률은 방사방향 5.6%m, 접선방향 8.5%, 용적수축률 13.2%로 큼. 강도는 압축강도 624kg/㎠, 휨강도 1,869kg/㎠, 횡인장강도 48.6kg/㎠로 강함. 제재시 스테라이트 가공도가 좋으며 건조성은 보통 접착·도장성은 양호. ③주로 내장·가구·조각·바닥재·무늬단판 등에 사용.

고팡(庫房) : ①곡물을 갈무리하는 방(제주도). ②고방(=).

고패 : 물건을 높이 달아 올렸다 내렸다 하는 줄을 걸치는데 쓰는 도르래 또는 고리의 일종.

고패줄 : 오르내리창에 달은 줄.

고패집 : ㄱ자집의 원어(原語).

고팽이 : ①단청(丹靑)에서 쓰는 나선형(螺旋形)의 무늬. ②곱팽이(=).

고평오가옥(高平五家屋) : ①중요민속자료 69호, 제주시 남제주군 표선면 성읍리 809에 위치. ②예전 정의(성읍) 고을 면사무소 관원들이 숙식하였던 곳. 조선 후기에 지었다고 하며 넓은 터에 안채(안거리), 바깥채(밖거리), 안채와 바깥채 사이에 있는 모커리가 배치되어 있음. 현재 있는 모커리 맞은편에 모커리가 하나 더 있었는데 1970년대 중반에 헐었다고 함. 지금 있는 건물들은 1979년에 수리한(안채, 바깥채) 것으로 모커리 역시 일부 수리한 것. 건물들은 모두 바람에 지붕이 날리지 않도록 새끼줄로 그물처럼 덮어 놓았음. 안채 맞은편으로 있는 바깥채는 면사무소 관원들이 사용했던 곳으로, 대청마루를 가운데가 아닌 동쪽에 놓고 연이은 2칸 방을 만들어 제주도의 일반적인 평면 구조와 다르게 꾸몄음. 모커리는 수레간과 통나무로 만든 제주 고유의 절구 '남방애' 따위를 보관하는 헛간이나 외양간으로 사용하였다고 함. 짜임새 있는 건물배치와 특수한 평면구성을 가진 바깥채, 제주 남부 일부 지방에서만 볼 수 있는 대청의 쌍여닫이창(호령창) 등 때문에 좋은 연구자료가 됨.

안채

문간채

모커리

고평오가옥

고푸라(gopura) : 인도의 힌두교 사원을 출입하는 높고 정교한 출입문. 남부 인도의 사원에서는 12세기부터 아주 높게 만듦.

고푸라

고학규가옥(旌善 高學圭家屋) : 강원도 유형문화재 89호, 조선 중엽, 19세기, 20세기 초 중건, 원래 200평이 넘는 대규모 가옥이었으나 지금은 안채와 사랑채와 문간채가 이어져 일자형 평면이 안마당을 중심으로 이어져 전체적으로 튼ㅁ자 형태의 평면을 이룸. 건물과 담장을 적절히 배치·연결하여 각 공간의 독립성과 기밀성을 확보함. 안마당으로의 출입문도 마당 한쪽으로 구성하였고, 건넌방도 방과 문간채 사이에 판벽을 설치하여 안마당의 공간성을 확보함. 안채의 마루 위치와 구성 및 대청 없이 툇마루 위주로 구성된 사랑채의 평면도는 반가에서는 흔하지 않은 독특한 특징임. 안채 부엌에 붙은 정지방과 서로 다른 크기와 높이로 설정된 각 채들의 다양한 지붕구성은 공간구성과 함께 한국건축의 포스트모더니즘 표현의 한 단면이라고 할 수 있음.

고학규가옥

고한척(古漢尺) : 중국 한(漢)나라에서 사용된 자.

고함습역(高含濕域) : 공기가 포화상태에 가까워짐에 따라 재료 함습률은 급격히 증대하고 온도구배에 의한 수분 확산을 계산해야 하는 상태.

고형부(鼓形部) : ⇨드럼(=).

고흡수성폴리머(高吸收性-) : ①흡수능력이 400~1,000배가 되는 폴리머.(기존 스펀지는 20배 정도의 흡수능력임). ②폴리아크릴산소다 및 폴리에틸렌옥사이드 등의 흡수성 폴리머는 생리용품 및 종이기저귀 등으로 사용됨. 결로방지제·수분의 고화제·원예용 토양보수제 등으로 사용될 수 있음.

곡(曲) : 휘거나 기운 기울기.

곡간(穀間, grain storehouse, granary) : ①일반적으로 광(廣)을 뜻함. ②곡식을 보관해두는 곳간. ③다른 채에 부속된 수장간인 경우 '곳간'이라 하고, 여러 칸으로 된 별채의 광을 '곳간채'라고 함. ④쌀의 양에 따라 <천석곳간>이라고 함. ⑤광·광채·곳간·곳간채(=).

곡관(曲管, bent pipe) : 구부러진 토관 등.

곡구조(穀構造) : ⇨셸구조(=).

곡난간(曲欄干) : 난간두겁대가 꺾여 들거나 휘어 오른 듯이 구부러진 난간. 난간의 끝부분에서 난간두겁대의 끝머리가 휘도록 하여 날렵하고 우아한 멋을 더하였음.

곡담(曲墻) : ①능묘의 봉분 뒤와 좌우 옆에 빙 둘러쌓은 낮은 담. ②곡병(=).

곡마루(谷抹樓) : ①방 뒤나 옆에 붙은 작은 마루. ②곡말루.

곡말루(谷抹樓) : ⇨곡마루(=).

곡면(曲面, curved surface) : ①평면이 아닌 곡선으로 이루어진 면. ②기하곡면과 자

ㄱ

유곡면으로 구분. 기하곡면은 정연하고 이지적인 표정을 갖고, 자유곡면은 자유분방하고 감정이 풍부한 표정을 가짐. 취급에 따라서 효과에 변화가 생김.

곡면구조(曲面構造) : ⇨곡면식 구조(=).

곡면식 구조(曲面式構造, dome & shell structure) : ①철근콘크리트 등의 엷은 판이 곡면을 이루어서 힘을 받게 된 구조. 하중은 축선을 따라 압축력으로 하부에 전달되므로 휨모멘트가 작음. 작은 단면으로 큰 간사이를 구성할 수 있는 구조. ②특징은 반구형으로 된 지붕으로서 중앙은 높고 사방 주위는 점차로 낮은 하늘모양(vault of heaven)의 무지개와 같이 높고 길게 굽은 구조법. 아치가 계속되어 반원통형의 면구조임. 곡면 바닥판의 역학적 특징을 써서 하중을 차지하는 구조물. 셸(shell)구조·돔(dome)구조·막(membrane)구조 등임.

곡면유리(曲面琉璃, curved glass) : ①판유리를 열처리하여 곡면으로 된 유리. ②보통 유리의 두께 5㎜ 이상, 반지름 300㎜ 이상이 되어야 곡면이 가능하며, 주문제작으로 생산됨.

곡면지붕(曲面-, shell roof) : ①지붕면이 여러 형태의 곡면으로 된 지붕. ②종류에는 반원상태인 반원지붕(barrel roof), 반구형의 돔지붕(dome roof), 자유형의 각구조(shell) 등이 있음. ⇨셸구조.

곡면판구조(曲面板構造) : ⇨셸구조(=).

곡면합판(曲面合板, curved plywood, formed plywood) : 곡면모양으로 성형한 합판. 성형방법은 접착제(接着劑)를 사용한 압착법(壓着法)과 백몰드(back mold)법이 있음.

곡면형 쇼윈도(曲面形-, curved surface show window) : 곡면유리를 사용하여 쇼윈도의 구성에 변화를 주어 일단 형태감에서 통행인의 시선을 자연스럽게 유도하고 흥미를 유발함.

곡목(曲木, bent wood) : ①증기로 연화한 후 일정 틀 위에 구부려서 건조시켜 영구적인 형태로 만든 목재. ②원목 조각에 증기를 씌워 부드럽게 구부리는 기술. ③19세기 말 마이클 토넷(Michael Thonet : 1796~1871)에 의해 발전된 가구제작에 사용됨.

곡목의자(曲木椅子, bent-wood chair) : ⇨벤트우드체어(=).

곡목의자

곡목등받이의자(曲木-倚子, bended back chair) : ⇨스푼백체어(=).

곡병(曲屛) : ⇨머리병풍·곡담·곡장(=).

곡선(曲線, curve line) : ①평행하거나 직각이 아닌 선. 일반적으로 흥미롭고 우아하고 매력적이며 부드럽고 미묘·불명료·간접·섬세·우아 등 여성적인 성격을 가짐. 길이나 굵기·형상 등에 따라 온화하고 유쾌한 리듬감·따뜻함 등을 가져옴. ②변화있는 곡선의 사용은 직선으로 구성된 실내의 딱딱하고 경직된 분위기를 부드럽고 유연하게 해줌. 크게 밑으로 뻗는 곡선은 안정감을 주며, 작은 곡선의 연결은 짓궂고 유머(humour)스러운 느낌을 줌. ③공간곡선(=).

곡선양식(曲線樣式 curvilinear style) : ⇨곡선장식양식(=).

곡선자(曲線-, curve ruler) : ①곡선을 그리는데 사용하는 자를 총칭. ②⇨제도용구.

곡선장식양식(曲線裝飾樣式, curvilineal style, curvilinear style) : ①14세기 초 영국 장식양식의 후기 발전단계로 곡선형의 트레이서리가 특징. ②14세기 후반 영국 고딕양식에서 곡선을 강조했던 풍부한 장식. ③커빌리니어양식(=).

곡선장식양식

곡선창살트레이서리(曲線窓-, folling tracery, curvilinear tracery, undulating tracery) : ⇨트레이서리.

곡선형태(曲線形態, curvilinear) : 곡선형태는 반드시 원에서 파생한 것은 아니지만 이것들이 기하학적이든 자유롭게 흐르는 것이든지 간에 만곡(彎曲)된 선에 의해 형성되고, 경계가 지어지고 특징지어짐.

곡성(曲城, round fortress) : ①성문을 밖으로 둘러 가려서 구부러지게 쌓은 성. ②옹성(=).

곡연(曲椽) : ⇨선자서까래(=).

곡장(曲墻) : ⇨곡병(=).

곡재(曲材, compass timber) : ①재목이 휘어진(굽은) 부재. ②만재(=).

곡척(曲尺) : ①일제시대 이후 채택된 기역(ㄱ)자 모양으로 만들어진 자(30.303㎝). ②기역자(=).

곡춘설(谷春舌) : ①지붕 회첨골에 처마도리와 중도리에 걸어 회첨 서까래를 받는 경사재. ②골추녀·회첨추녀(=).

곤돌라(gondola) : ①이탈리아 베니스의 특유한 곡선형 배(ship). ②길이 9m, 폭 1.5m 가량인데 상앗대로 저어가며 유람선과 나룻배로 사용. ③간이달비계(=).

곤돌라엔드피오피(gondola end POP) : 곤돌라 끝에 놓아 사용하도록 디자인된 POP. 일반적으로 상품을 올려놓거나 대형 판매 케이스를 놓아둠.

곤돌라의자(-椅子, gondola chair) : ①18세기 곤돌라의 형태와 유사한 곡선을 갖는 책상용의 낮은 의자 또는 둥근 곡선의 등받이와 팔걸이 형태의 소파. ②반원형의 높은 등받이가 있는 원통형의 안락의자. ③원통형 등받이와 넓은 날개(wing)로 이루어진 18세기 후반의 영국 의자. 등받이는 직물로 푹신하게 씌워지거나 케인(cane)으로 마감. 원통형 의자(barrel chair)와 유사하나 더 넓고 키가 크며 오목한 등받이가 더욱 몸을 감쌀 수 있음. 영국 섭정시대에는 스푼형 등받이 의자(spoon back chair)로 변형되었으며, 빅토리아시대에는 특히 숙녀용 의자로 각광을 받았음. 직물로 씌운 좌판 밑선까지 연장된 오목한 등받이가 원통의 수직 단면과 유사함. ④원통의자·터브체어(=).

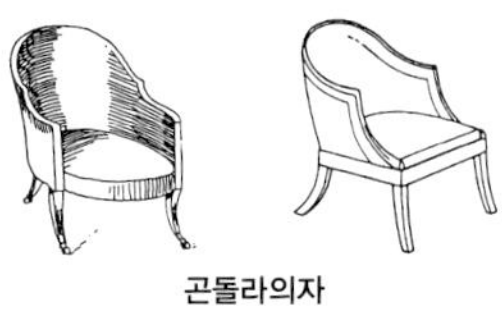

곤돌라의자

곤돌라침대(-寢臺, gondola bed) : 머리판과 발판의 단면이 곤돌라의 끝부분처럼 둥글게 말려 올라간 19세기에 사용된 황실 침대.

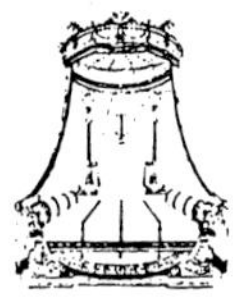

곤돌라침대

곤방(坤方) : 서남방.

곤좌간향(坤坐艮向) : ①집터가 뒷자리가 곤방(坤方)을 등지고 간방(艮方)을 향한 좌향. ②남서쪽에서 북동쪽을 향한 위치를 말함.

곧은결(柾理, 柾目, straight grain, edge grain, quarter sawn grain, fine grain) : ①결이 잘고 곱고 곧은결 목재. ②나이테와 직각이 되도록 자른 나무에 나타나는 결. ③연륜에 직각방향으로 돌려가며 제재한 목재면에 나타난 일정한 형태의 평행선상의 나뭇결. ④연륜(年輪, annual ring), 즉 나이테에 직각방향으로 켠 목재면에 나타난 평행선상의 나뭇결. ⑤로터리 방식으로 가공되며 경제적임. ⑥곧은결이 나타난 목재를 곧은결재 또는 '정목재(柾目材)·정리재(柾理材)'라고 함. ⑦곧은결재는 널결재(판목)에 비해 일반적으로 외관이 아름답고 수축변형이 적으며, 마모율도 적어 문지방(sill)부재로 적합함. ⑧곧은결은 결 간격의 조밀 정도에 따라 황정목(荒柾目)·사정목(絲柾目)으로 구분하고, 특히 결이 치밀한 사정목은 귀한 재료로서 장식용으로 사용됨. ⑨현장용어로 마사메(柾目, quarter sawn), 또는 마사라고 많이 함.

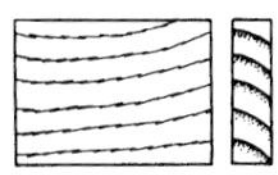

곧은결

곧은결면(-面, straight grain surface) : 나무줄기(樹幹)의 축(軸)과 평행한 종단면에서 수심(樹心)을 지나는 재면(材面). 나뭇결은 곧은결이 됨.

곧은결재(-材) : 나이테가 평행한 직선의 곧은결이 나타나게 켠 재.

곧은결 켜기(quartesaw) : 원목의 1/4원이

되게 켜고 각기 나이테에 직각이 되게 널을 켜는 제재법.

골 : ①'고랑'의 준말. ②'고을'의 준말. ③'골짜기'의 준말.

골격구조(骨格構造, skeletal structure) : ①인체가 고유한 형태를 이루고 있는 다수의 뼈가 연결되어 있는 골격. 인간의 골격은 모두 206개의 뼈로 구성되어 있으며, 신체의 지지 및 가슴·내장 등 체내의 중요한 기관을 보호함과 아울러 수동적인 운동기관으로서도 중요함. ②골격의 분류는 ㉠체간골격(體幹骨格) : 척추(脊椎) 26개, 두개골(頭蓋骨) 22개, 설골(舌骨) 1개. ㉡체지 골격(體脂骨格) : 상지골(上脂骨) 64개, 하지골(下脂骨) 62개. ㉢이소골(耳小骨) 6개.

골격근(骨格筋, skeletal muscle) : ①근조직은 횡문구조가 있는 횡문근(橫紋筋)과 이것이 없는 평활근(平滑筋)으로 구성됨. 일반적으로 근육계(筋肉系)라고 하는 것은 골격근을 말함. ②골격근은 스스로의 의지로 수축·이완이 가능하므로 수의근(隋意筋)이라고도 하며, 다수의 근섬유가 모여서 이루어짐. ③양단(兩端)은 건(tendon)으로 관절을 넘어서 골에 부착됨. 골격근은 크게 체간근(體幹筋)과 체지근(體지筋) 또는 천층(淺層)과 심층(深層)구분됨. ④체간근 배부천층에는 승모근(僧帽筋), 광배근(廣背筋)이 있음. 전자는 어깨의 상하운동, 후자는 위팔을 회전시킴. ⑤천층에는 척추기립근(脊椎起立筋)이 척추를 지지함과 동시에 그 옆방향과 뒷방향의 움직임에 대응함. ⑥복부에는 복직근, 내외 복사근이 복압을 높여 척추를 앞쪽으로 기울이는 작용을 하고 있음.

골기소체(−小體, golgi tendon organ) : 근육의 장력변화를 전달하는 감각기관.

골동품(骨董品, antique) : ①원래는 르네상스 이후에 고대그리스·로마예술을 지칭하는 의미로 사용하였음. ②오랜 시간의 흐름에 따라 특별한 예술적 가치를 지닌 예술품. ③오늘날에는 적어도 100년 이상의 모든 물건(예술품)을 말함.

골드미러(gold mirror) : 가시광선만을 반사시키고, 적외선을 투과시키는 것.

골드 사이즈(gold size) : ⇨골드 사이즈 바니시(=).

골드 사이즈 바니시(gold size vanish) : ①초벌칠에 쓰는 바니시의 일종. ②코펄 바니시(copal vanish)의 단유성(短油性)으로 건조가 빠르고 도막이 굳어서 연마성이 좋음. ③주로 코펄 바니시의 초벌용으로 사용.

골든(golden) : 황금(黃金)의 비율(1 : 1.618).

골든 라인(golden line) : ①사람이 서서 보기 쉽고, 만져보기 쉬운 세로방향의 특정 위치. ②골든 스페이스(≒).

골든 루핑(golden roofing) : 경량방수성이 좋은 지붕재료.

골든 스페이스(golden space) : ①유효 진열(有效陳列) 높이 내에서 고객의 시선이 가장 편하게 머물고, 상품을 꺼낼 수 있는 편안한 850~1,250㎜ 높이. ②골든 라인(≒).

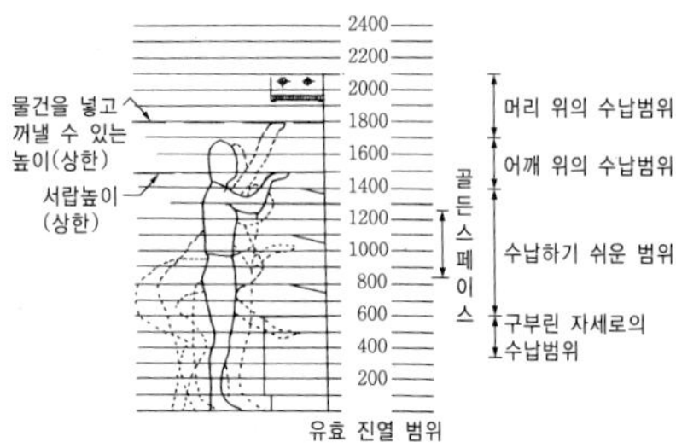

골든 스페이스

골든 오크가구(−家具, golden oak furniture) : ①미국에서 19세기 초기에 유행했던 가구. ②무겁고 투박하며, 크고 둥근 페데스탈 테이블(pedestal table)이 대표적임.

골든 프린팅 보드(golden printing board) : 표면에 무늬지를 합성수지로 침투·접착하여 만든 화장판.

골린스멜빈워드파트너십(Gollins, Melvin, Ward, Partnership) : 1947년 F. 골린스와 J. 멜빈·E. F. 워드에 의해 창설된 그룹 사무소로서 처음부터 제2차 대전 후 주택 재개발 사업에 적극 참여하였고, 커다란 규모의 매스(mass)를 다루는 능력과 세심한 연구작업을 토대로 한 실험적인 자세는 높이 평가되고 있음. 다수의 사무소 건물과 국립 건강서비스센터 및 대학교·학교 등 광범위한 활동을 했음. 런던의 그들 사무소(1957)는 커튼 월 유리 파사드가 사용된 선구자적인 작품. 저서로는 『골린스·멜빈·워드 파트너십의 건축(런던, 1974)』 등이 있음.

골매기 : ①도리에 서까래가 간격을 두고 배설될 때 서까래 사이에 생기는 간격을 막는 일. 또는 막는 중깃과 흙. ②골막이·매기·막이(=).

골밀이 : ①살대의 전면을 골밀이 대패로 골이 지게 다듬질한 것. ②골밀이 문살을 밀 때 쓰는 대패. ③문살의 등을 강제적으로 밀어서 파는 문살. ⇨쇠목.

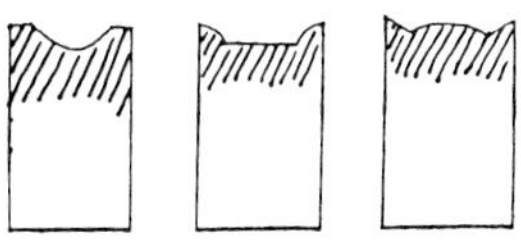

골밀이

골재(骨材, aggregate) : ①콘크리트에 쓰는 모래·자갈 등. ②모르타르 또는 콘크리트를 만들기 위하여 시멘트와 물로 일체화된 불화성(不和性)의 입상(粒狀)인 재료로, 일반적으로 모래와 자갈을 말함. ③종류는 ㉠크기에 따라 ⓐ잔골재 : 10㎜체를 전부 통과하고 5㎜체(No 4체)를 거의 다 통과하며, No 200체에 거의 다 남는 골재 또는 5㎜체를 다 통과하고 No 200체에 다 남는 골재. 건축공사 시방서에서는 체규격 5㎜체에서 중량비로 35% 이상 통과하는 골재를 잔골재(fine aggregate)라고 함. ⓑ굵은골재 : 5㎜체에 거의 다 남는 골재 또는 5㎜체로 쳐서 남는 골재. 건축공사시방서에서는 체규격 5㎜체에서 중량비로 85% 이상 남는 콘크리트용 골재를 굵은골재(coarse aggregate)라고 함. ㉡형성 원인에 의한 분류, ⓐ천연골재 : 암석에서 생긴 골재를 말하며, 주로 하천·바다·산에서 생산됨. 강모래·강자갈·바다모래·바다자갈·산모래·산자갈 등이 있음. 특히 바닷모래·바다자갈은 염분이 있어 철근콘크리트에 사용할 때에는 민물로 잘 씻어 염분이 0.1% 이하가 되도록 하며, 잘고 굵은 것을 섞어서 사용. ⓑ인공골재 : 암석을 부수어 만든 모래나 자갈 또는 광재(slag)를 부수어 만든 광재자갈이 있으며, 소성품으로는 팽창 점토·펄라이트 등이 있음. ㉢비중에 의한 분류 : ⓐ보통골재 : 전건비중이 2.5~2.7 정도인 골재(보통 강모래·강자갈·깬자갈 등). ⓑ경량골재 : 전건비중이 2.0 이하인 골재(경석·인조 경량 골재 등). ⓒ중량골재 : 전건비중이 2.8 이상인 골재를(철광석 등에서 얻은 골재 등). ㉣용도에 의한 분류 : ⓐ모르타르용 골재. ⓑ경량콘크리트용 골재. ⓒ무근콘크리트용 골재 ⓓ철근콘크리트용 골재 등.

골재분리(骨材分離, aggregate separation) : 비벼낸 콘크리트의 과도한 수평이동 또는 자유낙하·타설 후 과도한 진동에 의해 굳지 않은 콘크리트에서 모르타르와 물이 분리되는 현상.

골재율(骨材率, percent of total aggregate by weight) : 잔골재량과 골재전량과의 중량비의 백분율.

골재의 겉보기비중 : ⇨겉보기비중(=).

골재의 균일분포(骨材-均一分布, uniform grading of aggregate) : 골재입자의 입도분포가 잔 것부터 굵은 것까지 다양하고 일정하게 분포되는 것.

골재의 비중 : ①실제의 비중이 아니라 내부의 미세한 금과 표면이 가늘게 패인 것을 포함한 상태의 비중. ②골재의 함수상태에 의해 비중의 값이 바뀜. ③보통골재는 비중 2.50~2.65, 경량골재는 2.0 이하, 중량

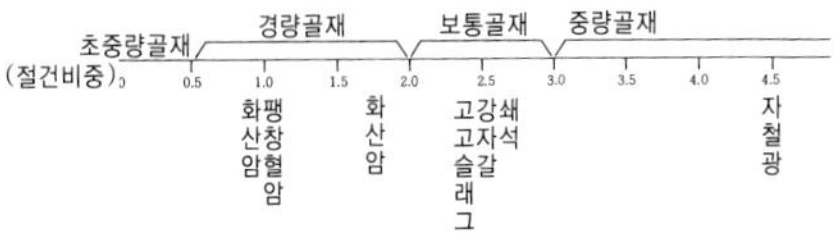

비중에 따른 골재의 분류

골재는 3.0 이상으로 분류함. ④진비중·겉보기비중(=).

골재의 성질(骨材-性質) : ①개개의 골재 성질이 아니라 크고 작은 입자로 구성된 전체로서의 성질. ②콘크리트용 골재의 요구사항은 ㉠콘크리트 강도를 확보하는 강성(세기)을 지닐 것. ㉡콘크리트 무게를 만족시키는 비중일 것. ㉢기상조건과 사용 여건에 대해 내구성이 있을 것. ㉣유동성이 좋고 밀실한 콘크리트를 만들 수 있는 입형과 입도일 것. ㉤콘크리트의 성질에 나쁜 영향을 끼치는 유해물질을 포함하고 있지 않을 것. ㉥내화성이 있을 것.

골재의 입도(骨材-粒度, grade of aggregate, grades aggregate) : ①크고 작은 골재가 혼합되어 있는 정도. ②골재는 크기에 따라 일정한 등급으로 분류하는 입도분포도를 가짐. ③골재의 입도분포도는 최소량의 시멘트페이스트로 골재 입자의 주위 공극을 채울 수 있어야 함.

골재의 입도분포(骨材-粒度分布, particle-size distribution of aggregate) : 입상물질의 입도범위는 특정한 체의 구멍보다 작은 구멍을 통과한 입자의 중량 백분율로 표시하거나 특정체의 구멍 범위 사이를 통과한 입자의 중량을 나타냄.

골재의 조립률(骨材-粗粒率) : 80m·40m·19m·10m·№4·№8·№16·№30·№50·№100체 등 10개를 별도로 사용하여 체가름시험을 하였을 때 각 체에 남는 양의 전시료(全試料)에 대한 중량 백분율의 합계를 100으로 나눈 값.

골재의 진비중(骨材-眞比重) : ⇨진비중(=).

골재의 표면수(骨材-表面水, surface water of aggregate) : 내부에 물이 차 있는, 즉 포수(飽水)상태의 골재 입자 표면에 묻어 있는 수분.

골재의 표면수량(骨材-表面水量) : ⇨골재의 표면수(=).

골재의 표준입도(骨材-標準粒度, standard grain size) : 콘크리트용 골재로 적합한 골재의 입도.

골재의 함수량(骨材-含水量, water content of aggregate) : ①골재의 표면 및 내부에 있는 물의 전 중량. ②골재가 절대건조상태에서 표면건조포화상태가 될 때까지 흡수하는 수량을 흡수량(water absorption)이라 하고, 보통 24시간 침수에 의해서 절대건조상태에 대한 골재중량의 백분율(o/wt)로 나타냄. ③건조골재가 물에 접하면 흡수현상이 처음에는 급히, 나중에는 완만하게 진행됨. 인공경량골재에서 완전한 내부 포화상태에 이르기까지는 장시간이 걸림.

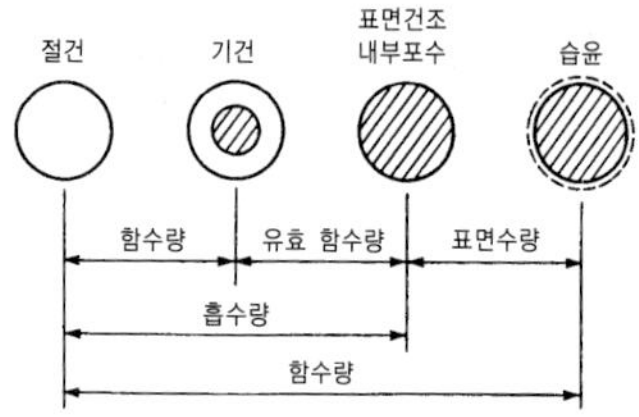

골재의 함수상태

골재의 함수율(骨材-含水率) : ⇨골재의 함수량(=).

골재의 흡수량(骨材-吸水量, amount of water absorption of aggregate) : 절건상태(絶乾狀態)의 골재를 침수한 때에 골재 내부에 흡수한 물의 양. 즉 표면은 건조하고 내부는 포수(飽水)상태의 골재 속에 함유된 물의 양을 말함.

골조(骨造, frame, frame work, skeleton, rahmen[독]) : ①가늘고 긴 선재(線材)를 결합하여 만든 구조요소. 주로 구조역학상 하중을 지지하고 외력에 저항할 목적으로 사용됨. 특히 부재와 부재의 접합점이 모두 활절(滑節 ; 회전이 자유)인 경우를 트러스(truss)라고 하고, 강절(剛節)인 경우를 라멘(rahmen)이라고 함. ②뼈대·구체(=).

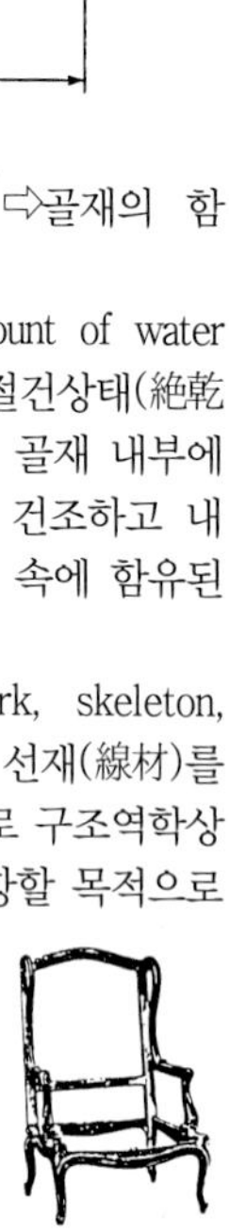
골조

골조구조(骨造構造, skeleton construction, framed structure) : 기둥이나 보의 프레임워크(framework)를 활용하여 건물

의 하중을 기초로 보내는 구조체계. ⇨강구조.

골조도(骨組圖, frame plan) : 기호(記號)와 제도선(製圖線) 작업체계를 사용하면서 건물의 각층이나 지붕의 구조적 골조의 패턴(pattern)·요소(element)와 연결부를 나타내는 평면.

골채 : 먹으로 그린 가장자리를 살리고 색칠을 하는 것.

골추녀 : ⇨곡춘설·회첨추녀(=).

골판 : 서까래 사이에 대는 골개판의 준말.

골판문(骨板門) : ①널찍한 문살에 얇은 판자를 유리처럼 끼운 문. ②문울거미를 짠 후 그 사이에 청판(廳板)을 끼운 문. ③장방형으로 짠 문을 문울거미에 비교적 얇은 널판들을 가로로 댄 여러 개의 띳장에 끼워서 만든 문. ④주로 비바람을 막기 위하여 단독으로 대청의 측면과 후면(북향 쪽)의 창호에 쓰이고, 각 방의 덧문(덧창호)이나 고방문(庫房門)으로도 사용됨. ⑤연경당에서는 샛문으로 골판문을 사용함.

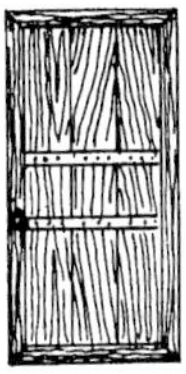
골판문

골판유리(-板琉璃) : 유리의 한쪽 면에 골 무늬를 넣은 판유리.

골풀좌판(-坐板, rush seat, rush seating) : ①습지에서 자생하는 골풀줄기로 제작한 의자나 스툴(stool)의 좌판. ②고대에는 주로 바구니 제작으로, 중세에는 가구 제작으로 사용되었음. ③18~19세기에는 유럽과 미국에서 널리 유행.

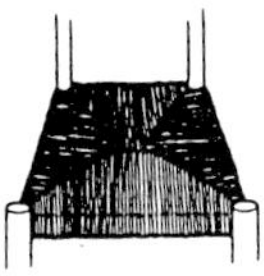
골풀좌판

골프텔(golftel) : ①골프장 주변에 골프장 이용객을 위하여 콘도미니엄 형태로 건설되는 주거용 호텔. ②최근에는 단독주택형인 테라스하우스와 전원주택 2, 3채가 붙어 있는 타운하우스로 건설되고 있으며 각종 고급 자재들을 사용해 특급호텔 분위기를 연출함. ③골프하우스(≒).

골프 하우스(golf house) : 야산에 세워지는 골프장 이용객을 위한 숙소.

골함석(-函錫, corrugated sheet iron) : 아연도금한 골철판.

곬 : 한쪽으로 트인 길.

곰보판(-板, checkered plate) : 무늬 돋은 철판.

곰솔(黑松, Japanese black pine, Pinus thunbergii Parl.) : ⇨흑송(=).

곰팡이방지도료(-防止塗料, fungus resisting paint) : 나프텐산(酸) 또는 올레인산의 구리·아연·수은 등의 금속비누를 첨가하고 보일유·바니시·래커를 전색제(展色劑)로 한 곰팡이 발생 방지작용을 하는 도료.

곱물매 : ①수평길이 1자에 대하여 수직높이 1자로 잡은 물매. ②45° 경사.

곱새 : ①초가의 용마루를 덮은 것. ②초가지붕의 용마름에 엮어 덮는 것. ③용마름(=).

곱슬무늬목(-木, curl veneer) : ⇨크라치무늬목(=).

곱팽이 : ①단청에서 고사리처럼 나선형으로 감겨든 형태로 된 무늬. ②보통 녹색이나 하엽으로 도색하지만 주홍·양청 등으로 도채할 때도 있음. ③나선무늬(=).

곱팽이

곱향나무(Juniperus communis var. nipponica [학] : ①측백나무과의 상록 활엽 교목. 우리나라(함경북도 백두산)·일본 사할린섬·중국 북동부·시베리아·유럽·북아메리카 등지의 한대에 분포. 높은 산의 바위틈에서 자람. 높이 약 8m 정도임. ②목재를 향으로 써왔기 때문에 향나무라고 함. 심산지역, 특히 울릉도에 많이 자랐으나 대부분 없어지고 관상용으로 흔히 심음. ③용도는 주로 연필재·조각재·가구재·장식재 등에 사용함.

곳간(-間) : ⇨곡간(=).

곳집 : ①재물이나 화물을 넣어두는 집. ②사·창고·창름·상엿집(=).

공간[1] : ⇨지레·지레장(=).

공간[2](空間, space) : ①건축적 개념으로 ㉠한정된 공간. ㉡물체와 물체 사이에 다른 것으로 채워지지 않은 빈 곳. ㉢물체와 물체 사이에 거리를 측정하는 수단. ㉣인간의 활동공간. ㉤바닥·벽·천장으로 구성된 3차원의 입체. ㉥비물체(非物體). ㉦대상물이 존재하고 사건들이 일어나며 위치와 방향성을 지닌 3차원 영역. ㉧'Solid'와 대별되는 개념으로서 건축공간을 'Void'라고 함(S. E. Rasmussen). ㉨라움(Raum). ②공간의 개념은 실용적 공간(實用的 空間, pragmatic space), 지각적 공간(知覺的 空間, perceptual space), 실존적 공간(實存的 空間, existential space), 인식적 공간(認識的 空間, cognitive space), 추상적 공간(抽象的 空間, abstract space)으로 구분. ③모든 방향으로 확장한 연속적인 거리의 펼쳐짐에 의해 구성되는 디자인 요소. ④형태의 주위나 그 사이에 있는 빈 부분. 형태는 미점유이나 공간으로서의 빈 곳을 갖는 점유된 공간. ⑤공간은 물리적(物理的)으로는 '속이 텅 빈' 것을 총칭하는 것으로, 존재하는 모든 재료의 물체와 일어나는 모든 사물이나 사건 속에 제한이 없이 끊임없는 3차원적인 장으로서의 넓은 공간개념. 특히 특별한 목적을 위해 주어진 상황에서 떨어져 나온 영역을 말함. 환경적·의장적으로는 바닥·벽·지붕이나 천장 등의 구조물에 의해 둘러싸인 내부공간과 그 주변 또는 뚜렷한 경계선 사이의 부피, 그리고 두 점이나 물건 사이의 간격 또는 선의 거리 및 외부공간을 말함. 공간의 디자인과 조정은 건축물의 매스(mass)에 대한 외부와 내부 모두 개방된 공간들 사이의 관계를 나타냄. 우리는 그것이 형태와 모양에 의해 구별되기까지는 공간에 대해 인식할 수가 없음.

공간거리(空間距離, space distance) : 지역간의 연결을 나타내는 척도로 직선거리와 실거리(이동거리)가 있음. 이동거리는 직선거리의 2% 혹은 3% 정도 증가.

공간계획(空間計劃, space planning) : ①실내공간을 사용목적에 알맞게 조직화하고 구성하는 계획안이나 기존 건물 안에 공간들을 계획·배치·설계하는 것. ②계획안이나 기존 건물 내부의 공간들을 계획·배치·설계하고 가구·장치 등을 다루는 건축과 실내 설계의 중간 영역. ③평면도상에서 방(房)이나 기타 다른 공간의 배치와 관련되는 실내디자인의 전문적인 표현. ④협의(狹義)로는 고객의 필요한 사항을 편성하고 이용자의 활동을 연구하며, 공간에 필요한 상황을 분석. 그 결과를 신설시의 건축적인 디자인으로서 또는 기존의 상업공간의 임대 협정시에 사용. ⑤생활패턴을 공간의 건축적인 패턴에 맞추고 공간의 효율적이고 생산적인 이용을 포함하는 것임. 주로 상업 또는 소매 비즈니스(business)를 위한 대규모 공간계획이나 디자인을 가리키는데 사용.

공간곡선(空間曲線, skew lines) : 공간 중의 평행하거나 교차하지도 않는 선.

공간구성(空間構成, space composition) : ①점(點)·선(線)·면(面) 등의 조형적 요소를 이용하여 공간적인 조형을 이룩하는 것. 공간구성의 조형적 접근을 시도한 대표적인 예는 구성주의 작가로서 미스 반 데어 로에의 작품이 대표적인 그 예임. ②건축의 공간구성은 열려진 공간과 닫힌 공간으로 구분.

공간구획(空間區劃, zoning) : ⇨조닝(=).

공간 내의 공간(空間內-空間) : 두 공간 중 크기가 큰 공간이 작은 공간을 포함시켜 공간 속의 공간을 만들어 연결시킬 수 있음. 즉 큰 공간은 자체 볼륨 속에 작은 공간을 에워쌈. 에워싸인 공간과 에워싼 공간을 같은 형태로 하면 시각적·공간적 연결이 용이함. 그 반면 형태가 다르면 그 이미지가 강하게 부각되어 상징적 성격을 갖게 됨.

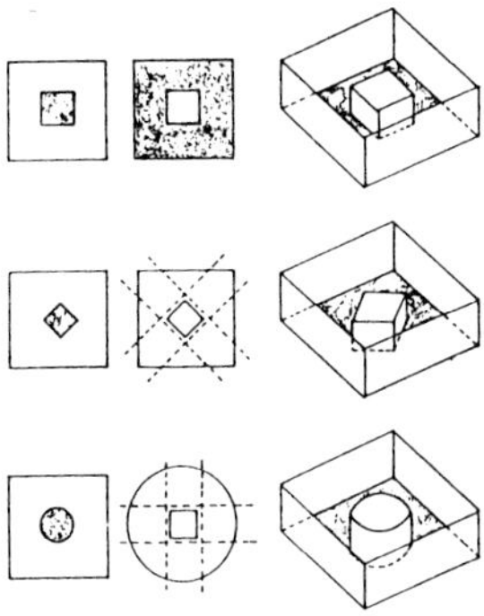

공간 내의 공간

공간대비(空間對比, space contrast) : 하나의 시야(視野) 속에 성질이 다른 것을 함께 놓은(併置) 경우의 공간적인 대비를 건축·공예·회화 등의 조형예술에서 볼 수 있음.

공간론(空間論, theory of built space) : 인간의 공간의식을 통해 실내공간에 대한 지각에 관한 법칙성이나 공간의식의 구조, 그리고 공간을 만드는 방법이나 설계 방법을 연구하고 토론하는 것.

공간미(空間美, beauty of space) : 건축이나 실내건축 및 기타 예술작품에서 느끼는 공간적 표현미.

공간색(空間色, bulky color, volume color) : ①유리컵·유리병·아크릴 액자 등을 통해서 볼 수 있듯이 그 투명체 속의 일정한 공간에 3차원적인 덩어리가 꽉 차있는 듯한 부피감을 느끼게 해주는 색. ②색유리의 투과색이 유리그릇 내의 착색 액체처럼 보이는 경우.

공간시각(空間視覺, visuospatial) : 시지각(視知覺, visual perception) 분야에 있어서 물건들 사이의 공간적 관계의 지각을 계속하는 일.

공간쌓기(空間–, cavity wall) : ①방습(防濕)·방음(防音)·방한(防寒)·방서(防暑)의 목적으로 벽돌조 건물 바깥벽의 바깥쪽이 빗물에 젖으면 안쪽에 습기가 차기 쉬우므로 이것을 방지하기 위하여 벽돌벽을 이중으로 떼어 쌓는 것. ②공간은 50~120㎜ 너비로 하고 바깥벽은 0.5B 두께로 쌓으며 안벽과 바깥벽은 벽돌 또는 방청된 연결 철물(Z형·4각형)을 500~700㎜ 거리 간격으로 배치.

공간안전지수(空間安全指數) : ⇨공간위험지수(⇔).

공간연결(空間連結, space connection) : 목적이나 영역이 서로 다른 분할된 단일공간을 접촉시키거나 맞물려 공유된 단일공간으로 만들거나 공간 속에 별도의 공간을 두어 전체적으로는 공유된 단일공간이 되도록 하여 연결하는 것. '공간의 확대'라고도 함. ①인접된 공간 : 인접된 공간이란 두 개의 인접된 공간간의 공간적·시각적 연속감으로 두 공간을 명확하게 한정하고 각 공간의 기능적·상징적 요구를 충족시키는 가장 일반적인 공간 확대의 방법. 두 개의 인접된 공간 사이에서 일어나는 공간적·시각적 연속의 정도는 두 공간을 상호 분리시키고 결합시키는 평면의 종류에 따라 결정됨. ㉠두 개의 공간을 인접시켜 시각적·물리적으로 공간의 제한과 각 공간의 개별성 강화가 가능하며, 두 개의 서로 다른 면을 동시에 수용 가능함. ㉡한 개의 단일공간 내에 시각적·공간적으로 연속성이 유지되도록 평면을 수직으로 처리함. ㉢한 개의 단일공간 내에 시각적·공간적으로 연속성이 유지되도록 열주를 세워 한정된 공간을 분할·연결함. ㉣두 공간 사이의 바닥 레벨차나 천장의 높이 변화 또는 표면분절로서 단지 암시만을 줌. 단일공간이 상호 연관된 두 개의 공간으로 분할되는 경우. ②맞물린 공간 : 상호 맞물린 공간 관계는 좁은 공간에 적합한 공간확대 방법으로서 부분적인 공유공간이 형성되도록 처리하여 각 공간이 상호 연결성을 갖도록 매개 역할을 하게 됨. ㉠두 공간의 공유공간으로 말미암아 상호 연속성을 갖는 형태공간이 됨. ㉡맞물린 공유공간은 두 공간 중 어느 한 공간으로 속하게 되며, 전체적으로 일체화된 공간의 일부가 됨. ⓒ맞물린 공유공간은 독립된 고유공간으로 본래의 두 공간을 연결하는 연결공간의 기능을 함. ③두 공간을 연결하는 공동공간 : 일정한 거리를 두고 분리되어 있는 두 공간을 제3의 매개공간으로서 상호 연결되게 하거나 연관성을 가짐. 두 공간의 관계는 매개공간의 본질에 따라서 성격이 결정됨. ㉠두 상호 공간의 기능적 연결을 도모하기 위하여 매개공간은 두 공간과는 서로 다른 형태와 방향을 가질 수 있음. ㉡매개공간뿐만 아니라 두 공간도 모양·크기·형태에 있어서 선형(線形)으로 연속된 다른 공간에 연결됨. ㉢매개공간이 두 공간보다 크기가 크면 매개공간은 핵심적인 공간이 되며, 자체의 공간구성이나 분할이 가능함. ㉣매개공간의 형태는 상호 연결되고 관련되는 두 공간의 형태와 방향만으로도 결정됨.

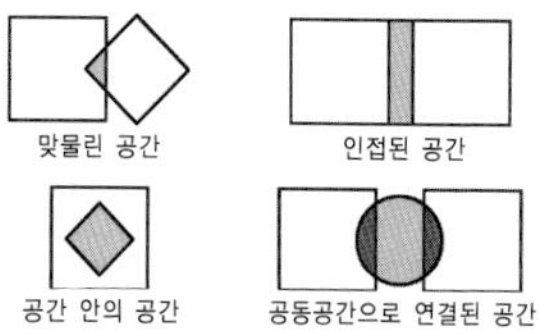

공간연결

공간예술(空間藝術, art of space, Raumkunst [독]) : ⇨조형예술(=).

공간위험지수(空間危險指數, space danger index) : 공간의 위험도를 지수로 나타낸 것. 재해요인이 전혀 없는 절대안전공간의 위험도를 0으로 하고, 그 공간에 영향을 주는 권역(圈域) 안의 위험을 가져오는 시설이나 또는 물체가 들어오는 경우 그 위험도에 따라 공간의 위험성을 지수로 나타냄. 상대적인 비교치수이나 각종 재해에 대한 공간의 내(耐)재해성능을 파악할 수 있음.

공간의 가변성(空間-可變性) : ⇨가변성.

공간의 감각(空間-感覺, sensation of space) : 한정된 공간의 내부에 있는 사람이 받는 심리적인 영향. 공간의 감각은 잠재적 의식이며, 폐쇄의 정도·공간의 넓이·공간의 모양에 따라 결정.

공간의 동선(空間-動線) : ⇨동선.

공간의 레이아웃(空間-, spatial layout) : ①공간배분계획에 따른 배치. 즉 실내디자인의 기본요소인 바닥, 벽, 천장과 가구, 집기들의 위치를 결정하는 것. ②생활공간을 분석해서 분류하는 작업, 즉 구역(zone)을 구분하는 작업. 예컨대 주거공간인 경우 사적 공간, 공적 공간, 작업공간 등으로 구분. ③공간의 기능적 배치작업이며, 마스터 플래닝과 같은 것으로 전체적인 공간분할을 의미함. ④평면상의 공간배분에 따른 자리매김(배치)으로 동선계획과 밀접한 관계를 가짐.

공간의 분할(空間-分割, space division) : 벽체(wall)나 칸막이(partition)·가구·조명·식물 등 실내를 구성하는 여러 요소들과 바닥이나 천장면의 높이차 등으로 공간의 영역을 차단적·심리적·지각적으로 분할하는 일체의 구획을 말함. ①차단적 분할 : 칸막이 등을 사용하여 실내의 단일 공간을 수평·수직방향으로 구획해서 몇 개의 공간으로 만들어 물리적·시각적으로 공간의 폐쇄성을 갖는 것으로, 차단막을 구성하는 재료와 형태 및 높이에 따라 커다란 영향을 받음. 특히 차단막의 높이가 눈높이인 1,500㎜ 이상이면 바닥면의 연속성이 단절되어 동선이나 시선의 흐름이 차단됨. 차단막에는 고정벽·이동벽·커튼·블라인드·유리창·기둥열·수납장·책장 등이 주로 사용되며, 유리창은 물리적으로는 차단되나 시각적인 개방감과 조절이 가능함. '물리적 분할'이라고도 함. ②상징적 분할 : 공간을 완전히 차단하지 않고 가구·가(假)기둥·벽난로·화분·조각·수족관·실내연못 등과 같은 실내구성요소나 바닥면의 레벨차·천장면의 고저차·보 등을 사용하여 암시적으로 느끼는 공간의 분할을 의미. '암시적 분할'이라고도 함. ③지각적 분할 : 느낌에 의한 지각적인 분할방법으로 조명·색채·패턴·마감재의 변화·통로·복도·개구부·동선 또는 공간적·

평면적 형태의 변화와 알코브(alcove) 공간 등을 이용하여 분할의 이미지가 생겼다는 메시지(message)가 자연스럽게 지각되는 공간분할. '심리적 분할'이라고도 함.

공간의 이미지(空間-, spatial image) : 공간에서 표현되는 느낌이나 분위기.

공간의 이방성(空間-異邦性, anisotropy) : ①원래 지각심리의 용어로서 조형성의 인식에도 사용되는 개념. 본래 물리적 공간(物理的空間)은 등질(等質)로 인식되나 심리적 공간(心理的空間)은 비등질적인 공간으로 인식. 즉 같은 길이의 직선을 수평으로 놓을 때와 수직으로 놓았을 때는 수직쪽이 더 길게 느껴지는 것은 공간의 인식이 이방성(異邦性)을 갖기 때문임. ②길이의 착시(=).

공간의 정위(空間-正位, spatial orientation) : 공간 가운데에서 개체가 자기의 위치를 정하는 것.

공간의 표상성(空間-表象性) : ⇨공간의 이미지(=).

공간의 확대(空間-擴大) : ①주어진 단일공간을 물리적·시각적으로 넓게 하는 일체를 말함. 시각적으로는 보통 색채나 조명을 이용하여 좁은 실내공간에 확대감을 주며, 물리적으로는 공간과 공간을 맞대거나 겹치도록 하며, 공간과 공간 사이에 연결공간을 두어 덧붙인 형태로 확대할 수 있음. 그러나 공간과 공간 사이에는 상호 연관성을 가지고 하나의 큰 단일공간 내에서 조화를 이루어야 함. ②⇨인접된 공간.

공간촉(空間觸) : ⇨촉각.

공간치수계획(空間値數計劃) : ⇨치수계획.

공간포(空間包) : ①기둥과 기둥 사이에 얹힌 공포. ②다포구조에 있어서 기둥과 기둥을 겸하여 쓰이는 기둥. ③다포집에서 기둥과 기둥 사이의 공간에 받친 공포. ④한국의 공포양식에서 다포계에 속하는 한 조립체. ⑤주간포(=).

공간프레임(空間-, space frame) : ①3차원적으로 트러스와 같이 결합시킨 것. ②짧고 가느다란 부재를 단단하게 결합함. ③형태는 삼각형·사면체·육면체·팔면체 등 기하학적임. ④스팬이 길거나 공간이 넓은 경우에 경제적임. ⑤2차원적 트러스보다 재료가 적게 듦. ⑥프레임은 섬세하며 무게가 가벼움. ⑦하중에 대비한 가새(bracing)가 필요함. ⑧접합부는 디자인과 시공에서 세심한 주의를 해야 함. ⑨스페이스 프레임에 대한 연구와 디자인을 처음으로 확립한 사람은 콘라트 박스만(Konrad Wachsmann). ⑩공간을 둘러싸는 서로 연결된 삼각형의 요소들로 만들어진 3차원적 구조의 프레임작업(frame work). 모든 요소들이 단 하나의 평면으로 놓인 프레임에 대하여 반대임.

공간형태(空間形態, space form) : 공간이 갖고 있는 입체적인 다양한 모양.

공간활용(空間活用) : 건축물 내부공간의 가변적 활용과 건축물의 용도변경 후 활용 등.

공감각(共感覺, synesthesia) : ①어떤 소리를 들었을 때 특정한 색채가 마음속에 떠오르듯이, 동시에 일어나는 서로 다른 종류의 감각경험을 말함. ②색청(≒).

공개경쟁 선정(公開競爭選定, open competitive selection) : 정부나 공공 프로젝트 대리인이 입찰공고를 게재하면 그 공고에 기술된 자격을 갖추고 있고, 그 프로젝트에 흥미가 있는 입찰자라면 누구나 입찰에 응할 수 있음.

공고상(公故床) : 머리에 이고 나르는 소반. 앞에는 깊이 판 능형(菱形) 풍혈(風穴)이 있어 바라 볼 수 있고 좌우에는 손잡이 구멍이 있음.

공공미술(公共美術, public art) : 문화의 표현양식의 하나로 극히 제한된 공간에서 일부 사람의 기호나 취향을 충족시키던 미술을 좀더 대중화시킨 미술. 즉 일반대중에게 공개된 장소에 설치·전시되는 작품. 따라서 설치미술이나 퍼포먼스 및 건물 앞의 분수대나 상징탑, 조각품에서부터 가로수나 길거리의 벽화까지 포함되어 일상적인 장소까지 확대.

공공부분(公共部分, public space) : ①건물 내 공동용으로 사용하는 복도·엘리베이터 홀·휴게실 등. ②개인의 소유가 아닌 부분을 총칭하는 용어.

공공시설(公共施設, service) : 수도·가스·전기 등과 같이 일반시민 누구에게나 공통적으로 필요한 시설.

공공시설이용광고물(公共施設利用廣告物) : 공공목적을 위하여 설치하는 공작물 또는 편의시설물에 표시하는 광고물.

공구(工具, tool, tool-making tool) : ①공작(工作)에 사용되는 일체의 도구를 총칭. ②연장을 만드는 데 쓰는 기구. ③연모(=).

공극(空隙, gap) : ①재료의 내부 중 실질부(實質部)가 아닌 빈 부분. ②간극(=).

공극률(空隙率, percentage of voids) : 재료의 단위용적 중 공극의 비율을 백분율로 나타낸 것. 즉

$$공극률(\nu) = \frac{단위\ 용적\ 중량(g)}{비중(\rho)} \times 100\%$$

공기(工期, term of work) : ①착공일로부터 준공일까지의 건축공사 기간으로 프로젝트(project)를 완수하기 위해 필요한 기간. 각 공정을 유기적으로 합성한 것을 일수(日數)로 표시한 것. 공기는 가능한 단축되어야 함. ②공기 결정의 3요소는 제1차적 요소(내부적·기술적), 제2차적 요소(외부적·사회적), 제3차적 요소(발주자 측의 요구·설계의 적부·감리능력 등)가 있음. ③종류는 지정공기(指定工期)와 계산공기(計算工期)로 구분. ⇨공정관리.

공기건조(空氣乾燥, air dried) : 대기 중에 노출시켜 재목(材木)을 건조시킨 것.

공기건조상태(空氣乾燥狀態) : ⇨기건상태(=).

공기건축(空氣建築, pneumatic architecture) : 1967~1993년에 유행한 공기가 주입·조절·팽창되어 부풀리게 할 수 있는 구조물. 일반적으로 구조물들은 만곡(彎曲)된 형태·돔이나 반구형의 형태를 가짐.

공기막구조(空氣幕構造, pneumatic structure) : ①압축공기의 압력에 의해 안정성과 인장력을 갖는 막구조. ②종류는 막의 모양에 따라 막 형식·매트 형식·파이프 형식 등이 있으며, 재질에 따라 천·플라스틱 필름·금속막 등이 있음.

공기방식(空氣方式) : ⇨전덕트방식(=).

공기밸브(空氣-, air valve, purge valve) : ①공기를 빼내는 밸브. ②배관 내의 유체 속에 섞인 공기와 그 밖의 기체가 유체에서 분리되면 배관 도중에 정체하여 유체의 유량을 감소시키는데, 이러한 현상을 제거하기 위한 것.

공기분배장치(空氣分配裝置) : 실내공간의 공기조화를 위해 중앙의 공기조화장치에서 잘 조절된 공기를 실내로 보내기 위한 제반 장치. 송풍기·덕트·외기 취입구·취출구·흡입구·풍량 조절댐퍼 등으로 구성.

공기빼기밸브(空氣-) : ⇨에어벤트밸브(=).

공기선도(空氣線圖) : ⇨습한 공기선도(=).

공기세정기(空氣洗淨器, air washer) : ⇨에어와셔(=).

공기스위치(空氣-, air switch) : 공기 중에서 점멸동작을 하는 스위치.

공기여과기(空氣濾過器) : ⇨에어필터(=).

공기연행제(空氣連行濟, air entraining agent) : ①모르타르나 콘크리트의 연행공기(entrained air)를 분산시키는 혼화제. 시공연도를 향상시키고 동결융해에 의한 균열 또는 결빙방지제에 의한 비늘처럼 벗겨짐에 대한 저항성을 개선시키지만 양이 많을 때에는 강도가 저하됨. ②주로 경량 단열 콘크리트를 만드는데 쓰이는 혼화제. ③에이제(=).

공기연행제 포틀랜드시멘트(空氣連行劑-, air entraining portland cement) : 포틀랜드시멘트의 제조시에 소량의 AE제를 내부에 함입(陷入)시킨 것으로서 끝에 A를 붙여서 표시.

공기오염물(空氣汚染物) : 일반적으로 실내에는 주로 일산화탄소, 세균 등이 존재하지만 대기 중에는 배진·분진·유황산화물·일

산화탄소·질소산화물·탄화수소·유해물질·악취물질·광화학옥시던트 등이 있고, 각각의 종류는 매우 많음.

공기이온(空氣-air ions) : ①공기 중에 포함되어 대전(帶電)된 미립자. ②작게는 분자에서 먼지까지 크기나 형태는 여러 가지임. 대전의 원인에는 자외선·우주선·전리 방사선의 작용, 바람에 의한 이동·가열 등이 있음. 특히 크기가 다른 이온 중에서 생체에 영향을 미치는 이온을 소이온이라고 함.

공기전달음(空氣傳達音, air borne sound) : ⇨공기전파음(=).

공기전송음(空氣電送音, air borne sound) : ⇨공기전파음(=).

공기전파음(空氣傳波音, air borne sound) : ①음의 매체가 공기와 같은 기체인 경우 음원에서의 진동이 압축과 팽창을 교대로 하면서 방사상(放射上)의 방향으로 전달되어 공기 속을 전파(傳播)하는 음. 즉 우리가 듣는 일상적인 소리를 말함. ②공기전송음·공기음(=).

공기조절기(空氣調節器, air conditioner) : 냉난방·공기정화·공기순환 등 공기를 조절할 수 있도록 만든 설비 기기.

공기조절판(空氣調節板, damper) : 냉난방시설·난로·벽난로 등에 있어서 공기를 조절하기 위해 고안된 개폐식 판.

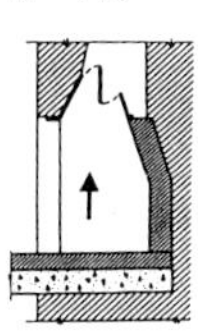
공기조절판

공기조화(空氣調和, air condition ; AC) : ①외기상태와는 관계없이 사계절을 통해 인공적으로 실내공기를 그 실의 사용목적에 적합한 온도와 습도를 유지하면서 언제나 깨끗하고 상쾌한 기류를 보존하는 것. ②실내 또는 특정장소에 있어서 공기의 온도·습도·기류 및 세균·먼지·냄새·유독가스 등의 청정도 등 실내환경 조건을 그 사용목적에 따라서 실내 요구도에 가장 알맞은 상태(온도 20~27℃, 습도 50% 전후)로 조정하여 계속적으로 유지하는 것. ③공기조정·공기조절·에어컨·에어컨디셔닝(=).

공기조화계획(空氣調和計劃, air conditioning plan) : 대상이 되는 건물에 대해 그 건물의 특성·입지조건·경제사정·에너지 사정·기타 주변사정 등을 고려하여 가장 알맞은 공조시스템을 결정하여 건물의 기능적 성능을 충분히 발휘할 수 있도록 하는 것. 공조계획은 건축계획의 초기단계에서부터 건축의장·구조 및 건축설비 등도 계획에 포함시켜 균형잡힌 건축물이 될 수 있도록 계획되어야 함. 설계는 기획·기본계획·기본설계·실시설계의 순으로 행하는 것이 보통임. 기획에서는 전체적 계획의 윤곽을 결정함. 기본계획 및 기본설계에서는 새로운 방식의 검토와 자료수집을 통하여 실시설계에 필요한 기초를 다지며 최종적으로 실시설계함.

공기조화기(空氣調和器) : ⇨공기조화설비(=).

공기조화설비(空氣調和設備) : ①공기조화를 위해 설치한 장치와 기기. ②공조시스템의 기본구성 요소의 하나로 공기를 여과·가열·냉각·감습·가습 등 정화처리하여 공조공간으로 보내기 위한 장치. 구성은 공기여과기(air filter)·공기가열기(air heater)·공기 냉각기(air cooler)·공기 가습기(air humidifier)·공기 감습기(air dehumidifier)·송풍기(blower) 등으로 구성.

공기중건조상태(空氣中乾燥狀態, room dry condition) : ①실내에 방치한 경우 골재입자의 표면과 내부의 일부가 건조된 상태. ②골재를 대기 중에 방치한 경우 입자의 표면과 내부의 일부가 건조된 상태. ③공기 중의 습도와 재료의 습도가 평형이 된 상태. ④함수율 상태가 3~5% 정도인 상태. ⑤세포 사이의 수분(自由遊離水)이 증발·건조되어 공기습도와 거의 같은 상태(평균 15%). ⑥세포막 내부가 완전히 수분으로 포화되어 있고 세포내공과 공극 등에는 액체수분이 존재하지 않는 상태. ⑦기건상태·공기건조상태(=).

공기층(空氣層, air space) : 천장·벽·바닥 또는 창(이중창) 등의 밀폐된 공기의 벽. 단

ㄱ

열·차음 등의 효과가 있고 단열을 위해 두께 40~50㎜ 이내라도 충분함. 차음의 경우에는 100㎜ 이상을 필요로 함.

공기커튼(空氣-, air curtain) : ⇨에어도어(=).

공기쿠션(空氣-, air cushion) : 수격(水擊)방지장치의 하나.

공기통 : ⇨덕트[1](=).

공기확산장치(空氣擴散裝置, air diffuser) : ⇨에어디퓨져(=).

공담(空墻) : 집 언저리의 빈 터에 쌓은 담.

공답편수(公沓編修) : 포집을 지을 때에 공포를 짜는 일을 하는 목수의 우두머리.

공동공간(共同空間, combination space) : 일정한 거리를 두고 분리되어 있는 두 공간은 제3의 매개공간으로서 상호 연결되거나 연관성을 가짐. 두 공간의 관계는 매개공간의 본질에 따라서 성격이 결정됨. ①두 상호공간의 기능적 연결을 도모하기 위하여 매개공간은 두 공간과는 서로 다른 형태와 방향을 가질 수 있음. ②매개공간뿐만 아니라 두 공간도 모양·크기·형태에 있어서 선형(線形)으로 연속된 다른 공간에 연결됨. ③매개공간이 두 공간보다 크기가 크면 매개공간은 핵심적인 공간이 되며 자체의 공간구성이나 분할이 가능. ④매개공간의 형태는 상호 연결되고 관련되는 두 공간의 형태와 방향만으로도 결정. ⑤두 공간을 연결하는 공동공간(=).

공동공명기(空洞共鳴器, sound resonator, hemholz resonator) : 음파가 입사될 때 구멍부분의 공기는 입사음과 일체가 되어 앞뒤로 진동하며, 동시에 배후 공기층의 공기가 스프링과 같이 압축과 팽창을 반복. 특히 공명주파수 부근에서는 공기의 진동이 커지고 공기의 마찰점성저항이 생겨 음에너지가 열에너지로 변하는 양이 증가하므로 흡음률이 최대가 됨. 종류는 ①단일공동공명기. ②천공판(穿孔板)공명기. ③슬릿(slit)공명기 등이 있으며, 그 특징은 다음과 같음. ㉠배후 공기층의 두께가 증가하면 최대 흡음률 위치는 저음역으로 이동함. ㉡구멍 뚫린 판의 개구율(開口率, 구멍면적/판의 전면적)이 작을수록 흡음률의 최대값이 뚜렷하게 나타나고, 개구율을 크게 하면 각 주파수의 음을 균일하게 흡수함. ㉢최대 흡음률의 크기를 더욱 증가시키려면 흡음판 밑바탕에 흡음재를 넣어야 하며, 구멍 뚫린 판 바로 뒤에 넣는 것이 효과적임.

공동도급(共同都給, joint venture, J.V.) : ①2개 이상의 도급자가 하나의 공사를 공동으로 공사를 도급하는 방식으로 각 기업체는 상호 대등한 자격이며 자금·자재·기술 기타 시공상 필요한 것은 상호 협정을 기초로 시공하는 방식. ②특징은 손익 부담은 공동계산방식이며 특정공사를 위한 단일목적성이며 공사 준공과 동시에 해산되는 일시성 도급임. ③장점은 자금력의 증대, 위험분산·기술 확충 및 경험증대, 공사의 확실성 등이며, 단점은 사무방식의 불일치에서 오는 혼란, 현장관리의 혼란, 구성원 상호간의 이해 충돌 등이 있음. ④국내 적용시 운영상 구성간 능력차가 있으며 현장관리 복잡성 등의 문제가 있고, 발주상 발주자 및 입찰자가 J.V를 기피하는 경향이 있고 J.V. 대상 및 자격 범위가 불명확하고 도급한도액의 실적 적용문제에 한계가 있음. ⑤운영형태는 공동도급방식(각 구성원의 공동체를 구성하여 자금·인력·기계 등을 제공하여 새로운 조직체를 형성하며 운영하는 형태)과 컨소시엄(consortium)방식(각 구성원이 목적물을 분담하여 공구별이나 전문 공종별로 나누어 시공에 참여하는 방식)이 있음.

공동벽(空洞壁, cavity wall) : ⇨중공벽(=).

공동벽돌(空洞甓乭, cavity brick, hollow brick) : ①속이 비게 만들어 구운 벽돌. ②벽돌에 구멍을 뚫은 벽돌. 구멍수에 따라 1공형·2공형·3공형 벽돌 등으로 분류함. ③속빈벽돌(=).

공동생활공간(共同生活空間) : 가족이 함께 사용하고 이용하는 공간으로 가족단란을 위한 거실·식사실·손님접대를 하는 응접실과 이외에도 부속공간으로 구분할 수 있는 현관·복도·계단 등이 여기에 속함. 이 공간은 개인생활공간에 포함되는 각 실과의 연결이 원활해야 하며, 외부와의 출입이 용이하도록 계획함.

공동주택(共同住宅, flats) : ①대지 및 건물의 벽·복도·계단, 기타 설비 등의 전부 또는 일부를 공동으로 사용하는 각 세대가 하나의 건축물 안에서 각각 독립된 주거생활을 영위할 수 있는 구조로 된 주택. ②일반적인 단위 규모는 1세대당 297㎡ 이하. ③종류는 연립주택·아파트·복합아파트·다세대주택 등이 있음. ④저소득층용의 평범한 집합주택으로서 하나의 집이 한 층에 있는 것을 의미. 미국에서는 아파트먼트(apartment)라고 함.

공동현상(空洞現像, cavitation) : 고속으로 흐르는 물에 노출된 수공구조물(水工構造物)의 표면에 요철(凹凸)이나 굴곡이 있는 경우 물의 흐름이 도약하여 콘크리트 표면에서 이탈하며 내부는 심한 부압(負壓)으로 되어 공동부(空洞部)가 생기게 하는 현상.

공루(空樓) : ①경사가 급한 조건을 이용하여 이층구조로 하여 아래층은 나뭇간 이층에는 주로 다락으로 사용하는 빈 공간. ②남원 몽심재 안채나 박형기가옥, 죽산 박씨종가 등에서 확인됨.

공명(共鳴, resonance) : ①음을 발생하는 하나의 물체로부터 나오는 음에너지를 다른 물체가 흡수하여 같은 소리를 내기 시작하는 현상의 음. ②공진(共振)에 의해 일어나는 음의 증대와 연장. ③실의 공명은 입사음의 진동수가 벽·천장표면 등의 고유진동수와 일치되었을 때 일어나는 현상. 특히 회반죽과 같은 반사면으로 마감된 작은 실내에서는 공명현상으로 음환경의 질이 저하. 균일한 음분포를 얻기 힘들고 큰 소음이 야기되어 명료도(明瞭度)도 떨어지는데, 주로 큰 공간보다 작은 공간에서 자주 문제가 됨. 실내에서 공명에 의한 결점을 보완·해결하는 데는 다음과 같은 사항이 요구됨. ㉠음향학적으로 바람직한 실의 비례를 가질 것. 즉 실의 세변의 비는 1 : 1 : 1 또는 1 : 2 : 4와 같은 간단한 배수비를 피할 것. ㉡실의 표면은 불규칙한 형태로 설계할 것. ㉢표면의 불규칙성(擴散體)을 풍부하게 적용시킬 것. ㉣흡음재를 분산배치할 것 등.

바람직한 실의 비례

종 류	높이	폭	길이
소 형 실	1	1.25	1.6
보 통 실	1	1.5	2.5
약간 낮은 천장높이의 실	1	2.5	3.2
길이가 긴 형의 실	1	1.25	3.2

공명주파수(共鳴周波數, resonance frequency) : 공명현상을 일으키는 주파수.

공명판(共鳴板, sounding board) : 음이 청중 쪽으로 반향(反響)하도록 내레이터(narrator)나 오케스트라(orchester)의 위쪽 및 뒤쪽에 설치한 구조물.

공명현상(共鳴現狀) : ⇨공명.

공명흡음체(共鳴吸音體) : ⇨슬릿공명흡음체(=).

공방(工房, workshop, werkstatt[독], atelier[프]) : 일반적으로 미술·공예의 제작을 위한 장소를 말함. 빈 공방은 근대 디자인 운동의 대표적인 예.

공법(工法, construction method) : 건축물에 대한 건설방법을 총칭하는 용어. 광의(廣義)로는 구법(構法)이 포함. 협의(狹義)로는 시공방법 또는 제작방법 및 조립방법을 의미.

공법시방서(工法示方書) : 설계 의도를 명확히 실현시켜 공사 목적물을 완성시키기 위한 지시로서 결과의 성능을 명시하는 것은 물론이고, 어떠한 방법으로 하면 될 수 있는가의 수단을 제시하여 의도하고 있는 성능이 얻어질 수 있다는 것.

공복(拱腹, spandrel) : ⇨스팬드럴(=).

공북루(拱北樓) : 충청남도 유형문화재 37호, 성문(城門), 충남 공주시 금성동 165 위치. 정면 5칸, 측면 3칸의 홑처마 팔작지붕에 무고주5량가 구조. 이층바닥 하부에

ㄱ

는 멍에창방을 받쳐두고, 이층바닥 주위로는 머름높이 정도의 청판을 끼운 평난간을 돌림. 상층 기둥 상부에서는 기둥 사이를 고정시켜 주는 창방을 생략하고 장여와 굴도리만으로 기둥 사이를 고정. 특히 양측면에는 장여마저 생략하고 기둥을 굴도리에 곧바로 끼운 매우 특이한 구조. 천장은 합각부분에 우물천장, 나머지 부분은 모두 연등천장.

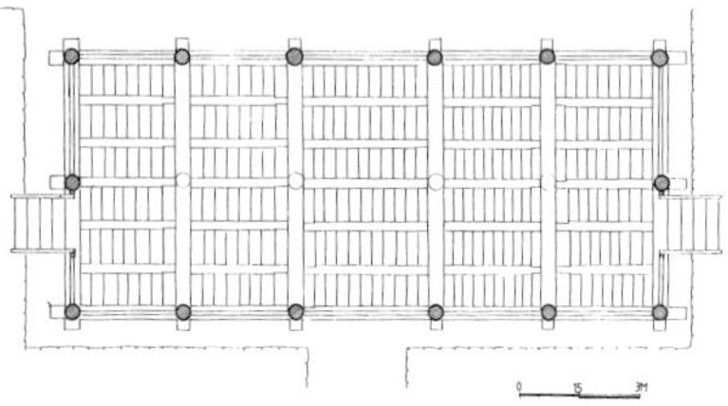

공북루 평면도면

공사감리(工事監理, construction supervision) : ①공사가 도면·시방서·기타 계약내용대로 실시되도록 지도·관리하는 것. ②허가대상건축은 3층 이상 또는 200㎡ 이상.

공사감리자(公私監理者) : 건축법상 용어의 정의는 건축사로서 건축법에 의한 공사감리를 하는 자.

공사관리(工事管理, construction management) : ①공사를 하기 위한 계통적인 수속을 설계하고 이용 가능한 모든 생산수단을 선정하고 이를 활용하여 소기의 목적을 달성하는 것. 즉 공사시행의 계획관리를 총괄하는 것임. ②생산수단(6M) : 재료(Material)·노무(Man)·기계(Machine)·자금(Money)·관리(Management) 또는 시공법(Method)·기억(Memory). ③생산목표(5R) : 적정한 생산물(Right product) ·적정한 품질(right quality)·적정한 수량(Right quantity)·적정한 시기(Right time)·적정한 가격(Right price) 등.

공사관리의 3대목표(工事管理三大目標) : 품질관리·공정관리·원가관리.

공사관리의 4대목표(工事管理-四大目標) : 품질관리·공정관리·원가관리·안전관리.

공사관리자(工事管理者) : 도급(都級)공사에 있어서 시공관계 업무를 담당하는 책임자를 말하며, 도급업자에 속하여 재료·노무동원·공사추진 등의 일체를 행함.

공사별 도급(工事別都給, partial contract) : 각 공사별로 입찰하여 전문업자에게 도급시켜 공사의 규모를 적게 하여 시공을 우량하게 하고자 하는 것. 이는 관청이나 민간·예산 및 설계의 사정에 따라 부분적으로 채용. 우량한 공사를 할 수 있고 소도급업자라도 경쟁입찰에 참가할 수 있으나 시공이 일식도급 및 분할도급에 비해 높게 됨. ⇨분할도급.

공사별 시방서(工事別示方書) : ①도면에 제시된 공사 목적물 각 부위에 관해 그 성능을 지시하거나 또는 그 공법을 지정하는 것. ②현행 건축공사시방서는 대부분이 공사별 시방형태를 취함.

공사비구성(工事費構成) : 공사비의 내용을 말함. 일반적으로 부가이윤+총원가[일반관리비+공사원가{(간접공사비+직접공사비(재료비+노무비+외주비+경비)}]를 말함.

공사시공자(工事施工者) : ①건축법상 용어의 정의는 건축물의 건축·대수선과 건축설비 및 공작물에 관하여 공사를 도급계약에 의하여 행하는 경우에는 그 수급인, 그 밖의 경우에는 스스로 그 공사를 행하는 자. ②건설업법 제2조 제3호의 규정에 의한 건설업자·주택건설촉진법 제6조의 3의 규정에 의한 등록업자 또는 제17호의 규정에 의한 현장관리인으로서 건축물의 건축 등에 관한 공사를 행하는 자를 말함.

공사현장(工事現場, field, building site, job site) : 건조물(建造物)이 건설되는 장소, 즉 공사를 하고 있는 장소.

공시체(公試體, test cylinder) : ①시험을 위한 재료에서 무작위로 채취한 일정한 모양과 치수를 가진 시험용 재료. ②직경 152㎜, 높이 305㎜인 원추형 콘크리트 공시체. 임의의 배치에서 성형하여 실험실 또는 양생조건이 조절되는 현장에서 양생한 것임.

공식(栱式, arcuated arch) : ⇨아큐에이티드 아치(=).

공아(拱牙) : ①공포구성의 한 가지를 지칭하는 '삼국사기'(신라시대)에 기록된 용어. ②화두아(花斗牙)보다 격조가 떨어지는 구성. 구조의 대요는 주삼포형(柱三包形)이라고 하겠으나 그 실제적인 구조형상은 모르고 있음. ③주심포(=).

공안(栱眼) : 첨차의 상부 소로와 소로 사이 윗면을 원형으로 깎아내거나 어깨의 엎면을 조금 파낸 것 또는 그 부분.

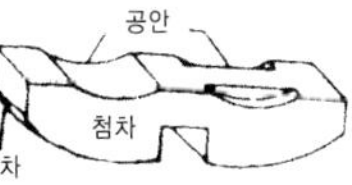

공안

공암(貢岩) : ⇨이판암(=).

공업디자이너(工業-, industrial designer) : 1920년대의 학술적이고 엄격한 비례로 규격화된 디자인 형태에서 벗어나 기계가 가정생활에 급속하게 침투될 즈음에 기계의 이미지를 형태로서, 인간의 능력을 초월한 힘과 속도를 지닌 기계의 이미지를 형태로서 대중들에게 표현하고자 하였고, 또한 석유파동의 영향으로 연비절감을 위한 공기저항이 적은 형태가 요구되었고, 그리하여 배 밑바닥의 윤곽에서 영감을 얻은 디자이너들은 보다 자유스런 유선형의 모티브(motive)를 선택하여 디자인하였음. 1930년대의 미국은 공업디자이너의 제1세대가 등장한 시기로 대표적인 공업디자이너는 Raymond Loewy(1893~1986), Norman Bel Geddes(1893~1958), Walter Dorwin Teague(1883~1960), Henry Dreyfuss(1903~1972) 등.

공업디자인(工業-, industrial design) : ①광의(廣義)로는 근대의 공업생산방식에 의해 만든 디자인을 총칭함. ②협의(狹義)로는 시각전달과 관련된 디자인, 즉 비주얼 디자인(visual design)에 대해, 생활을 위해 사용하는 물품의 생산과 디자인. 가구·가전제품·자동차 등이 포함. ⇨산업디자인(=).

공업표준화(工業標準化, industrial standard) : 광공업품(건축재료 포함)의 종류·형상·치수·품질·성분 등과 이들을 확인하는 시험·분석·검사·측정방법 등을 통일하고 단순화하는 것. 이 공업표준화의 기준이 되는 것이 공업규격이고 우리나라에서는 공업표준화법(1961. 6. 30 공포, 1962. 2. 21 시행, 법률 723호)에 의해 한국공업규격(KS : Korean Industrial Standard)으로 건축재료에 대한 규격을 상세히 규정하고 있음.

공업화건축공법(工業化建築工法) : ①공장에서 생산된 부재를 현장으로 운반하여 현장에서는 단순한 조립공정만으로 구조체를 완성하는 것. ②공정관리에 의하여 제품의 품질이 향상되고 비교적 균질. ③공사의 품질은 주로 부재의 접합부 처리에 의해 좌우됨. ④재래식 철근콘크리트 구조공법보다 노동력이 절약되고 공사기간이 단축됨. ⑤제품을 현장으로 운반하는데 따른 교통 혼잡은 인정되나 현장작업이 간편하므로 현장의 소음·진동 등이 비교적 작음.

공업화건축구조(工業化建築構造) : ⇨공업화건축공법(=).

공연간판(公演看板) : 공연을 알리기 위한 문자·그림 등을 목재·아크릴·금속재 등의 판에 표시하거나 실물의 모형 등을 제작하여 당해 공연 건물의 벽면에 설치하는 광고물.

공예(工藝, arts and crafts, industrial arts) : ①예술적인 조형미를 갖춘 공업 생산품을 만드는 기술 또는 작품. ②인간의 일상생활을 통해 사용되며, 재료·디자인·기교 또는 제작과정과 관련하여 미적 효과를 나타내는 도구로서 보통 단일한 재료에 의한 물품제작을 총칭하는 용어. ③근세 이전에는 손으로 물건을 만드는 작업이나 그 제품을 의미하였으나, 근세 이후에는 공업생산화하지 않는 기능공의 수예의 의미가 강하고, 오늘날에는 공업과 예술을 합한 작업 또는 그 작품을 의미.

공예예술(工業藝術, industrial design) : ①수공예술(手工藝術)과 구별하기 위한 용어. ②근대 이후 기계생산에 의해 만든 공예품·예술품 또는 3차원의 예술 장르(genre[프]). 기능적이고 대량적인 것이 특색임. 이러한 디자인을 공업디자인이라고 함.

공예품(工藝品, industrial arts objects, Kitsch[독]) : ⇨공예(=).

공용도로(共用道路, public way) : 도로·골목길 또는 자유로운 통행과 일반공용의 사용에 영구적으로 충당된 대기에 개방된 대지의 일부분.

공용부분(共用部分, public space, common use space) : 건물 내 공동으로 사용하는 현관·복도·세면장·화장실·계단·엘리베이터·전기실·기계실 등.

공용통기관(共用通氣管) : 두 개의 위생기구가 같은 레벨로 설치되어 있을 때 배수관의 교점(交點)에서 접속되어 수직으로 올려 세운 통기관.

공용환지(公用換地) : ①토지의 이용가치를 전반적으로 증진하기 위해 일정한 지역내의 토지소유권 또는 그 밖의 권리(지상권 임차권 등)를 권리자의 의사와 관계없이 강제적으로 교환·분합(分合)하는 것. '환지 토지정리구획정리'라고도 함. ②물적 공용부담의 일종. ③공용환지는 되도록 권리의 실질에 변경을 주지 않으면서 목적물을 변경해 동일한 가치의 토지와 교환할 뿐인 점에서 권리의 제한 또는 수용(收用)을 목적으로 하는 공용제한 공용수용과 구별됨. ④절차에 관해서는 일반법으로 토지구획정리사업법이 있음.

공이(敲石, pestle) : 곡식 따위를 찧기 위해 돌로 만든 연장으로서 손으로 쥐고 절구나 확에 든 물건을 찧는 도구.

공자집(工字-) : ①평면 형태에 의한 전통민가 유형의 하나. ②평면 형태가 공(工) 자 모양으로 배치된 집. ③풍수지리 양택론에서 공(工)자·시(尸)자 등의 형태를 집 모양으로 하지 않은 것은 나쁜 뜻, 즉 공(工)자는 <부수는 것>을, 시(尸)자는 시신(屍身)을 뜻하기 때문임. ④도산서원(陶山書院)의 농운정사(隴雲精舍)는 공부(工夫)를 상징하여 공자형(工字形) 평면을 이룸. ⑤아산 맹씨행단과 보은 선병국가옥이 그 실례. ⑥충북 보은 선병국가옥(報恩 宣炳國家屋, 중요민속자료 134)은 초기에는 터의 흉함을 제거하고 70~80년 후부터 길하게 된다는 지관의 해석에 따라 안채·사랑채 평면배치는 모두 공자형임.

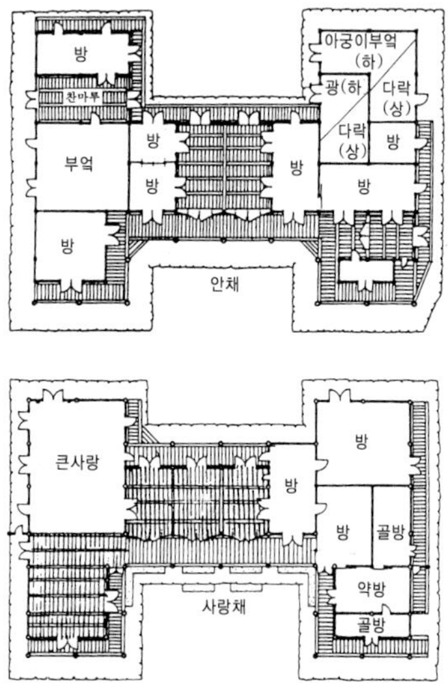

보은 선병국집 工자 평면

공작물(工作物) : ①인공적 작업(人工的作業)으로 지상·지중·해중에 만들어지는 물건·건축물·다리·터널·정원·전신주·우물 등의 모든 축조물. ②특히 국가사회 공동으로 사용되는 공작물을 영조물(營造物)이라고 함.

공작석(孔雀石, malachite) : ①거의 검은 색에 가까운 녹색의 광물질인 구리 탄산염. ②고광택의 박판을 만들어 장식품의 제조에 사용.

공작의자(孔雀椅子, peacock chair) : ①부채꼴 형태의 등받이와 물시계 모양의 통형태로 된 다리가 있는 등나무 의자. ②19세기 중반 영국의 빅토리아 시대에 디자인되었으나 오늘날에도 많이 사용되고 있음.

공장(工匠, artisans) : ①손으로 물품을 만드는 수공업자. ②집짓는 대목장(大木匠)을 비롯하여 창호 짜는 소목장(小木匠), 기와 굽는 번조장(燔造匠), 기와지붕 잇는 개장(蓋匠), 담벼락 치는 이장(泥匠), 도배하는 도배장(塗褙匠), 집 칠하는 가칠장(假漆匠), 단청장(丹靑匠) 등이 종사함. ③장인·장공(=).

공장건축(工場建築) : ①물건의 제조·가공을 위한 시설, 원료·반제품·제품 또는 공장유지에 필요한 물건을 보관하기 위한 시설, 운반을 위한 시설, 공장에 필요한 동력·연료·물 기타를 공급하기 위한 시설, 종업원의 후생을 위한 시설 등에서 건축물의 형상을 갖추고 있는 것. ②기본적인 요건 ; ㉠ 제조·가공·운반·보관·관리 등이 능률적이고, 그것들의 설비가 성능을 완전히 발휘할 수 있는 기능을 가질 것, ㉡ 건축구조의 결함으로 인해 공장조업(工場操業)에 지장을 초래할 우려가 없어야 하고, 유지관리도 수월할 것, ㉢건설비·유지관리비가 경제적일 것 등, ㉣방재설비(防災設備), ㉤종업원이 육체적·정신적으로 휴식을 취할 수 있는 환경을 갖출 것, ㉥ 주변지역에 대한 환경오염을 방지하는 시설을 갖출 것 등. ③공장건축은 이상과 같은 것에 대해 충분히 고려할 필요가 있으며, 이들의 기본적인 요건을 충족시키고, 기능적·합리적인 근대 공장건축을 완성하기 위해서는 우선 기본이 되는 설계를 경영공학의 체계적인 공장계획 기술에 의해 수립하고, 건축계획과의 융화를 충분히 고려한 후에 건축의 상세한 설계도를 작성해야 함. 그리고 적절한 의장과 함께 목적에 부합된 성능이 좋은 건재(建材)·구축법·색채조절·소음방지·방진(防塵)·방진법(防振法) 등이나, 나아가서는 건축설비로서 조명·환기·난방·공기조화 설비 등의 시방(示方) 등 전반에 걸친 신중한 검토를 하여야 함.

공장생산주택(工場生産住宅, prefabrication house) : ①주택의 주요 구조부를 공장에서 생산 제작하여 현장에서는 단순히 조립하는 주택. ②주택의 대량생산·공기단축·노무절약 등의 목적으로 사용. ③프리패브리케이션주택(=).

공장총량제(工場總量制) : ①수도권의 과밀화를 막기 위해 일정한 면적의 공장만 지을 수 있도록 한 제도. 수도권공장총량제라고도 함. ②공장 총량은 매년 초 면적으로 고시됨. ③수도권정비계획법에 따라 1994년 국가 및 지방공단 등 산업단지를 제외한 일반지역의 신규건축물을 대상으로 하다가 1995년에 산업단지에 들어서는 건축물을 대상에 포함시켰음.

공장폐수(工場廢水) : ①광업 이외에 2차 산업의 생산 공정에서 나오는 폐수. ②공장폐수는 역사적으로 공해문제와 관계가 깊어 수많은 공해병의 원인이 되어 왔으며, 최근 들어서는 첨단산업의 폐수가 지하수를 오염시키는 새로운 문제로 부각되고 있음.

공적 공간(公的空間, public space) : 다수인이 사용하는 공간으로 주택에서는 거실·화장실·식당 등이 포함. 업무공간에서는 현관·출입구·홀 등.

공정(工程, progress of work, process) : 공사의 진행순서와 작업일정을 종합한 공사의 진도(進度)과정. 공정은 가설공사·기초공사·주체공사·마감공사 4가지로 대별됨.

공정계획(工程計劃, process plan, planning of progress) : ①네트워크 공정표 용어 중 하나로 프로젝트의 공정을 계획하는 일. 순서계획과 일정계획이 있음. ②건축물을 지정된 공사기간 내에 공사예산에 맞추어 정밀도가 높은 양질(良質)의 시공을 신속하고 안전하게 하기 위해 세우는 계획. 따라서 단지 공사기일 내에 완성하는 것만을 목적으로 하는 것이 아니고, 면밀한 시공계획에 따라 각 세부 공사에 필요한 시간과 순서·자재·노무·기계설비 등을 공정표에 적합하도록 수립해야 함. 기본계획에 의해서 순위계획과 일정계획을

ㄱ

포함시킨 계획.

공정관리(工程管理, process management, progress control) : ①공사현장에서 원자재로부터 완공 건설물에 이르기까지의 자재반입, 구조체와 마감재의 가공 및 조립의 흐름을 순서 정연하게 능률적인 방법으로 계획하고 공정을 결정하며, 예정을 세워 작업을 할당하고 독촉하는 절차. 또는 좋은 건설물을 예정한 기일 내에 예정한 비용범위 내에서 완성하기 위하여 자재·인적 노력·기계설비 등을 경제적으로 운용하고 총괄적으로 통제하는 것. 이는 대내적으로는 작업능률과 공사속도의 향상을 위하고 대외적으로는 공기 내 완성인 납기(納期)를 목표로 함. ②네트워크 공정표 용어의 하나로서 프로젝트의 공정을 관리하는 것으로 계획과 실제를 비교 검토하고 필요한 조치를 하는 것을 말함. 일명 '진도관리'라고도 함. ③지정공기(指定工期)와 계산공기(計算工期)의 차를 없애는 작업.

공정도(工程圖, progress graphic chart) : ① 네트워크 공정표 용어의 하나. ②네트워크에 의한 공정관리용의 도표.

공정량(工程量) : ⇨네트워크(=).

공정표(工程表, progress schedule, time schedule) : ①각종 공사를 공사별로 착공에서 완공에 이르기까지 작업량과 일정의 상호관계를 한눈으로 명확하게 판단할 수 있도록 표시한 계획표. ②종류에는 횡선식(橫線式, bar chart, gantt chart)·그래프식·열기식·면적도표식·네트워크식(network progress chart)·사선식(斜線式) 및 기타 공정표(전체공정표·부분공정표) 등의 공정표가 있음.

공정환기(工程換氣) : ①목적에 따른 환기의 일종. ②제품의 제조·보존 등을 주목적으로 하는 환기. ⇨인간환기.

공조(空調) : ⇨공기조화(=).

공조조명기구(空調照明器具, air handling troffer) : ①공기조화의 아우틀렛(취출구, supply)·인렛(흡입구, return) 또는 그 양자와 형광등 기구가 일체로 된 기구. ②천장설치 형광등 이용의 조명기구와 공조용 취출구 또는 흡입구를 일체화한 기구로, 조명발열을 공기에 의해 일부제거하기 위한 목적으로 사용. ③분리형은 단지 양자를 붙인 것으로 되어 있으나, 종합형은 램프와 공조공기와의 열교환을 가능하게 하여 공조부하 경감을 도모한 것. 공조형은 1개로써 취출·흡입 양작용이 가능함.

공중거리(空中距離) : ⇨대인거리.

공중도시(空中都市, spatial city, vertical city, high-rise city) : 도시를 지면으로부터 개방하여 공중에 구축하려고 제안한 것으로, 고층건축을 중심으로 한 여러 가지 제안이 있고, 예컨대 르 코르뷔지에의 일련의 도시안(案)과 프랭크 로이드 라이트의 마일 타워 및 A. 산테리아의 미래도시 등이 있음. 그밖에 공중에 도시 구조를 구축하여 도시생활을 옮기려고 한 Y. 프리드리만의 아프리카의 도시 제안 등이 있음.

공중정원(空中庭園, hanging Garden Babylon) : ①BC 500년경 신(新)바빌로니아의 네부카드네자르 2세가 왕비 아미티스를 위하여 수도인 바빌론 성벽(城壁)에 건설한 기이한 정원으로 <공중정원(空中庭園)> <낚시뜰>이라고도 하나 공식적인 이름은 '세미라미스의 공중정원'임. ②높이 솟아 있다는 의미의 공중정원은 지구라트에 연속된 계단식 테라스로 된 노대(露臺)에, 성토하여 풀과 꽃·수목을 심어놓아 멀리서 바라보면 마치 삼림으로 뒤덮인 작은 산과 같았다고 함. ③정원의 맨 위에 커다란 물탱크를 만들어 유프라테

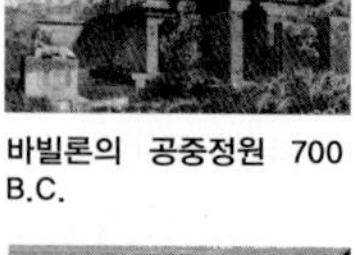

바빌론의 공중정원 700 B.C.

공중정원발굴모습

스 강의 물을 펌프로 길어 올리고, 그 물을 펌프로 각 층에 대어줌으로써 화단에 적당한 습기를 유지토록 하였으며 또한, 그때그때 물뿌리개를 이용하여 물을 공급하였음. 정원의 아랫부분에는 항상 서늘함을 유지하는 방을 많이 만들었을 뿐만 아니라 그곳에서 창 너머로 바라보는 꽃과 나무의 모습은 어떤 말로 표현할 수 없을 정도로 아름다웠다고 함. 또한 방에 물이 새는 것을 막기 위해 방위에는 갈대나 역청을 펴고 그 위에 납으로 만든 두꺼운 판을 놓았음. 각종 기록에 의하면 그것이 피라미드형을 이루고 있었으며 기단(基壇)의 한 모서리의 길이가 100m를 넘었고, 높이 15m의 토대(土臺)를 쌓았으며 그 위에 층상(層狀)의 건조물(建造物)을 세우고, 제일 위의 노단(露壇)은 넓이 60㎡, 높이 105m로 30층 건물 높이와 같았다고 함. 이 피라미드와 같은 노단의 외곽은 공랑(控廊)의 형태를 가졌고 그 내부에는 크고 작은 많은 방과 동굴·욕실 등이 있었으며, 벽체(壁體)는 벽돌에 아스팔트를 발라 굳혀서 만든 것으로 알려져 있음. 기둥의 높낮이도 다르게 만들어 강도가 다른 빛이 들어오도록 유도함으로써 호화롭게 장식된 궁전의 내부 공간에 신비감을 주도록 했음. 단 하나의 기둥이 천장부터 기초까지 내려져 있는데, 이 안에 다량의 강물을 테라스까지 올릴 수 있도록 만드는 수력기계가 들어 있으나 밖에서 볼 수 없음. 아르키메데스의 수력기계란 물레방아를 타고 올라온 물을 아르키메데스의 나사에 연결해 꼭대기까지 퍼 올리는 구조. 특히 이 방식의 장점은 물레방아가 도는 힘으로 아르키메데스 나사가 돌면 물이 달팽이식 나선형 홈을 타고 올라간다는 것. 이 방식은 레오나르도 다 빈치를 비롯한 중세시대의 기술자들이 실현시키려고 했던 기술이기도 하며, 광산의 지하에서 물을 퍼 올리거나 고층 건물에 물을 공급하기 위해 사용됐음.

공중합(共重合, copolymerization) : 두 종류 이상의 다른 단량체(單量體)가 중합하여 각 성분이 포함된 중합체가 생기는 반응.

공중합체(共重合體, copolymer) : 두 종류 이상의 다른 단량체가 중합하여 생긴 생성물.

공진(共振, sympathetic vibration) : ①어떤 진동 물체에 발생한 주기와 똑같은 진동에 의해서 이웃한 다른 물체에 유도된 진동. ②어느 하나의 진동체가 있을 때에 다른 것이 이 진동에 의해 진동을 일으키는 현상.

공차(公差, tolerance) : ①지정된 최대값과 최소값의 차(差). 공차는 항상 정(+)의 값을 가짐. ②표준치수로부터 허용할 수 있는 오차의 범위. ③지정된 최대값과 최소값과의 차이. 사용재료에 따라 허용되는 오차가 다르며 최대 허용치와 최소허용치가 있음. ④허용차(=).

공청(公廳) : ①대궐이나 관청에 딸린 건물. ②공해(=).

공축케이블(共軸-, coaxial cable) : ⇨동축케이블(=).

공칭단면(公稱斷面, nominal cross section) : ①봉강(棒鋼)·형강(形鋼) 등은 몇 개의 모양과 치수를 설정하여 대량생산하는데 이때 설정한 단면. ②예컨대, 9·12·13·16·19·22·25㎜ 등의 공칭단면이 설정되어 있음.

공칭단면도(公稱斷面圖, nominal cross sectional area) : 환봉강(丸棒鋼)·이형봉강(異形棒鋼)·형강(形鋼) 공칭 단면에 대해 구한 단면적.

공칭지름(公稱-) : ⇨공칭직경(=).

공칭직경(公稱直徑, nominal diameter) : ⇨공칭단면적(=).

공칭치수(公稱値數, nominal dimension) : 모르타르 줄눈 두께를 계산하는데 있어서 실제 치수보다 큰 벽돌치수. ⇨호칭치수(=).

공터넣기 : 단청에서 빛(채색) 넣은 뒤에 빈자리에 칠하는 것. ⇨빛넣기(=).

공통시방서(共通示方書) : ⇨표준시방서(=).

공포(工包, 貢包, 栱包, 枓栱, eave supporter, bracket structure, bracket sets) : ①처마 끝의 하중(무게)을 받치기 위하여 기둥머리 같은 데 짜맞추어 댄 나무 부재의 통칭. ②주두·소로·첨차·제공 등을 짜맞추어 장식을 겸하여 처마하중을 받게 한 것. ③주두·소로·첨차 따위를 짜서 처마의 무게를 받들게 한 것. ④포작·공포양식·포화공·공공포(=).

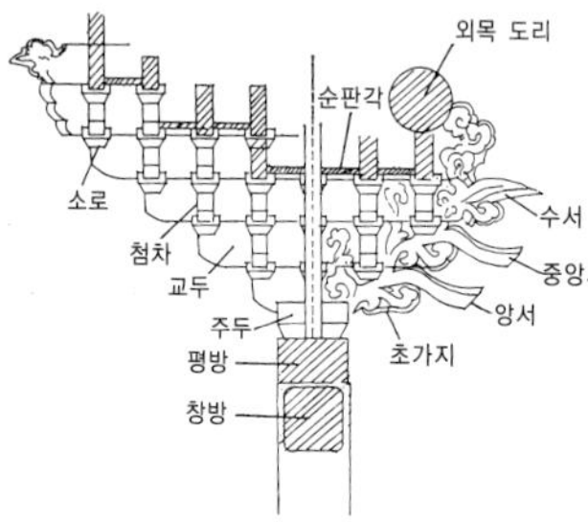

공포

공포양식(貢包樣式, eave supporter style) : ①목가구식의 건물에서 주두를 연결하는 수평부재인 창방과 처마를 받치는 수평부재인 처마도리 또는 외목도리 사이에 짜맞추는 요소들을 총칭. ②공포(栱包)는 깊은 지붕(처마)의 무게를 받아 기둥에 전달하도록 고안된 조립재로서의 구조적 의미와 시각적으로 지붕이 무겁게 몸체를 누르는 듯한 압박감 해소의 의장적인 의미를 동시에 가짐. ③처마 끝의 무게를 받치려고 기둥머리 같은 데에 짜맞추어 댄 나무쪽들의 통칭. 흔히 주두(柱頭)·소루(小累)·첨차(檐遮) 등으로 짜임. 이는 보와 도리·기둥을 결구(結構)하는 구조적 기법으로 육중한 지붕의 하중을 기둥에 분배 전달하고 건물 외부로 돌출된 처마를 구조적으로 지지하는 것으로 화려한 색채와 조각을 이용하여 장식함으로써 시각적·의장적 효과를 가짐. ④동양 목조건축에서 장식을 겸하여 처마하중을 받게 여러 부재를 짜 놓은 것. ⑤공포는 전통건축을 양식적으로 구분하는 기준이 됨. ⑥무게를 여러 번 쪼갠 상태로 기둥에 전달되도록 하여 기둥이 일시에 받는 무게를 덜어줌으로써 강우(降雨)시 눈이 쌓였을 때, 지진이나 충격 등의 비상시에도 기둥에 무리가 없도록 하였음. ⑦공포구성법은 시대에 따라 다르며 백제 등에서 성행하던 삼국시대 공포구성법은 이미 자취를 감추고 말았으나 공포의 구성은 주두(柱頭)·첨차(瞻遮)·소로(小累)·살미(山彌)·쇠서(牛舌) 등의 부재로 이루어짐. ⑧종류는 주심포 양식(柱心包樣式)·다포양식(多包樣式)·익공양식(翼工樣式)·절충식양식(折衷式樣式) 등이 있음.

공포재(栱包材) : ①공포를 이루는 부재의 총칭. ②주두(柱頭) 위에 짜여져서 공포를 이루는 부재(部材)를 총칭.

공학(工學, engineering) : 실용적 목적을 위해 구조물·장비 또는 시스템을 설계하고 건설하는데 과학적 원리들을 적용하는 예술과 과학.

공한지(空閑地, vacant land, unoccupied land) : 장래의 이용을 예상한 공지(空地), 즉 놀리는 땅.

공항호텔(空港-, airport hotel) : 공항 터미널(air terminal) 시설의 일부를 할애(割愛)하여 만든 호텔. 경유지 도착으로 일시적으로 내린 여객이나 일기불순 등으로 발착(發着) 비행기를 기다리는 승객·승무원이 숙박·휴게하는 데 이용. 따라서 숙박과 업무상 회의에 이용되도록 계획하는 경우도 있음.

공해(公廨) : ⇨공청(=).

공해수출(公害輸出) : ①한 나라의 기업이 다른 나라에 진출하여 대기오염·수질오염 등의 공해를 퍼뜨리는 일. ②개발도상국은 공해문제보다 빈곤의 해결이 앞서므로 공해산업을 받아들일 수밖에 없는 경우가 많음.

공허체적(空虛體積, hollow sections) : 상자형의 도리(girder)는 직사각형·정사각형 또는 원형의 종단면을 가진 공허체의 빔. 이들 형태는 대체로 수평 대신에 수직이며, 캔틸레버와 같이 지면에 견고하게 부착되었음. 구조적 시스템은 정면 트러스와 눈에 보이지 않는 중심의 딱딱한 코어(core)와 함께 높은 건축물들을 포함. 수평의 공허체적 형태들은 더욱 두드러지게 표현되는 경향이 있으며, 견고함과 안정감을 줌.

공형 발(－形－, ball foot) : 공처럼 둥글게 선반 가공한 가구의 발.

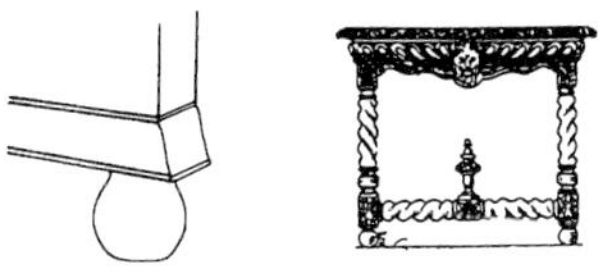

공형 발

공형 선반가공재(球型旋盤加工材, ball turning) : 일련(一連)의 공형태가 연결된 선반가공 부재. 특히 17세기 후반 북유럽과 미국에서 애용됨.

과다마칠레리아(guadamacileria) : 11세기경 아랍인들에 의해 스페인에 소개된 가죽 장식기법. 주로 장식용 벽걸이가 대부분이나 가구류에도 사용.

과다마칠레리아

과도기양식(過度樣式, transitional style, Übergansstil[독]) : ①협의(狹義)로는 로마네스크양식에서 고딕양식으로 옮겨지는 13세기 전반에 걸친 과도기 시대의 독일 건축양식. 광의(狹義)로는 지난날 쇠퇴한 양식과 미확실한 새로운 양식이 서로 혼합되어 생긴 새로운 중간양식. ②대표적인 예로는 루이 14세 양식과 루이 15세 양식 사이의 과도기적인 프랑스 섭정양식이 있음. 12세기경 로마네스크와 고딕양식 사이에도 과도기적 양식이 존재하였음.

과밀취침(過密就寢, over crowding sleeping) : ①취침 밀도가 표준량 이상인 상태. ②일반적으로 취침면적이 1인당 3㎡ 미만의 취침상태를 말함.

과벽돌(過甓乭) : ⇨과소벽돌(＝).

과부하(過負荷, overload) : ①규정된 최대부하를 초월한 부하. ②각종 냉난방기에는 규정의 최대부하가 있고, 이를 초월한 부하가 걸릴 때를 말함. ③전동기·발전기·변압기 등에 규정값 이상의 부하를 거는 것. 즉 전부하 이상의 부하를 거는 것을 말함.

과소벽돌(過燒壁乭, clinker brick, cherry hard brick) : ①지나치게 높은 온도로 구워진 검붉은 자주색(흑갈색) 벽돌. ②소성온도가 지나치게 높아서 질(質)이 견고하고 두드리면 금속성의 맑은 청음(淸音)이 나며, 흡수율이 낮으나 형상이 일그러져 부정형(不整形)이며, 치수 차이가 크고 자색(紫色) 또는 검붉은 색깔로 반점(斑點)과 혹이 있어 일반구조형 재료로는 부적당하고 특수한 장소의 장식용이나 치장용 또는 기초 조적재(組積材) 등으로 사용. '괄벽돌'·'과벽돌'·'과소품벽돌'·'과열벽돌'이라고도 함.

과소품벽돌(過燒品壁乭) : ⇨과소벽돌(＝).

과슈(gousche) : 아라비아고무나 수액(樹液)에 안료를 혼합한 불투명한 수채화 물감 또는 수채화 화법을 말함.

과열벽돌(過熱壁乭) : ⇨과소벽돌(＝).

과일덩굴장식(－裝飾, fruit festoon) : ①열매·꽃·잎 등을 덩굴로 만든 장식 문양. ②일반적으로 덩굴은 양쪽 끝에서 리본으로 묶고, 중앙은 아래로 원형을 만들며 늘어뜨림. ③로마시대에 대중적인 장식 모티프(motif[프])로 사용되었으며, 르네상스시대에 재현되었음.

과정(過程, process) : 특별한 결과로 이끌거나 유도하는 행동이나 작용의 체계적인 순서.

과정공간(過程空間, process space) : 시점(視點)의 변화에 따라서 공간이 바뀌는 것. 시간과 함께 다이내믹(dynamic)한 어프로치(approach)를 취하여 감동적인 공간이 전개되는 4차원의 공간구성이 가능하고, 로마네스크의 교회에서 종종 볼 수 있음.

과정적 공간(過程的空間) : ⇨진입공간(＝).

ㄱ

과학(科學, science) : 직접 관찰이나 실험적 탐구·방법적 연구를 통해 얻어진 일련의 사실이나 진리를 다루면서 체계적으로 정리하여 일반법칙의 작용을 보여주는 지식의 한 분야.

과학기술디자인(科學技術-, technological design) : ⇨테크놀로지컬디자인(=).

과학적 관리법(科學的管理法, scientific management) : 테일러(Tayler)의 창안과 주장에 의해 확립된 하나의 경영관리체계. 그는 과학적·합리적 임률(賃率)을 결정하기 위하여 각 동작을 요소별로 세분화하여 분류·파악하고, 이에 입각하여 표준 동작을 결정하고, 다시 시간 연구에 의한 공평한 일당 표준 작업량을 결정한 후 이를 표준과업이라고 하였음. 그리하여 이를 달성한 자에게는 고율(高率), 그렇지 않은 자에게는 저율(低率)의 임률을 적용하는 소위 차별적 성과급 제도를 주장하였는데, 이를 '요소적 임률결정법' 또는 '과학적 임률법'이라고 함. 그리고 이 제도의 합리적 운용을 위한 공장 전반의 관리제도 개혁을 주장하였는데, 그 내용은 계획부 제도·직능식 관리조직·지도표 제도 등임. 그리하여 임률 인하와 조직적 태업을 해소하는 것은 표류 관리(drifting management) 제도가 아닌 노동자의 일당 과업을 과학적으로 결정하여 이를 기초로 하는 관리, 즉 과업관리(task management)라고 함. 테일러가 창시한 과학적 관리법은 여러 후계자에 의해 확대·발전하였는데 길브레스(F. B. Gilbreth)에 의하여 동작 연구(motion study), 에머슨(H. Emerson)에 의해 표준 원가계산, 퍼슨(H. S. Person)에 의해 과학적 관리법의 적용 가능한 모든 영역을 대상으로 하는 기술적 체계가 명확히 되었고, 마샬(L. C. Marshall)이 이를 이론적으로 체계화하려고 시도하였음.

곽(槨) : ①덧널. ②관(널)을 넣기 위해 따로 짜맞춘 시설로 나무나 돌로 만듦.

곽형두가옥(郭炯斗家屋) : ①중요민속자료 제100호, 19세기말 건립, 전남 순천시 낙안면 남대리 98에 위치. ②낙안성곽의 담을 남쪽 담으로 삼고 나머지 3면은 돌담을 쌓았음. 원래 안채·헛간채·잿간채 등이 있었으나 현재 안채만 남음. ③안채는 4칸의 몸채 전후좌우 모두 퇴를 둘렀으며, 위치에 따라 각기 다른 용도로 사용. 후퇴 및 모퇴까지 포함하는 넓은 부엌을 두었고, 제1칸에는 전퇴부분은 외부공간으로 삼아 부엌의 기능을 보조하는 장소로 사용. 제2칸은 안방으로서 전퇴는 툇마루를 두르고 후퇴는 처마 밑 공간으로 비워 놓았음. 제3칸은 고방으로 사용되는 마루방으로 퇴의 구성은 안방과 같고, 안방과의 사이에는 사분합문을 달아 공간의 연결을 쉽게 하였음(원래 두 짝 여닫이문). 마지막 칸은 전면과 측면에 툇마루를 두른 건넌방으로 후퇴에 아궁이를 둠. ④마당 가운데에 방형의 연못을 두었고, 집으로 이르는 작은 고샅은 독자적인 것으로 집의 출입을 동쪽에 두고자 하는 의도에서 고샅을 일부러 끌어들인 것임.

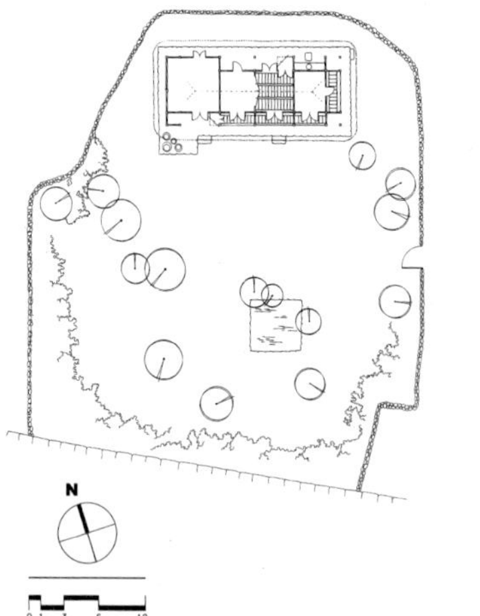

곽형두가옥 배치도

관가정(觀稼亭) : 양동마을에 있는 우재 손중돈의 가택으로 건물 평면은 ㅁ자형이며 고개 숙인 벼를 보는 정자라는 뜻임.

관공(管孔, pore) : 도관(導管) 및 도관상가

도관(導管狀假導管)이 횡단(橫斷)된 것에 대한 편의상의 용어.

관공형태(貫孔形態) : ⇨퍼퍼네이션(=).

관광호텔(觀光-, tourist hotel) : ①이용목적에 따른 리조트 호텔의 일종. ②휴양 등 위락 목적을 가진 여행자를 대상으로 하는 해변·산악·호반·온천·유적지 등 관광지에 세워지는 호텔.

관능검사(官能檢査) : 인간의 감각을 이용하여 검사 내지 평가하는 방법. 분석형(分析型)과 기호형(嗜好型)으로 분류. 분석형은 감각이 가지는 생리적 센서로서의 특성을 활용한 것으로 청각에 의한 음향감이나 소음감, 후각에 의한 향기, 미각에 의한 단맛·쓴맛 등이 이에 속함. 기호형은 심리적 센서로서의 특성을 활용한 것으로 쾌적감, 호감 등이 이에 속함.

관리도(管理圖, management diagram) : ①시공의 품질관리를 진행시키기 위한 통계수법의 하나. ②작업공정에 있어 우연 원인에 의한 변동과 이상원인에 의한 변동을 구별하여 공정을 관리하기 위한 그림. ③가로축에 날짜 혹은 로트(lot) 순 등을, 세로축에 품질특성으로서 치수·강도·불량률 등의 관리나 해석이 되는 항목을 적고 중심선과 상하 2개의 공정에 이상 유무를 편성하기 위한 관리한계선을 설치하여 그린 그림. ④종류는 계량값 관리도(평균값과 범위의 관리도·개개 측정값 관리도·메디안과 범위의 관리도)와 계수값 관리도(불량계수의 관리도·불량률의 관리도·결점수의 관리도·단위당 결점수의 관리도 등)가 있음.

관리사이클 4단계(管理-段階) : ⇨품질관리사단계(=).

관리자공간(管理者空間) : 활동량이 많고 앉아서 하는 집무가 적은 관리직, 특히 상급 관리직인 경우에는 오피스 기구나 기기에 대한 인간공학적인 배려보다는 지위의 상징으로써 커뮤니케이션 미디어(communication media)의 역할을 담당할 수 있는 개인이 사용하는 공간의 넓이·위치 등의 확보가 집무환경에 필요한 가장 중요한 관건이 되고, 지위가 올라갈수록 개인실은 넓어지고 전망이 좋은 곳에 위치.

관목(灌木, shrub) : ①수목을 형태상으로 나눈 관념적인 분류로 보통 키가 2m 안팎(6m 이하)인 원줄기가 분명하지 않고, 밑동에서 가지가 많이 나는 교목(喬木)이 아닌 나무. ②교목(⇔).

관방(關防) : ⇨궐방(=).

관성(慣性, inertia) : 물체가 외력을 받지 않는 한 정지 또는 운동의 상태를 언제까지든지 지속하려고 하는 성질.

관용사대웅전(觀龍寺大雄殿) : ①보물 212호, 조선 태조 원년(1401년) 창건, 광해군 9년(1617) 중창, 영조 25년(1749) 중수, 경남 창녕군 창녕읍 옥천리 292에 위치. ②정측면 모두 3칸, 어간은 좌우 협간보다 2배 정도 넓어 중심성을 강조. 기둥은 굵은 원주의 배흘림. 기둥머리에 창방과 평방을 두고 그 위에 주두를 놓고 포작을 둠(다포계 초기의 격식). 기둥간격이 주간마다 다르기 때문에 어간에는 2구, 협간에는 1구의 공간포작을 둠. 귀공포에는 한대를 두어 귀솟음을 강조함. 대소첨차의 하단은 모두 교두형(만두형) 살미쇠서는 앙서형으로 솔직담백하고 씩씩한 기상을 보여 줌. 살미첨차는 삼각형으로 조각하여 고전적인 수법을 가짐.

관용사약사전(觀龍寺藥師殿) : ①보물 146호, 15세기 창건, 경남 창녕군 창녕읍 옥천리 292에 위치. 조선 초기의 건축양식을 그대로 간직한 희귀한 예. ②초석은 덤벙주초이며 기둥은 배흘림 원주로 네 기둥 위에 주두를 놓고 포작을 두어 주심포계 맞배지붕을 이룸. 집 규모가 한 칸인데 비해 지붕구조는 앞뒤로 외1출목을 갖는 5량가구조로 만듦. 종도리와 주심도리는 굴도리, 주도리는 납도리로 만듦. 측면은 서까래 5개가 박공지붕면을 이루고 도리의 뺄목도 상당히 길게 뻗어 나옴. 양쪽으로 길게 뻗은 박공지붕이나 박공면으로 돌출된 공포와 화려한 조소적 장식이 풍판없이 노출됨(고려시대 맞배지붕의 측면 모습). 정면은 사분합, 삼면은 모두 벽체로 막혀 있음. ③전체적으로 안정된 척도와 균형 및 비례감을 주지만 지붕이 다소 과대하여 고전적인 맛을 줌(고려 주심포계에서 조선시대 다포계로 이행하는 중간 과정을 보여주는 사례).

관용색명(慣用色名, individual color name) : ①예부터 전해 내려와서 습관적으로 일반생활에서 사용하는 색이름. ②이 중 하나하나에 독특한 색이름이 붙여진 것을 고유색명(traditional color name)이라고 함. ③관용색명은 예컨대, 연한 빨강색은 분홍, 회색빛이 감도는 밝은 주황색을 베이지 색이라고 하는 것이 일반인이 알기 쉽듯이, 색을 즉각적으로 알게 하는 데는 편리하지만 색을 종류별로 구분하는 데는 개인차가 심하여 애매함. ④일반적으로 다음과 같이 분류함. ㉠기원을 알 수 없는 고유색명 : 순수한 우리말로 된 하양·검정·빨강·노랑·보라 등과 같은 한자어로 된 흑(黑)·백(白)·황(黃)·청(靑)·자(紫) 등. ㉡동물과 관련이 있는 색명 : 피부색(살색)·쥐색·연두색·연어(salmon)·살색(salmonpink)·낙타색(camel)·조개살색(shell pink)·양털색(beige)·공작꼬리의 파랑(peacock blue)·카나리아 털빛의 노랑(carnary yellow) 등. ㉢식물과 관련이 있는 색명 : 귤색·녹두색·가지색·밤색·살구색·딸기색·복숭아색·팥색·계피색·오렌지색·장미색·레몬색·팬지색·라일락색·풋사과색·도라지꽃색·코스모스색·라임빛녹색·포도색·난초색·가지색·겨자색·녹차색·라벤더색 등. ㉣광물 또는 보석과 관련이 있는 색명 : 금색·은색·호박색(琥珀色)·고동색(古銅色)·진사(辰砂)·철사(鐵砂)·산호(珊瑚)·진주(흰색)·공작석(녹색)·토파즈(황색)·아쿠아마린(옥색)·석류석·에메랄드그린·비취색·청금석·상아·루비·호박·황토·벽옥 그린 등. ㉤인명이나 지명 등의 고유명사와 관련 있는 색명 : 반다이크 갈색(네덜란드의 초상화가인 반다이크가 처음 사용한 갈색)·마젠타색(이탈리아 북부의 밭에서 채취한 아미린 염료의 일종인 fuchsin에 1860년경부터 붙여진 이름)·프러시안 블루·하바나 브라운(쿠바의 수도 하바나의 담배색)·보르도(프랑스의 포도주산 지명으로서 붉은 포도주 빛에서 유래)·Sax Blue(독일 남부지방인 Saxony의 지방에서 유래). ㉥원료와 관련있는 색명 : 아연색·코발트 청색·크롬황색·산화크롬색·카드뮴 레드색·쪽색 등. ㉦자연현상과 관련있는 색명 : 하늘색·바다색·땅색·풀색·무지개색·눈색·바다 파랑색 이외에도 여러 가지 색명이 또 다른 어원에서 분류될 수 있음. 관용색명은 고대색명과 현대색명으로 구분. ⇨색명.

관음전(觀音殿) : ①관세음보살을 모신 법당. ②관세음보살은 현세에서 고통받는 인간에게 해탈을 이룰 수 있도록 도와주는 부처님. ③중국에서는 관세음보살의 대자대비를 강조하여 대비전(大悲殿)이라고 함. ④원통전(=).

관입(貫入, interpenetration) : ①겹치는 부분이 네거티브 형태로 바뀌어지거나 다른 색깔을 보여주는 형태의 중첩상황. ②상호관입·상호침투.

관장(官匠, government artisans) : 고려·조선시대에 관아에 속한 장인(匠人).

관절운동(關節運動) : ①굴절(屈折, flexion) : 신체부분을 구부리거나 각도를 줄이는 동작. ②신장(伸長, extension) : 신체부위 사이를 곧게 하거나 각도를 증가시키는 행위로서, 일반적으로 굴절상태에서 원래 상태로 돌아오는 행위. 관절이 보통의 동작범위를 넘어서 신장될 때를 최대 신장(hyper-extension)이라고 함. ③내전(內轉, adduction) : 신체부분이나 부분의 조합이 신체 중앙이나 그것이 붙어 있는 방향으로 움직이는 동작, 즉 몸의 중심선으로의 이동. ④외전(外轉, abduction) : 신체 중앙이나 신체부분이 붙어 있는 부위에서 멀어지는 방향으로 움직이는 동작, 즉 몸의 중심선으로부터의 이동. ⑤내선(內旋, medial rotation) : 신체 중앙쪽으로 회전하는 운동, 즉 몸의 중심선으로의 운동. '중앙회전'이라고도 함. ⑥외선(外旋, lateral rotation) : 신체 바깥방향으로 회전하는 운동, 즉 몸의 중심선으로부터의 회전. '측회전'이라고도 함. ⑦손의 내전(pronation) : 손바닥을 밑으로 해서 전박을 회전하는 운동, 즉 손바닥을 아래로 향하게 하는 운동. ⑧손의 외전(supination) : 손바닥을 위로 해서 전박을 회전하는 운동, 즉 손바닥을 위로 하는 운동. ⑨발의 내전(inversion) : 엄지발가락쪽으로 발을 움직여 발바닥 안쪽으로 회전하는 운동. ⑩발의 외전(eversion) : 발의 측면을 바깥쪽으로 회전하는 운동. ⑪볼소켓 관절(ball and socket joint) : 엉덩이나 어깨관절처럼 자유로운 회전과 운동이 가능한 관절.

관절자유도(關節自由度) : ①움직임의 각도가 크고 다양한 것. 보통 자유도라고 함. ②팔목 외전 30·내전 15, 팔꿈치 굴곡 145, 어깨 외선 30·내선 100·굴곡 180·신전 60·외전 130·내전 50, 무릎 굴곡 135, 발목 굴곡 20·신전 40.

관절형 맞춤(關節形-, knuckle joint) : 손가락 관절과 유사하게 연결하는 맞춤. 주로 날개형 테이블(drop leaf table)의 접착에 사용.

관정(棺釘, coffin nail) : ①널을 짜기 위해 쓴 못. ②널못(=).

관주(幹柱) : ⇨단층주(=).

관찰거리(觀察距離) : ①대상의 부분을 자세히 볼 수 있는 거리. ②감상거리(≒)·시거리(≒).

관트랩(管-, pipe trap) : ①관을 구부려서 만든 트랩을 총칭. ②소형으로 트랩 내에 적게 세정이 되는 장점이 있으나 봉수(封水) 파괴의 결점이 있음. ③종류는 S트랩·P트랩·4/3트랩·U트랩 등이 있음.

괄벽돌(-甓乭, clinker brick) : ⇨과소벽돌(=).

광(廣) : ①곳간을 뜻함. ②여러 칸이 모여 한 채를 이루는 경우와 중문간 행랑채나 대문간 행랑채에 몇 칸으로 지어지는 경우가 있음. ③바닥은 일반적으로 우물마루이고 때로 두꺼운 널판을 깐 장마룻 바닥으로 마감함. 흙바닥으로 마감할 때도 있음. ④종류는 광 속에 보관하는 물품에 따라 쌀을 보관하는 쌀광, 장을 보관하는 장광(醬廣), 장작을 보관하는 장작광, 김칫독을 보관하는 김치광, 땔감을 보관하는 나뭇광·부엌광·헛간 등으로 구분.

광각(光覺) : ①빛의 유무 판단과 빛의 세기 정도와 차이를 구별하는 능력. ②광각을 위한 최소한의 빛을 최소 광선량(light minium)이라고 함. 즉 최소 광선의 양이 있어야 간상체(rod cell)가 활동하게 됨.

광각역(光覺域, light limen) : 자극의 강도에 따라 광각을 일으키는데 필요한 최소 자극의 양 또는 광각을 일으키는데 필요한 최소의 에너지.

광경화성 도료(光硬化性塗料) : ①도료의 건조과정에 적외선(infra-red), 자외선(ultra-violet) 및 전자선(electron-beam) 등에 의한 에너지를 화학에너지로 전환시켜 반응을 통하여 건조시키는 도료. ②일반적으로 전자선은 자외선에 비하여 에너지가 크기 때문에 투과력이 좋음(전자선 투과력 350㎛, 자외선 투과력 125㎛). UV용 도료에 적합한 파장은 보통 200~400㎚이고, EB용 도료에 적합한 전자선 에너지는 150~350㎛ 범위.

광고(廣告, advertising ; ad) : 확인 가능한 스폰서에 의한 아이디어와 상품·서비스에 대해 지불된 형태의 제시와 프로모션. 소매업자는 광고를 이용하여 그들의 상품과 서비스를 알리며, 그에 대한 요구를 자극시키고 상점에 대한 관심을 유지시켜 신용을 갖도록 함. 즉 고객의 마음 속에 좋은 이미지를 심는 기능을 하는 것. 광고는 잘 계획하고 준비하여 올바른 시점에서 적절한 미디어를 활용하여 자주 반복하여 소기의 목적을 달성해야 함.

광고탑(廣告塔, advertising tower) : ①광고를 목적으로 옥외에 설치한 구축물. ②특히 박람회 등에서 상징적인 탑을 테마탑(theme tower)이라고 함. ③1889년 프랑스 파리의 에펠탑은 그 대표적인 예.

광고판(廣告板) : ⇨사인보드(=).

광내기(光-, polishing) : 돌공사에서 물갈기한 면을 광내기하는 마무리.

광낸유리(-琉璃, polished glass) : ①보통 판유리의 한 면을 금강사(金剛砂) 또는 규사(珪砂) 등으로 두께를 1.5㎜ 정도로 평평하게 갈아내고 산화제이철(酸化第二鐵) 등으로 표면을 극히 평활하게 광택이 나도록 손질하여 투명도 및 정시도(正視度)가 좋은 유리. ②주로 고급건축의 창유리문·진열장·가구·거울 등에 쓰임.

광도(光度, luminous intensity ; I) : ①광원 또는 조명된 면이 특정한 방향으로 빛을 방사하는 힘. ②광원이 지니는 빛의 강도. 이는 점광원으로부터의 발산광 속의 입체각 밀도, 즉 점광원으로부터 발산되는 단위 입체각당의 광속. 광도에서는 광속이 사방으로 발산되지만 일반적으로 그 광속이 모이는 방향은 광도의 방향에 따라 다름. 광속이 집중되는 곳은 어둡고, 광속의 조밀도에 따라 광원의 조명능력이 결정. 광도 I[cd]는 미소 입체각 dw[sr]에 점광원으로부터 발산되는 광속을 dF[lm]라고 하면

$$I = \frac{dF}{dw}\,[\mathrm{cd}]$$

로 정의. ③광원에서 하나의 방향으로 향하며 단위입체각당(單位立體角當) 방사(放射)·발산(發散)되는 광속. ④어떤 물체나 표면에 도달하는 광의 밀도. ⑤광도 단위(척도)는 칸델라(cd ; candela) 또는 미터캔들(meter-candle)을 사용. ⑥1촉광은 10,067cd에 해당. ⑦cd와 비교한 어떤 광원의 광도는 촉광(燭光, candle power)으로 표시. ⑧광도를 광속(光速)의 개념으로 표시하면 1촉광이 발하는 광량은 4lm. ⑨단위시간에 어떤 방향으로 송출하고 있는 빛의 양. ⑩광원의 어느 방향에 대한 시계(視界)방향. ⑪1칸델라는 광원이 주어진 방향으로 주파수 540×1,012Hz의 단색광을 1/683W/sr의 세기로 방사하는 광도. ⑫1칸델라의 효과는 1촉광(candela power)과 거의 같으며, 100W전구의 평균 구면 광도(mean spherical intensity : MSI)는 약 100cd가 됨.

광도계(光度計, photometer) : 빛의 강도를 측정하는 기계.

광도분포(光度分布, luminous intensity distribution) : 광원(光源)에서 나오는 광도의 분포.

광두정(廣頭釘) : ①못의 꼭대기가 넓은 못. ②머리를 크고 넓게 만들어 장식 겸용으로 쓰이는 못.

광량(光量) : ①광속의 시간적 적분. ②전구가 그의 수명 중에 발산하는 빛의 양을 표시할 때 사용. ③방사에너지를 명도의 감각을 일으키는 능력에 의해서 평가한 것.

광량조명(光量照明) : ⇨광창조명(=).

광막반사(光幕反射, veiling reflection) : ①시작업을 할 수 없을 정도로 대비를 감소시키는 작업면상의 반사 현휘. ②전구의 반짝거리는 표면을 감쌀 때 발생하는 현휘(炫輝). ③광택이 있는 면에 빛이 투사될 때 그 면의 시대상 일부 또는 전체의 대비가 저하되어 보기 어렵게 되는 현상으로써 불능 글레어(disability glare)의 일종. ④⇨글레어.

광명단(光明丹) : ⇨광명단도료(=).

광명단도료(光明丹塗料, minium, red lead, Pb_3O_4) : ①방청도장의 일종으로 연단안료(鉛丹顔料)와 보일드유를 내용물로 제조하여 1881년 일본의 도료제조사인 광명사(光明社)가 처음 제조했기 때문에 광명단이라고 불리게 됨. ②광명단(光明丹 ; minum, red lead, Pb_3O_4)을 보일드유(boild oil)에 녹인 유성페인트의 일종으로 녹막이 방지를 위한 방식도료(防蝕塗料). 보일드유 대신 전색제(展色劑)를 사용할 때도 있음. ③광명단(연단) 등의 알

칼리성 안료는 기름과 잘 반응하여 단단한 도막을 만들어 수분의 투과를 방지함. 그러나 안료에는 큰 방식력(防蝕力)이 없음. 기름에 녹인 것은 광명단의 비중이 커서 가라앉으므로 저장이 곤란함. 은단(銀丹)·연단(鉛丹)이라고도 함. 품질규준은 한국공업규격(KSM5311)에 규정되어 있음. ④연단도료(=).

광명단유리(光明丹琉璃, minium glass, red lead glass) : 붉은 납 성분이 있는 유리.

광명두(光明枓) : 나무로 만든 등잔걸이.

광명전(光明殿) : ⇨대적광전(=).

광목 : ①무명실로 서양목처럼 폭이 넓게 짠 천. ②외포(=).

광문(廣門) : ①광채에 설치하는 문. ②주로 판장문을 달며, 특히 문짝에는 자물쇠를 잠글 수 있도록 하고, 때로는 빗장만을 달기도 함.

광물섬유(鑛物纖維, mineral wool, mineral fiber) : 광물질 섬유로 된 솜 모양의 재료. 천연석면·인공암면(rock wool)·슬래그울 등이 있음. 시멘트 제품의 보강재·단열재·보온재·흡음재 등으로 사용. ⇨광섬유(=).

광물섬유판(鑛物纖維板, mineral fiber board) : 암면(岩綿)·석면(石綿)·슬래그(slag)면(綿)·천연석면·인공암면(rock wool)·슬래그 울(slag wool)·유리면(glass wool) 등의 광물질 섬유에 접착제를 첨가하고 압축 성형하여 판으로 가공한 것. 불연성을 가진 단열재나 흡음재로 사용.

광물 절연케이블(鑛物絶緣-, mineral insulated cable) : 내화성(耐火性) 광물을 압축하여 전선 외피(外皮)로 사용한 케이블.

광밀도(光密度) : 단위체적당(單位體積當)의 광량(光量).

광벽(光壁, light wall) : ⇨광창(=).

광삼(光滲, irradiation) : ①배경을 어둡게 하여 물건을 강하게 비추었을 때 실물보다 크게 보이는 착시현상. ②고채도(高彩度)는 어두운 배경에서 실제보다 크게 보임. ③밝은 대상물을 어두운 배경에 놓으면 이 영상을 둘러싼 망막의 자극이 원인이 되어 더 커 보이는 현상. ④백색이나 물체가 어두운 배경에 놓일 때 실제보다 크게 보이는 착각. 흰 물체는 빛을 방사하는 것같이 보이며 그 둘레가 퍼져 나가는 것같이 점점 흐리게 보임. 그러므로 검은 종이 위에 놓인 흰 사각형은 흰 종이 위에 놓인 같은 크기의 검은 사각형보다 더 커 보임. 이런 효과를 할레이션(halation)이라고도 함.

광석면(鑛石綿, mineral fiber) : ⇨석면(=).

광선반(光旋盤, light shelf) : 빛을 받아 반사를 일으키는 선반.

광선연출조명기법(光線演出照明技法, beam play) : ⇨빔플레이(=).

광선일광조명(光線日光照明, beam daylight-ing) : 반사율이 높은 천장재를 이용하여 일광을 건물 실내에 깊숙이 반사 유도시키는 일광 조명기법.

광섬유[1](鑛纖維, mineral fiber) : ①석면·암면·유리섬유·질석·펄라이트·석고 등의 섬유. ②광물질 섬유로 된 솜 모양의 재료. ③천연석면·인공암면(rock wool)·슬래그울 등이 있음. ④시멘트 제품의 보강재·단열재·보온재·흡음재 등으로 사용.

광섬유[2](光纖維, optical fiber) : 모든 내부 반사의 원리를 사용하는 긴 가변적 유리나 플라스틱 섬유를 통해 전달되는 빛의 방향을 나타내는 소재.

광속(光束, luminous flux) : ①단위시간당통과하는 광량(光量, 가시광선의 흐름률). ②빛 에너지의 흐름의 율. 단위는 루멘(lumen ; ㏐)임. 1루멘은 1칸델라의 점광원으로부터 1스테라디안으로 방사된 광속임. Icd의 점광원에서 방사된 전체 광속은 4π㏐. ③광속은 광원에서 발산되는 빛에너지로 방사속을 표준시감도로 사용하여 평가한 것으로 단위 시간당의 빛의 양. 적외선·자외선은 눈에 보이지 않기 때문에 포함되지 않음. 여기서 광속은 F[㏐], 단위파장당의 방사속을 $\phi(\lambda)[w/\lambda]$, 표준시감도를 $V(\lambda)$, 최대시감도를 $d$km(=680㏐/w), 파장을 λ라고 하면

ㄱ

$F=680\int_{380}^{780}\phi(\lambda)\,V(\lambda)d\lambda$(lm)로 정의됨. ④광원으로부터 나오는 빛의 양. 광속의 단위는 루멘(lm : lumen). 1W의 소비전력에 의해서 백열전구는 10~14lm, 형광등은 50~60lm의 광속을 발산시킴. ⑤가시범위의 방사속을 눈의 감도를 기준으로 하여 측정한 것. ⑥방사속을 표준 비시감도에 의해 평가한 것.

광속발산도(光束發散度, luminous emittance) : ①단위면적당 발산되는 광속. ②어떤 물체의 표면에서 방사된 광속 밀도를 그 점의 광속 발산도라고 함. 즉 반사면 또는 광원면의 단위면적에서 발산하는 광속. 단위는 레드럭스(rex)로 표시. 광속발산도는 면에서 나오는 광속을 그 면적으로 나눈 값.

광속법(光速法, lumen method, lumen design method) : ①작업면의 직접 및 간접 조명의 합계조도의 평균을 1단계로 구하는 방법. ②인공조명에 있어서 전반조명을 한 실내 작업면의 평균 조도(照度) E와 조명률 CU를 적용해서 구하는 실용 계산법. 램프의 총수량을 N, 램프 1개에 대한 광속을 F(lm), 조명기구의 보수율(保守率)을 MF, 작업면적을 A(m^2)로 하면

$$E=\frac{N\cdot F\cdot CU\cdot MF}{A}.$$

광우물(光-) : 실내부로 일광을 입사(入射)시키기 위해 옥외 상부(上部)에 낸 구멍.

광원(光源, source of light, light source) : 빛(밝음)의 원천이 되는 자연광원인 태양광과 인공광원으로 사용되는 백열전등·형광등·수은등·HID등 등을 말함. '1차광원'이라고도 함.

광원간격(光源間隔 ; S) : 조명기구 사이의 중심거리. 조명기구의 배치는 광속법 계산에서 중요한 부분의 하나. 벽과 조명기구의 중심거리는 S/2로 함.

광원색(光源色, illuminate color, light source color, Farbe der Lichtquelle[독], couleur de lumiere[프]) : ①광원에서 나오는 빛의 색, 즉 발광체 자체가 갖는 색. ②백열등·형광등·네온사인(neon sign) 등의 광원이나 반딧불과 같은 발광체가 빛나는 상태를 직접 볼 때에 느껴지는 색. 이러한 광원색은 다른 물체의 고유색에 영향을 주기도 하지만 그 자체가 지니고 있는 고유색. ③광원색은 그 광원의 에너지 방출을 일으키는 방식이나 충전가스의 종류 등에 따라서 독특한 색을 발함. ④물체색(⇔).

광원의 연색성(光源-演色性) : ⇨연색성.

광자위 : 장롱의 마대(馬臺) 앞과 옆에 붙인 널빤지.

광장(廣場, forum) : 로마의 도시 중심에 마련된 공용광장. 주로 공공건물과 콜로네이드로 둘러싸인 중앙집중식의 개방된 공간. 그리스의 아고라(agora)에 해당.

광재(鑛滓, slag) : ①광석을 제련한 후 남은 유리질화된 찌꺼기. 신더(cinder)라고도 함. ②용광로에서 철광을 제련할 때 생성되는 비금속성 생성물로서 주성분은 규산염·석회질·규산반토 등의 염기물로 되어 있음.

광재벽돌(鑛滓壁乭, slag brick, cinder brick) : 석탄재강과 시멘트로 만든 벽돌. 슬래그를 분쇄한 것에 소석회(8~12% 정도)를 혼합하고 물반죽한 후에 대기 중에서 2~3개월 경화시키거나 고압 증기가마에 경화시켜 만든 것으로 고로벽돌(高爐壁乭) 또는 슬래그 벽돌(slag brick) 및 아스벽돌(cinder brick)이라고도 함. 흡수율·열전도율이 낮아 단열 및 보온의 목적으로 사용하고 무게가 가벼워서 경량재료로 사용.

광전(光殿) : ⇨대적광전(=).

광전 색채계(光電色彩計, photoelectric colorimeter) : 광전 측광방법에 의하여 3자극치를 측정하는 기계.

광정 [1](光井, light well) : 반자(盤子)가 있는 실내에 채용하는 정광(頂光)방식. 천장이 있는 실의 정광은 외부의 빛을 천장 아래로 확산시키기 위해 확산유리를 사용

하여 빛의 우물과 같은 형태로 함. 이것은 직사일광(直射日光)을 적당하게 차단하고, 북측 채광만을 사입(射入)시킬 수 있으며, 실내의 조도분포를 균일하게 할 수 있는 고급채광방식. 천장의 휘도대비가 크므로 그것을 완화하기 위한 연구로서 광천장을 만들기도 함. 특징은 조도분포가 균일하고 변동이 없는 반면, 조도가 부족하고 천장의 휘도분포가 고르지 못함.

광정[2](光庭, light court) : 채광을 하기 위한 안뜰.

광창(光窓) : ①넓게 낸 채광창. ②빛을 들이기 위해 낸 창. ③광원을 벽면의 전체 또는 일부에 매입하여 광원화하는 광량조명으로 비스타(vista)적인 효과를 연출함으로써 시선에 안락한 배경을 제공함. 최근에는 지하철역 구내 등에 광고를 위한 와일드 스크린(wild screen)으로 사용되기도 함. ④채광을 하기 위해 설치한 창. ⑤봉창이 발달하여 생긴 창으로 실내에 빛이 들어오도록 방의 벽 위쪽이나 출입문 위쪽에 설치된 창. 원래 고정창이나 여닫이창으로 만든 것도 있음. 광창은 살대를 꽂아 만든 것과 살대를 무늬로 엮어 만든 것도 있음. ⑥채광창·광창조명(=).

광창조명(光窓照明) : ⇨광창(=).

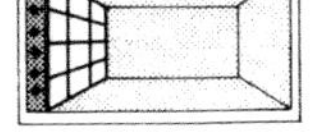

광창조명

광천장(光天障, luminous ceiling) : ①천장의 전부 또는 일부에 조명기구를 설치하고 그 밑에 확산 투과성 재료(확산 아크릴·유리·창호지·스테인드글라스 등)를 부착하고 그 상부에 광원을 설치한 가장 일반적인 건축화 조명방식. ②특징은 그림자 없는 쾌적한 빛을 얻을 수 있으며, 발광면(發光面)의 휘도(輝度)를 비교적 낮게 하여 눈부시지 않고 또 작업면의 조도를 비약적으로 높이기 위해 사용됨. 마감재료의 설치방법에 따라 변화 있는 실내공간과 편안하고 매력적인 공간연출이 가능하지만 일반적으로 답답하고 입체적 효과가 떨어져 단조롭고 정적이며 지루하고 따분한 느낌을 줌. 특히 강당이나 회의실 등에 사용하는 경우 시각을 상부로 유도하여 졸음이 오는 경우가 있으므로 주의함. ③루미나실링(=).

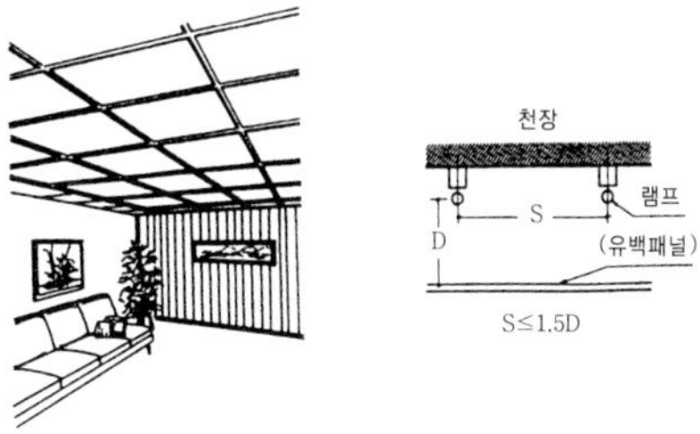

광천장

광천장조명(光天障照明, luminous ceiling lighting) : ⇨광천장(=).

광탑(光塔, minaret) : ⇨미너렛(=).

광택(光澤, gloss, glossiness, lustre) : ①물체의 표면이 빛을 받아 재질감(texture)이 번쩍거리며 빛나는 현상. ②반사광의 공간분포가 생기는 물체 표면지각의 속성, 정반사광의 성분의 대소에 따라 광택의 대소가 정해짐. ③광선이 재면으로부터 반사되는 상태.

광폭융단(光幅絨緞, broadloom) : 작은 조각을 잇는 일을 없애기 위해 최소 54인치(1,220.8㎜) 크기로 짜여진 직물.

광학온도계(光學溫度計, optical pyrometers) : ①고온상태의 물체에서 방사된 빛의 색과 밝기를 검사하여 온도를 측정. ②빛은 온도에 따라 변하는데, 온도가 알려진 필라멘트로부터의 빛과 비교하면 온도를 구할 수 있음.

광학적 혼합(光學的混合, optical mixing) : 시각적인 색채혼합으로 병치된 점의 혼합이나 반복된 순색이 먼 거리에서 인식될 때는 미리 혼색된 안료에서 얻을 수 있는 것보다 더 밝은 색을 얻을 수 있음.

광화학(光化學, photochemical) : 방사선 에너지, 특히 빛의 화학적 작용에 관한 것을 말함.

광화학스모그(光化學, photochemical smog) : ①차량통행이 번잡한 지역에 일어나는 현상으로, 자동차의 배기가스에 함유돼 있는 탄화수소와 질소산화물이 강한 자외선을 받으면 옥시단트라는 산화물이 생성돼 아황산가스와 함께 사람의 눈이나 목의 점막에 통증을 야기하는 공해. ②미국 로스앤젤레스에서 발견됐다고 해서 '로스앤젤레스 스모그'라고도 하고, 햇빛이 내리쬐는 대낮에도 눈앞이 뿌옇게 흐리게 보이므로 '백색 스모그'라고도 함. ③스모그는 연기(smoke)와 안개(fog)의 합성어. ④급성중독일 때는 폐수종(肺水腫)을 유발해 생명까지도 위협함. ⑤대도시의 교통집중지역에서 볼 수 있는 현상으로 미국에서는 대기 중 함량이 0.5ppm 이상이면 경보를 내고, 1ppm 이상이면 오염물질을 방출하는 지정공장의 작업중지를 명하며, 2.5ppm 이상이면 모든 차량의 운행을 중지시킴.

광효율(光效率) : 단위전력당의 밝기. 예컨대, 25W짜리 무전극 콤팩트 램프의 밝기가 1백열전구 100W에 해당. 같은 밝기를 내는데 드는 전력 소모량이 1/4에 불과함.

괴리현상(乖離現象, estrangement phenom-enon) : 두 눈의 망막에 약간씩 다른 상을 맺게 되는 현상. 같은 물건을 보아도 좌우 두 눈이 보는 것이 다르므로 공간의 거리 지각의 단서가 됨.

괴목(槐木) : ⇨귀목· 느티나무· 회화나무(=).

굄돌 : 물건을 받쳐서 괴는 돌.

굄새 : 물건을 괴는 솜씨 또는 괴어놓은 모양.

굄질 : ⇨굄새(=).

교대(橋臺, abutment) : ⇨어버트먼트(=).

교두(翹頭, ornamental beak of bracket) : ①살미나 첨차의 밑면 끝을 활형 또는 환호형으로 둥글게 깎아낸 모양 또는 그 부분. ②살미나 첨차의 하단이 원호(圓孤)로 잘라진 모양 또는 그 부분.

교두형(翹頭形) : ⇨교두(=).

교란(交欄) : ①난간동자(欄干童子)의 기둥 사이에 가는 살을 짜서 장식한 난간. ②살의 모양에 따라 아자(亞字)교란·빗살교란·완자교란 등이 있음. ③난간동자 사이에 사는 살로 짜서 장식한 난간. ④일자편입난간(=).

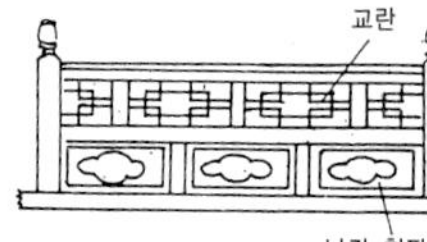

교란

교류(交流, alternating current ; AC) : ①일반적으로 건물에 공급되는 전기 에너지의 형태. ②전류의 방향이 수시로 변하는 전기의 한 종류. 특히 일정한 주기로 사인파(sine wave)의 모양으로 크기가 변하는 전기를 상용 교류라고 함. ③시간적으로 전류의 흐름이 바뀌는 것. 보통 건물의 전동·동력·전열 등 대부분의 전기 설비는 교류임. 전화·전기시계를 비롯한 통신설비와 엘리베이터의 전원은 직류를 사용함. ④직류(⇔).

교류발전기(交流發電機, alternator) : 교류전기를 생산하는 발전기.

교목(喬木, high tree) : ①줄기가 목질(木質)이고 곧고 굵으며, 높이 자라 키가 6m 이상 되는 나무(高木)로 관목(灌木)과는 달리 그루에서 나는 일이 없으며, 줄기와 가지가 분명함. ②소나무·전나무·벚나무 등.

교살(交箭) : 문살을 45° 각도로 교차시켜 짜 만든 살.

교살문(交箭門) : ①가는 살을 45°경사 직각으로 짠 문. ②보통 높은 위치에 설치. ③울거미는 연귀장부맞춤으로 하고 살은 몰딩으로 세로 반턱맞춤을 함.

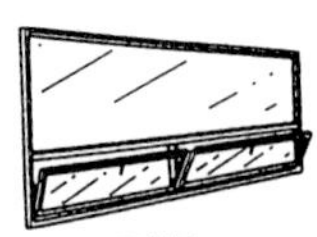
교살문

교실창(教室窓, classroom window) : ①하부에 경첩이 달린 여닫이창과 그 위에 한 장의 커다란 붙박이창으로 구성된 창문. ②보통 창문보다 2배 정도 넓은 창으로 두 개 또는 그 이상으로 병행하여 설치.

교외호텔(郊外－, suburban hotel) : 입지 특성에 따른 리조트 호텔의 일종으로 자동차 공해·주차장 문제 등 시티호텔의 난점을 해결하기 위해 도시를 벗어나 한적한 변두리(郊外)에 세워지는 호텔.

교의(交椅) : 신주(神主)를 모시는 의자.

교주목리(交走木理, cross grain) : ①수축(樹軸)에 따른 목리 분류의 하나. ②정상적인 배열로부터 이탈하여 수축의 방향과 어떤 각도를 이루는 세포의 배열. ③종류는 세포배열 상태에 따라 ㉠파상목리(波狀木理, wavy grain). ㉡나선목리(螺旋木理, spiral grain, 旋回木理라고도 함). ㉢교착목리(交錯木理, interlocked grain). ㉣권모목리(卷毛木理, curly grain) 등

교차(交叉, intersection) : 겹치는 부분만 눈에 보이는 형태들의 중첩상황.

교차궁륭(交叉穹窿, cross vault, groin vault, intersection vault) : ①십(十)자 모양으로 교차시킨 궁륭. ②그로인 볼트·십자볼트(=).

교차형

교차된 아치(交叉-, interlaced arch) : ⇨교차아치(=).

교차리브(交叉-, cross rib) : 보강 또는 장식을 위해 교차볼트의 교차선을 따라 교차시켜 돌출하게 만든 아치모양의 리브.

교차볼트(交叉-) : ⇨교차궁륭(=).

교차부(交叉部, crossing) : 십자가 모양의 교회에서 네이브(nave)와 트랜셉트(transept)가 상호 교차된 부분.

교차부쌓기(交叉部-, crossing) : ①벽이 직교하거나 또는 T자형으로 이어지는 벽. 보통 통줄눈이 생기지 않도록 한 켜씩 건너뛰어 벽돌길이의 반절이 한쪽 벽에 물리도록 들여쌓음. ②⇨모서리쌓기.

교차아치(交叉-, interlaced arches) : 원형의 형태들이 서로 교차하여 구성된 아치틀.

교차아치

교차형 볼트(交叉形-) : ⇨교차아치(=).

교착제(膠着劑) : ⇨접착제(=).

교창(交窓) : ①주택의 부엌 벽이나 광의 벽에 높이 설치하거나 주택 대청의 분합문(分閤門) 상부나 다락 창에 수평으로 길게 설치한 채광용 고정창. ②네짝 분합문 위에 가로로 길게 짜서 끼우는 빛받이 창. ③분합문이 네짝이 달린 문 위에 가로로 길게 난 광창. ④일반적으로 장방형의 울거미를 짜고 창살을 45°와 135°경사각으로 서로 교차시켜 爻字 모양으로 짜 넣음. ⑤살의 문양에는 격자교살·아자(亞字)살·완자(完字)살·정자(井字)살 등 다양한 창살 문양으로 제작됨. ⑥살 짜임새에 따라 단순하게 교차시킨 것을 교창이라고 하며, 나머지는 아자교창, 완자교창·빗살교창이라고 함.

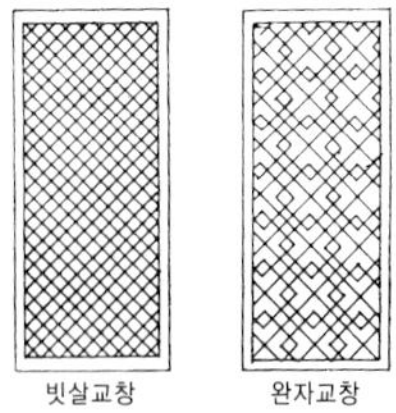

교창

교체(交替, alternation) : ①리듬(rhythm)을 구성하는 요소 중 하나. ②서로 엇갈린 반복 혹은 정확하고 규칙적인 반복으로써 일련의 교대(交代)를 이루는 것. ③많은 다른 순열이나 리듬으로 표현되는 것. ④반복보다 더 역동적인 효과를 주며, 요소와 요소 사이의 간격을 유지하고 요소를 강조하거나 약화시키기도 함. 교체가 자주 일어나면 공간이 좁게 보이고 혼란스럽게 느껴짐. 실내에서는 창문과 벽의 교체 등에서 찾아 볼 수 있음. ⑤대립(=).

교회나들이의자(敎會-椅子, church going chair) : ①16~17세기경 들고 다닐 수 있도록 가볍게 고안된 목재 접이의자. ②좌판이 가죽이나 천으로 되어 있고 등받이는 나선형의 작은 기둥으로 구성된 주랑(柱廊, colonnade) 모티프(motif[프])가 적용됨.

교회나들이의자

구각탁자(構脚卓子) : ⇨트레슬테이블·가대탁자(=).

구겐하임미술관(-美術館, Solomon R. Guggenheim Museum) : ①실업가이자 미술

애호가인 솔로몬 구겐하임(Solomon Guggenheim)을 기념하기 위하여 1956년 라이트(Frank Lloyd Wright : 1869~1959)의 설계로 미국 뉴욕에 세운 미술관. ② 1959년 10월에 개관. 원래 1943년에 제1안(案)이 이미 완성되었으나, 2차대전 후(1947~1951)에 대지가 확보된 단계에서 다시 계획을 세워 건물의 높이는 약 27m, 직경 약 30m의 상부가 넓은 원통형으로 되어 있고, 내부의 중앙은 6층까지 나선형으로 전시벽면과 총연장 400m의 공간 구조로 된 통로가 있고, 이 전시실의 중앙동은 세계에서 가장 현대적인 내부공간으로 유명함. 사무동(棟)은 약간 작은 탑과 2층 높이의 수평 콘크리트 슬래브로 연결되어 있고, 지하에 강당이 있음. ③1943년 이래 그가 수집한 약 2,500점의 작품을 포함하여 20세기의 전위적인 비구상회화 조각을 공개하고 있음.

구겐하임 미술관

구고현(句股弦) : 부등변 직각 3각형의 각 변의 명칭. 짧은 변이 구(句), 긴 면이 고(股), 빗면이 현(弦)이라고 함. ⇨현(=).

구근형 선반가공재(球根形旋盤加工材, bulb turning) : ①크고 길쭉해서 둥근 뿌리 형태와 같은 선반 가공부재. ②선반가공 후 조각을 통해 완성되며, 르네상스시대에 대형 탁자 다리와 침대 기둥에 주로 사용.

구근형 선반가공재

구도(構圖, composition) : 상품이나 작은 도구들을 여러 가지로 짝지어서 의도하는 미적 효과를 다하는 수단.

구두수선공의자(-修繕工椅子, cobbler's bench) : ⇨코블러 벤치(=).

구두쇠 : 전통건축 문짝과 문틀에 박아 문이 열리게 하는 철물.

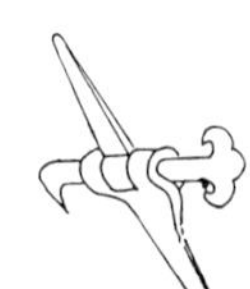
구두쇠

구들 : ①밑으로 고래를 켜서 방을 덥게 만든 방바닥. ②방 밑에 화기가 통하게 하여 난방하는 온돌 구조체. 온돌은 균등하게 더워지고, 습기가 차지 않아야 하며, 가스 유출이 방지되어야 함. 특히 온수온돌인 경우 방열관(구경 16~19㎜)을 배치하여 80~85℃ 정도의 물을 보내어 보온효과를 낸 것으로, 방열관은 20m의 단선을 사용하고 방열관의 간격은 20㎝가 좋음. ③종류는 형식상 나란히 고래·선자고래·허튼고래(동바리 고래)·특수고래 등. ④온돌(=).

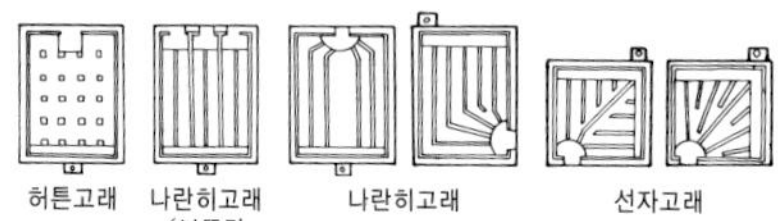

구들고래 종류

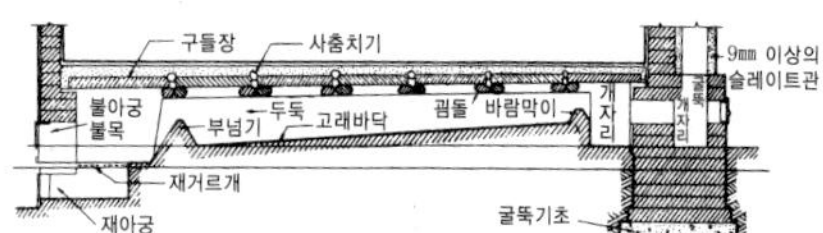

구들단면 상태

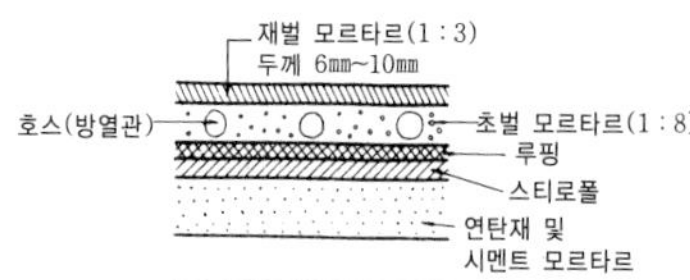

온수온돌 구조

구들미 : 방구들을 뜯어 고칠 때 나온 재나 흙.

구들바닥 : 장판이나 자리를 깔지 아니한 구들의 맨바닥.

구들방식난방장치(-方式煖房裝置, hypocaust) : ⇨하이포우코스트(=).

구들장 : 구들을 놓는 데 쓰이는 얇게 쪼갠 판돌.

구들재 : ①방구들에 낀 그을음이나 재. ② 구재(=).

구량가(九樑架) : ①한식 목조지붕 가구로서 도리가 9개로 된 지붕틀. ②일반적으로 이고주구량가임. ③부석사 무량수전·수덕사 대웅전.

구량각(九樑閣) : ①도리 9개를 써서 만든

네 칸 넓이의 큰 전각(殿閣). 보통 7개의 들보를 쓰는 것이 원칙이지만 집이 너무 넓어서 상연(上椽)의 경사가 급하지 못할 때 2개를 더해서 만든 4칸 넓이의 큰집. ②겹집일 때 스팬(span)이 너무 커서 칠량으로는 물매의 경사가 급하게 잡히지 않을 경우에 도리 두 개를 더 사용하는 가구방식.

구량집(九樑架) : ⇨구량가·구량각(=).

구러시아공사관(舊-公使館) : ①서울특별시 중구 정동 15-1 소재(사적 제253호). 중구청 관리. ②조선 고종(高宗)27년(1890)에 건축된 벽돌조 르네상스풍의 건물로서 설계는 러시아인 사바틴이 했음. 6·25동란 때 파괴되어 탑과 지하 2층만이 남아 있었으나, 1973년 복원됨. 구조는 벽돌조 2층 건물로서 한 옆으로 탑을 세웠음. 탑의 개구부(開口部)는 반원아치이고 그 위는 「페디먼트」(창틀 위의 박공모양 장식)로 꾸몄으며, 일반벽에는 반원아치의 창을 냈고, 날개부 돌출부분에도 「페디먼트」 창을 내었음. 특히 이곳은 고종 건양(建陽) 원년(元年)(1896) 고종황제(高宗皇帝)가 세자(世子)(순종(純宗)와 함께 옮겨 나와 다음해까지 기거했던 곳으로, 사진자료에 의하면 고종이 거처했던 방의 내부 역시 르네상스풍의 실내장식을 했었음. 현재 탑의 동북쪽으로 지하실이 있어 일부만 발굴되었는데, 이것이 경운궁(慶運宮), 즉 지금의 덕수궁(德壽宮)까지 연결되었다고 함.

구러시아공사관

구례 운조루(求禮 雲鳥樓) : ⇨운조루(=).

구른돌(rolled gravel) : ①모난돌이 자연적으로 마모되어 모서리가 무뎌진 돌. ②둥근돌(=).

구름받이 : ⇨운두(=).

구름집 : ⇨운당·도사의 방(=).

구리(copper) : ①Cu로 표시하는 황색 금속. ②주로 황동광에서 정련한 비철금속의 하나로, 전연성(展延性)이 있는 적갈색의 금속원소로 열과 전기의 훌륭한 전도체이며, 전선·수도 파이프 등에 광범위하게 사용되고 청동이나 황동과 같은 합금에 사용.

구리합금(-合金, copper alley) : ①구리를 주성분으로 한 합금. ②황동(Cu-Sn)·청동(Cu-Zn) 외에 인청동(Cu-Sn-P)·알루미늄 청동(Cu-Al)·적동(Cu-Au) 등이 있음.

구매시점광고(購買視點廣告, point of purchase advertising) : ①매장의 외부 전면 또는 내부에 설치하여 고객 또는 통행인의 구매심리를 자극하는 다양한 형태의 광고. ②매장의 간판·윈도 디스플레이(window display)·포스터(poster)·스탠드(stand)·배너(banner)·스트림머(streamer)·가격표(price)·안내사인(information sign) 등 상품의 이해를 돕기 위한 모든 장식이나 전시물. ③전국적인 체인망을 갖는 경우 캠페인과의 연동성(聯動性)·아이덴티티(identity) 형성·매장 지원 등을 고려하여 본사에서 일괄적으로 제작하여 공급. 보통 'POP광고'라고 함.

구멍벽돌(孔洞甓乭, perforated brick, hollow brick) : ①길이로 속에 구멍이 있는 벽돌. ②자중(自重)을 감소시킬 목적으로 구멍을 뚫거나 속이 비게 성형한 후 소성하여 만든 벽돌. ③종류는 구멍의 수에 따라 1공형·2공형·3공형·4공형 등으로 구분하고, 구멍수에 따라 각기 다른 형태와 치수를 가짐. 보온·방음을 위하여 방음벽·단열벽 등에 주로 쓰이며, 건물의 경량화를 도모하기 위하여 칸막이벽(partition wall) 등에 사용함. ④공동벽돌·속빈벽돌·중공벽돌(=).

구면삼각형(球面三角形, pendentive) : ⇨펜덴티브(=).

구면투상(球面透像) : 투상 중심은 구의 지름을 끝점으로 잡고 투상면은 구의 중심을 지나는 평면으로 한 중심투상.

구배(勾配, inclination pitch) : 경사의 정도를 나타내는 용어로 건축에서는 직각삼

ㄱ

각형의 사변(斜邊)이 밑변에 대해 이루는 각도. ⇨물매(=).

구배재학당동관(舊培材學堂東館) : ①서울기념물 제16호(2001년 지정). 서울특별시 중구 정동 34-5호 소재. 학교법인 배재학당 소유. ②벽면은 화강암과 붉은 벽돌구조. ③2층 1동(1,061m). 1916년 3월 건립, 교사동으로 사용되었던 건물로서 우리나라 근대교육적 의미가 크며 우리나라 근대 건축으로써 형식이 우수함. ④구조·외장 및 벽돌구조가 우수하며, 정면 현관, 양측 출입구에 돌구조 현관이 잘 보존되어 있고 정동의 지표(地表)를 고수하고 있으며, 각 창문의 상세도 우수함.

구배재학당본관

구법(構法) : 건축의 구성방법으로 재료 및 구성부품으로 구성된 건물의 실체.

구벨기에영사관(舊-領事館) : ①서울특별시 관악구 남현동 1095-13소재(사적 제254호, 1977년 지정). ②건물은 1903년에 착공하여 1905년에 준공된 지하 1층 지상 2층의 연건평 1,510㎡의 절충식 건축. 설계는 고다마(小玉), 감독은 니시마로(西島), 일본 호꾸리꾸(北陸)토목회사에서 시공하였음. 서양의 고전주의(古典主義)양식 건축물로 대한제국 때 벨기에영사관 건물. 8·15 광복 후에는 해군헌병대가 사용하였고, 1970년 상업은행(商業銀行)의 소유였었는데, 지정문화재(指定文化財) 현상변경허가에 따라 원위치에서 1982년 관악구 남현동 1059-13, 14번지로 이건(移建)되어 오늘에 이름. ③좌우대칭의 평면으로 정면 중앙에 돌출된 현관이 있고 정면 외벽면 1·2층에서 중앙부는 적벽돌로 마감하고, 양끝에는 석조 기둥을 둘렀으며 지붕은 함석 경사지붕임. 붉은 벽돌과 석재를 적절하게 혼용하였고, 고전주의양식의 현관과 발코니의 이오니아양식의 돌기둥 등은 의장상 매우 수려하며, 내부의 문과 계단 등은 옛 모습을 잘 나타냄. ④현재는 서울시립미술관으로 사용 중.

구벨기에 영사관

구상(構想, conception) : 조형적으로 아직 존재하지 않는 어떤 그림.

구상나무(Abies Koreand) : ①전나무과의 상록 침엽교목. ②우리나라의 특산으로 분포는 주로 무등산·덕유산·지리산·한라산 등의 산중턱에서 자라며, 용도는 건축재·상자제작용 및 정원수로 사용.

구상예술(具象藝術) : ①그림·조각·건축 따위와 같이 형체가 있는 예술. ②눈에 보이는 대상을 사실대로 표현하는 예술. ③사물적 예술(=).

구상의 효과(-效果) : ①생태학의 분야에서 사용하는 큰 공간에서 일어나는 작은 공간을 형성하는 행동의 효과. 커다란 내부공간은 균질한 것이 아니고 잘 보이는 곳, 가려서 눈에 잘 안 띄는 곳, 조용한 곳, 떠들썩한 곳 등 각각의 소공간의 특성을 가지고 있음. ②인간의 무의식중에 자리잡고 싶은 자리나 머물고 싶은 위치, 특히 많은 사람이 모이는 공적인 공간인 역의 대합실이나 호텔 로비·레스토랑이나 커피숍 등에서 중앙의 부분보다 벽의 옆이나 코너의 좌석에 먼저 앉게 되는 효과. 지하철도 좌석의 끝부분에 앉는 사람이 많음.

구상적(具象的) : ⇨유기적(=).

구상형태(具象形態, concrete form) : 인간의 시각에 바탕을 두고 눈에 보이는 그대로 충실하게 재현한 형태. 조형상의 형태는 추상형태와 구상형태로 구분.

구상화(具象化, visualize) : 마음 속의 이미지를 일으키거나 형성하는 것.

구새먹음(心材腐敗) : 심재부패(≒).

구서울대학교본관(舊-大學校本館) : ①서울특별시 종로구 동숭동 1-130 소재(1981년 사적 제278호 지정). ②1930년~31년 사이에 지어진 이 건물은 건평 1,623㎡의 3층 벽돌건물로 건축계의 선구자 박길룡

(朴吉龍) 작품. 공사는 일본 미야까와그룹이 시공. ③평면은 장방형이며 지붕의 모습은 세련되고 우아함. 일부 출입구 등에

구서울대학교본관

고전풍의 아치를 지니고 있으나, 대체로 이전의 양식주의(樣式主義)-과거 건물의 양식을 모방하는 주의-를 배격하는 근대 여명기적(黎明期的) 건축. ④서울대학교가 1972년 현재의 관악교사(冠岳校舍)로 옮길 때까지 대학 본부로 쓰였으며, 이 구내에 있었던 서울대학교 건물 가운데 유일하게 남은 건물.

구성(構成, composition, gestaltung[독]) : ①원래 건축용어로 구축(構築) 또는 구조(構造)를 의미하나, 조형적으로는 공간을 성립시키는 여러 가지 조형요소, 즉 색채·형태 등의 조화를 의미. ②조형적인 의미의 구성이란 부분과 전체의 관계가 유기적(有機的)으로 이루어지는 것. 예컨대, 4각형이란 4개의 직선이 유기적으로 조립된 것. 그러나 4각형이란 4개의 직선이 우연히 결합된 것이 아님. 4각형이 되기 위해서 불가결한 요소로서 전체를 유기적으로 형성하는 것이 구성. 따라서 어떤 형태를 비슷하게 복사하거나 모방하는 것이 아니고 창조하는 것. ③형식적·반형식적 혹은 비형식적 구조 등을 의식적으로 사용하든 말든 외곽구조 안에서 형상이나 형태의 배열로 얻어진, 일반적으로 눈에 보이는 경과. ④구성요소를 모아서 한 모양으로 집대성함을 의미. 자연의 최대 희구인 평형상태를 원칙으로 한 변화성의 노출. ⑤통일체를 이루기 위해 요소나 부분들을 적절한 비례나 적절한 관계로 배치·배열하는 것으로 구조나 조직에 대하여 전체의 형태를 위해 적절한 위치에 사물을 부여하는 다양한 요소들의 결합에 의해 형성됨. 이 용어는 독일의 바우하우스에서 처음 시작된 조형의 기초교육을 일본에서 도입할 때 '조형'을 의미하는 'gestaltung'을 '구성'이라고 번역하였는데, 이를 우리 디자인 교육에서 수용한 것에서 비롯됨.

구성능력(構成能力) : ①목적에 맞는 행동을 하기 위한 3가지 능력 중 하나. ②행동을 계획하고 그 행동을 전체적인 과정으로 구성하는 능력.

구성단위(構成單位, units) : 벽돌·타일·콘크리트 블록처럼 일정한 치수의 완성체로 제작되는 건축재료로 일반적으로 치수가 작고 형태도 단순한 형태.

구성도(構成圖, schematic diagram) : 도면, 특히 평면도를 그리는 첫 단계로 다양한 공간들의 기능적 연관관계를 자유로운 형태로 나타낸 그림.

구성디자인(構成-, structural design) : 공간을 장식하는 것으로서 어떤 대상의 기본 형태를 잡아주는 디자인.

구성반자(構成盤子) : 반자의 구석이나 중앙 일부를 약간 높이거나 낮게 하여 층단(層段)을 만들어 장식을 겸한 간접조명의 설치나 음향효과가 있게 한 반자.

구성요소(構成要素, components) : 시스템(system, 體系)의 한 부분으로 간주되는 단순한 요소 또는 상대적으로 복잡한 실체.

구성재(構成材, component materials) : ①형태와 치수가 지정되어 공장에서 생산된 건축재료. 종류는 절단재·구성단위·집성재로 구분. ②건축을 구성하는 것으로서 조립시의 치수의 변경을 수반하는 가공의 여부에 따라 L3, L2, L1, 3가지로 구분. 즉 L3 : 3방향의 치수가 정해져 있고, 그대로 사용될 것으로 예정되는 것. L2 : 2방향으로 절단·절곡 등의 가공이 예정되는 것. L1 : 1방향으로 절단·절곡 등의 가공이 예정되는 것.

구성주의(構成主義, constructivism) : ①제1차 세계대전 직후인 1917년 이후 모스크바에서 시작된 주로 조각 분야의 운동으로 건축에도 광범위하게 적용되었음. 기능적 기계부품의 강조와 함께 구성(construction)의 표현은 모든 건물 디자인의

근거가 되어야 한다는 주장. ②제1차 세계대전 이후 러시아 혁명 직전인 1920~1930년대에 소련의 모스크바에서 일어난 혁신주의 추상예술운동. K. 말레비치(Kasmir Severinovitch Malevich : 1878~1935)에 의해 시작된 슈프레마티즘(Suprematism, 절대주의)을 기반으로 하면서 기술시대의 여건에 적합한 미적 문화를 전개하려 했음. 이 새로운 조형이념이 제기한 문제는 매우 많으며, 유럽의 근대 운동에 커다란 영향을 주었고 아직도 현대예술 속에 살아남아 지금까지 이어지는 개념은 '미를 지닌 효율적인 구조의 본질성'. 그밖에 리시츠키(El Lissitzky : 1890~1941)·로드첸코(Alexander Rodchenco)·가보(Naum Gabo : 1889~1977)·페브스너(Nikolaus Pevsner : 1902~) 등에 의해 1919년부터 적극적인 운동으로 발전하였음. 독일을 시작으로 많은 나라에 영향을 주어 제각기 구성주의로 발달하였고, 바우하우스에서는 모홀리-나기가 초빙되어 구성주의의 교육적 실천을 행하였음. ③제1차 세계대전을 전후로 하여 러시아에서 일어난 조형운동으로서 타틀린·로드첸코·가보·페브스너 등에 의해 입체파나 미래파의 기계적 개념과 추상적 조형을 주요원리로 삼아 일어났음. 구조가 모든 면에서 최대한으로 강조되고 그 강조 속에 건축의 전통적인 부속물. 예컨대 장식이나 양식 등을 모두 버린 결과 가장 효율적인 구조에서 발생한 덩어리와 공간으로 구성된 형에서 미를 추구함.

구성파(構成派, constructivism) : ⇨구성주의(=).

구세군회관(救世軍會官, Cite De Refuge[프]) : 르 코르뷔지에(Le Corbusier : 1887~1965)에 의해 파리 서민가의 복잡하고 부정형(不整形)인 까다로운 조건의 부지에 계획되었음. 남쪽도로에 17m, 동쪽도로에 9m밖에 접하고 있지 않음. 고저차가 있어 동쪽도로는 남쪽도로보다 3m 낮음. 건물은 거의 부지 전체에 들어서 있음. 이 건물의 주요목적은 난민을 위한 500~600명의 숙박시설. 남쪽 유리면은 개축으로 인해 훗날에 브리즈솔레이유가 부가되었음. 계단의 중앙 경계면은 프로그램에 따라 남자와 여자 및 어린이의 영역을 명확히 구분하고 있음. 중앙의 계단마저 중복 설치되어 있음. 내부공간의 2원성과 세로의 구획을 특징으로 함. 중앙의 대(大)계단은 서로 다른 2개의 구역(zone)을 통합하는 장치임. 이 건물에는 2개의 정면성(正面性)이 있음. 남쪽에서는 1층으로, 동쪽에서는 지하층으로 서비스 동선이 설치되어 있음. 법적인 제약을 받아 면 전체가 상부로 40m 정도 기울어져 있음. 형태는 3층의 구성(평활한 유리면인 중간부분에 대해 기단부는 필로티의 유리블록 스커트로, 윗부분은 톱니 같은 예각의 반복으로 구성됨), 층 구성간의 대비(반복적으로 패인 건물 윗부분의 분절은 대지 경계선에 의해 절단된 건물 서쪽 끝 모서리에 맞추어져 있음. 이는 중간부분의 팽팽한 스케일을 기준면에 부여함), 기단부분에 있는 채색된 기하학적 기본형태를 지닌 입체 상호간의 대비(잘려진 직육면체의 입구로부터 다리를 건너 원기둥 모양의 접수부를 거쳐 새로운 육면체의 홀에 이르는 대비) 등.

구스넥램프(gooseneck lamp) : 거위의 목(gooseneck) 같이 자유로이 조절될 수 있는 샤프트(shaft)를 가진 데스크 램프(desk lamp).

구슬꽃송이장식(-裝飾, ball flower) : 구슬을 감싼 3~4 꽃잎 모양의 원형 조각 장식. 영국의 중세 고딕건축에서 주로 사용.

구슬꽃송이장식

구슬선[1](-線, astragal) : ①보통 한쪽이나 양쪽 측면 위에 필렛(fillet)을 가진 반구형의 구슬. ②염주쇠시리(=)·구슬장식(≒).

구슬선[2](-線, bead, beading, bead emboss)

: ①반원(半圓)의 단면으로, 볼록하게 둥근 형태의 몰딩. ②전반적·부분적으로 사용되는 목재·금속 등으로 된 가는 조각이나 부재. ③염주 모양으로 된 선. ④주로 사라센 건축의 장식에 많이 사용. ⑤건물의 이음에 이용되는 정밀한 충전물.

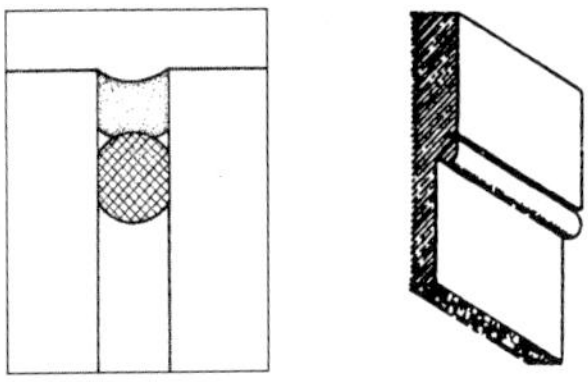

구슬선

구슬자갈(玉砂利) : 자갈 알 모양이 구슬같이 둥근 자갈.

구슬장식(-裝飾, flush bead) : 인접한 표면들과 동일한 높이의 외부표면에 끼워 넣은 구슬선(bead) 또는 볼록한 몰딩.

구심적 구조(求心的構造, centripetal structure) : 중심부로 향하는 구부러지거나 꺾인 구조선의 집단으로 형성된 방사구조의 일종.

구심적 배치(求心的配置) : ⇨가구의 배치방법.

구아삐놀(Gapinol, Hymenaea courbaril L. [학]) : ①쿠바·자메이카의 서인도제도와 멕시코·페루·볼리비아·브라질 아마존에 분포. ②심재는 암갈색 붉은 빛을 띤 갈색이며 암색의 줄무늬가 있으며 변재는 백색 또는 회갈색. 목리는 통직 또는 교착하고 나무갗은 보통. 기건비중은 0.7~0.9, 수축률은 방사방향 2.2~5.8%, 접선방향 5.2~9.3%, 용적수축률은 8.2~14.7%이고 강도는 압축강도 669~1,008kg/㎠, 휨강도 1,765~2,259kg/㎠, 횡인장강도 24.2~38.6kg/㎠, 전단강도 84~187kg/㎠로 강함. 내구성이 있고 가공은 보통이고 마무리는 양호함. 천연건조는 약간 곤란하며 비틀림이 일어남. ③주로 가구·무늬단판·내장·합판 등에 사용.

구아슈(gouache) : 불투명한 수채(水彩) 혹은 템페라(tempera).

구아야칸(Guayacan, Tabebuia guayacan[학]) : ①멕시코·과테말라·콜롬비아·에콰도르 등에 분포. ②심·변재는 구별되며 심재는 올리브색을 띤 커피색 또는 암커피색이며, 때로 줄무늬가 있고 변재는 회황색. 목리는 불규칙하며 파상 또는 통직하고 나무갗은 곱거나 보통. 표면은 유상(油狀)이고 냄새나 맛은 특별히 없음. 기건비중 0.98로 매우 무겁고 가공은 곤란하며, 접선방향 할렬은 약간 용이하고 방사방향의 할렬은 곤란함. 접지내구력은 매우 높고 건조한 나무는 충에 강함. ③주로 가구·구조·조각 등에 사용.

구역(區域, district, zone) : 일정한 특성을 지닌 범위.

구와(舊瓦) : ①조선기와. ②신와(⇔).

구운도리 : ①굴도리의 옛말. ②구운도리는 미(楣)라 하여 예부터 살림집의 가구에 흔히 쓰이는 재목.

구운벽돌(-甓乭) : ⇨소성벽돌(=).

구음재(龜陰齋) : ①경상남도 유형문화재 234호, 16세기 창건, 경남 합천군 가회면 함방리에 위치. 조선 순조 10년(1810년)에 중건한 건물로 명칭은 재실이지만 서원의 기능에 가까운 사례임. ②곽재우 장군이 조직한 의병활동에 적극 참여한 소요당 윤언례 선생이 조선 선조 8년(1575)에 세웠으며 순조 10년(1810)에 중건. ③정면 5칸·측면 3칸의 맞배집. 구조는 ㄷ자형으로 가운데 3칸은 대청이며 동쪽은 방 2칸, 누마루 1칸으로 육영재라 하고, 서쪽은 방 2칸, 부엌 1칸으로 신추당이라 함. 귀음재 앞에는 창고인 고직사와 하인들이 살았던 행랑채로 구성. ④배치나 평면구성에서 ㄷ자형 살림채와 一자형의 행랑채로 구성된 주거와 유사함. 중앙에 육간대청을 펴고 양날개에 온돌방을 둠. 육영재 앞에는 1칸짜리 루를 만듦. 루에는 아(亞)자난간과 온돌방을 설치하고 고물반자나 다락으로 구성함.

구음재

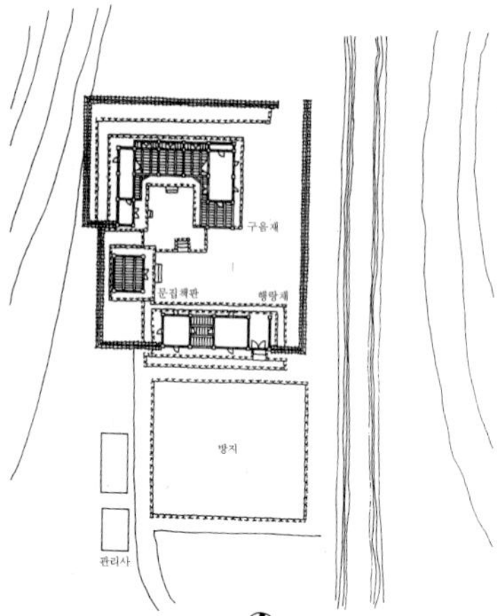

구음재 평면 배치도

구(ㅁ)자집 : ⇨미음자집·말집·또아리집(=).

구재 : 방고래에 철매(연기 속에 섞여 나오는 검은 가루)와 재.

구전(球栓) : ⇨플로트볼(=).

구제일은행본점(舊第一銀行本店) : ①서울특별시 중구 충무로 1가 53소재(서울 유형문화재 제71호, 1989년 지정), 대지 653.6평에 지하 1층, 지상 5층의 바닥면적 353평에 연면적 2,129평의 규모. ②1913년 국내 건물 중 최초로 국제현상설계에 의거하여 신축(1933~35)된 제일은행 본점 사옥. 설계자는 히라바야시 깅교(平林金吾), 시공자는 일본 오바야시그룹(大林組). ③은행 건물로서는 한국 최초의 철골, 철근 구조로서, 특히 한국산 화강석을 사용하였으며, 전면 전층 높이의 석조기둥은 웅장한 멋을 주고 있음. 전체적으로 화려하고 단아한 모양의 비례감을 보여주고 있는 국내 유수(有數)한 전형적인 네오-바로크(Neo-Baroque)양식의 건물. 내부 영업장 천장의 꽃모양의 석고부조(石膏浮彫)는 근대건축 양식의 걸작이라는 평가를 받고 있음.

구제일은행본점

구조(構造, construction) : ①전체의 일반적인 특성을 좌우하는 복합체 속의 일부분이나 각 요소의 구성. ②일정한 질서를 갖고, 형태를 배열하는 방식으로 종류는 활성적 구조·심적 구조·원심적 구조·동심적 구조·집중구조·대조구조·형식적 구조·비형식적 구조·점층구조·비활성적 구조·방사구조·반복구조·반형식적 구조·유사구조·가시적 구조·비가시적 구조·다면체구조 벽구조 등이 있음.

구조강(構造鋼, structural steel, structural shape) : ①구조재로 쓰이는 강재. ②강괴를 가열·분리하여 압연기에 넣어 소요의 형상과 치수를 갖도록 한 것. 종류는 일반적으로 쓰이는 보통강의 일반구조용과 특수강의 기계구조용 탄소강·신제품의 고장력강(高張力鋼)이 있음.

구조강관(構造鋼管, structural tubing) : 정사각형·직사각형 또는 원형 단면을 가진 속이 빈 구조강재.

구조계획(構造計劃, structural design) : 지반이나 외력의 조건에 대한 안전성과 건물의 사용목적에 대한 적합성 및 경제성을 고려하여 구조역학적인 입장에서 구조체의 모양·평면의 형상·뼈대의 형식·벽의 배치·기초의 구조 등을 선택하여 계획하는 것.

구조공학(構造工學, structural engineering, Bautehnik[독]) : 구조물의 설계와 시공기술을 논하는 학문.

구조덱킹(構造-, composite decking) : ⇨컴포짓덱킹(=).

구조디자인(構造-, structure design) : 형태를 장식하는 디자인과는 달리 건물의 기본골격 형태를 디자인하는 것.

구조물(構造物) : 땅 속이나 땅 위에 인공적으로 고정시켜 만든 것.

구조물의 반력(構造物-反力) : 구조물이 외력을 받았을 때 힘의 평형을 유지하기 위하여 그 구조물과 연결된 다른 구조물·지대(地臺) 및 지반(地盤)에 생기는 힘과 모멘트.

구조역학(構造力學, theory of structural analysis and design, Statik der baukonstruktionen[독]) : 구조물에 대한 역학적 관계를 규명하는 학문.

구조용 경량콘크리트(構造用輕量-, structural light weight concrete) : 단위중량이 1,362~1,840kg/m³인 팽창 혈암 또는 점판암 같은 강도가 큰 경량골재로 만든 콘크리트로 압축강도가 일반 콘크리트에 상응하는 콘크리트.

구조재(構造材, frame timber, construction frame, structural timber, structural lumber) : ①건물·물체·사물의 뼈대로 사용되는 부재. 특히 나무구조의 뼈대에 쓰이는 목재, 즉 구조용 목재를 의미. ②건물의 뼈대가 되는 부재이고 큰 하중을 받는 부재이므로 적당히 건조된 것으로 옹이·썩정이·엇결 등 기타 흠이 심하지 않는 것을 택하고, 또 큰 응력을 받는 인장재 접합부 등에는 결점이 적은 것을 쓰도록 함. ③구조재는 침엽수로서 소나무(적송·흑송)·낙엽송·삼송(杉松)·잣나무(오엽송·백자)·전나무 등이 쓰이고, 활엽수로서 밤나무·느티나무 등이 쓰임. 또 외국산으로 나왕·미송·삼나무·회나무(檜木) 등.

구조재료(構造材料) : ①건물의 뼈대가 되는 구조로 사용되는 재료를 총칭. ②목구조용 재료(목재)·철근콘크리트구조용 재료(철근·콘크리트)·철골구조용 재료(철강), 조적구조용 재료(벽돌·블록·석재) 등.

구조적 균열(構造的-龜裂, structural crack) : ①구조물이나 구조부재가 사용하중에 대해 구조적으로 지지하지 못할 때 발생하는 균열. ②주로 설계오류·설계하중을 초과한 외부하중의 작용, 시공불량, 물리적인 손상·폭발·충격·철근부식으로 인한 성능저하 등에 의해서 발생함.

구조적 인체치수(構造的人體値數, structural body dimension) : ①인체계측의 한 방법으로 표준 자세에서 움직이지 않는 피측정자를 인체계측기 등으로 측정한 치수, 즉 인체의 각 부분이 고정되어 있는 자세에서 측정된 치수. ②정적 치수(=)·기능적 인체치수(⇔).

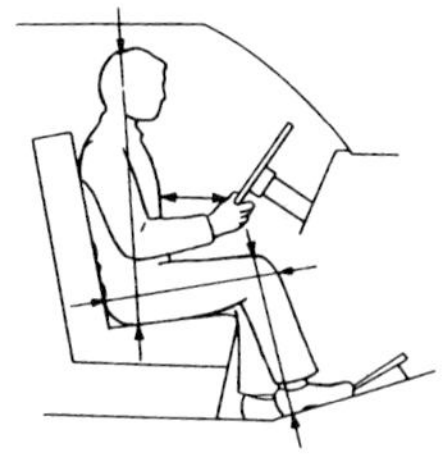

구조적인 인체치수

구조적 장식(構造的裝飾, structural decoration) : 재료 자체가 가지고 있는 원래의 특성이나 물건을 만드는 방법에서 또는 물건이나 그것의 부분이 보여주는 형태 자체에서 생기는 장식.

구조적 점토타일(構造的粘土-, structural clay tile) : 작은 방 또는 원통형과 유사한 형태의 불에 구운 진흙 중공 타일. 건물의 벽이나 칸막이로 사용.

구조적 조명(構造的照明, structural lighting) : ⇨건축화조명(=).

구조적 질감(構造的質感, structural texture) : 피부접촉에 의해 느끼는 표면질감. 즉 인체감각을 통해 실내공간의 표면에 부딪치는 모든 재료에 의한 질감.

구조적 치수(構造的値數, structural dimension) : ⇨구조적 인체치수(=).

구조적 치장타일(構造的治裝-, structural facing tile) : 잿물을 입혀서 구운 점토타일. 주로 치장벽과 칸막이에 사용함. 특히 중요한 내구성·습기 문제 그리고 엄격한 위생이 요구되는 장소에 적합.

구조적 형태(構造的形態, structural form) : ⇨구조형태(=).

구조주의(構造主義, structuralism) : 구조의 각 요소는 변화 가능하나 상호관계는 영원하다고 보고 변화라는 관점에서 불변의 질서를 탐구. 여기서 구조(構造, structure)란 각각은 변화 가능하지만 상호간은 영구적 관계성을 지닌 요소들의 집합.

구조주의건축(構造主義建築, structuralism architecture) : ①문화인류학자 레비 스트로스(Levi Strauss)의 구조주의(structuralism) 인류학(人類學)의 영향을 받아 네덜란드

를 중심으로 전개된 반기능주의적(反機能主義的) 건축운동. ②현대사회의 다양한 현상에 공통적으로 내재하며 다양성을 포용할 수 있는 영구적 구조(構造, structure)를 탐구하는 구조주의(構造主義, structuralism) 철학의 영향을 받음. ③주요 건축가는 알도 반 아이크(Aldo van Eyck, 1918~), 헤르만 헤르츠베르하(Herman Hertzberger, 1935~), 페이트 블롬(Piet Blom, 1934~) 등

구조체 냉각환기(構造體冷却換氣) : ⇨환기.

구조치수(構造値數, structural dimension) : ⇨구조적 치수(=).

구조파(構造派, structural rationalism) : ①19세기 후반 분리파(分離派, sezession[독]) 운동에 이어서 일어난 파로서 철·유리·콘크리트에 의한 과학적·합리적인 구조를 추구하여 근대건축을 개척함. ②대표적인 작품으로는 영국 런던 박람회의 수정궁이나 파리의 에펠탑 등이 있음. ③이러한 경향은 20세기에 있어서 베렌스(Peter Behrens : 1868~1940)·페레 형제(Auguste Perret : 1874~1954, Gustave Perret : 1876~), 가르니에(Charles Garnier : 1825~98) 등에 의해서 더욱 발전함.

구조표면패널(構造表面-, stressed skin panel) : ①휨에 대응하는 바닥·지붕·벽 부재로 사용되는 것으로서, 합판면에 목재 장선을 접착제로 붙여 만든 구조패널. ②합판과 장선은 휨에 저항하는 I형 보와 같은 역할을 하며, 모서리를 보호하고 집중하중을 분산시키기 위해 교차 가새를 설치함.

구조합리파(構造合理派) : ⇨구조파(=).

구조형태(構造形態, structural form) : 사물의 물리적인 상태나 구조에 따라 보이는 형태.

구족반(狗足盤) : ①개의 다리와 같이 안쪽이 휘어져 있는 모양의 다리로 구성된 소반. ②개다리소반(=).

구주소나무(松, Red pine, Scotch pine) : ①유럽 및 서아시아·북부아시아·러시아 동남부·일본 북부에 분포. ②변재는 담황백색, 심재는 담황갈색으로 구분이 명확하고 연륜은 비교적 뚜렷한 편임. 목리는 통직하고 나무갗은 치밀. 기건비중 0.45, 전건비중 0.42, 수축률은 방사방향 4.0%, 접선방향 7.7%, 용적수축률 12.4%로 보통. 강도는 압축강도 290kg/㎠, 휨강도 652kg/㎠, 인장강도 950kg/㎠, 전단강도 80kg/㎠로 약함. 내후 보존성이 높고 절삭가공성이 양호하며 건조·접착·도장·내수성이 양호함. ③주로 건축·가구 등에 사용.

구주식(九柱式, enneastyle) : ⇨에네아스타일(=).

구찌(Gucci, Domenice) : ①17세기에 루이 14세 양식으로 디자인한 훌륭한 프랑스 캐비닛 제작자. ②금·동·색 있는 돌·장식품 등으로 디자인한 것이 특징. ③구찌는 불(Boulle), 카페리(Caffieri)의 경쟁 대상자였음.

구체(軀體, frame, skeleton) : ①건물·가구 등의 뼈대를 이루는 부분 또는 몸체. ②골조(=).

구체미술(具體美術, concrete art) : ⇨구체예술(=).

구체방수(具體防水, concrete waterproof) : 콘크리트 모체 자체의 방수를 요하는 공법으로 옥상이나 지하실 등 구조 콘크리트 작업시 레미콘에 혼합 타설하여 방수 효과를 얻을 수 있는 공법으로 경제적이고 반영구적인 공법.

구체예술(具體藝術, concrete art) : ①테오 반 되스부르크(Theo van Doesburg : 1883~1931)의 구체 미술 선언서(1930)에서 비롯된 예술로 자연물 자체가 가지는 구체적 성격을 그대로 회화적 존재로서 받아들이는 경향으로 단순한 구성, 비재현적 시각형태를 지향하며, 연속적 구성 원칙이라는 구조관념과 연계되어 있음. 화가들의 행위는 추상의 과정을 전도시키려는 것이라는 추상예술의 편애에서 만들어진 것. 즉 추상예술이 등장하면서 그 이전의 예술에 대하여 붙여진 추상예술과 대립되는 개념. 막스 빌(Max Bill)은

구체예술을 '감각적이고 실체적인 형태에서 추상적 사고를 재현'하려는 노력이라고 정의함. 구상과 동의어로 사용되기도 함. ②자연물 자체가 갖는 구체적 성격을 그대로 회화적 존재로서 수용하는 입장을 취하는 경향으로 추상예술에 대립되는 개념.

구축물(構築物) : 토지 위에 건설하여 일정한 기능을 갖도록 만든 구조물.

구축술(構築術, tectonics) : 구조상의 형태를 만들고 장식하거나 재료를 조합하는 과학·예술.

구타에(guttae) : ⇨물방울장식(=).

구형건축(球形建築) : ①건축형태를 구형화한 것. ②E. 블레, C. N. 르도 등 18세기 말의 프랑스 건축가들이 구상한 것이 대표적인 예.

구형밸브(球形-) : ⇨글루브밸브(=).

구형보(球形樑) : 보의 단면이 장방형으로 모리 부분만 곡선으로 굴린 일반적인 보.

구형형태(球型形態, rounded form, spherical form) : 종단면(從斷面)에 있어 공이나 원과 같은 구체의 모양으로 되어 있는 형태로 모든 요소들이 고정된 점으로부터 같은 거리에 있는 3차원의 표면.

국립공원(國立公園, national park) : ①우리나라 자연공원법 제2조 '국립공원이라 함은 우리나라의 풍경을 대표할 만한 수려한 자연풍경지'라고 되어 있음. ②국립공원의 총면적은 6천4백73㎢에 해당하며 육상이 16곳, 해상이 3곳, 사적이 1곳. 그런데 최근 전국 주요 국립공원이 포장·비포장 횡단도로로 단절되어 '외로운 생태섬'이 되는 바람에 동식물 서식환경을 크게 해치고 있음.

국민주택(國民住宅) : 국민주택기금에 의한 자금을 지원받아 건설되거나 개량되는 주택.

국방색(國防色, olive drab) : ①관용색명으로 어두운 회색 노랑. ②먼셀기호 7.5Y4/2.

국보(國寶 national treasures) : ①목조건축·석조건축·전적·서적·고문서·회화·조각·공예품·고고자료·무구(武具) 등의 분야 중 역사·학술·예술·기술적인 면에서 가치가 높고, 제작년대가 오래되고, 시대를 대표하며, 유래가 드문 것 중에서 문화재위원회의 심의를 거쳐 지정한 것. ②보물에 해당하는 유형문화재(건조물, 전적, 고문서, 회화, 조각 등) 중 역사상, 학술상 보존가치가 있는 것으로 가치가 크고 유례가 드문 것.

국부난방(局部煖房) : 온돌과 같이 각각의 실에 설치하여 필요한 곳만 사용하도록 하는 패널히팅(panel heating)과 난로나 파이어 플레이스(fire place) 등에 의한 부분난방.

국부부식(局部腐植, local corrosion) : 금속 표면의 부식이 전면적이 아닌 부분적으로 현저하게 진행되는 것.

국부저항(局部低抗, local resistance) : ①유체(流體)가 흐르는 관의 곡부(曲部)·밸브·분기부(分岐部) 덕트 등에 생기는 저항. ②관로(管路)의 단면현상이 변화하거나 꺾이거나 분기·합류하는 부분에서 복잡한 와류현상이 생기고 압력손실이 생기는 것. 일반적으로 압력손실은 속도압에 비례함.

$$\Delta P = \zeta \frac{\gamma}{2g} v^2$$

여기서, ζ는 압력손실계수(국부저항계수), λ는 마찰계수.

국부전지(局部電池, local cell) : 하나의 금속체 표면의 상태 차이에 의해 형성되는 전위차가 원인이 되어 금속체 표면의 국부에서 형성되는 단락전지.

국부조명(局部照明, partial light, local lighting) : ①고명도의 집중조사(集中照射)에 의한, 비교적 제한된 작은 면적만의 조명. ②실내의 어떤 일부분만을 강하게 조명하는 방식으로 작업상 필요한 장소이거나 조명연출이 효과적으로 요구되는 장소에 부분적으로 사용하며, '부분조명'이라고도 함. ③작업을 위해서 사용하는 작업조명과 특정 부위(물체)를 강조하기 위한 악센트

조명으로 구분. 어떤 건축적인 요소에 초점을 집중시키거나 같은 공간(室)에서 지각적으로 영역을 구획하고자 할 때도 사용됨. 상품의 강조를 위한 극적인 조명효과를 위해 상업공간이나 전시공간에 많이 이용됨.

국사전(國師殿) : ①국사(國師)나 왕사(王師)를 모신 전각. ②고려시대부터 나라의 스승이 될 만한 스님을 국사(國師)로 모셨고, 왕의 스승을 왕사(王師)라고 불렀음.

국소오염(局所汚染) : ⇨국지오염(=).

국소환기(局所換氣, local or spot ventilation, local exhaust) : 오염이 생긴 장소에서 오염이 실 전체에 확산되기 전 배기하는 방법으로 가장 효율적인 오염제거 방법임. 실내의 특정 장소를 대상으로 하므로 주로 특수작업, 공장건축 또는 연기나 냄새가 많이 나는 주방이나 불에 굽거나 익히는 요리인 경우의 식탁 상부 등에 사용.

국자형 의자(-形椅子, scoop seat) : 좌판이 완만한 곡선으로 오목하게 파인 고전적인 의자로, 18세기 후반 영국의 가구 디자이너인 셰라턴(Sheraton)과 프랑스의 제국양식(Empire style)에서 재현되었음. 최근에는 합판으로 성형된 변형 형태가 제작됨.

국자형 의자

국제건축(國際建築, international architecture) : ①1925~50년대 건축계를 지배하던 움직임으로 철과 유리 등의 근대적인 재료를 사용한 합리주의적 조형의 건축물. ②독일에서 이 용어가 사용되기 시작하였으며, 1925년 건축가 월터 그로피우스(Walter Grophius : 1883~1969)가 바우하우스(bauhaus)의 간행물인 총서 제1권의 표제를 '국제주의 건축'이라 함으로써 1930년대에 세계적으로 널리 유행했던 건축사조. ③그로피우스는 건축의 재료가 일부 제한된 지역에 한하지 않고 전 세계 공통의 것이어야 한다는 입장에서 건축의 합리주의를 주장하여, 과거의 전통적인 양식을 버리고 장식을 억제하는 대신 기능을 중시한 주로 상자형의 입방체 벽면과 유리면에 의한 건축형태를 추구함. 또한 공업화나 경제성이 추구되어 세계 어디서나 동일하게 세워진 건축물은 근대주의(modernism)의 건축물로서 제2차 세계대전 이후 더욱 국제성을 띠고 전 세계적으로 널리 유행. 그러나 지역성을 배제했다는 비판과 함께 너무 금욕적이라는 비판으로 포스트모더니즘의 출현을 야기함.

국제디자인회의(國際意匠會議, International Design Congress) : 제1차는 1951년 9월 CoID(The Council of Industrial Design) 주최하에 기업경업에서 '디자인 폴리시(design policy)'라는 주제로 런던의 Royal College of Art에서 개최. 제2차 회의는 1953년 9월 '공업미(工業美)'라는 주제하에 프랑스의 공업디자인 연구기관인 Institut d'Esthétique Industrielle의 주체하에서 파리에서 개최.

국제실내디자이너협회(國際室內-協會, International Society of Interior Designers ; ISID) : 1979년 창설되었고 미국·영국·일본·멕시코에 지부를 두고 있음. ISID는 실내디자인 산업과 대중 모두를 위한 국제 감각의 디자인 아이디어와 상품개발에 있어 지도적 역할을 담당해 왔음. 개업인(開業人)과 실내디자인 산업에 상품과 용역을 제공하는 회사들에게 우수한 디자인을 개발해야 할 책임이 있다고 강조함. 회원들에게 회람신문·강의·세미나·지부활동·시상 프로그램과 같은 많은 다양한 프로그램·활동 등을 제공함. 회원은 전문회원(최소 6년 이상의 교육과 실무경험 또는 연속 8년의 실무 디자인의 실무경험 또는 NCIDQ시험에 통과한 자)과 준회원(전문회원과 같으나 NCIDQ시험에 통과하지 못한 자) 기타로 구분.

국제양식(國際樣式, international style) : ①

제1차 세계대전 후의 건축양식의 흐름으로 장식을 사용하지 않고 넓은 유리로 된 공간과 평평한 지붕과 같은 요소로 특징지어지는 실내디자인 양식. 기능주의를 강조. 1920년 유럽에서 유래되어 바우하우스에서 발달함. 약 1930년대부터 최근까지 세계적으로 퍼진 지배적인 현대적 양식. ②1차 세계대전 이후 유럽과 미국에서 발전하기 시작한 기능주의에 바탕을 둔 건축·디자인의 경향으로 1920년대 독일의 바우하우스(Bauhaus)를 중심으로 1930년대 이후에는 세계적인 주류를 이루었음. 이 명칭은 1932년 미국 뉴욕박물관에서 개최된 국제건축박람회의 소개 책자에서 필립 존슨(Phillip Johnson : 1906~)과 헨리 러셀 히치콕(Henry Russell Hitchcock : 1903~)이 처음 사용함으로써 퍼지기 시작한 용어로, 이후 50년대를 지배하는 건축계의 움직임으로 건축의 개성이나 지방성을 교통·재료·기술 등의 세계적 공통성을 위해 세계성·국제성 속에 포함시키려는 움직임이 주장되었음. 장식이 완전히 배제되었으며, 큐빅(cubic) 형태가 많이 선호됨. 흰색이 주로 사용되었으며, 둥그스름한 모서리를 선회하며 수평적으로 강조된 창문들이 유행됨. 청교도적인 정신이 나타났으며, 처마가 없는 지붕들은 벽의 평면과 동일한 면으로 마무리됨. 이 결과 형태들은 입체파 및 추상예술과 매우 흡사함. ③⇨국제건축(=).

국제양식

국제인테리어디자이너연맹(國際-聯盟, International Federation of Interior Designers) : ①1963년 네덜란드의 암스테르담에서 네덜란드·벨기에·덴마크·프랑스·서독·스위스·오스트리아·스웨덴·노르웨이 등 9개국의 인테리어 디자이너 단체 대표들이 모여 인테리어 디자이너의 사회적 지위 향상과 국제적 상호 이해를 깊게 하고 전문 및 경계영역 분야의 디자인에 대한 이해와 연구를 목적으로 창설. ②감각적 창조와 조형적 해결을 위해 기술개발과 교육 분야의 문제로 나누어지는 각종 세미나를 마련하고 있음. ③이 회의는 2년마다 개최. 약어로 IFI.

국제적 브루탈리즘(國際的-, International Brutalism) : ①르 코르뷔지에(Le Corbusier, 1887~1966)의 후기 작품에서 유래된 노출콘크리트(exposed concrete)의 거친 질감(texture)에 의한 미학적 측면을 강조한 건축사조. ②주요 관련 건축가로는 스미드슨 부부(Alis & Peter Smithson), 스털링(James Stirling : 1926~92), 칸(Louis I. Kahn : 1901~74) 등이 있음. ⇨브루탈리즘.

국제주의(國際主義) : ⇨국제양식(=).

국지기후(局地氣候) : ⇨미기후(=).

국제주의양식(國際主義樣式, internationalism style) : ⇨국제양식(=).

국지오염(局地汚染) : ①하나의 점발생원에서 배출되는 오염물질에 의해 발생. 어느 한정된 지역에서 볼 수 있는 오염현상임. ②공장의 배기가스·배수 등에 의해 구체적으로 진청·감청이 되어 나타나는 경우가 많음. ③광역오염에 대해 사용되는 말로서, 국소오염이라고도 함.

국화(菊花) : ①국화 동자정. ②문짝이나 난간의 원죽 따위에 박는 못. ③창문에 박은 못끝이 베 나온 곳에 끼우는 쇠붙이 장식. ④국화정.

국화반자(菊花半子) : ①국화무늬를 새긴 반자. ②우물마루 청판에 국화무늬를 새김질하거나 그린 반자. ③⇨국화(=).

군두쇠 : 큰 재목을 산에서 운반할 때 재목의 한쪽 머리에 박고 거기에 줄을 매어 끄는 굵은 쇠고리.

군자정(君子亭) : 1990년 6월 30일 전라북도 유형문화재 제133호로 지정. 고부리 지방도로 남쪽의 연못 한가운데 있는 유명한 연정(蓮

군자정

ㄱ

亭). 창건년대는 불확실하나 연못은 오래 되었으며, 송나라 철학자 주렴계(周廉溪)의 「애연설(愛蓮說)」에 나오는 '연(蓮)은 꽃의 군자(君子)니라(蓮花之君子者也)'에서 명칭이 유래했다고 함. 조선 중엽 이후 고부군수들이 모두 1년이 못 되어 좌천되거나 파직되고 당시 마을에서 과거급제자가 나오지 않는 것은 연정이 황폐한 때문이라는 말이 나돌아, 1673년(현종14년) 군수 이후선(李厚先)이 연못을 파내고 정자를 개수하자 연꽃이 만발하고 진사를 배출하였다는 설화가 있음. 기록에 의하면, 남쪽 언덕에 노송 두 그루가 있어 한 그루는 연못 아래 있고 한 그루는 정자의 담 아래를 덮어 연정에 운치를 더하다가 1920년경 말라 죽었다고 함. 1764년(영조40년) 군수 이세형이 중수하고, 군수 조규희가 군내 19명의 인사들에게 받은 몇 천 냥의 기부금으로 1905년 중건함. 정면 4칸, 측면 3칸 규모. 지붕은 겹처마 팔작지붕으로 추녀에는 활주가 받치고 있음. 외벌대 기단 위에 덤벙주초를 놓고 두리기둥을 사용. 공포는 쇠서 끝을 직절(直切)한 초익공 형식. 벽면은 정면만 터있고 나머지 삼면은 창호를 설치. 가운데 방이 있고 주위에 마루가 둘러 있는 형태. 마루높이가 다양한 것이 특징. 한자 남짓 높은 누마루를 구성했고, 우측의 마루 두 칸은 다락마루처럼 높게 구성. 부설된 계단을 통해 이 마루에 오르면 연못이 한눈에 들어옴.

군지촌정사(涒池村精舍) : ①중요민속자료 제155호, 1535년(중종30년)에 해주목사와 병조참판을 지낸 심안지(沈安智)의 손자 심광정(沈光亭)이 창건, 조선 후기 중수. ②배치는 문간채와 안채, 사랑채가 모두 3~4칸의 작은 초가집으로 구성. ③문간채는 가운데 대문간을 두고 좌우로 각 두 칸씩의 방 및 곳간을 덧댄 5칸 홑집의 초가집. ④안채는 정면 4칸, 측면 2칸의 형식. 막돌로 허튼층쌓기. 외벌대의 높은 기단 위에 자연석 주초를 놓고 원주를 세운 초가집. 기둥 상부는 장여와 보아지로 보강한 사개맞춤으로 보와 도리를 받치고 있어 살림집으로 격식을 갖춤. 우측 마루 전면에 두 짝 여닫이 판장벽을 달아 폐쇄적인 마루방 형식으로 일부 개방적이고 일부는 폐쇄적인 구성을 함. 기둥 한가운데 기둥이 박혀 어색한 모습은 원래 전·후툇집이었다가 나중에 두줄백이 집으로 바뀐 것으로 추정됨. 마루방은 우측 벽에 가설된 벽감을 신주를 모시는 가묘로 사용하고 있는 것으로 보아 제청(祭廳)으로서의 역할을 강하게 가짐. ⑤사랑채는 정면 3칸, 측면 2칸 규모로 일부는 전후 툇간의 수법을 사용한 겹집의 형식으로 일부는 안마당과 일부는 바깥마당과 공간적으로 연결됨.

군지촌정사

정사 앞 하마석(노둣돌)

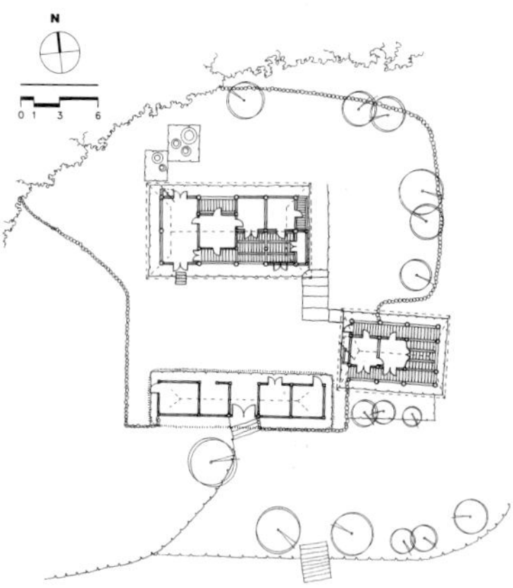

군지촌정사 배치도

군집(群集) : 불특정 다수의 사람, 동물 등이 떼지어 한 곳에 모임.

군집건축(群集建築) : ⇨단체건축(=).

군집밀도(群集密度) : ①사람 수를 군집의 점유면적으로 나눈 값. ②단위는 인/㎡. ③종류는 gross 밀도와 net 밀도가 있음.

군집배치(群集配置, clustered organization) : 기하학적 결합배치라기보다는 서로

가까이 있는 영역을 연결하여 그룹화한 공간배치.

군집주거(群集住居, cluster housing) : 공동의 여가활동을 위한 개방공간을 확보하기 위해서 상당히 큰 대지 위에 다수의 주택을 일정 수만큼씩 모아서 배치한 주거단지. 예컨대, 예술인촌 등을 말함.

군청(群靑) : ⇨군청색(=).

군청색(群靑色, ultramarine blue) : ①관용색명으로 보라빛을 띤 파랑. ②남청색(藍靑色 ; 짙은 검푸른 색) 안료 및 그 색을 말함. ③먼셀기호 7.5 PB3.5/11.

군치리 : 개고기를 안주로 하여 술을 파는 집.

군화의 법칙(群化-法則, grouping) : ①전체 가운데 어떤 부분이 다른 것보다 밀접하게 결부되는 인자를 가질 때 그 부분이 그룹(group)을 이루는 것. 일반적으로 크기·형상·색상·위치·방향·속도의 유사성 등의 요인을 취함. ②실내공간에 있어서 벽·창·출입구·기둥·천장·바닥 등은 실내를 구성하는 한 부분으로 이를 구성하는 부분(단위)을 몇 개로 합쳐서 보는 경향. ③요인에는 ㉠근접요인 : 가까이 있는 것끼리 합치기 쉬움. ㉡유사요인 : 형·색·질감이 비슷할수록 합치기 쉬움. ㉢폐합요인 : 닫혀 있는 형이 정리되기 쉬움. ㉣연속요인 : 일정한 방향에 연속한 물건이 정리되기 쉬움. 등이 있음.

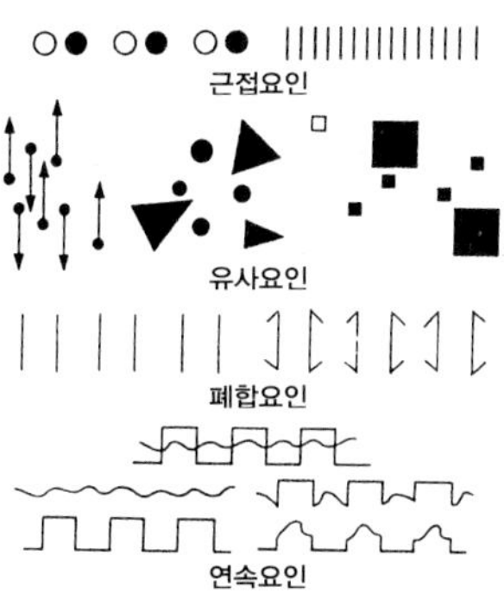

군화의 법칙

굳은돌 : 화강암이나 안산암 따위의 단단한 돌.

굳지 않은 콘크리트(fresh concrete) : ①비빔 직후부터 응결과정을 거쳐 소정의 강도를 나타낼 때까지의 콘크리트. ②생콘크리트(=).

굴곡(屈曲, flexion) : ⇨유착(=)· 신전(⇔).

굴곡시험(屈曲試驗) : 금속재료의 시험편을 규정의 안쪽 반지름으로 굽힌 각도가 규정의 수치로 될 때까지 구부릴 때, 굴곡부 바깥쪽의 파열 및 기타 결점 유무의 조사.

굴곡장부(屈曲丈夫) : ⇨장부.

굴껍질장식(-裝飾, oystering) : ①나무판(veneer)에 굴 껍질 문양을 만들어 가구의 표면에 붙이는 장식. ②호두나무나 러버넘(laburnum) 나뭇가지를 얇게 갈라서 생긴 나뭇결을 연속적으로 붙여 문양을 만듦.

굴대[1] : ⇨두겁대·돌란대(=).

굴대[2](spindle) : 모양이 수레바퀴의 축(軸)처럼 가늘고 긴 원형의 부재로 의자의 등받이나 다리·계단 및 기둥의 장식적인 요소로 윈저가구(Windsor furniture)에 사용되기도 하였음.

굴대

굴대등받이윈저의자(-椅子, spindle back windsor chair) : 등받이가 단순한 상부 가로대와 굴대로 이루어진 초기 형태의 영국 윈저의자.

굴도리(round beam, round purlin(e)) : ①도리(道理)의 단면 모양이 둥근 것. ②도리를 긴 통나무인 채로 다듬어 사용하는 것. ③상류주택이나 궁궐주택에서 사용. ④시대에 따라 둥글게 깎는 방식이 다르며 받침장여와의 접착기법도 서로 다름. 칸살에 따라 도리를 이어가는 이음새도 시대적인 차이가 있음. ⑤원도리·둥근도리(=)·납도리(⇔).

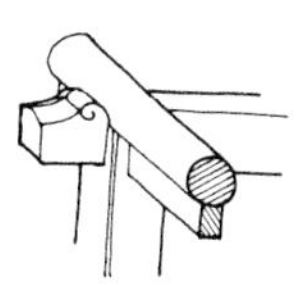

굴도리

굴도리집 : ①단면이 사각형인 도리로 꾸민 집. ②소로받침과 네모난 도리로 된 집. ③굴도리는 상류층 집에서만 쓸 수 있기 때문에 납도리집과 구별하려고 굴도리집을 무익공집이라고 부르기도 함. ④무익

공집(=).

굴뚝(chimney) : 벽난로에 소용되는 하나 또는 그 이상의 작은 굴뚝을 포함하는 불연 구조물.

굴뚝단지 : ⇨침니 포트(=).

굴뚝돌출부(-突出部, chimney breast) : ⇨침니 브레스트(=).

굴뚝마개 : ⇨침니 캡(=).

굴뚝바 : ⇨침니 바(=).

굴뚝아치 : ⇨침니 아치(=).

굴뚝측면 : ⇨침니 치크(=).

굴뚝효과(煙突效果, stack effect, chimney effect) : ①건물 내 공기 온습도의 차와 공기밀도차에 의한 자연환기가 발생하는 현상. 극간풍의 원인이 됨. ②부엌·욕실 및 화장실 등의 수직 파이프나 덕트(duct)에 의해 환기가 이루어지는 곳에서 환기 경로의 유효높이가 몇 개 층을 관통하여 길어짐으로써 온도차에 의한 자연환기가 발생하는 현상. ③실외벽에 개구부가 있으면, 위쪽에서는 실내공기가 밖으로 유출하고 동시에 아래쪽에서는 외기가 실내로 유입하는 현상. 굴뚝효과는 실내공기의 유동이 거의 없는 경우에도 환기를 유발시킴. ④폭에 비해 높이가 높은 실내공간에서 실내공기의 온도가 외기온도보다 높은 경우 상부에서 공기가 유출되고 하부에서 유입되는 현상. ⑤연돌효과(=).

굴렁쇠형 등받이의자(-形-椅子, hoop back chair) : ⇨후프 백 체어(=).

굴름받이(cleat) : 중도리(purlin) 옆 ㅅ자보 위에 중도리의 전도를 막으려고 5~6cm 각재를 15cm 길이로 잘라 ㅅ자보에 빗턱 넣고 못박기한 부재.

굴린 모서리(eased edge) : 가구 제작에 있어서 사용하기에 너무 날카롭지 않도록 약간 동그랗게 굴린 모서리.

굴린 모서리

굴림 : 목재 또는 철재 등 부재의 모서리를 모나지 않게, 즉 둥글게 만드는 일.

굴림백토(-白土) : ①백토(白土)를 잘게 부수어 왕모래를 추려 낸 백색의 고운 흙으로, 회벽 대용의 벽 마감재로 이용. ②사벽(砂壁)을 치는 데 쓰는 재료. 황조점토(黃粗粘土)가 마르면 균열이 가므로 이를 방지하려고 연토(練土)하여 완성한 백토.

굴목 : 방의 난방을 위해 불때는 아궁이가 있는 방(제주도).

굴물대 : ①대팻집과 대팻날이 볼록하게 솟은 대패. ②굴도리 따위의 둥근 나무를 밀 때에 쓰는 대패.

굴절(屈折, reflection) : ①빛이 물체에 부딪치면 반사와 동시에 투과(透過)하는데 서로 다른 매질(媒質)이 통과할 때는 굴절함. ②매질의 표면이 수직일 때는 굴절이 일어나지 않으나 각도가 있을 때는 굴절함. ③입사각이 커질수록 투과하는 빛의 양은 감소하고 반사하는 빛의 양은 증가함. 광선이 어떤 매질로부터 속도가 달라지는 또 다른 매질로 비스듬히 통과할 경우 진행방향이 바뀌는 현상. ④빛이 하나의 투명매체에서 다른 매체로 들어갈 때 빛의 방향이 변하는 것. ⑤굴절의 법칙은 다음과 같음. ㉠입사광선·법선·굴절광선은 같은 평면상에 있음. ㉡한 쌍의 투과매체에 대해서 그 굴절률은 일정하면(Snell의 법칙), 광선이 평행한 두 면으로 된 한 장의 유리를 통과할 때 굴절광선의 방향은 입사광선과 나란하나 이중굴절(크기는 같으나 방향이 반대인 2개의 굴절)로 인해 그 위치는 변하게 됨.

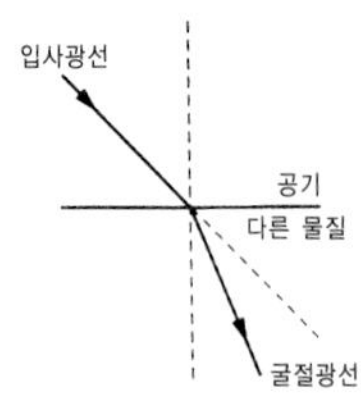

빛의 굴절

물질별 빛의 굴절률

물질	굴절률	물질	굴절률
공기	1.000291	수정	1.55
물	1.33	루비	1.76~1.77
에틸알코올	1.36	사파이어	1.76~1.77
유리	1.51	다이아몬드	2.419

굴절각(屈折角, angle of reflection) : 굴절된 선이 입사 지점에서 두 매질이 접한 면의 법선과 이루는 각도.

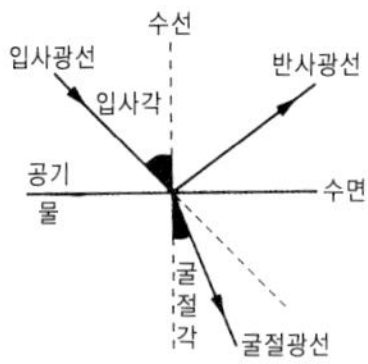

입사각과 굴절각

굴절률(屈折率, reflection) : 빛 또는 음이 다른 매체(媒體)에 들어갈 때 굴절하는 비율. 진공 속 빛의 속도와 물질 속 빛의 속도와의 일정한 비.

굴절배열형(屈折配列形) : ①매장계획시 진열대 배치유형의 일종. ②진열대의 배치와 고객동선이 굴절 또는 곡선으로 구성되는 상점. ③대면판매와 측면판매 방식이 조합된 방식. ④안경점·양품점·문방구점 등. ⑤고가(高價)인 소형 상품에 많이 적용.

굴참나무(桂皮櫟, 靑剛柳, 欒, chinese cork oak, cork oak, oriental oak, Quercus variabilis blume) : ①강원 중부 이남의 온난대지역, 일본 중부 이남에 분포. ②변재는 회백색, 심재는 적갈색으로 심·변재 구분이 명확한 편이며 연륜도 매우 뚜렷함. 환공재(環孔材)로 나무갗은 거칠고 단단하며 결은 고우며, 광택은 보통. 기건비중 0.83, 수축률은 방사방향 7.6%, 접선방향 13.6%로 크며 강도는 압축강도 530kg/㎠, 휨강도 1,160kg/㎠, 인장강도, 전단강도 강함. 충격·휨·흡수에너지는 크며, 경도는 낮음. 수축성은 크고, 흡수성은 보통. 건조성과 대패가공성은 불량하며, 휨가공성은 양호함. 접착성은 양호하고, 도장성은 불량함. 합판제조적성은 보통이고, 파티클보드 제조적성과 섬유판 제조적성은 불량함. 시멘트경화성은 불량하고, 내후성은 보통. 탄화특성은 탄화율이 높고, 원목소요량은 적음. 목탄의 발열량과 회분함량은 보통이고, 정탄소함량은 많으며, 경도는 보통. 목탄제조 및 펄프화적성은 양호함. 상수리나무와 비슷하며 내구성·가공성은 보통. ③주로 화장단판·건축(건구·내장)·기구·가구·선박·펄프·목탄·버섯재배·표피는 코르크로 사용.

굴천장(-天障, tunnel-formed ceiling) : 반원통 모양의 굴 같은 천장.

굴피 : 참나무 껍질을 0.5치(寸) 정도 두께, 폭 1척(尺), 길이 3척 정도로 벗겨낸 것.

굴피집 : ①굴참나무의 굵은 껍질로 지붕을 얹은 집. ②지붕에 너와 대신 굴피를 덮은 집. ③20년쯤 자란 상수리나무 밑동에서 떼어낸 껍질로 지붕을 만든 집. ④굴피는 처서를 전후하여 참나무껍질을 벗겨 건조시킨 후 덮는데, 보통 3년 주기로 교체 보수하며, 보통 두 겹으로 덮음. ⑤보통 2겹으로 끝부분이 겹쳐지도록 비늘 모양으로 이어가는데, 지붕 처마 쪽부터 위쪽으로 이어짐. 이음이 끝나면 지붕이 비와 바람에 파손되지 않도록 '너시래'라는 길쭉한 나무 장대를 여러 개 걸쳐놓고 지붕 끝에 묶거나 돌을 올려놓아 고정시킴. 비가 오거나 습할 때는 부피가 늘어나 비나 습기를 막아주지만 겨울에는 건조하여 수축하므로 틈새가 생겨 난방에 어려움이 있음. ⑥삼척시 신기면 대이리에 중요민속자료 제223호로 지정된 굴피집이 보존되어 있음. ⑦고려시대 이전부터 사용되었으며 삼국시대 이후 우리 문화가 전수된 일본에서도 나무껍질을 여러 켜로 이어 만든 지붕을 찾아볼 수 있는데 규슈[九州]의 광륭사(廣隆寺) 법당과 나라[奈良]의 가스가신사[春日神社]에 전시되어 있는 예 등이 대표적임.

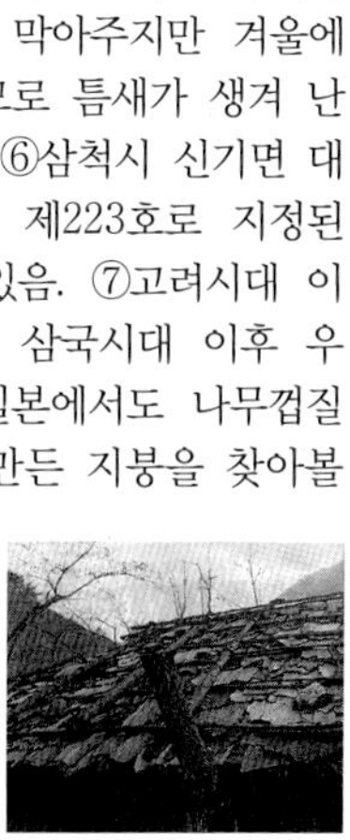

굴피집

굵은골재(-骨材, coarse aggregate) : ①입자 지름이 5㎜ 이상인 것이 85%(중량비) 이상 포함되어 있는 골재. ② 굵은모래(=).

굵은모래(coarse sand) : ①입도(粒度)가 비

교적 굵은 모래로 일반적으로 5㎜ 정도의 모래가 비교적 많이 포함되어 있는 모래로 조립률(組粒率)이 약 3 이상인 것. ② 조사(=).

굽대접 : 기둥머리를 장식하기 위하여 그 위에 얹은 굽이 달린 나무 받침. 굽이 내만한 곡선으로 된 대접.

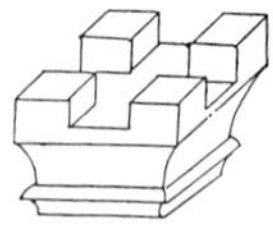

굽대접

굽도리(base molding of wall) : ①실내·외벽 밑과 바닥과의 경계되는 하단부분으로 '징두리'라고도 함. 내부벽 하부에서 높이 1~1.5m 정도의 판벽을 '징두리판벽'이라고 함. ②징두리(=).

굽도리널(cap flashing, cove flashing, counter flashing) : 지붕과 벽·지붕과 굴뚝이 접촉하는 부위에 물끊기판(flashing)을 덮어씌운 금속판.

굽도리판벽 : ⇨징두리판벽(=).

굽바자 : 작은 나뭇가지로 엮어 만든 얇은 울타리.

굽받침 : 주두나 소로의 굽을 돋우어 받친 것.

굽소로 : ①굽이 내만한 곡선으로 된 소로. ②굽이 고구려시대와 고려시대에는 굽받침이 있었음.

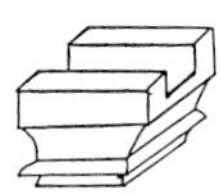

굽소로

굽은손잡이 : 활모양이나 구부린 팔처럼 구부정하게 되어 있는 손잡이로 밑판이 딸린 것과 밑판이 딸리지 않은 손잡이가 있음.

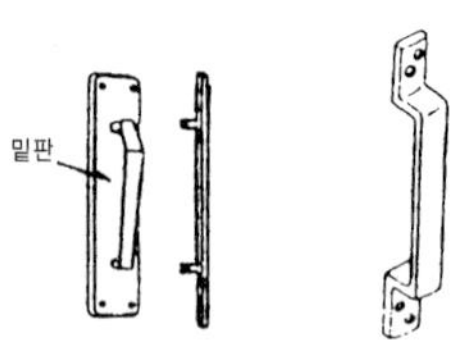

굽은손잡이

굽이 : ①휘거나 비꼬인 흔적. ②나무가 자랄 때 휘어진 것이나 제재하고 난 뒤에 마르면서 휘거나 비꼬이는 것.

굽이반자 : ⇨굽인반자(=).

굽인반자(cove ceiling, coved ceiling) : 벽과 천장이 만나는 부위를 곡선이 되도록 처리한 반자. 더욱 조형적이고 유동성이 있는 공간이 됨. 18세기 바로크시대에 유행하였으며, 보통 장식적인 그림이나 조각이 새겨져 있음.

굽인반자

굽인천장(-天障) : ⇨굽인반자(=).

굽통 : 가구의 다리부분에서 기둥에 해당하는 부분.

굽힘철근(-鐵筋, bent bar) : ①철근콘크리트 보 등의 휨재에서 주근(主筋)을 휘어 올리거나 꺾어 내려 다른 쪽 주근에 도달하게 한 것. 일반적으로 고정하중에 대한 전단보강 역할을 함. ②벤트 바(=).

굿디자인(good design) : ①디자인상의 여러 법칙·형태·제품의 가격·안정성·소재의 효율성·시장성·조형미·기능 등이 하나로 융합되어 제품의 품질을 향상시키기 위해 전개하는 운동으로, 제품의 디자인과 품질을 보장하는 제도. ②그 기준은 시대마다 약간의 차이가 있음. 초기의 장식이 없는 단순한 것에서부터 최근의 따뜻하고 온화한 인간적인 촉감에 이르기까지 다양함.

굿디자인전(-展, Exhibition Good Design) : 뉴욕 근대미술관이 시카고의 머천다이즈 마트와 협력하여 1950년 1월에 개최한 것이 그 시초. 그 후 정기전(定期展)은 미국에서의 디자인 계몽운동의 하나로 됨.

굿문(-門) : 구덩이의 드나드는 문.

굿타이(guttae[그]) : 도리아식 건축의 엔태블러처(entablature)에서 프리즈(frieze) 위쪽에 쐐기처럼 생긴 작은 돌출부로 물방울 장식. 본래 목재 건축에 사용되는 쐐기에서 유래하여 발전된 것으로 추측.

굿폼(Good Form) : ①1949년 요한네스 이텐(Johannes Itten)과 막스 빌(Max Bill)이 개최한 동명의 전시를 계기로 서구에서 기계시대의 미적 가치를 대변하는 하나의 대표적 경향으로 확산되어 왔음. ② 서구에서는 기계시대의 도래와 함께 미의 사회적 의미에 대해 수많은 고민을 해왔으며, 기계시대의 정신을 살려 건강한 사회를 건설하기 위한 미의 개발에 힘써 왔음. 그러한 과정에서 나타난 하나의 주목할만한 결실이 바로 굿 폼(Good Form)임. ③"합리적으로 질서정연한 조화를 이루고 재료에 적합하며 보기에도 좋은 형태는 누구에게나 유쾌하고 활기차며 세련된 느낌을 전해주고, 부정직하고 거짓되며 추한 형태는 파괴적으로 작용하며 부조화를 조장함."(1949 요한네스 이텐, 막스 빌).

궁(宮, palace, royal palace) : ①임금이 사는 곳. ②궁궐·궁전(=).

궁궐(宮闕, palace, royal palace) : 궁과 궐.

궁륭(穹窿, vault, groin, gewölbe[독], voûte[프]) : 2개의 볼트(vault)의 교차선(cross line) 또는 교차에 의해 만들어진 만곡(彎曲)된 부분. 종류는 배럴볼트(barrel vault)·크로스볼트(cross vault)·리브볼트(rib vault)·스타볼트(star vault)·팬볼트(fan vault) 등. ⇨볼트(=).

궁륭

궁륭주신(vaulting shaft) : ①궁륭의 아치 시작선에서 서까래(rib)를 지지하기 위해 수직으로 뻗은 기둥. ②궁륭이나 반구형 천장(dome) 등을 이루는 곡면판.

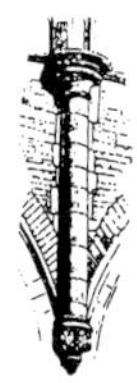
궁륭주신

궁륭천장(穹窿天障, vault) : ①반구나 반원통형 모양의 둥근 천장. ②반원통천장(=).

궁창(宮窓) : ①분합(分閤)의 하단부(下端部)에 대는 널 또는 그 부분. ②문의 하부에 낮게 끼워 댄 널.

궁창분합(宮窓分閤) : 하단부에 널을 대고 네 짝으로 된 분합문(分閤門).

궁창초(穹蒼草) : 문짝 청판에 그린 단청.

궁형(弓形, arcuate) : ①활과 같이 곡선으로 되어 있거나 아치를 이룬 로마네스크 교회 및 고딕 성당의 아치 또는 볼트구조를 표현할 때 사용되는 용어. ②아큐리트(arcuate)는 이집트의 다주식 공간이나 그리스 도리아식사원인 상인방식(trabeated ; lintel) 구조의 건축과는 구별됨.

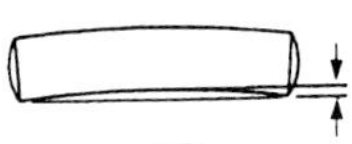
궁형

궁형 등받이의자(弓形-椅子, bow back chair) : 활처럼 휜 곡선형태의 등받이와 팔걸이·좌판을 갖는 의자. 18세기의 윈저의자(Windsor chair)가 대표적임.

궁형 아치(弓形-) : ⇨원호아치(=).

궁형 전면(弓形前面, bow front) : 가구의 앞면이 볼록하게 내민 곡선형태로 18세기 중반 이후 체스트(chest)·코모드(commode)·사이드보드(side board) 등의 전형적인 형태. 아담가구(Adam's furniture)와 헤플화이트 가구(Hepplewhite furniture)에서 유행.

궁형 전면

궁형 창(弓形窓, bow window) : ⇨돌출창(=).

궁형 팔걸이 윈저의자(弓形-椅子, arm bow Windsor chair) : 곡목(曲木)을 이용하여 좌우 팔걸이와 등받이를 가로지르는 가로대를 반원형(弓形)으로 연결시킨 윈저의자.

권상식 엘리베이터(捲上式, traction type elevator) : 승강로 상부에 설치된 권상기에 의하여 승강기를 로프로 운행하는 엘리베이터. 일반적으로 일반건축물에 승객용으로 사용.

권역(圈域, range, sphere, catchment area) : 활동 및 기능면에 있어서 영향력이 미치는 범위 또는 영역.

권장소매가격(勸奬小賣價格, suggested retail price) : 제조업체가 제시하여 판매자가 제품을 팔 때 언급하는 가격.

권척(卷尺, tape measure) : ①둥근 갑 속에 넣어 두었다가 필요할 때 풀어 사용할 수 있게 만든 헝겊 또는 강철로 만든 띠 모양의 줄자. ②줄자(=).

궐(闕, side tower) : ①임금이 사무를 보는

곳. ②임금이 나라 일을 보던 처소로 정전(正殿, 法殿)과 편전(便殿) 등을 비롯한 건물들. ③지금은 거의 남아 있지 않지만 대신들이 모여 정사를 의논하던 장소나 하늘의 운행을 살피고 임금의 학문을 돕고, 궁을 지키던 군인들이 머물던 건물들이 궁 안에 즐비하였음. 이들이 모여 있는 일곽을 외전(外殿)이라 하고 외전이 수행하는 기능을 '궐'이라고 함. ④궁 앞 입구에 세운 높은 망루형 축대 혹은 건물.

궐방(闕防, wall) : ①변방의 방비를 위하여 설치하는 요새. ②관방(=).

궤[1](几, 櫃) : 앉았을 때 팔을 기대어 몸을 편하게 하는 가구. 보통 상판의 모양이 중앙부가 굽은 타원형이고 3개의 굽은 다리가 붙은 탁자.

궤[2](櫃, 几, chest, wooden chest) : ①물건을 넣어두기 위한 장방형 상자의 목제가구를 위로 여는 뚜껑이나 문짝을 달아 만든 것. 궤는 뚜껑 면에 경첩이 노출되어 있어 함과 구별됨. 윗닫이와 앞닫이(반닫이)의 두 가지 형태가 있음. 천판(윗면)을 앞뒤로 절개하여 앞쪽을 분판으로 삼은 것을 위쪽에 문이 있다 하여 윗닫이라 하고, 앞면에 상하로 이등분하여 위쪽을 문판으로 삼은 것을 반닫이 또는 앞닫이라고 함. 윗닫이라 부르는 대형 궤를 돈궤라고 하는데 이는 잘못 알려진 명칭. 돈궤는 윗닫이와 형태는 같으나 크기가 훨씬 작으며 윗면이 절개된 부위 중앙에 엽전(葉錢 ; 동전)이 들어갈 수 있도록 장방형의 작은 구멍이 뚫려 있음. ②궤 가운데 윗닫이는 책·문서·의복·피륙·건어물·그릇·제기·활자(活字) 등을 보관하는 다목적 가구로서 수납된 물품의 종류에 따라 사랑방·다락·사당 등에 놓고 사용하였으며 관청에서도 많이 이용한 가구. ③궤는 문(뚜껑)이 널판으로 되어 운두가 없으며 문판에 붙은 경첩이 천판과 연결되어 포개 놓을 수 없음. ④궤는 견고하고 물품을 안전하게 보관할 수 있어 각 가정마다 여러 구(具)를 비치하였으며, 다양한 수요로 지역적 특성을 나타내기도 하고 주문 제작한 것은 일정한 양식에서 벗어나 다양한 형태를 나타내고 있음. 1800년대 말경부터 수입되었던 석유와 성냥은 궤로 포장되어 수송·판매되었으며 물건을 다 팔고 난 뒤 빈 궤는 서민들이 색종이를 발라 혼수품으로도 사용함. 북쪽 지방의 궤는 남쪽 지방의 궤보다 높이가 높으며 관서에서 호서에 이르는 반도의 서쪽 지역은 금구장식이 화려하며 많이 부착되어 있음. ⑤궤의 기원을 보면 우리나라에서는 신라 제4대 탈해왕(脫解王, 57~80)이 길이 20자(尺), 너비 13자(尺)의 궤에서 나왔다는 기록이 가장 오래된 기록. 지금까지 삼국시대의 일상생활용 가구가 발견된 예는 없으나 고분에서 출토된 목관과 부장용 궤의 예로 미루어 왕실 또는 신분이 높은 계층에서는 특수한 용도로 나무궤를 사용하였을 것으로 추정됨. ⑥반닫이(=)·함(≒).

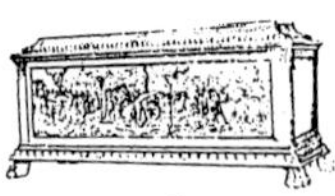
궤

궤리돈(guéridóns[이]) : 바로크시대 탁자의 좌우에 촛대가 놓이는 둥근 탁자.

궤상(机床) : ①안방이나 사랑방에서 사용했던 궤상(机床)으로 보료 위에 앉아 팔을 기대어 몸을 편안하게 앉도록 받쳐 주는 팔받침 도구. ②서안·의침(=).

귀[1](corner) : ①모퉁이 또는 귀퉁이. ②모가 난 물건의 모서리.

귀[2](耳, ear) : 청각을 감지하는 인체기관으로 사람의 귀는 개인에 따라 큰 차이가 있으나 약 20~20,000Hz까지의 진동수를 감지할 수 있고, 구조는 외이(外耳, external ear)·중이(中耳, middle ear)·내이(內耳, inner ear)로 구분됨. 외이의 안쪽에는 고막을 경계로 하여 중이가 있음. 중이에는 중이소골(中耳小骨, ossicle)이라 불리는 3개의 작은 뼈들이 있어 고막의 진동을 내이의

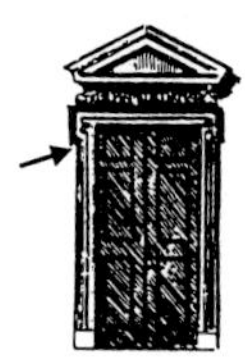
귀

난원창(卵圓窓, oval window)에 전달함. 이 전달과정에서 고막에 가해지는 미세한 압력변화나 22배 증폭되어 내이의 임파액에 도달. 내이 또는 달팽이관(cochlea)은 달팽이와 같이 나선형으로 생겼으며, 그 안은 임파액으로 차 있음. 중이소골을 통해 전달되는 진동은 이 액을 움직여 이에 따라 기저막(基底膜, basilar membrane)이라 불리는 얇은 막을 진동시켜 기저막의 진동은 극미한 압력하에서 민감한 유모세포(hair cell)와 말초신경(nerve ending)이 있는 코르티(corti)기관에 전달. 이 말초신경에 의해 포착된 신경충동(neural impulse)은 청신경을 통해 뇌에 전달.

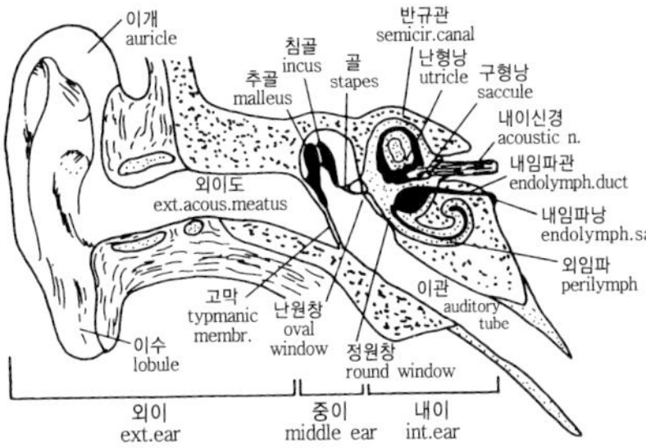

귀의 구조

귀갑무늬(龜甲-, hexagonal pattern) : ①거북이등 모양의 정육각형 무늬. ②귀갑무늬를 변형한 변형무늬를 이용한 창호를 '귀갑창'이라고 함.

귀갑문 : ⇨귀갑창(=).

귀갑살문 : ⇨귀갑창(=).

귀갑살창 : ⇨귀갑창(=).

귀갑창(龜甲窓) : ①창살을 8각형으로 교차시켜 거북등 모양으로 제작한 창문. ②울거미를 거북 잔등과 같은 연속적인 육각형 무늬의 살대들을 짜 넣은 창호. ③장생불사(長生不死)한다고 생각하는 거북은 십장생(十長生) 가운데 하나인 만큼 이 살짜임의 창호는 장수를 비는 뜻을 가짐. ④종로의 정해창(鄭海昌)가옥에서 찾아볼 수 있음.

귀금속(貴金屬, noble metal, precious metal) : ①금·은·수은 등과 같이 공기 중에서 가열했을 때 산화되지 않으며, 무기산에 녹지 않은 금속. ②다른 금속에 비하여 아름답고, 화학적으로 안정되고, 희소가치가 있는 금속. ③건축용으로는 주로 금도금의 장식품·장식철물 등에 사용.

귀긋기 : 단청에서 첨차 따위의 가장자리에 긋기한 것.

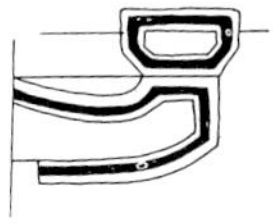

귀긋기

귀긋기 뱃바닥 : 단청에서 첨차나 장여의 뱃바닥에 귀긋기한 것.

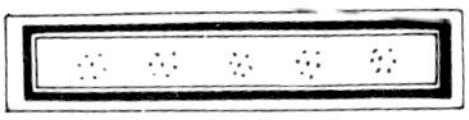

귀긋기 뱃바닥

귀기둥 : ①건물의 모서리에 위치한 기둥. ②건물의 모퉁이나 구석에 세운 기둥. ③집의 네 귀퉁이에 서있는 기둥. 보통 평주보다 굵고 솟음이 있음. ④평주의 외곽 기둥열 중에서 네 귀퉁이에 위치하는 것. ⑤평주보다는 굵은 나무로 다듬고 귀솟음이라 해서 약간 키를 높게 만듦. 즉 귀기둥은 솟기도 하고, 안으로 쏠리기도 하는 데, 안으로 쏠리는 것을 안쏠림이라고 함. 즉 이는 귀기둥 머리를 안쪽으로 쏠리게 하는 오금법과 함께 착시를 일으키는 현상을 교정하려는 고급스러운 기법. ⑥귀솟음과 안쏠림을 하는 까닭은 처마의 무게가 내리눌리고 바깥으로 밀어내려고 하는 것을 막으려는 데 있음. ⑦큰 집은 귀솟음을 하지 않으며 추녀가 가운데 처마끝보다 더 처진 것처럼 보이기 때문에 귀기둥을 평주보다 더 높게 함. ⑧귀기둥은 아름드리 통나무를 그대로 설치하는 경우가 있는데 중국·일본에서는 찾아보기 힘든 기법. ⑨우주·모서리기둥·귓기둥(=).

귀기스락 : 초가지붕 귀퉁이 처마 끝의 기스락.

귀꽃 : 돌탑 따위에서 귀마루 끝에 새긴 꽃 모양의 장식.

귀두(鬼頭) : 용마름의 양쪽 끝의 모서리에 얹는 귀신 모양으로 생긴 치두의 종류.

귀뚜라미 테이블(cricket table) : ⇨크리켓 테이블(=).

귀룽나무(九龍木, 稠梨, european red cherry, bird cherry, Platanus occidentalis L. [학]) : ①장미과(Rosaceae)로 연륜이 뚜렷하고, 심재는 담갈색, 변재는 황갈색으로 심·변재의 구분이 뚜렷함. 나무갗은 곱고, 결이 곧으며 산공재(散孔材)임. 중비중재이고, 수축성은 작고, 흡수성은 보통임. 압축강도·인장강도·휨강도·전단강도·충격 휨 흡수에너지, 경도는 보통임. 제재가공성과 대패가공성은 보통이고, 건조성은 불량하며, 휨가공성은 양호함. 접착성은 보통이고, 도장성은 불량함. 합판제조적성은 양호하고, 파티클보드제조적성은 불량함. 시멘트경화성과 내후성은 불량함. 목탄제조적성은 불량하며 펄프화 적성은 보통임. ②주로 화장단판·가구·조각·공예·기구 등으로 사용함.

귀마루(hip) : ①지붕의 귀(corner)에 있는 마루. ②추녀 위에 있는 마루. ③용마루·합각마루·추녀마루 중에서 귀에 있는 마루. ④두 개의 경사진 지붕이 만나 생기는 지붕 양끝의 경사면. 지붕 모양에 따라 경사면의 각도가 다양함. ⑤모임지붕· 추녀마루(=).

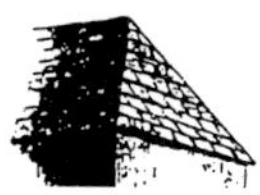
귀마루

귀막새 : 처마 모서리에 쓰는 막새기와.

귀면(鬼面) : ①치두의 양쪽 옆이나 사래 끝에 붙이는 귀신모양의 장식물. ②귀면기와(=).

귀면기와(鬼面蓋瓦, roof tile with monster design) : ①귀신의 얼굴을 양각으로 부조하여 만든 기와. ②수면(獸面)의 모양을 형상화한 기와. ③내림마루 끝이나 사래 마구리에 붙이는 도깨비얼굴 모양의 장식기와. ④각 마루 끝에 설치하는 장식기와로 벽사(酸邪)의 의미를 지녔음. ⑤내림마루나 귀마루 또는 사래 마구리에 붙인 동물 모양의 장식. ⑥종류는 마루끝에 부착되는 마루용 귀면기와와 추녀마루 끝에 부착하는 사래용 귀면기와로 분류. 마루용 귀면기와는 기왓등에 얹히기 위해 밑부분에 반원형의 홈이 파여 있으며 사래용 귀면기와는 상단 중앙에 못 구멍이 뚫려 있는 것과 뒷면에 고리가 있어 줄로 묶을 수 있음. ⑦통일신라시대에 와서 귀면기와가 성행하였고 유약을 바른 녹유 귀면기와가 많이 제작되었음. ⑧중국·일본보다는 우리나라에서 삼국시대 이래로 특히 발달하였음. 일본·중국 귀면기와가 무섭고 성난 얼굴인데 비하여 우리나라 귀면기와는 역대를 통하여 웃고 있는 모습. 귀면기와는 신시씨시대(神市氏時代) 환인(桓因)을 도와 인간사를 다스리는 참모 중에 군·공신(軍.工神)을 맡은 치우(蚩尤)라는 장수가 있었는데, 그의 동두가면(銅頭假面)을 닮았다고 함. 귀면기와는 악귀를 막아내려는 벽사의 상징으로 지붕에 부착되었음.

귀면와(鬼面瓦, roof tile with monster design) : ⇨귀면기와(=).

귀모양양식(-樣式, auricular style) : 17세기 해부학 연구가 한창이었을 때, 초기 네덜란드의 금속공업자인 비아넨(Paulus van Vianen)에 의해 개발되어 17세기 네덜란드와 독일에서 발전된 후기 매너리즘의 장식으로 인간의 두개골을 표현하거나 귀의 곡선을 시사하는 연골형(knorpelwerk)과 엽상형(lobate style)의 장식.

귀모양양식

귀목(欟木) : ⇨괴목·느티나무(=).

귀방 : ⇨고삽(=).

귀벽돌 : 모서리에 쌓는 세모꼴의 벽돌.

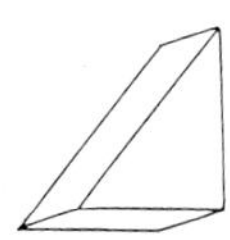
귀벽돌

귀부(龜趺, tortoise-shaped pedestal) : ①거북이 모양으로 만든 비석의 받침대. ②거북받침대(=).

귀빈실(貴賓室, un lit de parement[프]) : 15

세기경에 사회적인 신분을 나타내는 공식 적인 침실(寢室)로 잠은 자지 않는 전시를 위한 실(室). 침실에는 사회적인 신분이나 계급을 구분하는 스파버(sparver)라는 캐노피(canopy)가 부착됨. 오늘날에도 거의 같은 의미로 사용됨.

귀살미 : 건축에서 사방 귀퉁이에 있는 살미.

귀삼포집 : ①귀포가 삼포로 된 포집. ②귀기둥에 있는 공포가 세 겹으로 된 집.

귀솟음 : ①보에 하중(荷重)이 작용할 때 보가 휘어서 일직선으로 되게 하기 위하여 제작 당시에 미리 위로 휘게 함. ②한식 건물에서 우주(隅柱)·회첨주를 평주(平柱)보다 조금 높게 한 것. ③건물의 귓기둥을 중간기둥보다 조금 높게 꾸미는 것. 건물의 우주(隅柱)보다 높게 하는 일. ④집의 모서리에 있는 귀기둥을 다른 변두리 기둥보다 더 높게 하는 것. ⑤중앙의 기둥으로부터 모서리 기둥방향으로 갈수록 기둥높이를 약간씩 높게 함으로써 지붕의 양쪽 모서리 추녀 부분을 중앙보다 치솟게 하여 처마곡선과 용마루선을 연출하는 기법. ⑥솟음(=).

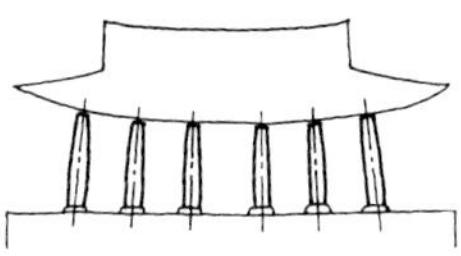

귀솟음

귀신사대적광전(歸信寺大寂光殿) : ①전북 김제시 금산면 청도리 81 위치. 17세기 후반 창건. 19세기 재건. 보물 826호, 1985년 지정. ②귀신사(歸信寺)는 신라 문무왕 16년(678) 의상대사가 세운 절로 8개의 암자가 있었다고 전함. 지혜의 빛을 비춘다는 비로자나불을 모신 대적광전은 17세기경에 다시 지은 것으로 추정되는 다포양식. 커다란 면석 위에 납작한 돌로 갑석을 얹은 고식(古式)의 기단 위에 장대석을 외벌대로 돌려 기단을 조성. 정면 5칸·측면 3칸의 다포계 맞배집. 정면의 폭을 볼 때 3칸으로 충분히 계획할 수 있는 규모인데도 5칸으로 계획하여 주칸(柱間)은 겨우 문 두 짝을 달 수 있는 크기임. 앞면 3칸 문에는 빗살무늬 창호를 달았고, 오른쪽과 왼쪽 끝 칸인 툇간은 벽으로 만든 점이 특이함. 외관상 건물은 기둥과 창방으로 구획된 면들이 세로가 긴 직사각형 형상을 가짐. 칸살의 구성에 있어서 측면은 어칸(御間)을 크게 하고 전후 툇간(退間)을 짧게 하는 것이 일반적인 구성인데 오히려 툇간을 어간보다 3자 이상 길게 하였음. 내부의 기둥열도 측면 평주열과 관계없이 앞뒤에 4개씩, 8개의 고주를 두 줄로 배치하여 마치 내진과 외진이 구별되는 중층건물과 같이 평면을 구성함. 중건하면서 중층에서 단층으로 개조한 것으로 보이며, 지붕도 기둥열의 배치로 볼 때 팔작지붕에서 맞배지붕으로 바뀐 것으로 판단됨.

대적광전

교살창

대적광전 다포계공포

귀얄 : 물감이나 풀을 칠할 때 쓰는 기구.

귀엇빗이음 : 두 가래의 촉이 귀부분에서 서로 반대방향으로 물리게 한 목재이음.

귀자문(貴字門) : ⇨귀자창.

귀자살문(貴字箭門) : ⇨귀자창.

귀자살창(貴字箭窓) : ⇨귀자창(=).

귀자창(貴字窓) : ①한자의 귀(貴)자를 무늬화하여 울거미를 살대로 짜 넣은 창호. ②길상문자(吉祥文字)의 하나로 복을 비는 기복의 뜻을 가지고 있음. ③주로 사대부집의 불발기창호나 교창으로 쓰임. ④청진동 한옥교창에서 볼 수 있음.

귀잡이(horizontal bracing, brace, angle brace, angle tie) : ①가로재와 세로재가 맞추어지는 귀에 엇대는 부재로 수평 직교재의 각도 변형을 막기 위해 그 귀에 빗대는 짧은 수평재. ②토대·보·도리 등의 가로재가 서로 수평으로 맞춰지는 귀를 안정된 세모구조로 하기 위하여 빗방향 수평으로 대는 귀잡이 토대·귀잡이보 등. ③맞춤은 짧은 장부맞춤·빗턱맞춤·볼트조임 등으로 함.

귀잡이보(horizontal bracing beam, angle tie, angle brace) : 평보의 좌우에서 45° 각 대각선상으로 깔도리에 걸친 보.

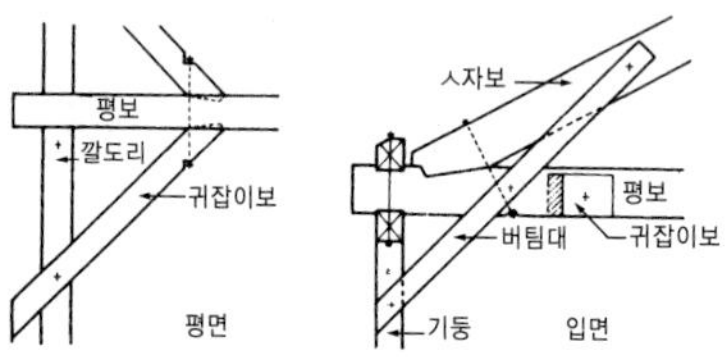

귀잡이보

귀잡이쇠 : 쇠로 만든 귀잡이.

귀잡이토대(−土臺, brace ground sill) : 토대가 서로 만나는 모서리나 T자형 또는 +자형의 접합부에는 토대 각도의 변형을 방지하기 위해 45° 각도로 길이 1m 정도의 귀잡이 토대를 토대에 빗턱통넣고 짧은 장부맞춤 볼트 조임 등으로 함. 귀잡이 토대의 단면은 토대와 같은 것 또는 그것의 반 정도로 할 때도 있음. 때로는 띠쇠를 쓰기도 함. 이것도 토대와 같이 방부제를 칠하여 사용함.

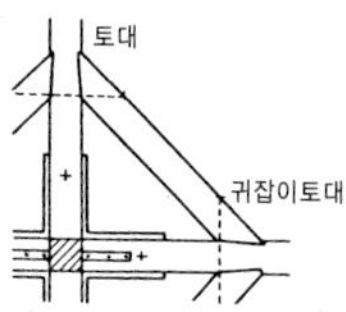

귀잡이토대

귀접기 : ①나무의 귀를 깎는 것. ②모서리를 깎아 좁은 면을 내거나 둥글게 하는 일. ③나무의 모서리를 깎거나 죽이는 것. ④물건의 귀를 깎아버리거나 접어서 붙이는 일. ⑤외부로 향하는 각재의 모서리를 여러 가지 모양으로 깎아 다듬는 작업 또는 모양. ⑥귀접이·모치기·면접기·모접기(=)·각재

귀접이 : ⇨귀접기(=).

귀접이천장(−天障) : ①가장자리 부분이 꺾여 올리거나 내린 천장. ②원래는 가구법의 한 가지로 들보 위로 네모진 층방을 건너질러 사방의 귀를 접는 시늉을 하고, 그 위에 다시 네모진 방정틀을 엇매끼게 설치하면서 차츰 천장의 구성을 막음하는 방식으로 매우 고구려적인 양식. ③상부로 올라가면서 천장을 좁혀들기 위해 모서리에서 45° 방향으로 판석(板石)을 내밀어 모서리를 귀접이하여 층층이 쌓아올린 천장양식으로 투팔천장(鬪八天障) 또는 말각조정천장(抹角藻井天障)이라고도 함. 원래는 가구제작법의 일종으로 고구려 고분(古墳)의 토총묘실(土塚墓室) 천장에 사용된 매우 고구려적인 양식. 인도의 신전 천장으로 가장 많이 나타나는 천장 양식. ④쌍영총(雙楹塚)·무용총(舞踊塚)·쌍용총(雙踊塚)·우현리대총(遇賢里大塚) 등이 대표적임. ⑤투팔천장·말각조정천장(=).

귀접이천장

귀제공 : 귀기둥 위에 짜여진 제공.

귀추녀(hip rafter) : 지붕 중심부에서 귀마루(hip)를 형성하기 위해 추녀 끝쪽으로 뻗은 대각선의 서까래.

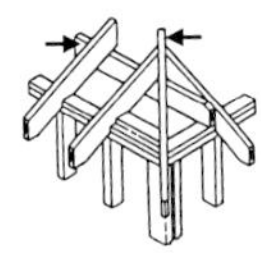
귀추녀

귀틀(耳機) : ①마룻널을 끼우려고 가로세로로 걸친 나무. ②청널을 끼우려고 가로세로로 놓는 굵은 나무. ③우물마루청을 놓기 전에 먼저 가로세로로 짜 놓은 굵은 나무. 가로로 들이는 것을 "동귀틀" 세로로 들이는 것을 "장귀틀"이라 함. ④천장의 주변에 있는 천장틀. ⑤천장의 새막이틀 중에서 길게 된 부분. ⑥마룻널을 깔아대는 뼈대 또는 짜서 만든 틀. ⑦마루틀(=).

귀틀집(log cabin, house with a log frame) : ①벽체에 의한 전통민가 유형의 하나. ②주로 산맥을 중심으로 목재가 풍부한 산간지방에서 화전민들이 지은 집. ③한 뼘쯤의 굵은 통나무들을 양 끝에 홈을 파서 우물 정(井)자 모양으로 귀를 맞추어 다소 엇물리게 가로 포개어 차곡차곡 쌓아 그 틈만 진흙으로 메워 벽을 만든 후 이 위에 지붕틀을 얹고 문과 창을 내고 지붕을 씌운 통나무집. ④중국에서는 은대(殷代) 대귀족의 묘에서 사면이 정간식 구조(井幹式構造)로 된 것이 발견되었음. 누목식(累木式)이라고도 함. ⑤움집·방틀집·틀목집·투방집·투막집·도투마리집·목채집·화통집(=).

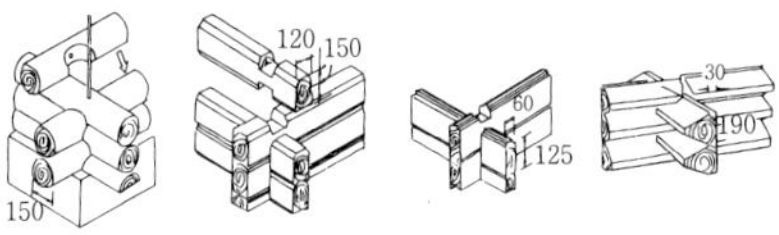

귀틀집 구조

귀포(隅包) : ①귀기둥 위에 얹힌(짜여진) 공포. ②귀포에서 사공(斜栱)이 짜여지기도 함. ③우포(=).

귀한대(-限大) : ①귓기둥(귀공포)에서 도리와 45° 각도로 내민 포살미. ②귀제공에서 45°의 각도(대각선 방향)로 가로 얹힌 살미(쇠서). ③다포계 팔작집에서 설치하며 맞배집에서는 두지 않음. ④우한대·한대·전각포(=).

귀한대제공(-限大諸工) : ①귀기둥 위에 도리와 45° 각도로 짜여진 공포. ②우한대·제공(=).

귀흘림장부 : ⇨장부.

귓기둥 : ⇨귀기둥·우주(=).

귓기스락 : 초가지붕 귀퉁이 처마 끝의 기스락.

귓돌(隅石, quoin, coign, cornerstone) : ①석축의 모서리에 쌓은 돌. ②축대 등의 모서리에 세워댄 돌. ③건물이나 벽체 외측의 모서리나 모퉁이를 보강하고 장식적으로 강조하기 위해서 사용하는 석재. ④코너 스톤.

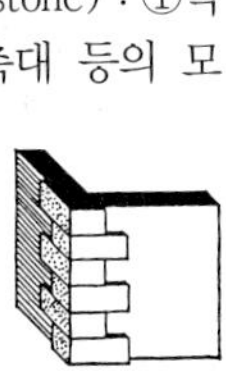

귓돌

귓보(隅樑, 耳樑) : ①귓기둥과 고주 사이에있는 툇보의 한 가지. ②건물 모서리에서 보와 도리가 구성하는 90° 각도에서 45°로 거는 귀의 보. ③모서리기둥(귀기둥)에 걸쳐지고 대각선상으로 건 지붕보 또는 트러스의 귀평보. ④주로 건물의 규모가 크지만 부재가 가는 경우에 건물의 뒤틀림을 방지하기 위하여 보조재료로 사용됨. ⑤우리나라보다는 중국건물에 많이 나타남. 우리나라의 보탑사 귀보 등이 있음. ⑥목탑에서 체감(遞減)을 위하여 위층 귀기둥은 아래 층 귀보에 올라가는 경우가 많을 것으로 예상됨. ⑦우량(=).

규격(規格, standard) : ①재료나 제품의 종류·제법·모양·치수·품질·등급·성분·성능·내구(耐久) 등의 기준이 되는 규정. ②생산의 합리화·품질·성능의 확립에 도움이 되고 널리 사용하기 위해 제정.

규격구성재(規格構成材, standardized component) : 치수·성능 등이 미리 결정되어 규격품으로 제작·생산되는 건축구성재.

규격화(規格化, standardization) : ①공업생산품의 재료·생산공정·형태·치수·품질 등에 대해 표준을 부여하는 것. 특히 호환성(互換性)이 요구되는 부품에 대해 의의가 있음. ②규격화와 조형(造形)의 관련에 대해서는 르 코르뷔지에(Le Corbusier : 1887~1965)의 이론이나 독일공작연맹의 강령 중에 이에 대한 적극적인 자세의 예가 있음.

규모계획(規模計劃, scale planning) : 건물 전체의 규모나 부분들의 규모상의 적정치를 결정하는 과정을 의미. 따라서 생활상의 요구를 양적으로 파악하여 이에 따라서 건축시설이 갖춰야 할 규모를 결정하는 계획의 프로세스로서 활동에 충분한 기능적인 공간 크기를 가져야 하며, 그 공간 크기에 필요한 물품의 정리·보관·진열이 가능하고 생활에 필요한 각종 가구들을 배치할 수 있어야 함. 그리고 공간이 답답하거나 허전하지 않는 휴먼스케일에 적합한 규모이어야 함. 또한 공간형태·질감·색채 등도 공간의 감각적 크기에 영향을 미치므로 규모계획에는 심리적·정서적·감각적인 측면을 고려해야 함. 규모계획의 접근방법은 집적법(build-up method)과 분할법(break-down method)으로 구분. ①build-up 방식은 동작

행위에 따른 인체치수·활동면적·물품치수·가구치수 및 배치의 면적 등을 합하여 소요면적이나 단위공간의 크기를 정하거나 각 단위공간의 면적 및 필요한 규모를 조합하여 전체규모를 산정하는 방법. ②break-down 방식은 전체 규모를 먼저 정하고 이에 따른 가구배치의 면적·단위공간을 비롯한 필요한 여러 부분의 면적으로 배분해 가는 open planning적 방법임. 규모의 결정을 위한 계획의 프로세스란 규모계획을 함에 있어서 시설의 적정 규모를 주관적·직감적으로 결정하는 것이 아니라, 객관적이고 합리적으로 일정한 프로세스에 따라 결정한 것을 의미. 즉 보다 기능적이고 합리적인 공간이 되기 위해서는 공간의 감각적인 크기를 고려한 객관적 자료를 근거로 함.

규방(閨房) : 한식 주택에서 부녀자들이 기거(寄居)하는 안방.

규사(珪砂, silica sand, ganister sand, quartz sand) : ①석영(石英)이 주성분인 모래로 주로 유리나 시멘트의 원료로 사용. ②종류는 천연규사(화강암의 풍화·분해 등으로 생김)와 인조규사(백규석을 분쇄하여 만듦)로 구분.

규산(硅酸, silic acid, silicon dioxide, SiO_2) : 도자기 제품의 주성분으로 지표(地表)에서 16㎞까지의 지각(地殼)의 55%가 규산으로 구성.

규산백토(硅酸白土, clay silicate) : ①암석이 풍화하여 된 가용성(可溶性) 규산이 대량으로 함유된 백토. ②주로 포촐라나(pozzolana)의 원료로서 모르타르·콘크리트의 혼화제로서 사용.

규산벽돌(珪酸壁乭, silica brick) : ①규산질(SiO_2 ; 珪石)을 주원료(93% 이상)로 약간의 석회유(石灰乳)를 섞어서 구어 만든 대표적인 산성 내화벽돌. ②내화도(SK33~36)가 높아 약간 팽창성이 있음. ③산성내화벽돌의 일종. ④보통 온도변화가 적은 곳(爐)에 사용. ⑤1종·2종·3종으로 구분.

규산삼석회(硅酸三石灰) : $3CaO·SiO_2$가 주성분으로 수화(水和)작용이 빠르며 공기 중 수축이 적으나 수중에서는 팽창이 조금 크며, 보통 경화는 2~4주 정도임.

규산소다(硅酸-, sodium silicate) : ①규석과 가성소다 또는 소다회를 가열·용해하여 얻은 무색무취(無色無臭)의 투명한 물유리 수용액. ②모르타르나 콘크리트의 급결제(急結劑)·방수제(防水劑)·방염제(防炎劑)·접착제(接着劑)·내산(耐酸)모르타르 등에 널리 사용.

규산시멘트(硅酸-) : ⇨실리카시멘트(=).

규산염도료(硅酸塩塗料) : ①교상(膠狀)규산염과 방청안료를 주원료로 하고, 이 원료에 아마인유(亞麻仁油)·동유(桐油) 등의 장유성 바니시(長油性 varnish)를 혼합한 것으로서 색은 청색·적청색이 있음. ②이 도료는 도막의 내수성이 약하여 외부에는 사용할 수 없으며 도막을 물로 씻을 수도 없음. 주로 내화도료로 사용.

규산염유리(硅酸塩琉璃) : ①규사(또는 규석) 형태로 천연으로 존재하는 무수규산(실리카)을 주체로 하는 가장 일반적인 유리. ②종류는 나트륨석회유리·칼륨석회유리·납유리·바륨유리 등 망목수식산화물을 포함하고 있는 것 이외에 규산만으로 만들어진 규산유리(석영유리) 등이 있음.

규산유리(硅酸琉璃) : ①규산 SiO_2를 99.5% 함유한 유리. 석영유리 또는 용융수정유리라고도 함. ②열팽창률이 매우 작고, 내열성도 큼. 보통 고규산유리(상품명 바이코)라고 하는 것은 규산분이 96~99.3%의 것. 내열성과 내산성이 우수하며, 자외선도 잘 투과하므로 이화작용 유리, 자외선 분광용 프리즘 등에 사용되지만 석영유리나 고규산유리는 용융하는 데 2,000℃ 정도의 고온을 요하므로 제조나 가공에 특수한 기술을 필요로 함.

규산질점토(硅酸質粘土, siliceous clay) : 육안으로 식별할 수 있는 크기의 유리 규산이 다량 함유된 점토. 특히 큰 석영(石英) 입자를 다량으로 함유한 점토를 사질(砂

質)점토라고 함.

규산칼슘판(硅酸-板) : ①무기질 단열재료의 일종. ②규산질 분말과 석회분말을 오토클레이브에 반응시켜 얻은 젤(gel)에 보강섬유를 첨가하여 프레스성형하여 만든 판. ③내열성과 기계강도성이 우수함. ④주로 철골 내화피복재로 사용함. 결정의 종류에 따라서는 최고 사용온도가 650~1,000℃가 될 수 있음. ⑤시공시 발수처리한 보드를 콘크리트에 먼저 붙이는 방법도 있음.

규석(珪石, silex) : ①규산을 화학성분으로 한 석영(石英)·수정(水晶) 등 광물을 총칭하며, 도자기나 유리의 원료로 사용. ②규암(=).

규석벽돌(珪石壁乭, silica brick) : ⇨규산벽돌·규석질내화벽돌(=).

규석질내화벽돌(硅石質耐火壁乭, quartzite firebrick) : SK32~SK35(1,710~1,770℃)의 내화도를 가진 산성 내화벽돌.

규소(硅素, silicon) : 모래·석영(石英)·점토·석면(石綿)·유리 등이 그 화합물로 전기기구나 저합금강의 강도를 높이는데 사용되는 비정형 또는 결정성의 불활성(不活性) 비금속원소. 페인트 매질(媒質)의 성분으로 매우 적합함. 기호 Si.

규소수지(硅素樹脂) : ⇨실리콘수지(=).

규암(硅岩, quartzite) : ①작은 석영(石英)입자로 되어 규질암(硅質岩)·사암(砂暗)이 변성한 암석. ②질이 치밀하고 백색·담회색(淡灰色)·담녹색(淡綠色). ③도자기·내화벽돌의 원료로 사용.

규약반사율(規約反射率, luminance factor) : ⇨비반사율(=).

규정선(規整線, regulating line) : 정렬(整列)·척도(尺度) 및 비례(比例)를 재거나 표현하기 위해 그려진 선.

규제치(規制値) : ⇨기준치(=).

규조토(珪藻土, diatom[maceous] earth) : ①규조의 잔해가 쌓여서 된 흙. ②바다나 호수의 밑에서 자라던 규조(해초류 : 단세포 조류)가 오랜 시일을 두고 침적(沈積)하여 체내의 원형질이 분해되어 규산을 주체로 하는 유각(遺殼 : 껍질)이 집적(集積)되어 지층을 형성한 일종의 화석. 구조는 다공질인 각의 집합체로 백색·회색·담황색의 색상에 흡수성이 풍부하고 가볍고 무르며, 백색의 점토와 비슷함. 비중은 2.0 이하, 단위 용적 무게 0.2~0.3㎏/L. 단열성과 내열성(1,700℃)이 큼. 경북 포항지대와 철원군 한탄강 지역에 퇴적층을 형성. 단열성·내열성이 좋고 분상(紛狀)에 석면을 혼합·반죽하여 단열재·보온재·내화제로서 사용됨. 500℃ 정도의 온도에 견딤.

규준대(規準帶, screed, slight detail) : ①시공에 있어서 규준으로 사용하는 대. ②규준틀의 띠장.

규준도(規準圖, sectional detail) : ①판재 또는 합판을 길게 짜서 벽체의 규준 단면 상세도를 원칙으로 그린 것. ②건축물 전체 치수의 기본을 이루는 지반의 위치·바닥높이·처마높이·창높이·징두리높이·천장높이 등 높이의 관계를 나타내는 단면을 그린 상세도. ③규준상세도(=).

규준선(規準線, transit regulator) : 화면(畵面)을 분절하여 질서를 부여하기 위한 일종의 보조선. 구체적인 원리로는 대각선식 작도법과 수량적 작도법이 있음. 대각선식(도형적) 작도법은 어느 면 안에 많은 비슷한 사각형을 만드는 방식이며, 대각선에 평행하거나 또한 직각을 이루는 어느 한 선에 의해 면의 형태를 제어하게 됨. 수량적(산술적) 작도법은 어느 면 안에 양적인 운율(韻律)을 만들어내는 방식이며, 수평분할 또는 수직분할에 의해 정수비(整數比)인 폭의 관계를 만들어냄. 그리스의 신전, 르네상스에서의 여러 가지 예로부터 르 코르뷔지에(Le Corbusier : 1887~1965)에 이르기까지 건축에 사용된 사례는 많음.

규칙(規則, rule, regulation) : ①지방자치단체의 장이 법령 또는 조례에서 위임한 범위 내에서, 또 그 권한에 속하는 사무에 관하여 제정하는 명령. ②시행세칙(=).

규칙성(規則性, regularity) : 근대건축의 규칙성은 3가지 측면을 가지고 있음. ①구조의 규칙성. ②부재의 규칙성. ③미적인 규칙성. 구조의 규칙성은 내력벽으로부터 개방을 가능하게 한 근대의 골조구조에 있어 힘을 균등하게 분포시키기 위해 기둥을 등간격으로 배치시키려는 역학적 요구에 의한 질서이며, 규칙성의 원리가 적용. 부재의 규칙성은 생산의 경제성에서부터 표준화된 부재의 사용요구로 인한 구성재의 동일성을 가리킴. 규칙성이 지니는 미적인 성격은 다양하고 복잡한 여러 기능에 대해 구조체의 정서성(整序性)과 부재의 동일성을 기초로 의식적인 미학적 질서를 부여하는 것을 요구하지만 그 원리와 수법은 미개척 상태임.

규형(窺衡, land surveying instrument) : 각도와 축척의 원리를 이용하여 거리와 높낮이를 재는 데 쓰는 기구.

규형쌓기(圭形積) : 성벽을 쌓을 때 위로 올라가면서 점차 뒤로 물려 쌓아 곡선이 되도록 쌓는 법.

규형적(圭形積) : ⇨규형쌓기(=).

균배(均配, equipoise) : 상대적·지각적으로 평형을 이룬 무게나 상태.

균시차(均時差, equation of time) : 진태양시와 평균태양시의 차(差).

균열(龜裂, crack) : ①모르타르·콘크리트·나무·용접 등의 표면이 갈라져서 나타난 금. 보통 '크랙'이라 함. ②특히 용착금속과 모재에 생기는 균열로서 용접결함의 대표적인 결함임. ③콘크리트 균열은 구조적 균열과 비구조적 균열로 구분하고, 설계상의 균열과 시공상의 균열로 구분함.

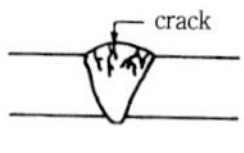

균열패턴(龜裂-, crack pattern) : 균열의 기하학적 무늬. 특히 콘크리트 구조물에 발생한 균열은 응력과 변형의 상태나 콘크리트의 수축 정도 등을 추정하는 좋은 단서가 됨.

균일(均一, uniformity) : 동일(同一)·동질(同質) 또는 규칙적인 상태나 성질.

균일공간(均一空間, uniformity space) : ⇨무한정공간(=).

균일성(均一性, uniformity) : ①형이나 색이 균일함을 나타내는 말. ②성질·조직·상태 등이 국부적인 강약이나 편차 없이 양질(量質)이 고르게 분포된 상태.

균일요금제(均一料金制, flat fee method) : 디자이너는 프로젝트 완공에 필요한 모든 서비스와 제품에 대한 대가(代價)를 결정. 이 방법이 적용되면 고객은 프로젝트의 완공기간에 상관없이 그 요금을 지불해야 함.

균정(均整) : ⇨균제(=).

균제(均齊, symmetry) : ①그리스어 심메트리아(symmetria)가 어원으로 '함께 측정하다', '서로 비교하다'라는 뜻으로 형태·크기·위치 등이 중심축을 중심으로 서로 등거리에 있는 것. ②조형적으로 엄숙한 느낌·단정한 느낌·신비한 느낌 등을 가지나 변화가 없어 단순·단조롭기 쉬움. ③대칭(對稱)·상칭(相稱)·균정(均整)이라고도 함.

균제도(均齊度, uniformity factor, uniformity ratio of illumination) : ①실내의 고조도(高照度) 부분과 저조도(低照度) 부분과의 비. ②최소조도/평균조도. 광속법에서는 균제도값을 사용하지만 작업유형에 따라 그 값이 달라짐. 균제도의 평균값은 0.7이나 BZ(British Zone) 분포상태와 특정 실지수에서 균제도는 광원 사이의 거리가 일정할 때 광원 사이의 거리가 줄어들면 이에 비례하여 균제도는 증가하며, 또 광원간의 거리가 일정할 때 작업면과 광원 사이의 거리가 증가하여도 균제도는 증가함. ③조도의 균일한 정도로 실내 작업면은 벽으로부터 1m 정도를 제외한 장소의 최저조도/최고조도를 말함. 인공조명은 1/3 이상, 주광조명은 1/10 이상이 요구. ④균제도란 실내의 조도분포가 균일할수록 시작업능률과 밀접한 관계가 있음. 균제도는 작업면상의 조도분포 평가지표로서 작업면의 최고조도에 대한 그

면의 최저 조도비임. 즉

$$U = \frac{\text{휘도·조도 주광률의 최소치}}{\text{휘도·조도 주광률의 최대치}}$$

균질공간(均質空間) : ⇨무한정공간(=).

균질목조직(均質木組織, even texture) : 목재를 구성하고 있는 세포의 크기 차이가 클 때의 나무갗.

균질성(均質性, homogeneity) : ⇨재료의 조직.

균형(均衡, balance, equilibrium, symmetry) : ①물체간의 물리적·시각적 평형을 일으키는 원리. ②조형적으로는 형태(form) ·매스(mass)·볼륨(volume)·중량(重量)·방향·부피·색채나 밝기의 대비·질감 등의 구성 요소가 갖는 부분과 부분간의 시각적인 중량관계에 있어서 힘의 평형을 유지하거나 대립되는 요소 및 반대되는 힘 사이의 평형이나 안정된 상태. ③디자인이나 구성에 있어서는 부분이나 요소들의 적절 또는 조화로운 배치나 비례. 실내공간에서는 안정감·평형감·침착함을 주고 눈이 지각하는 것처럼 중량감을 느끼게 함. 크기가 작은 것은 큰 것보다, 기하학적인 것은 불규칙한 것보다, 부드럽고 단단한 것은 복잡한 것보다, 사선은 수평선·수직선보다, 따뜻하고 밝은 것은 차갑고 어두운 것보다 시각적으로 가볍게 느껴짐. ④대조되고, 적대적이고, 상호작용을 하는 요소간의 평형상태로, 디자인이나 구성에서 요소간의 조화로운 배열. ⑤실내공간에서의 균형은 인간과의 상대적인 관계를 기본으로 하고 바닥·벽·천장(실의 길이·폭·높이)의 관계에 있어 입체적인 비례관계로 파악됨. 균형은 형식에 따라 대칭적 균형·비대칭적 균형·방사상 균형으로 구분. 독일의 건축가인 브루노 타우트(Bruno Taut : 1880~1938)는 "건축은 균형의 예술이다"라고 균형을 강조하였음.

균형점온도(均衡點溫度, balance point temperature) : 건물에서의 열손실량과 열획득량이 균형을 이룰 때의 실외온도.

귤색(−色, tangerine) : ①관용색명으로 주황. ②먼셀기호 6YR6.5/13.

그늘집 : ①벌판에 햇빛을 가리고 휴식을 취하도록 간단하게 만들어 놓은 집. ②골프장에는 곳곳에 그늘집이 설치되어 있음.

그라데이션(gradation) : ①규칙적인 변화나 점진적(단계적)인 추이. ②조형적으로는 선·형·색 등이 일련의 유사한 변화과정의 조화적·점진적·연속적인 단계를 의미하거나 단계적으로 일정한 질서를 갖춘 차례 또는 계열 및 점차적으로 변화하는 것. ③변화와 진보와 생명을 의미하며 반복보다 복잡하고 동적이며 진행감에서 오는 리듬감이 강함. 또한 발전적이고, 반복보다 강요당하는 느낌이 약하며, 창의력이 강하게 보임. ④디스플레이 용어로는 상품을 진열할 때 명암이나 크기의 시각적인 변화를 의미. ⑤인접된 부분들이 서로 유사하거나 조화된 하나의 연속. ⑥변이·일관성·점차 강하게·점차 약하게·연속적인 진행·질서 있는 변화·혼합 등에서 표현되는 일련의 연속. ⑦점차적인 변화와 질서 방법을 요구하며, 연속과 절제를 통해 진보감을 느낄 수 있으며 시각적으로 경쾌한 율동감을 가질 수 있는 디자인의 구성 원리 중 하나. ⑧계단, 계열 혹은 스케일, '계조(階調)'·'점이(漸移)'·'점층(漸層)'·점증(漸增)이라고 함.

그라딘(gradin, gradine) : 원형 극장과 같은 구조에서 일련의 계단식 좌석 중 한 단.

그라비어벽지(−壁紙, gravure wall paper) : ①종이벽지의 일종. ②그라비어(Gravure) 인쇄 공법에 의하여 생산되는 벽지. ③판 자체가 평판이 아닌 오목판으로 원통형의 롤이 돌아가면서 인쇄를 하는 그라비어 인쇄법을 사용한 것. ④하급지의 주류를 이루고 있으며, 백상지 및 갱지로 다양한 무늬와 색상을 표현할 수 있음. ⑤옵셋 인쇄보다 대량생산이 가능한 반면 불량품이 다량으로 생길 우려가 있음. ⑥시공이 간편하여 일반 소비자도 직접 시공할 수 있는 하급벽지라 할 수 있음. ⑦보통

4도로 인쇄를 하며 1~6도까지 인쇄가 가능하고 색채감이 좋음.

그라스파라스트전람회(−展覽會) : ①비엔나(Vienna)의 세제션(sezession[독])에 의해 1897년에 그라스파라스트에서 개최되었던 전람회. ②여기에는 앙리 반 데 벨데(Henry van de Velde : 1863~1957)가 초청되어 연설을 하였고, 이때부터 그는 프랑스에 이어서 독일과 오스트리아에서도 명성을 얻게 되었음.

그라우트(grout) : ①구멍을 메우거나 얇게 발라 타일·석재 등을 붙이는 등 다목적으로 사용되는 시멘트모르타르. ②혼합물의 구성요소의 분리 없이 쉽게 흐를 수 있고, 좁은 공동(空洞)을 채우고 고체 매스(mass) 속에 인접한 물질을 통합하는데 이용되는 유동성을 가진 시멘트모르타르. ③물막이나 지반강화를 위해 암반의 균열이나 투수성(透水性) 지층에 사용하는 시멘트페이스트 또는 모르타르·벤토나이트 수(水)·약액 등의 주입액.

그라우티드 프레임(grouted frame) : 방화 및 구조적 보강을 위해 스틸 프레임(steel frame) 내부를 시멘트나 모르타르로 채운 문틀. 시멘트문틀(=).

그라우팅(grouting) : ①균열이나 공동(空洞) 등의 틈새에 그라우트를 주입하거나 충전(充塡)하는 일. ②돌쌓기·벽돌·콘크리트 등의 틈새에 시멘트모르타르·고분자 수지 등을 주입 또는 압입 충전하는 것.

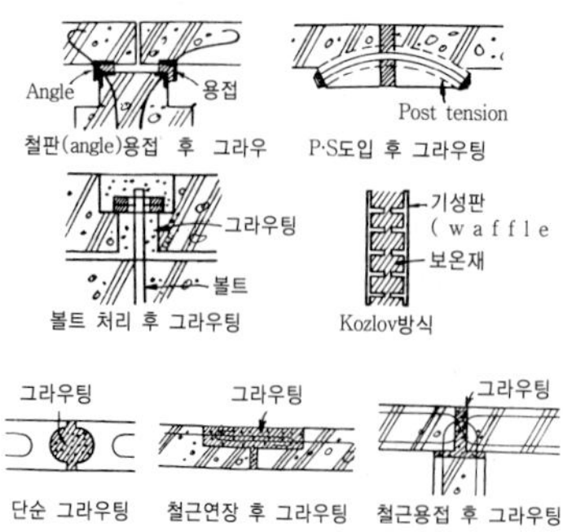

그라우팅

그라운드(ground) : 개구부에 마감재로 쓰이는 목재나 금속 소판(小板)으로 미장 두께를 일정하게 하거나 미장작업의 마무리에 대한 경계선이 되는 부재.

그라인딩(grinding) : ①인조석 바름 후 3~4일 경과 후에 그라인드로 표면을 갈아 마무리한 것. ②현장에서 갈기한 인조석 표면 마무리법. ③현장에서는 일본어로 '도키다시'라고 함.

그라피토(graffito) : ①벽이나 바위에 긁어서 그린 그림문자. ②돌이나 건물의 벽 같은 공공의 표면에 스프레이 칠을 하거나 그려진 그림이나 명각. ③한 번 덧칠한 면을 긁어내어 먼저 칠한 바탕색을 그림의 선으로 보이게 하는 수법.

그랑 메트르(grand maître[프]) : 대가(大家), 거장(巨匠)을 의미하는 프랑스어.

그래뉼레이션(granulation) : 표면을 미세한 입자로 만드는 장식적인 금세공 방법으로, 미노아인(Minoans)에 의해 개발되었고 에트루리아인(Etrurians)에 의해 전수되었으며, 19세기에 다시 유행.

그래스그린(grass green) : 옛날부터 사용된 색이름. 풀색. 같은 뜻의 한국말 "초록"과는 그 색이 다소 다름. 짙은 황록색(deep yellow green). 먼셀 4.0G4.5/8.5임.

그래프식 공정표(−式工程表, graphic style process, graphic mode process) : 기성고(旣成高)·재료 반입량(材料搬入量)·노무자수(勞務者數) 등을 종축(縱軸)으로, 일수(日數)를 횡축(橫軸)으로 하여 공사진척상황(工事進陟狀況)을 그래프로 표현한 공정표.

그래픽(graphic) : 회화적 표현의 것이나 이와 연관된 것으로, 특히 분명하고 효과적인 방법으로 묘사된 것.

그래픽디자이너(graphic designer) : ①디자이너가 설계한 디자인의 투시도와 채색도를 제작하는 업무가 주 임무인 사람. 실내디자인 회사를 위한 그래픽뿐만 아니라 명함과 소책자, 고객에 대한 설명회 자료 등의 그래픽 디자인도 담당함. ②시각 디자인(visual design) 제작을 주 업무로 하는 사람을 총칭하는 말.

그래픽디자인(graphic design) : 시각전달을 목적으로 인쇄기술에 의해 대량 복제되는 평면적 표현에 대한 디자인. 즉 비주얼 디자인(visual design) 중에서도 평면적 조형요소가 큰 것. 예컨대, 포스터·일러스트레이션·POP광고·신문·잡지광고 등.

그래픽스케일(圖形縮尺, graphic scale) : 축척(縮尺, scale)을 나타내는 눈금 매긴 선이나 막대.

그래픽심벌(graphic symbol) : ①복잡한 형상을 단순한 그림으로 나타내는 상징적인 표현. ②픽토그램·아이소 타입(=).

그래픽이미지(graphic image) : 서면자료와 프레젠테이션을 전하기 위해 디자이너가 사용하는 모든 소재의 통일된 이미지.

그랜드아케이드(grand arcade) : ①교회건물에서 신랑(身廊, nave)과 측랑(側廊, aisle) 사이에 있는 아케이드. ②네이브아케이드(=).

그랜드티어(grand tier) : 대규모 오페라 하우스 또는 극장에서 파르테르 바로 위에 있는 첫 번째 단.

그랜드파더체어(grandfather chair) : ⇨하이백체어(=).

그랭이 : ⇨그렝이(=).

그랭이질 : ⇨그렝이질(=).

그랭이칼 : ⇨그렝이칼(=).

그레 : 기둥·재목·기와 등을 초석이나 각각의 놓일 자리에 꼭 맞도록 파내기 위해 그 자리의 높낮이에 맞춰 그리는 붓 역할을 하는 기구.

그레이드(grade) : ①건물이 땅바닥에 닿는 지반면. ②건축물의 주위가 지면과 접하는 평균 수평면을 말하고, 그 접하는 위치의 고저차가 3m를 넘을 경우에는 그 고저차 3m 이내마다의 평균 수평면.

그레이스케일(無彩色尺度, gray scale) : 명도의 기준척도로 사용하는 무채색을 가장 밝은 흰색(10)과 가장 어두운 검은색(0)을 양쪽 끝에 놓고, 그 사이에 명도차가 감각적으로 균일한 11단계의 무채색을 순서로 놓은 것. '무채색 스케일'이라고도 함.

그레이지굿(greige goods) : 표백을 안 하거나 가공되지 않고 마무리 처리가 안 된 천.

그레이트홀(great hall) : ①중세 성에 있던 2층으로 된 대형 중앙홀로서 저녁식사나 접대용으로 쓰는 것이 원칙. ②성(城)의 주된 또는 중앙집회장 역할을 하는 큰 홀. ③대연회장(=).

그레질 : ⇨그렝이질(=).

그레칼 : ⇨그렝이칼(=).

그레코로만(Greco Roman) : 예술에 있어 그리스와 로마의 혼합양식.

그레코로만양식(-樣式, Greco Roman style) : ①B.C. 1~3세기에 걸쳐 로마인의 취향에 맞도록 그리스인 예술가가 로마에서 제작한 그리스풍의 미술. 조각·건축 등에 반영되고, 사적(史的)으로 헬레니즘 미술에 뒤이어 로마양식이 확립되면서 끝났음. ②B.C. 200~A.D. 200년까지의 로마화된 그리스식 고전양식으로 폼페이(Pompei)와 헤라클레니움(Heraclenium)에서 발견되었으며, 18세기 아담 형제의 신고전양식에 커다란 영향을 줌.

그렝이 : ⇨그렝이질(=).

그렝이발 : 그렝이질 또는 그레질을 하려고 기둥뿌리를 오픈 정도 더 길게 한 부분.

그렝이질 : ①그렝이발을 그렝이칼로 그려서 없애는 것. ②주춧돌 위에 기둥을 세우고 기둥 갓둘레가 주춧돌에 꼭 맞게 그레자로 그리는 일. ③울룩불룩한 모양에 맞게 다른 부재에 옮겨 그리는 일. ④본을 따거나 본보기에 의하여 그 실형을 그려내는 것. ⑤기둥을 반듯하게 세우는 기법. ⑥돌로 다듬어 주초를 삼고 그 위에 나무기둥을 세우게 되는데 기둥이 기울거나 미끄러지지 않게 하려면 주초와 기둥 밑둥이 밀착해야 하므로 그렝이

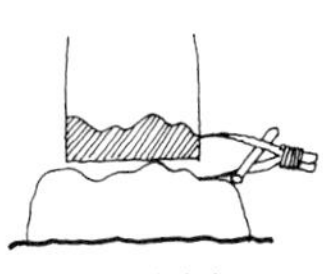
그렝이질

ㄱ

로 그렝이질을 하여 기둥을 반듯하게 세웠던 것. ⑦기둥을 수직으로 세우기 위해서는 기둥에 친 먹줄, 주반(柱半)과 추(錘)의 수직선이 일치해야 하기 때문에 이 일은 매우 고급스러운 기술. ⑧기둥을 얹는 초석(礎石) 또는 주초(柱礎)의 윗면이 고르지 않을 경우 기둥이 초석에 밀착되도록 기둥의 밑면을 파내는 기법. ⑨전통건축물에서 기둥을 반듯하게 세우기 위하여 기둥하단을 초석형상에 맞추어서 가공하는 기법. ⑩기둥을 세울 때 기둥 갓둘레와 주춧돌이 꼭 맞게 그래머 칼로 그리는 일. ⑪기둥이나 재목 같은 것에다가 그 놓일 자리의 바닥 높낮이를 그레로써 그리는 것. 요컨대, 기둥을 반듯하게 세우는 기법. ⑫돌로 다듬어 주초를 삼고 그 위에 나무기둥을 세우게 되는데, 기둥이 기울거나 미끄러지지 않게 하려면 주초와 기둥밑동이 밀착해야 하므로 그렝이질로 그렝이하여 기둥을 반듯하게 세웠던 것임. 기둥을 수직으로 세우기 위하여 기둥에 친 먹줄, 주반(柱半)과 추(錘)의 수직선이 일치해야 하기 때문에 이 일은 매우 고급스러운 기술. ⑬그레·그렝이질·그렝이(=).

그렝이칼 : ①그렝이질할 때에 쓰는 먹칼. ②그렝이자·그레자·그레칼(=).

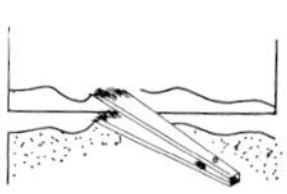
그렝이칼

그로밋(grommet) : 구멍을 지나는 전선의 누전을 막기 위하여 금속부분 안의 구멍에 삽입되는 고무나 플라스틱제 와셔(washer).

그로스포인트(gross point) : 태피스트리(tapestry) 기법의 일종으로 망사천·캔버스·거친 리넨 등에 바느질 기법을 응용하여 만드는 거친 직물장식.

그로인(groin, groyne) : ①두 개의 교차하는 궁륭(穹窿)이 만날 때 생겨나는 곡선부분이나 모서리 부분 중 하나. ②두 개의 볼트 교차에 의하여 만들어진 만곡(彎曲)된 부분. ③융기하거나 각이 지거나 구부러진 곡선으로 두 개의 교차하는 볼트(vault)에 의해 형성되는 교차선. ④궁륭·그로인볼트(=).

그로인볼트(groin vault) : ①두 개의 아치가 직각으로 교차한 것. ②직각으로 교차하는 두 개의 원형 통 궁륭(穹窿, vault)에 의해 형성되는 복합형 궁륭으로서 그로인이라고 불리는 아치형의 대각 모서리를 형성함. ③십자(十字)로 교차시킨 볼트. ④모양이 같은 2대의 반원통형(半圓筒形) 볼트가 직각으로 교차하여 형성된 볼트. ⑤하나의 베이(bay)에 골이 쳐진 볼트가 대각선 리브·횡단 아치·벽이 붙은 아치에 의해 4개의 부분으로 나누어진 것. ⑥로마네스크와 그 이후 내부공간이 3차원적인 기둥간격 시스템(bay system)으로 구성되어 새로운 의미의 내부공간으로 발전시킨 것. ⑦로마네스크의 조적볼트를 발전시켜 '4분볼트'라고 하는 4개의 만곡된 면을 갖는 로마네스크의 교차그로인 볼트가 생김. ⑧교차볼트·십자볼트·사분볼트(=).

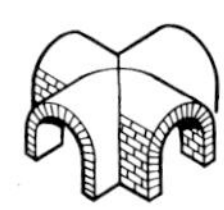
그로인볼트

그로테스크(grotesque) : ①서양의 장식문양 중 하나로 괴기(怪奇)한 인상(人像)이나 동물·과일·꽃이나 잎 등의 식물 등의 공상적 동식물에 당초(唐草)의 아라베스크(arabesque)를 복잡하게 조합한 장식 모티프. 이 장식 모티프(motif[프])는 고대 미술부흥의 풍조에 따라 일어났고, 특히 16세기 초 이탈리아의 르네상스나 바로크에서 널리 사용됨과 동시에 기발·기괴한 표현 자체가 '그로테스크'라고 불리게 됨. 이 용어는 동굴(洞窟)을 뜻하는 이탈리아의 그로타(grotta) 또는 15세기 말경 발굴된 로마시대의 동굴(지하묘지 : 특히 궁륭천장, 벽)에서 발견된 장식무늬로 당시 사람들이 '르 그로테스카 동굴의 그림'이라고 부르는데서 그 어원이 유래. ②환상적인 모양과 기이한 인간 또는 동물형과 나뭇잎·작은 형상들이 조화되어 자연적 사물을 풍자적으로 변형시킨 장식 형태. ③인간형태·동물·식물 형상이 환상적으로 뒤섞인 양식. ④고대 로마 장식에서부터 르네상스 건축에서 재사용된 기괴한 문양장식. 환상적인 모양과 기이한 인간 또는 동물형과 나뭇잎, 작은 형상들이 조화되어 자연적 사물을 풍자적으로 변형시킨 장식 형태.

그로테스크

그로토(grotto[이]) : 이탈리아어의 grotto(동굴)에서 유래한 용어로 르네상스·바로크시대의 정원 등에 설치된 인공적인 작은 동굴. 분수(foundation)·폭포(waterfall) 등이 설치되기도 함.

그루브합판(-合板, grooved plywood) : 홈이 파진 합판의 일종으로 표면에 V자형의 가는 홈이 적당한 간격으로 세로로 파진 것.

그루페아베체(Gruppe ABC) : ①스위스의 근대건축가 그룹. 바젤에서 출생한 슈미트가 M. 스탐(Mart Stam : 1899~), E. 로트와 1924년 창간한 잡지 『ABC-Beitrage zum Banten』를 중심으로 모인 건축가 그룹. ②슈미트와 공동 사무소를 가진 P. 알타리아 외에 M. E. 헤페리, W. 모저, R. 슈타이거 등이 참가. 1928년 신건축전을 취리히에서 개최. 슈미트는 CIAM 창립위원의 한 사람이며, 1929년의 회의에는 최소한 주택에 대한 보고를 제출함. 그룹 멤버가 참가한 작품으로는 취리히 교외의 노이뷰르 지드룽(1930~32)이 대표작이며, 1932년에 활동이 중지됨. ③이 그룹은 CIAM과 같이 근대 건축의 공업화와 규격화를 추구하면서도 조형적으로는 가장 엄격하고 명쾌한 조화를 추구.

그루포제테(Gruppo 7[독]) : ⇨그룹세븐(=).

그룹세븐(Group 7, Gruppo 7[이·독]) : 1926~27년 『라세냐 이탈리아나(Sa Rassegna Italiana)』 지(誌)에 게재된 논문 기사에 의해 명성을 얻은 합리주의자 7인의 밀라노 건축가 그룹(밀라노 공예학교의 건축학부 출신), U. 카스탈놀리, 루이지 피기니(L. Figini : 1903~)·구이데 프레토(Guide Fretto), 세바스티아노 라르코(Sebastiano Larco), 지노 폴리니(Gino Pollini : 1903~), 카를로 엔리코 라바(Carlo Enrico Rava), 쥬세페 테라그니(Giuseppe Terragni : 1904~41) 등이 참여하여 1926년에 결성되었지만, 결성된 지 몇 달만에 카스타놀리가 탈퇴하고, 그 자리에 아달베르토 리베라(Adalberto Libera : 1903~63)가 들어왔음. 라세냐 이탈리아나에 실은 4부분으로 된 선언문을 통해 그들은 '이탈리아 미래주의자(futurism)들이 12년 전에 이미 주장했던 과거에 대해 지나칠 정도의 낭만적인 의존으로부터 벗어나 합리적인 모더니즘을 이탈리아식으로 해석할 것'을 주장함. 그들이 세인의 관심을 받게 된 것은 1927년 몬차에서 개최되었던 비엔날에(Biennale)에 자신들의 작품을 출품하면서부터임. 그들의 작품은 르 코르뷔지에(Le Corbusier : 1887~1965)의 기계 미학과 그리스 사원의 고전적인 기념비성 사이의 균형을 추구한 것이 특징으로, 이탈리아 합리주의에 그 이론적 바탕을 두고 있음. 1928년 MAR(합리주의 건축운동)이란 이름으로 개명했다가 2년 후 MIAR(이탈리아 합리주의 건축운동)으로 발전.

그룹핑(grouping) : ①공통점이 있는 것끼리 조합(組合)하여 나누는 것을 의미. ②공간의 분절화(分節化)를 의미. ③공간의 종류 분절화의 레벨에 따라 여러 수법이 있음.

그리니치시(時, Greenwich Time ; GT) : 그리니치 자오선에 대한 평균 태양시로 현재는 '세계시(世界時)'와 동일.

그리다이언(gridiron) : ⇨그리디론(=).

그리드(grid) : ①평면적 요소를 위치시키고

장식적·감각적으로 재치있게 절충시켜 현대감각에 알맞은 표현을 얻으려는 경향. 그러나 최근에는 적극성을 상실하고 근대적인 형식성·장식성을 벗어나지 못하는 경향을 경멸적인 의미로 지칭하여 사용하기도 함. 기하학적인 곡선과 함께 직선무늬와 지그재그형을 포함한 장식방법이 특징. 독특한 형태 중 하나는 여러 가지 색채를 지닌 얕은 부조의 프레임(frame)들로 이루어짐. 문과 창 주위의 장식은 고층빌딩의 디자인에서 수직성을 강조함. 지역적 도시계획 특성을 반영하는 계단형태의 단벽(set back)도 역시 대중적임. ②모더니즘(=).

근대주의 건축(近代主義建築, modern architecture) : 기능성·합리성을 중시하고 가능한 한 장식을 배제해서 심플한 것 속에서 아름다움을 발견하려고 한 20세기 건축.

근력(筋力, strength) : 한 번의 수의적(隨意的, voluntary)인 노력에 의해 근육이 등척적(等尺的, isometric)으로 낼 수 있는 힘의 최대치. 측정은 악력계(握力計)나 힘을 재는 장치로 측정.

근린주구(近隣住區, neighbourhood units) : ①초등학교를 중심으로 8,000~10,000명이 단위가 되며, 간선도로를 경계로 하는 커뮤니티 단위. ②간선도로 내의 보행자는 자동차로부터 보호받고, 안전한 생활을 영위할 수 있는 장소가 확보됨. 1920년대에 미국의 C. Pelli에 의해서 제안됨.

근사대칭(近似對稱, approximate symmetry) : 대칭(對稱, symmetry)과 비대칭(非對稱, asymmetry)의 중간적인 형태로 심메트리의 정돈성·단순성과 심메트리의 특성(강조성·긴장감 등)을 겸비.

근시안(近視眼, near sightedness, myopia) : ①시축(視軸)의 거리가 길어 근거리의 광선(또는 광)은 조절작용이 가능하나 원거리의 광선(또는 상)이 망막의 앞쪽에서 생겨 상을 볼 수 없는 상태. ②근시안은 광선을 확산시켜 상이 생기는 위치를 망막까지 후퇴시키는 작용을 하는 오목렌즈를 착용해야 함.

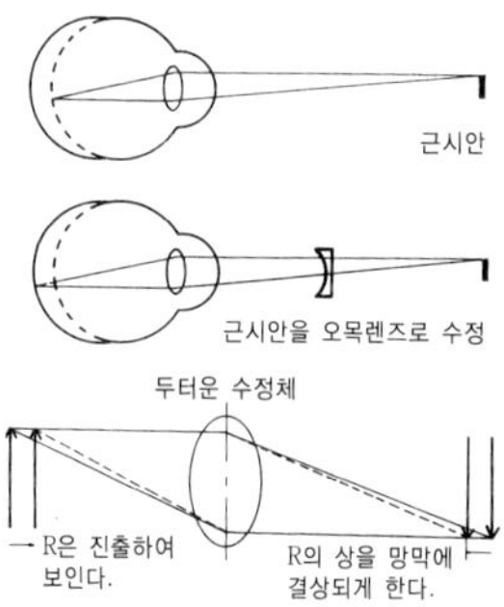

근시안

근육운동지각(筋肉運動知覺, Kinesthesia[독]) : 관절이나 근육의 움직임을 신체 속에서 찾음으로써 신체의 움직임을 피부로 느낄 수 있는 피부감각.

근전도(筋電圖, electromyogram) : ①골격근(骨格筋)이 수축하면 근육에 활동 전위(電位)가 생기는데, 이 발생 전위를 증폭하여 기록한 그림. ②인간공학 입장에서 근육 부담의 평가에 이용됨. ③근전도를 기록하는 장치를 근전계(筋電計)라고 함.

근접색(近接色, analogous color) : 색상환에서 근접되어 있는 두 단계나 세 단계 옆에 있는 색.

근접성(近接性, proximity) : ⇨게슈탈트사법칙.

근접성의 원리(近接性-原理, principle of proximity) : ①서로 가까이 있는 요소들이 멀리 떨어져 있는 것들보다 그룹으로 뭉치려는 경향이 있는 시각적 특징. ②서로 비슷하지만 가까이 붙어 있는 물체들이 따로 떨어져 있는 물체보다 공통점을 많이 가지고 있다고 느끼는 시각적 정돈. ③위치·질서 또는 관계가 가까운 것. ⇨게슈탈트사법칙.

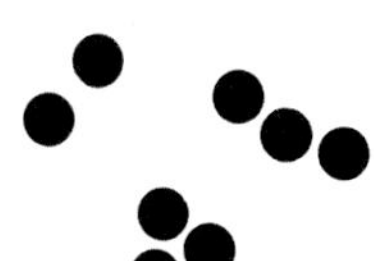
근접성의 원리

근접학(近接學, proxemics) : ①인간이 타인과의 사이에서 필요로 하는 공간 및 물리적인 거리에 관해서 연구하는 체계적인 학문. ②공간적으로 분리된 요소들의 상호 관련과 상징, 그리고 이 요소들이 환경·문화적 요인과 갖는 관련성에 대한 학문. ③개개인의 다양한 사회적인 또는 개인 상호간의 상황 속에 처해 있을 때 공간 분리의 상징적이고 사회적인 역할에 대한 연구 또한 공간배치의 특성이나 정도가 환경적·문화적 요인과 어떻게 관계되는가에 대한 연구.

글계 : ⇨대패(=).

글라스박스형(-型, glass box type) : ①디자인의 접근방법 중 디자인되는 과정이 비교적 명확하게 진행되는 방법. 즉 계획 및 설계의 모든 진행과정을 타인이 알 수 있도록 전개하는 방법. 각 과정별로 전문가에 의해 평가받을 수 있으며, 신뢰성을 부여받을 수 있는 방법. ②유리상자법(=).

글라스블록(glass block) : ⇨유리블록(=).

글라스울(glass wool) : ①유리섬유질로 양털 모양과 유사하며 단열재와 공기 필터로 사용함. ②유리섬유(=).

글라스커튼(glass curtain) : ①유리창 바로 다음에 항상 치는 투명한 막(幕)과 같은 커튼. ②특징은 빛을 분산시키고 어느 정도 프라이버시를 보장하며, 실외에서 잘 보이므로 여러 방의 커튼을 모두 동일 색이나 유사색을 하는 것이 바람직함.

글라스타일(glass tile) : ⇨유리타일(=).

글라스톤베리의자(-椅子, glastonbury chair) : ①16세기 X자형의 다리와 경사진 팔걸이와 경사진 등받이를 가진 교회용 의자. ②접게 되어 다리가 앞뒤로 교차하고, 팔걸이가 의자의 등과 좌석의 앞쪽 끝에 걸쳐져 있음.

글래스고그룹(Glasgow group) : ①19세기 말 영국의 글라스고(Glasgow)를 중심으로 예술 혁신을 지향한 근대 건축가 그룹. ②글라스고 미술학교 출신으로 대표적인 인물로는 매킨토시(Charles Rennie Mackintosh : 1868~1928)와 맥네어, 맥도널드 자매의 4명으로 된 그룹. ③이들은 건축·실내·가구·벽지·책 등 장식미술 전반에 걸쳐 폭넓게 활약하였으며, 직선과 직각을 기조(基調)로 하면서 우아한 곡선을 배치하여 기하학적 형태에 의한 질서와 밝은 색조와 긴장감이 넘치는 화려함을 갖는 특징적인 경향을 가짐.

글래스고보이즈(Glasgow Boys) : ①영국의 디자인 그룹. ②중심인물은 매킨토시(Charles Rennie Mackintosh : 1868~1928).

글레어(眩輝, glare) : ①눈에 불쾌감을 느끼게 하는 과잉(過剩)의 밝기. 시야 내에 광원이 있으면 현휘(眩輝)가 나타나는데 눈 위치의 수평면으로부터 45° 사이에 광원이 있으면 불쾌현휘(不快眩輝, discomfort glare)가 일어남. ②눈이 적응하고 있는 휘도보다 매우 밝은 빛에 의해 성가심·불쾌감 또는 시각상실 등을 유발하는 느낌. ③대상물보다 그 주위가 더 밝을 때 휘도의 심한 차에 의하여 눈의 적응상태가 급하게 파급되어 물체의 디테일과 색을 정확하게 볼 수 없는 상태. ④표면으로부터 반사되는 굉장히 밝은 빛으로 디테일한 요소를 보는데 방해됨. ⑤눈이 순응하고 있는 시야 내의 휘도보다도 훨씬 높은 휘도부분이 있거나 휘도대비가 월등히 큰 부분이 있어 눈부심 현상이 일어나거나 잘 보이지 않거나 또는 불쾌하게 느끼게 되거나 신경이 쓰이는 상태나 현상. 광원이 직접 노출되거나 정반사에 의해 광원의 모습이 눈에 들어오는 경우에 발생. 시선을 중심으로 30° 범위 내의 글레어 존(glare zone)에는 광원을 설치하지 않는 것이 좋음. 이러한 현상을 '글레어현상'·'눈부심현상'·'현휘현상' 또는 '휘광(輝光)'이라고도 함. 눈부심의 원인이 되는 높은 휘도의 광원이 시야나 시선 가까이 있는 경우를 직접 글레어, 시선에서 멀리 떨어진 경우를 간접 글레어라고 함. 휘도가 높으면 눈부심 현상이 일어나기 쉬움. ⑥글레어의 종류는 맹목글레어·

ㄱ

불능글레어·불쾌글레어·반사글레어·직접 글레어·간접글레어 등. ⑦눈부심(=).

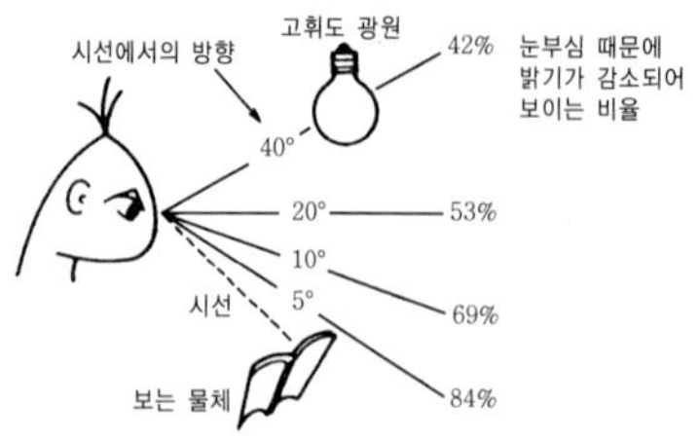

글레어

글레어인덱스법(-法, glare index method) : 직접 글레어를 평가하는 지수(指數).

글레어존(glare zone) : ①특히 시선의 수평선 상하 각각 30° 범위 내를 말함. ②시야(視野) 내에서 눈부심을 느끼는 색감대(色感帶)의 분포영역. 이 영역에서는 정상적인 3원색 지각이 작용하고, 두 눈이 정상각 60°의 원추상(圓錐狀) 가시범위.

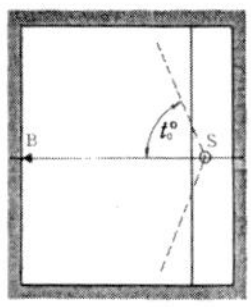
글레어존

글레이지드타일(glazed tile) : 표면질감이 매끄럽게 처리된 타일.

글레이징기법(-技法) : ⇨글레이징조명기법(=).

글레이징조명(-照明, glazing light) : ①빛의 각도를 이용하는 방법으로 수직면과 평행한 광선을 벽에 비춤. 즉 광원을 마감면에 평행하게 가까이 배치하여 수직면의 재질을 강조하는 방향성을 갖는 조명. ②거친 나무·벽돌·콘크리트 등 질감이 강한 재료에 효과적임. ③글레이징 효과를 내기 위해 매입등은 천장 끝에서 150~300㎜ 거리를 두고 떨어져 설치. 이때 광선에 의해 조개무늬가 나타나는데 조개 위의 어두운 부분과 밝은 부분은 시각적으로 벽면을 분할하여 천장을 낮게 보이게 함.

글레이징 조명기법(-照明技法, glazing light methods) : ①빛의 각도를 이용하는 조명 연출기법. ②보통 건축의 일부로서 천장 속에 설치. 광원은 벽에서 305㎜ 이내에 위치하도록 함. 빛은 벽의 상부를 강조하며 빛의 조사방향에 따라 시각적인 느낌이 달라 드라마틱(dramatic)하고 다이내믹(dynamic)한 분위기 연출이 가능함. 특히 수직면과 평행한 광선을 비추어 거친 벽면 마감재료의 질감효과를 강조시킴. ③거친 나무·벽돌·콘크리트 등 질감이 강한 재료에 효과적임.

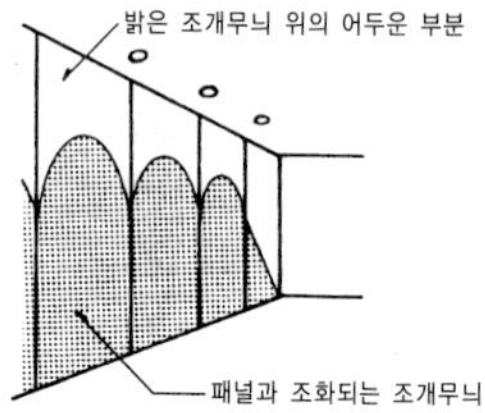

글레이징 조명에 의한 조개무늬

글레제르느네(Die läserne Kette ; 유리사슬) : 1919년 11월 B. 타우트(Bruno Taut : 1880~1938)가 건축가와 미술가·비평가 등의 13명에게 건축 아이디어와 드로잉·판타지 등에 관한 사적인 토론회로서 서로 연결된 만남을 바라면서 제안하였음. 이때 비평가인 A. 베흔을 제외하고 모두 찬성하여 모인 이 그룹은 그룹의 이름을 '유리사슬'로 명명하고 학술적 건축이란 규범으로부터 자유로워지는 것을 공통관심사로 하여 자연으로부터 취한 근본적인 구성형태들을 선호하는 경향, 즉 결정체·조개껍질·아메바·식물형태 등이 미래 건축을 위한 모델로 받아들여졌음. 또한 구조적인 목적을 위해 유리와 철·콘크리트가 훌륭한 재료로 받아들여졌음. 이 그룹의 활동은 1920년 12월까지 계속되었음. 이 그룹의 구성원들 몇 명은 '링(Ring)'이란 그룹에 참여하게 됨.

글로램프(glow lamp) : 형광등의 회로 내에 있는 점등관.

글로리(glory) : ①고리나 원형 문양으로 방사되는 빛. ②헤일로·님버스(=).

글로벌로컬디자인(global local design) : ①국제화를 추구하면서도 각각 지역의 문화적·사회적·정서적 특성에 맞게 디자인을 조금씩 변형, 조정하는 디자인. ②예컨대, 일본의 맥도널드에서는 쌀밥으로 만든 햄버거를 팔고 있음. 따라서 오늘날은 다국적 기업의 조직도 그 지역의 사람들을 많이 쓰고 있는데, 이는 그 지역의 특성을 이해해야 하기 때문임.

글로브(glove) : 투명 또는 확산 투과성 재료로 만들어 광원의 주위를 전부 가려서 그 배광(配光)과 광색(光色)을 바꾸는 조명기구. 빛은 상하 좌우로 거의 균등하게 내는 전반 확산형의 배광을 가짐.

글로브밸브(globe valve) : ①내부 벽 내의 개구부 위에 놓여 있는 디스크에 의해 밀폐되는 구형의 몸체를 지닌 밸브. ②유체에 대한 저항이 큰 것이 결점이나 슬루스 밸브(sluice valve)에 비해 소형이며 가볍고 염가이며, 유로를 폐쇄하는 경우나 유량조절에 적합. ③유체의 흐름을 밸브의 전후에서 직선방향으로 하는 것이며, 유체의 흐름을 직각으로 바꾸는 경우에는 앵글밸브를 사용함. ④유체에 대한 저항이 큰 것이 결점이지만 슬루스 밸브에 비하여 소형이며 가볍고 염가(廉價)이며 유로를 폐쇄하는 경우나 유량 조절에 적합. ⑤2인치 이하는 전부 포금제의 나사 맞춤형이고, 2 1/2인치 이상은 밸브·밸브 시트는 포금제, 동체는 주철제의 것을 사용. ⑥스톱밸브·구형밸브(=).

글로브온도계(-溫度計, glove thermometer) : 기온과 복사의 종합효과를 측정하는 것을 목적으로 1930년 H. M. Veron에 의해 고안. 동판(두께 0.5㎜ 정도)으로 제작된 외표면을 흑색 무광택 도료로 처리된 직경 15㎝의 속이 빈 밀폐 구리공 중심에 온도계의 둥그런 부분이 위치하도록 설치하고 고무마개로 고정시키도록 만들어진 온도계임. 이때 측정한 온도는 복사대류온도(radiation convection temperature)라고 하며, 대류와 복사에 의한 종합효과를 표시한 것임. 이것을 측정점에 매달아 두고 그 주위의 기온 및 주위 벽 표면온도에 변화가 없다고 하면 약 15분이면 평형온도에 가까워짐. 이때의 눈금을 글로브 온도 GT[℃]라고 함.

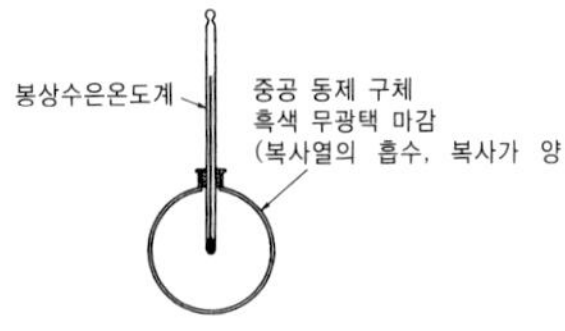

글로브 온도계

글로브조명(-照明, glove lighting) : ⇨글로브.

글로브체어(globe chair) : 핀란드의 E. 아르니오가 디자인한 의자. 구상(球狀)의 RRP로 셸(shell)을 만들고 안쪽은 천을 부착하였음. 의자에 앉은 사람이 작은 공간을 형성하려고 한 아이디어를 철저히 표현한 것.

글로스위치(glow switch) : 형광램프의 점등 스위치. 형광램프 회로에 병렬로 넣은 글로 램프(glow lamp)로 시동하여 불을 켜는 방식. 시동에 2~3초가 걸리는 것이 결점임.

글로스타터(glow starter) : 글로램프 및 안정기를 사용하여 형광램프를 켜는 장치.

글루(glue) : 천연계 단백질에서 얻는 접착제. 젤라틴(gelatin)과 아교가 이에 해당.

글리세린프탈산수지(-酸樹脂, glycerine-phthalic acid resin) : 알키드수지의 일종으로 글리세린과 무수(無水)프탈산(酸)으로 만든 열경화성 플라스틱.

글린 타일(glin tile) : 미끄럼 방지의 견고한 소성 점토 제품.

글립탈수지(-樹脂, glyptal resin) : 알키드수지의 일종으로 무수 프탈산과 글리세린을 축합(縮合)하여 된 열경화성 합성수지. 접착제로 사용.

긁기(scratching) : 미장공사 또는 인조석 갈기 마무리 등에서 바탕을 긁어 거칠게 만드는 일.

금(金, gold) : 금속 중에서 연성(延性)이 가장 좋은 귀금속의 하나. 1/1,200㎜ 이하의 얇은 박(薄)으로 할 수 있음. 비중이 19.3, 용융점이 1,063℃, 비열은 0.0316(0~100℃). 강도 및 경도는 알루미늄과 구리의 중간 정도임. 장식용으로 많이 사용.

ㄱ

금갈색(金褐色) : 관용색명으로 진한 빨강 띤 노랑.

금강문(金剛門) : ①불교의 수호신인 금강역사를 모신 전각. ②보통 왼쪽에 밀적금강(密迹金剛), 오른쪽에 나라연금강(那羅延金剛)이 서게 됨. 금강역사는 5백의 야차신을 거느리고 현겁 천불을 수호하는 역할을 함.

금강송(金剛松) : ⇨춘양목(=).

금강정(錦江亭) : ①강원도 문화재 자료 24호. 15세기 초 창건. ②1428년(조선 세종 10년) 김복항에 의해 건립된 이후 수차례 중건. 30㎝ 높이의 자연석 기단 위에 덤벙주초를 놓고 원주를 세움. 정면 4칸, 측면 3칸 규모로 지붕은 겹처마 팔작지붕 형태. ③공포는 초익공 양식과 양봉은 수서(垂舌)로 됨. ④바닥은 우물마루, 출입은 정면 좌측의 두 번째 칸에 하며 나머지는 머름형식의 평난간을 돌려놓음.

금구장식(金具裝飾) : 기능적 혹은 장식적으로 가구에 사용되는 금속장식.

금남재(錦南齋) : ①남원시 노암동 564에 위치. 1973년 6월 23일 전라북도 기념물 제15호로 지정. ②오병도 관리. 용성(龍城)의 요천(蓼川) 남쪽 기슭에 세워져 있는 건물. ③창건년대는 알 수 없으나 조선 세조(世祖) 때 오응(吳凝)이 별장으로 지은 것이라 함. ④오응은 1457년 별시문과에 급제하여 1467년 함길도(咸吉道) 관찰사가 되었으며, 전라감사(全羅監司)를 거쳐 예종 때에는 한성부 좌윤 등을 지냈음. 금남(錦南)은 그의 호임. 이곳에 별장을 짓고 말년을 보낸 것은 이곳이 오씨의 고장일 뿐더러 그의 조부 묘가 이곳에 있기 때문이었다고 함. 두문동(杜門洞) 72인 중의 한 사람이기도 한 그의 조부는 4도 관찰사를 지낸 오상덕(吳相德)으로서 황희(黃喜)의 매형 되는 사람이었음. 이러한 인연으로 황희와 더불어 대강면(帶江面)에 있는 풍산서원(豊山書院)에 배향되어 왔음. 그러나 후일 오씨 문중에서 자기 조상을 남의 가문에서 계속 모시게 할 수 없다 하여 금남재 옆에 있는 술산사(述山祠)라는 사당을 세웠음. 금남재의 지붕은 맞배지붕이며, 처마는 홑처마이고, 평면구성은 ㄷ자형으로 일자형 안채 좌우에 각각 3칸 건물을 처마 아래로 이어 달아내었음. 전체적으로 튼 미음(ㅁ)자형 배치임. 세 건물은 모두 잘 다듬어진 1m 높이의 화강암 축대 위에 세워졌으며, 초석은 자연석 덤벙주초이며, 기둥은 모두 사각기둥임. 안채는 지면과 약간 뜨도록 낮은 궁창널을 짰음. 정면 4칸, 측면 1칸의 4칸 구조로 부엌 1칸, 마루 2칸, 그리고 1칸의 방으로 구성되었음. 서쪽에 이어낸 건물은 부엌·방·마루로 꾸몄고, 동쪽은 부엌에 이어 2칸의 방을 내고, 술산사로 통하는 중문을 달았음. 날개부의 기단은 몸채보다 낮게 계획하였음. 따라서 지붕도 기단의 높이에 따라 낮게 계획하였음. 대부분 대청을 중심으로 좌우로 안방과 건넌방 또는 도장이 있으나 이 집은 대청을 한 칸 줄여 방을 드리고 그 옆으로 도장방과 정지를 마련하였음. 이 집의 특징적인 공간은 좌우 날개 끝에 대칭적으로 구성한 마루임. 마치 누마루와 같은 이 공간은 마당쪽으로 한 면을 개방하고 나머지 두 면에 바라지창을 냈음. 양 날개 모두 마루방을 구성하는 것은 중수하면서 변형된 것으로 보여 짐. 거듭된 중수로 건축 당시의 원형은 많이 없어졌으나, 사대부의 내면을 그대로 표현한 건물로 주목됨.

금남재

금단청(錦丹靑, very brilliant colors) : ①비단 자락과 같이 오색(다섯 빛깔)으로 갖은 무늬를 써서 현란하게 그리는 단청. ②부재 양끝에 머리초를 치고 중간에 여러 가지 비단무늬를 그린 단청. ③부재의 모든 부분을 문양으로 꽉 채운 단청. ④도리·보·서까래 따위의 전체에 여러 가지 무늬가 들어가는 단청. 부재의 양쪽 끝에는 각종 문양을 그리고, 중간에는 비단 무늬나 사람·꽃·새 등을 그려 넣음. ⑤금단청의 머리초는 병머리초·장구머리초·겹장머리초 등의 화려한 문양을 적용하고 골팽이에 번엽을 추가하기도 함. ⑥문양 전체 황색 줄에는 금박으로 도금하여 찬란한 광채의 효과를 극대화시킴. 포벽에는 각종 부처님상을 묘사하는데 이것을 '불벽화'라 하며, 화려한 보상화문을 도채하기도 함. 이러한 장엄양식은 대웅전·대웅보전·극락전·비로전 등 부처님을 모신 사찰의 중심 법당에 적용됨. ⑦가장 고급스런 단청으로 주로 사찰건물에서 사용. 종류는 화려한 정도에 따라 얼금단청, 보통금단청, 갖은금단청 등으로 구분함. ⑧비단단청·갖은금단청(=).

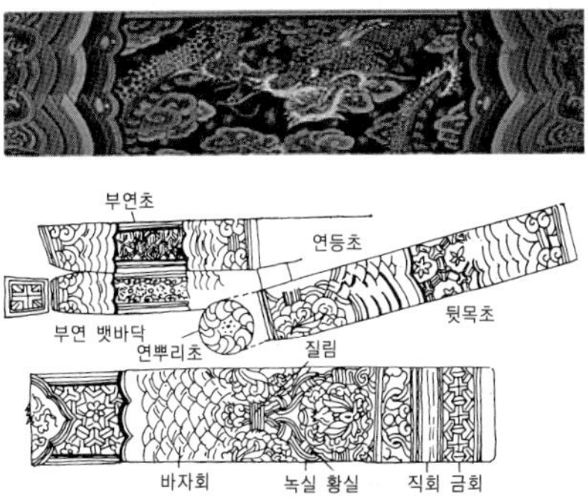

금단청

금당(金堂, main Buddhist hall) : ①선종계 사원에서 본존불을 모신 불당. ②절에서 부처상을 모셔놓고 예배·기도·의식 등을 진행하는 건물. ③법당·대웅전·대웅보전(=).

금모로단청(錦毛老丹靑) : ⇨얼금단청(=).

금물(金物) : ⇨하드웨어·철물(=).

금박(金箔, gold leaf) : ①재료의 표면에 금을 입히기 위해 사용하는 얇은 금박지. ②원래 독일에서 만들어진 것으로 금에 주석과 납을 혼합해서 만들었음. ③모자이크 골드(mosaic gold) 또는 네덜란드 골드(Dutch gold)라고도 함.

금박목(金箔木, gilt wood) : 18세기에 개발된 금박을 입힌 나무. 먼저 나무를 조각하여 그 위에 제소(gesso)를 바른 뒤 다시 그것을 정교하게 조각한 후 물이나 기름에 혼합한 금칠을 입힘.

금박법(金箔法) : 형태가 갖추어진 기물에 얇은 판을 덧씌우는 방법.

금박벽지(金箔壁紙, wallpaper, gilded) : 종이 벽지 위에 얇은 금박이가 입혀진 벽지. 화려한 장식효과에 반해 반사율이 높아 눈부심이 생기고 표면에 전기가 통하는 결점이 있음.

금박장식(金箔裝飾, gilding) : ①고대 이집트에서 개발한 표면을 금박으로 처리한 장식으로 주로 목재 위에 사용. ②종류는 수성금박(水性金箔, water gilding)·유성금박(油性金箔, oil gilding)·화성금박(火性金箔, fire gilding) 등이 있음. 수성금박은 표면이 부드럽고 광택이 우수하며, 유성금박은 견고하고 기후조건의 제약을 받지 않음. 화성금박은 금속표면 위에 사용됨. 18세기 이후에는 가구에 금박장식을 많이 사용함.

금박장식

금반향나무 : ⇨향나무(=).

금뱃바닥 : 첨차나 장여 따위의 뱃바닥을 금단청한 것.

금뱃바닥

금색(金色, gold) : 관용색명으로 금색을 말함.

금속(金屬, metal) : 모든 금속은 광석(鑛石)이란 형태로 채굴되며, 구체적인 용도에 따라 제작. 대부분의 자연적인 금속들은 자연력에 노출되었을 때 약화되는 것으로부터 보호되어야 함. 또한 각각의 금속이 갖고 있는 특성과 명확한 용도를 파악·사용해야 함. 건축의 구조재나 마감재로 많이 사용하는 금속은 주로 강철·알루미늄·황동·청동 등. 강철은 견고하고 열을 가하여 단련할 수 있으며 고도의 긴장강도에 기인한 구조적 형태에 사용. 알루미늄은 경량이며 작은 규모의 구조적 프레임·외벽·창문 프레임이나 문·지붕의 돔·귀마루에 대는 방수용 철판, 그리고 많은 철물류의 형태에 사용. 황동과 청동은 대부분 실내·외 마감재로 사용됨.

금속공사(金屬工事, metal work) : 철골·철근·철판·철관 등 금속 또는 비금속 재료를 사용하는 철물(鐵物) 작업을 총칭하는 용어.

금속도관(金屬導管, rigid metal conduit) : 단단한 금속재료로 만들어진 도관으로 끝에 록너트(knock-nut)나 부싱(bushing)으로 허브(hub)를 연결하여 두꺼운 벽에 매설.

금속박 벽지(金屬箔壁紙, metal wallpaper) : ①무기질벽지의 일종. ②알루미늄박을 안대기 종이에 붙이거나 다른 금속박을 붙인 벽지. ③일반적으로 표면에 프린트 가공과 엠보싱 가공을 함. ④시공시 벽면의 수분을 완전히 제거해야 하며, 특히 바탕을 평평하게 하지 않으면 약간의 요철도 보이므로 주의해야 함. ⑤특히 상업공간에 많이 사용함.

금속상감(金屬象嵌, metal inlaying) : 금속의 표면에 다른 금속을 메워 넣는 기법을 총칭. 일반적으로 색의 효과를 위해 바탕색과 대비되는 색의 금속을 메워 넣으며, 전통적으로 장식적인 문양이나 선에 의한 묘사 등에 이용됨. 특히 동양에서 발달한 상감기법은 기법과 도구가 다양하나 보통 선을 상감하는 경우와 면을 상감하는 경우 및 바탕의 면 자체를 잘라내고 다른 금속을 접합하는 경우 등 3가지로 구분.

금속색(金屬色, metal color) : ①금속의 표면에 어떤 특정한 파장의 강한 반사로 인하여 지각되어지는 표면색. ②금속색인 것처럼 보이는 물감이나 도료 등의 색.

금속타일(金屬-, metal tile) : ①특수 아연도금판으로 만든 타일. ②두께는 0.3㎜이고 여러 가지 색이 있음.

금속표면처리(金屬表面處理, metal surface treatment) : 금속 표면에 도장·도금·용착·침식·기타 화학적·전기적 처리에 의해 피막을 만들어 내식성·내마모성·내약품성 등을 갖도록 한 것.

금속피복(金屬被覆, metallic coating. metallization) : 재료의 방식을 목적으로 재료의 표면을 금속으로 피복하는 것.

금적(金赤, bronze red) : ①관용색명으로 해맑은 주황. ②먼셀기호 9R5.5/14.

금척(金尺) : ⇨영조척(=).

금침장(衾枕欌) : 의걸이장과 형태가 유사하나 내부에 횃대가 없으며 일반 장에 비해 옆폭이 약간 넓음. 하단에는 낮은 장이 부착되어 있음.

금형(金型, die) : 금속이나 플라스틱을 압출 또는 사출성형할 때 사용하는 작은 원뿔형의 구멍이 있는 철로 된 받침이나 판.

금호재(琴湖齋) : ①경상남도 유형문화재 262호, 17세기 창건, 19세기 중수. 경남 창녕군 대합면 대동리 265에 위치. ②원래 용흥사의 부속건물이었으나 1695년(숙종21년)에 용흥사를 폐사시켜 연암서원(燕巖書院)으로 만들고, 다시 흥선대원군의 서원철폐시 훼철되었다가 해방 이후 현재자리로 이전. ③전정영역(솟을삼문과 동·서재)과 강당영역으로 구분. 강당건물은 정면 4칸, 측면 2칸의 단층 팔작집으로 겹집임. 가운데 정면 2칸의 대청과 양옆으로 정면 1칸, 측면 1칸 반은 온돌방임. 방으로의 출입문은 팔각창을 가진 삼분합문과 함께 세살문을 두어 기능성과 의장성을 함께 갖춘 실학적 영향이 돋보임. 가구는 5량 이익공임. 재목은 거의 괴목(홰나무)을 사용하고 민흘림 원주 위에 주두를 놓아 익공을 가구(架構). 창방 위에 화반을 두고 화반 위에 3개의 소로를 둠.

금호재

급결(急結, quick setting) : 시멘트의 응결이 물을 부은 후 극히 짧은 시간(약 10분 정도)에 일어나는 것. 정상적인 응결은 물을 부은 후 1~5시간, 급결보다 더 빠른 응결을 순결(瞬結) 또는 초급결(超急結)이라고 함.

급결성 시멘트(急結性-, quick setting cement) : ①시멘트의 응결시간이 짧은 시멘트. 급결제로는 규산소다나 염화칼슘 등이 사용. ②완결성 시멘트(⇔).

급결제(急結劑, quick setting admixtures) : 시멘트의 응결시간을 매우 빠르게 하기 위하여 사용되는 혼화제. 탄산소다·염화제이철·염화알루미늄·알루민산소다·규산소다 등을 주성분으로 함. 급결제를 사용하면 콘크리트 응결이 수십 초 정도로 빨라지며, 1~2일까지 콘크리트의 강도증진은 매우 크나 장기강도는 일반적으로 느린 경우가 많음.

급경(急硬, quick hardening) : 시멘트·모르타르·콘크리트 강도가 조기(보통 24시간 이내)에 발현하는 것.

급경제(急硬劑) : 시멘트의 응고 시간을 단축시키는 물질.

급기(給氣, supply air) : 실내에 공급하는 신선한 공기나 냉·난방을 위해 공급하는 따뜻하거나 차가운 공기.

급기구(給氣口, air inlet) : ①급기에 이용되는 개구부(opening). ②각 실의 벽면·천장·바닥 등에 설치하여 신선한 공기를 흡출(吸出)함. ③환기를 위해 신선한 공기를 흡입(吸入)시키는 개구부나 급기덕트의 흡출구 및 취입구. ④디퓨저(=).

급랭유리(急冷琉璃) : ⇨강화유리(=).

급배수설비(給配水設備, plumbing) : 건물 내 급수·배수·급탕 등을 위한 일체의 배관설비.

급수펌프(給水-, feed water pump) : ①일반적으로 보일러에 급수하는 펌프를 말함. ②보일러에 물을 공급하는 장치로서 보일러의 압력보다 20~30% 높은 압력으로 급수하며, 증발량 1.5배~2배의 송출량으로 설계된 2대 이상의 펌프설치.

급진적 디자인(急進的-, radical design) : ⇨반디자인.

급진적인 모던(急進的-, radical modern) : 새로운 기술상의 진보뿐만 아니라 실내건축에 대한 새로운 자세를 포용한 양식.

급탕설비(給湯設備, hot water apparatus : 필요한 곳에 필요한 양의 뜨거운 물을 적당한 온도로 공급하는 일체의 설비. 종류는 가열방식에 따라 중앙급탕방식(직·간접방식)과 국부급탕방식(순간식·저탕식·기수 혼합식)이 있음.

긋기 : 색선을 긋는 것.

긋기단청(-丹靑) : ①가칠단청한 위에 긴 선만을 그려 넣은 단청. ②의장성보다는 부식방지의 단청 원래의 목적에 충실한 검소한 단청. ③선의 색에 따라 먹긋기와 색긋기로 구분. ④가칠단청에서 한 단계 진보한 것으로 부재에 바탕칠한 후 먹·분선긋기로 마무리하는 방식. 먼저 각 부재에 상응하는 바탕색을 칠하고 건조한 후 부재의 형태에 따라 먹선·분선을 틈이 벌어지지 않게 밀접시켜 복선으로 그음. 창방 이상의 목부재와 각종의 벽에만 선긋기를 하고, 석간주가 칠해지는 기둥 이하의 부재에는 생략함. 긋기는 경우에 따라 한 두 종의 색을 더 사용할 때도 있으며, 화반·익공 등의 초각에는 그 형상을 따라 먹·분선긋기로 문양 넣기도 함. 부연·서까래·출목 등의 마구리에는 매화점·연화문·태평화 등의 간단한 문양을 넣는 경우도 있음. ⑤사당이나 검소함을 표방하는 사찰의 요사채 및 향교·서원의 부속건물 등에 적용됨.

긋기단청의 실례
(경주 금천사 요사채)

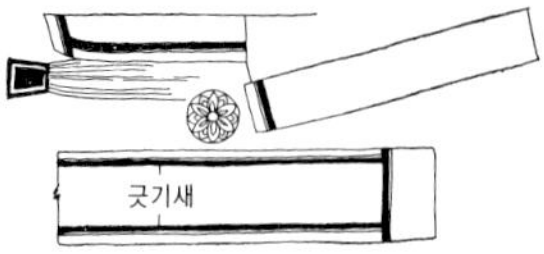

긋기단청

긋기뱃바닥 : 첨차나 장여 따위의 뱃바닥에 긋기한 것.

긋기뱃바닥

긋기새 : 긋기한 선의 사이.

긍정잔상(肯定殘像) : ⇨정의잔상(=).

기가(giga) : ①$10^9$=1,000,000,000을 나타내는 SI단위. ②부호는 G.

합적으로 디자인하는 과정. 디자인 기능에는 물리적·생리적 기능과 심리적 기능을 고려해야 함.

기능도(機能圖, functional diagram) : 건축물의 기능을 도식화한 도면으로 설계과정의 초기단계에서 생활의 기능적 요구 및 행위와 건축공간의 관계를 어떻게 파악하는가를 문제시한, 비교적 뚜렷한 대상 모델임.

기능미(機能美) : 기능적인 것은 아름답다는 말. 즉 건축·교량·항공기·기계 등 공학적 요소가 많은 물체에서 느끼는 기능성이 강조된 물리적·심리적·객관적인 아름다움.

기능배색(機能配色, functional color design) : ①색이 지닌 물리적·생리적인 작용을 현실적으로 활용하기 위한 배색. 예컨대, 보기에 편한 배색, 긴장한 생명감을 야기하는 배색, 대비효과가 큰 배색 등은 모두 기능을 중심으로 한 배색. ②색채의 지각적인 효과(명시성·주목성·진출·후퇴와 팽창·수축 등)와 감정적인 효과(온도감·중량감·흥분·침정·강약감·경연감·연상·상징 등)를 고려한 배색.

기능분석(機能分析, functional analysis) : 디자인을 기능적인 측면에서 분석하는 것. 디자인 심리학이나 인간공학 등을 고려하여 사용자 입장에서 굿 디자인(good design)을 하는데 도움이 됨.

기능성(機能性, functional nature) : 어떤 물건이나 존재가 일정한 목적이나 기능에 부합되는 성질.

기능적 디자인(機能的−, functional design) : ①20세기 초 이후의 기능주의 경향에 따라 만든 디자인. ②형태는 기능을 지배한다는 관점에서 장식성이나 배색을 억제하고 물리적인 기능에 의거하여 형태를 결정한다는 점에 특징이 있음.

기능적 배치(機能的配置, functional grouping) : 기능과 사용용도에 따라 배치된 가구 세트(set).

기능적 인체치수(機能的人體値數, functional body dimension) : ①움직이는 몸의 자세로부터 측정한 치수, 즉 다양한 동작상태에서 측정된 인체의 치수. ②따라서 손이 닿는 범위, 한 걸음 폭, 통과 치수와 같이 신체의 위치나 동작에 따라 결정되는 치수. 일반적으로 구조적 인체치수보다는 기능적 인체치수가 더 널리 사용. ③기능적 치수를 사용하는 중요한 이유는 신체적 기능을 수행할 때, 각 신체 부위는 독립적으로 움직이는 것이 아니라 조화를 이루어 움직이기 때문임. 예컨대, 손을 뻗어 잡을 수 있는 한계(arm reach)는 팔길이만의 한계가 아니고 사실은 어깨 움직임·몸통 회전·등 구부림·손으로 수행하는 기능 등에 의해서도 영향을 받음. 이러한 여러 변수들 때문에 구조적 인체치수만을 가지고 모든 공간이나 치수(dimension) 문제를 해결하려는 것은 힘들고 위험한 일. ④역동적 치수(力動的 値數, dynamic dimension)라고도 함. ⑤인체치수·구조적 인체치수(⇔).

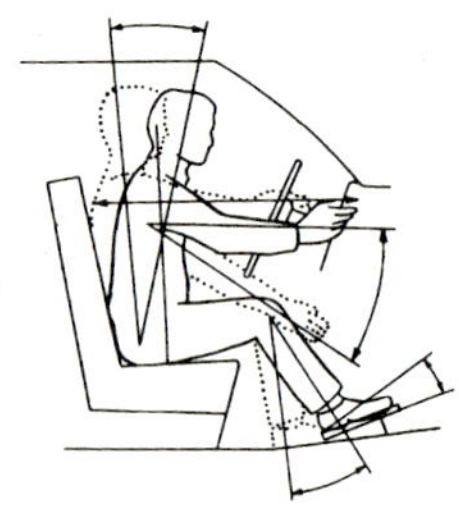

기능적 인체치수

기능적 치수(機能的値數, functional dimension) : ⇨기능적 인체치수.

기능조명(機能照明) : ⇨명시조명· 실리조명· 작업조명· 장식조명(⇔).

기능주의(機能主義, functionalism) : ①20세기 초 유럽의 몇몇 선행운동에서 진화한 디자인 운동. 건물이나 가구 등의 디자인은 기능적 요구의 즉각적 만족이 되어야 하며, 구조와 재료 및 목적은 명백히 표현되어야 하며, 심미적 효과는 비례와 마감재에서 추출되는 것이지 순전히 장식적인 효과는 배제해야 한다고 주장. ②건축이나 디자인에 있어서 기능적 요소를 핵심적이고 지배적인 요소로 취급하는 주장 또는 이론으로 20세기 건축계 전반에 걸쳐 널리 유행. 이는 실용성·합목적성을 충족시키는 것만이 아름다워진다는 극단적인 경향임. 따라서 건축물의 형태가 기능을 따라야 하며, 구조가 노출되어야 하고, 재료의 본질이 표현되어야 한다고 주장함. 그것은 장식성·상징성 또는 미적인 고려가 배제되었음. 그러나 기능주의에 관한 사고방식은 기원전 5세기의 그리스에도 있었고 고대 로마의 건축가 비트루비우스(Vitruvius)도 그의 저서『건축 10서(建築十書)』에서 갈파하였던 것으로, 19세기 말부터 기능주의가 강력하게 표명된 것은 당시의 건축가들이 그 당시까지의 건축에 반발 내지 비평하고자 하는 데에서부터 시작하여 초기 근대건축을 대변할 수 있는 중요한 사상이 되었음. 구석기시대의 동굴 거주자 이후로 형태는 기능을 따라 왔음. 즉 로마의 요새·성곽, 그리고 현대의 오피스 건물에서 기능은 중요시되어 왔음. 기능주의는 그 건축물 자체만큼이나 역사가 깊음. 루이스 설리번(Louis Sullivan : 1856~1924)은 근대 기능주의의 창시자로서 1896년 그의 수필인 '미적으로 인식되는 고층 사무소 빌딩'이란 글 속에서 "형태는 기능을 따른다(form follow function)"는 명언을 남김. 이렇게 해서 필요 없다고 생각되는 장식은 제거되고 내부공간이 외부에 그대로 반영되는 이른바 근대건축이 탄생. 구조적 원리와 재료의 경제성·역학적 합리성 및 합목적성을 추구하는 기능주의는 오늘날에도 여전히 중요한 요소로 작용하고 있음.

기능치수(機能値數) : ⇨기능적 인체치수.

기단(基壇, podium) : ①건물의 기초가 되는 석조구조물로 바닥면을 형성하는 단과 사원 건축물의 하부구조. ②건축물의 터를 반듯하게 다듬은 다음에 터보다 한층 높게 쌓은 단. ③건물을 받치기 위해 높게 만든 단(壇). ④서민주택은 한 단이지만 상류주택은 여러 단을 둠. ⑤여염집에서는 축담이라 부름. ⑥튀는 빗물을 막고 지습(地濕)을 피하며, 건물의 권위를 높이기 위해 건물 아랫도리에 돌을 쌓거나 다른 자재를 써서 쌓아올린 기(基). ⑦기와나 벽돌로 쌓기도 하고 돌로만 쌓기도 하나 돌과 벽돌을 섞어 쌓기도 함. ⑧법당 건축에서는 불교가 전래한 용선(龍船)을 법당에 비유하여 기단을 용선의 선체인 듯이 상징하여 구성하기도 함. ⑨종류 ; ㉠재료에 따라 토축기단·자연석기단·장대석기단·가구식기단·전축기단·혼합식기단 등으로 구분. ㉡높이·구조에 따라 외벌대·두벌대·세벌대 및 계단식 계단으로 구분.

기도용 의자(祈禱用椅子, priedieu) : ①무릎을 꿇고 기도할 수 있도록 만든 의자. ②14세기경 사용하기 시작하여 19세기까지 유행한 것으로 낮은 좌판과 높은 등받이가 있으며, 등받이 끝에는 기도할 때 팔꿈치를 올려놓거나 성경책을 올려놓을 수 있도록 푹신한 선반(padded top)이 있음.

기도용 의자

기둥[1)](柱, column, post, pillar, pilaster) : ①건축 역사상 기둥들은 무수히 다양한 형태로 발전되어 왔음. 건축구조물 중 수직으로 세워 그 위에 보·도리 등을 설치하여 상부에서 오는 하중을 지지하는 수직부재. 기둥의 비례와 장식은 고유의 건축양식에 대한 표시와 특징을 나타내고 있음. ②기둥 단면이 원형인 원주(圓柱)를 칼럼(column), 단면이 네모난 각기둥을 필러스터(pilaster) 또는 포스트(post), 짧은 기둥을 피어(pier)라고 하나 오늘날에는 이러한 구분 없이 사용하고 있음. ③기둥은 보통 고정하중을 지지하는 구조적 요소로 사용하나 하중에 관계없이 상징적·장식적 요소로써 주변의 공간을 분할하면서 공간을 에워싼 부분과 상호작용하기 때문에 기둥의 위치와 수는 공간의 성격을 특징지어 줌. ④기둥을 디자인적 요소로 처리하면 공간의 영역을 구분하거나 제한할 수 있으며, 구조적 기둥일지라도 그래픽 요소나 사인 시스템(sign system)으로 취급하여 장식적 요소가 될 수 있음. 모서리에 있는 기둥은 두 벽면이 만나는 곳을 부드럽게 처리하거나 모서리의 영역을 강화시킬 수 있음. 두 개 이상의 기둥은 시각적·공간적인 연속성을 방해하지 않으면서 시각적으로 기둥 사이에 수직 평면을 형성하여 영역을 분류·제한하기도 하며 동선을 유도하기도 함. ⑤기둥은 평면적으로는 점이 되지만 입체적으로는 선이 됨. ⑥종류는 단면형태에 따라 원주(圓柱)·각주(角柱)로 구분하고, 위치와 쓰임에 따라 내진주(內陳柱)·외진주(外陳柱)·우주(隅柱)로 구분. 또한 높이에 따라 평주(平柱)·고주(高柱)·퇴주(褪柱)·4천주·찰주(刹柱 : 心柱)와 동자주·활주(活柱) 등이 그것이며 반주(半柱)·간주(間柱) 등도 있음. ⑦기둥은 깎는 기법에 따라 통기둥·흘림기둥·배흘림기둥 등이 있고 귀솟음·오금법의 법식도 있음. ⑧디스플레이에서는 장식적 소도구를 걸거나 구매시점 광고를 하거나 주위에 선반을 설치, 디스플레이 장소로 활용하는 등의 기능도 함. ⑨하중을 견디기 위해 설치된 가느다란 구조물로 고대 건축물에서는 캐피탈·샤프트·베이스로 구성된 원통형 기둥이 많이 쓰임. ⑩유효높이가 기둥 단면 최소 치수의 3배 이상 되는 직립(直立) 압축 부재.

기둥[2)](柱, 楹, 撐, 擦) : ①고어로는 긷·기디·기등·지동이라고 함. 단위는 개(介)로 셈가림함. ②집의 간살을 표준으로 하여 배열한 주추 위에 세워 보·도리 등을 받치는 둥글거나 네모진 굵은 나무. ③가구(架構)를 위해 세우는 짧은 기둥(동자주). ④머름이나 난간을 구성하는 짧은 기둥(어의동자·머름동자). ⑤둥근 기둥·네모난 기둥들이 사용되나 절의 건물에는 대부분 둥근 기둥(圓柱·丸柱)을 사용.

기둥간격(－間隔) : ①기둥과 기둥 사이. ②건물 정면에서 볼 때 기둥의 간격이 양측 모서리로 갈수록 넓게 보이는 착시현상이 발생함. 이를 교정하기 위해 모서리로 갈수록 기둥간격을 좁게 함. ③파르테논신전의 경우 기둥간격이 중앙부는 2.4m 모서리는 1.8m. ③주칸(＝).

기둥간격배치(－配置間隔, intercolumniation) : 로마시대의 비트루비우스(Vitruvius)가 창안한 기둥의 지름을 단위로 하는 5가지 기둥간격 배치방법으로 통제된 모듈로서 기둥의 지름을 바탕으로 한 고전적 건축물에 사용된 비례방식에 따른 기둥들의 간격. ①피크노스타일(pycnostyle);기둥지름의 1.5배. ②시스타일(systyle);기둥지름의 2배. ③이유스타일(eustyle);기둥지름의 2.25배. ④다이어스타일(diastyle);기둥 지름의 3배. ⑤아레오스타일(areostyle);기둥지름의 4배 등.

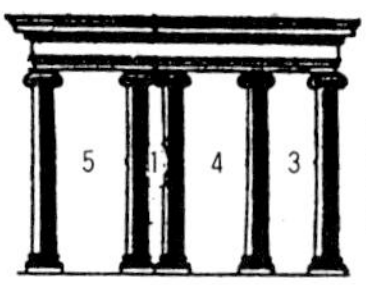

기둥구멍(柱穴, 柱孔, post－hole) : 움집터의 바닥이나 어깨부분에 기둥을 세우기 위해 파낸 구멍.

기둥머리(capital) : ①기둥의 윗부분. 다듬는 기법에 따라 직절(直絶)하는 막기둥과 직절한 부분을 둥글린 건지기둥의 두 가지가 있음. ②기둥의 상부 끝으로 샤프트의 테두리를 장식하고 엔태블러처나 아키트레이브의 무게를 지탱. ③기둥·지주·창문 사이의 벽 또는 벽기둥의 장식적인 상부 부재. 아키트레이브·아케이트 또는 홍예굽 블록을 지탱함. 고전건축에 있어서 오더는 각각 서로 다른 기둥머리(柱頭)를 갖고 있음. 후기 시대에 있어 주두는 끊임없이 변화했음. ④⇨주두(＝).

기둥목[1)](－木) : 집의 기둥감이 될 만한 크고 굵은 나무.

기둥목[2)](necking) : 네킹(＝).

기둥몸(柱身) : 기둥의 몸체부분. 중방(中枋)이 짜이는 부분이며, 토벽선 등과 접합하는 몸체.

기둥밑잡이 : ①1층 또는 2층 마룻바닥을 받는 동시에 기둥 밑을 연결하여 층보의 전도를 막기 위해 코대 또는 층도리와는 별도로 기둥 사이에 또는 기둥 옆면에 대는 가로재. ②기둥 옆면에 댈 때에는 기둥의 1/2 단면의 것을 기둥의 양면이나 한 면에 걸침턱으로 맞추어 볼트 조임으로 함.

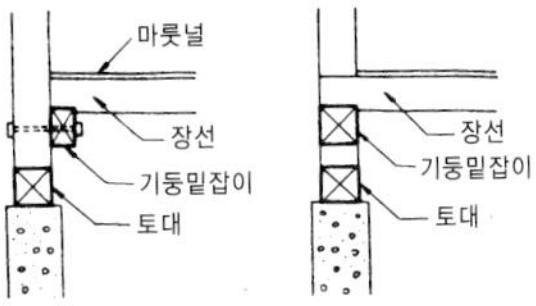

기둥밑잡이

기둥바닥판(－板, column base plate) : 판 아래에 지탱하는 재료들까지 기둥하중을 전달하고 분배하는 기둥의 밑바닥 바로 아래에 있는 수평의 바닥판.

기둥벽선(－壁線) : 기둥에 덧대어 설치한 설주 산기둥과 문얼굴 등의 벽선으로 쓰임.

기둥뿌리(柱脚) : ①기둥이 주춧돌에 닿는 밑부분. ②기둥의 밑동으로, 주초 위에 세워지는 접합부분.

기둥사이(intercolumniation, span) : 기둥 주심(柱心)끼리의 간격. 기둥간격 배치(스팬·주간(＝).

기둥양식 : ⇨주범양식.

기둥직경(－直徑) : ①원기둥의 지름. ②건물을 정면에서 볼 때 건물 자체를 배경으로 하는 중앙부의 기둥들에 비해 허공을 배경으로 하는 양측 모서리의 기둥들이 가늘어 보이는 착시현상이 발생함. 이를 교정하기 위해 모서리 기둥의 직경을 30~50㎜ 정도 크게 함.

기류(氣流) : ⇨기류속도.

기류속도(氣流速度) : 실내의 기류는 자연환기에 의한 통풍위치 또는 환기설비의 취출구·흡입구에 따라 차이가 있음. 온도와 같이 쾌적성을 주로 할 때에는 거주공간의 기류를 대상으로 하며 열부하계산 시 표면열전달 특성을 파악하는 경우에는 벽면 부근의 기류속도가 대상으로 됨. 거주영역의 기류속도는 속도가 크면 재실자에게 불쾌감을 야기함. 기류속도는 보통 0.5㎧ 이하로 유지하는 것이 바람직함. 실내 기류의 최적치는 냉방인 경우 0.25~0.3㎧, 난방인 경우 0.1~0.25㎧ 정도임. 따라서 실내 기류속도의 측정에는 0.5㎧ 이하의 미풍속이 측정될 수 있는 정밀한 측정기기를 필요로 함. 기류방향을 특별히 알 필요가 있는 경우에는 연기나 섬유 등을 이용하여 간단히 관측할 수 있음.

거주공간의 허용기류속도

조 건	실내온도(℃)	속도(㎧)
냉방시	27	0.5
냉방시	26	0.5
냉방시	25	0,3
난방시	25	0.3

기목(檟木) : ⇨미국오리나무(＝).

기밀(氣密, airtightness) : 밀폐되어 기체를 전혀 통과시키지 않는 것을 의미.

기밀성(機密性, airtighness, hermetic) : 용융시키거나 충진제를 이용하여 기밀하게 제작한 것. 기밀성이 높은 빌딩은 'tight building'이라고 함.

기법(技法, technique) : 예술가들에 의해 사용되는 고난도(高難度)의 기교(技巧)나 근본적 구사(驅使)를 보여주는 것으로서 의도된 목표나 일을 수행하기 위한 방법이나 과정.

기본격자(基本格子, basic grid) : 반복구조에서 동일한 정방형 분할면을 만드는 등간격의 수직선과 수평선.

기본도면(基本圖面, preliminary drawing) : ①건축물의 내부공간 구조와 시설물의 기본적 중요사항만을 나타낸 도면. ②실내공간을 측정하여 설계의 방향을 선정하고 공간의 구분, 가구와 집기의 선택과 배치, 조명과 설비의 위치 등을 결정하여 기본적인 실내계획을 완료한 설계도. 기본도면에는 평면도·천장도·입면도·상세도·창호도·전기 및 조명도·투시도 등이 있음.

기본디자인단계(基本-段階, schematic design phase) : 예비 디자인 결정의 실행과 관련이 있음. 서면으로 된 디자인 컨셉이 예비 자재와 마감재·설비·예비평면도·디자인 스케치 작성으로 실행화되는 단계.

기본색(基本色, basic color) : 색을 계통적으로 나타내는 표색계의 기본이 되는 색.

기본설계(基本設計, scheme design, preliminary design) : ①기획에서 나타난 요구사항과 내부적·외부적 요구사항의 계획조건 파악에 의거하여 기본개념과 제한요소를 설정하여 기본구상을 진행함. 특히 단위공간별 분위기를 설정하여 계획안 전체의 기본이 되는 형태·기능·마감재료 등을 도면이나 스케치·다이어그램 등으로 표현. 도면은 결정안에 대한 보다 세밀하고 세부적이며 전체와 통합되면서 평면계획·천장계획·입면계획·재료계획·색채계획·가구배치계획 등이 병행하여 보다 구체적으로 진행되는 설계. ②실시설계를 하기 전단계로 여러 조건을 수용하면서 도면화한 가장 기본적인 설계.

기본설계도(基本設計圖, basic drawing) : 클라이언트(client)가 의도하는 바를 정리하고 기능적·의장적·기술적인 보증을 가지면서 대체적인 구상을 통합하는 단계. 아이디어 스케치(idea sketch)와 약설계도(略設計圖)로 구분함.

기본음(基本音, fundamental tone, basic sound) : ①복합음 중에서 최저 주파수음을 기본음(基本音) 또는 기음(基音)이라고 하고, 이보다 높은 고주파수의 성분을 부분음(部分音) 또는 상음(上音)이라 함. ②배음은 상음의 주파수가 모두 기음의 정수배(整數倍)가 될 때의 음.

기본입찰(基本入札, basic bid) : ①일괄입찰의 기본계획 및 지침에 따라 실시설계에 앞서 기본설계와 그에 따른 필요 도면과 서류를 작성하여 입찰서와 함께 제출하는 입찰을 말함. ②모든 입찰자는 시방서에 지정된 제품을 기본으로 하여 입찰해야 함.

기본조명(基本照明, basic lighting) : ①실내 전체를 골고루 밝히는 조명. ②균일조명(=).

기분예술(氣分藝術) : ⇨비사물적 예술(=).

기분전환 오피스(氣分轉換-, refreshment office) : 사무실 작업리듬 속에서 잠시 기분전환이 가능한 것은 사무능률에 매우 중요한 조건이 되며, 이때 창가는 이러한 목적에 가장 적합한 장소임. 따라서 이러한 귀중한 공간을 관리직에 제공할 것이 아니라 사무실에서 일하는 모든 사람들에게 제공하여 기분전환을 할 수 있는 장소로 활용. 생산성 향상에 기여하도록 함.

기선(基線, base line, ground line ; GL) : ①화면과 지면이 만나는 선. ②투영도에서 두 화면이 만난 선.

기성고(既成高, completed part) : ①계약과 동시에 지급횟수를 정하고 공사의 진척도(進陟度)에 따라 기성부분에 대한 공사 도급금액의 일부(80~90% 정도)를 중간 지불 하는 것 또는 그 완성된 공사부분. 주로 규모가 큰 공사에 적합. ②중간불·기성불(=).

기성부분(既成部分, completed part) : ①공사 진행 중에 있어서 이미 완료된 공사부분. ②기성불·중간불·기성고(=).

기술(技術, technic) : 예술 또는 예술 일반의 과학.

기술개발보상제도(技術開發補償制度) : 발주자와 시공자간에 설계도서에 의하여 계약한 후 공사 진행 중에 시공자가 기술을 개발하여 공비절감 및 공기단축의 효과를 가져 올 경우 계약금액을 감하지 않고 공사비 절감액 일부(50%)를 시공자에게 보상하는 제도.

기술공학자(技術工學者, engineer) : 건축의 예술성을 강조할 경우 아키텍처(architecture)가 되고 건축가(architect)의 작업을 워크(work)라고 부르며, 기능과 용도를 강조하는 빌딩(building)을 위한 일을 레이버(labour)라 할 때의 그 담당자.

기술과학(技術科學, technology) : ⇨응용과학(=).

기술시방서(技術示訪書, descriptive specification) : 주어진 건축물의 부위 및 요소를 구성하는 자재의 품질·사용량·조립방법·시험방법 등을 상세하게 기술하는 형식의 시방서.

기술적 형태(技術的形態, technical form) : ⇨형태.

기스락 : 초가의 지붕 끝.

기압탱크식(氣壓-式, pressure tank system) : 기압탱크는 소수경 급수관(給水管)으로 조금씩 압력수를 저수해 놓고 그 물을 플러시 밸브에 의해 단시간에 세차게 사수하게 됨. 따라서 세정밸브식에서는 25㎜ 이상의 급수관이 필요한데 반하여 기압탱크식에서는 15㎜로 세정밸브를 사용하는 것이 특징적임. 또한 탱크에 흡수되어 수격작용(water hamer)도 방지할 수 있음.

기억색(記憶色, memory color) : 어떤 색에 대한 과거의 경험이 그 후에도 기억에 남아 있는 색. 일반적으로 빨강·노랑계열의 따뜻한 색채가 정확하게 기억되는 편이며, 일차적인 초점색채가 이차적인 초점색채보다 오랫동안 기억되는 편임. 이론적으로 기억이 오래 될수록 색상은 초점색채의 색상에 가까워지고 명도와 채도는 높아진다고 함. 기억색은 체험에 있어서 무의식적으로 영향을 줌.

기억정보(記憶情報, memory information) : ①건축환경 내에서 환경의 인지에 도움을 줄 수 있는 정보요소 중 하나. ②삶을 영위하면서 경험에 의해서 환경에 대한 반응으로 축적된 정보로 직접 인지되지 않는 정보.

기업이미지(企業-, corporate image) : 특정 기업에 대해 일반 대중이나 소비자들이 느낀 감정 결과. 이러한 느낌은 기업 이념·성격·특성 및 행동에 대한 누적된 결과로 미시적 제품 이미지로부터 거시적 기업 이미지가 있는데 제품이 평준화되어 차별되는 특성이 없을 경우 기업 이미지는 소비자 구매행동에 결정적인 역할을 함. 보통 'CI'라고 함.

기역자 : ⇨곱척(=).

기역자쇠(ㄱ字鐵, L-strap, angle iron) : ①띠쇠를 'ㄱ'자 모양으로 구부려서 만든 보강 철물. ②주로 모서리 가로재의 연결이나 가로·세로 연결재로 사용. ③콜타르(coal tar)를 달구어 칠하여 사용.

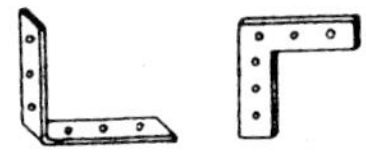

기역자 쇠

기역자 자 : 기역자 모양으로 된 나무자.

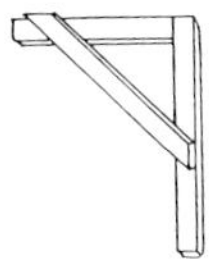

기역자 자

기역자형 주택(ㄱ字型住宅) : 부엌과 안방은 남향을, 마루(대청)와 건넌방은 서향이나 동향을 평면배치(황해도, 경기도를 중심으로 한 중부지방) 혹은 부엌과 안방이 동향이나 서향을 하고, 대청과 건넌방은 남향으로 평면배치한 가옥(서울).

기역자형 타일(ㄱ字刑-, angle tile) : 벽이나 바닥의 모서리에 사용되는 이형(異刑) 타일.

기온(氣溫, temperature) : ①기상학에서는 백엽상 안에서 측정한 온도. ②일반적으로 지상 1.2~1.5m의 높이에 있는 대기 온도를 말하며, 작업상의 경우에는 호흡선을 기준으로 하고, 1일 기온은 6회 측정(오전 2시·6시·10시, 오후 2시·10시)의 산술 평균이나 3회 측정(오전 6시, 오후 2시·10시)의 산술 평균으로 하는데 1회 측정의 경우는 오전 10시로 함. ③대기의 온도를 말하며 열변화는 지표온도에 따라 다름. 고도에 따라서도 변하는데 지상 100m마다 약 1℃ 정도 기온이 낮아짐. ④환경권고 실내온도 기준은 17~28℃.

기와(蓋瓦, 煉瓦, roof tile, roofing tile) : ①바람·비·눈 등 자연의 영향으로부터 건물을 보호하기 위하여 지붕에 얹어 이어대는 마감재. ②점토(진흙·찰흙)에 약간의

ㄱ

모래를 섞고 물로 이겨 900~1,000℃로 구워 만든 기와.⇨점토기와(=). ③기와를 붙여대는 작업을 '기와잇기'라고 하며, 이때 생기는 지붕의 기울기를 물매라고 함. ④반원형으로 볼이 좁은 수키와와 넓적하게 넓은 1/3 또는 1/4 원(圓)의 암키와(바닥기와)가 있음. ⑤종류는 재료에 따라 점토기와와 시멘트기와가 있고, 나라에 따라 한식기와 일식기와·불식기와 등으로 구분함. ⑥기와의 역사는 중국의 고서 광운의 고사고에 [하시곤오씨작와]라는 기록에 기와의 기원을 찾을 수 있음. 현존하는 가장 오래된 기와는 3000여 년 전 중국 주시대의 기와로 추정되고 서주 초기 당시의 도읍지로 추측되는 종주의 풍호와 주원 지역에서 발견됨. 초기에는 용마루, 내림마루와 같은 지붕의 특정 부분에만 사용되었다고 함. 서주 중기에 들어서면서부터 지붕 전체에 기와가 사용되었으며 이 시기부터 수막새가 사용된 것으로 알려져 있음. 춘추시대 초기에 암·수키와가 분리되어 제작되었음. 춘추전국시대에 접어들면서부터

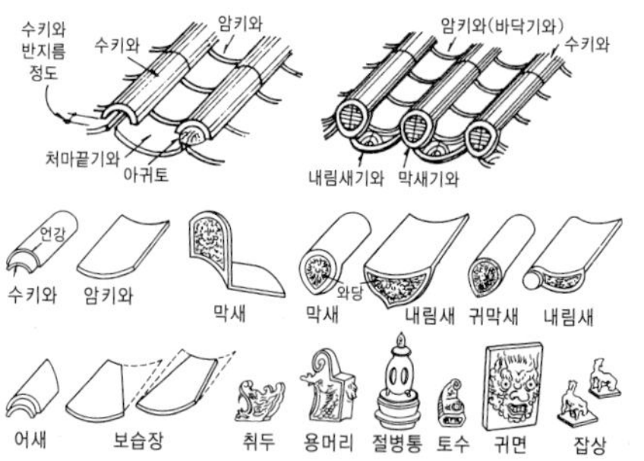

한식기와의 종류

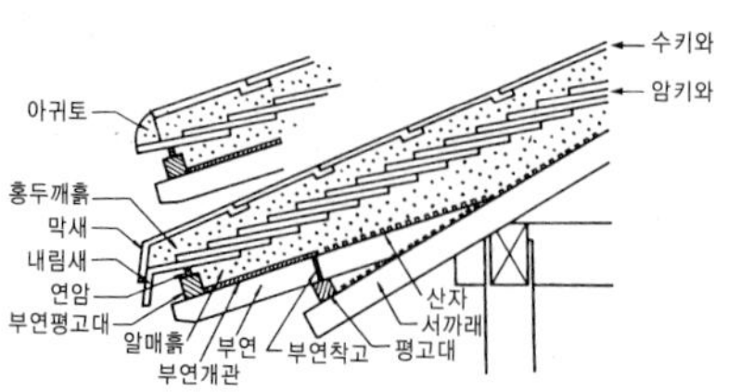

한식기와 잇기

기와가 전국 각지로 전파되었고 도철, 동물, 수목 등을 새긴 막새가 다양하게 제작되었음. 진한시대에 이르러서는 기와가 매우 성행했던 것으로 알려지고 있는데 한나라 때 제작된 수막새는 길상·구름·문자·꽃 등이 새겨져 있고 반구상의 돌기가 막새 중심에 배치되고 바깥쪽에 두 줄의 구획선으로 4등분하여 문자나 문양을 새긴 것임. ⑦디새(=).

기와못(tile pin) : 기와를 고정시키기 위하여 쓰는 못.

기와잇기 : ⇨기와.

기와집(瓦家) : ①지붕재료에 의한 전통민가 유형의 하나. ②지붕을 기와로 이은 집. ③거의 모든 양반집·중인집과 서민주택에서 찾아볼 수 있음. ④양반집·중인집의 안채와 사랑채는 합각을 형성한 팔작지붕을 이루고, 행랑채는 맞배지붕으로 기와지붕으로 함. ⑤튼ㅁ자 모양의 집에서 안채와 사랑채가 연속될 때에는 안채와 사랑채의 양 단에 합각을 두어 팔작지붕을 이룸.

기와춤 : 수키와를 이을 때 암키와에서 수키와 등까지의 길이.

기와칼 : ⇨와도(=).

기왓가마 : ①기와를 구워내는 굴. ②기왓굴(=).

기왓고랑 : ①한식기와 지붕에서 수키와와 수키와 사이. ②처마로부터 마루에 이르는 암키와의 골. ③기와지붕에 빗물이 떨어졌을 때 쉽게 흘러내리도록 암키와를 깐 바닥에 수키와를 덮어 골을 이루어 줌. 이런 기왓고랑 때문에 골기와라 부르기도 함. ④바닥기와는 세 겹이 겹쳐지도록 해야 빗물이 골에 넘쳐도 새지 않음. ⑤바닥기와를 처마로부터 용마루까지 깔고 수키와를 덮은 고랑을 일컫는 말. ⑥기왓고랑이 용마루나 내림·귀마루 등에 접합할 때에 착고매기·부고 등을 써서 정리하나 상대에는 딴 기법이 있었던지 사지에서는 여러 가지 부속품들이 출토됨. ⑦준말은 기왓골.

기왓골(蓋瓦谷, 靑瓦) : ⇨기왓고랑(=).

기요셰(guilloche[이]) : ①둥근 장식으로 가득 채워진 원형의 개구부에 연속적으로 서로 휘어진 두 개 또는 그 이상의 줄무늬 형태로 된 장식. ②두 개 이상의 선으로 구성되어 원형의 주변을 감싸며 돌아가는 장식 띠. ③이음고리장식(=).

기요셰

기운 : 구름 모양의 단청.

기운

기전력(起電力, electromotive force ; emf) : 축전지·전동기 또는 발전기 같은 에너지 변환장치에서 화학적·기계적·기타 다른 형태의 에너지를 전기 에너지로 변환하거나 그 반대 방향의 변환에 필요한 단위전하당의 에너지.

기정(綺井) : ⇨우물반자(=).

기제피라미드(Gizeh Pyramid) : 이집트의 나일강 기슭, 카이로로부터 서쪽 사막지대인 멤피스(古帝國의 수도)에 기제의 3대 피라미드·스핑크스·신전 등이 있음. 가장 큰 것이 쿠프왕, 두 번째가 카푸라왕, 세 번째가 미세리누스왕의 것. 쿠프왕의 것은 황색 석회암으로 쌓아 백색 석회암으로 덮었음. 기울기는 51°51', 높이는 147m, 밑변이 230m, 30㎝각의 석재 9천2백만 개를 모아 12년간 10만의 인부를 매년 3개월씩 동원하여 축조하였다고 함.

기조(Guijo) : 북보르네오·필리핀·버마 등지에 분포. 심재는 황갈색·암갈색이고, 생재는 적색. 비중은 0.31. 재질은 무겁고 건조가 곤란하며 갈라지기 쉬움. 공작이 용이. 내구성이 약간 있음. 건축재·가구재·차량재로 사용.

기조색(基調色, basic color) : ①사용되는 색체 중에서 넓은 면적에 사용되는 색을 말하며, '주조색'·'바탕색'이라고도 함. ②공간구성의 기초가 되는 면으로서 고정요소를 비롯한 주요 유형요소의 바탕이 되는 색조(채색·자연색·인공색).

기준대(基準帶, grade strip) : 콘크리트의 타설 높이를 표시하기 위해 거푸집의 안쪽면에 고정시키는 나무졸대.

기준색(基準色, datum color) : ⇨표준색(=).

기준치(基準値) : ①환경보전을 위해 각 발생원에 대해서 대기·수질·토양의 오염물질 배출과 소음·진동·악취의 발생을 법적으로 규제하는 기준. 법령으로 조업정지 등 행정상 조치와 벌금 등의 형벌을 부과하는 조치가 따름. ②우리나라 환경보전법은 사람의 건강을 보전하기 위해 환경기준을 정하고, 보건위생상 위해를 방지하기 위해 배출시설 등의 배출허용 기준을 정하며, 배출시설 설치는 허가를 받도록 하고 있으며, 오염물질의 배출 정도나 소음·진동 정도가 배출허용기준에 적합하지 않을 때 배출시설 등에 대한 개선·대체 및 기타 조치를 할 수 있게 하고, 개선명령을 위반하거나 이를 이행할 수 없을 때에는 조업 정지, 이전명령, 허가취소, 폐쇄조치 등을 하도록 규정하고 있음. ③정부는 새로운 규제대상이 발견되거나 종래의 규제치를 강화할 필요가 있을 때 항상 규제기준을 신설하거나 개정할 의무가 있음. ④규제치(=).

기지석(基址石) : ⇨기단석(=).

기초(基礎, foundation) : ①건축물의 자중·적재하중·풍력·지진력과 기타의 외력을 받아서 안전한 상태로 지반에 전달하는 건축물의 하부지중 구조부분. ②기초판(基礎板)과 지정(地定)을 총칭하는 용어.

기초대사(基礎代謝, basic metabolic rate) : ①공복시 쾌적한 환경에서 편안히 누운 자세로 있을 때의 인체의 단위시간당의 생산열량(㎉/h). ②안정상태에서 생명유지에 필요한 최소한도의 작용(순환 및 호흡작용·세포기능 및 체온유지·분비작용 등)을 유지하기 위해 소비되는 에너지. ③보통(아침에) 깨어 있을 때 최저 수준의 에너지 대사. ④편안한 자세로 있을 때의 생산열량은 기초대사의 2할 만큼 증가함.

기초대사량(基礎代謝量) : ①아침에 일어나기

전, 즉 전날 식사로부터 10~18시간쯤 경과한 공복상태에 있을 때의 에너지 대사. 단위시간당의 칼로리로 표시. 즉 단위시간당 및 체표면적당의 열량(cal·m²·h)으로 표시. ②공복상태로 안정하게 누워 있을 때의 대사량. 보통 체격의 성인 남자는 약 60㎉/h. 이 중 1/4은 심장 등의 내장 운동, 1/4~1/3이 골격근의 긴장, 나머지가 조직 내의 산화(대사)에 이용된다고 함. ③기초대사량의 측정은 첫째 O_2 소비량, 둘째 CO_2의 배출량, 셋째 호흡량(respiratory quotient ; RQ), 넷째 호흡량에 따르는 O_2 l당 소비칼로리, 다섯째 체표면적 등을 구함. ④기초대사량은 O_2 l당 소비칼로리×O_2 소비량/체표면적(體表面的). ⑤성인 1인당의 기초대사는 남자 59.1㎉/h, 여자 47.0㎉/h, 남녀 평균치는 약 53㎉/h.

기초대사율(基礎代謝率, basic metabolic rate ; BMR) : 단위시간당의 기초대사. 이는 표준기초대사라고 하는 조건하에서 측정. 기초대사(BMR)는 연령과 성별에 따라 다르며, 연령과 성별이 같으면 기초대사율은 거의 인체 표면적에 비례하고 동일인의 하루 동안의 변동은 약 ±5% 이내라고 함.

기초모르타르(基礎-, under bed) : 테라초의 바탕이 되는 모르타르 기초.

기초바닥(基礎-, subfloor) : 바닥장선 위에 고정시킨 판재·합판·구조용 덧판 등으로 이루어진 마감바닥을 위한 기초. 기초바닥은 보통 공사 중에 작업용 플랫폼으로 쓰이기도 하고, 바닥하중을 내력벽으로 전달하는 구조적 가로부재 역할을 하기도 함.

기초벽(基礎壁, foundation wall) : ①지표면 밑에 있는 기초 구조벽. ②벽체기둥 또는 다른 구조 부분의 하부에 쌓아 상부의 하중을 기초판 또는 지반면에 전달하는 벽. ③내력벽을 연결하여 벽체를 일체화 시키고 지붕하중이나 국부적인 하중을 균등히 지반에 분포시키며, 기초의 부동 침하를 막는 역할을 하는 기초보. ④철근콘크리트조로 하고 단면이 강대하고 기초 사방은 서로 연결해야 함. 기초의 너비는 벽체의 두께 정도나 그 이상으로 하고 춤은 처마 높이의 1/12 이상이고, 또 단층은 450㎜, 2·3층은 600㎜ 이상으로 함. ⑤주근은 9~12ϕ로 하되 중요부분은 12ϕ 이상으로 하며, 또 4개 이상의 복근으로 하고 늑근은 6ϕ, 간격은 300㎜ 이하로 함.

층지어 쌓기 막쌓기 철근콘크리트 거친돌쌓기

기초보(基礎梁, foundation beam, footing beam, bond beam) : ⇨지중보· 기초벽(=).

기초볼트(基礎-, anchor bolt, foundation bolt) : ①기계류 등의 구조물을 콘크리트 기초 위에 설치하기 위하여 파묻는 볼트를 말하며, 매입된 부분의 끝을 U자형 또는 L자형으로 구부려서 빠져 나오지 못하게 한 것. 일반적으로 콘크리트를 다져 넣을 때 소정의 위치에 기초 볼트를 매입하는 구멍을 뚫어 구조물을 설치하고 모르타르를 채워 경화시킴. 일반적으로 "앵커볼트"라고 함. 그밖에 팽 볼트(fang bolt), 아이볼트(eye bolt) 등이 있음. ②갈고리볼트(=).

기초의 분류(基礎-分類) : ①기초판 형식에 의한 분류 : 독립기초(single footing : 단일 기둥을 받침)·복합기초(combined footing : 2개 이상이 기둥을 받침)·연속기초(continuous footing : 벽 또는 1열의 기둥을 받침)·온통기초(mat foundation : 건물 하부 전체를 받침). ②지정 형식에 의한 분류 : 직접기초(기초판이 직접 지반 또는 잡석다짐 위에 오는 기초)·말뚝기초(기초판에 말뚝을 박아 댄 기초)·피어기초(pier foundation : 피어로 지지하는 우물통기초)·잠함기초(caisson) 등.

기초자극(基礎刺戟, basic stimuli, Mittelpunksvalenzen[독], stimulus bar de base [프]) : 특정한 색자극(보통 백색자극). 이것에 의해서 삼색 표색계의 원자극 간의 크기가 상대적으로 정해짐.

기초판(基礎板, foundation slab) : 상부 구조의 응력을 지반 또는 지정(地定)에 전달하고자 만든 구조부분.

기포(氣泡, bubbling) : 도장시 생긴 기포가 꺼지지 않고 도막표면에 그대로 남거나, 꺼지고 난 뒤 핀 홀(pin hole) 현상으로 남는 것.

기포유리(氣泡琉璃, foam glass) : 불투명하고 미세한 기포를 가진 유리제품으로 단열성과 흡음성이 좋음.

기포제 : ⇨발포제(=).

기하비례(幾何比例, geometric portion) : a/b =b/c, 예컨대 1, 2, 4 등.

기하음향(幾何音響, geometrical acoustics) : 음의 파동성을 무시하고 음에너지의 전파·확산을 기하학적으로 취급하는 방법.

기하음향학(幾何音響學, geometrical acoustics) : ①음의 반사·굴절 등의 현상을 기하·광학적으로 다루는 음향학. ②강당의 경우처럼 간단히 풀 수 없는 경우에 적합. 그밖에 실내의 음장(音場)에 대해 정확한 해답을 구하기 위해 여러 사례(事例)에 대해 적당한 경계조건을 부여하고 소리의 파동성을 고려하여 파동 이론의 방정식에 의한 파동 음향학이 있음.

기하학무늬(幾何學-, geometrical pattern, geometric design) : ①점·금·동그라미 등의 기하학적 요소를 배합하여 무늬를 넣은 것. ②신석기시대부터 통일신라시대까지의 토기와 청동기에 보이지만 특히 빗살무늬토기에 많이 보여 이 토기를 기하학무늬토기로 부르기도 함. ③⇨무늬.

기하학문(幾何學文) : ⇨기하학무늬(=).

기하학식 정원(幾何學式庭園) : ⇨풍경식 정원(=).

기하학양식(幾何學樣式, geometrical style) : 기하학적 양식(=).

기하학적(幾何學的, geometric) : 기하학의 단순한 직선이나 곡선 요소들이 있거나 그러한 요소로 표현된 형태나 형상에 속하거나 관련된 것.

기하학적 그래프(幾何學的-, geometric graph) : 원형에서 나타난 대상을 기하학적으로 시각화하여 나타내는 것으로 단순성 및 합리적 방향을 추구함.

기하학적 양식(幾何學的樣式, geometric style) : ①그리스 미술의 발단 시기, 즉 도리스(Doris)족(族)의 이동이 끝난 B.C. 8~9세기에 기하학적 무늬를 사용한 아티카(Attica)를 중심으로 전개·발전된 원시적인 그리스 예술. ②13세기말에서 14세기 초까지 장식양식의 초기 발전단계. 기하학 모양의 트레이서리(tracery)가 특징임. ③영국 고딕양식의 제4기 중 제2기에 해당하는 14세기 초기의 장식적 양식의 전기(前期).

기하학적 착시(幾何學的-錯視, geometrical optical illusions) : ①크기(길이·면적)·방향·각도·곡선 등 평면도형의 기하학적 관계가 객관적 관계와 어긋나게 보이는 착시현상. ②각도·방향착시는 포겐도르프 도형(착시)에서 빗금이 어긋나 보이고, 체르너(ZÖller) 도형(착시)에서 세로 평행선이 서로 기울어져 보임. 둘째, 만곡(彎曲)착시는 분트(Wundt) 도형(착시)에서 2개의 평행선이 만곡하여 오목렌즈 모양으로 보임. 셋째, 크기의 착시는 뮬러라이어(Müller-lyer) 도형(착시)에서 화살표에 끼인 직선의 길이는 똑같은데, 바깥쪽 화살표선 조건 쪽이 안쪽 화살표선 조건에 비해 커 보임. 또한 헬름홀츠의 정사각형에서 가로줄무늬로 등분할된 정사각형은 세로로 긴 직사각형으로 보이고, 세로줄무늬로 등분할된 정사각형은 가로로 긴 직사각형으로 보임. 고리모양 대비도형에서는 고리모양의 중앙원은 좌우 똑같은 크기이지만 왼쪽 원이 크게 보이며 자스트로 도형(착시)에서 위아래가 똑같은데, 아래쪽이 더 크게 보이며 폰조(Ponzo) 원통에서 3개 원통의 크기는 똑같지만 멀리 있는 원통이 바로 앞에 있는 원통보다 크게 보임.

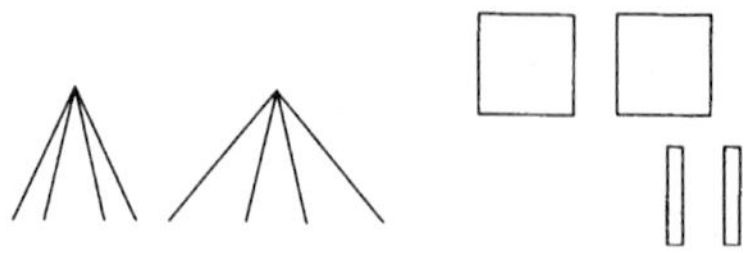

기하학적 착시

기하학적 형상(幾何學的形象, geometric shape) : 직선과 원호로 구성된 모양.

기하학적 형태(幾何學的形態, geometrical form) : ①실제로는 보이지 않으며 디자인에서는 시각화해서 볼 수 있는 형태. ⇨순수형태(=). ②평면도형이 3차원적 형태로 전환되면서 형성되는 형태로 직선으로만 된 것과 곡선으로만 된 것 또는 두 형태가 합성된 형태가 있음. 보다 명쾌한 성격을 갖는 것이 특징임. 또한 모양·윤곽·외곽·디테일과 장식 등의 전반에 걸쳐 기하학적 형태는 건축물의 범위를 에워쌈.

기호(記號, sign, symbol, notation) : ①복잡한 개념을 표현하기 위해 단어나 어귀 대신에 사용되는 관례적인 의미를 지닌 표시나 그림. ②인간의 의사소통에 필요한 청각적·후각적·동작적 전언(傳言, message)들이 내적인 구성요소를 총칭하는 용어. 기호의 유형에는 지표(指標, index)·신호(信號, signal)·아이콘(icon)·상징(象徵, symbol) 등이 있음.

기호론(記號論, semiotics) : ①기호학이란 기호를 구성하는 것은 무엇이며, 어떠한 법칙이 기호를 지배하는가를 요구하는 학문으로 기호학(semiology)이란 용어는 소쉬르가, 기호론의 용어는 피어스가 사용한 것인데 거의 같은 의미임. 기호론이라 불리는 기호의 과학은 모든 종류의 기호와 구조를 받치고 있는 일반을, 메시지 안에서 기호를 이용하는 방식을, 또 가지각색의 기호체계와 여러 가지 종류의 기호를 사용하는 다양한 메시지의 특성을 다루게 되는 것. ②긴장감(≒).

기호적 표현(記號的表現, signal presentation) : 대상을 하나의 기호로서 표현하는 것을 우선으로 함. 예컨대, 피아노 판매점을 피아노 부호로 표현하거나 그리스 기둥(order)을 은행건축에 표현하는 것.

기호학(記號學, semiotic, semiotics, semiology) : 전달요소인 기호와 상징에 관한 학문. 현대 기호학의 대표적인 건축학자로는 이탈리아의 에코(Umberto Eco : 1932~) 등이 유명함. 기호론(≒).

기화 [1](氣化, evaporation, vaporization) : ①액체가 기체로 바뀌는 현상. ②기체가 액체로 되는 것을 응축이라 하고 그 역을 기화라고 함.

기화 [2](起畵) : ①화법의 하나. ②빛을 넣은 위에 무늬의 윤곽을 그리는 것. ③단청을 할 때에 먼저 채색으로서 무늬를 그 린 다음에 빛깔과 빛깔의 구별이 뚜렷하게 먹으로 줄을 그리는 일.

기획설계(企劃設計, schematic design) : 고객이 요구하는 의도와 조건을 반영하여 개략적으로 계획한 기본 디자인. 예컨대, 다이어그램(diagram)·평면도·배치도 등.

기후그래프(氣候-, climograph) : ⇨클라이모그래프(=).

기후도(氣候圖) : ⇨클라이모그래프.

기후디자인(氣候-, climatic design) : 건물의 기능에 의한, 즉 자연형(passive)에 의한 열조절계획 방법. 기후는 건물의 열적 조건을 결정하는 주된 요소가 됨.

기후모델(氣候-, climatic model) : ①기후를 형성하는 대기·해양·육지·생물·설빙 등 개개의 현상 혹은 현상 상호간의 관계를 기술하는 물리 법칙을 수식으로 양적인 표시를 하고, 컴퓨터로 일정 시간별 적분하여 과거·현재·미래 기후를 예측한 수치 예측 모델. 모델 설정에 따라 갖가지 결과를 얻을 수 있으며, 검증은 그 모델이 현재 및 과거의 기후 변동을 정확히 기술할 수 있는지 여부에 따름.

기후요소(汽候要素, climatic element) : 기후의 특성을 나타내는 요소로서 주된 요소로는 기온·강수·바람·풍속·습도·풍향·운량

(雲量)·일사·기압·강수량 및 그 연간분포 따위.

기후인자(汽候因子, climatic factor) : 기후 요소의 지리적 분포를 지배하는 인자로서 해륙의 분포·위치·표고·해류 또는 고기압이나 저기압 위치 등.

긴결재(緊結材, wire tier, form tier) : 부재와 부재 사이를 긴결하여 이동·변형 등을 방지해 주는 재료, 특히 콘크리트를 부어 넣을 때 거푸집의 변형 예방을 위해 연결·고정하는 철선 등을 총칭. ⇨긴장재(=).

긴결철물(緊結鐵物) : ⇨강관비계.

긴댓돌 : ⇨장대석(=).

긴장(緊張, tension) : ⇨긴장감(=).

긴장감(緊張感, tension, spannung[독]) : ①조형적·공간적으로 어떤 장면 위의 구성요소가 상호관계에 의하여 나타나는 긴장감. ②열망이나 흥분을 일으키는 예술작품에 있어서 대립하는 힘이나 요소들 사이를 지탱하는 미묘한 균형.

긴장부 : 긴 장부로서 맞춘 형태로 산지로서 보강함. 주로 기둥 상하 맞춤에 사용. ⇨긴장부맞춤(=).

긴장부

긴장부맞춤 : 장부의 길이가 긴 장부맞춤. ⇨장부.

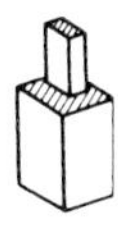

긴장부맞춤

긴장여(-長欐) : ①도리와 같이 길게 건너지른 장여. ②도리와 같은 길이로 되어 도리를 받쳐주는 장여. ③주심포 건물에서 장여를 도리처럼 길게 이어진 장여. ④통장여·긴장혀·장장설·통장혀(=).

긴장재(緊張材) : ⇨긴결재(=).

긴장혀(-長-) : ⇨긴장여(=).

긴촉 : ①장부촉의 일종. ②긴장부맞춤(=). ③촉이 길게 만들어진 장부촉.

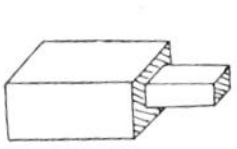

긴촉

긴촉메뚜기장이음 : ⇨턱걸이메뚜기장이음(=).

긴촉이음 : ①목재를 길이방향으로 잇는 방법의 일종. ②이음자리를 이음이라고 함. ③인장력에 강함. ④주로 층도리에 사용.

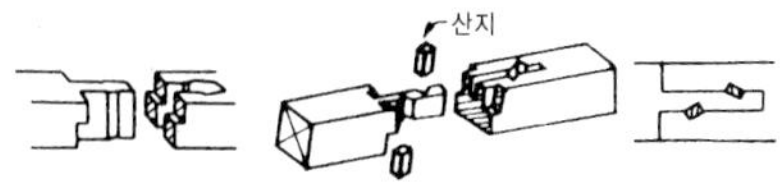

긴촉이음

길 : ①길이의 단위. ②원래 사람의 키를 기준으로 한 것인데, 차차 길게 잡아 8척(尺) 또는 10척을 한 길이라고 함. ③물건의 높이나 깊이를 어림잡는 데 쓰임. ④강물이나 바닷물의 깊이를 잴 때의 길은 1.83m.

길드하우스(Guild House) : 로버트 벤츄리(Robert Benturi : 1925~)가 설계한 미국 필라델피아 시내 스프링 가든가(街)에 있는 저소득 노인용 집합주택. 미국 내 포스트모더니즘 건축의 효시. 건물 좌우로 높은 철조망이 둘러쳐 있는 건물은 사각형을 적당히 조합해 놓은 듯해 그다지 아름답지 않음. 벤츄리는 이 건물을 통해 제2차대전 후 상업주의에 물들어 최소가격에 분양면적을 극대화하는 상자형 건물을 추구하던 당시 건축계를 꼬집었음. 우선 출입문과 상층부의 아치형 건물 가운데에 출입을 방해하는 듯한 기둥을 세워 기존 질서에 도전했으며, 출입구 위에는 상업적 건물의 간판처럼 굵은 글씨로 '길드 하우스'를 써 넣었음. 이 건물에서 특히 관심을 끌었던 점은 옥상의 대형 금빛 TV 안테나임. 벤츄리는 이 안테나를 통해 미디어 시대가 왔음을 선언하는 동시에 하루의 대부분을 TV시청으로 소일(消日)하는 노인들의 생활을 풍자하기도 했음. 이와 같은 그의 생각은 상자형 건물을 탈피하기 위한 당시 건축계의 움직임과 맞물려 포스트모더니즘 건축운동으로 확산됨으로써 이 건물은 62년에 완공된 「바나 벤츄리 하우스」와 더불어 미국 포스트모더니즘 건축의 효시로 불리고 있음.

길로슈(guilloche[이]) : ①끈이나 띠를 반복적으로 땋거나 엮어 만든 문양으로 건축·가구 등에 폭넓게 사용. 특히 중세의 비잔틴 양식과 로마네스크 양식에서 자주 사용됨. ②고대 그리스·로마 건축에서 트러스 쇠시리(moulding)로 사용되는 그물 모양으로 제작한 원형의 장식. ③둥근 장식으로 가득 채워진 원형의 개구부에 연속적으로 서로 휘어진 2개 또는 그 이상의 줄무늬 형태로 된 장식. ④원형으로 짜 만들거나 서로 겹쳐져 나타나는 문양을 패턴으로 하는 띠나 끈. ⑤이음고리장식·새끼줄장식(=).

길로슈

길로틴 문(−門, guillotine door) : 좌우 레일을 따라 위쪽으로 열리는 형식의 문.

길상문(吉祥紋) : 평안과 복을 구하고자 하는 의미를 담은 문양으로, 십장생문·팔괘문·태극문·여의두문·안상문·길상어문 등이 있음.

길상어문(吉祥語紋) : 평안과 복을 구하고자 하는 의미를 담은 수복강령·만수무강 등의 문자를 문양으로 나타낸 것.

길이(length) : ①어떤 것의 가장 큰 크기를 따라서 측정한 길이 양. ②길(=).

길이방향 켜(−方向−, stretching course) : 벽돌공사에서 길이방향의 연속적인 켜.

길이벽돌(stretcher) : 벽돌의 길이로 된 측면.

길이쌓기(stretching bond, stretcher bond, running bond, stretcher) : ①벽돌길이가 내보이게 나누어 쌓는 것. ②벽돌의 길이(stretcher)가 벽 표면에 나타나도록 길이 방향으로 쌓는 방법. ③모서리가 노출된 부분보다 길이가 더 길거나 표면과 나란할 때의 벽에서 수평적으로 벽돌 또는 다른 조적조 단위가 놓이게 되는 것. ④러닝쌓기(=).

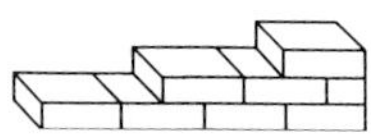

길이쌓기

길이이음 : 나무를 길게 잇는 방법이나 그렇게 이은 자리.

길이의 착각 : ⇨착시현상.

길이의 착시 : ⇨착시현상.

길이토막벽돌(−壁乭, Queen block) : 벽돌의 길이방향으로 2등분한 것.

길잡이 구멍 : ⇨파일럿 홀(=).

김근수가옥(金根洙家屋) : 강원도 문화재 자료 64호, 최근에 발견된 기와 명문(名文)에 "도광5년(1825년)", "건륭27년(1762)"의 기록으로 보아 원래는 오래된 규모가 제법 큰 집으로 추정되나 정확한 건립년대는 알 수 없으며, 다만, 이곳에 마을이 형성될 당시인 1800년경에 지은 집으로 전함. 현재는 사괴석 초벌대 쌓은 기단 위에 평고주5량의 가구에 홑처마 팔작지붕을 구성. 몸채만 남은 전면 3칸, 측면 2칸의 겹집으로 부엌 앞에 외양간을 내밀어 전체적으로 ㄱ자집을 이룸. 전면에는 마루를 중심으로 사랑방과 마루로 된 사잇방을 두고, 후면에는 안방·아랫방·아랫사랑방을 배치함. 마루에 붙은 부엌에는 쪽마루를 설치됨. 사랑방은 별도의 툇마루를 설치함. 전반적으로 낮은 기단 위에 상부가 커 무겁게 느껴짐.

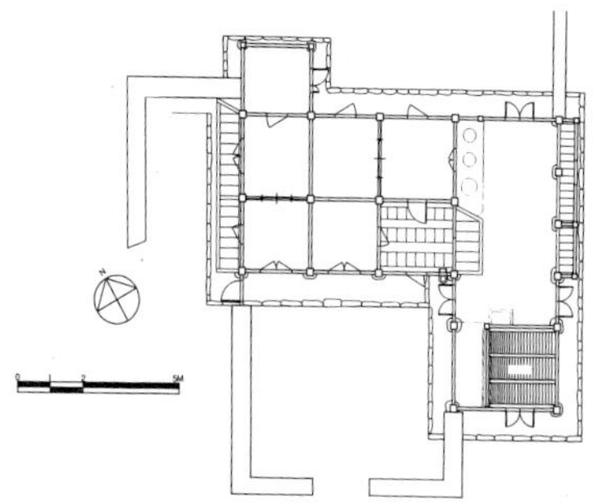

김근수가옥 평면도

김기현가옥(金基顯家屋) : ①중요민속자료 199호, 19세기 중엽 창건. ②배치형태는 파(巴)자형 평면에 일자형 사랑채를 붙인 ㅁ자형 집. ③솟을대문 없이 동북쪽 모서리에 1칸 크기의 일각대문을 둠. ④외부공간은 바깥공간(남성공간)과 안공간(여성공간)으로 크게 구분함. 두 공간은 협문과 부속채·담으로 엄격하게 구분하여 조선시대 유학사상을 건축공간에 적용. ⑤사랑채는 대청마루를 생략하고 크고 작은 방 2개를 둠. 마루는 전면 열의 2/3를 이용하고, 측면에 연결된 익랑에는 부엌과 창고를 둠. 사랑채에는 화려한 차양을 둠. 차양 전면은 부연을 단 겹처마인데 후면은 부연이 없는 홑처마에 맞배지붕. 사랑채는 모서리를 굴린 굴도리를 썼으나 종도리에만 장여를 받쳤음. 행랑채는 정면 7칸, 측면 1칸의 일자집 평면이며 우진각 지붕. 작은 방과 부엌을 중심으로 좌우에 행랑방과 커다란 곳간을 둠. 장대석 외벌대 기단에 덤벙주초를 놓고 방주를 세움. 안채는 안대청과 안방을 두고 건넌방과 부엌을 둠. 부엌에 연이어 2칸의 광을 둠. 안대청은 1고주5량집 구조이며, 익랑부분은 모두 3량집 구조. 대청 분합문 위에 커다란 교창이 설치됨. 정침의 팔작지붕과 부속채의 우진각 지붕으로 건축의 조형적 위계성을 표현함.

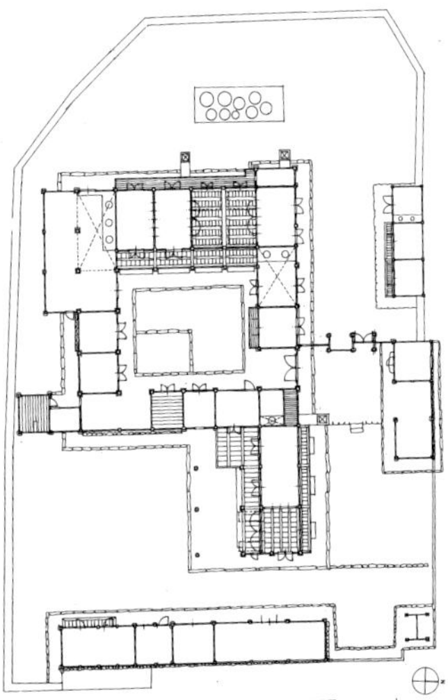

김기현가옥 평면도

김낙윤가옥(金洛倫家屋) : 강원도 유형문화재 95호, 19세기 창건. 안채는 전면 5칸, 측면 3칸의 2고주5량가구 팔작지붕의 건물. 정지 안에 따로 퇴가 있는 정지방이 구성된 것이 특이함. 팔작지붕의 사랑채는 홑집평면으로, 전퇴가 있는 방들과 함께 부엌이 조성됨. 원래 부엌 자리에 마구간과 아궁이가 있었다고 함. 대문간채는 좌측에 광, 우측에 헛간이 있으며, 대문간채와 마주보는 곳에 마룻바닥과 판벽의 광이 3칸 있었다고 함.

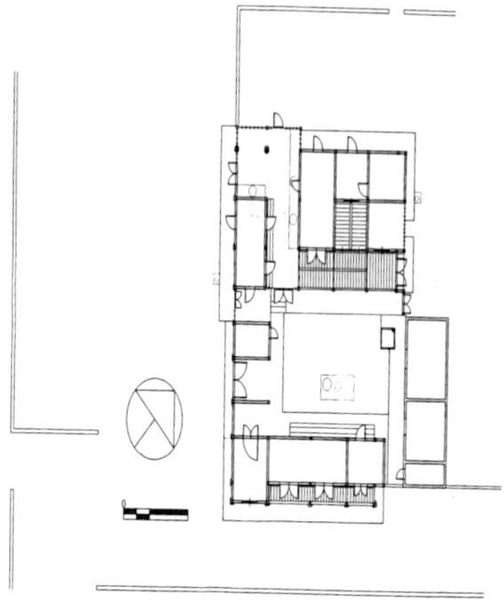

김낙윤가옥 평면도

김대자가옥(金大子家屋) : ①중요민속자료 제95호, 19세기초 건립, 전남 순천시 낙안면 서내리 78-1에 위치. ②안채는 4칸 전후좌우 툇집이며 처마 밑까지 올라오는 담을 부분적으로 설치하여 처마 밑 공간을 실내공간화하고 서까래 하단부를 받치는 구조적 기능을 겸하여 내부공간을 보다 넓고 다채롭게 사용(담집과 목가구조 뼈대집의 성격을 혼합). 평면구성은 부엌-안방-마루-건넌방 등의 순서로 배열. 전후좌우에 퇴를 두고 전면에 두 칸 폭의 툇마루를 가설하였으며 안방과 마루방은

김대자가옥 배치도

ㄱ

후퇴를 실내공간으로 활용. 건넌방은 후퇴 공간에 아궁이를 두고 측면에도 마당에서 출입할 수 있도록 출입문을 냄. 건넌방 모서리의 툇간 바깥쪽으로 처마끝선을 따라 부분적으로 돌각담을 둘러 반내부공간으로 사용.

김덕래가옥(金德來家屋) : 강원도 문화재자료 56호, 19세기초 창건, 겹집인 안채와 마루를 중심으로 ㄴ자로 꺾어진 사랑채, 광과 외양간에 의해 ㅁ자 형태를 한 장방형의 안마당을 가짐. 안채는 사괴석 두벌 쌓은 기단 위에 세워진 전면 4칸, 측면 2칸의 팔작기와집, ㄴ자 형태의 사랑채 마루에는 윗사랑과 사우방(祠宇房 : 사당방)쪽으로 사분합문을 설치하여 상호 관입에 의한 공간의 확장성을 꾀함.

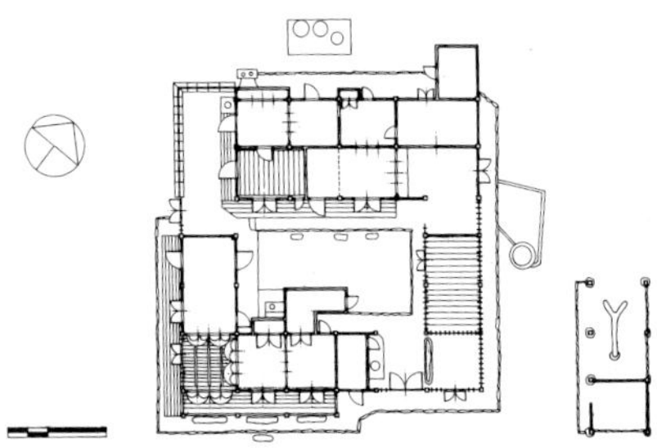

김덕래가옥 평면도

김동수가옥(金東洙家屋) : ①중요민속자료 26호, 정읍시 산외면 오공리 814 위치. ②1784년경 창건. ③안채·사랑채·안사랑채·사당 등이 행랑채와 담장으로 공간이 구분되어 분산 배치됨. 바깥사랑채의 솟을대문 우측에 마구간, 좌측에 방·마루·방이 있고, 꺾어 북으로 방과 부엌을 한 칸씩 둔 대문간채 배치. 한 칸 건너 바깥화장실을 두고 사이담을 쌓아 작은 문간마당 형성. 담장 동편에 일각문이 있음. 일각문을 지나면 사랑채와 대문간채 곳간이 이어짐. 사랑채는 정면 5칸의 일자집. 낮은 외벌대의 기단으로 매우 소박한 외관을 지님. 평면은 앞 툇마루를 놓고 고주(高柱)를 세운 내진(內陣)에 실을 배치. 동측 3칸과 뒤쪽 1칸이 방이며 나머지는 대청과 마루. 툇마루에는 기둥 사이에 횃대처럼 소박한 난간을 설치. 안채는 요형(凹形) 건물로 외벌대 기단 위에 높지 않은 지붕으로 꾸밈없는 소박한 형태. 평면은 정면 3칸, 측면 1칸 반의 대청을 중심으로 안방과 건넌방을 두고, 돌출된 양날개에는 외관의 대칭을 고려하여 동일한 크기의 부엌을 배치. 대청 앞뒤에 툇마루와 쪽마루를 시설하여 외부와 내부, 방과 방을 유기적으로 연결함. 안방과 건넌방의 왕래는 대청을 통하여 이루어지도록 함. 안사랑채는 본채를 지을 때 임시로 거처하기 위해 지은 집으로 안채와 같은 평면구성과 외관과 평면에서 대칭적인 틀을 유지하려고 한 것은 용(用)보다는 체(體)를 중시하던 조선시대 사대부의 사유체계가 반영된 것. 집 전체가 폐쇄적인 공간구성을 하였음.

김두한가옥(原州 金斗漢家屋) : ①원주 목사와 원주 부사를 지낸 김탄행(金坦行, 1714~74)의 묘를 관리하기 위해 건립된 묘막(墓幕). ②강원도 유형문화재 86호, 18세기말 창건, 1936년 중건. ③안채와 사랑채가 부엌을 중심으로 결합하여 한쪽공간을 완전히 건물로 막음. 하나의 부엌으로 안방과 사랑채에 붙은 방을 채난하고, 두 건물을 하나의 지붕으로 연결해 안마당의 폐쇄성을 추구하는 구성으로 강한 인상을 줌. 안채는 잘 다듬어진 1단의 장대석 기단 위에 윗방·안방·부엌·건넌방으로 구성. 사랑채는 90㎝ 정도의 잘 다듬어진 장대석 기단 위에 위가 좁고 아래가 넓은 60㎝ 정도 높이의 방형 주초석을 놓고 그 위에 방주를 세운 홑처마 팔작지붕 건물. 좌측 1칸은 네 짝 띠살문이 있는 마루방이고, 우측 2칸은 방으로 구성. 사랑채 앞에는 반 칸 폭의 마루를 설치. 안채의 기단과 하인방의 수평선 및 하인방 밑의 공간은 기단의 양감과 대비되어 건물조형을 가볍게 처리해준 보이드와 솔리드한 요소의 교차구성은 막혀 있는 공간의 답답한 느낌을 완화시켜줌.

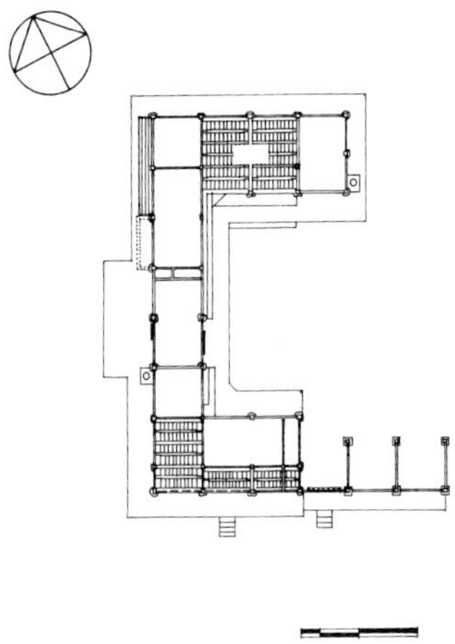

김두한가옥 평면도

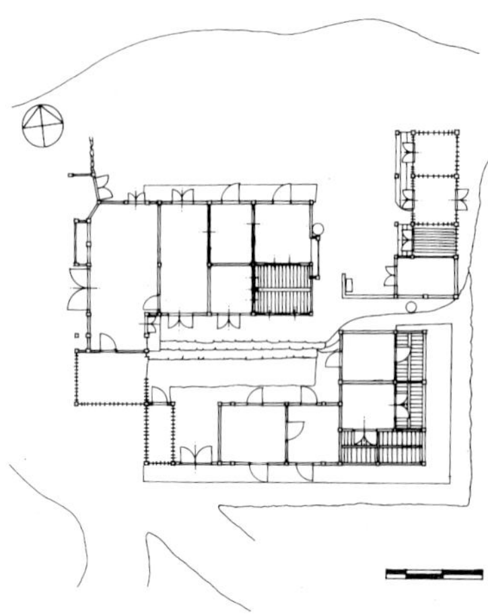

김성래가옥 평면도

김상만가옥(金相萬家屋) : ①전북 부안군 줄포면 줄포리 445 위치. 중요민속자료 150호. ②1895년(안채·바깥사랑채·문간채)과 1903년(안사랑채·곳간채)에 창건. 모두 초가 6동으로 구성. 안채와 사랑채의 영역이 구분되는 상류주택의 계획수법. 안사랑채와 바깥사랑채는 낮은 담장으로 구분. 부엌은 큰살림을 하는 집답게 4칸이며 이 중 한 칸에는 부엌방과 찬마루 설치. 바깥사랑채에서 볼 수 있는 골방이 큰방 뒤에 있음. 건넌방 옆에는 마룻바닥으로 된 도장을 두고, 뒷벽에는 벽장을 만들어 물건을 수장할 수 있는 공간을 두었으며, 방 주위에 퇴를 이용하여 수장공간을 구성한 것이 특징.

김성래가옥(金成來家屋) : 강원도 문화재자료 79호, 1930년경 창건, 경사로 인해 각 채마다 다른 높이의 기단을 형성함. 좁은 대지와 경사로 장방형의 좁은 안마당이 조성됨. 채마다 각기 다른 높이와 다른 지붕 구성과 실의 기능에 따른 판벽의 적절한 사용은 축대와 아우러져 가옥의 인상을 조성함. 안채는 계단식으로 쌓은 기단 위에 전면 4칸 측면 2칸 규모의 겹집이며, 사랑채는 전면과 측면이 우물마루로 되어 있으며 2칸씩 서로 분리, 우측방에는 넓은 툇마루를 설치함.

김소아가옥(金小兒家屋) : ①중요민속자료 제99호, 19세기 중엽 건립, 전남 순천시 낙안면 서내리 6에 위치. ②안채는 4칸의 기본 몸채에 전후좌우로 퇴를 두고 다시 우측에 돌각담을 두른 흙바닥의 공간을 만들어 전체적으로 칸 규모로 사용하여 목가구조 4칸 집에 담집 한 칸을 덧댄 담집과 뼈대집의 복합구조임. 건넌방은 모퇴쪽으로 아궁이를 두어 작은 부엌의 기능을 하도록 함. 전면의 툇간은 모두 툇마루를 둘렀으며, 후면의 퇴는 안방을 제외하고는 모두 내부공간으로 통합. 헛간과 축사·창고 등으로 사용되는 아래채는 창호를 제외한 모든 벽체를 돌각담으로 구성한 담집.

김승현가옥(金承鉉家屋) : ①서울특별시 중구 필동 한옥마을 소재(서울 민속자료 제19호, 1977년 지정), 조선시대 말기 건립. ②운니동 김승현가옥은 가옥의 평면이 'ㄷ자'형으로서 안채와 사랑채가 대청으로 서로 연결된 특수한 형태. 운현궁(雲峴宮) 터의 서북쪽 넓은 대지에 남쪽을 향하여 몸채를 앉히고, 그 북쪽에 행랑채를 새로 건축하였는데 원래는 몸채의 서쪽에 자리잡고 있었다고 함. 안채는 중앙에 2칸 크기의 대청이 있고, 그 양쪽에 사랑채를 두고, 동쪽에 큰사랑, 서쪽에 작은사랑이 배치되어 있음. 사랑방 바깥에는 부엌이 덧붙여져 있고, 앞쪽에는 안쪽으로 툇마루가 달려 있음. 행랑채는 남향인데, 정면 10칸, 측면 1칸으로 앞퇴가 달려 있음. 중앙에 부엌을 두고 그 서쪽에 찬마루를 배치하였고, 부엌 동쪽에는 방과 대청이 있음. 이 집은 세벌대로 쌓은 장대석 기단 위에 네모뿔대의 화강석 주춧돌을 놓고, 기둥은 약한 흘림의 사각기둥을 세웠음. 처마는 홑처마이고, 창호는 유리문 미닫이를 앞뒤로 달았고, 방에는 쌍창으로 창호지를 발랐음. 지붕은 합각을 형성한 팔작지붕. 뜰에는 석련지·석함(石函)들이 놓이고, 대청 댓돌 계단의 양측에는 8각 단면의 돌기둥이 놓여 있음. 이 집은 일반 사대부의 집으로서 만들어진 것이 아니고, 운현궁의 한 건물로서 건축된 것으로 판단되는 특수한 건축임.

김영우가옥(金永友家屋) : ①강원도 문화재자료 96호, 1935년 창건. ②안채와 사랑채가 마루·도장으로 연결되어 내부에 안마당을 갖고 있는 ㅁ자형의 가옥. ③안채가 홑집으로 된 것과 대청의 위치가 달라 지역적인 차이를 느낌. ④사랑에서만 접근할 수 있도록 한 대청마루에 조상의 신위를 모신 공간과 수납공간의 벽장이 안쪽에 한 칸씩 만들었으며, 대청마루가 특이하게 앞에 놓인 전퇴와 분리됨. 대청은 원래 연등천장에 전면에 창이 없었으나 후에 고미반자에 네 짝 여닫이창호로 개조됨. 사랑채(윗사랑채·아래사랑채)는 안채에 붙은 대청 두 칸이 있고, 원래 두 사랑방 사이에는 두 짝 여닫이문이 설치되었음. 아랫사랑 대문칸 부엌 옆에는 작은 툇마루가 있었다고 함.

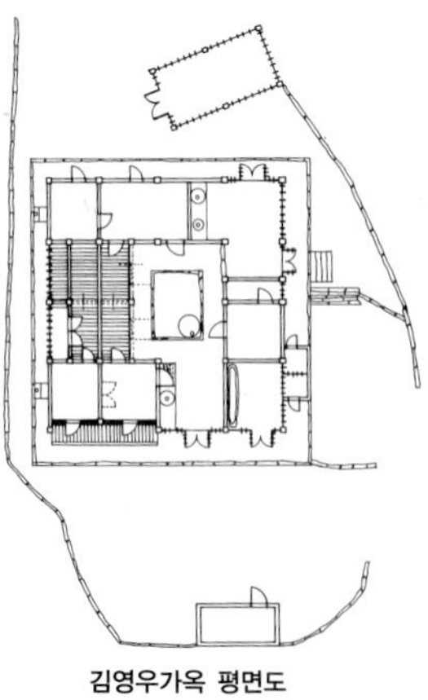

김영우가옥 평면도

김용학가옥(金容鶴家屋) : ①광주 민속자료 제3호, 1900년대초 살림채, 1933년 창건. ②광산김씨의 소종가로 행랑채와 안채(멸실됨), 사랑채로 이루어진 살림집 이외에 집 앞에 연못과 석가산을 꾸미고 뒷산 언덕에 정자 하은정(荷隱亭) 및 연파정(蓮波亭)을 배치. ③사랑채는 정면 6칸에 좌측면과 전후면으로 퇴를 가진 전후 모툇집의 형식을 취함. 툇기둥은 모두 원주를 사용하고 기둥상부에는 주두 위로 첨차형으로 가공한 익공을 갖는 물익공형 공포를 사용. 20세기 초의 한옥에서 공통적으로 발견되는 문인방 상부에 광창을 두어 전후로 폭이 깊어진 실내의 채광을 도모하고 있음. 하은정은 연못에 기대어 전면에 솟을삼문 형식의 정문을 가지고 담장으로 둘러친 가운데 정면 3칸의 몸채에 전후좌우로 퇴를 돌린 팔작집이고, 연파정은 별도의 담장과 문을 두고 그 가운데 위치한 전후좌우로 퇴를 돌린 단칸의 팔작집임.

김우열가옥(金宇烈家屋) : 충청남도 민속자료 10호, 19세기 중엽 창건. 대문과 마주치는 벽쪽에 작은 광을 가로막아 한번 꺾어져 들어가게 함. 안채·아래채·사랑채가 놓여 튼ㅁ자 배치를 구성. 사랑채는 정면 6칸, 측면 2칸 서쪽 두 칸은 대문간, 나머지는 4칸 통 4개 방을 둠. 각 방의 전면은 툇간으로 툇마루를 설치. 기단은 낮은 장대석 외벌대로 덤벙주초 위에 방주 세움. 안채는 ㄱ자 평면으로 가운데 안대청 2칸과 좌우에 안방과 건넌방 배치. 안방 옆에 부엌을 둠. 건넌방과 대청 앞에 툇마루를 길게 연결. 외벌대 기단과 덤벙주초 위에 방주를 세움. 아래채는 ㄱ자형 평면으로 원래 광채로 건립됨.

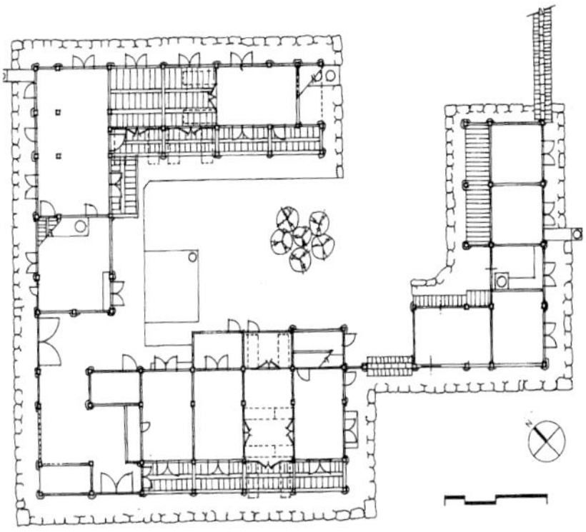

김우열가옥 평면도

김윤기가옥(金潤起家屋) : 강원도 문화재자료 57호, 1919년 창건, 전형적인 이 지역의 ㅁ자 형태의 몸채와 솟을대문과 함께 70칸에 이르는 큰 가옥임. 대문의 진입축과 안중문 진입축을 달리 설정하여 안채의 기밀성을 배치에서 보장. 겹집인 안채에는 넓은 툇마루가 전면과 측면에 조성되고 사랑채에도 앞뒷면 모두 툇마루가 조성되어 방들간의 통로 역할과 각 마당과의 유기적인 연결을 꾀함. 안채는 장대석 두 벌 쌓은 기단 위에 전면 4칸, 측면 2칸 규모로 세워진 팔작기와집으로 ㄱ자로 꺾인 부분에 광이 연결됨. 전면에 안방·건넌방·대청방이 있고, 후면에 뒷방·골방·광방으로 구성됨. 사랑채는 장대석 두벌대 쌓은 기단 위에 다듬은 방형초석을 두고 기둥에는 주련(柱聯)을 단 5량 홑처마 초익공 팔작기와집임. 처마는 엇선자짜기됨. 전면 창호는 세살청판 사분합문이고, 방과 방사이에는 완자불발기 네짝 미닫이분합문이 설치되어 창문을 들어열개하여 공간의 가변성과 확장성을 꾀할 수 있음.

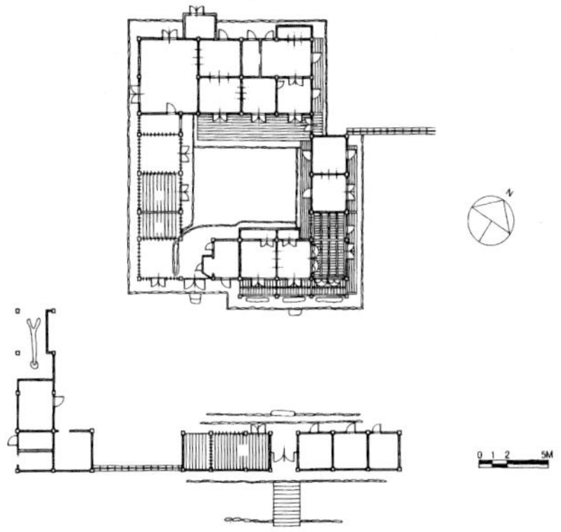

김윤기가옥 평면도

김익남가옥(金益南家屋) : ①강원도 문화재자료 58호, 강희 53 갑오(康熙五十三 甲午)의 명이 있는 것으로 보아 18세기 초 창건, ②겹집으로 된 넓은 대청의 안채와 사랑채·참방과 행랑으로 장방형 마당을 가진 ㅁ자 형태를 기본으로 부엌과 찬방을 경계로 공유하는 또 하나의 ㅁ자 형태를 갖는 특이한 평면임. ③생활의 변화를 기능적으로 수용하면서 벽체를 안채와 연결시켜 원래의 전통주거가 갖는 입면상의 효과를 가짐. 대지에 순응하며 기능적으로 변용됨. ④문간채와 행랑채의 ㄷ자형 평면구성은 안채와 사랑채의 진입을 근본적으로 구분하고 각 공간의 독립성을 보장하며 시각적으로도 안채의 독립성과 기밀성을 보장함. ⑤안채는 장대석 두 벌대 기단과 방형의 주초석과 방주를 세운 전면 6칸, 측면 2칸의 겹도리 5량의 팔작집. 마루천장은 연등천장이며, 전면은 사분합문, 뒤쪽은 두짝 세살여닫이문으로 구성하고, 전면 창호 위에 아자(亞字)살 고창을 설치. ⑥사랑채는 두벌 대 기단과 방형 초석 위에 기둥을 세우고 전면에 마루를 두었으며, 부엌과 이어진 찬방은 마루방으로 음식을 준비하고 저장하는 곳. ⑦조선 정조 때 세도가였던 홍국영이 유배되어 지냈던 곳으로 유명함.

김정은가옥(金正殷家屋) : ①강원도 문화재자료 68호, 1920년경 창건, 20세기 초 중수. ②ㄱ자 안채와 ㄴ자 사랑채가 ㄷ자형으로 배치됨. ③사랑채는 장대석 기단 위에 툇마루가 있는 방으로 문 밖으로 나있는 툇마루는 반 칸 크기로 비교적 넓은 편. 대문을 중심으로 좌측에 1칸 부엌과 우측으로 2칸 광이 있으며 그 뒤로 1칸방이 구성된 ㄴ자형을 이룸. ④안채는 팔작지붕으로 대청(大廳)을 중심으로 좌측으로 건넌방, 우측으로 윗방·안방·부엌이 직각으로 배치되었는데 부엌 천장에는 다락을 만듦. 대청 뒤쪽 벽에는 2짝 문을 달고, 웃방과 안방 사이에도 문을 달아 공간을 구분. 대청과 건넌방 앞쪽에 햇빛을 막고 비가 들지 않게 3개의 팔각초석 위에 높은 운형 나무기둥을 세워 지붕을 덧댄 햇빛가리개(遮陽) 시설을 두었음. 이러한 양식을 취하고 있는 건물은 강원도 내에서 강릉 선교장(船橋莊) 안의 열화당(悅話堂)과 이곳뿐임. 사랑채는 대문을 중심으로 왼쪽에는 부엌과 사랑방을 두었고 오른쪽에는 광과 그 뒤편으로 방을 놓았음. 자연마을명으로 '솥바리 큰 기와집'이라고도 불림. 본래는 가옥의 좌측, 현재의 담장 밖 밭에 또 하나의 건물이 있었다고 하나 흔적을 찾을 수 없음.

김정은가옥차양

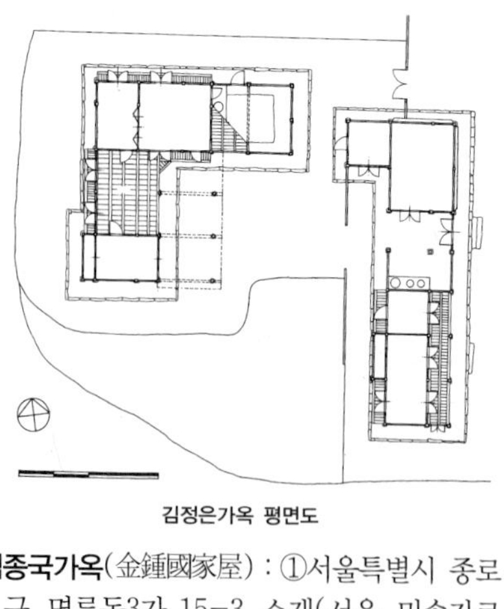

김정은가옥 평면도

김종국가옥(金鍾國家屋) : ①서울특별시 종로구 명륜동3가 15-3 소재(서울 민속자료 제21호, 1977년 지정, 1780년대 추정). ②성균관의 북쪽 담장에 면한 좁은 집터에 남쪽을 향하여 크게 두 채로 이루어져 있는데 남쪽에 위치한 집은 살림채이고, 북쪽에 있는 집은 사당(祠堂)채. 살림채는 '一'자 집이며 정면 4칸, 측면 2칸으로서, 중앙에 한 칸 크기의 대청을 놓고 서쪽에 역시 한 칸 크기의 안방을 배열하였으며 동쪽에는 건넌방을 두었음. 사당은 정면 4칸 측면 1칸인데 살림채에 비좁게 비스듬히 남동향으로 배치되어 있음. ③내부는 통간(通間)이며 뒤쪽에 신위(神位)를 모신 신주단(神主壇)이 있는데, 그 위에는 단청(丹靑) 흔적이 보이는 간소한 닫집(a canopy)이 마련되어 있음. 사당의 전면은 모두 개방할 수 있는 네 짝 여닫이문이며, 옆면과 뒷벽은 막혀 있음. 낮은 기단 위에 막 다듬은 네모뿔대 모양의 주춧돌을 놓고, 사각기둥을 세웠음. 처마는 겹처마이며, 살림채와 맞닿는 부분은 홑처마임. 이 건물은 문묘(文廟)의 한 부속건물로서 사당을 포함한 집이라는 점과 특히 사당 안에 신주단과 신위, 그리고 그 위의 닫집 등이 그대로 남아 있어 매우 중요한 건축물임.

김종길가옥(金鐘吉家屋) : 강원도 문화재자료 71호, 1827년(순조27년) 창건, 20세기초 중건. 자연석을 1단 쌓은 기단과 비교적 큰 자연석을 약간 다듬어서 쓴 주초석 위에 방주를 세운 홑처마 팔작지붕. ㄱ자형

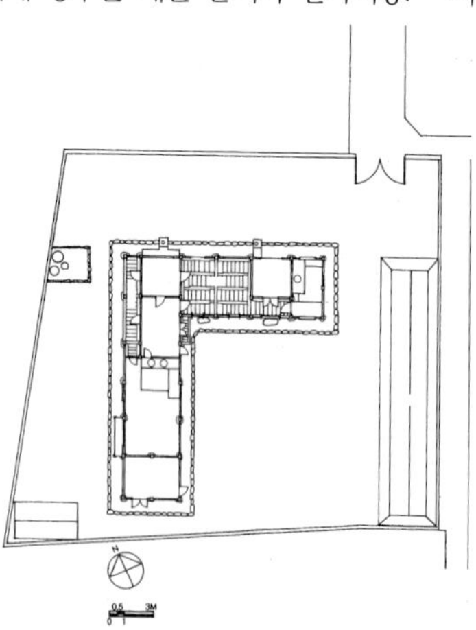

김종길가옥 평면도

안채와 일자형 사랑채가 ㄷ자형으로 배치된 가옥. 안채는 대청을 중심으로 우측에는 건넌방과 부엌이, 좌측에는 윗방과 안방·부엌·아랫방이 직각으로 배치됨. 안방 뒤에 툇마루가 설치되어 부엌으로 연결된 독특한 구성. 부엌과 붙어 있는 수장공간인 부엌광과 대청 앞의 문은 후에 개조·추가된 것. 사랑채는 후에 추가된 것으로 대문을 중심으로 왼쪽에 헛간을, 오른쪽에 넓은 방과 부엌을 설치함.

김종우가옥(金宗友家屋) : 강원도 유형문화재 85호, 18세기 중엽 창건, 20세기 중건. 뒤편에 펼쳐진 야산으로 둘러싸여 아늑한 느낌과 앞에 펼쳐진 경관이 매우 시원한 택지임. 원래 이 집은 1750년경 전주 이씨가 건립하여 6대째 살았음. 전면 4칸, 측면 2칸에 오른쪽 부엌 앞으로 외양간 1칸이 덧붙여진 ㄱ자 형태의 겹집.

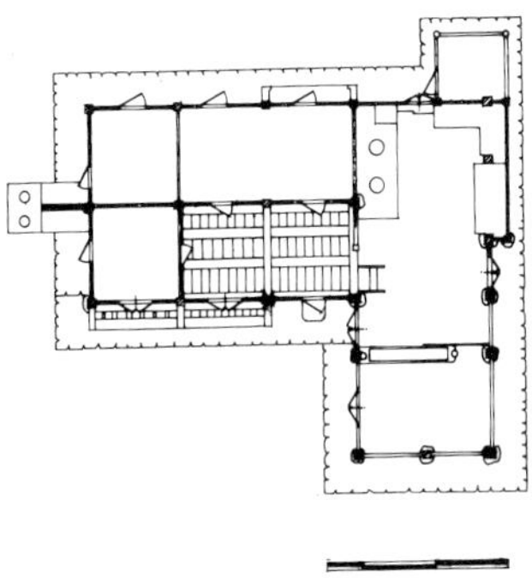

김종우가옥 평면도

김진흥가옥(金鎭興家屋) : ①서울특별시 성북구 장위동 76-59(서울 민속자료 제25호, 1977년 지정), 1925년 건립추정. ②장위동 김진흥가옥은 조선 말 순조의 셋째 딸 덕온공주와 부마 남영위(南寧尉) 윤의선(尹宜善)과 그의 아들 윤용구(尹用求)가 살던 집. 안방 뒤에는 정자가 세워져 있음. 이 집 상량문에 의하면 이 집은 을축년(乙丑年)에 지었다고 함. 이 집은 윤의선에 입양한 석촌(石村) 윤용구(尹用求 : 1853~1939)가 조선말에 대신(大臣) 자리를 내놓고, 세상을 피해 조용히 살았음. 1998년 이 집 소유주인 김진흥이 불교 교단에 기증함으로써 '진흥선원'이라는 절이 되었고, 극락보전에는 아미타불을 모시고 있음. 현재 이 건물의 대문이나 목욕간 등은 생활의 편의에 따라 개조되어 본래의 모습은 일부 없어졌음. 그러나 이 주택은 조선시대 부마도위 궁집(宮家)으로서의 문화적 가치가 큼. ③건물은 ㄱ자 2개가 합쳐진 모양이며 사랑채 뒤에 있는 집은 나중에 지어진 것으로 보임. 안마당은 ㄱ자로 꺾였고 마당 내부 구석의 객실들은 들쑥날쑥 처리하여 시선 방향에 따라 공간에 변화를 준 집.

김진흥가옥

김춘영가옥(金春榮家屋) : ①서울특별시 중구 필동 2가 84-1일원 한옥마을 소재(1977년 서울 민속자료 제8호 지정), 1890년대 건립 추정. ②1890년대에 오위장 김춘영이 지은 집. 원래 종로구 삼청동 125-1번지에 있던 것을 이곳으로 이전, 복원하였음. 이 집의 모습은 서쪽에 길을 두고 길에서 꺾여 들어선 좁은 빈터에 면한 크지 않은 대지에 서남향으로 자리잡고 있었음. 집의 모양새는 'ㄷ자'형의 안채와 'ㄱ자'형의 사랑채가 연결됨. 길에서 동쪽으로 꺾이어 들어서면 서남쪽을 향한 대문간과 서쪽을 향한 일각대문(一角大門)이 있는데 대문은 안채로, 일각대문은 사랑채로 들어가는 문. 대문간은 전면을 벽체로 막고 'ㄱ자'로 꺾여 안마당에 들어서게 되어 있음. 이러한 배치는 곧 바로 안채가 들여다 보이지 않게 하기 위함. 대문간에는 문간방 1칸을 두었음. 안

김춘영가옥

채는 'ㄱ자'형으로 조선시대 서울주택의 전형적인 유형이라고 할 수 있음. 다만 부엌 남쪽의 찬마루와 광이 문간방과 연결되어 있는 것이 좀 색다른 점이라 하겠는데, 이러한 양식은 좁은 집터에 자리잡은 경우 쓰이던 양식으로 보임. 안채의 구조는 긴 섬돌 초벌대 기단(基壇) 위에 네모뿔대의 초석을 놓고 흘림이 없는 네모기둥을 세워 납도리로 결구(結構)한 민도리집. 사랑채는 대문간 채와 연이어 튀어나온 형태로 되어 있는데, 사랑방(1칸×1.5칸), 사랑대청 1칸, 건넌방 1칸을 두고 있음. 대청과 건넌방 앞에 작은 사랑마당이 있는데, 이 사랑마당은 일각대문과의 사이에 있는 것. 이 가옥은 안방의 뒤쪽 벽, 길가에 면한 부분에 4개의 괴석(塊石)과 벽돌(塼石)을 사용하여 화재를 방지하는 벽을 쌓아 집의 격조를 높인 점과 추녀의 끝부분에 태극문을 조각하여 장식한 것이 특기할 만함. 이 가옥은 전반적으로 서민주택의 양식을 보이고 있으나 서민 중에서는 경제적으로 윤택한 중상류층 집안의 양식으로 추측됨.

김택준가옥(金澤俊家屋) : ①강원도 유형문화재 90호, 조선 후기 창건, 20세기초 중건. ②지역의 전형적인 겹집평면에 양끝의 앞뒤로 공간을 이어 붙여 독특한 H자형 평면을 이루어 뒷마당의 기밀성(폐쇄성)이 확보되어 적극적으로 활용. 안채와 붙은 사랑방 툇마루의 구성과 창호의 방향은 작은 공간에서도 사려깊은 공간분리 시도임. 안채의 전면에 안방과 상방, 뒤로 뒷방과 도장을 구성.

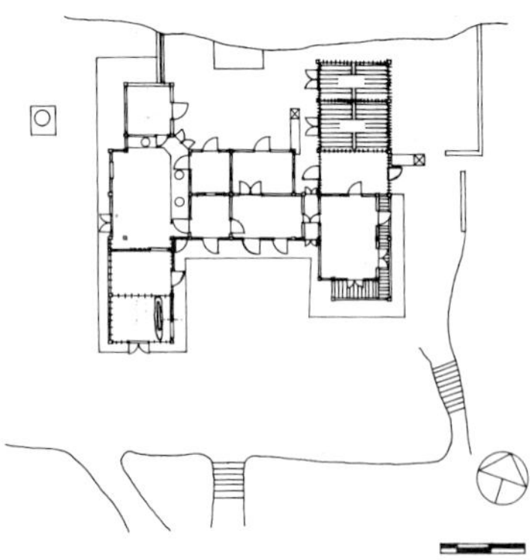

김택준가옥 평면도

김프(guimpe) : 실크로 만든 끈으로 식탁보·침대·의자·소파 및 커튼 등의 마무리나 장식에 사용됨.

김학균가옥(金學均家屋) : ①강원도 문화재자료 69호, 1913년 창건, 20세기 중수. 강원도 홍천군 서석면 풍암리 151에 위치. ②1903년 서거면의 부호(富豪) 엄근호가 건축하고 45년간 살던 집. 영서 및 중부지방에서 흔히 볼 수 있는 ㄱ자형 주택. 안채·사랑채·광 3동으로 구성된 ㅁ자형 배치로, 면적은 149㎡(45평). 안채는 자연석으로 막 쌓은 기단 위에 호박돌 주춧돌과 방주를 사용. 부엌을 중심으로 전면에는 부엌 겸 광, 후면에는 툇마루가 있는 안방을 배치하였고 그 옆으로는 사분합(四分閤)이 있는 대청과 건넌방으로 구성. 여유 있는 민가의 형식으로 안채와 사랑채의 출입 대문이 분리되었고 그 사이의 좁은 안마당에도 담장을 설치하여 남녀의 사용 공간을 분리. 건물의 유지 및 관리상태는 양호한 편이 못되며 바깥채는 남쪽으로 약간 기울어졌음.

김학균가옥

김형기가옥(金炯祺家屋) : 강원도 유형문화재 83호, 19세기 창건. 안채와 사랑채가 부엌으로 연결되어 흔히 볼 수 있는 겹집형태의 ㅁ자 구성이 아님. 안채는 마당을 향하여 열려진 중앙의 넓은 대청을 중심으로 방들이 좌우에 조성됨. 안채 좌우측에는 툇마루가 구성되어 있으며, 마루쪽을 향해 아랫사랑채에도 툇마루가 설치된 것이 특이함. 전체적으로 대칭적 구성이나 작은 변용을 통하여 기능적인 평면구성을 함. 특히 부엌을 중앙에 배치하여 각 방들의 채난(採暖)을 해결한 독창성이 독특함. 적절한 문과 담의 사용으로 남녀공간의 구분과 공간의 독립성을 확보함. 대문에 붙어 있는 행랑채에 우사·화장실·곳간·방은 후대에 추가됨. 견실한 부재의 사용과 다양한 공간활용이 보임.

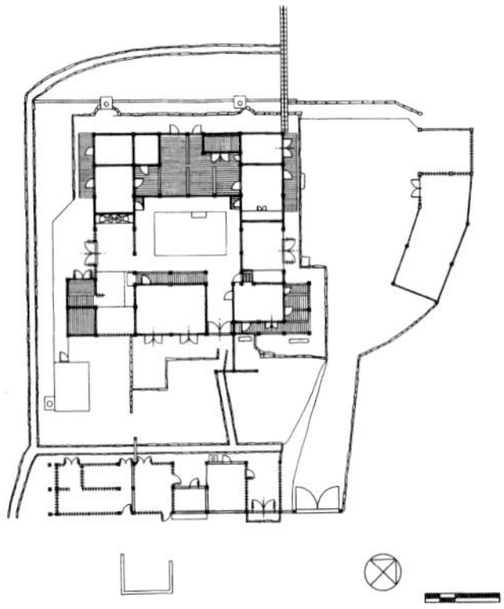

김형기가옥 평면도

깁 : 명주실로 바탕을 좀 거칠게 짠 비단.

깁스장식(-裝飾, gibbs surround) : ①창과 문의 테두리에 크고 작은 석재를 교차시켜 조적하는 장식으로 처음 사용한 건축가 제임스 깁스(James Gibbs : 1682~1754)의 이름을 딴 명칭. ⇨쐐기모양의 장식(=).

깁스장식

깃발정첩(-釘貼) : ⇨볼베어링 정첩(=).

깃털장식(-裝飾, plume) : 침대의 천개(天蓋)나 의자 등받이 등에 장식적으로 사용되는 깃털.

깅엄(gingham) : 경·위사에 면사의 색실·표백사 등을 사용하여 평직으로 짠 세로줄무늬 또는 격자무늬의 면직물로서 커튼지 등에 사용됨.

깊이(depth) : 꼭대기에서 바닥까지, 그리고 전면에서 후면까지의 범위와 크기 또는 거리 또는 여러 개의 층으로 이루어진 것. 깊이는 단지 두께에 관한 문제가 아님. 그것은 요소들 고유의 공간적 관계에 의하여 그리고 일시에 전체공간의 조망으로부터 '은폐'에 의해 달성될 수 있음. 깊이는 후퇴하고, 겹쳐지고, 합치되는 면(面)들에 의해 이루어질 수 있음. 색채와 질감은 그것을 볼 수 있는 만큼 깊이의 환상을 창조할 수 있음. 깊이는 명암대조법(빛과 그림자)의 사용에 의해, 투명성(그 안으로 보는)에 의해, 반사(다른 차원에 더하는)에 의해, 그리고 천공(天空)에 의해 창조될 수 있음.

까귀 : 작은 부분을 다듬을 때 쓰는 손자귀.

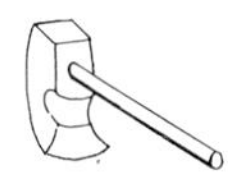

까귀

까뀌 : ①나무를 찍어 까는 연장 또는 도구. 충청도에서는 자귀라고 함. ②한 손으로 나무를 찍어서 깎는 데 쓰이는 연장. ③작은 부분을 다듬을 때 쓰는 손자귀. ④손자귀와 비슷하게 생겼지만 손자귀는 날이 나무에 붙어 있는 데에 견주어 까뀌는 도끼처럼 전부 쇠로 되어 있음. ⑤도끼는 날이 자루와 나란히 나 있지만 까뀌는 날과 자루가 수직이 됨. ⑥자귀(=).

까끼에몬(Kakiemon, Sakida) : 17세기 자기류에 유색의 에나멜 디자인을 개발했던 일본의 자기류 예술. 이 예술가의 이름을 따서 그런 기법을 까끼에몬이라 하고, 그 채색법을 한국식 장식(Korean decoration)이라고 함.

까띠보(Cativo, Prioria copaifera Griseb[학]) : ①자메이카·니콰라과·코스타리카·파나마·콜롬비아에 분포. 심재는 대기에 노출하면 검은 갈적색으로 되며 많은 농담의 띠와 갈흑색에 확실한 선이 있음. 변재는 밝은 회색 또는 장미색으로 적갈색의 선이 있음. 목리는 통직하고 나무갗은 보통. 기건비중은 평균 0.53, 수축률은 방사방향 4.4%, 인접방향 5.6%로 적고 강도는 압축강도 316kg/㎠, 휨강도 614kg/㎠, 전단강도 73kg/㎠로 약함. 가공은 용이하며 로터리절삭은 쉬우며 마무리도 양호. 접착·도장성은 보통. 변재는 건조가 빠르고 비틀림이 없으나 심변재 수축의 차로 건조에 주의를 요하며 내구성은 낮음. ②주로 내장·가구·포장 등에 사용.

까마귀발(crow's foot) : 참고점(參考點)인 정점(定點)을 나타내는 V형태의 점.

까뮤공법(−工法, camus method) : 프랑스식 대형 패널 고층아파트공법이며, 벽판은 보온재가 삽입된 샌드위치 부재를 사용하는데, 약 20층까지 건축이 가능함. 외벽판은 한 장씩 제작하지만 내벽 또는 바닥 등에 쓰이는 철근콘크리트 바닥판은 수직 칸막이가 있는 바테리(batterie)식 형틀을 사용하여 여러 장을 일시에 제작함. 외부 내력벽 이음새가 비늘판벽모양으로 겹치게 되어 있어서 우수침입을 완전히 방지할 수 있는 특색이 있음.

까치구멍 : ①겹집에서 용마루 양쪽에 환기구로 뚫어놓은 구멍. ②⇨까치구멍집(=).

까치구멍집 : ①토담집이나 귀틀집의 용마루 좌우끝 합각머리에 작은 구멍을 낸 집. ②강원도·경상도의 산간지방에서 지어짐. ③초가지붕의 양측 용마루 아래의 삼각형 부분에 구멍, 즉 까치구멍을 뚫어 이 구멍으로 집안에서 발생하는 연기 등을 뽑아내는 배연·통풍·환기 등을 함. ④까치구멍집은 짐승과 도적으로부터 방어하기 위하여 봉당을 출입하며 외부에 대하여 폐쇄적인 구조를 가지고 있음.

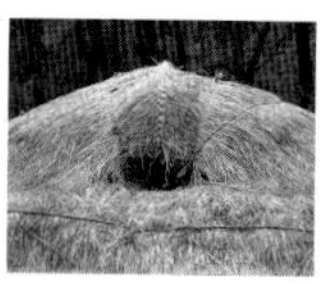
까치구멍집

까치박달(楝木, 千金楡, 梯, 水朴達, Horn beam, Carpinus cordata Blume[학]) : ①자작나무과로 황해도 이남 온난대지역 전역에 자생하며, 연륜이 뚜렷하지 않고, 재색은 황백색으로 심·변재의 구분이 불분명하고 전체적으로 홍색에 갈백색의 줄이 있음. 나무갗은 곱고, 결이 곧으며 방사성이 강한 산공재(散孔材)이며 조직은 단단하고 치밀하며 나무갗은 거침. 기건비중 0.73, 전건비중 0.69, 강도는 압축강도 470kg/㎠, 휨강도 710kg/㎠, 전단강도 100kg/㎠, 인장강도는 보통. 충격·휨·흡수에너지는 크고 경도는 높음. 내후성·가공성·내구성·연삭성이 양호함. 제재가공성과 건조성은 보통이고, 대패가공성은 불량하며, 휨가공성은 양호함. 접착성은 보통이고, 도장성은 불량함. 파티클보드 제조적성과 섬유판 제조적성은 보통. 시멘트경화성과 내후성은 불량함. 목탄제조적성은 불량하며 펄프화 적성은 보통. ②주로 건축·가구·기구·악기 등에 사용.

까치발다리(bracket leg) : 17세기에 사용하기 시작한 가구의 네 모서리에 각각 두 개씩의 판재를 연귀맞춤으로 맞추어 가구를 지탱하도록 고안한 발. 형태에 따라 다양한 명칭이 있음.

까치발석재(−石材, knee stone) : 박공지붕 측면의 경사진 갓돌(fractable)을 지탱하는 위가 경사지고 아래가 넓적한 석재. 또는 아치의 곡선을 만들기 위해 수평적인 이음매의 패턴을 깨뜨리는 석재.

깔기마무리 : 내장공사 중 바닥마무리 종류 중 하나로 쪽매널깔기·쪽매 바닥판깔기·플로어링판 깔기·아스팔트타일(러버타일·플라스틱 및 리놀륨타일) 등이 있음.

깔도리(wall plate) : ①기둥의 상단을 연결하여 지붕틀을 받는 가로재. ②기둥 또는 벽 위에 걸어 지붕보를 받는 도리. 한식구조는 깔도리가 처마도리를 겸하고 있음. ③철골구조에서 주두를 도리방향으로 연결하는 벽보. ⇨처마도리(=). ④기둥 또는 벽체 최상부 처마부분에 걸어 대어 지붕보를 받는 수평재. 기둥머리를 고정하며, 지붕틀을 받아 하중을 기둥에 전달하는 것. 깔도리의 이음·맞춤은 기둥 보의 위치를 피하여 엇걸이 산자이음·모서리는 토대와 같이 함. 깔도리의 모서리 T자형

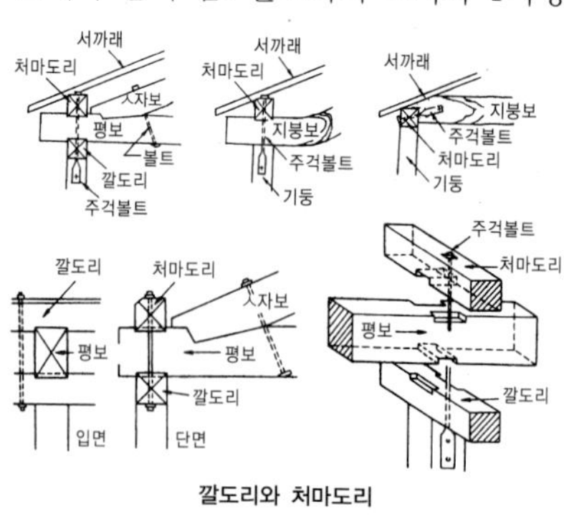

깔도리와 처마도리

접합부·지붕틀 또는 지붕보에 있어서는 그 하나 걸름으로 귀잡이보를 층도리에서와 같이 댐. 볼트는 보통 깔도리와 처마도리를 평보 옆에서 조이지만 기둥 옆에서 1개의 주걱볼트를 연결하면 한 물(物)에 4부재가 연결이 됨. ⑤⇨처마도리.

깔때기홈통(leader head) : 처마홈통과 선홈통을 연결하는 깔때기 모양으로 된 홈통을 말하며, 각형 또는 원형으로 함. 이것은 구부림 부분이 떨어지기 쉬우므로 특히 납땜을 정교하게 하고 처마홈통 낙수구를 위에 끼우고 밑부분은 선홈통 또는 장식통에 깊게 연결. 최근에는 합성수지로 제작된 플라스틱 홈통이 주로 사용.

깬자갈(碎石, crushed stone, broken gravel) : ①자갈 크기만큼씩 부순돌. ②암석이나 큰 돌을 깨서 만든 자갈. 강자갈에 비해 모가 심하고 많음.

꺼럼파얀(Kelampayan[인네], Rhizophora apiculata Blume[학]) : ①열대 동남아시아 전역과 남태평양 일대 분포. 심변재의 구분이 불명확하며 재색은 담황백색 또는 담황갈색. 목리는 교착하고 나무갗은 거칠고 가볍고 균일. 기건비중 0.52, 수축률은 방사방향 3.0%, 접선방향 6.9%로 적으며 강도는 압축강도 374kg/㎠, 휨강도 691kg/㎠, 전단강도 48~59kg/㎠로 약함. 건조·절삭·접착·포삭이 양호하며 내구력이 낮고 약제주입이 용이함. 도장과 연삭은 보통. ②주로 내장·합판 등에 사용.

꺾쇠(clamp, cramp) : ①목재의 부재를 접합하는 철물의 일종. ②쇠대의 양 끝을 구부려 뾰족하게 만든 거멀쇠. ③고정시킬 때 쓰이는 철물. 양끝 갈고리 사이를 실용길이라 하며, 보통 90~120㎜ 정도이고 갈고리의 길이는 45㎜ 정도. 큰 내력은 없고, 간단히 쓸 수 있어 많이 쓰임. 단면의 형태에 따라 평꺾쇠(직사각형)·원꺾쇠(원형)·각꺾쇠(정사각형)·주걱꺾쇠와 갈구리가 서로 직각방향으로 된 엇꺾쇠, 한 끝에 주걱이 달린 주걱꺾쇠 등으로 구분함. 주단면에 의해서 각형·평형·원형이 있음. 각꺾쇠는 가시구멍이 있음.

꺾쇠

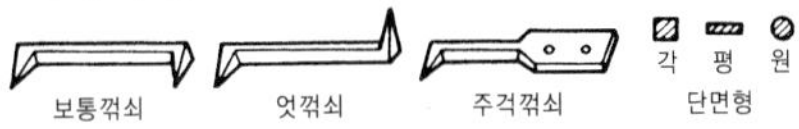

꺾쇠

꺾은계단(-階段, curve stairs) : ①도중에 방향을 바꿔 오르내리게 된 계단. ②계단 도중에 꺾여 방향을 바꾸어 오르내리게 된 층층대.

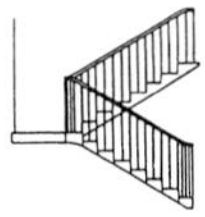

꺾은계단

꺾인반자(-盤子, curve ceiling) : ①천장의 테두리가 꺾여 내린 반자. ②귀접이반자·꺾은반자(=).

꺾인지붕(curve roof) : 지붕면의 중간에서 꺾여 두 물매로 된 지붕. 꺾은지붕·꺾인물매지붕·꺾인맞배지붕(=).

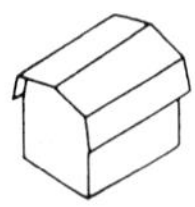

꺾인지붕

꺾임지붕 : ⇨꺾인지붕(=).

꺾임천장(平斜天障, slanting support ceiling) : 양쪽 긴 벽 위에서 안쪽으로 비스듬히 돌을 올리고 다시 그 위에 수평되게 판돌을 얹은 천장.

껍질박이(入皮, bark pocket, rind-gall, callus) : 수목이 성장 도중 수목 세로방향의 외상(外傷)으로 수피(樹皮)가 말려 들어간 목재의 흠.

꼬냑의자(-椅子, cognac chair) : 20세기 핀란드의 이에로 아르니오(Eero Aarnio)에 의해 디자인된 형태로 꼬냑 잔과 비슷해서 붙여진 명칭. 합성수지계인 유리섬유로 성형된 주각받침의 원통형 의자이며, 내부의 좌면과 등받이는 직물을 사용하여 안락감을 향상시킴.

꼬냑의자

꼬리보 : ⇨우미량(=).

꼬인결 : 꼬인 모양으로 나타나는 결.

꼬인기둥(wreathed column) : 띠를 사용하여 기둥이 나선형처럼 보이게 하는 형태의 기둥. 로마제국시대 말기에

꼬인기둥

나타나기 시작하였으며, 바로크시대에도 크게 유행함.

꼬임기둥(twisted column, spiral column) : 둥근 기둥의 주신(柱身) 부분이 새끼를 꼰 것처럼 만든 기둥.

꼬임형

꼬임형 선반가공재(－形旋盤加工材, open twist turning) : ①하나의 선이 꼬여 있는 형태의 선반 가공부재. 주로 르네상스가구에서 볼 수 있음. ②⇨쌍꼬임형 선반가공재.

꼬질간지붕 : 굴피를 이은 지붕.

꾀창(－窓) : 분합문에 있는 창.

꼭대기장식 : ⇨피니얼(＝).

꼭대기탑 : ⇨랜턴(＝).

꼭두서리색(－色, madder red) : 관용색명으로 진한 빨강. 먼셀 4R3.5/11.

꼭지장식(－裝飾, finial) : 수직적인 부재의 상단부에 사용되는 장식적인 조각으로 주로 침대기둥·가구의 모서리·뾰족탑 등에 많이 사용되었으며, 손잡이형·공형·항아리형·불꽃형 등 다양한 형태가 이용되었음.

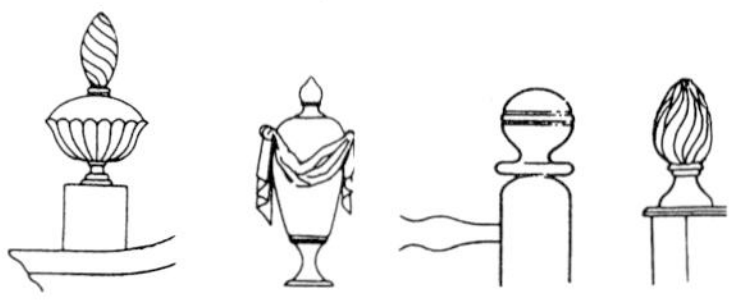

꼭지장식의 종류

꼭지정첩 : ⇨루스핀정첩(＝).

꼴라쥬(collage[프]) : ⇨데쿠파주(＝)⇨콜라주(＝).

꽁페(comperé[프]) : ⇨설계경기(＝).

꽂이쇠(lock bolt, cat bar bolt) : ①미닫이창에 꽂아 거는 문걸쇠. ②주로 미세기나 미닫이의 창호(窓戶)에 사용되는 철물로 창호의 안팎 여밈대를 꿰뚫어 꽂아서 잠그는 걸쇠의 한 종류임. 길게 된 것과 중간에 한 번 꺾어 구부러지게 된 것이 있음. ③종류로는 문빗장(rod bolt), 꽂이쇠(bolt)·꽂이자물쇠·고두꽂이쇠(cat bar bolt)·오르내리꽂이쇠(barrel bolt)·고두꽂이쇠(flush bolt)·양꽂이쇠(cremon bolt, espanolete bolt)·면꽂이쇠(flat bolt)·평꽂이쇠(french bolt)·크레모나볼트(cremora bolt) 등이 있음.

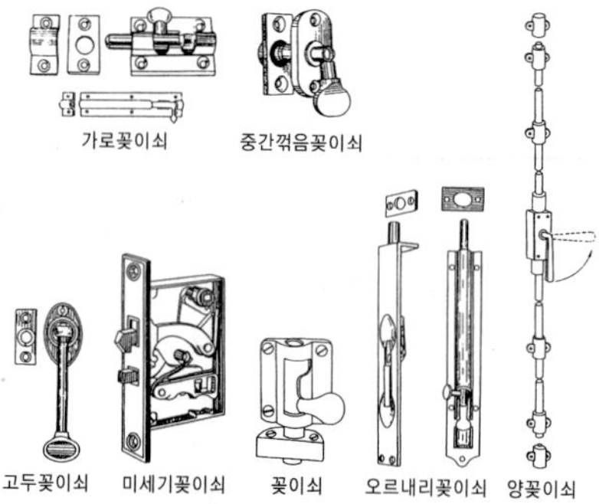

꽂이쇠의 종류

꽂이자물쇠 : ①꽂이쇠를 찌르고 그 밑에서 열쇠로 잠그게 된 것. ②⇨꽂이쇠.

꽂임촉(dowel, juggle) : ①두 부재의 이음에 따라 토막나무를 꽂아 넣은 막힌 장부의 일종. ②두 개의 접합부재가 미끄러지는 것을 방지하고 위치를 조정하기 위해 그 부재들 속에 구멍을 내고 끼워 넣는 원통형의 핀. ③PC재의 조인트 부분에 매설되는 금속재의 촉. ④듀벨·촉(＝).

꽃모양장식(－裝飾) : ⇨로제트(＝).

꽃무늬장식(－裝飾) : ⇨가랜드(＝).

꽃살문(－門) : ①문살에 꽃무늬를 놓아 만든 문. ②문살 위에 여러 가지 꽃이나 추상적인 무늬를 새겨 장식성을 한층 더 높인 것. ③사찰 법당 문은 대개 꽃살문으로 되어 있음. 법당 문은 빗꽃살문 또는 소슬빗꽃살문으로 된 것이 압도적으로 많고, 통판에 꽃문양을 투조한 것도 있음. ④꽃살문은 1, 2백년짜리 소나무를 3년 동안 바람에 말린 다음 4년째 창고에 보관했다가 꽃과 살을 조각하고 문틀에 끼워 맞춘 뒤 단청을 입혀 완성함. 한 짝의 꽃살문을 완성하기 위해 4년여의 긴 시간동안 정성을 들이는 것임. 특히 요사채를 지을 때는 일체의 사치를 배격한 검소함을 유지하면서도 부처님을 모시는 법당문을 화려한 꽃살문으로 장식하는 것은 환희심으로 부처님께 경배함과 아울러 불전을 오직 선(善)과 미로써 장엄하려는 불자들의 지극한 신앙심으로부터 나온 것으로 생각됨. ⑤꽃살문에 주로 새겨지는 꽃의 종류는 연꽃, 모란꽃, 국화꽃, 해바라기꽃 또는 백일홍과 같은 모양의 꽃도 있으며, 때로 정확한 이름을 알 수 없는 개념적 형태의 꽃들도 보임. 최고의 걸작품은 16세기경에 만들어진 내소사 대웅보전의 꽃살문과 용문사 윤장대의 꽃문, 그리고 정수사 법당의 꽃살문.

꽃송이장식(-裝飾, ballflower) : ①둥근 꽃의 중심에 공이 놓여 있는 중세 고딕건축의 장식. ②발플라워(=).

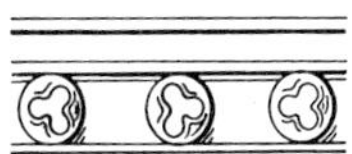

꽃송이장식

꽃쇠(菊花鐵) : 꽃무늬를 새겨 만든 못받이 치장 받침철판.

꽃잎장식문양(-裝飾文樣, foil) : 꽃잎 문양의 장식 문양으로 고딕양식의 곡선적 창살을 구성하는 주요한 요소. 꽃잎 수에 따라 세잎장식(trefoil), 네잎장식(quatrefoil) 등이라고 함.

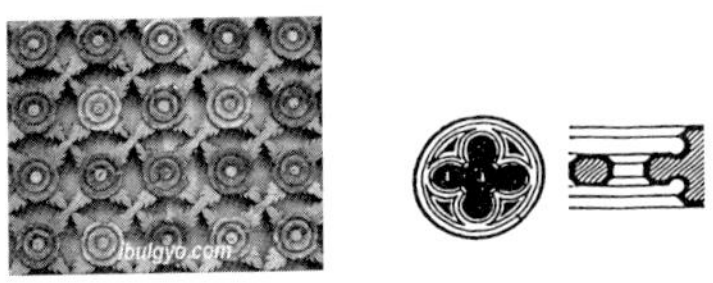

논산 쌍계사 대웅전 교살꽃문
(꽃새김 살을 45° 각으로 직교하도록 짜맞춘 사방연속문양 형식의 문. 세 가지 종류의 꽃이 각각 그룹을 형성하고 있음.)

꽃줄기장식(-裝飾, festoon) : ⇨꽃줄장식(=).

꽃줄장식(-裝飾, festoon) : ①식물의 잎사귀나 줄기의 덩굴모양 및 꽃들의 다발과 함께 엮어져 매달린 과일송이의 장식. 보통 둥근 꽃 모양의 장식과 동물들의 두 개골 사이에 매달려 있으며 벽기둥과 패널의 장식으로 사용되었음. 고대 그리스·로마에서 사용하기 시작하여 르네상스나 신고전주의 시대에는 풍요로움을 상징하는 의미로 자주 사용됨. 스웨그(swag)라고도 함. ②로만 셰이드(roman shade)로 여성스러운 특징을 갖고 있기 때문에 얇은 천으로 만들면 보기 좋음. ③화환(garlands)의 효과로 고리를 이루어 늘어뜨린 천(cloth) 또는 꽃줄장식(festoon)이나 과일·꽃·잎·리본으로 장식된 화환을 칭하기도 함. ④어떤 재료들이 두 점 사이에서 끈이나 사슬에 매달려 늘어뜨린 것. 건축에서는 잎·꽃·과일 등의 화관(garlands)이 조각되고, 가구에서는 잎·꽃·과일 등을 조각하거나 채색하여 사용했음. ⑤오스트리안셰이드(=).

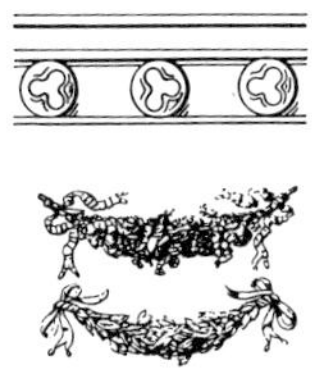

꽃줄장식

스웨그

꿸대(貫木, batten rail) : 기둥·동자 등을 꿰뚫어 관통하는 보강 가로재로서 심벽의 뼈대로 기둥과 기둥 사이에 가로질러 넣어 벽체의 힘살이 되게 한 두께 18~24㎜·너비 90~120㎜ 정도의 널.

끈치톱 : ⇨썰음톱·동가리톱·가로톱·자름톱(=).

끌(鑿, chisel) : ①나무에 구멍을 파거나 다듬는 데 쓰이는 폭이 좁고 긴 네모난 연장. ②구멍 따위를 파는 데에 쓰이는 쇠붙이 연장. ③청동기시대에는 돌과 청동제의 끌이 만들어지나 철기시대 이후에는 쇠로 만들어 사용하였음.

끌구멍 : 나무를 끼우려고 파낸 구멍.

끌당팽이 : 끌의 위쪽 끝을 일컫는 말.

끌방망이 : ①끌을 두들기는 방망이. ②보통 대추나무로 만들어 썼는데 장도리가 잘 만들어져 나오면서부터 없어지기 시작. ③장도리메(=).

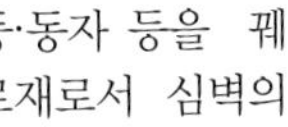

끌방망이

끝걷기 : 서까래 등의 끝머리를 중간부보다 약간 가늘게 훑어 깎는 것.

끝둥뿌리 : 둥근 나무의 위쪽 끝을 잘라 끊은 끌.

ㄱ

끝마구리(tip end) : 통나무 등의 가는 쪽 끝의 마구리.

끝머리장식(-裝飾, terminal) : 용마룻널 장식처럼 무엇인가의 끝부분에 놓인 장식적 모양이나 물체와 같이 일련의 공정의 끝에 일어나는 마지막 부분.

끝장식(端金具, 先金具, end-piece ornament) : ①긴 물건의 끝·가장자리를 꾸미는 금속장식. ②단금구(=).

끼눈(蟹眼) : 박공널이나 추녀 끝에 소용돌이 모양으로 새겨지는 장식 무늬.

끼움 : 나무의 옆에 다른 나무의 튀어나온 것을 끼워서 고정시키는 방법이나 그렇게 한 자리.

끼움목(-木, shim, filler plate) : 두 부재 사이의 틈을 메우거나 위치 및 수평을 바로 잡는데 사용되는 얇은 쐐기형태의 나뭇조각이나 판. '끼움판'이라고도 함.

끼움보(tail beam) : 한쪽 끝을 벽면에 삽입하여 고정되는 보.

끼움쪽(filler, fill bar) : 조립부재의 좌굴을 방지하기 위하여 조립재 사이에 끼워 두 부재를 접합하는 것.

끼움판(-板) : ⇨끼움목(=).

끼움홈(key way) : 콘크리트 기초 또는 다른 부분과 연결하는 길이방향의 콘크리트에 파두는 길게 생긴 홈. 타설하는 콘크리트에 전단저항을 생기게 함.

낄판접합(-接合) : ⇨접합.

【ㄴ】

나가(Nâga[프], Brachystegia cynometroides Harms.[학]) : ①카메룬의 동부 적도밀림 배수가 좋은 곳에 군락으로 분포. ②심변재 구별이 명확하고 심재는 황토갈색 또는 등갈색 건조에 의해 황색~적색이 됨. 변재는 얇은 황색~도갈색(桃褐色)임. 목리는 규칙적인 교착목리, 나무갗은 거칠음. 기건비중 0.62~0.74, 수축률은 방사방향 4.7%, 접선방향 7.3%, 용적수축 11.3%로 적고 강도는 압축강도 435kg/㎠, 휨강도 1,000kg/㎠, 전단강도 81kg/㎠로 보통. ③가공상 문제점이 없으며 제재·포삭(鉋削)이 용이하나 교착목리에 주의가 필요. 건조·접착·도장성 양호. 용도는 합판·구조·플로어링·구조 등에 사용.

나노(nano) : ①그리스어의 '난장이'에서 유래한 말로 '10억분의 1'을 의미. 10^{-9}. 나노세계는 곧 원자의 세계. ②0.000000001을 나타내는 SI단위. 부호는 n.

나노기술(nanotechnology) : 원자 하나하나를 기계적으로 빠르게 제어하는 기술.

나노미터(nanometer ; ㎚) : ①1미터의 10억분의 1에 해당하는 길이 단위. 특히 빛의 파장이나 가시광선 인근의 스펙트럼 파장을 표시할 때 사용. ②$1㎚=10^{-9}m=10^{-7}㎝=1㎛$. ③약어로 ㎚라고 함. ④미크론(=).

나대지(裸垈地) : ①건축물 등 지상물이 없는 택지로 도시계획법 등 공법상의 제약이나 행정규제도 받고 사법상의 제약도 받는 토지. ②물리적으로 나대지는 미이용 택지이고 언제라도 최유효이용원칙과 소유자의 의사대로 자유롭게 사용·수익·처분을 기대할 수 있는 것으로 시장성이 가장 높으며 택지의 기본적인 형이라고 할 수 있음.

나라(Narra[필]) : ①파푸아뉴기니·필리핀·인도 남부 동남아 전역에 분포. ②변재는 담황색으로 매우 좁고 심재는 황색 또는 황갈색에 밝은 적색 줄무늬가 있으며 심·변재의 경계가 뚜렷함. 목리(木理)는 교착(交錯)하고 문양파상(紋樣波狀)으로 나타나며 나무갗은 거칠음. 기건비중 0.65~0.80, 수축률은 방사방향 3.2%, 접선방향 5.9%로 적음. 강도는 압축강도 594kg/㎠, 휨강도 913kg/㎠, 전단강도 107~132kg/㎠로 보통. 가공·건조·도장·연삭(研削)·내구성은 양호하나 변재는 가루나무좀의 침해를 받으며 약제주입이 곤란. ③주로 고급가구·건축내장·무늬단판·장식 등에 사용.

나라목수(-木手) : 지난날, 조정에 속하여 일을 맡아 하던 목수.

나르텍스(narthex) : ①초기 기독교와 비잔틴시대에 사용된 교회의 네이브(身廊, nave) 정면 입구에 있는 고해자 전용 출입구(portico). ②전실로서 홀 모양의 복도. ③정면의 교회당 차양에 해당하는 부분. ④바실리카식 교회당(초기 기독교 건축)의 네이브 입구부분의 홀이나 현관(포티코)으로 고해자의 전용 출입구. ⑤교회당의 일반 출입부분으로 산타소피아 사원(비잔틴 건축)에도 있음. ⑥앱스·엑소나르텍스·엑소나르텍스·나텍스(=).

나무(wood, tree) : ①생목(standing timber)·벌목(round timber)·제재목(lumber) 및 합판 등의 가공된 목재제품. ②목재(=).

활엽수, 강재 침엽수, 연재

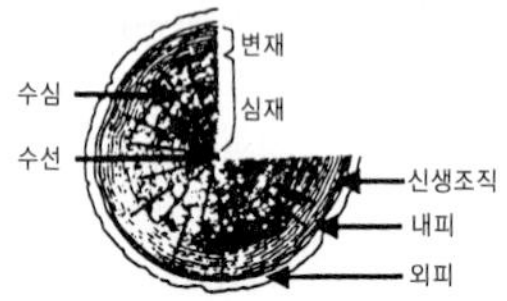

목재 각부 명칭

나무갗(wood texture) : ①목재를 구성하고 있는 시포의 대소·정조·분포 등의 차이에 따라 나타내는 재면의 상태. ②종류 ; ㉠세포의 크기에 따라 거친 목조직(목재를 구성하고 있는 세포가 평균 이상의 큰 세포로 구성되어 있을 때 그 목재의 재면)과 고운 목조직(작은 세포로 구성되어 있는 재면)으로 구분함. ㉡세포의 크기에 차이가 있을 때 균질목조직(세포의 크기에 차이가 작을 때)과 불균질목질부(크기의 차이가 클 때)로 구분함. ③목조직(=).

나무결 : ⇨나뭇결(=).

나무구조(-構造, wooden construction, timber structure, timbered structure) : ①건물의 벽체·바닥·지붕틀 등의 뼈대인 골조를 나무로 짜서 만든 가구식(架構式) 구조체. ②목구조(=).

나무껍질(bark) : ①수액(樹液)이 많은 거죽 부분. ②종류 ; ㉠내수피(內樹皮 ; 생활기능을 가지고 있는 수피)와 ㉡외수피(外樹皮 ; 생활기능이 없는 수피). ③수피(=).

나무눈메움재(-材, wood filler) : ①거친 나뭇결의 틈새를 메우는데 사용되는 토분(土粉)·퍼티(putty) 등의 미세립제 반죽. ②보통 목재의 칠공사에 있어서 토분(土粉)이나 퍼티(putty)를 발라 매끈한 칠 바탕을 만든 후 바니시나 래커 등으로 도장·마감처리함. ③먹임재(=).

나무무늬도장(-塗裝, graining) : 금속 등의 표면에 나무무늬를 넣어 나무처럼 보이게 칠하는 도장. 모사법(模寫法)과 전사법(轉寫法)이 있음. 주로 철제가구나 철재창호에 사용.

나무무늬전사(-轉寫) : 프린트 합판의 제조 과정에서 전사기(轉寫機)를 사용하여 그라비아(gravure[프])의 방법으로 자연목(自然木)과 같은 나뭇결을 정교하게 인쇄하는 것.

나무밑동무늬목(-木, stump veneer, butt wood veneer) : 나무뿌리나 그루터기로부터 잘라낸 구불구불한 형상의 무늬가 있는 목재. 주로 장식재로 사용.

나무벽돌(-甓乭, wooden brick, fixing brick, nog) : ①수장을 할 때 바탕을 구조하기 위해, 특히 못을 박기 위해 벽돌 사이에 끼우는 나무토막. 그 크기는 벽돌의 치수에 맞추어 만드는데 대개 벽돌 반토막 정도임. 이 나무 벽돌은 방부제를 칠하고 줄눈 틈서리에는 모르타르를 잘 다져 넣음. ②벽돌 모양으로 된 주먹장형의 나무토막으로 보통 방부제를 칠하여 시공시 빠지지 않게 길이 방향이 면으로 나오게 하여 정확한 위치의 벽돌벽에 넣고 쌓아서 목부 연결의 못받이로 사용. ③골조 강화용으로 벽을 구성하는 주요 부재 사이에 삽입하는 벽돌 모양의 나뭇조각으로 축조한 벽 또는 칸막이 사이에 벽돌을 채움. ④벽돌벽에 끼워 쌓는 나무토막.

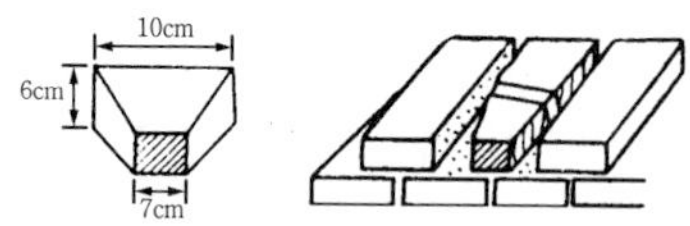

나무벽돌

나무벽돌마루(-甓乭-, wooden brick floor) : ①나무벽돌을 바닥에 깔아 마감한 마루. ②보통 콘크리트 바닥(바탕) 위에 모르타르(25~50㎜ 정도)를 깔고 평평하게 고른 다음 그 위에 나무벽돌을 깜. 줄눈은 아스팔트를 사용하여 채움.

나무상감(-象嵌, wooden inlay) : ①공예기법의 하나. ②나무 바탕에 대나무·금속·도자(陶磁)·상아(象牙)·자개 등을 끼워 넣어 여러 가지 무늬로 장식한 것. ③상감면이 나무 표면과 동일한 평면이 되게 한 평상감(平象嵌)과 돌출한 고상감(高象嵌)이 있음.

나무울타리 : ⇨목책(=).

나무퍼티(wooden putty) : 나무를 고정시킬 때 사용하는 가늘고 긴 삼각형·사각형 또는 원형 나무. 특히 목재 창호에 많이 사용.

나무흙손(float) : 굳지 않은 생(生)콘크리트·스터코(stucco)·플라스터(plaster) 표면을 평탄하게 펴 고르는 데 사용되는 작업 공구.

나뭇결(木理, wood grain, grain, moire) : ①나무의 결. ②제재면에 연륜선이 나타내는 무늬. ③목재(원목)를 판재(板材)로 잘랐을 때 나이테로 인하여 제재면(製材面)에 나타나는 여러 가지 나무조직의 무늿결. ④목재를 구성하는 섬유의 방향·크기·배열 및 형태·상태 및 목재의 외관적 상태. ⑤미관상 중요할 뿐만 아니라 건조·수축에 의한 변형에도 깊은 관계가 있음. ⑥일반적으로 도관(導管)이 작은 목재는 나뭇결이 세밀하고 도관이 큰 것은 나뭇결이 거칠음. ⑦종류는 널결(flat grain)·곧은결(straight grain, 통직목리·직선목리라고도 함)·무늿결(curly grain, 권모목리)·엇결(slope of grain) 등이 있음. ⑧목리·목목(=).

나뭇결면(-面, flat grain, plain sawn) : ①나이테에 대해 재면(材面)이 거의 접선(接線)을 이루고 있는 나뭇결. ②목리면(=).

나뭇결무늬(grain pattern) : ①목재 절단시 나타나는 나이테의 무늬. 절단방법에 따라 다양한 무늬가 가능하며 아름다운 무늿결은 주로 장식용 패널에 이용. 널결·엇결·곧은결 등. ②나뭇결 모양으로 된 무늬. ③목리면(=).

나뭇결착색(-着色, grain stain) : ①목재의 착색방법 중 하나. ②나뭇결에 직접 착색하는 방법으로 목재색을 같은 모양으로 조정할 경우와 특히 진한 색일 때는 50% 정도 착색함.

나뭇결처리(-處理, graining, false wood) : ①목재나 철재 면에 인위적인 채색 또는 특수기법으로 나뭇결 모양을 그린 무늬. 이집트시대에 처음 사용한 후 오늘날까지 사용되고 있는 방법. ②포부아(=).

나뭇결칠(-漆, graining) : ⇨나무무늬도장(=).

나뭇잎장식문양(-裝飾文樣, foilage) : 양식화된 식물의 잎 모양의 장식문양. 주로 건축물·조각·그림·벽지·도자기 등에 이용.

나뭇잎장식문양

나비(width) : ①물건의 길이방향에 직각방향의 거리. ②너비·폭·폭원(=).

나비경첩(-錠鉆, 丁貼, butterfly hinge, ornamental hinge) : ①나비모양으로 된 정첩의 일종. ②벌리면 날개를 편 모양으로 되는 일반적인 정첩. ③윙너트(=).

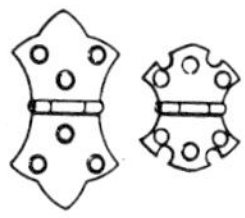
나비경첩

나비삼층장(-三層欌) : 나비 모양의 금구장식이 사용된 삼층장. 주로 의류를 수납.

나비은장이음(-隱-) : 목재이음의 하나. 이음부분에 나비모양의 은장을 끼운 이음.

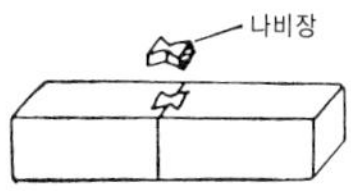

나비은장이음

나비장(clamp) : ①재목을 서로 이을 때 쓰이는 나비모양의 나뭇조각. ②예로부터 가장 많이 쓰이는 이음새 기법의 하나. ③두 부재의 이음 자리에 끼워 벌어지게 한 나비(蝶)모양의 나무쪽. 목재의 이음이나 쪽매에 주로 사용. ④두 석재(石材)의 맞댄 부분에 판 둥근 구멍에 박아 넣는 주먹장 모양의 쇠(正鐵). ⑤나비은장(=).

나비장붙임 : ①나비장을 끼워 쪽붙임하는 작업. ②나비장으로 쪽붙임을 하는 방법이나 그렇게 쪽붙임을 한 자리. ③⇨쪽매이음.

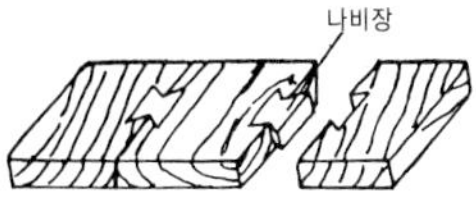

나비장붙임

나비장이음(butterfly joint) : ①두 부재의 이음자리에 나비모양(⋈)의 장을 박아 넣은 이음. ②나비은장이음(=).

나비장쪽매(butterfly joint) : 맞댄 널의 뒤에 나비장을 끼워 벌어지지 않게 한 쪽매.

나비지붕(butterfly roof) : ①두 개의 물매를 가진 지붕으로 처마로부터 각 방향이 안쪽으로 경사진 지붕. ②나비가 날개를 편 모양을 한 지붕형태로 중앙의 골을 중심으로 처마까지 올라간 지붕.

나비지붕

나비테이블(butterfly table) : 넓은 나비 날개 모양의 경첩을 사용한 접이형 테이블. 주로 미국의 식민지시대에 사용된 실용적인 주거용 가구.

나비 테이블

나비형 너트(-形-, butterfly nut, wing nut) : 나비 모양으로 된 특수 너트. 공구를 사용하지 않고 손으로 돌려서 쉽게 죄거나 풀 수 있음.

나비형 지붕(-形-, butterfly roof) : ⇨나비지붕(=).

나사(螺絲, screw) : ①원봉면(圓鋒面)에 나선상의 홈을 깎은 기계요소의 하나. ②금속대 표면에 나선형으로 파낸 것. ③종류; ㉠기능에 따라서 암나사(female screw)와 숫나사(male screw)로, ㉡진행에 따라 오른나사(right handed screw)와 왼나사(left handed screw)로, ㉢모양에 따라서 3각·4각·각·사다리꼴·톱니·둥근나사로, ㉣나사의 줄 수에 따라 한줄(single thread screw)·두줄(double thread screw)·세줄(triple thread screw)·다줄나사(multiple thread screw) 등으로 구분.

나사못(螺絲-, screw, wood screw) : ①부재에 돌려가며 틀어박는 나사를 낸 못. 못대가리 상면(上面)에는 일자형(一字形)과 십자형(十字形)이 있어 드라이버(driver)를 사용하여 박음. ②목재 등의 재료에 스크루 드라이버(screw driver)와 같은 도구를 사용하여 돌려 박을 수 있도록, 나선형으로 나삿니(thread)가 나있는 경사진 몸대(shank)와 홈이 파진 못머리를 가진 금속 죔쇠. 재질은 철·스테인리스·알루미늄·동(銅) 등. ③종류는 머리모양·끝 모양·치수 및 사용목적에 따라 여러 가지가 있음. 대표적인 것으로는 코치 스크루·타원형 머리나사·둥근머리나사 및 납작머리나사 등이 있음. 코치 스크루(coach screw)는 머리모양이 네모진 것으로 큰 응력을 받는데 사용. ④일반적으로 목재에는 지름이 2~8㎜, 길이 65~150㎜ 정도의 것. ⑤머리 지름은 몸지름의 2배, 길이는 9~100㎜ 정도. ⑥나사못은 판자 두께의 2~2.5배 정도의 것을 쓰는 것이 좋음. ⑦나사못은 한 상자에 1그로스(gross ; 144개) 들이로 취급.

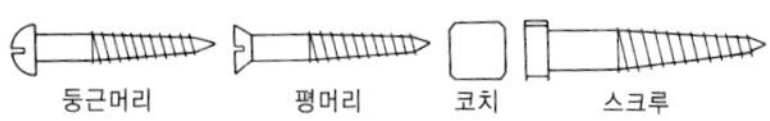

나사못의 종류

나사못눈(screw eye) : ⇨스크루아이(=).

나사백 : ⇨향나무(=).

나사벽지(螺絲壁紙, flock paper) : ①종이 위에 가루로 된 모(耗)섬유를 접착제로 붙여 벨벳(velvet)과 같은 질감이 나도록 만든 벽지. ②17세기에 소개되어 18세기에 유행.

나사송곳형 장식(螺絲-型裝飾, auger flame) : 나선형으로 된 드릴(drill) 모양의 가구에 사용된 끝마무리 장식.

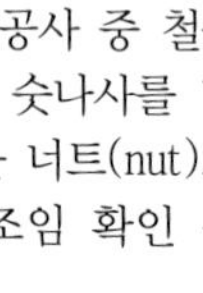

나사송곳형 장식

나사이빨 : ⇨트레드(=).

나사이음(screw joint) : ①철근공사 중 철근 이음공법의 하나. ②철근에 숫나사를 만들고 커플러(coupler) 양단을 너트(nut)로 조여서 이음하는 방식. ③조임 확인 실시함.

나사이음

나사층층대 : ⇨나선계단(＝).

나사카펫(螺絲－, flocked carpet) : 접착제를 바른 백킹(backing)에 짧은 파일사 가닥들을 정전기를 이용해 밀착시켜 만든 카펫.

나삿니 : ⇨트레드(＝).

나선(螺旋, spiral, helix, volute) : ①소라·우렁이 껍질이나 나사처럼 중심축의 둘레를 일정한 방향으로 비틀어 감는 형상. ②고정된 점 주위를 움직이면서 점점 그 주위 점에 떨어지거나 가까워지면서 만들어진 곡선. ③중심점을 지나는 선분(線分)의 길이가 각도의 이동에 따라 정한 비율로 변화할 때 궤적으로, 보다 복잡한 함수관계에 있는 곡선. 일정한 규율에 따르므로 절도 있는 아름다움과 유동적이며 발전적인 느낌을 줌. ④종류는 등차나선(等差螺旋, arithmetical spiral)과 등비나선(等比螺旋, logarithmic spiral)이 있음.

나선

나선계단(螺旋階段, helix, winding stairs, spiral stair) : ①나사·소라껍질처럼 생긴 나선모양으로 빙빙 돌아 오르내리게 된 층층대. ②돌음계단(≒)·나사층층대(＝).

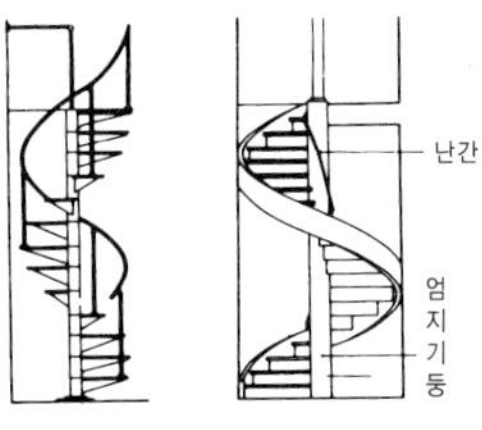

나선계단

나선기둥(螺旋－, spiral column) : ①축방향 주철근의 외주(外柱)를 나선모양으로 둘러 감은 원형단면의 철근콘크리트 기둥. ②나선주·원형기둥(＝).

나선무늬(螺旋－, spiral pattern) : ①S자를 옆으로 뉘어 걸어 갈고리 모양으로 연이어 시문한 무늬 또는 소용돌이가 치는 것처럼 뱅뱅 돌아가며 감기는 무늬. ②소라의 껍데기처럼 빙빙 감아 돌아간 무늬. 단청에서는 '곱팽이'라고 함.

나선문(螺旋文 渦文, spiral motif pattern) : ⇨나선무늬·타래무늬·와문(＝).

나선상(螺旋狀) : ⇨나선형(＝).

나선식(螺旋式, helix) : 나선모양으로 된 형식.

나선주(螺旋柱) : ⇨나선기둥(＝).

나선철근(螺線鐵筋, spiral hoop, spiral reinforcement) : ①원형·다각형 기둥에서 나선형으로 둘러 감은 것. ②띠철근(hoop, tie hoop)과 함께 주근의 좌굴(buckling)과 콘크리트가 수평으로 터져 나가는 것을 방지하며 수평력에 대한 전단 보강의 작용. ③나선철근의 직경은 최소 6㎜ 이상, 보통 10㎜ 이상이어야 하며, 피치는 8㎜ 이하로 함. 나선철근 중심부간 최대거리는 코어 직경의 1/6이고, 순간격은 76㎜ 사이이며, 최대 골재크기의 1.5배보다 커야 함.

나선형(螺旋形, spiral shape) : ①우렁이나 소라 껍데기 또는 나사모양으로 빙빙 틀어져 돌아가는 형상. ②지중해 연안의 고건축에서 사용하는 조각장식. ③나선·와형·고팽이·곱팽이(＝).

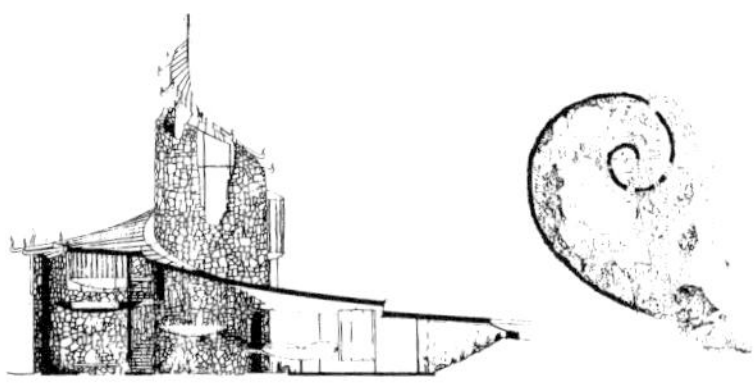
나선형

나선형 계단(螺旋形階段) : ⇨나선계단(＝).

나선형 다리(螺旋形－, spiral leg) : 나선형으로 돌려가며 선반 가공한 다리. 르네상스 시대와 그 이후의 가구에 널리 사용.

나선형 다리

나선형 파수(螺旋形把手, spiral－shaped handle) : ①나사모양으로 돌아간 형태의 손잡이. ②서린잡이(＝).

나선형 형태(螺旋形形態, spiral form) : 고정된 평면 속에 고정된 점 둘레를 따라 움직이는 연속적인 곡선을 사용하여 점차적으로 넓은 간격을 만드는 형태.

나앉은도리(－道理) : ⇨외목도리(＝).

나염벽지(羅染壁紙) : 섬유벽지의 일종으로 배접 후 나염과정을 거치면서 나일론·폴리에스테르·비스코스·아크릴·황마 등이 쓰임.

나오스(naos[그]) : ①신상(神像)이 안치되어 있는 고대 그리스 신전의 성소(聖所). ②그리스 사원에서 신성한 조상을 보관하는 방. ③켈라(=).

나오스

나온정첩(-釘貼. 釘牒, butt type hinge) : 축이 밖으로 나온 정첩.

나왕(羅王, lauan) : ①필리핀·인도·보르네오 등지의 열대 강우림 지역에서 생산되는 용뇌향과(龍腦香科)의 목재. ②재질이 곧고 견고하며 가공이 용이하고 나뭇결이 곱고 옹이가 없는 것이 특징. 나이테가 없어 제조·가공이 용이하므로 건축재·창호재·구조재·가구재·합판재 등으로 널리 사용됨. ③색깔에 따라 백나왕(빛깔이 연하고 비교적 가볍고 무름)·적나왕(빛깔이 짙고, 비교적 무겁고 단단함) 등으로 구분. ④적나왕은 필리핀 마호가니(Philippine mahogany)라고도 함. ⑤라왕(=).

나왕베니어코어합판(羅王-合板, veneer core plywood) : 나왕 단판(veneer)을 직교시켜 접착·적층한 합판(KSF 3101).

나이테(年輪, annual ring, growth rings) : ①나이테는 춘재와 추재가 한 쌍을 이루어 만들어진 것. 즉 춘재와 추재가 1년을 통하여 반복되어 수심을 중심으로동심원을 만듦. ②목재의 횡단면상에 성장연수를 나타나는 동심원형(同心圓形)으로 추재(秋材)와 다음 해에 생성된 춘재(春材) 사이의 목질부(木質部). ③연륜(=).

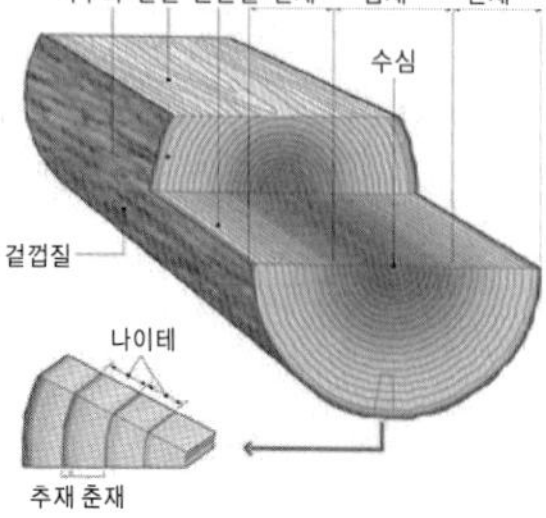

나이테

나이테연대측정법(年輪年代測定法, dendrochronology) : ①1929년 A.E. Douglass가 나무의 나이와 기후조건을 밝힌 것을 계기로 최근에는 방사성탄소연대측정의 보정(補正)과 기후관계 연구에 쓰임. ②1930년 미국에서 절대연대 측정법에 대한 깊은 관심의 고조와 함께 발달되었으며 탄소연대측정에 수륜보정으로 도움을 줌. ③적용대상, 시료가 매우 제한적이며 동일종, 동일기후 안에 있어야 한다는 한계를 지님.

나이테연대학(-年代學) : ①나무의 나이테(年輪 ; tree ring)를 이용해 지난 일의 연대(年代)를 추정하는 방법. ②미국 천문학자 앤드루 엘리콧 더글러스가 나무의 성장을 관찰한 결과 제창했음. ③나무의 성장이 빠른 우기(雨期)에는 두 개의 나이테 사이에 넓은 부분이 생기고 성장이 거의 되지 않는 건기(乾期)에는 좁은 부분이 생기는 것을 관찰하고 수많은 나무를 연구한 결과 서로 다른 나무의 나이테들끼리 서로 겹치는 부분이 있다는 사실을 발견. ④고대 건조물(建造物)로부터 나무조각을 수집해 나이테가 연속되도록 배열해 시기를 추정할 수 있게 했음.

나이트라이트(night light) : ①복도·계단·어린이실 등 안전을 위해 밤중에 밝혀주는 조명. ②야등(=).

나이트래치(night latch) : ①실내에서는 열쇠없이 열고 밖에서는 열쇠가 있어야만 열 수 있는 자물쇠. ②외부에서는 열쇠, 내부에서는 작은 손잡이를 비틀어 열 수 있는 실린더(cylinder)장치로 헛자물쇠와 본자물쇠의 기능을 겸비한 함자물쇠와 기능과 용도가 유사한 자물쇠. 보통 면붙이기가 사용되지만 파넣는 식으로 된 것도 있음.

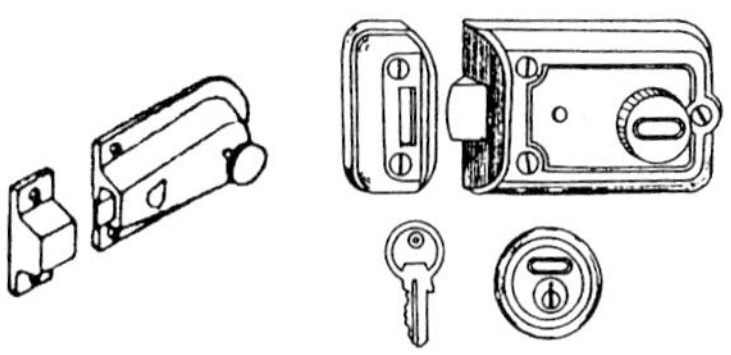

나이트래치

나이트스탠드(night stand) : 침대 머리 옆에 두는 나이트 테이블에 올려놓는 스탠드 램프(stand lamp).

나이트테이블(night table) : ①침대 상부의 양편에 놓이는 400×400㎜ 정도의 낮고 작은 테이블. ②트윈베드인 경우 그 중간에, 더블베드(double bed)인 경우는 그 양쪽에 배치. 주로 스탠드 램프·전화기·시계·안경·잡지·재떨이·메모지 등이 놓이며 서랍이나 선반이 달려 있는 것이 많음. 따라서 싱글(single)인 경우 400×400㎜ 내외, 트윈인 경우에는 500×500㎜ 정도의 너비와 300㎜ 이상의 안길이가 필요함. 높이는 400~750㎜가 좋음. 또 각종 스위치가 장치되어 실내등·전기스탠드·푸트 램프(foot lamp)·텔레비전 또는 라디오의 작동을 침대 안에서 할 수 있도록 함. 또 스피커·푸트램프를 포함. 특히 전기스탠드는 베드램프(bed lamp)를 별도로 설치하든지 베드보드(bed board)와 일체로 설치하는 편이 테이블 위가 정리되므로 좋지만, 전기스탠드 형식을 좋아하는 경우는 테이블에 고정시키고 디자인할 때가 많음. ③베드사이드테이블(=).

나이프박스(knife box) : ①항아리 형태로 제작된 레스토랑에서 사용하는 장식적인 용기. ②일반적으로 식당의 한쪽 벽에 사이드테이블(side table)을 두고 양옆에 페데스탈(pedestal)을 배치한 후 그 위에 올려놓고 나이프·포크·스푼 등을 보관하는 용도로 사용함. ③나이프케이스(knife case) 또는 나이프언(knife urn)이라고 함. ④18세기 영국의 아담(Adam) 형제에 의해서 대유행.

나이프박스

나이프스위치(knife switch) : ①대리석 또는 도기로 된 절연대 위에 칼받이와 칼을 결합해서 칼의 한쪽 끝을 절연대에 고정하고 다른 한쪽 끝에는 방수도료를 칠한 절연성 손잡이를 부착한 개폐기. 주로 600V 이하에 사용. ②접점(接點) 역할을 하는 두 개의 클립(clip)과 구리로 만든 칼날로 구성된 개폐기. ③대리석 또는 도기로 된 절연대 위에 칼받이와 칼을 결합해서 칼의 한쪽 끝을 절연대에 고정하고 다른 한쪽 끝에는 방수도료를 칠한 절연성 손잡이를 부착한 것. 특히 커버가 없는 나이프스위치는 충전부가 노출되어 있으므로 감전의 우려가 있음.

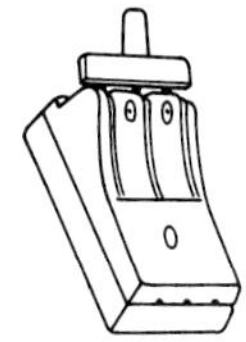

나이프스위치

나이프언(knife urn) : ⇨나이프박스(=).

나이프케이스(knife case) : ⇨나이프박스(=).

나일론(nylon) : ①폴리아미드(polyamide) 합성섬유에 붙인 미국 듀퐁 회사의 상품명. 그 후 각국에서 생산하게 되어 일반 명칭으로 사용하게 됨. ②열가소성 수지의 일종으로 기계적 성질이 뛰어나 아주 질기고 강하며, 신축성이 좋은 특징이 있음. 주로 필라멘트·섬유·종이 등 제조에 사용됨. ③화학적으로는 폴리아미드(polyamide)라고 하며, 아미드기(基) CONH로 연결된 고분자의 총칭으로 많은 종류가 있음. 최근에는 명주와 같은 태를 목표로 한 키아나, 고열(高熱)에도 잘 견디는 노멕스, 초고강력(超高强力) 섬유인 케블라 같은 나일론이 공업적으로 생산되고 있음.

나일블루(nile blue) : ①녹색 기미의 흐린 청색(dull greenish blue)으로 나일 강 물빛에서 유래한 색명(色名). ②관용색명으로 칙칙한 청록. ③먼셀기호 10BG5.5/ 5.0.

나전(螺鈿) : ①공예기법의 하나. ②조개껍질의 광채가 나는 부분을 칠기(漆器)나 나무바탕에 여러 가지 무늬로 놓아 붙인 것. ③

사용.

낙찰(落札, award) : 입찰서나 합의된 제안서의 공식적 수락.

낙타등형 등받이(駱駝−形−, camel back) : ①낙타등 모양으로 가운데 부분이 높고 양쪽이 낮은 의자나 소파의 등받이. ②주로 18세기 영국의 치펜데일양식(Chippendale style)이나 헤플화이트양식(Hepplewhite style)의 의자나 소파에서 볼 수 있음.

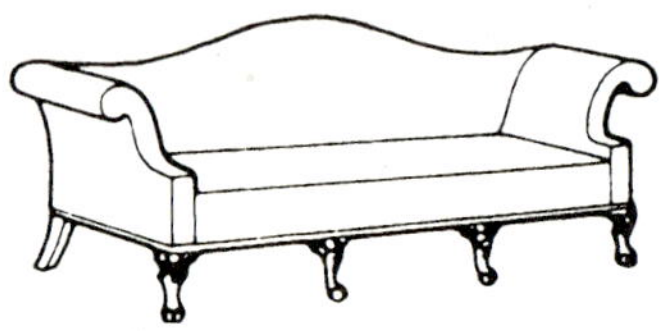

낙타등형 등받이의자

낙타색(駱駝色, camel) : ①관용색명으로 칙칙한 주황. ②먼셀기호 4YR5.5/6.

낙하부어넣기(落下−, free fall) : 부어넣기용 슈트(chute)의 설치 없이 굳지 않은 콘크리트를 거푸집에 직접 투입·낙하하는 것.

난간(欄干, 欄杆, hand rail, balustrade, parapet) : ①층계나 다리 등의 가장자리에 가로 세로로 나무나 쇠를 건너 세워 놓은 살. ②높은 누마루·누각·툇마루·다리·계단 옆·회랑의 양쪽가 등에 막아 세움. ③떨어지는 위험을 방지하고 다양한 살과 형태로 건물의 입면을 장식하는 기능을 가짐. ④안전과 장식을 위하여 계단·발코니·테라스·플랫폼·브리지·지붕·처마 등 코니스를 따라 설치하는 방어용의 낮은 벽이나 레일 등의 구조물로 그것은 건축물의 특성을 이루는 디자인 구성요소로서 장식되고 융합됨. ⑤재료는 나무·금속·돌 등이 사용되며 '손잡이'라고도 함. ⑥종류는 모양에 따라 평난간(平欄干), 곡난간(曲欄干)이 있으며 평난간은 동자모양에 따라 계자난간(鷄子欄干)과 교란(交欄)으로 구분.

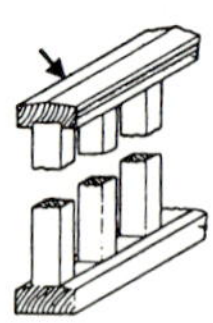

난간

난간궁창(欄干穹蒼) : ⇨난간청판(=).

난간동자(欄干童子, balustrade, baluster, banister) : ①난간에 칸막이를 한 기둥. ②계단의 난간을 지지하는 데 사용한 여러 개의 짧은 수직 부재의 하나. ③목재인 경우 상하 통넣고 장부맞춤하며 1~2개 걸러 긴 장부맞춤·산지치기 또는 숨은 못치기를 함. ④디자인에 따라 꽃병·항아리 등의 다양한 형태가 가능.

난간동자

난간동자기둥(baluster column) : 초기 이탈리아 르네상스시대의 파사드(facade)에 있는 창문들과 마찬가지로 부수적인 위치에 있는 짧고 두터운 기둥.

난간동자형 선반가공재(欄干童子形旋盤加工材, baluster turning) : ①입이 넓고 큰 항아리 형태의 선반가공 부재. ②가장자리에 연속적인 수평 띠가 첨가되기도 함. ③밸러스터터닝(=).

난간두겁(handrail, guard rail, coping, capping) : ①난간(동자)의 상부에 가로대는 가로재. ②형태는 원형·4각형·8각형 등. ③쇠시리· 난간두겁대·난간손스침(=).

난간두겁대 : ⇨난간두겁(=).

난간마루(欄干−) : 난간을 설치한 곳에 깐 마루.

난간법수(欄干法首) : 난간 끝에 크게 세운 동자주.

난간벽(欄干壁, parapet, parapet wall) : ①난간과 장식의 목적으로 처마 위 옥상에 벽으로 된 것. 특히 난간동자를 세워 댄 것을 부란이라고 함. ②처마 위 옥상에 벽으로 된 난간 또는 추락방지를 위해 발코니에 설치되는 안전벽. ③⇨부란.

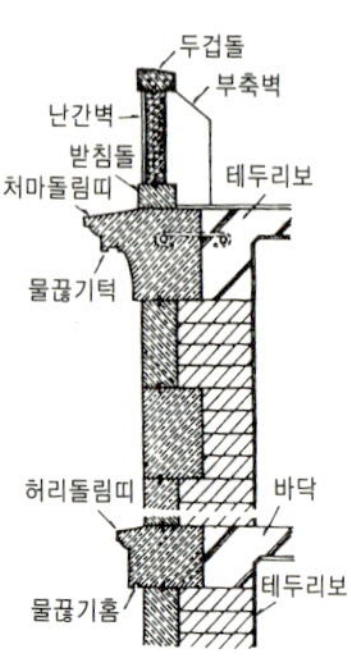

난간벽과 돌림띠

난간손스침(欄干−) : ⇨난간두겁(=).

난간청판(欄干廳板) : ①난간동자 사이를 막아서 끼운 널판. ②난간궁창(＝).

난간포(欄干包) : ①다층집에 있어 기둥바깥으로 내어단 툇마루의 밑을 받쳐 낸 공포. ②헌남포(＝).

난간하엽(欄干荷葉) : 계자각 위에 있는 원 죽을 받치는 조각한 나무.

난로가(煖爐－) : ⇨노변(＝).

난반사(難反射, irregular reflection, scattered reflection) : ①평활(平滑)하지 않고 요철(凹凸)이 있는 면에 빛이 입사(入射)했을 때 불규칙하게 흩어지는 반사. ②물체의 울퉁불퉁한 표면에 입사한 빛이 여러 방향으로 산란 반사해서 흩어지는 현상. ③거울같이 매끄러운 평면에 입사한 빛은 정반대 방향으로만 고르게 반사하는 정반사(正反射 : 거울반사)를 하지만, 대개의 경우 아무리 매끄러워 보이는 평면이라도 빛의 파장과 같은 정도의 척도로 보면 결코 완전한 평면이 아니며, 여러 방향으로 향한 오톨도톨한 작은 면의 집합체로 여길 수 있기 때문에 한 방향에서 입사한 빛이 그 작은 면을 각각 2차적인 새 광원으로 삼아 여러 방향으로 반사하여 흩어지는 난반사를 일으킴. ④어떤 한 물체가 어느 방향에서나 보이는 것은 이러한 현상 때문임. ⑤확산반사(＝).

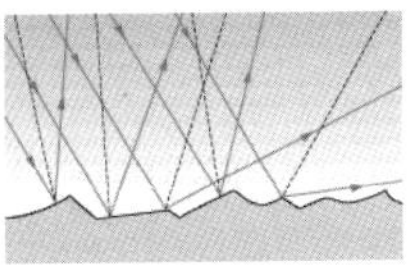

난반사

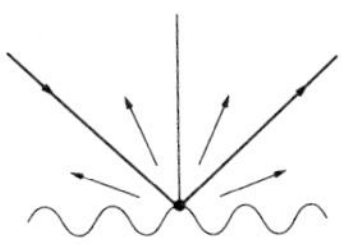

난반사

난방도일(暖房度日, heating degree day) : ①난방기간 중의 매일의 평균기온과 기준이 되는 난방온도와의 차이를 적산한 것. 즉 겨울철 외기온(外氣溫)이 어느 일정기준실온 이하로 되는 기간 중의 그 온도차로 나타냄. ②난방의 기준 온도는 나라·사람·목적·시설(주택·사무실·병원·창고·교실 등)·상황(유류파동·전력난 등) 등에 따라서 서로 다름.

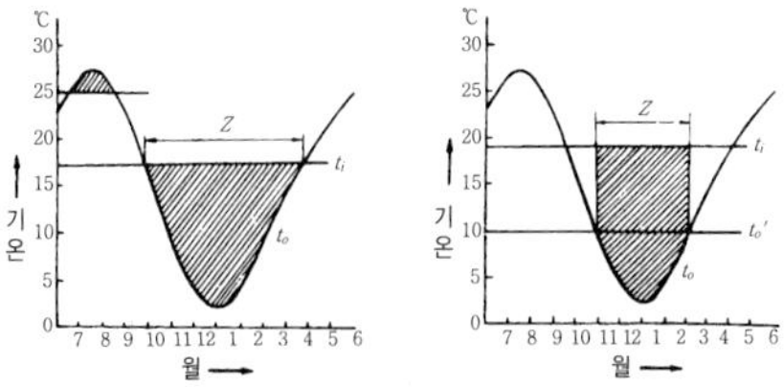

t_0 : 일평균기온
t_i : 실내기준온도
t_0' : 난방한계온도(난방을 개시 또는 정지하는 일평균 외기온)

난방도일

난방부하(暖房負荷, heating load) : 실내에서 목적하는 온도·습도를 유지하기 위하여 공기의 상태를 가열해야 할 부하.

난색(暖色, warm color) : ①따뜻한 느낌을 주는 연상적·생리적 및 심리적인 색으로 따뜻하다고 느끼게 되는 것은 태양·불꽃 등의 연상작용에 의한 심리적 전이과정이 전개되기 때문임. ②난색이라고 불리는 색상은 파장이 긴 780nm의 적색에서부터 580nm의 황색에 걸쳐 나타나는 색. ③주로 사람의 교감신경을 자극하여 생리적인 작용이나 흥분작용을 일으키므로 '흥분색'이라고도 함. ④색상환에서 빨강·주황·노랑의 계열에 해당함. ⑤난색의 고채도는 시각적으로 활동적이고 자극적임. ⑥⇨한색(⇔).

난시안(亂視眼, astigmatic eyes, astigmatism) : 각막의 만곡도(萬斛度)가 불완전하여 상이 생기는 위치가 비정상이 되어 부분적으로 상이 생기는 상태를 '난시'라 하고 그러한 눈을 난시안이라고 함.

난연성(難燃性, incombustibility) : ①물체에 불이 잘 붙지 않고, 또 불이 붙어 연소(燃燒)가 지속되어도 그 속도가 매우 느린 성질. ②불꽃 속에서는 잘 타지만 불꽃 밖에서는 힘들게 타며 대개는 저절로 꺼지는 성질(LIO 20~25).

난연재료(難燃材料, incombustible materials) : ①난연처리·가공한 합판·플라스틱판 등으로 방화성능 시험에 합격한 재료. 통상의 화재시 6분간의 화열(최고온도 600℃)에 대하여 방화성능상 유해한 변형파손발염 등이 생기지 않는 것. 즉 난연 합판·난연 섬유판·난연 플라스틱판·기타 건축재료이며, 발화성(發火性)·발연성(發煙性) 등에 관하여 국토교통부장관이 정한 시험에 합격하여 지정된 재료. ②불에 잘 타지 아니하는 성능을 가진 건축재료로서 국토교통부장관이 고시하는 기준에 따라 국립건설시험소장 또는 국립건설시험소장이 지정하는 자가 품질시험을 실시하여 그 성능이 확인되고 국립건설시험소장이 지정하는 자가 행하는 품질검사에 합격된 것(1994. 12. 23 법령 본호 개정). 예컨대, 난연 래커 등이 있음. 보통 한 번 바른 다음 3시간 후 3회 바름. 보통 투명하며 뿜칠이나 붓으로 칠함.

난연처리(難燃處理, incombustible trans-action) : ①연소하기 쉬운 유기질 재료 등에 난연약품을 바르거나 침투시키는 등의 난연가공을 함으로써 재료 자체가 난연성을 갖게 하는 것. ②불연재료가 아닌 목재를 방화약제(防火藥劑)로 처리하여 불연성으로 만드는 것. ③방화처리(=).

난연합판(難燃合板, incombustible plywood) : ①인산암모늄·황산암모늄 등의 방화제(防火濟)로 처리한 합판. ②내화합판·방화합판(=).

난척물(難尺物) : ①시중에서 구하기 힘든 목재. ②1.8m(6자), 2.7m(9자), 3.6m(12자)의 정척물이 아닌 목재.

난청(難聽) : 의학적으로는 1m 거리에서 주고받는 보통의 대화음(30dB)을 알아듣지 못하는 경우.

난촉장식(卵鏃裝飾, egg and dart) : ⇨에그 앤드다트(=).

난티나무(Ulmus laciniate Mayr[학]) : ①중부 이북·울릉도 등 온난대지역과 일본 북부·중국 북부·시베리아 등지에 자생. ②변재는 아름다운 대황갈색(帶黃褐色), 심재는 담홍갈색으로 심변재 구분이 분명하며 연륜도 뚜렷함. 환공재(環孔材)로 조직은 치밀하고 강하며 광택은 보통. 기건비중 0.57, 전건비중 0.52로 보통 강도는 압축강도 440kg/㎠, 휨강도 540kg/㎠, 전단강도 80kg/㎠로 보통이며 절삭가공과 할렬은 어려운 편임. ③주로 무늬단판·가구·기구·운동구·펄프 등에 사용.

날개(wing) : 중앙 또는 주요부분에 부수되어 돌출된 건물의 부분.

날개의자(-椅子, wing chair) : ①크고 넓으며 기대기 편한 날개가 달린 의자. ②귀 모양의 날개가 등받이의 양끝에 부착된 팔걸이의자. 일반적으로 등받이가 높고 쿠션(cushion)이 우수한 대형 안락의자(grandfather chair). ③17세기 말 영국의 왕정복고시대에 개발되어 18세기 중엽에 유행하였으며 오늘날에도 클럽의자(club chair)로 사용됨.

날개의자

날개집(翼堂, 翼舍) : ①주 건물의 좌우에 붙여 한 집채로 지은 곁채. ②평면이 미음(ㅁ)자 밖으로 마루·누마루가 돌출되어 있는 형태의 집. ③주 건물 좌우에 붙어 뻗어 나온 부속 건물. ④주가 되는 건물이 중앙에 있고, 그 좌우에 부속실 또는 부속사(附屬舍)가 배치되어 있는 집. ⑤부속 건물이 주가 되는 집채의 좌우로 죽 뻗은 집. ⑥딸린 집이 주된 건물 양쪽으로 나와 있는 집. ⑦영남 지방에서 흔히 볼 수 있는 평면. ⑧익사·익당(=).

날개집

날개탁자(-卓子, flap table) : ①17세기에 개발된 중앙의 고정상판 양편 탁자의 상판을 접었다 펼 수 있어, 상판의 크기를 필요에 따라 조절할 수 있는 접이형 탁자. ②펼쳐진 상판은 중심부 다리의 양옆에 있는 다리로 지지하며 필요에 따라 안쪽으로 접혀지거나 또는 펼쳐진 상판 밑으로 열림.

날개탁자

날개형 탁자(-形卓子, drop leaf table) : ①르네상스시대 중 영국의 엘리자베스시대에 사용한 고정된 중앙상판의 양편에 경첩을 사용하여 연결된 날개상판을 접었다 폈다 할 수 있는 접이형 탁자. ②탁자의 한쪽이나 혹은 그 이상의 측면에 경첩을 달아 탁자 윗면의 크기를 조절할 수 있는 탁자. 일반적으로 평상시에는 날개상판을 내려뜨리고 사용할 때에는 필요에 따라 조절하여 사용.

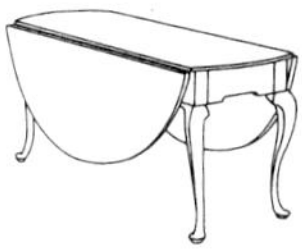
날개형 탁자

날귀 : 대패나 끌 따위의 날 끝의 양쪽 모.

날기와 : ①굽지 않고 햇볕에 말려서 만든 기와. ②백제시대부터 이 제조법이 있었다고 함. ③날디새(=).

날디새 : ⇨날기와(=).

날망치(flat lump hammer) : ①돌 다듬는 도구로 날 끝이 뾰족하고 너비가 50㎜ 정도 되는 자귀처럼 생긴 망치. ②종류는 외날망치·양날망치·뾰족 날망치로 구분. ③석공구(=).

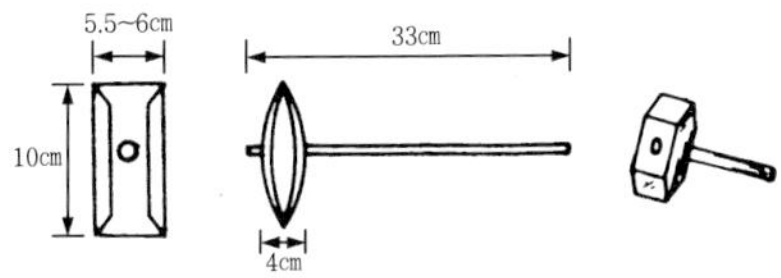

날망치

날메 : ①석재의 가장자리에 대고 망치로 쳐서 돌 옆을 파내는 날이 널찍하고 두꺼운 메. ②돌의 가장자리를 깨는 데 사용하는 메의 한 끝이 두툼한 날 모양으로 된 메.

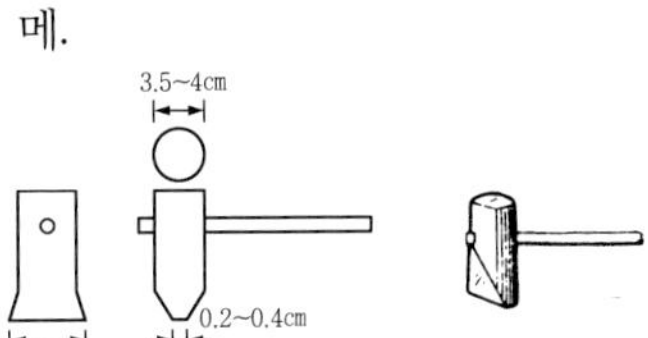

날메

날벽돌(生甓乭, adobe, sun dried brick) : ①굽지 않고 햇볕에 말려서 만든 날흙의 벽돌. ②강도가 낮고 흡수율 등이 높기 때문에 사용도가 높지만 열전도율이 낮아 강도를 높여주고 흡수율을 낮게 해주는 재료를 첨가하여 제조하는 등 날벽돌의 단점을 개선하면 좋은 단열 및 보온재료가 됨. ③우리나라의 민가(民家)에서 사용하였으나 최근에는 거의 사용하지 않고 있음. ④양건벽돌·일건벽돌·어도비(=).

날염(捺染, printing, zeugdruck[독]) : 천에 어떠한 모양을 물들이는 염색법으로 보통 찍어서 만드는 직접 날염법을 사용.

남간정사(南澗精舍) : ①충청남도 유형문화재 4호, 1683년(숙종9) 창건. ②우암 송시열이 만년에 후학들을 강학하던 곳. 이곳에 많은 서재들이 있었으나 모두 없어지고 현재 남간정사와 기국정(杞菊亭)과 남간사(南澗祠)가 남아 있음. ③남간정사는 정면 4칸 측면 2칸으로 전체 8칸 집인데 가운데 4칸은 대청마루이고, 서측 2칸은 온돌방, 동쪽 2칸 중 앞쪽은 대청과 연결된 누마루로 대청보다 2자 정도 높고 그 밑은 아궁이 함실로 사용, 누마루 뒤쪽은 온돌방. 대청마루 앞뒤와 동측 창호는 모두 띠살문 들어열개문, 온돌방으로 통하는 문은 팔각형 정(井)자살 불발기로서 맹장지 들어열개문. 대처의 불발기창에는 2개의 8각 창살인데 정자살과 교살창이 혼용됨. 대청마루 밑으로 물이 흘러 앞의 연못으로 들어가도록 만듦. 모서리 추녀에는 활주를 세움. 대청마루의 천장은 연등천장이고, 온돌방은 우물반자임.

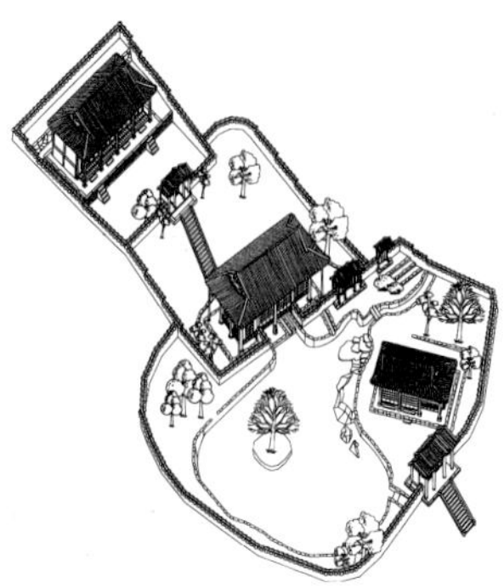
남간정사 투상도

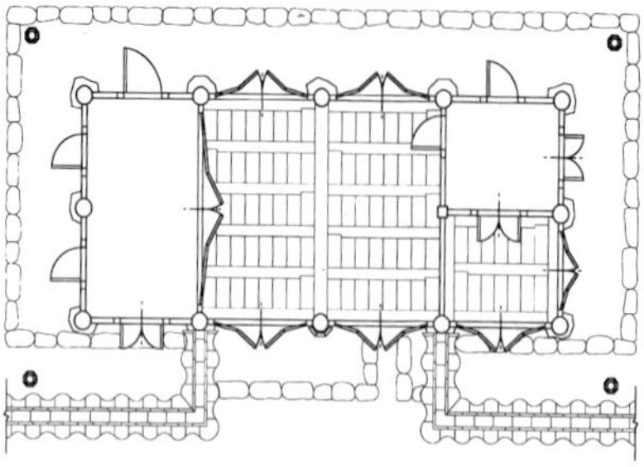

남간정사 평면도

건물의 출입을 뒤로 하도록 하여 정면의 풍경을 즐기도록 함. 자연 속에 인위적으로 꾸며 놓고 마치 자연 속에 자연과 집과 사람이 하나 되게 하였던 곳임.

남강정사(南崗精舍) : 전라북도 기념물 제64호로 지정(1983년). 전북 김제시 금구면 상신리에 있는 고가(古家). 구한말(舊韓末) 충신 장태수(張泰秀 : 1841~1910) 선생이 순국한 집. 조선 순조 초인 1800년경에 장태수의 부친이 건립한 것으로 추정. 이 건물은 자연석재로 400㎜ 정도의 축대를 쌓은 후 세운 정면 4칸, 측면 4칸의 초가집. 초석은 덤벙주초이며 그 위에 세워진 기둥은 모두 방주. 주간은 일정치 않으나 정면의 모습은 좌우대칭 형태. 평면의 배치는 중앙의 전면 2칸에 폭 1,330㎜의 마루를 깔고, 가운데에 큰 방을 두었으며, 좌·우로는 툇방과 마루를 꾸몄음. 평면 중 가운데 두 칸은 큰방이며 양측은 겹집과 같이 두 줄로 실을 배치하였음. 큰방은 2칸으로, 터서 서로 왕래할 수 있도록 하였음. 사랑방 뒤로는 다락을, 큰 방 뒤로는 부엌을 두었음. 툇방과 마루의 앞 및 툇방 옆부분에도 툇마루가 놓여 있음. 뒤쪽 툇마루 한 칸은 바닥을 400㎜ 정도 높이고 밑에 부엌을 만들었음. 내부 바닥높이가 다양한 것이 이 집의 특징임. 전체적으로 소박하고 건실한 느낌을 주며 사라져가는 이 지방 초가집의 일면을 잘 보여주고 있음.

남강정사

실의 구성으로 볼 때 살림집이라기보다는 별채의 성격이 강함.

남계서원(灆溪書院) : ①경상남도 유형문화재 91호, 문헌공 정여창(鄭汝昌)를 기리기 위해 조선 명종 7년(1552년)에 창건, 명종21년(1566년)에 사액을 받음. ②경사지를 이용한 배치. 풍영루(風永樓)는 큰 2층 누각으로 누하주를 팔각석주로 세우고 누상의 구조도 1출목 이익공을 둔 익공계 팔작집으로 격식과 위엄을 갖춤. 풍영루와 강당과 사당이 일직선으로 남북종축을 이루고, 강당을 중심으로 한 강학영역과 사당을 중심으로 한 제향영역이 부축을 이루면서 전학후묘의 전형적인 배치법을 이룸. 강학영역은 강당과 동서재, 장판각의 건물군으로 이루고, 제향영역은 사당과 제기고, 내신문(內神門)을 갖추어 서원으로서의 일반적인 건물구성을 완비함. 동서재 측면이 루가 되어 마당으로 돌출하고 그 루 앞에 네모반듯한 연못을 두어 마치 누마루와 연못을 갖춘 사대부가의 사랑채를 보는 듯함. ③온돌방 1칸과 마루 1칸으로 구성된 동·서 양재가 강당(명성당) 좌우에 배치됨. 명성당은 정면 4칸, 측면 2칸의 익공계 팔작집.

남계정(南溪亭) : 남계 김진(金瑱)이 1580년에 건립한 정자. 1673년(현종14년)에 중수하고, 1856년(철종7)경에 중건함. 정자는 낮은 기단 위에 세운 정면 3칸, 측면 2칸의 목조 건물. 지붕은 팔작지붕이고 공포는 주심포양식, 초석은 덤벙주초에 두리기둥이고 겹처마. 구성은 대청마루와 방으로 나뉘어 마루에는 ㄱ자형으로 정면과 측면에 걸쳐 퇴를 두었음. 지면에서 약간 올려 깐 마루에는 전면으로 일반가옥처럼 출입문을 내고 측면에 한 쌍의 두 짝 여닫이 덧문을 달았음. 방은 마루를 통해 출입하고, 전면으로는 출입구가 없음. 귀포의 장식이 화려하며, 용마루도 높아 작지만 품위를 느낄 수 있음.

남계정

정자 주위는 모두 창호가 있고, 내부는 방과 마루로 구성. 방과 대청 사이는 네 짝 분합문이 있어 필요에 따라 틀 수 있으며 방 앞에는 툇마루가 있음. 사방이 모두 판문과 판벽으로 둘러쳐 있어 자연과 열려 있는 여타의 누정과는 다름.

남상주(男像柱, atlas, atlantes) : ⇨아틀란티스(=).

남색(藍色, deep blue, indigo) : ①청색계로 청색과 감색의 중간색. ②밝고 맑은 색을 청색(青色), 청색보다 검고 짙은 색을 남색(藍色), 남색보다 더 검고 짙은 색을 감색(紺色)이라고 함. ③파랑보다 어두운 색. ④스펙트럼의 청색과 자색 사이에 보이는 색. ⑤관용색명으로 칙칙한 파랑. ⑥먼셀기호 2PB3/5 또는 10B~2.5PB3/8.

남섬석(藍閃石, glaucophane) : ①단사정계(單斜晶系)의 암석. ②각섬석(角閃石)과 유사하며 조직이 침상(針狀)·섬유상(纖維狀)으로 재질은 여림. 색깔은 반투명하고, 감청색·청회색·회색 등 다양.

남양(南洋, south sea) : 필리핀·인도네시아 등 동남아 열대지방에 대해 일본인들이 부르는 지역.

남양재(南洋材, south sea timber, tropical wood) : ①나왕(lauan)·아피통(apitong)·티크(teak)·기타 자단(紫檀)·흑단(黑檀) 등 남양 및 남아시아에서 생산되는 단단한 나무(硬木)의 총칭. ②열대재(=).

남중(南中, culmination) : ①태양이 관측점의 자오선(子午線)상(上)에 왔을 때, 즉 정남(正南)에 왔을 때. ②태양이 남중에 왔을 때를 0시라고 함.

남중고도(南中高度) : ①태양이 남중할 때의 고도. ②남중고도=$90° \rho + \delta$.

남진용가옥(江陵 南鎭容家屋) : ①강원도 문화재자료 60호, 상량문이 발견되어 정확히 19세기 초 창건이 확인됨. ②겹집의 안채가 곳간과 이어져 ㄱ자 형태를 이루고, ㄴ자로 조성된 사랑채가 장방형의 안마당을 감싸며, 전형적인 이 지역의 ㅁ자 형태를 이룸. ③평면상으로는 안채와 이어져 안마당의 폐쇄적 평면을 구성하는 곳간은 벽체와 지붕형태를 달리하여 각 공간의 기능과 위계에 따른 구성을 보여줌. ④안채는 두 벌대 기단과 자연석 초석 위에 세워진 전면 4칸, 측면 2칸의 겹집. ⑤사랑채는 사괴석을 두 벌로 쌓은 기단과 자연석 초석 위에 세움. 전면에는 우물마루로 된 툇마루가 조성됨. 마루의 전면 창호는 사분합, 측면에는 두 짝 여닫이 문을 설치함. 문의 상부는 빗살창, 하부는 판재로 되어 방위에 따라 다양한 문 구성. 사랑채 전면과 마루방의 측면 외벽에는 머름을 둘렀으며 흙벽 위에 석회 마감함.

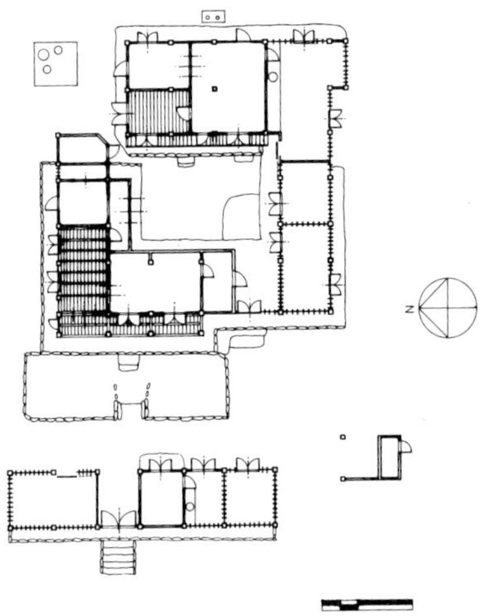

남진용가옥 평면도

남청색(藍青色) : ①짙은 검푸른 색. ②깊고 맑은 물의 빛깔과 같은 색.

남회색(藍灰色) : ①관용색명으로 어두운 회파랑. ②먼셀기호 7.5B4.5/ 2.5.

납1)(鉛, lead) : ①Pb로 표시되는 비중이 크고 무른 금속. ②금속 중 비중(11.4)이 가장 크고 연하며 가공성·단조성이 풍부하고 열전도율이 작으며 온도변화에 따른 신축성이 큼. 공기 중에서는 표면에 피막이 생겨 내부가 보호되며 내산성은 크나 알칼리에는 침식. ③주로 송수관·가스관·방사선 차단물 등에 사용.

납2)(蠟, wax) : ①고위 지방산(高位脂肪酸)

과 고급 1가(價) 알코올로 된 고형(固形)에스테르. 지방과 비슷하여 물에 녹지 않고 알코올·클로로포름 등에는 녹음. 열을 가하면 쉽게 녹거나 타고, 경랍(鯨蠟)·밀랍(蜜蠟) 등이 있으며 정제한 것은 희고 냄새가 없으나, 불순물이 섞인 것은 색깔이 있고 냄새가 남.

납골당(納骨堂, crypt, charnel house) : ⇨크립트(=).

납공해(鉛公害) : ①납과 그 화합물에 의한 피해, 납과 그 화합물은 호흡기나 소화기를 매개로 인체에 흡입되어 뼈 속에 축적됨. ②납을 취급하는 사람들이 분진을 흡입하여 빈혈·요통 등 납중독을 일으키는 일이 종종 있음.

납도리(−道理, 角桁, 角道理) : ①도리의 단면모양이 사각모양(方形)인 것. 즉 장방형 또는 정방형으로 된 도리. ②한식 나무 구조에서 단면이 사각형인 도리. 주로 서민주택에서 사용됨. ③통나무의 볼치를 훑어내어 반듯하게 다듬어 사용하는 도리로, 이를 '민도리'라고 하며, 격조(格調)가 떨어지는 건물에 주로 사용. ④평도리·네모난도리(=)·민도리·굴도리(⇔).

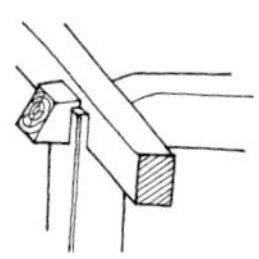
납도리

납도리집(角桁家) : ①단면이 사각형인 도리로 꾸민 집. ②사각형 단면의 도리로 꾸민 집. ③기둥 위에 사각형 단면으로 된 도리를 얹어 꾸민 집. ④소로받침과 네모난 도리로 된 집. ⑤소로(小櫨)를 받칠 때도 있음.

납살(fret lead) : ①스테인드글라스(stained glass) 등 장식 유리를 고정시키기 위해 사용한 납으로 된 살. ②유리와 유리를 맞대는 부분이 직선이 아니라도 사용할 수 있음.

납유리(鉛琉璃, lead glass) : ①소다석회유리 또는 칼륨석회유리의 일부에 산화납 성분의 일부로 들어가 있는 유리. ②비중이 크고 빛의 굴절률이나 분산능력이 크고 부드럽고 무거우며, 연화온도가 낮아서 가공하기 쉬움. ③커트(cut) 세공을 하게 되면 광택과 고굴절률의 효과가 강해지므로 고급식기(납크리스털 유리)에 사용될 뿐만 아니라 광학용 렌즈, 전자관의 관구유리, X선이나 Y선의 차폐용 유리, 전기절연재 등에 사용. ④납유리는 플린트유리라고도 하는데, 플린트(flint)라는 이름은 규산원료로서 처음에 수석(燧石 : flint)을 사용한 데서 붙여진 명칭. ⑤플린트유리(=).

납유리창(鉛琉璃窓, leaded window) : 길고 가는 납조각을 서로 땜질하여 문양을 만들고 그 속에 조각유리를 끼운 창문.

납작마루 : ①장선을 바닥에 그냥 대고 놓은 마루. ②간단한 창고·공장·공작실·기타 임시적 건물 등의 마루를 놓을 경우에 땅바닥 또는 호박돌 위에 장선을 걸쳐대거나 멍에를 깔고 장선을 대고 마룻널을 넓게 까는 마루로 콘크리트 바닥에 장선을 묻어두고 마룻널을 깔기도 함.

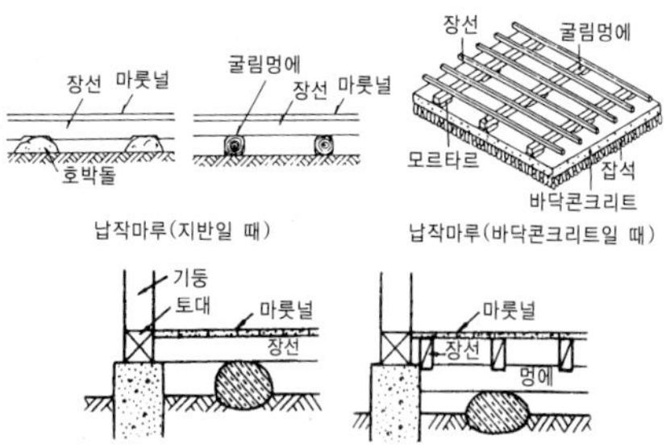

납작마루

납작머리리벳(bevel head rivet) : 머리모양이 납작한 리벳. ⇨리벳.

납작아치(surbased arch) : 스팬의 반 미만의 높이로 구성된 아치.

납작아치

납중독(鉛中毒) : 일반 성인은 1일 평균 0.3~1.0mg의 납을 섭취하고 있지만, 1.0mg을 넘으면 배설량을 초과하므로 체내에 축적되어 만성중독을 일으킴. 페나 소화기·피부 등을 통하여 흡수되어 피로·변비·두통·관절염·근육마비·뇌이상 증상 등을 일으키므로 조기진단이 필요함.

납화법(蠟畫法, encaustic, wax painting) : ①고대 이집트·그리스에서 행해진 회화의 기법으로 백납(白蠟)에 색채를 넣어 굳힌 고형(固形) 물감을 쇠붙이로 팔레트(palette)에 녹여서 사용. ②안료와 왁스(wax)를 혼용하여 그림을 그리거나 또는 장식하는 기법. ③왁스를 뜨겁게 해서 붓이나 칼로 직접 그리거나 먼저 왁스를 화면에 바른 뒤 인두(stylus)로 녹여가며 그림.

납화타일(蠟畵, encaustic tile) : ①유약 처리된 문양이 있고 장식성이 강한 토기타일. ②주로 중세와 빅토리아 여왕시대에 교회의 바닥장식으로 사용됨.

납화타일

낫대패 : ①자귀나 대패로 다듬지 못하는 아주 작은 곳을 다듬을 때 쓰는 연장. ②낫처럼 생긴 날 위에 참나무를 얽어서 씀. ③흔히 일본의 낫대패인 훑치기라고 부르지만 훑치기와 비슷한 조선연장은 낫대패임. ④둥근 날에 참나무를 둘러 씌웠음.

낭(廊) : ⇨랑(=).

낭만주의(浪漫主義, romanticism, romantisme[프]) : ①광의로는 상상의 비약이나 이상에 대한 동경을 통해, 현실을 초월하려는 경향. 협의로는 18세기말 고전주의에 대한 반동으로 일어나서 19세기 전반에 걸쳐 유럽 전역에 확산되었던 예술사조. ②18세기말 고전주의에 대한 반발로 영국에서 발생되어 19세기 전반에 걸쳐 독일·프랑스 등 유럽 전역에 전파된 건축·예술사조. ③주요 특징은 형식의 제약을 타파하고 정념(情念)을 강조하는 것으로 중세의 고딕건축을 채택하여 자유·개성·자연·공상 등의 감정을 소중히 여기며 비이성적이며 비합리성·주관성·몰형식성·생동성·초현실성·창조성 등의 경향을 가짐. ④대표적인 작품으로는 C.바리와 A. W. N. 퓨긴(Augustus Welby Northmore Pugin : 1812~1852)에 의한 국회 의사당(1840~65)이 있음. ⑤로맨티시즘·로망티슴(=).

낭시학파(Ecole de Nancy[프]) : ①로레인 예술가들과 건축가들의 동맹이었는데, 1901년 '산업미술지방동맹(Alliance Provinciale des Industries d'Art)인 낭시학파(Ecole de Nancy)'로 공식적으로 힘을 합침. ②초대 회장은 에밀 갈레(Emile Gallé : 1846~1904)가 역임. ③빅터 프로베(Victor Prouvé), 루이스 마조넬리(Louis Majorelle : 1859~1926), 자크 그루버(Jacques Gruber), 에밀 앙드레(Emile André), 유진 발린(Euégne Vallin : 1856~1922) 등을 포함한 이 그룹은 1909년까지 다함께 전시회를 열었으며, 프랑스의 아르누보 운동에 가장 창조적인 힘을 발휘했던 단체들 중 하나.

낭오림 : 나무를 켜는 일.

낮은둥근머리 : ⇨트러스 헤드(=).

낮은등받이의자(－椅子, low back chair) : ①등받이가 낮은 작은 의자. 17세기 중반에 스툴(stool). ②벤치(bench) 대용(代用)으로 중산층에 많이 사용.

낮은등받이의자

낮은칸막이시스템(low partition system) : ⇨로우파티션시스템(=).

낱 : ①셀 수 있게 된 물건의 하나하나. ②개(=). ③예컨대, 낱개, 낱돈, 낱켤레 등이 있으며, 이들을 본 떠 문법학자들이 만든 '낱말'이 있음.

낱가래질 : ①낱가래로 터전을 고르는 일. ②집이 다되었을 때 그 주변을 고르는 작업.

내구력(耐久力, strength) : 물체에 부가된 어떤 힘에 저항하는 능력. 특히 구부러지거나 파괴되지 않고 높은 강도를 유지하는 것.

내구성(耐久性, durability) : ①재료가 장기간에 걸쳐 외부로부터의 물리적·화학적·생물적 작용에 대하여 저항하는 성능. ②재료의 내구성에 영향을 주는 인자로는 건습(乾濕)의 반복·동해(冬害)의 반복·마모(磨耗) 등의 물리적 작용과 화학적 침식·풍화 등의 화학적 작용 또는 충해(蟲害)·균해(菌害) 등의 생물적 작용 등이 있음. 따라서 이러한 인자 등에 저항할 수 있도록 해줌으로써 필요에 따라 내후성·내마모성·내식성·내화학성·내약품성 및 내생물성이 있는 재료를 만들 수 있음.

내구재(耐久材, durable goods) : 장기간 같은 용도로 사용할 수 있는 물건. 내구 소비재(건물·가구 등)와 내구생산재(기계·도구 등)로 구분.

내다지 : ①기둥 등의 부재에 관통하여 구멍을 내뚫는 일 또는 그 구멍(내다지 구멍). ②기둥 따위에 내뚫어 판 구멍. ③맞구멍(=).

내다지구멍 : 부재를 관통하여 내(맞)뚫는 구멍.

내다지메뚜기장부맞춤 : ⇨내닫이메뚜기장부맞춤(=).

내다지장부(through mortise and tenon joint, penetrated mortise and tenon, full mortise and tenon) : ①장부에 꼭 맞는 장부구멍을 판 부재에 꿰뚫어 끼워 맞추거나 내밀게 한 장부. ②나무구조에 사용되는 장부맞춤의 일종으로 맞추어지는 재를 꿰뚫어 넣은 길게 된 장부. ③⇨장부맞춤.

내다지장부

내다지장부맞춤(pentrated mor－tise and tenon joint, full through mortise and tenon joint) : 내다지장부를 끼운 맞춤. ⇨내다지장부.

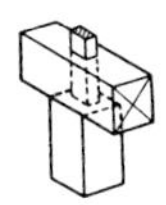
내다지장부맞춤

내다지창(－窓) : ⇨내닫이창(=).

내닫이메뚜기장부맞춤 : ⇨맞춤.

내닫이창(－窓, bay window, oriel window) : ①벽면보다 외부를 향해 받침대나 까치발에 의해 지지되는 창을 말하며 내달이창·돌출창 또는 내민창이라고도 함. ②외벽에서 바깥쪽으로 돌출되어 후미진 공간이나 알코브(alcove)를 형성하는 특히 독립된 기초를 갖고 있는 창 또는 일련의 창. ③건물의 1층에서부터 그 위층을 관통해 마련한 형식의 내민창. 보통 직사각형의 평면을 가리키지만, 고딕에서부터 르네상스 시기에는 다각형이나 원형의 내민창을 의미하기도 함. 특히 내민 형태가 활처럼 둥글게 된 창을 보우 윈도(bow window) 또는 컴퍼스 윈도(compass window)라고 함. ④돌출창(=).

내달이창 : ⇨내닫이창(=).

내당(內堂, main house, women's quarters) : ①안팎 각 채로 된 집의 안에 있는 채. ②안채(=).

내력(耐力, resisting force, strength) : 구조물·부재·접합부 등이 외력에 견딜 수 있는 힘.

내력벽(耐力壁, bearing wall, load bearing wall, box frame) : ①위층의 벽·지붕·바닥 등 상부의 수직(연직)하중과 건물에 작용하는 풍압력·지진력 등의 수평하중의 고정하중을 받는 구조적으로 중요한 벽체. ②내력벽의 길이는 10m 이하로 함. 2·3층 건물에서는 최상층의 내력벽 높이는 4m 이하로 함. ③내력벽으로 둘러싸인 부분의 바닥면적은 80㎡을 초과할 수 없음. ④내력벽은 수평하중을 받으면 전단작용과 휨작용을 동시에 받게 되고, 구부림 작용에 대하여는 벽의 단부나 문꼴 갓둘레의 철근이 부담하고, 전단작용은 벽체가 부담함. 전단작용으로 가하는 횡력은 블록 자체 강도의 1/2을 넘으면 벽체에 층단형 균열을 생기게 하고 벽을 파괴시키는 원인이 됨. ⑤비내력벽(⇔).

내력벽구조(－, box frame) : 크로스월(cross wall)에 의해 하중이 전달되는 상자 형태의 콘크리트구조.

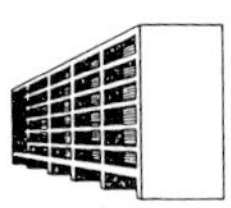
내력벽구조

내루(內壘, internal treatment) : 안에 있는 보주.

내리닫이(sash window, push－up window) : 두 짝의 창문이(을) 서로 위 아래로 오르내려서 여닫게 된 창.

내리닫이쇠살문 : ⇨포트컬리스(=).

내릴톱 : ⇨내림톱(=).

내림마루 : 지붕면에 따라 경사져 내린 마루의 총칭.

내림메뚜기장맞춤 : ①기둥의 가로쇠목 맞춤법의 일종. ②⇨맞춤.

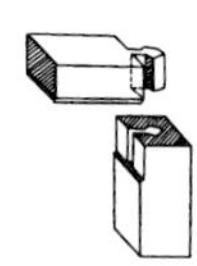
내림메뚜기장맞춤

내림새 : ①암키와의 한끝에

반달모양의 혀가 붙은 기와로 빗물이 흘러내리기 편리한 기와. ②처마 끝에 사용하는 암키와로 기와의 한 끝에 반달 모양의 혀인 비흘림판(瓦當)이 붙어 빗물의 낙하에 편리함. ③암막새·당초와(=).

내림새기와 : 비흘림이 달린 처마 끝에 쓰는 기와.

내림열장부맞춤 : 기둥의 가로 쇠목 맞춤법의 일종. ⇨맞춤.

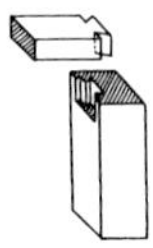
내림열장부맞춤

내림장끼움 : 주먹장을 내려 맞추어서 끼우는 방법이나 그렇게 한 자리.

내림주먹장맞춤 : ⇨맞춤.

내림천장(-天障, dropped ceiling, suspended ceiling) : ①원래의 천장 높이보다 부분적으로 낮게 설치한 부분의 천장. ②심리적으로 공간의 한계를 느끼게 하며 보다 아늑하고 친근한 공간 분위기를 연출함. 또한 간접조명의 설치나 천장에 노출되는 설비배관이나 덕트를 감추기 위해 사용. ③달반자(=).

내림턱열장끼움 : 열장 장부촉을 끼워서 맞추는 방법이나 그렇게 한 자리.

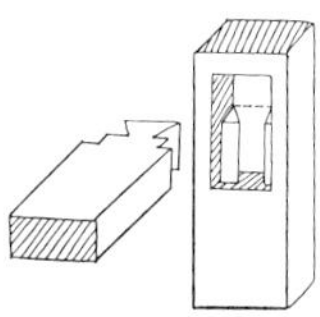
내림턱열장끼움

내림톱 : ①나무의 결을 따라 켜는 톱. ②내릴톱·세로톱·켤톱(=).

내마모성(耐摩耗性, abrasion resistance) : 재료의 표면이 접촉이나 마찰에 의해 마모되지 않고 본래의 모습을 유지하려는 특성으로, 특히 바닥 마감재에 요구되는 재료의 특성임.

내목(內目) : 기둥의 안쪽.

내목도리(內目道里) : ①공포를 짜고 건물 내부로 내놓아 건 도리. ②내외로 출목이 있는 경우 안쪽으로 나와 있는 도리. ③내출목도리(=).

내목돌기 : ①한식 건물에서 공포를 파고 건물 안으로 출목하여 얹힌 도리. ②내목항(=).

내목항(內目桁) : ⇨내목돌기(=).

내물려쌓기(hanging over) : 벽돌이나 돌을 쌓을 때에 상부로 올라갈수록 턱을 약간씩 내밀어 쌓는 일.

내물리다 : 어떤 한계 밖으로 내어서 물러나게 함.

내물림(overhang) : 바로 아래층 위로 상부층이나 지붕이 돌출된 수평적 간격의 정도.

내민둥근줄눈(beaded joint) : ①줄눈의 내민 정도가 벽면보다 많이 빠져 나와 내밀도록 만든 둥근줄눈. ②둥근줄눈(≒)·볼록줄눈(≒).

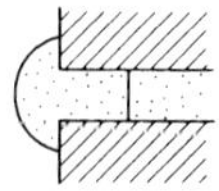
내민둥근줄눈

내민보(cantilever beam, overhanging beam) : ①지점(支點)의 구조는 단순(單純)보와 같고 다만, 보의 1단(端) 또는 양단(兩端)의 지점에서 더 연장되어 있는 보. ②연속보의 한 끝이나 지점에 고정된 보의 한 끝이 지지점에서 내밀어 달려 있는(overhang), 즉 한쪽 끝은 벽에 고정되어 있지만 다른 한쪽은 지지되어 있지 않은 단순보. ③보통 캔틸레버보 또는 자유보·외팔보·팔대보라고 함. ④계단이나 발코니 또는 지붕 등을 만들 때 자주 쓰임. 이외에 바닥판의 일부가 보의 일부로 간주되는 T형 보도 있음. ⑤보의 위쪽이 모두 인장력을 받으므로 상부에 인장주근(引張主筋)을 배치하고 안쪽은 지점에 충분히 정착하거나 연속보에 연장. ⑥등분포하중일 경우 지지점 위의 모멘트는 가운데 스팬 약 3/8 부위의 모멘트의 크기와 같고 방향이 반대임. ⑦이 방법은 의자의 구조에 응용되어 브로이어(M. Breuer : 1902~1969)·미스 반 데어 로에(Ludwig Mies van der Rohe : 1886~1969) 등이 캔틸레버 의자를 제작하였음. ⑧캔틸레버보(=).

내민선반(corbel table) : 일련의 코벨에 의해 지지되는 석판 또는 조적조.

내민선반

내민줄눈(projecting joint) : ①고대 사괴석을 석회로 접착할 때 사용. ②주로 벽면이 고르지 않을 때 사용. ③줄

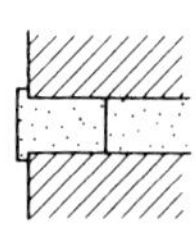
내민줄눈

proof cement) 등의 특수 시멘트를 사용.

내식성(耐蝕性, anti-corrosion) : ①공기 중에서 금속이 부식되지 않는 성질. ②재료의 표면에 침식을 받을 때, 이에 견디어 침식이 잘 안 되는 성질.

내식성 강(耐蝕性鋼, anti-corrosion steel) : ①대기 중에서의 내식성을 보통강보다 2~6배로 증대시키면서 보통강과 동 또는 그 이상의 재질·가공성·용접성 등을 갖는 강재. '내식성 고장력강'이라고 함. ②함유 화학성분은 C(0.1% 이하)·Mn(0.20~1.25%)·Si(0.15~0.75%)·Cu(0.25~0.55%)·Cr(0.3~1.25%)·Ni(0.65% 이하) 등임. ③부식 정도는 보통강의 1/3~1/10 정도. 표면은 여러 색으로 구조용 이외에 커튼 월(curtain wall)재 등으로 사용.

내식성 재료(耐蝕性材料) : ⇨내식재료(=).

내식성 합금(耐蝕性合金) : ①알루미늄 합금 중 단련용 합금에 속하는 것. ②대기 중에서 순(純)알루미늄과 거의 같은 내식성을 가지며 Mg·Mn·Si 등을 첨가하여 역학적 성질이 개선된 합금. ③건축용으로 사용하는 대부분의 알루미늄이 이에 속함. ④주로 알루미늄 새시바·발코니 난간·울타리·파이프 등은 대표적인 압출성형품(壓縮成形品).

내식재료(耐蝕材料, corrosion proof materials) : ①부식작용에 대한 저항성능이 뛰어난 재료. 예컨대, 알루미늄 합금 따위 등. ②내부식 재료(=).

내실(內室, inner room, main room) : ①한식(韓式) 주거공간에서 일반적으로 주인이 사용하는 중심이 되는 공간. ②주거공간에서 부녀자들이 사용하는 전용공간.

내심벽외평벽(內心壁外平壁) : 내부 쪽의 벽은 심벽으로 하고, 외부는 평벽으로 꾸민 벽.

내쌓기(突出積, corbel, corbelled coursing) : ①벽체에 마루를 놓거나 또는 장선받이·보받이·띠돌림을 만들기 위해 벽면에서 부분적으로 내쌓는 방식. 용도 및 역할은 다음과 같음.

내쌓는 방식

	용도	역할
(a)	지붕 처마밑	음영효과, 변화감 조성
(b)	마루 밑부분	하중지지
(c)	굴뚝, 옥상	하중지지

②보통 상부하중을 지지하는 것으로서 벽으로부터 내민 벽돌이나 돌쌓기. ③거대한 구조물에서 몇몇 부재를 받치는 지지부재로 사용된 돌출벽 또는 석재나 벽돌의 층으로서 각 층들이 아래층보다 돌출할 때를 가리킴. 이러한 두 가지 구조체는 최상부층에서 만나서 아치모양의 형태를 만듦. ④석조 건축물에 있어서 코니스(cornice)를 지지하기 위해 바깥쪽으로 더 멀리 돌출되어 있는 벽돌의 열(列). ⑤장선받이를 설치하거나 방화벽으로 처마부분을 가리기 위해 벽돌을 벽면에서 내밀어 쌓는 것. ⑥건축에서 벽과 빔(beam)이 만나는 곳에 받침 역할을 하는 브래킷(bracket)으로 실내와 가구에서도 적용될 수 있고 르네상스 디자인에서 널리 쓰임. ⑦벽체에 마루를 놓거나 방화벽으로 처마부분을 가리기 위해 벽돌을 벽면에서 부분적으로 또는 길게 돌출하여 쌓는 것. ⑧일반적으로 한 켜씩 내쌓을 때는 1/8B 정도 내밀고 두 켜씩일 때에는 1/4B 정도로 하고, 내미는 정도는 2B를 한도로 함. ⑨내쌓기는 마구리내쌓기로 하는 것이 유리함. ⑩내어쌓기· 벽돌내쌓기·들여쌓기(=).

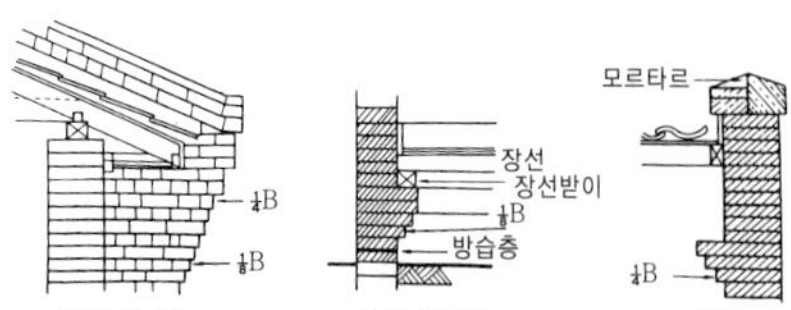

내쌓기

내쌓기구조(-構造, corbeling) : 벽의 수직면의 상부와 외부로 향한 각 수평층 단에 있는 벽돌이나 돌들의 겹쳐진 배열.

내쌓기아치(corbel arch, corbelled arch) : ①가짜아치(false arch)라고도 하며, 석재 조각이

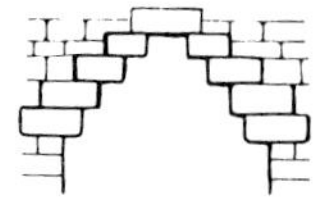
내쌓기아치

아래 것과 조금씩 중첩되게 놓여 져 그 틈이 단일 슬래브(slab)에 의해 덮어질 수 있을 때까지 쌓음. ②석재(石材)를 양쪽에서 약간씩 들여쌓아 형태를 아치처럼 만든 것으로 역학적으로는 아치작용이 되지 않음. ③개구부의 각 면으로부터 점진적으로 내쌓아 중심점에 이르러 머릿돌을 완전히 놓을 수 있도록 축조시킨 일종의 아치. 내미는 단은 원활하게 될 수 있으나 아치로서의 효과는 없음. ④코벨아치(=).

내쌓기 홍예 : ⇨내쌓기 아치(=).

내알칼리성도료(耐-塗料, alkali-proof paint) : ①알칼리에 저항성을 갖는 칠 막을 갖는 도료를 총칭하는 용어. ②알칼리성을 가진 바탕의 도장에 쓰이는 경우와 도장면을 알칼리의 침식으로부터 보호하기 위한 경우의 두 가지 사용법이 있음.

내알칼리성(耐-性, alkali resistance) : ①알칼리에 잘 견디는 물질의 성질. ②시멘트 모르타르·콘크리트 면에 칠하는 도료는 내알칼리성이 큰 염화비닐도료를 사용.

내약품성(耐藥品性, chemical proof) : 재료가 약품에 잘 침식되지 않는 성질.

내역명세서(內譯明細書) : 작성된 설계도서대로 시공을 하기 위해 소요되는 각종 시설·재료·노무 등의 수량을 산출하여 공사비를 산정하는 산출근거 및 견적서를 내용으로 하는 서류.

내역입찰(內譯入札) : ①내역입찰제도 중의 하나. ②공사발주시 공사수량 조서를 작성하고 시공 중 검측을 통하여 정산하는 제도. ③특징은 ㉠대규모의 복잡한 공사에서 내역산출에 대한 오차 적음. ㉡공사비 조정이 용이. ㉢기성고 지불이 명확함. ㉣원가절감이 시공자의 기술에 따라 용이. ㉤설계변경이 용이. ㉥품질향상 용이.

내역입찰제도(內譯入札制度) : ①입찰자로 하여금 입찰시 단가가 기입된 물량 내역서를 입찰서에 첨부·제출하여 입찰하는 제도. ②공사금액 55억원 이상의 건축 및 토목공사에 적용되며, 종전의 총액입찰문제점 해결 및 기술개발과 입찰 질서의 확립을 위해 필요한 제도. ③종류는 총액입찰과 내역입찰로 구분. ④특징은 ㉠수량착오에 대한 설계변경이 용이함. ㉡물가변동으로 인한 공사비 조정이 용이함. ㉢기성고의 지불기준이 명확함. ㉣내역서에 대한 신뢰감 및 성실한 계약이행을 기대할 수 있음. ㉤건설기술의 향상과 견적업무 능력이 향상됨. ㉥내역항목이 많음. ㉦견적기간이 김. ㉧발주자의 제시내용과 시방서의 내용이 달라 작업의 연속성에 어려움이 있음.

내연성(耐燃性) : 불꽃 속에서는 타지만 불꽃 밖에서는 연소를 계속하지 못하고 꺼지는 성질(자기소화성 ; LIO 25 이상).

내연성 수목(耐煙性樹木) : ①매연(煤煙)·아황산가스 등에 잘 견디는 강한 나무. ②조사에 의하면 대체로 은행나무·플라타너스 나무가 강하고, 삼목·소나무·자작나무·느티나무 등이 약함.

내열강(耐熱鋼) : ①800~1,200℃의 고온에서도 견디어 그 성질이나 성능을 잃지 않는 특수강. ②고온에서도 산화·부식하지 않고 무거운 중량에도 변형·변질되지 않는 특수강. 대표적으로 크롬강·크롬니켈강·크롬몰리브덴강·크롬니켈텅스텐강 따위 등.

내열도료(耐熱塗料, heat resisting paint) : ①고온(高溫)을 받는 부재에 칠하여 미장(美匠)·도장면의 보호 등의 기능을 갖는 도료. ②비이클(vehicle)로는 무기질의 규산나트륨, 유기질의 실리콘·골드사이즈·바니시 등을 쓰고, 내열성 안료로는 알루미늄 분말·아연 분말·탄화규소·흑연·백아(白亞)·규조토(硅藻土)·티탄백(白)·암버카드뮴적(赤) 등이 사용.

내열성(耐熱性, heat proof, thermal endurance) : ①재료가 고열(高熱)에서 변하지 않고 견디는 성질. ②서비스 또는 시험 중에 규정된 압력 조건이나 전기적·기계적 조건에 견딜 수 있도록 전기적 절연을 감쇠시키는 데 필요한 온도와 그 온도에서 소비된 시간과의 관계. 대부분의 화학반응에 대하여 이러한 관계는 시간의 지연대를 가로축으로, 절대온도의 역수를 세로축으로 나타내면 직선이 됨.

내열유리(耐熱琉璃, refractory glass) : ① 550℃ 이상의 높은 고열에 견디어 연화점(軟化點)이 높고, 급열(急熱)·급랭(急冷)에 잘 견디는 유리를 총칭. ②규산(SiO_2)질을 다량 함유한 유리. 열팽창계수가 적고 연화온도가 높아 내열성이 강함. 대표적으로 석영유리(1,100℃ 이상의 내열), 저(低)알칼리의 붕규산(硼珪酸) 유리 등이 있음.

내열재(耐熱材, heating proof materials) : 높은 온도에 잘 견딜 수 있는 특성을 갖는 재료로 '내열재료'라고 함.

내열합금(耐熱合金) : 열팽창률이 작고 열전도율이 커서 고온에서도 기계적 성질이 우수한 합금.

내염수성 수목(耐鹽水性樹木, salt water resistance wood) : 바닷바람(潮風)을 받아도 염해(鹽害)에 잘 견디거나 해를 입지 않는 나무. 대표적으로 해송(海松)·사철나무·동백나무 등.

내외벽(內外壁) : ①특히 대문(또는 중문) 안쪽의 섶에서 다른 사람이 부녀자들이 기거하는 안채를 볼 수 없게 만든 벽. ②내외벽은 악령의 침입을 방지한다는 백성들의 신앙에 의한 것. 악령은 똑바로 밖에 나가지 못한다고 믿고 있음. ③공간과 공간 사이에 설치하여 시각적 차단과 공간의 독립성을 부여하며 공간구성요소로 작용함. ④주로 출입 대문과 안마당 사이, 사랑채와 안채 사이에 판벽이나 낮은 담으로 설치함. ⑤가림벽·눈가림벽·차폐벽·차면벽·영벽(=).

내외삼출목(內外三出目) : 공포에 있어서 첨차가 내·외부로 세 번씩 나가 도리를 받친 것.

내외주먹장맞춤(內外−) : 두 부재의 맞춤면에 각기 주먹장과 주먹장 구멍을 파서 상하에 주먹장을 끼우는 맞춤.

내용연수(耐用年數, durable period, working lifetime, durable years) : 건축물이 가지는 수명의 총칭.

내원당(內願堂) : ①소원을 빌기 위해 궁중에 세운 집. ②⇨원당.

내이음(out of center joint) : ①이음 위치에 따른 분류. ②그 한쪽 옆에 내밀어서 잇는 이음. ③받침대의 중심에서 150㎜ 정도 낸 이음. ④목재이음의 일종으로 기둥의 중심에서 도리 등을 약 300㎜ 정도 바깥으로 낸 위치에서 두 부재를 접합하는 이음. ⑤이때 반드시 중심에서 나간 부재에 주먹장 구멍을 파서 주먹장이 끼게 함. ⑥⇨이음.

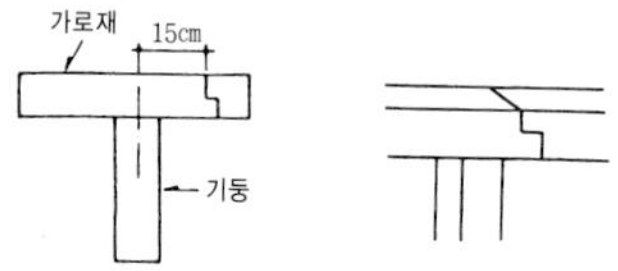

내이음

내장(內裝, 內粧) : 건물의 실 내부를 꾸미는 일.

내장공사(內裝工事, interior finish work) : ①실내의 바닥·벽체·천장 등 내부공간을 마무리하는 공사를 총칭. ②건축표준시방서에 의하면 쪽매 마루판·플로어링블록·파키트블록 등의 바닥깔기, 장판·리놀륨·플라스틱 타일 등의 바닥 붙이기, 카펫·융단 등의 깔개, 종이·천·섬유판·석고 보드 등의 수장재를 붙이기 및 커튼을 치는 등의 공사가 포함. ③건물 내부에 수장재(修裝材)를 대는 작업으로 주로 치장이나 장식을 하는 공사. 수장작업은 목재·철재·벽돌·블록·석재·콘크리트·목공 등의 작업이 중심이 됨. ④수장공사(=).

내장목공(內裝木工, interior carpenter) : ①실내 목작업에 종사하는 목공. ②건축목공(⇔).

내장수(內長樹) : ①나무가 길게 성장할 뿐 수간(樹幹)의 횡단면에 연륜(年輪, 나이테)이 형성되지 않으며 두께가 거의 비대해지지 않고 얇게 되어 섬유조직이 불규칙하고 단지 치밀해지는 것에 불과한 목재. ②수종도 적고 특수용도 이외에는 목재로써 가치가 적음. ③대나무·야자나무 등이 이에 해당함.

내장용 합판(內裝用合板, interior decoration plywood) : 실내(室內)에 사용하는 2급 합판 이하.

내장재(內裝材, interior finishing materials) : 건축물의 내부공간을 치장하는데 사용되는 일체의 재료를 총칭.

내장제한(內裝制限) : 실내의 마감재가 건축법에 의해 한정된 것으로, 주로 화재예방을 목적으로 함.

내적 합목적성(內的 合目的性) : ①부분이 전체에 또는 부분이 서로 부합되는 것. ②⇨외적 합목적성(⇔).

내전[1](內殿, hall in the inner and private quarters of the royal palace) : 궁궐 안에서 임금 일가족이 사는 건물 또는 왕후의 거처.

내전[2](內展, adduction) : ①동작(운동)의 형태를 묘사하는데 쓰이는 용어의 하나로 팔·다리 및 다른 신체부위의 동작 중 몸의 중심선으로의 이동. ②몸을 뒤쪽으로 젖히는 것. 어깨 외전은 팔이 몸의 앞쪽 수평으로 움직일 때, 내전은 뒤쪽 수평으로 뻗칠 때 일어나는 것. ③외전(⇔).

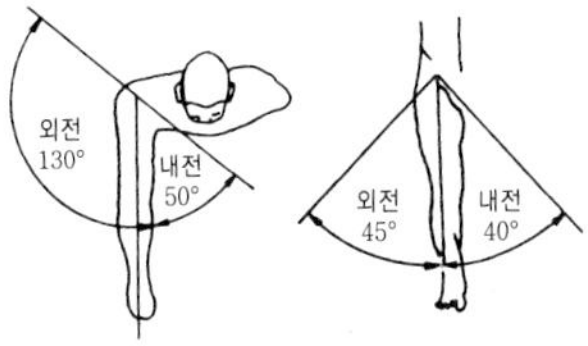

내전과 외전

내진(內陣, nave, chancel, alterraum[독], choeur[프], cella) : ①신전건축(神殿建築)에서 예배공간이 없는 경우에 입구쪽 기둥열(列) 안의 내부공간을 말하고, 예배공간이 있는 경우에는 신상(神像)을 안치한 장소. ②교회당에 있어서 앱스(apse)와 네이브(nave, 身廊) 사이 또는 앱스와 익랑(翼廊) 사이에 있는 장방형 또는 정방형 모양의 공간, 즉 신랑부의 동쪽 부분으로 성가대석(choir)과 제대(祭臺)를 포함하여 말함. 이를 켈라(cella)라고 함. ③종종 내진 칸막이(chancel screen)에 의해 신랑부에서 구분. 서쪽 끝이 성가대석이며, 이에 대해 동쪽 끝이 제대가 있는 곳. 로마네스크(Romanesque)에서는 측랑(側廊, aisle)이 연장해서 내진의 주위에 주보랑(周步廊)을 형성하고(프랑스) 또 동쪽의 내진에 대해 서쪽에도 내진을 마련하는 이중 내진형식도 나타났음(독일). ④건물의 내·외에 이중으로 기둥이나 벽이 둘러쳐져 있을 때 그 안쪽에 있는 기둥열이나 벽체. ⑤벽이나 기둥을 겹으로 두른 건물의 안쪽 둘레에 세운 칸. ⑥안두리(=).

내진기둥(內陣－) : ⇨내진주(=).

내진벽(耐震壁) : ①지진에 대항할 수 있는 구조. ②구조물은 평면 또는 입면상 대칭을 이루는 정형구조가 바람직하며 상하층이 연속하지 않아도 내력이 있음. ③내진벽은 내진벽의 평면상에 있어서 교점이 2개 이상 되도록 배치. ④내진벽면(=).

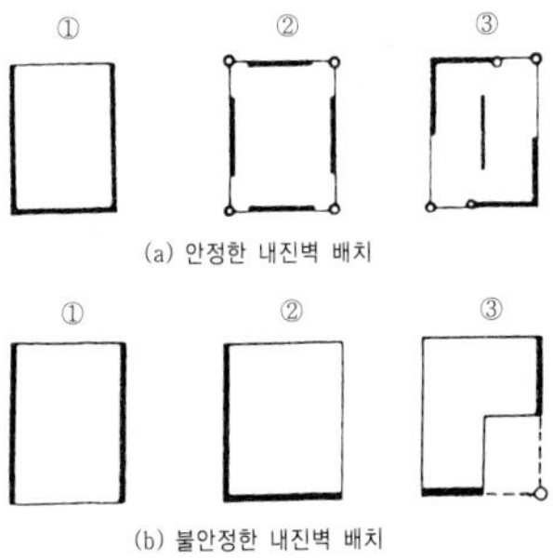

내진벽 설치

내진벽면(內陳壁面) : ⇨트라이엄펄 아치(=).

내진주(內陳柱, cella column) : ①건물의 안쪽에 위치한 기둥으로서 일반적으로 고주(高柱)를 사용. ②한 건물에 기둥 열이 내외 이중으로 둘러져 있을 때 그 안쪽에 있는 기둥. ③⇨기둥.

내진칸막이(內陣間－, chancel screen, choir screen) : ①초기 그리스도교 교회당에서 성가대석을 회중석(會衆席)으로부터 구획하는 낮은 스크린. ②보통 벽면은 부조(浮彫)로 장식. ③높은 투조(透彫)의 스크린이 쓰이는 경우도 있음.

내추럴 셰이드(natural shade) : ①부드러운 천의 감촉을 그대로 살릴 수 있으며, 천을 접는 방법에 따라 위에서 들어오는 빛을 자유롭게 조절할 수 있음. ②천에 대한 특별한 제한은 없지만 너무 두꺼우면 접기가 어려움. ③현대적인 실내공간에 적합.

내추럴 인테리어(natural interior) : 자연적인 소재를 살린 인테리어.

내출목(內出目) : ①공포 짜임에서 장여·첨차·도리 등이 기둥 중심에서 건물의 안으로 빠져 나가 짜여진 것. ② ⇨출목·외출목(⇔).

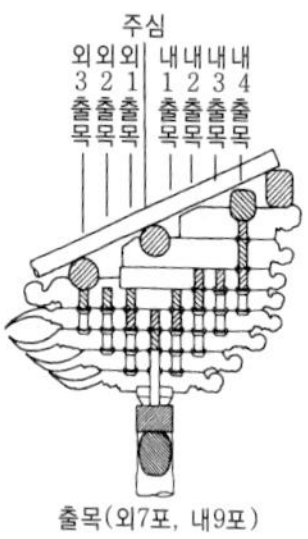

내출목

내출목도리(內出目道理) : ⇨내출목(=).

내충격성(耐衝擊性, impact resistance) : ①충격에 잘 견디는 물질의 성질. 도장에서는 도막(塗膜)의 부착력. ②탄성(彈性)의 정도를 나타내는 성질의 대용특성(代用特性).

내포(內包) : 건물의 안(내부)쪽에 짜여진 공포.

내한강(耐寒鋼) : 저온도에 대하여 잘 견디는 강한 저항성을 가지고 있는 강.

내해수성강(耐海水性鋼, seawater-resistant steel) : 해수 속에서 우수한 내식성을 나타내는 강(鋼).

내현관(內玄關, inner entrance hall) : 주 현관에 대하여 가족이 출입하는 현관.

내화(耐火, fire resisting) : 불에 타거나 변형·파괴되지 않고 잘 견디는 것.

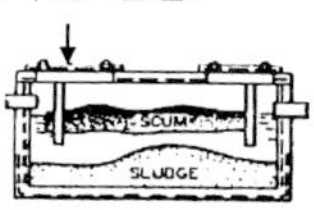

내화

내화공법(耐火工法) : ①내화피복에 사용하는 공법. ②종류는 타설공법·미장공법·뿜칠공법·조립공법·합성공법·멤브레인공법·붙임공법·프리패브공법 등으로 구분함.

내화구조(耐火構造, fire resistive construction) : ①인접 건물의 화재에 연소 또는 내부화재에 대하여 완전히 견딜 수 있거나 간단한 수리 정도로 재사용할 수 있는 철근콘크리트조·연와조(煉瓦造). 기타 이와 유사한 구조로서 대통령이 정하는 내화성능이 있는 구조. ②철골·콘크리트 또는 조적재료로 골조를 이루고 있으며, 벽·바닥·지붕이 내화재료로 구성된 구조.

내화단열벽돌(耐火斷熱壁乭, insulating fire brick) : ①열전도율이 낮은 내화벽돌. 내화점토에 기공률(氣孔率)이 50~70% 정도의 작은 기포를 연행(連行)한 것. 비중은 0.8~1.2 정도. ②주로 도자기를 굽는 요로(窯爐)의 내벽을 쌓는 데 사용.

내화도(耐火度, refractoriness) : 불에 타지 않고 높은 온도에 잘 견디는 정도. SK 26 (1,580℃) 이상의 내화재.

내화도료(耐火塗料, refractory paint) : ①화열(火熱)에 타지 않고 잘 견디는 내열성이 강한 불연성 도료. ②일반적으로 전색제는 염화비닐과 초산비닐의 공중합체·아민계 수지·실리콘수지 등을 사용. ③난연성인 동시에 가열에 따라 염소 가스나 암모니아 가스를 발생하여 연소를 방지하는 효과를 가짐.

내화모르타르(耐火-, refractory mortar, fire resistance mortar) : ①내화벽돌을 쌓는 데 사용하는 특수한 모르타르. ②내화벽돌의 줄눈이나 벽돌면에 바르는 데 사용되는 내화성이 큰 모르타르. 내화성은 내화벽돌과 동일하거나 그 이상이어야 함. ③SK26(1,580℃) 이상의 내화도를 갖는 것으로 KS에서 규정되어 있으며, 점토질·고(高)알루미나질·규석질(硅石質)·크롬질·마그네시아질 등에 따라 품질의 규정이 다름.

내화벽(耐火壁, fire proofing wall) : 내화재료를 사용하여 화재에 견디게 만든 벽.

내화벽돌(耐火壁乭, fire brick) : ①내화재료를 써서 만든 내화성이 있는 벽돌. 화염에 닿는 부분이나 단열을 위해 사용됨. ②내화성이 높은 원료인 내화점토로 만든 벽돌로 내화도가 1,580~2,000℃ 정도. ③종류는 ㉠내화도에 따라 ⓐ저급품, ⓑ중급품, ⓒ고급품, ㉡화학작용에 따라 ⓐ산성 내화벽돌, ⓑ염기성 내화벽돌 ⓒ중성 내화벽돌, ⓒ화학성분에 따라 ⓐ점토질 내화벽돌, ⓑ규석질 내화벽돌, ⓒ특수질 내화벽돌로 구분함. ④내화벽돌은 저장할 때 빗물에 젖지 않도록 특히 주의하고 형상·품질·용도별로 구분하여 쌓아 둠. 운반 및 취급시 깨지거나 모서리가 떨어지지 않도록 주의함. 줄눈에 사용되는 모르타르는 내화모르타르를 사용하며 쌓기용 모르타르는 벽돌과 같은 정도의 내화도가 있는 것으로 하여 그 입도는 표준체 2.5 ㎜ 정도의 것을 사용함. 또한 내화 모르타르의 저장은 습기가 차지 않는 곳에 흙·먼지 등의 불순물이 혼입하지 않도록 함. 보통 용광로(furnace)나 난로(fireplace)·굴뚝(chimney) 등의 내부 라이닝 및 은행의 금고 등에 사용됨.

내화벽돌의 품질

종 류	비중	S.K	압축강도		급열 급랭저항
			20℃	1,300℃	
서모탯벽돌	2.7	27~35	120~320	70~260	아주 강함
규석벽돌	2.8	33~36	150~350	60~160	적열 이하는 약하고, 이상은 아주 강함
고토벽돌	3.6	35~42	260~450	70~120	약함
크롬벽돌	4.0	31~42	260~450	6~220	약함
보크사이트 벽돌	4.0	36~39	70~1100	60~740	약함
탄소벽돌	3.0	42	110~330	1,000	아주 강함

내화성(耐火性, refractory) : ①불에 잘 타지 않고 견디는 물질의 성질. ②고온 처리할 때에 물리적 형태나 화학적 안정성을 유지하는 능력을 가진 물질.

내화성능(耐火性能) : 화재시 일정한 시간(1~4시간의 등급) 동안 형태나 강도 등이 크게 변하지 않는 것.

내화재료(耐火材料, fire proofing materials) : 콘크리트·석재 등과 같이 열을 받아 고온이 되어도 성능의 저하나 변형이 적은 재료.

내화점토(耐火粘土, fire clay) : ①내화성이 있는 진흙. ②고온(약 1,580도 이상)에 견딜 수 있는 점토. ③내화벽돌의 재료. ④탄층(炭層, 땅속의 석탄이 쌓인 격지)의 밑바닥에 깔려 있는 점토로써 규산(SiO_2)·알루미나(Al_2O_3) 등을 주성분으로 하여 SK26(1,580℃) 이상의 내화도를 나타내는 내화성의 점토. 내화벽돌이나 내화모르타르의 재료로 사용.

내화점토질벽돌(耐火粘土質壁乭, fire clay brick) : ①규조토(硅藻土)·본질점토(本節粘土) 등의 내화점토를 사용하여 만든 내화성이 있는 벽돌로서 산성 내화벽돌의 일종. ②종류는 12종류로 구분하며, 내화도·압축강도 및 겉보기·기공률(氣空率)·연화점·화학성분에 따라 1종·2종·3종으로 구분. 내화단열벽돌은 부피·비중·압축강도·열전도율에 따라 A류 7종·B류 7종·C류 3종으로 구분. 형상에 따라 보통형·가로형·세로형·쐐기형 등으로 구분. ③고알루미나질 내화벽돌은 알루미나(Al_2O_3)가 45~80% 이상 함유된 내화벽돌로서 중성 내화벽돌의 일종. 규산벽돌은 규산질(SiO_2)을 주원료로 약간의 석회류가 혼합한 산성 내화벽돌의 일종으로 약간 팽창성이 있음. ④보통 온도변화가 적은 곳에 사용.

내화피복(耐火被腹, fire proofing, protection) : 골조인 기둥·보의 철골 등을 화재로부터 보호하기 위한, 즉 내화를 목적으로 하는 피복. 내화시간에 따라 철골의 내화피복 두께의 규정이 다름.

내화피복재료(耐火被服材料, fire proofing materials) : ①방화재료 중 특히 고온가열시 단열성이 우수하고 강도저하가 적은 재료. ②화재에 타지 않고 견디는 재료(벽돌 등). ③콘크리트·석재·플라스터·모르타르·광물섬유·무기질 성형판 등과 같이 열을 받아 고온이 되어도 성능의 저하나 변형이 적은 재료. ④내화피복을 하기 위해 내화 접착제 등으로 붙여 피복하는데 사용하는 내화성능을 가진 재료.

내화합판(耐火合板) : ⇨난연합판(=).

내황산염시멘트(耐黃酸鹽-, sulfate resistance cement) : ①수중 또는 흙 속에 포함되어 있는 황산염에 의하여 콘크리트가 침식되는 것을 감소시킬 목적으로 만든 저알루민산삼석회 포틀랜드시멘트. ②포틀랜드시멘트 속에 알루민산삼석회[3CaO·AlO(CA)]의 함유량을 4% 이하(보통포틀랜드시멘트 속에는 9%)로 제한하여 황산염에 대한 저항성을 크게 한 시멘트. ③토양 속의 황산염 외에 하수·배수·지하수·해수 속의 황산염에 높은 저항성을 나타냄. 하수시설·공장배수시설.항만시설·해양구조물·화산지의 토목공사 등에 이용됨.

내황산염포틀랜드시멘트 : ⇨내황산염시멘트(=).

내후성(耐候性, weather resistance, weatherproof, weatherability) : ①재료가 바람·비·눈·햇볕 등 외기에 견디는 내구성. ②장시간에 걸쳐 햇빛·비·바람 등 기후작용에 대한 물질의 저항능력. ③외부기후에 대한 저항능력. ④내후성은 재료를 실외 조건에 노출시키는 과정이며, 온도·산소·상대습도 및 자외선 등이 결합하여 고분자의 분해를 초래하고 재료의 기본적인 성질과 색상을 모두 상실시킬 수 있음.

내후성 강(耐候性鋼, atmospheric corrosion-resistant steel) : ①대기 중에서의 부식에 대한 저항성을 높인 강. ②대기 중의 비나 습기에 노출되었을 때 표면에 산화피막이 형성되는 고강도 저합금강. ③피막은 모재(母材, base metal)에 강하게 밀착되어 더 이상의 부식을 막음. 이 강재를 사용하는 구조물은 빗물에 의해 흘러내린 소량의 산화물이 인접재를 오염시키지 않도록 설계되어야 함. ④강의 종류별 내후성 순위는 고내후성 강>용접구조용 내후성 강>용접구조용 압연강>일반구조용 압연강의 순임.

낸시학파(-學派, The Nancy School) : ⇨낭시학파(=).

낸이음 : ⇨내이음(=).

냅(nap) : 짧은 섬유나 털을 혼합시켜 보풀이 생긴 직물 표면.

냉각소화(冷却消火) : 액체 또는 고체를 사용하여 열을 내리는 방법, 즉 불의 삼각형 중 열을 제거하는 방법.

냉각탑(冷却塔, cooling tower) : ①냉온 열원 장치를 구성하는 기기의 하나로 수냉식 냉동기에 필요한 냉각수를 순환시켜 이용하기 위한 장치. ②필요한 순환 냉각수는 냉각탑에서 물과 공기의 접촉에 의해 냉각시키며, 냉각탑 출구 수온과 냉각탑 입구 공기의 습구온도의 차이는 보통 4~5℃ 정도. ③쿨링타워(=).

냉각효과(冷却效果, cooling effects) : 벽온(壁溫)이 체온보다 낮을 경우 인체에서 벽면으로 향하는 열복사가 생기는 현상.

냉간압연(冷間壓延, cold rolling) : 인장력을 증가시키거나 표면의 마감상태를 향상시키기 위해 재결정 온도 이하에서 금속을 압연하는 것.

냉광현상(冷光現狀, luminescence) : 열에 의해 발생하는 백열등과 달리 마찰·전기 또는 화학작용에 의해 발생하는 가시광선.

냉교(冷橋, cold bridge) : ①구조체의 일부가 다른 부분보다 약하여 그 부분을 통해 관류열량(열손실량)이 다른 부분보다 많은 경우의 그 부분. ②냉교부분은 그 실내 온도가 낮기 때문에 결로현상(結露現象)이 발생하기 쉬움. 예컨대, 알루미늄새시 창인 경우 겨울철 결로가 발생하는 것은 새시 내부가 단열이 되지 않기 때문이며 이런 부분에서 냉교가 발생함. ③열교(⇔).

냉교현상(冷橋現像, cold bridges) : ⇨냉교(=).

냉동(冷凍, refrigeration) : ①물체를 그 주위의 대기온도 이하로 냉각(cooling)하는 것. ②인공적으로 냉각시켜 그 주위의 대기온도보다 낮은 온도를 얻어서 온도를 유지 또는 동결하는 조작.

냉동시스템(冷凍-, refrigeration cycle) : 냉매(refrigerant ; 프레온·암모니아·탄산가스 등)라고 불리는 휘발성 액체를 사이클로 순환시키는 설비.

냉방도일(冷房度日, cooling degree day) : 냉방기간 중의 매일 평균기온과 기준이 되는 냉방온도와의 차를 적산한 것.

t_0 : 일평균기온

t_i : 실내기준온도

t_i' : 냉방한계온도(냉방을 개시 또는 정지하는 일평균 외기온)

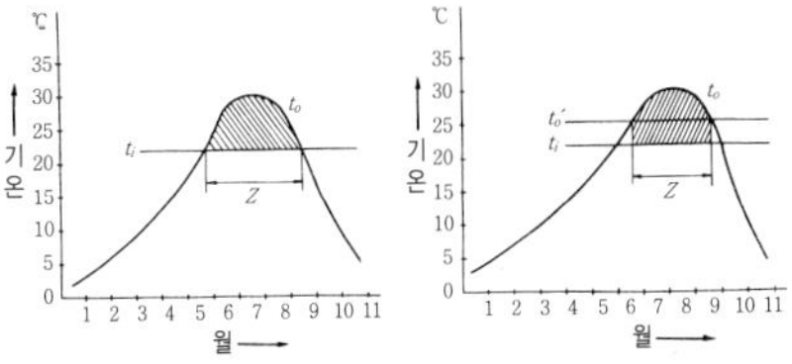

냉방도일

냉방부하(冷房負荷, cooling load) : ①실내에서 목적하는 온도·습도를 유지하기 위하여 공기의 상태를 냉각하는데 필요한 부하. ②여름철에 실온을 외기온도보다 낮게 유지하기 위하여 실내로 들어오는 유입 열을 제거하는 열량. ③이때 설비의 용량은 이들 부하를 충분히 제거할 수 있도록 계획함.

냉방장치(冷房裝置, cooler) : 여름에 실내온도를 실외기온보다 낮추어 실내에서 거주·활동하기에 쾌적한 상태로 만드는 장치.

냉압기(冷壓機, cold press) : 스프레더에 의하여 양면이 접착된 미가공 패널을 약 50톤의 압력에 의해 누르는 기계. 주로 플러시 패널(flush panel) 접착용으로 사용.

냉음극등(冷陰極燈, cold cathode light) : ①네온등과 비슷한 빛을 내는 가스가 있는 얇은 관을 사용하는 광원으로 일반적으로 백색광. ②관은 주문 제작되기도 하며, 천장 코브에 영구적으로 설치되기도 함. ③저압가스 속에서의 발광방전(glow discharge)에 의해 빛을 생성하는 전기방전등으로 비교적 낮은 전류와 높은 전압으로 작동.

너도밤나무(beech, Fagus crenata) : ①울릉도 특산(特産)의 낙엽활엽교목. ②변재는 백색 및 연한 적갈색이고, 심재는 연한 갈색 또는 적갈색으로 심변재의 구분이 명확하며 연륜도 뚜렷함. 조직은 치밀하고 굳으며 유연성이 있고 광택은 보통. 기건비중 0.65, 전건비중 0.62, 함수율 1% 변화에 대한 평균수축률은 방사방향 0.18%, 접선방향 0.41%로 보통이며, 강도는 압축강도 450kg/㎠, 인장강도 1,350kg/㎠, 휨강도 1,000kg/㎠,로 강함. 절삭가공·접착성은 보통. 건조는 어렵고 비틀림이 일어나기 쉬움. 도장성·표면마무리가 양호하고 탄성과 만곡성이 좋아 휨가공재로 최적. 특히 착색과 도장을 필요로 하는 가구나 쉽게 휠 수 있으므로 의자나 등받이, 팔걸이와 같이 구부러지는 곡목(曲木)으로 적합. 재질은 치밀하고 강인하며, 표면이 정밀하고 곧은결면이 아름다우며 가공성이 좋아 가구재나 실내 마감재로 사용됨. 다양한 종류의 마감이 용이하여 래커마감이나 금박 등의 마감이 가능하지만 휨 등의 변형이 크고 습기에 약하며 생재는 충해 상처를 받기 쉬운 결점이 있음. ③주로 가구·건축재·구조재 등에 사용.

너른명 : ①울 사이가 넓은 무명. ②벽지로 바르는 천.

너린명 : '너른명'의 사투리

너분 : '네푼'의 사투리.

너새 : ①기와를 덮은 경사진 부분. ②박공 옆에 직각으로 대는 암키와. ③너새기와. ④지붕을 이을 때 쓰이는 얇은 조각의 돌기와. ⑤지붕마루 맨 위에 얹는 암키와. ⑥기와 대신 지붕을 잇는데 쓰이는 얇은 판석이나 널빤지. ⑦얇게 떼어 낸 돌판. 주로 산간지방의 살림집에서 사용되던 지붕재료. 그러나 전북 장수의 신광사(新光寺) 대웅전은 너와로 지붕을 덮고 용마루에만 기와를 사용하였음. ⑧기와지붕에서 기왓골이 용마루에 닿는 부분을 정리한 것 또는 그렇게 하는 일. ⑨기와지붕에서 합각의 박공 위로 차양을 내민듯한 부분에 기와를 이은 것. ⑩너와의 원말. ⑪너와집(=).

너새집 : ⇨너와집(=).

너싱홈(nursing home) : ①치매·중풍 등 만성질환을 앓는 노인을 위한 전문 요양시설. ②병원과 가정의 중간형태로 미국·일본 등 선진국에서는 이미 보편화된 시설. 우리나라는 요양시설, 사립 요양원 등의 너싱홈 형태가 있음.

너와 : ①소나무와 전나무 굵은 것을 한 자씩 통으로 자르고, 이것을 3~5cm두께로 결대로 쪼개어 널로 만 것. ②너와의 수명은 10~20년인데 이은 지 오래되면 2, 3년마다 낡은 너와를 새 것으로 갈아 끼움. ③'너새'의 변한 말. ④느에·능애(=).

너와집 : ①나무토막을 쪼개어 만든 널빤지(널판)로 지붕을 이은 집. ②나무나 돌을 지붕재료로 사용한 집. 소나무 토막을 켜서 사용할 경우에 너와의 수명은 5년 정도이며, 엷은 판석으로 만든 돌기와를 쓸 때는 반영구적으로 쓸 수 있음. ③벽체의 구성은 통나무를 우물 정(井)자로 쌓아 그 틈을 진흙과 나락을 섞은 진새로 메우고, 방의 천장도 벽과 마찬가지로 통나무를 걸치고 진새로 막음. ④사각의 공간 안에 가운데 마루를 두고 중심으로 사랑방·안방·도장·셋방·정지·마구간이 모두 모여 있는 겹집형 폐쇄구조를 취함. 폐쇄형 주거형태는 산짐승으로부터 가축보호와 긴 겨울에도 보온을 극대화할 수 있는 장점이 있음. 너와집은 개마고원을 중심으로 한 함경도와 평안도의 산간지역, 태백산맥을 중심으로 한 강원도 등 귀틀집이나 샛집처럼 화전민이나 산간지대의 주민들이 짓고 사는 집. 붉은 소나무가

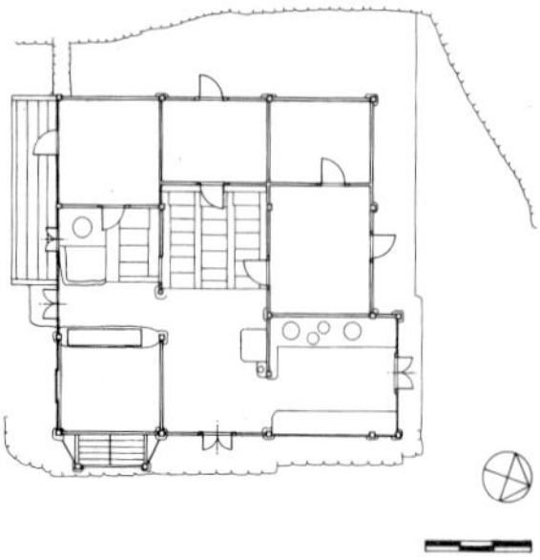

너와집 평면도

도계 신리 너와집

사라지면서 거의 자취를 감추었으나, 강원도 삼척군 도계읍 신리에 3채가 남아있어 중요민속자료 제33호로 지정되었음. ⑤지붕재료에 의한 전통민가 유형의 하나 너새집·사방집·측입형집(=).

너클(knuckle) : 경첩(hinge)에서 핀(pin)을 끼울 수 있도록 돌출된 둥근 부분.

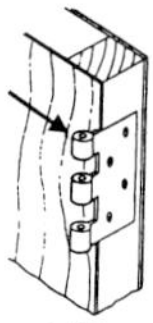

너클

너클조각(knuckle carving) : 의자의 팔걸이 아랫부분에 대는 인체의 관절과 유사한 조각.

너트(nut) : ①나삿니가 나 있는 구멍이 뚫어져 볼트나 나사못을 끼우도록 된 사각형 또는 육각형의 금속으로 볼트 나사부분에 끼어 조이는 볼트의 부속품. ②종류는 사용목적에 따라 록너트(lock nut)·케슬레이티드너트·윙너트(wing nut)·캡너트(cap nut)·링너트(ring nut)·자리붙은 너트·홈너트·간편너트 등으로 구분하고, 모양에 따라 4각너트·6각너트 등으로 구분함. ③⇨볼트.

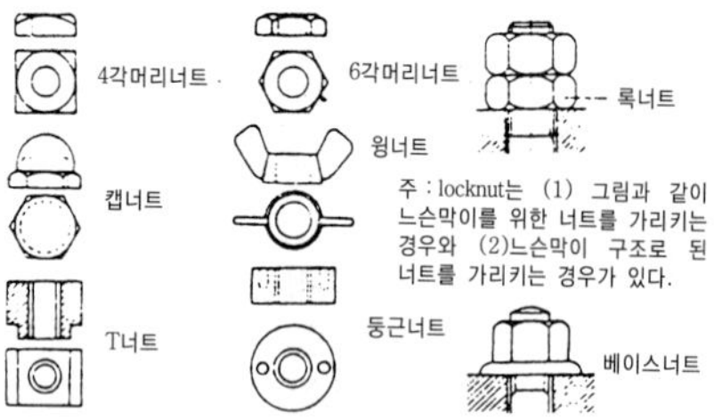

너트의 종류

넉살무늬 : ①격자창(格子窓)에 사용된 창살무늬. ②근정전 동쪽 회랑 창문·부산 세병관·평창향교의 대성전 등의 광창 등에 사용.

넌출문(-門) : ①네 짝으로 된 당판문. ②⇨

당판문.

널(板, 板子, board, plank) : ①얇은 널판재. ②두께 60㎜ 미만, 너비는 두께의 3배 이상으로 제재한 두껍고 넓게 켠 나무판. ③보통 두께는 경목(硬木)은 25㎜ 이상, 연목(軟木)은 50㎜ 이상.

널거죽(板表, sap side) : 널판재의 수피측에 가까운 면.

널결(板木, 板理, flat grain) : ①널빤지에 U자 혹은 V자로 나타나는 나이테모양. ②나무를 켤 때 나이테에 평행방향으로 켠 목재면에 나타난 곡선형(曲線形)의 나뭇결. ③연륜(年輪)에 평행방향으로 켠 목재면에 나타난 곡선형 물결모양(곡선형)의 결이 거칠고 불규칙한 나뭇결. 나이테 방향을 무시하고 자른 목재임. ④널결이 나타난 목재를 널결재 또는 판목재(板目材)라 함. ⑤미관을 중시하는 마감재나 장식재로 사용되나 실용적으로는 곧은결보다 변형이 크고 마모율도 커 실용성이 약하고 나이테에 따라 성장률과 강도가 달라 쉽게 틀어지고 갈라짐. ⑥현장용어로 이다메(板木, flat sawn)라고 함.

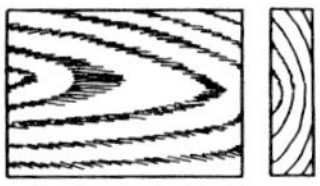

널결

널결재 : ⇨널결.

널결켜기(plain saw, bastard saw) : 1/4 원의 원목을 등간격으로 평행하게 널을 켜는 제재법.

널기와집 : ⇨너와집(=).

널못 : ⇨관정(=).

널문(-門) : ①문울거미를 짜고 그 안에 널을 끼워서 만들거나 아래, 위, 중간 세 곳에 띳장을 가로로 대고 그 한 면에 널들을 붙여 만든 문. 특히 두꺼운 널판을 붙여 만든 문을 판장문(板墻門)이라고 함. ②재료에 따른 문의 일종. ③주로 대청의 뒷창호나 부엌문, 곳간채의 곳간문, 광채의 광문으로 사용. 광채에 널문을 설치할 때는 일반적으로 주변에 살창을 설치하여 공기를 원활하게 유통시켜서 광채 안의 습기를 제거함. ④중량이 무거워 돌쩌귀를 사용하지 않고 문틀의 상인방과 하인방(문지방)에 둔테를 붙여 설치함.

널반자(望板) : ①널빤지의 장반자. ②널조각만 대고 종이마감을 하지 않은 반자를 말하며 널은 반턱·빗턱·뒤눈대의 쪽매로 하고 널이음은 반자틀에 엇갈리게 잇게 하며 끝은 반자돌림 위에 걸쳐댐. ③종류에는 치반이널반자·살대반자·우물반자 등이 있음. ④망판(=).

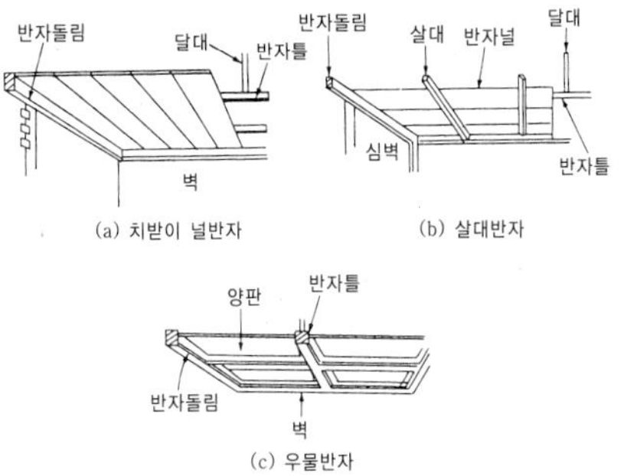

널반자의 종류

널빈지 : ⇨빈지·널빈지문(=).

널빈지문(-門) : ① 한 짝씩 끼었다 떼었다 할 수 있게 만들어진 문. ②가게의 앞쪽에 대는 널문. ③두꺼운 널에 띠장을 댄 문. ④반턱·제혀쪽매로 하며, 덧문으로 쓰이며 상시 떼어낼 수 있게 된 것.

널재(板材, board) : ①원목을 얇고 넓게 켜낸 쪽으로 두께가 6·9·12·15·18·21·24·30·36㎜ 등이고 너비가 90·100·120·135·150·180·210·240㎜ 등의 판재. ②일반적으로 두께 30㎜ 미만, 너비 120㎜ 미만의 판재를 지칭. ③일상적으로는 '널빤지'라고 함.

널재바닥(板材-, strip flooring) : ⇨스트립 플로어링(=).

널쪽매(joint, jointing of board) : ①널의 옆면을 접합하여 넓게 잇는 이음을 총칭. ②이음방법은 빗쪽매·반턱쪽매·딴혀쪽매·제혀쪽매·주먹장쪽매·빗쪽매·주먹장쪽매·엇걸이쪽매 등이 있음. ③종류는 너비장쪽매·꽂임촉쪽매·나사못쪽매·못박이쪽매 등이 있음. ④이음(=).

널쪽매합판(－合板, joint plywood) : 널의 옆면을 접합하여 만든 합판.

널판(原板, plank) : ①두께 30㎜ 이상의 넓고 두꺼운 널을 총칭. ②두께가 6㎜가 못되고 너비가 두께의 세곱이 더 되는 나무. ③널·널빤지·널판때기(＝).

널판

널판마루 : 두꺼운 널을 깐 마루.

널판지 : ⇨널재(＝).

널평상 : 넓고 두꺼운 널빤지로 만든 평상.

넓은귀 : 나무의 귀를 넓게 귀접이하는 것 또는 그렇게 하는 연장.

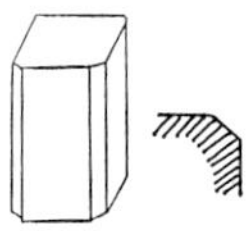
넓은귀

넓은머리못(大頭釘]) : 머리가 특히 넓게 된 못.

넓은판반자(－板半子) : ①판반자의 일종. ②합판·각종 섬유제 보드류·석면시멘트판(asbestos cement board)·석고판(gypsum board)·금속판 등을 대는 반자. ③디자인과 현장에 맞춰 적당한 크기로 절단하여 사용함. ④금속판은 60~90cm각의 얇은 금속판에 문양을 만들어 장식용으로 된 것도 있음.

넓적걸쇠(hasp) : 넓적하게 된 걸쇠로서 통자물쇠를 채우게 된 것.

넓힘틀(splay) : ⇨스플레이(＝).

네거(nega) : ⇨네거티브(＝).

네거공간(－空間, negative space) : ⇨네거티브스페이스(＝).

네거티브(negative) : ①부정적(否定的)·소극적(消極的)·정적(靜的)이라는 의미의 용어. ②긍정적(肯定的)·적극적(積極的)을 의미하는 포지티브(positive)에 대립되는 개념. ③네거(＝)·포지티브(⇔).

네거티브 스페이스(negative space) : ①움푹 들어간 공간. ②채워지지 않거나 점유되지 않는 공간. ③포지티브스페이스(⇔).

네거티브 형태(－形態, negative form) : 주위가 온통 한 가지 색으로 칠해진 구멍 뚫린 모양.

네기둥대문(四柱大門) : ①기둥 넷을 세우고 지붕을 이은 대문. ②특히 한식 대문에는 높은 기둥을 써서 지붕을 좌우 행랑채보다 높이 만든 솟을대문도 있음.

네기둥침대(－寢臺, four poster bed) : 침대 상부에 드레이퍼리(drapery) 또는 천개(天蓋) 등을 지지하기 위해 침대 모서리에 4기둥을 세운 침대.

네덜란드가로질러쌓기(Flemish cross bond) : 영국식 쌓기의 변형으로 길이방향 켜의 줄눈이 길이방향의 반토막 만큼 밀린 형태.

네덜란드식 다리(Dutch leg) : 바닥에 맞닿는 가구다리의 형태가 납작한 계란모양의 발로 가공·제작된 다리.

네덜란드식 다리

네덜란드식 대각선쌓기(－式對角線－, Flemish diagonal bond) : 다이아몬드 모양을 내기 위해 길이방향으로 조금씩 이동시켜 쌓는 것으로 네덜란드쌓기의 일종.

네덜란드식 대각선쌓기

네덜란드식 문(－式 門, Dutch door) : 윗부분이나 아랫부분을 분리해서 열거나 닫을 수 있도록 수평적으로 나누어진 문.

네덜란드식 문

네덜란드식 발(－式－, Dutch foot) : ①발등 부분에 특징적인 조각이 없는 유연한 곡선 형태로 단순하게 조각된 가구의 발. ②형태에 따라 패드형(pad foot)·슬리퍼형(slipper foot)·뱀형(snake foot) 등으로 구분. ③18세기에 유럽과 미국의 가구에 널리 사용.

네덜란드식쌓기(－式－, Dutch bond) : ①칠오토막으로 마름질한 벽돌로 벽의 모서리나 끝 부분을 마무리하는 것을 제외하고는 영식쌓기와 같은 쌓기법. ②다른 쌓기법에 비하여 모서리가 견고하며, 영식 쌓기와 더불어 많이 쓰임. ③화란식쌓기(＝).

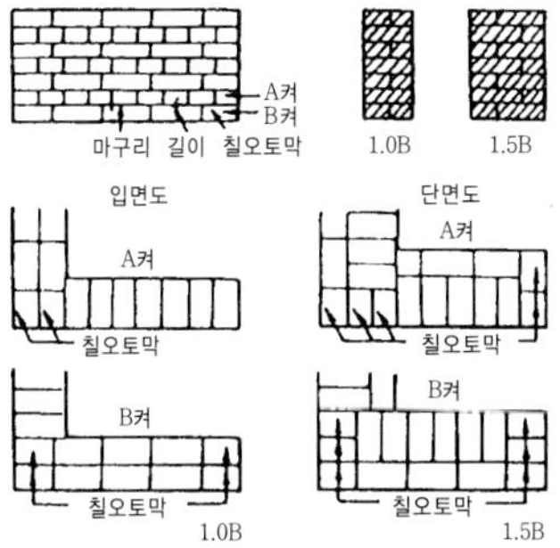

네덜란드식쌓기

네둘레 : ①앞뒤 좌우의 둘레. ②사방(=).

네로마퀴나(nero marquina) : 스페인산(産) 색으로 광택과 색채 평활도가 우수. 주로 실내용으로 사용.

네모거리 : ⇨방환(=).

네모난 도리 : ⇨납도리(=).

네모찌 : ①네모가 나도록 쪼갠 것. ②겉목의 둥근 단면을 네모가 되도록 깎아 낸 것. ③여러 모를 지어서 깎아낸 것.

네상스(naissance) : ①신생·태생·기원·성장 등을 의미하는 말. ②르네상스와 대립되는 개념으로 사용.

네스트테이블(nest table, nested tables) : ①같은 형태의 테이블 3~4개로 구성된 한조(組)의 탁자. ②사용하지 않을 경우에는 작거나 높이가 낮은 것을 큰 것의 아래로 차례로 밀어 넣을 수 있도록 구성한 형태의 탁자. ③주로 리빙 사이드 테이블(living side table)로 사용. ④콤비네이션 테이블(=).

네스팅안락의자(-安樂椅子, nesting arm chair) : ①펠(PEL)이 1931~32년에 제작한 안락의자. ②크롬 도금이나 에나멜을 칠한 튜블러의 강철로 프레임을 만들고, 캔버스나 쿠션을 이용하여 시트와 등받이를 만듦. ③이 의자는 RP7의 모델로 사용되었고, RP6에 팔걸이를 붙여 만들었음. ⇨펠.

네스팅 테이블(nesting table) : ⇨케스트 테이블(=).

네시간발한예측(四時間發汗豫測, predicted four hour sweat rate ; P4SR) : DBT·RH·MRT·기류속도·대사량·착의량의 효과를 땀 흘리는 양으로 표현한 것.

네시서리움(necessarium) : 중세 성(城)이나 수도원(修道院)의 화장실.

네시서리하우스(necessary house) : ⇨네시서리움(=).

네오고딕(Neo-Gothic) : ①일반적으로 고딕 건축의 부흥양식이나 경향으로 정신사적으로는 낭만주의의 한 형태이고, 건축양식으로는 픽처레스크(picturesque)가 내포된 부흥양식. ②그 기원은 영국이고 J. 내시(John Nash : 1752~1835)가 19세기 초에 건설한 주택에서 전원풍이나 불규칙한 정서적인 측면을 강조한 것이 그 예. 이 부흥양식은 유럽 각지와 미국에 전파됨. ③대표적인 건축물로는 C. 바리와 A. W. N. 퓨긴(Augustus Welby Northmore : 1812~52)이 공동설계한 런던의 국회의사당(1840~65)이 있음. ④고딕리바이벌(=).

네오그리크(Neo-Greek) : ①18~19세기 전반에 걸쳐 일어난 신고전주의의 하나로 고대 그리스 건축의 부흥양식이나 경향. ②대표적인 건축가로는 영국의 J. 손(John Soane : 1753~1837), 독일의 K. F. 쉰겔(Karl Friedrich Schinkel : 1781~1841), L. v. 클렌체(Leo von Klenze : 1784~1864) 등. ③그리스리바이벌(=).

네오다다이즘(Neo-Dadaism) : ①제2차 세계대전 후 미국에서 추진된 전위예술운동. ②유럽의 누보 리얼리즘(nouveau realism[프]) 운동에 호응하여 일어난 것. ③현실적인 기호나 일상적인 오브제(object[프]) 또는 오브제의 파편을 주위에서 떼어내어 화면에 도입하여 신선한 느낌을 표출함으로써 새로운 가치를 주고자 했음. 반(反)예술적 활동을 그대로 창조행위로 전화(轉化) 인정하고 나아가서 적극적인 의미를 부여하려는 데서 차이점을 찾아볼 수 있음.

네오로마네스크(Neo-Romanesque) : 시대적으로 네오고딕에 이어진 중세 로마네스크

건축을 이상(理想)으로 삼은 19세기 후반의 건축운동과 그 작품.

네오르네상스(Neo-Renaissance) : ①19세기 유럽의 건축계에서 고전과 중세를 모범으로 채용했다가 버리는 과정에서, 르네상스 건축을 이상으로 여겨 단순한 모방이 아니라 뛰어난 양식이라 하여 채택한 건축운동과 그 작품. ②대표적인 건축가로는 F. V. 켈트너, G. 젬퍼(Gottfried Semper : 1803~79) 등이 있음.

네오리얼리즘(Neo-Realism) : ⇨신사실주의(=).

네오모더니즘(Neo-Modernism) : ①1980년도를 전후로 유럽의 젊은 건축가들은 과거 모든 형태질서와 기본 원리를 해체하려는 새로운 디자인 방향을 모색한 결과 말레비치(Kasimir Malevichi : 1878~1935)의 3차원적인 비정형의 기하학을 부분적으로 인용한 현대미학. ②이러한 양상의 대두는 1979년의 파리 모스크바 전시, 1982년 파리 라 빌레트 공원에 설계된 츄미(Bernard Tschumi : 1944~)의 폴리 작품. ③1983년 홍콩 피크 클럽의 현상 때 하디드의 비정형적 공간이 당선되면서부터임. 그리고 1986년 독일 프랑크푸르트 건축 미술관에서 주최한 근대의 비전과 1988년 MOMA(museum of modern art)에서 해체주의 건축가라는 타이틀로 전시회가 개최됨으로써 더욱 표면화됨. ④일반적으로 네오 모던 디자인 경향의 실내공간은 구조들이 90° 각도의 수직이 아닌 예각으로 사선들을 교차시켜 시각적인 긴장감을 유발시키는 것이 특징으로 불규칙적인 곡선·비인간적인 스케일·비정형의 구성 등으로 기존의 동적인 공간 개념보다 한층 더 역동적인 느낌을 줌. 특히 사선의 효과를 강조하기 위하여 의도적으로 축을 비틀어 삽입하거나 벽체와 기둥의 이탈·대각선이 서로 중첩되는 등 다양한 수법으로 내부의 형상을 교란시킴. 또 금속 기둥·패널·PVC·유리·와이어·섬유질 등 이질적인 재료들이 서로 혼합된 가운데 과거의 공간디자인에서 경시되었던 모든 구조적 요소들이 새롭게 노출됨으로써 일상성에서 벗어난 새로운 공간을 지향함.

네오바로크(Neo-Baroque) : ①건축에 있어서 근대 후기에 발생한 신경향의 관능적 작품 경향. ②유럽의 19세기 후반기에 볼 수 있는 예술의 한 운동. ③대표적인 건축물로는 C. 가르니에(Charles Garnier : 1825~98)에 의한 파리의 오페라좌(座, 1861~75)가 있음.

네오비잔틴양식(-樣式, Neo-Byzantine style) : ①드럼(drum) 위에 다시 돔(dome)을 올려놓은 특수한 돔. ②그리스의 메트로폴(metropole) 사원과 성 마르크 사원(St Mark) 등이 있음.

네오코르뷔지어리언(Neo-Corbusierian) : ①1920년대 르 코르뷔지에(Le Corbusier : 1887~1965) 초기 작품의 기본이념과 유럽 합리주의 건축가의 엄격하고 이지적인 사상을 도입한 것. ②뉴욕을 중심으로 활동한 5명의 현대 건축가들-그레이브(Michael Graves : 1934~), 아이젠만(Peter Eisenman : 1932~), 과드메이(Charles Gwathmey : 1938~), 헤이덕(John Heiduk : 1929~), 마이어(Richard Meier : 1934~)-에 의해 나타남. 그리하여 이들을 '뉴욕파(New York School)' 또는 순수하다는 의미에서 '화이트(White)'라고 함.

네오클래시즘(Neo-Classicism) : ⇨신고전주의(=).

네오클래식(Neoclassic) : ①건축과 디자인에서 고대 그리스(희랍)와 고대 로마의 고전의 원칙으로 회귀하는데 기초를 둔 양식적 발전의 하나. ②프랑스 집정기와 엠파이어시대의 인테리어 스타일을 포함하여 프랑스 혁명으로부터 19세기로 지속된 기간의 프랑스 디자인으로 특징되는 신고전주의가 해당됨.

네오프렌(neoprene) : ①클로로프렌의 중합체인 합성고무의 상품명. ②1931년 뒤퐁(Du pont)회사에서 듀프렌(duprene)의 이름으로 발매되었던 것이 뒤에 네오프렌으로 개명됨. 나일론을 발명한 W.H. 캐러더스가 합성하였으며, 아세틸렌을 원료로 하여 클로로프렌을 만들고 여기에 과산화물을 촉매로 해서 유화중합(乳化重合)하여 만듦. ③천연고무보다 우수한 점이 많고 석유계의 기름에 녹지 않음. ④네오프렌에 미그네시아(magnesia), 아연화 등을 배합하여 가황(加黃)하면 내유성(耐油性)과 내약품성이 증가됨. 내한성(耐寒性)은 적고 붙는 성질이 강하며, 상당한 내유성(耐油性)과 내노화성(耐老化性)·난연성(難燃性) 등이 특색. 전선의 합성고무 중에서 가장 광범위한 적용성이 있어서 거의 모든 용도에서 천연고무를 대신할 수 있음. ⑤내유성·내약품성은 천연고무보다 우수하며 고무와 금속과의 접착·콘크리트·유리·천·가죽 등의 접착외피(外皮)·구명구(救命具)·내유(耐油)호스, 기타 여러 가지 공업용품 등의 표면에 이용됨. 고무계열접착제로도 용도가 많음.

네오프렌고무(neoprene rubber) : ①클로프렌의 산성중합체로서, 황을 첨가하면 열경화성으로 되며 니트릴레 고무보다 접착력이 강하고, 보다 광범위한 만능접착성을 지님. ②축압형 접착제로서 피착제의 양면에 도포하고 용제를 혼합시켜 강하게 압착하면 순간적으로 접착됨. ③내후성·내구성·내약품성 등 여러 가지 성질이 우수하여 소규모 목재에 특별히 사용하거나 비닐시트 또는 화장판의 접착에 사용. ④석탄산 수지와 혼합하여 목재와 금속을 접착하는 데 사용하기도 함. 도막방수 재료로도 사용되고 있으나 가격이 고가이므로 사용빈도는 적음. 난연성(難燃性)이므로 노출방수(露出防水)에도 적합.

네오프렌시트방수(neoprene sheet water-proof) : 균일한 유연성(柔軟性)을 가지고 있으며 두께 1.6㎜ 이상, 폭 1820㎜ 이상, 경도 50~70, 신장률 250% 이상, 인장강도 105㎏/㎠ 이상, 취화온도 −35℃, 인열강도 21㎏/㎝, 흡수저항 70℃ 물에 침수시켜 7일간 방치하여도 중량 증가가 1% 이내 등.

네오프렌접착제(−接着劑, neoprene paste) : ①미국 뒤퐁회사의 제품인 합성고무의 상품명으로 천연고무보다 우수한 점이 많음. ②특징 ; ㉠석유계의 기름에 녹지 않음. ㉡네오프렌에 마그네시아·아연화 등을 배합하여 가황(加黃)하면 내유성과 내약품성이 증가됨. ㉢고무와 금속·콘크리트·유리·천·가죽 등의 접착에 사용.

네오플라스티시즘(Neo-Plasticism) : ⇨신조형주의(=).

네온관등(−管燈, neon tube lamp) : ①가늘고 긴 유리관에 네온가스를 주입하여 전류를 통해 방전시켜 생긴 발광을 이용한 등. ②수은·헬륨·질소 등을 넣어 여러 색을 내어 광고 또는 장식용으로 사용.

네온램프(neon lamp) : ①가늘고 긴 유리관에 주로 네온가스를 주입·봉합하여 두 음극 사이에 전류를 통해 방전시켜 현란한 빛을 일으키는 발광을 이용한 냉음극 전등. ②주로 광고·간판·장식용으로 수은·헬륨·질소 등을 봉입하여 각종 색을 냄.

네온사인(neon sign) : ①네온램프를 이용하여 간판·광고에 사용하는 특수형 전구의 일종. ②소요전기는 1m당 10~20W, 초기 점등 시는 관길이 1m당 1,000~2,000V의 고압을 필요로 하기 때문에 네온 트랜스포머(neon transformer)를 이용하여 1만V 이상으로 승압하여 사용.

네이브(身廊, nave) : ①교회 건축물, 특히 고대 로마 건축의 바실리카식 교회(초기 기독교 건축) 중앙에 있는 폭이 넓고 천장이 높게 된 광대한 공간. 즉 본당 회중석(會衆席)인 신랑(身廊)을 말하며 이를 둘러싼 복도인 측랑(側廊, aisle)과 네이브의 천장 높이차를 이용하여 고창(高窓 또는 採光窓, clearstory)이 설치되기도 함. ②교회의 중심부분으로 나르텍스에서 성가대 또는 성단소까지 이르는 장소. 보통 네이브의 측면에는 아일이 있음. ③라틴어 'navis(배를 의미)'에서 유래한 용어

(身廊, nave)과 넓고 높은 내부공간 및 신랑 옆벽의 3층 구조·신랑의 목조천장 등. ④특히 영국에서는 1066~1189년 좋은 건축을 많이 남겼는데 피터보로성당, 엘리성당, 이플리성당 등은 노르만건축의 특색을 가장 잘 나타냄.

노멀모드(normal mode) : 고유진동(固有振動).

노무관리(勞務管理, labour management) : 노동력의 사용을 낭비 없이 합리적·경제적으로 계획하여 생산성을 높이기 위한 조직의 개선, 기술의 향상·후생처리 등 일체의 경영방침.

노르만벽돌(-甓乭, Norman brick) : 102㎜×68㎜×305㎜의 공칭치수를 가지는 벽돌.

노르웨이벽돌(Norwegian brick) : 102㎜×81㎜×305㎜의 공칭치수를 가지는 벽돌.

노반(路盤, base of stupa finial) : ①탑의 꼭대기 층에 있는 네모난 지붕모양의 장식. ②상륜부(相輪部)의 기초가 되는 방형의 부재 승로반(承露盤)을 줄여서 이르는 말.

노변(爐邊, inglenook) : ①대형 개방 벽난로의 한쪽 모서리나 보통 좌석으로 제공되는 후미진 곳. ②침니코너(=).

노브(knob) : 문이나 서랍의 손잡이 또는 옥내배선공사의 애자 사용 공사에 쓰이는 전선 지지용의 도자기제 절연물.

노브

노브 선반 가공재(knob turning) : 작은 공이나 문의 손잡이 형태를 반복해서 계속 연결되게 깎아 가구의 다리나 다리 버팀대(stretcher)에 사용되는 선반가공부재.

노브선반가공재

노브스위치(knob switch) : ⇨펜던트스위치(=).

노브풀(knob pull) : 문 또는 서랍에 사용하는 꼭지모양의 손잡이.

노상(爐床, hearth) : 일반적으로 벽돌·타일·돌로 만들어지고 종종 실내에 조금 튀어나오는 벽난로의 바닥.

노송나무(扁柏, Hinoki, Japanese cypress, Chamaecyparis obsa Sieb. et Zucc.[학]) : ①일본 특산(特産)의 측백나무(扁柏)과의 상록침엽교목. 키는 30~40m 정도. ②연륜이 뚜렷하고 변재는 연한 황색·백색이고, 심재는 어두운 황색·황갈색이고 변재와 심재의 경계가 분명하지 않음. 비중은 0.44~0.45. 나무갗은 곱고, 나뭇결이 곧고 치밀하며, 가볍고 무르며 탄력이 크고 광택이 아름답고 특유한 향기가 남. 춘추재의 이행은 완만하며 수지구는 없음. 수축성과 흡수성은 작음. 압축강도와 전단강도는 강하고, 휨강도는 보통이며, 인장강도는 약하고, 충격·휨·흡수에너지는 보통이고, 경도는 높음. 제재가공성·대패가공성·휨가공성은 보통이고, 건조성은 양호함. 접착성과 도장성은 보통. ③특히 최근에는 국내에 자생하는 노송나무에서 정유를 추출, 삼림욕 성분과 향기를 그대로 전하는 삼림욕 향기가 개발됨. 성장이 빠르고 병충해·공해에도 비교적 강함. ④주로 건축·가구·창호·제도판·조각재 등 널리 사용. ⑤편백(=).

노와이용 대성당(-大聖堂, Noyon Cathedral) : ①프랑스 동북부 노와이용에 있는 초기 고딕의 대표적인 대성당. 1150년경에 기공(起工). ②신랑 옆벽은 4층 구조이고, 익랑(翼廊)의 남부 양끝은 반원형임. 신랑(身廊)의 천장은 1293년 이후 6분(分) 볼트(vault)를 4분 볼트로 개조.

노이에자흐리히카이트(Neue-Sachlichkeit[독]) : ⇨신즉물주의(=).

노인단기시설(老人短期施設, respite care center) : 임시로 기능장애가 온 노인이나 회복기 환자로 병원에 입원해 있을 필요는 없고 가정에서 돌보기 어려운 환자를 단기간에 걸쳐 임시적으로 수용하여 건강을 회복시켜 주는 역할을 하는 시설.

노점(露點, dew point) : ①일정한 습공기가 포화되는 상태, 즉 이슬점. ②어떤 온도와 압력하에서 공기 중의 수증기가 포화상태로 되어 수증기가 응축되어 이슬이 맺기 시작하는 것.

노점습도계(露點濕度計, dew point hygrom-meter) : 물체의 표면이 냉각하여 그 표면에 수증기가 응축하는 것을 관찰하는 습도계. 레그놀트(Regnault) 습도계는 노점온도계의 일종.

노점온도(露點溫度, dew point temperature) : ①공기의 수증기가 이슬을 맺기 시작하는 온도. ②대기압이 일정할 때 대기 중 수증기압을 포화수증기압으로 한 가상온도. ③단위는 ℃, 기호는 θ.

노정계(路程計, hodometer) : ⇨보척기(=).

노징(nosing) : 궁륭(vault)의 돌출된 모서리.

노출마감골재(露出-骨材, exposed aggre-gate finish) : 초기 응결 후 콘크리트 표면의 시멘트페이스트(cement paste) 층을 제거하고 골재를 노출시키기 위해 샌드 블라스팅(sand brasting)과 산(酸)으로 부식 또는 문지르기 등으로 만든 치장 마무리.

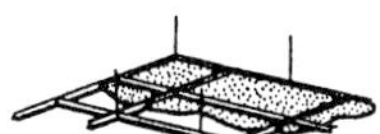

노출마감골재

노출텀블러스위치(露出-, exposed tumbler switch) : ①전기회로를 개폐하는 스위치. ②손잡이를 좌우 또는 상하로 젖혀서 전등을 점멸시키는데 사용. ③텀블러스위치(=).

노치(notch) : ①재료의 가장자리를 V자·U자 모양으로 따낸 부분. ②凹형으로 파서 다른 부재와의 연결이 잘 되게 한 것.

노커(knocker) : ①현관문 또는 출입문 위에 부착하여 노크하는 데 사용하는 초인종 역할을 하는 힌지로 연결된 쇠고리·막대 또는 손잡이 용구. ②보통 조각적이고 장식적인 경우가 많음. ③방문객이 고리의 하단을 전후로 움직여 두드려서 집안의 사람에게 방문객이 왔다는 사실을 알리기 위한 것.

노트르담 대성당(-大聖堂, Notre Dame [프]) : ①'우리들의 귀부인'이라는 뜻으로 A.D.1163~1214년 건립, A.D.1190년 트랜셉트 및 볼트 완성, A.D.1214년 서쪽 정면 완성, A.D.1846~1879년 비올레르 듀(Viollet le Duc : 1814~1879)가 수복(修復)한 가장 오래되고 웅장한 프랑스 초기 고딕을 대표하는 건축물. ②평면은 넓은 네이브와 양측에 이중 아일(aisle)이 있음. ③정면이 서향으로 정면현관의 출입구 3개는 모두 첨두형 아치로 중앙 상부에는 장식이 있는 원형창이 있고 그 좌우에는 두 개의 큰 탑이 있음. 탑 중앙은 트레이서리(tracery)가 있는 장벽으로 연결되어 있어 네이브(nave)의 지붕이 보이지 않음. 측면은 플라잉 버트레스(flying buttress)가 돌출하여 있고 그 하부에는 아일이 있으며 버팀벽 하부에는 예배소가 있음.

노트르담 대성당

노트르담-라그란드성당(Notre-Dame du Haut) : ⇨롱샹교회(=).

노하우(know how) : 실제의 기술적인 방법을 아는 일.

노화(老化, aging) : 재료가 외부의 작용(열·빛·비·바람·탄산가스·오존 또는 물리적·화학적 작용)을 받아 오랜 시간 동안에 본래의 성능이 저하되는 것.

녹(rust) : 금속이 대기와 접할 때 대기 속의 산소·수분과 화합하여 생긴 금속의 산화물.

녹나무(Cinnamomum camphora) : ①녹나무과의 상록 활엽교목으로 키는 30m 정도임. 온난대지역이나 아열대지역의 해안에 걸쳐 분포하고, 우리나라 제주도와 일본·대만·중국·유럽 지방에 많이 분포. 성장이 비교적 빠르고 내조풍성(耐潮風性)·내한성(耐寒性)이 뛰어남. ②변재는 회백색·담황갈색이고, 심재는 연한 적자(赤紫)·황갈·갈홍색으로 구분이 불명하며 연륜은 뚜렷함. 산공재(散孔材)로 아름다운 무늬가 있으며 강력한 장뇌향이 있는 것이 특징. 목리는 교착목리. 기건비중은 0.52, 전건비중 0.49, 함수율 1% 변화에 대한 평균수축률은 방사방향 0.19%, 접선방향 0.32%로 적음. 강도는 압축강도 400kg/㎠, 인장강도 1,100kg/㎠, 휨강도 700kg/㎠, 전단강도 100kg/㎠로 약함. ③주로 건축재·수장재·가구·조각재 등으로 사용.

녹다운(knockdown) : ①새시(sash)·가구 등에서 조립식으로 되어 있는 제품의 상태. ②운반 등의 편의를 위해 제품을 부품(part)으로 분할하여 조립식의 상태로 판매하는 것. 대표적인 것으로 조립식 가구(knock down furniture)가 있음.

녹막이(anti-corrosive, rust proofing) : ①금속이 녹스는 것을 방지하는 것. ②표면처리나 녹막이 페인트를 사용하여 대기 속의 산소·수분과 직접 접촉하는 것을 막음. ③방청(=).

녹막이도료(-塗料, rustproof paint) : ⇨방청도료·방식페인트(=).

녹막이안료(-顔料, anti-corrosive pigment, rust proofing pigment) : ①금속이 녹스는 것을 방지하는 작용을 하는 안료. ②연단(鉛丹)·염기성(鹽基性) 크롬산납(酸鉛)·납시아나미드·아(亞)산화납·징크로메이트·아연분말 등이 있음.

녹막이제(-劑, anti-corrosive agent) : 녹막이 안료. 액체 속에 혼합하여 그 액체의 부식성을 막는 약제.

녹막이처리(-處理, rustproofing) : ①강재(鋼材), 기타 금속재료의 표면이 녹스는 것을 방지하기 위한 처리. ②녹막이 도료를 칠하거나 도금을 하는 등의 방법이 있음. ③방청처리(=).

녹막이칠(-漆) : 녹막이 도료 또는 녹막이 도료를 칠하는 작업.

녹막이페인트(rust proofing paint) : ⇨녹방지페인트(=).

녹방지(-防止, rust-proofing, rust prevention) : 금속에 녹이 발생하는 것을 방지하는 것.

녹방지페인트(-防止-, rust proofing paint) : ⇨방식페인트·방청도료(=).

녹삼회(綠三熏) : ①녹색 희가 농담에 따라 세 가지로 된 것. ②종류는 금희·직희·쇠첩·변엽·먹당기·갈모걸련·쇠코걸련·고리금·물레금·박쥐금·십자금·갈모금·소슬금·솟을줏대금 등.

녹색(綠色, green) : ①노랑과 파랑을 조합한 24색상 중 하나. 평화·안전감을 주며 희망·성장·부활 등을 연상. ②색상번호 16, 명도 16, 채도 6. ③관용색명으로 어두운 회주황. ④먼셀기호 10R3/3.5.

녹색맹(綠色盲) : ⇨적록색맹.

녹아웃(knockout) : 전기공사에서 케이스나 상자에 두들기거나 절단함으로써 제거되도록 만든 부분.

녹차색(綠茶色) : ①관용색명으로 칙칙한 연두. ②먼셀기호 2GY7.5/4.

녹초(綠草) : 초엽조각(波蓮草刻) 또는 초록색으로 그린 초엽무늬의 단청.

녹화(綠花, green flower) : ①초록색으로 그린 꽃무늬. ②대립하는 두 곱팽이를 딱지로 연결한 무늬. ③마주보는 두 곱이를 딱지로 연결한 초록색 꽃. ④대개 녹색으로 칠함.

녹화머리초(綠花-草, green flower head figure) : 녹화무늬를 그린 무늬초.

녹화머리초

논렘수면(-睡眠, non-rem ; NREM) : 보통의 수면상태.

논서치가구(-家具, nonsuch furniture) : 16세기 영국의 헨리8세 때 고전 건축물의 형태를 마킷트리(marquetry) 또는 트롱프 뢰이유(trompe l'oeil) 기법으로 장식한 궤 가구.

논서치가구

논슬립(nonslip) : ①계단 디딤판 끝에 대는 금속제품의 일종. ②계단 모서리 끝부분에 미끄럼을 방지하기 위하여 대는 황동제·스테인리스제 등의 금속제와 고무류제·자기류제 등. ③표면의 홈에 고무·카보런덤(carborundum) 등을 넣어 내마모성·탄성을 좋게 한 것도 있음. ④보통 너비 50~70㎜, 길이 2m 미만.

놀가구회사(-家具會社, Knoll furniture Co.) : ①1914년 독일 태생인 한스 G. 놀(Hans G. Knoll : 1914~1955)은 크랜부룩 예술학교를 졸업한 후, 1938년부터 뉴욕에 오늘날 놀 회사의 전신이 된 Factory No.1이라는 가구회사를 설립. ②그 후 그는 1946년에 부인 플로렌스(Florence Knoll : 1917~?)와 함께 놀 어소시에이트(Knoll associated)를 설립하여 미국에서 현대 감각을 지닌 사무용 가구와 자본주의를 상징하는 회사로 부각시킴. ③놀 회사는 전통적인 사무실 환경을 개선하기 위하여 현대적 감각의 가구를 디자인하는 한편 조명기구·문손잡이에 이르기까지 설계하여 토털 디자인을 담당하는 전문적인 실내디자인 회사로 등장하였음. ④놀 가구 회사는 미국 내 주요 빌딩·사무소·공공장소의 실내 설계까지 맡았을 뿐만 아니라 디자이너의 예술성도 높이 평가하여 1948년부터 미스의 바르셀로나 의자를 위시하여 1950년대에 베르토이어(Harry Bertoia : 1915~78)가 설계한 그물의자와 사리넨 의자 등을 제작·생산. ⑤1946년 플로렌스는 개개의 가구들이 독립된 단위로서가 아니라 건물 내·외부의 공간에 적합한 형태로 디자인되어야 한다는 개념에서 놀 플래닝 유닛(Knoll planning unit)이라는 소형의 실내 모델안을 창안. 이것은 건축과 실내공간·가구의 일체화를 형성하기 위한 방안으로서, 사람의 체형을 고려한 가구-소파·테이블 등-들을 배치한 실내공간의 단위계획. 이러한 모델안은 실내계획안을 제출할 때와 계약을 체결할 때 이용되었고, 디자이너와 제작자 사이에도 협동체계를 구축.

놀세티(Knole settee) : ①17세기 초 영국 켄트주의 놀(Knole) 공원에 있던 의자에서 유래한 것으로 등받이가 높고 경첩에 의해 팔걸이가 좌석에 부착된 의자. 사용하지 않을 때에는 위로 올려놓음. ②1920~30년 영국 도시 근교에 살고 있던 부유층에 널리 유행.

놉튜브배선(-配線, knob and tube wiring) : 사기(砂器, 沙器)로 만든 놉과 튜브에 의하여 보호되는 절연도체와 그 지지물로 이루어진 배선.

놋쇠 : ⇨황동(=).

농(籠) : ①주로 의류(衣類)를 넣어두는 안방가구. ②여인들이 안방에 놓고 방치레로 사용하는 그 장식이 비교적 호사스러운 것이 특징임. ③구조적으로 2~3층으로 구분. ④보통 규모가 장(藏)보다 작고 상층부에는 개판(蓋板, shingle)이 없으나, 개판이 있을 때는 개판농이라고 함. 주로 이층농이 사용됨. ⑤종류는 형태에 따라 수장농·개판농이라 하며 치장재료에 따라 오동농·먹감나무농·숫농·삿자리농·함농·칠농·자개농·죽농·실농·버선농 등이 있음.

농담(濃淡, notan) : ①자연스런 빛과 그림자와 사실적(寫實的)인 실체감 표현법. ②키아로스쿠로(chiaroscuro, 명암법)와 대조적으로 구별하는 임의적인 명암패턴을 지적하는 일본어.

농선지(籠扇紙) : ①닥나무의 섬유질을 찧은 것. 닥을 몇 겹으로 붙여서 만든 두꺼운 종이. ②이첩지·삼첩지 따위도 농선지에 속함. ③전라북도 용암에서 많이 난다고 함. ④부채도 농선지로 만듦.

농선도배(籠扇塗褙) : 농선지로 하는 도배.

농아점박이 : 까만 바탕에 물결모양의 노란 무늬가 박힌 돌.

높은기둥 : ⇨고주(=).

높은난간(-欄干) : ⇨고란(=).

높은주춧돌 : ⇨장초석(=).

높이[1)](高, height) : ①하단(下端)에서 상단(上端)까지의 거리. 즉 높은 정도. ②주어진 레벨(level)에서 고정된 점까지의 위로 향한 연장이나 거리. ③운두(=).

높이[2)](altitude) : 기하학 형태의 밑면으로부터 반대 꼭짓점·평행한 면 또는 평행한 면까지의 거리.

놓을재목(-材木) : 보나 도리 따위로 가로로 거는 나무.

뇌록(磊綠) : 탄록색의 안료.

뇌문(雷紋, fret, meander) : ①짧은 수평선과 수직선이 반복해서 직각으로 교차하는 일정한 기하학적 형태를 이룬 장식적 문양이나 도안. ②그리스시대에 사용된 이후에 건축·가구·회화 등에 자주 사용. ③번개무늬(=).

뇌문

뇌파(腦波, electroencephalogram) : ①1924년 독일의 정신과 의사 H. 베르거(H. Berger)가 발견하여 대뇌 생리학에 많은 발전을 가져옴. ②머리 피부 위에서 유도한 대뇌(大腦)의 전기적 박동(搏動)을 기록한 것이고, 두피상(頭皮上)으로부터 전극을 통해서 도출된 대뇌피질에 있어서 신경세포의 활동전위(活動電位)의 총화. ③생물에게서 일반적으로 나타나는 생체 전기현상의 하나이며, 대뇌피질이 나타내는 자발적이고 또한 율동적인 전기적 활동을 의미. ④뇌파는 두피상에 적어도 두 개의 피부전극(皮膚電極)을 붙여서 양전극이 나타내는 전위차를 가지고 도출함. 이 때 전극은 접시전극 또는 바늘전극이며, 재질은 은·스테인리스·은-염화은. ⑤약어로 EEG라고 함.

누각(樓閣) : ①바닥과 지붕만 있고 벽체 없이, 즉 조망을 위해 사방을 터서 높게 지은 집. ②사찰의 누각은 본래 신도들에게 설법하는 장소이며 불구(佛具)를 보관하는 장소이며 주 불전의 영역을 보호하면서 출입을 통제하는 기능을 수행, 산지사찰은 경사지에 세워지기 때문에 본전 앞마당과 같은 높이로 바닥을 들어 올려 누각(樓閣)의 형식을 취함. 이때 마루 밑(樓下)은 본전으로 출입하는 통로로 이용되기도 하고 혹은 판벽으로 막아 창고와 같은 용도로 사용하기도 함. 안마당에서는 아담한 1층처럼 보이고, 진입부분에서는 거대한 2층 누각으로 성채같은 모습을 보임. ③누옥·층루(=).

누금세공(鏤金細工, granulation) : ①그래뉼레이션(granulation)은 '낟알'의 의미인 라틴어 그라눌룸(granulum)에서 유래한 용어. ②금속판 위에 작은 금속 알갱이를 섬세하게 녹여 붙이는 기법. ③낟알금속세공(=).

누꼽 : ⇨누꼽창(=).

누꼽여창 : ⇨누꼽창(=).

누꼽창(-窓) : ①창문의 창살로 구획한 한 부분에 따로 여닫게 만든 작은 구멍 창. ②창호지문의 일종으로 문 일부에 작은 창을 낸 문으로 '누꼽여창'이라고도 함.

누기(漏氣, air leakage) : 압력이 높은 실내 공기가 건물의 여러 틈새나 개구부를 통해 압력이 낮은 실외쪽으로 빠져 나오게 되는 현상.

누끼 : 일본집에서 기둥과 기둥 사이에 가로지른 얇고 좁은 각재.

누다락(樓-) : 루(樓)는 바닥이 땅 위로부터 떠 있는 구조로써, 함실아궁이 위쪽에 뜬구조의 다락.

누란(樓欄) : ①누마루나 누다락에 두른 난간. ②⇨헌함.

누름대(bead, batten) : ①널 등을 눌러 박는 오림목. ②패널이나 보드 사이의 맞춤새를 덮기 위해 사용하는 목재 또는 금속띠.

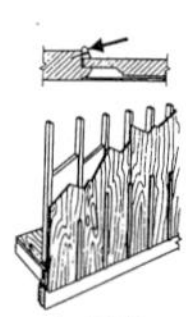
누름대

누름대비늘판벽(-板壁) : ①너비 180~240㎜ 두께 90~180㎜의 널을 상하 15㎜ 이상 겹치도록 기둥에 못 박아 대는 형식. ②⇨판벽.

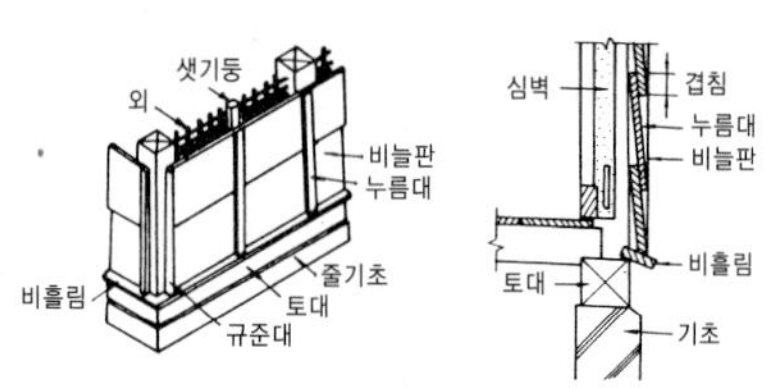

누름대 비늘판벽

누름퍼티(front putty) : 유리를 끼고 유리와 창살 홈을 붙이는 퍼티.

누마루(樓-) : ①다락같이 한 층 높게 만든 마루. ②주위에 머름 높이의 난간을 설치한 벽이 없이 기둥만 노출된 마루. ③주로 안채의 건넌방 앞이나 사랑채에 붙여 방보다 1척(300㎜) 높게 설치하며, 바닥은 장마루로 구성하고 천장은 연등천장 또는 우물반자로 구성. ④누마루는 삼면에 벽이 없이 기둥만 노출되어 아늑함과 안정감을 주기 위해 머름높이의 난간을 설치.

누목식(累木式) : ①원시건축형식 중 하나. ②통나무를 정자형으로 짜서 중첩하여 벽을 만들고 지붕을 덮은 것. ③정간식·귀틀식(=).

누미(樓尾) : ⇨치미(=).

누빈형상(-形狀, quilted figure) : ①나이테의 울퉁불퉁한 윤곽선에 의해 생성되는 나무껍질. ②주로 단풍나무·삼목·포플러·마호가니 등에서 나타남. ③블리스터(=).

누상주(樓上柱) : ①다락 위의 기둥. ②병연주(=).

누옥(樓屋) : ①지상 2층으로 지은 집. ②누각·층루(=).

누전차단기(漏電遮斷器, earth leakage circuit breaker, leakage current circuit breaker ; ELCB) : ①옥내 저압전로가 사고로 접지되었을 때 회로를 자동적으로 차단하는 장치. ②개폐기구·트립장치 등을 절연물 용기 내에 일체로 조립한 것으로 통전상태의 전로를 수동 또는 전기 조작에 의해 개폐할 수 있으며, 과부하·단로 및 누전발생시 자동적으로 전류를 차단하는 기구. ③종류는 전류동작형과 전압동작형이 있음. ④220V 배선에서 콘센트회로 또는 습기·물기 등이 있는 장소의 배선은 누전차단기를 설치하는 것이 좋음.

누정(樓亭) : ①원래 사람들이 쉬면서 주위의 수려한 경관을 완상(玩賞)하고자 만든 것. ②휴식과 여흥을 위한 시설. ③주로 시인 묵객(墨客)들이 모여 산수자연을 노래하고 시를 짓기도 하며, 마을의 유지들이 모여 시회(詩會)를 열거나 모임을 갖던 장소. ④주로 지형에 순응하며 자유롭게 배치됨. ⑤누정의 발달은 아름다운 자연경관과 사대부의 호연지기 문화를 배경으로 함. ⑥누정은 일반적으로 주택이나 사찰(고루·종루)·향교(문루)·서원(문루)·성곽(성문루)·객사 등에 부속되어 건립됨. ⑦분류는 크게 관영누정과 민간누정으로 구분함. ⑧누·정·정자(=).

누정건축(樓亭建築) : ⇨누정(=).

누조석(漏槽石) : ①물이 흘러내리도록 홈을 판돌. 성루의 배수에 쓰임. ②석루조(=).

석루조

누크(nook) : 눈에 잘 보이지 않는 후미진 곳에 위치한 구석진 방·공간 또는 위치·장소.

누하주(樓下柱) : ①다락집[누사(樓謝)] 구성에서 마루 밑으로 세우는 기둥. ②건물에 따라 목주(木柱)를 세우기도 하고 석주(石柱)를 세우기도 하는데, 석주의 유구(遺構)로는 경복궁 경회루가 가장 유명함. ③사원건축의 유구 중에는 석주의 예가 거의 없음. ④목주일 때 누하주는 누상주(樓上柱)와 한 몸일 때와 별조(別造)하는 수의 두 가지 기법이 있는데 따로 세울 때는 누상주보다 누하주를 굵은 목재로 함.

누혈(漏穴) : 물이 흘러내리도록 구멍을 뚫은 돌.

눈(目, eye) : ①빛의 에너지를 지각하는 기관이며, 인체에 가장 정교한 구조와 능력을 가진 감각기관의 하나. ②눈의 구조는 다음과 같음.

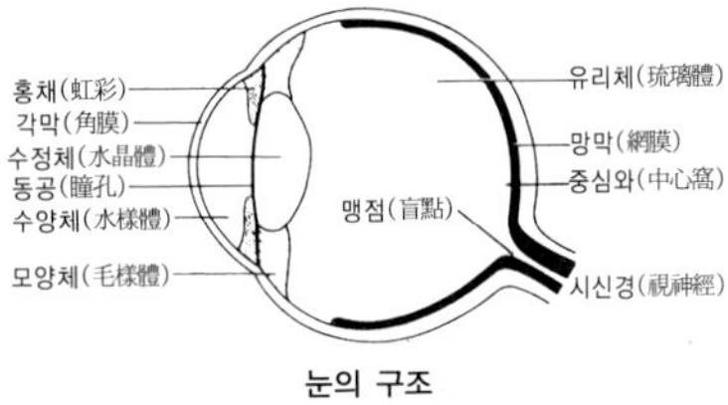

눈의 구조

눈가림벽(影壁) : ⇨내외벽(=).

눈곱재기창(-窓) : ⇨눈꼽재기창(=).

눈꼽재기창 : ①밖을 내다보기 위하여 출입

문 곁에 낸 아주 작은 창. ②출입문이나 봉창·광창에 유리를 박아 밖을 내다볼 수 있도록 한 창. ③부엌문의 판장문에서 갖가지 무늬의 구멍을 뚫어 밖을 내다보게 한 창. ④여닫이 옆에 작은 창을 내어 문을 열지 않고도 밖을 내다볼 수 있게 만든 창.

눈높이(視高) : ⇨시고(=).

눈먹임(wood filling) : ①도장공사에 있어서 거친 나뭇결 위에 토분이나 퍼티 등을 발라 매끈한 바탕을 만드는 것. ②마무리의 상태(좋고 나쁨)를 좌우함. ③눈메꿈·눈메움(=).

눈먹임재(wood filler) : ⇨나무눈메움재(=).

눈메꿈 : ⇨눈먹임(=).

눈메꿈도장(-塗裝, filler coating) : ①목재의 도관이나 섬유의 공간을 메우고 목재에 일정한 색조를 부여하고 목리를 선명하게 하며 도면을 평활하게 하는 도장. ②도관부분의 충진효과와 작업성이 좋을 것. 색상·건조상태·가격·냄새·부착성·가사시간·침전성 등을 고려해서 행하는 것이 좋음.

눈메움 : ⇨눈먹임(=).

눈메움재 : ⇨눈먹임재(=).

눈부심(眩輝, glare) : ①눈에 불쾌감을 줄 정도로 지나치게 밝은 상태. ②글레어·현휘(=).

눈썹마루 : ⇨쪽마루(=).

눈썹바라지(-破羅之) : 창문의 한 구획 안에 따로 열 수 있게 낸 작은 창.

눈썹지붕(lean to roof, pent roof, eyebrow) : ①주 지붕면에서부터 연속적으로 위로 굽은 지붕을 갖는 낮은 지붕창. ②좁게 된 지붕. ③추사고택 사랑채 동쪽측면 등이 그 실례. ④외쪽지붕(=).

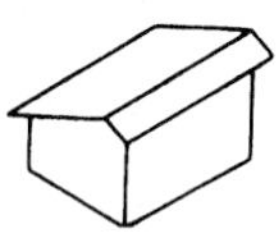

눈썹지붕

눈썹차양 : 처마 끝에 폭이 좁고 간단한 형태의 차양.

눈썹천장(-天障) : ①추녀 뒷몸과 선자(扇子)의 짜임새를 가리기 위해 중도리 안쪽(툇간)에 따로 꾸미는 평평한 천장으로 보통 우물반자(藻井) 형태로 함. ②대청에 합각 또는 선자 서까래가 모이는 곳에 설치한 우물천장. ③윤증고택의 사랑채 천장·성주 태고정 천장·환벽당 천장 등에서 볼 수 있음. ④우물반자·빗천장(=).

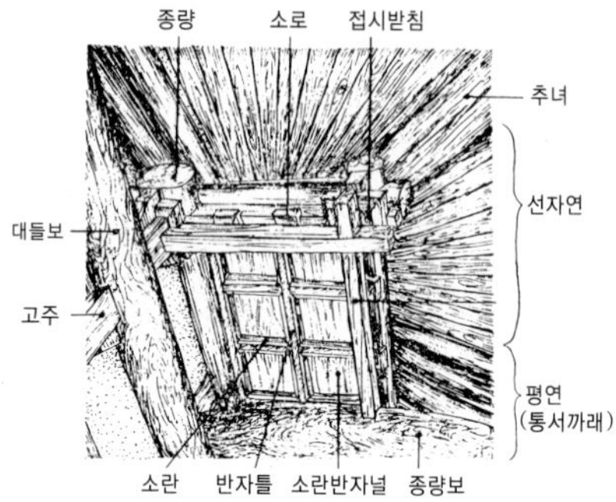

눈썹천장의 구성

눈외 : ⇨눌외(=).

눌외 : ①가로로 엮은 욋가지. ②가는 나무나 댓가지·수수깡 등으로 가로로 좁은 간격으로 엮은 욋가지. ③설외(⇔).

뉘앙스(nuance[프]) : 의미·색채·분위기·음·어감 등 감정상의 섬세하고 미묘한 차이.

뉴런(neuron) : ⇨신경세포(=). 뉴론(=).

뉴바로크(New Baroque) : ①1950년대 근대 건축양식에 대한 비판적인 자세에서 미국을 중심으로 세계각지에서 일어난 다양한 경향 가운데 바로크적인 동적(動的) 표현을 강조하여 기성의 미적 규범을 앞서 가려고 하는 한 경향에 대한 용어. ②대표적인 건축가로는 핀란드 건축가인 E. 사리넨(Gottlieb Eliel Saarinen : 1873~1950)의 작품이 있음.

뉴바우하우스(New Bauhaus) : ①1937년 3월 모홀리-나기(Laszlo Moholy-Nagy : 1875~1946)가 설립하고 하버드 건축과 교수였던 월터 그로피우스(Walter Gropius : 1883~1969)가 고문으로 해서 시카고에 설립한 디자인 학교. 다음 해에 자금제공자와의 견해 차이로 폐쇄되었다가 1939년 School of Design으로 다시 문을 열었음. ②1944년에 시카고 디자인 연구소(Chicago Institute of Design)라고 개편

했다가 1948년 모홀리-나기가 죽은 후 세르게 체르마이예프(Serge Chermayeff : 1900~)가 뒤를 이음. 1949/52년에 일리노이 공과대학(Illinois Institute of Technology)에 병합되어 오늘날에 이름. ③그 이념은 독일의 바우하우스와 동일하지만 시대의 변화와 미국 실정에 알맞은 방향으로 변모하는 것이 그 특징임.

뉴브루탈리즘(New Brutalism) : ①1954년 영국의 건축가 스미슨 부부가 중심이 된 그룹이 그들의 자세를 나타내기 위해 사용한 브루탈(brutal, 야수적인·무도한·거친)에서 인용된 용어. ②미스 반 데어 로에(Ludwig Mies van der Rohe : 1886~1969)와 르 코르뷔지에(Le Corbusier : 1887~1966)의 영향을 받았음. ③구조체의 노출이나 설비의 배관·배선의 노출이 특징임. ④르 코르뷔지에의 전통에 대해 재료·구조 및 서비스가 사실적으로 표현된 건축물의 양식. ⑤1950년대의 새로운 건축 동향에 대해 건축 평론가 R. 밴햄이 1969년에 저술·출판한 책.

뉴얼(newel) : 엄지기둥(=).

뉴얼스테어(newel stairs) : 급히 꺾인 층계.

뉴오피스(new office) : ①고도로 정보 네트워크(network)화된 새로운 형태의 오피스. ②종류 ; ㉠위성 오피스(satellite office). ㉡홈 오피스(home office). ㉢리조트 오피스(resort office) ㉣무빙 오피스(moving office). ㉤렌탈 오피스(rental office). ㉥개인존중형 오피스(private office). ㉦기분전환 오피스(refreshment office). ㉧그린 오피스(green office) 등.

뉴욕근대미술관(-近代美術館, Museum of Modern Art, New York) : ①1929년 설립된 미술관으로 신예술을 소개하고 교육을 통해 사회적 가치를 실험하며 청소년에 대한 미의식 교육을 실시하고 있음. 그 밖에 강좌·작품대출 등을 함.

뉴욕파(-派, New York school) : ①1940~50년대에 미국의 뉴욕에서 작업하던 작가들의 '추상'과 '표현주의'를 강조하던 일련의 움직임을 지칭하기 위하여 창안된 개념. ②양식적으로는 다소 느슨한 형태로 묶여진 추상 표현주의로 더 널리 알려짐. ③1965년 LA 카운티 미술관에서 '뉴욕파' 전시가 열려 이 경향에 가담한 15명의 화가들이 초대됨. ④대표적인 인물로는 드 쿠닝(William De Cooning), 아실 고르키(Ashile Gorky), 한스 호프만(Hans Hoffman), 프란츠 클라인(Franz Kline), 버넷 뉴먼(Barnett Newman), 잭슨 폴록(Jackson Pollack), 마크 로드코(Mark Rothko) 등.

뉴욕파이브(New York Five) : ①피터 아이젠만(Peter Eisenman : 1932~)과 마이클 그레이브스(Michail Graves : 1934~)·찰스 과스메이(Charles Kwathmey : 1938~2009)·존 헤이듀크(John Hejduk : 1929~2000)·리차드 마이어(Richard Alan Meia : 1934~) 등 5명의 건축가로 구성된 그룹. ②그들의 스승인 콜린 로우의 영향으로 르 코르뷔지에의 초기 작품들에 의해 영향을 받음. ③이 그룹의 작품은 뉴욕의 근대 미술박물관에서 Case 그룹(환경연구건축가 협의회의)의 1969년 회합의 일환으로 개최된 전시회의 핵심이었음. ④1972년 『Five Architect』란 제목의 책을 통하여 모임의 계기가 마련됨. ⑤이들이 보여준 모든 작품들은 나무를 주재료로 사용한 단일 세대 주택들이 주종을 이룸. ⑥1920년대와 1930년대의 국제주의 양식으로의 형태적인 복귀를 내포하고 있었음. ⑦르 코르뷔지에가 이들 그룹 출발의 주 모티프(motif[프])가 되었지만 직접적인 영향은 리트벨트(Gerrit Thomas Rietvelt : 1888~1964)와 테라그니(Giuseppe Terragni : 1904~41)로부터 유래함. ⑧1970년대 후반부터 각자의 독특한 형태적 관심이 부각됨에 따라 와해됨. ⑨파이트파(=).

뉴저먼바우하우스(New German Bauhaus) : ①1955년 바우하우스의 재건을 위해 울름(Ulm)에 설립한 디자인대학. ②1937년 3월 미국에 세운 뉴바우하우스(New

Bauhaus)를 본받아 붙인 명칭으로 정식명칭은 'Hochschule für Gestaltung, Ulm'. 막스 빌(Max Bill : 1908.12.22.~1994)이 학장으로 역임(1951~1956). ③초기에는 의욕적으로 디자인 교육을 하여 세계적인 주목을 끌었으나 1969년 재정상의 곤란으로 슈투트가르트 공과대학에 병합됨.

뉴타운(new town) : ①도시의 확대를 위해 시가지와 떨어져 계획된 근교도시. ②전원도시 이론. ③도시가 확대·비대해지면서 시가지와 떨어져 계획된 근교의 신도시. ④공공시설이나 상업시설로 구성되는 타운센터(town center)와 주거지구·공업지구·녹지 등으로 구성됨. ⑤전원도시 이론·근린주구이론 등의 영향을 받아 영국에서 특히 발달하였음.

뉴턴(newton) : ①힘(force)을 나타내는 SI 단위. ②부호는 N(kgm/s^2).

뉴트럴(neutral) : 중립적·중간적인 의미.

뉴트럴 그레이(neutral gray) : ①명도에 무관하게 유채색을 전혀 갖지 않은 순수한 회색. ②표준색표의 무채색단계는 뉴트럴 그레이에 해당함. ③무채회색·중성회색(=).

뉴페인팅(New Painting) : ①1980년대에 들어와 구상적(具象的)인 주제(主題)가 활력을 되찾아 인간의 모습을 중심적인 주제로 해서 거친 필치로 힘차게 그려낸 그림이 미국과 유럽에서 거의 동시에 등장했음. ②이것은 전위회화(前衛繪畵)가 잃었던 현실의 인간과 그림의 연결을 회복하려는 시도로 보임. ③이 새로운 구상화(具象畵)는 구미에서는 '뉴페인팅', 이탈리아에서는 '트랜스아방가르드', 독일에서는 '신표현주의' 등으로 불리며, 80년의 이탈리아 베네치아 비엔날레, 81년 독일 쾰른에서 개최된 베스트쿤스트전(展), 82년 독일 베를린에서 있었던 차이트가이스트전 등에서 주목받았음. ④작가로는 줄리언 슈나벨, 장 미셸 바스키아, 프란체스코 클레멘테 등이 있는데 이들의 태반은 2차대전 후 태어난 무명의 작가들임.

뉴황금비(-黃金比, new golden ratio) : 르코르뷔지에가 인체치수를 기준으로 하여 황금비에 의한 등비수열로 전개한 2개의 수열을 만들어 이론적으로 도출한 치수계열인 동시에 비례적인 모듈로서 르 코르뷔지에 자신의 설계에 적용하여 아름다운 작품을 만들었음.

느릅나무(楡木, 家楡, elm, elm tree, Janenese elm, Ulmus Davidiana var. japonica Nakai) : ①느릅나무과인 활엽수의 일종으로 키는 20m 정도. 우리나라 각지·일본·사할린·중국 등에 분포. ②연륜이 매우 뚜렷하고, 심재는 암갈색, 변재는 갈회색으로 심변재의 구분이 뚜렷함. 환공재(環孔材)로 나무갗은 거칠고, 나뭇결이 고우며 아름다워 장식적인 무늬목의 재료로 사용하고 표면이 거칠며 재질이 단단하여 가공이 어렵고 보존성이 낮으나 강하면서 유연성이 좋아 곡목(曲木, bentwood)의 소재로 사용. 마른 재목은 갈라지지 않음. 심재는 담갈색·연한 갈색이며, 변재는 갈색 줄무늬가 있는 회갈색·연한 갈색. 기건비중 0.64, 전건비중 0.61. 강도는 압축강도 410kg/㎠, 휨강도 910kg/㎠, 인장강도 1,100kg/㎠로 보통. 내구·절삭·가공·접착·도장과 건조속도는 보통이고 할렬(check)이 잘 안 됨. 약제주입은 비교적 양호하고 휨 가공재로 적당. ③주로 화장단판·가구·건축(건구·내장)·기구·합판·침목 등으로 사용.

느리개 : 서까래 뒤를 박는 데에 쓰는 죽더끼(죽데기).

느에 : ⇨너와(=).

느에집 : ⇨너와집(=).

느티나무(槻木, 槐木, 欟木, Sawleaf zelkova, Zelkova, Zelkova tree, Zelkova serrata Makino[학]) : ①느릅나무과(Ulmaceae)에 속하는 활엽수의 일종. ②재질이 치밀하고 단단하며 무늬가 아름답고 광택이 있음. 탄력(彈性)과 인성(靭性)이 크고 잘 갈라지지 않으며, 가공이 용이함. 연륜이 매우 뚜렷하고, 심재는 황갈색, 변재는 담황갈색으로 심·변재의 구분이 뚜렷함. 나무갗은 거칠고, 결이 곧으며 환공재(環孔材)임. 고비중재이고, 수축성은 보통이며, 흡수성은 큼. 휨강도와 전단강도는 강하고, 압축강도와 인장강도는 보통이며, 충격·휨·흡수에너지는 크고, 경도는 낮음. 제재가공성과 건조성은 보통이며, 대패가공성은 불량하며, 휨가공성은 양호함. 접착성은 양호하고, 도장성은 보통임. ③주로 화장단판·가구·건축(건구·내장)·조각·공예·장식 등으로 사용함.

늑골형 발(肋骨形–, drake foot) : ①가구의 다리 하부인 발등 부위에 3~4개의 골이 파여진 동물 발 모양의 형태를 형상화시킨 발. ②18세기 중엽 미국·영국 가구에 자주 사용.

늑근(勒筋, stirrup) : ①철근콘크리트 보의 주철근을 둘러 감은 보조철근. 보의 전단력을 증가시키고 압축측과 인장측을 연결시키며 그 곳에 생기는 사인장 응력을 보강. ②스터럽(=).

늘결 : 나이테와 접선이 되도록 자른 나무에 나타나는 결.

늘결

능(陵) : ⇨릉·능침(=).

능나무 : ①소나무의 일종. ②수원 언저리에서 많이 자랐으나 지금은 다 베어서 없는 나무. ③단단하기는 하나 잘 비틀어지는 흠이 있음.

능동적 균형(能動的均衡, active balance) : ⇨비대칭적 균형(=).

능동형 태양열시스템(能動型太陽熱–) : ⇨액티브솔라에너지시스템(=).

능문(菱紋) : ①마름모꼴의 무늬. ②고구려 와당(瓦當)에서 흔히 볼 수 있음.

능보(稜堡, bastion) : ①누벽(樓壁) 또는 기타 요새(fortificication)의 돌출부. ②불규칙한 오각형을 형성하는 것이 전형적이며 기초 부분은 주 건조물과 연결됨.

능사(陵寺) : ①왕릉에 건립한 왕실의 원찰. ②능(陵)을 지키기 위하여 세웠거나 지키도록 지정한 절. ③고려 때부터 조선시대에 내려와서도 그대로 따랐음. ④조선시대의 능사로는 개경사(開慶寺:조선태조의 건원능의 능사), 봉선사(奉先寺:세조의 광능의 능사), 신륵사(神勒寺 : 세종의 영능의 능사), 3대 태종(太宗)만은 그의 유언에 따라 능사 없음. 그 밖에 평양 동명왕릉 가끼이에 있는 정릉사(定陵寺) 등이 있음.

능직(綾織) : 두 개 이상의 종사(縱糸)와 횡사(横糸)가 연속하여 교차하게 짜는 직물조직의 하나.

능침(陵寢) : ⇨릉(=).

능형문(菱形文, lozenge) : ①줄이나 점으로 이루어진 마름모꼴 형태의 무늬. ②마름모무늬(=).

능화지(菱花紙) : 마름모꼴의 모양을 새긴 목판 위에 종이를 놓고 문질러 능화문양을 박아낸 종이.

니들펀치(niddle punch) : ⇨니들펀치드 카펫(=).

니들펀치드 카펫(needle punched carpet) : ①부직포(不織布) 카펫의 일종. ②펠트(felt) 같은 형태로 만들기 위해 폴리프로필렌 시트(polypropylene sheet)에 갈고리바늘로 원사(原絲)를 앞뒤로 천공(穿孔)하여 제작한 카펫. ③제품에 방향성이 없어 재단이 자유롭고 시공이 간편하며, 카펫 중 가격이 가장 저렴함. ④기포의 배면에 풀(latex)을 바르고 그 위에 화학섬유(staple fiber)를 일정한 두께로 바늘로 펀칭(punching)하여 화학섬유를 연결시킨 것. ⑤섬유를 그대로 제품 가공한 것이 특징이므로 무늬 없는 것에서 무늬가 있는 파일상까지 가능함. ⑥시공이 용이할 뿐만 아니라 값이 싸고 견고하여 일반 바닥재·승용차용 바닥재·벽도장재로 인테리어에 널리 사용함. ⑦종류는 중국풍(中國風 ; 꽃·동물·문자가 주체이고 감청색이 특징)·오리엔탈풍(사실적인 꽃무늬가 특징)·스페인풍(문장을 도입한 꽃무늬가 특징)·인도풍(印度風 ; 굵은 당초무늬가 특징) 등이 있음.

니들포인트(needle point) : ①그물망·무거운 천막·거친 리넨으로 된 오래 전에 유행된 십자가 수가 놓여진 자수품. ②태피스트리(tapestry, 색실로 짠 주단)와 비슷하며 15세기 이래로 의자·소파 등을 천으로 씌우는데 사용되었음.

니들포인트

니브(nib[프]) : 돌출부분 또는 조그마한 돌기(突起).

니스(vanish) : ①수지류나 섬유소를 건성유 또는 휘발성 용제에 녹여 만든 연한 노랑색의 얇고 투명한 도장재료. ②용제의 건조속도와 성분에 따라 유성 니스·휘발성 니스 등으로 구분. 유성 니스는 건성유와 수지를 가열 융합하여 만들며 휘발성 니스는 수지에 휘발성 용제인 벤졸·아세톤·알코올 등에 녹여 만듦. ③바니시(=).

니안곤(Niangon[프], Tarrietia utilis Sprague[학]) : ①서아프리카 해안의 다우밀림(多雨密林)에 소군락을 이루고 자라는 군생수종(群生樹種). ②심·변재가 구분되며 심재는 도갈색(桃褐色)~적갈색. 변재는 회백색으로 폭이 3~5cm. 목리는 약간 교착하고 나무갗은 거칠음. 중경재로 기건비중 0.60~0.80, 수축률은 방사방향 3.7%, 접선방향 7.8%, 용적수축 12.2%로 보통. 강도는 압축강도 459kg/㎠, 휨강도 1284kg/㎠, 휨인장강도 20.6kg/㎠, 전단강도 74kg/㎠로 강함. 제재는 용이하며 내구성과 도장성은 양호. 건조시에 장시간이 걸리며 얇은 판재나 교착목리가 있는 재 이외는 변형은 일어나지 않음. ③주로 외장용·내장·선박·기구·지중건조물 등에 사용.

니야토(Nyatoh[인], Palaquium[학]) : ①인도대륙·인도지나 반도·동남아시아 전역과 남태평양 제도·오스트레일리아·뉴질랜드 등 대양주까지 분포. ②변재는 담색, 심재는 농도갈색 또는 적갈색으로 변재와 심재 구분이 비교적 잘됨. 목리는 교착(交錯)하고 나무갗은 곱고 균일하며 얇고 농색의 줄무늬가 파상문양을 나타냄. 기건비중 0.45~0.85로 수종에 따라 변화가 많음. 수축률은 방사방향 4.0%, 접선방향 6.6~7.6%로 보통이고 강도는 압축강도 304~534kg/㎠, 휨강도 806~1011kg/㎠로 보통. 건조·가공·내구성이 불량하고 도장은 보통이나 접착·연삭(硏削)은 양호하며 광택이 남. 실리카의 함량이 많으며 방부제 주입은 불량. ③주로 플로어링·실링재·건축·가구·내장·합판·중구조 등에 사용.

니오베(Niové[프]) : ①나이지리아에서 자이레까지의 적도아프리카에 많이 분포. ②심재의 색은 변화가 많으며 밝은 홍갈색에서 짙은 적갈색까지 있으며 약간 농색의 줄무늬가 있음. 목리는 통직하고 나무갗은 고움. 중경재 기건비중 0.85~1.00 수축률은 방사방향 6.2%, 접선방향 6.7%, 용적수축 13.0%로 보통. 강도는 압축강도 860kg/㎠, 휨강도 1,918kg/㎠, 횡인장강도 33.0kg/㎠, 전단강도 105kg/㎠로 강함. 제재에는 강한 양질의 톱이 필요하며 포삭(鉋削)·선삭(旋削)은 용이. 건조는 장시간이 걸리지만 용이하고 건조 후에는 상당히 안정됨. 내구성은 극히 양호하고 가루나무좀의 해가 없음. 접착·도장성은 불량. ③주로 상재(床材)·무늬단판·건축 등에 사용.

니즈(needs) : 서로의 요구·요망을 의미.

니치(niche[프], nische[독]) : ①벽에서 홀로 후퇴되었거나 뒤로 공간이 있는 곳. ②두꺼운 벽이나 방의 한 부분을 움푹 들어가게 만든 곳. ③절반의 돔(dome)으로 끝나거나 콘솔(console)로 지지되는 작은 박공벽돌로 이루어진 벽의 후면에 반구상으로 움푹 들어간 곳. ④평면은 보통 반원형이고 그 상부는 아치형의 돔이 얹혀지기도 함. 동상(銅像)·조상(彫像)이나 장식품(裝飾品)을 놓기도 함. ⑤서양건축에서 벽면을 부분적으로 오목하게 파서 만든 감상(龕像)의 장치로 보통 조각품 등을 놓아 장식. ⑥감실·벽감(=).

니치산업(Niche Industry) : ⇨틈새산업(=).

니켈(nickel) : ①강철과 주철의 합금에 쓰이고 내식성이 요구되는 금속의 전기도금에 사용되는 단단한 은백색의 전연성이 있는 금속원소. ②기호는 Ni. ③전연성(展延性)과 내식성이 좋고 잘 산화하지 않으며 청백색의 광택이 남. ④건축재료로 사용하는 니켈은 주로 합금이 사용되며 순수한 니켈은 별로 사용하지 않음.

니켈강(-鋼, nickel steel) : ①구조용 특수강의 일종. ②탄소강에 비해 매우 강인(强靭)하며 담금질에 대한 질량효과(質量效果)도 작음. 내마모성·내식성이 매우 크며 뜨임 저항성도 일으키지 않아 열처리가 매우 쉬움.

니켈도금(-鍍金, nickel plating) : ①위생기구 등의 표면을 방청제나 미화를 목적으로 하는 도금. ②양극에 니켈을 연결하고 도금액에는 황산니켈이 사용됨.

니켈실버(nickel silver) : ①니켈 20% 정도에 황동 65%를 합금한 은백색 금속. ②특징은 광택이 좋고 내식성이 큼.

니켈크롬강(-鋼, nickel chrome steel) : ①구조용 특수강 중에서 가장 중요한 종류로써 현재 가장 많이 사용되고 있는 것은 탄소 0.27~0.4%, 니켈 1.0~3.5%, 크롬 0.5~1.0%을 혼합한 것. ②담금질 후 뜨임한 것은 내마모성·내식성·내열성 등이 탄소강에 비해 매우 좋으며 고온에서 오랫동안 가열하여도 결정립(結晶粒)의 조대화(粗大化) 경향이 거의 없음.

니크롬(nichrome) : 니켈·크롬·망간을 함유한 합금.

니크롬선(-線, nichrome wire) : ①니켈·크롬·망간을 함유한 합금으로 만든 선. ②주로 도선(導線)·전열기(電熱器) 등에 사용.

니트[1](knit) : ①바늘로 방사를 짜는 패브릭 구조. ②손으로 뜨개질하는 것이 전형적인 방식이나 직조기계가 산업적 생산을 위해 발전되었음.

니트[2](nit) : ①휘도(輝度)의 단위. ②1㎡당(當) 1칸델라(cd) 정도의 광도(光度)를 갖는 표면의 휘도. ③단위는 nt. nt=cd/㎡. ④스틸브(=).

니트로셀룰로오스 도료(-塗料, nitro-cellulose paint) : ①초화면이 주성분으로서 알키드 수지. ②Hard Resin, 가소제 등으로 구성되어 있는 건조성의 용제 휘발형 금속용 도료. ③점도가 낮은 초산(醋酸) 섬유소(纖維素)·수지류·가소제(加塑劑)를 적당한 용제로 녹여서 만든 래커. 초화면(硝化綿, nitro-cellulose) 래커라고 하며 보통 래커(lacquer)라고도 함. ④광택이 우수하며 속건성으로 작업성이 양호함. ⑤자동차의 보수용이나 기계기구의 도장 등 철제용에 사용. ⑥파이록실라인 래커·래커(=).

니트시멘트(nit cement) : ①모래나 자갈을 함유하지 않은 '시멘트만'이란 의미. ②시멘트와 물로 반죽된 시멘트페이스트(cement paste).

니트카펫(knit carpet) : ①편물기를 이용하여 바탕과 파일이 만들어진 카펫의 일종. ②루프 모양의 고저차가 있는 텍스처가 얻어짐. ③대량생산형의 카펫.

니티드카펫(knitted carpet) : ①백킹·감치는 실·파일사를 3쌍의 바늘을 사용해 고리로 엮은 카펫. ②뜨개질하는 방법과 유사한 방법을 사용하여 3개의 바늘을 가지고 바탕과 표면을 함께 짠 것. ③뒷면에는 라텍스(latex)로 마무리.

니형 접합(-形接合, knee) : 굽은 접합점.

니홀데스크(kneehole desk) : ①책상 서랍이 양쪽에 설치되고 가운데가 비어 있는 책상. ②아랫부분까지 통으로 된 책상이지만 그곳에 앉았을 때 사람의 무릎을 고려하여 만듦.

니홀데스크

님버스(nimbus) : ⇨헤일로(=).

님파에움(nymphaeum) : ①고대 로마나 그리스 건축에 있어서 식물이나 꽃·조각 등을 세우고 분수를 설치하여 휴식이나 오락을 위해 만든 휴게실·오락실 또는 그러한 용도의 건축물.

【ㄷ】

ㄷ자집 : ①평면 형태에 의한 전통 민가 유형의 하나. ②안채·사랑채·대문간채 등이 연속되어 ㄷ자를 이룬 배치 구성의 집. ③서울 도성 내 좁은 대지에 많이 건립되었고, 일제기 서울의 집장사 집에서 좁은 집터에 조선시대의 안채·사랑채·문간채가 갖던 독립된 기능을 복합적이면서도 기능적으로 처리하고자 한 까닭에 많이 건립. ④지방의 큰 집에서도 자연스럽게 안마당이 형성되는 ㄷ자집 안채를 많이 건립함.

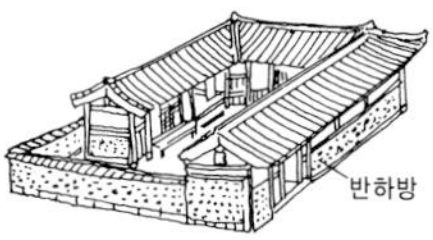

ㄷ자집

다가구단독주택 : ⇨다가구주택(=).

다가구주택(多家口住宅, Multiple dwellings, house for multiple-house hold) : ①단독주택을 개조하여 4층 이하, 연면적 660㎡ 이하의 2가구 이상이 거주할 수 있는 임대를 목적으로 하는 주택. ②1개 주택에 여러 가구가 거주하도록 건축된 주택으로 가구별 구분등기와 분양이 되지 않음. 소유주는 1가구 1주택에 해당됨(단독주택으로 셋집). 단, 주택 내에 여러 가구가 거주할 수 있는 구조로 된 주택으로 각 가구별로 별도의 방과 부엌·화장실·출입구를 갖추고 있어야 하며, 이에 따른 건물 연면적은 660㎡ 이하, 3개층 이하로 2~19가구까지 건축할 수 있으며 가구별로 구분 소유와 분양을 할 수 없는 단독주택.

다각주(多角柱, canted column) : 각이 많은 기둥으로 각의 수에 따라 4각형·6각형·8각형 기둥이라고 함. 보통 4각형 이상의 기둥을 말하며 각이 많으면 원형기둥에 가깝게 됨.

다각탑(多角塔, poligonal pagoda) : ①평면을 육각형·팔각형·아자형·겹아자형 등으로 하여 화려하게 만든 탑. ②탑신의 평면이 다각형으로 된 탑.

다각형(多角形, polygon) : 세 개의 직선으로 닫힌 평면형태.

다각형의 밧줄형태(多角形-形態, funicular polygon) : 자유롭게 변형되는 케이블이 하나의 집중하중군(群)에 직접적으로 반응하여 만들어지는 형태.

다각형지붕(多角形-) : ①4모지붕·6모지붕·8모지붕 등이 있으며 주로 정자(亭子)건축에 사용. ②창덕궁·비원·연경당의 농수정은 4모지붕·경복궁의 향원정은 6모지붕.

다각형지붕

다갈색(茶褐色) : 관용색명으로 어두운 회빨강. 먼셀 8R3/2.

다고베르의자(-椅子, Dagobert chair) : ①성 엘루아(St Eloi)가 고안한 7세기경에 사용된 유명한 금세공과 청동으로 만들어진 비잔틴양식의 X자형 접이의자. ②12세기 초기의 프랑스 메로빙거 왕조의 한 왕의 것으로 간주되며 로마의 셀라 큐룰리스(sella curulis)와 매우 유사한 형태의 접는 의자로, 훗날 애벗 쉬제르(Abbot Suger)가 등받이와 팔걸이를 부착하여 사용.

다고베르의자

다공벽돌(多孔壁乭) : ⇨다공질벽돌(=).

다공성(多孔性, porosity) : 재료의 내부 또는 표면에 다수의 미세한 구멍이 있는 것. 일반적으로 다공성 재료는 중량(重量)이 가볍고, 단열효과(斷熱效果)와 흡음효과

(吸音效果)가 우수.

다공성흡음재 : ⇨다공질흡음재(=).

다공질벽돌(多孔質壁乭, porous brick) : ①점토에 유기질분말인 분탄(粉炭)·톱밥·겨 등을 30~50% 정도 혼합하여 성형한 후 소성한 것으로 공극률(空隙率)이 30~50%로 내부에 무수한 작은 구멍이 생기므로 비중이 1.2~(1.5~1.7) 정도로 되어 절단·못치기 등의 가공이 유리한 경량벽돌임. 강도 부족으로 구조재용으로는 사용하지 못하나 보온·흡음성이 있어 방열·방음 또는 경미한 칸막이벽 및 단순한 치장재로 사용. ②⇨다공벽돌(=).

다공질재료(多孔質材料, porous material) : ①다공성(多孔性)을 가진 재료. ②섬유질 재료와 같이 통기성(通氣性)이 있는 재료. ③특징은 재료에 음파가 입사하면 재료 내부의 공기진동에 의하여 점성마찰이 생기고, 음에너지가 열에너지로 변환되어져 흡음됨. 이 흡음은 고음역, 즉 주파수가 큰 영역에서의 효과가 큼. ④종류는 천연 다공질재료와 인공 다공질재료로 구분. 암면(岩綿)·발포스티롤·ALC판·경성 등.

다공질콘크리트(多孔質-, porous concrete) : 콘크리트의 단위용적중량 경감 혹은 단열성 부여를 목적으로 안정된 기포를 물리적인 방법으로 도입시키는 혼화제인 기포제를 혼입한 콘크리트로 도입되는 공기량은 구조용(압축강도 100kg/㎠)으로는 10~60%, 단열용으로는 70~85%인 다량의 기포를 혼입함.

다공질흡음재(多孔質吸音材, porous absorbent materials) : ①재료의 표면과 내부에 미세한 기포(氣泡) 또는 세관상(細管狀)의 공극이 많이 분포되어 있는 조직을 갖는 것. ②흡음성능은 다공질 정도와 재료의 두께 및 재질이 갖고 있는 공기유동저항성(空氣流動抵抗性)에 크게 좌우됨. ③흡음특성은 중·고주파에서의 흡음률은 크지만 저주파에서는 급격히 저하됨. 재료의 두께나 공기층 두께를 증가시킴으로써 저주파의 흡음률을 증가시킬 수 있음. 다공질 재료 표면의 통기성이 다른 재료에 의해 저하되면 중·고주파에서의 흡음률이 떨어짐. ④유공재료로는 암면(岩綿, rock wool)·유리면(琉璃綿, glass wool)·슬래그 울(slag wool)·텍스(tex)·유공 석고보드·유공 석면시멘트판·유공 알루미늄 패널 등이 있음. ⑤유공판(有空板)은 주로 방송국 스튜디오나 홀에서 흡음구조로써 많이 사용.

다기능화(多機能化) : ⇨다목적화(=).

다다미(straw mat) : ①짚으로 짠 두꺼운 돗자리 표면에 풀잎으로 짠 고은 자리를 입힌 것. ②볏짚을 속에 채우고 돗자리로 마감 처리한 일본에서 실내에 사용하는 전통적인 바닥재로 옆은 천으로 마감. 크기는 900㎜×1,800㎜, 두께 40~60㎜ 정도로 탄력·보온·촉감은 좋으나 내구력이 작고 흡습성·오염성이 큼. ③주로 유도 체육관이나 전통적인 일본식 실내에 사용.

다다이즘(Dadaism, Dadaisme[프]) : ①다다(dada)는 어린이 '장난감 목마'를 의미하는 프랑스어로 1916년에 스위스 취리히에서 발생한 미술·드라마, 그리고 문학에 있어서의 허무적·파괴적인 국제적 예술운동. 직감과 합리성에 대한 냉소적 표현으로 가득 차 있는 초현실주의 전(前) 주자임. ②제1차 대전 이후(1917년경)에 프랑스·스위스·독일 등에서 발생한 반항적인 예술운동으로 제1차 대전을 유발한 전통적인 문명과 이성(理性)의 우위(優位)를 부정하고 기성의 모든 사회적·도덕적 구속으로부터 해방되고 우연성의 의미를 강조하고, 개인이 추구하는 욕구에 충실하고자 하는 반(反)예술운동. 따라서 기존의 예술형식을 파괴하고 우연성을 개입시킴으로써 자율적인 발상과 오브제, 콜라주(collage[불])나 몽타주(montage[프]) 등의 자유로운 표현수법도 시도하여 새로운 조형표현을 전개하는데 풍자적 표현에 영향을 주었음.

다도(dado) : ①서양 고전건축에서 기둥(column)과 코르니스(cornice) 사이에의 주춧

가 추구한 새로운 주거와 도시의 형태를 제시.

다면경 화장대(多面鏡化粧臺, reflecting dressing table) : 18세기경에 개발된 창의적인 화장대로 거울이 여러 개 부착된 다용도용 화장대.

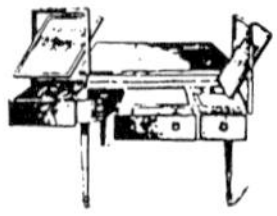

다면경화장대

다면체(多面體, polyhedron) : 많은 면으로 구성된 기하학적인 입체.

다면체구조(多面體構造, polyhedral structure) : 꼭짓점·모서리, 그리고 면의 반복과 규칙적인 배열을 갖춘 3차원적인 구조.

다모투리 : 큰 잔으로 소주를 파는 집 또는 마시는 일.

다목물감색(多目-色) : ①관용색명으로 칙칙한 빨강. ②먼셀기호 4R4/7.

다목적 공간(多目的空間, multi-purpose space) : ①주택의 거실·가족실·다용도실처럼 여러 기능이 한 공간에서 복합적으로 이루어지는 다목적에 사용하는 것을 전제로 하여 만든 공간. ②다용도실(=)·다목적실(=).

다목적실(多目的室) : ⇨다목적 공간·다용도실(=).

다목적 의자(多目的椅子, occasional chair) : ①필요·장소에 따라 다목적용으로 사용할 수 있도록 이동하기 쉬운 크기가 작은 의자. 일반적으로 팔걸이가 없음. ②풀업체어(=).

다목적 의자

다목적 탁자(多目的卓子, occasional table) : 필요·장소에 따라 다목적용으로 사용할 수 있도록 이동하기 쉬운 크기가 작은 의자.

다목적화(多目的化, multipurpose) : ①응접실 겸 거실·서재 겸 응접실 및 안방같이 공간의 용도에 따라 그 기능이 전이(轉移)되거나 소파베드·작업대 겸 식탁·칸막이 겸 수납장과 같이 하나의 물품이 2개 이상의 용도를 겸하여 사용할 수 있도록 한 것. 특징은 기능전이와 복합으로 인해 융통성(flexibility)이 크고 공간이 절약되어 경제적. 특히 공간의 경우 연속된 행위나 동작이 이루어질 때 다목적화를 도모하는 것이 효과적임. ②다용도화·다기능화(=).

다발기둥(cluster column) : 하나의 구조적인 디자인 요소로서 작용하기 위해 그룹된 또는 부착되거나 반부착된 기둥들이 무리를 지어 구성된 기둥 또는 지주로, 다수의 크기가 작은 기둥이 모여 단일구조의 요소로 작용하여 하나의 형태를 이루는 기둥.

다발기둥

다보탑(多寶塔) : ①경주 불국사에 있는 3단의 석조로 된 통일신라시대의 불탑. ②아래 2단은 방형(方形), 위는 8각형이고 그 위는 상륜(相輪)을 얹음. ③국보 20호.

다보탑

다비(darby) : 표면 고르기를 한 후 즉시 굳지 않은 콘크리트 표면을 매끈하게 고르는 긴 목재나 철재로 된 자.

다비드의 별(Star of David) : ①유태교의 상징으로 사용하는 육각형의 별. ②마겐다비드·모겐다비드(=).

다산초당(茶山草堂) : ①사적 제107호, 조선 순조 창건, 1958년 중건. ②황사영 백서사건으로 강진에 유배되어 18년간의 유배생활을 했는데 그중 1808년부터 1818년까지 약 10년간을 이곳 다산초당에서 보내면서 다산 정약용(1762~1836)이 실학을 집대성한 곳. 사실 그 자리는 다산의 외가인 윤씨 문중의 윤단이란 사람이 건립하여 서당을 다산 선생이 이곳으로 옮겨오며 이곳에서 후학을 가르치던 건물. 원래 초가지붕이었던 초당을 오랫동안 방치해 놓아 무너져 1936년 허물어지고, 1958년 그 터에 다산유적보존회가 복원한 것이 현재의 모습. 다산초당은 해남 윤씨 자손들이 1,000여 권의 장서를 보관하면서 공부를 했던 곳. ③배치는 다산초당·서암·동암·천일각으로 구성됨. ④다산초당은 전후좌우 퇴를 둔 정면 3칸, 측면 1칸의 전후퇴 팔작집이나 실제로는 정면 5칸, 측면 2칸이 됨. 막돌 허튼층쌓기 기단과 막돌초석 위에 방주를 세움. 기둥 위로 주두 없이 창방을 걸고 창방과 주심도리의 장여 사이로 소로를 끼웠으며 보머리 밑으로는 포작없이 보아지만 끼움. 가구는 2고주5량가로 전면 주심도리만 굴도리, 나머지는 납도리. ⑤동암은 정면 3칸, 측면 1칸반의 1고주5량가 구조의 맞배지붕 납도리집으로 전면 반 칸은 툇마루를 놓은 툇간. 중앙칸은 우물마루 그 양쪽은 온돌방을 둠. 막돌허튼층쌓기 기단 위에 막돌초석을 놓고 방주를 세움. ⑥다산초당 앞에 있는 서암(西庵)은 다산의 제자들이 거처하던 건물로 동암과 서암 모두 1970년대에 강진군에서 복원해 놓은 건물. 서암은 정면 3칸, 측면 1칸 반의 맞배집. 중앙에 미닫이문을 설치한 2칸 방을 드리고 그 전면으로는 툇마루를 시설하였으며 그 옆으로는 전퇴를 포함하여 부엌을 배치. ⑦천일각(天一閣)은 다산 선생이 유배생활을 하던 당시에는 없던 정자로 이 자리는 유배생활을 하던 다산 선생이 가족이 그리울 때 나와 앉아 마음을 달랬던 자리라 함.

다산초당

천일각

다산초당 배치도

멀리 강진만이 내려다보여 전망이 빼어난 자리이고, 경사지에 세움으로써 남쪽으로만 기둥을 이중으로 높이 세운 정측면 1칸의 누각. 두리기둥에 주두가 놓이고 창방을 걸었으며 창방 위로 소로를 배치한 초익공식. 계자난간을 설치함.

다색(多色) : ⇨다색조(=).

다색조(多色調, polychromatic) : 다양한 색채를 사용하는 경우.

다색채장식(多色彩裝式, polychrome) : 실내디자인·가구 디자인 등에 다양한 색채를 사용하는 장식적인 채색기법.

다섯잎장식(五葉裝飾, cinquefoil) : 5개가 달린 식물 잎을 형상화한 기하학적인 장식 모티프(motif[프])로, 주로 고대 그리스나 로마시대에 창문의 트레이서리(tracery)와 네오고딕 양식에서 사용.

다섯잎장식

다세대주택(多世代住宅, multi-family structures) : 주택건설촉진법 제3조 제2호에 의하면 동당(棟當) 건축연면적이 660㎡ 이하인 4층 이하의 주택으로 2세대 이상 건축할 수 있으며 세대별로 방·부엌·화장실·현관이 갖추어진 주택. 각 세대가 하나의 건축물에 각각 독립된 주거생활을 할 수 있도록 한 공동주택의 일종으로 구분소유와 분양이 가능.

다솔사 대양루(多率寺大陽樓) : ①경상남도 유형문화재 83호, 5세기(17세기 중건) 창건, 18세기 중수. 신라 지증왕 4년(503년) 연기조사가 창건하여 영악사라 불렀으며, 선덕여왕 5년(636년)에 부속건물 2동을 건립하고 다솔사라 개칭하였다고 전해짐. ②본전인 적멸보궁과 마주보는 위치에 세워져 있음. 누하(樓下)를 모두 판벽으로 막고 루를 돌아 출입하도록 되어 있으나 40년 전 쯤에는 누하를 개방하여 누하진입이 이루어짐. 측벽에서 상하 기둥 위치가 일치하지 않음(개수된 증거). ③정면 5칸, 측면 4칸의 구성에 정면 기둥 간격이 10자가 넘는 거대한 건물로 하부의 기둥들은 뒤틀어진 고목의 밑둥처럼 자연스럽고, 상부의 기둥들은 정연하게 가공. 측면이 4칸 규모임에도 불구하고 고주를 세우지 않고, 중간에 평주 하나로 버티며 10m가 넘는 대들보가 상부하중을 받고 있음. 상부에는 중도리 7개로 한 변에 3개씩의 서까래를 받는 7량구조임. 중간에 가냘픈 평주 하나만을 받친 채 10m짜리 대들보 하나로 지붕하중을 지탱함. 익공계 맞배집으로 포작의 비례가 잘 짜여진 주심포계 건물처럼 보이며, 부분적으로 남아 있는 배흘림의 아름다운 곡선도 조선 후기 건물에서는 좀처럼 찾아보기 힘든 것임. 1출목 이익공으로 짜여진 익공의 초각솜씨도 예사롭지 않음. 초익공 쇠서는 직선으로 꺾이며 탄력 있게 올라가 앙서형(仰舌形)을 이루고 그 위에 활짝 핀 연화를 줄기와 함께 조각함. 이익공 쇠서는 하부에 사실적으로 조각한 연봉(蓮峰)을 받침으로 하여 길게 뻗어내려 초익공과 대조를 이룸. 누상(樓上)의 측벽 구성은 더욱 고풍스럽고, 하부에는 판벽을 두고 그 위에 살창을 두었으며, 상부에는 중간설주를 박은 황토빛 사벽으로 처리. 벽면 분절의 비례감이나 재질감, 색채감, 원근감 등 고전건축의 아름다움이 돋보임.

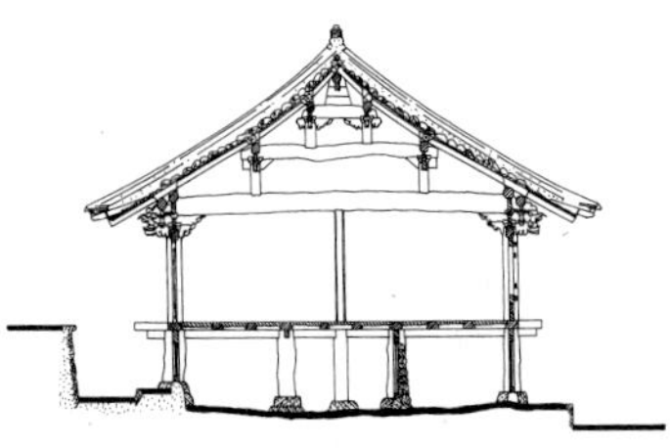

다솔사 대양루 종단면도

다식판(茶食板) : 다식을 박아내는 틀로 음각된 문양이 다양.

다엽무늬(多葉-) : ⇨멀티 포일(=).

다엽포일(多葉-, multi foil) : ⇨포일.

다오(dao, Dracontomelum) : ①피지·말레이시아·인도네시아·필리핀·파푸아뉴기니아산(産). 주로 저지대 분포. 변재는 엷은 다홍색 또는 황색이 있는 회갈색, 심재는 적갈색·회갈색에 불규칙한 흑색 또는 암갈색의 줄무늬가 있으며 월넛(walnut)과 색이 비슷하여 대용재로 많이 사용. 심변재의 구분이 명확함. 목리는 교착(交錯)하고 나무갗은 대체로 거칠고 광택이 있으며 파상 또는 리본무늬가 나타나기도 함. ②기건비중 0.52, 강도는 압축강도 394kg/㎠, 휨강도 604kg/㎠, 전단강도 49~53kg/㎠로 약함. 가공이 용이하고 건조는 보통이며 내구성이 약하여 변재는 청변균(靑變菌)의 침해가 쉬움. ③용도는 고급가구재·단판무늬목용재·실내장식 마감재. 건구·합판·장식·조각·월넛 대용재.

다용도부엌(多用度-, utility kitchen) : ①부엌·거실·식당을 한 공간에 설치하는 것으로 공간을 많이 절약할 수 있어 소규모 주택에 적합. ②동선이 가장 짧은 구조로 가족화목에 매우 효과적이나 환기에 유의하여 거실이나 식당에까지 냄새나 습한 기운이 퍼지지 않도록 함. ③리빙다이닝키친(living dining kitchen)으로 'LDK 형식'이라고 함.

다용도실(多用度室, utility room, all purpose room, multi-purpose room) : ①다림질·세탁·수납·저장·재봉 등 전반적인 가사작업공간의 하나로 여러 작업목적으로 사용되는 주부의 작업공간. ②부엌과 절대적·유기적 관계에 있으므로 가깝게 배치하는 것이 동선적·기능적으로 유리함. 세탁과 간단한 작업을 위해 일반적으로 2~4m² 정도가 필요하며, 다림질·재봉틀질을 겸한 경우에는 8~10m² 정도 이상이 필요. ③마감재료는 일반적으로 바닥은 젖기 쉬워 미끄러지지 않는 절연성이 있는 타일 비닐시트 등을, 벽에는 타일·비닐벽지, 그리고 천장은 비닐벽지나 플라스틱 화장재 등 방습·내수성이 있는 재료를 사용해야 함. ④다목적 공간(=)·다목적실(=).

다용도화(多用度化) : ⇨다목적화(=).

다운드래프트(下降氣流, down draft) : ①굴

뚝이나 연도 속에서 내려오는 공기의 흐름. 종종 공기와 함께 연기를 수반하기도 함. ②배출가스가 지상의 건물이나 산 등으로 인하여 마치 기둥이 땅으로 내려오는 현상.

다운 라이트(down light) : ①등이 천장 속으로 매입되어 빛의 방향이 하부로만 조사(照射)되는 등(燈). 등이 노출되어 방향을 조정할 수 있는 것도 있음. ②백열등을 이중구조(二重構造)로 한 천장 사이에 매입 또는 부착하여 빛의 조사가 아래로 향하도록 된 조명기구. 방향을 조절할 수 있는 것과 없는 것이 있으며 천장에 덕트 레일을 설치하여 필요한 위치에 사용할 수 있는 융통성 있는 형태가 있음. 조명기구가 보이지 않으며, 빛이 아래방향으로 수직으로 직사하게 됨. ③전반조명으로 사용되는 하향 백열등으로부터 빛을 전하는 깡통 모양의 집으로 표면에 부착되거나 천장에 매입되거나 축에 매달리게 됨. HID 종류는 넓은 공간에 사용되는 다운라이트로 증가 추세임. ④금속제 실린더 내부 또는 천장이나 천장 속에 전등을 설치하여 빛을 하향으로 비추는 조명기구. 확산판·렌즈·반사판 등을 부착시켜 다양한 형태로 배광할 수 있음. ⑤직접조명과 간접조명이 있음.

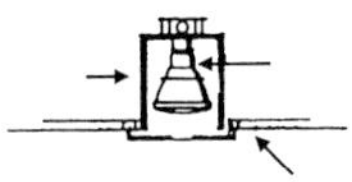

다운라이트

다운 라이팅(down lighting) : ①다운라이트를 사용한 하향(下向) 조명방식. ②핀홀라이트(≒)

다운 사이징(down sizing) : ①기업의 규모(size)를 가장 효율성 있도록 전략적으로 축소(down)하여 생산성을 향상시킴으로써 대외경쟁력을 회복 및 증대하는 기법. ②대상 ; ㉠기술혁신(작업의 효율성 및 생산성 증대를 위한 기술 개선). ㉡관리혁신(업무과정 및 경영방식의 개선). ㉢인력혁신(인적자원의 행동 및 사고의 개선).

다운 워싱(down washing) : 굴뚝에서 배출가스의 배출 속도가 아주 느리고, 가스의 온도가 주위 대기 온도와 큰 차이가 없는 경우에 지표를 향해 내려오게 되는 현상으로 다운 드래프트(down draft)라고도 하며, 이는 배출가스가 하늘로 올라가 퍼지는 것을 막기 때문에 대기오염 방지상 피해야 함. 이러한 현상을 피하기 위해서는 건물의 높이보다 2~3배 정도 높은 굴뚝을 설치하는 것이 바람직함.

다운타운 호텔(downtown hotel) : 숙박 목적에 따른 시티호텔의 하나로 도심지의 요지에 위치하여 각종 연회·집회·회합·결혼식·전시회·발표회 및 쇼핑 등 도시민의 이용도가 높은 호텔.

다원영상전시(多元映像展示) : ①한 개의 스크린에서 얻을 수 없는 큰 화면을 연출하도록 단일매체에 컴퓨터 제어 메커니즘을 복합시킨 정지영상전시(slide projection)의 일종. ②멀티비전(multivision)이 대표적임.

다원주의(多元主義, pluralism) : 건축디자인에 있어서 다원주의는 작가가 다양한 견해 차이를 고려하여 디자인하는 것. 즉 포스트모더니즘은 장식성·절충성·대중성·피상성 등의 요소가 혼합된 것으로 각 부분들이 의미화·언어화되어 기호적으로 가치가 부여되는 것. 이 개념이 중첩되어 나타나기도 하고 명확한 구분이 힘들 정도로 혼합되어 사용되기도 함.

다의도형(多義圖形) : ①같은 도형이 두 가지 이상의 것으로 보이는 현상. ②⇨도형과 배경의 반전(=).

다이(die) : ①고대 그리스·로마 건축물에 있어서 기단(基壇)과 상부의 돌림띠(cornice) 사이의 주신(主身) 또는 가구의 다리에 있어서 다리와 상판이 만나는 부위에 위치한 6면체의 블록(block). ②숫나사를 깎는 공구 또는 금속재료의 압출·인발 등의 가공시 사용하는 금형이나 절단·가공 시 부재를 받는 테이블 같은 금형.

다이내믹(dynamic) : 동적(動的)·활동적(活動的)·역동적(力動的)인 의미로, 특히 실내

공간의 성격 또는 분위기 조성에 사용.

다이내믹디스플레이(dynamic display) : ①객체가 움직이는 경우(시간적 요소가 들어가 있는 경우). 대표적인 것으로 모빌(mobil)이 있음. ②스타틱디스플레이(⇔).

다이너스벽돌(-壁乭, dinas brick) : ①규석(硅石)을 고온에서 구워 급랭·분쇄한 가루에 석회 또는 점토를 1~3% 정도 첨가하여 보통 벽돌과 같은 방법으로 성형·소성한 내화벽돌. 성분은 규산(SiO_2)이 95% 이상이고, 내화도는 SK32~35(1,710~1,770℃)임. ②영국에서 생산되는 다이너스라고 하는 규석질 사암(硅石質 砂岩)으로 제조되어 붙여진 명칭.

다이넷키친(dinet kitchen, dinette ; DK) : 간단한 식사 또는 패스트푸드(fast food) 정도의 요리가 가능한 규모가 작은 부엌.

다이넷탁자(-卓子, dinet table, dinette table) : ①규모가 작은 부엌·식당 또는 휴게실 등에서 간단한 식사·음료·다과 등을 먹고 마실 수 있는 크기가 작은 4인용 식탁. ②주로 다이넷 키친(dinet kitchen)에서 사용.

다이닝룸(dining room) : ①복장을 단정히 하고 들어가는 정식의 식당(食堂) 또는 식사를 위한 공간. ②상류사회의 생활풍속에 대응하여 풀코스(full course)의 식사를 서비스함. ③식당의 이용시간이 한정되어 점심·저녁 때 일정시간에만 식사가 가능.

다이닝알코브(dining alcove) : 규모가 작은 주택에서 부엌 또는 거실의 구석진(alcove) 공간에 식사할 수 있는 식탁을 배치한 공간.

다이닝키친(dining kitchen) : ①식사공간을 주방과 함께 두어 주부의 노동력을 줄이는 이상적인 방법. 즉 식사공간+주방. 가족수가 적은 가족에게 적당한 이 유형은 주부의 일손을 덜어주고 주택 내 주방이 차지하는 공간을 절약할 수 있으나, 자칫하면 식사의 즐거움이 무시될 가능성이 있고 음식의 냄새가 문제시 될 수 있음. ②부엌에서 식사를 할 수 있도록 식탁을 배치한 부엌 겸 식당. 좁은 면적으로 효과적으로 이용할 수 있는 장점이 있음. 보통 9.9~13㎡ 정도이며 가족 본위의 부엌으로 많이 채택함. 원 베드룸(one bedroom)이나 소규모 주택에 적합.

다이닝테라스(dining terrace) : 식당의 전면에 테라스를 배치하여 실외에서 식사를 할 수 있도록 한 것. 조망과 분위기를 고려하여 계획.

다이닝테이블(dining table) : 식사를 하기 위한 탁자, 즉 식탁(食卓). 형태는 사각형·원형·타원형 등이 있음. 바닥면에서 상판까지의 높이는 650~700㎜이지만, 최근에는 다소 낮은 것이 선호되는 경향임.

다이닝포치(dining porch) : 포치에 식탁과 그릴 등을 배치하여 여름에 실외에서 야외식사 또는 바비큐 파티(barbecue party)를 할 수 있는 공간.

다이렉트메일(direct mail ; DM) : 예상 구매자의 획득, 상시 구매자의 유지, 일반 광고에 의한 조회자에 대한 판매 촉진, 도매점을 판매에 협력시키는 수단, 세일즈맨의 활동 원조, 전통적 명성의 유지 등을 목적으로 직접 우송되는 광고. 보통 디엠(DM)이라고 함.

다이밴(divan) : 터키에서 유래된 다수인이 동시에 편안히 앉아 쉴 수 있는 등받이나, 팔걸이가 없고 높이가 낮은 좌판형태의 낮고 긴 의자. 러그(rug)를 여러 겹 쌓은 것에서 유래하여 발전한 형태.

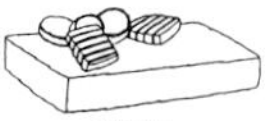
다이밴

다이버전트(divergent) : 끝이 갈라지는 것을 의미.

다이스타일(distyle) : 전면 또는 전후면에 두 개의 기둥이 있는 열주(列柱) 배열.

다이아몬드뇌문(-雷紋, diamond fret, lozenge fret) : 선을 교차시켜 만든 다이아몬드나 마름모 형태의 연속적인 문양 또는 장식몰딩.

다이아몬드뇌문

다이아몬드매칭(diamond matching) : 중심에 다이아몬드 모양이 형성되도록 대각선으로 자른 4장의 합판을 배열하는 것.

다이아몬드세공(−細工, diamond fret) : ⇨다이아몬드뇌문(＝).

다이아몬드포인트(diamond point) : 못 또는 스파이크(spike)에서 뾰족하고 피라미드처럼 생긴 못의 끝.

다이아몬드형 문양(−形文樣, diamond pattern, lozenge pattern) : ①다이아몬드나 마름모 형태를 모티프(motif[프])로 양식화한 문양. ②주로 영국과 프랑스에서 사용하였음.

다이아몬드형 문양

다이아스포점토(−粘土, diaspore clay) : 알루미나(alumina) 분(分)이 60% 이상 포함된 점토.

다이어프램(diaphragm) : 부재의 면(面)과 평행한 방향의 전단력(剪斷力)을 저항할 수 있는 비교적 얇고 강성이 있는 부재(部材).

다이어그램(diagram) : ①설명을 덧붙이지 않고도 전체를 이루는 각 부분들의 배치나 관계를 밝히는 그림·도표(圖表)·도식(圖式)을 의미하며 디자인에서 공간에 따른 여러 가지 개념 설정에 많이 이용. ②이론적·관념적인 내용을 도식화하고, 시각적 효과를 이용하여 단순화시킨 기호 및 선·점으로 도식을 만들어 가는 것으로 회화적 표시와는 구별. 가계보·역사연보·조직표·사회현상의 추이도 등을 나타내거나 천체운행도·교통 다이어그램·그래픽스코어·분자구조도·배선도·공정도 및 디자인 분야에서는 사전이나 연례보고서 등에 널리 쓰임.

다이어스타일(diastyle) : ①로마시대의 건축가 비트루비우스(Vitruvius)가 창안한 기둥의 지름을 단위로 하는 기둥간격 배치방법의 하나로 기둥간격이 기둥지름의 3배인 것. ②그리스·로마의 신전 형식을 기둥의 굵기와 기둥간격(柱間)의 배분에 따라 주어진 명칭.

다이어스타일

다이어토니(diatoni) : 고대 그리스·로마 시대의 석재 축조법. 위로 올라갈수록 얇게 축조하며 양면이 서로 다른 질감으로 마감 처리.

다이어토니

다이어퍼(diaper, diaper ornament) : ①정(井)자로 된 격자(格子) 평면에 원정방형(圓正方形)의 마름모 문양을 넣은 디자인. ②마름모꼴이나 정사각형의 작은 단위를 종횡으로 배열한 장식무늬로 주로 벽면 장식 등에 사용. ③서로가 맞물려 반복되는 작은 형태의 반복. 원래는 중세 시대의 비단과 황금장식에 사용.

다이칼슘실리케이트(dicalcium silicate) : 포틀랜드시멘트 부피의 약 1/4를 구성하는 물질로서 숙성 또는 시멘트의 장기강도 발현을 담당.

다이캐스팅(die casting) : 특정한 형태나 모양을 얻기 위해 수압으로 금속 주형에 녹인 금속을 압입하는 작업 또는 제품.

다이클로익미러(dycloic mirror) : 특정한 색만을 반사시키고, 그 보색(補色)을 투과시키는 것.

다인(dyne) : ①힘의 크기 단위. ②질량 1g의 물체에 작용하여 매초 1㎝/s의 가속도를 내게 하는 힘. ③1뉴턴(Newton)＝10^5dyn.

다자(多紫) : 암주색의 안료.

다져쌓기 : ⇨판축(＝).

다중주택(多衆住宅) : ①학생 또는 직장인 등의 다수인이 장기간 거주할 수 있는 구조로 된 단독주택. 대학가 주변·고시촌·공단 주변 등에 별도지역을 지정하여 건축할 수 있고, 주거구획은 독립공간을 확보하되 일부시설(화장실·샤워장 등)은 공동으로 이용함. ②연면적 330㎡ 이하·3층 이하·주거구획 전용면적은 12~33㎡, 동당(棟當) 주거구획수는 20구획 이하. ③단독주택형 주거용 건축물로서 학생 또는 직장인 등의 다수인이 장기간 거주할 수 있는 구조로 된 주택이며 일부시설(화장실·샤워장)은 공동으로 이용하며, 연면적

ㄷ

330㎡ 이하이며 3층 이하이고 20주거구획 이하이어야 함.

다짐(consolidation) : 새로 타설된 콘크리트 안의 연행공기 이외의 다른 공극을 제거하는 것. 거푸집 접촉면의 콘크리트를 밀실하게 다지고 철근이 콘크리트 속에 단단히 묻히게 함.

다채무늬도료(多彩-塗料, multi-coloring paint finish) : 도장면의 색표면 상태에 변화를 주어서 미장효과를 올릴 목적으로 사용하는 도료로써 한 번 칠해서 두 가지 이상의 다채로운 표면을 형성하는 도료. 주로 내부 벽면에 사용하고 시중에서는 무늬코트(pattern coat)·큐비코트(cubi coat) 등으로 불리며 도장은 뿜칠(spray)을 함. 미국에서 개발하였으며, 우리나라에서도 많이 사용하는 대표적인 상품명으로 졸라톤(Zolatone)이 있음.

다층고리형 파일(多層-形-, multi-level loop pile) : 고리형으로 짠 카펫의 고리 길이가 서로 달라 입체적인 시각효과를 갖는 파일.

다층고리형 파일

다층기둥(多層-, superimposed order) : 여러 양식의 고전적인 오더(order)가 혼합·사용된 것으로 고대 그리스의 광장(stoa)에서 최초로 사용하였으며 로마·그리스 시대에 폭넓게 사용. 일반적으로 1층에는 도리아식·2층에는 이오니아식·3층에는 코린트식이 사용됨.

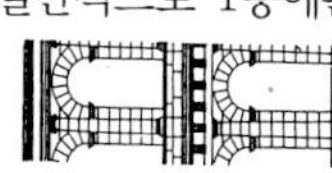

다층기둥

다층유리(多層琉璃, pair glass) : ①판유리를 여러 겹으로 공간을 두고 붙인 보온용 유리판. ②페어글라스(=).

다층탑(多層塔, multi-story pagoda) : 탑신이 여러 층으로 된 탑.

다크블루(dark blue) : ①어두운 청색. ②암청색(=).

다크스테이지(dark stage) : 인공광원만을 사용하는 암실 또는 촬영소.

다포(多包, profusely bracket system) : ①기둥머리 위와 기둥과 기둥 사이의 공간에 짜올린 공포. ②주심포와 공간포가 함께 있는 집의 공포양식. ③주심포(柱心包)가 기둥 위에만 포작을 구성하는데 비하여 다포는 기둥 사이의 간살이에도 간격을 두고 구성하는 것. ④조선조 이후의 건축에 많이 사용한 기둥 위 및 기둥과 기둥 사이에 포살미를 짜서 만든 것. ⑤포가 많다고 다포(多包)라 함.

다포각(多包閣) : ①공포(供包)를 기둥 위와 기둥 사이에도 꾸며 놓은 집. ②조선시대 이후에 많이 쓰였음. ③잦은포집·다포집(=).

다포계(多包系) : ⇨다포계양식(=).

다포계공포(多包系栱包) : ⇨다포계양식(=).

다포계양식(多包系樣式) : ①고려 말기에 몽고(元)에 의하여 중국 북동부에서 성행하던 건축양식이 전해져 조선시대 초기부터 많이 사용됨. ②원주(圓柱)가 사용되었으며, 주심포식보다 배흘림(entasis)이 현저히 덜함. ③주두(柱頭)와 소로의 굽은 사면(斜面)으로 형성되며, ④주심과 주심 사이에도 공포를 배치한 양식의 공포로 기둥과 기둥 사이의 평방(平枋) 위에도 공포를 배치함. ⑤두공(枓栱)에서 받친 상부하중은 일단 평방에 전달하여 다시 기둥과 벽부에 전달됨. 특징 ; ㉠주두와 소로의 굽단면이 직선이며 굽받침이 없음. ㉡하앙과 첨차가 동일재. ㉢제공첨차수가 많아지며, 매우 화려한 외관. ㉣두공의 출목수가 3출목 이상. ㉤첫 출목의 첨차가 반드시 주두 위에 놓임. ㉥우주(隅柱) 위에 오는 귀포는 정면과 측면의 45°선 위에 놓이기 때문에 강한 대칭성 균형미. ㉦쇠서가 화려하고 섬약(纖弱)해짐. ㉧시각적으로 연속성을 줌. ㉨첨차의 끝은 간단한 곡선 또는 원호형, 주두나 소로의 굽은 직선 경

다포양식

사. ㉾주심포양식에 비해 곡선적이며 화려한 느낌. ⑥보의 단면 형태는 장방형이고 그 밑바닥은 둥글게 깎음. 보의 양끝에서는 폭만 작아짐. ⑦천장은 우물천장 사용. ⑧지붕형태는 팔작지붕임. 출목수가 증가하기 때문에 지붕의 처마는 들려보이게 되며 공포대가 모두 노출되어 지붕과 벽체, 기둥과의 완충재를 이루어 처마의 깊이는 점차 깊어짐.

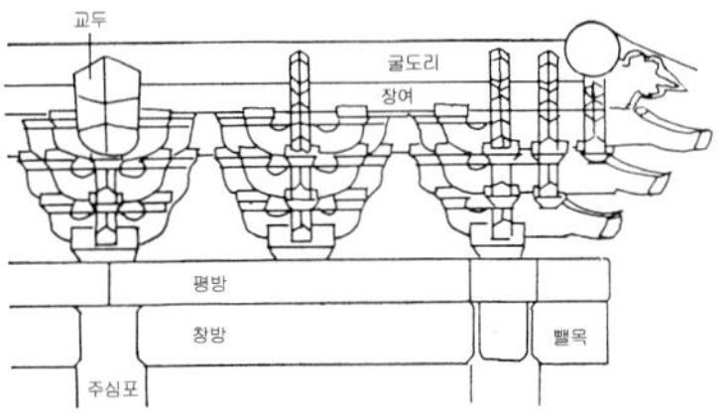

다포양식

다포계형식(多包系形式) : ⇨다포계양식(=).

다포식(多包式) : ⇨다포계양식(=).

다포유리(多泡琉璃, foam glass, multi-cellular glass) : ①판유리 제조과정에서 아직 냉각되지 않은 판유리에 물을 뿌려 부수어서 분쇄한 고운 유리가루에 가스 발생제(탄소나 카본)를 첨가하여 850~900℃에서 다시 가열시킨 유리. ②가스발생제의 양(量) 또는 가열 정도에 따라 독립기포와 연속기포로 만들 수 있음. 독립기포인 것은 열전도율 및 투기율이 낮으므로 단열재로 사용되지만 고온의 환경에서는 기포 내의 가스팽창으로 인하여 유리 실질부에 균열이 생길 우려가 있음. 그러므로 상온에서만 단열재로 사용하는 것이 좋음. 연속기포인 것은 내열온도가 400℃ 정도. 다른 저온용 재료의 단점인 연속성에 대해서 다포유리는 완전히 불연성이며 흡수·투수성이 전혀 없고 내약품성이 우수. 특히 이 재료는 극히 낮은 온도에 적합한 보냉재료(保冷材料)로 사용.

다포집(多包-) : ①갖은 포집. ②공포를 여러 개 받친 집. ③다포각·갖은포집(=).

닥나무(楮桑, paper mulberry, Broussonetia kazinoki[학]) : 뽕나무과로 한국·일본·대만·중국에 분포. 아시아가 원산지이고 산기슭의 양지쪽이나 밭둑에서 자람. 높이는 3m에 달하고 작은 가지에 짧은 털이 있으나 곧 없어짐. 나무껍질은 회갈색. 옛날에는 닥나무 껍질의 섬유로 저포(楮布)라는 베를 짰음. 닥나무를 종이 원료로 사용한 것은 고려시대부터인데 조선시대에 본격화되어 닥나무 재배를 장려하였음. 닥나무를 이용해 종이를 만들려면 먼저 줄기를 1~2m 길이로 잘라 밀폐된 솥에 넣고 증기로 두 시간 정도 찐 다음 꺼내어 껍질을 벗김. 이것을 그대로 말린 것을 흑피(黑皮)라 하고, 흑피를 물에 불려서 표피를 긁어 벗긴 것을 백피(白皮)라 함. 흑피는 하급지의 원료로 쓰이고 백피는 창호지·서류용지·지폐 등의 원료로 쓰임.

닥지(-紙) : 닥나무로 만든 한지(韓紙).

단가도급(單價都給, unit price contract) : ①공사물량이 확정되지 않은 경우 또는 확정이 어려운 경우에 일단 그 단가를 정하고 공사가 완료되었을 때, 기(旣) 실시 수량에 따라 정산처리하는 방식의 도급. ②공사금액을 구성하는 물량(物量). 즉 재료·단가·노력단가 또는 재료와 노력이 가해진 면적 또는 체적 단가만을 결정하여 공사를 도급시키는 것으로 일식 도급액 대신 단위공사 부분에 대한 단가를 계약의 기초로 하는 것. 급한 공사인 경우 계약을 간단히 할 수 있고 설계변경으로 인한 수량증감이 용이하고 일식도급보다 편리하지만 공사완성까지 소요되는 총공사비를 예측하기 어렵고 공사수량에 대한 관념이 희박하여 공사비가 높아지는 결점이 있음.

단갈소로(單乫小累) : 주로 첨차나 살미의 끝에 놓이는 소로.

단계 [1](node, event) : ⇨결합점(=).

단계 [2](phase) : 변화하거나 발전하는 과정 중의 특별한 국면.

단계적 조화(段階的調和, harmony of scale) : 단일색상으로 서로 가까운 여러 명도가 단계적 차이를 보이면서 함께 보이는 상태.

단골：①기와지붕에서 쓰는 반동강의 기와. ②당골(＝).

단골마루：①층집의 아래층 지붕의 윗마루. ②당골마루(＝).

단골막이：①착고 대신 수키와를 기왓골에 맞게 토막 내어 쓴 기와. ②한식 기와지붕잇기에서 착고막이 대신 수키와를 기왓골에 맞게 반 토막을 대는 것. 보통 그 위에 암마룻장 3장 정도 포개 대고 숫마룻장을 덮음. 또한 착고막이 위에 부고를 쓰지 않고 회백토를 발라 마무리 할 때도 있음. ③지붕마루.

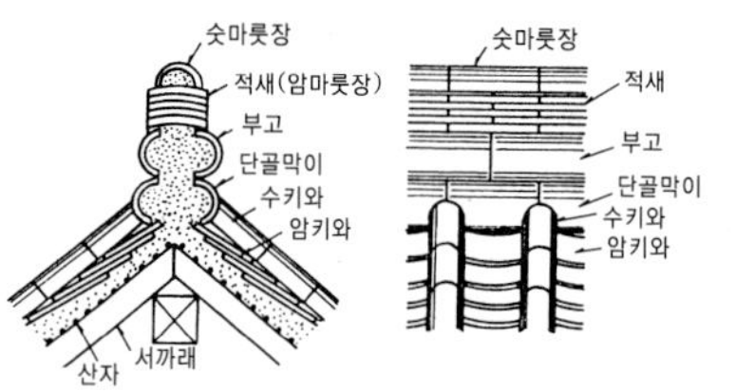

단골막이

단관비계(單管飛階, single pipe scaffolding)：통나무 비계와 같은 요령으로 구성된 강관비계 또는 파이프비계. 아연도금강관에는 녹막이칠을 하여 결속선 대신에 직선 카풀러(straight capular) 또는 십자형 카풀러(cross capular)를 사용하여 이음 또는 맞춤으로 조립하고 요소에는 가새로 보강함.

단관식(單管式, one pipe system)：송온수관과 환온수관이 하나의 관으로 되어 있는 배관방식. 배관방식은 1개의 순회하는 주관에 방열기에의 송온수관과 환온수관에 연결하는 방식과 1개의 상향 수직관에 방열기에의 송온수관과 환온수관을 연결하는 방식.

단골판(−板)：⇨당골판(＝).

단구(斷口)：⇨마구리(＝).

단귀틀(短−)：장귀틀과 장귀틀 사이를 가로지른 짧은 귀틀.

단근(單筋, single reinforcement)：①보 및 바닥판의 인장측에만 배근하고, 벽체에는 한 벌만 배근하는 것. ②홑근(＝).

단금(鍛金, forging)：열을 가한 금속을 망치로 두드려 일정한 형태로 만드는 작업.

단금구(端金具, 先金具, endpiece ornament)：①긴 물건의 끝·가장자리를 꾸미는 금속장식. ②끝장식(＝).

단금법(鍛金法)：①얇은 판을 직접 두드리거나 별도의 모형 위에 올려놓고 두드려서 형태를 만드는 기법. ②공정이 간단하고 기초적이므로 단순한 모양의 용기류나 장식품 등을 만들 때 많이 이용됨.

단기강도(短期强度)：초기강도(＝)· 조기강도(＝).

단기허용응력(短期許容應力, allowable stress for temporary loading)：단기허용응력도를 기초로 하여 산출한 부재의 허용응력.

단기허용응력도(短期許容應力度, allowable stress for temporary loading)：구조물에 작용하는 외력(外力)을 단기하중으로 했을 때, 그 하중에 대해 부재의 단면 설계에 적용하는 허용응력도.

단나비(段幅, tread)：⇨단너비(＝).

단내기(racking back)：①조적조에서 나중에 이어쌓기를 하기 위하여 벽을 한단씩 들여쌓는 것. ②들여쌓기(＝).

단너비(段幅, tread, width of tread)：①계단 디딤판의 폭. ②계단의 한 디딤 간의 너비.

단높이(段高, rise, riser)：①계단 바닥판간의 수직거리. ②계단 한단의 높이. ③계단의 챌면(단판)에서 다음 챌면까지의 높이.

단대공：⇨펜던트(＝).

단독주택(單獨住宅, detached house, detached dwelling, single-family housing units)：①다른 주택과 벽을 공유하지 않는 주택. ②일반적으로 한 건물에 1세대가 거주하는 주택. ③단독세대가 한 주택 내에 거주하도록 축조한 건물. ④원칙적 단위 규모는 1호당 330㎡ 이하.

단동(丹銅)：동에 아연을 5~20% 첨가한 합금. 가공성이 우수하고 색채가 붉은 적색이며 내식성도 좋아 일반 용도로 많이 사용.

단락(短絡, short circuit) : 회로 내의 전위차가 있는 두 점이 직접 접촉 또는 저항이 극히 작은 도체로 접속되는 것. 쇼트(short)라고 함. 일반적으로 회로를 단락하면 큰 전류가 흘러 전기기기를 파손하므로 주의를 요함.

단란공간(團欒空間) : 온 가족이 모여서 대화를 나누거나 식사를 하고, 경우에 따라 TV를 보면서 휴식을 취하며, 손님을 접대하는 등 가정 내에서의 사회생활이 이루어지는 거실·식당·응접실·가족실 등.

단말효과(端末效果, end effect) : 같은 색상·같은 명도에 채도 순으로 나열할 경우 채도가 가장 높은 끝 부분에 있는 색이 짙게 보이는 현상.

단면(斷面, section) : ⇨단면도(=).

단면도(斷面圖, section, section drawing) : 건축물이나 물체 등의 내부구성과 구조재의 종(횡) 절단면을 보여주기 위해 또는 도면에 표시하기 위해 하나의 사물이나 구조물의 정사영(正射影)으로 보통 축척(縮尺, scale)에 따라 추측이 되는 평면에 가상적으로 하는 수직으로 절단하여 그린 건축물이나 그 일부분의 표현이나 그림 또는 도면.

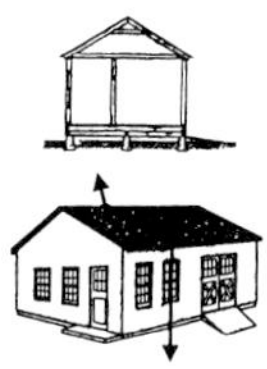

단면도

단면력(斷面力, sectional force) : ①구조물이 외력을 받아 평형을 이루고 있을 때 부재의 임의단면(또는 任意點)에 생기는 저항력. 종류는 축방향력(軸方向力)·전단력(剪斷力) 및 휨모멘트(bending moment)의 3종류로 구분. ②단면응력(=)·응력(=).

단면상세도(斷面詳細度, sectional detail drawing) : 전체 단면 중 특정 부분 또는 전체를 실척(實尺) 또는 실척에 가깝게 작성하는 도면.

단면선(斷面線, section line) : 평면·단면·입면에서 보이는 방향을 지시하는 데 사용되는 화살을 가진 평행한 부분 속을 관통하는 중심선.

단면수축률(斷面收縮率) : 금속재료의 인장시험에서 시험편 절단 후의 최소단면적과 그 원단면적과의 차를 원단면적으로 나눈 값.

단면응력(斷面應力) : ⇨단면력(=).

단면절단선(斷面切斷線) : 전부를 나타낼 필요가 없을 때 사용하는 것으로 보통 1/1 단면 상세도에 사용.

단면표시기호(斷面表示記號) : 물체의 가장 중요한 부분을 상세하게 표현할 경우 사용되는 기호로서, 넓은 면을 표시할 경우와 좁은 면을 표시할 경우에 따라 표시 기호가 다름.

단명도(短明度, minor) : 작은 간격, 거의 없어진 거리, 3단계 혹은 그 이내에 속하는 간격의 차이를 가진 약한 대조.

단목(檀木) : ⇨박달나무(=).

단상(單相, single phase) : 하나의 회로에 있어서, 하나의 교류전압과 그것에 대응하는 전류만이 있는 경우를 단상교류(單相交流)라고 하며, 다상식(多相式)에 대하여 '단상'이라 말함.

단상교류(單相交流, single phase current) : ①교류 회로망에서 하나의 교류 전압과 그에 대응하는 전류만이 있는 경우. ②단 하나의 위상(位相 : 교류의 파형)을 가진 교류, 가정 전등선과 같은 보통교류. 즉 W=VI×역률(power factor). 여기서 W=와트(watt), V=전압(volt), I=전류(ampere).

단상3선식(單相三線式, single phase three wire system) : ①단상3선식 100V의 간선은 용량이 클 경우 전선의 크기가 커지므로 비경제적이 됨. 그러므로 전류를 줄이기 위해 회로의 전압을 200V로 하고, 다른 편에서 100V의 전원을 얻을 수 있도록 한 것임. 중성선(中性線)과 전압이 각각 100V이고 상간(相間)은 200V이므로 두 종류의 전압을 얻을 수 있음. ②

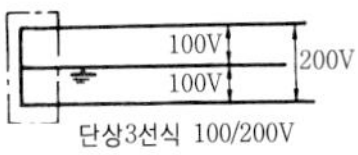

단상3선식

단상교류를 전선 3가닥을 사용하여 배전(配電)하는 방식. ③⇨교류.

단상2선식(單相二線式, single phase two wire system) : ①단상교류를 전선 2가닥을 사용하여 배전(配電)하는 방식. ②보통 일반주택과 같은 건물에서 많이 사용하는 방식으로 100V와 200V의 부하가 있으나 100V 부하가 많이 채용. ③⇨교류.

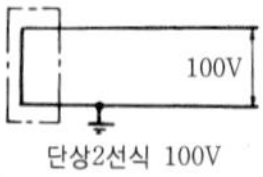

단상2선식

단색(單色) : ⇨단색조(=).

단색광(單色光, mono-chromatic light) : ①단 하나의 색만 가진 광선. ②파장이 일정한 정현파(正弦波)의 빛. ③하나의 특정한 파장 또는 색의 빛. ④특정의 파장만으로 구성되어 있는 빛으로 여러 가지 선(線) 스펙트럼(spectrum, 分光)은 단색광으로 간주함.

단색방사도(單色放射度) : 어떤 온도 T[K]의 물체로부터의 열복사는 여러 가지의 방사선으로 구성되어 있으며, 이때에 어떤 미소(微小)한 파장 λ[m] 내의 방사도. 단위는 λ[㎉/{㎥}]라고 함. ⇨방사도.

단색상(單色相) : ⇨단색(=).

단색상삼각형(單色相三角形, mono chromatic triangle) : 오스트발트의 복원추형 색입체를 수직으로 쪼갤 때 두 개의 단색상면이 서로 무채색 축을 중심으로 맞붙어 있게 되는데, 이때의 단색상면이 서로 정삼각형으로 되어 나타내는 것.

단색상조화(單色相調和) : 오스트발트(Ostwald) 조화론 중 등색상(等色相) 삼각형 내의 조화.

단색성(單色性, monochromatic) : 한 가지 색상만을 기초로 한 색채계획.

단색조(單色調, monochrome, monochromatic) : ①한 색만을 사용하거나 단일 색상에서 채도와 명도에만 변화를 준 경우. ②색상은 동일하나 명도와 채도는 상이한 색채들의 배합.

단색조화(單色調化, mono-chromatic harmony) : 하나의 동일한 색상만을 사용하는 색채계획의 방법으로 동일색상을 사용하되 명도와 채도의 변화로 이루어지는 조화. 즉 색상에 의한 조화가 아니라 명도와 채도에 의해 이루어지는 조화. 주로 명도 조화에 의하여 이루어지나 색의 한난(寒暖)·팽창(膨脹)·후퇴(後退)·수축(收縮)·전진(前進)에 의해서도 이루어짐.

단색채코드(單色彩-, monochromatic color chord) : 동일색상으로 되어 있으나 명암과 채도가 상이한 색채코드.

단색표시(單色表示, mono-chromatic specification) : 주파장(또는 보색 주파장) 순도 및 3자극치의 Y를 사용한 색의 표시.

단순겹침(單純-, plain lap) : 형태의 변화 없이 두 부재를 단순히 겹쳐서 만든 겹침이음.

단순보(單純樑, simple beam, single span beam) : ①양단(兩端)이 자유로이 지지된 보로 보의 한 단은 회전지점이고 다른 단은 이동지점으로 된 보. 휨에 대한 저항이 없는 단순지지 위에 놓여진 보로 힘의 평형조건으로 각 부의 응력상태를 결정함. ②캔틸레버보와 함께 가장 간단한 구조. ③단스팬보(=)·양단지지보(=)·단시보(=).

단순블록구조(單純-構造, masony block structure) : ①블록의 빈 속에 철근이나 콘크리트를 넣어 보강하지 않고 단순히 시멘트모르타르로 조적하여 만드는 건축물의 구조. ②블록을 단순히 모르타르로 접합하여 쌓거나 가로줄눈에 철망(wire mesh)을 넣을 정도로 보강한 블록구조. 주로 2층 이하의 소규모 건물에 적합. 바닥과 지붕은 목조·철근콘크리트조 혹은 철골조로 함. 이 구조는 타 구조의 칸막이벽(non-bearing wall)이나 라멘뼈대 안에 쌓는 비내력벽으로도 이용됨. ③단순조적블록구조(=)·적식블록구조(=).

단순응력(單純應力, simple stress) : 한쪽 방향으로만 주어지는 응력으로 단면이 균일한 부재에 인장하중 또는 압축하중이 작용하는 경우에 발생하는 하중.

단순조적블록구조(單純組積-構造, masonry block construction) : ⇨단순블록구조(=).

단순화현상(單純化現狀) : 어떠한 형태나 도형을 상황이나 사정이 허락하는 한 단순한 구조가 될 수 있게 보는 시지각(視知覺) 현상.

단스팬보(單-) : ⇨단순보(=).

단식보(單式-) : ⇨단순보(=).

단안시(單眼視) : 한쪽 눈으로 물체를 3차원으로 지각하는 공간지각. 이러한 지각은 겹침 또는 중첩·상대적 크기 또는 직선조망·평면에서의 높이·표면의 결·명료도·음영 등에 의해서 생김.

단안시계(單眼視界) : ①한쪽 눈이 볼 수 있는 시계(視界). 이 시계 안에서는 대상물이 불분명하게 하고 흩어져 보이므로 영상이 분명하게 뇌에 전달되지 않음. ② 양안시계(⇔).

단안시차(單眼視差, monocular disparity) : 한쪽 눈만을 이용해도 공간의 지각이 가능한 시차. 공간의 지각은 기본적으로 깊이와 거리의 지각에 기초함. 깊이와 거리의 지각은 보통 한 눈만으로 이용해도 가능함. ⇨단안시차(=).

단여(短梠) : ⇨단장설· 단장여· 단장혀(=).

단연(短椽, short rafter) : ①종도리에서 중도리 사이 또는 마룻대 사이에 걸쳐 산자나 지붕널을 받은 짧은 서까래. ②기둥 윗머리 사개통에 돌보나 도리를 받치기 위하여 먼저 얹는 짧은 나무. ③오량기둥에서 마룻대에 거는 짧은 서까래. ④용마루에 건 짧은 서까래. ⑤상연·동연(=).

단열(斷熱, heat insulation) : 열의 유동에 대해 저항력이 높은 재료를 사용하여 열이 전달·이동하지 못하도록 조치를 취하는 것. 단열의 원리는 저항형(기포형)·반사형·용량형 3가지 형태의 단열 메커니즘이 있음.

단열겹유리(斷熱-琉璃) : ⇨페어글라스(=).

단열공법(斷熱工法) : ①열을 차단하는 공법. ②종류는 단열재의 형상에 따라서 충전공법·붙임공법·타설식·압입식·뿜칠식의 5종류가 있음. ㉠충전공법 : 펠트형 단열재 또는 판형 단열재를 스터드 또는 샛기둥 사이에 끼워 넣어 충전하는 방법. ㉡붙임공법 : 판형단열재를 접착제 볼트 못 등을 이용하여 벽면 등에 붙이는 공법. ㉢타설공법 : 판형 단열재를 미리 거푸집에 붙이거나 그 자체를 거푸집으로 하여 콘크리트를 타설하는 공법. ㉣압입공법 : 단열재의 파편 또는 현장발포 단열재를 호스 등에 의하여 넣는 방법 또는 벽체 등의 공극에 의하여 충전하는 공법. ㉤뿜칠공법 : 현장발포 단열재 또는 단열재 파편을 벽면 등에 뿜칠하여 붙이는 방법.

단열구조(斷熱構造, heat insulation construction) : ①열을 차단할 수 있는 성능을 가진 구조. ②단열구조는 비중이 작은 재료, 즉 열전도율이 작은 재료를 쓰는 것이 효과적이며 단층구조보다는 다층구조가 좋음. 또한 표면마감은 평활하게 하며 공기누출을 적게 함. 동일 재료를 쓸 때는 벽을 두껍게 함.

단열모르타르(斷熱-, heat insulation mortar) : 단열벽돌을 쌓는데 사용되는 단열성이 있는 모르타르. 규조토(硅藻土)를 소성(塑性)한 것에 점성을 갖게 하기 위해 내화점토·석회 등을 혼합하여 분쇄한 분말재료에 물로 반죽하여 사용.

단열벽돌(斷熱壁乭, heat insulation brick) : 굴뚝이나 벽난로 등에 사용되는 열전도율이 낮은 벽돌. 보통 규조토(硅藻土)를 700~800℃에서 소성한 것 또는 규조토에 샤모테(schamotte)를 혼입하여 소성한 것으로 1,500℃ 이상의 열을 감당함. 한국공업규격(KS)에서는 단열벽돌(850~1,200℃, 열전도율은 0.14~0.17㎉/m·h·℃ 이하)과 내화단열벽돌(1,300~1,500℃, 열전도율은 0.18~0.35㎉/m·h·℃ 이하)로 구분.

단열보온양생(斷熱保溫養生) : ①콘크리트에서 온도 저하 방지를 위한 보양방법. ②시트(sheet) 등으로 보양함.

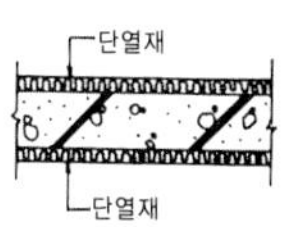

단열보온양생

단열유리(斷熱琉璃, insulating glass) : ①두 장 이상의 유리를 일정한 간격(6㎜ 정도)을 두고 내부를 기밀하게 한 유리. ②페어글라스·열선흡수유리(=).

단열재(斷熱材, thermal insulator) : ①온도가 서로 다른 두 부분 간에서 열전달에 저항하는 재료. ②단열재료(=).

단열재료(斷熱材料, insulation, adiabatic materials, heat insulating materials) : 한 물질이나 공간에서 다른 물질이나 공간으로 열이 전달되는 것을 차단해주는 물질. 원치 않는 소리나 열의 전달은 적절한 단열재를 사용하면 어느 정도 감소시킬 수 있음. 보통 다공질의 재료가 많으며 열전도율이 낮을수록 단열성능이 좋은 것임. 열에 대해서는 같은 두께인 경우 경량재료가 단열에 더 효과적이고, 열을 표면에서 반사하는 재료도 단열재의 일종임. 단열재는 대부분 흡음성도 우수하므로 흡음재료로도 사용됨. 건축물의 단열재 조건은 ㉠흡수율이 낮을 것 ㉡비중이 작을 것 ㉢어느 정도 기계적인 강도가 있을 것 ㉣내화성이 좋을 것 ㉤단열성능이 좋을 것 ㉥화학적으로 안전한 재료일 것 ㉦불연성을 가질 것 ㉧시공성이 용이할 것 등임.

단열재의 시공성(斷熱材-施工性) : 공사현장까지의 운반이 용이하고 현장에서의 가공과 설치도 비교적 용이한 것.

단열콘크리트(斷熱-, insulating concrete) : 단위 중량이 960kg/㎥보다 작으며 열전도율이 낮은 진주암과 같은 경량골재 또는 균질의 세포구조를 가진 혼합물에 기포형성제가 녹아 있는 콘크리트.

단엽무늬(單葉-) : 한 겹으로 된 꽃잎이나 잎을 배열한 무늬.

단위(單位, unit) : ①어떤 양(量)을 나타낼 때 비교의 기준이 되는 같은 종류의 양의 명칭. 예컨대 길이의 단위는 미터, 무게의 단위는 그램 등. ②사물을 비교하거나 계산하는 데 기본이 되는 것.

단위가구(單位家具, unit furniture) : 시스템가구의 일종으로 환경·용도 및 사용자의 필요에 따라 규격화된 단일가구를 원하는 형태로 조립·분해가 가능하므로 변화·이동·조합할 수 있어 공간의 이용에 대한 효용성이 높음. 1920년에 독일에서 개발되어 제2차 세계대전 후 널리 사용. ⇨가구.

단위공간(單位空間, unit space) : 공간구성에 있어 하나의 단위가 되는 공간.

단위구조(單位構造, unit construction) : ①규격화된 단위부재를 서로 연결·조립하여 건축물의 바닥·벽·천장 등을 완성할 수 있는 조립식 구조. 공장에서 대량생산이 가능하므로 건축비용과 건축기간을 절약할 수 있음. ②⇨조립식 구조.

단위삼각파(單位三角波) : 어떤 일정한 시간 Δ 간격마다의 시계열(時系列)을 주고 그 중간을 직선으로 근사적으로 연결하면 적산온도(積算溫度)는 이등변삼각형의 집합이 됨. 이때에 저변의 길이 2Δ[h], 높이 1℃의 이등변삼각형을 단위 3각파라고 함.

단위용적중량(單位容積重量, unit weight) : 1㎥의 (골재·시멘트 등)중량.

단위응답(單位應答, indicial admittance) : 실을 난방하는 경우, 열공급이라는 원인에 의해 실온이라는 결과가 생김. 또 벽을 끼고 있는 한쪽 기온을 높인다는 원인에 의해 벽 내의 온도 및 열류가 증가하는 결과가 생김. 일반적으로 원인이 되는 것을 여진(勵振)이라 하고 결과가 되는 것을 응답(應答)이라고 함. 여진과 응답을 관련시키기 위해서는 그 계(系)가 선형성(線形性)과 정상성을 가질 필요가 있음. 일반적으로 어떤 계(系)에 단위함수 U(t)의 여진이 가해졌을 때의 응답을 단위응답이라고 함.

단위형태(單位形態, unit form) : 어떤 구성에서 반복적으로 사용된 형태.

단위흡음체(單位吸音體, unit absorber) : 흡음재료를 구형(球形)·원통형(圓筒形)·입방체형(立方體形)·더블콘형(double cone type)·쐐기형(wedge type) 등으로 성형하여 사용하는 것을 보통 실내공간에 달거나 붙여서 실내마감 벽면 주변에 설치하여 반사음을 효율적으로 흡음하도록 함. 벽면에 흡음재로 마감하기 어려운 장소인 대형공장 또는 기계실 등에 주로 사용.

단유성(短油性, short oil length) : ①유류 포함량이 적은 것. ②바니시의 유장(油長, oil length)을 나타내는 용어로 수지와 건성유의 배합비율에 따라 단(短)유성·중(中)유성·장(長)유성으로 구분.

단유성바니시(短油性-, short oil varnish) : ①유성바니시의 일종. ②도막형성요소 중에서 고형수지분에 대해 지방유분이 적은 것.

단익공(單翼栱) : ⇨초익공·일익공(=).

단일공동공명기(單一空洞共鳴器) : 헬름홀츠(Helmholtz)에 의해 1862년 처음으로 고안된 것으로, 공명에 의해 특정 주파수의 음만을 효과적으로 흡음함. 공명주파수 부근의 아주 좁은 주파수 범위에서만 예민하게 흡음작용을 하므로 일반적인 흡음처리를 위해서는 어려움이 있음. 그러나 어느 특정한 낮은 주파수에서 실내 고유진동이 생길 때 이를 억제하는 데 유효함. 목부분은 파이프를 이용하여 길이에 따라 공명주파수(fr)를 조절할 수도 있음. 공동(空洞) 용적을 크게 하면 흡음력이 커질 수 있으나 보통 파장의 1/6 정도 이하로 함. 단일공명기를 이용한 예는 나무제품·구멍 뚫린 타일이나 벽돌·블록 또는 도자기로 된 항아리나 유리병 등을 콘크리트 속에 넣는 것이 있음.

단일덕트가변풍량방식(單一-可變風量方式, VAV system) : 공조대상 공간의 열부하 변동에 따라서 송풍량을 조절하여 소정의 온·습도를 유지하는 전 공기방식으로, 취출온도를 일정하게 부하의 변동에 따라 송풍량을 변화시켜 실온을 제어함.

단일덕트방식(單一-方式, single duct system) : 공기조화에 있어 건물의 실내 공간을 냉·난방하는 데 필요한 전 송풍량을 한 개의 주 덕트(main duct)를 통하여 분배하는 방식.

단일면(單一面, flush, flush surface, flat surface) : 단차이가 없는 동일한 높이의 평평한 평면 또는 표면.

단일색(單一色, mono-chromatic color) : 단일한 색상의 색채.

단일석재(單一石材, monolith) : ①하나의 덩어리로 된 석재를 말하며, 주로 오벨리스크(obelisk)·기둥·조각품 등의 기념물을 만드는데 사용됨. 그러나 일반적으로 여러 개의 석재를 하나의 덩어리로 보이도록 이어붙인 것임. ②⇨오벨리스크.

단일영상전시(單一映像展示) : 슬라이드로 운동감이 배제되고 단락이 분명한 정지영상전시(slide projection)의 일종. 선적(線的)이 아닌 점적(點的) 전달을 함. 보통 슬라이드 프로젝터는 10~30명의 소규모 교육용으로 사용됨. 슬라이드 영상은 35㎜ 필름이 많이 사용되지만 60㎜는 화질이 좋고 화면 확대율이 큼.

단일체형태(單一體形態, monolithic form) : 단일체의 형상들은 보통 하나의 석재 블록으로 형성됨. 대체로 육중하고 균일. 콘크리트는 구조 이음매가 없이 하나의 조각으로 주조된 단일체 구조의 대표적인 예임.

단자(端子, terminal) : ①외부와 접속하기 위한 부분으로 신호 또는 에너지의 출입구로 사용되는 것. ②전기·기계·기구 등이 전력을 끌어 들이거나 보내는 데 쓰이는 회로의 끝부분. 주로 구리로 만듦.

단장설(短長舌) : ⇨단장여(=).

단장여(短丈餘) : ①도리 밑에 건너지르지 않고 짧게 받쳐댄 장여. ②주심포 건물에서 주심상의 포가 있는 부분만 놓는 짧은 장여. ③기둥 화통가지에 끼워 보나 도리 밑에 보강으로 대는 짧은 가로재. ④단장여는 부재의 높이를

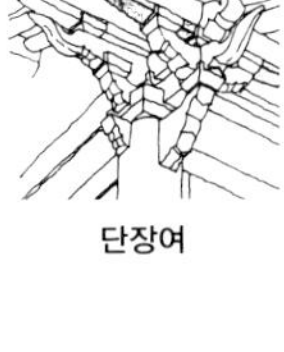
단장여

단형 장부맞춤(haunched mortise and tenon joint) : ⇨장부맞춤.

단형 통맞춤(dado and rabbet joint) : ⇨통맞춤.

닫집(唐家, 寶蓋, baldacchino, canopy) : ①옥좌·제단·계단실 등의 위쪽으로 난 차양이나 천개(天蓋, tabernacle은 종교적 유물이나 성체를 보관하는 화려한 집). ②불상이나 보살상의 머리 위를 가리는 일산(日傘) 같은 덮개. 불교의 장엄구(莊嚴具)로 쓰이며 장식적인 효과도 있음. ③궁궐·사찰·사묘 등의 보좌·불단·제단 위에 짜서 단방형의 장식(낙양이나 포작형태)으로 씌운 옥개. ④본래는 천으로 만들었으나 후세에는 금속이나 목재로 조각하여 만들기도 하였음.

달개 [1](瓔珞, spangle) : 금관 등에 반짝거리도록 매달은 얇은 금속판으로 된 장식.

달개 [2] : ①처마 끝에 덧단 의지간(依支間) 또는 차양을 달아 잇대어낸 의지간. ②달개집(=).

달개지붕(lean-to-roof) : ①처마에 덧달아 낸 의지간의 지붕. ②인접한 벽이나 건축물에 기대어 그것의 꼭대기에 단 하나의 돌출된 지붕을 갖고 있는 오두막이나 건축물. ③보첨(=).

달개집 : ①원채의 처마 끝에 지붕을 덧달아 이어 내린 집. ②맞배집 합각부분에 기적 지붕을 덧대어 의지간을 만들고 부엌을 드리거나 방을 드린 집. ③기와집으로 이런 유형은 주로 영천(永川)지방 일대에 분포.

달고(達固, ram, rammer) : ①땅을 단단히 다지는데 쓰는 기구. ②집터를 다지는 데 쓰는 연장. ③종류는 목달구·쇠달구·돌달구 등이 있음. ④달구(=).

달구 : ⇨달고(=).

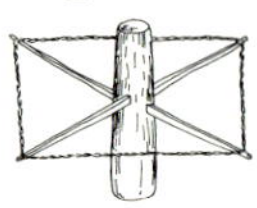

달구

원달구

달구질 : ①나무로 만든 달구로 기초를 두드려 다지는 것. ②달구로 집지을 터를 다지는 일.

달구질패 : ①달구질만 전문적으로 하는 패거리. ②달구질패는 한 패에 열한 명인데 열 명이 달구를 두들기고 한 명은 장구를 치며 소리를 메김.

달대(釣木, strap, hanger, hanging of ceiling) : ①상부재에 하부재를 달아매는 부재. ②반자틀(ceiling frame)을 위에서 달아매는 수직적인 구성부재. ③달대를 층보·장선 등에 직접 달면 2층 마루의 진동으로 반자가 금이 생기거나 떨어지게 되므로 달대받이를 별도로 대거나 진동에 견딜 수 있는 반자로 함.

달대공(懸臺工, hanging post, pendant) : ①평보 및 ㅅ자보 양 옆에 수직으로 대는 지붕틀 부재로 보통 볼트조임함. 평보 및 ㅅ자보에 걸침턱을 따 넣을 때도 있음. 달대공을 긴 볼트로 하거나 ㅅ자보와 평보에 짧은 장부맞춤으로 하고 감잡이쇠 또는 띠쇠 등으로 달아매기도 함. ②하부는 코벨(corbel)에 의해 지지되고 상단은 망치형 보(hammer beam)나 지붕 보(tie beam)를 지지하는 수직 목재.

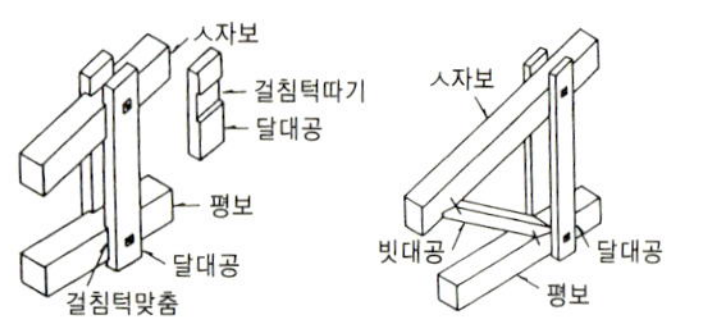

달대공

달대받이(carrying rod of ceiling) : ①지붕틀의 평보 또는 층보에 끝마구리 지름 90㎜ 정도의 껍질을 벗긴 통나무 부재. ②약 900㎜ 간격으로 걸쳐대고 큰 못 또는 꺾쇠치기로 함. ③콘크리트 바닥 밑에 이중으로 할 때에는 달대받이를 90㎜ 각 정도로 하고 바닥판에 묻어 둔 철선이나 볼트로 달아 조임. ④금속으로 된 달대받이는 캐링 찬넬(carrying channel)이라고 함.

달대비계(弔桁飛階) : ①달비계의 일종으로 철골리벳 또는 볼트 작업 시와 같이 주체인 철골에서 달아매어 작업발판을 만드는 비계를 말하며 상하이동은 안 됨. ②달비계(＝).

달대천장(dropped ceiling, suspended ceiling) : ⇨달반자(＝).

달동자 : ①외기중도리의 왕지부분에 내리세운 짧은 기둥. ②기둥 밑 끝에는 꽃새김을 함.

달린 꼭지장식(pendant finial) : ①천장에 매달린 장식과 같이 가구의 끝부분 아래쪽에 매달린 장식. ②에어프런(apron) 끝이나 돌림띠(cornice)의 모서리에 일반적으로 위치.

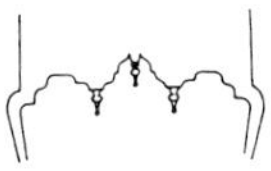
달린 꼭지장식

달목 : 반자틀을 보꾹에 달아맨 나무쪽.

달반자(－盤子, suspended ceiling, false ceiling, dropped ceiling, counter ceiling) : ①설비 및 배관설비 공간을 확보하기 위하여 또는 디자인상 천장의 일부분을 본 천장에서 아래로 내린 천장. ②내림천장(＝).

달비계(－飛階, hanging scaffold, suspended scaffold, swinging scaffold) : 주로 건물의 옥상 또는 상부에서 고정된 돌출부의 밧줄로 매달은 비계. 권양기(捲揚機)가 붙어 있어 상하로 이동시킬 수 있는 것도 있음. 주로 외부마감·외벽청소·고층건물의 유리창 청소 등에 이용됨. 달비계에는 원(元)달비계·간이달비계·달대비계 및 와이어로프 강재·철선 등으로 상부지점에서 작업용 널판을 매다는 형식의 비계가 있음.

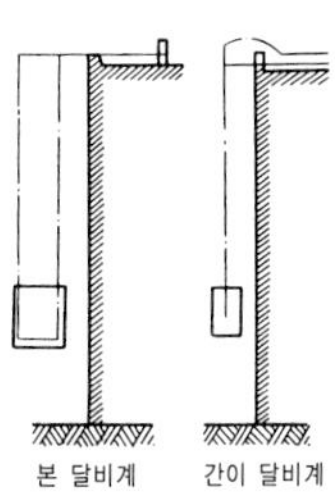

달비계

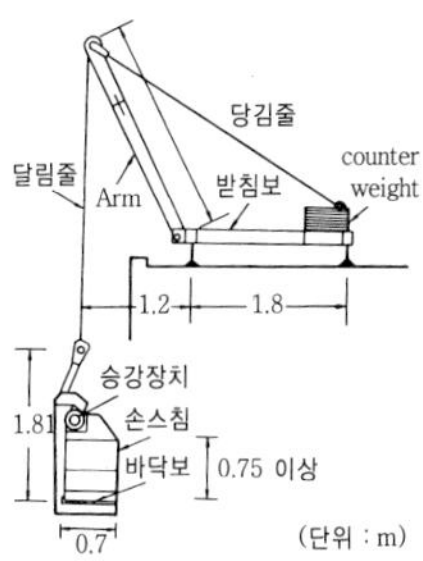

달비계(곤돌라의 예)

달쇠(hanger) : ①물건을 달아매는 데 쓰는 철물. ②분합문 따위를 달아매려고 박는 갈고리쇠. ③달대(＝).

달쇠

달천장(－天障) : ⇨달대천장(＝).

달톤이즘(daltonism) : 홍록색맹(紅綠色盲)을 최초에 Dalton이 발견하였으므로 Daltonism이라고 함.

닭무릎형 다리(－型－, hock leg) : ⇨캐브리올다리(＝).

닭벼슬난간(－欄干) : ⇨계자난간(＝).

닭싸움의자(－椅子, cock fighting chair) : ⇨보외즈(＝).

담그다 : ①대장간 따위에서 쇠를 불려서 달구었다가 찬물이나 기름 속에 넣음. ②담금질함.

담금질(燒入, quenching, hardening) : ①철에 열을 가하여 급랭각시키는 것. 소입(燒入)이라고 함. ②강(鋼)을 오스테나이트(austenite)상태의 고온도에서 물 또는 기름 속에 투입하여 급랭시키는 조직. 마르텐사이트(martensite)라고 하는 조직을 가진 상당히 단단한 조직을 얻는데 그 목적이 있음(마르텐사이트는 담금질에 의하여 생기는 단단한 조직의 명칭). ③소입(＝).

담배함(－函) : ①위에 뚜껑을 달거나 측면에 서랍을 두어 담배를 넣을 수 있게 만든 작은 함. ②생활에 실질적인 기능을 담당하는 물품으로 장식적인 효과를 갖는 실용적 장식품의 일종.

담살이 : ⇨행랑살이·호지살이(＝).

담양 고재선가옥(潭陽 高在宣家屋) : ⇨고재선가옥(＝).

담운꾼 : 들것으로 짐 따위를 나르는 사람.

담의 귀돌(quoin) : ①크기·모양·색채 또는 재료의 대비를 통하여 벽·건축물 외부의 모퉁이를 표시하기 위해 사용된 일련의 석재 또는 벽돌. ②쿼인·홍예석(＝).

담집 : ①벽체에 의한 전통민가 유형의 하나. ②목재로 기둥·도리·보 등을 만들 수 없는 서민들이 짧게 썬 볏짚을 넣은 진

흙으로 벽체를 쌓고 이 위에 지붕틀을 얹어 만든 집. ③기둥을 세우지 않고 벽을 흙돌담으로 두껍게 쌓아 벽체가 지붕을 무게를 받도록 한 구조. ④벽체는 거푸집을 만들어 공이로 진흙을 다져서 만듦.

담채화(淡彩畵, light colored picture) : ①엷은 색으로 그린 그림. ②동양화에서 먹으로 그린 그림의 요소(要所)에만 채색한 그림 따위.

담천공(曇天空, overcast sky) : ①하늘 전체에 구름이 끼어 푸른 하늘을 볼 수 없고 직사광도 없을 때의 천공. 갠 날씨에 구름이 없을 때의 천공은 청천공(晴天空)이라고 함. ②운량(雲量)이 80~100%인 천공. CIE 표준 담천공은 수평면 근처의 휘도보다 천정(天頂) 부근의 휘도가 3배 정도 밝음.

담천광(曇天光, overcast skylight) : ①구름이 끼어 흐린 하늘에서 오는 빛. ②색은 백색이고 색온도는 약 6,000°K 정도. ③천공광(=).

담합(談合, conference) : 공사입찰 때 입찰전에 지명한 업자(경쟁업자)가 미리 입찰금액을 상담 또는 협정하여 낙찰시킬 사람 등을 사전에 협정하는 것으로, 입찰자들이 야합하여 부정으로 응찰하는 것.

당(堂) : ①원래 흙을 높이 돋우고, 그 위에 지은 집을 형상한 문자. ②일반적으로 크고 높은 중심 건축물이나 주요한 건축물로 방향은 남북을 향하고, 중심축선상에 위치. ③궁궐·관아·향교·서원 또는 주택일 경우 사랑채에 붙여졌으며, 이 당호는 집 전체를 의미하는 것으로 사용되었음. 정원에 지어져 정자와 같은 의미로 당이라 붙여진 경우도 있음. ④주로 상류주택의 별당형식 사랑채에 붙여졌음. 예컨대, 임경당(臨鏡堂), 보진당(葆眞堂) 등이 그 예임.

당가(唐家, baldachin, baldaquin, canopy) : ①법당의 부처 위에 만들어 다는 지붕 모양의 장식. ②궁궐(절)에서 용상(불상)을 감싸는 작은 집이나 용상(불상) 위를 장식하는 덮개. ③닫집·천개·보개(=).

당간(幢竿) : 사찰 앞에 세워서 당(幢)을 달아매는데 쓰이는 높은 깃대. ②당(幢)을 달아 두는 장대인데, 보통 석재나 철재로 조성됨. 당이란 본래 사찰의 문전(門前)에 꽂는 기당(旗幢)의 일종으로 속칭 괘불(掛佛)이라 하는데, 그 표면에는 불화(佛畵)가 그려져 있으며 사찰에서 기도(祈禱)나 법회(法會) 등의 의식이 있을 때만 당간 꼭대기에 달도록 되어 있음.

당간지주(幢竿支柱, banner pole supporting posts) : 절에서 행사가 있을 때 이를 알리는 깃발(당)을 다는 막대(당간)를 고정시키는 돌기둥.

당간지주

당곡벽(當谷壁) : ①도리에 걸친 서까래의 사이(간극)를 막아 바른 벽. ②도리에 걸린 서까래의 사이에 있는 벽. ③항(桁)에 걸린 서까래 사이사이를 막아 바른 벽. ④당골벽·착곡벽(=).

당골 : ⇨단골(=).

당골매기 : ⇨단골막이(=).

당골벽 : ⇨당곡벽(=).

당골판(-板) : ①부연 사이를 막아 낀 널쪽. ②구획된 좁은 간사이를 막아댄 널. ③착고판·부연개판·부연간판. ⇨단골판(=).

당기와(堂蓋瓦, 唐瓦) : 막새기와의 다른 명칭. 암막새와 수막새를 통틀어 일컫는 통칭.

당길문(-門) : 바깥에서 당겨서 열리게 한 문.

당목테 : ①조선톱의 톱니를 통틀어서 이르는 말. ②당목으로 싸서 팔던 조선톱의 톱날. ③톱니를 만들 쇠가 당목에 감겨서 팔렸기 때문에 붙여진 이름.

당와(唐瓦) : ⇨당기와(=).

당주(塘洲) : ①연못속의 섬. ②네모난 연못인 방지(方池) 안에 만든 섬으로 석가산(石假山) 또는 봉래산(蓬萊山)이라고도 함. ③방지에 둥근 섬은 천원지방(天圓地方)을 상징화한 음양화합형의 방지원도(方池圓島)이며, 하늘과 땅이 화합해 있는 축소된 우주의 모습이며, 그 기호임. 하늘세계로 상징되는 석가산은 보통 봉황과 신선이 노니는 도교적 이상세계를 말함.

당척(唐尺) : ①중국 당나라 때 채택된 이후 동아시아 각국에서 사용된 것. ②현재의 미터법으로는 29.694cm.

당초무늬 : ⇨당초문(=).

당초문(唐草紋, arabesque pattern, foliage scrolls) : ①덩굴풀이 뻗어 나가는 모양을 그린 무늬. ②초목의 줄기·덩굴 및 잎을 연결한 식물 문양의 한 종류로 인동당초·국화당초·포도당초·싸리당초 등을 총칭. 오래 전부터 장식문양으로 건축에서 사용되었으며 특히 아라베스크양식이 유명.

당초문양 : ⇨당초문(=).

당초와(唐草瓦) : ⇨내림새· 암막새· 여막사(=).

당케트(dancette[프]) : 몰딩에 사용되는 장식적 지그재그 패턴(zigzag pattern).

당판문(唐板門) : ①골판문보다 좀더 두꺼운 널판을 끼워 만든 문. ②문울거미가 있는 대청 뒷문인 판문. ③보통 두 짝으로 됨. ④주로 궁궐의 침전에 사용함.

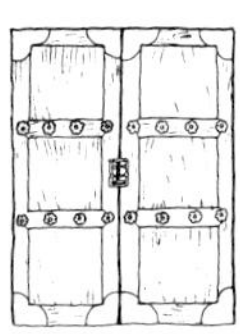
당판문

대(臺) : ①사방 주위를 바라볼 수 있도록 한 높은 건축물. 특히 나무가 있는 것을 사(榭)라고 함. ②장대(將臺)·성(城)·보(堡)·둔(屯)·술(戌) 등의 동서에 높이 쌓아올린 장수의 지휘대. ③원래 흙을 높이 쌓고 상면을 평평히 하여 둘레를 둘러볼 수 있게 만든 곳. ④건축물을 높이는 수단으로 사용하였으며, 그 자체가 발전하여 독립된 하나의 건축형식이 되었음. ⑤궁궐이나 성 안의 높은 곳에 지어져 군사적인 기능을 하였거나 주변경관이 뛰어난 곳에 지어져 휴식과 회합·연회 등을 하는 공간으로 사용. ⑥경포대(鏡浦臺) 등이 있음. ⇨누정(=).

대가(對價, consideration) : 계약을 이행하기로 결정하고 난 후에 한 사람이 다른 당사자에게 지불하는 가격.

대각선(對角線, diagonal) : 사각형의 서로 이웃하지 않는 모서리를 연결하는 직선. 전체를 비례에 맞는 부분으로 나누든가, 측정이나 공간의 기본단위를 더하는데 사용.

대각선띠철근(對角線-鐵筋, diagonal-hoop) : 대각선 방향으로 배치한 띠철근.

대갈마치 : 대갈을 박는 작은 마치.

대갈못 : 대가리가 큰 못.

대갈패기 : ①'대갈빼기'의 사투리. ②옆쪽 벽 바깥으로 나온 박공 머리.

대건축물(大建築物, edifice) : 대체로 규모가 큰 건물로 육중한 구조 또는 위압적인 형태의 건물.

대곡사(大谷寺) : ①경북 의성군 다인면 봉정동 894 소재. 고려 공민왕 17년(1368)에 지공국사(指空國師)가 창건하고 그 후 조선 선조 38년(1605)에 중수(重修), 숙종 13년(1687)에 중건(重建)하였음. ②주요 건물로는 대웅전과 명부전·범종각·산신각·요사채 등이 있음. 이 중 대웅전은 정면 3칸, 측면 2칸 다포계 팔작지붕 건물로, 1982년 8월 4일 경상북도 문화재자료 제160호로 지정됨. 자연석을 써서 막돌쌓기로 기단을 세운 뒤 동향으로 건물을 세웠음. 천장은 우물 정(井)자 모양이고 전체적으로 조선 중기 건축양식임. 명부전과 범종각은 함께 경상북도 문화재자료 제161호로 지정된 맞배지붕 건물. 부속 암자는 본래 9곳 있었으나 지금은 적조암과 진영각만 남아 있음.

대곡사 범종각

대곡석(大谷石) : ⇨응회암(=).

대공(臺工, 中盤, 波蓮臺工, truss post, purlin post, short pillar to hold purlins) : ①대들보 위에 세워 마룻보와 중도리를 받거나, 마룻보 중앙에 세워 종(마루)도리를

받는 구조물을 대공이라 하고, 중도리를 받는 것을 중대공·종도리 받는 것을 마룻대공이라 함. ②들보 위에 세워 중도리 마룻대(棟木)를 받는 짧은 기둥. 통나무 보에서는 동자기둥 밑자리는 평평하게 하고 동자기둥 상하(上下)는 짧은 장부맞춤으로 함. ③조선시대에는 다포형식의 팔작지붕이 많아 천장을 설치하는 경우가 많으므로 대공이 노출되지 않아 조각 없이 단순하게 처리하며, 천장을 설치하는 주심포 건물의 연등천장에서 대공을 노출시키는 경우 판재에 초각 등 장식적인 대공을 사용함. 종류는 형상(모양)에 따라 동자대공(童子臺工)·화반대공(花盤臺工)·포대공(包臺工)·인자대공(人字臺工)·파련대공(波蓮臺工)·복화반(覆花盤)·앙화반대공(仰花盤臺工)·솟을대공·접시대공 또는 판대공(板臺工)이라고도 함. 그밖에 상대공(上臺工) 등이 있음. ④한자를 빌려 '大共·臺工·大工'으로 적기도 함. ⑤중반(=).

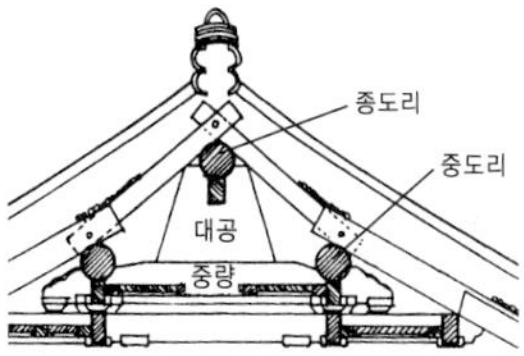

대공

대공가새(臺工-, bracing of king truss) : 대공 상호간의 연결 및 보강을 위하여 X자형 또는 V자형으로 대는 가새.

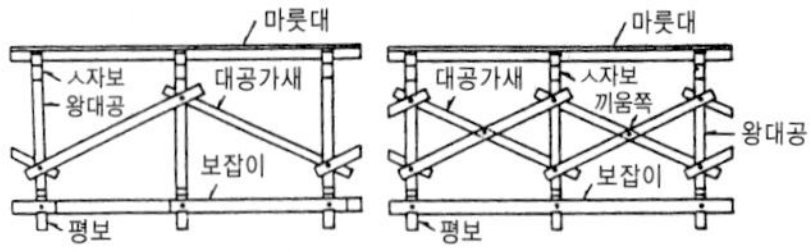

대공가새

대공밑둥잡이(runner) : ①평보 중간의 옆흔들림을 막으며 동시에 전체 지붕틀을 튼튼하게 하기 위해 왕대공 하부를 연결한 것. ②양식 지붕틀에서 지붕틀 또는 평보의 옆 휨을 막고 대공 밑을 연결하여 지붕틀 상호간의 연결을 더욱 튼튼히 하기 위해 평보 간에 걸쳐대는 보강재. 보잡이는 평보에 걸침턱으로 대공 옆에 대고 볼트조임을 함.

대관용 의자(代官用椅子, curule chair) : 앞뒤 다리와 팔걸이와 연결된 좌판이 각각 반원형으로 된 X자형 의자. 고대 로마의 셀라 쿠룰리스(sella curulis)의자에서 유래한 중세의 옥좌(throne)와 의전용 의자(chair of estate)를 모방하여 르네상스시대의 가구 제작자에 의해 만들어진 것으로 대관들만이 사용. 19세기 초 제국양식(Empire style)과 섭정양식(Regency style)의 가구에서 다시 사용.

대관용 의자

대광명전(大光明殿) : 비로자나불의 광명이 모든 곳에 두루 비친다는 의미로 대적광전을 다르게 부르는 말.

대궐(大闕, royal palace) : ⇨궁궐·왕궁(=).

대근(帶筋, hoop, hoop bar, tie hoop) : ①기둥의 외측에 소정의 간격으로 주근을 둘러 감은 가로방향의 보조철근. ②전단력과 주근의 버클링(buckling ;주근이 축방향 때문에 주근의 중앙부가 바깥쪽으로 퍼지려는 성질)에 저항하거나 방지하기 위해 사용됨. ③띠철근(=)· 피복두께.

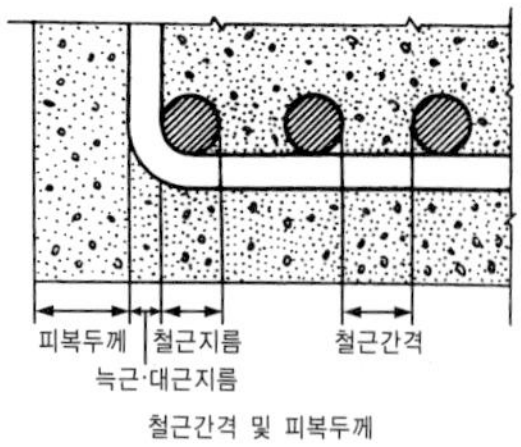

대근

대기복사(大氣輻射, atmospheric radiation) : 대기가 일사(日射), 즉 태양으로부터 복사(輻射)의 흡수에 의하여 또는 지표로부터 열을 받아 그 자체의 온도에 의해 일정하게 발(發)하는 열. 반복사 또는 역반사라고도 함. 대기복사는 대기의 수증기나 먼지 양에 따라 변동함. 지표·지상의 건물들은 복사에 의해 맑은 날씨인 경우에는 직달일사(直達日射)·천공복사·대기복사의 합계복사를 받음. 또 태양이 구름에 가려져 있는 경우에는 천공복사와 대기복사의 합계복사를 받음.

대기습도(大氣濕度, atmospheric humidity) : 대기(大氣) 중에 포함되어 있는 습도.

대기실(待機室, waiting room, retiring room) : 잠시 머물거나 대기하도록 마련된 공간으로 의자나 소파 및 테이블이 놓임. 또한 지루함을 달래기 위해 간단한 소책자나 안내책자가 놓이기도 함.

대기투과율(大氣透過率, atmospheric transmittance) : 일사가 지표면에 수직으로 입사할 때의 투과율. 대기투과율은 구름이 한 점도 없는 맑은 날씨일 때만 정의되는 것으로 대기 속의 수증기·먼지 등의 양이 많아지면 대기투과율은 작아짐.

대나무형 선반가공재(－形旋盤加工材, bamboo turning) : ①긴 대나무처럼 일정한 간격으로 좁은 원반이 조각된 선반가공 부재. ②뱀부터닝(＝).

대나무형 선반가공재

대두정(大頭釘) : ①대문짝 따위를 박는 데에 쓰는 못머리가 큰 못. ②넓은머리못(＝).

대들보(大樑, girder, main crossbeam, crescent-moon beam) : ①일반적으로 대청 중간에 걸린 큰 보. 기둥 상부에 얹힌 큰 지붕보. ②모든 건물에 반드시 걸치게 되는 기둥 사이에 가로지르는 여러 개의 보 중에서 가장 기본이 되는 큰 보. 큰 들보라는 의미에서 대들보라고 함. 작은 보(小樑)는 빔(beam)이라고 함. ③가구(架構)하는 모든 부재가 대들보에 힘을 실으며, 지붕의 하중(荷重)도 지탱함.

대량(大樑, main crossbeam, crescentmoon beam) : ⇨대들보(＝).

대량생산주택(大量生産住宅, mass produced housing) : 건축비용의 절감을 목적으로 공장에서 대량생산되는 부재를 현장에서 조립·분해할 수 있는 방식의 주택. 조립식 주택(modular housing)·이동식 주택(mobile housing) 등.

대련(對聯) : ①문이나 기둥 따위에 써 붙이는 대구(對句). ②⇨편액.

대령목수(待令木手) : ①조선 왕조 때 호조에 소속되어 나라의 목수일을 늘 맡아서 하는 목수. ②어떤 사람이나 어떤 집에 딸린 목수.

대류(大流, convection) : ①가열된 공기의 움직임을 통한 열의 전달. ②입자 자체의 움직임으로 인하여 물체를 통한 열에너지의 전달. ③유체(流體, fluid) 입자 자체의 이동에 의해 열에너지가 전달되는 것.

대류난방(對流暖房) : ①방열체의 방열방식에 의한 직접난방방식. ②실내에 방열기를 설치하여 난방을 하는 것으로 방열기의 발열량 중 70~80%가 대류에 의한 것.

대류식 난방기(對流式暖房器, convector) : 공기를 통한 열에너지의 공급·이동으로 가열된 공기의 방열효과를 최대한 얻도록 디자인된 방열기(radiator)와 비슷한 열 공기순환 및 공급장치.

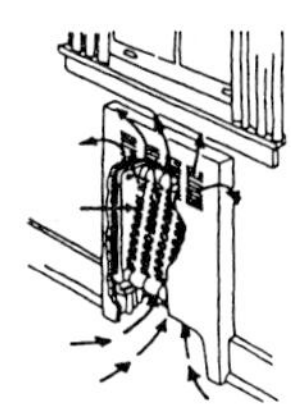

대류식 난방기

대류현상(對流現狀, convection) : 밀도와 중력에 따라 액상 또는 기상의 가열된 부분의 환류운동에 의한 열이 전달되는 현상.

대리석(大理石, marble) : ①석회암이 변성작용에 의해서 결정화한 변성암의 대표적인 석재. ②특징은 질이 치밀하고 견고하며 광택과 무늬가 우수하여 실내장식재와 조각재용으로 바닥, 벽체에 사용하나 내열성·내산성이 약하여 외장용으로는 부적합함.

대린벽(對隣壁) : ①교차하는 내력벽 또는 붙

임 기둥·부축벽. ②서로 직각으로 교차되는 내력벽 또는 벽에 서로 이웃하여 접촉한 두 개의 다른 벽으로 그 중심선 간의 거리를 벽의 길이(壁距離)라고 함.

대립(對立, opposition) : ①일반적 의미로는 서로 맞대어 버팀을 하는 대치(對峙)를 의미하며, 색채지각에 있어서는 색채의 3속성이 서로 극한적으로 대치하는 것을 색채대립이라고 함. 이러한 색채대립은 심리적으로 서로 극한의 상태를 갖게 되므로 그 속성의 방향이 서로 반대(conflict)가 됨. ②디자인적 의미로는 수평선과 수직선이 만나는 부위. 예컨대, 벽체상부와 천장의 만남·창문의 각 모서리·수직기둥과 수평보와의 만남 등의 교차부위를 뜻함. ③교체(=).

대마루(大-) : ①지붕에서 가장 높은 곳에 마루를 지은 것. ②용마루·종마루·가개(=).

대마유(大麻油) : ⇨마유(=).

대머스닝(damascening, damascus work) : 당초문양을 사용하여 장식하는 금속상감 장식 기법. 금속판을 초산 등으로 부식시켜 파낸 후 파여진 위치에 따라 다른 금속을 상감하는 문양장식 기법.

대목(大木) : ⇨대목장(=).

대목장(大木匠, skillful master carpenter) : ①우두머리 목수. ②큰 나무를 잘 다루는 목수. ③큰 집(건축물)을 잘 짓는 목수. ④집 짓는 목수. ⑤도편수·목수편수(=)·소목장(⇔).

대문(大門, gateway) : 출입구에 있는 구조 또는 벽을 통과하는 통로.

대물가구(對物家具) : ⇨가구.

대박람회(大博覽會, The Great Exhibition) : 1851년 모든 산업국가들의 대박람회는 '전시·경쟁, 그리고 격려'의 목적으로 알버트(Albert) 공의 지시에 따라 결성되어, 조셉 팩스톤(Joseph Paxton : 1801~65)의 거대한 유리와 철구조로 만든 수정궁(crystal palace)에서 개최된 전시회였음.

대방전(大方塼) : 정사각형의 큰 벽돌.

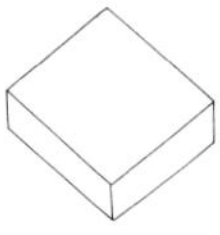

대방전

대븐포트(davenport) : 18세기 영국에서 대븐포트 장군을 위해서 만든, 위로 들어 올릴 수 있도록 고안된 작은 책상 또는 1900년경 미국 보스턴(Boston) 소재의 어빙 카슨 대븐포트(Irving Casson & Davenport)가구회사에서 제작된 직물로 감싼 상자형으로 된 소파 또는 침대.

대비[1](對比, contrast) : ①시계(視界, visual field) 내에서 어느 두 부분의 밝기 또는 색의 차이. ②상반요소(相反要素)가 밀접하게 접근하면 할수록 대비효과는 커지므로 전체적으로 강한 인상을 줌. ③조형요소로서 대비의 개념은 직선과 곡선·명암(明暗)·대소(大小)·장단(長短)·경중(輕重)·투명과 불투명·고저(高低)·집중과 방사 등. 일반적으로 대비의 개념은 강력·화려·남성적이나 지나치게 큰 대비는 혼란·난잡하고 공간의 질서와 통일감을 방해할 우려가 있음.

대비[2](對比, luminance contrast) : 보통 표적의 광산발산도와 배경의 광속발산도와의 차를 나타내는 척도(단위).

$$대비 = \frac{배경의\ 광속\ 발산도 - 표적의\ 광속발산도}{배경의\ 광속\ 발산도} \times 100\%$$

대비감도(對比感度, contrast sensitivity) : 대비(對比)에 의한 시지각반응(視知覺反應). 휘도의 증가에 비례하지만, 어느 한계에 도달하면 조도의 경우처럼 더 이상 증가하지 않음.

대비궁(大妃宮) : ⇨황태후궁(=).

대비단계의 조화(對比的段階-調和, harmony of contrast of scale) : 단일색상으로 매우 다른 명도끼리 결합되어 보이는 상태.

대비의 착시(對比-錯視) : ①수평선상 같은

크기의 분할이 여분 선에 따라 크기가 달라 보이는 현상. ②각각 중앙의 각도가 같은데 서로 달라 보이는 현상. ③길이가 같으나 주변의 영향을 받아 다르게 보이는 착시현상. ④중앙의 원형이 같은 크기이나 외측을 큰 원으로 둘러싸인 것이 작게 보이는 현상. 이것은 대소의 대비에서 생기는 착시. ⑤폰조의 착시(=).

대비전(大悲殿) : 관음전(觀音殿)에 대한 중국의 용어.

대사(代謝, metabolism) : ①생체유지를 위해 일어나는 생체 내의 물리적·화학적 작용 또는 양자의 복합작용. ②신진대사(新陳代謝)의 약어.

대상(對象, object) : ①조형적·디자인적으로는 표현작용이 지향하는 목표가 되는 것. ②일반적으로 소재나 재료를 총칭함.

대성당(大聖堂, cathedral) : ①주교(主敎)를 두고 있는 교구 전체의 모성당(母聖堂). ②가톨릭의 주교좌(cathedral)라고 불리는 주교(bishop)의 자리를 포함하고 있는 주교관구의 본 교회.

대성전(大成殿, Hall of confucius) : 유교에서 문묘 안에 공자의 위패를 모신 집.

대손잡이 : 문 손잡이 쇠의 쥠 손이 대모양으로 된 것.

대솔씨 : 춘양목의 솔씨.

대수선(大修繕, major repair) : ①형태상의 변화 또는 구조의 안정상 위험할 정도의 수선으로 증축이나 개축에 해당되지 않는 것. ②건축법상 용어의 정의는 건축물의 주요 구조부에 대한 수선 또는 변경으로서 대통령령이 정하는 것을 말함. ③주요구조부.

대안(代案, alternative) : ①디자인 과정에서 둘이나 그 이상의 상호 관련있는 포괄적인 가능성들의 집합에서 선택된 실행의 방침이나 제안들 중의 하나. ②디자인 계획 초기단계에서 보통 2~3개 정도의 대안이 제시됨.

대안입찰(代案入札, alternative tender) : ①발주자가 제시한 기본설계를 바탕으로 동등 이상의 기능 및 효과를 가진 공법으로 공사비 절감·공기단축 등을 내용으로 하는 대안을 도급자가 제시하는 입찰제도로 예정가격보다 유리하고 예정공기를 초과하지 않는 공법으로 제안. ②발주된 설계도상의 공종(工種) 중 대체 가능한 공종에 대하여 당초 설계의 기본방침의 변경 없이 동등 이상의 기능 및 효과를 가진 방안으로 대체하여 예정 가격에 비하여 유리하고 당초 예정 공기를 초과하지 않는 공법으로 제안하는 입찰방식.

대안입찰제도(代案入札制度) : ⇨대안입찰(=).

대안적 디자인(代案的-, alternative design) : ⇨반디자인.

대역(帶域, band, frequence range) : ①두 지정된 한계 사이의 주파수나 파장의 범위. ②중심 주파수에서 고저 양쪽의 파대(波帶)를 포함한 주파수 범위.

대역잡음(帶域雜音, band noise) : 건축음향 전반의 측정용으로 사용되는 음원으로 분홍잡음(pink noise)과 백색잡음(white noise)이 있음.

대열주랑(大列柱廊, supercolumniation) : 한 가지 오더(order)의 기둥을 다른 양식의 오더 아래에 놓는 배치법. 보통 더 정교한 오더를 가장 윗부분에 놓음.

대영박람회(大英博覽會, The Great Exhibition the Works of Industries of All Nations) : 1851년 영국 런던의 하이드파크에서 개최되어 산업국으로서 영국의 우월성을 과시하고 다른 나라의 제품들과 디자인 면에서 경쟁력을 높이기 위해 마련된 박람회로 오늘날 박람회의 효시가 되었음. 이 박람회에서 팩스톤(Sir Joseph Paxton : 1803~65)이 거대한 철과 유리로 된 수정궁(crystal palace)이라는 전시장에는 많은 양의 기계 발명품과 수공예품들이 출품되었음.

대영박물관(大英博物館, British Museum) : 런던의 대영박물관. 1823~47년경에 R. 스마크가 아테네의 에레크티온(Erechtheion)을 모범으로 삼아 건조. 파사드

(facade)와 양익(兩翼)에 거대한 이오니아식 열주(列柱)를 배치한 19세기 전반(前半) 영국의 대표적인 고전주의 건축물.

대웅보전(大雄寶殿) : ⇨법당·대웅전·금당(=).

대웅전(大雄殿, the main temple, the main building of a temple, Hall of Sakyamuni) : ①석가모니를 모신 불전. ②불교 선종 계통의 절에서 본존 불상을 모신 법당. ③대웅전의 격을 높여 대웅보전이라고 할 때는 석가모니불 좌우에 아미타불과 약사여래를 모시고 다시 그 좌우에 협시불을 봉안함. ④'법화경'에 석가 부처님을 큰 영웅, 즉 대웅이라고 한데서 유래한 석가 부처님의 사는 집이라는 뜻.

대원(大圓, great circle) : 구(球)에서 그릴 수 있는 최대 직경(直徑)의 원(圓).

대원군별장(大院君別莊) : ①서울특별시 유형문화재 제23호(1974년 지정). 서울특별시 종로구 홍지동 125번지 소재. ②대원군 별장은 10평의 작은 집 한 채 뿐으로 맞배지붕에 'ㄱ자'형으로 되어 있음. 대청마루 앞쪽을 제외한 양쪽에 난간이 설치되었으며, 중앙대청 양편과 'ㄱ자'로 꺾인 부분에 방이 있음. 집안의 구조는 거의 한국식으로 큰방·건넌방·대청으로 나누어져 있음. 큰방은 흥선대원군이 사용하였고, 건넌방은 손님 접대공간이었으며, 대청은 흥선대원군의 특기인 사군자의 난초를 그릴 때만 사용하였다고 함. ③대청으로 흐르는 정면은 전통한옥 형식을 갖추었고, 마루 안쪽으로 난간을 설치하여 상류사회계급의 고급스러운 분위기를 형성하고 있음. 그러나 처마가 없이 마무리된 벽돌 외벽 면에 원형·반원형의 창을 설치한 것 등에서는 근대건축이나 중국건축의 영향을 받은 것으로 볼 수 있음.

대원군별장

대위(對位, counterpoint) : ⇨대위법(=).

대위법(對位法, counterpoint) : 조형적·디자인적으로 대조를 이루는 요소나 테마. 대위법에는 평행적 대위법·교차적 대위법·혼합적 대위법 등이 있음.

대인가구(對人家具) : ⇨가구.

대인거리(對人距離) : ①집합한 인간 상호간의 위치관계로 친밀감이나 행위의 내용 및 문화의 차이 등에 따라서 결정. ②미국인 홀(E. T. Hall)은 사람이 상대와의 사이에 마주치는 거리는 밀접거리·개체거리·사회거리·공중거리 등 4종류로 분류. ㉠밀접거리(密接距離) : 타인의 신체와 밀접하게 관계되어 있다고 느끼는 거리. close phase(0~150㎜)와 far phase(150~450㎜)로 구분. ㉡개체거리(個體距離) : 작은 방어 영역으로 자신과 타인 사이에 유지되는 거품과 같은 거리. close phase(450~750㎜)와 far phase(750~1,200㎜)로 구분. ㉢사회거리(社會距離) : 지배의 한계이고, 상대의 얼굴 세부 디테일은 보이지 않게 되고, 상대에게 닿기 힘든 거리. close phase(1,200~2,100㎜)와 far phase(2,100~3,600㎜)로 구분. ㉣공중거리(公衆距離) : 상호 관계 없이 피할 수 있고 방어할 수 있는 거리. close phase(3,600~7,500㎜)와 far phase(7,500㎜ 이상)로 구분.

대자귀(大-) : 기둥·도리·보·서까래와 같은 큰 나무를 깎을 때 T는 큰 자귀.

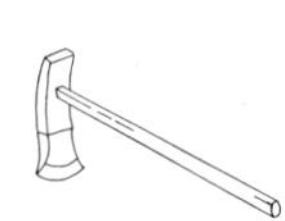

대자귀

대자리 : 대오리로 엮어 만든 자리.

대자색(代紫色) : ①관용색명으로 아주 어두운 주황. ②먼셀기호 2.5YR 5/8.5.

대장전(大藏殿) : ①부처님의 법을 기록한 대장경과 경전을 보관한 건물. ②장경각(=). ③금산사 대장전과 용문사 대정전 및 법보사찰인 해인사의 팔만대장경을 보관한 장경각이 그 실례.

대적광전(大寂光殿) : ①불교 사찰에서 비로자나불(毘盧遮那佛)을 본존으로 모시는 당우(堂宇). ②연화장 세계의 교주인 비로자나불을 본존불로 모신 법당. ③주로 화엄종파에서 본전으로 삼음. ④화엄전·비로전·대광면전·광명전(=).

대전(帶箭) : ⇨띠살(=).

대접 : ⇨대접소로(=).

대접무늬 : 대접만큼 크고 둥근 무늬.

대접소로(大貼小累) : 귀포에서 십자 외에 대각선 방향으로 살미(귀한대)가 놓이므로 운두를 거의 남기지 않고 평평하게 만든 소로.

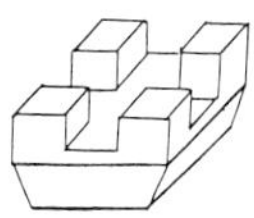

대접

대접쇠 : 대문 장부 구멍의 가장자리에 대는 철물.

대조(對照, contrast) : ①리듬을 구성하는 요소 중 하나. ②각 요소들의 특징을 두드러지게 하거나 더욱 다이내믹한 표현으로 유발시키기 위해 서로 다른 요소들을 병치하거나 대치시키는 것.

대조구조(對照構造, contrast structure) : 방향·위치·공간·중력에 대조의 효과를 주는 비형식적 구성을 위한 어떤 모양이나 형태의 배열.

대좌(臺座) : 고전건축에서 원주(圓柱)나 열주(列柱)를 받치는 부분. 페데스탈(=).

대중양판점(大衆量販店, general merchandise store ; GMS) : ⇨양판점(=).

대중주의건축(大衆主義建築, populism architecture) : ①일반대중에 친숙하고 평범한 이미지를 이용함으로써 예술의 대중화를 주장하는 대중예술(大衆藝術, pop art)처럼 건축도 맥락주의, 상징성, 장식, 은유 등을 통하여 대중을 건축에 포용하여야 한다는 건축사조. ②맥락주의를 주장, 동질성과 연속성 추구, 평범하고 친숙하며 대중적이고 상업적인 임지를 건축에 부여, 구상적·관습적 건축형태를 이용. ③주요 건축가로는 로버트 벤추리(Robert Venturi, 1925~), 로버트 스턴(Robert A. M. Stern, 1939~), 찰스 무어(Charles Moore, 1925~93), 랄프 어스킨(Ralph Erskin, 1914~2005) 등.

대지 [1](垈地, site, ground) : 지적법(地籍法)에 의하여 각 필지(筆地)로 구획된 토지.

대지 [2](臺地, platform) : 기차역의 플랫폼처럼 보통의 지평면에서 위로 올라와서 이루어진 평평한 모양의 지면으로 대규모의 것도 있음.

대지면적(垈地面積) : 대지의 수평면적.

대찰(大刹) : ⇨거찰(=).

대척(大尺) : ⇨영조척(=).

대첨(大檐) : ⇨대첨차(=).

대첨차(大檐遮) : 소첨보다 조금 길게 하여 그 위에 얹어 짠 첨차.

대청(大廳, wooden floor hall) : ①한옥에서 몸채의 방과 방 사이에 있는 큰 마루. ②안채의 안방과 건넌방, 사랑채 사이의 사랑큰방 앞의 넓은 마루. ③관아나 사삿집(개인의 살림하는 집)=가정집. 사가(=). 주가 되는 집채 가운데 있는 마루. ④종류는 안채에 딸린 안대청과 사랑채에 딸린 사랑대청이 있음. ⑤크기는 조선조 중반까지는 남성중심의 사랑대청이 다소 높고 컸으며, 후기에는 안대청이 가정의 중심이 되면서 그 용도와 크기가 확대. ⑥큰마루(=).

대청마루 : ⇨대청(=).

대치(代置, opposition) : 다른 것에 반해 놓여진 또는 관입하는 공간이나 물체와는 대응되게 놓여진 상태 및 위치.

대칭(對稱, symmetry) : 중심선에서 좌우·상하가 균등하게 이루어진 상태로 점·선·면·입체·색채·형태·크기·위치·요소 등이 축(軸) 또는 점(點)을 중심으로 양편에 시각적·상대적·기하학적으로 정확히 균등하게 놓이는 경우.

대칭균형(對稱均衡) : ⇨대칭적 균형(=).

대칭적 균형(代稱的均衡, symmetry balance) : ①형태·크기·위치 등이 시각적·물리적으로 중심축을 중심으로 좌우 양편에 시각적으로 균등하게 놓이는 경우. 이는 실내공간에 질서를 부여하고 보다 정적이며 부드러운 느낌을 주어 감정적으로 안정감·평형감·엄숙함·완고함·단순함 등의 느낌을 주고 공간에 질서를 부여하나 활기가 부족하고 경직될 수 있으며, 비독창적이 되기 쉬움. 주로 공식적 공간·기념비적 공간·전통적 공간·고전적 공간의 실내디자인에 적용. 정형적 균형(定形的 均衡)·형식적 균형(formal balance)·수동적 균형(受動的 均衡)이라고도 함. ②정형균형(=).

대칭적 균형

대칭축(對稱軸, axis of symmetry) : 모양이나 몸체·구성 등이 대칭이 되는 가상선.

대패 : ①나무를 밀어서 반반하고 곱게 깎는 연장. ②목재의 표면을 곱고 평평하게 깎는 목공용 도구. ③종류는 ㉠마름질 시기에 따라 막대패(호련대패)·재대패(중대패)·잔대패(마무리대패)로, ㉡모양과 기능에 따라 평대패·긴대패·짧은대패·곧날대패·실대패·개탕·변탕·둥근대패·돌림대패·배밀이대패·골밀이대패·살밀이대패·초련대패·재련대패 등으로 구분함. ④글계(=).

대패아가리 : 대팻밥이 나오는 구멍.

대패질 : 목공소에서 대패를 이용하여 하는 표면 마무리의 정도. 종류는 막대패질·중대패질·마무리대패질이 있음.

대팻손 : 대팻집 위쪽에 가로 댄 손잡이.

대팻집 : 대팻날을 박게 된 나무의 틀.

대피수단(待避手段, means of egress) : 빌딩의 한 지점에서 바닥층의 외부로 난 연속된 이동로.

대학양식(大學樣式, collegiate style) : 영국 케임브리지와 옥스퍼드대학 건물에서 볼 수 있는 바와 같은 고딕건축의 세속형 양식.

대한의원본관(大韓醫院本館) : ①서울특별시 종로구 연건동 28-21 소재(사적 제248호), 종로구 관리, 1908년에 세워진 이 건물은 연건평 410평 규모의 2층 벽돌조로서 대한제국(大韓帝國) 탁지부건축소(度支部建築所)에 의해 건설됨. 현재 서울대학교 의과대학건물. ②건물의 외관은 중앙부 시계탑을 중심으로 양쪽에 날개부를 두고 그 끝 부분을 전면으로 약간 돌출시켜 박공면으로 처리했음. 중앙 시계탑에는 붙임기둥을 세우고 파총형의 둥근 지붕을 얹어 바로크풍을 표현했음. 평면구성은 좌우 대칭으로 되어 있으며 자동차에서 직접 현관으로 들어갈 수 있도록 현관 포치를 만들어 정면 입구를 강조한 것이 특징.

대한의원본관

대형 안락의자(大形安樂椅子, grandfather chair) : ⇨날개의자(=).

대형 창(大形窓, picture window) : ⇨픽처 윈도(=).

대화용 의자(對話用椅子, conversation chair) : 특별히 낮거나 깊지 않은 안락의자(easy chair) 또는 라운지 의자(lounge chair). 16세기의 카케투즈 의자(cacque-teuse chair), 18세기의 투계(鬪鷄)의자(cock fighting chair), 19세기의 비자비(visvis)·도사도(dosdos) 같은 S자형 의자가 대표적임.

대회의장(大會議場) : ⇨그레이트홀(=).

댄디(dandy) : 남성적이고 세련된 의미로 양식으로는 모던 또는 전통의 어느 쪽으로도 연출할 수 있음. 전체적인 고품격과 안정 속에 포인트가 되는 차분하고 화려한 세련된 감을 느끼게 하는 것도 좋음. 목재가구를 사용할 때에는 오크나 오크재, 거무스름한 나뭇결의 장미목 등을 육중한 두께가 있는 디자인으로 처리하는 것도 좋고, 이 경우 이미지 컬러는 갈색계가 되어, 깊고 어두운 톤을 많이 사용한 코디네이트가 됨.

댐퍼(damper) : ①순환하는 공기의 방향·속도·양을 조절하기 위하여 도관(덕트) 내에 설치된 수동 혹은 자동식 장치. ②통풍기의 한 부품. ③취출구·취입구·덕트 도중·분기점 등에서 풍량을 조절함. ④벽난로·난로·화로 등에서 통풍·연기 등의 배출·조절을 위하여 사용하는 불목(breast) 위 연도와 연결되는 부위에 대는 차단판, 또는 공기조화설비에서 순환하는 공기의 방향·속도 및 양을 조절하기 위하여 덕트 내에 설치된 장치. ⑤종류 ; ㉠회전식 댐퍼. ㉡승강식 댐퍼. ㉢루버(louver)댐퍼 ; 취출구·취입구에서 풍량조절. ㉣볼륨(volume) 댐퍼 ; 덕트 도중에 풍량조절. ㉤방화댐퍼 ; 화재시 화염이 덕트 내에 침해하는 것을 막음. ㉥단익(單翼, simple blade) 댐퍼. ㉦나비형 댐퍼(butterfly damper). ㉧스플릿 댐퍼(split damper) ; 분기점에서 분기량 조절.

댑(dap) : 목재의 연결 또는 다른 부재의 일부를 연결하기 위해 목재에 판 V자형의 홈.

댓돌(基址石, 基壇石) : ①기단의 갓둘레에 쌓은 돌. ②지댓돌의 준말. ③화강석을 가늘고 길게 다듬어 기단구조에 사용하는 석재. 장대석·와장대석(臥長臺石)이라고도 부름. 1단만 설치하면 외벌대, 2단이면 두벌대, 3단이면 세벌대라 하는데 일주문 등에서 외벌대를 사천왕문(四天王門)이나 요사(寮舍)에선 두벌대를, 법당이면 세벌대로 구성하는 것이 보통임. 댓돌로 구성하는 기지, 기단에는 단층인 것과 상·하의 중층(重層)인 것의 두 가지가 있음. ④지댓돌·죽담·죽담돌(=).

더그매(attic) : ①지붕 밑과 천장 사이에 있는 삼각형 공간. ②이곳을 다락 등 수납공간으로 이용하기도 하며 통풍과 환기·채난(採暖) 등 환경조절에 도움이 됨. ③보꾹(=).

더글라스낭(囊-, Douglas bag) : 산소소비량을 측정하기 위한 기구.

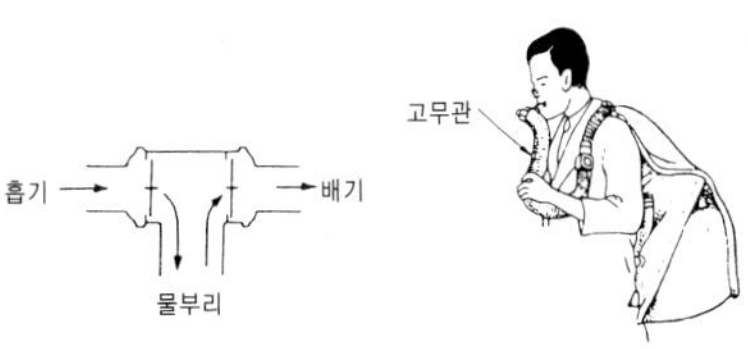

더글라스낭

더글러스전나무 : ⇨미송(=).

더글러스퍼(Douglas fir) : ⇨미송·더글러스전나무(=).

더럼대성당(-大聖堂, Durham Cathedral) : ①영국의 로마네스크 건축을 대표하는 '앵글로 노르만양식'의 전형으로 알려진 대성당. ②1093년 영국 북동부의 더럼시(市)에서 주교(主敎) 윌리엄에 의해 착공되어 1133년까지는 주체 공사가 끝났으나 13세기와 15세기에 새로 보완되어 오늘의 모습을 갖추게 되었음. ③전장(全長) 약 155m의 삼랑식(三廊式)으로, 좌우의 수랑(袖廊)과 합쳐서 라틴 십자형의 플랜을 형성하고 있음. 당내(堂內)의 신랑(身廊) 양쪽의 측주(側柱)는 속주(束柱)와 굵은 원주를 교대로 늘어세운 노르만 건축 특유의 중후한 구성을 보여 주는데, 천장을 덮은 교차궁륭(交叉穹窿)은 대륙을 포함하여 극히 빠른 시기에 리브(늑골)를 실시한 예로서 주목되고 있음. 교차부의 주탑(主塔)은 높이 약 65m 이며 서쪽 정면의 쌍탑과 함께 정상부가 평평한 영국의 전통적 사각탑 형식을 취함. 위로 갈수록 작아지는 3층의 측벽 구성, 측랑의 오지브 궁륭, 중후한 기둥이나 벽 및 노르만 기하학 문양의 추상적인 신비 등이 특징적임. 유네스코가 정한 세계유산임.

더럼대성당(정면)

더럼대성당(측면)

더미(dummy) : ①쇼윈도(show window)나 점두(店頭)에 장식하는 마네킹(mannequin)·패키지(package)·팸플릿(pamphlet)의 마무리의 느낌을 포착하기 위해 완성된 견본 등. ②작업공정에 관한 용어로써 작업활동 및 기간이 없으며 실선(實線)만으로는 네트워크(network)에서 정확한 표현을 할 수 없는 작업 상호관계를 표시하는 점선(點線) 화살표(arrow). ⇨모의작업(=). ③연석(軟石)을 가공할 때 사용하는 망치.

더블래티스(double lattice) : X자형으로 교차하여 이중으로 된 래티스.

더블리그기호(-記號, Therblig symbols) : 창시자 길브레드의 이름을 거꾸로 읽은 것. 길브레드는 동작연구의 해석을 통해 유도한 모든 작업에 공통되는 기본적인 동작을 기호화하였음. 예컨대 붙잡는 동작은 ∩, 찾아낸 동작은 ⊂⊃, 같은 것 등.

더블릿(doublet) : 일정한 문양을 단순반복 또는 교차·반복하는 장식.

더블베드(double bed) : ①2인용 침대. ②매트리스 크기는 폭 1,400㎜, 길이 1,950㎜가 표준. 치수는 KS규격으로 너비(폭)는 1,300㎜·1,500㎜, 길이는 1,950㎜·2,000㎜·2,050㎜. ③아파트의 주 침실 등 공간에 여유가 없는 곳에서는 이용가치가 매우 큼.

더블베드룸(double bed room) : 더블베드(너비 1,370~1,520㎜)가 1대 놓여 있는 호텔의 객실.

더블에지밴더(double edge bander) : 양면 절단기에서 절단되어 나온 모서리 면에 지정된 에지를 부착할 때 사용하며 에지의 두께는 1~30㎜가 가능하나 보통 0.45~0.7㎜를 사용하고 있음.

더블오픈트위스트터닝(double open twist turning) : ⇨쌍꼬임형 선반가공재(=).

더블와셔용 다운라이트(-用-, double washer downlight) : 두 방향으로 모두 필요한 밝기를 확보해주는 조명으로 복도조명용.

더블워렌트러스(double warren truss) : 워렌 트러스 중에서 래티스가 이중으로 교차되어 있는 트러스 형식.

더블유티형구조(-型構造, WT type structure) : ①단층의 구조를 여러 겹 겹쳐 만든 구조법. ②일체식 구조법 중 하나.

더블이그레스프레임(double egress frame) : ①서로 반대방향으로 개폐되는 문. ②양여닫이문(=).

더블이미지(double image) : 하나의 그림에서 두 가지를 표현한 것. 도형이 하나의 모티프를 표현하고 있고, 바탕으로 시점을 이동하면 다른 모티프로 보임. 유명한 것으로는 루빈의 항아리와 소녀와 노파가 있음. 이 수법은 아나모르포시스(anamorphosis)에 자주 사용.

더블쿠션(double cushion) : 침대의 쿠션구조의 하나. 매트리스와 이것을 받치는 밑바닥(bottom)으로 된 이중구조이며, 쿠션(cushion)감을 향상시키기 위한 구조.

더블쿠션식 침대(-式寢臺, double cushion bed) : 더블 쿠션을 채용한 침대.

더블큐브룸(double cube room) : 실내가 정육면체 형태를 본뜬 것으로 가로·세로·높이의 비율이 각각 1 : 2 : 1의 비율로 된 실내공간. 예컨대 영국 윌튼 하우스 등.

더블클로스(double cloth) : 무명실 묶음의 사용을 통한 직조(織造, weaving)로 2개로 분리된 천을 결합한 것. 전면과 뒷면은 짜임과 색깔이 대조되어야 함.

더블페이스카펫(double pace carpet) : 기계직 카펫의 일종으로 안팎에 바탕을 짜면서 파일사를 교착시키고 중앙을 절단기(cutter)로 절단함과 동시에, 2매의 카펫이 만들어짐. 무늬가 있는 경우, 상하 카펫이 반대 무늬이므로 전체 깔기용으로는 부적합하여 주로 러그로 사용.

더비셔의자(-椅子, Derbyshire chair) : 자코비안(Jacobean)의자의 시골풍 형태로 등받이의 곧은 수직 끝은 꼭대기에 안쪽으로 향한 소용돌이 형상을 갖고, 위 가로대(top rail)와 크로스 가로대(cross rail)는 아치형임.

더스트(dust) : ①먼지 크기가 1~150μ인 것. ②0.1~1μ는 흄(fume)이라고 함.

더스트러플(dust ruffle) : ⇨페티코트밸런스(=).

더스트슈트(dust chute ; DC) : ①건물에 수직통로 설비를 하고 각층의 더스트 호퍼(dust hoffer)에 투입되는 오물을 지상의 저장소에 떨어뜨리는 공간으로 오물처리를 위한 수직통로 공간을 의미. ②최하부에는 직접 소각로로 통하는 것과 외부로 반출·처리하는 것이 있음.

더체어(The Chair) : 한스 바그너(Hans Wagner : 1914~)가 1949년에 디자인한 등나무 줄기를 엮거나 천으로 시트를 만든 티크(teak) 목재의자.

더치콜로니얼(dutch colonial) : ①17세기 미국 뉴욕이나 뉴저지 지방에 정착한 네덜란드인들의 건축양식. ②장방형의 장변에 있는 현관(porch) 위로 곡선의 처마가 드려지는 2단 맞배지붕(gambrel roof)이 특징.

덕교리강씨고가(德橋里姜氏古家) : ⇨강씨고가(=).

덕천서원(德川書院) : ①경상남도 유형문화재 89호, 남명 조식(南冥 曺植)을 배향하고 그의 학문과 덕행을 사표로 삼기 위해 1576년(선조9년) 산청 유림에 의해 창건, 임진왜란 때 불탄 것을 1602년 중건, 1609년(광해1년) 덕천(德川)이라는 사액을 받아 사액서원으로 승격, 흥선대원군의 서원령 철폐로 1868년(고종8년)에 훼철, 1926년 산청 유림에 의해 복원. ②배치는 전형적인 전학후묘(前學後廟). 솟을삼문형식의 외삼문과 강당을 중심으로 좌우에 동·서재를 갖춘 강학공간. ③정면 5칸, 측면 3칸의 팔작지붕, 5량가구로 평면 또는 사면에 툇간을 두고, 가운데 3칸의 대청마루와 양협간에 방을 하나씩 둠. 포작없이 소로(小累)수장을 한 민도리집. 주초는 정평주초, 계자난간 루 구성, 귀처마는 활주로 받침.

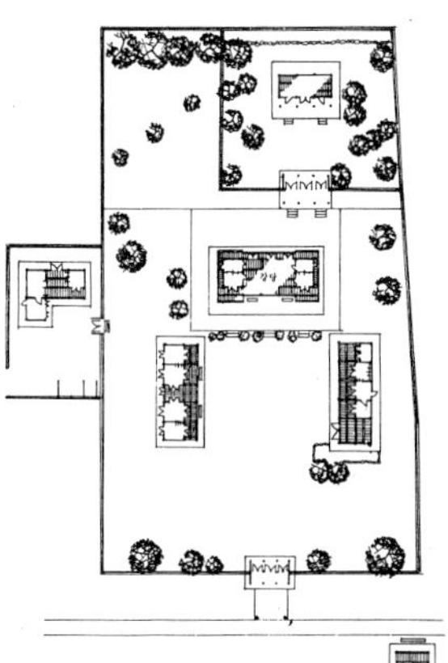

덕천서원 배치도

덕트[1)](氣道管, duct, air duct) : ①공기를 일정한 장소로 이동하기 위해 금속판, 그 밖의 적절한 재료를 사용하여 만들어진 공기의 통로. ②덕트의 종류는 ㉠풍속의 크기에 따라 저속덕트방식과 고속덕트방식으로 구분. 덕트의 형상은 장방형이나 원형이며, 최근에는 노출형으로 하여 스파이럴 원형덕트가 많이 사용됨. ㉡배치방식에 따라 간선덕트방식(가장 간단한 방식으로 설비비가 싸고 덕트 스페이스가 적어도 됨), 개별 덕트방식(취출구마다 덕트를 단독으로 설비하는 방식으로 풍량조절이 용이하며 멀티존 방식에 이용), 환상덕트방식(덕트 끝을 연결하여 루프를 만드는 형식으로 말단 취출구의 압력조절이 용이함)으로 구분.

덕트[2)](duct) : 도체(導體)나 케이블(cable)을 감싸 보호하는 전선통로.

덕트레일(duct rail) : 다운라이트 등의 조명기구 위치와 방향을 자유롭게 변형·이동할 수 있도록 하기 위해 천장에 부착·설치하는 부재.

덕트채광방식(-採光方式, duct lighting methods) : ①고반사율의 박판경(鏡)을 사용한 도광(塗光)덕트에 의해 주로 천공 산란광을 효율적으로 실내에 삽입시키는 실내조명방식. ②야간이나 우천시에는 내장된 인공조명으로 조명. ③방식에는 수직형·수평형·수직수평형이 있음. 수직형 방식은 건물의 옥상채광 돔(dome)에서 채광하여 도광(塗光)덕트에 의해 수직으로 필요한 실에 도입하는 것임.

던전(dungeon) : 중세 성(城)에서 볼 수 있는 어두운 지하감옥이나 독방 또는 토굴감옥.

덜(dull) : 회색빛이 나는 색조, 즉 색깔이 탁하고 둔한 색.

덜개 : 기둥 따위를 버티게 해 놓은 것.

덜미 : ①도리의 위쪽. ②'덜미'와 '가슴'은 도리와 서까래가 맞닿는 곳을 가리킴.

덜튼자기(-磁器, Doulton porcelain) : 1815년 영국 램베드(Rambeth)에서 설립된 도

자기 제조회사－현재 회사명칭은 로열덜튼 도자기회사(Royal Doulton Potteries)－의 제품. 식기·머그·조각품·테라코타 조상(彫像)·화병·장식꽃 등이 유명.

덤벙주초(－柱礎) : ①둥글넓적한 자연석을 다듬지 아니하고 놓은 주춧돌. ②호박돌주초·자연석주초(＝). ③막돌초석(＝).

덤웨이터(dumbwaiter) : ①18세기 영국에서 고안된 음식 운반용 승강기. ②지하에 있는 부엌에서 위층의 식당까지 음식을 운반하는 하인 역할을 대신함으로써 붙여진 명칭. ③오늘날 뷔페식당(buffet restaurant)의 기원이 됨. ④건물의 층과 층 사이에 주로 음식물과 음식용기 및 관련 물건을 운반하기 위한 식당 전용 소형 엘리베이터. ⑤케이지(cage)의 내면 바닥면적이 1㎡ 이하이고 천장높이가 1.2m 이하.

덤웨이트

덤프빈(dump bin) : ①머천다이저(merchandiser)의 일종으로 상품을 무작위로 던져 쌓은 듯한 플로어(floor)식의 판매대. ②점블 바스켓(≒).

덤프트럭(dump truck) : 근거리에 완전 혼연한 콘크리트를 운반하는데 사용하는 트럭.

덧기둥 : 이미 있는 기둥의 받는 힘을 나누거나 장식을 위하여 덧대는 기둥.

덧댄용접이음(－鎔接－) : ①철근을 맞대고 철근토막·ㄱ형강 또는 강판을 덧대고 용접하는 이음. 철근의 끝은 가공하지 않아도 좋음. ②맞댄용접이음(＝).

덧댄이음(finished joint, splice joint) : ①이웃하는 두 부재를 일직선으로 하여 덧판을 대고 더욱 강하게 한 마구리 이음. ②목재의 이음에 있어서 두 재를 맞대고 철재 또는 목재의 덧판을 한 면 또는 양면에 대고 볼트로 조이는 이음 또는 강재의 리벳접합시 강재를 덧대어 리벳에 생기는 전단응력을 받는 이음. 덧댄이음에는 한 면 덧댄이음과 양면 덧댄이음이 있음. ③덧판이음(＝).

덧도리(splicing girder) : 도리 밑에 덧대어 보강하는 도리.

덧문(－門, storm door) : ①이중문 중 바깥쪽에 덧대는 문. ②삼겹창 중에 맨 바깥에 있는 문. ③주로 방한이나 방범의 용도로 쓰였으며, 방과 방 사이에는 샛장지를 설치하였는데, 때로는 갑장지문을 쓰기도 함.

덧서까래(虛假椽, flying rafter, extension rafter) : ①지붕물매를 잡기 위해 서까래 위에 덧거는 서까래. ②부연·뜬서까래·허가연(＝).

덧지방(加枋) : 문지방 안쪽에 나무를 덧댄 지방.

덧창(－窓, storm window, storm sash) : 기존의 창 바깥에 설치되어 비·바람·눈 등 악천후에 대비할 수 있도록 덧붙여진 창.

덧판(－板, fishplate) : 이웃한 두 부재를 서로 단단히 결속할 때 사용하는 금속판.

덧홈대 : ①이중창·덧문 등을 대기 위해 창문틀에 덧대는 홈대. ②⇨홈대.

덩굴문양(－文様, vine) : 식물의 줄기나 덩굴을 장식화한 고대와 중세의 장식문양. 고대에는 주로 포도덩굴·담쟁이덩굴이 잎과 함께 결합된 표현이 사용되고, 중세에는 교회 건축물에서 옥수수 이삭과 함께 결합된 표현으로 예수 그리스도를 상징.

덩굴모양

덮개(faceplate) : 아웃렛(outlet)이나 전등 스위치 내부를 보호하는 겉판.

데니시모던(Danish Modern) : '근대적이고 또한 덴마크적'이란 의미로 덴마크의 현대 디자인이 근대의 기술과 감각을 채용하면서 전통을 살리는 방향으로 전개되어 있는 점에 착안하여 붙인 호칭.

데님(denim) : 능직(능직 ; 날줄·씨줄이 서로 교차되어 비스듬한 방향으로 나타나게 옷감을 짜는 방식)으로 촘촘히 짠 두꺼운 면직물. 일반적으로 색상이나 문양을 넣어 짜서 빨기 쉽고 수축이 적으며, 햇빛에 변화가 적고 값이 저렴하여 실용적인 직물.

데도(dado) : 벽의 아랫부분으로 그 위쪽과 다르게 처리함. 고대양식에서 데도는 기단(base)과 주신(shaft)이 돌출된 몰딩을 갖고 세로 패널이 대어지거나 장식됨. 일반적으로 데도의 윗선 아래는 패널로 처리되어져 낮은 웨인스코트(wainscot)라 할 수 있음. ⇨데이도(=).

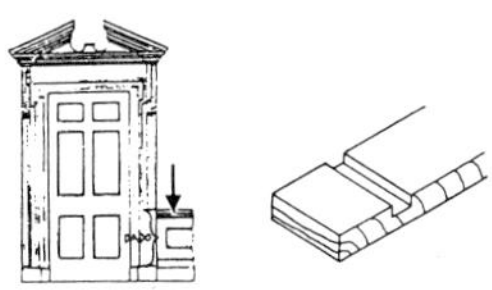

데도

데도캡(dado cap) : 데도의 꼭대기나 윗선에 처리되는 혹은 윗선을 형성하는 돌출된 몰딩부분. 의자 가로대(chair rail)라고도 함.

데드라이트(dead light) : ⇨붙박이창(=).

데드록(dead lock) : ⇨데드볼트(=).

데드룸(dead room) : ⇨무향실(=).

데드볼트(本錠, dead bolt) : ①스프링 작용이 아닌 열쇠나 알손잡이의 회전에 의해 움직이는 사각형 모양의 자물쇠 볼트. ②자물대(dead bolt)만 있고 열쇠로만 열고 잠그게 된 자물쇠. ③본자물쇠(=)·데드록(=).

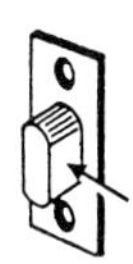

데드볼트

데드스토리지(dead storge) : 사용할 수 없거나 불필요한 곳에 위치한 수납공간.

데드스페이스(dead space) : ①공간적인 이용 가치가 없는 장소. 즉 쓸모 없는 공간으로 어떠한 용도로도 사용할 수 없는 크기·위치·형태 등의 무용공간(無用空間)·사공간(死空間). 주거공간에서 데드스페이스 부분은 바닥·벽·천장·계단·가구·창고·계단 밑 공간·지하실·다락방 등에 많은데, 이들은 수납공간이나 다목적실의 가족실·음악실·서재·작업실 등 특정목적을 위한 실로 활용됨.

데드에리어(dead area) : 극장에서 조명이 안된 무대부분.

데릴메뚜기장이음 : 접합할 두 부재 끝에 장부구멍을 파고 다른 나무로 만든 메뚜기장을 끼워 넣은 이음.

데릴장부 : 접합할 두 부재에 장부구멍을 파고 다른 나무로 만든 장부를 끼워 넣은 맞춤 또는 그 장부.

데릴턱솔맞춤 : 접합할 두 부재에 장부 구멍을 파고 여기에 다른 나무를 끼워 넣은 맞춤.

데마세이유아아뚜르네(demoiselle a atourner) : 고딕시대의 가발을 올려놓는 위그 스탠드(wig stand).

데몬스트레이션피오피(demonstration POP) : 상품의 사용 상태나 그 특징, 기능 등을 실제로 볼 수 있도록 한 POP. 데몬스트레이터가 보여주기 위해 사용하는 POP도 포함.

데미기둥(demi-column) : 전면 상부 중앙을 장식하는 반원형 조각문양. 이러한 장식은 18세기 중엽에 조지안 양식의 가구나 실내디자인에서 흔히 조개껍질과 같은 형태로 표현.

데미기둥

데미돔(demidome) : ①18세기 중엽에 사용된 건축물 형태를 지닌 찬장. ②책장 등의 머리부분 중앙을 장식하는 반원형 조각문양.

데미돔

데미릴리프(demi relief) : ⇨메조릴리프(=).

데미스터(demister) : 공기정화용 필터 전단에 설치되어 낙엽·휴지·담배꽁초 등 비교적 큰 이물질을 제거하는 것으로 몇 겹의 스테인리스망으로 구성.

데미파테라(demi patera, half patera) : 일종의 반달형 가구(demilune)로서 18세기 중엽에서 말엽 사이에 사용된 창문과 창문 사이에 놓는 테이블로 가장자리가 접시모양이나 장미꽃 모양으로 장식된 반원형의 장식 테이블.

데미파테라

데생(dessin[프]) : ⇨소묘(=).

데세레테(desserete) : 루이 16세 시기에 제작·사용된 사이드 테이블(side table)로 음식을 차리기 위해 임시로 놓아두는 작은 보조 탁자.

데세레테

데소르나멘타도양식(-樣式, desornamentado style) : ①16세기 후반 스페인에서 유행한 르네상스 건축양식. 장식이 없는 면으로 구성된 것이 특징. ②대표적인 건축물로는 마드리드 교외의 에스코리얼(El Escorial) 수도원이 있음. ③건축가(J. D. Eerrera)의 이름을 따서 '에레라양식'이라고도 함.

데스마스크(death mask) : ①죽은 사람의 모습을 후세에 전하기 위해 뜨는 안면상(顔面像). ②죽은 후 얼굴에 유토(油土)나 점토를 발라 그 모형을 만든 다음 다시 그것으로 석고 따위를 사용하여 만듦.

데스오나멘타도(desonamentado[이]) : ①르네상스시대의 영향을 받은 스페인과 포르투갈의 독특한 양식으로 장식의 세부적인 묘사를 생략한 것이 특징. ②스페인의 가장 대표적인 가구로는 바르게뇨(vargueño)가 있음.

데스크시스템(desk system) : ①서랍과 작업을 위한 상판 등의 부품을 조립하여 기본적인 책상을 구성하는 데스크. ②작업에 따라 캐비닛·컴퓨터·사무자동화기기·테이블상판·카운터·패널·액세서리 등을 부가하여 다양한 변형이 가능.

데스크체어(desk chairs) : 책상이나 테이블에 앉도록 만들어진 의자. 보통 움직이기 쉽게 바퀴를 부착하거나 오래 앉아 있기에 알맞게 제작된 의자.

데 스틸(De Stijl[네]) : ①영어의 스타일(style)에 해당하는 네덜란드어로 새로운 양식, 즉 신조형주의(néo-plasticism)를 제창한 그룹의 명칭. ②1917~29년간 네덜란드에서 설립된 회화·조각·건축·가구·장식예술을 포함하는 예술학파. 원색과 흑백색·장방형·비대칭형의 사용이 특징. 이 운동에 참여하는 사람들이 발간한 잡지이름에서 유래. ③네덜란드에서 암스테르담파와 대립한 것으로 단순·명쾌·획일·간결 및 객관성을 미학적·윤리적 기초로 삼은 근대운동. 데 스틸은 입체파(立體派, cubism)의 영향을 받고 독일의 바우하우스, 러시아의 구성주의 등과 상호 교류하면서 20세기 초 수직·수평선에 의한 기하학적 추상예술의 성립에 결정적인 영향을 미쳤음. 입방체는 연속된 내부의 벽돌 속에서 공간적 요소의 표현을 위한 출발점으로서의 역할을 했음. 디자인된 공간은 '우주의 공간' 속으로 모든 면이 개방되는 방이 되었음. 또한 4차원적 공간개념, 기하학적 형태와 유클리드(Euclid)의 공간구성으로 현대건축의 합리주의에 영향을 주었음. ④드 스틸(=).

데시벨(decibel ; dB) : ①소음을 측정하는 단위로 귀에 미치는 소리의 압력이 가장 약한 것을 0으로 함. ②최소 가청음 0에서부터 건강한 사람이 평균적으로 고통을 느끼기 시작하는 음의 세기 130까지 일정한 척도로 나타낸 비교 음압·비교 음의 세기(强弱)·음의 강도 단위는 dB. ③간신히 들을 수 있는 소리는 10dB, 정상적인 대화는 약 60데시벨에 해당함. 80dB 이상의 소음을 오랜 기간 계속 들으면 평생 청각장애인이 될 수도 있음. ④소음(=).

데이도(dado) : ①서양 고전건축에서 주추와 돌림띠(cornice) 사이의 주춧대 부분. 따로 장식될 때는 벽의 하층부를 말함. ②베이스(柱礎, base)와 코니스(cornice) 사이의 징두리벽. 다이(die)라고도 함. ③실내 벽의 밑부분으로서 패널을 붙이거나 벽지로서 그 윗부분과 다르게 접하도록 처리하는 것. ⇨데도(=).

데이룸(day room) : 병원이나 사회복지시설에서 환자 또는 입원자가 편히 쉬거나 담소를 나누도록 마련한 실(室). 특히 장기 입원하는 시설에는 절대적으로 필요.

데이베드(day bed) : ①간단히 휴식·낮잠을 자거나 소파 겸용의 침대로 사용되는 매우 실용적인 간이용 침대가구. 손님을 위한 게스트 베드(guest bed)로 사용되기도 함. ②중세에는 매우 중요한 가구로써 주택의 가장 중심부에 놓여져 주인의 휴식과 낮잠을 위해 사용. 보통 길이 방향의 한 끝에 경사진 등받이가 달려 있어 젖히는 형식으로 되어 있음. 17세기경에 많이 사용하였으며, 소파나 카우치의 원형(原形). ③스튜디오 카우치(=).

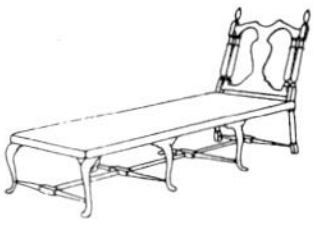
데이베드

데이비스깁슨필터(Davis-Gibson filter) : 표준광 A인 색온도 2,854°K로 점등한 가스 충전 텅스텐 전구의 빛과 조합시켜서 표준광 B, C 등을 얻기 위한 필터를 말하며 D-G필터라고 함. 이것은 R. Davis와 K. S. Ginson에 의해서 고안된 색온도 변환용 용액 필터로서 C. I. E에서 채택.

데이스(dais) : 일실(一室)의 끝과 측면에 위치한 낮게 올려진 단.

데이크론(dacron) : 구김에 대한 방지가 잘 되는 강력한 폴리에스테르 섬유의 브랜드 상품명.

데카건(decagon) : ⇨십각형(=).

데카스타일(decastyle, dekastylos) : ①건축물의 전면 또는 전·후면에 10개의 기둥이 있는 주랑(柱廊 : 기둥과 지붕만 있고 벽이 없는 복도). ②십주식(=)·포티코(=).

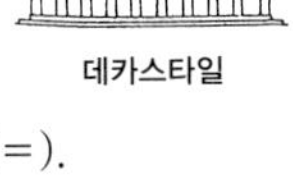
데카스타일

데카스틸로스(decastylos) : ⇨데카스타일(=).

데칼코마니(décalcomanie[프]) : 데칼코마니아(=).

데칼코마니아(decalcomania) : ①무늬를 유리나 도자기 따위에 넣는 법. 이를 전사술(轉寫術) 또는 전사법(轉寫法)이라고 함. ②특수한 얇은 투명의 비닐계 종이에 인쇄된 여러 문양이나 그림을 유리·목재·금속·도자기 등에 옮겨 붙이는 전사기법으로 일면 판박이라고 함. 재료 위에 직접 그리거나 원본 구입이 어려운 상황에 대처하기 위해 고안된 이미테이션 기법으로 19세기 초반 미국에서 실내장식이나 가구장식에 널리 사용. 오늘날 세계적으로 보급되어 어린이놀이와 이미테이션(imitation)으로 실내장식에 널리 사용.

데커레이션(decoration) : ①일반적으로 장식(裝飾)을 의미. 사물이나 공간에 아름답고 쾌적한 느낌을 주기 위해 꾸미는 조형적인 조작. ②근대 디자인이 기능성·단순성을 강조하기 때문에 장식은 한 시대의 양식이 되고 말았음. 그러나 1970년경부터 장식에 대한 인식이 새롭게 나타나기 시작.

데커레이터(decorator) : 실내공간을 보다 밀도있게 구성하기 위해 치장·장식작업을 담당하는 인테리어 데커레이터(interior decorator), 즉 장식가(裝飾家).

데커레이트(decorate) : 실내공간을 보다 밀도 있게 구성하는 작업.

데커레이티드 : ⇨데커레이티드스타일(=).

데커레이티드쉐드(decorated shed) : 실리적인 디자인으로 된 건물에 중요성을 부각하거나 그 기능을 알리기 위해서 입면을 장식하는 것으로 특징짓는 디자인 개념.

데커레이티드스타일(裝飾樣式, decorated style) : ①영국 고딕건축 발전의 3단계 중 두 번째 단계(1300~70년경)로 13세기 말에서 14세기 말까지 영국의 고딕 최성기의 건축양식. ②빈번하게 사용한 섬세한 곡선 트레이서리, 유별난 공간적 효과. 복잡하고도 정교한 장식을 가진 리브 볼트·아치의 첨두(cusoing)·자연주의적 꽃잎 조각·석공사(stone-cutting) 기술의 발달 등 장식적인 형식. 특히 오지 아치(ogee arch)가 특징임. ③브리스톨 대성당의 동부(東部), 이리 대성당의 레디 채플 등이 대표적임.

데코마스(DECOMAS) : ①Design as a Management Strategy의 약어(略語)로서 경영전략으로서의 디자인 통합을 의미. ②기업의 모든 디자인 활동을 상호 조정하고 통합함으로써 기업의 실체를 올바르게 표현하고 하나의 강력한 경영전략으로서 기업경영에 활용되게 하는 것.

데코파주(decoupage[프]) : ①고급스러운 조각문양이 인쇄된 종이를 값싼 가구의 표면에 사용·부착하여 조각적 효과를 얻는 장식기법. ②18세기에 서민의 목재가구를 장식하기 위해 활용된 대중적인 방법으로 가난한 예술(arte povera) 또는 콜라주(collage)라고도 함.

데쿠마누스(decumanus) : 동서(東西)를 달리는 주요 간선도로. 카르도(cardo)와 쌍을 이루는 용어.

데크 : ⇨덱(=).

데크글라스(deck glass) : ⇨덱글라스(=).

데크플레이트(deck plate) : ⇨덱플레이트(=).

데포르메(déformer[프]) : 포름(forme[프])을 무너뜨리는 것. 즉 '변형'을 의미. P. 세잔느가 의도적으로 자기의 그림 표현에서 항아리 모양을 데포르메(déformer)한 것에서 시작되어 작가가 자신의 이미지를 정확하게 표현하기 위해 모양을 자유롭게 변형하는 것. 마티스(Henri Matisse : 1869~1954)의 포미슴(fauvisme[프])은 전형적인 예.

덱(deck) : ①주택 또는 다른 건물로부터 확장된 열려지고 네 지붕이 없는 단. ②지붕의 마감재를 설치하기 위해 보와 보 사이를 연결하는 바탕재 및 망사르드 지붕(mansard roof, curb roof ; 말잔등 지붕)의 위 절반이 거의 물매가 없는 지붕(deck roof) 및 배의 갑판처럼 구조물의 바닥을 구성하기 위해 장선 위에 까는 두꺼운 나무판 또는 식당에서 사용하는 낮은 찬장(buffet 또는 credenza) 위에 놓여지는 유리문이 달린 상부장(cupboard). 하부장과 상부장을 합쳐 브레이크프런트(break-front)라고 함. ③바닥이나 지붕이 설치되는 구조적 바닥부재. ④정원·뜰 등의 실외와 생활공간인 주택 안 공간을 연결시켜주는 오픈스페이스(open space) 건축구조물. 덱킹(decking) 자재는 시다(cedar, 적삼목)·레드우드(red wood)·레드파인 임프래그·CCA(Cromated Copper Arsenate ; 크롬, 구리·비소), 기타 목재대용 덱 자재가 있음.

덱글라스(deck glass) : ①바닥이나 지하실 천장에 채광용으로 사용하는 유리블록. ②프리즘 글라스(=)·톱라이트글라스(=)·포도유리(=).

덱글라스지붕(deck glass roof) : 덱글라스를 사용하여 천창(天窓, skylight) 형식으로 만들어 채광하는 지붕. 주로 평지붕이나 지하실 상부의 바닥 등에 채광용으로 사용.

덱의자(-椅子, deck chair) : 카레 클린트(Kaare Klint : 1888~1954)가 1933년에 제작한 골격을 티크로 만든 접을 수 있는 의자. 시트와 등받이는 등나무 줄기로 만들었음.

덱체어(deck chair) : ①나무골조에 캔버스 직물을 연결하여 접혀지도록 만든 야외용 작은 휴식용 의자. ②스티머체어(=)·데저트체어(=)·캠페인체어(=)·캔버스체어.

덱킹(decking) : 보·장선·서까래·들보 등에 가로 걸쳐지는 목재·철재 또는 콘크리트로 된 구조부재로 바닥이나 지붕의 기초가 됨.

덱플레이트(deck plate) : ①철골구조에 지주 없는 거푸집재로 사용하거나 하부면에 내화피복하여 구조체 일부로도 사용함.

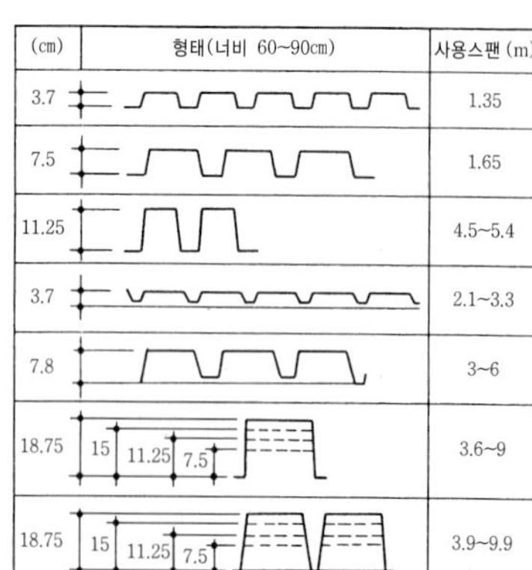

덱플레이트의 형태, 치수, 이용되는 스팬

덱플레이트

②강도를 유지하는 데 합리적인 모양으로 얇은 강판을 골모양으로 만든 부재. ③특히 서포트(support)가 필요하지 않기 때문에 고층 빌딩에 많이 이용하고, 지붕잇기·벽널·콘크리트 바닥과 거푸집 대용으로 사용. ④종류는 형태에 따라 덱 플레이트(deck plate)와 키스톤 플레이트(keystone plate)가 있음.

덴(den) : 원래 남자 주인의 휴식을 위한 작은 실을 의미하지만 오늘날에는 가족의 휴식과 오락을 위한 작은 실이나 서재·가족실 또는 손님을 위한 게스트 룸(guest room)으로 사용.

덴마크식 모던양식(-様式, Danish modern style) : ①20세기 중엽 덴마크(Denmark)의 가구양식. 구조가 간결하고 무게가 가벼우며, 특히 안락의자는 팔걸이 아래가 개방되어 있는 것이 특징임. ②기능적으로 편안하고 디자인적으로 품질이 우수하여 예술적인 면에서 수준 높은 가치가 인정되는 대표적인 가구.

덴틸(dentil, denticulation) : ①어원(語源)은 치아(齒牙)를 의미하는 라틴어 'dens'에서 유래한 용어. ②이오니아식·코린트식·콤포지트식 오더에 있어서 코로나(corona) 아래에 조밀하게 돌출된 일련의 작은 사각형 블록. ③고대 그리스·로마 건축양식 중 이오니아식과 코린트식의 코니스 바로 밑에 있는 이(치아)모양으로 된 블록 몰딩(block moulding)으로 건축의 외벽이나, 수납가구의 상부 가장자리에 이모양의 작은 사각형을 연속적으로 배열한 테두리 장식. 훗날 신고전양식(neo-classic style)의 특징이 되었음. ④간격이 좁게 되어 있는 작은 돌조각들로 이오닉·코린티안·콤포지트의 코니스를 이루는 한 요소이며, 드물게는 도릭오더에도 쓰임. ⑤이모양의 장식(=)·덴틸밴드(=).

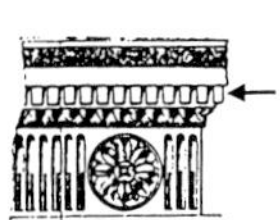

덴틸밴드(dentil band) : 이모양의 장식이 연속적으로 구성된 문양을 포함하는 몰딩.

델라로비아세공품(-細工品, della rob-bia ware) : 15세기 이탈리아 플로렌스 지방의 델라 로비아 가문에서 제작한 장식 조각품. 특히 테라코타 상부에 주석을 사용하여 덮어씌운 것이 특징.

델루지시스템(deluge system) : 스프링클러 시스템이 항상 개방되고 열·연기 또는 불꽃 감지장치에 의해서 작동되는 밸브로 물의 흐름이 조절되는 스프링클러 시스템.

델뵈프의 착시(-錯視, Delboeuf illusion) : ①1982년 처음으로 논의된 것으로 작은 원(또는 정사각형)들의 크기가 모두 같지만 하나가 나머지 것보다 커 보임. ②안쪽의 원(또는 정사각형)보다 약간만 더 큰 원(또는 정사각형)에 든 것은, 훨씬 큰 원(또는 정사각형) 안에 있는 것이나 하나만 있는 것보다 훨씬 커 보이는 착시현상. ③큰 모양이 안에 있는 작은 모양보다 50% 가량 더 클 때에는 안의 모양이 최대한으로 커 보이고, 반대로 바깥 모양이 5~6배 정도 큰 경우에는 최소한으로 작게 보임. ④⇨대비착시(=).

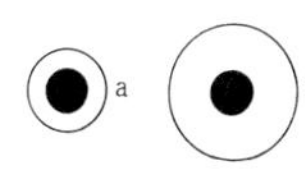

델비셔체어(derbyshire chair) : ①자코비안의자(Jacobian chair)의 작은 형태로 17세기 영국의 델비셔(Derbyshire)와 요크셔(Yorkshire)지방에서 사용된 그 크기가 작은 의자. 등받이가 수직으로 길게 되어 있으며 위아래에 수평재가 있고 가운데에 조각으로 장식된 테두리가 있으며 등받이 상부에는 소용돌이 장식이 있는 것이 특징. ②문 손잡이형으로 선반가공(knob-urned)한 다리와 조각된 등받이 의자. 등받이에는 초승달 모양의 모티프(motif[프])가 상하 두 개가 위아래로 등받이 양끝의 세로대에 끼워져 있음. ⇨요크셔 의자(=).

요크셔 의자

델포에프의 도형 : ⇨델뵈프의 착시(=).

ㄷ

델프트블루(delft blue) : 네덜란드 델프트 지방의 토산품인 채색된 질그릇의 색으로 붉은 빛이 나는 청색.

도 [1](跳) : 전통건축에서 밖으로 뻗어 나온 공(栱) 또는 앙(昻). 도의 수에 따라 앙의 숫자를 결정하는데 앙의 숫자에 따라 단하앙(單下昻)·쌍하앙(雙下昻) 및 상하항(上下昻)이라고 함.

도 [2](圖, figure) : 바탕(地, ground)에 대한 그림이나 도형(圖形). ⇨지(⇔).

도 [3](度, pitch) : 명암이나 톤의 밝음이나 어두움의 정도.

도개교(跳開橋, drawbridge) : 성(城) 따위의 해자(垓字 ; 도시나 성곽 밖으로 둘러 판 못)에 걸친 매단 다리로서 들어 올리거나 내리거나 또는 옆으로 당김으로써 출입을 막거나 그 밑을 통과할 수 있게 하는 다리.

도관 [1](導管, conduit) : 전선이나 케이블을 보호할 목적으로 한 튜브·파이프·덕트 등과 같은 원통형 또는 사각형의 관.

도관 [2](陶管, ceramic pipe, pottery pipe, tile pipe, earthenware pipe) : 토관(土管)보다 초벌구이 온도를 높게 하고, 내·외면에 식염유를 입힌 것. 흡수성이 적으며 배수용·연도·지중 케이블 보호용으로 사용.

도관 [3](導管, vessel) : ①활엽수의 조직구조 중 하나로 중공(中空)의 세밀한 관상의 조직으로 개개의 세포를 도관절(導管節)이라고 함. 막벽(膜壁)에는 막공(膜空)이 있어 수분과 양분의 통로가 됨. 도관은 그 모양이 커서 육안으로 보이는 것도 많음. 횡단면에는 구멍이 보이고 종단면에는 가늘게 나타나 보임. 이것은 전체의 10~50% 정도. 도관의 지름은 큰 것이 350μ이고, 작은 것이 30μ. ②액체나 가스를 흐르게 하는 관.

도관세포(導管細胞, tracheid) : ①주로 활엽수종의 나무에 들어 있는 세포로 목섬유보다 크고 굵은 세포가 목섬유 방향으로 들어 있어 수액의 통로가 됨. ②나뭇가지 속에 있는 가늘고 긴 형태의 가지세포 또는 통로세포.

도관절 : ⇨도관(=).

도구(道具, tool, implement, instrument, property) : ①어떤 작업의 보조적인 기구·장치 및 수단. ②도구·기구·집 등과 같이 비교적 작고 휴대할 수 있는 것. ③어떤 일을 하는 데 쓰는 물건.

도구적 장비(道具的裝備) : 인간과 자연을 매개하는 디자인 영역. 도구적 장비는 인간 개체의 비유기적(非有機的) 신체(身體)임. 예컨대, 도구와 공장기계는 손의 역할을 대신하는 것이고, 광학기계와 컴퓨터는 눈과 두뇌를 외부로 끌어내어 발전시킨 비유기적 신체.

도그투스(dog's tooth) : ⇨견치장식(=).

도그투스몰딩(dog tooth moulding) : ⇨도그투스·견치장식(=).

도그트롯(dogtrot) : ⇨브리즈웨이(=).

도금(鍍金, plating, gilding) : 장식(裝飾) 또는 녹막이를 목적으로 금속 표면에 다른 금속의 얇은 막을 코팅(coating)시키는 방법. 도금방법은 전기도금법과 침지법(浸漬法).

도급(都給, contract) : ①법률적으로는 당사자의 한 편이 어떤 일을 완성할 것을 약속하고 상대자가 그 일의 결과에 대하여 보수를 줄 것을 약속함으로써 그 효력이 발생함. 따라서 건축공사 도급계약에 있어서는 도급자가 도면·시방서·계약서·공사도급 계약 등에 정하는 바에 의하여 공사 완성을 약속하고 건축주가 그 공사의 결과에 대한 보수, 즉 공사비를 지불할 것을 약속함으로써 계약이 성립되므로 도급자는 소정의 건축공사를 완성할 의무와 공사비 청구의 권리가 생기는 것이고 건축주는 이에 대한 공사비 지급의 의무를 짐. 즉 건설공사의 발주자와 수급자인 건설업자 간에 체결하는 도급계약. ②공사도급방식에는 일괄도급·분할도급·공사별 도급·단가도급·정액도급방식 등이 있음.

도급공사(都給工事, contract work) : ①건축주가 꾸민 설계서에 따라 도급업자(contractor)에게 공사계약을 체결하여 그 책임 하에 공사를 완성시키는 것. 도급업자는 공사에 소요되는 일체의 재료·노무·시공기계·설비 등을 제공하고 일정기간 내에 일정도급액으로 공사를 완성함. ②도급공사는 일식도급(一式都給 또는 一括都給) 또는 총도급과 분할도급(分割都給)으로 대별.

도급인(都給人) : ①공사를 발주하는 자. ②시공자(=).

도급자(都給者, contractor) : ⇨시공자(=).

도기(陶器, earthenware) : ①점토질 원료에 석영·도석·납석 및 약간의 장석질을 섞어 성형·소성하여 만든 도자기의 일종으로, 소지는 일반적으로 유약을 바르지 않은 다공질(多空質)로써 광택이 없고 불투명한 바탕의 도기질이며, 두드리면 탁음을 내고 투광성도 거의 없음. 소성온도는 1,200~1,300℃이며 도기질 타일은 흡수율이 10% 이상임. ②종류는 용화 도기질·화장 도기질·경질 도기질로 구분.

도기질(陶器質, china quality) : 흡수성(吸收性)이 있는 소성온도는 1,200~1,300℃ 정도이고 유약을 입힌 불투명한 소성(燒成) 점토질.

도기질타일(陶器質-, ceramic tile) : ⇨도기(=).

도기타일 : ⇨세라믹타일(=).

도깨비착시(-錯視) : ⇨황세옥착시(=).

도끼집 : 재목을 제재하거나 정밀하게 깎지 않고 도끼나 자귀로 대강 다듬어서 지은 집.

도내기(groove) : ①전통건축에서 중방이나 수장을 들일 때 수장을 넣기 위해 파낸 기둥의 장부구멍 중 깊게 판 것. ②되내기(=).

도내기개탕(-開鍚) : ⇨도내기홈(=).

도내기끌구멍 : 깊이 판 끌구멍.

도내기홈 : ①창문의 홈을 깊이 판 것. ②도내기개탕(=).

도니갈카펫(Donigal carpet) : 아일랜드(Island)의 도니갈 지방에서 생산되는 바탕이 두껍고 질이 우수한 모직 카펫.

도데카스타일(dodeca style) : ①건물의 전면에 12개의 기둥이 있는 주랑(柱廊 : 기둥과 지붕만 있고 벽이 없는 복도). ②⇨포티코.

도드락다듬(bush hammered finish, bush hammer finishing) : ①고운정 다듬한 위를 도드락 망치를 쳐서 다듬는 일. 도드락 망치의 날면은 약 5cm각에 각추형의 돌기가 25~100눈까지 있음. ②도드락망치로 두들겨 다듬는 돌 표면 마무리법의 일종으로 능률적이지만 표면에 충격을 주어 나중에 돌이 부서질 우려가 생기고 잔다듬 이상의 고급마무리에는 그 자국이 남게 되므로 물갈기 등에는 사용하지 않는 것이 좋음. 장식적 또는 미끄럼방지 목적으로 사용하는 경우가 있음.

도드락다듬기 : ⇨도드락다듬(=).

도드락마무리(bush hammered finish) : 톱니모양으로 주름진 직사각형의 두부(頭部)를 가진 전동(電動) 해머(hammer)로 돌 또는 콘크리트 표면을 두드려 마모시켜 얻어진 거친 마무리.

도드락망치(diamond hammer, bush hammer, regrating hammer) : 한 변이 35~50㎜ 각의 네모형 망치에 네모뿔대의 이빨(돌기)이 돋친 작은 메로써 이빨 수를 장이라고 하며, 장수에 따라 거친 도드락망치(5~6장 ; 돌기의 수가 25개-5열)·중도드락망치(7~8장 ; 돌기의 수가 64개-8열)·고운 도드락망치(9~10장 ; 돌기의 수가 100개-10열)로 구분.

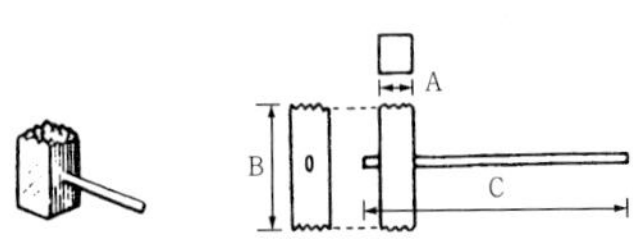

도드락망치

도듬(door frame) : ①벽장문이나 맹장지들을 화류(樺榴) 같은 좋은 나무로 꾸민 가의 테. ②⇨도듬문(=).

도듬문 : ①장자(障子)와 같은 종류의 문으로 울거미 부분만 돋보이게 한 문. ②울거미를 짜고 그 중간에 가는 살을 세로·가로 약 200㎜ 간격으로 종이를 두껍게 바른 문. ③맹장지와 같은 종류의 문으로 문틀 부분만 돋보이게 한 문. 주택의 다락문과 안쪽에 설치하는 두껍닫이문, 또는 두껍닫이문 속에 설치하는 덧문으로 사용. ④종류는 도듬문·맹장지문·불발기문 등.

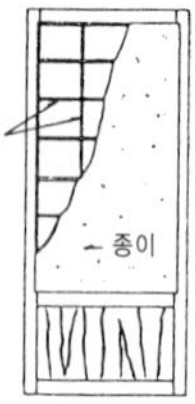

도듬문

도라거지 : ①전통건축에서 둥근 기둥에 얹는 보 머리를 도려내어 덮어씌우도록 하는 일. ②도래거지(=).

도라지꽃색(-色) : ①관용색명으로 해맑은 남색(藍色). ②먼셀기호 9PB3.5 /13.

도랑주(-柱) : ⇨두리기둥(=).

도래거지 : 보가 기둥에 짜여지는 어깨에 도래를 띄어서 기둥을 싸고 있게 하는 방식.

도래걸이 : ⇨도래거지(=).

도래걸쇠(swing latch) : ①넙적걸쇠의 걸이쇠가 들게 된 걸쇠. ②빗장을 돌려 걸게 된 것. ③걸이쇠가 선회하는 형식으로 된 문걸쇠. ④옛날 대문이나 문에 주로 사용.

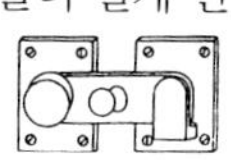
도래걸쇠

도래송곳 : ①붓두껍의 반쪽같이 생긴 송곳. ②끝이 반달모양으로 된 것인데 굵은 자루가 위에 박혀서 이쪽 저쪽으로 비틀려서 구멍을 뚫은 송곳. ③가운데 손잡이가 디귿자 모양으로 달린 제(諸) 송곳. ④나사송곳.

도러거지 : ⇨도래거지(=).

도려내기맞춤(scribe joint) : 장식 쇠시리(moulding)가 서로 교차할 때, 그 한쪽을 다른 쪽 쇠시리(moulding)의 곡면에 맞도록 도려내서 물리는 맞춤.

도려낸문버팀대(cutoff -stop) : ⇨컷오프스톱(=).

도로경계선(道路境界線, boundary line of street) : ①도로법 등에 규정한 도로, 즉 공도(公道)와 일반 건축대지와의 법률상의 경계선. ②도로의 너비가 4m 미만인 도로인 경우에는 그 도로 중심선으로부터 수평거리 2m 후퇴한 선을 도로 경계선(境界線)으로 함.

도로사선제한(道路斜線制限) : ①건축법에서 도로면 및 대향(對向) 건축물의 일조(日照)·채광(採光)·통풍(通風) 등을 고려하여 규정하고 있는 제한. ②건축물의 높이는 인접 경계선까지의 거리의 1.5배 또는 1.25배를 곱하여 얻은 값 이하로 함. ③도로사선제한 폐지.

도로조명(道路照明, highway lighting) : 교통사고를 방지하고 차량의 안전 주행과 속도의 확보를 목적으로 설치한 조명으로 방범(防犯)과 미관을 더하는 효과가 있음. 광원은 수은램프·형광램프·나트륨램프 등이 있으나 경제성이 우수한 수은램프를 주로 많이 사용. 터널 안이나 안개가 많은 산악 도로에는 나트륨램프를 사용.

도료[1](塗料, coating) : ①물체 표면의 보호·겉모양·모양의 변화·그 밖의 모든 것을 목적으로 하여 사용하는 재료의 일종. ②유동상태에서 물체의 표면에 바르면 얇은 막이 되고 해당 건조방법에 따라 건조시키면 물체 표면이 고착되어 고체의 연속적인 도막이 형성되는 것.

도료[2](塗料, paint) : 액체상태로서 물체의 표면에 도포(塗布)하면 엷은 층을 형성하고 물리적·화학적으로 변화되어 시간이 경과함에 따라 그 표면에서 고화(固化)되어 연속적인 피막(皮膜)을 형성하여 주로 미감(美感)을 주고 방수·방습·방식·내약품성 등의 도막을 형성하는 물질. 최근에는 고분자화학의 발달로 새로운 성능을 가진 도료가 개발되어 실용화되고 있음. 도료의 종류는 수성도료(에멀션 페인트 등)·고무유도체도료(염화고무도료)·수지도료(세락니스, 속건니스)·유성도료(건성유·조합페인트·알루미늄페인트 등)·합성수지 도료(멜라민수지 도료·페놀수지 도료·에폭시수지 도료·알키드수지 도료·폴리에스테르수지 도료 등)·섬유소도료(니트로셀룰로오스 래커·보드 래커 등) 등으로 구분.

도료용 산화철분(塗料用酸化鐵粉) : ⇨산화철분(=).

도료용 시너 : ⇨시너(=).

도르노선(Dorno's rays) : ⇨도르노역(=).

도르노역(−域, Dorno area) : ①자외선 가운데 인체의 건강유지 및 증진에 효과가 있는 약 290㎚(2,900Å)~320㎚(3,200Å)까지의 파장역. ②자외선은 인체의 피하에 작용하여 체내에 비타민 D를 형성하고, 칼슘의 생성을 도우며, 이로써 구루병(구루病)이나 골연화증(骨軟化症)을 예방함. 또 자외선에는 살균력이 있어 일광소독으로써 중요하며 식물의 재배·생육에 필수불가결한 것이나 실내의 가구를 퇴색시키고 오손시키며 피부의 홍반(紅斑, 붉은 반점), 눈의 각막 손상 등의 생리적 장애의 원인이 되는 등 해로운 작용도 있음. 이 용어는 연구한 사람의 이름을 따온 명칭. ③건강선(=)·도르노선(=).

도르래(滑車, door guide, channel and roller block) : ①창호의 오르내림을 위한 철물로 줄을 걸어 돌게 된 바퀴 또는 창문 등의 위에 달아매는데 쓰이는 바퀴. ②오르내리창의 줄달기·행거도어의 문달기 두 종류가 있음.

도르래사슬(sash chain) : 오름내림창을 다는 고패사슬.

도르래 줄(sash cord) : 오르내림창을 다는 줄.

도리(道里, 衍, 棈, cross beam, purline) : ①건물에서는 보와 직각방향으로 걸어 서까래를 받는 수평 처마도리·중도리·툇도리 등을 총칭. 일반적으로는 처마도리를 의미. ②서까래를 걸려고 기둥이나 공포 위에 가로로 얹힌 나무. ③가구구조를 표현하는 기준이 되며, 지붕하중이 최초로 전달되고 도리의 높낮이에 따라 물매가 결정됨. 도리에 전달되는 하중은 보와 기둥으로 전달됨. ④종류 ; ㉠다듬는 모양에 따라, 굴도리·민도리·모진도리 등으로 나누고 단면이 8각이 되게 하기도 함. ㉡위치에 따라, 외목도리·내목도리·주심도리(또는 처마도리)·들도리·빼도리·툇도리·뜬도리 중도리(상중도리·하중도리)·종도리(또는 마룻도리)·적심도리·출목도리 등으로 구분. 굴도리를 받치기 위한 장여(長欐)를 둠.

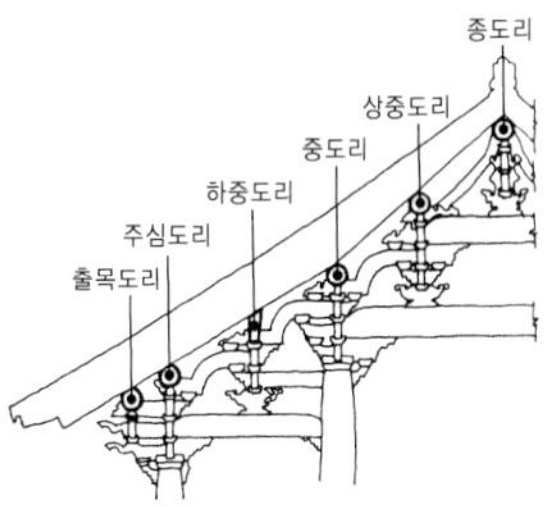

도리

도리간(道理間) : ①도리를 거는 방향으로는 기둥과 기둥 사이의 수효. ②도리방향으로 세운 기둥과 다음 기둥과의 거리 또는 그 사이.

도리방향(道里方向, ridge direction) : 지붕보와 직각의 방향 또는 스팬(span)을 작게 잡은 방향.

도리소반 : 둥글고 조그마한 상.

도리아식 기둥양식(−樣式, Doric order style) : ①고대 그리스 신전건축의 3대 기둥양식(柱範樣式, order style) 중 도리아인에 의해 만들어진 주초(柱礎, base)가 없는 5개의 오더 중에서 가장 오래되고(B.C. 7세기) 가장 단순한 주범양식. ②그리스에서 발전하여 로마로 이어지는데 기둥은 베이스 없이 기단 위에 직접 서고, 주신은 플루팅이 되어 있으며, 평탄한 쿠션형태의 주두가 방형 아바커스를 지지. 로마시대의 도리아식 오더는 기둥은 더욱 가늘어지고 보통 베이스가 있으며, 주두는 밴드 같은 네킹과 에키누스,

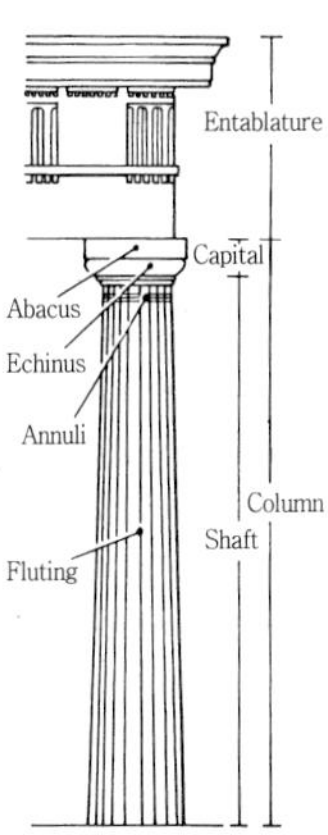

도리아식 기둥양식

그리고 아바커스로 구성. ③특징은 주초가 없고 비교적 짧은 주신(柱身), 장식이 없는 에키누스(echinus)와 주두(柱頭, capital)와 사각형의 아버커스(abacus, 대접받침)로 되어 있으며, 예리한 모서리와 만나는 기둥으로 이루어진 그리스의 오더들 중에서 가장 오래되고 가장 단순한 오더. 직선적이고 장중하며 남성적인 강한 느낌이 남. 주신(柱身)에는 착시현상의 교정을 위해 배흘림(entasis)기법을 적용하였으며 보통 20개 정도의 매우 얇고 모서리는 각이 진 골줄(fluting)을 새겨 전체적으로 형태가 튼튼하고 입체감과 수직성을 강조. 원래는 목조건축양식을 석조건축양식에 응용한 것으로 코린트의 아폴로(Apollo)신전, 아테네의 파르테논(Parthenon)신전, 올림피아의 헤라(Hera)신전 등이 대표적인 도리아식 주범(Dorian order style) 건축물. '도리아양식' 또는 '도리아식'이라고도 함.

도리아식 오더 : ⇨도리아식 기둥양식(=).

도리아식 주범양식(－式柱範樣式, Doric order) : ⇨도리아식 기둥양식(=).

도리아양식 : ⇨도리아기둥양식(=).

도릭스타일(Doric style) : ⇨도리아식 기둥양식(=).

도릭시마(Doric cyma) : ⇨시마렉타(=).

도림장이 : 도림질을 업으로 삼는 사람.

도림질 : ①실톱을 가지고 널빤지를 오리고 새겨서 여러 가지 형상을 만드는 일. ②실톱으로 널빤지를 오리거나 새겨서 여러 가지 모양을 만드는 일.

도막(塗膜, coating, paint skin, film of paint) : ①물체의 표면에 도료를 사용·도포하여 형성된 얇은 막 또는 도료의 피막. ②도막형성 요소는 투명도료에서 도막형성 주요소와 도막형성 부요소로 구분. 도막형성 주요소는 유류(油類)·수지(樹脂) 등이 있고 도막형성 부요소는 건조제·가소제 등이 있음. ③도막형성 요소는 도료의 가장 중요한 성분이며 저분자량(低分子量) 화합물로서는 도막에 요구되는 기계적·화학적 모든 성질을 따르지 못하기 때문에 고분자 물질이어야 함. ④칠막(=).

도막박리(塗膜剝離) : 도료가 부착되지 않고 도장면에서 떨어지는 현상.

도막방수(塗膜防水, coating water proof) : ①합성고무와 합성수지의 용액을 도포해서 소요두께의 방수층을 형성하는 공법으로 간단한 방수 성능이 필요한 부위에 사용함. ②도료상(塗料狀)의 방수제를 바탕면에 여러 번 칠하여 상당한 살두께의 방수막(防水膜)을 만드는 방수방법. ③특징은 내후성(耐候性)·내수성(耐水性)·내알칼리성(耐alkali性)·내유성(耐油性)·내마모성(耐磨耗性)·난연성(難燃性) 및 신장능력(伸張能力)·접착성(接着性) 등의 성능을 가져야 하고 또한 비싸지 않아야 함. ④종류는 ㉠유제형(乳劑形, embulsion) 도막방수 ㉡용제형(溶劑形, solvent) 도막방수 ㉢에폭시계 도막방수로 구분.

도막착색(塗膜着色) : 목재의 착색방법 중 하나.

도매첨(都每檐) : ①귀포와 귀포 바로 옆에 있는 포 사이에서 거리가 가까워 첨차가 한 부재로 붙어 있는 경우. ②병첨(=).

도머(dormer) : ⇨도머윈도(=).

도머윈도(dormer window, luthern) : ①경사지붕에 채광·환기 및 조망을 위한 유리창 또는 루버창을 설치하기 위해 수직으로 돌출된 구조물인 지붕창. ②경사 지붕면으로부터 돌출하여 설치된 직립(直立)의 지붕창. ③경사진 지붕 표면을 뚫고 수직으로 돌출된 창문. ④창문이나 환기통을 보통 집의 지붕 위에 낸 건축물. 보통 다락방(attic)이 있으며 도머(dormer)라고도 함. ⑤창틀에 원형 또는 삼각형의 박공이 있는 것이 특징임. ⑥종류는 외쪽지붕창(shed dormer)과 박공지붕창(gable dormer) 및 연결지붕창(link dormer)으로 구분. ⑦도머는 '침실'을 의미하는 라틴어에서 유래. ⑧지붕창(=).

도머윈도

도메인(domain) : ①실존적 공간의 3번째 요소. ⇨센터. ②영역(領域).

도면[1](圖面, drawing) : ①사물의 형태·치수·내부구조, 기타 내용을 일정한 공학적인 표현방법에 의해 나타낸 그림. ②도면은 실물의 크기를 축소·확대한 크기를 제도용지나 사물의 크기 등에 따라 적당한 크기로 정해서 그림.

도면[2](塗面, coating surface) : 도장(塗裝)을 한 면.

도면리스트(圖面, list of drawing) : ⇨도면목록(=).

도면목록(圖面目錄, list of drawings) : 도면번호와 도면명을 기재한 도면 일람표.⇨도면일람표(=).

도면배치(圖面配置) : 한 장의 도면용지 내에 여러 부분의 그림을 배치할 자리를 정하는 것.

도면번호(圖面番號, drawing number, sheet number) : 도면관리를 용이하게 하도록 붙이는 번호.

도면의 방향(圖面-方向) : 도면의 방향은 건축 및 토목제도 등에서는 다음과 같이 작도(KS). ①평면도·배치도 등은 북(北)을 위쪽으로 하여 작도함을 원칙으로 함. ②입면도·단면도 등은 상하방향을 도면의 상하와 일치시키는 것을 원칙으로 함. ③투상도에서 정면도는 물체의 모양을 가장 명확하게 나타낼 수 있는 면으로 선정. ④투상도의 수는 물체의 모양·치수를 나타내는 데 필요하고, 충분하면 최소한의 수로 함.

도면의 종류(圖面-種類) : 설계단계에서 작성하는 도면을 대별하면 ①내용에 따른 분류 : 안내도·배치도·평면도·천장도·입면도·전개도·단면도·상세도·부분상세도·창호도·설비도·구조도·투시도 등으로 구분함. ②범위에 따른 분류 : 전체도면·부분도면. ③목적에 따른 분류 : 계획(구상)도(schematic drawings)·기본설계도(preliminary)·실시(본)설계도(final drawings) 등으로 구분. 현장에서 공사 중에 작성하는 도면을 'shop drawing'이라고 함.

도면의 크기(圖面-) : 도면의 취급과 정리 보관 등이 편리하도록 KS기계제도에서는 용지크기, 도면의 위치, 윤곽치수의 크기 등을 다음과 같이 규정하고 있음.

도면의 크기

번호	용지의 크기 (a×b)	c (최소)	d(최소)	
			접지 않을 때	접을 경우
A_0	841×1189	10	10	25
A_1	594×841	10	10	25
A_2	420×594	10	10	25
A_3	297×420	5	5	25
A_4	210×297	5	5	25
A_5	148×210	5	5	25

도목수(都木手) : ⇨도편수(=).

도무스(domus) : ①고대 로마의 상류층을 위한 규모가 매우 큰 고급스런 단독 개인주택. 도무스(domus)는 '집(家)'이란 뜻으로 카시드럴(cathedral)을 뜻하는 domus dei(신의 집)에서 나온 말을 말함. 서민층을 위한 주택을 허트(hut : 오두막), 중류층(평민·노예)을 위한 공동집합주택을 인슐레(Insulae) 또는 인슐라(insulla)라고 함. ②1928년 G. 폰티(Gio Ponti : 1891~)가 창간한 세계 디자인계의 동향을 알리는 중요한 건축, 특히 인테리어와 디자인 잡지(지오 폰티가 창설자이자 편집인). ③⇨돔.

도미넌트컬러(dominant color) : ⇨주조색(=).

도미노벽지(-壁紙, domino wallpaper) : ①16세기 후반부터 17세기 초에 이탈리아에서 생산한 대리석 문양을 모방(imitation)한 벽지. ②16세기 후반 프랑스에서 도미노티에르(Domiontiers)에 의해 생산되었던 것과 유사한 것.

도미노시스템(domino system, systéme Domino) : ①1914년 르 코르뷔지에(Le Corbusier : 1887~1965)가 양산주택(量産住宅)을 위해 6개의 지주(支柱)와 3층의 수평 슬래브(slab)로 된 철근콘크리트 골조구조를 제안한 것. ②양산주택의 개발을 위하여 개발한 철근콘크리트의 기둥과 수평 슬래브에

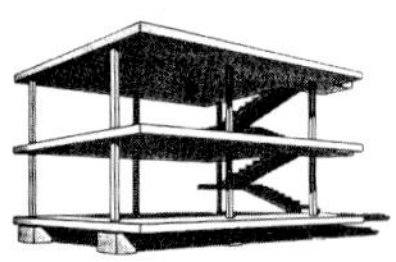

도미노시스템

의해 고정되는 하중을 담당하는 벽에서 해방되어 자유롭게 칸막이가 들어갈 수 있는 구조 시스템. ③기본적으로는 규격화에 적합하면서 다양한 기능적인 요구와 미적 요구를 충족시키기 위한 구상으로 1920년 말경에 구체화됨. ④⇨도미노시트로앙.

도미노시트로앙(domino citrohan[프]) : 르코르뷔지에 초기의 2가지 프로젝트. 즉 도미노 주택(1914)과 시트로엥형 주택(1920)에 따라 명명(命名). 이것은 전형적인 2개의 공간형을 나타냄. 도미노는 수평적인 공간의 층으로서 플로어 스타일(floor style)을 의미하고, 시트로앙은 수직적 층의 모델로 월 스타일(wall style ; 벽의 형식)을 의미함.

도미칼볼트(domical vault) : 둥근 지붕의 볼트.

도미칼볼트

도배(塗褙) : ①실내의 바닥·벽·천장 및 창호에 종이를 바르는 작업. ②종류는 띠움도배(일명 후꾸루바리)와 물도배(일명 미즈바리)로 구분함. ③시공평수계산법은 아파트는 평형에 2배(예, 15평형×2배=30평) 단, 무늬가 있는 벽지의 경우에는 약 15~20%의 여유분 추가함.

도배공사(塗褙工事, paper hanging work, paper hangers work) : 바닥·벽·천장 및 창호 등에 종이·천(fabric) 또는 비닐 등을 붙여대는 작업. 도배지 붙이는 순서(단계)는 바탕처리→초배지 붙이기→재배지 붙이기→정배지 붙이기 순으로 함. '벽지공사'라고도 함.

도배반자(塗褙盤子) : 도배와 반자를 의미하는 것으로, 벽에는 벽지를 바르고 반자에는 반자지(盤子紙)를 바르는 일.

도배장판(塗褙壯版) : 도배와 장판을 의미하는 것으로, 벽에는 벽지를 바르고 방바닥에는 장판지를 바르는 일.

도브테일(dovetail) : ①나무의 부재와 부재가 서로 맞춰지는 가구의 접합형태. 비둘기 꼬리모양으로 부등변4각형으로 된 나무쪽매가 됨. ②한쪽 나무의 끝에 쐐기모양의 돌출부와 다른 나무 끝에 같은 모양의 홈이 서로 맞물려져 사용되는 접합방법으로써 서랍장의 측면과 앞면이 연결될 때 이용. ③열장장부맞춤(=).

열장장부촉

도브테일링(dove tailing) : 목재가구 접합방법의 하나로 주로 직각으로 교차되는 2개의 부재 접합에 쓰이는데, 테이블판 등의 같은 면의 접합에도 쓰임. 접합부분을 비둘기 꼬리와 같이 깊숙이 절단해서 조합하기 때문에 이 이름으로 불림.

도브테일머신(dovetail machine) : 서랍 전판과 측판 조립에 사용하며 반자동임. 부재의 폭은 최대 410㎜까지 가능하고 두께는 10~25㎜ 단일 부재만 절단할 수 있음.

도비(dobby) : 도비 직기를 사용한 직조형태의 일종으로 매우 복잡하고 작은 패턴의 직물임. 무늬의 길이나 폭에 제약이 있어 무지(無地)나 비교적 작고 단순한 스트라이프·체크 등의 무늬로 제한.

도사도(dos-á-dos) : ①18세기 프랑스에서 사용된 두 개의 좌면이 서로 반대방향으로 부착·제작되어 서로 등을 맞대고 앉게 된 S자 형태의 대화용 의자. ②일반적으로 벨벳(velvet)이나 태피스트리(tapestry)로 좌면을 깔고 사용. ③⇨대화용 의자.

도산서원(陶山書院) : ①경북 안동군 도산면 토계동에 소재(1969년 사적 제170호 지정). ②도산서원은 퇴계 선생 사후 4년째이던 1574년 유림과 제자들이 선생을 추모하기 위해 건립한 서원으로 이황을 제사함. ③서원 안에 있는 전교당은 국보 제338호로서 1574년(선조 7)에 건립된 것으로서 그 규모는 정면 4칸, 측면 2칸의 단층집. 그 외 상덕사 정문 및 사주도병도, 국보 제 338호로 지정되어 있으며 이것은 선조 7년에 건립된 것으로 이황의 인위를 봉안하고 있는 정면

도산서원

3칸, 측면 1칸의 단층기와집이라 정문은 3칸 3호의 8각문이며 주위에 둘러쌓은 도병도 모두 같은 때 만들어진 것임. ④ 임진왜란 때 왜군들이 도산서원에 침입했지만, 일본에서도 존경받는 퇴계의 위패를 모신 도산서원을 건드리지 못했음. 대원군의 서원철폐 때도 도산서원은 안향을 모신 소수서원 등과 함께 정리 대상에서 제외됐음.

도서관용 사다리(圖書館用-, library steps) : ①도서관에서 손이 닿지 않은 곳에 진열된 책을 꺼낼 때 사용하는 사다리. ②평상시에는 창고·책상·벤치·의자 등에 보관하다가 필요할 때에 꺼내 사용할 수 있도록 보통 2~4개의 계단이 한 세트(set)로 되어 접을 수 있는 구조로 제작.

도서관용 사다리

도석(陶石) : 운모(雲母)와 규석(硅石)이 혼합된 혼합물로써 그 자체만으로도 도자기를 만들어낼 수 있는 토상(土狀)으로 도토(陶土) 또는 백토(白土)라고 하며 암석상(岩石狀)이면 도석(陶石)이라고 함.

도세렛(dosseret) : ①아치의 횡력을 받기 위하여 주두(柱頭, capital) 위에 설치된 보강 아버커스(abacus)나 보강주두. ②비잔틴 건축 기둥의 주두가 이중으로 되어 있는데 그 상부에 있는 것. ③부주두·안테미온(=).

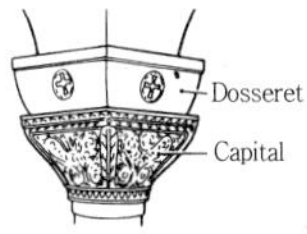

도세렛

도시[1](都市, city, town, urban area, stadt[독], cité[프]) : 일정한 지역의 정치·경제·사회·문화면에서 중심적인 핵을 이루고 자체적인 행정기획과 운영으로 경영되는 지방자치단체.

도시[2](度時, degree hour) : 시멘트 제품의 양생온도(℃)와 양생시간(t)을 곱한 값 또는 단위.

도시가스(都市-, city gas) : 원료(고체·액체·기체)인 석탄 코크스·나프타·LPG·천연가스를 제조·정제·혼합하여 소정의 발열량(3,600~5,000㎉/㎥)으로 조절한 것. 도시가스는 연료용인 주방용 이외에 냉난방용·상공업용 등 사용범위가 다양. 유량표시는 ㎥/h.

도시경관(都市景觀, cityscape) : 지평선을 만드는 도시구조물들의 실루엣(silhouette)에 의해 표현됨. 자연경관과 인위적인 구조물들 사이의 뚜렷한 경계들을 포함. 이것은 교회의 뾰족탑 건물의 뾰족한 지붕·급수탑·큐폴라와 돔·건물의 꼭대기와 바위 언덕·산과 같은 자연요소를 포함.

도시계획(都市計劃, urban planning, city planning, town planning) : 건축·실내·및 조경디자인과 함께 환경디자인의 일부분으로 도로·하천·공원·다리 등과 건축물과의 관계에 대하여 전반적인 입체적 계획을 하게 됨. 따라서 도시계획은 건축을 중심으로 하여 도시 전체를 유기적·입체적으로 계획. 파리의 방사형 도시·뉴욕의 바둑판형 도시 등은 도시계획이 잘 된 실례임.

도시기후(都市氣候, city climate, urban climate) : ①도시 특유의 기후. 고밀도 인구 집중·건물·아스팔트·콘크리트 등으로 덮여 있는 지상면으로 인한 대량의 열발생·매연·가스·심한 기복으로 인한 바람상태의 변화 등으로 인해 형성되는 특수한 국지(局地)기후. ②교외(郊外)에 비하면 일반적으로 기온이 높고 습도는 낮으며 풍속이 약함.

도시벽화(都市壁畵, city mural) : ⇨수퍼그래픽(=).

도시사막화(都市沙漠化) : 콘크리트·아스팔트로 뒤덮인 대도시의 지면은 빗물이 지하에 침투되지 못하고, 지표의 수분 증발량 감소에 인공적인 배기열이 더하여 기온이 상승하고 습도는 떨어지며, 대기오염까지 가세하여 이끼나 지의류가 소실되고, 착생식물의 사막화가 되는 현상.

도시설계(都市設計, urban design) : 도시구조물과 공간들을 설계하는 건축 및 도시계획의 중간영역.

도시소음(都市騷音, urban noise) : ①음향기기·라디오·TV·확성기·전령 등의 음악기(취주악기·현악기·타악기 등)의 음·음성(이야기 소리·노래 소리·노한 소리·고함 소리·비명 소리 등)의 음·동물음·작업음 등을 법에 의하여 규제하고 있음. ②개인·광고업자·차량의 운전자 등은 소음이 발생되지 않도록 주의해야 함.

도시에(dossier[프]) : ①의자의 등받이 또는 널판을 의미하는 프랑스어로 17~18세기 프랑스에서 제작·사용된 안락의자인 포테이유(fauteuil)의 별칭 또는 침대의 머리판이나 발판. ②모든 영국 고딕 건물인 웨인스코트에 붙여진 나무 벤치(bench)나 높은 등받이에 천개(canopy)가 달린 의자.

도시에

도시조명(都市照明, urban lighting) : 도시라는 차원에서 계획한 조명. 시가지의 광장·가로·공원·고속도로와 같은 공공부분의 조명을 지칭.

도시주택(都市住宅, urban house) : 동시대의 농촌주택과 구분하여 도시지역에 고유한 형식을 가진 주택.

도시형태(都市形態, urban form) : ①도시의 3차원적인 형태. 과거에는 자연형태에 도시가 종속적이고 사회기구에 따라 정해졌으나 오늘날에는 교통망의 형태에 따라 도시형태가 종속되고 정해짐. ②도시형태는 선상형(線狀形)·격자상형(格子狀形)·방사형(放射形)·환상형(環狀形) 등으로 구분.

도시형태학(都市形態學, urban morphology) : 도시의 형태를 기구(機構)·구조(構造)에 따라 해부론적·비교론적으로 분석하여 일견 무질서하게 보이는 개개의 인간 활동이나 건설의 집적(集積) 속에 표면적으로 작용하는 힘이나 공통의 인과관계(因果關係)를 규명하여 도시형태의 성립을 설명하고 이해하려고 하는 연구 분야.

도시호텔(都市-, city hotel) : ⇨시티호텔(=).

도안(圖案, design) : 의장(意匠)·고안(考案)을 설계하거나 표현한 그림.

도어베드(door bed) : 침실에 붙여서 작은 방(보통 화장실)을 설치하고 양실(兩室)을 축으로 해서 설치하는 180° 회전되는 문의 배후에 접는 침대를 달아, 낮에는 침대를 접어놓고 문을 180° 회전시키면 작은 방으로 들어가게 한 문처럼 개폐하여 사용할 수 있는 침대.

도어그릴(door grille) : 통기(通氣) 또는 환기(換氣)를 목적으로 문짝 하부에 설치하는 격자. 주로 내부의 열 또는 냄새의 방출을 위해 설치.

도어벨(door bell) : ⇨도어 차임(=).

도어볼트(door bolt) : ①문을 잠그는 꽂이쇠(bolt). ②본자물대(dead bolt)와 래치볼트(latch bolt)를 통칭. ③미세기문 등에 꽂아 잠그게 하는 철물. ④놋쇠대 등으로 미닫이창호나 미세기창호의 안쪽에서 간단히 꽂아 잠글 수 있게 된 것. ⑤손으로 잡을 수 있도록 끝 부분에 고두리가 달려 있음.

도어스위치(door switch) : 문짝에 부착하거나 문틀에 매입하여 설(장)치하고 문의 사용(개폐)에 따라 자동적으로 회로가 작동(개폐)되게 한 스위치.

도어스킨(door skin) : ①플러시 도어(flush door)의 표면에 붙인 화장합판. ②크로스밴딩(cross banding)이나 플러시 도어(flush door)의 내부를 이어 붙이는 합판의 표면베니어(doorskin)·하드보드(hard board)·플라스틱 라미네이티드(plastic laminated) 또는 중밀도 덧널.

도어스톱(door stop, door catch) : ①문을 열 때 벽을 보호하고 문을 고정시키는 장치로 문을 열어 제자리에 머물러 있게 하거나 문짝이 벽에 부딪히지 않게 하며 갈고리를 걸어 제자리에 머물게 하는 철물. ②종류는 옆벽 하부에 대는 것과 바닥에 대는 것이 있음. ③도어 캐치(=).

도어스톱

도어오프너(door opener) : 무선 송신기나 광전기(光電氣) 또는 다른 장치로 작동시켜 문이 자동으로 열리게 하는 기계장치.

도어윈도(door window) : 문과 창의 용도로 함께 사용하는 것.

도어차임(door chime) : 출입문 내외부에 매달아 설치하여 문을 여닫을 때 아름다운 소리가 나도록 고안된 것으로, 찾아온 사람이 있음을 알 수 있는 장치. 주로 도어벨 설치가 곤란한 상업공간이나 주거공간에 설치. 보통 도어벨의 사용보다 운치가 있어 많이 사용함. 도어벨이 출현하기 전에 사용한 경우가 대부분임. 전기를 이용한 도어차임을 도어벨(door bell)이라고 함.

도어체인(door chain, chain door fastener) : ①문 안쪽과 문틀 사이에 부착하는 미끄럼 장치가 붙은 짧은 체인으로 체인의 길이를 짧게 하여 문이 완전히 열리지 못하도록 하는 문에 단 쇠사슬. 보통 보조장치로 사용. ②체인도어파스너(=).

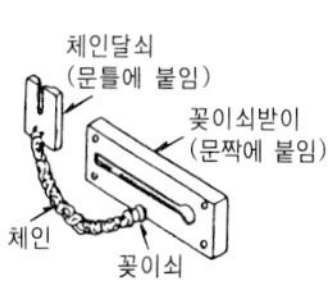

도어체인

도어체크(door check) : ⇨도어클로저(=).

도어캐치(door catch) : ⇨도어스톱(=).

도어클로저(door closer) : ①여닫이문이 자동적으로 닫아지게 하는 장치. ②문과 문틀에 설치하여 열려진 여닫이문이 부드럽게 저절로 닫히게 하는 장치인 여닫음 조절기. 한국산업규격(KS F 4505)에 규정되어 있음. ⇨도어체크(=).

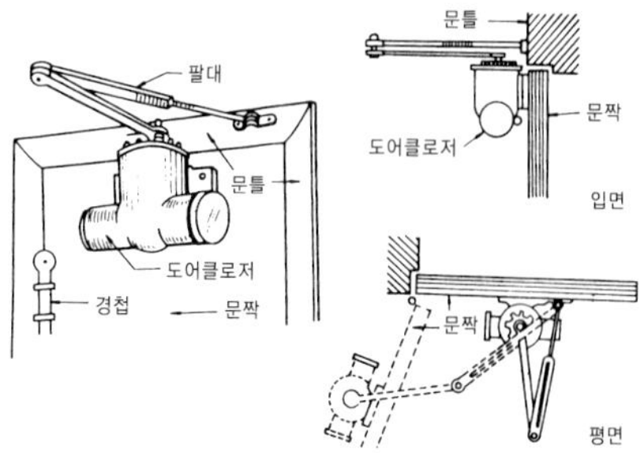

도어클로저

도어투도어(door to door) : ⇨문앞배달(=).

도어폰(door phone) : 주택 등에서 문 밖의 방문자와 내부인이 통화하는데 사용하는 인터폰의 일종.

도어핸들(door handle) : 문을 여닫을 때 잡도록 만든 손잡이. 재질은 주로 금속이나 목재가 사용되며 형태는 원형과 막대기형(봉형) 및 디자인에 따라 다양한 형태가 제작. 내구성·기능성·청소 등 사후관리를 고려하고 실내의 용도·목적 등에 따라 적합한 선택을 함.

도어행거(door hanger) : 창고 등의 중량문이나 접이문 등 문 상부에서 달아매는 장치 또는 이동장치. 문의 크기나 무게에 따라 2개 또는 4개의 바퀴를 사용.

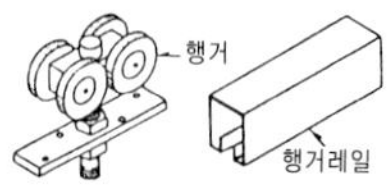

도어행거 및 행거레일

도어홀더(door holder) : 여닫이 창문을 필요한 만큼 열어서 고정시켜 놓는 철물장치.

도어훅(door hook, door stay, door holder hook) : ①도어 스톱과 일체화하여 손잡이가 벽에 부딪히는 것을 방지하고 열려진 문이 닫히지 않도록 걸어 고정시키는 철물. ②도어 스톱을 겸하게 하거나 문 또는 바닥·걸레받이에 달아 임의로 버틸

도투마리집 : ⇨귀틀집(=).

도판(圖板) : ⇨도행판(=).

도펠카펠라(doppelkapelle) : ①12~13세기의 독일의 성(城)에서 2층 구조로 된 예배당. ②보통 정사각형 또는 다각형 플랜(plan)의 공간이 상하로 포개진 형식이며, 그 중앙부는 공정으로 되어 있고, 위층은 성주(城主)와 그 부하들을 위한 것임.

도편수(都邊首, chief laborer, foreman, master architect) : ①일반적으로 목수직의 우두머리 또는 책임자. ②공장의 두목인 편수 중에서의 우두머리. ③집을 지을 때 책임을 지고 일을 지휘하는 우두머리 목수. ④목수를 편수, 목수의 총책임자를 도편수 또는 도목수라고 함. 또는 전문직 종사자 총책임자나 우두머리. ⑤현장에서 속어로 오야지, 오야지 밑에 있는 사람을 '세와'라고 함.

도표(圖表, diagram) : 그림으로 나타낸 표. 정량적(定量的) 또는 정성적(定性的)인 정보 가운데 상호관계가 복잡하여 수식(數式)이나 언어로 표현하기 곤란한 내용을 시각적인 기호나 형태를 이용하여 계통적으로 전개해서 이해하기 쉽게 하는 전달방법.

도표식 공정표(圖表式工程表) : 설계 도중의 평면·단면도에 공정의 예정실시 등을 공사종목별로 색구분 기호(色區分記號) 등으로 기입한 공정표. 공사 각 부분의 진척 상황의 파악이 용이하나 시간의 경과가 명백하지 못한 것이 단점.

도프(dope) : 아세틸셀룰로오스를 주성분으로 하는 도료.

도플러효과(-效果, Doppler's effect) : 1842년 오스트리아의 물리학자 J. 도플러가 빛에 대해 도플러 효과를 발견한 것으로 파(波)의 진동수가 그 파동원(波動源) 또는 관측자(觀測者) 쪽에 운동이 있을 경우 파동원의 그것과 진동수가 변화하여 관측되는 현상. 이는 음원(音源)과 수음자(受音者)가 상대적으로 이동함으로써 발생되는 관측된 주파수의 분명한 변화현상으로 음원과 수음자가 서로 접근하면 관측된 주파수는 높아지고 반대로 서로 멀어지면 주파수는 낮게 관측됨.

도피통기관(逃避通氣管, relief vent pipe) : 루프 통기식 배관에서 통기 능률을 촉진시키기 위해서 설치하는 관으로 관경은 배수관의 1/2 이상이 되어야 하며, 최소 32㎜ 이상이 되어야 함.

도학(圖學, descriptive geometry) : 점·선·면으로 구성되는 3차원의 공간도형을 2차원의 평면 위에 표시하는 실용적인 기하학. 디자인 행위에 있어서 유력한 표현수단으로써 사용되고 있으며, 기하학적인 원리를 응용하여 평면상에 도형을 과학적으로 정확하게 해결하는 학문. 도학은 평면상의 도형을 보고 실물을 정확하게 이해하는데 있으므로 그 지식을 충분히 응용하여 모든 사고를 도형으로 보다 보기 쉽고 정확하고 정밀하게 표현하고 창작하는데 도학은 과학적 수단이 됨. 또한 제도의 기초단계이며 투상도법이 사용되는 것으로 도형적 성질(descriptive properties)뿐만 아니라 계량적 성질(metrical properties)도 표시되어야 함.

도해(圖解) : 그림으로 풀이하는 것 또는 그런 책자.

도행판(圖行板) : ①널판 또는 합판 등에 건물의 평면도·단면도 등을 먹으로 그린 판. 건축공사 현장에서 가지고 다니며 수시로 편리하게 볼 수 있게 만든 것. ②도판(=)·시공도판(=).

도형(圖形, figure) : 어떤 공간을 차지하는 형태 혹은 포지티브(positive)한 형상.

도형과 배경(圖形-背景, figure and ground) : ①돋보이는 형태를 도형, 배경이 되어 후퇴한 부분을 배경이라고 함. 1915년 루빈이 이름붙인 "루빈의 잔과 얼굴"이 유명함.

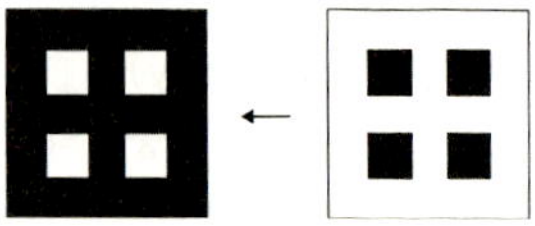

도형과 배경의 반전 개념도

②루빈의 잔과 얼굴·도형과 배경의 반전·다의도형(=).

도형기하학(圖形幾何學, descriptive geometry) : 기하학적 성질과 관계를 추론하기 위해 면의 표면 위에 3차원적 사물을 투영시키는 이론.

도형인식(圖形認識) : ⇨패턴인식(=).

도형축척(圖形縮尺, graphic scale) : ⇨그래픽스케일(=).

독락당(獨樂堂) : ①회재 이언적 선생 집의 사랑채 이름. ②안강읍 옥산리에 있으며 일명 옥산정사.

독락정(獨樂亭) : ①충청남도 문화재 자료 264호, 조선 초기. ②정면 3칸, 측면 2칸의 홑처마 팔작지붕. 평면은 후열 가운데 칸에 창호를 달아 마루방을 만들고 나머지 부분은 개방하여 사방을 터놓음. 후면 양협간에 돌계단을 만들어 오를 수 있도록 하였고, 후면을 제외한 3면에는 난간을 둠, 바닥은 모두 우물마루. 사괴석 두 벌대로 기단을 만들고, 4자 정도 높이의 8각 장초석을 놓은 다음 원주를 세움. 초석 하부는 둥그런 받침모양을 하고 있으며, 초석이 높게 올라와 난간은 초석에 끼워지게 됨. 기둥머리에서는 공포를 짜지 않고 장여 위에 굴도리를 올림. 규모가 작아 창방은 생략함. 대들보 상부 양쪽에 동자주를 세우고 종량을 올렸으며, 어간 대들보에서 양측면으로 충량을 걸러 둠. 종량 높이에서 우물반자를 만들고 반자 주변은 서까래를 그대로 노출시켜 연등천장이 되게 함. 가운데 마루방의 창호는 모두 띠살문인데 전·후면은 사분합 들어열개문이고 양측면 창호는 분합문임. 후면 들어열개 하방에는 머름을 달았음.

독립굴뚝(獨立-, independent chimney) : 건물에 붙여 세우지 않고 따로 떨어져 세운 굴뚝.

독립기둥(獨立-, independent column) : 벽체와 떨어져 거리를 두고 있는 기둥.

독립기초(獨立基礎, isolated footing) : 기둥이나 피어(pier)를 독립적으로 지지하기 위한 외떨어진 기초.

독립여유(獨立餘裕, independent float ; INDF) : ①후속작업이 가장 빠른 개시시각(EST)에서 개시되고, 선행작업이 가장 늦은 종료시각(LFT)에서 완료되었을 때의 여유시간. ②인디펜던트플로트(=).

독립주택(獨立住宅, detached house) : ①주택에 최소한도로 필요한 서비스가 부대된 건강한 자립자를 위한 거주형식. ②다른 주택과 접속한 부분이 없이 독립된 한 채로 따로 지은 집. ③일반적으로 단독주택이라고 함. ④단독주택(=).

독립형(獨立形) : 다른 방과 겸용하지 않은 조리작업 전용공간의 형태. 주방과 식사공간을 분리함으로써 소리와 냄새 및 사람 출입을 벽이나 문으로 완전히 차단하는 독립된 식사실의 형태이기 때문에 주택의 면적이 넓거나 많은 손님을 초대하는 가정에 적합.

독립형 벽난로(獨立形壁煖爐, independent fire place) : 금속으로 제작되며 필요에 따라 이동 가능하고 디자인에 따라 여러 유형이 가능.

독립형 벽난로

독립형 윈도(獨立形-, independent type window) : 소형의 고급품을 취급하는 상점에 적합하며 귀금속·보석·시계 등에 적합.

독립형 조명(獨立形照明) : 건축화조명에 대응하는 조명으로 천장에 직접 설치하는 천장등, 천장에 매다는 펜던트(pendent), 벽에 부착하는 브래킷(braket), 이동이 가능한 플로어 스탠드(floor stand) 또는 테이블 스탠드(table stand) 등.

독서대(讀書臺, reading stand) : 르네상스 후기 교회의 성서대(lecturn)에서 발전된 형태로, 경사도를 조절할 수 있는 상판이 책을 받치도록 디자인된 소형 탁자.

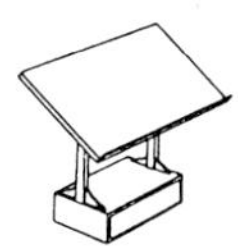

독서대

독서용 의자(讀書用椅子, reading chair) : ① 18세기 초에 처음으로 제작된 팔걸이 아

돋음양판 : ⇨돋움양판(=).

돌가루 : ⇨석분·석회분(=).

돌각담 : ①흙을 사이에 넣지 않고 돌로만 쌓은 담. ②주로 헛간채와 잿간 등은 돌각담을 벽체 또는 구조체로 사용하여 담집을 만듦.

돌결(rift) : ①돌의 반점과 무늬. ②석재(石材) 속에 갈라지기 쉬운 면 또는 방향. 천연 암석 속에는 거의 평행하게 갈라지기 쉬운 면이 있어 석공(石工)이 암석을 쪼갤 때에는 이것을 이용함. ③돌의 종류에 따라 돌결의 식별이 용이한 것과 그렇지 않은 것이 있음.

돌고래문양(-文樣, dolphin) : 고대 그리스·로마시대 이후 광범위하게 사용된 장식 모티프(motif[프])로, 특히 영국의 섭정시대(Regency)와 프랑스의 루이 16세 시대에 유행. 또한 머리부분만을 사실적으로 조각한 디자인이 의자의 다리나 콘솔(console)의 지지대로 사용.

돌고래문양

돌고래형 발(-型-, dolphin foot) : 19세기 초 영국의 섭정시대 양식(Regency style)의 가구에 사용된 돌고래 형태로 조각한 발.

돌공사(-工事, masonry work) : ①돌의 다듬기·쌓기·붙이기·깔기 등에 관한 공사를 통칭. 조적공사·붙이는 공사·까는 공사로 구분. ②석공사(=).

돌구조(-構造, stone construction) : ①건물의 뼈대가 되는 주요벽체에 주로 석재를 쌓아올려 벽체를 만드는 조적식 구조법의 일종. ②벽체를 석재(石材)만으로 쌓는 일은 거의 없고 보통 뒷벽에 벽돌이나 콘크리트조의 벽체와 일체(一體)로 축조하거나 붙여 쌓음. ③양질(良質)의 석재는 횡력에 약하고 공사기간이 길며, 시공도 까다롭고 가공이 어려우며 가격이 비싸다는 것이 단점. 또한 석재만으로는 2층 이하의 건물밖에 지을 수 없는 결점이 없음.

돌기 : 주춧돌 머리에 기둥을 받치려고 솟게 한 곳.

돌기둥(石柱, stele[그]) : 기념물이나 이정표 건물의 정면에 기념적 평판으로 사용되는 표면이 조각된 석판이나 주석.

돌기와 : 지붕재료로 사용하는 점판암(粘板岩) 등의 판석(板石).

돌기와집 : ①많은 판석(板石)으로 지붕을 이은 집. ②너새집·너와집·청석집(=).

돌깔기(stone paving) : ①돌을 땅바닥에 까는 작업. 비교적 얇은 판돌을 박석(薄石, paving stone)이라고 하며, 손다듬인 경우 두께 10㎝ 이상으로 하는 것이 이상적이며, 판돌은 콘크리트 다짐 위에 모르타르를 소정두께로 펴깔고 가만히 내려놓아 설치하고 높낮이는 모르타르 또는 굄돌로 조절. ②종류는 줄눈의 패턴에 따라 기하무늬깔기·장대깔기·장대완자깔기·세로줄깔기·가로줄깔기·막깔기·맞줄지어깔기·완자깔기·마름모깔기·바둑판깔기 등.

돌나누기(courses in masonry work) : 시공을 위하여 설계도면에 따라 돌 크기 및 줄눈의 위치 등을 상세히 작성해 보는 것. 보통 돌나누기도(圖)는 축척 1/50 정도로 하고 이것을 돌나누기의 표준으로 함.

돌나누기도(-圖) : 돌쌓기에서 돌이 놓일 소정의 위치를 나타낸 도면으로 돌의 종류·치수·줄눈·배치형태 등이 표시.

돌너와 : ①지붕재료에 의한 전통민가 유형의 하나. ②얇고 편편한 돌들, 즉 돌너와(돌능애)로 지붕을 이은 집. ③돌너와는 돌기와라고도 하며, 그 재료로는 '청석(青石)이 많음. ④돌 무게가 있어 서까래·지붕틀·기둥 등 구조재가 건실한 집이라야 가능함. ⑤황해도에서는 이를 '너에'라고도 함. ⑥돌기와(=).

돌능애 : ⇨돌너와(=).

돌다리목 : 돌다리가 놓인 길목.

돌란대(-帶) : ①난간의 맨 위에 건너 대어 손스침이 되는 부재. ②단면은 원형·팔각형·육각형·사각형 등 여러 가지임. ③세운 기둥과 다음 기둥과의 거리 또는 그 사이. ④난간두겁대의 옛말. ⑤굴대(=).

돌란돌 : 돌다리의 바닥에 깐 널찍한 돌.

돌로마이트(dolomite) : ⇨백운석(=).

돌로마이트벽돌(−壁乭, dolomite brick) : 염기성(鹽基性) 내화벽돌의 하나. 돌로마이트 광물($CaCO_3$·$MgCO_3$이 주성분인 광물)을 원료로 하여 소성한 것. 시멘트 제조용 킬른(kiln ; 回轉爐) 등이 쓰임.

돌로마이트석회(石灰, dolomite lime) : ⇨마그네시아석회(=)·돌로마이트석회(=)·돌로마이트 플라스터(=).

돌로마이트 플라스터(dolomite plaster) : ①돌로마이트를 900~1,200℃로 가열하여 소화(消火)한 것. ②석회암 중에 마그네시아를 포함한 백운암(白雲岩, $CaCO_3$·$MgCO_3$)을 900~1,200℃에서 소성(燒成)·가수(加水)하여 가루를 체로 친 것. 즉 돌로마이트인 마그네시아 석회에 모래·여물을 섞어서 반죽한 바름벽 재료. 일명 마그네시아 석회라고 함. ②소석회보다 점성(粘性)이 커서 풀을 넣을 필요가 없기 때문에 변색·냄새·곰팡이가 없으며 보수성(保水性)이 크고 응결시간이 길어 바르기도 좋음.

돌리(dolly) : ①리벳의 한쪽 끝을 가공할 때 리벳머리를 대고 지지하는 도구. ② 리벳 홀더(=).

돌림구덩이 : ①벽과 기둥이 들어 설 곳만 돌아가며 판 구덩이. ②기둥·벽체 자리에 기초하기 위하여 파낸 구덩이.

돌림대(回帶) : ⇨돌림띠(=).

돌림띠(回線, cornice, string course, string−course) : ①벽면에서 약간 내밀어 가로로 길게 두른 돌로 주로 장식·차양 겸 물끊기의 역할을 함. ②벽면·천장·처마부분에 가로로 길게 두른 돌림띠. ③돌림띠는 각 층의 중간에 있는 것을 허리돌림띠(string course), 상부에 댄 것을 처마돌림띠(cornice)라고 함. ④돌림대(=)·코니스(=).

돌림띠

돌림띠내쌓기 : 벽면 등에 돌림띠를 만들기 위해 벽면보다 돌출시켜 내어 쌓는 것.

돌림손잡이(handle) : ①창호손잡이로 돌려 개폐할 수 있게 된 것. ②갈고리손잡이(=).

돌림톱 : ⇨거.

돌멘(卓子石, dolmen) : 자연석을 가공하지 않고 세우고 그 위에 편평(扁平)한 거석(巨石)을 뚜껑으로 얹고 석실(石室)을 만들어 그 속에 사체를 안치(安置)시키고 흙으로 높게 덮어서 고총(高塚)으로 만든 것.

돌무늬(石紋, stone pattern, streak of st−one) : ①석재면에 나타난 무늬결. ②돌무늬가 나는 표면마감. 최근에는 다양한 돌무늬의 판재가 제작·생산되어 실내 마감재로 사용됨. ③석문(=).

돌무지나무널무덤 : ⇨적석목관묘(=).

돌무지나무덧널무덤 : ⇨적석목곽묘(=).

돌받침대(pier) : ①두 개구부 또는 아치나 린텔(lintel, 상인방)의 끝부분을 지지함으로써 수직으로 구조물을 지지하는 창 사이의 벽. ②단면에 있어 합성물이며 기둥보다 더 두꺼운, 그러나 동일한 기능을 수행하는 따로 떨어져 있는 지지물. 또한 측면을 지지하거나 집중된 하중을 견디기 위해 두꺼워진 부분. ③피어(=).

돌방뚝 : 바깥쪽만 돌로 쌓고 안은 흙으로 메운 석축.

돌붙이기(stone cladding, stone facing) : 구조물의 실내외 표면에 화강석·대리석·테라초 등을 붙이는 작업 또는 그 마무리. 일반적으로 꽂임쇠·걸쇠 등을 써서 석재를 바탕에 고정하고 외부는 긴결철물과 석재를 에폭시 접착제(epoxy resin paste)를 사용하여 접착하고, 실내는 석재와 바탕 사이를 모르타르로 채워 넣음.

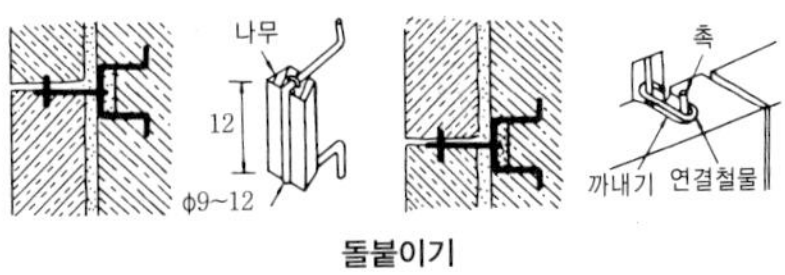

돌붙이기

돌쌓기(masonry, stone bond) : ①벽돌쌓기와 같은 방법으로 돌을 축조하는 작업 또는 그 마무리하는 일. ②주로 벽·담·축·

기단(基壇) 등에 사용. 돌의 다듬질 유무에 따라 막돌쌓기와 다듬돌쌓기로 대별하고 쌓는 방법에 따라 막쌓기·허튼층쌓기·바른층쌓기 등이 있음.

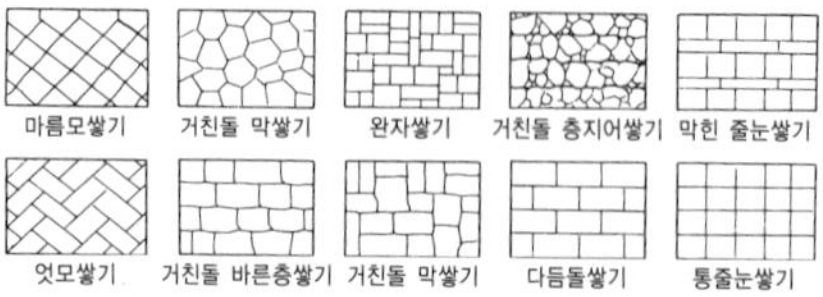

돌쌓기

돌아치(石虹蚿, stone arch) : ①사용재료에 따른 아치의 분류 중 하나. ②돌을 사용하여 만든 아치. ③석조아치(=).

돌연 : 문틀이나 미닫이 울거미의 가장자리를 반듯하게 하는 것 또는 그렇게 하는 연장.

돌음계단(回轉階段, spiral stairs, winding stair) : 계단이 중심축 주위를 돌아 오르내리게 된 회전계단. 중간이 트인 것과 트이지 않는 것이 있음. 후자를 나선계단(spiral stairs)이라고 함.

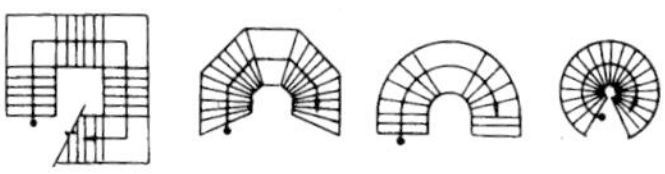
돌음계단

돌음디딤면(-面, winder) : 나선형 계단에서 한쪽 끝이 다른 쪽 끝보다 넓은 쐐기형 디딤면.

돌줄눈 : ①돌쌓기에 있어서의 줄눈으로 의장에 따라 통줄눈 또는 막힌줄눈으로 구분함. ②너비와 돌면의 마무리 정도가 곱고 세밀할수록 좁게 하고 거칠수록 넓게 함. ③⇨줄눈.

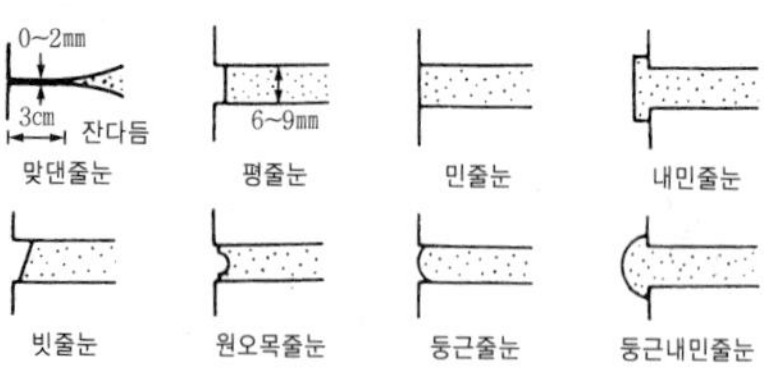

돌줄눈

돌쩌귀(pivot, pivot hinge, top pivot, hog and eye pivot) : ①여닫이문의 정첩 대신 축으로 돌게 된 철물. ②문짝을 여닫기 위한 쇠붙이. ③문짝을 달 때 쓰이는 쇠. ④구멍이 뚫린 것은 문틀에 박고 촉이 나와 있는 것은 문짝에 박아서 창문이 돌아 열리게 하는 철물. ⑤구멍이 있는 뚫린 암돌쩌귀와 촉이 있는 돌쩌귀인 숫돌쩌귀가 서로 끼워 돌게 됨. ⑥문짝을 문설주에 달아 여닫는데 쓰는 두 개의 쇠붙이로 만든 걸개. ⑦문돌쩌귀(=).

돌쩌귀정첩(-釘牒, pivot hinge, loose joint hinge) : ①돌쩌귀로 된 정첩. ②너클이 올리브(olive)형이며 접합부가 하나로 된 정첩. 하부 너클에 축이 될 핀을 묻어 상부 너클에 끼운 것으로 프랑스 정첩이라고도 함.

돌출간판(突出看板, side box signboard, projecting sign) : ①옥외광고물의 일종. 주로 벽면에 수직으로 부착. ②문자·도형 등을 표시한 목재·아크릴·금속재 등의 판이나 이·미용업소의 사인 볼을 건물의 벽면에 돌출되게 부착하는 광고물. ③파사드(facade)에 설치하는 가로로 긴 구조나 형태의 간판으로써 건물에서 도로에 직각으로 돌출하여 섬. 특히 세로가 긴 구조나 형태를 수간판(袖看板)이라고 함. ④내민간판(=).

돌출무대형식(突出舞臺形式) : ⇨오픈스테이지형식(=).

돌출보(突出-) : ⇨외팔보(=).

돌출선반(突出旋盤, ledge) : 벽면에서 돌출된 선반 또는 받침 위에 올려져 있는 수평의 선반으로 벽난로 위의 선반이 대표적인 예.

돌출선반

돌출장식기둥(突出裝飾柱, canton) : 조적조 건물의 모서리에 돌출된 장식적인 벽기둥 또는 이와 유사한 형태의 기둥형식.

돌출창(突出窓, top hinged outswing window) : ①창짝의 상단을 수평 회전축으로 하여 여닫는 창문. 자중(自重)으로 닫히는 것이 특징. ②내닫이창(=).

돌출하향총안(突出下向銃眼, machicolation) ⇨머치코우레이션(=).

돌출형 윈도(突出形-, projecting type window) : 단층형(單層形) 쇼윈도(show window)의 일종으로 쇼윈도의 전면부(前面部)를 돌출시킨 형식으로 경쾌한 느낌이 들어 사용범위가 넓으며 음식·잡화·카메라 등에 적합.

돌판(石板) : ⇨ 판석(=).

돌홍예(−虹蜺) : ⇨돌아치(=).

돌확(石確) : ⇨석확(=).

돔(dome) : ①엎어놓은 것과 같은 유사한 구형의 둥근 천장. ②원형의 토대 위에 반구형(半球形)으로 된 둥근지붕·둥근천장으로 단면은 뾰족하거나 분절된 반원형. 정방형·정다각형·원형 등의 평면에 설치. ③어원은 라틴어의 주택을 의미하는 도무스(domus)와 신의 집을 의미하는 domus dei에서 유래하며 이탈리아의 주교(主敎)가 거주하는 교회를 두오모(duomo)라고 부르는 데서 연유함. ④종류는 접시형 돔(saucer dome ; 높이가 작은 평평한 형태), 우산형 돔(umbrella dome, mellon dome ; 리브로 면이 잘록한 느낌을 주는 형태), 양파형 돔(onion dome ; 직경이 돔의 기점보다 중간 정도에서 커지는 형태) 이중각(二重殼) 돔과 삼중각(三重殼) 돔 : 돔의 면을 2개나 3개로 포갠 것이 있음. ⑤폭과 춤의 표준 크기로 480㎜와 760㎜를 사용하는 사각형 금속과 파이버 글라스(fiber glass)로 된 형틀로써 와플 슬래브(waffle slab)의 리브(rib) 형태를 만드는 데 사용.

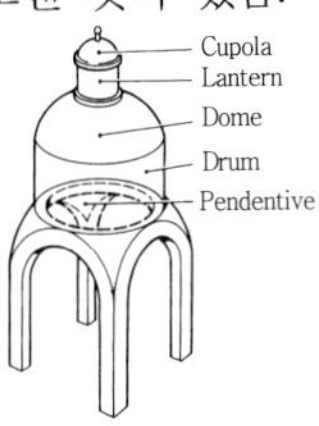

돔

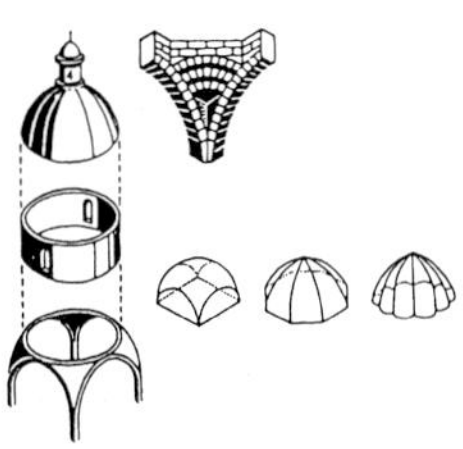
돔

돔렉스(Domrex) : 석면제 뿜칠 도장재료. 흡음·내화·내식성임.

돔형궁륭(−形穹窿, domical vault) : ①사각형 또는 다각형 주초(柱礎) 위로 직접 올라가는 돔으로 그로인(groin)에 의해 분리된 곡선형 평면. ②외벽 위로 중심이 돔처럼 올라가는 구조로 된 둥근천장(vault).

돗자리(rush mat sheet) : 식물줄기로 짜서 만든 자리.

ㄷ

동(銅, copper) : 일반적으로 동은 황동광(黃銅鑛 ; $Cu_2S{\cdot}Fe_2S_2$ & Cu_2Fe_2S) 또는 휘동광(揮銅鑛 ; Cu_2S)으로부터 용광로나 전로(傳爐)를 통해 조동(粗銅)을 만들고, 이 조동을 원료로 해서 반사로(反射爐)나 전기분해에 의해 정련(精錬)하여 동을 얻음. 동은 다른 금속에 의해 전기 및 열의 양도체(良導體)이고 부식(腐飾)이 잘 안 되고 아름다운 색을 가지며 전연성(展延性)이 좋고, 가공이 쉬움. 또 공기 중에서는 여러 종류의 유기산·암모니아·기타 알칼리성 용액 등에 침식됨. 동은 열전도도가 높고 내식성이 우수하므로 급탕용 및 급배수파이프 등의 냉·난방용 설비자재로 많이 사용되고 아름다운 색과 광택을 갖고 있어 장식재료로 사용되고 있음.

동가리톱 : ①가로톱의 재래말. ②썰음톱·자름톱·끈치톱(=).

동감(動感, moving image) : ①조형적인 장면에 생기는 심리적인 이동감 또는 움직임의 느낌. ②무브망·스파늄(=).

동결방지제(凍結防止濟, antifreezing admixture) : ①물의 결빙점(結氷點)을 낮추어 굳어지기 전에 콘크리트가 동결하는 것을 방지하기 위해 사용하는 혼합제. ② 콘크리트에는 염화칼슘·식염 등을 사용. 그러나 철을 부식시키므로 사용시 주의.

동결융해작용(凍結融解作用) : ①콘크리트 표면에서 수분의 동결과 융해를 반복함으로써 콘크리트에 손상을 주는 현상. ② 콘크리트 표면에 수분이 동결하는 경우 체적이 팽창하여 내부의 수분에 압력을 가하여 내부에 침투하게 되는 작용이 반복하면 균열이 점차 커져 콘크리트를 파괴함.

동결제(凍結劑, freezing mixture) : 액체나

고체에 혼입, 저온으로 하여 다른 물질을 냉각시키는 재료. 염화칼슘이나 식염 등이 그 대표적인 예임.

동계리조트호텔(冬季-, winter resort hotel) : 겨울 동안에 이용되는 호텔로 스키·스케이팅·설경의 즐거움이나 피한(避寒)을 위한 호텔.

동계스포츠호스텔(冬季-, winter sport hostel) : ⇨동계리조트호텔(=).

동공(瞳孔, pupil) : ①홍채의 중심부에 있는 빛 조절 구멍. ②⇨홍채.

동공슬래브(洞空, hollow core slab) : 슬래브에 구멍이 있는 슬래브. 수직하중은 내력벽(bearing wall)이 받고 지진, 태풍 등의 외압에 대한 접합부의 보강이 필요.

동궁(東宮, crown prince's residence) : ①태자나 세자가 거처하는 곳. ②궁궐의 동쪽에 있던 데서 유래함. ③태자궁·세자궁(=).

동귀틀(童耳-) : ①우물반자에서 장귀틀 사이에 건너질러 마룻널을 낄 수 있게 하는 길지 않은 귀틀. ②장귀틀과 장귀틀. 사이에 건너지르고 마룻널을 끼는 귀틀. ③마루의 장귀틀과 장귀틀 사이에 가로질러 청널의 잇몸을 받는 짧은 귀틀. ④동귀의 사이를 막아서 끼운 귀틀. ⑤반동귀틀(=).

동그라미형 네트워크(-形-, circle type network) : ①네트워크 용어의 하나. ②동그라미로 작업을 나타내는 네트워크로서 프리스던스식 네트워크(precedence type network)라고도 함.

동기와 : ①지붕의 합각머리 양쪽으로 마루가 지도록 기와를 덮는 부분. ②지붕을 일 때 기와처럼 쓰는 얇은 돌조각. ③수키와.

동다라니틀 : ①우물반자·소란반자 등의 반자틀. ②반자틀(=).

동량(棟樑, ridgepole and beam) : 마룻대와 들보.

동류성(同類性, similarity) : ①같은 종류나 비슷한 무리를 뜻하는 성격으로써 색채에서는 색의 3속성 중 어느 하나 이상이 같은 속성이나 비슷한 속성을 가진 것들끼리의 친화성 인식을 의미. ②디자인적 의미로는 형태·규모·색채·질감·크기·위치 등에 있어서 시각적 요소들이 상호 연관되어 자연스럽게 그룹핑(grouping)하여 하나의 패턴(pattern)으로 보이는 경향. 즉 유사성(類似性)을 의미. ③⇨게슈탈트의 사법칙 ⇨형태의 지각심리.

동마루[1] : 마룻널을 마루귀틀에 직각으로 짧게 잘라서 깔아놓은 마루.

동마루[2](棟-) : ①기와로 쌓아올린 지붕마루. ②지붕 각각의 마루에 암키와를 첩첩이 쌓아올려 만든 마루.

동맥혈압(動脈血壓) : ⇨혈압(=).

동무(東廡) : 문묘(文廟) 안에 유현(儒賢)들을 배향하는 동쪽의 행각(行閣).

동물림 : 가늘고 긴 물건을 서로 맞대어 이음한 자리에 대는 장식.

동물주먹과 공형 발(動物-形-, paw and ball foot) : ⇨여의주와 용발톱형 발(=).

동물유(動物油) : 동물(바다동물과 육지동물)의 고기·뼈·내장에서 채취한 기름.

동바리(支柱, floor post, strut, support, staging, small post) : ①툇마루나 좌판 따위의 밑에 받쳐대는 짧은 기둥. ②지면에 가까이 있는 마루 밑의 멍에, 장선받이 따위를 받치는 짧은 기둥. ③가로재를 받쳐 괴는 수직으로 세운 짧은 기둥. ④멍에의 지지를 위한 지름 100~120㎜ 내외의 통나무 또는 각재. ⑤동자·동바리기둥(=).

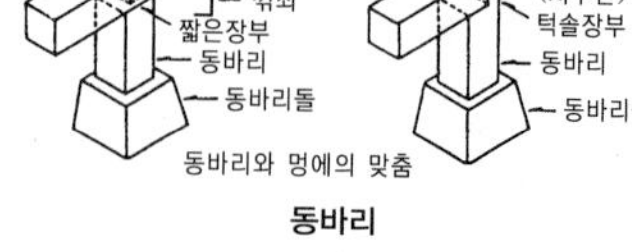

동바리와 멍에의 맞춤

동바리

동바리기둥 : ⇨동바리(=).

동바리돌(footing of floor post) : ①동바리를 괸 돌. ②마루귀틀·멍에·동바리 밑을 받치는 주춧돌. ③동바리를 지지하기 위해 지름 200~250㎜ 정도의 둥글고 넓적한 동바리돌. ④네모뿔대형 콘크리트 멍에에 따라 0.9~1.2m 간격에 맞추어 지반다짐 또는 자갈다짐·잡석다짐 위에 고정.

동바리마루(floor post flooring) : ①거푸집널을 짜세우는 지지틀. ②1층 마루의 일종으로 동바리돌(footing of floor post)을 놓고 그 위에 동바리(floor post)를 세우고 동바리 위에 멍에(sleeper)를 걸고 그 위에 직각방향으로 장선을 걸치고 깐 마루. ③마루의 높이는 방습상 450㎜ 이상으로 하지만, 지면 위에 두께 60㎜ 이상 콘크리트를 치면 높이를 낮출 수 있음.

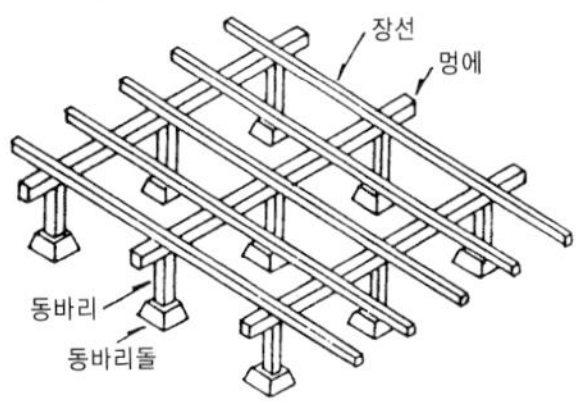

동바리마루틀

동바리밑둥잡이 : 동바리의 이동을 막으려고 20~100㎜ 정도의 널을 동바리에 수평으로 댄 것.

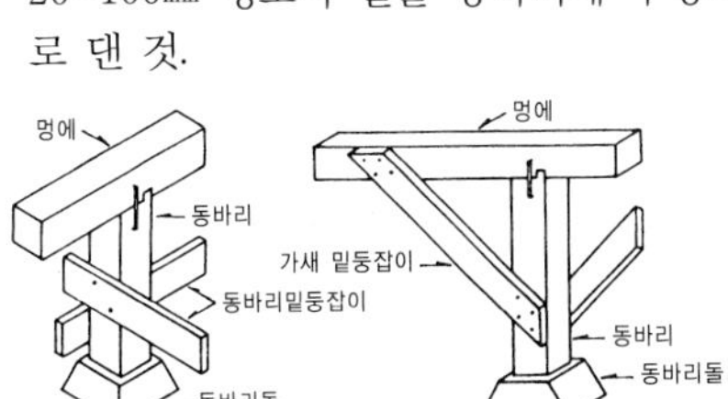

동바리밑둥잡이

동바리틀(floor post frame) : ⇨동바리마루(=).

동바릿돌 : ⇨동바리돌(=).

동발이음 : ①나뭇대를 잘라 잇는 이음. ②기둥뿌리를 잇는 방법이나 그렇게 이은 자리.

동색도계열(同色度系列) : ⇨등색도계열(=).

동서무(東西廡) : ①유현의 위패를 모시고 제사지냄. ②유생들이 공부하며 유숙하던 집.

동서재(東西齋) : 명륜당 앞 좌우에 있는 집으로 유생들이 글공부하던 곳.

동석(凍石, soapstone) : 활석(滑石)이 많이 함유된 육중하고 비누처럼 부드러운 돌. 주로 난로 바닥, 테이블 상판, 조각 장식 등에 사용.

동선(動線, traffic line, moving line, circulation) : ①어떤 물건이나 작업을 위해서 사람이나 물건이 한 곳에서 다른 곳으로 이동하는 통행이나 궤적(軌跡)을 나타내는 선. 평면계획과 배치계획 시에 가장 중요한 요소가 됨. ②공간을 사용하는 사람들의 이동 패턴으로 동선에 대한 연구는 특히 많은 실(室)과 통로, 기타 다른 공간을 필요로 하는 복잡한 실내를 디자인할 때는 반드시 필요함.

동선계획(動線計劃, traffic line plan, flow planning) : 실내공간 내에서 발생하는 모든 움직임을 동선의 빈도·속도·하중의 요소에 의해 정리·분석하여 계획. 따라서 평면계획 시에 개구부의 위치·가구의 배치 및 재료 마감계획을 고려하여 실시. 기본적으로 동선은 원활하고 자연스러운 흐름이 되도록 함. 동선은 주동선과 부동선으로 구분하고 동선 사용의 빈도수가 큰 공간은 주동선을 중심으로 배치하며 조닝(zoning)에 의한 구분된 구역 사이에 주동선이 위치하도록 함. 이 주동선은 동선의 빈도·하중을 고려하여 충분한 통로공간을 유지하며 외부공간과 직접 연결됨. 또한 가능한 간단하고 직선적이며 명료하게 하여 용이하게 인지될 수 있도록 처리. 한편 공간의 성격에 따라 주동선을 짧게 처리하기도 하지만 전시공간이나 상점인 경우 관람자 및 고객이 오래 머물도록 동선을 길게 처리하되 지루하지 않고 자연스럽게 처리함. 부동선은 주동선에 연결된 하나의 구역에서 다시 세분화되어 각 공간에 이르는 동선으로 가구배치와 출입구의 위치·크기에 영향을 미침. 출입구의 위치에 따라 동선의 시점과 이동이 달라지고 가구배치·실내의 인상·사용하기 쉬운 정도에 영향을 주므로 이를 고려함. 동선이 길 경우 이동 또는 관람하다가 잠시 쉴 수 있는 공간이나 벤치와 같은 좌석을 마련하여 쉴 수 있도록 함. 또한 심리적으로 좀 더 가깝게 느껴지도록 공간을 수정함. 즉 색채·마감재료·채광계획을 비롯한 천장·조명계획 등에서 그 방법을 모색함.

동선도(動線圖, traffic line diagram, flow diagram) : 평면계획을 할 때 사람이나 차량 또는 물건의 이동 궤적(軌跡), 즉 동선이 효율적, 합리적으로 유도되기 위한 계획과 움직임을 고려하여 시설 배치 등을 나타낸 그림.

동선의 구성요소(動線-構成要素) : ①건물에 대한 어프로치(approach)·실의 배치방법(sequence)·이동하기 위한 통로부분의 배치나 만드는 방법 등이 있음. ②⇨동선의 3요소.

동선의 3요소(動線-三要素) : 빈도(頻度)·속도(速度)·하중(荷重) 또는 교차성을 말하며, 이들 요소의 정도에 따라 거리의 장단 결정됨. ①실내공간의 동선계획을 할 경우 사용빈도가 가장 먼저 고려되어야 할 사항임. 화장실·현관·계단 등과 같이 사용빈도가 높은 곳은 특히 동선을 짧게 함. ②속도가 빠른 경우 가능하면 요철이나 단차이를 두지 않고 평면적으로 처리하며, 갑자기 꺾는 직각회전을 하지 않도록 하여 흐름이나 움직임에 방해가 되지 않도록 함. 또한 이용자의 피로를 줄이기 위해 계단이나 단차이를 줄이도록 계획. 그밖에 안전성 확보를 위해 미끄럽지 않고 흡음성이 있는 마감재 선택. ③사람의 통행량이 많아 밀도가 큰 경우에는 사람들이 원하는 목적공간의 지점까지 쉽게 도달할 수 있도록 주 통로가 명확해야 함. 또한 방향성이나 위계성을 주며 교차하는 지점에서 잠시 멈추어서 방향을 결정할 수 있도록 충분한 공간과 함께 쉽게 식별할 수 있도록 시각적·공간적인 처리를 함. 또한 물건의 움직임인 경우 물건의 무게 및 크기를 고려해 충분한 통로 폭을 유지해야 하며 곤돌라·수레 등의 이동수단을 사용하는 경우도 고려함.

동선의 유형(動線-類形, type of traffic line) : 동선은 ①사용빈도와 수에 따라 주동선, 부동선 및 보조동선으로 구분. ②대상인에 따라 고객동선·종업원동선·상품동선·물품동선·서비스동선 등으로 구분. ③형태에 따라 직선형·방사형·격자형·혼합형 등이 있음. 또한 동선은 출입구의 위치에 따라 동선 및 시선에 따라 이동. ④진열대 배치유형에 따른 동선의 유형은 ㉠스퀘어 타입(square type) : 매장의 직각배치에 적합한 동선계획으로 목적지향에 적합함. ㉡엔클로즈드 타입(enclosed type) : 평면의 회유성(回遊性)을 중시하는 매장에 적합한 동선계획. ㉢바이어스 타입(buyers type) : 매장의 사행배치에 적합한 동선계획으로 45°의 구성에 의하여 상품의 벽면전시를 중시함. ㉣부스 투 부스 타입(booth to booth type) : 매장 전체를 휴먼 스케일(human scale)로 구획하여 계획구매를 위한 변화를 연출함.

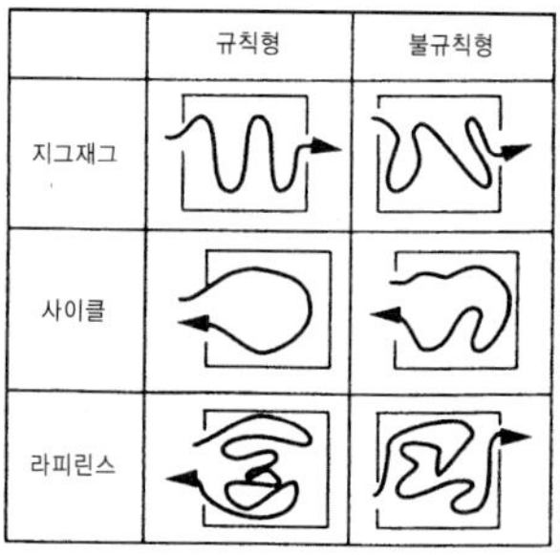

동선의 유형

동선의 혼잡도(動線-混雜度) : 공간에 있어서 고객의 밀도와 전달기능과의 상대적인 요소와의 관계를 나타낸 것. 혼잡도는 고객의 이동변수에 의해 가변적이면서 공간에 고객이 정지해 있는 경우와 고객이 한 방향으로 움직이는 경우 각기 밀도는 같아도 그 상태는 전혀 다름.

동선의 혼잡밀도

상태 \ 실	정지상태	고객이 한 방향으로 이동	고객이 방향성 없이 이동
극히 혼잡	12인/㎡	9인/㎡	6인/㎡
혼 잡	9인/㎡	6인/㎡	4인/㎡
보 통	5~6인/㎡	3인/㎡	2인/㎡

동세(動勢) : ⇨동감(=).

동수압(動水壓, movement water pressure) : ①움직이고 있는 액체의 수압. ② 정수압(⇔).

동시공학(同時工學, concurrent engineering) : ①제품 개발과정을 줄이기 위해 제품의 디자인에서 생산에 이르기까지 각 과정의 설계작업을 동시에 추진하는 기법. ② 기업이 신제품을 개발할 때 활용하는 것으로 제품에 관련된 모든 부문의 상호이해와 의사소통이 필수적임. ③신제품 개발에 앞서 목표 설정과 계획에 대한 교육이 중요함.

동시다채도료(同時多彩塗料) : 용해성이 전혀 다른 2종이 동시에 마르는데 한 종류에 다른 종류의 반점이 분산되는 것.

동시대비(同時對比, simultaneous contrast) : ①시지각 현상에 있어서 서로 가까이 놓여진 두 가지 이상의 색을 동시에 볼 때 일어나는 색의 대비. ②색의 강도·색상 또는 명도 사이의 대조 또는 차이. ③서로 다른 색의 배경 위에 한 색상이 각각 놓였을 때, 이 한 색상이 각각의 배경에서 다른 색처럼 느껴지는 현상. 색의 3속성의 차이에 따른 지각변화에 따라서 명도대비·색상대비·채도대비·보색대비로 구분.

동시력(動視力, dynamic visual acuity) : ① 움직이고 있는 것을 바라보는 시력. 정지해 있는 것을 바라보는 시력보다 낮음. 주행중인 운전자의 시력이 대표적임. ② 표적 물체나 관측자(또는 양자)가 움직이는 경우 시력의 역치(閾値)가 감소되는 상황에서의 시식별 능력. 이것은 보통 초(秒)당 이동각도로 나타냄. ③이동률이 60°/초 이상이 되면 시력이 급격히 떨어지며, 동시력은 다른 시각 기술과는 큰 관련이 없음. ④동체시력(=).

동시성(同時性, simultaneity) : 반복되는 운동의 양상을 재현(再現)하거나 똑같은 사물이 똑같은 화면 위에 반복되는 양상을 나타내는 개념으로, 특히 미래파와 입체파에서 많이 발견됨.

동시야(動視野, movable visual field) : 머리를 고정시켜 안구만을 자유롭게 움직여 볼 수 있는 범위.

동심결(同心結) : 두 개의 골을 내고 맞죄어서 매는 매듭.

동심원문(同心圓文) : 하나의 중심점을 갖고 있는 둘 이상의 동그라미가 겹쳐진 무늬.

동심원설(同心圓說, concentric zone concept) : E. W. 버제스가 제안한 도시의 토지 이용의 전체적인 형태와 배치에 관한 개념적 이론으로 핵(중앙업무지구)을 중심으로 바깥쪽을 향하여 저급(低級)·중급(中級)·고급(高級)주택 지구 등이 동심원 구조를 이룬다는 구조.

동심원착시(同心圓錯視, concentric illusion) : ①동화작용으로 크기 등이 변화하는 착시현상. 다음 그림에서 왼쪽의 내원은 크고 오른쪽 외원은 작게 보임. ② 폰조착시(=).

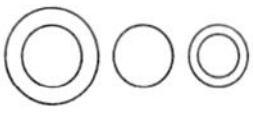
동심원착시

동심적 구조(同心的構造, concentric structure) : 구조선이 공통의 중심을 둘러싼 채 동심원이나 다각형의 층이 만들어진 방사구조의 일종.

동약(洞約) : 조선시대 시골 마을에서 마을 사람들 스스로 만들어 놓은 규칙으로 좋은 일은 서로 권유하고 잘못은 서로 바로 잡아주며, 어려운 일이 있으면 서로 도와주는 것을 목적으로 하는 계. 동약계의 집회소로 만든 정자가 장암정 등 많음.

동약계(洞約契) : ⇨동약(=).

동양루(東洋樓) : ①서울 종로3가 단성사 극장 앞에 있던 비교적 규모가 큰 2층 선술집. ②서울시 종로 4가에 있던 누각.

동양백단(東洋白檀) : ⇨노간주나무(=).

동역학(動力學, dynamics) : 물체나 물질계가 힘을 받을 때 운동과 평형을 다루는 역학의 한 분야.

동연(棟椽) : ⇨단연· 상연(=).

동이기(童耳機) : ①장귀틀과 장귀틀 사이에 건너지르고 마룻널을 끼는 귀틀. ② 동귀틀(=).

동일성의 조화(同一性-調和, harmony of identity) : 색상(色相)의 차이가 없어 색상의 대비감각에 아무런 변화가 없는 한 결같은 색상조화.

동자(童子, post, strut) : ①동자는 '짧음'을 의미하며, 짧은 기둥 또는 짧은 수직재를 통칭하는 명칭. ②가로지르는 쇠목 사이에서 판재를 이어 주는 짧은 기둥. ③가로재를 받쳐 괴는 수직으로 세운 짧은 기둥. ④목재 구조에서 쓰이는 짧은 세로재·동자기둥·난간동자·머름동자 등이 있음. ⑤동바리(=).

동자기둥(童子柱, post, strut, queen post) : ①한식 지붕틀에서 대들보 위에 세워 중도리와 종보(마룻대)를 받치는 짧은 기둥. ②한식 목구조에서 대량 위에 세워 중도리와 마룻보를 받는 짧은 기둥. ③들보나 머름 따위에 쓰는 매우 짧은 기둥. ④동자주(=).

동자대공(童子臺工) : ①동자주와 같이 방형의 짧은 기둥모양의 대공. ②동자주(童子柱) 모양의 각재(角材)를 보 위에 세워 도리(道理)를 받치는 가장 단순한 방식의 대공. ③천장이 설치된 건물이나 격이 낮은 건물 또는 소박한 건물에 사용. ④고려시대 다포 건물양식 건물의 하나인 북한의 심원사 보광전이 이에 속함.

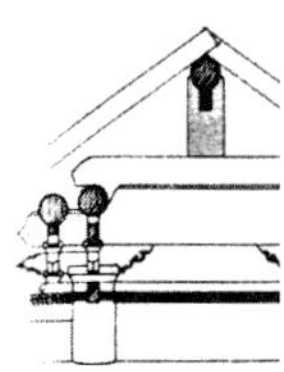
동자대공

동자석(童子石) : 짧은 돌기둥. 돌난간의 중앙에 세운 기둥.

동자아치 : 부엌일을 맡아 하는 여자 하인.

동자정(童子釘) : 난간이나 문짝 따위를 달 때에 쓰는 작은 못.

동자주(童子柱) : ⇨동자기둥(=).

동자주행공(童子柱行工) : ①도리방향으로 놓이는 짧은 행공. ②주두 밑에서 익공과 교차하며 동자주 행공 양단에는 소로가 놓임.

동작(動作, action) : ①안구온도·손가락의 움직임 등 인체의 부분운동, 안구운동, 손가락의 움직임 등 육체적인 상태의 변화. ②인체의 부분운동으로 육체적인 상태변화에 따라 관찰. ③동작의 종류는 위치동작·연속동작·조작동작·반복동작·계열동작·정지동작 등의 6가지.

동작경제의 법칙(動作經濟-法則, principle of motion economy) : 최소의 노력으로 최대의 효과를 낼 수 있도록 용이하고 신속하며 정확한 손으로 하는 경제적인 동작법칙. 즉 동작에서 경제적인 법칙을 찾아내어서 동작의 낭비를 없애고 합리화하는 것. ①양손의 동작을 동시에 개시하고 끝낼 것. ②휴식시간 이외는 손을 놀리지 않을 것. ③양팔을 동시에 반대방향에서 대칭적으로 동작시킬 것. ④작업을 너무 세밀하게 나누지 말고 필요 최소량으로 할 것. ⑤발·몸 등 신체의 다른 부위를 사용해도 좋은 작업을 모두 손으로 하지 말 것. ⑥동작의 범위를 최소로 함. ⑦가능한 둘 이상의 공구를 함께 놓아둘 것. ⑧가능한 공작물은 부착기구나 바이스(vice)로 물게 하고 손이 닿는 범위 내에 둘 것. ⑨작업 중에 서거나 앉기 쉽게 작업 장소나 의자의 높이를 조절해 둘 것. ⑩방향이 갑자기 변하는 직선적인 변화는 피하고 연속된 곡선에 따라 부드럽게 동작하는 것이 바람직함. ⑪공구·재료 등은 가능하면 조작원에게 가깝게, 그리고 손이 닿는 범위 내에 둘 것. ⑫원활하고 자동적으로 일을 진행하는 데는 리드미컬하게 할 필요가 있어 가능하면 자연스럽고 부드러운 리듬을 탈 수 있는 작업이나 물품을 준비해 둘 것. ⑬연속적인 작업은 한 동작에서 쉽게 다른 동작으로 옮길 수 있고, 하나의 작업 매듭의 위치나 상태가 다음 작업의 시작에 편리하도록 되어 있어야 함. ⑭동작의 중력을 최대한으로 이용할 수 있도록 방향을 설정하고 있으면 피로가 적음. ⑮운동경제의 원리(=).

동작경제의 원리 : ⇨동작경제의 법칙(=).

동작과 시간연구(動作-時間研究, motion and time study) : ①테일러(F. W. Taylor)가 창시한 시간연구는 주로 표준시간 설정을 목적으로 하고 길브레스 부처(Franf and Lilian, M. Gilbreth)가 발전시킨 동작연구는 주로 작업방법 개선을 위해 쓰이고 있었으나 양자는 서로 보완성을 가지고 일반적으로는 병용되는 데서 생긴 용어. ②인간과 기계를 사용하는 곳에서는 어디서나 효과적이라는 것을 깨닫고 현재는 은행·통신판매회사·병원·백화점 등의 이른바 오피스 워크(office work)로까지 그 적용범위가 확대되고 있음. '동작과 시간의 연구' 대신에 작업연구(operating study, work study), 작업표준화(work standardization), 작업 간소화법(work simplification), 작업측정(work measurement), 시간 및 동작연구(time and motion study), 직종 연구(job study) 등의 용어가 제안되고 있음. ③인간공학의 역사(=).

동작시간(動作時間, motion-time) : 명령에 따라 손이나 발 등이 동작을 시작한 후 끝날 때까지의 시간.

동작연구(動作研究, motion study) : ①작업에 있어서 비생산적이며 비경제적인 동작을 제거함으로써 동작에 대해 보다 효과적이며 생산적인 유형을 발전시키는 제 절차. ②동작연구의 특색은 동작을 눈으로 확인할 수 있는 최소한의 단위로 분해하여 불필요한 동작을 제거하고 필요한 동작만을 합리적인 순서로 조합하여 최선의 작업방법을 결정하는 것.

동재(東齋, east dormitory) : ①성균관이나 향교에서 명륜당 앞 동쪽에 있는 집. ②서재(⇔).

동적 공간(動的空間, dynamic space, motion space) : ①사람이 어느 동작을 할 때 차지하는 공간. 인체치수와 관련하여 실내·외의 공간치수를 결정하는데 있어서 중요한 요소가 됨. ②사람·도구·가구·설비·건축구성재 등과 직접 관련을 가진 일상의 생활동작에 있어서 인체 동작치수에 기능적으로 필요한 치수를 더한 것. 즉 인체치수 또는 동작치수+물건의 치수+여유치수의 공간임.

동적 영상전시(動的映像展示, motion picture projection) : 단일영상매체(비디오·비디오테크 등)에 운동감을 주어 영사함으로써 시각적으로 현실감을 관객에게 직접 전달하는 방법. 특히 컴퓨터 제어 메커니즘(mechanism)을 복합시키면 다중매체가 되어 다원영상전시(멀티스크린·서클비전 등)가 됨.

동적 인체치수(動的人體値數, dynamic anthropometry) : ⇨기능적 인체치수(=).

동적 일치(動的一致, dynamic fit) : 인체의 움직임이나 거동(擧動)에 따른 감각적인 경험과 공간의 크기·형상·비례 사이의 일치.

동적 작업영역(動的作業領域) : ①시간의 개념 속도를 주체로 한 등(等)동작시간의 작업영역. ②정적 동작영역(⇔).

동적 조화(動的調和, eurythmy) : 비례(proportion)나 움직임(movement)의 조화.

동적 통일(動的統一, dynamic unity) : 디자인이 운동·활동·생명·일관성 등을 암시하는 단위들의 성질.

동종(donjon[프]) : ①천주각·아탑(牙塔)·파수대·은신처(隱身處)를 가리킴. ②성채(城砦)·루(樓) 등을 의미하는 겔트(Kelt)어(語).

동지(冬至, winter solstice) : 북반구에서 태양이 천구의 최남단점에 도달하는 때. 보통 12월 21일경.

동질성(同質性, homogeneity) : ①조형적·의장적으로 구성요소들의 적합성의 결과로 생기는 전체적인 구조에 대한 통일감을 갖는 단일성을 의미. 즉 관련된 요소들의 총계. ②통일성(≒).

동척(童尺) : 짧은 나무 자.

동체시력(動體視力) : ⇨동시력(=).

동축케이블(同軸-, coaxial cable) : ①중심도체와 외부도체로 이루어지는 불평형의 광대역 케이블. ②고주파의 전화 신호·디지털 신호·텔레비전 신호 등을 전송하는데 사용. ③공축케이블(=).

동춘고택(同春古宅) : 대전광역시 유형문화재 3호. 고택은 사랑채·안채·사당 2채 및 별당으로 구성됨. 사랑채는 정면 6칸, 측면 1칸 반이며 팔작지붕. 대청을 가운데 두고 좌우에 큰사랑과 작은 사랑이, 그 서측에는 안채로 통하는 중문이 나 있음. 사랑채에서 안채로 들어가려면 이 문을 통하여만 됨. 안채는 ㄷ자형 평면이며 3칸의 대청을 중심으로 서측에 안방이 있고 안방 뒤로는 골방, 앞으로는 부엌이 배치됨. 대청 동측에는 안쪽에 건넌방, 부엌·행랑방이 연결됨. 안채의 동측에 두 개의 사당(별묘·가묘)이 있음.

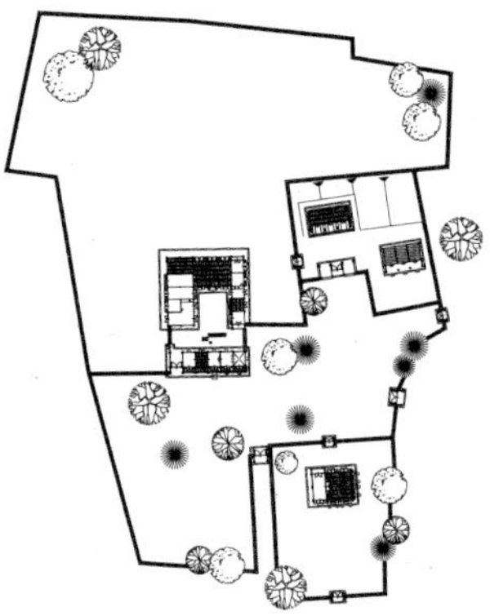

동춘고택 배치도

동춘당(同春堂) : ①보물 209호. ②동춘 선생 고택의 별당. 1643년 동춘 송준길(1606~72)이 관직에서 물러난 후 후학들에게 강학하기 위하여 정침(正寢) 앞쪽에 건립. 조선조 효종 때 건립됨. 고택 앞쪽에 담으로 둘러쳐짐. 정면 3칸, 측면 2칸의 오량가 팔작지붕. 동춘당 굴뚝은 초석과 같은 높이로 만들어 유학의 은둔적 사고를 은연중에 표현함. 창호 하단부의 궁판이 매우 큼. 동춘당은 구들과 마루가 접합되어 건축되었으면서도 남방적인 지역성에 적절하게 대응할 수 있도록 고상식(高床式)으로 꾸밈.

동태(動態, dynamics) : 물체와 현상의 변화나 성장·발전의 패턴(pattern).

동틀돌 : 돌층층대 난간의 손잡이.

동판(銅版, copper plate) : ①구리로 된 얇은 판. ②종류는 연질판으로 닦은 소둔판과 경질판으로 동흑판이 있음. ③내식성이 커 지붕·외벽·홈통·반자 등에 사용함.

동하중(動荷重, dynamic load) : ①하중의 위치나 크기가 급격히 변화하면서 구조물에 일시적으로 작용하는 하중. ②동하중이 작용할 때 구조물에는 그 크기에 따라 내부 응력이 발생하지만, 그에 대한 하중의 최대 크기에 대응되는 최대변형이 반드시 작용하는 것은 아님.

동합금(銅合金, alloyed copper) : 건축재료로 사용하는 동합금은 황동(黃銅)과 청동(靑銅)이 있음.

동해(凍害, frost damage) : 시공한 후 재료 속의 수분이 동결하여 체적이 팽창해서 표면이 벗겨지거나 시멘트 및 콘크리트의 경우 응결경화가 잘 안 되어 강도가 저하되는 현상.

동헌(東軒, local government office of a governor) : ①조선왕조 때 지방관청에서 관리가 공무를 보던 집. ②수령의 집무소. ③아헌·외아(=).

동화작용(同化作用, anabolism) : ⇨이화작용(⇔).

동화착시(同化錯視, assimilation illusion) : 가운데 사각형과 이를 둘러싸고 있는 배경의 사각형의 회색은 모두 동일함. 그러나 검은 사선으로 채워져 있는 회색 사각형은 배경의 회색을 보다 더 검게 보이는 역할을 하며, 반대로 흰색 사선으로 채워진 회색 사각형은 흰색 사각형의 회색을 더 밝게 하는 역할을 함.

동화착시

동화현상(同和現象, assimilation phenomenon) : ①하나의 색이 옆에 있는 색 또는 둘러싸인 색과 닮은 유사색으로 변해 보이는 현상. 그것은 하나의 색이 다른 색 위에서 넓혀 가려는 것처럼 보이기 때문에 '전파효과(spreading effect)'라고도 하며, 혼색되려고 하기 때문에 '혼색효과(color mixture effect)'라고도 함. 종류에는 명도동화·색상동화·채도동화가 있으나 일반적으로 이것은 동시에 일어남. ②색의 동화(=).

동화효과(同和效果, assimilation effects) : ⇨동화현상(=).

동흑색계열(同黑色系列) : ⇨등흑색계열(=).

동흘림 : ①단청에서 초새김한 자리의 옆에 가로로 긋기한 것. ②장 흘림.

되물매 : ①수평길이와 수직높이가 같은 물매. ②45° 물매. ③⇨된물매.

되비비기(retempering) : 콘크리트 또는 모르타르가 엉기기 시작하였을 경우에 다시 비비는 작업.

되창(-窓) : ⇨바래기창(=).

된물매 : ①100㎜ 물매로서 45°경사. ②45° 이상 되는 물매. ③보통 이상으로 급하게 경사진 물매 또는 경사가 심하게 급한 물매. ④물매·되물매(=)

된비빔(plastic mix) : 콘크리트나 모르타르 비빔이 재료 분리 없이 성형대로 완만히 흐름.

된비빔콘크리트(stiff consistency concrete) : 슬럼프 값이 150㎜ 미만이 되게 비빈 콘크리트.

두겁 : 가늘고 길게 생긴 끝에 씌우는 물건.

두겁대(頭匣帶, coping) : ①물이 흐르도록 물매 또는 곡선의 형태를 하고 있는 외벽의 마감 또는 보호 캡(cap). ②널벽 위에 가로대어 윗벽과 아물려지도록 하는 가로재 또는 난간기둥 위에 대는 가로재. ③흉벽(parapet)·기둥·굴뚝·벽의 보호를 위한 뚜껑 또는 덮개. ④주로 금속·기와·테라코타·돌·목재 등으로 만듦. ⑤갓기와(=).

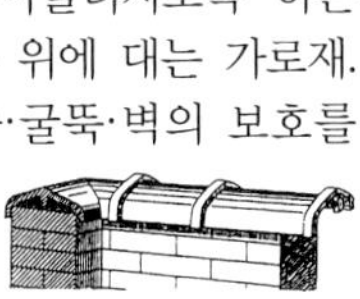

두겁대

두겁돌(頭匣石, capping stone, coping stone) : ①벽돌조·석조 등의 벽체·난간·담·박공벽 등의 최상부에 덮어씌우는 것으로 그 윗면에는 물흘림, 밑면에는 물끊기를 둠. 두겁돌은 밑바탕에 촉 등으로 연결하고, 두겁돌 상호간은 촉·꺾쇠 또는 은장으로 연결. ②석실(石室)의 상부를 덮는 돌로 된 뚜껑. ③갑석·입석(=).

두겁주먹장이음 : 부재 마구리의 일부 면은 턱지어 그대로 남겨두고, 그 아랫부분에 주먹장을 만들어 장부구멍에 끼운 이음.

두겁창(-窓) : ⇨겹창(=).

두계 은농재(豆溪 隱農齋) : ①충청남도 유형문화재 124호, 조선중기 창건, 조선후기 중수. ②사계 김장생 고택의 사랑채 이름. ③김장생의 제자인 아들 신독재 김집·우암 송시열·동춘당 송준길·초려 이유태 등이 기호학파를 형성. ④배치는 안사랑채·안채·사랑채(은농재)·문간채·광채·부속채로 정면 11칸의 문간채를 전면에 두고 문간채 위에 커다란 사랑마당 가운데에 은농재를 중심으로 사면에 건물을 배치. ⑤은농재 후면에 ㄷ자 평면의 안사랑채와 ㄱ자 평면의 안채가 안마당 사이에 두고 좌우로 배치된 튼ㅁ자 집. ⑥은농재는 정면 4칸, 측면 2칸의 맞걸이 3량집 구조에 홑처마 우진각지붕. 가운데에 2칸의 큰 방을 두고 양쪽에 방과 부엌을 하나씩 배치, 가운데 방 전면은 툇간으로 하여 툇마루 설치. 큰 방 후면에는 폭이 좁은 쪽마루를 둠. 막돌로 이중기단을 만들고 덤벙주초를 놓고 방주를 세움. 기단 전면에 계단을 둠. ⑦안사랑채는 ㄷ자 평면으로 배치. ⑧중문간채는 정면 5칸으로 안사랑채와 벽으로 연결되어 있으며 중문간채 가운데에 출입문을 두고 좌우에 크고 작은 온돌방을 배치. 높은 축대 겸 기단을 만들고 덤벙주초 위에 방주를 세움. ⑨안채는 안사랑채와 마당을 사이에 두고 ㄱ자 평면으로 배치. 안채의 부엌 크기가 특히 큼. 기단은 세벌대로 만들고 덤벙주초 위 방주를 세움, 사당은 정면 1칸, 측면 1칸의 홑처마 맞배지붕 측면에는 커다란 풍판을 달았음. ⑩문간채는 정면 11칸, 측면 1칸으로 가운데에 문간 좌우에 광을 둔 평대문임.

두계 은농재

두공[1](頭工) : ①익공계의 공포에서 도리와 평형하게 주두 위에 얹은 초새김한 첨차. ②한식 나무구조에서 공포를 익공으로 쓸 때에 주두(柱頭)에 끼우는 도리방향의 첨차. ③주심포계(柱心包系)의 주두 위에 짜이는 공포의 총칭. ④주두에 끼워서 주심도리를 받치는 첨차.

두공[2](枓栱·杜空·枓工) : ①주두 위에 짜이는 공포부재의 총칭. ②주두 위에 평형방향으로 가로 끼여 주심도리를 받치고 있는 맨 밑의 첨차. ③두(斗)는 층을 이룬 공과 공 사이에 독특하게 파이고 깎인 위가 크고 아래가 작은 사각형(方形)의 부재로 국자처럼 생겼다고 붙여진 용어. ④공(栱)은 기둥과 보 위에서 날개처럼 뻗어 나오도록 층층이 쌓고, 그것이 떠받쳐 처마가 몸체 밖으로 길게 내뻗도록 설계된, 양 끝이 약간 구부러진 활모양(弓形)의 짧은 나무 부재.

두꺼비의자(-椅子, crapaud) : ①19세기 중반에 개발된 좌면 속에 안락감(cushion)을 위한 코일 스프링(coil spring)을 넣고 천으로 마감한 팔걸이가 달린 안락의자. ②좌면의 볼륨을 조절하기 위해 단추를 대고 끈으로 연결. 높이가 낮고 폭이 넓어 육중한 형태가 마치 두꺼비가 앉아 있는 모습과 비슷하여 붙여진 명칭.

두꺼비집 : ⇨컷아웃 스위치(=).

두꺼운 널(thick plate, plank) : 목재의 두께가 30~80㎜이고, 너비가 두께의 3배 이상인 널.

두꺼운 판유리(-板琉璃) : ⇨후판유리(=).

두꺼운 판합판(-板合板) : 다층합판·럼버코어합판·플러시합판 등 두꺼운 합판.

두껍다리 : 골목 안의 도랑이나 시궁창에 걸쳐놓은 이름 없는 작은 돌다리.

두껍닫이문(-門) : 양쪽으로 밀어붙여 활짝 연 문이 들어가 숨도록 만들어진 미닫이문. 틀을 짜고 거기에 두꺼운 종이를 발라 맹장지처럼 하고 그림을 붙이거나 시문을 써 붙여 마치 액자처럼 활용하도록 꾸민 문. 주로 머름이 있는 창의 경우에 설치.

두께(thickness) : ①두꺼운 정도. ②기호는 THK 또는 Ⓣ라고 함.

두뇌(頭腦) : 풍수지리에서 입수(入水; 주산으로부터 혈로 들어가는 지점)와 혈(穴)의 접합지점.

두닷푼 : 두 치 다섯 푼.

두드리개(knocker, door knocker) : 출입문 또는 현관문의 바깥쪽에 고리형태로 부착된 금속 손잡이. 고전적인 도어벨(door bell)로 방문객이 자신의 존재를 알리기 위해 두드릴 수 있도록 고안됨.

두드리개

두랄루민(duralumin) : ①구리와 마그네슘 및 그 외 1~2종의 원소를 알루미늄에 첨가하여 시효경화성(時效硬化性)을 가지게 한 고력(高力) 알루미늄 합금. ②알루미늄의 기계적 성질·연성(軟性)·내산성·내알칼리성을 강화하기 위하여 주성분인 알루미늄에 약 4%의 동(Cu)과 아연(Zn), 0.5%의 마그네슘(Mg)계로 합금한 경금속재. ③비중이 약 2.7~2.8, 융점이 650℃, 인장강도 40~45kg/㎟. ④두랄루민을 세 가지로 나누면 일반적으로 사용해온 두랄루민과 초(超)두랄루민 및 초초(超超)두랄루민으로 구분함. ⑤가볍고 강하여 건축물의 마감재 또는 항공기·자동차·기타 용도의 소재로 많이 사용하는 대표적인 알루미늄 합금. 듀랄루민(=).

두루마리문양 : ⇨소용돌이문양(=).

두루마리형 몰딩 : ⇨소용돌이형 몰딩(=).

두리갈램(cup shakes) : 목재가 연륜을 따라 둥글게 갈라진 것.

두리기둥 : ①단면이 원형으로 된 기둥. ②원목을 대충 다듬어 거친 상태로 된 기

둥과 말끔하게 다듬어 좌우가 대칭되도록 한 기둥 두 종류가 있음. ③보통 살림집에서는 거친 상태의 원초형이 쓰임. ④원주·도랑주·둥구리기둥(=).

두리반 : 둥글고 큰 상.

두모치기(channelled) : 돌의 줄눈부분에 모를 내어 잔 다듬하는 모치기의 일종.

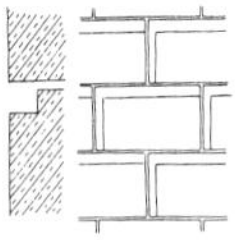
두모치기

두벌대 : 두 켜로 쌓아 만든 기단.

두쌍장부(-雙-, pair of twin tenon) : 쌍장부를 상하에 두 갈래로 만든 장부. 즉 네 갈래로 된 장부. 보다 넓고 두꺼운 부재에 사용하고 주로 창호에 사용.

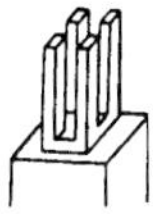
두쌍장부

두오모(duomo[이]) : 이탈리아어로 '진정한 성당'을 의미. ⇨돔[1](=).

두점식별능력(-點識別能力) : ⇨이점변별력(=).

두주(頭周) : 두부(頭部)의 측정(測定) 중 머리둘레를 측정하는 것으로, 미궁(眉弓)에서 전두결절(前頭結節) 사이 3개소를 측정하여 가장 큰 것을 선택함.

두줄백이집 : ⇨겹집(=).

두줄비계 : ⇨본비계(=).

두초(頭草) : ⇨머리초(=).

두폭(頭幅) : 두부(頭部)의 측정 중 머리너비를 측정하는 것으로, 외이공(外耳孔) 위에서 두부의 가장 넓은 곳이면 어디든지 좋음. 캘리퍼스(caliper) 끝에 약간 힘주어 잼.

두하멜의 정리(-定理, Duhamel's theorem) : ①여진과 응답을 관련시키기 위해 그 계(系)가 선형성(線形性)과 정상성을 가져야 하는 성질. ②⇨단위응답.

둔각(鈍角, obtuse angle) : ①90°보다 크지만 180°보다 작은 각. ②조형적·도형적으로는 제작완성 후의 불만스런 감정과 무기력한 느낌을 줌.

둔테 : ①문지두리를 끼우기 위한 구멍을 뚫은 나무토막. ②대문 장부가 돌게 구멍을 뚫어 상하 인방에 대는 나무.

둘렛돌 : ⇨호석(=).

둥 : ①짚으로 둥글고 깊게 만든 그릇. ②둥구미·멱둥구미(=).

둥구미 : ⇨둥(=).

둥근귀 : 나무의 귀를 넓게 귀접이 하는 것 또는 그렇게 하는 연장.

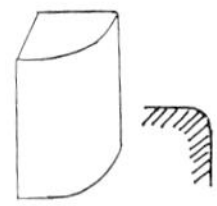
둥근귀

둥근기둥 : ⇨원주(=).

둥근끌 : 끌날이 볼록한 끌.

둥근대패 : ①목재면을 둥글게 막대처럼 깎거나 둥근 홈을 파내는 대패. ②오목한 홈이 길게 나 있는 데에 쓰는 날이 볼록한 대패. ③굴물대(=).

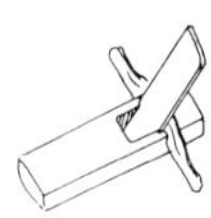
둥근대패

둥근돌 : ⇨구른돌(=).

둥근머리(round head) : ①윗부분은 구형이고, 접촉부분은 평형하게 된 나사못 또는 볼트의 머리. ②단추머리·둥근머리리벳(=).

둥근머리리벳(round head rivet) : ①윗부분은 구형이고 접촉부분은 평형하게 된 나사못 또는 볼트의 머리. ② 둥근머리(=).

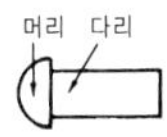

둥근머리리벳

둥근머리못(round head nail) : 머리가 둥글게 된 못.

둥근모 : ⇨모접기.

둥근 빵형 발(burn foot) : ①둥근 형태를 약간 납작하게 눌러 놓은 듯한 모양의 가구의 발. ②양파형 발(=).

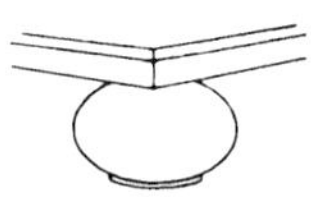
둥근 빵형 발

양파형 발

둥근접시머리(oval head) : 윗부분은 낮은 구형이고 접촉부분은 원추형인 나사못 머리.

둥근줄눈(recessed and beaded joint) : ①줄눈이 원형이나 내민 정도가 벽면과 일치하도록 만든 줄눈. ②치장줄

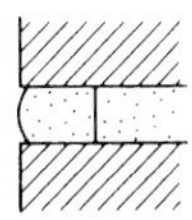
둥근줄눈

통풍·방습·방온을 목적으로 건물 주위를 빙 둘러 파거나 일부를 파낸 공간. 특히 반지하 또는 지하를 생활공간으로 사용하는 경우에는 필수적으로 요구. 공간에 스며든 물은 배수구(排水口)를 통하여 밖으로 배수. '간접방수'라고도 함.

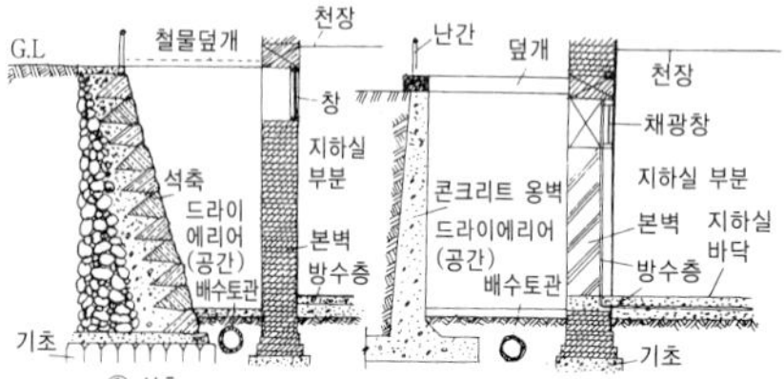

드라이 에리어

드라이월프레임(drywall frame) : 건식벽(乾式壁)을 세운 후 보강철재(물)를 보강한 이중 철재 프레임으로 설치된 일종의 조립식 문틀. 실내건축에서 보강철물은 보통 2.4㎜ 철판을 사용하고 프레임은 1.5㎜ 스테인리스 스틸판(板)을 사용.

드라이조인트(dry joint) : ①모르타르 없이 접합된 건식 접합(乾式 接合). ②부재측에 앵커된 강판 또는 철근을 서로 용접하여 부재를 접합하고 물을 쓰지 않는 공법.

드라이포인트(dry point) : 음각(陰刻 ; 물건의 면에 어떤 모양·형상·자획 등을 凹형으로 새긴 조각)의 금속판화기법. 뾰족하고 강한 송곳이나 바늘로 직접 금속판의 표면을 긁어서 음각하는 방법으로 선적(線的) 방법보다는 거친 질감의 면을 만드는데 사용.

드라이프레스과정(-過程, dry press process) : ①고압하에서 수분 5~7%를 가지는 비교적 마른 흙을 몰딩함으로써 벽돌을 만드는 과정. ②주로 부드러운 표면과 날카로운 모서리를 가진 벽돌 제작과정.

드래프터(drafter) : 설계·제도하는데 쓰이는 제도대.

드래프트(draft, draught) : ①제도기구를 이용하여 정밀한 선으로 그린 도면 또는 그림. ②끌을 사용하여 전면의 질감과 다르게 연속적으로 다듬는 석재의 테두리 처리. ③온도나 기압의 차로 일어나는 실내·굴뚝·난로와 같은 어떤 밀폐된 공간에서의 공기 흐름 또는 흐름을 조절하는 장치. ④통기장치(=).

드래프트체어(draft chair, draught chair) : 18세기에 사용된 직물로 마감 처리한 날개 달린 안락의자로 날개의자(wing chair)라고도 함. 등받이 양쪽에 바람막이 날개가 달려 있으며 팔걸이 아래가 막히거나 뚫려 있음.

드러그 스토어(drug store) : ⇨드럭 스토어(=).

드럭스토어(drug store) : ①미국의 약국 부속의 스낵 바(snack bar)로서 24시간 영업을 원칙으로 함. ②가벼운 음식을 주로 취급하는 간이음식점. ③약·잡화·과자·간이식사 등을 취급하는 백화점으로 약국부문과 잡화부문이 함께 운영. ④주로 약·잡화·과자를 비롯한 패스트푸드(fast food)를 취급.

드럼(drum, tambour[프]) : ①기둥의 몸체를 구성하는 원주 모양의 석재나 돔을 지탱하기 위해 천장 가까이에 있는 원통형 또는 다각형의 작은 벽으로 보통 창문이 설치됨. ②기둥의 형태를 이루고 있는 단통형석. 돔의 하부에 있는 단형 또는 다각형 벽으로 종종 피어스창(pierced window)이 있음. 평면의 모양은 원·사각형·다각형임. 또한 두 개 이상의 석재로 된 주신(柱身, shaft)을 이루는 원통형 석재 중 하나. 기둥을 구성하는 원통형의 돌 부재를 지칭. ③고상부(=)·고형부(=).

드럼

드럼테이블(drum table) : 18세기 말에서 19세기 초 영국의 섭정시대(regency)에 사용되던 원형 또는 다각형의 페데스탈(pedestal) 테이블. 상판의 가장자리에 에

드럼테이블

이프런(apron)이 둘러져 있고 상판 아래의 소벽(小壁) 주위로 중심을 향해 좁아지는 쐐기형의 서랍이 부착되어 있으며 서랍 밑판에 부착된 홈과 러너(runner)에 의해 작동. 서랍이 실제로 사용되지 않는 모양으로만 된 것도 있음. 보통 상판은 회전되며 받침은 3~4개의 다리로 지지.

드럼트랩(drum trap) : ①위생설비에서 수직 방향으로 된 축이 있는 관통형 트랩. ②욕조 또는 바닥 밑의 배수 파이프에 사용함. ③트랩이 몸통형으로 되어 있기 때문에 다량의 물을 고이게 할 수 있어 싱크류의 배수용에 사용. ④비사이펀식 트랩(=).

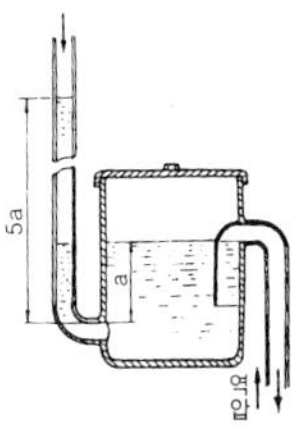

드럼트랩

드레서(dresser) : ①서랍(drawers)이나 선반이 있는 캐비닛. ②중세 고딕시대에 식당이나 부엌에서 사용하던 다목적용 찬장. 상부는 접시 보관을 위한 선반이 있고, 하부는 음식을 준비할 수 있는 서랍이 달린 작업용 테이블 설치. 18세기까지 사용. 19세기에는 사치스럽고 장식적인 형태로 변형되어 그 용도가 진열대·장식대의 기능으로 사용되었음. 그러나 현대에서는 침실에서 사용되는 하부에는 높이 900㎜ 정도의 서랍장이, 상부에는 거울이 부착된 화장대를 의미. 입식과 좌식 화장대로 구분함.

드레서

드레스덴(Dresden) : 독일 동남부의 도시. 15세기에 도시로 발전하기 시작.

드레스덴 차이나(Dresden China) : ⇨마이센 자기(=).

드레스드(dressed) : 다듬어서 매끈매끈하고 사각형 모양을 한 돌을 지칭하는 경우를 말함.

드레스 서클(dress circle) : 원래는 영국의 극장에서 이브닝드레스(evening dress)를 입고 관람하는 관람객을 위해 별도로 마련된 최고급 발코니를 의미하나 현대에 와서는 극장의 주요 층이나 오케스트라 위의 곡면 또는 원형으로 된 좌석 또는 발코니.

드레싱(dressing) : 일반적으로 건축물의 표면에서부터 돌출된 장식부분을 말하며, 특히 개구부 상부의 석재 몰딩을 의미.

드레싱 룸(dressing room) : 침실에 딸린 옷장이나 서랍장 및 화장대가 있는 작은 실.

드레싱 테이블(dressing table) : ⇨화장대(=).

드레이퍼리(drapery) : ①보통 두꺼운 천으로 만든 커튼. 천이 가진 광택과 우아함이 실내를 보다 온화한 분위기로 만들며, 광선을 차단하고 방음효과가 좋으며 보온효과도 우수하여 많이 사용. ②일반적으로 창의 일부나 전체 및 창이 있는 벽면 전체를 느슨하게 주름잡힌 늘어지는 무거운 천으로 덮는 커튼을 총칭. 주로 장식적인 목적으로 사용하며, 특히 차광성(遮光性)·방음성(防音性)·보온성(保溫性)이 우수. 광의(廣義)로는 모든 커튼을 의미. ③늘어지는 무거운 천으로 된 커튼. ④창문 양쪽에 매어지는 커튼의 일종으로 창문·문을 가리거나 창문을 벽처럼 보이도록 하는데 쓰임. ⑤직물의 종류·색채·패턴·질감·형태 등은 시대와 창의 종류나 형태에 따라 다양함.

드레이퍼리

드레이퍼리 커튼(drapery curtain) : ⇨드레이퍼리(=).

드레이프(drape) : 창문·벽 등에 단을 접거나 주름잡아 늘어뜨린 여러 형태의 직물.

드레이프조(-組, drape) : ①자카드 직기로 짠 직물 또는 직물벽지. ②색조무늬가 복잡함. 드레이프성이 풍부하여 우아하며 선염(渲染)이라서 색상은 비교적 많지 않음.

드레이프커튼(drape curtain) : ①직물로 된 두껍고 중량감 있는 커튼. ②사용되는 천이 두껍기 때문에 실도 굵고 짜임새도 치밀하여 통기성(通氣性)이 적은 것이 특징. ③염색된 실로 교직(交織)하기 때문에 안팎의 무늬가 서로 다름. ④차광성·흡음성·보온성이 뛰어나고 천 자체가 묵직한 느낌이 드는 만큼 색감이나 무늬도 중후한 문직(紋織)이나 고블랭직이 많음. ⑤주로 거실이나 침실에 설치. 레이스와 이중으로 드리워야 제격임.

드레이핑(draping) : 디스플레이 용어로서 천에 주름을 잡는 것으로 조형적인 아름다움을 나타냄.

드레인(drain) : 빗물이나 오수 등을 건물 내의 배수 계통으로 빼기 위한 구멍.

드렌처(drencher) : 건축물의 외벽·창문·처마 밑·지붕 등에 드렌처 헤드(drencher head)를 설치하여 인접건물에 화재가 발생하였을 때 수막(水幕)을 형성함으로써 화재의 연소를 방지하는 방화설비나 장치.

드로모스(dromos) : 벌집형으로서 고대 지하무덤으로 들어가는 길고 깊은 통로.

드로 보어(draw bore) : 장부의 구멍과 일치하지 않게 만든 장부에 있는 구멍으로, 그 구멍으로 드로 보어 핀(pin)을 두들겨 박으면 이음(joint)은 더욱 견고해짐.

드로잉 룸(drawing room) : 손님과의 담소(談笑) 등에 사용되는 객실 또는 응접실, 특히 여성이 식사를 마친 후 이야기를 하기 위해 사용되던 거실(sitting room)의 의미를 갖는 공간.

드로 커튼(draw curtain) : ①줄을 잡아 당겨 열고 닫을 수 있도록 고안된 투명 또는 반투명의 커튼. 원래 얇은 속 커튼과 드레이퍼리 사이에 설치·사용되었으나 현대에는 일반적으로 드로커튼 하나만 사용. ②글라스 커튼(glass curtain)·레이스 커튼(race curtain)보다 무거운 재질의 직물로 처리하며, 차폐성과 약간의 보온성이 있는 커튼.

드로 테이블(draw table) : 식탁의 상판이 두 개로 구성되어 양쪽에서 잡아 당기면 가운데서 보조상판이 나와 길이를 연장·확장시킬 수 있는 식탁.

드로테이블

드롭(drop) : ①18세기 후반에 유행한 작은 꽃이나 열매가 여러 개 매달린 형태의 장식문양. ②위에서 매어 단 천으로 된 막. ③단대공(=)·펜던트(=)·구터(=).

드롭 도어(drop door) : 수평면을 축으로 하여 아래쪽으로 여는 가구 문.

드롭 라이트(drop light) : 상하로 조절될 수 있는 코드(code)에 의해 천장이나 벽에 매달린 조명기구.

드롭 리드(drop lid) : 테이블의 상판 또는 경사진 전면이 경첩에 의해 앞으로 젖혀져 필기대가 되는 부분.

드롭 리프 테이블(drop leaf table) : ⇨날개형 탁자(=).

드롭 아치(drop arch) : ①원호(圓弧)의 반지름이 스팬(span)보다 작아 중심이 두 개로 된 아치. ②뾰족한 첨두아치의 일종. ③디프레스 아치(=)·블런트아치.

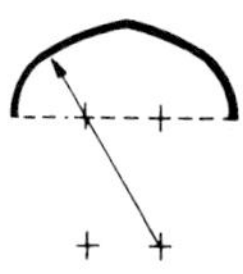
드롭아치

드롭 엘보(drop elbow) : ①벽이나 들보에 부착하기 위한 귀 달린 엘보. ②드롭엘(=).

드롭 윈도(drop window) : 환기가 가능한 개구부로 최대가 되도록 새시가 미끄러져 들어갈 수 있는 창대 밑에 포켓을 가진 창.

드롭 커튼(drop curtain) : ⇨드롭(=).

드롭 컴퍼스(drop compass) : ①특히 지름이 20~30㎜의 작은 원을 그리는데 사용되는 스프링 컴퍼스의 일종. ②독일식 제도기에 있는 것으로 중심의 바늘이 회전되지 않으므로 구멍이 커지지 않고 정확하게 원이나 원호를 그릴 수 있음.

드롭 티(drop tee) : 벽이나 들보에 부착하기 위한 귀 달린 티.

드롭 패널(drop panel) : ①무량판구조(無梁板構造, mushroom construction, flat slab construction)에서 기둥머리(柱頭) 둘레의 바닥을 특히 두껍게 한 부분. ②⇨무량판구조.

드롭프드 실링(dropped ceiling) : ①실제 기능적인 기준보다 낮거나 같은 장소에 있는 다른 곳보다 낮은 천장부분. ②이런 천장은 공간에 영역성을 주어 식사실과 같은 방의 특별한 지역을 분명하게 해주는 특성이 있음.

드르새 : ①먹줄을 쳐서 깎은 서까래. ②줄치기 서까래의 일종. ③처마 끝으로 나온 데가 위로 조금 들린 서까래. ④처마 쪽에 나온 메가 위로 조금씩 들렸다고 하여 붙여진 이름. ⑤줄치기 서까래는 모두 조금씩 들려 있는데 들려 있는 정도를 곡(曲)이라고 함.

드리프트(drift) : ①아치대 위에 생기는 활구조의 합력. 총하중과 스팬과는 비례적이며, 높이와는 역비례함. ②리벳 또는 볼트의 구멍을 크게 만들거나 구멍 열을 조정할 때 사용하는 둥글고 끝이 가늘게 된 철물. ③드리프트핀(=).

드리프트볼트(drift bolt) : 큰 목재를 연결할 때 미리 뚫어 놓은 구멍에 박아대는 둥근 몸대를 가진 스파이크(spike).

드리프트핀(drift pin) : ⇨드리프트(=).

드림새 : ①처마 끝에 덮는 수키와에 와당(瓦當)이 달린 기와. ②막새에서 꺾여 내려온 자리. ③드림새에는 갖가지 무늬를 새기는 데 그 무늬에 따라서 막새의 종류를 나누기도 함. ④수막새는 내림새(암키와에 와당이 달린 것)를 암막새라 하는 데서 온 잘못된 말. ⑤막새(=).

드림새면 : 막새기와에서 기본 암·수키와의 끝에 붙어서 밑으로 드리워지는 면. 수막새는 원형, 암막새는 장방형으로 완성.

드립스톤(drip stone) : ⇨레이블(=).

드립스톤

드미톤(demiton[프]) : ⇨하프톤(=).

드와프 갤러리(dwarf gallery) : ①로마네스크 양식에서 건물의 외벽을 따라 지붕과 열주가 있는 개방적인 복도. ②⇨갤러리.

드와프 아치(dwarf arch) : 아치의 규모가 작고 타원이 완만한 아치.

드와프월(dwarf wall) : 천장까지 닿지 않은 벽체나 칸막이(partition).

드월프아치 : ⇨드와프아치(=).

들도리 : ①들연이 얹히는 도리. ②서까래를 받도록 된 도리 중 제일 끝에 거는 것으로, 주심도리나 외목도리·마룻도리와 구분하여 일컫는 명칭.

들메나무(拂花拒柳, Manchurian Ash, fraxinus mandshurica rupr[학]) : 목서과의 낙엽 활엽교목. 수피는 누르스름하며 늦봄에 꽃이 핌. 키는 20m 정도 자람. 산지 습지에 자라며 우리나라 각지·일본·사할린·중국 등에 분포. 연륜이 매우 뚜렷하고, 심재는 황갈색, 변재는 황백색으로 심·변재의 구분이 뚜렷함. 수축성과 흡수성은 큼. 압축강도, 인장강도, 휨강도, 전단강도, 충격휨흡수 에너지는 강하고 경도는 보통. 제재가공성, 건조성, 대패가공성은 보통이고, 휨가공성은 양호함. 접착성은 보통이고, 도장성·내후성은 불량함. 주로 화장단판 가구재·건축(내장)·운동구·기구·합판·선박재로 사용.

들미장(−欌) : 강원도산(產) 목리문(木理紋)이 아름다운 들메나무로 만든 장.

들보(樑, beam, cross beam) : ①간과 간 사이의 두 기둥을 가로질러 도리와는 ㄱ자 모양, 마룻대와는 +자 모양을 이루는 나무. ②하중을 전체공간으로 분산시키기 위해 디자인된 단단한 구조물. ③지붕의 하중을 떠받치는 굵은 나무로 기둥과 기둥을 건너지름. 들보와 들보 사이를 한 간(間)이라고 하며 도리간이라고 함. ④뜀보·대들보(=).

들쇠 : ①가구를 들어올리거나 서랍·문짝을 열어 잡아당길 수 있도록 부착된 손잡이. ②초기에는 가구 자체를 들어 올린다는 의미에서 붙여진 명칭으로 점차 장식성을 띤 손잡이까지 총칭.

들어열개 : ⇨들어열개문(=).

들어열개문(−門) : ①위쪽으로 들어서 열리게 한 문. ②대청에 설치되어 겨울에는 이를 닫아 창호 입면을 구성하게 되지만 여름에는 문의 아래쪽에 달려 있는 쇠장식을 푼 후 수평으로 들어 올려 앞퇴 서까래 밑에 내려진 들쇠에 걸어 대청공간을 개방시키는 4짝으로 된 사분합문(四分閤門).

들여쌓기(racking back) : ①벽 모서리·교차부 또는 공사관계로 그 일부를 나중쌓기할 때, 나중 쌓는 벽돌을 먼저 쌓은 벽에 물려 쌓을 벽돌을 한 단 또는 다단으로 후퇴시켜 들여 놓아 벽돌을 쌓는 일. ②층단들여쌓기(=).

들연(-椽) : ①일반 처마 면에 있는 서까래, ②처마를 구성하는 서까래. 오량이 더 되는 집에서의 맨 끝의 서까래. ③처마도리와 중도리에 걸어 처마도리 바깥쪽으로 길게 내민 서까래. ④일반 처마 면에 있는 서까래. ⑤하연·야연·평연·처마서까래(=).

들인평줄눈(recessed joint, square recessed joint) : ⇨평줄눈(=).

들장지 : ①들어 올려 여닫는 장지문. ②들어 올려서 걸어놓은 장지문으로 샛장지문에 많이 쓰임.

들창(-窓, projected and awning window, push up window, over hang sash window, top hinged out swinging window, lifting window) : ①벽 상부에 작게 낸 창. ②뜰이 있는 바깥쪽으로 나 있는 창. ③창문 상단부가 경첩으로 연결되며 창문 하단부가 외부를 향하여 들어 올려 열리도록 된 여닫는 장지문. ④일반적으로 행랑채 전면에 높직하게 창을 달거나, 방의 후벽(後壁)에 창을 달 때 창호의 위 울거미와 위 창틀에 돌쩌귀를 달아 방안에서 밖으로 밀어 여는 창. ⑤창을 열어 두기 위해 버팀쇠나 막대로 받쳐둠. ⑥창의 모양새는 정방향에 가까운 방형이거나 가로로 긴 장방형 울거미로 다양한 살짜임새를 이룸. ⑦특히 약방에 단 들창을 약계파라지(藥契破羅之)라 부름.

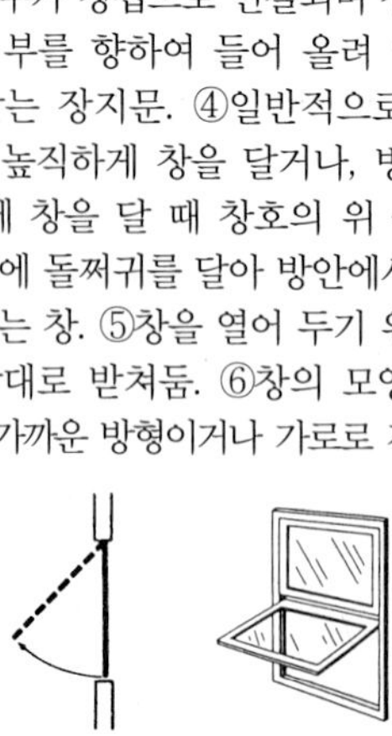

들창

등가반사율(等價反射率, equivalent reflectance) : 凹면에 빛이 입사될 때 그 부분에 凹면과 같은 반사율을 갖는 가상면을 고려한 반사율.

등가색환계열(等價色環系列, isovalent series) : ①오스트발트 색입체에서 무채색을 중심으로 백색량과 흑색량이 같은 28개의 조화되는 색으로 배열하는 계통. ②링스타(=).

등가열전도율(等價熱傳度率) : 두께의 중공층(中空層)을 흐르는 열류가 그것과 같은 경우의 두께이고 열전도율 λ의 고체층을 흐르는 열류와 같은 경우의 열전도율. 다층벽(多層壁) 중의 중공층이 있는 경우에 열은 그 층을 전도보다 오히려 대류·방사에 의해 전달.

등가온도(等價溫度, equivalent temperature; EqT) : ①Dufton에 의해 1929년 창안된 것으로 기온(DBT)·평균복사온도(MRT)·기속(v)을 조합한 지표. ②어떤 환경에서 24℃인 일정 크기 흑체의 발열량이 공기유동이 없는 폐쇄공간에서의 발열량과 같아질 때 그 폐쇄공간의 온도로서 정의. ③측정기를 읽은 값.

등가치(等價値) : ①심리학적 인간공학의 방법론 중 정신물리학적 측정법으로 측정되는 정수(定數)의 하나. ②성질을 달리하는 두 가지 자극이, 어떤 특정된 속성(屬性)에 관해서 균등하다고 감득(感得)할 수 있는 값(値). 이러한 등가치는 음(音)·색채(色彩)·형(形) 등 여러 측면에서 사용.

등가회로(等價回路) : 건물의 개구부나 틈새에 있어서 압력차가 서로 다른 경우에 이들의 통기저항(유량계수)은 합성이 불가능하므로 계산에 의한 풍량은 구할 수는 없음. 따라서 이들 개구부의 저항을 가진 실내나 외기의 압력을 가진 마디점(節點)으로 구하는 환기 회로망.

등각등변다각형(等角等邊多角形, regular) :

모든 면이 합동이고 모든 각이 동일한 다각형.

등각투영(等角透影, isometric) : ⇨등축투상(=).

등각투영도(等角透影圖, isometric drawing) : 직각으로 교차되는 3축이 각각 120°의 등각(等角)으로 만나는 방향에서 본 투영도. 교차각이 다르면 부등각 투영도라고 함.

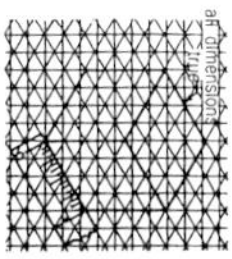
등각투영도

등간격삼색(等間隔三色, triad) : 색상환에서 서로 같은 거리에 있어 정삼각형을 이루는 3가지 색.

등간격파장법(等間隔波長法, isointerval wave length) : 가시영역의 파장을 같은 간격으로 나누어 각 간격의 파장에 대해서 분광반사율을 측정하는 방법.

등거리사영(等距離射影) : 고도를 길이에 비례시켜 태양위치도를 그리는 형식의 일종. 평면 기하학적으로 작도할 수는 없으나 고도를 용이하게 잡을 수 있는 특징이 있음.

등고선(等高線, contour line) : ①하나의 표면 위의 동일 높이를 가지는 점을 연결한 가상적인 선 또는 지형 평면이나 지도 위에 이를 재현. ②윤곽선(=).

등고선 간격(等高線間隔, contour interval) : 지형 평면이나 지도 위에 각 등고선에 의해 나타난 높이의 차(差).

등꽃색(-色, wistaria) : ①관용색명으로 칙칙한 남색. ②먼셀기호 10PB6.5/ 6.5.

등나무(rattan, wistaria floribunda) : 남아시아·말레이시아·중국이 원산지인 반연식물(攀緣植物 ; 다른 물건을 감아 뻗어 올라가는 식물). 양지와 습지를 좋아하고 성장이 빠르며 재해(災害)에 강함.

등라우드니스곡선(等-曲線, equal loudless curve) : ①건전한 청각을 가진 여러 사람이 어느 음을 듣고 그것과 같은 크기로 들리는 음의 음압(音壓)레벨과 주파수의 관계를 나타내는 곡선. ②음압레벨과 음의 크기의 레벨(라우드니스 레벨 ; loudness level)[phon]과의 관계를 나타낸 것. ③등음곡선(=).

등록(登錄, register) : 실내디자인과 같은 어떤 작업을 수행하는데 필요한 적합한 자격을 갖춘 사람이라는 것을 입증하기 위해 주어지는 자격증을 획득한 사람에게만 작업할 기회를 주는 법적 규제.

등록필(登錄畢, licensed) : ⇨면허필(=).

등롱 : ①등의 한 가지. ②대오리나 쇠로 살을 만들고 겉에 종이나 헝겊을 덮어 씌워 그 속에 촛불을 켜는데, 들고 다니거나 걸어 놓거나 함.

등맞댐장식(-裝飾, addorsed, adorsed[프]) : 어떤 형태가 서로 등을 맞대고 있는 듯한 모습의 장식.

등밀이 : 살대의 전면을 등밀이 대패로 민 모양.

등밀이

등밀이대패 : 등밀이 문살을 밀 때에 쓰는 대패.

등받이각도(-角度) : ①좌면과 등받이 사이의 각도 등 전체를 충분히 지지해 줄 수 있도록 각도를 유지하고 있어야 함. ②일반적으로 휴식용 의자는 105~108°, 타자수용 등 작업용 의자는 100° 이하, 독서용은 101~104°, 응접실용은 약 100~110° 정도가 바람직함.

등받이세로대(-帶, splat) : 의자 등받이 중앙 또는 양쪽의 평평한 수직부재를 말하며, 구멍을 뚫거나 꽃병·악기 등의 각종 문양으로 조각되어 의자의 중요한 장식요소로 작용.

등받이세로대

등방성(等方性) : ⇨이방성(⇔).

등백색계열(等白色系列, isotint series) : ①동일한 백색량, 즉 기호의 앞자가 같은 것. ②오스트발트 색입체 중 등색상 3각형에 있어서 CB의 평행선 위에 있는 색은 어떤 등색상 3각형일지라도 백색량이 모두 같은 색의 계열. 이 때 대비효과를 얻기 위해서는 등간격이 효과적임. 예컨대 pa-pg-pn, la-le-li 등. ③오스트발트의 색표계에서 백색량과 흑색량을 알파벳으로 표시하여 색상의 색량을 나타내는 방법.

등백색계열의 조화(等白色系列-調和) : ⇨등백색계열(=).

등변뾰족아치(等邊-, equilateral arch) : ⇨ 등변형 아치(=).

등변형 아치(等邊形-, equilateral arch, equilateral pointed arch) : 스팬에 두 개의 중심선과 두 개의 사등분원으로 구성되며, 아치를 이루는 현(絃)의 길이가 밑변의 길이와 같은 형태의 아치.

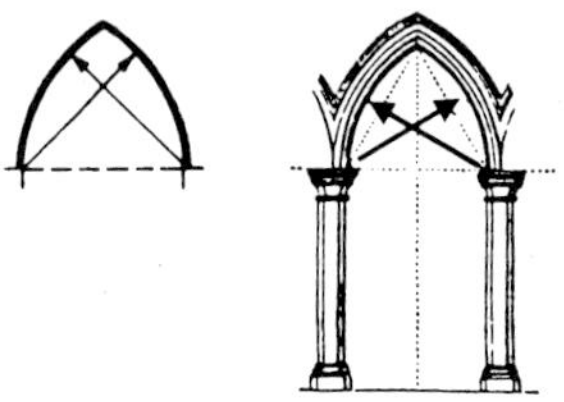

등변형 아치

등분밸런스창(等分-窓, classified balance window) : ①바닥에서 천장까지 창으로 할 경우 그 중간만이 열어지게 한 창. ②즉 상하의 창문은 고정시키고 위짝과 중간 밑짝을 평행시켜 한 짝을 내리면 다른 한 짝은 올라가게 된 것. 또는 두 짝으로 등분된 창이 오르내리게 된 창.

등분포하중(等分布荷重, uniformed distributed load) : 일정한 크기로 분포된 하중.

등비나선(等比螺旋, logarithmic spiral) : ① 벡터(vector)각의 차가 일정하게 이동할 때 벡터의 길이가 일정한 비를 가지고 변화해갈 때 생기는 나선. ②세포분열 등 자연계의 증가 법칙과 마찬가지로 발전적인 다이내믹(dynamic)한 느낌을 받음. 특히 황금비나선(黃金比螺線)은 등비나선의 특수한 성상(性狀)임.

등상(-床) : 등을 기대는 등받이가 높게 된 걸상.

등색(等色, color matching) : ①하나의 색이 다른 색과 같을 때를 같은 색 또는 등색이라고 하며, 같은 색을 일으키는 것을 색 맞춤 또는 색 합침이라고 함. ②하나의 색을 다른 색과 같게 되도록 하는 일. ③때로는 등색을 색 합침과 같은 의미로 사용하지만 등색은 주로 측색에 있어서 사용하며 색 합침은 주로 인쇄 등의 색 재현에 사용.

등색도계열(等色度系列, isochrome) : ①오스트발트 표색계에서 WB에 평행하게 위치하는 유채색계열. ②동색도계열(=).

등색잔상(等色殘像, homocromatic after image) : 정의 잔상(positive after image) 중 밝기나 색상에 있어서 원래의 자극과 흡사한 잔상.

등순색계열(等純色系列, isochrome series) : 오스트발트 표색계에서 등색상 삼각형 WB와 평행선상(수직선상)에 있는 색으로 순색의 혼합량이 모두 같은 계열.

등습윤선(等濕潤線, constant wettedness line) : 기온 25℃ 이하에서의 발한(發汗)에 의한 피부습윤선(濕潤線)인 등ET°선을 말함. 등ET°선은 피부 습윤선 W_s=0인 등습윤선에 평행한 직선이 50%인 등습도선과 교접하는 직선으로 표시되고, 기온 41℃에서는 습윤율 W_s=1인 등습윤선에 평행한 직선이 50% 등습도선과 만나는 직선으로 표시됨. 그 사이 25~41℃간의 등ET°선은 각 기온에 따른 등습윤선과 일치하는 직선으로 표시.

등시간일영선(等時間日影線) : 건물에 의한 일영시간의 같은 점을 연결한 것. 일영선(곡선)이란 수평면상에 수직으로 세운 막대기 끝에 던져지는 그림자의 궤적. 이것을 사용하여 건축물에 의한 일영의 상황이나 창문에 의한 실내의 일조범위를 구할 수 있음.

등신대(等身大, life size figure) : 실제 인체 크기에 가까운 전신상(全身像).

등신대디스플레이(等身大-, life size out display) : ①실물 크기의 모델의 사진을 이용한 디스플레이 방법. ②일반적으로 광고 캠페인을 위하여 점포 내 또는 쇼윈도에 진열하게 됨.

등신대피오피(等身大-, life size cut out POP) : 광고캠페인의 캐릭터 등 인쇄된

특징이 있는 어떤 인물상을 실제의 크기로 만든 POP.

등신상(等身像) : ⇨등신대(=).

등에너지스펙트럼(等-, equi-energy spectrum) : 단위 파장 폭마다의 에너지 밀도가 가시범위에서 일정하게 된 빛의 스펙트럼.

등온감각(等溫感覺, equivalent warmth ; EqwT) : 1934년 베드포드(Bedford)에 의하여 제시된 것으로 기온(DBT)·습도·기류 및 복사의 4개 온열요소를 전부 고려한 척도. DBT=MRT, 기류 0㎧, 상대습도 100%일 때를 기준함. 쾌적조건은 실험결과 60.9°F, 52.9~68.6°F.

등온선(等溫線, isothermal line) : 몰리에르선도(Mollier agram 線圖)나 습공기선도(濕空氣線圖)에서 온도가 똑같은 점을 연결한 선.

등이티도선(等ET^*線) : 기온·습도·풍속의 3요소가 체감에 미치는 총합효과를 나타내는 단일 지표로써 ET(Effective Temperature : 유효온도)가 습도 100%의 기온. 등ET 선은 기온 25℃ 이하에서는 발한(發汗)에 의한 피부 습윤율(skin wettedness) W_s=0인 등습윤선(constant wettedness line)에 평행한 직선이 59%의 등습도선과 교접하는 직선으로 표시되고, 기온 41℃ 이상에서는 습윤율 W_s=1의 등습윤선에 평행한 직선이 50% 등습윤선과 만나는 직선으로 표시됨. 그 사이 25~41℃간의 등ET°선은 각 기온에 따른 등습윤선과 일치한 직선으로 표시.

등입체각사영(等立體角射影) : 구면(球面)상의 도형이 중심에 대해 이루는 입체각과 사영도의 면적이 비례하는 사영형식임.

등차나선(等差螺旋, arithmetical spiral, archimedean spiral) : 벡터(vector)각의 차가 일정하게 이동할 때 벡터의 길이가 일정한 차를 가지고 변화해 가는 나선. 온화하고 우아한 발전성을 느끼게 함.

등축투상(等軸透像, isometric) : ①동일한 축척에서 실(實)길이로 그려진, 주요 축에 나란한 모든 선을 가진 등축투상도의 평행선도. ②등각투영(=).

등축투상도(等軸透像圖, isometric drawing, isometric projection) : ①주요 면이 화면에 균등하게 기울어져서 세 개의 주요 축이 균등하게 짧아지는 3차원 사물의 축측투상도. ②입체적인 사물을 수평면에서 45° 각도로 놓여 있다고 가정하고 수직선은 수직으로, 수평선은 30° 각도로 평행하게 하여 거리에 관계없이 실제치수로 표현하는 투영도법. 일반적으로 아이소메·아이소메트릭 또는 부감도(副瞰圖)라고 함. ③입체 3변의 투영이 120°로 교차함과 동시에 동일한 스케일이 되는 것이 특징. ④등각투영도(=).

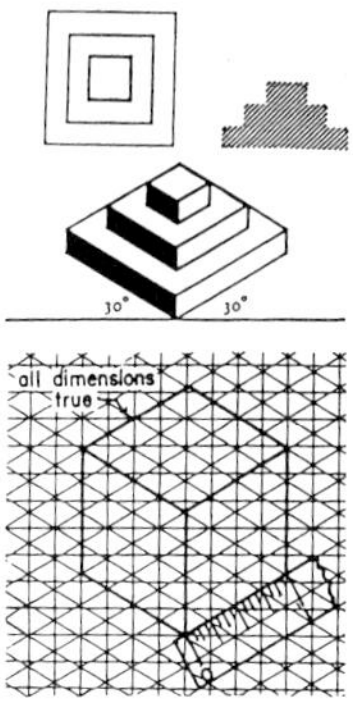

등축투상도

등흑색계열(等黑色系列, isotone series) : ①오스트발트 색입체 중 단색상 3각형에 있어서 CW의 평행선 위에 있는 색은 어떤 단색상 3각형일지라도 순색량이 모두 같은 색의 계열인 것. ②오스트발트 표색계에서 흑색량이 같은 계로서 FW에 평행한 계열. ③동일한 흑색량, 즉 기호의 끝 자가 같은 색은 조화. 등간격이 좋음. 예컨대 pa-ia-ca, pe-le-ge 등.

디귿(ㄷ)강(-字鋼, channel steel) : ㄷ자형 단면의 강재.

디귿자집 : ⇨ ㄷ자집(=).

디귿(ㄷ)자토관(-字土管, channel tile) : U자형 토관.

디글리프(diglyph) : ①도리스식 오더에서 트리글리프(triglyph)의 변형으로 트리글리프의 양쪽 절반의 홈을 제외하고 2개의 홈이 파진 것. ②트리글리프·트라이글리프(=).

디급화재(-級火災, class D fire) : 마그네슘·나트륨 등과 같은 가연성 금속이 포함된 화재. 비반응적이고 열흡수적인 소화매체가 요구됨.

디딤돌(steeping stone) : ①마루나 방 또는 기단 앞에 댓돌을 놓아 디디고 오르내리기 쉽도록 놓은 돌. ②사랑턱이나 마루턱에 오르내리도록 놓아 둔 돌. ③보석(=).

디딤면(-面, tread) : ①계단구조에서 단을 이루는 디딤판. ②발을 디디는 계단의 수평 윗면.

디딤바닥 : ⇨디딤면(=).

디딤판(-板, tread, treadboard, flier, winder) : 계단의 단판(段板).

디딤판코(-板-) : 디딤판(段板)의 앞 상단 끝에 챌판보다 튀어나온 부분.

디렉터(director) : ①지휘자·관리자·이사·감독이라는 직제. ②⇨아트디렉터.

디렉터리양식(-様式, directory style) : ①프랑스 집정양식(directory style)에 바탕을 둔 영국 섭정양식(regency style)이 미국으로 건너와 변형된 가구양식. ②미국 초기의 섬세하고 각이 진 가구와 그 이후의 곡선적인 프랑스 제국양식(empire style) 사이의 과도기적인 성격을 가짐.

디렉터리양식

디렉터체어(director chair) : 르네상스 X자형 의자의 현대판 스타일로 값도 저렴하고 다양하게 사용할 수 있어 인기가 매우 높음.

디렉투아르(directoire[프]) : 디렉투아르양식(=).

디렉투아르양식(-様式, directoire style) : ①제국양식 이전의 프랑스 집정양식인 가구 및 장식양식. 디렉트와르(directoire)는 프랑스혁명 정부의 집정내각(directoire)을 의미. 1795~1799년까지 프랑스 혁명정부의 집정부를 본 딴 명칭. ②프랑스 혁명시대의 건축·예술양식으로 루이 16세 양식에서 앙피르양식(empire style)에의 전환기 양식. ③⇨집정부양식(=).

디렉투아르양식

디머(dimmer) : ①조명기구나 설비의 광속을 변경시킴으로써 빛의 밝기인 조도의 레벨을 조절할 수 있도록 한 장치. ②1kW 정도 이하의 용량의 것을 조광기(調光器)라 하고 그 이상의 대용량의 것을 '조광장치(調光裝置)'라고 함. ③종류에는 백열등 조광에 사용되는 저항식(전압조절식)과 반도체를 사용하여 백열등·형광등 모두를 조광할 수 있는 SCR식(전류위상제어식)이 있음.

디머장치(-裝置, dimmer equipment) : 디스플레이 용어로서 드라마틱한 장면의 연출이나 전시물의 퇴색 방지를 위한 전자감식방식 장치.

디멘션(dimension) : 연장(延長) 또는 차원(次元)이라는 의미로 일반적으로 길이·너비·높이에 대한 치수(値數)의 개념으로 사용.

도면목차(目次, drawing list) : 프로젝트 전체 도면의 편집 및 구성상태를 순서대로 정리해서 명기한 도면.

디바이더(分割器, 兩角器, divider) : 도면의 길이. 즉 축척을 재어 옮길 때 또는 도면의 길이 또는 선을 분할·등분할 때 사용하는 제도용 기구.

디반 : ⇨디밴(=).

디밴(divan) : ①벽에 붙여 놓은 낮고 등받이가 없는 긴 침대의자(divan-bed). 주로 빅토리아 시대에 종종 흡연실로 쓰이던 무어양식을 모방한 것으로 실내에서 사용됨. ②취침의자. 보통 베드의 베드 보드(bed board, 머리판)와 엔드 보드(end board, 발판)를 제거한 것. ③등받이와 팔걸이가 없고 천으로 감아 싼 길고 낮게 만든 의자. ④터키에서 추밀원(樞密院)의 회의실을 말함.

소파와 베드의 치수비교(단위 : mm)

	소 파	베 드
높 이	360~400	520
길 이	2,000	
폭	500	900~1,000

디밴베드(divan bed) : ⇨디밴(=).

디베토우(Dibétou) : ①시에라리온에서 앙골라까지 서아프리카 다우밀림에 넓게 분포. ②심·변재의 구분은 명료하고 심재는 회갈색을 띤 황금색의 광택을 갖는 밝은 색으로 종종 농색·흑색의 줄무늬가 있음. 변재는 회백색으로 폭이 약 5㎝. 목리는 교착목리가 두드러지며 나무갗은 약간 고움. 경연재(輕軟材)로 기건비중은 0.45~0.68, 수축률은 방사방향 3.9%, 접선방향 6.2~6.9%로 적음. 강도는 압축강도 400~600㎏/㎠, 휨강도 710~950㎏/㎠로 보통임. 건조는 용이하고 빠름. 가공은 교착목리가 큰 것 이외는 기계가공이 용이하며, 도장·접착은 양호하며 원목과 판재의 보존성은 좋으며 내구성은 양호함. ③주로 목공·내장·합판·가구 등에 사용.

디새 : ①기와의 옛말. ②기와(=).

디스카운트스토어(discount store) : ①의류·일용잡화·내구소비재 등 표준화된 상품을 중심으로 하는 생활 일용품을 박리다매 최저가의 가격판매를 원칙으로 최저 마진과 최소 서비스로 할인 판매하는 창고 영업형태의 대형 소매점. ②미국의 Wall-Mart, K-Mart, 한국의 신세계 E-Mart, 그랜드 마트(Grand Mart) 등이 있음.

디스카운트하우스(discount house) : 의료품·내구 소비재 등을 중심으로 하는 할인 소매점. 제2차 대전 후 미국에서 성행했으나, 소비구조의 고도화에 따라 보다 규모가 대형화된 할인점포인 디스카운트 스토어로 전환.

디스크 샌더(disk sander) : 녹이나 도막을 제거하기 위한 동력공구. 그라인더(grinder)의 숫돌 대신에 디스크 페이퍼(disk paper ; 연마재를 바른 원형의 두꺼운 종이)를 붙인 것.

디스타일앤앤티스(destyle and antis) : ①필라스터(pilaster) 혹은 앤타(anta) 사이에 2개의 기둥을 갖는 배치방식. ②고전 건축물에서 앤타(anta) 사이에 2개의 기둥을 가진 주랑(柱廊 ; 기둥만 있고 벽이 없는 복도).

디스템퍼(distemper) : 신속한 건조를 위해 안료에 아교·물·계란·호분 등을 혼합해서 만든 불투명하고 유기 없는 수성물감. 주로 실내장식 또는 무대장식에 사용되나 보존성이 약함.

디스토션(distortion) : ①표현상의 의식이나 의도에 따라 사물이나 형태에 가하는 찌그러짐, 즉 왜곡(歪曲)을 말함. ②회화에서는 그레코의 종교화에 표현한 인물이나 착의(着衣)의 대담한 왜곡이 유명함. 피카소는 왜곡을 진전시켜 해체(解體).

디스튤로스(distylos) : 그리스 신전의 한 형식으로 벽 끝 기둥 사이에 두 개의 기둥을 세워 전실(前室)을 형성한 것. 인 안티스(in antis)의 전형적인 예임.

디스트레스트마감(distressed finish) : 세월의 깊이를 나타내기 위해 복제품에 흔히 도입되는 마감으로, 가구에 의도적인 손상을 입히거나 벌레 먹은 구멍을 내어 마감하는 기법.

디스펜서(dispenser) : 주로 소형의 상품이나 견본품(sample) 등의 판촉용품 또는 상품이 하나씩 빠져 나오도록 만들어진 판매대나 계산대에 올려놓고 전시·판매하는 판매대 또는 전시대.

디스포저(disposer) : ①싱크대에 붙어 있는 주방 오물 분쇄기로서, 음식물 찌꺼기를 전기 모터로 잘게 갈아 생활하수와 함께 하천에 그대로 흘려보내도록 하는 장치. 이 기기를 사용할 경우 오물이 분해되는 과정에서 산소를 많이 필요로 하며, 물에 떠다니는 물질과 질소, 인 등의 물질을 만들어내 부영양화를 가져와 물을 오염시킴. 미국 등 외국은 전면 도입되었으나 현재 우리나라 환경부에서 사용을 금지하고 있음. ②분쇄기(=).

디스플레이(展示, display) : ①'어떤 알려지지 않은 정보를 나타내 보인다'는 의미의 라틴어인 'displico'와 'displicare'에서 유래. ②광의(廣義)로는 상품·작품·정보물 등 어떤 대상물을 각각의 목적에 따라

창의 상부는 둥근 아치 모양이고 좌우에는 네모난 좁은 창으로 구성된 형태의 창문. ②베니션윈도(=)·팔라디안윈도(=)·베네치안윈도(=)·세를리아나윈도(=).

디옵터(diopter ; D) : ①렌즈의 굴절률을 나타내는 용어. ②렌즈의 초점거리를 m로 나타내고, 그 역수. 즉

$$\frac{1}{\text{m 단위의 초점거리}}$$

디자이너(designer) : ①특정한 기능이나 목적을 위하여 어떤 것을 만들어내는 사람. ②자연의 법칙이나 인간의 성격을 이해하고서 자신의 상상력과 관념을 총동원하여 디자인의 세계를 펼치는 사람. ③3H, 즉 이성(Head)과 기술자의 숙련된 재주(Hand)와 예술가의 뜨거운 감성(Heart)을 포괄적으로 갖고 있는 사람.

디자인(design, gestaltung[독]) : ①계획·설계·도안·구성·의장 등 여러 가지 의미를 갖으나 기본적으로 장인의 생각 또는 의도의 시각적인 표현으로 이해되는 것으로 '계획하다, 설계하다'라는 라틴어 데지그나레(designare)에서 유래·파생된 말로 '이전의 상태'를 의미하는 접두어 'de'와 '표시하다'를 의미하는 접미어 'signum'이 어원(語原). ②단순한 미적·감상적 추구만이 아니라 기능적·정서적·심미적·심리적·예술적·환경적·물리적 해결을 위해 과학적 지식(기술)을 바탕으로 합리적인 마무리를 지어 인간생활에 편의를 제공하는 실용예술의 장르(genre[프]). ③건물이나 다른 구축물의 형태나 구조를 고안하거나 착안하는 것. ④모든 인간사에 관계된 것들을 아름답게 제작하는 과정과 결과. ⑤의장(≒)·조형(=)·설계(=).

디자인개념(意匠槪念, design concept) : ⇨디자인컨셉(=).

디자인경영(意匠經營, design management) : 실내디자인의 사업 경영은 일반 사업의 경영과 같이 경영에 필요한 사항에 관해 철저한 이해를 바탕으로 업무를 수행해야 함. 따라서 업계의 수주 경쟁·고객 욕구의 다양화·디자인 관련정보의 지속적인 변화·기술 및 재료의 변화·종업원 및 디자이너의 요구 증대, 관계 법규 및 각종 규제 등 내·외적 환경의 변화에 능동적으로 대처하면서 디자인 수준의 질적 향상·고객 욕구 충족 및 기업의 경영 합리화를 이루도록 충분한 시장조사를 바탕으로 제반 경영 관련 사항을 관리해 나가야 함.

디자인과정(-過程, design process) : ①현재 상황을 미래의 적합한 상태로 변화시키는 계획의 수립을 위한 목적이 있는 활동. 특히 계속 이어지는 단계들로 형성되는 순환적이고 상호 관련된 과정. ②욕구과정→조형과정→재료과정→기술과정. ③디자인 방법을 보다 구체적인 내용 또는 절차에 의해 수행해 나가는 일. ⇨디자인프로세스(=).

디자인관리의 사원리(-管理-四原理) : ①디자인 과정의 제정(制定). ②디자인에 관련하는 제 조건의 표준화. ③작업의 성과에 대한 합리적인 보수. ④최고과정을 익히는 훈련 등.

디자인관리의 원리(-管理-原理) : 디자인 과정의 제정, 작업성과에 대한 합리적 보수, 디자인 제 조건의 표준화 등.

디자인기법(-技法, design technique) : 디자인 방법이나 과정에서 발생하는 모든 사안을 표현하는 기술.

디자인도면(-圖面, design drawing) : 디자인 전개를 돕거나 나타내는데 사용되는 도안. 보통 도면은 시각적 개념을 강조하고 건축에 요구되는 치수나 디테일은 포함되지 않음.

디자인도태(-淘汰, selection of design) : 시대적인 흐름이나 요청에 따라 새로운 디자인에 의해 자연히 도태되는 디자인. 어떤 디자인이 사회적·문화적으로 적응하지 못하는 것으로 유행과 밀접한 관련이 있어 유행이 지난 디자인은 도태될 확률이 높다고 하겠음. 도태의 개념은 원래 다윈(C. R. Darwin)의 자연도태에 기인.

디자인드로잉(design drawing) : 디자인 과정에서 하나의 개념(槪念)에 대한 시각화(視覺化)·탐구(探究)·평가(評價)에서 도움이 되도록 만들어진 여러 그림.

디자인료(-料, design fee) : ①창의적인 관련 디자인 업무에 대해 계약에 따라 디자이너가 받게 되는 보수(報酬)나 수수료 또는 수당(compensation). ②종류는 ㉠일정요금제도(flat fee system ; 의뢰자가 디자이너에게 일정요금을 지불하면서 디자인 계약을 하는 것) ㉡시간제도(straight system ; 디자인 완성에 요구된 시간 수에 따라 디자인료를 계산하는 것) ㉢전속계약제도(retainer system ; 일정기간 디자이너를 고용하는 것) ㉣디자인 사용료 제도(royality system ; 디자인을 사용할 때마다 사용료로서 보수를 받는 것) ㉤완전고용제도(employment system ; 기업에 종업원으로서 고용되어 있는 것) 등. ③ ⇨보수(=).

디자인모티브(design motive) : 구체적인 행위의 원인이 되는 마음의 상태(즉 행위의 동기)가 아니고, 오히려 모든 디자인 행위를 통일적으로 전개시키는 작품의 으뜸이 되는 중심사상 혹은 기본적인 이념이나 테마를 의미.

디자인목표(-目標, design goal) : ①'바람직한 경과의 상태' 혹은 '미래에 관한 아이디어'이며 디자인 행위의 원인으로서 동기부여의 역할을 담당. 즉 디자인 목표는 디자인 행위를 선택하고 그 행위를 실행시키며 지속시키는 원인을 제공. ②디자이너는 디자인 과정에서 미래에 대한 생각을 통해 목표설정에 의해 디자인 행위의 동기부여 상태(행위의도)를 조절.

디자인방법(-方法, design method) : 설계의 접근 및 재료를 종합화하는 방법.

디자인방법론(-方法論, design methodology) : ①디자인의 원리, 실행 및 그 과정에 관한 것으로 디자인이 어떻게 수행되어 나가야 하는가 하는 방법을 다루는 것으로 디자인 방법·디자인 과정·디자인 기법을 등 3가지를 포함. ②디자인의 과학적·객관적·체계적 방법의 탐구와 개념의 명확화를 지향하는 학문.

디자인분류(意匠分類) : 일반적으로 ①형태에 따라 평면디자인·입체디자인·공간디자인 등으로, ②차원에 따라 2차원(편집디자인·그래픽디자인·벽지디자인 등)·3차원(전시디자인·슈퍼그래픽·가구디자인 등)·4차원(스테이지 디자인·CF 디자인·애니메이션 등)으로 ③영역별 계통에 따라 비주얼 디자인(visual design)·프로덕트 디자인(product design)·스페이스디자인(space design)·타임디자인(time design)·패션디자인(fashion design)으로, ④대상에 따라 건축디자인(architectural design) 공업디자인(industrial design)·상업디자인(commercial design)으로, ⑤수단에 따라 커뮤니케이션 디자인(communication design)·프로덕트 디자인(product design)·환경디자인(environment design) 등으로 구분.

디자인서베이(design survey) : 시장조사·문헌조사 등 디자인에 관한 모든 조사 및 연구.

디자인센스(design sense) : 오관, 즉 시각·청각·촉각·미각·후각을 통하여 얻어지며 지각에 의한 완성.

디자인심리(-心理, psychology of design) : 디자인에서 인간요소(human factor), 즉 '물건·사람·행동'을 하나의 시스템으로 다루어 그 관련성을 행동 과학적·정보과학적으로 해명하여 디자인 계획을 위한 근거로 삼으려는 새로운 학문 분야. SD법(semantic differential method)+인자분석·행동실험 등은 중요한 기법.

디자인아이디어판매(-販賣, concept selling) : 전반적인 디자인 아이디어를 고객에게 설명하고 고객의 승인을 얻는 것을 의미함. 이것은 무형의 존재를 판매하는 것이기 때문에 어려운 일임.

디자인양식(-樣式, design style) : 역사상 어떤 특정 시대에 특정 국가나 특정 사회 계층에서 유행되었던 건축·실내건축·가구·

공예 등에 나타난 경향이나 문화의 표현 양식.

디자인운동(-運動, design movement) : 근대 디자인(modern design)의 정착과정에 있어서 일정한 주장을 표방하는 디자인상의 집단적 행동을 지칭하는 것으로 산업혁명 이후 기계기술의 발달에 따른 대량생산으로 인해 생기는 미적 가치의 구체적 실현을 위해 제기되었던 미술공예운동·아르누보·빈공방·독일공작연맹·데 스틸·바우하우스 등이 초기의 디자인 운동이라고 할 수 있음.

디자인요소(意匠要素, elements of design) : 대상공간 또는 대상물을 디자인하는데 있어서 이용되는 점·선·면·형태·질감·문양·공간·입체 등의 기본적인 시각적·조형적 요소.

디자인원리(意匠原理, principle of design, design principle) : ①미적 구성을 위한 시지각의 기본적이고 포괄적인 개념. ②대상공간 및 대상물을 디자인하는 데 사용되는 기본적인 시각적·조형적인 원리로 스케일(scale)·비례(proportion)·균형(balance)·리듬(rhythm)·강조(emphasis)·조화(harmony)·통일(unity) 등.

디자인의 단계적 발상순서(-段階的發想順序) : 디자인의 단계적 발상에 있어서 올바른 순서는 이미지 디자인(image design)→어드밴스드 디자인(advanced design)→리디자인(redesign)→리스타일(restyle) 순으로 진행.

디자인의 삼각구조(-三角構造) : ①인간, 사회, 자연이라는 3가지 존재를 정점으로 하는 삼각형에서 인간과 자연을 매개하는 도구적 장비의 디자인인 프로덕트 디자인(product design). ②제품 디자인과 인간과 사회를 매개하는 정신적 장비의 디자인인 비주얼커뮤니케이션 디자인(visual communication design), 자연과 사회를 매개하는 환경적 장비의 디자인인 인바이런먼트 디자인(environment design). ③환경디자인의 구조를 말함.

디자인의 외관적 요소(-外觀的要素) : 디자인을 구성하는 요소는 대상의 종류에 의하여 약간의 차이가 있으나 일반적으로 색채(색상·명도·채도·광택 등)·형태(전체의 형·문양의 결합)·재질(재질·금속·합성수지 등)·기능(사용기능 등) 등.

디자인의 조건(-條件, condition of design) : 디자인 활동을 이끄는 지도적(指導的) 원리. 실제의 디자인 실시에 충분히 고려해야 할 필요조건이 좋은 디자인(good design)의 요소가 됨. 즉 합목적성(合目的性)·심미성(審美性)·독창성(獨創性)·경제성(經濟性)·질서성(秩序性)·합리성(合理性) 등.

디자인전개과정(-展開過程) : ⇨디자인 프로세스(=).

디자인전개단계(-展開段階, design development phase) : 고객에게 디자인 컨셉을 설명하기 위해 최종설계·프레젠테이션·그래픽·시방서 등을 준비하는 단계.

디자인정책(-政策, design policy) : ①기업이 소비자와 사회에 대해 일관된 이미지를 만들기 위한 종합적인 표현정책. ②기업정책의 일부분으로써 생산품을 비롯하여 판매 선전이라는 매스 커뮤니케이션(mass communication)의 매체나 사업용 건조물에 이르기까지 기업정책의 본질과 결부되는 일관된 디자인의 통일적 방침.

디자인조건(-政策, design condition) : 디자인은 주문자(클라이언트)가 요구하는 필요한 조건을 충족시키는 것이 굿 디자인(good design)임. 따라서 이러한 조건에는 일반적으로 합목적성·심미성·경제성·독창성이 디자인 원리이므로 실제로 디자인할 때 충분히 고려해야 함.

디자인진행과정(-進行過程) : ⇨디자인프로세스(=).

디자인커튼(design curtain) : 레이스나 얇은 천을 사용하며 보통 창 아랫부분은 덮지 않고 커튼 상단부는 고정시켜 놓은 커튼.

디자인컨셉(意匠概念, design concept) : ① 건물이나 건조물의 형태나 구조 또는 특성에 대한 개념. 다이어그램이나 도면·드로잉 등의 그래픽으로 재현. ②디자인 행위의 초기 단계에서 앞으로 완성될 디자인 작품에 대한 개념. 개념(槪念, concept)이란 마음속에 가진 아이디어이며, 프로젝트에 관해 처음부터 지속적으로 생각하는 개념·아이디어·구상·계획·의향 등. ⇨컨셉션(=).

디자인컨트롤(design control) : 주변·거주환경을 지키기 위한 신축이나 증개축에 대한 규제. '주민헌장', '건축협정' 등이 있으며, 높이나 형태·소재·색깔 등에 대한 규제가 따름.

디자인코디네이션(design coordination) : 기업이 판매시장에서 기업의 이미지 확보·홍보활동의 개선·사무관리의 합리화·제품생산 정책의 효율성을 추구하는 디자인 통일정책. 디자인 코디네이션의 기원은 1890년 벨데의 트로폰 회사(Tropon company)와 베렌스의 AEG 전기회사에서 시도한 일관된 디자인 계획에서 비롯되어, 초기에는 하우스 스타일(House style)의 개념에서 출발하였지만, 1960년대부터 기업의 대형화 추세·산업 체제의 변화 등으로 각 계열회사들의 통일을 강조하는 C.I의 개념으로 바뀌었음. 그 디자인 범위는 그래픽에서 제품·실내·건축 디자인은 물론 기업활동의 광범위한 측면에까지 이르고 있음.

디자인폴리시(design policy) : 특징있는 디자인을 일관하여 앞면에 나타내어 인상짓게 하는 판매정책.

디자인프로세스(design process) : ①디자인 제작과정을 총칭하는 말로써 도식적으로는 조건의 설정→아이디어 스케치→도면화→시공(제작)이 되나 실제로는 가설(假說)을 세워서 그것을 확인하는 작업의 반복(feed back)이 되풀이되는 가운데 정착시키는 노력이 필요함. ②일반적으로 디자인을 해결하는 전개과정은 문제점의 인식(identify)→아이디어 수집(gathering)→아이디어 정선(refine)→분석(analysis)→결정(decide)→실행(implement)으로 이어짐. ③실내디자인은 공간 대상에 대해 목표설정→조사→분석→종합→결정→실행의 진행단계로 이루어지며, 현실적으로는 그것을 확인하면서 반복(feed back)하는 과정. ④디자인 제작과정을 총괄하여 지칭하는 말. 대상(what)·방법(how)·원인(why) 등에 따라 최종적으로 완성되는 디자인이 달라질 수 있으므로 어떠한 디자인 프로세스를 채택하느냐 하는 것은 매우 중요함. 디자이너의 생각에 의해 또는 일의 조건에 따라 디자인 프로세스도 달라짐.

디자인행위(design action, design doings) : ①형태와 내용 사이의 상호관계에서 문제를 찾고 해결하며, 새로운 형태를 찾는 과정(C. Alexander, 1965). ②목표를 향한 문제해결 활동(Bruce L. Archer, 1965). ③만들거나 행하기 전에 최종결과에 대한 신뢰성을 부여하기 위하여 몇 번이고 시뮬레이션 해보는 일(D. J. Buker, 1962).

디저트체어(desert chair) : ①야외, 특히 배 위에서 사용하는 간이휴식용 의자. ②덱체어(=).

디캔터(decanter) : 식탁에서 사용하는 술을 담는 유리병. 일반적으로 아름답게 장식된 수정이나 유리 및 금속으로 제작.

디캔터

디태치드하우스(detached house) : 단독으로 세워진 주택. 즉 단독주택 또는 독립주택을 의미. 디태치드란 '떨어진'이라는 의미.

디테일(detail) : ①전체에 대한 개개의·상세한·부수적인 부분. ②건축이나 실내건축에서 보통 '상세도' 또는 '디테일'이라고 함. 디테일의 종류는 재료의 가공이나 시공을 할 때 요구되는 실질적인 성격과 장식적인 성격의 디테일로 구분. 첫째로 디자인 작업을 통해 구축된 결과의 부분으로 실질적인 기능의 디자인 결과. 예컨대 창문 주위의 몰딩이나 벽난로 등의 선반받이와 같이 건축구조의 일부분으로 사용되는 경우임. 둘째로 디자인 과정에서 도입되고 쉽게 제거할 수 있는 장식적인 기능의 경우. 예컨대 가구표면이나 액세서리에 사용되는 경우임. 시공에서 다양한 형태의 디테일 표현이 가능한데 디자이너는 사용재료와 공간의 성격을 고려하여 적절한 디테일을 만들어낼 수 있음.

디파트먼트머천다이저(departments merchandiser) : 한 계열을 이루고 있는 상품의 여러 가지 전개와 그의 특징을 제시하기 위한 대형 전시판매대.

디파트먼트스토어(department store) : ⇨백화점(=).

디펜던트플로트(dependent float ; DF) : ①후속작업의 TF(total float)에 영향을 미치는 플로트. ②간접여유(=)·인터퍼닝플로트(=).

디퓨저(diffuser, air diffuser) : ①광원에서 나오는 빛을 분산시키는 기본적인 매개장치로서의 빛 확산장치. ②공기조화에 의해 처리된 공기를 실내에 공급 또는 흡입하는 출구(出口). 이를 각각 서플라이 디퓨저(supply diffuser), 리턴 디퓨저(return diffuser)라고 함.

디프레스아치(depressed arch) : ⇨드롭아치(=).

디프로스(diphros[그]) : 고대 그리스에서 사용한 원형 또는 각형의 일자(一字)로 된 다리를 갖는 실용적인 낮은 스툴. 다리 사이에 버팀대(stretcher)가 부착되기도 함.

디프로스오클라디아스의자(-椅子, diphros okladias chair) : ⇨디프로스(=).

디프테로스(dipteros[그]) : 고대 신전에 있는 켈라(cella, 內陣)의 주위에 원주(圓柱)를 2열로 둘러 세운 형식.

디피지공법(-工法, D.P.G. system, Dot Point Glazing system) : ①강화유리판의 네 모서리에 구멍을 뚫고 볼트형 특수철물을 매입하여 유리를 고정시키는 방법. ②유리에 작용하는 다양한 힘을 피하기 위해서 유리와 철물의 접합점이나 부착철물의 다양한 형태와 기술축적이 요구됨.

디필론양식(-樣式, dipylon style) : ⇨기하학적양식(=).

딜레탕트(dilettante) : 호사가(好事家)로서 아마추어(amateur)이지만 예술과 과학에 대한 평론과 탐구를 하는 삶, 특히 예술애호가를 말함.

딥에콜로지(deep ecology) : 노르웨이 철학자 Arne Naess의 조어(1972년). 에콜로지 운동의 한 부류. 현대 환경문제는 기술적 대응을 넘어선 것으로 전제하고, 수많은 사회제도(정치·경제·문화의 양상)나 개인의 세계관·가치관 등 깊은 수준의 변혁이 불가결하다는 기본 인식을 가짐. 생명평등주의, 전체론적 세계관, 공생개념에 바탕을 둔 이 운동은 서구 유럽 및 미국에서도 다양하게 전개되고 있음.

딥테럴(dipteral[그]) : ①모든 면에 두 줄의 기둥이 있는 것. ②고대 그리스·로마 건축물에서 건물 주위에 기둥배열이 두 줄로 된 열주양식. ③포티코(portico)가 측면을 따라 2열의 기둥에 의해 연결된 형태.

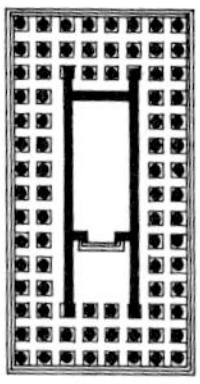

딥테럴 템플

딥틱(diptych) : 후기 고대양식의 둘로 접는 소형 칠판(고대 로마인은 그 안쪽에 초를 먹여 첨필로 글을 썼음) 또는 그림·조각을 새긴 두 쪽으로 접는 판.

따감질 : 기초를 하고 터를 고를 때에 큰 흙덩이를 무너뜨려 고르는 일.

따내기이음 : 두 부재가 서로 물려지도록 따내어 맞추는 이음.

따낸뒷면(-面, hollow back) : 마룻널 등의 뒷면을 우묵하게 파낸 것.

따낸옆판(-板, cut string, open string) : ①층층대 디딤판과 챌판을 대기 위해 톱날모양으로 따낸 경사진 판재. ②목조계단에서 챌판·디딤판을 파 넣지 않고 계단의 디딤판마다 걸쳐대기 위한 층단턱을 만들기 위해 위를 따낸 두꺼운 옆판. 이 때, 난간동자는 디딤판을 꿰뚫어 옆판을 꽂게 됨. 옆판 내보임 면에서 디딤판은 마구리를 내밀고 챌판은 옆판과 연귀맞춤을 함.

따낸이음 : 두 부재를 서로 물려지도록 따내어 맞추어 이어지게 한 것으로 주먹장이음·메뚜기장이음·엇걸이이음·빗걸이이음(빗턱이음)·엇빗이음·반턱이음·홈이음·턱솔이음 등이 있음. 일반적으로 큰못·산지·볼트·기타 보강철물을 함께 사용.

따뜻한 색(−色) : 난색(=).

딱지소로(−小櫨) : 전통주택에서 수평부재 사이를 지지하는 구두 굽 모양의 작은 부재인 소로의 겉모양만 딴 형태의 장식요소.

딴채 : ①본채와 별도로 떼어서 지은 집채. ②별채(=).

딴혀(spline, feather) : 마룻널 쪽매 등의 쪽매 홈에 따로 끼워 댄 혀.

딴혀연귀(−燕口, miter joint with spline) : 맞연귀를 맞추어 대고 맞춤자리에 딴혀를 끼워 넣은 것.

딴혀연귀맞춤(miter joint with spline) : ⇨딴혀연귀(=).

딴혀쪽매(spline joint, spline) : ⇨딴혀쪽매맞춤(=).

딴혀쪽매맞춤(spline joint) : ①판재를 수평으로 이어나가기 위해 접촉면 사이에 보이지 않도록 가늘고 긴 쐐기를 박아 넣는 방법. ②널의 양옆면 중간에 길게 홈을 파고 다른 부재(목재·각파이프 등)를 삽입하여 널을 넓게 이어 까는 방법. 주로 바닥마루깔기나 경량칸막이의 패널과 패널 사이에 끼워 넣어 설치. ③종류는 딴혀형태에 따라 줄눈이 있는 딴혀쪽매·주먹장 딴혀쪽매로 구분함. ④은 살대붙임·스플라인(=)·쪽매.

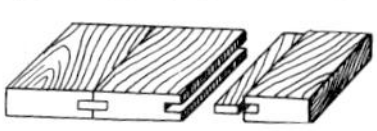
딴혀쪽매

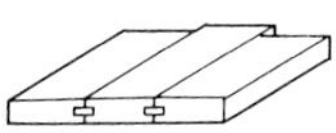
딴혀쪽매맞춤

땅고름 : ①집의 마당이나 터전을 깔끔하게 고르는 일. ②저절로 물이 흐를 수 있도록 경사지게 다듬음. ③취평(=).

땜납(solder) : 용융점이 낮은 납 등의 합금으로 된 것.

떠붙임공법(−工法) : ①타일 뒷면에 붙임용 모르타르를 바른 뒤 바탕면에 타일을 한 장씩 두드리며 눌러 붙이는 공법. ②내·외벽공사시 널리 사용되는 것으로 빈틈이 생기지 않도록 붙임. 특히 타일 접착시공을 할 때 시멘트 페이스트(paste)를 줄눈에 뿌리는 것은 백화현상을 촉진시키므로 주의를 요하며, 이를 방지하기 위해서 양질의 타일을 사용하고 정밀시공을 하도록 함.

떡 : 오리나무를 써서 수장과 토벽의 사이가 벌어지는 것을 막기 위해 덧대는 기법 또는 그에 쓰는 오리나무.

떡갈나무(濫木, 木, 大葉作, oak, damyo oak, quercus dantata thunb[학]) : ①너도밤나무과의 상록교목. 연륜이 매우 뚜렷하고, 심재는 농회갈색, 변재는 담갈백색으로 심변재의 구분이 뚜렷함. 나무갗은 거칠고, 나뭇결은 고우며 치밀하고 탄성·인성이 크며 단단하고 무거우며 갈라지기 쉬워 가공이 어려움. 수축성은 크며 흡수성은 보통임. 압축강도·인장강도·휨강도·전단강도는 강하고 충격휨 흡수에너지는 보통이며 경도는 낮음. 비중 0.82kg/㎤, 압축강도 459kg/㎠, 휨강도 786kg/㎠, 전단강도 79kg/㎠ 정도. 제재가공성은 보통이고, 건조성과 대패가공성은 불량하며 휨가공성은 양호함. 접착성과 도장성은 양호함. 합판제조적성은 보통이고, 섬유판제조적성은 불량함. 시멘트경화성은 보통이고, 내후성은 양호함. ②주로 강도와 경도를 요하는 건축재료(건구, 내장) 또는 선박재·화장단판.가구·펄프·목탄·버섯재배 등으로 사용함.

떡살 : 절편을 만들 때 무늬를 찍어내는 틀. 음각으로 된 무늬가 다양.

떨공이(drop hammer) : ①공이(hammer)가 쇠장대를 따라 낙하(落下)하여 말뚝을 박는 말뚝박이 장치. 공이를 끌어올리는 일은 윈치(winch)로 로프를 당겨야 함. ②공이는 보통 '멍키' 또는 '멍켄'이라고 함. ③공이(=).

ㄷ

떨이 : 나무를 깎거나 자를 때에 떨어져 나가는 조각.

떼어쌓기(racking bond, recess bond) : ①서로 맞닿게 되는 벽을 다같이 쌓지 못하거나, 또는 공사관계로 그 일부를 쌓지 못하게 될 때에 나중에 쌓을 벽의 벽돌에 물려 통줄눈이 생기지 않도록 하기 위해 먼저 쌓은 벽돌벽의 일부를 들여 쌓는 것. 보통 1/4B 또는 한켜걸름 및 층단으로 떼어 쌓음. ②띄어쌓기(=).

떼적 : 무엇을 막으려고 치는 거적 같은 것.

뗀돌(rubble quarry stone) : 채석판 한 막돌.

뗏목기초(-基礎, floating foundation, raft foundation, grillage footing) : ①매우 묽고 연약한 지층이 깊어서 기초를 굳은 지층에 도달시킬 수 없는 지반을 밑 없는 지반이라고 하며, 이러한 지반 내에 배처럼 떠 있게 만든 기초. ②기초를 구축하기 위해 굴토(堀土)된 토사(土沙)의 중량이 건물의 중량과 같거나 크도록 하기 위해 지반 깊이를 굴삭하여 설치하는 기초. 내구성 있는 소나무·밤나무·측백나무 등으로 뗏목 같이 가로·세로 짜서 건축물을 받치는 것으로 목재는 상수면 이하에 설치.

똬리집 : ①안마당이 아주 작은 ㅁ자 집. ②지붕이 똬리 모양으로 'ㅁ'자를 이루는 집. ③안마당이 극도로 축소되어 집의 한가운데에 하늘이 빠끔하게 뚫려 보이는 형태로 대문과 중문이 함께 있는 것이 특색. ④경기 서부나 황해도 해안 지방에 분포되었던 집 형태. ⑤뙈쇄집(=).

뙈쇄집 : ⇨똬리집(=).

뙤창(-窓) : 아주 작게 만든 창.

뚝향나무 : ⇨향나무(=).

뜨레볼(trébol, platymiscium pinnatum dugand[학]) : ①중앙아메리카의 온두라스에서 파나마의 대서양측 지역과 남아메리카 북부에 분포. 심재는 적색에서 적갈색까지 변화가 크며 변재는 황백색. 목리는 통직 또는 우아한 파상이고 나무갗은 보통이며 광택이 큼. 기건비중은 1.07 전후, 수축률은 방사방향 2.9%, 접선방향 5.0%, 용적수축률 6.6%로 적음. 강도는 압축강도 805kg/㎠, 휨강도 1,262kg/㎠, 전단강도 110kg/㎠로 강함. 내구성이 매우 높고 균과 충의 저항성이 강함. 건조속도가 완만하기 때문에 자연건조는 약간 곤란하며 갈라짐(割裂)이나 비틀림이 발생하기 쉬움. 가공은 곤란하며 도장성의 마무리는 양호함. ②주로 장식·플로어링·가구 등에 사용.

뜨임 : ⇨뜨임질(=).

뜨임질(燒戾, temper, tempering) : ①강의 열처리법 중 하나. 소려(燒戾)라고도 함. ②담금질을 한 강(鋼)에 인성(靭性)을 주기 위하여 변태점 이하의 적당한 온도에서 가열한 다음 냉각시키는 열처리법. ③취성이 큰 담금질(燒入)한 고탄소강을 또다시 726℃ 정도 이하로 가열한 후 서서히 냉각시켜 내부의 잔류응력을 없애고 인성을 증대시키는 열처리법. ④인성(靭性)을 증대시키기 위하여 담금질한 강을 200~600℃ 정도로 또다시 가열한 다음 공기 중에서 서서히 냉각시키는 것. ⑤뜨임질을 하면 재료의 경도와 강도는 감소하지만 신장률·단면수축률 및 충격값은 증가함. 따라서 매짐성이 완화됨. 특히 온도가 가장 큰 영향을 미치기 때문에 필요한 경도 및 인성을 얻기 위해서는 적당하게 온도를 가감하는 것이 좋음. ⑥소려(=).

뜬구조 : ⇨뜬바닥구조(=).

뜬다리 : ①교각을 세우지 아니하고 배·뗏목 등을 잇대어 매고 그 위에 널빤지를 깔아 만든 다리. ②배다리·부교(=).

뜬물매 : ①완만한 경사. ②지붕재료 한 개가 클수록, 금속판 지붕에 사용. ③⇨된물매(⇔).

뜬바닥구조(-構造, floating structure) : ⇨액세스플로어(=).

뜬서까래 : ⇨부연(=).

뜬용 : 궁궐 따위에서 천장에 매단 모양의 장식물.

뜬장여(-丈餘) : ①도리 밑에 붙지 아니하고

통장여, 단장여 밑에 떠있는 상태로 부재간을 연결하는 장여. ②도리 바로 밑에 놓인 장여에 소로를 받치고 거는 또 하나의 장여. ③창방형태인 경우 뜬창방, 장여 형태인 경우 뜬장여라고 함. ④부장설·별장여(=)·장여.

뜬장혀 : ⇨뜬장여(=).

뜬창방(−唱榜) : ①용마루나 중도리 밑에 있는 대공 또는 동자주에 가로 건너지른 창방. 그 밑에 벽이나 평행가로재가 없이 된 것. ②용마루나 중도리 밑에 있는 대공 또는 동자주에 가로 건너지른 창방. 그 밑에 벽이나 평행 가로재가 없이 된 것. ③들보 위의 동자주나 대공에 끼우는 창방처럼 생긴 나무. ④동자주나 대공에 끼워서 얹는 창방. ⑤창방과 같은 모양으로 종도리 밑에 종도리와 같은 방향으로 대공을 연결시키는 수평부재. ⑥별창방·뜬도리·부창방(=).

뜰(cortile) : 이탈리아 팔라초(pallazzo)의 크고 중요한 마당.

뜰집 : ①따리집 용마루가 네모꼴을 그리고 가운데 좁은 마당이 있는 집. ②ㅁ자집(=).

뜸 : 한 동네 안에서 따로따로 몇 집씩이 한데 모여 있는 구역.

뜸막 : 띠·부들 따위로 거적처럼 엮어 만든 움막.

뜸집 : 풀(草)을 가지고 지은 집.

띄어쌓기(racking) : 한 번에 쌓을 수 없을 경우 벽돌을 나중에 물려 쌓을 수 있도록 한켜걸름으로 들여쌓거나 층단을 지어 쌓는 것.

띠기둥(tied column) : ①주근과 띠철근이 있는 콘크리트 기둥으로 띠철근은 최소 9.5㎜ 직경의 철근을 사용해야 함. 또한 배근은 띠철근 직경의 48d, 주근 직경의 16d, 기둥단면 최소치수 이하의 간격으로 함. ② 장방형기둥(=).

띠돌림(banding) : ①가구에 사용하는 장식적인 테두리 또는 가장자리 선. ②18세기경에 테이블 상판이나 서랍 전면에 본래의 색과 질감이 다른 무늬목을 조합하여 장식띠로 크로스 밴딩(cross banding ; 나뭇결을 직각교차 시킴)과 오늬무늬(herring bone ; 생선뼈의 형상을 나타내는 사선의 조합) 또는 페더 밴딩(feather banding ; 깃털의 형상을 나타내는 사선의 조합) 등의 방법이 있음.

띠돌림원기둥(−圓−, banded column, ringed column) : 르네상스시대에 있어서 건축물 기둥의 주신(柱身)보다 직경이 크고 낮은 원통형의 돌출된 띠가 일정한 간격으로 둘러져 있는 장식적인 기둥.

띠모양의 벽면(−壁面, fascia) : 벽으로부터 돌출된 얇은 두께를 가진 넓은 수평의 부재 또는 몰딩.

띠살 : ①투밀이한 창살. ②등을 둥글게 만드는 투밀이 기법으로 만든 나뭇널. ③ 대전(=).

띠살문(−箭門) : ⇨띠살창(=).

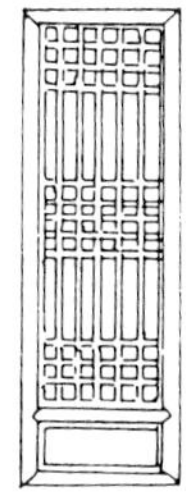

띠살문

띠살창(−箭窓) : ①수직으로 긴 장방형의 울거미를 짠 다음, 그 속에 세로로 긴 살대를 촘촘하게 짜 넣고 장방형의 위·아래·가운데의 세 곳에 세로로 선 살대들과 직교되게 가로로 살들을 짜 넣은 창호. ②일반적으로 위·아래에는 다섯줄, 가운데는 일곱 줄을 짜 넣음. ③창호의 키가 낮을 때에는 위로부터 3−4−5줄, 5−6−7−8줄로 짜넣어 균형을 맞추는데, 주로 궁궐의 전각에 가로살대의 수가 많음. ④사대부집과 중인집에서는 방의 덧창호로 사용, 서민주택에서는 띠살창 하나만을 설치하여 방의 출입문으로 사용. ⑤들창으로도 사용하여 머름 위에 문틀(문얼굴)을 짠 다음 두 짝 띠살창을 달아, 출입보다는 채광창과 조망창으로 쓰임. ⑥세살창(=).

띠쇠(帶鐵, strap) : ①대형(帶形)으로 된 철물. ②좁고 긴 적당한 길이의 띠형으로 된 철판에 가시못 또는 볼트구멍을 뚫은 철물로서 두 개의 부재(목재)의 이음새·맞춤새에 대어 두 개의 부재가 벌어지지 않도록 보강하는데 사용하는 보강철물. ③종류에는 보통띠쇠·ㄱ자쇠·T자쇠·거멀쇠·감잡이쇠·모서리쇠·안장쇠 등.

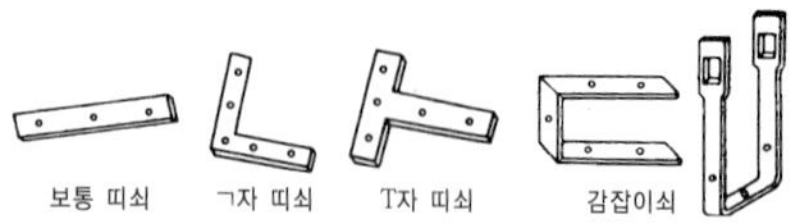

띠쇠

띠열장 : 열장이 길게 띠처럼 된 나무.

띠열장붙임 : ①안쪽에 띠 나무를 붙여서 쪽붙임을 하는 방법이나 그렇게 쪽붙임을 한 자리. ②⇨쪽매.

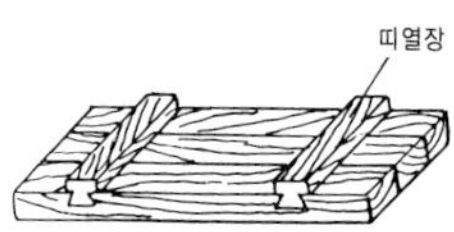

띠열장붙임

띠움도배(-塗褙) : ⇨도배.

띠장(帶杖, 帶枋, furring) : ①플라스터나 벽 보드와 같은 실내 마감재를 지탱해주는 목재·벽돌·금속으로 된 띠를 갖는 라이닝(lining). ②패널이나 회벽 또는 창문이나 가구 등에서 마감재를 붙이기 위한 가로 댄 목재·금속 등의 부재. ③낮은 천장을 지탱하는 금속의 띠. ④기둥과 기둥 사이에 칸막이벽으로 붙이는 나뭇널.

띠장식

띠장문(帶杖門, wooden gate) : ①띠장에 널을 세로 또는 엇비슷하게 대고 못치기한 것, 또는 문울거미 중간에 띠장 또는 가새를 대고 널을 붙인 것. ②널의 폭은 건조·수축에 의한 틈새를 막을 수 있도록 100㎜ 이내의 좁은 것을 사용하는 것이 좋음. 문의 처짐을 방지하기 위해 가새를 대면 더욱 효과적임. 널의 쪽매는 맞대기·제혀

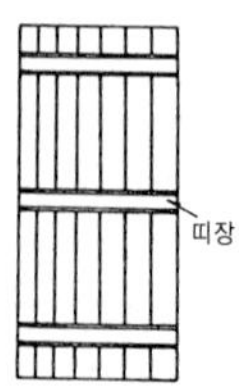

띠장문

또는 반턱쪽매로 함.

띠장식(-裝飾, strap work, band) : ①벽면에서 약간 튀어나온 수평의 평탄한 부재나 쇠시리(molding). 보통은 벽면을 구획하는 데 사용. ②기하학적 형태와 아라베스크 형태를 교차·조합하여 가죽 띠나 뇌문(雷紋)과 유사한 형태를 이루는 장식. 주로 실내의 벽체·천장·가구·칸막이 등에 사용. ③1535년 프랑스의 퐁텐블로(Fontainebleau) 궁전에서 회벽에 처음으로 사용된 후 영국의 엘리자베스 여왕시대와 자코비안시대에는 일반적으로 사용되었고 19세기에 저부조 또는 채색으로 다시 사용.

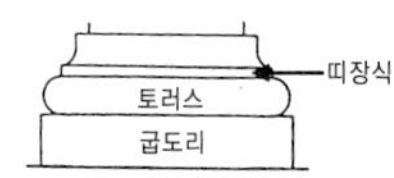

띠장식

띠철근 : ⇨대근(=).

띠톱(band saw) : 의자의 다리·좌판 등 곡선형 제춤의 형태를 절단하는데 주로 사용되는 목공기계. 셰이퍼(shaper)에 정밀가공하기 전에 개략적인 윤곽을 잡아주고, 절단 시 가공치수의 손실분 10㎜를 감안하여 절단.

띠형 정첩(-形釘㻡, strap hinge) : 중세 가구에 자주 사용된 경첩으로 가운데 핀 양쪽으로 좁고 긴 띠와 같이 생긴 것.

【ㄹ】

라(Ra) : ①고대 이집트 신화 중 최고의 태양신. ②보통 독수리의 머리에 원반을 올린 모양을 하고 있음.

라나이(lanai) : ①지붕이 있는 테라스. 특히 거실로 사용되는 완벽하게 가구가 갖추어진 것. ②하와이풍의 베란다.

라나이

라돈(radon) : ①폐암을 일으키는 대표적인 실내 오염물질로, 천연우라늄이 자연붕괴할 때 생기는 방사성 가스. ②방사능 물질로서 실내공기의 작은 부유분진과 결합되어 방사능 에어노즐을 흡입하게 되면 라돈 결과물이 호흡기에 부착·축적되어 폐암의 발생원인이 됨. ③석재·벽돌·석고·흙담 등 건축자재에도 들어 있으며 지하실이나 벽 틈새를 타고 실내로 침투함. ④스웨덴에서 기준치보다 약 100배 많은 집이 발견되는 등 유럽에서는 커다란 문제로 되어 있음.

라드에어온도(-溫度, lad-air temperature) : 복사(輻射)의 등가기온(等價氣溫) $\theta_i+\theta_e$의 온도.

라드프랭클린발달설(-發達說, Ladd-Franklin) : 동물은 발달되어감에 따라 흑백(黑白)의 구별에서 황(黃)·청(靑)을 구별하게 되고 황에 대한 감수 장치에서 다시 적(赤)·녹(綠)을 느끼는 장치로 분화하고 그 이전의 발달과정에 첨가하여 많은 색감각을 일으킨다는 설.

라디안(radian) : ①각(角, plane angle)의 단위. ②반경의 길이와 같은 호에 대한 중심각의 크기.

라디에이터(放熱器, radiator) : ①일반적으로 열을 발산시키는 장치를 총칭. ②실내난방용으로는 증기 또는 온수의 열을 발산하여 공기를 따뜻하게 하는 난방장치 또는 공기·물 등에 열을 발산시켜 기계를 냉각시키는 물이나 공기가 지나가는 금속 유닛(unit)이나 코일(coil)·파이프(pipe)로 구성된 난방기구로 복사열을 주변 공기나 공간으로 보냄. 일반적으로 라디에이터는 복사보다는 전도에 의해 더 많은 열을 전달함. ③종류는 그 형상·재료 및 사용열매의 종류에 따라 여러 가지로 구분.

라디에이터

라디에타미송(-美松, Radiata pine, Pinus radiate D. Don[학]) : ①북미(미국·캐나다)가 원산지이나 칠레·뉴질랜드·오스트레일리아에서 조림에 성공한 수종. ②심재는 통직하고 나무갗은 약간 고움. 기건비중 0.468, 수축률은 방사방향 4.0%, 접선방향 7.1%로 작고 강도는 압축강도 422kg/㎠, 휨강도 740kg/㎠, 인장강도 913 kg/㎠, 전단강도 95kg/㎠로 약함. 습한 곳이나 토지에 접하면 쉽게 썩음. 포삭성 · 도장성은 양호하며 자연건조는 갈라짐(割裂)을 방지하기 위하여 천천히 건조함. ③주로 가구재나 실내장식 마감재로 사용.

라르누보(L'art nouveau) : ⇨아르누보.

라마교(刺麻敎, Lamaism) : ①티벳불교의 또 다른 이름. ②티벳인들은 지식과 수행을 갖추어 제자를 키워낼만한 덕높은 고승에게 라마라는 명칭을 붙여 줌. 어원으로 본다면, 라마, 즉 스승을 신봉하는 불교가 라마교임. ③원래 티벳과 네팔 등지에서 발전한 밀교의 한 계통이며, 밀교는 대승불교보다 더욱 복잡한 우주론을 가짐. ④

라마교가 극성했던 중국 원나라 때부터 중국 문헌에서 티벳 승려를 라마(刺麻)라 고 부르기 시작했는데 이민족 통일국가였던 원(元)은 중국 전래의 대승불교보다는 서역에 성행했던 라마교를 국교로 삼았고, 또 다른 이민족 국가 청(淸)도 라마교를 왕실불교로 삼았음. 현재의 중국 불교계도 라마교 계열은 주도적인 위치를 점하며, 따라서 중국 전역에 원-청대에 조성된 라마교의 보탑-풍마동이 원형-이 곳곳에 세워져 있음. 우리나라에서는 원의 침략으로 인해 마곡사 5층석탑 상륜부 풍마동과 개성 경천사 석탑, 조선조 양양 낙산사 석탑에 풍마동을 상륜부로 삼았음.

라마수(Lamassu) : 메소포타미아의 왕궁과 신전의 입구를 지키던 인간 머리와 날개 달린 황소나 사자의 모습을 한 기념비적 석상.

라멘(rigid frame, rahmen[독]) : ①각 절점(節點)에서 부재가 강(剛)으로 접합되어 있는 골조. ②구조역학적(構造力學的)으로는 휨재·압축재·인장재가 모두 강절(剛節)로 접합된 골조(骨組) 형식. ③⇨라멘구조(=).

라멘구조(-構造, rahmen construction) : ⇨일체식 구조(=).

라멘도(-圖, rahmen construction plan) : 철근콘크리트·철골철근콘크리트 구조물의 관계를 그린 도면.

라멜라 티어(lamella tear) : 압연강판에 존재하는 비금속 개재물(介在物)이 주요 원인이 되어 발생하는 것으로서 강판 표면에서 거의 평행방향으로 진전하는 균열.

라멜라 티어

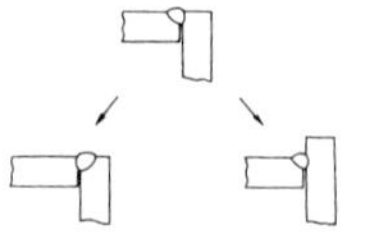
(a) 입판측의 홈가공 (b) 입판단의 돌출

라멜라 티어

라미네이트(積層板, laminate) : ①다른 판에 부착하는 얇은 판재 또는 부착방법이나 플라스틱 라미네이트인 멜라민 치장판. ②접착제를 이용하거나 폴리우드 및 적층(積層) 플라스틱처럼 다른 방법에 의해 둘 이상의 포개진 층을 접합시켜 만든 제품. ③종류에는 고압력 라미네이티드(high pressure laminated)와 저압력 라미네이티드(low pressure laminated)가 있음. ④멜라민치장판(=).

라미네이트

라미네이티드글라스(laminated glass) : ⇨트리플렉스글라스(=).

라미네이티드보드(laminated board) : 단판(單板) 또는 얇은 판(보통 7㎜ 이하)을 적층재로 만들어, 이것을 적층면에 대해 직각으로 일정한 두께로 켠 것을 심(core)으로 하여 덧댄 심판(心板) 또는 앞·뒤판을 붙여 만든 합판.

라미네이티드블록(laminated block) : ⇨집성블록(=).

라미네이티드세이프글라스(laminated safe glass) : ⇨라미네이티드글라스(=).

라민(ramin) : 인도네시아산(産) 실내장식 마감재 및 가구재.

라바보(lavabo) : 중세 수도원에서 종교적인 의식이나 성찬식을 하기 전에 손이나 몸을 씻는데 사용된 돌로 만든 물통.

라벤더(lavender) : ①라벤더 꽃 색. 라벤더는 향기로운 풀꽃과에 속하는 반교목(半喬木)으로 향수의 원료. ②연한 보라(light violet). ③관용색명으로 칙칙한 파랑을 띤 보라. ④먼셀기호 5.5P6.0/5.0.

라빌레트(La Villette) : ①21세기의 새로운 공원상을 목적으로 국제현상설계에 의해 1982년 기본 디자인이 결정되어 만들어진 프랑스 파리 북동부에 위치한 공원. ②특징적인 요소로는 120m 간격의 그리드에 10m×10m의 입방체를 기조로 한 폴리 시스템(folie system), 자연풍경식 정원의 공간구성 원리를 정형식으로 재해석하여 점·선 시스템인 가로수에 의한 공간 구성과 축선 형식 등.

라스(lath) : ①플라스터(plaster)나 다른 표면을 지탱하기 위해 벽의 샛기둥에 고정시키는 얇은 목판. 또는 같은 용도를 갖는 금속이나 구멍이 뚫린 시트(sheet). ②회반죽이나 치장벽토가 입혀지는 금속 또는 목재의 기초재. ③종류는 메탈라스(metal lath)·와이어라스(wire lath)·철망라스(diamond mesh lath)·우드라스(wood lath)·집섬라스(gypsum lath)·리브라스(rib lath) 및 와이어 메시(wire mesh)와 같은 전기용접 철망이 있음. ④주로 미장공사의 바탕(plastering)·지붕의 이음(slating)·타일의 부착(tiling) 등에 사용.

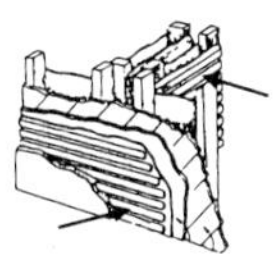
라스

라스모자이크타일(lath mosaic tile) : ⇨아트모자이크타일(=).

라스코동굴(Lascaux cave) : B. C. 13,000~8,500년경의 것으로 추정되는 벽화가 남아 있는 프랑스 라스코 지방의 벽화.

라왕(lauan) : ⇨나왕(=).

라요난양식(-樣式, rayonnant style) : ⇨레요낭양식(=).

라우트(rout) : 둥근 끌이나 기계로 홈을 내거나 구멍을 낸 것.

라우트체어(lout chair) : ①18세기에 큰 야간모임(rout)이나 사교모임에 사용하기 위해 제작된 소형의자. ②보통 골조는 목재 위에 채색(彩色)하고 좌판은 골풀(rush)을 사용함.

라우트체어

라운드아치(round arch) : ①결원(缺圓 ; 반원보다 작은 원호)·반원(半圓)·원호(圓弧) 등의 원형아치. ②⇨원형아치(=).

라운드어바웃체어(round about chair) : ①좌판의 앞부분 중앙은 90° 각형이고 뒷부분은 원형이며 두 개의 난간동자형 세로대가 부착된 등받이만 있고 팔걸이가 없는 코너용 의자. ②다리는 앞부분이 1개, 뒷부분이 2개. ③코너 체어(corner chair) 또는 라이팅 체어(writing chair)라고 함.

라운드어바웃체어

라운드체어(round chair) : ⇨회전의자(=).

라운드포인트(round point) : 못·스파이크(spike)에서 뾰족한 원추형의 못 끝.

라운지(lounge) : ①원래 사람들이 안락한 마음으로 모여드는 장소를 의미하며, 일반적으로 푸아예(foyer[프])나 로비와 같은 의미로 사용. ②극장·호텔·클럽·공항 등 다수인이 사용하는 공용공간에 휴식·담소·대기·회의나 상담 등을 위한 휴게실·오락실·사교실·로비 등으로 보통 화장실을 갖춤. 상업적 측면에서 바(bar)나 커피숍 등이 부속됨. ③선박에서 휴게 및 산책할 수 있는 장소. 이를 '산책 덱(deck)'이라고 함. ④19세기의 소파(sofa)나 카우치(couch)로 한쪽 팔걸이를 다른 쪽보다 높게 디자인하여 머리 받침대(headrest)로 쓰기도 함. ⑤⇨라운지체어(=).

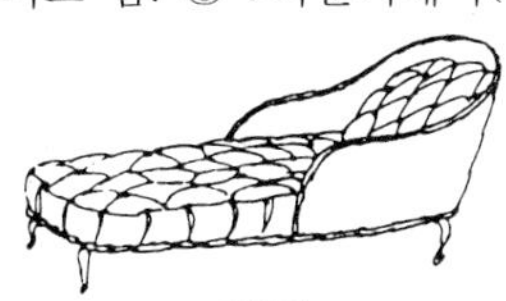
라운지

라운지소파(lounge sofa) : 편안히 누울 수 있도록 안락감(安樂感, cushion)이 우수하고 머리와 어깨부분을 받칠 수 있도록 한쪽부분이 경사져 있는 소파.

라운지체어(lounge chair) : ①원래 의자 다리가 길게 뻗어 나오고 앉는 자리의 전후를 깊게 한 안락의자(easy chair). ②가장 편하게 휴식을 취할 수 있는 전체를 직물로 감싼 고급스럽고 푹신한 안락의자. ③팔걸이·발걸이·머리 받침대 등이 추가되기도 하며 안락감을 더하기 위하여 기대기·흔들기·회전 등이 가능하도록 다양한 기계장치를 설치하기도 함. ④19세기 중엽부터 쓰기 시작.

라운지체어

라운지키친(lounge kitchen) : ⇨아일랜드키친(=).

라움(Raum) : ①알프스 북쪽 산에 사는 종족의 생활공간. ②바깥 주위가 완전히 둘러싸여져 명확한 윤곽에 따라 완전히 한정되어 있는 공간. ③견고하고 두꺼운 돌로 된 벽으로 둘러싸고 작은 창을 낸 유럽의 바(Bar)가 여기에 해당함. ④내부공간(Inner Raum)과 외부공간(Ausser Raum)으로 구분함.

라이닝(lining) : ①주로 재료의 방식(防蝕)을 목적으로 재료 표면을 다른 물질로 막 두께 0.5~3mm 정도로 비교적 두껍게 피복하는 것. ②탱크(tank)나 관(管) 등의 내벽(內壁)을 내열재(耐熱材) 및 내약품(耐藥品) 재료 등으로 피복하는 일.

라이저(riser) : ⇨단높이(=).

라이즈(rise) : ①긴 수평선의 경우 중앙부가 쳐져 보이는 착시현상으로 가늘어 보이는 것을 교정하기 위해 기둥 중앙부의 직경을 기둥 상하부의 직경보다 약간 크게 하는 기법. ②계단 상하 디딤판간의 수직높이나 계단참(landing)간의 수직높이 또는 아치의 곡면부분의 수직높이, 즉 아치 곡선으로부터 곡면의 내부둘레(intrados) 최고지점까지의 높이. ③단높이(=).

라이징힌지(rising hinge) : 문을 열면 문짝이 약간 들어 올려지도록 되어 있는 중력식 정첩(gravity hinge).

라이트(light) : ⇨라이팅·등·조명(=).

라이트브리지(light bridge) : 플라이 갤러리(fly gallery) 중앙의 프로세니움 아치 바로 뒤에 설치된 것.

라이트아트(light art) : ①빛을 매체로 하여 과학과 예술의 결합 기능성을 추구하려는 입장을 표방한 1960년에 일어난 미술운동. ②빛의 효과를 적극적으로 이용하여 새로운 시각적 이미지를 창출하고자 하는 의도로 광선(光線)의 물리적 기능이나 광원(光原) 자체의 효과를 활용하고자 함.

라이트양식(-様式, Wright style) : ①프랭크 로이드 라이트(Frank Lloyd Wright : 1867~1959)의 이름을 따서 명명된 건축형태. ②이 양식은 그의 생애 동안 많은 변화가 이루어졌으며, 그의 사후까지도 건축양식에 지대한 영향을 미쳤음. 약 1900년경의 성숙기에 이르는 첫 번째 시기는 초원양식의 주택이 특징적임. 낮은 지붕을 가진 길고 낮은 건물들과 여닫이 창문의 열(列)을 통하여 대지와의 수평적 관계를 강조하였음. 두 번째 시기는 6각형·8각형·원(圓)과 호(弧)와 같은 기하학적인 형태에 기초를 두었음. 구겐하임 미술관(Guggenheim museum)의 나선형태는 이 시기에 가장 잘 알려진 작품임. 세 번째 시기는 낙수장(Falling Water)과 같은 혁신적인 주택디자인과 함께 시작됨. 후기 작품은 일련의 장식적인 콘크리트블록 주택과 사막 주택 같은 탈리아센 웨스트(Taliasen West)를 포함함.

라이트웰(light well) : ⇨광정(=).

라이트토너스(light tonus) : ①빛과 색채에 인체가 반응하는 근육운동. ②빛에 대한 근육 긴장도(筋肉緊張度)는 색에 따라 근육의 긴장과 이완의 정도가 다르게 나타남. ③정상적인 근육의 정도를 23이라고 할 때 청색이 24, 녹색이 28로 이완상태를 나타내고, 노란색이 30, 오렌지색이 35, 빨간색이 42로 긴장·흥분을 증가시킴. ④실내공간에서는 베이지색과 파스텔 톤(pastel tone)이 정상치와 같은 23으로서 가장 이상적인 주공간의 색채로 평가됨.

라이팅(lighting) : ⇨조명·라이팅·등(=).

라이팅(lighting) : 조명 또는 채광을 의미. 디스플레이 용어로서 소매점에서는 밝기에 덧붙여 분위기 만들기의 역할도 함.

라이팅데스크(writing desk) : ①글 쓰는 용도의 책상. ②사자대(寫字臺). ③호텔 객실에서는 보통 화장대를 겸용하며 넓이는 900㎜, 안길이는 400~550㎜, 높이는 700~750㎜. 여기에 알맞은 스툴의 높이는 430~450㎜가 표준적인 치수. ④특히 비즈니스호텔인 경우 객실은 업무상 투숙하는 고객에게 업무의 진행·준비를 위해

ㄹ

라이팅 데스크(writing desk)와 충분한 밝기의 조명을 갖추도록 함.

라이팅뷰로(writing bureau) : ①17세기 프랑스에 등장한 세크러터리(secretary)가 원형으로 작은 테이블 위에 책꽂이 정도의 작은 선반과 서랍을 붙여 일체화한 캐비닛형 책상. ②책상면을 접이식으로 하여 필요할 때 잡아 당겨 사용하거나 책상면 위로 덮개를 내릴 수 있는 형태. ③좁은 방이나 가끔씩 사용하는 책상으로 편리하며, 작고 예쁜 것이 많아 장식적임.

라이팅체어(writing chair) : ⇨라운드어바웃체어(=).

라이프사이클(life cycle, family life cycle) : ①가족의 발달 단계에 있어서 순환적인 시기(時機) 구분. 가족주기(family life cycle)라고도 함. ②건물 또는 부품의 내용(耐用)년수. ③생활양식. 즉 시대의 변화에 따라 생활이 변하는 것. ④가족구성의 변화에 따라 특징되는 거주자의 생활단계. ⑤하나의 신제품이 시장에 도입·보급되고 포화상태가 되면서 대체품인 신제품의 등장으로 시장에서 소멸되는 기간.

라이프스타일(life style) : ①정의 ; ㉠도덕·의식·기호 등을 포함한 개인의 생활방식을 나타내는 용어. ㉡사람들이 살아가는데 있어 돈과 시간을 소비하는 전반적인 생활양식. 생활의 구조적 측면인 생활의식(opinion), 생활활동(activity), 관심(interest) 등의 복합. ㉢거주자의 성향에 따라 특정집단으로 구별될 수 있으며, 보편적으로 인식 가능한 생활방식. ②특징; ㉠가변적 융통성과 밀접한 관련이 있음. ㉡공간의 다양한 활용을 실질적으로 구현할 수 있는 'Open Building' 디자인 방법은 인간의 행동양식 변화에 능동적으로 대응할 수 있는 중요한 도구의 하나임.

라인(line) : ①일반적으로 선(線)을 의미하나 디스플레이 용어로는 상품을 진열했을 때 연속감에 의해 겉보기 선이 느껴지는 것. ②라인을 정돈하는 것은 모든 진열의 기본임.

라인디퓨저(line diffuser, linear diffuser) : 공기조화기구의 공기흐름을 위하여 일체식 천장에서 천장판 사이에 위치한 좁고 긴 고랑형 디퓨저(slot diffuser).

라인조명(-照明, line lighting) : ①천장 매입형의 트로퍼(troffer) 조명방식의 일종. ②형광등의 조명방식 중 가장 효과적인 조명방식. ③종류는 종방향, 횡방향, 대각선방향 및 장방향 라인 라이트 등으로 분류.

라일락(lilac) : ①라일락꽃과 같은 색. ②라벤더보다 붉은 기미를 띰. ③연보라(light violet). ④관용색명으로 연한 보라. ⑤먼셀기호 6.0P7.0/6.0.

라임나무(lime wood) : ①가구장식에 사용되는 색이 엷고 가공이 용이한 열대산 나무. ②17세기 후반 영국의 실내장식 조각가인 기번스(G. Gibbons)가 자주 사용.

라임드오크(limed oak) : ①내장에 사용하는 실내마감이나 가구에 사용되는 오크나무 또는 오크 무늬목에 흰색이나 은회색이 나도록 채색(stain) 마감처리한 것. ②20세기 초에 유행하였으며 은은한 파스텔 컬러가 유행하는 오늘날에도 자주 사용.

라즈베리레드(raspberry red) : ①나무딸기 열매와 같은 빨강. ②짙은 자주(deep red purple). ③먼셀기호 6.0RP3.0/7.5.

라체이스(La Chaise) : ①찰스 임즈(Charles Eames : 1907~78)가 1948년에 디자인한 회색의 플라스틱 두 장 사이를 고무 스펀지로 채운 후 압축 가죽으로 시트를 씌운 의자. ②기초 부분에는 목재와 금속을 이용했으나 한 번도 생산된 적이 없음.

라치(larch) : ①러시아산(産) 침엽수. ②주로 가구재나 실내장식 마감재로 사용.

라커룸(locker room) : ①로커를 설비(設備)한 실(室) 또는 공간. ②주로 사무소의 종업원용·도서관·목욕탕 등의 공중용·체육관·경기장 등의 선수용에 사용.

라코니쿰(Laconicum) : 고대 그리스·로마시대의 증기탕실.

러브시트(love seat) : ①2인용 안락의자. ②부부가 함께 사용할 수 있는 천으로 감싼 2인용의 작은 소파. ③소파 형식으로 제작되어 좌석을 서로 비스듬히 마주보도록 제작한 것과 접근하여 앉도록 만든 것이 있음.

러브시트

러브체어 : ⇨러브시트(=).

러브파(-波, love wave) : 1911년 수리물리학자 E.H. 러브가 고체에 표면층이 있을 때 전파방향과 직각인 수평변위(水平變位)만이 있는 일종의 표면파(表面波)가 존재한다는 것을 지적한 파동의 한 형태.

러빙(rubbing) : ①인조석을 바른 다음 1~2시간이 지난 후 인조석 표면을 물로 씻어내는 것으로 표면에 종석이 솟아 오른 표면 마무리법. ②⇨그라인딩·캐스트스톤.

러빙스톤(rubbing stone) : 도막(塗幕)을 물갈기할 때 사용하는 숫돌. 경석(輕石)가루나 화산회(火山灰) 등으로 만듦.

러스티케이드 칼럼(rusticated column) : 기둥(column)의 주신(柱身, shaft)에 평평하거나 표면을 거칠게 다듬(rusticated)은 사각블록을 삽입한 형태의 원기둥.

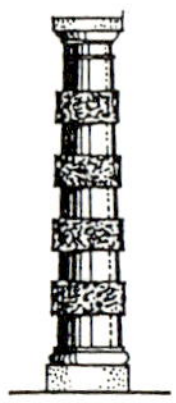
러스티케이드

러스티케이션(rustication) : ①외벽, 특히 그 아래층 부분에 풍부하고 대담한 표정을 주기 위해 석재를 깊은 줄눈이 생기도록 쌓는 돌쌓기법. ②석재 사이의 접합부를 홈을 파서 강조하거나 석재를 다듬지 않고 거칠게 그대로 두거나 혹은 특이한 표면 질감의 효과가 날 수 있도록 석재를 다듬은 조적조(혹은 조적조의 모사품). ③이탈리아의 팔라초(palazzo) 건축 등에서 볼 수 있는 표면을 여러 가지로 가공한 돌덩어리를 줄눈(joint)이 깊게 새겨지도록 쌓아가는 외벽의 마무리 방법. ④러스틱(rustic)은 '조잡한', '시골풍의'라는 의미로 '세련된', '도시적인'이라는 의미의 어반(urban)과 상반되는 개념.

러스티케이션

러스티케이션스트립(rustication strip) : 콘크리트 부재의 표면에 홈을 만들 때 거푸집 안쪽에 덧붙이는 나무 또는 다른 재질의 졸대.

러스틱(rustic) : ⇨러스티케이션(=).

러스틱테라초(rustic terrazzo) : ①테라초를 시공한 후 굳기 전에 물로 세척하여 종석이 적당히 돌출되도록 만든 전체적으로 거친 질감의 테라초로 연마하지 않은 전원풍(田園風)의 테라초. ②전원풍의 테라초(=).

러시아비잔틴스타일(Russia Byzantine style) : ①러시아의 비잔틴 건축양식으로 아르미니아(Armenia)에서 발생하여 콘스탄티노폴리스·아르미니아 및 키에프(Kiev)·모스크바(Moskva) 등지에 널리 퍼졌음. ②평면은 그리스십자가(Greek cross), 구조는 돔(dome)과 드럼(drum)은 매우 높고 그 상부에는 구근형(球根形) 돔(bulbous dome)이 특징. ③실내는 평면의 면적에 비해 천장이 매우 높고 벽면·돔 등에는 벽화·모자이크 등의 그림이 그려져 있음. ④모스크바의 성모 교시 교회(聖母敎示敎會)가 대표적임.

러프스케치(rough sketch) : ①디자인의 발상단계에서 대략적으로 그린 의도적인 통일에 대한 이미지 스케치. ②구성·조형에 있어서 개개의 아이디어를 비교·검토하는 것을 목적으로 선 그리기·간단한 음영·재질 표현을 같이 사용하여 스크래치 스케치(scratch sketch)보다 구체적인 아이디어를 개략적으로 표시하는 스케치. ③아이디어스케치(=).

러프오프닝(rough opening) : 벽에 문틀이나 창틀을 끼워넣기 위한 문을 달기 전의 개구부(開口部, opening).

러프코트(rough coat) : 거친면으로 마감한 인조석 등.

럭스(lux) : ①평방미터(1㎡)당 입사하는 루멘의 조도척도. ②1제곱미터당 1루멘에 해당하는 빛의 측정단위로 1럭스는 10.76fc. ③비춰진 면에 들어온 빛의 양이나 밝기의 정도를 의미하며, 1cd의 점광원(點光原)으로부터 1m 떨어진 구면(球面)에 비추는 광(光)의 밀도인 조도(照度) 단위. ④밝기의 단위, 거리가 증가할 때는 역자승의 법칙에 따라 감소. 즉 $1(\mathrm{lx})=1\left(\frac{\mathrm{lm}}{\mathrm{m}^2}\right)$. 미터법의 단위는 럭스/lx이며 foot-candle을 lx로 바꾸려면 10.76을 곱함. ⑤조도(=).

거실의 용도에 따른 조도기준

거실의 용도구분 \ 조도구분		바닥위 85㎝의 수평면조도(㏓)
1. 거주	독서·식사·조리	150
	기 타	70
2. 집무	설계제 계산	700
	일반사무	300
	기 타	150
3. 작업	검사시험·정밀검사·수술	700
	일반작업·제조판매	300
	포장·세척	250
	기 타	70
4. 집회	회 의	300
	집 회	150
	공연관람	70
5. 오락	오락일반	150
	기 타	30
기타 명시되지 아니한 것		1란 내지 5란에 유사한 기준을 사용함

런(run) : 전체적인 한 계단의 총 수직 높이 또는 전체적인 계단의 총길이.

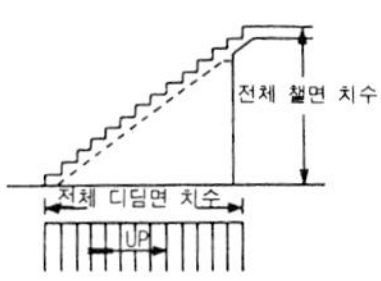

런

런던타워(London Tower, Tower of London) : 영국 런던시내의 템즈강 북쪽에 위치한 성채(城砦)로 1075년경 윌리엄 1세(世)의 명에 의해 로체스터의 사교(司敎)인 군돌프가가 지었으며 그 후 증축한 것. 엘리자베스 이후 왕족·귀족들의 국사범을 가두는 감옥으로 사용하다가 현재는 각종 무기를 진열하여 박물관으로 사용.

런드리트랩(laundry trap) : 영업용 세탁장에 설치하여 단추 끈 등의 세탁 불순물이 배수관중(排水管中)에 유입(流入)되지 않도록 설치.

런치룸(lunch room) : 주로 경음식(輕飮食)을 취급하며 런치 카운터 안쪽은 조리장소로, 바깥쪽은 객석이 위치하여 배선이 없는 형식의 셀프서비스 레스토랑으로 저렴한 식사가 가능. 따라서 런치 카운터는 공간의 중심이 되며 평면 레이아웃(layout)에 결정적인 영향을 미침.

런치홀(lunch hall) : 경양식 음식점.

럼버코어(lumber core) : 보통 합판의 심판(心板)과 달리 너비가 좁고 10㎜ 이상의 두꺼운 판을 접착하여 만든 심판(心板).

럼버코어합판(-合板, lumber core plywood) : ①특수구조 합판의 일종. ②이류(二流) 침지(沈漬) 박리(薄利)시험 및 함수율 시험에 합격한 합판. ③폭이 좁은 각재를 접합하여 판(core)을 만들고 그 판과 표판·이판 사이에 단판을 넣어 만든 합판. ④가늘게 톱질한 목재를 가로세로로 붙여 폭넓고 두꺼운 심판을 만든 후 양쪽에 표판을 붙인 것으로 두께는 30㎜ 이상임. ⑤코어보드(=).

레규라테르(regulateur[프]) : 프랑스 로코코시대의 대형시계 또는 대형괘종시계(grand father clock).

레규라테르

레규레이팅라인(regulating line) : 정렬(整列)이나 척도(尺度) 또는 비례(比例)를 재거나 표현하기 위해 그려진 선.

레귤러(regular, regulus) : ①도리아식 기둥의 엔태블러처(entablature, 돌림띠)에서 테니어(taenia, tenia)와 거티(guttae) 사이의 짧은 띠(fillet). ②도릭 오더(Doric order)에서 엔태블러처에서 프리즈(frieze)와 아키트레이브(architrave)를 가르는 수평 테두리 아래쪽으로 트리글리프(triglyph)의 아랫부분에 붙인 장식 테두리.

레귤레터(regulator) : ⇨레규라테르(=).

레그혼색(–混色, leghorn color) : ①관용색명으로 칙칙한 노랑. ②먼셀기호 2.5Y7.5/2.

레다(Leda[인네]) : ⇨카마레레(=).

레더(leather) : ⇨레저[2](=).

레드나왕(–羅王, red lauan) : ①주로 루손섬 동부 및 북부 레이테 섬·레그로스 섬·민다나오 섬 북부에서 생산되는 나왕의 일종. ②변재는 두께 40~60㎜ 정도가 크림색이고, 심재는 암적색 또는 붉은 벽돌색. 재질은 조직이 균일하여 단단하고 나뭇결이 교차하여 거칠며 큰 기공(氣孔)이 있고 광택이 남. 건조가 용이하고 도장 마무리가 양호하나 부패하기 쉬움. ③실내장식재나 구조재·가구재·합판재로 사용. ④적나왕(=).

레드느릅나무(楡, Red Elm, Slippery elm, Soft elm, Ulmus rubra Muhl[학]) : ①북으로 미국 오대양 지역, 캐나다에서 남으로 플로리다까지, 동부 해안에서 서부 로키산맥 동부에 분포. ②변재는 회백색 또는 엷은 갈색으로 폭이 좁고 심재는 갈색 또는 암갈색이며 때로는 색의 줄무늬가 있음. 연륜은 뚜렷하고 춘재는 관공이 크므로 육안으로 확인 가능. 전건비중 0.64, 수축률은 방사방향 4.4%, 접선방향 9.8%, 용적수축률 15.5%로 보통. 강도는 압축강도 463㎏/㎠, 휨강도 879㎏/㎠, 전단강도 124㎏/㎠로 약함. 접착·건조성이 불량, 내구력은 약하고 내수성도 불량. ③주로 가구·내장·무늬단판 등에 사용. ④레드엘름(=).

레드메란티(Red meranti) : ①필리핀에서 말레이시아 반도·태국, 특히 보르네오섬에 분포. ②심·변재 구분이 뚜렷하며, 변재는 암색 또는 황색·담적색이며 심재는 암색으로 담갈색 또는 적갈색·농적색이며 신선목이 공기에 노출되면 농색화(濃色化)함. 나무갗은 거칠음. 기건비중은 0.40~0.64(Light Red Meranti), 0.60~0.75(Dark Red Meranti). 수축률은 방사방향 2.6~3.4%, 접선방향 5.2~8.9%로 적고 강도는 압축강도 380~530㎏/㎠, 휨강도 551~980㎏/㎠로 다양함. 건조가 용이하며 실리카를 함유하고 있기도 함. 가공은 쉽고 심재는 공동이 많으며 내구력은 약한 편임. ③주로 합판·단판·가구·내장·건축 등에 사용.

레드블루체어(red blue chair) : ①1917~18년에 네덜란드의 건축가이자 가구 디자이너인 게리트 토머스 리트벨트(Gerrit Thomas Rietveld : 1888~1964)가 데 스틸 그룹에 가입한 후에 디자인한 의자로 아닐린 염료로 염색한 흑단으로 만들었으며, 등받이·시트·뼈대의 끝부분을 붉은색·파랑색·노랑색으로 래커칠을 함. 3원색을 사용한 몬드리안의 3차원적 구성 연구에 영향을 받은 것으로 규격화된 판재를 이용하여 적·청·황의 원색으로 디자인한 의자. ②적청의자(=).

레드블루체어

레드시다(栢, Red Cedar, Thuja plicata D. Don) : ①미국 남동 알래스카에서 북서 캘리포니아까지의 워싱턴·오리건주 해안 지역과 로키산맥 지역 해안에서 2,200m에 이르는 지역에 수직분포함. ②변재는 백색으로 좁고 심재는 적색 또는 홍갈색·농갈색으로 짙은 향기가 있으며 쓴 맛이 있음. 나이테는 치밀하고 좁으며 춘재는 연함. 기건비중 0.37. 수축률은 방사방향 2.2%, 접선방향 4.1%, 용적수축률 8.4%로 매우 적음. 강도는 압축강도 345㎏/㎠, 휨강도 549㎏/㎠, 전단강도 57㎏/㎠. 내구성이 강함. 가공하기 쉽고 병충해에 강함. ③주로 실내마감재로 사용. ④미국향나무·레드쥬니퍼(=).

레드오크(櫟, red oak, Quercus rubra L.) : ①미국 중동부 및 캐나다 온타리오주 남동쪽에 분포. ②활엽수의 일종으로 변재는 회백색 또는 담적갈색, 심재는 홍색 또는 담적갈색으로 구분이 분명하며 연륜도 뚜렷함. 환공재(環孔材), 기건비중은 0.65, 수축률은 방사방향 3.6%, 접선방향 6.7%, 용적수축률 11.9%로 보통. 강도는 압축강도 507kg/㎠, 휨강도 998kg/㎠, 전단강도 147kg/㎠로 보통. 건조가 불량하고 할렬이 심하며, 접착·도장성은 보통. 가공성은 우수함. 내구력·탄력성은 강함. 방사방향의 할렬에 주의하며 인공건조해야 안전. ③주로 내장·가구·플로어링·주방·펄프·무늬단판·팔레트 등에 사용. ④레루부라참나무(=).

레드우드(red wood) : ①북미의 중부·북부 태평양 연안·오리건·캘리포니아가 원산지인 적갈색의 침엽수. ②보통 '삼목(杉木)'이라고 함. ③나뭇결이 곧으며 아름답고 색채가 고르며 도장이나 착색의 효과가 우수함. 변색이 심한 결점이 있음. 심재는 내구성이 있고 살구색에서 적갈색이며 변재는 거의 백색에 가까움. 결은 곱고 균일하며 적당한 강도와 견고성이 있음. 비중은 0.42. 내구성이 큼. 가공이 용이하고 신축률이나 팽창률이 적어 목욕탕·물탱크 제작에 쓰이며 건축의 창문이나 판재·무늬목·패널링(paneling)·블라인드·문짝 등 가구류에 사용. 특히 내부식성이 강해 옥외용 가구제작에 적합함. ④코스트 레드우드(coast red wood)라고도 함.

레드쥬니퍼(red juniper) : ⇨미국향나무(=).

레드파인(red pine) : ①캐나다 동남 마니토바에서 미국의 오대호 부근 일대에 주로 분포. ②변재는 황백색으로 좁고 심재는 비교적 고움. ③주로 가구재나 실내장식재로 사용.

레드하우스(Red House) : ①근대 건축물의 효시. ②1859년 윌리엄 모리스(William Morris : 1834~96)는 필립 웨브(Philip Webb : 1831~1915)에게 의뢰하여 1961년에 완성한 켄트의 벡슬리 히스에 영국의 농가와 장원의 단순한 풍토성, 우물이 있는 곳의 초점을 둘러싸고 있는 기다란 지붕마루선과 높다란 굴뚝들의 그림 같고 낭만적인 집합형태를 이룬 매너리즘-프랑스와 고딕의 수법들-주택. 재료는 벽돌·타일·오크목을 주로 사용. 급경사 지붕과 정방형·장방형·원형포인티드 아치 등의 다양한 개구부 형태임.

레드하우스

레디믹스트콘크리트(ready mixed concrete ; R.M.C) : ①콘크리트 제조공장의 배처플랜트(batcher plant)에서 주문자가 요구하는 비벼진 품질의 콘크리트를 시간에 맞추어서 희망하는 수량을 운반자동차(에지테이터 트럭)로 건설현장까지 배달·공급하는 굳지 않은 콘크리트임. ②보통 '레미콘(remicon)'이라고 함. ③균질의 품질과 우수한 콘크리트를 얻을 수 있으며, 공사 추진이 정확하고 공사비를 절약할 수 있어 최근에는 거의 레미콘을 콘크리트 타설에 이용함. 그러나 시간 경과에 따른 강도저하 또는 물을 타서(加水) 강도를 저하시키는 경우 부실공사의 원인이 됨. 현장까지의 운반시간은 60분 이내가 적당함. ④레미콘(=).

레레도스(reredos) : 목재 또는 석재로 제작되는 제단 뒤쪽의 벽면을 감싸는 장식적인 벽이나 병풍.

레레도스

레몬옐로색(-色, lemon yellow color) : ①레몬의 표면색. ②녹색 기미의 산뜻한 황색(vivid greenish yellow). ③관용색명으로 녹색 띤 노랑. ④먼셀기호 8.5Y8.0/11.5.

레미콘 : ⇨레디믹스트콘크리트(=).

레반트(Levantine) : 동부 지중해 연안의 여러 나라들. 특히 시리아(Syria), 레바논(Lebanon), 이스라엘(Israel) 등

레반트건축(Levantine architecture) : 시리아·레바논·이스라엘·터키·이집트 등 동부 지중해 연안의 여러 나라들의 건축양식.

레반트 리바이벌(Levantine revival) : 오엔 존즈(O. Jones, 1809~74) 등에 의해 터키·이집트 등의 다른 여러 레반트(Levantine)의 건축으로부터 모티프를 응용한 건축.

레버 하우스(Lever House) : ①SOM 사무소가 뉴욕시 파크 애비뉴에 설계(설계 담당자 G. 밴샤프트)하여 건설(1950년 착공, 1952년 준공)한 건물. ②대지의 절반에 2층 건물인 저층부분이 있으며, 그 1층은 일반시민에게 개방되고, 이층 옥상은 정원이고, 그 한쪽으로 붙여 21층이 탑 모양으로 사무동(事務棟)임.

레버핸들(lever handle) : 문 안팎에 부착하여 문을 열고 닫을 때 사용하는 핸들.

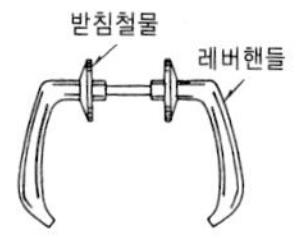

레버핸들

레벨(level) : ①수평·수평면·표준·수준선(水準線)·수준기(水準器)·기준기 등을 의미. ②음향·진동 관계의 용어로 사용됨. 특정 기준량으로 그 양을 제한한 비율을 데시벨로 표시한 값. ③소음 레벨, 음압 레벨, 음의 강도 레벨, 파워 레벨, 음의 크기 레벨, 레벨차, 진동 레벨 등의 용어가 있음.

레벨레코더(level recorder) : 소음을 주파수별로 측정·분석·기록할 수 있는 소음 측정계기.

레벨루프(level loop) : ①파일이 루프상으로 높이가 일정한 것. ②굵은 루프는 근대적인 인테리어 감각에 적합하고, 입자가 작고 하드 루프는 보행성이 뛰어나므로 통행량이 많은 복도나 사무실에 알맞음. ③ ⇨루프파일.

레벨링(leveling) : ①디자인·조형적으로 수평화(水平化) 및 수준화(水準化)를 의미함. ②어느 부분을 생략함으로써 일정한 의도를 정확하게 전달하는 조작이 가능함.

레세니(lesene) : ①초반(礎盤, base)과 주두(柱頭, capital)가 없는 벽기둥(pilaster). ②후기 앵글로 색슨(Anglo Saxon)건축이나 초기 로마네스크 교회의 외부에 많이 사용.

레세스(recess) : ①오목한 곳·움푹 들어간 곳·구석진 곳·깊숙한 곳·후미진 곳 등. ② 도면의 영문표기로 천장과 벽이 만나는 오목하게 들어간 부위 등.

레소(ressaut[프]) : ⇨에스자반전곡선(=).

레소시놀수지(−樹脂, resorcinol resin) : ① 상온에서 산성 촉매의 경화제를 첨가하지 않고 포르말린이나 포름알데히드를 사용하기 직전에 첨가하여 경화시킬 수 있는 열(상온)경화성 수지. ②석탄산수지 이상의 접착성능을 지니고 있으며 보존성이 좋음.

레스(wreath) : 잎 전체·과일·꽃들로 되어 완전히 닫히거나 반 닫힌 원형(ring).

레스터공과대학(−工科大學, Department of Engineering at Leicester) : ①J. 스털링(James Stirling : 1926~92)과 J. 가우언이 설계한 영국 중부의 레스터시(市)에 위치한 브루탈리즘(brutalism)의 대표적인 건물. ②저층부의 실습동(實習棟)과 탑 모양의 관리동(管理棟)으로 구성. 실습동은 유리로 된 삼각 지붕의 대각선 모양. 관리동은 대각선으로 돌출한 수평연속 창문이 벽돌을 쌓은 매시브(massive)한 형태에 강한 악센트를 나타내고, 사무동은 전면에 걸쳐 유리로 된 커튼월로 수직선을 강조함.

레스토랑(restaurant) : ①'음식물이 인간의 원기를 회복하다'라는 의미의 라틴어 레스토라르(restaurare)가 그 어원. ②16세기 영국의 여관과 선술집에서 시작하여, 1750년에 프랑스에서 레스토랑이라는 용어가 호텔의 식사부 또는 커피 하우스(coffee house)를 의미하는 뜻으로 사용. ③1765년에 경식(輕食)을 제공하는 음식점에서 처음으로 사용. ④20세기 이후에는 거의 모든 음식점을 총칭하는 의미로 사용되고 오늘날에는 양식(洋食)을 주로 판매·영업하는 장소를 말하나 일반적으로 모든 식사와 음료·빙과 등을 판매·영업하는 넓은 의미의 상업공간을 지칭. ⑤레스토랑 분류는 ㉠식음의 형태에 따른 분류(식사·주류·음료 중 취급 대상에 따라, ⓐ 식사 위주의 음식점 ; 레스토랑·런치룸(lunchroom)·그릴(grill)·스낵바(snack bar)·샌드위치 숍(sandwich shop)·카페테리아(cafeteria)·드라이브인 레스토랑(drive in restaurant)·각종 전문요리점. ⓑ주류전문점 ; 바(bar)·스탠드바(stand bar)·요정·카페(cafe)·비어홀(beer hall)·단란주점. ⓒ 음료와 주류 전문점 ; 칵테일 라운지(cocktail lounge). ⓓ음료전문점 ; 커피하우스. ㉡요리 내용에 따른 분류(취급 요리내용에 따라 한식당·일식당·중식당·양식당 등. ㉢ 서비스 내용에 따른 분류(셀프서비스 레스토랑(self-service restaurant)·카운터 서비스 레스토랑(counter service restaurant)·테이블 서비스 레스토랑(table service restaurant)·객실 서비스 레스토랑(room service restaurant). ㉣성격에 따른 분류(실용적 식당·위안적 식당·유흥적 식당) 등으로 구분.

레스토랑시어터(restaurant theater) : ⇨시어터레스토랑(=).

레스트하우스(rest house) : ①계절에 따라 휴양·피서·피한의 목적으로 산이나 바다에 건설, 또는 영업하는 호텔·휴게소 등. ②인도의 간이 숙박소. 다크 방갈로(dark bungalow)라고도 함. ③미국의 공중화장실.

레스프리누보(L'Esprit Nouveau[프]) : ① 1920년 르 코르뷔지에(Le Corbusier : 1887~1965)와 오장팡(Amedée Ozenfant : 1886~1966)이 창간한 잡지명. ②특징은 여러 분야에 걸쳐 구성적인 정신과 종합적인 자세를 강조하여 제1차 세계대전 후의 예술 혁신 정신의 하나의 거점이 되고자 함.

레스프리누보파빌리온(L'Esprit Nouveau Pavillion[프]) : ①1925년의 파리 장식미술전에서 연속한 집 한 채의 단위를 나타내기 위해 르 코르뷔지에가 설계한 집. ②주택은 '살기 위한 기계'라는 그의 건축관이 구체화된 것으로 철근콘크리트를 활용한 명쾌한 구성과 실내의 가구 및 수납구(收納具) 등은 공업제품을 적극적으로 이용한 점에서 훗날의 주택건축 발전에 크게 영향을 줌.

레알리슴(Réalisme[프]) : ⇨사실주의(=).

레오바시스템(Leoba system) : ①프리스트레스트콘크리트의 포스트텐션공법 중 하나. ②PC강선(鋼線)의 끝부분을 쇠망치 모양의 기구에 걸어 그 자루 부분에 해당하는 강봉(鋼棒)으로 긴장하여 시스(sheath)에 그라우트(grout)를 주입하여 부착함으로써 정착(定着)하는 방식.

레요낭양식(-樣式, Rayonnant style) : ①레요랑(rayon)은 프랑스어로 '복사광선(輻射光線)', '차량의 바퀴살'을 의미. ②트레이서리(tracery)에 방사상(放射狀)의 장식형식을 채용한데서 주어진 명칭. ③13세기 말~14세기 초에 걸쳐 프랑스의 고딕 건축양식 발전의 두 번째 단계로 13세기 중엽에 가장 성행. 방사선식의 차륜상(車輪狀)으로 형성한 트레이서리와 원화창(圓花窓, rose window)이 특징. ④방사선양식(=).

레이놀즈수(-數, Reynolds number) : ①점성 유체의 흐름에 있어서 관성력과 점성력의 비. ②관로(官路) 속을 흐르는 공기는 관벽(管壁)의 마찰저항에 의해 압력을 손실하고 열이 됨. 이것을 마찰손실이라고 함. 이때에 관벽 표면의 거칠기와 관내의 흐름상태를 나타내는 마찰저항계수를 레이놀즈수(Re)라고 함. ③레이놀즈수 $Re = \frac{vd}{V}$. 여기서, V는 공기의 평균유속[m/s], d는 원관의 직경[m], V는 공기의 동점성계수(動粘性係數)[m²/S]로서 20℃, 1기압의 공기에서는 1.513×105m²/S. 보통 레이놀즈수가 2,000일 때는 매끄러운 관내의 흐름은 층류(層流)가 되고 유속은 시간적으로 일정하나, 레이놀즈수가 2,300 이상이 되면 난류(亂流)가 되고 와류(渦流)의 발생 때문에 흐름은 복잡해지고 유속이 시간적으로 불규칙한 변동을 얻게 됨.

레이블(label) : ①문·창 등 개구부 상단에 수평으로 가로 걸쳐지며 짧게 아래로 향해 수직으로 반복된 정방형(正方形)의 아치로 된 빗물받잇돌 또는 창 위에 있는 비막이돌(dripstone) 또는 낙수받이. ②사람·단체·사상 따위의 특색을 나타내는 라벨·레테르·호칭. ③드립스톤·후드몰드·웨더몰딩(=).

ㄹ

레이스(lace) : 실을 바늘에 꿰서 여러 가지 구멍이 뚫린 무늬를 짜 넣은 서양식 수예 편물의 일종.

레이스웨이(raceway) : 전선이나 케이블을 유지·보호하는 데 사용되는 옥내배관 또는 통로.

레이스커튼(lace curtain) : ①일반적으로 이중 커튼에 사용되는 시원하고 투명한 커튼으로 실내에 입사하는 빛을 부드럽게 확산시키거나 시선을 막아줌. 밤에는 이중커튼의 외부측에 침. ②보통 글라스 커튼(glass curtain)과 동일하게 취급.

레이싱(lacing) : ①두 개의 구성부재로 된 복합지주(複合支柱). ②보의 연결에 사용하는 부재. ③다른 지지재(支持材)의 배후 또는 둘레에 댄 사재(斜材).

레이아웃(layout) : ①일반적으로는 '평면상의 배치'를 의미하는 것으로 전체공간·단위공간·가구·조명·설비 등을 일정 공간 내에 배치하는 경우. ②디스플레이나 '전반적인 흐름(윤곽)'을 말하며, 집기의 배치와 상품의 배치 등을 나타냄. ③공간의 배분계획.

레이전시(regency) : ⇨리전시(=).

레이전시양식(-様式, regency style) : ⇨리전시양식(=).

레이지수잔(lazy susan) : 영국의 덤웨이터(dumb waiter)를 발전시킨 것으로, 18세기 말 미국에서 사용된 식탁 중앙에 올려놓고 회전시켜 가며, 사용할 수 있는 양념 또는 조미료 통을 받치는 쟁반.

레이지수잔

레이크(rake) : ①가구 수직부재의 경사각 또는 기울기. ②경사진 의자 등받이나 다리가 그 예이며 안쪽으로 기울어진 것을 레이크, 바깥쪽으로 기울어진 것을 슬로프(slope)라고 함.

레이크

레이크사이드호텔(lake side hotel) : ⇨해변가 호텔(=).

레이크쇼어드라이브아파트먼트(Lakeshore Drive Apartment) : ①미스 반 데어 로에(Ludeig Mies van der Rohe : 1886~1969)가 설계한 건물로 시카고 시(市) 미시건 호반(湖畔)의 드라이브 위를 따라 세움(1948년 착공, 1951년 준공). ②근대건축의 한 전형(典形)을 미국의 공업력을 이용해서 실현한 전후(戰後)에 발달한 가장 중요한 고층 집합주택 작품. ③26층의 동일한 평면 플랜으로 된 건물 2동을 90° 방향으로 바꾸어 서로 접하여 세움.

레이크아스팔트(lake asphalt) : ①지표에 호수모양(湖狀)으로 퇴적되어 이루어진 아스팔트. ②50% 이상의 역청분을 포함하고 있으며 가열·정제하여 유분(乳分)을 첨가하여 유동성 있는 제품으로 만듦. ③도로포장·바닥포장·방수·내산공사 등에 사용. ④남미의 트리니다드(Trinidad)섬과 베네수엘라의 버뮤다(Bermuda) 해안에서 생산되는 것이 유명함.

레이크안료(lake pigment) : ⇨유기성 안료(=).

레이킹코니스(lacking cornice) : 서구(西歐)의 전통적인 건축물 계단의 벽면 또는 박공벽 등에 설치한 경사진 돌림띠.

레이턴스(laitance) : 블리딩(bleeding)에 의하여 굳지 않은 콘크리트 표면에 떠올라 생긴 미세한 침전 물질 및 시멘트를 포함한 우윳빛 침전물. 재료 분리로 생기는 피해 및 방지법은 큰 자갈만이 모여 공간이 생긴 콤브 일반적으로 백색 또는 회백색의 미분말분(微粉末分)이 집적(集積)한 성상을 이루고 위약(萎弱)하여 콘크리트 이음의 타설 부분에 밀착성(密着性)·수밀성(水密性) 등을 해침. 일반적으로 물시멘트비가 큰 콘크리트의 경우에 레이턴스가 많이 생기고 풍화한 시멘트나 불순물(점토 등) 및 미세립분(微細粒粉)이 많은 골재의 사용·과도한 비빔·부적절한 마무리에도 많이 생김. 그러므로 조합비를 적당히 하고 혼합을 충분히 하여 형틀에 넣을 때 충분히 잘 다져 넣음. 그밖에 형틀을 가볍게 해머(hammer) 등으로 치든가 진동기로 콘크리트를 진동시켜 균질되도록 함.

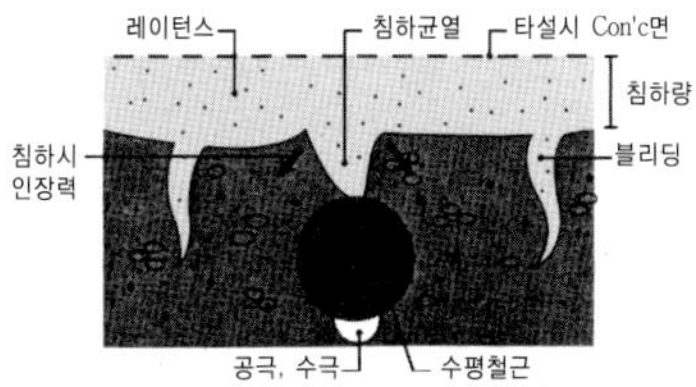

레이턴스

레이트모더니즘(late modernism) : ⇨후기모더니즘(=).

레인보우루프(rainbow roof) : 완만하게 굽은 지붕면을 갖는 넓은 고딕 아치형태의 박공지붕.

레인트리(rein tree, Enterolobium saman Prain) : ①중앙아메리카·멕시코·과테말라·페루·볼리비아·브라질까지 넓게 분포. ②심재는 신선할 때는 초콜릿갈색이나 후에 담갈색, 금갈색으로 되고 때로는 농색(濃色)의 줄무늬가 있고 변재는 백색으로 넓음. 나무갗은 거칠거나 보통. 기건비중은 평균 0.56 전후 강도는 압축강도 302kg/㎠, 휨강도 394kg/㎠, 전단강도 88kg/㎠로 약함. 가공은 용이하며 마무리는 양호하고 천연건조의 속도는 빠름. 내구성은 대소의 폭이 넓음. ③주로 내장·가구·합판·조각 등에 사용.

레일(rail) : ①레일과 패널구조에서 패널로 결합된 목재 프레임(frame) 부재 또는 계단에 사용되는 수평난간. ②기조형으로 된 철재의 일종. ③창호철물의 일종으로 창문 밑막이에 대어 문이 잘 구르게 하는 가늘고 긴 것으로 강철제·황동제·플라스틱제가 있으며 형태는 원형·각형·반원형 등이 있음. 원형은 외부의 큰 문에 쓰는 것이 보통이고 각형은 작은 것부터 중형 정도의 문에까지 쓰임. 길이는 1.8m·2.7m·3.6m의 3가지가 있음. ④규격은 한국산업규격(KS F 4511)에 규정되어 있음.

레일

레일리파(-波, Rayleigh wave) : ①1887년 레일리가 반무한(半無限) 탄성체의 표면에 따라 전파하는 파가 존재할 수 있다는 것을 수리적으로 유도한 파동의 한 형태. ②전파속도는 S파(波)보다 느리고, 프와송비(比)가 1/4일 때 S파의 속도의 0.9191배로 됨.

레저[1](ledger) : ①비계의 가로대. ②발판으로 건너지른 통나무.

레저[2](leather) : ①인조가죽으로 비닐레저(vinyl leather)를 염화비닐에 가소제를 넣어 잘 이겨서 안료(顔料)와 안정제(安定劑)를 혼합한 후 이를 바탕이 되는 면포(綿布)와 함께 캘린더 롤러에 통과시켜 만든 것. ②색채·모양·무늬 등을 자유롭게 할 수 있고 표면을 가죽모양의 레저 스킨(leather skin)으로 만듦. ③면포로 된 것은 찢어지지 않고 튼튼함. ④벽지·천장지와 가구 등에 많이 사용. ⑤두께는 0.5~1.0㎜이고 길이는 10m 두루마리(roll)로 만듦.

레저센터(leisure center) : ①위락시설(萎落施設)과 레스토랑시설 등으로 구성된 복합건물. ②위락센터(=).

레조르시놀수지접착제(-樹脂接着劑, resor-cinol resin paste) : ①합성수지계 접착제의 일종. ②원료는 레조르시놀과 포름알데히드(formaldehyde)로서 요소수지·페놀수지 접착제보다 내수성·내열성이 우수하여 옥외에서 장기간 견디는 목재접합, 특히 내수합판·옥외 등 집성목재(集成木材)의 제조에 쓰임. ③압착 시에는 보통 5~10kg/㎠의 압력을 가함.

레졸(resol) : ①페놀에 포름알데히드를 다량 첨가하여 알칼리 촉매로 반응시켜 만든 페놀수지 중간체의 하나. ②가열하면 그물 모양의 구조로 되며, 어떤 용제에도 잘 녹고 가열하면 용융하는 성질이 있음. ③주로 도료·접착제·주형품(注型品) 등으로 사용.

레지(ledge) : 판매 카운터 바로 뒤의 벽에 고정된 상품 진열대의 윗면 또는 상품을 넣어두는 보관 케이스나 상품 전시를 위해 선반을 설치해 둔 진열장의 윗부분.

레지던스(residence) : 주택(住宅)·저택(邸宅)·주거(住居) 등을 의미.

레지던스 오피스(residence office) : ⇨홈오피스(=).

레지덴셜디자인(residential design) : 상업 및 공공공간이라 불리는 콘트라트 디자인과 분류된 인테리어와 주택 또는 다른 주거 프로젝트 디자인.

레지덴셜주택(-住宅, residential house) : ①어떤 지역의 문화와 전통을 보존하고 이어져 내려온 지역공동체 의식을 주민들이 공유하고 주택들이 설비와 에너지원 등을 공동으로 활용함으로써 쾌적한 주거환경을 이루는 주택. ②보통 10~20가구까지의 독립주택이 하나의 블록(block)을 형성하고 블록별로 축열시스템과 변전장치를 설치하여 주민들이 거주하는 블록을 주민의 의사에 따라 자치하도록 관리할 수 있음.

레지덴셜호텔(residential hotel) : ①사업상의 여행자나 관광객 등 일주일 이상의 체류자를 대상으로 한 장기 체류자용 호텔. ②객실은 2~3인실로 연결 가능하며 도심에서 좀 떨어진 안정된 곳에 위치하는 최고 호화로운 시설.

레지빌리티(legibility) : 사물 또는 형태에서 시각적으로 느끼는 인상과 그 실제의 내용이 서로 다르거나 어긋나지 않아 이해하기 쉬운 명료한 상태.

레지스(ledges) : ①일반적으로 판매 카운터 바로 뒤의 상품을 넣어 두는 보관 케이스나 상품전시를 위해 선반을 설치해 둔 진열장의 윗부분. ②보통 바닥으로부터 1,500㎜ 정도의 높이에 위치.

레지스터카운터(register counter) : ⇨계산대(=).

레지톨(resitol) : 레졸상태에서 다시 결합된 페놀 포름알데히드 수지.

레진콘크리트(resin concrete) : ⇨폴리머시멘트(=).

레치워스(Letchworth) : ①1903년 E. 하워드(Ebenezer Howard : 1850~1928) 제안으로 Parker와 Unwin의 디자인에 의하여 건설된 영국 런던 북쪽 55㎞ 케임브리지에 이르는 지선(支線) 분기점 근처에 위치하는 영국의 하드포드셔의 도시지역(집합주택)으로 영국 최초의 전원도시. ②전원도시로 창립한 도시. ③현재는 익스팬디드 타운(expanded town)으로서 정부가 이 사업을 담당. 표고 50~100m의 구릉 가운데 동부에는 인쇄소·기계공장 등이 있고, 특히 경공업이 성행. 전후 영국의 위성도시에 커다란 영향을 줌. ④레치워드(=).

레카미에(recamier) : ①프랑스 집정시대(Directorie)와 제국(Empire)시대에 유행하던 등받이가 없고 높이가 일정하지 않은 데이베드(day-bed) 또는 셰드 롱그(chaise longue). ②이 명칭은 당시 파리에서 아름답기로 유명했던 대저택의 여주인인 마담 쟌느 레카미에(Jeanne Recamier)의 초상화로부터 붙여졌음. ③그리스식 소파(=).

레카미에

레크벽지(-壁紙) : 원지 자체가 타 제품보다 두껍고 아트지를 사용하는 벽지(120~ 130g/㎡). 주로 상업용 공간에 많이 사용.

레키토스(lekytos[그]) : 그리스시대에 사용하던 몸체는 원통형이고, 목이 길고 좁은 기름 담는 병이나 단지.

레키토스

레터링(lettering) : 그래픽 디자인에서 사용되는 여러 가지 서체(書體).

레터링세트(lettering set) : 도면에 문자를 일정한 규격으로 기입하는 데 사용하는 제도용구.

레토(letto[이]) : ①중세시대에 사용한 일종의 카소네(cassone)식으로 된 상자형 침대. ②발을 두는 쪽으로 목판을 부착하고 조각과 색채로 장식한 비교적 중후한 형태의 가구.

레티큘레이티드워크(reticulated work) : ①영국 고딕시대의 장식으로 그물과 같은 개구부를 가진 트레이서리(tracery). ②그물코와 유사한 격자형의 디자인으로 장식된 표면. ③그물모양의 작품(=).

레티큘레이티드워크

레퍼티션(repetition) : ⇨반복(=).

레펙토리움(refectorium[그]) : 수도원 또는 신학교 등의 식당.

레포세와 체이싱(repoussé & chasing) : ①금속판을 늘려 부조와 같은 효과를 내는 돋을새김 기법. ②돋을새김은 레포세와 체이싱을 동시에 행하여 완전한 모양을 만드는데, 레포세는 금속 문양이 나타난 면의 뒤쪽에서 두드려 금속판을 늘려 올리는 것이며, 체이싱은 앞면에서 두드림으로써 형태를 보다 섬세하게 다듬는 기법. ③뒷면에서 두드려 주는 것과 앞면에서 두드리는 작업을 형태가 완성될 때까지 계속해서 반복.

렉산(lexan) : ①산산이 분산되며 파괴되지 않는 안전유리창에 사용되는 강인한 폴리탄산에스테르의 상표명. ②⇨폴리보네이트레진(=).

렉산시트(lexan sheet) : ⇨렉산(=).

렉터스(lectus) : ⇨렉투스(=).

렉투스(lectus) : ①그리스의 클라인(kline, 또는 클리네)에서 유래한 높이가 다양하고 등받이와 팔걸이가 달린 로마의 침대 또는 카우치(couch). ②특히 청동과 상아로 된 많은 장식물들이 정교한 세공에 의해 침대의 머리부분에 장식. ③침대에 있어서 가장 눈에 띄는 변화는 긴 침대의 구근(救根)형태의 다리로 후기 공화정치 시대와 초기 제국시대에 대중적인 가구 양식이 됨. ④당시 로마인들의 가구 중 가장 선망의 대상이 되는 품목이었음.

렉틸리니어(rectilinear) : 아치의 곡선과 반복된 수직인 멀리온(mullion)으로 된 수직양식의 건축 트레이서리(tracery).

렉틸리니어스타일(rectilinear style) : ⇨수직양식(=).

렌더러(renderer) : ⇨그래픽디자이너(=).

렌더링(rendering) : ①디자인적·예술적 표현으로는 재료·음영과 그림자를 묘사한 건물이나 내부공간의 그림. 특히 투시도를 말함. ②실내건축에서의 표현은 사물의 형태를 미리 예상하여 설정된 개념 또는 구상을 시각화하기 위하여 선·음영·색채 등으로 묘사·표현하는 것. ③프로세스의 명확한 진행과 제3자에게 디자인을 보다 효과적으로 제시·설명하기 위해 사용.

렌더링작업(-作業, rendering working) : ⇨스케치(=).

렌의 도시교회(-敎會, Wren's City Church) : ①크리스토퍼 렌(Christopher Wren : 1632~1723)은 원래 천문학자였던 17세기 말 영국 최대의 고딕 건축가. ②1666년의 런던 대화재 후의 시가지 부흥안을 계획. ③51개에 달하는 교회 재건을 위해 설계. ④맥머도(Arthur Heygate Mackmurdo : 1851~1942)는 이때의 렌이 설계한 교회 건축에 관한 저술을 하였는데 이것이 1883년에 출간된 「렌시 교회들(Wren's City Church's)」. ⑤맥머도 스스로가 장정(裝幀)을 하였고 같은 성격의 의자 등받이 장식이나 벽지·텍스타일에도 이용. 특히 그 표지화는 오늘날 '아르누보'의 최선례로 인정되어 아르누보에 관한 모든 서적에 반드시 게재됨.

렌치(wrench) : ⇨스패너(=).

렌탈 오피스(rental office) : 임대에 의해 일시적으로 누구든지 사용할 수 있는 워드

②먼셀기호 1R5/14. ③⇨로제트·로자스(=).

로즈그레이(rose gray) : ①관용색명으로 회빨강. ②먼셀기호 2.5R5.5/1.0.

로즈레드(rose red) : ①붉은 장미에서 온 말. ②약간 보라 기미를 띤 밝고 산뜻한 빨강. ③보라 기미의 밝은 적색(blight purplish red). ④관용색명으로 해맑은 적색. ⑤먼셀기호 1.0R5.0/3.0.

로즈윈도(rose window) : ①원형 창으로 보통 중심에 대해 대칭을 이룬 트레이서리(tracery)와 그것에 의해 지탱되는 스테인드글라스로 구성. ②대형이고 원형인 중세기의 창. 방사상으로 퍼져 있는 창의 격자가 포함되어 있음. ③중심에서 수레바퀴처럼 방사형으로 트레이서리 혹은 멀리온(mullion)이 뻗쳐 있는 원형 창문. ④각각의 틈새는 잘 채색된 유리로 채워져 있음. ⑤고딕의 대성당에서 유래되었고, 이 형태는 훗날 목재 패널을 만드는 데와 가구 디자인을 하는 데도 적용. ⑥원화창·로제트(=).

로즈핑크(rose pink) : ①표준적인 핑크보다 더 보라 기미를 띤 색. ②강한 핑크(strong pink). ③관용색명으로 연한 보라 띤 빨강. ④먼셀기호 10RP7.0/8.0.

로지(lodge) : ①휴식·숙박·피난 등을 위해 산에 임시로 만든 오두막집. ②임시로 거주하는 오두막집 또는 가옥(假屋). ③보통 취침이나 취사를 위한 장비 및 설비 비치.

로지아(loggia) : ①보통 1면이나 3면이 개방된 아케이드(arcade) 또는 복도(corridor)를 가진 갤러리(gallery). 그밖에 1면이나 2면 이상 개방되고 지붕이 있는 장소. 복도나 거실로 사용. ②양옆이 개방된 전시관 또는 아케이드.

로지아

로지폴파인(松, Lodge pole Pine, Pinus contorta Dougl[학]) : ①남동 알래스카에서 남부 캘리포니아 로키산맥 서북지역에 분포. ②변재는 백색 또는 담황백색이고 심재는 담황갈색이며 연륜은 뚜렷하지 않음. 전건비중 0.46, 수축률은 방사방향 378%, 접선방향 6.7%, 용적수축률은 11.5%로 적으며, 강도는 압축강도 378kg/㎠, 휨강도 661kg/㎠, 전단강도 62kg/㎠로 약함. 거단(鋸斷)·포삭(鉋削)·건조·접착성은 용이하나 도장성은 불량함. ③주로 내장·합판·건축·저급가구 등에 사용.

로진(rosin) : ①소나무에 상처를 내어 수액(樹液)인 생송지(生松脂)를 모아서 증기로 분류하면 터펜틴유(turpentine oil)와 송지(松脂)로 분류되는데, 송지를 가공·정제하여 얻은 것을 고무레진(gum resin)이라 함. ②색깔은 황색부터 갈색까지 있음.

로카이유(rocaille[프]) : ①특히 루이 15세의 재위기간에 성행했던 소용돌이 장식. ②조약돌·식물·조개껍질에서 유래된 형태로 로코코시대의 특징. ③로코코시대의 돌과 조개껍질 장식에 적용되는 용어로서 19세기 초기 루이 15세 시대 양식을 지칭하는 데에도 사용. ④원래 작은 돌 또는 암석세공(rock work)을 의미하는 프랑스어로 미술에서는 정원에 만든 조개껍데기·작은 돌·바위 등으로 장식한 인공 암굴(岩窟)로 베르사유(Versailles) 궁전 정원의 인공석굴을 지칭하였으나, 오늘날에는 전형적인 로코코 장식이 불규칙한 바위와 조개형태의 곡선을 이룬 장식 모티프(motif[프])를 의미함.

로카이유

로커(locker) : ①옷가지·휴대품 등 개인용품을 잠시 동안 넣어두기 위한 자물쇠가 달린 장(臟). ②주로 상업공간이나 업무공간 등의 사무실 및 사우나·목욕탕·체육관·공장 등의 고객·종업원 및 직원용으로 사용.

로코코(Rococo) : ①프랑스어인 로카이유(rocaille, 자갈)와 코키유(coquille, 조개껍질)라는 두 단어가 합쳐진 글자. ②18세기 프랑스의 건축·실내·가구디자인 영역에서 유행하던 양식으로 좁은 의미(狹義)로는 독일과 오스트리아에서 발전된 실내디자인 양식이며, 프랑스 바로크양식의 후반기를 지칭하기도 함. 또한 미술사적으로는 로코코양식이라 하고, 프랑스에서는 루이 15세 양식이라고 함. 우아하고 여성적인 아름다움으로 대변되는 이 양식의 특징은 매우 장식적이지만 그 기본 양식은 매우 단순함. ③특징은 고전적 법칙을 무시하여 형식에 속박된 것, 육중한 것, 어두운 음영의 기피, 직선 특히 수평의 직선과 직각을 피하고 긴 유선형(流線形)의 공간형태와 섬세한 총체적인 효과를 노린 정교한 조개세공과 잎무늬장식 디자인의 자유로운 사용 및 특이한 착상으로 경쾌한 악센트를 주는 것이 특징. 또한 개인의 프라이버시를 위주로 한 양식으로 개인생활·개인의 경험 등이 목표가 되어 그 개인이 차지하는 내부공간을 실질적으로 장식. ④장식은 조각을 주제로 하고 색채는 담청(淡青)·담록(淡綠) 또는 백지(白地)에 금(金)의 배색을 풍부하게 사용함. 곡선을 연속시킨 여성적이며 화려하고 복잡한 모양의 장식. 가장 개성적인 가구의 요소는 로카이유나 코키유라 불리는 조개형태의 장식과 곡선으로 된 기본적인 틀에 의해 테두리 부분에 주름이 잡히거나 톱니 모양의 자국을 내어서 형태를 만든 것으로, 기술과 안정성에 있어 거의 완벽에 도달해 있었으며 인체의 치수를 고려하여 디자인. 따라서 형태는 바로크시대와는 달리 허세를 부리지 않았음. 장식에는 상감세공장식인 마키트리(marquetry)와 금속장식인 올모루가 성행하였으며, 특히 중국의 옻칠기법에서 영향을 받은 옻칠기법 가구가 유행. 가구의 다리는 상부에서 하부에 이르기까지 끊어짐 없이 흐르는 하나의 선으로 나타났으며, 이러한 연결성은 가구의 전체적인 디자인과 조화하도록 디자인됨. 로코코 곡선형의 다리는 개나 고양이의 발 모양으로 디자인한 다리를 적용. 상자형태의 수납가구는 전면이 불룩하게 튀어나오게 디자인. 의자의 팔걸이 부분은 당시 귀부인의 의복이 손상되지 않도록 짧아지거나 삭제됨.

로코코가구(-家具, Rococo furniture) : ①인체치수를 고려하여 전혀 허세를 부리지 않는 형태. ②가구 전체가 곡선에 의해 구성되고 의자는 캐브리올이라는 곡선을 사용하여 의자의 처음에서 끝까지 여자의 몸체와 같이 아름다운 형태를 나타내며, 시트나 등받이도 꽃 모양의 고블랭직(織)으로 덮어 시트의 편안함과 형태의 아름다움이 조화. 그러나 루이16세시대에 들어와서 이러한 가구의 곡선이 다시 직선으로 바뀌고 엄격한 형태를 중시하는 신고전주의(neoclassicism)쪽으로 기울어짐. ③이탈리아 로코코가구·프랑스 로코코가구·영국 로코코가구(=).

로코코건축(-建築, Rococo architecture) : ①원래 조개껍데기 모양의 장식을 의미하는 프랑스어 로카이유(rocaille[프])를 주요 장식 모티프(motif[프])로 하는 장식양식. ②1730~70년경에 유럽에 융성한 로코코양식시대의 건축. ③주로 당시의 교회 건축물이나 궁전·관저(官邸) 등의 경쾌·우아·섬세한 내부장식이나 가구·집기의 장식에 사용. 건축물의 형태나 구조는 전(前)시대의 바로크와 본질적인 차이가 없어 후기 바로크 건축으로 취급하기도 함.

로코코부흥양식(-復興樣式, Rococo Revival style) : ①자연적인 모티프(motif[프])·곡선·정교한 조각·금박 장식 등 로코코양식이 강조된 19세기 양식으로 유럽과 미국에서 유행. ②가구에 있어서는 주로 18세기 루이 15세 양식을 답습하였으나 대칭형태가 강조되고 불르 마케트리(boulle marquetry)기법이 사용되는 등 루이 14세의 바로크양식이 도입되기도 하였음. 코일 스프링(coil spring)이 개발되어 과일·꽃·잎 등의 형태로 장식하는데 사용되

ㄹ

었고 장미목(rose wood)이나 마호가니(mahogany)와 같은 어두운 색조의 목재가 다양한 형태의 의자와 소파류(類) 제작에 널리 사용됨.

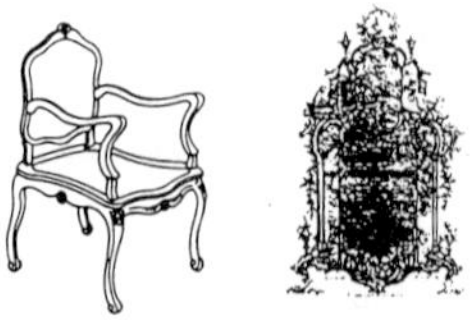

로코코부흥양식

로코코양식(-樣式, Rococo style) : ①루이 15세 등장과 함께 바로크적 성격을 계승한 로코코양식이 파리에서 발생하여 1700년 초부터 1770년까지 프랑스를 중심으로 독일·영국 등에 영향을 미친 르네상스의 한 건축양식. ②로코코는 인조대리석(人造大理石)이라는 뜻으로 이 시대는 인조대리석을 사용한 궁전을 많이 건설. ③로코코양식은 인간의 안락(安樂)을 목적으로 하여 거실 규모가 축소되고 공(公)과 사(私)가 완전히 분리되어 응접실도 겨울용과 여름용으로 구분되었으며 객실·도서실·거실·화장실·서재·담화실·오락실·음악실 등이 현대와 같이 세분화되고, 다만 욕실만 포함되지 않았음. ④로코코 미술은 특히 부녀자들에게 즐거움을 주고 여성들의 육체적 매력을 고조시켜주는 미술로서 프랑스 미술양식은 위엄만을 과시하려던 미술에서 여성적이고 민감하며 쾌활하면서도 환상적인 미술로 변함. ⑤루이 14세 때의 직선과 컴퍼스 사용의 곡선이 사라지고 더 섬세한 선과 불규칙한 선이 기발하게 교차되면서 난폭한 움직임이 시각을 자극시키도록 함. ⑥실내를 곡선과 곡면을 이용하여 우아하고 화려하게 장식. 기둥은 장식에 의해 자유로운 수정이 가해졌으며 모든 돌출부의 몰딩은 가늘고 약하며 조각은 엷고 평탄함. 출입구에는 의자식(椅子式)인 대리석 또는 돌을 장식하고 거실의 벽면은 전면(前面)판자를 붙였음. 건축규제를 따르지 않고 벽면 상부는 궁형(弓形)의 천장이 시작되면서 천장과 벽 사이가 각이 생기지 않도록 하였음. 색상은 나무에 먼저 장미색·터키 옥색·담황색·겨자색·엷은 청색 등 어느 한 가지 색을 칠함. 커튼은 색이 온화하고 엷은 중간색을 사용하고 넉넉하게 주름잡은 창문에 아름답게 드리웠음. 문양은 중국적인 주제를 가지고 독창적이고 기발한 디자인을 고안하여 벽판과 병풍·부채·벽화에 많이 도입하였으며 특히 환상적인 순 중국풍의 탑·원숭이·군엽상(群葉像) 등이 쉬노아즈리(chinoiseries)·셍쥬리(singeries)라 불리면서 유행하였음.

로크 아스팔트(rock asphalt) : ①천연 아스팔트가 사암·석회암 등 다공질 암석의 틈새에 스며들어 형성된 것. ②품질이 일정하지 않는 결점이 있음. ③남북아메리카·유럽·동남아 등지에서 산출되며 유럽에서는 옛날부터 널리 사용됨. ④역청분의 함유량은 산지(産地)에 따라 다르나 보통 5~40% 정도. ⑤주로 도로포장·바닥포장·방수·내산(耐酸)공사 등에 사용.

로킹 체어(rocking chair) : ①1765년경 미국에서 프랭클린(B. Franklin)에 의해 창안(創案)된 의자 다리의 하부가 활 모양으로 굽어 앞뒤로 움직일 수 있도록 만든 휴식용 흔들의자. ②전후의 다리를 좌우 각각 궁형(弓形)으로 조각한 부재(rocker)를 대어 앞뒤로 흔들 수 있도록 한 의자로 1860년부터 제작·생산. ③보통 팔걸이가 있으며, 곡목(曲木, vent wood)을 사용하나 금속 파이프를 사용하기도 함. ④흔들의자(=).

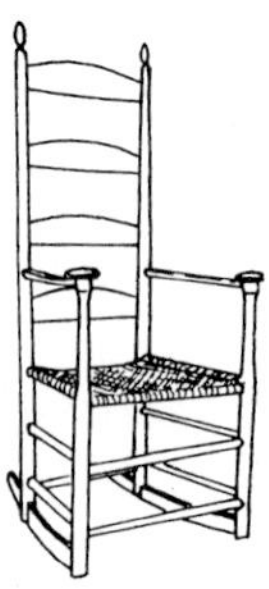

흔들의자

로터리 단판(-單板, rotary veneer) : ⇨로터리베니어(=).

로터리 단판 절삭(-單板切削, rotary veneer cutting method) : ⇨로터리베니어.

로터리 레이드(rotary lathe) : 원목의 중심

을 회전축으로 축과 평행하게 설치되어 있는 칼과 압력에 의해 연속적으로 얇은 판을 벗겨내는 기계.

로터리 베니어(rotary veneer) : ①원목 통나무의 중심을 축심(軸心)으로 하여 회전시켜 축과 평행하게 설치한 절삭(切削)날로 연속적으로 절삭한 단판. ②원목(原木)을 일정한 길이로 절단하여 로터리 레이드(rotary lathe, 베니어 선반)에 의하여 둥근 원목을 회전시키면서 연속적으로 얇게 벗긴 단판(單板, veneer). 원목의 지름 400~600㎜, 길이 2~2.5㎜이고 재장(材長) 이상의 긴 대팻날로 회전시켜 합판의 단판을 만듦. ③총 단판 생산량의 90% 정도를 차지하므로 원목의 낭비를 막을 수 있는 장점이 있음.

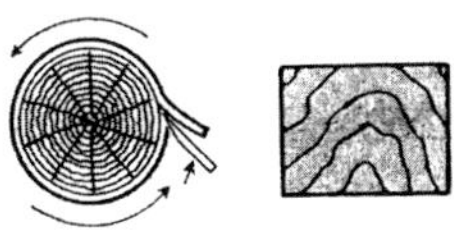

로터리베니어

로터리 베드(rotary bed) : ⇨하우스베드(=).

로터리 스위치(rotary switch) : ①손잡이를 시계방향으로 회전시켜 번갈아 가며 on-off가 반복하는 점멸기. ②주로 전등이나 용량이 적은 전기기기의 회로(한줄)를 끊었다 이었다 할 수 있는 옥내용 소형 스위치로 노출형 뿐임.

로터리스위치

로터리 플레이너(rotary planer) : ①목재용 회전식 대패. ②4개의 날이 90° 각도로 달린 로터리를 회전시켜 목재를 깎음.

로터스(lotus) : ①고대 이집트의 힌두교를 믿는 나라의 예술품이나 건축물에 장식적 문양으로 사용된 물 위에 떠 있는 다양한 형태의 연꽃을 표현한 문양. ②건축의 장식무늬로 사용하는 연꽃. ③이집트의 장식 기둥에는 파피루스 기둥 다음으로 많이 사용.

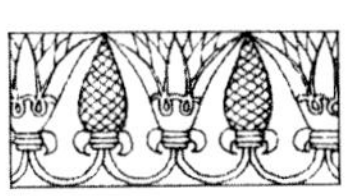

로터스

로터스 기둥(lotus column) : ①고대 이집트 건축의 기둥형상. 로터스를 다발로 묶은 모양을 기둥 장식의 모티프(motif[프])로 한 것. ②이집트의 식물 장식 기둥에는 파피루스 기둥 다음으로 많이 사용.

로터스 주두(-柱頭, lotus capital) : 고대 이집트 건축에서 연꽃 봉오리 모양의 형태로 된 주두 또는 연꽃 장식을 한 주두(柱頭) 및 기둥.

로테르담 파(-派, Rotterdam group) : ①낭만주의적인 암스테르담파(派)에 대항하여 엄격한 구성을 주장하는 건축가 그룹. ② J. P. 아우트(Jacobus Johannes Pieter Out : 1890~1963)가 대표적인 인물로서 주로 데 스틸(De Stijl)의 멤버가 이에 속함.

로톤드(rotonde[프]) : ⇨로툰다.

로투스(lotus) : ⇨로터스.

로툰다(rotunda) : ①지붕이 둥근 형태로 된 원형(dome)건축이나 둥근 천장 밑 원형의 홀. ②큰 대형 돔으로 덮이게 되는 원형의 평면건물이나 원형 아파트. ③일반적으로 벽과 지붕이 원통형의 돔(dome) 형태로 된 원형건축. ④대형 내부공간 및 원형의 큰 홀(hall)이나 실(室). ⑤돔으로 덮개를 씌운 내·외부 모두가 원형으로 이루어진 건축물. ⑥로마의 판테온(Pantheon, 118~128)신전이나 뉴욕의 구겐 하임미술관 등이 대표적인 예. ⑦판테온신전(=).

로툰다

로트(lot) : 생산품의 단위수량.

로트링(rotring) : ①잉킹(inking)하는 데 사용되는 오구(烏口)를 만드는 독일의 회사명. ②오늘날에는 보통 명사화하여 상품명으로 통용. ③잉킹하는 데 사용되는 제도용구.

로 파티션(low partition) : ①눈높이(약 1,500㎜ 정도)보다 낮은 높이 1.0~1.2m 정도의 낮은 칸막이. 시선을 차단하기 위한 수법으로 사용되는 비내력벽. ②주로 커피숍·레스토랑에서 공간을 분할하기 위해서 사용하는 경우가 많음. 특히 호텔 연회장 등에서는 장소의 조건을 만들어내기 위한 장치로 이용.

로프 몰딩(rope molding) : 밧줄과 같이 한쪽 방향으로 꼬여져 있으며, 볼록하게 나온 몰딩.

로프 몰딩

로프트(loft) : 교회나 홀에 있어서 갤러리 또는 상층부.

로프트 빌딩(loft building) : ①칸막이로 되어 있지 않는 공간의 큰 면적을 갖는 몇 개의 층으로 된 건물. ②원래는 경공업을 목적으로 임대되었으나 오늘날에는 주거용으로 개조하여 사용.

록 너트(lock nut) : ①너트와 나사못 또는 볼트 간에 마찰력을 높일 수 있도록 특수하게 만들어진 너트. ②⇨너트.

록 라스(rock lath) : 스터코(stucco) 작업의 기초에 사용되는 구멍이 뚫린 집섬보드(gypsum board).

록 아스팔트(rock asphalt) : 모래·사암석·회석 등에 침투되어 천연적으로 생산되는 아스팔트.

록 워셔(lock washer) : 너트(nut)가 흔들려 느슨해지는 것을 방지하기 위해 특수하게 만들어진 워셔.

론(lawn) : ①면·레이온·리넨·폴리에스테르 등의 평직물. ②얇고 속이 비쳐 보이며 촉감은 약간 빳빳함. ③주로 시어커튼 등에 사용.

론 루핑(lon roofing) : 염화비닐제 벽지의 일종.

론 타일(lon tile) : 염화비닐제 타일 일종.

론 플레이트(lon plate) : 염화비닐제 투명판의 일종.

롤러 셰이드(roller shade) : ①윈도 셰이드(window shade)의 일종. ②직물로 된 커튼을 상부에서 끌어내려 빛을 차단하며 올릴 때, 직물이 위쪽의 원통에 감기는 가장 단순한 방법. ③셰이드는 대부분 얇거나 직조된 천으로 만들어진 롤러 셰이드만으로 보기에는 산뜻하지만, 얇은 천이나 두꺼운 커튼과 어울려도 보기 좋음. ④어린이방이나 욕실·부엌에서 특히 유효. ⑤롤러블라인드(=).

롤러 칠(roller painting) : ①도장방법의 하나. ②롤러는 스펀지 또는 털이 깊은 롤러를 써서 일정한 누름으로 칠하고, 균일하게 되도록 넓혀 칠함. ③평활하게 큰 면을 칠하는 데 유리함.

롤러 코터(roller coater) : ①미장합판을 만들거나 평면 패널류(類) 도장에 사용. ②도장하고자 하는 부재를 1차 와이드 벨트 샌더에서 연마한 다음, 투입하여 주입된 도료에 의해서 롤러가 회전하면서 도장하게 됨.

롤러 코트(roller coat) : ①도료의 일종. ②무늬가 단조로운 것에서부터 크고 대담한 무늬를 형성하여 예술적인 감각을 더욱 높여줌. ③특징은 내구성이 강하고 변색이 거의 없으며, 유광·무광이 가능. ④주로 고급 주택 또는 빌딩의 실내에 사용.

롤링 도어(rolling door, roll-up door, rolling shutter door, rolling shutters) : ①감아올리고 내리는 문. ②수평으로 이루어진 큰 문은 금속조각으로 연결되어 양쪽에 큰 트랙에 의해 이끌려 올려짐. ③문 개구부의 윗부분에 긴 원통형으로 감기며 열림.

롤링 셔터(rolling shutter) : ⇨롤링도어(=).

롤 몰딩(roll moulding) : ①단면이 3/4원으로 볼록하게 튀어나온 몰딩. ②⇨몰딩.

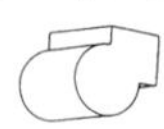

롤 몰딩

롤 블라인드(roll blind) : ①회전 구동기구를 이용하여 개폐하는 방식으로 감아올리는 블라인드. ②발과 같이 감기면서 알맞은 높이로 조절이 가능함으로써 창을 가리는 정도에 의해 일광을 조절하는 것. ③여름철 낮에는 블라인드를 내려서 햇빛을 차단하고, 밤에는 블라인드를 올려서 자연통풍이 되도록 함. 겨울철 낮에는 블라인드를 올려서 창을 통한 태양열 획득을 도모하고 밤에는 블라인드를 내려서 야간의 열손실을 막아주는 단열효과를 높임. ④셰이드(=).

롤 스크린(roll screen) : ⇨롤블라인드(=).

롤 코어 베니어(roll core veneer) : 허니콤(honeycomb) 합판의 코어구조와 유사한 형태로 합성수지를 함침(含浸) 처리한 크래프트(craft)지(紙)를 특수한 구조로 성형하여 코어로 쓴 합판.

롤 코어 합판(-合板, roll core plywood) : ⇨롤코어베니어(=).

롤 톱 데스크(roll top desk) : ①전면(前面)에 열고 닫을 수 있는 볼록한 원통형의 목재 사슬문(tambour shu-tter)이 달린 책상. ②헤플화이트(Hepple white)에 의해 소개.

롤 톱 데스크

롤 합판(-合板) : ⇨롤 코어합판(=).

롬바르드 건축(-建築, Lombard architecture) : ①7·8세기 북부 이탈리아 지방의 초기 로마네스크 건축. ②초기 기독교와 로마식 형태를 사용하고 리브볼트와 샤프트(rib vault and shaft)가 개발.

롱글리트저택(-邸宅, Longleat) : 엘리자베스시대의 초기 르네상스 디자인이 완벽하게 꾸며진 외관은 대칭이고 실내는 이탈리아식으로 장식한 건물.

롱샹 교회(-敎會, Ronchamp Notre-Dame-du-Haut) : ①르 코르뷔지에(Le Cor-busier : 1887~1965)가 설계한 프랑스 동부 롱샹교회의 언덕 위에 있는 노트르담 듀오 순례교회(1950년 착공, 1954년 준공). 원래 13세기부터 그 자리에 교회가 있었던 자리로 1950년 설계를 의뢰받아 다음 해에 그의 안(案)이 승인. ②원 건물의 석재(石材)도 사용. 형태는 바람을 가득 안은 요트의 돛처럼 많이 굽은 지붕이며 구조적으로는 이중 셸(shell)로 되어 있음. 상부에서 채광하여 제단(祭壇)을 부드러운 빛으로 하고 경사진 두꺼운 벽에 자유로이 열 수 있는 창문의 스테인드글라스를 통해 들어오는 빛은 좁은 실내를 다채롭게 하여 어둠을 느끼지 않을 뿐만 아니라 넓은 느낌을 줌. 의자는 조각가 사비나가 디자인하고, 입구 문의 그림은 르 코르뷔지에의 작품.

롱 앤드 숏(long and shot) : 길고 짧은 귓돌(corner stone)을 번갈아 가며 쌓는 방법.

루(樓) : ①기둥이 층받침이 되어 가운데에 널을 높이 깐 다락집. ②누·누각(=).

루넷(lunette) : ①반원형의 개구부. 이 용어는 어떠한 평탄한 반원형의 면에도 적용할 수 있음. ②반원형태의 장식 모티프(motif[프]). 돔(dome)·궁륭(vault) 등이 벽과 맞닿는 곳이나 문·창문 등의 바로 위에 반원형의 창이나 벽장식. 창문에는 유리를 끼우고 그림·조각·상감 등으로 채웠음. ③천장의 채광창이나 그림·조각 등으로 장식한 천장. ④벽 따위의 초승달 모양으로 된 곳. ⑤반달형 장식(=).

루넷 윈도(lunette window) : 엔태블러처(entablature) 위에 있는 반원형 창.

루더(rudder) : 날개형 테이블(drop leaf table)의 날개를 지지하는 지지대 또는 배의 키(rudder)와 유사한 형태의 선반.

루더

루드(rood) : ①십자가에 못박힌 예수의 열십자를 상징하는 십자가. ②중세 교회의 챈슬이나 성가대 입구 위에 놓여진 커다란 십자가 상(像). ③교회에서 켈라(cella)로 들어가는 입구 부분에 세운 십자가상.

루드 로프트(rood loft) : 주로 중세의 교회에서 예수가 매달린 십자가(rood)가 있는 성단(聖壇) 후면의 자리.

루드 스크린(rood screen) : ①중세 교회의 네이브(nave, 會衆席 또는 身廊)와 챈슬(chancel) 또는 성가대를 구분짓고, 십자가(rood)를 받쳐 들고 있는 섬세하게 장식된 성단(강단) 후면의 칸막이. ②대형 십자가를 운반하여 들여보내는데 사용하며 중앙 꼭대기 위에는 예수가 매달린 십자가가 부착되어 있음. ③본당 회중석

ㄹ

(會衆席)과 성가대석 또는 성단을 구분. 완전히 개방하거나 부분적으로 폐쇄.

루멘(lumen) : ①광속의 단위. 1루멘은 1칸델라의 균일한 점광원으로부터 1스테라디언(steradian)의 입체각으로 방사되는 광속. ②단위시간당 방사되는 빛의 에너지 양인 광량(光量) 또는 광속(光速)의 단위. ③총직사광의 광도나 광량을 재는 데 사용되는 단위. ④1촉광의 점광원이 1㎥ 입체각 내에서 내는 광속. ⑤점광원으로부터 빛의 흐름에 관한 시간단위. ⑥규격 양초 하나가 발하는 빛의 양.

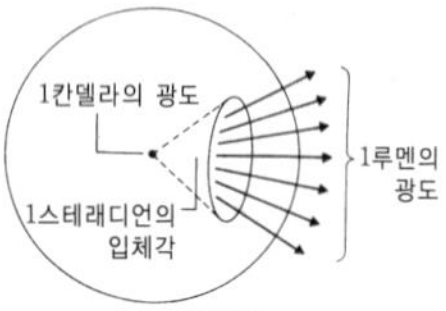

루멘

루멘법(-法, lumen method) : 직접 또는 반사광속을 모두 고려하여 작업면에 균일한 조도를 제공하기 위한 전등·조명기구 및 창문의 수와 종류를 결정하기 위한 방법.

루미나 실링(lumina ceiling) : ⇨광천장조명(=).

루미너스(luminous) : ①광원(光源)에 의해서 비춰지는 면의 밝기. ②단위는 룩스(lux).

루미너스 빔(luminous beam) : 연속열의 조명기구를 천장에 묻어 넣거나 또는 보에 설치한 조명.

루미네센스(luminescence) : ①온도방사에 의하지 않는 발광(發光). ②모든 물체는 약 700℃ 이상의 고온이 되면 발광을 하며, 이를 온도에 의한 발광이라고 함.

루미네어(luminaire) : ①전등·갓·소켓 등 내부장치를 구비한 완전한 조명설비. ②조명기구(=).

루버(louver, louver boards) : ①가늘고 얇은 살(slat)을 고정 또는 조절되도록 조립하여 공기는 통과하면서 눈과 비, 직사광선이나 시선을 차단·조정하고 사생활(私生活, privacy)을 보호·확보하며 환기와 통풍을 가능케 하는 일광조절장치. ②보통 유리창 전면에 설치하며 철판·목재판·알루미늄판·불투명 유리 등이 사용. ③종류는 수평형·수직형·격자형 루버(eggcrate형, parabolic형 등)로 구분.

루버

루버 도어(louver door, louvered door) : ①루버가 달린 문. ②문을 닫았을 때도 통풍이 가능하며 주로 옷장·창고 및 기계실·전기실 등 환기·통풍이 요구되는 공간에 사용. ③블라인드도어(=).

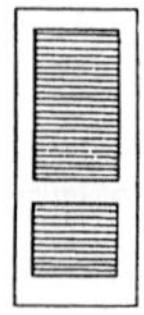
루버 도어

루버 라이팅(louver lighting) : ①천장 전면에 루버를 설치하고 그 상부에 광원을 배치한 것으로, 경사방향에서는 루버의 보호각에 의해 광원이 직접 보이지 않게 한 방식. ②조도에서는 매우 높은 작업면상의 조도를 얻을 수 있는 한편 낮은 휘도의 조명기구를 얻을 수 있음. 특히 대비적인 음영이나 조명을 얻고자 할 때 사용. 일반적으로 격자(格子)형으로 된 알루미늄 또는 아크릴 루버를 사용.

루버 윈도(louver window) : ①루버가 달린 창 또는 루버식 창. ②환기나 빛을 조절하도록 얇은 수평판을 중복시켜 문이나 창문 또는 클로젯 문에 사용. ③⇨잴루지(=).

루버조명(-照明) : ⇨루버라이팅(=).

루버창(-窓) : ⇨루버윈도(=).

루버천장(-天障, louvered ceiling) : 여러 장의 길이형 판재를 격자로 설치하여 그 위에 설치한 조명기구의 빛을 조정하도록 디자인된 달천장 또는 달대천장.

루버천장조명(-天障照明, louver ceiling lighting) : ①천장 전면에 루버를 설치하고 그 위에 광원을 배치하는 방식. ②광천장(luminous ceiling) 하단부에 루버를 부착한 직접조명. ③천장의 확산투광판을 루버로 사용하는 조명방식으로 밝은 조도를 얻기 위한 사용에 효과적이며, 루버면의 휘도를 일정하도록 하여 얼룩짐이 생기지 않도록 설계. ④직접광원이 시야에 들어오지 않도록 보호각과 광원에서 루버면까지의 거리를 검토. 루버기구가 은폐형인 경우 루버기구의 효율이 70~80%, 일반은폐형인 경우 50~75%. ⑤루버롤(=).

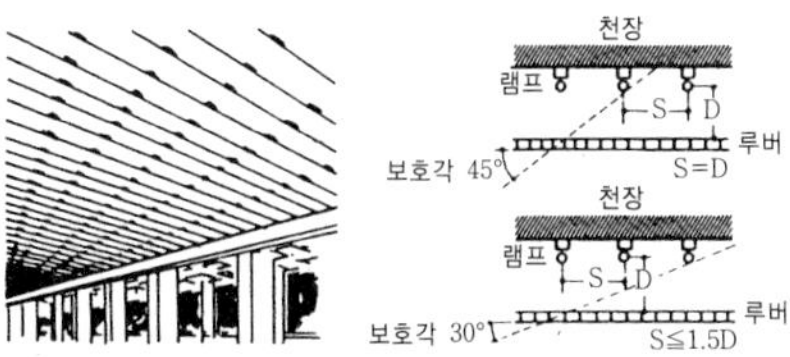

루버천장조명

루부라참나무 : ⇨레드오크(=).

루브르궁전(-宮殿, palace de Louvre) : ①프랑스 파리에 있는 르네상스시대의 궁전. ②루이 14세 시대의 궁전 중 가장 큰 규모(120㎡).

루비(ruby) : ①루비처럼 강한 적색. ②보라기미의 강한 적색(strong purplish red). ③먼셀기호 1.0R4.0/11.5.

루빈의 반전도형(-反顚倒形, Rubin's reversal figure) : ⇨그림과 바탕(=).

루빈의 이론(-理論, theory of Rubin) : 형을 하나의 독립된 형으로 인식시키는 데는 독립체가 아닌 존재로서의 바탕이 있어야 하며 바탕이 무형태의 의미를 갖는다는 이론.

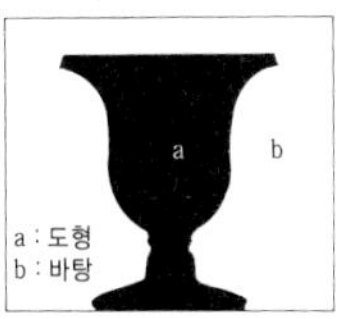

바탕과 도형의 관계

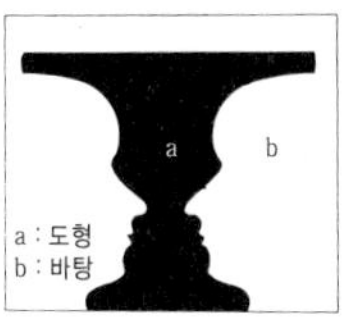

바탕과 도형의 관계

루빈의 항아리 : ⇨그림과 바탕(=).

루사이트(lucite) : ①열가소성 수지의 일종. ②투명한 아크릴 합성수지로 제작된 상품명으로 플렉시글라스(plexiglass)라고 함. ③주로 가구의 프레임(frame)으로 사용.

루셀라이궁전(-宮殿, palace of Rucceliai) : ①알베르티(Leone Battista Alberti : 1404~72)가 설계하고 로셀리노(Bernardo Rossellino : 1409~64)가 A.D.1451~1455년에 건설한 이탈리아 르네상스시대의 궁전. ②코니스(cornice)가 적고 러스티케이션(rustication)으로 되었으며 외관은 경쾌하며 필라스터(pilaster)가 특징적임.

루소도(-圖, Rousseau diagram) : 수직 배광곡선을 직각 좌표에 나타낸 그림.

루소선도(-線圖) : ⇨루소도(=).

루스조인트정첩(-釘貼, loose joint hinge) : ⇨루스조인트힌지(=).

루스조인트힌지(loose joint hinge) : ①각 리프(leaf)에 너클 반쪽을 부착해 위쪽 반을 핀에서 분리할 수 있도록 만든 정첩. ②리프트오프힌지(=).

루스커버(loose cover) : ①직물로 씌워진(up-holstered) 가구에 별도로 다시 씌운 직물덮개. ②슬립커버(slipcover)라고도 함.

루스티카(rustica[이]) : ①절단한 석재. ②표면에 다양한 무늬(다이아몬드 무늬 등)를 새긴 변형된 많은 것이 있음.

루스핀정첩(loose pin hinge) : ⇨루스핀 힌지·꼭지정첩(=).

루스핀힌지(loose pin hinge) : ①핀이 빠지도록 만들어져 두 개의 리프(leaf)가 분리되면 문짝을 떼어낼 수 있도록 되어 있는 정첩. ②핀의 양끝에 꼭지를 달아 핀을 쉽게 뽑을 수 있게 한 것으로 주로 내부 문에 씀. ③꼭지정첩(=).

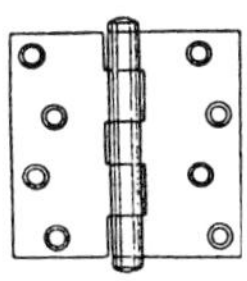
루스핀힌지

루슨소파(loosen sofa) : 등받이보다 팔걸이가 낮은 소파.

루이세즈(Louis Seize) : ⇨루이 16세 양식(=).

루이스볼트(lewis bolt) : ①끝부분이 쐐기 모양을 가진 앵커볼트. ②고정시키기 위해서는 보통 콘크리트나 납을 그 주위에 부어넣음.

루이14세양식(-十四世樣式, Le Style Louis XIV[프]) : ①미술의 황금시대인 프랑스 루이 14세 시대(1643~1715)의 건축·실내장식이나 공예장식. 즉 프랑스 바로크시대의 양식(1643~1700). ②이탈리아 바로크의 영향을 받아 장대한 규모에 질서 있는

ㄹ

위엄을 갖춘 중후하고 화려한 양식. ③특징은 공적(公的)인 생활이 중시되어 이를 위한 살롱(salon) 등이 발전하였으며 직선과 컴퍼스에 의한 곡선 및 질서와 균형의 중시·위엄·화려·엄숙하며 풍부·화려·사치한 반면 중량감이 특징. 천장은 모서리 부분을 궁형(弓形)으로 둥글게 하여 높이 올렸으며 작은 패널을 연속적으로 사용하거나 초상화나 역사적인 사건의 그림을 그렸음. 천장에는 천상(天上)의 상상화(想像畵)를 그렸으며 실내 중앙 위치에 수정이나 목각장식의 샹들리에(chandelier)를 설치. 벽면은 원기둥·벽기둥(pilaster)·회화·조각·태피스트리(tapestry) 및 고가(高價)인 거울 등을 다양하게 사용함. 바닥은 오크(oak)로 감목세공(嵌木細工)을 하거나 흑백색의 대리석을 4각으로 만들어 깔고 그 위에 사본느리(savonerie) 카펫을 깔았음. 가구는 캐비닛이나 체스트 등 대형 가구가 유행하였으며, 실의 규모에 따라 웅장하고 사치스러운 풍부한 조각장식과 금은도금을 사용하였고, 강한 색채의 대비 및 컴퍼스에 의해 만들어진 곡선가구가 발달. 문과 창도 모소(模塑)장식으로 중후함을 느끼게 하고 벽난로는 유색(有色) 대리석으로 호화롭게 꾸몄으나 전반적으로 색채는 칙칙한 느낌. ④루이카토로즈(=).

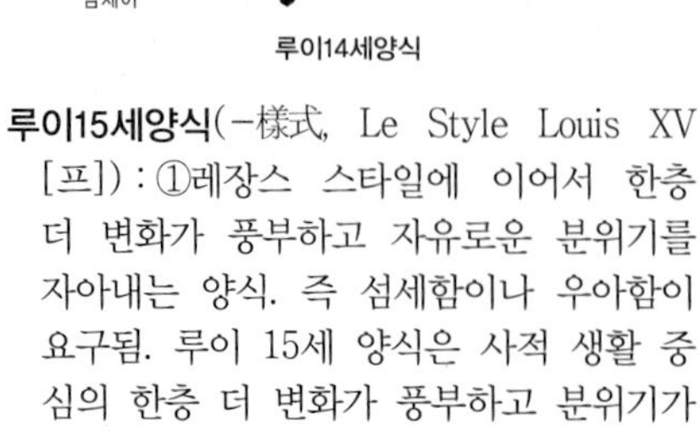

암체어

루이14세양식

루이15세양식(-様式, Le Style Louis XV [프]) : ①레장스 스타일에 이어서 한층 더 변화가 풍부하고 자유로운 분위기를 자아내는 양식. 즉 섬세함이나 우아함이 요구됨. 루이 15세 양식은 사적 생활 중심의 한층 더 변화가 풍부하고 분위기가 자유로우며 장식은 비대칭에 의한 구성도 사용하여 섬세함·우아함·안락감·비례감 등이 뛰어난 자연스럽고 경쾌한 경향을 보이며 매우 향락적임. ②건축에서는 자유롭고 불규칙적인 곡선 사용이 특징적이며 벽면은 좁고 넓은 패널을 반복적으로 배치하였고, 패널의 세로 선(線)만 직선이고, 나머지는 모두 자유곡선을 사용. ③장식으로는 중국 등의 양식도 수용되었고 가구는 실용성 중심으로 안락성이 우수한 것으로 대체로 부드러운 곡선이 사용. 이러한 로코코 경향은 감각적이고 자유로운 반면에 향략적이며, 디자인은 휴먼 스케일(human scale)에 적합하게 고안. ④루이켕즈(=)·레장스 스타일.

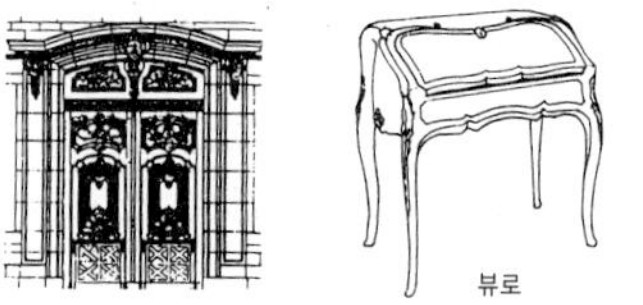

뷰로

루이 15세 양식

루이16세양식(-様式, Le Style Louis XVI [프]) : ①18세기 후반의 프랑스에서 빛났던 건축·장식미술 양식. ②고대에 대한 관심이 높아지고 간소한 방향으로 전환되어 건축법규를 부활하고 자유형 곡선을 폐지하였으며, 반원형·궁형·타원형 등과 간결하고 직선적이고 평정(平靜)하고 명쾌한 구성, 감춰진 색채 등을 특색으로 하는 기하학적인 구성의 프랑스 신고전주의 양식(neo-classical style)이 되었음. 이러한 동향은 건축이나 가구 등에 큰 영향을 줌. 균제나 안정을 추구함. 화려한 장식과 장식에 사용된 곡선을 배제하였으며 또한 뇌문 문양·파르메트·안데미온·아칸서스 등 고대 그리스풍의 원기둥·벽기둥·엔태블러처·타원형 등의 건축적 모티브(motive)가 부활. 가구는 단순하게 직선을 사용하고 아래로 내려갈수록 가늘게 처리하였으며 절단면을 보면 단순한 원형이나 사각형이며 표면은 직선이나 가시 모양의 세로 홈을 장식. 또한 장롱이나 탁자는 거의 대부분이 장방형이며 모서리에는 장미꽃 무늬의 금속장식을 부착. 세부적인 장식으로 꽃·리본 등을 풍부하게 사용. 그리하여 디자인은 엄격하며 장식이 억제되고 구성도 대칭을 이루었고 직선적임. 이러한 경향은 혁명 후에 더욱 고전적이고 장대하며 화려한 제정양식(Empire style)으로 연결. ③루이16세양식의 말기에서는 프랑스 혁명(1789) 후의 엄한 정세를 반영하여 간소함과 엄격함을 갖추었으며, 권력이나 혁명을 상징하는 모티브를 사용한 문장(紋章, fasces)도 사용하여 한층 더 간결하고 고전적으로 하고자 하는 디렉투아르 양식(Directorire style)이 발생.

루이16세양식

루이카토로즈(Louis Quatorze[프]) : ⇨루이14세양식(=).

루이퀸즈(Louis Quinze[프]) : ⇨루이15세양식(=).

루이필립양식(-樣式, Louis Philippe style) : ①프랑스의 루이 필립 왕 시대에 유행했던 양식. ②일명 '로코코 부흥양식'이라고도 함.

루카네(lucarne) : 지붕이나 첨탑의 지붕에 낸 소규모 지붕.

루터(router) : 몰딩의 홈을 파거나 원 등을 도려낼 때 사용하는 연장 중 하나.

루터조건(-條件, Luther condition) : 색채계의 총합 분광감도를 CIE에서 정한 함수(스펙트럼 3자극치 또는 그것에 표준광의 분광분포를 곱한 것) 또는 그것이 1차 변환에 의하여 얻어지는 3개의 함수에 비례시키는 조건.

루터체어(Luther chair) : X자형 접는 의자의 독일명칭.

루트(root) : ①수장공사에서 턱(shoulder)의 날개부분에서 아래 표면부분. ②용접의 뒷면 또는 밑면이 모재와 만나는 점.

루트사각형(-四角形, root rectangle) : ①4각형의 짧은 변을 1로 했을 때 긴 변과의 비가 $\sqrt{2}\cdot\sqrt{3}\cdot\sqrt{4}$로 되는 것. 즉 길고 짧은 변의 비가 $1:\sqrt{2}$, 수식으로 나타내면 1 : 1.414(근사치)가 되어서 장단(長短)의 비가 비교적 정4각형에 가까운 형태. ②이를 기본으로 하여 대각선의 길이를 장변(長邊)으로 하고 단변을 한 변으로 하는 단형(短形)을 구해 가면 $\sqrt{2}\cdot\sqrt{3}\cdot\sqrt{5}\cdot\sqrt{6}\cdot\sqrt{7}$과 같은 정4각형을 기본형으로 하여 일련의 구형이 구해짐.

루프(loop) : ⇨파일(=).

루프가든(roof garden) : ①고대 그리스·로마·시리아·멕시코 등에서 옥상에 화분을 나란히 올려놓아 만든 정원. ②근대에는 르 코르뷔지에(Le Corbusier : 1887~1965)가 1926년 발표한 신건축의 5원칙(필로티·옥상정원·자유로운 플랜·수평 연속창·자유로운 파사드)의 하나. ③⇨신건축의 오원칙.

루프드레인(roof drain) : 평지붕의 빗물 빠지는 구멍에 대는 거르개 철물.

루프라이트(roof light) : ⇨톱 라이트(=).

루프벤틸레이터(roof ventilator) : ①지붕이나 옥상에 설치하는 환기구(換氣口). ②실내·외의 압력차·풍압력 및 동력 사용.

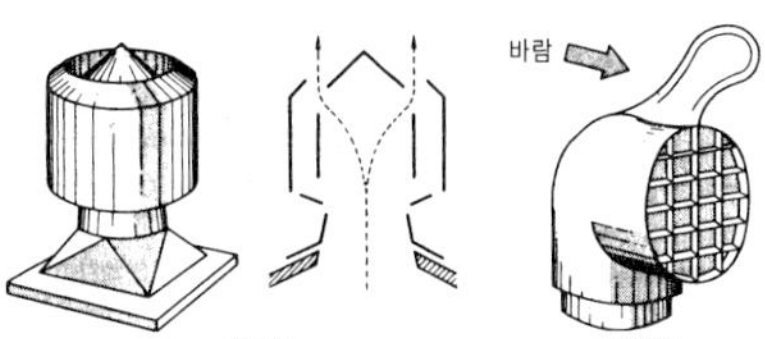

루프벤틸레이터

루프보드(roof board) : ①비구조용 열차단제로서 피막방수(membrane water proofing)의 바탕이 되는 석고판. ②주로 지붕용으로 쓰임.

루프윈도(roof window) : ①물매 지붕면을 이용한 창. ②압박감이 있는 지붕 밑의 공간에 변화를 줌.

루프통기관(-通氣管, loop vent pipe) : ①3개 내지 8개 이내의 기구군(群)을 일괄해서 통기하는 통기관. ②통기수직관과 최상류 기구까지의 루프통기관의 연장은 7.5m 이내이어야 함. ③이 통기방식에서는 배수수평지관이 간혹 통기관의 역할도 하므로 기구배수관을 배수수평지관의 정면에 연결하지 말고 수평지관 측면에 Y자로 접속해야 함. ④이와 같이 통기관의 역할도 함께 하는 배수관을 습윤통기관(wet vent pipe)이라 함.

루프파일(loop pile) : 여러 카펫 제작법에 의해 파일사(絲)를 고리 모양으로 만든 카펫 조직.

루프홀(loophole) : 화살이나 총을 쏘기 위해 요새 벽에 뚫린 작고 폭이 좁은 개구부.

루피니소체(-小體, Ruffini's corpuscle) : 사람 피부의 온도감각 중 따뜻한 온각(溫覺)을 감지하는 감각기.

루핑(roofing) : ①지붕을 잇는 일 또는 그 재료(루핑 펠트·아스팔트 루핑·표면에 모래 묻힌 루핑 등). ②주로 식물섬유계의 원지를 쓰는 것이 많고 펠트·아스팔트·모래붙인 루핑의 3종류가 대표적임.

루핑못(roofing nail) : 너새와 같은 부재를 설치하는 데 사용하기 위해 몸대에는 가시 또는 홈을 만들거나 시멘트로 피복하고 못머리가 넓고 평평한 못.

룩셈부르크궁전(-宮殿, Palace of Luxe-mburg) : ①데 부로스(Salomon de Brosse : 1571~1626)에 의해 설계되고 1615년 착공되었으며 19세기에 증·개축된 프랑스 르네상스시대의 대표적인 궁전건축. ② 큰 갤러리가 있는 양익부(兩翼部)는 파빌리언(pavilion)이 있고 외관은 피렌체(Firenze)풍이 특징.

룩소르신전(-神殿, Temple of Luxor) : ①나일강 중류의 룩소르(고대의 테베)에 있는 고대 이집트의 카르나크신전 부근에 있는 신전. ②아몬신(神)과 그의 처 콘스신(神)을 모신 큰 신전. ③주로 아멘호테프 3세와 람세스 2세가 건조했으며, 큰 탑문(塔門)·북쪽 안뜰·다주(多柱) 열주랑·셀라(cella)가 세로로 배치된 전형적인 구조로 되고, 전길이가 260m, 최대너비가 약 60m, 평면이 구부러진 것이 특징이며 신전까지 사이에 600개의 스핑크스가 있음.

룩스(lux, lx) : ⇨럭스

룬트보겐스틸(Rundbogenstil) : ①19세기 독일의 건축양식. ②원형 아치 모티프(motif[프])와 초기 기독교 양식·비잔틴양식·로마네스크양식·초기 르네상스양식 등에서 따온 요소들이 적절하게 혼합된 것이 특징임. ③원형아치양식(=).

룸(loom) : 놉·튜브 배선(knob and tube wiring) 속의 도체(導體)를 위한 부드러운 방화(防火) 비금속 튜브.

룸디바이더(room divider) : ①통일감을 그대로 유지하고 수납공간을 제공하면서 공간을 분리해주는 가구. ②거실과 식사공간을 나누는 것이 가장 흔한 룸 디바이더의 용도임.

룸쿨러방식(-方式, room cooler method) : ①각 실마다 별도의 공기조화기를 설치하는 방식의 일종. ②창이나 외벽에 설치하는 전기식 냉방기로 공기조화를 꾀하는 방식. ③일반적으로 여름에 냉방을 위해 설치. 일체식과 분리식(냉방배관이 필요)이 있음. ④윈도쿨러(=).

뤼네트(lunette) : 반월창(=).

르네상스(Renaissance) : ①15세기 이탈리아 피렌체(Firenze)에서 발생하여 독일·영국 등 서구 각지에 전파된 인본주의(humanism)에 바탕을 둔 고전 문예부흥운동. ②어원은 16세기 이탈리아의 건축가 겸 화가인 바자리(Giorgio Vasari : 1511~74)가 고대 그리스·로마 고전미술의 부흥·재생이라는 뜻으로 리나시타(Rinascta)라는 용어를 사용한데서 비롯하여 19세기 작가들에 의하여 유행. ③14세기에 이탈리아 피렌체에서 시작하여 로마 베네치아로 확산되고 이후 네덜란드·프랑스·영국 등에서 독자적인 양식으로 발전. 특히 우주질서를 상징한 비례조화의 개념과 법칙을 추구.

르네상스건축(-建築, Renaissance architecture) : ①오더(order)·아케이드(acade)·돔(dome) 등 로마의 구조적 장식이 많이 응용됨. ②대표적인 건축가로는 브루넬레스키(Brunelleschi)·도나텔로(Donatello)·알베르티(Alberti)·레오나르도 다빈치(Leonardo Davinci)·미켈란젤로(Michelangelo) 등. ③16~17세기의 매너리즘과 바로크 건축의 등장 직전까지 유럽 전역을 통하여 발생한 것으로 이탈리아 르네상스 건축의 형태와 모티브가 다양하게 채택되어 전통적인 건물에 사용. ④르네상스시대 유럽 건축의 특성은 형태의 명확성·기하학적 조화·디테일의 세련미·재질감 강조 등이 특징임.

르네상스부흥양식(-復興樣式, Renaissance Revival) : ①19세기 절충주의 시대에 일어난 다양한 디자인 재현 양식 중 하나. ②대표적인 건축가로는 찰스 배리 경(Sir Charles Barry : 1795~1860)이 있음.

르네상스양식(-樣式 Renaissance style) : ①중세 유럽의 신본주의적인 봉건제도와 교권주의에 반대하여 14세기 말에서 15세기 초에 이탈리아 플로렌스(Florence)에서 발생하여 15~16세기에 걸쳐 이탈리아를 중심으로 유럽에서 전개된 고전주의적 경향(고대 그리스·로마양식에의 보전·복귀)의 인본주의적인 문예부흥운동. ②특히 신흥 시민계급을 중심으로 고대 로마양식을 추종하여 오더(order)·아케이드(acade)·돔(dome)·벽기둥(pilaster)·엔태블러처(entablature)·코니스(cornice)·박공(pediment)·아칸서스(acanthus)·항아리 장식(urn)·스핑크스(sphinx)·트로피 등의

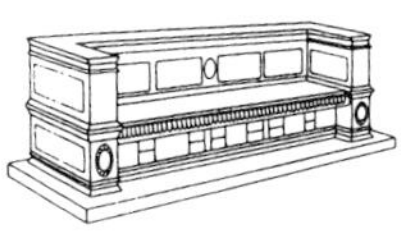
르네상스양식

동로마시대 구조적 장식이 많이 응용됨. 또한 수학적 관계에 바탕을 둔 조화와 질서·균형과 통일에 의한 수평방향을 강조. ③외벽의 경우 벽면을 거칠게 마감하여 재질감을 강조하는 러스티케이션(rustication)기법을 적용. 대표적인 건축가로는 투시도법을 발전시킨 브루넬레스키(F. F. Brunelleschi : 1377~1466)와 성 베드로성당의 브라만테(Donato Bramante : 1444~1514) 등.

르푸세(repoussé[프]) : 금속 뒷면에서 망치질을 하거나 압력을 가해 일정한 조형적 디자인이 전면부로 돌출되도록 하는 부조기법.

르푸세

릉(陵, royal tomb) : ①왕이나 왕비의 무덤. ②능·능침(=).

리[1)](厘) : 1리(厘)는 100분의 1치(寸).

리[2)](里) : ①1,296자=1,296×1자(10/33m)=12,960/33m=0.392km=약 0.4km. ②372.38m ③마장(=).

리[3)](lit[프]) : ①프랑스어로 침대(bed)를 의미. ②종류 ; ㉠리 당즈(lit d'ange) : 침대의 머리 쪽에만 기둥이 있는 18세기 프랑스 침대로 천사의 침대라고 함. ㉡리 드 르포(lit de repos) : 17세기 프랑스의 데이베드(daybed)로 양쪽 팔걸이에 경첩이 달려 있어 휴식을 취할 때 머리를 기댈 수 있고 누울 수 있는 카우치(couch). ㉢리 드르와(lit droit) : 머리판(headboard) 위에 삼각박공장식(pediment)이 있는 프랑스 제국(Empire)양식의 침대로 보다 간소한 형태로 중산층이 많이 사용. ㉣리 앙 바토우(lit en bateau) : 보트 모양으로 된 프랑스 제국시대의 침대로 머리판(head board)과 발판(footboard)이 뱃머리모양으로 휘어져 있으며 어떤 것은 끝이 바깥으로 말려 있는 것도 있음. ㉤리 라 콜로네(lit la

리

colonnes) : 침대의 네 모서리에 기둥이 있고 그 귀에 천개가 있는 18세기 프랑스의 침대. ⓑ리 라 뒤세스(lit la duchesse) : 천개를 천장에서 직접 매달거나 벽에 부착시키는 방법으로 설치하고 커튼이 바닥까지 내려오게 된 18세기 프랑스의 천개가 달린 침대. ⓢ리 라 폴로네즈(lit la polonaise) ; 돔형태의 천개가 달린 18세기 프랑스의 침대로 보통 천개에서 두꺼운 커튼이 아래로 늘어 뜨려져 있음. ⓞ리 라 프랑세(lit la francaise) : 천개(canopy)가 달린 프랑스 침대. ⓙ리 카나페(lit canape) : 프랑스의 소파 겸용 침대.

리그노이드(lignoid) : ①마그네시아 시멘트에 탄성재인 코르크 분말·안료 등을 혼합한 모르타르 반죽 또는 그 상품. ②탄력성이 있어 주로 건물·선박·차량 등과 실내건축 바닥 도장 마감재로 사용.

리그닌 : ⇨리그린(=).

리그린(lignin) : 페닐프로판(phenyl propane)을 기본 물질로 구성된 복잡한 방향족 화합물.

리기다소나무(Northern pitch pine, Rigida Kiefer[독], Pinus rigida Mill[학]) : ①미국에서 도입된 수종으로 중부이남 전역의 중요한 조림수종. 상록침엽교목으로 수피는 적갈색이고 엷은 편임. 변재는 백색이며 심재는 담황갈색으로 심변재의 구분이 뚜렷함. 재질은 거칠고 가벼우며 약간의 솔향기가 있음. 기건비중 0.53, 전건비중 0.49, 수축률은 방사방향 5.77%, 접선방향 8.53%, 용적수축률 14.64%로 크고 강도는 압축강도 470kg/㎠, 휨강도 910kg/㎠, 인장강도 1,062kg/㎠, 전단강도 109kg/㎠로 보통. 가공성은 보통이고 내구·접착·도장성은 양호하며 건조성은 불량. ②주로 건축·토목·포장·합판·펄프 등으로 사용.

리기테다소나무(Rigitaeda Pine, Pinus rigida X P. taeda hybrid[학]) : ①소나무과로 연륜이 뚜렷하고, 심재는 적갈색, 변재는 황백색으로 심·변재의 구분이 뚜렷함. 나무갗은 거칠고, 결이 곧음. 춘추재의 이행은 비교적 완만하며 저비중재이고, 수축성과 흡수성은 작음. 인장강도와 전단강도는 보통이고, 압축강도와 휨강도는 약하며, 충격·휨·흡수에너지는 작고, 경도는 보통임. 제재가공성과 대패가공성은 보통이고, 건조성과 휨 가공성은 양호함. 접착성은 보통이고 도장성은 양호함. 섬유판제조적성은 양호하고, 합판제조적성과 파티클보드제조적성은 보통. 시멘트경화성은 양호하고, 내후성은 불량. 목탄제조적성은 보통이나 펄프화 적성은 양호. ②주로 건축(건구, 내장), 토목, 포장, 펄프 등으로 사용함.

리넨(linen) : ①아마로 된 직물로 가볍고 내구성이 강하며 물에 젖으면 더욱 강해지는 특성이 있으나 쉽게 더러워지고 잘 구겨지는 단점이 있음. ②주로 커튼·가구용 직물·식탁보·냅킨 등의 식탁용 직물제품에 많이 사용. ③린넨·린네르(=).

리넨룸(linen room) : ⇨리넨실(=).

리넨슈트(linen chute) : 호텔·병원 등에서 리넨 등의 세탁물을 위층에서 아래층에 설치한 세탁실로 내려 보내는 통(筒) 모양으로 된 장치.

리넨실(-室, linen room) : ①호텔에서 침대 시트나 휘장·책상보·기타 의류를 보관·수납·정리해두는 실. ②호텔·병원 등에서 각종 시트(sheet)나 커버류 및 타월(towel) 등을 두는 실.

리넨폴드(linenfold) : ①접힌 리넨 천을 양식화하여 벽의 패널이나 가구 등에 조각한 장식적 모티프. ②15세기 폴랑드르지방(네덜란드와 프랑스 접경지대)에서 유래되어 고딕 말기에 유행.

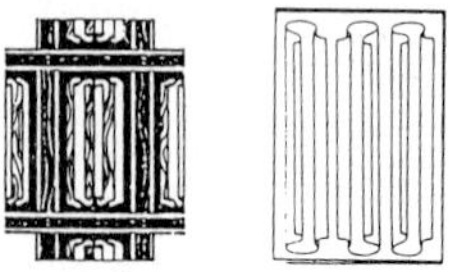

리넨폴드장식

리노베이션(renovation) : ①낡았거나 닳아서 못쓰게 된 것은 재사용이 가능하도록 수리·회복하여 새로운 상태로 만든다는 의미로 새롭게 고쳐 쓰는 보존과 신축의 중간적 개념임. ②실내디자인에서는 기존의 공간사용에 있어서 낡거나 훼손된 설비(equipment)를 고치거나 새 것으로 교체하여 생활욕구에 적합한 기능이 발휘되도록 하는 일체의 작업을 의미. ③증·개축과 대수선인 경우 건축법에 적용을 받으므로 유의함. 보통 30㎡ 이상인 경우 바닥면적을 증축·개축하는 경우에는 건축법상의 허가를 받아야 하며 30㎡ 이하는 신고만 하면 됨. ④⇨리모델링(=).

리노조직 : ⇨마아퀴셋(=).

리놀륨(linoleum) : ①가열한 아마인유(亞麻仁油)의 산화물인 리녹신(linoxyn, linokish resin)에 수지·고무질 물질·코르크 가루·안료 등을 섞어 마포(麻布, 삼베)나 캔버스 천 등과 같은데 발라 두꺼운 종이모양으로 압연·성형한 탄력성 있는 제품. ②바닥이나 벽의 마감재로 사용. ③리놀륨은 깨끗하고 부드러우며 탄력성이 있어 바닥재로 사용하면 부드럽고 보행촉감이 우수하나 물을 사용하는 부엌·세면장·욕실 등은 피하는 것이 좋음.

리놀륨깔기 : ①밑바탕의 마룻널 면을 미리 평평하게 하고 충분히 건조시킨 후 리놀륨이 늘어날 때까지 임시로 깔아두었다가 접착제를 사용해서 완전히 깔음. ②깔기 순서는 바탕준비(정리)→깔기계획→임시깔기→정깔기→마무리 순.

리놀륨타일(linoleum tile) : 리놀륨과 동질(同質)이고 뒷면에 마포는 대지 않음.

리니어패턴(linear pattern) : ①직선으로 된 순환(circulation)형식의 하나. ②위치관계가 아주 명확하고, 또 연장해도 그 성격이 무너지지 않는 것이 특색이며, 효율적으로는 총연장 또는 서비스하는 범위가 많아짐에 따라 불리함.

리니에르(liniére[프]) : 리넨(=).

리닌폴드(linenfold) : ①영국의 튜더왕조(Tudor 王朝)시대에 썼던 실내 벽면의 장식형식. ②나무로 만든 패널에 천의 주름과 같은 무늬를 세로로 새긴 것.

리 당즈(lit d'ange[프]) : ①천개(天蓋, canopy)의 길이가 짧은 '천사의 침대'라는 의미인 18세기 프랑스의 침대. ②침대의 발쪽에는 기둥이 없고 머리쪽에만 기둥이 있으므로 천개의 길이가 발쪽 끝까지 오지 않음.

리 당즈

리드[1](lead) : 전기기기나 부품이 회로에 연결되도록 할 때 사용되는 부드러운 피복(被服) 전선.

리드[2](wreath) : 꽃과 나뭇잎 또는 다른 장식재료로 구성된 둥근 띠 모양의 문양.

리드레포(lit de repos[프]) : ①17세기 프랑스의 데이베드(daybed). ②양쪽 팔걸이에 경첩이 달려 있어 쉴 때 머리를 기댈 수 있고 누울 수도 있는 카우치(couch).

리드로와(lit droit[프]) : ①머리판(headboard) 위에 삼각 박공장식(pediment)이 있는 프랑스 제국 양식의 침대. ②보다 간소한 형태로 지방이나 중산층에서 많이 사용.

리드 앤 타이 몰딩(reed and tie molding) : 긴 갈대를 여러 개 나란히 세워놓고 끈이나 리본으로 일정한 간격을 두고 십자로 묶은 것과 같은 형태의 조각이 있는 몰딩.

리드 앤 타이 몰딩

리듬(rhythm) : ①어떤 특성이나 요소의 규칙적인 재현으로 특징된 디자인 법칙. 일반적으로 규칙적인 요소들의 반복으로 나타나는 통제된 운동감 또는 율동감으로 패턴이 있는 반복이나 동일하거나 유사한 형태로 형태요소 및 모티프(motif[프])가 반복됨으로써 특징지어지는 움직임. 즉 정적(靜的)인 대상이 가지고 있는 시각적인 운동. ②리듬의 종류는 크게 규칙적인 대위선율(代位旋律)과 불규칙적인 대위선율 및 율동적인 대위선율로 구분. 리듬은 반복(repetition)·점진(gradation 또는 점이)·대립(opposition) 또는 교체(alternation)·변이(transition)·방사(radiation)·대조(contrast) 등으로 구성. ㉠반복 ; 색채·문양·질감·형태·선 등이 되풀이됨으로써 이루어지는 리듬 구성의 가장 중요한 요소. 차분하고 안정감은 있으나 단조로운 느낌이 생김. ㉡점진 또는 점이 ; 공간·형태들의 크기·방향 또는 색상의 점차적인 변화로 생기는 리듬으로 하나의 성질이 증가 또는 감소됨으로써 나타나는 현상. 시각적인 경쾌한 율동감과 진보감을 가짐. 특히 반복에 따른 리듬의 단조로움과 흥미감·약동감 또는 전체 디자인에 통일감을 주기 위해 사용. ㉢대립·교차·교체 ; 주제를 반복시킬 때 주제와 주제 사이의 간격은 유지시키고 그 간격은 주제를 강조하거나 약화시키는 현상. 4각 창문틀의 모서리·벽과 천장 사이·창문·커튼 등. ㉣대조 ; 점진적인 변화가 아닌 갑작스런 변화에 의한 상반된 분위기를 조성하도록 하는 현상. ㉤변이 ; 원형아치·늘어진 커튼·둥근 의자 등에서 볼 수 있는 리듬. ㉥방사 ; 잔잔한 물에 돌을 던지면 생기는 물결처럼 중심점에서 주위를 향하여 선이 퍼져 나가는 리듬의 일종. 바닥의 패턴·화환이나 화관과 같은 장식품에서 쉽게 볼 수 있음.

리디자인(redesign) : ①기존 디자인을 수정·개량하는 것. ②시간의 경과나 시대감각의 변화 등에 따라 종래의 디자인으로는 경영상·이용상 불리하다고 판단했을 때 실시. ③디자인의 단계적 발상에서 앞의 단계를 더욱 전진시켜 한층 더 현실적으로 생산판매 보장과 함께 실제 제품 개량을 시도하는 단계.

리딩(reeding) : ①볼록(凸)하게 돌출된 부위가 연속적이고 수직적인 반원형 몰딩 장식. 음각형태가 수평적인 플루팅(fluting)과 대조적인 장식으로 고전적인 원기둥 장식에서 시작하여 17세기 금속 장식품에서 18세기 후반의 신고전주의 양식의 가구 다리에 장식적인 요소로 널리 사용. ②평평한 또는 곡선의 면을 장식하기 위하여 사용되는 작은 볼록 몰딩이 평평하게 배치된 형태. ③반원의 단면이 길게 수직으로 연결된 형태 혹은 그런 것의 다발로서 몰딩을 풍부하게 하기 위해 사용. ④⇨플루팅(⇔).

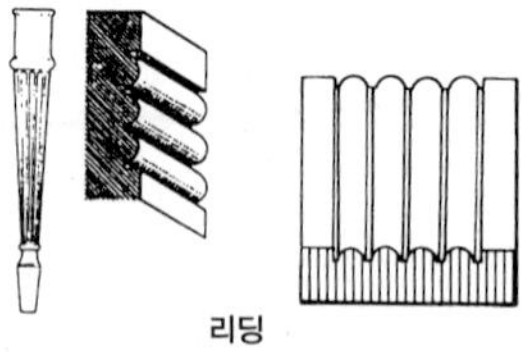

리딩

리머(reamer) : ①강재(鋼材)에 펀치(punch)나 드릴(drill)로 뚫은 구멍을 정밀한 치수로 가공하기 위해 사용하는 공구. ②종류는 모양에 따라 평행 리머·테이퍼 리머·스파이럴 리머·조정 리머 등이 있고 수동과 기계에 물려 쓴 것이 있음.

리모델링(remodeling) : ①오래된 아파트나 연립주택의 실내구조를 최신 유행의 주택구조로 바꿔주는 주택개보수. ②'90년대 초반부터 서울 강남의 저층아파트를 중심으로 리모델링이 유행하여 고층아파트나 단독주택까지 확산. ③리노베이션 안에 포함되는 개념으로 구조상 변경이나 증·개축의 개념은 해당되지 않고 내장재나 용도상의 변경만을 의미하는 협의의 해석.

리모트 오피스(remote office) : ⇨위성 오피스(=).

리미널조명방식(-照明方式, liminal lighting method) : 건축상 제약받는 부분이 없어지고, 바닥에서도 눈부심 없이 천장을 바라볼 수 있게 한 간접조명.

리미트패스(limit path) : 네트워크의 용어 중 하나로 지정기일(TS) 등이 부여되었기 때문에 총여유시간(TF)이 부(負)가 된 패스(path).

리바이벌(revival) : ①건축이나 가구의 경우, 그것이 만들어진 때로부터 시대가 흘러 나중에 어떤 양식의 구성이나 모티프(motif[프])의 본보기가 되어 작품이 만들어지는 것. ②부흥양식·재생(=).

리바이벌스타일(Revival style) : ⇨리바이벌(=).

리버리컵보드(livery cupboard) : ①17세기의 홀에 두는 찬장으로서 장식물들의 진열을 위해 문이 없는 선반들로 이루어진 것. ②접시의 진열·음식 보관 등을 위한 문이 없고 선반만 있는 장. ③하부에는 선반이나 궤(chest)의 형식으로 되어 있고 이곳에 음식·주류 등을 보관함. 특히 야간에 음식이 필요할 때 사용.

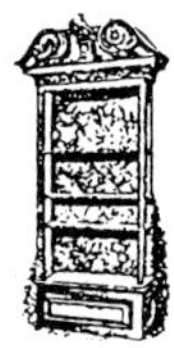
리버리컵보드

리버스트랩(reverse trap) : 사이펀 제트형과 유사한 변기나 물 표면과 트랩 통로가 더 작은 변기.

리버티상회(−商會, Liverty and company) : ⇨리버티회사(=).

리버티회사(−會社, Liverty's company) : ① 1875년 아더 라센비 리버티(Auther Lasenby Liverty : 1843~1917)가 런던에 있는 리젠트 스트리트(Regent street)에 창설한 런던의 백화점이자 공방(工房)인 회사. ②주로 동양풍의 비단과 그밖에 일본 또는 중국으로부터 수입한 미술·공예품을 취급하며 세기말의 유미주의 또는 인상주의의 작가들에 의해 동양적 소스(sources)를 제공하고 디자이너들의 작품을 제작. 초기의 리버티 상회는 동양 상품에 영감을 받아 만든 작품과 튜더와 조지시대의 작품을 모방하는 가구로 제한시켰음. 이 회사의 수공예품은 아주 적은 숫자이며, 마무리와 장식하는 데에만 수공업이 가해짐. 이렇게 해서 리버티회사 제품은 보다 많은 대중들이 이용할 수 있는 미술·공예운동의 작품들이 되었음. 디자이너들은 유명해졌고, 그들의 작품은 이 회사가 추구한 리버티 스타일(liberty style)을 유지하면서도 그 스타일을 더 나은 형태로 바꿔 놓은 것이었음.

리베이트(rebate, rabbet) : ⇨은촉이음·래비트(=).

리벤드백(ribband back) : ①리본이 엮어진 모양으로 디자인된 등받이. ②치펜데일 스타일의 특징.

리벳(rivet) : ①철골구조 접합부를 철(綴)하는 못의 일종. ②각 판재에 몸대를 통과시키고 망치로 머리가 없는 부분을 때려 또 다른 머리를 만들어 줌으로써 판재를 결합시킴. ③종류는 제조방법에 따라 냉간성형 리벳과 열간성형 리벳으로 분류하고, 리벳머리 모양에 따라 둥근리벳(round rivet)·민리벳(counter sunk rivet)·평리벳(flat head rivet) 및 둥근접시리벳(roundhead rivet)으로 분류. 이 중 가장 많이 사용하는 것은 둥근리벳임.

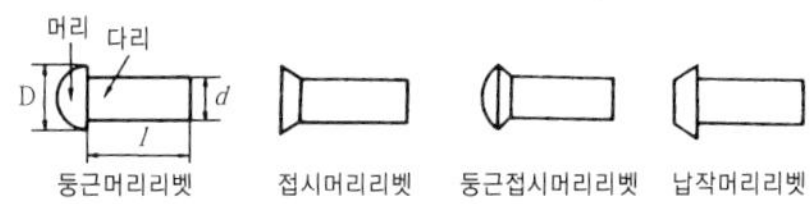

리벳 종류

리벳게이지(rivet gauge) : ①리벳의 게이지 라인 사이의 거리 또는 게이지 라인과 강재의 끝부분과의 거리. ②일반적으로 형강의 치수에 따라 표준 리벳 게이지가 정해짐.

리벳구멍(rivet hole) : ①리벳치기를 하기 위하여 강재를 뚫은 구멍. ②구멍의 직경은 리벳의 지름보다 크게 함.

리벳구멍지름(diameter of rivet hole) : ①리벳구멍의 지름으로 리벳의 공칭 지름보다 1~1.5배 정도 크게 함. ②리벳접합을 할 때 이 틈새가 완전히 채워지게 함.

리벳길이(rivet length) : ①리벳이음에 있어서 리벳의 길이. ②둥근머리리벳으로 이음을 할 경우에는 지름의 1.3~1.6배 정도로 함. ③리벳의 길이(l)는 판의 수(n)×판의 두께(t)+(1.3~1.6d).

리벳머리(rivet head) : ⇨리벳.

리벳세트(rivet set) : 제2의 리벳머리 모양으로 만드는 데 사용하는 도구.

리벳이음 : ⇨리버티상회(=).

리벳접합(−接合, rivet joint, riveting) : ①겹치거나 맞댄 두 부재나 판재를 리벳을 사용하여 이음하는 것. ②종류는

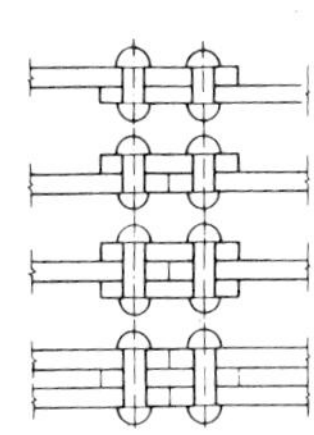
리벳접합

겹침이음과 덧판이음(한면·양면·중간 덧판 이음)이 있음. ③리벳지름에 따른 리벳구멍의 크기는 아래의 치수만큼 크게 함. ④리벳이음(=).

리벳구멍의 크기

리벳의 지름	리벳구멍의 크기
16㎜ 미만	1.0㎜
16~31㎜	1.5㎜
16㎜ 이상	2.0㎜

리벳팅(riveting) : ①두 개의 금속판을 작은 금속 못이나 파이프 또는 여러 형태의 기성 리벳을 이용하여 접합시키는 가장 단순하며 가장 오래된 기법. ②실용적인 목적 이외에도 실내디자인의 금속 표면에 장식효과를 주기 위해 의장적으로 사용.

리벳홀더(rivet holder) : ⇨돌리(=).

리본등받이의자(-椅子, ribbon back chair, ribband back chair) : ①등받이가 리본을 묶은 형태로 디자인된 의자. ②18세기에 영국의 토머스 치펜데일(Thomas Chippendale)이 마호가니(mahogany) 나무를 정교하게 조각하여 만든 의자로 리밴드(ribband)라는 명칭은 그가 디렉터(director, 1754)라는 책에서 사용함으로써 사용하게 됨.

리본등받이의자

리본윈도(ribbon window) : 수직 창틀에 의해서만 분할되는 수평 띠장.

리본장식(-裝飾, ribbon ornament) : ①끝자락을 함께 묶은 리본형태나 덩굴형태를 상감기법으로 표현한 형태, 주름잡힌 리본형태의 장식 또는 가구에 부착하여 사용한 리본을 헐겁게 감아 장식한 오르몰루(ormolu)형태로 디자인된 장식. ②장미꽃 모양(rosette) 같이 조각된 리본의 형태로 디자인하여 테이블 가장자리 장식용으로 사용. ③프랑스와 독일의 로코코 시대의 장식에 많이 사용.

리브(rib, ribbed) : ①천장이나 볼트에 있는 뼈대 모양의 돌기(突起). ②일반적으로 구조적이지만 교차볼트의 단위구획을 분할하는 정도로 장식적인 경우도 있음. 중세기(로마네스크·고딕) 이전에는 구조용으로, 후기에는 장식용으로 사용. ③판상(panel) 또는 얇은 두께의 부분을 보강하기 위하여 붙이는 뼈대.

리브

리브라스(rib lath) : ①편평라스에 세로 간격 90~120㎜에 리브(갈빗대 모양의 두드러진 것)를 돋운 메탈라스(metal lath). ②이는 라스와 바탕재와의 간격을 유지하고 또한 힘살의 기능을 담당. ③지지용 프레임(frame) 부재의 더 큰 강성(剛性)과 넓은 간격을 위해 V형으로 된 뼈대를 가진 익스팬디드 메탈 라스(expended metal lath).

리브볼트(rib vault, ribbed vault) : ①교차볼트 능선 등의 아래쪽에 대각선 아치(diagonal arch) 모양의 리브가 있는 볼트로 '늑골 볼트'라고도 함. ②아치형의 대각선 리브(diagonal rib)에 의해 지지되거나 장식되는 볼트. 로마네스크 건축에서 시작하여 고딕 건축에서 크게 발전.

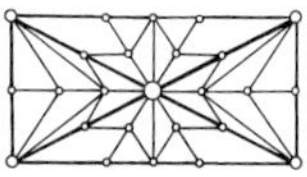
리브볼트(별 모양)

리브슬래브(ribbed slab) : 리브가 달린 바닥 슬래브(floor slab).

리브아치(ribbed arch) : ①웨브(web)가 판상(板狀)으로 충복(充腹)되어 있는 아치를 말함. ②트러스아치(=).

리비도(libido) : 원시적 충동으로부터 유발되는 모든 본능적 에너지.

리빌(reveal) : ①창문 등 개구부의 측면 또는 옆틀(jamb)의 일부. ②창이나 문틀과 바깥벽 표면 사이에 보이는 선틀(jamb) 부분. ③문설주(=).

리빙다이닝(living dining ; LD) : ①가족들이 모이는 거실과 식사실을 하나의 공간으로 만들고 주방은 분리시키는 방법. 즉 거실+식사공간. 식사실을 거실과 함께 사용함으로써 독립형보다는 면적의 융통성이 있어 식사시간의 다른 활동에도 사용할 수 있음. ②식사를 대접해야 하는 손님초대가 많은 가정이나 주택면적에 비해 가족수가 많은 가정에 적합한 유형.

리빙다이닝키친(living dining kitchen) : ①기능·용도의 연계성이 가능한 거실과 부엌·식당을 한 공간에 집중적으로 배치시킨 LDK(거실+식사실+주방)형식으로 동선을 최대한으로 단축시켜 면적을 줄일 수 있고, 공간의 활용도도 높을 뿐만 아니라 가족화목에 아주 효과적임. ②'다용도부엌'이라고도 함. ③리빙키친(=).

리빙디자인(living design) : 주거공간 내에서 사용되는 여러 조건들, 즉 실내공간·가구·주방용구·조명기구·액세서리·전기용품·전기제품 등 일체의 생활용품에 대한 디자인.

리빙룸(living room) : ①가족의 단란·휴식·안락·여가·접객·사교·가사·독서·취미·육아·식사·대화·놀이·작업 등 가족 전체의 공동생활을 위한 다목적 다기능(多目的多技能)으로 융통성 있게 계획된 주거공간. ②건축법 제2조 5에 의하면 "건축물 안에서 거주·집무·작업·집회·오락·기타 이와 유사한 목적을 위해 사용되는 방(房)." ③거실(=).

리빙스페이스(living space) : ⇨주거공간(=).

리빙키친(living kitchen) : ①거실과 식당 및 부엌의 기능을 한 공간에 모아 집중시킨 LDK형식으로 주부의 작업동선을 최대한으로 단축시켜 작업면적을 줄일 수 있고 공간의 이용률도 높아 주로 소규모 주택에서 많이 이용. ②주방에서 배출되는 열·냄새·수증기 등의 환경에 대한 세심한 배려가 요구. ③⇨리빙다이닝키친(=).

리빙테이블(living table) : ⇨센터테이블(=).

리빙텔(Livingtel) : ①주거라는 뜻의 living과 hotel의 합성어. ②호텔 수준의 각종 서비스를 받으며 주거생활을 영위할 수 있는, 즉 호텔 같은 집. ③스포츠·레저시설 등 토털 서비스를 받을 수 있는 차세대 주택.

리사지(litharge) : 도료에 사용되는 건조제.

리세스베드(recess bed) : ⇨머피침대(=).

리세스조명(−照明, recess lighting) : ①천장(또는 벽체나 바닥면) 속으로 매입(埋入)한 조명, 특히 형광등 조명. ②리세스 램프를 설치하기 위해서는 그 설비를 수용하기에 충분한 구멍의 설치가 가능하도록 천장 내에 충분한 높이가 확보되도록 함. ③적어도 장선이나 다른 연소성 물질로부터 150㎜ 정도 떨어져 설치되어야 함.

리셉션공간(−空間, reception space) : ①방문객의 안내와 대기공간으로 응접실이나 회의실 기능을 포함하기도 함. ②디자인은 용도·기능·목적 등에 따라 다름. ③대기 장소로 이용되는 경우 지나친 개방은 방문객에게 불안감을 주기 쉬우므로 응접실과 비슷한 분위기로 디자인. ④전시공간의 성격을 부여한 디자인은 회사의 이미지 부각에 효과적이므로 적극적인 색채계획과 업무의 특성을 나타내는 그래픽 또는 조형적인 형태의 안내 데스크(information desk)로 시각적 효과를 갖게 함.

리셉션룸 ⇨리셉션공간.

리셉터클(receptacle) : ①도기제 또는 베이클라이트제로써 조영제에 직접 고정시켜서 사용하는 전구용 수구. ②보통 노출형이며 베이스는 나사식이 일반적임.

리스 1)(lease) : ①장기간의 임대차 계약. ②단기간의 임대는 렌탈(rental)이라고 함.

리스

리스 2)(wreath) : 꽃과 나뭇잎 등으로 만든 또는 둥근 띠 모양의 문양.

리스트럭터링(restructuring) : 기존 업무를 현실에 맞게 개조 및 재구성하여 발전시킴으로써 기업의 생산성 향상 및 대외경쟁력을 증대시키는 방법.

리신마무리(lithin finish) : ⇨리신바름(=).

리신바름(lithin coat) : ①돌로마이트에 화강석 부스러기·색모래·안료 등을 섞어 정벌바름하고 충분히 굳지 않은 때에 표면에 거친

솔·얼레빗 같은 것으로 긁어 거친 면으로 마무리하는 것. ②일종의 인조석 바름임.

리아러그(rya rug) : 스칸디나비아에서 만들어진 깔개 제품.

리앙바토(lit en bateau[프]) : ①보트 모양으로 된 프랑스 제국시대의 침대. ②침대의 머리판(headboard)과 발판(foot board)이 뱃머리 모양으로 휘어져 있으며 어떤 것은 끝이 바깥으로 말려 있는 것도 있음.

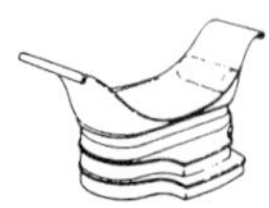

리앙바토

리어가르드(rear garde) : ⇨아방가르드(⇔).

리어도스(rear dos) : ⇨리테이블(=).

리어 스크린(rear screen) : ①영사 스크린의 한 종류로서 TV와 같이 스크린의 후방에서 영사를 하고 앞에서 시청하는 스크린. ②영사기의 빛이 스크린을 투과할 때 빛의 산란을 일으켜 영상을 맺게 함으로써 시각적으로 전면 스크린보다 밝은 영상을 볼 수 있으며 실내조명의 영향도 적게 받음. 반사율이 작으므로 전시공간의 조도를 어느 정도 자유로이 조정할 수 있어 일반전시실에서 활용 가능성이 높음.

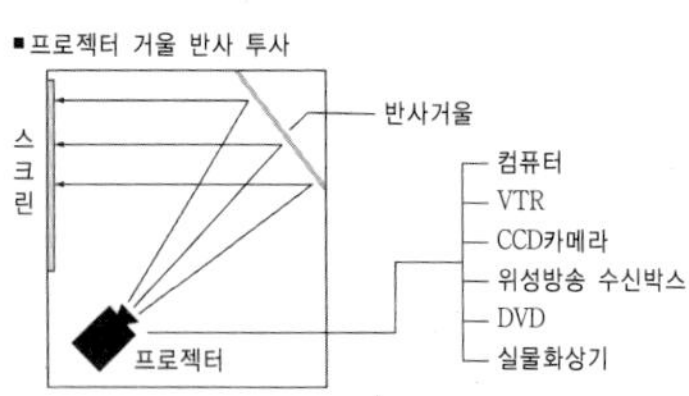

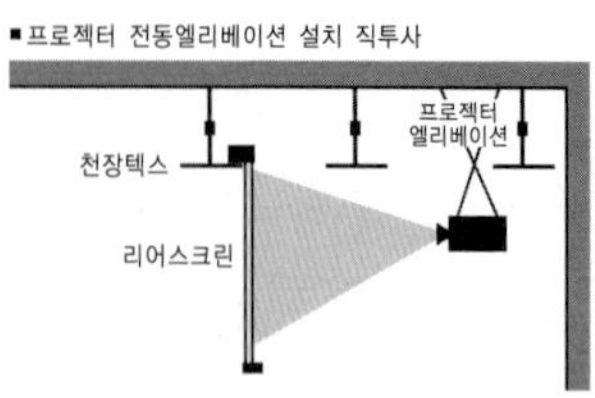

리어 스크린 구성도

리언 : ①고딕의 궁륭천장(vault ceiling)에서 갈비뼈 모양의 주 뼈대(main rib) 사이에 있는 연결뼈대. ②구조용보다는 주로 장식용으로 사용.

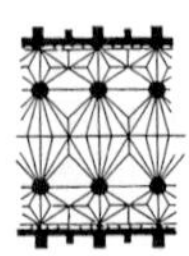

리언

리얼리슴(Réalisme[프]) : ⇨리얼리즘(=).

리얼리즘(Realism) : ⇨사실주의·현실주의(=).

리에른(lierne) : 피어(pier)나 용마루 리브(ridge rib)에서 올라온 리브 외에 장식을 목적으로 하는 볼트 리브.

리와크(riwaq) : 이슬람교당의 아케이드 홀.

리우회의(-會議, Rio Conference) : ①공식 명칭은 환경 및 개발에 관한 유엔회의(UNCED). '지구정상회담'이라고도 함. ②1992년 6월 3일부터 14일까지 12일간 브라질 리우데자네이루에서 세계 185개국 대표단과 114개국 정상 및 정부수반들이 참여해 지구환경 보전문제를 논의한 회의. ③이 회의에서는 선언적 의미의 '리우선언'과 '의제21'의 채택 외에 지구의 대기보전을 위한 '지구온난화 방지협약', 생물자원의 보호와 개발에 관한 '생물다양성 보존협약' 등이 각각 수십개국에 의해 별도 서명됨으로써 지구 환경보호 활동의 수준이 한 단계 높아지는 성과를 낳았음.

리잘릿(risalit[독]) : ⇨파빌리온(=).

리전시스타일(Regency style) : ⇨리전시양식(=).

리전시양식(-樣式, Regency style) : ①1811~1820년까지의 영국에 나타난 신고전주의적인 경향을 받은 건축·가구·장식 양식. ②집정부양식이나 제국양식과 유사하며, 고대 그리스 형태와 이보다는 좀 덜 엄격하게 차용된 고대 로마 형태를 포함하여 고딕·중국식·고대 이집트 형태를 그대로 모방한 것이 특징. ③조지(George) 4세가 조지 2세의 섭정(regent)을 받은 시기(1811~20)에 주로 이루어짐. ④실내 및 가구 디자인은 프랑스 집정시대(Directoire) 및 제국(Empire)시대의 디자인과 유사하며 이집트·그리스·로마의 유물에 대한 고고학적인 관심과 열망으로 고전적인 모티브(motive)가 이집트양식, 중국양식 등 여러 요소를 절충하여 폭넓게 사용. ⑤특히 가구는 아칸서스(acanthus)의 소용돌이를 조각하여 팔메트(palmette)

를 상감(inlay)한 사자 등의 동물의 발을 본뜬 사브르 다리(sabre leg) 모양을 하고 있음. ⑥재료는 주로 장미목(rose wood)과 마호가니(mahogany)가 사용. ⑦가구 디자인은 대체로 장방형이고 가구의 다리는 매우 둔하게 제작되었는데 주로 사각목을 많이 사용했고, 밑으로 내려갈수록 가늘게 하여 대각선으로 보강하는 방법을 사용.

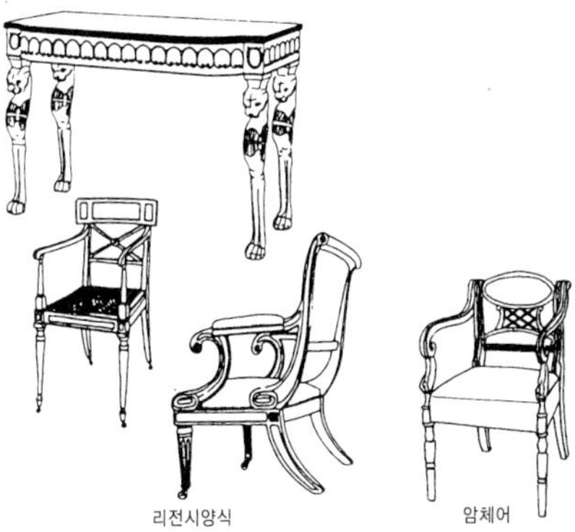
리전시양식 암체어

리젠드(legend) : ⇨범례(=).

리젠시양식 : ⇨리전시양식(=).

리조트(resort) : ①비교적 장기간에 걸쳐 체류하면서 각종 스포츠나 놀이를 복합적으로 즐기는 여가활동. ②주체적으로 계획하고 행동하는 장기 능동형의 여가활용법으로 제3자의 기획에 의존해서 즐기는 단기 수동형의 레저와 차이가 있음.

리조트오피스(resort office) : ①위성 오피스(satellite office)보다 더 확대된 개념으로 도심에서 떨어져 풍요로운 자연환경 속에서의 리조트지(resort place)의 일부에 설치된 업무공간. ②토지대금이 비싼 대도시를 벗어나 경치 좋은 바닷가나 삼림 속에 별장과 같은 오피스 빌딩을 건설하여 이전하는 것. ③특징은 ㉠심신을 모두 재충전하여 업무에 몰두할 수 있음. ㉡창조적 업무에 적당하고 단기 프로젝트 등에 효과적임.

리조트오피스텔(resort officetel) : ①도심에서 떨어진 곳에 위치하며, TV·침대·식탁·옷장은 물론 취사용구까지 갖춰져 몸만 가면 쉴 수 있는 호텔형 전용 별장. ②한 사람이 100% 소유해 언제든지 사용 가능하다는 점에서 사용일수가 제한되고 직접 예약해야 하는 콘도미니엄과 다름.

리조트호텔(resort hotel) : ①조망·휴양·피서·피한·온천·레저스포츠(leisure sports)·관광·레크리에이션(recreation) 등을 목적으로 휴양지나 관광지에 세워지는 호텔의 일종으로 지역적 특성을 반영한 재료·장식 등이 사용. ②종류 ; ㉠이용계절에 따라 겨울 리조트호텔(winter resort hotel)과 여름 리조트호텔(summer resort hotel). ㉡이용목적에 따라 휴양·별장형 호텔과 관광호텔. ㉢입지특성에 따라 컨트리호텔(country hotel)·교외호텔(suburban hotel)·비치호텔(beach hotel)·클럽하우스(club house)·호숫가 호텔(lake side hotel)·온천호텔(hot spring hotel) 등으로 구분.

리지빌리티(legibility) : ⇨이미지어빌리티(=).

리지빔(ridge beam) : 지붕의 용마루 바로 아래에 있는 브래킷의 가장자리 위에 위치한 수평적 빔.

리처드소니언로마네스크(Richardsononian Romanesque) : ①미국 헨리 홉슨 리차드슨(Henry Hobson Richardson : 1838~86)과 그의 추종자들에 의해 부활된 로마네스크양식. ②중량감이 있는 아치, 거친면 석조벽, 극적인 비대칭 효과 등이 특징.

리처드슨양식(-様式, Richardson style) : ①1870~1900년대에 유행한 건축양식으로 석재의 곧은 마감처리·넓은 지붕면, 그리고 문과 창문 등 개구부들의 그룹화로 인한 형태의 단순성과 거친 석공술을 가진 것이 가장 큰 특징으로 헨리 홉슨 리차드슨(Henry Hobson Richardson : 1838~86)의 이름을 따서 명명된 용어. ②전체적인 효과는 화려하거나 장식적인 디테일보다는 매스·부피·규모 등에 의존. 기둥머리에는 화려한 장식이 있으며, 파사드

ㄹ

는 우묵하게 들어가 강조. 입구에는 이를 지지하는 기둥 없이 매우 큰 아치로 된 개구부가 특징.

리처드의학연구소(-醫學研究所, A. N. Richards Medical Research Building) : ①루이스 칸(Louis Kahn : 1901~74)의 명성을 세계에 알린 최초의 작품으로 필라델피아 펜실베이니아대학 구내에 있음(1957년에 착공, 1961년에 준공). ②서비스 공간을 탑으로 만들어 종속적인 기능을 가진 공간이면서도 시각적 디자인 면에서는 주역적인 작용을 함. 요철(凹凸)이 심한 수직성을 강조함으로써 군(群) 건축의 효과를 최대로 발휘함.

리카나페(lit canapé[프]) : 소파 겸용 침대.

리카르디궁전(-宮殿, palace of Riccardi) : ①이탈리아 르네상스시대의 궁전으로 최초의 르네상스 건축가인 브루넬레스키(Filippo Brunelleschi : 1377~1446)가 A. D. 430년에 건축. ②평면은 중정을 중심으로 각 실이 배치되고, 외관은 깊은 코니스(cornice)가 있으며, 벽면은 큰 석재의 러스티케이션(rustication)으로 되어 있음.

리클라이닝시트(reclining seat) : ①등받이를 뒤로 젖히고 발받침을 올릴 수 있는 회전식 안락의자. ②등받이와 발받침을 조절하여 사용자가 누울 수 있게 되어 있음. ③주로 이·미용실에서 많이 사용. ④리클라이닝체어(=).

리클라이닝시트

리클라이닝체어 : ⇨리클라이닝시트(=).

리클라잉식가구(-式家具, reclining type furniture) : 의자 등받이의 각도를 조절할 수 있는 장치를 갖춘 의자.

리타더(retarder) : ⇨시너(=).

리타콜로네(lit à colonnes[프]) : ①18세기 천개가 달린 침대. ②천개는 천장에서 직접 매달거나 벽에 부착시키는 방법을 썼으며, 커튼을 바닥까지 늘어뜨림.

리탈라뒤셰스(lit á la duchesse[프]) : ⇨뒤셰스침대(=).

리탈라폴로네즈(lit à la polonaise[프]) : ①18세기 돔(dome)형태의 천개가 있는 침대. ②보통 천개에서 두꺼운 커튼이 늘어 뜨려짐.

리탈라폴로네즈

리탈라프랑세(lit à la française[프]) : 천개(天蓋, canopy)가 달린 침대.

리탈라프랑세

리턴(return) : 주(主)몰딩이나 돌출부와 90°로 대비되어 연속되는 몰딩.

리턴벤드(return bend) : 파이프 이음쇠 중 180° 구부러진 부품.

리턴

리턴에어(return air) : ①공기조화 및 환기에 있어서 되돌아가는 공기. ②공간을 통하여 순환한 후에 공기조화기에 되돌아오는 공기.

리턴월(return wall) : 긴 벽의 끝부분에 꺾여 세워진 짧은 벽.

리턴콕(return cock) : ①온수의 유량을 조절하기 위하여 사용하는 것. ②주로 온수 방열기의 환수밸브로 사용됨. ③유량 조절은 리턴 콕의 캡(cap)을 열고 핸들을 부착하여 콕의 개폐도에 따라 조절.

리테이블(retable) : 기독교 교회의 제단(祭壇) 뒤 장식벽.

리테일프라이스(retail price) : 판매상의 판매가격이나 소매가격을 의미.

리토폰(Lithophone) : 유화아연·유산바륨으로 된 백색 안료.

리트로(retro) : 아르데코의 부흥·재현가구 또는 철·유리·황동·옻칠 등을 이용해서 만들어진 인기 있는 장식가들에 의한 가구를 총칭.

리트로콰이어(retrochoir) : 대형교회에서 성가대의 뒷부분에 위치한 독립된 공간.

리트카나페이(lit canape, lit[프]) : 소파베드(sofabed)의 일종.

리파인먼트(refinement) : 건축에서 설계대로 만들어도 겉보기에 잘 어울리지 않는 경우 세부사항에 독특한 고안을 하여 보다 아름답게 보이게 하기 위한 창안을 시도하여 부분적인 개선, 특히 시각적으로 교정하는 것. 예컨대 엔타시스(entasis, 배흘림) 기법 등.

리펙토리(refectory) : 학교·교회·수도원·기타 공공 건축물의 식당.

리펙토리

리펙토리테이블(refectory table) : ①수녀원·수도원 등에서 발견된 길고 좁은 식사용 테이블(dining table)을 지칭하는 용어. ②르네상스시대(16세기 말부터 17세기까지) 교회·수도원·일반가정 등의 식당에서 사용된 오크목(oak wood)으로 제작된 좁고 긴 식탁. ③보통 다리가 지면과 맞닿는 다리버팀대(strecher)로 연결.

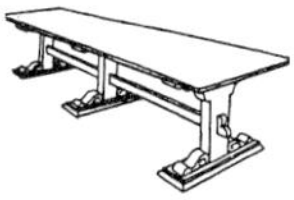
리펙토리테이블

리프그린(leaf green) : ①관용색명으로 칙칙한 연두. ②먼셀기호 5GY6/7.

리프로덕션(reproduction) : ①재생·재현을 의미하는 것으로 오리지널 가구 등이 생산이 중단되고 어느 정도 시간이 경과한 후 원래의 디자인을 바탕으로 다시 만드는 경우. ②이러한 재현에 의해 맥킨토시(Charles Rennie Mackintosh : 1868~1928)가 힐하우스(hill house)를 위해 설계한 래더백 체어(ladder back chair)와 르코르뷔지에(Le Corbusier : 1887~1966)가 살롱 드 드톤누에 출품한 의자(1929) 등을 오늘날에도 사용할 수 있게 되었음.

리프앤드다트장식(-裝飾, leaf and dart ornament) : 그리스시대(B. C. 600~300)의 몰딩 장식.

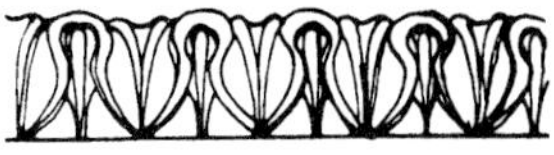
리프앤드다트 장식

리프트(lift) : ①영국에서는 엘리베이터를, 미국에서는 보통 소형의 화물전용 승강기(엘리베이터)를 리프트라고 함. ②주로 병원·호텔·공장·식당 등에서 식사·식료품·잡화 등의 운반에 사용. ③보통 바닥면적 1.0 ㎡ 이하, 높이 1.25m 이하의 소형에 승강속도 20~40m/min의 저속. ④영국 및 영연방에서는 엘리베이터(elevator)를 리프트라고 함. ⑤거푸집을 1회 들어올려 타설하는 콘크리트량의 높이.

리프트슬래브공법 : ⇨리프트슬래브구조(=).

리프트슬래브구조(-構造, lift slab construction) : 모든 층의 바닥과 천장 슬래브를 지상 1층에서 만들어 양생이 완료되면 차례로 유압잭으로 해당 층고까지 수직으로 들어 올리는 다층(多層)건물의 건설 공법.

리프트업공법(-工法, lift up method) : ①공기가 짧고 정밀 시공이 가능해 한층 진보된 공법으로 슬래브를 기둥으로 인하여 끌어 올려 설치함. ②건축구조 중 시공상 공법에 의한 분류의 하나.

리프팅(lifting) : 도장공사에서 정벌칠의 용제(溶劑) 때문에 초벌칠을 한 도막(塗膜)이 연화(軟化)하여 생기는 주름.

리프팅테이블(lifting table) : ①상판의 높이를 자유롭게 조절할 수 있는 테이블로 가스 스프링을 이용한 원터치식과 수동식이 있음. ②주로 리빙이나 다이닝 테이블에 사용.

리플드글라스(rippled glass) : 젖빛(乳白色) 유리의 일종으로 주로 전구(電球) 제작에 사용.

리플마크(ripple mark) : ⇨연문(=).

리필하우스(refill house) : 값싸게 임대할 수 밖에 없는 지하층을 '재충전 휴게공간'으로 바꿔 임대하는 것으로 도심 직장인을 위한 공간으로 내부에 간단한 샤워시설을 갖춰도 좋음.

린넨컵보드(linen cupboard) : ①식탁보·침대보 등 천으로 만든 제품을 넣어두는 장. ②17세기 중반까지는 깊이가 깊은 궤짝(deep chest)에 넣어 정리하였으나 그 후에는 큰 선반이 달린 린넨 컵보드가 사용됨.

린소(rinceau) : ①'소용돌이 장식(scro ornament)'이라는 프랑스어. 아라베스크(arabesque)라고도 하나 린소는 수평적·수직적 배열로 구분. ②대칭균형·수평적인 소용돌이와 잎 장식의 조합으로서 소벽 패널외 건축적 요소들을 위해 쓰임.

린텔(lintel) : ⇨상인방(=).

린투리프(lean-to-roof) : ⇨외쪽지붕· 부섭지붕(=).

릴라이언스빌딩(Reliance building) : ①D. H. 번햄(Daniel Hudson Burnham : 1846~1912)과 J. W. 루트(John Wellborn Root : 1850~91)가 설계한 초기 마천루 건축의 대표작(1890년 착공, 1895년 준공). ②가는 기둥·좁은 스팬드럴(spandrel)·섬세한 테라코타·시카고 창문·강(鋼) 공조(空調) 등이 특색.

릴랙세이션(relaxation) : 인장력이 시간이 경과함에 따라 감소하는 것.

릴레이티드디스플레이(related display) : 관련된 상품들의 많은 종류가 한 윈도에 진열되어 이들이 완전한 하나의 세트로서의 상품임을 알려주는 디스플레이.

릴리빙아치(relieving arch) : ⇨경감아치(=).

릴리프(浮彫, relief) : ①평평한 바닥면에서 돌출된 형태나 형상의 장식. ②3차원의 환영(幻影)을 만들며, 대비(對比)에 의한 평평한 바탕에서의 분명한 돌출. ③재료의 표면이나 바탕에서 솟아오르게 하여 돋보이도록 만드는 디자인상의 장식기법. ④하이 릴리프(high relief)는 높이 솟아오르도록 돋을새김한 것이고, 로우 릴리프(low relief)는 바탕으로부터 완만하게 솟아오르도록 돋을새김한 것.

릴앤드비드터닝(reel and bead turning) : ⇨실패와 구슬형 선반가공재(=).

림바(Limba) : ⇨후라케(=).

림조이스트(rim joist) : ①목조틀 바닥의 가장자리를 마무리하며, 하인방에 놓이는 장선. ②마무리장선(=).

립 라스(rib lath) : 힘살이 들어 있는 메탈라스(metal lath).

립 소(rip saw) : ①부재를 켜는 데 사용되는 목공기계. ②1부재에 1개씩만 켤 수 있으며 최대 가공규격은 60㎜, 최소 가공규격은 5㎜.

링(The Ring, Der Ring[독]) : ①1923~1924년 '10개의 고리'란 이름으로 창설된 건축협회로서 신건축에 관한 관심을 표명하기 위하여 1925년 설립된 독일의 건축가 그룹. ②1926년 이 그룹은 'Der Ring'으로 개명·확장. ③이들의 목적은 현대기술을 수단으로 우리 시대의 건물 문제를 해결하기 위해 앞서 간직해온 형태들을 의식적으로 거부하고자 노력하는 국제적인 운동에 일익을 담당하고 새로운 과학과 사회의 시대에 걸맞은 새로운 건축의 토양을 준비한다는 데 있음. ④링의 근대주의적 핵심을 표출시킨 주요한 업적은 슈투트가르트(Stuttgart)에 있었던 바이센호프 주택 단지 건설(1927)에 미스 반 데어 로에가 관여하였던 일이었음. 이는 P. 보나츠(Paul Bonatz : 1877~1956)와 P. 슈미테너와의 논란을 야기하고 이 논란의 결과는 슈투트가르트파(派)의 두 대표자로 하여금 전통적인 성향을 중시하는 링과 반대되는 그룹인 'Block'을 결성하도록 하는데 결정적인 동기를 제공함. ⑤링은 나치의 국가사회주의의 정치적 압력에 의해 1933년 해체.

링거더(ring girder) : 고리(ring) 모양으로 배치된 보. 원형 평면을 덮는 지붕 주변에 놓은 보가 대표적임.

링뒤벨(ring dowel, ring dübel[독]) : ①두개의 부재(목재) 사이에 끼워서 일체로 작용하게 한 가락지형(環狀)으로 된 뒤벨. ②폐쇄형(closed ring dowel)과 분리형(split ring dowel)으로 구분. 분리형은 고리 내부에 압축력이 작용하는 효과가 있음.

링생크못(ring shank nail) : 부착력을 높이기 위해 몸대에 동심원(同心圓)의 홈을 연속적으로 파 놓은 못.

링스타(輪星, ring star) : ①오스트발트의 색입체 중의 등가색환계열. ②색입체 3각형 속의 하나의 색(예 ic)을 지나는 수직선 위사변에 평행하는 선(동 흑색계열), 아래 사변에 평행하는 선(동 백색계열) 및 수평으로 자른 원(등가색상환)은 잘 조화됨. ③등가색환계열(=).

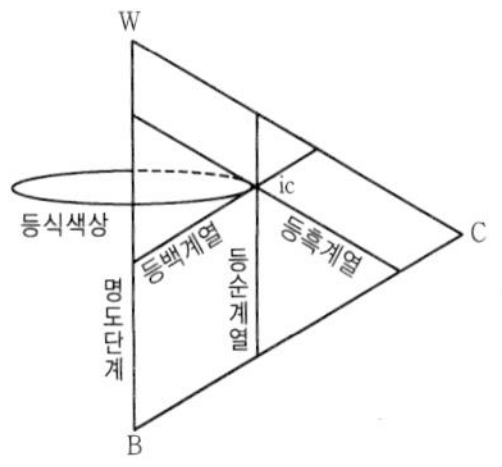

링스타

링컨센터(Lincoln center) : ①미국 뉴욕 맨해튼(Manhattan)의 웨스트사이드(west side)에 있는 연주 예술의 종합공연 센터. ②필하모닉 홀·뉴욕 국립극장·상연예술·도서관·비비안 보어먼 극장·줄리어드 음악학교 등의 건축물들이 광장에 있음.

링케의 혼탁인자(混濁因子) : 대기 속의 수증기·먼지 등으로 말미암아 대기의 혼탁한 정도를 나타내는 지표.

링크도머(link dormer) : ①굴뚝이 만들어지는 부분이나 다른 지붕과 연결 부위에 생기는 지붕창. ②연결지붕창(=).

링터닝(ring turing) : ⇨고리형 선반가공재(=).

링핸들(ring handle, drop ring handle) : 고리 모양의 손잡이(handle)가 달린 함자물쇠.

ㄹ

【ㅁ】

ㅁ

마(麻, hemp) : 천연의 식물성 섬유로 강도가 높으며 흡수성이 좋고, 열전도율이 높지만 신축성은 매우 약함.

마감(finish) : 재료의 내구성을 보호하고 미적으로 아름답게 보이도록 하는 표면처리. 일반적으로 실내디자인이나 가구에서는 도장(塗裝)·직물 등의 시트(sheet)·코팅(coating) 등으로 마감처리.

마감바닥(finish floor) : 일반적으로 기초바닥 위에 마감재료로 덮어 씌워진 바닥면.

마감층(-層, topping) : 시멘트 또는 수지 고착제와 종석이 혼합된 것으로 테라초의 표면 마감면.

마감치수 : ⇨마무리치수(=).

마감표(-表, finish schedule) : 건축의 각 부분의 마무리를 종합적으로 나타낸 표(list).

마겐다비드 : ⇨다비드의 별(=).

마곡사대광보전(麻谷寺大光寶殿) : ①보물 802호, 643년 창건 추정, 1813년(조선 순조13) 중수. ②자연석 허튼층쌓기로 기단을 축조한 다음 덤벙주초. 정면 5칸 측면 3칸에 공포는 다포계 외3출목5포작 내4출목7포작에 겹처마 팔작지붕. ③기둥은 굵기가 서로 다른 민흘림 원주 사용. 하단부를 비교할 때 굵은 것은 직경 1m 가까운 것(특히 동남부 귀퉁이의 기둥)에서 가는 것은 0.42m. 전면 외부로 뻗은 제공은 쇠서 위에 연화를 새기고 내부는 운공으로 조각 처리함. ④우물마루에 정(井)자형 우물반자로 하고, 전면 창호는 삼분합 들어열개문이고 문살 조각이 매우 아름다움. ⑤건물의 직각방향으로 동향한 불상을 안치하는 등 불규칙하게 세워진 고주들의 기둥열은 내부의 공간적 방향성과 무관하게 배치하여 공간적 구조가 일치하지 않은 것은 중수 때 변형된 모습으로 추정. 중앙 어칸 좌우에 용두를 조각해서 일반적인 내부공간을 암시할 뿐 정면에서는 내부공간을 암시하는 표시가 전혀 없음. ⑥건물 구조는 초다듬한 부재에 장식요소가 가미된 기법 사용(조선 후기에 보편화된 건축기법). 내부의 불단을 서쪽에 배치시켜 비로자나불을 동향으로 모심. ⑦불상 위의 섬세한 조각 닫집과 기둥 위의 용머리 조각, 천자의 연화봉, 단청 등 장식적 특성을 잘 살린 조선 후기 건축의 걸작품 가운데 하나.

마곡사대웅보전(麻谷寺大雄寶殿) : ①보물 801호, 643년 창건 추정, 임진왜란 때 변화로 소실된 것을 조선 1651년(효종2)에 각순대사와 당시의 공주목사가 중건한 조선 후기의 모습. ②작은 자연석 허튼층쌓기로 기단을 축조한 다음 덤벙주초. 정면 5칸, 측면 4칸에 중층 겹처마 팔작지붕. 배흘림 원주. 내진 고주가 상층까지 뻗어 위층의 변주가 되는 통층구조(공간적으로 향천적인 위계감을 표현하려는

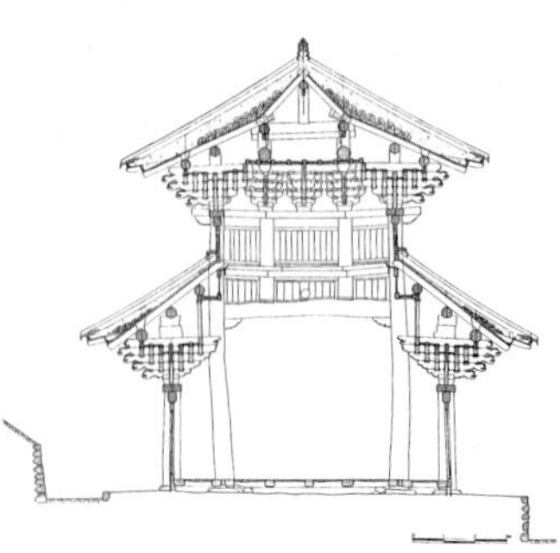

마곡사대웅보전 단면도

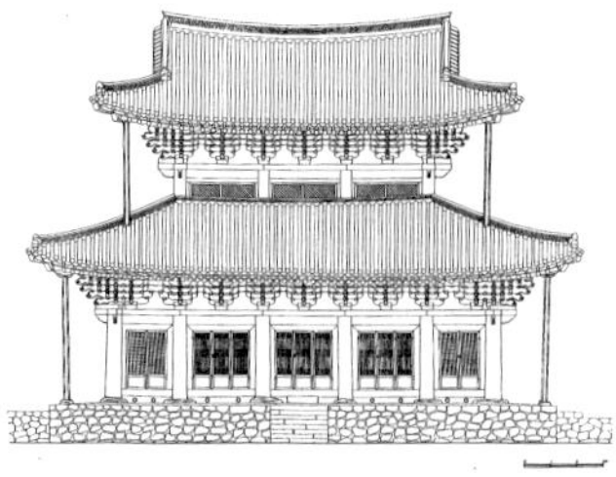

마곡사대웅보전 정면도

의도)로 내부공간이 매우 넓어 보임. 기둥머리에서는 창방 위에 평방을 놓고 다포식으로 짜 올리고 상하 모두 내외3출목이며, 제공은 쇠서형이고 상부에 연화와 봉황머리 조각. 네 모서리 추녀에 상하층 모두 활주를 세움. 우물마루에 우물천장임.

마곡사명부전(麻谷寺 冥府殿) : ①충청남도 문화재자료 64호, 1939년 건립(일제 때). ②정면 3칸, 측면 2칸으로 내부바닥은 장마루. ③지장보살 봉안.

마곡사심검당 · 고방(麻谷寺 尋劍堂·庫房) : ①충청남도 유형문화재 135호. 1797년과 1856년 중수, 1909년 기와 보수. ②배치는 ㄷ자형으로 한쪽은 겹집, 다른 한쪽은 홑집형식. 가운데에 큰 대중방을 두고 그 남쪽에 부엌을 두었으며, 대중방 남측면에 4칸의 툇마루를 둠. 사괴석 기단에 자연석 덤벙주초를 놓고 원주를 세움. 후면은 방주. 팔작지붕과 맞배지붕 혼용(조선 후기 양식적 특징). 고방은 일자형 평면으로 ㄷ자형 심검당 동쪽에 놓여 ㅁ자 집 배치. 2층구조로 아래층은 흙바닥, 위층은 마룻바닥, 정면 4칸, 측면 1칸으로 홑처마 맞배지붕. 사괴석 기단과 자연석 덤벙주초에 아래층은 원주, 윗층은 방주를 세움. 아래층은 심벽, 윗층은 판벽임.

마곡사심검당 평면도

마곡사영산전(麻谷寺靈山殿) : ①보물 800호, 643년 창건 추정, 1651년(조선 효종2)에 각순대사(覺淳大師)가 중수. ②마곡사내의 불전 중에서 가장 오래된 것으로 수행가람의 중심건물. ③정면 5칸, 측면 3칸으로 겹처마 맞배지붕. 자연석 기단 위에 덤벙주초를 놓고 원주를 세움. 공포는 외부로 2출목 삼익공식, 전후면의 세부형태가 다름. 내부 후열에 고주를 세운 1고주5량집 구조, 우물마룻바닥에 천장은 우물반자를 천장의 높이를 달리하여 2단으로 처리한 층급천장으로 공간적 방향감을 줌. ④2층 불전은 남한에 화엄사 각황전·법주사 대웅전·무량사 극락전과 함께 4개 밖에 안 됨. ⑤건물 폭이 좁아 내부공간의 수직성이 상대적으로 강조됨. ⑥일명 '천불전(千佛殿)'이라고도 함.

마곡사오층석탑(麻谷寺 五層塔) : ①보물 799호. 고려 후기에 만들어진 석탑으로 일명 '다보탑'이라고도 함. 높이 8.67m 높이의 가늘고 긴 비례와 체감률이 낮아 불안전해 보임. ②이중기단으로서 고려시대 원의 라마교양식에 영향을 받은 석탑. ③재질은 청석(靑石)이며, 탑 상부에는 풍마동(風磨銅)의 상륜부에는 라마탑양식이 올려짐. 전체적으로 고준(高峻)한 느낌을 줌. 2층 탑신에 새겨진 4방불(四方佛)과 함께 티벳과 네팔 일대에서 발전한 라마교의 특징임. ④현재 5층석탑은 대광보전의 중심축선상에 놓여 있지만, 원래는 동쪽으로 치우쳐 있던 것을 1970년대에 마당의 중심으로 옮겨 놓은 것임.

ㅁ

마곡사응진전(麻谷寺 應眞殿) : ①충청남도 문화재 자료 65호, 조선 말기 1852년(철종3)에 중수. ②낮은 자연석 기단 위에 자연석 주초를 사용한 정면 3칸, 측면 2칸 우물마룻바닥에 정면 창호를 달아 출입하도록 하고 나머지 벽은 회사벽으로 마감처리. 다포계 팔작집으로 석가모니를 주불로 봉안하고 좌우 불단에는 석가의 제자인 나한상을 봉안함.

마곡사천왕문(麻谷寺 天王門) : ①충청남도 문화재 자료 63호, 1796년(정조20) 중창. ②정면 3칸, 측면 2칸, 남측 1칸 통은 온돌방 나머지 2칸 통은 우물마루이며 벽면에 고승(高僧) 영정을 걸었음. 공포는 무출목3익공, 제공 끝은 수직으로 자르고 부분에 연화와 연봉을 조각(조선 말기 수법).

마곡사해탈문(麻谷寺 解脫門) : ①충청남도 문화재 자료 66호, 1910년 천왕문과 같은 해에 중수. ②정면 3칸, 측면 2칸으로 기둥과 기둥 사이는 모두 판장벽으로 마감처리. 공포는 3제공 형식으로 제공 상부에 조두형(鳥頭形) 초각을 하고 제공 안장에는 연봉(蓮棒)이나 연화를 초각(草刻)함. 공포의 내단부에는 운공형으로 초각된 보아지가 대들보를 받침. 무고주5량가 구조 겹처마 팔작지붕에 연등천장.

마곡사흥성루(麻谷寺 興聖樓) : ①정면 5칸, 측면 3칸으로 홑처마 맞배지붕. ②우화궁(雨花宮)이란 현판이 있음(라마교 영향).

마구리(header, end grain, butt end) : ①일반적으로는 길쭉한 물건의 양쪽 끝의 횡단면. ②긴 재료가 잘린 끝면. ③벽돌에서 길이방향에 대해 직각적인 면. ④벽돌의 6면 중 가장 좁은 면. ⑤목재의 섬유방향과 직각인 횡단부의 끝면. ⑥목재의 길이방향에 직각으로 자른 끝면. ⑦끝에 대는 물건. ⑧마구리면·목구·단구·말구(=).

마구리갈램(end crack) : 원목이 건조하면서 그 마구리면에 나이테를 가로질러 갈라지는 것.

마구리결(end grain) : 목재를 결의 직각방향으로 잘랐을 때 나타나는 결.

마구리면(-面) : ⇨마구리(=).

마구리세워쌓기 : 벽돌 마구리의 긴 변을 세워 쌓는 것.

마구리쌓기(header, heading bond, header bond) : ①가장 짧은 부분에 노출시키거나 다른 조적조 단위와 나란히 벽에 수평으로 쌓아 벽돌의 마구리가 보이도록 쌓는 것. ②타일이나 벽돌 쌓기에서 벽의 표면에 마구리면이 나오게 쌓는 방법으로 원형벽체에 많이 사용. ③독일식 쌓기(=).

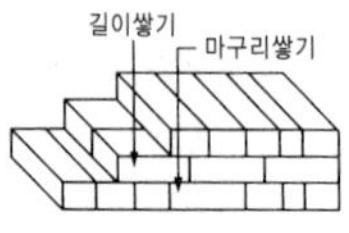

마구리쌓기

마구리이음(end joint, lengthening joint) : 부재의 길이를 길게 하기 위해 두 부재의 마구리 부분을 서로 일직선으로 맞댄 이음.

마구리주먹장 : 마구리면에 주먹장이음이 보이게 한 맞춤으로 주로 토대의 귀틍이 등에 사용.

마구리줄눈(head joint) : 두 조적조 단위 사이의 수직줄눈으로써 벽면과 직교(直交).

마구리켜(heading course) : 벽돌쌓기에서 벽의 겉면으로 마구리가 보이도록 쌓은 켜.

마구리평블록(-平-, side block) : ①모서리 창문 옆 또는 붙임기둥 등에 쓰이는 것. ②한마구리만 평평하게 된 한마구리평블록(single side block)과 양마구리가 평평하게 된 양마구리평블록(both side block)이 있음.

마그네사이트(magnesite) : ①탄산마그네슘($MgCO_3$)을 주성분으로 한 광물. ②순수한 것은 백색이나 보통 황색·회색·갈색.

마그네사이트크롬벽돌(-甓乭, magnesite chrome brick) : 마그네시아를 50% 이상 함유한 마그네시아질(質) 벽돌.

마그네슘(magnesium) : ①경량합금에 사용되는 가벼운 은백색의 금속원소. ②기호는 Mg.

마그네시아(magnesia) : 천연적으로 산출되는 마그네사이트($MgCO_3$)를 태워서 CO_2를 방출시킴으로써 산화마그네슘(MgO)으로 만든 것. 저온에서 분해한 것은 마그네시아시멘트의 원료로 되고, 고온(1,000~1,500℃)에서 처리한 것은 마그네시아클링커 또는 경소(硬燒) 마그네시아로서 내화벽돌 등의 내화재료로 사용.

마그네시아석회(-石灰, magnesia lime) : ⇨돌로마이트 플라스터(=).

마그네시아시멘트(magnesia cement) : ①마그네시아(MgO)에 염화마그네슘 또는 황산마그네슘을 혼합한 것. ②빨리 굳고, 강도와 경도가 높고, 경화체는 광택이 나며, 반투명이라 착색이 용이함. 그러나 안정성이 약하고 금속류(金屬類)를 부식시킴. ③바닥이나 벽의 도장·인조석 및 타일의 제조 등에 많이 사용. MO(magnesia oxy-chloride)시멘트 또는 발명자의 이름을 따서 소렐시멘트(sorel cement)라고 함.

마그네시아질 내화벽돌(-質耐火甓乭, magnesia brick) : ①마그네사이트($MgCO_3$)를 구워서 경석(硬石) 마그네시아로 만들어 이것에 소량의 점토와 광물을 첨가하여 가소성(可塑性)을 갖게 한 벽돌로 대표적인 염기성 내화물임. ②1,670℃ 이상의 고온에 견디며, 주로 야금용 노(冶金用爐), 시멘트 킬른(kiln)에 사용.

마그네틱캐치(magnetic catch) : ①가구의 조립 연결철물 중 하나로 좌석과 스틸판으로 이루어져 있으며, 캐치의 형태가 양쪽으로 부착된 것도 있음. ②자석의 종류는 4k·6k가 있음. ③주로 혼례용 가구의 장롱에 많이 사용.

마그넷(magnet) : ⇨마그넷디스플레이(=).

마그넷디스플레이(magnet display) : ① POP 광고의 일종으로 자석(magnet)을 이용하여 고정시킬 수 있도록 한 방법. ②점포나 매장 내에서 고객에게 숍(shop)이나 상품을 두드러지게 하거나 연출·진열방법을 마그넷시킨다고 하며, 그 장소를 마그넷 포인트(특징 포인트)라고 함.

마그넷이펙트(magnet effect) : 자석의 작용을 비유한 용어로서 키 테넌트(key tenant)라든가 점포 내의 요소에 놓인 디스플레이 효과.

마그놀리아(magnolia) : ①미국·캐나다산(産) 활엽수. ②주로 무늬목 용재·가구재 및 실내장식 마감재로 사용.

마그마(magma) : ①땅속 깊은 곳에서 암석이 용융하여 된 고온의 조암(造岩)물질. ②지각상층 또는 지표에 올라가 냉각·고결(固結)되면 화성암이 됨.

마너리스(monolith) : 오벨리스크나 기둥의 형태를 띤 큰 규모의 단일 석조벽돌.

마네킹(manikin, mannequin[불]) : ①디스플레이를 위해 사용되는 인체모형. ②일반적으로 실물 크기나 형태는 비슷하지만 추상적인 오브제(objet[프]) 형식의 것도 있음. ③주로 합성수지를 이용하나 목제·직물 등이 사용되기도 함. ④종류는 사실 마네킹·반추상 마네킹·추상 마네킹으로 구분. 또한 토르소 마네킹·보디 마네킹 등 매우 다양함.

마녘 : ①남쪽. ②남쪽편. ③'마'는 남쪽을 가리키는 말. ④'마주, 맞은편'과 같은 말에서 나온 말. ⑤우리나라에서는 남향으로 집을 짓고, 남쪽을 '마주한쪽' 또는 '앞쪽'이라 했고, 남풍을 '마파람' 또는 '앞바람'이라 했음.

마노(瑪瑙, agate) : 수지상(樹脂上) 광택을 내며 간간이 다른 광물이 침투하여 고운 무늬를 나타내는 석영(石英)으로 차돌의 일종.

마노무늬도기(瑪瑙-陶器, agate ware) : ①마노(瑪瑙, agate) 모양의 에나멜을 입힌 철기(鐵器)나 외관이 마노 모양 또는 수정과 비슷한 진흙을 혼합하여 만든 도기. ②로마시대 이후로 18세기 영국에 전파되어 웨지우드(wedge wood)에 의해 정련(精鍊).

마니에(manière[프]) : ①방법·기법·수법·작품 등의 인위적으로 꾸민다는 의미로 예술가의 개인적인 특성에 따라 독자적인 수법으로 표현되는 개성적인 표현기법. ②나쁜 의미로는 매너리즘(Mannerism)과 같은 의미로 사용.

마니에라그레카(Maniera Greca[그]) : 그리스 예술양식, 특히 13세기 이탈리아 회화에 나타나 있는 비잔틴 미술양식의 여러 요소를 통칭.

마니에르(manière[프]) : ⇨마니에(=).

마니에리슴(Maniérisme[프]) : ⇨매너리즘(=).

마니에리즘(Maniérisme[프]) : ⇨매너리즘(=).

마당맥질 : 우둘투둘한 마당에 흙을 이겨 고르게 바르는 일.

마당지기 : ①마당을 지키는 사람. ②일정한 단체의 사무를 맡아 처리하는 간사(幹事).

마대[1](馬臺) : 장롱(欌籠)의 받침다리.

마대[2](麻袋) : ①삼실로 짠 큰 부대. ②현장에서는 철거공사 또는 사용하고 남은 쓸모없는 폐자재를 담아 장외(場外)로 반출하기 위해 사용.

마되 : 말과 되.

마드라사(madrasah) : ①11세기부터 이집트·아나톨리아·페르시아에서 발견되는 모슬렘 신학교. ②보통 마당 주위와 모스크(mosque)에 붙어 배치.

마드라스깅엄(madras gingham) : ①경·위사에 색실과 표백사를 사용하여 평직으로 제직한 경사방향의 줄무늬 또는 체크무늬의 면직물. ②줄무늬 색실의 비율이 높아 세로줄무늬에서 75% 이상, 체크무늬에서 50% 이상.

마라룬가체어(mararunga chair) : ①마기스트레티(Magistretti)에 의한 융통성 있는 의자. ②편안함과 우아함이 균형을 이루고 낮은 등받이는 접었다 폈다 할 수 있게 되어 있음.

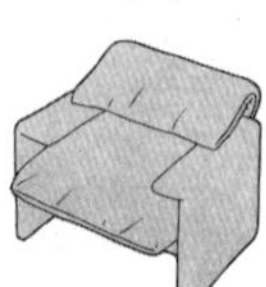

마라룬가체어

마로니에(marronnier[프], Aesculus turbinate[학]) : ①침엽수과의 낙엽활엽교목으로서 키는 20~25m 정도. 둘레가 6m인 것도 있음. ②변재는 황색을 띤 백색 또는 암록색이고, 심재는 얕은 갈색을 띤 초록색 또는 암록색. 비중 0.58. 재질은 치밀하고 경연(硬軟)의 중간이며 인성(靭性)이 있음. 나뭇결은 아름답고 광택이 남. 신축은 적으나 가공이 쉬움. ③주로 건축재·바닥재·천장재 등의 장식재나 가구재·조각재로 사용.

마루[1](抹樓, wooden floor) : ①건물의 실내·외에 붙여서 지면과 어느 정도 사이를 두고 널을 깔아 놓은 바닥. ②집채 안에 바닥과 사이를 띄우고 깐 널빤지 또는 그 널빤지를 깔아 놓은 곳. ③건물의 실내바닥 면에 널을 깐 것. ④고온다습한 남쪽지방에서 무더운 여름을 지내기 위해 만들어낸 구조. 재료는 나무를 사용. ⑤바닥·마룻바닥(=).

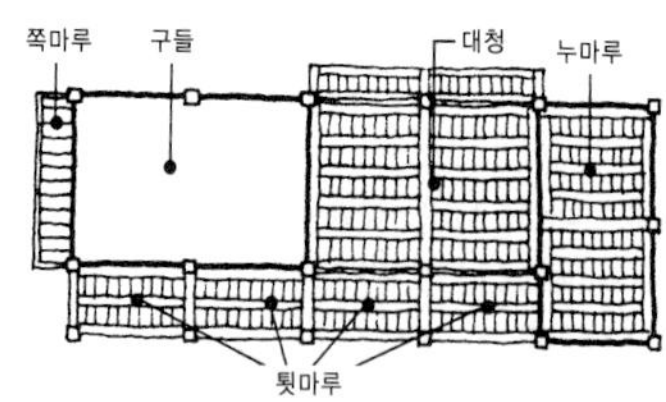

마루

마루[2](ridge) : ①지붕면이 ㅅ자로 치솟아 만나 길게 등성이를 이룬 가장 높은 곳. ②용마루·대청마루(=).

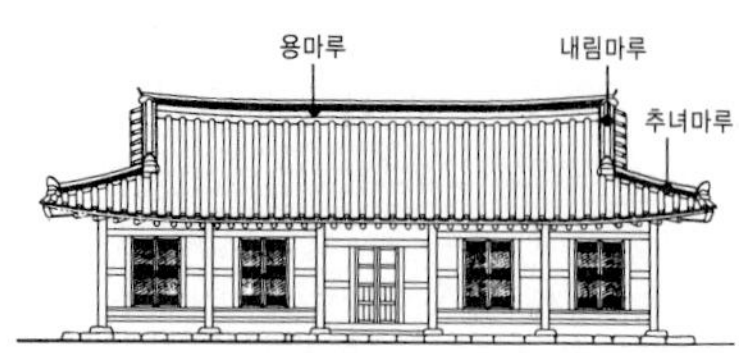

마루

마루귀틀 : ⇨마루틀(=).

마루널 : ⇨마룻널(=).

마루높이 : ①땅바닥(地表)에서 용마루까지의 높이. ②땅바닥에서 대청마루까지의 높이. ③집의 층고(層高).

마루대 : ⇨마룻대(=).

마루도리 : 용마루에 있는 도리.

마루보 : ⇨마룻보(=).

마루적심 : ①용마루의 뒷목을 보강하기 위해 심을 박는 것. ②마루 뒷목을 눌러 박은 적심. ③마루를 만들 때 속살에 넣어 심을 박은 것.

마루적심목 : ①용마루 전후 서까래 위에 눌러 박은 재. ②종적심목·종심목(=).

마루창 : ⇨마룻바닥(=).

마루청 : ①널을 깐 방 또는 마룻바닥에 까는 널조각. ②넓은 마루청을 대청이라고 함. ③대청·마루방(=).

마루틀 : ①마룻널을 깔아대는 뼈대 또는 짜서 만든 틀. ②마룻널을 받는 구조체. ③마루귀틀·귀틀(=).

마루판(-板) : ⇨마룻널(=).

마룬(maroon) : ①관용색명으로 어두운 빨강. ②먼셀기호 5R2.5/6.

마룻구멍 : 서까래와 도리 사이에 생긴 구멍.

마룻널(floor boards) : ①마루를 설치할 때 까는 널빤지(plank, board). ②마루판·당판·청판(=).

마룻널이중깔기(-二重-) : 동바리→장선→밑창널깔기→마룻널깔기 순으로 함.

마룻대 : ①마루의 등. ②제일 높은 데 있는 도리. ③용마루 밑에 서까래가 걸리게 된 도리. ④용마루의 동기와. ⑤용마름에 넣는 빳빳한 장대나 대나무. ⑥지붕마루에 수평으로 걸어 좌우 지붕면 상연의 위 끝을 받는 도리. ⑦종도리·마룻도리·상량·상량도리(=).

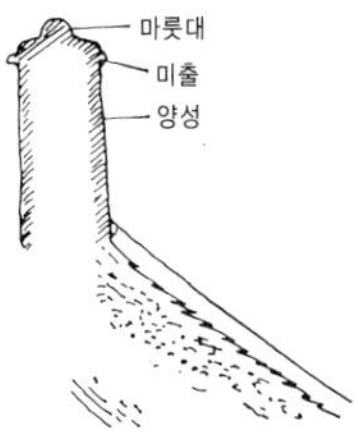

마룻대

마룻대공(-臺工) : ①종량(宗樑) 위에 마루를 받쳐 세운 동자기둥. ②마룻보 중앙에 놓여 종도리를 받는 나무로, 제형판재(梯形板材)나 동자주. ③기타의 여러 가지 모양으로 되며 화반이 되기도 함. ④상대공(=).

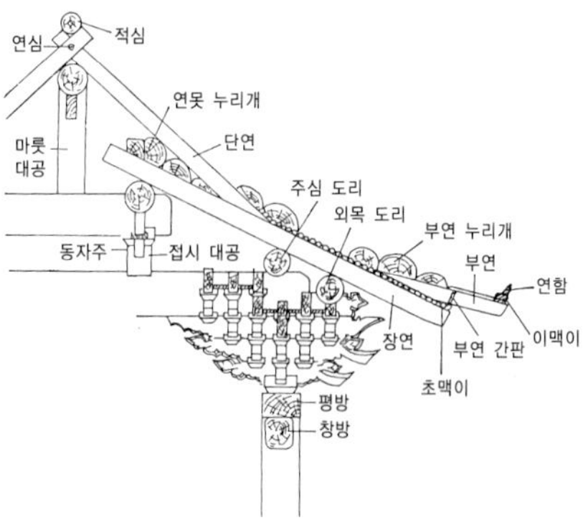

마룻대공

마룻대장식(-裝飾, crest, cresting) : ⇨머리장식(=).

마룻도리 : ⇨마룻대(=).

마룻바닥 : ①마루를 마감재로 사용한 바닥. ②남부지방의 원시주거양식에서 유래된 바닥양식. ③조선시대 이후 정전을 제외한 궁궐의 전각·사찰·주택 등에 우물마루를 설치.

마루방(-房) : 방처럼 꾸민 마루.

마룻보(宗樑) : ①마루 밑에 있는 들보. ②두 겹으로 얹는 보에 있어서 마룻대가 되는 보. ③마룻대의 밑까지 높이 쌓아 올린 보. ④대들보(大樑) 위 양쪽에서 약 1/4 지점에 동자주를 세우고 동자주를 연결하는 보. ⑤제일 위쪽에 있는 보. ⑥오량집 이상의 가구에서 들보 위로 걸리게 된 짧은 보. ⑦종보·종량(=).

마룻장 : ①착고와 부고 위에 마룻장 및 숫마루장을 설치. ②⇨지붕마루.

마르다 : 마름질을 하는 것.

마르멜로(chinese quince) : ①태국·말레이시아·베트남·중국 등지에 분포. ②변재는 백색이고 심재는 홍갈색. 비중은 0.7~0.9, 재질은 자단보다 약간 경연(硬軟)함. ③주로 건축재·가구재 등으로 사용.

마르샤메르시에(Marchand-Mercier[프]) : ①18~19세기 프랑스의 가구상. ②고객에게 가구를 비롯하여 도기·금도금의 여러 장식품 및 중국 등 외국에서 수입한 비싸고 고급스러운 물품을 다양하게 공급한 수입상이자 실내장식가 역할을 담당.

마르세유아파트(Unité d'Habitation Marseille[프]) : ①르 코르뷔지에(Le Corbusier : 1887~1966)가 모듈을 적용하여 설계한 최초의 건물로 1947년에 착공하여 1952년에 준공. ②⇨브루탈리즘·유니테다비타시옹아파트(=).

마르스그룹(MARS group) : ①Modern Architectural Research의 약어. ②1931년 F. R. S. 요크(Yorke)·M. 프라이(Fry)·B. 루베르킨(Luberkin)·기타 건축가·엔지니어·저술가들이 설립하여 공동연구의 실현과 근대건축의 추진을 목표로 결성한 CIAM의 영국 그룹. ③1938년 초 런던의 뉴베링톤 갤러리에서 '새로운 건축전'을 개최하여 약 7,000명의 관람객이 모였으며 영국에 국제양식을 보급하는 데 공헌. 마르스의 활동도 점차 침체되어 정지됨.

마르키(marquee) : ①극장 출입구 위로 떠 있는 차양(遮陽) 모양의 구조물. ②보통 현재 상영하고 있는 공연이나 영화 출연자들의 이름 등을 게시.

마르키즈체어(marquise chair) : ①좌석의 폭이 넓고 깊이가 비교적 깊은 팔걸이가 부착된 안락의자. ②러브시트(love seat)의 원형으로 프랑스 루이14세시대에 사용하기 시작하여 당시에 유행했던 넓게 부풀린 치마를 입은 여성들이 앉도록 디자인된 의자.

마르키즈체어

마르핌(Marfim, Balfourdenron riedelianum Engl.[학]) : ①브라질의 중남부·파라과이 중부와 북부·아르헨티나에 분포. ②심·변재가 구별되지 않으며 흰 크림색. 목리는 통직하고 나무갗은 고우며 우아한 감을 주고 맛과 냄새는 없음. 가볍고 자연의 광택을 주며 기건비중 0.75~0.83, 수축률은 방사방향 4.7%. 접선방향 10.1%, 용적수축률 16.2%로 크고, 강도는 압축강도 743㎏/㎠, 휨강도 1,579㎏/㎠로 매우 강함. 내구성이 낮아 습한 곳이나 토지에 접하면 쉽게 썩음. 포삭성과 도장성은 양호하며 자연건조는 갈라짐(할렬)을 방지하기 위해 천천히 건조. ③주로 가구 등에 사용.

마른일 : 바느질, 길쌈 등과 같이 물에 손을 넣지 않고 하는 일.

마름 : ①지붕을 잇기 위해 이엉을 엮어서 말아 놓은 단. ②용마루의 준말.

마름개질 : ⇨마름질(=).

마름돌(ashlar, dimension stone) : ①사각형 또는 입체사각형 모양으로 만들어진 건축용 돌로 석조건물에서는 이 돌블록이 사용됨. ②길이와 폭이 610㎜나 그 이상이고 지정된 두께를 가지도록 채색되어 잘려진 정방형 석재. ③접하는 모든 면을 정교하게 다듬질한 사각형으로 절단된 석재. ④일정한 형태·치수로 마름질한 석재로 맞댄면을 일정한 모양으로 가공하여 줄눈을 바르게 쌓음.

마름돌깔기(ashlar paving) : ①기하학적인 모양으로 마름질한 돌(마름돌)을 까는 일을 말함. ②보통 정사각형·장방형·삼각형·육각형 등의 평평한 돌을 사용.

마름돌바른층쌓기 : 마름돌의 접합면을 직선으로 다듬어서 가로줄눈이 일직선이 되도록 쌓는 돌쌓기.

마름돌쌓기(ashlar masonry) : ①마름돌을 벽돌조와 같은 조적방법으로 쌓는 것. ②석재의 거친면을 다듬지 않고 접한 면만 대강 다듬어 쌓는 일. ③거친돌쌓기(=).

마름돌줄눈(ashlar joint) : 마름돌을 쌓은 것처럼 보이도록 만든 줄눈.

마름모깔기(diamond paving) : 바닥에 까는 벽돌이나 타일류 등의 줄눈형태가 등변사각형으로 되는 마름모꼴이 되도록 까는 일 또는 그런 형태.

마름모꼴형태(−形態, lozenge form) : ①마름모꼴은 동일한 각도의 쌍. 즉 2개의 예각과 2개의 등각을 가진 등변의 네 측면으로 된 형태. ②주요 특징은 마름모꼴이나 다이아몬드 형태이고, 보통 타원형이나 6각형으로 구성되며, 주요 축선은 대각선임.

마름모무늬 : ⇨마름모문양·능형문(=).

마름모문양(-文樣, diaper patterns, lozenge, rhombus) : ①내각(內角)이 직각이 아닌 등변사각형으로 된 무늬. ②그리드(grid)에 기초를 둔 평평한 패턴(pattern)이나 각각의 패턴은 직선이나 곡선을 포함할 수 있음. 그리드는 대각선의 연속과 그들의 원(圓)·호(弧)·분절(分節) 등과 함께 조합됨으로써 모양이 중복되거나 연속. ③주로 바닥면·타일공사 또는 창유리 등에 이용. ④능형문(=).

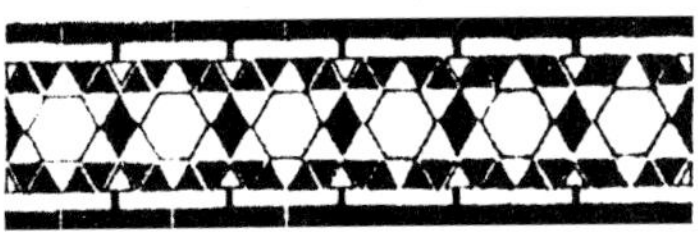

마름모문양

마름모쌓기(菱形積, diamond bond, opus reticulatum[그] : ①면에 정사각형에 가까운 돌을 그 대각선이 수직이 되도록 빗놓아 쌓는 조적기법. ②조적기법의 일종으로 주로 견칫돌쌓기에 쓰임. 아름답기는 하지만 모서리나 줄눈이 빗갈리므로 균열이 생기기 쉬운 결점이 있음. ③골쌓기(=).

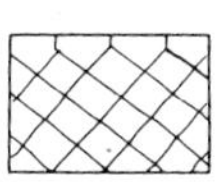

마름모쌓기

마름재(-材) : 사용목적 또는 용도에 따라 일정한 치수로 절단한 목재.

마름질[1](cutting) : ①남의 쓰임에 따라 치수를 재어서 먹줄을 긋고 다듬는 일. ②벽돌은 온장을 사용하는 것이 원칙이지만 필요에 따라 벽돌을 잘라 사용하는 일. ③종류에는 반절·칠오토막·이오토막·반반절·반토막 등이 있음.

마름질[2](conversion of timber) : ①목재를 소요(所要)의 형과 치수로 먹줄넣기에 따라 자르거나 오려내는 일. ②목재의 마름질은 끝손질 치수보다 약간 크게 함. ③마름질의 너비와 두께는 3~6㎜, 길이는 1.5~3.0㎜ 정도. ④마름질은 대패질의 전과 후에 하는 두 종류가 있음.

마름청판(-廳板) : ⇨머름착고(=).

마리아당(-堂, lady chapel) : ①성모 마리아를 위한 전용 예배당. ②보통 앱스(apse, 後陳)의 가장 끝부분인 성대(聖臺) 뒤에 위치함.

마리오트의 맹점(Mariotte's blind spot) : ⇨맹점(=).

마린블루(marine blue) : ①마린은 해양·선원 등을 의미하는 말로서 바다·푸름에서 온 색이름. ②녹색에 가까운 남색. 녹색기미의 짙은 청색(deep greenish blue). 초록색이 감도는 어두운 청색. ③관용색명으로 진한 초록색을 띤 파랑. ④먼셀기호 5B3/7.

마모(磨耗, abrasion) : ①마찰로 인해 물체의 표면이 닳아서 소모되는 것. ②물체의 표면상태·경도·환경에 따라 소모의 정도가 다름. ③종류는 미끄럼 마모·구름 마모·충격 마모 등 3가지가 있음.

마무리(finishing) : ①건축공사·제작·가공 등의 일을 완성시키는 마지막 공정 또는 마무리를 위한 재료나 작업을 통칭. ②콘크리트공사에서 타설한 콘크리트 표면을 디자인된 질감과 외관을 갖도록 하는 레벨링(leveling)·고르기·다짐 등의 처리공정. ③구조체를 피복하여 내구적이고 장식적으로 만들어 끝마감하는 일. 수장보다 나중에 하는 부분이 있음.

마무리대패(smoothing plain) : ①제재톱자국이 완전히 없어지고 목재의 보이는 면을 매끈하게 마무리하는 데 사용하는 대패. ②일반적으로 대팻날이 얇고 예리함. ③재련대패·고운대패(=).

마무리대패질 : ⇨마무리대패(=).

마무리장선(-長線, rim joist) : ⇨림조이스트(=).

마무리재합판(-材合板) : ①두께 0.7㎜ 정도의 나무를 합판 표면에 붙인 것. ②자연스런 나뭇결을 가짐. ③부착합판 또는 천연 나뭇결 합판이라고 함.

마무리치수(−値數, finished size, dressed size, dressed dimension) : ①건조시켜서 대패질로 마무리된 치수. ②일반적으로 창호재·가구재는 마무리치수로 함. ③제재목의 실제 치수는 톱날 두께만큼 작아지고 이를 다시 대패질 마무리하고, 또 건조·수축하면 더욱 줄어들므로 이에 대해 고려함. ④톱날두께는 1~3㎜(보통 2㎜)이나 제재 불량이나 톱니가 고르지 못할 때에는 대패질로 인한 감소가 더욱 증대. ⑤보통 한 면 대패질 감소는 0.5~1.5㎜이고, 수축감소는 3%임. 100㎜ 정각재를 양면 대패질하면, 감소치수는 4.5~7.5이고, 그 재의 마무리 치수는 92.5~95.5㎜가 됨. ⑥마감치수·다듬질치수·제재치수(⇔).

마무리표(−表) : ⇨마감표(=).

마무새 : 일의 끝단속을 짓는 솜씨나 모양새.

마문소리 : ①물체에 닿아서 울려나오는 소리. ②반향(=).

마분지(馬糞紙, mill board, card board) : ①짚(섬유질)을 원료로 하여 만든 빛이 누런 종이. ②보통 벽지공사에서 초배지로 바름. ③말똥을 원료로 해서 만든 데서 유래된 용어.

마블(marble) : ⇨대리석(=).

마블링(marbling) : 목재나 회벽(plaster) 등의 표면에 색감을 칠하거나 긁어서 대리석 무늬와 같은 문양을 나타나게 하는 착색기법.

마블타일(marble tile) : ①도료의 일종. ②대리석과 같은 선명한 무늬와 색상을 나타냄. ③접착력·내수성·내구성이 우수하나 색상이 제한되어 있는 것이 결점. ④주로 고급 건물의 내·외부 벽면에 사용.

마사란두바(Macaranduba, Manilkara huberi Standle[학]) : ①브라질·페루·베네수엘라·가이아나에 분포. ②수피는 적색 또는 엷은 자색을 띤 적갈색이며, 변재는 황색을 띰. 목리는 매우 통직하고 나무갗은 균일함. 매우 무겁고 단단하며 강함. 기건비중 0.9~1.1로 크고 수축률도 큼. 내구성은 크고 부후에 대한 저항성은 강하며 건조는 곤란하고 자연건조는 매우 늦음. 목리가 통직한 것은 가공이 보통이고 표면 마무리가 고움. ③주로 플로어링·계단재·구조재 등에 사용.

마사워싱턴체어(Martha Washington chair) : ①18세기 미국 매사추세츠(Massachusetts) 지역에서 많이 사용한 등받이가 높고 다리는 내려 갈수록 가늘어지며 직물로 마감한 팔걸이의자. ②워싱턴 대통령 부인인 마사(Martha)가 애용한 데서 붙여진 명칭.

마사워싱턴체어

마샬앤폴크너상회(−商會, Marshall & Faulkner Co.) : ①부르네(Burne)·존슨(Jones)·로제티(Rosetti)·웨브(Webb)·브라운(Brown)·포크너(Faulkner)·마샬(Marshall)·모리스(Morris) 등으로 구성되어 공공건물에 이르기까지 실내에 사용되는 가구용품들을 예술가의 손으로 제작하거나 감독하여 종합예술로서의 디자인을 추구함. ②사업내용은 건물에 응용되는 조각일반·스테인드글라스 및 생활필수품 디자인·공공건물 및 주택·교회 등의 벽면 장식에 관한 회화·패턴을 디자인하거나 색채배합을 함.

마스더스난 : ①제1차대전 후 라이프치히에서 창시된 대용종교. ②고대 페르시아의 마스도교에 기타 동양의 종교를 결부시켜 서구적으로 해석한 것.

마스지드(Masjid[아]) : 모스크(Mosque)를 지칭하는 아랍어.

마스카론(mascaron) : ①사람의 얼굴과 동물·식물 등을 조합하여 만든 그로테스크(grotesque)한 조각이나 그림 장식. ②르네상스와 바로크시대에는 아치의 종석(keystone)에 장식적으로 사용하거나 의자등받이 등의 가구·방패·카르투슈(car−

마스카론

touche)·콘솔(console) 등의 조각장식으로 사용.

마스코트디자인(mascot design) : ①마스코트란 행운을 가져온다고 믿고 간직하는 대상물로써 디자인에서는 어떤 이미지를 표현하거나 장식의 목적을 위해 이러한 대상을 가시적으로 표현한 상징적 조형물. ②현대에 와서는 기업이나 제품, 서비스를 1인칭으로 표현하거나 각종 단체·행사·캠페인 등에 마스코트를 도입하여 활용하는 경향이 증가. 특히 CIP(Corporate Identity Program ; 경영 전략적 기업 이미지 통합 프로그램)를 도입할 때 자사(子社)의 이미지나 브랜드 이미지를 더욱 친근하고 생동감 있게 전달하기 위한 이미지 매니지먼트(image management)의 수단으로 마스코트를 활용하고 있음.

마스크(mask) : ①건축적 문양으로 사용되는 얼굴이나 머리의 기이한 표현. ②⇨마스카론(=).

마스킹(masking) : 두 가지 음이 동시에 귀에 들어와서 한쪽의 음 때문에 다른 쪽의 음이 작게 들리는 현상. 이를 '음의 은폐현상'이라고 함.

마스킹테이프(masking tape) : ①시공 중에 실링재 충전개소 이외의 오염방지와 줄눈선을 깨끗이 마무리하기 위한 보호테이프. ②크라프트지나 비닐 테이프의 한 면에 접착제를 발라 만든 테이프. 설계도면 작성시 트레이싱 페이퍼(tracing paper)를 제도판(製圖板)에 붙일 때 사용.

마스킹효과(-效果) : ⇨마스킹.

마스터바(mastaba[프], mastabah[아]) : ①피라미드의 전신으로 진흙벽돌로 만들어진 고대 이집트시대 초기 상류계층(왕·귀족)의 분묘로 직사각형의 평면과 평평한 지붕, 기울어진 벽면 형태가 특징. 초기에는 진흙벽돌을 이용하여 건설하다가 점차로 석재를 이용하여 지상에 쌓아 만든 것. ②마스타바의 어의(語義)는 그리스어의 본래 뜻은 '돌의자'로 평탄한 탁상(卓床)이란 의미. ③평면은 직사각형(長方形)으로 남북으로 길고 측면은 경사진 사다리꼴이며 지붕은 평구조. 내부는 의식공양실(儀式供養室)·사자조상실(死者彫像室)·지하의 사체보관실(死體保棺室)로 구분되며, 후기에 와서 계단형으로 되어 단형(段形) 피라미드를 거쳐 각추형(角錐形)인 정사각뿔의 피라미드로 발전. ④마스타바는 제2·3왕조 때 많이 만들어졌으나, 제4왕조에 들어와서는 국왕의 묘는 피라미드 형태로 발전되고 마스타바는 왕족이나 귀족의 분묘로 이용. 티의 마스타바(mastaba of Thi)·사카라의 마스타바(mastaba of Sakkara, B.C. 3150년경)·아비도스(Abydos)의 마스타바(B.C. 2670년경) 등이 유명.

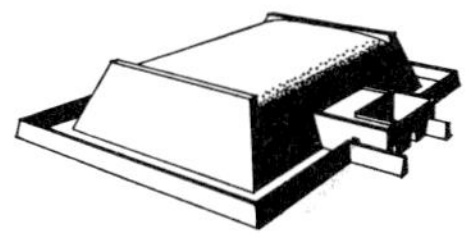

마스타바

마스터키(master key) : 사무소·호텔 등에서 어느 자물쇠에도 공통으로 사용할 수 있는 열쇠.

마스터플랜(master plan) : 일정한 프로젝트(project) 실시를 위해 그 목적이나 목표에 따라 전반적인 실시내용의 개요를 설정하는 기본계획.

마스틱(mastic) : 실런트(sealant)·접착제·보호 코팅 등으로 사용되는 다양한 점성 재료. 홍해 연안에서 나는 옻나무과의 식물 피스타쇼 나무에서 채취한 고무질 수지.

마아퀴셋(marquisette) : ①목면이나 폴리에스테르의 비쳐 보이는 직물로 리노조직이라고도 하며 커튼지에 이용. ②리노조직(=).

마야피스(mayapis) : ①필리핀산(産)으로 심재는 담황색의 리본 무늬가 있음. 비중은 0.50 광택이 나고 건조와 공작이 용이. 내구성이 작음. 적나왕과 혼동하여 거래되는 경우가 많음. ②용도는 나왕과 비슷함.

마우솔레움(Mausoleum[그]) : ⇨마우솔레이언(=).

마우솔레이언(Mausoleion[그]) : ①규모가 크고 웅장한 분묘. B.C. 350년경 소아시아의 왕 마우솔루스(Mausolus)의 무덤에서 유래한 명칭. ②B.C. 4세기에 건축가 퓨테오스와 사튤로스의 설계에 의해 건조한 소아시아 남서안(南西岸) 하이칼나소스에 있는 카리아의 마우솔루스(Mausolus) 왕의 묘. ③높은 대좌(對坐) 위에 36개의 기둥으로 된 이오니아식 주주당(周柱堂)과 피라미드형 지붕을 얹고 전정 상부에 사두입마차상을 놓았음. ④대좌에 새긴 프리즈(frieze) 부조(浮彫)가 유명함.

마운트(mount) : ①문손잡이·옷장손잡이·문장(coat of arms) 따위에 장식적 혹은 실용적인 용도로 금속을 덧붙이는 캐비닛 제작기법. ②손잡이·경첩·문고리·자물쇠 및 가구의 모서리에 붙이는 실용적이고 장식적인 금속으로 만든 장식철물. ③그 밖에 액자의 그림이나 작품 주위에 여백의 바탕으로 대는 두꺼운 판지.

마운트

마운팅(mounting) : 그려진 도면을 한층 돋보이도록 하는 도면의 표장작업(表裝作業).

마유(麻油, hempseed oil) : ①삼(蔘)씨를 압착하여 얻은 건성유. ②대마유(=).

마이너스옵션(minus option) : ①일반옵션과는 정반대되는 개념으로 아파트 내부 자재를 입주자가 직접 시공하고 건설회사에서는 그 내부 자재로 시공하지 않는 형태. ②분양시 그 시공되지 않는 자재만큼의 절감된 가격으로 입주자에게 제공.

마이단(maidan) : 인도에서 흔히 장터나 퍼레이드 장소로 사용하던 도시의 넓은 광장.

마이센자기(-磁器, Meissener porzellan) : ①1710년 독일 작센 지방의 작은 도시 마이센(Meissen)에 설립된 유럽 최초의 자기 공장에서 생산된 완전무결한 자기. ②1709년 독일의 연금술사 뵈트거(Johann Friedrich Böttiger)가 마이센 부근에서 자기의 원료인 카올린(Kaolin)과 그 소성법을 발견하여 완전한 자기 제작에 최초로 성공함에 따라 본격적인 생산이 이루어짐. ③오스트리아 빈에 전해져 비엔나 자기(Vienna)가 출현하게 됨. ④드레스덴차이나(=).

마이스너소체(-小體, Meissner) : ①가벼운 자극(경자극)에 작용하는 촉각소체(觸覺小體). ②손과 발의 진피의 유두부(최상부)·앞 팔의 전면·입술·혀끝의 점막·안검의 결막·유두(乳頭) 등에 많이 있고 빨리 순응함.

마이크로(micro) : ①$10^{-6}$=0.000001을 나타내는 SI단위. ②부호는 μ.

마이크스탠드(mike stand) : ⇨플로어스탠드(=).

마이터(miter) : ⇨연귀이음·연귀맞춤(=).

마이터테노너머신(miter tenoner machine) : ①창틀이나 문틀의 코너 조립시 장부를 가공하는 목공기계인 동시에 양면 가공할 수 있는 기계. ②부재 최대 가공길이는 650~3000㎜, 부재 최대 폭은 100~300㎜, 부재 최대 두께는 25~60㎜.

마인츠대성당(-大聖堂, Mainz Dom[독]) : ①라인강 중류의 마인츠에 위치한 이중 셀라(cella)로 된 3랑(三廊) 바실리카식 독일 로마네스크의 대표적인 대성당. ②1081년의 화재 후 1100~1239년에 개축. 신랑(身廊)의 천장은 12세기 후반에 완성한 교차리브볼트(cross rib vault)로 동서(東西)의 교차볼트에 2개의 큰 8각형 탑과 그밖에 4개의 작은 탑으로 구성.

마일(mile) : ①5,280피트 또는 1,760야드와 같은 크기를 갖는 육상에서의 길이 단위로 1,852킬로미터 또는 약 6,076피트와 같음. ②법정마일(=).

마일라(mylar) : 아주 얇으나 강인한 폴리에스테르 필름(polyester film)의 브랜드 상품명으로 사진촬영·레코드 테이프 및 절연막용으로 사용.

마장(馬丈) : ⇨리(=).

마제형 아치(馬蹄形-arch) : ⇨말굽형 아치(=).

마젠타(magenta[이]) : ①마젠타는 이탈리아 북부 도시의 이름. ②마젠타 전쟁이 끝나던 해(1859년)에 만들어진 유기염료 후크신(fuchsin)의 색에 이 이름이 붙여졌음. ③현재 원색인쇄 색료의 3원색의 하나로 사용. ④관용색명으로 해맑은(새뜻한) 자주(vivid red purple). ⑤먼셀기호 6RP4/14.

마족연(馬足椽) : ①추녀에 붙는 서까래의 단면모양이 말발굽처럼 생긴 긴 타원형으로 생겼다고 붙여진 명칭. ②선자연을 제대로 걸 수 없는 서민들의 살림집에 주로 사용. ③말굽서까래(=).

마족연

마졸리카(majolica[이]) : ①얇은 에나멜로 코팅되고 옅은 색으로 채색된 이탈리아와 스페인의 도자기류. ②산화주석의 유약을 바르고 다양한 문양과 밝은 색으로 풍부하게 장식한 도자기. ③15~16세기 이탈리아에서 가장 많이 발달.

마중대(-帶, meeting stile) : ①미닫이문·여닫이문짝이 서로 맞닿는 선대. ②한 벌의 두짝문에 접하는 선대(線帶, stile)의 하나. ③⇨ 풍소란.

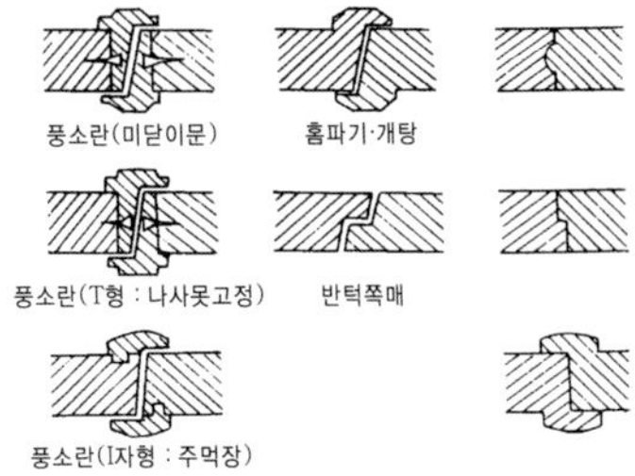

마중대

마중선(-線, astragal) : ①여닫이·미세기문 등을 닫았을 때 맞닿는 부분의 틈새를 가리기 위해 댄 가늘고 긴 나무. ②창문의 마중대에 댄 문짝 소란대.

마진드래프트(margin draft) : ⇨가장자리장식(=).

마찰계수(摩擦係數) : ①두 물체의 접촉면 사이에 생기는 마찰력과 두 물체 사이에 생기는 법선(法線) 방향의 압력 비. ②레이놀즈수(=).

마찰력(摩擦力, frictional force) : 접촉하는 두 물체의 두 면 사이에 일어나는 마찰저항의 크기 또는 마찰저항에 대등하게 발생하는 힘의 크기.

마찰저항(摩擦抵抗, frictional resistance) : 접촉하는 두 물체의 면이 서로 미끄럼 운동을 할 때 마찰에 의하여 그 미끄럼 운동을 방해하는 현상 또는 그 저항력. 즉 마찰력.

마찰접합(摩擦接合, friction type connection) : 고력볼트의 너트(nut)를 강하게 조여 볼트(bolt)에 강한 인장력이 생기게 하고, 그 반력(反力)으로 접합된 판 사이에 강한 압력이 작용하여 이에 의한 접합재간의 마찰저항에 의해 힘을 전달하게 하는 접합방법.

마창(machang) : 필리핀·말레이시아산(産) 목재. 주로 가구재·실내장식 마감재로 사용.

마천루(摩天樓, skyscraper) : ①과밀상태의 도시에서 주택용보다는 사무실용으로 만들어진 고층건물의 호칭. 탑이나 기둥은 여기에 포함되지 않음. ②하늘을 찌를 듯이 높이 솟은 초고층 건물로 1880년 미국에서 처음으로 사용됨.

마치(hammer) : ①두드리거나 박는 데 쓰는 연장. ②조선 마치는 위쪽 끝을 뾰족하게 하는데 서까래 따위에 못을 박을 때에는 뾰족한 쪽을 나무에 박아서 두기도 함. ③흔히 '노루발 장도리'라고도 함. ④못뽑이라고 하는 것은 일본 장도리임. ⑤망치(=).

마카(marker) : ①유성(油性)으로 된 색을 용기에 담아 개략적인 컬러 스케치 또는 투시도에 사용하는 도구 또는 상품명. ② 다양한 색상과 견고한 폴리에스테르 촉으로 되어 있어 일러스트레이션·레터링 등을 아름답게 표현할 수 있음. ③촉의 굵기가 1~20㎜까지 다양함. 마커 잉크를 별도로 주입시켜 장기간 사용.

마카레(Machare, Symphonia globulifera L. f.[학]) : ①과테말라·온두라스·파나마·페루·브라질, 코스타리카·베네수엘라 등에 분포. ②심재는 황색~커피색 또는 회커피색이며 변재는 흰색. 목리는 통직~불규칙하고 나무갗은 거칠음. 기건비중 0.72~0.80 전후, 수축률은 방사방향 4.5~5.34%, 접선방향 10.4~10.5%, 용적수축률 12.8~17.6, 강도는 압축강도 500~679kg/㎠, 휨강도 1,310~1,628kg/㎠, 횡인장강도 20~26.3kg/㎠, 전단강도 71~127kg/㎠로 보통. 가공·건조는 용이하며 내구성이 있음. ③주로 내장·플로어링 등에 사용.

마카로니스타일(Macaroni Style) : 18세기 영국에서 유행했던 대륙풍 스타일.

마케트(maquette) : ⇨마키트(=).

마케팅(marketing) : ①제조자가 소비자에게 제품과 서비스를 판매하기 위해 행하는 모든 활동. ②19세기 말에 상품을 팔기 위해 시장이 어떻게 되어 있는지를 파악할 필요에서 이 개념이 생김. ③AIDMA는 마케팅 개념의 한 가지로 A(Attention)는 주의를 끔. I(Interest)는 흥미를 갖게 함. D(Desire)는 욕망을 불러일으킴. M(Memory)은 기억시킴. A(Action)는 구매행동을 일으킴.

마케팅분석(-分析, marketing analysis) : 회사의 이익추구 방향에 대해 더 좋은 계획과 결정을 내리기 위해 직원의 능력과 이익·잠재고객·경제·경쟁과 같은 요건에 관련된 자료를 수집하고 분석하는 것.

마켓(market) : 실내디자이너가 아트에서 열리는 연례 쇼를 방문하러 간다는 것을 말함.

마켓센터(market center) : 거래원이 집중하는 곳.

마코레(makoré, Tieghemella spp. 특히 T. heckelii Pierre, T.africana Pierre[학]) : ①서아프리카의 시에라리온에서 가나와 카메룬·카빈다·콩고까지 분포. ②심·변재의 구별은 명확하며 심재는 도갈색(桃褐色)~검은 적갈색이고, 변재는 도갈색에 밝은 색으로 폭이 4~6㎝. 목리는 통직하고 나무갗은 고움. 중경재로 기건비중 0.60~0.75, 수축률은 방사방향 6.5%, 접선방향 8.7%, 용적수축 11.6%로 보통. 강도는 압축강도 686kg/㎠, 휨강도 1,538 kg/㎠, 횡인장강도 32.0kg/㎠, 전단강도 114kg/㎠로 보통. 가공이 용이하며 실리카가 있어 때로 톱날(鋸齒)을 빨리 마모시킴. 포삭(鉋削)·선삭(旋削)은 용이하나 연삭면(硏削面)에 광택이 있음. 로터리 절삭과 슬라이스 가공으로 좋은 단판을 얻을 수 있음. 내구성은 크고 접착·도장은 용이하며 건조에는 주의가 필요함. ③주로 가구·장식·완구 등에 사용. ④도우가(=).

마크[1)](mark) : ①기업·단체 등의 조직체를 알리는 표시로서 사용되는 특유의 기호. ②일반적으로 글자나 도형을 상징화하여 디자인한 것으로 브랜드 마크(brand mark)·기업마크(enterprise mark)·트레이드 마크(trademark) 등이 있음.

마크[2)](marque) : 극장 등의 출입구 상부에 사용하는 차양이나 큰 천막.

마크다운(mark down) : 판매가격을 내리는 것.

마크업(mark up) : 상품의 판매가(販賣價)에서 원가를 뺀 금액. 즉 상품의 판매가격.

마키(marquee) : ①전시회·가든파티 등을 위한 대형 텐트. ②건물 입구 위의 지붕모양 차양.

마키스(marquees) : ①상점 출입구 상부에 설치되는 건물 외부를 이루는 일종의 건축적 요소로서 완전히 고정된 돌출 차양. ②디자인과 크기가 다양함. 도로변을 향해 수평으로 튀어나와 있어 보도를 통과하는 사람들에게 높은 가시성이 있음. ③

⇨차양.

마키트(marquette) : ①디자인된 실내의 장식이나 분위기를 보여주기 위해 제작된 모형. ②관련 입면도를 갖춘 실내 평면도로 입면도를 잘라내어 접으면 상자와 같은 실내 모형이 됨.

마키트리(marquetry, marquetrie) : ①파키트리(parquetry) 기법의 일종. ②가구를 장식하기 위해 바탕이 되는 나무 표면에 꽃이나 자연 형상 등을 디자인하고, 다양한 색의 나무·상아·자개·황동·백랍(白鑞) 등으로 장식하는 가구 장식의 쪽매붙임이나 세공 및 상감세공(象嵌細工)으로 가구표면에 문양으로 사용한 것. ③고대 이집트와 그리스·로마에서 사용하기 시작하여 르네상스를 거쳐 17~18세기에 프랑스·영국에서 유행. ④상감세공(=).

마틀라세(matelasse) : 마치 퀼팅을 한 것처럼 보이는 이중직의 생지, 가구의 마감직물이나 커튼지로서도 사용.

마파람 : ①남풍. ②남쪽에서 불어오는 바람. ③동풍은 '샛바람' 서풍은 '하늬바람' 동북풍은 '높새바람'. ④우리나라의 집들이 대문을 남쪽으로 둔 남향(南向)인 것에서 남쪽에서 불어오는 바람은 '마주 오는 바람'이란 뜻으로 됨. ⑤'마'는 '남쪽'을 이름.

마판유리(磨板琉璃, polished plate glass) : ①후판유리의 양면 또는 한 면을 연마·가공하여 평활하게 만든 판유리. ②투시성·투명성이 우수한 고급품. ③'연마판 유리'라고도 함. ④쇼윈도의 큰 개구부나 고급 건축물의 내·외부 창유리에 사용.

마호가니(mahogany, honduras mahogany) : ①중남미·서인도제도·멕시코·파나마·쿠바·오스트레일리아 등 주로 열대지방에 분포. ②상록수나무로서 재질이 치밀하고 무늬가 아름다운 짙은 적색(赤色) 또는 적갈색의 장식성이 강한 나무로 광택이 아름다움. 심재는 농적갈색으로 황금색의 광택이 있으며 변재는 황색. 특히 서인도산은 재질이 단단하고 파상(波狀)이며 나뭇결이 우수. 목리는 통직 또는 교착하거나 나무갗은 곱거나 보통. 기건비중 0.5~0.7. 강도는 압축강도 451kg/㎠, 휨강도 847kg/㎠, 전단강도 130kg/㎠로 보통. 절삭가공이 양호하고 마무리면이 광택이 남. 자연건조는 속도가 빠르고 비틀림이나 갈라짐(割裂)도 적음. 내수성·내구성이 높고 착색은 양호함. ③18세기부터 가구와 실내의 장식에 많이 사용. ④서인도제도에서 산출되며 가장 유명한 것은 스페니시 마호가니(Spanish mahogany)라고 알려져 있는 산토 도밍고(Santo Domingo) 원산의 마호가니. ⑤붉은 고무나무(red gum)가 마호가니의 대용으로 사용되기도 함. ⑥보통 비중 0.5~0.7 정도이나 중미산(中美産)은 비중이 0.35로 가벼움. ⑦실내장식재·가구재·무늬단판·합판재 등으로 사용.

마호가니시대(-時代, age of mahogany) : ①1710~1765년경까지 마호가니 나무가 가구와 실내장식에 널리 사용되었던 영국의 앤여왕시대(1689~1720). 조지안과 치펜데일의 많은 가구도 이 나무를 사용함. ②⇨합판의 역사.

마호가니시대

막[1](幕, curtain, hanging screen, hut) : ①천 따위로 수평·수직으로 이어박아 넓게 만든 직물. 칸을 막거나 위에 덮거나 또는 옆으로 둘러치는 물건. ②햇빛이나 비바람을 막기 위해 임시로 간단하게 지은 집. ③보통 천막(天幕)이라고 함.

막[2] : ①마구간(제주도). ②쇠막(=).

막구조(膜構造, tensile systems, membrane structure) : ①텐트와 같이 얇은 막을 쳐서 지붕을 구성하는 구조방법. ②압축공기를 이용한 압력차에 의해 얇은 막에 인장력을 주어 막구조체를 형성한 구조. ③미래는 고층건물에 사용될 가능성이 많은 구조임.

막너비널마루 : 널의 너비가 일정하지 않은 것을 쓴 마루.

ㅁ

막대그래프(bar graph, bar chart) : ①각 공사 또는 공정의 진행상황을 막대 기호를 사용하여 표시한 도표. 가장 간단하고 기본적인 도표로 인테리어공사를 위한 공정표 작성에 많이 이용. ②왼쪽에는 수행 업무를 표시하고, 오른쪽에는 업무를 완성하기 위해 필요한 일별이나 주별 또는 월별로 시간을 보여주는 수평막대가 놓여지는 일종의 일정관리양식. ③막대차트(=).

막대차트 : ⇨막대그래프(=).

막대패(jack plane) : ①목재의 표면을 초벌로 대강(충) 밀어 톱자국을 없애는 정도로 깎는데 쓰는 대패. ②초련대패·거친대패(=).

막대패질(rough planing) : ①목재의 표면을 막대패로 간단히 밀어 제재톱자국을 간신히 없애는 다듬질. ②보통 막대패질을 다시 재벌 대패질을 하고 마무리대패로 다듬음.

막대형 등받이(-形-, bar back) : ①의자나 소파의 등받이가 개방된 방패형의 골격을 이루는 수직부재 또는 방패형 등받이. ②막대형 등받이 소파(bar backed sofa)는 보통 3~4인용으로 제작.

막대형 등받이

막덮장 : 마루를 놓을 때에 청널을 까는 방법의 한 가지.

막돌(rubble, quarry stone) : 지름 200㎜ 안팎의 자연석 또는 채석장에서 떠낸 그대로의 치수와 모양이 불규칙한 부정형(不定形) 돌.

막돌쌓기(rubble masonry) : ①막돌 또는 거친돌(rubble)을 쌓는 것. ②종류는 허튼쌓기와 층지어쌓기가 있음.

막만든아치(roughed arch) : ①보통 벽돌을 쐐기모양으로 다듬어 쓴 아치. ②⇨아치.

막배탕대 : 박공벽 바깥으로 나와 있는 서까래.

막사(莫斯) : ⇨막새(=).

막살이집 : ①용도에 따른 민가의 일종. ②조그만 농가로서 아무렇게나 살기 위해 지었다는 의미로 붙여진 명칭. ③작다는 의미를 지닌 '오'자를 머리에 두어 오막살이집이라고도 함.

막새(莫斯, antefix, antefixae) : ①빗물이 흘러내리는 면이 달린 처마 끝에 덮는 와당(비흘림판)이 달린 수키와. ②한 끝에 둥그런 혀가 달려있고, 전자(篆字)·물형(物形)의 무늬가 있음. ③막새기와·화두와(花頭瓦)·묘두와(猫頭瓦)라고도 함. ④보통 기와로서 처마 끝에 나온 암키와나 수키와. 막새기와라고도 함. ⑤기와 끝을 막는 기와. ⑥처마 끝이나 박공머리에 얹는 기와. ⑦종류는 암막새·수막새 등이 있음. ⑧고대 그리스에서는 팔메트(palmette ; 종려나무잎) 형태의 테라코타 장식으로 처마끝 마구리를 가리기 위해 사용된 끝 마구리 또는 그 장식. ⑨18~19세기경 신고전주의 양식의 상자형 가구 꼭대기에 놓이는 직립장식으로 앤티미언(anthemion)·동물의 머리 또는 다른 고전적 모티프의 형태를 인용. ⑩당와·장식기와·드림새·방초(=)·내림새(⇔).

막새

막새기와 : ⇨막새(=).

막생긴돌 : ⇨막돌(=).

막서까래 : ①그리 굵지 않은 통나무의 기지와 껍질만 대강 쳐내고 쓰는 서까래. ②초가집은 거의 모두 막서까래를 썼고 신분이 높지 않거나 살림이 넉넉하지 않은 사람의 집도 거의 막서까래를 썼음.

막시미아누스사교좌(-司教座, Maximianus chair) : 동방의 상아조각 양상을 보여주는 상아로 된 비잔틴양식(330~1453)의 가구.

막쌓기(random rubble) : ①불규칙한 돌을 사용하여 가로, 세로줄눈이 일정하지 않게 흩으려 쌓는 일. 즉 모양과 크기가 서로 다른 돌이나 막돌을 일정한 수평 및 수직줄눈을 염두에 두지 않고 쌓는 방식. ②허튼층쌓기(=).

막이 : ⇨맥이(=).

막이대(rail) : ⇨가로틀(=).

막이산지 : 참나무로 깎아 만든 큰 못.

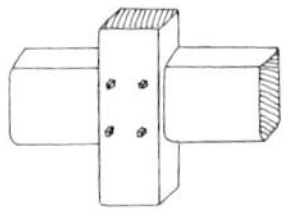

막이산지

막장 : ①선자서까래 가운데 맨 끝에 붙인 서까래. ②귀서까래를 추녀에서부터 시작하여 마지막으로 면서까래 옆에 거는 서까래. ③걸이(=). ④예컨대, '구장 막장'은 '구장 걸이'와 같은 뜻.

막장부(-丈夫) : 관통된 장부촉 구멍.

막장부촉(-丈夫-) : 촉을 길게 만들어 관통하여 끼우도록 된 것.

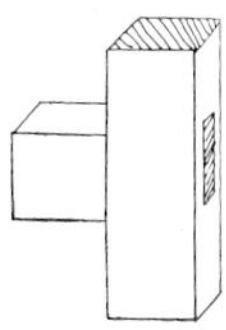

막장부촉

막조직형태(幕組織形態, membranes form) : 다양한 형태들은 공기로 지지된 구조적 형태를 포함하는 막조직 방식에 해당하며 보통 두 가지 방식이 있음. 즉 망이 막조직으로 가득 채워진 형태와 섬유질 표면으로 된 형태.

막주춧돌 : 마루 밑처럼 바깥에서 보이지 않는 곳 따위에 쓰는 막돌로 된 주춧돌.

막집 : ⇨막살이집(=).

막힌줄눈(breaking joint) : ①세로줄눈에서 위·아래가 막힌 줄눈. ②벽돌벽체에 실린 하중을 아래로 골고루 널리 퍼지게 작용하기 때문에 응력분포면에서 이상적인 쌓기법. ③통줄눈(⇔).

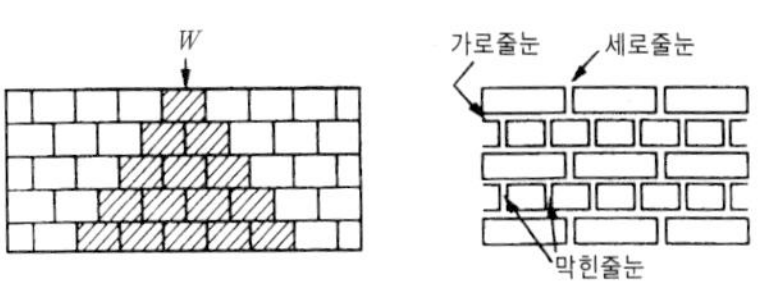

막힌줄눈

만곡의 착시(灣曲-錯視) : ⇨헤링의 착시·쾰러착시(=).

만국박람회(萬國博覽會, world exposition) : ①세계 각국의 주요 생산물을 한 장소에 모아 진열하여 인류의 문화와 새로운 산업기술의 성과를 겨루는 행사. 보통 엑스포(Expo)라 함. ②1851년 "기계·과학·예술(Machinery, Science, Taste)"이라는 주제로 국제규모의 박람회인 런던 만국박람회(The Great Exhibition of Industry)를 시작으로 4년마다 세계 각국에서 개최. 특히 건축이나 디자인 분야에 미친 엑스포의 역할은 지대하였음. ③1889년 파리 만국박람회의 기계관과 에펠탑의 대철골구조·1933년 시카고 만국박람회의 무창건축(無窓建築)·1958년 브뤼셀 만국박람회 서독관의 대형 프레하프 건축과 필리핀관의 로프구조·1967년 몬트리올 만국박람회 미국관의 대구형(大球形) 돔(dome)과 군집주택 해비타트 '67 등은 인류의 건축에 대한 무한한 가능성을 예견. 또한 1873년 비엔나 만국박람회를 계기로 세제션 운동(Secession movement)이 일어나고 1900년 파리 만국박람회는 아르누보의 조류를 보였음.

만돌라(mandorla) : ⇨베시카피스키스(=).

만사드지붕(mansard roof) : ⇨망사르드지붕(=).

만살빗살창(滿箭斜窓) : ①정자살 짜임에 빗살짜임을 합친 살짜임새의 창호. ②『창덕궁수리도감의 궤』의 만전사창이 실례. ③격자빗살창(=).

만섬형 다리버팀대(isle of man stretcher) : 19세기 영국에서 개발된 세 다리 가구가 부착된 다리 버팀대로 각각의 부재는 인접 다리에 연결되어 삼각형을 이룸.

만세루(萬歲樓) : ①법회나 법당의 주요행사를 열 때 사용하던 누각. ②부처의 설법이 만세를 누린다는 뜻.

만월문(滿月門, moongate) : ①중국의 건축물에 사용하는 원형문(圓形門). ②일반적으로 미닫이문으로 되며, 사람이나 물건의 출입이 자유스럽게 통행이 가능하도록 충분한 크기로 함. 주로 전통적인 분위기가 필요한 중국식당에 많이 사용.

만자문[1) : ⇨완자문(=).

만자문[2) : 단청에서 만자(卍) 문양.

만자문

만자문양(卍字紋樣, swastika pattern) : ①행운을 의미하는 산스크리트어 스바스티(svasti)로부터 유래한 명칭. ②그리스와 로마시대에는 뇌문(fret)이나 격자문양의 일부로 사용. ③불교에서는 길상만덕(吉祥萬德)의 상(相)을 상징(보통 가슴만을 의미). ④독일 나치당의 공식 표장이기도 함. ⑤시계 반대방향으로 배열된 글자는 '수아바스티카(suavastika)'라고 함.

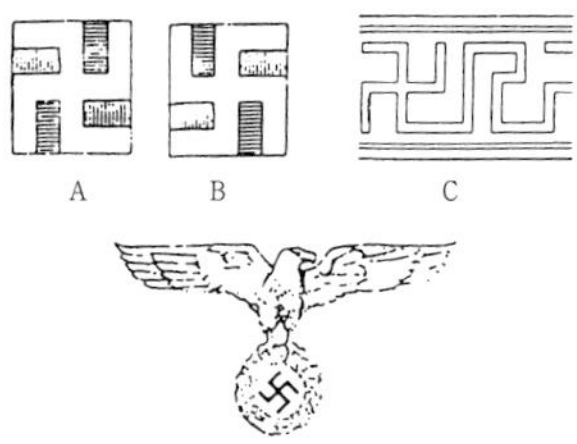

만자문양

만자창 : ⇨완자창(=).

만재(彎材) : ⇨곡재(=).

만족(滿足, satisfaction) : ①고객의 구매심리 5단계 중 다섯 번째 단계로 상품구매와 사용에 대한 만족을 의미. ②⇨아이다스법칙.

만취정(晩翠亭) : ①전라북도 유형문화재 제106호, 1983년 지정. 전라북도 임실군 삼계면 산수리에 있는 조선시대의 정자. 1572년(선조5)에 김위가 후진 양성을 위해 학당으로 사용하려고 지었음. 창건 이후 여러 차례 중수되었는데, 1834년(헌종 즉위)에 마지막으로 중수되었음. ②만취정 평면은 정면 3칸 측면 1칸 전후퇴가 있고, 어칸이 양측면 칸보다 1척 정도 크며 익공계 겹처마이며, 팔작지붕 건물임. 외주는 원통형 기둥으로서 정면 4개의 기둥 아래에는 잘 다듬어진 원통형 주초 위에 세웠고 그 밖의 기둥은 자연석 덤벙주초 위에 둥근 기둥을 세웠음. 건물 중앙에 있는 온돌방 둘레의 각 모서리에는 네모기둥을 세웠음.

만취정

만해한용운심우장(萬海韓龍雲尋牛莊) : ①서울특별시 기념물 제7호 1984년 지정, 서울특별시 성북구 성북동 222-1, 2. ②1933년 만해 한용운(1879~1944)이 1933년부터 1944년까지 살았던 건평 52㎡의 기와집. 한용운은 독립운동가로 28세 때 절에 들어가 승려가 되었으며, 일제 강점기에는 중국으로 망명하여 의병학교를 설치하고, 독립군을 양성하였음. 1919년 3·1운동 때 민족대표 33명 중의 한 사람으로 독립선언서를 발표하기도 하였음. 한용운은 3·1운동으로 체포되어 옥살이를 한 후 1926년에 시집 '님의 침묵'을 펴낸 뒤 민족운동단체인 신간회(新幹會)에 가담하였고, 1931년 조선불교청년동맹을 결성하였음. ③한용운이 서재로 쓰던 방에는 위창 오세창(吳世昌)이 쓴 '심우장(尋牛莊)'이라는 현판이 걸려 있음. 심우장이라는 이름은 한용운의 아호 중에 목부(牧夫)가 있는데 이는 소를 키운다는 뜻인 바, 불교의 교리를 깨우치기 위해 공부하는 집, 공부하는 인생을 의미한 것으로 그의 수양의 면모를 나타낸 것. 만해 한용운이 1933년에 이 집을 지을 때 총독부와 마주보기 싫다하여 고의로 북향(北向)을 택하였다고 전하여 옴.

만해한용운심우장

만호정(挽湖亭) : ①전라남도 기념물 제145호, 1602년(선조35) 창건, 1909년(순종3) 중수. 고려 초기 초건 무송정(茂松亭)으로 전해짐. 그 후 쾌심정(快心亭)으로 개칭되었다가 영평정(永平亭)으로 다시 개칭 1602년(선조35)에 중수하면서 만호정(挽

湖亭)으로 개칭함. ②정면 5칸, 측면 3칸의 무실형(無室形) 겹처마 팔각지붕. 막돌허튼층쌓기 기단 위에 덤벙주초를 놓고 두리기둥을 세운 후 주두는 창방과 평방 위에 연꽃무늬 초각한 이익공. 그 위에 대들보를 중간기둥 없이 통간(通間)으로 걸치고 동자주를 세운 다음 머리부분에 운공형 첨차를 끼워 넣고 종량을 얹음. 종량 위로는 판대공을 설치한 무고주5량가 구조. 대들보 측면방향으로 도리가 지나가다 단부에서 충량으로 바뀌어 바깥기둥 위 연결. 천장은 연등천장. ③동규(洞規) 등을 논의하는 모정동각(茅亭洞閣)으로 영암의 영팔정(詠八亭), 장암정(長巖亭) 등과 같이 향촌사회의 넓은 모임장소로서 적합한 기능이나 시설을 하고 있음.

만호정

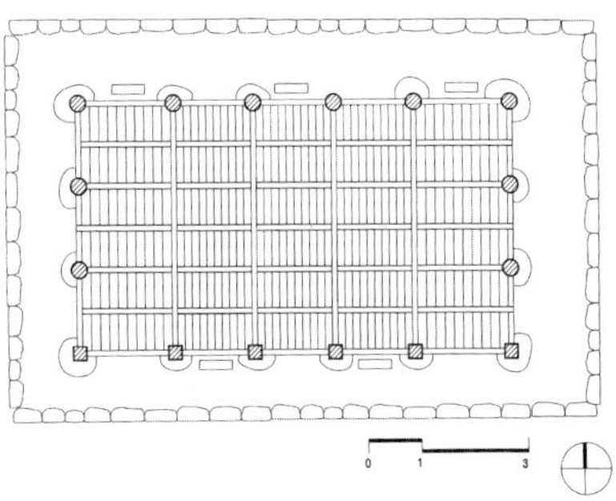
만호정 평면도

말각조정식천장(抹角藻井式天障, corbeled vaulted ceiling) : ⇨모줄임천장·모죽임천장·모고임천장(=).

말구(末口) : ⇨마구리(=).

말굽도리 : 끝이 말굽 모양으로 둥글게 된 도리.

말굽서까래(馬足椽) : ①엇선자의 일종. ②추녀에 붙는 서까래 위 끝이 말굽처럼 타원형으로 된 귀서까래.

말굽아치 : ⇨말굽형 아치(=).

말굽집 : ①ㄷ자집을 부르는 경기도의 홑집. ②ㄱ자집의 변형인 ㄷ자집에서 중심공간인 안방과 대청은 건물 중앙부에 배치하고 부엌·광·대문·아랫방 등의 부속공간은 좌우 날개에 두는데, 그 형상이 말굽처럼 생겨서 붙여진 명칭.

말굽형 아치(－形－, horseshoe arch) : ①말굽형으로 된 아치. 반원아치의 변형이며, 3/4원을 기본으로 한 아치. ②전체 곡면의 아치가 반원보다 더 큰 아치. ③중동의 무어인과 이슬람 사원 건축 및 스페인 건축에서 많이 사용한 일점 중심의 아치로, 끝이 뾰족하거나 둥근 말발굽처럼 아치의 전체 곡선이 반원보다 더 큰 형태의 아치. ④무어식 아치(Moorish arch)라고도 함. ⑤⇨아치.

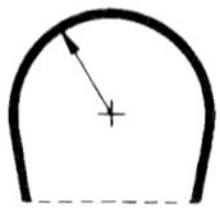
말굽형 아치

말라스(Malas, Homalium foetidum[학]) : ①인도·스리랑카·미얀마를 포함하여 인도네시아·말레이시아 등 동남아 전역과 파푸아뉴기니아에 분포. ②변재는 갈색 또는 적갈색, 심재는 농색을 띠며, 심변재 구분이 분명하지 않음. 목리는 통직하나 교착목리도 나타나며 나무갖은 곱고 광택이 남. 기건비중 0.81, 수축률은 방사방향은 2.6%, 접선방향 4.0%로 매우 적음. 강도는 압축강도 724kg/㎠, 휨강도 1,336kg/㎠, 전단강도 118~191kg/㎠로 강함. 내구성과 천연건조가 양호하고 실리카를 다량 함유하여 절삭가공·건조성은 불량하나 도장성은 양호. 내마모성이 크고 충해·균해에 강하고 약제 주입도 잘 됨. ③플로어링·건축·내부장식 등에 사용.

말라카이트그린(malachite green) : ①말라카이트는 그리스어의 말라카에(malakhe)라는 식물 잎의 색이름에서 유래. ②일종의 공작석(孔雀石)을 말하며 그것을 부셔서 만든 안료로서 고대로부터 사용. ③관용색명으로 짙은 녹색(deep green). ④먼셀기호 3.5G 4.5/7.0.

말메종(Malmaison) : 나폴레옹의 왕비인 조세핀이 살던 집.

말발굽형 아치(horseshoes arch) : ⇨말굽형

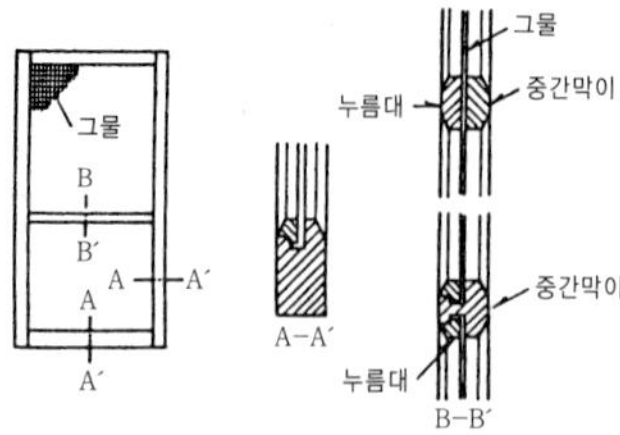

망사문(스크린도어)

망새(望斯) : ⇨망와(=).

망쉐트(manchette[프]) : ①프랑스어로 패드(pad)가 들어간 팔걸이 쿠션(cushion). ②안락감을 위해 의자의 팔걸이 상부에 부착된 쿠션.

망와(望瓦, decorative tile standing at the end of roof ridge) : ①전각·문루와 같은 큰 전통건물의 지붕 대마루(용마루) 양쪽 끝머리에 얹는 장식기와. ②집의 합각머리나 너새 끝에 얹는 용머리처럼 생긴 장식. ③막새의 문양이 묘두와(猫頭瓦)·화두와(花頭瓦)·수막새·암막새·방초(防草) 같은 종류라면 망새의 문양은 벽사(辟邪)의 기능을 지님. 벽사문을 써서 건축물의 화재를 예방하고 도적이나 자연재해를 막아주어 아무 탈 없이 건물이 무사하길 빈다는 뜻을 나타냈음. 국가적인 큰 건축에 반드시 쓰였으며 망새를 제대로 올려야 집에 멋을 더할 수 있었음. 따라서 와공(瓦工)들은 망새를 예술품같이 정성들여 만들었음. ④바래기와·망새기와·용두·취두(=).

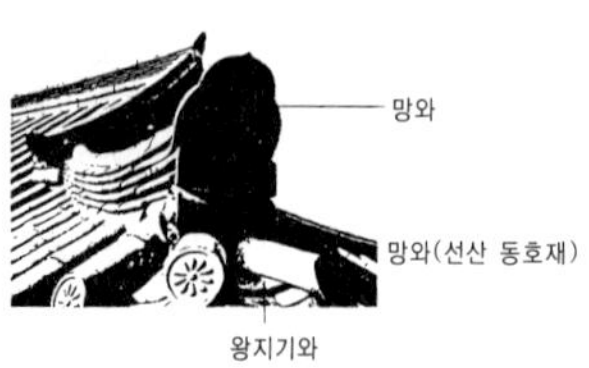

망와

망입유리(網入琉璃, wire glass, wired sheet glass) : ①유리 내부에 금속망을 삽입하고 압착성형한 안전유리로서 철망유리 또는 그물유리라고 함. ②투명·반투명·형판유리가 있으며, 또 와이어의 형상도 여러 종류가 있음.

망주(望柱) : ⇨망주석(=).

망주석(望柱石, a pair of stone pillar in front of a tomb) : 무덤 앞의 양쪽에 세우는 한 쌍의 돌기둥.

망치(鎚, hammer) : 마치보다 일반적으로 큰 것.

망판(望板) : ⇨먼지막이판(=).

망형 볼트(網形-, net vault) : 리브(rib)가 그물 모양으로 되어 있는 볼트.

맞걸이 : ①안걸이에 걸린 부재쪽이 상대 부재를 안걸이로 거는 것 또는 기법. ②3량 맞걸이 구조(두계 은농재·윤보선생가 문간채·아산 외암리 송화댁 안채 부엌·추사고택 안채 양익량채·예산 정동호가옥·어제연장군생가), 5량 맞걸이 구조(윤증고택 중문채).

맞대기용접 : ⇨맞댄용접(=).

맞대기이음(butt joint, edge joint) : ⇨맞댄이음(=).

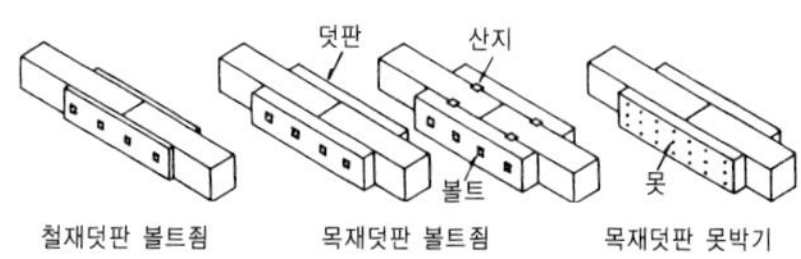

맞대기이음(덧판대기)

맞대기쪽매(plain joint) : ⇨맞댄쪽매(=).

맞댄맞춤 : ⇨맞댄이음(=).

맞댄면(-面) : 돌 상호간의 접촉되는 면.

맞댄연귀(-燕口, plain miter joint) : ①이음할 나무를 둘 다 다듬어 만든 연귀. ②두 재의 접합부를 45°로 잘라 그대로 맞댄 맞춤. ③연귀맞춤에서 접합면을 가공하지 않고 그대로 맞대어 맞춘 연귀. ④⇨연귀·맞연귀(=).

맞댄용접(-鎔接, butt welding) : ①두 개의

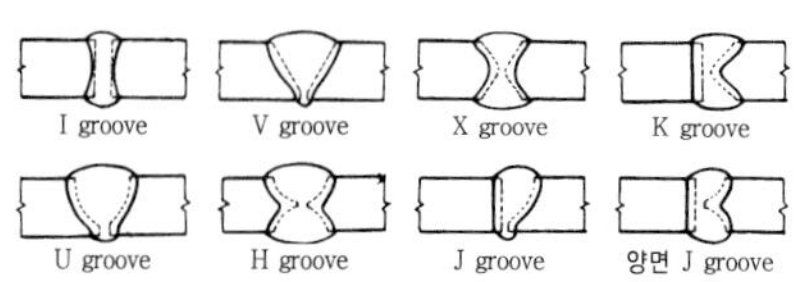

맞댄용접

맞댄 부재간의 용접. ②종류는 I형·V형·K형·J형·U형·H형 등이 있음.

맞댄이음(butt joint) : ①두 나무의 평평한 단면을 맞잇는 방법이나 그렇게 잇는 자리. ②같은 크기의 나무를 맞부딪히게 이음한 것. 두 재의 표면이 겹쳐지지 않고 서로 평형되게 맞대어 형성된 여러 가지 이음. ③보강을 위해 덧판(널 또는 철판)을 대고 못 또는 볼트로 조임. 특히 강력한 인장에는 산지·듀벨 등을 볼트와 함께 사용. ④주로 구조용·인장용으로 사용. 큰 인장, 큰 압력부분에 사용. ⑤용접시 맞댄이음의 벌림각은 45~90° 이내. ⑥이음·맞댄맞춤(=)·겹친.

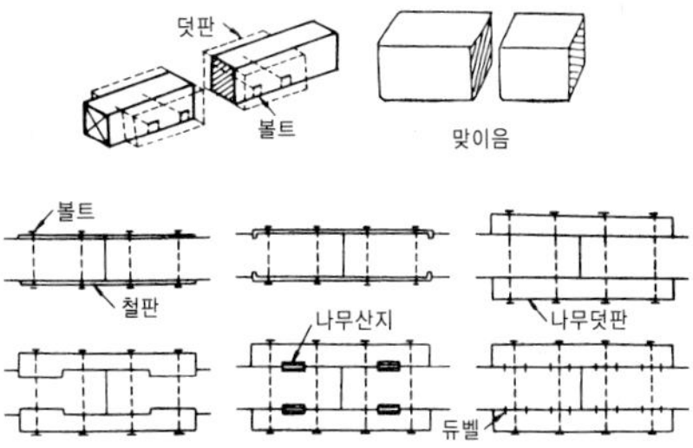

맞댄이음

맞댄줄눈(closed joint, sacked joint) : ①벽돌조·블록조·석조 등 조적조에서 부재를 서로 맞대어 붙여 틈서리가 거의 없게 된 맞대어진 줄눈. ② ⇨치장줄눈.

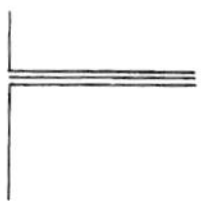
치장줄눈

맞댄쪽매(plain joint, butt joint, edge butt joint) : ①널 옆면을 서로 맞대어 깔고 그 위에 못질하는 쪽매법의 일종. ②널의 수축에 따른 틈서리 발생의 결점이 있으나 작업이 편리한 장점이 있음. 따라서 정도가 낮은 실용적인 마루에 적합함. ③맞대기쪽매(=).

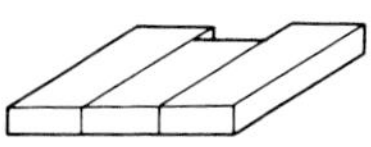
맞댄쪽매

맞댐면(−面, abutment joint) : 돌쌓기에서 돌과 돌이 서로 맞닿는 면(약 30㎜ 정도).

맞따내김(counter bore) : 볼트(bolt)·나사못(screw) 등의 머리나 너트(nut)를 끼우는 구멍의 일부를 넓게 파는 것.

맞물린 공간(−空間, interlocking spaces) : ①하나의 구역(區域, zone)이나 공유된 공간을 형성하기 위해 서로 맞물려 있는 두 개의 공간. 좁은 공간에 적합한 확대 방법으로 부분적인 공유공간이 형성되도록 처리하여 각 공간이 상호연결성을 갖도록 매개역할을 하게 됨. ②두 공간의 공유공간으로 말미암아 상호연속성을 갖는 형태공간이 됨. ③두 공간 중 어느 한 공간으로 속하게 되며 전체적으로 일체화된 공간의 일부가 됨. ④독립된 고유공간으로 본래의 두 공간을 연결하는 연결공간의 기능을 함.

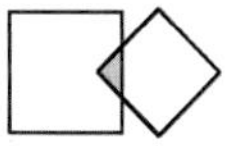
맞물린 공간

맞미닫이 : 골 홈에 두 짝의 문이 맞닿게 한 문.

맞배반자(−盤子, gabled ceiling, double pitched ceiling) : ①맞배지붕(doubled roof)이나 A형 골조지붕에 의해 형성되는 반자로 공간의 볼륨을 증대시키며, 시선을 위쪽으로 유도하여 공간감을 주기 때문에 보는 이로 하여금 고무적이고 활동적인 느낌을 주는 천장. ②맞배천장(=).

맞배지붕(gabled roof, saddleback roof) : ①양면으로 물매를 짓고 옆면은 끊은 듯 마무리한 집. ②지붕 중에서 구조가 가장 간결한 것으로 용마루와 내림마루로만 구성되어 양쪽 기와면으로 경사진 ㅅ자형 지붕. ③지붕 모서리에 추녀가 없고 측면 벽이 용마루까지 산형(山形)으로 된 지붕. ④건물의 측면에서도 지붕면이 용마루까지 올라가게 되어 측면에 삼각형의 벽이 생기는 지붕. ⑤해방 후 고건축에 쓰인 용어, 네모난 큰 생철을 130°로 막 꺾어서 씌워 놓은 것 같은 지붕. ⑥지붕의 완각이 막 잘려진 지붕. ⑦주로 양식지붕 구조에서는 박공지붕이라고 하고 한식지붕구조에서는 맞배지붕이라

맞배지붕

고 부름. ⑧측면가구가 노출되어 비바람을 막기 위해 조선시대에는 풍판을 사용하였으나 고려 이전에는 측면으로 지붕을 많이 내어 어느 정도 비바람을 막았다고 추정됨. ⑨상대(上代)로부터 주심포(柱心包) 집에서 많이 쓰던 유형. 다포계 건물과의 구분에 주심포 특색 중에 맞배지붕이 포함되기도 하나 상대에도 여러 가지 지붕의 유형은 있었음. 다포집에서 공포가 측면에도 결구될 때 맞배지붕은 구성하기 어려우나 그런 구조로 이룩된 것도 조선조에 적지 않음. ⑩맞배는 앞뒤로만 지붕이 구조됨. ⑪뱃집지붕·박공지붕(=).

맞배집 : ①좌우 끝에 박공을 달아 벽면 상부가 삼각형으로 된 집. ②지붕의 옆이 막 잘라진 꼴의 집. ③박공집·뱃집(=).

맞배천장(-天障) : ⇨맞배반자(=).

맞벽(-壁) : 벽 안쪽에서 초벌(홑벽치기)을 하고 난 후 마른 다음에 바깥쪽에서 마주 발라 붙이는 벽.

맞벽질 : 초벌질을 한 다음에 벽의 바깥쪽을 바르는 것.

맞벽치기(-壁-) : 홑벽치기한 흙벽의 반대쪽 벽에 20~30㎜ 정도 두께로 흙을 바르는 일.

맞보(合樑, ogive) : ①옥심주가 있는 경우에 옥심주에 두 개의 보가 맞끼워 걸린 보. ②옥심주(屋心柱)에 두 개의 보가 마주 끼어 걸린 들보. ③한 개 기둥 또는 동자기둥의 좌우에 마주친 보. ④고주의 전후로 나누어 걸리는 들보. ⑤삼평주집에 나타나는 것으로 가운데 기둥에서 대들보가 서로 만나기 때문에 붙여진 이름임. ⑥리브 볼트를 대각선으로 가로 지르며 놓이는 리브. ⑦합보·대각선리브·그로인리브(=).

맞붙임 : ⇨맞댄이음·평판붙임(=).

맞연귀 : ⇨맞댄연귀(=).

맞이음 : ⇨맞댄이음(=).

맞인이음 : ①장부를 원 부재에 만들지 않고 따로 끼워 대어 더욱 튼튼하게 하는 맞춤에 사용하는 장부. ②맞장부이음(=).

맞인장부 : ⇨맞인장부맞춤(=).

맞인장부맞춤 : 절충식 구조의 기둥과 밑홈대의 맞춤.

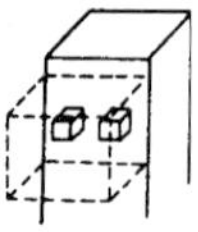
맞인장부

맞장부이음 : ①장부구멍 속에서 수장대 두 가닥이 맞이음되게 한 것. ②두 부재에 서로 길게 장부를 내어 물리는 이음. ③맞턱이음(=).

맞짜임 : ①외형상 직선으로 서로 맞붙는 짜임. ②매우 간결하고 강직한 직선미를 나타내므로 조선시대 가구에서는 기둥과 쇠목 등에 흔히 쓰였으며, 현대가구에서도 가장 많이 쓰이는 구조.

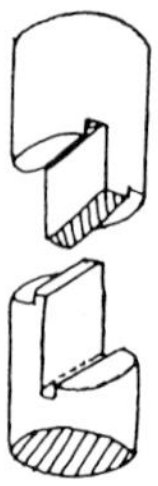
맞장부이음

맞쪽매(butt) : ⇨맞댄쪽매(=).

맞춤 [1](joint, connection) : ①수직재와 수평재 등을 각을 지어 맞추는 것. ②둘 이상의 부재가 서로 직교하거나 경사지게 짜여지는 것.

맞춤 [2](matching) : 표면의 색깔과 무늬가 강조되도록 합판(plywood)을 배열하는 것.

맞춤목공제품(-木工製品, custom millwork) : 특별한 작업에 사용하기 위하여 만들어 놓은 맞춤가공품인 기성 목공제품.

맞춤못(dowel) : ⇨듀벨·장부촉·은장(=).

맞춤새 : 맞춰진 모양 및 상태.

맞춤테두리(applied trim) : ①프레임 표면이나 측면에 적용된 몰딩 또는 목재의 보충적이고 개별적인 장식의 가늘고 긴 조각. ②문선(=).

맞턱이음 : ⇨맞장부이음(=).

맞통풍(-通風, cross ventilation) : ①실의 유입구 및 유출구가 외부에 면하고, 그 위치가 각각 풍향측(風向側, +壓)과 풍배측(風背側, -壓)에 있을 때의 실내기류현상. 즉 1개 이상의 개구부가 바람이 불어오는 쪽의 벽이나 지붕에 있고, 1개 이상의 개구부가 바람이 불어가는 쪽의 벽이나 지붕에 배치된 경우에 통풍이 일어나는 현상. ②실내공기의 원활한 순환을 위하여 개구부의 위치를 조금 어긋나게 배치할 필요가 있음. ③가장 효율적인 환기는 유입구가 유출구보다 낮게 위치.

매기 : ①집을 지을 때 서까래 끝을 가지런히 자르는 일. ②초매기·이매기·당골매기·방구매기·갖추매기 등으로 구분. ③평고대의 다른 말.

매너리즘(mannerism, manierisme[프], Manierisomo[이]) : ①'양식'과 '기법'을 의미하는 이탈리아어 마니에라(Maniera)에서 유래한 용어로 16세기 말 유럽, 특히 이탈리아 건축의 변환기적 양식. ②고전적 요소의 관례를 벗어난 사용 및 미술에서 매너리즘은 투시도의 왜곡·한쪽 방향으로 확장된 형태·강하고 때로는 눈에 거슬리는 정도의 강렬한 색채의 사용 등이 특징. ③라파엘로가 죽은 1520년에서 대략 1600년경까지 이탈리아를 중심으로 일어났던 건축·예술적 경향. 이탈리아의 르네상스와 바로크 사이의 과도기적인 16세기 후반(1530~1600)의 건축·미술양식 및 작품. ④특징은 불안전한 구도·공간의 비연속성·왜곡된 인체비례·비합리적인 환상성(幻想性)형태의 과장·강한 색채·공허한 형태·합리성으로부터 이탈 등으로 불균형과 부조화의 양식. 기교주의·형식주의에 대한 구태의연한 태도를 비난하는 의미로도 사용. ⑤매너리즘은 현대 과학사회의 일면에 발생되는 인간소외의 심리적 현상이 산업에 대한 불신과 회의를 가져오고, 1960년대 중반부터 나타난 문화의 다원화 현상으로 절대적으로 신봉해 왔던 많은 원리·원칙들이 파괴되어 규범의 혼란기를 맞이함으로써 이러한 생활을 탈출하려는 인간의 심미적 상황에서 1962년부터 대두되기 시작. 따라서 매너리즘은 정신적으로 불안한 시대의 산물로 등장했는데, 이는 당시의 작가들이 예술과 인간 소외에 관한 주관적 관점을 하나의 조류로 인정하여 그들의 예술세계를 표현하는 수단으로 삼아 대중과의 커뮤니케이션을 추구하였기 때문임. ⑥매너리즘의 특성은 역사적 양식의 변화를 절충시켜 작가의 개성적인 형식언어로 공간을 재구성하고, 반근대적인 요소를 채용하여 기존 환경질서에 난해하고 다원적 경향을 상징적으로 표현하는 것. 그러므로 실내공간에는 모방과 창조·비합리적인 모순의 구성·자아도취적 경향이 짙게 나타나고, 과장된 장식으로 인간의 내면의식을 강하게 표현하고 있음. 이러한 경향은 보타(Mario Botta : 1943~), 이소자키(Arata Isozaki : 1931~), 그레이브(Michael Graves : 1934~), 벤츄리(Robert Venturi : 1925~) 등의 작품에서 잘 나타나고 있음.

매너리즘 건축 : ⇨매너리즘.

매너리즘 양식 : ⇨매너리즘.

매뉴얼(manual) : ①직무를 수행하는데 필요한 작업상의 지식이나 작업진행 방법 등에 관한 기본적인 사항을 체계적으로 정리한 지침서. ②매뉴얼 작업이란 바로 이러한 체계적인 정리작업으로써 매뉴얼을 이용하여 비용절감·디자인 수준의 유지·품질관리·공정관리·행동관리 등에 커다란 효과를 얻을 수 있음.

매단구조(-構造, hanging structure) : ⇨서스펜션구조(=).

매단바닥구조(-構造, hanging floors) : ①건물의 정상부에서 각 층의 바닥을 매단 형식의 중층(重層)구조이며, 서스펜션구조의 일종. ②보통 정상의 지지점은 코어 정상 부분에서 달아낸 형식으로 설치.

매단비계(-飛階, hanging scaffold) : ⇨달비계(=).

매단지붕구조(-構造, hanging roofs, suspended roofs) : ①주로 로프를 사용하여 큰 스팬 건축물에 사용되는 서스펜션형식의 지붕구조로 자중(自重)에 대한 합리성에 중점을 두고 고안한 구조형식. ②따라서 외력(外力)에 대한 특별한 연구가 필요. ③지붕의 형태는 1방향 만곡면(cylinder type), 2방향 만곡면(안장형), 바퀴형식 등.

매단흡음체(-吸音體, suspended absorber) : ①실내 흡음력을 증대시키기 위해 천장에 매단 흡음재. ②주로 공장, 기타의 건물에서 천장이 아주 높거나 배관·덕트·채광 등 때문에 천장과 벽면의 흡음처리가 어려운 경우 등 벽이나 천장을 보통 흡음처리로 했을 때 흡음면적이 충분하지 못하거나 곤란한 경우 사용.

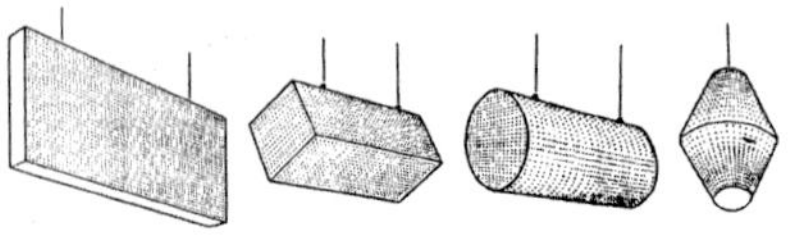

매단흡음체

매듭기법(−技法, macrame) : ①실이나 끈으로 매듭을 지어 다양한 기하학적 형태의 패턴을 만드는 끝마무리구성기법. ② 태피스트리·테이블보·전등갓 등의 마무리에 사용.

매듭양탄자(−洋−, knotted rug) : 카펫을 짠 후 마무리를 할 때 한쪽은 휘감치기를 하고 다른 쪽은 양탄자 길이보다 약간 길게 남겨두고 매듭을 지는 카펫(carpet).

매리골드윈도(marigold window) : ⇨장미창(=).

매설형 조립기구(埋設型組立器具, recessed lighting fitting, recessed luminaire) : ①천장에 그 전부 또는 일부를 묻어 설치한 조명기구. ②천장이 낮은 고층 빌딩의 사무실에 적합하며 산뜻한 느낌을 줌. ③종류는 트로퍼(troffer)와 코퍼(coffer)형식이 있음. ⇨건축화조명.

매스(mass, massing) : ①상세(詳細, detail)보다 일반 윤곽(輪廓, contour)에서 모양이나 형태를 규정하는 빛·음영 및 색채의 통합된 영역. ②물리적 볼륨을 지닌 하나의 덩어리. ③재료의 물리적 부피·용적률. ④2차원 형상 또는 3차원 볼륨들의 통일된 구성, 특히 무게·밀도·용적의 인상을 주거나 갖고 있음. ⑤구조물의 매스는 설사(設使) 인상 깊게 광대(廣大)하거나 휴먼 스케일(human scale)의 요소들이 없을지라도 종종 기념비(記念碑)로서 접근할 수 있음.

매스디스플레이(mass display) : ①단일 상품(單一商品)을 하나의 집단(mass)으로 전시하여 소비자의 시선과 마음을 주목시키는 방법. ②대량생산·대량판매·대량전시·대량소비와 같은 판매촉진 방법의 하나.

매스콘크리트(mass concrete) : ①부재 단면의 최소 치수가 80~100㎝ 이상이거나 하단이 구속되어 있는 두께 50㎝ 이상의 콘크리트벽으로 콘크리트 내부 최고 온도와 외기온도 차이가 25℃ 이상으로 예상되는 콘크리트로 수화열에 의한 영향을 고려한 콘크리트. ②댐(dam)과 같이 단면 두께가 매우 큰 콘크리트. ③특성은 단위시멘트량 300kg/m³ 이하, 10kg/m³ 증감시 수화열 1℃ 증감, 부재의 크기가 클수록 온도상승량이 큼. 균열은 대량의 콘크리트를 장시간 타설시 응결은 높은 수화열에 의해 빨리 진행되어 발생.

매스콘크리트 균열의 종류

초기균열	내부구속온도균열	외부구속온도균열
·콘크리트 표면에서 수분증발이 커지면서 소성변형에 의한 초기 균열 ·철근에 따라 침강 균열 발생	·부재 내부가 고온으로 팽창하고 표면부가 당겨져 균열 발생	·수축하려고 하는 콘크리트가 구속체에 의해 당겨져 균열 발생

매시컬레이션(machicolation) : ①중세기 요새의 꼭대기에 돌출한 방어용 구조체. ②공격하는 적군에게 구멍을 통해서 끓는 기름·화살·돌 등을 던질 수 있도록 되어 있음.

매연(煤煙) : ①주로 버스나 트럭 등 경유를 원료로 쓰는 디젤차량의 배기관(머플러)에서 뿜어져 나오는 시커먼 연기. ②이것은 탄소의 타다 남은 찌꺼기로, 질소산화물이나 아황산가스 등의 다른 대기 오염물질과 달리 입자상의 물질. ③특히 10마이크론(μ=1천분의 1㎜) 미만의 미세먼지는 코나 기관지 점막 등에 의해 걸러지지 않고 허파꽈리에 도달하기 때문에 폐암을 일으키는 원인이 됨. ④도시의 미세먼지는 대부분 자동차에 의해서 발생. ⑤대도시 스모그의 가장 중요한 원인은 미세먼지이며, 자동차가 그 주된 배출원임.

매입다운라이트조명(埋込−照明) : ①건축화

조명의 일종으로 광원을 천장 안에 따로 넣어 천장의 작은 구멍에서 투광(投光)하는 천장 매입조명의 하나. ②⇨건축화 조명.

매입등(埋込燈, recessed light) : ⇨다운라이트(=).

매입임대주택(買入賃貸住宅) : 임대사업자가 매매 및 계약서에 의해 소유권을 취득하여 임대하는 주택.

매입형(埋入型) : ⇨다운라이트(=).

매장구성(賣場構成, selling floor space allocation) : ①매장 안에서 각 상품의 위치·면적·동선을 계획·설계하는 것. ②보통 가설(假說)에 의해 행해지지만 매상(賣商)에 관련되기 때문에 연구가 매우 활발함.

매직글라스(magic glass) : ①판유리 표면에 은(銀) 등의 반사성 금속피막을 매우 얇게 입힌 유리. ②밝은 쪽에서는 광선을 반사하여 거울로 보이고, 어두운 쪽에서는 밝은 쪽을 투시할 수 있음. 또한 합성수지막을 사이에 넣고 겹친 유리로 만들기도 함. ③방범용으로는 현관문의 샛창이나 기타 특수한 곳에 사용. ④하프미러(=).

매체(媒體, media) : 매개(媒介)하는 물체·매개체. 예컨대 광고 메시지를 소비자에게 전달하기 위한 수단. 즉 신문·라디오·텔레비전 등.

매체공간(媒體空間) : ①두 개 또는 여러 공간 사이에서 공간끼리 서로 연결시키는 통로로서의 역할 또는 건축공간과 주변의 자연공간을 유기적으로 융합시키는데 매체가 되는 공간. ②매체공간은 주요한 공간의 일부로서 융합되어 있으면서 단조롭기 쉬운 주요공간에 유연한 탄력을 부여하면서 공간의 유기적 결합에 더 큰 역할을 함.

매트리스(mattress) : ①취침할 때 요를 대신하는 침대용 깔개. ②피부와 맞닿는 부위로 부드럽게 하여 유연한 감촉과 안락감·온도 보존·진동 차단과 습기 차단 등이 되도록 하며, 누웠을 때 인체의 압력이 골고루 분포되도록 하고 등뼈가 바르게 위치할 수 있도록 함. ③내부는 박스스프링(box spring)이나 솜·동물의 털 등이 사용.

매트릭스차트(matrix chart) : 아이템 사이의 관계를 숫자나 상징적 형태로 나타낸 차트.

매플(maple) : ⇨단풍나무(=).

매화점(梅花點) : 꽃잎이 여섯 모로 된 무늬.

맥락주의(脈絡主義, contextualism) : ①역사적 요소 및 전통적 질서를 현실의 창조적 변화에 도입하여 건물의 계획과 설계에만 머무르지 않고 환경과의 조화를 이루어 나가려는 예술운동. ②포스트모던 건축의 한 조류로서 개개의 건물이 존재하게 되는 상호관련의 환경에 관심을 갖는 조류. ③물리적 측면은 물론 역사적이고 심리적인 내용의 경험, 지식 등이 서로 적절히 대응하고 맥락을 가져야 한다는 개념에서 출발하여 환경에 맞도록 조화시킴으로써 커뮤니케이션을 도모함. ④시간과 맥락의 뉘앙스에 대한 인식과 지방적인 맥락에 관심을 가져야 함.

맥스웰원판(-圓板, Maxwell disc) : 1854년 맥스웰이 케임브리지 대학의 강연에서 회전 혼색판을 사용한 회전 혼색기.

맥스웰혼합(-混合, Maxwell color mixture) : ⇨회전혼합(=).

맥압(脈壓, pulse pressure) : 수축기혈압(심장의 수축기에 해당하는 것)과 확장기혈압(심장의 확장기에 해당하는 것)의 차.

맥이 : ⇨매기(=).

맥이편수 : ⇨서까래편수·연목편수(=).

맥킴미드앤드화이트(Mckim·Mead & White) : ①1879년에 설립한 뉴욕에 있는 건축 설계사무소. ②식민지 건축에 관심을 갖고, 바로크의 풍요로움이 아닌 전성기의 르네상스 스타일의 경향을 띠었으며, 우아한 주거용 건축디자인과 기념비적 성격이 강한 공공건축이 주종을 이룸. ③이 사무소의 초기 작품은 가장 젊은 파트너인 S. 화이트(Standford White : 1853~

1906)의 장식적·묘사적 감각이 강한 작품이 주를 이룸. 순수미술학교 출신인 C. F. 맥킴(Charles Follen Mckim : 1847~1909)은 절제되고 통제된 기념비적 성향의 디자인을 주로 하여 화이트와 대조를 이룸. 1919년까지 약 1,000여 개의 디자인을 한 이 사무소는 W. R. 미드(W. R. Mead : 1846~1928)의 조직적인 운영에 의해 움직였음. ④작품으로는 적갈색 사암을 주재료로 설계한 뉴욕 소재의 이탈리아양식의 저택인 빌라드 주택(Villard House : 1883~1885)과 브리스톨의 W. G. L. House(1886~1887), 뉴포트 카지노(1879~1880)-두 작품의 뿌리는 H. H. 리처드슨(Henry Hobson Richard : 1838~1886)의 주거건축 특징인 재료와 공예에 대한 묘사적인 감각에 두고 있음. 1870년대 맥킴과 화이트가 리처드슨 사무소에서 함께 일했다는 것이 이를 뒷받침해 줌. 뉴포트의 H. A. C. 테일러 주택(1882~1886)·뉴욕의 헨리 빌라드 주택(1882~1885)·맥킴의 보스턴 공공도서관(1887~1898)·저먼타운 크리켓 크럽(1891), 프로비던스의 로드아일랜드 주 의회당(1891~1903)·콜롬비아 대학교(1893~1902)·펜실베이니아 철도역(1902~1911)·브루클린 박물관(1893~1903) 등이 있음. 이 사무소 출신의 주요 건축가로는 C. 길버트(Cass Gilbert : 1859~1934)·H. 바콘·J. M. 카레르·F. 헤스팅 등이 있음. ⑤저서로는 『작품집(1879~1915, 1915, 1973)』이 있음.

맨머신시스템(man machine system) : ⇨인간기계시스템(=).

맨사드루프(mansard roof) : ⇨망사르드지붕(=).

맨셰트(manchette) : ⇨암패드(=). 팔걸이(=).

맨션(mansion) : ①맨션은 '거주한다'라는 의미를 갖는 라틴어에서 유래한 용어. ②원래는 영주(領主)의 본 저택(manor house)을 의미하는 규모가 크고 인상적인 건물이나 대저택을 의미하나, 현재는 설비나 재료가 고급화된 호화 단독주택이나 고급 아파트를 총칭.

맨텔(mantel) : ⇨맨틀피스(=).

맨틀(mantel, mantelpiece, mantel shelf) : 맨틀피스의 약어(略語). ⇨맨틀피스(=).

맨틀셀프(mantelshelf) : ⇨맨틀피스(=).

맨틀트리(manteltree) : 벽난로 개구부 위쪽의 석재나 목재로 된 상인방 또는 상인방 대신에 사용되는 조적조 아치.

맨틀피스(mantelpiece) : ①벽난로의 개구부를 둘러싸는 구조로써 보통 장식적인 방법에 의해 밖으로 돌출한 부분을 감싸는 부분. ②벽난로 아궁이 좌우나 그 상부의 선반(mantel, mantel shelf) 등의 조형물. 즉 돌이나 벽돌·나무·금속 등으로 만들고 조각을 새겨 넣어 마무리한 장식 또는 구조를 의미하며 벽과 아울러 대리석으로 치장하여 장식장을 겸함. 일반적으로는 난로를 말함. ③벽난로와 그 상부 전면(前面)의 앞장식. 돌출된 후드(hood)는 맨틀(mantle)이라고 함. 18세기 영국의 예술가나 건축가에 의해 디자인. ④벽난로 위쪽의 돌출된 수평 선반. ⑤침니피스(=).

맨틀피스

맨홀(manhole) : 사람이 하수나 배수시설로 들어갈 수 있도록 덮여진 구멍.

맹목글레어(盲目-, blinding glare) : ①너무 강렬하여 빛이 제거된 후에도 일정 시간동안 볼 수 없게 되는 상태. ②맹목현휘(=).

맹목현휘(盲目眩輝, blinding glare) : ⇨맹목글레어(=).

맹씨행단(孟氏杏亶) : ①사적 109호, 고려말 창건. 원래 최영 장군의 집이었으나 손자 사위인 맹사성에게 넘겨 줌. ②정면 4칸, 측면 3칸의 공자형. 대청을 가운데 두고 양옆으로 방을 배치하는 데 평면상으로 보면 대칭을 이룸. 일고주오량집 구조의 맞배지붕. 대청 앞으로 툇간을 둠. 툇간을 제외한 전·후면은 문을 달음. 대청 전면은

2칸 각 칸에 3폭씩의 문을 두었는데 좌우의 문이 서로 다른 모습임. 행단을 바라보면서 좌측 칸에 3폭이 문이 달려 있고, 그 중 가운데 문은 출입할 수 있도록 여닫이문으로, 그 좌우의 문은 들어열개문으로 만듦. 좌우 창호의 하단은 통머름으로 만듦. 3폭의 문 전부를 머름을 달 수 없어 그 중 하나는 출입가능도록 만듦. 우측 칸의 3폭 문 역시 하나씩 별도로 중간에 2개의 문설주를 세움. 3개의 문 모두 별도의 들어열개문으로 하고 머름을 설치. 창호 위 상인방 아래는 하단의 머름과 같은 모양을 만들어 끼워 창호의 높이를 낮추어 조절함. 대청 전면의 문은 모두 정(井)자살 문을 달고 대청 후면의 좌우 각 칸에는 2폭씩 판장문을 달았는데 문의 위치를 각 칸의 가운데에 두지 않고 중간기둥에 붙여 달음. 대청의 천장은 연등천장. 대청의 양측면에는 각각 2개씩의 온돌방을 배치하였는데 전면의 것은 2칸으로 크고 후면의 것은 1칸으로 꾸민 작은 방. 큰방의 경우 전면에는 창호를 두지 않고 대청과 전퇴방향, 양측면으로 출입문과 봉창을 설치(최근에 누군가 봉창을 떼어갔음). 기단은 대충 다듬은 돌과 막돌을 섞어 허튼층쌓기로 1~2자 높이가 되게 하고 초석은 몇 개를 제외하고는 대부분 크기가 서로 다른 덤벙주초를 놓고 기둥은 원주와 방주를 혼용. 원주는 대청 5곳에만 사용하고, 나머지는 방주임. 기둥 상부에는 창방이 생략된 대신 첨차를 끼우고 양 끝에 소로를 오린 다음 주심도리의 장여를 받치도록 함. 첨차의 양단은 경사지게 절단하고 하단은 연화두(蓮花頭) 모양으로 초각장식. 기둥 외부로는 출목 없이 쇠서로 뻗고 기둥 직상부에 주두를 올려 대들보를 받치도록 함. 대들보 위에는 주심도리가 가로놓이는데 주심도리의 하단과 대들보의 상단을 끼우면서 이 두 부재를 주두가 동시에 받도록 처리함. 외부로 뻗은 쇠서는 내부로 연장되어 대들보를 보강하는 보아지 역할을 하는데, 보아지의 하단 역시 첨차와 마찬가지로 연화두형(蓮花頭形)으로 처리. 가구는 앞뒤의 평주 사이에 내고주를 세우고 고주를 중심으로 대들보와 툇보(退樑)를 걸음. 종량 중앙에는 화반대공을 세우고 그 위에 소로를 하나 올린 다음 종도리의 장여를 받치도록 함. ③종량 위에 곡선형 솟을 합장을 세워 종도리를 받치고 있는 점이 특이함. ④안채의 공포구조는 익공의 초기형식으로서 출목형 익공으로 발전하는 과도기적 형식임.

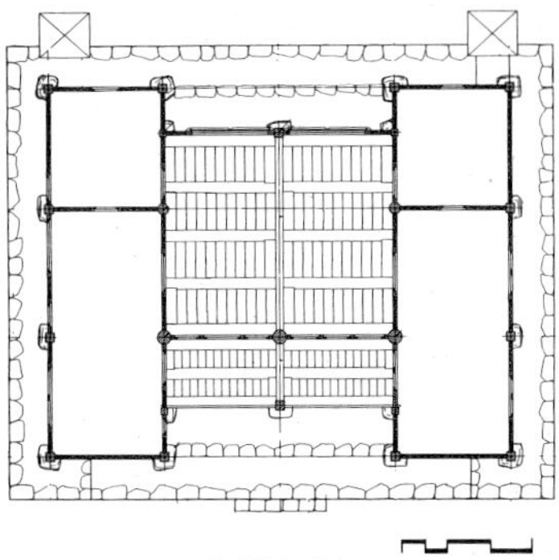

맹씨행단 평면도

맹장지(盲障紙 또는 盲障子) : ①문짝이나 창호에서, 차광(遮光)을 위해 문울거미에 두꺼운 종이로 안팎을 어둡도록 여러 겹으로 바른 문. ②종이 또는 천을 골조에 붙이고 테를 붙인 문. ③종이를 양면에 두껍게 발라 벽체와 같은 질감이 나도록 했으며, 빛이 통과하지 않는 창호.

맹장지문(盲障紙門) : ⇨맹장지(=).

맹점(盲點) : ①시신경 섬유로만 구성되어 있는 시신경 유두 부위에는 시세포가 전혀 없으므로 이 점에서 빛이 모아져서 상이 맺혀도 아무 것도 볼 수 없음. 이러한 생리적 암점(暗點)을 발견한 사람의 이름을 따서 마리오트의 맹점이라고 함. ②망막에 있는 시신경 유두에 구조상 시세포(감광세포)가 존재하지 않기 때문에 보이지 않는 점. 맹점의 위치는 각 두 눈의 시야 외측에서 15° 정도. 왼쪽 눈을 감고 오른쪽 눈으로 아래 그림을 보면 알 수 있음.

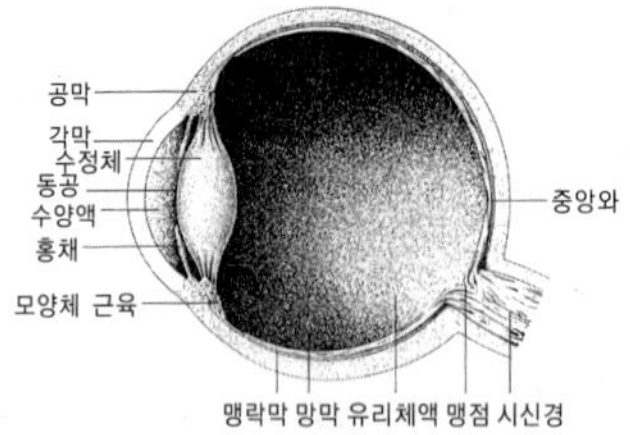

맹점

왼쪽 눈을 감고 약 30㎝ 거리에서 검은 정사각형을 보면 흰 정사각형이 없어지고 커다란 검은 원만 나타남.
맹점의 확인

맹지(盲地) : 1필지의 토지가 4방 어느 1면에도 공로(公路)에 접한 부분 없이 타 지번의 토지로 둘러싸여 있는 토지.

머거불 : ①지붕마루의 마구리에 대는 수키와. ②마루 끝에 막아대는 기와. ⇨지붕마루.

머룬(maroon) : ①본래 스페인산(産)의 밤(栗), 불어의 마롱(maron) 역시 밤으로서, 밤색을 말함. ②어두운 갈색(dark brown). ③적갈색에 검은빛을 띤 색(밤색). ④먼셀 기호 5.0R2.5/6.

머름(遠音) : ①미닫이 문지방 아래나 벽 아래 중방에 모양을 내려고 장식용으로 대는 널조각. ②청(廳)이나 방의 아래 중방에 방풍(防風)을 위하여 높인 하부인방(下部引枋). ③창 밑의 하인방과 머름방 사이에 머름동자를 세우고 그 사이에 머름착고를 끼운 구조부. ④창 밑의 하인방과 창틀 사이에 머름동자를 세우고 널로 막아 댄 부분. ⑤원음·머름대(=).

머름간 : ①동자에 의해 분할된 면. ②가구의 한 장면에 문 없이 널로 막은 좁은 구간. ③대개 상하 띳장(쇠목) 사이에 동자를 세워 작은 구간을 만듦.

머름대(-臺) : ①바람을 막거나 모양을 내기 위하여 미닫이 문지방 아래나 벽 아래 중방에 대는 널조각. ②본래 방풍을 위한 수단으로 방바닥보다 조금 높게 만들어 방 안의 온기가 외부로 방출되는 것을 막기 위한 것. 또한 머름은 밖에서 안이 잘 보이지 않도록 하는 시각적 차단 역할도 하여 앉은 사람에게 아늑함을 느끼게 하였음. ③머름의 높이는 방바닥에서 보통 450㎜ 정도로 앉아서 머름대에 팔을 걸치고 밖을 내다볼 때 편안함을 느낄 수 있는 높이.

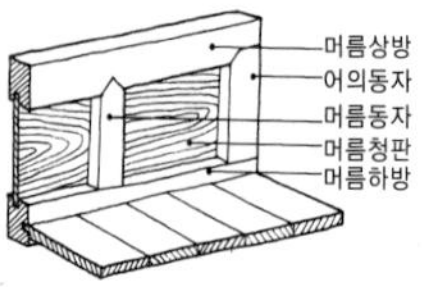

머름대

머름동자(-童子) : ①머름중방 사이에 세워 댄 짧은 동자기둥. ②머름중방과 머름대 사이에 간격을 두고 세워 댄 짧은 기둥. ③머름청판 사이에 끼우는 짧은 동자주. ④보통 한 칸에 여섯 개가 있음. ⑤솟을동자(=).

머름아랫대 : ①머름 아래에 있는 중방. ②문중방(=).

머름웃대 : ①머름 위에 있는 중방. ② 머름중방(=).

머름중방(-中枋) : ①머름에 가로 끼운 중방. ②두 기둥 사이의 머름에 가로 건너낀 주방에 대는 널조각. ③머름웃대(=).

머름착고(-着固) : ①하인방. 머름중방 및 머름동자 사이에 끼어 대는 널. ②두 기둥 사이의 머름에 가로지른 머름중방과 머름대 사이를 막아 댄 널. ③머름에 댄 널판. ④머름널·머름착고널·마름청판(=).

머름착고널(-着固-) : ⇨머름착고·마름청판(=).

머름청판(-廳板) : ①머름 사이에 끼운 널쪽. ②머름궁창(=).

머리공간(-空間, head space, head room) : ①광의(廣義)로는 수직적인 높이를 갖는 모든 공간을 의미하며 협의로는 계단의 수직 상부로 허용된 빈 공간을 의미함. ②계단의 머리공간은 2,100㎜

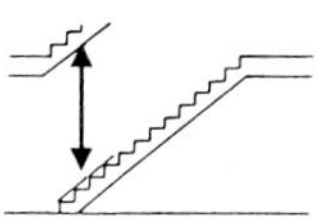
머리공간(↕)

정도가 되어야 통행에 지장이 없으며 다락방의 머리 공간은 가장 낮은 부분이 최소 1,200㎜가 되어야 함.

머리끌금 : 빼목에 그린 단청.

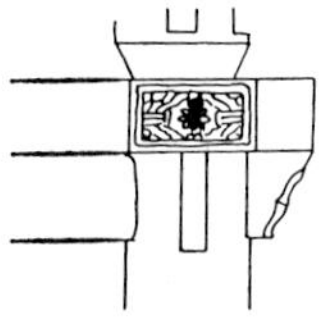

머리끌금

머리둘레 : ⇨두주(=).

머리받침대(-寢臺, head rest) : ①의자의 구조에 있어서 등받이 위쪽에 머리를 받쳐주는 부분 또는 취침시 머리를 받치는 베개(pillow). ②자동차 의자나 이·미용실 의자에서 주로 사용.

머리병풍(頭屛風) : ①머리맡에 치는 작은 병풍. ②보통 2쪽으로 되어 있음. ③곡병(=).

머리빗형 등받이윈저의자(-形-椅子, comb back windsor chair) : 등받이의 수평 가로대가 굴대 위에 얹혀 커다란 머리빗과 유사하게 보이는 윈저의자.

머리장식(-裝飾, crest, cresting) : 건물의 지붕 또는 가구(의자·스크린·캐비닛·거울 등)의 상부 가로로 댄 부재의 끝에 사용한 조각장식.

머리장식

머리창(頭邊窓) : 머리맡에 있는 창.

머리초 : ①보·도리·서까래·기둥 등의 부재(部材) 끝 부분에 그려진 단청(丹靑)의 무늬. ②기둥이나 들보의 머리 부분에 그린 단청. ③부재의 끝머리 부분에만 넣는 가장 주가 되는 단청의 무늬. ④두초(=).

머리퇴(頭退) : ①안방 혹은 사랑방 앞에 설치한 툇마루. ②툇마루(=).

머리판(-板, headboard) : ①침대 머리부분에 댄 판재로 된 구조물. ②발부분에 댄 판재의 구조물을 발판(footboard)이라고 함.

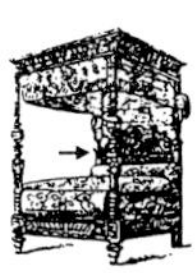

머리판

머린(murr(h)ine) : 고대 로마의 깨지기 쉬운 젖빛 유리그릇.

머릿돌(cornerstone) : 2개의 교차하는 벽돌을 결합시키는 건축물의 모서리에 있는 석재. 보통 토대(土臺) 가까이에 있으며, 종종 구조물에 대한 정보를 전하고 있음.

머릿방(頭房, back room) : 안방 뒤에 붙은 방.

머릿장(-欌, chest) : ①머리맡에 놓아둔 단층으로 된 낮은 장. ②실내의 머리맡에 놓고 물건을 넣기도 하고 장 위에는 침구나 함 등을 얹어 쌓기도 하는 가구. ③부녀자의 내실에 두고 당장 필요한 옷가지들을 비치하는데 사용. ④크기는 보통 높이 800㎜ 미만이어서 평좌식 생활에서 앉은 채 물건을 넣고 꺼낼 수 있는 규격. ⑤⇨장.

머브(mauve[프]) : ①머브는 불어로서 영어화된 말. ②머브꽃(mallow)의 색. ③1856년 영국의 화학자 퍼킨(Perkin)이 콜타르에서 자색염료의 합성에 성공하고 그 색에 이 이름을 붙임. ④강한 보라(strong purple). ⑤먼셀기호 5.0P4.5/9.5.

머쉬룸구조(-構造, mushroom construction) : ①R. 마이어가 발명한 보를 사용하지 않고 슬래브를 접시받침(capital)이 달린 기둥으로 지지하는 구조. ②연직하중이 크고 동시에 층높이가 낮은 경우에 적합. ③R. 마이어는 이를 취리히 백화점(1910)에 적용했음. ④'무량구조(無樑構造)' 또는 'flat slab'라고도 함.

머스타드(mustard) : ①겨자색(芥子色). ②흐린 황색(deep yellow). ③먼셀기호 5.0Y 6.0/10.0.

머신스크루(machine screw) : ①너트와 함께 사용하거나 나삿니가 나 있는 구멍 속에 박아 넣는 나사못. ②몸대는 곧고 나삿니가 나 있으며 못머리는 스크루 드라이버로 돌릴 수 있도록 홈이 나 있거나 십자홈 머리(phillips head)로 되어 있음.

머천다이저(merchandiser) : ①상품을 판매하기 위한 목적에 사용되는 POP의 총칭. ②벽·바닥·카운터 등 사용되는 장소에 따라 구별. ③미국에서는 장시간 사용 가능한 것만을 의미.

머천다이징(merchandising) : ①소비자의 수요에 합당한 상품을 만들기 위해 수요자의 행동을 면밀히 조사하고 수요를 자극하기 위한 시장조사 자료를 바탕으로 신제품의 개발·품질·디자인·색채 등을 검토하는 마케팅 활동의 하나로 모든 상품화 계획. ②상품매입에 관하여 시기·수량·가격결정·판촉방법 등의 계획을 입안하고, 시행하는 것으로 상품의 가치를 높이는 총체적인 상품화 활동을 의미함. ③특히 상품계획에 따르는 신상품의 발견·개발·육성을 의미. ④최근에는 머천다이징을 상품화계획·판매촉진·광고선전활동을 포함한 광의로 사용하고 있으며 단순한 상품화계획은 프로덕트플래닝(제품화계획)이라고 함. ⑤브이엠디(≒).

ㅁ

머치코레이션(machicolation) : ①성벽 상단에서 불쑥 튀어나온 복도나 흉벽 또는 총안(銃眼). ②내쌓기 아치로 지탱되어 있으며 바닥에는 구멍이 뚫려 있어 성벽으로 밀려오는 적의 머리 위에 돌이나 뜨거운 물·기름 또는 녹은 납을 퍼붓기 위한 것. ③돌출하향총안(=).

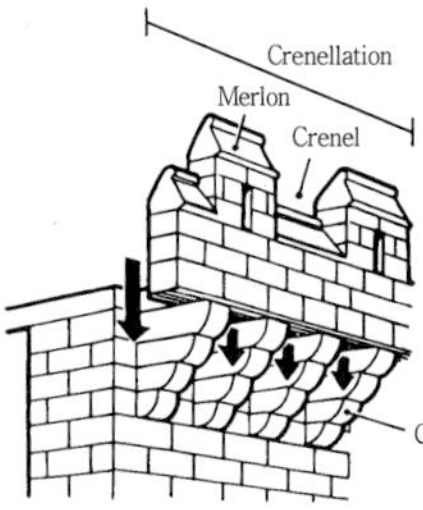

머치코레이션

머플노(-窯, muffle kiln) : 점토벽돌 제품을 깨끗이 소성하고자 할 때 이중벽 사이로 열기가 지나가며 연기가 직접 제품에 닿지 않도록 만든 노.

머피 · 얀(Murphy·Jahn) : ①시카고에 있는 대형건축회사로 시카고시(市)를 조성하는데 커다란 역할을 함. ②C. F. 머피는 시카고파의 주요 대표자 중 한 사람인 J. W. 루트(John Wellborn Root : 1850~1891)와 함께 활동한 건축가 D. H. 번햄(Daniel. H. Burnham : 1846~1912) 밑에서(1911) 경력을 쌓기 시작하였음. 1912년 번햄이 사망하자 번햄의 전 파트너인 E. R. 그래함이 설립한 사무소(그래함·앤더슨·프롭스토 & 화이트사)의 파트너가 되었음. 1937년 머피와 이 회사의 초기 파트너였던 A. 쇼우와 S. 나에스와 공동으로 쇼우, 나에스 & 머피사를 설립했고 1959년 C. F. 머피 사무소로 변경. H. 얀(H. Jahn : 1940~)은 뮌헨기술대학을 졸업한 후 MIT공대의 미스 반 데어 로에(Ludwig Mies van der Rohe : 1886~1969) 밑에서 공부한 후 1967년 이 사무소에 입사. 1973년 파트너로 승격되어 디자인 부문 감독이자 부사장이 되었음. ③1981년 머피·얀이란 이름으로 개칭함. ④1960년대에는 미스식 건축언어가 적용된 콘티넨털 보험빌딩(1962), 오하르 국제공항(1963), 시카고 공회당(1965), 시카고 국립 제일은행 확장(1971), 맥코믹 광장의 전시관(1971) 등이 있으나 얀이 디자인 분야를 담당하면서 미스 반 데어 로에의 작품을 모델로 한 색채가 사라지기 시작함. 캔자스시(市) 스포츠 홀(1977), 일리노이주 버논 힐에 있는 러스트-올레움회사 본관(1978), 시카코에 있는 제록스센터(1980)와 일리노이 주립센터(1980) 등이 있음.

머피침대(-寢臺, Murphy bed) : ①침대를 들어 올리면 그대로 벽이나 장 속으로 들어가는 침대. ②이 침대를 고안한 머피(William. L. Murphy)의 이름을 따서 붙여진 명칭. ③일반적으로 '리세스 베드(recess bed)'라고 함. ④주로 주거공간이 협소한 경우에 사용. ⑤하우스베드(=).

머피침대

먹감나무 : ①감나무 중 검은 심재를 갖는 오래된 감나무. ②재질이 단단하고 나뭇결이 아름다움. 부분적으로 검게 변한 재료는 그 자체가 자연적인 문양을 이루어 조형상 아름다운 장식효과를 내기 때문에 가구의 전면재(全面材)로 많이 쓰임. ③주로 장식재·세공재(細工材)로 사용. ④오시목(=).

먹긋기 : ⇨먹매김(=).

먹놓기 : ⇨먹매김(=).

먹매김(marking) : ①설계대로 현장에서 공사하기 위하여 또는 부재의 절단을 위해 크기나 규격대로 정확한 위치를 표시하는 줄 그리기. ②보통 목재 등의 맞춤·이음 따위에서 원재(原材) 소요의 공작형태를 먹으로 표시하는 것. 즉 목재의 마름질·바심질을 위해 먹으로 표시. 또는 바닥·벽체·천장 등에 특정한 위치를 표시하기 위해 먹실을 튕겨 검은색으로 표시하는 것. ③'먹놓기'·'먹긋기'·'먹줄치기'.

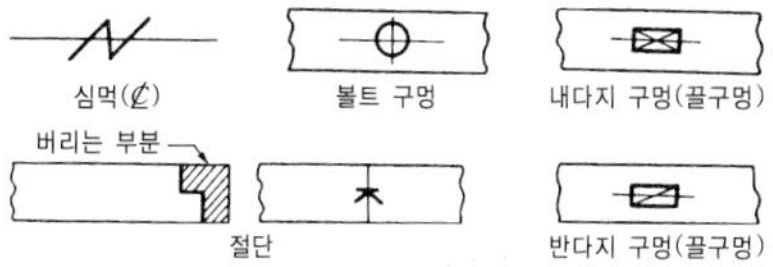

먹매김 부호

먹매김목수(-木手) : ①목수직(木手職)의 책임자를 도편수(都邊手)라 하고, 그 밑에 먹매김을 전담하는 보조목수라고 함. ②부편수(=).

먹매김치수(-値數) : ①목재를 절단하거나 켜기 전에 목재면에 그은 절단 예정선을 기준으로 측정한 두께 및 너비 등의 치수. ②절단한 다음의 실 치수는 이 먹매김 치수에서 먹줄이 잘린 값(절단 감소량)을 뺀 치수가 됨.

먹본(-本) : ⇨먹뽄(=).

먹뽄 : ①먹을 그어서 마름질할 때 쓰는 본보기. ②자를 대고 낱낱이 그리기가 번거로운 것은 나무로 먹뽄을 만들어서 먹을 그음.

먹색(-色) : ①관용색명으로 검정. ②먼셀기호 N2.

먹실 : 먹통에 달려서 먹줄을 치는 데 쓰는 것.

먹자골목 : 음식점들이 즐비하게 모여 있는 골목.

먹줄펜(black line pen) : ①앞 끝을 경화시킨 두 장의 강철제 날로 만들어 그 날 사이에 셀룰로이드 등의 작은 조각으로 제도용 잉크 및 물감을 넣어 선을 긋거나 문자 및 도형을 그리는 용구. ②오구(=).

먹칼 : 먹을 찍어서 긋는 데 쓰는 대나무로 만든 붓칼.

먹통 : ①목공 및 석공이 먹매김을 긋는 데 사용하는 도구. ②먹통은 뽕나무나 느티나무로 만듦. ③나무 따위를 다듬을 때에 먹줄을 치려고 만든 연장. ④나무를 마름질할 때에 먹선을 긋는 데에 쓰는 연장. ⑤최근에는 플라스틱으로 만든 먹통을 많이 사용.

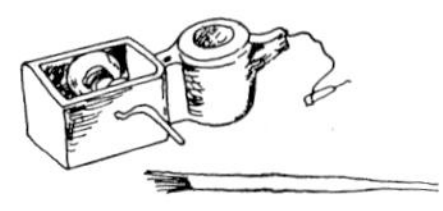

먹통과 먹칼

먼셀기호(-記號, Munsell signal) : ①먼셀 표색계에 의해 색채를 표시하는 기호. ②색상환을 이루는 10개의 색상에 각 기호를 붙이고, 다시 100단계로 나누어 1.0~10.0의 숫자로 표시. 명도는 수직방향으로 0(검정)에서 10(하양)의 11단계로 나눔. 채도는 수평방향으로 15단계로 구분. 색상(H)은 휴(Hue)·명도(V)는 밸류(Value)·채도(C)는 크로마(Croma)로 나타내며 표시하는 순서는 HV/C임. 예컨대 빨강의 순색은 5R4/14로 적고 5R4의 6으로 읽음.

먼셀색상환(-色相環, Munsell color circle) : ①색의 감각적인 등간격이 되도록 적(R)·황(Y)·녹(G)·청(B)·자(P)의 5주요 색상과 주황(YR)·황록(BG)·청자(PB)·적자(RP)의 5중간 색상을 더해서 10색상으로

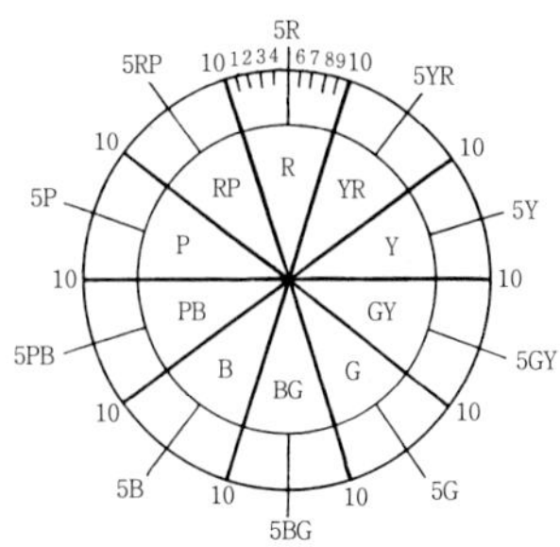

먼셀의 색상환

하고 이러한 색상을 각기 10단위로 분류하여 100색상이 되게 함. 예컨대 적(R)의 세 번째는 3R, 주황의 7번째는 7YR이라고 함. 또한 이러한 10색상의 대표적인 색은 5R·5YR·5Y 등으로 중심에 있는 색을 대표색으로 하였음.

먼셀색입체(-色立體, Munsell color solid) : ①미국의 A. H. 먼셀이 창안한 색채를 표시하는 입체척도로 색채의 3속성을 기본으로 하여 수직축에 명도(明度), 수평축에 채도(彩度), 원둘레에 색상(色相)을 각각 10진법으로 눈금을 나타내서 모든 순색과 중간색 및 무채색을 이 3차원 공간에 적절히 끼워 맞춘 것임. 새로운 고채도의 물감이 개발되면 입체색에 적절히 끼워 넣음. ②먼셀 색입체 시스템에서 명도 단계를 수직축으로 배열했을 때 이루어지는 입체. 색상은 중심축 주변의 수평판에서 구형을 이루며, 채도는 중심축의 가장 낮은 채도에서 가장 높은 채도로 방사형을 이룸.

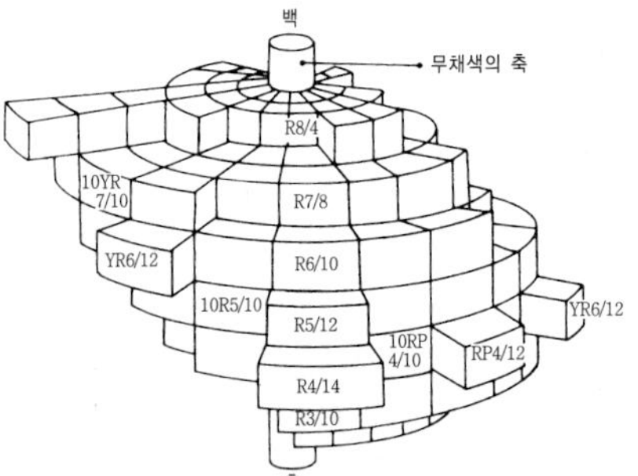

먼셀 색입체

먼셀색채표기법(-色彩表記法, Munsell color notation) : ①정확히 측정하고 표준화시킨 색채계열로 구성된 체계. ②이 색채계열로 어떠한 색채도 기호와 숫자로 정확하게 표시하며 분류할 수 있고 다른 색채와의 관계를 일정한 색채간격의 측면에서 말할 수 있음.

먼셀표색계(-表色界, Munsell color system) : ①미국 보스턴 미술학교를 졸업하고 모교에서 해부학과 색채학 및 구도법을 25년간 강의하면서 먼셀(Albert H. Munsell : 1858~1918)은 독일의 물리학자 헬름홀츠의 이론인 색채의 3요소에 의한 계통배열을 기초로 1905년 고안한 표색계(Color of Notation)를 간행하고, 1913년에 『Atlas of the Munsell Color System』을 출판. 그 이후 먼셀의 아들이 1929년에 『Munsell Book of Color』를 출판하여 그의 연구가 결실을 본 이후 미국 광학회(OSA)는 1940년과 1943년에 발표한 수정먼셀 표색계(Recommend Munsell Color System)를 보통 먼셀표색계라고 함. ②색상 H(Hue), 명도 V(Value), 채도 C(Croma)를 숫자와 문자로 나타내어 HV/C로 표시함.

먼지막이주름장식(-裝飾, dust ruffle) : ①침대의 매트리스에서 바닥까지 하부에 돌아가며 둘러진 장식성이 강하고, 먼지가 침대 밑으로 들어가는 것을 막아주는 주름진 직물. ②엘리자베스여왕시대에 사용하기 시작하여 현재에도 사용.

먼지막이주름장식

먼지막이판(望-, dust board) : ①우물반자의 청판. ②서랍 사이에 먼지가 끼는 것을 방지하기 위해 대는 목재로 된 수평재. 주로 화장대·서랍장 등에 사용.

먼지허용도(-許容度, permissive limit of dust concentration) : ①보건위생상 허용되는 먼지의 한도. ②무게에 따른 허용도는 10~15㎎/㎥이고, 또 1cc에 대한 먼지 입자수가 100 이하는 맑고(清淨), 100~200은 가벼운 먼지, 200~400은 중간 정도로 취급.

멀런(merlon) : 총안(銃眼)과 총안 사이의 벽 부분. ⇨머치코레이션.

멀레닛(malenit) : 목재의 방부제(防腐劑). 주성분은 디에트로페놀 및 불화(弗化) 소다 등.

멀리언(mullion) : ⇨멀리온(=).

멀리온(mullion) : ①원래 고딕양식 등 중세 건물의 창에서 흔히 볼 수 있는 창의 세로방향으로 칸막이를 하는 중간 문설주나 세로 창살 부재 또는 둥근 창의 방사상 창살, 즉 건축형태의 특성을 나타내는 세로 중간틀. ②빛이 투과되는 창문들의 면을 분할·분리하거나 다른 창문과 구분짓는 수직방향의 칸막이를 의미함. 오늘날에는 창면적이 넓은 경우에 구조적으로 보강하고, 외관의 장식을 위해 가로·세로로 대는 중공형(中空形) 강관을 말함. 수평방향의 가로 중간틀을 트랜섬(transom, 가로대)이라고 함. 또한 그 위의 창을 구분하는 가로대를 의미하기도 함.

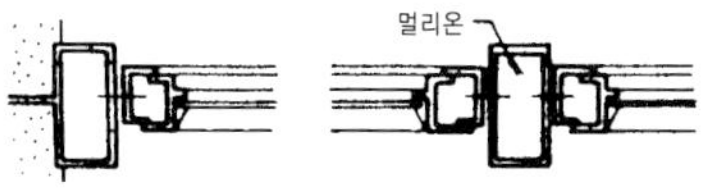

멀리온

멀리온루버(mullion louver) : 창문 중간에 햇빛을 가리고 외관을 보기 좋게 꾸미기 위해 세운 중간 벽선.

멀바우(Merbau, Intsia palembanica Miq [학]) : ①파푸아뉴기니아에서 태국까지 말리에 반도와 인도네시아 등 열대동남아 전역에 분포. ②목리는 벌채 초기에는 황색 또는 적갈색 줄무늬를 띰. 변재는 회황색 또는 담황색으로 평활함. 목리는 교차하며 때로 파상문양을 나타내고 나무갖은 거칠고 대체로 균일. 기건비중 0.76, 수축률은 보통이고 강도는 압축강도 697kg/㎠, 휨강도 1,327kg/㎠, 전단강도 92~99kg/㎠로 강함. 내구성은 매우 높고 가공과 연삭(硏削)은 양호하며 포삭성(鉋削性)은 불량. 나무좀 등 충해에 강하고 방부제 주입은 곤란. ③주로 장식·고급가구·악기·중건축(重建築)·상판 등에 사용.

멀쿠시파인(Merkusi Pine, Pinus merkusii Jungh & De Vr.[학]) : ①인도차이나 일대·말레이시아·인도네시아의 수마트라·필리핀 등에 가장 많이 생장. ②변재는 황백색, 심재는 담황갈색으로 심변재의 구분이 뚜렷함. 목리는 통직하고 나무갖은 거칠고 가벼움. 기건비중 0.67, 수축률은 방사방향 4.9%, 접선방향 8.3%로 보통. 강도는 압축강도 449kg/㎠, 휨강도 849kg/㎠, 전단강도 91~93kg/㎠로 보통. 절삭·가공·건조·접착성은 보통이나 도장성은 불량하며 내구성은 낮음. ③주로 건축·내장·일반가구 등에 사용.

멀티레벨루프(multi-level loop) : ①파일에 고저를 붙여서 입체적인 변화를 줌. ②작은 변화가 리플에서 큰 무늬로 나타나기도 함.

멀티미디어(multi-media) : ①컴퓨터를 축으로 비디오·디스크·CD ROM 등 다른 테크놀로지를 조합시킨 미디어. ②일반적으로 TV 모니터로 위성방송·전화선·유선 등을 이용해서 수상(受像). 화면은 영상·일러스트레이션·문자·음성 등으로 구성. ③계약자는 자신이 필요한 정보만을 선택할 수 있다는 장점이 있음. ④필요한 정보를 하드 카피(프린트 아웃)하는 것도 가능하며 장래에는 신문 대신으로도 될 가능성이 있음. ⑤공공적으로는 역에 위치한 각종 안내시설·옥외 전자표시기기·전광게시판·이벤트회장용 액정표시판 등 실제로 활용되고 있는 것이 많음. ⑥하이미디어(=).

멀티비전시스템(multi-vision system) : ①일반 모니터가 갖고 있는 화면의 한계를 극복하기 위한 시스템. ②여러 대의 모니터와 컨트롤러(controller)로 구성된 멀티비전은 모든 모니터가 각각 프레임 스토리지(frame storage) 기능을 갖고 있어 단 하나의 영상 소스(source)로도 확대·축소 등 다채로운 패턴연출이 가능하고, 각 모니터마다 다른 영상을 창출하는 기능을 갖고 있음.

멀티스크린(multiscreen) : ①2개 이상 다수의 스크린에 컴퓨터 제어 메커니즘을 복합시켜 전시내용을 전체 또는 부분적으로 나타내는 방법. ②시간적·공간적으로 서로 다른 2개 이상의 영상을 사용하여 스크린 수만큼 다른 여러 장면을 구성하여 동시에 표현할 수 있는 화면 재생의

ture)의 장식에 자주 이용. ⑧원형돋을 새김·원형장식(=).

메달리온몰딩(medallion moulding) : 메달리온이 연속적으로 있는 몰딩. 주로 스칸디나비아 지방의 게르만 민족인 노르만(Norman)인의 건축에 자주 사용.

메달리온몰딩

메당(Medang, Cinnamomum parthenoxylon[학]) : ①중국 남부를 포함하는 동남아 전역과 남태평양지역에 분포. ②변재는 엷은 회황갈색, 심재는 담황색·황갈색·적갈색으로 다양하며 심변재의 구분은 뚜렷함. 대기 중에서 재색(材色)은 농색으로 변화. 목리는 통직하나 교차하며 나무갗은 곱고 균일하나 거친 것도 있음. 기건비중 0.51, 수축률은 방사방향 3.3%, 접선방향 5.7%로 적고 강도는 압축강도 370kg/㎠, 휨강도 563kg/㎠, 전단강도 65~71kg/㎠로 약함. 실리카를 함유하여 가공성은 불량하고 내구성은 차이가 많으나 대개 큰 편이며 좀벌레에 강함. 심재의 약제주입은 불량하나 변재는 잘 안됨. ③주로 장식·내장·가구·조각·문구 등에 사용.

메디에이팅스페이스(mediating space) : 다른 형태의 구조나 기능 사이에서 중간적 역할을 하기 위한 중간지점의 공간.

메디치가(-家, House of Medici) : ①피렌체의 은행가로 시정(市政)의 추기(樞機)에 참여한 후에 군주로 된 집안. ②대표적인 인물로는 코시모(Cosimo de Medici : 1389~1464)·렌초(Lorenzo il Magnifico : 1449~92)·조반니(Givanni : 1475~1521)·피에로(Piero : 1471~1503) 등이 있음. 메디치가는 피렌체(Fiorentina)와 함께 쇠망.

메뚜기(cotter) : ①도리가 구르지 못하도록 보나 살미에 얹은 작은 나무. ②목조 맞춤을 단단히 고정시키기 위한 공정의 하나. 장부구멍에 꿰뚫어 꽂은 장부의 끝부분에 옆으로 박은 나무못.

메뚜기장 : ⇨메뚜기장부(=)

메뚜기장부(-丈夫, mortice and tenon) : ① 장부 끝을 메뚜기 대가리 모양으로 만든 이음을 통칭. ②장부 길이는 부재의 너비와 같거나 1.2배로 하고, 메뚜기 목은 부재 너비의 1/2 구배로 하여 튼튼하게 이음. ③토대·도리·중도리 등에 사용.

메뚜기장이음(mortise and tenon joint) : 메뚜기장부를 쓴 이음. 주먹장보다 더욱 튼튼한 이음이며 인장부에 쓰기는 하지만 효과는 적음.

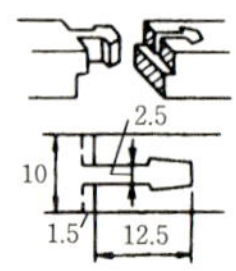

메뚜기장이음

메라왕(Merawan, Hopea sangal Korth.[학]) : ①동부 필리핀에서 인도·태국·미얀마에 이르는 전 지역에 분포. 인도네시아·말레이시아에 특히 많이 분포. ②변재는 담황색이고 심재는 담록색 줄무늬가 있는 황갈색이며 수조에 따라 다양하고 대기 중에 노출하면 농색(濃色)으로 변함. 목리는 교착되거나 통직하며 나무갗은 고움. 기건비중은 0.6~0.9, 수축률은 접선방향 7.0~10.5%, 방사방향 3.0~5.4%로 크고 강도는 압축강도 515~712kg/㎠, 휨강도 938~1,653kg/㎠로 강함. 내구력은 높으나 접지사용(接地使用)은 불량하고 충해에 강함. 건조는 주의를 요하며 포삭은 양호하고 광택이 있음. ③주로 건축·합판·가구·천장재·플로어링·창틀 등에 사용.

메르켈(merkel) : 구강점막 내면에 있는 촉각소체(觸覺小體). 천천히 순응.

메리디엔느(Méridienne[프]) : ①프랑스제국시대(Empire period)에 사용한 데이베드(day-bed). ②양쪽의 팔걸이 높이가 서로 다르며 이를 잇는 등받이는 경사져 있는 것이 일반적임.

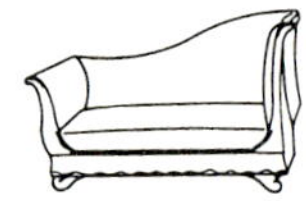

메리디엔느

메모모션카메라(memo motion camera) : ①1초 간격 또는 3초 간격 등으로 간헐적으로 셔터가 작동하는 영화 촬영기. 장시간의 생활총체를 촬영 압축해서 관찰할 수 있을 뿐만 아니라 필름의 장면 길이를 계측해서 어떤 생활행동의 시간 길이를 알 수 있음. 이 수법은 공장에서 작업량을 분석하는 일 등에서 실용화된 것인데, 일반 생활을 대상으로 하는 건축계획의 연구에도 이용되기에 이르렀음. ②동작－시간연구를 위한 인간공학의 연구 방법 중 직접관찰법의 하나로써 영화에 의한 방법의 일종. ③메모 모션법(memo motion analysis)은 문텔에 의해 1945년에 고안된 방법으로, 이 방법은 표준보다 느린 속도인 60콤마 또는 100콤마로 촬영되어 장시간의 불규칙적인 동작의 측정에 편리하고 인간과 기계 복합작업 기록이나 작업장에서 사람의 활동을 기록하여, 적절한 기계 배치 등에 따르는 자료를 삼을 수가 있다는 것. 특히 사람이 실내에서 또는 기계의 주변을 이동하면서 불규칙한 작업을 하고 있는 것과 같은 직장에서 매우 적절한 방법. 촬영된 필름 분석은 시모차트(simo chart)에 기록한다든지, 혹은 표준속도로 영사(映寫)하는 것에 의해서 이루어짐.

메바우(merbau) : ①타이 등 남양재산(産) 목재. ②주로 가구재·실내장식 마감재로 사용.

메볼(muebel[프]) : ⇨가구·이동가구(＝).

메스케론(mascaron) : 칠 또는 조각장식으로 사용한 그로테스크 마스크(grotesque mask) 또는 그 머리.

메쌓기(dry bond) : ①석축(石築)쌓기의 일종. ②모르타르나 콘크리트를 쓰지 않고 맞대어 쌓으며, 뒤에는 잡석·자갈 등을 채워 다지는 쌓기법. ③건성쌓기(＝)·찰쌓기(⇔).

메움목(－木) : 틈새나 나사못 머리를 감추기 위해 메우는 나무쪽.

메이슨니(masonry) : 돌·벽돌·블록 등을 배열·결합·성형하는 기법, 즉 조적(造積).

메이즈(maize[이]) : ①옥수수(corn)와 같은 색, 불어로는 마이스(mais). ②노랑 기미의 연한 주황색(light yellowish orange). ③먼셀기호 8.0YR8.5/8.0.

메이플(maple) : ⇨단풍나무(＝).

메인터넌스(maintenance) : 기기(機器) 등의 유지·관리·보전·정비를 의미하는 데서 발전해 점포의 기능을 총체적으로 유지하고 정비하는 것까지를 말함.

메자닌(mezzanine) : ①층과 층 사이 또는 바닥과 천장 사이에 설치되는 중간층. ②오늘날에는 대형 건물의 1층 천장고를 높게 하고, 메자닌을 둠. ③극장·은행·교회·공장 등에서 종종 이용되고 있음. ④중이층(＝).

메조나이트(masonite) : 하드보드(hard board)의 상표명.

메조네트(maisonette[프]) : ①공동주택의 주호형식으로서 각 주호(세대)가 2개 층(duplex type) 또는 3개 층(triplex type)으로 구성된, 즉 한 주호가 2·3개 층을 사용하는 형식. ②작은 집·셋방·대실(貸室).

메조네트형(－型, maisonette type) : ①공동주택의 단면형식에 의한 분류의 하나. ②하나의 주호가 두 층에 걸쳐 구성된 형식. ③주호의 규모가 큰 경우에 적합. ④복층형(＝).

메조넷(maisonette) : ⇨메조네트(＝).

메조릴리프(mezzo relief) : ①하이릴리프(high relief)와 바스릴리프(bas relief)의 중간 정도 깊이의 부조(浮彫). ②데미릴리프·하프릴리프(＝).

메조틴트(mezzotint, mezzotinto[이]) : ①회색을 혼합한 색채. 즉 하프 톤(half tone)과 같은 의미. ②17세기에 사용한 동판화의 기법. 먼저 조각칼로 동판을 균등하게 전면(全面)을 긁고 그 조밀에 의해 명암의 상태를 나타내는 것 또는 그 효과. ③동판면에 우선 톱니 모양의 줄(rocker)로 거친 바탕을 만들고 금속인두(scraper)로 그 거친 바탕을 고르게 하여 명암의 형태를 만드는 동판화의 기법.

메카(mecca) : 사우디아라비아의 도시로 모하메드의 출생지이며 이슬람의 영적 중심지.

메타볼리즘(metabolism) : ①음식물의 소화와 근육운동으로 이루어지는 인체의 열생산. ②그 양은 주로 met 단위로 측정. ③일본에서 신진대사 이론을 건축에 적용시킨 전위 건축운동. ④하나의 개념이자 그룹인 메타볼리즘은 겐조 당케(Kenzo Tange : 1913~2005)와 T. 아사다의 강한 영향 아래 1960년에 있었던 도쿄(Tokyo) 세계디자인회의를 통해서 등장. ⑤창단 멤버 중에는 두 젊은 건축가인 기쿠다케(Kiyonri Kikutake : 1928~)와 쿠로카와(Kisho Kurokawa : 1934~)·건축비평가인 N. 카와조에 산업디자인, 다양한 형태의 선전 광고물에 이르기까지 영역을 확대했으며 1960년대 일본건축에 상당한 영향을 주었고 1970년 오사카(Osaka) 세계박람회에서는 그 절정에 이르렀음.

메타아크릴수지(－樹脂, meta acrylic resin) : ⇨메타크릴수지(＝).

메타인지활동(－活動, meta cognition activity) : ①인지과정의 위계구조에서 다른 인지활동을 통제·조절·실행하는 상위 인지작용. ②메타인지활동의 요소로는 인지활동에 대한 지식(meta knowledge)과 조절작용이 포함되며 조절작용에는 목표 및 하위목표 설정, 다음 인지활동에 대한 계획 및 추진, 인지방향에 대한 평가 및 수정 등이 있음.

메타크릴수지(－樹脂, methacrylic resin) : ①합성수지 중 메타크릴산을 화합하여 만드는 열가소성 수지의 일종. ②특징은 투명도가 뛰어나고 단단하여 방풍유리의 대용으로 사용하며 의안(義眼)·의치(義齒) 등에 쓰임. ③유기유리(＝).

메탈덱킹(metal decking) : ①바닥이나 지붕의 덱킹으로 사용하기 위해 냉간압연의 과정으로 제조된 긴 홈이 파인 리브로 만든 철판구조물. ②일반적으로 부식을 방지하기 위해 아연도금처리함. ③철제 덱킹의 구조적 길이 한계는 철판의 두께와 골의 깊이에 따름.

메탈라스(metal lath) : ①두께 0.4~0.8㎜ 정도의 얇은 연강판에 일정한 간격으로 그물눈을 내고 늘여 철망모양으로 만든 것. ②주로 천장·벽체 등의 모르타르 바탕용에 사용.

메탈리콘(metallicon) : ①분무(噴霧)하여 도금(鍍金)하는 기법. ②일반금속 이외에 석고·도기·목재·직물 등을 소지로 하여 메탈리콘할 금속을 용융한 것을 압축공기 등으로 분무하는 방법으로서 표지·문패·장식 등에 사용.

메탈터치(metal touch) : ①철골조에서 기둥의 이음부분이 상하 수직으로 밀착되게 하여 잇는 방법. ②두 기둥 부재가 맞닿는 면에서 응력을 직접 전달시키는 이음방법. ③축응력과 휨모멘트의 25% 정도까지 응력 전달이 되는 지점에 직접 전달시키는 이음방법.

메탈폼(metal foam) : ①금속제의 콘크리트용 거푸집. 특히 치장콘크리트(노출콘크리트)에 많이 사용. ②보통 310×1,520㎜ 크기의 것을 사용하고, 나누어 맞추어지는 부분에 목제·철판제 붙임판을 사용. 목재 거푸집은 3회 정도 사용하지만 메탈폼은 60~70회 이상 사용할 수 있어 공사기간을 단축시킬 수 있고 경제적이며 규격화된 구조물 제작이 가능.

메탈할로이드램프(metal haloid lamp) : ①수은등과 구조가 유사하나 수은등의 효율성과 연색성을 개선하기 위해 발광 아크릴관에 금속 할로겐 화합물질을 혼입하여 더 많은 빛을 발생하면서 빛의 색은 거의 주광색에 가까운 5,000~5,500°K 정도로 연색성을 높인 경제적인 고압방전등. ②할로겐램프(＝).

메토페 : ⇨메토프(＝).

메토프(metope) : ①도리아식 건물 소벽을 형성하는 세 줄기 세로 홈 장식 사이에

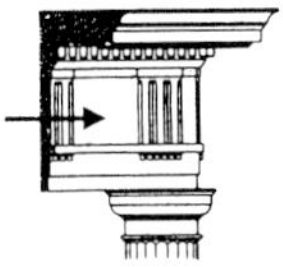
메토프

난 공간·조각 또는 새김 장식이 되기도 함. ②도리아식 건축의 소벽(frieze)에서 두 개의 트라이글리프(triglyph) 사이에 끼어 있는 사각형의 벽면. 일반적으로 장식 없이 그냥 두지만, 가끔 부크라니아(bukrania), 트로피(trophy) 혹은 그 외의 다른 장식물 등으로 장식되기도 함. ③인터트라이글리프(=).

메트로식(-式, Métro Style[프]) : ①기마르(Hector Guimard : 1867~1942)의 지하철역 출입구(métro) 디자인으로부터 유래된 아르누보(Art Nouveau)를 지칭한 프랑스의 일반적인 용어. ②대중(大衆)에게 화려하고 곡선적인 아르누보양식의 디자인을 알리는 계기가 됨.

메트로폴리탄박물관(-博物館, Metropolitan Museum of Art, New York) : ①1880년 설립된 미국 뉴욕에 있는 세계에서 규모가 가장 큰 미술관 중의 하나. ②대영박물관·루브르박물관과 함께 세계 3대 박물관으로 불리움. ③연간 관람객이 5백만 명 이상인 메트로폴리탄 박물관은 동양미술부 등 18개 부서로 구성되어 있으며 선사시대부터 현대에 이르는 세계 각국의 유물 200만 점 이상을 소장하고 있음. ④한국 국제교류 재단의 지원으로 1997년 말 한국실을 개관하였음. ⑤1876년 정치가 존 제이가 공립 미술관과 연구소의 설립을 제안한 것이 그 모태가 되어 1880년에 정식으로 발족되어 활발한 수집이 진행. ⑥현재의 미술관은 1902년 R. M. 핸트에 의해 중앙부가 건설되었으며, 갤러리는 건축가 맥킴 미드 앤드 화이트(Mckim · Mead & White)의 설계로 증축됨.

박물관 파사드

크리스마스 콘서트

메트릭스형(-型, metrix type) : ①디자인의 접근방법 중 디자인 조건을 격자 형태와 같이 서로 연계시켜 조건의 범위 내에서 해답을 구하는 방법. ②조건 설정이 정확하지 않으면 결과가 잘못될 수도 있고, 조건의 범위가 명확하지 않으면 중복된 해석을 할 수 있음.

멘들샴윈저체어(Mendlesham Windsor chair) : ①등받이가 각이 지고 등받이 중앙의 세로대가 조각 판재로 된 윈저의자. ②중심 제작인 영국 멘들샴의 지명으로부터 명칭이 유래.

멘사루나타(Mensa Lunata) : ①고대 로마에서 사용된 초승달 모양의 규모가 큰 식탁. ②보통 시그마(sigma)라고 하는 반원형의 곡선으로 된 카우치(couch)와 함께 사용.

멘히르(長石立柱, menhir) : ①길다란 거석(巨石)을 초석(礎石, base) 없이 그대로 지상에 세운 입주(立柱). 하나의 돌이므로 단석(單石, monolith)이라고도 함. ②건설 목적은 태양신(太陽神, Ra)을 상징하기 위해서였다고 함. 여기서 제(祭)를 지내기도 하고 부족들의 정기적인 집합장소(集合場所)로 쓰였음. ③크기는 부족(部族)의 역량(力量)을 나타내는 상징물이기도 함. 큰 것으로는 길이 2.05m, 폭 2.3m, 중량 330톤(ton)에 이른 것에서부터 작은 것은 길이 3.0m, 폭 0.9m, 무게 16톤(ton)에 이르기까지 여러 가지가 있음.

멜라민(melamine) : ⇨멜라민수지(=).

멜라민수지(-樹脂, melamine resin) : ①고도의 저항력을 가진 열경화성 합성수지의 일종. ②멜라민수지나 포름알데히드와 축합하여 상호반응에 의해 형성. 피막은 무색투명하여 착색이 자유로움. 광택이 풍부하고 단단하며(경도가 크고) 내수성·내용제성이며 내열성이 120°까지 될 수 있고 강도·전기절연·내후성도 우수함. ③탁자나 카운터의 상판, 기타 다른 가구류의 상판 마감재로 사용. ④상품명으로 포마이카(Fomica)·마이카타(Micarta)·멜라막(Melamac) 등이 판매되고 있음.

멜라민수지접착제(-樹脂接着劑, melamine resin paste) : ①멜라민수지와 포름알데히드의 반응에 의해 얻어지는 액상 접착제. ②내수성·내열성 등이 우수하여 주로 내수합판의 접착제로 사용.

멜라민치장판(-治粧板, melamine board) : ①두꺼운 종이에 페놀수지를 침투시켜 부착(附着)시킨 바탕에 색종이나 나무 무늬판 등을 붙이고, 멜라민수지를 침투시킬 종이를 씌우고 140℃에서 100kg/㎠의 압력을 가하여 성형한 판. ②강도와 경도가 크나 내열성·내수성이 약하여 외장재로는 부적당하고 내장재·가구재 등의 마감재로 사용.

멜라민화장판(-化粧板) : ⇨멜라민치장판(=).

멜론돔(melon dome) : 이슬람 건축에서 보이는 구근(球根, bulbous), 리브 돔(rib dome).

멜론벌브터닝(melon bulb turning) : ⇨참외형 선반가공재(=).

멜바우(Merpauh, Swintonia floribunda Griff [학]) : ①보르네오·수마트라·인도지나 제국과 인도 및 동남아시아 전역에 분포. ②변재는 담색, 심재는 암색으로 구분이 불분명하며 회갈색에 누르스름한 줄무늬가 있거나 선명한 담적갈색임. 목리는 교착(交錯)하고 나무갖은 고운 편이나 때로는 거칠고 균일. 기건비중 0.63~0.84(평균 0.75)로 무거우며 수축률은 방사방향 0.9~1.1%, 접선방향 1.8%로 매우 적음. 강도는 압축강도 391~575kg/㎠, 휨강도 800~1,097kg/㎠로 약함. 거단성(鋸斷性)은 불량하고 털솟음이 일어남. 내구성은 약한 편이고 변색균에 의한 침입이 용이함. ③합판·건축 등에 사용.

멜사와(Melsawa) : ①라오스·뉴기니아·미얀마 등 동남아시아에 분포. ②심·변재 구분이 불분명하며 재색은 담황색 또는 담황갈색. 목리는 교착하고 나무갖은 거칠음. 기건비중 0.5~0.9, 수축률은 방사방향 4.7%, 접선방향 8.2%로 보통이며 강도는 압축강도 462kg/㎠, 휨강도 812kg/㎠, 전단강도 75~81kg/㎠로 보통. 건조·포삭성은 불량하나 거단(鋸斷)·접착·도장·내구성은 보통이고 재질은 나왕과 비슷함. 명확한 잿반무늬와 다듬질 면이 매끈하며, 약제주입성은 심재에서 불량. 병충해에 약하며 벌레 침입이 용이함. ③주로 내장·합판·플로어링·창틀재 등에 사용. ④팔로사피아(=).

멤브레인방수(-防水) : 아스팔트 펠트에 의한 방수와 같이 시트 모양의 재료를 사용한 방수.

멤피스그룹(Memphis Group) : ①순수한 실험과 이론 투쟁을 전개하려는 멘디니에 대해, 디자인은 최종적으로 상품으로 전개되지 않으면 무의미하다고 주장한 솟사스가 알키미아를 나와 결성한 그룹. 또한 이 그룹에서 행해졌던 일련의 디자인 경향을 의미하기도 함. ②멤피스는 상업주의의 모더니즘을 거부하고 가능한 불가사의한 디자인과 폭넓고 의미 있는 언어적 융통성이 있는 디자인을 개인과 사회생활 속에 공급하는 것을 목적으로 했음. 장식과 색채를 회복하고, 인간과 그들이 사용하는 물건과의 정서적 관계를 회복시키려고 한 멤피스는 오늘날 신국제주의양식으로 널리 통용되고 있음. ③1981년 이탈리아 밀라노에서 가구디자이너인 에토레 소트사스 2세(Ettore Jr. Sottsass : 1917~)와 그레이브스(M. Graves)·존스(T. Jones)·홀라인(H. Hollein)·렌조 브루골라(Renzo Brugola)·마리오(Jr. Mario)·브루넬라 고다니(Brunella Godani) 등에 의해 설립된 그룹으로 알키미아(Alchimia)란 시각디자인 그룹에서 분리됨.

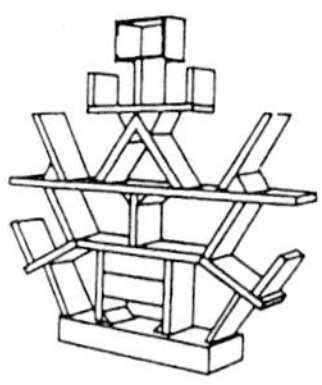

칼턴(Carlton) 수납장

메트로(Metro) 사이드 보드

며느리방 : ⇨건넌방(=).

멱둥구미 : ⇨둥(=).

멱서리 : 짚이나 왕골 따위로 날을 촘촘히 걸어서 빈틈이 없게 만든 그릇.

면(面, plane, face) : ①점의 확대·집합이나 선의 이동·궤적(軌跡)·선폭의 증대 및 선의 집합 등으로 이루어지며 입체의 절단에 의해서도 만들어지고 절단방법에 따라 불규칙한 다양한 면이 생김. 또한 공간의 경계임. ②면에는 평면·요철면·곡면·수직면·수평면·경사면 등이 있으며, 다면체(多面體)에 있어서는 면과 면으로 이어져 하나의 평면을 이루기도 함.

면개발(面開發) : 도시개발에 있어 1개의 획지가 아닌 일정규모 이상의 일정가구(一定街區)를 종합적으로 개발하는 것.

면광원(面光原, surface's source of light) : ①면으로서의 크기를 가진 광원. ②면광원 S에 의한 수조점(受照點) P의 직접 조도(E)는 $E=\int_s \cdot \frac{L\cdot\cos\theta\cdot\cos i}{r^2}dS[\text{lx}]$,

$E=\int_w^L \cdot \cos i dw[\text{lx}]$.

여기서 면적 $S[\text{m}^2]$, 균등면의 확산면 면광원 위에 면적 $dS[\text{m}^2]$의 미소(微小) 부분을 취하고, 그 휘도를 $L[\text{cd/m}^2]$, 수조점 P 방향의 광도 $I[\text{cd}]$, 수조점 P와 미소 부분을 연결하는 직선의 길이를 r [m], 이 직선이 미소 부분의 법선(法線)과 이루는 각을 θ_1, 수조면의 법선과 이루는 각을 i라고 하면, 수조면 P를 포함하는 미소면적 dS에 의한 조도(dE)는

$dE=I\cdot\cos i/r^2=L\cdot dS\cdot\cos\theta\cdot\cos i/r^2$.

면노리(面-) : ①면을 곱게 바르는 것. ②노리는 '분 따위가 살갗에 잘 붙음'이라는 뜻의 일본말.

면벽돌(面甓乭) : 면을 쌓는 데 쓰이는 질이 좋은 벽돌.

면색(面色) : 하늘색과 같이 넓이는 느낄 수 있으나 거리감과 물체감을 느낄 수 없는 색 자체의 느낌만을 느낄 수 있는 색.

면앙정(俛仰亭) : ①전라남도 기념물 제6호, 1533년(중종28)에 창건, 전남 담양군 봉산면 제월리 402-5에 위치. ②면앙정 송순이 지은 정자로 고제봉·기고봉·임백호 및 송강 정철이 그의 문하생임. ③정면 3칸, 측면 2칸의 목조 팔작기와집으로 전후좌우에 마루를 두고 중앙에는 방을 배치함. 사방에 문을 두었을 것으로 추정되지만 현재는 담양쪽에는 벽으로 막았음.

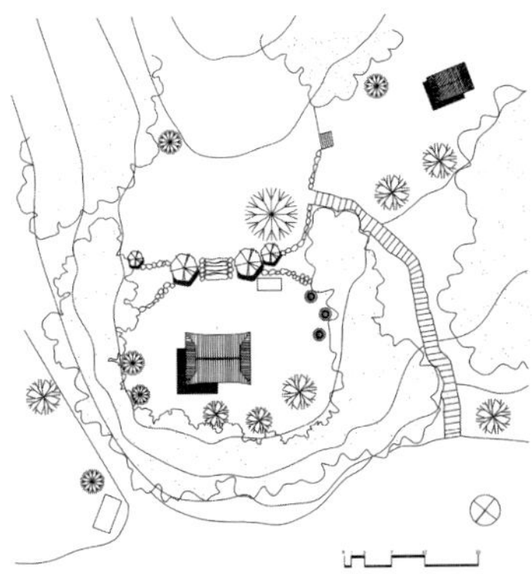

면앙정 배치도

면장부(面丈夫) : ①한 부재의 마구리 전체가 장부로 보이게 한 것. ②끝의 가려진 부분에 평장부나 주먹장부를 만듦. ③주로 윗홈대를 기둥에 통맞춤하거나 바닥 울거미를 기둥에 맞출 때 사용.

면적다이어그램(面積-, area diagram) : 각 공간별로 요구되는 면적에 따른 공간 구획을 나타내는 다이어그램.

면적대비(面積對比, mass contrast) : ①면적의 크고 작음에 의하여 색이 다르게 보이는 현상. 즉 면적이 커지면 명도 및 채도가 증대되어 그 색은 실제보다 더 밝고 선명하게 높아 보임. 반대로 면적이 작아지면

ㅁ

명도와 채도가 감소되어 보이는 대비현상. ②면적이 크면 클수록 채도가 높게 보임. 면적이 큰 것은 채도를 낮게 함. ③그러나 순색(원색)의 면적대비는 큰 면적보다도 작은 면적의 쪽이 효과적이고, 원색의 넓은 면적은 강해 눈을 쉽게 피로하게 만들므로 좁은 면적의 색이 더 뚜렷하게 보이는 성질이 있음.

면적대비효과(面積對比效果) : ⇨면적대비.

면적조화(面積調和, area harmony) : ①면적의 크고 작은 대소(大小)에 의해 이루어지는 조화. ②일반적으로 면적이 크면 채도를 약하게 하고 면적이 작으면 채도를 강하게 하는 것이 좋음. 또한 면적비가 크면 대비를 강하게 하고 작으면 대비를 약하게 함. 비슷한 면적의 두 색의 대비는 작게 하고 면적비가 큰 두 색의 대비는 높은 것이 좋음. 면적과 색의 역학관계는 형(形)으로 표현됨.

면적착시(面積-錯視) : ⇨착시.

면적효과(面積效果, area effect) : ⇨크기효과·면적대비효과(=).

면접기(面-) : ①모서리를 깎아 좁은 면을 내거나 둥글게 하는 일. ②모치기·모접기·귀접기(=).

면접기대패(面-) : 모서리를 각종 단면으로 깎을 때에 사용하는 대패.

면접이(面-, bevel, chamfer) : ①거울·유리·아크릴·목재 등의 모서리를 비스듬한 경사로 깎아낸 것으로 면치기·모치기라고도 함. ②특히 모서리의 두 면에 대하여 대칭형으로 각각 각도가 45°인 면을 'chamfer'라고 하고, 그 외는 'bevel'이라고 함.

면접이

면접이몰딩(面-, bevel moulding) : ①아무 장식이 없는 면에 각도만 준 몰딩. ②스플레이 몰딩(splay moulding)보다 폭이 좁음.

면접이 몰딩

면치기(面-) : ⇨면접이(=).

면토흙손(面土-) : 담이나 벽 따위의 갈라진 데를 흙으로 바를 때에 쓰는 끝이 가느다란 흙손.

면허법(免許法, licensing) : 디자인작업이 대중의 안전을 보호하고 건강에 해를 미치지 않는 범위에서 실행될 수 있도록 면허를 가진 사람에게만 디자인작업을 허용한다는 법규.

면허필(免許畢, licensed) : ①영업활동에 대한 정부 또는 관련기관의 인증을 획득하는 것. ②⇨등록필(=).

면회줄눈 : ⇨내민줄눈(=).

면회하다 : 담이나 벽의 겉에 흙이나 회를 바름.

명귀틀 : ①마루의 바깥쪽에 나 있는 기둥과 기둥 사이에 끼운 귀틀. ②장귀틀(=).

명당(明堂) : 풍수지리에서 혈(穴)의 바로 앞, 청룡(青龍)·백호(白虎)가 감싸고 있는 곳.

명도(明度, value, lightness, helligkeit einer körperfarbe[독], clarté leucie[프]) : ①색의 밝음의 감각을 척도화(尺度化)한 것. ②검정에서 흰색에 이르는 색의 밝기와 어둡기를 나타내는 정도. 명도가 밝은 것은 명색조에 속하고 어두운 것은 암색조에 속함. ③물체의 표면이 다른 것에 비해 얼마나 밝은지를 나타냄, 즉 시지각 또는 시감각적인 색채의 속성을 척도화한 밝기의 정도. ④흑(黑)이나 백(白)의 비교에 의한 색의 밝고 어두운 정도. ⑤빛의 밝기. ⑥색채의 3가지 척도 중 하나로 투사된 빛이 반사되는 정도에 의해 정해지며 지각된 색채의 밝기에 의해 정해짐.

명도단계(明度段階, value scale, gray scale) : 무채색의 척도를 나타내는 것으로 가장 흰색과 가장 검은색을 수직선으로 하여 균일한 몇몇 변화단계의 무채색 순으로 나타낸 색견본(color sample). '무채색 스케일' 또는 '그레이 스케일(gray scale)'이라고도 함. 보통 백색에서 검정까지 11단계의 균등한 변화의 단계를 가짐. 먼셀의 법칙에 의하면 N(neutral)으로 표시하여 N 10은 흰색이 되고 N 0은 검정색이 됨.

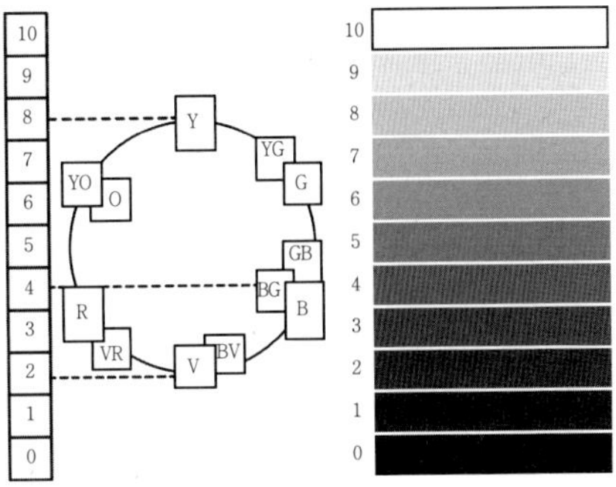

명도단계

명도대비(明度對比, simultaneous of contrast) : ①명도가 서로 다른 색들끼리의 영향으로 인하여 밝은 색은 더 밝게, 어두운 색은 더욱 어둡게 보이는 색의 대비로서 명도 차이가 크면 클수록 대비가 강해지는 현상. ②⇨색의 대비.

명도의 항상(明度-恒常, brightness constancy) : 인간이 기억하고 있는 밝기가 물리적인 밝기의 변화에 저항하여 물리적인 변화 정도에 응하지 않고 항상 그 명도를 지각하는 현상.

명도조화(明度調和, value harmony) : 대상과 주위의 배경과의 명도차에 의해 구해지는 조화. 즉 어떠한 배경색에 있어서 전체의 명도차가 낮아질수록 채도차를 높여야 함.

명동성당(明洞聖堂) : ①서울특별시 중구 명동2가 1-8(1977년 사적 제258호 지정)에 위치. 건물은 1894년에 공사를 시작해서 1898년에 완성한 것으로 우리나라 최초의 벽돌조 교회당이며, 순수한 고딕식 구조로 지어졌음. ②평면은 라틴십자형 삼랑식(三廊式)이며 본당의 높이는 23m, 탑의 높이는 45m. 이 건물은 고딕양식의 장식적 요소를 배제하면서 그대로 본떴고, 공간의 느낌은 외부에서 보다 내부에서 더 주어졌고, 이것은 석조로 만들어야 되는 고딕건물을 벽돌로 만드는데 기인한다고 생각됨. 여기 이용된 벽돌은 완전히 우리나라에서 제작한 한강통(漢江通) 연와소(煉瓦所)의 것으로 그 모양이 20여 종에 달할 뿐 아니라 색깔도 붉은 것과 회색의 2종류가 있어 이들을 요소요소에 구분·사용함으로써 조화롭고 아름다운 건물을 완성하였음. 그러나 아직 양옥을 지을 기능공이 없었으므로 중국에서 벽돌공과 미장이, 목수를 데려다가 시공했음. 주교관(主教館)은 벽돌조 2층 건물로 성당보다 이른 1890년에 지어졌음. 평면은 남북선(南北線)을 대칭축으로 I자 모양이며 좌우 양측면의 2층 로지아 부분(기둥이 있고 전면이 개방된 난간)은 반원 아치를 쌓고, 난간부에는 원형장식 쌓기를 한 것이 특징.

명동성당

명령체계(命令體系, chain of command) : ①어느 한 단계의 직원이 다른 단계의 직원에게 공식보고를 하는 연계과정. ②조직의 모든 구성원에게 공식적인 의사소통 체계를 보여주기 위해 마련된 조직구조.

명료도(明瞭度, percentage articulation) : ①매우 가까이 있는 부분을 상세하게 구별하는 능력. 이 능력은 그 부분을 밝게 할수록 증가함. ②사람이 말을 할 때 어느 정도 정확하게 청취할 수 있는가를 표시하는 기준을 백분율로 나타낸 것.

명륜당(明倫堂, lecture hall) : 성균관이나 향교에서 유생들에게 유학(유교)을 가르치던(강론하는) 집.

명목(名木) : 이름난 목수 또는 재주가 뛰어난 목수.

명목상작업(名目上作業, dummy, dummy activity) : ①네트워크 구성요소의 일종으로 작업상호간의 연관관계만 나타내는 명목상 작업. ②작업활동 및 그 기간 등이 없이 화살형 네트워크에서 바르게 표현하지 못하는 작업의 상호관계를 나타내기 위해 이용. 보통 '더미'라고 하며 점선 화살표(⇢)로 표기. 따라서 ㉠작업의 선후관계, 즉 종속관계만을 표시. ㉡소요시간은 0. ㉢

크리티컬 패스(critical path)가 될 수 있음. ㉣동일 작업을 두 개 이상 그릴 수 없으며, 또 동일 결합점(event)에서 동일 결합점에 끝나는 작업은 2개 이상 있어서는 안 됨.

명목치수(名目値數, normal dimension) : ①재목(材木)을 건조시켜서 대패질하기 이전의 치수. 규격을 정하고 목재량을 계산하는데 편리하게 사용. ②제재치수(=).

명부전(冥府殿, hades hall) : ①지옥세계에서 중생들을 구제하는 지장보살을 모신 전각. ②지장보살을 주불로 하고 기타 염라대왕과 시왕(十王)제신을 안치한 불전. ③지장보살을 본존으로 모셨기 때문에 지장전이라고도 하고, 지장전에는 유명계(幽冥界)의 시왕(十王)을 봉안하고 있기 때문에 시왕전이라고도 함. ④시왕전·지장전(=).

명색(明色) : ①높은 명도(5.8 이상)를 가진 색. ②대표적인 예로는 백색에 가까운 엷은 빛깔이나 밝고 선명한 색깔·등(橙)·황(黃)·황록의 밝은 빛깔 등이 있음. ③자연계의 평균 반사율은 18%(명도 4.8 정도).

명색조(明色調, tint) : ①흰색이나 엷은 회색을 혼합하여 얻어지는 색. ②순색에 흰색을 혼입하여 만든 밝은 색조. ③암색조(⇔).

명세견적(明細見積, particular estimation) : ①완비된 설계도서·현장설명·질의응답에 의거하여 건물을 구성하는 각 부분의 수량·중량·면적 등을 각 공사별로 상세하게 산출하고 이에 각 단위당 단가를 곱하여 총공사비를 산출하는 방식. ②정밀검사(=).

명소시(明所視, photopic vision) : ①명순응에서 추상체가 활동하는 시각의 상태. ②명소시의 최대시감도는 555nm의 연두. ③명순응시(=)·암소시(⇔).

명순응(明順應, light adaptation) : ①어두운 곳에서 밝은 곳으로 나오면 처음에는 눈이 부시나 망막의 빛에 대한 감수성이 급격히 저하되어 곧 보이게 되는 것. ②$10 \sim 10^{-6}$칸델라(cd/m²) 정도의 낮 밝기로 추상체가 활동하기에 필요한 시각(視覺)의 상태. ③눈의 추상체(錐狀體)작용으로 말미암아 어두운 곳에서 밝은 곳으로 가면 처음에는 눈부셔 잘 안보이나 약 1초에서 수초 안에 정상상태로 회복되는 시각현상. ④망막의 순응(=)·암순응(⇔).

명시거리(明視距離, distance of distinct vision) : 보기 위한 적당한 거리. 예컨대, 보통의 활자 3~4mm 크기를 잘 읽기 위해서 필요한 250~300mm 정도의 거리.

명시도(明視度) : ①같은 거리에 같은 크기의 색이 있을 때 대상 물체가 주변과 분리되어 확실히 보이는 정도. '가시성', '가시도' 또는 '판독성'이라고도 함. ②가시성·가시도·판독성(=).

명시성(明視性, clarté[프]) : ①그림이나 도안에 있어서 하나의 물체 형상과 그 배경 및 주위와의 관계를 색채 및 선에 의해 눈에 띄게 하는 효과. ②주목성(注目性)과 함께 특히 포스터(poster)에 요구되는 기법.

색의 명시성 비교

서열	글씨색	배경색	자연광	인공광
1	흑	황	1.31	1.00
2	황	흑	1.34	1.40
3	녹	백	1.35	1.30
4	적	백	1.36	1.26
5	흑	백	1.36	1.32
6	백	청	1.36	1.37
7	청	황	1.36	1.39
8	청	백	1.37	1.35
9	백	황	1.40	1.35
10	녹	주황	1.40	1.38
11	흑	주황	1.40	1.40
12	적	황	1.41	1.38
13	주황	흑	1.41	1.40
14	황	청	1.41	1.42
15	백	녹	1.41	1.45
16	흑	적	1.42	1.45
17	청	주황	1.42	1.45
18	황	녹	1.42	1.46
19	청	적	1.43	1.40
20	황	적	1.44	1.50
21	백	적	1.47	1.43
22	적	흑	1.48	1.43

색의 명시성 비교(계속)

서열	글씨색	배경색	자연광	인공광
23	백	주황	1.48	1.45
24	흑	녹	1.48	1.54
25	주황	백	1.50	1.50
26	주황	흑	1.52	1.60
27	황	주황	1.52	1.62
28	적	주황	1.54	1.64
29	적	녹	1.57	1.50
30	녹	주황	1.58	1.47

명시의 조건(明視-條件) : ①시대상(視對像)이 보기 쉽고 잘 보이는 것. ②명시의 기본적인 4조건은 크기·밝기·대비·시간임. ③명시의 5조건은 밝기·색·대비·크기·시간(움직임). ④보임의 조건(=).

명시조명(明視照明) : ①쾌적한 상태에서 시작업을 할 수 있는 시각환경을 구성하는 것을 목적으로 하는 조명. ②작업장은 전반적으로 고명도(高明度)의 조명이 요구됨. ③일명 '기능조명'이라고도 함.

명암(明暗, brightness and darkness) : ①밝음과 어두움을 지칭하는 용어. ②일반적으로 명(明)에 대한 암(暗), 암(暗)에 대한 명(明)으로서의 대비현상을 의미.

명암계열(明暗系列, value scale) : 흑색과 백색 사이에 놓인, 시각적으로 등간격을 이루고 있는 일련의 중성회색들.

명암계획(明暗計劃, plans of value) : ①디자인 원리에 따라 계획된 명암, 색채면적의 어림셈에 따른 비례. ②색채량의 계획(=).

명암기조(明暗基調, value key) : ①회화·석판화·동판화 등에 있어서 명암들의 특수한 관계. ②이들은 구성에 있어서 주조명암과 가장 어두운 명암, 가장 밝은 명암들에 따라 분류.

명암대비(明暗對比, contrast of value) : ①같은 회색이나 배경이 검정인 경우와 하양인 경우에 검정 배경 위의 회색이 하양 배경의 회색보다 더 밝게 보이는 현상. ②같은 색이라도 배경색에 따라 더 밝게 또는 어둡게 느껴지는 현상.

명암대조법(明暗對照法, chiaroscuro) : ①건축물의 형태를 강화하기 위한 깊은 변화감의 연출로서 나타낸 구성범위 내의 빛과 그림자의 효과. ②빛과 그림자는 건축물의 형태를 지각하는 수단. ③햇빛은 그림자를 통하여 재료들의 몰딩과 이음매의 윤곽을 증가시키므로 디자이너가 의도했던 특징을 뚜렷하게 하는 동적(動的)인 요소가 됨.

명암레벨(明暗-, value level) : 모든 색채가 동일 명암을 가진 색입체를 수평방향으로 분할한 면.

명암리듬(明暗-, value rhythm) : 운율적이고 조화된 명암간격 등.

명옥헌(鳴玉軒) : ①전라남도 기념물 제44호, 1682년 창건, 전남 담양군 고서면 산덕리 513에 위치. ②정면 3칸, 측면 2칸인 팔작지붕의 정자. 전면 2단, 측면과 배면에는 1단의 외벌대 기단, 원형주초 위에 두리기둥을 세움. 기둥 상부는 장여받침 굴도리를 얹고 직각방향으로 보아지를 끼워넣어 보를 받침. 대들보는 내진칸의 기둥과 외진칸의 평주에 수평으로 걸쳐 있음. 즉 내진의 기둥이 높지 않고 대들보 위에 동자주를 세우고 박공부분에 우물천장을 가설함. 실의 구성은 외부로 툇간을 돌리고 그 중앙에 방을 둔 중앙실형이며 방에는 구들을 두었고 평천장을 하였으며 마루의 외곽에는 평난간을 돌림. 사방에 모두 문을 두어 밖을 바라볼 수 있도록 하여 소쇄원과 더불어 자연과 인공이 어우러진 민간정원으로 아름다운 원림(園林).

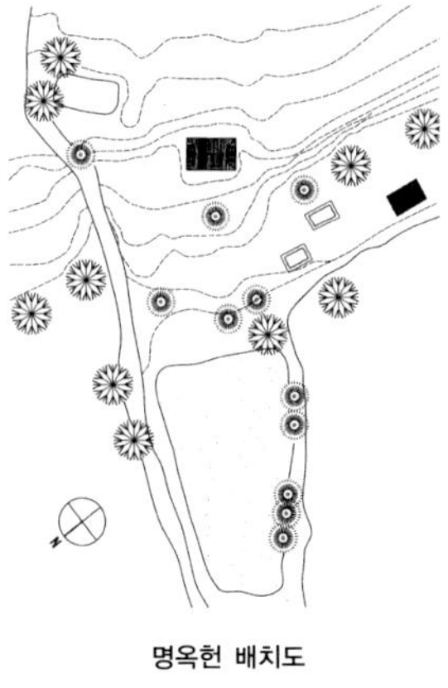

명옥헌 배치도

ㅁ

명장지(明障紙) : ①채광을 위해 창호지를 발라 밝게 한 문이나 창. ②한지를 한 겹 발라 빛이 투과되는 창호. ③⇨맹장지.

명층(明層, clerestory) : ⇨고창(=).

명쾌함(明快-, clarity) : ①조형적·의장적으로 명백한, 거추장스러운 모든 것으로부터 자유로운 의미의 장식. ②단순성(≒).

모(毛, wool) : 양·염소·낙타 등 동물의 털을 원료로 만든 단백질 섬유 또는 그것으로 만든 모직물.

모거리 : 안채인 안거리와 바깥인 밖거리에 대하여 모로 배치된 거리(제주도).

모걷기 : ⇨모따기(=).

모고임천장(-天障) : ⇨모죽임천장(=).

모군꾼 : 공사판에서 삯을 받고 품팔이를 하는 사람.

모기둥 : ①모가 나게 만들어진 기둥. ②둥근 나무를 네모지도록 다듬어 만든 기둥. 보통 모서리에 모죽임을 하여 장식함. ③조선시대 말엽에 살림집에서 흔하게 사용된 기둥. ④종류는 사모기둥 또는 네모기둥(사각기둥), 육모기둥(육각기둥) 팔모기둥(팔각기둥) 등이 있음. ⑤방주·모기둥·모진기둥(=).

모끼 : ①나무의 모서리를 밀 때 쓰는 대패. ②나무의 모서리를 후리는 데 쓰이는 연장. ③나무의 귀를 깎아서 장식하는 것 또는 그렇게 하는 것. ④두알모끼·세알모끼 등이 있음. ⑤목귀라고도 하지만 그것은 한자로 표기하기 어려워서 생긴 말인 것 같음. ⑥목귀·목기연·목끼연·목지연(=).

모끼연 : ⇨목기연·목지연(=).

모끼치기 : 모서리를 접거나 면의 중간에 쇠시리를 내는 일.

모나스터리(monastery) : ①'혼자 생활하는 장소'를 의미하는 그리스어로 천주교의 수도사 또는 수녀들이 공동생활을 영위하는 수도원을 의미. ②오늘날 남아 있는 수도원은 그리스의 아토산에 있는 수도원의 건축군이 유명함. ③중세 르네상스 시대의 접는 의자. ④콘벤트(=).

모나스트리(monastery) : ⇨모나스터리(=).

모노그램(monogram) : ①성명의 첫 글자 등을 도안화하여 짜맞춘 글자. ②현대의 서명(署名)에 해당.

모노록(monolock, unitlock) : ①둥근 손잡이 속에 자물쇠 장치가 된 것으로 '실린더 자물쇠'라고 함. ②실내쪽에 면하고 있는 둥근 손잡이 중심에 있는 단추를 누르면 잠겨지는 것이 대부분. ③보통 한 개의 자물쇠로써 래치볼트(latchbolt)와 데드볼트(dead-bolt)를 겸용.

모노크롬(單色畵, monochrome) : ①회화의 한 기법. ②단색화(單色畵)·단채화(單彩畵)라고도 함. ③다채화(多彩畵, polychrome)에 대해서 한 가지 색(보통 검은 색 또는 짙은 갈색)을 채도와 명도만 달리하여 화면을 구성하는 그림양식. ④색 하나만을 사용하여 그리는 그림. ⑤이는 회색만을 사용하여 그 명암과 농담을 그리는 그리자이유(grisaaille[프])와는 다름. ⑥1945년 이후에 등장한 회화양식인데, 최소한의 표현을 주장하는 미니멀아트와 밀접한 관련이 있음. 화면에 요철을 주거나 리듬감 있는 선 나열하기, 염색처럼 물들이기 등 작가마다 독특한 방법으로 조형함.

모노트리글리프식(-式, monotriglyphic) : 기둥과 기둥 사이에 트리글리프(triglyph)가 한 개만 들어가는 형식.

모노포디움(monopodium, monopod) : ①상부는 사자와 같은 동물의 머리나 몸, 하부는 그 동물의 다리나 발 등을 조각한 의자나 테이블의 다리. ②고대 로마에서 유래하였으며, 주로 프랑스 제국양식과 영국의 섭정양식에서 사용함.

모노프테랄(monopteral[그]) : 벽으로 에워싸인 신실(神室)이 없고 주위의 열주(列柱)만으로 구성된 신전형식.

모노프테로스(monopteros[그]) : ①일렬(一列)의 기둥에 의해 둘러싸인 원형 신전. ②그리스·로마의 희귀한 형식으로 18세기에는 종종 원정(garden pavillion)으로 채용.

모놀리드(monolith, monolithe[프]) : ⇨모놀리스(=).

모놀리스(monolith, monolithe[프]) : ①통째로 된 하나의 커다란 돌. 여러 가지 기념비(오벨리스크·스텔레 등) 외에 미석(楣石)·기둥·지붕판 등이 하나의 돌로 되어 있는 경우에 이 용어를 사용. ②오벨리스크(obelisk)나 기둥의 형태로 된 큰 덩어리의 돌. ③어떤 상(像)이나 기념물로 형태를 갖춘 하나의 크고 단순한 돌덩어리.

모놉테론(monopteron) : 중앙의 구조물이나 뜰을 둘러싸고 있는 일렬 기둥을 가지고 있는 원형의 건물.

모놉테론

모뉴먼트(monument) : 역사적·사회적으로 기념할 만한 불멸의 걸작이나 기념을 위한 건축물을 지칭.

모니터루프(monitor roof) : ①지붕 위에 다시 만든 작은 지붕으로서 채광·환기를 목적으로 사용. ②빛과 환기를 위해 창이나 비늘살문(louver)을 가지고 지붕마루 위로 솟은 지붕. ③주로 공장 등에서 실내에 열·수증기 또는 오염물이 다량으로 발생하여 다량의 환기가 필요할 때 실내의 고온으로 생기는 부력작용을 이용하고 풍력의 도움을 빌어 배기량을 증대시키기 위해 사용. ④솟을지붕(=).

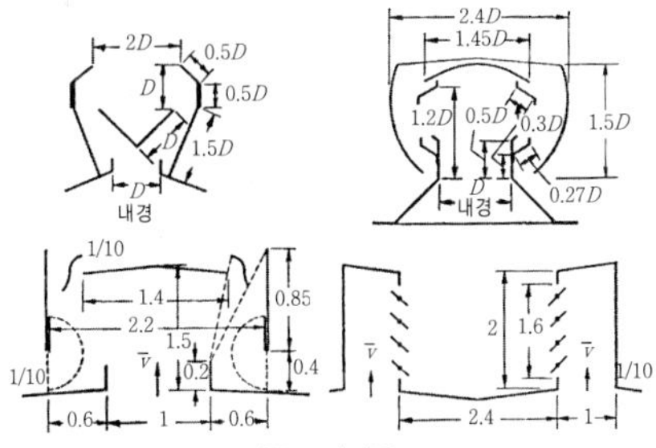

각종 모니터루프

모니터지붕채광(-採光, monitor roof, cross light monitor) : ①원래 환기를 위해 사용하는 모니터 지붕의 형식. ②채광을 위해서는 유리한 방식이지만, 비를 막는데 불리한 경우도 있음. ③북향의 톱날형 지붕의 광색(光色)은 청색에 가깝지만 어떤 투명채광창에 의한 모니터지붕은 주광을 많이 사입(射入)시킬 수 있는 반면 조도분포는 모니터 내부의 반사율에 따라 상대적으로 변화함.

모다(moda) : 인도 주택에서 현관홀.

모다듬기 : ①돌의 모서리를 날메를 대고 쳐서 접합부 가장자리를 곱게 다듬는 일. ②돌림띠(=).

모더니스모(modernismo) : 스페인 특히 카탈로니아(Catalonia) 지방판 아르누보.

모더니즘(Modernism) : ①20세기에 발달된 디자인 양식을 지칭하는 일반적인 용어.②전통적 양식을 참고로 하지 않으며, 기능위주의 간단함·간소함·단순함 등이 특징. ③조형예술에 있어서는 세련된 도시적 감각을 의미하기도 함. ④'바로 지금'의 뜻을 가진 라틴어에서 유래한 이 용어는 1960~1975년대에 크게 유행한 건축운동. ⑤근대운동은 현대의 생활에 맞는 건축양식을 마련하기 위한 지각 있는 시도였으며 새로운 재료들의 사용을 시도함.

모던디자인(modern design) : ①일반적으로 19세기 후반부터 20세기 중반까지, 특히 1920년대의 바우하우스 운동을 계기로 전개되어온 기능주의적인 근대디자인. ②근대디자인의 "형태는 기능을 따라 결정된다."는 이념하에 기능과 형태가 일체화된 디자인을 추구.

모던아트(modern art, l'art moderne[프]) : 1930~1945년의 부드럽게 둥글린 모서리, 표면장식 없이 마무리된 매끄러운 벽이 특징인 근대양식 중 하나.

모데르니스모(modernisme) : ①모데르니스모란 근대주의(modernism)라는 의미의 스페인 카탈로니아 지방어. ②대표적인 건축가로는 가우디(A. Gaudi : 1852~1926)와 몬타네르(L. D. Montaner : 1850~1923) 등이 있음.

모델(model) : ⇨모형(=).

모델레토(modelletto[이]) : ①매우 큰 회화

작품의 주문을 받았을 경우, 그 전체의 구상을 의뢰자에게 보여주고 승낙을 얻기 위해 작은 작품으로 스케치하여 제작한 회화. ②모델로(=).

모델로(modello) : ⇨모델레토(=).

모델룸(model room) : ①가구를 비롯한 기타 생활용품 전시를 목적으로 하여 실제 실내와 같게 만든 실내구성. 때로는 인형 따위를 배치하여 실감을 강조. ②모델하우스(=).

모델링(modeling) : ①빛을 받는 어떤 물체의 분량이나 괴체(塊體)를 묘사하는 데 쓰이는 밝거나 어두운 그림자로 명암·색조 등. ②명암에 의해 2차원 표면 위에서 양괴(量塊, mass)·깊이 또는 입체감을 표현하는 기법으로, 일반적으로는 원형(原形)을 만드는 일 또는 그림·조각에서 실체감을 표현하는 일을 의미함. ③시각환경에서는 시각환경의 빛의 질, 특히 빛의 방향성이나 확산성·빛이 흐르는 방법을 사람 얼굴의 입체감이나 재질감이 보이는 방식에 따라 평가하는 방법. ④실체감 표현법(=).

모델하우스(model house) : 아파트 또는 대단위 주거단지의 주택 등을 분양 목적으로, 시공 전 완공된 상태의 내부를 견본으로 지어 불특정다수 고객에게 선택의 기회를 제공하는 견본주택.

모델화(-化, model) : 현실의 사상(事象)을 추상화(抽象化)한다는 뜻.

모듈(module) : ①건축이나 실내건축에 있어서 각 부분간의 상관적인 비례관계의 기준이 되는 척도. ②시공의 편리성과 경제성을 위해 디자인과 건축에 사용되는 규격화된 단위(unit). ③다양한 크기와 복잡도 및 용도를 지니는 건축부재를 구성하는데 사용되는 것으로 일정 패턴의 형태로 표준화된 표준부재·기준치수 ④다양한 요소를 통합하여 시스템화할 수 있도록 제작된 규격화된 가구유닛으로 수납시스템이나 카우치(couch)에 사용. 예컨대 한옥의 방 크기를 9자·10자·12자 등으로 구획한 치수. 이러한 모듈은 고대건축의 가장 큰 특징인 오더(order)에 그 기원을 두고 있음. 즉 어원은 라틴어의 'modulus'로 고대 그리스의 가장 큰 특징인 오더(order)의 주초(柱楚, base) 위의 가장 굵은 기둥의 직경 또는 반경을 모듈로 하고, 원주나 그 상부의 엔태블레처의 높이·기둥간격 등을 규정하고 있음. 근대건축에서는 건축부재의 규격화(standardization) 단위라는 의미로 사용되며 또한 미리 결정한 기준치수(module, 値數)를 바탕으로 건축적 구성부재(문·창·패널 및 보 등)의 치수를 결정하는 것을 모듈 나누기(modular coordination)라 하며 이에 의해 프리패브리케이션(prefabrication)화(化)의 진보가 이루어졌음.

모듈가구(-家具, module furniture) : ⇨가구.

모듈격자(-格子, module grid) : 모듈로 분할된 격자. 모듈러 코디네이션이 된 구성재(構成材)의 위치를 분할하기 위한 것.

모듈기업(-企業, module company) : ①회사 내에 생산시설을 갖고 있지 않거나 갖고 있어도 최소한의 시설만 보유하고 부품이나 완제품을 외부 기업으로부터 조달해 최종제품을 판매하는 기업. ②모듈기업은 생산시설을 갖추지 않는 데서 오는 여력을 디자인과 마케팅 등 경쟁의 핵심요소에 집중 투자해 일류의 경쟁력을 보유할 수 있는 장점이 있음. ③이런 기업은 기본적으로 '기업의 슬림화'를 이룩하게 되며 이는 비대한 조직의 살을 빼는 '조직의 슬림화' 및 부실한 기업을 과감히 포기하는 '경영의 슬림화'와 함께 최근의 기업구도 변화를 대표하는 현상. ④모듈기업은 유행에 민감하게 반응하는 패션산업에서 처음 시작됐음. ⑤나이키·리복 등이 세계적인 모듈기업이며 국내에서는 이랜드가 대표적임.

모듈러[1](modular) : ①기준치수에 의해 규격화된 부재를 사용하여 건설하거나 조립하는 방법. ②건축에 사용되는 수치를 작은 것부터 큰 것에 이르기까지 수치의 수열을 정하여 건축 각부의 치수를 이것에 맞추는 것으로 건축의 공업화에는 매우 효과적임. ③황금분할과 인체를 가지고 표현한 피보나치 시리즈 등에 의존하는 비례체계로서 건물단위 등의 비례를 계산하고자 할 때 사용될 목적으로 만들어졌음. ④1942~1948년 르 코르뷔지에(Le Corbusier : 1887~1965)와 그의 동료들에 의해 발전됨. ⑤이상적인 신체높이는 183cm이며, 이로부터 226cm인 첫 번째 차원, 즉 손을 들고 똑바로 서 있을 때의 높이와 지면에서의 명치(solar plexus)까지의 거리인 113cm가 나옴.

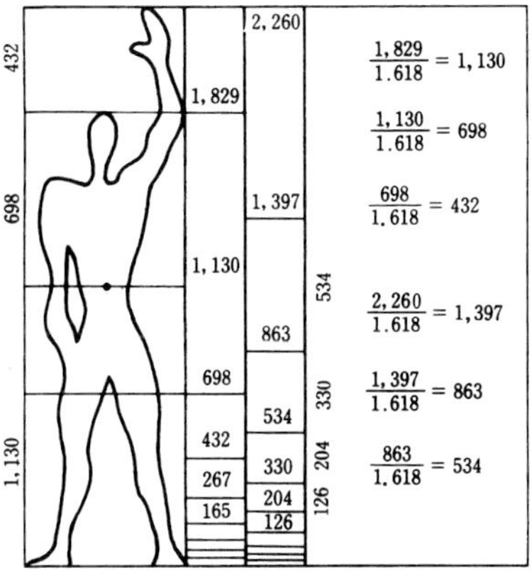

모듈러

모듈러[2)](modulor) : ①프랑스의 건축가 르 코르뷔지에(Le Corbusier : 1887~1965)가 고안하여 사용한 치수체계의 척도. ②건축에서 평면·단면·도구에 이르기까지 어떤 조화로 통일되는 기준의 척도. ③Module과 or의 합성어. ④근대에 어울리는 적합한 치수체계가 있어야 한다고 생각한 르 코르뷔지에는 인체치수·황금분할(golden section)과 황금비·피보나치수열을 조합해서 치수의 체계화를 시도.

모듈러가구(－家具, modular furniture) : ①규격화된 모듈에 의한 시스템 디자인을 계획함으로써 단일가구의 구성에 단위부재가 서로 조합·분리되어 변화와 이동에 편리한 일종의 시스템 가구. ②공간 내 동선을 최소화할 수 있는 가구. ③모든 것이 함께 어울려 하나로 되어 나타난다는 붙박이가구의 개념. ④모듈러 가구는 유동성과 융통성의 장점을 더 많이 가지고 있음. 그 구성요소들은 공간의 낭비 없이 원하는 대로 큰 가구로 조립되기 때문에 공간을 훨씬 자유롭게 사용. ⑤시스템가구(≒).

모듈러라운지시팅(modular lounge seating) : 여러 개의 벤치와 의자가 조합된 가구.

모듈러설계(－設計, modular design) : 부재를 쉽게 설치하고, 부재 배열을 다양하고 탄력성 있게 하며, 사용용도를 다양하게 하기 위하여 부재 표준화를 이용하는 계획과 설계.

모듈러스(modulus[라]) : ①고대 건축에서 부재 사이의 비례관계를 정하는 기준 단위. ②비트루비우스는 그의 저서인 『건축십서』에서 원주의 기저부분의 반지름을 '1모듈러스'라고 함.

모듈러시스템(modular system) : ⇨모듈러플래닝(＝).

모듈러시스템적용(－適用) : ⇨모듈러플래닝(＝).

모듈러의자(－椅子, modular chair) : ①1930년대에 나타난 조립식 가구. ②종류는 보통 팔걸이가 없는 단일한 유닛(unit), 왼쪽이나 오른쪽 한쪽에만 팔걸이가 있는 유닛(unit), 그리고 코너 유닛(unit)으로 구분. ③다양한 형태와 방식으로 조합될 수 있음.

모듈러좌표계(－座標計, modular coordination) : ①구조체 치수와 그 구성요소 부재치수를 상호 연관시켜 좌표계로 구축하는 것. ②일반적으로 100mm(4 inch) 육면체 모듈 격자를 사용.

모듈러주택(－住宅－, modular house) : ①주택을 구성하는 부재를 규격화하여 공장에서 대량생산하고 현장에서 조립함으로써 건축기간과 건축비용을 절감하도록 한 조립식 주택. ②규격화된 대단위주택이나 건축물의 건설에 효과적임.

모듈러케이스워크(modular casework) : 라미네이트판으로 마감된 공장제품을 총칭. 예컨대 싱크장·벽장·붙박이 선반 등.

모듈러코디네이션(modular coordination ; MC) : ①건축물 또는 그 부재치수를 여유있게 정하는 조정. ②원래 이러한 조정의 목적은 건축물의 아름다운 미를 창출하려는 세련화(refinement) 같은 것을 의미하였으나 오늘날에는 건축부재의 공장생산을 위한 경제성이나 효율성을 위하여 치수조정. 즉 MC가 행해지고 있음. ③치수조정(=).

모듈러플래닝(modular planning) : ①평면의 치수계획에 있어서 모듈을 기본척도로 하여 그리드 플래닝(grid planning)을 적용한 경우. ②바닥·벽·천장을 구성하는 각 부재의 크기를 기준단위로 한 모듈을 계획의 보조도구로 삼아 생활면에서의 고려는 물론 의장·구조·공법 등 갖가지 면에서의 요구를 종합적으로 조정·해결하는 것으로 '모듈러시스템의 적용'이라고도 함.

모듈벽돌(-甓乭, modular brick) : 102×68×203㎜의 공칭치수를 가진 벽돌.

모듈 플랜트(module plant) : ①모듈공법에 의해 건설되는 플랜트. ②종래에는 수천, 수만개의 부품을 현장으로 반입·조립해서 건설해 온 것을 모듈공법에서는 플랜트를 몇 개의 큰 덩어리(module)로 나눠 공장에서 미리 조립, 현장에 반입하며, 현장의 건설작업은 모듈을 맞춰 조립만 하면 되기 때문에 공기가 짧아지고 건설코스트도 대폭 절감되는 이점이 있음.

모듈화(-化, module) : ①치수를 재기 위한 표준단위를 건축물 부재의 생산 및 제작을 위한 하나의 기본치수로 규격화시킨 것. ②초기 문명의 이론들과 인간형상을 바탕으로 하여 1942년 르 코르뷔지에(Le Corbusier : 1887~1965)에 의해 발전된 비례방식. 이 방법은 황금분할과 관계가 있음.

모드아크릴섬유(-纖維, modacrylic fiber) : ①아크릴니트릴(acrylonitrile)이 함유(35~85%)된 합성섬유. ②특징은 가볍고 부드러우며 구김이 가지 않는 장점이 있고 방화성·내약품성이 우수하나 염색성은 아크릴 섬유만큼 좋지 않음. ③카펫·커튼·인조털 등에 사용.

모딜리온(modillion) : ①코린트식 코니스를 받치고 있는 돌출된 선반받이. ②건축과 가구디자인에서 많이 사용되며 일명 콘솔(console)이라고도 함. ⇨콘솔(=). ③코린트(corinthian)와 콤퍼지트(composite) 원주의 돌림띠(cornice) 아래에 연속적으로 사용한 돌출된 까치발(bracket). ④⇨코린트식 오더.

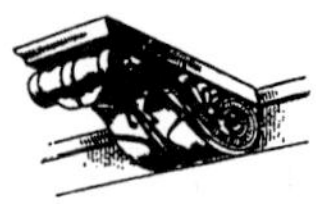
모딜리온

모따기(chamfering) : ①부재의 모서리를 평면 또는 다른 모양으로 깎아내는 것. ②나무의 모서리를 깎아서 둥글게 하는 것. ③모걷기·모접기·모죽이기(=)·방걷기(≒).

모라(Mora, Mora spp[학]) : ①파나마에서 코스타리카·에콰도르·베네수엘라·브라질 등에 분포. ②심재는 담갈색·황갈색·적갈색으로 변화가 많으며 변재는 회색. 목리는 교착 또는 불규칙하고 나무갗은 거칠거나 보통이고 냄새가 남. 기건비중은 1.03 전후, 수축률은 방사방향 8.5%, 접선방향 13.1%, 용적수축률 22.2%로 큼. 강도는 압축강도 864kg/㎠, 휨강도 2,126kg/㎠, 횡인장강도 39.3kg/㎠, 전단강도 114kg/㎠로 강함. 가공은 곤란하고 내구성은 크며 건조는 느리고 할렬이나 비틀림이 일어나 인공건조가 바람직함. ②주로 플로어링·합판 등에 사용.

모라베(Molave, Vitex cofassus Reinw[학]) : ①동인도에서 필리핀·솔로몬까지, 동남아·남태평양 일대의 열대에 분포. ②변재는 심재에 비해 담색으로 색의 구분은 분명치 않으며, 담갈색 또는 황갈색이거나 회갈색에 녹갈색의 줄무늬가 있음. 목리는 통직하거나 교착하고 나무갗은 곱고 균일하며 광택이 있음. 기건비중 0.73, 수축률은 방사방향 3.7%, 접선방향 6.5%

로 보통이며 강도는 압축강도 562kg/㎠, 휨강도 851kg/㎠, 전단강도 70~77kg/㎠로 보통. 내구성은 매우 높고 가공성은 양호하고 연삭은 용이함. 건조는 느리며 마모성은 양호하고 청변균(靑變菌)에 강한 편임. ③주로 플로어링·가구·합판·건구 등에 사용.

모란꽃색(-色) : ①관용색명으로 해맑은 자주. ②먼셀기호 3R5/14.

모랄(Moral, Chlorophora tinctoria Gaud [학]) : ①멕시코에서 중앙아메리카·남아메리카북부·페루·브라질·아르헨티나까지 넓게 분포. ②심·변재가 구별되며 심재는 신선할 때는 황색이나, 대기 중에 노출되면 장미색 또는 커피색이 됨. 변재는 백색. 목리는 통직 또는 교착하고 나무갗은 보통이거나 거칠음. 기건비중 0.77전후, 수축률은 방사방향 3.4%, 접선방향 6.5%, 용적수축률은 9.4%로 적고 강도는 압축강도 925kg/㎠, 휨강도 2,161kg/㎠, 전단강도 73kg/㎠로 매우 강함. 가공은 보통이고 자연건조는 용이하나 속도가 빠르며 비틀림이 일어날 염려가 있음. 내구성은 대단히 높음. ③주로 플로어링·가구 등에 사용.

모래분사법(-噴射法, sand blasting) : ①압축공기나 증기를 이용하여 모래 입자를 유리나 수정 위에 분사시켜 표면을 깎아내는 에칭(etching)기법의 하나. ②일반적으로 모래가 분사된 부위가 불투명한 상태가 되어 어느 정도 프라이버시 확보가 요구되는 공간의 벽체나 스크린으로 사용.

모래색(-色, sand) : ①관용색명으로 회색빛 노랑. ②먼셀기호 2.5Y 7.5/2.

모레스크(moresque[프]) : ⇨무어양식·아라베스크(=).

모로긋기 : ①긋기 단청에 모로단청을 덧붙여 쓴 것. ②모루긋기(=).

모로단청(毛老丹靑) : ①각종 문양이 들어가기 시작하는 단청. ②부재의 두 끝부분에만 여러 무늬를 놓아 갖가지 색으로 그린 단청. 단조롭거나 화려하지 않은 중간 정도의 단청임. ④서까래인 경우 끝부분, 보나 창방·평방 등의 가로부재는 부재의 양쪽 부분에만 머리초문양이 들어가고 가운데는 긋기단청으로 마감된 단청 또는 기둥의 끝단에 하는 단청. ⑤목부재의 끝부분에만 머리초문양을 장식한다하여 '머리단청'이라고도 함. 즉 '모로'란 '머리'의 발음이 변이된 것임. ④주로 사찰의 누각·궁궐의 부속건물·향교·서원·사당·정자등 화려한 건물에 적용됨.

모로단청의 실례 - 창덕궁 인정전(국보 225호)

모로단청

모루 : ①대장간에서 불에 달군 쇠를 두드릴 때 받침으로 쓰는 쇳덩이. ②한자어로는 철침(鐵砧)이라고 함.

모루긋기 : ⇨모로긋기(=).

모루단청 : ⇨모로단청(=).

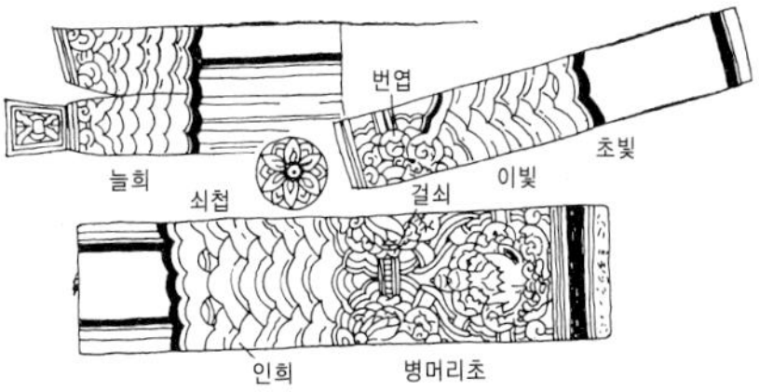

모루채 : 모루에다 놓고 칠 때에 쓰는 방망이.

모르타르(mortar) : ①시멘트·모래·물을 혼합한 것. ②조적조의 구성재 결합 또한 물·공기 등의 접촉을 막는 재료. ③시멘트 모르타르의 약칭. ④필요에 따라 석회를 가하기도 함. ⑤시멘트 : 모래의 배합용적비는 보통 1 : 3이나 경우에 따라 1 : 1, 1 : 1.5, 1 : 2, 1 : 5 등으로 함. ⑥시멘트 모르타르를 만들 때에는 정해진 비율로 마른 것(사모래)을 골고루 섞은 후에 물을 조금씩 넣어 가면서 다시 잘 비벼 고루 반죽. ⑦아치쌓기에 사용하는 모르타르 배합비는 시멘트와 모래 비를 보통 1 : 2로 하고 사춤 모르타르는 충분히 채움. ⑧물을 부어 배합한 후 1시간부터 굳기 시작하여 10시간이면 끝나므로 30분이 지나기 전에 사용하며, 그 이상 시간이 지난 것은 다시 비벼 사용하지 않도록 함.

모르타르마무리(cement plastering) : ①모르타르를 발라 마무리하는 것 또는 그 마무리. 즉 '미장(美匠)하는 것'. ②모르타르바름(=).

모르타르바름(mortar coating) : ①시멘트 모르타르를 바름. 즉 '미장(美匠)'을 의미. ②'모르타르 칠'이라고도 함.

모르타르반자(−半子) : ①바름반자의 일종. ②콘크리트판 밑을 모르타르로 직접 바른 반자. ③주로 철근콘크리트 건축물의 마감재로 사용.

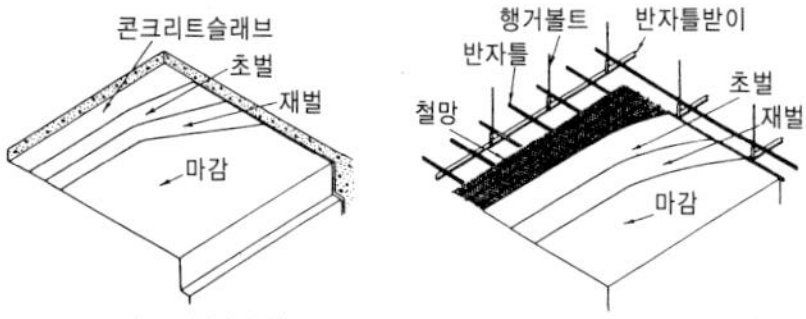

모르타르 반자(직접)　　모르타르 반자(철망위)

모르타르 반자

모르타르방수(−防水, waterproofing mortar finishing) : 방수모르타르를 발라 방수하는 것. 완전방수는 어려우나 값이 저렴하고 시공이 용이해 가벼운 방수에 많이 사용.

모르타르사춤 : 조적공사에서 모르타르로 빈 공간을 채우는 것.

모리스마샬폴크너회사(−會社, Morris, Marshall, Faulkner & Co) : ⇨모리스회사(=).

모리스회사(−會社, Morris and Company) : ①영국의 미술·공예운동에 가장 큰 영향력을 발휘했던 모리스 회사는 1861년 4월에 모리스·마샬·폴크너 회사(Morris, Marshall, Faulkner & Co)라는 이름으로 윌리엄 모리스(William Morris : 1834~1896)가 세운 회사. ②모리스의 의도는 "예술성을 지닌 모든 종류의 작품을 디자인하고, 저렴하면서도 예술성 있는 작품을 제작하는 역사적인 예술가 회사"를 만들자는 것이었음. 그는 "괜찮은 수준의 작품이란 경건하고 근면한 노동과 자연에 접근하는 중세 길드의 본보기를 따라가려는 직공 노동자의 단체들만이 만들 수 있다"고 말함. 이렇게 그의 계획들은 기계 산업의 혁명보다는 서서히 개선하려는 쪽이었음. 그는 기계 혁명은 공예가를 단순히 기계를 지키는 사람으로 전락시키고, 품질이 좋지 않은 상품을 수납하도록 조장한다고 믿었음. ③1875년 이 회사는 모리스가 단독 소유주가 된 이후로 급속하게 성장하여 1877년에는 옥스퍼드가(家)의 유명한 전시실을 손에 넣었고, 1881년에는 머튼 사원에 연구실을 확장. 그러나 가구·직물·스테인드글라스와 태피스트리(tapestry)는 결코 싼 가격이 아니었으며, 모리스는 사회주의적 관점을 지녔음에도 불구하고 보다 나은 생활환경을 얻으려는 '대중들'에게 도움을 주는 것이 아니라, 제작을 할 때 느끼는 이기적인 쾌락에 주안점을 두었음.

모멘트(moment) : ①힘의 회전능력(回傳能力). 크기는 힘의 크기와 회전점으로부터 힘까지의 거리의 곱으로 표시. 단위는 kg cm, tm 등으로 표시. ②물체를 어느 한점 또는 선을 기준으로 하여 회전시키려는 힘의 성질. 이는 힘 또는 하중(p)×편중(e) 또는 모멘트 팔걸이(force arm)로 방향은 시계방향 또는 시계 반대방향으로 작용.

모멘트중심(−中心, moment center) : 모멘트를 일으키는 힘의 평면을 통과하는 모멘트 축이 있는 점.

모멘트팔걸이(moment arm) : ①힘의 작용선으로부터 모멘트가 일어나는 점 또는 선까지의 수직거리. ②힘의 팔걸이(=).

모발습도계(毛髮濕度計, hair hygrothermo-meter) : 동물의 털을 이용하여 습도의 변화에 따라 일정한 신축비율을 갖는다는 사실을 이용한 습도계(濕度計).

모발조집기(毛髮阻集器, hair interceptor) : ⇨헤어트랩(=).

모방[1](模倣, imitation[프], mimesis[그]) : ⇨이미테이션(=).

모방[2](-房) : ①모서리 방. ②주로 남서해안의 주거에서 부엌의 전면에 위치하는 방을 일컬음. ③부엌건넌방(=).

모방형 주거(-房型住居) : ①부엌이 살림채의 마구리에 놓이지 않고 그보다 한 칸 안쪽에 놓이며 마구리에는 모방이 놓이는 형식. ②중농 이하의 소농계층에서 살림채를 지을 때 주로 사용하나 드물게 사랑채에 사용하기도 함(보성 문형식가옥).

모브(mauve) : ①관용색명으로 파랑을 띤 보라. ②먼셀기호 5P 4.5/9.5.

모빌(mobile) : ①움직이는 조각을 의미하는 이 용어는 미국의 조각가인 칼더(Alexander Calder : 1898~1976)가 만든 모터(motor)로 작동하는 작품을 뒤샹(Marcel Duchamp : 1887~1968)이 이름을 붙인 데서 유래. ②모빌은 모터를 이용하거나 단순히 역학적인 평형의 원리를 이용하여 작은 외력에도 움직임을 나타내는 새로운 형식의 조각으로서 주로 천장에 매어 다는 형식을 취함. ③가느다란 철사·실 등으로 여러 가지 형태의 금속조각·나뭇조각을 매달아 미묘한 균형을 이루게 한 예술품.

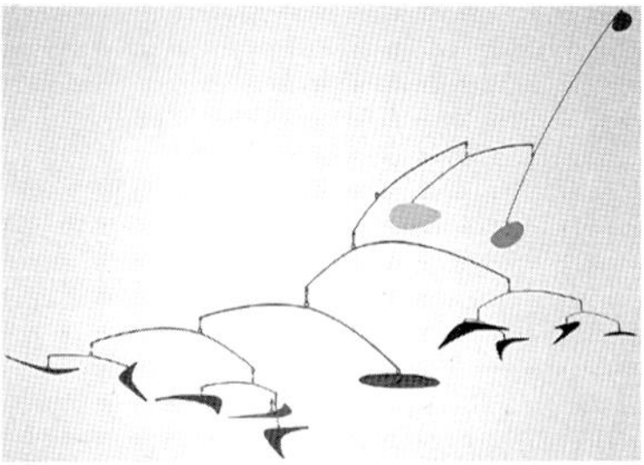

모빌(Boomerangs)알렉산더 칼더 作.

모빌디스플레이(mobile display) : 움직이는 조각이나 오브제(objet[프])를 이용한 디스플레이를 총칭.

모빌오피스(mobile office) : ①움직이는 사무실 또는 이동 사무실. ②사무가구의 유연성과 이동성이 강하고 복잡한 기능에서 단순한 메커니즘으로 된 가구가 배치된 오피스. ③유연성과 이동성을 강조하기 위하여 바퀴를 부착하고 책상의 높낮이를 조절할 수 있게 함. 캐비닛·서랍 박스 등 보관함은 대부분 바퀴를 부착하여 이동 편의성을 도모. 특히 이동식 보관함을 '캐디(caddy)'라고 함.

모빌피오피(mobile POP) : 행거(hanger) 피오피의 일종으로 평형 밸런스(balance)를 이용해 천장에서 아래로 내린 형태의 POP. 작은 바람에도 움직이는 효과를 이용한 것.

모빌하우스(mobile house) : 캬라밴(caravan) 등 이동식 주택.

모빙(mobbing) : ①직장에서의 정신적 테러를 가리키는 전문용어. ②집단적으로 이뤄지는 심리적 형태의 동료억압인 모빙은 건강에 심각한 영향을 줄 수 있는 사회적 스트레스의 극단적 형태임.

모빙기(movingui, Distemonanthus benthamianus Baill[학]) : ①시에라리온에서 가봉에 이르는 서아프리카의 상록다우림(常綠多雨林)에 분포. ②변재는 회색으로 폭이 2~3㎝, 심재는 레몬황색으로 약간의 줄무늬가 정목(柾木)에서 나올 때가 있으며 때로 녹색을 띰. 목리는 교착하나 때로 두드러진 거친 줄무늬를 이루며 나무갗은 고움. 중경재로 기건비중 0.60~0.80. 수축률은 방사방향 3.1%, 접선방향 5.2%, 용적수축 10.7%로 적고 강도는 압축강도 644kg/㎠, 휨강도 1,604kg/㎠, 횡인장강도 33.2kg/㎠, 전단강도 130kg/㎠로 휨강도가 큼. 건조에 장시간이 필요하며 내구성은 큼. 제재는 스테라이트 가공거(加工鋸)가 좋은 결과를 가져오며 마른 나무보다 젖은 나무가 톱날(鋸齒)에 마모가 큼. 생재제재는 양질의 강거(鋼鋸)로 가능하며 포삭(鉋削)은 교착목리 때문에 어려움. ③주로 무늬단판·마루판·건축·목공 등에 사용.

모사(模寫, ectype) : 원형(原形)의 재현.

모사라믹(mozarabic) : ⇨모자라믹(=).

모살(fillet) : 두 쇠시리 사이의 두둑 또는 두리기둥의 홈과 홈 사이의 철조(凸彫).

모살용접(-鎔接, fillet weld) : ①직각으로 만나는 두 개의 접합면에 삼각형의 단면을 형성하는 용접법. ②두 접합재의 면을 직각 또는 60°~120°로 맞추어 그 모서리 구석 부위를 용접하는 것.

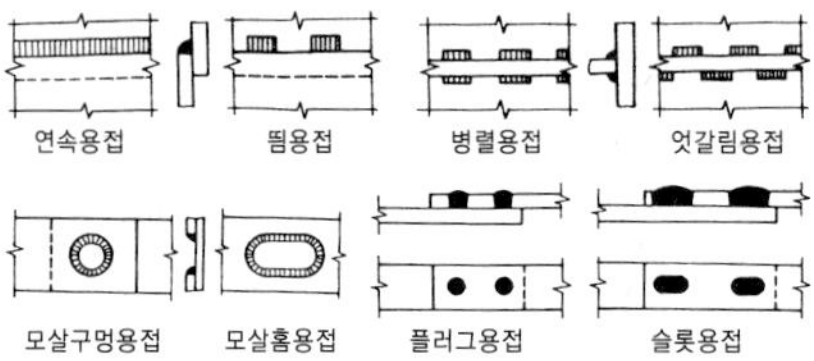

모살용접

모서리기둥(edge shaft, angle column) : ①건축물이나 주랑 현관의 모서리에 놓인 따로 떨어져 있거나 벽에 반쯤 묻힌 기둥, 또는 아치를 지지하는 주신(柱身)이 벽체에 붙어 마치 가장자리(edge)만 지지하는 것처럼 보이는 기둥. ②노르만 건축물(Norman architecture)에서 많이 볼 수 있음.

모서리기둥

모서리 다듬기 대패 : ①네모나게 파여진 곳의 측면을 깎을 때 또는 턱을 만들 때 사용하는 대패. ②날끝이 몸체의 옆에 나와 있어 "ㄴ"부분을 깎을 때 편리함.

모서리면(-面, chamfer) : 끝부분이나 모서리부분을 보통 45° 각도로 경사를 만들거나 자르는 홈 또는 경사면.

모서리반턱맞춤(-半-, ship-lap) : ①두 판재가 모서리에서 반턱으로 겹쳐 접합하는 간단한 맞춤방법. ②⇨반턱맞춤.

모서리쌓기 : ①모서리나 교차부에는 통줄눈이 생기지 않도록 한 켜 걸러 반절 정도 한쪽 벽체에 물려 쌓고, 벽돌벽의 끝 또는 모서리 선이 정확히 일직선이 되도록 하고 사춤모르타르도 충분히 채워 넣음. ②특히 예각이나 둔각의 모서리에 토막벽돌이 많이 생기지 않도록 주의.

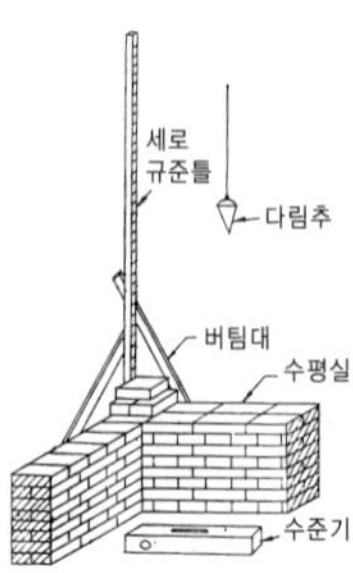

모서리쌓기

모서리용 흙손(edger) : 굳지 않은 콘크리트 슬래브가 응결하기 시작할 때 모서리를 둥글게 하기 위하여 사용되는 작업용구로 한쪽 날 가장자리가 둥글게 휘어져 길게 생긴 날을 가진 흙손.

모서리이음(edge moulding) : 부재의 폭을 넓게 하기 위하여 두 부재의 끝 면끼리 서로 맞댄이음.

모서리장(-欌, encoignure[프]) : 실의 모서리에 놓는 장(欌). 유리문을 달거나 선반만을 달며 붙박이장으로 설치하기도 함.

모서리장

모선(母線, bus) : 여러 개의 전원 또는 공급회로가 접속되는 도체(導體)로서 전기를 인입(引入)·전송(電送)·분배(分配)하는 역할을 함.

모선덕트(母線-, bus duct) : 모선(母線, bus)이 지나가는 덕트(duct).

모순(矛盾, contradiction) : 대립되거나 일치하지 않거나 또는 논리적으로 적합하지 않은 상태나 조건.

모스경도계(-硬度計, Mohs scale) : ①광물의 단단함(硬度)을 측정하는 10종류의 표준 광물. ②독일의 프리드리히 모스(1773~1839)에 의해 고안됨. ③10종의 표준광물을 선택해 연한 것부터 차례로 1도에서 10도까지 정하고, 시험하려는 광물을 이 표준광물에 비비거나 표준광물로 긁어서 흠이 생기는가를 비교해 경도를 결정함. 이 10개의 광물을 모스의 경도계라 함. ④제일 연한 것이 활석(滑石)이고 가장 단단한 것은 다이아몬드임.

모스그린(moss green) : ①이끼(moss)의 색에서 유래된 말. ②그 범위가 넓으나 대개 칙칙한 황록색을 지칭. ③흐린 황록색(dull yellow green). ④먼셀기호 2.0GY 6.0/5.5.

모스크(mosque) : ①이슬람교의 사원 또는 예배당. ②모스크의 3대 요소 : 키브라·미하랍·미나렛. ㉠키브라 ; 모스크의 주축을 기도 방향인 메카로 향하도록 하는 방향축. ㉡미하랍 ; 교회건축의 반원형방(Apse)에 해당, 기도하는 방(메카로 향함). ㉢미나렛; 교회의 종탑(광탑)에 해당, 모스크의 상징탑(첨탑). ③모스크의 형태는 지역마다 전통적인 소재나 구조를 따르는 이슬람 건축 양식 요소를 그대로 채용. ④일반적으로 연속적인 아케이드에 의한 다주실(多柱室) 형식의 대형 홀이 주 공간으로서 신도들의 예배공간으로 대형 홀 전면에는 열주랑으로 둘러싸인 중정이 위치하며, 넓은 안뜰 주위에 회랑이 있고 중정의 중앙에는 예배 전 몸을 청결하게 하는 분수(噴水) 설치. ⑤미나렛(minaret)이라는 첨탑이 여러 개 있고 아라베스크식 벽면장식이 특징. ⑥최초의 모스크는 622년 이슬람교의 창시자인 모하메드(Mohammed)가 매디나(Madinah)에 세움. 모스크 중에서 가장 상징적인 요소는 미나렛이라고 하는 뾰족한 첨탑(尖塔)임.

모스크

모슬린(muslin) : ①얇고 부드러운 촉감의 면·모·레이온·아세테이트·견·나일론 등의 섬유를 사용한 평직직물. ②컨트리풍의 커튼에 사용되기도 함.

모시과직물(-科織物) : 강한 선적인 효과와 불규칙한 질감을 갖는 식물성 섬유로 된 벽지.

모아레(moire effect) : ⇨므아르(=).

모아비(Moabi, Baillonella taxisperma Pierre[학]) : ①나이지리아에서 카빈다까지의 적도밀림에 분포. ②심재는 도색(桃色)에서 적색을 띤 갈색까지 변화가 있음. 변재는 회갈색~도백색으로 폭은 4~6㎝. 목리는 통직하고 나무갗은 고움. 중경재로 기건비중 0.80~0.90, 수축률은 방사방향 6.0%, 접선방향 8.0%, 용적수축 12.6%로 보통이고, 강도는 압축강도 585kg/㎠, 휨강도 1,895kg/㎠, 횡인장강도 37.0kg/㎠로 강함. 실리카가 있어 생재보다 건재에 칼날마모가 큼. 따라서 매우 강한 스테라이트 가공톱(加工鋸)이 필요하며 스테라이트 초경(超硬) 칩(chip)을 붙인 가공도(加工刀)로서의 절삭·포삭은 양호. 건조는 장시간이 걸리며 할렬이 일어날 염려가 있음. 접착·도장은 양호하며 휨 가공성이 좋고 내구성이 있음. ③주로 가구·장식·합판·조각 등에 사용.

모양의 항상성(-恒常性) : ⇨형의 항상성(=).

모양창(-窓, false window, blank window, blind window) : ①없는 창을 마치 실제로 있는 것처럼 보이도록 창의 모양만 만든 일종의 장식. ②주로 창의 연속감이나 대칭감 또는 밀폐된 공간감을 없애며, 광창으로 실내디자인에서 자주 사용.

모와(牡瓦, 母瓦) : ①한식기와에서 암키와와 암키와 사이를 덮는 반원형의 기와. ②수키와·부와(=).

모우의 스케일(Moh's scale) : 광물의 경도를 측정하는 스케일.

모우켓(moquette) : ①두껍고 보풀(종이·피륙 등의 거죽에서 일어나는 가는 털)이 있는 융단. ②거친 울(wool)이나 리넨(linen) 등이 주원료이며, 16~18세기경에 유럽에서 크게 유행. ③주로 가구의 천으로 많이 사용.

모우트(moat) : 적의 침입을 막기 위해 도시나 성곽 둘레의 주위를 넓고 깊게 파고 물을 채운 해자(垓字 ; 도시나 성곽 밖으로 둘러 판 못)·외호(外濠)로 깊이가 12m인 것도 있음.

모울딩(moulding) : ⇨몰딩(=).

모의작업(模擬作業, dummy) : ⇨더미.

모의실험(模擬實驗, simulation) : ⇨시뮬레이션(=).

모익공(母翼工) : ⇨물익공(=).

모임지붕[1)] : ①지붕의 추녀마루가 처마 끝에서부터 경사지게 오르면서 지붕 중앙

흥국사 만월보전 육모지붕

ㅁ

의 한 점에서 합쳐지는 지붕. ②종류는 지붕의 평면 모양에 따라서 사각형인 경우 사모지붕, 육각형인 경우 육모지붕, 팔각형인 경우 팔모지붕이라고 함. ③용마루와 내림마루가 없고 추녀마루만 있음.

모임지붕[2](hip roof, hipped roof) : ①양끝이 귀마루로 이루어져 네 면이 모두 경사진 지붕. ②지붕마루에서 네 방향으로 경사진 지붕. ③중앙부의 용마루를 중심으로 지붕의 경사가 사방으로 내려가는 형식의 지붕. ④지붕의 구조가 정상(頂上)의 큰 용마루와 사방(四方)으로 뻗은 추녀마루가 합쳐진 형식. ⑤위에서 보면 마름모형과 이등변 삼각형이 대칭으로 되어 있음. ⑥모임용마루 지붕이라고도 함. 주로 당(堂)이나 탑(塔) 등에 많이 쓰이며, 동아시아와 서양에 그 예가 많음. ⑦우진각지붕(=).

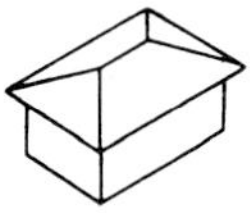

모임지붕

창덕궁 돈화문(우진각)

모임집[1] : ①한 채의 집 네 귀에 추녀를 달아 용마루까지 올려 지붕4면으로 빗물이 흐르게 된 집. ②우진각집(=).

모임집[2] : 지붕이 모임지붕으로 된 건물.

모자라빅(Mozarabic) : ①무어왕에게 충성을 다할 의무를 가지고 있으며, 기독교를 실천하는 것이 허용된 기독교도들인 Mozarabs의 이름을 따서 만든 중세 스페인 건축형태. ②9세기 말에서 11세기 초까지 스페인에서 무어족의 영향을 받은 기독교인들이 만든 성당양식. ③구조는 전체적으로 로마네스크양식이나 장식적으로는 이슬람양식으로 두 양식이 결합된 절충적인 성격을 갖는 복합양식 또는 이중양식.

모자라빅

모자라빅양식(-樣式, Mozarabic architecture) : ①8세기에 이슬람교도가 스페인을 정복하였을 때 이슬람의 지배하에 있었던 기독교도나 또는 북부로 도망간 기독교들의 건축양식. ②석조(石造)에 이슬람 건축의 영향으로 보이는 말굽형 아치가 특징으로 로마네스크 건축에 앞선 양식. 즉 프리 로마네스크양식으로서 매우 중요함. 오비에드 근교의 산타마니아 데 나랑코 교회 건축물(9세기)이 그 예임.

모자이크(mosaic) : ①색타일이나 에나멜 또는 유리조각을 새겨 넣어 그림이나 장식적 패턴을 만드는 기법. ②패턴이나 어떤 형상을 참조하기 위해 작은 돌이나 타일을 배열하는 것. ③대리석 등의 돌·타일·유리 등의 작은 조각, 즉 테세라(tessera ; ~7㎜에서 20㎜ 정도까지 여러 치수의 작은 입방체)를 이용하여 바닥·벽·천장 등의 표면을 여러 형태나 모양을 만들어 장식하는 방법. ④모자이크는 고대 메소포타미아의 신전을 기원으로 고대 이집트의 피라미드와 헬레니즘시대(기원전 4세기 말경부터 고대 로마의 궁전이나 대저택), 중세기 특히 초기 기독교 건축이나 비잔틴 건축의 교회 건축물에서 발전한 고대 예술로써 개별적인 조각들이 전체적인 회화나 표면 속에 형성되었다는 점에서 조합(組合)의 예술.

모자이크

모자이크글라스(mosaic glass) : ⇨색유리.

모자이크바닥(mosaic floor) : 모자이크 타일로 마감한 바닥.

모자이크타일(mosaic tile) : ① 40×40㎜ 이하의 작은 자기질 타일. ②크기는 보통 25×25㎜. 강도가 낮고 두께가 4~8㎜. ③형태는 정방형·장방형·다각형 등이 있음.

④300×300㎜ 하드롱지(hatoron紙)에 줄눈을 일정하게 나누어 모아 붙여서 제작·판매. 주로 바닥용으로 사용.

모재(母材, base metal) : ①용가재(filler metal)와는 달리 용접 또는 땜질의 모체(母體)가 되는 금속. ②합금의 주성분이 되는 금속 또는 다른 금속으로 피복된 내부의 금속.

모전(毛氈) : ①펠트상 분류한 카펫의 종류. 기원 전부터 만들어졌으므로 고대 유적에서도 발견되고 있음. ②양모를 압축한 펠트는 지금도 각국에서 생산되고 있으며 생산공정 중에 무늬를 넣거나 원단 펠트에 색자수·패치워크(patchwork)·상감(象嵌) 등으로 무늬를 넣은 것이 있음. ③모직물에 보풀을 일으킨 직펠트와 양모를 압축한 압축펠트가 있음. 고급품의 카펫 밑깔기로 양모를 사용하는 경우가 있음.

모전석탑(模塼石塔) : ⇨모전탑(=).

모전탑(模塼塔) : 돌을 벽돌 같은 크기로 다듬어 쌓은 탑.

모접기(chamfering) : ①석재·목재 등 모서리를 깎아서 좁은 면을 내거나 둥글게 하는 것. ②부재의 모서리를 평면 또는 다른 모양으로 깎아내는 것. 대패질한 부재(部材)는 모두 모접기를 하고 필요에 따라 개탕(반턱·홈·턱솔치기)몰딩 등을 함. 시방(示方)이 없을 때는 실모접기를 함. ③다듬은 돌의 모서리를 접는 것. ④돌과 돌의 맞댐부분에 모를 접어 잔다듬한 것으로 면은 거친면 또는 다듬은 면. ⑤돌의 접합면 모서리를 접는 일. ⑥종류는 목재인 경우 둥근모(도이모)·실모·큰모·빰접이(기)모·외사모·쌍사모·게눈모·실오리모·평골모·티미리·등미리·쌍사 등이 있음. 돌인 경우 두모접기 또는 두모치기(channelled)·빗모접기 또는 빗모치기(Vee)·세모접기 또는 세모접기·둥근모접기 또는 둥근모치기(round) 등이 있음. ⑦귀접기·모따기·모걷기·면접기·두모치기·모치기(=).

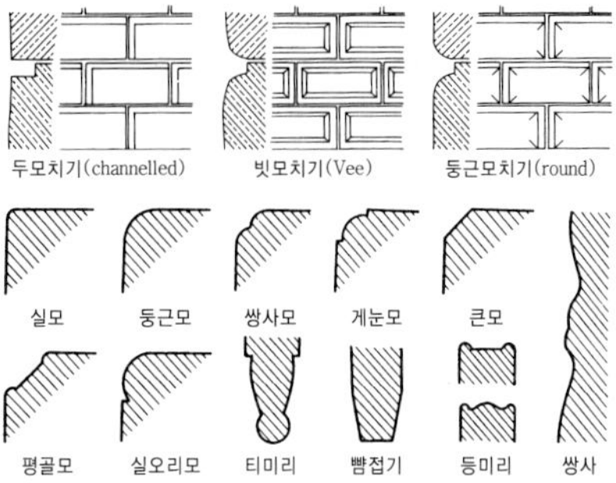

모접기의 종류

모조목(模造木, imitation wood) : 자연목(自然木)을 본떠서 그와 똑같이 만든 콘크리트 또는 플라스틱제 제품.

모조석 [1](模造石, imitation stone) : ①질감이나 색 등을 천연석과 똑같이 만든 콘크리트나 모르타르로 된 돌. ②백시멘트와 종석·안료를 혼합하여 천연색과 유사한 외관을 가진 인조석으로 만든 것. ③⇨의석·캐스트스톤(=).

모조석 [2](模造石, cast stone) : ①대리석이나 화강암·안산암을 잘게 깬 돌을 종석으로 써서 만든 인조석. ②특히 대리석을 사용한 것을 테라초(terrazzo)라고 함.

모조석바름(模造石-, imitation stone finish) : 천연석의 마무리면을 본떠서 그와 똑같이 미장바름한 것. 또는 바르는 작업.

모조지(模造紙, vellum paper) : 양지(洋紙)의 하나로 아황산 펄프를 주원료로 써서 만들어 품질이 좋고 질기고 윤이 나는 종이.

모조효과(模造效果, faux) : 나뭇결이나 대리석 등 자연적인 천연소재의 질감을 표현하기 위해 인위적으로 질감을 그리는 효과.

모죽임천장(-天障) : ⇨모줄임천장(=).

모줄임천장(抹角藻井式天障, intersecting triangular ceiling, corbeled vaulted ceiling) : 무덤을 구성하는 네 벽 위에서 1~2단 안쪽으로 비스듬히 괴어올린 후 네 귀에서 세모의 굄돌을 걸치는 식으로 몇 번 반복하여 모를 줄여가며 올리는 천장. ⇨

말갈조립식천장(=).

모직물(毛織物, woolen fabric) : ①털실로 짠 직물. ②털실에는 소모사(梳毛絲)와 방모사(紡毛絲)가 있음. ③산양털은 앙고라, 염소털은 모헤어(mohair)라고 함.

모진기둥 : ⇨모기둥(=)·방주·각주.

모집단(母集團, population) : 연구대상이 되는 특성에 대한 관찰 값의 집합. 예컨대 1996년 3월 서울특별시 거주민들 등.

모치기(rustication) : ⇨모접기(=).

모탕(wooden block) : ①나무를 쪼개거나 자를 때에 받쳐 놓은 나무토막. ②나무를 올려놓고 자르거나 다듬을 때 쓰는 것인데 가운데에 세모꼴로 파서 다듬을 나무가 물리게 한 후 쇠고리에 연결된 못을 박고 고정시켜서 나무를 다듬음.

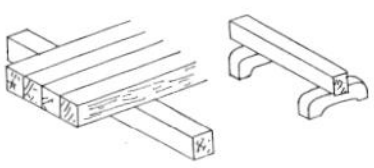

모탕

모탕고사(-告祀) : 일을 시작하기 전에 목수들이 모탕에 지내는 고사.

모터호텔(motor hotel) : ⇨모텔(=).

모텔(motel) : ①자동차 여행자들이 주로 이용하는 모터호텔(motor hotel). ②일반적으로 객실 10~20개 정도 가진 소규모 형태이며 객실·관리실·식당·주차장 등으로 간단히 구성. ③영업형태는 일반적으로 셀프서비스(self service)식이지만 호텔식도 있음.

모퇴(-退) : 모서리 부분의 퇴.

모툇집 : 모서리 부분에 퇴를 가진 집.

모티브(motive, motif[프], motiv[독]) : ⇨모티프(=).

모티프(motif[프]) : ①어원적으로는 프랑스어 'movere'(움직이다)에서 유래하며 행동을 일으키게 하는 원동력 및 동기. ②예술적 표현의 중심적인 동기나 의도를 의미하는 것으로 건축이나 디자인에 있어서 미적·장식적 표현에 의한 전체 효과를 가리킴. ③디자인에서 특징적으로 나타나는 모양·형태 또는 색채. 조각에서는 대상의 자태(姿態). 조형예술에서는 부분적 요소. 장식에서는 그것을 구성하는 각 단위. ④회화적 표현에서는 구체적인 주제.

모포시스(Morphosis) : ①1974년 해체 그룹으로 건축가인 톰 메인(Tom Mayne)과 캘리포니아 신건축 건축운동의 주도자인 마이클 로톤디(Michael Rotondi)로 구성된 공동설계 팀. ②주로 남부 캘리포니아를 무대로 건축활동을 전개. ③작업은 단독주택에서 집합주택·의료시설과 사무실·식당·상점 등 광범위한 건축유형을 다룸. ④주요작품으로는 캘리포니아 소재의 종합 암센터·산타모니카 소재의 케이트 만틸리니 식당·컨템포 캐주얼스(1988) ·살리크 건강센터 등이 있음.

모핑(morphing) : ①메타모핑(metamorphing·변형)의 약자로, 서로 다른 형상의 이미지를 변환시킬 때 그 공백을 채워주는 데 사용되는 컴퓨터 애니메이션 기법. ②모핑에 대한 연구는 1960년대 초 인공위성에서 바라본 지구의 곡면이나 기계 내부에서 작동하는 센서의 결점을 정확히 알아내기 위해 시작됨. ③그 후 일정 기간 일어나는 변형을 시각적으로 확인함으로써 변형 과정과 결과를 예상하기 위해 두 개의 이미지를 보강하는 방법으로 발전됨. ④최근 들어 이 기법은 영화산업에서 특히 자주 사용되고 있는데, 국내에서도 시스템 공학연구소가 참여해 제작한 영화 「구미호」 중 주인공 여배우가 여우로 변하는 장면 등에 이용된 바 있음.

모헤어(mohair) : 앙고라(angora) 염소의 털로 짠 직물. 보통 면이나 리넨과 혼합하여 짜며 강하고 내구성이 좋아 가구용 직물로 많이 사용.

모형(模型, model) : ①어떤 것의 외관이나 구조를 보기 위해 보통 일정한 축척으로 작게 제작·재현된 것. ②디자인에 대한 확신과 신뢰 및 계획상·시공상의 문제점 발견 또는 입체적 특성을 확보하기 위해 실제 치수와 동일 또는 축소하여 완성된 결과물에 보다 가깝게 만들어 완성 후를 예측·상상할 수 있는 견본. ③축소 여부에 따라 실물모델·축소모델·확대모델로 구분하고, 내용에 따라 스터디 모델(study model)·프레젠테이션 모델(presentation model)·사진 또는 원형모형(proto type model, working model)으로 구분.

모호성(模糊性, ambiguity) : 불명확한 의미나 다양한 해석을 느끼게 하는 상태 및 속성.

목 1)(neck) : 특히 볼트가 특수한 형태를 가질 때 머리 바로 옆에 있는 볼트 몸대의 일부분.

목 2)(throat) : 벽난로와 연도 및 연실 사이의 좁은 개구부. 보통 댐퍼(damper)로 닫혀 있음.

목가래 : 나무로 만든 가래.

목간(木簡) : ①종이가 발명되기 이전에 죽간과 함께 문자 기록을 위해 사용하던 목편(木片). '목독', '목첩'이라고도 함. ②나무에 붓이나 칼로 글자를 쓰거나 새겨 기록한 것. ③국내에서는 1970년대 경주 안압지 발굴 때 통일신라시대 목간 50여 점이 처음 발견된 이래 지금까지 200여 점이 출토됨. ④낙랑채협총(樂浪彩塚)에서 출토된 목간에는 논어의 단편도 있고 군대의 조직, 우편제도, 교통과 여러 가지 물품의 이름을 기입한 것도 있어서 이 방면의 연구가 중요시됨.

목가래

목개(木杮, 木系犬) : ⇨목기연(=).

목공(木工, woodwork, carpentry, carpenter's work, menuisiers[프]) : ①일반적으로 계단·가구·몰딩 등과 같이 목재로 된 물건 또는 부분에 목수와 수장목수 등이 솜씨를 가하는 일. ②목재를 다듬고 짜맞추어 물건을 만드는 일.

목공공작기계(木工工作機械) : ⇨목공기계(=).

목공구(木工具, wood working tool, carpenter's tool) : 톱·대패·변탕·개탕·자귀·훌치기·끌·금쇠·까뀌·손작끌·먹통·자귀·망치 등 손작업으로 목재를 가공·조립하는데 사용하는 연장.

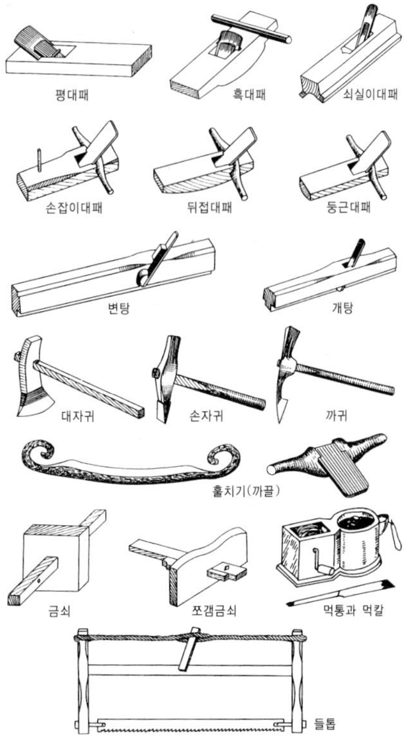

목공구

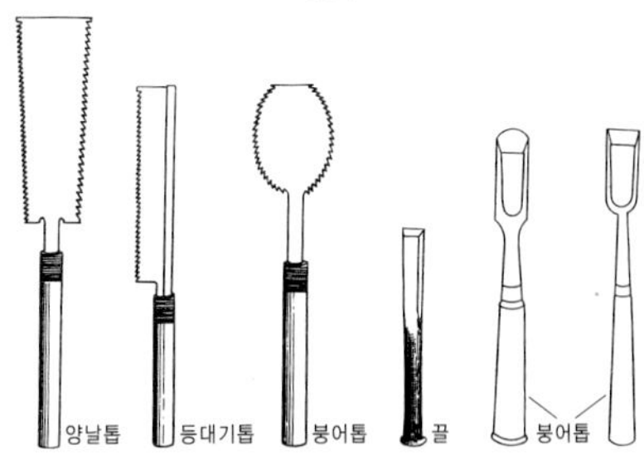

목공기계(木工機械, wood working machine) : 나무를 가공할 때 사용되는 기계공구(공사에 사용되는 기계·기구·연장의 총칭)를 총칭. 예컨대 기계톱·띠톱·둥근기계톱·자동기계대패(플레이너)·손밀이대패·리퍼(립소우)·더블소우·장부깎기기계·절삭기·천공(穿孔)기계·선반·면취(面取)기계·할열(割裂)기계·소지연마기계·인물연마(刃物)기계 등.

목공사(木工事, carpentry work's, carpenter's work) : ①목재의 가공·조립·설치 등에 관한 공사를 총칭. ②종류는 구조(structural) 목공사와 수장(finish) 목공사로 대별. ③실내마감 목공사인 수장공사에 사용하는 부재에 요구되는 조건에는 ㉠무늿결·빛깔 등 외관이 아름다울 것. ㉡목재 함수율이 낮을 것. ㉢수축팽창으로 인한 변형이 작고 옹이·갈라짐·껍질박이·송진구멍·혹 등 흠이 없는 것. ㉣품질이 좋고 공작이 용이할 것.

목공연장(木工-) : ⇨목공구(=).

목공작업(木工作業, joinery, joiner work, woodworking) : ①목수가 행하는 건축·실내·가구의 제작·이용을 위해 목재의 결합·세공하는 일체의 작업을 총칭. ②가구제조업이나 가구류를 지칭.

목공제품(木工製品, millwork, casework) : 제재소나 가구공장 또는 목공의 공장에서 제작·생산되는 문·창틀·몰딩 등의 기성제품.

목구(木口) : ⇨마구리(=).

목구조(木構造) : ⇨나무구조(=).

목귀 : ⇨모끼(=).

목귀대패(block plane) : 판자 모서리를 모로 깎는 대패.

목기연(木起緣) : ①박공·까치박공 등의 박공널에 직각되게 거는 서까래. ②지붕의 좌우 마구리에 다는 부연(婦椽)의 서까래. ③맞배지붕이나 팔작지붕의 박공이 만들어지는 부분에 부연보다 훨씬 짧은 서까래. ④박공머리의 박공널에 직각으로 거는 짧은 서까래. ⑤박공머리에 거는 짧은 서까래. ⑥모끼·목끼연·목지연(=).

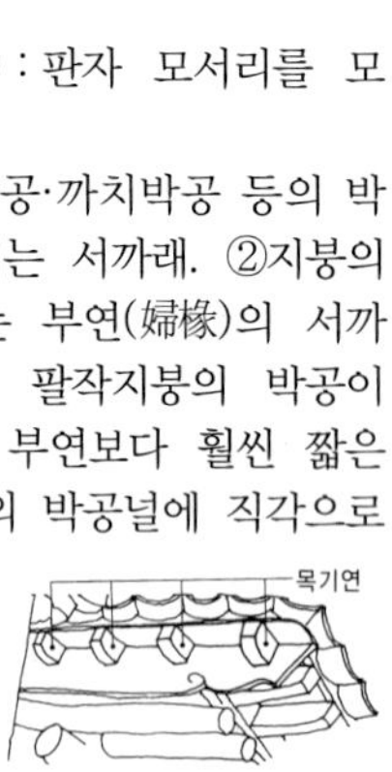

목기연

목끼연 : 목기연(=).

목도 : 무거운 물건을 밧줄에 얽어서 메어 나르는 일.

목도꾼 : 무거운 물건 따위를 밧줄에 꿰어서 메고 가는 사람.

목독(木櫝) : ⇨목간(=).

목두께(throat) : 용접의 루트(root)에서 모재면(母材面)까지의 거리.

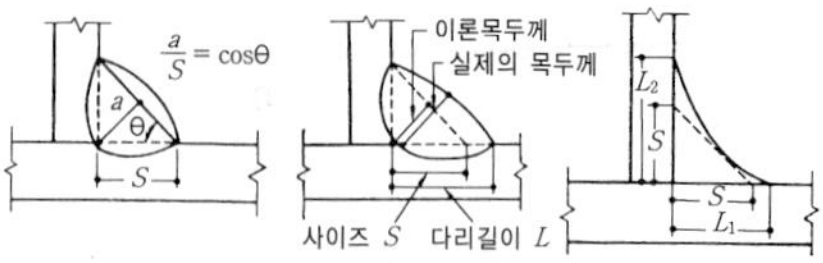

목두께

목두께 불량(throat, 不良) : 용접결함의 일종으로 용접단면에 있어서 바닥을 통하는 직선으로부터 잰 용접의 최소두께가 부족한 현상.

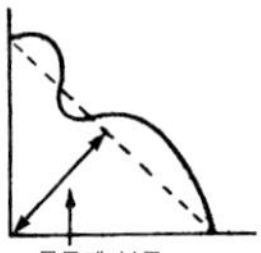

목두께 불량

목로주점(木爐酒店) : ⇨선술집(=).

목리(木理) : ⇨나뭇결(=).

목메(木-) : 나무로 만든 메.

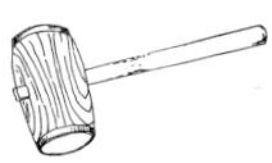
목메

목모시멘트판(木毛-板, woodwool cement board, cemented excelsior board) : ①좁고 길게 오려낸 대팻밥을 시멘트로 교착·압축하여 만든 넓은 판. ②목재 펄프를 포틀랜드시멘트 또는 백색 포틀랜드시멘트에 혼합·압축하여 얇고 넓은 판으로 만든 제품으로 흡음·단열효과가 있어 내벽 및 천장의 마감재·단열재 등으로 사용되며, 화장목적으로 비내력벽에 그대로 사용하기도 함.

목방 [1](木房) : 지난날, 목수들이 일하는 곳.

목방 [2](木榜) : 목봉의 원말.

목방모군(木房募軍) : 목방에 딸려서 일하는 사람.

목봉(木棒) : 몽둥이.

목부바탕만들기(木部-) : ①목재를 다듬어 부재로 사용하기 위한 작업. ②공정순서는 오염 부착물 제거→송진처리→연마지닦기→옹이땜질→구멍땜질 순으로 진행.

목상감(木象嵌) : ①나무바탕에 대(竹)·금속·도기·상아·조개껍질 등을 박아 무늬를 넣은 것. ②상감면이 나무바탕과 동일한 평면이 되는 평상감(平象嵌)과 돌출한 고상감(高象嵌)이 있음.

목선반(木旋盤, wood lathe machine) : 목형제작기계로서 손잡이·테이블 다리 등을 만드는 데 사용되며, 사람이 조각칼을 사용하여 몰드를 형성하는 반수동적 기계.

목선반가공(木旋盤加工, turnery) : 목재를 공구축에 고정시키고 선반을 회전시켜 원통형이나 컵형 등의 좌우대칭으로 깎아 내는 세공과정 또는 방법.

목수고딕(木手-, carpenter gothic) : 19세기에 건축공예가들이 근대적 목공도구 및 기계로 제작하던 빅토리아 고딕건축양식의 일종.

목업(mock up) : 디자인이 끝난 후 형태·기능·성능 등을 검토·확인하기 위하여 실물의 크기로 제작한 모형.

목업지유(木業指諭) : 목수편수·도편수·대목을 가리키는 고려시대의 호칭.

목재(木材, wood, timber, lumber) : ①건축자재로 사용하기에 적합한 나무. ②건축용 자재의 하나로 벌채한 통나무를 제재한 것.

목재건조(木材乾燥, seasoning) : ①목재 내부의 수분이 외부로 이동하여 표면에서 증발하는 것. ②수분이 증발하는 조건은 온도·습도·풍속 등. ③온도가 높고 습도가 낮고 풍속이 빠르면 건조가 빠름. ④목재는 사용하기 전에 반드시 건조시킴. ⑤건조방법에는 자연건조법(공기건조법·수침법 등)과 인공건조법(훈연건조·전기건조·연소가스건조·진공건조·약품건조·고주파건조 등)이 있음. ㉠자연건조법(natural seasoning)은 목재를 자연의 조건에 의해 건조하는 방법으로, 특별한 장치가 필요하지 않고 경비가 적게 들어 많은 목재를 동시에 건조시킬 수 있는 장점이 있으나 건조시간이 길고 넓은 장소가 필요하며 변색·부패 우려의 결점이 있음. ㉡공기건조법(air seasoning)은 실외에 목재를 쌓아 두고 기건상태가 될 때까지 건조시키는 간단하고 경비가 적게 드는 가장 일반적인 방법임. 건조장소는 통풍이 잘되고 배수가 잘되는 장소를 선택. 목재는 남향으로 길게 놓으며 직접 지면에 닿지 않도록 약 400~500㎜ 정도의 기초를 하여 바람의 방향과 직각이 되게 목재를 쌓아 놓음. 30㎜ 정도의 판재인 경우 건조기간을 침엽수는 2~6개월, 활엽수는 6~12개월을 표준으로 하여 2~3개월마다 뒤집어 쌓음. 실내에서 2~3주간 두었다가 사용하는 것이 좋음. ㉢수침법(water's seasoning)은 건조시키기 전에 예비처리로써 목재를 수중(水中)에 3~4주간 침지(浸漬)시켜 수액을 수중에 용출(溶出)시키는 것으로서 공기건조시간을 단축시킴. 재질이 부러지기 쉬우며 강도가 저하되나 수축에 의한 결점이 줄어 듦. ㉣인공건조법(artificial seasoning)은 건조한 실내에서 온도와 습도의 조절에 의하여 건조시키는 방법으로 단시간 내에 사용목적에 따라 함수율까지 건조시킬 수 있는 장점이 있으나 시설비용이 많이 드는 결점이 있음. 일반적으로 건조실의 장치와 설비는 증기의 열도(熱度)·완전연소가스·고주파 전류 등의 가열장치와 급격한 건조에서 손상을 방지하는 조습장치(操濕裝置), 실내의 온도와 습도를 균등히 유지하는 송풍장치(送風裝置), 증발된 수분을 밖으로 배출하는 배출구, 습기가 적어 바깥공기를 끌어들이는 흡입구 등이 필수적. 1~3개월 자연건조된 목재를 인공건조하는 것이 바람직하며 목재를 잘 쌓아야 균질하게 건조가 되고, 건조가 끝난 후 서서히 온도가 내려가도록 유의하는 것이 좋음. ㉤훈연건조(燻煙乾燥)는 연소가마를 건조실 내에 장치하여 나무 부스러기·톱밥 등을 태워 연기를 나게 하는 방법으로 실내온도의 조절이 어렵고 화재가 일어나기 쉬운 결점이 있음. ㉥전열건조(電熱乾燥)는 전기를 열원으로 사용해 건조시키는 방법으로 온도조절이 용이하고, 균질한 건조를 할 수 있는 장점이 있음. ㉦연소가스건조(燃燒gas乾燥)는 연소탱크(tank)를 밖에 두고 연료를 완전연소시켜 건조실로 보내 건조시키는 방법. ㉧진공건조(眞空乾燥)는 가열공기의 수증기 압력저하로 건조시키는 방법. ㉧약품건조(藥品乾燥)는 유지·4염화·에탄(ethane)·벤젠(benzene)·아세톤(acetone) 등의 용제 또는 용제 증기를 매체로 하여 목재를 높은 온도로 하여 급속히 함수율을 내려 건조시키는 방법. ㉨고주파건조(高周波乾燥)는 유전체(誘電體)로 고주파 전장내(電場內)에 놓으면 고주파 에너지를 열에너지로 변화시켜 발열현상을 일으켜 목재를 건조시키는 방법. 건조시간이 짧으며 화재의 위험이 적고 건조작업이 간단하며 함수율이 극히 적은 장점이 있으나, 전력소모가 크고 열원이 전기이기 때문에 다른 연료를 사용하지 못하는 것이 결점.

목재건조의 목적(木材乾燥-目的) : 제재된 목재는 사용하기 전에 반드시 건조시켜야 하는데 그 목적은 다음과 같음. ㉠균류에 의한 부식과 벌레의 피해 예방. ㉡사용 후의 수축 및 균열 방지. ㉢강도 및 내구성 증진. ㉣중량 경감과 그로 인한 취급 및 운반비 절약. ㉤방부제 등의 약제주입(藥劑注入)을 용이하게 함 등.

목재검수(木材檢水) : 주문한 목재의 품질이 좋고 나쁨을 검사하는 것으로 현장에서 주문 목재 반입·검수 시에는 ㉠목재의 치수와 길이가 맞는지 확인. ㉡목재의 옹이·갈램 등의 흠이 있는지 확인.

목재결함(木材-缺陷) : ①나무가 갖는 '재질상의 결함'이란 의미로 옹이·갈라짐·연륜의 간격 차이·껍질박이·송진구멍·혹 등. ②목재의 흠(=).

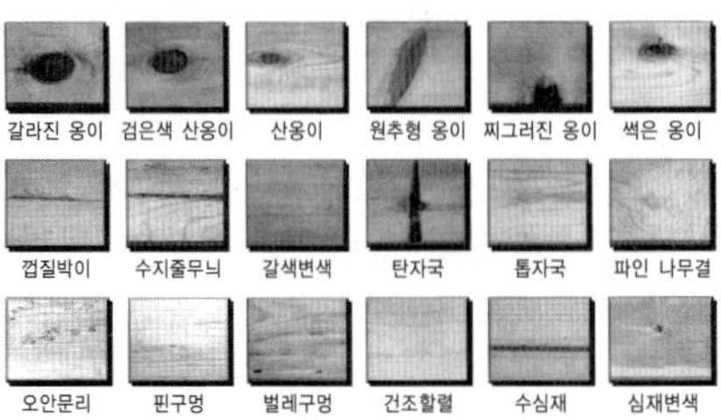

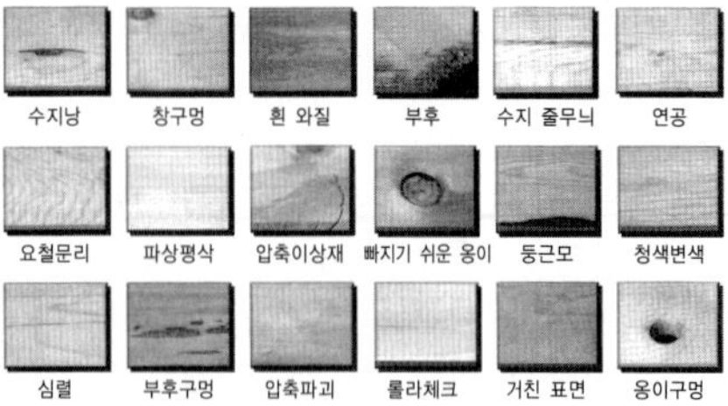

목재의 결함

목재결합수(木材結合水, absorbed water in wood) : 목재의 세포막 속에 침윤(浸潤)되어 있는 수분.

목재골조(木材骨組, timber framing) : ①벽체의 뼈대를 목재로 만들고 뼈대 사이에는 벽돌이나 돌·석회로 채우는 건축구조. ②하프팀버(=).

목재공예(木材工藝, woodworking, wood-craft) : ①목재로 만드는 가구류·완구류·실내장식·기타 의장 등. ②목재의 가공기술은 솔리드(solid ; 直材)·곡목(曲木, vent-wood)·합판(合板, plywood)·적층재(積層材 ; laminated wood)·가공목재(modified wood)로 대별.

목재문(木材門, wood door, fresh door) : ①문의 골격인 각재를 간격 250~300㎜ 정도로 하여 허니콤(honeycomb)을 대고 그 양면에 합판(合板, plywood)을 대어 일체화시킨 문. ②비교적 중량이 가벼워 개폐가 용이하고, 표면의 마감을 원목(原木)·무늬목(pattern wood)·페인트(paint) 등으로 다양하게 마감처리할 수 있음. ③플래시도어(=).

목재바닥 : ⇨목재바닥마감재(=).

목재바닥마감재(wood flooring) : ⇨우드플로어링(=).

목재바탕칠(wood primer) : ①목재의 바탕에 도료의 접착을 좋게 하기 위해 표면에 칠하거나 틈새를 메우는 초벌재. ②일반적으로 바니시(varnish)에 안료를 혼합하여 만든 에나멜 바탕칠(enamel under-coat)·반죽상태로 사용하는 나무눈 메움제(paste wood filler)·투명한 목재 초벌

도료(clear wood sealer) 등이 사용. ⇨프라이머.

목재방부(木材防腐) : 목재의 부패를 방지하는 처리방법으로 목재 표면에 도포하는 도포법과 목재 중에 주입하는 방법이 있음. ①도포법 : 방부처리 전에 목재를 충분히 건조시킨 다음 균열이나 이음부 등에 솔 등으로 방부제를 도포하는 가장 간단한 방법. ②주입법 : 상압주입법과 가압주입법이 있음. 그밖에 침지법·표면 탄화법·생리적 주입법 등이 있음. ㉠상압주입법(常壓注入法) : 방부제 용액 중에 목재를 침적하는 방법. ㉡가압주입법(加壓注入法) : 압력용기 속에 목재를 넣어 7~12기압의 고압하에서 방부제를 주입하는 방법. ㉢침지법(沈漬法) : 방부제 용액 중에 목재를 몇 시간 또는 몇일 동안 침지하는 것으로서 액을 가열하면 15㎜ 정도까지 침투. ㉣표면탄화법(表面炭化法) : 목재의 표면을 두께 3~10㎜ 정도 태워서 탄화시키는 방법. 값이 싸고 간편하지만 효과의 지속성이 부족. ㉤생리적 주입법(生理的注入法) : 벌목 전에 나무뿌리에 약액을 주입하여 수간(樹幹)에 이행시키는 방법으로서 별로 효과가 없음.

목재비열(木材比熱, specific heat of wood) : 목재의 비열은 나무의 종류·변재 및 심재의 구별에 따른 변화는 거의 없고 모든 목재의 평균값으로 0.327을 적용.

목재비중(木材比重, specific gravity of wood) : ①목재의 무게를 그 용적으로 나눈 값. ②용적무게(=).

목재수분(木材水分) : ①목재 중의 수분을 포함하고 있는 상태에 따라 자유수와 결합수로 구분. ②자유수는 세포내공 및 세포 사이 등 목재조직의 공간부분에 함유되어 있는 수분이동 및 증발이 자유로움. 결합수는 세포막 중에 침투해 있는 부분으로서 그 증감은 목재종류의 물리적 성질에 많은 영향을 미침.

목재수축과 팽창(木材收縮-膨脹, shrinkage and swelling of wood) : ①목재의 세포막 속으로 수분이 출입함에 따라 목재의 치수가 달라지는 현상. ②일반적으로 수축과 팽창은 활엽수>침엽수, 변재>심재, 절선방향(판목)>반경방향(정목)>종축방향, 비중이 큰 재질>비중이 작은 재질. ③팽창수축을 적게 하기 위해서는 ㉠적당한 함수율에서 똑같이 건조. ㉡정목재의 사용. ㉢비교적 가벼운 목재 사용. ㉣흡수능력이 적지 않은 고온도에서 건조한 목재의 사용. ㉤도료를 도장하여 수분의 발산과 흡수를 막음. ㉥합판에 따라 섬유방향을 직각으로 맞서게 함. ④수축률(%) $= \frac{L_1 - L_2}{L_2} \times 100$. L_1 : 원래의 길이, L_2 : 원래의 길이가 건조되어 수축.

목재실비중(木材實比重, density of wood substance) : ①목재 세포막의 실질 비중(1.56). ②각 수종(樹種)에 따라 별 차이가 없음.

목재열팽창(木材熱膨脹, thermal expansion of wood) : ①열의 영향으로 인한 목재 치수의 증대. ②수분에 의한 증대량보다는 훨씬 적어 특수한 경우를 제외하고는 실용적으로 거의 무시.

목재용도(木材用度) : 기능별·목적별로 목재를 사용하는 것.

목재자유수(木材自由水, free water in wood) : 목재의 세포막 내강(內腔) 및 세포 간극(間隙) 등의 빈틈 부분에 함유되어 이동 및 증발이 구속되지 않는 수분.

목재저장(木材貯藏) : ①목재 사용 또는 반출 전의 보관. ②목재 저장시 유의사항 ㉠직접 땅에 닿지 않도록 할 것. ㉡오염·손상·변색·썩음을 방지할 수 있도록 저장. ㉢건조가 잘되게 저장. ㉣습기가 차지 않도록 저장. ㉤흙·먼지·시멘트 가루가 묻지 않도록 할 것. ㉥종류·규격·용도 또는 사용순서별로 구별하여 저장.

목재접합(木材接合, joint of lumber) : ①두 개 이상의 부재를 이어서 한 개의 부재로 만들 때 이음자리 또는 그 방법을 이음이라 하고, 한 부재가 직각 또는 경사지게 맞추어지는 자리 또는 그 방법을 맞춤이라고 함. 또한 나무를 옆으로 넓게 대는 것을 쪽매라고 함. 이음·맞춤·쪽매를 합쳐 접합이라고 함. ②구조재에 작용하는 응력은 압축·인장·구부림·전단·비틀림 등이 복합적으로 작용하기 때문에 이음·맞춤 부분에 생기는 응력상태에 따라 적당한 선택을 해야 함. ③접합시 주의사항으로는 ㉠부재는 가능한 적게 깎아내어 부재가 약하지 않게 함. ㉡공작이 간단한 것을 사용하고 모양에 치우치지 않음. ㉢응력이 적은 위치에서 이음 접합. ㉣이음 또는 맞춤의 단면은 응력의 방향에 직각으로 함. ㉤맞춤면은 정확히 가공하여 서로 밀착되어 빈틈이 없게 함.

목재제품(木材製品, wood product) : ①거칠거나 다듬어진 재목을 표준화된 크기로 만들기 위해 톱질·면다듬기 또는 회전절단에 의해 목재 또는 목재제품들로 전환된 구조에 알맞은 자르지 않은 나무들. ②목재는 특히 산림지역에서 가장 원시적인 주거 이래 중요한 건축재료로 주택디자인에 사용되어 옴. 가장 원시적인 구조물은 진흙이나 밀집으로 뒤덮인 나뭇가지를 사용. ③목재제품에는 주거도 포함되고, 초기의 주거 형태는 공동생활을 위해 가장 적합한 형태인 잡아 늘린 형태에서 기인하여 긴 주택에서 발전된 통나무 주택이었고, 목재를 입히는 방식은 18세기에 시작했으며, 전통적으로는 겹쳐 붙이는 널빤지가 사용되었음. ④목재는 또한 조각된 빔(beam)·문과 창문 프레임(frame), 그리고 조각된 박공널과 마찬가지로 중세 유럽 건축물 전반에 걸쳐 장식적으로 사용. 그것은 수평의 판재를 가지고 재목(材木, timber) 프레임을 덮어씌우기 위한 일반적인 방식이었음. 그것들은 끝이 점점 가늘어져 서로 겹쳐졌음. 거친 나무껍질은 밑 부분에 두었음. 차츰 판재는 더 매끄럽고 더 균일하게 겹쳐질 수 있도록 비스듬히 잘리게 되었음.

목재조직(木材組織) : 목재는 마구리·껍질(수피)·수심·심재·변재·나이테·사출수·나뭇결 등으로 구성.

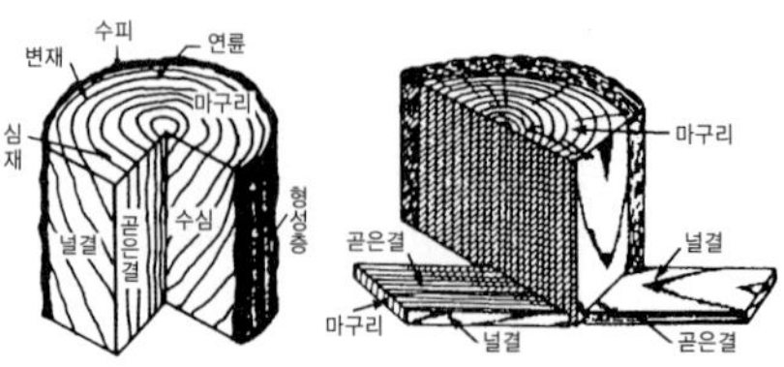

목재의 단면

목재착색재(木材着色材, wood stain) : ①마무리되지 않은 목재를 착색(stain)시키는데 사용되는 염료와 안료. 수성·유성·알코올·왁스·바니시·화학 착색제 등. ②일반적으로 불투명 색으로 착색하나 나뭇결을 그대로 살려두고 착색하기도 함. ③본래의 색보다 밝은 색을 원할 때는 표백 또는 물에 담가 탈색. ④보통 스테인(stain)이라고 함.

목재취급단위(木材取扱單位) : ①일반적으로 ㎥를 사용. ②재래에는 1치각 12자 길이의 체적단위로 하여 이것을 1재(才, 사이)라고 하였고, 1자각 10자 길이를 1섬(石)이라 하고 큰 단위를 사용. ③미국에서는 보드 피트(board feet)라 하여 1인치 두께 1평방피트, 즉 12″각1″길이의 체적단위가 쓰임.

목재 취급단위 환산표

명 칭	내 용	단위	㎥	재	b.f
입방미터	1m×1m×1m	㎡	1㎥	299.475재	488.475b.f
재(材)	1치×1치×12자	재	0.00324㎥	1재	1.421b.f
보드피트	1″×1″×12′	b.f	0.00228㎥	0.703재	1b.f

목재특징(木材特徵) : 일반적으로 ①장점은 ㉠경량이며 가공이 쉽고 비중에 비해 강도·인성 및 탄성이 큼(비강도가 큼). ㉡종류가 다양하고 종류마다 나뭇결이 다양하며 우아함. ㉢내화학성·내약품성에 대한 저항성이 큼. ㉣다공질(多空質)이므로 열전도율이 낮(작)음. ㉤비중에 비해 압

축강도와 인장강도가 큼. ㉥차분하고 온도감이 따뜻하며 다른 마감재의 색채나 질감과 잘 어울려 실내마감재나 구조재로 가장 많이 사용하는 친근감이 있는 재료. ②단점 ; ㉠착화점이 낮아(착화점 온도 250℃) 내화성이 작음(비내화적임). ㉡흡수성이 크며 수축·팽창으로 인한 신축변형이 심함. ㉢습기가 많은 곳에서는 부패하기 쉬움. ㉣충해(蟲害)나 풍해(風害)로 내구성이 저하. ㉤목재 조직의 방향성과 목재 자체의 부분적 조직결함(옹이·썩음·갈램·껍질박이·송진구멍 등)을 가짐. ③주택에 사용하는 목재는 주로 한옥에는 침엽수, 양옥에는 활엽수를 사용. 또한 바닥에는 경목(硬木), 벽체나 천장에는 연목(軟木)을 사용.

목재함수율(木材含水率) : ①목재가 가지고 있는 수분의 양. 생재(生材 ; 벌채 직후의 목재)의 함수율은 수종(樹種)·산지(産地)·벌채의 계절에 따라 다르나 변재는 80~200%, 심재는 40~100% 정도. ②종류는 평형함수율(일정의 온도 및 습도에 미치는 평형상태의 함수율)·기건함수율(통상 대기상태에 의한 평형함수율로 보통 13~18%, 평균 15%)·섬유포화점(결합수가 포화되어 있는 상태 25~30%)으로 구분.

목재 흠(木材-) : ①입목(立木)으로 있을 때 생리적인 원인이나 기후의 변화·곤충 및 균 등에 의해서 생기거나 또는 벌채 후에 인위적인 원인으로 인해 생기는 미관적·구조적인 결함상태. ②대표적인 흠으로는 옹이(節, knot)·갈라짐(crack)·연륜 간격의 차이·껍질박이(入皮, bark pocket)·송진구멍(松脂穴)류 등. ③목재의 결함(=).

목적(目的, goals) : 달성기한의 제약 없이 회사가 달성하고자 하는 바를 광범위하게 진술하는 것.

목적구성(目的構成) : 실용(實用)디자인인 각종 디자인물(物)이나 각종 창작조형.

목적예술(目的藝術) : ⇨응용예술(=).

목제(木製, wooden) : 목재(木材)로 만드는 작업.

목제창호(木製窓戶, wooden fittings) : 목재(木材)로 만든 창호.

목조건물(木造建物, frame house) : 일반적으로 벽판자나 지붕널로 싸여 있는 목조틀로 구성된 건물.

목조주택(木造住宅, wooden house, timber house) : 주요 구조부가 목조로 된 주택.

목지연(木只椽) : ⇨목기연(=).

목질계벽지(木質系壁紙) : ①나무의 재질을 이용하여 만든 벽지. ②특징은 자연스러움과 기능성이 우수함. ③종류는 코르크벽지·무늬목벽지·목포벽지 등이 있음.

목질부(木質部, xylem) : 나무를 지탱하며 뿌리로부터 물과 무기질 양분을 위로 운반하는 목질 조직.

목질섬유판(木質纖維板) : ⇨파티클보드·칩보드(=).

목질인조판(木質人造板) : ⇨파티클보드·칩보드(=).

목채집(木寨-) : ①귀틀집에 대한 평안남도 지방에서 부르는 말. ②방틀집이라고도 함. ③귀틀집(=).

목책(木柵, wooden wall) : ①나무 말뚝을 박아 만든 울타리. ②나무울타리(=).

목철배합보(木鐵配合-, pitch beam) : ①특수 보의 일종. ②두세 개의 나무보 사이에 철판을 끼우고 볼트조임을 한 보. ③보의 춤은 낮아도 되고 볼트의 크기와 개수는 계산상 정해지지만, 볼트의 구멍에 여유가 있으면 보가 상당히 약해짐. ④보는 조적조의 층보로 적당.

목철합성트러스보 : ①특수보의 일종. ②트러스보에 하중이 작용하는 경우 각 부재에 각각 압축응력 및 인장응력이 생기며, 인장응력이 일어나는 부재에 인장력에 강한 철재를 써서 만든 굳센 트러스보.

목첩(木牒) : ⇨목간(=).

목촌(木寸) : ①나무의 한쪽 모에 평행선을 그을 때에 쓰는 연장. ②턱목촌(=).

목침(木枕) : 나무로 만든 베개. 고대 이집트에서부터 사용하기 시작.

목침절(木針寺) : 가구의 조립에 못을 전혀

사용하지 않은 사찰.

목탄(木炭, charcoal) : ①버드나무·회양목·너도밤나무 등을 구워서 만든 가늘고 부드러운 소묘 재료. ②힘찬 선을 만드는데 가볍고 편리하며 용이하게 지울 수도 있어서, 특히 구도의 밑그림이나 습작 및 스케치에 적합.

목탄지(木炭紙, charcoal paper) : 숯으로 묘화(描畵)를 하는데 적합한 특별히 만들어진 종이.

목탑(木塔) : ①나무로 만든 탑. ②주춧돌 위에 나무로 기둥을 세우고 창호를 내며 대들보를 걸고 기와로 지붕을 얹은 다층 누각형태의 탑. ③우리나라에서는 삼국시대부터 조선시대에까지 지속적으로 조성되어 왔으나 지금까지 남아 있는 목탑으로는 속리산 법주사의 5층 팔상전이 유일함. ④기록과 발굴조사를 통하여 알려진 우리나라 목탑은 고구려의 청암리, 정릉사, 상오리 절터, 백제의 미륵사, 신라의 황룡사, 사천왕사, 망덕사 등의 절터에 남아 있는 목탑의 자취와 고려시대의 평양 중흥사 9층탑, 남원 만복사탑, 개성 연복사탑, 조선시대의 흥천사탑, 법주사 팔상전 등임.

목판(木板) : 상량 고사의 제수를 차릴려고 놓아 둔 상.

목판화(木板畵, woodcut) : ①목판에 그림이나 문양을 조각한 후 파이지 않는 부분에 잉크를 묻혀 인쇄하는 양각 판화기법. ②주로 벽지·직물·금박을 입힌 가죽·태피스트리 등에 이용. ③목판의 숫자를 늘려 다양한 색상의 디자인을 만들 수 있음.

목편시멘트판(木片-板, wood chip cement board) : ①짧은 목편과 시멘트를 사용하여 압축·성형한 판으로 건축물의 수장재로 사용. ②목편은 길이 600㎜ 이하, 너비 20㎜ 이하, 두께 2㎜ 이하를 사용하며 시멘트는 보통 포틀랜드시멘트와 조강 포틀랜드시멘트를 사용. ③목편 시멘트는 혼합된 원료를 균일하게 고른 후 압력을 가해서 성형하고, 성형종료 후에는 충분히 양생한 후 함수량 0.15g/㎤ 이하로 될 때까지 건조시켜 사용.

목포벽지(木布壁紙) : ①목질계 벽지의 일종. ②피나무와 같은 연질의 나무를 대패밥처럼 깎아서 만든 벽지.

목혜(木鞋) : 나막신

목혜편수(木鞋編修) : 공포가 아닌 조각쟁이의 우두머리.

몰[2)](mall) : ①원래는 나무 그늘이 있는 직선의 산책로를 의미하였으나 오늘날에는 특히 상업시설로써 고객의 편의를 위하여 마련된 상점가의 보행로. ②보행자 전용의 쇼핑도로인 쇼핑몰은 1930년경 독일에서 시작. ③런던의 세인트 제임스 공원(Saint James Park)이 몰의 발상지(發祥地). ④몰의 형식에는 차단 여부에 따라 주로 실내식·개방식·차단식으로 구분하고, 이용자 여부에 따라 풀 몰(full mall)·트랜싯 몰(transit mall)·세미 몰(semi mall) 등으로 구분. ⑤쇼핑몰(=).

몰[2)](mole) : 물질의 양을 나타내는 SI단위. 부호는 ㏖.

몰드(mold, mould) : ⇨몰딩(=).

몰딩(moulding) : ①빛·음영·그림자의 변화되는 효과를 창출하기 위해 만들어진 길고 좁은 다양한 형태의 장식적 표면. 중세 건축 원형의 근원으로 유추되며, 그 의미가 확장되어 오늘날에는 장식이나 마감으로 사용되는 표면의 나무나 기타 재료의 긴 띠를 지칭. ②곡선으로 되어 있는 윤곽의 꼴. 건축이나 가구의 부분장식에 쓰이는 띠돌림으로 나무의 모난 면을 깎아 밀어서 두드러지게 하거나 오목하게 하여 모양지우는 것. ③부분과 부분, 재료와 재료가 만나서 생기는 선을 가려주기 위해 대는 건축적 띠 또는 순전히 장식적인 의미로 사용되기도 함. 일반적으로 목재로 제작되는 금속이나 대리석·플라스틱 및 우레아폼 등과 최근에는 래핑 몰딩(wrapping moulding)을 사용. ④건축·가구·기물의 각 테 부분을 깎아 둥글게 한 것으로 두드러지게 또는 오목하게 하여 모양지게 하는 것. ⑤건축물 또는 창호나 가구 등을 형성하는 부재의 윤곽을 장식적으로 선을 강조하거나 보기 좋게 하고, 서로 다른 이질재료가 만나는 부위의 마감을 감추어 깨끗하게 하기 위해 벽과 천장의 이음부분·공동(cavities)·코니스·토대 등의 건축물이나 가구의 돌출부 또는 문과 창문의 양쪽 문설주와 상부 턱 어느 쪽이든 간에 건축물의 부재와 종속적인 요소에 주어진 장식적 형상 및 가장자리에 돌출형태나 함몰한 형태로 모양을 만들어 연속적으로 부착한 길고 가느다란 부재. ⇨쇠시리·돌림띠·모접기(=). ⑥건물·벽·가구의 움푹 들어간 부분이나 돌출된 부분에 이용되는 형상화된 조각. 몰딩은 빛과 음영으로 부재의 윤곽을 강조하거나 장식적으로 처리하는데 시대·나라·건축양식에 따라 동일하거나 특유한 형태를 함.

몰리(Moly) : 돌리면 덮개 끝이 잡아 당겨져서 조적조에 뚫어 놓은 구멍에 인접한 면이나 중공벽(中空壁)의 내부면에 퍼져 붙게 되는 익스팬션 볼트(expansion bolt)의 상품명.

몰리브덴(molybden[독]) : 크롬과 비슷한 은백색의 금속원소. 천연으로는 휘수연광(輝水鉛鑛)·수연광(水鉛鑛)이 산출. 강철에 섞어 고속도강을 만드는데 사용.

몰리브덴강(-鋼, molybden steel) : 몰리브덴을 가(加)한 강철.

몰리어선도(-線圖, mollierchart) : ①습공기선도(psychrometricchart)를 나타내는 표시방법의 일종. ②엔탈피 j와 절대습도 x를 직교좌표에 잡은 t-x선도. 이때에 대기압은 760mmhg으로 함.

몰리에르선도(-線圖, Mollier chart) : ①가스나 증기의 상태변화를 쉽게 알 수 있는 선도(線圖). ②몰리에르가 고안함. ③세로축은 절대압력을, 가로축은 엔탈피를 나타냄.

몰매내기(splayed) : ①개구부가 다른 면보다 더 넓어 보이도록 하기 위해 개구부의 측면에 주어진 비스듬한 경사. ②주로 실제의 수직위치로부터 어떠한 방향으로 비스듬하거나 경사진 외부의 벽 표면에 적용.

몰매내기

몰탈 : ⇨모르타르(=).

몸대(-帶, shank) : 못이나 볼트의 못머리와 못 끝 사이에 곧고 좁은 몸통부분.

몸돌 : ⇨옥신석(=).

못(錠, nail) : ①망치로 나무나 기타 건축자재에 박아 넣을 수 있도록 한쪽 끝은 뾰족하고 다른 쪽 끝은 평평하게 넓혀진 곧고 가는 조임 철물. ②종류는 ㉠재료에 따라서 철제·동제·황동제·스테인리스제 등. ㉡형태에 따라 ⓐ커트못(cut nail) ; 사각형의 몸대가 점점 가늘어지면서 끝이 무디게 되어 있는 못·판 또는 강철판을 절단해 만든 것. ⓑ와이어못(wire nail) ; 원형 또는 타원형의 철선 조각을 잘라 성형해 만든 못. ⓒ보통못(common nail) ; 몸대가 가늘고 못머리는 평평하며, 못 끝은 다이아몬드 모양으로 된 못. ⓓ박스못(box nail) ; 못머리는 평평하고 몸대의 길이는 보통 못과 비슷하나 더 가늘게 되어 있는 못. ⓔ케이싱못(casing nail) ; 작은 원추형의 못머리를 가지며, 몸대의 길이는 보통 못과 비슷하나 더 가늘게 되어 있는 못. 못머리가 노출되어도 상관없는 공사에 사용. ⓕ피니싱못(finishing nail) ; 몸대가 가늘고 작은 배럴(barrel) 모양의 못머리를 갖는 못. 표면 약간 밑까지 박아 토분(土粉)이나 퍼티(putty) 및 기타 재료로 덮음. ⓖ브레드(brad) ; 작은 피니싱 못(finishing nail). ⓗ이중머리못(二重頭釘, double headed nail, duplex headed nail) ; 비계나 거푸집 같이 건물의 임시구조물에 사용하는 못. 몸대에 플랜지를 달아 못이 끝까지 박히는 것을 막고 못머리를 잡아 빼기 쉽도록 만든 것. ⇨거푸집용 못·비계용 못(=). ⓘ콘크리트못(concrete nail) ; 콘크리트나 벽돌조·블록조 등 조적재에 박을 수 있도록 몸대에 홈 또는 나삿니가 나 있고 못 끝은 다이아몬드형으로 된 강철못. ⇨조적조못(=). ⓙ플로어링 못(flooring nail);작은 원추형(圓錐形) 못머리를 가지고 몸대는 기계로 홈을 파놓았으며, 몸 끝은 뭉뚝한 다이아몬드형으로 된 못. 주로 마루판을 까는 데 사용. ⓚ링생크못(ring shank nail) ; 부착력을 높이기 위하여 몸대에 동심원(同心圓)의 홈을 연속적으로 파 놓은 못. ⓛ루핑못(roofing nail) ; 너새와 같은 부재를 설치하는데 사용하기 위해 몸대에는 가시나 홈을 만들거나 시멘트로 피복하고 못머리는 넓고 평평한 못. ⓜ드라이브스크루(drive screw) ; 망치로 박고 스크루 드라이브로 빼낼 수 있도록 몸대에 나선형의 홈을 파 놓은 못. ⓝ위글못(wiggle nail) ; 파형(波形)의 주름조각으로 만든 죔쇠 또는 주름못. 파형의 한쪽 끝이 날카롭게 되어 있어 연귀이음에서와 같이 두 개의 목재를 연결할 때 사용.

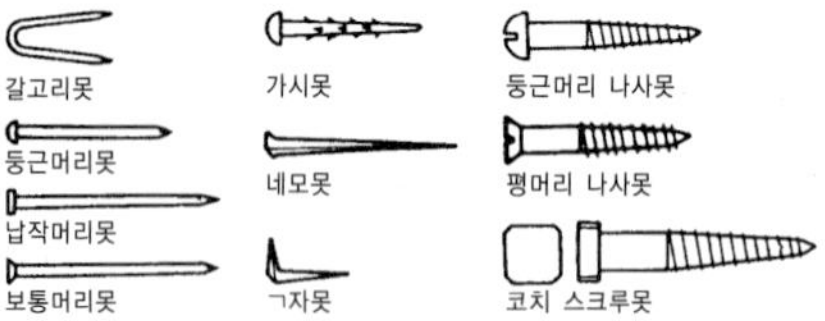

못의 종류

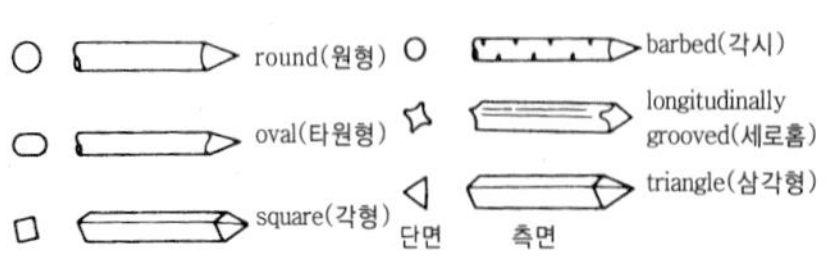

[못 몸통의 각종 형상과 명칭]

못구부리기 : ⇨클린치(=).

못머리구멍파기 : ⇨카운터싱크(=).

못머리몰딩(nailhead moulding) : 각뿔과 같이 위가 솟아오른 작은 피라미드 형태가 연속적으로 이어진 몰딩.

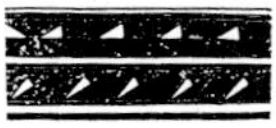
못머리몰딩

못머리장식(-裝飾, nail head) : ①가죽이나 직물로 씌운 의자에서 나무 프레임(frame)에 가죽·직물을 고정시키기 위해 사용되던 금속으로 만든 피라미드 형태의 못머리와 같이 생긴 장식. ②고딕시대의 노르만 건축 등에서 사용하기 시작하여 18세기에는 기능보다는 장식적으로 궤·요람 등의 가구에 폭넓게 사용.

못머리장식

못박기(nailing) : ⇨못질(=).

못접합(-接合, nail joint) : ①못길이는 박는 나무널두께의 2.5~3.0배, 재의 마구리 경우 3.0~3.5배. ②못접합에서 각재의 두께는 못지름의 6배 이상, 즉 못지름은 널두께의 1/6 이하. ③못을 박을 때의 경사도는 수직면에 대해 15°. ④못접합에서 못 박는 개수는 경미한 것이라도 1개소에 4~6개 정도 박음. ⑤못의 배치 최소 간격 ㉠가력방향 : 하중작용 가장자리에서 $12d$, 상호간은 $10d$, 하중작용 반대쪽 가장자리 $5d$ 이상. ㉡가력 직각방향 : 끝에서 $5d$, 상호간은 $5d$.

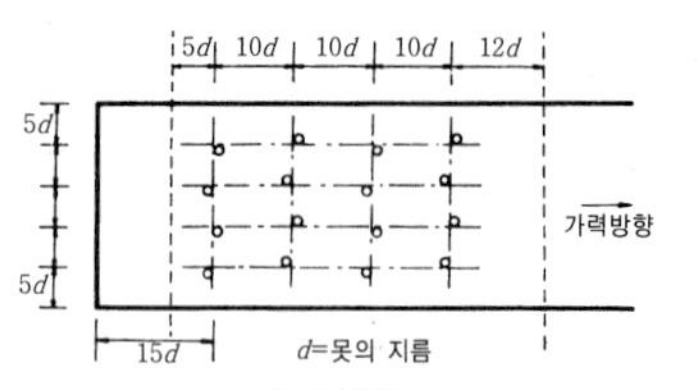

못의 간격

못질(nailing) : 못을 박는 일. 즉 못을 박아 부재를 고정하거나 접합하는 일.

몽심재(夢心齋) : ①전북 남원시 수지면 호곡리 796-3. 중요민속자료 149호. 1753~1830년에 창건. 19세기에 중건함. ②구조는 ㄷ자형을 이룬 안채(6칸)와 고방채

(3칸)·부속채(3칸) 및 사랑채(9칸)·중문문간채(5칸) 등이 낮은 터에 3단의 높은 기단을 올리고 문간채와 사랑채, 안채를 세우고 가장자리에 행랑채와 부속채가 일조를 이룸. 전체로 보아 트였고, 급한 산록의 경사를 감안하여 안채와 사랑채·중문채를 따로 설치하여 높이가 서로 다르게 되었음. 안채에 사랑과 중문채가 일자로 복합되어 부설된 듯이 보이지만 폐쇄적인 산곡(山谷)의 지형을 살린 구형(口形)으로 분류하는 것이 타당함. 대문채가 따로 있으며, 대문을 들어서면 상당히 넓은 마당임. 사랑채와 중문이 높이 설치한 축대 위에 자리잡고 있는데, 축대는 무사석형(武砂石形)과 산석(山石)을 적절히 혼합 사용하여 그 모양이 의젓하고 흥미로움. 중문으로 내외벽이 있고 2칸이며, 그 좌측에 팔작 기와지붕의 당호(堂號)가 몽심재인 사랑채가 있음. 정면 5칸, 측면 2칸 반 규모의 팔작집으로 높은 자연석 축대 위에 다시 장대석을 다듬어 기단을 구성하여 매우 당당한 모습임. 구조상 전후툇집이나 후퇴의 간살이 길어 거의 겹집에 가까운 구조임. 평면은 1칸이 마루이고 4칸이 방임. 기둥은 팔작기둥을 사용하고, 앞퇴의 툇마루는 기둥에서 귀틀을 두어 마감한 것이나, 한쪽 끝을 올려 앞으로 내앉힌 구조가 특이함. 높여 올린 퇴에는 나무로 난간을 둘렀음. 안채는 경사지를 그대로 이용하여 단차가 있는 흘림기단을 조성하고 요형(凹形)으로 건물을 구성함. 몸채는 전후툇집의 구조이며 6칸 규모임. 경사가 급한 대지조건을 이용하여 저면에만 2층의 공루(空樓)를 구성하였는데, 아래에는 나뭇간을 두고 상층에는 수장공간으로 활용함. 반대편 동측날개도 부엌 상부에 다락을 구성함. 특히 박공면에 매듯이 좁은 마루를 만들고 난간도 설치하여 다락으로 사용.

몽타주(montage[프]) : ①따로따로 촬영된 화면을 효과적으로 떼어 붙여서 화면 전체의 유기적인 구성을 이루는 영화나 사진·그림 편집구성의 한 수법인 합성화법.

뫼블(meubles[프]) : 이동가구(movable furniture)를 의미하는 불어.

뫼블

뫼비우스의 띠(Möbius strip) : ①좁고 긴 직사각형 종이를 180도 꼬아서 끝을 붙인 곡면. ②위상기하학적 성질을 가진 곡면으로 독일 수학자 아우구스트 페르디난트 뫼비우스(1790~1868)가 처음 제시했음. ③특징은 안과 밖의 구별이 없다는 점. 즉 곡면상의 바깥쪽에 칠을 해나가면 안쪽까지 모두 칠해짐. 또 이 띠의 중심선을 따라 자르면 4번 꼬인 띠가 되면서 원래 크기의 두 배가 됨.

묘(廟) : ⇨사당·사우·가묘(=).

묘막(墓幕) : ①무덤 가까이에 지어 묘지기가 살던 자그마한 집. ②원주 김두한 가옥 등이 그 예임.

묘비(墓碑, tomb stele) : 묘 앞쪽에 세운 비석.

묘실(廟室) : 위패를 모신 방

무계정사(武溪精舍) : ①서울특별시 유형문화재 제22호 지정(1974), 서울특별시 종로구 부암동 329-4 소재. ②조선왕조 제4대 세종(世宗)의 셋째 아들인 안평대군(安平大君 ; 1418~53)이 정치상황의 혼잡함을 피해 풍류를 즐기며 살던 별장으로, 일명 무이정사(武夷精舍)라고도 함. 무계정사가 있던 암벽에 '무계동(武溪洞)'이라는 글씨가 새겨져 있어 안평대군의 별장이 있던 곳임을 알려줌. 이곳은 당시 사람들이 '흥룡지지(興龍之地)'라 말했던 곳으로 이는 곧 왕이 나올 곳이라는 역모의 땅으로 간주되었음. 따라서 계유정난(癸酉靖難) 이틀 후부터 무계정사를 철거해야 한다는 조정의 의견이 대두된 것으로 보아 안평대군의 죽음을 전후로 헐린 것으로 보임.

무고주삼량집 : ⇨삼량집(=).

무고주칠량(無高柱七樑) : 고주를 사용하지 않는 칠량집.

무고주칠량

무골충이 : 모접기 중 쌍사의 일종으로 줄을 두드러지도록 친 변탕질.

무광택(無光澤, flat) : 광택이나 번쩍거림이 없는 것.

무광택유리(無光澤琉璃) : ⇨불투명유리(=).

무광택처리(無光澤琉璃, frosting) : ①재료의 표면 또는 내부를 가공하여 평행한 입사광선이 난반사를 일으키게 하는 가공처리. ②표면처리에는 미세한 흠을 내거나 미립자를 부착하며, 유리와 같은 투명재에는 난반사를 하게 하는 물질을 혼합.

무광택페인트 : ⇨무광페인트(=).

무광페인트(無光-, matted paint) : ①칠한 후 광택이 나지 않는 페인트를 총칭. ②유광페인트(⇔).

무근콘크리트(無筋-, plain concrete) : ①철근을 사용하지 않은 콘크리트. ②철근이 없거나 있더라도 건조·수축이나 온도변화에 대해서만 보강된 콘크리트.

무근콘크리트조(無筋-造, plain concrete construction) : 철근을 사용하지 않고 콘크리트만으로 만든 구조.

무기성안료(無機性顔料) : ①무기물인 광물질 색소로 된 안료. ②광물성 안료라고도 하며 내광성(耐光性)·내열성(耐熱性)이 크고 유기용제(有機溶劑)에는 녹지 않으나 착색력이 적고 색의 선명도(鮮明度)라는 측면에서 유기안료에 미치지 못함. 이는 일반적으로 변색되지 아니하고, 화학적으로 안정되어 도료에 많이 사용되고 있음. 또한 무기성 안료의 일종으로 체질 안료가 있음.

무기안료 : ⇨무기성 안료(=).

무기연당(舞沂蓮塘) : ①중요민속자료 208호, 18세기 창건, 19세기 중수, 경남 함양군 칠원면 무기리 966에 위치. 함안 주씨고가에 부속된 별원으로서 연당과 정자를 포함한 정원. 주세붕의 후손인 국담(菊潭) 주재성(周宰成)이 1728년(영조4)에 조성하였다고 전해짐. ②이 연못은 '이인좌의 난'을 진압한 관군들과 함안 의병들이 주재성의 높은 덕을 기리기 위해 이 마을 들머리에 '창의사적비'(倡義事蹟碑)를 세우고 주재성이 글을 읽던 서당 앞에 만든 연못이라고 함. 주재성은 이 연못을 '국담(菊潭)'이라 이름짓고 자신의 호로 삼아 늘 이곳에 머물며 학문을 닦고 후진양성에 힘썼다고 함. '무기(舞沂)'라는 말 또한 논어에 나오는 '욕호기 풍호무우(浴乎沂風乎舞雩)'에서 따 온 글자로 '이름에서 목욕하고 기우제 드리는 곳에서 바람을 쐰다'라는 뜻으로 속세의 모든 것에서 벗어났다는 말. 국담(菊潭)이라고도 불리는 이 네모난 연못은 2단의 돌둑을 쌓고, 연못 한가운데 산의 모양을 본뜬 작은 섬을 하나 띄워놓은 석가산(石假山, 정원에 돌을 쌓아올려 인공적으로 만든 산)이 있음. 이 석가산을 쌓아놓은 섬을 '양심대'(養心臺)라 부름. ③솟을대문을 들어서면 제일 먼저 눈에 띄는 정면 3칸 측면 2칸에 대청마루를 둔 감은재(感恩齋)에는 경상남도 유형문화재 제242호 국담문집책판(菊潭文集冊板) 56매가 보관되어 있음. ④한서문 안에 별채처럼 아담하게 보이는 2칸짜리 하환정(何換亭)과 1860년대에 구담의 후손이 지은 정면 3칸, 측면 3칸의 풍욕루(風浴樓)가 중심영역에서 벗어나 한쪽 구석에 배치됨. 누각이 아니면서 누의 명칭을 사용한 것으로 보아 대지를 높여 넓게 조망하려는 의도가 짐작됨. 주고(柱高)가 높고 중앙대청에 양쪽으로 방을 갖추고 있어 접객이나 서실로 사용된 것으로 추

무기연당

주씨고가

솟을대문

감은재

정. 하한정이 은자의 세계라면, 풍욕루는 공적인 공간임. 인공은 인공대로, 자연은 자연대로 꾸미지 않음에 그 철학과 미학이 있음.

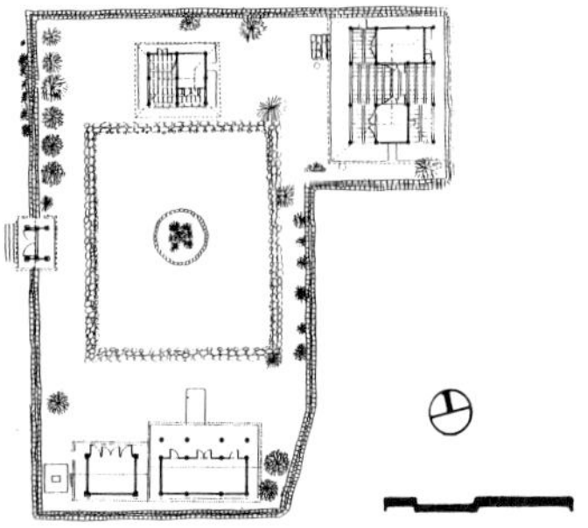

무기연당

무기재료(無機材料) : 철강·알루미늄·동·연·아연·합금류 등의 금속재료와 석재·시멘트·벽돌·유리·석회·콘크리트·도자기류 등의 비금속재료.

무기질벽지(無機質壁紙) : ①무기물로 만든 벽지. ②특징은 불연성·난연성이 강함. ③종류는 질석 벽지·아스베스트 벽지·금속박 벽지 등이 있음.

무기질섬유판(無機質纖維板, inorganic fiber board) : ①무기질 섬유, 즉 석면·암면·광재면·유리면 등을 주원료로 하여 제조한 판. ②주로 단열재·흡음재 등으로 사용.

무기화합물(無機化合物, inorganic compound) : ①유기화합물 이외의 화합물. ②탄소를 함유하지 않는 화합물과 간단한 탄소화합물을 총칭.

무늬[1](figure) : 나이테·옹이·방사조직 등 성장 특성에 의한 형태가 켜낸 목재 표면에 나타나는 자연적인 패턴.

무늬[2](pattern) : ⇨문양(=).

무늬강판(-鋼板, checkered steel plate) : ①철판 표면에 무늬(보통 마름모·격자형)를 만들어 미끄러지지 않게 한 강판. ②주로 바닥재·계단의 디딤판 등에 사용. ③두께는 3.2㎜·4.5㎜·6㎜·8㎜·9㎜·12㎜·16㎜·19㎜가 있고 크기는 915×2,440㎜(4자×8자)·1,254×3,050㎜(5자×10자)가 있음.

무늬단판(-單板, sawn veneer) : ①목재를 깎아 무늬목으로 만든 단판. ②무늬목(=).

무늬마루 : 합판 위에 무늬목을 붙인 재료로 시공하는 마루.

무늬마무리 : 바름 등의 마무리면에 여러 가지 도구를 사용하여 무늬를 넣은 마무리.

무늬목(-木, veneer wood, pattern wood, sliced veneer) : ①질이 떨어지는 다른 재료 위에 입히는 질 좋은 목재 단판. ②구조 위에 얇은 단판이 켜로 쌓인 합판공사에서 많이 볼 수 있음. ③주로 슬라이서(slicer)를 사용하여 목재를 0.2~1㎜ 정도 얇게 켜서 만든 종이나 막(膜)처럼 생긴 단판(單板, veneer). 보통 3㎜ 미만으로 얇게 켜 무늬목으로 만들어 합판 등의 표면에 접착하여 우수한 나무 모양이 나타나도록 하는 작업으로 가구용으로 사용하는 무늬목은 0.2㎜ 전후의 극히 얇은 것을 사용함. 주로 합판 등에 붙여 베니어합판(veneer plywood)이나 화장합판의 제작에 사용됨.

무늬목벽지(-壁紙, veneer wall paper) : ①목질계 벽지의 일종. ②나무의 무늬를 살려 만든 벽지.

무늬목조합(-木組合, veneer match) : ①무늬목의 나뭇결을 서로 조합하여 또 다른 문양을 만드는 것. ②종류는 조합의 방법에 따라 색깔과 나뭇결을 이어 맞추는(joint) 북 매치(book match), 나뭇결을 맞추지 않고 널빤지를 반복하여 이어 맞추듯이 조합하는 슬립 매치(slip match), 되는대로 조합하는 임의 매치(random match), 갈지자 무늬장식형 조합(chevron match),

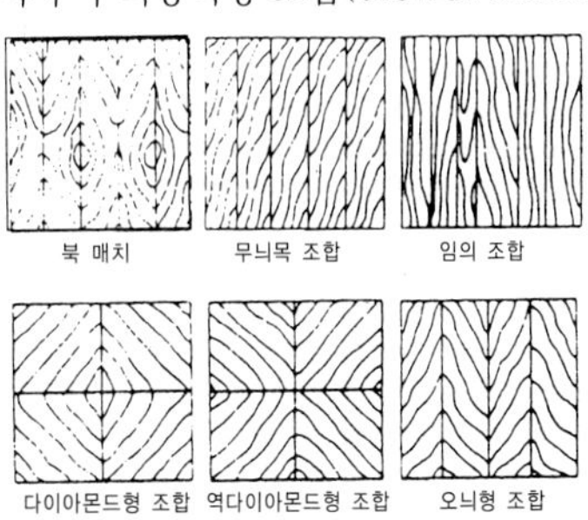

무늬목 조합

다이아몬드형 매치(diamond pattern match), 역다이아몬드형 매치(reverse diamond pattern match), 오늬형 매치(herring bone match), 4방향 중심과 밑동형 매치(fourway center and butt pattern match) 등.

무늬목취재법(-木取材法, veneer cut) : ①목재의 단판을 얻기 위해 통나무를 절단하는 방법. ②두께는 0.25~6mm 정도까지 가능.

무늬목화장합판(-木化粧合板, sliced veneer fancy plywood) : ①미장용으로 표면에 괴목 등의 얇은 단판을 붙인 합판. ②현장에서는 주로 원목을 사용하지 않고 합판에 무늬목을 붙여 사용.

무늬쌓기 : 벽돌쌓기에서 줄눈이 어떤 무늬를 만들도록 쌓는 것. 예컨대, 내쌓기·세워쌓기·빗쌓기 등을 말함.

무늬유리(-琉璃, patterned glass, embossed glass) : ①투명유리의 한 면에 여러 가지 모양의 무늬를 만든 유리. ②주로 시각적 프라이버시를 확보해주고, 빛을 확산시켜 주며, 장식적 효과를 내고 실내디자인 겸 투시방지를 위해 사용. ③무늬 모양은 만자(卍자)·안개·아지랑이·다이아몬드·눈(雪)·꽃 등이 있음.

무늬합판(-合板) : 치장합판의 일종으로 고급 내장 목재(티크·오크 등)의 단면에 무늬목을 붙인 것.

무늿결(紋理, curly grain) : 나뭇결이 여러 가지 원인에 의해 생긴 소용돌이 모양으로 불규칙하면서도 아름다운 무늬.

무대디자인(舞臺-, set design, stage design) : ①영화·연극·TV 등을 위해 무대 위에 설치하는 무대장치·설비·조명·의상 등의 공간적인 조형물을 총칭, 특히 무대장치만을 의미하기도 함. ②오늘날 무대디자인은 영상매체의 발달로 정보전달에 있어서 메커니즘(mechanism)적 요소가 상당히 많이 가미됨.

무대미술(舞臺美術, scenic art, szenische kunst[독], art théâtral[프]) : ①무대 위에서 사용되어 연극 전체의 효과를 높이는 데 소용되는 조형예술(미술) 내지 조형적 구성요소. ②협의(狹義)의 무대장치·의상·조명 등 거의 모두가 무대미술에 포함. 단, 협의로는 오로지 무대장치만을 의미하는 경우도 있음.

무대장치(舞臺裝置, stage installation, stage-scenery, décors[프], bühnenausstattung[독]) : ①광의(廣義)로는 무대에 어떤 일루션(illusion)을 만들어내기 위해 실시되는 장식 일체. 상연될 극의 성질·종류에 따라 협의의 무대장치 및 무대 위에 꾸미는 배경·구조물·소품·조명·의상·기타 연기상 필요한 모든 설비. ②협의(狹義)로는 대도구·소도구 등의 구성에 의해 극적 표현의 보조수단으로서 종종 강한 효과를 발휘함. ③무대미술(≒).

무대조명(舞臺照明, stage light) : 광선을 응용하여 무대면의 명암을 조절함으로써 연극적인 효과를 상승시키는 기능.

무데자(Mudéjar) : ⇨무데하르(=).

무데하르(Mudéjar) : 8~13세기 동안의 기독교 정복 후에 스페인에 남도록 허용된 회교도의 일파.

무데하르건축 : ⇨무데하르양식(=).

무데하르양식(-樣式, Mudéjar style) : ①13~17세기에 걸쳐 스페인에서 유행한 무어양식과 기독교양식이 결합된 절충양식. ②로마네스크와 고딕양식의 혼합에 이슬람 요소가 가미된 것이 특징임.

무데하르양식

무두(無頭) : ①못머리가 없는 못. 주로 목재 깊숙이 박을 때 사용. ②유두(⇔).

무드(mood, stimmung[독]) : ①기분·정취(情趣)의 의미로 지정된 내용이나 대상에 관계없는 막연한 감정. ②예술적으로는 작품으로부터 받는 심리적 정조(情調). ③분위기(=).

무드광고(-廣告, mood advertising, mode publicité[프]) : ①광고 수용자의 기분에

알맞도록 만든 광고. ②정서적 분위기를 이용하여 어필(appeal) 효과를 노린 광고. 상품 그 자체를 내세우지 않고 그 주변의 환경적인 요소를 표현하여 전체적으로 어떤 분위기를 조성시켜 그 분위기로서 광고하려는 것으로, 상품의 성질과 연결되도록 작성된 광고. ③제품을 소유하거나 서비스를 받음으로써 느낄 수 있는 만족감, 즐거움, 쾌감 등을 무드로 표현한 광고. ④화장품이나 패션제품, 음료 등 인간의 원초적 욕망에 호소하는 동기에서 만들어짐. 상품의 필요성을 논리적으로 설득시키는 논리적인 광고(Reason Why)와 대립되는 개념. ⑤주로 여성층 고객을 대상으로 하는 상품광고에 이용됨. 감미로운 톤(tone)으로 분위기를 구성하여 광고하는 것이 많음. ⑥분위기 광고(=).

무드조명(-照明, mood light) : ①실내의 기능·용도·성격에 따라 부드럽고 차분하며 운치있는 분위기를 필요로 하는 공간에 설치하기 적합한 조명방식. ②주로 주택의 거실·침실·호텔의 로비·바·레스토랑·커피숍 등의 공간 조명에 적합. 조명기구로는 샹들리에(chandelier)·다운라이트 등을 사용. ③분위기 조명(=).

무디선도(-線圖, Moody graph) : ⇨레이놀즈수(=).

무량갓 : ①지붕의 용마루(지붕마루)를 꾸미지 아니한 건물. ②이익공 무량갓은 이익공으로 장식되고 지붕은 마루가 없게 꾸민 것. ③서울 창덕궁 대조전 등에 보임.

무량사극락전(無量寺極樂殿) : ①보물 356호, 고려초 창건 추정, 조선중기(인조대) 중수. 신라 범일국사가 창건한 사찰로 전함. ②정면 4칸, 측면 4칸의 중층 건물로 내부는 상하층 구분없이 통간. 2층은 1층 내부의 고주를 상층으로 올려 2층 평면이 되게 하여 상층평면은 정면 2칸, 측면 2칸. 기단은 장대석 세벌대로 쌓고 덤벙주초를 놓은 다음 배흘림 원주를 세움. 네모서리의 1, 2층 추녀에는 활주를 세움. 공포는 다포식이나 1. 2층 형식이 다름. 1층은 내외3출목이나 2층은 내외4출목으로 더욱 화려함. 기둥사이의 주간포는 양협간은 1조씩, 나머지 칸에서는 2조씩 설치하고 2층 주간포는 모든 칸에 2조씩 짜올림. 우물마룻 바닥에 천장은 격자모양의 우물반자. 내부의 살미첨차는 운공(雲工)으로 조각하고, 측면으로 걸어

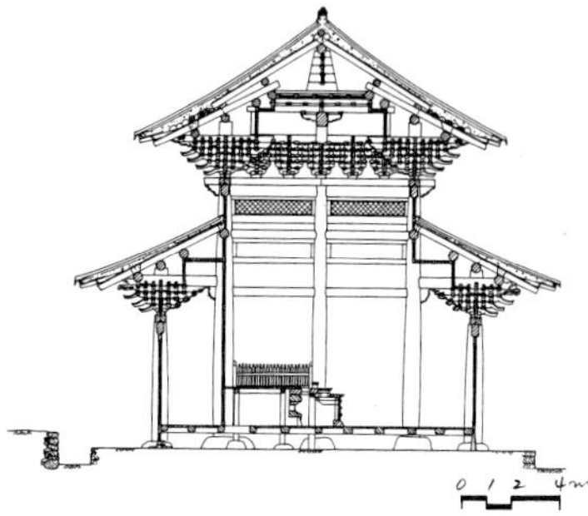

무량사극락전 단면도

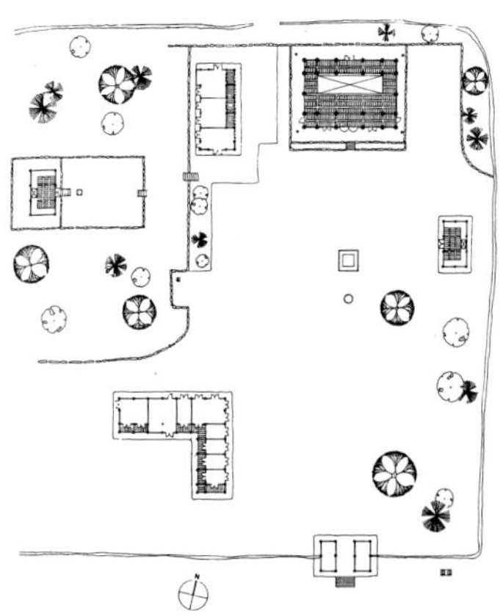

무량사극락전 배치도

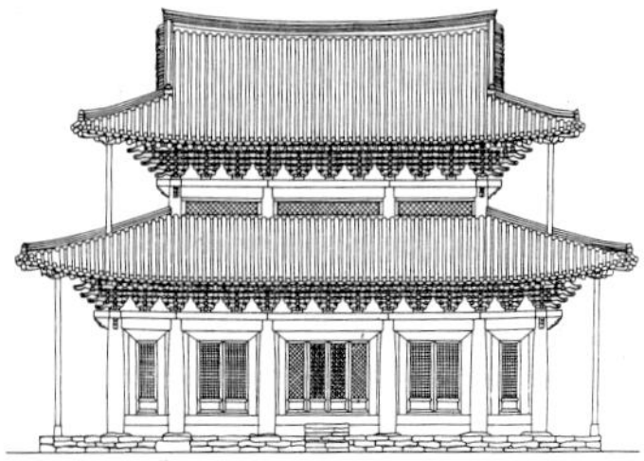

무량사극락전 정면도

ㅁ

둔 충량(衝樑)에는 용두(龍頭)를 조각하여 매우 화려하게 장식.

무량수전(無量壽殿) : ①아미타여래상을 안치한 불전. ②아미타 부처님은 무량한 수명과 무량한 빛 자체이므로 붙여진 극락전에 대한 다른 말. ③극락보전·극락전·무량전·미타전(=).

무량전(無梁殿) : 내부에 기둥을 사용하지 않고 아치구조로만 처리한 건물.

무량판구조(無梁板構造, mushroom construction, flat slab, flat slab construction) : 철근콘크리트조의 바닥 또는 지붕구조로서, 보 없이 슬래브(slab)로만 된 바닥을 기둥으로 받치는 평(바닥)판구조.

무른돌 : 사석이나 이회암 따위의 질이 연한 무른 돌.

무브망(mouvement[프]) : ⇨동감·동세(=).

무빙슬라이드시스템(moving slide system) : ①멀티슬라이드(multi slide)와 함께 사용하는 시스템으로 한 차원 발전시킨 영상매체. ②특히 전체 영상과 같이 회전 및 확대·축소가 가능하고 상·하·좌·우의 움직임을 필요로 하는 내용에 적합한 시스템으로 다기능적인 영상효과를 연출할 수 있음.

무사석(武砂石) : ①네모반듯하게 다듬어 성벽과 담벽 등에 높이 쌓아올리는 돌. ②홍예돌 옆에 쌓은 네모반듯한 돌.

무색(無色, achromatic) : ①빛을 반사시키는 물체나 빛으로 색을 갖지 않음. ②흰색·회색·검정색이 이에 속함. 즉 무채색.

무설전(無說殿) : ①말하지 않고 깨닫는 것이 가장 큰 깨달음이라고 해서 붙여진 설법전(說法殿)에 대한 다른 말. ②불국사 대웅전 뒤에 무설전이 그 실례.

무성서원(武城書院) : ①전북 정읍시 칠보면 무성리 500에 위치. 사적 166호. 1483년 창건, 강당(1828)과 사당(1844) 중건. ②신라말 고운(孤雲) 최치원이 태산(현 태인) 군수 재임시의 치적을 기리고, 그를 향사(享祀)하기 위해 세운 태산사(泰山寺)에서 비롯됨. 1484(성종14년)에 현 위치로 이전, 그 후 태인 현감을 지낸 신잠(申潛)을 합사(合祀)하고 이어서 정극인·송세림·정언충·김약묵·김관 등을 추가 배향하였으며, 숙종 22년(1696)에 청액상소하여 무성의 사액을 받아 무성서원이 됨. ③무성서원은 평지에 문루와 강당, 내삼문, 사당을 일렬로 배치한 전학후묘(前學後廟)의 배치형식. 문루인 현가루(絃歌樓)는 정면 3칸, 측면 2칸의 중층누각으로 아래층 전면에 문비(門扉)를 달고 상층은 루를 구성함. 강당은 자연석 두벌대의 낮은 기단 위에 정면 5칸, 측면 2칸의 규모로 가운데 3칸은 대청이고 양쪽에 온돌방이 있는 보편적인 강당의 평면형식. 대청은 앞뒤를 개방하여 단정한 두리기둥 구조. 대청의 공간적 투과성은 공간의 깊이를 배가시켜 줌. 가구는 단순한 5량식 구조. 전후 평주 사이에 자연스럽게 등굽은 대들보를 걸고 그 위에 낮게 간단한 대공을 짜서 종량과 종도리를 받게 함. 지중은 팔작지붕의 홑처마 구조로 순조 25년(1825)에 소실된 것을 3년 후에 다시 중건함. 사당은 정면 3칸, 측면 3칸의 맞배집으로 박공면에는 풍판이 시설됨.

무셰트(mouchette[프]) : 휘어진 단검(dagger)과 유사한 타원형 곡선과 반곡선(ogee curve) 형태의 곡선 트레이서리 모티프(curve tracery motif).

무수석고(無水石膏) : ⇨석고.

무수석고플라스터(無水石膏-, anhydrous gypsum plaster) : ①결정수(結晶水)를 갖지 않은 황산 칼슘염(鹽). 이수염(二水鹽). ②반수염(半水鹽)을 250℃ 이상으로 가열하여 만듦.

무심주(無心柱) : 나무의 심이 없게 자른 나무.

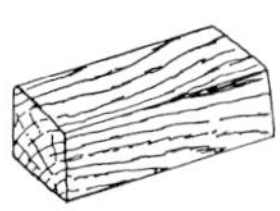

무심주

무아레(moire) : ①견·면·레이온의 표면에 나뭇결무늬나 물결무늬를 특별히 조작한 롤러(roller)로 누르든가, 직물끼리 겹쳐 눌러서 만듦. ②캘린더 등에 의한 프레스 가공 이외에 프린트로 무늬를 표현한 것도 있음.

무어건축(-建築, Moorish architecture) : ①북부 아프리카와 특히 무어족 지배하의 스페인 지역의 이슬람 건축. ②대규모 모스크와 정교한 요새 겸 궁전건축의 성격을 가짐.

무어건축

무어식 아치(-式-, Moorish arch) : ⇨말굽형 아치(=).

무어양식(-樣式, Moor style) : ①중동지방의 건축과 실내에 기초를 둔 무어인들의 양식. ②특징은 기하학적인 패턴을 반복하거나 3/2원의 말발굽 아치(horse shoe arch)를 사용하는 것 등.

무어인(-人, Moor) : 아프리카 서북부에 사는 베르베르(Berber)인종과 아랍(Arab)인종의 혼혈족인 회교도. 8세기에 스페인을 침공하여 1492년까지 지배함.

무역풍(貿易風) : ①아열대 고기압대로부터 서쪽 방향의 성분을 갖고 적도로 향해서 거의 정상적으로 불고, 고도는 8~10km에 달하는 바람으로, '적도편동풍' 혹은 '열대동풍'이라고도 함. ②30°에서 5° 부근까지의 저위도 지역의 지표에서 관측되고, 특히 해양 위에서 항상 불고 있음.

무영등(無影燈, shadowless light) : 병원 수술실에서 사용하는 그림자가 생기지 않는 조명등.

무용제바니시(無溶劑-, solventless varnish) : ①안료가 혼입되지 않은 폴리에스테르 수지 도료의 일종. ②칠막(塗膜)이 강인한 것이 특징.

무유타일(無釉-, unglazed tile) : 유약(釉藥)을 칠하지 않은 도자기 타일.

무이라피랑가(Muirapiranga, Brosimum paraense[학]) : ①브라질·가이아나 등에 분포. 뽕나무과에 속함. ②심재는 진한 적색으로 자색을 띠며 심재 부분의 원목직경이 20㎝를 넘는 것이 드물고, 심재는 목리가 통직하고 나무갗이 고움. 무겁고 치밀하며 가공이 용이하고 아름다운 윤(潤)을 낼 수 있음. 교착성(膠着性)이 양호하나 불쾌한 누른 냄새가 남. ③주로 가구·단판·세공조각 등에 사용.

무익공(無翼工) : ⇨물익공(=).

무익공집(無翼工-) : ①익공이 없이 소로받침으로만 된 집. ②익공, 곧 초가지가 없는 집. ③굴도리집(=).

무장식양식(無裝飾樣式) : ⇨헤레라양식(=).

무정전전원장치(無停電電源裝置, uninterruptible power supply) : 전력공급에 이상이 생겼을 때, 자동적이고 즉각적으로 전력을 공급하는 비상 전원시스템.

무정형형태(無定型形態, amorphous form) : 일정하거나 고유의 모양 또는 뚜렷한 결정체나 기하학적 각을 이룬 또는 곡선 구조를 갖고 있지 않은 형태.

무주택세대주(無住宅世帶主) : 세대주를 포함한 세대원 전원(주민등록이 분리된 배우자 및 배우자와 동일한 세대를 이루고 있는 세대원을 포함)이 주택을 소유하고 있지 않은 세대주.

무지갯빛유리(-琉璃, iridescent glass) : ①고대에서 사용된 무지갯빛 또는 진주빛이 나는 유리. ②이는 흙 속에 있는 일산화탄소에 의해 유리의 표면이 변질됨으로써 생긴 효과로 고고학자들에 의해 발견. ③이러한 효과는 1870년대에 이르러 티파니(Tiffany)와 같은 유리 세공인에 의해서 색유리에 산화금속을 입혀 재생됨.

무진실(無塵室) : ⇨클린룸(=).

무창거실(無窓居室) : 창문, 기타 개구부가 없는 거실.

무창건축(無窓建築, windowless building) : 창문이 없는 건축물. 주로 공장·창고·백화점 등에 사용.

무창공장(無窓建築) : 자연채광 또는 자연환기를 위한 창문을 설치하지 않고 인공조명과 공기조화가 되어 있는 공장.

무창층(無窓層, blindstory) : ①외부 창문이 없는 벽체의 주요 수평적 분할. ②지상층

중 법령이 정하는 피난 또는 소화활동상 유효한 개구부의 면적을 그 중 바닥면적의 1/30 이하로 규정.

무채색(無彩色, achromatic color) : ①채도가 없는 색으로 밝고 어두운 명도만 있는 색, 또는 색상이나 색조(色調). ②색기(色氣)가 없는 색으로 흰색과 여러 층의 회색 및 검정색이 이에 속함. ③무채색의 온도감은 따뜻하지도 차갑지도 않는 중성색. ④유채색(⇔).

무채색단계표(無彩色段階表, gray scale) : ①검정에서 하양에 이르기까지 색의 밝기인 명도가 시감각적으로 점차로 고른 차이가 나도록 선택된 무채색 계열 색표에 의한 명도판정의 기준이 되는 것. ②보통 '그레이스케일' 또는 '무채색 스케일' 및 '명도단계'라고 함.

무채순응(無彩順應, achromatic adaptation) : 선글라스를 착용하는 동안 색순응이 일어나 선글라스의 색이 전혀 느껴지지 않으나 벗으면 순응하여 선명하게 보이는 것 같이 백색광(태양광)에 다시 순응되는 눈의 상태.

무테니에(Mutenye, Guibourtia arnoldiana J. Léonard[학]) : ①서아프리카의 전(全) 기니만(灣) 연안에서 생산되며 시에라리온에서 앙골라까지 분포. 특히 자이레 남동 카메룬 카빈다에서 많이 생산. ②변재는 황색-회색으로 농색의 심재와 구분됨. 심재는 황갈색, 황회색~밝은 올리브색, 호도색에 회색~흑색의 줄무늬 또는 적색의 수직을 포함한 줄이 있음. 나무갗은 고우나 때때로 선회(旋回)함. 신선한 재에는 불쾌한 냄새가 남. 중경재로 기건비중 0.70~0.80, 수축률은 방사방향 4.8%, 접선방향 8.7%, 용적수축 11.7%로 보통이고 강도는 압축강도 802kg/㎠, 휨강도 1,890kg/㎠, 횡인장강도 33.4kg/㎠, 전단강도 134kg/㎠로 강함. 기계가공은 어려우나 마무리는 양호하며 광택이 남. 건조에 장시간이 필요하며 갈라짐(할렬)이 일어나기 쉬우므로 주의를 기울여야 함. 도장·보존성은 좋으며 접착·내후성은 보통이고 건재는 곤충이 좋아하지 않음. ③주로 장식재·무늬단판·가구 등에 사용.

무테문(無-門, frameless door) : 문의 울거미가 없이 두꺼운 강화판유리 또는 투명 아크릴판만으로 만든 문짝.

무툴루스(mutulus) : ⇨뮤툴(=).

무한정공간(無限定空間, universal space) : ①어떠한 용도에나 적합할 수 있도록 특별한 목적을 정하지 않은 무성격의 공간. ②근대건축에서 그때그때의 사정에 따라 적절한 크기로 가구나 칸막이에 의해 분절하여 사용할 수 있는 공간이 지향되었음. 거기에서 건축은 생활에 좌표를 줄 뿐이며, 규정하는 정도가 적음. 이를 '균일공간' 또는 '균질공간'이라고 함.

무향실(無響室, anechoic room) : ①잔향시간이 짧은 실(室). ②실내 벽에는 흡음재를 내장하여 반사음 등의 영향을 줄여서 음향실험실 등이 가능하도록 고안된 공간 또는 실(室). ③소리를 흡수하는 재질로 내장(內裝)을 해놓은 방. ④특징은 ㉠무향실 안에서는 메아리가 없기 때문에 소리가 그대로 사라지므로 무향실을 '데드룸'이라고도 함. ㉡무향실은 마이크로폰 등의 음향기기를 메아리나 소음이 전혀 없는 상태에서 사용해야 할 경우에 필요함.

무형문화재(無形文化財) : ①연극·음악·무용·공예기술, 기타 무형의 문화적 소산으로서 역사상 또는 예술상 그 가치가 큰 것. ②사적·명승·천연기념물 등이 유형적(有形的)인 데 반해 일정한 물적 형상이 없다는 용어임. ③무형문화재는 문화관광부장관이 문화재위원회의 자문을 거쳐 지정함. ④경남 통영시의 승전무(勝戰舞)를 비롯한 가야금산조·안동차전놀이·승무(僧舞)·봉산탈춤·서도소리 등.

묵와고가(默窩古家) : ①중요민속자료 206호, 17세기 창건, 경남 합천군 묘산면 화양리 485에 위치. 조선조에 선전관을 역임하고 인조대에 영국원종공신(寧國原從功臣)으로 봉작된 윤사성(尹思晟)이 창건한 것으로 전해짐. 윤사성의 6대조(김종서의 처삼촌)가 후학을 양성하고자 건립한 영사재(永思齋)가 현존하고 있어 더욱 연륜을 느끼게 함. ②경사가 심한 터에 3단으로 깎아 대지를 조성하고 맨 아랫단에 대문채와 사랑마당이 자리하고, 그 다음 단에 사랑채와 안마당이 주거의 중심영역을 이루며, 가장 윗단에는 사당이 자리함(지형적인 제약과 풍수상 이유로 추정). 안채·사랑채·행랑채·문간채·사당·헛간 등 각기 개성 있는 여러 채의 건물들로 구성됨. ③사랑채는 중간에 누마루를 돌출시킨 T자형. 마당의 단차이를 자연스레 연결하는 누마루기법 사용, 누상과 누하의 조화로운 비례, 누마루 지붕이 사랑채 지붕 용마루를 뚫고 지나가는 기법은 사랑채에서 누마루의 위상을 표현하면서 동시에 기능적으로도 누마루의 공간을 높게 하려는 의도임. 사랑채의 본채는 맞배지붕이면서 누마루는 앞뒤로 합각부분을 둔 팔작지붕으로 처리. 민도리집이면서 굵직한 원주와 윤곽이 뚜렷한 수장재, 판벽과 판장문, 머름대 등이 위엄과 권위를 표현함. 맞배지붕의 마구리가 길게 돌출하고 겹장여를 사용하며, 마구리 벽면의 하부에 살창과 같이 판벽을 댄 것은 연륜이 오랜 고풍스런 양식임. ④안채는 ㄱ자형으로 안마당을 가리고 안쪽 영역의 노출을 피함. 가운데 대청마루를 중심으로 오른쪽에 안방·다락·부엌이 있고 왼쪽에 방·마루·방이 아래로 꺾여 자리잡고 있음. 대청마루는 왼쪽 꺾이는 부분까지 연결되어 매우 넓은 면적을 차지함. 천장은 연등천장임. 특이한 점은 안채의 평면 구성은 방과 마루를 교대로 배치하여 안방이 마치 섬처럼 각각의 마루를 사이에 두고 좌우의 건넌방과 떨어져 있다는 것. 또 좌우 건넌방 끝에 마련된 2곳의 부엌은 모두 한쪽 벽면을 흙벽 대신 나무 창살로 조성해 남쪽 지방의 집답게 겨울 추위보다는 여름 통풍을 더 중요시하여 간결하면서도 시원스러움. 화려한 장식이 없는 민도리집이지만 굵은 방주(方柱), 높직한 공간, 굵은 윤곽의 문틀과 지게문, 부엌부분의 살창, 채광창 등은 오랜 연륜을 보여 줌. 돌출된 벽감부분은 지게처럼 받치고 있는 부재의 사용도 장인의 지혜와 응용력이 돋보임. 묵와고가는 임란 이후 도가의 은거사상과 풍수적 이상향이 그 입지적 선정의 배경이 되고, 성리학적 예학사상이 건물형태와 배치의 규범이 된 17세기경 작품임.

천장과 창살 무늬가 어우러져 기하학적 조형미를 보이는 사랑채

사랑채

안채

문간채

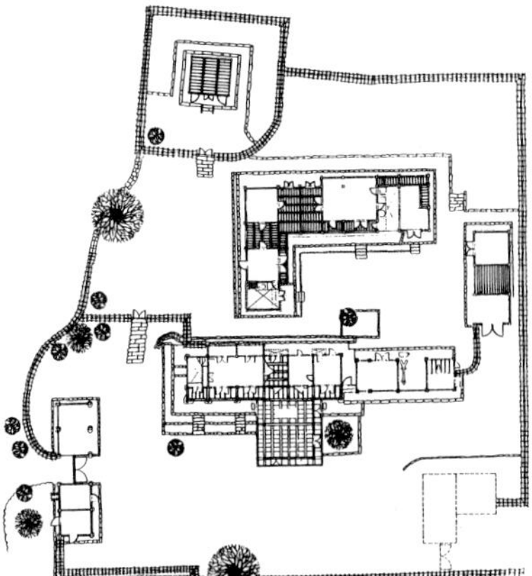

묵와고가 배치도

묶음커튼(tie back curtain) : ⇨커튼.

문(門, door) : ①벽이나 건축물에 이르는 출입구의 개구부를 막기 위한 힌지(hinge)가 달린 여닫이·미닫이·차일 또는 접이문 등으로 사람의 통행이나 물건의 출입 및 물건의 운반을 위한 개구부의 일종. ②특히 디자인적으로 문이 위치한 파사드나 벽과 조화를 이루어야 함. ③문은 외부의 양식을 결정하는 중요한 요소이며, 실내 공간에 대한 중요한 변화적 요소임. ④종류는 개폐방법·재료·형태 및 양식에 따라 매우 다양함. 문의 계획은 해당 문의 주 기능 외에 실의 성격과 사용목적·전체 실내 분위기와 실외와의 조화 등에 따라 문의 크기·형태·개수·디자인 등이 결정됨.

문가장자리장식(門-裝飾, door surround) : 문틀의 측면과 상부를 둘러싸고 있는 장식적 경계.

ㅁ

문간(門間, doorway, porch, entrance, vestibule) : ①원래 현관문과 주택·건물의 실내 사이에 위치하는 작은 출입구를 의미함. ②출입문에 가까운 위치 또는 그 입구 및 주변공간이나 요소를 지칭. 예컨대 문간방(門間房)에 살고 있다고 하면, 출입하는 대문에 가장 가까운 위치에 있는 방에서 기거한다는 것을 의미.

문계단(門階段, door step) : 문의 내부가 외부보다 높아 생기는 문 입구에 있는 1~3 정도의 계단.

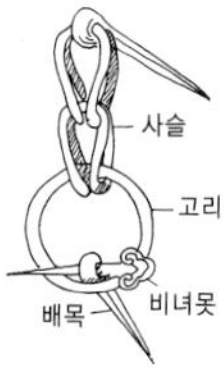

문고리

문고리(扉鐶, door handle) : 문을 여닫고 잠그는 데 쓰는 쇠고리.

문교부표준20색(文敎部表準二十色) : 1968년 문교부 고시 312호에 의한 20색명.

문교부 표준 20색

순서	색명	먼셀기호	연도	명도	영문표기
1	빨강	R	4	14	Red
2	다홍	yR	6	10	Pale yellow Red
3	주황	yR	6	12	Yellow Red
4	귤색	YR	7	10	Pale Red Yellow
5	노랑	Y	9	14	Yellow
6	노랑연두	gY	7	8	Pale Green Yellow
7	연두	gY	7	10	Green Yellow
8	풀색	yG	6	10	Pale Green Yellow
9	녹색	G	5	8	Green
10	초록	bG	5	6	Pale Blue Green
11	청록	BG	5	6	Blue Green
12	바다색	gB	5	6	Pale Green Blue
13	파랑	B	4	8	Blue
14	감청	pB	4	8	Pale Purple Blue
15	남색	PB	3	12	Purple Blue
16	남보라	bP	3	10	Pale Blue Purple
17	보라	P	4	12	Purple
18	붉은보라	rP	4	10	Pale Red Purple
19	자주	RP	4	12	Red Purple
20	연지	pR	5	10	Pale Purple Red

문기둥(門-, gate post) : ①문의 양쪽에 세운 기둥. ②문주(=).

문꼴(門骨, opening) : ①문·창문 등 출입이 가능한 개구부. ②문의 윤곽에 해당하는 부분으로 문의 고정, 개폐를 가능케 하는 것. 따라서 문의 계획시 문틀을 포함하여 구상해야 하며, 특히 실내공간에서는 문과 문틀이 벽과 잘 어울리도록 하거나 형태·질감·색을 벽과 달리하여 눈에 띄게 마감처리할 수 있음.

문두(門頭) : ⇨문머리(=).

문두드리개 : ⇨두드리개(=).

문둔테 : 문짝을 개폐하기 위해 위아래로 설치한 나무테.

문둔테

문루(門樓) : ①지방관청의 바깥문 등의 위에 지은 건물. ②궁문·성문·초루(=).

문머리(門頭, door head) : ①문틀(door frame) 구성재 중 상단틀(head) 또는 상단 틀 위에 있는 수평 돌출부. ②상인방·웃인방·문두(=).

문머리

문면도리(門面-, door bevel) : ①닫힌 문선대의 면과 닫힌 문 모서리와의 각도. ②보통 두께 40㎜ 문짝의 경우 2.5㎜의 경사가 질 때 문이 문틀로부터 자유로이 열고 닫힘.

문명(文明, civilization) : 상대적으로 높은 수준의 문화적·기술적·정치적 발달로 나타내어지는 인간 사회의 진보된 상태.

문묘(文廟, National Confucian Shrine) : ①성현·공자를 모신 사당. ②유교의 위인인

공자나 여러 성현들의 위패를 모시고 제사를 지내는 건물.

문미(門楣(輪), door lintel) : ①문벽선 위로 가로 지른 수장재. ②문이나 창 위에 가로놓여 벽체 무게를 받아주는 구조 요소. ③창문 위에 가로 댄 나무. ④문인방·문싱방·문얼굴(=).

문바퀴(門輪, sliding door sheave, sash roller) : 미세기·미닫이 등의 창문 밑막이에 대어 문이 레일 위를 구르게 하는 창호철물.

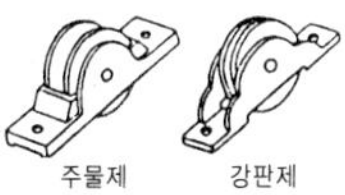

문바퀴

문받이(門-, bumper, stop, doorstop) : ⇨문버팀쇠·범퍼(=).

문받이철물(門-鐵物) : ①열린 문이 벽 등에 직접 닿아 손상되는 것을 방지하기 위해 걸레받이나 바닥에 부착한 철물. ②문받이쇠(=).

문받이턱(門-) : 미세기문을 닫았을 때 문이 기둥 또는 문틀에 끼이게 판 홈턱.

문버팀쇠(門-, door stay, door stop, door holder hook) : ①열려진 문을 버티어 고정시키는 철물. ②도어스톱을 겸하게 하거나 문에 달아 임의로 버틸 수 있게 한 것이 있음. ③문을 닫을 때 문을 받도록 문틀에 부착한 돌출부분. ④도어훅(=).

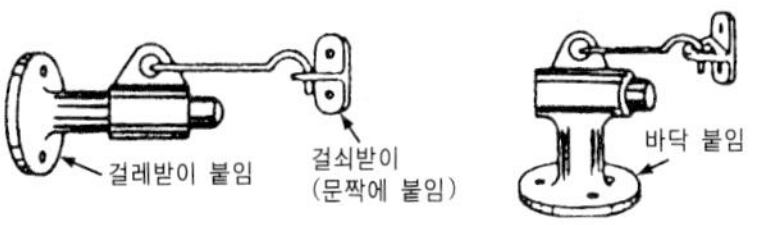

문버팀쇠

문빗장(門-, locking bar) : ①문을 닫고 잠그기 위해 가로 지르는 나무 또는 쇠막대. ②창고 등에 가로대어 간단히 잠그게 된 것.

문살(門-, muntin, door ribs) : ①울거미 안에 짜댄 나무오리. ②문짝에 종이를 바르거나 유리를 끼우는 데에 뼈가 되는 나무오리나 대오리.

문살무늬(門-) : ⇨격문(=).

문상방(門上枋) : ⇨문미(=).

문선(門線, 門扇. jamb, casing, trim, door leaf, architrave) : ①문의 양쪽에 세워 문짝을 끼워달게 된 기둥. ②창문틀 구성재 중 옆틀(jamb) 또는 문틀 주위를 둘러대는 가장자리 테두리나 몰딩(moulding). ③문이나 창문의 개구부를 싸고 있는 마감처리된, 때로는 장식적인 테두리를 말함. 특히 주위 표면과는 평행하고 선틀(jamb)과는 직각을 이루는 부분. ④문설주(=).

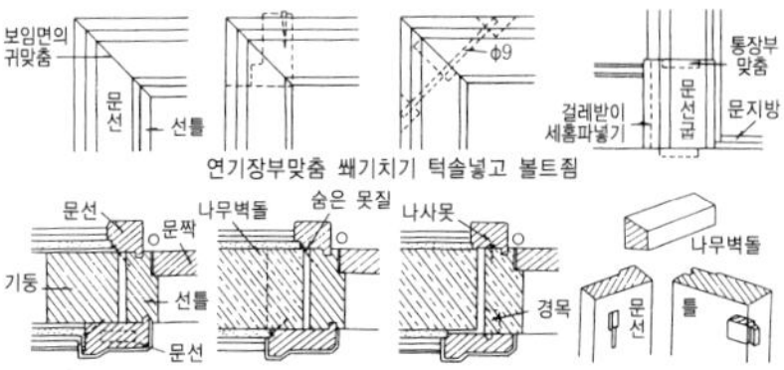

문선

문선굽(門線-, plinth block) : ①출입구의 틀 또는 문선의 하부에 굽을 씌워 그 옆면에 벽의 걸레받이가 끼이게 한 짤막한 나무. ②걸레받이가 문선보다 튀어나온 경우에 쓰임.

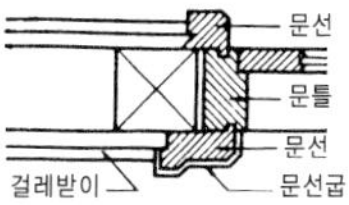

문선과 문선굽

문설주(門楔柱, jamb, door jamb, post door, reveal, stile) : ①문의 양쪽에 세워 문짝을 끼워 달게 된 기둥(선틀). ②문짝에 달려고 기둥에 세운 나무. ③문얼굴의 벽선·하방 위에 좌우로 벌려 서서 문인방을 받는 것. 문짝이 돌쩌귀 등으로 달림. ④창문·문·굴뚝 또는 그 밖의 수직 개구부의 문틀구성재 중 측면 가장자리에 있는 옆틀(jamb)을 말하며, 테두리와 외벽체 사이에 있으며 창문이나 출입문의 개방시에 보이는 측면부분임.

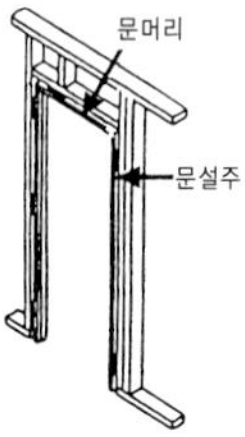

문설주

문설주기둥(門-, jamb shaft) : ①특히 중세 건축에서 구조적으로 문이나 창문 등의 개구부를 지지하고, 문설주를 배경으로 하여 위치한, 장식적으로 사용되는 개구부 양옆에 붙여 세운 기둥머리와 토대를 가지고 있는 작은 기둥. ②보통 기단(基壇, base)·주신(柱身, shaft)·주두(柱頭, capital)를 갖춘 기둥의 형식을 취함.

문설주기둥

문소란(門小欄, door sill) : 문짝을 받기 위해 문틀에 판 소란.

문손잡이 가로대(門-横臺, lock rail) : 손잡이나 자물쇠가 설치되는 수평으로 댄 부재.

문수사극락보전(文殊寺極樂寶殿) : ①충청남도 유형문화재 13호, 1346년(고려 충목왕 2) 창건추정, 조선중기 중수. ②정면 3칸, 측면 3칸의 겹처마 맞배지붕. 막돌로 만든 축대 위에 기단을 만들고 덤벙주초를 놓고 배흘림이 없는 원주를 세움. 기둥머리 위에는 창방과 평방을 걸친 다음 다포식 고포를 짜 올림. 주간포는 각 칸에 2조씩 내외출목으로 짜 올리고, 제공에는 연화두 조각, 내부의 제공은 운공(雲工)처리, 공포와 공포 사이는 포벽을 만듦. 모서리 기둥은 약한 귀솟음, 어간(3.65m)을 협간(3.4m)보다 크게 하여 중심성을 강조함. 우물마룻 바닥에 우물반자. 가공기법이 거칠고 조각장식이 많은 조선후기의 건축양식.

문수사극락보전

문스펜서의 색채조화론(-色彩調和論, Moon-Spencer's colour harmonic theory) : 색채의 삼속성 관계에 대해 동일성·유사성·반대성의 3가지 관계 개념을 도입하여 그 범위를 실험적으로 측정하여 명료하고 쾌적한 대비를 갖는 색채를 설정하여 색채공간에서 기하학적으로 정연한 질서에서 색채의 조화를 발견하려는 문(Moon)과 스펜서(Spencer)의 색채조화에 관한 이론.

문앞배달(門-配達, door to door) : 배달차량이 창고의 하역장을 떠나는 시점에서부터 고객이 원하는 장소에 도착하는 시점까지의 요금을 고객에게 부과하는 배달.

문양(紋樣, pattern) : ①사물의 표면을 장식하는 단순화·양식화된 무늬나 도안 또는 규칙적으로 반복되는 단위도형. ②일반적으로 이차원적이거나 삼차원적인 장식의 질서를 부여하는 배열. ③선·형태·공간·조명·색채 등의 연속적인 사용과 방향성으로 리듬감이 만들어짐.

문얼굴(門顔) : ①문짝의 상하·중간·좌우에 짜맞춘 뼈대가 되는 부재. ②문짝을 다는 상하좌우의 문틀과 문선을 모두 포함해서 부르는 호칭. ③기둥 사이에 문짝을 달기 위해 신방목(信枋木)·벽선·문인방을 세우거나 문지방에 벽선·문인방을 설치하거나 머름을 짜고 그 위에 벽선을 세우고 문인방을 걸어 문얼굴을 구성하는 것이 예부터의 법식이었음. ④석굴암의 문얼굴은 9세기의 철감선사징소탑(澈鑒禪師澄昭塔)의 문얼굴과 같고 12세기의 부석사 무량수전(浮石寺 無量壽殿) 뒷벽 문얼굴과 구조와 기법까지 꼭 같음. ⑤조선조

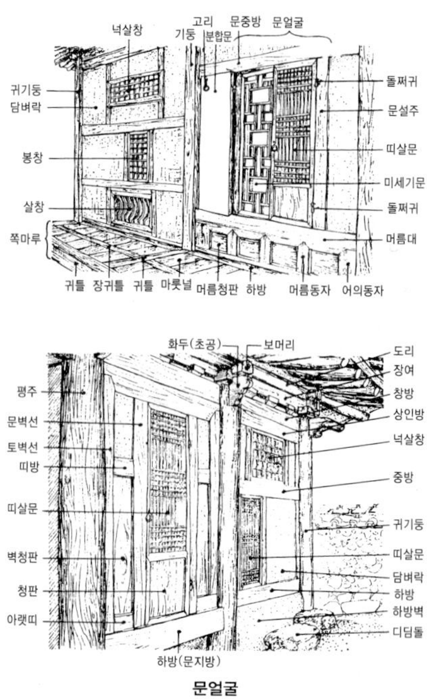

문얼굴

말기의 건축에서 그런 문얼굴을 볼 수 있음.

문열이(門-) : 장부촉이 들어가기 쉽게 장부구멍 겉면을 약간 크게 깎아낸 것.

문염자(門簾子) : ①추위를 막기 위해 창문이나 장지문에 치는 방장(房帳)의 한 가지. ②무렴자·몰면자(=).

문울거미(門-) : ①문짝의 상하좌우에 짜맞춘 뼈대. ②좌우선대 및 상하막이로 됨.

문인방(門引枋) : ①문벽선 위에 가로지른 수장재. ②문얼굴의 위아래 또는 중간에 가로 건너지른 부재.

문장식(門裝飾) : 창호 철물을 장식적인 측면에서 이르는 말.

문재(門材) : ①문이나 창을 짜는 데 쓰이는 질이 좋은 나무. ②문재는 문을 짜는 데에만 잘 쓰는 홍송 따위의 나무를 가리키는 뜻과 옹이 따위의 흠이 없이 곧게 잘 자란 나무라는 뜻이 있음.

문주(門柱) : ⇨문기둥(=).

문중방(門中枋) : ①문벽선과 기둥의 토벽선 사이에 가로지른 중방. ②문을 들이는 가로 낀 인방(引枋)의 총칭. ③문틀이 되는 인방. ④문틀이 되는 벽 중간에 있는 중방(중인방). ⑤문지방(門地枋) 문설주 사이의 문 밑에 가로 놓인 나무. ⑥머름아랫대(=).

문지기의자(門-椅子, porter chair) : ①옆면이 거의 등받이 높이까지 올라가다가 앞쪽에서 뒤쪽으로 활처럼 휘어진 팔걸이가 달린 의자. ②18세기경 대규모 저택의 하인이나 문지기가 내방객에게 접객용으로 사용하기 위해 대문이나 현관문 옆에 배치해 둔 바람막이 의자.

문지방(門地枋, door sill, threshold, saddle) : ①출입문 밑에 건너지른 인방. ②출입문 밑의 두 문설주 사이에 마루보다 조금 높게 가로 댄 나무. ③문틀에서 밑에 가로로 댄 부재. ④문틀의 구성재 중 문턱이 되는 하부문틀 또는 창문 바닥의 인방. '하인방(下引枋)' 또는 '밑인방'이라고 함. ⑤하방 중에서 문얼굴인 벽선 안쪽에 해당하는 부분. ⑥보통 곧은 나무를 쓰나, 부엌이나 대문에서는 아래로 휘어내린 곡재(曲材)를 쓰기도 함. ⑦문이 열렸을 때 쪼이는 것을 방지하기 위해 문과 꼭 맞게 선틀(jamb) 사이에 바닥으로부터 돋아 올린 발판.

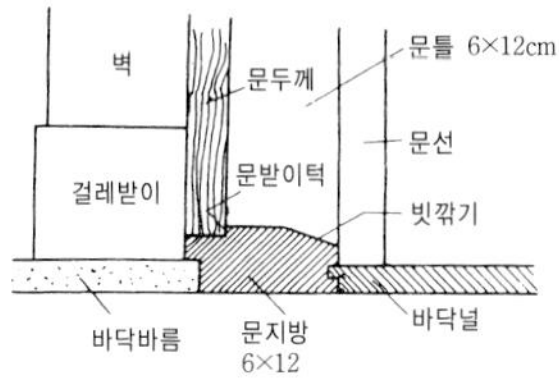

문지방돌(門地枋石, door sill stone) : ①돌로 만든 문지방. ②출입문의 밑에 문지방으로 대는 경질의 돌. ③하인방석(=).

문짝(門扉, 門扇, 門戶) : ①끼워서 여닫게 된 문의 한짝. ②문얼굴에 달려 개폐(開閉)되면서 출입하게 하는 시설. 필요에 따라 강력한 의도로 잠글 수도 있는데, 이를 위해서는 판문(板門)을 담. 널문짝이 외짝일 땐 판비(板扉), 두 짝이면 판선(板扇)이라 하고 철갑(鐵甲)을 씌우기도 하고 역사상(力士像)을 그리기도 함. 얇은 판자로 만든 당판문(唐板門), 살대로 무늬를 구성한 여러 가지 살대문과 판재를 투각(透刻)하여 꽃장식한 화문(華門), 살대에 의지하고 도배한 모양으로도 달라짐. ③널문짝이 외짝이면 판비(板扉), 두짝이면 판선(板扇)이라고 하며, 철갑(鐵甲)을 씌우거나 역사상(力士像) 등을 그리기도 함.

문짝선(門-線, astragal) : 틈으로 들어오는 바람·빛·연기 등을 차단하기 위해 한 쌍의 쌍문에 선대(線帶)가 만나는 한쪽이나 양쪽에 부착시킨 작은 부재.

문턱(門-) : 문지방의 등을 반으로 턱을 지게 하여 문짝이 닿도록 만든 것.

문틀(門-, door frame, doorcase) : ①문짝을 설치하기 위해 또는 문짝과 벽을 연결하기 위해 설치하는 개구부에 붙인 틀. '문얼굴'이라고도 함. ②문틀은 상부의 상인방(웃인방 또는 위틀)과 하부의 하인방

(밑인방 또는 밑틀이나 문지방), 그리고 양측부의 문설주 또는 문선으로 구성. 보통 위틀을 헤드(head)·밑틀을 실(sill)·옆틀을 잼(jamb)이라고 함.

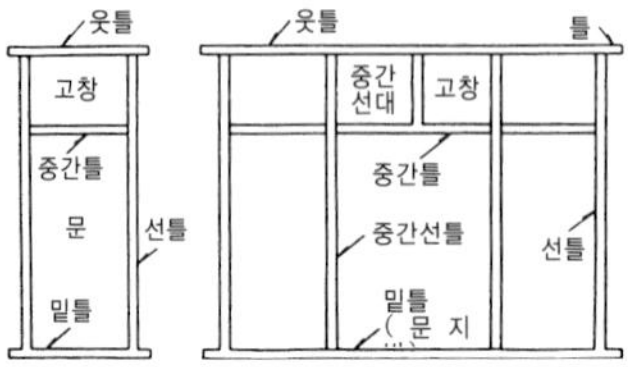

문틀의 명칭

문틈(門-, door clearance) : 문과 문틀 또는 마감 바닥과의 사이에 접합을 방지하고 원활한 개폐를 위해 요구되는 틈새.

문틈마개 : ⇨문풍지(=).

문판(門板) : 반닫이의 앞면 위쪽에 붙어 있는 젖혀서 열게 된 문짝의 널.

문풍지(門風紙, weather strip) : 창문의 틈서리로 바람이나 열이 들어오고 나가는 것을 방지하기 위해 틈서리를 덮도록 남긴 부분의 종이 또는 창문과 창틀·문과 문틀 사이에 끼우는 띠로 된 문틈마개.

문형식가옥(文瑩植家屋) : ①중요민속자료 제156호, 광문4년(1900) 안채 건립. 전남 보성군 율어면 율어리 144에 위치. ②사랑채는 정면 4칸의 규모로 오른쪽 마지막 칸에는 정지방과 나무광을 한 칸씩 드린 부엌, 전남 서남해안지방에서 발견되는 모방형 평면임. 부엌 옆으로 2칸의 온돌과 우측면에서 출입하는 광을 두어 사랑채보다는 농가의 아래채에 가까운 평면구조임. ③안채는 一자형의 정면 5칸에 전후좌우로 퇴를 돌린 전후좌우 툇집이고, 특히 툇간의 규모를 크게 하여 내부공간의 효용성을 확대함. 막돌의 주초석 위에 각주를 세우고 기둥의 상부에는 장여와 보아지를 사개맞춤으로 결구. 지붕은 홑처마에 골기와를 팔작집. 대청과 건넌방은 모두 후퇴를 벽과 창호로 구획하여 벽감을 사용하고, 부엌을 제외한 나머지 칸의 전퇴는 툇마루를 둠. 전면의 창호는 모두 같은 형식의 두 짝 여닫이 띠살문으로 처리하여 단조롭게 처리. 측면의 툇간을 제외한 전후면의 툇간을 모두 구획하여 사용. 전면의 툇간은 높은 기단으로 오르는 계단을 둔 출입공간으로 사용. 후면의 툇간은 따로 구획된 내부공간으로 만들어 안방의 후면과 서로 연결되는 정지방을 둠. 부엌의 전면 추녀 아래의 모서리에는 전면과 측면의 툇간으로 구성된 작은 수납공간(뒤주)으로 만들어 사용함. 대각선 방향으로 있는 건넌방의 후면 추녀 아래에도 같은 시설을 둠. 건넌방의 우측면으로는 마루를 전면의 다른 툇마루보다 반자 정도 들어올려 그 하부에 아궁이를 두고, 상부는 마치 누마루와 같은 느낌이 들도록 함. 안채의 좌측에 단을 같이 하여 바닥을 들어 올려 우물마루를 깔고, 사방에 회벽을 한 가운데 정면의 중앙에 판자를 가로로 나란히 끼워 넣어 곡식을 수납하는 골기와의 우진각 지붕으로 마감하여 만든 단칸 뒤주를 둠. 아래채는 원래 사당자리로 우진각 지붕이며, 정면 3칸에 전후좌우로 툇간을 둔 전후좌우 툇집의 구조이며 좌측 2칸은 마루, 나머지 한 칸은 온돌방을 둠. 평면의 칸살이는 전면과 우측면으로만 툇마루를 두고 나머지는 모두 내부공간과 통합함. 아래채는 사랑채 기능을 하고 사랑채는 아래채 기능을 하였음.

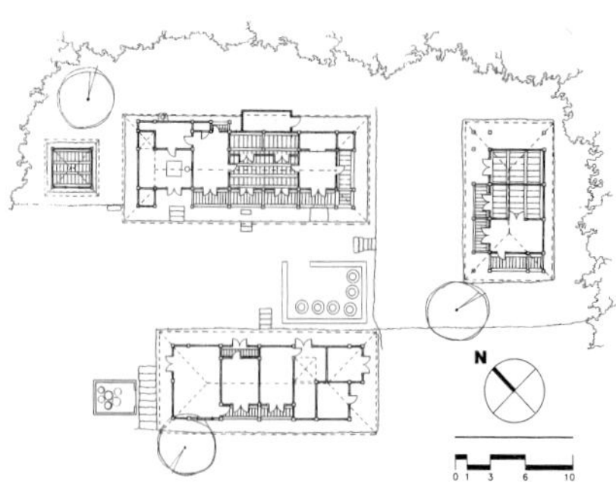

문형식가옥 배치도

문화(文化, culture) : ①한 사회에서 인간이 남긴 생활·경제·정치의 산물의 총칭. ②한 집단의 인간들이 축적하고 다음 세대로 전달되는 지식·신념·행동의 통합된 패턴.

문화재(文化財, cultural properties, cultural assets) : ①문화재 보호법에서 보호의 대상으로서 다룬 유형문화재·무형문화재·민속자료·기념물의 총칭. ②문화재 보호법 2조의 규정에 의하면, ㉠유형문화재 ; 건축물·선적(典籍)·서적·고문서(古文書)·회화(繪畵)·조각(彫刻)·공예품·기타 유형의 문화적 소산(所産)으로서 우리나라 역사상·예술상 가치가 큰 것과 이에 준하는 고고자료(考古資料). ㉡무형문화재 ; 연극·음악·무용·공예 기술·기타 무형(無形)의 문화적 소산으로서 우리나라의 역사상 가치가 큰 것. ㉢기념물 ; 패총(貝塚)·고지(古址)·성지(城址)·요역(窯域)·유물포함층·기타 사적지(史蹟址)와 경승지(景勝地)·동물·식물·광물로서 우리나라 역사상·예술상·학술상·관상상(觀賞上) 가치가 큰 것. ㉣민속자료 ; 의식주(衣食住)·생업(生業)·신앙(信仰)·연줄행사 등에 관한 풍속·습관과 이에 사용하는 의무·기구(器具)·가옥, 기타의 물건으로서 국민생활 추이(推移)를 이해함에 불가결한 것.

문화전파(文化傳播, diffusion) : 문화요소가 다른 사회의 문화과정에 통합해서 정착하는 현상. 예컨대 외래문화 등으로 시간축에 따른 종적인 전달을 문화의 전승이라 하고, 지역적·횡적인 전달을 문화의 전파라고 함.

문화접변(文化接變, acculturation) : ①이웃하는 문화간의 직접적인 접촉관계에 의해 변동이 일어나는 것. ②문화접변에 의해 문화의 융합·동화가 나타남.

물갈기(rubbing, papering with water) : ①칠면 혹은 곱게 다듬은 돌면을 물 묻힌 연마지 또는 숫돌 등으로 곱게 갈아 마무리하는 것. ②곱게 잔다듬한 면 또는 돌 켜낸 면을 철사·금강사·카보런덤(carborundum)·모래·숫돌 등으로 물주어 갈아 윤이 나게 광내기하는 것.

물결모양의 형태(－形態, corrugated form, wavy form) : ①부가적인 강도를 제공하거나 표면의 패턴을 다양하게 하기 위한 소용돌이 모양 및 파동. ②외곽선이나 패턴들이 파도와 유사한 만곡된 형상의 그래픽 표현으로 배열된 것. ③평행한 주름과 교차하는 산등성이, 골짜기 등과 같은 형상으로 이루어짐.

물결무늬 : ①물결 모양의 무늬. ②파문(＝).

물구멍(water hole, weep hole) : 벽체 속에 스며든 물을 건물 외부로 빼내기 위해 벽의 하단부에 뚫거나 파이프를 설치한 구멍.

물끊기(throat, drip) : 빗물이 벽면에 흘러내림을 방지하기 위해 처마나 창대돌·돌림띠 등의 밑면에 판 가느다란 홈.

물끊기홈 : 빗물의 흐름이 안으로 흘러들어가는 것을 막기 위해 판 홈.

물레금 : 단청문양의 일종.

물레금

물레방아 : ①공이가 있는 부분은 원추형의 원두막을 만들고 밖에는 물받이통을 달아 그 곳에 물이 가득 담기면 방아공이가 들리면서 물이 쏟아짐과 동시에 공이가 곡식을 찧게 되는 반자동식 기계. ②방아공이의 길이는 63cm이고 방앗대의 길이는 505cm이고 무게는 약 2톤 정도임. ③물방아·통방아·벼락방아(＝).

물류(物流) : 물적 유통(物的流通).

물류센터(物流－, distribution center) : ①각종 유통업무시설이 모여 형성된 단지 또는 물품보관창고. ②유통업무단지(＝).

물리적 기능(物理的 機能, physical functional) : ①사물의 기계적 작동성을 의미함. ②모든 물체가 가지고 있는 성능·구조·견고성·내구성 등. 도구 그 자체의 가장 본래적인 활동으로서 가장 먼저 고려되어야 할 문제임. ③⇨기능.

물림당가(－唐家) : 추녀가 곧게 나가지 않고 각을 지어 나오고 들어가게 된 당가.

물림문받이(rabbeted stop) : ⇨래비티드스톱(＝).

물림선(－線, bolection, bolection moulding) : 양판문이나 유리문 등에서 울거미와 양

판의 접합부에 쇠시리(moulding)하여 덧댄 장식 테두리.

물림연귀 : ①접합부의 하단(下端)에 비스듬히 잘린 마구리를 만든 연귀맞춤의 하나. ②목재가 수축하여 접합부에 틈새가 생겨도 보이지 않음.

물림칸(－間) : ⇨툇간(＝).

물막이 판자(－板子, clapboard) : ⇨미늘벽판자(＝).

물매(slope, grade, pitch, incline, inclination angle) : ①수평면을 기준으로 한 기울어진 경사의 정도. ②수평길이에 대한 수직높이의 치수로 나타냄. ③물의 흐름이 잘 되도록 적당한 구배를 갖는 경사. ④어떤 것이 기울어진 각도나 기울어진 모습. ⑤예전에는 한 자에 대한 높이 치수로 나타내었음(5 : 10). 그러나 지금은 물매(경사)는 수평거리 100㎜에 대한 직각삼각형의 수직높이로 나타냄.

물매내기(splayed) : ①개구부가 다른 면보다 더 넓어 보이도록 하기 위해 벽 속에 있는 개구부의 측면에 주어진 비스듬한 경사. ②실제의 수직 위치로부터 어떠한 방향으로 비스듬하거나 경사진 외부의 벽 표면에 적용.

물매선(－線) : 지붕의 물매를 이루는 선.

물모래 : 강이나 바닷가에서 채취한 모래.

물방울장식(－裝飾, guttae) : ①도리아식 건축의 물방울장식. ②도릭 엔태블러처의 뮤툴(mutule)과 레귤러(regular)의 하부에 붙은 작고 물방울 같은 연속적인 장식. 드롭(drop)이라고도 함. ③고전적인 건축양식, 특히 도리아식 건축양식에 있어서 트리글리프(triglyph)나 코니스(cornice) 아래에 사용된 물방울 모양의 작은 장식.

물색(－色, aqua blue) : ①관용색명으로 연한 녹색을 띤 파랑. ②먼셀 6B8/4.

물시멘트비(－比, water cement ratio) : ①콘크리트 또는 모르타르에 있어서 시멘트 풀(paste) 속에 있는 물과 시멘트와의 중량비(W/C). 콘크리트 또는 모르타르의 단위체적당 배합에서 물과 시멘트의 혼합비는 중량을 소수로 나타내거나 약 43kg당의 물의 갈론(gallon)으로 나타냄. ②물시멘트비가 지나치게 크면 콘크리트의 강도가 저하되므로 적당한 수치로 하여 골재는 표면건조포화상태의 알 모양이 좋고, 입도가 적당하고, 조합비가 알맞으며 혼합 후의 경과시간을 짧게 하여 거푸집에 넣어야 좋은 효과를 얻을 수 있음. ③물시멘트비는 경화콘크리트의 강도·내구성·수밀성을 좌우함.

물시멘트비설(－比說, water cement ratio theory) : 단단한 골재를 사용하여 워커빌리티(workability)가 양호한 콘크리트의 강도는 물시멘트비로 결정된다는 설.

물연마(－研磨, rubbing) : 석재나 바닥마감을 거칠게 연마한 후 #180의 카보런덤(carborundum)을 사용하여 스파이럴 연마기(spiral polishing machine)로 연마한 것.

물오리나무(遼東榿木, Alnus hirsuta Rupr[학]) : ①중부이남 산지에 자생하며 일본 중북부·중국 북동부·시베리아에 분포. ②변재는 좁으며 회백색이고, 심재는 담홍갈색으로 심변재의 구분이 비교적 뚜렷함. 나무갗은 곱고 치밀. 기건비중 0.74, 전건비중 0.67, 내후성과 내구성이 약하고 거단(鋸斷)·건조·포삭·접착성은 보통이나 도장성은 양호. ③주로 가구·세공·가구·완구 등에 사용.

물유리(－琉璃, water glass) : ①규산소다의 짙은 수용액($Na_2O_2SiO_2$가 주성분)이 조청과 같다고 하여 붙여진 명칭. ②방수제·접착제·방화제·보색도료(補色塗料) 등으로 사용.

물익공(勿翼栱) : ①익공 개수와 무관하게 익공의 끝 모양이 새 날개와 같이 뾰족하지 않고 둥그렇게 조각한 것. ②끝이 쇠서 모양으로 뻬족하지 않고 두리뭉실하게 초각된 익공의 꾸밈새. ③무익공·모익공(＝)·익공.

물제트(water jet) : ⇨워터제트(＝).

물참나무(Quercus crispula[학]) : ①너도밤나무과의 낙엽교목. 키는 약 25m 정도

자람. 우리나라 전남·경남/북·제주도 및 일본 등지에 분포. 산중턱에 생식. ②주로 건축용재·가구재로 사용.

물체색(物體色, object color, Körperfarbe[독], couleur de corps[프]) : ①물체가 빛을 받아 반사·흡수에 의해 생기는 색. ②사물들이 색을 가진 것처럼 보이는 물체에 대한 지각색. 그러나 그 물체가 스스로 빛을 발하지 않는 한 물체의 색은 빛의 반사·투과·흡수 등에 의해 지각되는 것이며, 대부분의 사물은 스스로의 색을 가지고 있지 않음.

물침대(-寢臺, water bed) : ①일반적인 매트리스(mattress) 구조 대신 물을 채운 침대. ②수온조절장치(heater)와 물의 움직임을 조절할 수 있는 수류 조절막과 방수막이 내부에 부착됨. 합성수지제의 커다란 주머니에 물을 넣고, 전기로 물의 온도를 조절하여 항상 쾌적한 온도를 얻을 수 있는 구조로 되어 있음. 이 물주머니가 매트리스임. ③스프링 매트리스나 폼 매트리스에 비해 인체 수평 지지도가 우수한 장점이 있음.

물푸레나무(白蠟樹, Korean ash, ash, fraxinus mashurica[학]) : ①미국·캐나다 및 러시아산(産)의 활엽수. ②변재는 황백색, 심재는 담황갈색으로 심변재의 구분이 불분명하며 연륜은 뚜렷함. 환공재(環孔材)로 나무갗은 거칠고 무거우며 광택은 보통. 기건비중 0.77, 전건비중 0.66. 수축률은 방사방향 3.6%, 접선방향 7.3%로 보통이며, 강도는 압축강도 510kg/㎠, 휨강도 1,080kg/㎠, 인장강도 1,800kg/㎠, 전단강도 121kg/㎠로 매우 강함. 절삭 가공성과 건조속도는 보통이고 접착성은 불량하나 갈라짐(할렬)이 용이하며 도장·약제주입성은 양호. 금빛이 도는 깨끗하고 광택이 나는 나무로 검은 착색이 잘되며 재질이 단단하여 가구의 골조에 사용. 특히 탄성과 유연성이 좋아 곡목(bent wood)이나 나무망치 등에 사용. 나뭇결은 오크(oak)와 비슷하며 착색은 용이하지만 매우 단단하여 가공이 어려움. ③주로 무늬목용재·가구재·실내장식 마감재 등에 사용.

물확 : ①돌을 절구처럼 판 것. ②물을 담아 마당에 놓음.

물흘림(flashing, weathering, wash) : ①두겁돌·창대돌·문지방 등에 빗물이 잘 흘러내리도록 경사지게 물매지은 부분. ②'비흘림'이라고도 함.

물흘림경사(-傾斜, weathering, weathered slope, wash) : 창대(窓臺)나 두겁대 등의 윗면에 물이 잘 흘러내리도록 경사진 부분.

뭇지위 : 여러 목수.

뮌스터(Münster[독]) : 수도원 또는 대형 교회당.

뮌헨그룹(The Munich Group) : ①1890년대 초반의 뮌헨(München)은 독일에서 중요한 창조적 중심점으로, 피터 베렌스(Peter Behrens : 1868~1940)·오토 에크만(Otto Eckmann : 1865~1902)·아우구스트 엔델(August Endell : 1863~1927)·헤르만 옵리스트(Hermann Obrist : 1871~1925)·버나디 팬콕·브루노 폴과 리처드 리머슈미트 등을 비롯한 영향력 있는 미술가들과 공예가들이 만나던 장소 및 그룹명. ②세기의 전환점에 이르러 이 그룹은 거의 해체되었는데, 그럼에도 불구하고 뮌헨은 독일 유겐트스틸 운동의 본고장이며, 꽃무늬 스타일의 중심지로 남아 있음.

뮐러라이어도형착시(-圖形裝飾, Müller Lyer optical illusion) : ⇨뮬러라이어의 착시·유화착시(=).

뮐러라이어착시(-錯視, Müller Lyer optical illusion) : ⇨뮬러라이어의 착시·유화착시(=)·착시.

뮤(mew) : ①마구간을 개조하여 만든 작은 아파트. ②뮤즈(mews)라고도 함.

뮤럴페인팅(mural painting) : ⇨슈퍼그래픽(=).

뮤제오그라피아(museographia) : ①박물관 기술학(博物館 技術學)을 의미하는 용어. ②현재 상설 전시 중인 유물들과 향후 전

ㅁ

시 예정인 유물들을 선별하여, 이들의 형태·발굴상황·존재의미·전시조건·법량·적절한 시선조건·연출기법·보존조건 등의 속성들을 유물별로 차트화하여 그래픽 처리된 데이터베이스를 완성시킴.

뮤즈(mews) : 마차나 말을 넣어 두는 광장 주변의 마구간. ⇨뮤(=).

뮤직스툴(music stool) : 자리 모양은 원형 또는 사각형이고, 상하 높이 조절이 가능한 연주자용 의자.

뮤튤(mutule[그]) : ①건물 후편에 붙은 도리아식 장식판. ②물방울 장식이 새겨진 도리아식의 처마장식 아랫부분. ③도리아식의 처마장식 또는 기둥의 엔태블러처(entablature) 중 트라이글리프(triglyph)와 코로나(corona) 사이에서 규칙적인 간격을 두고 돌출된 짧고 작은 정사각형 돌. ④무튤루스(=).

뮤튤

뮬러라이어의 착시(-錯視, Müller-Lyer optical illusion) : ①수평의 분할형태에 따라 같은 길이가 크거나 또는 작게 보이는 현상. ②직선의 두 부분의 길이는 똑같지만 밖으로 열린 날개가 달린 부분이 25~30% 정도 더 크다고 판단되는 착시현상. ③다음 그림에서 수평선은 객관적으로 길이가 같지만 b가 a보다 더 길어 보임.

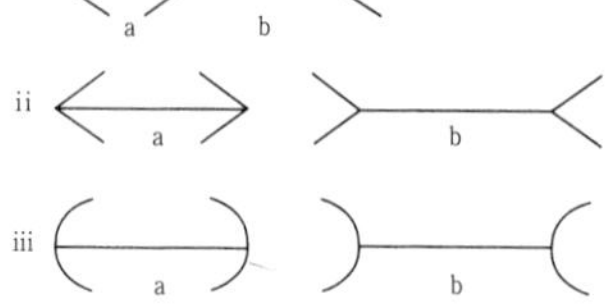

뮬러라이어의 착시

뮬체스트(mule chest) : ①16세기말에서 17세기에 걸쳐 영국에서 담요나 리넨을 보관하던 높이가 낮은 직사각형의 서랍장. ②아래에는 2~3개의 서랍이 있고, 위에는 경첩이 달린 뚜껑이 있어 위로 열리게 됨.

뮬체스트

므와레(moire, moiré[프]) : ①점·선·면 등의 문양을 규칙적으로 배열하거나 겹치게 하여 빛의 간섭현상에 의해 나타나게 되는 줄무늬나 얼룩반점. ②물결무늬 또는 나이테 모양을 가리키는 말로써 주로 날줄과 씨줄로 교차되어 짜여진 반투명의 실크(silk)들이 서로 겹칠 때 일으키는 율동적인 무늬. ③주로 커튼이나 가벼운 가구커버에 사용.

므와르(moiré[프]) : ⇨므와레(=).

므왈레(moiré[프]) : ⇨므와레(=).

미(美, beauty) : ①감각 특히 시각과 청각을 매개로 얻어지는 기쁨, 쾌락의 근원적 체험을 주는 아름다움. ②사람이나 사물이 갖고 있는 성질들의 집합으로서 감각에 강렬한 즐거움을 주거나 정신 또는 영혼에 깊은 만족을 주는 것. 미는 일반적으로 형태나 색상의 조화, 뛰어난 기예·진실성·독창성에서 생기지만 때로는 어떤 다른 성질로부터 나오기도 함. ③감각적으로 인식되며 정신적·복합적인 성격으로 작용되므로 미 자체는 의미가 없으며, 대상을 통해서만이 나타날 수 있는 아름다움임.

미각(味覺) : ①외부에서 구강(口腔) 내의 미각기관(혀)에 맛이 자극되어 생기는 외계지각의 일종. ②피부감각의 특수형. ③미각은 쓴맛·단맛·신맛·짠맛으로 구분하며, 혀의 부위에 따라 맛에 대한 감수성이 다름. 즉 혀끝은 단맛, 양측면은 신맛, 혀끝과 양측면은 짠맛, 혀의 안쪽은 쓴맛을 잘 느낌.

미감(美感) : 아름다움에 대한 느낌, 즉 미적 감각을 말함.

미감척도공식(美感尺度公式) : ⇨미도(=).

미관지구(美觀地區) : ①도시미관·건축미 등을 증진·보전하기 위해 도시계획구역 중 필요한 구역을 확정·구분하여 지정한 지구. ②도로변 가로환경을 깨끗하게 유지하고 도시미관을 증진시키기 위해 일정한 규제를 지정하는 특정지역을 가리키는 말. ③1976년 7월 도시계획법에 처음 도입됐으며, 1~5종의 5단계로 구별. ④1~2종은 토지이용도가 높은 도로변 상업지역, 3종은 관광지나 사적지 주변, 4종은 한국 고유의 건축양식 보존지역, 5종은 기타 도시미관 유지가 필요한 지역, 4~5종은 주로 주거지역에 지정.

미국감나무(美國-, 枾, Common persimmon, Simmon possum wood, Diospyros virginiana L.[학]) : ①중남부 미국 전역에 분포. ②변재는 벌채 당시에는 백색 또는 유백색이나 차츰 담황갈색 또는 회갈색이며 폭이 넓음. 심재는 대단히 좁으며 흑갈색 또는 불규칙한 흑색의 줄무늬가 있는 것도 있음. 연륜은 구분이 뚜렷함. 산공재(散孔材)로서 목리는 통직하며 나무갗은 고움. 전건비중은 0.78, 수축률은 방사방향 7.9%, 접선방향 11.2%, 용적수축률 19.1%로 매우 큼. 강도는 압축강도 988kg/㎠, 휨강도 1,666kg/㎠, 전단강도 187kg/㎠로 매우 강함. 내후성·가공성·연삭성·내구성 양호. ③주로 고급상자·가구 등에 사용.

미국건축가협회(美國建築家協會, The American Institute of Architects) : ①1857년 창립한 민간 독립기관으로 미국 워싱턴에 본부를 두고 자격을 가진 건축사를 회원으로 함. ②매달 회지를 발행하며 회원을 대상으로 1949년부터 건축프로젝트에 대해 AIA 명예상을 수여하고 있음.

미국낙우송(美國落羽松, Bald Cypress, Taxodium distichum Rich.[학]) : ①미국 동부해안의 모든 주와 미시시피강 주변의 늪지대에 분포. ②변재는 담황백색, 심재로 가면서 구분이 분명치 않음. 심재는 적색 또는 갈색·담황색·적갈색·흑갈색 등으로 다양한 색깔. 목리는 통직하고 조직은 균일하나 때로는 불균일함. 유성(油性)이 있으며, 냄새가 있고 나무갗은 거칠음. 전건비중은 0.51, 수축률은 방사방향 3.8%, 접선방향 6.2%, 용적수축률 10.5%로 보통. 강도는 압축강도 447kg/㎠, 휨강도 745kg/㎠, 인장강도 610kg/㎠, 전단강도 70kg/㎠로 약함. 내후·내수성이 강함. ③주로 건축·가구 등에 사용.

미국너도밤나무(水靑岡, American beech, Beech, Fagus grandifolia Ehrh[학].) : ①북부는 남(南)온타리오에서 텍사스까지, 서부는 미시간에서 동부는 대서양 모든 주에 걸쳐 분포. ②변재는 백색, 심재는 대적색 또는 적갈색이며 연륜은 뚜렷하고 짙은 선이나 줄무늬로 되어 있으며 치밀한 것이 추재임. 산공재(散孔材)로 목리는 대체로 교착하고 조직은 치밀. 기건비중 0.65, 전건비중 0.70, 수축률은 방사방향 5.2%, 접선방향 10.2%, 용적수축률 17.4%로 큼. 강도는 압축강도 556kg/㎠, 휨강도 1,060 kg/㎠, 전단강도 153kg/㎠로 보통. 가압 방부제 주입이 잘 되며 탄성이 강하여 휨가공용으로 최적임. 건조는 어려우나 표면연삭이 양호. ③주로 합판·가구·기구·상자 등에 사용.

미국느릅나무(美國-, 楡, American elm, Soft elm, White elm, Ulmus americana L.[학]) : ①미국의 로키산맥 동부 전역, 캐나다의 토론토 남부에서 플로리다, 텍사스까지 분포. ②변재는 넓고 담회갈색, 심재는 담갈색 또는 갈색이나 때로 붉은 줄무늬가 있으며 연륜은 뚜렷하고 춘재는 다공질로 육안으로 식별됨. 환공재(環孔材)로 목리는 통직하고 때로 교착되어 있으며 조직은 거칠고 무거운 편. 전건비중은 0.61, 수축률은 방사방향 4.2%, 접선방향 9.5%, 용적수축률 14.4%로 보통. 강도는 압축강도 422kg/㎠, 휨강도 879kg/㎠, 전단강도 120kg/㎠로 보통. 내구력은 약하며 건조성은 약간 불량함. 거단(鋸斷)·접착·포삭(鉋削)·도장성은 보통. ③주로 내장·무늬단판·가구 등에 사용.

미국목련(美國-, 木蓮, Cucumber tree, Magnolia acuminata L.[학]) : ①캐나다의 남부

온타리오에서 플로리다까지 미국 동중부 미시시피 주변에 분포. ②변재는 백색, 심재는 황색 또는 녹황갈색 혹은 흑갈색으로 구분이 분명하며 연륜은 뚜렷함. 산공재(散孔材)로 목리는 통직하며 향기와 맛은 없음. 전건비중은 0.52, 수축률은 방사방향 5.2%, 접선방향 8.8%, 용적수축률 13.6%로 큼. 강도는 압축강도 600kg/㎠, 휨강도 1,086kg/㎠, 전단강도 108kg/㎠로 강함. 내후 보존성이 불량하고 절삭가공성이 용이하며 갈라짐(할렬)과 건조·연삭이 잘 되고 접착성은 양호. ③주로 가구·내장·건구 등에 사용.

미국물푸레나무(美國白蠟樹, Ash, Fraxinus americana L. Fraxinus nigra Marsh[학]) : ①캐나다 동남지역에서 미국의 중동남부 플로리다·텍사스까지 분포. 블랙 애시(black ash)는 오대호 주변에 분포. ②변재는 백색 또는 담갈색으로 넓고, 심재는 회갈색 또는 갈색. 블랙 애시는 심재의 색깔이 더 진한 갈색으로 구분이 분명함. 연륜은 뚜렷하며 춘재는 관공이 엉성하며 크고 추재는 치밀함. 환공재(環孔材)로 목리는 통직하고 나무갗은 거칠음. 무늬가 곱고 아름다우며 전건비중은 0.65, 수축률은 방사방향 4.3%, 접선방향 7.2%, 용적수축률 13.2%로 보통. 강도는 압축강도 521kg/㎠, 휨강도 1,083kg/㎠, 인장강도 1,060kg/㎠ 전단강도 137kg/㎠로 보통. 탄성이 대단히 좋고 내후·보존성이 높으며 가공·접착·표면연삭이 양호하며 건조성은 보통이나 도장성은 불량. ③주로 내장·가구·무늬단판 등에 사용. ④애시(=).

미국밤나무(美國-, 板栗, American chest-nut) : ①동부는 캐나다 남(南)온타리오에서 서부는 메인주까지, 남부는 미국 조지아에서 서부미시시피, 인디애나주까지 분포. ②변재는 좁고 담백갈색, 심재는 회갈색 또는 갈색으로 차츰 암갈색으로 변화. 연륜은 구분이 뚜렷하며 좁은 편. 환공재(環孔材)로 목리는 통직하고 조직은 거칠고 탄닌을 함유. 전건비중 0.47, 수축률은 방사방향 2.8%, 접선방향 5.3%, 용적수축률은 10.0%로 적음. 강도는 압축강도 413kg/㎠, 휨강도 766kg/㎠, 인장강도 950kg/㎠, 전단강도 100kg/㎠로 약함. 탄력성·내후·내수성이 강하고 절삭가공이 쉬우며 건조는 불량. ③가구·내장·건축 등에 사용.

미국비자나무(美國榧子木, Torreya californica Torr[학]) : ①캐나다의 서부해안에서 미국 캘리포니아 북부 해안에 분포하며 우리나라 비자나무와 비슷함. ②변재는 백색 또는 황백색, 심재는 황색이고 심변재의 구분이 불분명하고 연륜도 불분명함. 조직은 부드럽고 목리는 통직하며 고움. 비중은 0.48로 가벼운 편임. 수축률은 매우 적으며 가공성이 양호함. 강도는 압축강도 350kg/㎠, 휨강도 800kg/㎠, 전단강도 350kg/㎠로 보통. ③주로 내장·캐비닛·목형·조각 등에 사용.

미국서어나무(千金楡, Horn Beam, Carpinus caroliniana Walt.[학]) : ①미국 오대호 남부에서 플로리다 북부까지, 대서양에서 텍사스·아칸서스·캔자스주까지 중동부 전역에 분포. ②변재는 백색으로 넓으며, 심재는 담황색 또는 백갈색으로 구분이 분명하고 연륜은 비교적 뚜렷함. 방사성의 산공재(散孔材)로 조직은 치밀하고 향기와 맛은 없음. 전건비중은 0.72, 수축률은 방사방향 5.7%, 접선방향 11.4%, 용적수축률 19.1%로 큼. 강도는 압축강도 359kg/㎠, 휨강도 779kg/㎠, 전단강도 158kg/㎠로 약함. 내구력은 좋으나 건조성은 불량. ③주로 가구 등에 사용.

미국솔송나무(鐵杉, Western Hemlock, Tsuga heterophylla Sarg.[학]) : ①미국 알래스카·아이다오·워싱턴·오리건 지역과 로키산맥 일대 분포. ②변재는 담백황색 또는 담황갈색, 심재는 담황갈색이나 구분이 뚜렷하지 않으며 연륜은 뚜렷하고 깊은 골이 나 있음. 목리는 통직하고 조직은 치밀하며 곱기는 보통. 기건비중은 0.47

이고 경도는 보통이며 수축률은 방사방향 4.3%, 접선방향 7.9%, 용적수축률은 11.9%로 보통. 강도는 압축강도 477kg/㎠, 휨강도 830kg/㎠, 전단강도 66kg/㎠로 보통. 내구성은 낮고 절삭가공·건조·접착·도장성은 양호하나 포삭성(鉋削性)은 불량함. 수분에 약하고 연삭(硏削)이 잘되고 광택이 남. ③주로 내장·플로어링·합판·상자 등에 사용. ④헴록(=).

미국식그리스부흥양식(美國式-復興樣式, American Greek revival style) : ①1820~1860년경에 제국주 양식과 함께 미국의 건축물에 고대 그리스의 양식적·장식적 요소를 중요한 모티프로 모방하여 부분적으로 결합시킨 양식. ②박공장식(pediment)·원기둥(column)·주랑현관(portico) 및 주두양식의 신전 등이 주택이나 대형 건축물에 많이 이용됨. ③가구는 클리스모스(klismos)를 모방한 의자가 자주 사용.

미국식민지양식(美國植民地樣式, American colonial style) : ①1630~1790년 동안 영국의 제국양식이 미국에 널리 보급되어 유행한 양식. ②초기양식(1630~1729)과 조지안양식(1720~90)으로 구분.

미국식민지양식

미국식민지조지안양식(美國植民地-樣式, American colonial Georgian style) : ①식민지 양식의 후반기로 미국이 국가적 안정기에 접어들면서 유럽의 문화적인 영향을 받아 형성된 1720~1790년대의 양식. ②주로 영국에서 출판된 건축·디자인의 서적에 의존하였으며, 건축은 영국의 가장 위대한 건축가인 크리스토퍼 렌 경(Sir Christopher Wren : 1632~1723)과 이탈리아의 팔라디오(Palladio)의 영향을 강하게 받았으며 프랑스의 루이15세 양식이 가미됨.

미국식민지초기양식(美國植民地初期樣式, American early colonial style) : ①식민지 양식의 전반기에 해당하는 식민지 초기의 정착자에 의해 발전된 1630~1720년대의 양식. ②건축은 전형적인 주택형태가 개발되어 실내공간은 직사각형의 평면에 천장이 낮고 기둥과 보가 노출되어 회반죽으로 마감함. ③실내에 벽난로를 설치하여 난방과 음식의 조리를 함께 처리하여 합리적이고 실용적인 생활을 하였음.

코트 커보드

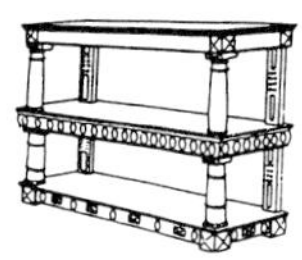

게이트 레그 테이블

미국식빅토리아양식(美國式-樣式, American Victorian style) : ①1840~1880년 동안 미국에서 과거의 다양한 양식이 혼용된 시기에 복합적으로 사용된 양식 중 빅토리아양식을 기초로 한 건축·실내·가구 분야에서 유행한 양식. ②특징은 불규칙적인 디자인과 과다한 표면장식 및 비연관적인 조각의 과다 사용·불규칙적인 가구배치 등. ③1880년경에는 욕실가구의 개발과 수세식 변기가 설치됨. 이러한 다양한 양식은 곧이어 고딕양식으로 대체됨.

미국식 빅토리아양식

미국식쌓기(美國式-, American bond, common bond) : ⇨미식쌓기(=).

미국식제국양식(美國式帝國樣式, American empire style) : ①1820~1840년 동안 미

국에서 다양한 양식이 혼용된 시기에 복합적으로 사용된 양식 중 프랑스 제국주의와 영국의 섭정양식을 기초로 한 실내 및 가구분야에서 유행한 양식. ②실내공간이 넓어지면서 투박한 장식과 가구가 배치되고, 양식화된 기하학적 문양과 화려한 색채의 직물을 사용하여 풍요로운 분위기의 디자인을 연출. ③체스트(chest)와 사이드보드(side board) 등의 가구는 육중한 느낌이 나는 마호가니(mahogany)를 사용하였고, 전면에는 둥근 다리가 사용됨. 의자의 다리는 동물의 발 형태를 조각.

미국식치펜데일양식(美國式-樣式, American Chippendale style) : ①영국의 앤 여왕과 조지안시대에 토머스 치펜데일의 가구디자인을 기초로 하여 미국의 장인들에 의해 제작된 가구. ②특히 필라델피아에서 대량 생산되어 '필라델피아 치펜데일 가구'라고도 함.

미국식 치펜데일 양식

미국연방양식(美國聯邦樣式, American federal style) : ①1790~1820까지의 실내 및 가구의 신고전주의적 양식. ②대표적인 건축가는 토머스 제퍼슨(Tomas Jefferson : 1743~1826)임. ③좌우대칭 구조에 출입구는 원기둥 위에 박공이 있고 굴뚝은 건물의 가장자리로 옮긴 것이 특징.

미국연방양식

미국잎갈나무(落葉松, Larch, Larix laricina K. Koch[학]) : ①동부 라치(Eastern Larch)는 캐나다 중동부 전역과 미국의 알래스카에서 미네소타주에 이르는 북미 북동부지역에, 서부 라치(Western Larch)는 캐나다 남부에서 몬타나 서부 오리건 북부에 이르는 서북부지역에 분포. ②변재는 백황색 또는 담백갈색으로 좁고 심재는 황색 또는 황갈색으로 심·변재와 연륜은 뚜렷함. 목리는 보통 사주목리(斜走木理)이고 조직은 약간 거친 편임. 전건비중은 0.64로 다소 무겁고 단단함. 수축률은 방사방향 5.5%, 접선방향 9.0%, 용적수축률 14.5%로 크고 강도는 압축강도 570kg/㎠, 휨강도 977kg/㎠, 전단강도 69kg/㎠로 보통. 방사조직은 가늘고 수지구(樹脂溝)는 수직·수평 모두 있으며 육안으로 보이지 않음. ③주로 건축·합판·플로어링·펄프 등에 사용.

미국자작나무(白樺, Birch, Betula papyrifera Marsh.[학]) : ①미국 북서 알래스카에서 태평양 연안, 동부는 대서양 해안까지의 캐나다와 오대호 부근에 분포. ②변재는 담백황색 또는 옅은 적갈색, 심재는 암갈색 또는 적갈색으로 연륜은 불분명하며 연륜폭이 좁고 치밀함. 산공재(散孔材)로 향기나 맛은 없으며 목리는 통직함. 전건비중은 0.60, 수축률은 방사방향 6.3%, 접선방향 8.6%, 용적수축률은 16.2%로 큼. 강도는 압축강도 400kg/㎠, 휨강도 865kg/㎠, 전단강도 85kg/㎠로 보통. 건조성은 보통, 접착성은 양호, 내수성·내구력은 매우 양호. ③주로 단판·가구·내장 등에 사용.

미국전나무(Sitka Spruce, Spruce) : ⇨시트카스프루스(=).

미국주목(美國朱木, Yew, Western Yew) : ①미국 로키산맥 고산지대, 캐나다 산악지역에 분포. ②변재는 좁고 옅은 황색, 심재는 적황색 또는 암적색이고 연륜은 뚜렷함. 조직은 치밀하고 견고하며 고움. 목리는 교착하는 때도 있고 향기가 있으며 전건비중 0.67로 약간 무거운 편임. 수축률은 방사방향 4.0%, 접선방향 5.4%, 용적수축률은 9.7%로 보통이며, 강도는 압축강도 648kg/㎠, 휨강도 1,174kg/㎠, 전단강도 174kg/㎠로 강함. 내구성이 크고 건조·가공이 용이하고 연삭(硏削)이 잘 되며 광택이 남. ③주로 가구·내장·문구·기구 등에 사용.

미국지방양식(美國-樣式) : ⇨미국컨트리양식(=).

미국컨트리양식(美國-樣式, American country style) : ①페인트칠을 한 판자벽과 문, 흔들의자와 셰이커풍의 소박한 가구. ②4개의 기둥이 있는 침대가 특징. ③직물패턴은 작은 꽃무늬 프린트가 많이 사용.

미국편백(美國扁柏, Port Orford Cedar, *Chamaecyparis Lawsoniana* Parl.[학]) : ①미국 남서 오리건·북서캘리포니아 해안에 벨트 모양으로 분포하여 태평양연안의 습한 기후에서 생장이 좋음. ②변재는 백색 또는 담황색, 심재는 담황색 또는 황갈색의 진한 향기가 있으며 연륜은 뚜렷함. 목리는 통직하고 균일하며 나무갖은 치밀하고 쓴맛과 향기가 남. 기건비중 0.47, 수축률은 방사방향 4.6%, 접선방향 6.9%, 용적수축 10.1%로 보통. 강도는 압축강도 455kg/㎠, 휨강도 795kg/㎠, 전단강도 58kg/㎠로 약함. 내수·내산성이 강하고 건조·절삭가공·도장성이 양호하며 접착성은 보통. ③주로 내장·가구 등에 사용. ④오리건시다·로손시프레스(=).

미국피나무(美國椵樹, Bass Wood, Tilia americana L.[학]) : ①캐나다 온타리오 남부에서 오대양 일대까지 남쪽으로 테네시주 이북지역과 캔사스주·미네소타주까지 분포. ②변재는 유백색 또는 담갈색이나 차츰 심재와 같아져 구분이 불분명함. 심재는 담갈색이나 적갈색이 들어있기도 하고 연륜은 아주 뚜렷함. 산공재(散孔材)로 나무갖은 치밀하며, 목리는 통직하고 나무를 자른 직후에 냄새가 있고 맛은 없음. 전건비중은 0.41, 수축률은 방사방향 6.8%, 접선방향 9.9%, 용적수축률 16.5%로 약간 크고 강도는 압축강도 333kg/㎠, 휨강도 611kg/㎠, 전단강도 70kg/㎠로 약함. 내후·보존성은 낮으나 절삭가공성은 양호함, 할렬이 심하며 건조는 쉽고 접착·도장성은 양호. ③주로 건축·내장·합판·무늬단판·가구 등에 사용.

미국향나무(鉛筆柏, Aromatic cedar, Juniperus virginiana L.[학]) : ①캐나다의 온타리오에서 텍사스·플로리다주까지의 미국 중동부 지역에 분포. ②변재는 백색 또는 황백색으로 좁으며 심재는 넓으며 자색 또는 장미적색이나 홍색에서 차츰 시일이 지나면서 암적색으로 변함. 연륜은 뚜렷하며 추재는 좁고 진한 색이며 춘재는 엷은 색. 목리는 통직하고 조직은 균일하며 향기가 짙음. 기건비중 0.51, 전건비중 0.49, 수축률은 방사방향 3.1%, 접선방향 4.7%, 용적수축률 7.8%로 적음. 강도는 휨강도 619kg/㎠, 압축강도 423kg/㎠로 약함. 충격저항이 높으며 화학성분인 시드럴(cedrul)를 함유하여 내후성이 강하며 가공건조가 쉽고 절삭이 잘됨. ③주로 내장·고급가구 등에 사용. ④레드시다·레드주니퍼(=).

미기후(微氣候, micro-climate) : ①지표면에 가까이 높이 약 2m 이하의 이른바 접지기층의 기후. 수평거리 수 킬로미터 정도의 비교적 좁은 지역 내에서도 현저한 국지성을 나타냄. ②소기후·국지기후(=).

미끄럼방지대 : ⇨논슬립(=).

미나레트(minaret) : ⇨미너렛(=).

미너렛(minaret) : ①교회의 종탑(광탑)에 해당하는 모스크의 상징탑(첨탑). ②기독교 교회의 종탑(鍾塔)에 해당하는 이슬람의 모스크(mosque)에 붙여 세워진 매우 높고 가는 건물로서의 상징탑. ③보통 내부 계단과 중간에 돌출 발코니(성직자가 기도시간을 알리는 용도로 사용)가 있고 최상부에는 갤러리와 같은 공간으로 되어 있어 사람이 필요한 경우에 올라가 신호를 하여 내용을 알림. 미너렛은 이슬람의 권위를 과시하고 신도들의 정신을 한데 모으는 상징적인 역할을 함. ④광탑·첨탑(=).

미너렛

미네랄스피리츠(mineral spirits) : 석유계 용제를 분류해서 얻은 용제로 페인트나 바니시(varnish)를 희석하기 위해서 솔벤트(solvent)나 시너(thinner)를 사용.

미노아건축(-建築, Minoan architecture) :

①크레타에서 B.C. 3000년부터 1100년까지 번성했던 청동기시대의 건축. ②크노소스 왕 미노스의 이름에서 유래된 명칭으로 크노소스(Knossus)와 패투스(Phaetus)의 정교한 궁전으로 유명.

미늘 : 물고기의 비늘을 비슷하게 빗대어 꾸밈한 부재. 일반적으로 비늘이라고 함.

미늘벽판자(－壁板子, clapboard) : ①물막이 판자로서 한쪽은 두껍고 한쪽은 얇게 만든 판자를 겹쳐대기 위한 것으로서 그 판자는 비늘판(feather board)이라고 함. ②⇨판벽.

미늘창 : ⇨비늘창(＝).

미늘판 : ⇨비늘판(＝).

미늘형 좌판(－形坐板, splint seat) : ①얇고 유연한 나무 띠를 엮어서 만든 좌판의자. ②18세기 이후 전원풍의 가구에 많이 사용. ③등나무와 유사하나 오크(oak)나 히코리(hickory)로 제작되어 다소 거칠음.

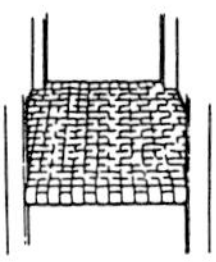

미늘형 좌판

미니멀리즘(minimalism) : ①최소한의 조형수단을 이용하여 회화나 조각·건축·실내를 구성하는 절제적 표현경향. ②1960년대 말 미국의 젊은 건축가들이 최소한의 조형수단과 표현으로 제작한 회화·조각 등에서 연유. ③이는 칼빈주의의 엄격함과 간결성에서 영향을 받아 작가의 개인적인 감정과 주관적 표현을 극도로 배제한 것으로, 순수하고 무표정한 형태의 반복이 특징임. ④미적 감각을 최대한 축소시키려는 경향은 미니멀리즘이라는 새로운 용어로 파생되어 실내디자인 분야에도 커다란 영향을 주고 있음. 미니멀리즘의 실내공간은 극소화된 형태와 절제된 간결함으로 통일된 가운데 공간 그 자체의 '순수함'을 강조함으로써 더 이상의 건축적 표현이 요구되지 않고 있음. 즉 일반적으로 실내공간을 형성하는 천장·벽 등은 무채색－흰색·회색 등－이 사용되어 장식적이고 시각적인 모든 요소가 삭제되어 있음. 간혹 알루미늄이나 금속재료의 특성을 이용한 은색·금색 등의 단조로운 색채가 시각적인 역할을 하는 것이 전부임. 색채와 장식적인 요소들이 배제된 실내공간의 구조물은 마감되지 않은 노출상태를 그대로 유지하고, 공간의 각 부분들은 섬세한 비례와 순수한 형태의 미학으로 표현되어 있음. 결국 디자이너의 주관적인 감성이 억제된 실내는 특정한 위치에 놓여진 오브제(objet[프])의 디자인 수준이 관건이 되고 있음. 이는 미니멀리즘 공간에서 회색화된 거주자의 개성과 욕망이 오브제에 의해 표현되고, 또한 장식적인 역할을 함으로써 실내공간의 분위기를 좌우하기 때문. 이러한 경향은 공사비와 유지비를 절감시킬 뿐만 아니라 현대적 세련미를 제공하는 공간의 특성을 지녀 전 세계적으로 급속하게 유행함.

미니멀아트(minimal art) : ①최소한의 조형수단을 사용하여 제작된 회화나 조각 등의 예술. ②보통 간단한 윤곽선만을 사용하거나 단지 몇 개의 기본색만으로 표현하는 방법. ③표현적이거나 환영적인 모든 과장을 거부하는 미술형태로 극단적으로 시각적인 단순성을 추구. ④3차원적이며, 우연적으로 형성되거나 단순한 기하학적 형태로 형성되며 똑같은 형태가 반복되는 것이 특징임. ⑤이 용어는 처음 미국에서 액션 페인팅(action painting)과 추상표현주의 양상에 대립되는 경향을 지칭하기 위해 사용. ⑥미니멀리즘(minimalism)이라고도 함.

미니어처(miniature) : ①원형(原形)을 그대로 축소하여 제작한 모형(摸型, model). ②주로 그림·조각·예술품·가구·실내·건축·기타 공작물 등에 사용.

미니어처가구(－家具, miniature furniture) : ①의자·테이블·장 등 가구의 축소된 모형. 일반적으로 크기는 300㎜ 범위 이내로 정교하게 제작됨. ②원래는 18세기의 가구디자이너들이 디자인된 가구의 샘플 모형(sample model)을 만들어 보는 것에서 비롯됨.

미닫이 : ①문이나 창 따위를 옆으로 밀어서

열고 닫는 형식 또는 그런 문이나 창. ② 미닫이문(=).

미닫이문(-門, sliding pocket door, pocket door) : ①골홈을 파서 좌우쪽으로 밀어서 닫게 한 문. ②상·하 창호받이재에 홈을 한 줄 파거나, 밑에는 레일을 붙여 문을 달아 벽 옆 또는 붙박이 창 등 옆으로 밀어붙여 여닫게 하거나, 이중벽 또는 두껍닫이(pocket for sliding) 속에 밀어 넣는 데 한 짝 또는 두 짝 달기로 함. ③미세기문과 동일한 방법으로 개폐가 이루어지지만 미세기문과 같이 서로 겹쳐지지 않고 벽체의 내부로 들어가도록 처리하거나 좌우 옆벽에 밀어 붙여 개폐되도록 처리. 문이 크고 무거우면 도어 행거를 위에 달아 개구부 위의 행거 레일에 걸고 문 밑에는 문바퀴를 달아 개폐가 원활히 되게 함. 두 짝 달기에는 풍소란으로 방풍이 되게 하지만 기밀성이 부족함. ④트랙(track) 위에 미끄러지면서 작동하거나 움직이는 문. 일반적으로 벽에 평행으로 움직임. 자동문(auto door)은 문에 기계장치를 하여 자동으로 개폐되는 미닫이문이며, 창고 및 격납고 등에 사용되는 행거 도어(hanger door)도 그 한 예. ⑤종류는 문짝수 및 기능에 따라 외미닫이문·쌍미닫이문 또는 두짝미닫이문·4짝미닫이문 등으로 구분함. ⑥⇨문(=).

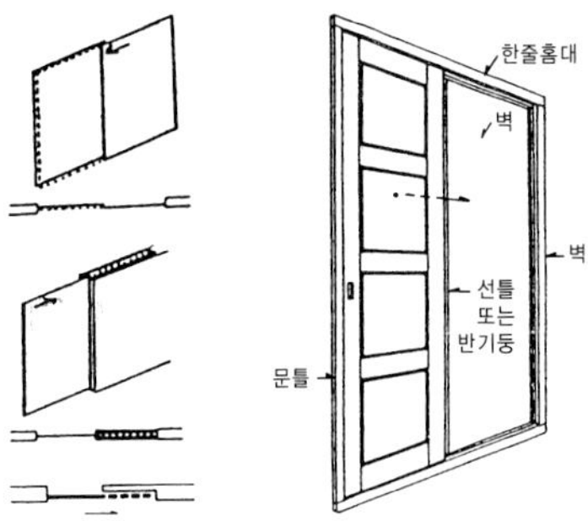

미닫이문

미닫이창(-窓) : ①창문이 벽체 속으로 들어가거나 옆 벽면으로 밀어 붙여 개폐되도록 처리한 창. ②한국의 전통적인 창. 영국은 오르내리창이고, 프랑스에서는 여닫이창으로 각각 나라별로 창 만드는 방법이 있음. ③두 개의 창호로 된 미닫이창은 개구율이 50%, 세 개의 창호로 이루어진 경우에는 개구율이 66% 정도.

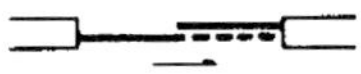
미닫이창

미닫이틀 : ①문얼굴 안쪽, 인방과 하방에 판 물홈판. 물홈을 한 줄로 파기도 하고 두 줄로 파기도 함. ②윗미닫이틀과 아랫미닫이틀의 물홈에는 대나무나 참죽나무 등을 박아서 썰대를 만듦.

미도(美度, aesthetic measure) : ①미국의 학자 버크호프(G. D. Birkhoff)는 "미는 복잡성 속의 질서성을 가진 것이다."라는 명제를 발표하여 아름다움은 복잡한 것을 피하고 질서를 넓히는 데서 얻어지는 것이라고 함. 즉 M=O/C. M은 미도(aesthetic measure), O은 질서성의 요소(element of order), C는 복잡성의 요소(element of complexity)를 나타냄. C가 최소일 때 M이 최대가 됨.

미도계수(美度係數, aesthetic factor) : Moon·Spencer가 여러 가지 색채의 조합에 의해 실험을 거친 후 통계적으로 정리하여 그 조합의 종류에 대한 경중을 수치로 정하여 나타낸 수.

미드나이트블루(midnight blue) : ①아스라한 빛이 있는 어둠의 색. ②흑색에 가까운 청색. ③회색 기미의 어두운 청색(dark grayish blue). ④관용색명으로 아주 어두운 보라 띤 파랑(진감청). ⑤먼셀기호 6.0PB1.5/2.0.

미드웨이Ⅰ(midway Ⅰ, 1908) : ①라이트(F. L. Wright : 1867~1959)가 육각형을 기본으로 디자인한 의자. ②훗날에 '국제호텔'을 디자인할 때 활용.

미드웨이Ⅱ(midwayⅡ, 1914) : ①1913년 시카고의 미드웨이 가든 설계를 구상하다가 얻은 작품. ②원래는 여름밤의 옥외용 의자.

미들창(-窓, projected window, projecting window, slide out window) : ①상부에 경

ㅁ

첩이 부착되어 창문의 하부나 좌우의 외부로 내밀어 올려지도록 된 창. ②창짝의 상부에 지도리를 달아 창틀을 댄 홈을 오르내리게 하고 창을 밀어올려 올라가고 위는 홈에 따라 내려와 옆에 달린 팔대가 버티어 있게 된 창.

미들창

미랍(mihrab) : ①내부의 벽에 메카를 향해 설치된 벽감(壁龕, niche). ②신도들은 이곳을 향해 기도함. ③ 교회건축의 반원형 방(Apse)에 해당하는 기도하는 방(메카로 향함). ④이슬람사원에서 신자들이 예배를 볼 때 성지인 메카(mecca)가 있는 방향을 향할 수 있도록 모스크(mosque)나 다른 회교도의 건물에 만들어 놓은 감실(龕室, niche) 또는 벽감(壁龕). ⑤전면에 장식되어 있는 돔(dome)의 초점에 있게 함. ⇨미흐라브(=).

미래주의(未來主義, futurismo[이] futurisme[프], futurism) : ①20세기 초인 1914~1916년대에 이탈리아에서 일어난 입체파(cubism)라고 할 수 있는 예술혁신운동. 미래파라고도 함. ②미래의 도시에 대한 일련의 디자인을 소개했던 젊은 두 건축가에 의해 시작. ③그들은 작업이 용이하고 실용적이고 수명이 짧은 것을 선호. 즉 1909년 이탈리아 시인이자 화가인 마리네티(Filippo Tommaso Marinetti : 1876~1944)가 피가로지(誌)에 '미래파 선언'을 발표하면서 시작된 예술혁신운동. 1914년 '미래파 건축선언'을 발표하였음. 특징은 전통적인 미(美)의 개념을 부정하고 기계라는 스피드감을 적극적으로 조형의 세계에 도입하려고 하였음. 대표적인 인물로는 U. 보치오니(Boccioni)·C. 카라·L. 루소·G. 바라·G. 세베리니 등이 회원으로 가입하였으며, 이탈리아의 건축가 겸 디자이너인 A. 샹텔리아(Antonio Sant'Elia : 1888~1916)는 미래파를 대표하는 건축가. 보치오니 등이 발전시켰음. 그는 미래 세계의 기계적 음향과 감각을 찬미하면서 논리·구문·문법의 파괴를 목표로 삼았음.

미래파(未來派) : ⇨미래주의(=).

미래학(未來學, future reseach) : ①사회과학과 자연과학의 여러 분야간의 학제적(學際的 ; interdisciplinary) 협력하에 미래의 사회와 인간의 존재양식을 종합적으로 연구하는 새로운 학문 조류. ②1960년대 이래 '미래학'이 새로 각광받게 된 배경은 ㉠테크놀로지의 급속한 발달 ㉡공해, 자연파괴, 선진국과 후진국간의 격차, 세대간(世代間) 단절 등의 새로운 현상 ㉢커뮤니케이션 미디어가 지구촌을 하나의 네트워크로 묶고 인간의 미래조작능력이 증대했다는 것에서 찾을 수 있음.

미레드(mired) : ①색온도(광색)의 역수(逆數)의 양을 나타내는 단위의 일종. ②색온도를 미레드로 환산하려면 절대온도(°K)로 표시한 색온도의 역수를 10^6배 함.

미로문양(迷路文樣, labyrinth, meander) : ①프렛(fret)의 형태가 복잡하고 다양하게 구성된 장식 문양. ②중세 교회의 포장 바닥재 위에 상감(象嵌)시킨 미로 형태의 패턴.

미루나무(美柳-, cottonwood, Poplus deltoides Marsh) : ①미국 원산으로 전국 산야, 시냇가 둑 또는 가로수로 조림. ②산공재(散孔材)로 변재는 백색, 심재는 회백색으로 심변재 구분이 분명하지 않으며 연륜이 잘 보이지 않음. 목리는 통직하고 가볍고 연함. 기건비중은 0.42로 포플러류 중에 재질이 가장 좋음. 수축률은 방사방향 2.81%, 접선방향 7.88%, 용적수축률은 11.09%로 낮은 편. 강도는 압축강도 370kg/cm², 휨강도 736kg/cm², 전단강도 118kg/cm²로 약함. 내구·내수성은 약하나 건조·접착·가공성은 양호. ③주로 단판·합판·가구·펄프·상자 등에 사용.

미륵사(彌勒寺) : ①전남 무안군 무안읍 성남산(城南山)에 있는 사찰. 1472년(조선 성종3) 혜운(慧雲)이 창건. 이후의 연혁은 전하지 않아 자세한 역사는 알 수 없음.

일제강점기까지만 해도 폐사로 남아 있었으며, 1942년 이후에 중건하여 오늘에 이름. ②건물로는 법당과 요사채가 있음. 옛 절터에서 2기의 작은 석불이 발굴된 바 있고, 1942년에 정종보(丁鐘保)라는 신도가 절터에서 석조비로자나불상을 발굴하기도 하였음. 이 불상은 인근에 지어진 남악사(南岳寺)에 모셔졌으며, 본래 불상이 올려져 있던 기단은 절터에 그대로 남아 있음.

미륵사지(彌勒寺址) : ①미륵사는 백제 무왕 634년에 완공. 전북 익산시 금마면 기양리에 위치. 현재는 건물 자체가 폐허화되어 남아 있는 것은 반쯤 부서진 미륵사지 9층 석탑과 당간지주 등 석조 건축 파편만이 있을 뿐. 최근에 발굴 조사가 끝나 수습된 유물은 97년

에 만들어진 미륵사지 유물 전시관에 보관 전시되어 있음. 삼국유사에 보면 미륵사지가 어떻게 만들어졌는지 비교적 자세히 나와 있음. 백제 30대 왕인 무왕(서동)이 부인인 선화공주와 함께 사자사로 행차하다 현재 미륵사지터인 용화산 아래 연못에 이르렀을 때 미륵 삼존이 나타나자 이를 본 왕비(선화공주)의 부탁으로 이곳에 연못을 메우고 절을 세웠는데 이 절이 미륵사지. ②미륵사지는 3탑 3금당으로 이루어진 3원 1가람 양식의 백제 사찰. 미륵 부처님이 이승에서 세 번 설법을 마친 후에 극락세계로 화한다 하여 각기 설법을 전파할 공간을 만들다 보니 3금당(대웅전이 세 개)이 되

었고 그 금당 앞에 각기 하나씩의 탑을 세워 3탑이 되었음. 대개의 사찰이 1탑 1금당이니 미륵사는 세 개의 절이 하나가 된 경우라 하여 3원 1가람이라 함. 지금은 반대편에 현대 기술로 동탑을 만들어 놓았는데 너무 희고 맑아서 그런지 맛은 그리 깊지 않음. 동탑을 자세히 보면 탑의 구성 돌 중에 색이 다른 돌이 있음. 그것은 바로 현장에서 발굴되었던 동탑의 실제 돌임. 동탑의 남아 있는 돌들을 그대로 사용하고 없는 것을 현대 기술로 다시 제작해 끼워 쌓은 탑으로 백제인과 현대인의 합작품인 것. 동탑이 있으므로 해서 서탑의 우수성과 아름다움, 그리고 역사성까지가 더욱 강렬하게 생김. 원래 이곳은 가운데 대규모의 목조탑을 중심으로 동쪽과 서쪽에 각기 하나씩의 석탑을 세웠는데 현재 중앙 목탑과 동탑은 사라져 없어지고 서쪽에 있던 서탑만이 9층 중 위 3층은 사라져 버리고 훼손된 채 6층만 남아 있음. 비스듬히 반 정도가 사라져 버렸고 그나마 남아 있는 밑 부분은 옆쪽으로 돌 축대를 쌓고 시멘트로 범벅을 해 놓았음. 6층 꼭대기는 지붕돌 하나만 덩그렇게 남아 있음. 미륵사지는 백제시대에 만들어져 고려시대까지 사찰로 발굴 조사 과정에서 백제시대, 통일신라시대, 고려시대에 이르기까지의 사찰 유물이 상당히 많이 수습되었음. 시대에 따라 사찰의 규모가 달랐는데 뒤쪽 강당터는 그 규모가 너무 커서 왕실 사찰일 가능성이 크고 또한 왕궁이 있는 수도에 건립되어야 했으며, 무왕의 어머니가 익산 출신이고 무왕이 어려서 익산에서 성장했는데 무왕은 수도인 부여에서 자라지 않고 외가집인 익산에서 마를 캐서 생업을 영위함. 미륵사지 서탑은 목조 건축물의 특징 하나 하나를 돌로 정교하게 깎아 만들어 놓은 것으로 백제는 초기에 목조탑이 크게 유행했을 것으로 판단됨. 백제인들이 일본의 목조탑과 신라의 황룡사 9층탑에서 보여 준 뛰어나게 정교한 기술로 백제의 목조탑을 나무가 아닌 돌로 재현해 놓은 것이 바로 미륵사지 석탑이며 목조탑의 특징을 지닌 석탑이라고 함. 배흘림기법이 분명한 기둥돌과 지붕을 받치고 있는 도리·장혀·평방과 창방 등이 너무 정교하게 잘 표현되어 있음. 1층 위로는 건물의 규모나 안정감을 위해 대폭 축소시켜 놓음.

사면으로 나있는 1층 문 사이를 보면 가운데 상당히 굵은 직사각형 돌로 중심축인 찰주를 세워놓았고 사방에는 그 탑의 수호신인 것으로 보이는 닳아서 그 형태를 파악하기 어려운 석상이 있는데 하나는 없어지고 세 개가 남아 있음. 복원된 9층 석탑의 높이는 25cm, 중앙의 목탑은 훨씬 높은 44.9cm로 추정. 후에 세워진 금산사와 법주사의 기본적인 구성원리는 미륵사에서 개발된 것임.

미륵전(彌勒殿) : ①용화세계에서 중생을 교화하는 것을 상징화한 미래의 부처님인 미륵불을 모신 법당. ②미륵불에 의해 정화되고 새로운 불국토의 용화세계를 상징한다고 하여 용화전, 미륵의 한문식인 자씨(慈氏)를 취하여 자씨전이라고도 함. ③금산사의 미륵전이 대표적임.

미리단문(-門, prehung door) : ⇨프리형 도어(=).

미목(美木, western red cedar, giant arborviate) : 미국 본토와 캐나다의 국경을 중심원으로 서해안 지방과 캐나다에서 캘리포니아에 걸쳐 분포. 비중은 0.35. 변재는 백색으로 신선한 목재는 매우 빨갛고 건조 후 시간경과에 따라 검게 변함. 재질이 곧고 경연하며 표면은 보통. 강도와 내구성이 크고 가구재 등으로 사용.

미브라프 : 카바신전의 예배 방향을 가리키는 벽의 요철부분(niche)으로 건물 안에서 지성(至誠)의 장소를 구성하며, 모든 회교사원에서 없어서는 안 될 기본요소임. 일반적으로 반원형 평면과 반돔(half dome)의 천장으로 형성. 모자이크 타일 등 화려한 장식으로 구성되는 경우가 많지만, 교법(敎法)에 의해 엄하게 금지되어 있음.

미서기문 : ⇨미세기문.

미서기창 : ⇨미세기창.

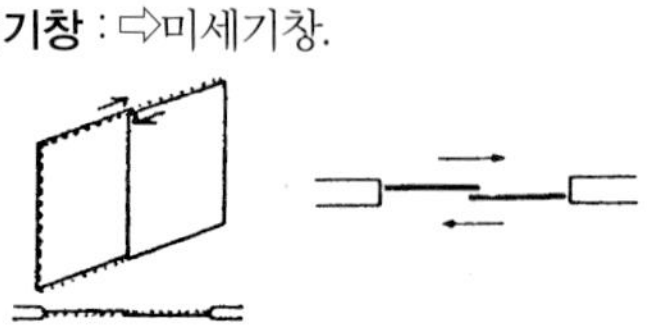

미서기

미세기문(-門, sliding door) : ①두 짝을 한편으로 밀어 겹쳐서 여닫는 문이나 창. ②미세기창과 같은 형태이나 하부 높이가 바닥과 일치하는 경우이고, 문의 크기나 중량이 무거워 원활한 개폐(開閉)를 위하여 도르래나 레일을 설치. ③주로 여닫이문으로 하는 것이 부적합할 때 적합. ④거실의 분합문이 대표적인 예, ⑤면적이 작은 단일공간에서 필요에 따라 기능을 달리하는 공간의 경우에 사용. 예컨대 거실·식당 겸 부엌으로 사용하는 단일 공간에 미세기문을 사용하여 야간에는 방으로서의 거실과 식당·부엌으로 분리하여 사용.

미세기문

미세기창(-窓, horizontally sliding window) : ①문틀의 홈으로 보통 2~4개의 창이 미끄러져 닫히는 창으로 미끄럼을 원활히 하기 위해 호차나 레일을 설치하기도 함. ②창이 서로 만나는 지점은 겹치며 창은 문틀 사이를 오고가며 열고 닫힘.

미세먼지(微細-) : ①입자 크기가 10마이크로미터(μg ; PM-10) 이하의 먼지. ②우리 눈에 보이지 않을 정도로 아주 가늘고 작은 먼지 입자. ③일반먼지와는 달리 90% 이상이 호흡과정 중 기관지에서 걸러지지 않고 기도나 폐포까지 도달해 그대로 침착되어 호흡 순환기 계통의 장애나 폐질환을 유발하는 대기오염물질. 환경권고기준은 150μg/m³. ④주로 지하역사나 지하상가의 먼지오염이 심각함. 예컨대 1996년 10월 1일 기준으로 서울 지하철 1호선과 종로 5가역은 221μg/m³, 청량리역 215μg/m³, 3호선 남부터미널 189μg/m³, 4호선 사당역 182μg/m³, 부산 서면역 184μg/m³, 남포동역 159μg/m³ 및 강남고속버스터미널 지하상가 176μg/m³, 영등포시장 앞 지하상가 169 μg/m³. ⑤대도시의 미세먼지는 70% 이상이 자동차(대부분이 경유를 사용하는 자동차)에서 나오고 있다고 함. 미국에서 미세먼지 때문에 심장과 폐의 이상으로 일찍 사망하는 사람들 중 광화학 스모그가 심하다는 로스엔젤레스에서 사망률이 가장 높고 뉴욕, 시카고 등 대도시 순서라는 것은 역시 자동차의 수와 관련이 있음.

미션양식(-樣式, mission style) : ①주로 18세기의 멕시코와 남서부 미국에서의 스페인 식민 선교건축과 관련된 건축양식. ②형태의 단순성이 특징인 1890~1920년대의 건축양식으로 둥근 아치들은 창문 사이의 벽에 의해 지지. ③지붕처마는 벽 위로 연장됨. 탑·곡선형의 박공지붕·작은 발코니 등이 커다란 규모의 건축물에 사용. ④단지 장식은 아치·박공지붕 또는 발코니의 윤곽을 갖는 평범한 가로줄. ⑤ ⇨미션양식 가구.

미션양식가구(-樣式家具, mission style furniture) : ①20세기 초(1890~1915) 영국에서 일어난 미술공예운동(arts & crafts movement)과 미국 남서부의 선교사들이 사용하던 크고 투박한 가구의 영향으로 단순하게 디자인하여 제작된 미국의 가구. ②사각구조의 좌석과 등받이를 가죽으로 씌웠으며 머리가 큰 황동못을 가장자리장식으로 사용. ③주로 오크(oak)목이 사용.

미션양식가구

미송(美松, douglas fir oregon pine, red fir, yellow fir, American pine, Pseudotsuga menziesji Franco.[학]) : ①미국 오리건주·워싱턴주·컬럼비아주·캐나다 등지에 분포. ②변재는 담백 또는 담황색, 적백색으로 좁고 담황적색 또는 등적색(橙赤色)으로 구분이 분명하나 색의 변화가 큼. 심재는 색깔에 따라 대적(red fir)·대황(yellow fir)·대백(white fir)으로 구분됨. 연륜은 뚜렷하고, 추재는 연하고 진하며 단단함. 목리는 통직하고 조직은 견고하며 나무갖은 거칠음. 전건비중은 0.51, 수축률은 방사방향 4.8%, 접선방향 7.4%, 용적수축률 11.9%로 보통. 강도는 압축강도 532kg/㎠, 휨강도 949kg/㎠, 인장강도 1,050kg/㎠, 전단강도 110kg/㎠로 보통. 내후 보존성이 높고 절삭가공성은 보통이고 건조성은 양호하며 접촉·도장성은 불량. ③서양 소나무의 일종으로 대부분 미국 서부 해안에서 들어오기 때문에 미송이라고 함. ④주로 가공이 용이하고 송진이 비교적 적고 가격이 저렴하여 창틀·마루·문 등의 건축재나 합판대용재·고급베니어·내부장식용·캐비닛·팔레트·실내의 바닥마루용재 등 가구재·벽재 등에 사용.

미술(美術, fine art) : 예술의 영역을 구성하는 한 분야의 조형예술로 회화·조각 등과 함께 순수예술의 중요한 부분에 속함.

미술공예운동(美術工藝運動, Arts and Craft Movement) : ①대량 생산된 상품의 저급한 질에 대한 반발로 1860년경 영국에서 시작된 운동으로서 공예와 장식이 실용적 제품과 장식적 제품의 수공예에 있어서 동일체라고 여김. ②1880~1891년에 영국의 윌리엄 모리스(William Morris : 1834~96)가 중심이 되어 일으킨 건축·예술운동. ③모리스는 영국의 미술 비평가 존 러스킨(John Ruskin : 1819~1900)의 사상에 큰 영향을 받아 '기계에 의해 생산된 것은 모두 나쁜 것이다.'라고 생각하여 기계에 의한 대량생산이라는 생산방법을 부정하고, 제품을 하나씩 수작업으로 만드는 것을 목표로 함. ④모리스의 미술공예운동은 19세기 양식의 모방을 단념하고, 근대생산방식을 부정한 일종의 유토피아적 운동이지만 아르누보와 같은 근대 디자인의 창조적인 작품을 위한 출발점이 된 것으로 그 의의는 크다고 하겠음. ⑤아츠앤크래프트무브먼트(=).

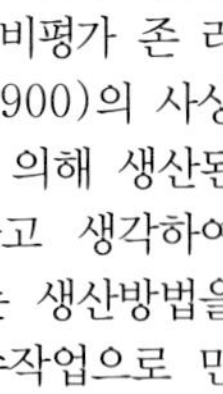

미술공예운동

미술관(美術館, art gallery, museum) : ①미술품을 진열·전시하는 박물관. ②화랑(=).

미스터리 스폿(mystery spot) : ①샌프란시스코로부터 산호세를 지나 산타 크루즈로 가는 도중에 위치해 있는 곳으로 아메리카 삼나무가 무성한 숲 한 가운데 위치해 있는 미스터리 스폿이라고 불리는 사방 46㎡에 달하는 이 공간에 한발이라도 닿게 되면 사람에게 무의식적으로 쌓여있는 평형감각이 무너짐. ②공이 언덕 위로 올라가기도 하고, 입구에 있는 널빤지 위에 키 차이가 나는 사람이 동시에 오르면 키가 역전되기도 함. 또 이 공간에 한발이라도 바깥으로 나가게 되면 이 현상은 일어나지 않는 신기한 초자연적인 공간임. 1939년 발견되어 1940년에 일반에 공개된 장소로 이 지역 땅 밑에 중력을 왜곡시키는 물질이 다량 묻혀 있기 때문에 발생하는 현상이라고도 함.

미스트(mist) : ①기체 중에 부유하고 있는 액체의 미립자(微粒子). ②입경의 크기는 보통 이하이며 증기(蒸氣)가 기체 중에 응축(凝縮)된 것이 많으나 액체가 날아가서 거품이 되거나 분무되거나 한 것도 있음. ③대기오염의 원인이 되므로 제거하지 않으면 안 됨. ④금속의 산세정(酸洗淨), 크롬도금(鍍金), 시안화 동(銅)도금 등에서 산(酸)의 미스트, 크롬산 미스트, 시안액의 미스트가 발생함.

미식쌓기(美式積, American bond) : ①조적조의 한 방법으로 뒷면은 영식쌓기하고, 앞면은 치장벽돌을 사용하여 5켜 정도는 길이쌓기로 하고, 다른 한 켜는 마구리쌓기로 하여 뒷벽벽돌에 물려서 쌓는 방법. ②영국에서는 영식정원벽쌓기(English Garden Wall Bond) 또는 스코틀랜드식쌓기(Scotch Bond)라고 함. ③ 미국식쌓기(=).

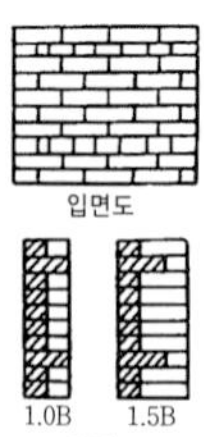

미식쌓기

미음(ㅁ)자집(-字-) : ①평면 형태에 의한 전통민가 유형의 하나. ②안채·사랑채·광채 등이 한 지붕 속에 연이어 건축되어 중앙에 마당(안마당·중정)을 이룬 형태. ③좁은 집터에 지은 초가집에서 지붕의 전체적인 모양이 <똬리>모양을 이루기 때문에 이런 집을 <또아리집>이라고 부르며, 서민주택의 한 유형이 됨. ④경상도 지방에서는 <모발>을 닮았다고 하여 '말집'이라고도 함. ⑤ㅁ자는 한자의 입구(口)이고 이것은 먹는 식복(食福)과 관계되어 풍수지리에 있어 이를 길상문자(吉祥文字)로 보기 때문에 양반가 등에 많이 나타남.

미의 구성요소(美-構成要素, aesthetic factors) : 미적 대상을 객관적으로 평가할 때 결과로써 표출되는 요소.

미의 구성원리(美-構成原理, aesthetic principles) : 대상체를 구성하는 미적 요소가 어떠한 연관법칙으로 구성되었는가 하는 것. 이는 객관적인 평가로써 접근됨.

미의식(美意識, aesthetic consciousness) : ①미에 대한 인간의 심리적 상태. ②미에 대한 인간의 주관적인 감정으로 자아의 미적 가치 기준이 됨. ③실재하는 것의 현상으로부터 또는 예술작품을 제작하거나 감상할 때에 발생하는 감정. ④미적인 것을 수용하고 또 산출할 때 작용하는 의식. ⑤미 대상에 관한 주관적인 미적 가치판단. 이는 시간성·공간성·상황성에 의해 차이가 있음. ⑥미적 체험(=).

미장공사(美匠工事, plaster work) : 벽·천장·바닥 등에 반죽한 모르타르·회 등의 재료를 가지고 바르는 공사로 바탕을 장식하는 작업과 재료를 반죽·배합하는 작업 및 직접 바르는 작업으로 구분.

미장바르기 : ⇨미장바름(=).

미장바름(plastering) : 모르타르·회반죽 등을 바닥·벽체·천장 등에 바르는 작업. 미장 바르기 순서는 위에서부터 아래(밑)의 순으로 함.

미장벽돌(美裝壁乭, face brick, facing brick) : ①미장벽을 위해서 특별한 흙으로 만든 벽돌. ②종종 색깔이나 재질감에 대한 요구조건에 따라 주문 생산됨.

미저리코드(misericord) : ①중세 말과 르네상스시대에 영국 등에서 많이 사용되던 교회 성가대석의 경첩이 달린 의자 하단부에 있는 돌출부. ②구조는 좌석을 위로 들어 올리면 서 있는 사람이 몸을 기댈 수 있도록 되어 있음. ③오늘날에는 거의 사용되지 않음.

미저리코드

미적(美的, aesthetic) : ①미학용어로 넓은 의미에서는 미와 동일함. 감각이나 지각을 의미하는 아이스테시스(aisthesis, 그)에서 유래하며 직관적인 것, 직접적·체험적인 것을 의미함. ②미는 형이상학적인 것이므로 그 자체로써는 표출될 수 없음. 따라서 미적이란 언어로 표현.

미적 가치(美的價值, aesthetic value) : ①대상이 갖는 미적 정도. ②이는 관조자의 주관적 동인(動因)에서 기인되는 것이지만, 객관적 가치의 기준이 될 수도 있음. ③⇨효용가치(=).

미적 가치 판단(美的價値判斷, aesthetic value judgment) : 미적 가치를 판단하는 관조자의 주관적인 판단으로서 미적 시각감응에 의해 나타남. 감각적으로 인식되며 정신적으로 미적 대상을 통하여 느낄 수 있는 아름다움.

미적 감각(美的感覺, aesthetic sense, sensibility) : ①미적 대상에 반응하는 감각기관의 기능. ②시각·청각 등 고급 감각이 주로 작용하지만 종종 미각·후각·유기감각·운동감각 등의 하급감각도 함께 작용.

미적 감정(美的感情, aesthetic feeling) : 예술체험에 수반되는 감정으로 작품의 내용·형식 또는 대상·인격 등이 받아들이는 자의 내부에서 환기되는 갖가지 상태.

미적 관조(美的觀照, aesthetic contemplation) : ①미의식의 한 측면으로 대상을 논리에 의하지 않고 직접 구체적으로 파악하는 정신작용 및 그 작용의 결과. ②일반적으로 예술창작이 미의식의 능동적 측면인데 반하여 미적 관조는 미적 향수와 마찬가지로 미의식의 수동적 측면임.

미적 대상(美的對象, aesthetic object) : ①미학상의 용어로서 미적 대상은 단지 그 자체로 성립되는 것이 아니고 미의식을 상관자로 해서 성립. ②미적 대상은 형식 측면에서 고찰하는 형식미학과 내용 측면에서 고찰하는 내용미학으로 대별.

미적 범주(美的範疇, aesthetic category) : ①미적인 것은 지극히 다양하지만 무엇인가의 기준에 의해 약간의 유형으로 나눌 수 있음. 그 유형을 미적 범주라고 함. ②학설에 따라 다른 분류가 행해질 수 있지만 가장 일반적으로는 미(협의)·우미·숭고·비장·골계 등의 범주를 들 수 있음.

미적 체험(美的體驗, aesthetic experience) : ①일반적으로 미의식과 거의 같은 의미이지만 철학적 미학에서는 미의식이라는 말이 심리학적 미학에서 말하는 미적 태도에 있어서의 의식과정과 혼동되는 것을 방지하기 위하여 미적 체험이라는 말을 사용하는 경우가 많음. ②이 경우 미적 체험이란 미적 가치체험과 마찬가지로 객관적 측면과 주관적 측면을 지니며, 본질적인 계기로서는 미적 직관과 미적 감정에서 이루어진다고 보고 있음.

미적 향수(美的鄕愁, aesthetic enjoyment) : 미학상의 용어로서 예술 창작이 미의식의 능동적 측면인 데 비해 미적 향수는 미의식의 수동적 측면을 나타냄.

미적 형식원리(美的形式原理, aesthetic principles of form) : ①미적 대상을 구성하는 형식적 조건. ②예술에 있어서는 작품 전체에 나타나는 구성의 여러 가지 형태임.

미전나무(sitka spruce) : 북미 서해안 알래스카에서 캘리포니아 북부까지 분포. 변재는 담백색이고 심재는 갈황색. 비중은 0.41. 나뭇결이 곧고 표면이 정밀. 광택이 있고 경연함. 주로 항공기용재·실내장식 마감재·악기용재로 사용.

미지급비용(未支給費用, accrued expenses) : 일정기간 동안에 타인에게 진 빚으로 아직 지불되지 않은 비용. 급여·임차료 등이 포함.

미출(美出) : 마룻대의 아래와 양성 위 사이에 튀어 나온 부분.

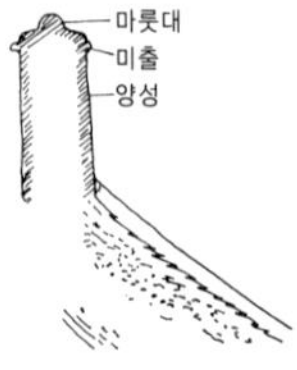

미출

미크론(micron[프] : μ) : ①미터의 100만분의 1로 마이크로미터(micro-meter ; ㎛)라고도 함. ②음향이나 전기의 파장단위로 분자와 분자 사이의 거리. ③미생물의 크기를 재는 단위로도 사용. ④1㎜의 1/1,000에 해당. ㎛(마이크로미터)로 나타냄. ⑤단위기호로는 μ(마이크론)이 사용.

미크롱 : ⇨미크론(=).

미키안(Marcian[그]) : 기원 전 2세기 후반에 만들어진 수도(水道)의 수원(水源).

미타전(彌陀殿) : 아미타불을 모셨다고 붙여진 극락전에 대한 다른 말.

미터(meter, metre) : ①길이를 나타내는 기본단위. 부호는 m. ②원래는 북극점에서 적도까지 거리의 천만분의 1. ③이후에 파리 근처에 있는 국제도량형국에 보관되어 있는 미터원기막대라고 부르는 백금-이리듐 합금 막대의 가장자리에 새겨진 가는 두 직선 사이의 거리. ④현재는 진공 중에서 빛이 1초 동안에 진행한 거리의 1/299,972,458로 정의됨.

미터법(-法, metric system) : ①지구의 둘레를 분할하여 얻은 치수로 사물척도를 말함. ②도량형의 십진법은 프랑스에서 처음으로 도입되었는데, 지금은 널리 퍼져서 과학분야에서 널리 사용됨.

미터세이빈(metric sabin, absorption unit) : 흡음력의 단위로 완전히 흡수하는 면의 1㎡의 흡음력에 해당.

미터아치(meter arch, metre arch) : 개구부의 상부에 대각선으로 설치한 두 개의 똑바른 블록(block)으로 상단(上端)과 타단(他端)은 상호 지지.

미터캔들(meter candle) : ①조도의 척도로 1촉광의 점광원으로부터 1m 떨어진 곡면에 비추는 광의 밀도. ②보통 룩스(lux)라고 함. ③1촉광이 발하는 광량은 4루멘(lumen). ④⇨룩스(=).

미투리 : 삼 껍질로 짚신처럼 삼은 신.

미팅스타일(meeting stile) : 상하 오르내리는 창의 접촉하는 창틀 중의 하나.

미학(美學, aesthetics, esthetics) : ①인간이 세계를 미적으로 파악할 때의 법칙 및 특수한 세계 파악의 형태로서 예술의 발전 및 그 사회적 역할에 대한 본질과 법칙을 명확히 밝히는 과학. ②예술 작품에 관한 비판적 타당성의 의미를 정립하려는 목표를 가지고 예술·미와 취미의 본질을 다루는 철학의 한 분야로서 궁극적으로 예술의 아름다움을 연구하는 학문. ③이 용어는 18세기 독일의 철학자 바움가르텐(1714~62)이 만들었고, 후에 칸트(I. Kant)의 미학 연구서를 통해 구체화되었음.

미학적 공간(美學的空間, aesthetic space) : ①표현적 공간이 갖는 가능한 특성을 체계화시키는 하나의 공간. ②주로 건축이론가와 철학자에 의해 연구되어 옴.

미흐라브(壁龕, Mihrab[프]) : ⇨미랍(=).

믹서(mixer, concrete mixer) : ①일정한 시간 내에 콘크리트의 각 재료를 혼합·반죽하는 기계. ②종류는 형식에 따라 정착식과 이동식이 있으며, 회전의 표준에 따라 전도식과 부전도식이 있음. 전도식이 편리하고 많이 사용됨. ③8절(5HP)·10절(7.5HP)·14절(10HP)·18절(15HP)·21절(15HP) 등이 많이 사용.

믹스트미디어(mixed media) : ①20세기 미술이론으로 여타의 물질적 소재의 전형들과 결합. ②여러 작품들을 혼합하여 작품화하는데, 예컨대 음악·환경 조각과 같이 섞여 있음. 이러한 의미에서 인터미디어(intermedia), 멀티미디어(multimedia)의 동의어로 사용. ③혼합미디어(=).

민가(民家) : ⇨살림집(=).

민거지 : ①기둥 넓이와 보머리의 넓이를 같게 하기 위해 다듬는 일. ②⇨걷이.

민고두꽂이쇠(flush bolt) : 손잡이가 평평하게 된 꽂이쇠를 문에 대는 경우 문의 옆면과 동일 면이 되게 하는 형식의 꽂이쇠.

민꽂이쇠(flush bolt) : 여닫이창이나 장롱 등의 가구 문의 옆면에 부착하여 문 한 짝을 고정시키는 것으로 다른 짝은 열쇠로 잠그세 됨.

민도리 : ⇨납도리(=)· 굴도리.

민도리집 : ①한식나무구조에서 도리와 장여로만 꾸며진 집. ②도리와 장여로서만 된 집. ③공포를 짜지 않고 기둥·도리·보·지붕틀로 가구를 이룬 주택. ④종류는 굴도리집과 납도리집으로 구분함. ⑤굴도리는 양반집에 많이 건립되고 양반집에서도 안채는 납도리집으로, 사랑채는 굴도리집으로 지어 조선시대의 남존여비사상을 드러냄. ⑥구조에 의한 전통민가 유형의 하나. ⑦납도리집(=)·굴도리집(⇔).

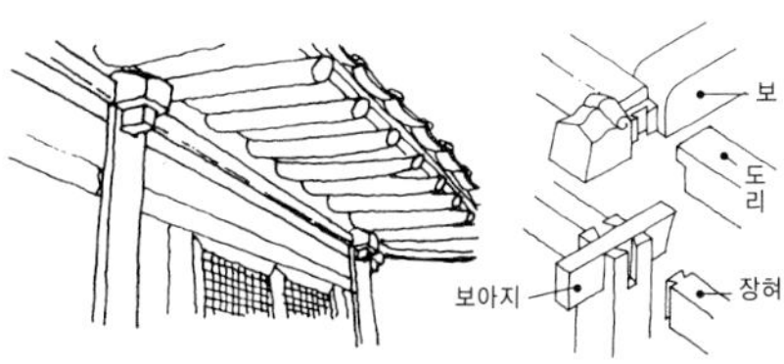

민도리집

민들레색(-色, dandelion) : ①관용색명으로 해맑은 노랑. ②먼셀기호 5Y8/14.

민머리못(flat head nail) : ①머리가 작고 머리가 재면(材面) 위로 튀어나오지 않게 된 평평한 못. ②⇨못.

민성기가옥(春川 閔聖基家屋) : ①강원도 문화재 자료 66호, 1925년 창건. 묘막(墓幕)으로 건립된 가옥. ②ㄱ자 평면인 안채와 대문을 중심으로 ㄴ자 형태로 엮어진 사랑과 행랑이 안마당을 중심으로 튼 ㅁ자형 가옥. ③안채는 사랑채보다 약 70cm 높은 자연석 기단 위에 축조됨. 2칸의 대청을 중심으로 우측에는 건넌방, 좌측으로는 윗방·안방·부엌이 일자로 배치. 부엌 상부는 수납공간인 다락이 설치되고 3량 맞배지붕으로 대청 부분이 오량 홑처마 팔작지붕보다 높게 구성됨. ④사랑채는 4칸의 방으로 구성, 3칸은 동쪽의 뒷마당 쪽으로 툇마루가 설치됨. 남향의 대문을 중심으로 좌측에 1칸의 방과 2칸의 광이, 우측에 1칸의 부엌이 사랑방과 붙어 배치됨. 대문 이외에 따로 출입문이 조성됨.

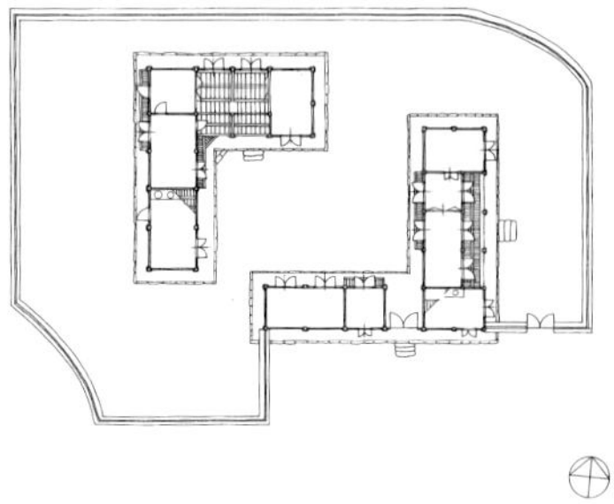

민성기가옥 평면 배치도

민스터(minster) : 원래는 수도원 부속의 회당을 의미했으나, 후에 대규모 또는 중요한 성당이나 그 도시에서 가장 현저한 성당을 의미하게 됨.

민씨고가(閔氏古家) : ①문화재 자료 163호(1986년 지정). 경상남도 산청군 생초면 대포리(慶南山淸郡大浦里閔氏古家) 207-3 민씨고가 4동. 민병기 소유. ②건물 구조는 안채, 곳간채, 대문채 등으로 구성. 안채는 앞면 4칸·옆면 3칸 규모로, 지붕은 옆면에서 볼 때 여덟 팔(八)자 모양의 팔작지붕이며 ㄱ자형 평면을 갖추었음. 곳간채는 앞면 3칸·옆면 1칸 규모에 一자형 평면을 이루고 있음. 대문채는 앞면 6칸·옆면 1칸 규모이며, 지붕은 옆면에서 볼 때 사람 인(人)자 모양을 한 맞배지붕으로 꾸몄음. 안채는 정면(正面) 4칸, 측면(側面) 3칸, ㄱ자형평면(字形平面), 팔작(八作)지붕, 골기와, 곡간채는 정면 3칸, 측면 1칸, 1자형평형, 모임지붕, 골기와, 대문채는 정면 6칸, 측면 1칸, 맞배지붕으로 구성(構成)되어 있음. 이 고가(古家)는 현소유자(現所有者)가 1957년에 가옥을 취득하였고 기록이 없어 정확한 연

산청군 대포리 민씨고가

대는 알 수 없으나 구전(口傳)에 의하면 70년 전에 건축된 것으로 추정(推定)됨.

민용문자(民用文字, demotic) : ①이집트에서 일반 서기들이 사용하던 문자. ②성 문자(=).

민익두가옥(閔翼斗家屋) : ①서울특별시 민속자료 제15호(1977년 지정), 1930년대(추정), 서울시 종로구 경운동 66-7 소재, ②경운동 민익두가옥은 사랑채가 평면이 'I자'형으로 옛날 집의 길상(吉祥)의 의미를 지님. 서울특별시 민속자료 제16호인 월계동(月溪洞) 각심재(恪心齋)와 동일한 구조. 1938년 민보식이라는 사람이 두 아들을 위하여 동시에 똑같은 형태의 한옥을 두 채 나란히 지었는데, 이 가옥의 남쪽에 있던 정순주(鄭淳周)가옥은 1994년 서울 노원구 월계동 766·767의 1번지로 이건되어 '월계동 각심재(月溪洞 恪心齋)'라는 이름으로 바뀌어 서울특별시 민속자료 제16호로 지정되어 보존되고 있음. 민익두가는 마당 가운데에 남향한 '工'자형의 살림채가, 그 서쪽으로 '一'자형의 행랑채가 배치되어 있음. 살림채 평면은 'ㄱ'자형 평면이 기본이 되어 모서리 부분과 'ㄱ'자의 한쪽 끝에서 평면이 확장되어 전체적으로 '工'자형을 이루고 있음. 살림채는 기본적으로 'ㄱ'자형 평면에 바탕을 두고 있지만, 각 실(室)은 서울지방의 전통적인 'ㄱ'자형 평면의 실과 다르게 자리잡고 있음. 이 가옥은 부엌이 회첨골을 이루는 곳에 위치하며, 그 남쪽으로 안방이, 동쪽으로 대청과 건넌방이 차례로 배열되어 'ㄱ'자를 구성하고 있음. 이 가옥은 전체적으로 볼 때 현관이 가옥의 동북쪽 모퉁이에 위치하고, 현관에서 가까운 곳에 응접실과 건넌방, 먼 곳에 부엌과 안방, 그 중간에 대청이 있음. 장대석 두벌대 기단 위에 네모뿔대의 다듬은 주춧돌을 놓고 사각기둥을 세웠으며, 초석과 초석 사이에 통째로 디딤돌을 놓아 막고 있음. 기둥은 약한 흘림이 있고 네 모를 접었음. 기둥머리에는 굴도리를 얹어 장혀로 받쳤으며 쪽소로를 달아 소로수장집으로 꾸몄음. 인방 밑에는 중방(中枋)을 보내고 그 사이에는 운두가 낮은 완자교창을 달았으며, 중방 밑에는 '아(亞)'자살 유리창 미닫이를 네 짝씩 달았음. 가구(架構)는 2고주 7량으로 평주와 안쪽 고주 사이에 툇보를 걸고 두 고주 사이에 대들보를 걸었으며, 그 위에 동자기둥을 세워 종보를 받치고 있음. 그리고 종보 위에는 판대공을 놓아 종도리를 받쳤으며, 종도리 밑은 장혀와 소로받침을 두어 뜬도리로 받치고 있음. 도리는 모두 굴도리임. '工'자형을 이루는 끝 부분 네 면 모두에는 합각면을 이루며 팔작지붕이 구성되어 있으며, 처마는 부연이 달린 겹처마임. 이 가옥은 재료의 사용, 구조 형식, 지붕형태 등은 전통한옥의 범주에 들지만, 평면의 구성내용은 전통한옥과 다름. 이 가옥은 전통한옥이 당시 건축가들이 추구하던 '개량한옥'으로 변천되는 모습을 보여줌. 행랑채는 정면 1칸, 측면 6칸, 3량가로 결구된 홑처마 맞배지붕임. 이 가옥은 툇간을 적극적으로 이용해 다양한 공간을 구성한 점, 기둥 간격을 일정하게 유지하지 않고 변화를 주어 필요한 기능에 부합되게 평면에 융통성을 둔 점, 바닥 높이를 낮추어 상대적으로 천장이 높은 실내공간을 조성한 점 등이, 변모해 가는 전통가옥의 특성을 잘 반영해 줌. 그러나 건물을 대지의 가운데에 배치함으로써 외부공간의 구성에 별다른 특성을 보이지 않음. 현재 고급 음식점으로 사용하면서 바닥구조는 변경되었지만, 외형은 기본적으로 원형이 보존되어 있음.

경운동 민익두가옥

민줄눈(flat joint, flush joint, sacked joint, rough cut joint) : ①조적조에서 벽면과 같은 면이 되게 만든 모르타르 줄눈.

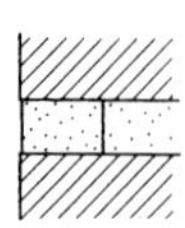

민줄눈

②⇨치장줄눈(=).

민칠식가옥(閔七植家屋) : ①중요민속자료 제192호. 조선 후기 창건. ②정침(안채·사랑채)·행랑채 및 별채로 구성. ③사랑채는 홑처마 팔작지붕으로 3개의 방이 ㄴ자로 배치되고 동측에 대청마루, 서측과 북측에 마루방이 각각 배치. 사랑방 전면에는 툇마루가 대청마루와 서측 마루방을 연결. 방형의 화강석을 다듬어 두벌대로 기단을 만들고 방형 초석을 놓음. 초석에 맞추어 방주를 세우고 기둥 상부에는 도리와 퇴보를 +자로 사개맞춤. 대청마루의 창호는 띠살 사분합문으로 하고 외부와 접하는 창은 모두 이중창호를 함. 이중창호의 외문은 띠살 분합문이고 내문은 용(用)자살문임. 방과 방사이의 문은 방지문. 대청마루의 천장은 연등천장, 방의 천장은 반자 위에 종이 바름. ④안채는 가운데 2칸을 안대청으로 하고 대청을 중심으로 서측에 안방과 동측에 3칸의 큰마루방이 날개로 붙음. 사랑채와 연결되는 익랑에 건넌방이 있고, 건넌방 서축 익랑에 2칸의 곳간마루와 온돌방이 배치. 안방과 안대청 마루 앞에는 안채의 모든 방을 연결해주는 툇마루가 놓임. 기단은 외벌대이며 덤벙주초로 초석을 놓고 기둥 상부는 도리와 툇보를 +자로 사개맞춤. 홑처마에 무고주오량집 구조. 종량 위에는 판대공과 동자주를 혼용함. 안대청 전면 창호는 띠살문, 후면은 골판문. 대청마루 천장은 연등천장이고 온돌방은 종이반자. 행랑채는 장면 9칸, 측면 1칸으로 솟을 대문을 달고 좌우에 행랑방과 창고를 둠. ⑤별채는 정면 3칸, 측면 2칸으로 서남향으로 배치. 3개의 방과 대청마루 앞뒤로 툇마루를 둠. 화강석 두벌대 방형 기단 위에 덤벙주초를 놓고 방주를 세움.

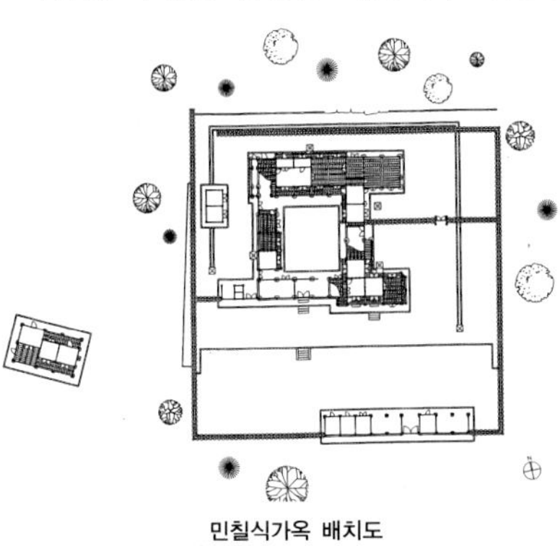

민칠식가옥 배치도

민흘림 : ⇨민흘림기둥(=).

민흘림기둥 : ①민흘림기법에 의하여 아래로 내려올수록 직경이 커지게 다듬어진 원기둥 또는 모가 난 기둥. ②기둥뿌리는 굵고 위로 가면서 직선적으로 가늘게 된 흘림기둥. ③기둥 상단으로부터 하단으로 내려갈수록 기둥의 직경을 직선적으로 약간씩 크게 함으로써 위쪽은 가늘고 아래로 내려올수록 굵어지도록 하여 착시교정과 안정감을 주기 위한 기법. ④보통 '민흘림'이라고 함. ⑤서울 남대문·화엄사 각황전 등의 기둥이 대표적임.

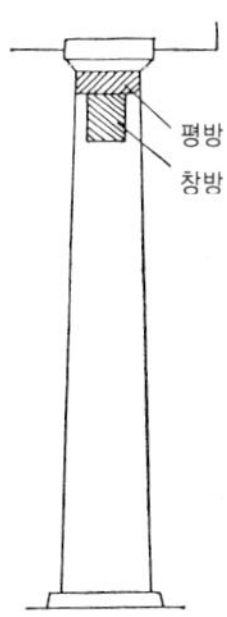

민흘림 기둥

밀납형법(-型法, cire perdue, lost wax) : 형태를 밀납으로 만든 후 단단한 진흙으로 덮어씌운 다음 열을 가하면, 밀납은 녹아서 진흙의 남긴 구멍 사이로 흘러나오고 다시 그 구멍을 통해 진흙껍질 속으로 녹인 철을 부어 넣어 형태를 만드는 금속 주조의 방법.

밀돌 : 납작하고 반들반들한 작은 돌.

밀라노대성당(-大聖堂, Milano Cathedral) : ①이탈리아 밀라노에 있는 르네상스시대에 완성된 중세의 대표적인 최대 규모의 후기 고딕양식의 성당. ②시모네 다 오르세니고와 다르코 다캄피오네에 의해 착공한 지 200년이 지나 르네상스 말기에 준공(1386~1577). ③규모는 길이 87×147m, 정면 61.5m, 높이 80m, 천장높이 45m의 웅장한 건축물로 평면은 2중 아일(aisle)로서 너비가 넓고 전체가 3,000개의 하얀 대리석 조각으로 되어 있으며, 지붕은 물매가 완만하고, 트리포리엄(triforium)이 거의 없어지고 각 기둥 위에 135개나 되는 첨탑이 있는 것이 특징.

밀라노 대성당

대성당 내부

밀라노학파(-學派, The Milano School) : ①밀라노가 이탈리아 주요 산업 중심지의 하나로서 그 위치를 확립한 것은 제1차 세계대전이 끝난 다음 대기업이나 규모가 작은 상점 및 진보적인 디자이너들 사이에 자유로운 협동이 이루어졌기 때문임. ②1930년대에 쥬세페 테라그니(Giuseppe Terrahni)와 노베센토(Novecento) 그룹과 같은 선구적인 건축가들의 작품은 산업 디자인의 범위를 전반적으로 변형시켰는데, 그들은 엄격한 국제적 스타일에 반대하여 양감을 살린 건축과 조형미를 중시한 작품을 만들려고 했던 사람들임. ③1923년에 시작된 밀라노 트리엔날(Milan Triennale)의 국제적인 선풍과 도무스(domus)와 카사벨라(casabella) 같은 잡지들의 출현으로 이탈리아는 가구 디자인의 선두를 달리게 됨. ④제2차 세계대전이 종식되고 나서 건축가들은 다시 주거지역을 건설하고, 경제적으로 시공된 아파트와 가구들의 수준을 높이는데 노력을 기울임.

밀리(milli) : ①$10^{-3}$=0.001을 나타내는 SI 단위. ②부호는 m.

밀리가우스(mG) : ①전자파 중 인체에 특히 해로운 자계의 세기를 나타내는 단위. ②스웨덴에서 행해진 역학조사에 따르면 대략 2~3mG 이상의 자계에 꾸준히 노출될 경우 백혈병이 증가하는 것으로 나타남. ③연세대 환경공해연구소가 환경부에 제출한 1987년 1년 동안의 「전자파 인체 권고 기준 설정을 위한 조사연구」에 의하면 일반 가정인 경우 0.52, 컴퓨터가 있는 사무실 0.51, 국철 플랫폼 9.84, 지하철(1~8호선)플랫폼 전동차 내부는 7호선 1.71, 8호선 9.67, 서울역~시청구간 1.55, 양천구청~도림천구간 31.6. ④미국 LA의 경우 송전선으로부터 약 30~60m 이내 지점에서는 학교와 탁아시설을 짓지 못하도록 규제함.

밀리미터(millimeter) : ①1/1,000미터 또는 0.03937인치와 같은 크기를 갖는 길이의 미터계 단위. ②단위기호로는 ㎜.

밀리터리투영법(-投影法, military projection) : ①사투영법의 일종으로 평면도를 그대로 올려 입체화시키는 것. ②화면을 평면, 즉 지면에 평행하게 함. 특히 저층건물에 이용하면 효과적임. ③높이방향을 평면과 동일한 축척을 사용하면 실제보다 높게 보임.

밀문(-門) : ①안으로 밀어 열게 된 문. ②당길문(⇔).

밀접거리(密接距離, intimate distance) : ①홀(E. T. Hall)이 헤디거(H. Hediger)의 영향을 받아 미국인을 대상으로 조사한 결과 인간 상호간의 거리에 존재하는 4단계 중 하나. ②45㎝ 이내로 극히 친한 사이의 사람에게 허가. 냄새와 체온·접촉 등 보다 친밀한 관계를 유지할 수 있으며, 언어를 사용하지 않아도 의사전달이 성립. ③⇨대인거리.

밀집마키트리(straw marquetry) : ①밀짚을 절단하여 탈색시키거나 채색한 후 가구·상자·판재 등의 표면에 사용하여 기하학적 문양이나 풍경을 표현한 17세기 프랑스에서 사용한 동양적인 기법의 장식. ②일반적으로 디자인이 단순하지만 18세기에는 밀짚을 얇게 입혀 섬세하고 아름다움.

밀집서까래 : 가늘고 짧은 서까래.

밈바르(mimbar) : ①모하메드가 추종자들에게 연설하던 3단을 연상시키는 코스크의 설교단. ②이슬람교(회교) 사원의 모스크(mosque)에서 예배의식을 행할 때 성전(聖典)의 일절을 읽는 계단형의 비엔나대

(濱臺).

밑다잡이 : '다잡이'는 죽 늘어졌던 것을 잡아 죄는 것.

밑다잽이 : 밑다잡이의 사투리.

밑돌 : ①집터에 깐 돌 또는 쌓아 올린 돌의 구조. ②아랫도리를 쌓는 돌.

밑둥뿌리 : 둥근 나무의 밑뿌리 쪽을 잘라 끊은 끝.

밑띠장(bottom rail) : ①창짝이나 문짝의 최하부에 있는 수평적인 가로구성재. ②양판문(兩板門, paneled door)이나 창 새시의 선대(세로틀)가 만나는 가장 하위의 막이대.

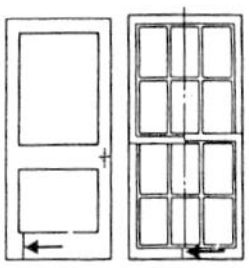
밑띠장

밑막이대(bottom rail) : ⇨밑띠장·하부틀(=).

밑뿌리 : ①집의 벽체 아래에 쌓거나 늘어놓은 돌. ②토담·토벽·귀틀집 벽체, 담장 아래에 놓은 돌들.

밑솟음평아치(lower combered flat arch) : 밑면은 중간이 휘어 오르고 윗면은 수평으로 된 아치.

밑인방(−引枋, sill) : 벽체·창문의 하부에 있는 인방.

밑창콘크리트(sub−slab concrete, blinded concrete) : ①잡석다짐·자갈다짐 등의 기초 위에 먹줄치기를 하기 위하여 두께 50㎜ 정도의 기초 밑에 까는 콘크리트. ②버림콘크리트(=).

밑칠(priming coating, primary coat) : ⇨바탕칠(=).

밑틀(sill, door sill, door stool, window sill, window stool) : ①문 또는 창문의 최하단부에 수평적으로 가로대는 구성부재. ②문이나 창의 개구부 바닥에 놓여 있는 수평부재. ③창문의 밑에 있는 홈대. ④홈대·문지방(=).

밑틀부재(−部材, threshold) : 두 종류의 바닥재 사이의 연결부분을 덮거나 또는 바깥문에서 외기를 차단하여 주는 출입구의 문지방 또는 재료분리대.

밑홈대(sill) : ⇨밑틀(=).

【ㅂ】

바(bar) : ①새시(sash) 또는 목재 패널문의 구획을 형성하는 몇 개의 나무 또는 금속의 얇고 긴 살. ②너비보다 길이가 더 긴 직사각형이나 정사각형 단면의 단단한 금속 생산품. ③주류의 판매공간으로 주류를 서비스하는 바 카운터를 중심으로 운영되므로 바카운터(bar counter)와 백바(back bar)는 실내디자인에 있어 비중이 큼. 스툴이 없거나 높으면 발을 올려놓을 수 있는 발걸이(foot rail)를 설치함. ④강철 강화 막대(steel reinforcing bar).

바게뇨(vargueño[스]) : ①스페인 가구에서 가장 대표적인 서류장. ②플라테레스코 시대에 이미 형성되어 있었음. ③초기 형태는 장의 윗면 또는 앞면에 자물쇠와 경첩을 부착한 뚜껑이 있는 단순하고 꾸밈이 없는 상자형태로 운반의 편리를 위해 좌우측면에 금속 손잡이가 달려 있었으나, 후기의 바게뇨는 뚜껑의 앞면에도 정교한 장식을 하였으며, 조그만 사각형태의 우단을 나무 표면에 분배하여 부착시키고 그 위에 금속 투각장식을 붙박았음.

바구니형 직조법(－形織造法, basket weave) : ⇨바스켓직조법(＝).

바그라스(Bagras[필]) : ⇨카마레레(＝).

바깥둘레 기둥 : ⇨외진(＝).

바깥문(－門) : ①바깥채에 딸린 문. ②겹문의 바깥쪽에 달린 문. ③외문(＝)·안문(⇔).

바깥방수(－防水, out waterproof) : ⇨방수.

바깥채 : ①안과 밖의 두 채로 이루어진 집에서 바깥쪽에 있는 집. ②안채(⇔).

바나나신드롬(Banana syndrome) : ⇨바나나현상(＝).

바나나증후군(－症候群, Banana symptoms) : ⇨바나나현상(＝).

바나나차트(banana chart) : ⇨사선식 공정표(＝).

바나나현상(－現像, Banana phenomenon) : ①각종 환경오염시설을 자신이 사는 지역권 내에는 절대 설치하지 못한다는 지역 이기주의의 한 현상. ②'Build Absolutely Nothing Anywhere Near Anybody(어디에든 아무 것도 짓지 마라)'라는 영어 구절의 각 단어 머리글자를 따서 만든 신조어. '바나나신드롬', '바나나증후군'이라고도 함. ③님비 현상과 비슷한 개념.

바늘형 첨탑(－形尖塔, needle spire) : 탑의 중앙에서 솟아오른 가느다란 첨탑.

바니쉬(vanish) : ⇨바니시(＝).

바니시 : ①송진류를 휘발성 용제에 녹인 투명도료. ②천연수지·합성수지 또는 역청질(瀝靑質) 등을 건성유와 같이 열반응시켜 건조제를 넣고 용제에 녹인 것. ③수지류를 알코올이나 아마유·기름 등의 용제에 녹인 연노랑색의 도료. ④천연수지가 들어 있어 건조가 빠르고 광택·작업성·점착성(粘着性) 등이 좋으나 내약품성이 나쁨. 보통 니스라고 하며, 주로 실내 목부바탕의 투명마감도료로 사용됨. 목재·금속 등의 표면에 발라 건조시키면 투명하고 광택이 있는 피막을 형성함. ⑤목재의 바니시 시공순서는 바탕처리→눈먹임→색올림(stain)→왁스 문지름 순임.

바니시스테인(varnish stain) : 염료(染料)를 넣은 바니시.

바닥(floor) : ①바닥은 천장과 함께 실내공간을 구성하는 수평적 요소로서 인간의 감각 중 시각적·촉각적 요소와 밀접한 관계가 있는 가장 기본적인 요소. ②바닥은 고저차이·바닥·바닥패턴을 이용하여 공간의 영역을 구분할 수 있음. 즉 기준 바닥면보다 높이거나 낮게 하여 공간의 범위를 한정시켜 영역을 구분·분리시킬 수 있고 정도에 따라 시간의 영속성도 조절이 가능. ③바닥면의 모서리는 형태나 색·질감·마감재를 다르게 함으로써 시각적인 구분을 명확히 하여 넘어지거나 떨어지는 위험을 방지하도록 함.

바닥공간(-空間, floor space) : ⇨바닥면적.

바닥공사(-工事, floor work) : 건축물의 바닥을 구축하는 일체의 작업.

바닥기와(女瓦, 牝瓦) : ①평면이 장방형이고 가로단면이 오목한 원호로 된 편평한 밑바닥에 까는 기와. ②여와·빈와·암키와(=).

바닥깔기(flooring boards) : 바닥에 마감을 위해 널·쪽매 및 판재 등을 깔아 꾸미는 또는 그 위에 비닐시트 등을 까는 일.

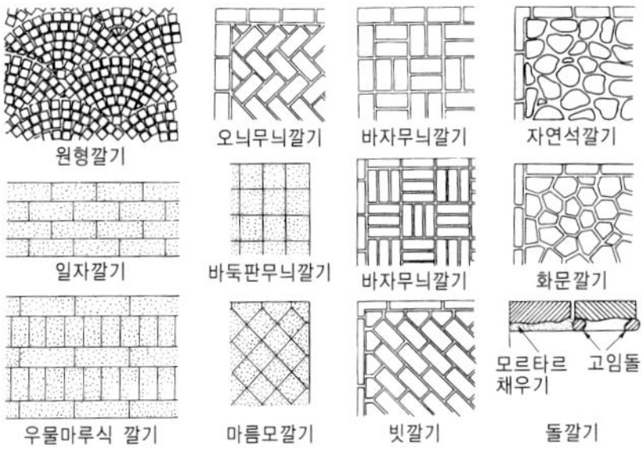

바닥깔기

바닥난방(-煖房, floor heating) : ①바닥 밑에 온수가 통하는 관을 이용하여 난방하는 방법. ②공기오염이 없고 온도분포도 균일하여 쾌적함. ③재료는 황동·스테인리스 스틸·철·PVC 등이 사용되나 동파이프가 가장 바람직함.

바닥널(floor board) : ①마룻바닥에 까는 널빤지. ②일반적으로 쪽매 또는 플로어링블록 등의 마무리 재료를 말하지만, 그 밑바탕에 까는 널빤지를 의미.

바닥높이(floor height) : 바로 밑의 지면 또는 기준이 되는 지반면(地盤面)으로부터 바닥 윗면까지의 높이.

바닥돌깔기 : ①일정한 형상의 돌을 가지고 바닥에 까는 방법. ②종류는 바둑판무늬깔기·마름모무늬깔기·오니무늬깔기 등이 있음. 이때 끝 모서리에 예각이 생기지 않도록 함.

바닥마감재 : ⇨바닥재.

바닥마무리 : ⇨바닥재.

바닥면(-面, floor face) : 바닥의 마무리면(상부면 또는 윗면).

바닥면적(-面積, floor area, floor space) : ①건축물의 바닥면적. 건축물의 각층 또는 그 일부로서 벽·기둥, 기타 유사한 구획의 중심선으로 둘러싸인 부분의 수평 투영면적. ②유럽에서는 안목치수로 측정함. ③바닥공간(=).

바닥상세도(-詳細圖, floor detail) : 실내의 가구와 집기를 제거한 상태에서 바닥면에서 약 300㎜ 정도 높여 벽을 절단하여 내려다 본 상태를 그린 도면.

바닥슬래브(floor slab) : ⇨슬래브.

바닥연면적(-延面積, total floor area of floor) : ⇨연면적.

바닥연면적률(-延面積率, floor space index) : 대지(垈地) 면적에 대한 건물의 연면적 비율.

바닥용 시트(-用-, floor sheet) : ①바닥마감재로 사용하는 시트. ②주요 시트로는 비닐시트·리놀륨시트·고무시트 등이 있음.

바닥용 타일(-用-, floor tile) : ①바닥마감재로 사용하는 타일. ②도자기제 타일·아스팔트타일·고무타일 등.

바닥재(-材, flooring) : ①용도(用途)에 따른 재료의 분류 중 바닥을 까는 데 사용되는 재료의 일종. ②마감재에 따라 플로어링보드·플로어링블록·쪽매널·비닐타일·리놀륨타일·인조석판·테라조판·테라조타일·시멘트타일 등. ③바닥마무리는 일반적으로 바름마무리·붙임마무리·깔기마무리로 분류.

바닥조명(-照明, floor stand) : ①바닥에 설치하는 조명. ②플로어스탠드·마이크스탠드(=).

바닥지도리(pivot hinge) : ⇨플로어힌지(=).

바닥창(－窓, floor window) : ①바닥이나 벽 하부에 설치하는 창. ②창호의 높이에 따른 분류의 일종.

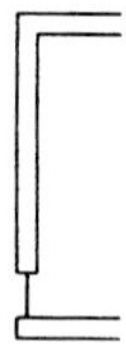

바닥창

바닥틀(floor flame) : ①마루나 바닥을 꾸미는 뼈대의 총칭. ②목조인 경우 1층 마루에서는 멍에나 장선 등을 벽체에 붙이기 위해서는 벽돌내쌓기를 하고 장선받이를 댐. ③2층 마루에서는 보를 걸기 위하여 벽 위에 보받이돌 등을 놓고 설치하는데 보 주위에는 통기와 진동을 고려하여 여유를 남겨두어야 하고 보와 보받이돌은 띠쇠 등으로 묶어 이동을 방지. ④설치 위치는 개구부 위에서는 피하는 것이 좋음.

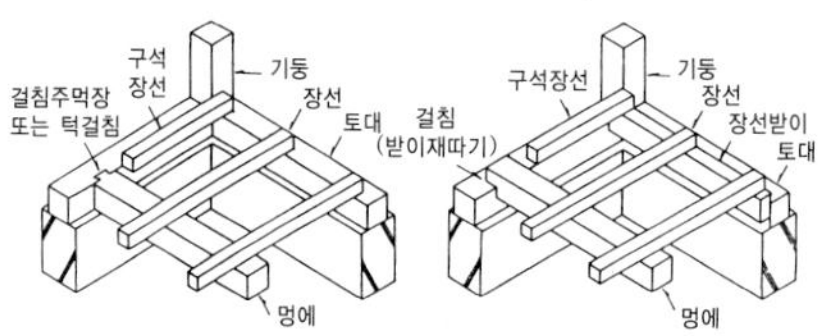

멍에와 토대의 윗면을 가지런히 할 때　　멍에를 토대 윗면에 걸쳐댈 때

바닥틀

바닥판거푸집공법(－板－工法) : ⇨덱플레이트·옴니어슬래브(=).

바닥판재(床板材) : ①바닥에 까는 데 사용되는 일반적으로 얇고 넓은 바닥재. ②염화비닐타일·아스팔트타일·폴리스티렌수지타일·비닐시트·스펀지시트·비닐타일·비닐코르크시트·미놀륨·리놀륨타일 등.

바닥평면도(－平面圖, floor plan) : ⇨평면도.

바닷모래(海沙, sea sand) : ①건축용으로 사용되는 바닷가 해변에서 채취한 모래. ②바닷모래에 함유된 염분(鹽分)이 철분을 녹슬게 하므로 철근콘크리트구조에 일반적으로 사용하는 바닷모래는 염분함유량이 0.01% 이하가 되도록 해야 함. ③해사(=).

바대 : ①바탕의 폭. ②겉목을 자귀나 톱으로 자를 때에 떨어져 나가는 죽더끼의 너비.

바둑판무늬(－板－, checker work) : ①두 가지 색을 바둑판 모양으로 배열한 무늬. ②보통 흑과 백 또는 같은 계통의 진하고 연한 구성이 사용됨. ③주로 건축·실내디자인·조원(造園)·직물·염색 등에 사용.

바둑판무늬깔기(－板－) : ①실내·외 바닥에 돌이나 블록 등을 바둑판무늬로 구성하여 깐 것. ②돌·블록·타일 등을 바둑판무늬가 되도록 깐 것.

바디형 고창(－形高窓) : 가는 창살을 바디 모양으로 촘촘히 세로로 댄 창.

바라지(破羅之, small window) : ①채광을 위해 벽의 위쪽에 설치한 작은 창. ②햇빛을 받아들이기 위하여 벽에 낸 자그마한 창. ③누각(樓閣) 등의 벽 위에 바깥을 내다보기 좋게 뚫어 놓은 창. ④바람벽의 위쪽에 낸 작은 창. ⑤종류는 쌍바라지·약계바라지 등이 있음. ⑥어원은 파라지(破羅之)에서 유래.

바라지창(破羅之窓, 望窓) : ⇨바라지.

바라크(barrack, baraque[프]) : 임시 사용을 위한 막사 등의 가설건물.

바람기둥 : ①기류가 수직으로 급상승하여 일으키는 바람. ②흔히 열대지방에서 낮에 지표면의 대기온도가 올라감에 따라 발생함.

바람벽(—壁) : 건물의 둘레나 칸살 사이를 막은 부분 혹은 벽.

바람의 탑(Tower of Winds) : ①그리스어로 시계를 의미하며 호로로지온(Horologion)이라고도 함. ②시간을 재기 위해 키러스(Cyrrhus)의 안드로니커스(Andronicus)에 의해 기원전 100~50년에 아테네에 만들어졌음. ③높이 12.8m 지름 7.9m의 팔각형 대리석 구조물로서 지금도 서 있음. ④나침반의 각 방향을 면하는 8면은 바람을 나타내는 띠 모양의 부조(relief)로 장식됨. 태양을 향하는 면 아래에는 태양의 운행행로가 그려져 있음. ⑤호로로지온의 위쪽에는 청동으로 된 풍향계 트리톤(Triton)이 있고, 해가 뜨지 않을 때 시간을 기록하기 위한 물시계 클렙시드라(clepsydra)가 설치됨.

바래 : 싸리·삼대·갈대 따위를 엮어서 세운 공담.

바래기기와(望瓦) : ⇨바래기와(=).

바래기와(望瓦) : ①치미·취두·용두 등을 둘 수 없는 건물에서의 용마루 마감에 좌우 끝에 암막새처럼 생긴 무늬 있는 것을 설치하기도 함. ②망새·망와·바래기 기와라 부르는데 없을 때는 암막새를 이용하기도 함. ③상대(上代)에는 귀면와(鬼面瓦) 대신에 형의 무늬를 놓은 장식기와가 설치되었는데 이들 무늬는 사귀(邪鬼)를 막는 벽사의 의미를 지님.

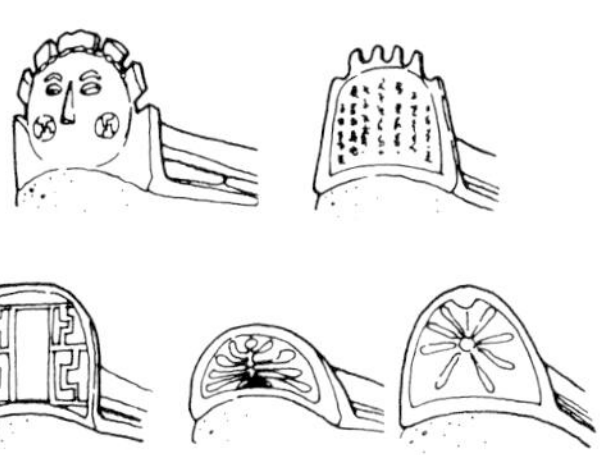

바래기창(-窓) : ⇨바라지창(=).

바로크(baroque) : ①스페인어 '바루카(bar-rucca)'와 포르투갈어 '바로코(barroco)'에서 유래한 바로크는 '일그러진 진주' 또는 '불규칙한 진주'를 의미하는 말에서 유래한 용어. ②르네상스 이후 건축장식의 느낌을 가리킴. ③특징은 일반적으로 비정연하고 유동적이며 변칙(變則)이나 복잡(複雜)·화려(華麗)하고 고전미(古典美)에 대립하는 부조화(不調和)와 이상(異常)·기묘함 등의 극적인 요소를 의미. ④가구의 특징은 직선과 곡선이 조화된 구성에 의해 장중하고 호화스러운 장식성이 강함. ⑤일찍이 르네상스의 고전주의(classical)를 무너뜨렸다는 뉘앙스로 사용되고 있었음. ⑥르네상스 후반(1580)인 16세기 말~18세기 전기(1730년)에 걸쳐 유럽 특히 프랑스·이탈리아 등에 유행했던 건축·회화·조각 등의 장식적인 예술양식.

바로크건축(-建築, Baroque architecture) : ①1600~1730년경부터 유럽에 유행한 건축양식. ②유동적인 율동감·호화찬란한 회화적인 인상·극적인 명암효과 등을 사용하여 요철(凹凸)의 곡면·만곡(萬斛)의 윤곽선 등 곡선을 사용하여 풍부한 장식에 의해 만들어진 동적인 특징을 가지며, 불규칙한 형식을 즐겨 쓰고 스터코(stucco)·색 대리석·도금 등을 사용하여 과대하게 감각적이며, 장식적이었음. ③실내는 웅대한 벽기둥·천국의 그림이 그려진 곡선으로 올려진 천장(天障)·거울 및 풍부한 조각장식·대담하고 과장된 상세 등의 장식을 연속적으로 사용한 것이 특징. ④가구는 과대한 장식의 외양을 가진 비틀린 기둥·열린 박공·청동·구리·대리석·귀갑·흑단과 모자이크 타일 상감으로 장식된 환상적인 모습으로 건축적인 형상을 가짐. ⑤환상을 이용하는 무대디자인이 특징.

바로크양식(-樣式, Baroque style) : ①르네상스 이후 16세기 말~18세기 초에 걸쳐 유럽에서 유행한 건축·예술양식. ②동적이고 남성적이며, 장엄하고 역동적인 조형이 특징. ③색채가 강렬하고 명암에 있어서 과장이 심하며, 빛의 원용(援用)에 의한 환경과의 조화를 시도함으로써 건축·조각·회화의 일체화를 실현함. ④1600년대에 이탈리아에서 매너리즘 이후에 일어나 1600년대 중반에 프랑스·독일·스페인 등 유럽으로 퍼져나간 양식. ⑤바로크양식은 스페인의 식민지였던 남아메리카에서도 나타남. ⑥긴장감 넘치는 선(線)과 매스(mass), 그리고 고전적 모티프의 자유로운 사용 등이 특징. ⑦이탈리아의 바로크양식은 17세기 후반에 접어들면서 거의 프랑스의 가구를 모방함. ⑧바로크의 건축과 조각은 가구 디자인에 강한 영향을 주어 17세기 당시의 조각양식을 그대로 반영하는 군엽(群葉)과 인간의 모습을 건축적인 대담성과 견고함으로 표현함.

바륨유리(-琉璃, barium glass) : ①산화바륨(barium oxide)을 함유한 유리. ②주로 광학용 유리로 사용, 렌즈의 수차(收差)

를 보정하는 데 이용되는 유리. ③19세기 말 독일의 F.O.쇼트가 광학용 유리로서 처음 만들어낸 것. ④저분산(低分散)·고굴절률의 바륨크라운 유리와 고분산·고굴절률의 바륨플린트 유리가 있음.

바르게뇨(vargueño[이]) : ⇨바게뇨(=).

바르기(plastering) : ⇨바름(=).

바르셀로나만국박람회 독일관(-萬國博覽會獨逸館, German Pavilion at the International Exhibition at Barcelona) : ①미스 반 데어 로에(Ludwig Mies van der Rohe : 1886~1969)가 설계하여 1929년에 완성한 전시관. ②바닥과 지붕이 수평으로 된 2장의 철근콘크리트판 사이에 8개의 강철 기둥을 세우고 수직의 칸막이벽은 구조체와 전혀 무관하게 흐르는 듯한 공간의 질서를 이루고 있음. ③홀 중앙의 줄무늬 마노(瑪瑙)의 벽이 중심이 되는 것으로 여러 가지 색의 대리석과 유리벽이 교묘하게 배치됨. ④오른편 안쪽에는 유리를 통해 색 대리석의 벽으로 둘러싼 풀(pool)이 있고 G. 코르베 작품의 나체상이 서 있음. 또 다른 풀은 전면(前面) 광장이 있으며 일부는 담으로 외부와 차단된 조용한 코너를 만들고 다른 쪽은 돌출한 처마 밑까지 들어가서 그대로 실내공간으로 연결.

바르셀로나체어(Barcelona chair) : ①1929년 바르셀로나에서 열린 국제박람회의 독일정부관을 위해 미스 반 데어 로에(Ludwig Mies van der Rohe : 1886~1969)가 디자인한 철제 의자. ②의자와 스툴(stool)이 있는데 모두 크롬 도금을 한 가는 스틸을 한 X자형으로 교차시킨 다리로 구성. 앞다리는 뒤로 구부러져 올라가 의자의 등받이 부분이 되고 뒷다리는 앞으로 올라와 좌판을 지지함. ③스툴(stool)은 X자형 다리에 쿠션을 얹은 것으로 X자형이라는 고전적 형태와 근대적인 소재가 잘 융합되고, 좌판과 등받이는 가죽을 일정한 간격으로 누빈 사각 쿠션 형태로 현재 생산되고 있는 소수의 모던 클래식(modern classic) 가구 중의 하나.

바르셀로나 체어

바르퀴에노(varqueno) : 뚜껑을 내릴 수 있게 되어 앞면(drop-lid)이 달린 캐비닛과 책상.

바른아치(gauged arch) : ①줄눈이 중심에서 방사상(放射狀)으로 되게 쐐기형 벽돌로 구축한 아치. ②줄눈두께는 3~6㎜로 얇게 함.

바른층막쌓기(-層-, coursed random work, isodomum[그]) : 일정한 간격으로 수평줄눈이 되게 하고, 그 사이는 모양과 크기가 다른 돌을 막 쌓아 줄눈이 바르지 않은 돌쌓기.

바른층쌓기(-層-, range work) : 돌의 높이를 일정하게 하여 각 켜마다 수평줄눈이 일직선이 되게 쌓는 방법.

바를리에프(bas-relief[프]) : ⇨박육조(=).

바름(plastering) : ①벽·바닥·천장 등에 회반죽·모르타르 등 미장재를 흙손으로 바르는 일. ②바르기(=).

바름두께(thickness of coating) : 미장 또는 도장공사에서 마르거나 칠한 층의 두께.

바름바탕(plaster base) : ①주로 미장재료를 바르기 위한 바탕. ②콘크리트 바탕·회반죽 바탕·라스 바탕·졸대 바탕·라스보드 바탕·콘크리트블록 바탕 등.

바름반자(-盤子) : ①제물반자의 일종. ②회반죽·모르타르 등을 마감재로 바른 반자. ③종류는 마감재에 따라 회반죽반자·모르타르반자·도장반자 등으로 구분함.

바름질 : 색을 칠할 때에 한쪽 끝을 진하게 칠하고 점차로 연하게 하는 것.

바리뇽의 정리(-定理, Varignon's theorem) : ①일반적으로 여러 개의 힘이 임의의 점 O에 대한 모멘트 $M_1, M_2, \cdots M_n$의 합은 여러 힘의 합력이 O점에 대한 모멘트 M과 같음. 즉 $M=M_1+M_2+\cdots M_n$. ②프랑스의 수학자 바리뇽(Pierre Varignon, 1654~1722)에 의해서 제창.

바벤더(bar bender) : ①철근을 굽히고 휘는 데 사용되는 연장. ②수동식과 자동식이 있음.

바벨탑(-塔, Tower of Babel) : ①구약성서에 전해 내려오는 고대 바벨(바빌론)에 세운 높은 탑. ②바빌론(Babylon)의 발굴로 마르두크의 신역(神域)에 느부갓네살 2세가 건설한 에테메난키(천지를 창건한 집)라 부르는 높이 약 90m 7층의 지구라트(ziggurat)의 유적이 확증되었음.

바븐(Baboen, Virola surinamensis[학]) : ①중앙아메리카와 남아메리카 북부에 넓게 분포. ②변재는 크림색 또는 엷은 황색을 띠는 적갈색이며 심재는 같은 색이나 변재보다 진함. 심재와 변재의 구별이 불확실함. 목리는 통직하고 나무갗은 거칠며 광택이 있음. 가볍고 연함. 기건비중 0.45 전후, 수축률은 방사방향 7.4%, 접선방향 10.7%, 용적수축률 15.0~18.3%로 보통이고, 강도는 압축강도 316~336kg/㎠, 휨강도 650~930kg/㎠, 전단강도 62kg/㎠. 거단(鋸斷)과 포삭성(鉋削性)은 양호하나 판재재면(板材材面)에 털솟음이 일어나며 건조성은 보통이고 접착과 도장성은 양호. 충해를 받기 쉬우며 부후도 쉬움. 천연목을 벌채하면 바로 작은 가루나무좀이 침입하므로 원목은 가능한 빨리 운반하여 수중저장함. ③주로 합판·일반구조·가구 등에 사용.

바비칸(barbican) : 도시 또는 성의 외부방어용 시설. 일반적으로 문 또는 다리 위의 이중탑.

바빌로니아(Babylonia) : ①B.C. 1800년경 건축·미술·학문이 문화적 절정기에 도달했던 고대 메소포타미아 제국의 중심지. ②B. C. 1275~538년 사이에 아시리아(Assyria)의 지배하에서 그들은 문예부흥을 맞이하였음. ③지구라트(ziggurat)는 바빌로니아 지배하의 주요한 건축적 완결품임.

바빌로니아건축(-建築, Babylonian architecture) : ①고대 메소포타미아 남부의 바빌로니아를 중심으로 B.C.20~B.C.6세기에 걸쳐 건조된 바빌로니아 및 신(新)바빌로니아 왕조의 건축. ②슈멜문화의 전통을 흡수하여 궁전·신전·수호신 마르투크의 신역(神域)에 있었던 7층의 지구라트(바벨탑)를 포함한 대규모의 도성이 포함됨. ③바빌론의 청색 유약(釉藥)으로 바른 벽돌의 부조(浮彫)로 장식한 이슈타문(門) 및 행렬(行列)도로가 유명.

바소릴리보(basso-relievo : ⇨배스릴리프(=).

바솔트(basalt) : ①암록 또는 갈색의 화성암인 현무암. ②대체로 종난층(縱欄層)으로 구성. ③이집트인의 조상(彫像)은 바솔트에 조각함. ④이 용어는 웨지우드(Josiah Wedgwood)에 의해 제작된 흑도자기(black porcelain)에 적용됨.

바솔트웨어(basalt ware) : 같은 이름의 모조광물로 만들어진 일종의 흑색 투명자기(black vitreous pottery).

바스[1)](bass) : ⇨참피나무(=).

바스[2)](bath) : 영국 남서부에 있는 도시로서 1세기에 로마인이 온천을 이용하여 만든 목욕장 유적 및 18세기 초 R. 내시 및 건축가 우드 형제가 만든 퀸 광장·서커스 및 로열 크레센트 등 뛰어난 건축으로 유명.

바스라로커스(Basralocus, Dicorynia guianensis Amsh) : ①수리남·가이아나·브라질 등에 분포. ②심재는 신선할 때 핑크색을 띤 갈색이나 후에 농도가 짙어져 적갈색 또는 자갈색으로 됨. 변재는 처음에는 희나 건조하면 담갈색으로 됨. 목리는 통직 또는 교착하고 나무갗은 보통. 기건비중 0.70~0.85, 수축률은 방사방향 4.6~6.4, 접선방향 8.3~10.4%, 용적수축률 13.9~38, 강도는 압축강도 634~739kg/㎠, 휨강도 1,307~1,949kg/㎠, 횡인장강도 23.1~38kg/㎠, 전단강도 72~125kg/㎠로 강함. 내구성이 높고 인공건조는 비틀림이나 갈라짐(할렬)이 일어나 품질을 저하시킴. 가공적 성질은 실리카의 함량에 따라 다

ㅂ

르나 제재가 곤란할 때가 있으며 가능한 미건조 상태로 제재나 가공을 해야 하며 건조한 재를 가공하려면 특별한 칼날을 필요로 함. ③주로 가구·건구·구조 등에 사용.

바스릴리프(bas-relief) : ⇨배스릴리프(=).

바스우드(bass wood) : ⇨바스1)(=).

바스켓(basket) : ⇨벨2).

바스켓아치(basket arch) : ⇨삼중심아치.

바스켓직조법(-織造法, basket weave) : ① 같은 굵기의 굵은 경사와 위사의 직조방법으로 위사가 경사 위에 번갈아 교차됨으로써 대(大)바구니를 짜놓은 듯한 효과를 내는 것. 주로 홈스펀(homespun) 같은 직물을 짜는 데 사용. ②경사와 위사 각각이 둘 이상의 실을 한 묶음으로 하여 평직같이 제직되는 조직. ③벽돌시공에서 바둑판무늬를 지칭.

바스켓캐피털(basket capital) : ⇨캐피털.

바스켓핸들아치(basket handle arch) : ⇨삼중심아치.

바스터브(bath tub) : 도기(陶器) 또는 법랑제 양식욕조. 일반적으로 욕조를 지칭.

바스툴(bar stool) : 바의 등받이가 높은 의자.

바실레우스(basileus) : 왕이나 황제를 지칭하는 그리스(비잔틴)의 용어.

바실리카(basilica) : ①본래 왕궁의 뜻으로 고대 그리스·로마 시대의 건축에 있어서 도시의 중심이 되는 광장으로, 시장·상업 거래 장소였으며, 후에 정치적인 모임·소송(訴訟) 내용을 청취하는 법정이나 공공 집회장 등 종교적인 행사 이외의 일에 사용한 특수한 형식의 공공 건축물. ②직사각형의 평면에 중심이 되는 공간은 2줄 또는 3줄로 나란히 세워져 있는 콜로네이드(colonnade)라는 열주(列柱)가 있어 공간을 3등분하여 중앙부분에 신랑(身廊, nave ; 중앙의 높고 넓은 장소)을 두고, 좌우 양쪽에 측랑(側廊, aisle)을 두었음. ③신랑은 측랑보다 훨씬 높았으며, 천장의 높이 차를 이용하여 마련한 고창(高窓, clearstory;채광과 환기를 위한 창)으로 채광이 이루어짐. ④콜로네이드 부분을 2층으로 하는 경우도 있음. ⑤일반적으로 정면 안쪽에 반달형의 약간 높은 단(段)이 마련되어 재판관의 좌석으로 사용된 후진(後陳, apse ; 신랑 끝의 반 돔 부분) 또는 트리뷴(tribune)이 있음. ⑥초기 그리스도교 건축 및 그 이후의 건축에 있어서 네이브(nave)와 아일(aisle)을 갖고 창문이 고창(高窓, clearstory) 높이 위로 나 있는 건물.

바실리카식 교회당(-敎會堂) : ⇨바실리카.

바실리카 팔라디아나(Basilica Palladiana [이]) : ①이탈리아 북부 피렌체에 있는 팔라디오(Andrea Palladio : 1508~80)가 설계한 고딕풍의 팔라초 데라 라디오네(15세기)를 팔라디오가 개조(1549년 착공)한 회관(會館) 건축물. ②건물의 주위 전체에 1층은 도리스식, 2층은 이오니아식의 개방적인 아케이드를 둘러 순수한 르네상스양식의 외관으로 만들었음. ③아케이드는 전형적인 팔라디오 모티프를 채용.

바심(trimming) : ①수장재 등을 깎고 다듬는 일. ②건축에 사용되는 목재를 조립에 앞서 깎거나 구멍을 파서 다듬는 일.

바심질(trimming) : ①마름질한 목재에 필요한 조각가공을 하는 것. ②재목을 바심하는 작업. ③구멍 뚫기·홈파기·자르기 등의 다듬질하는 일로서 바심질을 마친 부재는 감춤 면에 필요한 기호·번호를 반드시 기입하여 세우기 순서대로 정리함. ④목공사의 가공순서는 마름질→바심질→먹매김 순.

바우어(bower) : ①일반적으로 아름다운 조망(眺望)을 갖는 규모가 작은 시골집(rustic dwelling). ②정원에 있는 휴식공간(亭子, arbor). ③저택(邸宅)에서 여성을 위한 사적 공간(私的空間, boudoir [프]).

바우하우스(Bauhaus[독]) : ①바우하우스의 바우(bau)는 '세운다'라는 의미로 모든 예술의 종합으로서 건축을 창조한다는 그로피우스 이념에 따라 세워진 학교 또는 예술사조. ③바우하우스는 독일공작연맹(Der Deutscher werkbund ; DWB)의 이념을 계승해 예술적 창작과 공학적 기술을 통합하는 것을 목표로 1919년 그로피우스(Walter Gropius : 1883~1969)에 의해 독일의 바이마르(Weimar)에서 창설된 조형학교의 명칭. ④1920년대에 독일 바이마르(Weimar) 및 뎃사우(Dessau)에 있었고 많은 영향을 끼쳤던 디자인 및 건축학교. ⑤바이마르시대(1919~24)의 교육은 기초교육·공장교육·건축으로 구분되어 있었으며, 이텐(Johannes Itten : 1888~1967), 파이닝거(Lyonel Feininger : 1871~1956), 클레(Paul Klee : 1879~1940), 쉴렘머(Skar Schlemmer : 1888~1943), 칸딘스키(Wassily Kandinsky : 1866~1944), 모홀리 나기 등이 교육을 담당함. 뎃사우 시대(1925~32)에는 공업과 예술이 보다 긴밀한 관계를 갖고 공업교육에서도 대량생산을 위한 원형(prototype) 제작을 지향함. ⑥1919~32년까지 운영되었던 독일 건축조형학교. ⑦예술·건축·디자인에서의 현대양식 발전에 깊은 영향을 미쳤음. ⑧학교이름은 이 학교가 선호하는 엄격하면서도 기능적이며, 또한 기계적인 양식의 작품을 표현하는데서 나온 것. ⑨제1차 세계대전 이후 반 데 벨데(Henry van de Velde : 1863~1942)는 바이마르 공화국의 초청을 받아 반 데 벨데가 교장이었던 대(大)공립 공예학교와 대(大)공립 조형예술전문학교의 지도자가 될 것을 승낙하고, 두 학교를 통합하여 바이마르 국립 바우하우스(Staatliches Bauhaus in Weimar)로 개칭하여 그의 평소의 이상 실현을 추구함.

바우휘테(Bauhütte[독]) : ①건축현장의 가설 건물. ②중세 건축 장인의 조합.

바운스라이트(bounce light) : ①빛을 사물에 직접 비추지 않고 벽이나 천장 등에 광선을 비추어서 그 반사광으로 물체를 비추는 간접조명방식. ②부드럽고 자연스러운 조명을 요하는 공간에 적합함.

바운싱(bouncing) : ①플러드라이트(flood light) 및 스포트라이트(spot light)를 직접 피사체(被寫體)에 비추지 않고 일단 다른 반사체에 반사시켜 조명하는 채광방법. ②부드러운 빛을 얻는데 매우 효과적임.

바워바프법(-法, Bower-Barff process) : 강재(鋼材)의 표면에 산화피막을 만들어 내부식성을 갖게 한 처리(화학적 부식방지법)의 하나.

바윗(bahut[프]) : ①중세가구에서 궤(櫃, coffer, ark)를 덮는 덮개. ②여행 중에 필요한 물품을 운반하기 위한 커다란 궤에 비나 눈의 기후로 인한 훼손방지를 위해 부착된 둥근 덮개. ③중세 이후에는 둥근 덮개를 가진 모든 궤.

바이메탈(bimetal) : ①열팽창률이 다른 두 종류의 띠 모양의 금속판을 마주 붙인 1장의 판(板). ②온도의 변화에 비례하여 만곡(萬曲)하는 성질을 이용하여 서머스탯(thermostat)·온도조절장치에 많이 쓰임.

바이센호프지들룽(Weissenhof Siedlung[독]) : ①독일공작연맹의 후원으로 1927년 루드비히 미스 반 데어 로에(Ludwig Mies van der Rohe : 1886~1969)가 슈투트가르트 교외에서 개최된 주택 전시회. ②미스를 비롯하여 P. 베렌스(Peter Behrens : 1868~1940)·W. 그로피우스(Walter Gropius : 1883~1969)·다우트 형제·L. 힐베르자이머(Ludwig Hilberseimer : 1885~1967)·르 코르뷔지에(Le Corbusier : 1887~1965) 등 전 유럽에서 대표적인 신예 건축가 16명이 참가. ③르 코르뷔지에는 필로티와 옥상정원이 있는 2호(戶) 연립주택, 그로피우스는 철골 건식구조의 2호(戶) 주택, 미스는 전체의 배치계획과 4층 건물인 집합주택을 설계. 이 전시회에 출품된 주택은 공통적으로 공업화와 규격화를 추구하고 있음.

바이셀리움(bisellium[그]) : ①그리스 시

대에 사용된 2인용 스툴로 셀라쿠룰리스(sellacurulis)와 같은 원로원 의원과 같은 상위 계급의 고관들이 사용. ②⇨셀라쿠룰리스.

바이어스 타입(buyers type) : ⇨동선의 유형.

바이오닉디자인(Bionic Design) : ①생물의 운동 메커니즘을 모방, 신소재를 만들어 보려는 설계방식. ②예컨대 항공기 동체에 균열이 생겼을 때 조기에 발견할 수 있도록 하고 궁극적으로는 그 균열 부위를 스스로 복원할 수 있는 능력까지 갖추게 하는 것.

바이오닉스(bionics) : ①인간이 만든 인위적인 시스템(디자인)에 생물학적인 원형들을 적용하는 것. ②자연계의 근본적인 원칙들을 연구해 그 원칙과 과정들을 인류의 필요에 적용시키는 것. ③생체(生體)가 가진 뛰어난 기구(機構)를 공학적 기계로 대치하려는 새로운 경계영역의 학문.

바이오리듬(biorhythm) : ①인체조직이 일정기간을 주기로 리듬에 따라 반응하는 것. ②인간은 누구나 출생에서부터 사망에 이르기까지 신체 내부에서 시작되는 신체리듬, 감성리듬, 지성리듬이라는 3가지 리듬 곡선의 지배를 받는다는 이론.

바이오모픽아트(Biomorphic Art) : ①추상미술의 한 양식. ②주로 1940년대의 장 아르프(독일명 한스 아르프 1887~1966), 후안 미로(1893~1983), 아실 고키(아르메니아명 보스다니크마노그 아도이안 1904~48), 윌리엄 배지오티스(1912~63), 벨렘 데 쿠닝(1904~97) 등의 작품에서 볼 수 있는 경향으로 구성주의(構成主義)와 같은 추상운동이 그 추상형태를 주로 기하학적인 이미지에서 찾으려 했음에 비해 쉬르레알리슴의 영향을 받은 바이오모픽아트는 인간이나 생명을 가진 유기체, 또는 그와 관련된 신화(神話) 등에서 모티브를 구함.

바이오클린룸(bio clean room) : ⇨클린룸.

바이오텍스처(bio-texture) : ①루돌프 도나취(Rudolph Doernach)가 '생물학'과 '건축'을 합성하여 만든 용어. ②이는 건축물을 하나의 살아 있고, 동적인 이동성을 가진 것과 마찬가지로 인공적인 '슈퍼 시스템(super system)'을 건축양식에 표현한 것.

바이올렛(violet) : ①제비꽃(violet)에서 유래된 색이름. ②청색과 자색 중간의 청자색의 범위로 산뜻한 청자색(vivid violet). ③관용색명인 남색(藍色). ④먼셀기호 2.5P4/3.5.

바이올린등받이의자(-椅子, fiddle back chair) : ⇨보강등받이·피들백체어(=).

바이유태피스트리(bayeux tapestry) : 노르만의 승리를 기념한 유명하고 독특한 프랑스 로마네스크의 자수로 된 길이 약 70m 정도의 벽걸이용 카펫(carpet).

바이콜로지(Bicology) : ①대기오염과 소음의 근원인 자동차를 추방하고 자전거를 탐으로써 환경을 보호하는 동시에 인간성을 회복하려는 운동과 그 생태학적 사상. ②자전거(bicycle)와 생태학(ecology)의 합성어로서 1971년 미국의 두 청년이 제창, 공해추방 시민운동으로 확산됨.

바이트(Byte) : ①컴퓨터에서 하나의 문자나 숫자 등의 정보를 나타내는 최소 단위. ②8개의 bit가 모여서 1byte를 이룸.

바이패스(by pass) : ①가운데 창을 고정으로 하고 양쪽 문을 미세기문으로 하여 여닫을 수 있도록 한 문. ②시스템의 유량(流量)을 조절하기 위한 덕트나 파이프를 통칭(通稱). ③주로 밸브나 댐퍼에 의해 제어됨.

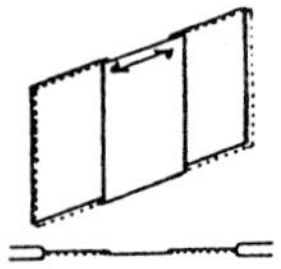

바이패스

바자[1](bazaar, bazar) : ①현재 유럽에서는 상품진열장·잡화시장·특매장 등의 뜻으로 쓰이며, 미국에서는 사회사업이나 공공사업 등의 자금조달을 위해 특정단체가 상품을 모아 판매하는 자선시장의 뜻으로 쓰임. 특히 자선 및 종교 등의 목적을 갖고 물건을 파는 행위. ②상품을 판매하는 장소 또는 큰 홀과 같은 시설. ③모든 상품을 노점 또는 상설 점포에서 판매하는 노천시장(露天市場)과 상가시장(商街市場) 또는 회랑식 시장(回廊式 市場). 특히 중동의 잡화시장. 백화점 따위의 특매장.

바자[2] : 대나무·갈대·수수깡 따위로 발처럼 엮은 것.

바자문(笆子門) : ⇨바잣문(=).

바자울(芭子籬, bamboo fence, reed stalk fence) : ①대나무·갈비·싸리나무·수수깡·왕골·억새 등을 발처럼 엮거나 삿자리처럼 뜨거나 해서 만든 울타리. ②바자울은 기둥과 건너지르는 수장목에 의지하여 칡이나 새끼로 묶어세우는데 옛 사람들은 이런 바자를 '바조' 또는 '바래'라 불렀으며, 그냥 '울타리'라고도 불렀음. ③바자울에는 대문인 바잣문이 달리는데, 이것을 '사립문', '싸립문'이라 하며 '사립짝(柴門扉)' 또는 '삽짝'이라고도 함.

바잣문(笆子門) : ①바자울에 낸 사립문. ②굵은 나무로 문울거미를 만들고, 여기에 폭이 좁고 긴 대나무를 엮어서 만든 문. ③재료에 따른 문의 일종.

바지보드(bargeboard) : ①박공(gabled)을 보호하기 위해 박공지붕(gabled roof)의 처마측에 지붕의 가장자리를 따라 붙여진 판. ②중세건축에서는 보통 조각으로 장식한 마무리가 사용됨. ③게이블보드(=).

바차트(bar chart) : ⇨횡선식 공정표(=).

바치 : ①일부 이름씨에 붙어 어떤 특성을 가진 사람을 나타내는 말. ②예컨대, 갖바치(가죽일을 하는 사람), 구석바치(집안에만 들어박혀 있는 사람의 제주도 말). 귀염바치(귀여움이나 사랑을 받는 아이). 주눅바치(주눅을 잘 타는 사람). 호사바치(몸치장을 지나치게 잘하는 사람). 타관바치(타향사람).

바치크(bachick) : ①자바 왕가(王家)의 보호를 받으며 상류 부인의 수공예로 발달한 민속 염직물. ②무늬는 식물·동물·기하학 무늬 등 여러 가지가 있고 색도 남색·자색·주색 등 독특한 빛깔이 있음.

바카라(baccarat[프]) : ①1818년 창립한 프랑스에서 가장 유명한 유리가공품회사. ②생산제품 중 아름다운 크리스털은 오늘날 샹들리에(chandelier[프])·촛대·테이블 서비스를 위한 장식으로 사용.

바카우(Bakau, Rhizophora apiculata Blume [학]) : ①아프리카 동해안에서 동남아시아 전역과 중남미의 서해안까지 전(全)해안에 담수와 해수가 혼합되는 지역에서 성장. ②변재는 암색, 심재는 농적갈색 또는 황갈색으로 심·변재의 구분이 뚜렷하지 않음. 목리는 통직하고 나무갗은 곱고 은빛 무늬가 보임. 기건비중 0.96, 수축률은 방사방향 1.7%, 접선방향 6.5%로 적음. 강도는 압축강도 865kg/㎠, 휨강도 1,605kg/㎠, 전단강도 127~243kg/㎠로 매우 강함. 가공성과 간조성은 불량하며 생재시에는 거단성(鋸斷性)은 좋으나 건조하면 매우 어려움. 내구성은 매우 높고 충해나 변색균의 침입에도 강함. 포삭(鉋削)·접착·도장성은 불량. ③주로 기둥·기구손잡이 등에 사용. ④망그로브(=).

바퀴창(-窓, wheel window) : ⇨장미창(=).

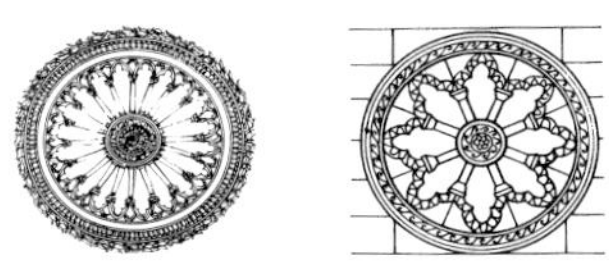

바퀴창

바퀴침대(-寢臺, trundle bed, truckle bed) : ①고딕양식의 바퀴(trundle, truckle)가 달린 침대로서 사용하지 않는 낮에는 큰 침대 밑에 밀어 넣어 둘 수 있는 낮은 침대. ②주로 주인 침실에서 잠을 자는 하인이나 어린이용으로 사용. ③중세 말기에 개발되었고, 특히 영국과 미국에서 사용됨. 오늘날에도 공간이 협소한 아동용 침실에서 기능적으로 사용.

바퀴형 등받이윈저의자(-形-椅子, wheel back Windsor chair) : 궁형 등받이 윈저의자(bow back Windsor chair)와 유사하나 등받이 중앙의 세로대(stile)가 바퀴살처럼

ㅂ

조각 장식된 윈저의자.

바탕(backing bed, ground) : ①도장을 하거나 미장재료를 발라 마무리 시공을 하는 그 밑면이 되는 부분(面). ②배경의 빈 부분을 차지하는 네거티브한 공간.

바탕고르기 : ①마무리 작업이 잘 되기 위해 미리 바탕을 고르는 일. ②도장공사에서는 녹벗기기·기름제거·구멍 메우기 등으로 초벌칠을 하기 전의 작업이 주된 것.

바탕만들기(preparation of surface) : ①요철(凹凸) 또는 변형이 심한 부분을 고르게 깎아내거나 덧발라 마감두께가 균등하게 되도록 조정하는 작업. ②바탕면이 지나치게 평활할 때에 미장바름의 부착이 양호하도록 표면을 거칠게 처리하는 작업.

바탕바닥(subflooring) : ①바닥마감재의 기초가 되는 마루. ②일반적으로 12㎜ 두께의 합판이나 저급의 제재목이 마루장선 위에 직접 얹혀지며, 표면은 마감처리하지 않음. ③속마루(=).

바탕새김칠보(champleve[프]) : ①금속면에 문양의 홈을 파서 색 에나멜로 문양의 홈을 메우는 법랑 칠기의 한 형태. ②에나멜 색을 분리하며, 얇게 올라온 선들은 유선칠보 세공(cloisons[프])과 유사.

바탕색(-色, ground color) : ①직물·벽지·카펫 등에 사용된 기조(基調)가 되는 배경색. ②그림·문자 등 패턴(pattern)에 사용된 색은 '톱 컬러(top color)'라고 함.

바탕석고판(-石膏板), backer board : ①내부 바탕용 석고판의 일종. ②흡음판·합판 패널링(paneling)·치장판벽 패널 등을 설치하기 위한 바탕이 되는 뒷댐판.

바탕손질 : ①도장할 바탕에 대해 도장공정의 준비를 위해 하는 모든 작업. ②칠할 면을 청소 연마하여 묻어 있는 오물과 기름 등을 제거하고 녹을 벗기는 공정. ③목재의 경우는 얼룩이나 상한 곳을 바로잡고 송진의 처리, 퍼티먹임, 연마지로 문지르는 작업 등을 말함.

바탕칠(primary coat) : ①철재가 녹스는 것을 방지하기 위해 초벌로 녹막이 페인트를 칠하는 것. ②녹막이칠(=).

바탕퍼티바름(rough puttying) : 도장할 본바탕면에 바탕용 퍼티를 전면(全面)에 바르고 연마하여 도장면을 매끈하게 만드는 작업.

바트레이서리(bar tracery) : ⇨트레이서리(=).

바트론(bathron) : 벤치의 역사는 오래되어 고대 그리스에서는 2명 이상이 앉을 수 있는 등받이가 없는 의자를 바트론(bathron)이라 하였는데, 이것은 철학자와 소피스트의 강의를 청강하는 학생과 학교의 아이들이 수업에 사용하는 대표적인 벤치였음. 이 바트론은 높은 침대에 올라갈 때 발판으로도 사용됨.

바티칸궁전(-宮殿, Palazzo Vaticano[이]) : ①로마의 바티칸시(市)에 있는 교황의 궁전. ②1450년 교황 니콜라우스 5세가 기획하여 착공 이후 식스투스 4세 및 5세, 알렉산드라아 6세, 유리우스 2세 등 역대의 교황이 확장하여 면적이 약 5,500㎡, 예배당과 실(室)의 수가 1,400개의 큰 건축의 복합체로 발전하였음. ③참가한 건축가로는 브라만테(Donato Bramante : 상갈로(Antonio da Sangallo the Elder : 1455~1534), 폰테나(Carlo Fontana : 1634~1714), 베르니니(Giovanni Lorenzo Bernini 또는 Gianlorenzo Bernini : 1598~1680) 등이 있음. 오늘날에는 도서관, 회화관, 각종 미술관 등으로 사용되며, 미켈란젤로(Buonarrot Michelangelo : 1475~1564)의 벽화가 있는 시스티나 예배당과 라파엘로의 벽화로 장식된 제실(諸室)과 로지아(logia) 등이 유명.

바티칸도서관(-圖書館, Vatican library, Biblioteca Apostolica Vaticana) : ①기원은 4세기경으로 거슬러 올라가 교황 다마소 1세(304?~384)가 창설한 종교문서관이 발단임. 당시 문서기록들을 소장한 것이 7세기까지 보존되었으며 1309년 교황청이 프랑스 아비뇽으로 옮겼을 때도 함께 가지고 갔음. ②다시 로마로 돌아와 그 때부터 '바티칸 문고'라고 불렀음. 본격적인 서적 입수는 15세기경부터 시작되었음. 책을 무척 좋아했던 교황 니콜라우스 5세(Nicholas V)가 재직하는 동안 도서의 수집에 많은 관심을 보이며 방대한 양의 서적을 모았음. ③1309년 교황 니콜라스 5세가 만든 세계에서 가장 오래된 도서관.

바틱[1](batic) : 자바인이 사용하는 실크나 면 위에 염색하는 나염방법. 오늘날에는 기계 프린팅에 의해 모방·제작됨.

바틱[2](batik) : ①다소 칙칙한 색상을 여러 색을 사용한 기하학적 문양. ②도안화한 화조나 인물 등의 문양을 날염한 것을 총칭.

바헛(bahut) : 중세의 발(foot)이 달린 넓은 체스트(chest)로 태피스트리(tapestry), 쿠션을 보관하는데 사용.

바히아(Bahia, Hallea ciliata Leroy[학]) : ①서아프리카의 세네갈에서부터 앙골라까지와 동아프리카의 로디시아 · 우간다까지 열대아프리카에 분포. ②변재는 붉은 빛을 띤 황토색이나 신선한 재(材)는 황색 빛이 강하며 간조에 의해 심재의 색과 동일하게 변함. 심재는 엷은 도색을 띤 갈색. 목리는 통직하나 재의에 따라 약간의 교착목리가 있고 나무갗은 거칠음. 경연재(輕軟材)로 기건비중 0.50~0.60, 수축률은 방사방향 4.1~5.0%m, 접선방향 8.4~10.4%, 용적수축률 10.2~14.5%. 강도는 압축강도 390~525kg/㎠, 휨강도 660~950kg/㎠, 횡인장강도 17.3 ~29.7kg/㎠. 기계가공·손가공이 용이하며 연삭(硏削)에 의해 고운 표면을 얻을 수 있음. 건조에 의해 크게 변형할 가능성이 있음. 접착·도장성은 양호. ③주로 내장·합판·가구 등에 사용. ④아부라(=).

박강판(薄鋼板, steel plate) : ①두께 3㎜ 이하의 강판. ②'얇은 강판'이라고도 함.

박공(朴工, 牔栱, 牔栱, gable, pediment) : ①건물의 측면벽에서 내민 경사지붕 옆면에 붙인 널. ②맞배지붕의 마루머리나 팔작지붕의 합각머리에 ㅅ자형으로 댄(붙인) 널. ③팔작지붕이나 맞배지붕에서 양 옆의 마구리 부분. ④원래 지붕에서 불어오는 바람을 잡는다는 뜻의 박풍(搏風)에서 온 말이라고 함. ⑤경사진 지붕의 양단부(兩端部)에 경사면으로 인해서 외벽이 생기는 3각형 모양의 상부. 그 테두리는 직선이지만 그렇지 않은 것도 있음. ⑥지붕이 팔자(八字) 모양으로 맞물려 있는 건물에서 지붕 아래쪽에 삼각형을 이루는 부분. ⑦박공에는 보통 건축조각(建築彫刻, baunlastik[독])에 의한 장식이 많음. ⑧박풍·박공널(=)·페디먼트(≒).

박공각 : 박공널 끝에 새김질하여 장식한 것.

박공구조(朴工構造) : ⇨박공장식.

박공내림마루(朴工－) : ⇨박공마루.

박공널(朴工板, gable board, barge board) : ①맞배지붕의 마루머리에 합장형으로 붙인 두꺼운 널판. ②맞배지붕(박공지붕)의 측면 지붕 끝머리에 팔자형으로 붙인 두꺼운 널빤지. ③까치박공널·처마도리·중도리·마룻대 등에 못박아 대고, 평고대는 장부로 꿰뚫어 넣기도 함. 박공판(朴工板)이라고도 함. ④맞배지붕이나 팔작지붕의 합각을 구성하기 위하여 설치하는 인형(人形)의 방풍판(防風板) 맞배지붕 좌우 마구리에 박공판 아래로 장막처럼 늘인 구조. ⑤박공의 돌출된 지붕 끝에 달려 있는 박공 경사면의 장식판. ⑥주로 서까래나 들보를 가리기 위해 있으며, 중세에는 정교하게 조각·장식. ⑦지붕이 벽을 넘어서 연장해 있는 박공지붕 가장자리에 사용된 외장 널빤지. 보통 브래킷(bracket)의 위치에 자리 잡고 있으며 화려하게 장식됨. ⑧박공·박공판(=).

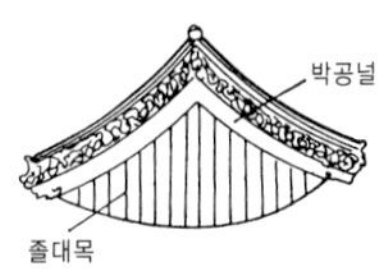

박공

박공마루(朴工) : ①박공에 평행으로 지붕마루에서 처마까지 내려오는 지붕마루. ②박공내림마루(=).

박공벽(朴工壁, gable end, gable wall) : ①

박공지붕 밑에 이루어지는 삼각형 모양의 벽. ②경사진 지붕을 지지하는 양쪽 끝의 마구리벽. 위가 뾰족한 삼각형의 형태를 이룸.

박공장식(朴工裝飾, pediment, bargeboard, gable board) : ①좌우 박공판이 맞닿는데 보강과 장식을 겸하여 박아대는 철물(지내철, 방환, 현어가 있음). ②고전 건축의 신전 전면(前面)이나 후면(後面)의 주랑(柱廊)에서 코니스(cornice, 돌림띠) 위와 지붕의 선을 따라 얹히는 삼각형의 부분. ③박공널에 부착하는 보강 및 장식을 겸한 철물. ④문이나 창 등의 개구부 상부나 비교적 규모가 큰 가구의 상부에 위치하는 장식. 종류에는 브로큰 페디먼트(brocken pediment)·래티스 페디먼트(lattice pediment)·스크롤 페디먼트(scroll pediment) 등.

박공지붕(朴工-, gabled roof, saddleback roof) : ①지붕면을 지붕마루를 중심으로 하여 두 방향으로 경사지게 한 지붕. ②외관이 경쾌하고 지붕틀 구조가 간단하여 재료를 절약. ③⇨맞배지붕(=).

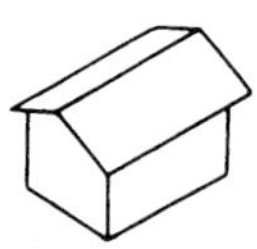
박공지붕

박공지붕물매(朴工-) : ①스팬의 반에 대한 높이. ②물매=$h/l/2$. ③pitch=h/l.

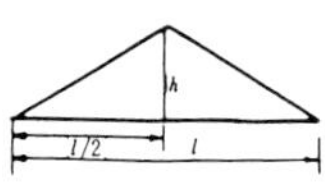

박공지붕창(朴工-窓) : ⇨박공창(=).

박공집(朴工-, gable house) : ⇨맞배집(=).

박공창(朴工窓, gable window) : 박공 부분에 낸 창.

박공천장(朴工天障, gabled ceiling, double pitched ceiling) : ①양쪽으로 경사진 천장. ②시선을 상부로 유도하여 공간감이 확대됨. 특히 경사진 천장을 따라 들보가 노출된 경우에는 이러한 효과가 더욱 강조.

박공판(朴工板) : ⇨박공널(=).

박노수가옥(朴魯壽家屋) : ①서울특별시 문화재자료 제1호 지정(1991년). 서울특별시 종로구 옥인동 168-2 소재. 1938년경 건립 추정, 건립년대와 달리 조선 말기 주거가옥 형태를 보임. ②조선 후기 문신 윤덕영(1873~1940)이 그의 딸을 위해 세운 집. 윤덕영은 친일파의 한 사람으로 이완용과 함께 한일합방 조인에 적극적으로 활동하였으며 의정부찬정 등 여러 관직을 두루 거침. ③한옥형태를 중심으로 하면서도 일부 서구식이 가미된 2층 주택. 1층은 온돌방과 마루로 구성되어 있고 2층은 마루방 구조로 되어 있음. 한옥과 양옥의 건축기법 외에 중국식 수법이 섞여 있고 안쪽에 벽난로를 3개나 설치하는 등 호사스럽게 꾸며 놓았음. 아직까지 비교적 보존상태가 양호함.

박노수 가옥

박달나무(檀木, 朴達木, 楚楡, Birch, Betula Schmiditi Regel[학]) : ①자작나무과의 낙엽활엽교목으로 키는 10~12m 정도. 전라도 및 황해도를 제외한 우리나라 각지에 분포하고 산중턱 이하의 깊은 숲 속에서 자람. ②연륜이 뚜렷하지 않고, 심재는 담홍갈색, 변재는 담황백색으로 심·변재의 구분이 뚜렷함. 나무갗은 곱고, 결이 곧으며 재질이 치밀하여 무겁고 단단한 산공재(散孔材). 고비중재이고, 수축성이 보통이며 흡수성은 작음. 압축강도·전단강도·휨강도는 강하고, 인장강도는 보통이며, 충격 휨 흡수에너지는 큼. 제재가공성과 대패가공성은 불량하고, 건조성은 보통이며, 휨가공성과 접착성이 양호함. 도장성은 보통. 합판 제조적성과 섬유판 제조적성이 양호하고, 파티클보드 제조적성은 보통. 시멘트경화성은 불량하고, 내후성은 보통. 목탄제조 및 펄프화 적성은 보통이고, 용도는 주로 건축·가구·공예·기구·조각품·세공재로 쓰임.

박대 : 창문을 문틀에 대는 것.

박람회(博覽會, exhibition, fair, exposition) : ①산업 및 문화의 성과를 전시하여 일반사회에 PR하는 전람회. ②성격적으로는 산업진흥, 생산품의 판로 확대, 문화의 보급과 교류로 구분. 일반적으로는 일반적인 것과 특정 테마를 가진 것(유학박람회·취업박람회 등)이 있고, 지역적으로는 지방·전국·국제 박람회로 구분함. ③1756년의 런던 권업(勸業) 박람회가 최초이고, 만국박람회는 1856년의 런던에서 열린 것이 최초임. ④1928년 국제박람회에 대한 조약이 체결되어 세계적으로 조직화됨. ⑤박람회장의 건물은 임시의 가설(假設) 또는 기념비적인 것은 상설(常設)로 지음.

박리(剝離, peeling) : 도장이나 미장 등의 접착층(接着層)에서 파괴 또는 분리되어 벗겨지거나 떨어지는 것.

박리재(剝離材, separating material, separating rating compound) : PC판을 적층(積層)방식으로 제조할 때, 헤드와 그 위의 부재나 각 단(段)의 콘크리트 부재끼리 부착하지 않도록 부재 사이에 까는 재료(판지·아스팔트 루핑·플라스틱 필름·합판 등).

박리제(剝離劑, form oil, remover) : ①콘크리트 형판(型板)의 탈형(脫型)을 용이하게 하기 위해 사전에 거푸집 내면에 바르는 약제(藥劑). ②동식물성 기름과 소다비누·중유·광유(廣油)·파라핀(paraffin)·합성수지 등이 있음. ③도료의 칠 막을 벗기는데 쓰는 약품. ④물유리·가성소다·소다회·암모니아 등을 물과 함께 백아(白亞)·비누·타르크(tarc)·톱밥 등과 혼합하여 만드는 호상(糊狀) 박리제와 주정(酒酊)·아세톤·트리크렌·벤졸·파라핀유(油)·초산(醋酸)에스테르 등의 용제(溶劑)를 적당히 배합하여 소량의 파라핀을 첨가하여 만드는 액상(液狀) 박리제가 있음.

박막(薄膜) : 도장(塗裝)과 같은 얇은 막.

박막지붕(薄膜-) : 얇은 막으로 덮인 지붕 또는 지붕재.

박명시(薄明視, twilight vision, Mesopisches Sehen[독], vision mésopique[프]) : ①명소시(明所視, photopic vision)와 암소시(暗所視, scotopic vision)의 중간 정도 밝기에서 추상체(錐狀體, retina)와 간상체(桿狀體, rod[영], stbchen[독], btonnet[프])가 함께 활동하고 있는 시각상태. ②저녁때 황혼이나 이른 아침에 빛이 희미한 상태에서 나타나는 색상의 변화. ③이러한 현상의 원인은 푸르키녜 현상으로 설명·이해됨. ④백주시(白晝視)에서 여명시(黎明視)로 옮겨져 가는 중간 단계의 곳. ⑤중간명도시(=).

박부조(薄浮彫, low relief) : ⇨배스릴리프·고부조(⇔).

박석(薄石) : ①넓고 얇은 돌. ②바닥에 깐 넓직한 돌. ③능묘(陵墓)에서 병풍석과 난간 사이에 까는 돌. ④첨계상석(=).

박스(box) : ⇨박스시트.

박스거더(box girder) : ①단면이 상자형으로 된 단면 보. ②스팬이 큰 구조 또는 큰 하중을 지지하는 경우 등에 사용.

박스세트(box set) : 나무틀에 천이나 종이를 붙이고 그림을 그린 무대장치로 뒷벽·옆벽 및 천장을 구성한 실내장면.

박스스프링베드(box spring bed) : ①상자형의 프레임(frame)에 넣은 용수철로 만든 취침용구. ②면 펠트(felt)·털·폼(form)의 층을 스프링에 얹어 아마포 같은 천으로 단단하게 씌운 것으로, 탄력성을 좋게 하기 위해 주로 매트리스와 결합해서 씌움.

박스스프링침대(-寢臺) : ⇨박스스프링베드·싱글쿠션식 침대(=).

박스시트(box seat) : ①칸막이한 관객석 또는 칸막이 석(席). ②르네상스 오페라 하우스의 객석형식에서는 칸막이 석으로 되어 있고, 왕실용 로열박스가 그 예.

박스오피스(box office) : 극장 따위의 매표소.

박씨고가(朴氏古家) : ①민속자료 4호, 조선 인조 8년(1630)에 창건. 경남 사천군 신등면 단계리에 위치. ②안채와 사랑채가 직교하도록 배치하고, 안채·사랑채·문간채가 ㄷ자형 평면구조를 보이는 우리나라 남부지역에 분포된 전형적인 부농의 가옥형태. ③안채는 정면 6칸, 측면 1칸의 홑집평면으로 폭이 좁고 길이가 긴 모습의 남향집. 수장공간이 없는 순 생활공간임. 부엌·큰방·대청·방이 배열되어 있는데 보수공사를 하면서 부엌과 큰방의 크기가 약간 변경되었음. 안채 대청에 감실을 두어 제실기능으로 사용하고 툇마루가 없으며 창호면적이 작고 상방 위에 중간설주를 세운 점 등이 창건시기가 중기 이전으로 추정됨(현주인의 기억으로 인근의 동네에서 인건했다는 얘기를 들었다고 함). 2단의 층단을 둔 기단과 건물높이·구조가 타 건물보다 우월한 점 등 안채를 중요시 여기는 부농죽의 특징이 보임. ④안사랑채는 안채의 정면 오른쪽에 위치한 동향집. 전퇴를 붙인 3칸 규모로 방 2칸과 대청으로 이루어졌으며, 방 앞면에는 마루를 두고 대청의 뒷면에는 벽을 설치하였음. 모퉁이 한 칸의 사랑마루를 둠. 막돌 외벌대에 민도리 홑처마 구조로 권위적 장식성은 없음. 현 우진각지붕은 변형된 모습으로 추정됨, 대문 방향인 옆면에는 문을 달고 앞면은 대문과 직접 마주 보이지 않으므로 개방시킴. 문간채는 문간 1칸을 포함하여 5칸 규모로 광·방·중문·헛간으로 이루어져 행랑채의 기능과 중문의 기능, 사랑채의 기능이 혼합된 것으로 보임. 경상남도 지역의 중류 농가의 모습을 잘 간직하고 있음.

단계 박씨고가

박영효가옥(朴泳孝家屋) : ①서울특별시 민속자료 제18호 지정(1977.3.17). 서울특별시 중구 필동 2가 84번지 1호 일원(한옥마을). 1870년대 건립추정. ②서울 8대가(八大家)의 하나로 철종의 후궁인 숙의범씨(淑儀范氏)의 소생 영혜옹주(永惠翁主)와 그의 남편 부마도위 박영효가 살았던 집. 그 뒤 이 집에는 군부대신 이용익(李容翊)과 공주갑부 김갑순(金甲淳)이 살았다고 함. 이 가옥은 이진승가(李進承家)로 지정되었던 민속자료로서 인사동 골동품상가 골목 안에 있었음. 1983년 7월부터 경인미술관(耕仁美術館)으로 사용되고 있던 것을 이곳으로 이전·복원한 것. ③이 집의 구조는 한 줄로 늘어선 중문간 행랑채의 남쪽 끝 중문을 들어서면 일단 'ㄱ자'로 꺾이어 중문을 지나 안마당에 이름. 이러한 구조는 조선시대 상류주택에서만 볼 수 있는 것으로 남녀간의 엄격한 구분을 위한 것. 안채의 동쪽에는 별당채(3칸×1.5칸)가 서향으로 앉혀져 있고 북쪽으로 광채가 있는데, 이 채에 내측간이 자리함. 행랑마당에서 서쪽 사랑마당과의 사이 담에 설치된 사주문을 들어서면 사랑마당이 되고 'ㄱ자'형의 사랑채가

자리잡고 있음. 사랑채는 사랑방(2칸×1칸)과 대청(2칸×1칸), 누마루(1칸×1.5칸)가 남향으로 자리잡고, 사랑방 뒤로 침방(1칸)과 아궁이(1칸)가 있으며, 사랑방과 대청 앞에는 툇마루가 붙어 있음.

박육조(薄肉彫, bas-relief) : 바닥에 형상을 얇게 드러내어 새긴 조각으로 부조(浮彫)의 일종.

박의준가옥(朴義俊家屋) : ①중요민속자료 제92호, 19세기 중엽 건립, 전남 순천시 낙안면 동내리 367에 위치. ②남향의 안채와 동향의 사랑채가 직각으로 배치되고 대문 옆으로 헛간채를 둠. ③안채는 정면 4칸의 몸채에 전후좌우 툇간을 두른 전후좌우 툇집. 좌측으로부터 부엌과 안방, 마루방, 건넌방 등을 둠. 툇간의 활용은 복원 전과 후가 상당한 차이가 있음. 복원 이전에는 전면에만 퇴를 두고 후면과 측면의 툇간은 모두 내부공간으로 사용, 복원 이후에는 전면과 우측면의 툇간에 툇마루를 두고 후면은 안방인 경우 툇마루, 마루방인 경우 벽감, 건넌방인 경우 아궁이를 둠. 잘 다듬은 재목으로 기둥과 도리·보 등을 사용하고 상부구조는 2고주5량가로 매우 격식을 갖춘 집. ④아래채는 정면 3칸의 전툇집으로 외양간과 창고를 양쪽에 두고 가운데 칸에만 온돌방을 드림. 방과 외양간의 후면 및 측면은 돌각담을 벽체로 사용하는 담집임.

박의준가옥 배치도

박쥐금 : 박쥐 문양의 단청.

박쥐금

박창규가옥(江陵 朴昌奎家屋) : ①강원도 문화재 자료 91호, 상량문에는 19세기 창건, 무진(戊辰, 1868) 3월 11일로 기록되어 있으나, 1912년 중건됨. ②폐쇄적인 장방형의 안마당이 조성된 강릉의 일반적인 중규모의 ㅁ자집. 인채는 자연석 기단 위 두벌대 위에 덤벙주초 위에 기둥을 세우고 오량가구로서 전면 6칸, 측면 2칸의 팔작기와집. 부엌다락방 설치. 사랑채는 자연석 기단 위에 전퇴가 설치된 팔작기와집. 행랑방이 사랑채에 붙어 있음. 대문과 안마당 사이에 차면벽(내외벽) 설치. 측면 출입문과 안채 측면 툇마루 사이에 담이 설치되어 공간을 구분함.

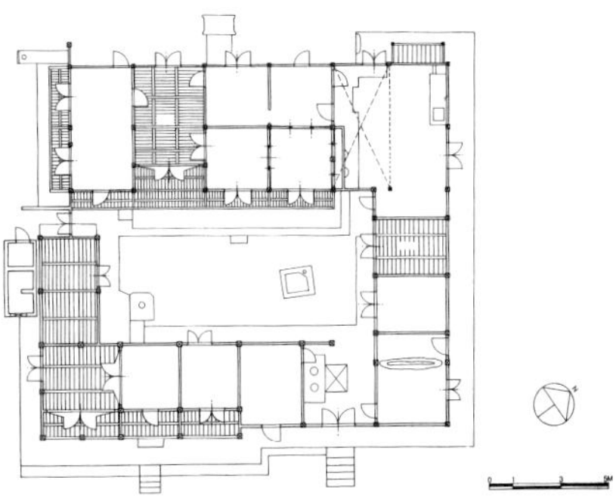

박천반닫이(博川半-) : ①평안도 일대 박천지방을 중심으로 발달한 반닫이. ②무쇠장식에 무늬를 숭숭 뚫어 "숭숭이 반닫이"라고도 함. ③주로 피나무로 만들며 무미한 나뭇결에 투각의 금속장식을 앞면에 가득히 부착하여 장식한 것.

박판(薄板) : ①두께가 얇은 판재. ②얇은 강판.

박판유리(薄板琉璃, laminated glass, sheet glass) : ①건축의 창문 등에 사용되는 두께 3㎜ 이하의 판유리. ②보통 투명유리와 젖빛 유리 등과 같은 불투명 유리로 구분. ③박판초자·후판유리(⇔).

박판초자(薄板硝子, sheet glass) : ⇨박판유리(=).

밖거리 : 바깥으로서 육지의 사랑채와는 다른 개념임(제주도).

밖거리마당 : 밖거리 앞의 마당(제주도).

밖촉연귀 : ⇨연귀맞춤.

반가(班家) : ①신분계층에 의한 전통민가 유형의 하나. ②양반계급의 주택. ③대부분 기와집으로 되어 있음.

반간접조명(半間接照明, semi indirect light) : ①빛의 60~90%가 천장과 벽에 반사되고 10~40%만이 물체의 표면에 직접 투사되는 가장 효과적인 조명방식. ②적은 양의 빛은 조명의 형태를 강조함. ③조도가 균일하고 온화하며 눈부심 현상이나 음영이 부드러워 차분하고 조용한 상업공간에 주로 많이 사용. ④천장이 지나치게 밝아지는 것을 피하기 위해 조명기구를 천장으로부터 450㎜ 정도 떨어뜨려 매달면 효과적임. ⑤⇨조명.

반간접조명

반개가식(半開架式, semi open stack system) : 열람자가 서고(書庫)에 꽂혀 있는 책의 도서명을 보고 대출신청을 하면 계원이 꺼내주는 도서관의 서고방식.

반건성유(半乾性油, semi drying oil) : ①건성유(乾性油)와 불건성유의 중간 정도의 건조성을 가진 지방유. ②채종유(菜種油)·콩기름·참기름·어유(魚油) 등이 있음. 일반적으로 보일유(boil oil)로 사용.

반경강(半硬鋼, half hard steel) : 탄소함유량이 0.28~0.4% 정도의 강을 담금질(hardening, quenching)한 강.

반경질섬유판(半硬質纖維板, semi-hard fiber board) : ①식물섬유를 주원료로 하여 압축성형(壓縮成形)한 비중 0.4~0.8, 휨강도 50kg/㎠ 정도의 보드. ②유공흡음판·수장판(修裝板)으로 사용하며 보통 세미하드텍스(semihard tex)라고도 함. ③내수성이 적고 팽창이 크며 재질이 약할 뿐만 아니라 습도에 의한 신축이 큰 결점이 있으나 저렴하기 때문에 많이 사용함.

반경화건조(半硬化乾燥, semi-hard drying) : 도장면을 손가락으로 가볍게 문질러 보았을 때 도장면에 자국이 생기지 않는 건조상태.

반고정(半固定) : ①구속 정도가 0인 상태를 핀 접점, 완전 구속 상태를 고정단, 그 중간 정도의 어중간한 상태를 반고정이라고 함.

반곡(反曲, cyma) : ⇨①사이머(=). ②우그러짐(=).

반곡점(反曲點, inflection point) : ①휨부재에서 휨모멘트가 0이 되는 점. ②이 점을 경계로 하여 부재의 양쪽에 휨률이 반대의 부호(+ 또는 −)로 되어 휘는 방향이 반대로 됨.

반구배(返句配) : ①서까래 등의 경사도가 45도 이상 급하게 잡힌 물매. ②급구배(=).

반구체(半球體, hemispherical) : 반원(半圓) 또는 반원통형(半圓筒型)의 형태를 의미.

반규석벽돌(半硅石甓乭, semi silica brick) : 규산(硅酸)을 약 70~90% 함유한 알루미나 실리카질 벽돌.

반녹화(半綠花) : 녹화가 반쪽으로 된 것.

반다이크브라운(Van Dyke brown) : ①프랑스의 화가 반 다이크(Van Dyndyke : 1599~1641)가 쓰던 안료에서 유래된 색 이름. 유기물을 다량 함유한 갈색 흙으로 만든 갈색 안료. ②번트 엄버(burnt umber)와 비슷한 진한 갈색. ③황색기미의 짙은 갈색(dark yellowish brown). ④먼셀기호 8.0YR3.0/4.0.

반다지(半-) : 장부구멍을 기둥의 반만 판 것. 즉 기둥 등에 그 단면의 절반 정도의 깊이로 구멍을 파는 일.

반다지장부(半-) : 부재 두께의 절반 정도의 깊이로 들어가 끼게 한 길이의 장부.

반다지장부맞춤(半-) : 반다지장부로 한 맞춤.

반닫이(半-) : ①괴목(槐木, 느티나무)과 같이 튼튼하고 두껍고 투박한 궤(櫃, 几)모양으로 된 다목적용 수납가구의 일종. ②앞면이 상하로 이등분되어 전면 상부의 절반이 문짝으로 되어 앞으로 젖히면서 열게 되어 있음. ③한식가구 중에서 가장 오래 전부터 사용해오던 가구의 일종. ④주로 의류나 귀중품을 넣어둠. ⑤특히 이 가구는 현대 실내와 잘 조화되기 때문에 골동품적 가치 외에도 실내 구성의 오브제로 미적 가치가 돋보이는 것 중 하나. ⑥궤(=).

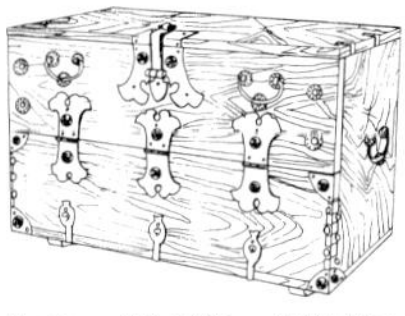

폭 : 81cm, 깊이 : 42.5cm, 높이 : 54cm
괴목밀양반닫이

반닫이장(半-欌) : ①반닫이와 서랍을 적절히 배치하여 물품의 용도별 수납을 간편하게 하도록 한 건넌방 가구. ②⇨반닫이.

반달리즘(vandalism) : ①예술·문화에 대한 적시나 예술 파괴행위. ②게르만족 일파인 반달족의 로마문화 파괴에서 비롯된 말로 문화예술파괴 행위를 뜻함. ③반달족은 게르만 대이동 때인 5세기 중엽 로마를 침공해 로마 곳곳의 문화재들을 닥치는 대로 파괴하여 서구 역사상 가장 야만적인 문화파괴로 기록됨. ④인류의 반달리즘은 기원 전 4세기 그리스로 거슬러 올라감. 기원 전 356년 그리스 에페소스의 헤로스트라투스란 사람은 아르테미스 신전에 불을 질렀음. 방화이유는 "어차피 나쁜 짓을 하려면 후세까지 알려질 악행을 저질러야 한다"는 생각에서였음. ⑤아르테미스 신전은 그리스 최초의 순 대리석 신전으로 파르테논 신전의 두 배 규모에 빼어난 아름다움을 자랑하던 건축물이었으나, 파르테논 신전 역시 반달리즘의 희생물임. ⑥17세기 그리스를 침공한 오스만제국(터키)군은 아테네의 파르테논신전을 점령해 화약고로 썼음. ⑦베네치아 연합군은 터키 군을 물리치기 위해 대포를 발사해 신전의 지붕을 날려 보냈음.

반달무늬(半-) : 반달 모양의 무늬.

반달문(半月門) : ①반달 모양으로 생긴 문. ②반월문(=).

반달형 가구(半月形家具, demilune) : ①반원형으로 디자인된 형태의 가구. ②특히 반달형으로 된 코모드(comodo)나 콘솔(console) 등을 의미.

반달형 장식(半月形裝飾, lunette) : ⇨루넷(=).

반담(半-) : 얕게 쌓은 담.

반대색설(反對色說) : ⇨사원색설(=).

반동귀틀 : ①안기둥과 변두리기둥 또는 고주와 평주 사이에 끼운 짧은 귀틀. ②반동귀틀은 장귀틀이나 사슬귀틀보다 한 치 정도 더 두터움. ③동귀틀을 배희찬 목수는 반동귀틀이라고 함. ④동귀틀(=).

반디자인(反-, anti-design) : ①현대의 제도화되고 체계화된 디자인에 대해 반대하는 모든 경향을 통칭. ②종류는 크게 대안적 디자인(alternative design)과 급진적 디자인(radical design)으로 구분함. ㉠대안적 디자인은 대량생산 및 대량소비 체제에 기반(基盤)한 현대생활의 상품화와 소외, 환경파괴 등을 비판하고 대안적인 생활양식을 추구하는 경향으로서, 소박한 생활(simple life)·애드호키즘(adhocism)·자작법(self aid)·반제품(Do-It-Yourself) 등을 제안함. 소비지향적인 디자인을 반대하는 대신에 장애인과 제3세계를 위해 디자인할 것을 호소함. ㉡급진적 디자인은 1960년대 후반 이후 이탈리아에서 일어난 운동으로, 현대디자인의 소비주의와 획일성에 반대하여 대중적 취향과 일상의 자질구레한 사물의 디자인에 새삼 관심을 기울였음. 후에 이러한 경향은 포스트모더니즘 디자인의 한 주류를 형성해 나갔음.

반려암(斑糲岩, gabbro) : ①화성암의 일종. ②염기성 심성암(深成岩)으로 성분상 화산암의 현무암에 상당하며 사장석(斜長石)·단사휘석(單斜輝石)을 주성분으로 하는 것이 대표적임.

반력(反力, reaction) : ①외력을 받는 구조물이 이동이나 회전을 일으키지 않는 상

ㅂ

태로 지지점을 만들 때 이 외력에 저항하도록 각 지지점에 생기는 힘. ②일반적으로 수직반력, 수평반력, 휨반력으로 구분. ③구조물의 반력.

반머리초(半-草) : ①머리초가 반쪽으로 된 것. ②모로단청 중 무늬줄을 그려 넣는 정도에 따른 분류 중 하나. ③무늬의 절반만 그려 넣는 모로단청. ④⇨온머리초(⇔).

반머리초

반면붙이기식 힌지(半面-式-, half surface hinge) : 리프(leaf) 중 하나는 문틀을 파내어 부착하고 다른 하나는 문짝 표면에 부착하는 정첩.

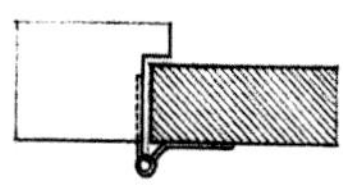
반면붙이기식 힌지

반목재구조(半木材構造, half timber construction) : ①플라스터와 벽돌조각 패널로 된 목재 프레임(frame). ②외부로 어두운 목재보가 노출되는 것이 특징. ③이 구조는 중세부터 18세기까지 북부유럽에서 유행하던 건축 시스템.

반바탕머리초 : 기둥이나 보 따위에서 머리 부분에 반바탕이 되도록 된 머리초.

반바탕머리초

반박공지붕(半朴工-) : ①박공지붕에서 지붕마루의 양 끝 귀를 잘라 작은 지붕면을 만든 지붕. ②⇨박공지붕.

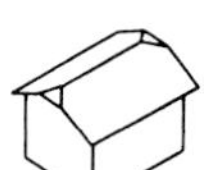
반박공지붕

반반절(半半切, queen closer quarter) : ①보통 벽돌을 길이방향으로 이등분한 것을 다시 반으로 마름질(절단)한 벽돌. ②벽돌온장을 1/4등분한 토막벽돌.

반방화장벽(半防火墻壁) : ⇨방화장.

반백(半白) : 속이 모두 붉지 않고 반쯤 붉은 나무.

반복[1](反復, repetition) : ①동일한 요소나 대상을 단위로 하여 2회 이상 배열하는 것. ②되풀이되는 단위는 통일된 조직체가 되어 정연한 질서의 미(美)를 주고, 반복된 표현에 의한 연속감과 운동감은 리듬(rhythm)의 구성요소가 됨. ③공간이나 서로 다른 패턴 또는 형태에 의해 분리된 리듬·패턴·형태 또는 강조의 재현.

반복[2](反復, feed back) : ⇨피드백(=).

반복강도(反復强度, strength of repeated load) : 반복하중을 받아 부재가 파괴될 때의 강도.

반복구조(反復構造, repetition structure) : 수직적, 수평적으로 서로 등간격을 유지하도록 형태를 배열하는 것.

반복운동(反復運動, repeated movement) : ①똑똑 두들기는 것처럼 규칙적인 간격으로 반복하는 단속적 운동. ②이 동작(또는 운동)의 피치(pitch ; 한 번 두들기는 데 필요한 시간)의 약 100m·sec라는 치수가 운동의 기초적 시간단위라고 생각함.

반블록(半-, half block) : 길이만이 기본 블록의 길이에서 줄눈너비를 뺀 것의 절반이 되는 블록.

반빗간(飯婢間, 飯備間, kitchen house) : ①집에서 반찬을 만드는 곳. ②'반찬을 만드는 장소(場所)나 공간(空間)'이라는 뜻으로 부엌을 별채로 독립시키고 부엌과 찬간(饌間)에서 사용하는 모든 가구와 집기들을 비치하여 둔 곳. ③보통 우물마루로 바닥을 이룬 반 칸 크기임. ④바느질이나 다듬이질을 하기도 함. ⑤큰집에서 안채와 떨어진 곳에 별채로 건립됨. ⑥찬간·반빗간부엌(=).

반빗간부엌 : ⇨반빗간.

반빗아치 : ⇨빗아치.

반사(反射, reflection) : ①하나의 매질(媒質) 속을 진행하는 파동(波動)이 다른 매질의 경계면에 이르면, 방향을 바꾸어 본래의 매질 속으로 진행하는 현상. ②물체의 표면에 부딪친 광선을 반대방향으로 투사시키는 표면의 부분적인 활동. ③반사된 상은 어떤 형태나 패턴의 외관을 의도적으로 완결시키는 데 사용될 수 있음. ④거울상을 만들기 위해 어떤 형상을 뒤집는 것.

반사갓(反射-, reflector) : ①전등(lamp)의 빛을 원하는 방향으로 반사시키기 위해 덮어씌운 조명기구. ②특히 반사성(反射性) 재료로 만든 것. ③전등갓(=).

반사광(反射光, reflected light) : ①반사되어 비치는 광선. ②광원에서 나간 후 어느 면에서 반사한 광선.

반사광선(反射光線) : ⇨반사광.

반사광속(反射光速, reflected luminous) : 입사한 광속이 어느 경계면에서 반사한 광속.

반사글레어(反射-, reflected glare) : ①보는 물체의 표면에 광원이 비쳐서 눈이 부시어 잘 볼 수 없는 현상. ②인쇄물 등의 표면에서 반사한 빛이 눈에 들어와 인쇄물이 잘 보이지 않게 되거나 유리로 보호되거나 광택이 있는 화면의 그림이 광원에 반사되어 잘 보이지 않게 되는 상태. ③간접글레어(indirect glare ; 시야 내에 있는 광원이 경면반사로 인해 발생하는 상태)라고도 함.

반사단열(反射斷熱, reflected heat insulation) : ①반사가 잘되는 재료를 벽체 등의 중공층(中空層) 내부 면에 부착시켜 그 반사성을 이용하여 복사전열(輻射傳熱)을 막는 일. ②반사단열재로는 광택이 있는 금속의 알루미늄박이 효과적으로 사용.

반사단열재(反射斷熱材) : ⇨반사단열(=).

반사대칭(反射對稱, radial symmetry) : ①직선 대신에 하나의 대칭점을 중심으로 하여 원형이 되는 상태. 이때의 중심점을 대칭점(對稱點)이라고 함. ②좌우대칭 때와 같이 중심점을 통하는 직선상에 있어서 대립하는 도형상의 두 점이 중심점에서 등거리에 있는 것도 들 수 있음.

반사색(反射色, reflected color) : 물체의 지각색은 비친 빛에서 물체 표면에 부분적으로 흡수된 파장을 제외한 반사된 파장에 의해 결정.

반사유리(反射琉璃, reflective glass) : ①플로트유리 제조공정 중 금속욕조(tin bath) 내에서 특수기체로 표면처리를 하여 일정 두께의 반사막을 입힌 유리. ②반사막이 광선을 차단·반사시켜 실내에서 볼 때는 시계(視界)에 전혀 지장이 없으나 외부에서는 거울처럼 보이게 되므로 '거울유리'라고도 함. ③반사유리는 열흡수유리보다 열전도가 적어 공기조화 및 열적 요구를 절감시키는데 기여. ④국내에서 생산되고 있는 두께 및 최대 생산 크기는 아래 표와 같음.

두께(mm)	최대 생산 크기(mm)	
	맑은유리 코팅시	색유리 코팅시
3	1,523×2,438	1,220×1,828(반강화유리)
5	2,540×3,658	2,100×4,000(반강화·전면강화유리)
6	2,540×3,658	2,100×4,000(반강화·전면강화유리)
10	2,540×3,658	2,100×4,000(전면강화유리)
12	2,540×3,658	2,100×4,000(전면강화유리)

반사율(反射率, reflection factor, reflectance) : ①조명을 받는 면으로부터 반사되는 투사광을 퍼센트(%)로 나타낸 것. ②재료나 구성요소가 복사에너지를 반사하는 비율. ③표면에 입사한 광속량에 대해 반사된 광속량의 비율.

반사음(反射音) : 어떤 물체에 부딪혀 반사되어 나오는 소리.

반사일사(反射日射, reflected radiation) : 직달일사(直達日射)와 천공일사(天空日射)가 지면으로부터 다시 반사되어 받는 일사.

반사전구(反射電球) : ⇨반사형 전구(=).

반사접시(反射-, reflected bowl) : ①반사 및 투과 겸용 재료로 접시모양으로 만든 반간접형 조명기구. ②광원 밑에 부착하여 상향배광(上向配光)으로서 천장면을 비추게 한 것. ③특히 반사성 재료로 만든 것을 반사접시라고 함.

반사조도(反射照度) : ⇨간접조도.

반사판(反射板, specular reflector) : 집열(集熱)효율을 높이기 위하여 집열창 전면에 설치하는 고반사율의 반사판.

반사형 전구(反射形電球, reflector lamp) : ①유리구(琉璃球)의 내면 일부에 은이나 알루미늄 등으로 반사층을 만들어 어느

ㅂ

방향으로 고광도(高光度)를 내도록 만든 전구. ②반사층은 회전 포물면경(拋物面鏡)이고, 배광(背光)은 예리한 지향성(指向性)을 가진 협각형(狹角形)과 광각형(廣角形)이 있음. ③와트를 계산하기 위해 일반 100와트 전구 대신 지향성 부착물이나 작업램프에 50와트 R20 반사전구를 대치할 수 있음. 이 경우 더 적은 비용을 들이고 같은 양의 빛을 얻을 수 있음.

반사형 형광등(反射形螢光燈, reflector type fluorescent lamp) : ①유리관 내면의 일부에 반사율이 높은 금속산화물의 반사막(反射膜)을 만들어 개구부 방향으로 배광(背光)을 크게 한 형광등. ②주로 먼지가 많거나 반사갓을 달기 곤란한 곳에 사용.

반섞기자갈(半-) : 자갈에 모래가 섞여 있는 골재.

반습식뿜칠공법(半濕式-工法) : ⇨뿜칠공법.

반심성암(半深成岩) : 심성암(深成岩 ; 지구 내부에서 생긴 것)과 화산암(火山岩 ; 지표에 유출되어 굳은 것)의 중간의 것.

반아카데미즘(反-, anti-academism) : ①일반적으로 아카데미즘에 내재(內在)하는 인습적인 경향에 반항하는 입장이나 경향 및 운동. ②예술 및 디자인에서는 시대에 적합한 형식을 실현하고자 하는 욕구에서 이미 확립되어 정당한 것으로 인정해온 제작방법과 작품의 양식을 강력히 부정하여 이와 다른 길을 제시하려고 하는 주장. ③근대운동의 거의 대부분이 반(反)아카데미즘을 기조(基調)하고 있음.

반암(斑岩, porphyry) : ①대리석의 일종. ②붉은색·녹색·자주색 등 다양한 색상을 가지고 있으며 건축과 장식적 용도로 널리 사용.

반연귀(半燕口) : ①인방이 길게 지나가는데 벽선을 세워 연귀한 것. ②인방의 해당 부분만 도려내어 벽선 연귀에 맞춤. ③연귀를 부재너비의 반만 내고 안쪽은 직각으로 잘라 맞춘 연귀. ④⇨연귀.

반연귀

반오량(半五樑) : ①용마루를 중심으로 지붕틀의 전면은 5량, 후면은 3량으로 꾸민 지붕틀. ②한쪽은 동자주를 세워 중도리를 걸고 장연과 단연을 걸고, 다른 한쪽은 중도리 없이 주심도리와 종도리에 장연만을 건 3량집과 오량집의 절충형. ③지붕의 길이는 주로 앞쪽인 5량쪽이 길고 뒤쪽인 3량쪽이 짧음. 따라서 5량인 앞쪽은 장연과 단연을 이어 서까래를 구성하고 3량인 뒤쪽은 서까래 하나만 얹음. ④예산 정동호가옥 등이 실례.

반우(反羽) : ⇨치미(=).

반원기둥(半圓柱, half column) : ①일반적으로 직경의 반이 벽에서 튀어 나와 있는 원기둥. ②인게이지드칼럼·어태치드칼럼(=).

반원로터리베니어(半圓-, half circle rotary veneer) : ⇨하프라운드베니어(=).

반원반자(半圓盤子) : ①반원형으로 만든 반자. ②궁륭반자(=).

반원슬라이스드베니어 : ⇨하프라운드베니어.

반원아치(半圓-, semi-circular arch, roman arch) : ①반원형으로 된 아치. ②자연스러우며, 우아한 느낌의 의장효과가 있음.

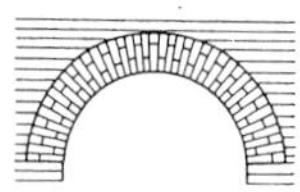
반원아치

반원주(半圓柱, half column, halbsäule[독]) : 벽면 또는 피어(pier)로부터 1/2만큼 돌출한 원주(圓柱).

반원지붕(半圓-, barrel roof) : 지붕 단면을 반원형으로 길게 만든 지붕.

반원토관(半圓土管) : 반원형의 단면으로 된 토관.

반원통형 궁륭(半圓筒形穹窿, barrel vault) : ⇨배럴볼트(=).

반원형 궁륭(半圓形穹窿) : ⇨배럴볼트(=).

반원형 손잡이(半圓形-, bail handle) : ⇨백조목형 손잡이(=).

반원형 지붕(半圓形-) : ⇨콘치.

반원홈통(半圓-, half round gutter) : 단면이 반원형으로 된 홈통.

반월문(半月門) : ⇨반달문(=).

반월성(半月城) : ①사적 제16호 지정. 경북 경주시 인왕동 소재. 삼국시대 신라 축성. 월성은 신라 파사왕 22년(101)에 쌓은 신라궁궐의 도성 터. 이 성은 2세기 초 중엽에 쌓았다고 전하며 신라가 멸망할 때까지 오랫동안 궁성으로 썼음. ②월성은 반월성·신월성·견성·재성(임금이 계신 성) 등으로 부르기도 함. ③경주벌의 남쪽에 있는 남산 가까이, 영일만으로 흘러가는 형산강 지류의 남천(南川)기슭의 그리 높지 않은 언덕 위에 자리잡고 있음. ④남천강 언덕의 절벽을 따라 자연지세를 잘 이용하여 반달모양으로 쌓았음. 반월성이란 이름은 여기에서 온 것. ⑤성을 쌓기 전에는 호공(瓠公)이라는 사람이 살고 있었는데, 그 탈해왕(脫解王)이 어렸을 때에 꾀를 써서 호공이 살던 집을 차지해 당시에 남해왕(南解王)이 그 얘기를 듣고 보통아이가 아닌 줄 느껴 사위로 삼았으며, 그 후 신라 제4대 임금이 되었다는 전설도 간직한 곳. ⑥곳곳에 성벽이 끊어진 곳은 성문터임. 성의 정문터인 서문터에는 주춧돌들이 남아 있음. 성벽 밖으로는 해자(垓字)를 둘렀던 흔적이 남아 있음. 월성 안에는 커다란 궁전들과 관청들이 있었음. 궁전의 기본 건물인 정전은 서북쪽 넓은 대지 위에, 내전은 동북쪽에 있었음. 거기에는 당시의 기와조각들이 널려져 있음. 월성 주변에는 왕궁과 관련있는 유적들이 많음. 월성 서북쪽에는 첨성대가 있고, 동북쪽에는 674년에 인공적으로 만든 안압지가 있음. 남쪽으로는 성벽 아래로 남천이 흘러 자연적인 방어시설로 이용되고 동쪽으로는 임해전으로 통할 수 있는 문터와 아울러 성벽 밑으로는 물이 흘러내리도록 인공적으로 마련된 방어시설인 해자가 있었음이 월성부분 발굴조사(月城部分 發掘調査)로 밝혀짐으로써 성벽 전체를 돌아 물이 흐르도록 하여 성을 보호하도록 한 사실을 알게 됨.

반월창(半月窓, lunett[프], semi-circular window) : ①창문틀이 반달모양으로 된 창문. ②루넷(=).

반응경화형접착제(反應硬化型接着劑) : ①에폭시 접착제처럼 주제(主劑)와 경화제의 2성분으로 이루어져 이들의 화학반응에 의해서 경화하는 접착제. ②온도의 영향을 받아 저온에서는 경화시간이 길어지므로 5℃ 이하에서는 사용을 피하여야 함. ③고온에서는 사용 가능한 시간이 짧기 때문에 한 번에 배합하여 비비는 양이 많지 않도록 하여야 함.

반응시간(反應時間, reaction time) : ①어떤 정보가 눈이나 귀 등의 감각기관으로부터 입력되어 뇌에 전달되고, 어떤 판단을 한 후 그 명령이 신체의 각 부위에 전달될 때까지의 시간. ②어느 자극에 대해 일정한 동작으로 반응하기까지 소요되는 시간.

반인방(半引枋) : 기둥과 기둥 사이에 건너지른 인방 가운데 그 길이가 반 정도되는 인방.

반자(盤子, 班子, ceiling) : ①각실의 위를 막아놓은 부분. ②방이나 마루(대청)의 천장을 종이나 나무로 평평하게 만든 시설. ③지붕 밑·마루 밑을 감추어 보기 좋게 하고, 먼지 등을 방지하며, 음·열·기류를 차단하는 구조물. ④지붕 밑 또는 위층의 바닥 밑을 막아 온도조절 역할을 함과 동시에 음향방지와 장식을 겸한 구조체. ⑤시공 순서는 달대받이→반자돌림대→반자틀받이→반자틀→달대 순으로 함. ⑥천장(=).

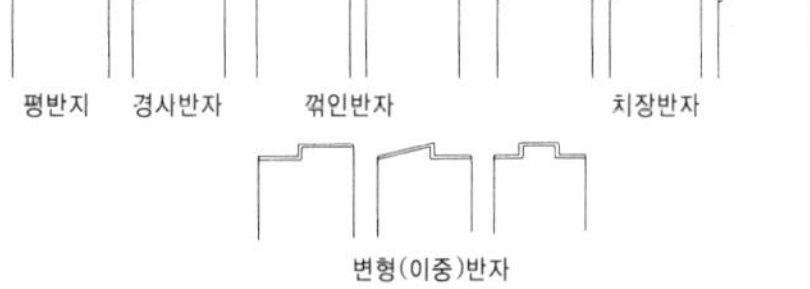

반자형상

종류	이음장소	간격
달대받이	천장바닥에 긴결	900㎜
달 대	반자틀을 매달기 위해 달대받이에 긴결	1,200㎜
반자틀받이	반자틀을 매달기 위해 설치	450㎜
반 자 틀	반자붙임 재료를 붙이기 위해 설치	450㎜

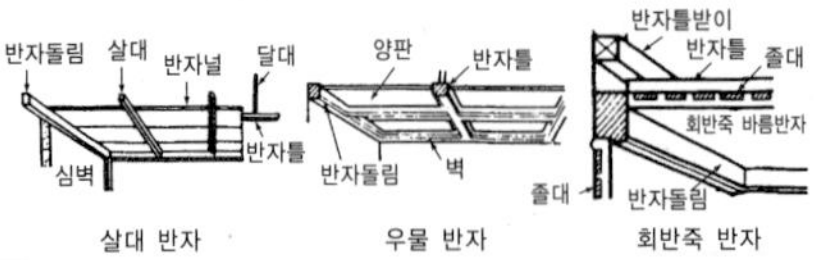

반자의 종류

반자기(半磁器 semi-porcelain) : ①도기(陶器)와 자기(磁器)의 중간온도인 1,200~1,300℃ 정도로 소성된 자기. ②위생도기나 타일 등에 많이 사용.

반자기질타일(半磁器質-, semi-porcelain tile) : ①자기질타일과 도기질타일의 중간 정도로 소성한 타일. ②흡수율이 0.3~5% 정도. ③⇨타일.

반자널(盤子-, ceiling board) : ①반자에 대는 널. ②장반지널·치받이 반자널 등이 있음.

반자높이(盤子-, ceiling height) : ①실내 바닥 면에서 반자 하단 면까지의 높이. ②동일한 실내에서 반자높이가 서로 다른 경우에는 그 각 부분의 면적에 따라 가중 평균한 높이로 함. ③반자가 없는 경우에는 보 또는 위층의 바닥 밑면까지의 높이로 함. ④천장고(=).

반자대(盤子帶, furring strip of ceiling, ceiling joist) : 천장에 수평으로 가로질러 반자틀을 짜는 틀의 바탕이 되는 부재.

반자돌림대(盤子-帶, ceiling board) : ①반자의 가장자리벽과 천장과의 접속부에 둘러 댄 테. ②반자돌림은 벽과 반자를 같은 회반죽으로 할 때에는 회반죽 자체로 하거나 또는 석조 조각물을 붙여 만들지만 벽면과 반자의 재료가 다르거나 목조에서는 대부분 나무로 함.

반자돌림띠(盤子-) : ⇨반자돌림대(=).

반자천장(盤子天障) : ①반자는 원래 실내의 보온효과를 높이기 위하여 종이를 발라 지붕 밑을 장식적으로 마무리한 것. ②반자로 된 천장구조. ③일정한 높이에 수평의 반자틀을 만들어 그 안에 널판을 끼워 넣은 천장. ④지붕 밑의 구조재를 가리고 보온효과도 거둘 목적으로 설치. ⑤종류는 종이반자·평반자·우물반자 등이 있으나 종이반자가 가장 많이 이용.

반자틀(盤子-, ceiling joist, ceiling frame) : ①반자를 드리기 위해 설치하는 울거미. ②복국에 종이를 바르기 위한 나무틀. ③천장에 반자널이나 합판 등을 붙이기 위해 댄 가늘고 긴 나무로 가로세로 짜붙인 틀. ④일반적인 목재 반자틀 시공 순서는 달대받이→반자돌림대→반자틀받이→반자틀→달대 순으로 함. ⑤반자·다라니틀·동다라니틀(=).

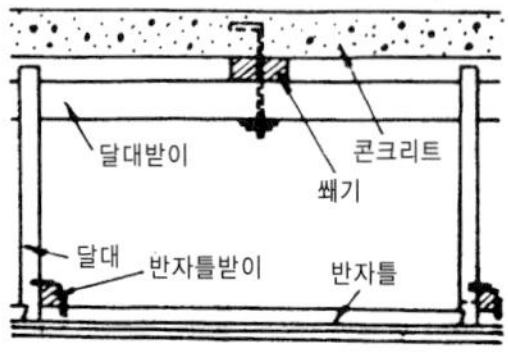

반자틀구조

반자틀받이(runner) : ①반자대를 대기 위해 먼저 건너지르는 부재. ② 목조인 경우 약 90cm 간격으로 대고 달대를 매달음. 또 반자틀받이를 대지 않고 반자틀을 직접 달대에 매달기도 함.

반장부(半丈夫) : 두 나무를 맞대어 이을 때 한쪽 나무에만 만든 짧은 장부.

반전성(反轉性 reversibility) : 그림과 그 바탕을 뒤바꿈으로써 형태성 게슈탈트(Gestalt[독])가 변화하는 것.

반전실체의 착시(反轉實體-錯視) : 도형의 한쪽이 튀어나와 보이거나 그 반대측이 튀어나와 보이는 등 도형이 전후로 반전하여 입체로 지각되는 착시현상.

반전아치(反轉-, reversing arch) : ⇨아치.

반전현상(反轉現像, reversing development) : 촬영된 네거티브 필름을 포지티브 화상으로 바꾸는 현상.

반절(半折, queen closer) : ①온장의 벽돌을 길이방향으로 반으로 자른 토막벽돌. ②벽돌의 마구리를 이등분하여 길이로 절단한 토막벽돌. ③마름질(=).

반점(半點) : 석재의 표면에 부분적으로 생긴 반점 모양의 얼룩진 것.

반주홍(半朱紅) : 진홍색의 안료.

반죽질기(consistency) : ①수량(水量)의 다소에 따른 유동성 정도를 나타내는 굳지 않은 콘크리트 성질. ②아직 굳지 않은 시멘트 모르타르·콘크리트·회반죽 등의 유동성 정도. ③반죽질기는 보통 슬럼프 시험에 의한 슬럼프값으로 표시됨.

반직접조명(半直接照明, semi-direct lighting) : ①빛의 60~90%가 아래로 향해 비추고, 나머지 10~40%의 빛이 위로 향해 투사시키는 방식. ②빛이 실내 전체로 확산되기 때문에 마감재의 반사율에 의한 밝기의 정도가 크게 영향을 받으므로 마감재의 색채(특히 명도)·질감 등을 고려하여 조화 있는 공간연출이 되도록 계획. ③⇨조명.

반짇고리 : 바느질에 필요한 바늘·실·가위·골무·헝겊 등을 담는 그릇.

반칠량가(半七樑家) : ①전면은 칠량, 후면은 오량. ②엇칠량(=).

반침(半寢) : ①한옥구조에서 큰 방 안벽에 붙어 있는 물건을 넣어 두게 된 작은 방. ②깊이 75~120cm(보통 90cm), 높이 180cm 정도로 하고, 문은 미세기 또는 외여닫이로 함. 내부에는 단을 만들고 선반을 매어 이불 옷장으로 사용함. ③근래에는 천장까지 상하로 달고 고급 가구식으로 꾸미기도 하는데 이를 붙박이장이라고 함.

반턱(半-, halving) : ①접합하는 두 부재를 서로 그 단면의 절반씩을 따내어 볼트·못·산지 등을 박아 맞추거나 잇기 위해 깎은 것. ②사모턱(=).

반턱맞춤(半-, end lap joint, cross lap joint, shoulder joint, rabbit joint) : ①접합하는 두 부재를 서로 절반씩 따낸 맞춤. ②두 재를 서로 그 높이의 반(半)만큼 따내고 맞추는 작업 또는 그 자리. ③상부 부재를 업힐장, 하부 부재를 받을장이라고 함.

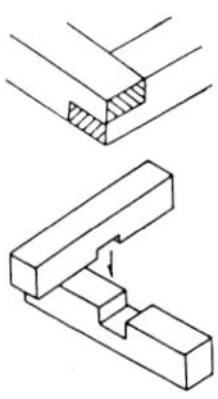
반턱맞춤

반턱붙임 : ⇨변탕붙임(=).

반턱연귀(半-燕口) : ⇨연귀.

반턱이음(半-, halving, rebated joint, half lap) : ①두 개의 목재를 잇거나 맞출 때 반물림이 되도록 가공하여 접합하는 방식. ②길이방향으로 이를 때 사용되는 가장 간단한 방법. ③반드시 큰 못이나 나사 등 철물로 보강함.

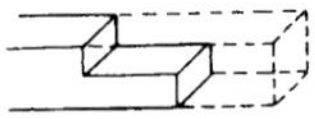
반턱이음

반턱쪽매(半-, shiplap) : ①널의 옆면을 붙여 넓게 깔 때 널두께의 반만큼 턱이 지게 따내서 반턱이 겹치게 한 쪽매. ②변탕붙임(=).

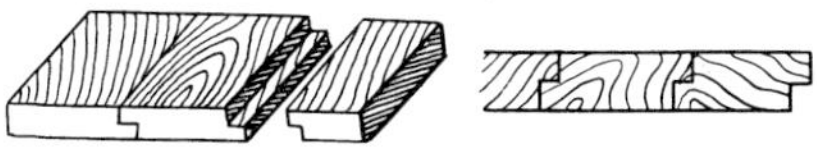
반턱쪽매

반토막(半-, half bat, boil bat, two quarter) : ①벽돌의 절반을 자른 토막. ②온장의 벽돌을 가로방향으로 반분(半分)한 토막벽돌. ③벽돌의 길이를 이등분하여 절단한 토막벽돌. ④마름질(=).

반투명(半透明, translucency) : 뚜렷한 이미지의 지각을 제거하기 위해 충분히 확산된 빛을 전하는 재료의 특성.

반투명유리(半透明琉璃, obscure glass) : 빛은 통과시키고 시선은 차단되는 유리.

반파넣기식 힌지(半-式-, half-mortise hinge) : 리프(leaf) 중 하나는 문짝 가장자리를 파내어 부착하고 다른 하나는 문틀에 부착하는 정첩.

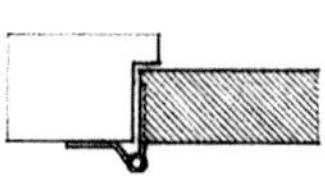
반파넣기식 힌지

반하방(半下防) : ⇨하방담(=).

반향(反響, echo, reverberation) : ①소리를 듣는 사람에게 음원(音源)에서 나는 직접음과 반사음 사이의 시간차 때문에 하나의 음이 두 개 또는 그 이상으로 들리는 현상. ②직접음과 반사음의 시간차가 약 50㎳(mili-second, 1㎳는 1/1,000sec)이고, 음의 노정차(路程差)가 17m 이상이면 반향이 생김. ③소리의 연속적인 울림으로 시간이 지나면 점차로 줄어드는 것.

반향시간(反響時間, reverberatory time) : 소리가 생성되어 들리지 않을 때까지 요구되는 시간.

반형식적 구성(反形式的構成, semi-formal composition) : 배열에 있어 어느 정도의 불규칙에 의해 형식적 구조를 혼합하는 특성이 있는 구성 또는 어느 정도의 규칙에 비형식적인 구조를 혼합하는 특성을 보이는 구성.

반화방장(半火防墻) : 벽체 높이의 반만 사괴석 쌓기로 한 것.

받을장 : ⇨반턱맞춤·업힐장(⇔).

받이쇠(strik, striking plate) : ①함자물쇠의 래치볼트나 데드볼트를 받는 구멍이 뚫어진 판 모양의 철물. ②회전축 등을 받치는 철물. ③문틀 면에 묻히게 부착.

받침돌(socle) : 대좌(臺座, pedestal)나 원주(圓柱, column) 또는 벽을 받치는 평탄한 기부(基部, base)의 켜.

받침목(-木) : ①물건의 밑에 받쳐 댄 나무. ②가새(=).

받침쇠 : 문고리 밑에 대는 무늬가 있는 받침 장식.

받침장 : 처마 끝 암키와(내림새)의 밑에 까는 기와.

받침장여(-長欐) : 도리 바로 밑에서 도리를 보존하기 위해 덧대는 사각의 가로 부재.

받침주두(-柱頭, cushion capital) : ⇨캐피털.

받침 퍼티(back putty) : 스틸 새시와 유리 사이에 받쳐 붙이는 퍼티.

발 [1](fathom) : ①두 팔을 좌우로 폈을 때의 좌우 손가락 끝 사이의 길이. ②한발의 길이는 6척(尺).

발 [2](拂) : ①가늘게 쪼갠 대오리나 갈대 같은 것으로 엮어 만든 시선차단·환기 및 일광조절장치. ②보통 개구부에 설치하여 커튼 역할을 함.

발 [3] : 나무 나이테의 굵기.

발광(發光, luminescence, radiation, radiance) : 마찰이나 전기 또는 화학작용에 의해 발생하는 가시광선.

발광도료(發光塗料, luminous paint) : ①형광체(螢光體)·인광체(燐光體)의 안료(顔料)를 적당히 전색제에 넣어 만든 도료. ②주로 선전·광고·어두운 곳에서의 식별(識別)에 필요한 계기류(計器類)의 눈금·지시판(指示板)·스위치(switch) 등의 표시에 사용. 발광도료에 사용되는 안료. ③종류로는 형광안료와 인광안료가 있음. ④어두운 곳에서 빛을 내는 도료로서 광선을 비추면 그 에너지를 흡수하여 어두운 곳에서 인광(燐光)을 냄. 그 발광성은 안료에 인광체의 분말을 사용함으로써 얻음. ⑤야광도료(=).

발광체(發光體, illuminant, luminous body) : 태양·전구 등과 같이 스스로 빛을 내는 물체.

발광효과(發光效果) : ①하얀 직사각형들은 크기가 같은 데도 그것과 대비되는 검은 부분의 크기 때문에 다르게 지각되는 착시현상. ②일반적으로 흰색과 연한 색을 칠한 부분은 진한 부분보다 커보임. ③예수가 탄생하기 400년 전 그리스 파르테논 신전을 설계한 건축가들도 이러한 착시현상을 이용하여 파르테논 신전의 기둥들은 주로 환한 하늘을 배경으로 하여 잘 설계하였는데, 검은 벽을 배경으로 하여서 신전 내부의 기둥들보다 훨씬 더 굵게 처리함. ④착시현상(=).

발광효율(發光效率) : 어느 광원(光源)의 광속(光速)과 방사속(放射束)의 비(比).

발굽형발(-形-, cloven foot, hoof foot) : ①말이나 염소처럼 굽이 있는 동물의 발처럼 조각한 가구의 발. ②18세기에 캐브리올 다리(cabriole leg)와 함께 사용.

발다키노(baldacchino[이]) : ①옥좌(玉座)·제단·출입구 등의 천개(天蓋, canopy ; 닫집)·덮개. ②기둥 위에 얹혀 있는 캐노피(canopy). 일반적으로 제단(祭壇 ; altar) 위에 설치. ③제단·왕좌 등의 위에 보이는 천개. 위에 걸쳐지는 것이 있고, 4개의 기둥에 의해 지지되는 것도 있음. ④제대 위에 있는 장식적인 캐노피. 보통 기둥으로 지지되어 있으며, 무덤이나 주교좌(主教座)와 유사한 형태를 취함. ⑤시보리엄(=).

발돋음비계(-飛階, trestle scaffolding) : ①실내작업에서 발판으로 사용되는 비계. ②⇨비계.

발라드벽지(-壁紙, ballade wall paper) : 그라비아 인쇄와 프레스 엠보싱이 한 기계 안에서 처리된 것.

발라우(Balau) : ①세랑강 바뚜의 말레이시아 명칭. ②세랑강 바뚜.

발란스(valance) : ⇨밸런스조명(=).

발뢰르(valeur[프]) : ①개개의 색면(色面)이 나눠 갖는(分有) 가치. ②색가(=).

발문[1](簾門) : ①문울거미에 발을 쳐서 통풍은 되지만 안이 들여다보이지 않게 한 문. ②창으로 쓰이는 발문을 사창(紗窓) 또는 망사창(網紗窓)이라 함.

발문[2](拔文) : ①그림의 공백이나 표구(表具)의 대지(臺紙) 위에 쓰인 글. ②작가 자신이 쓰거나 다른 사람이 느낌을 적기도 함. 이 글을 통해 그림의 의도하는 바를 이해할 수 있도록 함. ③제문(=).

발비 : ⇨서살목(=).

발사(balsa, Ochroma spp[학]) : ①쿠바·자메이카·과테말라·엘살바도르·코스타리카·베네수엘라·멕시코·온두라스·페루·파나마·콜롬비아 등에 분포. ②심재는 보통 백색이나 엷은 홍색 또는 갈색을 띰. 변재는 백색이나 황색 또는 핑크색. 목리는 통직하고 나무갗은 거칠고 재의 표면은 광택이 남. 비중은 0.12~0.15로 가벼우며 수축률은 방사방향 2.6%, 접선방향 7.2%, 용적수축률은 11.6%로 적고 강도는 압축강도 60kg/㎠, 휨강도 141kg/㎠, 횡인장강도 4.9kg/㎠, 전단강도 17.5fkg/㎠ 매우 약하고 탄성과 부력이 있으며 열이나 음향에 대한 고도의 절연성이 있음. 내구성이 낮고 제재·가공·건조·접착은 용이하나 포삭은 불량. ③주로 항공기·절연재·건물모형·모형 비행기 등의 공작용으로 사용.

발삼퍼(冷杉, Balsam Fir, Canada balsam, Eastern fir) : ①캐나다의 알바타 동부에서 남부 펜실베이니아, 서부 미네소타에서 버지니아지역에 분포. ②변심재의 구분은 분명치 않으며 유백색 또는 담갈색으로 연륜은 뚜렷함. 목리는 통직하고 조직은 가볍고 부드러우며 춘재보다 추재가 더 치밀함. 기건비중은 0.40, 수축률 11.2%로 적으며 강도는 압축강도 212kg/㎠, 휨강도 534kg/㎠, 전단강도 58kg/㎠로 약함. 내구성은 낮으며 거단(鋸斷)·건조·접착성은 양호하나 포삭(鉋削)·도장성은 보통. ③주로 건축·상자·문구·접착제(Canada balsam) 등에 사용.

발상법(發想法, idea finding) : 아이디어 창출과 그 발전과정.

발색스테인리스강(發色-鋼) : ①표면에 산화피막을 형성하여 빛의 간섭작용에 의해 여러 가지 색깔을 나타내는 스테인리스강. ②금속내외장재나 주방용으로 많이 이용함.

발주서(發注書, purchase order) : 디자이너가 고객에게 필요한 제품이나 서비스를 공급하기 위해 주문할 때 사용하는 양식.

발창(撥窓) : 통풍이 되고 햇빛 등을 가리기 위해 발을 친 창문.

발코니(balcony) : ①벽으로부터 돌출하고 난간으로 둘러싸인 플랫폼(platform). ②건물의 외벽에서 돌출한 부분 또는 돌출하여 실내생활의 연장으로 이용할 수 있는 옥외의 바닥. 일반적으로 난간(balustrade)이나 허리 정도 높이의 벽으로 둘러싸여 있으며, 지붕이 설치되기도 함. 보통 까치발(bracket)로 지탱되지만 오늘날에는 플랫(flat)이나 아파트(apartment) 등에서는 외팔보(cantilever)로 지탱.

발코니액세스(balcony access) : 교실 등의 배치계획 발코니에서 출입하는 형식.

발코니프런트(balcony front) : ①극장 발코니 전면(前面)의 수직면. ②보통 스포트라이트(spotlight)를 설치.

발판(-板, scaffolding board, tread) : ①밟고 건너 다니거나 오르내리는 데 사용하기 위해 걸쳐놓은 널. ②재료의 운반이나 작업을 할 수 있도록 비계 띠장에 걸쳐놓은 널. ③계단의 수평적 표면으로서 계단을 오르내릴 때 발을 딛는 계단판. ④계단판(=).

발포벽지(發泡壁紙, forming wall paper) : ①비닐벽지의 일종. ②염화비닐을 졸(Sol) 상태로 만들어서 백상지에 부분 도포하여 열에 의해 발포시킨 벽지. ③1.3~1.5㎜ 정도의 염화비닐 발포 층에 프린트 엠보싱하여 입체감이 나도록 하고 여러 가지 질감을 표현한 벽지.

발포 폴리스티렌(發泡, Expanded Polystyrene, EPS) : ①폴리스티렌 수지에 펜탄 또는 부탄 등 탄화수소가스를 주입시킨 후 이를 증기로 부풀린 발포제품으로 체적의 98%가 공기이고 나머지 2%가 수지인 자원절약형 소재. ②발포스티렌은 스티로폴(Stropor), 스티로폼(Styrofoam) 등으로 불리며 우리나라에서는 1974년에 처음으로 소개됨. ③스티로폴의 종류에는 크게 가전제품의 포장재·농수산물 상자·양식용 부자·주택 단열재 등이 있음. ④스티로폴(Stropor)은 독일 BASF사의 상표명이며, 스티로폼(Styrofoam)은 미국 다우케미칼사의 단열재 상표명. 따라서 스티로폴이나 스티로폼은 기업의 상품명으로 국내에서는 스티로폴로 더 많이 알려져 있음.

발포염화비닐벽지(發泡-壁紙) : ⇨발포벽지(=).

발포유리(發泡琉璃, foaming glass) : 기포유리(=).

발포제(發泡劑, forming agent, air entraining agent) : ①A.E.제라 하여 콘크리트에 혼화제의 일종. ②콘크리트에 알루미늄분말·아연분말을 혼입하면 알칼리와 반응하여 열이나 화학반응에 의한 수소가스(H_2) 기포를 발생하여 다공질(多孔質) 물체를 만드는데 사용하는 약제. ③그밖에 기포 콘크리트의 발포제로는 AE제, 과산화수소와 표백분 등이 사용됨.

발포플라스틱(發泡-, foaming plastic) : ⇨스티로폴.

발포폴리스티렌(發泡-) : ⇨스티로폼.

발화(發火, ignition) : ①연소(燃燒)의 발생. ②착화·점화(=).

발화온도(發火溫度) : ⇨발화점(=).

발화점(發火點, ignition point) : ①점화(點火)하지 않는데도 연소하기 시작하는 온도. ②목재가 화원(火源) 없이 자체 발화할 수 있는 온도. ③목재인 경우 약 330~470℃(평균 450℃). ④착화점·표면착화점(=).

밝기(subjective brightness, brightness, Helligkeit[독], brilliance[프]) : ①명암에 관한 시지(감)각의 속성. ②빛의 양. ③광원이나 물체 표면 등의 명암에 관한 시지각의 양. ④밝기의 측정은 표준비 시감도곡선으로 정의된 분광감도를 지닌 수광기(受光器)에 미치는 빛의 강도에 따라 측정. ⑤명도(=).

밝기의 항상성(-恒常性) : ⇨항상성.

밤나무(栗木, chestnut tree, Castama crenata Sieb. et Zucc.[학]) : ①너도밤나무과의 낙엽활엽교목으로 키는 5~15m 정도. 우리나라 각지 및 일본에 분포하며, 한해(旱害), 대기오염에 약함. 성장이 빠르고 햇빛을 좋아함. ②연륜은 매우 뚜렷하고 환공재(環孔材)로서 변재는 짙은 회색과 검정을 띤 황색이고, 심재는 연한 갈색에 녹색으로 심·변재의 구분이 뚜렷함. 비중은 0.53 나무갖은 거칠고 단단하고 탄력이 크며, 휘어지고 갈라지기 쉬움. 나뭇결이 거칠고 값이 저렴하므로 참나무의 대용으로 적합. 부드럽고 밝은 색조의 나무로 건조가 용이하며, 수축이나 뒤틀림이 거의 없음. 물과 습기에 강함. 수축성과 흡수성은 작음. 압축강도·휨강도·전단강도는 보통이고, 인장강도는 약하고, 충격휨 흡수에너지는 작으며, 경도는 낮음.

건조성과 휨 가공성은 양호하고, 제재 가공성은 보통이며, 대패가공성은 불량함. 접착성은 보통이고 도장성은 양호함. 합판 제조적성과 섬유판 제조적성은 보통이고, 파티클보드 제조적성은 불량함. 시멘트경화성과 내후성은 양호함. 목단제조적성은 보통이나 펄프화적성은 양호함. ③주로 화장단판·가구·건축(건구·내장)·기구·조작·버섯재배용 등으로 사용함.

밤베르크대성당(-大聖堂, Bamberg Dom[독]) : ①독일 남부 바이에른 지방의 밤베르크에 있는 대성당으로 1012년에 건조하여 1185~1237년에 로마네스크와 고딕의 혼합양식으로 재건하였음. 이중 켈라(cella), 3랑(廊)의 바실리카 형식으로 되고, 천장은 첨두아치(pointed arch)의 교차볼트(cross vault)로 되어 있음. ②로마네스크에서 고딕으로 옮겨가는 과도기의 대표적인 성당임. 성베드로와 게오르크성당(St.Peter und Georg Cathedral)이라고도 함. 1004년 황제하인리히2세가 밤베르크에 건립한 대성당이 1081년과 1085년의 화재로 파손된 뒤 1200년경부터 새로 대규모의 개조공사를 시작하여 1237년에 헌당하였음. 동서에 내진(內陣)이 있는 전형적인 독일 로마네스크의 이중 내진식 구조로 되어 있음. 아름다운 조각이 많이 있는 것으로 유명함. <두 예언자> <두 사도> 또는 <아담과 하와> <교회와 시나고그> 등 장식 조각, <마리아상> <엘리자베스> 등의 조상(彫像)은 널리 알려져 있으며, 독일이 번영하고 있던 시기의 로마네스크 조각의 높은 수준을 잘 나타냄.

밤베르크대성당 외부

밤비노(bambino[이]) : 어린아이 또는 어린 예수의 상이나 그림.

밤부잉(bambooing) : 18세기 중엽에서 19세기 후반까지 고급가구에 애용되던 목재 위에 대나무처럼 보이도록 그리는 도장 기술.

밤색(-色, chestnut brown) : ①관용색명으로 칙칙한 주황. ②먼셀기호 2YR3.5/4.

밥쇠 : 절에서 밥을 먹을 때 여러 사람에게 알리기 위하여 다섯 번 치는 종.

밥청(-廳) : 농사 때 농사일을 하는 사람들이 많은 집에서 아랫사람들이 식사를 하던 안채 부엌에 붙은 공간.

밧줄형 몰딩(-形-, cable moulding) : 노르만과 르네상스 건축·가구 등에서 치장 몰딩으로 사용된 밧줄의 꼬인 가닥을 묘사한 볼록한 몰딩.

밧줄형 세로홈장식(-形-裝飾, cable fluting, ribbed fluting, stopped fluting) : ①기둥의 세로 홈 안에 넣은 반원의 몰딩. ②고대 로마시대에 사용하다가 프랑스·이탈리아의 르네상스시기에 더 많이 강조. ③보통 주신(柱身, shaft)의 1/3 높이 정도까지 올라옴.

밧집 : 궁궐 밖의 백성의 집.

방갈로(bungalow, bangalo[독]) : ①인도어 'bangla(주택을 의미)'에서 유래한 용어. ②어원은 힌두어로 '벵갈의(belonging to Bengal)'라는 의미로 원래는 인도에서 주로 영국 공무원들을 위해 베란다(veranda)를 붙여 현지에 맞게 세워진 주택으로 경쾌하게 만들어진 단층주택을 말함. ③낮고 깊숙한 처마에 베란다가 있는 작은 주택 또는 코티지(cottage)를 총칭. ④보통 방은 2~3개이고, 천장이 높고 큰 창문과 출입구가 있고 사방으로 베란다가 있음.

방갈로주택(-住宅, bungalow housing) : ⇨ 방갈로.

방걷기 : 나무(材木)의 끝을 깎아서 둥글게 하는 것.

방고래 : 방의 구들장 밑으로 만든 불길이 되며 연기·가스가 빠져나가도록 한 고랑.

방구매기 : ①초가지붕의 처마기슭이 둥그스름하게 된 것. ②처마 설치의 한 기법

으로 처마안허리를 주어 곡선을 이루는 대신, 반대로 통서까래보다 추녀를 짧게 하여 둥근 처마를 이루는 것. ③양쪽 추녀 끝보다 처마의 중간이 조금 배부르게 하는 일. ④달성의 하목정에서 그 예를 찾아 볼 수 있음.

방균도료(防菌塗料) : ①프탈산수지(phthal acid resin)·페놀수지(phenol resin)·초산비닐(acetic acid vinyl) 등을 주체로 하여 곰팡이 제거제를 섞은 것. ②콘크리트모르타르 목재벽지 등에 곰팡이균 발생을 방지하기 위하여 사용되는 도장. ③생물학적 기능을 갖는 도료. ④시공시 유의사항 ㉠일반 도료와 혼합금지. ㉡고온다습한 기온시 기포발생에 유의. ㉢습도 85% 이하, 기온 1525℃에서 작업조건 최적. ㉣바탕에 곰팡이가 발생하였을 경우 이를 제거 후 작업 실시. ⑤종류는 상온건조용(常溫乾燥用)과 소부용(燒付用)이 있음. ⑥습기가 많은 장소에는 곰팡이가 발생하고, 미관상 좋지 않을 뿐만 아니라 금속의 부식이나 누전의 원인이 되므로 이를 사전에 제거하기 위하여 사용. ⑦시공은 바탕처리→초벌→재벌→정벌 순으로 진행함.

방균도장(防菌塗裝) : ⇨방균도료(=).

방동제(防冬劑, anti-freezer, antifreezing admixture) : ①콘크리트 등의 동해방지에 효과가 있는 물질. ②콘크리트나 모르타르의 동해를 방지할 목적으로 사용하는 염화석회(鹽化石灰) 또는 식염(食鹽) 등을 말함. ③미장바름 속에 기포(氣泡)를 만들어 동결(凍結)에 의한 팽창력을 완충시킴으로써 파괴를 피하고자 하는 생각에서 AE제를 방동제로 사용하는 경우도 있음.

방두산지 : ①막장부촉 끝을 에이고 박는 쐐기. ⇨배두산지(=). ②튀어나온 장부촉 끝에 박는 산지.

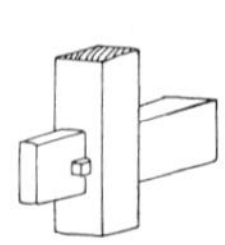
방두산지

방로피복(防露被服, anti-sweat covering, anti-condensation covering) : 표면결로를 방지하기 위해 차가운 물체의 겉면을 얇은 두께의 보온재료로 피복하는 것.

방로합판(防爐合板) : 열에 견딜 수 있도록 약제를 처리한 합판.

방목(枋頭) : ①부재(部材)의 머리가 다른 부재의 구멍이나 홈을 뚫고 내민 부분. ②보통 그 부재의 크기보다 가늘게 만들어짐. 맞배집에서는 도리와 장여가 길쭉하게 빠진 긴 뺄목이 되고, 다포집에서는 네 귀퉁이에서 창방(昌枋)·평방(平枋)의 뺄목이 +자형으로 짜임.

방법(方法, method) : ①사실이나 정보에 대한 문제의 특정한 접근방법. ②특별한 원칙에 의해 수행되는 체계적인 절차 등의 방법.

방법론(方法論, methodology) : ①문제해결에 사용되는 접근방법들. ②특정한 분야의 문제해결 고정을 분석하는 논리적 방법으로 특정 분야에서 사용되는 조사·기법·절차 등의 방법.

방부법(防腐法, preservative method) : ①주로 목재의 부패를 방지하기 위한 처리방법. ②종류는 방부제칠·표면탄화·침지(沈漬)·가압주입법(加壓注入法) 등이 있음.

방부제(防腐劑, preservate) : ①목재의 부식을 방지하기 위하여 쓰는 약제. ②균류(菌類)에 의한 부패 방지를 목적으로 사용하는 용액(溶液). ③종류는 ㉠유성방부제 ; 유성 및 유용성 방부제는 방부처리 후 물에 용해되지 않으므로 습윤한 장소에 적합. ⓐ크레오소트유(creosote oil) ; 콜타르를 분류할 때 나오는 흑갈색의 기름으로 외관이 불미하므로 눈에 보이지 않는 토대·기둥·도리 등에 널리 이용. ⓑ콜타르(coal tar) ; 석탄의 고온 건류시 부산물로 얻어지는 흑갈색의 유성 액체로서 가열 도포하면 방부성은 좋으나 목재를 흑갈색으로 착색하고 페인트칠도 불가능하게 되므로 보이지 않는 곳이나 가설재 등에 이용. ⓒ페인트(paint) ; 유성페인트를 목재에 도포하면 피막을 형성하여 목재 표면을 피복하므로 방습·방부효과가 있고 착색이 자유로우므로 외관을 미화하는 효과도 있음. ⓓ아스팔트(asphalt); 가열 도포하면 흑색으로 착색되어 페인트칠이 불가능하므로 보이지 않는 곳에만 사용. ㉡수용성 방부제 : ⓐ무기화합물을 몇 종류 혼합하여 이에 수용성 유기화합물을 가하여 방부·방충 성능을 갖도록 한 혼합제가 많음. ⓑ황산동 1% 용액; 방부성은 좋으나 철재를 부식시키며 인체에 유해. ⓒ염화아연 4% 용액; 방부효과는 좋으나 목질부를 약화시키고 전기 전도율을 증가시키며 비내구적임. ⓓ염화 제2수 1% 용액; 방부효과는 우수하나 철재를 부식시키고 인체에 유해. ⓔ불화소다 2% 용액; 효과는 우수하고 철재나 인체에 무해하며 페인트 도장도 가능하지만 내구성이 부족하고 값이 비쌈. ㉢유용성 방부제 : ⓐPCP(pentachlorophenol, C_6H_6OH); 방부력이 대단히 우수하고 열이나 약제로도 안전하며 거의 무색 제품이 생산되어 그 위에 보통의 페인트를 칠할 수 있음. ⓑ각종 유기계 방충제를 케로신(kerosene) 등의 유기용매에 용해시킨 것으로 여기에 유화제를 가하여 유제로서 사용하는 것이 좋음.

방부처리(防腐處理) : ⇨방부법.

방부칠도료(防腐漆塗料) : ⇨방부제.

방부합판(防腐合板) : PCP·크레오소트유와 같은 방부약제로 처리한 합판.

방사 [1](紡絲, yarn) : 직조를 위한 용도로 섬유 또는 다른 재료를 꼬아서 만든 실.

방사 [2](放射, radiation) : ⇨복사(=).

방사갈램(放射-) : ⇨방사균열.

방사강도(放射强度) : 방사원(放射源)에서 하나의 방향을 향해 단위체적각당(單位體積角當)에 발산되는 방사속(放射束).

방사구조(放射構造, radical structure) : ①규칙적인 회전이나 동심적 팽창을 이루는 단위형태의 배열. ②원심적 구조·구심적 구조·동심적 구조.

방사균열(放射龜裂, star shake, heart shake) : ①특히 부적당한 건조로 말미암아 목재의 연륜에 직각방향으로 갈라진 것. ②심갈램을 말함. ③방사갈램(=).

방사균형(放射均衡, radial balance) : ①중심점을 향하여 원형 안에 요소들이 배치됨으로써 얻어지는 균형. ②중심점에 요소를 배치함으로써 중앙을 초점으로 하여 강조하는 구심점인 구성을 만들어냄. ③요소는 중심을 향하여 내측에 집약되거나 중심에서 밖을 향해 정면을 향하거나 또는 단순하게 중심의 요소 둘레에 배치되는 것.

방사능(放射能, radioactivity) : 라듐·우라늄 등의 원소가 α선·β선·γ선 등의 방사선을 내면서 자연히 붕괴되어 가는 성질.

방사대칭(放射對稱, radiative symmetry) : ①디자인 요소가 공통된 중심점 또는 중심축을 중심으로 주변을 향한 방사상(放射狀) 또는 환상(環狀)으로 작용하는 균형. ②점대칭(=).

방사발산도(放射發散度) : 단위면적당에 발산되는 방사속.

방사상도시(放射狀都市, radial shaped city) : 하나의 중심지에서 방사상으로 가로(街路)가 발달하여 여러 가지 도시기능도 그에 따라 방사상으로 배치되어 있는 도시.

방사선방호용 납유리(放射線防護用鉛琉璃) : ①방사선을 차단하기 위해 납을 사용한 유리. ②연(軟)하여 손상되기 쉬우므로 양면에 강화유리를 덧붙여 보호함. ③양쪽에 강화시킨 불변색 납유리(밀도 3.6), 중간에 고밀도 납유리(밀도 6.2) 바깥쪽에 강화유리를 조합한 것이 있음.

방사선차폐문(放射線遮閉門, shielding door for radioactive rays) : ①강력한 방사선을 다량으로 취급하는 실의 개구부에 방사선이 외부로 누출하지 않도록 특수하게 설계된 문. ②일반적으로 납판(鉛板)을 끼워 넣은 문이나 전동(電動) 콘크리트제 문을 사용.

방사선차폐창(放射線遮閉窓) : ①방사선을

차폐하기 위해 만든 벽의 내부를 들여다 볼 수 있는 창문. ②납유리를 사용한 것과 유리 사이에 취화(臭化) 아연 등의 액체를 봉입한 것 등이 있음.

방사성탄소연대측정법(放射性炭素年代測定法) : ①고고학이나 인류학에서 잘 쓰이는 절대연대(絶對年代) 측정법. 탄소십사연대측정법이라고도 함. ②미국의 윌러드 프랭크 리비(1908~80) 박사가 개발했음. ③지구상에 존재하는 방사성탄소 14C는 자연히 붕괴되는 것과 우주선에 의해 만들어지는 것과의 균형이 잡혀 언제나 일정한 농도를 유지하고 있는 것으로 생각됨. ④생물체 내의 탄소는 생물이 죽으면 탄소의 보급이 없어지게 되므로 14C는 반감기 5730년으로 붕괴돼 줄어듦. 따라서 목재·숯·섬유·미라 등의 14C의 농도를 측정, 현재의 것과 비교하면 그 줄어든 상태로부터 생물의 사망년대를 알 수 있음. ⑤약 5만년 전까지라면 이 방법으로 상당히 정확하게 연대를 알아낼 수 있음.

방사속(放射束, radiant flux) : ①단위시간당에 방출(放出)·전파(傳播) 또는 입사(入射)하는 방사에너지. ②에너지 방사의 시간적 비율. ③단위시간에 어떤 면을 통과하는 방사에너지의 양. ④단위는 와트(watt).

방사에너지(放射-) : 물질의 이동을 수반(隋伴)하지 않고 전파되는 에너지.

방사열(放射熱) : ⇨복사열(=).

방사조도(放射照度) : 단위면적당(單位面積當)에 입사(入射)하는 방사속(放射束).

방사조직(放射組織) : ①침엽수를 구성하는 조직의 하나로 수심(樹心)에서 방사상으로 배열된 조직. ②양분을 저장하고 통로로서의 작용을 함. ③단열(單列)로 가늘게 되어 있어 육안으로도 볼 수 있음. ④방사유연 세포와 방사가도관이 있음.

방사켜기(放射-, radial sawing) : ①원목을 1/4원이 되게 켜서 그 하나를 나이테와 직각방향으로 켜는 제재법. ②곧은결 널을 얻으려 할 때 켜는 방법.

방사형(放射形, radiation) : 사방으로 뻗치는 효과를 얻기 위해 공통의 중심 주위로 단위형태가 회전하는 것.

방사형균형(放射型均衡) : ⇨방사균형(=).

방사휘도(放射輝度) : 단위투사면적당(單位投射面積當)의 방사강도(放射强度).

방석둘레(方席-) : 둘레방석 모양으로 된 단청.

방석머리초(方席-草) : 둘레방석 모양으로 된 머리초.

방수(防水, water proofing) : 방수재료를 사용하여 지하층·지붕·실내바닥 또는 벽체 등에 스며들거나 새는 것을 막는 것.

방수공법(防水工法, water proofing method) : 방수시공을 위한 방법으로 ①재료 자체를 수밀하게 하는 공법. ②피막방수층(皮膜防水層)을 하는 공법 또는 침투시키는 공법. ③수밀재(水密材)를 붙이는 공법 등이 있으나 보통 피막방수층 공법이 많이 사용되고, 그 중에서 대표적인 것이 아스팔트 방수공법과 시멘트 액체방수공법임.

방수방법(防水方法, water proofing kinds) : 재료에 따라 아스팔트방수·시멘트액체방수·에폭시계 도막방수·시트방수 등으로 부위에 따라 안방수와 바깥방수로 구분.

안방수와 바깥방수의 비교

내용	안방수	바깥방수
사용장소	수압이 적은 지하실에 적당	수압에 무관
공사시기	언제든지 가능	본공사에 선행
공사용이성	간단하며 방수무관하게 본공사 가능	방수공사 완료 전 본공사 추진 곤란
경제성	저렴	고가
내수압처리	수압지탱곤란	내수압적임
보호누름	필요	불필요

방수석고보드(防水石膏-, waterproof gypsum psum board) : ①소성석고(塑性石膏)를 주원료로 하고, 여기에 혼화제·방수제·응결조절제·접착증강제 등을 물과 혼합 반죽하여 석고판용 유원지 사이에 넣고 방수성이 있도록 판상으로 제조한 것. ②화장실·주방·지하실벽·천장슬래브·복합패널 마감 등 습기가 우려되는 곳에 사용. ③방

수성은 전흡수율 10% 이하, 표면흡수율 2g 이하. 열저항(㎡h℃/㎉)은 0.05 이상(9㎜)·0.06 이상(12㎜)·0,07 이상(15㎜).

방수용 석고판(防水用 石膏板, water resist-ance board) : 표면에 페인트칠이 가능한 방수 석고판.

방수재료(防水材料, waterproof material) : ①방수용 재료를 총칭. ②종류에는 아스팔트(asphalt)·아스팔트 프라이머(asphalt primer)·방수지(防水紙)·방수포(防水布)·기타 아스팔트 제품이 많이 사용. 최근에는 유기합성화학의 발달에 의해 합성고분자 방수재료가 생겨났는데 이는 도막(塗膜)·내후(耐候)·탄성(彈性)·신장성(伸張性) 등 재래의 아스팔트에 없었던 특성이 있기 때문에 건축용 방수제로서 널리 사용. ③대표적인 것으로 우레탄 방수가 있음.

방수제(防水劑) : ①방수효과를 내기 위하여 사용되는 혼화제의 일종. ②방법은 ㉠공극충진법(空隙充塡法) : 소석회·점토·석분 등이 있고 화학반응에 의한 것은 물유리·지방산염(脂肪酸鹽)·명반(明礬) 등. ㉡발수성 방법 : 바름방수제로는 방수성질을 가진 화학적 화합물을 용제(溶劑)에 녹인 것과 산(酸)알루미늄·실리콘수지용제 용액·염화비닐용액·작산비닐유제 등을 사용. ㉢ $Ca(OH)_2$ 유출방지법 : 포졸란·발포제 등 사용.

방수지(防水紙, building paper, waterproof paper, asphalt paper, roofing paper) : ①방수공사용으로 사용되는 방수처리를 한 종이류를 총칭. ②보통 아스팔트펠트·아스팔트루핑·타르펠트 등 물이 배지 않게 방수제를 발라 가공한 종이.

방수콘크리트(防水-, waterproof concrete) : 방수제를 혼입해 시공한 콘크리트로 시공이 쉽고 저렴하나 부분 균열의 결함이 있음.

방수턱(防水-, waterproof) : 욕실·발코니·다용도실 등 물을 사용하는 단위공간과 침실·거실 등 물을 사용하지 않는 단위공간 사이에 바닥에서 올라 온 턱을 만들어 방수막을 형성하는 경계턱(약 50~120㎜).

방습(防濕, damp proofing) : ①습기를 방지하는 것 또는 일. ②습기(물)에 견디게 하는 불투수성의 층을 만드는 건축공법.

방습용 석고판(防濕用 石膏板) : 석고판 뒷면에 방습용 박(薄, foil)을 입혀 실내의 벽·천장에 사용하는 판.

방습재료(防濕材料, damp proof material) : ①습기를 방지하는 효과가 있는 재료. ②방습상 효과가 있는 재료.

방습층(防濕層, damp proof course) : ①수증기 통과를 방지하는 투습저항이 큰 건축재료의 층. ②습기의 흡수·투과 등을 방지하기 위해 설치하는 방수막(防水膜, liquid films : 아스팔트 용액·고무제 또는 실리콘제의 페인트·광택페인트 등)과 성형 구조막(아스팔트모르타르·아스팔트루핑·알루미늄박(薄)·방수모르타르 등을 설치한 층) 형태가 있음. ③일반적으로 방습층은 단열층의 온도가 높은 쪽에 설치하는 것이 효과적임.

방식(防蝕, anti-corrosion, corrosion pre-vention) : ①부식을 방지하는 것. ②재료가 받는 화학적 침식작용을 방지하는 것.

방식도료(防蝕塗料, anti-corrosive paint, rust proofing paint) : ①재료의 방식(防蝕)을 목적으로 사용하는 도료(paint). ②광명단·역청질 도료. ③산화철녹막이·아연분말도료·알루미늄 분말도료·이온교환 수지도료 등.

방식방법(防蝕方法, anti-corrosion methods) : 금속재료의 부식을 방지하기 위하여 부식매체(물·공기·산·알칼리 등)에 접촉하지 않도록 보호피막을 입히는데, 일반적이고 구체적인 방식방법은 적극적인 방식방법과 예비적이고 사전적인 방식방법으로 구분하며 그 내용은 다음과 같음. ①적극적인 방식방법 ; ㉠페인트·바니시·아스팔트·콜타르유지 등 경질고무·합성고무 등으로 도포 또는 소부하는 방법. ㉡

ㅂ

인산염용액에 금속을 담가서 금속 표면에 피막을 입히는 인산염 피막방법. ㉢철재의 표면에 SiO_2를 주성분으로 하는 유약을 바르는 법랑마감방법. ㉣철판표면을 황산 등으로 씻고 아연 또는 주석용액에 담가서 도금하는 도금방법. ㉤모르타르 또는 콘크리트로 피복하는 방법. ②예비적이고 사전적인 방식방법 ; ㉠가능한 이종(異種)금속을 인접 또는 접촉시켜 사용하지 말 것. ㉡균질한 것을 선택하고 사용시 큰 변형을 주지 않도록 할 것. ㉢큰 변형을 준 것은 가능한 풀림(燒鈍, annealing)하여 사용할 것. ㉣표면을 평활하고 깨끗이 하며 가능한 한 건조상태로 유지할 것. ㉤부분적으로 녹이 나면 즉시 제거할 것.

방식페인트(防蝕–, anti–corrosive paint) : ⇨방식도료.

방연(方椽) : ①네모꼴로 된 서까래. ②일본 집의 서까래는 모두 네모꼴이지만 우리나라 집의 경우는 살림집에서 부연을 방연으로 하기도 함.

방연구획(防煙區劃) : ①방연의 목적으로 일정한 방법에 따라 구획을 설정하는 것. ㉠면적구획 : 배연(排煙)의 효과를 높이고 피난을 안전하게 하기 위해 일반적인 경우 500㎡ 이하로 제한하고 있음. ㉡용도구획 : 용도가 다른 실은 수납되는 가연물의 종류와 양·수용인원·사용시간대 등이 다른 경우가 많으며, 이들 실을 하나의 방연구획으로 포함시키는 것은 방재상 좋지 않음. 따라서 이러한 경우는 면적구획 이내에 있더라도 한 번 더 용도에 맞게 세분하여 구획함. ㉢피난구획 : 피난은 보통 거실→복도→계단→지상의 순. 따라서 거실과 복도, 복도와 계단 사이에는 완전한 방연구획을 설치하는 것이 바람직함. ㉣통로구획 : 건물에 있는 계단·덕트·엘리베이터 샤프트 등 통로부분은 굴뚝효과 등으로 급속하게 연기의 상승 경로가 되기 쉬우므로 침입을 방지하지만 통로계획 내로부터 배연하는 설비는 보통 설치되지 않음.

방연댐퍼(防煙–, Smoke Damper ; SD) : 연기감지기와 연동으로 작동하는 댐퍼를 말하며 실내에 설치된 연기감지기가 화재 초기에 발생한 연기를 감지하여 방연댐퍼가 덕트를 폐쇄시킴으로써 다른 구역으로 연기의 침투를 방지하는 댐퍼.

방연벽(防煙壁) : 일정 면적 이상의 실내에서 연기의 유동을 막기 위해 천장에서 아래로 향해 500㎜ 이상 설치하는 벽으로 보통 유리를 사용.

방연제(防燃劑) : 도포하거나 침투시켜 연소재가 불에 타지 않게 하는 재료.

방열기(放熱器) : ⇨라디에이터(=).

방열기밸브(放熱器–, radiator valve) : ①온수 및 증기의 유량을 조정하는 것을 목적으로 하는 밸브. ②열매의 종류에 따라 증기난방용과 온수난방용으로, 유체의 흐름 방향에 따라 앵글형·직선형·코너형이 있음.

방염커튼(防炎–) : 난연성 유리섬유 등을 짜 넣은 것과 폴리에스테르 바탕천에 방염제를 뿜칠한 후 가공한 것으로 뿜칠한 것을 세탁하면 방염효과가 저하.

방위(方位, direction, orientation) : ①공간의 어떤 점이나 방향에 대해 어느 쪽으로 향하는가를 나타내는 용어. ②공간에 있어서 하나의 방향의 기준방향에 대하여 어떻게 놓여 있느냐 하는 것을 말함. ③건물 또는 건물의 공간·창·채광 등 기타 관련 지점의 위치를 정하는 것을 말함. ④조망 등 지역적 조건을 고려한 부지 위에 있는 구축물 배치. ⑤일조(日照)·일사(日射)·채광·통풍·전망·풍향 등을 고려한 건물의 방향.

방위각[1](方位角, angle of direction) : 방위를 나타내는 각도.

방위각[2](方位角, azimuth) : ⇨태양방위각(=).

방음(防音, sound isolation, sound proof) : 음의 전파를 차단하는 일.

방음공사(防音工事, soundproof work) : 음의

차단 및 흡수로 음향환경을 유효하게 처리하는 공사를 총칭.

방음도료(防音塗料, sound absorption paint) : 음향의 차단을 목적으로 다공질(多孔質) 재료를 붙인 벽에 칠하는 도료.

방음문(防音門, sound proof door) : ①음의 차단을 목적으로 설치한 문. ②사용재료는 주로 글라스 울·암면 등이 사용되고 문 틈새는 펠트로 된 문소란을 사용.

방음벽(防音壁, sound insulating wall) : 음의 차단을 목적으로 특별히 설계된 벽체.

방음실(防音室, sound proof chamber) : ①실외의 음을 충분히 차단하고 실내에 충분한 흡음재를 사용하여 잔향시간이 짧도록 설계된 실. ②주로 음향실험이나 청력 측정 등에 사용. 그러나 무향실(無響室) 정도는 아님.

방음장치(防音裝置, deadening, sound insulation) : 음을 차단할 목적으로 설치하는 일체의 시설물.

방음재(防音材) : ⇨방음재료(=).

방음재료(防音材料, sound proof material, sound absorbing material, sound deadening material) : ①탄화코르크·어쿠스틱 타일·목재루버 등 방음상 유효한 재료. ②방음을 목적으로 하는 재료. ③음을 흡수하는 것으로는 유리 섬유·암면·펠트·코르크·연질 섬유판 등이 사용되고 음을 차단하는 것으로는 콘크리트·벽돌·철판 등이 있으며 비중이 크고 공기를 통하지 않는 것일수록 차단 효과가 큼.

방음커튼(防音-, soundproof curtain) : ①나일론 80%, 레이온 20%의 프록 생지(전기에 의해 식모포 가공한 생지)에 특수한 수지를 바른 것. ②소음방지에 효과적임. ③교통 통행이 많은 도로 등에 면한 창에 사용하면 효과적임.

방장(房帳) : 겨울에 외기의 한기를 막기 위해 문 안쪽에 치는 직물로 된 막.

방전(方甎) : ①얇고 넓적한 회색벽돌의 일종. ②진흙을 정사각형으로 빚어 구운 검정색의 점토제품으로 바닥이나 벽 등에 사용.

방전등(放電燈, discharge lamp) : 아크등·네온전구·네온관등·형광등·수은등 등 기체 또는 증기를 관(管)에 넣어 방전을 이용한 전등.

방전램프 : ⇨방전등(=).

방주(方柱) : ①부재 단면이 네모진 기둥. ②네모기둥·모기둥·모난기둥(=).

방주석(方柱石, square post stone) : ①네모진 돌기둥. ②장식 또는 물건을 올려놓기 위한 네모진 대석(臺石). ③각주석(=).

방지수(房指數) : ⇨실지수(=).

방지축도형(方池築島型) : ①전통건축에서 꾸며 온 방지(方池) 한 가운데에 섬을 만드는 기법. ②종류는 섬을 원형으로 만든 방지원도형(方池圓島型)과 섬을 네모형으로 만드는 방지방도형(方池方島型)이 있음.

방진(防塵, vibration isolation) : ①진동을 방지함. ②진동이 발생하는 설비기기에서 구조체로 전파되는 진동을 방지하는 것을 말하며, 설비기기의 가대와 바닥면 사이에 금속재 스프링과 방진고무 등의 방진재를 설치.

방진고무(防塵-, rubber spring, rubber bed) : 진동을 절연할 목적으로 사용하는 고무 제품.

방진재(防塵材) : ⇨방진재료(=).

방진재료(防塵材料) : ①코일 스프링·고무 코르크·펠트 따위 등 진동이나 고체 전도음을 차단하기 위해 사용하는 재료. ②진동의 전달을 방지하기 위해서 쓰이는 재료. ③방진고무나 방진 패드·펠트·나무 받침대·금속 스프링 등의 탄성체가 사용됨.

방청(防錆, rust-proofing, rust prevention) : ⇨녹막이(=).

방청산화철도료(防錆酸化鐵塗料) : ①산화철에 아연화·아연분말·연단 등을 가한 것을 안료(顔料)로 하고 이것을 스테인 오일(stain oil)·합성수지 등에 녹인 것. ②도막은 내구성이 좋음. ③광명단 도료와 같이 널리 사용되며, 정벌칠에도 사용됨.

방청제(防錆劑, corrosion-inhibiting admixtures, anti-rust) : ⇨철근콘크리트용 방청제(=).

방초 : ⇨막새(=).

방초박이 : 지붕 끝에서 수막새가 흘러내리지 않도록 박아대는 못.

방초정 : 수키와가 흘러내리지 않도록 박아대는 못.

방추형 초석(方錐形礎石) : 밑면이 정사각형인 각뿔 모양의 주춧돌.

방충망(防蟲網, insecticide net) : 해충의 침입을 막기 위해 설치하는 망으로 철·구리·합성수지제 등의 망을 사용.

방충합판(防蟲合板, borer proof plywood, anti-borer plywood) : 해충의 침입을 막기 위해 붕사(硼砂)나 붕산(硼酸) 및 불화소다와 같은 방충약제로 처리한 합판.

ㅂ

방치레 : 방을 꾸미는 일.

방켓트(banquette[이]) : ①17세기 후반에 프랑스에서 호화로운 천을 입힌 시트에 6개 또는 8개의 다리가 달린 등받이가 없는 궁정용 벤치. ②18세기 후기 상류계급의 저택에는 창가에 윈도시트라는 벤치를 놓아두었는데, 이는 그 당시 실내장식으로 유행함. ③팔걸이나 등받이가 없는 직물(천)로 씌운 작은 벤치. ④주로 벽 앞에 놓이거나 벽의 한 면에 붙박이로 설치하기도 함. ⑤이탈리아어 반켓타(banchetta)에서 유래한 용어.

방크스소나무(Pinus banksiana Lamb, Jack pine[학]) : ①중부 이남의 난(暖)온대지방에 식재하며 북미가 원산으로 건조한 지역에서 생장이 잘 되며 표고 500m 이하에서 생장. 표고 50m, 흉고직경 50cm에 달하며 건조와 추위에 강한 관상용 수종. ②수피는 암갈색이며 좁고 두껍게 갈라짐. 변재는 담갈색으로 폭이 넓으며 심재는 담황색 또는 담갈색. 목리는 곧으나 일정치 않고 조직은 부드럽고 고우며 송진 냄새가 남. 기건비중 0.49, 수축률은 방사방향 3.41%, 접선방향 6.45%, 용적수축률은 10.16%로 적고, 강도는 압축강도 404kg/㎠, 휨강도 756kg/㎠, 전단강도 132kg/㎠로 강도가 약함. 접착·내구성이 좋으며 건조는 잘되나 미건조재는 수지가 배어 나오기 쉬움. 내후·보존성은 보통이며 표면마무리가 불량하고 약제주입이 양호. ③주로 건축·창틀·침목·상자·펄프용으로 사용.

방탄유리(防彈琉璃, bullet resistant glass, bullet resisting glass) : ①후판유리(厚板琉璃) 또는 강화판유리(强化板琉璃)를 여러 장 접착한 접합유리(接合琉璃, laminated glass). ②트리플렉스글라스·합판유리(=).

방택(方澤) : 네모란 연못 속에 네모란 제단(祭壇)을 쌓아 올린 것.

방틀 : 입가(立家) 기초하기 위하여 파내려간 네 변의 길이가 같은 수직의 구덩이.

방틀굿 : 방틀을 파낸 구덩이를 우물정(井)형으로 굿 매긴 것.

방틀집 : ①귀틀집에 대한 평안남도지방에서 부르는 말. ②목채집이라고도 함. ③귀틀집(=).

방파제형 위층(防波堤形-層, jetty) : 목구조 주택에서 공중에 매달린 것처럼 전면으로 튀어나와 있는 위층.

방패형 등받이의자(防牌形-椅子, shield back chair) : ①18세기 중엽 영국에서 유행한 방패와 유사한 형태의 등받이를 가진 전형적인 헤플화이트(Hepplewhite)양식의 의자. ②등받이는 꽃줄·리본·깃털·밀이삭 다발 등의 다양한 디자인으로 뚫어져 있음.

방패형 바탕장식(防牌形-裝飾, escutcheon) : 열쇠구멍이나 손잡이를 달기 위한 방패형의 바탕장식.

방풍널(防風板, 搏風板) : ⇨방풍판(=).

방풍중방(防風中枋) : 바람을 막으려고 머름처럼 기둥 아래쪽에 끼운 중방.

방풍창(防風窓) : 바람을 막기 위해 설치한 창.

방풍판(防風板) : ①박공 아래로 빗물이 들이치지 못하도록 나무판자로 가리는 차양. ②맞배지붕의 좌우 끝 박공 아래 설치하는 비바람막이 널빤지. ③맞배지붕 좌우 마구리에 박공판 아래로 장막처럼 늘인 구조. 널빤지를 대목(帶木)에 의지하고 붙이고 판자새를 졸대로 덧대어 만든 것으로 들이치는 비바람을 막기 위해 설치. ④주로 임진왜란 이후의 건물에 채택되어 있고 시대가 하강할수록 커지는 경향이 있음. ⑤조선조 초기 이전의 맞배지붕 유구(遺構)에서는 찾아보기 힘든 말기적(末期的) 구조물. ⑥조선시대의 건물에서 주로 보이며, 고려시대에서는 볼 수 없음. ⑦장흥 위계환가옥 사당과 선암사 측간에는 독특한 곡선형 방풍판이 설치되었음. ⇨풍판(=).

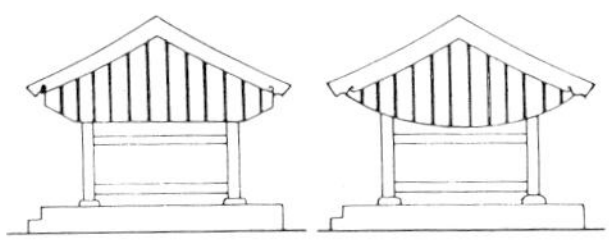

방한주택(防寒住宅) : 방한적인 구조 및 설비를 가진 주택.

방해석(方解石, calcite) : ①대리석·석회암의 주성분 광물. ②화학성분은 $CaCO_3$, 경도는 3, 비중은 2.714. 형태는 능면체(菱面體)·편(偏)삼각면체·쌍정(雙晶)이 많음. ③특징은 무색·백색으로 불순물이 있으면 회색·적색·녹색·청색·황색 등을 띰.

방향(方向, direction) : 다른 형상이나 테두리의 관계 속에서 한 형상을 향해 나아가는 것. 가리키는 점과 관련된, 어떤 것이 움직이거나 가리키거나 면한 선.

방향의 착시(方向-錯視) : ①선의 연장선에 있는 점이 예각 내측에 들어와 보이는 현상. ②두 선은 일직선이 되게 그려져 있으나 서로 어긋나 보이는 현상. ③평행선이 이것과 각도를 가진 단선(單線) 때문에 구부러지게 보이는 현상. ④방향의 착시에는 포겐도르프착시·체르나 착시·델브프 착시 등이 있음. ⑤각도의 착시(=).

방향의 착시

방향의 항상성(方向-恒常性) : ①환경에 있어서 지각된 방향과 망막상(網膜像)의 방향간의 독립성. ②한 대상을 바라볼 때 응시하는 방향이 변하는데도 불구하고 대상이 있는 방향이 일정하다고 판단하는 경향.

방형 지붕(方形-, pavilion roof, square hipped roof, pyramid roof) : ①지붕 중앙의 한 점에서 네 방향으로 경사진 각추형 지붕. ②네모지붕·뾰족지붕(=).

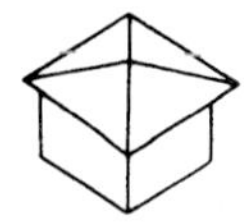
방형 지붕

방형 초석(方形礎石) : 사각형 석재를 기둥 밑에 받쳐 놓은 주춧돌.

방화구조(防火構造, fire protection) : 철망모르타르 바르기·회반죽 바르기, 기타 이와 유사한 구조로서 대통령으로 정하는 방화성능을 가진 것. ①철망 모르타르 바르기로서 그 바름 두께가 2㎝ 이상인 것. ②석면 시멘트판 또는 석고판 위에 시멘트 모르타르 또는 회반죽을 바른 것으로서 그 두께의 합계가 2.5㎝인 것. ③시멘트 모르타르 위에 타일을 붙인 것으로서 그 두께의 합계가 2.5㎝인 것. ④두께 1.2㎝ 이상의 석고판 위에 석면 시멘트판을 붙인 것. ⑤두께 2.5㎝ 이상의 암면 보온판 위에 석면 시멘트 판을 붙인 것. ⑥심벽에 흙으로 맞벽치기한 것. ⑦기타 건설교통부 장관이 고시하는 기준에 따라 국립 건설시험소장이 그 성능을 인정하여 지정한 것.

방화구획(防火區劃, fire partition) : ①화재시 연소의 확산을 방지하여 화재의 국부적인 것으로 억제하는 동시에 피난을 용이하게 하기 위해 일정한 면적마다 또는 용도에 따라 만든 구획. ②보통 내화 건축물은 1,500㎡ 이내마다 방화구획으로 하고, 내화구조로 된 벽·바닥과 갑종 방화문을 설치.

방화댐퍼(防火-, fire damper ; FD) : ①불 또는 연기의 통과를 막도록 화재시 공기 덕트를 자동적으로 폐(閉)하는 댐퍼. ②화재가 발생하였을 때 덕트를 통하여 다른 방으로 화재가 번지는 것을 방지하기 위하여 방화구역을 관통하는 덕트 내에 설치하는 공기차단용 댐퍼.

방화도료(防火塗料, fire proof paint) : 화재 발생시 번지거나 타는 것을 지연시킬 목적으로 칠하는 도료.

방화목재(防火木材, fire retardant timber) : 목재에 난연재를 주입하거나 또는 방화도료를 칠하여 난연처리한 목재.

방화문(防火門, fire door, fire check door) : ①화재의 연소 또는 확대를 방지하기 위해 외벽과 내부의 방화구획 등의 개구부에 설치하는 문 또는 창문. ②성능에 따라 갑종방화문과 을종방화문으로 구분.

방화벽(防火壁, fire resisting wall, division wall, fire wall, fire division wall) : ①대규모 목조 건물 등의 화재 연소·확대를 방지하기 위해 내화구조로 된 벽체. ②목조건축물은 바닥면적 1,000㎡ 이내마다 방화벽으로 구획.

방화석고보드(防火石膏, fire proof gypsum board) : ①소성석고(塑性石膏)를 주원료로 하고 여기에 무기질 섬유(glass chop)와 벤토나이트 크레이·석고 등 기타 혼화제를 넣은 물로 반죽하여 강인한 보드용 원지 사이에 넣어 방화성을 강화시킨 제품. ②주로 엘리베이터 강벽·덕트·계단실·내화구조 칸막이, 습도가 높은 실 외벽, 지붕의 바탕 처마반자 등에 사용.

방화셔터(防火-, fire proof shutter) : ①도난 또는 화재 등의 방지를 목적으로 창이나 문 등의 외부에 부착·설치하는 셔터. ②일반 강제셔터에 비해 사용 강판의 두께가 두꺼우며, 퓨즈장치·안전장치·샛문·달림 문짝이 추가되어 있는 점이 크게 다름.

방화셔터의 종류

종 류	슬랫의 강판두께	방화시험의 급별
갑종 방화문용 셔터	1.6㎜ 1.5㎜	내화용 1급·2급·3급
을종 방화문용 셔터	1.2㎜ 1.0㎜	옥외용 1급·2급

방화셔터의 표준치수

안목폭(m)	안목높이(m)	안목폭(m)	안목높이(m)
5.5	2.5~3.0	4.0	2.0~4.5
5.0	2.5~3.0	3.0	2.5~3.0
4.0	2.5~3.0	2.0	2.5~2.8

방화용 보드(防火用-, fire proof board) : ①석고보드제품의 하나. ②그 표면에 종이와 석고 여물에 방수 가공한 것으로 습도가 높은 방 외벽이나 지붕의 바탕 처마반자 등에 사용.

방화용 석고판(防火用石膏板) : ①방화 및 불연성능을 높인 판의 총칭. ②종류는 무기섬유강화판과 불연석고 적층판으로 구분함. ③미국에서는 '타입엑스석고판(type X plaster board)'이라고 함.

방화유리(防火琉璃, fireproof glass) : ①2장의 판유리 사이에 내열성이 우수한 특수 레진이나 또는 특수레진과 금속망을 동시에 삽입한 다음 열과 압력을 높인 뒤에 경화한 유리. ②화재 발생시 불길과 연기의 확산 방지·열 파손 방지 및 사람에게 손상을 주지 않음. ③주로 방화구획 내의 불연재료(건축법상 을종방화문), 방연수벽(smoke fence), 화재 위험물 취급소의 창·교육기관·병원 등 안전이나 방화가 요구되는 곳에 사용.

방화장(防火障) : ①화재를 방지하기 위해 벽의 하단부를 벽돌과 석재로 쌓은 바깥벽의 축조방법. ②기둥의 일부가 벽체 속으로 들어가도록 만든 것. ③외벽의 전면에 돌을 쌓아서 만든 벽. ④반방화장벽은 벽면의 중인방 높이까지만 돌을 쌓아서 만든 벽. ⑤주로 부엌에 이용.

방화장벽(防火墻壁) : ⇨방화문.

방화창(防火窓, fire window) : ⇨방화문.

방화처리(防火處理) : ⇨난연처리(=).

방화칠도료(防火漆塗料) : ①화재 발생시 번지거나 타는 것을 지연시킬 목적으로 칠하는 도료. ②종류는 요소수지·비닐수지·염화파라핀(Paraffin[독]) 등이 있음. ⇨방화도료(=).

방화칸막이(防火-, fire stop) : 건물 내의 벽체 사이로 불꽃의 번짐을 막기 위해 설치한 수평블록.

방화합판(防火合板) : ①인산암모늄이나 유산암모늄 같은 방화약제로 처리된 합판. ②난연합판(=).

방환(方環) : ①박공널에 박은 못의 머리를 감추려고 덮는 쇠. ②네모거리(=).

방환

배게트(baguette) : 작고 볼록한 반원형 몰딩.

배게트

배경[1](背景, background, ground) : ①제재(題材)와 연관(聯關)된 뒤쪽의 광경 또는 장치 따위. ②대상물의 정면에서부터 최대 거리로 떨어진 위치에서 보이는 이미지. ③2차원의 디자인에서 모든 포지티브 형태에 존재하는 빈 공간. ④보통 다른 형상 뒤에 숨은 형상도 때로 배경이 될 수 있음. ⑤형상(figure)이 인식되어지는 것에 반해 희미한 시각 분야.

배경[2](landscape design) : 건물과 그 환경을 시각적(視覺的)으로 종합하여 계획하는 것.

배경음악(背景音樂, background music) : ⇨ 환경음악.

배경조명(背景照明, back lighting) : 조명대상 또는 조명 부위의 뒷면에 위치하는 조명원에 의한 조명으로 후광효과(halo−effect)를 가짐.

배관용 스테인리스강관(配管用−鋼管, stain−less steel pipes) : ①내식용(耐蝕用) 및 고온용(高溫用) 배관에 사용되는 스테인리스 강관. ②종류는 탄소함유량 등의 화학성분과 인장강도에 따라 13가지가 있음.

종류 및 기호	인장강도 (kg/㎟)	종류 및 기호	인장강도 (kg/㎟)
STS 304 TP	53 이상	STS 316L TP	49 이상
STS 304H TP	53 이상	STS 309S TP	53 이상
STS 304L TP	49 이상	STS 310S TP	53 이상
STS 321 TP	53 이상	STS 347 TP	53 이상
STS 321H TP	53 이상	STS 347H TP	53 이상
STS 316 TP	53 이상	STS 329 JI TP	60 이상
STS 316H TP	53 이상		

배관용 아크용접탄소강관(配管用−鎔接炭素鋼管, electric arc welded carbon steel pipes) : ①사용압력이 비교적 낮은 증기·물·기름·가스 및 공기 등의 배관에 사용되는 아크용접 탄소강관. ②종류는 SWP 41(인장강도 41kg/㎟ 이상, 항복점 또는 내력 32kg/㎟ 이상)뿐임.

배관용 탄소강관(配管用 炭素鋼管, carbon steel pipe for ordinary piping) : ①온도 350℃ 이하, 압력 16kg/㎠ 이하의 증기·물기름·가스 및 공기 등의 배관에 사용하는 탄소강관으로서 보통 '가스관'이라고 함. ②종류는 아연도금의 유무에 따라 흑관·백관으로 구분.

기호	인장강도 (kg/㎟)	구분	비 고
SSP	30 이상	흑관	아연도금을 하지 않은 관으로서 증기관 등의 배관에 쓰이는 강관
		백관	부식을 방지하기 위해 관의 내면에 아연도금한 관으로서 냉온수·공기 및 가스 등의 배관에 쓰이는 강관

배광[1](背光) : ⇨후광(=).

배광[2](配光, intensity distribution, candle−power distribution) : ①광원 또는 조명기구의 광도(光度)의 방향 혹은 공간분포. ②보통 광원 또는 조명기구의 중심을 원점으로 하는 극좌표(極座標)로 나타남. ③인공조명의 계산은 개개의 인공광선이나 조명기구의 배광에 의함.

배광곡선(配光曲線, curve of light distri−bution, curve of candle−power) : ①광원에서 내는 광도의 분포를 나타낸 곡선. ②수직배광곡선·수평배광곡선·등광도도(等光度圖)·루소선도(線圖) 등 여러 가지 표현방법이 있음.

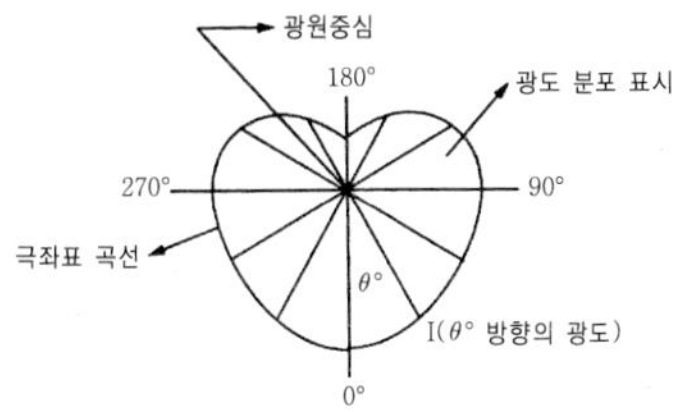

배광곡선

배광선(背光線, back light) : ①물체에 대하여 시점(視點)의 반대측에서 나오는 배(역)광조명. ②물체의 성격 묘사에는 적합하지 않으나 패턴효과나 사물의 분위기 묘사에 많이 사용되는 조명방법. ③배광조명(=).

배광조명(背光照明, back light, back lighting) : ⇨후광조명기법.

배그티칸(bagtikan) : ⇨화이트세라야(=).

배근(配筋, bar arrangement) : ①설계에서 철근의 배치를 결정하는 작업. ②철근콘크리트공사에서 철근을 지정한 위치에 배치하는 일.

배근도(配筋圖, bar arrangement drawing) : 철근콘크리트 구조 또는 철골철근콘크리트 구조에서 그 구조설계도 하나로써 기둥·보·슬래브·벽·기초 등 철근의 배치를 나타낸 도면.

배기(排氣, exhaust gas) : 공기조화·환경설비 등에서 실내의 공기를 실외로 배출하는 것 또는 배출된 공기.

배기구(排氣口, exhaust opening) : ①공기조화 및 환기에서 실내공기를 옥외로 배출하는 출구. ②가열되거나 냉각된 공간 또는 환기된 공간으로부터 공기를 이동시키는 개구부.

배기그릴(排氣-, exhaust of grille louver) : 건물 외벽에 만든 배기구로 비바람이나 조류가 침입하지 못하도록 철판이나 알루미늄판으로 댄 것.

배너(banner) : ①직물·종이·비닐 등에 인쇄 등의 방법으로 만든 작은 깃발을 연속으로 매단 것 또는 깃발형태의 POP. ②장방형·삼각형·반원형 등 여러 형태가 있으며 크기도 여러 가지로 아래로 내려뜨리거나 벽에 걸어 사용.

배너베인(banner vane) : ①기(banner)의 모양을 가진 바람개비. ②기의 반대쪽 무게에 의해서 균형을 잡음.

배니스터(banister) : ①계단의 난간동자 또는 난간. ②밸러스터(=).

배니스터 등받이의자(-椅子, banister back chair) : 17세기 미국의 의자.

배니스터백의자(-椅子, banister back chair) : 여러 개의 스핀들(spindle)과 평평한 판들이 나란히 수직으로 배열되어 등받이를 이루는 17세기 말 미국의 의자.

배니티(vanity) : ①화장대(dressing table)를 의미하는 현대적 명칭. ②드레싱테이블·드레서(=).

배니티유닛(vanity unit) : 세면대를 포함하고 있는 수납장.

배다 : '사이가 많이 뜨지 않고 촘촘하다'라는 뜻.

배다리 : ⇨뜬다리(=).

배데롤(banderole) : ①창끝이나 돛대(mast) 끝에 매다는 작은 깃발. ②르네상스 건축에서 문장 또는 이름을 새기기 위한 띠 모양의 장식. ③리본 또는 긴 두루마리 모양을 모티프로 하여 그림·조각.

배두산지 : 튀어 나온 장부촉 끝에 박는 산지. ⇨방두산지(=).

배랑(narthex) : 천주교회 정면 입구에 설치하는 로비에 해당하는 넓은 공간.

배럴볼트(barrel vault) : ①아치를 수평으로 확장한 궁륭(穹窿). ②정상적인 상태에서는 연속적인 지지와 버트레스(buttress)를 필요로 하는 반원통형 볼트. ③단면이 터널처럼 생긴 원통형으로 된 볼트(반원통형 천장). ④길게 자른 통모양의 둥근 천장. ⑤천막 천으로 덮은 마차(wagon) 지붕과 유사한 형태의 볼트나 지붕. ③터널형 볼트·반원통형 볼트·웨곤궁륭(=).

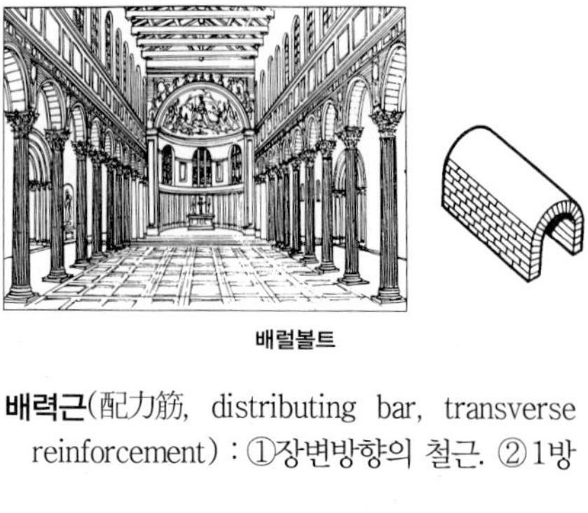

배럴볼트

배력근(配力筋, distributing bar, transverse reinforcement) : ①장변방향의 철근. ②1방

향 슬래브(slab)에서 주근(主筋, 단변방향 철근)과 직각방향으로 배근된 철근으로 온도 변화에 따른 수축 등에 저항. 슬래브 한 변의 콘크리트 전단면적에 대한 철근의 전단면적 비율은 이형철근 0.2%, 원형철근 0.25(온도철근) 이상으로 함. ③주근과 결속하여 공사 중 주근이 흐트러지는 것을 막고, 콘크리트의 수축·온도변화에 의한 열응력에 따른 균열 등을 방지하기 위하여 바닥판의 배근시 하부 직선근(bottem straight bar)과 직교하고 주근(main bar)과 연결하는 보조근(온도철근·부근이라고도 함). ④철근은 지름 9㎜, D10 이상을 쓰며 이 밖에 지름 6㎜ 이상의 용접철망을 씀. ⑤철근콘크리트 슬래브에서 주철근의 위치를 확보하고, 주철근 이외의 방향으로 응력을 전달하기 위해 배치하는 철근. ⑥일반적으로 주철근과 직각방향의 철근을 말하며, 4주변을 지지하는 장방형 슬래브에서는 길이방향의 철근. ⑦부재의 응력을 골고루 분산하고 주철근과의 간격을 유지하며, 콘크리트의 건조수축이나 온도변화에 의한 균열을 최소화하는 등의 목적이 있는 철근. ⑧배력근의 중앙부에서 간격은 30cm 이하로 하며, 용접철망은 20cm 이하로 함. ⑨온도철근·부근(=).

배력철근(配力鐵筋, distribution bar) : ⇨배력근(=).

배롱나무(crape myrtle) : ①중국이 원산지이며 높이는 약 5m 정도임. ②백일홍나무라고도 하며, 간즈름나무라고도 함. 꽃은 7~9월에 붉은 색으로 핌. 흰색꽃을 피는 것을 흰배롱나무라고 함. ③주로 관상용으로 재배하며, 반가(班家)에서 연못의 한가운데에 심어 석가산을 만듦.

배리어프리(barrier free) : 고령자 또는 장애인도 더불어 살기 편한 도시를 만들기 위해 물리적·제도적 장벽을 제거하는 것. 즉 장애가 제거된 상태.

배목 : ①고리를 끼워 걸게 된 철물. ②문고리나 삼베목에 꿰는 쇠.

배밀이 : ①살대의 단면에서 골밀이가 하나의 골을 이루는 것에 비해 두 줄의 골이 지게 한 것. ②배밀이 문살을 밀 때에 쓰는 대패. ③등이 배나오게 밀어 판 문살. ④⇨쇠목.

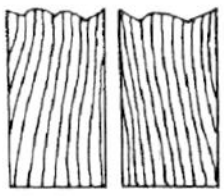

배밀이

배불림 : ⇨엔타시스·배흘림(=).

배불림기둥 : ⇨배흘림기둥(=).

배색(配色, coloration, färben anordnung farbe[독]) : ①두 개 이상의 색을 배열하는 것. ②배색은 기능과 목적 또는 효용에 따라서 다양한 방법이 있을 수 있으며, 색채조화가 배색의 최종관건이 됨. ③합리적인 배색은 실제의 색이 쓰임에 따라서 그 목적이나 기능에 맞도록 색의 수를 제한. ④일반적으로 면적이 넓지 않을 경우에는 채도를 높이고, 면적이 넓을 경우에는 채도를 낮추는 수단이 행해지고 있음. ⑤명도를 고려하여야 함. ⑥색채조화가 잘 되도록 배색하기 위해 고려할 내용 ; ㉠색상의 수를 될 수 있는 대로 줄임. ㉡주제와 배경과의 대비를 고려함. ㉢색의 주목성을 이용함.

배색계획(配色計劃, color harmonic planning) : ①협의(狹義)로는 조형성(造形性)을 중심으로 한 색채. ②광의(廣義)로는 색채계획과 같은 의미로 사용.

배색법(配色法, color design method) : 색을 주로 가시성(可視性)이나 안전성(安全性)을 고려한 기능 중심으로 어울려 배합하는 방식.

배색조건(配色條件) : ①배색의 조화 ; 사람에게 쾌감을 주는 배색을 선택하는 것은 당연함. ②재질의 조화 ; 차량의 창틀도 알루미늄으로 되어 있으며 창의 유리도 크게 되었음. 이들 재질의 색도 조화하는 색이 필요함. ③쾌적과 안정감 ; 전위적인 디자인의 배색으로 승객에게 위화감(違和感)을 주어서는 안 됨. 불특정다수의 대중이 항상 이용한다는 점에서 누구라도 친숙하기 쉽고 쾌적한 느낌을 느끼며 안심하고 탈 수 있는 배색이 무난할 것임.

④연상성(聯想性) ; 일상 이용하는 교통기관에서는 승객들 사이에 애칭이 생겨나기도 함. 가능한 이 애칭은 좋은 연상과 연결되는 색과 백색되어야 할 것임.

배선기구(配線器具) : ①개폐기를 비롯한 전류 보호기·접속기 등. ②개폐기에는 나이프 스위치(knife switch)와 컷아웃 스위치(cut out switch)가 있음.

배선도(配線圖, wiring diagram, wiring arrangement) : ①배선의 실태를 나타낸 도면. ②전기기기의 배치·전선의 종별·굵기·가설 위치 등을 나타냄.

배선실(配膳室, pantry, service room) : ①대형 전문음식점인 경우 주방과 별도로 마련되는 주방과 객석 중간에서의 연락 장소. ②식기와 글라스류의 보관과 서비스·테이블보와 냅킨(napkin)의 보관과 서비스 조미료·메뉴 등을 비치하기 위한 수납장 등을 설비하고 음식물을 공급하기 위한 공간.

배수[1](配水, water distribution) : 상수도를 배수지(配水池) 및 탑에서 필요한 수압과 유량을 확보하여 필요한 위치에 공급하는 것.

배수[2](排水, drainage) : ①오수(汚水)나 잡수(雜水)·빗물 등을 공공하수도 등의 일정한 장소로 배출하는 것. ②옥내배수와 옥외배수로 구분.

배수관[1](配水管) : 배수(配水)를 위한 주철관·강관·비닐관·에타닛관 등을 총칭.

배수관[2](排水管, drain pipe, waste pipe) : 오수나 빗물 등의 잡배수를 배출하기 위한 주철관·토관·강관·비닐관·석면 슬레이트관·흄관 따위를 총칭.

배수구(排水口) : 배수를 흘러 보내기 위한 도랑.

배스룸(bathroom) : 일반적으로 욕실(浴室)을 말함.

배스릴리프(bas-relief) : ①적절한 음영감을 주기 위한 부조(浮彫 ; relief)를 한 경우에 조각되는 도안이나 모양을 배경이 되는 면에서 그다지 두드러지지 않게 새기는 조각수법의 하나. ②바소-릴리보(basso-relievo 또는 basso-rilievo)라고도 함. ③하이릴리프(⇔).

배연설비(排煙設備, smoke eliminating equipment) : ①건물의 화재로 발생한 연기를 강제로 배출하는 장치. ②비상전원(非常電源) 또는 엔진이 달린 팬(fan)과 수동과 자동 겸용 배연구 및 덕트로 구성되어 연기감지기(感知器)와 연동하도록 하여 화재시 연기를 충분히 배제할 수 있는 기능을 가짐.

배연실(排煙室, smoke tower) : ①화재발생시 계단실의 연기를 방호(防護)할 목적으로 계단실의 전실에 설치하는 연기 배출 시설의 일종. ②건물 내에서 배연통(排煙筒)이라 부르는 수직방향의 공간과 급기통(給氣筒)이라 부르는 신선한 공기를 공급하는 공간 및 그 주변의 전실(前室)을 총칭.

배음(倍音, harmonics, overtone) : 여러 다른 주파수를 가진 복합음(複合音) 중 그 파형이 주기적으로 반복되는 기본음(基本音)과 그 밖의 부분음인 상음(上音)으로 구분하고 그 상음의 주파수가 기본음 주파수(振動數)의 정배수(整倍數)인 것.

배전(配電, power distribution) : ①발전소에서 보내온 전력을 수용에 따라 배분하는 일. ②지하철변전소의 경우 변전소에서 각 역사전기실로 배분하는 일.

배전반(配電盤, switch board, control switch panel) : ①전기량의 배분, 개폐, 계통구분 등의 기능을 가진 장치. ②부하기기에 전력을 공급하고 제어하기 위한 개폐장치·계기 및 안전장치 등을 장비한 패널(panel). ③종류는 구조에 따라 폐쇄형·벤치형·자립형으로 구분하고, 재료에 따라 강판, 대리석 배전반으로, 전압에 따라 고압과 저압 배전반으로 구분. ④고압 배전반은 주로 전기실 또는 변전실에 설치.

배접(背接) : 천이나 얇은 종이 뒤에 다른 종이를 덧붙여 대는 것.

배처플랜트(batcher plant) : ①콘크리트를 구성하는 시멘트·골재·물 등 여러 재료를 중량 또는 일정한 배합비율로 계량하여 믹서로 보내서 필요한 성질을 가진 콘크리트를 능률적·경제적으로 다량의 콘크리트를 만드는데 사용되는 계량(計量)설비. ②재료 저장·공급 및 배출장치, 계량장치, 호퍼 및 회전 슈트로 구성. ③종류는 수동식·반자동식·전자동식으로 구분. ④일반적으로 레미콘(remicon, ready mixed concrete) 제조공장에 설치.

배척 : ①못을 뽑는데 쓰이는 조선 연장. ②쇠붙이로 만든 지레의 한쪽 끝을 노루발 장도리의 끝처럼 굽게 만든 것.

배철러스체스트(bachelor's chest) : ①18세기 영국의 작고 낮은 서랍장. ②이중으로 된 상판에 경첩이 달려 있어 상판의 뒤쪽을 들어 올려 펴면 아래 판이 노출되어 2배 크기의 책상 면으로 사용할 수 있음.

배치계획(配置計劃, layout planning, block planning, plot planning) : 일정한 실내·외 공간 내에 필요한 설비나 목적물을 목적이나 기능 및 용도에 따라서 장치·배열하는 것.

배치도(配置圖, layout drawing, block plan, site plan, plot plan) : ①실내공간 내 부분과 전체, 부분과 부분에 따른 대상물의 배치와 사물 상호간의 위치 관계를 표시하는 도면. ②건축에서는 건물과 위치관계를 나타내는 도면.

배트(bat) : 깨진 벽돌이나 블록의 일부분.

배틀먼트(battlement) : 방어용으로 총 쏘는 구멍이 있는 흉벽(parapet). 또는 레이스 장식용으로 사용.

배틀십그레이(battleship gray) : ①군함에 칠하는 회색. ②중간 밝기의 회색(medium gray). ③먼셀기호 N4.5.

배팅(batting) : 면이나 솜 등을 넣어 가구의 지물의 속을 채우거나 누비는 목적에 사용하는 재료.

배플(baffle) : ①금속벽체 내부에서 공기나 물이 벽을 통하여 침입하는 것을 방지하거나 제거하기 위해 금속 벽체 내에 설치하는 판재. ②불투명하거나 반투명의 소재들로 시선으로부터 전구를 차폐하거나 원하지 않는 빛을 흡수하는데 사용.

배합(配合, mixing proportion, mix proportion) : ①두 가지 이상의 재료를 일정한 비율에 따라 혼합하는 것. ②콘크리트 또는 모르타르 등 혼합된 각 구성재 간의 일정비율 또는 일정량. ③조합(=).

배합강도(配合强度, compressive strength of concrete mix design) : ①콘크리트 배합 결정시에 목표로 하는 압축강도. ②품질의 변화 등 불균형을 고려하여 설계기준 강도를 일정비율로 늘인 것. ③콘크리트 배합에 있어서 목표로 하는 압축강도. ④배합강도는 표준양생, 재령28일 공시체의 압축강도로 표시되는 것을 원칙으로 함. ⑤조합강도(=)·설계기준강도.

배합기둥(配合柱, coupled columns) : ①두 개의 비교적 폭이 넓은 기둥 사이에 근접하게 설치된 기둥. ②커플칼럼(=).

배합나뭇결(配合−, mixed grain) : 같은 부재에서 수직이거나 평평한 나뭇결의 조합.

배합보(配合梁, coupled beam) : ①두 재를 배합하여 만든 보. ②두께에 비해 춤이 큰 두 각재 사이에 벌림막이로 끼움쪽을 대고 볼트조임으로 조립한 보. ③끼움쪽의 길이는 보의 춤과 같이 하고 간격은 1미터 정도로 함. ④맞춤은 보가 기둥을 낄 때는 층도리에 빗걸침턱으로 걸치고 기둥을 16㎜ 정도 따내어 보를 옆 대고 볼트 조임.

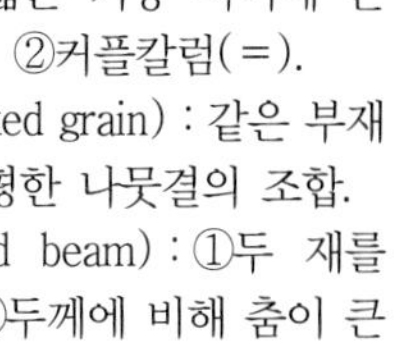

배합보

배합비(配合比, mixing ratio) : ①콘크리트 배합에 있어서 구성재료인 시멘트·모래·자갈 및 물 상호간의 일정한 비율. ②보통 시멘트를 1로 하고 모래와 자갈 순으로 나타냄.

배합페인트(配合-, ready mixed paint) : 보일유·시너·드라이어 등을 배합한 상태 그대로 사용하여 바로 칠할 수 있는 도료.

배향성 스트랜드보드(背向性-, Oriented Strand Board ; OSB) : ①배향성을 가지는 목재의 작은 조각(strand)들을 각각의 층이 서로 직교하도록 3에서 5층 정도로 쌓아서 만든 구조용 판재. ②보통 'OSB 합판'이라고도 함.

배흘림(entasis) : ①기둥의 중간이 굵고 아래 위로 가면서 점점 가늘어지게 만든 방법. ②구조의 안전과 착시현상을 바로잡기 위한 수법. ③⇨배흘림기둥·엔타시스(=).

배흘림기둥(entasis, entasis of a column) : ①기둥 하단부가 굵고 위로 올라갈수록 점점 가늘어지는 기둥. ②기둥의 중간부분이 굵고 상하부로 갈수록 가늘어지는 기둥. 기둥의 측면은 직선적으로 경사짐. ③항아리처럼 기둥의 한 가운데쯤이 굵고 아래와 위를 가늘게 하는 것. ④기둥 따위의 설 재목을 아래로부터 위로 갈수록 점차로 굵게 하였다가 다시 가늘게 하는 방법. ⑤기둥이 아래로부터 삼분의 일까지는 점차로 굵어졌다가 다시 그 위로는 점차로 가늘어지는 것. ⑥일반적으로 배흘림기둥의 최대직경은 기둥뿌리 밑으로부터 기둥길이의 1/3되는 지점에서 위로 1척인 지점에 두는 것이 보통이지만 강릉 객사문의 배흘림은 기둥길이의 1/3 지점이 최대직경이며 기둥머리 윗부분은 최대 직경에 비하여 0.77곡척(曲尺) 작게 마름되어 배흘림 정도가 확연히 눈에 띔. ⑦배흘림기둥은 둥근 기둥이나 육모기둥 또는 팔모기둥 따위에서만 할 수 있음. ⑧그리스·로마·르네상스 등과 한국 고건축에서 많이 볼 수 있음. ⑨빠름·배흘림·배불림 기둥(=).

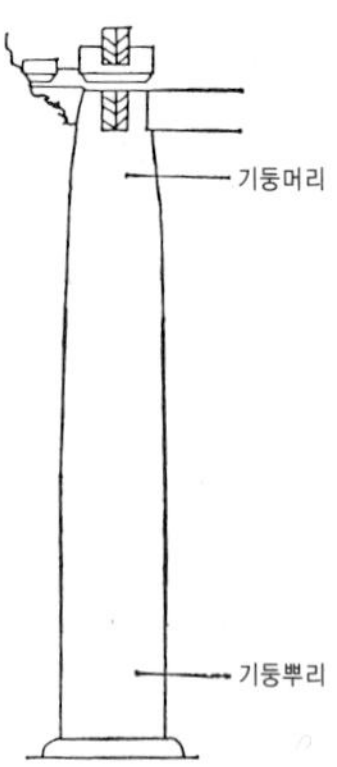

배흘림기둥

백(柏) : ⇨미국편백(=).

백가몬테이블(backgammon table) : ①중세에 프랑스와 영국에서 사용하던 게임 테이블. ②4개의 다리와 서로 반대 끝으로 열리는 두 개의 서랍이 달린 1,100㎜ 정도의 정사각형 형태. ③18세기 프랑스에서는 트릭트랙 테이블(trictrac table)로 알려져 크게 유행함.

백골(白骨) : ①단청을 하지 않은 상태의 가구나 집. ②백골집(=).

백골집(白骨-) : ①단청을 하지 않은 집. ②단청이나 칠을 하지 않고 목재면을 그대로 둔 집. 즉 건축물이 처음 완공되어 모든 부재가 자연 그대로 단청하기 전의 상태의 집.

백광(白光) : ⇨백색광(=).

백군청(白群靑) : ①군청색(群靑色)에 백분 가루를 배합하여 만든 안료(顔料). ②엷은 하늘색.

백나왕(白羅王, white lauan, Pentacme contorta(Vidal) Merr. & Roife[학]) : ①주로 필리핀 전 지역과 기타 보르네오·말레이시아 등지에서 생산되는 목재. 필리핀에서 가장 중요한 수종. 평균수고 50m내외, 흉고직경 1m 내외, 때로는 1.8m에 이르는 활엽교목. 수피는 두껍고(1~2cm) 흑갈색으로 큰 나무는 상부에 깊은 골이 나 있고 노목의 밑부분은 비늘모양으로 됨. 평지에서부터 고지 700m까지 높은 산지에 분포. ②핑크 나왕(pink lauan)이라고 함. ③비중은 0.50, 변재는 50~90㎜로 담회색이며, 심재는 생재 때에는 변재와 같은 회색이나 건조하면 담홍색으로 변화하며 심·변재 구별은 명확하지 않으나 시간이 좀 지나면 구별됨. 목리는 교착(交錯)하며 나무갖은 대체로 거칠음. 기건비중 0.49, 수축률은 방사방향 3.3%, 접선방향 6.6%로 적고, 강도는 압축강도 411kg/㎠, 휨강도 780kg/㎠, 전단강도 93kg/㎠로 약함. 특징은 색깔이 비교적 연하고 무르며, 내구성이 약하나 건조가 용이하고 건조균열이 없으며, 가공이 용이하고 도장과 접착이 잘됨. ④주로 장식·창호·가구·합판 등에 사용.

백년주택(百年住宅, century housing system) : 일본에서 주택의 부분만을 손쉽게 교체하여 주택의 수명을 늘린 주택.

백단(白檀, algum) : 레바논(Lebanon) 산에서 나는 나무.

백동(白銅, white copper) : 구리·아연·니켈의 합금.

백동장식(白銅裝飾) : 백동판으로 만든 가구 장식이나 창호철물.

백드롭(backdrop, back-cloth) : ①막으로 구성된 무대장치(wing border system)의 뒷면이 되는 배경막(背景幕). ②일반적으로 무대 뒤를 가리기 위해 무대 안쪽에 설치하는 풍경이나 기타 배경그림이 그려짐.

백라이팅(back lighting) : ⇨배광조명(=).

백랍(白鑞, solder) : ①아연(55%)과 구리(45%) 합금의 일종. ②황백색의 주물로 만듦. ③상온(上溫) 및 열간(熱間)에서 가공이 곤란. ④주로 황동의 땜질에 사용.

백레스트(back rest) : 의자 따위의 등을 받쳐주는 것.

백록색(白綠色) : ①관용색명으로 아주 연한 녹색. ②먼셀기호 2.5GY8.5/2.5.

백목(柏木) : ⇨미국편백·옐로우시다(=).

백몰딩(rubber back moulding) : 금속형(金屬型) 틀과 러버 백(rubber back) 사이에 적층 성형용 재료를 놓고 러버 백에 압력을 가하여 압축접착 성형하는 방법.

백바(back bar) : 카운터 배면의 벽면에 술병이나 식기의 수납기능과 장식적인 면을 고려한 수납공간.

백발(白拔) : 검은색 또는 유색 바탕에 흰색의 문자 또는 그림을 표현하는 것.

백변재(白邊材, sap tree) : 수피 쪽에 있는 담색 목질재.

백분(白粉) : ⇨호분(=).

백분위(百分位) : ⇨퍼센타일(=).

백분위수(百分位數, percentile) : ⇨퍼센타일(=).

백분칠(白粉漆) : 백초로 벽을 바르는 일.

백색광(白色光, whitish, white light, unbuntlicht[독], lumière neutre[프]) : ①정상적인 시력을 가진 사람에게 흰색 또는 전혀 색이 없는 무색(無色)의 상태로 느껴지는 빛. ②보색을 통해서 백색광을 만들 수 있듯이 여러 색광(色光)을 혼합하면 백색광이 됨. ③태양광선(=).

백색광선(白色光線) : ⇨백색광(=).

백색소음(白色騷音, white noise) : ⇨매스킹현상.

백색스모그(白色-, white smog) : ⇨광화학스모그(=).

백색시멘트(white cement) : ⇨백색포틀랜드시멘트(=).

백색안료(白色顔料, white pigment) : ①백색의 안료를 총칭. ②주로 연백(鉛白)·아연화(亞鉛華)·리토폰(lithopone)·티탄백(白) 등이 백색안료로 많이 사용.

백색잡음(白色雜音, white noise) : ①연속된 음향 스펙트럼을 가진 잡음. ②랜덤노이즈(=).

백색포틀랜드시멘트(白色-, white portland cement) : ①백색인 시멘트. ②원료에는 철분이 적은 백색점토와 석회석을 사용하고 연료에는 중유 등을 사용해서 제조한 시멘트. ③알루민산철4석회(C_4AF)를 매우 적게 하여 백색을 나타나게 한 시멘트. ④포틀랜드시멘트의 회록색은 FeO과 MgO 때문으로 보통 3% 정도 함유되는 FeO을 원료로 선택해서 분쇄공정에서의 철분 혼입을 방지하여 0.3% 이하로 낮춤으로써 흰색을 띠게 된 것. ⑤백색시멘트·백시멘트(=).

백셋(backset) : ①자물쇠의 표면에서 허브(hub) 또는 열쇠구멍의 중심간 거리. ②손잡이와 창호 사이.

백송(白松, Pinus Bungeana) : ⇨분비나무(=).

백스테이지(back stage) : 조명기구나 사이크로라마를 설치한 연기부분의 무대 후면. 이 부분은 왜건의 이용이 철저한 독일 등의 오페라하우스에서 연기부분 무대 안쪽으로 연기부분 무대와 동일한 규모로 계획한 경우가 대부분. 후면무대(=).

백스툴(back stool) : ①천으로 씌운 팔걸이가 없는 의자 또는 등받이가 있는 스툴. ②15~16세기에 단순한 의자(seat)를 지칭하는 용어.

백야드(back yard) : 뒤뜰 또는 뒷마당.

백양나무(白楊木, abele, aspen populus maximowiczii, Popular) : ①러시아산(産) 침엽수로 버들과의 활엽낙엽교목. ②키는 15~20m 정도이며 백색이고 목질이 연함. ③황철나무·사시나무(=).

백업재(-材, back up materials) : ①소정의 줄눈 깊이를 조절 또는 확보하기 위해 줄눈 밑(속)에 끼우는 합성수지 발포재. 주로 창호 공사 등 실링(sealing)재(材) 공사에 많이 사용. ②뒤채움재(=).

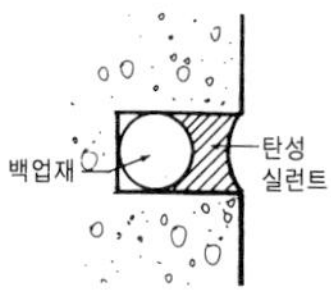

백업재

백에이지 랙(baggage rack) : ①호텔 객실에 설치하는 가구로 여행용 가방에서 짐을 풀거나 열어보기 위한 수화물대. ②일반적으로 고정 선반이나 스탠드식으로 하는데 객실의 규모가 협소할 경우 서랍장이나 라이팅 데스크와 일체시키기도 하며 의자대용으로 쿠션이나 등받이를 부착하여 사용하기도 함.

백열등(白熱燈, incandescent lamp) : ⇨백열전등(=).

백열전구(白熱電球, incandescent lamp) : ⇨백열전등(=).

백열전등(白熱電燈, incandescent lamp, incandescent filament lamp) : ①전류를 필라멘트에 흘러 보내서 빛을 얻은 광원. ②텅스텐 선에 전류를 통하여 발광. 적광의 비율이 많은 백색광으로 따뜻한 분위기를 연출. ③텅스텐으로 된 필라멘트(filament)에 전류를 통하게 하여 그 저항에 의해 발생하는 높은 온도방사로 발광시키는 전등. 수명은 짧고(1,000~2,000시간), 효율도 좋지 않으나(10~20lm/w) 연색성은 붉은 색이 많아 우수. 또한 설비비·유지비가 비교적 저렴하고 취급·보수 점검 등 사후관리가 용이. 그밖에 집광성이 좋고 광원의 휘도와 광원의 표면온도 및 발생열이 높음.

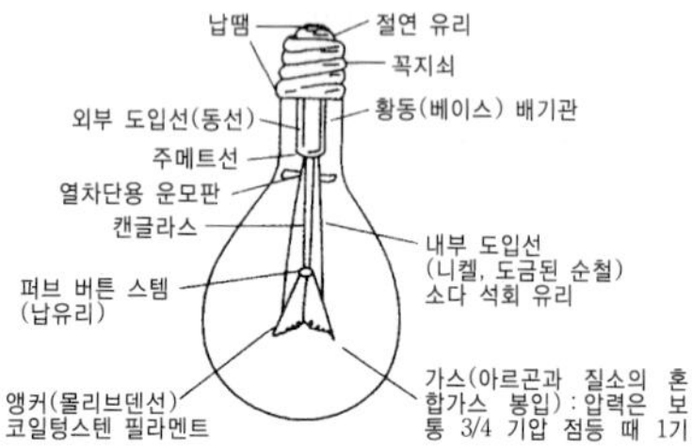

백열전등

백엽천창(百葉天窓) : 지붕 위에 설치된 블라인드(blind)와 같은 통풍구조의 그릴 창(grill window).

백오피스(back office) : ⇨프런트오피스(=).

백운동서원(白雲洞書院) : ①명종 5년(1550)에 풍기군수로 부임한 퇴계 이황 선생이 상소에 의해 세운 서원. ②주자의 백록동서원에서 영향을 받아 건립. ③후에 소수서원(紹修書院)이라는 이름으로 최초로 나라의 공인을 받은 사액서원이 됨.

백운석(白雲石, dolomite) : 탄산석회($CaCO_3$)와 탄산고토($MgCO_3$)가 결합한 광물.

백자목(柏子木) : ⇨잣나무(=).

백조목형(白鳥-形, swan neck pediment) : ⇨스크롤페디먼트.

백조목형 박공장식(白鳥-型朴工裝飾, swan neck pediment) : ⇨스크롤페디먼트.

백조목형 손잡이(白鳥-型-, swan neck handle) : 양끝이 백조목 형태의 곡선으로 이루어진 손잡이. 반원형 손잡이(=).

백조의자(白鳥椅子, swan chair) : 제이콥슨이 디자인한 안락의자.

백주전(百柱殿, hall of hundred columns) : 서아시아 페르세폴리스(Persepolis)에 있는 고대 페르시아의 궁전건축 가운데 가장 유명한 건축물로 다리우스(Darius) 1세가 58년(B. C. 518~460)에 걸쳐 건축.

백주전

백주철(白鑄鐵, white pig iron) : 파단면이 백색이고 매우 단단하며, 취성(脆性)을 가지고 있으며, 인장강도는 큰 편임. 주로 가단주철(可鍛鑄鐵)을 만드는데 사용. 비중이 약 7.0이고, 융점이 약 1,100℃이며, 수축률이 커서(2% 내외) 주조(鑄造)가 곤란함.

백지(白紙) : 질이 좋은 순백색의 종이.

백킹(backing) : 벽 모서리에 붙이는 나뭇조각으로 라스(lath)의 단부(端部)를 고정시키기 위한 것.

백킹 아웃(backing out) : 부재의 뒷면에 장치된 넓고 얇은 홈.

백태(白太) : ⇨변재(=).

백토(白土) : ①화강암이 풍화되어 하얗게 된 흙. ②빛깔이 흰 흙으로 벽화나 건축의 도료, 벽 마감재나 그릇 등을 희게 하는데 원료로 사용.

백플랩힌지(back flap hinge) : ⇨플랩힌지.

백화[1](白花, 白華, efflorescence) : ①염분이 채 빠지지 않은 바닷모래로 시공했을 때 염분이 빗물에 녹아 벽면을 타고 내리면서 하얗게 굳는 현상. ②염분이 남아 있는 바닷모래를 쓰면 철근이 부식돼 5~10년이 지난 뒤 건물강도가 현저히 약해지고 녹슨 철근이 팽창하면서 심한 경우 철근과 콘크리트가 분리되는 현상이 나타남.

백화[2](白樺) : ⇨자작나무(=).

백화점(百貨店, department store, big store) : 동일 경영권 하에 있는 동일점포 내에서 여러 종류의 상품을 각 부문별로 나누어 진열·판매하는 규모가 큰 종합 소매상점. 백화점의 기원에 관해서는 크게 잡화점 기원설과 복지점 기원설의 두 가지가 있음. 전자는 취급상품이 다종류라는 점에서, 후자는 도심 백화점의 역사에 비추어 보아 의복류가 선매품의 중심이었던 점에 착안한 견해일 것임. 그러나 세계적으로 최초의 백화점은 프랑스 파리에 1852년 설립된 봉마르세 백화점(Bon Marché, l. A. 브야로와 G. 에펠이 공동설계)이 최초임(1876년 설립된 설이 있음). 국내 백화점으로는 1930년 10월 일본의 미스코시(三越)가 한국 최초의 서구 근대적 의미의 백화점 형식이며 현재의 신세계백화점 자리에 위치한 것으로, 당시 국내에서 가장 큰 상가이며 다양한 상품 및 정찰제 판매와 반품·환금제를 실시함.

백화점의 공간구성(百貨店-空間構成) : 백화점의 공간은 고객권·종업원권·상품권·판매권 등으로 구성. ①고객권 : 고객을 맞이하는 현관, 매장 내 고객용 교통부분인 통로·계단·엘리베이터 또는 에스컬레이터는 고객을 넓은 매장 내부로 유도해야 함. 또한 고객에게 편리함을 제공하는 휴게실·식당이 포함. 고객권은 대부분인 판매권의 매장과 결합되고 종업원권과 접하게 됨. ②종업원권 : 종업원의 출입구와 통로·계단·화장실·탈의실·사무실·식당·회의실·응접실 등 종업원을 위한 제공간. 종업원권은 별개의 계통으로 독립되어 있으며 판매권·상품권과 접함. ③상품권 : 상품의 반입·보관·배달·발송을 위한 부분과 주문된 상품을 검수, 가격표시 등 상품의 보급시설이며 판매권으로부터 상품을 보합, 조정 및 점외 발달 등을 원활히 행하는 시설임. 따라서 판매권과 접하며 고객권과는 절대 분리됨. ④판매권 : 상품을 전시하여 판매·영업하는 경영상 가장 중요한 부분. 고객의 구매욕을 환기시키고 종업원의 작업능률이 향상되도록 작업환경을 형성해야 함. 종업원·고객의 대금수령·포장·고객통로·판매장표시 등은 상호 혼란 없이 합리적이고 능률적으로 구성. 판매권의 방화구획·피난계획·출입구의 폭 등에 관해 관련 건축법규에 규정되어 있으므로 계획시 이를

ㅂ

고려함. 판매권은 일반적으로 매장·접객부분·쇼윈도의 부분으로 구분.

백화점의 기능(百貨店-機能, function of department) : 백화점은 상품을 판매하는 것을 목적으로 한 판매시설로 기본적으로는 유통영업시설을 갖지만 소비자 욕구수준의 개성화·다양화 및 쇼핑에 대한 태도 변화 등으로 인해 보다 복합적인 기능의 만족을 추구. 따라서 판매공간 이외에 문화휴식공간으로서 공공공간(公共空間)의 이용도 증가하게 되고, 그에 따른 각종 위락시설이 새로이 등장하여 상품판매라는 단일기능 외에 다양한 복합기능을 수용해야 함. 백화점 발전의 요인 및 배경은 ㉠근대적 도시의 발달, ㉡교통 및 통신의 발달, ㉢자본주의적 기업형태 및 경영기술의 발달, ㉣자본주의적 생산체제의 발달, ㉤근대적 산업기술의 발달 등이 있음.

백화점의 동선계획(百貨店-動線計劃, traffic line of department) : 백화점의 동선계획은 고객·상품·종업원의 동선 중 고객은 불특정 다수의 많은 사람들이 출입·이용하는 장소로 특정 고객의 흐름과 정지를 위해 일상적인 고객의 이동에 지장이 없도록 하며, 예상되는 고객의 혼잡도와 그에 맞도록 통로 폭을 조정. 또한 모든 동선은 매장 양측에 위치하고 고객이 목적 매장에 도달해서는 보행속도가 줄어 군집의 평균적인 이동속도에 지장이 초래되므로 충분한 통로 폭을 확보·유지되어야 함. 또한 원활한 동선체계를 위해 다음과 같은 기본적인 검토사항을 고려함. ㉠체류시간 데이터(data)분석 ㉡정지부분과 이동부분에 의한 통로 폭 산정 ㉢주동선과 부동선과의 관계 ㉣입장객 수와 통로 폭과의 관계 ㉤매장면적과 동선의 비율 ㉥동선의 흐름이나 방향 ㉦쾌적한 분위기 시설·벽면과의 거리감, 바닥재의 선택 등 ㉧동선계획의 단조로움과 복잡한 정도 검토 ㉨다른 층과 관계 ㉩평면개념이나 머천다이징 개념과의 쾌적성 ㉪방화·대피시설과의 관계 ㉫계단·엘리베이터·에스컬레이터 등의 상하수송설비의 위치와 연계성.

백화점의 분류(百貨店-分類) : 백화점은 입지조건·규모·총면적 및 면적비율에 따라 분류. ①입지조건에 따른 분류 : 도심 백화점·터미널 백화점·교외형 백화점(쇼핑센터 등)·슈퍼마켓 및 슈퍼스토어 ②규모에 따른 분류 : 대규모 백화점(판매장 면적 4,000~10,000㎡)·중소규모 백화점(판매장 면적 1,000~4,000㎡) ③운영 및 경영방식·내용에 따른 분류 : 종합 백화점·부문 백화점·임대 백화점·협업 백화점·월부 백화점 등.

백화현상(白花現狀) : ⇨백화[1].

밴더롤(banderole) : ①리본과 같은 모티브를 조각하거나 채색한 르네상스 장식. 리본의 평평한 부분이 명각(明刻)으로 채워질 수도 있음. ②긴 리본이나 스크롤 형태를 가지며 글씨를 새겨 넣기 위해 처리된 조각적 띠 모양 장식. ③밴드롤(=).

밴더롤

밴드 호텔(band hotel) : ⇨터미널 호텔(=).

밴디레그드(bandy legged) : 18세기 초 영국과 미국의 가구에서 보우 레그(bow leg)나 캐브리올 레그(cabriole leg)로 된 가구를 말하는 미국 식민지 양식(American Colonial) 용어.

밴딩(banding) : 테이블 상판, 서랍 앞면 가장자리에 사용되는 베니어(veneer)의 띠.

밴조시계(-時計, banjo clock) : 19세기 미국에서 사용된 악기인 밴조의 형태를 닮은 시계.

밴텀기법(-技法, bantam work) : 18세기 옻칠 기술인 코로만델 래커(coromandel lacquer)의 모방품으로 중국식 디자인인 시누아즈리(chinoiserie) 장식을 새겨 넣는데 사용된 기법.

밸러스터(baluster) : ①다양한 선반 세공법 형태로 만들어진 수직 받침물. ②일반적으로 계단난간의 한 부분으로 지탱해주는 역할을 하며, 주로 가늘고 긴 모양의 꽃병이나 단지형태를 이루고 있음. ③가구의 다리 장식으로도 많이 사용되며, 수직으로 반 쪼갠 것을 가구장식으로 많이 사용한 시대는 영국 바로크 시대였음. ④배니스터(=). ⑤난간을 받쳐주는 짧은 동자기둥. 보통 단면이 원형 몰딩. ⑥의자의 등받이로 사용되는 원형의 수직재(垂直材). ⑦난간동자(=).

밸러스터

밸러스터사이드(baluster side) : 이오니아식의 주두에서 오목하게 말린 형태를 가진 볼루트(volute)의 측면 부위.

밸러스터터닝(baluster turning) : ⇨난간동자형 선반가공재(=).

밸러스트(ballast) : ①방전등의 방전을 안정시키기 위한 장치. ②안정기(=).

밸러스트레이드(balustrade) : ①난간동자를 세운 난간. 주로 장식 겸 난간으로 쓰임. ②계단이나 발코니·다리·층계 등의 끝부분 등에 설치된 난간(손잡이) 또는 코니스 상부의 계단난간. 일반적으로 난간을 구성하는 부재 전체에 해당되는 명칭. ③구성요소는 핸드레일(handrail)·난간동자(baluster)·난간동자가 놓인 부분(lower rail, bottom rail) 난간엄지기둥(newe 또는 newel-post) 등. ④부란(=).

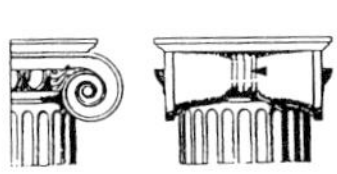
밸러스터사이드

밸런스[1](balance) : ⇨균형(=).

밸런스[2](valance, valence) : ①침대·설교단 따위의 주위에 드리운 천이나 휘장. ②창문 위쪽의 장식 커튼. ③창·선반·침대 아래 등을 가리는 드리운 천 또는 장식 커튼. ④커튼의 윗부분에 부착되는 짧은 드레이퍼리(drapery) 또는 다른 재료나 드레이퍼리 가장자리에 매달려 있는 것을 말함. ⑤코니스조명(=).

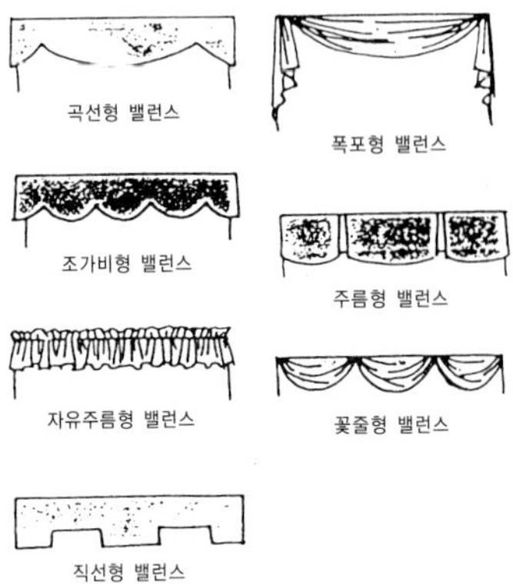

밸런스

밸런스구성(-構成, balance composition) : 합판 두께의 중심선에 대한 대칭으로 베니어의 두께·수종(樹種)·섬유방향이 결합되어 있는 것. 변형이 적은 것이 장점.

밸런스오르내리창(-窓, balanced sash window) : 상하 두짝의 창문을 팔대(lever arm)로 연결하고, 좌우 창틀 홈에 끼워 도르래에 로프(rope)를 이용하여 각 창짝의 한끝이 창틀 홈을 타고 오르내림으로써 개폐하도록 되어 있는 창문.

밸런스조명(-照明, valance lighting) : ①벽면이나 창의 일부에 수평판이나 띠를 설치하여 광원을 가린 채 상향 또는 하향으로 비추는 간접조명방식. ②불투명 판이 부착된 조명기구는 항상 커튼과 함께

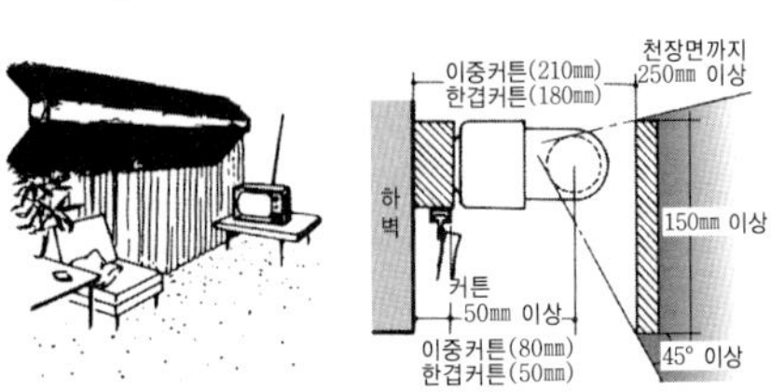

밸런스조명

사용되며, 주변을 강조함으로써 실내에 친밀하고 개인적인 분위기를 조성함. ③ ⇨건축화조명.

밸런스창(-窓, balance window) : 상하 두 창을 팔대(lever arm)로 연결하고, 각 창짝의 한끝이 창틀 홈을 타고 오르내리도록 장치하여 그 한짝을 올리면 다른 짝은 내려와서 중간에서 겹쳐지게 한 창.

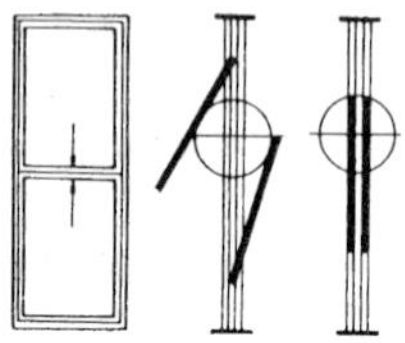

밸런스창

밸런스체어(balance chair) : ①인간공학적인 도구성을 추구한 노르웨이의 의자. ②앉은 자세에 대한 근본적인 의문으로부터 노르웨이의 디자이너·의사·물리요법 전문가 등으로 구성된 프로젝트가 전체의 방향성을 정하고, 메이커 및 디자인 스튜디오 다수가 참여하여 생산하는 시리즈 상품. ③인체구조에 항상 꼭 맞도록 되어 있음. 부하도 허리와 무릎으로 분산되어 여러 가지 자세에 무리 없이 대응하는 구조.

밸런스포인트(balance point) : ①배색된 색을 면적비에 따라 회전 원판 위에 놓고 회전 혼색일 때 나타나는 색. 문 스펜서에 의하면 이 색에 의하여 배색의 심리적 효과가 결정된다고 함. ②밸런스 포인트의 색이 녹색이면 안정과 다소 찬 느낌을 주며 자극적이고 따뜻한 느낌을 주려면 밸런스 포인트의 색을 주황색이 되도록 배색.

밸류엔지니어링(Value Engineering) : ①제품 또는 서비스의 기능을 확인하고 그 기능의 가치를 금전적으로 설정하여 전체비용을 최소화하면서 필요기능을 제공하는 체계적인 기술. ②최저의 총원가로 필요한 기능을 확실히 달성하기 위해 제품과 서비스의 기능분석과 개선에 쏟는 조직적인 노력. ③제품의 원래 성능을 손상시키지 않는 범위 내에서 생산원가를 낮추기 위한 강력한 원가절감 수법.

밸브(valve) : 파이프 내의 액체나 가스의 흐름을 조절하고 유체의 유량(流量)을 조절하며, 흐름의 방향을 바꾸거나 정지하기 위하여 배관 도중에 설치한 수동식 또는 자동식 장치. 종류는 볼 밸브·슬루스 밸브·게이트 밸브·체크 밸브·스톱 밸브 등.

뱀부터닝(bamboo turning) : ⇨대나무형 선반가공재(=).

뱀형 다리버팀대(-型-, serpentine stretcher) : 두 다리 사이에서 한 개 이상의 곡선을 지닌 다리 버팀대(stretcher). 앞다리와 대각선에 있는 뒷다리 사이는 S자 모양의 곡선을 형성.

뱀형 발(-型-, snake foot) : 네덜란드식 발의 일종으로 발끝이 슬리브 모양으로 뾰족해진 형태의 가구의 발.

뱀형 전면(-形前面, serpentine front) : 가구에 있어서 뱀과 같이 구불구불한(serpentine) 선을 지닌 전면부. 중앙부가 불룩 튀어나오고 양옆은 오목하게 들어간 곡선으로 연결되어 있음. 옥스보우(oxbow)와 정반대의 형태로 프랑스 로코코양식의 코모드(commode)와 18세기 영국의 찬장과 책상에 사용됨.

뱁티스터리(baptistery) : ⇨세례당(=).

뱃집 : ⇨맞배집·박공집(=).

뱃집지붕 : ⇨맞배지붕(=).

뱅퀴트룸(banquet room) : 식당·호텔 따위의 연회장.

버건디(Burgundy[프]) : ①프랑스의 부르고뉴산(産) 포도주인 버건디와 같은 색. ②적색 기미의 어두운 자주(dark red purple). ③관용색명으로 아주 어두운 빨강. ④먼셀 기호 10RP2/2.5.

버건디양식(-様式, Burgundy style) : ⇨부르고뉴양식(=).

버금머리초 : ①모로단청 중 규모에 따른 분류의 하나. ②버금가는 모로단청. ③⇨으뜸머리초(⇔).

버나큘러(vernacular) : ①버나(verna)는 노예를 말하며, 버나큘러(vernacular)는 주인의 집에 거주하는 사람들을 의미. ②이후에 '지역적인', '토속적인', '하층의 형태'라는 의미로 사용함. ③이 용어는 '집안에 있는 사람들'이라는 뜻인 희랍어 버나쿨리(vernaculi)에서 유래.

버나큘러디자인(vernacular design) : ①전통적이고 가족적인 방식으로 일하는 소박한 사람들의 생산품. ②전문적 지식 없이 전통적으로 발전되어 온 디자인. 주로 일상생활의 필요에 의해 이루어지는 것이 보통. ③토속적 디자인(=).

버너구이마감(burner finish) : ⇨ 버너처리.

버너처리(−處理, burner treatment, burner finish) : ①주로 화성암계열(火成岩系列)의 표면처리에 이용. 분사되는 고열 불꽃에 의해 독특한 가공면을 형성하며 수동식 조면(粗面)처리보다 더 발전된 가공법으로서, 가공속도가 매우 빨라 많은 물량을 단시간 내에 처리할 수 있기 때문에 대형공사의 마감에 많이 채택함. ②주로 현장에서 산소용접기의 불꽃을 이용. 고열로 인한 돌입자(粒子)의 변형으로 강도에 영향을 미치는 등의 문제점이 발생할 수 있으나 순도가 높은 연료를 사용하고 열을 받는 즉시 냉각수를 공급하여 표면을 냉각시켜 주기 때문에 암석의 특성에는 영향을 미치지 않음. ③화염처리(=).

버드나무(willow tree, Salix koreensis) : ①버들과(楊柳科)의 낙엽활엽교목을 총칭. ②키 8~10m. 습기에 잘 자라고 한국·일본·중국에 분포. ③재질이 연하여 주로 합판재·목재·세공재(細工材)로 사용.

버드비크(bird's beak moulding, beak moulding) : 그리스 건축에 많이 사용한 새의 부리 또는 머리 모양으로 장식한 쇠시리. ⇨비크.

버들문양(−文樣, willow pattern) : 양식화된 버드나무에 중국식 사원·다리·배·두 마리의 새 등으로 구성된 문양.

버라이어티스토어(variety store) : ①상품구성을 매우 광범위하게 갖추어 놓고 셀프서비스(self service) 방식으로 저렴하게 대량으로 판매하는 대형 소매점. ②일반적으로 상품은 낱개판매가 아닌 단위별·품목별·세트(set)별로 판매. 예로 이마트(E−mart) 등. ③'10센트 스토어'라고도 함.

버라이트(baryte) : ①황산바륨($BaSO_4$)이 주성분인 암석. ②주로 레이크 안료의 체질안료(體質顔料)나 원석을 깬 것은 방사선 차폐용 콘크리트의 중량골재로 사용. ③중정석(=).

버라이트모르타르(baryte mortar) : 버라이트를 분쇄한 것을 잔골재로 사용한 모르타르로 방사선 차폐용 벽의 마감재로 사용.

버라이트콘크리트(baryte concrete) : ①중정석(重晶石, baryte)의 깬돌을 골재로 사용한 콘크리트. ②차폐용 콘크리트(=).

버랑안(Berangan) : ①필리핀·미얀마·인도·인도네시아·말레이시아·보르네오·뉴기니아 등 동남아 전역과 남태평양 북부지역의 열대·아열대 전역에 분포. ②변재는 담갈색에 약간 초록색을 띤 줄무늬가 있으며 심재는 농갈색으로 밝음. 목리는 통직이나 교착하기도 하며 나무갗은 거침. 기건비중 0.6~0.97로 무겁고 견고하며, 수축률은 방사방향 3.7%, 접선방향 9.6%로 보통이며 강도는 압축강도 540~611kg/㎠, 휨강도 978~1,234kg/㎠로 보통. 내구성·건조성이 양호하며 약제주입성은 변재에는 용이하나 심재는 곤란. ③주로 건축·내장·가구·구조용 등에 사용.

버메일(vermeil) : 주황빛이나 장밋빛이 도는 금으로 도금한 은이나 청동.

버미큘레이션(vermiculation) : ①벌레가 나무 속이나 표면을 파먹은 자국과 같은 효과. ②주로 르네상스 조적조 건물의 전면부, 모자이크 보도, 금속 작품이나 에나멜 작품의 배경 등의 표면을 불규칙으로 장식하기 위해 홈을 파서 이와 같은 재질감을 냄.

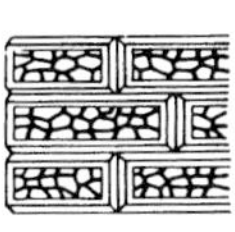
버미큘레이션

버밀리온(vermilion) : ①버밀리온은 인공의 주(朱)로서 수은에 유황을 반응시켜 만드는 안료. ②약간 주황기미의 밝은 빨강·

주색. ③황색기미의 밝은 적색(bright yellowish red). ④먼셀기호 4.0R5.0/14.0. ⑤주색(=).

버블다이어그램(bubble diagram) : ①원형의 거품 모양으로 인테리어 요소를 계획하는 것. ②크기는 필요 면적에 따라 결정되고 그 위치는 인접도에 따라 결정.

버빌리언(vermilion) : ⇨주색(=).

버섯모양구조(-構造, mushroom structure) : ⇨머쉬룸구조(=).

버스덕트(bus duct) : ⇨파이프덕트(=).

버스텔(bustel) : 버스터미널

버지니아소나무(Virginia pine, Jersey pine, Pinus virginiana Mill[학]) : ①미국이 원산지로 중부 이남에 토심이 깊고 비옥한 곳에 자라며 천박한 땅에서도 자라는 조림수종. ②원산지에서는 수고 35m, 지름 1m에 달하는 상록침엽교목으로 수피는 두껍고 암적갈색으로 노령이 되면 인편이 떨어짐. 연륜이 뚜렷하고, 변재는 좁고 황색이며 심재는 등색(橙色)으로 심·변재의 구별이 뚜렷하며 나이테도 분명함. 나무갗은 거칠고, 결이 곧음. 춘추재의 이행은 급하며 수지가 있음. 나뭇결(목리)은 통직하고 재질은 고움. 중비중재이고, 수축성과 흡수성은 작음. 압축강도·인장강도·휨강도·전단강도는 보통이고, 충격 휨 흡수에너지는 크며, 경도는 낮음. 용적밀도수는 0.48, 수축률은 적고 강도는 보통. 절삭가공·건조·접착성은 양호하며 도장성은 보통이고 내구력은 큰 편. 파티클보드제조적성·섬유판 제조적성은 양호하고, 합판제조적성은 보통. 시멘트 경화성은 양호하고, 내후성은 불량. ③주로 건축(건구·내장·구조), 기구·상자·토목·포장·펄프 등으로 사용함.

버커트의자(-椅子) : ①차량의 의자처럼 좌면이 오목한 의자. ②앉아 있는 사람의 넓적다리를 안쪽으로 밀리게 하므로 처음에는 편하다고 느낄지 모르지만 금방 불편함을 느끼게 됨.

버크럼(buckram) : ①딱딱한 마감을 위한 아교나 풀로 빳빳하게 만든 넓은 크기의 평조직 직물. ②주로 커튼의 밸런스(valance)를 힘 있게 하는 심재로 사용.

버클러(buckler) : 프리즈(frieze) 치장에 사용되는 원형 또는 마름모 형태의 장식.

버터넛(butternut, white walnut) : ①백호두나무(white walnut)로 알려진 미국 목재. ②섬세한 나뭇결과 광택이 좋은 것 등이 흑호두나무와 유사. 맑은 색의 경재로 견고하며 나이테는 아름다운 무늬로 형성. ③작업과 착색이 용이하며 18세기 미국에서 가구용 목재로 유행됨.

버터플라이지붕(butterfly roof) : ①지붕의 양단이 높고 중앙에는 골이 진 V자형 지붕. ②지붕마루를 향해 양쪽 지붕면에 역경사를 두어 빗물이 중심부에 모이도록 한 것. ③주로 플랫폼에 사용되나 일반건축물에서 본체 건물에 덧달아날 때도 사용. ④와이(Y)형 지붕·나비지붕(=).

버터플라이테이블(butterfly table) : ①미국 식민지 시대에 작은 드롭 리프 테이블(drop leaf table)에 대한 대중적인 명칭. 솟아 오른 자재판은 브래킷(bracket)으로 지지되어 나비날개와 유사. ②테이블의 양 끝에 반원형 상판을 정첩으로 달아서 사용하지 않을 때에는 접어두고 사용할 때는 받침대(bracket)로 받쳐 펴게 만든 접는 형식의 테이블.

버트레스(buttress) : ①보강을 위해 벽체로부터 튀어 나오든가 또는 벽체에 기대어 축조되는 석조나 벽돌조의 양괴(量塊 ; mass). ②석조 및 벽돌조 건물이나 벽을 보강하기 위하여 외벽에 설치하는 돌출형 버팀벽 또는 부축벽(扶築壁). 특히 고딕시대의 교회건축에서 높은 주벽(主壁)이나 볼트(vault ; 아치형 천장)의 수직·수평적인 압력을 받쳐주기 위해 사용. ③추가로 건물을 지지하기 위해 또는 볼트(vault)나 아치(arch)의 추력(推力)을 받기 위해 벽에 덧붙여 만든 조적조. ④벽을 지지하거나 보강하기 위해 지은 구조. 건물이 매우 높거나 하중이 큰 육중한 상부구조를 가질 때 주벽(main wall)을 받쳐주는 것으로서 구조물의 외벽에 세워짐. ⑤종류는 셋백 버트레스(setback buttress ; 위로 올라감에 따라 점점 얇아지는 형태), 앵글 버트레스(angle buttress ; 모서리에서 두 방향으로 향하는 버트레스가 직교하는 형태), 다이어거널 버트레스(diagonal buttress ; 모서리에서 기울기가 45°의 방향으로 나가는 형태) 등이 있음. ⑥지붕의 볼트로부터 측면의 합력을 흡수하여 추가적인 내구력과 지지력을 얻기 위해 벽으로부터 돌출된 석조의 외부 구조물. 아치 또는 궁륭구조의 하중은 모두 리브가 받으며, 이것은 한 곳에 모여서 주형을 만들게 되는데, 이때 이 부분에는 매우 큰 힘이 작용. 이 횡력을 지지하도록 고안된 것이 버트레스임. ⑦버팀벽(=).

버트리스 : ⇨버트레스(=).

버트조인트(butt joint) : ①가장 단순하고 가장 약한 접합방법. ②주로 접착제나 못·스크루(screw)로 고정.

버틀러스트레이테이블(butler's tray table) : ①18세기 후반에 영국에서 개발된 X형의 접이 받침대 또는 다이 위에 금속이나 목재의 쟁반이 놓인 이동식 테이블. ②오늘날에는 주로 칵테일 테이블로 사용.

버티컬블라인드(vertical blind) : ①비늘판이 수직으로 길게 늘어져 연속적으로 이어진 형태의 블라인드. ②특히 동서(東西) 방향의 개구부 등에 적합. ③180° 회전하는 루버를 세로로 달아 좌우로 개폐하여 광선이나 시각조절을 하는 주로 천장이 높은 대형 창에 많이 사용. ④재료는 합성수지재·금속재 등이 많이 사용.

버팀대(-帶, batter brace, diagonal brace, knee brace) : ①수직·수평재의 맞춤 부분의 모서리를 고정시키기 위해 빗대는 것이고 수평력에 대해 가새보다는 약하지만 방의 쓸모로 또 가새를 댈 수 없는 곳에 유리. ②수평력에 작용할 때 가새에 생기는 응력은 다음 식에 의함.

$$X = P\frac{2l}{d}$$

여기서 P : 뼈대에 작용하는 수평력(kg)
L : 버팀대 접합부와 기둥과의 거리(m)
d : 버팀대의 길이(m). ③버팀대는 기둥과 같은 단면의 것을 기둥 및 가로재에 장부맞춤 또는 빗턱통넣고 장부맞춤 볼트 죔으로 하기도 하고, 기둥의 반쪽 치수의 것을 기둥과 가로재 옆면에 빗대어 볼트 죔으로 하기도 함. ④수직재(기둥)와 수평재(보)로 구성하는 수직구면(構面)의 귀부분에서 부재의 중간과 중간을 대각방향으로 연결하여 수평력에 의한 이 부분의 변형을 방지하는 경사재. ⑤부축벽(=).

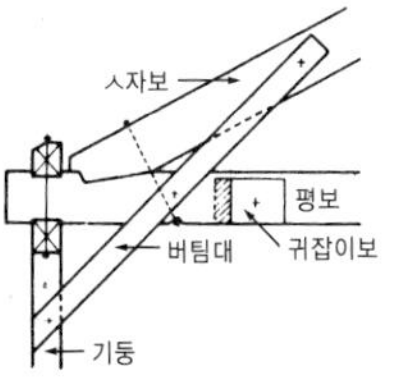

버팀대

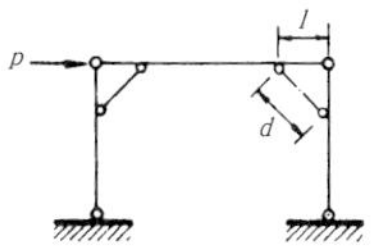

버팀대응력

버팀벽(-壁, buttress) : ⇨버트레스(=).

버팀쇠 : 출입문을 열었을 때 사용하는 철물.

버프(buff) : ①버프는 소나 사슴의 가죽을 누르스름하게 한 유혁(鞣革) 또는 그와 같은 색. 황색 기미의 연한 갈색(light yellowish brown). ②명도가 중간 정도인 둔한 황색(먼셀기호 5YR-10YR5/7~8). ③관용색명으로 칙칙한 빨강을 띤 노랑. ④먼셀기호 8.5YR6.5/5.0. ⑤금속의 표면을 연마하는 데 사용하는 도구의 일종.

벅수 : 돌장승.

번개무늬 : ⇨뇌문(=).

번들튜브구조(-構造, bundle tube construction) : ①튜브의 성능을 더욱 좋게 하기 위해 튜브를 다발로 한 것으로 박스(box)기둥에 종(縱)방향으로 스티프너(보강판)를 넣은 것과 같은 구조. ②건물의 폭이 크고 건물 속의 기둥이 축력을 부담할 수 없을 것 같을 때 유효함. ③본 시스템의 가장 대표적인 건물이 미국 시카고 소재의 시어스타워(Sears Tower, 1974)이며, 위로 올라가면서 튜브를 줄여가고 있음. ④번들튜브는 훠즈라 칸 박사의 독창적인 작품.

번와(燔瓦) : 구운 기와.

번트시에나(burnt sienna) : ①구운 시에나와 같은 색. ②시에나는 산화철·점토·모래 따위를 섞은 황토종(黃土種)의 안료. ③적색 기미의 갈색(reddish brown). ④먼셀기호 10.0R 4.5/7.5.

번트앰버(burnt amber) : ①관용색명으로 어두운 회주황(검은 갈색). ②먼셀기호 5YR3/2.

번트엄버(burnt umber) : ①엄버(갈색의 천연 광물 안료)를 태운 것과 같은 색. ②밤색. ③황색기미의 어두운 갈색(dark yellowish brown). ④먼셀기호 5.0YR3.5/4.5.

번푸트(bun foot, Flemish furniture) : ①다소 납작하게 된 공(ball) 모양을 닮은 가구 지지대. ②플레미시(Flemish), 프랑스 르네상스 후기, 17세기 후기 영국 가구에 사용된 장치.

번피트양식(-樣式, bunfeet style) : 프랑스 후기 르네상스 시대에 나타난 양식.

번핏양식(-樣式 bunfeet style) : ⇨번피트양식(=).

벌(burl, burr) : ①나무의 비정상적인 성장의 결과로 생기는 불규칙한 무늿결. ②인상적인 색채와 패턴으로 장식적인 무늬목으로 사용됨. ③주로 호두나무나 느릅나무에 많음.

벌레무늬내기(vermiculated work) : ①벌레가 파먹은 것처럼 석재의 표면을 가공한 마무리. ②텍스 또는 철판 및 실내마감재로 많이 사용.

벌룬(balloon) : 기둥이나 탑 위에 붙인 큰 공장식.

벌룬프레이밍(balloon framing) : 스칸디나비아 반도와 미국에서 쓰이는 목구조 방식.

벌룬프레임(balloon frame) : ①모퉁이의 기둥 및 샛기둥(間柱, stud) 등의 수직방향 부재는 토대로부터 지붕틀 구조의 보라든지 도리까지 연속적으로 배치되어 있고, 바닥이나 천장을 지탱하는 수평부재는 그 샛기둥 등에 못으로 고정되는 경골 목조구조(硬骨木造構造). ②스칸디나비아 반도, 특히 19세기 미국의 주택건축에서 발전. ③경골구조(=).

벌류트(volute) : ⇨볼류트(=).

벌막새 : ①'막새'의 딴 이름. ②특히 처마끝을 막는 막새. ③빗물이 집쪽으로부터 멀리 떨어지게 하는 기능이 있음. ④추녀마루나 용마루, 용마루 끝에 얹는 막새. 망와는 구별됨.

벌목(伐木, logging) : 수목을 찍어 원목으로 만드는 작업.

벌브터닝(bulb turning) : ⇨구근형 선반가공재(=).

벌집심플러시도어(honeycomb core flush door) : 플러시 도어(flush door) 울거미 속에 벌집모양으로 된 나무·종이 또는 합성수지 심재를 넣고 합판 등을 교착(交着)하여 만든 플러시 도어.

벌집심합판(-心合板, honey core plywood) : 나무·종이·합성수지 등의 심재를 써서 벌집모양으로 교착하여 만든 합판.

벌크헤드(bulkhead) : ①옥상 출구 또는 지하실 입구 따위의 위로 들어서 열게 된 문. ②방화벽·방수벽·칸막이·격벽(=).

벌킹(bulking) : 건조상태의 잔골재가 함수율에 따라 부풀어 오르는 것. 8%일 때 벌킹은 최대가 되고 이때 팽창률은 35%임.

범례(凡例, legend) : 도면에 표시하는 각종 기호·심벌·이름·수량·용량·기타 등을 정리한 도표.

범살문(-門) : ⇨아자문(=).

범어사대웅전(梵魚寺大雄殿) : ①보물 434호, 7세기 창건, 의상이 문무왕 18년(678)에 당나라에서 귀국하여 건립한 화엄십찰 중의 하나로 후에 흥덕대왕이 중수(삼국유사), 숙종(1713)대에 홍보화상이 중수. ②산세의 경사면에 따라 상계(대웅전·팔상독성나한삼전·지장전·관음전 등 배치),

중계(보제루·미륵전·비로전 등 배치), 하계(요사채 배치)로의 3개의 층단을 이룸. ③대웅전은 정면 3칸, 측면 3칸의 다포계 맞배집으로 평면은 정방형에 가까우며, 구조는 2고주7량가의 도리를 얹었으며 뒤로 대들보를 덧대어 툇간을 만듦. 기단은 불국사와 같이 가구식 기단으로 면석에 동백잎의 조각으로 장식. 몸체는 교자살의 분합문을 정면 전체에 걸쳐 달고 있으며, 후면에는 격자살 창의 2분합문을 달고, 좌우 측면에는 한 짝의 격자살 창을 달아 전체적으로 실내를 밝게 채광함. 기둥 사이에 2구씩 배열된 공포 맞배지붕이므로 전·후면에만 배치, 외3출목·내4출목의 도리를 받침. 연봉(蓮峰)과 봉두(鳳頭)가 없지만 초각은 단순한 구성이나 강직하면서도 섬세하고 수려한 솜씨는 조선시대 다포계 건물의 화려한 포작의 모습 그대로임. 내부는 화려하게 처리.

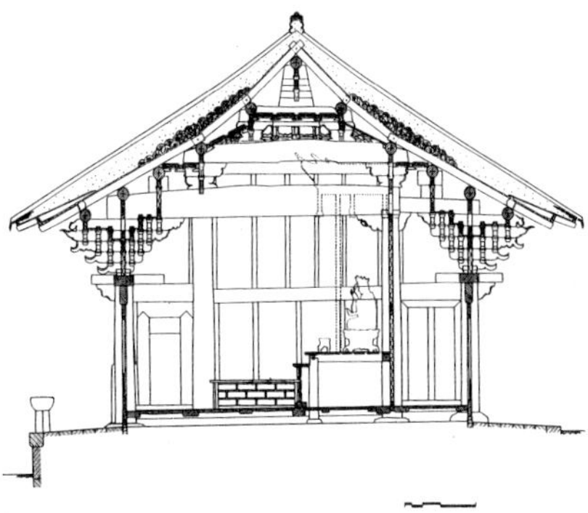

범어사대웅전 평면도

범어사일주문(梵魚寺一柱門) : ①부산광역시 유형문화재 2호, 17세기 창건, 광해군 5년(1613) 중창, 숙종 20년(1694)에 재건. 숙종 43년(1717)에 명흡대사(明洽大師)가 일주부문 기둥을 석주로 교체. ②4개의 기둥을 일렬로 늘어선 3칸의 일주문. 돌기둥 위에 짧은 목재기둥을 박아 상부구조를 결구함. ③목재기둥은 주심(柱心) 창방으로 서로 연결하여 일체화 시키는 동시에 상부하중을 받도록 만듦. ④기둥 상부에 짧은 보 형태의 부재를 직각방향으로 기둥을 끼워 배치하고 그것에 의지하여 출목형태의 창방을 앞뒤로 배치함으로써 처짐을 방지. ⑤돌기둥에 홈을 파서 박은 보아지형태의 낙양각은 내외 창방과 연결되어 마치 삼각형태의 가새처럼 쏠림을 방지. ⑥구조적 합리성과 시각의 안정감 및 미희직 규범을 동시에 구현.

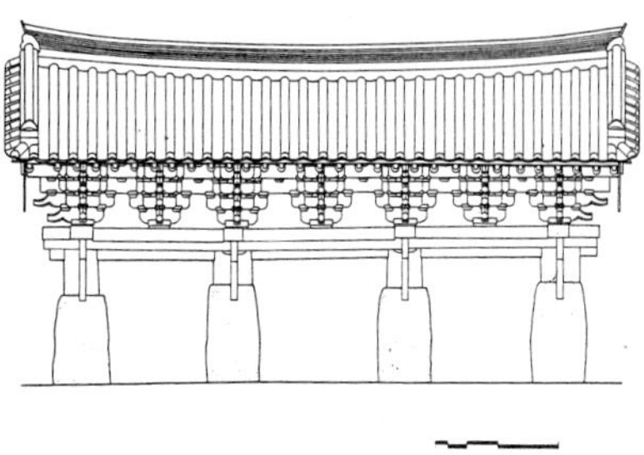

범어사일주문

법궁(法宮) : ⇨정궁(=).

법당(法堂, the main hall in a Buddhist temple) : ①불상을 모셔놓고 예배와 설법을 하는 건물. ②금당(=).

법랑(琺瑯, porcelain enamel) : ①극저탄소강판(두께 1.6㎜)인 구리·주철·알루미늄 등의 금속 표면에 도자기에 쓰는 유약과 비슷한 자기질 고체물질인 법랑유약을 한층 내지 수층에 걸쳐 발라 섭씨 800~900℃(평균 850℃)의 고열로 소성 부착한 패널(panel). ②100% 무기질 안료를 사용하여 850℃의 고열로 소성시키므로 광택의 안정성과 경도 5.5~6, 내열성이 강하고 가공이 용이하며 청결감이 우수. ③색은 흰색·남색·적색·녹색·흑색 등. ④주로 건축외부 마감재 이외에 주방기구·욕조·위생기구 및 공예품 등에 사용.

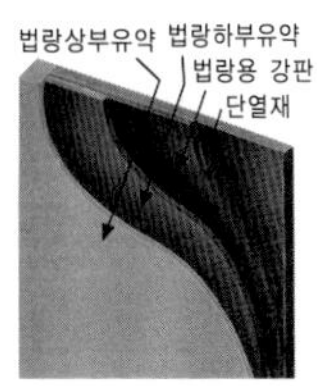

법랑

법랑점토(琺瑯粘土) : 점토제품의 유약으로 사용되는 점토.

법수(法首) : 난간의 귀퉁이에 세운 기둥머리.

ㅂ

법적 자격(法的資格, contractual capacity) : 법적 자격을 갖춘 사람만이 계약을 할 수 있음.

법전(法殿) : ⇨정전(=).

벙크하우스(bunk house) : 건축현장의 인부 합숙소.

벚꽃색(-色, cherry blossom) : ①관용색명으로 아주 연한 빨강. ②먼셀기호 10RP9/2.5.

벚나무(cherry tree, cherry wood, Prunus serrulata) : ①앵두과에 속하는 낙엽활엽교목으로 한국·일본·중국 및 미국·캐나다 등지에 분포. ②변재는 백색 내지 황색을 심재는 짙은 적갈색을 띰. 비중이 0.70, 압축강도 534kg/㎠, 휨강도 879kg/㎠, 전단강도 약 130kg/㎠로서 재질이 치밀하고 중량이며 단단함. 안전성이 좋은 목재로써 도장을 하면 아주 매끄러운 광택이 남. ③마무리 면이 아름답고 마멸에 강해 실내 장식재나 건축재·가구재 및 조각재로 사용.

베개이음(pillow joint, bolster block joint) : 두 부재를 잇는 경우 밑에 따로 가로 받침대를 대고 잇는 것.

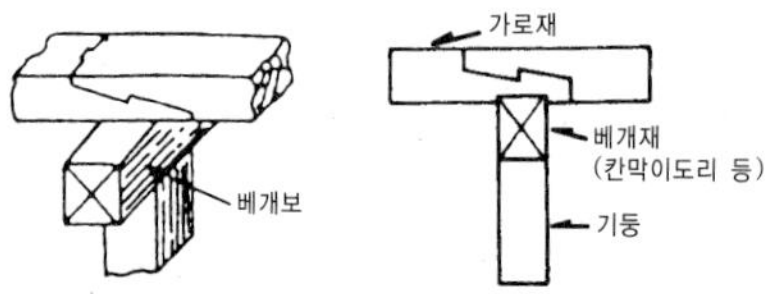

베개이음

베개장식 가로대(-裝飾橫帶, pillow top) : ①의자 등받이의 상부 가로대(crest rail) 중앙 부분에 작은 원통형의 베개를 넣은 것과 유사하게 조각한 장식. ②미국연방양식 중 특히 램버트 히치콕(Lambert Hitchcock)이 디자인한 팬시의자(fancy chair)의 특징적 요소.

베개형 주두(-形柱頭, pillow capital) : 코린트식 주두를 단순화한 로마네스크의 주두. 사각형 돌의 모서리를 둥글리고 얕은 돋을새김(basrelief)을 하였음.

베네시안블라인드(Venetian blind) : ⇨베니션블라인드(=).

베네치아(Venezia) : ①산마르코(San Marco) 사원·궁전·박물관 등 역사적인 건물이 많고 상공업이 성행한 이탈리아의 북부 베네치아 만(灣)에 면한 항구도시. ②5세기경에 세워진 이 도시는 13~15세기에 동방과 서구와의 교통요지로 번창하기 시작했으나 1797년 나폴레옹에 점령당하고 1866년에는 이탈리아 왕국에 병합.

베네치아가구(-家具, Venetian furniture) : ⇨이탈리아로코코가구(=).

베네치아건축(-建築, Venezia architecture) : ①베네치아에서 일어난 부흥건축양식. ②초기에는 고딕양식의 건축물이었으나 점차로 요철(凹凸)이 없이 평탄하고 우미·경쾌하게 디자인됨.

베네치아글라스(Venezia glass) : ①베네치아 지방에서 만들어지는 유리. ②13세기 베네치아의 한 작은 무라노(Murano) 섬에서 시작하여 16~17세기에 걸쳐 황금시대를 누렸음. 제품으로는 술잔을 비롯한 그릇이 많음.

베네치아덴틸(Venezia dentil) : 이 모양의 장식.

베네치아도어(Venezia door) : ⇨베네치아윈도.

베네치아레드(Venezia red, rouge de Venice [프]) : ①산화철을 주성분으로 하는 적갈색 안료. ②햇빛, 기타에 대해 내구력이 큼.

베네치아블라인드(Venezia blind) : ⇨베니션블라인드(=).

베네치아아치(Venezia arch) : ⇨베네치아윈도.

베네치아윈도(Venezia window) : ①중앙의 반원아치와 아치를 지탱하는 보를 가진 좌우의 직사각형 개구부라는 3개 부분으로 이루어진 창. ②'베네치안 아치(Venetian arch)'라고도 하며, 중앙의 문

베네치아윈도

은 '베네치안 도어(Venetian door)'라고 함. ③이탈리아 르네상스의 건축가인 세를리오(S. Serlio : 1475~1554)는 자기의 건축서 중에서 아치를 엔태블러처(entablature)와 원주(圓柱 ; column)가 지탱하는 그림으로 처음 나타내어 '세를리아나(Serliana[프])'라고 하고, 그 이후 다양하게 사용. ④특히 이탈리아 르네상스에서 가장 저명한 건축가의 한사람인 팔라디오는 비첸차의 바실리카 팔라디아나(1549~)에서 이 구성을 교묘하게 이용하였기 때문에 '팔라디안 윈도(Palladian window)' 또는 '팔라디안 모티프(Palladian motif)'라고 함.

베네치아테레빈(Venezia turpentine) : ①캐나다의 침엽수에서 얻어지는 쓴맛이 있고 향기가 좋은 담황색·유성(油性)의 수지인 발삼(Canada balsam). ②점착성이 강하고 굴절률이 유리와 비슷하여 광화학기계의 유리접합이나 현미경의 슬라이드 제작에 사용.

베네치아파(-派, Venezia school) : 문예부흥기에 이탈리아 북동부 베네치아만(灣)에 자리잡고 있는 도시 베네치아(Venezia[이], Venice)를 중심으로 일어난 화파(畵派).

베니션덴틸(Venetian dentil) : 경사진 표면이나 몰딩에 연속되는 형태로 새겨진 작은 사각형의 연속.

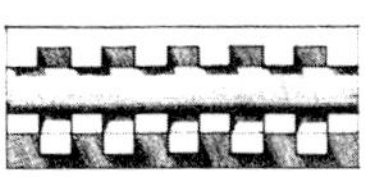
베니션 덴틸

베니션가구(-家具, Venetian furniture) : ⇨ 이탈리아로코코가구.

베니션문(-門, Venetian door) : ⇨베네치아도어.

베니션블라인드(Venetian blind) : ①창문의 실내쪽에 설치하는 블라인드와 같은 기능을 가진 보다 실용적이고 효과적인 커튼. ②직사광선이나 시선의 차단 및 통풍을 목적으로 사용. ③수평의 루버를 조절하여 광선과 공기의 출입을 쉽게 변화시킬 수 있으며 부엌·욕실 등에 적합. ④이탈리아 베니스에서 시초로 사용한 것을 미국에서 베니스풍(風)의 블라인드라는 명칭으로 시판한 것에서 붙여진 명칭.

베니션 블라인드

베니션창(-窓, Venetian window) : ⇨베네치아윈도(=).

베니션채색가구(-彩色家具, Venetian painted furniture) : ①18세기에 베니스 인(人)에 의해 개발된 가구. ②로코코양식의 우아한 곡선과 아름답게 채색된 이국적인 꽃과 새 문양으로 장식적 특성을 지녔음.

베니어(單板, veneer) : ①베니어는 '겉면의 장식' 또는 '허식' 등을 의미하는 용어로 가구 등을 깨끗하게 보이게 하기 위해 그 표면에 처리하는 마무리나 화장용의 엷은 판. ②합판을 만들기 위해서 판을 엷게 깎은 것. 단판 또는 베니어 단판(veneer 單板)이라고 함. ③마룻바닥이나 벽 보드 같은 표면에 사용되는 매우 얇게 잘려진 목재 또는 기타 재료. 질 좋은 베니어를 만들기 위해 합판으로 만들기도 함. 따라서 합판과는 다름. ④장식적이거나 보호하는 물질을 얇게 붙이는 것으로 보통 질이 떨어짐.

베니어링(veneering) : ①가구 등의 표면에 얇은 판을 붙이는 기법. ②이집트·고대 그리스·고대 로마에서 가구제작자가 처음으로 사용하다가 일시 중단되었으며, 17세기 초에 혁신적이고 정교한 가구 제작법으로 부활. 당시는 흑단(黑檀)을 주로 사용했으나 19세기에 들어서 싼 가구에 이 기법이 채용. ③최근에는 심재(心材)가 발달하여 확실한 제작법으로 널리 이용.

베니어코어합판(-合板, veneer core plywood) : ①단판(單板 ; veneer)만으로 구성된 합판. 즉 심판(心板)이 단판으로 구성된 합판. ②냉온수 침지(沈漬) 시험 및 함수율 시험에 합격한 합판.

베니어판(-板) : ⇨합판(=).

베니어합판(-合板) : ⇨합판(=).

베데(Bété[프], Mansonia altissima A. Chev[학]) : ①리베리아에서 나이지리아, 카메룬까지의 아프리카 서해안에 분포. ②심·변재가 명확히 구분되며, 심재는 색의 변화가 크고 생재(生材)는 색이 뚜렷하나 시간이 지나면서 색이 바래 황갈색~회갈색에 다소 농색임. 변재는 흰빛을 띠며 폭이 약 4㎝. 목리는 통직하고 나무갗은 고움. 도관은 소경(小徑) 수가 많으며 고립 또는 2~3개씩 방사방향으로 배열되어 있음. 중경재(中硬材)로 기건비중은 0.60~0.70, 수축률은 방사방향 4.89%, 접선방향 8.0%, 용적수축률 11.4%로 보통이고 강도는 압축강도 600kg/㎠, 휨강도 1,382 kg/㎠, 횡인장강도 25.4kg/㎠, 전단강도 66 kg/㎠로 강함. 가공이 양호하고 포삭·연삭·도장·접착이 용이하며 내구성이 높음. 건조는 보통이며 가루나무좀에 강하고 건조한 재의 톱밥이나 나무가루는 피부 점막을 가볍게 자극할 때가 있음. ③주로 가구·장식 등에 사용. ④만소니아(=).

베데알피(verde alpi[이]) : ①이탈리아산 대리석으로 청색(靑色)이며, 광택과 색상 평활도가 매우 우수. ②주로 실내용으로 사용.

베드(bed) : ①프리캐스트콘크리트(precast concrete)판을 평평하게 부어 넣을 때 바닥 거푸집 면으로 쓰는 평판. ②선반 등 기계 및 공작물을 설치하는 대(臺). ③침대(=).

베드라디오(bed radio) : 병원이나 호텔 등에서 라디오 공동청취를 하는 라디오 수신기. 침대 가까이 두기 때문에 붙여진 명칭.

베드라이트(bed light) : 주로 병원이나 호텔 등에서 많이 사용하는 침대 가까이 설치하는 전등.

베드로성당(-聖堂, St. Peter's Cathedral Rome) : ①르네상스시대에 시작하여 바로크시대에 완성. ②르네상스시대에 브라만테(Bramante)의 그리스 십자형 계획을 위한 초석이 1505년경에 놓인 후 150년 이상 걸려 미켈란젤로와 베르니니에 의해 완성. ③미켈란젤로의 중앙식 평면은 모데르나(1607~74)에 의해 본당과 정면이 있는 라틴 십자형 건물로 변형됨. 특히 바로크의 모든 요소들은 베르니니(Bernini)에 의해 추가된 부분. ④타원형 광장(1656~67) 주위의 열주, 제단(1625년 착공) 위의 거대한 놋쇠 장식의 조각된 건축인 볼더키노(baldacchino), 그리고 동쪽 벽에 조각한 주교좌(Catedral)에 있는 빛과 황금의 불꽃 등이 있음. ⑤브라만테의 설계가 정적인 반면에 미켈란젤로의 설계는 동적으로 충만하였음.

베드메이킹(bed making) : 침대에 시트·모포(毛布)·베게 등을 채비하여 잘 수 있게 하는 작업.

베드몰딩(bed moulding) : ①그리스 건축에서 돌림띠(cornice)의 평평한 작은 몰딩 또는 일련의 몰딩 부분. ②주로 장식이 추가됨. ③엔태블러처(entablature)에서 코로나(corona)와 프리즈(frieze) 사이의 몰딩.

베드사이드테이블(bed side table) : ⇨나이트테이블(=).

베드스테드(bedstead) : 전기조절기나 간단한 기계장치와 같은 보조요소를 가진 화려한 침대.

베드스페이스(bed space) : 호텔·병원·기숙사 등의 침대수.

베드시터(bed sitter) : ⇨베드시팅룸.

베드시팅룸(bed sitting room) : 침실과 거실 겸용의 방이 하나뿐인 아파트.

베드조인트(bed joint) : ①아치의 방사형 조인트(radial joint). ②조적층 위 모르타르의 수평층. ③암석에 있는 수평 크랙(crack).

베드챔버(bed chamber) : ⇨베드룸(=).

베드커튼(bed curtain) : 침대 둘레에 드리운 커튼.

베드타운(Bed Town) : ①모도시(母都市)에 대해 주택지역으로 특화된 위성도시. ② 도시가 발달하면 지역적인 기능분화가 이뤄지고 거대도시(megalopolis)에 이르면 모도시를 중심으로 여러 위성도시로 구성되는 대도시권이 형성됨. ③대도시권의 일부로서 형성되는 베드타운은 지역 내의 소비수요를 충족하는 이상의 별다른 기능을 갖지 않으므로 잠자기 위해서만 귀가한다는 의미에서 생긴 용어.

베드포스트(bed post) : 침대기둥

베드하우스(bed house) : 값싼 요금으로 숙박만을 하는 간이 숙박소.

베딩(bedding) : ⇨베드.

베란다(veranda, verandah) : 건물 외부에 긴 복도형식으로 벽 없이 지붕 또는 차양으로 덮인 회랑. 보통 건물 정면에 부속되어 설치된 개방적 통로가 있는 포치(porch ; 건물로 들어가는 지붕 덮인 입구)를 이룸. 주로 여름철 레저용으로 사용.

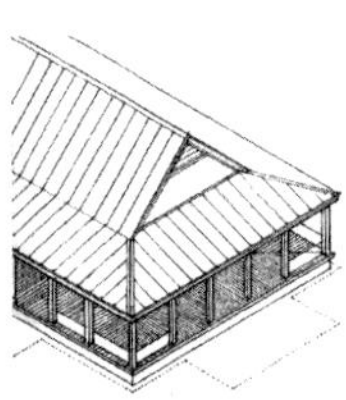
베란다

베르누이의 정리(-定理, Bernoulli's theorem) : 1738년 스위스의 물리학자 다니엘 베르누이(Danial Bernoulli)가 발표한 "어느 위치에서 물이 가지는 위치에너지·압력에너지·속도에너지의 총계는 항상 일정하다"는 물의 성질을 나타낸 공식.

베르니사즈(varnishing, vernissage[프]) : ①바니시 또는 유약을 칠하거나 뿌리는 것. ②전람회의 초대일(招待日).

베르마르탱(vemis martin[프]) : ①18세기 프랑스의 목재 가구·목공·소품 등의 마감에 사용된 일본식 칠 기법(Japanning method) 또는 작품. ②1730년대에 이 기법을 완성한 마르탱 형제의 이름을 따서 명명된 용어.

베르사유궁전(-宮殿, Palace de Versailles) : 프랑스 파리 서남쪽 교외의 베르사유시(市)에 있는 로코코양식의 대표적인 루이 왕조의 궁전 건축물로 최초의 건축물은 루이 13세 때 J. 르메르셰가 건축한 작은 사냥용 별장이었으나 루이 14세의 명을 받아 건립(1664~1715)한 바로크와 로코코식의 궁전으로 르 보(Louis Le Vau : 1612~70), 장식가 르 블롱(Jean Baptiste Alexandre Le Blond : 1679~1719), 조원가 A. 르 노틀(André Le Nôtre, 1613~1713)에 의하여 궁전과 정원의 개조 및 확장에 착수. 망사르(Jules' Hardouin Mansart : 1646~1708), 가브리엘(Ange-Jacues Gabriel : 1698~1782) 등의 건축가가 공사를 이어받아 거울의 방·예배당·오페라 하우스·그랑트리아농을 건조하고 궁전의 가장 길고 큰 남북 양익(兩翼)을 확장함. 그 웅대한 규모와 통일적인 계획, 호화로운 내부 장식, 정연하게 꾸민 인공적인 넓고 아름다운 정원과 호화스러운 디자인이 특징. 17개의 아치형 창문과 17개의 아치형 거울이 달려 있고(거울의 방), 곡선상의 천장에는 도금 몰딩과 벽화가 그려져 있음. 바로크 궁전의 모범이 되었으며 유럽제국의 궁전 건축에 큰 영향을 줌.

베르에글로미제(verre eglomise[프]) : ①유리의 뒷면에 그림을 그리고 채색한 후 금박이나 은박으로 씌우는 기법. ②기원전 3세기에 처음 사용된 기법이나 명칭은 18세기 프랑스 디자이너 장 밥티스트 글로미(J. B. Glomy)가 붙인 이후 계속적으로 사용되고 있음. ③19세기의 세크러터리(secretary)·시계·거울 등의 장식에 사용됨.

베르제르(Bergére[프]) : ①18세기 프랑스 루이 15세에 소개되어 처음 사용되고 루이 16세에 유행된 넓은 좌판과 둥근 등받이가 있는 안락의자. ②전체가 직물로 덮어져 있고 목재틀(wood frame)이 노출되어 있으며 낮은 팔걸이는 좌판보다 짧고 부드럽고 넉넉한 쿠션이 좌판 위로 놓여져 있음.

베르제르

베르파옹(vert paon[프]) : ⇨피코크그린(=).

베를린블루(Berlin blue) : ①페로시안(ferrocyan)화한 쇠를 주성분으로 하는 안료의 초기 이름. ②지금은 보통 프러시안 블루(prussian blue)라고 함. ③1704년 베를린의 디스바하(Diesbach)에 의해 합성. ④프러시안블루(=).

베리에이션(variation) : ①하나의 기본적인 형태나 색채를 변화시키는 작업이나 변화된 상태. ②디자인에서는 기본적인 스타일은 유지하면서 부분적인 변화에 의한 시안(試案) 작업을 지칭.

베마(bema) : ①회중석(nave)이나 측랑(aisle)의 바닥보다 몇 계단 위에 있는 앱스(apse)와 분리시키는 교회 안의 횡단공간. ②유대교에서 성경을 읽는 올라온 설교단 또는 연단. ③초기 기독교 회당에서 본당과 건물 뒷부분을 분리시켰던 전이 개방공간.

ㅂ

베버페히너법칙(-法則, Weber-Fechner's law) : 자극과 감각과의 관계는 물리적인 등비급수로 나타낼 수 있음의 법칙으로 자극이 증가하는 만큼 감각도 증가한다는 베버(Ernst Henrich Weber : 1795~1878)와 페히너(Gustav Theodor Fecher : 1801~18) 두 사람의 주장.

베벨(bevel) : 직각이 아닌 다른 각도로 만나는 선 또는 면.

베벨에지보드(bevel edge board) : 보드의 길이방향 양면을 45° 경사지게 하여 이음매부분을 이음매 마감재(joint compound)로 간편하고 경제적으로 마감할 수 있도록 개발한 보드.

베벨조인트(bevel joint) : ⇨빗이음(=).

베셀리에(vaisselie[프]) : ①18세기에 개발된 프랑스 옷장. 상부는 선반이 부착되어 다섯 부분의 수납공간으로 구분. ②하부는 탁자로 사용되는 상판이 부착된 수납장으로 되어 있음.

베스티블(vestibule) : ①로마 주거의 주 현관과 가로(街路)와의 사이에 있는 공간. ②이 용어는 고대 로마의 주택 현관 입구 앞의 작은 공간(vestiblium[그])에서 유래된 것으로 주요한 방 또는 큰 공간 앞에 마련된 작은 전실(前室)이나 로비(lobby) 등의 명칭으로 준비실·대기실 등이 포함. ③앤티챔버·앤티룸·엔트런스룸(=).

베스티블리움(vestibule, vestibulium[러]) : ⇨베스티블(=).

베시카피스키스 : ⇨베시커피시스(=).

베시커피시스(vesica pisces) : 길고 끝이 뾰족한 타원 형태. 주로 물고기형의 후광을 띤 그리스도의 표장으로 사용.

베어러(bearer) : 건축이나 가구에서 다른 부위를 받쳐주는 수평부재.

베이(bay) : ①실내공간의 구조단위 구획. 로마네스크와 고딕교회에 있어서는 아케이드의 횡경막 아치(transverse arch)와 피어(pier)가 건물을 구획. ②건물의 외부 또는 내부의 수직방향의 분할로 벽으로 구획되는 것이 아니라 창 나누기·오더(order)·볼트(vault)·지붕 구획 등에 의해 구분된 것. ③입면에서 수평방향으로 구획하는 것으로 하나의 구조체 안에서 리브에 의해 한정되며 규칙적으로 반복되는 공간요소.

베이비블루(baby blue) : ①서양에서 유아복에 흔히 사용되는 연한 하늘색. ②서양에서는 유아복으로 베이비 블루, 베이비 핑크 및 흰색이 주로 사용. ③관용색명으로 연한 파랑(pale sky). ④먼셀기호 10.0B7.5/3.0.

베이비스위치(baby switch) : ⇨컷아웃스위치(=).

베이비스포트라이트(baby spotlight) : ①국부조명기구에서 간단한 집광형(集光形) 투영기. ②주로 점포나 쇼윈도의 연출용·보조광선으로 사용. ③앞면에 렌즈를 끼워 사용.

베이비핑크(baby pink) : ①베이비 블루와 함께 서양에서 유아복에 흔히 사용되는 연한 핑크. ②해맑은 핑크(pale pink). ③관용색명으로 연한 빨강. ④먼셀기호 4.0R 8.5/4.0.

베이스[1](base) : ①구조체의 최하부. ②이오닉(Ionic) 또는 코린티안(Corintian) 오더

(Order)의 중요부분 중 최하부. ③기둥이나 피어(pier)가 서게 되는 조적구조. 고전건축에서 기둥의 아랫부분인 주초(柱礎) 또는 초반(礎盤). 즉 주신(柱身, shaft)과 페데스탈(pedestal) 사이의 부분. ④건축물 하부의 몰딩이나 밑 부분 그 자체 또는 장식적 구성물. 특히 고대 기둥의 몸체 아랫부분의 몰딩부분. ⑤걸레받이(=).

베이스[2](vase) : ⇨벨[2].

베이스몰딩(base moldings) : ①어떤 물체의 최하 부분이나 그 표면에 사용된 몰딩. ②걸레받이의 위 갓을 따라 만드는 쇠시리. ③베이스캡(=).

베이스보드(base board) : ①벽의 하부 바닥 바로 윗부분에 대는 판으로 보통 몰딩이 되어 처리.

베이스슈(base shoe) : 바닥과 만나는 아래 벽 또는 가구의 아랫부분에 신발로 인한 손상을 방지하기 위해 적용되는 몰딩.

베이스캡(base cap) : ⇨베이스몰딩(=).

베이스콘크리트(base concrete) : 유동화 콘크리트(supper concrete)를 제조하기 위해 미리 비벼 놓은 유동화 전(前)의 콘크리트. 품질은 유동화 후의 콘크리트의 소요 품질을 만족시키는 것이어야 함.

베이스플레이트(base plate) : ①철골 기둥의 밑 부분에 대는 밑판. 이 밑판에 구멍을 뚫어 앵커 볼트로 기초에 고정. ②앵커 플레이트(=).

베이예즈(veilleuse[프]) : ①프랑스 루이 15세 양식 장의자(chaise longue)의 일종으로 등받이의 높낮이가 서로 다른 의자 한 쌍을 마주 붙여 사용하는 휴식용 의자. ②보통 벽난로의 반대쪽에 놓여짐.

베이우드(bay wood) : ①온두라스 마호가니. ②쿠바나 스페인의 마호가니보다 색이 엷고 부드러우며 무늬목으로 사용하기에 적합.

베이윈도(bay window) : ①실내의 벽감(壁龕)을 형성하고 직사각형이나 다각형 또는 반원의 형태로 벽에서 바깥쪽으로 돌출한 창문. ②받침대나 돌출한 몰딩으로 지지되어 설치하기도 함. ③주택 전면의 돌출부로 창으로 채워지고 각형 또는 곡선으로 처리한 창문. ④기원은 중세 영국이 장원(manor house, 영주의 저택) 거실에 주인 자리인 상좌(上座)가 베이(기둥과 기둥 사이의 우묵한 벽)로 만들어진 것에 있다고 함. ⑤다각형 형태로 넓게 돌출된 창문. ⑥반원 또는 곡선으로 처리될 때에는 보우윈도(bow window)라고 하며, 상층부에만 있을 때에는 오리얼(oriel) 또는 오리얼 윈도(oriel window)라고 함. ⑦내민창·퇴창(=).

베이윈도

베이지색(-色, beige color) : ①베이지는 영어화한 프랑스어. ②표백하지 않은 양털의 색에서 유래된 색 이름. ③불어의 에크뤼(écru)는 베이지와 유사한 색 이름. 1910년 이전에는 베이지보다 더 유행된 말임. ④회색기미의 연한 황색(beige). ⑤관용색명으로 밝은 회노랑. ⑥먼셀기호 10YR7/2.5.

베이직디자인(basic design) : ①디자인 교육의 기초 과정. ②기초디자인(=).

베이클라이트(Bakelite) : ①페놀수지계 종이에 페놀수지를 침투시켜 열압한 페놀수지계의 얇은 판. ②절연체나 갖가지 플라스틱 제품 따위에 쓰는 합성수지로 상품명임. ③미국 화학자 L.H.Bakeland (1863~1944)에 의하여 발명됨. ④페놀수지(=).

베이클라이트판(-板, bakelite board) : ①열경화성수지 적층판. ②페놀수지계(系) 종이에 페놀수지를 접착·침투시켜 열압(熱壓)한 페놀수지계의 얇은 판. ⇨베이클라이트.

베이킹도료(baking paint) : ①도포(塗布) 후 가열하여 건조하도록 제조된 도료. ②종류에는 투명(透明) 베이킹니스와 베이킹흑(黑)니스가 있고, 에나멜계에는 베이킹용의 요소수지도료(尿素樹脂塗料)·프탈산수지도료·멜라민수지도료·페놀수지도료 등이 있음. 또 결정(結晶)베이킹이라 하여, 마무리면(面)에 설화(雪花) 모양의 결정 무늬가 형성되도록 하는 방법도 있음. ③베이킹 도장(塗裝)에 의해 단시간에 견고하고 부착력이 우수하며, 도톰하고 아름다운 도막(塗膜)을 얻을 수 있음.

베인와(baignoire[프·영]) : 극장의 1층석 전면에 있는 특별관람석.

베일(bale, bundle) : ①합판을 냉압(冷壓)으로 접착하여 제조할 때 프레스에서 꺼낸 후의 클램프를 물린 합판을 쌓아 놓은 것. ②프레스(press)만으로 한 압축은 부족하여 베일 상태로 24시간 이상 보양하여 접착함으로써 완전히 접착.

ㅂ

베일리(bailey) : ①성곽(城郭)을 의미함. ②원래 성의 외벽(外壁)을 의미했으나 후에는 외벽으로 둘러싼 지대를 의미. ③워드(=).

베전트(bezant) : 로마네스크 건축에서 사용한 창도리(archivolt) 전면에 동전이나 원반 같은 모양이 일련의 한 줄로 장식된 몰딩 디자인.

베졸드착시(-錯視) : ⇨병치혼합.

베졸드효과(-效果, Bezold effect) : ⇨병치혼합.

베칵(Bekak, Amoora cucullate Roxb[학]) : ①필리핀·인도·인도네시아·말레이시아·미얀마·뉴기니아·사바·사라와크·태국·솔로몬군도까지 동남아시아 열대전역과 남태평양 모든 지역에 분포. ②변재는 담황색 또는 연붉은 회색이며 심재는 생재시에는 농적색 또는 연한 벽돌색이나 건조하면서 농적갈색으로 변화하며 심재와 변재의 구분은 뚜렷. 목리는 통직 또는 교착하고 나무갗은 대체로 고움. 기건비중 0.56~0.64, 가공은 양호하고 내구성은 수종에 따라 변화가 많으나 일반적으로 내구성은 약하고 청변균(青變菌)의 침입을 받기 쉽고, 기계적 성질은 보통. ③주로 가구·내장·바닥재·합판 등에 사용. ④아무라(=).

베크라이트판(-板, bakelite board) : ⇨베이클라이트판(=).

베타파이버(Beta fiber) : 절연재 등으로 쓰이는 유리섬유 상품명.

베턴브룻(beton brut) : 목재가 나뭇결이 있는 표면효과를 내기 위해 사용된 것과 같이 콘크리트 표면에 주형(鑄型)된 형태의 느낌을 남겨 질감을 갖게 하는 기법.

베티의 집(Casa dei Vettii[이]) : ①폼페이(Pompeii)의 거상(巨商) 웨티우스 형제가 살았던 저택으로 A.D. 63~79년경에 개축. ②폼페이 유적 가운데 건물 및 벽화가 가장 잘 보존된 예이며, 아트륨과 그 페리스트리움(주랑의 안뜰)이 있는 당시의 개인주택 형식을 잘 보여줌.

벡터(vector) : 기하학적으로는 크기와 방향을 가지며 일반적으로 화살표로 표시.

벤벤(Ben-Ben) : ①피라미드 모양의 돌. ②이집트의 신 '레(Re)'의 물신(物神).

벤치(bench) : ①원래는 등받이가 없는 긴 의자. ②영국에서는 등받이가 달린 긴 의자를 뜻하는 경우도 있음. ③여러 사람이 함께 앉을 수 있는 긴 의자. ④가구를 제작하기 위한 공작대(工作臺). ⑤비탈길의 정상·중턱·밑부분 등의 평평한 지면.

벤치마크(bench mark) : ①대지의 고저 측량시 그 수준의 표점(標點)이 되는 것. ②건물의 기준위치나 기준높이를 정하는 원점.

벤치마킹(bench marking) : ①원래 토목 분야에서 쓰이던 말로써 강물의 높낮이를 측정하기 위해 설치된 기준점. ②어느 특정 분야에서 우수한 상대를 표적으로 삼아서 이를 극복하기 위해 그들의 뛰어난 운영 프로세스(process)를 배우면서 부단히 자기혁신을 추구하는 기법. ③잘하는 기업의 장점을 배운 후 새로운 방식을 재창조한다는 점에서 단순모방과는 다름. 조직 선을 위한 새로운 출발점으로 이용하려는 경영혁신 기법.

벤치테라스(bench terrace) : ⇨테라스.

벤토나이트(bentonite) : ①몬모릴로나이트

(montmorillonite)를 주광물(主鑛物)로 하는 미세한 점토(粘土). ②화산회(火山灰)의 유리질 부분을 분해하여 생성된 것으로 물을 흡수하면 현저하게 팽창. ③주로 도자기 등에 사용.

벤트(bent) : ⇨곡목(=).

벤트우드(bentwood) : ⇨곡목(=).

벤트우드체어(bentwood chair) : ⇨곡목의자(=).

벤틸레이터(ventilator) : ①환기장치, 특히 자연력을 이용한 환기탑을 가리킴. ②자연의 바람이나 온도차를 이용해서 아래쪽에서 흡입하여 위쪽에서 배출하는 형식으로 주로 공장 등에 많이 사용.

벨 [1](bel) : 데시벨의 10배 단위.

벨 [2](bell) : ①코린트식 또는 콤퍼지트식(式) 주두의 몸 전체 부분. ②아바커스(abacus)와 네킹(necking) 사이의 나뭇잎 모양으로 된 부분. ⇨베이스·바스켓(=)·아칸서스. ③연결을 목적으로 같은 굵기의 다른 파이프 끝을 받아들이기 위해 확장된 파이프의 부위. ④종추(=).

벨기에(Belgium) : ①아르누보가 첫 번째 성공한 곳으로 아르누보의 진원지로 간주되며 스타일의 모방과 범람으로부터 새롭고 색다른 것을 찾으려는 강력한 반작용이 1880년에 일어났음. 프랑스에서처럼 건축과 장식미술은 고딕·르네상스·바로크·로코코의 영향을 발휘했던 네오 로코코로부터 나타났음. 그러나 프랑스와는 대조적으로 3차원적 처리를 보여주어 프랑스보다 훨씬 강하고 깊은 감동을 줌. 그리고 벨기에의 디자이너의 장식은 추상적인 수법으로 표현되었으며 아르누보의 다양한 면이 벨기에에서 나타났음. ②대표적인 아르누보의 디자이너는 보비(Gustav Serrurier Bovy : 1848~1910), 오르타(Baron Victor Horta : 1861~1947), 반 데 벨데(Henry van de Velde : 1863~1957) 등.

벨돌려깎기(bell turning) : 돌려깎기의 일종으로 가구의 다리에 이용된 종모양의 외다리 받침대.

벨라이트(belite) : ①시멘트 원료를 고온에서 소성시켰을 때에 생성되는 광물. ②규산이 칼슘에 가까운 조성을 가지고 있어서 이를 간략화시킨 C_2S로 나타남. ③특징은 수화반응속도와 강도발현이 느리며 수화열은 60cal/g 정도. 보통 포틀랜드시멘트 속에는 약 25% 정도의 벨라이트가 포함되어 있지만, 벨라이트 성분비율을 50% 이상으로까지 상승시킨 매스콘크리트용 저발열 시멘트가 최근 개발되어 사용됨.

벨룸(vellum) : ①일반 트레이싱 종이보다 질기며 투명도가 좋은 양피지와 유사하게 만든 제도 용지. ②고대에 글씨나 그림을 그리기 위해 새끼 양·염소·송아지 등의 가죽을 석회(lime)로 처리하여 만든 바탕.

벨루어(velour) : ①한쪽 면에 보풀이 있거나 털의 끝이 절단된 벨벳풍(風) 직물의 총칭. ②일반적으로 벨루어라고 할 때는 컷 파일의 털이 긴 것을 가리킴. ③커튼·가구의 마감직물 등에 사용. 모자에 사용하는 벨벳풍의 펠트지를 가리키는 경우도 있음.

벨루프(bell roof) : 횡단면이 종(鍾) 모양으로 된 지붕.

벨베데레(belvedere[이]) : ①조망(眺望)이 좋은 여름의 별장. ②감시를 위한 소규모의 탑. ③궁전·저택 등의 옥상에 만든 전망대. ④정원 안의 전망이 좋은 높은 곳에 지은 건물. ⑤별장으로 건축한 별궁(別宮). 대표적인 건물로는 빈의 벨베데레 궁전이 있음. ⑥가제보(=).

벨베데레궁전(-宮殿, Wien Belvedere) : ①빈에 있는 오스트리아 바로크의 대표적인 궁전. ②프린츠 오이겐을 위해 J. L. V 힐데브란트가 건조한 건축물로 아래 궁전과 위 궁전으로 되어 있음. ③내부는 벽화·천장화·조각·스투코·반쪽기둥 등으로 호화스럽게 장식하였음. ④두 궁전 사이에는 아름다운 큰 궁전이 있음.

벨베틴(velveteen) : 견사를 사용한 벨벳을 모방하여 만든 면벨벳. 실내장식·가구 마감직물·커튼 등에 사용.

벨벳(velvet) : ①바탕천에 털 종사(縱絲)를 짜 넣어 이 실을 절단하여 천의 표면에 고운 털이 돋게 짠 비단. ②비로드·우단(=).

벨벳카펫(velvet carpet) : 벨벳과 같은 구조로 짠 카펫(carpet).

벨벳태피스트리카펫(velvet tapestry carpet) : 태피스트리카펫의 털을 벨벳처럼 절단한 카펫.

벨비더(belvedere) : 정원 따위의 높은 곳에 지은 전망대식 정자.

벨앤드밸러스터터닝(bell and baluster turning) : ⇨종과 난간동자형 선반가공재(=).

벨에타지(bel étage[프]) : 지면 위의 첫 번째 층으로 주로 살롱과 응접실을 포함하는 건물의 주요층.

벨캐피털(bell capital) : 프랑스 및 영국의 고딕 건축에서 코린트식 특징을 가진 절충식 기둥머리(柱頭).

벨트랩(bell trap) : ①수봉을 구성하고 있는 부분이 그릇 모양을 하고 있는 것으로 욕실, 수세식 화장실의 바닥 배수에 흔히 사용. ②벨 형(bell type) 기구를 배수구에 씌운 모양의 바닥배수용 트랩. 상부의 철재 컵이 움직여서 수봉(水封)하여 트랩의 역할을 함. 오물이 침전한 경우 컵을 떼어내어 쉽게 청소할 수 있으나 반대로 이 컵이 없으면 트랩의 기능을 상실하므로 위험. ③트랩(⇦)의 일종.

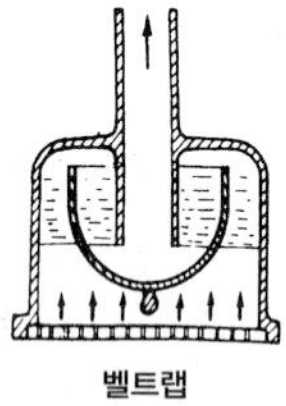

벨트랩

벨트워블러(belt wobbler) : ①광고 표시를 띠 형태의 얇은 플라스틱판이나 얇은 철판 등의 탄성이 있는 소재로 받쳐 세운 POP. ②작은 바람이나 진동에도 흔들림. ③와이어 워블러(=).

벨트코스(belt course) : ①벽으로부터 불을 떨어뜨리기 위해 사용된 주변과 같거나 유사한 재료로 만들어진 석조건축의 돌출된 수평의 가로층. ②보통 실내바닥의 끝부분과 일치.

벨프리(belfry) : ①건물에 접속하여 만든 종루(鍾樓). ②종루에서 종을 매달아 둔 최상층. ③본당으로부터 떨어진 종탑은 캠퍼닐(campanile)이라고 함.

벵갈라(bengala[네], red oxide rouge, red iron oxide) : ①주성분은 삼이산화철(Fe_2O_3)로 인도 서벵갈 지역산인 적색안료(赤色顔料). ②일광·공기·열·알칼리에 안정하며 도료, 모르타르 등의 착색·연마제·농약의 착색 등으로 사용.

벵갈라격자(−格子, bengala grid) : 벵갈라산 적색안료를 사용한 격자문.

벼리다 : 날이 무디어진 쇠붙이 연장을 불에 달구어서 날이나 끝을 두드려서 날카롭게 함.

벽(壁, wall) : ①건물의 공간을 둘러싸는 수직적 요소. ②내부공간을 한정하여 공간이 갖는 근본적인 건축요소로 고유한(기본적인) 성격을 결정지음. ③벽은 수직적 요소이기 때문에 눈높이(視高)를 중심으로 높낮이의 정도 차이에 따라 시각적 특성(의미)을 달리함. ④벽이 눈높이보다 높으면 공간이 폐쇄적으로 되며, 눈높이보다 낮으면 시각적으로 개방적인 공간이 됨. 따라서 낮은 벽은 공간영역의 구분이 되면서 시각적인 일체화가 요구되는 곳에, 높은 벽은 두 개의 공간으로 분할하여 기능상 폐쇄성이 요구되는 곳에 사용. ⑤시각적·음향적 프라이버시를 제공. 또 곡선을 그리는 벽의 오목한 면(凹面)은 공간을 에워싸고, 반대로 볼록한 면(凸面)은 공간을 확장. ⑥벽체(=).

벽가새(壁−, wall brace) : 나무로 뼈대를 짠 벽체의 기둥과 기둥 사이에 설치한 가새.

벽감(壁龕, niche, wall niche, tabernacle) : ①벽의 일부가 오목(凹)하게 들어간 부분. ②성체(聖體)나 성골(聖骨)을 넣기 위해 장식된 부분. ③등잔이나 조각품 등을 넣기 위해 벽면을 파고 만든 공간. ④니치·태버내클(=).

벽감실(壁龕室, wall niche) : ⇨벽감.

벽감침대(壁龕寢臺, alcove bed) : ①18~19세기의 프랑스에서 사용된 벽감에 꼭 맞게 디자인된 침대. ②벽으로 면한 측면보다 노출된 면이 더 많이 장식됨.

벽걸이식 수납가구(壁-式受納家具, wall hung units) : ①까치발(bracket)과 같은 철물이 지지되어 벽에 매달리는 수납장이나 선반. ②까치발은 수직 골조의 안쪽으로 삽입되어 노출되지 않으며, 각 단위는 바닥에서 띄워 설치됨과 동시에 그 위치를 다양하게 바꿀 수 있음.

벽귀굿기(壁-) : 벽의 가장자리에 굿기한 것.

벽귀굿기

벽기둥(壁柱, pilaster) : ①벽에서 돌출되어 바닥에는 직각으로 서고 세로로 편편한 면을 가짐. 일반적으로 주두(capital)와 기단(base)이 있음. ②벽면에서 약간 튀어나와 있는 지주(支柱) 또는 단형(短形)의 원주(圓柱)로 고전건축에서는 오더(order)의 규칙이 적용.

벽난로(壁煖爐, fire place) : ①양식주택의 벽에 붙여 만든 난로. ②일반적으로 벽난로 상부는 장식공간으로 이용. ③요즘은 실내장식적인 요소로서 벽난로가 있는 공간은 벽난로가 중심이 되며 시각적인 초점이 됨.

벽난로가리개(壁煖爐-, fire screen, horse screen) : 벽난로 앞에 놓여져 불꽃이 빛이나 열로부터 앉아 있는 사람을 보호하는 금속 보호대.

벽난로망(壁煖爐網, fender) : 재나 불똥이 떨어지는 것을 막기 위해 벽난로 앞에 놓는 낮고 장식적인 금속망.

벽난로바닥(壁煖爐-, back hearth) : 벽난로 내부의 바닥돌 부분.

벽난로반사판(壁煖爐反射板, fire back) : 벽돌이나 돌로 만든 벽난로의 안쪽 벽에 주철로 댄 사각형의 판.

벽난로아치(壁煖爐穹窿, trimmer arch) : 벽난로의 재받이 바닥을 받치기 위해 거의 평평하고 낮게 만든 아치.

벽난로앞장식(壁煖爐-裝飾, chimney piece) : 벽난로와 그 상부 브레스트(breast)를 둘러싼 장식적인 구조.

벽난로용 금속용구(壁煖爐用金屬用具, fire irons) : 벽난로에 불을 피우고 살피기 위한 부젓가락·부지깽이·삽 등 금속으로 된 도구.

벽난로의자(壁煖爐椅子, fireplace chair) : ①주로 벽난로 앞에 놓는 안락의자. ②일반적으로 직물로 씌워져 있고 다리 부분도 직물로 덮여 있으며 등받이와 팔걸이가 곡선으로 둥글게 감겨져 있음. ③샤페즈(=).

벽난로인물판(壁煖爐人物板, fireside figures) : 16~17세기에 걸쳐 유럽에서 벽난로를 가리는 병풍이나 벽난로 주변을 장식하는 목적으로 사용하는 귀족·친위대·기사 등의 형상을 닮은 채색된 나무로 만든 장식 판.

벽난로칸막이(壁煖爐-, fire partition) : 벽난로 밖으로 불똥이 튀어나가는 것을 막기 위해 벽난로 앞에 설치하는 칸막이.

벽담(壁-) : 건물의 벽에 붙은 담.

벽돌(壁乭) : ①진흙(粘土)을 직사각형으로 빚어 소성(塑性)하여 만든 블록. ②벽돌제조의 기원은 매우 오랜 것으로 이집트의 피라미드(pyramid)와 바빌로니아의 탑(tower) 중에 소성하지 않은 천일건조(天日乾燥) 벽돌로 축조한 것이 있으며, 가마에서 구운 벽돌은 후기 바빌로니아 왕조시대에 출연하였고, 그 후 그리스·로마시대에 이르러서는 건축에 소성벽돌이 많이 쓰였으며, 로마시대에 이르러 아치(arch)·볼트(vault)·돔(dome) 등의 벽돌구조법이 발달됨. ③우리나라 및 중국에서는 전(塼)이라 칭하는 흑색 소성벽돌을 제조하여 궁전·불각·탑비·담 등에 쓴 것이 현재까지 남아 있고, 특히 진(秦)나라 진시황제(秦始皇帝) 때 축조한 만리장성에 사용. ④종류는 재료에 따라 보통벽돌

(과소벽돌·소벽돌)·시멘트벽돌·내화벽돌(내화점토질 벽돌·고알루미나질벽돌·규산벽돌·내화단열벽돌)·경량벽돌(구멍벽돌·다공질벽돌) 등이 있고, 특수벽돌로 검정벽돌·이형벽돌·오지벽돌·포도벽돌·광재벽돌·날벽돌 등이 있음. ⑤크기는 표준형이 길이×너비×두께가 190×90×57(㎜), 기존형이 210×100×60(㎜). 줄눈은 가로, 세로 10㎜.

보통벽돌의 강도 및 흡수율

종별	흡수율	압축강도	허용압축강도	무 게
1급	20% 이하	150kg/㎠ 이상	22kg/㎠ 이상	2.2kg/장
2급	23% 이하	100kg/㎠ 이상	15kg/㎠ 이상	2.0kg/장

벽돌의 치수 및 허용값

종 별	길 이	너 비	두 께	허용값
A형	210	100	60	+3 −2
B(장려)형	190	90	57	
C형	190	90	90	

벽돌공사(壁乭工事, brick work) : ①벽돌을 사용하는 작업을 총칭. ②벽돌쌓기(=)·벽돌쌓기량.

쌓기두께별 벽돌의 정미량(단위 : ㎡)

벽돌형 쌓기	0.5B (매)	1.0B (매)	1.5B (매)	2.0B (매)	2.5B (매)	3.0B (매)
기존형	65	130	195	260	325	390
표준형	75	149	24	298	373	447

• 벽돌치수 및 줄눈너비
① 기존형 : 210×100×60㎜, 줄눈너비 10㎜임.
② 표준형 : 190×90×57㎜, 줄눈너비 10㎜임.

벽돌구조(壁乭構造, brick construction) : ①건물의 벽체나 기초를 벽돌과 모르타르로 쌓아 만든 것. ②구성양식에 의해 분류하면 조적식 구조에 속함. ③횡력(풍압력·지진력)에 약해 균열이 생기기 쉽고 벽의 두께가 커지므로 실내면적이 줄어들게 되고, 건물의 무게가 크고 안벽에 습기가 차기 쉽고 고층 건물이나 대규모에는 부적당한 결점이 있으나, 구조법이나 시공법이 간단하고 편리하며, 내화적이고, 내구적이며, 튼튼하고 건축공사비도 많이 드는 편이 아니어서 널리 사용되고 있음. 특히 주택 건설에 많이 쓰임.

벽돌나누기(壁乭−, placement) : 벽돌과 모르타르를 사용하여 벽돌을 쌓기 전에 벽돌 줄눈의 너비가 일정하게 벽의 끝으로부터 끝까지 나란히 놓아 잘 맞고 보기 좋게 쌓기 위해 배열 위치를 나누는 일.

벽돌량 산출식(壁乭量算出式) : ①표준형 벽돌(190×90×57㎜)인 경우 :

$$A=\frac{1}{(0.19+0.01)\times(0.057+001)}=75$$

②기존형 벽돌(210×100×60㎜)인 경우 :

$$A=\frac{1}{(0.21+0.01)\times(0.06+0.01)}=65$$

(벽두께 0.5B, 벽면적 1㎡, 줄눈 10㎜일 경우). ③벽돌수량=벽면적×1㎡의 벽돌량.

벽돌마름질(壁乭−, cutting brick) : ①벽돌 나누기에 따라 온장벽돌(whole brick)을 쪼개어 반토막(bat 또는 half)·이오토막(closer)·칠오토막(three−quarters)·반절(queen closer)·반반절, 킹클로저(king closer), 스플릿(split) 등으로 만들어 쓰는 일. ②토막벽돌·쪼갬벽돌 등을 만드는 일.

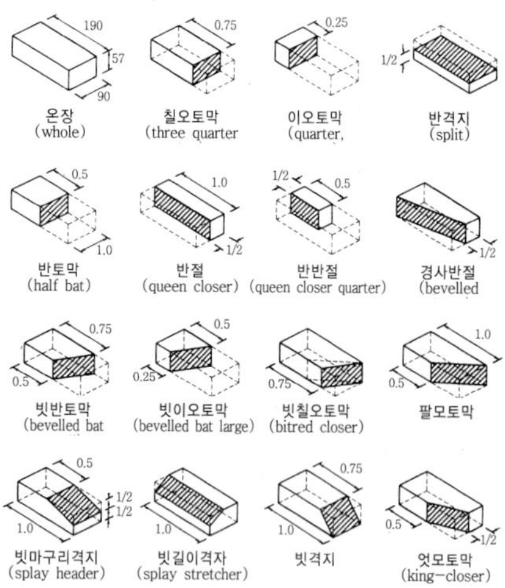

벽돌 마름질

벽돌베니어(壁乭−, brick veneer) : 구조적인 목적이 아닌 장식용으로 구조벽 앞에 쌓은 치장벽돌.

벽돌벽(壁乭壁, brick wall) : ①벽돌로 쌓은 벽체로 내화성(耐火性) 및 내구성(耐久性)은 있으나 내진성(耐震性)이 약함. ②종류는 내력벽(耐力壁)·중공벽(中空壁)·장막벽(帳幕壁)으로 구분.

벽돌벽 균열원인(壁乭壁-龜裂原因) : ①계획·설계상의 결함 ; ㉠기초의 부동침하 ㉡입면의 불균형 및 벽의 불합리 배치 ㉢불균형 또는 큰 집중하중·횡력 및 충격 ㉣벽돌벽의 길이·높이·두께와 벽돌벽체의 강도 ㉤문꼴 크기의 불합리·불균형 배치 ②시공상의 결함 ; ㉠벽돌 및 모르타르의 강도부족과 신축성 ㉡벽돌벽의 부분적 시공결함 ㉢이질재와의 접합부 ㉣장막벽의 상부 ㉤모르타르 바름의 박리(薄利)

벽돌벽 길이(壁乭壁-) : ①벽에 교차하는 벽 또는 붙임 기둥, 부축벽의 중심간. ②⇨대린벽.

벽돌벽 두께(壁乭壁-) : ①벽돌벽의 두께는 벽돌 한 장의 길이를 단위로 함. ②기호는 B(Brick)로 표시.

벽돌색(壁乭色, brick red) : ①관용색명으로 어두운 회색 주황. ②먼셀기호 10R4/7.

벽돌시공(壁乭施工, brick work) : ①벽돌을 사용하여 조적하는 일체의 작업. ②국가법, 공법별로 다양한 쌓기법이 있음.

벽돌쌓기(壁乭-, brick masonry, brick work, laying masonry) : ①벽돌을 사용하여 벽이나 담을 쌓는 작업. 벽돌쌓기에는 영국식 쌓기·프랑스식 쌓기·네덜란드(화란)식 쌓기·미국식 쌓기와 기타 쌓기(세워쌓기·엇모쌓기·영롱쌓기·무늬쌓기·모서리 및 교차부쌓기 등) 및 특수쌓기(기초쌓기·내쌓기·떼어쌓기·들여쌓기·공간쌓기 등) 등이 있음. ②벽돌공사(=).

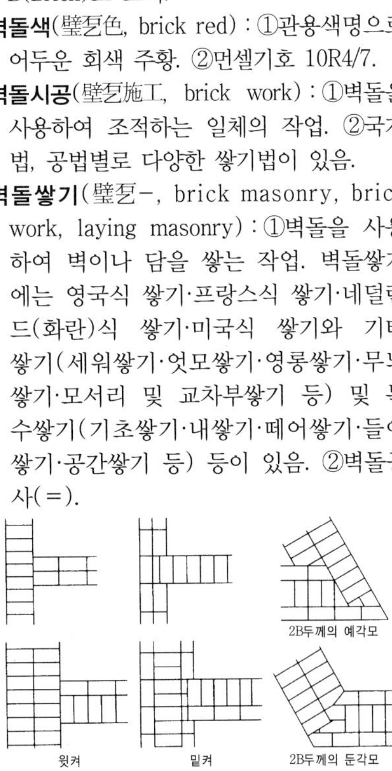

모서리 및 교차부 쌓기

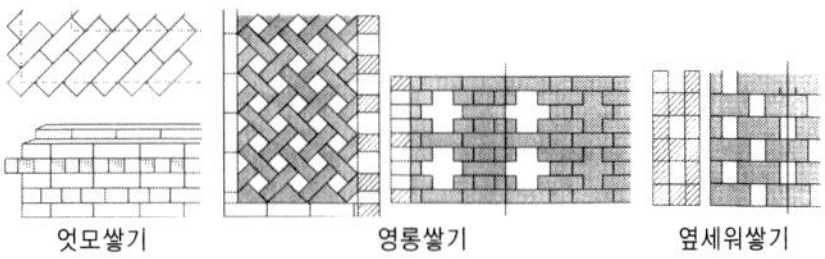

장식쌓기

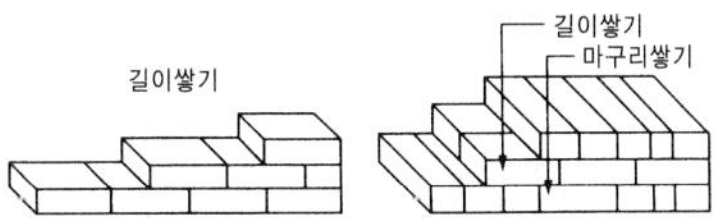

길이쌓기와 마구리쌓기

벽면의 질감 및 음영효과

쌓기명	쌓는 방법	역 할	비 고
세워쌓기	벽돌벽면을 수직으로 세워쌓는다.	내력벽이며 외장적인 효과	길이가 내보인다.
옆세워쌓기	벽돌벽면을 수직으로 세워쌓는다.	내력벽이며 외장적인 효과	마무리가 내보인다.
엇모쌓기	45° 각도로 모서리가 면에 나오도록 쌓는 방식	벽면에 변화감을 주며 음영효과를 낼 수 있음.	
영롱쌓기	벽돌벽면에 구멍을 내어 쌓는 방식	장막벽이며, 장식적인 효과	
무늬쌓기	벽돌벽면에 무늬를 넣어 쌓는 방식	줄눈에 효과를 주기 위한 변화, 의장적 효과	
모서리 및 교차부쌓기	서로 맞닿는 부분에 쌓는 방식	내력벽	통줄눈이 생기지 않는다.

벽돌쌓기 주의사항(壁乭-注意事項) : ①합격된 벽돌은 크기의 평균값·무게·흡수율·강도 등을 측정하고 품질등급별로 구분하여 사용하는 순서별로 쌓아둠. ②벽돌을 충분히 물에 축여두어야 모르타르가 경화하는 데 지장이 없음. 시멘트 벽돌은 물을 축여두면 쌓는 손이 상하기 쉬우므로 쌓으면서 물을 뿌리거나 쌓기 전날 물을 축여 표면이 마른 상태에서 사용하면 좋음. ③굳기 시작한 모르타르는 사용하면 안 됨. 모르타르의 강도는 벽돌과 같은 정도로 되게 함. ④세로 규준틀에는 줄눈과 창문틀은 물론 매설물(볼트 ·나무벽돌)의 위치를 정확히 그려 움직이지 않도록 설치. ⑤벽돌나누기를 반드시 함. ⑥벽돌쌓기는 먼저 기준이 되는 모서리와 구석 또는 중간 요소에 규준틀·수평실·다림추·수준기 등을 써서 정확한 위치에 서너 켜씩 쌓고 나머지는 여기에 준하여 쌓음. 5~10켜마다 바깥벽뿐만 아니

라 안벽에도 수평실을 쳐서 안벽의 면을 조정. ⑦5켜 이내마다 사춤 모르타르나 벽돌 주위에 모르타르가 빈틈없이 꽉 차게 함. ⑧하루 벽돌을 쌓는 높이는 1.5m 이내 보통 1.2m 정도로 하고 모르타르가 굳기 전에 무거운 하중이 가해지지 않도록 함. ⑨벽돌벽은 균일한 높이로 쌓아 올라가야 함. 작업을 일단 중단할 때에 켜에 차가 나면 층단들여쌓기하여 다음 작업 시 연결이 쉽게 되도록 하며, 벽이 직각으로 만나는 부분은 켜들여쌓기로 함. ⑩치장줄눈은 벽체를 완전히 청소한 후에 하며, 되도록 빠른 시일에 하는 것이 좋음. ⑪쌓기작업이 끝난 후에는 거적 등을 씌워 보양하고 충격을 주거나 압력 등을 주어서는 안 됨.

벽돌줄눈(甓乭-) : ①벽돌쌓기에서 모르타르 접착제 사용으로 생기는 줄눈(가로줄눈·세로줄눈). ②치장줄눈(=)·줄눈.

벽돌탑(甓乭塔) : ⇨전탑(=).

벽등(壁燈) : ⇨브래킷(=).

벽량(壁量) : ①내력벽(耐力壁) 길이의 총합계(cm)를 그 층의 바닥면적(m²)으로 나눈 값. 즉 단위바닥면적에 대한 내력벽의 길이. ②내력벽의 양이 많을수록 횡력에 대한 저항이 커지므로 큰 건물일수록 벽량을 증가할 필요가 있음. 또한 내력벽의 양이 많을수록 연직하중이나 수평하중에 대항하는 힘이 커지므로 큰 건물일수록 벽량을 증가시키는 것이 좋음.

벽련목(劈鍊木) : 산판에서 통나무를 대충 네모나게 다듬은 나무.

벽류정(碧流亭) : ①전라남도 유형문화재 제184호, 1640년(인조8년) 창건, 1862년(철종13년) 중수. 세종대의 호조참판이었던 조주(趙注)의 별장터에 외손인 김운해(金運海)가 인조 8년(1640)에 벽류정을 건립한 후 숙종 4년(1678년)과 철종 13년(1862년)에 중수. ②정면 3칸, 측면 3칸으로 어간에 중재실을 둔 목조유실형(木造有室形) 정자. 막돌허튼층쌓기 기단 위에 덤벙주초을 놓고 외주기둥은 두리기둥을, 중재실의 4고주는 방형기둥을 대들보 없이 결구. 기둥머리는 초익공은 연화모양의 앙서로 하였고, 이익공은 쇠서로 꾸민 익공양식. 네 모서리의 우주 위에는 귀익공을 설치. 맨 위에 물고릴 문 용머리를 주어 장식 바깥기둥인 평주와 안쪽의 고주를 연결하면서 수평의 퇴보를 사용. 즉 네 개의 고주와 웃인방에 가로로 걸쳐서 매입(買入)맞춤을 하지 않고 중심을 비켜 상인방에 걸친 이음함. 중재실의 사면에는 이분합 들어열개문을 두었고, 바닥은 우물마루로 되어 있으나 후면의 툇마루가 1단 높게 설치된 것으로 보아 본래는 난방용 부엌 위치였던 것으로 온돌방으로 추정됨. 천장은 나무판자로 설치하고 상부가 넓은 공간이 형성되어 다락으로 추정. 지붕은 홑처마 팔자지붕. 처마의 평고대는 30여 척 길이의 통재를 사용하여 처마의 흐름을 아름답게 장식함. 나중에 네 모서리에 활주를 걸쳤음.

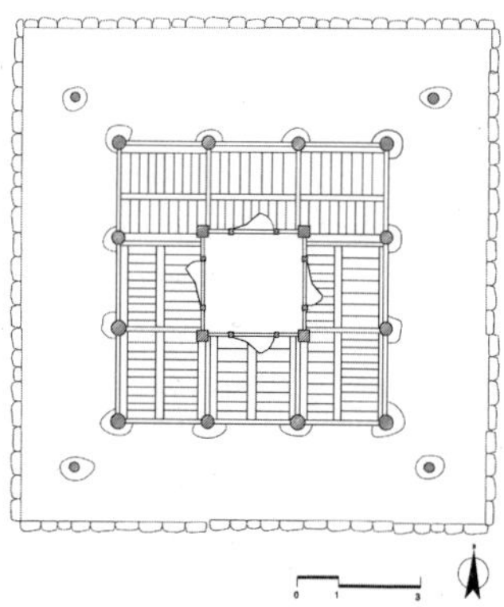

벽류정 평면도

벽마감재(壁-材, wall coverings) : 벽을 마감하는 재료를 총칭.

벽면선(壁面線, wall surface line) : 도로에 접한 건축물 벽면의 위치를 후퇴시킨 선.

벽면전시판(壁面展翅板) : ①벽면에 서화류·사진류·태피스트리와 같은 전시물을 직접 걸거나 부착 혹은 벽면에 직접

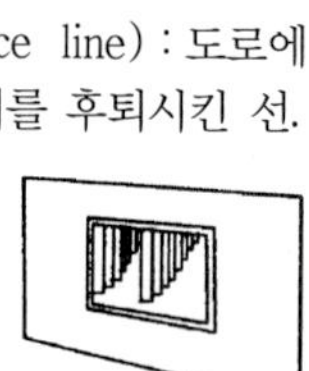

벽면전시판

그래픽·모자이크·부조·상징물로 처리하여 전시. ②보존성이 크게 문제되지 않는 전시매체이어야 함. ③정면성이 시각을 고려하면 전시물의 최대크기는 3.0×3.6m. ④벽에 투사되는 국부조명과 전시물을 걸기 위한 장치인 훅(hook)이 필요함.

벽면진열장전시(壁面陳列欌展示) : ①연속되는 진열장 또는 단위진열장으로 구성하거나 진열장 전체 또는 개구부가 벽면을 이루어 전시하는 벽면전시로 개별전시의 일종. ②소극적인 입체 전시물, 실물 또는 보존성이 요구되는 전시물, 소형군화 전시물에 적합하며 이들 전시물의 크기에 따라 진열장의 체적이 결정됨. 진열장 내부에 조명 및 보존설비가 필요함.

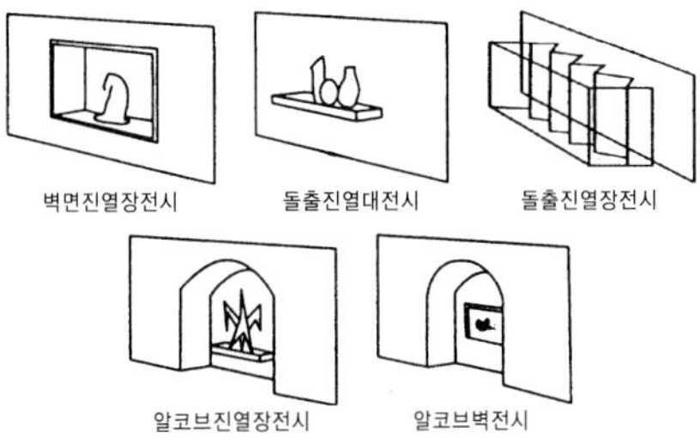

벽면진열장전시

벽보(壁報, wall newspaper) : ①옥외광고물의 일종. ②종이 또는 비닐 등에 문자그림 등을 표시하여 지정게시판 또는 지정벽보판에 부착하는 광고물.

벽보드(壁-, wall board) : ⇨월보드(=).

벽부등(壁附燈) : ⇨브래킷(=).

벽부착등(壁付着燈, 壁附着燈, bracket light) : ⇨브래킷.

벽부형 등(壁付型燈, 壁附型燈) : ⇨브래킷.

벽붙이아치(壁-, wall rib) : ①리브 볼트(rib vault)를 구성하는 아치 가운데 수직 벽체에 붙여 만든 아치. ②포르므레(=).

벽색칠(壁色漆) : 벽에 색을 칠하는 것.

벽석(壁石) : 넓고 얇은 널빤지처럼 다듬어 갈아서 벽을 꾸미는 장식용 돌.

벽선(壁線, jamb) : ①기둥에 붙여서 세운 네모난 굵은 각재. 벽 속에 있는 것은 인방과 중방을 버티게 하고 창호에 붙이면 문선이 됨. ②벽 중간에 세운 문설주. ③기둥과 벽 사이에 세운 각재. ④벽 중간에 벽을 치기 위하여 세운 중깃. ⑤창문이 달리는 좌우에 세운 문틀재. ⇨문설주(=). ⑥벽 안에서는 인방과 중방을 버티게 하고 창호에 있어서는 옆틀(jamb)이 됨. 상부는 헤드(head), 밑틀은 실(sill)이라 함. ⑦전통건축물에서 기둥 좌우에 세우는 각재(角材)로 벽 속에 있어서는 인방과 중방을 버티게 되고 문호(門戶)에 있어서는 문선(門線)이 됨. 중방(中枋)처럼 켜낸 수장재(修粧材)를 사용. ⑧일주문(一柱門)이나 일각문(一角門)에선 지붕의 하중을 지탱하는 수단이 되기도 하나 보통은 기둥을 부식에서 보호하고 축부(軸部)의 구성을 위해 설치. 이를 위해 기둥의 흘림·배흘림 등에 일치하도록 그레질하여 밀착시킴. ⑨용도에 따라 토벽선·문벽선이라 하고 따로 구성된 문얼굴의 문벽선이 되기도 하며 용지판(龍枝板)도 됨.

벽선반(壁旋盤, wall bracket) : 화병이나 장식품 등을 올려놓을 수 있도록 벽에 까치발로 고정시킨 선반.

벽오동(碧梧桐, Chinese parasol tree, Phoenix tree, frmiana plataniforia[학]) : ①벽오동과의 낙엽활엽교목. 키는 10m 정도. 전북·경남·일본·대만 등에 분포. ②환공재(環孔材)로 목리는 통직하고 나무갖은 거칠음. 기건비중 0.53으로 가볍고 연하며 강도는 압축강도 340kg/㎠, 휨강도 513kg/㎠, 전단강도 46kg/㎠로 약한 편. 내후·보존성은 매우 나쁘나 절삭·가공·건조 및 할렬 등이 양호. 양지에서 자라며 강풍과 병충해에 약하나 공해나 추위에 강함. ③주로 가구·건축·악기 등에 사용.

벽옥(碧玉, jasper) : 불투명한 형태의 빨강·노랑·갈색 수정(quartz).

벽원 : ⇨용지판.

벽의 길이(壁-) : ①일반적으로 벽체의 중심과 중심 사이의 거리. ②대린벽(對隣壁)

ㅂ

의 중심간 거리. ③칸막이벽·부축벽·붙임 기둥의 중심 및 벽의 끝 모서리 사이의 거리. 이를 '지지점 거리(支持點距離)'라 고 함. ④벽 길이는 10m 이하로 하며, 내력벽으로 둘러싸인 부분의 바닥면적은 80㎡를 초과할 수 없음. ⑤보강 블록에서 평면상 벽의 길이는 집중되어 길게 되어 있는 것이 짧은 벽으로 분산되어 있는 것보다 좋음. ⑥벽 길이의 합계는 벽 길이의 1/2 이상으로 하고, 총 벽 길이의 2/3 이상 되게 함. 벽 높이는 3m 이하, 벽 길이는 10m 이하로 함. 부축 벽의 평면상의 길이는 벽 높이의 1/3 이상으로 함.

벽의 두께(壁-) : ①일반적으로 마감재는 포함하지 않음. ②벽돌의 길이를 B로 하여, 이에 대한 배율(倍率)로 함. 예컨대, 1.5㎜는 330㎜(단열재 50㎜를 넣어 이중벽을 쌓는 경우로서 바깥벽 190㎜+내벽 90㎜+단열재 50㎜), 1.0B는 190㎜, 0.5B는 90㎜. ③내력벽은 직상층의 내력벽보다 작아서는 안 됨. ④벽돌벽의 두께는 건축물의 층수·높이와 벽의 길이에 따라 다르다. 마감재료의 두께는 포함하지 않음. ㉠벽돌 내력벽의 벽두께는 각 층 높이의 1/20 이상, ㉡블록 내력벽의 벽두께는 각 층높이의 1/16 이상, ㉢돌 또는 돌과 다른 조적재를 병용하는 경우, 각 항 벽두께의 1.2배 이상 또는 각 층 높이의 1/15 이상, ㉣이중벽으로 하는 경우, 한쪽 벽면만을 내력벽으로 간주하고 각항을 적용하나 최상층(단층 포함)의 벽의 높이가 3m 이하이고, 안팎벽 상호간에 가로·세로 각각 40㎝ 간격으로 지지 보강한 내력벽에 대하여는 합계 벽두께로 함. ㉤토압을 받는 내력벽인 경우, 토압을 받는 내력벽의 높이를 H라 하면 2.5≧H≧1.2m일 때, 그 직상층(直上層)의 벽 두께에 10㎝를 가산한 두께 이상으로 하고 2.5m가 넘을 때에는 조적조로 할 수 없음. ㉥칸막이벽의 두께는 9㎝ 이상이어야 하고, 직상층에 칸벽이나 중요 구조물이 있을 때에는 19㎝ 이상 되어야 하나 테두리보(와량)가 있을 때에는 제외. ㉦아래층의 벽두께는 그 위층의 벽두께보다 얇게 하지 않음. ⑤블록쌓기에서 벽의 두께는 일반적으로 지지점 거리의 1/30 이상, 또 90㎜ 이상으로 하지만 바깥벽은 빗물막이·창문틀대기 관계로 150㎜ 이상으로 함.

벽돌벽의 두께(단위 : ㎝)

높이	5m 미만		5~11m 미만		11m 이상		⑤A>60㎡		
길이	8m 미만	8m 이상	8m 미만	8m 이상	8m 미만	8m 이상	1층	2층	3층
1층	15	19	19	29	29	39	19	29	39
2층			19	19	19	29		19	29
3층			19	19	19	19			10

벽의 홈(壁-) : 벽돌조의 벽에 그 층 높이의 3/4 이상 연속한 세로 홈을 설치하는 경우에는 그 홈의 깊이는 벽두께의 1/3 이하로 하고, 가로 홈을 설치하는 경우에는 그 홈의 깊이는 벽의 두께의 1/3 이하로 하되 길이는 3m 이하로 함.

벽장(壁欌, closet) : ①벽을 뚫어 작은 문을 낸 후 장을 짜 달아서 물건을 넣게 된 곳. ②벽에 잇대어 작은 문을 달아 만든 장. ③앉은 상태에서 몸만 돌리면 사용 가능하도록 높이 1.5척(450㎜) 정도로 설치하여 아랫목에 설치한 붙박이 수납 공간.

벽재(壁材, wall materials) : ①일반적으로 벽체의 마감에 사용하는 일체의 재료를 총칭. ②벽마감재(=).

벽중깃 : ⇨중깃대.

벽중방(壁中枋) : 벽 속에 가로 끼운 중방.

벽지(壁紙, wall paper, wall hangings) : ①벽을 바르는 종이. ②벽체 마감재로 사용하는 종이류를 총칭. ③기능적인 벽지 선택은 방오성(防汚性 ; 쉽게 오염이 안 되는 것)·방화성(防火性 ; 불에 잘 견디는 것)·방균성(防菌性 ; 곰팡이, 기타 균 서식 방지)을 고려하여 선택.

벽창(壁窓) : ⇨갑창(=).

벽창호(壁窓戶, blank window, blind window) : ①벽을 움푹 들어가게 만들어 창틀을 끼워서 외부에서 마치 창문이 있는 것처럼 만든 벽 부분. ②벽체에 창 모양으로 된 부분. 벽에 창문 모양을 내고 조적한 벽.

벽체 길이(壁體-) : ⇨벽의 길이(=).

벽초벌재(壁初-材, wall primer) : 벽면을 고르거나 벽 바탕에 마감이 잘 되도록 애벌로 칠하는 라텍스(latex)·알키드(alkyd) 또는 알칼리성 도료 등.

벽타일(壁-, interior tile) : 일반적으로 실내마감이나 실내장식용으로 사용하는 타일을 지칭.

벽타일시공순서(壁-施工順序) : 바탕처리 → 타일나누기 → 벽타일나누기 → 치장줄눈 → 보양.

벽판재(壁板材, wall board materials, wall board) : ①건축물 외벽마감을 위해 사용하는 널 등의 판재. ②건축용 벽판 부품의 표준 모듈치수(KS F 1513).

벽홈파기(壁-) : ①벽체 조적 완료 후 전기·상하수도 등 배관의 매립을 위해 벽체의 일부를 수직(세로) 또는 수평(가로)으로 홈을 파는 작업. ②가로 홈의 깊이는 벽두께의 1/3 이하로 하며, 가로 홈의 길이는 3m 이하로 함. 세로 홈의 깊이는 층높이의 3/4 이하로 하며, 깊이는 벽두께의 1/3 이하로 함.

벽화(壁畵, mural, wall painting, mural painting) : ①'벽'을 의미하는 라틴어 무랄리스(muralis)에서 유래된 용어. ②초기에는 구석기 시대의 동굴에 상징적인 표현으로 사용됨. ③건축물의 벽면을 장식하는 그림(繪畵). ④건축물의 의미를 강조하기 위한 장식으로 발전. ⑤르네상스 및 바로크 건축에서 천장화와 함께 실내장식의 중요한 수단으로 많이 활용.

벽화고분(壁畵古墳, mural tomb) : ①돌방으로 된 무덤. ②칸 안에 여러 벽에 그림을 그린 무덤. ③고구려 고분벽화 등이 그 실례.

변경(變更, inflection) : 어떤 맥락이나 조건에 대한 관계변화가 가리키는 대로 일정한 형상을 구부리거나 각을 주거나 또는 그와 비슷한 변화를 주는 일.

변경명령(變更命令, change order) : 디자인 컨셉·시공·제품 시방서 등의 변경을 요청하는 서면형식의 지시서.

변곡(變曲, inflection) : ①휨부재의 곡률방향이 변화하는 것. ②반곡(=).

변곡점(變曲點, inflection point) : ①휨부재의 곡률 방향이 변화하는 점. 이 점에서 휨모멘트는 0이 되고 그 양쪽에서 부호가 변함. ②반곡점(=).

변두리기둥 : ①집의 외곽에 돌려 세운 짧은 기둥. ②집의 측면에 세운 기둥. ③건물의 가장자리에 세운 기둥. ④변주·평주·갓기둥·외진주(=).

변발양식(邊髮樣式, zopfstil[독]) : ①1760~1780년경인 로코코와 고전주의 사이의 독일 미술이 지녔던 딱딱하고도 무미건조한 양식. ②당시에 유명했던 변발(zopf[독])에서 연유하여 붙여진 명칭. 계몽주의 및 이상주의와 연관하여 나타났던 현상으로 특히 회화 및 공예분야에서 뚜렷하게 나타났음.

변별역(辨別閾, differential threshold, differential limen ; DL) : ①지각적으로는 물리적 에너지의 차이를 감각할 수 있는 최소한의 차이. ②변별(辨別)이라는 것은 물건을 지각하는 것, 즉 식별하는 것(보고 분별하는 것, 들어서 분별하는 것)이며, 역(閾)이란 「문턱」이라는 뜻으로 매듭이나 한계를 의미. ③심리학적 인간공학의 방법론 중 정신물리학적 측정법으로 측정되는 정수(定數)의 하나. ④처음으로 감각이 다르게 느껴지는 경계역. ⑤식별능력(=).

변색(變色, stain, color change) : 일반적으로 화학적·물리적 원인으로 빛이 변하는 것.

변색벽돌(變色壁乭) : ①과열(過熱)되어 모양이 일그러지고 빛깔도 검붉은 벽돌. ②주로 특수치장용(特殊治粧用)으로 사용.

변성암(變成岩, metamorphic rock) : ①화성암(火成岩) 또는 수성암(水成岩)이 지각

(地殼)의 기계적 운동 및 압력의 변화·화학작용·지열의 작용 등에 의해서 변질하여 그 구조 절리나 광물성분에 변화를 일으켜 생긴 암석. ②암석 중의 광물 성분이 일정한 방향으로 줄지어져서 있는 것이 특징. ③종류에는 대리석·사문암·석면·편암·활석·각섬석(角閃石)·석류석(石榴石)·편마암(片麻岩) 등.

변압기(變壓器, transformer) : ①전기 전류를 변환시켜주는 전기장치. ②도어 벨이나 인터컴과 같은 곳에는 전류를 낮은 볼트로 형광등이나 고압 방전등에서는 높은 볼트로 바꾸어 줌. ③전자유도 작용을 이용하여 교류전압을 임의로 오르내리게 하는 기기(器機).

변위(變位, displacement) : 물체가 어느 점에서 어느 점까지 위치를 이동하는 것 또는 그 이동한 값.

변재(邊材, sap wood, sap) : ①심재(心材) 외측과 수피(樹皮) 내측 사이에 있는 생활세포의 집합으로 수액(樹液)의 통로이며 양분의 저장소. ②생활세포의 조직이 비교적 불완전하여 변형·부패에 대한 저항이 적으므로 사용하는 경우에 주의를 요함. 변재의 색깔은 비교적 엷고, 가소성(可塑性)이 풍부하여 곡형용(曲形用)으로 적당. ③백태(=).

변재수(邊材樹, sapwood tree) : ①심재가 형성되지 않고 심변재의 재색(材色)이 일정한 색깔을 나타내는 수종. ②포플라류·너도밤나무 등이 대표적임.

변전소(變電所, transformer substation, S/S, substation) : ①다른 곳에서 송전(送電)되어 온 교류전류(交流電流)를 다시 송전 또는 배전(配電)하기 위하여 변압(變壓)하는 곳 또는 건물. ②전력계통에 있어서 전압을 변환할 목적으로 한 시설. 일차변전소, 이차변전소, 배전용변전소, 직류변전소 등이 있음. ③지하철에 있어서 교류를 직류로 바꾸기 위하여 설치한 설비가 있는 곳.

변주(邊柱) : ⇨평주(=).

변칙(變則, anomaly) : 일반적으로 엄격한 규칙성이 지배적인 디자인에서 어떤 불규칙성이나 변이가 존재하는 상태.

변탕 : ①기둥이나 벽선의 가장자리를 모죽임하는 일. ②대패질을 할 때에 깎아낼 두께(부분)에 대한 표시를 해두기 위해 나무 모서리를 깎을(밀) 때 쓰는 대패. ③보통 대팻날이 양쪽에 두 개가 있음. ④조선 대패는 흘날이기 때문에 곧게 나 있는 결 곧 모싯결로 나 있는 나무는 밀 수 있어도 물결 따위의 모양으로 나 있는 결, 곧 번데기가 나 있는 데는 결과 나란히 밀 수가 없음. 그래서 번데기는 결에 수직이 되는 방향으로 밀어서 다듬음.

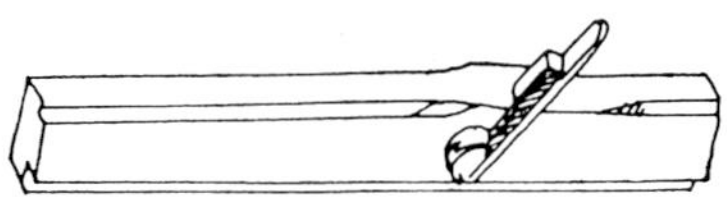
변탕

변탕붙임 : ①쪽붙임을 할 두 널판의 모서리를 변탕으로 밀어서 쪽붙임을 하는 방법이나 그렇게 쪽붙임을 한 자리. ②반턱쪽매(=).

변탕붙임

변탕질 : ⇨변탕(=).

변탕홈 : 변탕으로 밀어서 낸 홈.

변태응력(變態應力) : ①열응력과 상대적인 변태로 인한 응력. ②열응력(⇔).

변풍량방식(變風量方式, Variable Air Volume ; VAV) : 취출온도를 일정하게 하고 공조 대상공간의 열부하 변동에 따라 송풍량을 조절하여 소정의 온·습도를 유지하는 전공기방식.

변형(變形, deformation, strain, transformation) : ①물체가 외력(外力)이나 고열(高熱)의 영향으로 인하여 형태가 바뀌는 것 또는 바뀌는 모양. ②초기의 모양과 형태가 다른 것이 부가되거나 삭제하든지 또는 모양과 형태가 변하는 것. ③물체에 힘이 가해졌을 때 일어나는 형태나 크기의 변화. ④아이덴티티(identity)나 개념의 손상 없이 특정한 맥락이나 조건에 맞추어 치환이나 조작을 통해 형태나 구조를 변화시키는 과정.

변형도(變形度, strain intensity) : ①변형의 양과 변형 전의 양과의 비. ②단위가 없으며 늘어날 때, 즉 인장력을 받을 때의 변형도를 +, 줄었을 때, 즉 압축력을 받았을 때의 변형도를 -로 표시.

변형률(變形率, strain) : 하중을 받음으로써 생긴 변형량과 변형 전의 양과의 비.

변형률 경화(變形率硬化, strain hardening, S점) : ①건축 재료의 역학적 성질 중 응력-변형률곡선에서 항복(降伏)이 끝나고 S점에서 응력(應力)이 다시 상승하는 현상. ②⇨응력도변형률곡선.

변화(變化, change, variety) : ①조형적으로 절제된 변화는 생동감(生動感)과 다이내믹(dynamic)한 느낌을 주어 실내 분위기를 보다 활발하게 하지만, 지나치게 사용하면 질서감과 통일감을 상실하고 혼란한 분위기를 줌. ②한 물체나 공간에서 단조로움이나 동일함을 중화시키기 위해 차별성을 주고자 할 때 사용하는 디자인 법칙.

변화반사(變化反射) : ⇨확산반사(=).

별갑(別甲, trotoise shell[프]) : ①단단하고 반투명하며 황색과 갈색 기가 있는 바다거북의 등딱지로 열과 압력을 가해 납작하고 얇게 펴 상감세공이나 가구의 표면 장식에 사용. ②고대 로마시대에 최초로 사용. 프랑스 바로크시대의 디자이너 불르(A. C. Boulle)는 각종 가구에 흑단(黑檀 ; ebony)과 함께 거북이 등딱지를 즐겨 사용함.

별관(別館) : 본관(本館)과 거리적으로 떨어져 별도로 건설한 부속건물.

별궁(別宮, detached palace, royal villa) : ①왕이 궁궐에서 멀리 거동할 때를 대비하여 만든 작은 궁. ②궁궐(정궁)에서 멀리 떨어진 곳에 따로 지은 궁실. ③이궁·행궁(=).

별꼴궁륭(星形穹窿) : ⇨스타볼트·성형궁륭(=).

별당(別堂) : ①몸채에서 떨어져 따로 지은 집. ②가장의 접객·독서 한유(閑裕)·관상 등의 다목적 용도로 사용되는 사랑채의 연장 공간. ③위치는 부지 내에서 가장 경관이 좋은 곳을 택하고 인공 연당(蓮塘)과 석가산(石假山)을 만들기도 함.

별도공사(別途工事) : ①당초의 계약인 본공사에 포함되지 않는 본공사 이외의 전문공사. ②추가공사(=).

별모양(星形, star form, star shape) : ①별모양의 무늬 또는 문양. ②조형적으로 별모양의 형태.

별묘(別廟) : ①국가에서 공신의 위패를 모시도록 허락한 곳. ②부천위(不遷位)를 모신 묘. ③부조묘(=).

별서(別墅) : 사람이 기거하는 생활공간에서 다소 떨어진 곳.

별서정원(別墅庭園) : ①별서에 만들어진 정원. ②조선시대의 부용동, 식영정, 환벽당, 소쇄원 등이 별서정원으로 유명함. ③소쇄원, 식영정, 환벽당은 성산별곡의 성산동 3승으로 이 고장 선비들의 아낌을 받아온 곳.

별장(別莊, mention) : 각 계절에 맞는 위치 또는 온천과 자외선이 많아 요양에 적합한 위치에 세워지는 호텔. 객실에는 키친네트(kitchenet)와 같은 주방설비가 설치됨.

별장여(別丈餘) : ⇨뜬장여·부장설(=).

별장형 호텔(別莊型-) : ⇨콘도미니엄(=).

별지화(別枝畵) : 외부와 내부의 창방이나 평방, 내부의 대들보 등에서 양단에 모루단청을 하고, 긋기단청을 한 후 중앙부에 가칠단청으로 남아 있는 공백 부분에 그려 넣는 주로 용·기린·말·사자·학·코끼리 등과 매화·난초·국화·대나무의 사군자 그림.

별창방(-唱榜) : ⇨뜬창방·부창방(=).

별채(別-, another building, outhouse) : ⇨딴채(=).

별화(別畵) : ①단청을 하고 난 뒤에 빈 자리에 사람·새·꽃 등을 그리는 것. ②단청한 다음 긋기, 금문 등의 중간 부분에 화조·산수·인물·짐승 따위를 따로 그려 넣은 그림.

병렬(竝列, juxtapose) : 차례로 나열하거나 서로 가깝게 연결시키는 것.

병렬형 부엌(竝列形-, parallel type kitchen) : ①부엌의 작업대(조리대·배식대·개수대 등)가 양쪽 또는 앞뒤 두 줄로 나란히 배치한 부엌 배치법. ②벽면에 작업대를 마주보도록 배치한 형태. ③어느 정도 부엌 공간에 여유가 있을 때, 식당과 부엌이 개방되지 않고 외부로 통하는 출입구가 필요한 경우에 적합. 중앙의 작업통로는 800~1,100㎜ 정도 유지 필요. ④⇨작업대의 배치유형.

병머리초(甁頭草, bottle shapped head figure) : ①병모양으로 된 머리초. ②단청에서 병모양의 무늬로 그려진 머리초 문양.

병산서원(屛山書院) : ①사적 제260호로 지정(1978. 3. 31). 경북 안동시에서 서남쪽 26km 지점인(豊川面) 병산동(屛山洞)에 위치. ②전신은 고려 말 풍산현에 있던 풍악서당(豊岳書堂)으로 풍산유씨의 사학(私學)이었는데, 1572년(선조5)에 유성룡이 이곳으로 옮긴 것. 1613년(광해군5년) 정경세(鄭經世)가 중심이 되어 지방 유림이 유성룡의 학문과 덕행을 추모하기 위해 존덕사(尊德祠)를 창건하고 위폐를 모셨음. 1629년 그의 아들 유진(柳袗)을 추가 배향하였고, 1863년(철종14) '병산'이라는 사액을 받아 사액사원으로 승격되었음. 많은 학자를 배출하였으며, 대원군의 서원철폐령에도 훼철되지 않고 남은 47개 서원의 하나. 제향공간으로 존덕사(尊德祠)·신문(神門)·전사청(典祀廳)이 있고, 강학공간으로 입교당(立敎堂)·동재(東齋)·서재(西齋)가 있으며, 부속건물로 장판각(藏板閣)·만대루(晩對樓)·복례문(復禮門)·주사(廚舍) 등이 있음. 유성룡의 문집을 비롯하여 각종 문헌 1,000여 종, 3,000여 권의 책이 소장되어 있음.

병연주(竝緣柱) : ①다락집의 위 기둥. ②2층 이상의 건물에서 각층마다 아래층 기둥과는 상관없이 세워지는 평주. ③아래층의 고주가 상층의 평주가 되는 구조와 구분. ④누상주(=).

병원용 문버팀대(病院用門-) : ⇨컷오프스톱(=).

병원정첩(病院釘貼, hospital hinge) : ①너클의 양끝을 비스듬히 한 것. ②주로 병원 또는 구치소에서 환자나 수용자의 자학(自虐)을 막으려고 씀.

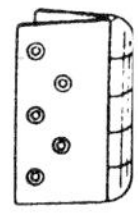

병원정첩

병원호텔(病院-, hospital hotel) : 도시나 관광지에 위치하여 숙박과 동시에 건강관리를 할 수 있는 호텔.

병용주택(倂用住宅) : ①한 건물 내에 주거공간과 점포·사무실·공장 등과 함께 사용할 수 있도록 설비부분이 결합된 건물. ②복합건물(=).

병존주택(倂存住宅, building combined shop and dwelling unit) : ①공동주택에서 업무시설(점포·사무실·창고 등)이 병존하고 있는 주택. ②점포·사무소 등의 비주택 부분과 공동주택 부분을 병유하는 건축물. ③주상복합빌딩(=).

병첨(竝檐) : ⇨도매첨(=).

병치(竝置, juxtaposition) : 비교나 대조를 위해 함께 또는 나란히 밀접하게 놓여 진 상태나 위치.

병치혼색(倂置混色) : ⇨병치혼합(=).

병치혼합(倂置混合, juxtapositional mixture) : ①두 가지 이상의 색점(色點)이 동시에 조밀하게 병치·나열되어 있어 서로 혼합되어 보이는 현상. ②혼합한다기보다는 옆에 배치해두고 본다는 시각적인 혼합. ③병치혼합은 회전혼합과 같은 평균혼합. ④밝기와 강도(채도)가 두 색의 합을 면적비율로 나눈 평균값으로 지각됨. 이 경우 어느 정도 떨어진 거리에서 볼 때 하나의 색채로 느껴짐. ⑤병치혼색(=).

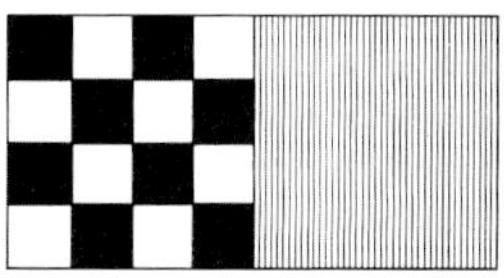
색의 병치와 확산에 의한 베졸트효과

병치혼합

병풍(屛風, folding screen) : ①바람을 막고 불필요한 부분을 가리기 위해 장식으로 사용하는 가리개. ②표면에는 일반적으로 그림이나 글씨가 그려짐.

병풍석(屛風石) : ⇨지대석(=).

병합(倂合, combination) : ①조형적·디자인적 의미로 구성요소들의 혼합을 의미. ②분절(≒).

병행맞춤(竝行−) : 무늬목을 병행하여 배치한 패턴의 맞춤.

보[1] : ①길이의 단위. ②중국에서 시작된 것으로 보통 장년 남자의 발걸음이 기준. ③처음 1보의 길이는 주척(周尺) 8척이었으나, 춘추전국시대에는 주척 6척 4촌, 후에 주척 6척, 주척 5척으로 바뀌어 사용. ④우리나라는 중국의 제도를 본 따 1보를 표준척도의 6척으로 하였으며, 견포의 길이를 재는 데도 사용되었음. 그 뒤에도 몇 차례 보의 길이가 바뀌었지만 1444년(세종26) 이후 다시 6척이 1보가 되었음. ⑤1보=6척=181.80cm=1.82m

보[2](栿, 梁, beam, girder, joist) : ①어떤 스팬(span)을 담당하게 되는 지지체의 두 끝점 사이의 수평 건축부재로 하중을 받치도록 설계된 보. ②지지재(支持材) 중에서 옆으로 작용하는 하중을 받치고 있는 구조재. ③지붕 또는 상층에서 오는 하중을 받아내기 위해 기둥 또는 벽체 위에 수평으로 걸쳐 댄 구조재. ④들보(=).

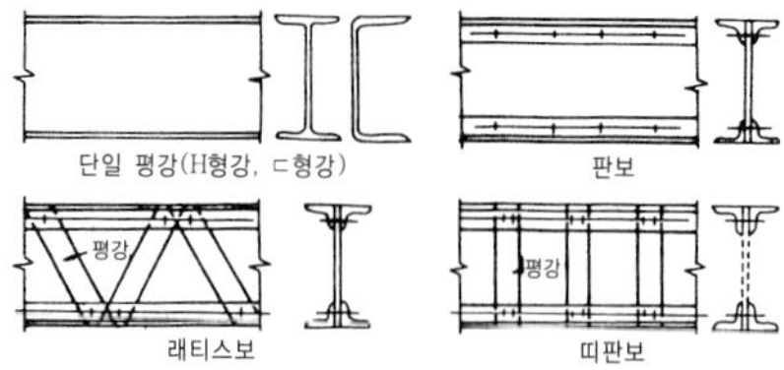

보의 종류

보강(補强, reinforcement) : 품질을 원래의 수준보다 더 좋게 하는 것.

보강근(補强筋, reinforced bar, reinforcing bar) : ⇨보강철근(=).

보강등받이(補强−, braced back) : 좌면 뒤의 연장 면에서 상부 가로대까지 V자형으로 돌출된 두 개의 굴대에 의해 보강된 윈저 의자의 등받이.

보강블록조(補强−造, reinforced block structure) : ①블록의 빈속에 철근을 배근하고 콘크리트를 사춤하여 보강한 내력벽 구조로서 가장 이상적인 블록구조. 통줄눈으로 쌓으며 4·5층의 건물도 가능. ②모르타르나 콘크리트로 만든 블록을 쌓고 경우에 따라 블록 벽체 속에 철근을 넣고 콘크리트를 채워 보강하는 구조. ③보강블록조의 높이는 1층은 4m, 2층은 7m, 3층은 11m로 제한하되 3층일 때는 지붕틀, 바닥틀은 철근콘크리트로 해야 함.

보강식(補强式, reinforced wall system) : 벽체 중량을 돌·벽돌 등에 의해 조적식의 벽체로 지지하고 지붕·바닥 등의 하중을 직접 벽에 전달시키지 않고 외벽의 적당한 곳에 기둥을 넣어 보강·지지하는 것.

보강아치(補强−, rough relieving arch, back arch) : 표면 또는 의장으로 장식한 인방 또는 아치를 강조하면서 구조적으로 그 위 또는 뒷면에 설치하는 하중을 지지하는 아치.

보강재(補强材, stiffening member, stiffener) : ⇨스티프너(=).

보강철근(補强鐵筋, reinforced bar, rein−

forcing bar) : 콘크리트 조(造)에 사용하는 철근 중 특히 안전성을 증가시키기 위해 부분적으로 부가하여 사용하는 철근.

보강철물(補强鐵物) : 목재의 이음 및 맞춤 등에 보강용으로 사용하는 못·볼트·꺾쇠·띠쇠·듀벨(dübel) 따위의 철물을 총칭.

보강토막붙임맞춤(gluedand blocked joint) : 모서리 맞댐맞춤을 튼튼하게 보강재를 덧붙임하는 맞춤.

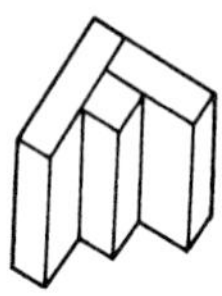
보강토막붙임맞춤

보개(寶蓋) : ①궁전의 왕좌 위에 씌운 천장. ②탑의 상륜의 보륜(寶輪)과 수련(水煙) 사이에 있는 닫집(canopy) 또는 트랜슬루센시(tran-slucency) 지붕과 같은 부분. ③보주 같은 것으로 장식한 천개. ④닫집 모양의 부분. ⑤모든 개념과 형식을 초월한 열반의 경지를 나타냄. ⑥⇨노반.

보개천장(寶蓋天障) : ①실내에서 어느 한 공간을 강조하거나 위계성(位階性)을 상징하기 위해 그 상부 천장을 다른 부분보다 좀 더 높게 하는 천장양식. ②궁전(宮殿)이나 절(寺) 등에서 천장의 가운데 부분을 높게 하여 보개처럼 만든 천장. ③궁전이나 불전 등에서 중앙부를 높게 하여 보개를 장치한 천장. ④닫집(=).

보겐프리즈(bogenfries[독]) : 콘솔(console) 위에 놓이는 작은 아치의 연속으로, 특히 로마네스크의 외부 건축의 장식에 많이 사용됨.

보격(步隔) : 자유보행에서 발뒤꿈치로부터 전진방향 중심선까지의 거리. 평평한 지역에서 정상인의 평균치는 60㎜.

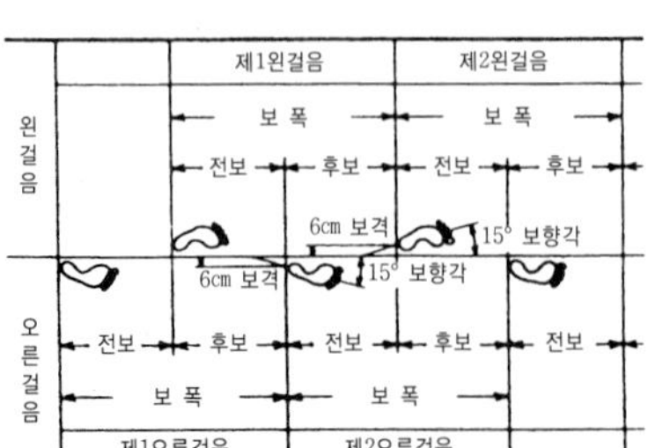

자유보행의 보폭, 보격, 보향각

보그오크(bog oak) : ①토탄지에 장기간 침투시켜 염색한 참나무로 흑단과 유사한 검정 기미가 있는 목재. ②르네상스 시대에는 흑단(ebony) 대용품으로 사용됨.

보꾹(梁上, attic) : ①쌍대공 지붕틀 구조에서 꺾임 지붕틀로 외관을 꾸밀 때 쓰이는 것으로 지붕 한가운데가 네모꼴의 방(보꾹방)이 됨. ②지붕보 상부지붕 밑의 부분으로 지붕 속. ③지붕 아래쪽의 겉면.

보꾹방(梁上房) : ⇨보꾹(=).

보꾹층(梁上層, attic-floor) : ①지붕 바로 밑에 있는 방 또는 그 층. ②더그매방(=).

보네티에르(bonnetièr[프]) : 17세기에 소개된 프랑스 지방 가구의 한 형태로 노르망디와 영국의 부인들이 입는 보닛(bonnet)과 모자를 보관하기에 적당하도록 높고 좁게 디자인된 캐비닛.

보노출반자(-露出盤子, beamed ceiling) : 장식적 계획에 의해 천장의 보(beam)가 보이도록 노출시킨 천장.

보닛스크롤(bonnet scroll[프]) : ①캐비닛 책장 등의 키가 큰 상자형 가구 상부의 열린 아치 또는 열린 박공장식(broken pedi-ment). ②중앙에 조각되거나 불꽃 모양·항아리 모양의 꼭지장식(finial)이 있는 곡선 또는 소용돌이 모양의 박공장식 형태.

보닛톱(bonnet top) : ①캐비닛에서 열린 박공(broken pediment)이나 열린 아치(broken arch)의 윗부분 혹은 골조의 중심에 뾰족한 모티브를 가진 곡선의 혹은 소용돌이의 양식. ②미국식 치펜데일 장식. 하이보이(highboy)·세크러터리(secretary) 등에서 곡선으로 된 모자 모양의 꼭대기 장식.

보더(border) : ①일자형 또는 아치형 테두리. ⇨보더라인(=). ②극장 무대설비의 일종.

보더라이트(border light) : 무대 상부에 프로시니엄(proscenium)과 평행하게 매단 금속제 칸막이에 전구를 끼운 홈통 모양의 조명장치.

보더라인(border line) : 디자인의 일부를 다른 부분으로부터 구분하거나 강조하기 위해 사용되는 윤곽선.

보더타일(boarder tile, boarder ceramic tile) : ①가늘고 길게 된 타일로서 특수한 장식적인 봉형(棒形)의 시유품(施釉品)으로 걸레받이·징두리벽 등에 쓰임. ②30×227㎜ 크기의 테두리선 두르기 또는 장식적인 패턴에 사용되는 시유 도자기타일.

보더패턴(boarder pattern) : 패널 골조나 가장자리 디자인에 쓰이는 연속무늬의 양식.

보덕사극락전(報德寺極樂殿) : ①충청남도 유형문화재 145호, 조선말기 창건. ②경내에는 극락전을 비롯하여 선원과 요사채가 중정을 가운데 두고 ㅁ자형으로 배치됨. ③극락전은 정면 3칸, 측면 2칸의 겹처마 맞배지붕. 양측면에는 커다란 풍판을 달음. 실내에는 우물마루를 깔음. 잡석으로 축대를 만들어 대지를 정리한 후 잘 가공된 장대석으로 기단을 만들고 그 위에 원주를 세움. 공포는 무출목이익공으로 익공은 매우 화려하게 장식됨. 기둥 바로 위에 걸친 창방은 측면으로 길게 풍판까지 닿게 빼내고, 창방 뺄목 밑으로는 화려한 당초문양을 그린 커다란 뺄목받침을 달았음. 각 칸의 창방 위에는 복화반을 2개씩 끼움. 화반에도 화려한 화초문양이 그려짐. 화반 위에는 주심도리와 장여를 이어주는 운공이 하나씩 설치되어 있음. 단청은 화려한 선단청이며, 실내의 종량 아랫부분에 격자모양의 우물반자를 설치함.

보덕사극락전

보드 룰(board rule) : 목재의 체적을 측정하는 자.

보드메저(board measure) : ①목재 측정법. ②목재의 재적(材積)단위. 약어로 B/M으로 표시. ③1B/M=12in×12in×1in, 1㎥=423.73B/M.

보드앤배튼(board and batten) : 잘게 켠 널빤지로 접합 부위를 덮은 넓은 수직널로 구성된 벽구조.

보드용 석고플라스터(-用石膏-, gypsum plaster board) : 레디믹스트(readymixed) 제품으로서 물 및 골재를 혼합하여 즉시 사용할 수 있음. 보통 원료는 화학석고를 사용하므로 순백색의 것은 없음. 특히 부착성이 좋아 석고보드 붙임 면이나 기타 모르타르·콘크리트면 등에 초벌 바름용으로 사용. 규격은 한국공업규격(KS F 3507)에 규정되어 있음.

보드지(-紙, board paper) : ⇨마분지.

보드푸트(boardfoot) : ①목재의 재적단위. 약어로 B/F 또는 b.f로 표시. ②1B/F=1피트(두께)×12인치(폭)×1피트(길이)≒0.00236㎥.

보드피트(board-feet ; bd.ft 또는 BF) : ①제재목의 재적을 측정하는 기본단위. ②1보드피트는 길이 1피트, 폭 1피트, 두께 1인치이나 이에 동등한 부피의 재적. ③판재의 재적을 보드피트로 계산하는 공식은 폭(인치)×길이(인치)÷12. 두께가 1인치인 판재인 경우 보드피트는 그 표면적과 동일. 12″×12″×1′=0.00228㎥=0.703(사이).

보디바니시(body vanish) : ⇨스파바니시(=).

보랑(步廊) : ①사원(寺院)·궁전 등에서 실외(室外)에 만든 길고 좁은 건축물의 하나로 바닥은 땅을 다지거나 벽돌을 깔음. ②사당(祠堂)으로 통하는 지면(地面)보다 한 단계 높게 만든 길. ③갤러리(=).

보루각(報漏閣, house with a water clock) : 물시계를 보관하는 집 혹은 물시계로 시간을 알리는 일을 맡은 관청.

보륜(寶輪) : ①탑 상륜부의 중심부분 바퀴 모양의 테 장식. ②⇨노반.

보르도(bordeaux[프]) : ①프랑스 서남부에 있는 항구도시. ②프랑스 보르도 지역에서 생산되는 빨간 포도주와 같은 색. 이 적포도주는 보통 클라레(claret)라고 하며 영어의 와인 레드(wine red)에 해당. ③클라레(claret), 와인 레드(wine red), 짙은 자주(deep red purple)와 같은 의미. ④어두운 회색 빨강. ⑤먼셀기호 1.5R2.5 /3.0.

보르비콩트관(-館, Château de Vaux-le-Vicomte) : ①파리의 동남 교외(郊外)에 위치한 재무부 장관 푸케의 전원주택. ② L. 르 보(Louis Le Vau : 1612~70)가 건조(建造, 1657~61). 실내장식은 르 부랑이 디자인. 원형 지붕을 얹은 타원형 홀을 중심으로 좌우에 전통적인 경사 지붕의 날개 부분이 배치된 루이 14세 시대의 가장 대표적인 성관건축(城館建築)임. A. 르 노트르(André Le Nôtre : 1613~1700)가 디자인한 정원은 베르사유 궁전의 본보기가 됨.

보름스대성당(-大聖堂, Worms dome[독]) : ①독일의 라인 강 중류의 보름스에 있는 대표적인 로마네스크 성당. ②1018년에 준공하고 12세기 후반~13세기 초에 재건. 동서 양끝에 앱스(apse) 및 3랑식(三廊式) 바실리카이며, 동서의 켈라(cella)와 교차 부분에 6개의 탑을 세움.

보리이삭장식(-裝飾, wheat ear ornament) : ①18세기 말 영국의 헤플화이트(Hepple white)의자 등받이 상부에서 주로 사용되었던 보리 이삭과 유사한 형태의 장식. ②조각이나 채색 또는 상감기법으로 표현.

보마루 : ①보 위에 장선을 걸고 마룻널을 깐 마루. ②층도리와 칸막이도리 사이에 보를 걸어 장선을 받게 하고 그 위에 마룻널을 깐 것. ③칸사이가 2.5m 이상일 때 사용. ④짠마루틀(≒).

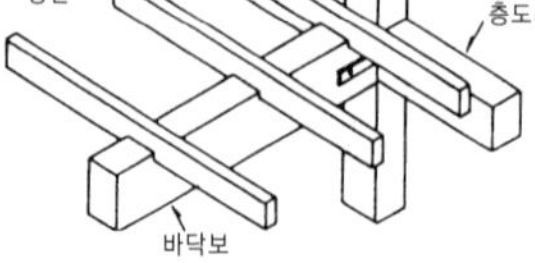

보마루

보마루틀 : ⇨보마루.

보받이(templet, template, torsel) : ①보의 끝부분을 받치거나 보의 접합 부분을 보강하는 부재. ②일반적으로 보 끝에는 콘크리트·돌·철을 사용하고, 접합 부분의 보강에는 철을 사용.

보방향(-方向) : 지붕보(tie beam)와 평행한 방향.

보베(Beauvais[프]) : ①프랑스 루이 14세 시대에 시작된 텍스타일과 태피스트리를 전문으로 짠 예술공방(art factory). ②18세기 말엽 파일 러그(pile rug)를 생산하기 시작했으며 가장 많이 사용한 모티프(motif[프])는 사랑하는 장면과 부드러운 파스텔 색조의 전원풍경이었음. 훗일에 주제가 다양해지면서 고블랭(Gobelins) 공장과 합병.

보베대성당(-大聖堂, Beauvais Cathédrale[프], 1247~72) : ①프랑스 북부의 보배에 있는 산 피에르 대성당으로 고딕 전성기의 대표적인 건축물. ②켈라(cella)부분의 볼트 높이는 프랑스에서 가장 높은 48m임. 익랑(翼廊)은 1499년 이후에 증축했으나 익랑의 첨탑(尖塔, 높이 153m) 높이는 1573년에 붕괴.

보브럼멜테이블(beau brummel table[프]) : ①조지 14세 시대의 유명한 멋쟁이의 이름에서 유래한 용어. ②18세기말 영국과 미국의 남자용 화장대. ③조정 가능한 거울과 서랍·선반·촛대 등이 갖추어져 있음.

보빨목(樑頭) : ①보가 맞추어지고 그 끝이 밖으로 내밀어진 부분. ②기둥을 뚫고 나온 보의 끝머리. ③대들보(大樑)의 머리를 외목도리를 받을 수 있도록 해서 포작과 결구하였을 때 그 머리부분이 도리 밖으로 돌출되도록 만든 것.

보상(補償, compensation) : ①심메트리(symmetry)나 반복되는 다른 조화의 원리. ②어느 점에서 유지되어 있는 조건을 다른 어떤 점에서 조건이 바뀜에 따라 변화시켜 상반되는 장력(張力)이 서로를 해소시키는 상태가 되는 전체적인 균형을 가리킴. ③대각방향의 균형이나 운동성이 있는 균형.

보상화(寶相花) : ①불교에서 당초(唐草)무늬를 주제로 하고 이상화(理想化)한 가상적(假想的)인 화려한 오판화(五瓣花). ②원래는 만다라화(曼茶羅華). ③보상화 무늬를 말함.

보색(補色, complementary color, additive complementary colors, secondary color, komplemensationsfarben, Kompensative[독], couleurs complémentaires[프]) : ①일반적으로 색상환(color circle)에서 서로 마주보는 위치에 놓여 있는 색 또는 반대색과 같은 두 개의 색. 그러나 색상환(색고리)의 반대편 맞은쪽에 위치하므로 반대색이라고 부르지만 단지 보색을 색상환에서 반대색으로 채용했을 뿐이지 모든 반대색이 반드시 완전보색은 아님. ②서로 다른 두 가지 이상의 빛을 혼합하여 특정한 백색광의 자극을 만들 수 있는 파장을 가진 빛들. 보통 색환(色環)에서 서로 마주보고 있는 반대색과 같은 두 개의 색을 가리킴. 그렇다고 해서 모든 반대색이 보색은 아님. ③두 색을 혼합하여 무채색이 되는 상대적인 관계. 이론적으로 색료에 있어서 보색관계의 색을 혼합하면 흑색이 됨. ④여색(=).

보색대비(補色對比, additive complementary color contrast) : 서로 보색관계인 두 색을 나란히 배치하면 서로의 영향으로 인해 각 색의 채도가 높아져 보이는 색채대비.

보색잔상(補色殘像, residual image of complementary color) : ①어떤 무채색이 그 옆에 있는 유채색의 잔상으로 인해 그 유채색의 보색 기미를 띤 유채색으로 보이는 경우. ②지각된 색채의 보색에 의해 나타나는 잔상효과. 색채는 시신경을 자극함으로써 지각되기 때문에 주시하고 있던 색의 시야에서 사라진 후에도 그에 상응하는 시각적인 평형상태를 유지하려는 시각잔상이 작용에 의해 일시적인 보색 잔상이 일어남. ③적극적 보색잔상(=).

보색조화(補色調和) : 색상환에서 반대위치에 있는 보색끼리의 배색. 직접보색조화·이중보색조화·이분보색조화의 방법이 있음.

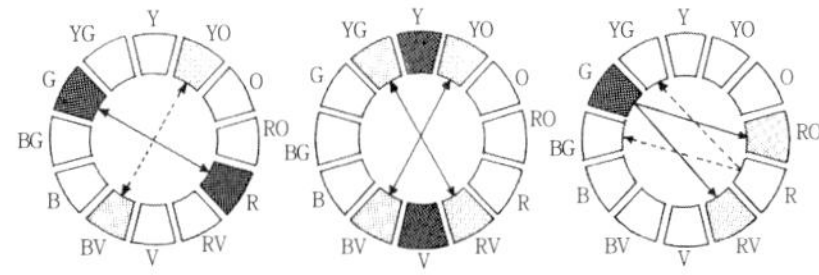

보색조화

보색효과(補色效果) : 어떤 무채색이 그 옆에 놓여진 유채색의 잔상으로 인해 보색끼리의 유채색으로 보이는 경우.

보석(步石) : ⇨디딤돌·섬돌(=).

보석사 대웅전(寶石寺 大雄殿) : ①충청남도 유형문화재 143호, 통일신라 창건, 조선후기 중수. ②대웅전은 정면 3칸, 측면 2칸의 겹처마 맞배지붕이고, 측면에는 풍판을 설치. 사괴석 줄쌓기 축대 겸 하층기단을 쌓고, 대충 다듬어 만든 장대석으로 외벌대 상층기단을 만들고. 기단 가운데에 계단을 설치. 덤벙주초 위에 약한 배흘림 원주를 세움. 공포는 내외3출목5포작 다포식, 각 기둥 사이는 공간포 각 칸에 1조씩 설치. 외부로 뻗은 살미 끝은 쇠서, 내부는 운공모양으로 처리. 창방뺄목 아래에는 하단부를 연화두(蓮花頭) 모양으로 조각한 뺄목받침을 끼워 둠. 바닥은 우물마루에 천장은 종량 위부분에 맞추어 정자모양의 우물반자를 설치, 창호는 전면 어간은 사분합, 양협간은 띠살문 삼분합, 양측면에는 전면쪽에 하나씩 띠살 홑문 설치. 건물 내·외부에는 선모루단청 마감.

보석사 대웅전

보성문형식가옥(寶城文瑩植家屋) : ⇨문형식가옥(=).

보성열화정(寶城悅話亭) : ⇨열화정(=).

보성이금재가옥(寶城李錦載家屋) : ⇨이금재가옥(=).

보성이식래가옥(寶城李湜來家屋) : ⇨이식래가옥(=).

보성이용우가옥(寶城李容禹家屋) : ⇨이용우가옥(=).

보성이용욱가옥(寶城李容郁家屋) : ⇨이용욱가옥(=).

보성이종선가옥(寶城李鐘善家屋) : ⇨이종선가옥(=).

보세(Bossé, Guarea cedrata Pellegr[학]) : ①시에라리온에서 우간다까지 분포하며 코트디브와르에서 자이레까지 서아프리카, 특히 코트디브와르가 특산국. ②심재는 자른 즉시 크림황갈색이나 시간이 경과하면 밝은 도갈색이 됨. 변재는 백색으로 폭이 5~10㎝임. 교착목리는 두드러지지 않지만 자주무늬가 생김. 나무갗은 곱고 도관에 연해서 수지가 삼출(滲出)됨. 도장·접착성은 양호. ③주로 가구·목공·합판·바닥재 등에 사용.

보수[1](補修, repair) : ①품질을 원래의 수준으로 유지하는 것. ②수선(=).

보수[2](報酬, compensation) : ①기본적인 책임을 수행하여 얻은 모든 대가. ②직원이 받을 수 있는 보수유형 중 가장 일반적인 것이 시간제 급여·고정급여·수수료 등. ③장려금이라고 불리는 보너스는 이 중 한 유형에 포함되어 지급.

보수율(保守率, maintenance factor) : ①조명기구나 창문, 유리 등이 먼지가 끼어 더러워지면 그 효율 및 투과율이 어느 정도까지 감소하느냐를 나타내는 값. ②조명기구는 램프의 더러워진 것 이외에 광속(光速)의 감소도 있어 둘을 합한 값이 종합적인 보수율이 됨. ③유지율(=).

보스(boss) : ①몰딩의 끝부분 또는 보나 리브의 교차하는 부분에 있는 돌출장식. ②몰딩의 교점(交點)에 만들어 놓은 고딕식의 장식. ③들보와 몰딩의 교차 부분에 쓰이는 돌출장식. ④천사의 머리나 꽃잎 장식 모티브가 조각됨.

보스터(boster) : 석재의 표면을 다듬는데 사용하는 넓적한 정. 날의 너비는 50~100㎜ 정도.

보스턴흔들의자(-椅子, boston rocker) : 19세기 윈저의자에서 유래된 미국식 흔들의자. 앞이 아래로 구부러지고 뒤가 위로 올라간 나무좌판과 6~9개의 섬세한 수직굴대와 함께 소용돌이 모양이 조각된 넓은 상부 가로대가 있는 등받이가 특징임.

보습장 : ①지붕의 처마 끝 귀에 엇비슷하게 보습 모양으로 다듬어 쓰는 암키와. ②추녀마루 처마 끝에 암키와를 삼각형으로 다듬어 설치하는 기와. ③지붕의 처마 끝 귀에 이는 이형(異形) 암키와. ④⇨지붕마루.

보아지(甫兒只, 甫阿支, 甫兒之樑, 甫兒支, 樑棒) : ①대들보나 툇보 밑을 받치는 초각형 부재. ②기둥머리 또는 주두에 끼워 보의 짜임새를 보강하기 위해 가로 끼운 조각된 짧은 부재. ③대들보와 마룻보를 떠받는 받침. ④화반이나 동자주에 짜여 마룻보(종보)를 받거나 기둥이나 두공(頭工) 또는 공포에 짜여 대량(大樑)을 받거나 하는데, 공포에 짜일 때는 살미가 발달하여 보아지가 되는 경우도 있음. ⑤마룻보를 받는 보아지는 따로 만들어지는 것이 보통이며 보 배 바닥 쪽은 당초각(唐草刻)한 초공(草工)의 형태로, 보머리 쪽은 직절(直切)하거나 간단한 형상이 되도록 의장(意匠)하는 것이 보통. ⑥양봉(=).

보아지이음 : ⇨보아지.

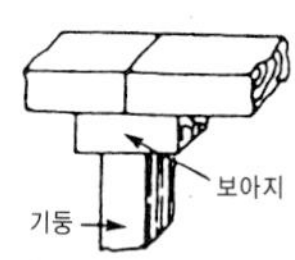

보아지이음

보양(保養, cure, curing) : ①바닥공사, 벽체공사 등에서 공사 중 또는 공사 후에 시공상태가 손상되거나 오염되는 것을 방지하기 위해 널판·종이포장·거적 등으로 덮거나 또는 모래나 톱밥을 뿌리는 것. ②콘크리트나 모르타르의 (설계)강도가 충분히 발휘되도록 시멘트의 수화반응(水和反應)에 필요한 수분을 확보하고 보급하며 또한 적절한 온도조절을 유지하는 일.

보양비계(保養飛階, protective scaffold) : 특히 혼잡한 대도시 공사현장에서 작업 중에 통행인이나 인접 건물에 위해(危害)가 미치지 않도록 가설한 비계. 일반적으로 외줄비계에 비산(飛散)을 방지하기 위해 보양 시트나 보양 철물을 침.

보양온도(保養溫度, curing temperature) : ①콘크리트의 보양에 필요한 온도. 일반적으로 보양온도가 높을수록 강도의 발현(發現)이 빠름. ②초기 재령에서 0℃ 이하로 되면 수분이 동결하여 강도의 증가가 저해됨.

보양철망(保養鐵網, protective screen) : 공사현장에서 낙하(落下)로 인해 발생하는 사고를 방지하기 위하여 둘러친 철망.

보온(保溫, heat reserving, insulation) : 열량(熱量)의 손실이나 침입을 방지하기 위해 단열재료나 절연재료를 사용하여 열의 이동을 막는 것.

보온구조(保溫構造) : 열의 이동을 차단하는 구조. 보온구조는 ①열관류율이 작은 구조로 함. ㉠열전도율이 작은 재료를 쓴다(비중이 작을 것). ㉡표면마감은 평활면으로 할 것. ㉢결로가 생기지 않게 한다(방습층은 실내 측에 설치). ㉣동일재료인 경우 벽을 두껍게 함. ㉤흡수율이 작은 재료를 사용. ②공기층을 설치. ㉠공기층을 기밀하게 할 것. ㉡공기층은 두껍게 한 층으로 하는 것보다 다층으로 분리하는 것이 좋음. ㉢공기층에 단열재를 충진.

보온벽돌(保溫壁돌, heat insulating brick) : 보온의 목적으로 사용하는 단열성이 큰 벽돌. 일반적으로 공동벽돌(空洞壁돌) 또는 다공질벽돌(多孔質壁돌)로 만듦.

보온양생(保溫養生) : 시멘트의 수화반응(水和反應)을 촉진하기 위해 증기(蒸氣)·온수(溫水) 및 전열(電熱) 등으로 양생하는 방법.

보온재(保溫材, heat insulating material, heat insulator, heat reserving material) : ①보온을 목적으로 사용하는 재료. ②일반적으로 열(熱)이 전도(傳導)나 복사(輻射)에 의해 달아나기 힘든 재료를 벽체(壁體) 또는 천장에 사용하여 방서(防暑)·방한(防寒)효과를 갖게 하는 것. ③특수건축의 보온·보냉장치(保冷裝置)의 격벽재료(隔壁材料)로 사용되는 것도 있으며, 열전도율이 작은 재료. ④재료에는 석면(石綿)·암면(岩綿)·유리섬유·텍스·코르크 등이 있으며, 복사열을 반사(反射)하는 알루미늄박(箔) 등이 사용되는 목모(木毛)·목편(木片)시멘트판·펄라이트보드 또는 스티로폼의 기포판(氣泡板)이 사용됨. ⑤단열재(斷熱材)·차열재(遮熱材)라고도 함.

보온재료(保溫材料, heat insulating materials) : ⇨보온재.

보온통(保溫筒, heat insulated cover) : ①파이프 보온에 사용하는 원통형의 보온재. ②광물면(mineral wool)을 접착제로 굳혀 성형한 것과 발포(發泡)플라스틱을 성형한 것 등이 있음.

보온효과(保溫效果, heat insulating) : 보온처리를 하지 않은 벽체의 열관류율과 보온처리를 한 경우의 열관류율을 비교해 열이동량 변화율을 보온효과로 나타내는 값.

보우(bow) : ①다른 평평한 조각의 끝에서 끝까지 그려진 직선으로부터의 오차. ②그것은 직선으로부터 가장 큰 거리의 점에서 잼.

보우거푸집(bow form) : ①철골 트러스와 유사한 가설보를 양측에 고정시키고, 바닥 거푸집을 형성하는 무지주(無支柱) 공법. ②특징은 층고가 높고 큰 스팬(span)에 유리. 지주가 없으므로 하부를 작업공간으로 활용, 구조적 안정, 설치시 소형 인양장비 필요, 한정된 공사에 적용(철골공사), 초기 투자비용 높음.

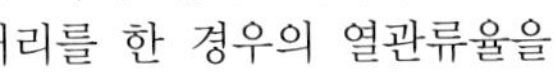

Bow beam

보우쏘와(boussoir[이]) : ①아치를 만드는 데 사용되는 쐐기형의 돌. ②중심에 있는 보우쏘와를 키스톤(keystone)이라고 함.

보우윈도(bow window) : ①부드러운 곡선형태의 돌출된 둥근 창. ②내민창의 일종으로 창면이 활처럼 만곡(彎曲)된 평면을

보우윈도

가진 궁형(弓形)의 돌출창. ③쑥 나온 반원형 창. ④18세기에 이 형태의 창이 유행했을 때 붙여진 명칭. ⑤컴퍼스윈도·내민창·둥근창·(=)·베이윈도.

보우펜(bow pen) : 오구(烏口)가 있는 스프링 컴퍼스(bow compass).

보이드(void) : ①설계상에서는 천장이나 벽체 등이 뚫어져 있음을 의미. ②재료상으로는 공극(空隙) 또는 공극률(空隙率)을 의미. ③어느 물체의 겉용적에 대한 공극용적 비율. ④매스(mass)에 의해 경계되어진 빈 공간. ⑤현관·홀·계단 등 주변에 동선이 집중하는 공간과 대규모 홀과 식당 등 내부공간 구성에서 구심성(求心性)이 되는 공간에 내부공간의 오픈 스페이스(open space)인 보이드(void) 공간을 설치.

ㅂ

보이드플로어(void floor) : 바닥의 일부를 뚫거나 부분적으로만 시공하여 시각적으로 통하게 만든 바닥.

보일(voile) : 얇은 직물로서 비쳐 보이는 평직·사직. 소재는 견·레이온·아세테이트·면·마·폴리에스테르 등.

보일드오일(boiled oil) : ⇨보일유(=).

보일드유(-油, boiled oil) : ⇨보일유(=).

보일러(boiler) : ①난방·욕실·주방용의 온수를 끓이는 기관. ②연소(燃燒)장치가 있어 연소열로 증기(蒸氣)나 온수(溫水)를 발생하게 하는 장치.

보일러마력(-馬力, boiler horse power) : ①1시간에 100℃의 물 15.65kg을 전부 증기로 증발시키는 증발능력을 1보일러마력이라고 함. ②1마력의 상당 증발량은 15.65kg/h. 1보일러 마력=15/65(kg/h)×539(kcal/kg)=8,435(kcal/h). 단, 전열면적 0.929㎡를 1마력이라고 함.

보일샤를의 법칙(-法則, Boyle Charle's law) : 일정한 온도에서는 기체의 압력과 체적은 반비례한다는 보일의 법칙과 일정한 온도와 압력에서 기체의 팽창률은 그 기체의 종류에 관계없이 동일한 값을 갖는다는 샤를의 법칙을 합한 법칙.

보일유(-油, boiled oil) : ①건조성(乾燥性)이 높은 건성유(乾性油)에 드라이어를 혼합한 유지. ②도장을 칠한 후 24시간 이내에 건조하여 얇은 막(膜)이 됨. ③보일드유(=).

보자르(Beaux-Arts) : ①파리에 있는 예술학교(에콜 데 보자르)를 지칭하는 용어로 그 학교에서 가르치는 화려한 고전주의 양식에 기초를 둔 디자인 스타일에도 확대 적용됨. ②19세기 파리의 에콜 데 보자르(École des Beaux-Arts)에서 가르친 기념비적 스케일의 역사적·절충적인 디자인을 구사한 당시의 가장 유력했던 건축과 예술학파. 이 학교는 1671년 콜버트에 의해 설립되었고, 교육방식은 예술가의 스튜디오와 건축가의 사무소에서 실무와 강의를 함께 하는 실용적인 것임. 건축에 대한 그들의 기본개념은 훌륭하게 비례가 이루어진 전체 안에서 비례를 갖춘 요소들의 구성 안에 있음. 즉 잘 조화된 계획 속에 잘 조화된 요소의 합성(合成)에 있었음. ③1860~83년 파리에 있는 에콜 데 보자르는 19세기에 있어 가장 영향력 있는 학교들 중의 하나로 기념비적인 스케일에 관한 역사적이고 절충주의적 디자인은 이 양식을 대표함. ④미술(=).

보자르건축(-建築) : ⇨보자르고전주의.

보자르고전주의(-古典主義, Beaux-Arts classicism) : ①풍부한 디테일과 다양한 석재마감으로 된 크고 작은 구성방식이 특징으로 가장 주목할 만한 특징 중 하나는 기념비적인 계단열의 사용에 있음. ②고전적인 기둥은 윗부분이 난간을 이루는 독특한 처마장식을 하고 있는 풍부하게 장식된 몰딩과 독립되어 서 있는 조각상과 함께 두 개가 한 쌍이 조화를 이루고 있음. 이는 형식을 중요시하는 부활의 시대를 예고하였으며, 공공건축물에 많이 사용됨.

보전(寶殿) : ①금과 옥으로 꾸민 궁전. ②훌륭한 대궐. ③부처를 모셔두는 건물.

보전성(保全性, maintainability) : 보전 시스템에 의해 일정한 시간의 동작조건을 유지할 수 있는 확률을 말하며, 보존의 잘됨을 나타내는 척도가 됨.

보조근(補助筋) : ⇨보조철근·보강철근(=).

보조난방체계(補助暖房體系, auxiliary heating system) : 담천(曇天)시 또는 혹한기에 태양열에 의한 난방에너지 공급으로는 부족할 때 보조적으로 사용하는 난방시스템.

보조등(補助燈, support lighting) : ①주로 작업조명 또는 강조조명에 사용되는 부분조명으로 라인 라이트(line light)의 백열등을 사용함. ②예컨대, 천장의 형광등이 1,000lx 정도로 밝다면, 아주 세밀한 작업이 아닌 이상 보조 등은 없어도 무방.

보조리브(補助-, lierne, sub rib) : 리브 볼트(rib vault)에서 주요한 리브 이외에 보조적으로 가지모양(枝形)으로 댄 리브.

보조시야(補助視野) : 정보수용은 극도로 떨어지고 강력한 자극 등에 주시동작을 유발시키는 정도의 보조적 작용을 하는 범위로서 수평 100~200°, 수직 85~135°임.

보조의자(補助椅子, side chair) : ①팔걸이가 없고 규모가 작으며 사용하지 않을 때에는 벽에 기대어 놓기도 하는 의자. ②17세기에 집주인 이외의 사람이나 지위가 낮은 사람에게 제공되던 스툴(stool)이나 벤치(bench)를 대신하여 개발됨.

보조주택(補助住宅, assisted living) : ①일상생활에서 의료상의 보살핌 이외에 어떠한 도움을 필요로 하는 고령자를 위한 거주시설. ②특징 ; ㉠프라이버시가 보장된 주택에 식사·착의·입욕에 관한 시중. ㉡24시간 대응할 수 있는 간호서비스 등이 부대됨.

보조철근(補助鐵筋, additional bar) : ①보통 구조상의 강도를 확보하기 위해 사용하는 철근 이외의 철근. ②철근을 조립할 때 주근의 위치·모양 등을 확보하기 위해 보조적으로 사용하는 철근 등.

보조출입구(補助出入口, service entrance) : ①주로 주거공간에서 보조공간이나 작업공간으로부터 편리하게 드나들 수 있는 있는 문. ②우리나라의 경우 단독주택에서는 부엌에서 뒤뜰로 통하는 경우가 대부분임. ③이전에는 주로 하인들이 사용했기 때문에 서비스 엔트런스(service entrance)라고 불렀음.

보조탁자(補助卓子, end table) : 테이블 램프나 재떨이 등을 놓기 위해 소파나 안락의자 옆에 놓고 사용하는 모든 유형의 작은 탁자.

보존(保存, conservation) : 환경주의자들에 의해서 쓰였던 전문적인 어휘로 인간의 생태학적인 콘텍스트에 일반적으로 적용.

보주(寶珠) : ①탑의 상륜부에 얹은 여의주 모양의 장식. ②⇨노반.

보증금(保證金, deposit) : 제품이나 부동산 매입계약에 대한 보증으로서 구매자가 선납한 매입가격의 일부.

보증서(保證書, bond forms) : 디자이너나 납품업자가 합의된 계약대로 요구사항을 이행할 것을 보증하는 법적 서류.

보진당(葆眞堂) : ①강릉 문화재 자료 6호. 강원도 강릉시 옥천동 66에 위치. ②조선 중기 권사균(權士鈞)이 지은 것으로 1867(조선 고종4)에 화재로 불타버린 것을 이듬해 중건. ③정면 4칸·측면 3칸의 규모의 팔작지붕의 별당건물. 전면에 사분합 띠살문, 측면 두짝 여닫이 골판문으로 창호 구성. 전면 창호의 상하부에 머름을 둘렀고, 측면 하부에는 겹머름, 상부에 머름을 다시 두었음. 기둥은 원주로 건물 정면에는 정현석의 낙관이 찍힌 현판이 있으며 기둥마다 세로로 글씨가 쓰여 있음. 앞쪽 처마 위에는 고리를 설치하여 여름에는 문을 들어올려 더위를 식힐 수 있도록

보진당 전경

보진당

하였음. 안쪽은 오른편에 방 1칸을 두고 왼편 3칸은 마루를 만듦.

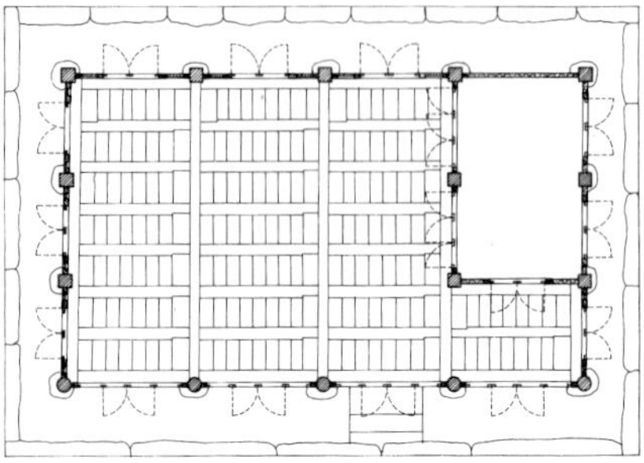

보진당 평면도

보척기(步尺器, odometer) : ①움직임의 위치와 시간을 알 수 있는 기계. ② 노정계·주행거리계(=).

보천장(-天障, beam ceiling) : 상층 바닥의 밑부분에 보이는 보·장선 등을 감싸 수장 처리한 후 노출시켜 만든 천장.

보첨(補添) : ⇨달개지붕(=).

보첩기둥(補檐柱) : ⇨첨주(=).

보크사이트(bauxite) : ①알루미늄의 원료 광석. $Al_2O_3 \cdot 2H_2O$가 주성분. ②적갈색을 띠며 알루미늄·알루미나 시멘트·염기성 내화벽돌·연마제 등의 원료가 됨.

보크사이트 점토(-粘土, bauxite clay) : ①반토질물(礬土質物)이 50% 이하 포함된 점토. ②지프사이트, 다이야스 등이 포함되어 있음.

보텀(bottom) : 패션 비즈니스(fashion business) 용어로 스커트나 슬랙스 같은 하의.

보텀라이트(bottom light) : ⇨저광창(=).

보테가(bottega[이]) : 원래 각종 물품을 두는 장소를 말하나 상인의 점포 및 공인의 일터. 16세기 이전에는 공방(工房)으로 그 이후에는 상점을 의미.

보텔[1](botel) : 해상(海上)여행을 위해 보트의 정박시설에 숙박시설을 갖춘 호텔.

보텔[2](bowtell, boutell, boultine[프] : ①모서리에 사용되는 평평하고 볼록한 노르만식(式) 쇠시리(moulding). 보통 돌기를 원의 3/4 되게 함. ②토러스(torus) 또는 둥근 몰딩. ③다발기둥(clustered pillar)의 몸체.

보통골재(普通骨材) : 무게(重量)에 의한 골재의 분류로 비중이 2.50~2.65인 골재.

보통금단청(普通錦丹靑) : ①금단청 중 하나. ②크고 작은 원형·3각형·6각형·8각형 기하학적 무늬의 금단청.

보통내수성 합판(普通耐水性合板) : ①내수성의 강도에 따른 합판의 분류 중 하나. ②카세인 또는 이와 동등 이상의 접착제.

보통무근콘크리트(普通無根-, normal non-reinforced concrete) : ①철근 등의 보강재(補强材)를 사용하지 않은 콘크리트를 총칭. ②콘크리트에 온도철근만을 삽입하거나 와이어 메시(wire mesh) 정도로 보강한 것도 무근콘크리트로 간주함. ③무근콘크리트에는 보통 포틀랜드시멘트나 조강 포틀랜드시멘트가 주로 사용되고 혼합시멘트를 사용하기도 함.

보통벽돌(普通壁瓦, common brick, building brick) : ①진흙을 빚어 소성(塑性)하여 만든 벽돌(壁瓦, 煉瓦, brick)로서 불완전 연소로 구운 검정벽돌과 완전연소로 구운 붉은 벽돌이 있음. ②온도는 1,000℃, 치수는 장려형이 190×90×57(㎜)이고, 재래형(표준형)이 210×100×60(㎜).

보통 벽돌의 종별에 따른 사용개소

종별		사용개소
1급	1호	바깥벽 및 내력벽으로서 치장이 되는 부분
	2호	바깥벽 및 내력벽으로서 치장이 안 되는 부분
2급	1호	바깥벽이 아닌 안벽 또는 칸막이벽으로서 치장이 되는 부분
	2호	바깥벽이 아닌 안벽 또는 칸막이벽으로서 치장이 안 되는 부분

보통볼트(普通, common bolt) : 보통 육각너트 볼트.

보통소벽돌(普通燒壁瓦) : ①2급 벽돌로써 소도(燒度)가 보통이고 두드리면 탁음(濁音)이 나며 빛깔은 붉은 주홍색으로 강도가 적고 흡수율이 다소 높음. 따라서 우로(雨露)에 맞지 않는 내부 칸막이용으로 사용. ②1급 벽돌인 소벽돌과는 강도나 색깔 및 음 등이 다름.

보통시멘트기와(普通-, cement roofing tile) : ①시멘트와 모래를 주원료로 하여 압착 성형하여 만든 기와. ②착색제나 방수제를 첨가시켜 착색과 방수효과를 내기도 함. ③시멘트는 포틀랜드시멘트를 사용하고 모래는 최대지름 5㎜로서 입도가 알맞고 깨끗하며 강하고 내구성이 있으며 먼지·진흙·유기물 등의 유해물질이 혼입되지 않은 것을 사용해야 함.

시멘트기와의 크기 및 허용차(단위 : ㎜)

길이		너비		두께		1매당의 유효치수	
치수	허용차	치수	허용차	치수	허용차	길이×너비	허용차
340	±3	300	±3	15	+3 -1	275×265	±3

보통유리(普通琉璃, common glass) : ⇨보통판유리(=).

보통주철(普通鑄鐵) : ①특수한 원소를 포함하지 않은 회주철. ②화학성분은 C(2.5~4.0%), Si(0.5~3.0%), Mn(0.3~1.2%), P(0.01~0.8%), S(0.02~0.15) 정도. ③주조(鑄造)는 매우 쉽지만 인장강도가 작고 고온에서 불안정.

보통철근(普通鐵筋, common steel bar) : ⇨이형철근(=)·원형철근(⇔).

보통판유리(普通板琉璃, sheet glass, flat glass) : ①두께 2㎜의 판유리. 주로 건축물의 창호에 사용. ②비중은 2.5 내외이고 압축강도는 900kg/㎠ 내외, 인장강도는 500kg/㎠ 정도, 휨강도는 450~700kg/㎠이며, 굴절률은 약 1.52, 열전도율은 약 0.6㎉/m·h·℃. ③⇨유리.

보통포틀랜드시멘트(普通-, ordinary portland cement, normal portland cement) : ①수경성(hydraulic cement) 시멘트의 일종으로 중용열 포틀랜드시멘트(moderate heat portland cement, 2종)와 조경포틀랜드시멘트(high-early strength portland cement, 3종)의 거의 중간적인 성질을 가진 것으로서 가장 많이 사용되는 보편화된 시멘트. ②우리나라 전 시멘트 생산량의 거의 90%가 보통 포틀랜드시멘트(1종)이며 건축구조물·콘크리트 제품 등 여러 방면에 사용되고 있는 시멘트. ③일반적으로 시멘트 또는 포틀랜드시멘트라고 말할 때는 보통 포틀랜드시멘트를 지칭하는 말.

보통합판(普通合板, ordinary plywood) : ①단판(單板, veneer)을 홀수로 겹쳐 구성하고 그 위에 아무런 특수가공을 하지 않은 것. 그 외에 것을 특수합판이라고 함. ②보통합판은 내수성, 재면(材面)의 품질 및 겉모양에 따라 1종합판(내수합판)·2종합판(준내수합판)·3종합판(비내수합판) 및 1급합판·2급합판·3급합판으로 분류하는데 그 기준은 KS 규격에 준함. ③⇨특수합판.

보트형 테이블(-形-, boat shaped table) : ①배의 평면 모양을 한 현대적 형태의 회의용 탁자 및 식탁. ②괄호의 형태와 같이 중앙이 완만히 활모양으로 나와 있고 양 끝 쪽으로 갈수록 좁아지는 형태이며 양쪽의 끝은 곧은 일직선으로 되어 있음.

보틀그린(bottle green) : ①녹색 유리병에서 볼 수 있는 어두운 녹색. ②불어로는 베르 부테위(vert bouteille). ③관용색명으로 아주 어두운 녹색(dark green). ④먼셀기호 5G2.5/3.

보틀네커(bottle necker) : 넥타이와 같이 병의 목에 장치하기도 하고 목 부분에서 밑으로 내려뜨려 사용하는 소형 POP.

보틀토퍼(bottle topper) : 병의 목 위에 세울 수도 있고 병의 뚜껑에 씌울 수 있도록 디자인된 소형 POP.

보티시즘(vorticism) : 1914년 간행된 잡지 질풍(疾風, Blast)의 제1호의 부제목으로 소용돌이라는 말을 쓴데서 유래한 예술 혁신운동.

보티치노(botticino[스]) : ①스페인산(産) 대리석으로 베이지색(beige)이며, 광택과 색채 평활도가 우수. ②주로 실내용으로 사용.

보폭(步幅) : ①자유보행에서 이어진 지점간의 거리로 발뒤꿈치로부터 발뒤꿈치까지

ㅂ

를 계측한 거리. 전보(前步)와 후보(後步)가 1폭. ②⇨보격.

보풀 : ⇨냅(=).

보행거리(步行距離) : ①건축물 내 어느 지점에서부터 다른 지점까지 도달하기 위한 최단거리(직선거리가 아닌 실제로 장애물을 피하거나 출입구 등을 지나 걸어갈 수 있는 거리). 보행거리 30m 이하가 원칙임. 그러나 주요구조부가 내화구조 또는 불연재료로 된 건축물은 50m 이하, 주요구조부가 내화구조 또는 불연재료로 된 16층 이상인 공동주택은 40m 이하. ②거실에서 계단 또는 옥외까지, 피난층에서는 계단에서 옥외까지의 보행거리를 용도·구조·계단·내장재료 등에 따라 건축법에서 규정. ③거실의 각 부분으로부터 피난층에 도달하는 직통계단 중 어느 하나에 이르는 거리.

보행자교통(步行者交通) : ①발달한 도시의 자동차 교통으로부터 보행자의 안전과 인간사회 본래의 활동을 지키기 위한 보행자 공간. ②르 코르뷔지에(Le Corbusier : 1887~1966)에 의하면 도로의 단계구성, 미국 페리의 근린주구이론에 의한 평면적 보도와 차도분리, 페데스트리언 데크에 의한 입체적인 보도와 차도분리, 공존(본네르프)의 순으로 발전됨.

보행치수(步行値數) : ①기준점이 발뒤꿈치가 이동하는 경우의 인체치수. ②흔히 말하는 걸어갈 때라고 생각하면 됨.

보향각(步向角) : 자유보행에서 발이 나가는 방향의 중심선과 이루는 각도로 정상인의 평균치는 15°.

보헤미안유리(-琉璃, Bohemian glass) : ⇨칼리석회유리(=).

보호각(保護角) : ⇨피뢰침.

보호모르타르(保護-, protective mortar) : 하부층(下部層)의 보호 또는 그 상부(上部)에 다시 마감을 하기 위한 전처리(前處理)로 바르는 모르타르.

복관식(復管式, two pipe system) : ①송온수관과 환온수관이 별개로 되어 있는 배관방식. ②주관 내의 온도변화가 없고 방열기 밸브의 개폐에 의해 방열량을 임의로 조절할 수 있으며, 다른 방열기에 미치는 영향이 적음. ③일반건물에 널리 채용. 단관식에 비해 설비비가 필연적으로 비쌈.

복도[1](複道, corridor) : ①두 개 이상의 실(室) 또는 건물을 연결하는 긴 통로. ②건물 각 부분을 연결시키는 좁은 통행로. 각 실은 상호 개방되면서도 개별적인 독립성을 유지하도록 계획해야 함. ③복도폭은 최저 900㎜, 보통 1,050~1,500㎜가 적당.

복도[2](伏圖) : 기초바닥·천장·지붕틀·지붕의 구조상태를 위에서 보고 그린 것으로 치수·재료·위치를 정확히 표현한 도면.

복도식 공동주택(複道式共同住宅) : ①복도에 면하여 각 주호 등이 배치된 평면형식으로 된 공동주택. ②코리더액세스타입(=).

복도층(複道層, corridor floor) : 스킵 플로어 타입(skip floor type) 집합주택에서 각 주호(住戶)에 이르는 공용의 복도를 가지고 있는 층.

복도형 오피스(複道形-, corridor type office) : ①세포형 오피스에서 발전된 유형. ②관련된 개실(個室)을 합쳐서 서열별로 공간을 구분하는 것으로 그룹별 업무진행에 적합한 배치 방법으로 개인 작업실에 중점을 두고 담당 및 비서라는 권위체계를 갖는 최소 단위로 하나의 직장을 그룹화한 형태의 오피스. ③그룹 내의 상호 커뮤니케이션을 활성화시키면서 다른 부문과의 커뮤니케이션은 세포형과 같이 개인의 직책과 업무를 중시하여 침해를 받지 않도록 칸막이를 설치함. ④세포형 오피스·싱글오피스(=).

복래티스(複-, double lattice) : ⇨더블래티스(=).

복발(伏鉢, upturned bowl, inverted bowl) : ①탑의 노반 위에 주발(발우)을 엎어 놓은 것처럼 만든 청동제 장식. ②⇨노반.

복부재(腹部材, web members) : ⇨웨브재(=).

복사(輻射, radiation) : ①방사에너지 발산(發散) 및 전파(傳播)하는 과정. ②전자파(電磁波) 또는 입자선(粒子線)의 형태로 에너지가 방출하는 것 또는 방출되는 과정. ③빛이 발광원에서 모든 방향으로 퍼지는 현상으로 빛의 밝기에 대한 변화를 볼 수 있음. ④방사(=).

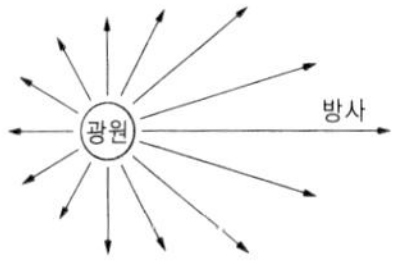

빛의 방사

복사꽃색(-色) : ①관용색명으로 칙칙한 빨강. ②먼셀기호 2.5R6.5/8.

복사난방(輻射暖房, radiant heating, panel heating) : ①방을 구성하는 벽체에 열원을 매설하고 벽면을 그대로 가열면으로 하여 그 복사열을 이용하는 난방. ②벽체·바닥·천장을 내부에서 직접 가열하여 그 표면에서 방출되는 복사열(50~70%)을 이용한 것으로 가장 일반적인 방법은 바닥의 표면온도가 42~43℃ 정도를 한계로 하여 온수파이프를 통해 그 복사열을 이용한 저온복사난방 방식. ③고온복사난방은 천장이 높은 공장 등에 사용되는 난방방식으로 70~80℃ 온도를 사용. ④특징 ; ㉠실내의 온도분포가 균등하고 쾌감도가 높음. ㉡방열기가 필요하지 않으며 바닥면의 이용도가 높음. ㉢손실열량이 비교적 적음. ㉣대류가 적으므로 바닥면의 먼지가 상승하지 않음. ㉤방열량을 조절할 수 없음. ㉥설비비가 많이 듦. ㉦균열이 생기기 쉬움. ㉧고장발견이 어려움. ㉨열손실 방지를 위한 단열층이 필요함. ⑤분류 : 열매에 의한 온수식(溫水式)·증기식(蒸氣式)·전기식(電氣式)·온풍식(溫風式)·연소가스식(燃燒 gas式)·화덕식·화로식(火爐式) 등, 방열면의 위치에 의한 바닥패널식·천장패널식(공장·체육관 등)·벽패널식 등이 있음.

복사냉난방방식(輻射冷煖房方式, panel air system) : ①일반적으로 패널 및 바닥 등에 매설한 배관에 냉수 또는 온수를 보내어 실내 현열부하의 50~70%를 처리하고 동시에 외기에 포함된 공기를 냉각 감습하거나 가열 가습하여 송풍함으로써 잔여 실내 현열부하와 잠열부하를 처리. 구미에서는 고층건물의 고급사무실에 많이 이용되고 있음. ②쾌감도가 좋고 면적을 적게 차지하나 배관 및 제어설비가 필요하고 제어가 부적당하면 냉각면에 결로가 생길 우려가 있음.

복사방식(輻射方式, panel air method) : ①건물 바닥 또는 천장면의 구조체에 파이프 코일을 설치하여 여름에는 냉수, 겨울에는 온수를 통하게 하여 냉난방하는 방식. ②일반적으로 덕트를 병용하여 사용하지 않는 한 여름에는 패널 면에 결로가 발생할 우려가 있음. ③이 방식은 여름·겨울 구별 없이 모두 쾌감도가 높음. ④유닛을 배치할 필요가 없으므로 바닥의 이용도가 높고 설치비가 많이 드는 단점이 있음. ⑤구미에서는 고층 건축물의 고급 사무실에 많이 사용됨.

복사열(輻射熱, radiant heat, heat of radiation) : ①고온의 물체에서 저온의 물체로 열복사를 하면 열이 저온의 물체에 흡수되어 전달되는 열. ②따뜻한 코일을 통해 흐르는 물이나 전기난방 요소에 의해 표면을 데우는 시스템. ③대류와는 달리 공간 전체에 열이 순환하며 공간에 직접 열을 전해주는 것. ④일반적으로 복사열은 태양열과 혼합하여 난방에 이용. ⑤복사열의 영향을 파악하기 위해서는 글로브 온도계를 사용.

복사재(複斜材, double diagonal) : 트러스(truss)의 1격간(格間)에 사재(斜材)가 두 개씩 서로 교차하게 되는 것.

복사조도(輻射照度, radiant illumination) : ①빛을 받는 수조면(受照面)에 입사하는 복사속(輻射束)을 수조면적(受照面積)으로 나눈 값. ②단위는 ㎉/m²·h.

복사체(輻射體, radiating body) : 복사에너지를 발산하는 물체. 물체는 절대 0°가 아닌 한 복사에너지를 갖고 있는 복사체.

복사현상(輻射現狀, radiation) : 파장 또는

ㅂ

입자의 형태로 하나의 물체로부터 방출된 에너지가 도중의 물질 또는 공간을 통과하여 다른 물체에 흡수되는 과정.

복수동작(複數動作) : 인사라든가 사람을 업었을 때 등, 복수 인원수에 의해 만들어지는 공간을 의미.

복수예술(複數藝術) : ①여러 장을 찍어 낼 수 있음의 의미에서 판화(版畵)의 고유한 기능 때문에 붙여진 명칭. ②대표적인 작가로는 알브레히트 뒤러(1471~1528)가 있음. 그의 대표적인 작품은 30세에 그린 '자화상'이 있음. 뒤러는 루카스 그라나흐와 한스 홀바인과 함께 북유럽 르네상스의 3대 거장이며 독일을 상징하는 최고의 작가. 뒤러는 판화를 인쇄기능에서 예술의 기능으로 환원시킨 최초의 판화가. 특히 그를 추종하는 많은 작가들이 그의 작품을 모방하고 표절하는 것이 싫어서 AD라는 모노그램(monogram)을 작품마다 새겨 넣음. 보석세공장인의 아들로 태어나서 정교하고 섬세한 보석가공 기술의 솜씨를 물려받아 제작한 그의 목판화 「요한계시록」과 음각동판화의 작품들이 있음. 특히 르네상스시대의 회화기법인 키아러스큐로(chiaroscuro;명암)에 의한 대상의 명징성과 동판을 새길 때 사용한 뷔랭(burin)이 있음. ③판화(=)·일품예술(⇔).

복수형태(複數形態, plural form) : 반복되는 단위형태로 이루어진 형태.

복엽무늬(複葉-, double leaf pattern) : 두 개의 잎이 한데 겹치거나 이중으로 그린 무늬.

복원(復原, 復元, restoration, replication) : ①변화한 상태를 원래(原來, 元來)대로 회복시키는 것. ②없어졌거나 개조한 것을 실재 또는 본래상태로 재현하는 과정. ③건물을 정확히 모사(模寫)하여 짓는 것. ④오래된 실내공간이나 건물을 원래의 상태로 회복시키는 작업.

복원곡선(復元曲線, rebound curve) : 하중(荷重)을 받는 힘을 제거하는 단계에서 하중과 변위(變位)와의 관계를 나타내는 곡선 또는 시간과 변위와의 관계를 나타내는 곡선.

복자기(鬼目槭木, 牛筋子, Manchurian Maple, Acer triflorum kom. [학]) : ①단풍나무科(Aceraceae)로 연륜이 비교적 뚜렷하고, 재색은 황홍백색 또는 담홍황백색으로 심·변재의 구분이 뚜렷하지 않음. 나무갗은 곱고, 결이 곧으며 산공재(散孔材)임. 고비중재이고, 수축성과 흡수성은 보통. 압축강도·전단강도·휨강도는 강하고, 인장강도는 보통이며, 충격 휨 흡수에너지는 크고, 경도는 높음. 제재가공성과 휨가공성은 양호하고, 건조성은 보통이며, 대패가공성은 불량함. 접착성은 보통이고, 도장성은 불량함. 합판제조적성과 파티클보드 제조적성은 양호하며, 섬유판 제조적성은 불량. 시멘트경화성과 내후성은 불량. 목탄제조적성은 보통이며 펄프화 적성은 불량함. ②주로 화장단판·건축(내장·마루판)·가구·악기·운동구·조각·공예 등으로 사용.

복장지(復障子) : ⇨맹장지(=).

복제가구(複製家具, reproduction furniture) : ①골동가구를 복제하여 제작한 가구. ②18세기 중엽에는 손상 또는 분실된 가구를 대체하려는 목적으로, 19세기 중엽부터는 골동품 수집으로 상업적인 복제 가구의 생산이 시도되고 20세기에는 대중화됨.

복지주택(福祉住宅, welfare housing) : ①하이테크놀로지의 범주에 포함되는 것으로 전자혁명, 특히 마이크로칩 기술과 컴퓨터 설계에 의하여 거주자와 건물의 최적상태(예 ; 온도·습도·환기 등)로서 매순간의 요구와 조명(자동적으로 거주자의 위치와 활동에 대응하는)의 최적상태, 그리고 요리나 세탁·오락을 위한 여러 기구 등의 편리·안전·보안·편리함을 확보해주는 컴퓨터나 로봇을 이용한 주택. ②테크놀로지 하우징(technology housing) 또는 스마트 하우스(smart house)라고도 함. ③노년층과 장애인에게 가장 필요함.

ㅂ

복직이방(-房) : 심부름하는 아이를 전라도에서는 복직이라고 불렀는데, 이 복직이가 사용하던 방을 말함.

복철근(腹鐵筋, double reinforcement) : 철근 콘크리트 보 또는 바닥 슬래브에 인장 쪽과 압축 쪽에 각각 배치하는 철근.

복철근비(腹鐵筋比, double reinforcement ratio) : 철근 콘크리트 부재에서 인장 쪽 철근의 단면적에 대한 압축 쪽 철근 단면적의 비.

복층유리(複層琉璃, pair glass) : ⇨페어글라스(=).

복층형(複層型) : ⇨메조네트형.

복합마루(複合-) : 합판 위에 나무판을 붙인 마루.

복합성(複合性, complexity) : ①전체가 복잡하고 뒤얽힌 또는 서로 연관된 부분들로 이루어진 상태나 속성. ②각 설비나 시설을 결합하여 다양하게 이용하는 것을 촉진하며, 또한 공간의 이용률을 높이는 것을 목적으로 하는 성격.

복합식 오더(複合式-) : ⇨콤퍼지트오더(=).

복합아파트(複合-, compound apartment) : ①간선 상업지역에 건립되기 시작하였는데 최근 도심재개발·시장·도심재건축에 건립이 권장됨. ② 주상복합상가(=).

복합오염(複合汚染, combined pollution) : 대도시나 공장지대에서 빌딩의 난방이나 쓰레기의 소각, 공장의 굴뚝 등에서 배출되는 연기 속에 함유돼 있는 여러 가지 물질이 공기를 오염시키는 것.

복합유리(複合琉璃, triplex, laminated glass, safety glass) : ⇨안전유리·트리플렉스·라미네이티드 글라스(=).

복합음(複合音, complex sound) : ①주파수가 다른 두 가지 이상의 (순)음이 집합된 음. ②두 가지 음파가 겹쳐지는 음의 합성. 합성음 세기의 음압레벨은 합성음 세기와 기준음 세기의 비의 대수치로 나타나야 함. 즉 두 개의 음압레벨 A와 B의 합성(合成)은 두 개의 음압레벨 차로써 정해지는 증가분을 N이라 할 때 A+N과 같으며, 다음 표를 이용해 간단히 구할 수 있음. 예컨대 60dB에 60dB을 가산하면 63dB이 되고, 60dB에 70dB을 가산하면 70.4dB이 됨. 또 두 음압레벨의 차가 10dB 이상일 때는 큰 음압레벨을 합의 dB치로 해도 될 정도로 가산해야 될 값이 적음.

합의 계산표(dB)

2가지 음압레벨의 차	0	1	2	3	4	5	6	7	8	9	10
큰 쪽에 가산되는 값(N)	3.0	2.5	2.1	1.8	1.5	1.2	1.0	0.8	0.6	0.5	0.4

복합재료(複合材料, composite materials) : 주재료에 섬유 등을 분산 내지 적층한 것으로 페로 시멘트(ferrocement), 섬유 강화 플라스틱 등이 있음.

복합적 선형체(複合的線形體, complex re-cilinear) : 단순한 형상의 연결로부터 발전할 수 있는데 거대한 출입구나 오픈 월(open wall) 또는 이와 비슷한 장치를 가지고 하나의 개방된 공간에서 다른 공간으로 들어가거나 한 공간 내에서 고저차를 두는 방법 등으로 복합적 구성을 함으로써 생기는 형상(form).

복합체(複合體, complexity) : ①서로 다른 요소들이 결합에 의해 만들어진 서로 통일되거나 연결된 다양한 요소들로 구성되는 것. ②서로 쉽게 분리되지 않는 복잡하게 상호 연결된 부분.

복합패널(複合-, composite panel) : 복합재료로 구성된 패널 또는 여러 가지 성능을 가진 재료를 합쳐서 성능을 더 좋게 한 패널.

복합형 창호(複合形窓戶) : ①하나의 창호가 여러 가지 창호의 모양새를 복합적으로 갖추고 있는 창호. ②예컨대 중앙에는 불발기를, 아래와 위에는 정자살로 살짜임을 하던가, 아니면 위에는 정자살 짜임을 하고 아래는 골판문 모양을 이루기도 함. ③소목장이 창의성을 십분 발휘하여 이룬 살짜임들이 많은데 어떠한 명칭으로도 지칭할 수 없는 것들임. ④경북 성주의 한주 종택 창호 등이 그 실례.

복합형태(複合形態, compound form) : 구별

ㅂ

이 가능한 서로 다른 성분으로 이루어진 형태.

복화반(覆花盤) : ①화반의 한 가지. ②꽃 모양이나 잎 모양의 것이 거꾸로 되도록 만든 화반의 일종. ③화반의 모양이 아래쪽은 넓고 위쪽은 좁은 것.

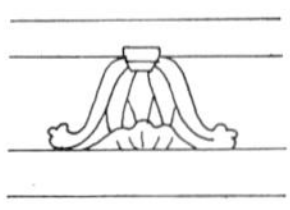
복화반

본(borne[프]) : ①빅토리아시대에 커다란 방이나 호텔 로비 등의 공공장소에서 주로 사용된 끝을 자른 원추(truncated cone)형의 중앙 등받이가 있는 19세기 프랑스의 원형 또는 타원형의 소파. ②원추형 등받이 꼭대기에는 꽃이나 조각 등을 놓아 장식하기도 함.

본갈기(本-) : 카보런덤(carborundum) 숫돌을 사용하여 광 없이 갈기처리한 공정.

본곁 : 비(妃) 또는 빈(嬪)의 친정.

본네르뒤쥬르(boneheur du jour[프]) : ①루이 16세 때 유행한 18세기 후기에 사용된 작은 여성용 책상. ②약간 뒤로 물려진 상부 캐비닛(cabinet)은 많은 작은 서랍과 자수세공판 뒤에 칸막이가 내장된 구조로 됨.

본당(本堂, nave) : ⇨네이브(=).

본드 브레이커(bond breaker) : ①줄눈의 3면 접착을 방지하여 실링재료에 응력이 생기지 않도록 피착면에 붙이는 테이프. ②실링재가 접착되지 않도록 줄눈 속에 붙이는 테이프 재료.

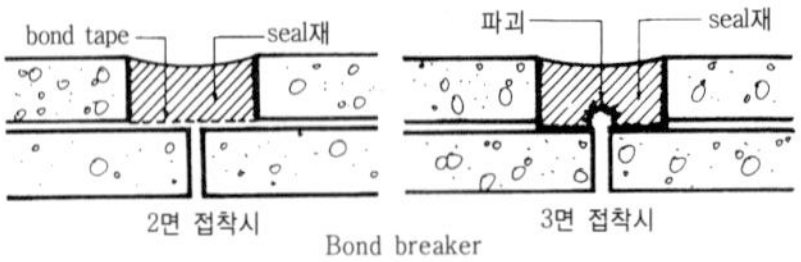

Bond breaker

본드빔(bond beam) : ①블록조의 가로측 테두리보 역할도 겸해 있는 것으로서 집중하중이나 국부적 하중을 수평하중으로 균등 분산하는 역할을 하는 보. ②역할은 기초와 상부구조 벽체와의 변형을 줄이고 각 벽을 안전하게 결합하고 국부하중을 수평하중으로 분산 전달하고 개구부의 수축 균열을 최소화시킴. ③설치 위치는 높이 75㎝ 이상의 블록조 및 기초벽의 상단, 블록조의 내력벽 상부 또는 그 근처, 높이 3.6m 이내마다 설치.

본비계(本飛階, scaffolding) : ①2열의 비계기둥과 띠장·팔대·가새로 짜서 주로 건물 외부에 설치하는 비계. ②팔대 위에 널판을 올려놓음. ③두줄비계·쌍줄비계·정비계·쌍기둥비계·바닥·양편비계(=).

본아치(本-, gauged arch) : ①아치벽돌을 특별히 주문·제작하여 쓴 아치. ②쐐기형 벽돌을 사용하여 줄눈을 바르게 한 아치. ③⇨아치.

본자물쇠(本鋌, dead lock) : ①데드볼트(dead bolt)만 있고 열쇠로 잠그고 열게 된 자물쇠. ②특정 사람에 의해 특정 조건일 때에만 열 수 있음.

본질(本質, essences) : ①본래부터 가지고 있는 사물 독자적 성질. ②사물의 현상 뒤에 있는 실재. ③원리·원칙·근원 등의 합리적인 탐구에서부터 나타날 수 있는 중요성.

본채(本-, main building) : 여러 채로 된 집에서 주가 되는 집채.

본타일(bone tile) : ①벽체 또는 천장에 1차적으로 흩뿌린 후 흙손으로 살짝 눌러 마감. ②특징 ; ㉠사용하는 마감재로 작업성이 양호하고 가격이 저렴하며 접착력이 우수함. ㉡중도제는 수용성이므로 냄새가 없고 화재의 위험성이 전혀 없음. ㉢다양한 요철(凹凸)무늬가 건물의 품위를 높여줌. ㉣변색이 적고 장기간 선명한 색상을 유지함. ㉤방수성이 양호하고 물로 씻어 깨끗한 도면(塗面)을 유지할 수 있음.

볼 : 처마 끝에 나온 서까래의 끄트머리 단면.

볼더킨(baldachin, baldacchino, baldaquin) : ①옥좌(玉座)·제단(祭壇)·계단실 등의 위쪽으로 난 차양(遮陽)·천개(天蓋)·닫집(canopy). ②교회 제단 위에 위치한 석조 장식 천개(天蓋)

볼런터리체인(voluntary chain) : 단일 자본으로 운영하는 체인 스토어(chain store)

와는 달리 도매점·메이커·소매점 등이 주재(主宰)하여 가입한 소매점의 독립성을 유지하면서 매입(買入)·광고(廣告)·점원교육·상품개발 등의 활동을 공동하는 연쇄점 형태.

볼렉션(bolection) : ⇨볼렉션몰딩(=).

볼렉션몰딩(bolection molding) : ①높이가 다른 두 부재 사이의 이음새를 감추는데 사용하는 둥근 몰딩으로 양 표면보다 위로 돌출되며 주로 S형 단면. ②목판이나 벽체의 평판 위로 날카롭게 돌출된 연속 몰딩. ③볼렉션 패널은 움푹 들어간 패널(sunk panel)에 대조적인 돌출된 패널. ④평평한 면에서 볼록하게 솟아오른 몰딩. 몰딩은 그 자체가 평평한 기준면에서 보면 솟아 올라와 있으므로 전부 이 범주에 속하지만 특히 오지 몰딩(ogee moulding)을 의미하기도 함.

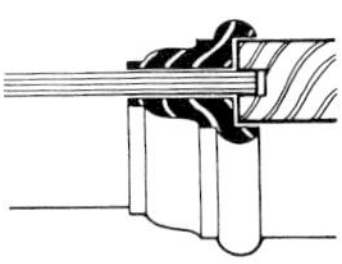

볼렉션 전재

볼로냐파(-派, Bolognese school) : 16세기 후반에 이 지방에서 일어났던 화가 카라치(Carracci) 일가(一家)가 창도(唱導)했던 절충주의의 일파.

볼록줄눈(beaded joint) : ①치장줄눈의 일종. ②줄눈의 표면을 볼록형(凸形)으로 마무리한 줄눈. ③⇨치장줄눈.

볼루트(volute) : ⇨볼류트(=).

볼류트(volute) : ①우렁이나 소라의 껍데기처럼 빙빙 비틀린 형상으로 이오니아양식·코린트양식. ②혼합된 양식의 주두(柱頭, capital)에 쓰이는 나선형 소용돌이. ③박공·까치발·기둥머리 등에 사용한 소용돌이 모양의 장식.

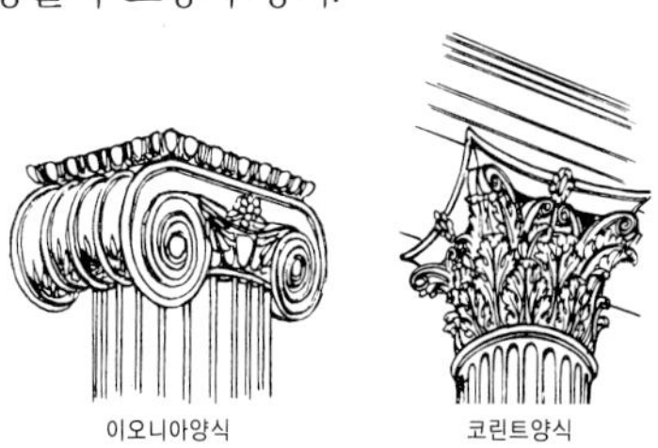

이오니아양식 코린트양식

볼류트

볼륨(volume) : ①조형적 특징을 나타내는 입체감(立體感)·중량감(重量感)·용적감(容積感). ②물체의 부피나 크기에 대한 감각. ③반드시 물리적 부피와 크기에 비례하는 것은 아니며, 건축이나 미술에서 중시되는 요소. ④면으로 막혀 있는 3차원의 공간. ⑤대상물의 부피나 무게에 대한 느낌. 평면적인 조형에 있어서 실재감이나 입체감을 전달하기 위해 필요한 표현요소로서 감각적인 경험을 전제로 함.

볼륨상품(-商品, volume goods) : ①상품을 판매가격별로 분류할 때에 중간 정도의 가격으로 팔리는 것. ②최고가격부터 프레스티지·베터·미디엄 베터·볼륨·바제트가 됨.

볼버스돔(bulbous dome) : 돔의 드럼(drum)이 매우 높고 그 상부에 구조모양을 한 러시아 비잔틴돔.

볼버스돔

볼베어링힌지(ball bearing hinge) : ①너클 사이에 볼 베어링을 넣어 마찰을 줄이고 움직임을 부드럽게 만든 정첩. ②너클의 접합부 띠쇠 속에 강철제 볼 베어링을 여러 개 넣어 마찰을 감소시킨 정첩. 이 정첩에서 좌우 접합판이 중간 너클을 경계로 길이가 반으로 된 것을 깃발 정첩이라 하며 주로 강제 문(鋼製門)에 사용. ③⇨템플레이트 힌지.

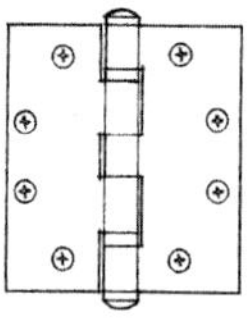

볼베어링 힌지

볼보스형태(-形態, bulbous form) : 커다란 참외 모양의 견고한 돌려 깎기 형태로 영국·프랑스·이탈리아 초기 르네상스 시대가구 받침대로 사용.

볼스터(bolster) : ①수평철근 지지용 스페이서 철물의 일종. ②석재 가공용의 날 폭이 큰 정. ③18세기 말과 19세기 초에 유행한 침대 및 소파 위에 놓는 원통 모양의 베개나 쿠션.

볼스터톱(bolster block) : ①의자 상부 가로대의 중앙부가 긴 쿠션이나 베개와 유사하게 조각되어 있는 장식적 형태. ②가로대 자체보다 넓지 않은 것이 다른 유사한 머리받침(pillow top)과 구분됨. ③미국 연방시대 가구 중 특히 램버트 히치콕(Lanbert Hitchcock)이 디자인한 팬시 의자(fancy chair)에서 자주 나타남. ④기둥 꼭대기에 수평으로 대는 부재로서 그 위에 걸치는 보에 대하여 넓은 면적으로 받치기 위한 부재.

볼앤드클로형 발(－形－, ball and claw foot) : ①구슬이나 공을 쥐고 있는 동물의 발 모양을 조각한 가구의 발. ②용의 발이 여의주를 움켜쥐고 있는 중국의 장식 모티프에서 유래된 것. ③18세기 캐브리올 다리(cabriole leg)와 함께 유행. ④파이드드비치(=).

ㅂ

볼코크(ball cock) : ⇨플로트볼.

볼클레이(ball clay) : 가소성(可塑性)이 큰 카올린(kaolin) 광물을 주성분으로 한 점토. 황백색으로 도기용 점토로 사용됨.

볼탭(ball tap) : ⇨플로트볼·자동개폐밸브(=).

볼탭밸브(ball tap valve) : ⇨플로트볼.

볼터닝(ball turning) : ⇨공형 선반가공재(=).

볼텔(boltel) : 원형의 볼록 몰딩.

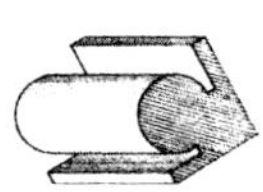

볼텔

볼트[1](bolt) : ①육각형의 머리와 너트를 가진 나사 있는 못의 일종. ②구조에서 인장력을 받을 때 사용하는 접합철물의 일종. ③종류는 양나사볼트·주걱볼트·갈고리볼트 등.

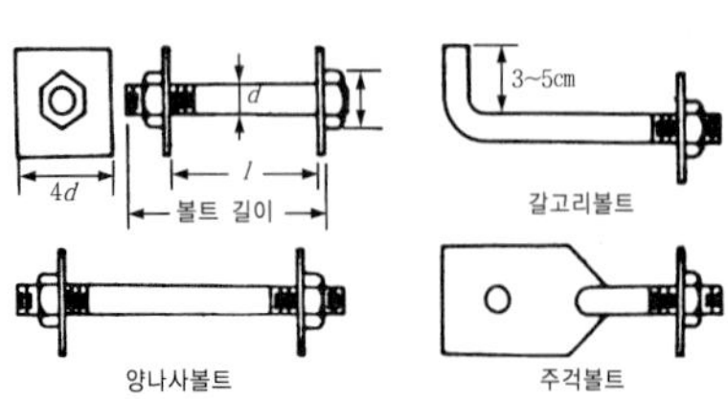

볼트의 종류

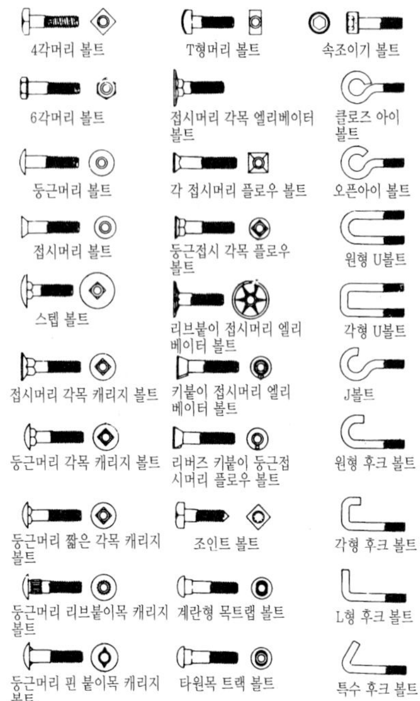

[각종 볼트의 명칭]

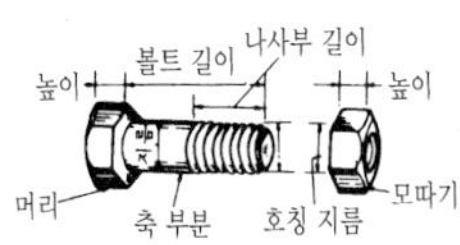

[볼트 및 너트의 각부 명칭]

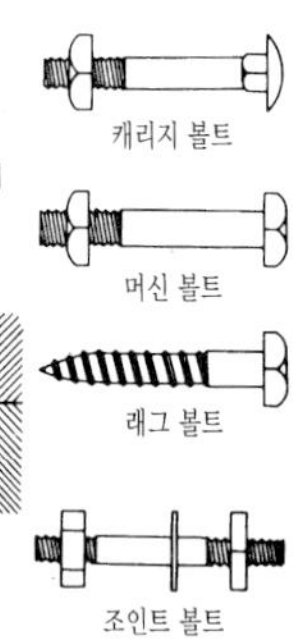

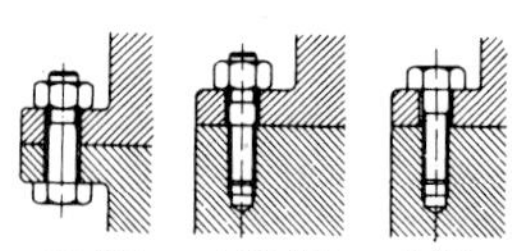

[고정법에 의한 볼트의 명칭]

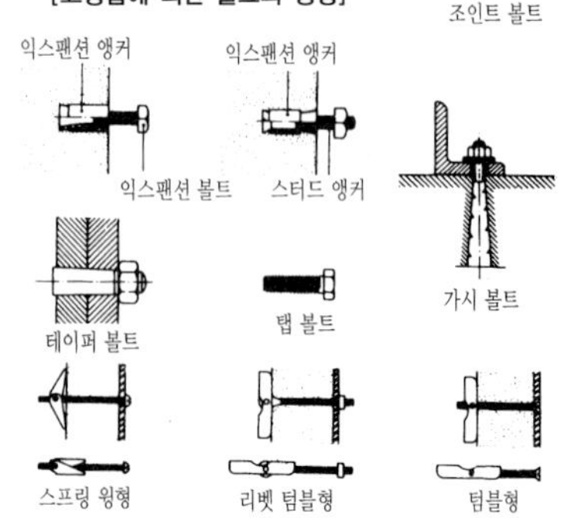

[각종 토글 볼트의 명칭]

볼트[2](vault) : ①석조 건물의 아치형 지붕이나 천장. ②홀이나 방위의 천장이나 지붕을 형성하는 석조물. 벽돌·콘크리트로 구성된 아치구조물. ③아치쌓기 원리로 만들어진 지붕. ④궁륭(=).

볼트 게이지(bolt gauge) : ①일렬(一列)의 볼트 중심을 부재축 방향으로 연결한 직선 또는 곡선. ②리벳게이지(=).

볼팅베이(vaulting bay) : 기둥이나 각주로 형성되는 직사각형 또는 사각공간으로서 돌로 된 원형 천장으로 덮임.

볼팅보스(vaulting boss) : 늑재로 둘러싸인 천장의 교차부 위에 그 이음새를 가리기 위해서 설치되는 조각된 장식품.

볼풋캡(ball foot cap) : 공 모양으로 끝나는 다리.

볼플라워(ball flower) : ①구슬처럼 둥근 꽃 모양의 장식. ②볼(ball)에 에워싸고 있는 3개의 꽃잎으로 구성된 오목한 몰딩에서 일정한 간격으로 붙인 장식. ③13세기 후반기와 14세기 동안 유행한 고딕의 조각장식으로 형태상 원형이며 중심에는 3잎 문양이 있음. ④영국식 장식(English Decorated style)의 고딕양식 꽃봉오리 장식 몰딩과 13~14세기의 이탈리아 고딕 건축에 사용됨.

봄베(bombé[프]) : ①가구의 전면(前面)이 불룩하게 튀어나오게 제작한 상자형태의 수납가구. ②앞면과 측면이 상하로 앞으로 불룩 내밀고 다시 뒤로 물린 부풀거나 흐르는 듯한 만곡선으로 된 상자형 가구. 프랑스 루이 14세 후기와 섭정기(commode)와 체스트(chest)에 주로 사용되었으며 루이 15세 로코코 시대에 그 절정에 달함.

봇돌 : 아궁이 양쪽에 세운 돌.

봉강(棒鋼, steel bar, bar steel) : ①압연(壓延)으로 만드는 봉상(棒狀)의 강재. ②종류는 단면형태에 따라 평강·원강·반원강·4각강·6각강·8각강 등으로 분류.

봉당(封堂, the unfloored area between two rooms) : ①안방과 건넌방 사이의 마루를 놓을 자리에 마루를 놓지 아니하고, 흙바닥 그대로 둔 곳. ②부엌과 연결된 실내작업공간. ③안동을 중심으로 경북 북부와 강원도 산간지방의 내륙지방에 많이 볼 수 있음. ④마루를 깔지 않은 흙바닥으로 된 방. ⑤주거에 있어서 온돌이나 마루의 시설이 없이 맨흙바닥으로 된 내부공간. ⑥대청 앞이나 방 앞 기단부분을 봉당(封堂)이라고도 함. ⑦중국의 민가에서는 중앙칸 앞부분을 봉당으로 하는 것이 일반적 형식이나 신을 벗고 실내로 출입하는 한국에서는 크게 발전되지 못하였음. ⑧보통 흙바닥으로 된 방은 부엌과 광에서, 그리고 불교, 유교의 종교건축에서도 볼 수 있는 형식임. ⑨한국 민가에서는 겹집인 경우 대청 앞쪽으로 봉당이 나고 좌우로는 부엌이나 양간을 구성하는 평면형식을 볼 수 있음. ⑩토방(=).

봉동리배씨고가(鳳東里裵氏古家) : ①민속자료 16호, 19세기 창건, 경남 고성군 회화면 봉동리에 위치. 약 200년쯤 전에 지어진 원초형 초가담집. ②3칸이 채 안 되는 안채 좌우에 아래채와 헛간채를 두고, 밖을 향하여 위치한 잿간도 지붕을 덮은 별개의 건물로 4채의 건물로 이루어짐. 아래채에는 사랑방과 외양간, 헛간채에는

안채

아래채(사랑채)

배씨고가 배치도

창고와 뒷간을 둠. 안채는 2개의 방과 정지로 이루어진 남부지방 소농주거의 일반적인 공간구성이며 방과 정지가 ㄱ자 평면을 이루어 정지부분을 반으로 나누어 앞에는 정지를 두고 뒤에는 정지방을 두어 부분적으로 겹집형상을 이룸.

봉두(鳳頭, ornamental wooden sculpture with phoenix-head design) : ①전각(殿閣)의 기둥머리에 봉황의 머리 모양을 새겨서 대는 꾸밈새. ②쇠서받침 위의 대들보 머리에 끼움. ③봉두고임·봉황머리·봉두각(=).

봉두각(鳳頭刻) : ⇨봉두고임.

봉두고임 : ⇨봉두.

봉마르셰(Bon Marché[프]) : ①프랑스 파리에 세운 세계 최초의 백화점. ②부시코(Boucicaut)에 의해 의류 소매점으로 시작하여 이전 판매형식과 비교하여 획기적인 정찰제와 자유로운 상품관람, 판매 후의 반품과 박리다매(薄利多賣)의 상품회전을 중시함. ③판매에 성공한 후 품목 증대 초기에는 주로 부인복과 외투만을 취급하였으나 점차 모자·우산·모피·향수 등 모든 생활용품을 취급하게 되었으며 미국과 유럽으로 전파됨.

봉머리(鳳頭) : 보머리나 초가지를 봉황의 머리 모양으로 새김질한 것.

봉상체(捧狀體, rod) : ⇨간상체(=).

봉상체시각(捧狀體視覺, rod vision) : ⇨봉상체(=).

봉수(封水, water seal, water sealing) : ①공기의 차단으로 하수구에서 올라오는 악취(惡臭)나 가스 및 벌레 등이 실내에 침입하는 것을 방지할 수 있도록 트랩에 차 있는 물. ②보통 봉수의 깊이는 50~120㎜ 정도로 함. ③트랩의 봉수가 없어지는(빠지는) 원인 ; ㉠자기 사이펀 작용 ㉡유인 사이펀 작용 ㉢분출 작용 ㉣모세관 현상 ㉤증발 ㉥운동량에 의한 관성 등의 원인에 의해 없어짐.

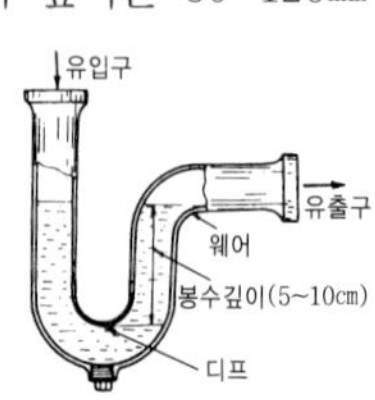

트랩의 봉수

봉정사(鳳停寺) : 경북 안동군 서후면 태2동 소재. 안동시 서북쪽 16km 지점인 천등산 남쪽 기슭에 자리잡고 있는 절. 신라 신문왕 2년(682)에 화엄종사(華嚴宗祖)인 의상대사(義湘祖師)가 창건한 절. 봉정사 건물은 그 솜씨가 훌륭하여 부석사(浮石寺)와 쌍벽을 이루며 그 단청은 우리나라에서 가장 오래된 것. 그리고 중국의 재래식 건축양식인 주심포식 건축물인 극락전은 몇 채 남지 않은 고려시대 건물 중의 하나로 기둥은 굵고 가벼운 엔타시스(Entasis) 양식이며 내부는 단청채색으로 그 이중양식의 구조는 우리나라에 남아 있는 유일한 것. 특히 불단은 측면에 화려한 당초문양(唐草文樣)을 조각하여 고려중기 자기의 모양과 일치하고 있음. 이와 같은 건축은 신라 건축기술을 계승, 그 위에 건축의 수법을 가미한 세밀하고 우아한 것이며 부석사의 무량수전과 함께 우리나라에 현존하는 최고의 목조 건축물.

봉정사 화엄강당

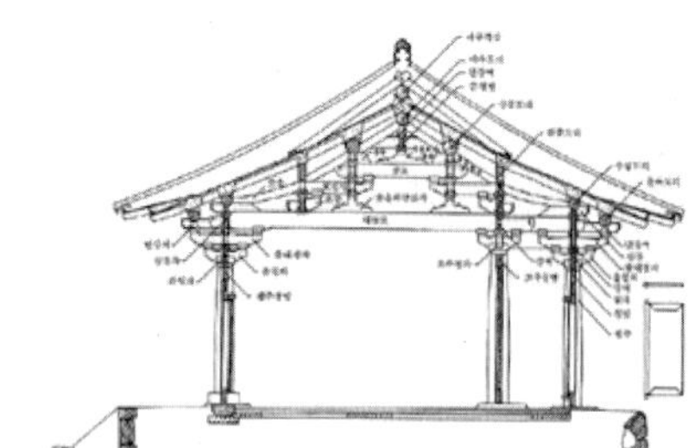
봉정사 극락전 단면

봉창(封窓, sealed window, opening in the wall) : ①벽에 미장바름을 하지 않은 채 창틀 없이 작은 구멍만 내고 종이를 발라 놓고 여닫지 못하도록 창틀과 함께 발라 봉(封)한 창. ②창문의 틈서리를 종이로 싸 바르는 일. ③상황이나 자리에 맞지 않게 엉뚱한 딴 소리를 할 때 '자다가 봉창 두드린다'는 말을 많이 쓰는데 여기에서 비롯된 말. ④한국의 전통가옥에서 창의 원형은 봉창임. ⑤천공의창·붙박이창(=).

부가급여(附加給與, fringe benefits) : 고용주가 제공하지 않을 수도 있는 선택적인 급여.

부감(俯瞰, high angle) : ①높은 위치에서 물체를 내려다보며 그리거나 촬영하는 것. ②전체 상황을 개괄적으로 설명하는데 적합함.

부감도(俯瞰圖, high angle drawing) : ①높은 위치에서 물체를 그린 투시도법의 일종. ②조감도(=).

부경(桴京) : ①통나무로 지은 귀틀 곳간. ②"뗏목처럼 통나무로 엮어 만든 다리가 달린 곳간"이란 의미. ③삼국지 동이전(東夷傳)에 고구려에는 공공의 큰 창고가 없는 대신에 "집집마다 작은 곳간이 있는데, 이를 부경이라 부른다(家家有小倉桴名曰桴京)"고 되어 있음.

부고(付高) : ①착고 위에 수키와를 옆세워 댄 기와. ②착고 위에 얹히는 기와. 규모가 큰 기와집에서 마루를 더욱 보기 좋게 하기 위하여 사용하는 기와. ③지붕마루에 있어서 착고막이 위에 수키와를 옆세운 것. ④지붕마루의 착고막이 뒤에 옆세워 대는 수키와. ⑤착고막이 위에 이중으로 얹는 기와. ⑥⇨지붕마루.

부고마루(付高-) : ①착고 위에 수키와를 옆세워 쌓은 지붕마루. ②부고(付高)를 써서 지붕마루를 튼 것.

부공간(副空間, sub space) : 주요공간 주변에서 주요공간과 대조되는 작은 공간으로서 주요공간의 깊이를 느끼게 하며 크기는 작으나 분절적이고 핵심적인 공간.

부교(浮橋) : ⇨뜬다리(=).

부구 : ⇨부고(=).

부근(副筋) : ⇨배력근·온도철근(=).

부넘기 : ①솥을 건 아궁이의 뒷벽. ②불길이 방고래로 넘어가게 된 곳. ③아궁이에서 방고래로 들어가는 곳에 있는, 불길이 잘 넘어가고 불을 거꾸로 내뱉지 않도록 하기 위한 장치. ④⇨온돌구조.

부대입찰제도(附帶入札制度) : ①발주처에서 입찰참가자에게 하도급할 공종별로 일정 비율의 하도급 금액을 미리 정하여 그 비율 이상으로 계약될 하도급 계약서를 입찰시 입찰서류에 첨부하여 입찰하는 제도. ②계약 체결 후 공사 진행 중에 건설업체에 기성금이 지불될 때, 기성청구 서류에 하도급업체에 지급할 일정 비율 이상의 기성금 지불내역서를 함께 제출해야 함. ③발주처에서는 건설업체와 하도급 업체 간의 이중계약 방지를 위해, 건설업체가 지급받은 기성금에서 하도급업체에 지불되는 금액이 계약서에 약정될 비율의 금액인지를 확인한 후, 계속적인 기성금을 지불해야 함. ④특징은 ㉠하도급 계열화 촉진 ㉡공사의 품질향상 ㉢건설업의 세계화 ㉣이중계약 우려 ㉤형식적인 제도.

부도(浮屠, funerary stupa of Buddhist monk) : 불교에서 승려의 사리를 안치한 탑.

부동색각(不同色覺, anisochromopsie) : 두 눈의 색각차가 강하게 나타나는 현상.

부동침하(不同沈下, uneven settlement) : ①건물 기초의 침하가 균일하지 않고 장소에 따라 서로 상이하게 침하하는 현상. ②벽돌벽면의 균열원인 중 설계상의 결함 중 하나. ③부동침하는 상부구조에 변형을 일으키므로 새로운 인장응력과 압축응력을 건물에 발생시킴. ④균열(龜裂)은 인장응력에 직각방향으로, 즉 침하가 적은 부분에서 침하가 많은 부분(빗방향)으로 생기는 것이 보통.

부동태 : 부식할 가능성을 가진 금속이 그 활성을 잃고 부식하기 어려운 성질을 가진 상태. 콘크리트에 매설된 철근 표면에는 이러한 성질의 막이 형성됨. 일반적으로 강재표면에 산소가 화학 흡착되고 그 위에 치밀한 산화물이 생성되는 것으로 두께 3㎜ 정도의 막을 형성하게 됨.

ㅂ

부동태막 : ⇨부동태(=).

부들이 : ①드르새를 깎을 때에 위로 쳐든 부분을 깎는 것. ②'부들이 뽑는다'라고 하면 '쳐들게 깎는다'는 뜻인데 부들이는 자귀쟁이 중에서도 가장 뛰어난 자귀쟁이가 깎았음.

부등률(不等率) : 전력에 관한 용어로서 각 개의 최대 수용전력의 합을 합성 최대 수용전력으로 나눈 값.

부뚜막(竈, cooking fireplace) : ①불을 때고 음식을 만들기 위해 아궁이 위에 설치하여 솥을 거는 부분이나 구조 또는 그 언저리. ②솥을 걸고 음식을 끓일 수 있도록 쇠나 흙으로 만든 것.

부뚜막장단 : 부엌에서 또는 부뚜막에 걸터앉아 가마솥이나 부뚜막을 일정한 박자로 두드리는 장단.

부띠철근(副−, sub hoop) : ①마주보는 철근을 서로 연결한 띠철근. ②중간띠철근(=).

부란(扶欄) : ⇨밸런스트레이드(=).

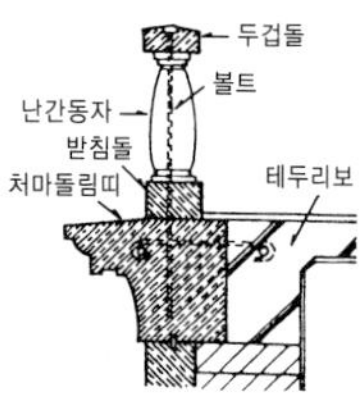

부란

부레풀 : ①아교의 일종. ②민어의 부레를 끓여서 만듦.

부르고뉴양식(−樣式, Burgundy style) : ①프랑스 동남부 지방의 건축·디자인·미술양식. ②프랑스 동남부 지방인 부르고뉴 지방에서 생산되는 적포도주색.

부르봉시대(−時代, Bourbon period) : 1589~1730년 프랑스 르네상스의 고전적인 시기로 헨리 15세·루이 13세·루이 14세, 그리고 섭정기를 포함하여 귀족가문인 부르봉 가문이 득세하던 시기.

부른박공(−朴工) : 부른 지붕에서 사용하는 중간 부분이 휘어 오른 박공.

부른지붕(convex roof) : ①지붕 경사면의 중간이 볼록하게 된 지붕. ②지붕(=)·욱은지붕(⇔).

부리까기(wedging) : 쐐기로 석재를 까내는 작업.

부리브(−副, tierceron) : ⇨티에르세론(=).

부리쪼갬 : 뾰족한 쐐기모양으로 된 쇠를 쪼개고자 하는 돌면에 구멍을 일렬로 드문드문 파서 끼우고 메로 쳐서 돌을 쪼개는 것.

부립률(浮粒率) : ①굵은골재 중에서 물에 뜨는 정도의 가벼운 입자 함유율. ②부립(浮粒)은 일반적으로 강도가 낮고 또 묽은 반죽 콘크리트의 경우에는 시공 중에 떠올라 분리하기 쉬운 경향이 있음.

부문백화점(部門百貨店) : ①층별로 관련 상품을 구비하여 고객에게 제공하는 백화점. ②경영특성에 의한 백화점의 분류 중 하나.

부배합(富配合, rich mix, fat mix) : ①단위용적에 대한 시멘트나 석회의 양이 비교적 많은 배합. ②단위시멘트량 300kg/m³ 이상의 배합. ③부배합의 경우가 빈배합의 경우보다 시공연도(施工軟度, workability)가 좋음. ④⇨빈배합(⇔).

부배합콘크리트(富配合−, rich mix concrete) : ①단위용적에 대한 시멘트의 사용량이 비교적 많은(약 350kg/m³ 이상) 콘크리트. ②⇨빈배합 콘크리트(⇔).

부벽(扶壁, butress) : ⇨버트레스·부축벽(=).

부분개방형 건축시스템(部分開放建築−, SOBS ; semi−open building system) : ①폐쇄형 건축시스템(CBS)과 개방형 건축시스템(OBS)의 중간적인 특성을 지닌 시스템. ②특정건축물을 대상으로 건축구성재를 대량생산·대량공급하는 점에서는 폐쇄형 건축시스템(CBS)과 유사하며, 건축구성재를 생산하는 업체 상호간의 치수정합을 이룰 수 있다는 점에서는 개방형 건축시스템(OBS)의 특성도 지님.

부분깔기(部分−) : ⇨러그깔기.

부분대칭(部分對稱, local symmetry) : 종종 불규칙한 패턴의 중심으로 작용하는 디자인의 한 부분에서 생겨나는 대칭조건.

부분도금(部分鍍金, parcel gilt) : 가구의 중앙 부위나 한 부분에 입힌 도금. 영국 앤 여왕 시대의 거울 틀(mirror frame)에 많이 사용.

부분상세도(部分詳細圖, partial details) : ①어느 특정 부위를 보다 상세하게 표현하는 도면. ②인테리어 도면에서 부분상세도는 보통 1/1 또는 1/2이 사용됨.

부분카펫(部分−, area rug) : ①실(室)의 부분 또는 한 구역을 강조하기 위해 사용하는 양탄자. ②보통 무늬가 있어 장식적이고 색채가 다양한 카펫(carpet)으로 거실의 플로어링 또는 타일바닥 등 위에 사용.

부분평면도(部分平面圖, partial plan) : 전체 평면도 중 일부분에 대해 상세히 나타낸 평면도.

부빙가(bubinga) : ①카메룬에서 자이레까지 아프리카에 분포. 주로 카메룬에서 생산. ②심·변재의 구분은 명확하고 심재는 도갈색(桃褐色)에서 적색(赤色)으로 보다 농색(濃色)의 줄무늬가 있음. 변재는 흰빛을 띤 색으로 폭은 5~7㎝. 중경재로 기건비중 0.80~0.95, 수축률은 방사방향 4.2%, 접선방향 6.9%, 용적수축 10.0%로 보통이고 강도는 압축강도 682㎏/㎠, 휨강도 1,413㎏/㎠, 휨인장강도 36.6㎏/㎠로 강함. 내구성이 좋고 접착과 도장성은 양호. 제재에는 특별히 강한 톱이 필요하며 건조는 변형되지 않도록 천천히 건조해야 함. 상감세공(象嵌細工)에 장식무늬목으로 사용된 장미목과 유사. ③주로 실내장식재와 장식패널로 사용.

부석(浮石, pumice stone) : 화산에서 분출된 다공질돌.

부석사(浮石寺) : ①경상북도 영주군 부석면 소재. 신라 문무왕(676). 부석사는 신라 문무왕 16년에 의상이 왕명을 받고 경상북도 영주군 부석면에 창건한 절. ②석단(石壇), 당간지주(幢竿支柱, 보물 255호), 석등(국보 17호), 3층석탑(보물 249호)등은 신라의 유물이고, 무량수전(無量壽殿, 국보 18호)과 조사당(祖師堂), 국보 19호)은 고려 때의 건축으로, 특히 무량수전은 우리나라에서 가장 오래된 목조건물. 이 안에는 고려 유일의 아미타불(국보 45호)이 있고 조사당의 벽화(국보 46호)도 수덕사(修德寺) 대웅전 벽화와 더불어 우리나라에서 가장 오래된 그림의 하나.

부석사무량수전(浮石寺無量壽殿) : ①경상북도 영주군 부석면 부석사의 본전(국보 18호). ②정면 5간, 측면 3간의 팔작집으로서 내부에는 서쪽 가로 불단(佛壇)을 두고 그 위에 장육(丈六)의 석가여래상을 동쪽으로 향하여 안치함. 1916년의 수리 당시 발견된 명기(銘記)에는 1358년(고려 공민왕 7) 왜구에 의해 불타 버리고, 본존의 머리만이 재해를 면하게 되자 1376년(고려 우왕 2)에 재건하였으나 고려말의 재건으로는 양식상 이 명문(銘文)을 믿기 어렵고, 적어도 100~150년 정도 소급되어야 할 것으로, 고려 중기 후반기의 건축물로 추측. 우리나라에 현존하는 목조 건축물로서는 봉정사(鳳停寺)의 극락전(極樂殿)과 함께 가장 오래되고 또 가장 우수한 건축.

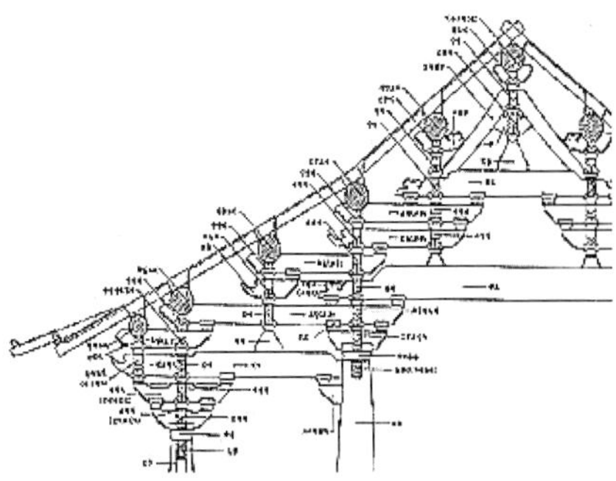

부석사 무량수전 단면

부섭마루 : 마루방 또는 방 앞 등에 붙여 만든 작은 마루.

부섭지붕(lean to roof, half span roof) : ①지붕의 서까래 위 끝이 다른 건물의 벽에 걸쳐 달아낸 지붕. ②지붕면이 한쪽으로만 경사진 지붕. ③외쪽지붕이 본체 건물의 외

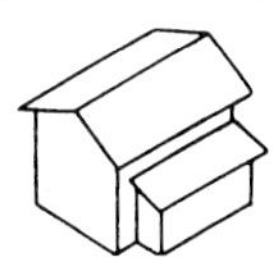

부섭지붕

벽에 붙여 달아낸 부속된 지붕. ③서까래의 윗머리를 다른 벽에 지지시켜 달아낸 지붕. ④눈썹지붕(=).

부섭집(lean-to house) : 건물에 붙여 달아낸 집.

부속건축물(附屬建築物) : 건축법에서 사용하는 용어의 정의는 동일 대지 안에서 주된 건축물과 분리된 부속용도의 건축물로서 주된 건축물 이용 또는 관리상 필요한 규모의 범위 안의 건축물.

부속기와(附屬蓋瓦) : 보통 기와 이외의 각종 형의 기와.

부숑(bouchon[프]) : 18세기 뷔요트(bouillotte[프]) 테이블의 대리석 상판 위에 놓는 두 면이 각각 나사천과 가죽으로 된 코르크판으로 이동 가능한 덧판.

부수(附隨, incident) : 전체적인 계획에 대해 종속 또는 방법에 따라 참고가를 더하기 위해 사용되는 것.

부스(booth) : 디스플레이(display)에서는 일정한 단위로 구획된 부분이나 공간. 전시장의 규모 및 형태에 따라 다양한 부스 구성이 이루어지는데, 파이프 구조의 커튼형과 판재에 의한 파티션 구조 및 유닛형 등이 있음.

부스와르(voussoir[프]) : ⇨아치돌(=). ⇨홍예석(=).

부스터방식(-方式, booster type) : ①수도 본관으로부터 물을 물받이 탱크에 저수한 후 급수펌프만으로 건물 내에 급수하는 방식으로 구미(歐美) 등지에 많이 보급된 방식. ②정속방식(定速方式)과 변속방식(變速方式)으로 분류. ㉠정속방식 ; 여러 대의 펌프를 병렬로 설치하고 1대의 펌프를 항상 가동시켜 토출관의 압력변화를 감지했을 때 다른 펌프를 시동 또는 정지시키는 방식. ㉡변속방식 ; 정속전동기와 변속전동기를 조합하거나 또는 변속전동기를 사용하여 토출관의 압력 변화를 감지하고 펌프의 회전수를 변화시킴으로써 양수량을 조절하는 방식.

부스 투 부스 타입(booth to booth type) : ⇨동선의 유형.

부시(罘罳) : 새가 앉지 못하도록 포살미를 꾸민 집의 처마 밑에 치는 철망.

부식(腐蝕, corrosion) : ①물체, 특히 금속이 공기 또는 수분 등 주위 자연환경과 접촉하여 썩는 현상. ②종류는 화학적 부식·전기화학적 부식(전해부식)·토양(土壤)에서의 부식 등이 있음.

부식방지(腐蝕防止) : ⇨방식방법.

부실공사(不實工事) : 설계도서나 시방서에 규정된 기준대로 시공하지 않아 결함이나 하자를 발생하게 한 공사.

부압부위(負壓部位, suction zone) : 기류가 부딪히는 면의 기압이 대기압보다 낮은 경우의 부위.

부업(副業, moonlight) : 자신의 주업무 외의 외부 일을 하는 것.

부엌(kitchen) : ①음식이 만들어지는 작업공간. 따라서 부엌은 작업의 흐름에 따른 작업대의 배치와 작업자의 작업동작에 따른 합리적인 치수 및 수납계획이 되어야 함. 그리고 환기와 통풍이 잘되어 밝고 청결한 분위기의 위생적인 조리공간이 되도록 함. 또한 제반설비는 사용상 편리하고 안전해야 함. 거실과 식당으로의 자연스러운 연결이 되도록 함. ②부엌의 유형은 독립형 부엌·반독립형 부엌·오픈 키친(open kitchen)·아일랜드 키친(island kitchen)·키친네트(kitchenet) 등이 있음. ③부엌의 동선은 작업동선으로 낭비가 없어야 하며, 짧고 간단하여 작업동선이 최소화·극소화되어야 함. ④부엌은 연면적의 8~12%(평균 10%)를 차지하며 동·북동쪽이 좋음. ⑤주방(=).

부엌건넌방 : ⇨모방[2](=).

부엌마당 : ①부엌의 앞 또는 뒤의 옥외취사공간. ②우물이나 절구·장독대 등이 부엌마당 주변에 위치함. ③여름철에는 한뎃부엌을 만들어 방에 불길이 들지 않도록 함. 특히 큰일(大事)이 있을 때 한뎃부엌을 이용하여 음식을 마련함. 넓은 반석이나 넓고 두꺼운 나무판을 두고 잔치 때

떡을 치기도 함.

부엌 배치유형(-配置類型) : 가족인원수·부엌의 면적 및 형태·생활습관 등을 고려하여 작업대를 배치.

부엌의 배치유형

부여능사(夫餘陵寺) : ①567년(백제 창왕13) 창건. ②능사의 배치는 기본적으로 1탑1금당식으로서 백제의 전형적인 배치기법을 따름. ③남쪽 전면에 3칸의 중문을 두고 좌우에 각각 9칸의 길이의 화랑(回廊)을 연결, 회랑은 중문과 별도로 설치됨. 중문과 전면 회랑은 지붕 높이를 달리 하였던 것으로 추정. ④중문을 들어서면 중심축선을 따라 정면, 측면이 각각 3칸인 목탑터가 있음. 한 건물변의 길이가 11.73m인 건물터 중앙에는 심초석을 두었고, 심초석 네 모서리에 4개의 내진초석이 놓여 있음. 건물 기단 전후에 계단을 하나씩 두었던 것으로 추정됨. ⑤목탑터 뒤 7.87m에는 정면 5칸, 측면 3칸의 금당터가 있음. 정면 칸살은 일정하나 측면 어간의 폭은 협간에 비해 2배 정도 넓게 만듦. ⑥금당 동서에는 각각 남북으로 긴 회랑(43m)을 배치. 남북 회랑은 중문 양옆의 회랑 끝과 만나지 않고 끝부분의 중간에 걸치게 하였음. 동서 양측의 회랑 북측쪽 끝에는 각각 회랑과 같은 방향으로 정면 3칸의 건물을 배치함. 회랑은 전후 열을 툇간으로 만들고, 내부에 각각 3개씩 방을 두었음. 특히 서쪽의 건물에서는 온돌을 놓았던 흔적이 발견됨. 금당 북쪽으로 큰 건물터는 정면 8칸, 측면 4칸으로 중심선의 좌우 기둥배열과 벽체가 다름. 동쪽 반은 벽을 세운 흔적이 보이지만 서쪽의 반에는 가운데 내진 부분에만 벽을 세운 흔적이 보임. 온돌(쪽구들)은 동벽 내부에서 시작하여 북쪽 벽으로 꺾어져 길게 이어지다가 서쪽 벽 가까이에서 밖으로 빠져 나감(제사를 지내는 장소로 추정됨).

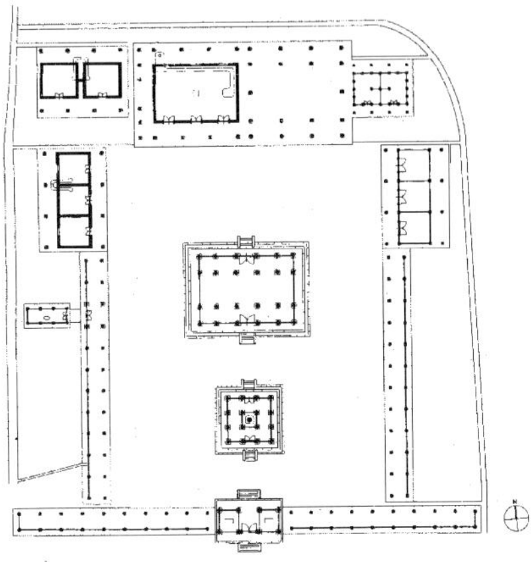
부여능사 발굴 배치도

부여 민칠식가옥(夫餘 閔七植家屋) : ⇨민칠식가옥(=).

부여 정계채가옥(夫餘 鄭啓采家屋) : ⇨정계채가옥(=).

부여 정림사지(夫餘 定林寺址) : ①사적 301호, 백제 때 창건, 백제~고려 중수. ②정림사는 고려시대의 절이름. 절터에는 백제 5층석탑과 강당터, 고려시대의 것으로 추정되는 석불좌상이 남아 있음. 백제의 전형적인 1탑1금당식 가람으로서 중문, 5층석탑, 금당, 강당이 남북축선에 배치되고 강당 좌우에는 작은 건물이 각각 있었던 것으로 추정. ③중문과 작은 건물 사이에 회랑이 연결되고 중문 남쪽에는 남문이 있었으며 그 앞 양쪽에 연못이 노출되었음. 금당 기단은 이중기단, 정면 5칸, 측면

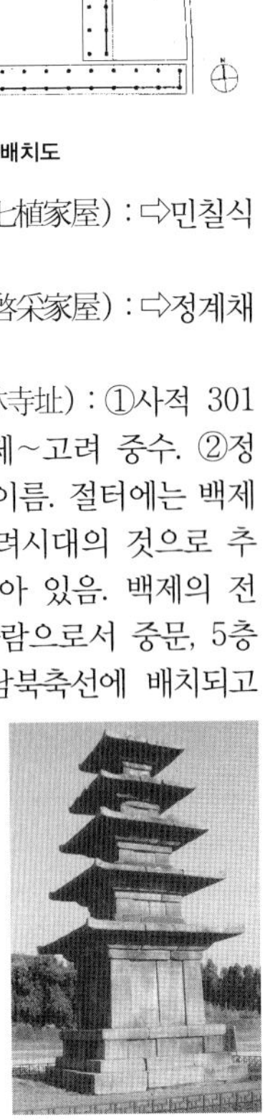
부여정림사지 5층 석탑

3칸으로 추정, 차양칸 존재 확인. 5층석탑(국보9호)은 목조가구기법의 특징임. 강당터에는 1028년 정림사 중수시 제작된 것으로 추정되는 높이 562cm의 석불좌상(보물108호)이 있음. 최근 강당터에 백제 건축양식을 추정하는 석불보호각을 복원.

부연(浮椽, 婦椽, 付椽, 皕椽, 飛檐, flying rafter, extension rafter) : ①처마 서까래의 처마 끝에 덧얹어 건 네모진 짤막한 서까래. ②겹처마를 이루는 부재로 서까래가 둥근 나무인데 비해 부연은 각재(角材). ③처마를 위로 들리게 하여 모양이 나는 역할을 함. ④서까래만으로 처마 깊이가 부족하거나 처마의 곡선이 침중할 때 부연을 달아 처마깊이를 깊게 하면 날아갈 듯한 곡선을 이루게 함. ⑤부연초리(내밀기)는 처마 서까래의 1/4~1/3 정도로 함. ⇨비연(=). ⑥기능적인 요구와 의장적인 효과가 있어 건물의 격을 높이고자 할 때 부연을 설치함. 부연이 있는 집은 삼국시대 이래로 고급에 속했으며, 대부분 정침(본전)이나 사원 건축의 대부분은 부연이 있는 겹처마로 하며, 부속채에는 부연을 사용하지 않음. 전면에는 부연을 달고 후면에는 홑처마로 하는 경우도 있음. ⑦뜬서까래·덧서까래·며느리서까래·비연(=)

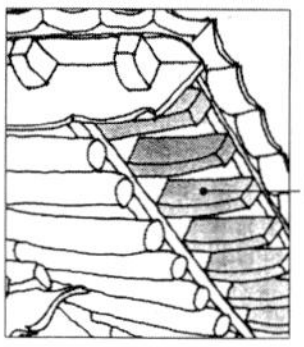

부연

부연가구(附椽家具, attached furniture) : 벽에 걸거나 매다는 현대식 가구를 지칭.

부연간판(浮椽間板) : ⇨부연개판·부연차고·당골판(=).

부연개판(浮椽蓋板, 附椽蓋板) : ①부연 사이를 덮는 널빤지 횡개판. ②부연 위에 덮어서 까는 널조각.

부연느리개 : 부연의 뒤축(뒤목)을 눌러주는(눌러박은) 나무(느리개).

부연늘이개(浮椽-) : ⇨부연느리개(=).

부연뱃바닥(浮椽腹面) : 부연의 밑면. 여기에 단청을 할 때는 먹긋기·색긋기 등을 함.

부연뱃바닥초(浮椽-草) : 부연뱃바닥에 그린 단청.

부연버팀턱(附椽-) : ⇨플라잉버트레스.

부연서까래(附椽-) : ⇨플라잉버트레스(=).

부연착고(附椽着固) : 부연과 부의 사이를 막는 널.

부연초(附椽草) : 단청에서 부연에 그린 문양(단청).

부연평거대(附椽-) : ①부연 위에 얹는 평고대. ②이맥이(=).

부와(夫瓦) : ⇨모와(=).

부용동정원(芙蓉洞庭園) : ①고산 윤선도가 51세 때 제주도로 내려가던 중 우연히 발견한 전남 완도군 보길도의 경치에 매료돼 들어와 지은 별서정원. 그가 '선경'이라고 찬탄했듯 천혜의 아름다움을 간직하고 있음. 세연정 일대가 이곳의 핵심 구역. 산에서 흘러내려온 시냇물을 막아 만든 세연지와 회수담이 있고, 두 연못 사이 인공 섬에 세연정을 세웠음. 세연지는 윤선도가 '어부사시사'를 노래하며 뱃놀이를 했던 곳으로 이곳에서 바라본 풍경을 회화처럼 시로 읊었음. 어부사시사에서 윤선도는 "하늘 땅이 제각기인가 여기가 어디메뇨"라면서 자연 속에 세운 '열린 정원'을 노래했음. ②세연정(=).

부용동 정원

부울가구(-家具, boulle furniture[프]) : 루이 14세 시대의 프랑스 고급 가구 디자이너 부울(Charles André Boulle : 1642~1732) 및 그의 공방을 이어 받은 자녀들에 의해 제작된 호화가구. 고가품인 흑단(黑檀) 등의 목재를 사용하여 여기에 별갑(鼈甲)·상아·은·놋쇠·주석 기타의 재료로 정교한 상감(象嵌)모양을 시도한 것으로 1690~1710년에 걸쳐서 제작된 제품이 가장 훌륭함.

부위별 시방서(部位別示方書) : 각 부위에 관해 그 성능을 지시하거나 또는 그 공법을 지정하는 것.

부유물질(浮遊物質) : ①SS.입경 2㎜ 이하의 물에 용해되지 않는 물질. '현탁고형물'이라고도 함. ②수중에 떠다니는 불용성 물질은 수질오염의 원인으로 하천에 오니상(汚泥狀)을 형성하거나, 부유물이 유기물질인 경우에는 부패해 물속에 녹아 있는 산소를 소비함. 또 어류의 아가미에 붙어 폐사시키며 빛의 투과를 막아 식물의 광합성에도 장애를 줌. ③수치는 mg/L 또는 ppm으로 표시.

부유분진(浮游粉塵, floating matters) : ⇨분진(=).

부의 잔상(否－殘像, negative after image) : ①잔상이 원자극의 형상과 닮았지만 밝기는 원자극과 반대인 잔상. ②밝은 곳에서는 사라진 색과 보색관계에 있는 색만 남거나 또는 해를 쳐다보다 눈을 감으면 검은 점이 보이는 현상. ③검정 원을 한참 보다가 벽을 보면 흰 원이 나타나 보이고, 흰 원을 한참 보다가 벽을 보면 검정원이 나타나 보임. ④잔상·부정잔상(=).

부자유예술(否自由藝術) : ⇨응용예술(=).

부장설(浮長舌) : ⇨뜬장여· 별장여(=).

부재(部材, member of framework) : ①일반적으로 구조물의 뼈대(골조)를 이루는 구성요소. ②단면에 비해 길이가 비교적 긴 재. ③부재의 표시는 역학상 단면의 중심(重心)을 지나는 축선(軸線)으로 함. ④모양에 따라 직선(부)재 또는 곡선(부)재·응력에 따라 트러스재·휨재(라멘재) 등으로 구분. ⑤재(=).

부정잔상(否定殘像) : ⇨부의잔상(=).

부정정(不靜定, statically indeterminate) : 구조물의 지지점에 발생하는 반력수(反力數)와 부재수(部材數)가 골조(骨組)의 안정에서 볼 때 필요 이상으로 많은 상태를 말함. 부재응력의 계산은 힘의 평형조건식과 변형의 상태를 고려.

부정정구조물(不靜定構造物, statically indeterminate structure) : ⇨정정구조물(⇔).

부정정아치(不靜定－, statically indeterminate arch) : ①부정정 구조로 된 아치. ②2교식 아치·고정아치 등. ③탄성아치(=).

부정형 라멘(不整形－, irregular rigid frame) : ⇨이형라멘.

부조(浮彫, relief[프]) : ①이탈리아어 렐리보(relievo)에서 나온 용어로 대상의 3차원을 단축한다는 의미에서 회화와 환조의 중간에 위치. ②예술적인 기법의 용어로 처음 사용한 인물은 첸니니(C. Cennini). ③종류는 형태가 면으로부터 튀어나온 정도에 따라 평부조(平浮彫)·반부조(半浮彫)·고부조(高浮彫)로 구분. 그밖에 고대 이집트에서만 볼 수 있는 오목한 특수부조로서의 요부조(凹浮彫)가 있음.

부조묘(不祧廟) : ⇨별묘(=).

부주두(副柱頭, dossert) : ⇨도세렛(=).

Anthemion and bead and reel ornament Athenian tholos

부주두

부직포(不織布) : 천연 또는 합성섬유를 기계로 짜지 않고 접착제 또는 가열·가압 등을 통해 접합시킨 원단.

부직포벽지(不織布壁紙) : ①직물(섬유)벽지의 일종. ②제직을 거치지 않고 섬유를 이용한 부직포 원단으로 만든 벽지. ③폴리에스테르와 같은 혼방 단섬유를 펠트상으로 얽어 접착제로 고정한 것으로 종이를 안대기하기도 하고 부직포 자체를 특수 프린트 가공하여 불에 잘 타지 않고 내구성이 뛰어나 21세기에 접어들면서 새로운 소재로 떠오르고 있음. ④나염가공이 용이하고 다양한 색상도 가능하며 침염가공도 가능하여 초배지로 많이 활용. ⑤식모벽지·인공피혁벽지(=).

부직포카펫(不織布－) : ⇨니들펀치드 카펫.

부착(附着 또는 付着, attachment) : ①철근콘크리트 속에서 철근이 뽑히지 않도록 두 개의 재료가 일체가 되는 효과. ②조형적·디자인적으로 구성요소 또는 형태를 결합시키는 행위. ③분절(≒).

부착력(附着力, bond strength) : ①철근콘크리트 구조체에 여러 가지 응력(應力)이 작용하더라도 철근과 콘크리트가 밀착(密着)되어 철근이 미끄러져 나오지 못하게 하는 저항력. ②철근콘크리트 속에서 철근이 뽑히지 않도록 두 개의 재료가 일체되는 효과. ③특징은 압축강도가 큰 콘크리트일수록 부착력은 커짐. 부착력을 높이기 위해 이형철근을 사용. 부착력은 철근의 주장(周長)에 비례함. 철근의 표면 상태와 단면모양에 따라 부착력이 좌우됨. 철근과 콘크리트의 부착력을 고려할 때 동일 단면적이면 철근지름이 작을수록 유리함. ④부착응력(=).

부착응력(付着應力) : 두 개의 재료가 부착해서 뽑히지 않도록 저항하는 힘. ⇨부착.

부착합판(付着合板) : ⇨마무리재 합판(=).

부창방(浮唱榜) : ⇨뜬장여(=).

부채꼴궁륭(−穹窿) : ⇨팬볼트(=).

부채꼴채광창(−採光窓) : ⇨팬볼트.

부채꼴형 전시공간(−形展示空間) : 관람자에게 과중한 심리적 부담을 주지 않는 소규모 전시관에 적합한 형태로 관람자에게 많은 선택의 가능성을 제시하고 빠른 판단을 요구. 그러나 변화가 주어지면 관람자는 혼동을 일으켜 감상의욕을 저하시킬 수 있음.

부채자본(負債資本, debt capital) : 시중은행과 같은 채권자에게서 대출받은 사업자금.

부채장부(扇子丈夫) : ⇨부채장부맞춤.

부채장부맞춤(扇子丈夫−, fan tenon, fan shape tenon, fan shape tenon joint) : ①부채장부를 장부구멍에 맞추는 것. ②사다리꼴모양의 장부로 제작한 맞춤. 주로 모서리 기둥과 토대의 맞춤에 사용. ③부채모양으로 된 것으로 장부구멍이 터져도 잘 빠져나오지 못하도록 되어 있음.

부채형 궁륭(−形穹窿) : ⇨팬볼트(=).

부채형 등받이의자(−椅子, fan back Windsor chair) : ①등받이가 부챗살 모양의 방사형 살로 이루어진 윈저의자. ②등받이가 나무 술통을 반자른 것 같은 모양의 직물을 씌운 의자. ③등받이 상부가 의자의 가로 길이보다 길고 바깥쪽으로 휘어져 있는 머리빗형 윈저의자의 18세기 기본형.

부챗살궁륭(−穹窿, fan vault) : ⇨팬볼트(=).

부챗살문양(−文樣) : ⇨팬디자인·팬모티프(=).

부챗살창문(−窓門, fan light) : ⇨팬라이트(=).

부챗살트레이서리(fan tracery) : ①둥근 천장을 떠받치는 구조물에 사용된 부챗살 모양의 그물 무늬 장식. ②팬워크(=).

부처가구(−家具, butcher furniture) : ⇨아메리칸앙피르스타일.

부축벽(扶築壁) : ⇨버트레스(=).

부축벽옹벽(扶築壁擁壁, buttressed retaining wall) : 철근콘크리트조의 옹벽에서 뒤에 까치발형의 벽으로 보강한 것. 보통 6m 이상의 높은 곳(흙막이)에 사용.

부춘정(富春亭) : ①전라남도 기념물 제67호, 1598년(선조31) 이후 창건, 1838년(헌종4) 중수. 전남 장흥군 부산면 부춘리 365에 위치. ②부춘정과 그 주변의 송백림이 수려하게 어울려 부춘정 원림이란 명칭으로 지정. 부춘정 서쪽에는 탐진강(耽津江)이 인접하여 남쪽으로 흐르고, 강변에는 푸조나무·개서어나무·단풍나무 등의 노거수가 수림을 이루고 있음. 대안 강변에는 자미나무가 군식하여 장관을 이루었는데, 지금은 제방이 축조되어 있음. 1598년(선조31) 문희개(文希凱 : 1550~1610)가 건립하였는데, 최초 명칭은 청영정(淸潁亭). 문희개는 임진왜란 때 의병을 일으켜 혁혁한 공로로 고창현감이 되었고, 그 후 고향으로 돌아와 정자를 세움. 1838년(헌종4) 청풍김씨(淸風金氏) 영동정공파(令同正公波)의 후손인 김기성(金基成, 김세

부춘정

걸의 1대손)이 사들여 부춘정이라 하였음. ③정면 3칸, 측면 2칸 규모로 목조 팔작지붕의 기와집. 정면 2칸의 온돌방과 1칸의 대청을 두고, 앞뒤로 반 칸쪽의 툇마루를 둔 익공계의 건물. 맨 끝 칸의 뒤쪽 툇간은 2척 5치 정도 높이로 누마루를 설치하여 흐르는 탐진강을 볼 수 있게 함. 기단은 평평한 막돌로 두벌대 형식에 막돌초석, 놓고 일부는 거칠게 마감한 원형초석을, 기둥은 방 주위만 방주, 나머지는 원주를 세움. 기둥 윗몸은 창방으로 결구하고 그 위에 소로받침을 두고 봉두와 연꽃·쇠서 그리고 주두로 구성된 초익공. 충량이 걸린 5량가 도리는 전후면 주심도리만 굴도리, 나머지는 납도리로 처리, 창호는 대청쪽만 사분합 들어열개문으로 처리, 나머지는 쌍여닫이 띠살문. ④정자가 서 있는 절벽 아래에 물에 잠긴 용호바위가 있는데, 여기에 옥봉 백광훈(白光勳 : 1537~82)이 썼다는 '용호(龍湖)'라는 제명이 음각되어 있음. 문희개가 임금을 그리워하여 북쪽을 바라보고 절을 하였다는 '망군대의 비'가 정자의 뒤편에 있음.

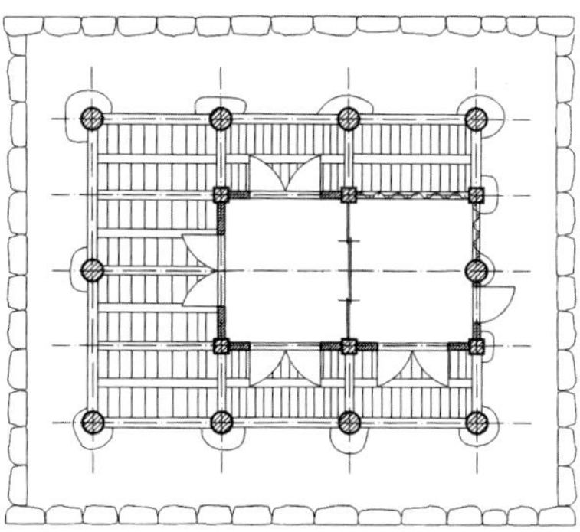

부춘정 평면도

부출입구(副出入口, sub approach) : 주출입구의 기능과 역할을 보조하는 출입구.

부케(bouquet[프]) : ①꽃다발. ②술 따위의 향기·방향.

부크라니아(bukrania[그]) : 황소머리를 부조한 것으로 도릭 프리즈(doric frieze)의 메토페(metope)에서 종종 찾아볼 수 있음.

부크라니움(bucranium, bucrane) : 고대 로마시대의 이오니아식 또는 코린트식 오더의 프리즈(frieze)에서처럼 리본과 화환으로 장식된 황소 두개골로 구성된 조각장식.

부클레(bouclé[프]) : ①모·레이온·면·견·리넨·아크릴·폴리에스테르·아세테이트 등의 섬유에 촘촘하게 골이 진 평직·사문직으로 만들어진 꽤 두꺼운 직물. ②실이 수축되어 있어 천의 표면에 많은 매듭이 나타남. ③주로 커튼이나 가구커버로 사용하기에 적당.

부클릿(booklet) : 가제본(假製本)된 소책자로서 팸플릿(pamphlet)과 거의 동일한 의미로 사용되지만 팸플릿보다 작은 책자.

부티크(boutique[프]) : 가게 또는 여성복 장식품점.

부틸고무(butyl rubber, isobutyleneisoprene rubber) : ①이소프틸렌[$(CH_3)_2 \cdot C=CH_2$]과 1~3%의 이소프렌($CH_2=C \cdot CH_3 \cdot CH=CH_2$)을 약 −100℃의 극히 낮은 온도(超低溫)에 공중합한 합성고무. ②기체의 투과성이 거의 없어 자동차용 튜브에 쓰이나 뛰어난 내후성을 살려 실링재 및 에틸렌·프로필렌·타포리머를 첨가하여 방수용 시트로 사용.

부패조(腐敗槽, septic tank) : ①수세식 정화조에서 부패 및 침전분리 역할을 하는 조(槽). ②오수가 흘러 들어가서 공기를 차단함으로써 혐기성(嫌氣性) 활동을 용이하게 하여 부패시켜 스컴(scum) 중간층액(液) 및 슬러지에 침전·분리하여 이 중간층액을 산화조(酸化槽)로 도입시키기까지의 부분. ③표준형 정화조에서의 제1·제2 부패조와 예비 여과조(濾過槽)로 되어 있어 오수는 보통 2~3일간, 10~16℃의 온도에서 혐기성의 상태로 되어 침전 분리된 후에 예비 여과조를 거쳐 산화조로 들어감.

부편수(副片手) : ⇨먹매김목수(=).

부피(bulk, volume) : ①물체가 차지하고 있는 부분의 크기. ②공간이나 3차원 입방체의 규모. ③3차원적 대상이나 공간의 범위에 대한 크기 또는 넓이. 정육면체나 공간에 대한 용적·크기 또는 치수. ④체적(≒)·용량(=).

부하(負荷, load) : ①냉난방 작동시 실내 쾌적온도를 유지하기 위해 필요한 모든 열량. ②전력수용의 크기. ③일반적으로 감당(堪當)하거나 부담(負擔)하는 크기 및 능력.

부하율(負荷率) : ①전력에 관한 용어. ②부하의 평균전력(1시간 평균)을 최대 수용능력(1시간 평균)으로 나눈 값.

부호형태(符號形態, code type) : 시각적·청각적 또는 의미적 형태를 의미.

부흥양식(復興樣式, Revival style) : ①1830년 프랑스 제국(Empire) 양식에 대한 반발로 출현하여 19세기 유럽과 미국을 휩쓸었던 과거에 대한 부흥양식. ②20세기 초 소멸하기 시작하여 1차 세계대전과 함께 자취를 감추었음.

북두각(北斗閣) : ⇨칠성각(=).

북매치(book match) : 후속되는 판들이 번갈아가며 표면이 위로 오기도 하고 밑으로 가기도 하는 결맞춤으로 무늬목 조합방법 중 하나.

북스마트(book smart) : ①학교교육을 통해 똑똑한 사람. ②스트리트스마트(⇔).

북양낙엽송(北洋落葉松, Dahurian larch, Larix dahurica Turcz.[학]) : ①유럽의 북부·러시아의 동부·한국 북부·중국 북동부·일본의 중북부에 분포. ②변재는 백색·담황백색·심재는 황갈색으로 구분이 명확하고 연륜 또한 갈색으로 뚜렷함. 목리는 통직하고 나무갗은 치밀. 기건비중 0.60, 강도는 압축강도 455kg/㎠, 휨강도 1,025kg/㎠, 인장강도 1,710kg/㎠, 전단강도 130kg/㎠로 강함. 내구·내부성(耐腐性)이 좋으며 갈라짐(할렬)은 어렵고 표면연삭은 양호한 편. ③주로 건축 등에 사용.

북양사시나무(楊, Siebold poplar, Populus sieboldji Miq[학]) : ①시베리아 일대, 중국의 동북부, 한국의 북부, 일본의 북부, 만주에 분포, ②변재는 암백색이고 심재는 담갈색으로 구분이 뚜렷하지 않고 연륜 또한 불분명함. 산공재(散孔材)로 연하고 나무갗이 고움. 기건비중 0.50, 전건비중 0.40 정도, 수축률은 방사방향 4.3%, 접선방향 7.2%, 용적수축률 12.1%로 보통이고, 강도는 압축강도 360kg/㎠, 휨강도 475kg/㎠로 약한 편임. 내후 보존성이 낮고 건조·접착은 양호하며 도장성은 보통이고 변색이 잘 됨. ③가구합판 등에 사용.

북양잣나무 : ⇨홍송(=).

북양젓나무(從木, Siberian fir, Dahurian larch, Larix dahurica Turcz[학]) : ①시베리아의 동부·사할린·북해도·만주·한국의 북동지역에 분포. ②심·변재의 구분이 불분명하며 심재는 황백색이고 변재는 담황백색으로 연륜이 명확함. 목리는 통직하고 나무갗은 고운 편임. 기건비중 0.45, 강도는 압축강도 464kg/㎠, 휨강도 610kg/㎠, 인장강도 480kg/㎠, 전단강도 52kg/㎠로 약함. 재질은 우리나라의 가문비나무와 거의 같음. ③건축·악기·펄프 등에 사용.

북양피나무(椵樹, Small leaves European lime tree, Tilia cordate Mill.[학]) : ①만주·러시아 동부·북해도와 일본 중부이북, 한국의 중북부에 분포. ②변재는 담황백색, 심재는 담황갈색으로 심·변재의 구분은 불분명하고 연륜도 뚜렷이 구분되지 않음. 산공재(散孔材)로 가볍고 연하며 치밀. 기건비중 0.60, 전건비중 0.46, 강도는 압축강도 440kg/㎠, 휨강도 546kg/㎠, 인장강도 700kg/㎠로 약함. 수축은 방사방향 7%, 접선방향 10%로 큼. 가공은 용이하고 접착성은 보통이며 절삭·도장·할렬이 양호하고 내구성은 낮음. ③주로 가구·합판 등에 사용.

북장지(北障紙) : ⇨맹장지(=).

분(分) : ①절대적인 척도단위이지만 상대적인 척도단위를 나타낼 때 쓰이는데, 그 의미에 따라 각각 다르게 읽음. ②절대치수로 쓰일 때는 푼(分)으로, 상대치수를 가리킬 때는 분(分)으로 읽음.

분광반사율(分光反射率, spectral reflection factor) : 단색광(單色光)에 대한 반사율.

분광분포(分光分布, spectral distribution, relative spektrale verteilung[독]) : 색광(色光)에 포함되어 있는 스펙트럼 비율. 즉 각 파장별 단위 파장폭당의 방사량에 대한 상대치와 파장과의 관계를 나타냄.

분광분포곡선(分光分布曲線, spectral distribution curve) : 분광분포를 그린 그래프. 가로축에는 파장을, 세로축에는 이 파장의 포함비율을 나타내도록 한 좌표 위에서 연속적인 곡선이나 직선으로 나타냄.

분광조성(分光組成, spectral composition) : ①단위파장에 대한 방사량의 절대값과 파장과의 관계. ②분광조성이 다른 빛과 물체가 입사하는 빛의 분광에너지는 물체색에서 나오는 반사광(反射光) 또는 투과광(透過光)의 각 파장의 방사량에 따라 다름. ③빛의 계측(計測)용어임.

분광측광기(分光測光器, spectrophotometer, spectral photometer[독], spectrophotomètre[프]) : 분광분포 또는 분광반사율, 분광투과율을 측정하는 계기.

분광투과율(分光透過率, spectral transmission factor) : 단광색에 대한 투과율.

분기관(分岐管, branch pipe) : 배관 덕트의 분기를 브랜치(branch)라고 하며, 브랜치 파이프를 분기관이라고 함.

분기소켓(分岐-) : 전등 이외에 라디오나 그밖에 소형 전기기구를 사용할 경우 기존 소켓과 전구 사이에 끼워 넣어 사용하는 것.

분뇨(糞尿) : 변소에서 제거되는 액체성 또는 고체성의 오염물질.

분력(分力, component) : 1개의 힘을 이와 똑같은 효과를 갖는 여러 개의 힘으로 분해한 힘.

분리대(分離帶, separator) : ①건축 및 인테리어공사에서는 재료분리대를 의미. ②도로 및 실외에서는 공간분리대를 의미.

분리파(分離派, secession) : ⇨시세션(=).

분말도(粉末度, fineness) : ①분체(紛體)의 고운 정도. ②시멘트의 클링커(clinker)를 분쇄할 때 그 입자의 고운 정도.

분벽마감(粉壁-) : 회를 바른 흰벽마감.

분비나무(白松, 白檜, 杉松, Abies nephrolepis Max[학]) : ①천연기념물로 지정된 소나무과의 상록침엽교목. 키는 15~25m 정도이며, 깊은 산이나 고원지대에 자람. 중국이 원산지로 우리나라 함경도와 서울과 경남 밀양·충남 예산·충북 단양 및 평남 등지에 분포 및 만주·중국·시베리아에 분포. ②변재는 백색, 심재는 담황갈색의 줄무늬가 있는 백색. 비중은 0.42. 재질은 가볍고 연하며 거친편이며. 광택이 강하고 향기는 약함. 나뭇결은 곧음. 기건비중 0.33~0.41, 강도는 압축강도 293kg/㎠, 인장강도 389kg/㎠, 휨강도 444kg/㎠로 매우 약함. 가공성이 좋으며 탄성이 풍부하여 가열하면 잘 부러짐. ③주로 건축구조재·가구재·수장재·창호재 등으로 사용.

분산적 가구배치(分散的家具配置) : ①공간사용을 보다 자유롭게 여러 행위를 수용하는 융통성이 있어 공간이 협소하거나 공간기능이 확실히 분할되지 않을 경우에 많이 채택되는 형식. ②분산적 배치는 집중적 배치보다 다소 혼란스런 느낌을 줄 수 있으나, 가구의 높이나 디자인을 통일시켜 줌으로써 어느 정도 해결할 수 있음. ③⇨집중적 가구배치(⇔).

분산제(分散劑, dispersing agent) : ⇨감수제(=).

분산투과(分散透過) : 프리즘 혹은 결정편(結晶片), 무지개와 같은 경우에 경험하는 광선의 굴절·분산이 일어남.

분석(分析, analysis) : ①전체를 분리시키거나 근본적인 요소들 또는 부분적인 구성요소로 잘게 나누는 것. ②시스템 분석(system analysis)과 과학적 분석(scientific analysis)으로 대별.

분쇄기(粉碎器) : ⇨디스포저(=).

분수효과(粉水效果, jet water effect) : ⇨샤워효과(⇔).

분양면적(分讓面積) : ①전용면적과 공유면적을 합친 것. ②공유면적은 엘리베이터·

복도·계단을 포함한 수치. ③분양면적은 53평인데 전용면적이 40평이라면 13평이 공유면적으로 포함된 셈. ④⇨전용면적.

분양아파트(分讓-, apartment of installment sale) : ①각호(各戶)가 법적·사실적으로 독립된 상태로 불특정다수인에게 판매 또는 임대되는 공동주택. ②콘도미니엄(=).

분양주택(分讓住宅, house of installment sale) : ①일정한 구역을 주택지로 조성(택지조성)하여 몇 개의 분할된 필지에 주택을 건설하여 토지와 일체를 판매하는 주택. ②대표적인 경우로 전원주택이나 동호인 주택이 있음.

분전반(分電盤, panel board) : ①건축물 내 각 실(室)에서 사용되는 전력에 대해 배선할 때 분기회로용으로 설치하는 개폐기나 보안장치 또는 설치하는 소형의 판재(板材). ②각 간선에서 소요의 부하에 따라 배선을 분기하는 개소에 설치하는 배전반의 일종. ③주개폐기·분기회로형 분기 개폐기 및 자동 차단기 등을 한 곳에 모아 설치하는 것.

분절(分節, articulation) : ①그리스어의 '작은 마디'를 의미하는 아티큘러스(articulus)에서 유래한 용어. ②한 개의 마디나 여러 개의 마디들을 구성하여 결합 또는 나누는 것. ③형태를 규정짓기 위해 표면을 강조하여 결합시키는 방식.

분진(粉塵) : ①대기 속에 떠다니거나 흩날리는 입자상(粒子狀)의 물질. ②대기 중에 부유하거나 하강하는 미세한 고체상의 입자성 물질. ③물체의 파쇄, 선별, 그 밖의 기계적 처리 또는 퇴적에 수반하여 발생하거나 공기 중으로 날리는 물질. 분진의 입경이 작으면 중력보다 공기저항 쪽이 커져 대기 중에 날아다니게 됨.

부유분진이 인체에 미치는 영향

농도(mg/m³)	영 향	비 고
0.0025~0.05	기본적인 농도	0.1mg/m³ 이상이면 사망률이 증가한다
0.075~0.1	다수인이 만족하는 농도	
0.1~0.14	시정감소	
0.15~0.2	다수인이 더럽다고 느끼는 농도	
0.2 이상	다수인이 아주 더럽다고 느끼는 농도	

분출암(噴出岩, volcanic rock, effusive rock) : 지표(地表) 가까이에서 급격히 생성된 화성암의 일종.

분트의 착시(-錯視, Wundt illusion) : ①헤링의 착시와 반대되는 효과로 1879년 독일 라이프치히에 최초의 심리학 연구소를 세운 심리학자인 빌헬름 분트가 만들어 낸 것. ②주위의 짧은 방향성 강한 선에 의해 두 평행 직선이 안으로 오목하게 또는 밖으로 볼록하게 보이는 현상.

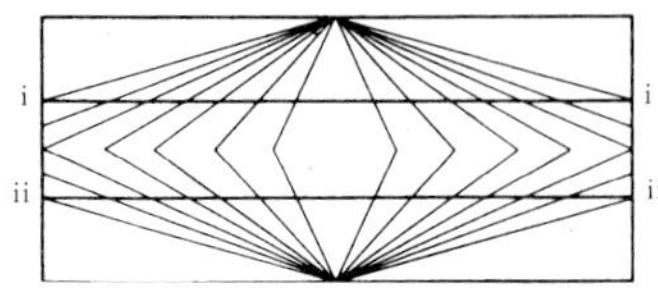

분트의 착시

분포하중(分布荷重, distributed load) : 구조물에 작용하는 하중이 선상(線狀) 및 면상(面狀)으로 어느 범위 또는 전길이(全長) 및 전면(全面)에 분포하여 작용하는 경우의 하중.

분할(分割, division) : 하나의 형상을 둘이나 그 이상으로 쪼개는 것.

분할도급(分割都給, split contract, division contract, several contract, partial contract) : ①공사내용 전체를 여러 단위(전문공종별·공정별 및 공구별, 직종별·공종별)로 나누어 각 단위별로 구분하여 발주하는 도급. ②공사를 여러 유형으로 세분하여 각기 따로 도급자를 선정하여 도급계약을 맺는 방식. ③재료와 노무 일체를 도급으로 할 때와 재료는 건축주가 조달하여 지급하고, 노무만을 도급 주는 경우가 있음.

분할착시(分割錯視) : ①분할된 것은 분할되지 않은 것보다 크게 보이는 현상. ②좌우 어느 것이나 같은 크기의 정방형(正方形)이나 횡선(橫線)의 것은 종장(縱長)으로, 종선(縱線)의 것은 횡장(橫長)으로 보이는 현상. ③중앙보다 우(右)가 점의 배열로 분할되어 있기 때문에 좌(左)보다 길게 보이는 현상. ④쿤트의 착시·채워진 공간착시(=).

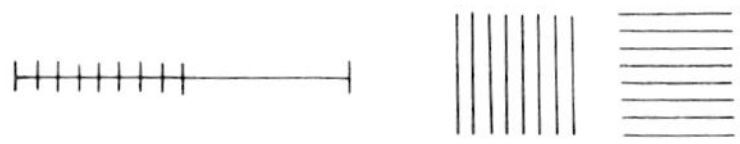

중앙에서 우측의 점의 배열로 분할되어 있어서 좌측보다는 길게 보인다.

분할된 것은 분할되지 않은 것보다 크게 보인다. 좌우 어느 것이나 크기가 정방향이지만 횡선의 것은 종으로 길게, 종선의 것은 횡으로 길게 보인다.

분할의 착시

분합문(分閤門, folding doors, long lattice window) : ①마루나 방 앞에 설치하여 접어 열 수 있게 만든 큰 문(창호). ②거실 또는 대청(大廳)마루 앞에 설치하는 외부와 접하는 대형 창문. ③형태는 창이지만 문으로 사용. ④내부공간과 개방공간 사이에 있는 네짝문으로, 여름에는 둘씩 접어들어 올려서 기둥만 남고 모두 트인 공간이 됨. ⑤대청 앞에 드리는 네 쪽으로 된 긴 창살문. ⑥분합(=).

분해(分解, resolution) : 더 간단한 형태로 분류하는 과정. 즉 복잡한 정보를 더 간단한 것으로 또는 그 요소들로 변환시키거나 분석하는 기법.

분해식 가구(分解式家具, disassemble furniture, knock-down furniture, prefabrication furniture) : 전용 하드웨어(hardware)를 이용하여 간단하게 조립·분해할 수 있는 조립식 가구.

분황사(芬皇寺) : ①원효, 자장과 같은 신라의 명승들이 거쳐 간 곳으로 유명함. ②「삼국사기」에는 634년(선덕여왕3) 정월에 창건했다고 기록하고 있음. 「삼국유사」에는 755년(경덕왕14)에 구리 30만 6천 7백근을 들여 '대약사여래동상'을 만들어 안치했다는 기록이 있어 국가적인 큰 절이었음을 알 수 있음. ③신라 서라벌 내 7대 가람 중 하나이며 조선 선조 25년(1592) 임진왜란 때 소실되었음. ④모전석탑인 국보 제30호 '분황사 석탑'을 중심으로 서남쪽에 신라시대의 당간지주(幢竿支柱)가 서 있고 탑북쪽에는 근대에 서향으로 세워진 법당인 '보광전'이 있음. ⑤보광전 앞에는 동향을 한 요사가 있고 보광전 동북쪽에는(970년경에 세운 신축요사가 남향하고 있으며 남쪽 담장의 중앙부에 대문이 있음. ⑥분황사 경내에는 4~5유형의 크고 작은 초석과 석등, 석탑 등의 부재조각 및 기단의 외장석재가 산재해 있으며 신라시대에 만들어진 것으로 보이는 석정틀과 비석, 대석 등이 흩어져 있음. ⑦유구(遺構)로는 보광전의 기단 남쪽과 동쪽으로 조금 큰 기단이 있고 보광전과 요사 사이의 중정 북쪽에는 동서로 길게 자리 잡은 기단이 있으며 이 기단의 서쪽에는 작은 건물지(建物址)가 있음. 보광전 앞의 중정 남쪽 끝에는 작은 누문지가 있음. ⑧분황사의 가람배치는 석탑이 독립된 하나의 공간을 이룬 타원형식을 보이고 있으며 그 밖의 건물은 탑의 위용을 더욱 장엄하게 하기 위하여 건물의 북쪽 부근에 별개의 공간으로 조영된 것으로 보임. ⑨분황사의 좌향(座向)은 학자에 따라 견해의 차이를 보이고 있으나 대부분 남향으로 보고 있음. 이에 대한 정확한 판단은 본격적인 발굴조사에 의해서만 가능함. ⑩⇨경주 분황사.

보광전

모전석탑

분황사 당간지주

분황사 대원심보살사리탑

분회(粉灰) : ⇨소석회(=).

불가리개(ecran) : 벽난로의 불빛이나 촛대의 불빛을 가리기 위해 테이블에 놓는 작은 가리개.

불가시광선(不可視光線, invisible ray) : 759.4 nm 이상의 적외영역과 396.9nm 이하의 자외영역의 광선영역.

불감(佛龕, niche for Buddhist images) : 불상을 모셔 두는 방이나 집.

불감기류(不感氣流) : ①기류의 속도가 0.5m/s 이하로 측정하기 어려운 풍속. ②불감기류

ㅂ

는 인체의 피부가 느낄 수는 없지만 체온 조절에는 매우 중요함.

불건성유(不乾性油, non-drying oil) : ①공기 속에서 쉽게 건조하여 수지(樹脂)모양의 고체로 되지 않는 기름. ②건성유에 비하여 요오드값이 작아 100 이하. ③올리브유·동백기름·땅콩기름·피마자기름 따위. ④식용유·윤활제·비누제조·약제 등으로 사용.

불곡사일주문(佛谷寺一柱門) : ①경상남도 유형문화재 133호, 10세기 창건(19세기 이건). 경남 창원시 대방동 1036에 위치. ②신라 제36대 경순왕(敬順王)9년(935년)에 진경대사(眞鏡大師)가 창건하였다고 전해짐. 본래 창원 객사 삼문(客舍三門) 중의 하나였으나 1882년 웅천향교(熊川鄕校)로 옮겨 사용하다가, 1943년 우담화상이 지금의 불곡사로 옮겨 세움. 1977년 해체복원. ③기둥간격이 어간 2.4m, 협간 2.2m로서 저면 3칸의 일주문. 횡력에 대한 보강을 위해 기둥 앞뒤로 주선(柱線)을 달고, 주선과 기둥 단면의 형태에 따라 가공한 정평주초로 받침. 주두 위에서의 장식적인 처리로 주두 위마다 호랑이·황룡·청룡·거북 등 각기 다른 사실적인 동물모양의 부재를 장식. 또한 출목 소첨차의 하단부 초각 역시 온갖 고귀함의 건축적 어휘를 총동원하여 각기 다른 형태의 초각(1출목 소첨차에 연화문, 2출목 소첨차에 구름무늬, 3출목 소첨차에 연잎무늬, 4출목 소첨차에 구름무늬를 초각), 출목 대첨차는 단순한 사절식 첨차를 두고, 살미쇠서는 앙서형(仰舌形)으로 연봉(蓮峰)을 달았으며, 보머리는 봉두(鳳頭)를 초각하여 장식. 불곡사 일주문은 과장이 없고 난해한 은유도 없는 직설과 솔직한 표현이 민중을 위한 민중의 예술로 서민들의 질박스러움이 한껏 표현된 민예품.

불곡사일주문

불균제(不均齊) : ⇨애시메트리(=).

불균질목조직(不均質木組織, uneven texture) : 목재를 구성하고 있는 세포의 크기 차이가 작을 때의 나무갗.

불균형(不均衡) : ⇨애시메트리(=).

불꽃양식(-樣式, flamboyant style) : ①14세기말에 시작된 프랑스의 후기 고딕양식. ②건물의 창문이나 패널 벽에 사용한 트레이서리가 다양한 곡선의 불꽃모양과 유사하게 디자인한데서 비롯된 명칭.

불노즈(bullnose) : ①둥글거나 둔탁한 외각. ②⇨애리스(=).

불능글레어(不能-, disability glare) : 안구 내부에 입사하는 강한 빛이 산란하여 시각을 방해하거나 눈의 순응 휘도를 높여 시대상(視對象)을 잘 볼 수 없게 되는 상태.

불능현휘(不能眩輝) : ⇨불능글레어.

불라(bulla[그]) : ①고대 로마의 펜던트·현수장식·부적 등을 넣은 금속 또는 가죽제의 둥글고 작은 상자. ②고대 로마에서 문의 고정부 장식으로 사용되었던 치장된 둥근 금속의 보스(boss, 장식용 몰딩).

불레우테리온(bouleuterion[그]) : 그리스의 상원 또는 의회 건물.

불뢰드코발트(bleu de cobalt[프]) : ⇨코발트(=).

불림(燒準, normalizing) : ①열처리방법 중 하나. ②결정립(結晶粒)을 미세화하고 조직을 균일하게 하여 강력한 재료로 만들기 위한 목적으로 A3(910℃) 또는 Acm 변태점 이상의 적당한 온도로 가열한 후 대기 중에서 냉각시키는 열처리.

불바르(boulevard[프]) : ①E. 하워드의 전원도시 모델에서 제안된 것으로 나무가 늘어진 큰 길. ②가로수나 식수대가 있는 보도. ③도폭이 넓은 상징적인 도로. 환상도로로 오스만의 파리개조계획이 그 시초임. ④파리의 샹젤리제 거리와 같은 도시의 심벌이 될 만한 도폭(道幅)이 넓은 가로. ⑤여유가 있는 보도와 차도의 도폭 구성 안에 정연한 가로수, 풍치 있는 가로조명, 품격 있는 연도의 가로경관, 거기에서 도시의 얼굴로서 격식 높은 가로경관이 표출됨. ⑥일반적인 가로구성은 직선적이고 정면에 철도역과 시청사·성곽·궁전·광장 등의 상징적인 공공시설이 존재하는 등 다른 가로와 다른 도시구조상 의미가 있음. ⑦구미에서는 상징적인(symbolic) 도로와 몰(mall)이라고 불리는 풍부한 가로수를 가진 가로가 도시의 중심부에 존재함. ⑧일본에서도 대로나 넓은 소로로 불리는 역사적인 가로가 있고 또 근대 도시계획에 의해 많은 가로가 만들어져 왔으며, 그 중에는 상징적 의미뿐만 아닌 방재적(지진·화재) 측면에서 만들어진 것도 많음. 근년의 경우 각지의 역사적 축적인 가로가 심벌도로(symbol load)로서 재정비되는 경향이 있고, 풍부한 노폭의 여유 있는 보도와 차도의 구성과 복수열로 심어진 가로수·풍치 있는 노면포장과 경계석·가로등과 신호기 등의 디자인화가 시행되는 등 질 높은 가로경관이 출현하고 있음.

불발기 : ①널문 또는 종이를 두껍게 붙인 창문의 중간 일부에 채광이 되도록 완(卍)자 살 등을 짜서 붙인 창호지를 붙인 것. ②앞뒤로 한지를 두껍게 바른 맹장지 중간에 직사각형·팔각형 등의 울거미를 만들고 속에 교살·정자살·완자살 등의 모양을 짜 넣은 문이나 창. ③현재의 플러시 도어(flush door)에 자그마한 유리를 끼운 형식의 문. ④불발기문·불발기창(=).

불발기문(-門) : 장지의 한가운데에 가는 살을 짜 대고, 창호지를 붙여 채광이 되도록 위아래 부분의 안팎을 종이로 두껍게 싸 바르는 문.

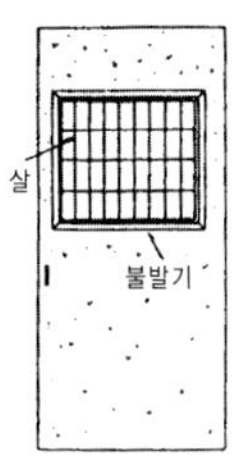

불발기문

불발기창(-窓) : 사각이나 팔각형의 울거미에 여러 모양의 살대를 넣고 한지를 바른 창.

불벽 : ⇨포벽(=).

불변강(不變鋼) : 온도의 변화에 따라 자기의 특성을 변화하지 않는 강(내열강·내한강).

불변성(不變性, constancy) : ①크기에 있어서 확연한 차이는 멀리 떨어져 있더라도 어떤 것을 구별하고, 특징짓기 위해서는 무시되며, 이런 것들은 물건의 일정한 크기와 불변하는 색깔과 질감을 가지고 있는 것으로 지각을 이끌어감. ②항구성(=).

불세공(-細工, buhl(work)) : 황동과 별갑(鼈甲)을 이용한 앙드레 샤를르 불르(Andre Charles Boulle)의 상감기법.

불소수지(弗素樹脂, fluorocarbon resin) : ①불소수지의 주쇄는 C-C결합으로 이루어지는 폴리올레핀과 같은 결합인데 폴리올레핀 수소의 일부 또는 전부가 불소원자로 대치된 구조를 가진 합성수지. 라틴어로 '흐르다'라는 뜻을 가진 fluo에서 유래되어 fluorite라 불렀음. ②물리·화학적 모든 성질이 탁월하여 '만능수지'라 불리며 250℃의 고온에서도 연속 사용이 가능하고 -100℃에서도 그 성질의 변화가 없는 수지. 용도는 접착제·코팅제로 사용함. ③시판되고 있는 것으로 8종류의 불소(Fluorine) 수지가 있는데 그중에서 70%인 폴리테트라 플루오르 에틸렌(PTFE)이 대표적임. PTFE는 테프론이란 상품명으로 알려져 있는 결정성 수지로 260℃에서의 장기사용에 견디는 내열성이 있고 내약품성, 전기절연성, 고주파특성, 비접착성, 저마찰계수, 난연성 등이 특이한 플라스틱.

불소수지피막공법(弗素樹脂皮膜工法, PVDF; Poly Vinylidene De Fluoride method) : ①도장공법의 일종. ②내열성·내구성·내약품성·내식성·내후성 및 전기절연성이 매우 우수한 불소수지를 금속표면에 처리한 도장. ③특징 ; ㉠색상이 다양하며 보수가 용이함. ㉡공장의 자동 라인(line)에서 생산되므로 품질이 우수함. ㉢피막두께의 기준치가 30.48μ 이상. ㉣도장 전 표면에 피막처리하여 도료의 부착성을 향상시킴.

불수강(不銹鋼) : ⇨스테인리스스틸(=).

불스트레처(bull stretcher) : ⇨시너(=).

불식쌓기(佛式積, Flemish bond) : ①매 켜마다 길이쌓기와 마구리쌓기를 번갈아 나오게 쌓는 방법. ②끝부분이나 모서리에 반토막이나 이오토막이 많이 사용됨. ③의장효과가 좋아 치장용으로 많이 사용. ④통줄눈이 많이 생기므로 내력벽보다는 실내 칸막이벽에 적합. ⑤원래 고대 플란더즈(Flanders) 지방에서 사용하던 쌓기 방법으로 플레미시를 불식으로 오기(誤記)한 데서 비롯됨. ⑥⇨벽돌쌓기.

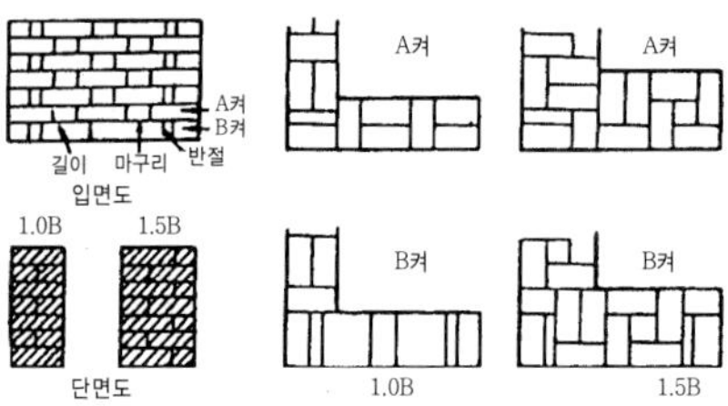

불식쌓기

불안정구조물(不安定構造物, unstable structure) : ⇨안정구조물(⇔).

불연석고적층판(不燃石膏積層板) : ①방화용 석고판의 일종. ②불연성 보드용 원지를 표면에 붙인 판.

불연속스펙트럼광(不連續-光, discontinuous spectrum) : ①특정한 파장색만을 나타내는 광. ②광이 백색으로 보이더라도 분광기(分光器)로 보면 스펙트럼을 따라 어떤 색의 밝은 라인(line)이나 공백이 나타나는 것을 알 수 있음. ③수은등 또는 나트륨등은 연속 스펙트럼광과 불연속스펙트럼이 합쳐진 광임.

불연재료(不燃材料, non-combustible materials) : ①불에 타지 않는 재료. ②콘크리트·벽돌·기와·석면판(石綿板)·철망·알루미늄·유리·모르타르·회(灰), 기타 이와 유사한 불연성 재료로서 국토교통부 장관이 정하는 기준에 적합한 것. ③화재시 불에 녹거나 적열(赤熱)되는 경우는 있어도 연소현상을 일으키지 않는 재료.

불완전아치(不完全窮窿, imperfect arch) : ①포물선(抛物線) 아치 이외의 아치. ②분포가 같은 하중에 대해 축방향력만으로 힘의 평형이 성립하는 특징을 가지고 있음. ③완전아치(⇔).

불완전연소(不完全燃燒, incomplete combustion) : 연료(중유·등유·가스 등)에 충분한 산소를 공급하지 않고 연소하는 상태.

불용해잔분(不溶解殘分, insoluble residue, insol) : ①시멘트를 염산 및 탄산나트륨 용액에 넣었을 때 녹지 않고 남는 부분. ②보통 포틀랜드시멘트의 경우 불용해잔분은 일반적으로 첨가한 석고 중의 점토분에 의하면 0.1~0.6% 정도. ③시멘트 원료 중 점토분은 거의 전량이 산(酸)에는 불용성분임.

불워크(Boulle(work)) : ①앙드레 찰스 불(Ander Charles Boulle)에 도입된 상감법. ②독일산 은·청동이나 껍데기를 사용함. ③17세기 가구 장식에 이용.

불이문(不二門, gate of nonduality) : ①사찰의 삼문 중에서 마지막 문. ②종교적으로는 수미산 정상에 오르면 제석천왕(帝釋天王)이 다스리는 도리천(忉利天)이 있고 도리천 위에 불이(不二)의 경지를 상징하는 불이문이 있음. ③제석천왕(帝釋天王)은 현실 세계인 사바세계를 다스리는 천왕으로 중생의 번뇌와 죄를 다스리는 역할을 함. ④상대적이고 차별적인 것을 모두 초월하여 절대적이고 평등한 진리를 나타내는 가르침. ⑤해탈문(=).

불전(佛殿, Buddhist halls) : 부처를 모신 집.

불충분형태(不充分形態) : ①분절이 잘 안 된 형태. ②⇨분절.

불쾌글레어(不快-, discomfort glare) : 잘 보이지 않는 정도는 아니지만 신경이 쓰이거나 불쾌감을 느끼게 하는 상태.

불쾌지수(不快指數, discomfort index ; D.I) : ①1959년 미국 기상대(U. S Weather Bureau)에서 기후의 쾌적도를 온도 및 습도만의 단일척도로 표시하기 위해 처음 사용한 개념. ②기온과 습도의 조합으로 구한 체감온도를 화씨온도(°F)로 표시한 것. ③불쾌지수 75란 체감온도(°F)가 화씨 75°를 의미. ④기후에 대한 쾌적감은 기온·상대습도·기류·복사량과 같은 여러 가지 기후요소가 종합적으로 작용되며, 또 인체에 기인하는 심리적 요인·개성·문화 등에 의해 결정되기 때문에 매우 복잡함.

불쾌현휘(不快現輝) : ⇨현휘.

불투명도료(不透明塗料) : 안료(顔料)가 혼입(混入)되어 칠막(柒膜)이 불투명하게 되는 도료.

불투명유리(不透明琉璃, ground glass, frosted glass) : ①표면을 불투명하게 만든 유리. ②금강사(金剛砂)를 공기로 내뿜거나 물과 금강사를 이용하여 불화수소·불화암모니아·초산(醋酸)·칼리 등의 혼합 수용액(水溶液)으로 부식시키는 방법이 있음. ③유리면에 문양을 넣을 수도 있음. ④무광택유리(=).

불투수성(不透水性) : 물이 침투하기 어려운 성질.

불틴(boultine[프]) : 사분원의 작은 둥근 몰딩.

불펜형 오피스(-型-, bullpen type office) : ①클로즈드 오피스의 일종. ②단순하면서도 다량의 업무를 효율적으로 처리하기 위하여 고안된 것. ③단일 작업인 경우 중앙에 정보처리를 위한 책상을 몇 개의 시스템 라인(system line)으로 구성·배치하며 중앙에 에워싼 결정권자의 개인실 또는 독립된 영역을 배치하여 관리·통제하는 방식의 오피스.

불포화폴리에스테르수지(不飽和-樹脂, unsaturated polyester resin) : ①열경화성수지의 일종. ②특징 ; ㉠비중(25℃) 1.53~1.57, 인장강도 420~700(kgf/㎠), 신율 0.5~5%, 탄성계수 2.1~4.5(10^4kgf/㎠). ㉡전기절연성·내열성·내약품성이 우수하나 내산·내알칼리성은 약함. ㉢유리섬유를 강화재로 보강한 FRP는 경량으로 강도가 높고 내구성·투광성 등이 있음. ③주로 골판·평판의 대형 성형품과 필름·화장판·채광판·도료·접착제·도막방수제·방식라이닝재 등으로 사용함.

불화비닐수지(弗化-樹脂, polyvinyl fluoride) : ①염화(鹽化)비닐수지의 염소(鹽素)원자를 불소원자로 바꾼 구조. ②강한 C-F 결합 때문에 내후성(耐候性)·내약품성(耐藥品性)이 뛰어나며, 방수시트·외벽의 표층재(表層材)로 사용.

불화소다(弗化-, sodium fluoride) : ①목재 방부제의 일종. ②침투성은 우수하지만 유실(流失)이 많음. ③단독으로 사용하지 않고 유기화합물과 혼합하여 사용. 혼합 방부제를 월만염(Wolman鹽)이라고 함.

불활성가스(不活性-, inert gas) : ①다른 물질과 반응을 일으키지 않는 화학적으로 안정된 가스. ②화학적으로 불활성인 희(稀)가스의 원소. ③헬륨(helium)·아르곤(argon)·네온(neon)·크립톤(krypton)·크세논(Xenon)·라돈(radon) 등 6가지.

불황기 모던(不況期-) : ①1935~45년(10년간)의 경제적 불황 기간에 유행한 디자인 양식. ②단순성·형태의 부드러움·선의 명료함·수평성·간결하고 기능적인 표현이 특징임. ③그 이전 10년까지 유행한 장식성이 강하고 호화로운 아르데코(Arts Deco)에 반발함.

붉은녹색(-綠色) : ①관용색명으로 어두운 주황. ②먼셀기호 9R3.5/8.5.

붉은벽돌(赤甓乭, red brick) : ①진흙을 빚어 소성한 적갈색의 벽돌. ②KS규정에 의한 보통벽돌. ③검정벽돌·시멘트벽돌·기타 벽돌과 구별할 때 사용하는 관용어. ④적벽돌(=).

붉은집(red house) : ⇨레드하우스(=).

붉은퍼티(red putty) : ①광명단(光明丹)·주토(朱土) 등을 아마인유로 반죽한 것. ②기성품이 아니고 현장에서 적당히 혼합하여 사용. ③보통 연백이나 아연화 등을 혼합하여 사용하는데 연백·아연화·광명단·아마인유 비율은 중량비 5 : 1 : 1 : 2로 혼합. ④가스관·배수관 접합부에 삼실(麻絲)이나 삼섬유(麻纖維)로 감고 붉은 퍼티 칠을 하면 방수·방청 등의 충전제(充塡劑)가 됨.

붓꽃색(-色, iris) : ①관용색명으로 파랑을 띤 보라. ②먼셀기호 3P4/11.

붓처리마감(-處理-, dragged finish) : 젖은 페인트 위에 붓을 상하로 움직여 붓자국을 내는 페인트 마감.

붓형 발(paintbrush foot) : 안쪽으로 휘어진 페인트 붓과 유사한 의자 및 테이블의 발.

붕산플린트글라스(硼酸-) : ①내부식성과 굴절률이 크고 열팽창률이 작은 유리. ②산(酸)성분은 붕산을 쓰고, 염기성분은 납(鉛)을 씀. ③주로 이화학기구 등에 쓰임.

붕어자물쇠 : 붕어 모양을 한 자물쇠.

붕어톱 : 붕어처럼 톱의 등이 둥그스름하게 굽은 톱.

붙박이(built-in, fixed fitting) : ①가구류를 벽체 속이나 벽체에 붙여 건물의 일부가 되도록 만든 것(건축화). ②창문 틀에 끼운 채로 개폐할 수 없게 만드는 것 또는 상태.

붙박이가구(-家具, built-in furniture) : ①벽과 가구가 일체화되어 있는 형태로 공간의 낭비 없이 이용하는 경제적 가구. ②공간절약 효과가 커 공간 사용을 극대화할 수 있음. ③바닥에서 천장까지 수납되므로 일반가구보다 약 2.5배까지 수납이 가능. ④공간을 효율적이고 쓸모 있게 하여 통일감을 주며 공간 내에서 가구배치에 의한 시각적 혼란이 일어나지 않도록 함. ⑤붙박이가구를 수납계획에 따른 내부 공간계획과 인간공학을 고려하여 적절한 유닛의 시스템 가구로 처리하면 더 효율적이고 기능적인 가구가 됨.

붙박이문(-門, fixed door) : 고정시켜 개폐를 못하게 만든 문.

붙박이시스템가구(-家具, built-in system furniture) : ①붙박이 가구에 시스템을 적용한 수납가구. ②수납 시스템 가구를 붙박이 가구에 적용하면 공간을 극대화하여 사용할 수 있음.

붙박이식 침대(-式寢臺, built in bed) : 전용 캐비닛 또는 벽 속에 침대 본체를 넣어 둘 수 있는 형태의 침대.

붙박이창(-窓, fixed sash window) : ①창틀에 끼워 개폐를 못하게 만든 창. ②개폐할 수 없는 창문으로 환기는 필요 없지만 채광이 필요하거나 개폐하기 곤란한 데 쓰지만 의장의 목적으로 쓰는 경우도 있음. ③데드라이트·픽스라이트·픽스새시·픽스새시윈도(=).

붙인굴뚝(attached chimney) : ①건물의 벽(내벽 또는 외벽)에 붙여서 축조한 굴뚝. ②굴뚝의 상부는 옥상으로 솟아 나오게 됨. ③내벽인 경우에는 벽난로 설치에 적용.

붙임 : ⇨이음(=).

붙임공법(-工法, attached methods) : ①규산칼슘판·석고성형판 등의 내화피복성형판을 물유리계의 내열성 접착제 등으로 붙이는 공법. ②치장마감이 가능함.

붙임기둥(attached column) : ①조적조 벽체에서 약간 돌출시켜 마치 기둥모양으로 보이게 만든 것. ②긴 조적벽체의 보강 또는 집중하중을 받는 곳에 붙여 만듦.

붙임대 : ①탕개붙임할 때 널빤지 이음이 어긋나지 않도록 위아래에 대는 나무. ②탕갯대(=).

붙임벽(附壁, engaged wall, attached wall) : ⇨부축벽·버트레스(=).

붙임혀 : ①선자의 초장. ②추녀 좌우 볼때기에 붙인 것.

뷔요트램프(bouillotte lamp[프]) : ①황동 베이스에 3~4개의 촛대가 놓여 있고 불 중앙 축 위에 갓이 있는 18세기 후반의 테이블 램프. ②보통 작은 장식 테두리 테이블(gallery table)과 함께 한 세트를 이룸.

뷔요트테이블(bouillotte table[프]) : 테이블의 대리석 상판 둘레에는 장식 테두리가 있고, 상판은 낮은 청동장식 테두리로 둘러싸여 있으며, 그 아래의 에이프런 안에는 한 쌍의 양초 넣는 곳과 두 개의 서랍이 있는 18세기 후반의 테이블.

뷔페(buffet, beaufait[프]) : ①식사용 액세

서리를 보관하기 위한 가구로 음식을 서브할 수 있는 상판이 있는 사이드보드(sideboard)나 찬장(cupboard) 또는 상부에 찬장이나 선반장이 달린 일종의 측탁(側卓, side table). ②초기 르네상스에는 중세의 찬장과 유사하며, 베이스로 받쳐져 있으며 전체는 주로 원기둥·메달리온·아라베스크 등으로 장식되어 있음.

뷔페레스토랑(buffet restaurant) : ①고객이 차려진 음식 중 원하는 것을 직접 그릇에 담아먹는 실리적인 간이식당. ②좌석과 음식진열대는 분리되면서 유기적인 동선의 흐름이 되도록 레이아웃(lay out)하여 손님이 그릇에 직접 담아먹는 셀프서비스(self-service)로 운영.

뷰로(bureau[프]) : ①원래 필기면으로 사용되었던 상판을 덮는 천을 의미하였음. ②책장과 비둘기장(pegeonhole)형 칸막이가 있는 책상.

뷰로아실랭드르(bureau à cylindre[프]) : ①곡선형 전면 뚜껑이 위로 말아 올려지며 열리는 책상. ②원통전면형 책상(=).

뷰로앙팡트(bureau en pente[프]) : ①접혀지는 경사진 덮개가 있는 책장. ②세크레이테르앙팡트(=).

뷰로테이블(bureau table) : 위에 넓고 얕은 칸막이가 있고 그 상부는 뒤에 정첩으로 연결된 경사진 덮개가 있는 17세기 후반 영국의 서랍 달린 책상.

뷰로플랫(bureau plat[프]) : ①평평한 책상이나 글을 쓰는 테이블. ②프리즈(frieze)에 3개의 넓은 서랍이 있는 상판이 주로 가죽으로 덮여 있는 커다란 사각형 책상. ③17세기에 개발되어 프랑스에서 크게 유행.

브드와르(boudoir[프]) : 여자가 혼자 사용하는 사실(私室) 또는 개인 아파트. 화려한 실내장식과 가구가 설비된 방으로 루이 15세 시대에 궁중생활의 주요공간으로 여성들은 손님을 이 방으로 초대하여 대접함.

브드와르의자(-椅子, boudoir chair[프]) : ①여성실 욕실이나 옷 갈아입는 방(dress room)에 사용된 전체가 직물로 씌워진 소형 의자. ②어떤 양식이나 시대의 모양도 사용 가능하지만 프랑스의 로코코 의자가 주로 쓰임.

브라스가구(-家具, brass furniture) : 1850~1900년 신고전양식 시대에 유행된 황동관이나 주조한 황동으로 만든 가구.

브라우징룸(browsing room) : ①도서관에서 부담 없이 편안한 분위기에서 독서를 할 수 있도록 가구 등을 설비하여 주로 잡지·오락도서 등을 자유로이 꺼내서 읽는 형식으로 된 공간. ②별도의 공간에 설치되지 못한 경우에는 열람실 코너에 설치하기도 함.

브라운석(-石, brown stone) : 19세기 미국 동부에서 건축에 사용되던 어두운 밤색 또는 붉은 밤색의 사암(砂岩).

브라운컬러(brown color) : 갈색.

브라질목(-木, Brazil wood) : 마호가니와 유사한 붉은 색을 띤 나무.

브라켓 : ⇨브래킷(=).

브래킷(bracket) : ①수평지지를 위해 수직벽에서 돌출한 부재. ②콘솔(console)이 그 원형임. ③서양 고전건축에서 처마 등의 무게를 받치기 위해 소용돌이 모양으로 쇠시리하여 돌출시켜 대는 까치발형의 부분 또는 보·도리 등을 내밀어 받치기 위하여 기둥·벽체 등에 설치한 돌출부분. ④코니스와 발코니·창문 아래에 구조적·시각적 지지대를 제공하는 수직면으로부터의 돌출물 또는 지붕과 발코니 등의 부재.

브래킷시계(-時計, bracket clock) : 벽에 매달린 돌출된 브래킷 위에 놓기 위해 디자인된 선반용 작은 시계.

브래킷조명(-照明, bracket light) : ①브래킷을 사용하여 벽이나 기둥에 부착한 장식성이 강한 조명. ②특히 광원이 시야에 직접 들어오지 않도록 차단막을 설치함.

브래킷푸트(bracket foot) : ①18세기 영국과 미국 디자인에 쓰인 캐비닛과 낮은 가구류의 다리 형태. ②직선으로 된 바깥

ㅂ

쪽 모서리와 곡선으로 된 안쪽 모서리를 갖는 다리(foot)를 가지고 있음. ③바깥쪽 모서리는 각지고 안쪽 모서리는 곡선처리. ④프랑스에서는 바깥쪽 모서리를 곡선처리.

브래킷형 발(-形-, bracket foot) : ①가구의 네 모서리에 각각 두 개씩의 판재를 연귀맞춤으로 짜맞추어 가구를 지탱하도록 고안한 발. ②브래킷의 형태에 따라 다양한 명칭이 있음. ③17세기에 사용되기 시작. ④콘솔레그(=).

브래티싱(Bratishing) : ①르네상스 가구에 사용된 나뭇잎 장식. ②영국 튜더양식의 스크린이나 상자형 가구의 상부 투각으로 된 마룻대 장식(cresting)에 사용됨. ③모티프는 튜더색 꽃(tudor flower)이라고 함.

브랜드(brand) : ①상표를 뜻하는 용어로 일반적으로 지명도가 높은 것. ②하나의 상품이 특정 제조업체의 제품임을 나타내는 마크(mark)·명칭(名稱)·회사명(會社名)·디자인(design)을 총괄하는 말.

브랜드경쟁(-競爭, Brand competition) : ①상표나 상호에 의한 경쟁. ②브랜드 경쟁은 피자전문점의 경우 '피자인'이나 '피자헛'과 같은 유명 브랜드가 각기 제품의 차별화 전략을 내세우면서 벌이는 비가격 경쟁이 있음. 이 경우 서로 다른 수요자층이 형성되게 마련임. ③브랜드 인지도가 높을 경우 자연히 고객이 몰리게 되어서 개별 기업 차원에서는 자사의 브랜드 이미지를 높이기 위한 광고는 물론 매장 분위기의 이색화 등에 적극 나섬. ④그밖에 같은 브랜드라도 백화점이나 할인점에서 서로 다른 가격으로 판매하는 등 서비스나 포장 등의 차별화를 통해 경쟁하게 되는 경우. ⑤동일한 제품이라도 할인점보다 가격이 비싼 백화점에서 쇼핑할 경우 여러 가지 서비스나 쇼핑분위기 등에서 고객에게 만족감을 줌. 반면 할인점 판매의 경우 동일한 제품을 보다 저렴한 가격에 구입했다는 만족을 고객에게 줌.

브랜드네임(brand name) : ⇨브랜드.

브랜드이미지(brand image) : ①특정 브랜드에 대해 소비자가 갖는 이미지. ②소비자는 상품의 광고나 PR에 의해서 고정적인 이미지를 갖는바 타(他) 제품과 구별. ③신뢰감이나 친근감 있는 브랜드 이미지 형성은 판매촉진의 기본적인 요건 중 하나임.

브레이드(braid) : ①묶는 장식이나 마무리 장식으로 사용된 실크·면 또는 다른 섬유를 몇 가닥으로 꼬아 합친 좁은 띠. ②커튼 가장자리 장식의 일종. ③반드시 끝이 아니더라도 디자인에 맞춰 붙임.

브레이스몰딩(brace moulding) : ①두 개의 오지(ogee)가 대칭되도록 배치하여 돌출된 형태를 지닌 몰딩. ②킬(=).

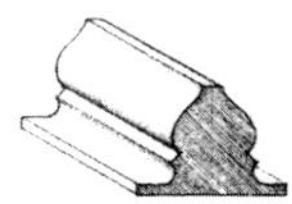

브레이스 몰딩

브레이스앤드비트(brace and bit) : 굽은 손잡이가 달린 송곳.

브레이크프런트(breakfront) : ①하나 또는 그 이상의 돌출 부분을 갖고 있는 캐비닛 전면부. ②18세기 영국과 미국의 찬장·캐비닛·세크러터리 등에서 중앙면이 다른 두 측면보다 더 돌출되거나 후퇴되어 있는 전면부 또는 그런 전면부를 지닌 상자형 가구.

브레인스토밍(brainstorming) : ①창의적인 착상을 개발하기 위해 사용되는 집단 촉진회의. ②아이디어 창출방법의 하나. ③집단토의식(group discussion) 발상법. ④한 가지 문제를 집단적으로 토의하고 제각기 자유롭게 말하는 가운데 정상적인 사고방식으로는 도저히 생각할 수 없는 독창적인 아이디어가 나온다는 것. ⑤일정한 주제를 놓고 10명 이내의 인원이 자연스런 발언을 해 나가는 과정에서 새로운 아이디어를 얻는 방식.

브로드룸(broadloom) : ①너비가 최소한 1,300㎜ 이상의 직기에서 직조(織造)한 카펫. ②이음새 없이 깨끗하게 마감되는 장점이 있음.

브로드에이커(Broad Acre) : ①F. L. 라이트에 의한 이상도시계획안. ②인간성의 완전한 발전을 성취하려는 자급자족적 커뮤니티를 가리킴. ③면적 약 10㎢로 농장·공장·학교와 소규모 대학도 포함해서 어린이 없는 세대로 할당된 최소의 토지 단위는 0.4ha가 되고 있음.

브로드클로스(broad cloth) : 일반적으로는 내구성이 강하고 광택이 풍부한 평직의 면직물. 올이 치밀한 펠트풍(風)의 울을 가리키는 경우도 있음. 주로 가구커버에 적당하며 종종 커튼에도 사용됨.

브로셰(broché[프]) : 자수처럼 짜여진 도드라진 작은 꽃무늬 디자인이 있는 브로케이드(brocade)와 유사한 실크(silk)나 새틴(satin)의 천.

브로슈어(brochure) : ①안내서·설명서 등으로 사용되는 가제본된 소책자의 일종. ②형식은 북릿과 같으나 북릿(booklet)보다 지질(紙質)·인쇄·제본 등이 고급스러운 것.

브로이어체어(Breuer chair) : ①캔틸레버 의자의 전형으로서 브로이어(Marcel Breuer, 1902~)가 1928년 디자인한 의자. ②하나의 강철파이프로 이루어짐.

브로치(broach) : ⇨브로치스파이어(=).

브로치스파이어(broached spire) : ①정사각형인 평면의 탑 위에 세워진 8각형으로 된 첨탑(尖塔). ②4각의 모서리에 브로치(broach)라고 하는 작은 지붕이 있음.

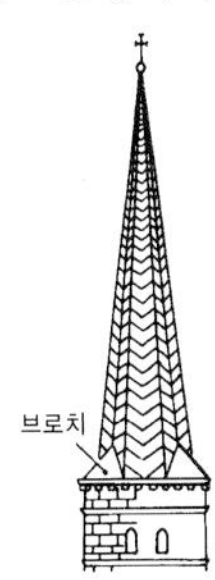

브로치 스파이어

브로카텔레(brocatelle[이]) : ①황색 바탕에 백색·회색·적색의 얼룩반점이 있는 석회암 또는 대리석. ②이탈리아의 세공한 가죽모방품. ③도드라진 무늬가 있는 다마스크(Damask)와 유사한 두꺼운 자카드천. ④무늬는 주로 능직의 바닥에 실크로 직조되었음. ⑤큰 소파나 가구용 직물로 사용됨.

브로케이드(brocade) : ①금·은사 또는 다양한 색실로 변화를 주거나 꽃·잎장식 또는 다른 장식물로 도드라지게 장식한 실크·새틴·벨벳과 같은 직물. ②주로 전통적인 실내공간에서 드레이퍼리(drapery)와 가구용 직물(upholstery)로 크게 애용함.

브로켄페디먼트(brocken pediment) : ①원래 로마장식에서 유래하여 바로크 시대에 유행한 열린 박공장식으로 삼각형에서 정점(頂点)이 열려져 변형되어 있는 박공장식을 총칭. ②열린(brocken) 부분은 그대로 두거나 가운데에 도자기 또는 꼭지 장식(finial) 등을 넣기도 함. ③종류는 열려진 부분의 디자인에 따라 격자형·나선형으로 구분.

브로켄 페디먼트

브론즈(bronze) : ⇨청동(=).

브론즈색(–色, bronze color) : ①브론즈는 청동(青銅), 즉 구릿빛을 나타내는 색 이름. ②청동색과는 다름. 청동색은 청록색이 낀 구릿빛이지만 브론즈는 구리 그 자체의 색. ③황색 기미의 갈색(yellowish brown). ④먼셀기호 2.0Y5.0/4.5. ⑤청동색(≒).

브루스터의자(–椅子, brewster chair) : ①목선반 가공된 굴대와 골풀 좌판이 있는 초기 잉글랜드 의자. ②엘더 브루스터(Elda Brewster)의 이름에서 유래된 의자. ③등받이에 수평 가로대가 있는 카버의자(carver chair)와 형태가 유사. ④주로 등받이 위에 겹줄을 가지고 있음.

브루탈리즘(Brutalism in architecture) : ①1950년에 젊은 건축가들의 작품에서 볼 수 있는 새로운 경향. ②매끄럽고 깊이 없는 커튼 월에 강렬한 형태와 거친 표면을 강조하는 근대건축의 한 조류. ③특히 타설 콘크리트와 같은 기본 건물시공 과정의 미학적 사용을 강조하여 시각적 즐거움에는 뚜렷한 의미를 두지 않았음. ④르 코르뷔지에에 의해 마르세유 주거단

ㅂ

지에서 유래되어 그의 추종자들에 의해 다른 건물재료로 확산되었음. ⑤1945~60년에 유행한 건축양식으로 주로 콘크리트와 같이 자연 그대로 노출된 재료로 거대한 스케일 속에 그 자체를 표현하는 현대적 양식에 적용·지칭하는 용어.

브뤼셀카펫(Brusel's carpet) : ①면바닥에 윌튼 직기로 직조한 굵은 양모의 고리형 파일카펫(loop pile). ②주제는 전쟁·신화 종교적인 장면으로 직조한 인물의 머릿글자·모노그램(monogram) 등의 서명 또는 지방의 상징 표지나 붉은 방패 안에 'B' 등이 있음. ③1740년 영국에 소개되어 널리 사용되었으며, 특히 내구성이 뛰어난 것이 특징.

브르노의자(-椅子, bruno chair) : ①1930년 체코의 브르노(Burno)에 투겐햇 하우스(Tugendhat house)를 위해 미스 반 데어 로에(Ludwig Mies van der Rohe : 1886~1969)가 디자인한 강판이나 편철로 만든 외팔보 형식의 의자. ②1927년 처음 강판으로 만든 외팔보 구조 의자(cantilevered chair)를 개선한 것.

브리넬경도(-硬度, Brinell hardness) : 브리넬경도시험에 의해 나타난 재료의 경도.

브리넬타각법(-打刻法, indentation of Brinell) : 금속·목재 등에 대한 경도(硬度)의 표시 방법.

브리즈블록(breeze block) : 시멘트와 석탄을 섞어서 만든 속이 빈 가벼운 건축용 블록.

브리즈-솔레이유(brise-soleil[프]) : ①원래는 햇빛의 눈부심을 막기 위해 설치한 차양(遮陽, screen). ②직사광선이 창문으로 들어오는 것을 막기 위해 건물 밖에 설치한 창 스크린. ③근래에 와서는 종종 일조(日照)를 조절할 수 있는 루버(louver)의 형태를 취하며 건축의 효과적인 부분으로서 건축화(建築化)된 것을 가리킴. ④르코르뷔지에는 자신의 작품에 적극적으로 사용.

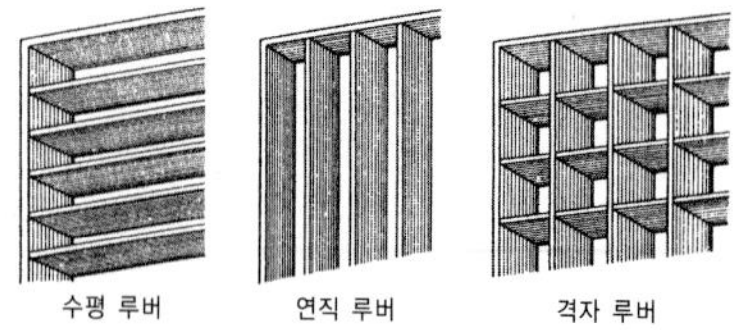

브리즈 솔레이유

브리즈웨이(breezeway) : ①건물과 건물 또는 차고 사이를 연결하여 옥외로 트인 지붕이 있는 통로. ②주택과 차고를 연결하는 지붕 덮인 연결통로. ③건물의 두 부분이나 두 개의 건물을 연결하는 개방된 통로를 '도그트롯(dog-trot)'이라고도 함.

브리지(bridge) : ①차량이나 보행자가 통행할 수 있는 충분히 높은 공간 위의 두 접점 사이에 스팬(span)을 사용하여 연결시킨 구조물. ②⇨육교·고가도로.

브리지보드(bridge board) : 계단의 발판을 받치는 톱니모양의 옆 널빤지.

브리티시뮤지엄(British Museum) : ⇨대영박물관(=).

브릭레드(brick red) : ①붉은 벽돌색. ②원숙한 느낌을 주는 적갈색. ③적등(赤橙) 계통의 브라운이며, 산뜻하고, 강함. ④먼셀기호 10YR 5/9.

브릭아브랙(bric-a-brac[프]) : 장식에 사용하는 희귀하고 작은 예술품.

부스와르(voussoir[이]) : 아치를 트는 데 쓰는 쐐기꼴의 석재(홍예석).

브와듀르시(bois durci[프]) : ①1850~1900년경 프랑스와 영국에서 흑단을 흉내내어 사용한 대체품. ②흑단과 장미목과 같은 목재의 붉은 수액과 미세한 톱밥·물 등으로 만든 물질. ③건조시키면 단단하고 성형하기에 좋아 명판(plaques)·메달리온(medallion)·장미문양(rosettes) 등 장식물의 돋을새김 세공에 사용됨.

브와드스파(bois de spa[프]) : ①17~18세기의 가구와 장식물에 쓰이던 옻칠공예 장식기법. ②검정바탕에 금으로 그려지는 중국식 장식인 시누아즈리(Chinoiserie) 모티프로 구성되어 있음.

브와제리(boiserie[프]) : ①17~18세기 프랑스에서 벽 위에 조각된 목재판 벽널과 장식적인 목가공. ②로코코와 네오 로코코 실내에서 백(白)색조의 판벽널 위에 금박으로 장식되어 있음.

브와클레르(bois clair[프]) : 단풍나무(maple tree)·과실수(fruit wood) 등 가벼운 경량(輕量) 목재.

브이디티(VDT ; Video Display Terminal) : 컴퓨터를 조작하는 데 필요한 키보드와 스크린 등.

브이메스틱(V-mestic) : ①도료의 일종. ②다양한 무늬를 형성함. ③미장작업으로 공기가 단축. ④내수성·작업성·접착력·내후성·통기성이 우수함. 특히 단열성이 매우 우수함. ⑤시멘트나 콘크리트 내·외벽면에 사용.

브이엠디(VMD ; Visual Merchandising) : ①상품과 고객 사이에서 치밀하게 계획된 정보전달 수단으로 장식된 시각과 통신을 꾀하고자 하는 디스플레이 기법. ②상품계획·상점계획·판촉 등을 시각화하여 상점 이미지를 고객에게 인식시키는 판매전략의 머천다이징(merchandising). ③VMD;㉠상점의 이미지 형성. ㉡타점(他店)과의 차별화. ㉢자점(自店)의 주장. ㉣VMD의 요소 : 쇼윈도(show window), VP(visual presentation), IP(item presentation), 매장의 상품 진열. ④머천다이징(≒).

브이(V)자홈줄눈(-字-, V-shaped joint, ruled) : V형 홈을 판 줄눈.

브이(V)줄눈 제혀쪽매(tongue and groove joint with V-joint) : ⇨제혀쪽매.

블라인드(blind) : ①햇빛 또는 시선을 가리기 위해 제작·사용하는 것을 총칭. ②직사광선을 막는 불투명 커튼의 일종. ③차양·미(비)늘창·루버·발·커튼 등.

블라인드 네일(blind nail, blind nailing, secret nailing, concealed nailing) : ①작업면에서 못머리가 보이지 않도록 못을 박는 것. ②지붕마감 또는 바닥널깔기(특히 반턱쪽매) 등에서 못이 바깥쪽으로 노출되지 않도록 안으로 박는 것.

숨은 못치기

블라인드벽(blind wall) : 주로 시각적인 차단을 위해 가변적인 벽체로 사용되는 블라인드.

블라인드스토리(blind story) : ⇨트리포리엄.

블라인드아치(blind arch) : ①개구부의 테두리라기보다는 오히려 우묵하게 들어간 평평한 벽으로 만들어진 벽 속에 있는 아치. ②개구부가 구조적인 벽체로 폐쇄된 아치. ③석조물의 단조로운 확장과 다른 방식의 장식을 위해 사용됨.

블라인드아케이드(blind arcade) : ①개구부 없이 벽면에 장식으로 만들어진 아케이드. ②로마네스크 건축에서 장식적인 요소로 벽에 연속하여 만든 아치.

블라인드조인트(blind joint, closed joint) : 용접이음의 하나로 접합할 모재(母材) 끝과 끝 또는 끝과 면(面) 사이를 루트나 흠이 없이 붙인 상태로 용접하는 방법.

블라인드트레이서리(blind tracery) : 고딕건물에서 벽표면·나무패널 등에 설치한 창살장식.

블랙라이트(black light) : ①가시광선에 가까운 눈에 보이지 않는 자외선 에너지. ②형광페인트·염색 등에 사용되며 사용 후에 눈에 보이지 않음.

블랙라이트램프(black light lamp) : ①330~370nm(나노미터, 1nm=10^{-9}m) 파장의 자외선만을 내고, 빛을 거의 내지 않는 저압수은램프. ②형광도료 또는 그 외의 도료라도 이 자외선을 비추면 선명(鮮明)한 형광색을 발함. ③금속표면의 결함을 검사하는 데 사용됨.

블랙무어(Black Moor) : ①17세기 베니스의 무어인 하인을 소재로 화려하게 치장한 흑인의 장식적 동상. ②이탈리아 르네상스에 유행된 모티프. ③빅토리아 여왕시대에 다시 유행하였으며, 테이블의 페데스

ㅂ

탈(pedestal) 또는 횃불꽂이(torch holder) 등으로 사용되기도 함.

블랙무어스탠드(black-moor stand) : 흑인 형상의 페데스탈(pedestal)을 가진 스탠드. 윌리엄 앤드 메리 스타일(William and Mary style)에 널리 쓰였음.

블랙박스형(-型, black box type) : ①디자인 접근방법 중 디자이너의 직관을 중심으로 행해지는 방법. ②디자인 과정의 전개에 따른 각 결과가 작가의 머릿속에서만 설정되어 있음. ③디자이너의 아이디어 근거나 전개의 당위성을 타인이 알 수 없는 상태로 진행되는 방법. ④검은 상자법(=).

블랙에보니(black ebony) : ①엷은 색의 점과 줄무늬가 전혀 없는 것. ②에보니(=).

ㅂ

블랙오크(black oak) : 재질이 단단하여 가구나 마루판용으로 쓰이는 목피가 검은 참나무.

블랭킷브랜드(blanket brand) : ①여러 종류의 상품을 생산하는 회사가 자사(自社)의 기업 이미지를 일관성 있게 유지하기 위해 개별 상표를 사용하지 않고 통일된 상표. ②통일된 상표를 붙이는 것. ③패밀리 브랜드(=).

블런트아치(blunt arch) : ⇨드롭아치.

블레인값(specific surface area of cement by blaine) : ①시멘트의 분말도를 시멘트 1g당 ㎠ 단위의 표면적으로 나타낸 값. ② 보통 포틀랜드시멘트에서는 3,100~3,400 ㎠/g 정도를 나타내며 조강성시멘트는 이보다 높은 값을 나타냄.

블로램프(blow lamp) : ⇨토치램프.

블로아웃식 변기(-式便器, blow-out type) : ①변기 가장자리에서 세정수를 적게 내뿜고 분수구멍에서 분수압으로 오물을 불어내어 배출하는 대변기. ②사이펀 제트(siphon jet)식과 비슷하나 사이펀 작용보다 제트 작용에 중점을 두고 있는 점이 다름.

블로어(blower) : ①1,000㎜Aq의 토출압력을 가진 송풍기. ②⇨팬.

블로와의 성관(-城館, Château de Blois) : ①프랑스 중부 블로와 강 북안에 있는 왕가의 성관(城館). ②13~17세기에 걸쳐 건조한 건물이 네모진 안뜰을 둘러싸고 있음. ③건물 중앙에 고딕양식의 회의실(13세기), 루이 12세의 익(翼, 1498~1503), 아름다운 이탈리아 르네상스식의 돌출한 나선계단이 있는 프랑수아 1세의 익(1515~1524), 프랑수아 망사르가 건조한 고전적인 가스통 도를레앙의 익(1535~1538) 등이 유명.

블로운 아스팔트(blown asphalt) : ①스트레이트 아스팔트를 건류하여 윤활유를 뽑아낸 잔류품. ②파라핀계 석유의 감압(減壓) 찌꺼기 기름을 204~315℃로 가열하여 공기를 불어 넣어 찌꺼기 기름 중에 포함되어 있는 역청에 중합반응이나 축합반응을 일으켜 탄력성이 큰 아스팔트를 만드는 것. ③응집력이 크며 온도에 의한 변화가 적고 용해점이 높음. ④아스팔트에 광물성분말(粉末)을 혼합하면 내후성·내열성·명도가 증대되므로 표면처리용으로 사용할 수 있음. ⑤아스팔트 컴파운드(asphalt compound) 및 아스팔트 프라이머(asphalt primer)의 원료가 됨. ⑥신장성·점착성·방수성 등은 스트레이트 아스팔트보다 약함.

블록[1](block) : ①시멘트와 골재(모래와 잔자갈)를 배합하여 가압·성형한 후 양생한 것. ②시멘트 블록(cement block)·콘크리트 블록(concrete block)·속빈 시멘트 블록(hollow cement block)이라고 함. ③우리나라는 일반적으로 모래만을 사용하여 보강근(補强筋)을 삽입할 수 있도록 속이 비게 만들기 때문에 속빈시멘트 블록이라고 통칭(규격은 KS F 4002)함. ④불연재료(不燃材料)로 건물의 경량화를 도모할 수 있고 또 시공상 공기가 단축되며 경비를 절약할 수 있는 장점이 있음. ⑤주택·창고·공장 등과 같이 벽체가 많은 건축에 널리 사용. 또 라멘(rahmen)구조체의 칸막이벽으로도 많이 쓰임. ⑥나무·돌 따위의 보통 한 개 이상의 평평한 각석 또는 각재.

블록의 종류

종 류	압축강도	비 고
1 급	60kg/㎠	강모래·강자갈
2 급	40kg/㎠	강자갈

콘크리트 블록의 형상 및 치수(단위 : ㎜)

형 상	치 수			허 용 값	
	길이	높이	두께	길이 · 두께	높이
기본형블록	390	190	200 150 100	±2	±3

블록[2)](block) : ①도시계획에 있어서 한 구획(區劃) 또는 가구(街區). ②독립한 동(棟)을 이루는 건축물. ③객석의 1군(群)에 대한 호칭.

블록구조(-構造, block construction) : ①조적식 구조법의 하나로 블록을 모르타르나 콘크리트로 만들어 벽돌과 같은 방법으로 쌓아올려 벽체를 구성하는 구조법. ②특징은 내화적·방화적이고 경량이며, 시공이 간편하여 공기를 단축할 수 있음. 경비가 절약되며 목재의 소비가 적은 이점이 있는 반면 횡력에 약하고 균열이 생기기 쉬우며 고층이나 대규모 건물에 적합하지 않음. ③철근콘크리트로 보강하는 구조는 구미 각국에서 일찍이 개발하여 아파트·병원·학교·공장·저장소 등에 널리 사용.

블록상주두(-狀柱頭, block capital) : ①로마네스크 건축에 채용한 기둥머리의 한 형식. 일부를 네모지게 만들고 원형의 주신(柱身 ; shaft)에 적합하도록 그 아래 부분을 둥글게 만든 것. ②모양에 따라 '쿠션상 주두'라고도 함. ③받침주두(=).

블록쌓기(block bond) : ①철근콘크리트로 보강할 때나 경미한 벽으로서 특별한 의장(意匠)을 필요로 할 때는 통줄눈으로 하고 그 이외는 막힌줄눈으로 함. ②줄눈은 가로·세로 모두 6~12㎜ 정도로 하고 보통 10㎜로 함. ③블록쌓기용 모르타르 용적 배합비는 1 : 3이 보통이고, 1 : 5 이하로는 되지 않도록 하며, 강도는 블록강도의 1.3~1.5배, 시공묽기(施工軟度 ; workability)는 슬럼프 8cm 정도가 이상적이고, 물의 중량은 시멘트 중량의 60~70%가 좋음. 모래의 지름은 1.2㎜ 정도가 기준. ④모르타르에 수분을 유지시키고 끈기가 있게 하기 위하여 석회를 약간 혼입함. 블록은 쌓기 전에 모르타르 접합부에 물을 적당히 축여서 모르타르 경화에 지장이 없도록 함. 지나치게 물을 축이면 팽창·수축으로 벽체에 균열이 생기는 원인이 됨. ⑤인방블록은 문틀 위에 테누리보(wall girder)가 가까이 있고 문꼴 너비가 적을 때에 쌓으며 인방보는 좌우 지지벽에 최소 200㎜ 이상, 보통 400㎜ 이상 물리고 옆벽과 튼튼히 연결함. 인방블록 대신에 횡근용 블록을 쓰기도 함.

블록쌓기사춤 : ①재료 ; 사춤용 모르타르는 용적 배합비를 1 : 5 이상, 보통 1 : 3으로 하며, 사춤용 콘크리트는 1 : 2.5 : 3.5 또는 1 : 3 : 6으로 하고, 슬럼프는 중량블록에 사용하는 경우에 210㎜, 경량블록인 경우에 230㎜ 정도로 하며, 골재는 좁은 빈 속에 채우는 것이므로 10㎜의 체를 통과할 수 있는 가는 것이어야 함. ②부어넣기 ; 사춤은 블록 3~4켜 쌓을 때마다 콘크리트를 부어넣고 적당한 기구로 다짐. 이때 블록의 윗면에서 50㎜ 정도 밑까지만 채우고, 다음 사춤할 때 부어넣도록 하며 철근의 위치를 이동시켜서는 안 됨. 또한 철근을 이을 때에는 그 부분에서 사춤.

블록앤드베이스터닝(block and vase turning) : ⇨사각토막과 항아리형·선반가공재(=).

블록장막벽(-帳幕壁, block curtain wall) : ①장막벽(帳幕壁, curtain wall)으로서 블록을 쌓은 것. ②상부에서 오는 하중을 받지 않고 자체의 하중만을 담당하는 비내력벽(非耐力壁, nonbearing wall). ③보통 막힌줄눈으로 쌓지만 통줄눈으로 쌓기도 함.

블록조의 종류(-造-種類) : ①조적식 블록조. ②블록장막벽. ③보강블록조. ④거푸집블록조 등으로 구분.

블록킹(blocking) : ①바닥과 천장을 보강하기 위해 바닥과 천장 장선 사이의 공간을 메우는 작은 나무틀 구조재. ②도장강

ㅂ

재를 쌓아두거나 받침목을 이용, 적재하였다가 뒤에 분리시켰을 때 도막이 떨어지거나 현저히 변형되는 현상.

블록킹코스(blocking course) : ①건물 본체에 돌출되어 나온 돌로 된 돌림띠(cornice). ②고전건축에서는 돌림띠 바로 위에 평판의 석재를 옆으로 쌓은 층.

블록푸트(block foot) : ①사각형으로 끝이 뾰족해지지 않는 다리의 형태. ②끝이 뾰족해지면 스페이드(spade)·테이퍼(taper)·텀 푸트(therm foot)라 함.

블록프런트(block front) : ①18세기 영국과 미국의 가구에서 볼 수 있는 케이스 가구(case furniture)의 앞면 처리방법으로서 중앙부는 움푹 파이고 그 측량은 같은 폭으로 부드럽게 솟아 앞면에 굴곡이 생기게 하는 방법. ②18세기 뉴잉글랜드, 특히 뉴포트(New Port)의 서랍장이나 캐비닛(cabinet) 같은 상자형 가구의 앞면 처리방법. ③전면 형태는 북유럽의 영향을 받아 중앙이 오목하고 양 측면이 볼록한 형태로 3개의 평형곡선으로 구성됨. ④상부에 아치가 있고 각 단면이 조가비 모티프(motif[프])로 조각됨.

블록프런트뷰로(block front bureau) : ①18세기 미국의 지역적인 특색을 띠는 대표적인 가구. ②블록 프런트 방법으로 제작한 가구.

블록형식(-形式) : ①기본형(基本形)·이형(異形)·특수형(特殊形) ②BI형(미국에서 개발되어 발전된 것으로 우리나라에서 널리 사용)·BM형(BI형보다 크게 만든 것으로 줄눈이 덜 들게 됨)·BS형(BI형보다 두께가 두껍고 ㄴ자형, ㄷ자형 등과 같이 사용)·재래형(재래식 담 등에 사용) ③중량블록(비중이 1.8 이상)·경량블록(비중이 1.8 이하) ④기본형·반자형·횡근형(수평철근을 배근하기 위한 블록)·평마구리형(벽의 모서리·창문옆 또는 붙임 기둥 등에 쓰이는 블록으로 한마구리 블록과 양마구리 블록이 있음)·특수형 블록(인방블록·창대용 블록·창쌤용 블록 등) 등이 있음.

블론델(blondel) : 문·스펜서(Moon·Spencer)가 정의한 광속발산도(헤리오스)의 단위.

블론드(blond) : ①관용색명으로 칙칙한 노랑. ②먼셀기호 2Y7.5/7.

블론드우드(blond wood) : ①밝은 베이지색의 프리마베라(primavera)·아스펜(aspen)·자작나무(birch)·아보디레(avodire[프])·표백된 마호가니와 호두나무 같은 나무의 종류. ②백색안료를 바른 목재 또는 밝게 보이기 위해 백색안료로 나무눈 사이를 메우는 것.

블루컬러(blue color) : ⇨화이트컬러(⇔).

블루프린트접합(-接合, blue print matching) : 베니어 벽패널 접합방법의 일종으로 여러 종류 크기의 나뭇결과 색채들이 완전한 접합을 제공하는 맞춤(custom)접합.

블리딩(bleeding) : ①콘크리트타설 후 아직 굳지 않은 시멘트·골재입자 등이 침하(沈下)에 따라 물이 분리 상승되어 콘크리트 표면에 떠오르는 현상. ②블리딩은 상부의 콘크리트를 다공질(多空質)로 만들어 품질을 저하시킬 뿐만 아니라 내부에 수로(水路)를 형성하여 강도(强度)·수밀성(水密性)·내구성(耐久性)·부착력(附着力)을 저하시킴. 또한 철근이나 입자골재의 하부에 수막(水膜)을 만들어 시멘트 페이스트(cement paste)와의 부착을 저해함. 그밖에 수분상승으로 동해(凍害) 발생, 이어치기시 강도가 저하(레이턴스)됨. ③블리딩을 적게 하기 위해서는 단위수량을 적게 하고 골재입도가 적당해야 하며 AE제·수분감수제(水分減水劑)·플라이애시(flyash)·기타 적당한 혼화제를 사용. ④⇨레이턴스.

블리딩현상(-現狀) : ⇨블리딩(=).

블리스터(blister) : ⇨누빈형상(=).

비(比, ratio) : ①둘이나 그 이상의 유사한 사물들 사이의 크기·양 또는 정도상의 상대적 관계. ②비율(=).

비가시적 구조(非可視的構造, invisible structure) : 눈에 보이지 않는 구조선을 보여주는 구조.

비각(碑閣, house reacted over a monument) : 비를 세우고 비바람 따위를 막기 위하여 그 위를 덮은 집.

비강도(非强度) : ①강도(强度)를 비중(比重)으로 나눈 값. 즉 강도/비중. ②⇨경제강도.

비계(飛階, scaffold) : ①건축공사 중 높은 곳에서 작업하거나 재료의 운반을 위해 사용하는 임시가설물. ②종류는 사용 위치에 따라 외부비계와 내부비계로 구분하고, 재료·공법·용도 등에 따라 구별. ㉠재료에 따른 분류;통나무비계·파이프(강관·조립)비계 ㉡공법에 따른 분류 ; 쌍줄(쌍기둥·쌍)비계·외줄(한줄·외기둥)비계·겹비계 ㉢목적과 용도에 따른 분류 ; 외부비계·내부(천장)비계·보양비계·리벳비계·수평비계·비계다리 말(발돋음)비계 등 ㉣기타 ; 달비계·콘크리트 부어넣기용 비계·고정비계·이동비계 등이 있음.

비계공사(飛階工事, scaffolding works) : ①비계를 설치하는 공사. ②적산 : 내부비계면적(A)은 연면적×0.9, 쌍줄비계면적(A)은 H(L +8×0.9), 외줄비계·겹비계면적(A)은 H(L +8×0.45). 여기서 A : 면적, H : 건물높이, L : 건물 외주길이.

비계기둥(飛階-, standard, pole, upright post, stem) : 비계를 설치할 때 수직으로 세우는 부재 및 기둥.

비계다리(飛階-, scaffold board) : 비계 위로 오르내리기 위해 계단처럼 경사지도록 걸쳐 놓은 발판의 길.

비계띠장(飛階-, ledger, wale) : 비계기둥에 건너지르는 수평재.

비계목(飛階木) : 비계를 설치할 때 사용하는 나무.

비계발판(飛階-, scaffolding board) : 딛고 다닐 수 있게 비계장선 위에 널을 걸쳐 놓은 발판.

비계장선(飛階長線, putlog) : ①비계 띠장 간에 걸쳐 대어 비계발판을 받는 가로재. ②연결장선(=).

비계클램프(飛階-, scaffold clamp) : 파이프 비계 조립에 사용하는 클램프.

비계통나무(飛階-, scaffold log) : 비계를 설치하는 데 사용하는 가늘고 긴 통나무.

비교견적입찰(比較見積入札) : ①발주자나 건축주가 공사에 가장 적합하다고 판단하는 2, 3개 업체를 선정하여 견적제출을 의뢰하고 그 중에서 선정하는 방식으로 일종의 특명입찰방식에 해당함. ②특징은 ㉠발주자가 신뢰하는 업체 선정 ㉡입찰업무 간단 ㉢특명입찰의 장점 이용 ㉣입찰자가 희망업체의 기회부여 박탈 ㉤발주자와 시공자간의 신뢰 상실시 조잡한 공사.

비교습도(比較濕度) : ①어떤 상태의 습공기 질량 절대습도와 그때의 포화상태 질량 절대습도의 비를 백분율로 표시한 것. ②단위는 %, 기호는 ψ.

비구상적(非具象的, non-objective) : 자연적이거나 실재하는 대상으로 표현할 수 없는 형태 및 형상에 속하거나 관련된 것.

비(B)급연질섬유판(-級軟質纖維板) : ①열압 대신 태양건조나 인공건조를 한 것. ②단열성 및 흡음성이 우수. ③소프트보드·소프트텍스(=).

비내력벽(非耐力壁, non-bearing wall) : ①수직하중 또는 수평력을 부담하지 않는 벽체. ②커튼월(=)·내력벽(⇔).

비네뜨 : ⇨비넷(=).

비넷(vignette[프], vinette[프]) : ①포도송이·잎·덩굴이 얽힌 소용돌이 모양의 고딕 장식 무늬. ②당초(唐草)무늬. 특히 책의 속표지, 장머리나 맨 끝에 넣은 장식무늬. ③넓은 면의 중앙에 위치하여 배경의 가장자리로 갈수록 희미해져 윤곽이 거의 없어지는 장식적 모티프·문양 또는 디자인. ④실제의 방(房)과 똑같이 꾸며 놓은 전시실이나 상점에 가구나 집기를 디스플레이 해놓은 것. ⑤vine(덩굴)에서 온 말로 점차 윤곽을 흐리게 한 불규칙적이고 테두리가 없는 그림. ⑥감성적 의미 함축을 내포한 공간의 이미지, 근사한 요소와 원리에의 설계발상은 사용

ㅂ

자와 설계자가 동일한 감성적 반응을 일으킬 수 있어야 그 의의가 있음. 그러므로 설계자와 사용자의 협조가 필요함.

비녀못 : 문고리를 걸어서 배목에 꽂는 못.

비녀장 : ①수장재가 기둥에서 빠져나가지 못하도록 구멍을 맞뚫고 꽂는 굵은 나무 못. ②추녀 뒷몸 누르개.

비늘기법(-技法, scaling) : 물고기 비늘과 유사한 장식적 표면마감기법. 주로 건축의 몰딩(moulding)·의자 골조·콘솔 테이블(console table)·소형 패널의 배경을 채우는데 장식적으로 사용됨.

비늘문(-門, louver door) : ①통풍·환기·일조 조정 및 외부의 시선 차단을 목적으로 문울거미에 비늘살을 댄 문. ②루버도어(=).

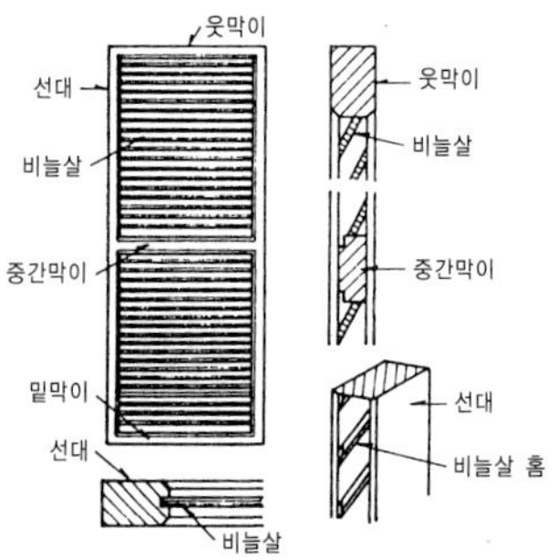

비늘살문

비늘살 : 비늘판을 좁은 간격을 두고 평행하게 빗댄 살. 통풍·환기·일조조정, 시선차단 목적으로 문·창문·고창(高窓)·벽의 개구부 등에 사용.

비늘살문 : ⇨비늘문(=).

비늘창(-窓) : ①환기·통풍·차양·일조조정·시선차단 등을 목적으로 울거미에 비늘살로 만든 창. ②조형적 특징은 청결하여 정돈된 느낌을 갖게 하고, 닫혔을 때에는 에워싸인 느낌을 줌. ③루버윈도(=).

비늘판(-板, feather board) : ⇨미늘벽판자(=).

비닐(vinyl) : ①열가소성 합성수지의 일종. ②보통 비닐계 섬유.

비닐계섬유(-界纖維) : ①염화비닐을 원료로 한 직물. ②특징은 질기고 가벼우며 내열성이 강하여 일반적으로 직물용으로 망사·스크린·벽지·커튼·가구용 섬유 등으로 사용. ③종류는 염화비닐 제품(상품명은 로드빌)·폴리비닐알코올 제품(상품명은 비닐론·나일론) 등이 있음.

비닐계수지도료(-界樹脂塗料) : ①초산비닐(酢酸 polyvinyl acetate)을 초산과 아세틸렌(acetylene)으로 합성한 도료. ②케톤(ketone)·에스테르(ester)·타르(tar)계 용제에 용해되며 휘발성 바니시·에나멜(enamel)을 만듦. ③도막(塗膜)은 무색투명(無色透明)하여 광선·열에 의해 변색이 적으며, 유연성이 있고 난연성(難燃性)·내용제성(耐溶劑性) 등의 양호한 장점이 있으나, 분무기(sprayer) 작업 시 온도에 민감하여 작업하기가 나쁨.

비닐길트(vinyl gilt) : ①두께 0.5㎜ 정도의 비닐필름 2장 사이에 솜을 넣고 고주파(高周波) 필터로 적당한 간격을 두어 앞 뒷장을 용착시킨 판(板). ②보통 레더(leather)보다 흡음성이 뛰어나고 부드러워 극장·방송국 등의 천장·내벽의 흡음조절재로 쓰임. ③상품으로는 론 길트가 있음.

비닐길트판(-板, vinyl gilt plate) : ⇨비닐길트.

비닐도료(-塗料, vinyl paint) : ⇨비닐수지도료.

비닐라미네이트벽지(-壁紙, vinyl laminate wallpaper) : ①비닐벽지의 일종. ②종이의 표면에 모양을 프린트하고 그 위에 투명 염화비닐 필름을 압착한 것. ③외국의 비닐벽지는 대부분 이 방법으로 만들어지고 있음. ④특징은 프린트 효과가 매우 뛰어난 반면, 표면에 엠보싱 효과가 전혀 없어서 시공이 매우 까다롭다는 단점이 있음.

비닐레더(vinyl leather) : ①비닐원료로 만든 벽지·포지 등. ②염화비닐에 가소제를 넣어 잘 이겨서 안료(顔料)와 안정제(安定劑)를 혼합한 후 이를 바탕이 되는 면포(綿布)와 함께 캘린더 롤러(calender roller)

에 통과시켜 만든 것. ③색채·모양·무늬 등을 자유롭게 할 수 있고 표면을 가죽 모양의 레더 스킨(leather skin)으로 만들 수 있음. ④상품으로는 비닐레더·비닐반 시트·론픽스 등이 있으며 대체로 신축성과 인장력이 큼. ⑤면포로 된 것은 찢어지지 않고 튼튼함. ⑥벽지·천장지와 가구 등에 많이 이용. ⑦두께는 0.5~1㎜이고, 길이는 10m 두루마리(roll)로 만듦.

비닐레더벽지(-壁紙, vinyl leather wall paper) : ①비닐벽지의 일종. ②비교적 두텁고, 염화비닐 필름의 표면에 엠보싱 가공이 되어 있으며 안대기에는 종이·거즈천·부직포 등이 이용되며, 엠보 효과가 뛰어나고, 내구성이 강한 것이 특징임.

비닐론(vinylon) : 폴리비닐알코올계 합성섬유의 일본명.

비닐론섬유(-纖維, VF) : ①폴리비닐알코올을 원료로 하여 만든 합성섬유의 일종. ②부착성·내알칼리성·내충격성 및 비교적 가격이 낮고, 석면(asbestos)을 대체할 수 있는 단섬유 보강재료로 개발함.

비닐모르타르(vinyl mortar) : ①염화비닐을 녹인 용액이나 작산(酢酸) 비닐에멀션(물로 혼합된 것) 등을 시멘트모르타르에 혼합한 것. ②바르면 광택이 나고 인장강도가 증대. 접착성이 크고 방수성이 있으나 내구성은 불명확하여 아직도 미지수로 남아 있음.

비닐문양(-紋樣, vinyl pattern, imbrication) : 타일이나 지붕의 기와가 규칙적으로 겹쳐진 모양을 본떠서 만든 패턴이나 디자인.

비닐바닥재(-材, vinyl floor) : ①염화비닐수지에 안료와 충전재 등을 혼합하여 가열·압연하여 만든 바닥 마감재. ②색채와 질감이 다양하고, 롤(roll)이나 타일(tile)형태로 생산. ③탄력성이 있어 보행감이 좋고 습기·산에 강하며 쉽게 마모되지 않음.

비닐벽지(-壁紙, vinyl wall paper) : ①염화비닐계 벽지. ②특징은 가격이 저렴하고 물청소 등 관리가 쉬우며, 대량생산이 가능하고, 색·디자인·무늬를 자유롭게 할 수 있음. 시공성이 좋으나 제품에 따라 저급으로 보이고 대부분 통기성이 좋지 않으며, 감촉 및 재질감은 직물과 비교하여 뒤떨어지고 오래 사용한 것은 제거하기 어려움. ③종류는 발포벽지·염화비닐벽지·비닐 라미네이트벽지·염화비닐 칩 벽지·비닐 레저벽지·비닐 와이핑벽지 등이 있음.

비닐부티랄수지(-樹脂, vinyl butyral resin) : ①폴리비닐알코올을 부틸알데히드로 아세탈화(化)한 수지. ②금속 전처리(前處理) 도료의 비클(vehicle)로 쓰임.

비닐석면타일(-石綿-, vinyl asbestos) : ①비닐수지·석면섬유·안료·충전제 등을 혼합하여 만든 타일. ②화학약품·습기·마모에 강하고, 유지관리에 편리하지만 탄력성이 없어 보행감이 나쁨.

비닐수지(-樹脂, vinyl resin) : ①일반적으로 염화비닐수지, 초산비닐수지 등과 같이 비닐이라는 명칭이 붙은 중합체(重合體). ②광의로는 비닐계 단량체를 중합으로 만든 합성수지를 통칭하는 말.

비닐수지도료(-樹脂塗料, vinyl paint) : ①비닐수지를 사용한 도료. 염화비닐과 초산비닐이 공중합체(共重合體), 초산비닐과 아크릴수지의 공중합체를 사용한 것 등. ②용제형(溶劑型)과 에멀션형(emulsion type)이 있으며, 내산·내알칼리성이 뛰어나서 콘크리트 및 모르타르 등 알칼리성 재료를 비롯한 모든 재료의 도장(塗裝)에 쓰임.

비닐수지접착제(-樹脂接着劑, vinyl resin paste) : ①초산비닐수지 또는 초산비닐염화비닐공중합체(共重合體)를 주성분으로 하는 접착제. ②종류는 용액형(溶液型)과 에멀션(emulsion)형으로 구분. ③값이 싸고 작업성이 좋으며 다양한 종류를 접착하는 장점이 있어서 가장 많이 사용되는 접착제 중 하나. ④목재가구 및 창호·종이 도배·논슬립(non slip) 등의 접착제로 사용.

비닐스펀지판(-板, polyvinyl sponge tile) : ①염화비닐수지를 원료로 하고 가소제·

충전제·발포제 등을 혼합하여 만든 유공질판(有空質板). ②탄성이 좋고 단열·흡음성이 있음. ③내장재·방음재·보온재로 쓰임.

비닐시트(vinyl sheet) : ①polyviny chloride sheet의 약어. ②염화비닐과 초산비닐의 공중합체(共重合體)를 원료로 하여 석면(石綿)·펄프 등을 충전제(充塡劑)로 쓰고 안료를 착색하여 열압·성형한 시트. ③폭 900㎜, 두께 2.5㎜ 이하의 두루마리형(形)으로 되어 있음. 부드럽고 보행촉감이 좋으며 자국이 나도 회복되기 쉽고 마모도 적으므로 목조마루·온돌·콘크리트 바닥 등의 바탕에 자유롭게 이용할 수 있어 널리 쓰임. ④상품은 론륨·플라스륨·비닐륨·스펀지시트 등.

비닐시트방수(−防水, vinyl sheet water proof) : ①가소제를 첨가시킨 염화비닐. ②유연한 것으로 두께가 0.14㎝ 이상, 폭이 1,820㎜ 이상으로서 경도(KS M 6518, shore A) : 60~80, 인장강도(KS M 6518 3호형) : 140㎏/㎠ 이상, 신장률(KS M 6518) : 250% 이상, 취하온도(KS M 3059) : −29℃, 인열강도(KS M 6518 B형) : 22㎏/㎝ 이상, 공기가열 노화저항(KS M 6518) ; 93℃에서 168시간 노화 후에 측정하여 15포인트 이하로 경도가 증가하고 25% 이하로 신장률이 감소되며, 인장강도의 감소가 20% 이하이어야 함. 오존에 의한 노화저항(KS M 6518) : 70℃에서 50ppm의 오존 상태로 20% 신장된 시료(試料)를 5,000시간 두어도 균열이 생기지 않아야 함. 흡수저항(KS M 3005) : 100℃의 물에 침수한 상태에서 48시간 방치한 후 중량 증가가 0.5% 이하이어야 함.

비닐아스타일(vinyl astile) : 수지원료의 타일로 2종 이상의 선명한 색채와 촉감이 좋은 바닥재.

비닐와이핑벽지(−壁紙, vinyl wiping wall paper) : ①비닐벽지의 일종. ②염화비닐 표면에 엠보스 가공을 한 후 잉크를 전면 인쇄한 후 나이프로 긁어내어 엠보스 가공의 음각 요철 부위에 잉크가 모여서 입체감이 돋보이는 장점이 있음.

비닐창(−窓, jalousie window) : ①여러 개의 길고 얇은 경첩이 달린 판으로 이루어진 창. ②실내에 유입되는 빛과 공기를 판의 각도로 조절. ③16C에 처음 발명. ④잘루지(jalousie)는 루버(louver)를 의미하는 프랑스어.

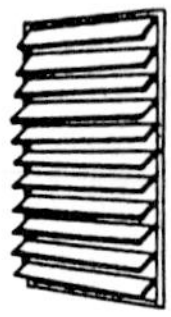
비닐창

비닐커튼(vinyl curtain) : ⇨샤워커튼.

비닐코르크시트(vinyl cork sheet) : ①코르크판 위에 0.5~1㎜ 두께의 비닐 연질막(軟質膜)을 씌운 것과 코르크 분말을 충전제(充塡劑)로 한 비닐판의 2종이 있음. ②바닥에 깔면 탄성이 있고 마모가 적으며 흡음 및 보온 효과가 있어 바닥재로 쓰이며 리놀륨보다 미끄럽지 않음.

비닐타일(vinyl tile) : ①아스팔트·합성수지·석면·광물분말·안료 등을 혼합·가열하여 시트(sheet)형으로 만들어 300㎜ 각 정도로 절단한 판. ②일명 피타일(P−tile)이라고 함. ③염화비닐수지를 주원료로 한 비닐타일과 쿠마론인텐수지를 주원료로 한 아스타일이 있음. ④촉감·미관·탄력 등이 좋고 내구성·내화학성·내마멸성이 우수하고, 마멸성이 적어 자국이 나도 곧 회복되므로 바닥마감재 또는 마루재 등으로 쓰임. 특히 비닐아스타일(vinyl-astile)은 22종 이상으로 색채가 선명하고 촉감이 좋은 바닥재임. ⑤천연석·자연석·목재 무늬와 색상을 그대로 재현하고 있어서 실내바닥마감재로 많이 사용함. ⑥두께는 2~3.2㎜, 크기는 300×300㎜, 450×450㎜, 100×920㎜, 75×910㎜이며 제품마다 약간의 차이가 있음. ⑦종류는 데코타일·VIP타일·패션타일·아트타일·디럭스타일·패션우드타일 등 여러 제품이 시판됨. ⑧비닐타일 붙이기는 아스팔트 타일붙이기 순으로 함.

비닐판벽(−板壁) : ⇨가로판벽.

비닐피복강판(−被覆鋼板) : ①냉간압연(冷間壓延, cold rolling) 강판에 염화비닐수지

ㅂ

를 피복하여 만든 강판. ②아름다운 색채와 다양한 무늬를 낼 수 있고 내식성이 우수하므로 천장 및 내외벽재 등으로 사용.

비대칭(非對稱, asymmetry) : ①중심축의 양쪽 면 위에 있는 요소들이 동일하게 배열되어 있지 않은, 즉 좌우대칭이 아닌 것. ②가상축(假想軸)의 어느 한쪽 면 위에 서로 다른 크기와 모양을 가진 형태들이 배열되어 있어 시각적으로 무게나 중요성에 있어 동등한 평형감각.

비대칭궁륭(非對稱穹窿, asymmetrical vault, under pitch vault) : ①높이와 크기가 다른 두 궁륭 천장이 교차하여 생기는 구조. ②웨일즈 궁륭(=).

비대칭균형(非對稱的均衡, asymmetry balance, unsymmetry) : ①형태·크기·위치 등이 축을 중심으로 양편에 불균등하게 놓이는 경우를 말하며, 대칭적 균형에 비해 사고와 연상을 더 요구하며, 장기간 흥미로움을 유지시킴. 대칭적 균형이 질서가 잡혀 딱딱하며 융통성이 없는데 반해 비대칭적 균형은 자유분방하고 경우에 따라 아름답고 미묘한 처리가 가능하며, 긴장감과 생명감을 일으키는 효과가 큼. ②비형식적 균형(informal balance)·능동적 균형(active balance)이라고도 함.

비대칭성(非對稱性) : ⇨애시매트리(=).

비더마이어양식(-樣式, Biedermeier stil [독]·[오]) : ①독일의 엠파이어양식으로 독일에서 1848년의 3월 혁명 이전의 시기(1815~48)에 있었던 예술·가구·미술·문학 등 당시의 전반적인 사회 분위기를 통칭하는 양식. ②독일의 가구는 역사적으로 볼 때 거의 대부분 프랑스의 영향을 받았으므로 뚜렷한 양식의 가구가 제작되지 못함. 다만, 19세기에 들어와서 비더마이어형(形)의 가구가 탄생되었는데 이것은 프랑스 황제 시대의 가구양식과 독일의 농노형이 혼합된 가구형태. ③프랑스 앙피르 디자인에 바탕을 둔 19세기 초반 독일과 오스트리아의 가구양식. 지역 장인들이 프랑스식 디자인 양식을 해석하여 전통적인 독일 농민 가구처럼 개조한 사용방법이 매우 독창적으로 고안됨. 마호가니 등 밝은 빛깔의 가벼운 나무와 간혹 밝은 빛깔의 바탕에 흑단으로 장식된 디테일(보통 검정으로)이 있는 비더마이어식 가구는 장식성을 제거하고 실용성을 더하여 튼튼한 구조, 단순하고 우아하며 가정적으로 근대 가구디자인의 선구적인 역할을 함.

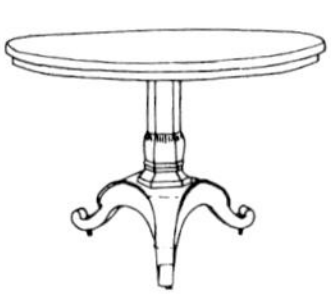

비더마이어양식 테이블

비데(bidet[프]) : ①여성용 질 세척기. ②위생도기의 일종으로 욕실에 설치하여 주로 여성 전용의 세정(洗淨)기구로 사용하나 의료용으로도 사용. 도기의 중앙부분에서 위로 급수 또는 적당한 온도로 조정한 온수가 분출하는 구조로 되어 있음.

비둘기색(-色) : ①관용색명으로 어두운 회색 보라. ②먼셀기호 2.5P4/3.5.

비둘기장형 정리칸(-欌形整理-, pigeonhole) : ①서류나 편지 등을 정리하기 위해 책상이나 세크러터리(secretary) 등의 가구에 설치한 작은 칸막이나 선반. ②비둘기장 안의 칸막이가 한 둥지와 유사한 것에서 붙여진 명칭.

비드(bead) : ①원형(圓形)이나 반원(半圓) 모양의 로마 몰딩. ②강제(鋼製)나 알루미늄제 새시의 유리홈에 끼워 넣어 유리를 고정시키는 끈. 보통 합성수지로 만든 성형품을 사용. ③용접작업에서 용접봉이 모재(母材)에 용착(溶着)하여 만들어진 가늘고 긴 물결모양(波形)의 띠. ④한 줄로 꿴 구슬과 비슷한 몰딩장식으로 '진주'라고도 함. ⇨비드몰딩·구슬선[2]·쇠시리(=).

비드몰딩(bead moulding) : 작고 둥근 구슬을 연달아 꿰어놓은 형태의 몰딩.

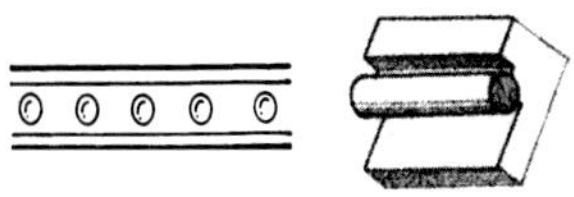

비드몰딩

비드앤드릴몰딩(bead and reel moulding) : 둥근 구슬과 실패와 유사한 긴 구슬을 교대로 꿰어놓은 형태의 몰딩.

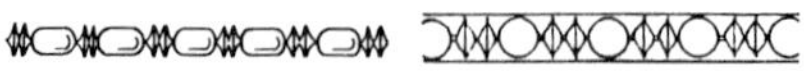

비드 앤드 릴 몰딩

비드앤드릴장식(-裝飾, bead and reel ornament) : ⇨비드앤드릴몰딩.

비디오신시사이저(video synthesizer) : ①음향합성장치의 원리를 컴퓨터 전자기술에 의해 영상 분야에 이용될 수 있도록 만들어낸 장치. ②음악 분야에서는 1960년대부터 신시사이저가 이용되기 시작하였고, 영상 분야에서는 1960년대 말부터 뉴욕시립대학, 일리노이공과대학 등에서 연구를 시작하여 많은 비디오 아티스트들이 이용하였음. ③초기에는 아날로그형(analog style)이나 점차로 디지털형(digtal style)으로 바뀌어가고 있음.

비디오아트(video art) : ①1960년대에 백남준에 의해 창시되어 70년대 활성화됨. 디자이너가 표현하고자 하는 의도를 비디오에 의한 영상으로 가시화한 조형예술의 한 분야. ②행위의 기록과 함께 기술공학에 의한 예술적 가능성을 추구하려는 것이 본래의 목적임.

비디오텍스(videotex) : ①전화나 TV를 연결하여 필요한 정보를 화면을 통해 제공하는 시스템. ②홈쇼핑(home shopping)이나 홈뱅킹(home banking) 등 생활의 전반적인 분야에서 응용이 가능.

비딩(beading) : ⇨비드(=).

비례(比例, proportion) : ①부분과 부분 또는 부분과 전체와의 수량적 관계. ②매스(mass)와 어떤 물체들로 채워진 면적 부위와의 관계. ③크기에 대하여 비교되는 부분. ④어떤 부분과 다른 부분, 전체 또는 어떤 대상과 다른 것과의 적절하고 조화로운 상관관계. 이 관계는 규모나 양 또는 정도 문제의 하나를 나타내는 것임. 치수의 단위는 주위에 있는 사물들(부분과 부분 또는 전체에 대한 부분의 관계)과 연관시키기 위해 인간을 중심으로 한 치수의 단위. 즉 휴먼 스케일(human scale)과 밀접한 관계를 가지고 있음. 시각적 크기는 실제 크기가 아닌 색채·명도·질감·패턴·문양·조명 등 공간 속의 제 요소의 영향에 의해서 보이는 크기. ⑤르코르뷔지에(Le Corbusier : 1887~1966)는 황금분할과 인체의 치수를 기초로 한 모듈러(Modulor)를 창안하여 시각적 파악과 비례의 기준이 되는 현대건축의 척도로 함. ⑥레오나르도 다빈치는 성인남자가 수족을 벌리고 머리를 올려 누울 때 컴퍼스의 중심을 배꼽에 두고 원을 그리면 수족의 양 끝은 원에 내접하고, 양손을 벌려 직립하면 정방형에 내접한다는 인체비 스케치로 유명함. ⑦훌륭한 비례란 시각적으로 조화롭게 보이는 관계를 말함.

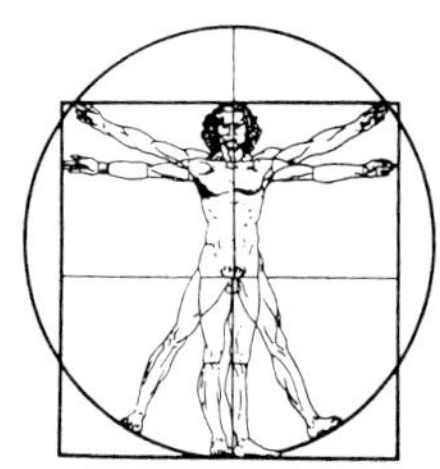

레오나르도 다빈치의 인체비

비례컴퍼스(比例-, proportional compus) : ①일정한 비율로 확대·축소할 때 사용하는 영국식 제도기. ②두 개의 다리를 X자 모양으로 벌려서 사용하는데, 닿는 위치(지점)를 이용함에 따라 비례를 여러 가지로 바꿀 수 있음.

비례한계(比例限界, proportional limit, P점) : ①건축재료의 역학적 성질 중 응력-변형률곡선(應力-變形率曲線)에서 O-P점간은 응력과 변형률 사이의 일차원적 비례관계, 즉 직선관계가 있으며, P점은 응력의 비례한계. ②⇨응력-변형률곡선.

비로전(毘盧殿) : ⇨대적광전(=).

비리디언(viridain) : ①크롬산화물로 만드는 투명성의 물감. 옥시드 크롬(oxide of chromium)의 색을 비리디언이라고 함. ②어원은 라틴말의 구리의 녹색(viride aeris)으로 짐작됨. ③파랑기미의 짙은 녹색(deep bluish green). ④관용색명으로 칙칙한 파랑을 띤 녹색. ⑤먼셀기호 8.5G4.0/6.0.

비마나(vimana[범]) : ①자이나교와 힌두교 사원에서 본당 전체를 가리킴. ②본존(本尊)을 모신 당(堂) 부분과 그 위에 세운 시카라(sikara[범])라 부르는 높은 탑으로 구성.

비머(bema) : 초기 기독교 교회당의 강단(講壇).

비반사율(比反射率, relative reflection factor) : ①표준산화마그네슘의 반사율에 대한 다른 시료의 반사율 비. ②규약반사율(=).

비보사탑(裨補寺塔) : 도선국사가 산수의 순역을 점쳐 정한 장소에 건립한 사찰과 탑.

비블리오테크(bibliothèque[프]) : 철선이 유리문에 끼워져 있는 대형 책장.

비비실험(-實驗, Vee-Bee test) : 진동대 위에 원통용기를 고정시켜 놓고 그 속에 슬럼프 실험과 같은 조작으로 슬럼프 실험을 실시한 후, 투명 플라스틱 원판(圓板)을 콘크리트면 위에 놓고 진동을 주어 원판의 전면에 콘크리트가 완전히 접합할 때까지의 시간을 초(sec)로 측정한 시험으로 측정값을 VB값(Vee-Bee degree) 또는 침하도(沈下度)라고 함.

비비에나(Bibiena) : ①17, 18세기 무렵 이탈리아 예술가의 일가족. ②대부분이 극장건축가·무대장식가·화가 등으로 활약하고, 전성기 및 후기 바로크의 극장예술에 많은 영향을 주었음. ③페르디난도(Ferdinando : 1657~1743)와 그의 아들 알렉산드로(Alessandro : 1687~1765), 지우세페(Giuseppe : 1696~1756), 안토니오(Antonio : 1700~74), 페르디난도의 동생 프란체스코(Francesco : 1659~1739) 등도 유럽 각지에서 극장건축 및 장식에 활약함.

비비컨시스트미터(Vee-Bee consist meter) : ①콘크리트의 워커빌리티(workability)를 측정하는 시험장치. ②비교적 된비빔 콘크리트에 적합.

비비피알(BBPR) : ①현대 이탈리아의 건축 설계그룹. 바르비아노(L. B. d. Barbiano)·반피(G. L. Banfi), 페레수티(E. Peressutti), 로저스(E. N. Rogers) 등이 구성되어 그룹 명칭은 그들 이름의 머리글자를 쓴 것. ②1930년대 말부터 활동하기 시작하여 전통과 근대의 조화를 지향한 디자인을 시도하여 주목을 끌었음. 주요작품은 레니아노의 새너토리엄 요양소(1937~38), 릴라노 기념 묘지에 세운 독일군 강제 수용소에서 숨진 이탈리아 사람들의 기념비(1948), 미라노이 토레 베라스카(1958) 등.

비빔시간(-時間, mixing time) : 콘크리트를 비빌 때 소요되는 시간.

비사물적 예술(非事物的 藝術) : ①현실의 사물에 속박되지 않고 오로지 감정이나 기분 같은 주관적 상태를 추상적으로 표출하는 것. ②비모방적 예술·표현적 예술·기분예술(=).

비사액서원(非賜額書院) : 지방유림이나 문중에 의하여 건립된 서원.

비상계단(非常階段, emergency stair, fire escape stair) : 비상시 실내에서 외부로 급히 빠져나갈 목적으로 설치하는 계단.

비상구(非常口, fire exit, emergency exit) : ①화재나 갑작스런 사고, 재난 등 비상시에만 사용하는 출입구. ②비상문.

비상용 승강기(非常用昇降機) : 높이 31미터를 넘는 건축물에는 규정에 의한 대수 이상의 비상용 승강기를 설치함. 이때 2대 이상의 비상용 승강기를 설치할 때에는 소화상 유효한 간격을 두고 배치함.

비상용 승강기의 설치대수

높이 31m를 넘는 부분의 바닥면적이 최대인 층의 바닥면적	대 수
① 1,500㎡	1대
② 1,500㎡ 초과 4,500㎡까지	2대
③ 4,500㎡ 초과 7,500㎡까지	3대

비상조명(非常照明, emergency lighting) : 정상적인 전력이 끊어지는 경우 생명과 안전을 위해 최소한의 밝기를 제공하도록 계획된 조명.

비스(vis[프]) : 목재나 금속판재(板材)를 부착하는데 사용되는 나사못. 철·황동·스테인리스·알루미늄제 등이 사용됨.

비스킷(biscuit, bisque[프]) : ①유약을 바르지 않거나 매우 얇게 발라 한 번 구운 자기. 진흙의 사용에 따라 담황색 또는 붉은 담색 테라코타가 됨. ②18세기 후반 프랑스의 세브레(Sevres)에서 만든 무광의 자기류.

비스킷터프팅(biscuit tufting) : 의자의 등받이와 좌판의 직물에 패를 넣고 누벼 사각형으로 부풀게 만들어 장식술이나 단추를 다는 장식방법. 두터운 패딩(padding)은 푹신한 쿠션(cushion) 역할을 함.

비스타(vista[이]) : ①보통 거실이나 터미널 또는 우세한 요소와 특질들을 향한 제한된 조망(眺望). ②어느 지점에서 바라보는 지배적인 조망(眺望). ③원근법의 기법(속임수 기법)에 의해 르네상스 시대의 이탈리아에서 시작하여 프랑스에서 많이 이용된 경관구성 수법임. 원근감이 강조되어 조망선뿐만 아니라 좌우에도 정원이 펼쳐져 있는 것처럼 착각을 일으켜 실제보다 넓게 느껴지게 함. 베르사유(Versailles) 궁전의 정원이 대표적. ④「훤히 트인 선」이라고도 함. ⑤조망(=).

비스트로(bistro) : 부담감 없이 들어갈 수 있는 작은 음식점 또는 나이트클럽.

비습(比濕, specific humidity) : ①습공기 질량에 대한 수증기 질량. ②1kg의 습한 공기 속에 함유된 수증기의 양. ③단위는 kg/kg-humid air. 관계식은

$$f = \frac{q}{0.622 + 0.378q} F .$$

비습도(比濕圖) : 비습을 그린 도표(圖表, graphic).

비시감도(比視感度, relative luminous efficiency, spektraler hellempfindlichkeits[독], efficacité lumineuse relative[프]) : ①최대 시감도를 1로 하여 시감도를 나타낸 것. ②주변(周邊)의 밝기에 따른 시각적인 색채 감지 정도. ③망막에는 밝은 곳과 어두운 곳에서 작용하는 색채와 지각신경섬유가 각각 존재하기 때문에 감지하기 쉬운 색과 밝기에 따라 다름.

비시감도곡선(比視感度曲線, luminous efficiency) : ①단색광이 주는 밝기의 감각(시감도)은 파장에 따라 다르므로 이것을 그 중에 최대 값을 가진 파장의 감도를 1로 한 다른 파장의 감도를 나타내는 곡선. ② 가장 민감한 파장의 시감도(視感度, sensitivity)를 100으로 하였을 때, 다른 파장의 시감도를 상대적으로 나타낸 곡선.

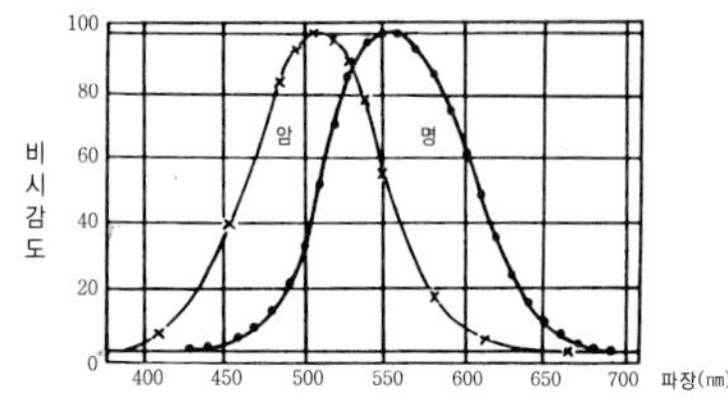

푸르키녜 효과에 의한 명암반응의 파장별 비시감도곡선

비아(viae) : 두 개의 뮤툴 사이에 끼어 있는 코로나의 밑면.

비아치의자(-椅子, Biach chair) : 호프만(Josep Hoffmann : 1870~1956)이 1916년 프레더마우스(Fledermaus)의 의자와 비슷한 영감으로 만든 안락의자.

비암사 극락보전(碑岩寺 極樂寶殿) : ①충청남도 유형문화재 79호, 고려 중기 창건 추정, 조선 후기 중수. 중국 한날 무제 때인 오봉 원년(BC57)에 창건설, 박혁거세 즉위년 창건설, 백제의 유민들이 왕실의 혼령을 위하여 창건했다는 설 등이 전해짐. ②축대로 기단을 만들고 덤벙주초 위에 배흘림 원주를 세움. 다포식 내외각3출목으로 하고 외부 제공은 쇠서형. 각 칸에는 주간포를 2조씩 설치. 외부제공에는 봉황과 당초문양, 내부에는 연화봉을 조각함. 공포 위 외목도리와 주심도리 사이에는 좁은 순각판을 끼움. 정면 3칸, 측면 2칸의 겹처마 팔작지붕, 내부는 고주 상부에 대들보를 걸고, 대들보에서 측면으로 충량을 걸었음. 우물마룻바닥에 층급천장, 반자는 우물반자, 전면 창호는 각 칸에 4폭

씩 정자살 문을 달고, 양측면에는 정자살 홑문을 하나씩 설치. ③가람배치는 구릉지임에도 불구하고 매우 넉넉하고 여유로운 편으로 호서지방의 특유한 건축적 특징. ④장식이 많이 사용되고 주요 부재는 초벌 다듬으로 사용(조선후기 건축기법).

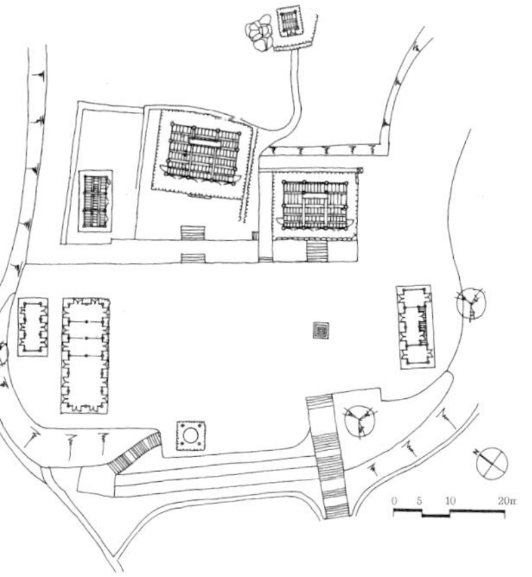

비암사 극락보전 배치도

비앙코카라라(bianco carrara[이]) : ①이탈리아산(産) 대리석. ②흰색이며 광택과 색채평활도가 우수. ③주로 실내용으로 사용.

비어가든(beer garden) : 옥외에서 맥주·청량·음료 간단한 식사 따위를 파는 가게.

비에이의자(–椅子, BA chair) : ①1945년에 어네스트 레이스(1913~)가 디자인한 의자. ②구할 수 있는 재료를 사용하여 의자를 만들어야 한다는 문제를 완전히 해결해준 작품.

비엔나분리운동(–分離運動, Vienna Secession) : ⇨시세션(=).

비엔나의자(–椅子, Vienna chair) : ①19세기에 있어서 주요한 오스트리아의 발명품. ②마이클 토넷(Michael Thonet : 1796~1871)과 그의 제자가 운영한 비엔나 공장에서 생산한 곡목의자(bent–wood)를 총칭. ③공장 압축기로 성형된 너도밤나무 목재에 은못(듀벨)으로 구조한 것으로 재료의 한계와 신속하고 값싼 생산한계 내에서도 미적으로 고안된 이 의자는 유럽에서 중산계층과 유복한 노동자 계층에 의해 사용되었으며, 오늘날까지도 인기를 유지하고 있음. ④특히 토넷이 디자인한 특정 보조의자를 지칭하여 토넷보조의자(Thonet side chair)라고 함.

비연(飛椽) : ⇨부연(=).

비열(比熱, specific heat capacity) : ①중량의 1g인 재료의 온도를 1℃ 높이는 데 필요한 열량. ②단위는 cal/g℃, ㎉/kg℃, j/kg℃. 물의 비열은 1cal/g℃.

비 열

재 료	비열(J/kg/℃)
물	4,190
콘크리트와 물	3,300
얼음	2,100
등유	2,100
목재	1,700
알루미늄	910
대리석	880
유리	700
철	450
구리	390

※ 특정한 건축재료의 비열은 이와 다를 수 있음.

비영리공간(非營利空間) : ①실내디자인을 수익 유무에 따라 분류한 것 중 하나. ②수익을 직접적인 주목적으로 기획·운영되는 공간. 예컨대 주택·아파트 기념관·박물관 등. ③영리공간(⇔).

비영리적 전시(非營利的展示, non–profit exhibition, non–profit display) : 문화적 사고개발, 교육과 지식보급(과학관·박물관·박람회 등) 등을 위한 전시 유형.

비오디(BOD) : 생화학적 산소요구량.

비온패널(Vion–pannel) : 합성수지재 내외장용 판재.

비올레(violet[프]) : ⇨팬지(=).

비용기울기(費用–, cost slope) : ①어떤 작업을 1일 단축하는 데 필요한 비용. ②비용기울기(원/일)=특급비용–표준비용/표준시간–특급시간

비용적(比容積) : ①건조공기 1kg(DA) 속에 포함되어 있는 습공기의 용적. ②단위는 ㎥/kg[DA]임. ③표준공기의 비용적은 0.83㎥/kg. $v = 0.004555(x + 0.622) \times T$ (단, F=1atm).

비원(秘苑) : ①서울시 종로구 와룡동에 위치. 유네스코 세계문화유산 창덕궁의 후원. ②다양한 정자와 연못·수목·괴석이 어우러진 대표적인 한국 전통정원. ③북쪽 깊은 산골짜기에서 흘러내리는 옥류천 인근 지역은 근처의 소요정·태극정·청의정 등 정자와 함께 비원에서 가장 아름다운 경치를 자랑함. 임금과 신하들이 이곳에 둘러 앉아 흐르는 물에 술잔을 띄우고 시를 지었다고 함.

비유기적 요구(非有機的要求, unorganic request) : ①어떤 의미에서 경험적으로 얻어지는 요구. ②파생적 요구.

비율(比率, ratio) : 둘 또는 그 이상의 유사한 것들 사이에서 성립되는 크기·양 등급의 관계.

비율척도(比率尺度, ratio scale) : ①명명·서열·등간척도의 조건을 만족시키면서 이에 덧붙여 절대영점을 갖는 척도. ②비율척도에서 얻은 수치는 실제 수량과 동일하기 때문에 어떠한 형태의 통계적 분석도 가능. ③비율척도로 측정되는 변인은 사용자의 연령·가구수·소득 등을 들 수 있음. ④연구를 위한 재료로 사용되는 측정된 변인(變因, variable) 값을 자료 또는 데이터(data)라고 함.

비자기질타일(非磁器質−, nonvitreous tile) : 미국에서는 바닥용과 벽체용 타일로 구분하고 흡수율이 7%~18% 미만인 것.

비자나무(榧子木, Japanese torreya, Torrya nucifera[학]) : ①전국 각지, 특히 제주도 한라산·일본·중국 등의 야산과 미국의 캘리포니아 북부에 분포. ②수고는 25m 정도 흉고직경 2m에 달하는 비자나무과의 상록침엽교목으로 생장이 매우 느린 자웅이주(雌雄異株)이며, 수피는 회갈색. 변재는 담황백색이며 심재는 황갈색으로 심·변재의 구분이 불분명하고 연륜폭이 좁음. 목리는 통직하고 조직은 치밀하고 단단함. 나뭇결이 아름다우며, 탄력이 풍부하고 강도는 보통. 경도가 보통인 양재(良材)는 습기에 강함. 특유의 향기가 있고 부패 및 충해에 대해 강함. 내수성이 강하고 내후·절삭·가공·건조성이 양호하며 접착성은 보통. 할렬(割裂)이 쉽고 탄력이 있으며 표면마무리가 양호. 비중은 0.53, 전건비중 0.49, 함수율 1%에 대한 평균수축률은 방사방향 0.14%, 접선방향 0.24%로 약간 적음. 강도는 압축강도 350kg/㎠, 휨강도 800kg/㎠, 인장강도 1,200kg/㎠, 전단강도 125kg/㎠로 약함. ③열매는 비자라 하고 약용 또는 식용기름을 짜며 목재는 자기판·고급바둑판·조각·건축내장재·가구재·불상·염주 등에 사용.

비자비(via−à−vis) : ⇨테트아테트(=).

비잔티움(Byzantium) : 터키의 이스탄불(Istanbul)에 있었던 고대 도시. B.C. 667년에 메가라의 그리스인이 창건. 325년 콘스탄티누스 1세에 의해 콘스탄티노플이라고 개칭. 1203년 십자군에 의해 점령될 때까지 번영. 1261년 동로마 제국에 의해 점령당하여 동로마제국의 수도가 되었음. 1453년 오스만 터키에 점령되어 오스만 제국의 수도가 되었음. 1930년 이스탄불로 개칭.

비잔틴(Byzantine) : ①A.D. 5세기경 콘스탄티노플에서 발생하여 아직까지도 몇몇 지역에서 쓰이고 있는 중세 초기(330~1453)의 양식. ②로마제국의 위치가 비잔티움(Byzantium ; 오늘날 터키의 이스탄불에 있었던 고대도시)으로 이동하였을 때 건축양식 전반에 새로운 흐름이 나타났음. 새로운 양식은 교회의 건축물에 반영. 그것은 분명히 로마로부터 유래된 것이었으나 돔(dome)이나 큐폴라(cupola)의 계획방식과 배치에 있어서 그것과 달랐음. 이들은 일반적으로 중앙으로부터 솟아오른 커다란 둥근 천장을 가진 그리스식 교차형태에 기초를 두었음. 아치는 반원형이나 편자(말굽에 대어 붙이는 쇳조각)모양이었음. 기둥머리는 사각 블록 형태의 사다리꼴(block capital)로 높이 장식됨. 이 양식은 무엇보다도 커다란 펜덴티브(pendentive)에 의해 지지된 돔·아치·정교한 기둥들, 그리고 풍부한 장식적 요소가 특징이고, 출입구는 평평한 상인방 위에 반원형의 아치 모양을 가진 사각머리(segmented dome)로 되어 있음. 둥근 아치, 부분으로 된 돔, 그리고 대리석 화장판 사용은 이 양식의 큰 특징임. 가장 대표적인 예로는 하기아 소피아(Hagia Sophia)사원 등.

비잔틴건축(-建築, Byzantine architecture) : ①5세기에 콘스탄티노플(이스탄불)에서 발전된 건축양식. ②비잔틴 제국(395~1453)의 건축양식. ③비잔틴은 동로마제국의 수도로서 유럽과 아시아의 경계점을 이루는 요지에 위치하여 동서교역의 중심지로 동서문화의 만남으로 독특한 절충주의적인 건축예술양식이 출현. ④비잔틴 건축의 특성은 돔을 사각형 또는 다각형 평면 위에 축조하는 기술적 발전으로 동양적인 요소와 로마의 건축요소가 혼합되어 정사각형 위에 펜덴티브(pendentive)라는 삼각형 곡면부를 도입하여 돔을 구성하는 방법이 새로이 창안됨. 창은 돔의 밑부분에 설치하다가 나중에는 드럼(drum)이라는 원통부에 설치. ⑤헬레니즘, 초기 기독교 미술의 전통에 동방제국의 양식을 가미한 독특한 집중식 돔을 발전시킴.

비잔틴미술 : ⇨비잔틴예술.

비잔틴양식(-様式) : ⇨비잔틴.

비잔틴예술(-藝術, Byzantine art) : ①터키의 이스탄불인 동로마제국의 비잔티움을 중심으로 4세기부터 15세기 중엽까지 번성하였던 기독교 미술. ②비잔틴제국(AD 330~1453)이란 실제로 있었던 나라가 아니라 다만, 서로마제국의 상대적인 동로마제국을 후대사가(後代史家)들이 붙인 이름뿐임. 초기 기독교 미술을 계승하여 소아시아 미술이 가미된 절대 전제군주제 치하의 궁정(宮庭)적 기독교 미술로서 건축과 회화 및 공예부분에서 훌륭한 많은 작품이 있음.

비잠열(比潛熱, specific latent heat) : 어느 특정 재료의 주어진 상태변화에서 흡수되거나 방출된 잠열을 측정한 것. 예컨대 얼음의 비잠열=335,000J/kg, 발생 증기의 비잠열=2,260,000K/kg=2,260kJ/kg.

비전(vision) : 일어나거나 다가올 것을 미리 예상하는 힘이나 행동.

비접지방식(非接持方式, non-grounding system) : 변압기를 전부 △-△ 접속하여 중성점접지(中性點接地)를 하지 않는 방식의 송전인데 저전압단송전선에 쓰이는 것이며 고전압장거리송전에서는 일선지락시에 대지전류가 매우 커지고 또한 이상전압이 발생하므로 기능을 발휘하는 상태가 나쁨.

비정형적 균형(非定形的均衡, unformal balance) : ⇨비대칭적 균형(=).

비주거용 가구디자인(非住居用家具-) : ①특수한 목적을 만족시키기 위해 디자인된 특수 형태의 가구. ②가장 대표적인 것으로는 병원이나 건강관리시설·사무실, 도서관·호텔·모텔·레스토랑·극장·강당·소매상점의 요구사항에 맞춰 제작된 특수한 가구 등.

비주거용 디자인(非住居用-, contract design) : 주택·아파트 등 주거 디자인을 제외한 모든 실내디자인을 총칭.

비주얼디스플레이(visual display) : 시각적인 요소를 사용한 전시를 총칭.

비주얼디자인(visual design) : ①시각전달을 목적으로 하는 모든 디자인을 총칭. ②협의(狹義)로는 상업 디자인이나 그래픽 디자인과 동일한 개념으로 사용되지만 일반적으로 평면디자인을 중심 영역으로 함.

비주얼랭귀지(visual language) : ⇨시각언어(=).

비주얼머천다이징(visual merchandising) : ①상품계획을 어떻게 연출해 나갈 것인가의 방법으로 고객에게 상품연출을 시각적으로 알기 쉽게 표현하며 구매의욕을 높이고자 하는 상품 전략. ②상업시설에 있어서 상품 진열이나 판매방식 등을 시각적인 측면에서 배려하여 독자적인 기업 전략을 확립시키기 위한 개념.

비주얼스캔들(visual scandal) : ①기발한 착상과 비상식적인 표현으로 강렬한 시각적 인상을 전달하려는 수법. ②서로 이질적인 이미지를 결합시킴으로써 생기는 비합리성은 보는 사람에게 공포·수치·의혹과 같은 충격을 주고, 그 다음에는 그것이 기발한 유머(hummer)가 되어 사람을 즐겁게 해주는 것.

비주얼아이덴티티(visual identity) : 기업의 마크(mark)나 로고타입(logotype) 등 기본적인 시각디자인 요소를 새로운 기업이념이나 경영방침에 맞추어 계획하고 관리하는 것.

비주얼커뮤니케이션(visual communication) : ①시각적인 수단을 이용하여 의사를 전달하려는 것으로 보통 문자나 그림 또는 사진 등의 화상(畵像)에 의한 전달을 의미. ②광고·TV·사진·영화·타이포그래피 등이 포함.

비주얼프레젠테이션(visual presentation) : ①매장의 컨셉·패션 테마의 종합적인 표현장소로서 쇼윈도나 각 층의 V.P 존(zone)이 이에 해당. ②약어로 V.P.

비주얼필드(visual field) : ⇨시야(=).

비줄눈(V-joint, V shaped) : ①브이(V)형으로 넓게 판 줄눈. ②⇨치장줄눈·홈 줄눈째기(≒).

비중(比重, specific gravity, density) : ①재료의 중량을 그와 동일한 체적의 4℃인 중량으로 나눈 값. ②재료의 비중은 진비중(眞比重)과 겉보기비중으로 구분. ③같은 질량의 재료라 하더라도 그 비중에 따라 부피가 서로 다름. ④비중의 단위는 무명수(無名數)이지만 단위용적중량으로 표시하면 g/㎤, kg/㎥ 또는 kg/L가 됨. ⑤비중(density ; ρ)=질량(mass ; m)/부피(volume ; v).

비중량(比重量) : ①습공기 1㎥ 속에 포함되어 있는 건조한 공기의 중량. ②단위는 kg[DA]/1㎥. ③표준공기 1kg을 온도 1℃ 올리는데 필요한 열량, 즉 중량비열은 0.24㎉/kg℃. 또 11㎥을 온도 1℃ 올리는데 필요한 열량, 즉 용적비열은 0.24㎉/kg℃×1.2kg/㎥≒0.29㎉/㎥·℃.

비즈니스리엔지니어링(business reengineer-ing) : ①기존의 업무방식을 근본적으로 재고하여 기업의 제반 관리 및 운영체계를 급진적으로 재구축하는 것. ②공기단축 및 비용감소, 하도급업체 관리, 간접비 감축, 문제점 해결, 조정과 업무 연계, 고객서비스 등을 목표로 함.

비즈니스호텔(business hotel) : ①도심지에 위치한 시티호텔(city hotel)(숙박목적에 따른 분류의 하나)의 하나. ②전형적인 업무용 호텔임. ③세일즈맨·엔지니어·회사 주재원·연락사무원 및 일반 투숙객들이 이용하여 시설이 다양하게 운영됨. ④트윈베드룸(twin bed room)이 기준으로 공간활용의 극대화를 위해 다목적 침대가 사용됨. ⑤응접실을 겸한 커넥팅룸(connecting room)이나 이용객의 업무기능을 위해 비즈니스 사무실이 로비에 설치됨.

비지빌리티(visibility) : ⇨가시성(=).

비지엠현상(-現象, BGM effects ; back ground music effects) : ⇨환경음악·배경음악(=).

비직교식 선형체(非直交式線形體, non-inter-section type linear) : 하나 또는 그 이상을 에워싸는 평면을 비교하여 구성하는 것. 예컨대 경사지붕·경사진 벽·돔(dome) 등.

비창(扉窓) : 양쪽으로 여닫게 된 창문.

비철금속(非鐵金屬, nonferrous metal) : ①금속의 일반적인 특성을 전혀 가지고 있지 않은 산소·수소 등. ⇨비금속(=). ②철 이외의 금속을 총칭하는 용어. 예컨대 구리·알루미늄·납·아연·주석·니켈·크롬·금·은 따위. 단일 금속 또는 합금으로 만들어 여러 가지 용도로 사용.

비취색(翡翠色, jade) : 비취의 빛과 같은 곱고 푸른 빛깔. 비취는 진한 초록색을 띤 경옥(硬玉)으로서 조직이 치밀하고 반투명체이며 광택이 나는 보석.

비치(水靑岡, beech, Fagus grandigolia Ehrh

[학]) : ①북부는 남(南)온타리오에서 텍사스까지, 서부는 미국의 미시간에서 동부는 대서양 모든 주에 걸쳐 생장하며 수직적으로는 표고(標高) 2,000m에 이르는 지역에 분포. ②변재는 백색, 심재는 대적색(帶赤色) 또는 적갈색이며 나이테는 뚜렷하며 진한 선이나 줄무늬로 되어 있으며 치밀한 것이 추재(秋材)임. 나뭇결은 비교적 치밀함. 기건비중 0.65, 전건비중 0.70, 수축률은 방사방향 5.2%, 접선방향 10.2%, 용적수축률 17.4%로 큼. 강도는 압축강도 556kg/㎠, 휨강도 1,060kg/㎠, 전단강도 152kg/㎠로 보통. 가압 방부제(防腐劑) 주입이 잘 되며 탄성이 강하여 휨가공용으로 최적. 건조는 어려우나 표면연삭이 양호함. ③주로 가구·실내마감재 등으로 이용. ④⇨너도밤나무(=).

비치목(樺, birch, betula papyrifera marsh [학]) : ①화이트 비치(white birch)는 미국 북서 알래스카에서 태평양 연안, 동부는 대서양 해안까지의 캐나다와 오대호 부근에 분포하며 수직적으로는 해발 1,220m까지 분포. 옐로 비치(yellow birch)는 캐나다 뉴파운드랜에서 미국의 조지아까지로 북쪽은 표고(標高) 800m, 남쪽은 2,000m까지 분포. ②화이트 비치의 변재는 담백황색(淡白黃色)이고 또는 엷은 적갈색(赤褐色), 심재는 암갈색(暗褐色) 또는 적갈색(赤褐色)으로 나이테는 불명하며 폭은 좁고 치밀. 기건비중은 0.60, 수축률은 방사방향 6.3%, 접선방향 8.6% 용적수축률 16.2%로 큼. 강도는 865kg/㎠, 압축강도 400kg/㎠, 전단강도 85kg/㎠로 보통. 건조성(乾燥性)은 보통이며 접착성은 양호하고 내수성과 내구력은 매우 불량함. ③주로 단판가구 주방용으로 사용. ④옐로 비치의 변재는 엷고 황색이며 심재는 지난 홍황색(紅黃色) 또는 엷은 적황색(赤黃色)으로 나이테의 구분이 뚜렷하며 폭이 좁음. 무늬는 곧고 향기와 맛은 없음. 기건비중 0.62, 수축률은 방사방향 5.1%, 접선방향 11.0%, 용적수축률 16.1%로 큰 편임. 강도는 휨강도 1,140kg/㎠, 압축강도 563kg/㎠, 전단강도 130kg/㎠. ⑤건조·접착·내수·내구성이 모두 양호하여 중요한 내장재로 이용됨. ⑥자작나무(=).

비치호텔(beach hotel) : ①입지 특성에 따른 리조트호텔의 일종. ②해변(海邊)에 세워지는 호텔. ③컨트리호텔(country hotel)과 같이 레크리에이션 기능을 가짐. ④시사이드호텔(=).

비크(beak) : ①깊은 그림자를 떨어뜨리기 위하여 만든 작은 펜던트 몰딩. ②버드비크(=).

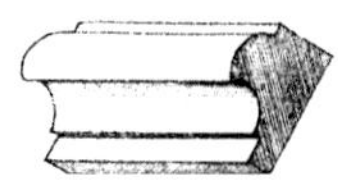

비크

비크헤드(beakhead) : ①동물·새·사람의 머리와 부리를 나타낸 몰딩. ②영국 로마네스크 건축에서 볼 수 있음.

비크헤드

비클(vehicle) : ①도료의 구성요소 중 하나. ②안료(顔料)와 결합하여 도막(塗膜)이 되는 성분. ③전색제(=).

비타임스케일공정도(非-工程圖, non-time scale progress graphic chart) : ①네트워크 공정표 용어의 하나. ②각 작업을 소요시간에 관계없이 표현한 공정도.

비탈레성당(-聖堂, St. Vitale Catholic Church) : ①526~547년 콘스탄티누스 황제가 라벤나 수복을 기념하여 처음으로 세운 비잔틴 초기 건축물. ②로마건축의 영향을 받아 내부는 하드리아누스 황제의 별궁 모습과 유사하게 장식되었으며, 로마 판테온 기둥양식 등이 영향을 줌. ③비탈레성당은 육중한 8개의 피어(pier)에 의해 지지되고 있으며, 판테온의 정적인 공간은 거의 움직임을 유발시키지 않으나

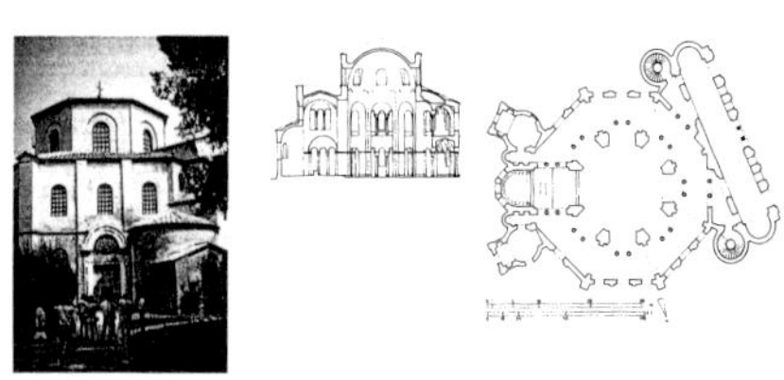

비탈레성당

ㅂ

반원형 니치에 의해 중정을 중심으로 일종의 원심적인 운동을 유도함. 이 니치는 화랑으로 흡수되어 나머지 공간과 새로운 관계를 형성함.

비트(bit, Bit Binary Digit) : ①바이너리 디지트(binary digit ; 二進數字)의 약어로서 이진법 표기에서의 기본단위. 이진법에서는 모든 수를 0과 1로만 표기하는데 0 또는 1이 각각 하나의 비트가 됨. ②디지털 컴퓨터에서 정보를 나타내는 최소 단위로 0 또는 1로 구현되며, 물리적으로는 보통 전압의 고저로 나타냄.

비트루비안스크롤(Vitruvian scroll) : ①물결무늬의 소용돌이 연속문양. ②18세기 초 윌리엄 켄트(William Kent)와 팔라디오양식(Palladian style)의 가구 제작자들에 의해 판재의 가장자리나 고전적인 기둥의 프리즈(frieze)에 장식 모티프로 사용됨. ③문양을 양식화한 로마의 건축가 비트루비우스 폴리오(Vitruvius Pollio)의 이름에서 유래. ④파도문양·러닝도그(=).

비트루비안스크롤

비트루비우스식 개구부(-式開口部, Vitruvian opening) : ①상부로 올라갈수록 조금씩 좁아지는 개구부. ②기원 전 1세기경에 활약한 로마의 건축가인 비트루비우스(Vitruvius)가 사용하여 붙여진 명칭.

비트루비우식 벽돌쌓기(-式甓乭積) : 반장 크기의 벽돌을 서로 포개어 쌓되 교대로 엇갈리면서 포개 쌓아 나감으로써 통줄눈을 피하고 벽체의 강성을 높이며 외관의 미려(美麗)함을 갖는 쌓기법.

비파괴검사(非破壞檢査, Non-destruction Testing) : ①검사할 대상을 파괴하거나 손상시키지 않고 재료와 구조물 내에 생긴 결함을 탐지하거나 재료의 특성과 관련된 경도(硬度)·화학조성(化學造成)·미세구조 등을 알아내는 방법. ②주로 원자력발전·설비·자동차·비행기·고층건물 등 안전과 관련한 각종 검사에 활용됨.

비푸리도서관(-圖書館, Viipuri Library) : ⇨알토(인명사전 참조).

비표준대칭(非標準對稱) : ⇨비대칭균형(=).

비프론(bifrons) : 두 방향을 보고 있는 두 개의 정면 또는 얼굴을 가진 조각.

비형식적 구조(非形式的構造, informal structure) : 어떤 부류의 불규칙을 나타내면서 대조나 집중의 특정효과를 얻기 위한 형상이나 형태의 배열.

비형식적 균형(非形式的均衡) : ⇨비대칭적 균형(=).

비활성구조(非活性構造, inactive structure) : 구성에서 단지 형상이나 형태의 위치 지정을 유도하는 구조.

비흘림(flashing) : ①빗물의 누수(漏水) 및 흘러내림을 방지하기 위해 벽이나 난간·굴뚝 같은 지붕에 인접한 모든 수직면과 지붕 사이의 접속부 및 모서리를 덮는 금속판. ②싱글(shingle : 지붕널)이나 슬레이트(slate) 등의 지붕 잇기에 있어 귀마루와 골을 덮는 판 종류.

빅토리아건축(-建築, Victorian architecture) : ⇨빅토리아양식(=).

빅토리아맨션(Victorian mansion) : ①19세기의 복고주의와 절충주의 건축. ②빅토리아 여왕(1837~1901)의 통치하에 명명된 영국 본토의 스타일로 미국에서도 사용됨.

빅토리아식 고딕(-式-, Victorian style Gothic) : ①1860~1990년 영국 빅토리아 시대의 건축양식. ②모서리 및 아치와 아케이드 등을 돋보이게 하기 위하여 장식적인 띠무늬를 강조하는 화려한 양식으로서 다른 색채와 직물의 재료를 혼합하여 사용. ③사용된 재료는 벽돌·테라코타·타일, 그리고 잎 모양과 기하학적인 무늬가 새겨진 조각들이 일반적임. ④개구부는 고딕양식의 아치 머리와 같이 윗부분이 뾰족한 형태를 나타내고 있음. ⑤목구조의 건축물에 있어서 박공지붕·포치와 처마장식은 육중하고 강한 느낌을 갖게 함. ⑥이 양식은 빅토리아양식의 전형적인 유형을 발췌함.

빅토리아양식(-樣式, Victorian style) : ① 1837~1901년간 영국의 빅토리아 여왕 통치 기간에 건축·인테리어·가구·장식에 나타난 화려한 조각과 몰딩의 과다 사용·진한 채색의 마감 등 특징적인 양식. ② 이 시대에는 고딕·그리스·로마·르네상스·루이 14세·루이 15세·루이 16세 등 각 시대의 양식들이 기목세공(奇木細工)과 같이 통일성 없이 모방되어 혼란한 시기였음.

빅토리안가구(-家具, Victorian furniture) : ①빅토리아시대에 유행한 가구. ②특징은 가구 표면에 관심을 집중하여 그 규모를 크게 또 화려하게 제작. ③바이올린이나 옛 그리스의 칠현금(七弦琴, Lyre)의 윤곽선(실루엣)을 모방한 묘하게 곡선화된 선, 즉 묘사적 선은 단 하나의 볼록한 곡선을 이용해 두 개의 오목한 곡선을 연결시킴.

빅토리안오크(Victorian Oak) : ①호주산 활엽수. ②규격화된 치수로 정목판(柾目板)으로만 제재하여 수출하는데 품질이나 가격은 미국산(産) 오크와 비슷하고 창호재·가구재, 각종 인테리어 제품에 널리 사용됨. ③동양에서 가장 크다는 한국의 분당성당 내부에 빅토리안 오크가 사용됨.

빈공방(-工房, Wiener Werkstatte[독]) : ① 빈 세제션(Sezession[독])의 건축가였던 호프만(Josep Hoffmann : 1870~1956)이 1900년대 초에 창설하였던 공예가 그룹. ②건축과 공예의 통일을 주장한 모리스(William Morris : 1834~96)의 사상과 1900년에 열린 세제션 전시회에서 소개된 매킨토시(Harles Rennie Mackintosh : 1868~1928)의 디자인으로부터 강한 영향을 받아 실내장식·가구·식기 등을 제작. 직선이나 장방형 또는 평면구조를 중시했다는 점에서 아르누보(Art Nouveau[프])와 다른 양식적 특징을 가짐. ③미술공예운동과 바우하우스(Bauhaus)로 이어지는 근대공예의 계보를 잇고 있으면서도 바우하우스에서 볼 수 있는 공업화·기능주의를 추구하지 않고 디자이너의 창조적 감흥을 중심으로 하여 운율적인 우아함을 구현하고자 함.

빈배합(貧配合, poor mix, lean mix) : ①단위용적에 대한 시멘트나 석회의 양이 비교적 적은 배합. ②단위시멘트량 240kg/m³ 이하의 배합. ③빈배합일수록 수축팽창에 의한 균열에 대해 안전함. ④⇨부배합(⇔).

빈배합콘크리트(貧配合-, lean mix concrete) : ①단위용적에 대한 시멘트의 사용량이 비교적 많은(약 350kg/m³ 이하) 콘크리트. ②부배합콘크리트(⇔).

빈솔(vinsol) : ①AE제(劑)의 상품명. ②원재료는 소나무 수지로 만들며, 보통 진한 갈색의 액체로 시판.

빈와(牝瓦) : ⇨바닥기와(=).

빈우편저금국(-郵便貯金局, Postsparkas-senamt in Wien) : 바그너(Otto Wagner : 1841~1918)가 1903년 현상설계에 입상한 작품(1904년 착공, 1906년 준공). 4개의 광정(光庭)을 가진 사다리꼴 대지에 세운 7층 건물의 양감이 있는 건축.

빈전(殯殿, hall with temporary spirit tablets of decreased kings and queens during 3years) : 국상 때, 상여가 나갈 때까지 왕이나 왕비의 관을 모시던 전각.

빈줄눈(dry joint) : 돌쌓기 등에서 접합부분에 모르타르 등을 채워 넣지 않고 쌓은 줄눈.

빈지 : ⇨널빈지·널빈지문(=).

빈지들인문(-門) : ⇨빈지문(=).

빈지문(-門) : 한 짝씩 끼웠다 떼었다 하도록 된 문(가게의 덧문 따위).

빈탕골(Bintangor, Calophytlum inophyllum[학]) : ①남태평양 모든 섬, 미얀마·인도·피지 등 주로 말레이시아·인도네시아에 많이 분포. ②변재는 담황갈색, 심재는 홍갈색 또는 적갈색으로 심·변재의 구분이 뚜렷하며 변재는 폭이 넓음. 목리는 교착하고 나무갗은 거칠고 균일하지 않으며 때로 리본문양이 나타남. 기건비중은 0.68

ㅂ

정도, 수축률은 방사방향 4.7%, 접선방향 5.8%로 보통. 강도는 압축강도 432kg/㎠, 휨강도 486kg/㎠, 전단강도 58~65kg/㎠로 약함. 내구성은 양호하고 방부제 주입과 가공은 곤란하며 접착은 양호. 건조 시에는 갈라짐(할렬)에 주의를 요함. ③주로 실내장식마감재·바닥재·가구·천장재 등에 사용.

빌딩(building) : ①시가지(市街地) 5층 이상의 일반적인 고층건물. ②조형적·형태적·철학적인 디자인 개념이 빌딩은 희박하지만 아키텍처(architecture)는 강한 차이가 있음. ③빌딩(building)은 건물, 아키텍처(architecture)는 건축물로 번역하기도 함.

빌딩증후군(-症候群) : ①실내의 건조하고 혼탁한 공기로 인해 두통이나 현기증이 난다거나 눈과 피부가 가렵고 따끔거리는 현상. ②이 증상은 냉·난방의 에너지 효율을 높이기 위해 건물 안팎을 차단하는 최신식 건물에서 더욱 심각하게 나타남. 신선한 바깥공기가 안으로 들어오지 못하는데다가 담배연기·건축자재·카펫 등에서 생기는 오염물질이 떠다니며 실내공기를 더욱 오염시키고 있기 때문임. ③새집증후군(=).

ㅂ

빌딩풍해(-風害, Building damage from wind) : ①지상 100m 이상의 고층 빌딩 사이에서 일어나는 각종 풍해현상으로, 고층빌딩 밀집지역에 새롭게 등장한 도시공해임. ②고층빌딩이 있는 지역의 아래쪽에서는 바람이 빌딩의 주위에서 소용돌이치고 급강하하거나 풍속이 2배 이상으로 빨라지기도 하며 때로는 무풍상태가 되기도 함. 이 때문에 간판이나 지붕이 날아가거나 전선이 끊어질 때도 있으며, 연기 및 배기가스가 지상에 가라앉기도 함.

빌라(Villa) : ①대형 주택의 총칭. ②로마시대에는 영주의 거주지나 부속건물이 포함된 농장을 의미하고, 르네상스시대에는 대형의 시골 주택을 의미하며, 이탈리아에서는 도시 근교에 지어진 여름용 별장을, 19세기 미국과 유럽에서는 교외에 있는 독립주택 또는 이와 유사한 교외 주택. ③일정한 빌라의 형식은 없으나 건축과 경치가 좋은 자연환경과의 관계에 그 특색이 있음.

빌라로톤다(Villa Rotonda[이]) : ①1567년경 팔라디오(Andrea Palladio : 1508~1580)가 착공하여 1591년경 스카모치(Vincenzo Scamozzi : 1552~1616)가 완성한 이탈리아 북부의 비첸차 교외에 있는 르네상스 별장건축. ②중앙에 둥근 지붕을 얹은 방형 플랜(plan)으로 되고, 그 사방에 6개의 기둥을 앞으로 내세운 이오니아식 신전모양의 주랑 현관과 계단이 대칭으로 튀어나온 건물. ③빌라카프라(=).

빌라아스트의자(-椅子, Villa Ast chair) : ①비엔나에 있는 아스트 빌라 서재를 위해 호프만(Josef Hoffmann : 1870~1956)이 디자인한 의자. ②요즘도 중역실의 책상 앞에 놓는 의자로 많이 쓰임.

빌레트(billet) : ⇨빌릿(=).

빌로도(veludo, velvet) : ⇨벨벳(=).

빌릿(billet) : ①비잔틴·로마네스크 건축에 사용한 몰딩의 하나로 작은 입방체 모양 또는 짧은 막대 모양의 돌출부분이 규칙적으로 배열된 것. ②속이 빈 몰딩이나 코니스를 장식하기 위해 좁은 간격으로 밀착된 원통형 문양의 연속된 형태.

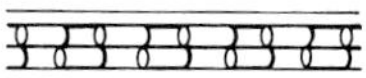
빌릿(라운드)

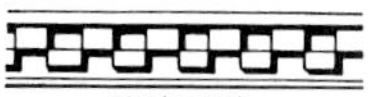
빌릿(스퀘어)

빌릿

빌링가(Bilinga, Nauclea diderrichii Merill[학]) : ①에라리온에서 카빈다·앙골라·우간다까지 분포. ②심재는 신선할 때는 레몬황색이나 빛에 의해 약간 농색(濃色)으로 금색(金色)~등황토색(橙黃土色)을 띤 황색이 됨. 변재는 도색(桃色)~회색(灰色)을 띤 황색. 나무갗은 거칠고 섬유는 불규칙하며 교착목리임. 중중(中重)~중재(重材)로 기건비중 0.67, 재에 따라 0.70~0.89까지 변화함. 수축률은 방사방향 3.7~5.0%, 접선방향 7.5~8.8%, 용적수축률 10.2~15.7%로 보통. 강도는 압축강도 527

~795kg/㎠, 휨강도 866~1,695kg/㎠, 횡인장강도 16.8~29.6kg/㎠, 전단강도 85~125 kg/㎠로 강함. 건조에 장시간을 요하며 엷은 판재는 변형될 우려가 있음. 가공은 용이함 포삭은 교착목리로 엇결이 나올 때가 있음. 도장·접착은 용이함. ③바닥재·가구·장식에 사용.

빌바오(Bilbao) : ①스페인의 빌바오에서 18세기 후반~19세기 초에 수입된 미국식 대형 거울. ②고전적 형태의 거울 틀(mirror frame)은 보통 핑크의 무늬목이지만 다양한 색의 대리석 판재로 되어 있으며, 금을 입힌 투조(鬪鳥) 세공장식이 부착됨.

빌보드(billboard) : ①대형 옥외광고판 또는 페인트로 그린 광고탑. ②시트포스터(=).

빌트인퍼니처(built-in furniture) : ⇨붙박이장(=).

빔(beam) : 보와 보 사이에 있는 작은 보. 기둥과 기둥 사이를 결합한 보를 큰보(girder)라고 함.

빔램프(beam lamp) : 광속(光速)이 어느 각도로 벌어진 램프.

빔조명(beam lighting) : ①유백색 유리 또는 플라스틱으로 된 조명기구를 천장 안에 배치하는 방법. ②직부형·반매입형 등의 조명기구를 하이라이트화한 경우.

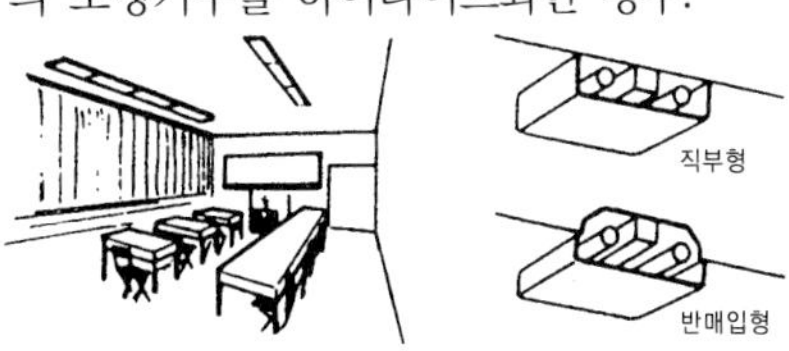

빔조명

빔컴퍼스(beam compass) : 큰 원(圓)이나 원호(圓弧)를 그리는 데 사용하는 제도용구의 일종.

빔플레이(beam play) : ①광선 그 자체를 이용하여 빛을 분산시키지 않도록 하여 어떤 시각적 빛의 형태를 연출하는 조명기법. ②강조하고자 하는 물체에 의도적인 광선으로 조사(照射)시킴으로써 광선 그 자체가 시각적인 특성을 지니게 하는 기법. ③광선연출조명기법(=).

빗개탕 : 널의 옆면에 길이 방향으로 홈을 판 경우에 홈의 한 면은 수직이고 다른 면은 경사지게 판 개탕.

빗걸이이음(splayed joint) : ①빗걸이가 2단(段)의 빗턱을 만들어 물린 이음. ②이음 바로 밑에 기둥·베개보·칸막이도리 등의 받침재 위에서만 이을 수 있는 보의 이음. ③겉모양은 엇걸이 촉이음과 비슷하지만 이음 끝에 턱솔이 없으므로 포개서 이음. ④보의 옆 방향으로 이동하는 것을 방지하기 위하여 촉 또는 볼트·꺾쇠 등으로 보강. ⑤접합부 끝의 촉과 경사면의 꽂임촉에 맞추어 포개대고 옆면에 꺾쇠를 쳐서 이동을 막음. ⑥근래 꽂임촉은 생략하고 볼트조임만으로 고정시키는 경우가 있음. ⑦주로 통나무보에 사용. ⑧빗턱이음·빗걸이이음(=).

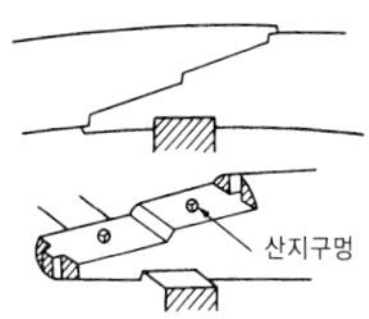

빗걸이이음

빗걸침턱맞춤 : ①서로 빗깎아서 맞추는 것으로 주로 멍에를 토대에 맞춘다든지 보를 층도리에 걸칠 때 사용. ②빗걸침턱맞춤.

빗꽃살문 : 빗살문 뒤에 꽃모양을 장식한 문.

빗꽃살문

빗꾀임 : 나무가 자랄 때나 제재하고 난 뒤에 비뚤어지는 것.

빗댄이음 : ⇨엇이음(=).

빗모치기(vee) : 돌의 줄눈부분에 모를 내어 잔다듬하는 모치기의 일종.

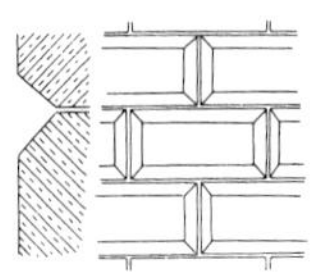
빗모치기

빗물막이멈추개(label stop) : 빗물이 빗물막이 몰딩(label moulding)을 따라 흘러내리는 것을 방지하기 위하여 빗물막이 몰딩 양쪽 끝에 설치한 조각된 돋을새김 장식.

빗물막이몰딩(label moulding) : ⇨빗물받이몰딩(=).

빗물받이(drip) : 빗물이 벽쪽으로 흘러내리는 것을 방지하기 위해 지붕·차양·돌림띠 등의 돌출부를 따라 파놓은 홈.

ㅂ

빗물받이몰딩(dripstone) : ①창이나 문의 상부 외곽에 석재로 돌출된 부분을 만들고 바깥쪽으로 홈을 파서 빗물이 안쪽으로 흘러내리지 않도록 하는 외벽 석재 몰딩. ②특히 고딕 건축에서 발달함.

빗물트랩(rainwater trap) : 빗물 배수에 응용된 트랩.

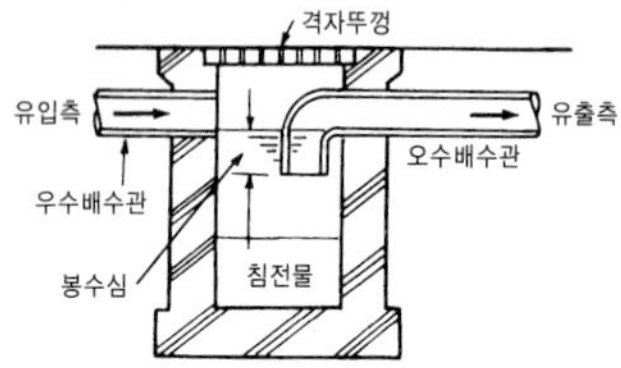

빗물트랩

빗반자(−盤子) : ①반자를 비스듬하게 만든 것. ②천장의 일부 또는 전부가 경사지게 꾸며진 반자. ③빗천장(=).

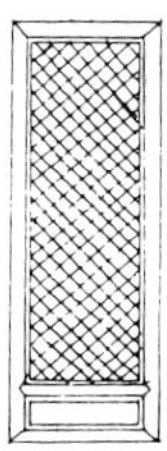
빗살문

빗살문(−門) : ①가는 문살을 울거미와 45°로 직교하게 촘촘히 짠 문. ②세살문의 한 가지인데, 가는 살을 엇비슷하게 어긋매겨 촘촘하게 짜서 만든 문.

빗살완자창(−卍字窓) : ①완자살을 45° 또는 30°로 경사지게 짠 창살 문. ②살을 엇비슷한 卍자 모양으로 짜서 만든 문.

빗살창(−窓) : ①가는 창살을 울거미와 45°와 135°로 서로 직교(교차)하게 짠 창호. ②울거미 속 모두를 빗살 짜임으로 하여 방의 출입문으로 많이 쓰이지만, 분합문의 불발기를 빗살창으로 하는 경우도 많음. ③ 『창덕궁수리도감의 궤』나 『화성성역의 궤』에 기록된 사창(斜窓)임.

빗아치(skew arch) : ①아치의 축이 도리방향에 대해 비스듬히 되어 있는 아치. ② 평면적으로 비스듬하게 만든 경사진 아치. ③경사아치(=).

빗이음(splayed joint, scarf joint) : ①서로 빗잘라 이은 것으로 이음길이는 춤의 1.5~2배로 하는데, 받침재 위에서만 이을 수 있음. ②주로 서까래·지붕널 등의 이음에 사용. ③엇이음·스카프조인트(=).

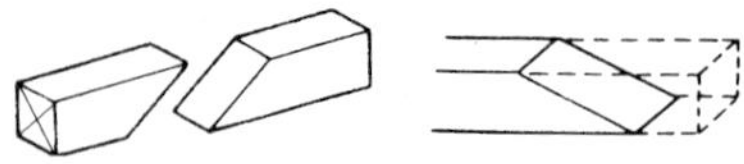
빗이음

빗장 : 문을 잠그는 비녀 나무.

빗장둔테 : ①문짝과 문짝을 걸어 잠그는 빗장을 잡아주는 나무테. ②둔테는 여러 형태가 있음.

빗장과 빗장둔테

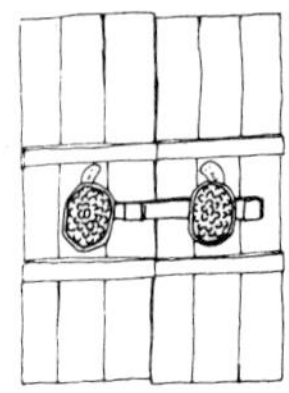
거북형의 빗장둔테

빗장부(−丈夫, oblique tenon, skew tenon) : ①부재 중심선과 장부중심선이 나란하지 않고 경사진 장부. ②재축(材軸)에 경사지게 짧게 만든 장부. ③ㅅ자보와 보, 귀잡이보와 깔도리, 샛기둥과 가새와 같이 부재 자체가 경사진 경우 또는 기둥과 층도리와 같이 두 부재가 직교하거나 맞춤면을 경사지게 맞추는 경우에 사용.

빗장부

빗장부맞춤(−丈夫−, oblique mortise and tenon joint) : ①장부를 경사지게 만들어 끼운 맞춤. ②주로 중도리와 박공널의 맞춤에 사용.

빗접 : ①퇴발낭(退髮囊 ; 사방 80~90㎝의 유지로 빗을 때 무릎 앞에 펴 빠지는 머리카락을 받아 모아 종횡으로 3번 접어 보관)빗·솔·빗치개 등 머리를 빗는 데 쓰는 기구를 담는 그릇. ②화장과 머리단장할 때 쓰는 화장대. ③경대(鏡臺)와 크기, 형태가 유사하나 거울이 없고 서랍만 있어 부녀자들의 얼개빗·참빗 등을 넣고 사용하는 필수품의 하나. ④여성용 빗접은 주칠이나 나전으로 만든 것이 많으며 순수한 나무제품은 드문 편임. 빗접은 거울이 보급되면서 좌경으로 대치.

빗줄눈(weather joint, struck joint) : 줄눈의 표면이 아니고, 아래쪽 또는 위쪽으로 경사지게 한 줄눈.

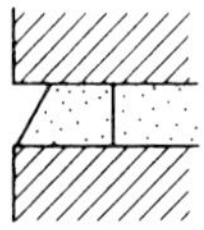
빗줄눈

빗쪽매 : ⇨엇붙임·엇이음(=).

빗천장(-天障, 斜天障, 合掌天障, slanting ceiling) : ①서까래 방향에 따라 천장면을 경사지게 처리한 것. ②양쪽 옆벽 위에서 안쪽으로 비스듬히 올려 꼭대기에서 맞붙은 천장. ③서까래 사이에 치받이만하고 서까래가 보이게 그대로 둔 천장.

빗턱끼움 : ⇨엇턱맞춤(=). 빗턱맞춤(=).

빗턱맞춤(oblique butt joint) : ①나무 끝을 비스듬하게 빗자르고, 다른 나무의 중간 부분을 경사지게 따내 물리는 맞춤. ②부재의 옆면을 경사지게 따낸 턱에 걸쳐 끼운 맞춤. ③빗턱을 깎아 끼우게 된 맞춤.

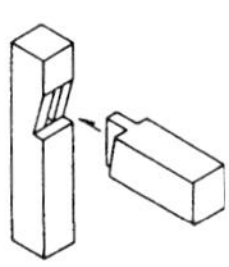
빗턱맞춤

빗턱장부맞춤(-丈夫-, bevelled haunched joint) : 장부의 한쪽은 장부맞춤으로 하고 다른 한쪽은 경사면으로 한 장부맞춤.

빗턱통넣고 짧은장부맞춤 : ⇨빗턱맞춤.

빙실효과(氷室效果) : ①탄산가스·유황산화물·먼지 등의 대기오염 증가는 태양광선이 땅에 이르는 것을 방해하게 되어 지구는 아이스박스 속에 넣어진 상태가 되어 기온이 내려가는 현상. ②온실효과(⇔).

빙축열냉방(氷蓄熱冷房) : ①공기조화 부하 중 일정 부분을 심야전력을 이용하여 얼음을 생성한 뒤 축열·저장하였다가 주간에 이 얼음을 녹여서 건물의 냉방 등에 활용하는 방식. ②빙축열 시스템은 부하의 시간을 이동시켜 피크 부하를 감소시킴으로써 냉동기의 분담 용량을 절약할 수 있음. 전력소비가 폭주하는 여름철 낮에 에어컨을 돌리지 않고 심야 시간에 얼음을 얼렸다가 한낮에 이를 녹여 건물을 냉방하는 첨단냉방방식. ③단점이라면 초기설치비가 에어컨설치비보다 30% 정도 더 든다는 것.

빙축열시스템(氷畜熱-, ice terminal storage system) : ⇨빙축열냉방.

빛(light, licht[독], lumiere[프]) : ①방사되는 수많은 전자파 중에서 인간의 눈으로 지각할 수 있는 380~780μm(nm)의 가시광선(可視光線, visual rays). ②물체 자체가 발광하여 보이는 모든 광을 지칭.

빛기둥 : 좁은 틈 사이로 뻗치는 빛살.

빛깔 : ⇨배색·색·색상·색조(=).

빛나는 도시(-都市, La Villa Redieuse[프]) : 르 코르뷔지에(Le Corbusier : 1887~1965)가 그의 도시계획에 관한 사고(思考)와 여러 연구를 엮어낸 저서명(1935년 초판).

빛넣기 : 착색하는 것.

빛선반(-旋盤, light shelf) : 현휘현상을 방지하기 위해 설치하는 방법.

빛의 굴절(-屈折) : ⇨굴절(=).

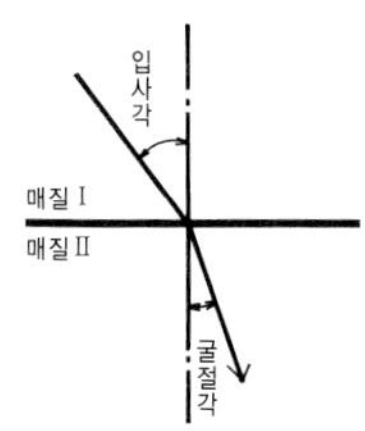

빛의 굴절

빛의 밝기 : ⇨밝기(=).

빛의 방사(-散亂) : ⇨복사(=).

빛의 산란(-散亂) : ⇨산란(=).

빛의 흡수(-吸收) : ⇨흡수(=).

빠르티(parti[프]) : ①많은 건축가들이 사용한 개념과 유사한 표현으로 19세기 프랑스 보자르학파에서 개발된 교육방법의 산물로 개념적이고도 사실적인 묘사방법. ②이 방법에서 학생들은 고도의 수준까지 개념적 기술을 개발하도록 요구됨. 학생들은 프로젝트에 착수한 후 수 시간 내에 건물형태에 대한 개념과 예비스케치를 개발해야 하며, 동시에 프로젝트 전체를 통해 그 빠르티에 충실하도록 교육받았음. ③에스키스(=).

빠름 : ①'점차로 좁아지는 것'을 뜻함. ②'흘림'과 같은 뜻. ③특히 기둥에서 기둥이 아래로부터 위로 갈수록 점차로 가늘어지는 것.

빠삐에꼴레(papier collé[프]) : ①흐물흐물하게 된 종이를 그 종이가 젖어 있는 동안 다양한 장식형태 및 사용하기 좋은 형상으로 만드는 기법. ②'종이를 붙인다'는 의미로 1910~1911년경 브라크(Georges Braque : 1882~1963)와 함께 세잔느(Paul Cezanne : 1839~1906)의 예술에 암시를 받아 피카소(Pablo Ruiz Picasso : 1881~1973)가 큐비즘을 창시하여 삼차원적인 현실의 개념을 이차원적인 회화로 번역하는 새로운 표현기법으로 사용하기 시작한 이래 새로운 조형효과를 나타내는 중요한 수단이 되었음. 다다(Dada)와 초현실주의에 이르러 콜라주로 발전하여 20세기 회화에서 오브제 의식을 형성하는데 중요한 계기가 된 기법.

빠진옹이 : 그루터기가 빠진 자리.

빠진옹이

빼는 저항력(-抵抗力) : ⇨인발력(=).

빼도리 : ⇨뺄목(=).

뺄목[枋頭] : ①가로 놓인 나무가 기둥을 뚫고 나온 부분. ②도리의 머리를 박공벽 밖으로 길게 내민 것. ③부재의 머리가 다른 재의 구멍이나 홈을 뚫고 내민 부분. 장부머리 따위. ④횡재가 기둥을 뚫고 나온 부분. ⑤맞배집에서 바깥기둥 밖으로 훨씬 내민 도리.

뻐침툇보 : 툇보의 일종.

뻬떼레비(Peterebi, Cordia trichotoma Arrab) : ①아르헨티나·브라질·파라과이·볼리비아·브라질에 분포. ②심재는 엷은 황색을 띤 갈색이며 보다 진한 무늬가 있고 변재는 다색(茶色)을 띤 황색. 목리는 구부러지고 비꼬여서 특히 방사의 단면이 아름다우며 매우 매력적이고 나무갗은 곱거나 보통. 재는 가볍고 무거우며 기건비중 0.64 전후로 휨저항성과 탄력성이 좋으며 내구성도 있음. 제재·포삭·마무리 가공은 용이하며 매끈하고 매우 빛나는 표면을 얻을 수 있음. ③주로 가구·무늬단판 등에 사용.

뼈대(frame) : ⇨골조·구체(=).

뽀얀유리(-琉璃, obscured glass) : 금강사로 갈든지 약품으로 부식시키든지 하여 한 면을 거칠게 한 불투명유리.

뽕나무 : ①낙엽교목으로 키는 12m, 직경은 60㎝ 정도 자람. ②심재는 담황갈색이고 변재는 담황백색임. 비중은 0.61. 재질은 경연하고 결은 곧고 거칠음. 표면이 아름답고 가공성은 보통. ③주로 건축재·가구재·기구재 등으로 사용.

뾰족날망치(gundera[독]) : 돌을 곱게 다듬는데 사용되는 공구로 길이가 200㎜ 안팎의 자루 끝에 길이 100~150㎜이고 양끝이 또는 한 끝이 뾰족한 날로 된 망치.

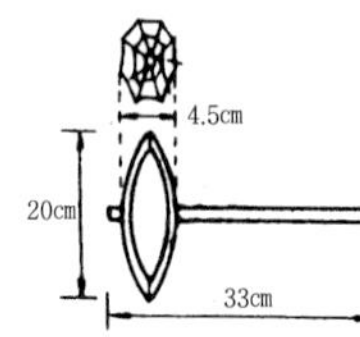

뾰족날망치

뾰족돔(pointed dome) : ⇨프슈도돔(=).

뾰족아치(pointed arch, tudor arch) : ⇨첨두아치(=).

뾰족지붕(pointed roof) : ①방형지붕의 경사를 크게 한 지붕. ②방형지붕(=).

뾰족탑(-塔) : ⇨피너클(=).

뿔가구(-家具) : ⇨각재가구(=).

뿜칠(spray) : ①고압의 압축공기로 미장재나 도장재를 분사시켜 표면에 도막(塗膜)을 입히는 작업방법. ②종류는 에어 스프레이(air spray ; 공기와 도료 입자를 함께 뿜칠하는 방법)와 에어리스 스프레이(airless spray ; 고압에만 도료를 가하여 물총의 원리로 뿜칠하는 방법)로 구분.

뿜칠거리(-距離, spraying distance) : ①스프레이 건(spray gun)으로 뿜칠할 때 건의 선단과 도장면과의 거리. ②일반적으로 150~300㎜(보통 300㎜).

뿜칠공법(-工法) : ①내화공법 중의 하나. 암면 등을 직접 철골면에 혹은 라스를 댄 위에 뿜칠하는 공법. ②종류는 건식 뿜칠공법과 습식 뿜칠공법으로 구분함. ③분진의 발생, 비산(飛散)에 의한 재료의 손실, 뿜칠 후 누름작업의 필요성 등 건식 뿜칠공법의 결점을 개량한 습식공법. 암면을 주재료로 하여 포틀랜드시멘트, 증점재(增粘材), 표면활성제에 물을 가하여 섞은 재료를 압송하여 압축공기를 뿜칠하는 공법.

④건식재료의 시멘트와 암면을 분리하여 시멘트와 슬러리를 암면과 별도의 경로로 압송하여 노즐 선단에서 일체화시켜 뿜칠하는 현장배합방식의 반습식 뿜칠공법도 있음. ⑤뿜칠(=).

뿜칠콘크리트공법(-工法, pneumatic applied concrete method) : ⇨숏크리트(=).

쁘렝땅(Printemps[프]) : ①1865년 프랑스 파리에 세운 백화점. ②봉마르셰(Bon marché, 파리, 1852)의 개점에 있던 Jules Jaluzot에 의해 설립되었으며, 바겐세일이라는 새로운 시도를 감행하여 대대적인 호평을 얻음. ③최초로 엘리베이터를 설치하였으며 원거리와 국외 고객을 대상으로 하는 통신판매에 착수함.

삔헤이로도빠라나(Pinheiro Do Parana[프]) : ①브라질·아르헨티나·파라과이·우르과이 등에 분포. ②심재는 갈색이며 광택이 있는 줄무늬가 있고, 변재는 황색이고 연륜이 확실함. 목리는 통직하고 균일한 구조로 무취(無臭). 수축률은 방사방향 4.0%, 접선방향 7.8%, 용적수축률은 13.2%로 보통이고 강도는 압축강도 422kg/㎠, 휨강도 873kg/㎠로 약함. 절삭가공이 용이하지만 건조에 주의를 요하며 접착성은 보통이고 도장성은 양호하며 내구성은 크지 않음. ③주로 건축·가구·합판 등에 사용.

이으면 면이 들어맞게 깎은 것. ③반턱(=).

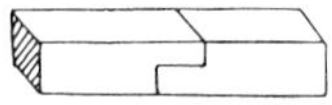

사모턱 이음

사묘[1](四廟) : 부모(父母)·조부모(祖父母)·증조부모(曾祖父母)·고조부모(高祖父母)의 4위패를 모신 사당.

사묘[2](祠廟) : ①도교의 창시자인 공자의 위패를 모신 묘우(廟宇). ②조선시대 사묘는 구역 내에서 약간 뒤쪽의 동쪽 높은 곳에 위치하도록 배치함.

사무용 시스템가구(事務用-家具, office system furniture) : ①오늘날 오피스는 공간의 개방화와 사무자동화 현상으로 사무실 분위기와 가구배치 등에 있어서 기존의 개념과는 전혀 다른 새로운 가구 시스템이 요구됨. ②인간공학적인 면과 작업의 흐름이 반영되어 가구는 그 역할이 중요시되고 보다 많은 기능을 복합적으로 수행·가능하도록 함. ③오늘날 사무용 가구는 칸막이로서의 파티션(partition)·수납장·서류 캐비닛·서류함·작업 테이블 등 구성요소들이 일체화된 세트(set)이며, 가구배치에 있어서도 합리적이고 다양한 변화를 줄 수 있음.

사무자동화(事務自動化, office automation) : ⇨오피스오토메이션(=).

사무직공간(事務職空間) : 기존의 사무공간은 사람과 사람의 커뮤니케이션 중심의 업무공간으로 커뮤니케이션(communication)과 심리적인 면이 강하게 요구되는 공간이었으며, 따라서 적당한 심리적 자극을 받을 수 있는 큰 사무실과 책상의 레이아웃(layout)은 작업자들끼리의 문서교류(paper flow)가 필요한 공동작업에 적합한 대향식(對向式 : 한쪽 방향으로 책상을 향하게 하는 학교식)이 바람직했음.

사문(蛇紋) : 뱀 껍질 모양의 선상(線狀) 무늬.

사문석(蛇紋石, serpentine) : ①광택이 잘 나는 암록색의 얼룩진 사문석. 대리석의 일종으로 판매됨. ②마그네슘이 들어 있는 함수규산염(含水硅酸鹽) 광물. ③보통 비늘 모양이나 덩어리 모양 또는 섬유상(纖維狀)으로 되어 있어 부드럽고 기름 같은 느낌을 줌.

사문암(蛇紋岩, ophiolite, serpentine) : 감람석 중에 있던 철분·석회분이 변질되어 적갈색의 반점을 가진 것으로 주로 사문석으로 이루어진 암석.

사문직(斜紋織) : ⇨능직(=).

사물적 예술(事物的 藝術) : ①현실 세계에 존재하는 또는 존재할 것으로 상상되는 일정한 사물로서의 대상을 그에 상응하는 구체적인 형태로 모사하는 것. ②모방예술·재현예술·묘사예술·대상적 예술(=).

사방맞춤(四方-) : 기둥의 한 곳에 사방에서 펠대·밑잡이·웃홈대·이층보 등을 끼워 맞추는 것.

사방연속문(四方連續紋, diaper, diaper pattern, diaper work, diaper motif) : ①벽면·벽지·직물·창살·가구표면 등의 전면에 연속적으로 장식된 문양. ②16세기 벽면 장식용 직물(tapestry)에 사용된 대각선 연속무늬에서 유래된 것. ③오늘날에는 사각형·마름모형 안에 꽃무늬 등으로 장식하여 사방으로 연속된 무늬가 전면을 덮는 문양을 총칭.

사방연속문

사방오리목(砂防五里木, Alder, Alnus firma Sieb. et Zucc[학]) : ①자작나무과로 연륜이 뚜렷하지 않고, 재색은 담갈색으로 심·변재의 구분이 뚜렷하지 않음. 나무갗은 곱고, 결이 곧으며 산공재(散孔材)임. 중비중재이고 수축성과 흡수성은 보통임. 압축강도·휨강도·전단강도는 강하고 인장강도는 보통이며 충격 휨 흡수에너지는 크고, 경도는 높음. 제재가공성과 건조성은 보통이고, 대패가공성과 휨가공성은 양호함. 접착성은 보통이고, 도장성은 불량임. 합판제조적성은 양호하고, 파티클보드 제조적성과 섬유판 제조적성은 보통이며, 시멘트경화성과 내후성은 불량, 목탄제조 및 펄프화적성은 보통임. ②주로 건축(내장·구조)·가구·조각·공예·제기·기구 등으로 사용함.

사방주먹장(四方-) : 사면에 주먹장이 보이도록 대각선(45° 방향)으로 끼워 맞춘 것.

사방주먹장이음(四方-) : ①4면이 모두 모양이 같은 메뚜기장으로 보이는 이음. ②이음의 길이는 기둥 굵기의 1.2배, 두께는 부재의 1/4, 사방주먹장과 같이 대각선 방향으로 끼워 이음.

사방집(四方-) : ⇨너와집(=).

사방침(四方枕) : 팔꿈치를 괴고 비스듬히 기대앉을 수 있게 만든 네모난 베개.

사방탁자(四方卓子) : ①하단에 서랍과 장이 부착되어 문방구 등을 진열하며 장식했던 가구로서 사방이 터져 있어 붙여진 이름. ②서책이나 진열품을 진열할 수 있도록 층널을 3층 내지 5층으로 얹은 네모반듯한 탁자. ③사방탁자는 수장(收藏)의 기능보다는 장식을 위한 성격이 더 강한 가구로 문갑이 수평적임에 반하여 사방탁자는 수직적인 문방가구.

사백육번안락의자(四百六番安樂椅子) : ①알바 알토(Alvar Aalto : 1888~1976)가 스프링 리프 의자(Spring Leaf Chair)를 변형하여 1935~39년에 제작한 안락의자. ②스프링 리프 프레임에 캔버스를 엮어서 시트를 만듦. 캔버스나 대마로 엮은 시트는 스칸디나비아반도 디자인의 특징이 되었으며, 특히 브루노 매드슨(Bruno Mathsson)이 많이 사용함.

사벽(沙壁) : 모래와 흙을 섞어서 만든 벽.

사벽질(砂壁-) : 잔모래나 진흙을 섞는 것으로서 벽을 발라서 벽질을 마무리하는 것.

사보(sabot[프]) : ①발굽·나막신 등을 의미하는 불어로 발부분의 목재 무늬목의 보호를 목적으로 가구 다리의 끝 부분을 감싸는 금속 덮개. 보통 청동(bronze)·황동(brass) 등에 금도금하여 제작하며, 특히 17세기 후반 프랑스 가구에 사용하기 시작함. ②상아띠가 둘러진 단순한 마름모꼴과 가볍게 소용돌이된 나무판.

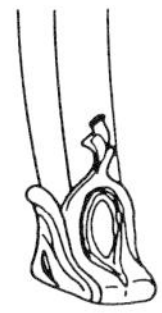
사보

사보나롤라(savonarola chair) : ⇨단테형 의자(=).

사보나롤라의자(-椅子, Savonarola chair) : ⇨단테형 의자(=).

사보나롤라체어(savonarola chair[이]) : ⇨단테형 의자(=).

사보네리(Savaonnerie) : 1604년에 세워진 프랑스에서 유명한 러그(rug), 태피스트리 공장 이름.

사보네리에 카펫(Savonnerie carpet) : ①1604년에 설립된 프랑스 사보네리에 공장으로부터 생산된 장식적이며 마디가 있는 파일(pile)로 짜여진 수제품의 카펫(carpet). ②파스텔조의 꽃문양과 소용돌이 곡선을 이용하여 디자인됨. ③1825년 나폴레옹 재임시 고블랭(Gobelin) 공장과 통합된 후 생산된 제품은 세계적인 카펫으로 명성을 얻음.

사보네리에카펫

사보이저택(-邸宅, Villa Savoye) : ①르 코르뷔지에(Le Corbusier : 1887~1965)가 설계한 파리 북서부 교외 포와시에 위치한 작품(1928년 착공, 1930년 준공). ②르 코르뷔지에의 근대건축 5원칙(필로티·옥상정원·수평연속창문·자유로운 칸막이 배치·외벽의 자유로운 배치)이 가장 잘 적용된 작품으로 전망은 북쪽을 향해 펼쳐 있어 태양방향과는 반대. 넓은 초원 한가운데 놓여 있으며, 1층은 필로티로 만들어 차고·현관·홀·종업원실이며, 주실(主室)은 2층에 배치하여 일부는 선 덱(sun deck)으로 하고 또 램프(lamp)와 계단을 타고 3층으로 가면 객

실과 옥상정원이 있음. 즉 필로티에 의해 들어 올려진 공중정원으로서 목초지와 과수원이 펼쳐지는 광대한 전망을 즐길 수 있음. 철골을 주체로 하고 벽체는 콘크리트 블록을 사용한 모르타르 마무리로 하고, 창문의 새시 등은 강철을 썼음.

사분변작법(四分變作法) : ①건물의 전칸 사이를 4등분한 지점(중간은 제외)에 동자주를 세우고 종량과 중도리를 배치하는 지붕가구의 한 방법. ②4등분점에 고주를 세우기도 함.

사분볼트(四分-, quadripartite vault) : ①하나의 베이(bay)에 골이 처진 볼트가 대각선 리브·횡단 아치·벽이 붙은 아치에 의해 4개의 부분으로 나누어진 것. ②그로인볼트(=)

사분원형 서랍(四分圓形-, quadrant drawer) : 1/4 형태의 서랍. 열릴 때 피벗(pivot) 경첩에 의해 외부로 회전하여 작동.

사분합문(四分閤門) : 대청마루 앞에 다는 네 짝으로 된 문. ⇨네짝문(=).

사사프러스(sassafras) : 무늬목 용재나 가구재 및 실내장식 마감재로 사용.

사삿집 : ⇨사가(私家)(=).

사색조화(四色調和, tetrad colors) : 색상환에서 등거리 4색들이 이루는 조화

사석(死石) : 골재에 혼입되어 있는 연질골재립(軟質骨材粒).

사선(斜線, oblique line) : ①주어진 선이나 면에 평행도 직각도 아닌 선. ②디자인적으로 기울어지려는 작용 때문에 불균형 상태에서 역동적이고 방향적이며, 시각적으로 속도·운동·불안정·위험·긴장·변화 등 활동적인 느낌을 줌. 따라서 알맞게 사용한다면 인간의 감각에 강한 인상을 만들거나 매력적인 요소가 됨.

사선소실점(斜線消失點, diagonal vanishing point) : ①선형(線形) 투시도에서 45° 각도로 멀어지는 수평선들을 위한 소실점. ②시점·원점(=).

사선식공정표(斜線式工程表) : ①세로에 공사량·총인부 등을 표시하고, 가로에 날짜(월·일) 등을 기입하여 일정한 사선절선을 가지고 공사의 진행상태를 수량적으로 표시한 공정표. ②각 부분공사의 상세를 나타내는 부분 공정표에 알맞고 노무자와 재료의 수배에 알맞음. 또한 기성고를 표시하는데 편리하고 공사지연에 대한 조속한 대처가 가능. 그러나 작업 상호간의 관련성을 나타낼 수 없는 단점이 있음.

사선제한(斜線制限) : ①건축물의 높이는 원칙적으로 앞면 도로의 반대쪽 경계선까지 거리에 비례한 높이를 한도로 함. ②이 제한에 도로에서 비스듬히 건축할 수 있는 범위를 규정함.

사송(榭松) : '사선'이라고 하는 일본 소나무.

사스래나무(白樺, Birch, Betula ermani Cham. [학] : ①자작나무과. ②연륜이 뚜렷하지 않고, 심재는 담황갈색, 변재는 담황백색으로 심·변재의 구분이 뚜렷함. 나무갗은 곱고, 결이 곧으며 산공재·중비중재이고, 수축성과 흡수성은 보통. 압축강도·전단강도·휨강도·인장강도는 강하고, 충격휨 흡수에너지는 큼. 제재가공성은 보통이고, 대패가공성과 건조성은 불량하고, 휨가공성은 양호함. 접착성은 양호하고, 도장성은 불량함. 섬유판 제조적성은 양호하고, 파티클보드 제조적성은 보통. 시멘트경화성은 불량하고, 내후성은 보통. 목탄 제조적성은 불량하며 펄프화 적성은 보통. ③주로 화장단판·가구·악기·운동구·조각·단판제품 등에 사용함.

사슬 : 쇠고리를 이어서 길게 한 철삭.

사슬고리 : 사슬이 달린 문고리.

사슬귀틀 : 반동귀틀에 끼워서 가로로 놓은 귀틀.

사시나무(aspen) : ⇨백양나무(=).

사신수(四神獸) : ①네 방위를 다스린다는 상징적 동물. ②동쪽의 청룡, 서쪽의 백호, 남쪽의 주작, 북쪽의 현무를 의미함.

사실(事實, facts) : ①해당 분야의 구성요소에 대한 참된 진술. ②예컨대 "벽돌의 색은 붉다"라는 진술은 건축디자인의 구성

요소인 벽돌에 대한 참된 진술이며, 이러한 사실은 디자이너의 지식 일부분을 구성함.

사실주의(事實主義, realism) : ①있는 그대로의 정경을 재현하는 것을 목표로 하는 예술운동. ②주관에 따라 형을 변형하거나 공상적인 것을 묘사하는 것에 반대하여 19세기 중반에 쿠르베가 주창. ③실재를 정확히 재현하는 것을 목표로 하는 예술사조. ④낭만주의의 관념적 경향에 대한 거부로 19세기 중엽 프랑스 화가·디자이너들이 선도. ⑤현실주의(=).

사실퇴행(事實退行) : 물체를 똑같이 그려볼 때 시각적 영상이 변형되는 것.

사심아치(四心−, Tuder arch) : ⇨튜더아치(=).

사암(沙岩, sand stone) : ①석영질의 모래가 규토·점토·탄산칼슘 등의 교착제에 의하여 응고된 퇴적암. ②일반적으로 강도(360~400kg/㎠)·경도가 부족하고 흡수성이 크며 내화성은 화강석보다 조금 큰 편임. 담색·적갈색·회흑색·암색 등 다양한 빛깔의 석재가 있는 데 풍화·변색이 잘되며 내구력이 극히 약함. 내화력은 안산암과 비등하고 톱으로 켜서 그대로 사용하기도 함. 경질 사암은 외벽재·경구조재 등으로 쓰고, 연질 사암은 마모를 받지 않는 내장재로 씀.

사액(賜額) : 임금이 사당·서원(書院) 등에 이름을 지어 그것을 적은 현판(懸板)을 내리는 것.

사액서원(賜額書院, royal registered seowon) : ①조선왕조 때 임금이 이름을 지어주고 현판을 써 내려 보낸 서원. ②국가로부터 액서·서책·노비·전결 등을 하사받은 서원.

사용검사필증(使用檢査畢證, certificate of occupancy) : 건축담당원이 건축물 시공이 승인된 도면과 시방서가 일치함을 확인한 후 해당 건축물의 사용을 승인하는 문서.

사용문짝(使用門−, active leaf, opening leaf) : ①걸쇠나 잠금장치가 부착된 실제로 사용되는 두짝문의 한 벌 문짝. ②비사용 문짝(⇔).

사우(祠宇) : ①위패를 모신 방 또는 건물. ②가묘·사당(=).

사우나(sauna) : ①북구풍(北歐風)의 열기(熱氣)목욕. ②보통 100°F 정도로 가열한 메마른 온풍을 보내며, 욕실은 벤치 모양임.

사우스켄싱턴박물관(−博物館, South Kensington Museum) : ①사우스 켄싱턴은 1851년에 제1회 런던박물관이 열렸던 하이드 파크(Hyde park)에 있는 지구명. ②박람회 후에 이 장소에는 사우스 켄싱턴 박물관과 미술학교가 건설되고, 현재의 빅토리아·알버트 미술관(Victoria and Albert museum)의 전신임.

사운드매스킹시스템(sound masking system) : ①두 종류의 음이 동시에 발생하는 경우에 한 쪽 음을 거의 들을 수 없게 되는 효과를 이용한 인공적 잡음발생 장치. ②예컨대 천장 안에 4~5m 간격으로 스피커(speaker)를 설치해서 백그라운드(back ground) 소음을 발생시키면 이 음이 기구의 소음이나 말소리를 없애서 거의 느끼지 못하게 됨.

사운드스케이프(soundscape) : ①소리(sound)와 풍경(landscape)의 복합어로 캐나다의 작곡가 샤퍼(R. M. Schafer)에 의해 제창. ②조합된 음의 구성으로 음환경 전체를 하나의 경관 또는 풍경으로 받아들이는 것. 더 나아가 인간의 음환경을 하나의 문화로 받아들이고 음이라는 관점에서 지역문화를 다루고자 하는 것이 기본. 따라서 단지 음환경을 개선하는 데 필요할 뿐만 아니라 지역 CI에 사운드 스케이프를 응용하는 등 음으로부터 환경을 파악하는 환경 디자인의 새로운 전개로도 중요함.

사원(寺院, temple, church, mosque) : ①성당·수도원 따위의 모든 종교적 건물을 지칭하는 명칭. ②특히 절이나 서원(書院) 및 사당(祠堂)을 의미. ③사찰(=).

사원색설(四原色說, components theory) : ①헤링(E. Hering, 1834~1918)이 1872년에 발표한 반대색설, 즉 적·황·청·녹 등. ②반대색설(=).

사원아치(四圓-, four centered arch) : ①아치곱선상에 원의 중심이 되는 바깥쪽 하단의 2개의 원호와 아치곱선 아래에 중심점이 있는 안쪽 상단의 2개의 원호. ②4개의 원호로 이루어진 중세 후기의 첨두아치. ③'사심원 아치'라고도 함.

사응력(斜應力, oblique stress, diagonal stress) : 부재축(部材軸)과 대각방향(45° 방향)에 생기는 합성응력(合成應力).

사응력도(斜應力度, oblique unit stress, diagonal unit stress) : 부재의 어느 단면에 대해 기울기를 가지고 작용하는 응력도.

사이[1](ざい) : ①재목·원료·재료라는 뜻의 일본말. ②일본의 도량형 단위. ③일본 사람들에 의해 재목의 양을 헤아릴 때 쓰는 단위로 쓰였음. '한 사이'는 각이 한 치이고 길이가 열두 자가 되는 재목을 가리킴. ④조선시대에 조선의 재목을 다루는 단위는 자임.

사이[2] : ①간격(=). ②재(=). ③간(=).

사이담 : ①담장 내에 채와 채 또는 채와 마당을 구분하기 위한 낮은 담장. ②바깥화장실과 문간마당 사이에 세우는 낮은 담장.

사이드다운(side down) : ①상품의 규모가 큰 순서대로 진열해 나가는 방법. ②이에 의해 한눈으로 보아 크기(size)별로 물건 갖추기의 폭을 알 수 있음.

사이드보드(side board) : ①16·17세기에 술과 요리를 놓기 위한 단상(段狀)의 컵 보드(cup board). ②식당에서 웨이터의 서비스를 위해 사용하는 테이블. ③식당의 주(主)테이블에 딸린 부(副)테이블. ④일반적으로는 식기 선반 및 장식 선반.

사이드보드

사이드스테이지(side stage) : ①객석의 측면 벽을 따라 길게 돌출된 부분. ②왜건 스테이지나 슬라이딩 스테이지를 사용하는 경우에 조립한 대도구를 놓아둘 때에는 연기 부문 무대와 같은 넓이의 측면무대가 요구됨.

사이드암(side arm) : 안쪽으로 눕혀서 여는 고창의 장지를 열었을 때 이것을 고정하는 호상(弧狀)의 철물.

사이드엔드테이블(side and end table) : 보통 의자의 팔걸이 높이로서 큰 가구의 옆에 놓는 테이블.

사이드체어(side chair) : 다목적용으로 사용되는 등받이가 있는 소형의자.

사이드테이블(side table) : ①주된 테이블(center table)의 보조로 사용되는 작은 테이블(sub-table)을 통칭. ②침대 머리쪽에 놓거나 긴 의자 옆에 놓는 소형(400×400㎜ 정도) 테이블. ③벽에 붙여 놓거나 고정하도록 디자인한 테이블.

사이드테이블

사이드프레임(side frame) : 목제 베드의 베드 보드(bed board)와 푸트 보드(foot board)를 연결하는 양쪽의 막판.

사이딩보드(siding board) : 건물의 외벽에 사용하는 널(합판 등). 특히 내수성과 내후성이 요구됨.

사이머(cyma[그]) : ①물결모양으로 판 무늬 또는 반곡선(反曲線). ②특히 고대 건축에서 사용된 것으로 두 개의 반곡선이 교대로 나타나는 부위의 장식 몰딩(쇠시리). ③오목면과 볼록면이 합쳐져 이중곡선으로 구성되어 돌출된 몰딩. ④그리스 신전에서 코니스 최상부에 만든 돌출한 홈통 모양의 부분. ⑤코로나 상부에 있으며, 그 끝은 튀어나오고 만곡(萬曲)되어 있음. ⑥반곡(=).

사이머곡선(-曲線, cyma curve) : ①오목형·볼록형의 양쪽을 짜맞춘 S자 형태의 오지(ogee)곡선. ②종류는 사이머 렉타와 사이머 리버사로 구분.

사이머 렉타(cyma recta) : ①몰딩 중에서 윗 부분이 오목하고 아랫부분이 볼록한 그리스 몰딩. ②볼록면이 연장되어 오목면에 의해서 이중곡선으로 구성되어 돌출된 몰딩. ③허니서클(honeysuckle, 인동덩쿨)로 흔히 장식되며 종종 'Hogarth line of beauty'라 불림. ④도릭 사이머(=).

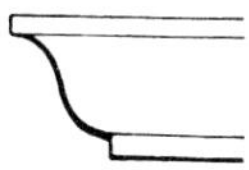
사이머 렉타

사이머 렉타몰딩(cyma recta moulding) : ⇨오지몰딩(=).

사이머 리버사(cyma reversa) : ①오목면이 연장되어 볼록면에 의해 마무리되는 그리스 사이머(cyma) 몰딩. ②흔히 워터립(waterleaf)이라 불리는 장식으로 장식됨.

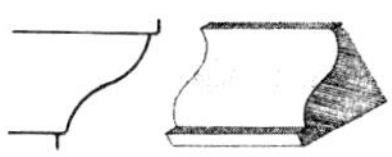
사이머 리버사

사이머 리버사몰딩(cyma reversa moulding) : ⇨오지몰딩(=).

사이머 커브(cyma curve) : S형 곡선으로 시이머렉터(cyma recta)에서 곡선은 수평으로 시작하고 끝남.

사이머티움(cymatium[그]) : ①고전건축 코니스의 상부 관형(冠形) 몰딩. ②고전건축의 엔태블러처(entablature)에서 돌림띠(cornice)의 최상부에 위치한 사이머 리버사(cyma reversa) 몰딩.

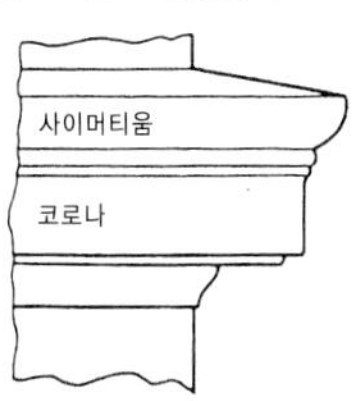

사이머티움

사이모차트(simo chart ; simultaneous motion cycle chart) : 인간공학의 동작-시간 연구에 이용되는 직접측정 방법 중 하나.

사이버네틱스(cybernetics) : ①생물의 제어기구(制御機構)와 기계의 제어기구와의 공통원리를 규명하려는 인공두뇌학(人工頭腦學). ②미국의 수학자 Norbert Wiener가 개척.

사이어미즈(siamese) : ①소방수들이 물을 입상파이프 또는 스프링클러 시스템으로 보내기 위한 둘 또는 그 이상의 연결구를 마련하기 위해 건물의 외부에서 지면(地面)에 가깝게 설치한 파이프 연결구. ②쌍가지소화전(=).

사이어미즈커넥션(siamese connection) : ⇨사이어미즈(=).

사이잘 벽지(-壁紙, sisal wallpaper) : 외관이 아바카 기계직과 유사한 가늘고 섬세하여 깔끔하고 차분한 느낌을 주는 초경벽지의 일종.

사이잘 카펫(sisal hemp carpet) : ①사이잘마나 화학섬유로 된 양탄자. ②매우 견고하므로 사람의 출입이 빈번한 곳에 적합.

사이즈(size) : ①치수(dimension)·크기·부피·규모 등을 의미. ②모양과 크기를 나타내는 치수를 통칭하는 용어. ③아교에 명반을 넣어 끓인 액, 즉 아교물을 말함. ④직물을 빳빳하게 하거나 종이에 광택을 낼 때 또는 회화나 벽지를 바를 때 초벌용으로 사용.

사이참 : 일을 하다가 잠시 쉬는 동안. 또 그때 먹는 음식.

사이케모어(Sycamore) : 나무 종류의 하나.

사이크로미터(psychrometer) : ①습도 측정법. ②습공기의 절대습도는 실험실 내에서 정밀하게 무게를 재고 이를 건조시킴으로써 측정할 수 있음. ③일반적으로는 습공기의 다른 성질들을 측정한 후 이들을 이용하여 상대습도를 계산하게 됨. ④건습계(=).

사이클그래프(cycle graph) : ①동작연구에 사용하는 수법 중 하나. ②신체의 각 부위에 작은 전구(電球)를 달고 동작을 하게 하여 그것을 한 장의 필름에 합쳐서 촬영함으로써 부위(部位)의 이동상황을 조사하는 방법. ③클로너사이클그래프법(=).

사이클로라마(cyclorama) : ①극장무대의 제일 뒤에 설치되는 무대배경용 벽. ②극장에서 액팅 에어리어(acting area)와 무대 장치의 스페이스 주위를 둘러싼 반원통형(半圓筒形)으로 만곡(萬曲)한 매단 막. ③조명기구나 투영기를 사이클로라마를 향해 투영하여 주야광을 비롯해서 구름·무지개·비·번개·화재·작은 물결 등의 자연현상을 나타나게 함. ④호리존트·쿠펠호리존트(=).

사이클로스타일(cyclostyle) : 원형의 주랑(柱廊)이나 중앙이 열린 기둥열.

사이클로이드(cycloid) : ①원이 직선 위를 미끄러지지 않고 구를 때 원주상의 점에 의해 그려지는 궤적. ②역학적으로는 쉘(shell)의 형태를 사이클로이드하면 수직응력도(垂直應力度)가 동일하게 분포되는 장점을 가지며 건축의 지붕에 사용. ③루이스 칸(Louis Kahn;1901~74)이 설계한 킴벨미술관의 볼트는 이 특성을 이용하고 있음.

사이클로피안(cyclopean) : ①거대하고, 광대하고 거칠며, 육중한 것을 의미하는 용어. ②사이클로피안 건축이란 커다랗고 불규칙한 형태의 석재를 모르타르 없이 사용하는 석재구조양식.

사이클로피안조적(-組積, cyclopean masonry) : ⇨사이클로피안.

사이클링(cycling) : 원래는 자전거를 이용한 모든 스포츠를 가리키나 요즘에는 자전거를 이용한 작은 여행이나 레크리에이션을 가리키는 경향이 있음. 선진국의 경우 자동차 대신 자전거를 이용하는 일이 많고, 주차장 및 자전거 우선권 등의 규칙을 마련하고 있음. 우리나라에서도 자연환경보호와 건강을 위해 일상적으로 활용할 수 있는 사이클링에 대한 관심이 더욱 높아지고 있음.

사이키(psyche) : 1840년경 그리스의 곡선으로 디자인된 천을 씌운 소파.

사이트(Site : 1970~) : ①도시공간에 대한 새로운 개념(concept)을 전개할 목적으로 1970년 뉴욕에서 설립된 건축 및 환경예술집단. ②제임스 와인즈와 앨리슨 스카이가 설립자이며, 미셸 스톤이 프로젝트의 전체적 조절 역할을 담당하고 있음. ③사이트의 작품은 컨셉추얼(conceptual)한 실험적 건축으로서 널리 국내외의 인정을 받고 있지만 그중에서도 건축에서의 심리학적·사회학적 효과의 전개와 건축의 스토리성 연출에 있어서 주목을 받음. ④주요작품으로는 은유적 표현의 휴스턴 베스트 슈퍼마켓(Best Product Co Building, 1974)을 비롯하여 Parking lot Showroom (1976), Forrest Building (1980) 등.

사이트라인(site line) : 오디토리엄(auditorium)의 평면 및 단면 설계에서 관객석 특히 끝부분에 위치하는 객석에서 무대가 보이는 범위를 책정하기 위한 가상선(假想線).

사이트퍼니처(site furniture) : 야외(野外)나 도로 및 공원 주변에 있는 가구.

사이펀(syphon) : ①높은 곳으로 올린 액체를 낮은 곳으로 옮기기 위해 사용하는 곡관(曲管). ②압력차를 이용하여 액체를 다른 용기에 이관하는 관.

사이펀식 대변기(-式大便器, syphons type) : ①구조는 세락식과 비슷하나 트랩 배수로가 다소 좁고 굴곡이 많아 유속이 둔화되기 때문에 배수로를 만수상태로 유지하여 사이펀 작용을 일으켜 오물을 흡입해서 제거하는 방식. ②오물을 직접 트랩 유수 중에 낙하시켜 굴곡된 배수로의 저항에 따라 세정수에 의하여 배수로를 만수하여 사이펀 작용을 일으켜 흡입 배출하는 방식.

사이펀식 변기(-式便器) : ⇨사이펀식대변기(=).

사이펀작용(-作用, syphonage) : 사이펀을 이용한 액체의 유화(流下)작용.

사이펀제트식 대변기(式大便器, syphon-jet type) : 오물을 직접 트랩 유수 중에 낙하시켜 굴곡된 배수로의 저항과 제트 구멍에서 분출하는 물의 힘에 따라 배수로 내를 강제적 또는 급속히 만수하여 사이펀 작용을 일으켜 흡인·배출하는 방식.

사이펀제트식 변기(-式便器, syphon jet) :

①리버스(revers) 트랩형의 사이펀식 변기의 트랩 배수로 입구에 분수구를 만들어 그 분수에 의해 빠르고 강력한 사이펀 작용을 일으키게 하여 그 흡입 작용으로 도기 내의 내용물을 트랩 통로를 통하여 끌어내어 세정하는 방식의 변기. ②현재의 수세변기로는 가장 좋은 것으로 인정되고 있음.

사이프러스(cypress) : ⇨노송나무(=).

사인[1](sign) : ①어떤 뜻을 표현하기 위한 조형적인 부호(符號). 즉 기호·표시·신호·몸짓 등의 글자와 언어·인간의 행동·공간의 상황에 이르기까지 폭넓은 의미가 있음. ②회사명이나 상품명을 강하게 인지시키기 위한 표지물을 총칭. 브랜드명 외에 광고 메시지나 지시·설명 등이 쓰여 있는 경우도 있음. 점내(店內)에서 사용하는 소형에서부터 점두(店頭)나 매장 주위에서 대형까지 여러 종류가 있음. ③디자인(design)과 사인(sign)은 어원상(語源上)으로는 동의어(同義語)임. ④복수의 메시지를 보내는 기호. 시그널(signal)보다 사물과 일의 대명사격으로 사용. 예컨대, 공공장소의 작은 가옥에 표시된 남녀 그림은 화장실인 것처럼 그것 대신 사용. ⑤기호(=).

사인[2](sine) : 직각삼각형의 빗변과 주어진 각도에 대한 반대편의 비율로 규정되는 삼각함수.

사인정(舍人亭) : ①전라남도 유형문화재 제55호, 조선시대 창건, 1786년(정조10) 중수. 전남 장흥군 장흥읍 송암리 359에 위치. ②조선 세종조 때 홍문관 부제학과 전라도 관찰사, 이조참판 등을 지낸 사인(舍人) 김 필 선생(1426~70)이 지은 정자. 사인 선생은 1453년(단종1) 계유정난 때 부귀영화를 버리고 장흥으로 내려와 은둔생활을 하며 후학을 양성하다 바람처럼 살다가 눈을 감은 조선의 올 곧은 큰 선비였음. ③정면 3칸, 측면 2칸의 홑처마 팔작지붕. 각 주두마다 간단한 봉두와 쇠서로 장식한 익공계 건물. 가운데 온돌방을 두고 사방에 마루를 두름. 내부에는 중수기·제영문·기문 등 30여 매의 기문과 현판이 있음. 잡석 다듬 기단 위에 덤벙주초를 놓고 민흘림 두리기둥을 세움. 둥근 바깥기둥 위로는 포작 없이 평주로 연결. 어간은 창방을 생략한 채 측면과 양 칸에만 창방을 설치하고 그 위에 장여와 도리를 얹고 그 사이사이에 소로를 끼움. 창방과 기둥에 연결된 부분에는 보아지가 밖으로 돌출하고 다른 결구는 보이지 않음. 어간에만 방을 두고 나머지는 우물마루를 깔았음. 측면 마루를 향한 문은 3분합 들어열개문. 양쪽의 마루칸 위 천장구조는 서까래가 모이는 중앙부분에 눈썹천장을 설치하고 대들보와 바깥기둥을 충량으로 연결함. 처마곡선이 매우 경쾌함.

사인정

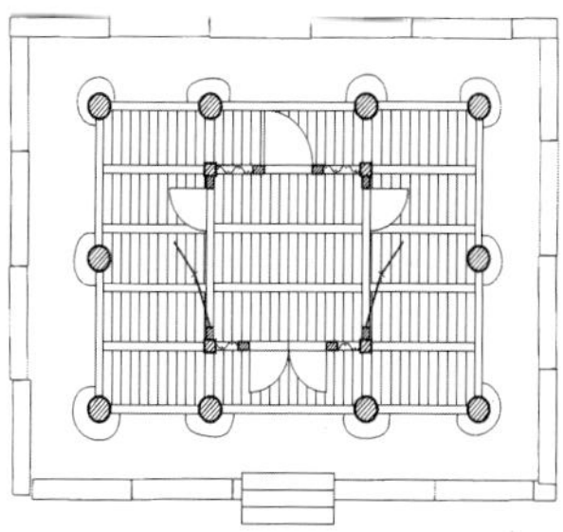
사인정 평면도

사일로(silo) : 원통형으로 높이 만든 탱크식(tank type) 창고.

사잇방(-房) : ⇨샛방(=).

사잇장지 : ⇨장지문(=).

사자마스크(lion's mask) : 캐브리올 다리(cabriole leg)의 위 무릎 부분(knee)에 쓰인 사자머리 형태의 모티프.

사자모노포디움(lion monopodium[그]) : ⇨모노포디움(=).

사자모티프(lion motif[프]) : 고대 이집트시대의 가구에 쓰인 장식적 모티프. 로마·고딕·르네상스·제국시대에 겹쳐 폭넓게 사용.

사자주먹형 발(-形-, lion's paw foot) : ①털이 있는 사자 발 형태로 조각한 가구의 발. ②영국 조지안시대(Georgian period)와 섭정시대(Regency period)에 주로 사용.

사장공간(死藏空間, dead space) : ⇨데드스페이스(=).

사장력(斜張力, diagonal tension) : 철근콘크리트 휨재의 중립축 부근에 생기는 45° 방향의 인장 주응력. 사장력에 대응하기 위해 배근한 철근을 사장력 보강철근이라 하고 사장력에 의한 파괴를 사장력 파괴라고 함.

사장석(斜長石, plagioclase) : ①서로 사각(斜角)으로 교차하는 두 방향의 벽개(劈開)를 가진 장석(長石). ②⇨정장석(⇔).

사재(斜材, diagonal member) : ①가새·버팀대·귀잡이보·ㅅ자보·트러스재의 래티스 등 경사지게 비스듬히 맞춘 부재를 총칭하는 용어. ②⇨경사재(=).

ㅅ

사적거리(私的距離, private distance) : 한 사람이 다른 사람과 편안하게 대화할 수 있다고 느끼는 일정치 않은 주관적인 거리.

사적 공간(私的空間, private room) : ⇨개인실(=).

사전검토(事前檢討, preparation) : 관련 정보를 수집하거나 분석하고, 적절한 해답을 찾기 위해 목표나 기준을 세우는 것.

사전환경성검토제도(事前環境性檢討制度) : ①사업의 계획수립이나 타당성 조사 단계에서 환경에 미치는 영향 등을 조사, 시정을 요구하는 제도. ②환경영향평가 제도에 비해 사업초기 단계에서 제동을 걸 수 있음.

사절(斜截) : 부재축에 직각으로 자르지 않고 경사지게 자르는 것.

사점(死點, dead point, dead spot) : 실내의 음이 국부적으로 집중된 결과 반사음이 부족한 다른 위치 또는 그 범위. 주로 오목면(凹面)의 초점 결과로 인해 생기는 경우가 많으며, 실내 전체에 음이 불균등하게 분포하는 원인이 됨.

사제석(司祭席, presbytery) : 사제 신부를 위해 제공된 교회의 공간.

사조집기(砂阻集器, sand interceptor) : ⇨샌드트랩(=).

사주목리(斜走木理, diagonal grain) : 일시적으로 제재시 제재자가 부주의하여 거단면(鋸斷面)과 연륜층(年輪層)이 평행을 이루지 못하여 생긴 목리.

사주문(四柱門) : ①기둥이 네 개 있는 문. ②기둥 네 개를 세워 도리와 보로 결구하고 지붕틀을 얹고 지붕을 덮으며, 전면 양쪽 두 개의 문틀을 짜고, 두 짝의 문짝을 설치함. ③주로 사대부 집의 대문에 설치하고 간혹 중문이나 사잇담에 설치함. ④산청의 남사마을 이상택가옥 대문이 그 실례.

사주식(四柱式) : ⇨테트라스타일(=).

사직단(社稷壇, the alter for the land and grain god) : 임금이 백성을 위하여 토신인 사(社)와 곡식인 직(稷)에게 제사를 지내던 제단.

사진벽지(寫眞壁紙, photo wallpaper) : 한 벽면이나 문 전면에 사진을 프린트한 벽지로 처리하여 풍경화처럼 보이게 한 것으로 벽면인 경우 포토 월(photo wall), 文人 경우 포토 도어(photo door)라고 함.

사진벽화(寫眞壁畵, photomural) : 사진을 확대하여 벽에 붙여 벽화 효과를 내는 장식이나 전시용 벽면 사진.

사진포트폴리오(寫眞-, photo portfolio) : 디자이너가 맡았던 프로젝트를 보여주기 위한 사진·슬라이드, 기타 다른 사진매체의 모음집.

사질점토(砂質粘土, sandy clay) : ①입도(粒度) 조성(組成)에 의한 흙의 분류 명칭의 하나. ②모래성분이 50~80%, 실트 성분이 30% 이하, 점토성분이 20~30%의 혼합비율로 된 흙.

사차색(四次色, tetrad color) : 색상환에서 근접해 있는 4가지 색상을 사용한 색채 계획.

사찰(寺刹) : ⇨사원·사(=).

사창(紗窓) : ①발이 얇은 비단을 붙인 창호. ②창을 짜고 창호지를 바르는 대신에 올이 성근 비단이나 모시를 발라서 바람이 잘 통하고 벌레의 침입을 막기 위해 설치하는 통풍의 기능과 방충망 기능의 창. ③주로 사대부 집에서 제일 바깥 덧창 다음에 달고, 사창 다음에는 쌍창을 그리고 갑창(甲窓)을 달았음. 문으로도 사용함. ④망사창·망사문(=).

사천왕문(四天王門) : ①불법의 외호신인 사천왕(지국천왕·증장천왕·광목천왕·다문천왕)을 모신 문. ②삼문 중에서 중문에 해당함. ③동쪽의 지국천왕(持國天王)은 얼굴이 푸른색이며 한 손에는 칼을 들고 있고, 다른 손은 주먹을 쥐고 있음. 남쪽의 증장천왕(增長天王)은 한 손에는 용을, 다른 손에는 여의주를 들고 있음. 위덕(威德)으로 만물을 소생시키는 역할을 함. 서쪽의 광목천왕(廣目天王)은 삼지창과 탑을 들고 있음. 죄인에게 벌을 내려 도심(道心)을 일으키게 함. 북쪽의 다문천왕(多聞天王)은 비파를 들고 있으며, 어둠을 방황하는 중생을 제도하는 역할을 함.

사천장(斜天障) : ⇨빗천장·합장천장(=).

사천주(四天柱) : ①목탑의 심주 주위에 세운 네 기둥. ②사천왕은 수미산의 중턱에 있는 사왕천의 주신으로 동 지국천왕, 남 증장천왕, 서 광목천왕, 북 다문천왕으로 불법으로 귀의한 중생을 수호한다고 함.

사철나무(四-) : ①낙엽교목으로 키는 10m 정도 자람. ②심재는 담회갈색이고 변재는 담황백색. 비중은 0.58 정도. 나뭇결이 대체로 곧고 아름다운 무늬가 있는 것도 있음. 가공이 용이하고 내수성과 내습성이 있음. ③주로 건축재·건구재·가구재 등으로 사용.

사출성형(射出成型) : ①열가소성수지 재료를 가열·용융시켜 작은 구멍을 통해 냉각된 금속형 속에 사출시켜 성형하는 방법. ②눌러 찍어내는 것(프레스성형)이 아니라 기계로 찍어내는 것. 타일인 경우 12~14%의 수분을 함유한 소지이므로 프레스의 경우보다도 강도 면에서 강함. 뒷면 홈이 'Z'형태로 되어 있어 압착면적이 넓고 홈의 길이가 3㎜까지 가능. 압착공법에 적합. ③⇨습식성형(=).

사출성형법 : ⇨사출성형(=).

사출수(射出髓, medullary ray) : ①수심(樹心)에서 나이테를 가로질러 반지름 모양으로 그어진 선. ②나무줄기의 중심에서 사방으로 뻗어나간 줄. ③쌍떡잎식물과 겉씨식물에 있는데 절부(節部)와 목질부(木質部) 사이의 수분·영양분을 운반하는 구실을 함.

사춤(pointing, filling) : 벽돌·돌쌓기 등에서 줄눈이나 틈새 또는 뒷면에 모르타르나 돌을 채워 넣는 일.

사춤모르타르(filling mortar) : ①사춤에 이용되는 모르타르. ②쌓은 벽돌이나 돌의 줄눈 사이에 채워 넣는 모르타르.

사춤쌓기 : ⇨찰쌓기(=).

사투상(斜透像, oblique) : 투사선이 투상면과 경사할 때의 평행투상.

사투상도(斜透像圖, oblique projection) : ⇨정투상도(=).

사투상도법(斜透像圖法) : ⇨정투상도법(=).

사투영(斜投影, oblique projection) : 투사선(投射線)이 서로 평행하고 투영면에 사각(斜角)으로 교차하는 투영.

사투영법(斜投影法) : ⇨사투영·평행투영법(=).

사티르(satyr[그]) : 상체는 사람이고 하체는 양이나 염소인 로마신화에 등장하는 사티로스 신으로 1730년부터 가구 제작자들이 즐겨 사용한 장식적인 모티프. 가구 장식으로 이용될 때에는 일반적으로 머리의 뿔·발·꼬리와 함께 표현됨.

사티로스(satyr) : ⇨사티르(=).

사파리의자(-椅子, Safari chair) : 카레 클린트(Kaare Klint : 1888~1954)가 1930년에 제작한 의자로써 목재로 골격을 만들고, 시트와 등받이는 캔버스나 가죽을 이용함.

사페리(Sapelli) : ①아프리카 코트브와르에서 우간다 빅토리아 가까이의 다우밀림에 분포. ②심·변재가 명확히 구분되며 심재는 도갈색(桃褐色)으로 대기에 의해 적갈동색(赤褐銅色)으로 변색되며, 광택이 남. 변재는 도색(桃色)을 띤 회색으로 폭이 48㎝. 목리는 폭이 좁은 교착목리이며 나무갗은 고움. 중경재(中硬材)로 기건비중 0.64, 수축률은 방사방향 3.5%, 접선방향 5.5%로 보통. 강도는 압축강도 585㎏/㎠, 휨강도 668㎏/㎠로 약함. 건조에 장기간이 걸리나 자연건조에도 갈라짐(할렬)의 위험성이 없음. 가공·접착은 보통이나 교착목리가 포삭(鉋削)에 장해를 일으키며 도장성은 양호. ③주로 가구·실내장식·무늬단판·합판 등에 사용.

사포[1](四包) : 공포가 네 겹으로 겹쳐진 것.

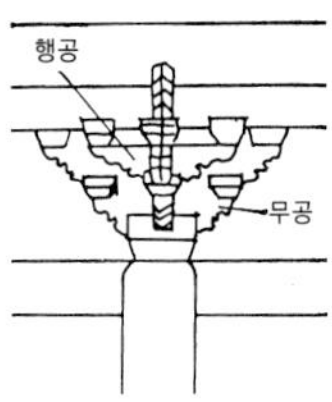

사포

사포[2](砂布, sand paper) : ①금강사·석류석·규석·용융 알루미나·탄화규소 등의 고운 입자를 발라 붙인 천이나 종이. ②입자의 굵기에 따라 번호가 다름. 주로 금속의 녹벗기기·목재면의 갈기·퍼티를 바른 후 또는 도장면의 칠막을 고르게 하거나 벗기는데 사용. ③연마지(=).

사하중(死荷重, dead load) : ①구조물에 수직 하향으로 작용하는 정하중(靜荷重). ②구조물의 자중(自重)과 건물의 각 요소·부착물·건물에 영구적으로 고정되는 장비 등의 무게로 구성되는 하중.

사향제도(四向制度) : 중정공간을 중심으로 동서남북 네 방향에서 건물로 둘러싸는 구성 형식.

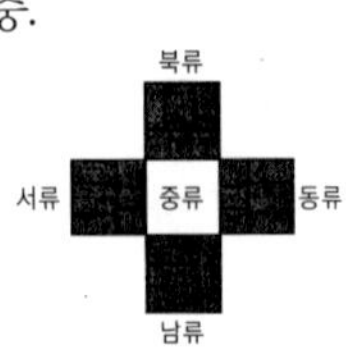

사향제도

사회거리(社會距離, social distance) : ⇨사회적 거리(=).

사회구심적 공간(社會求心的空間, sociopetal space) : 노천카페(cafe) 등에서 마주앉아 대화할 수 있는 공간으로써 개인의 사회적 상호 활동을 촉진시키는 경향이 강한 공간. 사람들이 서로 접근하기 쉬운 공간으로 프라이버시 보장이 안 됨. ⇨사회원심적 공간(⇔).

사회석(蛇灰石) : 감람석(橄欖石)의 변질석으로 검푸른 바탕에 흰 무늬의 방해석이 들어 있는 변성암(變成岩)의 일종. 주로 옥내·외 장식재의 판석으로 사용.

사회원심적 공간(社會遠心的空間, sociofugal space) : 열차 대합실이나 터미널과 같이 사람들을 분리시키는 경향이 있는 공간으로 상호작용에 도움이 되지 못하는 공간. 개인을 격리시키는 경향이 있으므로 과밀공간에서도 어느 정도 프라이버시를 보장. 사회구심적 공간(=).

사회적 거리(社會的 距里, social distance) : ①홀(E. T. Hall)이 미국인을 대상으로 조사한 결과 인간 상호간의 거리에 존재하는 4단계 중 하나. ②공식적 업무나 사회적 접촉에서 유지되는 1.2~3.6m 정도의 거리. 이는 주로 사회적 접촉보다 목소리의 높낮이나 크기에 의해 의사전달이 이루어지며 공식적인 자리에서 함께 작업을 하거나 일상적으로 같이 생활하는 사람들 간에 유지됨.

사회적 기능(社會的機能, social function) : 디자인된 공간·도구·물건 등이 사회적 존재로서 공공장소에 놓이거나 불특정다수인이 사용하게 됨으로써 대중에게 봉사해야 하는 것. 따라서 사람들은 안전을 위한 법규 및 규정된 조건 등을 지켜야 하며, 사회적 관습도 고려해야 함. 그러므로 디자이너의 손을 벗어난 실체화된 순간부터 대사회적 기능을 가짐. 이러한 기능은 사회변천에 따라 조건도 다르게 변함.

사회주의적 사실주의(社會主義的 事實主義, social realism) : ①1925년경 구소련 관제예술(官制藝術). ②러시아의 문화적·기술적 과업에 관심을 돌리면서 국가를 예찬하고 노동자 계급을 높이 치켜세우는 내용을 취함. ③다비드의 과학적 신고전주의, 반데르서스 또는 레핀의 예술에서 유래.

사회학(社會學, sociology) : 인간의 사회제도와 관련한 과학. 협의로는 인간 집단조직의 기원·발전·구조·기능과 집단행동 등에 관한 연구.

삭(索) : 강철재 로프.

삭도사업(索道事業) : 공중에 설치한 밧줄에 운송기를 달아 여객 또는 화물을 운송하는 사업.

삭소니(Saxony) : ①길이가 15㎜(열가공)인 파일 실을 사용하므로 거칠고 야성적인 느낌이 나는 컷 파일(cut pile)의 일종. ②⇨컷파일.

삭스블루(saxe blue) : ①관용색명으로 칙칙한 파랑. ②먼셀기호 1PB5/4.5.

산기둥(活柱, pillar) : ①벽에 붙지 않고 대청 복판이나 퇴(退) 또는 복도가 있는 경우 그 안쪽에 세우는 독립기둥. ②추녀 끝을 받치는 보조로 세운 기둥. ③무엇을 받치거나 버티는 굽은 기둥(arched support). ④퇴나 봉당(封堂) 또는 가묘(家廟), 헛간 등에 따로 서 있는 기둥으로 벽이나 문얼굴이 설치되지 않은 것. ⇨활주(=).

산데(Sande, Brosimum utile Pittier[학]) : ①코스타리카에서 파나마·콜롬비아·에콰도르·베네수엘라까지 분포. ②재는 엷은 커피색 또는 흰빛을 띠며 커피색에서 흰빛을 띤 황색까지 여러 가지가 있음. 목리는 통직 또는 파상이고 나무갗은 보통이며 광택이 있고 맛과 냄새는 없음. 가볍고 부드러우며 기건비중 평균 0.41, 강도는 압축강도 505kg/㎠, 휨강도 1,062kg/㎠, 전단강도 101kg/㎠로 보통. 내구성이 낮고 청변균(靑變菌)이나 부후·충에 대한 저항성이 없음. 가공은 용이하고 마무리는 양호하며 실리카를 함유하지만 가공에는 장해가 되지 않음. 건조는 빠르고 비틀림이 거의 없음. ③주로 단판·가구·판재 등에 사용.

산란(散亂, scattering) : ①음 또는 빛이 공기·먼지·연기 등의 입자에 부딪혀 흩어지는 현상. ②저녁때 노을이 붉게 보이는 현상은 빛의 산란 때문에 생기는 현상임.

산란색(散亂色, spill light) : 광선의 집중부 밖으로 흩어지는 빛. 보통 루버·배플·반도어 등으로 조절.

산림경제(山林經濟) : ①조선 숙종 때의 실학파 학자인 홍만선이 집필한 저서. ②원래는 살림경제였으나 한자로 표기하는 과정에서 산림경제가 되었다고 추정됨.

산문(山門) : ①묘우(廟宇)의 문. ②절의 누문(樓門). ③사찰의 본당을 열반(涅槃)으로 비유하여 건물의 문은 하나이지만 산문은 열반에 이르는 3가지 해탈문(解脫門), 즉 공문(空門), 무상문(無相門), 무작문(無作門)을 말함. ④산문은 절의 상징으로 쓰여 절을 뜻하기도 하며, 종단(宗團)의 한 문중(門中)을 뜻하기도 함.

산미(山彌, bracket) : ⇨살미(=).

산방(散枋) : ①추녀가 얹힌 바로 옆 도리 위에 가로놓아 선자서까래 등을 점차 올려 받쳐 괴는 부재. ②선자서까래를 구성시키는 도리 위의 받침대. ③갈모산방의 준말. ④일산방(=)·산방(=).

산벚나무(大山-, Sargent cherry, Prunus sargentii Rehder[학]) : ①장미과(Rosaceae)로 연륜이 뚜렷하지 않고, 심재는 적갈색, 변재는 담황갈색으로 심변재의 구분이 뚜렷함. 나무갗은 곱고, 결이 곧으며 산공재(散孔材)임. 중비중재이고, 수축성과 흡수성은 작음. 압축강도·인장강도·휨강도·전단강도·충격·휨흡수에너지는 보통이고, 경도는 높음. 제재가공성과 건조성은 보통이고, 대패가공성과 휨가공성은 양호함. 접착성은 보통이고, 도장성은 양호함. 합판제조적성은 양호하고, 파티클보드 제조적성은 보통이며, 섬유판 제조적성은 불량함. 시멘트경화성은 불량하고, 내후성은 양호함. 목탄제조 및 펄프화 적성은 불량함. ②주로 화장단판·가구·건축(내장)·고급장식·조각·공예·악기·기구·

도량형기 등에 사용.

산성(山城, mountain fortress wall) : 산 위의 능선이나 골짜기를 따라 쌓은 성.

산성안개(酸性-, acid fog) : ①산성의 대기 오염물질이 빗물이 아닌 대기 중에 부유하는 안개에 스며든 것. ②공장이나 자동차에서 배출된 질소산화물, 황산화물은 초산염이나 황산염의 산성입자로 하강함. 이 입자가 빗물에 스며든 것이 산성비이며, 빗물에 스며들지 않은 채 입자상태로 강하하는 것을 강선강하물이라 함. ③산성안개는 산성비보다 장시간 공기 중에 머무르므로 대기오염물질을 많이 흡수하여 산성도가 매우 높음.

산성호수(酸性湖水, acid lake) : ①pH 5 이하의 강한 산성을 나타내는 호수. ②pH가 낮을수록 산성도가 강하며, pH가 4.8 정도까지 내려가면 이끼나 갑각류·조개 등이 사멸하고 pH 4.5에서 모든 생물에 현저한 영향을 미침.

산소빚(酸素-, oxygen debt) : 인체 내에서 젖산의 제거속도가 생성속도에 미치지 못하면 활동이 끝난 후에도 계속 남아 있게 됨. 이 때 남아 있는 젖산을 제거하기 위해 필요한 산소.

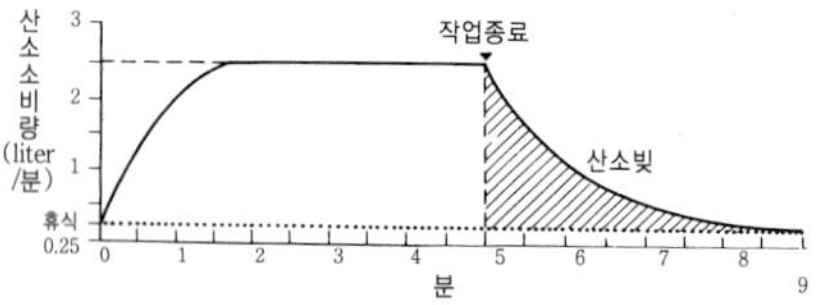

산소빚

산스대성당(-大聖堂, Cathedral Sens[프]) : 파리 동남쪽의 산스에 있는 산 테티엔느 대성당. 산 드니 수도원 성당과 함께 프랑스 고딕건축의 가장 초기 작품(1140~1168년경 건조). 옆벽은 트리포리엄(triforium)을 가진 3층 구조, 신랑의 천장은 6분 리브 볼트이고, 측랑은 14~16세기경에 증축한 것.

산신각(山神閣, shrine of the moutain gods) : ①호랑이를 타고 있는 산신상을 모시거나 탱화를 봉안한 전각. ②산신은 유교·불교·도교가 혼재되어 나타나며 산사의 생활과 평온을 비는 외호신의 역할과 신도들의 부귀공명 및 건강을 지켜주는 수호신의 역할을 함. ③절에서 산신령의 모습을 나타낸 그림이나 조각을 모셔 놓은 건물.

산업디자인(産業-, industrial design) : ⇨인더스트리얼디자인(=).

산업음악(産業音樂, industrial music) : 작업능률 향상을 위하여 작업장에서 사용하는 배경음악. 고도의 정신활동에는 적합하지 않지만 단순작업이나 반복작업에는 많은 효과가 있음. 특히 작업활동의 내용과 주위환경에 적합한 것이어야 함.

산업폐기물(産業廢棄物, industrial scrapped material, industrial waste matters) : 폐기물 처리 및 청소에 관한 법률(1986년 12월 31일 공포)에서는 산업폐기물이란, 산업활동에 수반하여 생기는 폐기물 중 연소 찌꺼기, 오니, 폐유, 폐산, 폐알칼리, 폐플라스틱류, 기타 법이 정하는 폐기물로서 종이 부스러기, 나무 부스러기, 섬유 찌꺼기, 식료품, 의약품, 향료 등 각 제조공업에서 고형상의 불필요한 동·식물성 물질, 고무 부스러기, 금속·유리 부스러기, 도자기 조각, 건축폐재 동물분뇨와 사체, 배진류 등이라 밝히고 있음. 그러나 이 말은 산업은 폐기물을 유발시킨다는 의미에서 거부감이 있으므로 쓰지 않으려는 경향이 있음.

산옹이(生節, sound knot) : 살아 있는 옹이.

산자(橵子, 散木) : ①산자널의 준말. ②서까래 위나 고물 위에 흙을 받기 위하여 장작이나 수수깡으로 펴서 엮은 것. ③서까래 위에 흙을 받기 위하여 가로 엮은 나뭇개비. ④서까래 위에 엮어 건너질러놓은 가는 나무 또는 장작개비. ⑤서까래 위에 흙을 바르기 위해 까는 토막나무. ⑥산자발(=).

산자널(橵子-) : ①지붕 서까래 위에 까는 널판. ②산자널은 궁궐 따위에서만 하는데 산자널을 얹게 되면 산자발을 할 필요가 없음. ③⇨개판.

산자발 : ⇨산자.

산자벽 : ⇨심벽(=).

산자외(橵子外) : ⇨산자.

산장(山莊, mountain villa) : 피서·스키·등산·수렵 등을 위해 산중(山中)에 지은 별장.

산적꽂이 : ⇨연침(=).

산점도(散點圖) : ⇨산포도.

산정사랑(山亭舍廊) : 상류주택에서 가부장이 풍류를 즐기기 위해 경치 좋은 곳에 만들었던 사랑. 집안에 두기도 하고 본채와 떨어뜨려 가까운 산에 세우기도 함. 이곳은 바깥주인만의 거처이기 때문에 사랑방에 준하며 문방사우를 갖추어 놓기도 함.

산 조마니교회 : ①처음 그리스도교를 공인했던 콘스탄티누스 황제가 314년에 건설하여 교황에게 기증한 것. ②1929년에 이곳에서 교황과 무솔리니 사이에 라테라노조약이 체결된 것도 유명함. ③현재의 교회는 17세기에 보르미니에 의해 개축되었음. ④정면 윗부분에는 갈릴레이가 만든 6m나 되는 그리스도와 성인의 상이 있으며 내부 왼쪽에는 콘스탄티누스 대제의 상이 있음.

산지(cotter, pin, key, wooden peg) : ①단단한 나무로 깎아 만든 못. 비녀처럼 만들어 박도록 된 것 또는 박는 일. ②원형 또는 각형으로 가늘고 긴 나무이고 되빠짐이나 변위를 방지. ③나무를 잇거나 끼울 때 쓰는 굵고 긴 나무못. ④비녀·메뚜기(=).

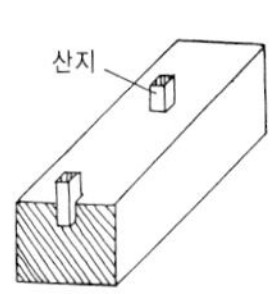

산지

산지구멍(cotter hole, pin hole, wooden peg hole, key hole) : ①산지를 박도록 파낸 구멍. ②산지를 박으려고 판 끌구멍.

산지이음(keyed joint, cotter pin joint, keyed mortise and tenon joint) : ①부재의 이음을 튼튼하게 하기 위해 산지를 박은 이음. ②목재의 이음에서 두 재를 꿰뚫어가는 나무 산지를 꽂아 물러나지 않게 보강한 이음. ③촉이음(=).

산지장부맞춤(-丈夫-, pinned mortise and tenon joint doweled tenon joint) : ①산지장부에 의한 맞춤. ②두 재에 산지를 따로 끼워서 장부처럼 하는 맞춤. ③장부가 빠지지 않도록 옆에 구멍을 뚫어 산지를 박은 맞춤.

산청덕천서원(山淸德川書院) : ⇨덕천서원(=).

산타마리아(Santa Maria, Calophyllum brasiliense Camb.[학]) : ①멕시코·에콰도르·페루·볼리비아·브라질·파나마 등 서인도제도 전역에 분포. ②심재는 핑크색에서 벽돌색으로 우미한 진한 선이 있으며 변재는 심재보다 흰색. 목리는 교착하고 나무갗은 곱거나 짙음. 기건비중 0.55~0.75, 수축률은 방사방향 5.2~6.5%, 접선방향 8.7~11.8%, 용적수축률 14.7~18.6%이고 강도는 압축강도 469kg/㎠, 휨강도 890kg/㎠, 전단강도 104kg/㎠로 보통. 가공은 용이하며 제재는 보통, 연삭은 양호함. 천연건조는 속도가 느리며 비틀림이나 갈라짐(할렬)이 일어나는 경향이 있어 인공건조가 바람직함. 접착·도장·내구성은 보통. ③주로 플로어링·가구 등에 사용.

산타마리아노벨라성당(-聖堂, Chiesa di Santa Maria Novella) : ①1456~70년에 건축가 알베르티가 완성한 산타마리아 노벨라 성당의 파사드. ②우아하고 아름답게 균형잡힌 비율과 색대리석판을 사용한 장식이 특징임.

산타마리아노벨라성당

산타마조레성당(-聖堂) : ①로마 4대 성당의 하나. ②테르미니역 왼쪽의 카볼레 거리(Via Cavour)에서 500m 앞 계단을 쌓은 곳에 위치. ③4세기에 건축된 이래 여러 번 개축되었고 이후로 각 시대별 이탈리아의 각종 건축양식의 변화를 살펴볼 수 있는 대표적인 교회건물. ④내부의 화려한 모자이크와 유물들이 소박한 바깥 모습과 대조를 이루는 것이 특징.

산타페양식(-樣式, Santa Fé style) : ①미

ㅅ

국 남서부 뉴멕시코 주의 산타페에 대표되는 양식. ②원주민인 멕시코 인디언 문화와 정복한 스페인 문화가 혼합된 컨트리양식으로 어도비 하우스라고 불리는 햇빛에 말린 벽돌집은 남쪽의 뜨거운 햇볕을 견디는 데는 최적임. 돌과 멕시코 타일 바닥에는 나바호 인디언의 직물과 짚으로 만든 매트가 깔려 있음. 회반죽벽은 그대로 난로형태를 만들고 천장은 대들보가 두드러짐. 벽과 난로 위에는 십자가(스페인 가톨릭교회 영향)와 때때로 들소의 두 개골도 장식됨. 바닥에는 커다란 단지가 놓여 장식요소로 사용.

산투스(Xanthus[그]) : 황금색을 의미하는 그리스어.

산판겉목돌 : 쓰임새보다 조금 더 크게 쪼갠 돌.

산포도(散布度, scatter diagram) : ①시공품질관리를 진행하기 위한 통계수법의 하나. ②품질의 특성과 이에 영향을 미치는 두 종류의 데이터 상호관계. ③특성은 검토대상의 특성과 깊은 관계가 있는 다른 특성을 선정해야 두 특성 사이의 관계가 확인되고 이를 개선할 수 있음. ④산점도(=).

산호색(珊瑚色, coral pink) : ①관용색명으로 밝은 빨강. ②먼셀기호 2.5R7/11.

산호석(珊瑚石, corallite, coral stone) : ①해저층의 바다 속 산호·해초·어패류 등의 각종 무기물이 합성되어 자연적으로 형성된 석회석으로 대리석의 일종. ②질감은 고급스러운 느낌과 따뜻한 감을 주고 무광으로 편안함을 줌. 또한 산호석 판재에 착색을 할 수 있어 다양한 개성의 작품 제작이 가능함. ③고전의 우아함과 섬세함이 돋보이며 원적외선이 다량 방출하며 통기성을 높여주어 신진대사 활성화, 체내 노폐물, 중금속 배출, 통증완화, 해독·항균·방충효과·온도조절기능·탈취·습도 조절기능 등 건강에 유익하며 실내공기를 늘 쾌적하고 신선하게 유지시켜 줌. ④시공성·방음성·단열성·불연성이 양호함. ⑤사우나·목욕탕이나 건축물의 내·외벽 등에 많이 사용됨.

산화(酸化, oxidation) : ①산소와 결합하여 산화물을 이루는 과정 또는 결과. ②부식(腐植).

산화물(酸化物, oxide) : 산소와 다른 원소가 결합된 이원계 복합산화물.

산화물피복법(酸化物被服法, oxide coating) : 금속 표면에 산화물의 막을 인공적으로 만들어 내부로 녹이 스며들지 않도록 하는 부식방지법.

산화철분(酸化鐵粉) : 적갈색 또는 진한 갈색의 안료(顔料)로 Fe_2O_3를 80% 이상 함유한 것.

산화철안료(酸化鐵顔料, iron oxide pigment) : 산화철을 색을 내는 성분으로 이용하는 안료를 통칭.

살 : 나이테와 나이테 사이.

살강 : 초가집에서 그릇 따위를 얹어서 얹어 놓기 위하여 부엌 벽에 드린 선반.

살구색(-色, apricot) : ①관용색명으로 칙칙한 주황. ②먼셀기호 6YR7/6.

살균도장(殺菌塗裝) : ⇨항균도장(=).

살대(支木, 箭木) : ①기둥이나 벽이 넘어지려는 것을 바로잡기 위하여 버티어 대는 나무. ②반자널 밑에 일정한 간격으로 가로댄 나무오리.

살대반자(-盤子) : ①두께 6~9㎜ 정도의 넓은 널 또는 합판 등을 대고 그 밑에 살대를 대는 널반자. ②살대는 면을 접고 반자돌림에 통맞춤을 대고 못치기하여 고정. ③⇨반자.

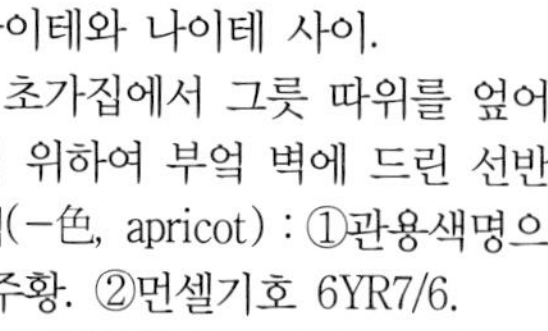

살대반자

살로모니카(salomonica) : 기둥이 꼬인 밧줄처럼 된 것.

살로모니카

살롱(salon[프]) : ①일종의 프랑스식 거실(parlour) 또는 객실(drawing room). 특히 17~18세

기 큰 저택의 응접실. 또 거기서 열리는 미술가나 문인들의 감상비평회로 오늘날 미술작품의 전시회를 지칭하기도 함. ②객실·응접실·응접을 위한 넓은 공간. ③매년 파리에서 개최되는 미술전람회.

살문(-門) : ⇨격자문(=).

살미(山彌, bracket) : ①주심에서 보 밑을 받치거나 좌우기둥 중간에 도리, 장여에 직교하여 받쳐 괸 쇠서(牛舌) 모양으로 내민 공포부재 짜임새의 총칭. ②공포부재인 쇠서가 중첩된 것으로 첨차에 직교되며 외부는 쇠서형으로 조각되고 내부는 교두형이나 초엽·연화문 등을 새긴 것. ③궁궐·성문·전각(殿閣)·누각(樓閣) 따위의 건축에서 기둥 위와 도리 사이를 장식하는 촛가지를 짜서 만든 부재(部材). ④첨차에 직교(直交)되며, 외부는 쇠서형으로 조각하고 내부는 교두형(翹頭形)이나 초엽(草葉), 연화 등을 새김. ⑤포살미의 준말. ⑥공포에서 기둥 위의 도리 사이를 소의 혀 모양으로 꾸민 부재의 짜임새를 통틀어 이르는 말.

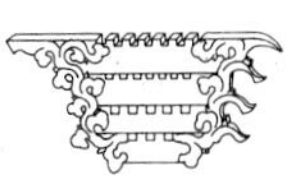

살미「화성성역의 궤」

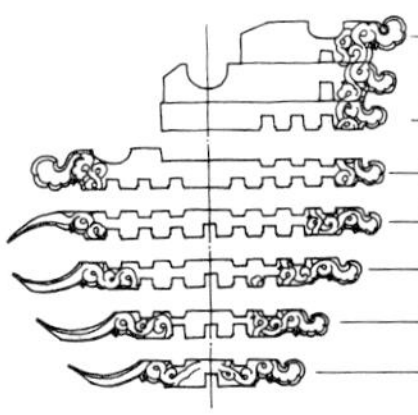

다포의 살미

살미살창(山彌-窓) : 촛가지를 짜서 살을 박아 만든 창문.

살밀이 : ①문살을 밀어 파는 것. ②문살 등을 장식하는 것.

살밀이 대패 : 문살의 표면을 장식하기 위하여 대팻날에 여러 모양의 굴곡을 준 대패.

살수여상방식(撒水濾床方式, trickling filter process) : 스크린·이중탱크·살수여상의 구조조합으로 된 처리대상 인원이 101~1,000명 범위일 때 적용되는 오수정화시설.

살잡이대 : ⇨살대·지주(=).

살창(-窓) : ①살대를 박은 광창. ②좁은 나무나 쇠오리로 살을 대어 만든 창. ③굵은 창살을 세로로 나란히 세워 박아 만든 붙박이창. ④창울거미를 짠 후 여러 개의 살들을 일정한 간격의 수직방향으로 꽂아 만든 창. ⑤살의 단면은 삼각형·사각형·육각형·팔각형 등 다양한 종류가 있음. ⑥격자창(=). ⑦전창(=).

살창문(-窓門) : 살창으로 된 창과 문.

살평상(-平床) : 바닥에 좁은 나무오리를 일정한 간격으로 박아 만든 평상.

살피 : 눈이 온 뒤 신고 다니는 기구.

삼각구조(三角構造, triad) : 색상환에서 안정된 삼각형을 이루는 세 가지 색의 배합.

삼각동선(三角動線, work triangle) : 주방의 작업대 배치에서 준비대·개수대·조리대를 연결하는 삼각형 동선.

삼각스케일(三角-, triangular scale) : 단면이 정삼각형으로 된 자. 스케일(=).

삼각아치(三角-, triangular arch) : 개구부 위에 각기 다른 두 개의 긴 돌을 비스듬히 놓이도록 구성시킨 기본적인 형태의 아치. 고대 이집트의 분묘에서 나타남.

삼각자(三角-, triangle ruler) : 직각삼각형 자. 정각이 45°로 된 것과 60°로 된 것이 있음.

삼각타일(三角-, triangle tile) : 귀퉁이의 끝부분에 사용하는 삼각형 타일.

삼각투상도(三角透像圖, tri-metric projection) : 세 개의 주요 축(軸)이 모두 서로 다른 비율로 줄어들도록 삼차원의 사물을 화면에 기울여 놓은 축측(軸側) 투상도.

삼각하중분포(三角荷重分布, triangular load distribution) : 하중의 작용상태가 삼각형 모양으로 분포하는 것.

삼각함수(三角函數, trigonometric function) : 직각삼각형의 변의 비율(Sine·Cosine·Tangent 등과 같은)을 각의 함수로 표현한 것.

삼각형 형태(三角形形態, triangular form) : ①삼각형은 세 변과 세 각을 가진 평면

기하학적 모양. 정삼각형은 같은 변과 같은 각을 가짐. 삼각형은 가장 일반적으로 사용했던 기하학적 형태 중 하나. ③일반적으로 안정적인 느낌, 부동의 느낌, 냉대감을 일으키나 정각(頂角)의 예각(銳角)일 때에는 위로 찌를 듯한 느낌이며, 둔각일 때에는 아래로 밀어붙이는 느낌을 줌. 정삼각형은 가장 안정되며 통합된 느낌을 줌. 또한 삼각형의 정각(頂角)이 아래로 향하면 극히 불안정한 느낌을 갖게 됨.

삼갈소루(三乫小累) : 첨차와 살미가 삼거리 모양으로 교차하여 만나는 곳에 놓이는 소로.

삼갑창(三甲窓) : 세 겹으로 된 창호.

삼겹이음 : ①암키와를 상하로 겹쳐 이어 올라갈 때 세 장이 겹쳐지도록 하는 것. ②암키와 길이의 2/3가 겹쳐지게 됨.

삼나무(柳杉, Japanese ceder, Sugi, Cryptomeria japonica(L. fil) D. Don[학]) : ①남부지방의 조림수종으로 일본이 원산이며 대만 등에서도 자생함. ②수피는 적갈 또는 회갈색의 유질로 얇고 길며 평활함. 변재는 백색으로 넓고, 심재는 담홍색이며 때때로 암갈색, 흑갈색으로 심·변재 구분이 명확하고 수(髓) 부분은 적색 또는 흑색. 목리는 통직하고 나무갗은 거칠며 특유의 냄새가 남. 기건비중 0.45, 전건비중 0.41, 수축률은 방사방향 2.53%, 접선방향 7.96%, 용적수축률 10.63%로 적으며, 강도는 압축강도 374kg/㎠, 휨강도 612kg/㎠, 인장강도 963kg/㎠, 전단강도 111kg/㎠로 약함. 내구성이 크고 건조속도가 빠르며 절삭가공·접착성은 양호하나 도장성은 보통이고 할열·약제주입이 용이함. 주로 건축·건구·선박·차량·가구·술통·조각·포장·토목 등에 사용. 일본에서는 주로 검정 래커로 마감하여 궤(chest)를 만드는데 사용하였으나 현재는 실내마감재로 많이 사용.

삼단등받이윈저의자(三段-椅子, three back Windsor chair) : 머리빗형 윈저의자와 궁형 등받이 윈저의자가 결합되어 등받이 부분을 상하 3부분으로 나눈 윈저의자.

삼단전구(三段電球, three way bulbs) : 필라멘트가 두 개 부착되어 밝기를 3단계로 바꿀 수 있는 전구. 각각 개별적으로 작동되어 에너지 절감효과가 있음.

삼등분밸런스창(三等分-窓) : 중간은 고정하고, 상하문은 사슬(chain) 또는 로프(rope)로 달아매고 추(錐) 없이 오르내리게 하여 중간 고정창에서 세 겹으로 되어 열리게 된 창.

삼디산업(三-産業, Three Dirty Industry) : ①제조업·광업·건축업 등 소위 더럽고(dirty), 힘들고(difficult), 위험한(dangerous) 분야의 산업. ②우리나라에서는 88년 올림픽을 치른 이후부터 3D산업 기피현상이 나타났음. 전체 실업률은 높아도 섬유·전자·건설·탄광·원양어업 등에서 인력난을 겪고 있음.

삼랑식 바실리카(三廊式-) : 신랑(身廊)의 양측에 각 1열(列)의 측랑(側廊)이 있는 바실리카식 교회당.

삼량(三樑) : 보를 세 줄로 놓아 한 간 통으로 집을 짓는 방식.

삼량가 [1](三樑架) : ①도리가 세 개 있는 지붕가구. ②세마루지붕틀(=).

삼량가 [2](三樑家) : ⇨삼량집· 세마루집(=).

삼량집(三樑-) : ①보를 세 줄로 놓아 한 칸 통으로 짓는 서민의 집. ②보를 세 줄로 놓아 도리를 받쳐주는 방식으로 지은 지붕구조. ③대들보만 걸고 그 위에 종도리를 설치하는 가구(架構). ④들보 좌우에 주도리가 있어 도리 셋으로 구성된 지붕가구(架構). 도리 세 개로 짜인 집. 전후 처마도리와 용마룻도리로 구성된 지붕틀로

삼량집

꾸민집. ⑤가장 간단한 가구(架構)조직으로 주로 작은 건물이나 살림집 중에서 문간채·곳간채 등의 소규모 건축에 사용.

삼로스위치(三路-, three way switch) : ①전등의 스위치로 2개소에서 점멸할 수 있는 것. ②한 개의 고정점과 두 개의 부동점 등 세 개의 단자를 갖춘 전환용 스냅 스위치(snap switch)로서 두 지점에서 전등을 제어하고자 할 때 사용. ③출입구가 두 개이거나 계단을 사이에 두고 층이 다른 공간에서 기능적으로 끄고 켤 수 있도록 고안된 스위치.

삼록(三綠) : 백록색의 안료.

삼류합판(三類合板) : 카세인 글루(glue) 또는 중량(重量)의 정도가 그다지 크지 않은 요소수지접착제를 사용하여 만든 합판.

삼림욕(森林浴, woods bathing) : ①숲속에서의 휴양. ②삼림욕은 독일에서 시작됐으며 유럽·일본 등에서 널리 애용함. ③나무는 많은 산소를 배출하는 데다 박테리아 등 미생물을 죽이는 살균효과를 지닌 피톤치드라는 물질을 발산함. ④피톤치드는 신체 각 부위에 활력을 주고 피부에 탄력을 주어 노화방지에 큰 효능이 있음.

삼면도(三面圖) : 정투영도의 정면도, 평면도, 측면도의 3가지.

삼목(杉木, cedar, cryptomeria japonica, cryptomeria cedar Japanese sugi, Cryptomeria japonica (L.fil.) D.Don[학]) : ①중국·일본 등지에서 자라는 솔과의 상록교목(침엽수)의 일종. 키는 60m 정도, 둘레는 4m 정도 자람. ②비중이 0.39, 압축강도는 400kg/㎠, 휨강도는 576kg/㎠, 전단강도는 52kg/㎠. 성장이 빠르고 비옥한 습지를 좋아하며, 공해(公害)에는 약함. 연륜이 뚜렷하고, 심재는 암적갈색, 변재는 담황백색으로 심변재의 구분이 뚜렷함. 수축성은 작으며, 흡수성은 큼. ③주로 건축재·가구재·창호재·수장재 및 사우나의 독(dock)에 사용. ④이집트와 고대 로마에서도 애용된 목재.

삼문(三門) : ①궁궐이나 공공건물 따위의 정문으로 가운데에 정문이 있고, 양쪽으로 정문보다 너비가 더 좁은 동협문과 서협문이 있는 대문. ②동협문과 서협문이 정문보다 더 낮으면 솟을삼문이 됨. ③외삼문과 내삼문이 있음.

삼물(三物) : ①회삼물의 준말. ②석회·백토·모래를 섞어 반죽한 것. ③회삼무리(=).

삼바(Samba, Triplochiton scleroxylon K. Schum) : ①서아프리카 밀림 중에 시에라리온에서 카메룬·콩고 오지까지 분포. ②심·변재는 색으로 구분되지 않고 변색이 잘 되며 담황백색의 재는 빛에 바래 농색(濃色)이 됨. 목리는 통직하나 정목(柾目)에서 약간의 교착목리가 나타나며 나무갗은 매우 거칢. 경연재(輕軟材)로 기건비중 0.32~0.50(평균 0.40), 수축률은 방사방향 3.7%, 접선방향 6.0%, 용적수축률 7.7%로 적고 습도변화에 변동하지 않으며 건조는 용이하고 변형도 적음. 강도는 압축강도 360kg/㎠, 휨강도 833kg/㎠, 횡인장강도 14.3kg/㎠, 전단강도 50kg/㎠로 약함. 가공은 용이하나 연한 목재이기 때문에 마무리가 나쁨. 접착도장은 보통이며 내구성은 극히 낮음. ③주로 판재·실내장식·가구·무늬단판 등에 사용.

삼반규관(三半規管, semi-circular canal) : 인체 내의 내이(內耳)에 있는 평형감각.

삼분두(三分頭) : 보머리, 장여뺄목 등의 끝을 모양나게 세 번 꺾어 잘라낸 형식의 끝머리.

삼분변작법(三分變作法) : ①건물 전 칸 사이의 3등분점에 동자주를 세우고 종량과 중도리를 배치하는 지붕가구의 한 방법. ②삼등분점에 고주를 세우기도 함.

삼분턱맞춤(三分-) : 세 부재를 한 지점에서 함께 맞추는 것.

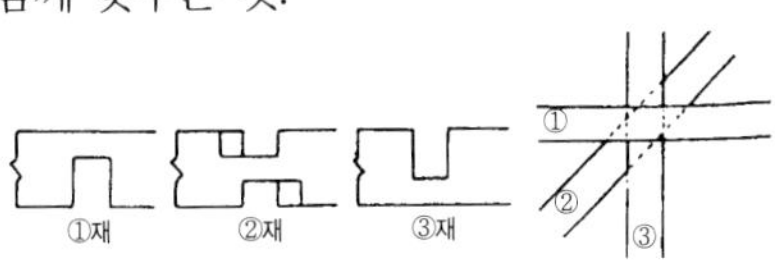

삼분턱맞춤

ㅅ

삼분형 궁륭(三分形穹窿, tripartite vault) : ⇨트리파타이트볼트(=).

삼상교류(三相交流, three-phase alternating current) : ①위상차가 120°인 세 개의 교류 전압과 그에 대응하는 전류가 흐르는 경우. ②삼상 기전력에 의해 흐르는 교류로 위상이 120°씩 다른 각속도가 3개의 정현파 교류와 같이 흐르고 있음.

삼상사선식(三相四線式, three phase four line system) : ①120°씩 위상이 다른 3개의 교반 기전력을 전원으로 그 전원을 y접속으로 하여 중성선 및 다른 3단자에 접속된 4가닥의 전선으로 부하에 전력을 공급하는 방식. ②방식은 3종류가 있음. ㉠3상 4선식 208/120 V(주로 시설비 절감을 위해 대형 건물에 사용), ㉡3상 4선식 460/265V(공장이나 대형 건물의 간선에 적합), ㉢3상 4선식 220/380V(승압계획에 따라 현재 시설되고 있는 방식).

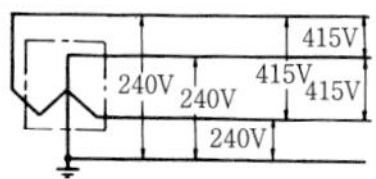

삼상사선식

삼상삼선식(三相三線式, three phase three wire system) : ①동력의 전원으로는 가장 많이 사용하는 방식. 각 상간 전압이 전부 200V이고, 일반적으로는 1상(相)을 접지해서 사용하는 관계상 대지 전압은 200V. ②120°씩 위상이 다른 3개의 교반 기전력을 전원으로 하고 그 전원에서 3가닥의 전선으로 부하에 전력을 공급하는 방식.

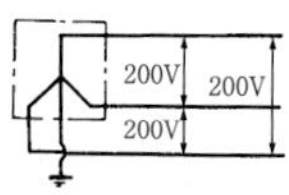

삼상삼선식

삼색감각(三色感覺) : 보통의 색감각(色感覺)으로 우리가 빛으로 인정하는 것, 즉 색채지각.

삼색조화(三色調和, triads color) : 색상환에서 서로 등거리에 있는 3색들이 이루는 조화.

삼성각(三聖閣) : ①토속신을 사찰 안에 모셔 둔 전각의 명칭. ②세 성인(환인·환웅·환검)을 모신 집. ③한 건물 안에 산신·칠성·독성을 함께 모셨을 때 부르는 명칭. 이들을 따로 모시면 칠성각·산신각·독성각이 됨.

삼세불(三世佛) : 중앙에 석가불, 왼쪽에 약사불, 오른쪽에 아미타불의 삼존불.

삼세불화(三世佛畵) : ①삼세불(三世佛)을 그린 불화. ②주로 조선 후기 불화에서 흔히 나타남.

삼소점투시도(三消點透視圖, three point perspective) : 화면에 모든 주요면이 비스듬한 네모진 사물이나 양괴(量塊, mass)의 선형 투시도. 세 주요 평행선 일단(一端)이 세 개의 다른 소실점(消失點)에 모이는 것처럼 보임.

삼신각(三神閣) : ⇨삼성각(=).

삼여물(麻-) : ①흙에 삼을 섞은 여물. ②삼섬유 제품을 잘게 잘라서 섬유를 풀어 만든 여물.

삼엽아치(三葉-, trefoil arch) : ①3개의 원이나 호(弧)의 중심점으로 첨점(尖點)의 안둘레를 이룬 아치. ②트레포일아치(=).

삼원색(三原色, three receptor, three primary color) : ①기본이 되는 색료의 삼원색은 적자(magenta)·황색(yellow)·청록(cyan). ②빛의 삼원색은 빨강(red)·초록(green)·파랑(blue). ③적당하게 혼합하면 임의의 색을 나타낼 수 있는 기본이 되는 3가지 색.

삼자극치(三刺戟値, tristimilus values of a light) : 3색의 표색계에서 시료(試料)의 색자극과 같은 색으로 색 맞춤을 하기 위해 필요한 3종류의 원자극 양. 1931년 단색 방사의 에너지 등 스펙트럼 CIE에서는 준표색계의 3자극치를 $\vec{x}\lambda \cdot \vec{y}\lambda \cdot \vec{z}\lambda$로서 채택하였는데 이를 '스펙트럼의 3자극치'라고 함.

삼점투시도(三點透視圖, three point perspective) : 작도하는 대상을 내려다보거나 올려다 본 경우에 높이 방향에도 소점을 잡는 작도방법.

삼종환기(三種換氣) : 실내의 적당한 위치에 급기구를 설치하여 실내공기는 배풍기에 의하여 강제적으로 옥외 등으로 배출하고 외기는 급기구를 통하여 자연적으로 유입시키는 방법.

삼중심아치(三中心-, three centered arch, basket handle arch) : 타원(楕圓)과 같은 2개의 곡률을 가진 원호로 원의 중심이 3개로 구성된 아치. ⇨옥총아치(=).

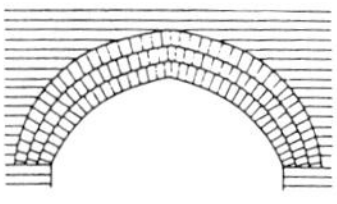

옥총아치

삼중형광물질(三重螢光物質, trihospher[독]) : 적색·녹색·청색 등 3개의 특정 색영역에서 최대 발광을 하는 형광물질. 형광등의 연색성을 향상시키는데 사용.

삼차보(三次樑, tertiary beam) : 자신의 하중을 2차보로 전달하는 부보(副樑).

삼차색(三次色, tertiary color) : ①두 개의 2차색이나 1차색과 2차색을 섞어 만든 색으로 갈색과 같은 것. ②3원색과 3가지 2차색을 똑같은 양으로 혼합하여 만든 혼합색으로 적자·적황·청록·청자·황록·황등. ③색상환에서 근접해 있는 3가지 색상을 사용한 색채계획.

삼차원(三次元, three dimension) : 입체(立體)로서 바닥·벽·지붕의 입체물. 외부공간이 주위의 개구부나 면을 통해 연결.

삼차원형상(三次元形狀, three dimensional forms) : 2차원적 형상에 깊이나 볼륨을 더한 형태. 예컨대, 가구·기둥·계단 등의 건축적 요소 및 건축물 등임. 종류는 직교식 선형체·비직교식 선형체·복합적 선형체 등으로 구분.

삼차원형태(三次元形態, form) : 3차원적인 물체의 형태를 의미하며, 양감과 부피를 갖게 함.

삼척 교수당(三陟 教授堂) : ①1388년(고려 우왕14)에 남양 홍씨 삼척입문 시조로서 교수(教授)를 지낸 홍준(洪濬)이 건립함. ②정면 4칸, 측면 2칸에 단층 팔작지붕의 건물로 특이하게 전체가 마루로 구성. 계자난간이 둘러져 정면진입 불가함. 정면이 짝수 칸으로 도산서원의 전교당·옥연정사 등이 정면 4칸 측면 2칸으로 짝수임. 교수당은 직절된 사각형 보머리와 소로·화반·양봉 등으로 구성됨.

삼척 김낙윤가옥(三陟 金洛倫家屋) : ⇨김낙윤가옥(=).

삼척 대이리 굴피집(三陟 大耳里-) : ①중요민속자료 223호, 19세기. ②전면 3칸, 측면 2칸의 겹집에 한쪽으로 외양간이 돌출된 평면으로 도장방 뒤쪽으로 열리는 문이 난 것이 삼척 대이리 너와집(이종옥가옥)과 다름. 지붕재료로 굴피를 사용하여 굴피집이라고 함. 안방에는 코클이 설치되고 북쪽 벽면에 시렁을 달았으며, 바닥은 흙다짐이고 외부 출입문이 두 곳으로, 가운데에 1개의 문설주를 두고 좌우대칭으로 여닫이문을 달았음. 사랑방에도 코클을 설치하고 북쪽벽에 통나무 시렁을 만들고 흙바닥에 짚자리를 깔았음. 도장방은 마루와 안방에서 출입이 가능하게 하고 마루는 여름철에는 식사, 손님대접 등이 이루어지고, 겨울철에는 수장고의 역할을 함. 구조는 오량구조이며 기둥과 도리는 방형으로 추녀를 네 귀에 걸고 선자서까래를 걸치고 추녀 끝은 기둥이 서있는 도리에 걸치지 않고 기둥 없이 중도리와 중보가 만나는 곳에 걸쳐 있음. 모든 도리는 방형의 장여가 받치고 있으며 기둥과 보도리는 사괴맞춤으로 이루어짐. ③이종순가옥(=).

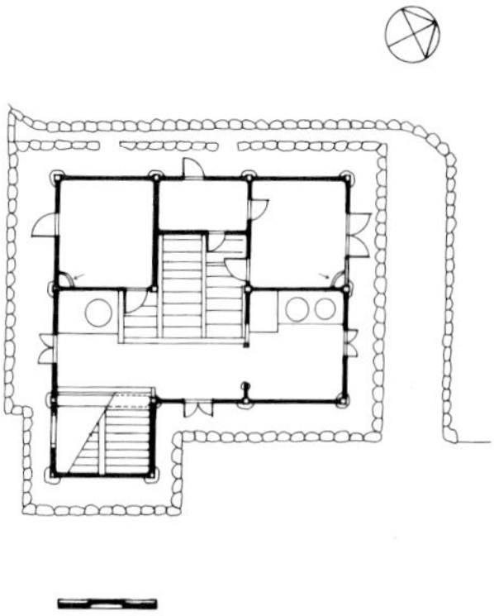

삼척 대이리 너와집(三陟 大耳里-) : ①중요민속 자료 221호, 17세기 중엽인 약 350년 된 현존하는 너와집 중에서 가장 오래된 것. ②평면은 전면 3칸, 측면 2칸의

겹집에 합각부 주출입쪽으로 외양간이 조성되어 3칸 폭을 이룸. 부엌문 오른쪽에 '널뒤주'가 있고 왼쪽 벽에 기댄 장독대와 마당에 '한데부엌'으로 솥이 하나있고 마당 동쪽에는 낮은 '울'이 있음. 낮은 토단(土壇) 위에 막돌 초석을 놓고, 그 위에 원주를 세워 단면이 방형인 도리와 보를 갖추고 있으며, 그 위에 동자주와 종량과 대공으로 지붕을 구성함. 평주오량집 구조로 선자형 서까래로 되어 있음. 추녀 끝은 기둥이 서있는 고도리에 걸치지 않고 기둥 없이 중도리와 중보가 만나는 곳에 걸쳐 있으며 처마도리, 중도리, 종도리 모두 장여를 갖고 있음. 벽체는 남쪽면의 판자벽 외에 모두 토벽으로 되어 있음. 지붕 내부는 그대로 개방하여 실내 연기가 까치구멍으로 배출되도록 함. 굴피로 만든 '꼬질간 지붕'을 제외하고는 모두 너와로 지붕을 구성함. 안방과 사랑방 구석에는 코클이 있으며, 부엌과 부뚜막과 마루 사이에 화티와 두둥불이 있었음. ③이종옥가옥(=).

삼척 대이리 통방아 : ①중요민속 자료 222호, 조선후기 창건, ②직경이 약 5m, 면적 5.89m의 평면에 원추형으로 서까래를 세워 그 위에 굴피로 지붕을 이어 만든 방앗간. ③방아는 총길이가 4.4m이고, 수로에서 물을 끌어 담아 방아질을 하도록 되어 있음. 통나무를 이용, 굴대를 깎아 물의 낙차를 이용하여 방아채를 누름, 통방아는 이 지역에서만 볼 수 있음.

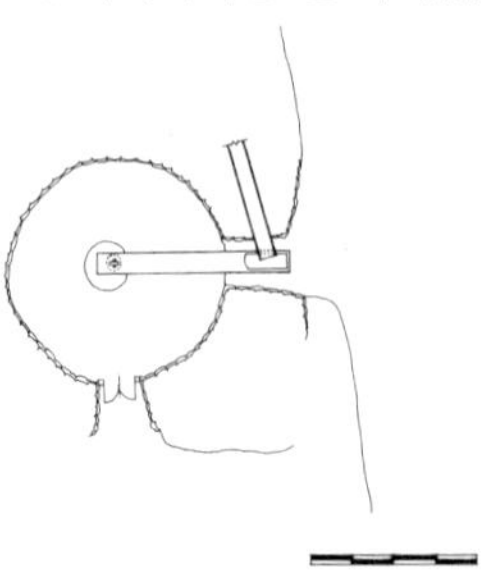

삼척 영은사 대웅보전(三陟 靈隱寺 大雄寶殿) : ①강원도 유형문화재 76호, 16세기말 창건, 19세기/20세기 중수. ②정면 3칸, 측면 3칸의 겹처마 맞배지붕의 2고주 오량가의 다포양식. 장대석 기단 위에 자연석 주초석을 놓고 민흘림기둥을 세움. 공포는 내3출목, 외2출목으로 구성. 정면의 살미는 쇠서로, 후면은 운공, 내부는 연봉형으로 처리. 우물천장에 빗천장 마감. 어간에는 3분합, 양 협간에는 2분합 빗살문을 설치.

삼척 영은사 팔상전(三陟 靈隱寺 八相殿) : ①강원도 유형문화재 77호, 17세기 중엽 창건, 19세기 중수. ②자연석 주초 위에 원주를 세움. 정면 3칸, 측면 2칸의 이익공 맞배지붕. 정면은 겹처마, 배면은 홑처마로 구성. 정면 3칸 모두 2분합의 띠살문으로 하였으나 양측의 문에는 하방 위에 머름중방을 둠. 조선 영조(1760) 때에 그린 너비 100cm, 길이 157.5cm 크기에 부처님의 일생을 그린 탱화 8점이 봉안되어 팔상전이라고 하였으나 1980년을 전후로 도난당함.

삼척 죽서루(三陟 竹西樓) : ①창건자, 연대는 미상이나 1266년 이전에 창건한 것으로 추정됨(東安居士集). ②절벽 위 자연암반(9개 기둥)과 석초(8개) 위에 17개 기둥의 길이가 각기 다르고, 상층은 20개의 기둥이 7칸을 형성하고 팔작지붕을 설치함. 현재 정면 7칸, 측면 2칸에 겹처마 팔작지붕이나 원래 5칸으로 추정됨. 5칸 내부는 기둥 없는 통칸이며, 추후 증축한 것으로 추정되는 양측간의 기둥배열은 각기 다름. 가운데 5칸은 긴보 오량 주심포·다포양식이 혼재된 형태, 주두 위에 두공을 사용하여 대들보를 잦치게 한 후 삼분두형 보머리가 그대로 길게 나와서 외목도리를 직접 받고 있는 외출목양식을 취함. 나머지 증축부는 서로 다른 이익공계 공포형식. 첨차는 주심포계통에서 볼 수 있는 수법이나 원호형첨차는 다포계통임. 실내 대들보 위의 대공은 오래된 공포형식임. 마루는 우물마루이며, 천장은 연등천장임. 좌측 툇간일부는 우물천장임.

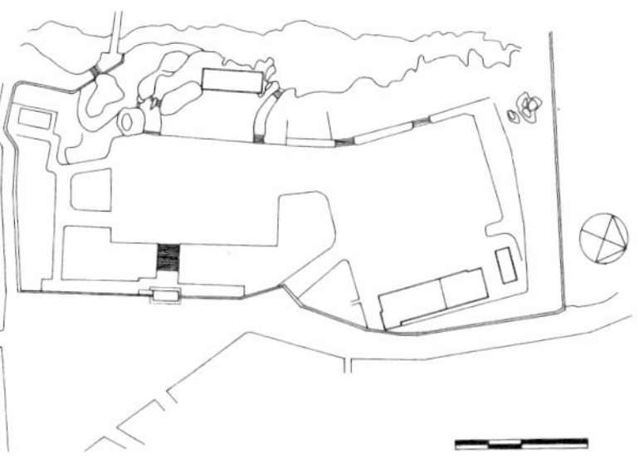

삼척 죽서루 배치도

삼첩지(三疊紙) : 백지보다 두껍고 길이와 폭은 훨씬 크며 품질이 낮고 빛깔이 누르스름하게 한 조선 종이.

삼청(三靑) : 백군색의 안료.

삼출목(三出目) : 공포가 세목 괴어 나와 도리를 받친 것.

삼출목

삼출목제공(三出目提栱) : 귀제공에서 세목을 내어 도리를 받친 것.

삼층구조(三層構造, three layer construction) : 의자·침대 등의 쿠션(cushion)성을 모식적으로 생각한 구조. 즉 위로부터 A, B, C 3개 층으로 구분하여 A층은 피부와 직접 맞닿는 부분으로 부드러워야 하며, B층은 자세를 바르게 유지하도록 단단해야 하며, C층은 충격적인 힘을 흡수하도록 함.

삼층장(三層欌) : 1800년대에 많이 제작된 건넌방 가구로 알갱이가 나무의 혹을 켜서 그 무늬가 독특한 용목(龍目).

삼층형(三層型) : ⇨트리플렉스형(=).

삼칸사랑(三間舍廊) : '작은 사랑채'를 말함.

삼파장역발광형 형광등(三波長域發光型螢光燈) : ①색온도가 50,000K으로 특히 적색·녹색·청색 대역(帶域)의 빛을 많게 한 것으로 물체의 색채가 일반적으로 선명하고 아름답게 보임. ②최근에는 3파장역 형광등이 많이 사용되고 있음.

삼평주오량가(三平柱五樑架) : ①긴 대들보가 없는 경우 앞뒤 평주 중간에 같은 높이의 평주를 하나 더 세워 중간의 평주 위에서 대들보를 연결하는 맞보를 사용한 가구법. ②내부에 고주 대신 평주를 세워 구성한 오량집.

삼평주오량집 : ⇨삼평주오량가(=).

삼포(三包) : ①다포계 공포에서 1출목 제공으로 하고 쇠서는 보 밑에서 2개를 얹고, 첨차는 주심에서 대소첨을, 출목에서는 소첨을 얹어서 짠 것. 즉 P(포작수)=2n(출목수)+1. ②공포가 세 겹으로 겹쳐진 것.

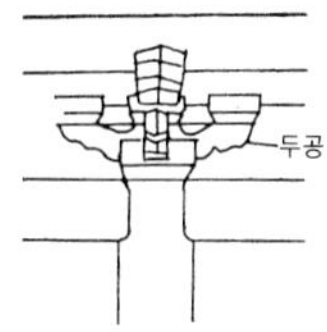

삼포

삼힌지아치(三-, three-hinged arch) : 활모양으로 구성되어 3개의 회전지점으로 된 틀구조.

삽 : 흙을 파거나 떠내기 위한 공구.

삽

삽입공간(挿入空間, embedded spaces) : 보다 큰 공간에서 중요한 부분으로 봉합되고 삽입된 공간.

삽짝 : ⇨사립문(=).

삽짝문(-門) : ⇨사립문(=).

삽형 발(-形-, spade foot) : 발끝이 육면체처럼 사면으로 깎여 있으나 아래쪽이 위쪽보다 가늘어져서 삽 모양을 이룬 발. 18세기 말 영국과 미국의 신고전주의양식의 가구에 사용됨.

삽형 발

삿갓반자(-盤子) : ①빗반자의 일종으로 서까래 모양대로 꾸민 것으로 서까래와 산자가 드러나 보이도록 한 반자. ②삿갓모양으로 한 중간이 높게 된 반자. ③가운데가 높고 가장자리가 낮아지는 경사진 천장. 주로 초가집에서 많이 사용. ④서민주택에서 기둥 높이가 낮아서 반자를 하지 못하는 경우 서까래 면을 따라 천장을 구성하는 경사진 천장. ⑤소경반자·빗반자(=).

삿갓지붕(pyramidal roof) : 두엄이나 헛간, 측간에서 지붕을 삿갓 모양으로 간결하게 꾸민 지붕.

삿갓집(pyramidal roof house) : 지붕이 삿

갓모양으로 된 집.

삿갓천장(-天障) : ⇨삿갓반자(=).

삿자리 : 갈대를 엮어서 만든 자리.

삿자리농(-籠) : 나무 또는 대나무의 골격에 대(臺)를 마치 삿자리처럼 엮어 만든 농.

삿자리무늬(bulrush mat pattern) : ①갈대로 결어 만든 자리 모양으로 된 무늬. ②바자무늬(=).

삿집(禱堂, shrine) : 무당이 신을 모신 집. 도당.

상감(象嵌, inlay) : ①물건의 표면에 문양을 새겨 넣는 기법. ②만들고자 하는 형태를 파내거나 오목하게 만든 다음 그 속에 금, 은 또는 옥 등을 감입(嵌入)시켜 장식 효과를 한층 높이는 기법.

상감법(象嵌法) : ⇨상감(=).

상감세공(象嵌細工, marquetry, marquetrie) : ①가구·금속·도자기 등의 표면에 상감을 하는 세공. ②마키트리(=).

상감세공

상관계수(相關係數, coefficient of correlation) : 두 변수 사이의 상관 정도를 나타내는 척도. 상관계수의 크기는 +1.0(즉 완전한 正의 상관관계)에서부터 -1.0(즉 완전한 負의 상관관계) 사이의 값을 가지며, 0(즉 전혀 상관관계가 없음)이 될 수 있음.

상관색온도(相關色溫度, correlated color temperature : CCT) : ①외관상 흑체방사의 온도와 가장 가깝다고 생각되는 일반 물체의 방사온도. ②⇨색온도.

상노(床奴) : 관가 같은 곳에서 밥상을 나르거나 잔심부름을 하는 아이.

상단연귀(上端燕口) : 상단만을 연귀로 하고 그 아랫부분은 장부맞춤으로 한 것.

상단철근(上端鐵筋) : 휨재에 있어서 그 철근 밑에 300㎜ 이상의 콘크리트가 있는 경우의 수평철근.

상담공간(相談空間) : 관람자에게 상품에 대한 지식·효용성 등의 정보를 설명하거나 구매상담에 응하기 위한 공간으로 좌석 배치가 필요.

상당외기온도(相當外氣溫度, sol-air temperature) : ①불투명한 벽면 또는 지붕면에서 태양열을 받으면 차츰 상승하게 되는데 이 상승되는 온도와 외기온도를 고려한 온도. ②이 온도는 열평형 방정식에 의해서 다음과 같이 유도됨.

$$t_{sol}=t_0+\frac{\alpha}{\alpha_0}I$$

α : 흡수율

I : 일사의 세기(㎉/m²·h)

상대공(上臺工) : ①마룻보 위에 얹혀서 마룻도리를 떠받는 짧은 기둥. ②마룻대공(=).

상대습도(相對濕度, relative humidity : ①어떤 상태의 습공기 수증기 분압과 그때 포화상태의 수증기압과의 비를 백분율로 표시한 것. 즉 상대습도=습공기에 포함된 수증기의 질량/같은 온도에서 습공기가 포함되기 위해 필요한 수증기의 질량 100. 단위는 %, 기호는 ϕ. ②공기가 그 온도에서 포함할 수 있는 최대량의 수증기에 대한 실제 수증기량의 비율. 즉 상대습도=습공기의 수증기압/습공기의 같은 온도에서의 포화 수증기압(SVP)×100 또는 상대습도=노점에서의 포화수증기압/실내온도에서의 포화수증기압×100. ③동일 온도에서 1m³의 공기 중에 현재 포함되어 있는 수증기의 양과 최대로 포함될 수 있는 수증기 양과의 백분율. 즉 어느 온도에서 절대습도와 포화절대습도와의 비를 말하며, 다음 식으로 나타냄.

$$RH=\frac{\text{임의온도에서 절대습도}(g/m^3)}{\text{동일온도에서 포화절대습도}(g/m^3)}\times 100\%$$

상대웅전(上大雄殿) : 한 경내에 두 법당을 지을 때 높은 곳에 지은 법당. ②하대웅전(⇔).

상도도장(上塗塗裝) : 도장공정상 마무리공정으로 광택·색 등의 마무리 외관이 우수해야 함. 또한 동시에 도막의 견고성·갈라짐·내구력 등의 도막성능이 우수해야 하므로 용도 적용에 따른 도료의 선택·

정확한 도장 방법으로 마무리작업을 해야 함.

상량(上樑, top out, putting up the ridge beam) : ①마룻도리를 올려서 집의 뼈대를 다 맞추는 것. ②최상단부의 구조부재나 조적조에서 최상단층 부재의 설치. ③기둥에 보를 얹고, 그 위에 처마도리와 중도리를 걸고 마지막으로 마룻대를 옮김. ④종도리·마룻도리·마룻대·상량도리(=).

상량도리(上樑桁) : ⇨종도리·마룻도리·상량·마룻대(=).

상량문(上樑文, message for the framework-rasing ceremony) : ①건축공사의 시작과 끝, 참여자 이름 등을 기록한 글. ②보통 대들보에 먹물을 이용하여 붓으로 기록함.

상량식(上樑式, the framework-rising ceremony) : ①목조건물의 지붕틀을 짜 세울 때 최종적으로 마룻대를 올리는 일을 기념하기 위하여 지내는 의식. ②건축 축조시 최상 상단부의 구조부재를 설치하면서 지내는 감사와 평안을 기원하는 미신적 고사.

상량신(上樑神) : ⇨성주(=).

상록수색(常綠樹色) : ①관용색명으로 칙칙한 녹색. ②먼셀기호 3G4.5/7.

상륜(相輪, stupa final) : 불탑의 꼭대기에 있는 쇠붙이로 된 원기둥 모양의 장식.

상방(上房) : 조부모 등 웃어른이 기거하는 방.

상방거리의 과대시(上方距離-過大視) : 같은 크기의 형(形)을 상하로 겹치면 위쪽의 것이 크게 보이는 현상.

상부가로대(上部橫材, top rail) : ⇨상부틀(=).

상부구조(上部構造, superstructure) : 기초 위의 건물이나 다른 구조물의 수직적인 증축.

상부근(上部筋, top bar) : ⇨상부철근(=).

상부철근(上部鐵筋, top steel bar) : 콘크리트보(concrete girder)나 슬래브(slab)에서 부(負)모멘트를 받는 부분의 주근(主筋, main bar).

상부틀(上部-, top rail) : 양판문(兩板門, paneled door)이나 창 새시(window sash)의 선대(線帶)를 연결하는 가장 윗부분의 가로틀.

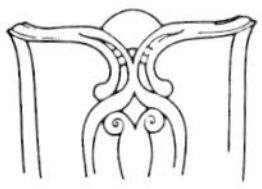

상부 가로대

상사 : 기둥·창문틀 또는 창문 울거미에 두 줄이 오목하게 들어간 쇠시리 또는 그 모양.

상사밀이 : 문살 따위에 골을 치는 대패.

상상력(想像力, imagination) : 실제로 인지(認知)되거나 감각적으로 상상(想像)되지 않는 것을 마음속의 이미지(image)나 개념(概念, concept)으로 형성하는 능력.

상상불만족도(想像不滿足度, PPD) : 같은 환경에 처해 있는 사람의 열적 평가와 평균치를 나타낸 것.

상세(詳細, detail) : 건물의 세부를 상세하게 그리거나 세밀하게 고려하는 것.

상세도(詳細圖, detail drawing) : ①기본도면이나 실시도면에서 중요한 부분을 큰 축척을 사용하여 상세하게 나타내어 그린 도면. ②종류는 크게 부분상세도·단면상세도 등으로 구분함.

상수리나무(橡, Sawtooth oak, Quercus acutissima Carruth[학]) : ①참나무과로 연륜이 매우 뚜렷하고, 심재는 담갈색, 변재는 담홍황백색으로 심·변재의 구분이 뚜렷함. 나무갗은 거칠고, 결이 곧으며, 환공재(環孔材). 고비중재이고 수축성은 크며, 흡수성은 보통. 압축강도·인장강도·휨강도·전단강도는 강하고 충격흡수에너지는 매우 크며, 경도는 보통. 제재가공성은 보통이고, 건조성과 대패가공성은 불량하며, 휨 가공성은 양호함. 접착성과 도장성은 양호함. 합판제조적성과 파티클보드제조적성은 보통이고, 섬유판 제조적성은 불량. 시멘트경화성과 내후성은 불량. 목탄제조 및 펄프화 적성은 양호. ②주로 화장단판·가구·건축(건구·내장)·기구·펄프·목탄·버섯재배 등으로 사용함.

상시성(常視性) : 다른 조건에서 보더라도 변함없이 인지되는 물체의 특징(밝기·색채·크기·모양 등). 일관성은 물체를 있는 그대로 보다는 그것이 어떻게 해야 한다고 느끼고, 느끼는 대로 보는 능력.

상심아치(stilted arch) : ①아치의 원호(圓弧) 중심이 아치 하단보다 높은 위치에 있는 아치. ②아치가 기둥으로 높이 떠받쳐진 아치. ③스틸티드아치(=).

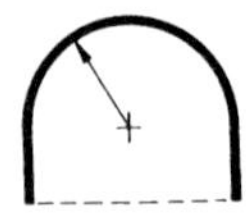

스틸티드아치

상심원아치(stilted arch) : ⇨상심아치(=).

상심재(傷心材) : ⇨위심재(=).

상아색(象牙色, ivory color) : ⇨아이보리(=).

상안(象眼) : ⇨상감.

상업공간(商業空間, commercial space) : 영리나 수익을 주목적으로 지속적인 영업행위가 이루어지는 공간. 예컨대 상점·백화점·레스토랑·시장(상설시장은 물론 특정 일자에만 영업하는 벼룩시장도 포함) 등이 있음. 따라서 1회에 걸쳐 가정집에서 개라지 세일(garage sale, 창고판매)은 상업공간으로 보기 어려움.

상업공간 실내디자인(商業空間室內意匠, commercial interior design) : 상점·백화점·호텔·레스토랑·공항 같은 건물의 실내디자인과 제품을 계획하고 지정하는 것.

상업적 양식(商業的 様式, commercial style) : 1890~1915년대 미국의 시카고·필라델피아·뉴욕 등에서 외형(外形)을 채우기 위해 초고층 빌딩의 처음 5층에서 15층까지 직사각형의 골격형태를 갖는 건축양식. 창문에 약간의 변화가 있는 것을 제외하고는 장식이 거의 없으며, 평평한 지붕을 가지고 있음. 스틸 프레임(steel frame)의 사용에 의해 유리의 광범위한 사용과 석공술이 할 수 없었던 과도한 구조적 하중에 대한 지지가 가능하게 되었음.

상업지역(商業地域) : 도시계획법에서 지정하는 용도지역의 하나로 중심상업지역·유통상업지역·일반상업지역 및 근린상업지역으로 구분.

상연(上椽) : ①오량기둥에서 마룻대에 거는 짧은 서까래. ②단연·동연(=).

상엿집 : 상여(喪輿)를 보관·관리하는 집.

상온(常溫, normal temperature) : 언제나 일정한 온도.

상용교류(常用交流) : ⇨교류.

상용대수(常用代數, common logarithm) : 밑수가 10인 대수.

상용색(常用色) : 언제나 변화하지 않는 색. 그러나 오랫동안 아예 변화하지 않는 것은 아니며, 강하지는 않지만 계절이나 유행색의 영향을 받음.

상인방(上引枋, lintel) : ①문이나 창 등의 개구부 위에서 무게를 지지하는 빔(beam). ②문·창문 또는 다른 개구부 위나 기둥 사이 빈 공간에 대는 짧은 수평부재. ③빔(beam)과 같이 벽의 두께를 전달하는 개구부 위의 수평구조물로서 보통 금속이나 돌 나무로 구성. ④창이나 문짝의 상부에 가로지르는 인방. ⑤윗중방·상방·린텔(=).

상인방

상인방식 구조(上引枋式 構造, trabeation, trabeated construction) : ①지지체 부분이 아치보다는 기둥(post)과 린텔(lintel)로 이루어진 구조체. ②아치나 볼트라고 하기보다는 오히려 수직의 기둥, 그리고 수평의 빔과 인방을 사용하는 구조.

상임경당(上臨鏡堂) : ①강원도 유형문화재 제55호. 강원도 강릉시 성산면 금산리 620. ②임경당(하임경당)과 같이 금산을 대표하는 별당. 정면 3칸, 측면 2칸. 중앙의기둥 2개는 원주, 양측기둥은 방주, 평면은 우물마루로 된 대청과 온돌방으로 구성되어 있고, 대청 전면에 난간이 둘러졌음. 안채에서 별당으로 출입이 용이하도록 방의 오른쪽 측면에 출입문을 두었으며 우물천장에 측면 벽체는 판벽으로 하고 머름을 둘렀음. 본채는 겹집의 안채와 사랑채로 구성된 ㅁ자 평면으로 두 채 모두 전면과 측면에 툇마루를 놓았음.

상임경당 전면

상임경당 현판

상임경당 내부

상임경당 좌측면

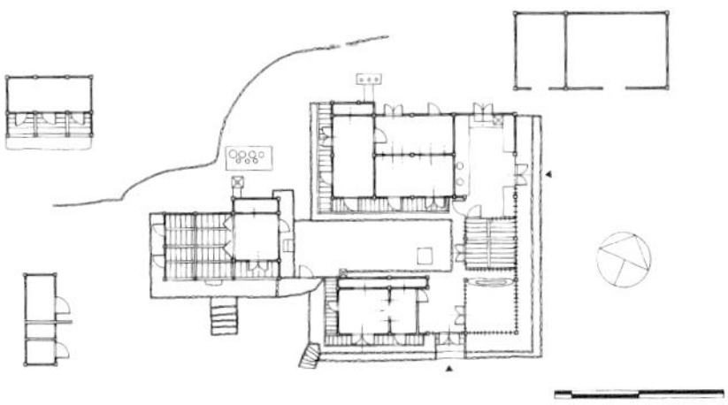

상임경당 평면도

상자 또는 모듈러구조(箱子-構造, box and modular structure) : ①한 유닛(unit)으로 3차원의 모듈이나 박스형으로 쌓아 올린 구조. ②건축구조 중 구조적 구성요소에 의한 분류의 하나.

상자맞춤(箱子-, box joint) : 판재의 끝을 잘라 장부를 내어 두 개의 판재를 직각으로 맞물리게 하는 맞춤. 종류는 주먹장맞춤·빰주먹장맞춤·숨은 주먹장맞춤·연귀형 주먹장맞춤 등 여러 가지.

상자산지이음(箱子-) : 수장공사에 사용되는 이음으로 두 면이 보이게 잇는데 사용. 이음의 길이는 부재 굵기의 2.5배로 하고 턱솔부분의 한 가운데에 산지를 박음.

상자엇걸이이음(箱子-) : 턱솔이음의 하나로 두 면이 보이고 다른 두 면이 가려지는 훌거미 등의 이음에 사용.

상자연귀(箱子燕口) : ①앞면의 귀와 상단이 연귀로 맞추어 마구리가 보이지 않게 한 맞춤. ②내부는 보통 두 개의 장부를 만듦. 장부 두께는 부재 춤의 1/7이고, 연귀의 두께는 부재 춤의 1/8 정도.

상자주름(箱子-, box pleating) : 커튼 상부에 주름잡는 형식의 일종.

상자형 가구(箱子形 家具, case furniture) : ①물건을 보관하기 위한 상자 같은 형태의 가구. ②궤(chest)·찬장(cup board) 등의 기본형태에서 발전된 가구로 캐비닛·서랍장·세크리테르(secrétaire[프]) 등이 있음.

상자형 다리버팀대(箱子形-臺, box stretcher) : ①4개의 가로대가 사각형으로 다리를 연결하는 다리 버팀대. ②각 부재가 지면에서 반드시 동일한 높이에 있지 않아도 됨.

상점(商店, shop, store) : 상품을 판매하는 일반적인 장소 또는 공간을 의미하는 용어.

상점의 조명(商店-照明, shop lighting) : 상점 내의 전체조명은 150~700lx 정도가 되도록 하고 그림자가 없는 침착한 분위기를 만듦. 포인트가 되는 디스플레이 부분이나 안쪽 정면부분은 스포트라이트와 혼합시켜 1,000lx 정도 밝게 조명. 집광성이 높은 스포트라이트의 국부조명으로는 단일상품을 비추며 상품의 실루엣(silhouette)을 강조하도록 함.

상점의 조명기능(商店-照明機能) : ①상점의 조명은 고객의 심리적·생리적 반응을 고려해야 함. 고객이 진열된 상품에 대하여 흥미를 갖도록 하며 어느 각도에서도 명료하게 상품을 볼 수 있도록 하며, 상품의 가치를 돋보이도록 하여 판매공간으로서의 분위기를 조성해야 함. ②상점의 조명은 확산기능(전체 분위기를 보편적으로 밝게 균일한 고조도의 전체조명)·집중기능(주로 스포트라이트를 이용한 국부조명)·연출기능(동적이며 환상적인 분위기를 만들거나 심리적인 변화를 줄 때 사용하는 조명)을 가짐. ③조명기능(=).

상주감리(常駐監理) : ⇨감리.

상주사대웅전(上柱寺大雄殿) : ①전라북도 유형문화재 제37호. 전북 군산시 서수면 취동리 544에 위치. 18세기경 창건. 1995년 해체보수. 사찰의 정확한 연혁은 알 수 없지만 구전에 의하면 백제 무왕 7년

606년(신라 진평왕26)에 혜공(惠空)대사가 창건하고 공민왕 11년(1362년)에 나옹대사, 인조 19년(1641년)에 취계대사 그리고 영조 38년(1762년)에 학봉선사가 중수했다고 전해짐. ②조선 중기의 건축물인 대웅전은 정면 3칸, 측면 3칸 규모의 팔작집. 자연석 3단 쌓기로 기단을 조성한 후 덤벙주초를 놓고 불전을 세움. 모두 두리기둥을 사용, 어간의 주간을 협간보다 길게 잡아 어간은 사분합, 협간은 이분합문을 설치. 장식적인 공포가 특징임. 공포는 다포계 형식의 외2출목, 내3출목의 구조. 초제공과 이제공 살미는 끝이 곡선지어 올라가는 앙서형이며 쇠서에는 연봉을 정교하게 조각. 내부 제공 끝도 모두 연봉으로 처리하여 중첩시킴으로써 조선 중기 이후의 장식화 경향을 보여 줌. 가구는 1고주 5량구조. 천장은 중도리 밖은 빗천장으로 가운데는 우물천장으로 처리함.

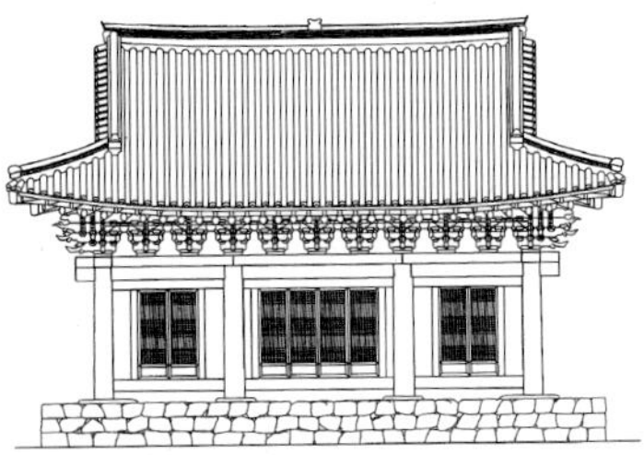

상주사대웅전 정면도

상주자리 : 무덤자리.

상중도리(上中道里) : ①여러 개의 중도리를 걸 때 위쪽에 있는 중도리. ②칠량집에서 중도리 위아래로 도리가 하나씩 더 놓이는데 이 때 중도리를 기준으로 위의 중도리.

상즈리(singerie[프]) : 원숭이를 주제로 사용하는 디자인 모티프.

상징(象徵, symbol) : ①대상(對象)과 유추(類推) 관계에 있는 기호. 예컨대 십자가는 기독교 이념의 상징임. ②보이는 구조에서 주로 의미가 유래되며, 연상(聯想), 유사(類似) 또는 관례(慣例)에 의해 어떤 것을 표현하거나 의미하는 것. ③색의 상징(=).

상징색(象徵色, symbol color) : 질적으로 서로 다른 두 가지 사항이 어떤 유사성에 의하여 필연적으로 서로 관련되는 작용의 특성을 갖는 색. 예컨대 코카콜라는 빨강이, 펩시콜라는 빨강과 파랑이 기업을 상징하는 의미로 표시.

상징적 경계(象徵的境界, symbolical boundary) : ①물리적 성격이 약화된 시각적 영역표시. ②두 공간을 상징적으로 분리·구분하는 높이 600㎜ 이하의 벽이나 담장·턱 등. 이들 공간 상호간에는 통행이 가능하며 자유로운 시선이 통과되므로 영역의 표시나 경계의 의미로 사용. 예컨대 차도와 인도의 경계표시·거실과 식당의 영역표시·인도(人道)와 화단의 경계표시 등.

상징적 벽체(象徵的壁體, symbolical wall) : 개방된 공간과 밀폐된 공간을 동시에 수용할 필요가 있는 편안하고 안락한 분위기를 요하는 공간에 많이 사용. 영역의 한정을 구분할 뿐 통행이나 시각적인 방해가 되지 않는 높이 600㎜ 이하의 낮은 벽체임. 유리 벽체는 시각적으로 개방적인 벽체에 속함.

상징적 분할(象徵的分割, symbolize division) : 공간을 완전히 차단하지 않고 가구·식물·벽난로·바닥면의 레벨차·천장의 높이차 등을 이용하여 공간의 영역을 상징적으로 분할하는 방법. 차단막을 비고정으로 하면 공간의 활용도가 높아지게 됨. 암시적 분할(=).

상징적 형태(象徵的形態, symbolize form) : 어떤 것을 의미하거나 표방하는 형태.

상징조작(象徵操作, symbol manipulation) : ①실체와는 다른 환영(幻影)을 교묘하게 조작함으로써 대중을 움직이는 방법. ②광고나 선전 등은 다소 이와 유사한 대중조작(大衆操作, mass manipulation)을 행한다고 볼 수 있음. ③아돌프 히틀러(1889~1945)나 베리토 아밀카레 안드레아 무솔리니(1883~1945)는 정치적 상징조작의 천재였음.

상징주의(象徵主義, symbolism, symbolisme

[프]) : 19세기 말의 프랑스 예술 중에서도 특히 문학을 중심으로 일어났던 예술 운동.

상청(上廳) : 웃사람이 있는 처소.

상충(相衝, counterpoise) : 상대적·지각적으로 평형을 이룬 무게나 힘.

상투걸이 : 보머리를 기둥에 덮어 씌우고 기둥에 만들어진 상투에 도리를 걸어 고정시키는 구조방식.

상투걸이맞춤 : ①기둥머리 맞춤법의 일종. ②주로 작은 건물이나 정자·살림집·헛간 등의 부속채 등에서 기둥머리에 상투와 같은 촉을 두고 이 촉에 도리와 보를 꽂아 맞춤하는 방법. ③영팔정 등에 사용.

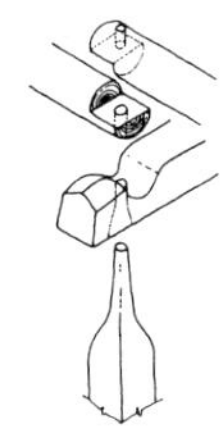
상투걸이맞춤

상투기둥 : 기둥머리에 뾰족한 상투 모양의 촉을 만든 것으로 보와 도리가 함께 걸림.

상투도리(-道理) : ①기둥에 긴 장부를 내어 보를 꿰맞추고 그 위에 건 도리. ②상투기둥(기둥장부)에 맞추는 도리로 상투기둥은 보와 도리를 꿰뚫어 넣음.

상투이음(topknot-shaped tenon joint) : ①턱솔이 재의 복판에 있어 내보이지 않게 된 장부(즉 턱솔이음)의 속칭. ②한 재에 굵고 긴 촉을 만들어 다른 재의 촉구멍에 끼어 이어지게 한 것.

상투집 : 상투걸이법을 써서 지은 집으로 원추형 집에서 볼 수 있음. 지금도 초가나 부속건물들에서 응용되는 기법.

상판경사형 책상(上板傾斜形冊床, slant top desk) : 경사진 상판과 작은 수납공간으로 이루어져 있으며, 상판은 앞으로 젖혀져 필기용 서판(書板)이 되며 하부는 여러 개의 수납공간으로 이루어져 상부를 받치고 있는 영국의 뷰로(bureau[프])와 동일한 형태의 18세기 미국의 책상.

상판경사형 책상

상판접이탁자(上板-卓子, turn up table) : ⇨상판직립형 탁자.

상판직립형 탁자(上板直立形卓子, tilt top table) : 18세기에 고안된 것으로 상판에 경첩이 부착되어 있어 사용하지 않을 때 상판을 수직으로 세울 수 있는 탁자. 다리는 보통 3개이며, 새장형 받침(bridcage support) 경첩이나 더욱 편리한 경첩이 부착.

상판직립형 탁자

상품계획(商品計劃, goods planing) : 넓은 의미로는 품목구성·개별품목·품목별 보유수량 등을 치밀하게 책정하여 연간 단위의 이상적이고 달성 가능한 상품활동의 모델을 작성하는 것을 말함.

상품동선(商品動線, goods traffic line) : 상품의 반입·보관·포장·발송과 같은 작업에 상품이 이동하는 동선.

상품조명(商品照明, concentrated lighting) : ①진열되어 있는 특정상품을 집중적으로 비추게 하여 그 소구력(訴求力)과 손님의 구매의욕을 높이기 위한 조명으로 상품의 면에 밝기를 한층 더하게 함으로써 색채나 질감을 돋보이게 하고, 매장 전체의 아름다움을 확대시켜서 연출하는데 효과적임. ②주로 직부형 스포트라이트(spotlight)가 사용되며 상품조명과 환경조명과의 명암대비는 3~5배 정도로 할 때 가장 입체적이며 상품의 인상을 강조할 수 있는 조화·균형 있는 조명이 됨.

상품진열공간(商品陳列空間) : 전시상품을 전시하기 위한 공간으로 진열장·쇼케이스·디스플레이 테이블 등의 진열대를 비롯하여 진열 소기구·연출기구가 필요함.

상품코디네이터(商品-, goods coordinator) : ①매장의 개성 연출과 상품 기획을 담당하는 스태프. ②매장의 상품 구성, 제반 기획 아이디어, 매입 체크, 신상품 개발 등 업무 내용은 다양함. ③매력적인 매장 연출에 대한 기대가 크기 때문에 주목받고 있는 직종임.

상품판매계획(商品販賣計劃, merchandizing) : ⇨비주얼머천다이징(=).

상품회전율(商品回轉率, inventer turnover ratio) : 상품에 투자한 자본 회전속도의 크기를 나타내는 것으로서 일정기간에 상품재고가 몇 번이나 회전했는지 알 수 있음.

상항복점(上降伏點, upper yielding point, Y1점) : ①건축재료의 역학적 성질 중 응력-변형률 곡선에서 하중을 E점에서 다시 증대시키면 그래프는 곡선상이 되며 Y1점에서 갑자기 하중이 내려가고 변형률이 급증하기 시작하는 Y1점의 응력. 상항복점은 하중을 가하는 속도. 즉 변형률 속도의 영향을 받기 쉬우며 일반적으로 속도가 빠르면 그 값이 상승하는 경향이 있고, 또 느린 재하속도(載荷速度)인 경우에는 상항복점이 나타나지 않을 수도 있음. ②인장시험 중 시험편(試驗片)이 항복하기 이전의 최대하중을 원단면적으로 나눈 값을 말함. ⇨응력변형률곡선.

상향(上向, supination) : 팔·다리 및 다른 신체부위의 동작 중 손바닥을 위로 향하는 동작. ⇨하향(⇔).

상향광속률(上向光速率, upper flux utilance : UFU) : 조명기구에서 상부로 도달하는 비율.

상향광의 조명기법(上向光-照明技法) : ⇨업라이팅(=).

상향등(上向燈, up lighting) : ⇨업라이트(=).

상현(上弦) : ⇨상현재(=).

상현재(上弦材, top chord, upper chord) : 트러스를 구성하는 부재 가운데 상부압축재에 배치된 현재(弦材).

상호관입(相互貫入, inter coursing) : '내·외부공간의 상호관입은 관찰자가 실외에 있을 때 공간은 실내로 흐르고, 실내에 있을 때 공간은 실외로 흐른다'는 개념. 주체의 기능 또는 공간에 제2, 제3의 기능 또는 공간이 꿰뚫어 연관시키는 공간 수법.

상호반사(相互反射, inter flection) : ①실이나 조명기구 내부 빛의 반복된 반사. ②상호반사로 인한 조도를 '반사조도' 또는 '간접조도'라고 함.

상황예술(狀況藝術) : 전시-공연작품의 진면목(眞面目)을 관람객들이 만끽할 수 있도록 다양한 기법을 개발하여 상황을 조성하는 것.

새 : ①산과 들에서 자라는 띠나 억새 따위를 통틀어 이르는 말. ②볏짚 대신 샛집의 지붕재료로 사용됨.

새굴매기 : ⇨갖추매기(=).

새김문(-門) : 널판으로 된 문에 새김질을 한 문.

새김유리(-琉璃, cut glass) : ①새김질한 조각모양으로 된 판유리. ②표면에 무늬를 넣은 유리. 주로 장식적으로 사용.

새김장식(-裝飾, nicking) : 칼자국이나 새김눈을 내어 장식하는 기법으로 17세기 영국의 오크(oak)가구에 사용됨.

새김질 : 조각하는 것.

새끼무늬몰딩 : ⇨케이블몰딩(=).

새끼줄장식(guilloche) : ⇨이음고리장식(=).

새눈형 단풍나무(-形-, bird's eye maple) : 진한 갈색 원형의 작은 불균형 패턴이 있는 갈색 빛이 도는 노란 단풍나무. 18세기 이후 장식용 무늬목으로 널리 사용됨.

새눈형 무늬목(-形-木, bird's eye veneer) : 새의 눈알 같은 작은 원형의 무늬가 있는 무늬목. 나이테의 성장과정에서 섬유의 뒤틀림에 의하여 형성되는 원형 표식으로 주로 단풍나무에서 발견됨.

새니터리티(sanitary tee) : 주관(主管) 방향에서 지관(支管)으로부터 흐름 경도를 90° 전환할 때 약간의 커브를 갖는 티(tee).

새들(saddle) : ①목재·석재·철재 등으로 제작되는 문지방 또는 하인방. ②용마루에서 만나는 경사진 두 면 또는 박공지붕. ③파이프 구조체를 바닥에 고정·부착하는 철물.

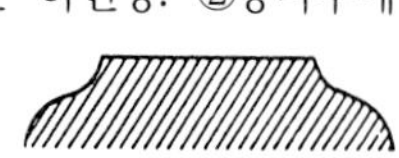
새들

새들두겁대(saddle coping, saddle backing coping) : 말안장처럼 양방향으로 경사진 두겁대.

새들바(saddle bar) : 창문에 유리조각을 고정시키는 작은 철제 창살. 주로 여닫이창에 사용.

새들백루프(saddleback roof) : ⇨박공지붕(=). ⇨맞배지붕(=).

새들스톤(saddle stone) : ⇨왕두겁돌(=).

새들치크(saddle cheek) : 의자 날개(wing)나 측면이 말안장(saddle)과 같은 형태의 안락의자. 헤플화이트(Hepplewhite)가 형태를 묘사하여 붙여진 명칭.

새들치크

새로운 건축을 향하여(-建築-向-, Toward a new architecture) : 르 코르뷔지에(Le Corbusier : 1887~1965)의 저서명. 본제는 "건축을 향하여(Ver une Architecture, 1923)"로 7개의 장(章)으로 되어 있음. 내용은 여행 중에 얻은 경험, 건축가로서 일한 사무실 또는 도서관과 미술관에서, 그리고 오장팡과 다른 친구들과의 대화를 통해, 그가 다듬고 가꾸어 낸 의견이 모두 명쾌하게 주장되었음.

새발장식(-裝飾) : ①창문·가구 등 울거미의 맞춤새를 연결보강하며 장식으로 대는 철물. ②오족장식(=).

새벽 : ①새벽질하는데 쓰는 황갈색의 고운 흙. ②노란 빛의 차지고 고운 흙. 새벽질의 준말.

새벽질 : ①'사벽질'의 사투리. ②⇨새벽(=).

새벽토(間壁土) : ⇨새벽.

새벽흙 : ⇨새벽.

새부리몰딩(bird's beak moulding) : 고대 그리스 건축에서 아래로 향한 새의 부리의 곡선을 닮은 받침몰딩. 가구에서는 몰딩 코너의 둥근 V컷.

새부리장식 몰딩(-裝飾-, beakhead, beak moulding) : 양식화된 새의 머리와 부리의 조각으로 초기 고딕 장식물에서 사용된 일련(一連)의 새의 부리로 구성된 노르만(Norman)의 장식 모티프.

새부리장식 몰딩

새시(sash, châssis[프]) : 가늘고 긴 부재. 특히 창호 부재(bar). 재료는 스틸·스테인리스 스틸·알루미늄·브라스 등이 사용됨. 새시는 불어로 '테두리'를 말함.

새시바(sash bar) : ⇨새시(=).

새시윈도(sash window, double hung sashes, double hung window) : 상부와 하부의 창으로 개폐되는 창문 형태로 일반적으로 오르내리창(casement window). 17세기 말 네덜란드에서 영국에 소개됨. 오르내리창(=).

새시윈도

새시커튼(sash curtain) : ①창문의 새시와 인접한 곳에 매달리거나 창문의 상하에 봉을 설치하고 잡아당겨 만든 커튼. ②창문의 창틀에 글라스 커튼(glass curtain)을 줄인 상태의 커튼. ③새시 커튼은 유리커튼과 똑같으나 창틀 또는 창 전체에 치는 것을 가리킴. ④⇨유리커튼(≒).

새시커튼

새우흙 : 산자 또는 개판 위에 보토를 깔고 바닥기와(암키와)를 깔 때 그 좌우 또는 밑의 빈틈에 다져넣는 진흙.

새장시계(-時計, birdcage oclock) : ⇨랜턴시계(=).

새장지(-障子) : 간사이에 칸막이를 한 미닫이.

새장형 받침(-形-, birdcage support) : 상판 직립형 탁자(tilt top table)에서 회전과 기울기 조정이 가능하도록 만든 이중블록 구조의 경첩. 네 귀퉁이가 작은 굴대로 이루어져 새장과 유사한 모양.

새클(shackle) : 구멍 또는 링을 서로 연결할 때 사용하는 양단에 구멍을 갖는 U자형 철물.

새틀라이트오피스(satellite office) : 재택근무를 가능하게 하기 위해 도심의 오피스 출근 대신 통신기능을 충실하게 만들어 대도시 주변에 분산배치한 오피스. 21세기 새로운 오피스 사무환경 개념으로 도입된 용어.

새틴우드(satin wood) : 엷은 황색조나 황갈색조의 나뭇결이 치밀하고 내구성이 좋은 활엽수. 18세기에는 서인도산이, 19세기에는 실론(Ceylon)산이 보편적으로 사용됨. 프랑스 루이 15세·16세가 선호하였으며, 영국의 아담(Adam)·치펜데일(Chippendale)·셰러턴(Sheraton)은 상감기법과 치장합판(veneering)으로, 헤플화이트(Hepplewhite)는 채색된 대형 메달리온(medallion)의 배경에 사용함.

ㅅ

새틴우드시대(-時代, age of satin wood) : ①조지(Georgian, 1720~1820)는 인도지방에서 사용하는 새틴우드(satin wood)가 상용되어 '새틴우드' 시대라고 불렀음. 이 시대에도 베니어 접착수법이 벽면·도어·내부 장식재·가구 등에 성행하였음. ②1765~1800년간 밝고 섬세한 색조의 새틴나무를 선호한 영국의 가구시대. 아담 형제·헤플화이트·셰라턴 등이 대표적.

새틴나무 시대의 가구

색(色, color, colour, Farbe[독], couleur[프]) : ①색채학에서 말하는 색은 시지각 대상으로서의 물리적 대상인 빛과 그 빛의 지각현상. ②물리학적으로 색은 눈으로 볼 수 있는 가시광선(加視光線, visable light). 사실상 우리가 눈을 통해서 볼 수 있는 모든 색은 빛에 의해서 본 것. ③색이란 물체 자체가 발광(發光)하여 보이는 모든 광등(光燈). 예컨대, 스펙트럼의 단색광·모든 백광(태양광·백열등·형광등 등)·색광 등. ④색(色)이라는 한자어는 우리 인간의 모든 존재를 5가지(달마 : dharma) 영역으로 나누는 데서 유래. 즉 색(色)·수(受)·상(想)·행(行)·식(識) 중에서 물질적 존재를 총칭하는 색(色)을 지칭하는 말에 그 어원(語源)을 둠. ⑤빛의 분광조성(spectral composition)의 차에 의해 성질의 차가 인정되는 시감각의 특성. ⑥색채(≒).

색가(色價) : ⇨발뢰르(=).

색각(色覺, color sensation) : 빛이나 색에는 색으로 느끼는 것과 느끼지 못하는 경우가 있음. 따라서 색으로 느끼는 빛의 감각을 색각이라고 하며, 색으로 느끼지 못하는 감각을 심리학상 감각(light sensation)이라고 함.

색각역(色覺域, chromatic limen) : 색광(色光)을 식별하는 데 필요한 최소 에너지.

색각항상(色覺恒常, color constancy, farbenkonstanz[독]) : ①물체감이나 거리감 등을 제거하고 한정된 조건에서 색의 물리적 자극과 대응하는 색지각. ②객관적인 조명이나 조명조건이 달라져도 우리의 주관적인 색채지각으로는 물체색의 변화를 거의 느끼지 못하는 현상. ③이러한 현상을 유지하는 우리 눈의 능력을 '항상시'라고 함.

색감(色感, color sensation) : 눈을 통해 보이는 색으로 인하여 느끼게 되는 심리적인 감정. 색에 따른 특유 감정은 개개인의 경험·본능·연상의 정도뿐만 아니라 색상·명도·채도 등의 정도, 지각되는 색의 배경, 색을 비추는 조명의 질 등에 따라 좌우되어 색에 대한 서로 다른 여러 감정을 가지게 됨. 색의 감정효과는 온도감, 운동감, 중량감, 진출·후퇴와 수축·팽창, 연상작용 등에 작용.

색감각(色感覺, color sensation) : 색의 지각을 의미하며, 색은 관찰자의 감각 속에 존재하는 것으로 색의 지각은 광선·물체·시각기관의 3가지 요소가 기본적으로 필요함.

색감각도(色感覺度, color triangle) : 파버 비렌((Faber Birren : 1900~88)에 의해 개발된 삼각 도형으로 순색과 백색·검정색 사이의 관계에 의해 생기는 2차적 현상인 고명도(명색조), 저명도(암색조), 중

명도(회색조)를 정리함.

색공간(色空間, color space) : 색의 표시에 쓰이는 3차원 공간.

색광(色光, light color) : ⇨색온도.

색광역(色光域, chromatic limen) : 색광을 식별하는 데 필요한 최소 에너지. 그 차이를 식별할 수 있는 최소의 폭을 '색채식별역'이라 함. 파장이 400~700㎚ 사이에서는 120단계의 식별 가능단계가 있다고 함.

색광혼합색(色光混合色, additive color) : 빨강(red)·녹색(green)·청자(blue)의 파장을 가진 빛의 혼합에 의해 생기는 색채. 위의 세 가지 빛이나 모든 파장을 포함하는 가산혼색의 배합은 백색(white)이 됨. ⇨가산혼합색·가법혼합색·정혼합색·상가혼합색·플러스혼합색(=).

색나무(色木, color tree) : 먼셀의 색입체는 색상과 명도에 따라 채도의 한계가 다르기 때문에 그 모양이 복잡하여 마치 무채색을 줄기로 한 축과 유사하기 때문에 먼셀은 이것을 색나무(color tree)라고 함.

색대비(色對比, colour contrast) : 인접하는 두 색이 서로 작용하여 본래의 삼속성보다도 두 색의 색차가 강조되어 보이는 현상.

색도(色度, chromaticity) : ①색채의 3속성 중 색상과 채도를 합(合)해 부르는 용어. ②빛의 3원색에 대해 느끼는 인간의 감수성과 표준광원의 에너지 분포를 기초로 모든 색을 수치화한 것. ③색도좌표에 의해 또는 주파장과 순도에 의해 나타나는 색자극의 측색적인 성질. ⇨색조.

색도도(色度圖, chromaticity diagram) : ①색도좌표를 그림으로 나타낸 것. 원칙적으로 x, y에 의한 직각좌표를 씀. ②x, y에 대한 직교좌표로 사용되는 색도좌표를 도식적으로 나타낸 도표. CIE의 X, Y, Z에 의한 색도도를 1차로 변환하여 명도가 같은 색의 감각차가 도면 위의 거리에 거의 비례하도록 만든 색도도를 'UCS 색도도'라고 함.

색도좌표(色度座表, chromaticity coordinates) : ①3자극치 x, y, z의 총합량에 대한 비례치 x, y, z를 말함. ②3자극치 X, Y, Z들의 합에 대한 비를 좌표로 나타낸 것임. 이 색도좌표에 의한 주파장과 순도에 의한 색자극의 측색적 성질을 색도(色度)라고 함.

색료혼합색(色料混合色, subtractive color) : ①자주·노랑·남색의 파장을 흡수하는 안료 혼합에 의한 색채. ②위의 3가지색은 감산혼색의 배합은 가시광선의 모든 파장을 흡수하기 때문에 이론적으로 검정색이 됨.

색맹(色盲, color blindness) : ①색을 구분할 수 없는 병적 상태. ②전색맹과 부분색맹(홍록색맹·황청색맹)으로 구분. ③눈의 망막 결함으로 정상적인 색을 느끼지 못하는 색각이상(色覺異常). ④통계적으로 살펴보면 여자보다 남자에게 색맹이 많음.

색명(色明, color name) : 색에 이름을 붙인 것으로 혼색계(CIE의 XYZ 표색계)나 현색계(먼셀 표색계·오스트발트 표색계 등)는 정량적(定量的)이고 정확성을 가졌다면 일상생활에 사용되는 감성적이며, 부정확성을 지님. 색명은 크게 관용색명과 일반색명으로 구분.

색삼각좌표(色三角座表, trigonometrical coordinates of color) : 오스트발트 표색계의 요소 구성법. 이것은 정삼각형의 위 꼭짓점에는 흰색, 아래 꼭짓점에는 검정을 두고 옆 꼭짓점에는 순색이 오도록 하여 순색·흰색·검정이라는 3색량을 좌표로 표시한 것임. 이를 무색상삼각형(無色相三角形)이라고 함.

색상(色相, hue, farbton[독], teinte[프]) : ①색채를 구별하기 위해 필요한 명칭 또는 색채의 종류. ②한 가지 색을 다른 색과 비교하는데 기준이 되는 성질. ③기본적으로 색이름을 부여받고 스펙트럼에서 특정 위치를 할당받은 색채. 예컨대 무지개색인 빨강·주황·노랑·초록·파랑·남색·보라 이외에도 빛의 파장에 따라 인간이 감각으로 느끼는 모든 색의 종류임. 즉 유채색끼리 서로 비교하는 데 기준이 되는 색채의 3속성 가운데 하나. 일반적으로 색상의 이름으로 색의 이름(色名)을 부름. 이때 성질이 비슷한 색상들을 둥글게 나열한 것을 색상환 또는 색환(色環)이라 함. 그리고 색상환에서 거리가 가까운 색을 유사색이라고 하며 색상차가 적다고 함. 또한 비교적 거리가 먼 색을 반대색이라고 하며 색상차가 크다고 함. 거리가 가장 먼 정반대 편은 서로 보색(補色, complementary color)관계임. 보색인 두 색을 혼합하면 무채색이 됨. 1차적 삼원색은 빨강·노랑·파랑이며, 제2차적 삼원색은 보라·주황·초록.

색상대비(色相對比, hue contrasts, saturation contrast) : 색상이 서로 다른 색끼리의 영향으로 인하여 색상의 차이가 크게 보이는 색의 대비로서 색들이 색상환에서 멀수록 더 먼 쪽으로 변해 보이는 현상. 예컨대 주황과 빨강을 서로 대비시킬 때 주황은 노랑의 방향으로 강하게 느껴지면서 빨강보다는 노랑이 더 많이 혼합된 것처럼 느껴짐. 그러나 색상대비는 두 색 사이의 거리가 멀어질수록 불명확해짐. 그래서 색상대비는 색상이 다른 두 자극을 대치하는 경우에 자극성이 강한 자주와 보색관계에 있는 색감이 자극성이 약한 자주쪽으로 생기는 현상이라고 규정됨. 결국 색상대비는 색상의 거리가 가까울 때 일어나는 대비임. 두 색상이 보색인 경우는 색상대비가 아니라 보색대비임. 가장 전형적인 예는 1차색끼리의 대비이며, 그들 중 대표적인 것은 3원색의 색상대비임. 따라서 어떤 면에서 가장 단순한 색의 대비라고 할 수 있음. 그리고 밝은 빨강과 연한 녹색 등 대립성을 강조하는 배색은 색 피로를 유발시키기 때문에 벽과 바닥에 사용하는 것은 바람직하지 못함. ⇨동시대비.

색상대비의 조화(色相對比-調和, the harmony of contrast of hues) : 관련된 색들이 다른 명도나 채도를 갖는 상태.

색상의 색량(色相-色量, color content of hue) : 오스트발트의 표색계에서 백색량(white content) 22%와 흑색량(black content) 65%라면 색상의 색량은 100-(2+25)=13%임.

색상의 조화(色相-調和, the harmony of hues) : 비슷한 명도의 유사한 색들이 단계적 차이를 갖고 함께 보이는 상태.

색상환(色相環, hue circle, color circle, hue circuit, color wheel, farbtonkreis[독], circl des teinte[프]) : ①스펙트럼의 색을 원형으로 척도를 가지고 보색(補色)끼리 서로 마주보게 배열한 것. ②무지개색 순서, 즉 빨강·주황·노랑·초록·파랑·남색·보라로 배열된 색채 스펙트럼의 양끝을 서로 만나도록 배열해 놓은 것. 색상환에서 2차색은 그 색을 만드는 원색 사이에 놓이며, 색상환에서 마주보고 있는 색들은 보색을 이룸. ③시각적으로 등간격을 이룬 색상들의 점진적인 연속을 하나의 원 위에 정돈한 것. ④색의 변화를 계통적으로 표시하기 위하여 색표를 둥근 원형으로 배열한 것을 말하며 색환(色環)이라고도 함. 이러한 색환에서 사용하는 색표는 색상을 기준으로 하여 배열하므로 색상환이라 함. 오스트발트는 색환직경의 양끝에 보색을 배치한 24색상(1~3노랑, 4~5주황, 5~8빨강, 10~12보라, 13~15청자, 16~18파랑, 19~21초록, 22~24연두)으로 분할하고 있음.

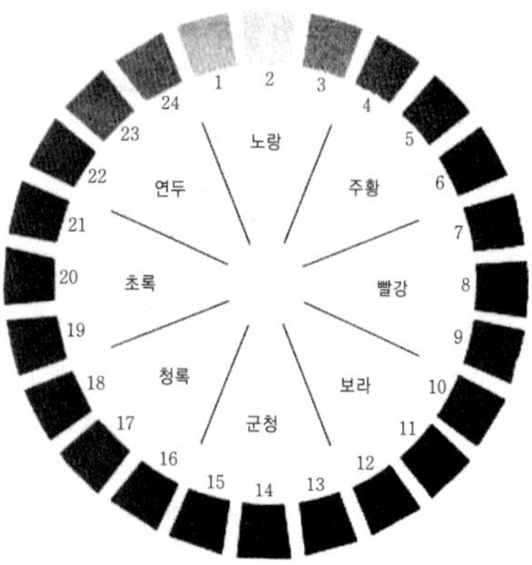

오스트발트의 색상환

색소니(saxony) : ⇨컷파일(=).

색소문리(色素紋理, pigment figure) : 목재

내에 침적되어 있는 색소물질에 의해서 교차된 줄무늬를 형성하는 문리.

색순응(色順應, chromatic adaptation) : 눈이 조명, 즉 색광(色光)에 대하여 익숙해지면서 눈의 감수성이 순응하는 과정 또는 순응상태. 이는 빛의 강도와 분광분포가 바뀌거나 눈의 순응상태가 바뀌어도 눈으로 지각되는 색은 변하지 않는 색의 항상성 또는 색각항상(color constancy) 현상 때문임.

색스블루(saxe blue) : 색스(Sax)는 독일 남부 색소니(Saxony)주에서 온 말. 색슨 블루라고 하는 염색염료에서 온 말이지만 그 염료에 관계없이 지금은 색이름으로 사용. 녹색 기미의 청색(soft greenish blue). 먼셀 5.0B6.0/5.0.

색시야(色視野, color visual field) : 색채를 볼 수 있는 시야로 그 범위는 좌우 30~60도임. 색에 따라 시야는 다르며 보통 녹→적→청→백의 순으로 시야가 넓어짐.

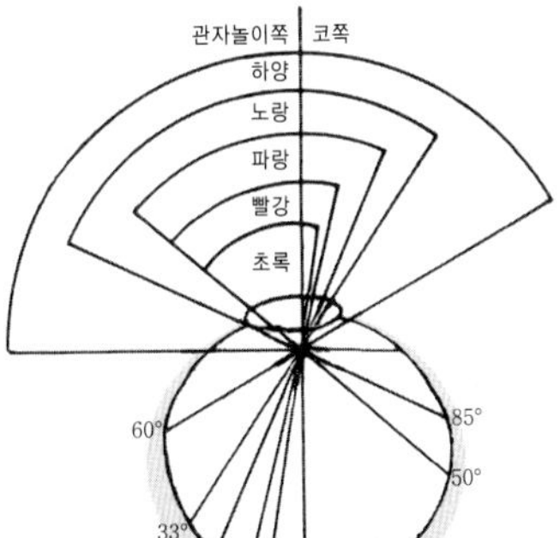

색시야

색약(色弱, anomalous vision) : ①눈의 망막 결함으로 색의 지각이 불안전한 상태의 색각이상. ②배합적인 2차색을 구별하지 못하는 색각이상자. 고채도를 밝은데서 보는 것은 정상이지만 원거리의 색이나 저채도에서는 식별이 곤란하고 단시간 내에 색을 분별하는 능력이 부족함. 대부분 적색약이나 녹색약이며 대비효과가 큰 경우에는 황토색·황색 등이 적색에 인접해 있을 때 적색계로 보임.

색역(色域, color gamut) : 일정한 원색을 혼합하여 얻을 수 있는 색의 범위.

색온도(色溫度, color temperature ; CT, farbtemperatur[독], température de couleur[프]) : ①방사물체색의 온도. ②어떤 빛을 내는 발광체의 온도에 따라 빛의 밝기와 색이 다르다는 점에서 착안한 색의 절대온도. 열을 받는 물체는 전자파를 방사하는데 그 파장 구성은 방사물체의 온도에 의해 좌우됨. 약 1,500°K까지의 온도에서는 가시역(可視域)보다 긴 파장대역(波長帶域)으로 되어 있음. 이것이 적외방사(赤外放射)로서 복사열(輻射熱)이 됨. ③어떤 색자극을 가진 완전 방사체(흑체)의 온도와 같거나 거의 비슷한 색도온도. 백열전구·형광등처럼 일상생활에서 어두울 때 접하는 각종 광원의 빛과 낮에 보는 태양광의 색조는 각각 달라 보임. ④가정에서 사용하는 백열전구의 텅스텐 필라멘트의 색온도는 2,800~3,200°K 정도. 표시단위로는 °K(Kelvin, 캘빈)를 사용. 일반적으로 색온도가 높아짐에 따라 낮의 태양광처럼 백색을 띠는 빛이 되며, 더욱 높아지면 청색에 가까운 시원한 빛이 됨. ⑤일반적으로 말하는 난색(暖色)이나 한색(寒色)은 색온도와 정반대의 의미를 갖고 있음. 따뜻한 빨강색은 사실 색온도가 가장 낮으며, 차가운 파랑색은 고온도체(高溫度體)에 의해 발산.

색올림(色-) : ⇨스테인(=).

색유리(色琉璃, colored glass) : 판유리에 착색제를 넣어 만든 판유리로서 금속산화물이 유리 속에 용해되어 착색된 것과 콜로이드 상태로 혼합되어 발색된 것이 있으며 색유리는 투명 색유리와 불투명 색유리로 구분. Fe·Mn·Co·Ni·Cr 등의 금속 산화물은 투명 착색유리가 됨. 또한 Au·Ag·Cu·Cr 등의 금속원소와 Ce·S 등의 비금속 원소는 불투명 착색유리가 됨. 색유리는 가시광선 일부를 적당히 투과시켜 눈부심을 부드럽게 해주고 실내온도의 불필요한 상승을 막아 쾌적한 환경을 만듦. 얇은 것은 스테인드글라스(stained glass) 창에 쓰고 두꺼운 것(6㎜ 이상)은 벽·천장·칸막이 등의 패널로 사용함.

색음(色陰, colored shadow) : 붉은 저녁노을에서 사물의 그늘이 청록색으로 보이는 것처럼 채도가 낮게 보이는 현상.

색의 대비(色-對比, color contrast) : 두 가지 이상의 색이 서로 영향을 주고 받아 실제의 색과는 다르게 보여 그 색 차이가 강조되는 현상. 색채대비라고 함. 색지각에 따라 동시대비(명도대비·색상대비·채도대비·보색대비)와 계시대비·한난대비로 대별.

색의 동화(色-同和, color assimilation) : ⇨동화현상(=)⇨동화효과(=)⇨전파효과(=)⇨혼색효과(=).

색의 밝기(lightness) : 물체가 투사된 빛을 반사시키는 정도에 따라 색채의 척도를 정하는 것. 물체의 표면색에서는 검정색에서 하양색까지, 공간색에서는 검정색에서 무색까지 변화를 가짐.

색의 병치(色-竝置) : 여러 가지의 색 조각을 나란히 늘어놓은 것. 모자이크 또는 그와 닮은 색종이를 조각하여 붙여 만든 그림이나 색실 자수, 인상주의 회화의 점묘법 등은 모두 색의 병치에 의한 효과임. 색은 병치함으로써 서로 작용하여 명도를 감하거나 서로 끌어당기는 등 시각 혼합의 이론에 따라 총합적으로는 중간 혼합의 결과를 나타냄.

색의 삼속성(色-三屬性) : ①색을 구별하는데 필요한 색상·명도·채도. ②색이 색채로서 느껴지도록 하는 3가지 자극요소, 즉 그 색의 자극요소에 의해 일어나는 3가지 색채의 지각성질인 색상·명도·채도. 이들은 각각 색의 3요소인 주파장·시감반사율(분광률 또는 투과율)·순도(포화도)에 대응됨. ⇨색채의 삼속성(=)⇨색채의 삼요소(=).

색의 삼요소(色-三要素) : 색채의 3속성을 일으키는 요소로 주파장·분광률(반사율 또는 투과율)·포화도(또는 순도). 색의 3요소 중 어느 한 요소만의 변화라도 있으면 다른 색채를 느낌.

색의 상시성(色-常視性) : 다른 종류의 광원하에서도 항상 보는 물건들은 같은 색을 가진 것으로 인식하는 것.

색의 상징(色-象徵) : ①색의 연상이 개인차를 초월하여 사회적·지역적·보편성을 가진 색으로서 상징적인 성격을 가지게 되는 것. ②색채의 사회적 상징기능은 신분이나 계급 구분, 방위 표시, 지역 구분, 학문 구분, 수치의 시각화, 기구 또는 건물의 식별, 주의 표지, 국가나 기업, 단체 등의 상징(color symbol) 등으로 다양하게 적용됨. 예컨대 오륜기의 오색인 청색-황색-흑색-녹색-적색은 각각 유럽-아시아-아프리카-오스트레일리아-아메리카를 상징함.

색의 상징성(色-象徵性) : ⇨색의 상징(=).

색의 연상성(色-聯想性, color association) : 색이 시지각을 자극함에 따라 추상적인 개념이나 구체적인 사물이 마음 속에 떠오르는 심상(心像)을 연상이라 함. 예컨대 빨강은 피와 불, 갈색은 흙, 파랑은 물이나 하늘, 흰색은 눈을 연상시켜 거기에서 여러 가지 관념이나 정서가 떠오름. 수반감정은 색채가 인간에게 미치는 기본적인 효과이기 때문에 개인차가 별로 없지만 연상이나 상징은 생활양식이나 문화적 배경, 지역과 풍토에 따라 개인차가 심함.

색의 허용도(色-許容度, color tolerance) : 지정된 색과 시료색의 차이 허용범위.

색의 혼합설(色-混合說) : 1964년 미국의 학자 맥니콜(Edward. F. Mcnichol)의 연구팀은 망막에 대한 실험과 신경계통의 연구에서 망막의 수용기 레벨에서는 영·헬름홀츠의 3원색설과 일치하며 신경계와 그 이상의 레벨에서는 헤링의 4원색에 일치하는 2단계의 과정에서 색각이 일어난다는 것임. 즉 3원색의 정보는 망막상에서 어떠한 형으로 가공되고 하나하나 망막의 신경세포에 의한 2색의 on-off

신호로 부호화되어 시각중추에 전달되고 있다는 색지각에 대한 혼합설.

색입체(色立體, color solid) : 색의 3속성인 색상·명도·채도에 기반을 두고서 색상은 원으로, 명도는 직선으로, 채도는 방사선으로 하여 색공간에 여러 가지 색채를 질서정연하게 배치한 3차원적인 표색 구조물. 먼셀이나 오스트발트의 색입체가 대표적임. 그밖에 램버트(J. H. Lambert)의 색채 피라미드·베졸트의 원추형 피라미드(1876)·에빙하우스(Herrmann Ebbinghaus 1850~1909)의 빛 피라미드 등이 있음.

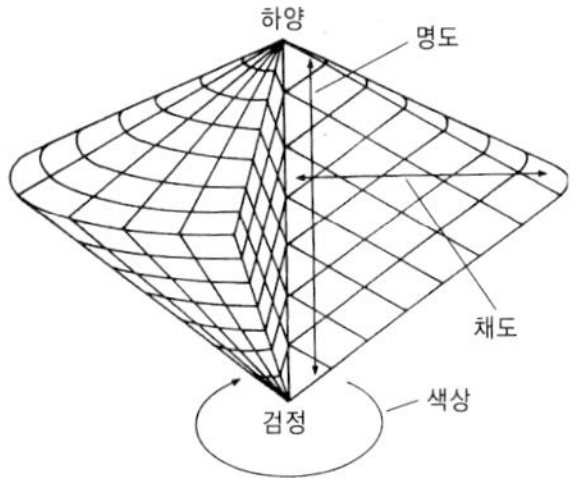

오스트발트의 색입체

색자극(色刺戟, color stimulus) : ①미각·청각 등과 같은 하나의 느낌으로 시각기관이 물리적인 충격에 대해 색감각으로 반응하는 것. ②눈에 들어와서 시감각을 일으키는 방사이며 그것은 분광조성에 의하여 정해짐. 직광일 때도 있고 반사광일 때도 있음.

색자극치(色刺戟値, color stimulus specification) : ①색감각에 대한 심리물리량. ②3자극치에 의하여 정해지는 색자극의 성질을 나타내는 양.

색잔상(色殘像, chromatic after image) : 색자극이 사라진 후에도 얼마동안 남아 있는 색감각. ⇨잔상.

색재현(色再現, color reproduction) : 다색인쇄, 천연색 사진, 컬러 TV 등에서 본래의 색을 재현하는 작업.

색조(色調, tone, hue key, tint) : ①색의 정도. 개개의 색이 모여서 명도와 채도에 있어 조화를 이루게 되었을 때 화면에서 느껴지는 색감. ②순색과 백색의 배합. ③백색 종이나 천에 묻은 엷게 비춰 보이는 수채의 얼룩. ④색채의 3속성 중 명도와 채도를 합(合)해 지칭하는 용어로서 색의 정도. 색상의 개념이 없으며 색상과 채도의 복합적인 용어인 색도(色度, chromaticity)와 구별. 색도에는 명도의 개념이 없음. 우리나라에서는 KS A 0011에서 유채색을 12종, 무채색을 5종으로 나누고 명도와 채도 사이에 17개 종의 관계로 이루어진 색조에 의해서 색명(色名)이 만들어졌음. 미국에서 톤(tone)은 명암(明暗). 영국에서는 그림의 주조명암과 색채를 의미하며, 명암기조(value key)를 의미.

색조의 항상성(色調-恒常性) : 광원으로부터 대상에 떨어진 빛, 즉 조도의 변화에도 불구하고 물체 표면의 색을 회색·흰색 또는 검정색으로 같게 인지하는 현상. 예컨대 석탄은 실내에서 보나 실외에서 보나 같은 정도의 검은 색을 띤 대상으로 보임.

색지각(色知覺, color perception) : 외계의 물체 상태로서 인지하는 색 또는 기능.

색지각의 사요소(色智覺-四要素, four element of color perception) : 색지각의 4대 조건인 밝기·크기·대비·노출시간. ①밝기 ; 빛이 없다면 색지각이 없음. 빛에 근거한 모든 색지각에는 그 빛의 밝기가 가장 기본적인 조건이 됨. ②크기 ; 아무리 밝은 색을 지닌 물체라 할지라도 그 물체가 작으면 그 물체의 색을 볼 수 없음. 따라서 색을 지각하는 데는 시각상의 크기가 문제됨. ③대비 ; 어떤 색이 지각되기 위해서는 그 색의 배경(바탕)색이나 인접색의 영향 조건이 문제됨. 배경색과의 차이가 강하지 않으면 색지각이 쉽지 않음. 초록색 풀밭 속의 청개구리는 지각이 어렵지만 풀밭 속의 빨간 꽃송이는 쉽게 지각됨. ④노출시간 ; 색을 보는 시간이 너무 짧으면 색을 전혀 느낄 수 없거나 다른 색으로 착각. 반대로 색을 보는 시간이 너무 길면 잔상현상이나 피로에 의해 일어나기 쉬움.

색차(色差, color difference) : ①표준색과 비교색과의 주파장·분광률·포화도 등의 3가지 요소의 차이. ②색입체 중에서 2색채 사이의 거리, 즉 색상·명도·채도의 합계 차이. ③표준색과 시료색(試料色)과의 차이에 의해 색료 차이를 표시하는 하나의 방법.

색차이(色差異) : ⇨색차(=).

색채(色彩, color, colour) : 물리적 현상으로서 색이 감각기관인 눈을 통해 지각되었거나 그와 같은 지각현상과 마찬가지의 경험효과. 일반적으로 색이 물리적인 현상임에 반하여 색채는 '심리적 현상'이라고 함. 다시 말해서 색채란 외적(물리적·화학적)이나 내적(생리적·심리적)으로 주어진 것에 의해서 성립하는 시감각(視感覺)의 일종임. 일반적으로 환경을 만드는데 있어서 색채는 다른 건축요소들보다 더욱 민감한 효과를 나타냄.

색채감각(色彩感覺, color sense) : 색을 물리적인 빛의 자극에 의하여 색상·명도·채도 등의 3속성을 지닌 질적인 것. 즉 색채로 느끼는 능력.

색채계열(色彩系列, color scale) : 하나 혹은 그 이상의 차원에서 규칙적인 변화 혹은 점이를 제시하는 일련의 색채.

색채계획(色彩計劃, color policy) : ①디자인에 있어서 색채의 기능을 효과적으로 사용하기 위해 색채 사용상의 계획을 세우는 것으로 색채설계(color scheme)라고도 함. ②먼저 어떤 색이 있는가? 어떠한 이미지를 가지고 있는가? 어떠한 색으로 결정하여야 하는가?를 선택하여 디자인에 적용시키는 과정. ③색채수립 과정에서 디자이너가 색채계획에 의한 효과적인 색 지정을 위하여 갖추어야 할 색채능력은 색채변별능력·색채조색능력·색채구성능력·색채 이미지의 계획능력임.

색채관리(色彩管理, color control) : 색채계획에 근거하여 원하는 색채가 제품이나 인쇄물 등에 실제로 적용될 수 있도록 관리하는 것으로 색채의 통합적인 활용방법에 의해 좋은 색을 도입할 수 있도록 하는 중요한 기술의 하나. 즉 색에 대하여 취급하는 모든 방법의 전체를 의미. 색의 강약이나 질을 수량적으로 다루어 만들기도 하고 검토와 대책을 세우기도 하며, 계획을 수정하는 기술로 온도나 중량·길이 등의 표시방법과 같이 전문가에 의하여 관리하도록 하는 것이 바람직함.

색채굴절(色彩屈折, color refraction) : 공기에서 눈(目)으로 들어가는 것처럼 하나의 매질에서 다른 매질로 속도를 바꾸며 직선으로 통과하는 색광의 굴절.

색채대비(色彩對比) : ⇨색의 대비(=).

색채대비의 조화(the harmony of contrast of colors) : 색채들이 서로 멀리 떨어져 있는 단계에 있는 것을 특징으로 하는 상태.

색채 렌더링 인덱스(色彩-, color rendering index) : 조명의 색채, 특질을 상세하게 평가할 수 있도록 마련된 특별한 유형의 인덱스.

색채리듬(色彩-, color rhythm) : 운율적이며 비례가 잘 맞는 색채간격.

색채상징(色彩象徵, color symbolism) : 교회, 제단, 국가, 정당 등과 같은 어떤 기관에서 특별한 특질, 성격, 특징 등을 의미하고, 대표하며, 표현하고자 사용되는 색채.

색채설계(色彩設計, color scheme) : ⇨색채계획(=).

색채식별역(色彩識別域) : 색각역(色覺域, chromatic limen)의 차를 식별할 수 있는 최소의 폭. ⇨색광역.

색채율동(色彩律動, color rhythm) : 알맞은 치수에 조화가 잘된 색채의 간격.

색채의 온도감(色彩-溫度感) : 색의 감정적인 효과 중 지각적 현상의 하나로 색상에 따라 강하게 느껴지는 따뜻하고 차가운 색의 감정효과. 일반적으로 장파장 쪽의 적외선은 따뜻하고 단파장 쪽의 자외선은 차갑게 느껴짐. 저채도·저명도는 찬 느낌이 강하며, 무채색인 경우 저명도는 따뜻한 느낌을 주고 고명도는 차가운 느낌을 줌. 명도에 의한 온도감은 유채색보다는 무채색의 경우에 해당하는 편임. 일반적인 색의 표현성과 한난의 온도효과는 색상에 의해서만이 아니라 명도와 채도에 의해서도 영향을 받음. 색의 자극적인 측면에서 일반적으로 난색계의 색은 자극적이며, 한색계의 색은 조용하고 정적이며, 난색과 한색의 중간에 있는 자주색계의 색은 온도감이나 자극의 작용이 중성적임.

색채의 항상성(色彩-恒常性) : ①어떤 물체가 주변의 조명조건에 무관하게 같은 색상을 가지고 있다고 느끼는 현상. ②유채색의 조명 아래에서도 지각되는 색상은 비교적 일정하며 자연광 아래서의 색채에 가까움. 또한 흰 벽을 저녁 무렵에 컬러필름으로 찍으면 의외로 붉은 빛이 들어가 있지만 육안으로 흰 벽은 그대로 흰 벽으로 보임. ③일반적으로 컬러사진으로 찍으면 광원의 색, 즉 태양광선이 형광등이나 백열등에 의해 상당히 다르게 찍히지만, 인간의 눈에서는 그렇게 다르지 않음. ④근접자극의 성질을 바탕으로 예언할 수 있는 것보다 대상의 객관적 색채속성에 더 가까운 표상을 경험하는 것임.

색채조절(色彩調節, color conditioning) : 색채가 가지는 심리적·생리적·물리적 효과를 객관적으로 연구하고 그 성질을 이용하여 인간의 생활·작업의 분위기·환경 등을 쾌적하고 능률적이 되도록 색채의 기능성을 활용하는 것. 즉 컬러 컨디셔닝(color conditioning)은 1930년대 초에 미국의 듀퐁(Dupon)사에서 처음 사용한 용어로서 색채조정 또는 기능배색을 의미. 컬러 다이내믹스(color dynamics)는 색채역학(色彩力學)을 의미. 그밖에도 색채공학(色彩工學, color engineering)·색채계획(色彩計劃, color planing)·색채변조(色彩變造, color tuning)라고도 함. 색채조절을 시행하는 면에서 환경색(surrounding color)과 안전색(safety color)으로 구분.

색채조절 효과(色彩調節-效果) : 색채조절을 적용·실시함으로써 얻어지는 긍정적인 평가. 즉 ㉠밝기 증가. ㉡생산성 증진. ㉢생산의 질적인 향상. ㉣피로 경감. ㉤결근 감소. ㉥재해율(災害率) 감소. ㉦작업의욕 향상. ㉧정리정돈 향상. ㉨마음의 윤택성 증가. ㉩애사심(愛社心) 향상. ⑪복장양호 등.

색채조절의 삼요소(色彩調節-三要素, the three elements of color conditioning) : ①명시성(明視性, vision) ; 작업에 있어서 시각의 정상상태를 보장하며 불필요한 긴장을 피하고 시력의 피로를 감소시켜야 함. 즉 눈의 피로에 의한 긴장으로 두통 및 신체의 피로를 조절하여 작업의 능률을 향상시킴. ②작업의욕(作業意慾, morale) ; 환경의 색채를 조절하여 쾌적하고 활동적인 업무의욕이 생기도록 함. 따라서 환경색채의 심리적 효과로서 전체가 밝고 명랑한 색이 적합. 즉 고명도의 색은 역동적(力動的, dynamic)인 분위기를 조성하나 고채도의 색은 자극적이므로 피하는 것이 좋음. 작업의욕을 높이는 색으로는 녹색계통이 무난. ③안전(安全, safety) ; 작업의 지장과 차질을 주지 않으며 위험을 방지하는 색채효과.

색채조화(色彩調和, color harmony) : 두 가지 이상의 색을 배색하였을 때 서로 대립되면서도 전체적으로는 통일된 인상을 주는 것을 의미. 판단은 주로 개인의 주관적인 느낌에 의존하게 됨. 조화에는 색상의 조화와 명도의 조화가 있음. 색상의 조화는 동일 색상의 조화·유사색상의 조화·반대색상의 조화가 있고, 명도의 조화는 동일명도의 조화·유사명도의 조화·반대명도의 조화가 있음.

색채조화의 공통원리(色彩調和-共通原理, Common Principles of Color Harmony, Judd's Principles) : ①질서의 원리(principle of order) ; 효과적인 반응을 일으키는 질서 있는 계획에 따라 선택된 색채에서 조화를 느끼게 함. ②비모호성의 원리(principle of unambiguity) ; 두 색 이상

의 배색에 있어서 모호한 점이 없는 명료한 배색에서 조화를 느끼게 함. '명백성의 원리'라고도 함. ③동류의 원리(principle of familiarity) ; 가장 근접한 색채끼리의 배색은 보는 사람에게 친근감을 주며 조화를 느끼게 함. ④유사의 원리(principle of similarity) ; 배색된 색채들이 서로 공통되는 속성과 상태를 가질 때 조화를 느끼게 함. ⑤대비의 원리(principle of contrast) ; 배색된 색채들의 속성과 상태가 서로 반대되면서 모호한 점이 없을 때 조화를 느끼게 함.

색채차원(色彩次元, color dimension) : 파장, 진폭 등의 차원에서 분류된 색채 혹은 빛의 분광광도계상의 분석 혹은 물리적 측정.

색채차트(色彩–, color chart) : 명암, 채도, 색상계획과 색채코드의 계획과 선택을 신속히 처리해주는 최고 채도표를 포함한 사각형의 카드보드.

색채캐비닛(色彩–, color cabinet) : 먼셀색채들을 쉽게 찾아볼 수 있도록 모든 것을 분류해 놓은 상자.

색채코드(色彩–, color code) : 색채와 색채 사이의 간격이나 색채변화를 디자인 구성원리에 따라 계획해 놓은 색채배합.

색채표준(色彩標準, color standard) : 먼셀 표기법에 따라 정확하게 측정되고 분류된 심리학적 차원상의 색채.

색청(色聽, color hearing, audition) : ①어떤 소리를 들을 때마다 마음속에 그리는 어떤 색채나 회색무늬로 인해 표현되는 공감각(共感覺)의 형태. ②어떤 소리를 들을 때 마음속에 색채 혹은 그림자 같은 것이 나타나는 공감각(共感覺)의 형태.

색투시(色透視, aerial perspective) : 회화적 표현에서의 색채나 농담변화(濃淡變化), 즉 먼 곳의 물체는 가까운 것보다 색이나 그늘도 불명료하여 원근감을 나타내는 것. 보통 '컬러링(coloring)'이라 함. ⇨선투시.

색표(色表, color chart) : 색을 계통적으로 나타내기 위한 표색체계가 필요로 하는 색채를 실제의 시감각으로 확인할 수 있도록 만든 표. 색표를 모아서 계통적으로 한 곳에 배열하여 색채계획이나 실용적인 색 선택을 신속하게 처리하도록 해주는 사각형 모양의 색채 판을 컬러차트(color chart)라고 하며 컬러차트를 일관성 있게 모아놓은 책자 형식을 색표집(色表集)이라 함.

색표집(色表集) : ⇨색표(=).

색환(色環) : ⇨색상환(=).

샌더의 착시(–錯視, Sander illusion) : 길이가 똑같은 데에도 배경의 영향을 받아 다르다고 지각되는 착시현상. 즉 선분 AB는 BC보다 더 길어 보이지만 실제는 똑같음. 이 효과를 샌더의 평행사변형이라고 하며 1926년 처음 발표되었음. ⇨착시.

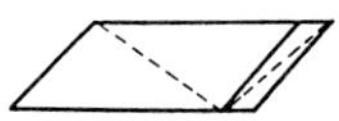

샌더의 착시

샌더의 평행사변형(–平行四邊形, Sander parallel quadrangle) : ⇨샌더의 착시(=).

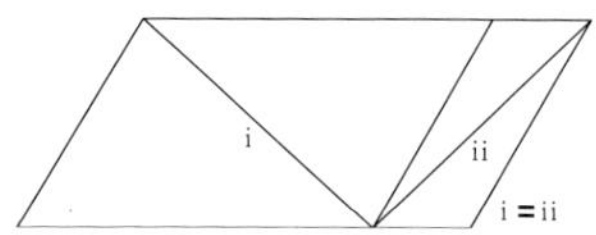

샌더의 평행사변형

샌드루핑(sand roofing) : 아스팔트 루핑 표면에 모래를 붙인 것.

샌드블라스트글라스(sand blast glass) : 유리면에 오려낸 모양판을 붙이고 모래를 고압의 증기로 뿜어 오려낸 부분을 마모시켜 유리면에 모양을 만든 것으로, 장식용 창이나 스크린 등에 사용됨. 에칭 글라스 방법 중 하나.

샌드스톤(sand stone) : 석영 등의 모래입자가 강이나 바닥의 밑바닥에 쌓여 굳은 암석으로 보통 사암(砂岩)이라고 함. 색깔은 노란색이나 회색 등이지만 적색이나 이에 가까운 것도 있음. 중세 교회건축물에 많이 쓰임.

샌드스트럭벽돌(–甓乭, sand struck brick) : 달라붙는 것을 방지하기 위해 모래로 안을 댄 몰드(mould)를 가지고 소프트 머디 프로세스(soft mud process)로 틀을 만든 광택을 제거한(matte-textured) 벽돌.

샌드스프레이(sand spray) : 도료의 일종으로 특징은 자연석(화강석) 무늬를 형성함. 변색 및 퇴색이 거의 없음. 내수성·내구성·내알칼리성 및 접착력이 우수. 주로 시멘트나 콘크리트의 내·외 벽면에 사용함.

샌드위치구조(-構造, sandwich structure) : 샌드위치로 된 패널(다공질 재료)의 내부구조.

샌드위치보드(sandwich board) : ①목재를 여러 겹으로 접착하여 층상(層狀) 구조로 한 판(板) 또는 집성목재의 판상(板狀). ②적층판(=).

샌드트랩(sand trap) : ①배수 중에 진흙모래 등을 다량으로 함유하고 있을 때 이것을 분리하기 위해 사용하는 트랩(trap). ②사조집기(=).

샌딩실러(sanding sealer) : 목재를 도장할 때 래커마감의 바탕으로써 사용하는 도료.

샐먼핑크(salmon pink) : ①관용색명으로 연한 노랑 띤 빨강. ②먼셀기호 8R7.5/ 7.5.

샘플보드(sample board) : 인테리어 디자인에서는 실내마감재로 사용될 일정한 크기로 절단한 실제 재료를 부위별로 발췌하여 보드에 붙여 주로 제출용 또는 프레젠테이션(presentation)용으로 사용.

샛기둥(間柱, stud) : ①벽을 치기 위해 본기둥 사이에 세우는 작은 기둥. ②벽에 기둥과 같은 모양으로 만들어 세운 쪽기둥. ③벽과 파티션 구조에서 수직 프레임 요소. 목재 샛기둥은 보통 4인치×2인치 규격으로 제작되어 16인치 간격으로 세워짐. 현대에는 금속 샛기둥이 주로 사용됨. ④본기둥 사이에 벽체를 이루는 작은 기둥. ⑤가새의 옆 휨방지에 유효함. ⑥간주(=). ⑦탱주(=).

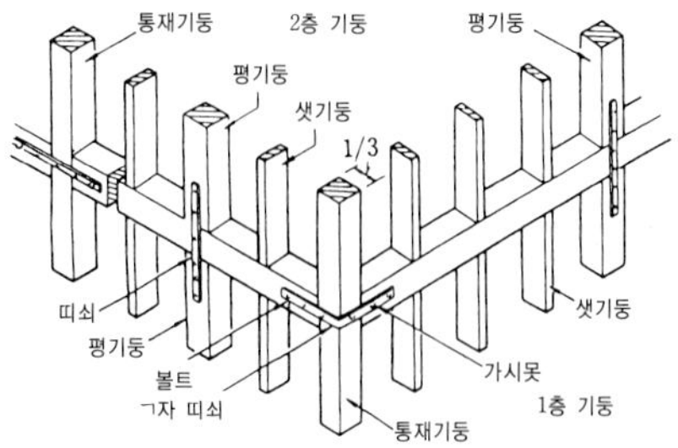

기둥의 종류

샛마당 : ①건물과 건물 사이에 끼어서 자연스럽게 생기는 작은 마당. ②아산 성준경가옥의 사랑채 뒤 샛마당 등이 실례.

샛문(-門) : ①건축물과 건축물 사이에 설치한 문. ②넓은 문짝에 작은 문짝을 달아 평상시에는 넓은 문짝을 닫아두고 작은 문으로 드나들었는데, 이 작은 문을 말함. ③사대부집과 중인집의 안채와 사랑채 경계에 설치하기도 함. ④골판문(骨板門)으로 하고 때로는 띠살창호나 판장문을 달기도 함. 일반적으로 살대를 꽂아 홍살문처럼 장식하였음. ⑤안채와 사랑채에 설치하며, 문고리와 걸쇠는 툇마루의 샛문에는 사랑채와 안채 모두 문고리와 걸쇠를 달았으며, 연이어져 있는 경우에는 안채 쪽에만 달았음.

샛방(-房) : ①(안)방과 (건넌)방 사이에 끼어 있는 사이방. ②삼척 김낙윤가옥에서 사용됨.

샛장지(-壯紙) : 방과 방 사이에 칸막이로 세운 장지.

샛집 : ①지붕재료에 의한 전통민가 유형의 하나. ②들이나 산에서 나는 야생풀로 지붕을 만든 집. ③볏짚 대신 새(산과 들에서 자라는 띠나 억새 따위를 통틀어 이르는 말)로 지붕을 이은 집. ④수명은 20~30년 정도로 초가에 비하여 수명이 훨씬 길며, 외관에서도 지붕구배가 급하고 지붕면도 커서 초가와는 전혀 다른 느낌이 남. ⑤제주도 지방에서는 농토가 메말라 농사를 쉴 때는 새발(새왓)을 가꾸어 장만함. ⑥샛집의 지붕은 우진각지붕이

일반적이고 때로 맞배지붕을 이룸.

생고무(生-, crude rubber, raw rubber) : 고무액에서 수분과 불순물을 제거한 순고무질.

생리기후(生理氣候, physiologic climatology) : ①인간의 육체 및 정신과 기후관계를 규명하는 것. ②인문생리기후학(=).

생리위생공간(生理衛生空間) : 생활공간 가운데 세면·용변·목욕행위가 이루어지는 공간. 그 대표적인 공간으로 욕실과 화장실이 있음.

생리적 기능(生理的 機能, physical function) : ①기계·도구가 인간이 사용하기에 편리하고 인간의 실수·피로·과로 등을 최소화시키도록 하는 것. 인간공학 또는 에르고노믹스(ergonomics)·인간인지공학(human factors engineering) 등의 과학적 연구가 있음. ②⇨기능.

생리적 반대색설 : ⇨헤링의 사원색설(=).

생리적 사원색(生理的四原色) : ⇨시각적 사원색(=).

생리학적 측정(生理學的測定) : 인체 각 구조의 운동기능으로부터 생활현상까지의 관찰을 파악하는 것. ⇨형태학적 측정.

생명공학(生命工學) : 된장이나 간장, 요구르트 등을 만드는 전통적 발효기술도 '생물이용기술'이라는 의미에서 생명공학적 기술이라고 할 수 있으나 보통 생명공학이라고 하면 유전자 변환, 세포 융합, 대량 조직배양, 바이오리액터, 염색체 조작 등 주로 1960년대 이후에 개발된 새로운 기술을 가리킴. 바이오 계통의 기초 과학에서 연구 수단으로 유용하나 의료 및 농업현장에서의 유용성에 대해서는 기대치만 높은 것이 현 실정이라고 할 수 있음.

생명나무문양(生命-文樣, tree of life pattern) : 꽃이 만개한 키가 큰 나무와 가지에 앉아 있는 공작새를 비롯한 밝은 색조의 새, 그리고 나무 사이를 뛰노는 토끼·사슴·사냥개 등이 어우러진 장면의 모티프. 아시리아에서 기원된 것으로 고딕시대의 창문 트레이서리(tracery)에서도 발견.

생목(生木, green lumber) : ①벌목 직후의 목재 또는 건조 전의 목재. ②생재(=).

생물분해성(生物分解性, biodegradable) : 부패하여 흙으로 될 수 있는 것. 부패하지 않거나 부패에 오랜 세월이 걸리는 것은 태우거나 기타 방법으로 분해해야 함.

생물화학적 산소요구량(生物化學的酸素要求量 ; BOD) : ⇨비오디(=).

생벽돌(生甓乭) : ⇨날벽돌(=).

생산주택(生産住宅, manufactured housing units) : 공장에서 만들어진 집을 트레일러 등 대형 교통편으로 현장으로 운송해서 미리 준비된 기초에 연결시키는 시스템.

생석회(生石灰, quick lime) : ①석회석을 구워낸 강회. ②산화칼슘, 석회석($CaCO_3$)을 구워서 만든 분말. 물을 첨가하여 소석회[$Ca(OH)_2$]로 만든 것은 미장재료로 사용.

생에너지커튼(生-, fresh energy curtain) : ①에너지 절약을 위해 커튼 바탕천 안에 단열효과가 있는 은색 아크릴수지를 코팅한 것. ②바깥쪽이 은색이므로 레이스커튼과 함께 달거나 블라인드와 병행.

새옹이

생옹이 : 그루터기의 언저리가 단단하게 붙어 있는 옹이.

생울 : ⇨생울타리(=).

생울타리(生-) : ①식재(植栽)된 나무 울타리. ②주로 경제적으로 여유가 없는 경우의 담.

생재(生材) : ①벌채 직후의 목재. ②일반적으로 함수율은 변재 80~200%, 심재 40~100% 정도임.

생철판(生鐵板, tinned sheet iron) : 주석 도금한 철판.

생체기후도(生體氣候圖, bioclimatic chart) : ①건축환경 내에서 인간의 쾌적에 영향을 미치는 4가지 환경요소(DBT, RH, MRT, v) 사이의 상호관계를 그래프로 나타내는 그래프. ②Victor Olgyay가 고안함.

생체묘사(生體描寫, biomorphic) : ①회화·조각 등에서 특정한 유기체를 표현하지 않아도 그 이미지를 불러일으키는 묘사. ② 자연의 생물에 근거를 둔 형태나 구조로부터 파생된 묘사(drawing).

생콘크리트(生-, fresh concrete) : ①비벼서 굳기까지의 사이에 굳지 않은 콘크리트. ② 생콘크리트는 반죽의 질기(consistency : 콘크리트내 수량의 다소에 의한 질기의 정도)·시공연도(work ability : 콘크리트 반죽의 질기에 의해 타설하기 쉬운 작업의 정도), 성형성(plasticity : 콘크리트가 거푸집에 채워지기 쉬운 정도)·마감성(finishability : 콘크리트 내 굵은골재의 최대치수, 잔골재의 입도, 반죽의 질기 등에 의한 마무리면의 쉬운 정도)·압송성(pumpability) 등에 영향을 줌. ③굳지 않은 콘크리트(=).

생크추어리(sanctuary) : ①원래 교회나 사원에서 제단을 포함한 성소. ②현대에는 교회의 제단·성가대석·기타 좌석이 설치된 곳.

생태건축(生態建築, ecological architecture, Ökologisches Bauen[독]) : ①건물이나 거리·마당 등 건축환경을 작은 단위의 생태계로 생각해서 자연생태계에 해를 주지 않고 유기적으로 조화시키려는 건축 개념. 건축이 환경파괴의 주범이 되고 있는 것에 대한 자성에서 비롯된 것으로 에너지·자원의 수요를 최소화하고 태양에너지 등 자연조건을 이용하여 실내기후조절 외부로 배출되는 열·폐기물·폐수와 토양 포장의 최소화하며 대지 주변에 다양한 동·식물의 서식 건물을 주위경관과 어우러지게 배치해 건강한 주생활과 업무가 가능하게 할 것 등 5가지 원칙에 따라 설계함. ②자연환경과 조화되며 자연과 에너지를 생태학적 관점에서 최대한 효율적으로 이용해 건강한 주생활 또는 업무가 가능하도록 한 건축. 따라서 자연의 순환체계를 모델로 하여 에너지와 자연의 순환체계를 만들고 자연자원을 활용하여 환경부하가 없게 하자는 데 그 목표가 있음. 생태적으로 가장 좋은 환경은 인간의 구축적 행위가 없는 자연 그대로의 상태이지만 인간이 존재하는 한 건축적 행위는 멈출 수 없으며 생태건축은 최선의 방안으로 제시된 대안이라고 할 수 있음. ③생태건축의 개념은 토속적(vernacular)이고, 지역성(locality)이 강한 세계의 여러 나라에서 발견할 수 있는 지속가능한 환경건축임. ④"생태건축"이라는 용어는 1979년 독일의 P. und M. Krusche가 연방 환경부에 제출한 연구보고서의 제목을 결정하는 가정에서 자연과 인간의 상호관계 및 생태계를 고려한 다양한 건축적 시도와 개념들을 종합하여 "생태건축(Ökologisches Bauen)"이라 명명함으로써 처음으로 사용됨. ⑤독일 등 선진국에서 활발히 시도되고 있으며 우리나라도 최근 생태건축을 시도하고 있음.

생태건축물(生態建築物, BMS ; Building Management System) : ①건축물이 살아있다는 뜻으로 첨단 시스템을 이용하여 건축하는 건축물. ②건물 내부의 환경조건을 가장 쾌적한 상태로 자동조절하는 시스템으로, 인체의 체온과 동작을 감지하여 자동으로 온도습도 및 전기제어 장치를 제어하는 시스템. ③특징 ; ㉠쾌적한 환경조성. ㉡건물관리 시스템의 자동화. ㉢유지관리비 절감. ㉣방재 기능 강화. ㉤주요 부품 재활용 가능. ㉥초기 투자비 과대. ㉦중앙통제실 축소.

생태관광지(生態觀光地) : 인간의 손길이 미치지 않은 녹지자연도 8~10등급의 자연림을 대상으로 동·식물의 분포 등을 연구한 뒤 학생과 시민들에게 생태학습을 시키는 곳으로, 외국의 국립공원에는 이미 일반화돼 있음.

생태도시(生態都市, Ecology Urban) : 도시의 편리함과 전원의 정서가 함께 어우러져 삶의 질을 높여주는 인위적으로 만들어진 인간과 자연공존형 도시.

생태심리학(生態心理學, ecological theory) : "지각은 자극의 생태학적 특성의 결과이다"라는 견해. 모든 정보는 환경으로부터 우리에게 가해지는 자극의 패턴 속에서 이미 내재된 의미를 직접적으로 지각하게 되며, 지각자에 의해 재구성되거나 해석되는 과정이 필요치 않음. 의미가 환경으로부터 직접 지각되기 때문에 지각의 많은 기초적 측면들을 학습할 필요는 없으며, 어릴 때부터 유기체 반응의 일부분임. 그러나 이것이 지각에서 학습의 역할을 부정하는 것은 아님.

생태적 건축(生態的建築, The Architecture of Ecology) : ⇨생태건축(=).

생태적 형태(生態的 形態, form follows Eco-system) : ①사물이나 현상을 생태적으로 본다는 것은 겉으로 드러나는 피상적 결과만을 보는 것이 아니라 그 과정이나 내적 요소간의 관계를 중요시하며 또한 일반적이 아닌 상호관계를 보며, 그 관계를 유기적(organic)으로 동인적(動因的, open-end)으로 해석하는 것을 의미함. ②자연질서의 시각화뿐만 아니라 개체와 개체, 그리고 개체와 전체와의 관계성이 주요 형태요인·요소이며 완결된 개체이기보다는 완결을 지향하는 미완이고, 변화와 성장에 대응하는 유연성을 지님.

생태주의(生態主義, ecologism) : ①산업화에 따른 환경오염을 과학기술의 발전과 이용을 통해 감소시킬 수 있다고 믿는 것이 환경주의라면 생태주의는 오염의 연원이요, 주체인 인간에게 눈을 돌리고 있음. ②생태학적 상상력을 통한 소생문학의 대표작으로는 리처드 게리 브라우티건(1935~84)의 <미국의 송어낚시>를 꼽을 수 있음. ③미술에서는 전통적인 의미에서의 오브제나 작품을 만들지 않고 바위·토지·잔디·눈과 같은 물질로 작업하는 대지의 미술 개념도 이와 상통함. ④자바체프 크리스토(1935~), 마이클 하이저(1944~) 등이 이 분야의 유명 작가들임.

생태지향주의(生態指向主義, Ecocentrism) : 인간을 지구 생태계의 일부로, 생태적 법칙에 종속된 존재로 보는 사고양식. 이러한 생각을 가진 사람들은 생태적인 윤리를 내세우는 유사한 주장들과 함께 인구와 경제성장에 절대적인 제한을 가함으로써 인간의 자유행동을 억제하고자 함. 또한 자연의 수용력까지도 감안한 생물윤리에 바탕을 두고 자연에 대한 강한 경외감을 나타냄. 생태지향주의들은 현대적인 의미의 기술과 기술관료적 엘리트들을 믿지 않으며, 사회주의 체제에서의 중앙집중화와 유물론도 경멸함. 생태주의자들은 지구 자원은 유한하며, 생산력의 발전은 자연의 균형을 위협하고, 인간생존의 토대를 파괴할 것이라고 하며. 앞으로의 사회는 생산력의 절대적 증가가 아닌 생산의 질이 우선되어야 한다고 주장함. 이들은 부의 공평한 분배, 군비경쟁의 중지, 자주관리적인 공동체의 추구, 대중교통의 강화, 생태학적 농업, 인간적인 도시환경, 재생가능한 에너지 이용 등을 새로운 사회의 대안으로 제시함.

생태학(生態學, ecology) : ①1866년 독일의 생물학자 에른스트 헥켈(E. Haeckel, 1834~1919)이 "유기체와 그 주위를 둘러싸고 있는 유·무기환경과의 연관관계에 관한 총체적 학문"이라고 정의한 새로운 21세기 학문. ②인간을 포함한 생물 또는 생물군과 그들의 생활에 영향을 주는 생활환경(surroundings)과의 관계를 연구하는 학문(생물종간의 관계, 생물과 환경과의 관계). ③생활과 환경과의 관계, 또는 생물 상호간의 관계를 해명하려는 과학의 한 분야. 생물은 생활환경의 영향을 받아, 그 영향 아래에서 반대로 환경을 만들어 냄. 생물은 지구상의 한정된 범위(생물권) 안에서 생활하며, 그 생활환경 속에서 각각의 생물은 서로 주위의 생물에 영향을 끼치며 살아감. 즉 살기 위해서 생물은 환경에 적응하며, 투쟁하고 또는 서로 도우며, 먹이연쇄의 평형을 유지하면서 각각의 종(種)을 유지하는 것임. 인간은 1만 년 전 무렵부터 자연환경을 지배하기 시작, 어느 면으로는 개량하였으나, 공업화의 촉진은 파괴를 표면화시켰음. 앞으로 자연환경을 지배하는 방향으로 나갈 것인지 또는 다른 생물과 협동하여 자연환경에 조화하는 방향을 택할 것인지는 오직 인간의 결정에 달려 있는 만큼, 인간이 살아남기 위해서는 후자를 택해야 한다는 사실을 오늘날의 생태학은 표명하고 있음.

생태학적 건축(生態學的 建築, ecological architecture) : ⇨생태건축(=).

생태학적 난민(生態學的 難民, ecological refugee) : ①자연이 파괴돼 생태계가 무너지면 그 토지에 의존하고 있는 사람들의 생활도 곤경에 빠지며, 또한 급속히 진행되고 있는 삼림파괴는 홍수나 토양침식·사막화·나아가 기후변화까지 초래하여 이로 인해 집과 경지(耕地)를 빼앗겨 생긴 난민. ②유엔환경계획(UNEP) 등에서 쓰이기 시작한 이 용어는 전쟁난민과 구분짓기 위한 것이지만 베트남 전쟁에서 명백해진 바와 같이 전쟁이 최대 자연파괴라는 사실임.

생활공간(生活空間, life space) : 주거에서의 기본적인 생활행위가 행해지는 장소를 구분할 때 쓰는 용어. 개인생활공간·공동생활공간 및 가사작업공간으로 구분.

생활관습(生活慣習) : 생활에 대한 개념이나 가치관은 행위를 결정하는 데 행위의 반복에 의해 습관으로 굳어진 생활행동.

생활권(生活圈, life area) : ⇨생활공간.

생활기후학(生活氣候學) : 인간 생활과 기후에 관한 학문. 인간 생활은 기상이나 기후의 영향을 받고 있으며, 생활과 기후의 관계에 대한 연구를 통하여 생활의 향상 및 복지후생에 공헌할 수 있음. 더운지역, 추운지역, 다우지역, 다설지역, 강풍지역 등 기후특성에 맞는 가옥 구조, 설비, 소재를 선택해야 함. 또한 기후에 따라 가옥의 주변환경, 의복, 음식, 건강, 질병, 위생, 교통, 관광, 레저, 작업능률 등의 문제가 나타나고 있음.

생활양식(生活様式, life style) : ①생활에 대한 가치관이 실체화되어 나타나는 것. ②이는 생활행위나 생활관습으로 표출되는데 어느 집단이나 지역의 누적된 여러 행동양식(behavior)에 의해 이루어지고, 이 행동양식은 여러 행태 및 행태조직(activity & activity system)으로 형성됨. ③그 지역이나 나라의 기후 및 풍토, 민족의 습관, 생활전통, 문화수준에 따라 차이가 있음.

생활주기(生活周期, living cycle) : 사람의 행동양식을 시간적·공간적으로 조사한 경우에 질서 있는 일정한 반복을 바탕으로 한 행동양식. 건축이나 실내디자인 계획의 하나의 스케일이 될 수 있음. 동선계획·동작연구·계시적(繼市的) 행위의 분석 등이 이에 해당.

생활형공해(生活型公害) : ①일상생활에서 발생하는 환경파괴. ②생활 쓰레기나 생활하수를 비롯, 소음 등 생활형 공해를 유발하는 것은 무수히 많음. ③생활 쓰레기의 경우 국내 1인당 하루 발생량은 2.17kg으로 일본 1kg, 미국 1.3kg에 비해 월등히 많은데 이 많은 양이 대부분 소각되지 않고 단순 매립돼 토양오염·수질오염의 위험을 가중시키고 있음.

샤기 : 파일 길이가 30㎜에서 100㎜ 정도로 밀도가 거칠고 특수한 감각의 용도에 맞는 컷 파일(cut pile)의 일종. ⇨컷파일.

샤레트(charrette[프]) : 한정된 시간 내에 디자인 프로젝트(project)를 완성하기 위한 열띤 노력.

샤르곤궁전(-宮殿, The Citadel of Sargon) : BC 720년경 코르사바드(Khorsabad)에 건축한 면적 250에이커에 3개소의 중정을 중심으로 700여 개의 장방형 실들로 구성된 거대한 아시리아(Assyria) 궁전건축물. 넓이 약 28m인 사각형 중정 뒤편에는 왕의 거주지와 외국사신을 맞아들이는 알현실(謁見室)이 있음. 출입문에는 히타이트(Hittite)의 보가즈쾨이(Bogazkoy)에 있는 사자문(The Lion Gate)에서 유래한 아치와 사람의 머리를 하고 날개를 단 거대한 황소가 지키고 있음. 궁전 안에는 신전과 지구라트를 필수적으로 건축하였으며 지구라트는 7개의 단과 각 단 약 5.5m의 높이를 지니고 있고 다양한 색으로 채색되어 있음.

샤르트뢰즈(chartreuse[프]) : ①프랑스·스페인의 수도원에서 만들었던 샤르트뢰즈라는 술에서 온 색 이름. ②술의 색은 황색계통과 녹색계통이 있는데, 각기 샤르트뢰즈 옐로·샤르트뢰즈 그린 등으로 불림. ③1920~40년 사이의 의상과 주택 실내장식을 위한 하이패션으로 간주되었으며, 1960년대에 강조색으로 다시 유행했음. ④밝은(연한) 황록색(bright yellow green). ⑤먼셀기호 4.0GY8.0/10.0.

샤르트르대사원(-大寺院, Chartres Cathédral) : 고딕 성당에 있어서 고전적 형식을 취하는 최초의 건축으로 중후감(重厚感)이 있음.

샤말(Shamal) : ①티그리스, 유프라테스강 하류지역이나 페르시아만에서 부는 고온건조하고 모래를 동반한 북서풍. ②2월 중순부터 시작되는데 전형적인 샤말은 6~7월에 부는 40일 샤말(forty-day shamal) 또는 대샤말(great shamal)임. ③시기를 예측할 수 없으며 길게는 2~3일 지속되고 파고를 5m 이상 일으킴. ④샤말은 시계를 불량하게 하여 항공항해에 장애가 됨. ⑤걸프전쟁 당시 바람에 섞인 미세한 모래로 인해 다국적군의 첨단무기와 전자 통신장비에 지장을 초래했음.

샤모테 : ⇨샤모트(=).

샤모트(chamotte) : 규산(SiO_2)·알루미나(Al_2O_3) 등을 주성분으로 하는 내화점토의 소성분말을 말하며, 내화벽돌이나 내화모르타르의 주요원료가 됨.

샤모트벽돌(-甓乭, chamotte brick) : 내화점토를 구워서 만든 샤모트에 다소의 내화점토를 첨가하여 만든 산성 내화벽돌. 내화도는 1,690~1,750℃임.

샤워바스(shower bath) : 샤워의 설비 또는 샤워 설비를 준비한 양식 욕실.

샤워부스(shower booth) : 샤워를 할 수 있는 작은 칸막이 공간. 벽은 불투명한 유리·아크릴 등이 사용되며 크기는 750×1,050×2,000㎜ 정도.

샤워부스

샤워커튼(shower curtain) : 화장실의 욕조(浴槽)에 드리우는 특수커튼으로 물이 튀는 것을 방지하거나 시각적인 프라이버시를 위해 설치. 보통 폴리에스테르와 비닐커튼을 사용.

샤워효과(-效果, shower effect) : ①백화점 등에서 위층의 이벤트가 아래층의 고객 유치로 나타나는 효과. ②반대로 아래층의 이벤트가 위층의 고객을 유인하면 분수효과(jet water effect)라 함.

샤이레(chayres[이]) : ⇨슬리핑샤이레(=).

샤토(château[프]) : 본래 중세 프랑스의 성(城). 뒤에 영주의 관저·궁정·컨트리 하우스 등을 지칭.

샤틀레(châtelet[프]) : 프랑스의 성이나 성관(城館). 즉 샤토(château[프])보다 규모가 작은 것.

샤페즈(chaffeuse, chauffeuse[프]) : ①프랑스 초기 르네상스시대에 벽난로 앞에서 주로 사용하던 작고 좌면이 낮은 의자. ②좌면이 매우 낮아서 앉으면 무릎이 높이 올라가므로 무릎과 몸 사이에 아이를 놓고 흔들어 재우는 유모용으로 사용되었음.

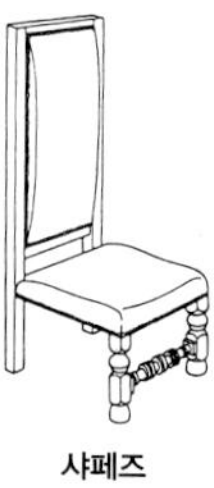
샤페즈

샤프셰이드(sharp shade) : 접어 개키듯이 열리고 닫히면 한 장의 천이 되는 평면적이고 단순한 디자인의 커튼. 천의 촉감과 베니스식(式) 블라인드의 기능을 겸하고 접어 올릴 때 접히는 부분이 날카로운 인상을 줌.

샤프트(shaft) : ①주두와 주초를 뺀 기둥의 주체 부분. ②벽이나 피어(pier)에 붙어 있는 가느다란 수직 조직체. 주로 아치나 리브형 궁륭을 지지하거나 지지하는 것처럼 보이게 함. ③공기조화 및 환기용 덕트, 급배수설비 배관, 전기 배관 등이 들어 있는 건물 안의 수직방향의 공간. ④아치나 볼트의 가로보를 지지하는 벽이나 기둥에 부착된 가는 수직적 구조재. 때로는 지붕 위로 내민 굴뚝을 의미하기도 함.

샤프트링(shaft ring) : 12~13세기 원주(圓柱)의 초반(初盤, base) 둘레나 아치를 떠받치고 있는 피어(pier) 둘레에 감싸고 있는 고리.

샤프티드임포스트(shafted impost) : 중세 건축에서 수평몰딩으로 장식된 아치 굽선 바로 밑에 있는 구조부재. 보통 상부와 하부는 서로 다른 단면으로 연결.

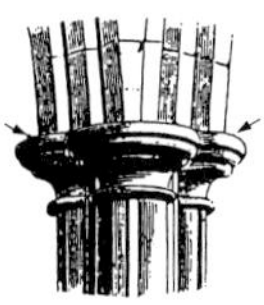
샤프티드임포스트

샤플레(chaplet[프]) : 구슬 또는 열매 장식이 있는 작은 토러스 몰딩(torus moulding).

샤플레

샤핑(sharping) : 뜻을 전달할 목적으로 사물의 어느 부분을 의도적으로 강조하거나 선명하게 하는 것. 디자이너가 자기의 표면에서 특히 어느 부분을 강조하여 표현의도를 정확하게 전달하려는 시도(試圖) 등.

샹들리에(chandelier) : 많은 작은 램프로 구성되어 천장에 매달린 장식적인 조명기구.

샹들리에

섀그(shag) : 1인치 이상의 긴 컷 파일(pile)로 느슨하게 짜여진 카펫(carpet).

섀그린(shagreen[프]) : 당나귀 가죽을 의미하는 불어 팡 드 섀그린(pean de shagrin)에서 유래된 용어로, 거친 작은 비늘이나 원이 겹쳐진 자연적 질감을 지닌 당나귀 및 상어 가죽과 유사하게 염색된 가죽.

섀도박스(shadow box) : ⇨섀도박스쇼윈도(=).

섀도박스쇼윈도(shadow box show window) : ①일반적으로 카운터 뒤편에 위치하는 작은 디스플레이 윈도. ②눈높이에 위치하며 깊이가 얕고 조명처리에 한계가 있으며, 크기가 작고 바닥에서 올라와 설치되며 쇼윈도의 뒷면은 시각적으로 완전히 차단·폐쇄하고, 앞면은 물리적으로 외부와 완전히 차단하지만 시각적으로는 개방하여 상점의 실내·외부가 차단되도록 한 쇼윈도. ③외부는 강한 주목성을 띠어 시각적 집중을 가지며, 일단 실내에 들어오면 상점 분위기에 흡수됨. ④상품을 좀 더 자세히 살필 수는 있으나 공간이 한정되어 있어 상품을 많이 진열하기 곤란함. ⑤소형 쇼윈도·소형 디스플레이윈도(=).

서가(書架) : 사랑방 가구로서 사용자의 취향에 따라 층널 변화를 준 것이 있고, 쌍으로 된 서가는 사방탁자와 유사하여 독특한 공간분할을 보여줌.

서까래(rafter, common rafter) : ①그다지 굵지 않은 통나무. ②가늘고 긴 통나무. ③도리에서 처마 끝까지 건너지른 나무. ④지붕널을 지지하기 위해 벽판으로부터 용마루판 또는 용마루 보까지 연결시킨 경사부재. ⑤지붕경사에 따라 처마도리·중도리·마룻대 위에 지붕을 덮거나 산자를 엮어댈 수 있게 걸쳐 지른 나무. ⑥둥근 통나무를 그냥 쓴 서까래를 연(椽), 다듬어 각재로 만들어 쓰면 각(角)이라 부름. 지붕의 물매를 잡아주기 위해 들연[野椽. 長椽]·통서까래·단연 등을 쓰고 우진각이나 팔작지붕에서 네 귀를 들어주기 위해 서자서까래나 엇선자·말굽서까래 등을 만들어 설치하고 덧서까래도 씀. ⑦길이에 따라 단연(短椽 ; 용마름에 건 짧은 서까래)과 장연(長椽 ; 처마에 건 긴 서까래)으로 구분. ⑧역할 ; ㉠도리 위에 도리와 직각방향으로 걸쳐서 지붕을 구성. ㉡건물의 외벽 밖으로 길게 빼냄으로써 처마를 형성. ㉢처마 끝에 노출된 서까래는 지붕의 처마선을 형성하며 건물 외관의 주요한 시각적 요소. ⑨배열방식 ; ㉠평행식 배열 ; 모든 서까래를 일정한 간격으로 나란히 배열하는 방식으로 주로 맞배지붕에 사용. ㉡평행방사식 배열 ; 지붕의 중앙부에서는 평행식으로 배열하고, 양단부분에서는 부챗살 모양으로 배열하는 방식. ㉢방사식 배열 ; 지붕면 전체에 서까래를 부챗살 모양으로 배열하는 방식. ⑩연목(=).

ㅅ

서까래개판(-椽蓋板) : ①서까래 사이를 덮는 널빤지. ②골개판(=).

서까래궁륭(-穹窿, rib vault) : 아치형의 곡선을 한 변으로 하는 다각형의 서까래가 만나 천장의 골조를 구성하고 그 사이를 패널로 덮은 천장.

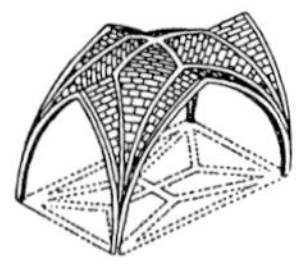

서까래궁륭

서까래늘이개 : 서까래 뒷목을 누르는 큰 통나무들.

서까래편수(椽木編修) : ①서까래를 쓰임에 따라 깎아서 거는 일을 맡아서 하는 목수들의 우두머리. ②맥이편수·연목편수(=).

서냉유리(暑冷琉璃, annealed glass) : 내부 응력을 줄이기 위하여 천천히 냉각된 유리.

서답(serdab) : 마스타바(mastaba) 내의 사자상이 있는 작은 방.

서당(書堂, local private schools, village school) : 조선시대 때 어린이들에게 글공부를 가르치던 곳.

서던옐로우파인(Southern yellow pine, Pinus palustris Mill[학]) : ①미국 동남부 버지니아에서부터 동부 플로리다와 텍사스까지 분포. ②침엽수의 일종으로 변재는 담황백색 또는 등백색으로 좁고 심재는 등황적색 또는 담갈색으로 송진이 많은 편이며 연륜은 불명하며 경계가 뚜렷함. 목리는 통직하고 조직은 비교적 치밀. 대체적으로 무겁고 단단하며 강하고 단단하며 충격에 강함. 심재는 방부성이 강함. 건조시 수축률이 상당히 큼. 전건비중은 0.66, 수축률은 방사방향 5.1%, 접선방향 7.5%, 용적수축률 12.2%로 보통. 강도는 압축강도 565kg/㎠, 휨강도 979kg/㎠, 전단강도 125kg/㎠로 보통. 가공·건조·연삭·접착성이 양호하며 도장성은 보통이고 내구력과 보존성이 양호한 편임. ③주로 건축·내장·선박 등에 사용.

서들 : ①기둥과 도리와 보 따위를 짜서 맞춘 집의 뼈대. ②기둥과 도리와 보를 서들이라 하기도 하고, 집의 겉모습을 서들이라고 하기도 함.

서랍장(-欌, chest of drawer, drawer) : 서랍이 부착된 수납장으로 16세기 중엽 체스트(chest)와 여행용 궤(coffer)의 하단에 작은 서랍을 설치한 이후 17세기 말에 이르러 현재의 형태가 되었음. 18세기에는 다리가 있는 키가 큰 하이보이(high boy)로 발전하여 현재 서랍장의 원형이 되었음.

서류부가혼(壻留婦家婚) : 사위가 장인의 집에 장가를 들어 일정 기간 살다가 자녀가 크면 가족을 데리고 본가로 들어가 사는 혼인형식.

서류정리용 선반(書類整理用旋盤) : ⇨피진홀(=).

서리판유리(-板琉璃, cloudy glass) : ①맑은 판유리의 한 면을 규사(硅砂) 등으로 갈거나 때리거나 기타 부식(腐植) 등의 방법으로 표면의 광택을 지워 투시상(透視像)을 명확히 볼 수 없게 가공한 것. 빛을 확산시키며 투시성이 적으므로 들여다보이는 것이 좋지 않는 장소에서 채광용으로 쓰임. ②흐린판유리(=).

서머콘(thermo-con) : ⇨서모콘(=).

서모스탯(thermostat) : 온도의 제어 및 조절에 사용하는 온도 제어기.

서모콘(thermo-con) : 자갈·모래 등의 골재를 사용하지 않고 시멘트와 물에 발포제(foaming agent, 알루미늄·아연의 분말로 제조됨)를 배합하여 만든 일종의 경량기공(輕量氣空) 콘크리트. 물시멘트비는 약 43%이고 특수한 믹서에서 호스(horse)로 부어넣되 한꺼번에 부어넣는 높이는 200㎜ 정도로 함. 체적은 약 2배로 팽창경화하고 팽창시간은 여름에 약 20분, 겨울에 약 60분, 경화소요시간은 여름에 1시간, 겨울에 1시간 30분 정도임.

서미(thermae[이]) : 고대 로마의 대형 공중목욕탕. 열탕·온탕·냉탕으로 구분하고 기타 도서관 등이 설비됨.

서민용 가구(庶民用家具, art povera[프], poor man's art) : 18세기 프랑스 궁중가구에 정교하게 채색된 장식품을 모방하여 만든 서민용 가구. ⇨데코파쥬(≒).

서백당(書百堂) : ①양동마을에 있는 집 이름. ②회재와 우재 선생이 태어난 장소.

서버반(suburban) : 교외 거주자를 의미. 새롭게 개발된 교외 주택지의 거주자는 특유의 라이프스타일(life style)을 갖는데서 그 특유의 지향을 서버반 마인드 세트(suburban mind set)라고 함.

서베이스(surbase) : ①주춧돌에서 돌림띠(cornice)나 최상부에 있는 몰딩. ②실내의 징두리판벽인 데도(dado)와 같은 하부 판재의 몰딩. ③1층 외부의 최상단을 두르는 일련의 몰딩.

서베이스

서브렌탈스페이스(subrental space) : 호텔 건물의 일부를 임대하고 있는 공간.

서브머지드아크용접(-鎔接, submerged arc welding) : 녹으면 보호 슬래그(slag)막을 형성해 주는 가용성 금속 알갱이를 도포하여 용접부위를 보호해주는 아크 용접법.

서브모듈치수(-値數, submodule size) : 모듈의 단순한 분할 치수.

서브컬처(subculture) : ①한 사회의 지배적인 문화가 아닌 주변 계층의 하위문화를 지칭하는 말. ②기존의 권위적 도덕규범에 반발하는 집단의 생활양식과 세계관을 통칭하는 말로 쓰임. ③예컨대 히피족 등에 의해 상징되는 뒷골목 문화나 전위예술 등을 들 수 있음.

서비스공간(-空間, service space) : 공간 이용자에게 제공하는 휴식·정보제공·안내 등의 편의시설.

서비스마크(service mark) : ①운수·통신·금융·관광·광고업 등 서비스산업에서 서비스의 제공자를 표시하는 마크. ②상품에 붙어 있는 메이커의 마크는 상표이지만 서비스는 상품이 아니므로 상표등록이 되지 못함. ③미국·캐나다·프랑스·필리핀 등에서는 상표법에 서비스마크의 등록규정이 설치돼 보호받고 있음.

서비스머천다이저(service merchandiser) : ①미국에서 각광받고 있는 일용잡화 중심의 새로운 형태의 도매상. ②식품소매업에 고객의 편의를 위해 식품 외의 일용잡화를 마련해 판매하는 서비스업.

서비스면적(-面積, service area) : 아파트에 있어서 전면길이의 1.5m를 확보한 전후면 발코니 면적으로 분양가로 산정되지 않는 면적.

서비스싱크(service sink) : 관리인의 작업시 사용되는 깊은 수조(水槽). 청소용 싱크(=).

서비스야드(service yard) : ①세탁물 건조장·가사·공작·어린이놀이 등에 사용되는 부엌 주위의 옥외공간. ②주거공간 내에서의 옥외의 가사공간, 즉 세탁장·장독대·광 등의 작업장을 의미함. 부엌의 입구와 가깝게 위치하는 것이 주부의 작업동선(作業動線)에 바람직함.

서비스에어리어(service area) : ①어떤 서비스를 할 수 있는 권역(圈域). ②이용자를 위한 휴게소·식당·화장실 등.

서비스엔터런스(service entrance) : ⇨보조 출입구(=).

서비스출입구(-出入口, service entrance) : ⇨보조출입구(=).

서비스코어시스템(service core system) : 코어는 계획 측면에서 기능을 모아 보다 적은 기능으로 가장 많은 효과를 구하고자 하는 개념으로 서비스 코어는 공간계획에 있어서 변화하는 부분과 변화하지 않는 부분, 즉 서비스 부분과 기타 비(非)서비스 공간으로 나누어 물이나 에너지 사용을 위해 필요한 서비스 부분을 한 곳에 집약시키는 수법.

서살목 : ①서까래 위에 산자를 펴 깔고 알매흙이 새지 않게 그 위에 깐 대팻밥·볏집·섞은새 따위. ②전통건축에서 알매흙·새우흙이 새지 못하도록 산자를 깐 위에 덧까는 지적가비 등. ③지적가비 대신에 삿자리를 깔기도 함. ④발비(=).

서석지정원(瑞石池庭園) : 경북 영양군에 있는 조선시대의 대표적인 민가 연못. 요(凹)자형 연못의 물 위로 드러나거나 잠겨 있는 바위들인 서석군(瑞石群)에서 서석지라는 말이 유래했음. 물 위에 보이는 것이 60개, 잠겨 있는 것들이 30개 정도. 이곳 주인이었던 석문 정영방은 이들 바위마다 유교적 생활철학이나 도가적 염원 등을 담은 이름을 붙여 두었음.

서섹스체어(Sussex chair) : 윌리엄 모리스(William Morris : 1834~1996)가 19세기에 제작한 의자. 골풀 좌판에 여러 가는 기둥으로 이루어진 수금형 등받이로 되어 있음. 골조는 흑단처럼 채색됨.

서스테이너블아키텍처(sustainable architecture) : 자연과 환경적으로 공생할 수 있는 방법으로 디자인한다는 일반적 견해의 하나.

서스펜디드스팬(suspended span) : 양쪽 스팬의 캔틸레버에 의해 지지되는 단순보. 모멘트가 0이 되는 지점에서 핀 포인트(활절)로 연결. 매단 스팬(hung span)이라고도 함.

서스펜션공법(-工法, suspension method) : ①대형의 판유리를 사용하여 유리만으로 벽면을 구성하는 공법. ②새시에 의한 종래공법의 유리 자중에 의한 휨에 의해 투시 영상 등의 광학적 기능 저해 및 판유리 내부응력에 의한 파손의 단점을 해결한 공법. ③큰 판유리의 상부를 특수한 클램프(clamp)로 커튼처럼 달아매어 설치함. 즉 유리 자중은 구조체에 결합되어 있는 클램프에 매달려 있고 풍압 등의 횡력에 대하여는 상하 틀로 지지하기 때문에 건물의 변위에 대하여 유리는 충분한 추종성을 가짐. ④빌딩현관 홀·진열실 등 2층 이상의 크기가 큰 유리 스크린 시공에 자주 이용함.

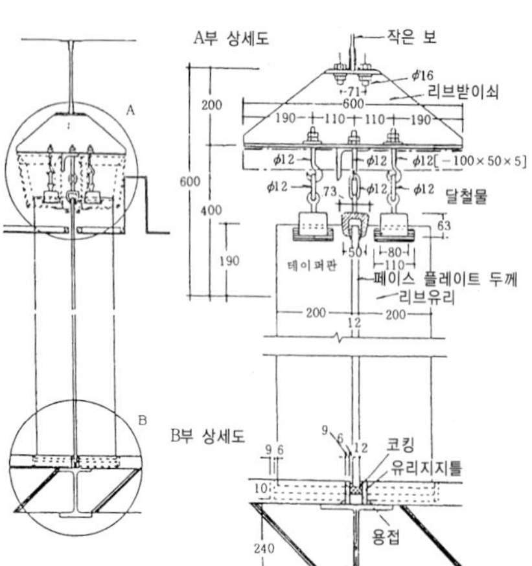

서스펜션구조(-構造, suspension structure, suspended structure) : ①구조물의 주된 부분을 지지점에서 매달음으로써 인장력이 지배적인 응력상태를 만들어내는 구조형식. ②매단구조(=).

서실(書室) : ①학문에 전진하는 대학자가 저술하고 후학을 가르치기 위하여 별도로 지은 건물이나 방. ②장흥 위백규 생가인 위계환가옥의 서실(장천재) 등이 유명함.

서안(書案) : ①팔을 기대어 몸을 편안하게 앉도록 받쳐주는 상으로 책을 펴보거나 글씨를 쓰는데 사용되는 평좌식 책상. ②서랍의 양끝이 들렸으며 다리와 서랍 등에 조각 장식을 한 것이 특징.

서양오얏나무(西洋-, plum wood) : ①단단하고 무거운 황갈색의 마호가니와 유사한 나무. ②소박하고 장식이 없는 지방형 가구(17세기 이전)나 마키트리(17~18세기)의 재료로 사용됨.

서어나무(見風乾, Horn beam, Carpinus laxiflora Blume) : ①자작나무과. ②연륜이 뚜렷하지 않고, 재색은 담황백색 또는 황백색으로 심·변재의 구분이 뚜렷하지 않음. 나무갗은 곱고, 결이 곧으며, 방사성이 강한 산공재(散孔材)임. 고비중재이고, 수축성과 흡수성은 큼. 압축강도·인장강도·휨강도·전단강도는 강하고, 충격 휨 흡수에 너지는 보통이며 경도는 높음. 제재가공성과 건조성은 보통이고, 대패가공성은 불량하며 휨 가공성은 양호함. 접착성은 보통이고 도장성은 불량함. 파티클보드 제조적성과 섬유판 제조적성은 보통. 시멘트경화성과 내후성은 불량. 목탄제조 및 펄프화 적성은 보통. ③주로 가구·악기·운동구·기구 등으로 사용함.

서열척도(序列尺度, ordinal scale) : ①측정

대상 사이에 순서를 밝혀주는 척도. ②측정대상을 특정한 속성으로 판단하여 대소(大小)나 높고 낮음(高低)의 순위를 부여해주는 척도.

서울역사(−驛舍 Seoul Station) : ①사적 제284호 지정(1981년). 서울특별시 중구 봉래동2가 122. 철도청 관리. 1922~1925년에 건립. ②지하 1층, 지상 2층(연면적 6,631㎡)의 석조 혼합 벽돌조이며, 설계자는 미상. 건물의 표면에는 벽돌 모양의 타일을 붙였고, 지붕은 철골조 뼈대에 천연 슬레이트(일부 동판) 이음. 외형은 비잔틴풍의 돔(dome)을 올린 르네상스양식으로 처리.

서원(書院, private school, private academies) : ①조선시대 선비들이 모여 학문을 강론하고 석학 또는 충절로 죽은 사람을 제사하던 곳. ②크게 사액서원과 비사액서원으로 구분함. ③서원은 유형배향의 공간인 사(祠)와 유학 연구 및 강론의 공간인 재(齋)로 구성됨. ④초기 서원은 틀에 짜여진 법식 없이 주위의 자연과 자연스럽게 어우러지며 구성됨. 초기에는 재의 성격이 강하다가 시대가 지나면서 사의 중요성이 부각되면서 향교를 닮은 권위주의적 공간으로 변해 사를 중심으로 대칭적 배치를 하고 중심축이 강조되며, 전학후묘(前學後墓)배치가 정착됨.

서인디안 새틴우드(West Indian Satinwood) : ①플로리다주 남부·베르문가(Bermunga)섬·바하마·쿠바·자메이카·히스파니올라(Hispaniola)와 소(小) 엔틸레스제도(諸島)에 분포. ②변재는 백황색 또는 담황색이며 심재는 황색 또는 황갈색으로 자연의 광택이 있음. 목리는 통직 또는 불규칙하고 파상무늬를 가지며 나무갗은 곱고 균일. 확실한 연륜(年輪)이 있고 코코넛의 기름 냄새를 가지고 있음. 단단하고 무겁고 강하며 기건비중 0.88 전후 가공은 약간 곤란하나 광택을 가지고 있어 마무리가 아름다우며 선반과 도장성은 양호함. ③주로 고급가구·캐비닛·단판·장식재 등에 사용.

서재(書齋) : ①독서와 집필, 연구 등의 생활 기능을 위한 공간. ②조용한 곳에 위치하고 안정감 있게 디자인되어야 함. 특히 산만한 광경이 보이지 않고, 소음이나 통행의 방해를 받지 않아야 하며, 통풍과 환기가 가능하여 습기가 배제되는 공간이 되어야 함. ③서재는 독립된 공간이나 공간이 좁은 경우 거실이나 침실 등 다른 방과 겸용하는 서재코너를 두기도 함.

서중콘크리트(暑中−, hot weather concrete) : ①고온으로 콘크리트의 슬럼프(slump)가 저하되고 수분이 급격히 증발할 우려가 있을 때 시공되는 콘크리트. ②골재 및 물은 가능한 낮은 온도의 것을 사용하며 AE감수제 지연형 또는 감수제 지연형을 사용. ③소요 슬럼프값은 180㎜ 이하로 하고 콘크리트를 부어 넣을 때의 온도는 35℃ 이하로 하고 비빔온도는 30℃ 이하.

서징(surging) : ①높은 진동수역(域)에서 일어나는 일종의 공진현상. ②금속 스프링에 직렬로 방진고무 등을 사용하여 방지할 수 있음. ③진동전달률이 커지고 방진효과는 저하.

서측정면(西側正面, west front) : ①기념비적인 로마네스크교회의 서쪽 벽면으로서 아랫부분에는 낮은 입구 홀과 상부에는 교회 네이브로 연결된 부속 예배당으로서, 하나 또는 여러 타워(tower)로 구성. ②챈슬(chancel)의 반대편에 있는 교회의 주 정면 부분 또는 교회가 서쪽에 정면이 있지 않아도 입구 부분을 가리키는 말로 사용하기도 함.

서캐시언월넛(circassian walnut) : ⇨월넛.

서커(circa) : ①경. ②연도(年度)와 시대(時代)에 주어지는 대략치. ③이탈리아어의 어원으로 골동품의 연대 설명에 주로 사용되고, 'Circa 1850'은 나타난 대상 또는 사건의 연도가 대략 1850년경이라는 표시이며, 대부분은 줄여서 C.1850으로 표기함.

서큘레이션(circulation) : ①원래 순환을 의미하지만 건물이나 실내를 잇는 동선. ②

동선·순환(=).

서클(circle) : ①르네상스식 극장의 발코니에 있는 관객석. ②2층 드레스 서클(dress circle), 3층을 어퍼 서클(upper circle)이 있음.

서클라인(circle line) : ⇨원형형광등(=).

서클비전(circle vision) : 영상 스크린을 조합하여 360°의 화면을 만드는 방식의 다원 영상전시.

서판의자(書板椅子, tablet chair) : ①오른쪽 팔걸이 위에 필기용 서판(書板)이 부착된 의자. ②18세기에 미국의 서판 팔걸이 윈저 의자(writing arm windsor chair)가 최초의 형태로 개발되어 20세기 초부터 강의용 의자로 애용됨.

서판의자

서판팔걸이의자(書板-椅子, writing arm-chair) : ⇨서판의자(=).

서팩턴트(surfactant) : ⇨계면활성제(=).

서펀틴(serpentine[프]) : ①프랑스 로코코시대 상자형태의 수납가구. ②특징은 가구의 전면(製作)이 볼록하게 튀어나오게 제작함.

석(石) : ①재료의 체적을 나타내는 단위. ②한 석(石)은 열 말(斗). ③돌(=).

석간주(石間硃) : 붉은 흙색의 안료.

석고(石膏, gypsum) : ①황산칼슘($CaSO_4 \cdot 2H_2O$)의 화학식을 가지는 급경성의 광물. ②석고는 결정수에 따라 이수석고($CaSO_4 \cdot 2H_2O$), 반수석고($CaSO_4 \cdot \frac{1}{2}H_2O$), 무수석고($CaSO_4$)로 구분되며 통상 이수석고를 석고라고 함. ③석고에는 자연적으로 채취하는 천연석고, 화학공장의 부산물로서 나오는 석고, 그리고 배연탈황설비로부터 발생하는 석고 등이 있음. ④석고는 시멘트 제조시 시멘트의 응결시간을 조정할 목적으로 클링커(clinker) 분쇄시 첨가되지만 지나치게 많은 양을 첨가하게 되면 경화 페이스트에 균열을 발생시키거나 열화를 가져올 가능성이 있으므로 시멘트 경화시 최대의 강도와 최소의 수축량으로 나타낼 수 있는 최적의 석고량이 존재하게 됨.

석고라스보드(石膏-, plaster lath board) : ⇨미장바탕석고판(=).

석고반죽(石膏, gypsum plaster) : 석고를 석회에 섞어서 반죽한 것.

석고보드(石膏-, plasterboard) : ①종이 또는 다른 표면재가 부착된 양면(兩面)에 석고(소석고에 톱밥이나 펄라이트 등의 경량재를 10% 혼합)가 들어간 판재형인 준불연성 재료. ②월보드(Wallboard), 드라이월(Drywall), 시트럭(Sheetrock)이라고 하며, 집섬보드(Gypsumboard)와 시트럭(Sheetrock)의 경우에는 브랜드명이 일반적으로 상품명이 된 것. ③특징 ; ㉠단열성(방화)이 높음. 연소되거나 완전히 석회화(calcined)하기 전까지 100℃ 이상의 열을 전달하지 않음. ㉡구조안정이 높은 시공설치가 용이함. ㉢표면가공이 용이함. ㉣성형, 수선이 용이하며, 상대적으로 가격이 저렴함. ㉤내부식성·내충해성 우수함. ㉥화재발생시 석고판속의 결정수(crystalized water)가 방출되어 수증기로 변하여 화염과 열의 확산을 지연시킴. ④주로 실내의 벽체나 천장재로 사용됨. 내벽재료로서는 내구성, 단열성, 방화성 등의 뛰어난 특징을 갖추고 있으며, 이음매 부분은 맞춤새 등을 만들지 않는 방법에 이르기까지 널리 이용됨. 천장 재료로서는 방화성·단열성·방부성·방충성 등이 뛰어나지만 흡수성이 있는 것이 결점. 페인트·타일·벽지 등으로 마감함. ⑤종류는 맞대는 부위의 모서리 형태에 따라 스퀘어 에지(square edge)·태퍼드 에지(tapered edge)·비벨드 에지(beveled edge)·라운디드 에지(rounded edge)·텅 앤 그루브(tonge & groove) 등과 성능에 따라 일반 석고보드·방화 석고보드(무기섬유강화 석고보드)·방수 석고보드(방수처리 석고보드)·미장 석고보드 등으로 구분. ⑥석고판(=).

석고본드공법(石膏-工法) : ①석고보드를 콘크리트벽이나 블록·조적벽 또는 ALC판 등의 벽체에 석고본드로 직접 부착하는 공법. ②모르타르 마감을 대신하는 경우 나 기존 벽체를 수리하거나 모델을 바꾸고자 할 때 이상적임.

석고판(石膏板, gypsum board) : ⇨석고보드(=).

석고플라스터(石膏-, gypsum plaster) : ①소석고를 주원료로 하고 필요에 따라 혼화제(돌로마이트플라스터·점토 등)와 접착제(풀 등), 응결시간 조절제(아교질 등)를 혼합하여 만듦. ②석고에 혼화재(점토·돌로마이트플라스터 등)·보강재료(바탕조정제, 여물, 종려잎, 무기·유기질 섬유류 등)·접착제(풀 등)·응결시간 조절제(아교질제 등)를 혼합한 혼합재로서 콘크리트의 벽·천장 등에 사용됨. ③종류는 석고플라스터는 소석고 플라스터와 경석고 플라스터(무수석고)로 구분되며, 소석고 플라스터는 혼합석고 플라스터·순석고 플라스터(크림용 플라스터)·보드용 플라스터로 구분되는데 일반적으로 혼합석고 플라스터가 사용되나 보드용 석고 플라스터 사용이 증가하고 있음.

석고플라스터바름(石膏, gypsum plaster) : ①석고플라스터와 모래를 주재료로 한 옥내 바름벽 재료. ②석고플라스터는 경화가 빠르고 단단하며, 경화에 따른 수축이 거의 없으므로 균열발생의 위험이 적은 반면, 경화된 후라도 물에 젖으면 연화하는 성질이 있으므로 외벽이나 수분·습기가 많은 지하실·욕실·부엌 또는 항시 고온을 받는 덕트의 두 변 등에는 사용하지 않음. ③석고플라스터 바름에 사용되는 재료로는 혼합석고플라스터와 포졸란·플라이애시 등을 혼합한 골재 물·혼화제 및 바탕조정제, 그리고 여물·종려잎·무기(유기)질 섬유류 등과 같은 보강재료 등.

석공구(石工具) : ①석공작업에 사용되는 연장. ②종류에는 쇠메·날메·망치·날망치·도드락망치·정·부리 등이 있음.

석공사(石工事, stonework) : ①석재의 가공·쌓기·붙이기·깔기·설치 등에 관한 공사를 총칭. ②석공사에 사용되는 줄눈은 민줄눈·평줄눈·볼록줄눈·오목줄눈·내민줄눈·빗줄눈 등이 있음. ③돌공사(=).

석관(石菅, sarcophagus) : ①돌로 된 기념비적인 관. ②교회 내에 전시되며, 조각이나 비명·장식으로 이루어짐.

석구조(石構造, masonry) : ①주요 구조부를 석재(石材)로 구성한 구조. ②내화성이 적고 압축력에 강하지만 인장력과 전단력에는 약함.

석기(石器, stoneware) : ①석기(石器)점토를 원료로 하여 1,000~1,300℃에서 소성한 도자기의 하나. ②바탕은 불투명한 적갈색 또는 흑갈색이고 흡수성이 적고 단단함. 일반적으로 유약을 바르지 않지만 식염류를 바르는 경우가 있음. ③광택이 없고 유리화된 도자기로서 높은 온도에서 소성. ④도관(陶管)·경질기와·변기 따위를 만듦. ⑤일명 '오지그릇'이라고도 함.

석기점토(石器粘土, stoneware clay) : 유기질이 함유하지 않은 질이 좋은 점토. 카올린(kaolin)·운모·석영·장석이나 철화합물 등의 착색광물을 함유하고, 가소성(可塑性)이 크며 1,200℃ 정도에서 소성.

석기질타일(石器質-, stone ware) : ①저급점토 특히 석영·철화합물·알칼리토류 및 알칼리 염류 등의 불순물을 많이 함유하고 있는 점토를 주성분으로 하여 배합소지를 만든 제품. ②일반적으로 유색이고 투광성이 거의 없으며, 소성온도는 1,200~1,300℃. 흡수율은 1~10% 이하. 겨울의 추위와 오염물질에도 잘 견디며 충격과 진동에 대해서도 강함.

석등(石燈, stone lantern) : 절 마당이나 무덤 앞에 돌로 만들어 야간조명이나 장식용으로 세운 돌.

석류동(石榴彤) : 석류 모양으로 된 무늬.

석류석(石榴石, garnet) : ①마그네슘·철·망간·칼슘 등을 함유한 규산염 광물. ②색은 적색(赤色)·황색(黃色)· 갈색(褐色)·흑색(黑色) 등 여러 가지가 있음. ③고운 것은 장식돌로 쓰고 치밀한 잠정질(潛晶質) 석류석은 연마재로 사용.

석리(石理) : ①석재 표면의 구성조직. ②조직상태는 결정질(結晶質)·비결정질인 파리질(玻璃質)로 되어 있음.

석면(石綿, asbestos) : ①단열 및 열저항성에 대해 매우 우수한 기능을 갖는 광물질. ②사문석(蛇紋石)·각섬석(角閃石)류에 속하는 회백색이나 녹색·갈색을 지닌 천연섬유질의 결정성 광물 분말을 솜처럼 만든 것. ③목화나 누에고치처럼 가늘고 긴 모양의 섬유형태를 띤 결정이 모여 이루어진 광물질. ④불에 타지 않고 어떤 화학물질에도 견디며 전기에도 반응하지 않고 닳지도 않는 아주 튼튼한 성질을 가짐. 보통 '아스베스토스'라고 함. ⑤사문암에는 온석면(溫石綿)이 있고 감섬석에는 청석면·직섬석면·투섬석면이 있음. 특히 청석면 중에서 철분이 적은 것을 '아모사이트(amosite)'라고 함. ⑥석면의 주성분은 규산·마그네슘·칼슘이며 융점은 온석면 1,520℃, 아모사이트 1,400℃, 청석면 1,190℃. 보통 석면이라고 하며 온석면, 즉 12~14%의 수분을 포함한 섬유모양의 사문석을 가리킴. 견사모양의 것을 '아미안타스(amiantase)'라고 함. ⑦석면은 안정적이고 내화성·보온성·절연성이 우수하며 인장강도가 큰 장점이 있으나 습기를 흡수하기 쉬운 단점이 있음. ⑧석면가루가 건강에 치명적인 해를 미치는 것으로 미국에서는 사용이 금지됨. 미국산업안전보건청이 제시한 '인체에 암을 일으키는 것이 확실한 발암물질 27종의 하나'라면서 "석면제품을 만들거나 쓰고 폐기하는 모든 과정에서 석면 먼지를 마시게 되면 일단 암에 걸릴 가능성을 안게 되는 것"이라고 발표함. '죽음의 섬유'라고 함. 몸속에 석면 먼지가 들어오면 10~30년의 잠복기를 거쳐 대부분 암으로 이어짐. ⑨1997년 1월 프랑스가 독일·이탈리아 등에 이어 유럽연합(OSHA)에서 8번째로 석면의 생산·수입·판매를 불법화함. ⑩석면제품 공장 근로자들의 안전관리를 위해 도입된 석면공장 내 석면먼지 허용치는 우리나라가 공기 1cc당 2개(76년 기준)인데 비해 미국은 0.1개로 우리나라 기준의 20배.

석면내화벽돌(石綿耐火甓乭, asbestos fire-brick) : ①보통의 내화벽돌의 원료에 석면을 섞어 소성한 벽돌. ②크기는 225×110×60㎜, 내열온도는 1,100℃ 정도.

석면목면시멘트합성판(石綿木綿洋灰合成板) : ①목면시멘트재를 심재 또는 뒷면재로 하고 그 양면 또는 한 면에 석면 시멘트판을 접착제로 접착시킨 합성판. ②주로 건축물의 지붕바탕 또는 벽 등에 사용.

석면슬레이트(石綿-, asbestos cement tile, asbestos slate) : ①시멘트와 모래의 비율을 85 : 15로 혼합하여 가압·성형한 슬레이트판. ②제조시 암면·펄프·솜찌꺼기 등 잡섬유를 보충하기도 함. ③주로 지붕깔기재·벽·천장 마감재로 사용되며 일반적으로 슬레이트(slate)라고 함.

석면시멘트판(石綿-板, asbestos cement board) : ①시멘트에 석면을 섞어 반죽한 것을 판상으로 강압하여 만든 시멘트 제품. ②보통 평판은 시멘트 : 석면 = 85 : 15, 가요판은 65 : 35.

석면판(石綿板, asbestos board) : 아스베스토스 섬유와 포틀랜드 시멘트로 만든 내화성 있는 엷은 판재.

석목(石目) : ①암석의 가장 쪼개지기 쉬운 면. ②주성분인 장석의 벽개면(劈開面)에 상당하는 방향에 나타남. ③절리(節理)보다 불분명하고 절리(節理)와 비슷한 것으로서 방향이 대체로 일치되어 있음. ④석목이 비교적 분명한 것은 화강암임.

석문(石紋) : ⇨돌무늬(=).

석물(石物) : 돌로 만든 장식물이나 상징물의 총칭.

석분(石紛, stone dust, stone powder) : ①장석(長石)의 분말(粉末). ②건축재료의 하나로 한수석(寒水石)이나 석회암의 분말. ③주로 줄눈이나 인조석에 사용. ④시멘트와 종석만으로는 밀실하게 다지기가 곤란하며 부배합(富配合)의 시멘트가 건

ㅅ

조·수축할 때 생기는 균열을 방지하기 위해 혼입하는 안료(顔料)의 일종. ⑤보통 백색 미세분 돌가루를 쓰고 시멘트와 같은 양 이하로 함. ⑥돌가루·석회분(=).

석빙고(石氷庫, stone storage for ice) : 신라 때부터 얼음을 넣어 두던 창고.

석수편수(石手編修) : 돌쟁이의 우두머리.

석실(石室) : 돌로 벽과 천장을 만든 포지티브한 내부공간.

석영(石英, quartz) : ①주성분이 산화규소(SiO_2)인 조암(造岩)광물의 일종. ②경도는 7, 비중은 2.65~2.66, 색은 무색~백·자색(紫色)·갈색(褐色)·흑색(黑色) 등.

석영암(石英岩, quartzite) : 주로 사암에서 추출된 석영으로 구성된 치밀한 과립상의 변성암(變成岩).

석영유리(石英琉璃, quartz glass, silica glass) : ①내열(耐熱)유리의 일종. ②주성분은 실리카(SiO_2), 연화점은 1,500℃이나 실용적으로는 1,100℃까지의 내열유리로 사용됨. ③급열급랭(急熱急冷)에 강하나 값이 고가(高價)이므로 주로 이화학 실험기구 등을 만드는 데 사용.

석유수지(石油樹脂, petroleum resin) : ①나프타를 열분해할 때 에틸렌·프로필렌·부타디엔 등을 분류한 나머지 C5~C6의 유분의 올레핀을 혼합상태에서 그대로 중합하여 얻어진 수지. ②올레핀 유분의 조성비에 의하여 수지의 성질에 차이가 있지만 용제 용해성·상용성·내수성·내약품성 등이 특히 우수함. ③주로 도료·접착제·고무 등의 배합제·물성 개량제·종이의 사이즈제·내수제·합성 건성유 등에 사용.

석장(石墻, stone wall) : ①돌로 쌓은 담. ②돌담(=).

석장물림 : ⇨삼겹이음(=).

석재(石材, stone) : ①원석(原石)을 건축물(建築物)이나 랜드스케이핑(landscaping)의 사용을 위해 형태작업(形態作業), 절단 또는 규격화 등의 공정을 거친 돌. ②석재는 3가지 기본유형이 있음. ㉠화강암(花崗巖)과 같은 화성암(火成巖)의 형태는 충분한 내구력을 갖고 있으며, ㉡석회암(石灰巖)과 같은 퇴적암(堆積巖)은 유기체의 잔재로 만들어졌음. ㉢변성암(變成巖)은 침전물이 열과 압력 또는 그 모두에 의해 변형된 것. 대리석(大理石)이 대표적인 형태임. ③특성 ; ㉠석재의 열전도율은 보통 비중이 큰 것일수록 큼. ㉡석재의 화열에 의한 파손원인은 열전도율이 작기 때문임. ㉢석재는 일반적으로 흡수율이 작은 것일수록 강도가 큼. ㉣부득이한 경우 화강암 표면에 묻은 모르타르를 씻어내리는 데에는 묽은 염산을 씀. ㉤건축물과 장식적인 사용을 위한 잠재력에 영향을 미침. 즉 단단한 석재는 간소하고 평범한 장식을 만드는 반면, 부드러운 것들은 조각물과 풍부한 장식을 만듦. 최근에 실내의 마감재로 많이 사용하는 대리석은 주로 외국산으로 채석작업과 가공비 및 인건비 등을 고려할 때 석재는 값비싼 고급재료.

석재가공(石材加工) : 채석된 원석의 규격화 가공을 비롯하여 이를 판재로 할석(割石)하는 작업, 그리고 표면가공까지를 포함.

석재의 내화도(石材-耐火度):①열에 저항하는 석재의 능력. ②석재는 열에 대한 불량도체이므로 불균일분포가 생기기 쉬우며 이로 인하여 열응력과 조암광물의 팽창계수가 서로 다르므로 1,000℃ 이상의 고온으로 가열하면 암석은 파괴됨. ③일반적으로 석재는 500℃ 정도까지는 급격히 거의 파괴피해를 입지 않으며, 그 이상

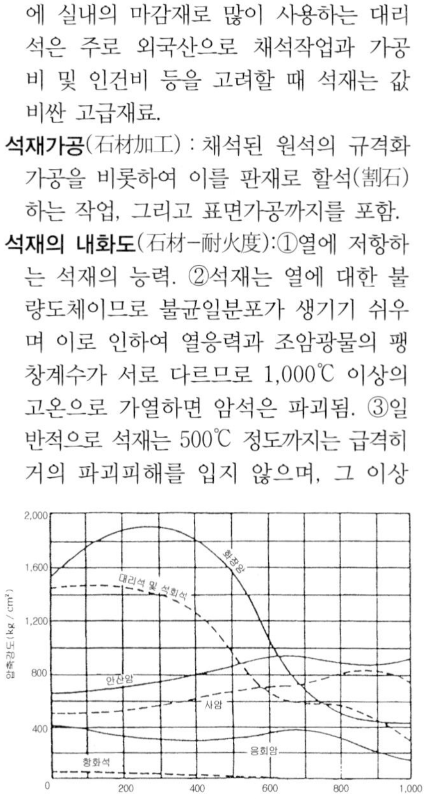

석재의 내화도와 압축강도

ㅅ

의 경우에는 일정온도까지의 고열에는 견디지만 그 온도를 넘으면 급격히 파괴됨. 안산암·사암·응회암 등은 1,000℃ 이하의 고온에 의한 영향을 거의 받지 않음. ④내화도는 화강석 700℃, 대리석 800℃, 화산석 1,000℃.

석재타일(石材-, quarry tile) : 큰 모듈의 열경화된 윤이 나지 않는 방형 타일.

석조물(石造物, masonry) : ⇨석구조(=).

석조아치(石造-, stone arch) : ⇨돌아치(=).

석좌제도(碩座制度) : 교육·연구 활동에 저명한 업적을 낳은 사람에게 계속적인 연구비를 지원해 연구와 강의에 주력토록 하는 제도.

석지(石池) : 돌로 만들어 그 안에 물을 담고 연(蓮) 등 수초(水草)를 키울 수 있도록 한 연못.

석탄산수지(石炭酸樹脂) : ⇨페놀수지(=).

석탄산수지접착제(石炭酸樹脂接着劑) : ⇨페놀수지접착제(=).

석파정(石坡亭) : ①서울특별시 유형문화재 제26호. 서울특별시 종로구 부암동 산 16-1소재. 조선 제5대 철종(哲宗)(1849~63)과 제26대 고종(高宗)(1863~1907) 대의 중신(重臣) 김흥근(金興根)이 지은 별서(別墅)를 흥선대원군(興宣大院君)이 집권 후 별장으로 사용하던 곳. ②정자 앞산이 모두 바위여서 대원군이 석파(石坡)란 이름을 지었으며 일명 삼계동정자(三溪洞亭子)라 함. 흥선대원군의 아호를 석파라고 한 것도 이로 인하여 지어진 별호. 조선 후기 학자 황현(黃玹)이 쓴 「매천야록(梅泉野錄)」에는 흥선대원군이 김흥근에게 이 정자를 팔기를 청했으나 거절하자 아들 고종과 함께 묵었는데 김흥근이 '임금이 묵고 가신 곳에 신하가 살 수 없다'고 헌납하였다는 이야기가 전해옴. ③이곳은 세검정(洗劍亭) 자하문(紫霞門) 밖으로 통칭되던 한양도성(漢陽都城)의 승경지(勝景地)로 소계류(小溪流)와 거암장송(巨巖長松)을 배경으로 지은 이 정자는 국내 원유정자(園囿亭子) 가운데 가장 아름다움. 사랑채는 1958년 홍지동(弘智洞)으로 이전되었으나 본정 등 나머지는 그 원형이 잘 보존되어 있음.

석파정

석판인쇄미술(石板印刷美術, lithograph) : 평판 혹은 표면인쇄법으로 특별한 종류의 석판 혹은 특별히 준비한 금속판 위에 지방성 석판 크레용으로 도안을 그려 종이 위에 인쇄하는 방법.

석함(石函) : 사랑마당 등 정원에 궤석(几石)을 올려놓기 위한 상자.

석확(石礭) : ①돌에 구멍을 뚫은 것. ②돌확(=).

석회(石灰, lime) : ①석회석을 구워서 만든 분말. ②소석회, 즉 수산화칼슘[$Ca(OH)_2$]. 이는 천연산 탄산 석회석인 석회암·조개껍질·굴 껍질 등에 열을 가하여 생석회(CaO)를 만들고, 여기에 물을 가하면 수산화석회, 즉 소석회가 됨. 소석회는 분쇄기로 갈아 미장용 소석회로 만듦. 생석회는 건식소화법으로 분말 소석회를 습식 소화법으로 가소성의 석회죽을 만듦. ③일반적으로 습식 소화법이 미장용으로 적당. ④조개껍질이나 굴껍질로 만든 조개회·굴회는 질과 순도가 높은 고급석회로서 일반석회와 혼용하면 균열을 방지할 수 있음.

석회 모르타르(石灰, lime mortar) : 석회와 모래로 반죽한 것.

석회분(石灰紛) : ⇨석분(=).

석회석(石灰石, Bath stone) : ⇨석회암(=).

석회암(石灰岩, lime stone) : ①화성암 중에서 포함되어 있던 석회분이나 동식물의 잔해 중에 포함된 석회분이 물에 녹아 침전되어 응고된 수성암의 일종. ②주성분은 탄산칼슘($CaCO_3$). ③주로 시멘트·소석회의 원료로 사용.

선(線, line) : ①점이 이동한 자리이며, 이동경로(path)인 궤적(軌跡, track)으로서 점이 확장되어 선이 됨. ②선은 움직이는 한 점으로 폭이나 두께 없이 연장되어 만들어지는 기하학적인 요소. ③형태적으로는 음영이나 색채로부터 구별되는 것으로서 연필이나 펜 또는 붓으로 면(面) 위에 가늘고 연속적인 흔적. ④개념적·디자인적으로는 점·면과 함께 형태를 표현하는 중요한 수단으로 위치·길이·방향의 개념은 있으나 폭(넓이)과 깊이의 개념은 없음. ⑤선은 폭이 넓어지면 면이 되고 굵기를 늘리면 입체 또는 공간이 됨. ⑥선은 어떤 형상을 규정하거나 한정하고 면적을 분할하며 운동감·속도감·방향감을 나타냄. ⑦선은 모든 패턴 및 이차원적인 장식을 위한 기본이 됨. ⑧선은 공간을 통과하여 연장된 점의 진로(進路). 즉 그것은 기하학적 형태(직선·원), 자유로운 형태(흐름·곡선) 또는 이 두 가지가 결합될 수 있음. ⑨선은 어떤 모양이나 교차점으로부터 생길 수 있으므로 그 자체의 고유 특성을 가짐. ⑩두 개의 점을 잇는 디자인 요소. 물체의 형태나 형상의 윤곽을 묘사함. ⑪형상의 가장자리 혹은 윤곽. ⑫하나의 시작과 끝을 갖거나 양끝점을 갖고 있는 이동하는 점이나 일련의 점이 궤적을 이루어 만드는 경로. ⑬건축제도통칙상의 선은 실선·파선·쇄선으로 규정되어 있음. ⑭선은 크게 직선과 곡선으로 대별되며 직선에는 수직선·수평선·사선이 있고 곡선에는 기하곡선·자유곡선 등이 있음.

선의 종류 및 용도

명칭	굵기(㎜)	용도에 의한 명칭	용 도
실선	굵은선(0.5) 이상	외형선 단면선	물체의 보이는 부분을 표시하는 선으로서 외형선과 단면선을 구별하여 사용하기도 함.
	가는선 0.3 이하	치수선·치수보조선·지시선·해칭선	치수선·치수보조선·인출선·각도 설명 등을 나타내는 지시선 및 해칭선으로 사용함.
파선	굵은선의 약 $\frac{1}{2}$로 하고 가는 선보다는 굵게 함.	은폐선	물체의 보이지 않는 부분의 모양을 표시하는 데 사용함.
일점쇄선	가는선 0.3 이하	중심선	물체의 중심축·대칭축을 표시하는 데 사용함.
	굵은선의 약 $\frac{1}{2}$로 하고 가는실선보다 굵게 함.	절단선·경계선·기준선	물체의 절단한 위치를 표시하거나 경계선 표시에 사용됨.
이점쇄선	굵은 실선의 약 1/2로 하고 가는 실선보다 굵게 함.	상상선	물체가 있는 것으로 가상되는 부분을 표시하거나 일점쇄선과 구분할 때 사용함.

선광원(線光源, linear source) : 형광등과 같이 한쪽의 길이가 다른 쪽보다 상당히 긴 광원.

선교장(船橋莊) : ①17세기 초 효령대군의 11세손 무경(茂卿) 이내번(李乃番)이 저동(경포대 주변)에서 이주하여 창건한 우리나라 대표적인 상류주택의 하나. 본 가옥은 생활하면서 증축되어 통일감과 짜임새는 다소 결여되나 인간미 넘치는 활달한 공간구조를 지님. 출입대문은 안채와 행랑채가 완전히 구획됨. 현재 서별당과 동진학교는 소실되고 안채와 열화당, 동별당 및 활래정 등이 있음. ②안채는 전면 5칸, 측면 2칸의 팔작지붕으로 각 방마다 반침이 효율적으로 활용되고 있으며, 적절히 설치된 창호와 툇마루는 각 공간의 연결과 통제를 원활히 해 줌. 툇마루는 방을 통하지 않고 각 공간으로 원활히 연결시켜 줌. 두벌로 쌓은 기단 위에 방형 초석을 두고, 방은 미닫이 용자(用字)살과 여닫이 두 짝 세살문 겹문이고 마루의 전면에는 궁판(宮板)이 있는 세 살의 사분합문을 설치.

선금구(先金具, end-piece ornament) : 끝장식(=).

선농단(先農壇) : ①서울특별시 유형문화재 제15호 지정(1972. 8. 30). 서울특별시 동대문구 제기동 274-1. 우리나라는 본래 농본국(農本國)으로서 조선 태조(太祖) 때부터 한양 동교(東郊)에 농사와 인연이 깊은 신농씨(神農氏)와 후직씨(后稷氏)를 주신으로 단을 모으고 국왕이 친히 나아가 풍년을 기원하였

선농단

는데 그 단을 선농단(先農壇)이라 함. ② 선농단 앞에는 적전(籍田)을 마련하고 제가 끝나면 왕이 친히 밭을 갈아 농사의 소중함을 만백성에게 알렸는데, 이때 농부들 중에서 고령다복(高齡多福)한 사람을 뽑아 임금을 도와 봉행(奉行)하게 했음. ③이 친경(親耕)은 조선의 마지막 황제인 순종(純宗) 융희(隆熙) 3년(1909)까지 계속되었음. ④이 행사 때 모여든 많은 사람들을 대접하기 위하여 쇠뼈 고은 국물에 밥을 말아 낸 것이 오늘날의 설렁탕의 유래. 선농탕이 설렁탕으로 음이 변한 것.

선단석(扇單石) : 홍예문을 쌓을 때에 맨 밑에 놓는 큰 돌.

선대(線帶, stile) : ①판재(板材)·양판(兩板)·창새시(window sash) 또는 서랍장의 구조로써 다양한 상부구조(上部構造) 부재의 틀형 판재. ②문설주(=).

선덱(sun deck) : 태양광을 잘 받아 일광욕을 즐길 수 있는 지붕·발코니(balcony) 및 테라스(terrace).

선돌(menhir) : ①수직석으로 구성된 유사 이전의 기념비. ②단독으로 세워져 있는 것이 보통이지만 때로는 다른 것들과 연계됨. ③선사시대의 직립 거석기념물로 보통 하나만 서 있지만 여러 개가 일렬(一列)로 서 있기도 함.

선로전압강화(線路電壓强化, line drop) : 전력을 전송하는 선로(線路)의 두 지점간의 전압 차이로서 보통 선로의 저항이나 전류의 누설(漏泄)로 인해 생김.

선룸(sunroom) : ①많은 태양광을 받아들이도록 설치된 유리로 둘러싸인 포치(porch)나 실(室). ②실내와 실외를 연결시켜주는 절충(완충)공간의 하나. ③투명재료로 개구부나 벽면·천장면을 형성하여 빛을 적극적으로 받아들일 수 있게 계획된 공간. ④일광욕을 목적으로 직사광선을 많이 들어오게 한 방. ⑤실내의 더운 열을 내보내기 위하여 환기용 천창 등을 설치하면 쾌적한 실내 연출이 가능. ⑥비 오는 날에는 옥내생활의 변형으로 이용되기도 함. 조경으로 티타임(tea time)이나 휴식에 활용할 수 있도록 함. 기존의 테라스나 베란다에 만들 수 있음.

선명한 색(鮮明-色) : 산뜻하고 밝은 느낌을 주는 단조로움이 있는 색.

선반[1](先盤, shelf, lack) : ①벽에 널을 대고 까치발로 받쳐 물건을 올려놓게 만든 것. ②물건을 얹어 두기 위해 까치발을 받치어 벽에 달아 놓은 널빤지. ③현반(=).

선반[2](旋盤, turning) : 각종 금속 소재를 회전 운동시켜서 갈거나 파내거나 도려내는 데 쓰는 금속공작 기계.

선반가공의자(旋盤加工椅子, turned chair) : 삼각형의 좌판에 다리와 등받이가 목선반 가공한 부재들로 이루어진 중세 팔걸이의자. 스론의자(=).

선반가공재(旋盤加工材, turning) : ①목선반 가공으로 세공된 부재나 목공제품. ②구성요소와 전체적인 형태에 따라 다양한 명칭(공형선반가공재·난간동자형선반가공재·대나무형선반가공재·종과난간동자형선반가공재·사각토막과 항아리형선반가공재·통실패형선반가공재·구근형선반가공재·컵과컵뚜껑형선반가공재·컵형선반가공재·쌍꼬임형선반가공재·참외형선반가공재·꼬임형선반가공재·실과구슬형선반가공재·실패와구슬형선반가공재·고리형선반가공재·소시지형선반가공재·실패형선반가공재·트럼펫형선반가공재·트위스트형선반가공재·항아리형공형선반가공재)이 있음.

선반비계(旋盤飛階, rack scaffold) : 내외 이중으로 조립한 비계 사이에 완목(腕木, arm)을 대고 그 위에 널을 깔아 작업을 하게 만든 비계.

선버스트라이트(sunburst light) : ⇨팬라이트(=).

선비 : ①심신 수련을 하여 일정한 경지에 오른 사람을 가리키는 고조선시대의 호칭. ②백제의 수사, 고구려의 선인, 신라의 화랑과 비슷함. ③학문과 인격을 닦은 사람이나, 학식은 있으나 관직에 나아가지 않은 사람. ④학문을 닦는 사람을 예

스럽게 이르는 말. ⑤어질고 순한 사람을 비유하여 이르는 말.

선술집 : ①술청 앞에 선 채로 술을 먹게 된 간단한 술집. ②목로주점(=).

선스쿠프(sunscoop) : 홍콩 상해은행 본점의 아트리움에 사용한 자연채광방식.

선스크린(sun screen) : ①실내에 유입되는 직사광선을 차단하기 위해 창문 밖에 설치한 작은 루버 스크린 칸막이. ②그 효율은 형태와 재료의 반사성에 따라 다름. ③창문 가까이 설치된 외부 선 스크린은 정체된 공기층을 형성하므로 겨울철 단창(單窓)에 설치하면 유리 표면에 공기층을 형성하여 창의 열관류율 값을 줄일 수 있음. ④선 스크린의 효과는 ㉠여름철 일사량 사입을 감소시키므로 평균 실내 온도를 내릴 수 있음. ㉡일사를 차단함과 동시에 시계(視界)도 제공할 수 있음. ㉢ 다른 차양장치보다 대지나 인접건물로부터 반사되는 빛을 효율적으로 차단. ㉣ 장차 태양열을 이용한 난방에 이용될 수 있음. 즉 이중유리 사이에 선 스크린을 설치함으로써 여름에는 그늘을 제공할 뿐만 아니라 직사광선을 차단하여 가열된 공기를 위·아래의 통기구(通氣口)를 밖으로 내보내고, 겨울에는 창문 바깥쪽에 공기막을 형성하여 열손실을 줄이고 실내로 보내어 효과적으로 활용할 수 있음.

선염커튼(先染-) : ①직조하기 전에 울·면·폴리염화비닐 등의 원모 또는 실의 단계에서 염색한 후 직조한 커튼. ②주로 드레이프 커튼(drape curtain)으로 사용함.

선외 : ⇨설외(=).

선원(禪院, meditation place) : 불교에서 선종 사원 또는 절에서 승려들이 참선하는 곳.

선원근법(線遠近法, linear perspective) : 선으로 3차원적 공간에 있는 대상물을 2차원적인 면에 재현하는 방법.

선의 종류(線-種類) : ⇨선.

선임디자이너(先任-) : ⇨프로젝트매니저(=).

선임프로젝트디자이너(先任-) : ⇨프로젝트디자이너(=).

선자(扇子) : ①선자 서까래의 준말. ②선자연(=).

선자개판(扇子蓋板) : 선자 서까래 사이에 끼운 널판.

선자귀 : 서서 나무를 깎을 때 쓰는 큰 자귀.

선자물쇠 : 배목에 비녀장을 꽂은 구조의 간단한 자물쇠.

선자서까래(扇子椽) : ①처마모퉁이의 추녀 양옆에 부챗살과 같이 방사형으로 배치한 귀서까래. ②추녀 쪽에 거는 부챗살 모양의 서까래. ③추녀 옆에서부터 서까래까지 중도리의 교차점을 중심으로 하여 부챗살처럼 방사상으로 배치한 서까래. ④기와지붕을 구성하는 가장 고급스러운 법식을 완성시키기 위하여 추녀 좌우에 부챗살 펴듯이 설치하는 서까래. ⑤이 법식과 설치기법은 매우 치밀한 계산에 의해 성취될 수 있어서 일본에서는 백제·고구려·신라인들의 도움이 없을 때부터는 소멸되고 말았을 정도임. ⑥우리나라에서는 살림집에 이르기까지 최근에도 사용되고 있는 보편적인 기술. ⑦선자연목(=).

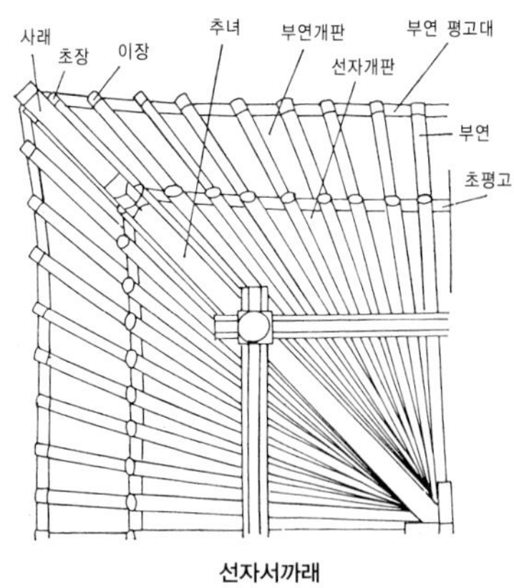

선자서까래

선자연(扇子椽) : ⇨선자서까래(=).

선자연목(扇子椽木) : ⇨선자서까래(=).

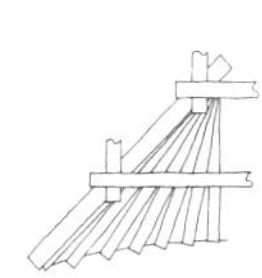
선자연

선장소임(船匠所任) : ①자귀질을 하는 자귀쟁이의 우두머리. ②선장편수(=).

선장의자(船長椅子, captain's chair) : ①19세기 윈저의자의 변형으로 일련의 작은 굴대(spindle)에 의해 지지되는 둥근 등받이와 곡선의 팔걸이가 있는 견고한 지방풍의 목재의자. ②19세기 선원, 특히 배의 선장들이 애용하여 붙여진 명칭.

선장편수 : ⇨선장소임(=).

선쟁이 : 자귀쟁이를 높여서 부르는 말.

선적배치(線的配置, linear organization) : 하나의 선·통로 또는 갤러리를 따라 연장되고 배열되거나 연결된 공간.

선전탑(宣傳塔, advertising tower) : 도로 등 일정한 장소에 광고탑을 설치하여 탑면에 문자도형 등을 표시하는 광고물.

선지급비용(先支給費用, prepaid expenses) : ①회사가 미리 지불한 비용. ②지불기한이 되기 전에 미리 지급한 비용이므로 소유주에게 속하는 자산으로 간주.

선철(銑鐵, pig iron) : ①철광석을 녹여 만든 탄소 함유량이 가장 많은 철. ②주철·연철 또는 강철로 만들기 위해 용광로에서 뽑아내어 덩어리로 주조된 가공되지 않는 철. ③탄소 함유량은 1.7~5%이고, 그밖에 규소(硅素)·망간·황(黃)·인(燐) 등이 함유.

선캐처(sun catcher) : 직사광을 간접광으로 전환시키는 외부에 설치하는 기기.

선캐처배플(suncatcher baffle) : ⇨선캐처(=).

선크릴리프(sunkrelief) : ⇨카보릴리프(=).

선큰가든(sunken garden) : ①지반면보다 레벨(level)이 낮은 정원 또는 광장공간. ②외부공간에 변화를 가져오기 위해 계획되기도 하나 보통 지하생활 공간에 빛을 제공하기 위해 만들어짐. ③특히 지하층의 것을 드라이 에리어(dry area)라고 함. 고층 건물의 전면광장 등에 많이 이용됨.

선큰플로어(sunken floor) : 부분적으로 바닥의 일부분을 바닥면보다 낮게 만든 낮은 바닥.

선택(選擇, selection) : 수많은 대안(alternative)들 중에서 적합성(適合性)이나 선호도(選好度)에 따라 취사선정(取捨選定)하는 것.

선택관람(選擇觀覽) : ①전시동선의 관람경로에 따른 분류 중 하나. ②다양한 성격의 주제가 전시되는 경우 관심의 방향, 시간적 한계를 고려하여 주제별로 주관적 관람이 가능한 양식. ③공간체계는 규모 및 내용을 개괄적으로 인지할 수 있는 중심공간을 갖추는 것이 필수적임. ④이 형식은 자유관람형식에서 우려되는 혼잡, 소외현상을 방지할 수 있으나 거대한 전시공간 규모로 인한 심리적 혼란이 문제시 될 수 있음. ⑤주로 대규모의 과학관에서 적용되는 유형.

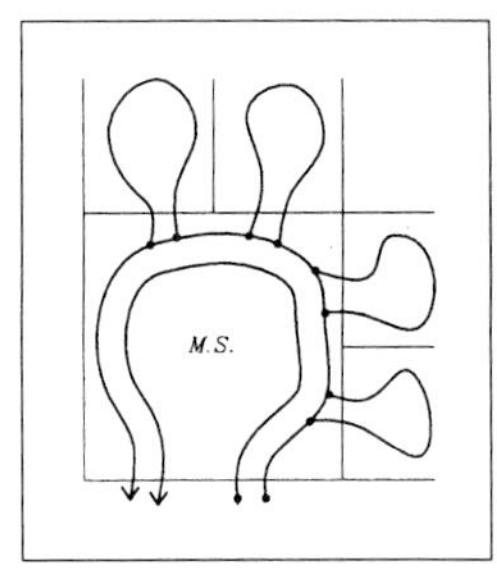

선택관람 형식

선택주의(選擇主義) : ⇨절충주의(=).

선투시(線透視, linear perspective) : ①물체의 형상이나 대소의 원근에 의한 변화를 도학적 수단에 의하여 표현하는 것. ②일반적으로 퍼스펙티브(perspective)라 할 경우에는 선투시에 의한 작도를 의미. ③⇨색투시.

선틀(jamb, door jamb) : ①아치·문·창문틀 구성재 중 양옆 또는 중간에 수직으로 댄 부재. ②문의 양쪽에 세워 문짝을 끼워달게 된 기둥. ③문설주(=).

선틀앵커(jamb anchor) : ⇨잼앵커(=).

선판(線板, window stool) : 창 아래의 판.

선팽창(線膨脹, linear expansion) : ①고체에 열을 가하면 그 길이가 늘어나는 현상. ②물질이 가열되는 경우 길이방향으로 늘어나는 것. ③물질의 길이에 대한 신율(伸率)은 온도에 비례하고 물질의 종류에 따라 다름.

선팽창계수(線膨脹係數, coefficient of linear thermal expansion) : ①열에 의한 길이의 상대적인 변화에 따른 척도. ②물체의 길이가 온도 1℃의 상승에 따른 신장(伸張)과 원래의 길이와의 비. ③예컨대 철의 선팽창계수는 약 12×10^{-6}/℃. 즉 쇠막대기는 온도가 1℃ 상승할 때마다 길이가 12/1,000,000씩 증가함. ④콘크리트는 철과 비슷한 비율로 팽창. 알루미늄은 철의 약 2배 정도로 팽창하고 플라스틱은 철의 10배까지도 팽창. 특히 콘크리트, 철, 그리고 플라스틱에 대하여는 시공시에 팽창효과에 대한 여유를 반드시 마련해 두어야 함. ⑤같은 온도의 상승에 대하여 액체(liquids)는 고체보다 더 많이 팽창. 알코올은 물보다 5배나 더 많이 팽창. ⑥온도계는 일반적으로 액체의 팽창을 이용한 것임. ⑦기체는 액체보다 수백 배 더 팽창. 이를 부피팽창(cubical expansion)이라고 함. ⑧팽창계수(＝)·체팽창계수(⇔).

선행작업(先行作業, predecessor) : ①네트워크 공정표 용어의 하나. ②앞(전방)에 있는 작업을 뒤(후방)에 있는 작업에 대하여 선행작업 또는 전공정(前工程)이라고 함.

선형(線形, alignment) : ①평면도 또는 단면도에서 본 도로(道路)의 모양. ②직선·원곡선(圓曲線)·완화(緩和)곡선 등.

선형도시(線形都市, Linear City) : ①간선 교통로를 중심으로 노선 양면을 따라 도시기능이 좁고 긴 띠 모양으로 뻗어나간 도시. ②길 앞쪽에 상가·업무용 등 서비스 기능을 배치하고 그 뒤에 주거지를 배치하여 양측의 횡단교차를 줄일 수 있고, 서비스지구에 접근이 쉬워 자동차 교통처리에 능률적임. 도시성장에 따라 얼마든지 기능을 확장할 수 있음. ③러시아의 상트페테르부르크 일부가 볼가강을 따라 선형도시로 형성됐지만 아직까지 도시 전체가 선형도시로 형성된 곳은 없음.

선형투시도(線形透視圖, liner perspective) : 투시도 투영 수단으로 이차원 표면 위에 삼차원 사물과 공간 관계를 표현하기 위한 수학적 체계를 이용하는 투시도.

선화(線畵) : 선으로만 그린 그림.

선화당[1](宣化堂, office of a provincial governor) : 각 도의 관찰사가 일을 맡아 보던 관청.

선화당[2](宣化堂) : ①충청남도 유형문화재 92호, 1706년(숙종32) 창건, 충남 공주시 웅진동 332-9. 충청 감영의 관아로 사용했던 건물. ②1706년 감사 이언경이 건립. ③정면 8칸, 측면 4칸으로 협간의 폭이 다른 칸의 폭에 비해 반 정도. 내진의 2/3는 마루이고, 1/3은 온돌방. 2고주7량집에 겹처마 팔작지붕. 원주에 공포는 무출목 이익공. 제주도를 사용하여 처마를 높게 올림. 각 칸의 창방 위에는 3개씩의 화반을 끼우고, 운공을 설치하여 장식성을 가미. 대들보 양측 상부에 동자주를 세우고 종량을 걸친 다음 파련대공으로 종도리를 받치도록 함. 천장은 우물천장으로 처리. 외부 창호는 모두 정(井)자살 창.

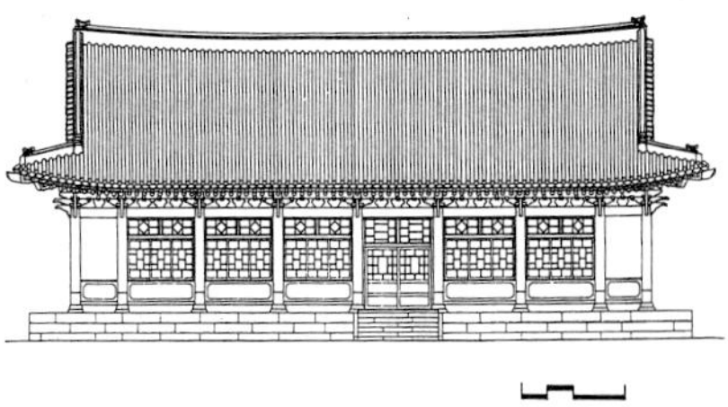

선희궁지(宣禧宮址) : ①서울특별시 유형문화재 제32호 지정(1975년). 서울특별시 종로구 신교동 산1-1. 조선(朝鮮) 제21대 영조(英祖)(1724~76, 재위)의 후궁(後宮)이며 사도세자(思悼世子)의 생모(生母) 영빈 이씨(暎嬪李氏)의 신주(神主)를 봉안(奉安)하고 제사했던 왕실(王室)의 사묘(私廟)인 선희궁(宣禧宮)이 있던 곳. ②왕실의 사묘라 함은 조선시대(朝鮮時代) 정실(正室) 왕비(王妃)가 아닌 후궁(後宮)에게 태어난 임금이 그의 모친(母親)의 신위를 모신 사당. ③영조(英祖) 40년(1764)에

영빈이씨가 사망함에 따라 이듬해 시호(諡號)를 의열(義烈)이라고 추증(追贈)하고 묘(廟)의 이름을 의열묘(義烈廟)라 부르다가, 정조(正祖) 12년(1788)에 선희궁(宣禧宮)이라 고쳤음. 고종(高宗) 7년(1870) 신주를 육상궁(毓祥宮)으로 옮겨 모셨다가 건양원년(建陽元年)(1896)에 선희궁(宣禧宮)에 되돌려 모셨고, 융희(隆熙) 2년(1908)에 다시 육상궁(毓祥宮)에 옮겨 모셨음.

선희궁지

설계(設計, planning and design) : 건조물·공작물 및 제품 등을 제작·시공하기 위해 그 재료·구조·규모·형태·배치·성능·비용 등에 대해 계획하여 이것을 도면이나 기타 방법으로 표시하는 것.

설계감리(設計監理, design and supervision) : 설계 및 공사감리.

설계경기(設計競技, competition design) : ⇨현상설계(=).

설계기준강도(設計基準强度, standard strength of design) : ①콘크리트 부재의 구조계산 시에 기준으로 한 재령 28일에 있어서의 압축강도. ②콘크리트의 설계기준강도는 135·150·180·210·240·270·300kg/cm^2 등으로 하지만 180·210·240kg/cm^2의 것이 많이 사용됨.

설계도서(設計圖書) : ①건축법상 용어의 정의는 건축물의 건축, 대수선이나 건축설비의 설치 또는 공작물을 축조하는 데 필요한 공사용 도면, 구조계산서 및 시방서. 기타 건설부령이 정하는 공사에 필요한 서류. ②이는 건축허가 등에 필요한 도면과 서류이며 견적서, 공정표 등은 포함되지 않음.

설계변경(設計變更) : ①설계변경은 당초 허가내용의 동일용도, 동일규모의 범위 내에서 건축을 합리적으로 완공하기 위해 혹은 건축구조의 증감이 필요하고, 이에 따라 필요한 건축내용을 변경하려 할 때 사전에 변경의 허가를 얻어 공사를 수행하는 것. ②건축허가를 받은 후 착공 전이나 공사 중에 공사를 합리적으로 완공하거나 건축 구조의 증간이 필요하여 건축허가 받은 내용과 다르게 건축하게 될 경우에는 사전에 설계변경의 허가를 받아 공사를 계속해야 함. 이 경우 법령이 개정되었을 경우에는 이미 허가받은 사항에 대하여 허가 당시의 규정이 적용되지만 설계변경되는 부분은 개정 법률이 적용됨.

설계수량(設計數量) : ⇨정미수량(=).

설계시공동시진행방법(設計施工同時進行方法, fast track) : 건축에 소요되는 전체 기간을 단축하기 위해서 설계와 시공을 중첩해서 동시에 수행하는 방법.

설계시공일괄계약방식(設計施工一括契約方式) : ⇨턴키계약방식.

설계용 모델(設計用-) : ⇨스터디모델(=).

설계자(設計者, designer) : ①건축물이나 주택의 디자인을 구상화하여 도면으로 표현하는 사람. ②건축법상 용어의 정의는 건축사법에 의하여 건축사의 면허를 받은 자로서 설계도서를 작성하는 사람. ③자기책임 하에(보조자의 조력을 받는 경우를 포함한다) 설계도서를 작성하고 그 설계도서에 의도한 바를 해설하며 지도·자문하는 사람.

설계치수(設計値數) : 건축·실내 및 가구 등의 설계를 함에 있어서 사용되는 자료치수로서 인체치수를 기본치수로 하여 여유치수를 가산 또는 감산한 치수.

설교단(說敎壇, pulpit, tester) : ⇨풀핏·테스터(=).

설다듬이 : 대강대강 다듬는 다듬이.

설렁 : 처마 끝에 매달아 놓고 사람을 부를 때 흔들어 소리를 내는 방울.

설렁줄 : 설렁을 울릴 때 당기는 줄.

설리번양식(-樣式, Sullivan style) : ①대담한 처마장식으로 마감된 다층식 형태의 기하학적 장식에 주목했던 설리번(Louis Henry Sullivan : 1856~1924)의 이름을 따서 명명된 1890~1920년대의 건축양식.

②그의 고층 건물들은 마치 고전 기둥처럼 디자인됨. 높이를 강조하기 위해 그는 장식된 띠에 의해 분리된 창문의 세로줄을 사용함. 기둥은 세로줄 장식과 마찬가지로 높이를 표현하기 위해 연속되어 이어졌음. 육중한 장식처마는 기둥머리와 비슷함. 거기에는 양식화된 잎 모양의 장식을 지닌 선과 기하학적 형태들의 세밀한 조립이 있음. 파사드는 대담한 기하학적인 형태와 커다란 아치로 이루어진 개구부에 의해 표현됨. 벽면은 테라코타에 광범위하게 옅은 부조의 조각장식으로 두드러지게 함.

설명시방서(說明施方書, descriptive specification) : 제품을 지정하는데 있어 제조업체의 이름이나 상품명을 사용하지 않고, 대신 상세한 설명으로 자재·기량·제작방법·요청되는 제품의 조립과 설치방법을 기술함.

설법전(說法殿) : ①부처님의 설법을 듣고 논하는 곳. ②고려 이전에는 강당(講堂)이라고 불렀음. 대부분 금당 뒤에 위치하며 스님들이 모여 경문을 공부하고 강의와 설법이 이루어지는 건물임. ③무설전(=).

설비(設備, facility) : ⇨건축설비.

설비도(設備圖) : 전기설비·급배수·급탕 및 위생설비·공기조화설비·가스설비 배선·배관도 등 설비에 관계된 도면.

설비실(設備室, utility core) : 전기·가스·상하수도 등 실내 공간 내에 필요한 설비시설이 집합되어 있는 공간.

설비형 자연채광방식(設備形 自然採光方式) : ⇨태양광조명방식(=).

설비형 조절(設備形 調節, active control) : ①부적합한 외부환경조건을 쾌적한 건축환경조절을 위하여 에너지를 소모하는 기계적 장치를 이용하는 방법으로 실내환경에 대한 적극적인 통제이고, 외부의 환경조건과는 무관하게 일정한 수준으로 조절하는 것. ②자연형 조절과 설비형 조절은 상호보완적인 조절방법. ③⇨자연형 조절(⇔).

설비형 태양열난방(設備型 太陽熱煖房) : ①태양열을 집열·저장·분배하는 각종 장치를 기계적으로 작동시키는 것. ②집열판·배관계통·축열체·동파방지·운전조절장치 등 시스템의 설치비가 비싼 반면 유지비는 적게 드나 보수·유지관리가 어려움.

설시(設市) : ①시장을 세움. ②장사를 시작함.

설외 : ①세로로 엮은 욋가지. ②가는 나무나 댓가지·수수깡 등으로 벽 속에 세워서 얽은 욋가지. ③선외(=).

설재목(-材木) : 기둥이나 문설주 따위로 세우는 나무.

설주(-柱) : ⇨벽선(=).

설치(設置, installation) : 자재나 부품의 양중·조립·배치·연결·조정·시공 및 건물에 제품을 물리적으로 부착하는 것과 관련된 배달 절차의 특수한 활동·작업.

설피잔테(serpeggiante[이]) : ①이탈리아산(産) 대리석. ②베이지(beige)색이며 광택과 색채평활도가 우수. 두께 60㎜ 이하로 규격이 제한됨. ③주로 실내용으로 사용.

설화석고(雪花石膏) : ⇨앨러버스터(=).

섬[1)](石) : 길이의 단위.

섬[2)] : 가마니보다 조금 더 큰 것.

섬광(閃光, sparkle) : ⇨스파클(=).

섬돌 : ①지대(地臺)를 높이 쌓은 돌. ②돌계단. ③오르내리기 위하여 만든 돌층계. ④지댓돌·첨댓돌(=).

섬록암(閃綠岩, diorite) : ①단단하고 검붉은 화강석의 일종. ②중석 사장석(斜長石)·각섬석(角閃石) 및 휘석(輝石)을 주성분 광물로 하는 회록(灰綠)~암녹색(暗綠色)의 중성 심성암(深成岩). ③연마효과가 나는 것은 흑색 화강암으로 채석되나 대부분 알돌(玉石)에서 채취하므로 가격이 고가(高價).

섬머(summer) : ①두꺼운 목재로 된 주보(主樑, principal beam)나 큰보(girder). ⇨섬머트리(=). ②마루의 장선 끝을 지지하거나 기둥을 받치기 위해 사용하는 가로들보 또는 문이나 창문 등의 상인방(lintel) 및 아치 구조의 일부로 원기둥 위에 얹히는 돌.

섬머리조트호텔(summer resort hotel) : ①이용계절에 따른 리조트 호텔의 일종. ②

ㅅ

여름을 중심으로 연중 운영·사용되는 호텔로 비치호텔(beach hotel)·컨트리호텔(country hotel)·온천호텔(hot spring hotel) 등이 이에 속함.

섬머베드(summer bed) : ①더운 여름에 서로 떨어져 취침을 할 수 있도록 두 개의 1인용 침대가 네 개의 기둥 안에서 결합된 여름용 침대. ②공간은 분할되지만 돌림띠(cornice) 장식으로 연결됨.

섬머베드

섬머트리(summer tree) : ⇨섬머(=).

섬유(纖維, fiber) : 직물(織物)의 형태로 만들어질 수 있는 재질.

섬유벽지(纖維壁紙, textile wall paper) : ①섬유를 이용한 벽지. ②소득 수준 향상으로 종이벽지와 같은 일반벽지에서 고가품인 섬유벽지 등으로 그 선호도가 변화되어가고 있음. ③접착공정에서의 기술개발 향상으로 폴리에스테르 중심의 단조로운 소재로부터 탈피하여 레이온이나 아크릴 소재의 방적사 및 섬유실(fancy yarm)을 이용한 신제품으로 판도가 확장되어 가고 있음. ④종류는 일반섬유벽지(나일론·폴리에스테르·비스코스·아크릴·황마 등의 원사를 자카드직이나 평직으로 제직하여 종이나 천에 배접하여 만든 것), 실크벽지(우수한 촉감이 특징), 스트링(string)벽지(스트라이프 벽지라고도 하며 제직하지 않고 섬유를 줄에 맞추어 붙인 것으로서 비스코스 방적사나 아크릴·실크 등이 쓰임), 나염벽지(배접 후 나염을 거친 것으로서 나일론·폴리에스테르·비스코스·아크릴·황마 등이 쓰임), 플로킹(floaking)벽지(원사 없이 종이가 원료가 되며 섬유조직화하여 종이에 배접) 등이 있음. ⑤특징은 다음과 같으며, 직물에 따라 비단벽지(실크벽지로 비단의 화려하고 우아한 광택으로 고급스런 분위기에 적합), 마직벽지(거친 질감으로 응접실·서재 등에 적합), 우단벽지·모직벽지·화학섬유벽지 등으로 구분. ㉠장점 ; ⓐ우아하고 따뜻한 분위기와 입체감이 있음. ⓑ고온고압으로 염색처리하여 변색이 거의 없음. ⓒ조명 아래에서 입체면이 반사되어 은은한 분위기를 느낄 수 있음. ⓓ특수 배접으로 다소의 방음효과와 실내의 온습도가 조절됨. ⓔ내마모성 및 탄성 회복성이 좋아 기후변동에 변질이 적고 종이벽지보다 수명이 5~6배 길음. ⓕ보온성·통기성·흡음성·탄력성 등이 우수. ㉡단점 ; ⓐ무늬의 수평·수직이 정확하지 않아 시공상 불편함. ⓑ오염에 약함. ⓒ단가면에서 고가임.

섬유보강콘크리트(纖維補强−, glass fiber reinforced concrete ; G. R. C) : ①매트릭스 조직의 취성재료의 약점을 보완하여 휨·전단·압축·인장·신축 능력, 인성 등을 증가시킨 복합재료를 총칭. ②콘크리트의 인장저항 능력 증대, 국부적인 균열발생 억제 등 역학적 성질을 개선·보완하기 위해 불연속적이고 단상인 섬유재료를 콘크리트 속에 불규칙적으로 분산시켜 넣은 콘크리트. ③종류는 S. F. R. C, C. F. R. C, G. R. C 등. ④특성은 완전 불연재이고 기계적 강도가 우수함. 우수한 성형성(디자인 자유도), 우수한 방식성·내구성, 박판 고강도 시트재 성형 가능, 충격·파손에 대한 저항성, 동결융해저항성 증대 및 plastic shrinkage crack 방지(온도근 불필요) 등. ⑤물리적 성질은 기건비중 ; 1.2~1.3, 압축강도 ; 800~1,000kg/㎠, 휨강도 ; 30~350kg/㎠, 인장강도 ; 100~130kg/㎠, 전단강도 ; 80~110kg/㎠, 열전도율 ; 0.4~0.7㎉/m·h·℃. ⑥섬유콘크리트(=).

섬유미술(纖維美術, fiber work) : ①평면적인 태피스트리(tapestry) 개념뿐만 아니라 입체적·공간적으로 전개되는 실과 조직의 조형·조각이라는 새로운 예술장르. ②기법도 순수한 직물만을 거부하고 다른 요소를 도입하는 등 작가가 금속·유리·돌 등을 자유롭게 다루는 것처럼 섬유가 가지는 형상을 최대한으로 이용하고 직기에서 만들어지지 않는 여러 가지 기법으로 자유로이 제작. ③입체로서 섬유조각·섬유를 이용한 설치작업 및 공간연출은 텍스타일의 가능성을 더욱 확장시키고 있음.

섬유소(纖維素, cellulose) : ①추출작용에 의해 만들어진 실과 같은 모양으로 이 섬유소를 제조하는 데는 주로 리파이너(refiner)를 사용. ②이 섬유소를 이용하여 밀도를 0.64~0.80 g/㎤로 조절하여 건식으로 제조한 보드를 MDF라고 함.

섬유소계수지(纖維素系樹脂, cellulosic plastic) : ①반합성(半合成) 플라스틱. ②식물성 물질의 구성성분으로 자연계에 많이 있는 고분자 물질.

섬유소계 수지의 종류 · 장단점 및 용도

종류	장 점	단 점	용 도
질산 섬유소 수지 (셀룰로이드)	강인하고 충격강도가 크고, 탄성이 풍부하며 가공성이 좋다. 또한 안정성과 접착이 좋다.	태양광선에 의하여 변색·가연성(可燃性)이 있음.	성형품(셀룰로이드)으로 사용하는 이외에 도료로서의 용도로도 중요하다.
작산 섬유소 수지	강인하고 충격강도가 크고 성형가공이 용이하다.	흡수성이 크고 안정성이 약하다.	시트·플레이트·파이프·사진용 필름·도료 등으로 사용됨.
작산·낙산 섬유소 수지	충격강도가 크고 안정성이 좋으며 성형가공이 용이하다.	항장력(杭張力)·경도(硬度)가 작고 연화온도가 낮으며 취기(臭氣)가 있음.	전기부품·사진필름·전화기·라디오·텔레비전·캐비닛 등으로 사용됨.
프로핀온산 섬유소 수지	강인하며 충격강도가 크고 가공성이 매우 좋다.	값이 너무 비싸다.	전기절연재료·기계부품재 등에 쓰이고 방사(紡絲)하여 직물재(織物材)로 쓰임.
에틸 섬유소 수지	비중이 작고 저온의 기계적 성질이 좋으며 전기적 성질과 내후성이 좋다.	열에 약하다.	전기용품·자동차 부품재 등에 쓰인다.

섬유소도료(纖維素塗料, cellulose coating, cellulose painting) : ⇨도료.

섬유유리(纖維琉璃, fiber glass) : ⇨파이버글라스(=).

섬유질(纖維質, fiber) : ①두꺼운 세포막을 가진 가늘고 긴 세포. ②다발을 형성하며 식물조직을 강하게 만듦.

섬유콘크리트(纖維-, fiber concrete) : ⇨섬유보강 콘크리트(=).

섬유판(纖維板, fiber board, tex) : ①목재나 식물의 섬유소를 압축해서 만든 판형의 건축재료. ②식물 섬유질, 즉 톱밥·나무펄프·파전펄프·파지·마피·파목(破木) 등의 나무를 주원료로 하여 이를 섬유화·펄프화하여 합성수지와 접착제를 섞어 판상(板狀)으로 만든 것. ③목재의 부스러기를 합성수지와 접착제를 섞어 가열·압축한 판재. ④일반적으로 1,200×2,400mm의 크기와 다양한 두께가 생산됨. ⑤종류는 비중에 따라 연질섬유판·반경질섬유판·경질섬유판 등으로 구분하고 그밖에 원료를 섬유화한 파이버보드·인슐레이션보드·원료를 잘게 썰어 압축시킨 파티클보드 등이 있음. ⑥주로 건축(칸막이·천장)·조각·가구의 내부 등에 사용.

섬유판과 파티클보드의 차이점

분 류	원 료	제조과정	비 고
섬유판	섬유화한 목재	많은 양의 물을 사용	습식섬유판
파티클보드	소편화한 목재	접착제로 열압	건식섬유판

섬유판재(纖維板材, fiber board) : ⇨섬유판(=).

섬유포화점(纖維飽和點, fiber saturation point) : ①목재의 함수율이 30% 정도일 때. ②목재에서 세포막 내의 수분은 포화상태이나 세포 사이의 수분은 증발되어 버린 건조상태. ③일반적으로 사용되는 수종의 경우는 함수율이 25~30%로 이 보다 더 건조되면 수축이 일어나고 일반적으로 강도·경도·밀도가 높아짐.

섬질 : 널빤지 따위의 옆을 대패로 밀어내는 일.

섬턴(thumb-turn) : ①함자물쇠의 실내쪽에 달린 잠그는 쇠. ②문을 닫은 상태에서 이것을 돌리면 열쇠를 사용하지 않고 문을 개폐할 수 있는 것. 외부에서는 열쇠를 사용해야 문을 개폐할 수 있음.

섬피스(thumb piece) : 함자물쇠의 실내 쪽에 둥근 손잡이가 아니라 잡아당기는 손잡이가 달렸을 때 그 손잡이 위에 잠그는 작은 쇠.

섬향나무 : ⇨향나무(=).

섭새기다 : 조각에서 가운데는 도도록하게 파고 가장자리를 파내거나 뚫어지게 함.

섭씨(Celsius, centigrade) : ①빙점(氷點)과 비등점(沸騰點)을 각각 0℃와 100℃로 정하고 그 사이를 100등분한 것. ②단위는 ℃로 표시.

섭씨온도(-溫度, Celsius degree, Celsius temperature ; θ) : ①얼음의 융해점과 물의 비등점을 기준으로 하여 정의된 온도의 척도. ②섭씨(=).

섭정양식(攝政樣式, Regency style) : ⇨리전시양식(=).

성(城, wall) : 외적의 침략을 막기 위하여 흙이나 돌을 높이 쌓은 큰 담.

성가대석(聖歌隊席, choir) : ①교회에서 성가대원들이 차지하게 되는 교회공간. ②보통 챈슬(chancel)의 일부분을 이름.

성경봉독대(聖經奉讀臺, ambo, ambon) : 초기 기독교 교회에서 복음서가 낭송되거나 사도서가 읽혀지던 두 개의 연단.

성경함(聖經函, Bible box) : ①17세기 미국식 자코비안 가구의 일종. ②가족용 성경책을 넣어두는 작은 궤. ③주로 참나무로 제작되며 테이블 위에 설치됨.

성과시방서(成果施方書, performance specification) : ⇨성능시방서(=).

성궤(聖机, holy ark) : 율법의 족자가 보관되어 있는 유대교회당(synagogue)의 예루살렘을 향한 벽을 향하거나 등지게 놓여 있는 캐비닛.

성균관(成均館, National Confucian Academy) : 고려와 조선시대 때 유학의 교육을 맡아 보던 관부.

성극플러그(性極-, polarized plug) : 플러그를 리셉터클(receptacle)을 삽입할 때 극성이 바뀌지 않도록 고안된 플러그.

성능발주방식(性能發注方式) : ①건축공사 발주 시 설계도서를 쓰지 않고, 건물의 성능을 표시하여 그 성능만을 실현하는 것을 계약 내용으로 하는 방식. ②특징 ; ㉠시공자의 창조적 활동 가능. ㉡시공자가 재료나 신공법 선택. ㉢설계자와 시공자의 관계 개선. ㉣시공자의 기술 향상 가능. ㉤건축물의 성능을 정확히 표현하기가 어려움. ㉥건축주의 성능 확인이 어려움. ㉦시공자의 우수한 기술축적과 경험이 있어야 함. ③종류 ; ㉠전체발주방식 ㉡부분발주방식 ㉢대안발주방식 ㉣형식발주방식 등.

성능시방서(性能示訪書, performance specification) : ①현재 마련된 성과기준에 기초하여 제품 요구조건을 설정해 놓은 시방서. ②이 기준은 객관적으로 측정되고 확인될 수 있는 진술에 기초해야 함. ③주어진 건축물의 해당 건축부위 요소 시스템 등의 성능만을 규정하고, 그 성능을 달성하기 위한 방법은 기술하지 않는 형식의 시방서. ④공사 목적물의 전체 또는 구성하는 각각의 부위에 관하여 필요한 구조내력이나 성능을 명시해 놓은 것. ⑤특징 ; ㉠도면에서 표시할 수 없었던 설계의도를 기술. ㉡주문자는 시공자의 기술을 신뢰한다는 전제하에 이루어짐. ㉢완성 후의 각 부위 또는 전체에 관해서만 처음 지시한 대로의 형태·구조·마감·성능·품질로 되어 있는지의 여부를 검사한 후 인도받음. ㉣Turnkey base에서 활용될 수 있음.

성능신뢰도(成能信賴度, performance reliability) : ①신뢰도란 성공적으로 임무수행을 할 수 있는 확률. 만약 시스템에 둘 이상의 부품(인간·기계 또는 양자)을 갖는다면 복합체계의 신뢰도는 각 부품의 신뢰도와 그들 부품이 시스템 내에서 어떤 방법으로 결합되었는가에 따라 달라짐. ②부품들은 체계(system) 내에 직렬(series) 또는 병렬(parallel)로 연결될 수 있음. ㉠직렬부품 ; 직렬로 연결된 부품들은 어떤 장비를 조작하는 인간 운전자와 같이 동시에 그리고 상호 의존적으로 작동함. 이를 위해서 두 가지 조건이 충족되어야 함. 즉 어느 한 부품의 실패(고장)는 전체 체계의 실패(고장)를 초래. 어느 한 부품의 실패(고장)는 상호 독립적임. 이러한 두 가지 가정이 충족되면 기본적인 체계 신뢰도의 공식에 각 부품의 신뢰도를 곱한 것. 즉 $R\text{system} = R_1 \times R_2 \times R_3 \times ... \times R_n$. 예컨대 어떤 체계에 부품이 2개 있고 각 부품의 신뢰도가 0.9라면 체계의 신뢰도 $R\text{system}$ =0.9×0.9가 되어 0.81이 됨. ㉡병렬부 신뢰도 구조상 병렬로 연결된 체계에서는 두 가지 이상의 부품이 동일한 기능을 수행하게 되며, 이것을 후원배치 또는 중복배치라고 함. m=병렬 연결된 동일 부품의 수 r=단위 부품의 신뢰도라고 할 때 $R\text{system}=1-(1-r)^n$. 예컨대 각 부품의 신뢰도가 0.9라면 이들 두 부품의 결합 확률, 즉 체계의 신뢰도는 0.99가 됨.

성단소(聖壇所, chancel) : ⇨챈슬(=).

성당(聖堂, Catholic church) : ①일반적으로 천주교의 미사 등 종교의식을 올리는 건축물. ②천주교교회당(=).

성대(聖臺, high altar) : ①교회의 주 제단. ② 성탁(=).

성드니수도원성당(聖-修道院聖堂, Saint Denis église abbatiale) : ①파리 북쪽 교외의 산 드니에 있는 왕실 수도원 교회. ②이중 주보랑(周步廊)과 7개의 방사상 제실(祭室)을 가진 내진(內陣)의 플랜은 새로운 기하학적 질서로 설계되었으며, 교차 리브 볼트·포인티드 아치(pointed arch)·버트레스 등의 전면적이고 조직적인 사용으로 최초로 고딕양식 성당.

성락원(城樂園) : ①서울특별시 성북구 성북동 2-22 소재(사적 제378호). 조선시대 민가의 조원(造苑)으로는 서울에 남은 유일한 것으로 원래 조선말 순조 때 황지사의 별장으로 조성된 별서(別墅)정원이었음. ②이 저택은 서울시 유형문화재였던 것을 최근에 4,358평을 사적으로 지정하였는데, 조선 말 철종 때 이조판서 심상응(沈相應)의 별장이던 것을 의친왕 이강(李堈) 공이 별궁으로 사용하다가 그 아들 이건(李鍵) 공이 살았다고 함 ③성락원의 각 공간은 진입공간·본원공간·심원(深園)의 세 지역으로 구분되며, 지형에 따라 성격이 뚜렷한데 진입공간은 쌍류동천 용두가산(雙流洞天·龍頭假山)으로 이루어졌고 본원공간은 본재누각 영벽지(本齋樓閣·影碧池)로 이루어지며, 심원(深園)은 수각정 연지(水閣亭·蓮池)·약수터로 이루어져 전체적으로 3개의 영역으로 구성. 진입공간은 자연스레 구성된 수풀과 Y자형의 개울, 그리고 인공적인 석가산이 교묘한 대비를 이루고 있음. 본원은 생활·수학·수양의 기능을 수용한 공간으로 여러 채의 건축물이 있었을 것으로 추정되나 현재는 본재 누각만이 남아 있음. 옹벽지는 인공이 가해진 자연 연못의 진수를 보여 여기에 비치는 그림자는 공간의 깊이를 더해 줌. ④심원은 건물군 뒤의 후원과 같은 곳으로 정자가 있어 자연의 풍치를 음미할 수 있는 공간이고, 암반을 막아 만든 연못이 있으며, 연못가에는 정자각 형태의 11칸짜리 건물인 송석정(松石亭)이 높다랗게 세워져 있어 아름다움을 더해주는데 이 정자 안에는 노송이 지붕을 뚫고 서 있어, 지붕 위에 나무 그늘이 지는 것을 피해왔던 오랜 관습을 타파하고 있음. 이 송석정은 옛날에는 선비들의 연회장으로 사용되었으며, 일제 말기에 불탄 것을 1953년에 복원하였음.

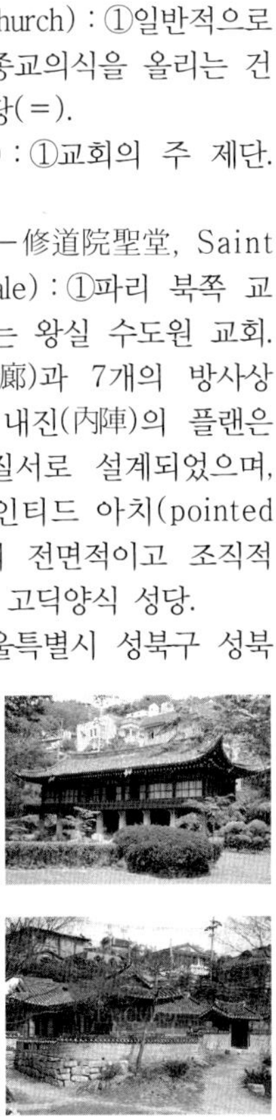

성락원

성력화(省力化, labour saving) : ①투입 자원 전체를 에너지절약(energy saving) 개념으로 인식하고 전 작업과정을 검토하여 생산과정에서 불필요한 요소를 제거하거나 기계화를 도모함으로써 인력감소·원가절감 등 생산력을 증대시키는 것. ②건축공사에 있어서 성력화는 공사의 기획·발주·설계 및 시공의 전 과정에서 체계적이고 종합적인 작업이 이루어져야 함. ③최근의 건축산업은 초고층화·대형화·양산화에 따른 기계화 시공이 요구되고 생활수준 향상에 따른 건물의 고품질화와 경제성이 요구되며 산업구조의 변화(2차 산업→3차 산업)에 따른 건설노동력 확보와의 문제와 노동생산성 저하 문제, 건설산업의 기계화(자동화) 및 로봇화가 요구되고 C.M(Construction Management)관리 방법 채용과 V.E적 관리 개선 등에 따른 성력화가 절실히 요구됨. ④노동력을 절약하기 위해 산업의 오토메이션화·무인화(無人化)를 촉진하는 것을 '성력화'라 하고, 이를 위한 투자를 '성력투자'라 함. ⑤성력화의 제1차 붐은 노동력 부족이 일반화됐던 1955년 후반에 일어났는데, 오일쇼크 이후 '감량경영'의 주요수단으로 다시 부각됨. ⑥최근의 성력기기(省力機器)·시스템으로는 산업용 로봇, NC공작기계, 무인창고, 그리고 이것들을 체계적으로 결합시킨 FMS, FA 등이 있음. 또 성력화는 공장뿐만 아니라 사무실에도 적용돼 컴퓨터·팩시밀리 등 사무자동화(OA)가 진행되고 있음.

성로렌초푸오리레무라성당(聖-聖堂, Saint Lorenzo fuori le Mura) : ①로마의 동부 성벽(城壁) 밖에 있으며, 성 라우렌티우스의 묘 위에 건조한 성당. ②현재의 건물은 교황 페라기우스 2세가 건립한 라우렌티우스 성당(6세기 말)과 식스토우스 3세가 건립한 마리아 성당(6세기 말)을 호노리우스 3세(13세기)가 하나의 성당으로 결합하여 6주(柱)의 이오니아식 전랑(前廊)을 붙인 것이며, 제2차 세계대전 중(1943년) 폭격으로 큰 피해를 받았으나 수복됨.

성마르코대성당(聖-大聖堂, Saint Marco) : ①이탈리아 북부의 베네치아에 있는 비잔틴양식의 대표적인 대성당. ②그리스 십자형의 집중식 플랜으로 되어 교차 부분 및 십자가의 4가지(枝) 위에 각 1개의 돔을 얹었음. 로마네스크풍(風)의 서(西) 파사드와 나르텍스(narthex)는 13세기경에 증축.

성모성당(聖母聖堂, lady chapel) : ①성모 마리아를 위한 성당. ②보통 본당의 동쪽 끝에 있으며 주로 묵상이나 기도를 하기 위해 오는 사람을 위한 장소.

성문자(聖文字, hieratic) : ①이집트에서 성직자 계급이 사용하던 문자. ② ⇨민용문자.

성문탑(城門塔, barbican) : ①성이나 도시로 가는 길 위에 설치된 외보(外堡). ②특히 문이나 도개교(跳開橋)가 있는 곳에 위치한 망루(望樓).

성물안치소(聖物安置所, sacristy) : 교회에서 성스러운 그릇이나 제의(祭衣)를 보관하는 장소.

성비텔리성당(聖-聖堂, Saint Vitale) : ①이탈리아 북부의 라베나에 있는 성당(547년 건립). ②8각형의 집중식 플랜으로 되어 돔을 올린 중앙부와 그것을 둘러싼 2층 건물의 보랑(步廊)으로 구성. 동쪽에 반원형의 앱스(apse)가 돌출하고, 서쪽에는 중앙축에서 빗나간 나르텍스(narthex)가 있음. 성당 내부에는 유스티니아누스 황제와 데오도라 왕비 등을 표현한 모자이크로 장식.

성사(聖事) : ①은총을 내리고, 그것을 형상으로 나타내기 위해 예수께서 정하신 눈에 보이는 징표. ②로마 가톨릭 교회의 경우 성사(聖事)라 하고, 프로테스탄트 교회의 경우 성례전(聖禮典), 그리스 정교의 경우 기밀(機密)이라고 함.

성사방성당(聖-聖堂, Saint Savin Sur Gartempe) : ①프랑스 서부의 산 사방에 있는 로마네스크의 수도원 성당. ②내진(內陣) 부분은 1060~1075년, 신랑(身廊) 부분은 1095~1115년에 건조. 측랑(側廊)은 천장이 높은 3랑식(廊式) 헬렌 키르헤(Hallen Kirche[독]) 형식으로 되었음. 신랑에는 횡단 아치가 없는 반원통형 볼트가 얹혀 천장 그림에 어울리는 넓은 연속공간을 형성.

성상(聖像, icon) : ①예수 그리스도나 성인(聖人) 또는 천사(天使) 등 성스러운 성상

ㅅ

을 의미. ②특히 전통 동방 정교회에서는 성스러운 존재의 의미로서 나무표면에 채색을 하여 그 자체가 숭상의 대상이 됨.

성서대(聖書臺) : 교회에서 성직자가 성서를 낭독하기 위해 펴놓은 탁자.

성세르낭성당(聖-聖堂, Saint Sernin) : ①프랑스 남부의 톨루즈(Toulouse)에 있는 초기 로마네스크의 대표적인 순례로(巡禮路) 성당(1080~1096). ②십자형 플랜으로 신랑(身廊)은 5랑식(廊式)이고, 내진(內陣)에는 주보랑(周步廊)과 5개의 방사상 제실(祭室)이 있음. 측랑은 교차볼트이고 횡단아치가 달린 원통형 볼트로 덮고 교차부분에 8각형의 큰 탑을 세웠다. 측랑 위에 층상랑(層上廊)을 만들어 석조 볼트의 수평압력을 지지함.

성소(聖所, sanctuary) : 사원이나 교회의 제일 안쪽이 되는 곳에 제단(祭壇)·강단(講壇) 등을 마련한 곳으로 주제단의 주변지역.

성소피아성당(聖-聖堂, Saint sophia) : ①소피아 대성당은 유스티니아누스 황제 때 건립된 것(532~537년)으로 세계의 교회 중 4번째(로마의 성 베드로 대성당. 런던의 성 바울로 성당, 밀라노의 두오모 성당)로 크며, 현존하는 교회 중 가장 오래됨. ②현재 박물관으로 되어 있는 소피아 대성당은 건축의 웅장함이 주는 장중함 뿐, 내부는 매우 초라함. 제4차 십자군 전쟁 때 이스탄불에 입성한 십자군 대장 단도로는 이 성당 안에 있는 집기를 모두 약탈하고, 여인을 불러 주연을 즐기는 등, 소피아 사원을 쑥대밭으로 만든 장본인으로 황제의 문에 있는 금도 모두 벗겨냈음. 소피아 대성당은 콘스탄티누스 황제가 콘스탄티노플로 수도를 옮긴 후 콘스탄티누스에 의해 360년 나무 지붕의 작은 교회로 지어졌으나, 404년 알카디우스 황제 때 화재로 무너졌으며 그 후 데오도시우스 2세 때 두번째 성 소피아 대성당이 완공(415년)됨. 그러나 이 성당은 유스티니아누스 황제 때 일어난 '니카의 반란'으로 다시 파괴됨. 니카의 반란은 유스티니아누스 황제의 황후인 데오도라(이집트 출신의 댄서) 때문에 생긴 반란임. 그녀를 보고 한눈에 반한 유스티니아누스 황제는 그녀를 황후로 삼음. 그러나 그녀가 천민 출신이라는 것과 이집트에서는 그리스도의 단성론(콘스탄티노플에서는 니케아 종교 회의에서 아타나시우스가 주장한 예수 그리스도가 하나님의 아들이면서 하나님 자신이라는 양성론을 채택했다)을 믿는다는 것을 빌미로 히포드롬에서 대규모의 반란을 일으킴. 처음 반란군의 기세에 눌린 유스티니아누스 황제는 난을 피해 콘스탄티노플을 떠나려 했으나 그를 데오도라가 저지했고, 다음 순간 유스티니아누스 황제는 히포드롬에서 농성하는 반란군을 단숨에 진압했고, 그 과정에서 제2차 소피아 성당이 파괴되었으며, 그 잔해 위에 유스티니아누스 황제는 황제의 권위와 교회의 영광에 걸맞은 새로운 성당을 세우기로 결정하고 건축가 안테미우스와 수학자 이시도르를 투입하였음. 건축을 시작한 후 5년 10개월 만인 537년에 소피아 성당은 마침내 웅장한 모습을 드러냄. 중간에 기둥을 받치지 않고 올린 중앙 돔의 높이가 55.6미터에 이르는 이 성당은 세계 8대 불가사의라고 일컬어질 만큼 과학적인 방법으로 축성됨. 소피아 성당은 당시 세계의 새로운 건축 양식으로 등장했음. 이후 이스탄불의 주요 사원은 모두 소피아 사원 양식을 모방함. 유스티니아누스 황제 때 소피아 성당은 중앙에 있는 황금으로 덮어 찬란하게 빛나는 황제의 문과, 금으로 된 천장의 화려한 모자이크, 중앙 돔 중앙에 위치하고 있어 창문으로 햇살이 스며들면 더욱 찬란하게 미소짓는 예수의 얼굴 모자이크, 그리고 정교한 코린트식으로 장식된 측면 원형의 기둥과, 황금의 제기가 있는

성소피아성당

화려한 성당임. 유스티니아누스 대제는 이 성당이 완성된 후 '솔로몬이 이룩하지 못한 것을 짐이 완성했도다' 라고 외쳤다고 함. 이후 오스만투르크의 정복 왕 술탄 마호메트가 소피아 성당에 왔을 때 그는 소피아 성당의 화려함에 무릎을 꿇고 무릎으로 기어 제단에 이르렀다고 함. 이후 소피아 성당은 이슬람의 모스크로 개조되었음. 4개의 날개를 가진 천국을 지키는 천사가 8면을 지키고, 성스러운 마리아가 탄생 예수를 안고 있는 찬란한 모자이크도, 천장 가운데 있는 예수의 성스러운 모자이크도 모두 회칠로 인해 사라져 버렸음. 477년 간 회교 사원으로 쓰이던 성 소피아 사원은 아타 투르크가 박물관으로 지정한 이후 오늘에 이르렀음. ③하기아소피아대성당(=).

성읍국가(城邑國家) : 고대왕국 건립(고구려·백제·신라) 이전의 지방소도시국가 상태를 말함. 와질토기 사용. 조양동과 황성동 고분은 이 시대의 무덤.

성인요양원(成人療養院, adult day health care) : 도움 없이 하루 생활을 할 수 없는 사람을 살펴주는 보호시설.

성장하는 주택(成長-住宅) : 가족수의 변동 특히 자녀의 증가나 성장에 따라 기능적·구조적 및 공간의 크기에 유연하게 대처할 수 있도록 유동성(가변성) 있게 설계한 주택.

성주 : ①집을 지키는 신령. ②한 변이 10㎝ 되도록 모가 지게 여러 겹으로 접은 흰 종이에 왕돈 한 푼을 넣고 물에 흠뻑 적셔서 안방쪽으로 향한 대들보에 붙이고 쌀을 뿌려 붙게 한 것을 그 표상으로 함. ③상량신(=).

성주받이 : 집을 새로 짓거나 옮긴 뒤에 성주를 받아들이는 굿.

성주사대웅전(聖住寺大雄殿) : ①경상남도 유형문화재 134호, 경남 창원시 천선동에 위치, 9세기(17세기 중건), 19세기 중수. ②다포계 맞배집, 정면 3칸, 측면 3칸의 정방형 평면, 어칸과 협간 구분이 없음. 2고주5량가 구조, 외3출목, 내4출목을 받치는 귀포, 소첨차와 대첨차의 구별이 없이 같은 폭으로 사용, 후면은 2출목이며 첨차는 사절되었으며 쇠서도 없고 귀포도 전각포를 사용하지 않음. 첨차에서 소로의 위치도 전혀 격식에 맞지 않음.

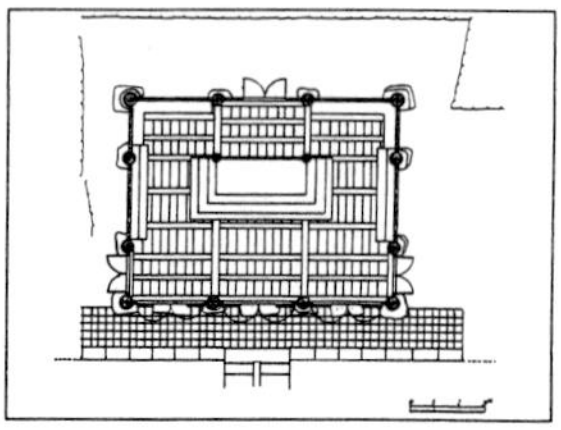

성주사대웅전 평면도

성주사지(聖住寺址) : 사적 307호, 충남 보령시 성주면 성주리에 위치. 백제 또는 통일신라 때 창건. 1탑1금당식 가람배치, 금당 뒤에 3기의 탑이 있는 매우 특이한 배치구조. 5층 석탑(보물 19호 지정)과 중앙3층 석탑(보물 20호), 서3층 석탑(보물 47호) 등이 있음. 5층 석탑은 목조건축의 공포부분을 간략화시킨 형태. 중앙3층 석탑은 매흘림 없는 기둥과 문정(門釘), 문고리, 자물쇠가 조각되어 있음. 상륜부는 생략됨. 백제 땅에 세워진 통일신라시대의 가람.

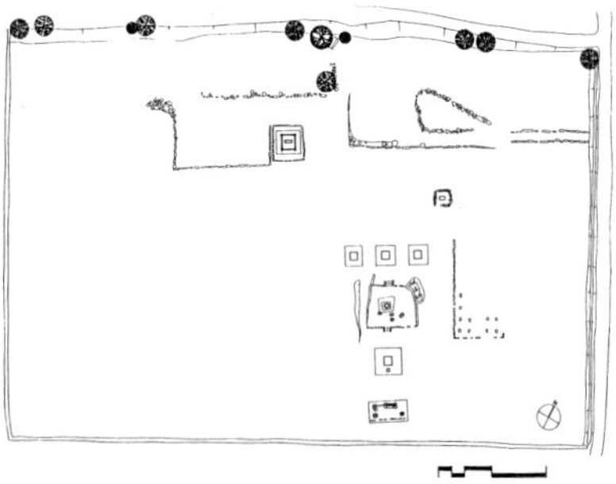

성주사지 배치도

성준경가옥(成俊慶家屋) : ①중요민속자료 194호, 충남 아산 위치, 1825년(순조25) 창건. ②원래 12동의 부속채를 가지고 있었으나 현재 사랑채·안채·문간채·행랑채·바깥채·창고 등이 남아 있음. ③배치는 앞쪽에 ㄴ자 사랑채와, 뒤쪽에 ㄷ자 모양의 안채를 두고 사랑채와 안채 사이에 문간채를 두어 전체적으로 파(巴)자 모양의 배치를 함. ④안채의 동쪽에 곳간과 서쪽에 바깥채(방앗간·쟁기고)를 두고, 사랑채 동쪽에 작은 행랑과 서북쪽으로 작은 창고와 측간을 둠. ⑤사랑채는 정면 4칸, 측면 2칸의 팔작지붕으로 전면 열은 툇간. 평면은 가운데에 대청마루와 방을 두고 그 좌우에 온돌방을 하나씩 두었는데 동측 온돌방은 직각방향으로 길게 배치하여 사랑채의 평면이 ㄴ자 모양이 됨. 전면 열의 툇간은 모두 우물마루를 깔고, 서측면에는 좁은 쪽마루를 깔음. 전면 툇간에는 덧문을 달아 추운 날씨에 대비함. 막돌로 3단의 축대를 쌓고 그 위에 초석을 놓음. 초석은 전면 열에는 원형, 나머지는 모두 덤벙주초를 사용함. 일고주오량집 구조이나 기둥 등 주요 구조재료가 빈약함. ⑥안채는 ㄷ자 평면이며 안대청과 안방을 중심으로 양쪽에 익랑을 붙임. 정면 5칸 중 3칸통은 안대청으로 하고 2칸은 안방이며, 안방 전면의 1칸은 대청마루를 연결하여 대청 평면이 ㄴ자로 모양이 됨. 안대청 전면에는 유리문을 달고 양측 익랑에는 각각 온돌방과 부엌을 둠. 안채의 기단은 막돌 두벌대로 덤벙주초를 놓고 방주를 세움. 무고주 오량집 구조이며 종량 위에는 판대공을 세워 종도리를 받침.

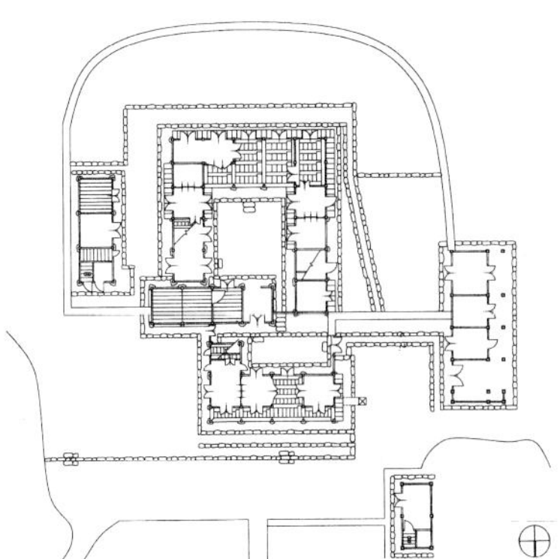

성준경가옥 도면

성찬란(聖餐欄, communion rail) : 천주교회에서 성당 내부를 지성소(sanctuary)와 성가대석을 구분하는 난간.

성찬준비소(聖餐準備所, prothesis) : 성찬식 물건들을 준비하는 동방정교 건물 내의 부속 예배당. 보통 강단의 북쪽에 위치함.

성층권(成層圈, Stratosphere) : ①대류권과 중간권 사이에 있는 거의 안정된 대기층. ②높이 약 10~50㎞에 이르며 구름은 없고 동서에서 바람이 번갈아 불고 있음. ③기온은 상층은 영도에 가깝고 하층은 −50℃ 정도이며, 오존이 많이 있음.

성탁(聖卓) : ⇨성대(=).

성토(盛土) : 택지조성 등을 위해 종전의 지반 위에 다시 흙을 돋우어 쌓는 것으로서 토질의 형질이 변경되는 것.

성피터의자(−椅子, St. Peter chair) : 목조의자에 정교한 조각장식을 한 다음 금판을 덮고 등받이 부분에 당시의 건축양식을 사용한 비잔틴양식(330~1453)의 가구.

성형궁륭(星形穹窿, stellar) : ⇨스타 볼트(=).

성형합판(成形合板, mold plywood) : ①특수목적에 사용하기 위해 곡면으로 성형한 합판. ②두 층 사이의 접착이 아직 순응성이 있을 때 압력을 가해 형을 잡은 합판. ③얇은 두께의 베니어를 여러 겹으로 하여 그 사이에 접착제를 넣은 후 주형틀에 넣고 열과 압력을 가해 원하는 나무형태로 만든 합판. ④주로 의자등좌판 등 곡선부분의 현대가구 제작에 사용.

성혼기념탑(成婚記念塔, Hochzeitsturm[독]) : ①J. M. 올브리히(Joseph Maria Olbrich : 1867~1908)가 다름슈타트 예술가촌을 건설한 헤센 대공 에른스트 루트비히 대공의 결혼을 기념하기 위해 설계하여 1907년 다름슈타트시(市)의 언덕에 건조한 것. ②올브리히가 예술가촌에 초청되어 건축한 것 중 최대의 걸작품. 아치형 지붕에 대칭이 아닌 창문 배치, ③북(北)독일식 벽돌쌓기의 수법이 신선한 조형력을 느끼게 함.

성흥사대웅전(聖興寺大雄殿) : 경상남도 유형문화재 152호, 9세기(17세기 중창), 18세기 이건. 배치는 대웅전 좌우로 최근에 조성된 나한전과 칠성각을 두고 밑으로 요사채와 일주문을 둠. 대웅전은 정면 3칸, 측면 3칸으로 다포계 맞배집이며 2고주 5량가 구조임. 대웅전의 전체적인 구성은 맞배지붕이 갖는 간결함과 다포가 갖는 화려함을 동시에 보여 줌. 또한 팔작지붕과 같은 앙곡(昻曲)을 갖고 처마끝이 치켜 올라간 맞배지붕으로 화려함이 더함. 측벽 협간에 창방과 평방을 둔 것은 의심스러움, 맞배집으로서의 중후함과 규범의 미학을 상실한 채 장식성만 남아 있음.

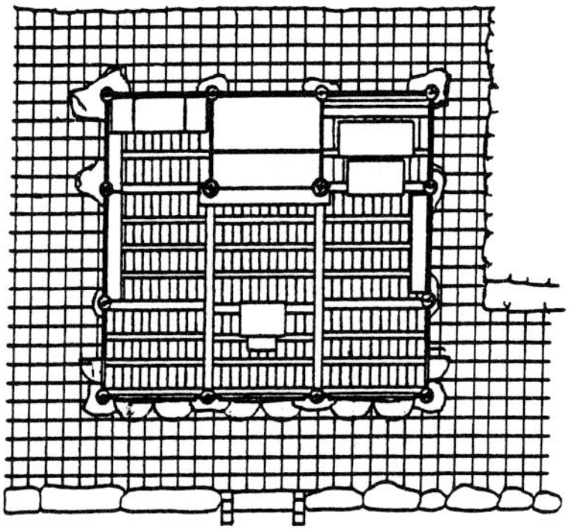

성흥사대웅전 평면도

섶(fascine) : ①줄기가 가늘고 길며 잔가지가 많은 섶나무·잎나무(떡갈나무·동백나무)·풋나무·물거리 등의 가지를 잘라 만든 것을 총칭. ②줄기가 가냘픈 식물을 버티느라고 곁들여 꽂아두는 막대기. ③산허리·호안·수제(水制) 등이나 수방(水防), 산사태 방지시설의 재료로 사용됨.

섶가지(fascine hurdle) : ①울타리 섶나무 가지를 사용한 울타리. ②섶나무 가지 침상(沈床)·비탈면의 방호 울타리 등에 이용됨. ③잔가지를 모두 제거한 길이 3.2m 이상, 직경 2~2.5cm 정도의 것을 2개씩 묶어 말뚝나무로 짬.

섶나무 : 잎나무·풋나무·물거리 등 통칭.

섶다리 : 섶나무를 엮어서 놓은 다리.

세갈래발(tern foot) : 발등에 바깥쪽으로 말려드는 세 갈래 소용돌이가 조각된 발.

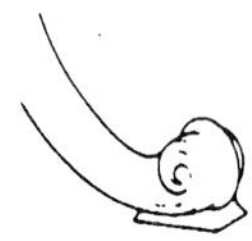

세갈래발

세겹 주먹장 틀맞춤(through single dovetail joint) : ⇨주먹장 틀맞춤.

세골재(細骨材) : ⇨잔골재(=).

세그멘탈공법(-工法, Segmental Methods) : ①교량 건설공법의 하나. ②교량의 상판 분절(세그멘트)을 공장에서 미리 만들어 현장으로 옮긴 뒤 교각 위에 일렬로 배열한 후 쇠줄을 끼워 당겨서 고정시키는 방법. ③겨울철에도 콘크리트 양생에 따르는 불편이 없고 교량의 강도가 높아 튼튼한 교량을 만들 수 있으며 교각공사와 동시에 세그멘트를 제작할 수 있어 공기단축의 효과도 거둘 수 있음. ④1949년 프랑스 마르네 강의 에스블리교 건설에 처음 도입됐으며 주로 길이가 긴 교량을 건설하는 데 사용됨. ⑤서울의 내부순환 도시고속화도로 일부 구간에도 이 공법이 사용됨.

세그멘탈아치(segmental arch) : ⇨원호아치·결원아치(=).

세기방 : ①쇠를 깎거나 다듬은 일을 하는 곳. ②요즈음으로 치면 선반 일을 하는 곳.

세기질 : 제련대패 따위로 곱게 미는 대패질.

세나티오(cenatio[그]) : ①고대 로마시대 가족끼리 사용하는 작은 식당 공간. ②⇨트리클리리움.

세노타프(cenotaph) : 다른 곳에 묻힌 개인을 위한 기념비.

세단의자(-椅子) : ⇨세단체어(=).

세단체어(Sedan chair) : 18세기에 네 사람이 들어 운반용으로 사용된 밀폐된 의자.

세대주(世帶主) : ①세대별 주민등록표상에 배우자 또는 직계존·비속 등으로 이루어진 세대의 세대주. ②60세 이상인 직계존속 또는 장애인 직계존속을 부양하고 있는 자로서 호주상속 예정자. ③세대별 주민등록상에 배우자 및 직계존·비속인 세대원이 없는 세대주(단독세대주)로서 30

세 이상인 자나, 30세 미만인 경우는 소득이 있음을 증명할 수 있는 자.

세디아(sedia[이]) : ①중세 르네상스시대의 안락의자. ②직선으로 구성되어 있으며 다리와 등받이를 밸러스터(baluster)라는 건축 기둥양식을 적용한 의자. ③현대 디자인 관점에서 볼 때 전혀 안락하지 못한 의자임. ④⇨체어.

세딜리어(sedilia, sedile[이]) : 계단 오른쪽에 있는 성직자를 위한 좌석.

세라돈(ceradon) : ①회색에서 청색 기미가 있는 녹색조의 중국 자기. ②중국에서 자기를 가지고 왔던 이슬람의 승려 살라딘(Saladin)에서 유래된 명칭.

세라믹(ceramic) : ①자기(磁器) 또는 테라코타(terra-cotta)를 생산하기 위해 불에 구워 제작한 점토나 이와 유사한 재료로 만들어진 제품. ②타일·장식판·양각의 장식 등 세라믹 재료의 범위는 무한함. ③질감·색채·형태는 사실상 제한이 없으며 크기도 역시 제한이 없음. 왜냐하면 커다란 면적은 다루기 쉬운 더 작은 조각들로 나누어질 수 있기 때문임. ④세라믹 모자이크 타일은 유약처리가 되어 있거나 되어 있지 않고, 벽타일은 점토와 유약을 칠해 만들고, 채석장 타일은 일반적으로 바닥에 사용되기 때문에 유약이 칠해지지 않았음. ⑤타일은 보통 수평의 가로층처럼 그룹이나 줄무늬로 사용됨. 즉 몰딩과 같이 문과 창문 주위에 수직적으로, 전체에 걸친 패턴으로서 또는 패널 속에 채색된 그림으로서 사용됨. 그것들은 또한 덮개를 씌운 돔구조나 큐폴라에서 찾아볼 수 있음.

세라믹모자이크타일(ceramic mosaic tile) : ①크기가 작은 도기타일(ceramic tile). ②주로 바닥이나 벽체에 사용.

세라믹베니어(ceramic veneer) : ①표면에 유약을 발라 구운 테라코타 판. ②접착을 좋게 하기 위해 뒷면에 새김눈이나 선을 내어 벽돌이나 돌 또는 거친 콘크리트 표면 위에 마감면으로 시공.

세라믹코트(ceramic coat) : ①도료의 일종으로 건물 내·외부 벽체에 2가지 이상의 색상을 동시에 뿜칠하여 대리석과 같은 질감을 형성. ②무늬 형성용은 수용성이므로 화재의 위험성이 없음. ③변색이 거의 없고 내후성이 우수. ④주로 구조물의 내·외부 벽체에 사용.

세라믹타일(ceramic tile) : ①다양하게 불에 구운 점토타일로 주로 실내 벽체나 바닥에 사용. ②도기타일(=).

세라믹파이버(ceramic fiber) : ①무기질 단열재료의 일종. ②실리카와 알루미나가 원료인 1,000℃ 이상의 고온에서도 견디는 섬유. ③알루미나의 함량을 늘리면 내열성이 상승됨. ④본래는 공업용 가열로의 내화단열재로 사용되었으나 최근에는 건축용 특히 철골 내화피복재로 많이 사용됨.

세락식대변기(洗落式大便器, wash-down type) : 오물이 트랩의 수면에 떨어지면 변기의 가장자리에서 사출되는 세정수의 일부가 변기의 벽을 씻어 내리고 또 나머지 물을 트랩 바닥면에 일시에 떨어뜨려 오물을 배기관으로 밀어 넣어 수면의 상승에 의해 오물을 흘러내리게 하는 방식.

세락식변기(洗落式便器, wash-down type) : ⇨세락식대변기(=).

세랑강바뚜(Selangan batu, Shorea guiso Blume[학]) : ①필리핀·스리랑카·인도·미얀마·인도지나·태국·보르네오에 분포. ②변재는 옅은 황색, 심재는 옅은 황색 또는 황갈색으로 구분이 뚜렷하며, 변재는 폭이 좁음. 목리는 교착하고 나무갗은 곱고 균일하며 나뭇결에는 파상문양이 나타남. 기건비중 0.87로 크며 수축률은 방사방향 6.2%, 접선방향 11.4%로 크며 강도는 압축강도 696kg/㎠, 휨강도 1,301kg/㎠, 전단강도 150kg/㎠로 강함. 내구성이 매우 강하고 접착건조는 불량하며 표면 할렬이 심함. 약제주입과 포삭거단 등 가공성이 매우 불량. ③주로 건축 등에 사용. 특히 구조용재로 적합. ④야갈·발라우(=).

ㅅ

세례(洗禮, baptism) : ①기독교 입교식으로서 영적으로 거듭나는 것을 상징하는 예식. ②물 속에 온몸을 담그거나 물을 이용한 세례식.

세례당(洗禮堂, baptistery) : ①원래 세례식이 거행되는 교회 건물의 일부분 또는 독립된 건물. ②세례당이나 세례용 물통.

세례실(洗禮室) : ⇨세례당(=).

세로대(-帶, stile) : 문·창문틀·목판재·궤·의자 등받이 등을 이루는 수직부재. 보통 수평부재인 가로대에 장부맞춤으로 결합.

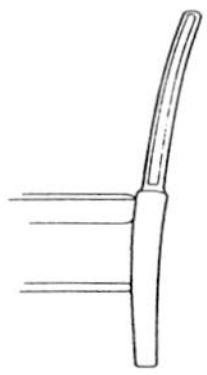
세로대

세로재(-材) : ①수직으로 세워 댄 부재를 통칭. 기둥·동바리 등. ②가로재(⇔).

세로줄눈(collar joint, vertical joint, longitudinal joint) : ①벽돌·돌 등을 쌓을 때 수직으로 생기는 모르타르 부분으로 다시 위·아래가 막힌 것을 막힌 줄눈. ②통한 것을 '통줄눈'이라고 함.

세로창살(mullion) : ⇨멀리온(=).

세로톱 : ⇨내림톱·켤톱(=).

세로판벽(-板壁) : ①띠장은 가로로 대고 널은 세로로 대 반턱쪽매, 제혀쪽매로서 못박아 대는 판벽. ②⇨판벽.

세로형 간판(-形看板) : ①옥외광고물의 일종. ②문자·도형 등을 목재·아크릴·금속재 등의 판에 표시하거나 입체형으로 제작하여 건물의 벽면 또는 기둥에 세로로 길게 부착하는 광고물.

세로홈(striges) : ①고전적인 원기둥이나 벽기둥(pilaster) 표면에서 평행을 이루는 플루팅(fluting). ②플루팅(=).

세로홈장식(-裝飾, fluting) : ①기둥과 벽기둥, 그리고 지주의 형태 속에 수직으로 조각한 속이 빈 또는 평행의 장식 홈. ②어떤 것은 날카로운 가장자리. ③어떤 것은 작은 가는 띠에 의해 분리됨. ④플루팅(=).

세룰리언블루(cerulean blue) : ①그림물감으로 널리 알려진 색. ②세룰리언은 라틴말의 하늘(caeruleus)에서 유래된 말. ③스카이 블루가 다소 연한 청색 쪽이라면 블루는 녹색 기미가 있는 다소 진한 청색. ④밝은 청색(bright blue). ⑤관용색명으로 파랑. ⑥먼셀기호 7.5B4.5/7.5

세르반테(servante[프]) : 프랑스 제국시대(Empire period)와 집정시대(Directoire period)에 사용된 바퀴가 달린 식사용 탁자.

세르파피에(serre-papier[프]) : ①18세기의 단층 장. ②책상면에 박스(box)를 놓아 2층을 만들고 그 상자를 구획지어 사용하기도 함.

세르팡틴느(serpentine[프]) : ⇨봉브(=).

세를리아나(serliana[프]) : ①아치로 이루어진 중앙 개구부와 양옆의 개구부 등 3개의 개구부로 이루어진 창문이나 출입구. ②팔라디오(Paladio)가 그의 건축에 즐겨 사용함으로써 17~18세기 영국 팔라디아니즘(Paladianism)의 전형이 되었음. ③베네치안윈도·팔라디오식 창(=).

세를리아나

세마루 : ⇨세마루집·쇠마루(=).

세마루집 : ①마루가 세 개 있는 집. ②전후 처마도리와 용마룻도리로 구성된 지붕틀로 꾸민 집. ③도리 세 개로 짜인 집. ④삼량가·삼량집(=).

세면기(洗面器, wash basin, lavatory bowl) : ①위생기구의 하나. ②주로 세면·세수용으로 사용. ③종류;㉠설치방법에 따라 벽걸이형과 스탠드형 및 끼워 넣는 형 등으로 구분하고, ㉡형태에 따라 원형·타원형·모가 있는 구형(矩形) 등이 있음. ④세면기의 높이는 KS(한국공업규격)에 의하면 720㎜(남자)과 680㎜(여자) 2종류가 있음. 어린이의 세면기 높이는 500㎜, 폭은 550~600㎜가 적당함. ⑤세면대(=).

세면대(洗面臺) : ⇨세면기(=).

세면장(洗面場, lavatory) : ①일반적으로 욕조는 없고 얼굴이나 손을 씻고 면도를 하거나 화장을 할 수 있도록 계획된 세면기와 변기가 함께 설치되어 있는 공간. ②공간의 여유가 있을 때에는 세면장을 욕실과 개인실의 중간지점에 두고 여기에 수납공간을 마련해 탈의실 겸용으로 이용할 수 있음.

세모치기(vee & channelled) : 돌의 줄눈부분에 모를 내어 잔다듬하는 모치기의 일종.

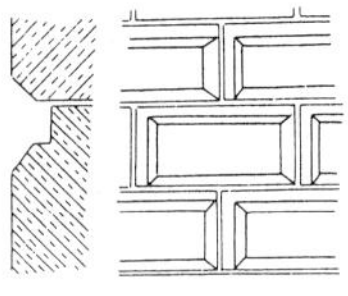

세모치기

세미더블베드(semi double bed) : ①1.5인용 침대. ②매트리스 크기는 폭 1,200㎜, 길이 1,950㎜가 표준. ③1인용으로 넉넉하게 사용하는 것과 주침실에서 싱글과 세미더블의 조합으로 사용하는 경우 등이 있음.

세미디태치드하우스(Semi-Detached House) : 2개의 주택 사이에 경계벽을 공유하도록 지어 마치 두 채의 주택이 하나의 외관을 갖는 주택.

세미메토페(semi-metopes) : 실제로는 1/2 모듈(module)보다 작게 된 것.

세미몰(semi mall) : 자동차의 교통에 대해 규제를 하는 가로(街路, mall).

세미채널(semi-channel) : 옆판 쪽으로 깎여서 측면으로 계속 이어지는 반(半)홈.

세발장식대(-裝飾臺, tripod stand) : 18세기 영국·미국에서 애용된 평평하거나 장식 테두리로 둘러진 작은 상판을 원기둥과 같은 주신(柱身, shaft)이 받치고 있으며, 세 갈래형 발로 마무리되는 장식대.

세발장식대

세발탁자(-卓子, tripod table) : ①상판을 원기둥과 같은 주신이 받치고 있으며, 세 갈래형 발(tern foot)로 마무리되는 탁자. ②18세기에 아담(Adam)과 치펜데일(Chippendale)이 디자인한 다양한 형태의 페데스탈 테이블(Pedestal table)류.

세발탁자

세버리(severy) : 궁륭(vault)으로 이루어진 구조물에서 두 개의 횡단면 아치(transverse arch) 사이의 칸.

세살 : ①가는 창문살의 총칭. ②투밀이한 창문의 살. ③세살문(띠살문)에 쓰이는 살.

세살문(細箭門) : ①살을 세로가로 또는 수평에 대하여 30°, 45°, 60°로 빗대어 짠 창문을 총칭. ②띠살문만을 지칭함. ③세살문에는 띠살(細箭), 격자살(格子箭), 교살(交箭 ; 빗살), 솟을살(30°. 60°빗살) 등이 있고, 이들을 절충 혼용한 것도 있음.

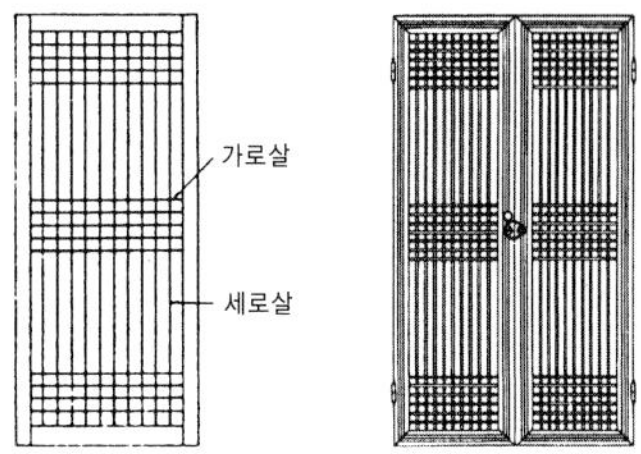

세살문

세스카체어(cescachair) : ①1920년대 브로이어(Marcel Breuer : 1902~1981)가 디자인한 좌판과 등받이를 지지하는 연속강관 프레임 경량의 바우하우스 의자. ②마르셀 브로이어의 딸, 체스카(Chesca)의 이름에서 유래한 이 의자는 캔틸레버 프레임을 유명하게 만들고, 캔틸레버가 현재까지 Guest Chair, Side Chair 형태로 널리 사랑받을 수 있게 만든 의자. ③튜뷸러 스틸이 캔틸레버로 됨으로서 얻어지는 탄성효과를 인체공학적 측면에서 활용한 이 의자는 등좌판의 목재 프레임과 등나무 껍질 위빙(Cane Weaving), 크롬 도금한 스틸 튜브의 3가지로 구성된 훌륭한 재료의 혼합으로도 많은 사람들에게 사랑을 받았음.

세스카 체어

세시스(cercis[그]) : 고대 그리스 극장에서 두 단계의 통로 사이에서 나오는 쐐기 모양의 좌석군 영역.

세워쌓기(soldier) : ①벽돌을 수직으로 세워

쌓는 것. ②길이가 내보이게 세워 쌓는 것을 세워쌓기라 하고, 마구리가 내보이게 쌓는 것을 옆세워쌓기라 함. ③창대나 아치 등에 장식을 겸하여 구조적으로 효과를 주기 위해 사용. ④창대의 옆세워쌓기는 일반 벽면보다 1/4B 내밀어 쌓고, 물흘림 물매로 15~30° 경사를 두어 쌓으며, 줄눈부분은 방수에 유의.

세이버다리(saber leg, scimitar leg, swept leg, Waterloo leg) : ①의자나 소파의 앞다리가 옛 병사의 칼이나 초승달처럼 약간 휘어진 다리. ②다리의 단면은 보통 납작한 직사각형이며 아래쪽으로 내려가면서 약간 가늘어짐. ③거대 그리스의 클리스모스(Klismos) 의자의 다리에서 유래하였으며, 18~19세기 영국 섭정양식(Regency style)과 미국 제국양식(American Empire style)에 널리 사용됨.

세이버다리

세이빈(sabin) : ①흡음력의 단위. ②완전히 흡수되는 면(0.09㎡)의 흡음력에 해당. ③사비네(sabine)라고도 함.

세이빈잔향식(-殘響式, Sabine's reverberation time formula) : ①W. C. 세이빈이 구한 잔향시간에 대한 식. ②실의 용적을 V(㎥), 실내의 총흡음력을 A(미터세이빈)로 하면 식은

잔향시간 $T=\frac{0.161V}{A}$(sec).

평균 흡음률이 작을 때에는 계산값과 실측값이 일치하나 평균 흡음률이 클 때에는 계산값은 실측값보다 커짐.

세인트(saint[프]) : '성스러운', '신성한', '거룩한'의 뜻.

세일러(sailor) : ①폭이 넓은 면을 노출시켜 수직으로 놓는 벽돌쌓기. ②⇨벽돌공사·신너.

세임사이즈오피스(same size office) : 출석률이 낮은 것(50% 이하)을 이용해 개인자리를 공용함으로써 이용 가능 면적의 확대와 스페이스의 이용 효율을 높인 오피스.

세잎장식(-裝飾, trefoil) : ⇨트레포일(=).

세자궁(世子宮) : ⇨동궁(=).

세장비(細長比, slenderness ratio) : ①기둥의 좌굴길이와 최소 단면 2차 반경의 비. ②세장비가 클수록 좌굴을 발생시키는 한계응력은 작아짐. 기둥 설계의 주목적은 좌굴길이를 최소화하거나 단면 2차 반경을 크게 하여 세장비를 줄이는 것. 세장비가 클수록 그 부재의 좌굴하중은 커짐. 세장비(λ)=L/i. 여기서 L는 좌굴길이, i는 단면 2차 반지름.

세정밸브식(洗淨-式, flush valve system) : ①급수관에서 플러시 밸브를 거쳐 변기 급수구에 직결되고 플러시 밸브의 핸들을 작동함으로써 물이 사출되어 변기 속을 세정하는 대변기 세정 급수 장치. ②급수관의 관경이 25㎜ 이상이어야 하므로 가정용 수도 인입관이 20㎜ 정도인 일반주택에서는 사용하기가 곤란하고 학교·호텔·사무실 등에 적합.

세제션(Sezession) : ⇨분리파(=).

세존단지 : 영남·호남 지방에서 농신에게 바치는 뜻으로 햇곡식을 넣어 모시는 단지.

세출식변기(洗出式 便器, wash-out type) : ①오물을 일단 변기의 얕은 수면에 받아 변기 가장자리의 여러 곳에서 사출되는 세정수로 오물을 씻어내리는 방식. ②현재 거의 사용되지 않음.

세컨드하우스(second house) : 주말농장·콘도미니엄·별장보다 규모가 작은 것으로 소시민이 주말과 휴일에 자연과 함께 위락활동을 하기 위해 도시근교에 세워놓은 집.

세코(secco) : ①완전히 마른벽 위에 채색하는 것. ②⇨프레스코.

세쿼이아(sequoia) : 미국·캐나다산(産) 침엽수로 주로 가구재·실내장식 마감재로 사용.

세큐릿(sekurit) : ①강화유리·안전유리의 일종. ②표면에는 압축응력, 내부에는 인장응력을 가진 유리.

세크러터리(secretary) : ①17~18세기에 영

국과 미국에서 개발된 책상 겸 필기용 수납장. ②프랑스의 세크리테르(secrétaire[프])처럼 단독으로 사용되지 않고 스탠드(stand)나 서랍장 위에 올려지며, 수납장의 전면이 앞으로 젖혀짐. ③뷰로(=).

세크러터리

세크레테르앙팡트(secrétaire en pente[프]) : ①서판(書板)이 경사진 책상. ②서판을 젖히면 내부에 작은 서랍과 칸살이 있고 서판의 하부에는 서랍이 있음. ③두 명의 사용자가 함께 쓸 수 있도록 세크레테르 앙 팡트(secrétaire en pente)의 뒷면을 붙여 놓은 형태를 세크레테르 앙 도 당(secrétaire en dos d'âne)이라 함. ④뷰로 앙 팡트(=).

세크리테르(secrétaire[프]) : ①중세의 이동식 필기함인 에크리트와르(écritoire[프])가 근원으로 17~18세기에 사용된 상판이 앞으로 젖혀지는 책상(fall front desk). ②스탠드나 서랍장 위에 올려지지 않음. ③17세기에는 상판이 경사진 세크레테르 앙 팡트(secrétaire enpente)와 직립의 책장 앞면이 서판이 되는 세크레테르 아 아바탕(secrétaire à abattant[프]) 두 종류가 개발되었음.

세크레테르

세크리테르아아바탕(secrétaire à abattant[프]) : ①책장의 앞면이 젖혀져 서판이 되는 책상. ②스페인의 바케뇨(vargueño)와 비슷함. ③상판이 평평한 뷰로 플랫(bureau plat)과 함께 디자인이 탁월하기로 유명함. ④세크리테르앙통보·세크리테르앙아르무와르(=).

세크리테르 앙 아르무와르(secrétaire en armoire[프]) : 세크리테르아아바탕(=).

세크리테르앙통보(secrétaire en tombeau[프]) : 세크리테르아아바탕(=).

세탁물투하로(洗濯物投下路, laundry chute) : 세탁물을 세탁하는 곳으로 보내도록 설치된 통로시설(管路).

세탁실(洗濯室, laundry room) : 빨래를 할 수 있도록 시설이 갖춰진 공간.

세탁장조집기(洗濯場阻集器, laundry interceptor) : ⇨런드리트랩(=).

세톱 : ①작은 톱. ②조그마한 것을 자르는데 쓰는 이가 작고 밴 톱.

세트(set) : ①한 조(組)·한 벌·일식(一式) 등. ②연극·극장 등의 공연무대. ③정(釘)으로 못머리를 표면보다 약간 들어가도록 깊숙이 박는 것.

세트디자이너(set designer) : ①TV 스튜디오·영화 스튜디오 또는 공연무대를 장치하는 디자이너를 의미. ②무대에 대한 평면도·제작도를 만들어 현장작업자에게 넘겨주고 작업 지시·감독을 함. ③일반적으로 미술 전반을 감독하며 대본을 시각화하는 중요한 책임을 담당.

세트스크루(-類, set screw) : 못머리 없이 접합되는 한쪽 부분의 구멍에 완전히 끼워 넣거나 움직임을 방지하기 위해 다른 한쪽까지 끼워 넣는 나사못.

세틀먼트조인트(settlement joint) : 대규모 복합건물 공사에서 기초공사의 단축을 위해서 말뚝박는 데 소요되는 시간 또는 경비를 절감시키기 위해 매트 기초를 택하게 될 때 기초부분에 넣는 조인트.

세틀의자(-椅子, settle chair) : ①형태가 세티와 유사하나 자리 밑이 상자형태로 된 세티. ②⇨세티.

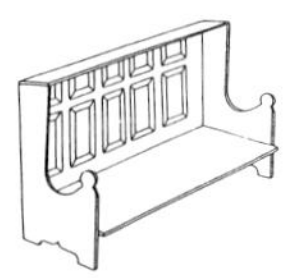
세틀

세티(settee) : ①동일한 2개의 의자를 나란히 접해 놓아 2명이 앉을 수 있도록 한 의자. ②등받이와 팔걸이가 부착되며 또한 2명 이상이 앉을 수 있는 긴 의자를 의미하기도 함. ③편안히 앉기보다는 똑바로 앉기 위

세티

ㅅ

한 것으로 소파보다는 딱딱하고 자리 밑이 상자형태로 된 세틀(settle)보다 착석감이 우수함. ④세틀에서 발전된 것으로 17세기 후기와 18세기 초기에 유행. 조각되거나 천이 씌워진 등받이와 팔걸이, 그리고 부드러운 좌석이 있는 긴 의자.

세퍼레이션진열(-陳列, separation display) : ①디스플레이 용어. ②조화된 두 가지 배색에 다른 색을 첨가하여 진열하는 밸런스 변화방법.

세퍼레이츠(seperates) : 단순한 스타일 속에 프릴과 리본이 귀여움을 연출하여 기능성보다는 장식적인 디자인의 커튼.

세페티르(sepetir, Sindora wallichii Benth [학]) : ①태국·인도네시아·말레이시아 일대 특히 보르네오 섬에 분포. ②변재는 담홍색, 심재는 담홍갈색·금갈색·황갈색이나 제재 후 시간이 지나면 암색으로 되며 흑색층이 있어 줄무늬가 나타나기도 하며 심·변재의 구분은 뚜렷함. 목리는 통직하고 얇게 교착하며 나무갖은 대체로 거칠고 균일하며, 심재에는 기름기가 있음. 기건비중 0.70, 용적수축률은 9.1%. 강도는 압축강도 510kg/㎠, 휨강도 985kg/㎠로 보통. 내구성은 약하고 가공성은 불량하며 연삭·건조·도장은 용이함. 약제주입은 변재는 잘 되나 심재는 곤란함. ③주로 내장·무늬단판·실내장식 마감재·가구재(주로 의자용재) 등에 사용.

세포간극(細胞間隙, intercellular space) : ⇨수지구(=).

세포형 오피스(細胞形-, cell type office, cellular office) : ①클로즈드 오피스(closed office)의 일종. ②싱글 오피스(single office)의 일종. ③개인별 공간을 확보하여 스스로 작업공간의 연출과 구성이 가능함. 특히 개인의 창조성을 필요로 하는 연구소 등에서 타인의 침해를 받지 않고 집중도를 상승시키는 동시에 개인의 업무는 개인이 완수한다는 의미가 강한 형식. ④개실의 규모가 20~50㎡ 정도로 일반 사무원 1~2인 정도가 개별적인 업무를 담당하며, 개실의 최소 면적은 2.5×2.5m 정도이나 가구의 수량에 의해 그 면적은 커지나 3m 내외 정도의 폭을 유지함. ⑤주로 연구원·변호사 등 지식집약형 업종에 적합함. ⑥⇨싱글오피스.

세피아(sepia) : ①오징어(sepia)의 먹으로 만든 물감. ②이 색료는 고대로부터 사용된 것이지만 지금은 사용되지 않고 색 이름으로 알려짐. ③회색 기미의 짙은 갈색(dark grayish brown). 검은 빛을 띤 암갈색. ④진한 어두운 노랑. ⑤원래 세피아란 오징어의 흑즙(黑汁) 또는 오징어의 먹색소로 만든 갈색 염료. ⑥먼셀기호 10YR.5 2.0.

세피아프린트(sepia print) : 원도를 가지고 제2의 원도(보통 세피아라고 함)를 만드는 적갈색조의 프린트.

섹셔널가구(-家具, sectional furniture) : ①부품(part)을 개별적으로 또는 부품을 조합해서 사용할 수 있는 몇 개의 독립된 형태로 된 직물로 씌워진 푹신한 가구. ②보통 섹셔널 카우치(sectional couch)는 단위가구와 각형(角形)이거나 둥근 형태의 모서리용 단위가구로 전체를 이룸. ③주로 휴식용 의자로 팔걸이가 한쪽 면에만 있는 것, 팔걸이가 없는 것, 코너용, 그 밖의 피스를 사용자수나 방의 크기, 레이아웃 등에 맞추어 자유롭게 조절할 수 있음.

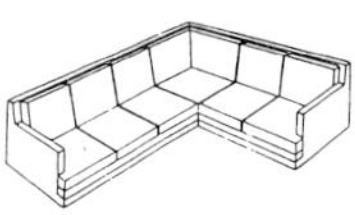

섹셔널가구

섹셔널체어(sectional chair) : ⇨섹셔널가구(=).

섹션(section) : 단면·절단면 또는 마구리.

섹스파타이트(sexpartite) : 2개의 대각선 리브(diagonal rib)와 3개의 횡단 리브(tan-sverse rib)에 의해 6부분으로 나눈 리브볼트(rib vault).

센쟁이 : 선장이의 사투리.

센터(center) : ①조형적·디자인적으로 흥미·활동·감정에 초점이 맞추어진 지점이나 장소. 즉 중심(中心). ②공간적으로 실존적 공간의 제1요소.

센터링(centering) : 아치나 볼트를 축조하는 동안 받치는 목구조물.

센터크로스(center cross) : ①중앙에서 약간 교차시킨 스타일의 커튼. ②크로스 오버(cross over) 만큼 장식적이지는 않지만 프릴과 레이스·술 등을 달아 낭만적인 이미지를 만들 수 있음. ③중앙부의 고리를 교차시켜 드레이프를 고정시키지만 자석 고리를 사용하면 개폐할 수 있음.

센터테이블(center table) : ①대리석으로 만든 로마의 정원용 테이블의 변형. ②16세기에 조각을 하여 장식하는 것이 크게 유행하던 이탈리아 르네상스양식의 장중하게 조각된 나무가 받치고 있는 점이 특징. ③홀웨이(hallway) 또는 로비(lobby)나 라운지(lounge)의 한가운데에 놓이는 대형 테이블. ④형태는 삼각형·사각형·원형·ㄷ타원형 등이 있으며, 크기는 1,200×600㎜, 높이는 450~600㎜ 정도. ⑤리빙테이블·응접테이블(=).

센터테이블

센토(centaur) : ①말(馬)의 몸체와 다리를 가진 남성의 토르소(torus)상. ②그리스 신화에서 유래된 명칭으로 르네상스 이후 디자인에서 장식적 형태로 나타났음.

센트럴믹스트콘크리트(central mixed concrete) : ①레미콘 공장에서 완전히 믹서된 콘크리트를 애지테이터 트럭(agitator truck) 또는 트럭믹서(truck mixer)로 현장까지 운반하여 타설하는 콘크리트. ②레미콘 콘크리트(R.M.C concrete)의 비비기와 운반방식에 따른 분류의 하나.

센트럴플랜(central plan) : 4방향 모두 대칭이거나 거의 대칭인 중앙집중식 평면.

센티미터(centimeter) : ①미터의 100분의 1. ②0.3937인치와 같은 크기로 길이의 미터계 단위. ③건축에서 센티미터를 사용하는 것은 추천할 만하지 못함. ④단위기호는 ㎝.

셀(cell) : 그로인 볼트(groin vault) 또는 리브 볼트(rib vault)의 구성부재.

셀구조(-構造, shell structure) : ①콘크리트 구조의 일종. ②곡면판의 역학적 특질을 이용하여 하중을 지지할 수 있도록 만든 구조물.

셀라(cella[프]) : ①예배의 이미지가 보존되어 있는 고전 신전의 중앙실. ②그리스·로마시대의 신전 중심부인 사방이 둘러싸인 방. ③주로 의식을 위한 조상(彫像)이 서 있음. ④고대 그리스·로마신전의 안쪽에 위치한 성상(聖像) 안치소.

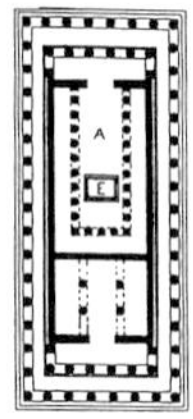
셀라

셀라레(cellare[프]) : ⇨셀라레테(=).

셀라레테(cellaret[프], cellarette[프]) : ①저장용 병들, 마개가 있는 병들, 우리 그릇들을 담기 위한 이동이 용이한 함(函)이나 상자·캐비닛. ②18~19세기에 널리 유행된 와인 쿨러(wine cooler)처럼 얼음을 채울 수 있도록 납판을 안으로 대고 술병과 디캔터(decanter ; 식탁용의 마개 있는 유리병)를 놓을 칸막이가 있는 휴대와 이동이 가능한 작은 목재 캐비닛 또는 술궤.

셀라레테

셀라이트(celite) : ①시멘트원료를 고온에서 소성시켰을 때 생성되는 광물. ②철알루민산사칼슘($4CaO \cdot Al_2O_3$)에 가까운 조성을 가지고 있어 통상 C_3AF의 약칭으로 통용. ③이 광물은 물과 반응하여 100㎈/g 정도의 수화열을 방출하며, 통상 보통 포틀랜드시멘트 속에는 약 10% 정도의 C_3AF가 포함되어 있고, 시멘트의 특징인 회색을 부여하는 특징을 가지고 있음.

셀라큐룰리스(sella curulis[그]) : ①선삭가공(旋削加工)의 환봉(丸棒) 다리를 가진 스툴이나 X자 형태의 구부러진 다리를 가진 스툴의 일종. ②고대 로마의 행정관 등 고관이 사용하던 권위적인 접는 X자형

의자. ③⇨바이셀리움.

셀렌 : ①평상시에는 무정형이며 결정상, 금속상의 동소체. ②토양 안에 수많은 화합물로 존재함. ③유리 착색제·안료·광전지·정류기·고무첨가제 등에 쓰임. ④만성중독 상태가 되면 피부·위장장애, 정신신경증상 등을 일으킴.

셀루어(celour[프], celure[프]) : ①침대 위의 장식이 있는 천개(天蓋, canopy). ②테스터(tester)가 세워진 곳에서부터 침대 뒤의 수직판. ③테스터·천개, 그리고 다른 커튼이나 걸개들로 이루어진 모든 것을 하나의 단위로 표현하기도 함.

셀룰로오스(cellulose) : ①목재 세포막의 주성분으로 강인하고 풍화(風化)에 견디며, 산으로 가수분해(加水分解)가 됨. 목재 속의 셀룰로오스 함유량은 40~50% 정도. ②목재 내의 셀룰로오스는 그 중합도(重合度, degree of polymerization)가 10,000~15,000이며, 원소조성은 탄소가 44.2%, 수소가 6.3%, 그리고 산소가 49.5%이므로 분자식으로 표시되며, 분자량은 162임. ③목재조직 내의 세포막에서 셀룰로오스 분자가 집합하여 결정구조를 형성하고 있으며, 형태학적으로는 셀룰로오스가 세포막의 골격물질 역할을 함. ④식물에서 추출한 불용성 잔분과 같은 성분으로 많은 합성제의 기초로 사용되는 섬유소. 면(綿)은 거의 순수한 섬유소로서 광범위하고 다양한 합성 건축자재의 제작에 사용됨.

셀룰로오스보온재(-保溫材, cellulose heat insulation) : ①셀룰로오스 파이버(fiber)에 단열재를 섞어 공기를 주입하거나 부어넣을 수 있는 상태로 제조한 것. ②밀도 0.03~0.05g/㎤, 열전도율 0.038㎉/m·h·℃ 이하, 흡수율 15% 이하, 안전사용온도 -45.6~82.2℃.

셀룰로오스섬유판(-纖維板, cellulose fiber board) : ①천연의 목질섬유 등을 원료로 하는 유기질 단열재료의 일종. ②특징은 내구성·발수성·방수성 등을 부여하기 위한 약품처리를 하여 만듦.

셀룰로오스접착제(-接着劑, cellulose adhesive) : 초산(醋酸) 섬유소를 원료로 한 접착제.

셀룰로이드(celluloid) : 열가소성 합성수지의 일종으로 초산섬유소 약 70%에 가소제(加塑劑)로 장뇌(樟腦)약 30%를 첨가하여 만든 초산섬유소 플라스틱.

셀룰러덱킹(cellular decking) : 전선이나 케이블의 통로를 만들기 위해 골이 진 철판과 평철판을 용접하여 만든 철제 덱킹.

셀티스(Celtis, Celtis philippinensis Blanco[학]) : ①인도네시아·인도·네팔·베트남·뉴기니·파푸아뉴기니·오스트레일리아 등 남태평양까지 분포. ②변재는 담색, 심재는 황색·황백색·황갈색이며 심변재의 구분은 불명확함. 목리는 교착하고 나무갗은 거치나 고운 수종도 있음. 생재시에는 악취가 남. 기건비중은 0.57~0.96으로 다양하며 수축률은 방사방향 1.6~1.18%, 접선방향 3.7~4.2로 적은 편이며 강도는 압축강도 384~588kg/㎠, 휨강도 595~1,140kg/㎠로 강한 편임. 내구력은 낮고 내마모성은 양호하며 건조·가공·접착·도장성은 보통, 약제주입성은 용이함. ③주로 합판·내장·플로어링 등에 사용.

셀프레벨링(self levelling) : ①슬래브 위에 바닥의 평활성을 유지하기 위해 모르타르를 묽게 하여 타설하거나 제물치장으로 시공한 것. ②평활한 표면과 상하층 울림 방지 등 단열 및 차음효과가 크므로 경제적이며 아파트 및 신·개축에 필요한 바닥 지하층에 평활한 표면, 상하층의 내화구조물 등에 사용됨.

셀프서비스(self-service) : 고객 스스로 서비스하는 것. 예컨대 패스트푸드 레스토랑(fast food restaurant)의 손님이 배선해치(hatch)에서 요리를 직접 받아들고 좌석에 와서 식사한 후 식기류를 각자가 반환하는 경우 등.

셀프서비스레스토랑(self service restaurant) : ①레스토랑 중 서비스에 의한 분류의

ㅅ

하나로 손님이 스스로 서비스하는 형식. ②주로 패스트푸드 레스토랑·런치룸·학교식당·식권식당·사원식당 및 오피스 빌딩의 지하식당 등 실용적 식당에 적용. ③손님은 배선해치(hatch)에서 요리를 직접 받아들고 좌석에 와서 식사함. 식후에는 식기류를 각자가 다시 해치에 반환하는 경우와 종업원이 가져가는 방법이 있음. ④음식의 선택이 자유롭고 가격이 저렴한 것이 특징. ⑤손님이 스스로 서비스하므로 고객의 동선계획이 중요하며 고객의 시설은 일반적으로 의자와 테이블로 구성되며 음료대를 설치.

셀프탭핑스크루(−類, self tapping screw) : ①나사못을 박을 때 암나삿니를 만들며 들어가도록 고안된 굵은 나삿니를 가진 나사못. ②태핑스크루(=).

셍제리(singerie[프]) : ①18세기 프랑스와 영국에서 널리 사용된 원숭이를 주제로 한 장식적 모티프. ②주로 중국식 모티프인 시누아즈리(Chinoiseries)와 함께 사용되었으며 벽화·직물·벽지 등의 디자인에 응용.

셔닐카펫(chenille carpet) : ①두 개의 직기로 짠 두껍고 부드러운 컷 파일(cut pile) 카펫. ②디자인과 색채·형식 또는 표면 파일형태와 두께가 다양하게 직조(織造)됨.

셔터(shutter, shutter door) : ①주름문으로 오르내리게 여닫는 철제문. ②슬랫(slat)이나 파이프(pipe) 등을 발 모양으로 결합하여 감거나 평평한 상태로 열리고 닫히는 문. 롤링 셔터(rolling shutter[영]), 롤링 도어(rolling door[미])라고도 함.

셔터문(−門, rolling door) : ⇨롤링도어·롤링셔터(=).

셔터블라인드(shutter blind) : 건물 내부에 태양열과 현휘가 생기지 않도록 하기 위해 인위적으로 또는 전기적으로 조절하는 외부 베니션 블라인드(Venetian blind).

셜랙(shellac, shellac) : ①랙을 정제하여 얇은 조각으로 만든 것으로 바니시의 원료. ②랙(lac) 분말을 변성 알코올로 정제해서 만든 스피릿 바니시(spirit varnish). ③알코올 용기에 담긴 랙충(lac蟲)의 부산물을 분해함으로써 만들어지는 액상 필름으로 목재나 다른 표면마감에 사용. ④주로 인도에서 생산되는 랙충(lac蟲)의 분비물(分泌物)을 알코올에 용해시킨 것. 셜랙의 농도에 따라서 4% 락 바니시, 3% 락 바니시라 칭함. 조건성(早乾性)·견경(堅硬)하고 광택이 있으나 내열·내광성이 없어서 마감용으로는 부적당하고 내장 또는 가구 등에 사용됨.

셜랙바니시(shellac varnish) : 셜랙을 알코올에 녹여 만든 투명도료.

셰드루프(shed roof) : 한 방향으로 경사진 평면으로 된 지붕.

셰들러돔(schwedler dome) : 위도(緯度)와 경도(硬度)의 선을 따르는 부재. 그리고 삼각형으로 분할하기를 완성하는 일련의 대각선들을 갖는 강철 돔.

셰라턴스타일(−様式, Sheraton style) : ①18세기 말 영국의 공예가 T. 셰라턴에 의해 대표하는 가구양식. ②아담양식 및 루이 16세 양식의 영향을 받아 고전주의를 기초로 한 단순하고 우아한 양식. ③18세기 말에서 19세기 초에 걸쳐 영국에서 유행한 가구양식으로 이름에서 따온 양식. ④셰라턴 가구의 특징은 헤플화이트(Hepplewhite)와 유사한 점이 많으나 곡선보다는 직선을 많이 썼으며, 전체적으로 수직선을 강조함. 의자에서는 선이 가늘어진 다리를, 등받이는 거의 수평을 이루는 상단 가로대를 또는 수직의 가는 재료가 지지하는 형식이 많이 사용됨. 셰라턴이 만들어낸 가구는 간결하고 품위가 있으면서도 기능적인 요소를 중시하고 있는데, 디자인적으로는 정리되어 있으나 전체적인 여유는 적음. 또한 우아하고 섬세한 선이 허용되고 있기 때문에 약간 가늘고 약한 인상을 줌. 크기가 작아 화장실이나 부녀자(婦女子)방에 많이 사용됨.

ㅅ

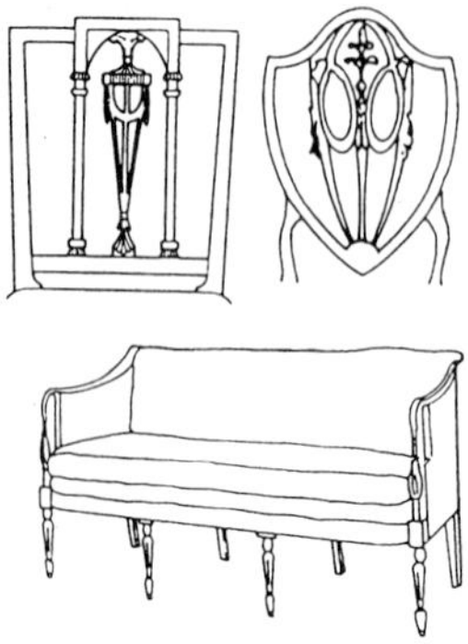

세라턴양식의 의자와 등받이

셰라톤스타일(Sheraton style) : ⇨셰라턴스타일.

셰르(chaiere[프]) : ①초기 르네상스의 키가 크고 중후하게 조각된 등받이와 팔걸이가 달린 궤(chest). ②고딕시대에서는 셰이에(cha-yere)라고 함. ③왕좌 같은 규모나 지주 및 한 집안의 가장을 위한 특별한 좌석으로 만들어졌음.

셰르

셰브런(chevron[프]) : ⇨셰브론(=).

셰브레(shevret[프]) : ①18세기 영국의 소형 필기용 테이블. ②상부 전면부에 경첩이 달려 젖혀지고 앞다리가 당겨져 패널을 지지하면 필기용 테이블의 상판이 됨. 상부에는 서랍이 있고 그 위에는 직사각형 선반이 있음. ③원래 루이 16세 시대의 디자인이 18세기 후반에 영국화된 것.

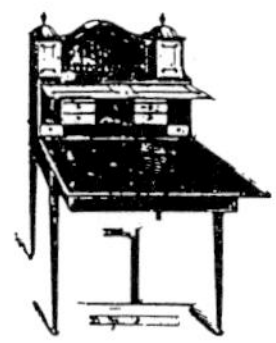

셰브레

셰브론(chevron[프]) : ①장식물에서 산형(山形) 또는 지그재그형 무늬. 두 개의 서까래를 교차한 형태에서 나온 용어. ②주로 로마네스크 건축의 몰딩에서 볼 수 있음. ③문장(紋章)이나 장식(裝飾)에 사용되는 V자형 패턴의 장식모티브. ④울퉁불퉁한 능직 또는 헤링본(herringbone) 직조는 갈지(之)자 효과를 주며, 천의 가로폭(across the width) 대 너비(wide)의 무늬로 만듦. ⑤지그재그 형태로 이루어진 로마네스크양식의 장식. ⑥⇨헤링본.

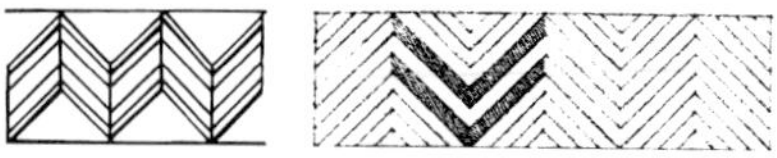

셰브론

셰브론형태(-形態, chevron form) : ①셰브론은 세 번째의 측면이 제거된 삼각형을 표현하는 대칭적인 'V'자 모양. ②테를 두를 수 있으며 위나 아래가 뾰족한 다양한 패턴으로 장식되고 반복될 수 있음. ③단독으로 또는 그룹으로 사용될 수 있음. ④아르데코시대에 폭넓게 사용되었으며, 가장 현대적인 건축물에까지도 항상 표면장식 속에 광범위하게 사용된 모티프.

셰브롱(chevron[프]) : ⇨셰브론(=).

셰이드(shade) : ①검정을 혼합하여 얻어지는 표준명도보다 명도가 낮은 암색조(暗色調). ②순색과 흑색의 혼합. ③검정이나 흰색을 첨가함으로써 만들어지는 색상의 명도. ④그늘이 있는 면. ⑤전등갓·윈도셰이드(=).

셰이드컬러(shade colour) : ⇨틴트컬러(=).

셰이빙테이블(shaving table) : ①치펜데일(Chippendale) 시기의 섬세하고 다양한 기능을 가진 화장대 겸 면도용 테이블. ②사이드 테이블(side table)용 상판·세면기·스프링으로 튀어오르는 거울·서랍과 그 외 수납공간 등이 부착됨.

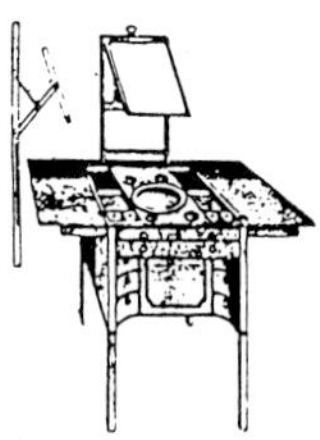

셰이빙테이블

셰이에아도르세레(chayers à dorseret[프]) : ①14세기 말에서 15세기 초에 사용된 고딕의 천개(天蓋)의자. ②주로 오크(oak)와 밤나무로 조각. 정교하게 금박되었고 색채로 강조. ③셰이에(chayer, chaire[프])는 육중하고 왕좌 같으며 의자의 배경은 주로 태피스트리(tapestry)로 되었음.

셰이즈아로피시에(chaise á l'officier[프]) :

①팔걸이가 달린 의자로 지금은 팔걸이가 없어졌지만, 앞 지주(front support)가 남아 있으며, 기병대 복장을 하고 있는 사람들이 사용할 것이라는 점에 착안해서 만들어진 것. ②이런 형태의 의자들은 나폴레옹 휘하에 점령되었던 당시 유행되던 양식의 군대가 전진하고 퇴각하는 장면을 생생하게 느낄 수 있게 함.

셰이커가구(-家具, Shakers furniture) : ① 18~19세기 초에 뉴욕주(州)와 후일에 뉴잉글랜드(New England)의 한 종교 교파인 셰이커(Shaker)교도들에 의해 만들어진 단순·간소하고 조각장식이나 금속장식·겉꾸밈 나무판이 없는 기능적인 디자인의 가구. ②벽에 걸어 놓거나 붙여 놓는 붙박이장(built in)이 특징. ③비록 단순하기는 하지만 기능과 목적에 부합하는 안정성에 바탕을 둔 진실한 미의 완성이라는 현대적 개념을 수용한 구성에 있어서 매우 우수한 가구임. ④셰이커교도들·셰이커퍼니처(=).

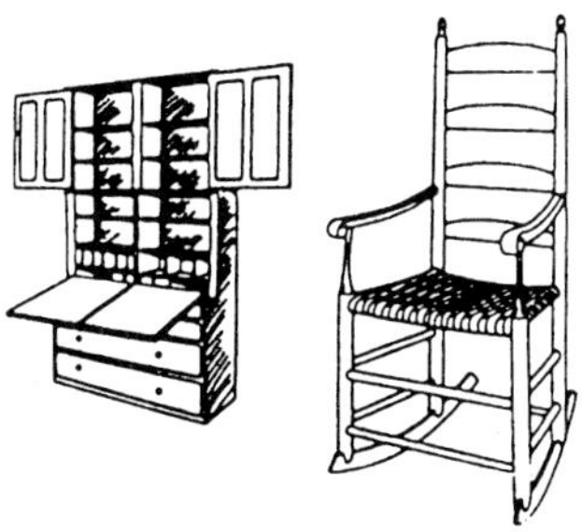

셰이커교도(-敎徒-, The Shakers) : ①셰이커 교파는 1747년 영국에서 창립되어 1774년 앤 리(Ann Lee : 1736~84)에 의해 미국에 소개됨. ②1825년경 독립적인 19명의 셰이커 교도들은 뉴잉글랜드·켄터키·오하이오와 인디애나에 자리 잡았음. 그들의 수는 19세기 말경에 점차적으로 감소하였고, 오늘날에는 단지 두 교단만이 남아 있음. ③셰이커 교도들은 남녀 모두의 자유와 동등권과 공동 소유권에 근거를 두고, 경제적으로 독립적인 교단을 설립하기 위해 세속적인 세계를 거부함. 그들은 자신들의 주거지에서 필요한 가구를 비롯하여 그들에게 필요한 모든 것을 생산하려고 했음. 그리하여 1852년부터 시리즈로 가구가 제작되었고, 그 가구를 팔아 수입의 원천으로 삼았음. 그들의 가구를 '자신들의 세계 밖의' 가구보다 더 완전하게 만들기 위해서 셰이커 교도들은 그들이 만든 모든 작품에 완벽을 기하려 하였음. 그들은 세 가지 신념을 가지고 있었는데, 첫 번째는 '미는 실용성임', 두 번째는 '어떤 것이든 디자인은 목적에 부합하여야 함.' 세 번째는 '불필요한 장식은 죄악임.'라는 것이었음. 이러한 그들의 신념은 그들로 하여금 사용 목적에 적합하고 단순한 디자인으로 제작하도록 했음. ④셰이커 교단에서 만든 최초의 의자는 지방 생산품과 별 차이가 없었지만, 곧 독특한 스타일을 개발했고, 19세기 마지막 4반세기 동안에는 기계제조의 도입을 통해 개발된 방법과 패턴을 이용했음. 그들의 디자인에 관한 첫 번째 카탈로그는 1874년에 출판되었고, 세 가지 유형의 의자-천을 씌운 의자·그물 등판의자·얇은 널빤지로 등판을 한 의자-를 광고했음. 그리고 이 의자들은 팔걸이·쿠션 또는 흔들의자식 막대를 부착하거나 또는 부착하지 않은 상태로 제작·생산했음. 그들은 때때로 벚나무나 자작나무를 사용하여 만든 의자에, 잘 건조시킨 단단한 단풍나무 기둥을 사용하여 견고하게 만듦. 그리고 10파운드가 넘는 대단히 큰 의자에도 가벼운 느낌을 주도록 하였음. 시트는 보통 등나무·골풀 또는 엮은 밀짚으로 만들었고, 대부분의 초기 의자들은 암적색으로 색칠되거나 엷은 빨강색과 노란색으로 채색. ⑤19세기 후반기의 의자들은 상업적으로 제조해서 팔았던 염료를 이용하여 마호가니나 오래된 호두나무와 유사하게 채색. 아마도 셰이커 교도들은 흔들의자를 제작하고 사용했던 최초의 미국인들이었을 것.

셰이커모던(shaker modern) : ①19세기 초

에 제작 사용된 셰이커 가구의 현대적 해석. ②특징은 단순하고 곧은 선, 완만하게 좁아지는 형태, 그리고 나무못 장식이나 장부맞춤 등. ③주로 단풍나무·벚나무 등이 사용. ④마감은 기름처리.

셰이커양식(-様式, Shaker style) : ①1774년 이후 셰이커 교도의 소박한 자급자족의 공동생활에서 발생한 유일한 미국의 독자적인 양식으로, 모던 디자인을 앞지른 듯한 단순한 디자인이 특징.

셰이커퍼니처 : ⇨셰이커가구(=).

셰즈롱(chaise longue) : ⇨셰즈롱그(=).

셰즈롱그(chaise longue[프]) : ①문자 그대로 '긴 의자'를 말함. 카우치의 형태로 발전된 베르제르(beregère) 또는 안락의자(armchair). ②17세기 프랑스에서 발전된 데이베드(daybed)의 변형으로 앉은 사람이 다리를 뻗어 기대거나 길게 뻗을 수 있는, 여분의 다리에 의해 지지되는 긴 좌석을 가진 팔걸이 의자. ③종류는 원형의 등받이가 있는 뒤셰스(duchesse), 원형으로 된 발이 있는 뒤셰스 앙 바투(duchesse en bateau), 좌판과 스툴로 구성된 뒤셰스 브리제(duchesse brisée)가 있음.

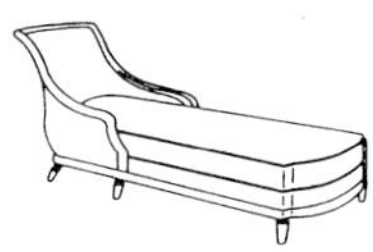
셰즈롱그

셰즈롱그바스큘랑트(chaise longue basculante[프]) : 르 코르뷔지에(Le Corbusier : 1887~1965)가 디자인한 가죽으로 씌워져 있는 강관구조의 휴식용 긴 의자.

셰즈뫼블랑트(chaise meublante[프]) : ①항상 벽 앞 한자리에 놓는 후면이 장식되지 않은 무거운 의자. ② 셰즈쿠랑트(⇔).

셰즈브리제(chaise brisée[프]) : 두 개로 된 긴 의자로 그 중 하나는 발을 올려놓고 쉴 수 있는 발판으로 사용.

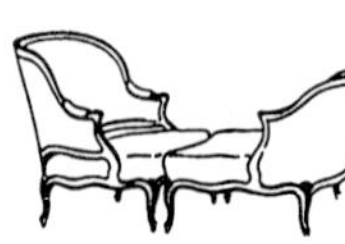
셰즈브리제

셰즈앙캐브리올레(chaise en cabriole[프]) : 18세기 등판이 팔걸이까지 부드러운 곡선으로 이루어진 천을 씌운 의자나 소파. 말이 끄는 이륜 2인승 포장마차인 캡(cab)에서 유래된 명칭.

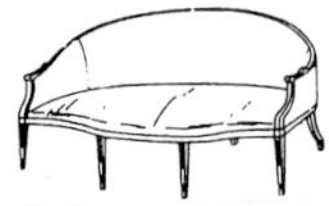
셰즈앙캐브리올레

셰즈쿠랑트(chaise courante[프]) : ①이동할 수 있는 가벼운 경량(輕量)의 의자. ②⇨셰즈뫼블랑트(⇔).

셰즈페르세(chaise percée[프]) : ①등받이가 케인(cane)으로 되고 들어 올리는 좌판 밑에 변기가 설치되어 있는 휴대용 화장실 의자. ②클로즈스툴·챔버체어(=).

셸(shell) : ①곡률반지름의 크기에 비교해 두께가 매우 작은 구부러진 판. ②스스로 지탱하는 얇게 만곡(彎曲)된 슬래브(slab). 플레이트(plate) 또는 막(幕)조직 등의 형태로 이루어진 구조물. 그것은 지탱하고 있는 하중에 따라 모양이 달라짐. ③종류는 기하학적 형태에 따라 ㉠정(正) 가우스곡률[곡면의 주곡률의 적(積)을 말함)을 가진 곡면]. ㉡영의 가우스 곡률을 가진 곡면. ㉢부(負)의 가우스곡률을 가진 곡면 ㉣정부(正負)의 가우스 곡률을 가진 곡면. ④주로 체육관·전시장 등의 대스팬의 지붕·구조물의 기초저유탱크 등·비행기·우주선·로켓의 동체·조개껍질 등에 응용됨.

셸구조(-構造, shell structure) : ①셸의 역학적 특성을 응용한 구조. ②외력이 주로

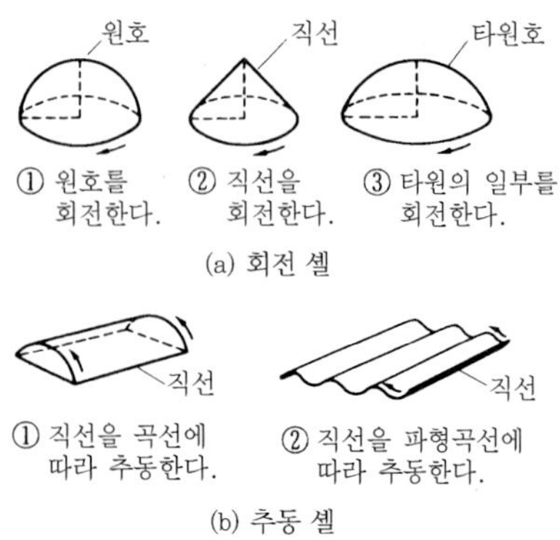

셸구조

면내력(面內力)으로 전달되기 때문에 가볍고 내력이 큰 구조물로 만들 수 있음. ③샬렌구조·각구조·곡면판구조(=).

셸락(shellac, shellac) : ⇨셸랙(=).

셸락 바니시(shellac varnish) : ⇨셸랙(=).

셸온도(-溫度, shell temperature) : ①내장기관을 둘러싸는 근육-피부온도. ② 코어 온도(⇔).

셸의자(-椅子, Shell chair) : ①영국의 데니스 영(Dennis Young)이 디자인한 조개껍질(shell) 모양의 의자. ②황마를 보강한 섬유비닐(fiber vinyl)에 열을 가하여 조개 모양으로 만듦. 의자 다리와 프레임은 강철로 만듦. ③라텍스로 시트의 쿠션과 머리 받침대를 만들고, 소믹(somic)섬유로 씌웠음.

셸프익스텐더(shelf extender) : ①진열선반에 장치되도록 소형으로 만들어져 전시 기능이 있는 POP. ②선반의 전면에 돌출되는 형태로 보통 진열선반에 놓이는 상품과 관련이 있는 상품의 판매를 위해 제공되는 경우가 많음.

셸프토커(shelf talker) : ①진열선반에 장치되어 손님에게 언어로 메시지를 전달하는 기능을 갖춘 것. ②주목성을 높이기 위하여 각종 장치를 하여 상품의 주변에 놓음.

셸프토커모션(shelf talker motion) : 셸프토커의 효과를 높이기 위하여 모터 등을 사용하여 움직임 요소를 더한 것.

셸핑크(shell pink) : ①조개의 안쪽과 같은 색. ②황색 기미의 연한 색(pale yellowish pink). ③먼셀기호 10R8.5/3.5.

솅크(shank) : 도리아식 프리즈(frieze, 小壁)에서 트리글리프(trigliph) 골 사이의 가늘고 긴 평평한 면.

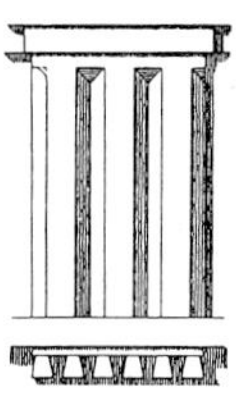

솅크

소각(燒却) : 특별히 고안된 폐쇄구조에서 폐기물을 연소시켜 처리하는 방법.

소각로(燒却爐) : ⇨소각장(=).

소각장(燒却場) : ①소각시키는 장소 또는 노(爐). ②소각로는 매연과 분진 및 여러 가지 기체 상태의 오염물질을 배출하는 근원이며 폐기물처리의 기본방법이 됨. ③고형폐기물의 연소는 수분증발, 휘발성 물질의 건류와 연소, 비휘발성 탄소의 연소 3단계로 이루어짐. ④효과적인 소각로의 설계는 충분한 체류시간·온도·산소의 혼합 등에 의해 이루어짐. 소각로의 형태는 상자형이나 원통형이며 이 속에 연료를 적재하고 공기의 공급을 조절하여 연소율이나 연소 정도를 조절하게 됨.

소경반자(-盤子) : 보통 일반 살림집에서 반자를 별도로 만들지 않고 도배지로 서까래까지 싸 바른 천장 또는 반자.

소괴(燒塊, clinker) : ①시멘트 원료를 구워낸 덩어리. ②도로 포장용의 단단한 벽돌. ③석탄 따위를 태우고 난 다음의 타지 않은 덩어리.

소구력(訴求力, solicitation) : ①작품이 주는 일종의 충격. ②포스터로 말하면, 상품 메시지를 강하게 호소하여 소비자의 반응을 구하는 힘.

소극적 공간(消極的空間, negative space) : ①둘러싸여 적극적으로 만들어진 내부공간에 반하여 자연스럽게 만들어진 외부공간. ②이 두 공간은 벽이나 담에 의하여 서로 교차함. ③ 적극적공간(⇔).

소극적 방향(消極的方向, negative direction) : 조작의 이동방향 중 그 방향으로 조작할 때 증가·강화 등이 일어나는 방향.

소극적 잔상(消極的殘像) : ①자극원(刺戟源)이 광선의 잔도(殘度)가 중등도(中等度)이고 노출시간이 5~7초일 때에 7초 정도 계속 일어나며, 자극과 반대성질의 명도(明度)나 색조(色調)를 가짐. ②부의잔상(=).

소극적 형태(消極的形態, negative form) : ①이념적 형태라 볼 수 있는 것. ②예컨대 크기를 갖지 않는 점이나 폭이 없는 선 따위. 소극적 형태는 독립적으로 표현될 수 없고 다른 적극적 형태에 의존함. ③네거티브·네거(=)·이념적 형태(⇔).

소기후(小氣候) : ⇨미기후(=).

소꼬(そうこ) : 일본 살림집에 딸린 창고·곳간.

소나무(Pinus densiflora S. et. Z[학]) : ①적송(赤松)·흑송(黑松)·오엽송(五葉松) 등 소나무과의 나무를 총칭하는 상록교목 침엽수. ②우리나라와 일본에 자생하는 수종으로 수직분포는 표고 1,300~1,800m 이하에 생장. 수고 35m, 흉고직경 1.8m에 달하는 상록침엽교목으로 수피는 밑동이 붉은 띠가 있는 암회색이나 상부에 갈수록 적갈색을 띰. ③변재는 황백색, 심재는 적갈색, 변재는 담황백색으로 심·변재의 구분이 분명함. 목리는 통직하고 나뭇결은 거칠며 가볍고 연하며 향기가 매우 강함. 기건비중 0.47, 전건비중 0.44, 수축률은 방사방향 4.88%, 접선방향 9.11%, 용적수축률 14.30%로 보통이며, 강도는 압축강도 430kg/㎠, 휨강도 747kg/㎠, 인장강도 885kg/㎠, 전단강도 104kg/㎠로 약함. 내구·접착·도장성은 보통이나 절삭가공이 양호하며 수습저항성이 큼. 건조속도가 빠르고 약제주입성은 비교적 양호함. 변재, 때로는 심재에 청변(靑變)이 나타나기 쉬움. 일반적으로 수지분이 많고 내구성이 뛰어나며 강인함. ④주로 건축재·가구재·기초말뚝 등에 널리 사용.

소노튜브(sonotube) : ①원통형의 압축수지로 된 원형기둥 거푸집의 대표적인 상표명.

소다(soda) : ⇨탄산소다(=).

소다석회유리(-石灰琉璃, soda glass) : ①주성분이 Na_2O이고 원료는 탄산나트륨 또는 황산나트륨 및 목탄코르크를 사용하여 '보통유리'라고도 함. ②주성분이 산성은 실리카(silica), 염기성은 소다 및 석회로 된 유리. 원료가 저렴하고 용해온도가 적당하기 때문에 창문유리·병·일반유리기구 등에 널리 사용. ③크라운유리(=).

소다유리(-琉璃) : ⇨소다석회유리(=).

소도구(小道具) : 표현하고자 하는 테마를 보다 이해하기 쉽고 선명한 인상을 주기 위하여 사용되는 보조물.

소독조(消毒槽, disinfecting chamber) : 정화조의 맨 끝 조(槽). 부패 및 산화를 거쳐 정화된 물에 약물을 떨어뜨려 소독하여 방류하는 부분.

소둔(燒鈍, anneal) : ⇨풀림(=).

소드베니어(sawed veneer) : ①각재의 원목을 얇게 톱으로 자른 단판(單板, veneer). ②결의 무늬를 좌우대칭 위치로 배열한 합판을 만들 때 효과적으로 사용. 아름다운 나뭇결을 장식으로 이용할 수 있음. 두께는 1~6㎜. ③특수한 톱을 사용하여 단판(單板)을 만드는 방법이며 원목의 연화처리가 필요 없음.

소란(小欄, bead) : ①본디 나무의 바탕을 파거나 가느다란 나무조각을 대서 턱이 지게 한 것. ②큰 부재로 짠, 한 구간에 잘게 구획하여 대는 가는 나무오리. ③소란반자·천장틀·양판틀 등의 가장자리에 장식적으로 쇠시리하여 대는 가는 테두리대. ④이음새 따위의 끝머리 등에 대는 가느다란 오리목. ⑤문지방이나 소반 등 가구에 나무를 가볍게 오려 붙이거나 본바탕을 파서 턱이 지게 만든 것. ⑥제 바탕에 파거나 또는 가느다란 장귀틀과 동귀틀로 울거미를 짜 네모반듯하게 만든 틀에 덧대어 턱을 지게 만든 것.

소란대(小欄-) : 소란목(=).

소란목(小欄木) : ①귀·모서리·테두리 등에 오려대는 작은 나무대. ②소란으로 쓰이는 목재. ③소란목(=).

소란반자(小欄盤子, coffer ceiling, coffering, compartment ceiling) : ①천장 또는 반자의 한 가지. ②천장 또는 반자를 정(井)자 여럿을 모은 것처럼 소란을 맞추어 짜고, 그 구멍마다 네모진 널조각의 개판(蓋板)을 얹어 만듦. ③울거미 안쪽에 가는 소란을 만들어 댄 것. ④청판을 받도록 하는 소란대가 있는 반자. ⑤천장이나 아치 따위의 안쪽에 만든 장식적인 오목한 부분. ⑥단위 오목판을 일정한 형식으로 반복하여 형성한 오목판 천장. ⑦단순한 몰딩으로 장식하거나 화려하게 꾸며진 보통 정사각형·팔각형 또는 마름모꼴로 천장이나 볼트에 우묵하게 들어간 박스 같은 패널로 반자틀의 정(井)자를 여럿 모은 것처럼 울거미 안쪽에 가는 소란을 만들어 대고 그 구멍마다 네모진 널조각의 개판을 얹혀 만든 천장. ⑧우물반자 격자 옆에 반자널의 갓둘레를 막은 반자판을 받도록 하는 소란대가 있는 천장. ⑨소란반자·등근천장·소핏천장·현란반자·우물반자·우물천장·화반자·목반자·천화판·조정(=).

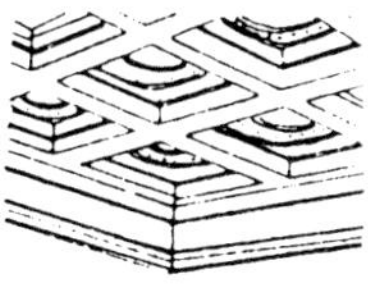
소란반자

소란천장(小欄天障, panneled ceiling, coffer, lacuna) : ⇨소란반자(=).

소량(小樑) : ⇨종량(=).

소렐시멘트(sorel cement) : ⇨마그네시아시멘트(=).

소려(燒戾) : ⇨뜨임질(=)

소로(小累, 小櫨) : ①장여나 공포재(살미·첨차·시서·익공 등)의 밑에 받쳐 괴는 네모난 부재. ②두공·첨차·제공·장여·화반 등의 사이에 틈틈이 끼우는 네모난 사각재. ③공포(栱包)의 구성재로 주두와 유사한 형태이나 그보다는 작은 부재. ④첨차(膽遮)의 상단에 위치하여 다시 첨차를 받쳐 주는 역할을 함. ⑤최상단의 도리(道理)를 지지함. ⑥첨차·장여·화반 따위를 괴는 데 쓰는 네모난 토막나무. ⑦주두와 같은 모양으로 공포의 첨차와 첨차, 살미와 살미 사이에 놓여서 각 부재간을 연결하고 각 부재를 타고 내려오는 하중을 골고루 밑으로 전달해 주는 역할을 하는 부재. ⑧소로는 여러 가지로 불리다가 19세기 이후 소로(小累)로 통일됨. '소로'는 순수한 한글 발음 명칭임. ⑨종류는 행소로(行小累)·단갈소로(單乫小累)·양갈소로(兩乫小累)·사갈소로(四乫小累, 일명 廳小累)·대첩소로(大貼小累)·팔우소로(八隅小累)·건소로(件小累) 등이 있음. ⑩작은두공·접시받침(=).

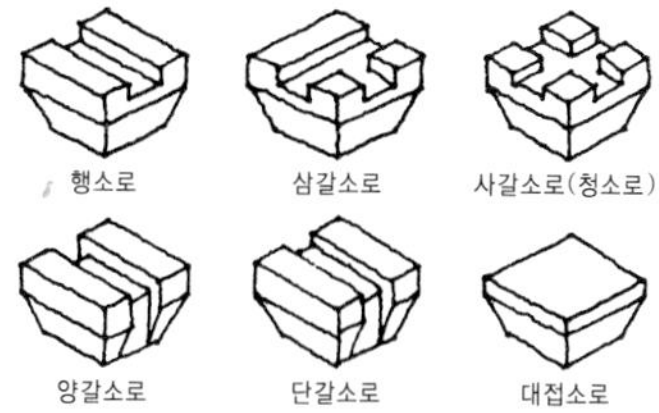

소로의 종류

소로굽(小累-) : 빗깎거나 둥글게 굴려 도려낸 소로의 아랫부분.

소로받침(小櫨-) : 창방(昌枋)과 장여(長欐) 사이에 일정한 간격으로 두어 서로 다른 부재가 만나 생기는 뒤틀림을 방지해 주며 주택의 입면에 장식적 효과를 줌.

소로받침집 : 소로 받침으로써만 된 집.

소로수장집 : ①도리와 장여 밑에 소로받침을 한 집. ②민도리집이나 익공집에서 창방 위에 소로를 놓아 도리 밑의 장여를 받치고 있는 주택. ③상류주택에 많이 나타남. ④한규설 대감집 사랑채 등이 실례. ⑤구조에 의한 전통민가 유형의 하나.

소로아귀(小累口) : 소로에 첨차나 살미를 끼우기 위해 깎아낸 부분.

소루(小累) : ⇨소로(=).

소리(音, sounds) : ①일반적으로 물리적 음향과 음향감각을 함께 지칭하는 의미. ②인간공학적으로는 물리학자들이 정의하고 측정한 음의 순물리적인 성질. ③소리에 대한 청각계통의 반응 등 주관적인 부분을 청각(聽覺, hearing)이라고 함. ④음(=).

소리의 삼요소(音-三要素) : 물리적 의미에서 소리가 갖는 3개의 물리량인 진동수, 강도 또는 음량, 계속시간.

소리의 식별법(音-識別域) : ①인간의 귀가 소리를 들을 수 있는 능력의 한정범위. ②사람의 귀로 들을 수 있는 범위는 보통 20~20,000cycle/sec의 진동수 범위.

소리의 크기 : ①소리의 강도에 가장 밀접하게 관련되어 있는 청각. ②소리의 크기를 정하는데 폰(phon)·손(sone)·감각의 크기(sensation level) 등의 3가지 단위가 사용. ③폰(phon)은 1,000c/s의 정현판을 기

준으로 하고 1손(sone)은 1,000c/s의 40 dB 강도의 소리를 말함.

소마거지 : 소매걷이(⇨)에 대한 북한어.

소매가격(小賣價格, retail price) : ①일반적으로 권장소매가격과 같은 의미. ②고객에게 제시하는 가격.

소매걷이 : 네모기둥에 내려짜는 보와 보머리가 기둥 폭보다 굵을 때라도 기둥머리가 좌우에서 살아나 보이도록 보머리를 굴려 깎는 기법.

소맷돌(隅石) : ①돌계단의 난간. ②속초 신흥사 극락보전의 소맷돌은 용두용신으로 마감하고 바깥면에는 귀면형태의 나어두와 삼태극 및 비운문문양을 양각하고, 위아래로 안상대를 둘렀음. ③우석(=).

소멸진동수(消滅振動數) : ①빛을 반복하여 점멸(點滅)했을 때 연속된 광선처럼 보이는 한계의 진동수. ②섬광(閃光)이 강해짐에 따라, 또 점멸 사이클 중에서 불이 켜져 있는 시간의 비율이 감소함에 따라 증가함. ③빛이 강하면 50~60cycle/sec에 달함. 켜지거나 꺼져 있는 시간이 같이 1초씩 10회 점멸하는 빛은 같은 도수(度數)의 광선 두 배 정도로 느껴짐.

소목장(小木匠, joiner) : ①가구나 창호, 뒤주 따위를 만드는 목수. ② 소목쟁이(=).

소목쟁이 : ⇨소목장(=).

소몽(saumon[프]) : ⇨샐먼핑크(=).

소방전(小方塼) : 직사각형의 작은 벽돌.

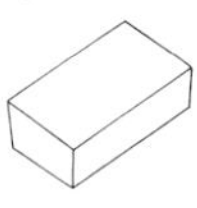
소방전

소벽(小壁, frieze) : ⇨프리즈(=).

소벽가로대(小壁-帶, frieze rail) : ⇨소벽패널.

소벽돌(燒壁瓦) : 1급 벽돌로서 소도(燒度)가 양호하며 두드리면 청음이 나고 빛깔은 검붉은 색이며 일반구조용·치장용으로 많이 사용.

소벽패널(小壁-, frieze panel) : ①문의 전면을 여러 장의 패널로 구분한 양판문에 있어서 가장 윗부분의 패널. ②가장 위 패널을 구성하는 가로대는 소벽 가로대(frieze rail)라고 함.

소벽패널

소변기(小便器, urinal) : 남자가 소변 볼 때 사용하는 수세식 기구.

소부(燒附) : ⇨소부도장(=).

소부도장(燒附塗裝, backed finish) : ①주로 철판 위에 페인트나 바니시를 도장한 후 고온에서 구워내는 마감처리방법. ②특징은 도막이 강하고 내구성이 큼.

소부형 에폭시수지도료(燒附形-樹脂塗料, baked epoxy resin paint) : ①에폭시수지에 아미노수지 등을 Blending해서 소부에 의해 중합도막을 형성하는 금속용 도료. ②부착성·내약품성·경도가 우수하여 알루미늄 등의 경금속과 도금제품에 사용함. ③소부온도는 통상 150~160℃ 정도로 수지도금 등에는 불가능함. 또 내후성을 요구하는 경우에는 Primer의 용도로 한정 사용함.

소부형 폴리에스테르수지도료(燒附型-樹脂塗料, baked polyester resin paint) : ①폴리에스테르수지와 아미노수지로 구성된 금속용 도료. ②알루미늄이나 아연 등의 경금속에 대한 부착성이 좋으며, 우수한 유연성(可撓性)을 발휘하므로 알루미늄제 Blind 등의 Coil Coating 등에 사용됨.

소비성향(消費性向, propensity to consume) : ①소비율이라고도 하며, 소득은 지출면에서 소비와 저축으로 나뉘는데 소득에 대한 소비비율을 소비성향, 저축비율을 저축성향이라고 함. ②이 비율은 소득의 다소·계층에 따라 소비 또는 저축에 대한 심리적 경향을 나타냄. ③일반적으로 소득이 증대됨에 따라 소비도 증대되는데 소비가 증대되는 비율은 소득이 커짐에 따라 적어지는 경향이 있음.

소비자 의사결정과정(消費者-意思決定過程) : 과정은 문제의식·정보탐색·대체안의 평가·선택과 구매행동·구매결과의 5단계로 진행. ①문제의식 단계 ; 문제란 소비자가 기대하는 바람직한 상태(ideal state)와 소비자가 느끼는 현실상태(actual state)와의 차이가 일정한 수준보다 더 커질 때 구매의 동기(motive)가 활성화되기 시작함. ②소비자의 개인적인 기억을 더듬어가는 내적탐색(internal search)과 판매원·광고·친구·전문가의 자문 등과 같은 외적탐색(external search)으로 구분할 수 있음. ③탐색된 정보를 바탕으로 여러 대체안(代替案)들의 장·단점을 평가하게 됨. ④구매와 관련된 상황에 따라서 구매선택이 달라질 수 있음. 예기치 못한 상황(unexpected circumstances)뿐만 아니라 예측할 수 있는 상황(anticipated)도 구매선택에 영향을 줄 수 있음. ⑤선택한 결과가 기대했던 수준만큼 만족스러운 정도가 평가되어 다음의 구매에 중요한 영향을 미치게 됨(feedback).

소뿔형 다리버팀대(−形−臺, cow horn str−etcher) : 활모양의 곡선 가로대는 앞다리로, 곡선 가로대에서 뻗어나간 짧은 직선 가로대는 뒷다리로 연결하는 다리 버팀대.

소서돔(saucer dome) : 구(球)의 활 모양을 한 돔으로 아치 굽선 아래에 그 중심점이 있음. 받침접시형 돔은 외부 하중에 특히 민감함.

소석고(燒石膏, burnt gypsum, plaster of paris, hemihydrate plaster, casting plaster, $CaSO_4 \cdot \frac{1}{2}H_2O$) : ①석고원석(二水石膏)을 180~190℃로 소성(燒成)한 후 미세분으로 만든 석고. 이것을 다시 500℃까지 소성하면 무수석고(無水石膏, anhydrous gypsum : $CaSO_4$)가 됨. ②무수석고는 경화력이 약하므로 여기에 명반·붕사·규사·점토를 소량 가하거나 불순석고를 가하여 다시 고온(500~1,000℃)으로 소성하면 경화성이 부활된 경석고(硬石膏)가 됨.

소석회(消石灰, hydraulic lime, slaked lime [$Ca(OH)_2$]) : ①생석회에 물을 부어 소화시킨 것. ②보통 석회라고 하면 소석회를 말하는 것으로 화학적으로는 수산화칼슘[$Ca(OH)_2$]임. 천연산 탄산석회석인 석회암·굴·조개껍질 등을 하소(煆燒)하여 생석회(剛灰 ; CaO)를 만들고, 여기에 물을 가하면 발열하며 팽창·붕괴되어 수산화석회, 즉 소석회가 됨. 이렇게 만든 소석회를 분쇄기로 가늘게 분쇄한 것이 미장용 소석회. 생석회에 가하는 물이 소량이면 분말 소석회가 되고 다량일 때는 가소성(可塑性)의 석회죽(石灰泥 ; 석회크림)이 되는데, 이 작용을 소화(消化)라 하고 전자를 건식소화법, 후자를 습식소화법이라 함. 소화과정에서 발생하는 열이 물에 흡수되어 저온소화가 되므로 가소성이 풍부한 소석회가 되고 충분히 소화가 되므로 일반적으로 습식소화법이 좋음. 조개껍질을 원료로 하는 굴회·조개회라 하는데, 이는 질과 순도가 높은 고급석회로서 일반석회와 혼용하면 균열을 방지하는 데 효과적. ③석회·수산화칼슘(=).

소석회경화(消石灰−硬化) : 기경성이(氣硬性) 있어 물로 반죽하여 벽에 바르면 건조하면서 굳어지는데 공기 중 CO_2를 흡수하여 석회석 성분으로 변함.

소성(塑性, plasticity) : ①외력을 제거하여도 재료가 원상(原狀)으로 돌아가지 않고 변형된 그대로 남아 있는 성질. ②탄성(⇔).

소성변형(塑性變形) : ⇨소성에 의한 변형(=).

소성벽돌(燒成甓乭, burnt brick) : 수경(水硬) 또는 햇볕에 말리지 않고 필요한 강도와 성질을 갖도록 하기 위해 일정한 온도에서 소성한 벽돌.

소성체(塑性體, plastic body) : 소성의 성질을 가진 물체.

소소와(素燒瓦) : ①저급점토를 원료로 900~1,000℃로 소소하여 만든 기와. ②흡수율이 커서 비실용적인 붉은 기와(赤瓦).

소쇄원(瀟灑園) : ①사적 제304호, 1520년경 창건, 전남 담양군 남면 지곡리 123에 위치. 조선조 중종 때 양산보(梁山甫)가 경영하던 별서(別墅)정원. ②양산보의 사돈인 하서 김인후가 당시 소쇄원을 보고 쓴 48수의 시제인 소쇄원 48영이 있으며, 소쇄원에 대한 송시열의 수필본을 1755년에 판각한 소쇄원도가 전해지고 있으나 얼마전 도난당함. ③목판의 정원 그림에는 약

ㅅ

2,000여 평의 계곡 주변에 조성된 소쇄원에는 입구에 투죽위교라는 목교가 있고, 황금정, 작은 지당(池塘), 제월당, 고암정사(鼓岩精舍), 부훤당(負暄堂), 광풍각, 오곡문, 죽림재(竹林齋), 소정(小亭) 등 건물이 있음. ④소쇄원의 생활공간적 기능은 애양단 구역의 전정(前庭)과 광풍각 구역 계정(溪庭)으로 구분함. 광풍각 구역은 애양단 구역과 함께 소쇄원의 가장 중심적인 옥외생활공간이며 가장 낭만적인 위락공간임. 그래서 제월당 구역(안마당)을 사적 공간, 이 두 구역(앞마당과 냇가 공간)은 공적 공간이라 할 수 있음. 안채와 살림채의 구성관계로 말할 수 있음.

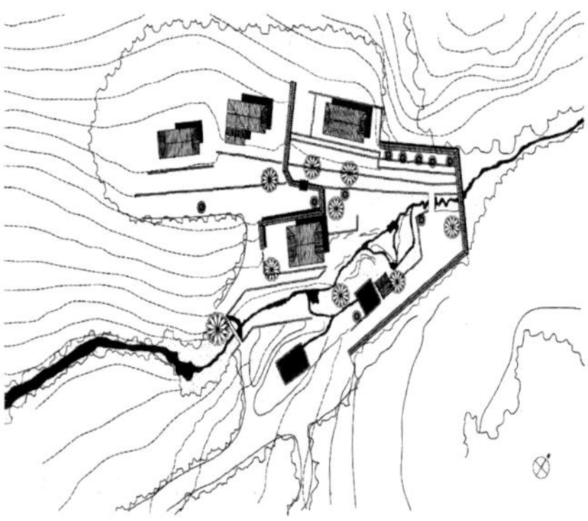

소쇄원 배치도

소슬 : ⇨솟을(=).

소슬금

소슬금 : 단청문양의 일종.

소슬대공 : ⇨솟을대공(=).

소슬대문(-大門) : ⇨솟을대문(=).

소슬꽃살문

소슬빗꽃살문(-門) : 소슬빗살문 문살 위에 다시 여러 가지 꽃이나 추상적인 무늬를 새겨 장식성을 한층 더 높인 것.

소슬빗살문(-門) : ①빗살문에 장살(수직살)을 첨가한 것. ②빗살문보다 복잡한 형태를 갖추고 있음. ⇨소슬삼문·소슬대문(=).

소슬삼문

소슬살문 : 소슬빗살문 문살문.

소슬살문

소슬화반(-花盤) : ①포와 포 사이의 포벽에 人자형으로 장여 중간을 받치는 부재. ②고구려 건축과 통일신라시대에 사용.

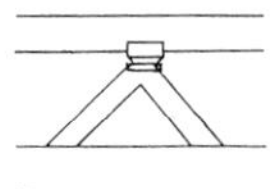

소슬화반

소시지형 선반가공재(-形旋盤加工材, sausage turning) : 길쭉한 형태가 계속 연결되어 소시지처럼 보이는 선반가공부재.

소실적(消失跡, vanishing trace) : 동일하거나 나란한 면에 있는 멀어지는 평행선들 모두는 선형 투시도(linear perspective)에서 모이는 것으로 보이게 되는 선.

소실점(消失點, vanishing point) : ⇨소점(=).

소예배당(小禮拜堂, galilee) : ⇨갤릴리.

소요등수(所要燈數) : 소요조도(lx)×바닥면적을 램프광속(lm)×조명률×보수율로 나눈 값. 즉

$$\frac{\text{소요조도(lx)}\times\text{바닥면적}}{\text{램프광속(lm)}\times\text{조명률}\times\text{보수율}}$$

소요시간(所要時間, duration) : 네트워크 공정표 용어의 하나로 작업을 수행하는 데 필요한 시간.

소요조도(所要照度, needed illuminance) : 사용목적 또는 작업내용에 따른 필요한 조도. 조도는 사용목적이나 작업내용에 따라 밝기가 서로 다름.

소요조명기구수(所要照明器具數) : ⇨소요등수.

소용돌이곡선문양(-曲線文樣, scroll, scroll pattern, cartouche[프]) : ①나선형의 곡선을 모티프로 한 소용돌이장식. ②연속되는 경우와 이오닉 주두와 같이 곡선이 달리는 경우가 있음. ③볼루트(volute ; 소용돌이장식)와 거의 같은 의미이나 S자

형 곡선과 이중 나선형이 다양하게 변형되어 연속적인 장식이나 끝장식에 사용됨. 원래는 종이나 파피루스(papyrus) 등으로 된 두루마리 모양의 책을 의미하였으며 이와 유사하여 붙여진 명칭. ④'나선형 문양' 또는 '나선형 장식'이라고 함. ⑤동양의 두루마리 그림을 픽처 스크롤(picture scroll)이라고 함.

두리마리 문양

소용돌이곡선장식(－曲線裝飾) : 소용돌이형태로 구성된 장식적 몰딩 또는 이오니아식 기둥머리(柱頭)나 콘솔에 있는 'S'곡선의 소용돌이 장식을 갖는 끝부분.

소용돌이 곡선장식

소용돌이까치발(console) : ⇨콘솔(＝).

소용돌이꼴(volute, swirl) : ⇨볼루트(＝).

소용돌이마감(swirl finish) : 굳지 않은 콘크리트나 플라스터의 표면에 흙손으로 돌려가며 문질러서 반복문양이 생기도록 한 마무리.

소용돌이욕조(－浴槽, whirl pool) : 치료나 휴식용으로 사용되는 물결이 교류되거나 소용돌이치는 설비를 갖춘 욕조.

소용돌이욕조

소용돌이장식(過形裝飾, scroll, volute) : ⇨소용돌이곡선 문양·볼루트(＝).

소용돌이장식

소용돌이형 다리(過形－, scroll leg) : 바로크시대의 테이블이나 가구받침대(stand)에 주로 쓰인 S자나 C자 형태의 다리.

소용돌이형 다리

소용돌이형 몰딩(－形－, scroll moulding) : 주로 돌림띠(cornice) 장식이나 물끊기가 필요한 위치 및 장소에 사용된 소용돌이 또는 두루마리 형태의 몰딩.

소용돌이형 박공장식(螺旋形朴工裝飾) : ⇨스크롤페디먼트(＝).

소용돌이형 발(－形－, scroll foot) : 가구의 발이 바깥쪽으로 휘면서 바닥에 닿는 부분에서는 안쪽을 향해 소용돌이 모양으로 말려 들어간 형태의 발.

소용돌이형발

소용돌이형 팔걸이(－形－, scroll arm) : 의자나 소파의 목재 팔걸이가 아래로 향하거나 또는 밖으로 향해 나선형 또는 소용돌이형을 이루는 팔걸이.

소원파(素元波) : ①파동(波動)이 도달한 모든 점(點)이 그 시각부터 하나의 파(波)의 원(源)으로 되어 사방으로 보내는 새로운 파(波). ②⇨하이겐스의 원리.

소음(騷音, noise) : ①라틴어의 'Mausea(속이 메스꺼움)'가 어원(語源)으로 청취를 방해하거나 귀찮고 귀에 거슬리는 원하지 않은 음을 총칭. ②좀 더 명확한 개념은 주어진 작업의 존재나 완수의 정보적인 관련이 없는 청각적 자극. ③소음의 종류는 간헐적 소음과 연속적 소음으로 분류. 또는 전자적으로 발생하는 백색소음(white noise)과 순수소음(테이프·레코드 기계 소음), 사무실 소음과 로켓 소음(음악·횡설수설하는 소리) 등이 있음. ④특히 작업성능에 대한 소음의 영향으로는 ㉠특정한 의미가 없는 일정소음이 90dB(A)을 초과하지 않을 때는 작업을 방해하지 않는 것으로 간주함. 따라서 작업장에서는 소음을 90dB(A타입 ; 사람의 청력에 맞춘 소음측정 기준) 이상이 되지 않도록 하거나 그 이상일 때에는 작업시간을 8시간 이하로 줄여야 함. ㉡불규칙한 폭발음은 일정소음보다 더욱 위험함. 불규칙한 폭발음이 90dB(A) 이하이더라도 종종 작업을 방해함. ㉢1,000~2,000+12 이상의 초고주파 소음은 저주파 소음보다 크게 작업방해를 야기함. ㉣소음에 대한 총작업 성능의 변화는 없는 것으로 보이나 큰 소음레벨은 작업성능의 가변성을 증대시킴. ㉤소음은 총작업량의 저하보다 작업의 정밀도를 저하시키기 쉬움. ㉥복잡한 작업은 단순작업보다 소음에 의해 나쁜 영향을 받기 쉬움. ㉦110dB－불쾌감, 132dB－간지럽다, 140dB－통증, 150dB－파괴. ㉧기계·기구·시설 기타 물체의 사용으로 인하여 발생하는 강한 소리. ㉨40dB 정도부터 인체에 영향을 미치기 시작하여, 70dB 정도면 말초혈관에 수축반응이 일어나며, 80dB 정도에 청력손실에 직접 영향을 줌. 대체로 평균 소음도가 70dB 이상이면 주거지역으로는 부적합함.

소음감소계수(騷音減少係數, NRC ; Noise Reduction Coefficient) : ①실내 표면재료가 소리를 흡음하는 능력을 나타내는 수치. ②그 흡음되는 소리의 백분율로 제시됨. ③딱딱한 재료는 NRC가 낮고, 흡음력이 좋은 재료는 높은 수치를 갖는데 최고 수치는 약 90에 달함.

소음감소율(騷音減少率, noise reduction coefficient) : ①어느 음향재료의 250, 500, 1,000, 2,000㎐에서의 흡음률의 평균값. ②0.05를 단위로 하여 그 배수값으로 나타냄. ③주로 소음을 감소시키기 위해 사용하는 재료를 비교할 때 사용.

소음계(騷音計, sound level meter) : ①음압레벨을 측정하기 위한 전기적 기구. 음이 입력되면 무지향성 압력형 마이크로폰에서 음압을 전기신호로 변환하고 보정회로를 통해 신호의 실효치를 디지털이나 아날로그로 표시하는 음압레벨장치. ②인간이 주파수별로 음의 크기를 상대적으로 다르게 느끼는 것을 보상하기 위해 A·B·C·D 4가지 청감보정회로가 내장되어 있음. 이 4가지 청감보정회로들은 주파수별로 측정치에 가중치를 부여하고 합산하여 결국 한 개의 측정값을 줌. dB(A)를 단위로 하는 A 청감보정회로가 가장 일반적으로 사용되는데, 이는 이 보정회로가 적정한 소음 레벨에서 인간의 귀가 느끼는 것처럼 측정하기 위해 저주파수 대역(帶域, band)을 차별화하여 보정하기 때문임.

소음공해(騷音公害) : ①소음에 의해 상당한 범위에 걸쳐 인체 혹은 동물에 심리적 장애를 주는 공해. ②작업 능률을 저하시키거나 생활에 지장을 주는 공해. ③소음공해는 인간의 감각과 관련된 것임. ④소음은 일상생활에서 가장 많이 느끼는 공해 문제로 사람들의 정서에 강한 영향을 미치며 소음에 오랫동안 노출되면 불안·초조·신경장애·불면증·식욕감퇴·정서불안·청각손실 등의 건강장애를 초래하기 때문에 보이지 않는 살인마라 함. ⑤환경관련 민원에서 60%를 차지하는 것이 소음임. 그중에서 공장과 산업시설이 80% 이상을 차지하고 있는데도 소음을 줄이기 위한 투자와 제도는 매우 부족함. 아예 기준이 없는가 하면 피해보상의 근거도 없음. ⑥독일의 경우 소음에서 발생하는 사회적 비용을 GNP의 2% 정도라고 분석하고 있으며 프랑스는 약 4억 달러를 소음대책비로 투자하고 있음. 대도시치고 소음기준치를 넘지 않는 곳이 없음.

소음기(騷音器, sound level meter) : 발생하는 소음을 흡수하는 장치.

소음레벨(騷音－, noise level) : ①음원으로부터의 파워 레벨(power level)에서 수음점(受音點)에 도달하는 과정에서의 감쇠를 뺀 것. ②소음계로 측정한 음압 레벨을 말하여, 단위는 폰(Phon)을 쓰고(국제적으로는 dB로 나타냄), A, B, C의 3가지 특성으로 나뉘어 있음. 레벨 측정에서는 A특성을 쓴 측정이 많고, 표시할 때는 폰(A)라고 함.

소음성 난청(騷音性難聽) : ①소음으로 인해 귀에 이상이 생기는 난청. ②강한 소리가 나면 일시적으로 난청이 생길 수 있는데, 대개 소음에 노출된 지 2시간 뒤쯤 생기고 하루 작업이 끝날 때쯤 소리가 잘 안 들리는 것을 느끼게 됨. ③이 것은 귀의 신경이 일시적으로 피로해서 생기는 현상이고 12시간 내지 24시간 정도 지나면 회복됨. 이러한 일시적인 난청이 계속 반복되면 결국 회복되지 않는 영구적인 난청이 됨. ④직업성 난청(=).

소음수준(騷音水準) : ①소음의 크기 레벨. 음에너지를 주파수로 보정하여 인간의 청각에 맞게 한 척도. ②미국에서는 데시벨(decibel, 약칭 dB)로 표시.

소음원(騷音源, noise source, source of noise) : 소음을 내는 근원이 되는 것을 총칭하는 용어.

소음의 영향(騷音-影響) : ①사고·결근·비효율성·수면방해·정신질환·초조감·동맥수축·불쾌감·청력손실·심장의 고동증가·눈동자 팽창·위궤양·척수뇌막염·알레르기·시력감퇴·무의식적인 방뇨·긴장·현기증을 일으켜 심장병·정신병이 원인이 됨. ②수면방해(숙면방해·수면의 중단)·회화방해(회화의 전달방해·시청각청취방해)· 정서안정의 방해(초조감·불쾌감·놀람)·생리기능에 미치는 영향(청력손실·소화불량·혈압상승·구토·두통 등) 등.

소음의 종류(騷音-種類) : 건축적으로 문제되는 음으로는 바닥충격음(impact sound)이나 급·배수음으로 대표되는 고체전파음(solid-borne sound)과 사람의 말소리나 TV·라디오의 음과 같은 공기전파음(air-borne sound)이 있음.

소음장애(騷音障碍) : ①소음의 영향으로 인한 심리적·생리적 변화. ②소음장애는 개인차도 있고 이해관계 등이 얽혀 매우 복잡함. 예컨대 하이파이 장치에서 흐르는 소리도 음악을 싫어하는 사람에게는 고통이 되며, 좋아하는 사람에게는 매우 시끄러운 소리라 할지라도 목적에 따라 유쾌하게 느껴지기도 함. ③소음장해로는 공중전화의 청취를 방해하는 것, 일이나 학습 능률을 저하시키는 것, 생리적인 장해를 일으키거나 휴양 또는 수면에 방해가 되는 것 등이 있으며 인간의 생활에 나쁜 영향을 줌. 인간뿐만 아니라 가축에게도 해를 끼쳐 닭이 알을 낳지 못하게 된다거나 젖소가 젖을 생산하지 못하게 되는 사례가 있음.

소음장해(騷音障害) : 소음의 영향으로 인한 생리적·심리적 병적 증세.

소음전달등급(騷音傳達等級, STC ; Sound Transmission Class) : ①소리의 전달을 막아주는데 그 재료나 구조가 얼마나 효율적인지를 나타내 주는 수치. ②STC가 낮으면(15~20) 소리의 전달을 제대로 막지 못하고 있음을 나타내고 수치가 높으면(40~60) 우수한 방음효과를 나타냄.

소일콘크리트(soil concrete) : 현장의 토사(土砂)에 시멘트와 물을 가하여 비빈 콘크리트.

소입(燒入, quench) : ⇨담금질(=).

소재(素材, materials) : ①디자인의 기본적인 요소 또는 이를 충족시킬 수 있는 재료. ②구축물을 구성하거나 구축물에 사용되는 재료. 실내에 사용되는 재료는 재료에 대한 지식을 올바르게 이해하고, 공간의 성격이나 사용 부위 및 사용 목적 등에 적합한 소재를 선택해야 함. 실내디자이너는 재료에 대한 완벽한 지식을 가지고 각각의 재료가 갖는 특성에 따라 알맞은 사용 부위나 위치를 선정하여 사용함. 특히 신소재에 대한 정보 입수와 재료 파악을 해야 함.

소점(消點, vanishing point ; VP) : ①선형 투시도에서 멀어지는 평행선이 모이는 것으로 보이는 점. ②선들에 나란한 시선이 화면을 교차하는 점에 위치함.

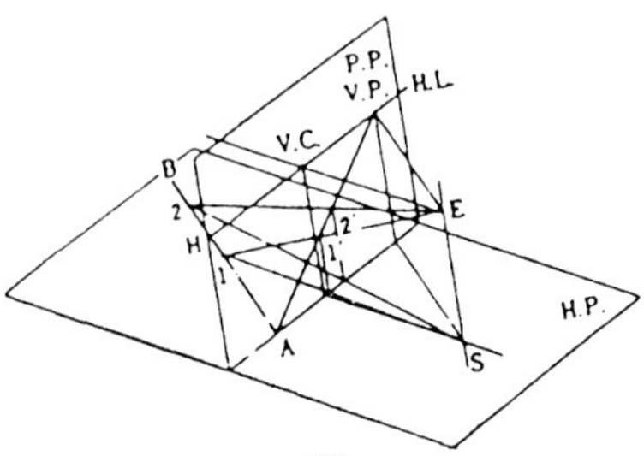

소점

ㅅ

소첨(小檐) : ⇨소첨차(=).

소첨차(小檐遮) : 주두 위 또는 출목 쇠서위에 가로대는 짧은 첨차로서 그 위에 대첨이 얹힘.

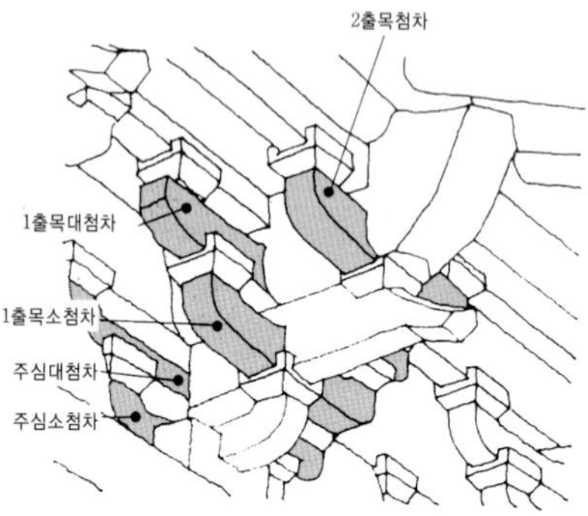

첨차(봉정사 대웅전)

소첨탑(小尖塔, pinnacle) : ⇨피너클(=).

소켓(socket) : ①전구를 틀어 넣어 코드와 접속하는 접속기의 일종. ②주로 나사식이며 외부는 에보나이트 또는 자기(磁器)로 되어 있으며 황동제(黃銅製)일 때는 절연재료로서 마이커(mica ; 운모) 등이 사용.

소켓관(一管, socket pipe) : 파이프 접합용 부속관.

소클(socle) : 인물 조각상이나 상부 구조물을 받치는 평평하며 장식이 없는 사각형의 기단이나 받침 또는 상자형 기구의 기단.

소클

소톱(小鋸) : ⇨거.

소파(sofa, sopha[프]) : ①원래 낙타의 안장으로 쓰이는 쿠션을 의미하는 것이며, 아라비아어로 "suffah"에서 따온 용어. ②소파는 기본적으로 의자의 개념, 즉 인간이 직립함으로써 생긴 피로와 인체의 휴식을 위해 제작된 가구로서, 의자에서 파생된 종류. ③소파는 의자의 기원에서 출발하였다고는 하나 18세기에 이르러서야 현재의 소파와 같은 형태의 소파나 장의자(長椅子)가 나타나기 시작하였음. ④소파는 기능별·용도별로 세분화되기보다는 주로 인간의 쾌적한 안락과 보조적 수면을 추구함과 동시에 의자와는 달리 형태·재료 등에서 차이를 보임. ⑤2인 이상이 앉을 수 있는 긴 의자(휴식용·응접용·단란용 등)를 총칭하나 일반적으로 3인이 같이 앉을 수 있는 의자를 의미. ⑥광의(廣義)로는 카우치(couch)와 데이베드(daybed) 등을 포함하여 소파라고 함. ⑦등받이와 팔걸이가 부착된 것을 펴서 침대로 사용할 수 있는 것을 '소파베드'라고 함. ⑧1인용은 암체어(arm chair)·2인용은 러브시트(love seat)라고 함. 그리고 소파를 독립·분리시켜 공간의 특성과 용도에 따라 재조립·배열할 수 있는 소파를 조립식 소파(sectional sofa) 또는 모듈러 소파(modular sofa)라고 함. ⑨침대를 겸용할 수 있는 소파를 침대소파(sofa bed)·낮잠 잘 수 있는 것을 플로어 패드(floor pad)라고 함. ⑩그밖에 체스터필드(chesterfield)·카우치·라운지 소파(lounge sofa)·세티(settee) 등이 있음. ⑪가정용 소파인 경우 좌판과 등판의 각도, 안락한 쿠션을 주기 위한 스펀지의 종류, 표면재인 천이나 가죽 색깔의 선택에 유의함. 사무용 소파는 사무환경에 알맞은 색상이 보다 중요함. ⑫소파 선택 시에는 ㉠필요 이상으로 큰 것은 의미가 없음. ㉡낮잠을 잘 수 있을 정도의 크기가 바람직함. ㉢낮고 깊은 것이 좋으나 너무 깊은 것은 쉽게 일어서기가 불편함. ㉣팔받침이 있는 것은 피곤할 때 매우 쾌적함. ㉤2~3개의 작은 소파를 조합하여 대형의 소파를 만들 수 있는 조립식 의자는 필요에 따라 배치를 변경하여 기분을 바꿀 수 있음. ㉥의자의 포장(upholstery)은 아름다우면서 내구력이 있는 것이 좋음. ⑬긴의자(=).

소파

소파베드(sofa bed, jacknife sofa bed) : ①다목적 가구의 일종. ②침대를 겸해서 사용할 수 있는 소파. ③1800년 초부터 사용한 것으로 등받이를 눕히면 앉은 면과 수평이 되어 침대로도 겸용할 수 있는 소파. ④잭나이프소파베드·폴딩베드(=)·소파베드.

소파베드

소파테이블(sofa table) : ①길이와 높이가 거의 동일한 양끝의 판재가 아래로 젖혀지는 장방형 테이블. ②18세기 말경에 고안된 것으로 원래 소파의 앞쪽에 놓였으나 오늘날에는 소파의 뒤쪽에 놓임. ③프리즈(frieze) 부분에 한두 개의 서랍이 부착되었으며 주로 게임이나 독서 및 필기 등 다양한 용도로 사용됨. ④펨브로크테이블(≒).

소편판(削片板) : ⇨파티클보드(=).

소프라포르토(soprappórto[이]) : 바로크·로코코양식의 저택 등에서 문의 상부와 천장 사이의 그림 등으로 장식한 부분.

소프트가구(-家具, soft furniture) : 커튼·쿠션 및 직물 제품들.

소프트머드과정(-過程, soft mud process) : 수분함유 20~30%를 갖는 비교적 젖은 점토로 형틀에 의해 만들어진 벽돌형태의 과정.

소프트번드(soft-burned) : 낮은 온도에서 소성(燒成)하는 것으로 높은 흡수성과 낮은 압축력을 가짐.

소프트보드(soft board) : ⇨비(B)급연질섬유판(=).

소프트상품(-商品, soft goods) : 의복·구두·핸드백·카펫 등의 비내구성 소비재.

소프트텍스(soft tex) : ⇨비(B)급연질섬유판(=).

소(小)플랫 : ⇨플래틀리트(=).

소피아성당(-聖堂, St. Hagia Sophia Catholic Church) : ⇨성소피아성당(=).

소핏(soffit, soffite[프]) : ①천장의 낮은 부분이나 일반적으로 구조적 요소의 밑부분. ②건축부재의 아랫부분. 예컨대, 코로나(corona) 혹은 기둥 위에 얹혀지지 않은 아키트레이브(architrave). ③돌출된 코니스, 처마 또는 천장의 수평적 밑면 또는 싱크대·캐비닛 등의 위쪽 천장에 붙박이 부분도. ④앤태블러처·코니스·아치·천장 또는 대들보 밑의 통로·계단·발코니·빔 또는 상인방과 기둥의 천장과 같은 노출된 건축요소의 하부면(下部面).

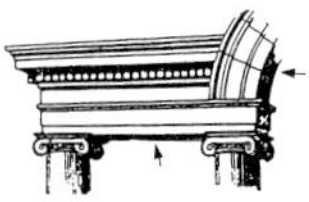
소핏

소핏조명(-照明, soffit lighting, lighted soffits) : ①부분적으로 높은 조도가 요구되는 곳에 사용되며, 필요한 곳에만 광원이 밝게 두드러지게 만듦. ②보통 부엌의 작업대 위에 설치하여 높은 조도의 빛을 아래 방향으로 조사하는데 이상적임. 또한 욕실이나 탈의실에서 사용자의 얼굴을 조사(照射)시키기 위해 사용되며, 큰 거울과 세면대 위에 설치. ③길이는 거울의 크기에 의해 결정하고 확산판을 장식적으로 설치함으로써 화려함을 더 할 수 있음. 주로 호텔 카운터·주택의 개수대·책상 위·세면대 등에 사용되는 방식.

소함(梳函) : ⇨빗접(=).

소형화(小形化) : ①특정한 공간이나 물품이 가진 본래의 용도에 큰 지장을 주지 않는 범위 내에서 가능한 한 크기를 최소화하는 것. ②목적하고자 하는 제 기능을 충분히 발휘하면서 용도에 따른 행위나 동작에 적절한 치수·형태이어야 함. ③특히 공간인 경우 환기·통풍·공기요구량·온도 등 실내환경적 조건을 만족시킬 수 있도록 제 설비를 갖추어야 하며, 치수에 있어 환경적 여유를 고려.

소호(SOHO ; Small Office Home Office) : 사무실은 작아지고 집이 곧 사무실화되는 현대의 재택근무형 업무경향을 일컬음.

소화기(消火器, fire extinguisher) : 화재의 종류에 따라 적절한 가압수 또는 특수한 화학약품을 분사하여 규모가 작은 불을 소화할 수 있는 휴대용 장치.

소화전(消火栓, hydrant) : 소화활동을 위해

서 주 급수관으로부터 물을 끌어오기 위하여 하나 또는 그 이상의 노즐이나 물꼭지를 가지고 있는 직립 파이프.

소화전상자(消火栓箱子, fire hydrant box) : 강판 또는 불연성제 상자로서 내부의 호스걸이에 의해 소화호스 및 소화노즐(nozzle)을 사용하며, 상자의 표면은 붉은 바탕에 흰색으로 소화전이라고 명시하고 위에는 붉은 표시등을 설치.

속(屬, Genus) : ①생물분류학의 단위들. ②종의 상위 단위. ③생물분류시 사용하는 집합단위의 하나로서, 서로 가까운 한 무리의 종으로 이뤄짐. ④때로는 하나의 종만으로 이뤄지는 경우도 있지만 속이 포함하는 범위의 판단이나 평가는 생물군 연구자에 따라 다름. ⑤종(≒).

속고살 : ①이엉을 이을 때 속으로 잡아매는 새끼. ②지붕을 이을 때 먼저 지붕 위에 건너질러 잡아매는 새끼. ③겉고살(⇔).

속고삿 : ⇨속고살(=).

속내다 : 대패나 끌 등을 갈아서 새로 날카로운 날이 서게 함.

속돌(Pumice) : ①화산 용암의 한 가지. ②분출된 용암이 갑자기 식어서 된 다공질의 가벼운 돌. ③경석(輕石), 부석(浮石), 해석(海石), 고석(蠱石), 수포석(水泡石)이라고도 함. ④산성·중성의 화산암에 많으며, 물건을 가는 데 쓰임. ⑤화산회에서부터 지름 1m 이상의 것까지 크기가 다양함.

속마루 : ⇨바탕바닥(=).

속빈문(−門, hollow core door) : 주름진 섬유판이나 수평과 수직적인 나뭇조각을 연결한 바둑판 모양의 팽팽한 벌집모양(honey−comb)을 감싼 가로틀과 세로틀의 형틀작업을 한 목재문.

속빈벽돌(−甓乭) : ⇨공동벽돌(=).

속삭이는 회랑효과(−回廊效果, whispering gallery effects) : ⇨속삭임회랑(=).

속삭임회랑(−回廊, whispering gallery) : ①속삭이는 소리가 먼 곳까지 들리게 만든 갤러리. ②반사면이 큰 凹곡면을 이루고 있으면 음은 그 면의 주위를 진행하여 몇 번이고 반사하고, 속삭이는 소리는 매우 멀리까지 명료하게 들을 수 있는 현상. ③어떤 지점에서 만들어진 낮은 소리들이 어떤 다른 멀리 떨어진 지점에서 분명히 들을 수 있는 돔(dome)이나 큰 곡면을 가진 반사면 및 볼트(vault) 아래의 공간이나 회랑(回廊). 런던의 세인트폴(Saint Paul's) 대성당 대 돔의 회랑은 이 현상으로 특히 유명하며, 작게 속삭이는 소리가 60m까지 뚜렷이 들림. 이것은 long pass echo에 의한 것으로 단단한 벽에 반사되면서 전달되어 가는 현상.

속성(屬性, attribute) : ①선이나 폐쇄영역의 눈으로 볼 수 있는 영역외형. 선은 굵기·색깔·무늬의 속성을 지닐 수 있고, 폐쇄영역은 색깔과 무늬의 속성으로 채워질 수 있음. ②종류는 특정 유물의 제작행위에 따라 속성 상태의 존재 양식에 따라, 그리고 속성 상태의 표현 방식에 따라 구분됨. ㉠특정 유물의 제작행위에 따른 속성의 분류;기술적 속성(technological attribute)·기능적 속성(functional attribute)·형식적 속성(stylistic attribute)이 있는데, 전자는 재질, 소성온도 등의 제작시 재료, 기술 등을 말하며, 중자는 기형(overall shape), 즉 일정 기능이 문제로서 전체적인 차이를 보이는 것을 말하며, 후자는 동일 기능의 범위 내에서 제작자의 장식적인 선택으로서 세부적인 차이를 보이는 것을 말함. ㉡속성 상태의 존재 양식에 따른 속성의 분류 ; 단절적 속성(discontinuous−attribute)과 연속적 속성(continuous attribute). 전자는 독립적인 성격인데 색깔, 다리 수와 같은 것이며 중간 단계가 없음. 후자는 연속적인 성격인데 구경, 높이 ·두께·면적 등이며 수많은 중간 단계가 존재함. ㉢속성 상태의 표현방식에 따른 속성의 분류 ; 명명적 속성(nominal attribute)과 계량적 속성(quantitative attribute). 전자는 질적 속성이라고도 하며 단절적 속성에 해당됨. 단절적 변수의 경우, 즉 색깔·문양은 연속으로 나타낼 수 없는데 반하여 연속적 속성의 경우는 단절적 속성으로 전환할 수 있음. 즉 구경 1.5cm 이상을 대구경이라 정의할 때 여기서 구경의 크기는 연속적 속성의 것. 후자는 연속적 속성에 해당되는데 계량적 속성의 경우는 명명적 속성으로의 전환이 가능함. ③속성은 시간변수에 따라 공시적 성격(synchronic character)과 통시적 성격(diachronic character)으로 구분됨. ㉠공시적 성격에서는 정상인이면 누구나 일정한 지향점을 지니며 항상 그 지향점은 정규분포를 이룬다는 것. ㉡통시적 성격은 언제나 어떤 제품을 만들면 형틀에 어긋나는 제품이 있기 마련임. 즉 어떤 사회가 추구하는 규범이 있으나 어느 정도 인정되는 규범일탈은 공존하고 있음. 형식이 가지는 의미에 대해서는 형식의미론을 통해 알 수 있는데 개인에 따른 주장. 즉 Ford-Time·space index pattern, Spaulding-Behavioral pattern, etc-Functional pattern, Mental template pattern 등이 있음.

속장부연귀(-燕口) : 외부는 연귀로 하고, 내부에 장부를 만든 맞춤.

속찬문(-門, solid core door) : 통널 판재, 하드보드 또는 광물 구성재로 내부를 꽉 채운 문.

속초 김근수가옥(束草 金根洙家屋) : ⇨김근수가옥(=).

속초 김종우가옥(束草 金宗友家屋) : ⇨김종우가옥(=).

속초 신흥사극락보전(束草新興寺極樂寶殿) : ①강원도 유형문화재 14호. 강원도 속초시 설악동 170 위치. 조선 인조25년(1647) 창건, 1821년(조선 순조21년) 극락보전 중건. ②정면 3칸 측면 3칸의 겹처마 팔작지붕의 다포집으로 신흥사 본전 건물. 잘 다듬은 장대석 기단에 자연석 주초를 두고 그랭이질한 약간의 배흘림이 있는 원기둥과 활주 설치. 공포는 3출목이 앙서를 조성, 주두·소로·첨차 등으로서 굽받침 없이 마구리가 사절(斜截).

손(sone) : ①음압레벨이 40폰인 음의 크기를 1손(sone)으로 하여, 그 2배를 2손, 3배를 3손으로 정한 척도. ②음 크기의 레벨(loudness level)은 감각적인 것이며, 그 수치가 2배로 되어도 반드시 2배의 크기로 들리지 않기 때문에 고안한 단위. 따라서 음의 감각적 크기를 보다 직접적으로 표시하기 위하여 손(sone)단위를 씀. 손값을 2배로 하면 음 크기는 2배로 감지됨. ③음의 크기를 수치화한 단위로 수음자(受音者)들에 의해 크기가 같다고 판단된 음의 1,000Hz 기준음이 40데시벨(dB)의 소리 세기를 갖는 음의 크기를 가짐.

손가락맞춤(finger joint) : ⇨손가락이음(=).

손가락이음(finger joint) : ①접합하는 부재의 마구리 부분을 지그재그형으로 깎아 짜맞춘 마구리 이음. ②접합하려는 두 부재를 길이방향으로 하여 손가락 모양으로 연속적으로 잘라내어 결합하는 방법. ③결합하려는 부재의 두 모서리를 손가락 모양으로 연속적으로 잘라내어 수평방향으로 결합하는 방법. 접착제를 사용할 때 접착면이 넓어지므로 견고한 결합이 됨. ④방향에 따라 수평손가락이음과 수직손가락이음으로 분류함.

손걸이(引手, sash lift, window lift) : ①손가락을 걸어 여닫게 된 손잡이. ②창문을 개폐할 때 손가락을 끼어 여닫는 손잡이의 일종. 들창 손걸이·서랍 손걸이·느림 손걸이 등이 있음.

손길 : 손을 편 길이.

손다듬기(hand tool finish) : 표면가공 방법 중 가장 전통적인 방법으로서 정이나 날망치 등의 타격횟수(打擊回數)와 날 간격에 따라 마무리 정도가 달라짐. 주로 외장이나 바닥재 마감에 많이 이용되어 왔는데, 인력 또는 수동식 가공에 의존하는 관계로 단위시간당 생산력의 한계성과 판재 두께의 제약성 등으로 인해 대량생산이 곤란하여 최근의 대형 고층공사에는 적용하기 어려운 단점이 있음.

손단판절삭(-單板切削, sawn veneer cutting method) : ⇨소드베니어(=).

ㅅ

손방(巽方) : 동남쪽.

손베니어(sawn veneer) : 소드베니어(=).

손비빔(hand mixing) : 비빔철판과 삽을 사용하여 인력으로 콘크리트나 모르타르를 비비는 일.

손수건형 접이탁자(-形-卓子, hanker chief table) : ①사각형의 상판을 대각선으로 절단하여 삼각형을 이룬 한판이 접고 펼 수 있도록 고안된 접이탁자. ②주로 실의 구석 모퉁이에 놓음.

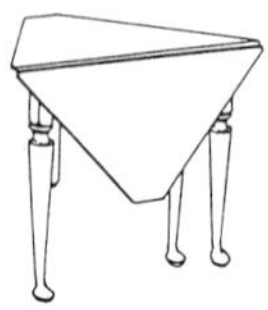
손수건형 접이탁자

손수레베드(wagon bed) : 바퀴 달린 침대.⇨베드.

손식(損蝕, erosion) : 콘크리트 표층(表層)이 침해되어 손상되는 것.

손자귀 : ①한 손으로 쓸 수 있는 작은 자귀. ②강귀(=).

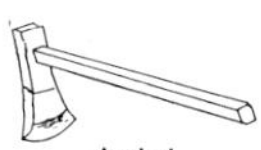
손자귀

손잡이(door handle, handle) : ①창호에 달린 손잡이쇠. ②창문·서랍 등을 열 때 손으로 잡게 된 철물. 창문을 개폐할 때 손가락이 끼어 여닫게 되는 손잡이로서 사용 장소에 따라 들창손걸이·서랍손걸이·느림손걸이 등이 있고 형태 및 작동여부에 따라 알손잡이(door knob)·돌림손잡이(handle)·굽은 손잡이·파이프 손잡이(pipe handle) 등이 있음.

손잡이

손잡이대(-帶, lock stile) : ①개구부의 틀에 맞대어 닫는 문의 선대(線帶, stile). ②닫는선대(=).

손좌건향(巽坐乾向) : 집터나 묏저리 따위가 손방(巽方, 동남쪽)을 등지고 건방(乾方, 서북방)을 향한 좌향.

손청방(-廳房) : 본채에서 떨어져 있는 사랑방.

손톱 : 혼자서 한손으로 쓸 수 있는 작은 톱.

솔가루마감 : 소나무 껍질로 가루를 만들어 방바닥에 두껍게 바른 후 불을 때는 온돌마감방법.

솔기대(slat) : ⇨슬랫(=).

솔더(solder) : ①두 개의 금속 부재를 여러 가지 비철금속 땜재로 접합시키는 것. 주로 주석과 납의 합금물을 427℃ 이하의 온도에서 사용. ②용해된 상태로 금속부재의 연결부에 사용하여 두 부재가 용해점까지 가열되지 않고도 접합될 수 있게 하는 여러 가지 가용성 합금. ③용해된 땜재(材)는 모관 인력에 의해 접합부에 스며듦.

솔라(solar) : 중세 영국의 위층 바닥 위에 있는 빈 공간.

솔라리엄(solarium) : ⇨솔라리움(=).

솔라리움(solarium) : ①신체를 일광에 노출시켜 일광욕을 하는 데 쓰이는 유리로 덮인 현관·방·갤러리 등. ②일광욕이나 태양광 치료의 목적으로 사용되는 유리로 둘러싸인 포치(porch)·룸(room)·갤러리(gallery) 등.

솔라리제이션(solarization) : 자외선 투과 유리에서 철분은 자외선을 잘 흡수하기 때문에 적게 해야 하는데, 산화제일철이 화학적 산화에 의해 산화제이철로 변하여 투과 효과가 감소하는 현상.

솔라스크린(solar screen) : 조망·채광·환기 및 주간에 프라이버시 유지와 방충 등의 역할을 하면서 직달일사(直達日射)를 막는 소규모 외부 루버 패널(louver panel).

솔라시스템(solar system) : ①태양·바람·물을 이용하여 냉난방·급탕·발전 등을 하는 시스템. ②간소하고도 오염 없는 방식. ③태양열온수기·태양전지·풍력발전기·파력발전기 등 전용기기를 이용하는 액티브 타입과, 주택설계 단계에서 구조적으로 건축재료나 검은 도료의 성질을 살리는 등 태양열이나 통풍을 이용하는 패시브 타입이 있음. 또한 액티브(active)와 패시브(passive)의 조합에 의한 하이브리드

방식으로 태양열 집열장치를 단 건물의 열을 남쪽에서 북쪽으로 컴프레서로 순환시키거나 히트 펌프로 지하에 저축한 열을 운반하는 방법이 있음. 패시브 타입에서 태양열로 데워진 지붕 안쪽의 공기를 팬으로 방바닥에 흘러 보내 난방하는 OM 솔라 시스템도 있음. ④미국 스탠퍼드대학에서는 태양에너지의 3분의 1을 전기로 바꾸는 태양전지를 발명하였음. ⑤캘리포니아 등에서는 풍력발전에 의해 상당한 전력을 만들어내고 있으며, 개인 설비의 잉여전력을 전력회사가 사들이기도 함. ⑥노르웨이에서는 풍력발전기계가 상업적 붐을 타고 있음. 공기를 더럽히지 않는 패시브 솔라에 대한 관심은 세계적으로 높아지는 추세임. ⑦현재의 주택을 그대로 둔 채 솔라 시스템을 도입하는 기술도 개발중임.

솔라하우스(solar house) : 태양열을 냉난방, 급탕에 이용하는 에너지 절약형 주택.

솔로몬신전(-神殿, Temple of Solomon) : ①예루살렘의 첫 성전. ②솔로몬왕의 감독 하에 페니키아 사람들에 의해 B.C. 950년 완성되었다가 네부카드네자르 2세에 의해 B.C. 586년에 붕괴. ③가나안과 페니키아 인의 원형을 통해 살펴보면 성전은 장방형 형태의 3부분, 즉 바깥쪽 홀(ulam)과 중앙성소(hekhal) 및 지성소(debir)로 나누어져 있는데 모두 상아·금·삼목의 육중한 조각으로 장식됨.

솔리드브리징(solid bridging) : 바닥이나 지붕의 장선 사이에 짧은 판재를 장선에 수직으로 고정시킨 직교형 장선잡이(bridging).

솔리드블록플로어링(solid block flooring) : 나무토막을 세워서 접착제로 바닥에 시공하는 것으로 내구성이 매우 큼.

솔리드월(solid wall) : ①조적조(造積造)나 내력벽(耐力壁) 같은 벽체로 보통 습식구조. ②드라이 월(⇔).

솔리드코어도어(solid core door) : ⇨속찬문(=).

솔리움(solium) : ①고대 로마시대의 왕좌. ②그리스양식과 유사하지만 장식부분이 보다 정교하게 처리되어 있으며 구성에 있어서 보다 대담한 면을 보여줌.

솔방울마감 : 솔방울의 송진을 이용한 온돌 마감법.

솔베이저택(-邸宅, Solvay Hôtel, 1895~1900) : ①빅터 오르타(Victor Horta : 1861~1947)가 설계한 주택. ②브뤼셀 시(市)에 있는 아르누보 건축의 대표작.

솔벤트(溶媒, solvent) : ①페인트 매체의 휘발성 성분으로 건조하는 동안 증발하는 휘발유. ②용제라고도 하며 용액을 구성하는 한 성분. 그밖의 성분은 용질이라 함. 액체와 고체로 된 용액에서는 액체성분이 용매임.

솔보득이 : 소나무를 달리 일컫는 말.

솔송나무(hemlock spruce, *Tsuga sieboldii* [학]) : ①전나무과에 속한 상록교목. 키는 약 27m, 직경 900㎜ 정도 자람. 울릉도와 일본 등지에 자생. ②변재는 담황·갈색이고 심재는 황색을 띤 자색·백색·황갈색. 비중은 0.52, 재질은 나뭇결이 곧고 치밀하며 단단하고 광택이 나며, 내구성이 크고 수습(水濕)에 강함. ③주로 구조재 및 수장재·창호재 등에 사용.

솔옹이 : 소나무에 박힌 옹이.

솔잎색(-色) : ①관용색명으로 어두운 연두. ②먼셀기호 7.5GY5/4.

솔저(soldier) : ①가장 긴 모서리를 노출시켜 수직으로 놓는 벽돌쌓기. ②⇨벽돌공사·신너.

솔저켜(soldier course) : 벽돌공사에서 솔저의 연속적인 켜.

솜(SOM : Skidmore, Owings & Merrill) : 1936년 루이스 스키드모어(Louis Skidmore : 1897~1962)와 나다니엘 오윙스(N. A. Owings : 1903~)가 시카고에서 개설한 합동사무소. 1년 후 뉴욕(New York)에 두 번째 사무소를 개설했고 1939년 존 메릴(J. O. Merrill : 1896~1975)이 파트너로 참여.

솜대(烏竹·甘竹, hachiku bamboo, Phyllostachys nigra var. henosis Stapf[학] : ①중국 원산이며 전라도, 경상도, 강원도와 충청남도의 해안지방에 재배됨. ②죽순의 껍질은 엷은 적색이고 세로로 피맥이 뚜렷하며 표면에 털이 많으며, 죽순은 단맛이 있음. 왕대보다 밀생하고 왕대와 같이 마디에 두 개의 가지가 붙음. 발순 시기는 왕대보다 약 20일 빠른 4월 하순부터 5월 하순까지임. 엽초 상단에 착생하는 견모는 왕대보다 짧고 가지와 예각을 이룸. 잎의 크기는 왕대보다 훨씬 작으며 줄기의 마디는 이륜상이며, 아래, 윗마디가 같은 정도로 밖으로 튀어나 있으며 일반적으로 왕대보다 마디가 짧음. 높이 6~15㎝, 직경 3~10㎝, 마디 사이는 짧아서 10~35㎝임. 죽간면(竹桿面)에는 처음에는 섬모(纖毛)가 있으나 후에 평활해짐. 줄기는 담록색이며 표면에 백색분말이 붙어 있어 왕대와 쉽게 구별됨. 마디가 약간 낮고 마디 사이의 간격이 다소 짧음. 육질은 얇으며 치밀함. 왕대보다 강하고 질기므로 죽세공에 적당함. ③용도는 주로 바구니·소쿠리·차·음식도구·수관·빨래널이·낚시대·죽도·깃대·퉁소·못·제등·발·부채살·담장·빗자루·우산자루·지팡이·젓가락·꼬지·죽세공품·완구류·가구류건축장식재료, 대나무숯 등으로 사용함. ④이용상 특성 ; ㉠재가 왕대보다 단단하므로 왕대보다 세공하기 쉬움. ㉡대나무류 중 가장 잘게 쪼개짐. ㉢살이 두껍게 쪼개진 대쪽이라도 비교적 잘 굽어짐. ㉣재를 내피부분까지 쪼개면, 그 부분은 마디에서 꺾어지므로 왕대보다 용도가 좁음. ㉤살은 얇지만 재가 단단하고 기름빼기 처리를 해 놓으면 강하고 가벼우므로 두 창의 손잡이, 높이뛰기용 막대 등에 쓰임. ㉥재가 단단하므로 그을음대로 한 것은 윤이 남. ㉦대를 표백하면 윤이 강하게 나며, 또 잘 밑둥부분의 마디 사이가 짧으므로 책상이나 의자의 다리로 쓰임. ㉧가지가 가늘고 대부분 붙으므로 뜰비 만드는데 알맞음. ㉨죽순맛은 맹종죽보다 좋아 식용으로 으뜸이지만 죽순이 작고 겉이 단단하고 늦게 나오므로 재배용으로는 알맞지 않음. ㉩땅속줄기는 채찍용으로 쓰이나 마디새가 짧고 아름답기는 하나 마디에서 꺾어지기 쉽다는 결점이 있음. ㉪이상과 같은 성질 때문에 통대로는 건축장식용·퉁소·낚시대·우산자루·지팡이 등에 쓰이며 쪼개면 꽃광주리·소쿠리·부챗살·차쟁반·주렴 등을 만드는데 왕대 다음으로 많이 쓰임.

솝(soap) : 52㎜의 공칭 두께를 제외한 공칭면 치수를 갖는 벽돌이나 타일.

솟대 : ①과거시험에 합격한 사람을 위하여 마을 어귀에 세운 나무. ②농가에서 다음해 풍년을 비는 뜻으로 볍씨를 담아 높이 달아매는 장대. ③마을 수호신의 상징으로 장대 끝에 나무로 깎은 새를 붙여 세운 것.

솟을 : ①고대의 창방과 도리받침 장여와의 사이 거풍에 소로 받쳐 설치하는 것. ②고전 목조건축의 지붕틀에서 마룻대를 좌우에서 빗 버티어댄 ㅅ자형 또는 합장형을 말하며, 종량을 ㅅ자형으로 구성하거나 도리 좌우에 솟을을 대어 합장시키는 것. ③소슬(=).

솟을각 : 합각의 윗머리 부분.

솟을꽃살창(-窓) : 창문의 살을 쇠시리하여 무늬를 조각하고, 수직과 60° 각도로 교차되게 짜서 만들어진 창.

솟을대공(-大工) : ①인자형(人字形)으로 두 부재(部材)를 맞버티게 짜고, 그 위에 거는 대공. ②마룻대공의 일종으로서 팔자형으로 두 부재를 맞물려 짠 대공. ③세모꼴로 된 마룻대공의 일종. ④포대공 등으로 받침도리와 종도리를 떠받게 하고, 그 좌우에 솟을 합장시켜 도리가 동요하지 못하도록 하는 방식.

솟을대문(-大門) : ①가운데 지붕이 좌우칸 또는 행랑채의 지붕보다 높이 솟게 만든 대문. ②행랑채 지붕보다 한 층 높인 지붕. ③상류주택에서 종2품 이상이 타고 다니던 외바퀴 달린 가마인 초헌(軺軒)이 드나들 수 있도록 지붕을 좌우칸이나 행랑채보다 높인 지붕. 그러나 조선 후기(갑오경장 이후)에는 신분제가 유명무실해져 중인의 집에서도 솟을대문을 설치. ④소슬대문·고주대문·고설대문(=).

솟을대문

솟을보고주오량(-高柱五樑) : ①고주를 마룻도리까지 치켜세우고 들보는 고주에서 합보하고 종량을 솟을보로 하여 구성하는 기법. ②원초형 구성에서 볼 수 있음. ③예컨대 진양군 소재의 살림집 헛간 고주의 유형 등.

솟을삼문(-三門) : ①중앙 어간의 지붕을 솟게 한 문. ②솟을대문(=).

솟을지붕(monitor roof) : ⇨모니터루프(=).

솟을지붕채광(-採光) : ⇨정측광(=).

솟을합장(-合杖) : ①지붕틀에서 마룻대를 좌우에 빗 받쳐 대는 나무로서 종도리와 종량 사이에 위치. ②도리가 구르는 것을 방지하는 경우에 대공이 따로 있고 보조적으로 설치하는 인자형(人字形)의 받침대.

솟을화반(-花盤) : ①화반의 한 가지. ②솟을화반 창방과 장여 사이에 人자형으로 된 받침. ③고대의 창방과 도리받침 장여와의 사이 거풍에 소로 받쳐 설치하는 것. ④고구려시대 고분벽화 등에서 볼 수 있음. ⑤용화반(=).

솟음[1)](camber) : 위쪽으로 볼록(凸)하게 만곡(萬曲)되어 있는 곡선 또는 곡면.

솟음[2)] : ⇨귀솟음(=).

송강정(松江亭) : ①전라남도 기념물 제1호, 1585년(선조18년) 창건, 전남 담양군 고서면 원강리 274에 위치. ②정면 3칸, 측면 3칸으로 중앙칸 1칸에 방을 두고 전후좌우의 4방을 퇴로 돌린 평면형식을 취함. 방의 뒷벽만을 벽으로 하고 나머지 3방향은 문을 달았음. 정철의 나이 50세(1585년)에 사미인곡과 속사미인곡이 지어진 해에 건립(송강의 6세손인 정제의 글에 의함). 장대석으로 외벌대의 기단을 돌리고 북모양의 초석을 놓은 다음 두리기둥을 세움. 기둥머리에는 창방과 보아지를 끼워 넣고 주두를 얹음. 창방과 장여 사이에는 기둥 사이에 소로를 두어 장식하였음. 주두 위에는 장여받침 굴도리를 얹어 서까래를 받치고 있음. 가구형식은 2고주5량가로 평주와 고주 사이를 우미량형 퇴보로 연결하였으며 어간에는 우물천장 형식의 커다란 반자를 둠. 실의 구성은 툇간은 툇마루를 두고 뒷면의 중앙툇간을 이어 방으로 하였으며, 이 방 주위의 3방향에 띠살문을 달았음.

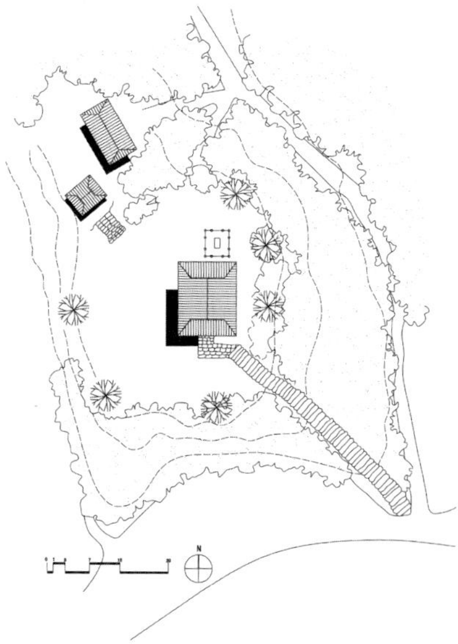

송강정 배치도

송곳니장식(Dogtooth) : ⇨견치장식(=).

송광사나한전(松廣寺羅漢殿) : 정면 3칸 측면 3칸의 겹처마 팔작집. 전면 어간에만 커다란 두 짝 빗살문을 달고 협간에는 중방 밑에 작은 외짝 빗살문을 설치하여 특이한 입면구성. 중방은 어감을 제외한 모든 벽면에 설치하였고, 중방 위쪽에는 돌아가며 벽화를 그렸음. 공포는 기둥 위에만 포를 설치한 주심포 계통으로 2출목 구조. 공포의 세부적 수법은 전면과 후면이 다름. 전면에서도 우주와 평주 위의 공포수법이 차이가 있는 것은 후대에 중수하면서 구 부재와 신 부재를 같이 사용했기 때문임. 내부는 두 개의 고주가 있음. 천장은 중도리 안쪽은 우물천장, 바깥 주위는 빗천장임. 공포는 주심포집 형식이나 쇠서 아래쪽의 초각으로 보아 18세기에 한 차례 중수되었으며, 귀공포의 쇠서(牛舌)에 연꽃 봉오리가 첨가되었고, 곧게 꺾인 첨차로 보아 20세기 초에 다시 중수된 것으로 보임. 두 번에 걸친 중수로 서까래와 천장 등이 많이 변형되었음. 현재의 건물은 1656년 각성(覺性 : 1575~1660)이 송광사를 중창할 때 건립한 것이며, 1934년 혜광이 중수하였음. 송광사는 867년(경문왕7) 도의(道義)가 창건하였으며, 고려시대 지눌(知訥 : 1158~1210)이 중수하였다고 함.

송광사대웅전(松廣寺大雄殿) : ①보물 1243호로 지정(1996년). 전북 완주군 소양면 대흥리 569 위치. 1623년 창건, 19세기 재건. ②통일신라 경문왕 7년(867)에 도의가 처음으로 세운 절. 그 뒤 폐허가 되어가던 것을 고려 중기의 고승 보조국사가 제자를 시켜서 그 자리에 절을 지으려고 했지만, 오랫동안 짓지 못하다가 광해군 14년(1622) 응호·승명·운정·덕림·득순·홍신 등이 지었다고 함. 이후로도 인조 14년(1636)에 이르기까지 계속해서 절의 확장 공사가 있었고 큰 절로 번창하였음. ③대웅전은 조선 인조 14년(1636)에 벽암국사가 다시 짓고, 철종 8년(1857)에 제봉선사가 한 번의 공사를 더하여 완성하였다고 함. ④송광사는 평지가람으로 수직적 위계보다는 진입에 따라 공간의 깊이를 느낄 수 있도록 일주문·금강문·천왕문·대웅전이 하나의 축으로 형성하여 배치되어 있음. 전면 5칸·측면 3칸 규모에 창건 당시의 중층 불전이 현재는 단층 팔작지붕. 1814년 또는 1857년 중건. ⑤장대석 외벌대로 낮게 기단을 조성하고 덤벙주초에 두리기둥 사용. 지붕 처마를 받치기 위해 장식하여 만든 공포는 기둥 위와 기둥 사이에도 있는 다포양식으로 꾸몄음. '대웅전·의창군서'라고 쓰인 현판도 있는데, 의창군은 선조의 8번째 아들이며 광해군의 동생임. 인조 14년(1636)에 세운 송광사개창비의 글도 의창군이 썼음. 현판은 이때에 쓴 것으로 보이는데 대웅전을 세운 시기를 아는데도 참고가 됨. 다른 건물에 비하여 가운데 칸이 비교적 좁고, 문 위 벽면에 그림을 그려 넣은 것이 특징. 정면 5칸 모두에 두 짝 분합문 설치. 건물은 기둥을 높게 하여 문인방 상부와 창방 사이에는 사방을 돌아가며 벽화를 그렸음. 공포는 다포계 형식으로 주간마다 주간포가 한 조씩 있음. 외3출목, 내4출목의 구조이며 살미는 가늘고 곡선진 앙서형으로 내부는 모두 연봉을 초각하여 장식함. 후면의 공포는 좌우 툇간을 제외한 어간과 협간의 쇠서 모양이 화암사 극락전 후면 하앙재와 같이 사절하여 간략하게 처리함. 내부는 네 개의 고주를 세우고 천장은 중앙 3칸이 우물천장이고 주위는 빗천장. 천장에는 용·물고기·거북·주악비천도가 선명하게 그려져 있음.

완주 송광사 대웅전

송광사종루(松廣寺鐘樓) : ①송광사 내 보물 1244호. 종각이나 종루는 보통 사각형인데 창덕궁 후원의 부용정과 수원의 방화수류정과 같은 십자형 평면이 특징. ②십자형 평면은 내부공간 구성이 어려우며 지붕구성에서 회첨이 많이 생겨 구조적으로 어려움. 12개의 기둥을 세워 완전한 십자형 누각을 만듦. 자연석 주초 위에 굵은 나무를 8각으로 거칠게 다듬어 누하주(樓下柱)로 사용하였고, 그 위에 다시 두리기둥을 세워 2층의 십자형 누각을 구성. 주간이 모두 8.15척. 내외

송광사 종루

3출목의 공포를 기둥 위와 주간에 한 구씩 짜 올려 공포가 빈틈없이 지붕을 받치고 있음. 특히 네 귀에서 짜 올라간 공포로 가득 채워져 있는 천개식(天蓋式) 천장임. 지붕은 팔작지붕이며, 공포는 포작수가 많아 화려하며 구조수법은 섬약(纖弱)하지만 비교적 건실함.

송담서원(松潭書院) : ①17세기 창건. 1978년 중건. 창건 당시 서원이름은 석천서원(石川書院). 석천서원은 1624년(조선 인조2년)에 강원 감사 윤안성이 지방민과 함께 공사를 시작하여 1630년 완공. 율곡·이이를 제향하는 서원. ②정면 3칸, 측면 2칸의 겹처마 맞배지붕 익공양식의 건물. 1단의 자연석 기단 위에 다듬은 주초석을 두고 그 위에 원형기둥을 세움. 전면 1칸은 툇간으로 구성됨. 간결한 구조의 모습이 입면구성의 요소를 잘 표현하고 유교건축의 정제된 공간과 잘 어울림.

송애당(松崖堂) : ①대전광역시 유형문화재 8호, 1640년(인조18년) 창건. ②조선 인조 11년에 문과에 급제하고 효종대에 충청도 관찰사를 지낸 김경여가 병자호란 때 남한산성에 호종(扈從)하였다가 환도 후 비분강개하여 벼슬을 버리고 돌아와 이 집을 짓고 거처하던 곳. ③송애당 김경여는 송시열·송준길과 함께 사계 김장생에게 글을 배운 동학이며 항상 같은 계열로 정치적 관계를 맺음. ④송애당은 당시 병자호란 후 효종의 은밀한 북벌계획을 우암이 동춘당 송준길, 송애당 김경여와 함께 논하던 역사적인 장소성을 지님. ⑤건축사적으로는 기호지방의 별당건축의 가장 전형적인 모습으로 당시 사대부가의 생활상과 건축미학을 알 수 있음. ⑥정침은 오래 전에 없어지고 송애당의 반침(상부 반침 하부 아궁이 함실)은 동춘당이나 쌍청당과 다르게 반 칸이 들어가 붙어 있음. 후면을 제외한 3면은 좁은 툇마루를 돌려 설치. 대청의 창호는 전면 2칸을 사분합 띠살문 들어열개문으로 하고, 측면과 후면은 장판문 쌍여닫이로 하였음. 온돌방과 대청마루 사이는 3분합 맹장지 들어열개문 설치. 온돌방 전면에는 머리중방 위에 쌍여닫이 띠살문, 측면은 외여닫이 띠살문. 가공석 2단으로 된 기단 위에 방형 주초석을 놓고 8치각 방주를 세움. 기둥머리는 조각된 양봉(樑棒)이 내외로 돌출됨. 대청 천장은 연등천장인데 합각부분만 우물반자로 마감. 온돌방은 우물반자 위에 종이 바름.

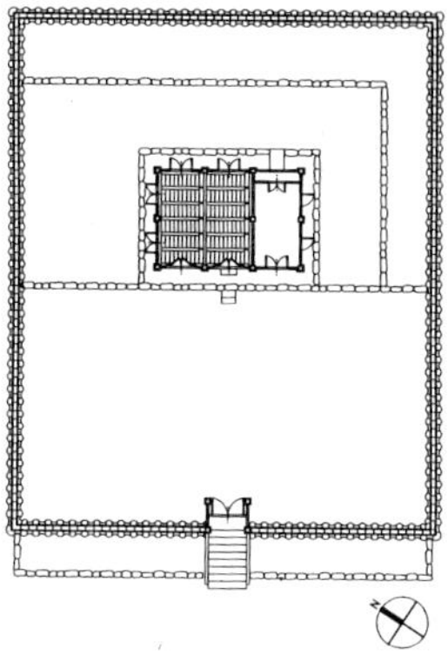

송애당 배치도

송용억가옥(宋容億家屋) : ①대전광역시 민속자료 2호, 17세기 중엽 창건, 19세기 중엽 중수. ②동춘당 송준길의 둘째 손자 송병하(宋炳夏)가 분가하여 살던 집. 큰사랑채·작은사랑채·안채·사당으로 구성. 큰사랑채는 정면 5칸, 측면 2칸의 홑처마 팔작지붕. 동측의 2칸 통은 대청마루이고, 서측에는 온돌방을 두었으며, 서측 뒤편 모서리 부분에는 아궁이 함실을 두고 상부 다락과 일부 벽장으로 사용하고 있고, 동측의 4칸 전면에는 툇마루를 두어 대청과 연결되도록 함. 대청마루의 전면과 방 사이 창호는 사분합 들어열개문이고 동측 창호는 사분합문, 대청 후면은 보통 골판문인데 여기서는 세살문임. 기단은 막돌 바른층쌓기를 하고 방형 초석 위에 방주를 세움, 기둥 상부는 사개맞춤으로 보와 도리를 기둥에 끼움. 전면 주도리 밑에는 장여를, 툇보 밑에는 툇보받침을 끼워 구조를 단단히 함. 1고주5량가 구조. 대청의 천장은 추녀와 서까래가 모이는 부분에 우물반자를 만들고 나머지는 연등천장으로 하였으며, 온돌방 천장은 모두 반자 위에 종이 바름으로 마감. 작은 사랑채는 정면 8칸, 측면 2칸의 홑처마 팔작지붕. 평면구성은 동측에서부터 마루·건넌방·마루방·작은사랑방·골방·책방을 배열하고 제일 서측 1칸은 안채로 통하는 중문칸으로 사용. 동측 5칸 전면에는 툇마루를 설치하여 각방과 기능적으로 연결되도록 함. 기단은 2자 높이로 막돌 허튼층쌓기한 후 방추형 초석 위에 방주를 세움. 기둥 상부는 큰사랑채와 같은 사개맞춤구조임. 각 방은 창을 달아 기밀성을 유지. 안채는 원래 초석은 방추형을 쓰고 기둥은 방주, 가운데에 3칸의 대청마루로 하고 동측에 2칸의 건넌방, 서측에 찬방(2칸)·안골방(1칸)·부엌을 배치하고 건넌방과 찬방 앞쪽 그리고 찬방 뒤로 마루가 연결됨. 무고주 3량집 구조 동측은 팔작지붕, 서측은 맞배지붕. 사당은 안채의 동쪽으로 돌아 올라가면 정면 2칸, 측면 1칸 반. 전면열을 툇간으로 만든 작은 규모이지만 1고주5량가이고 홑처마 맞배지붕. 막돌을 대충 다듬어 기단을 만들고 방형초석을 놓은 다음 방주를 세움. 측면과 후면의 하부 외벽에는 약 4자 높이로 돌을 쌓아 하방벽으로 삼고, 전면 4칸에는 각각 사분합 세살문, 들어열개문을 설치함. 가옥의 배치구조는 개방적임. 특히 사랑채의 기능을 확대한 두 동의 사랑채를 병렬배치하여 더욱 큰 개방감을 줌.

송이 : ⇨스코리아(=).

송이암 : ⇨스코리아(=).

송진(松津, pitch) : 수지질의 수액으로 여러 종의 침엽수에서 스며 나옴.

송진구멍(松津穴, fitch hole) : 목재 내부에 송진이 뭉쳐 있는 곳.

송첨(松簷) : ①고려와 조선시대에 여름 한철 건물 처마 끝에 소나무 가지를 꺾어서 달아낸 것. ②송첨을 달아내면 집안 전체에 소나무의 그윽한 향기가 골고루 퍼져 사람의 기분을 맑게 함.

송편접기 : ⇨편수깎기(=).

송풍기(送風機, blower, fan) : ①필요로 하는 실 또는 장소까지 온풍 또는 냉풍 등 공기를 보내는 기계로 공기를 압축하여 압력을 올려 바람을 보냄. ②구조나 용도에 따라 여러 가지가 있음. ③케이스 내부에 내장된 날개바퀴를 전동기로 회전시켜 기체를 밀어내며, 일반적으로 풍압 1,000mmAq 미만의 것을 팬(fan), 1,000mmAq 이상 10,000Aq 미만의 것을 블로어(blower ; 송풍기), 10,000Aq 이상의 것을 컴프레서(compressor ; 압축기)라 함. ④공기를 수송하는 유체기계로서 일반적으로 압력상승이 0.1kgf/㎠ 이하인 것을 팬(fan), 0.1~1.0kgf/㎠ 사이의 것을 블로어(blower)라고 부름. ⑤시로크 송풍기, 터보 송풍기, 축류 송풍기 등의 종류가 있음.

송화댁(松花宅) : 넓은 정원을 지나 후면에 ㄱ자 모양의 사랑채와 안마당을 중심으로 배치되어 튼ㅁ자 집이 서남향으로 배치. 안마당 동쪽에 아래채, 서쪽에 곳간이 배치되어 안마당을 감싸고, 안채 뒤뜰에는 장독대와 화계를 만듦. 사랑채는 정면 4칸으로 가운데에 상방을 두고 그 좌우에 1칸 크기의 작은 마루방을 하나씩 둠. 양측면의 마루방에 붙여 서측방과 동측방, 후면에 작은 방을 하나씩 붙여 을(乙)자가 옆으로 누운 모양의 평면이 됨. 막돌 허튼층으로 기단을 만들고 초석은 덤벙주초, 기둥은 방주, 사랑채 동쪽 후면 아래채의 중문을 통해 안마당으로 진입. 안채는 ㄱ자 평면으로 가운데 대청을 두고 서측에 안방 동쪽에 건넌방을 둠. 안방에 붙여 부엌을 만들고, 건넌방 전면에 만든 좁은 누마루에는 만(卍)자 문양의 난간을 만들고 마루 밑에는 아궁이 함실을 설치. 덤벙주초를 놓고 방주를 세움. 안대청을 이중보를 올린 오량가구조이며, 부엌은 맞걸이 3량가 구조. 문간채는 3칸으로 1칸은 중문, 2칸은 광으로 사용. 사랑채 서쪽의 곳간은 3칸으로 초가집. 안마당 진입은 사랑채 동쪽의 중문간과 사랑채 서쪽 처마 밑의 월문(月門), 그리고 사랑채 후면 문을 통해 들어가는 세 가지 방법이 있음. 특히 가옥의 정원은 여유로운 생활모습과 전통적인 정원의 자연스런 모습을 가장 잘 보여 줌.

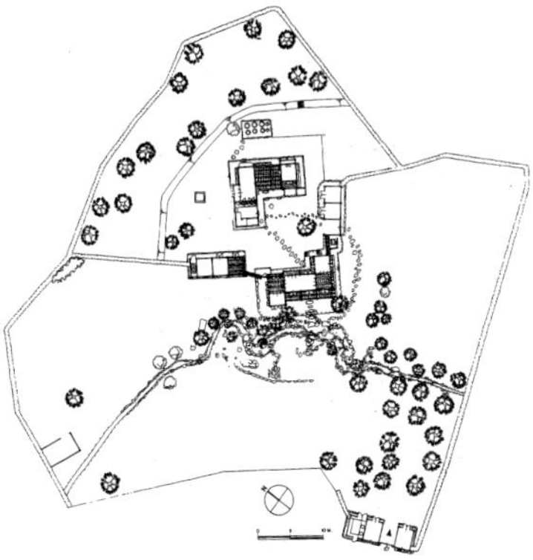

송화댁 배치도

쇄석(碎石) : ⇨깬자갈(=).

쇄석콘크리트(碎石-, concrete with crushed stone) : 깬자갈을 골재로 사용한 콘크리트로 강자갈에 비해 워커빌리티는 나쁘지만 강도가 큼.

쇄선(碎線, dashed line) : ①단일 획이나 점에 의해 분리된 다소 긴 부분. ②구성된 불연속선으로 짧은 선과 다소 긴 선이 번갈아가며 이어지는 파단선(破斷線). 종류로는 짧은 선과 긴 선이 번갈아가며 이어지는 일점쇄선(一點碎線)과 짧은 선이 두 번, 긴 선이 한 번씩 번갈아가며 이어지는 이점쇄선(二點碎線)이 있음. ③일점쇄선은 주로 중심선(中心線, center line)으로 사용. ④⇨선.

쇠가래 : 쇠로 만든 가래.

쇠가래

쇠두겁 : 쇠붙이로 만든 두겁.

쇠마루 : ①도리가 세 겹으로만 걸린 맞배집의 지붕. ②삼량으로 된 맞배집의 지붕. ③세마루(=).

쇠막 : 막(제주도).

쇠먹임 : ①목조건물을 지을 때 쇠실이대패를 이용하여 창살의 등에 모양을 내는 것. ②몰딩(=).

쇠목(-木) : ①창살의 등에 쇠먹임하는 방법. ②가구의 두 기둥 사이에 가로 건너대는 나무 골재. ③종류는 평밀이·원밀이·배밀이·퇴밀이·골밀이·쌍사모 등이 있음.

쇠목

쇠뫼 : 석재가공 중 메다듬을 하기 위한 공구.

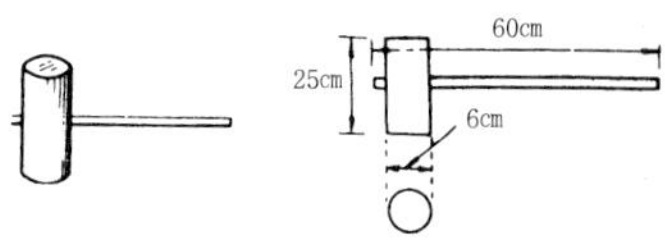

쇠뫼

쇠서(牛舌) : ①공포 바깥의 가운데 살미가 뾰족하게 나온 것. ②다포계 목조건축 공포에 있어서 보방향으로 얹어 첨차와 직교하여 짜여지고, 끝이 소의 혀 모양으로 형태를 취하고 있는 살미의 끝 부재. ③공포에 보방향으로 얹혀 첨자와 직교하는 부분으로, 끝을 소의 혀 모양으로 의장(意匠)하여 오려낸 부재. ④한식 목구조 공포에서 보방향으로 첨차에 직교하여 거는, 끝을 소의 혀 모양으로 장식하여 오려낸 부재. ⑤전각의 기둥 위에 덧붙이는 소의 혀 모양의 장식. ⑥앙설(仰舌)·수설(垂舌) 등이 있음. 앙설과 수설을 통 털어 쇠서라고 함. ⑦쇠서받침·우설(=). 수서(=).

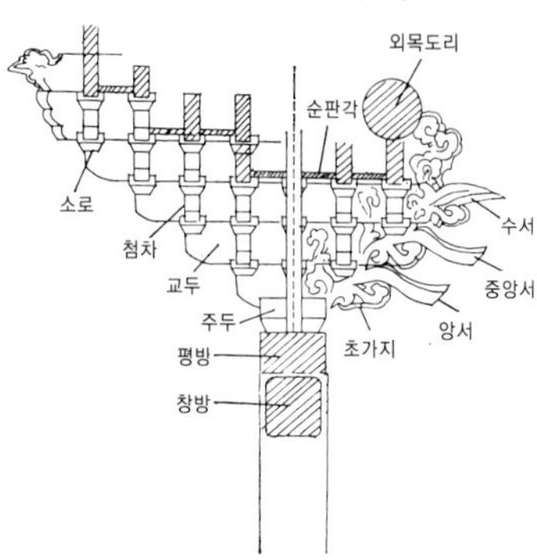

쇠서리 : ⇨쇠시리(=).

쇠시리(moulding) : ①나무의 모서리나 면을 모양 있게 깎아 밀어서 두드러지게 또는 오목하게 하여 모양 있게 하는 일. ②돌출 부재에 넣는 윤곽선. ③기둥 모서리나 문살의 등에 모양을 내기 위해 모를 접어 두드러지게 또는 오목하게 하는 일 또는 그렇게 깎은 것.

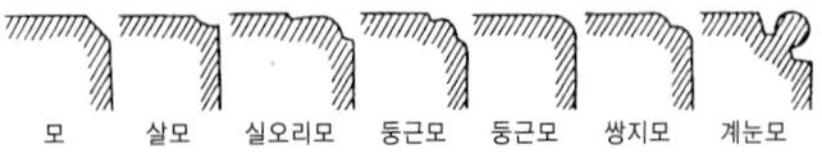

쇠시리

쇠쐐기 : 돌을 캘 때에 쓰는 쇠로 만든 쐐기.

쇠장석 : 문의 머리쪽에 달려 있는 쇠로 만든 고리.

쇠첩 : 머리초의 인휘 끝에 돌려 그린 무늬.

쇼(Chaux) : ①프랑스 프란쥬 콘티주(州)에 있는 숲 이름. ②레도우(C. N. Ledoux)에 의해 계획된 쇼(chaux)의 계획은 이 숲에 가까운 마을, 아크와 세낭시 사이에 건립된 제염공장을 위해 행해진 것으로 중요한 건물을 외주부에 환상배치하고, 전원(田園)에는 고립된 주거(住居)와 촌락(村落)을 포함함. 즉 트인 공간을 지향했음. ③쇼(chaux)의 이상도시(理想都市)는 이 때문에 붙여진 이름.

쇼룸(show room) : ①기업체가 자사(自社) 제품의 홍보 및 판매촉진을 위해 자사제품과 기업에 관한 자료를 소비자에게 직접 호소하여 기술적인 우위성과 생산설비, 품질관리면의 우위성을 인식시키는 전시공간. ②쇼룸에서 보여주고자 하는 전시물을 가장 효과적이고 극적인 연출이 되기 위해서는 색채·조명·영상·음향 등 전문적인 여러 기술이 적극 구사되어야 함. 쇼룸의 계획은 건축·실내·그래픽·공업 디자인 등 여러 분야에서 종합적인 기법으로 토털디자인하여 공간적·시각성을 갖도록 함으로써 설득력 있는 디자인으로 전개함.

쇼어경도(-硬度, Shore hardness) : 쇼어 경도시험에 의한 재료의 경도를 나타내는 값.

쇼윈도(show window) : ①파사드(facade)의 일부분으로 도로면에 설치되는 상점의 얼굴 부분으로 디스플레이를 개성적이고 아름답게 계획하여 통행인에게 즐거움과 정서를 제공하고 상품정보·생활정보의 전달을 위한 상점의 특색이나 취급상품을 알려서 상점 내로 유도하도록 함. ②고객과의 접촉을 통해 상점과 상품에 대한 새로운 정보를 제공하고 고객으로 하여금 상품에 대한 구매욕구를 자극하여 구매를 촉진함. ③그 시대의 유행이나 관습·미적 감각뿐만 아니라 상품의 전체적인 품격과 이미지가 표현되어야 함. ④쇼윈도는 상점의 종류·위치 등에 따라 그 처리·크기나 형상을 고려하여 상품이 돋보이도록 진열계획과 통합하여 설치하며 파사드의 일부분으로 취급하여 계획.

쇼윈도 분류(-分類) : 쇼윈도는 ①평면형식에 따라 평형·곡면형·경사형·혼합형으로, ②단면형식에 따라 단층형·다층형·오픈스페이스형. ③배면처리에 따라 개방형과 차단형으로 구분.

쇼윈도 전면의 눈부심 방지(-前面-防止, glare prevention of show window facade) : ①고객의 눈을 정점(頂點)으로 한 60°의 원추체 속의 유리면에 광원체의 상이 들어오면 눈이 부시게 되어 상품을 보기 어렵게 됨. ②이를 방지하기 위해 광원체의 상이 유리면에 비춰도 시야에 들어오지 않도록 유리면의 반사가 벗어나게 하는 것이고, 또 하나는 쇼윈도 내부의 조도를 외부보다 밝게 하는 것임. ㉠차양을 쇼윈도에 설치하여 햇빛을 차단. ㉡도로면을 어둡게 하고 쇼윈도 내부를 밝게 함. ㉢가로수를 쇼윈도 앞에 심어 도로 건너편의 건물이 비치지 않도록 함. ㉣곡면유리를 사용하거나 유리를 경사지게 처리하여 햇빛을 위로 비추게 하여 외부의 영상이 쇼윈도를 보고자 하는 사람의 시야에 들어오지 않도록 함.

쇼잉(showing) : ①디스플레이 용어. ②상품을 보이고, 알리고, 안내하고, 의도적으로 진열·연출하는 행위.

쇼지가미 : 일본식 문짝의 한 종류.

쇼지패널(shoji, shoji panel, shoji screen) : ①공간을 개방시키거나 가리기 위해 반투명물질로 만든 이동할 수 있는 그릴이나 스크린. ②개구부에 설치하는 일본식 미닫이형 스크린이나 문. 특징은 단순하고 기하학적인 형태의 프레임 및 가늘고 긴 직사각형의 목재 띠와 반투명한 문종이·플라스틱·직물 등.

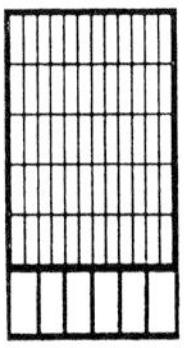

쇼지패널

쇼카드(showcard) : ①판매상품에 대한 정보나 소비자 이익에 대한 내용을 보여주는 디스플레이의 한 부분. ②레터링의 크기·스타일이 적절하게 디자인되어야 함. ③사인(sign)은 상품에 대한 크기·스타일·색채·가격·특별한 사항 등과 상품의 위치에 대한 내용을 보여주는 무언의 판매원 역할을 하는 효과적 도구임.

쇼케이스(showcase) : ①상품의 판매 스톡(selling stock)이나 디스플레이를 보이게 하는 유리 케이스. ②일반적으로 보석류·시계류·카메라·액세서리류(類)는 소형 고가품으로 쇼케이스에 진열함. ③제과류(類)나 패스트푸드(fast food)류(類)는 외기와 접하면 상하기 쉬우므로 냉장 쇼케이스를 사용하며, 바로 먹을 수 있는 경우나 상온에서 유지해야 할 음식류(類)의 경우는 온장 쇼케이스를 사용. ④크기는 일반적으로 폭 500~600㎜, 높이 900~1,800㎜, 길이 900~1,800㎜의 치수이며 대면판매(對面販賣)에 사용됨. 쇼케이스 높이가 1,200㎜ 이상이면 앉았을 때 시선을 차단할 수 있으므로 스크린의 역할이 가능함. ⑤종류는 경사 쇼케이스·업 케이스·샘플 케이스·매달린 달대 케이스, 원형 또는 타원형 유리 케이스 등이 있음.

쇼케이스조명(-照明, showcase lighting) : ①일반적으로 선형(線形)인 형광등이 많이 사용되는데, 방전(放電)으로 인한 안정기의 방열량(放熱量)이 크므로 안정기가 위치하는 공간은 되도록 크게 하거나 방열구멍을 뚫어줌. ②조도는 전체조명보다 1.5~2배 정도 높게 함. ③진열상품에 따라 다르지만 일반적으로 케이스 내부 상품코너에 조명을 설치해 내부를 충분히 밝게 함. ④조명등이 직접 보이지 않도록 조명기구 커버의 크기·형성에 유의. ⑤상품에 하이라이트(highlight)를 가하거나 광택감을 강조할 경우에는 스포트라이트, 펜던트, 플로어스탠드 등으로 쇼케이스 외부에서 조명. ⑥냉동 쇼케이스나 케이크, 과일처럼 상하기 쉬운 식품은 쇼케이스 외부에서 조명. 특히 이 경우에 광원과 시선과의 관계, 쇼케이스 빛의 입사각과 반사각의 조사방향을 고려함.

쇼케이스피오피(showcase POP) : ①쇼케이스 내에서 사용할 수 있도록 디자인된 POP. ②쇼케이스 디스플레이 도구에 해당되지 않는 것은 여러 개를 세트로 통칭함.

쇼케이스피오피라이트(showcase POP light) : 쇼케이스 POP에 빛을 사용하여 주목성을 높인 것.

쇼케이스피오피모션(showcase POP motion) : 쇼케이스 POP에 효과를 높이기 위하여 모터 등을 이용해서 움직임의 요소를 더한 것.

쇼케이스피오피키트(showcase POP kit) : 쇼케이스 내에서 사용하는 POP로 여러 종류의 요소를 조합시켜 완성시키는 것.

쇼크(shock) : 인체에 전류가 흐를 때 발생하는 근육의 경련.

쇼핑몰(shopping mall) : ①상업지역의 번화한 가로에서 24시간 또는 일정시간에 자동차의 진입을 금지하고 보행자 전용공간으로 하여 즐겁고 쾌적한 보행환경조성을 하는 수법. ②쇼핑몰은 서독의 에센시(市)에서 1930년대에 도입되고 전후 유럽 각 도시에 보급. 일본에서는 1970년대 이래 각지에서 이 형태의 가로정비가 추진되어 지금은 상점가의 활성화에 주요한 역할을 하고 있음. 가로 전체를 보행자를 위한 공간으로 하고 계절감을 느끼게 하는 가로

ㅅ

수 식재, 야간에 빛의 연출을 위한 가로등, 악센트가 되는 각종 스트리트 퍼니처 설치 등, 보행자 공간의 연출을 위한 조력으로 센스 있게 정리되어 쾌적한 쇼핑환경을 가진 가로로 바뀌어 가고 있음. 또 가로 디자인과 연도의 점포디자인과의 관계도 중요함. ③일본의 사례로 '하다못해 가로만이라도 훌륭하게'라고 좁은 공간에서는 디자인 요소를 한정하기도 하고 경우에 따라서는 요소의 가로경관과 점포디자인의 질을 향상시키는 것만으로도 훌륭하다고 생각함. ④상점가 몰의 정비를 성공적으로 이끌기 위해서는 교통규제 등도 충분히 고려하는 것과 함께 가로의 디자인과 맞추어 가로조성 협정에 의한 연도의 점포장식 통일, 청소와 운영기획을 위한 조직결성, 상품서비스를 위한 배달 시스템 등 여러 가지 약속과 계약이 불가피하다고 할 수 있음. ⑤몰(=).

쇼핑센터(shopping center) : ①개발자에 의해 계획적으로 모아진 키 테넌트(key te-nant)를 가진 상업집단시설. ②특징은 중앙부분에 보행자 전용도로(pedestrian mall)를 가지고 있다는 점. ③상업행위 이외도 위성도시 3~5개 정도를 수용할 수 있는 커뮤니티 역할을 하는 여러 가지 기능들. 즉 은행·이발소·세탁소·오피스·호텔·극장, 그리고 대규모 주차장을 포함함. ④기원은 고대 그리스 상인들이 공적(公的)인 활동을 위해 특별히 계획된 스토아(stoa) 열주(列柱). 이는 그리스인들 사이에 의사표시의 중심이 되었던 도시 광장인 아고라(agora)의 일부이며, 이 광장은 도시의 사회적·상업적·종교적·문화적 활동의 중심이 되었음. 또한 시민을 위한 시장·대회장·박람회장이 되었음. ⑤구성요소는 핵(核)점포·몰(pedestrian mall)·전문점·코트(court ; 고객이 머물 수 있는 공간)·주차장·사회문화시설 등.

숄더아웃(shoulder out) : 재킷의 셀링 스톡(selling stock)을 랙(rack ; 선반)에 늘어뜨릴 때, 랙의 틈 사이 방향에서 보아 어깨와 소매가 보는 사람과 마주보고 있는 상태.

숍드로잉(shop drawing) : ⇨시공도면(=).

숏크리트(shotcrete) : ⇨건나이트(=).

수(髓, pith) : ①목부의 중심부에서 수축방향으로 길게 뻗쳐 있는 유조직. ②형상은 참나무속(屬)은 성형(星型, star shape), 너도밤나무속(屬)은 삼각형(三角形, triangular shape), 단풍나무·물푸레나무속(屬)은 난형(卵型, oval shape), 티크재는 장방형(長方形)과 호두나무는 원형(圓形)이며, 색깔도 다색(茶色)이나 갈색(褐色) 또는 다갈색(茶褐色) 또는 흑색(黑色)임.

수각다리 : 서울시 중구 남대문로 4가에 있던 다리.

수간(樹幹) : 나무의 줄기

수격(水擊, water hammer) : ⇨수격현상.

수격작용(水擊作用, water hammer) : ⇨수격.

수격현상(水擊現象, water hammering) : ①관내의 물이 운동상태를 급변시키면서 생기는 압력변화의 현상. 이때 관은 충격을 받아 소리가 나며 파괴 또는 손상되는 경우가 있음. ②관내를 흐르고 있는 물의 유속이 급격이 변화하게 되면 물에 격렬한 압력의 변화가 일어나 진동이나 충격음이 발생하는 현상. ③관 속으로 흐르는 물을 관(管) 끝의 밸브로 급히 막으면 유체의 속도가 급히 감소하여 물의 운동에너지가 압력 에너지로 바뀌므로 밸브 바로 앞에 고압이 발생하여 이 고압은 수중의 음파속도와 같은 속도로 상류(上流)로 전달되고, 또 밸브로 되돌아오는 작용을 반복하는 현상. ④파이프 내를 운동하는 다량의 물이 갑자기 정지하거나 운동량을 잃어서 발생되는 충격과 광하는 소리. 플러시 밸브나 기타 수전류(水栓類)를 급격히 열고 닫을 때 일어나며, 이때 생기는 수압은 수류를 m/sec로 표시한 14배 정도가 됨. 수격작용을 방지하기 위해서는 기구류(類) 가까이에 공기실(air chamber)을 설치함으로써 완화할 수 있음.

수경성(水硬性, hydraulicity) : ①시멘트·플라스틱 등이 물과 반응하여 경화하고, 점차 강도가 커지는 성질. ②시멘트 모르타르·인조석바름·테라초현장바름(인조석물갈기) 등이 있음.

수경성시멘트(水硬性-, hydraulic cement) : ①물과의 반응에 의하여 응결할 수 있는 시멘트. ②수중(水中)에서도 수화작용으로 응결·경화하는 시멘트. ③화산재를 미분쇄하여 석회와 혼합한 시멘트. ④수경성시멘트는 고대 로마제국의 거대한 건조물에 사용된 천연시멘트(로만시멘트)가 시초임. ⑤기경성시멘트(⇔).

수경시멘트(水硬-, hydraulic cement) : ⇨수경성시멘트(=).

수공예(手工藝, craft) : ①그리스시대 유용성을 기준으로 하는 평범한 예능으로 조각·회화·의료술·운송술·전투술·직조술·공연술 등이 여기에 속했음. ② 순수예술(⇔).

수급자(受給者, contractor) : ⇨시공자(=).

수기(sugi) : ⇨삼나무(=).

수기마감(sugi-finish) : ①목공작업을 마무리하는 일본식 방법. ②표면을 숯으로 그을린 후 철빗으로 긁어 효과를 냄. ③인테리어 마감으로 주점 등에서 사용.

수기피니시(sugi-finish) : ①목공의 끝마무리 작업의 일본식 방법. ②표면을 숯으로 그을린 다음 철빗으로 긁음.

수납가구(收納家具, receiving furniture) : ①문선반·책상·드레서 등 물건이나 의류 등을 수납하는 목적의 가구. ②찬장·장롱 등 물품이나 의류 등을 넣어 보관하는 가구류(類)를 총칭. ③⇨시스템수납가구.

수납공간(收納空間, work-in-closet) : ①물품의 정리·보관을 위한 공간. ②수납방법·형태에 의해 많은 물품이 충분히 수납되도록 세밀하게 계획함. ③보관을 위한 통풍을 고려하여 작은 창이나 루버문으로 처리. ④탈의실로 이용될 경우 옷 입은 자세를 볼 수 있는 전면 거울과 조명을 설치. ⑤수납장인 경우 1인당 최소 1,500㎜ 정도의 길이가 필요하며 장의 문이 열릴 수 있는 공간과 옷을 갈아입을 수 있는 여유공간이 필요함.

수납벽(收納壁, receiving wall) : ①거실과 식당이 인접해 있을 때, 두 명의 어린이가 하나의 침실을 사용할 때, 사무공간이 인접해 있을 때 그 공간을 분리해주는 역할을 함. ②벽의 일부 또는 벽에 기대어 다양한 조합으로 설치하는 일련의 수납가구. ③벽에 매다는 식과 직립식 등의 다양한 형태가 있음. ④1945년 조지 넬슨(George Nelson)과 헨리 라이트(Henry Wright)에 의해 소개된 후 허먼 밀러(Herman Miller)의 구성 수납장(basic storage) 형태로 발전.

수납장(收納帳, stock furniture) : ①물건을 저장하는 공간을 의미. ②내부공간의 저장상태가 한눈에 파악되고 손이 쉽게 닿을 수 있어야 하며, 유지관리가 편하고 선반 높이는 원하는 대로 조절할 수 있어야 함. 즉 가시성(可視性)·접근성(接近性)·편리성(便利性)·조절성(調節性) 등. ③상부 수납장의 높이는 신장 1,580㎜를 기준했을 때 무리 없이 손이 닿을 수 있는 적정 높이는 1,450㎜로서 이 높이에 일상용품을 수납하는 것이 적당하며, 1,750㎜ 이상은 비일상용품을 수납하도록 함. 하부 수납장의 높이는 작업대 높이(820~850㎜)와 동일. 수납장의 폭은 상부 수납장은 320~350㎜가 적정치수이고, 하부 수납장은 작업대의 폭 550~600㎜가 정정치수임.

수덕사대웅전(修德寺大雄殿) : ①국보 49호, 1308년(고려 충렬왕34) 건립. 1528년에 단청보수, 1751년(영조27)과 1770년(영조46), 1937년에 각각 보수. ②창건에 대해 자세한 기록은 없으며 여러 창건설이 있으나 백제 후기 또는 고려 초기에 창건된 것으로 추정. ③정면 3칸, 측면 4칸의 겹처마 맞배지붕. 정갈하게 다듬어 만든 장대석 기단과 덤벙주초를 사용하고 그 위에 배흘림 원주를 세움. 초석 중 몇 개는 기둥이 놓일 주좌를 새겨두기도 하였음. 기둥 상부에는 창방을 걸고 기둥직 상부에만 공포를 짜 올린 주심포식 건물. 공포구조는 기둥머리에 헛첨차를 끼워 주두를 놓은 다음 툇보 뺄목인 2제공과 출목첨차를 올리고, 외목도리를 걸음. 창방 위의 평방은 생략되고 주두와 소로굽에는 약한 곡선과 굽받침이 있으며, 첨차의 하단부는 연꽃 주변의 곡선을 응용한 연화두(蓮花頭)식 초각을 새김(고려시대 목조건축의 일반적인 기법). 툇보 위와 대들보 위에 화려한 복화반을 놓고, 그 위에 포대공을 설치하여 중도리와 종도리를 받치도록 하였음. 종량 위의 포대공 좌우로는 인(人)자 모양의 솟을합장을 설치하여 구조적인 안정성을 강조함. 특히 보 상부에 걸친 우미량은 구조적 완벽성과 장식적 의도를 잘 표현함. ④고려 말기에 건립된 부석사 무량수전과 비교할 때 영남지방의 직선적인 구조미와는 달리 곡선미를 지님. ⑤최근 사찰 중수를 하면서 선방을 없애버려 한국 사찰 공간의 고유한 멋을 잃어버렸음.

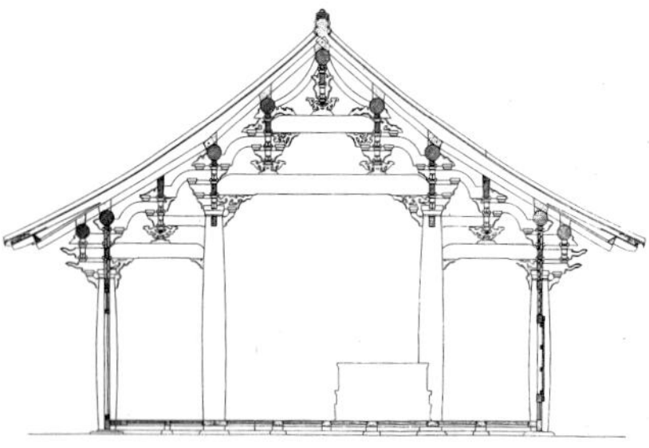

수덕사대웅전 단면도

수도원(修道院, monastery) : ①가톨릭교회에서 성직자들이 수도를 목적으로 공동생활을 할 수 있도록 각종 시설이 설치된 건물. ②자급자족을 위한 넓은 토지를 소유함.

수도직결방식(水道直結方式) : ①수도 본관에서 수도관을 연결하여 건축물 내의 필요한 곳에 직접 급수하는 방식. ②주로 1·2층 정도의 낮은 건축물이나 소규모 건축물에 이용. ③⇨급수방식.

수돌쩌귀 : 촉이 달린 돌쩌귀.

수톨쩌귀

수동사이펀관식 하이탱크(手動-式-) : ①가장 일반적인 하이탱크식으로 손잡이를 당기면 레버 작용에 의해 사이펀 밸브는 밸브 시트에서 떨어져 탱크 속의 물이 세정관으로 흘러내리기 시작하고, 이때 역U자관 내에 사이펀작용이 일어남. 손잡이를 놓아 밸브가 밸브 시트에 다시 내려앉아도 사이펀 작용은 계속되어 역U자관의 하단에서 빨아올려 세정관으로 흘러 보냄. 탱크 내의 수면이 점점 내려가서 U자관의 하단에 공기가 흡입되면 비로소 사이펀작용이 정지되고 사수(射水)도 자동적으로 정지됨. 한편, 볼탭에서의 급수는 탱크 내에 일정량의 물이 찰 때까지 계속된 후 자동적으로 정지됨. ②용량은 보통 15 l이며, 급수관은 15㎜ 또는 10관을 사용. 세정탱크의 높이는 변기 위 가장자리에서 1.9m를 표준으로 함. 장점 ; ㉠급수관이 가늘어도 됨. ㉡수압은 물의 탱크에 유입한 정도면 되고 1층이면 0.3kg/㎠로도 충분함. 단점 ; ㉠쇠사슬이 끊기거나 레버가 벗겨지는 고장이 잦음. ㉡높은 곳에 있으므로 수리가 곤란. ㉢세정 때 소리가 너무 요란함. ㉣수동용 손잡이가 볼품이 없음.

수동적 균형(受動的均衡) : ⇨대칭적 균형(=).

수랑 [1](守廊) : 행랑과 조금 떨어진 집주인의 객실.

수랑 [2](袖廊) : ⇨트랜셉트(=).

수련 : 연꽃을 위에서 내려다 본 모양으로 그린 것.

수렴(收斂, convergence) : ①한 점으로 모이는 일. ②수렴현상(=)·발산(⇔).

수렴현상(收斂現象, convergence phenomena) : ①시점을 고정하기 위하여 시점과 눈의 거리에 따라 두 눈이 한데 모이는 현상. ②물체가 관찰자 가까이 있을수록 두 눈이 점점 서로를 향하게 되는데, 이것은 가능하면 각 눈이 망막의 중심 부위에 물체의 상이 맺도록 하기 위해 일어남.

수리(修理) : ⇨수선(＝).

수막새 : ①수키와를 쌓을 때에 쓰이는 막새. ②수막새는 마루의 곡선미를 강조하기 위하여 귀면기와 상단에 얹히거나 모서리기와 위에 사용되는 기와. ③원형의 드림새에 원통이나 등이 휜 짧은 원통이 붙어 있는 형태임.

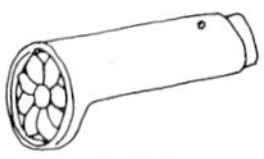
수막새

수메르(Sumer) : 남부 메소포타미아의 고대 지역. 이 지역에는 도시국가들이 일찍이 B.C. 5000년 전부터 형성. 그 중에서 에리두(Eridu), 우르크(Uruk), 우르(Ur) 지역은 주요 고고학적 유물의 발굴지.

수메르건축(－建築, Sumerian architecture) : ①B. C.4000년에서 3000년대 말까지 메소포타미아 남부를 지배했던 수메르인들에 의해 발달된 건축. ②햇볕에 말린 벽돌로 구조체를 이루고 표면에는 불로 굽거나 유약을 칠한 벽돌을 붙인 기념비적 신전으로 알려져 있음. ③이 신전들은 종종 선대(先代)의 유적 위에 세워짐.

수면대사(睡眠代謝) : 수면 시에 약 6~10% 정도 저하되는 기초대사.

수면방(睡眠房) : ⇨휴게텔(＝).

수목(樹木, tree) : 살아 있는 나무.

수밀성(水密成, watertightness) : 흡수성(吸收性)·투과성(透過性) 등을 포함해서 수압(水壓)에 견디는 재료의 성질.

수밀콘크리트(水密－, water tight concrete) : ①물이 침투하지 못하도록 만든 콘크리트. ②콘크리트 자체를 밀도가 높고 내구적·방수적인 상태로 만들어 물의 침투를 방지할 수 있도록 만든 콘크리트. ③일반적으로 산·알칼리·해수·동결융해에 대한 저항력이 크고 풍화를 방지하며 전류의 해를 받을 우려가 적음. ④물시멘트비는 55% 이하로 하고, 가능한 된비빔으로 하여 밀실(密室)하게 채워 넣는 재료 배합과 시공 및 보양의 전반에 걸쳐 주의가 필요함. ⑤소요 슬럼프값은 180㎜ 이하로 하고 또한 가능한 된비빔으로 하여 진동다짐으로 치밀하게 다져 넣어 밀실하고 균질한 콘크리트를 만듦. 굵은골재 치수는 가급적 작게 사용함.

수복정(水北亭) : ①충청남도 문화재 자료 100호, 조선 중기 창건, 1908년 중수, 1969년 보수. 조선 선조와 광해군에 걸쳐 영변·회양·한산·양주 군수를 지낸 수북(水北) 김흥국(金興國)이 세운 정자. 수북정은 그의 호를 따서 붙인 이름. ②정면 3칸, 측면 2칸의 겹처마 팔작지붕이며 2고주5량집 구조. 기단은 두벌대로 초석은 화강석을 한 자 반 높이로 다듬고 모두 원주를 사용. 기둥머리에서는 창방을 끼우고 주두를 놓은 다음 주심첨차를 올려 도리와 장여를 받치도록 함. 공포는 무출목 이익공으로 2개의 제공 위아래에는 연화와 연봉을 조각하였으며, 이익공 위에서는 장여의 뺄목 끝에 봉황머리를 조각장식. 각 칸의 장여와 창방 사이의 중심부에서는 소로를 끼운 원형 화반능 하나씩 설치해둠. 기둥 칸살잡이는 내진주와 외진주를 서로 다르게 배열하여 독특한 구조를 이룸. 평면의 중심열에 기둥이 없고 사방 1칸 크기의 실이 평면 중심부에 있는 것같이 만들어

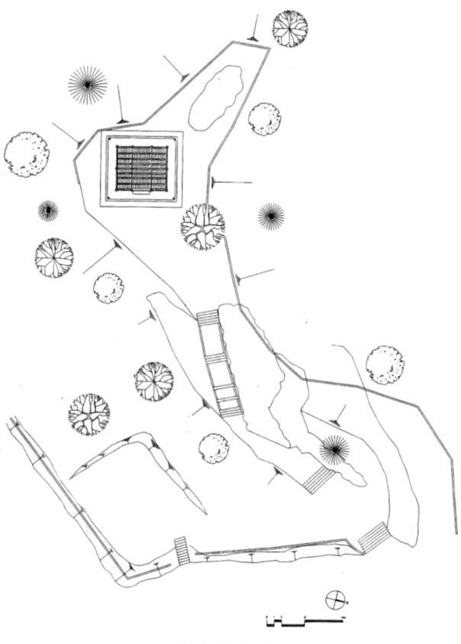
수복정 배치도

지게 되었음. 네 모퉁이의 추녀 끝에는 활주를 세웠음. 내진고주 상부에서 정(井)자로 보를 걸었는데, 이 중에서 좌우고주에는 이중보를 하고 있음. 수북정 아래 우암 송시열이 쓴 자온대(自溫臺)가 있음.

수부(手斧) : ⇨자귀(=).

수분상승(水分上昇) : ⇨블리딩(=).

수분함유량(水分含有量, moisture content) : ①공기 중에 포함된 실제 수증기량으로 절대습도(absolute humidity)의 척도. 즉 수분함유량=공기 중에 포함된 수증기의 질량/건조한 공기의 질량. ②수분함유량은 일반적으로 직접 측정하지 않고 다른 방법을 통하여 간접적으로 측정. ③단위는 kg/kg(건공기) 또는 g/kg(건공기).

수사 : '벽을 바르는 흙에 섞는 짚 토막'이라는 뜻의 일본말.

수산화석회(水酸化石灰, calcium hydroxide) : ⇨소석회(=).

ㅅ

수산화철(水酸化鐵, iron hydroxide) : ⇨수산화제일철(=).

수서(垂舌) : ①쇠서의 일종으로 우설 끝이 아래로 삐죽하게 처진 꼴로 된 것. ②한식 목구조 건축의 공포(供包)에서 쇠서 끝이 아래로 삐죽하게 처진 모형으로 된 것. ③일반적으로 공포가 이익공양식인 경우에 쇠서의 아랫부분은 앙서, 윗부분은 수서(垂舌)로 이루어짐. ④수설(=)·앙서(⇔).

수선[1](水線, ray) : 양분의 저장과 수평적 공급을 위해 수심과 수피 사이에 방사형으로 뻗쳐 있는 수평방향 세포들의 수직 띠.

수선[2](修繕, repair) : ①건축법상 용어의 정의는 낡은 것을 고친다는 뜻. ②여러 가지 원인으로 낡거나 파손된 손상 부위를 보수(補修)하여 원래의 상태로 회복시키고 사용가치를 유지시키는 것. ③수리(=).

수설(垂舌) : ⇨수서(=).

수성도료(水性塗料) : ⇨수성페인트(=).

수성바탕페인트 : ⇨라텍스페인트(=).

수성스테인(水性-, water stain) : ①목재 착색제의 일종. ②염료(染料, dye)를 물에 용해시켜 목재의 착색에 이용. ③'침투성 스테인'이라고도 함.

수성암(水成岩, aqueous rock) : ①암석조각 또는 생물의 유해 등이 물속에 침적하여 생긴 암석. ②종류는 생성 원인에 따라 ㉠물의 기계적 작용으로 생긴 것 : 사암(砂岩)·점판암(粘板岩)·응회암(應灰岩) ㉡물의 화학적 작용으로 생긴 것 : 석회암·대리석 ㉢동식물의 퇴적으로 생긴 것 : 규조토(硅藻土) 등 3가지로 구분.

수성페인트(水性塗料, water paint) : ①안료(顔料)를 물로 용해하여 수용성 고착제와 혼합한 분말상태의 도료. 즉 물을 용제로 하는 도료를 총칭. ②유기질이나 무기질의 호재(糊材)를 사용한 분말상태의 수성페인트와 합성수지와 유화제를 섞은 에멀션 페인트가 있음. ③분말상태의 수성페인트는 풀기가 약하므로 인체가 닿지 않은 곳이나 습기가 없는 곳에 주로 사용. ④도장하기 전날 적당량의 물을 가하여 잘 저어 체에 걸러서 사용. 또한 마그네시아 시멘트·백색 시멘트 등 고착제로 사용한 것으로 탈락이 없고 방수효과가 있어 실내·외 모두 사용 가능. ⑤장점 ; ㉠물을 용제로 사용하므로 공해가 없음. ㉡건조가 빠름. ㉢가격이 저렴하고 도포방법이 간단. ㉣알칼리성에도 도포가 가능함. ⑥수성페인트 바르는 순서는 바탕누름→초벌→연마지 닦기→정벌칠 순으로 행함.

수세식(水洗式, wash down) : ①단순한 세정작용을 하며 작고 불규칙한 통로를 통하여 세정시키는 변기. ②위생법규상 금지되어 있음.

수소화물(水素化物) : 알칼리 금속 및 알칼리류(類) 금속.

수수료(手數料, commission) : ①고용주를 위해 일하는 대리인에게 보수를 지불하는 방법. ②수수료 비율은 대리인(실내디자이너)의 제품이나 서비스 판매에 근거하여 책정.

수심(樹心, pith) : ①나무줄기의 중심부. ②나이테의 맨 중심부로 무른 부분.

수압대패 : ⇨수압대패기계(=).

수압대패기계(手壓-機械, hand feed planer) : ①각재의 면을 고르는 목공기계로 작업자가 부재를 정반(正盤) 위에 올려놓고 대패(planer)에 밀어서 가공하는 수동식 기계. ②'수압대패'라고도 함.

수연(水煙) : ①보개 위에 올려진 불꽃모양의 장식품. ②화재를 꺼리는 관습 때문에 특히 불에 인연이 있는 이름을 피하여 수연이라고 하였음. ③⇨노반.

수염 : ①삼섬유를 5~10cm 길이로 못에 매어 미장바탕에 박는 것. ②목조의 졸대바탕에 붙여서 회반죽이 떨어지는 것을 방지하기 위하여 대는 섬유질의 일종.

수용기(受容器, receptor) : ①외부로부터의 자극을 받아들이는 기관. ②특히 인체의 감각기관을 감각수용기라고 함. 예컨대 눈은 색을 빛 자극으로서 받아들이는 감각수용기.

수용률(受容率) : 전력에 관한 용어로서 대수용 전력(1시간 평균)을 총 설비용량으로 나눈 값의 백분율(%).

수용성 방부제(水溶性防腐劑) : ①무기화합물 및 종류를 혼합하여 이에 수용성 유기화합물을 가하여 방부·방충 성능을 갖도록 한 혼합약제(混合藥劑). ②종류로는 황산동 1% 용액·염화아연 4% 용액·염화제2수은 1% 용액·불화소다 2% 용액 등.

수원포플러(水原-, Suwon Poplar) : ⇨현사시(=).

수운교천단(水雲敎天壇) : ①충청남도 문화재 자료 12호, 1925년 창건. 천도교에서 분파된 종파로서 최제우를 교조로 이상룡이 창립한 수운교의 본부 건물. ②정면 3칸, 측면 2칸의 팔작지붕. 장대석 기단 위에 사발모양의 복발형(覆鉢形) 초석, 기둥은 모두 원주. 공포는 다포식으로 외4출목 7포작으로 짜올려 매우 화려함. 각 기둥머리에 용두조각을 함. 출목이 많은 포작으로 처마가 길게 빠지고 지붕이 특히 높아 보임. 조선조말 궁궐목수인 최원식(崔元植)이 만든 것으로 건축의 세부기법에서 조선말기 궁궐건축의 기풍이 엿보임.

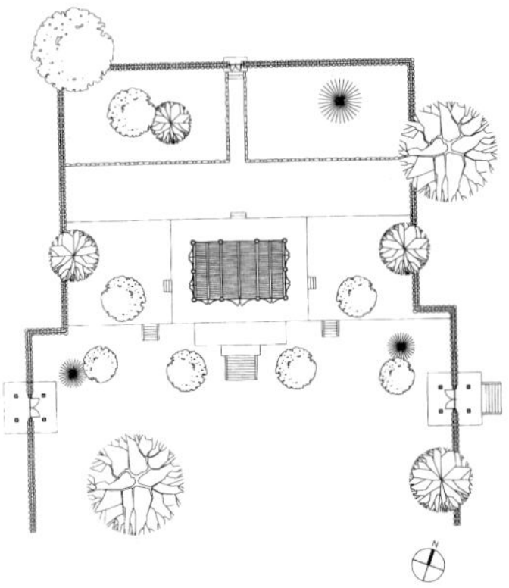

수운교천단 배치도

수은등(水銀燈, mercury vapour lamp) : ①밀폐된 관 안에 수은가스가 채워져 빛을 발하는 램프. ②매우 효율적이지만 불연속 스펙트럼 광(光)은 불유쾌한 푸른색을 내므로 조명으로는 적절하지 않고 주로 가로등으로 사용. ③수은증기 내의 전기방전에 의해 빛이 발생되는 고압 방전등으로 수은 '증기 전등'이라고도 함. ④관내에 봉입한 고압 수은증기의 방전에 의한 루미네슨스(luminescence)로 발광됨. ⑤고압 수은등과 저압 수은등으로 구분되며 조명에서 수은등이라고 하면 고압 수은등을 말함. 수은등은 수은의 증기압이 높으면 높을수록 연속 스펙트럼의 방사량이 증가하여 연색성이 좋아짐. ⑥효율은 약 35lm/W에서 60lm/W, 한 등당의 광속은 약 2,500lm에서 6,500lm, 수명은 약 6,000~12,000시간. 수은등의 점등은 약 7~10분이 걸림. 한 번 소등하면 약 10분의 냉각 시간이 지나야 재점등이 됨. ⑦주로 가로등·방범등·도로조명·높은 천장의 공장조명·실내외의 스포츠센터 조명으로 사용.

수은스위치(水銀-, mercury switch) : 스위치의 점멸되는 소리를 줄이기 위해 수은을 봉입(封入)한 유리 튜브를 조작하도록 만든 스위치.

수은온도계(水銀溫度計, mercury in glass

ㅅ

thermometers) : ①가는 유리관 속에 든 액체 금속 수은의 팽창을 이용한 온도계. ②수은은 온도의 변화에 민감하게 반응하며, −39℃에서 357℃의 사이에서 사용할 수 있는데, 이 두 온도는 수은의 빙점과 비등점을 나타냄.

수은증기등(水銀蒸氣燈, mercury vapour lamp) : ①관내에 주입한 고압 수은증기의 방전에 의해 빛을 발하는 전등. ②효율성은 좋으나 청색으로 도로·공원·광장 등에 많이 사용됨.

수의계약(隨意契約) : 경쟁계약에 대한 말로서 임의로 적당한 상대자와 체결하는 계약.

수장(修裝, 修粧, fixture, joinery, finishing carpentry) : ①목공사에서 골조공사 다음에 행하는 바닥널·창문틀·계단·선반 등의 마무리공사를 총칭하는 용어. ②주로 장식을 목적으로 구조체에 붙여 대는 것의 총칭으로서 벽체·바닥·천장 등에 붙여 대는 것. 때로는 개구부 주위·계단·천장 등을 포함하기도 함. ③주요 구조재가 아닌 중방·벽선·반자 등 내부 치장이 되는 것. ④전통건축에서 기둥과 기둥 사이에 결구하는 횡재(橫材)를 총칭. ⑤중방·인방·머름·벽선 따위를 짜맞추는 일. ⑥각재로 만들어 쓰는 것이 보통이며 그 위치와 쓰임에 따라 하방(下枋)·문지방(門地枋)·월방(月枋)·중방(中枋)·인방(引枋)·문인방(門引枋)·상인방(上引枋), 미방(楣枋)·상방(上枋)이라 하고 기둥머리의 창동(昌桐)과 기둥머리 위에 얹는 평방(平枋)도 이에 포함시킴. ⑦설치에 따라서는 귀틀의 일부와 문얼굴과 멍에도 수장재에 속함. ⑧다락집일 때의 수장은 누하(樓下)의 시설에 따라 증감.

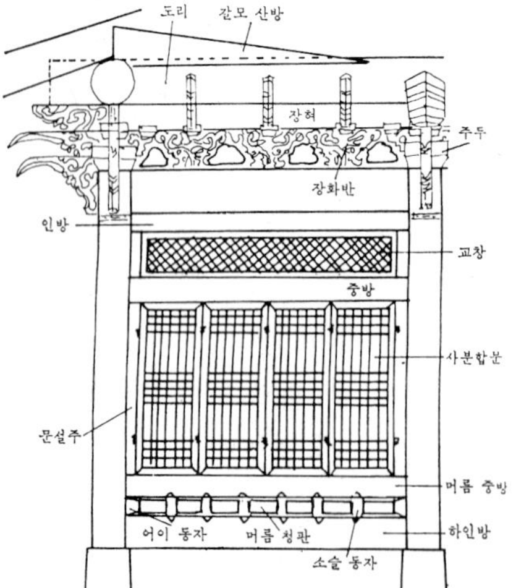

수장 꾸미기

수장기둥(修粧柱) : 처음부터 주춧돌 위에 세우지 아니하고, 수장하기 위하여 임시로 세우는 기둥.

수장목(修裝木, wood for fixture) : ①수장에 사용되는 목재. ②문선·소로받침·중방·인방·머름 따위로 수장일을 하는 데에 쓰는 질이 좋은 나무. ③집이나 가구들을 손질하고 단장하는데 쓰이는 재목을 총칭. ④100×50~120×75㎜ 정도로서 중방 홈대 등의 문꼴 벽체의 뼈대가 됨. ⑤수장재의 조건으로는 변형·균열 등의 결함이 적고 정확한 치수로 가공되어야 하며 잘 건조된 것이어야 함. ⑥수장재(=).

수장재(修裝材, clear stock) : ⇨수장재료(=).

수장재료(修裝材料, factory lumber, shop lumber, clear stock) : ①실내마감재로 적합한 목재. ②보통 치장(治裝)에 치중하므로 무늬나 나뭇결이 좋고 뒤틀림이 없어야 하며 창호재·가구재와 같이 기건상태(함수율 15%)까지 건조시켜야 함. ③수장(기둥과 기둥 사이에 건너질러 꾸미는 나무의 총칭)에 쓰이는 재목들. ④수장재는 침엽수로서 적송·홍송·낙엽송 등이 쓰임. ⑤활엽수로서 단풍나무·느티나무·박달나무·참나무·가래나무(楸木) 등이 쓰임. 외국산으로는 나왕(lauan)재가 대체로 많이 사용되며, 티크(teak)·마호가니(mahogany)·자단(紫檀)·흑단(黑檀)·화류(花榴) 등은 외국산 고급재임. ⑥내외마감재료(타일·유리·도료·보드류·금속판·섬유판·석고판 등)·차단재료(페어글라스·유리섬유·암면·아스팔트·루핑·실링재 등)·채광재료(유리·플라스틱·종이 등)·창호재료(목재창호·금속재 창호·플라스틱재 창호·셔터 등)·방화 및 내화재료(방화문·방화셔터·PC부재·내화벽돌·내화모르타르·내화점토 등) 등. ⑦기둥에 의지하여 가로지르는 여러 부재. ⑧건축물의 내외부에 노출되어 미려하게 꾸미는 재료의 총칭. ⑨목조 구조체에서 체목 이외로서 치장되는 목재의 총칭.

수장전시(收藏展示, garnering display, garnering exhibition) : ①전시물의 수장기능과 한정된 연구자와 소수의 관람자를 대상으로 하며 관람의 요구에 따라 전시를 개방할 수 있음. ②한정된 면적 속에서 가능한 수장밀도를 높이기 위해 포스터·회화와 같은 평면전시물은 리볼빙 패널(revolving panel) 형식과 카트리지(cartridge) 형식으로 수장전시. ③소규모 입체물은 가동서고형식으로 하며 중규모 입체물은 기계화된 격납고 형식으로 수장전시. ④보존성이 크게 요구되는 대상은 별도로 수장하되 보존설비가 갖추어진 진열장 형식에 분류하여 전시.

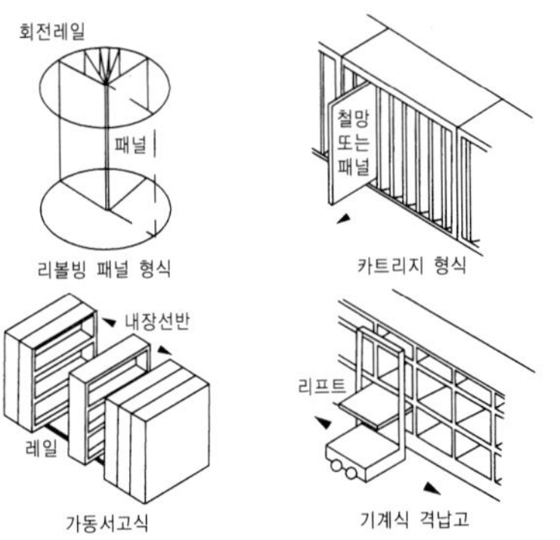

수장전시

수장판(修裝板, remodelling board) : 수장에 사용되는 널을 총칭하는 용어.

수장편수(修粧編修) : ①중방·머름·청 따위를 하는 편수. ②중방·머름 따위의 수장을 하는 목수의 우두머리.

수재(水滓) : 광재를 급냉각하여 분말로 만든 것.

수정(修訂, modify) : 디자인 과정에서 새로운 방향을 설정하거나 새로운 목적을 위하여 형태·특성 또는 성질을 변화시키는 것.

수정궁(水晶宮, Crystal Palace) : ①1851년 제1회 영국 만국박람회에 전시장으로 팩스톤(Sir Joseph Paxton : 1803~65)이 설계·건축하여 출품한 철과 유리로 된 거대한 온실풍 건축물. ②근대 초기의 주철건축의 대표적인 작품. ③규격화된 부재를 사용하여 공사기간을 최대한 단축함. 전시관은 처음에 설계를 공모하여 프랑스의 E. 오로와 아일랜드의 R. 터너가 입상했는데, 예산과 공기(工期)면에서 실시가 불가능하다는 이유로 폐안되고, 그 다음에 건설위원회가 브뤼쉘을 중심으로 위원회 안(案)을 작성하고, 그 후 J. 팩스톤에게 특히 설계안을 제출하게 하여 이것을 실시하였음.

수정먼셀표색계(修正-表色系, Munsell Reovation System) : 미국광학회(O.S.A)의 측색위원회에서 먼셀표색계가 시감적으로만 정해졌던 척도문제를 객관적인 척도로 개선하기 위해 수정한 표색계. 1956년에 광택판 색표의 시험작업이 완료되었으며, 1936년에는 일본 색채연구소에서 무광택판 수정먼셀색표를 연구·시험작으로 제작한 바 있음. 우리나라에서는 1965년에 한국공업규격(KS)으로 채택되고 그 색표집이 한국표준연구소에서 1989년에 비매품으로 시험·제작됨.

수정유효온도(修正有效溫度, corrected effective temperature ; CET) : ①유효온도(온도·습도·기류)에 복사열을 고려한 온도, 즉 유효온도의 3요소(온도·습도·기류)의 영향 속에서 주위의 물체 표면과 인체와의 열복사 영향도 고려한 척도. ②ET 또는 CET는 체감을 잘 나타내는 지표로서 널리 사용되어 왔음. 온도(계)는 건구온도(계) 대신에 글로브(globe)온도(계)를 사용하고, 습구온도 대신에 상당습구온도를 사용.

수정체(水晶體, lens) : 빛을 굴절시켜서 망막에 이루는 상을 조절하는 눈의 구성체.

수조없는 부스터방식(水曹-方式, tankless booster) : ①수도 본관으로부터 일단 물받이 탱크에 저수한 후 급수펌프만으로 건물 내에 급수하는 방식의 급수설비. ②구미(歐美) 등지에 많이 보급된 방식. ③이 방식은 정속(定速)방식과 변속(變速)방식이 있음. ㉠정속방식은 여러 대의 펌프를 병렬로 설치하고 1대의 펌프를 항상 가동시켜 토출관의 압력변화를 감지했을 때 다른 펌프를 시동 또는 정지시키는 방식. ㉡변속방식은 정속전동기와 변속장치를 조합하거나 또는 변속전동기를 사용하여 토출관의 압력변화를 감지하고 펌프의 회전수를 변화시킴으로써 양수량을 조절하는 방식. ④탱크가 없는 부스터방식(=).

수종(樹種) : ⇨나무의 종류(=).

수중보양(水中保養, water curing) : 모르타르 콘크리트 등을 물속에 넣어 보양하는 것. 수중양생(=).

수중콘크리트(水中-, underwater concrete) : ①수중에서 타설되는 콘크리트 또는 수중에서 콘크리트를 타설하는 것. ②물이 많이 나고 배수가 불가능한 지하나 기초공사. ③종류는 일반수중 콘크리트, 수중 불분리성 콘크리트, 현장치기 말뚝 및 지하 연속벽의 수중 콘크리트, 프리팩트(prepacked) 콘크리트 등. ④시공방법은 프리팩트 콘크리트 공법·트레미 공법·저개용기 공법·포대 콘크리트 공법 등이 사용됨.

수증기분압(水蒸氣粉壓, vapor pressure) : ①습공기 중의 수증기분압. ②단위는 mmHg(mb), 기호는 x.

수증기압(水蒸氣壓, vapour pressure) : ①수증기 분자에 의한 부분압력. ②단위는 파스칼(pascal) Pa 또는 밀리바(mb) 1mb=100Pa.

수지(樹脂, resin) : ①소나무 등지에서 스며 나오는 끈적이는 투명하거나 반투명한 유기물질(송진이나 진)로 현재는 폴리머라는 말과 거의 똑같이 사용함. ②수지·레진·고분자·폴리머·플라스틱(≒). ③바니시·접착제 또는 플라스틱을 만드는데 사용. ④중합반응(重合反應, polymerization)으로 처리된 완전 또는 반견고성 조직의 물질로서 사춤 혼합물(filler) 또는 안정제(stabilizer) 및 그 외 다른 구성 성분과 함께 사용되어 플라스틱류를 형성. ⑤엄밀히 말하면 폴리나 수지는 같은 의미이므로 폴리염화비닐수지, 폴리스티렌수지, 폴리에틸렌수지 등은 바르지 못한 용어임. ⑥실제 화학에서는 폴리염화비닐(Polyvinyl chloride)·폴리스티렌(Polystylene)·폴리에틸렌(Polyethylene)·염화비닐수지·스티렌수지·에틸렌수지라고 함.

수지가공단판벽지(樹脂加工單板壁紙) : ⇨단판벽지.

수지고착제(樹脂固着濟, resinous mat rix) : ①종석에 라텍스·폴리에스테르 또는 에폭시 바인더 등을 혼합하여 만든 테라초. ②특히 내화학성과 내마모성이 우수.

수지구(樹脂溝, resin canal, resin duct) : ①수지(樹脂)를 저장하는 세포간구(細胞間溝). ②수지를 유동시키는 구멍으로 유세포의 하나인 에피델리움 세포로 둘러싸인 격막이 없는 통로. ③도관요소에서 볼 수 있는 세포막은 없음. ⇨세포간극(=). ④침엽수 중 소나무·잎갈나무·가문비나무속(屬) 등에 속하는 수종의 목재에서는 횡단면의 정상적인 수지구가 나타나지만, 젓나무 주목속(屬)에 속하는 수종은 수지구가 나타나지 않음.

수직낙수홈통(垂直落水-, down spout) : 지붕의 홈통에서부터 지면이나 물탱크로 물을 운반하는 수직파이프.

수직루버(垂直-, vertical louvre) : ⇨버티컬 블라인드(=).

수직모듈(垂直-, vertical module) : ①입면이나 내부시설 단면에 일정한 규칙성을 부여하는 모듈러 시스템으로 인체치수를 기본으로 예상되는 동작·눈높이 등을 고려하여 치수의 합리화를 꾀함. ②실내공간에서는 일정한 칸막이가 자유로이 이동 가능함으로써 융통성 있는 계획이 진행되며, 아울러 여러 구성 부재가 규격화되므로 양산화(量産化)·프리패브리케이션(prefabrication)의 생산합리화도 일치되어 경제적임.

수직못치기 : ⇨페이스네일(=).

수직방(守直房) : ①시중드는 하인이 쓰는 방. ②주로 사랑채에 둠.

수직배광(垂直配光, vertical illumination) : 광원의 중심을 지나는 수직면 안의 광도 분포.

수직배광곡선(垂直配光曲線, vertical intensity distribution) : 광원 또는 조명기구의 배광, 즉 광도분포는 수직축에 대하여 대칭인 것이 많고 중심을 지나는 수직면 위에 중심을 원점으로 하는 극좌표로 나타내는 곡선.

수직베니션블라인드(垂直-) : ⇨수직블라인드.

수직블라인드(垂直-, vertical blind) : ①슬랫(slat)을 수직으로 세운 블라인드. 패브릭(fabric)으로 만든 질감의 효과로 인하여 장식성이 강함. ②방의 높이를 강조하고, 수평에 비해 먼지가 덜 쌓이며, 변형의 창에도 적응하기 쉬움. ③주로 아침저녁으로 햇빛이 실내 깊숙이 들어오는 동서방향의 개구부에 적합. ④날개(slat)를 세로로 하여 홀더 체인(holder chain)으로 연결시킨 일광조절장치. ⑤180° 회전이 가능하며 좌우로 개폐하므로 사람의 출입이 빈번한 장소에서도 설치가 가능하고 넓은 개구부에 사용하면 현대적인 실내 분위기가 연출. ⑥특히 서측 창에 적합. ⑦보통 '버티컬블라인드'라고 함.

수직선(垂直線, vertical line) : ①수평면에 직각인 선. ②지각적·디자인적·조형적으로 구조적인 높이감과 심리적으로 강한 느낌·존엄성을 느끼게 하고, 상승력을 표시하며 고양감·엄숙·위엄·절대·고상·단정·신앙·희망 및 의지적인 느낌. 또한 중력의 평형상태·인간조건·공간의 위치 등을 나타냄. 실내공간에서 수직선은 주로 심리적인 엄숙함과 상승감의 효과를 내거나 수평적인 패턴의 지루함을 없애거나 약화시키는데 사용. ③예컨대 교회나 성당에서 설치하는 높은 수직창이나 첨탑(尖塔), 실내공간의 벽체·바닥 패턴디자인에서 많이 사용. ④⇨선.

수직선틀(垂直線-, jamb, door jamb) : ⇨잼(=).

수직수평의 착시(垂直水平-錯視) : 같은 길이의 선이라도 수직의 것이 수평의 것보다 크게 보이는 현상.

수직슈트(垂直-, drop chute) : 굳지 않은 콘크리트를 직접 부어넣기할 경우에 골재 분리가 생기기 쉬우므로 수직으로 설치한 슈트.

수직스티프너(垂直-, vertical stiffener) : ①기둥의 재축에 사용되는 스티프너. ②수평스티프너(⇔).

수직시야(垂直視野) : ①일반적으로 위보다 아래방향으로 더 기울어져 평상시 시선은 눈높이 수평선 아래 10° 방향을 향함. ②심벌(symbol)을 볼 수 있는 범위는 아랫방향 30° 윗방향 2° 범위. ③색채 식별은 수평선 아랫방향으로 40°, 윗방향으로 30°, 아랫방향 40° 범위이므로 이 범위 내에 전시물이 놓일 때 관람자는 감상하기 편안함. ④⇨시야.

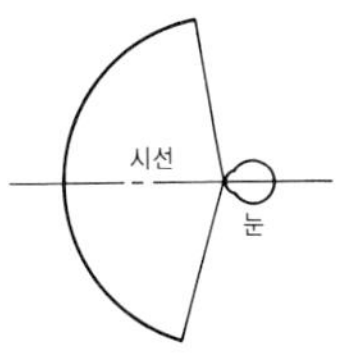

수직시야

수직식 고딕양식(垂直式-様式, perpendicular style) : 영국 고딕건축의 제3기에 속하는 수직식(垂直式).

수직아치벽돌(垂直-甓乭) : ①아치형 내화로의 구축에 사용하는 이형벽돌. ②가장 큰 두 면이 길이방향으로 똑같은 각도로 경사져서 좁아진 모양의 벽돌.

수직양식(垂直様式) : ⇨퍼펜디큘러양식·렉틸리니어스타일(=).

수직작업역(垂直作業域, vertical working area) : ①팔을 펴서 상하(上下)로 움직였을 때 포함되는(그려지는) 영역. ②특히 시선이 가장 편하게 머물고 손으로 만지기도 쉬운 높이는 850~1,250mm로 이 높이를 골든 스페이스(golden space)라고 함. ③이것은 패널(panel)설계나 컨트롤(control)장치 및 벽체수납의 설계 부위를 결정할 때 필요. ④수평작업역(⇔)·⇨골든 스페이스.

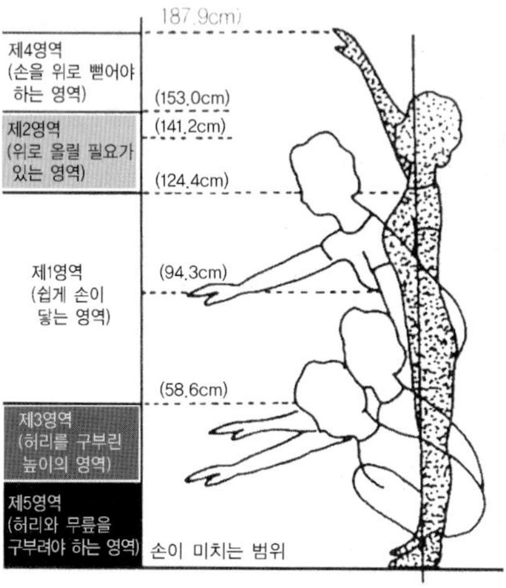

수직작업역

수직재(垂直材, vertical member) : ①수직방향으로 배치한 부재. ②수평재(⇔).

수직적 블라인드(垂直的−, vertical blind) : ⇨수직블라인드(=).

수직적 위치(垂直的位置, vertical location) : 투시도 용어로 먼 사물을 보다 가깝게 인지된 사물보다 화면(畫面, picture plane)에 높게 위치시킴으로써 깊이나 거리감을 표현하는 기법.

수직전단응력(垂直剪斷應力, vertical shearing stress) : ①전단력에 저항하여 보의 단면을 따라 생기는 전단응력. ②중립축에서 최대가 되며, 단부로 갈수록 작아지지만 비례적이지는 않음.

수직파일(垂直−, vertical file) : ①파일을 보관하는 사무용 수납장. ②보통 375~450㎜ 폭의 규격에 앞쪽에서 뒤쪽으로 정리할 수 있고 2단 서랍으로 되어 있음.

수질개선부담금(水質改善負擔金) : ①공공의 지하수 자원을 보호하고 먹는 물. 수질개선에 기여하기 위하여 먹는 샘물 제조업자, 수입판매업자로부터 먹는 샘물 판매가격의 20%를 부담하도록 하는 제도. ②1995년 5월 우리나라에 도입됨. ③부담금은 10%에 상당하는 금액을 시·도의 징수비용으로 사용하고, 잔여금액의 50%에 상당하는 금액을 당해 먹는 샘물을 제조하기 위하여 개발된 취수정에 위치한 시·군 또는 자치구의 세입이 되며 나머지 50%는 환경부에서 관리집행함.

수질선(樹髓線) : ①나뭇결에 직각방향으로 자라는 섬유질. ②녹말과 수지를 순환시키는 역할을 함. ③악기에서 앞판으로 쓰일 경우 수질선은 나뭇결을 이루는 긴 섬유들 간의 통로가 되어서 음질을 개선시킴. ④수질선은 시더(cedar)에서도 약간 보이기는 하지만 뚜렷하지 않고 스프러스(spruce)만큼 소리에 중요한 역할은 하지 못함.

수착(收着, sorption) : 흡습(吸濕)과 흡착(吸着)을 총칭.

수채물감(水彩−, water color) : 색채가 선명하고 내광성이 우수하며, 혼색을 해도 발색이 좋아 정물화·풍경화·인물화·일러스트레이션 등에 적합. 번지는 기법에 사용하면 보다 효과적임.

수축(收縮, shrinkage) : 내·외부의 작용으로 인하여 탈수되어 건조될 때 물체의 길이나 체적이 감소하는 것 또는 오그라드는 것.

수축색(收縮色, contrastive color) : ①어떤 색의 면적이 실제의 면적보다 작게 느껴질 때의 색. ②일반적으로 명도가 낮은 색은 내부로 위축되려는 성격 때문에 수축색이 됨. ③수축색은 후퇴색이 되고 시각적인 중량감이 작음. ④팽창색(⇔)

수축이음(收縮−, contraction joint) : 두 구조체 사이에서 어느 한 구조체의 수축시 그것을 보완하기 위해 설계된 이음.

수축줄눈(收縮−) : ⇨수축이음(=).

수침 : ①연장에 쓰이는 참나무 따위를 연못 가장자리의 뻘 속이나 연못 밑바닥에 묻

어 두는 것. ②보통 굴참나무를 많이 쓰는데 가시나무, 곧 너도밤나무를 연장감으로는 고급으로 쳤음.

수키와 : ①두 암키와 사이에 엎어 잇는 반원형의 기와. ②암키와와 암키와 사이에 홍두깨를 괴고 얹는 반원통꼴의 기와. ③속이 빈 원기둥을 세로 반으로 쪼갠 것과 같이 생겼는데, 지름이 작고 곡률(曲率)이 강한 기와인데, 남근 같다고 하여 양와(陽瓦)라고도 함. ④수키와는 암키와가 이룩한 배수형(排水形) 바닥이나 바닥기와 사이의 잇잠을 막기 위하여 덮는데 쓰이며, 방수(防水)를 마무리 짓고 낙수구(落水溝)를 확실하게 하여 기왓골을 형성함. ⑤암키와(⇔).

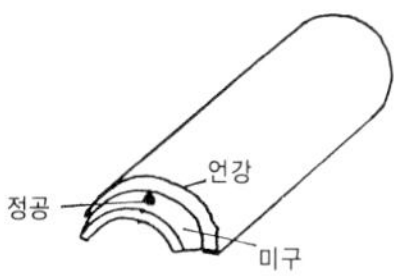

수키와

수평가새(水平-, lateral bracing) : ①기둥이나 좌굴길이를 줄인 다른 압축부재의 가새. ②수평가새는 두 개 이상의 평면에서 가새를 설치할 때 가장 효과적임.

수평규준대(水平規準帶, screed) : 타설한 콘크리트 슬래브(slab)의 정확한 마감높이를 나타내기 위해 단단히 고정시킨 규준대 또는 테두리 거푸집.

수평루버(水平-, horizontal louvre) : 비늘판을 수평으로 댄 루버.

수평면 조도(水平面照度) : ⇨평균조도(=).

수평모듈(水平-) : ⇨평면모듈(=).

수평반 : 수평면을 정할 때에 쓰는 연장.

수평배광곡선(水平配光曲線, horizontal intensity distributing curve) : ①조명에 의한 수평면 안의 배광을 나타내는 곡선. ②수직축에 대해 대칭성이 높은 조명기구의 배광곡선은 원에 가까운 곡선이 됨.

수평블라인드(水平-, horizontal blind) : ①날개(flat)가 수평적 요소로 작용하여 안정감이 있는 가장 일반적인 일광조절장치. ②날개 사이에 쌓인 먼지 제거 등 청소가 곤란한 어려움이 있음. ③날개는 목재 또는 얇은 금속제임. ④날개판의 간격이나 각도조정에 빛과 공기의 컨트롤이 용이. ⑤폭이 좁은 쪽의 폭이 넓은 쪽보다 전망에 방해가 되지 않음. ⑥높은 창에 사용되는 블라인드는 보통 전동식이 이용됨. ⑦베니션 블라인드(venetian blind)라고도 함. ⑧수평적 블라인드(=)·수직블라인드(⇔).

수평비상구(水平非常口, horizontal exit) : ①거주(居住) 분리로 만들어진 벽을 통한 통행으로 자동폐쇄 방화문. ②동일 건물 또는 인접건물의 같은 층의 피난지역으로 유도.

수평선(水平線, horizontal line, horizon) : ①가장 단순한 직선형태로서 안전하고 편안하며 차분한 느낌 외에 냉정·평화·친근·안락·평등·침착 등의 느낌을 줌. ②수평선은 인간의 상상력에 있어 인간이 서 있거나 움직이는데 가장 잘 부합되는 선이거나 평면이 되기도 함. ③수직선과 직각인 선으로 강한 수직선의 효과를 없애거나 약하게 해줌. ④실내공간에서 걸레받이나 벽체의 중간선 테이블이나 소파 등 낮고 긴 선형 가구에서 수평선의 특징이 잘 나타남. ⑤선형 투시도에서 관찰자의 눈을 통하여 화면과 수평면과의 교차를 나타내는 선.

수평스티프너(水平-, horizontal stiffener) : ①재축에 수평으로 배치되는 스티프너로서 보에 사용할 때를 수평스티프너라 하고, 기둥에 사용할 때를 수직로스티프너라고 함. ②수평스티프너 또는 수직스티프너를 두 개 사용하는 경우 동일 단면의 것을 사용하고 수평스티프너에서는 플랜지(flange) 및 이에 이어지는 2개의 스티프너로 분할되는 웨브 플레이트의 판폭은 등간격으로 함. ③⇨스티프너.

수평시야(水平視野, horizontal visual field) : ①일반적으로 눈의 방향은 수평방향보다 아래로 치우쳐, 서 있을 때는 약 10°, 앉아 있을 때는 약 15° 아래로 향하게 됨. ②시선을 한 점에 고정한 경우에는 약 180°, 양눈 사이를 중앙 수직축으로 잡았

ㅅ

을 때, 대상을 주시할 수 있는 수평면에서의 시야범위는 좌측으로 1°, 우측으로 1° 범위이며 심벌이나 문자를 볼 수 있는 범위는 좌우측 30°, 색채를 분별할 수 있는, 즉 색시야의 범위는 좌우측 30~60° 범위 내임.

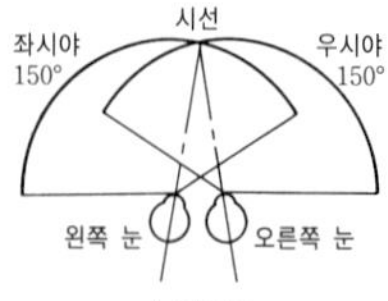

수평시야

수평실 : 표준틀에 수평을 알아보려고 맨 실.

수평작업역(水平作業域, horizontal working area) : ①사람이 앉아서 자기 바로 앞에 있는 테이블 위에 손을 움직였을 경우에 작업 가능한 범위. ②손에 의한 작업으로 수평작업의 평면상에서 행해지는 영역의 범위. ③분류는 통상작업영역과 최대 작업영역으로 구분. 통상작업영역은 어깨를 가볍게 신체측에 붙여 팔꿈치를 구부린 상태로 자유로이 손에 닿는 영역이며, 최대 작업영역은 팔을 최대로 뻗어 손이 닿을 수 있는 영역. ④작업시 주요 조작의 동작이나 기기는 통상작업영역 내에 배치하며, 그 다음의 작업용구는 최대 작업영역의 선에 따라서 배치되도록 함.

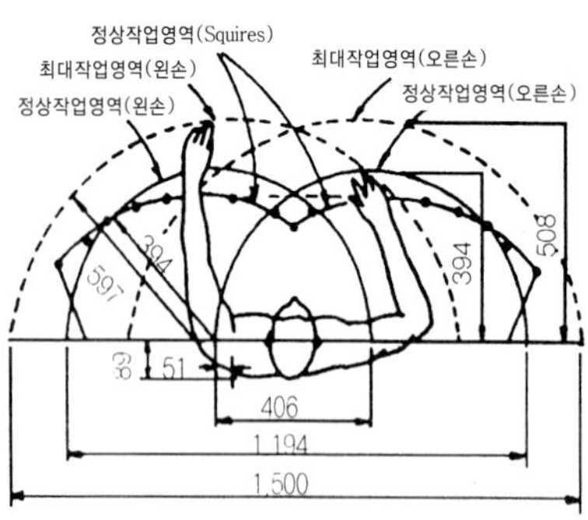

수평작업역

수평작업영역(水平作業領域) : ⇨수평작업역(=).

수평재(水平材) : ①수평방향으로 걸쳐대는 부재. ②수직재(⇔).

수평적 블라인드(水平的−, horizontal blind) : ⇨수평블라인드(=).

수평전단응력(垂平剪斷應力, horizontal shearing stress) : ①보에 하중이 가해졌을 때 재축방향을 따라 미끄러짐에 저항하여 생기는 전단응력. ②어느 지점에서든지 그 지점의 수직전단응력과 크기가 같음.

수평줄눈(水平−, bed joint) : ①수평으로 바른 모르타르로 그 위에 단위재료를 쌓음. ②두 조적조 사이의 가로줄눈. ③⇨줄눈·가로줄눈(=)·수직줄눈(⇔).

수평중방(水平中枋) : 표준 말뚝에 가로막아 수평으로 맞춘 나무.

수평진열(水平陳列) : ①하나의 상품군(群)을 용도별 또는 사용순서별 등 가로방향으로 분류하여 진열하는 것. ②예컨대, 방향재는 화장실용·신발장용·침실용·담배냄새 제거용·거실용·객실용·자동차용 등 용도별로 분류하여 가로로 진열. 입욕제는 보온용·피부용·근육통용·온천기분용 등으로 분류.

수평차양(水平遮陽) : 창문 앞 처마가 수평으로 달린 것.

수포석(水泡石) : ⇨속돌(=).

수피(樹皮, bark) : ⇨나무껍질(=).

수혈주거지(竪穴住居址) : ⇨움막집(=).

수화반응(水和反應, hydration) : ①콘크리트의 시멘트와 물이 접촉하여 시멘트 중의 화합물 조성과 물과의 반응, 즉 수화반응에 의해 화학반응을 일으켜 응결(凝結, setting)·경화(硬化, hardening)하는 것. ②수화반응에 미치는 요소에는 시멘트페이스트의 수산화칼슘량·수화시의 발열량·화학작용에 필요한 물의 양·수화하지 않는 시멘트의 양 등. ③수화반응의 생성물은 C_3S 또는 $C_2S+H_2O \rightarrow C_3S_2H_3$(tobermorite)$+Ca(OH)_2$(수산화칼슘), $C_3A+H_2O \rightarrow C_3S_2H_3$(ettringite).

수화열(水和熱, heat of hydration) : ①콘크리트 혼합물의 응결·경화 중 수화과정에 의해 발생하는 열, 즉 시멘트 수화반응 또는 발열반응에서 생기는 열. ②시멘트가 응결·경화하는 과정에서 발열하며 완전히 반응하면 125cal/g 정도의 열을 발생. 이

열은 콘크리트의 내부온도를 상승시키므로 한중콘크리트에서는 유효하나 매스(mass) 콘크리트에서는 열이 축적되어 균열 발생의 원인이 됨. ③시멘트가 풍화하면 수화열은 감소되며 물시멘트비가 높을수록 수화열은 높아짐.

수화작용(水化作用, hydration) : ⇨수화반응.

숙석(熟石) : 초석(礎石)과 담장에 사용하는 다듬은 돌.

숙재수(熟材樹, ripewood tree) : ①심·변재의 재색이 유사하여 변재수처럼 보이나 같은 횡단면상에서 외주부와 중심부에 따라 함수량이 큰 차이가 있는 나무. ②숙재수는 수분근의 유세포가 모두 죽어 있는 점으로도 선별할 수 있음.

순각반자(巡閣斑子) : ⇨순각천장(=).

순각천장(巡閣天障) : ①각 출목도리·장여 상호간의 사이를 출목첨차 위쪽에서 막아댄 천장. ②실내의 내출목(內出木)이나 첨차와 첨차 사이의 노출부분을 시각적으로 은폐하고 흙이 떨어지는 것을 방지하기 위해 가설한 특수한 천장. ③보통 다포양식 건축물에 많이 사용. ④순각반자(=).

순각천장

순각판(楯桷板, 巡閣板) : 각 출목 사이사이를 첨차 위쪽에서 막아댄 반자널.

순간격(純間隔) : ①철근과 철근의 간격. ②⇨중심간격.

순간사이(純間-, clear span) : ⇨순스팬(=).

순간점등형광등(瞬間點燈螢光燈, rapid start fluorescent lamp) : ①저전압 시동보조장치로 진공관의 음극을 예열하는 안정기 회로를 갖춘 형광등. ②⇨형광등.

순결(瞬結, flashing setting) : 시멘트에 물을 부어 비빈 직후에 응결하는 것.

순공사비(純工事費) : ①공사비 가운데 직접공사비와 공통가설비를 합한 비용. ②공사현장에서 지출한 공사비 가운데 관리적인 요소를 제외한 것.

순금속(純金屬, pure metal, genuine metal) : ①100% 순도를 가진 금속물질. ②금속재료로서 순금속만을 사용하는 경우는 거의 없고, 일반적으로 둘 이상의 금속 또는 비금속으로 된 합금이 사용됨.

순도(純度, saturation) : ①색채용어로는 색채의 3가지 척도 중 하나. ②색상의 순수도(純粹度)나 생동감(生動感). ③강도(强度)라고도 함.

순례자용 가구(巡禮者用家具, pilgrim furniture) : ①17세기경 미국 뉴잉글랜드 지방에 정착한 초기의 이민자들이 제작한 영국 자코비안양식(Jacobean style)의 가구. ②매우 단순하고 견고한 것이 특징.

순무형 발(-形-, turnip foot) : 주로 상자형 가구에 사용된 공형 발(ball foot)이나 둥근 빵형 발(bun foot)의 변형으로 거꾸로 뒤집은 순무형으로 끝이 평평하며 목 부분이 공(ball) 부분과 바닥을 분리시킴.

순무형 천장(-形天障, turnip dome) : ①원통형 구조체에 얹혀지는 순무(turnip)를 뒤집어 놓은 것처럼 끝이 뾰족한 반구형 천장이나 큐폴라(cupola). ②러시아·근동·아라비아 건축과 장식의 특징. ③양파형 돔(=).

순무형 천장

순색(純色, pure color) : ①현대의 색료(色料)에서 만들어 낼 수 있는 채도가 가장 높고 순도가 높은 색. ②동일 청색(clear color ; 채도가 가장 높은 색) 중에서도 무채색의 함유량이 가장 적은 색. ③순색은 가장 맑은 색으로 가장 깨끗한 색기(色氣)를 지님.

순색량(純色量, color content) : ①오스트발트 표색계에서 기본량의 하나. ②순색이 차지하는 백분율. 즉 순색(C)+하양(W)=검정(B)=100%.

순서계획(順序計劃, planning) : ①네트워크 공정표 용어 중 하나. ②목표달성에 필요한 작업·작업순서·소요시간 및 자원 등을 정하는 계획.

순서효과(順序效果) : 동일색 2개가 계속되면 처음 본 색의 경우가 인상이 강하다는 현상으로 색채뿐만 아니라 냄새나 형태에서도 존재.

순석고플라스터(純石膏-, pure gypsum plaster) : ①순석고에 석회죽 또는 돌로마이트 석회를 혼합한 미장재. ②정벌용·초벌용이 있으나 석회죽의 제작을 위한 소화조(消化槽)와 상당한 기간이 필요하며 현장에서 배합관리가 어려워 특별한 경우 이외는 사용하지 않음.

순수구성(純粹構成) : ①형태나 색채 구성을 말하는 것. ②자연물체를 대상으로 한 구성이거나 기하학적 구성 등.

순수예술(純粹藝術, fine art) : ①그리스시대 훌륭한 기술(techne)로 표현되는 자율적 예술로 문법·수사학·논리학·기하학·산술학·천문학·음악(화성학) 등 주로 오늘날 과학의 범주가 이에 속함. ②예술적인 미적 가치만을 추구하는 조각·회화·음악·문예 등. ③자유예술(=)·응용예술(⇔)·수공예(⇔).

순수주의(純粹主義, Purism, Purisme[프]) : ①1918년 파리의 토머스 화랑에서 순수주의 운동의 제1회 전시회가 개최되었음. ②'입체파 이후'라는 제명 아래 기록된 전시목록의 선언서는 화가인 A. 오장팡과 화가이자 조각가인 D. E. 쟌느레(Charles Edouard Jeanneret, 후에 르 코르뷔지에로 더 알려짐)가 서명하여 입체파의 붕괴를 퉁명스런 어조로 선언한 후 이들은 하나의 새로운 예술을 공표함. ③1920년을 전후하여 프랑스에서 오장팡(Amédée Ozenfant : 1886~1966)과 르 코르뷔지에(Le Corbusier : 1887~1965)가 『에스프리누보(L'Esprit Nouveau : 새로운 정신)』라는 정기 간행물 잡지를 창간하고 그것을 중심으로 주창하여 일어난 운동. ④이는 기술과 순수한 기하학과의 관계 속에 억제가 강한 인상으로 단순하게 구성된 화면과 기계적으로 이미 만들어진 형상적인 요소들이 갖는 시적 감흥과 더 이상 결합할 것을 제공하지 못한다는 것이었음. ⑤조형언어의 순화를 목적으로 기계를 조립하듯이 형태와 색채를 과학적으로 구성함으로써 간결한 건축적 아름다움을 추구하였으며, 회화의 무내용성을 주장함. ⑥이 두 사람에 의한 새로운 정신은 건축·공예·생활예술에 이르기까지 영향을 미쳤음. ⑦회화에 있어서는 그 개념설정 형성의 한계를 나타내는 데 그쳤으나, 건축·공예에서는 바우하우스와 공통점을 지니고 있고 디자인에 있어서 르 코르뷔지에의 사고방식은 이후에 커다란 영향을 미쳤음. ⑧바우하우스의 미학처럼 순수주의 미학 역시 표준화와 산업생산과의 제휴를 갈구하며, 르 코르뷔지에는 이러한 미학을 자신의 건축과 도시계획에 적용시켰음. ⑨오장팡과 르 코르뷔지에의 공저인 『근대회화』에는 "인간은 기하학적인 동물이다", "인간의 정신은 기하학적이다"라고 하고 있으며, 퓨리즘의 이론이 잘 설명되어 있음. ⑩이들은 큐비즘으로부터 추출한 기하학적 조형을 추구하여 '건축은 인간이 사는 기계임.'이라고 하는 극단의 기능주의를 수립함. ⑪⇨퓨리즘(=).

순수형태(純粹形態, pure form) : ⇨이념적 형태·추상적 형태(=).

순스팬(純-, clear span) : 간 사이를 지지하고 있는 구조물간의 안목치수.

순음(純音, pure tone sounds, pure tone, simple tone) : ①단 하나의 특정 주파수를 갖는 부드러운 사인곡선(sign curve)으로 표시되는 음. 순음은 전자적으로만 발생이 가능하며 순음에 가장 가까운 파형(波形)은 플루트(flute)음. ②음파의 파형(波形)이 정현곡선인 음. 즉 어느 장소에서 음에 의해 일어나는 변동이 시간의 정현(正弦)함수 또는 여현(餘弦)함수로 나타나는 음파.

순응[1](順應, adaptation) : ①눈이 시계 안에 있는 물체의 상대적인 밝기나 색에 적응할 때 생기는 과정. ②망막에 있는 간상체와 추상체가 완전히 감도를 회복하기까지는 상당한 시간이 걸림. ③시감각 기관이 자극하는 정도에 따라서 감수성을 변화시키는 과정과 변화된 상태. ④안구의 내부에 입사하는 빛의 양에 따라 망막의 감도가 변화하는 현상과 상태. ⑤어두운 장소에서 간상체가 주로 작용하는 경우의 휘도순응을 암순응(暗順應, dark adaptation)이라고 하며 시야의 밝기에 따라서 추상체가 작용하는 경우의 휘도순응을 명순응(明順應, light adaptation)이라고 함.

순응[2)](順應, merge) : 디자인·철학적으로 개성이나 특성을 희석하기 위하거나 단계별로 점차적으로 통합·융합·연합을 점차적으로 해 나가는 것.

순판각(楯板角) : 첨차 사이를 덮은 천장판.

순환(循環, circulation) : ①실내에서 사용되는 이동수단 또는 경로. ②실내에 경제적이고 기능적인 동선이 되도록 하기 위한 계획. ③동선(=).

순환수로폭기방식(循環水路方式) : ①긴 순환수로를 이용하여 장시간 폭기가 이루어지는 방식. ②다른 폭기방식에 비해 넓은 면적이 필요함. ③처리대상 인원이 101~2,000명일 때(중급처리), 501~5,000명 범위일 때(고급처리) 적용.

순환식 온수난방법(循環式溫水煖房法) : ⇨중력식(=).

순환재개발사업(循環再開發事業) : ①재개발지구 주민들의 이주대책용 아파트를 사업지 인근에 짓거나 기존 아파트를 임대해 현지거주 조합원에게는 재개발사업이 끝날 때까지, 세입자에게는 일정기간 아파트를 빌려주는 것. ②재개발지구 주민들의 요구사항인 이주대책을 사전에 마련해 사업시행을 원활히 하기 위한 것.

순환환기(循環換氣, return ventilation) : 실내에서 더렵혀진 공기를, 정화기를 통해 다시 정화시켜 흡입(return)과 공급(supply)을 반복하는 것.

술거리 : ⇨술장식(=).

술장식(-裝飾, fringe) : ①커튼이나 침대 또는 직물로 씌운 가구의 이음새를 가리기 위해 여러 줄로 꼰 실을 붙이거나 술을 늘어뜨린 마무리장식. ②타셀(tassel) 및 홀더(holder)를 고정하기 위한 커튼 액세서리의 일종. ③세로창틀에 고정시킴.

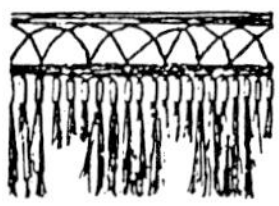
술장식

숨은경첩 : ⇨숨은정첩(=).

숨은못(hidden nail, secrete nail, blind nail) : 외부에서 보이지 않게 박은 못.

숨은못치기 : ⇨블라인드 네일(=).

숨은산지 : 머리가 감추어 보이지 않게 감추어지른 산지.

숨은선(-線, hidden line) : ⇨은폐선(=).

숨은아치(relieving arch) : ①장방형 개구부 위의 구조 내부에 삽입된 아치. ②상인방(lintel)의 상부 벽 중량을 지지하며 하중과 추력을 양측 벽에 전달하여 완화시킴.

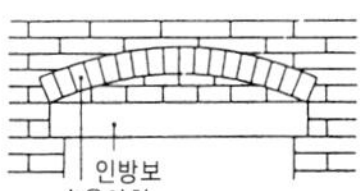

숨은아치

숨은엇걸이촉이음 : 토대·깔도리·기둥 등에 사용되는 촉이음.

숨은연귀(-燕口) : 몇 개의 장부를 만들어 겉으로 보이지 않게 한 연귀맞춤.

숨은장부 : 장부가 다른 부재에 감추어 끼이어 마구리가 보이지 않게 한 장부.

숨은장부구멍(blind mortise, stopped mortise) : 부재를 관통하지 않고 부재의 도중에 멈춘 장부구멍.

숨은장부촉 : 장부촉의 일종.

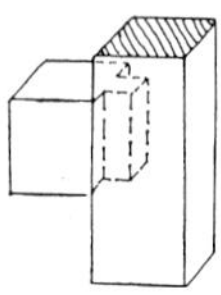
숨은장부촉

숨은정첩(secret hinge, invisible hinge) : ①문을 닫았을 때 축부분이 문 밖에서 전혀 보이지 않는 정첩. ②정첩과 마운팅 플레이트(mounting plate)로 이루어져 있으며 레이 온(lay on)과 인 세트(in set)형이 있음. 상하 좌우 조정이 가능하며 마운팅 플레이트가 문짝과 측판의 간격에 따라 높이가 달라지므로 주의해야 함. ③가구의 안쪽에 내장되어 보이지

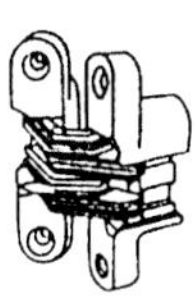
숨은정첩

않고 부착이 간편한 관계로 현대가구에 널리 사용.

숨은주먹장(secret dovetail, miter dovetail, stopped lap dovetail joint) : ①상단(上端)과 앞 모서리가 연귀로 되어 마구리는 보이지 않고 내부에 2~4개의 주먹장부와 장부구멍을 만들어 맞춘 것으로 주로 창호에 사용. ②오직 연귀선만이 보이는 모서리 주먹장맞춤.

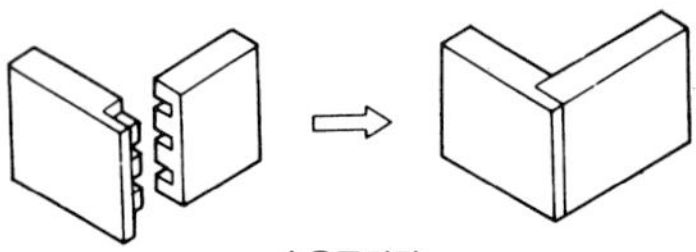

숨은주먹장

숨은주먹장 틀맞춤(stopped lap dovetail joint) : ⇨주먹장 틀맞춤·숨은주먹장(=).

숨은흠 : 나무 속에 붙어 있는 흠.

숫기와(夫瓦) : ⇨모와(=)⇨부와(=)⇨수키와(=).

숫대살문(箭門) : ⇨숫대살창(=).

숫대살창(-箭窓) : ①창호의 짜임새를 조선시대 셈을 할 때 쓰던 산가지(算木)를 늘어놓은 모양으로 한 창호. ②사대부집의 사랑채·별당 등에서 이 창호를 즐겨 썼으며 안고지기와 같은 특수한 창호에도 쓰임. ③줏대살창·숫대살문(=).

숫막새 : ⇨수막새(=).

숭례문(崇禮門) : ① 국보 제1호, 지정(1962년). 서울특별시 중구 남대문로 4가 29 중구청 관리. 서울 성곽(城郭)의 정문(正門)으로 본 이름은 숭례문(崇禮門)이며 태조(太祖7년)(1398) 창건된 후 세종(世宗30년)(1448년)에 크게 개축(改築)됨. ② 이 문은 현존하는 서울의 목조건물(木造建物) 중 가장 오래된 것으로서 석축(石築) 중앙에 홍예문(虹蜺門)이 있고, 그 위에 정면 5칸, 측면 2칸의 중층 문루를 세웠으며, 지붕은 우진각 지붕으로 되어 있음. 지붕 위에 짜여진 공포는 다포식으로 힘이 있고 간결한 살미첨차(山彌檐遮)가 조선 초기의 수법을 잘 나타내고 있음. 이 문은 외관이 장중하고 내부구조가 견실하여 수도의 성문으로 당당한 면모를 지닌 조선 초기의 대표적 건축이라 할 수 있음. 이 문은 조선시대 한성 도성의 정문으로 4대문 가운데 남쪽에 위치하므로 남대문으로도 불림. 태조5년(1396)에 공사를 시작하여 7년 2월에 준공됨. 이후 세종 29년(1447) 8월에 중수공사를 착공하여 이듬해 5월에 준공하였음. 이때는 문루와 석문을 완전히 헐어내고 땅을 높게 돋우어 남산과 인왕산의 산맥에 연결시킨 다음 그 위에 새로 석문을 쌓고 문루를 건축하였으므로 보수나 중수가 아닌 완전한 개축(改築)이었음. 그 뒤 성종10년(1479)에 남대문이 기울어졌기 때문에 이 해 4월에 상량하고 5월경에 개수함. 이후 임진왜란과 병자호란 때에도 남대문은 무사하였고, 기단(基壇)의 양측에는 성벽이 연결되어 있었음. 1908년 일제가 도시계획이라는 명목으로 도로를 내면서 성벽을 헐어버림으로써 현재와 같은 모습이 되었음. 6·25전쟁 때에는 석축과 문루에 피해를 입어 1952년에 피해 부분 위주로 수리공사가 있었고, 1954년에는 단청공사가 있었음. 1962년 〈문화재보호법〉에 의하여 보물에서 국보 제1호로 격상되었음. 이와 관련하여 1962년 1월부터 건물을 해체하기 시작하여 1963년 5월 13일 보수공사가 준공되어 오늘에 이름. 건물의 평면은 아래 위층이 모두 정면 5칸 측면 2칸이며, 건물 내부의 아래층 바닥은 홍예의 윗면인 중앙칸만이 우물마루일 뿐 다른 칸은 흙바닥으로 되어 있고 위층은 널마루. 편액의 필자에 관하여는 여러 가지 설이 있으나 《지봉유설(芝峰類說)》에는 양녕대군이 쓴 것이라고 기록되어 있음. 다른 문의 편액이 가로로 쓰여 있으나 숭례문이 세로로 쓰여 있는 것은 숭례(崇禮)의 두 글자가 불꽃을 의미하여 경복궁을 마주 보는 관악산의 화기(火氣)를 누르게 하기 위해서라고 함. 현존하는 성문 건물로는 우리나라에서 가장 규모가 큰 남대문은 전형적인 다포(多包)양식의 건물로 견실한 목조

건축물의 수법을 보이고 있는 한국건축사상 중요한 건물의 하나임. 2008년 화재로 소실됨.

숭림사보광전(崇林寺普光殿) : ①전북 익산시 웅포면 송천리 5에 위치. 134년 창건, 17세기경 재건, 보물 825호. ②통일신라의 경덕왕 때(742~764)에 진표율사(眞表律師)가 금산사와 함께 창건했다고 전해짐. 고려 충목왕(忠穆王) 원년(1345)에 보광전을 건축하였다는 익산구지(益山舊誌)의 기록으로 보아 고려시대의 법등을 잇고 있었던 것으로 보임. 임란때 보광전만 남기고 모든 건물이 불탔으며, 10년 뒤에 우화루를 중건했다고 전함. 현재 사찰의 주불전인 보광전을 비롯하여 우화루, 정혜원, 나한전, 영원전, 산신각이 있으며, 최근에 종각과 요사채를 건립함. 보광전은 정면 3칸, 측면 2칸 규모의 다포맞배집. 경사진 지형에 따라 전면은 높게 이중기단을 조성. 후면과 측면은 외벌대로 기단 조성. 기단은 본래 막돌 허튼층쌓기이나 1966년 자연석을 면고름하여 상하 각각 네벌대로 이중기단으로 개축. 자연석 초석 위에 두리기둥을 세웠는데 측면의 중앙기둥만 방주를 사용함. 주간은 일정하며 세 칸 모두에 삼분합문 설치. 후면은 어칸에만 세짝문 설치. 전면 창호는 상인방에 남아 있는 돌쩌귀 흔적과 서까래 끝에 달려 있는 달쇠 등을 볼 때 원래는 들어열개문이었음. 특징은 공포의 형태와 내부의 장식성임. 공포는 내외3출목구조로 하엽과 연꽃을 조각한 출목첨차와 하엽주두(荷葉柱枓)가 인상적임. 주두는 주간포가 가장 화려하며 주상포와 귀포는 보다 간략화된 형태임. 공포의 내부는 주상포와 주간포에 차이를 둠. 후면 공포는 외부 살미 끝을 전체적으로 사절(斜絶)하고 4제공 위치에서 첨차를 두어 외목도리를 받게 했음. 가구는 무고주이중량(無高柱二重樑)5량 구조임. 일반적으로 2중량5량가 맞배집에서는 측면을 3칸으로 구성하지만 이 건물은 가운데 분심 고주를 세워 2칸으로 구성했음.

숭림사 보광전

닫집 천장

보끝 용두와 봉황

숭숭이반닫이 : ⇨박천반닫이(=).

숭어턱맞춤 : ①보에 턱을 만들어 기둥에 끼이게 하는 맞춤. ②기둥에 끼이는 보의 턱진 부분을 '숭어턱'이라고 함. ③주로 기둥과 도리와의 맞춤 등에 쓰임.

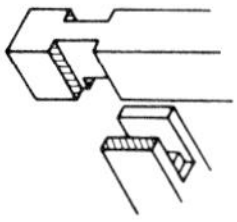
숭어턱맞춤

숭정전(崇政殿) : ①서울특별시 유형문화재 제20호. 서울특별시 중구 필동 3가 26번지 소재. 경희궁의 정전(正殿)으로서 광해군10년(1618)경에 건립됨. ②숭정전은 임금이 신하들의 조하(朝賀)를 받고 정령(政令)을 반포하던 곳인 만큼 남향으로 놓였으며, 경희궁 내에서 가장 크고 화려하게 지어진 장엄한 건물로 주변에 4개의 출입문이 조성되어 있었음. 남에 숭정문(崇政門), 동남에 건명문(建明門), 동에 여춘문(麗春門), 서에 선추문(宣秋門)이 있었으며, 북쪽으로는 후전(後殿)인 자정전(資政殿)의 정문인 자정문(資政門)이 있었음. 주위에는 사방에 행각(行閣)을 두르고 앞뜰에는 돌을 깔고 품계석(品階石)을 세웠음. ③2중 기단(基壇) 위에 둥글게 다듬은 주춧돌을 앞면 6개, 옆면 5개 배열하고 그 위에 둥근 기둥을 세워 정면 5칸, 측면 4칸이며 기둥이 있는 위쪽만 공

숭정전

포를 얹은 주심포식에 팔작지붕으로 대궐의 정전다운 품격을 갖춤. 순조29년(1829) 경희궁의 대화재 때에도 숭정전은 피해를 면했음. 1926년 3월 지금의 동국대학교자리인 일본 불교종파인 조동종(曹洞宗)의 조계사(曹谿寺)에 매각·이건(移建)되어 본당(本堂)으로 사용되었으며, 1976년 9월 동국대학교 안 정문 옆으로 이전되어 정각원(正覺院)이란 현판을 걸었음. 숭정전은 일제강점기에 강제로 철거되어 원형이 많이 파손되었으나 17세기의 궁궐 목조건축 전형의 모습을 갖추고 있어, 경희궁에 있던 1백여 채의 건물 가운데 흥화문(興化門)·황학정(黃鶴亭)과 함께 지금까지 남아 있는 것은 이 정전뿐이어서 경희궁의 건축·창경궁의 명정전(明政殿)과 함께 조선 중기의 목조건축 연구에 귀중한 자료임.

쉐브론(chevron[프]) : ⇨ 셰브론·갈짓자무늬장식(=).

쉐이즈아로피시에(Chaise á l'officier[이]) : ①팔걸이가 달린 의자. ②지금은 팔걸이가 없어지고 앞지주(front support)만 남아 있으며, 기병대 복장을 하고 있는 사람들이 사용할 것이라는 점에 착안해서 만들어짐. ③이러한 형태의 의자들은 나폴레옹의 휘하에 의해 점령되었던 당시 유행되던 양식의 건물에서 군대가 전진하고 퇴각하는 장면을 생생하게 느낄 수 있게 함.

쉬딩보드(sheating board) : ①에이(A)급 연질 섬유판에 아스팔트를 처리한 것. ②처리방법에는 도포(塗布)·함침(含浸) 또는 도포·함침 병용의 3가지 방법이 있음. ③쉬딩은 지붕과 외벽에 사용됨.

쉬르레알리슴(Surréalisme[프]) : ①1924년에 다다이즘에서 파생한 초현실주의 예술운동. ②무의식 또는 꿈에서 소재를 구하였음. ③대표적인 인물로는 달리 등이 있음.

쉬르리얼리즘(Surrealism) : ⇨초현실주의·쉬르레알리슴(=).

쉬링크믹스트콘크리트(shrink mixed concrete) : ①레미콘(remicon, ready mixed concrete ; R. M. C) 공장에서 반 정도 비빈 것을 믹서트럭(mixer truck)으로 운반 도중에 완전히 비벼서 현장까지 운반하여 타설하는 콘크리트. ②레미콘 콘크리트의 비비기와 운반방식에 따른 분류의 하나. ③믹서에서 반쯤 혼연한 것을 애지테이터 트럭(agitator truck)으로 현장까지 가는 도중에 계속 혼합하여 사용하는 레미콘의 일종.

쉬멩드롱드(Chemin de Ronde[프]) : 누벽(樓壁) 뒤에 교통수단으로 설치된 통로.

쉬볼트(she bolt) : ①거푸집 안에 삽입된 월러 로드(waler rod)로 단부가 나사로 연결된 이너 로드(inner rod)로 구성된 폼 타이(form rod). ②제거시 월러 로드는 제거되고 이너 로드는 콘크리트 속에 묻힘.

쉬포니에(chiffonier[프]) : 18세기 후반에 소개되고 19세기초 유행된 하부에는 두 개의 문이 부착되고 상부에는 서랍과 함께 개방된 선반이 달린 작은 수납장(side board).

쉬포니에

쉬포니에르(chiffonnière[프]) : ①코모드(commode)보다 작은 서랍장. ②루이 15세 때 개발된 상부에 삼면의 장식 테두리(gallery)와 하부에 서랍과 선반이 달린 바느질용 작업대. ③18세기 소지품이나 옷의 작은 부품을 보관하는 가구.

슈(shoe) : ①가구다리의 푸트(foot) 아래에 있는 원반모양의 것. ②베이스 보드(base board)와 바닥의 틈새를 가리기 위하여 사용되는 1/4 원형의 작은 몰딩. ③콘크리트 파일 헤드 부분에 씌우는 금속.

슈가파인(Sugar pine, Pinus lambertiana Dougl[학]) : ①미국 중부 오리건에서 남부 캘리포니아지역에 분포. ②변재는 담황백색이며 폭이 좁고 신재는 담적갈색으로 넓으며 연륜은 뚜렷하고 폭이 좁은 편임. ③조직은 수평·수직 수지구가 있으며 목리는 고움. 기건비중 0.40, 전건비중 0.38, 수축률은 방사방향 2.9%, 접선방향 5.4%, 용적수축률은 8.4%로 적음. 강도는 압축강도 339kg/㎠, 휨강도 567kg/㎠, 전단강도 82kg/㎠로 약함. 거단(鋸斷)·건조·접착성은 양호하나 포삭(鉋削)·도장성은 보통. ④주로 가구·건축·합판 등에 사용.

슈랭크(Schrank[독]) : ①17세기 독일에서 처음으로 소개된 분리가 가능한 크고 무거운 옷장. ②네덜란드의 카스(kas)와 유사하지만 다리의 하부가 완전히 고정된 것이 다름. ③18세기에는 개선된 형태가 미국 펜실베이니아에서 제작.

슈랭크

슈렌크(Schrank[독]) : ⇨슈랭크(=).

슈르레알리슴(Surréalisme[프]) : ⇨초현실주의·쉬르레알리슴(=).

슈미트해머(schmidt hammer) : ⇨슈미트해머시험.

슈미트해머시험(-試驗, schmidt hammer test) : ①슈미트 해머를 벽면에 밀어붙여 스프링이 반발하는 힘을 눈금으로 읽어서 강도를 측정하는 시험방법. ②측정방법은 측정면에 가로 5개, 세로 4개의 선을 약 3㎝ 간격으로 긋고 교점 20점에 대하여 측정. ③측정장소는 벽·기둥·보의 측면으로 하고 두께 10㎝ 이하나 모서리 부분은 피함. 측정값을 크기 순서대로 나열하여 그 중간 값에서 6 이상 차가 있는 것은 버리고 나머지는 평균값으로 산정. 벽면이 젖어 있을 때는 보정값 4R을 가하여 기준강도를 구함. 슈미트 해머에 표시된 수식으로 계산하여 압축강도를 구함. 식이 없는 경우는 F=13R0-184(kg/㎠), F=10R0-10(kg/㎠)을 적용.

슈발거울(cheval glass, horse dressing glass) : ①앞뒤로 기울일 수 있어 전신을 비추기에 적합한 신고전주의 형태의 전신경(全身鏡). 보통 사각틀 또는 두 개의 수직대 사이에 끼워짐. ②⇨프시케(=).

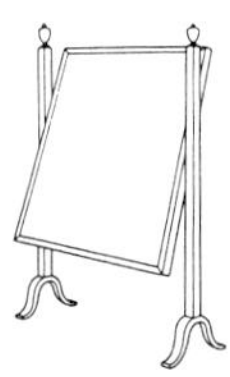
슈발거울

슈발스크린(cheval screen) : 양측에 미끄럼대가 있어 막이판이 오르내릴 수 있도록 조정 가능하게 만든 불꽃막이.

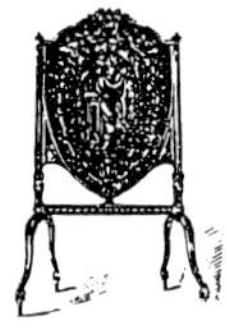
슈발스크린

슈베(chevet[프]) : ①교회 평면에서 한쪽 귀퉁이에 나와 있는 반원형 또는 다각형의 방. ②콰이어(choir)·앰뷸러터리(ambulatory, 회랑·유보장) 및 방사상 채플(chaple)로 이루어지는 교회의 한쪽 귀퉁이를 말함.

슈브레(cheveret[프]) : ⇨셰브레(=).

슈타이너주택(-住宅, Steiner House) : ①로스(Adolf Loos : 1870~1933)가 1910년 비엔나(Vienna)에 설계한 최초의 근대적 건축물. ②로스의 람플랜(raumplan) 공간 개념이 두드러지게 표현된 작품. ③건물의 외부는 무게감이 있어야 하고 실내는 호화로워야 대립적이고 역설적인 방법의 설계가 됨.

슈트(chute) : 자유 유동물질(流動物質)을 중력에 의해 낮은 위치로 옮기는 데 사용되는 경사진 홈통 또는 튜브.

슈트룸(suite room) : ⇨특실·스위트룸·프레지덴셜슈트룸(=).

슈퍼그래픽(super graphic) : ①건축물의 내·외부나 구조물에 적용하는 환경미술의 일종. ②1966년경부터 뉴욕의 시가지재개발에서 팝 아티스트들이 종종 빌딩의 벽면에 유머 넘치는 그림을 그려 넣는 데서 발단된 '확대된 거대한 그래픽'이란 뜻으로 표현된 환경 디자인의 새로운 유형 중의 하나. ③공간에 그래픽을 과감하게 도입한 새로운 디자인 영역으로 의사소통을 의도하는 평면조형적 표현방식의 일종. ④처음에는 크다는 의미를 내포한 의미로 자이언트 그래픽(giant graphic)이라고 불렀음. ⑤일반적으로 화려한 색상의 추상적 디자인으로 인테리어·사인·담장·천장·건물의 외벽·울타리 등의 처리에 사용. ⑥스페이스 그래픽(space graphic)·

환경 그래픽(environmental graphic)이라고도 함.

슈퍼기둥(super column) : 1m각의 박스형 철골기둥을 6.4m각의 4코너에 배치하고 각각의 기둥을 보와 브레이스로 집적한 거대한 기둥(보는 1m 높이 I형강, 브레이스는 0.35m H형강).

슈퍼렛(superette) : ①식품류를 중심으로 판매하는 소형 슈퍼마켓. ②셀프 서비스로 운영되며 회전율이 높은 인기상품 위주로 판매함. ③우리나라에서는 슈퍼마켓과 슈퍼렛을 특별히 구분하지 않고 모두 슈퍼마켓이라 부르지만 미국에서는 1년 매출이 100만 달러 이하인 슈퍼마켓을 슈퍼렛으로 분류하고 있음. 이 기준에 따르면 우리나라의 중소형 슈퍼마켓 대부분은 슈퍼렛에 속함. ④미국에서는 자동판매기 위주로 구성된 무인 슈퍼렛을 오토매틱슈퍼렛이라 부르기도 함.

슈퍼리얼리즘(Superrealism) : ①초사실주의, 하이퍼리얼리즘, 래디컬리얼리즘이라고도 함. ②1970년대에 들어와 팝아트(pop art) 이후의 미국미술의 새로운 경향의 하나. ③사진과 똑같이 철저한 실제묘사가 특색. 그 중에는 캔버스에 감광제(感光劑)를 발라 직접 사진을 프린트한 작품도 있음. ④미국적 즉물주의(卽物主義)의 표출로도 볼 수 있으나, 한편으로는 추상미술과 사진 자체의 쌍방에 대한 기묘한 아이러니를 느끼게 함. ⑤미국작가로 척 클로즈(1940~), 존 드 앤드리아(1941~) 등이 있음.

슈퍼마켓(supermarket) : ①단독경영의 종합식료품점으로 식료품·의류·장비류(類) 등 광범위한 상품을 취급하는 셀프 서비스(self service) 형식의 대형 소매점. ②외국에서는 종종 의약품·가솔린·정원용품 등도 취급. ③점원은 계산대에서 계산하고 쇼핑백에 구입한 물품을 넣는 일만 하고 손님은 입구에서 카트(cart)를 밀고 다니면서 상품을 선택하고 계산대에서 일괄계산·지불하는 형식으로 일종의 전문백화점. ④출입구의 설정은 고객의 흐름을 결정지으며 통로폭을 카트(cart)가 다닐 수 있도록 1,500m 이상으로 함. ⑤체크 카운터의 대수 결정은 슈퍼마켓은 1시간당 1대의 처리능력이 500~600명 정도(슈퍼스토어는 400~500명 정도). ⑥카트의 대수는 500㎡의 판매장의 경우 40대가 이용. ⑦전체조명은 충분히 밝도록 하며, 조명기구는 효율이 좋은 직부형으로 질서정연하게 배치하고 전체 마무리는 통일감 있게 함. ⑧상품의 배열 및 구성은 전 상품을 균등하게 보고 '하이퍼마켓(hypermarket)'이라고도 함.

슈퍼보(super beam) : ①슈퍼기둥을 연결하는 보. 4본의 보와 브레이스로 구성되어 있음. ②보와 브레이스의 사이즈는 슈퍼기둥과 동일.

슈퍼슈퍼스토어(super superstore) : 기존 식료품 위주의 슈퍼마켓에서 중저가 의류, 생활잡화 등을 함께 취급하는 슈퍼마켓과 백화점의 중간 형태 점포.

슈퍼스토어(superstore) : ①일본 소매업계에서 처음 만들어진 용어로 슈퍼렛과 달리 중저가 의류나 일용잡화 등 비식품류를 중심으로 취급하는 슈퍼마켓 형태의 점포. ②미국에서는 이와 달리 매장면적이나 취급상품 등에서 슈퍼마켓보다 훨씬 규모가 큰 하이퍼마켓을 가리키는 말로 사용됨. ③단독경영의 일용필수품 등의 비(非)식품을 중심으로 판매하는 셀프 서비스 방식으로 운영되는 일종의 전문백화점. ④일용필수품 등의 비식료품을 중심으로 하는 셀프서비스(self service) 형식의 판매점. ⑤통로폭은 1,500㎜ 이상이고, 체크 카운터의 대수를 시간당 1대의 처리능력을 400~500명으로 계산함. ⑥수퍼마켓(≒).

슈퍼스튜디오(superstudio) : ①1966년 아돌포 나탈리니(Adolfo Nataline)가 크리스티아노 토랄도 디 프란치아(Cristiano Toraldo di Francia), 피에로 프라시넬리(Piero Frassinelli), 로베르토 마그리스(Roberto Magris), 알렉산드로 폴리(Alessandro

Poli) 등 6명과 함께 이탈리아 플로렌스(Florence)에서 창설한 실험적 건축그룹. 1978년에 해체. 그 구성원들은 주로 플로렌스에 있는 대학교에서 교수로 활동함. ②슈퍼스튜디오가 주목을 받게 된 것은 건축과 순수미술과의 접맥을 이루는 계획안을 1960년대에 발표하면서임. ③그 기법은 한스 홀라인(Hans Hollein : 1934~)의 작품과 유사한 것이었음. 그들은 의도적으로 부정적인 유토피아를 공허한 기능주의적 건축작업이나 기술적으로 아키그램과 같은 전위그룹의 과장되고 과신에 찬 낙관적 행동주의와 대조를 이루고자 했음. ④아키그램의 '구체적인' 유토피아에 대하여 '소극적인' 유토피아를 서정시적 은유로서 제안했음. ⑤지구의 전체 표면을 덮을 수 있는 정도의 끝없는 구성요소들로 이루어진 1969년의 '연속적 기념비성'이란 이름의 계획안은 추상적으로 계획된 현대의 도취감에 대한 냉소적인 비평에 해당. 그 외의 계획안으로는 Continuous Moument(1967), Istogrammi d'Architettura(1969), 이탈리아 Modena에 있는 저항군 기념비 및 기념공원(1970), 실내디자인 등. ⑥Archizoom과 함께 Superstudio는 Milan의 잡지 「IN」을 발간.

슈퍼스트럭처(super structure) : ①슈퍼기둥과 슈퍼보로 거대한 구조체를 형성하는 구조. ②초고층빌딩에서의 long span(19.2m)을 가능하게 함. ③건물의 강성을 높이는 특징도 있음.

슈퍼퀵서비스공간(-空間, super quick service space) : ①은행 객장(客場) 중 고객 업무의 처리소요시간을 기준으로 분류한 동적 공간(보행·전표기입·하이카운터·로우카운터에서의 거래가 이루어지는 곳)의 일종. ②카운터상의 단순 업무처리 중에서 60% 이상이 기계화 코너에서 처리될 수 있는데, 이 중 40% 정도를 기계화된 코너에서 처리하므로 고객의 대기시간 단축과 행원의 업무량 감소를 가져오는 장점이 있음. ③특히 출입구와 근접시켜 위치하며 영업시간 종료 후에도 사용이 가능하도록 전용출입문을 별도로 만들거나 객장 출입구와 겸용. ④⇨객장.

슈퍼톤(super ton) : 흡음·내수·단열성 수장재(修粧材)의 일종.

스가벨로(sgabello[이]) : ①16세 이탈리아 르네상스의 소형의자. ②조각된 등받이판과 팔각형 좌석, 그리고 다리 대신에 조각된 트레슬(trestle)이 특징. ③르네상스 시대 이탈리아에서 사용한 가벼운 목재로 만든 작은 식탁용 의자. ④초기에는 보통 3개의 팔다리와 8각형태의 좌판 및 직선의 등받이를 가지고 있었으나, 후기에는 2개의 판각(板脚)과 투각(透脚)한 등받이에 세로널을 부착한 형태로 변형. ⑤조각한 버팀대(trestle supports) 및 등받이 세로대(splat)에 조각.

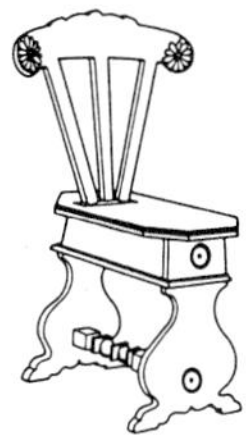
스가벨로

스그라피토(sgraffito[이], sgraffite[프]) : ①표면을 자르거나 긁는 방법으로 바탕면과의 차이를 두어 장식을 드러내는 방법. ②긁기 그림(검은 바탕에 흰 칠을 하고, 그것을 긁어내어서 그늘을 나타내는 프레스코 화법). ③조각된 문양에 의한 플라스터화(畵)의 장식. ④위의 도장면(塗裝面)을 깎아내어 그 밑의 다른 색을 칠한 도장면이 보임. ⑤표면을 긁어서 바탕에 내비치거나 보이는 색이 갖는 패턴을 보이는 방법. ⑥하나의 표면에 먼저 긁어 자국을 내고 나서 채색하거나 채색된 바탕을 또 긁는 표면장식기법. ⑦'긁혀진(scratched)'이라는 의미의 이탈리아어로 16세기에 유행한 장식기법.

스낵바(snack bar) : ①패스트푸드레스토랑(fast food restaurant)의 일종. ②단시간에 가볍게 먹을 수 있는 간단한 요리(snack)를 제공하는 카운터서비스(counter service) 형식의 간이 경식당(簡易輕食堂). ③일반적으로 고객의 회전율이 빠르고, 주방 앞 카운터에 앉아서 식사하는 셀프 서비스(self service) 형식으로 제공.

스냅스위치(snap switch) : ①30A 이하의 용량이 작은 전기회로에 사용하는 스위치. 스프링의 작용으로 급속히 작동. ②종류는 누름버튼(push button)·풀 스위치(pull switch)·소형 로터리 스위치 등. ③주로 옥내용으로 사용.

스냅타이(snap tie) : 거푸집 제거 후 콘크리트 면 안쪽에서 폼 타이(form tie)의 끝부분을 끊어내도록 V자형 새김눈이나 주름이 있게 만든 폼타이.

스냅테이블(snap table) : ⇨상판직립형 탁자(=).

스네이크푸트(snake foot) : 캐비닛 작업에서 뱀 머리와 유사하게 조각한 발.

스노화이트(snow white) : ①관용색명으로 흰색. ②먼셀기호 N9.5.

스론의자(-椅子, thrown chair) : ⇨선반가공의자(=).

스리베이(3bay) : ①발코니가 있는 아파트 전면부에 거실과 방 2개 등 3개의 구조로 만든 형태. ②아파트의 전면이 거실 포함하여 2개의 방이 있을 때를 2bay라고 하는데, 거실을 포함하여 방이 3개면 3bay가 되는 전면에 3개 공간을 배치한 아파트. ③거실과 안방 등 2개 구조를 전면부에 배치한 2베이 방식의 아파트가 정사각형 모양이라면 3베이는 직사각형이고, 이 때문에 동선이 길어져 공간활용도가 높아지는 효과가 있음. ④전면부 길이가 늘어나 햇빛이 잘 들고 발코니공간 확보로 서비스 면적이 늘어나는 것이 장점. 베이는 기둥과 기둥 사이의 한 구획을 말하는 건축용어임.

스마트빌딩(smart building) : ①급속히 발전하고 있는 전자기술을 이용하여 오피스 공간(office space)의 부가가치를 높이거나 개선한 것. ②미국에서는 스마트빌딩과 동의어로 사용되고 있는데, 굳이 구별하면 첨단기술을 이용하여 사무소의 부가가치를 높이고 거주성을 개선한 것이 스마트빌딩이고, 여기에 정보통신기능을 추가하여 발전시킨 것이 인텔리전트 빌딩이라 할 수 있음.

스마트하우스(smart house) : ⇨복지주택(=).

스말토(smalto) : 모자이크작업에 사용되는 사각형의 색유리나 에나멜 조각.

스모그 커튼(smog curtain) : ①서스펜션공법의 일종. ②배연설비의 중요한 부분으로 불연재이어야 함. ③천장 부위에 부착되기 때문에 시야를 방해하지 않도록 망입유리 등을 천장 부위에 매다는 방법을 채용함.

스모그현상(-現像, smog phenomenon) : ①연무(煙霧) 또는 매연현상. ②smoke(연기)와 fog(안개)의 합성어. ③주로 대도시나 공장지대에서 굴뚝으로 배출되는 연기, 자동차의 배기가스 등이 무풍(無風)상태로 인해 지표 가까이 쌓여 안개처럼 보이는 현상으로 폐와 눈을 아프게 하고 호흡기 병을 악화시켜 폐가 약한 사람의 경우 사망하기까지 함.

스모크벤트(smoke vent) : 화재 발생시 건물로부터 연기와 열을 제거하기 위해 자동적으로 개방하도록 설계된 구멍.

스모크블루(smoke blue) : ①연기처럼 회색빛을 띤 청색. ②회색 기미의 청색(grayish sky). ③먼셀기호 3.0PB6.0/3.0.

스모크스택(smokestack) : 연소된 연기나 가스를 배출하는 관(煙筒).

스베보(Svevo[이]) : ①이탈리아산(産) 대리석. ②노란색이며 광택과 색채평활도가 우수. ③주로 실내용으로 사용.

스와티카(swastika) : ①같은 크기의 L자형 들이 직각을 이루면서 조합된 교차형. ②만자.

스완(swan) : ①기능적으로는 피코크(peacock)와 같지만, 부드러운 천이 중앙부분에서 끌어 올려져 백조 같은 이미지를 주는 커튼. ②주로 점포에 적합.

스완스넥페디먼트(swan's neck pediment) : ①페디먼트의 양끝에서 감아 올라가서 쌍(雙)으로 된 S자형 곡선의 대칭. ②외곽이 구성된 브로큰 페디먼트(broken pediment)로 중앙에 피니얼(finial)이 부착되기도 함.

스완스 넥 페디먼트

스완체어(swan chair) : 덴마크의 건축가 아르네 야콥센(Arne Jacobsen : 1902~70)이 디자인한 백조 모양의 의자.

스웨그(swag) : ⇨꽃줄장식(=).

스웨덴의 표준색계(-標準色界, NCS) : ①1964년 스웨덴의 색채연구소(Sweden Color Center)가 정부의 연구기금에 의해서 추진된 결과로 만들어진 것. ②1972년 스웨덴의 표준협회(SIS)에 의해서 채택되었고, 1979년 8월에 (SISNCS 색채도해)를 발간함으로써 공인받았음. ③NCS는 교육을 받지 않은 일반인들이 색지각을 쉽게 할 수 있는 점이 특징.

스웨디시모던(swedish Modern) : ①제2차 세계대전 후 스웨덴의 현대 디자인 경향. ②스웨덴 디자인의 대부분이 근대적이면서도 지역특성을 살리는 방향으로 전개되어 있는 점에 착안하여 붙여진 명칭.

스웨디시윈도(swedish window) : ①두 장의 유리 사이에 개폐가 자유로운 베니션블라인드를 설치한 문을 사용한 창문. ② 2매의 판유리 사이에 개폐장재의 블라인드를 끼워 넣은 창. ③슬랫(slat)에 먼지가 잘 묻지 않고 열을 차단하는 효과가 큼.

스위스공작연맹(-工作聯盟, Schweizer ischer Werkbund[독]) : ①독일공작연맹의 활동에 영향을 받아 1913년에 스위스에서 창설한 산업디자인을 추진하기 위한 단체. ②일상생활용품의 질적 향상을 주된 목표로 전개하여 세계적인 주목을 받았음.

스위스학생회관(-學生會館) : ①1930~1932년 르 코르뷔지에의 근대건축의 5원칙(필로티·옥상정원·자유로운 평면·수평으로 긴 창·자유로운 파사드)이 실현된 근대건축의 대표적인 예로 거론되지만 양식(樣式, style)에 대한 많은 위반을 갖고 있다는 지적임. ②학생의 개실군(個室群), 계단·엘리베이터 홀·관리·사무부분 및 독서실의 블록이 각각 연결하는 통로축의 층상의 구성을 가로지르고 있음. ③전체적으로 철골기둥의 대립과 의도적인 대립·단일개실의 반복과 자유로운 행동의 장(場)의 대립, 그리고 자유로운 플랜이 특징을 이룸.

스위치(switch) : ①전기를 끊거나 연결할 때 사용하는 점멸기. ②기구별로 분류하면 로터리형·텀블러형·버튼형·풀형·레버형 등이 있음. ③스위치 위치는 바닥에서 1,000~1,350㎜ 높이를 기준으로 출입구 근처에 설치하는 것이 편리하고 일반적임. ④계단실이나 침실은 삼로스위치를 설치하면 더욱 편리. 옥외등이나 현관에는 자동점멸기를 설치하면 더욱 편리함. ⑤개폐기(=).

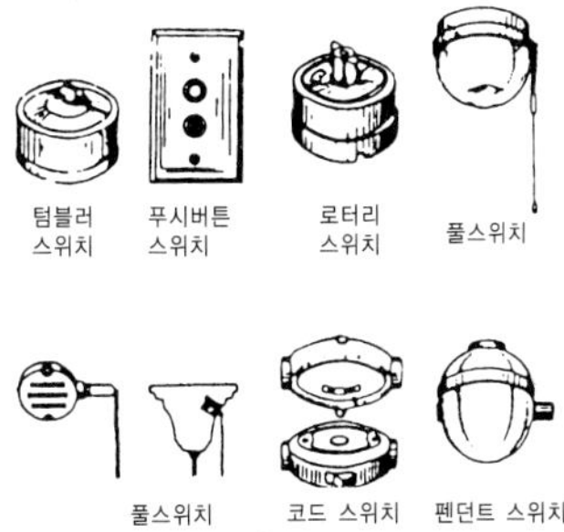

여러 가지 스위치

스위트(suite) : 같이 사용되도록 배열한 연결된 방.

스위트룸(suite room, sweet room) : ①일반 객실과 달리 침실·시팅룸(sitting room)·식사공간 등 여러 기능의 공간으로 구성되는 특실(特室, special room). ②보통 스위트룸(sweet room)·프레지덴셜 스위트룸(presidential suite room)이라고 하는 특실. ③장기간 머물거나 특별한 손님을 대상으로 하므로 이용금액이 고가(高價)이므로 이용률이 낮음. ④침실과 거실공간을 구분하고 식사공간을 두며 키친네트(kitchenette)를 부속시킨 특별객실. ⑤침실·시팅룸(sitting room), 식사공간 등 여러 기능의 공간으로 구성. ⑥위치는 일반적으로 복도와 복도 사이의 연결 부분이나 기준층의 모서리 부분에 배치. ⑦전체 객실에 대한 특실의 비율은 5% 정도로 리조트 호텔은 그 이상임. ⑧슈트룸·프레지덴셜슈트룸(=).

스윙스티커(swing sticker) : ①스티커의 일종. ②한 끝을 양면테이프 등으로 고정시켜, 광고 메시지가 들어 있는 다른 끝에 손이 닿거나 바람이 있으면 흔들리도록 만들어진 것.

스치로폴(styropor[독]) : ⇨스티로폴(=).

스카모치 이오닉(Scamozzi Ionic) : ①비센조 스카모치(Vicenzo Scamozzi : 1552~1616)에 의해 개발된 이오니아식 주두의 변형형태. ②주두(柱頭)는 소용돌이장식(volute)이 만나는 지점에서 모서리가 각이 진 4개의 특징적인 전면부로 구성됨. 그 위에 오목한 측면을 지닌 아버커스(abacus)가 있음.

스카밀리(scamilli[그]) : '작은 테이블'을 의미하는 그리스어.

스카밀리임파레스(scamilli impares[그]) : ①원래 높이가 같지 않은 테이블. ②기둥 하부에서 기둥 높이를 조절하는 주대(柱臺). ③스틸로바테스(stylobates) 수평면의 중앙에 부착하는 대형(臺形)의 부재.

스카이그레이(sky gray) : ①약간 흐린 날의 하늘색과 같은 파랑 기미의 밝은 회색. ②관용색명으로 청색 기미의 밝은 회색(light bluish gray). ③먼셀기호 6.0B7.5/0.5.

스카이라이트(天窓, skylight) : ①상부로부터의 채광을 위해 지붕 또는 천장에 설치된 채광창인 천창(天窓). ②실내공간 아래로 자연적인 또는 확산된 빛을 허용하기 위해 투명이나 불투명 재료로 창을 끼운 지붕 위에 달린 채광창. ③고전건축에서는 돔(dome) 정상 부위에서의 랜턴(lantern) 광선이 실내를 활기 있게 해주는 중요한 요소였음. ④광량(光量)은 측창의 같은 면적보다 3배 정도 큼. ⑤근대건축의 사각형 평면에서 중앙부분의 채광이 되지 않는 방이나 욕실·화장실 등 작은 방 또는 도시주택 내에서 측면으로부터 채광할 수 없는 방에 사용. ⑥위로부터의 부드러운 광선을 필요로 하는 미술관, 도서관 등에서도 찾아볼 수 있음. ⑦톱라이트(=).

스카이라인(skyline) : ①땅과 하늘을 가르는 선. 즉 지평선. ②물체가 하늘을 배경으로 하는 선 또는 윤곽.

스카이블루(sky blue) : ⇨하늘색(=).

스카이스크래퍼양식(-様式, sky scraper style) : ①아르데코양식이 새로운 이념으로 나타난 미국의 고층빌딩. ②마천루. ③이 용어는 1880년대 미국에서 처음 사용하였으며, 이는 곧 근대 디자인의 승리로 인식되었음. ④그 예로 1929년 윌리엄 밴 알렌(William Van Alen : 1883~1954)이 설계한 크라이슬러 빌딩(Chrysler Building, 1928~32)과 엠파이어스테이트 빌딩(Empire State Building, 1930~32)들은 아르데코의 모티브로 실내가 설계. 크라이슬러 빌딩의 돔에는 기하학적으로 배치된 삼각형 형태의 창문이 아치형의 구성들과 함께 아르데코양식의 화려한 패턴으로 강조. 또 이 건물의 실내공간-바닥·조명·간판·문·엘리베이터-의 전체적인 표면에는 1925년 파리 전시회 때 나타난 추상적 연꽃 모티브가 재현되었고 밝은 호박색과 짙은 갈색나무로 장식되었음.

스카치카펫(scotch carpet) : ①표면과 뒷면에 색이 다른 디자인을 한 카펫. ②스코틀랜드가 주산지이기 때문에 붙여진 명칭.

스카프조인트(scarf joint) : ⇨빗이음(=).

스칸디나비아모던(Scandinavian Modern) : ①1930년대 스웨덴 모던·덴마크 모던이 발전된 간결하고 세련된 디자인의 가구양식. ②우아하게 아래로 내려갈수록 좁아지는 테이퍼드 다리(tapered leg)와 완만한 곡선의 팔걸이와 등받이. 조각품과 같은 작품성을 가짐. ③장식적 요소가 배제되고 부착철물도 단순함. ④주로 호두나무(walnut)와 티크(teak)가 사용.

스칸디나비아양식(-様式, Scandinavia style) : ①스칸디나비아 여러 국가 수목이 70%를 차지하는 북유럽 국가(덴마크·노르웨이·스웨덴·핀란드 등의 목재생산국)들은 이러한 자재를 이용한 미적 감각이 높은 실내문화와 가구를 육성하여 소박하고 간결한 디자인을 하였음. ② 1930년부터 국제주의양식의 주요원칙들이 전통적 유산과 특유의 생활환경 속에 도입되어 새로운 이념이 담긴 디자인양상으로 발전.

스칼라(scalar) : ①질량·에너지·밀도·전기량 등 방향의 구별이 없는 물리적 수량. ②하나의 수치만으로 완전히 표시되는 양.

스칼라레지아(Scala Regia[이]) : ①이탈리아어로 scala는 「계단」, regia는 「왕의」라고 하는 형용사의 여성상형. ②산피에트로 광장에서 바티칸 궁전으로 통하는 계단으로 계단의 폭과 천장의 높이가 안쪽으로 갈수록 치수가 작아지기 때문에 실제보다 안길이가 깊어 보임. 이것은 원근법을 응용한 착각의 세계를 창조한 것. ③바로크의 천재라고 불리는 설계자 베르니니(Giovanni Lorenzo Bernini : 1598~1680)가 설계한 산 피에트로와 궁전 사이에 있는 불리한 부지조건을 역으로 이용하여, 계단을 상징적으로 보일 수 있는 장소로 계획하여 전체적으로 화려한 무대적 공간을 창출시켰음. ④소점(vanishing point)에 시선이 집중하는 것과 같이 도중에 꺾인 장소 혹은 돌출 부분에는 창과 조각상이 정교하게 배치되어 있고, 톱 라이트(top light)에서는 무대조명과 같은 빛이 강한 명암의 대비를 이루고 있기 때문에 극적인 효과를 연출.

스칼라모멘트(scalar moment) : ①색순응점으로부터 오메가 공간(ω space)에 있는 각 색까지의 공간거리. ②모멘트 암(moment arm)과 각 색의 면적을 곱한 것.

스칼렛(scarlet) : ⇨스칼릿(=).

스칼릿(scarlet) : ①본래는 연지 벌레의 일종인 케르메스(kermes) 또는 코치니일(cochineal)을 말려서 만든 색소. ②유럽에서는 중세부터 친밀한 색이름. ③관용색명으로 노랑 기미의 해맑은 빨강(vivid yellowish red). ④먼셀기호 7R5/14.

스캄눔(scamnum) : ①로마의 공공 광장에 설치된 브론즈나 대리석재 벤치. ②석재로 만들어 벽면에 부착하거나 개인의 정원에 반원형으로 만들어진 벤치가 설치되어 있음.

스캐터러그(scatter rug) : 목재·타일 또는 카펫과 같은 바닥재 위에 사용되는 제품. 방 크기에 이르기까지 다양함.

스캘럽(scallop) : ①장식적 띠를 구성하기 위해 연속적으로 돌출시킨 장식. ②끝을 산(山) 모양으로 자른 커튼. ③끝에 프릴과 레이스를 달아 멋진 이미지를 연출함. ④끝이 독특한 커트(cut)는 매우 장식적임. ⑤철골 부재의 접합 및 이음에 있어서 용접접합시 H형강의 용접 부위가 재용접되어 열영향 부위의 취약화를 방지하기 위해 모따기를 하는 것. ⑥스캘럽을 설치하는 것은 용접선의 교차를 피하기 위해 부재에 설치하는 부채꼴의 노치(notch)·용접균열(weld crack)·슬래그 혼입물(slag inclusion) 등으로 결합방지가 주된 목적임. ⑦주로 보와 기둥의 이음, 보와 보 및 기둥과 기둥의 이음에 적용.

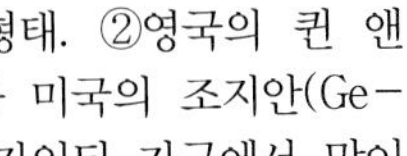

스캘럽

스캘럽셸(scallop shell) : ①바닥의 한 점에서 방사형으로 산봉오리 모양으로 만들어진 반원형 조개형태. ②영국의 퀸 앤(Queen Ann)시대와 미국의 조지안(Georgion)시대에서 디자인된 가구에서 많이 사용. 초기 스페인 르네상스시대에서도 널리 사용. ③스칼라셸(=).

스캘럽캐피털(scalloped capital) : ①입방체와 구형을 결합한 블록모양으로 된 기둥머리를 변형한 것. ②아랫부분이 부

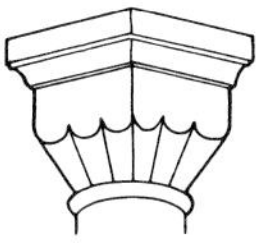

스캘럽 캐피털

부풀린 방석 또는 쿠션. ②오늘날에도 소파나 팔걸이의자에 자주 사용.

스쿠업(squab) : ⇨스쿠아브(=).

스쿠피라(Sucupira, Bowdichia nitida Spruce[학]) : ①브라질에 분포. ②심재는 붉은 빛을 띤 갈색이며 담색의 줄무늬 모양을 가지고 있어 아름다움. 목리는 교착하거나 불규칙하며 나무갗은 약간 거칠며 표면에 불규칙한 광택이 있고 맛과 냄새는 특히 없으며 매우 무겁고 강함. 기건비중 1.0 전후, 수축률은 보통, 내구성은 높고 가공은 곤란하며 표면 마무리는 양호. ③주로 가구·구조·세공 등에 사용.

스쿨존(School zone) : ①교통사고로부터 어린이들을 보호하기 위해 설치한 어린이 보호구역. ②스쿨존은 학교 정문을 중심으로 반경 300m 이내의 도로에 설치되며, 차량이 주·정차할 수 없음.

ㅅ

스퀘어(square) : ①직각자. ②미국에서 사용하는 면적단위. ③사각 광장에 면하여 세워진 집합주택. ④왕궁과 같은 웅장한 디자인을 지향하고 바로크시대의 가로경관 형성에 강한 영향을 주었음. ⑤이 형식은 17세기 초기에 파리에서 보였던 것이 영국에 소개되었고, 17~19세기에 걸쳐 런던을 중심으로 수많이 건설. ⑥베스의 다이즈 스퀘어가 대표적임.

스퀘어 벤치(square bench) : ①나무 밑둥을 감싸는 벤치. ②목재(노송나무)로 나무 밑둥 보호를 겸한 벤치.

스퀘어 타입(square type) : ⇨동선의 유형.

스퀸치(squinch) : ①실내의 모서리 부분을 연결하여 세워지는 소형 아치(arch)나 동심원의 아치. ②사각형 평면 위에 다각형이나 반구형 천장(dome)과 같은 둥근 구조체가 얹혀질 때 윗부분의 측면을 떠받치고 하중을 견디기 위한 목적으로 사용되며 펜던티브(pendentive)의 기능을 함. ③위에 놓여진 8각형 구조물의 측면을 지탱하기 위해 정방형 탑의 상부 내부 모서리를 건너질러 세워진 아치(arch)나 코르벨링(corbeling). ④둥근 천장이나 뾰족탑의 기초를 형성하기 위해 정방형 또는 다각형의 각 부분을 가로질러 만들어진 작은 홍예 또는 까치발 등의 장치. ⑤사각의 평면을 다각형으로 바꿈으로써 돔의 가구(架構)를 용이하게 하기 위해 고안한 것. ⑥스퀸치는 3차원적인 내쌓기 아치인 반면 펜던티브는 3차원적인 아치. ⑦스퀸치아치·트롬프(=).

스퀸치

스퀸치아치(squinch arch) : ⇨스퀸치(=).

스퀸트(squint) : 기독교 교회당에서 제단(祭壇)이 보이지 않는 부분의 베이(bay)나 피어(pier)에 낸 창.

스큐백(skewback) : 아치(arch)의 양단부(兩端部)를 떠받치는 받침대인 돌이나 강철판 또는 그 표면.

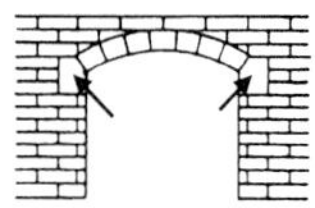

스큐백

스크놀(scroll) : ⇨스크롤(=).

스크래치(scratch) : ①조형표현에 사용하는 긁는 기법. ②주로 금속이나 타일류(類)에 사용. ③요철감(凹凸感)을 갖고 영속적인 기호성(記號性)과 같은 강한 인상을 줌.

스크래치스케치(scratch sketch) : 투시도에 대응하는 프로세스에서의 표시방법으로 관찰의도의 스케치.

스크래치카빙(scratching carving) : ①V자형 조각도(彫刻刀)로 표면이나 단순한 윤곽선을 거칠게 조각하는 전원풍의 장식기법. ②주로 16~17세기에 목재가구나 도자기류(類)의 표면장식에 사용.

스크래치타일(scratch tile) : 타일의 겉표면을 긁은 것처럼 처리한 것으로 60×210㎜의 벽돌길이 방향과 같은 크기로 만들어 외장용으로 쓰이는 타일.

스크랩워크(scrape work) : ①르네상스 때 고안되어 마니에리즘(maniérisme)의 건축가들이 즐겨 사용하던 건축장식 모티브의 하나. ②폭이 좁은 필렛(fillet)이나 띠를 짜 맞추거나 교차시켜 형성된 장식으로 끈 모양의 장식이라고 하며, 엮은 가죽 끈을 닮았다고 하여 가죽 띠장식 또는 띠장식이라고도 함. ③창 주위나 엔태블러처(entablature)의 프리즈(frieze) 등을 장식하는 데 자주 사용.

스크롤(scroll) : ①감겨진 종이 모양과 같은 회전(回轉)형태의 연속적인 장식 문양. ②일부가 곡선형인 장식. ③아라베스크(arabesque)와 린소(rinceau)에서처럼 장식적 용도로 쓰이는 나선모양으로서 장식으로 사용. ④나선형(螺旋形)의 곡선을 모티프로 한 소용돌이 모양의 나선형 장식으로 곡선이 연속되는 경우와 특히 곡선이 닫히는 이오니아식 소용돌이 모양(volute)과 코린트식 기둥머리(柱頭, capital)에 있는 부분적으로 말린 종이의 소용돌이 모양과 유사한 장식. ⑤'S스크롤'은 장식적 브래킷·창문이나 문 주위, 그리고 그 밖의 장식 띠에서 발견됨. 원래는 파피루스 등으로 된 두루마리의 책 모양(picture scroll)을 의미하였음. ⑥소용돌이 문양·나선형 장식(=).

스크롤 문양

스크롤문양(-紋樣, scroll pattern) : ⇨스크롤(=).

스크롤의자(-椅子, The Scroll chair) : ①알바 알토(Alvar Aalto)가 1929년에 제작한 합판(plywood)으로 만든 의자. ②현재도 생산됨.

스크롤페디먼트(scroll pediment) : ①마주보는 두 개의 사이머 렉터(cyma recta) 곡선으로 구성되고 끝이 나선형으로 된 브로켄 페디먼트(brocken pediment)의 일종. ②백조목형(=).

스크롤푸트(scroll foot) : ①프랑스 로코코(마호가니시대)인 리전시(Regency, 1715~30)시대와 루이 15세 시대(Louis XV, 1715~74)에 유행한 가구 다리의 형태 및 문양. ②⇨캐브리올.

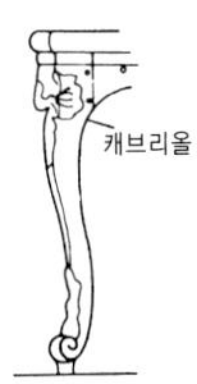

스크롤푸트

스크루아이(screw eye) : 고리모양의 머리를 가진 나사못.

스크루앵커(screw anchor) : ⇨팽창볼트(=).

스크리드(screed) : ①타일을 부착하기 위해 콘크리트에 바르는 모르타르층. ②콘크리트층이나 회벽마감 표면을 고르게 하기 위해 사용하는 좁고 긴 졸대나 막대 자.

스크리블(scribble, scribbling) : 임의적 다방향(多方向) 선의 구성으로 된 음영(陰影).

스크린(screen) : ①접거나 감추고 또한 막을 수 있도록 고안된 이동 또는 고정가구. ②시선·빛·음 등의 차단을 위한 기능적인 또는 장식적인 목적으로 사용하는 목재·금속·직물 등으로 제작하여 부착하거나 세우는 부분적인 칸막이. ③17세기에는 대형의 접이식 스크린이 벨벳(velvet)이나 고급직물·자수·채색이나 금박처리된 가죽 등으로 아주 정밀하게 장식됨. ④18세기 유럽에서는 동양으로부터 수입된 옻칠 병풍이 유행하였으며, 오늘날 우리나라는 한식의 장식요소로 사용하거나 예식용으로 사용함. ⑤중세교회에서는 예배실과 교회·통로와 교회 본당이나 성가대, 제단 쪽과 본당을 분리시키는데 사용. ⑥오수정화시설 중 살수여상방식(trickling filter process)에서 사용하는 여과과정에서 펌프나 밸브 등에 지장을 주지 않도록 큰 이형물(異形物)을 제거하는 장치.

스크린도어(screen door) : ①여름에 곤충의 침입을 막을 뿐만 아니라 환기를 시키는 철망과 플라스틱 망(網)으로 된 방충망(防蟲網). ②나무나 알루미늄으로 된 프레임을 사용하여 창문 밖에 설치. ③방충망(=).

스크린테이블(screen table) : 상판을 수직으로 세우면 칸막이로 되는 책상.

스크린톤(screen tone) : 도면이나 투시도에서 깊이·질감 및 그림자 등 사실적인 표현으로 이해를 돕기 위해 잘라 덧붙이는 얇고 투명한 필름막(膜).

스키로지(ski lodge) : 스키장에 만든 숙박 시설.

스키마(schema) : 일반적으로 도식(圖式)·도해(圖解)라고 번역되나 Schulz는 이 용어를 환경에 대한 전형적인 반응·태도로 정의(Intentions in Architecture).

스킨(skene) : ①고대 그리스 극장에서 보이는 구조체. ②관람석과 마주보고 있으며, 무대 뒤쪽에 있어 그 공연 뒷배경으로서의 역할을 하였음.

스킴(scheme) : 디자인의 기초가 되는 구성 패턴(pattern)이나 구조(construction) 또는 계획이나 기획·설계 등.

스킵플로어(skip floor) : ①엘리베이터와 연결되는 복도가 2~3층마다 있고 그 층에서 상하층으로 연결되는 형식. ②반층(半層)이 어긋나게 한 바닥을 만들어 상하(上下)의 공간을 분할 또는 결합하는 형식. ③한 층에서 바닥 일부의 높낮이를 다르게 꾸미는 바닥 구성법으로 실내공간의 개방성·경제성·동선의 단축을 위하여 복도, 계단의 바닥에서 높게 입체적으로 구성한 바닥면.

스킵플로어형(-型, skip floor) : ①통로가 한층 이상 건너뛰는 형식으로 반층(半層)이 어긋나게 한 바닥을 만들어 상하의 공간을 분할 또는 결합하는 방식. ②주호면적은 메조네트형식(maisonette type)보다 커지지만 주택 전용면적비가 높음. ③주거단위 단면을 동일층으로 하지 않고 반 층씩 어긋나게 하는 형식. ④특징은 프라이버시가 전혀 침해되지 않는 몇 층의 공간을 만들 수 있고 복도면적이 감소하기 때문에 유효율이 높아지며, 엘리베이터를 설치했을 때 정지층이 적어짐.

스타글레이즈(star-glaze) : 투명유리의 일종.

스타디온(stadion[그]) : ①고대 그리스의 경기장. 보통 U자형이나 근대의 경기장은 원형 경기장에 가까움. ②경기장을 의미하는 스타디움(stadium)이 그 어원으로 먼저 사막의 아침 태양이 지평선으로부터 떠오르려고 하는 순간부터 태양을 향하여 걷기 시작하여 태양이 지평선을 벗어나려고 하는 순간까지 걸어간 거리의 평균.

스타디움(stadium) : ①오늘날에는 계단식 관람석이 있는 보통 외부로 개방되어 있는 대형 운동경기장이나 건물을 말함. ②고대 그리스에서는 도보경기장을 의미. 1스타디온(stadion)의 코스를 가진 경기장을 의미.

스타리브볼트(star ribbed vault) : ⇨스타볼트(=).

스타볼트(star vault, stellar vault) : ①별 모양으로 배열된 리브와 리에른(lierne)과 티서론(tierceron)을 가진 볼트. ②주요한 리브 외에 가지리브 등을 추가하여 별모양으로 된 볼트. ③스타리브볼트·스텔라볼트(=).

스타일[1](stile) : ⇨문설주·선대(=).

스타일[2](style) : ①모티브·기법·재료·형태 등에 있어서 역사적으로 다른 시대 또는 그룹과 구별되는 특정한 시기와 디자이너의 특징이나 많은 공통된 특성이 결합된 총체로서의 특징 및 감정으로서 인식될 수 있는 독창성·함축성. ②양식(=).

스타일로베이트(stylobate[그]) : ①엄밀히 말해서 기둥이 직접 설치된 3단으로 된 크레피도마(crepidoma)의 제일 상단. 특히 고전적 신전의 가장 바깥 열주(列柱)의 기초가 되는 석조물. ②포티코(portico)나 콜로나드(colonnade) 아랫부분의 계단. ③기단(基壇)을 통칭하지만 서양의 고전건축에서 기둥이 직접 설치된 3단 중 제일 상부 단 부분.

스타일리버티(style liberty) : 이탈리아판 아르누보. 영국 런던의 리버티 회사의 이름에서 유래한 명칭.

스타일링(styling) : ①제품의 구조나 기능과는 무관하게 외관에만 치중하는 디자인 작업. ②근대 디자인의 기능과 형태의 결합, 구조를 통한 형식적인 창조와 같은 원리에 위반되기 때문에 다분히 경멸적인 의미로 쓰이기도 함. ③오늘날 일반화된 디자인 기법의 하나로 자리 잡고 있음. ④양식화(=).

스타일스케치(style sketch) : 투시도에 대응하는 프로세스에서의 표시방법으로 형태연구에 중점을 둔 스케치.

스타투아리오(statuario[이]) : ①이탈리아산(産) 대리석. ②흰색이며 광택과 색채평활도가 우수함. ③주로 실내용으로 사용. ④뽀얀 우윳빛으로 '대리석의 왕자'라는 별칭을 가지고 있음. ⑤미켈란젤로가 피에타·모세·다비드나 비너스의 매끈한 몸매를 다듬어낸 눈부시게 새하얀 돌이 바로 스타투아리오임.

스타틱디스플레이(static display) : ①객체가 정지한 디스플레이. ②다이내믹디스플레이(⇔).

스탈랙타이트워크(stalactite work) : ①이슬람 건축에서 행해진 독특한 장식기법. ②아치(arch)나 스퀸시 또는 돔 자체의 밑면에 설치되는 종유석 장식(鍾乳石 裝式). ③출입구나 미흐라브(모스크) 등의 상부장식에도 쓰임. ④우아하고 환상적인 알함브라 궁전(13~15세기)이 대표적인 종유석 장식임.

스태킹체어(stacking chair) : ①이동과 보관·수납을 쉽게 하기 위해 작고 가벼운 형태가 많아 접이식 의자와 유사함. ②수직으로 포개 쌓을 수 있도록 고안된 것으로 여러 개의 의자를 겹쳐서 보관할 수 있는 의자. ③일반적으로 유리섬유나 플라스틱을 이음새 없이 한 조각으로 주조하여 만듦. ④디자인이 간단하고 가격이 저렴하며 일시적 좌석이나 필요할 때마다 여분의 좌석을 제공해야 할 때 널리 사용. ⑤컨벤션홀 등에서처럼 동시에 대량 이동이 빈번한 곳에 스태킹 체어가 수납성이나 이동성의 편리함에서 좋음. ⑥감독의자가 전형적인 유형임.

스태킹플랜(stacking plan) : 1층 또는 다층 프로젝트에 있어서 다양한 기능적 유닛(unit)의 배치를 보여주는 차트(chart).

스태프디자이너(staff designer) : ①보통 1년 또는 그 이상의 직업경력을 가지고 있으며 회사가 필요로 하는 디자인 기술을 어느 정도 갖추고 있어야 함. ②고객과 면담을 하고 프로젝트 디자이너가 하는 정보수집에 참여하여 그의 감독하에 일을 함. ③그밖에 초안과 시방서 작성, 기타 여러 서류를 작성해야 함. ④보통 디자이너(designer)라고 함. ⑤⇨보조디자이너.

스태플(staple) : 판재(板材)를 고정하거나 넓적 걸고리, 핀 또는 볼트를 잡아주기 위해 표면에 박아대는 양끝이 뾰족한 U자 모양의 철물.

스택본드(stack bond) : 모든 줄눈이 통줄눈이 되도록 수직으로 정렬된 상태로 길이 방향의 연속적인 켜를 가진 벽돌공사나 조적조 쌓기.

스택의자(-椅子, stack chair) : ⇨스태킹체어(=).

스탠더드테라초(standard terrazzo) : 일반적으로 잔 종석(種石)을 사용해 만든 인조석 판재.

스탠드(stand) : ①전화기·필기류(類)·시계 등 소형의 물건을 올려놓는, 수납공간이 없는 작은 보조탁자. ②그밖의 용도에 따라서 궤(chest)·캐비닛·서랍장 등이 올려지는 로 보이(low boy)로도 사용.

스탠드디스플레이(stand display) : ①디스플레이 중에서 가장 소규모인 것. ②종류로는 상품진열을 주로 하는 것과 동적인 것 또는 마스코트 등으로 구분.

스탠드카운터(stand counter) : ①서서 먹고 마실 수 있도록 카운터 높이가 1,000~1,100㎜ 정도의 높은 카운터. ②보다 편하게 사용하기 위해 서서 발을 올려놓을 수 있도록 바닥에서 250~300㎜ 높이에 발걸이를 부착하고 카운터 상판에는 팔걸이를 부착.

스탠천(stanchion) : 창호나 난간 등에 설치하는 수직기둥 또는 지주.

스탬바(stamba) : ①인도 건축에 있는 혼자 서 있는 기념비적인 기둥. ②비문(碑文)이 새겨져 있고 종교적 상징이나 상(像)을 포함.

스터드(stud) : ①벽이나 칸막이를 만들 때의 수직골격을 이루는 부재. ②목재 스터드는 보통 50×100㎜의 부재를 400㎜ 간격으로 세움. ③최근의 경향은 주로 금속제 스터드를 많이 사용. ④59×100㎜가 되는 여러 높이의 작은 기둥으로 목조주택이나 벽체 마감을 위한 구조 및 구획물의 벽체를 세우기 위해 이용. ⑤스터드는 들보를 받쳐주고 끝 마구리를 위한 판재들을 받치는 데 사용.

스터디(study) : 디자인이나 회화에서 마지막 작업에 대한 초기작업으로 제작되거나 관찰을 기록하기 위해 만들어진 교육적 연습으로서 수행된 참고적 그림.

스터디모델(study model) : ①디자이너 자신의 이미지를 표현하기 위해 만들어지는 모형으로, 평면과 입체의 차이가 있으나 아이디어 스케치 최초의 단계와 같은 성질의 것. ②재료는 종이(켄트지·골판지·하드보드·셀로판 등), 금속(알루미늄판·철사·파이프·철망 등) 등과 스티로폼, 아크릴판, 석고판, 발사 등 가공이 용이한 것을 자유로이 사용하여 신속히 만듦으로써 디자인 검토를 간단히 할 수 있어야 함.

ㅅ

스터럽(stirrup) : ①콘크리트보의 주근에 대해 직각으로 배근된 U자형 또는 닫힌 고리 모양의 철근(肋筋). ②사인장(diagonal tension)의 수직적 성분에 저항. ③늑근(=).

스터코(stucco) : ①흙손바르기 성형이 가능한 가소성 재료로서 굳으면 건물 외벽이나 외부 표면에 단단한 피복면이 됨. ②실내외 벽에 사용되는 석회나 시멘트. 장식적으로 질감을 주거나 그냥 바를 수도 있음. ③흙손바르기·성형이 가능한 가소성 재료로서 소석회 또는 석고에 주원료인 대리석이나 점토의 가루 등을 혼입하여 천장·벽체 등에 바르며 굳으면 단단한 피복면이 되는 미장마감재로 매끄럽고 평활한 마무리를 위해 또는 몰딩을 만드는데 이용. ④벽에 칠한 다음 그 위에 부조를 만들거나 채색하여 치장하는 건축용 또는 조소용 도장재료. ⑤플라스터(=).

스텀프레그(stump leg) : ①단면이 정사각형인 두툼한 다리. ②보통 의자의 뒷다리로 사용되었음. ③주로 앤 여왕시대와 로코코 가구에 사용.

스테라디안(steradian : ω) : ①구(球)의 반지름 제곱에 해당하는 구 표면에서의 면적을 구의 중심에서부터 절단하는 입체각. ②구(球)의 중심에서 반지름 제곱에 해당하는 구의 표면적과 이루는 입체각. 약어로 sr이라고 표기. ③구의 중앙에 위치한 점 주위의 입체각 합은 구의 표면적을, 구의 반지름을 제곱한 면적으로 나눈 값과 같음. 즉 점 주위의 입체각 합=구의 표면적($4\pi r^2$)/1 스테라디안의 면적(r^2) $=4\pi$. 그러므로 완전한 구는 전체 4π 스테라디안으로 둘러싸여 있음.

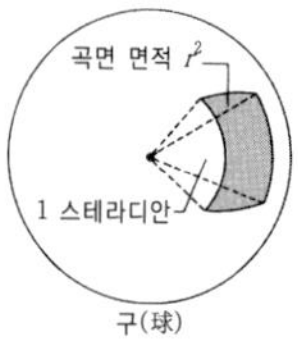

스테라디안

스테레오타입(population stereo type) : 동일 반응 동작이 나타나는 집단구성원 사이에서 물리적인 생활환경에 대응하기 위한 동작.

스테이브교회(-敎會, stave church) : ①일체가 완비된 단위로 세워진 스칸디나비아의 중세풍 통널(stave) 또는 기둥교회. ②12~13세기 스칸디나비아의 토속적인 건축물. ③무게가 실리거나 추력이 실리지 않음. 이것은 지상에 세워지는 목재의 하인방에 박힌 지주의 골격을 이루는 틀에 설치되는 통널(stave)에 부착. ④목구조·판자벽·가파른 계단식 경사지붕 형태이며, 창문은 거의 없는 것이 특징.

스테이브 교회

스테이션 호텔(station hotel) : ⇨터미널 호텔(=).

스테이크체어(stake chair) : 일반적으로 간단히 접어서 걸어놓을 수 있는 접이식 의자.

스테인(stain) : ①목재의 바탕을 착색하는데 사용하는 약제. ②도색과정에서 기름, 물 또는 다른 재료에 도료를 띄워서 마감하는 과정 혹은 착색제. ③투명 착색제의 하나. ④실내목재 도포용의 도장착색제로 수성·유성·알코올성 등의 종류가 있음. ⑤착색 원료로는 주로 염료를 사용하기 때문에 나무의 소지를 그대로 보이면서 착색할 수 있음.

스테인드글라스(stained glass) : ①납살로 만든 무늬모양 창에 각종 색깔의 유리를 맞춰 넣은 것. ②색유리를 쓰거나 색을 칠하여 무늬 및 그림을 나타낸 판유리. ③각종 색유리의 작은 조각을 도안에 맞추어 절단해서 조립하고 그 접합부를 H자형 단면의 납제(鉛製) 끈으로 끼워 맞춰 모양을 낸 것으로 성당의 창, 상업건축의 장식용으로 사용. ④유리가 용해된 상태에서 여러 가지 산화철을 녹여서 만든 색유리를 쓰거나 색을 칠한 안료를 구워서 만들거나 코팅재(材)를 입혀 무늬 및 그림을 나타낸 판유리. ⑤'착색유리(着色琉璃)', 색유리(色琉璃)라고도 함. ⑥유리는 녹아 있는 상태에서 또는 형태를 이룬 뒤 유리의 표면 속에 착색재료를 가열하여 얻어지는 원하는 색유리를 납으로 만든 프레임(frame)으로 구성된 장식적인 창문에 사용되거나 투명의 모자이크로서 콘크리트 주형 속에서 주조. ⑦앤티크 글라스(antique glass)가 가장 아름다운 최고급품.

스테인리스강판(-鋼板, stainless steel plate) : ⇨스테인리스스틸(=).

스테인리스스틸(stainless steel) : ①Fe·Ni·Cr 등의 합금으로 내식성이 강한 강철의 일종. ②불수강(不銹鋼)이라고도 함. ③녹슬지 않는 강철재. ④크롬·니켈 등을 함유하며 탄소량이 극히 적음. ⑤특징은 일반적으로 전기저항은 크고 열전도율이 낮음. 경도에 비해 가공성은 좋으며 용접도 가능. 내식성·내후성·내열성·기계적 성질·용접·절삭성·내마모성이 우수하고 강도가 높을 뿐만 아니라 장식적으로도 미려함. ⑥종류는 기능성과 미려성을 강화시킨 신스테인리스강, 도장스테인리스강, 발색스테인리스강 등으로 구분함. ⑦주로 창호재·외장재·주방용 기구 등에 널리 이용. ⑧보통 헤어라인 판(hair line plate)과 미러판(mirror plate)으로 구분. ⑨특히 녹슬지 않는 SUS 27종 이상으로 사용. ⑩불수강(=).

스텐실(stencil) : 기름종이나 얇은 금속판 또는 아세테이트(acetate) 등을 문양에 따라 오려낸 후 솔이나 스프레이 등을 이용하여 착색제 및 잉크로 밑의 문양을 만들어내는 장식적인 디자인 기법.

스텐실페인트(stencil paint) : 형판(型板) 등을 사용하여 품명·부호 등을 금속면이나 나무 면에 기입할 때 쓰는 도료.

스텔라(stella) : 고대 그리스에서 기념비나 묘비로 사용된 직립 석관(石棺)·석벽(石壁) 또는 석기둥(石柱).

스텔라

스텔라볼트(stellar vault) : ⇨스타볼트(=).

스텝라이트(step light) : 옷장조명의 일종으로 주로 벽면의 낮은 곳에 설치.

스토로찌궁(-宮, Strozzi palace) : ⇨스토로치궁(=).

스토로치궁(-宮, Strozzi palace) : 1989년 이탈리아 플로렌스(florence)에 세워진 르네상스의 유명한 궁전 중 하나.

스토리(story) : ①건물의 '층'을 의미하며 플로어(floor)나 레벨(level)과 같은 의미. ②유럽에서는 1층을 the ground floor, 2층을 the first floor라고 하며, 미국에서는 1층을 the first floor, 2층을 the second floor라고 함. ③머천다이징에서의 구상을 의미. 또한 디스플레이에서 이야기가 있는 줄거리를 의미하기도 함.

스토아(stoa) : ①고대 그리스 건축요소로서, 공공공간 주위의 집회장소나 산책로. ②고대 그리스의 아고라(agora)에 세워진 개방된 야외 열주회랑 현관. 주로 길이가 길고 독립되어 있어 산책이나 만남의 공간인 공공장소로 사용.

스토퍼(stopper) : ①문이나 창이 일정한 범위만 열리도록 설치되는 작은 철물 또는 커튼레일에서 커튼 러너(runner)의 이탈을 방지하기 위해 부착·설치하는 부속품. ②위쪽으로 구멍을 뚫는 착암기.

스톤워크(stonework) : 석재를 이용한 작업 혹은 공사로서 주로 패턴을 이룸.

스톤조인팅(stone jointing) : 벽과 아치를 만들기 위해 돌을 자르고 모양을 다듬는 작업을 해서 각각 적절히 이어지도록 하는 것.

스톤체어(stone chair) : 돌을 조각하여 만든 의자.

스톤헨지(stonehenge) : ①영국 윌셔 주(州)의 솔즈베리 평원에 청동기시대 초 BC. 2700에 세워진 거석(巨石) 기념물. ②제단석(alter stone)을 중앙으로 둘러싼 4개의 트릴토우스(trilithous)와 멘히르(menhirs) 동심(同心)고리 태양숭배나 천문관찰에 사용되었을 것으로 추정. ③BC. 2000년경에는 기둥을 원형으로 배치하여, 그 위에 보를 얹은 외곽부분이 있고, 그 내부에는 동쪽이 트인 말발굽형으로 배치되어, 동쪽 밖으로 표지석(heel stone)이 떨어져 있음.

스톰도어(storm door) : ①문 밖에 대는 덧문이나 보충 문. ②외풍·폭우 또는 외기의 침입으로부터 출입문을 보호하기 위한 문으로 보통 유리를 끼움.

스톰윈도(storm window) : ①창밖에 덧대는 덧문. ②스톰도어(=).

스톱(stop) : 몰딩이나 홈이 끝나는 부분.

스톱밸브(stop valve) : ⇨글로브밸브(=).

스투파(stupa) : ①범어(梵語)로 탑파(塔婆)·탑·불탑의 뜻으로 신사리(身舍利·치(齒)·불경 등을 넣어두기 위하여 인도에서 만들어진 탑으로 불교성지의 신앙대상의 건축으로 발전함. ②불교의 전래와 함께 인도·동남아시아·중국·한국·일본 등 여러 나라에 전파되어 여러 모양으로 발전. 우리나라는 3층탑·5층탑으로 발전. 속어로는 투파(thupa)라고도 함. ③투파(=).

스툴(stool) : ①1인용 등받이나 팔걸이가 없는 형태의 화장용·피아노용·작업용·보조용 의자. ②종류는 ㉠형태에 따라 어펄스토리드 스툴(upholstered stool)과 높은 회전스툴(high swivel stool)이 있음. ㉡디자인에 따라 바르셀로나 스툴(Barcelona stool)·오토만(ottoman)·포 얼라인드 스툴(four aligned stool)·스위블 바 스툴(swivel bar stool) 등이 있음. ③발받침대용(오토만) 발받이로 사용되기도 함.

스툴

스툽(stoop) : 한 두 계단으로 되어 있는 주택 출입구의 낮은 단.

스툽

스튜디오(studio) : ①하나의 큰 실내공간에 거실 겸 침실·작업공간·부엌 등의 기능을 가지며 붙박이장이 부착된 원룸 시스템(one room system)의 아파트로 스튜디오 아파트먼트(studio apartment)라고도 함. ②호텔에서는 트윈베드룸(twin bed room)에 1인용 예비침대가 더 설치된 객실로 일반적으로 전 객실의 5% 정도를 차지함. ③작업·촬영·연주 등의 용도로 사용되는 작업공간 또는 실(室)로 동서(東西)로 채광이 교차되는 것을 피하고 북향을 향하여 배치하도록 함.

스튜디오다이반(studio divan) : ①벽 옆에 놓는 낮고 긴 의자의 일종. ②담배 가게에 딸린 흡연실. ③다이반(=).

스튜디오아파트먼트(studio apartment) : ①거실 겸 침실·부엌·욕실로 이루어진 아파트로 보통 붙박이장이 부착되는 일실형 아파트(one room system apartment). ②효율성 아파트(efficiency apartment)라고도 함.

스튜디오지(-誌, The Studio) : ①1893년 영국 런던에서 창간된 미술 및 공예잡지명.

②당시 유럽과 미국 등지에 국제적으로 확산되었던 아르누보양식은 그래픽디자인·공업디자인·유리제품·가구 또는 의상에까지 광범위하게 적용되었는데, 이는 스튜디오와 같은 잡지에 소개되어 본격화됨.

스튜디오카우치(studio couch) : ①천으로 씌운 윗부분의 매트가 젖혀지며, 트윈 베드(twin bed)로 전환되는 침대 겸용의 소파. ②데이베드(=).

스튜어트양식(-様式, Stuart style) : ①1603~1688년 영국의 스튜어트왕이 통치하던 시대의 건축과 디자인양식. ②특징적인 점이 부족하여 양식이라고 하기에는 적절하지 못함.

스트랜드(strand) : ①두께와 폭에 비해 길이가 비교적 긴 파티클. ②길이 대 폭의 비율이 적어도 2 : 1 정도 되는 파티클.

스트랜드보드(strand board) : 스트랜드를 이용한 파티클 보드(particle board).

스트랩워크(strapwork) : ①나뭇잎 장식이 서로 교차되고 포개져 잘려진 띠의 구성으로 이루어진 형태 또는 장식. ②가죽 끈에 있는 문양과 닮은 것으로서 나선형의 줄기를 사용해 아라베스크(arabesque)와 린소(rinceau) 무늬를 새기는 나무세공에 적용시키는 용어. ③16세기 중엽 이후 네덜란드와 영국의 건축에서 찾아볼 수 있음.

스트랩워크

스트럭처디자인(structure design) : ①구조적 측면에서의 구성과 조립에 관련된 디자인 분야. ②구조디자인(construction design)이라고 함.

스트럿(strut) : ①트러스 부재 중 압축재를 받는 재(材). ②타이(⇔).

스트레이너(strainer) : ①배관 속에 들어가는 먼지나 토사·쇠부스러기 등을 방지 또는 제거하기 위해 부착하는 것으로 반드시 밸브 앞에 설치하는 것이 일반적임. ②종류는 Y형·U형·V형·오일형이 있음. ③설치 위치는 찌꺼기를 쉽게 빼낼 수 있는 곳에 설치하는 것이 바람직하며 스트레이너 밑에 달려 있는 캡(cap)을 열어서 자주 청소해주는 것이 좋음.

스트레이트아스팔트(straight asphalt) : 석유 원류를 증유하여 경유 등을 뽑고 남은 잔류물.

스트레처(stretcher) : ①벽면의 수평방향으로 벽돌의 길이면을 나란히 뉘어 쌓은 벽돌이나 돌. ②의자 및 탁자 다리에 부착된 수평 버팀대 또는 가로대. ③가구의 다리 사이를 수평적으로 튼튼하게 버틸 수 있도록 고정시키는 것. ④일반적으로는 들 것을 말함.

스트로베리(strawberry) : ①관용색명으로 해맑은 빨강. ②먼셀기호 1RR4/14.

스트로보효과(-効果, Stroboscope effect) : ①빛이 톱 라이트(top light)에 의해서 수직으로 쏟아져 내려와 어둠 속에서 빛이 산재하는 모습. ②시선을 집중시키는 효과를 가짐.

스트로브잣나무(Pinus strobus, Eastern white pine, Pinus strobus L[학]) : ①북미가 원산으로 전국의 산록 및 계곡부에 식재하며 안개가 자주 끼는 한랭습윤지에 생장이 잘 됨. 원산지에서는 수고 30m, 지름 1m에 달하는 상록침엽교목으로 수피는 녹갈색으로 밋밋하지만 노령이 되면 깊이 갈라짐. ②심재는 담황·담갈색이고 변재는 담황백색으로 심·변재의 구분이 뚜렷함. 목리는 통직하고 재질은 고우며 수직수지구를 가지고 있음. 기건비중 0/40, 전건비중 0.37, 수축률은 방사방향 2.26%, 접선방향 6.33%로 적고, 강도는 압축강도 310㎏/㎠, 휨강도 611㎏/㎠, 인장강도 899㎏/㎠로 매우 약함. 갈라지거나 비틀리지 않고 절삭가공·건조·접착·도장성은 양호하며 내구성은 낮음. ③주로 건축(건구·내장)·포장·가구·합판·펄프·완구 등에 사용.

스트로우(straw) : ①마른 짚의 색. ②칙칙한 연노랑. ③적색 기미의 해맑은 황색(pale reddish yellow). ④먼셀기호 2.0Y

ㅅ

9.0/3.0.

스트로크샌더(stroke sander) : ①드럼 샌더(drum sander)라고도 하며 삼각 벨트 샌더와 같은 기능을 가지고 있음. ②패널 및 수직몰드 연마에 주로 사용. ③연마시 부재 몰드와 같은 지그(jig)를 만들어 작업자가 연마지를 눌러가면서 연마.

스트롱글라스(strong glass) : ⇨강화유리(=).

스트롱백(strong back) : ①장선, 보강, 띠장을 수직으로 지지하는 멍에. ②'스티프백(stiff back)'이라고도 함.

스트리트스마트(Street smart) : ①사회경력과 경험을 통하여 똑똑하고 능력 있는 사람. ②북스마트(⇔).

스트리트아트(Street Art) : ①개방된 공간에서 공개적으로 완성해가는 그림·조각전시, 낙서, 연극 등을 총칭하는 말. ②'거리미술'이라고도 함. ③세인들의 주목을 끌기에 유리한 장점이 있으며 정치적인 성격을 띠는 경우가 많음. ④조지프 코서스(1945~) 등이 대표적으로 거리의 게시판에 작품을 설치했음.

스트리트퍼니처(street furniture) : ①옥외생활에 필요한 도구, 도로가에 설치된 시설물이나 집기류(類)의 총칭. ②각종 표지판·가로등·급수대·스퀘어 벤치(square bench)·우체통·정류장의 쉘터(shelter)와 벤치·쓰레기통·시계탑·공중전화박스·공중화장실·깃발꽂이·육교·교통신호 등이 이에 속함. ③도구로서의 기능 외에 기호 또는 표상으로서의 의미도 가지고 있으며, 가로를 쾌적하고 아름답게 꾸미기 위해 설치되는 장치로서, 이들의 모습에 따라 도시의 미추(美醜)가 좌우되기도 함. ④'사이트 퍼니처(site furniture)' 또는 '어반 퍼니처(urban furniture)'라고도 하며, 보행자를 위한 가구로 인식되기도 함.

스트립라이트(strip light) : ①가늘고 긴 상자에 수개(數個) 또는 10여 개의 전구를 장치한 무대 조명기구. ②풋 라이트(foot light)나 보더 라이트(boarder light) 등과 그 구조 및 목적 등이 거의 같고 운반식 조명기구이며, 그보다 훨씬 소형이고, 설치 및 운반방법이 편리하도록 무게를 가볍게 만든 것.

스트립플로어링(strip flooring) : ①좁고 긴 목재널로 이루어진 바닥. ②일반적으로 측면과 마구리면에서 제혀쪽매로 이루어짐.

스트립핑(stripping) : 가구를 재마감하기 위해 기존의 칠 마감을 제거하는 사포질 또는 화학처리 등의 작업.

스트링거(stringer) : ⇨테일피스(=).

스트링코스(string course) : 건물과 벽면을 수평으로 구획하는 몰딩으로 된 돌출한 돌림띠.

스티로바테스(stylobate[그]) : 기둥을 지탱하는 것이란 의미로 기단(基壇).

스티로폴(Styropor[독]) : 스티로폼의 오기.

스티로폼(styrofoam) : ①폴리스티렌(Polystyrene)으로 제작한 발포 플라스틱의 제조상표. ②폴리스티렌수지에 탄화수소 가스를 주입시킨 후 이를 증기로 부풀린 발포제품. ③1950년대 서독 BAF사가 발명. 체적의 98%가 공기이고 2%가 수지이므로 전기절연성과 단열효과가 크고 흡수율과 비중이 작아 시공성과 내부식성이 좋음. 경량성·내충격성·단열성·방음벽·방수성·부력성·자립성 등이 우수함. ④주로 건축단열재로 이용됨.

스티롤(styrol[독]) : 에틸벤젠을 탈수소하여 만든 무색의 액체.

스티롤수지(-樹脂, styrol resin) : 에틸렌과 벤젠을 원료로 하는 합성수지의 하나. 주로 절연제·가정용품에 쓰임.

스티머체어(steamer chair) : ①야외, 특히 배 위에서 사용하는 휴식용 간이 의자. ②덱체어(=).

스티커(sticker) : ①인쇄되어 있는 뒷면의 종이를 벗겨 목적의 장소에 붙일 수 있도록 종이 사이에 풀칠되어 있는 인쇄물. ②유리의 뒷면에서 붙일 수 있도록 인쇄면에 되어 있는 것도 있음.

스티프너(stiffener) : ①웨브(web)판의 좌굴에 대비해 덧대는 보강성재. ②좌굴에 대한 강성을 높이기 위해 웨브판의 양면에 붙이는 수직ㄱ형강(angle). ③구조물이 변형되지 않도록 보강하는 부재. ④종류는 하중점 스티프너, 중간 스티프너, 수평·수직 스티프너 등이 있음. ⑤보강재(=).

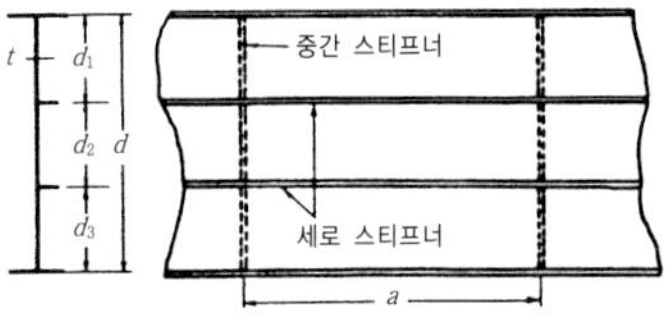

스티프너

스티프리프(stiff−leaf) : ①영국의 초기 고딕 건축에서 기둥머리에 사용된 잎 모양의 장식. ②크로켓(croket)이 발전한 것.

스티프리프캐피털(stiff−leaf capital) : ⇨캐피털.

스티프믹스(stiff mix) : ⇨건비빔(=).

스티프백(stiff back) : ⇨스트롱백(=).

스티플1)(steeple) : ①높이 장식된 구조물로서 교회나 일반 공공건물의 타워 윗부분에 놓여진 것. ②타워 끝은 보통 원추형으로 되어 있으며 내부에 종·시계 등이 설치됨. ③특히 교회의 종은 소음공해 등으로 현재 상징적인 의미로만 설치됨. ④종탑 혹은 스파이어(spire)라고 함.

스티플2)(stipple, stippling) : ①점(點)·작은 반점(斑點)이나 짧은 선(線)으로 된 음영(陰影). ②점각법·점화법(=).

스티플마감(stipple finish) : ①벽면에 칠하여 잘게 울퉁불퉁한 무늬를 나타내는 도료를 사용하여 마무리한 도장방법. ②보통 스펀지나 수건 등을 사용하여 도장하지 않는 칠면(塗面)을 두들겨서 무늬를 만듦. ③최근에는 롤러 브러시(roller brush)를 이용하여 직접 마무리.

스티플마무리 : ⇨스티플마감(=).

스티플코팅(stipple coating) : 벽 등에 칠하여 표면에 잘게 울퉁불퉁한 요철(凹凸) 모양의 질감 또는 무늬를 내는 도료(paint).

스티플페인팅(stipple paint) : ⇨스티플코팅(=).

스틱양식(−樣式, stick style) : ①19세기 후반의 절충주의 미국 건축양식. ②특히 수직널로 된 비늘판벽과 누름대를 수평 비늘판벽 위에 부착하여 그 속의 가구식 구조를 표현하는 것이 특징.

스틸(steel) : ①탄소함유량에 따라 융해와 정제에 의해 만들어진 단련할 수 있는 철과 탄소의 합금. ②일반적으로 스틸은 거대한 건축물들의 구조적 프레임에 사용되어 왔으나 마감 디자인에 의해 항상 감추어졌음. ③최근 스틸은 노출된 프레임(frame)과 그 밖의 부재와 함께 미적 특성을 위해 사용. ④스틸에 대한 미적 탐구는 현대 건축가나 실내 디자이너들이 고층 건물의 오피스 빌딩과 아파트 타워 및 실내에서 구조적이나 장식마감재인 스틸 부재들로부터 새로운 양식을 끌어내도록 인도함. ⑤사실상 스틸 골격은 내화성의 재료 속에 포함되어야 하고, 따라서 스틸은 주로 장식적임. ⑥그것의 기능은 단지 커튼 월(curtain wall)을 지지. ⑦실내에서는 주로 내화성이나 불연성재로 또는 금속의 특성이 요구되는 모던한 디자인에 주로 사용. ⑧영화의 한 장면을 크게 인화한 선전용 사진.

스틸그레이(steel gray) : ①강철과 같은 색이란 뜻으로서 다소 청색 기미를 띤 짙은 회색. ②청색 기미의 어두운 회색(dark bluish gray). ③관용색명으로 회보라. ④먼셀기호 6.5P4.5/10.

스틸레리버티(stille liberty[이]) : ①영국 런던의 스트란가(街)에 있으며, 1890년대에 아르누보식 계획에 맞는 재료와 색채를 다루었던 실내장식의 상점 '리버티 상회(Liberty's Co)'의 이름에서 따온 것. ②자유와 젊음과 새로움이라고 하는 용어였으나 짧고 과도기적인 의미.

스틸로바테스(stylobates) : ⇨스틸로베이트(=).

스틸로베이트(stylobate) : ①기둥들이 놓일 수 있도록 돌로 된 받침대. ②기단(base)은 바닥으로

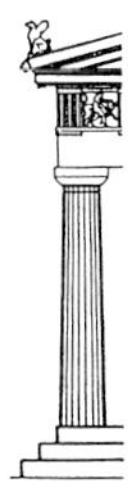

스틸로 베이트

ㅅ

부터 어느 정도 솟은 가로대와 수직받침대 사이의 공간을 버티게 해주는 삼각형의 조각. ③스틸로바테스·아크로테리아(=).

스틸브(stilb) : ⇨어포스틸브(=).

스틸새시바(steel sash bar) : ①강제 창호(steel sash)의 울거미 및 살로 사용되는 형틀. ②분류는 제작방법에 따라 중공식·판철식·압연식으로 구분. ㉠중공식(hollow metal system ; 강판을 중공으로 만든 것). ㉡판철식(plate metal system ; 강판을 절곡해서 만든 것). ㉢압연식(rolled steel system ; 소정의 단면으로 압연하여 만든 것)으로 구분. ③압연식으로 제작된 스틸새시 바(sash bar)가 가장 튼튼하고 경제적임. ④스틸 새시 바의 종류는 25㎜ 바가 10종, 36.5㎜·40㎜ 바가 10종, 60㎜ 바가 2종으로 총 22종이 있음.

스틸서포트(steel support) : ①스틸로 되어 선반을 지지해주는 소형 금속부재. ②힘은 강하나 플라스틱(plastic)보다는 외관이 미려(美麗)하지 않아 사용하지는 않음.

스틸티드아치(stilted arch) : ①아치 테두리의 아래쪽으로 이어져 아치굽받침대 위에 얹혀지도록 구성된 아치. ②아치굽선(spring line)이 수직의 피어(piers)에 의해서 홍예받침대(impost) 높이 위로 올려진 아치. ③상심아치(=).

스틸프레임(steel frame) : 구조적으로 건축물을 세우기 위하여 필요한 모든 것을 제공하는 강철빔과 기둥골격.

스틸하우스(steel framed house) : ①주택의 골조를 경량철강재로 만든 첨단 건축시스템의 미래형 주택. ②튼튼하면서 가볍게 짓기 쉬워 개조가 용이할 뿐만 아니라 보온성·단열성이 우수하고 수명이 반영구적이며 시공의 간편성과 안정성이 있으며 설계가 자유로움. ③건축미와 자원재활용 측면에서도 장점을 갖고 있어 '환경주택'이라고도 함. ④포항제철은 국내 최초로 1996년 2월 건설-설계-철강회사 등 50여 개 사가 참여하는 스틸하우스 클럽을 결성하고 동년 7월말에 서울 도곡동과 경북 포항·전남 광양 등 3개 지역에 각각 2개 동의 철강재 모델하우스를 건립.

스팀보트 고딕(Steamboat Gothic) : ①증기선에 사용된 정교한 장식을 건물에 응용한 19세기 건축양식의 하나. ②처음에 선장집에 사용되었던 것을 후에 일반 건물의 출입구·창호·보·난간 등에 사용됨.

스팀보트 고딕

스팁머드과정(-過程, stip mud process) : 굽기 전에 철사로 길이에 돌출된 것을 자르고 거푸집을 통하여 수분 12~15% 정도를 가지는 단단하지만 플라스틱 점토를 밀어냄으로써 벽돌이나 구조타일(structural tile)을 형성하는 과정.

스파[1](spa) : ①공기방울이 생기도록 만들어진 욕조. ②스파 바니시(spa vanish).

스파[2](spar) : ①벽개성(劈開性) 광물. ②섬광(閃光)광석.

스파늉(spannung[독]) : ①긴장·전압·인장력·신장력, 앞으로 나가려는 진행방향이라는 뜻의 독일어. ②조형적으로는 점·선·면 등의 구성요소가 서로 2개 이상 배치되면 그들은 상호 관련에 의하여 발생되는 동세(動勢)를 갖게 되는 현상. ⇨동세(=). ③점·선·면·형 등의 요소에 내재하고 있는 창조적인 운동의 일부를 의미하는 힘이며, 나머지 일부는 운동에 의하여 규정되는 방향을 의미. ④직선에는 2개의 스파늉이 있어 그 선의 방향으로 움직임. 한 선의 끝이 수직이고 다른 방향의 수평선에 부딪힐 때는 수직의 스파늉은 정지를 당함. 90°의 직각에서 꼭짓점에 생동하는 스파늉 두 직선이 좌우로 향하는 스파늉과는 그 힘이 평균되고 있으므로 일단 정지된 느낌이 됨. 절선에서의 스파늉은 둔각에서 예각으로 급진적으로 표정의 변화가 생김. 곡선에서의 스파늉은 3개 이상임. 중심에 점이 놓이면 면과 일체가 되고 통일성이 지배되어 스파늉은 상·하·

좌·우가 균등하므로 정지된 표정이 됨. 점이 중심 밖에 위치하면 점은 도형의 중심점에서 직선방향으로 스파늪이 생겨 동세를 나타냄. 직선과 곡선은 근본적으로 대조적인 한 조의 선. 그러므로 절선의 중간적으로 볼 수 있음.

스파다궁(-宮, Palazzo Spada, Roma) : ⇨보로미니.

스파바니시(spar varnish) : ①인조수지를 오동유(梧桐油)에 녹인 바니시. ②로진(rosin)에서 만들어진 내알칼리성 에스테르(ester). ③수지에 동유(桐油)를 사용한 것. ④장유성(長油性) 바니시로 배의 spar(마스트)에 사용되었다고 해서 '스파'라고 부름. ⑤내수성·내마모성이 우수하여 목부 외부용으로 많이 사용. ⑥'보디 바니시(body varnish)'라고도 함. ⑦품질은 한국공업규격(KS M 5603)에 규정되어 있음. ⑧내후성 수지로 아마인유(亞麻仁油)·동유(楝油) 등으로 만들어진 내구력과 내후성이 있는 바니시.

스파버(sparver) : ①침대 위에 늘어뜨린 천개(天蓋, canopy). ②침대 위에 씌워지는 캐노피는 명예를 나타내는 데 가장 중요한 요소로 여러 계급의 사람들이 같은 가구를 소유하고 있을 때 그들의 계급을 구분하기 위해 이용됨. ③보통 침대의 전 길이만큼 만들어졌지만, 때로는 반(半)지붕이나 반(半)차양으로 대치되기도 함. ④때때로 침대에 이용된 캐노피의 다른 변형은 찰스 5세의 의자 위에 설치되어서 보이는 원추형의 스파버(sparver)였음. ⑤이 형태는 특히 15세기에 유행하였는데, 그 이전에는 높은 신분의 가문에서 주로 결혼 시 실제로 잠을 자지 않는 자신의 신분을 나타내는 공식적인 침실(귀빈실)과 같이 의식적인 행사에 스파버가 사용됨.

스파버

스파이럴다리(spiral leg) : ⇨스파이럴레그(=).

스파이럴레그(spiral leg) : 꾸불꾸불하고 하향의 홈이나 플루팅(fluting)된 꼬인 모양으로 조각되는 가구에 사용된 밧줄 모양과 같은 지지대.

스파이어(spire) : ①타워 윗부분이 점점 좁아지는 지붕. ②첨탑이나 타워 윗부분이 높이 놓인 끝이 가늘어진 피라미드형 또는 원추형 구조물. ③뾰족탑(=).

스파이크(spike, offset head nail) : ①머리가 옆으로 나온 못. ②길이가 10.16~102~356㎜로 일반 못에 비해 길고 비교적 굵어 큰 목재를 연결하는데 사용하는 못.

스파이크그리드(spike grid) : ①중량 목재를 연결하는 데 사용하는 평평하거나 한쪽 면이 휘어진 격자형의 침판(針板). ②한 개의 볼트로 고정시키며, 연결부가 진동·충격·횡하중 등에 의해 느슨해지는 것을 방지.

스파클(sparkle) : ①어두운 배경에서 광원 자체를 이용하여 흥미로운 반짝임, 즉 스파클을 연출하는 기법. 눈부심으로 인해 눈이 쉽게 피로하며 불쾌감을 줄 수 있으나 호기심 유발과 상호협조 및 대화 분위기 조성에 도움이 되므로 파티나 연회장에 적합. ②쾌적한 광휘를 발하는 매력적이고 화려한 불빛. 주로 로비나 레스토랑의 샹들리에·극장입구 캐노피 조명·소형의 백열전구로 장식된 유리 엘리베이터 등에 사용.

스파클기법(-技法) : ⇨스파클.

스팬(span) : 두 개의 기둥과 같은 지지구조물간의 간격 또는 수직부재에 의해 지지된 구조물.

스팬드럴(spandrels, spandril[이]) : ①아치나 창문 등의 개구부 위에 생기는 삼각형 부분. ②두 아치의 갓둘레 사이를 장식하기도 하는 서로 이웃한 면 또는 아치 갓둘레의 왼쪽이나 오른쪽의 장방형으로 둘러싸인 면이나 건물 외벽에서 한 층의 창 인방에서 상부 층의 창대 사이에 있는 벽. ③어떤 층의 개구부 상단으로부터 다음 층 개구부 문지방까지의 외벽 부분. ④중세의 교회건물에서는 이 부분을 꽃으로 장식하거나 트레이서리(tracery) 등으로 풍부하게 장식하고 있는 것이 많음. '아치공복'이라고도 함. ⑤계단의 치장 옆판 아래의 3각형 공간. ⑥인접하고 있는 두 개의 아치(arch)에 의해 만들어지는 바깥곡선들 사이의 부분 또는 아치가 하나인 경우에는 휘는 부분부터 키스톤(keystone)까지의 바깥곡선 주위 부분. ⑦아치 부근의 측면과 아치 꼭대기를 가로지르는 선 사이에 형성된 삼각형의 공간. ⑧건물의 골격 프레임 안에서 기둥 안쪽 벽과 한 층의 창문 꼭대기 부분과 위쪽 창문의 창문턱 사이로 구성. ⑨외벽에서 상하로 겹친 창문 또는 벽부분. ⑩아래층에서 번지는 연소(燃燒)를 방지하는 데 있어 이 부분의 내화성(耐火性)과 치올림치수가 중요함. ⑪아치의 공복(=).

스팬드럴

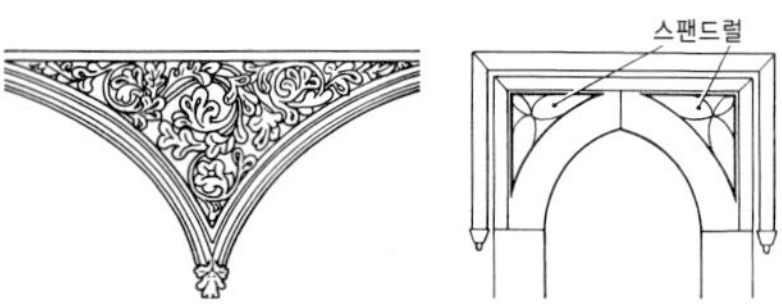

스팬드럴의 두 가지 형태

스팬드럴글라스(spandrel glass) : ①플로트판 유리의 한쪽 면에 세라믹질의 도료를 코팅(coating)한 다음 고온에서 융착. 반강화시킨 불투명한 색유리. ②커튼 월 구조에서 구조물을 감추기 위한 불투명유리. ③강화유리의 내부 표면에 자기질 원료를 융합시켜 제작. ④스팬드럴 부분의 보·기둥 및 기타 구조재 등을 감추기 위해 창이나 커튼 월(curtain wall)에 끼워 넣음.

스팬드럴유리(−琉璃) : ⇨스팬드럴글라스(=).

스팬드럴패널(spandrel panel, spandril panel) : ①스팬드럴 부분을 덮고 있는 패널. ②보통 알루미늄판·스테인리스 강판으로 만듦. ③성형방법에 따라 구부림 가공품과 압축성형품이 있음. ④주로 외벽·내벽·천장 등에 사용.

스팬크리트합성공법(−合成工法, spancrete synthetic method) : ①특수가공된 스팬콘크리트 P.C판 위에 콘크리트를 현장타설하여 완전 일체가 되도록 한 공법. ②특징은 슬래브의 균열과 처짐 방지·넓은 실내공간 확보·원가절감·차음성능·많은 용도·공기단축 가능·배근·배관시공이 가능·작업의 성력화(誠力化) 등. ③주로 장(長)스팬 구조물이나 창고·공장 등 적재하중이 큰 구조물, 홀이나 천장고가 높은 구조물, 차음·진동에 주의할 구조물 등에 적용.

스팻(spat) : ①문틀이 손상되는 것을 방지하기 위해 하부에 대는 보호재. ②주로 스테인리스 스틸 판(板)을 사용.

스퍼(spur) : ⇨그리페(=).

스펀지(sponge) : 다공질(多孔質)로 된 합성수지판.

스펀지시트(sponge sheet) : ①염화비닐수지에 가소제·충전제·발포제를 혼입하여 스펀지 위에 착색제를 붙여 만든 것. ②단열성·방음성이 우수하여 바닥재·내벽재로 사용. ③비닐타일(vinyl tile)·비닐 아스타일(vinyl astile) 등이 있음.

스펀지점묘법(−點描法, sponge stippling) : 벽화 등을 그릴 때 도료로 흠뻑 적신 스펀지를 사용하여 얼룩진 효과를 내는 기법.

스페셜리센터(specially center) : 전문점만으로 테넌트(tenant)를 구성한 집합 산업시설.

스페셜리스토어(specially store) : ①단일품(單一品)만을 판매하는 전문점. ②구두·서적·청바지(jeans)·스포츠웨어(sports wear)를 판매하는 소매상·기타 패셔너블(fashionable)한 의복을 판매하는 소매상.

스페셜스위트룸(special suite room) : ①일반객에게는 공개되지 않는 귀빈실. ②국가의 국빈급(國賓級)이나 특수층 사람들이 숙박할 경우를 대비한 객실. ③특실보다 장식적이며 주 침실 외에 여러 개의 침실이 있으며, 식당·주방·전실·거실 등으로 구성. ④일반객실과 층수를 달리하거나 기준층의 향(向)이 좋은 모서리 부분에 위치. ⑤스페셜스위트룸·로열스위트룸(=).

스페이드푸트(spade foot) : 가구디자인에서 사각형으로 된 아래로 내려갈수록 점점 가늘어지는 발.

스페이딩(spading) : 납작한 삽같이 생긴 기구를 넣고 뺌을 반복함으로써 타설한 콘크리트를 다져지게 하는 것.

스페이스그래픽(space graphic) : ⇨슈퍼그래픽(=).

스페이스프레임(space frame) : ①삼각형의 강성원리에 의해서 축력으로 인장력만을 받는 선(線)부재로 구성된 삼차원 프레임. ②가장 간단한 공간구성은 4개의 절점과 6개의 부재로 구성된 4면체임. ③스페이스 트러스(space truss)라고도 함.

스페이스플래너(space planner) : ①전반적인 공간설계에 책임을 지는 계획전문가. ②보통 가구나 설비 시방서는 담당하지 않음.

스페인(Spain) : 아르누보를 모더니즘이라고 불렀던 스페인은 카탈루냐의 건축가 안토니오 가우디(Antoni Gaudi)의 비정상적인 건축과 가구에서 나타났음.

스페인가구(-家具, Spanish furniture) : ①스페인을 약 800년 동안 지배한 무어족의 전통적인 장식 바탕 위에 이슬람 문화·기독교 문화 및 이탈리아의 영향으로 형성된 대담한 비례미를 지니고 있으며 구조상 튼튼하게 접합된 특징적인 가구. ②뼈·상아·흑단을 이용한 상감기법과 가죽세공 및 가공한 금속장식은 접합분을 보강한 무쇠장식이 가구에 응용. ③특히 경첩을 뚜껑에 부착한 상자는 가장 일반적인 소품가구로 여러 가지 크기와 형태로 모든 방에서 기묘하게 사용. ④전형적인 가구로는 서랍장인 바케뇨(vargueño)와 르네상스시대의 승려의자인 실론 드 프라일레로스(sillon de fraileros[프]) 등.

스페인가구

스페인식민지부흥양식(-植民地復興樣式, Spanish Colonial revival) : ⇨식민지양식(=).

스페인식 발(-式-, Spanish foot) : 바깥쪽으로 휘면서 발끝에서 안쪽으로 말려드는 소용돌이형의 발과 유사하지만, 발등 부위에 규칙적인 수직선의 골이 파여진 가구의 발.

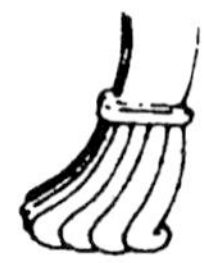
스페인식 발

스펙(specification;spec) : ①가구 도면의 외형선과 치수 기입이 끝난 후 표면재나 기타 내·외장재, 부자재를 명기하는 것. ②지시선을 표시한 후 왼쪽에서 오른쪽으로 명기하여 한글과 영문 대문자를 혼합하여 사용. ③시방서(=).

스펙트럴컬러(spectral color) : ①백색광이 스펙트럼을 통과할 때 파장의 장단에 따라 굴절각이 다르므로 생성된 색상. ②보통 무지개 색인 빨강·주황·노랑·초록·파랑·남색·보라.

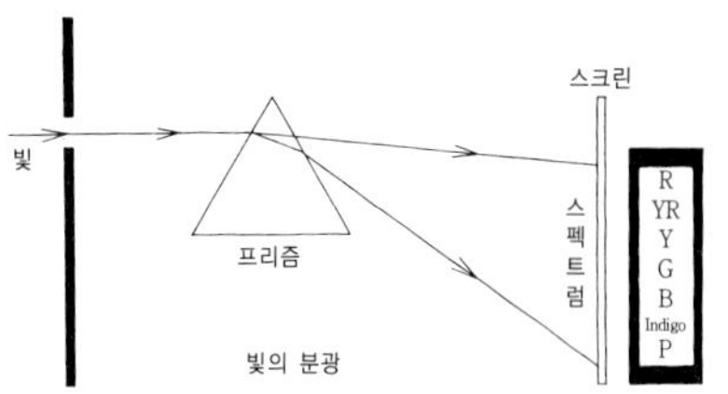

스펙트럴 컬러

스펙트럼(spectrum) : ①분광기에서 빛이 프리즘을 통과할 때 보이는 색채 띠. ②파장이 가장 긴 빨강에서 가장 짧은 보라로 배열. ③일광이나 백색광은 완전한 무지개스펙트럼을 가짐. ④빛의 파장에 따라 분해·배열한 복사선(輻射線)의 계열. ⑤무지색과 같이 연속된 색의 띠(band). 1660년 뉴턴(I. Newton : 1642~1727)은 이탈리아(Italy)에서 가져온 프리즘(prism ; 삼릉경)을 통해 빛의 굴절현상을 이용하여 백광을 분광(分光)시켜서 스펙트럼을 발견함. ⑥스펙트럼은 발광체의 성질에 따라 흑선(黑線, fraunhofer), 휘선(輝線) 등이 끼어 있고 색의 간격이나 모양이 모두 다르게 나타남. ⑦백광이 스펙트럼으로 분광되는 이유는 파장이 길고 짧음에 따라 굴절률이 다르기 때문임. ⑧파장이 길면 굴절률은 작고 파장이 짧으면 굴절률이 큼. ⑨종류는 방사에너지의 상태에 따라 여러 가지로 구분. ㉠연속 스펙트럼(continuous spectrum) ; 여러 가지 빛이 연속되어 있는 태양이나 백열전구 등의 방사. ㉡선 스펙트럼(line spectrum) ; 방전에 의해서 발산되는 빛인 수은등·네온사인·나트륨 등의 방사. ㉢띠형 스펙트럼(band spectrum) ; 여러 개의 휘선(輝線)이 모여서 띠 모양을 이룬 형광등 등의 방사. 즉 빛의 원자가 매우 부자유스러운 상태인 고체상태에서는 연속 스펙트럼을 이루고, 자유로운 상태인 기체상태에서는 선 스펙트럼을 약간 부자유스러운 상태인 고온가스에서는 띠 모양의 스펙트럼을 발산. ⑩빛과 같은 방사에너지를 가진 물질을 분광기에 통과시켜 파장에 따라서 다른 굴절률 때문에 일어나는 분산을 하나의 면에 파장의 순서대로 배열한 것. ⑪국제조명위원회(C.I.E)에서는 1931년 회의에서 이 스펙트럼의 단색방사를 3자극치로서 채택함.

스포츠호텔(sports hotel) : ①요트 하버(yacht harbor)·골프장·스키장 등 스포츠 시설을 이용하는 손님을 대상으로 하는 호텔. ②객실 구성은 트윈베드룸(twin bed room)이 많으나 스키 고객을 위한 간략한 객실을 계획하는 경우도 있음.

스포크 라스(spoke lathe) : 힘살 있는 와이어 라스(wire lath).

스포트(spot) : ⇨스포트라이트(=).

스포트라이트(spot light) : ①특정 물체나 부분에 강한 초점이 잡힌 빛을 비추도록 설계된 램프. ②특수한 면이나 장소, 특정 부분을 강조하고자 할 때 사용되며, 이때 광선이 사람의 눈에 직접 비추지 않도록 각도조절을 해야 함. ③한 곳으로 집중적으로 모아지는 강한 조명. ④무대 위의 어떤 한 물체나 사람 또는 부분에 대한 주의를 환기시킴. ⑤스폿(spot)이라고도 함.

스포트쇼잉(spot showing) : ①연간(年間)을 통해서 또는 지역 차이에 의한 각각의 사회적 행사. ②매달마다의 이미지 변화가 있음. ③이런 시기·행사를 생각해서 상품 연출을 하는 것.

스포트식 감지기(-式感知器, spot type senser) : 감지기 주위의 온도가 일정한 온도 이상으로 상승했을 때 자동적으로 화재의 발생을 탐지하는 화재감지기.

스푼백체어(spoon back chair) : ①등받이가 높고 등받이 안쪽으로 곡면이 있어 윤곽이 스푼과 같은 의자. ②인체의 척추에 맞도록 등받이가 곡선화된 의자. ③영국 윌리엄과 메리(William and Mary)시대에 출현. 앤여왕(Queen Ann)시대에 성행된 의자. 곡목등받이의자(=).

스푼형 등받이의자(spoon back chair) : 스푼백체어(=).

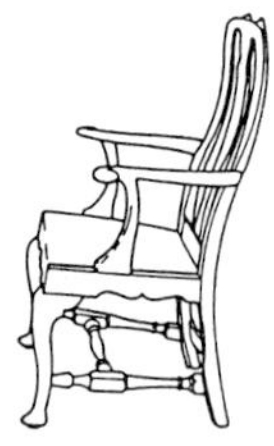

스푼형 등받이 의자

스폴링(spalling) : ①경화된 콘크리트나 조적조 표면에 쪼아낸 것처럼 작은 조각이 떨어져나가는 현상. ②동결융해 또는 결빙방지제 사용에 그 원인이 있음.

스퓨마토(sfumato[이]) : ①색을 미묘하게 연속적으로 변화시켜서 형태의 윤곽을 엷은 안개에 싸인 것처럼 차차 없어지게 하는 기법. ②이 기법은 키아로스큐로(chiaroscuro)의 명암법(light & dark method) 개발로 시작하여 레오나르도 다빈치(Leonardo da Vinci : 1452~1519, 이탈리아 예술가·공학자)가 즐겨 사용함.

스프러스(spruce) : ①러시아산(産) 침엽수로 가문비나무·미송류(類)의 상록침엽수를 총칭. 백색조(白色調)를 띠며 광택이 나고, 재질은 강하나 작업이 용이하며 나뭇결이 곧아 실내장식재 또는 가구재로 많이 사용. ②소나무과(科)로 화이트 스프러스(white spruce)는 미국 미네소타 북서부에서 북쪽으로 캐나다 알래스카 전 지역에서 분포. ③변재는 백색 또는 담황갈색으로 심재와 구분되지 않으며 나이테는 뚜렷. 추재(秋材)는 좁으나 춘재(春材)는 몇 배나 넓음. 나뭇결은 곱고 조직은 가벼움. 전건비중 0.43, 수축률은 방사방향 3.4%, 접선방향 6.4%, 용적수축률 10.8%로 적음. 강도는 휨강도 689kg/㎠, 압축강도 385kg/㎠, 전단강도 76kg/㎠로 약함. 건조·접착·도장성은 양호. 주로 실내 마감재나 가구 등에 이용. 엥겔만 스프러스(engelmann spruce)는 미국 로키산맥의 중부로부터 카스카 대산맥의 워싱턴주·오리건 주·아이다오·애리조나의 표고 2,500~4,000m에서 성장함. ④스프루스(=).

스프레이(spray) : ⇨뿜칠(=).

스프레이건(spray gun) : ①도장공사시 뿜칠에 사용하는 도구. ②압축공기에 의한 압력에 의해 뿜칠이 되도록 고안. ③사용할 때 주의할 점 ; ㉠뿜칠거리는 300㎜를 표준으로 하고 공기압력에 따라 가감. ㉡건(gun)은 가급적 연속적으로 움직임. ㉢건의 운행방향은 전회(前回)에 대해 제각기 직각이 되도록 함. ㉣1행의 뿜는 폭은 300㎜ 정도로 하고 ⅓ 정도 겹치도록 뿜음. ㉤뿜칠의 공기압력은 2~4kg/㎠를 표준으로 함. ㉥핸들 스프레이(handle spray)에 사용하는 노즐(nozzle)의 구경은 0.5~3㎜까지 있음.

스프레이건

스프레이윈도(spray window) : 창문인방이 경사진 창.

스프루스(spruce) : ⇨스프러스(=).

스프링리프의자(-椅子, Spring Leaf Chair) : ①알바 알토(Alver Aalto : 1898~1976)가 1935년에 제작한 의자. ②합판으로 시트를 만들었으며, 벚나무 일곱 장을 압축시켜 시트를 받쳐주고 있음.

스프링컴퍼스(spring compass) : 양쪽 다리 사이에 걸쳐진 나사에 의해 크기를 조절하므로 책상 위에 놓는 정도로서는 바늘 끝 사이의 거리도 변화되는 일이 없음. 그 때문에 작은 원이나 원호를 그릴 때 외에도 작은 치수를 연속해서 반복할 때에 적합.

스프링클러(sprinkler) : ①천장에 설치해서 불에 의해 실내온도가 상승하면 자동적으로 살수전(撒水栓)이 열려서 물을 분산시키는 소화설비로, 화재발생시 자동분무로 물을 뿜는 소화전의 일종. ②천장 또는 지붕 밑에 배수관을 배치하여 그 끝에 많은 스프링클러 헤드를 설치함. ③보통 10㎡마다 한 개씩 설치. ④헤드는 평상시에 퓨즈(fuse)로 막혀 있으나 불이 나면 높아진 실온(70℃ 전후)에 의해 퓨즈가 녹아떨어지면서 물이 나와 소화됨. ⑤습식과 건식 2종류.

스프링클러설비(-設備, sprinkler equipment) : ①실내 천장에 장치해 실내온도의 상승으로 가용 합금편이 용융됨으로써 자동적으로 화염에 물을 분사하는 자동소화설비. ②종류는 개방형(일제살수식)·폐쇄형(건식·습식·준비작동식) 등으로 구분. ③헤드의 종류는 설비방식별(폐쇄형·개방형), 반사판별(상향형·하향형·상하향형·측벽형), 동작온도별로 구분. ④적용건물 ; ㉠관람집회 및 운동시설의 무대 부분(무대에 부설된 장치물실 및 소품실을 포함한다)으로서, 그 바닥면적이 그 무대부가 지하층·무창층 또는 지하층을 제외한 층수가 4층 이상인 층에 있는 경우에는 300㎡ 이상, 그 밖의 층에 있는 경우에는 500㎡ 이상인 무대부. ㉡판매시설로서 바닥면적 합계가 지하층을 제외한 층수가 4층 이하인 건물에 있어서는 9,000㎡ 이상, 지하층을 제외한 층수가 5층 이상인 건축물에서는 6,000㎡ 이상인 것은 전층. ㉢지하층을 제외한 층수가 11층 이상인 건축물로서 여관 또는 호텔의 용도로 사용되는 층이 있는 것은 전층(全層). ㉣아파트로서 지하층을 제외한 층수가 16층 이상인 것은 16층 이상의 층. ㉤반자(반자가 없는 경우에는 지붕의 옥내에 면하는 부분)의 높이가 10m를 넘은 래커식 창고(선반 또는 이와 비슷한 것을 설치하고 승강기에 의하여 수납물을 운반하는 장치를 갖춘 것)로서 연면적 2,100㎡ 이상인 것. ㉥공장 및 제5호에 해당하지 아니하는 창고시설로서 별표 4에서 정하는 수량의 1천 배 이상의 특수가연물을 저장·취급하는 것. ㉦지하가로서 연면적 1,000㎡ 이상인 것. ㉧제1호 내지 제3호·제5호 또는 제6호에 해당하지 아니하는 소방대상물(학교를 제외한다)의 지하층·무창층 또는 지하층을 제외한 층수가 4층 이상인 층으로서 바닥면적이 1,000㎡ 이상인 층. ㉨제1호 내지 제3호·제5호·제6호 또는 제8호에 해당하지 아니하는 소방대상물(학교를 제외한다)로서 지하층을 제외한 층수가 11층 이상인 것은 11층 이상의 층. ㉩제1호 내지 제9호의 소방대상물에 부속된 보일러실.

스프링클러 헤드의 동작온도

최고주위온도(℃)	표시온도(℃)	동작온도(℃)
39 미만	79 미만	72
39~64	79~121	103
64~106	121~162	143
106 이상	162 이상	183

주) 최고 주위온도가 150℃을 초과하는 경우는 별도로 정함.

스프링클러헤드(sprinkler head) : ①물을 뿜거나 확산시키기 위한 노즐(nozzle). ②일반적으로 미리 조절된 온도에서 녹는 가용성 고리에 의해서 조절.

스프링폴피오피(spring pole POP) : ①천장 바닥 사이에 스프링을 넣어 폴로 세운 POP. ②광고 표현에는 커트 아웃(cut out)이나 그 외의 요소가 많이 이용.

스프링힌지(spring hinge) : ①창호철물의 하나로 안팎 개폐용·자동문에 사용. ②⇨경첩.

스플라인(spline) : ①접합을 더욱 강하게 하기 위해 두 쪽의 목재 사이에 삽입되는 작은 목재 띠(즉 딴혀쪽매). ②제도시 곡선을 그릴 때 사용하는 길고 얇은 유연한 줄자. ⇨운형자(=). ③이어야 하는 두 쪽의 목재를 더욱 강하게 연결하기 위해 사용하는 틈새에 삽입되는 작은(가늘고 긴) 나뭇조각. ④암면텍스가 부착된 달천장 구조에서 인접한 타일의 틈에 삽입되는 얇고 좁은 띠. ⑤임시 장부촉.

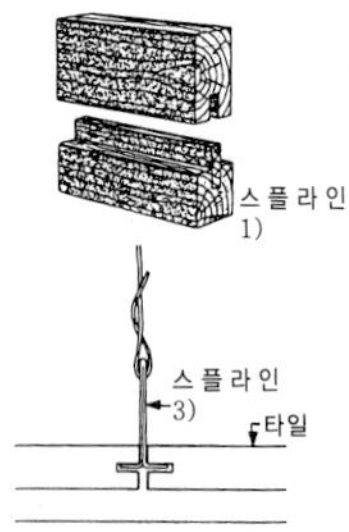

스플라인

스플랫(splat) : 의자 등받이 중앙에 사용된 목재의 수직적인 평평한 판.

스플레이(splay) : ①경사면을 이루는 면과 만나는 표면. ②문이나 창문이 열리는 바깥쪽 부분의 벽면 문틀을 넓혀주는 다른 면과 빗각을 만드는 면. ③서양건축에서 개구부의 측면이 벽면에 대해 비스듬히 잘린 경우의 그 수법, 또는 그것에 의해 생긴 벽면. ④음향설계에서 음을 적당한 각도로 반사시키기 위한 경사판 또는 경사벽.

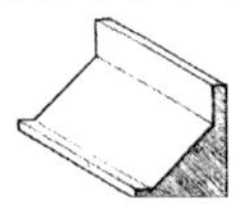
스플레이

스플레이드두겁대(splayed coping) : 한 방향으로 경사진 두겁대.

스플레이몰딩(splay moulding) : ①아무 장식이 없는 면에 각도만 준 몰딩. ②베벨몰딩(bevel moulding)보다 폭이 넓음.

스플릿댐퍼(split damper) : ①덕트의 풍량조절에 사용하는 부속품. ②슬라이드 댐퍼(slide damper)라고도 함.

스플릿레벨(split level) : ①내부의 어떤 방들이 다른 방보다 조금 높거나 낮은 레벨에 놓이는 주택. ②보통 단 차이는 반층 정도.

스플릿링(split ring) : ①접합부재면에 파놓은 홈 속에 삽입하여 한 개의 볼트로 고정시키는 금속 링으로 된 팀버 커넥터(timber connector). ②링을 요철 모양으로 절단해 놓아 하중을 받으면 약간 변형되어링 단면이 비스듬히 생겨 쉽게 삽입할 수 있으며, 링이 완전히 홈 속으로 들어가면 접합부가 단단하고 튼튼하게 조여듦.

스플릿스플린(split spline) : ①길고 가느다랗게 돌려 깎은 몰딩의 나무막대. ②길이대로 둘로 잘라 한 면은 평평하고 한 면은 둥글게 만든 것. ③영국과 미국 가구에 장식용으로 사용됨.

스피릿스테인(spirit stain) : 염료(染料, dye)를 알코올이나 스피릿 용액에 용해시킨 것으로서 목재 표면을 착색하는 것에 사용되는 도장.

스핀들(spindle) : 길고 가느다란 막대가 돌려 깎여진 몰딩으로 장식된 것.

스필(spill) : ⇨스필라이트(=).

스필라이트(spill light) : 스포트라이트 또는 집중조명에서 생기는 불필요한 또는 여분(餘分)의 광선(光線).

스핑크스(sphinx) : ①인간의 머리와 사자의 몸에 여자의 가슴을 가진 신화적인 괴물. ②사자의 몸과 사람·숫양·매의 머리를 한 상상 속의 형상.

스핑크스

슬라이드댐퍼(slide damper) : ⇨스플릿댐퍼(=).

슬라이딩(sliding) : ⇨창.

슬라이딩거푸집(sliding form) : ①요크(거푸집 인양기구)·로드(rod)·유압잭 등을 이용하여 거푸집을 상부로 수직 이동시키면서 콘크리트 타설과 마감을 동시에 연속적으로 해 나가는 거푸집 공법. ②단면변화가 없는 구조물에 적합. ③주로 콘크리트의 일체성을 이용하여 기밀성이 요구되는 코어부분, 사일로·교각·초고층 아파트나 타워 등 빌딩 코어 등에 사용. 냉교(cold joint) 예방이 가능. ④작업이 주야 연속되므로 일시에 많은 작업원을 필요로 하고 노동력의 질과 양의 확보가 중요. ⑤장점은 자재 및 인건비 정략·공기단축·구조적인 연결 부위가 없는 일체식 기밀화 시공이 가능. 품질이 높고 균질한 콘크리트 타설이 가능. 가설자재의 전용횟수가 높음. 단점은 연속작업이므로 철야작업이 불가피함. ⑥돌출부분이 있는 구조물에는 부적합.

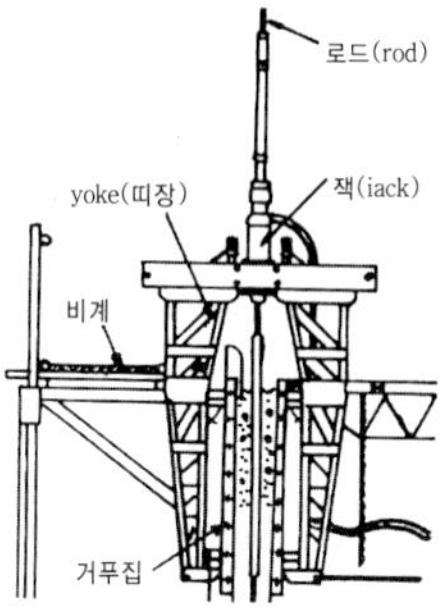

슬라이딩거푸집

슬라이딩스케일(sliding scale) : ①신장(身長)과 신체 각 부위와의 관계를 도표(圖表)로 그래픽(graphic)화한 것. ②가로축에 신장, 세로축에 신체 각 부위의 계측치를 나타낸 것.

슬라이딩월(sliding wall) : 필요에 따라서 이동이 가능하도록 제작·설치된 경량벽체.

슬라이딩이음(sliding joint) : ①바닥판 또는 보의 지지를 단순지지로 작용시키기 위해 미끄럼판을 설치하여 슬라이딩되게 한 콘크리트 줄눈이음. ②재료는 방수지·고무 등을 이용.

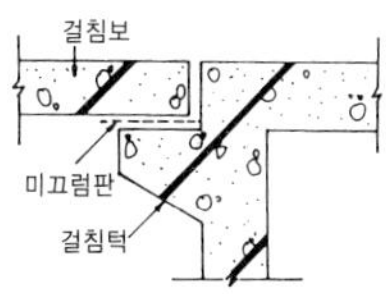

슬라이딩이음

슬라이딩폼(sliding form) : ⇨슬라이딩거푸집(=).

슬라이서(slicer) : ①원목을 폭이 넓은 칼로 평삭한 합판용 단판(보통 무늬목이라고 함). ②특히 슬라이스드 베니어(sliced veneer)를 깎아내는 기계. ③얇은 판의 표면에 곧은결이나 아름다운 무늿결을 내는 데 쓰임.

슬라이스드단판절삭(-單板切削, sliced veneer cutting method) : ⇨슬라이스드베니어(=).

슬라이스드베니어(sliced veneer) : ①원목을 연화시킨 후 미리 적당한 각재로 만들어 단판을 칼날로 엷게 절단한 것. ②곧은결이나 널결 등 장식적으로 이용할 아름다운 무늿결을 얻을 목적으로 사용되며, 정목단판(柾木單板)을 사용. 두께는 0.5~1.5㎜.

슬라이스드베니어팬시합판 : ⇨단판오버레이합판(=).

슬라이프(slype, slip) : 지붕이 있는 통로로서 특히 트랜셉트(transept)와 성당의 참사회관 사이에 있는 연결공간.

슬래그감싸돌기(slag−) : 용접봉의 피복제 심선과 모재가 변하여 슬래그가 용착금속 내 혼입된 용접결함.

슬래그벽돌(−壁乭, slag brick) : ①분쇄한 고로(高爐)슬래그에 생석회와 물을 가하여 성형한 벽돌. ②압축강도는 약 150kg/㎠.

슬래브(slab) : ①길이나 높이에 비해 폭이 작은 직사각형의 건물. ②콘크리트 바닥(floor)을 의미.

슬랙(slack ; SL) : ①결합점이 가지는 여유시간. ②공사 최종단계에 있어서의 완료 예정일을 변경하지 않는 범위 내에서 각 결합점(단계)에 허용할 수 있는 시간적 여유. ③각 결합점 여유는 상황에 따라 정여유(positive snack), 영여유(zero positive) 및 부여유(negative snack)의 어느 것이 됨. ④결합점·단계(=).

슬랜트톱데스크(slant top desk) : 르네상스 시대 영국에서 사용한 경사진 책상.

슬랫(slat) : ①블라인드 커튼의 날개. ②⇨블라인드.

슬랫백체어(slat back chair) : ①등받이 양 수직재 사이에 수평재 사닥다리 레일(rails)을 갖는 미국 초기의 의자. ②초기 미국 의자의 한 형태로서 등받이 양 기둥에 넓은 수평 사다리 모양의 널판을 대어 만든 의자.

슬랫블록(slat block) : 단단한 목재의 좁은 쪽매를 조합하여 만든 바닥판.

슬럼프(slump) : 생(生)콘크리트(fresh concrete)의 반죽질기와 시공연도의 단위로서 슬럼프 콘을 설치한 후 다져서 콘(slump cone)을 제거한 후 시료(試料)의 수직 침하량을 인치(inch) 또는 센티미터(cm)로 나타냄.

슬럼프시험(−試驗, slump test) : ⇨슬럼프.

슬럼프콘(slump corn) : ①생(生)콘크리트 시료의 슬럼프 시험에 사용되는 형틀. ②형태는 밑이 뚫리고 높이가 305㎜, 하부 지름이 203㎜, 상부 지름이 102㎜ 크기.

슬럼프테스트(slump test) : 갓 비벼낸 생(生)콘크리트에서 채취한 시험용 시료에 대한 슬럼프를 측정하여 시공연도, 반죽질기(workability)를 간단히 측정하는 가장 많이 사용하는 방법.

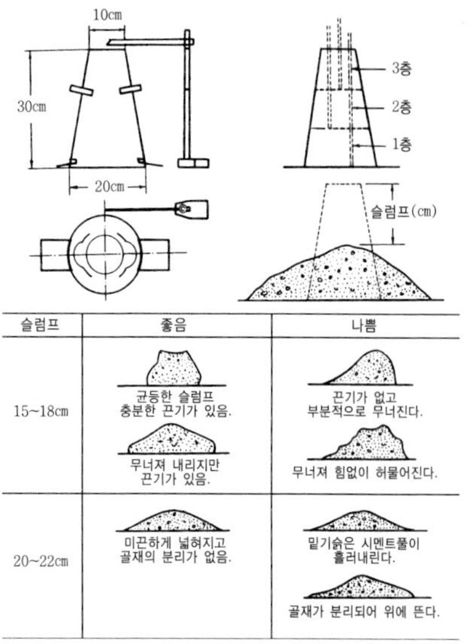

슬럼프 실험

슬레이트(slate) : ①석질의 얇은 판. ②주로 지붕재나 바닥재로 사용. ③천연 슬레이트는 점판암(粘板岩) 또는 층상으로 된 혈암(頁岩)의 얇은 판을 사용. ④점판암은 청흑색이고 혈암은 회흑색. ⑤인조 슬레이트는 석면 시멘트판을 의미.

슬레이트그레이(slate gray) : ①점판암(粘板岩)으로서 석탄으로 쓰이는 슬레이트의 색. ②어두운 회색(dark gray). ③관용색명으로 회파랑. ④먼셀기호 2.5 PB5.0/1.0.

슬레이트기와(slate roof tile) : ①슬레이트로 제작한 기와. ②휨파괴 하중은 90kg 이상, 흡수율은 10% 이하이어야 함.

슬로우서비스공간(−空間, slow service space)

: ①은행의 객장 중 고객업무의 처리소요 시간을 기준으로 분류한 동적 공간(보행·전표기입·하이카운터·로우카운터에서 거래가 이루어지는 곳)의 일종. ②주로 상담·융자 관계를 담당하는 공간으로 출입구에서 떨어져 차분하고 안정된 장소에 위치. 하이카운터에 붙여서 로우카운터를 사용하거나 객장의 일부에 책상이나 응접세트를 마련하여 친근한 분위기를 조성. ③로우카운터는 짧은 독립형 카운터를 사용하여 타인에 대해 프라이버시가 보장될 수 있을 정도로 간격을 두고 고객과 1 : 1의 대응이 가능한 형식이 바람직함. ④⇨객장.

슬루스밸브(sluice valve) : ⇨게이트밸브(=).

슬리브(sleeve) : 축(軸) 등에 끼워 넣는 가늘고 긴 철물로 된 통형(筒形) 부품.

슬리브배관(sleeve pipe, –配管) : 바닥이나 벽을 관통하는 배관을 하는 경우 관을 교체 또는 수리할 경우 편리할 뿐만 아니라 관의 신축에도 무리가 생기지 않도록 하기 위해 콘크리트를 칠 때 미리 철판으로 만든 슬리브를 넣고 이 슬리브 속으로 관을 통과시켜 배관하는 것.

슬리브배관

슬리브신축이음(–伸縮–, sleeve flexible joint, sleeve expansion and contraction joint) : ①철근의 맞댄 용접에 의한 직접 이음의 일종. ②종류는 슬리브(sleeve) 압착이음과 캐드웰드(cadweld) 이음(테르밋식 이음)이 있음. ③바닥이나 벽을 관통하는 경우에는 콘크리트를 타설할 때 미리 철관으로 만든 슬리브(sleeve)를 넣고, 이 슬리브 속으로 관을 통과시킨 배관. ④나중에 관을 교체하거나 수리할 경우 편리할 뿐만 아니라 관의 신축에도 무리가 없음.

슬리브압착이음(–壓着–, sleeve pressure joint) : ①철근공사 중 철근이음공법의 하나. ②강재 슬리브를 현장에서 유압잭(jack)으로 압착하여 이음. ③특징은 입장·압축에 대하여 완전한 전달내력을 확보함.

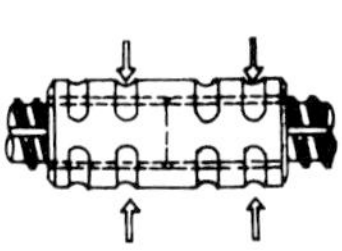
슬리브압착이음

슬리브이음(sleeve joint) : ⇨슬리브신축이음(=).

슬리브충진공법(–充塡工法, sleeve grouting joint method) : 슬리브 구멍을 통하여 에폭시나 모르타르를 철근과 슬리브 사이에 충전하여 이음하는 방법.

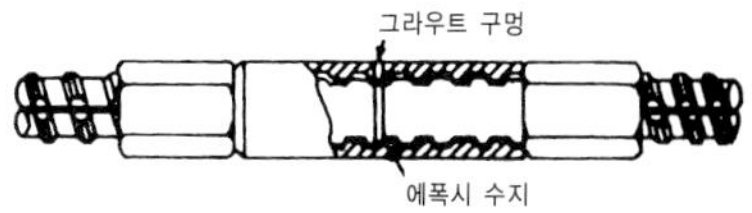

슬리브 충진공법

슬리퍼체어(slipper chair) : ①18~19세기 미국에서 유행했던 바닥에 거의 붙은 좌석을 가진 짧은 다리가 부착된 의자. ②다리의 길이가 300~350㎜ 정도밖에 안 되는 좌판이 낮고 등받이가 높은 작은 의자. ③보통 직물로 커버를 씌워 침실에서 사용됨.

슬리퍼형 발(–型–, slipper foot) : ①발 끝이 슬리퍼 모양으로 뭉뚝한 가구의 발. ②네덜란드식 발(Dutch foot)의 일종.

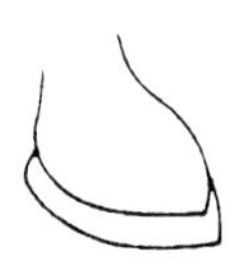
슬리퍼형 발

슬리핑샤이레(sleeping chayles[이]) : 이탈리아 바로크시대에 사용한 톱니바퀴에 의해 등받이가 조절되는 소파베드.

슬리핑체어(sleeping chair) : ①안락의자의 일종으로 등을 기대는 경사를 조절할 수 있는 의자. ②예컨대 리클라이닝 체어(reclining chair)·덱체어(deck chair) 등.

슬림균열(–龜裂, slim crack) : 인성이 큰 재료에 하중을 가만히 여러 번 가했을 때 slip가 생길 뿐이고 균열이 발생치 않으며 균열이 발생하기 전에 약간의 creep가 일어나는 현상.

슬림라인형광등(–螢光燈, slim line flourescent lamp) : ①일반형광 램프보다 가늘고 긴 관형으로 된 형광등. ②주로 상업공간에서 쇼케이스(showcase)나 천장의

ㅅ

후미진 코브(cove) 내부에 설치됨.

슬립거푸집(slip form) : ①슬라이딩 거푸집의 일종으로 단면변화가 있는 구조물의 연속 콘크리트 타설공법. ②건물 콘크리트 공사 중에 콘크리트 타설에 따라 높이 1~1.5m의 상향하는 거푸집을 활동시켜 거푸집을 제거하지 않고 유압을 이용하여 천천히 연속적으로 이동시켜 일체화하여 구조물을 축조하는 거푸집. ③거푸집에 테이프(tape)를 붙이거나 거푸집의 변화 가능한 장치를 부착, 단면의 변화 있는 구조물에 적합. 상승속도는 거푸집 하단부의 노출되는 초기 콘크리트 재령강도에 의해 좌우됨. 작업의 안전성과 시공정밀도를 고려, 상승작업은 주간에만 함. ④특징은 연속사용으로 전용률 높음, 거푸집이 taper(차차 작아짐)져서 올라가면서 직경 또는 단면이 변함, 품질 정밀도 유지가 어려움, 기술축적 미비. ⑤주로 무선탑·급수탑·전망대 등에 적합함.

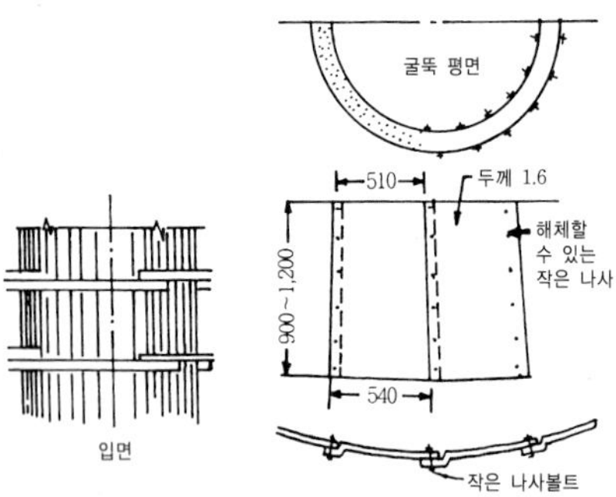

슬립거푸집

슬립매칭(slip matching) : 같은 원목에서 나온 합판을 뒤집지 않고 계속 나열하여 같은 무늬가 반복되도록 배열하는 것.

슬립바(slip bar) : 콘크리트 슬래브(slab)의 팽창줄눈에서 두 슬래브의 수평 유지를 목적으로 슬래브 중심선 방향으로 이동할 수 있도록 삽입한 철근.

슬립이음(slip joint) : ①조적조 벽체 위에 본드 빔(bond beam) 없이 얽혀지는 경우 조적조 상부에 두는 이음. ②온도변화에 대응하고 내력벽의 수평 균열을 제어함.

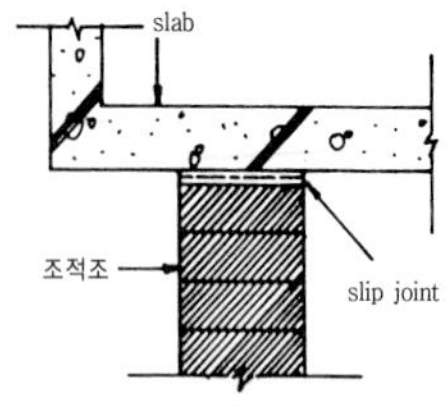

슬립이음

슬립좌판(-坐板, slip seat) : ①의자의 골조에 맞춰 직물이나 케인(cane)으로 제작되어 골조로부터 천이 분리 가능한 좌판. ②천갈이·세탁 등에 유리함.

슬립좌판

슬립커버(slip cover) : ①의자나 소파 등 가구에 사용하는 직물 덮개. ②가구의 표면을 보호하거나 계절이 바뀔 때 변화를 주기 위해 사용.

슬립폼시스템(slip form system) : ⇨슬립거푸집(=).

슬릿공명기(-共鳴器, slit) : ①판 사이를 띄어 붙이거나 리브(rib)를 나란히 부착한 것. ②종류는 유한(有限)길이 슬릿과 무한(無限)길이 슬릿이 있음.

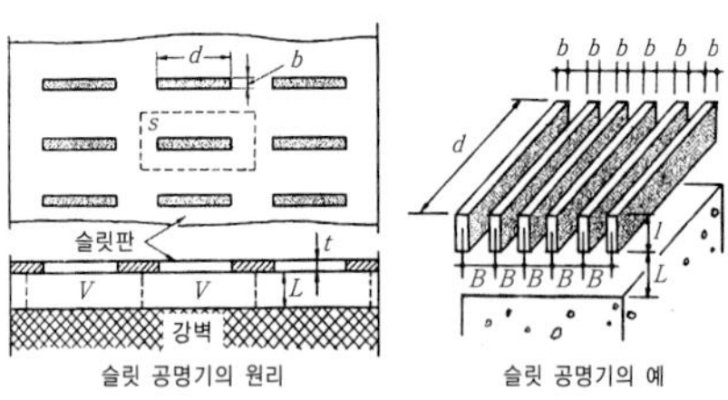

슬릿 공명기

습공기(濕空氣, moist air, humid air) : ①수증기를 함유한 공기. ②건공기(⇔).

습공기선도(濕空氣線圖, psychrometric chart) : ①전압(全壓)이 일정한 습공기의 상태를 나타내는 여러 가지 특성치 간의 관계를 나타내는 그림. ②보통은 공기의 전압이 760㎜Hg인 경우에 대해 표시됨. ③습도를 표시하는 여러 변수들 간의 관계를 다수의 조합된 그래프로 나타낸 것. ④아스만 통풍식 건습구 온도계에 의해 건구온도와 습구온도를 측정하였을 경우에 습구온도와 건구온도·습구온도의 차이로부터 상대습도를 산출할 수 있는 환산표를 나타낸 것.

습구온도(濕球溫度, wet bulb temperature, wet bulb thermometer ; WBGT) : ①건구온도계의 감온부를 물에 적신 거즈로 덮어 둘러싼 것. ②습구온도계로 작성한 온도로 습구의 기류가 약 5m/sec 이상이면 단열포화온도와 같아짐. ③해링턴(M. Harrington)은 습도가 기온의 효과를 합친 습구온도를 '느낌 온도'라고 하여 체감온도를 나타냄. ④일반적으로 습구온도가 25℃를 넘으면 권태감을 느끼고 27℃ 이상이 되면 고통을 느낌.

습기(濕氣, moist) : ①공기 중에 포함된 수증기의 양. ②공기 속 또는 재료 속에 기체(수증기)나 액체(물)의 형태로 존재하는 수분.

습기관류(濕氣貫流) : ⇨투습(=).

습도(濕度, humidity) : ①대기 중에 포함된 수증기의 양. ②온열환경에 미치는 습도는 주로 상대습도로 표시. ③보통 기상관계에서는 상대습도나 용적단위의 절대습도를 말하며, 환경관계에서는 절대습도를 말함. ④상대습도와 온도는 서로 밀접한 관계가 있으므로 동일한 장소에서 동일한 시각에 파악되어야 함. ⑤실내습도의 측정은 정밀도가 높고 사용하기 간편한 아스만 통풍식 건습구온도계를 사용. ⑥환경권고 실내습도 기준은 40~70%.

습도조절기(濕度調節器, humidistat) : 실내 공기의 수분을 측정하고 조절해 주는데 사용되는 기구.

습류(濕流, vapour flow) : ①벽체 중에서 습기가 고습압(高濕壓)에서 저습압(底濕壓)으로 이동하는 것. ②습기의 흐름.

습식(濕蝕, wet corrosion) : ①물이 존재하는 환경에서 일어나는 금속의 부식. ②전해질을 포함하는 수용액의 전해액에 금속을 담그면 금속과 전해액과의 표면에 국부전지가 형성되고 금속 표면에서 금속이온이 용출되어 진행되는 부식. ③건식(⇔).

습식구조(濕式構造, wet construction) : ①물을 사용하는 공정을 가진 구조. ②콘크리트구조나 조적조·시멘트 미장과 같이 물을 사용해야 하는 구조. ③특징은 자유로운 형태와 긴밀한 구조체를 얻을 수 있으나 겨울공사는 곤란함. ④건식구조(⇔).

습식스프링클러(濕式-, wet sprinkler) : ①화재 시에 자동적으로 열린 스프링클러 헤드를 통해서 즉각적이고 연속적으로 물을 방출하기 위해 충분한 압력의 물로 채워진 스프링클러 시스템. ②습식 파이프시스템(=).

습식조인트(濕式-, wet joint) : ①물을 사용하는 조인트. 외부로 면하는 수평 조인트는 빗물 등의 누수를 방지하기 위하여 습식 조인트로 하는 것이 일반적임. ②건식 조인트(⇔).

습식파이프시스템(濕式-, wet pipe system) : ⇨습식 스프링클러(=).

습압(濕壓, vapour pressure) : 벽체의 각 점이 보유한 수증기 장력 또는 흡습상태에 있는 재료가 보유하는 수증기압.

습윤상태(濕潤狀態, wet condition) : ①골재 입자의 내부에 물이 채워져 있고, 표면에도 물이 부착되어 있는 상태. ②일반적으로 밀실(密實)한 석질(石質)의 흡수율은 낮음. ③콘크리트 배합에서는 골재의 표면건조상태를 기준으로 하므로 절건상태·기건상태의 골재는 비빔시 물의 일부를 흡수하고, 한편 골재의 표면수는 비빔시 단위수량의 일부로 생각할 수 있음. ④표면수량은 골재 알의 표면에 묻어있는 수량으로서 일반적으로 표면건조포화상태에 대한 시료중량(試料重量)의 백분율로 나타냄. ⑤모래의 표면수량을 측정하는 방법으로는 피크노메타법·전기저항법·화학반응법·중성자법 등이 있음.

각종 골재의 흡수량(%)

골재의 종별	잔골재	굵은골재
보통골재	1~6	0.5~4.0
인공경량골재(조립형)	4~11	2~9
인공경량골재(비조립형)	7~14	6~11
천연경량골재	7~35	15~50

ㅅ

보통골재의 흡수량

골재의 구분	재료에 관한 시방의 등급	흡수량(%)
굵은 골재	1급 2급 3급	2.0 이하 3.0 이하 4.0 이하
잔 골 재	1급 2급 3급	3.0 이하 3.5 이하 4.0 이하

습윤양생(濕潤養生) : 습윤상태로 유지하여 콘크리트 중의 수분이 급격히 증발하지 않도록 하는 양생방법으로 습윤상태의 유지는 수중(水中)·습사(濕砂)·분무(噴霧)·살수(撒水) 등의 방법으로 함.

습윤통기관(濕潤通氣管, wet vent pipe) : 통기와 배수의 역할을 함께 하는 통기관.

습작용온도(濕作用溫度, HOT ; Humid Operative Temperature) : ①작용온도에 습도의 영향을 가미한 체감지표 온도. ②이것은 어떤 기온·주변평균 복사온도·습도가 있는 실에 있어서 인체가 받는 열량과 동일한 수열을 하는 습도 100%에 있어서의 기온과 평균 복사온도를 같게 한 실의 온도.

습한 공기(濕-空氣, wet air) : ⇨습공기(=).

승강기(昇降機, hoist) : ①일반적으로 승객용 승강기(passenger elevator). ②설치는 연면적이 2,000㎡ 이상으로서 6층 이상인 건축물에는 기준에 따라 승용 승강기를 설치해야 함. 다만, 6층 이상의 층의 거실의 용도에 쓰이는 바닥면적 합계가 300㎡마다 1개소 이상 직통계단을 설치했을 경우에는 승용 승강기를 설치하지 않아도 됨. ㉠외부와 연락할 수 있는 전화를 설치할 것. ㉡예비전원에 의해 가동할 수 있도록 할 것. ㉢정격속도는 60m/min 이상으로 할 것.

승용 승강기 설치기준

용도 \ 거실면적	300㎡ 이하	3,000㎡ 이상
관람집회시설·의료시설·판매시설	2대	(A−3000㎡)/2000㎡+2대
숙박시설·위락시설·업무시설·전시시설	1대	(A−3000㎡)/2000㎡+1대
기 타	1대	(A−3000㎡)/3000㎡+1대

승강로(昇降路, hoistway) : ①엘리베이터의 승강(昇降) 행정(行程)을 위한 수직으로 밀폐된 공간. ②엘리베이터샤프트(=).

승강장(昇降場) : ⇨엘리베이터홀(=).

승객용 엘리베이터(昇客用-, passenger elevator) : ①승객 전용의 엘리베이터. ②⇨화물용 엘리베이터. ③⇨덤웨이터.

승당(僧堂) : ⇨승방(=).

승두 : ⇨초각(=).

승방(僧房) : 부처님의 계율과 선법 및 교법을 닦기 위한 방 또는 건물.

승주조순탁가옥(昇州趙淳卓家屋) : ⇨조순탁가옥(=).

승창 : 두 개의 네모진 틀을 X자로 결합하고 좌판은 가죽이나 캔버스 등을 대어 접었다 폈다 할 수 있게 만든 이동형 간이용 의자.

승화(昇華, sublimation) : 기체가 응고(凝固)하는 현상.

승화공간(昇華空間) : ①건축공간이 위로 흐르면서 그러한 연속된 공간체계에서 궁극적으로 자연 속으로 스며드는 공간. ②사찰에서는 사리탑이 있는 곳. ③서원건축이나 주택건축에서는 사당이 있는 곳.

시각 1)(視角, visual angle, viewing angle) : ①관찰 위치에 있어서 사물이나 세부적으로 접한 것들의 각도. ②눈이 물체의 두 점을 구별해서 볼 경우 두 점의 회전중심에서 나온 각(角). ③보는 물체의 높이에 의해 유지되는 눈에서의 대각(對角)임. ④물체의 표면에서 수정체의 중심을 거쳐 망막에 이르는 직선을 방향선(方向線, drive line)이라 하고, 물체의 양끝에서 시작되는 두 방향선이 수정체의 중심에서 이루는 각을 시각. ⑤빛이 눈에 들어옴으로 인하여 생기는 시지각(視知覺). ⑥종류는 형태각(形態覺, 물체의 형체를 보는 시각), 색각(色覺, 색을 보는 시각), 광각(光覺, 명도를 보는 시각)으로 구분.

시각 2)(時角) : 천구상의 한 점과 하늘의 극을 연결하는 원이 자오선과 이루는 각.

시각감응(視覺反應, visual response) : 사물에 대한 시각적 지각에 의해서 형성된 반응.

시각기호(視覺記號, mark) : ①문자와 숫자 이외의 기호. ②가장 단순한 메시지를 시그널(signal)이라고 하며, 복수의 메시지를 보내는 기호가 사인(sign)임. ③어떤 것의 정신·이상·성격을 종합적으로 상징하는 것이 심벌(symbol). ④이들은 그림문자(photogram)에 속하는 것으로 그림에 의한 커뮤니케이션을 실제 기능으로 볼 수 있음.

시각디자인(視覺-, visual design) : ①시각적인 전달을 목적으로 하는 디자인을 총칭. ②정보의 구성요소를 이용하여 시각화하여 보다 알기 쉽고, 보다 확실하게 전달하는 디자인. ③시각을 중심으로 하는 디자인은 1950년대부터로 시카고 뉴바우하우스의 모홀리-나기와 케페스에 의해 제창.

시각언어(視覺言語, visual language) : ①시각적 표현은 인간심리에 감응을 일으키는 언어가 될 수 있음. 이러한 시각전달 기능을 가지는 언어적 표현 자체를 의미함. 건축·회화·조각 등을 언어의 법칙으로 분해·표현하면 감응을 일으킬 수 있음. ②시각에 호소하고 의사를 소통하는 언어, 즉 시각적 전달 수단. ③근대적 조형예술의 일반개념으로 헝가리 태생의 미국인 디자이너인 케페스(Gyorgy Kepes)가 그의 저서 『시각언어(Language of Visual, 1944)』에서 새로운 조형원리로 이를 처음으로 체계화시켜 주장. ④시각언어의 확립을 위해서는 시각전달 기능과 디자인의 조형성이라는 문제를 포함한 조형언어의 단위와 그 문장 구문법의 원리가 분명하지 않으면 안 된다는 어려운 문제가 남아 있음. ⑤종류는 조형예술·영화·사진·텔레비전 등이 있음.

시각중심축(視覺中心軸, central axis of vision) : 선형 투시도에서 관찰자가 보고 있는 방향을 지시하는 선으로 시선을 말함. 화면(畵面)에 수직(垂直).

시각착시(視覺錯視, visual optical illusion) : 도형이나 색채에 대하여 잘못 보는 착오(錯誤).

시각적 균형(視覺的均衡, optical balance) : ①실내공간에서 시각적으로 감지되는 균형. ②큰 것은 작은 것보다 따뜻하고 밝은 색상은 차갑고, 흐린 색상보다 거칠고, 복잡한 것은 부드럽고, 단순한 것보다 불규칙한 것은 기하학적인 것보다, 또 사선은 수직·수평선보다 시각적 중량감이 큼.

시각적 기본색(視覺的基本色) : ⇨시각적 사원색(=).

시각적 사원색(視覺的四原色) : 빨강·노랑·초록·파랑 등의 색을 원색으로 하는 원색.

시각적 소음(視覺的騷音) : 필요한 시각 정보를 방해하는 불필요하고 방해가 되는 시각적 자극.

시각적 스케일(視覺的-, visual scale) : ①어떤 것이 둘레에 있는 것과 비교되어 나타나는 크기. ②대상의 스케일이란 것에 관계된 것이나 가까이에 있어서 이미 치수를 알고 있는 것이나 그것을 에워싸고 있는 요소를 근거로 한 판단의 것이 많음.

시각적 요소(視覺的要素, visual elements) : 형태의 외관을 이루는 눈에 보이는 특징.

시각적 이해능력(視覺的理解能力, visual literacy) : 사진·그림이나 다른 시각적 이미지를 해석하고 이해하는 능력.

시각적 전달(視覺的傳達, visual communication) : ①문자보다는 그림이나 사진 등의 시각적인 수단에 의해 의사를 전달하는 것. ②그래픽 디자인(graphic design)·텔레비전·영화 등.

시각적 질감(視覺的質感, visual texture) : ①시각적으로 파악되는 질감. ②손으로는 느낄 수 없으나 눈으로 볼 수 있는 질감. ③색이나 명도의 조합 정도나 관계에서 나타나는 표면의 외견상 질감. ④모든 실내공간은 시각적 질감에 의해 그 윤곽과 인상이 형성됨. ⑤질감이 거칠수록 빛을 흡수하여 무겁고 안정된 시각적 느낌을 주며, 표면이 매끄러우면 빛을 많이 반사하므로 가볍고 환한 느낌을 줌.

시각적 초점(視覺的焦點, focal point) : ①실내에서 시선을 집중시키는 강조점. ②예컨대 벽난로·가구·그림 등.

시각적 판매계획(視覺的販賣計劃, visual merchandising) : ①시각적으로 상품의 이미지를 부각시키고 타 상품과 차별을 유도함으로써 판매를 촉진시키는 방법. ②시각적으로 돋보이는 장소와 방법을 광고에 이용하여 그 효과를 상승시킴.

시각척도(視覺尺度, visual scale) : 크기를 알고 있거나 추측할 수 있는 다른 요소나 부분들의 관계를 통해서 나타낼 수 있는 건물 요소의 크기 및 비례.

시각피로(視覺疲勞, visual fatigue) : ①막연한 눈 피로의 지각증세를 지니며 일정한 휴식을 취하면 회복되는 상태. ②휴식을 취해도 회복을 기대할 수 없는 경우에는 안정피로라는 용어를 사용한다는 설이 있으나 두 가지를 명확히 구별하는 경계는 없음. ③시각피로와 안정피로는 넓은 의미로는 같이 생각할 수 있음. ④시각피로(≒).

ㅅ

시간거리(時間距離) : 트립(trip)에 요구되는 시간.

시간견적(時間見積) : 네트워크 공정표 용어의 하나로 작업의 소요시간을 계산·견적하는 것.

시간경영(時間經營) : ①업무를 가장 효율적으로 추진할 수 있는 시간에 그 업무를 수행하게 함으로써 업무의 능률을 향상시키는 기법. ②특징 ; ㉠업무별 효율적인 운영을 위한 시간대 파악. ㉡주요 업무의 시간대별 분리 편성. ㉢출퇴근 시간을 업무진행의 효율성에 따라 조정. ㉣잉여시간 이용의 극대화. ㉤대기시간의 극소화.

시간마케팅(時間-, Time Marketing) : 가격이나 품질뿐만 아니라 고객의 시간을 아껴줌으로써 판매촉진에 기여한다는 전략.

시간분할제(時間分割制, Work Sharing) : ①근로시간을 단축하고 단축된 시간만큼 임금을 삭감해 고용을 유지하자는 것. ②이는 하나의 직무를 둘 이상의 파트타임 업무로 나누는 일감나누기(잡 셰어링)와는 구별되는 방식임. ③예컨대, 근로자의 10%를 해고하는 대신 근로시간과 임금을 10% 줄여 일시적으로 발생한 유휴 노동력의 해고를 막는 것으로, 유럽에서 주로 채택해왔음.

시간연구(時間硏究, Time Study) : ①표준시간을 기준으로 생산활동을 조직적으로 관리하기 위한 연구. ②과학적 관리법의 시조인 프레데릭 윈슬로 테일러(1856~1915)가 하루의 공정한 작업량을 설정하기 위해 공장의 현장작업에 처음으로 스톱워치(stop watch)를 이용한 것이 시간연구의 시초임. ③표준시간 설정은 표준적인 작업방법, 작업조건 설정이 전제돼야 하는데 이것은 동작연구에 의해 이뤄짐. ④초기에 시간연구와 동작연구는 별개로 진행됐으나 곧 '동작·시간연구' 또는 '작업연구'라는 이름으로 통합됐음. ⑤시간연구는 첫째, 작업상 불필요한 시간을 찾아내 작업을 개선하고 둘째, 노동자의 작업을 시간의 흐름에 좇아 기본적인 요소동작으로 분해·관측함으로써 그 작업에 필요한 적정시간을 설정하려는 것임. ⑥시간연구는 결과적으로 노동자의 노동강도를 강화하는 데 이바지함으로써 시간연구와 과학적 관리법의 채택을 포함한 '기업합리화'의 추진으로 세계 각국 노동계급의 반발을 불러일으켰음.

시간예술(時間藝術, time art) : ①광의로는 시간적 발전을 지니는 범위에 속하는 예술. ②협의로는 실제적 공간성이 결여되어 있는 것(음악·문예 등).

시간제 급여(時間制給與, hourly wage) : ①실내 디자이너가 일하는 시간 비율로 지급되는 보수. ②미국인의 경우 주급으로 주간 근무일(5일)과 주간 근무시간(40시간)으로 정산.

시간지연(時間遲延, time leg ; ϕ) : ①시간의 지체하는 동안. ②지체시간(단위 ; 초·분·시간). ③자동제어계의 과도응답에서는 입력신호의 변화에 대하여 출력신호가 시간적으로 늦어지는 현상. ④열용량이 0인 벽체 내에서 발생하는 열류의 피크(peak)에 대하여 주어진 구조체에서 일어나는 피크의 지연시간. ⑤벽체에 흡수되는 열량은 time-lag효과를 가져오게 되는데, time·lag의 크기는 건물 외피의 열용량에 좌우되며, 구성재료의 밀도와 질량이 증가할수록 time-lag는 길어짐. ⑥⇨타임래그.

시감각도곡선(視感覺度曲線) : 빛의 밝기 감각은 파장에 따라 다르지만 여러 종류의 파장에 대해 시감역치(視感閾值)를 조사하고 그 역수를 시감각도로서 양자의 관계를 나타낸 것.

시감도(視感度, luminous efficiency) : ①어느 파장(波長)의 광속(光速)과 그에 대응(對應)하는 방사속(放射束)과의 비(比). ②파장마다 느끼는 빛의 밝기 정도를 에너지량 1W당의 광속으로 나타낸 것. ③똑같은 에너지를 가진 각 파장의 단색광에 의해 생기는 밝기의 감각. ④빛에너지가 클수록 밝기를 느끼나 추상체와 간상체는 파장에 따라 빛에 대한 감도가 차이남. ⑤눈은 밝은 곳에서 시작업을 할 때 색을 느끼거나 사물의 모양을 뚜렷이 분별할 수 있음. 이것은 안구 속의 망막(retina) 위에 있는 시세포 중에서 추상체가 작용하기 때문임. 이와 같이 밝은 상태에서 추상체가 작용하는 상태를 명소시(明所視)라 하고, 어두운 상태에서 간상체(桿狀體)만이 작용하는 상태를 암소시(暗所視)라고 함. 명소시일 때 550㎚의 파장의 빛이 가장 시감도가 높다고 하고 이것을 '최대 시감도'라고 함. 암소시일 때 507㎚의 파장의 빛이 최대 시감도를 나타냄. 최대 시감도를 단위로 하여 각각 파장의 빛의 시감도를 비(比)로 나타냈을 때 이것을 비시감도(relative sensitivity)라고 함. ⑥국제조명위원회(CIE)에서는 비시감도를 정해 이를 표준 시감도라고 함. 눈은 가시스펙트럼 중에서 노랑~초록역(550~560㎚)에 가장 민감하게 반응하고, 진한 파랑과 빨강에서는 시감도가 떨어짐. 따라서 눈은 인접한 적외선이나 자외선 파장에 대해서는 지각하지 못함. 이러한 가장 민감한 파장의 시감도(視感度, sensitivity)를 100으로 하였을 때, 다른 파장의 시감도를 상대적으로 나타낸 곡선을 비시감도곡선(比視感度曲線, luminous efficiency)이라 함.

시거리(視距里, visual distance) : ①대상을 보기에 알맞은 적당한 거리. ②대상물의 전체나 인상을 볼 때는 감상거리라 하고, 부분이나 미세한 것을 볼 때는 관찰거리라고 함. ③전시물과 시거리와의 관계는 전시물이 시선의 중앙에 위치할 때 정시야에 들어올 수 있는 전시물의 높이는 약 2배임. 그리고 정시야 상태에서 전시물을 경사지게 배치하여 최대로 짧은 관람거리는 전시물의 높이와 같거나 높이의 1.2배를 넘지 않도록 함. 정시야 상태에서 전시물의 최상 높이는 시각한계의 범위를 벗어나지 않아야 함.

시계(視界, visual field, field of vision) : ①주어진 방향으로 바라볼 때 보이는 공간의 한계 전부. ②모든 방향으로 훈련되어질 때 인간의 눈에 의해서 모든 분야가 포위되어짐.

시계열분석(時計列分析, time-series analysis) : 과거의 자료를 시간의 변화에 따라 동적으로 분석하여 그 추세나 경향을 찾아내어 미래현상을 예측하는 기법.

시계탑(時計塔, clock tower) : ①하나의 탑에 번호가 매겨진 숫자판과 움직이는 바늘들을 가진 기계장치. ②타워와 같은 구조의 일부와 같이 기간을 측정하거나 나타내는 기구.

시고(視高, eye height) : ①사람이 서있는 상태에서의 수평적인 눈높이. ②보통 1,400~1,600㎜(평균 1,500㎜) 정도. ③눈높이(=).

시공1)(時空, time and space) : 시간과 공간.

시공2)(施工, execution, construction) : ①건조시에 각종 기술을 적용하는 것. ②각종 적합한 성질의 기술을 사용하여 건조작업을 진행하는 것.

시공간예술(時空間藝術) : ①공간적으로 연장하면서 시간적으로 발전하는 것. ②예컨대, 연극·무용·영화 등. ③시공도면(=).

시공도(施工圖) : ⇨시공도면(=).

시공도면(施工圖面, construction drawing, shop drawing) : ①계획안의 디자인·위치·치수 등 요소들의 관계를 정확한 그래픽이나 그림의 형태로 나타낸 계약도서의 부분. ②공사 중 현장에서 작성하는 현장 시공도면. 보통 '숍 드로잉'이라고 함. ③입찰 시 참고로 하거나 도급업자나 기능공이 작업할 때 또는 감독할 때 도움이 되는 건축도면으로 '실시도(working drawing)' 또는 '청사진'이라고도 함. ④실시도면·계약도면(=).

시공도서(施工圖書, construction documents) : 프로젝트(project)의 시공에 관련된 제반사항을 상세하게 규정한 공사도면 및 시방서.

시공도판(施工圖板) : ⇨도행판(=).

시공연도(施工軟度, workability) : ①반죽질기에 의한 작업의 난이도 및 재료분리에 저항하는 정도를 나타내는 굳지 않은 콘크리트의 성질. ②생(生)콘크리트나 모르타르를 거푸집에 타설·다짐·마무리하기에 용이한 적당한 반죽질기의 정도를 나타냄. 따라서 물의 양이 커지면 묽은 콘크리트가 되어 유동성은 좋아지지만 블리딩(bleeding, 수분상승)이나 레이턴스(laitance, 콘크리트 표면의 엷은 막) 등 재료분리가 생기기 때문에 시공연도가 좋아진다고 할 수 없음. ③시공연도 ; ㉠양호한 골재의 입도분포. ㉡적당한 물시멘트비. ㉢시멘트 분말도. ㉣구형인 골재의 형상. ㉤적당한 공기량. ㉥조골재 최대치수의 최소. ㉦혼합작업의 정도. ㉧혼합 후 경과시간 등에 따라 좌우됨. 그 밖에 사용하는 형틀의 형태, 치수, 철근간격 및 콘크리트 넣은 방법 등에 의해 소요연도가 다름. ④시공연도 측정법 ; ㉠슬럼프 테스트(slump test). ㉡플로어 테스트(flow test). ㉢드롭 테스트(drop test). ㉣리몰딩 테스트(remoulding test). ㉤구의 관입시험. ⑤시공연도 조절법 ; ㉠가수량(加水量)을 높이면 시공연도는 좋아지나 강도는 저하됨. ㉡적절한 혼화제를 사용하면 시공연도 조절이 가능함. ㉢물시멘트비를 일정하게 한 후 시멘트 품질이 좋은 것을 많이 쓰고 입대(粒大)가 작고 입도(粒度)가 적절한 골재를 세조비(細粗比)가 알맞게 조절하여 강도를 증가시키면서 시공연도를 개량할 수 있음. ⑥워커빌리티(=).

시공이음(施工-, construction joint) : ①콘크리트의 부어넣기 작업에 있어서 일시에 연속하지 못하는 위치(벽과 바닥판 또는 큰 바닥판의 중간부분 등)에 두는 이음. ②연속하여 배치된 콘크리트 사이의 이음. ③'시공줄눈'이라고도 함.

시공자(施工者, contractor) : ①주어진 공기와 비용에 준해서 건설 프로젝트에 필요한 작업을 수행하고 필요한 자재를 공급할 것을 계약한 개인 또는 단체. ②도급자·수급자(=).

시공정합(施工整合, job coordination) : 건축생산의 효율화를 위하여 '조합원칙(interface rule)' 등을 바탕으로 각 작업의 주체와 행위 관계 등을 명확하게 분리하고, 전후 작업 상호간의 유기적인 관계를 조정하는 역할 등을 담당함.

시공줄눈(施工-, troweled joint, construction joint) : ①흙손으로 여분을 제거함으로써 마무리하는 모르타르 줄눈. ②시공이음(=).

시그너처시스템(signature system) : 심벌마크와 로고 타입·주소·전화번호를 일정한 포맷(format)으로 조합하여 응용항목인 서식이나 사인 등에 적용할 때 일관성을 유지하도록 하는 시스템.

시그널(signal) : ①가장 단순한 메시지를 전달하는 시각기호(mark). ②예컨대 교통표지에서처럼 '서행하시오'라든가 '멈추세요'라고 즉시 이해할 수 없으면 곤란한 기호

등. ③⇨시각기호.

시그널레드(signal red) : ①원색에 가까운 빨강. ②표준적인 빨강. ③교통신호의 색에서 유래된 비교적 새로운(1902) 색 이름. ④관용색명으로 해맑은 빨강(vivid red). ⑤먼셀기호 4.0R4.5/14.0.

시그니눔(signinum[그]) : 풍화된 화강석질의 흙으로 가용성 산을 포함한 석회와 혼합하여 경화.

시그램빌딩(Seagram building) : 미스 반 데어로에(1886~1969)와 필립 존슨(1906~)이 설계한 건물로 뉴욕시 파크가(街)에 위치(1956년 착공, 1958년 준공). 전면은 유리로 된 커튼 월로 덮고 내부는 기둥을 주변에만 남기고, 또 계단 등 설비 부분은 중앙 후방에, 사무공간은 기둥이 없는 유니버설 공간으로 만듦.

시그마(sigma[그]) : ①고대 로마 주택의 식사실(트리클리리움)에서 사용하던 6~8명이 함께 앉는 반원형 카우치. ②프랑스 제국시대의 시그마는 만찬시 원형 테이블이나 초승달형의 멘사 루나타(mensa lunata)에 6~8명이 둘러앉도록 개발됨.

시(C)급 화재(-級火災, class C fire) : ①전기가 흐르는 전기장치가 포함된 화재. ②비전도 소화매체가 필요함.

시나고그(synagogue[그]) : ①유대인들이 예배나 집회에 사용했던 장소. ②그리스어로 '집회'를 의미하는 말에서 유래. ③유태인들의 예배나 종교적 교육을 위한 집합공간이나 건물인 유태교회당으로 예배를 위한 건물. ④1층은 남성, 2층은 여성용 공간으로 구분되며 벽화나 모자이크가 장식된 것도 있음.

시나몬(cinnamon) : ①시나몬은 계수나무의 껍질로서 그 색이름이 되었음. ②적색기의 연한 갈색(light reddish brown). ③먼셀기호 10R5.5/6.0.

시냅스(synapse) : ⇨신경세포.

시너(thinner) : ①도료를 칠할 때 작업성을 좋게 하기 위하여 묽게 할 때 사용하는 용제(溶劑). ②보통 1 : 1 비율로 혼합. 칠한 뒤에 도장용구(用具)를 씻는데 사용하기도 함.

시네마테크(Cinematheque[프]) : ①상업성이 없다는 이유로 기존 극장이 외면하는 문제작이나 예술영화·단편영화·다큐멘터리 등을 상영, 고급 영화팬들의 갈증을 해소해주고 영화인에게 새로운 영화관을 제시하는 영화운동의 거점을 말함. ②프랑스에서 '시네마테크프랑세즈'를 모태로 비상업적·비제도권의 영화연구운동으로 출발, 이후 기존의 영화서술방식을 뒤집어버린 '누벨바그'라는 영화사의 혁명적인 발전을 가져왔음. ③국내에서는 비디오 문화가 일반화하기 시작한 1980년대부터 대학생층을 중심으로 관심이 고조, '영화사랑', '영화공간', '영상자료원', '인켈아트홀' 등이 시네마테크로 자리잡고 있음. ④실험영화극장(=).

시누아즈리(chinoiserie[프], sheen-wa-zree[프]) : ①17세기 초 이래 유럽에서 공예와 건축에 유행한 복잡한 패턴과 중국식 모티프의 광범위한 사용이 특징인 장식양식. 중국미술에 영향을 받아 중국식으로 제작된 가구·직물·벽지·장식품 등. ②프랑스 루이 15세 때와 18세기 영국 스타일에서 특히 유행한 중국형·중국풍의 장식 모티프. ③특히 18세기에는 영국·프랑스·독일·이탈리아에서 성행하였으며, 중국의 모티프만 아니라 동양의 건축장식과 공예품을 모방한 것. ④시누아즈리 모티프의

시누아즈리

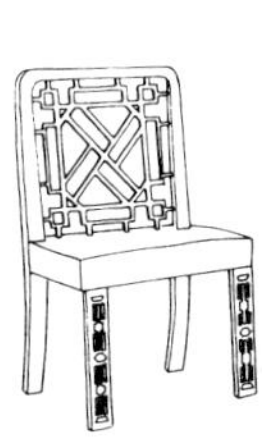

치펜데일의 중국풍 의자

ㅅ

특징은 곡선의 아름다움과 애시메트리(asymmetry)의 우아함은 로코코 양식에도 영향을 미쳤음. ⑤건물에서는 챔버즈(W. Chambers : 1723~96)가 설계한 런던의 큐 가든(kew gardens)에 세워진 파고다가 있고, 가구에 응용된 것은 중국풍 치펜데일(Chippendale)이 있음. ⑥중국 장식용 장신구의 프랑스식 명칭.

시누아즈리체어(chinoiserie chair[프]) : 디자이너들 간 아이디어 교환으로 치펜데일 고딕양식 디자인을 변형한 프랑스의 의자(1780).

시대색계(時代色界, period color scheme) : 빅토리아시대, 프랑스제국 시대, 초기 아메리카시대 등과 같이 어떤 역사적 기간에 국한하여 특징을 이루고 있는 색채 배합.

시대적 가구(時代的家具, period furniture) : ①특정 시대의 양식을 모방하여 제작한 가구. ②그 시대와 똑같을 필요는 없지만 적어도 스케일·디테일·모티프는 같아야 함.

ㅅ

시대적 방(時代的房, period room) : ①벽·바닥·천장과 가구 및 장식품이 지나간 한 시대의 양식으로 처리된 방. ②보통 박물관(영국 빅토리아 앨버트 박물관 등)에 전시되거나 호텔 등에 많이 적용됨.

시더(cedar, Pinus koraiensis S. et Z [학]) : ①Thuja(측백나무과)·Juniperus(향나무과)·Chamaecyparis(편백과)에 포함된 여러 수종에 대한 영어권 사람들이 부르는 일반명. ②종류는 화이트 시더(white cedar) 레드 시더(red cedar) 인센스 시더(incense cedar), 옐로 시더(yellow cedar) 미국향나무(aromatic orford cedar), 미국편백(aromatic cedar) 등 다양함. ③북양잣나무(=).

시딩(seeding) : 저장 중 도료 내에 작은 결정이 무수히 발생하며 도장시 좁쌀 같은 것이 생기는 현상.

시력(視力, eyesight, eye strength) : ①사물의 형태를 자세히 식별·구별하여 판별하는 생리적 능력이나 척도. ②눈이 작은 물건이나 세밀한 부분을 식별할 수 있는 눈의 해상력(解像力). ③밝기와 대상의 대비(contrast)에 의해 좌우됨. ④밝으면 시력은 향상되고 어두우면 시력이 저하. 따라서 순간적으로 사물을 인식해야 하는 경우와 섬세한 일을 하는 경우에는 충분한 밝기를 유지해야 함. ⑤정보의 공간적 미세분포를 검출하는 능력을 총칭하는 용어. ⑥두 개의 선 또는 두 개의 점을 명확히 지각할 수 있는 최소간격 또는 기호의 형태와 형상을 확인하고 보는 대상의 가장 세밀한 부분을 식별하는 능력. 따라서 두 개의 점을 서로 두 개로서 식별할 수 없고, 한 개의 점으로 밖에 지각하지 못함. 만약 정상적인 눈은 적절한 조명상태에서 1분의 각인 α(1/60도)에서 두 지점을 식별할 수 있으며, 이의 역수 $1/\alpha$은 시력(1/1분=1)을 나타냄. ⑦시력측정 방법에는 란돌트환(-環, landolt ring)을 사용함. 직경 7.5㎜, 굵기 및 단면 1.5㎜의 란돌트환을 5m 거리에서 보면 환의 단면을 이루는 시각은 1분이므로 이 란돌트환의 단면이 5m의 시거리에서 겨우 식별되면 그 시력은 1.0, 만약 5m 거리에서 두 배 크기의 란돌트환 단면이 식별되지 않으면 그 시력을 0.5. ⑧시야의 주변에 있어서의 시야를 '중심시력'이라 하고 시야의 주변에 있어서의 시야를 '주변시력'이라고 함. ⑨명순응에서는 주변시력이 중심시력에 비해 현저히 작고 시야 중심에서 선명하게 볼 수 있는 것은 시각으로 1도 정도. ⑩시력은 눈의 간상체 세포나 추상체의 세포수, 황반에서부터의 거리와 밀접한 관계가 있음. ⑪특히 원추세포의 수반·황반(黃班)에서부터의 거리와 밀접한 관계가 있음. ⑫황반에는 원추체 밖에 없으므로 명시에서 분해능력이 가장 뛰어나고 암시에서는 가장 떨어짐. ⑬종류는 자극상태에 따라 최소시인역(最小是認域 ; 지각할 수 있는 자극의 최소 크기), 최소분리역(最小分離域 : 2점 또는 2선을 분리하여 분간할 수 있는 능력), 최소식별역

(最小識別域 ; 직선의 차이를 검출하는 능력), 최소인식역(最小認識域 : 도형이나 문자의 형상을 판독할 수 있는 최소의 크기)으로 구분. ⑭시력에는 유척시력(遊尺視力)·최소인식 시력(最小認識視力)·입체 시력(立體視力)·동시력(動視力) 등이 있음. ⑮ 란돌트환(시거리 5m에서 시력 0.5일 때)(=).

시리아식 아치(-式-, syrian arch) : 고전적인 전면부에서 두 원기둥의 중앙 위에 올려진 아치형의 엔태블러처(entablature).

시리아식 아치

시리즈디스플레이(series display) : 여러 윈도(window)들이 연결된 것으로 공통된 상품의 주제를 전시하는 것.

시링크스(syrinx) : 고대 이집트 무덤의 좁게 바위를 깎아 만든 복도.

시마루바(Simaruba, Simarouba amara Aubl [학]) : ①과테말라에서 파나마까지의 중앙아메리카와 콜롬비아·베네수엘라·브라질·가이아나까지 남아메리카에 널리 분포. ②심재는 흰빛이나 누런빛을 띤 백색이고 변재는 담황색. 목리는 통직하고 나무갗은 곱거나 거칠음. 기건비중 0.40 전후, 수축률은 방사방향 2.7~3.5%, 접선방향 6.6~10.8%, 횡인장강도 14.7~18.5kg/㎠, 전단강도 38~58kg/㎠임. 내구성은 보통이고 가공은 용이하나 로터리절삭은 예리한 칼을 사용하여야 하며, 마무리는 양호함. 건조는 용이하나 비틀림이나 갈라짐(할렬)이 일어남. ③주로 내장·가구·합판 등에 사용.

시먹 : 바탕 그림을 먹으로 그리는 것.

시메트리(symmetry) : ⇨심메트리·균형·좌우대칭·균제(=).

시멘다인(cemendam) : 목재 콘크리트 바탕 등에 시트류를 접착시키는 접착제의 일종.

시멘타이트(cementite) : ①철과 탄소의 화합물. ②0.68%의 탄소를 함유하며 상당히 단단하고 취성(脆性)이 있으나 전연성(展延性)이 없으며 담금질 효과도 없음. ③산(酸)에 잘 부식되지 않으며 브리넬경도(brinell hardness)는 약 600·인장강도는 약 3.5kg/㎟ 이하·연신율 10%.

시멘트(cement) : ①표면의 부착에 따라 물질과 물질을 결합할 수 있는 접착제(adhesive). ②양회(洋灰)라고도 함. ③제조는 석회질 원료와 점토질 원료를 적당한 비율로 충분히 혼합하고, 그 일부가 용융할 때까지 소성하여 얻은 클링커(clinker)에 적당량(30%) 이하의 석고를 가하고 분쇄하여 만듦. ④원료의 배합은 석회석과 점토의 비율을 4 : 1로 함. ⑤원료의 엄밀한 조합·고온에서 굽는 조건 및 미세한 분말로 만드는 것이 질 좋은 시멘트 제조의 가장 중요한 3가지 조건. ⑥이 용어는 콘크리트를 대신하여 종종 오용(誤用)되기도 함. ⑦점토와 석회석의 소성혼합물을 잘게 분쇄한 것으로 콘크리트와 모르타르 재료로 사용.

시멘트강도(-强度) : ①시멘트가 경화하는 힘의 대소를 나타내는 것. ②시멘트 품질의 대표적인 특성치로 시멘트의 화합물 조성, 첨가석고량 및 분말도와 단위수량에 따라 결정됨. ③시멘트강도는 시멘트의 조성·물시멘트비·재령 및 양생조건에 등에 따라 다름. ④시멘트풀(cement paste)의 강도는 모세관공극(毛細管空隙, capillary porosity)의 양과 내부에 차지하는 고체부분의 양에 따라 좌우됨.

시멘트기와(cement roofing tile) : ①시멘트와 모래를 주원료로 하여 압착·성형하여 만든 기와. ②착색제 또는 방수제를 첨가하여 착색과 방수효과를 얻음. ③휨 파괴하중은 80kg 이상, 흡수율은 12% 이하로서 심한 균열이나 비틀림 또는 굽힘이 없는 것이 좋음.

시멘트모르타르(cement mortar) : ①고결재인 시멘트에 모래를 혼합하여 물반죽하여 쓰는 재료. 내구성·강도성이 우수하여 가장 많이 사용되는 재료. ②일반적으로 모르타르 바름이란 시멘트모르타르 바름

ㅅ

을 말함. ③시멘트모르타르에 사용되는 시멘트는 보통 포틀랜드시멘트·고로시멘트·실리카시멘트·백색포틀랜드시멘트가 사용되며 모래는 깨끗하고 유기질 물이나 기타 유해한 흙·먼지 등이 함유되지 않는 양질의 것을 사용. ④모래는 초벌·재벌용으로 굵은 모래(5㎜체에 100% 통과, 0.15㎜체에 100% 이하 통과)를 사용하고 정벌용은 가는 모래(2.5㎜체에 100% 통과, 0.15㎜체에 100% 통과)를 사용하여 만듦. ⑤시멘트모르타르는 시멘트·모래 이외에 혼화재로서 돌가루 플라이 애시(fly ash), 규산백토, 돌로마이트 플라스터(dolomite plaster), 소석회 등 무기물의 혼화재와 각종 합성수지계 혼화재를 사용.

시멘트벽돌(cement brick) : ①시멘트와 모래를 배합하여 가압·성형한 후 양생한 벽돌. ②벽체가 많은 건축물의 조적재로 널리 사용. ③품질은 눈에 띄는 비틀림, 해로운 균열 또는 흠이 없는 것이어야 하고 압축강도는 80kg/㎠ 이상이어야 함. ④압축강도는 2시간 이상 수중보양을 하고 시험기에 걸어 매초 2kg/㎠의 속도로 가압하여 붕괴될 때까지의 압력을 파괴하중으로 함. ⑤크기는 장려형(일반형)은 길이×너비(폭)×높이 190×90×57㎜. ⑥종류는 형상 및 치수에 따라 A형 무공 시멘트벽돌(기존형), B형 무공 시멘트벽돌(표준형), C형 유공 시멘트벽돌(2개의 지름 50㎜의 공동을 가진 벽돌)이 있음.

$$압축강도(F_c) = \frac{파괴하중(P)}{전가압면적(A)}(kg/cm^2)$$

시멘트 벽돌의 치수 및 허용차(단위 : ㎜)

종류	치수			허용차
	길 이	나 비	두 께	
A형	210	100	60	+3 −2
B형	190	90	57	
C형	190	90	90	

시멘트분말도(−粉末度) : ⇨분말도(=).

시멘트비중(−比重) : 보통 포틀랜드시멘트인 경우 3.05~3.15 정도이고 풍화된 시멘트, 소성이 부족한 시멘트, 혼화제가 포함된 시멘트는 비중이 감소·저하되고 성분 중에 SiO_2 Fe_2O_3 많이 포함된 시멘트는 비중이 큼. 알루미나나 석회가 많은 것은 비중이 낮으며 고로 시멘트 1㎥ 2.85 이상. 실리카 시멘트는 2.75 이상으로 규정. 시멘트의 무게는 1,200~2,000kg, 보통 1,500kg (40kg ; 37.5포)으로 봄.

시멘트액체방수(−液體防水) : ①방수제를 모르타르와 혼합하여 시공하는 방수로 콘크리트 면에 바르는 것. ②지붕보다는 지하실 등 습기가 많은 곳에 적당함. ③특징 ; ㉠시공이 용이함. ㉡건조와 관계없이 시공가능함. ㉢경제적이며, 보수가 용이함. ㉣방수층이 갈라지기 쉬움. ㉤신축성이 없음. ㉤기상영향을 많이 받음. ㉥다소 비쌈. ㉦보수비는 쌈. ㉧방수층 끝마무리는 확실하게 할 수 있고 간단함. ㉨국부적으로 보수할 수 있음. ㉩바탕 바름은 필요 없음.

시멘트응결 · 경화(−凝結·硬化) : ⇨응결·경화.

시멘트저장(−貯藏) : ⇨시멘트 저장시 유의사항.

시멘트 저장시 유의사항(−貯藏時 留意事項) : ①시멘트는 대기 중에서 풍화되므로 공사에 지장이 없는 한 저장기간을 짧게 하고 저장창고의 방습에 주의를 해야 함. ②시멘트를 창고에 저장하면 풍화에 의하여 압축강도가 1개월에 약 5%씩 감소됨. 특히 조강포틀랜드시멘트는 분말도가 높아 더욱 풍화되기 쉬움. ③시멘트 저장은 수화작용과 풍화작용이 일어나지 않도록 다음과 같은 사항에 대하여 주의를 요함. ㉠저장은 바닥에서 30㎝ 이상 높게 하고 통풍이 되지 않게, 즉 기밀하게 함. ㉡습기방지를 위해 방습 처리함. 즉 방습적인 구조로 된 사일로(silo) 또는 창고에 종류별로 구분하여 저장함. ㉢창고 주변에 배수 도랑을 설치하고 누수침입을 방지함. ㉣공기의 유통을 막기 위해 출입, 채광 이외에는 개구부를 설치하지 않음. ㉤출구와 입구는 별도로 설치하여 먼저 반입한 것부터 사용함. ㉥단기 저장시 13

포, 장기 저장시 7포 이상 쌓지 말아야 함. ㉦3개월 이상 저장된 시멘트는 재시험한 후 사용해야 함. ㉧검사나 반출에 용이하도록 적재함. ㉨조금이라도 굳은 시멘트는 사용하지 않음. 또 이와 같은 불합격품은 발견한 즉시 다른 것과 섞이지 않도록 구분하여 저장하거나 장외로 반출함.

시멘트판(-板, cement board) : ①시멘트를 주성분으로 하는 판류의 총칭. ②특징은 ㉠비교적 가볍고 방화성능이 있음. ㉡단열성·흡음성이 있음. ㉢부식이 없고 충해를 받지 않음. ㉣가공이 쉽고 모르타르와의 부착성이 우수함. ㉤치수의 정밀도가 낮고 흡수로 인한 신축성이 큼. ㉥두께가 고르지 않고 마무리재로는 결함이 있음.

시멘트페이스트(cement paste) : ①시멘트에 물을 혼합한 것을 의미하며, 시멘트에 잔골재인 모래를 혼합한 것을 모르타르(mortar)라고 함. ②콘크리트나 모르타르 속에서 골재 입자들의 상호 결합·응결하여 피막을 형성하여 둘러싸 채우게 되는 접착제 역할을 하는 시멘트의 혼합물. ③시멘트풀(=).

시멘트풍화(-風化) : ⇨풍화.

시명료도(視明瞭度, visual acuity) : ⇨명료도(=).

시문(柴門, wicket made of woven brush-wood) : ①나뭇가지로 엮어 만든 문. ②사립짝을 달아서 만든 문. ③사립문(=).

시뮬레이션(simulation) : ①실제로 실행하기 어려운 실험을 간단히 행하는 모의실험. 특히 컴퓨터를 이용한 모의실험을 컴퓨터시뮬레이션이라고 함. ②테스트(test)나 평가를 위해 어떤 것의 유사체나 모형을 만드는 작업. ③흉내내기 또는 가장하기의 뜻을 갖는 용어로서 어떤 시스템이나 상황의 요소들을 수학적 또는 논리적 과정으로 모델화하고 컴퓨터를 이용하여 상태변화에 따른 동적 특성들을 예측하기 위한 모의실험. 이때 동적이라 함은 시간의 경과와 함께 시스템의 상태를 변화시키는 요소의 상태변화에 따라 실험을 반복하는 과정을 말함. 원래는 항공기의 모의조정실험이나 경제현상의 점검, 인간행동 등에 따른 이론 모델을 바탕으로 CAD나 컴퓨터 그래픽을 이용하여 수행하는 데 많이 이용되어 왔으나, 오늘날에는 여러 분야 특히 디자인 분야에서 디자이너의 구상과 만들어질 것의 아이덴티티, 만들어진 것과 사용자와의 관계에 있어서 최적화, 작업효과의 경제성 등에 대한 점검을 위하여 불가결한 수단이 되었음. ④⇨모의실험(=).

시뮬레이션아트(Simulation Art) : ①광고나 사진·명화(名畵) 등을 적극적으로 인용하는 '네오지오', '어프로프리에이션아트(盜用美術)' 등을 포함한 현대미술의 한 조류. ②고도자본주의 소비사회에서 카피(copy)는 오리지널을 뛰어넘는 현실성을 갖는다고 파악, '독창성이란 현대에 있어 가능하지 않다'며 물(物)의 재생산에 가치를 둠. ③프랑스의 사상가 장 보드리야르(1929~)의 이론. 예컨대 「상징교환(象徵交換)과 죽음」 같은 것에서 영향받고 있음.

시방서(示方書, specification ; spec) : ①설계자의 의도를 시공자에게 전달하기 위해 설계도에 표현 내지 기입할 수 없는 사항을 별도로 기록한 문서. ②계약의 일부로 요구되는 재료·공법·유의사항·시공 정도(workmanship)·시공용 기계공구 등의 내용을 기술적으로 상세하게 기재·설명한 계약서류의 일부. ③도면과 함께 도급계약의 일부가 되는 법적 서류 및 입찰 기초자료가 되고 디자이너나 설계자의 의도에 따라 재료 및 조립법을 한정하고 제한하는 시공에 대한 서면 설명서. ④시공과정에서 설계도서와 시방서 내용이 상이(相異)할 때 시방서의 내용이 우선하는 것이 관례이므로 시방서 작성에 신중을 기해야 함. ⑤실무에서는 스펙(spec ; specification)이라는 용어가 쓰이고 있음. ⑥종류 ; 표준시방서(공통시방서 또는 일반시방서)와 특기시방서 및 성능시방서,

공법시방서, 공사별 시방서, 부위별 시방서 등으로 구분.

시방서작성자(施方書作成者, specification writer) : 시방서만을 전문적으로 작성하는 업무를 담당하는 사람.

시배분(視配分) : ①한 사람이 주위를 번갈아 가며 두 가지 이상의 일을 돌봐야 하는 상황. ②사람은 한 상황의 여러 국면을 동시에 정확한 주의를 기울일 수는 없음.

시보리엄(ciborium) : ⇨발다키노(=).

시분(-粉) : 단청할 때, 물감을 칠한 뒤 무늬의 윤곽을 분으로 그리는 것.

시브이에스(convenience store ; cvs) : ①식품·잡화·소품 등 다품종·소품 등을 판매하는 프랜차이즈 형태. ②미국의 사우스랜드(South land)·데일리 마트(Daily Mart)와 한국의 패밀리마트(Family Mart)·세븐일레븐(Seven Eleven) 등이 있음.

ㅅ

시사이드호텔(sea side hotel) : ⇨비치호텔(=).

시선(視線, sightline, visual line ; VL) : ①입점(立點, standing point)에서 물체와 시점(視點, eye point)간의 연결선. ②선형 투시도에서 관찰자의 눈으로부터 사물의 여러 점으로 투사된 여러 선들. ③시선에 관련된 디자인 수법에는 비스타(vista) 아이 스톱(eye stop)출구(테)효과·전망대효과·아트리움(atrium) 등이 있음.

시선운동(視線運動, saccadic eye movement) : 폭주(輻輳 ; 두 눈으로 같은 점을 볼 수 있게 하는 작용)의 변화에 따라 두 눈이 한 곳으로 혼란을 일으키지 않고 함께 움직이는 것.

시설계획(施設計劃, facilities planning) : 상업건물 또는 공공시설 건물과 관련된 전문적인 실내디자인의 한 분야.

시설녹지(施設綠地) : 도시계획구역 안에서 도시의 자연경관을 보전하거나 개선하고 공해 및 재해를 방지하여 양호한 도시경관 향상을 도모하고자 지정하는 것.

시세션(secession, Sezession[독]) : ①오스트리아의 아르누보. 비엔나 예술학교에서 탈퇴(secede)한 사람들이 아르누보를 지지하였기 때문에 붙여진 명칭. ②라틴어의 '분리'에서 나온 파생어로 독일어로 분리를 의미함. 따라서 '분리파'라고 함. ③아르누보와 동일하게 발생한 19세기말의 오스트리아 디자인 운동. 19세기말 독일과 오스트리아에서 부흥된 종래의 관료적 아카데미즘(academicism)의 가치관에 반대·분리하여 새롭고 개성적인 창작활동을 한다는 목적으로 젊은 건축가·화가·공예가들에 의해서 창설. 1892년 독일의 뮌헨(München)에서 창설된 뮌헨 분리파(München Sezession), 1897년에는 건축 및 공예의 혁신가들로 구성된 오스트리아의 비엔나 분리파(Vienna Session, 1897) 외에도 1899년의 순수미술 중심의 베를린 분리파(Berlin Sezession)와 다름슈타트 분리파(Darmstat sezession) 등의 신예술운동. 비엔나의 시세션은 자연의 형태를 극도로 단순화시킨 추상적 기하학에 입각한 1897~1998년 금색의 돔형태로 된 시세션관(Maison Secession)을 설계한 건축가 요제프 올브리히(Olblich Maria Joseph : 1867~1908), 비엔나 공방의 창설자 요제프 호프만(Joseph Hoffmann : 1870~1956)의 건축사상을 이어받아 구조·재료에 직접 자연형태의 미를 디자인의 모티프로 하여 창설함. 1930년 호프만 등에 의해 비엔나 공방이 설립되어 공동제작에 의해 기계를 생산수단으로 하는 새로운 공예품가구 등의 제작과 판매가 실시되고 공예계의 주도적인 입장을 확립. 기하학적인 단순한 면구성에 의한 디자인이 비엔나 공방의 주요한 특징이 됨. 건축적으로 시세션은 아르누보처럼 전통적인 양식을 타파하고자 하였으나 장식적인 양식의 문제에 그침. 비엔나의 아돌프 로스(Adolf Loos : 1870~1933)는 장식을 철저히 거부하고 공간을 건축 속에 실제로 적용한 최초의 인물로 슈타이너 저택은 이것을 명쾌하게 나타낸 그의 작품. ④세제션(=).

시속도(視速度) : ①지각 소요시간의 역수(逆數). ②활용된 시표(視標)와 바탕과의 휘도 차이에 의해 규정되는 것이나 차이가 커질수록 시속도는 커짐.

색시표(色視標)와 시속도(視速度)

바탕색	BI				W			
시 표	W	Y	R	G	BI	G	R	Y
시속도	54.9	46.5	20.5	8.9	29.8	26.8	19.5	0

시수(Sissoo, Dalbergia sissoo Roxb[학]) : ①인도·파키스탄 등 인더스 강변과 앗삼 지역간의 암석이 많은 충적토에서 생장. ②변재는 좁고 백색이며, 심재는 황갈색 또는 암갈색에 농갈색 또는 흑갈색의 줄무늬가 있으며 세로로 떨어짐. 목리는 교착하고 색은 일정하며 우아한 느낌이 나고 나무갗은 거칠고 향기가 남. 기건비중 0.80, 수축률은 방사방향 2.9%, 접선방향 5.3%로 적고 강도는 압축강도 618kg/㎠, 휨강도 1,089kg/㎠, 전단강도 132kg/㎠로 강함. 내구성은 높고 건조가 용이하며 도장성과 연삭도 잘 되지만 가공은 불량. 용도는 자단과 같이 사용됨. ③주로 고급 장식·고급가구 등에 사용.

시스타(cista) : ①에트루스칸인이 발명한 보통 동으로 만든 체스트(chest)의 기능과 역할을 한 가구. ②몸체는 4개 동물의 앞발 형태를 한 짧은 발 위에 놓임. ③⇨키보토스.

시스타일(systyle) : ①로마시대의 건축가 비트루비우스(Vitruvius)가 창안한 기둥의 지름을 단위로 하는 기둥 간격 배치방법 중의 하나. ②기둥 간격이 기둥지름의 2배인 것. ③기둥 간격에 약간의 여유가 있음.

시스타일

시스턴(cistern) : ①지하에 만든 인공적인 저수조 혹은 낙수물을 저장하기 위한 탱크. ②18세기 후반 얼음에 술병을 채우기 위해 사용한 와인 쿨러(wine cooler) 혹은 술병선반(cellarette).

시스턴밸브식 하이탱크(-式-) : ①하이탱크식에 시스턴 플러시를 장치한 것으로 결점을 보완한 방식. ②탱크 내에 사이펀관을 달 필요가 없고 탱크에는 볼탭에 의해 일정량의 물에 저수됨. 세정관의 도중, 변기에서부터 위쪽으로 400~500㎜되는 곳에 시스턴 밸브를 접속함. 수위 상승으로 물이 넘쳐흐르는 것을 막기 위해 오버플로 파이프를 장치하게 되어 있음. ③장점 ; ㉠쇠사슬이 끊기거나 레버가 벗겨지는 것은 고장이 없음. ㉡세정 때 소음이 별로 나지 않음. ㉢수동용 쇠사슬이 필요 없음. ㉣탱크 내에 사이펀을 장치할 필요가 없음. ㉤급수관이 가늘어도 됨. ㉥낮은 수압으로도 세정 목적을 달성할 수 있음. ④단점 ; ㉠높은 곳에 설치되어 있으므로 고장시 수리하기가 힘듦. ㉡오버플로 파이프를 따로 설치해야 함.

시스턴식(-式) : ⇨하이탱크식(=).

시스템(體系, system) : ①인간공학의 가장 중심적이고 기본적인 개념으로 조직화된 복합체. ②복수의 구성요소가 유기적으로 관련하여 어떤 기능을 수행하도록 결합된 복합(複合) 내지 단일(單一)로서의 전체를 의미.

시스템가구(-家具, system furniture, systematize furniture) : ①일반적으로는 수납 기능을 시스템화하고, 합리적으로 정리·수납하는 가구. ②다른 요소와 결합시킬 수 있도록 디자인된 가구. ③벽 수납장과 사무실의 워크스테이션(work station)과 관련되어 발전됨. ④모듈화된 가구로서 다양한 배치가 가능하며, 기능에 따라 여러 가지로 조립하고 손쉽게 해체할 수 있으며, 공간성격의 변화에 대한 이동성과 융통성이 큼. ⑤단일공간을 상이한 기능의 공간으로 구획·분할할 수 있어 각 공간별 성격을 차별화시킴. ⑥디자인할 때 규격화·모듈화·편리성·이동 및 조립의 용이성·인간공학성·경제성·유지관리성, 그리고 사용자의 심리적인 면을 고려. ⑦가구와 인간과의 관계, 가구와 건축구체(建築構體)

와의 관계, 가구와 가구와의 관계 등을 종합적으로 고려하여 적합한 치수를 산정한 후 이를 규격화(module化)된 디자인이 되도록 하여 각 단위(單位, unit)가 모여 전체 가구를 형성하는 인간공학적인 것. ⑧가구의 모든 유닛 모듈(unit module)은 설계재료·생산·조립작업에 일괄적으로 적용되면 치수 통일이 우선 이루어져 MC가 이루어짐. ⑨공장에서 대량생산되므로 경제적으로 생산비가 저렴하고, 사용·유지·관리에 편리한 양질이 보장될 수 있음. ⑩칸막이 사용에 의해 시각적 프라이버시 유지가 가능하며 이에 따른 업무의 능률을 기대할 수 있음. ⑪일반적으로 부엌가구·수납가구·사무용 가구에 많이 적용. ⑫시스템 가구의 특징은 「수직공간의 활용」, 즉 파티션이나 패널을 사용하여 수평적인 공간분할과 함께 수직적으로 수납공간의 확대를 도모하고 있다는 점. 따라서 몇 개의 규격화된 단일가구들을 원하는 형태로 조합시킬 수 있고 분해·조립이 용이하며 임의의 공간에 배치이동이 자유로운 가변성이 있는 합리적인 구성이 이루어져야 함. ⑬종류는 종래형(단일품목을 시스템화한 유형)·패널시스템(다른 패널을 조합하여 배선기능을 첨가하여 시스템화한 시킨 유형)·데스크 시스템(작업공간에 필요한 기능을 첨가하여 구성하고 부품을 조립하여 만든 데스크를 기본으로 시스템화한 유형) 및 행잉 타입(hanging type, 파티션과 패널을 상호 연결시켜서 만드는 유형)과 스탠드 타입(stand type, 개별 가구를 상호 조합하여 만드는 유형)으로 구분. 시스템가구의 개념에 충실하기 위해서는 행잉 타입이 적합. 그러나 제품형태의 다량성 부족과 해체분해, 이동조립의 불편함, 그리고 인식 부족 등으로 인해 폭넓게 보급되고 있지 않음. ⑭시스템가구는 다음과 같은 특성을 수용할 수 있어야 함. ㉠작업내용에 맞추어 책상·의자·수납가구, 기타 필요한 액세서리 등의 기구를 통합 또는 분리할 수 있어야 함. ㉡조직과 사무 등 업무의 형태나 체재변화에 대응하여 시스템으로서의 발전성이 있어야 함. ㉢레이아웃이 용이해야 함. ㉣OA기기나 전화, 조명 등이 요구하는 배선과 인터페이스가 유연해야 하며 무리가 따르거나 진부하지 않아야 함. ㉤작업자 개개인의 능력이 충분히 발휘될 수 있도록 안전성과 쾌적성이 확보될 수 있도록 인체공학적인 요소를 고려함. ㉥공간을 유효적절하게 활용하여 작업에 대한 집중도를 높일 수 있어야 함. ㉦동시에 그룹 상호간에 커뮤니케이션이 원활하도록 해야 함. ㉧다양하고 복잡화하여 가는 각종 정보통신기기의 설치와 이용에 편리하도록 설계되어야 함.

사무가구의 구성형태

	기존의 가구	스탠드 타입	행잉 타입
개념	· 평면에 그냥 펼쳐서 놓아두는 형태	· 기존의 평면배치에서 파티션을 사용하여 구획하는 방식	· 파티션 중심의 구획된 영역에 각종 테이블과 수납공간을 확보하는 방식
장점	· 레이아웃 조정 및 이동 재배치시 용이 · 장기간 사용되어오면서 제품이 다양하고 수급이 원활함	· 기존의 개별 가구의 장점과 행잉 타입의 장점을 동시에 살릴 수 있음.	· 파티션의 설치를 통해 수직공간의 활용 가능 · 보온, 방음효과 및 개인의 프라이버시 확보 · OA기기의 각종 테이블 처리가 용이하다.
단점	· 책상 위 공간 활용이 미흡 · 케이블처리가 곤란하여 미관이 나쁘다.	· 개별 가구와 파티션의 이중 사용으로 비용이 많이 든다.	· 제품의 다양성, 호환성이 약하여 이동 재배치시 힘이 많이 든다.

시스템건축(－建築, system architecture) : ①건축에 필요한 모든 방면의 건축기술이 하나의 시스템으로 통합하여 이 시스템으로 기술이 개발되고 시공방법이 체계적으로 되는 것. ②시스템 적용은 모듈에 의한 표준화·조립화에 입각하여 계획. ③시스템건축은 대량생산·대량건설이 가능하고 시간과 경비를 절감할 수 있음.

시스템과학의 적용(－科學－適用, systematic science) : 인간의 행동·의식·공간과의 관계를 하나의 시스템으로 대응시켜 해결해 나가는 것.

시스템디자인(system design) : ①기능적인 체계·조직을 이루는 대상물에 대한 설계로 디자인에 시스템이 적용되면 각각의 많은 구성요소들은 상호 의존적이며 유기적 질서를 유지하면서 동일한 목표를 향해 체계적인 관계를 가짐. ②각 요소들은 서로 독립되고 분리할 수 있어 분해·조립되어 융통성이 큰 계획이 될 수 있음. ③대표적으로 시스템건축·시스템가구·시스템키친·서비스 코어시스템 등이 있음.

시스템수납가구(-收納家具, system receiving furniture) : ①바닥에서 천장까지의 연결된 수납구성요소를 조립한 가구. ②최상부(最上部)에는 꼭 맞도록 주문·제작된 유닛(unit)이 삽입되기도 함. 한쪽이나 양쪽 모두에서 접근 가능한 수납공간으로 칸막이벽으로서의 기능도 있음. ③수납되는 물품의 종류·크기·사용빈도 등을 고려하여 적절한 수납방법으로 적절한 깊이와 높이에 정리·보관될 수 있도록 수납체계를 갖춤. ④특히 높이에 있어 인체치수 및 인간공학이 적용되고 한 유닛은 재료·성격·크기·생산방식을 고려하면 기능적·경제적인 가구가 됨. ⑤일반적으로 수납의 기능을 시스템화하고, 합리적으로 정리·수납하는 가구. ⑥가구 시스템은 보통 오피스의 워크스테이션이나 수납벽을 지칭하는 용어로 발전됨.

시스템욕실(-浴室, system bath room) : ①세면대·욕조·변기를 비롯해 거울·전등·수납장 등을 하나의 통일된 분위기로 디자인한 것. ②시스템 욕실은 전문가들이 디자인해 소비자의 경제 수준에 따라 선택할 수 있는 폭이 넓다는 점이 장점. ③과거에는 욕실이 단순히 몸을 씻고 용변을 해결하는 장소였다면 오늘날은 하루의 피로를 해소하는 나만의 휴식공간으로 자리 잡는 추세. ④최근에는 고급형 주택의 욕조시설에 샤워부스가 필수적으로 첨가되고 있는 실정.

시스템유리(-琉璃, system glass) : ①유리에 특수 홀(hole) 가공을 한 후 볼트로 판유리와 판유리를 고정해주는 'no frame' 시스템(SPG System)으로 시공되며 외벽 시공 시 채광효과는 물론 탁 트인 시야를 만들어 건물의 개방감을 극대화해 주는 유리. ②모든 강화유리는 12㎜ 강화유리를 사용하는 것을 원칙으로 하고 안전성 확보를 위하여 열간 유지시험(heat soak test)을 거친 후 사용. ③파손될 때 파편 비산방지를 위해 비산방지용 필름 부착을 선택사양으로 채택함. ④SPG 시스템은 특수 가공한 볼트를 접시머리 모양으로 가공된 홀에 결합시켜 유리면이 외견상 평탄하며 내부에서 유리(rib glass), 로드 트러스(rod truss), 와이어(wire) 및 스테인리스 파이프(stainless pipe) 등으로 구조물을 지탱하는 최신공법. ⑤주로 아트리움(atrium)·선큰가든(sunken garden)·로비(lobby)·연결통로(walkway)·전시장·유리커튼월(glass curtain wall) 등에 사용.

시스템의자류(-椅子類, system chairs) : ①휴식용이나 작업용 의자류(類)에 시스템 디자인을 적용하여 분해·조립 및 다양한 배치가 가능하며 이동이 쉽고 융통성이 큰 가구. ②시스템 전체 소파를 구성하는 하나의 유닛이 모듈화되어 공간의 성격·크기·기능에 따라 적절한 배치가 가능.

시스템조명(體系照明, system light) : ①조명설비를 공기조절장치 등의 건물설비와 계획적으로 연결하여 시스템화한 것. ②조명기구는 발열되기 때문에 조명계획에 따라서 냉방시설을 보강하거나 공기배출구를 증가시켜야 함.

시스템코디네이션(system coordination) : 휴먼 웨어(human wear) 사상에 기인하여 사람을 중심으로 한 인간과 물품과의 관계를 공간 속에 조직적으로 계획하는 것.

시스템키친(system kitchen) : ①활용할 수 있는 공간을 전부 활용하여 조리작업 행위에 능률적이고 합리적인 기능을 갖춘 질서 있는 공간구성. ②부엌의 작업과 수납을 위한 가구에 시스템 디자인이 적용된 것. ③시스템 디자인이 적용되면 부엌에서의 동작동선·사고방식을 고려하여 각 유닛은 일정한 규격으로 생산되므로 합리적이고 인체공학적인 설계의 부엌 시스템이 됨. ④특징은 주방의 쓸모없는 공간을 최대한 줄일 수 있음. ⑤빌트인(built-in)형 가스대의 배열도 가능. ⑥냉장고·가스대·식기세척기 등의 통일된 디자인을 가짐. ⑦시스템 키친은 싱크대와 요리대를 연속 카운터 안에 넣는 것으로 이음새가 없어야 하며 디자인·색상·소재·크기 등의 측면에서 주방이 다른 주거공간과의 연속성과 통일성을 갖도록 해야 함. ⑧특히 조리대의 이음새는 음식 찌꺼기가 떨어지기 쉽고 부패하거나 바퀴벌레의 먹이가 되기 때문에 청결을 유지해야 함. ⑨이음새 없는 카운터는 표면청소도 쉽고 사용하기가 편리함. ⑩종류는 기성제품과 주문제품으로 구분.

시스템파티션(system partition) : ①수직적인 공간분할을 목적으로 모델이 다른 패널(panel)을 조합하여 다양한 형태 및 크기를 만드는 파티션. ②수납 유닛을 서류 캐비닛이나 서류함·작업이나 회의를 위한 상판을 첨부하기도 함. ③수직적 패널은 독립성이 높은 영역을 갖도록 하지만 필요에 따라 시선의 높이를 고려하여 치수를 조정하면 독립성을 약화 또는 강화시킬 수 있음. ④독립된 작업영역을 구획함으로써 공간의 성격을 명확히 하고, 외부의 시선을 차단하여 프라이버시를 보장하여 업무능률을 향상시킴. ⑤디자인이나 연구개발 등 창의성이 중요시되거나 집중이 요구되는 사무공간에 적합.

시스템퍼니처(system furniture) : ⇨시스템가구(=).

시스템프로세스형(-型, systematic process type) : ①디자인 접근방법 중 디자인의 각 과정별 결과를 순차적, 연속적으로 발전시켜 완성해 나가는 방법. ②신뢰도를 증대시킬 수 있으며, 작가의 경험적 아이디어 외에 인식하지 못한 정보를 창출해 낼 수 있음.

시스티나성당(-聖堂, Capella Sistina) : ①궁전의 가장 뒤에 있으며 이곳은 교황 궐위시 새 교황을 선출할 때 추기경들이 모여 선거하는 곳으로 유명한 곳. ②시스티나 성당은 1475년에서 1483년 사이에 건축됐음. ③1473년 교황 시스투스 4세가 교황의 묘로 조성한 것으로 당시 보티첼리 페르지노 등에 의해 양쪽의 벽이 그려졌고, 그 후 율리우스 2세의 명령에 의해 미켈란젤로가 천창과 나머지 벽화를 그렸음. ④미켈란젤로는 1508년 5월 작업에 착수하여 4년 5개월 동안 정열과 창작력을 총동원하여 1512년 불후의 대작을 완성한 것임. 그가 천장에 그림을 그리기 위해 무리한 자세를 취했기 때문에 무릎에 물이 고이고 등이 굽었다는 유명한 일화에서 화가의 정열을 느낄 수 있음. ⑤15세기에 대리석으로 만든 칸막이가 성당을 두 부분으로 분리시키고 있는데 제대가 있는 쪽은 종교행사를 위해 성직자들만 출입할 수 있고, 다른 한 쪽은 회의 등 행사 때 이용함. 성당의 규모는 길이 40.23m 폭 13.41m 높이 20.73m 임. ⑥벽화 '최후의 심판'이 정면에 있고 그 왼쪽은 '모세의 일생' 오른쪽은 '그리스도의 일생'이 그리스도와 모세의 일생을 주제로 하여 각각 6개의 벽화로 있음. 천정화 '천지창조'는 구약성서의 천지창조 일화를 주제로 '빛과 어둠의 분리'·'해와 달의 창조'·'물과 땅의 분리'·'아담과 이브의 창조'·'원죄와 낙원으로부터 추방'·'노아의 제물'·'노아의 대홍수'·'술 취한 노아' 등 9개의 그림이 있음. 이는 시대를 초월한 미의 극치를 이룬 것이라는 평가를 받음. 미켈란젤로는 천장화 제작 이후 22년 벽화 '최후의 심판'을 그리게 되었음. 중앙에는 마리아와 성인들을 거느린 예수 그리스도가 준엄한 심판을 오른쪽에는 죄인들이 지옥으로 떨어져 감. 그리스도의 발아래 성 바돌로뮤의 모습은 비참함과 고민의 표정을 짓고 있는 그의 자화상이라고 알려져 있음. 최후의 심판은 수많은 등장인물을 통해 인간적 가치와 인간 존엄성을 추구하기 위해서는 역시 그 본연의 대상이 인간이어야 한다는 르네상스 정신과 통한다고 평가하고 있음. 원래 천지창조는 완전 나체로 그려져 있었으나 이 그림의 나체들은 후임 교황 비오 4세의 명으로 다니엘레 다 본테라가 손질하여 나체를 가렸음. 이 때문에 다니엘레 다 본테라는 '기저귀 화가'란 별명을 얻었다고 함. 근래 천장화 '천지창조' 보수 때 원상태로 복원작업이 이루어졌음.

시아무아즈(siamoise[이]) : ⇨테트아테트(=).

시아이(CI ; Corporate Identity) : ①기업 이미지 통합. ②일반적으로 기업의 동일성을 확립하고, 새로운 이미지나 커뮤니케이션 시스템을 의도적으로 계획하여 만들어내는 경영전략의 하나. 기업의 특성을 외부로 표현하는 '기업 이미지의 통일화'를 의미. ③주로 시각적인 방법에 의존한다는 점에서 비주얼 코퍼리트 아이덴티티(visual corporate identity)라고 함. ④상품을 구입하는 데서부터 직장을 고르는 경우에 이르기까지 기업, 소비자, 취직자 등은 그 기업의 이미지에 따라 선택판단을 내리게 되는 경우가 많음. ⑤각 기업은 명칭에서부터 종업원의 복장에 이르기까지 통일된 이미지를 주는, 즉 같은 회사의 제품이라는 것을 식별할 수 있도록 해주는 기업활동과 전략을 수립함. 이를 CI라고 하는데 본격적으로 도입된 것은 1980년대에 들어와서부터임. ⑥종류는 VI(Visual Identity;시각이미지통일). BI(Behavioral Identity;행동양식 통일). MI(Mind Identity; 심리 통일) 등이 있음. ⑦이와 같은 경영전략은 1950년대 미국의 IBM사에서 회사 마크나 쇼룸의 실내 디자인에서 봉투·편지지에 이르기까지 모든 아이템(item)이 통일적인 이미지로 디자인되어 대단한 성공을 이룩한 후 1960년 이후 세계 각국에서 성행하기 시작.

시아이색도(-色圖) : ⇨시아이이 표준표색계(=).

시아이에이엠(CIAM : Congrès International de l'Architecture Moderne) : ①1928년 세계 1차대전 후의 주택문제를 해결하기 위한 건축과 도시계획 등 각국 공통의 커다란 문제를 앞에 두고 국제적인 교류는 국제적 연관기관인 근대건축국제회의(CIAM)를 결성하게 됨. ②1928년 6월 스위스 라 살라의 섬에서 엘레느 두 만드로 부인의 후원으로 발족. ③회의 의제는 모두 근대건축이나 도시계획상 중요한 과제(1회)를 다룸. 그 후 주택의 최소면적(2회)·배치의 합리적 방법(3회)·기계적 도시(4회, 아테네헌장 발표)·건축의 공업화(5회) 등. ④특히 독일에서는 1920년대부터 공영집합주택의 건설이 시작되어 에른스트 마이(Ernst May : 1886~1970)·브루노 타우트(Bruno Taut : 1880~1938)·그로피우스(Walter Gropius : 1883~1969) 등이 활약하여 많은 훌륭한 작품을 남김. ⑤1959년 오테르로의 회의를 끝으로 막을 내렸음. ⑥이 회의를 준비한 젊은 건축가(A & P. 스미슨, J. B. 바케마, G. 캔디리스, E. 로저스 등)들이 CIAM를 대신할 새로운 운동을 전개하기 위해 결성한 그룹인 팀 텐(Team 10)이 설립.

시아이이(CIE) : 조명의 예술·과학·기술을 위한 정의, 기준과 방법론을 개발하기 위한 국제조명위원회. Commission Internationale de L'Eclairage의 약어.

시아이이표준표색계(-表準表色系, CIE standard color-metric system) : ①1931년 국제조명위원회(C. I. E)에서 스펙트럼의 3가지 자극치 $\overline{X^{\lambda}} \cdot \overline{Y^{\lambda}} \cdot \overline{Z^{\lambda}}$를 근거로 하여 만든 표색계를 XYZ표색계라고 하는데, 이것을 CIE의 표준표색계로 채택. ②이 표색계에 사용한 3가지 자극치 중에서 $\overline{Y^{\lambda}}$의 값은 표준시감도 V^{λ}와 같음.

ㅅ

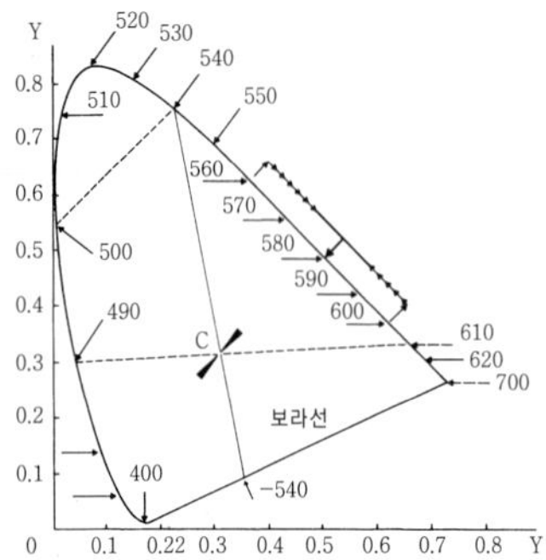

CIE 색도도

시안(cyan) : ①그리스어의 어둠·검정(kyanos)에서 유래된 말 시안은 시아닌(cyanine) 계로서 약간의 녹색기미를 띤 청색. ②감법혼색의 원색의 하나. ③관용색명으로 녹색 띤 파랑. ④먼셀기호 5B4/8.5.

시안블루(cyan blue) : ⇨시안(=).

시야(視野, visual field) : ①머리나 눈을 움직이지 않고 고정시켜 볼 수 있는 범위. ②한 점(點)을 주시하는 경우 그 주시점을 중심으로 보이는 범위. ③시야는 평면적이나 실제로는 원근(遠近)을 감지할 수 있는 입체적인 것. ④보통 수직시야가 140° 수평시야는 한쪽 눈인 경우 150°, 양 눈으로 볼 때 180°라고 함. 눈높이를 기준으로 서서 일하는 경우에는 10° 이내, 앉아서 일하는 경우 15°가 좋으며, 최소 30° 이내가 일반적임. ⑤한 점을 주시하여 시축(視軸)을 고정하였을 때 보이는 외계의 범위를 말하며, 한쪽 눈으로는 바깥쪽에 약 100°로부터 안쪽으로 약 60°까지 보임. ⑥일반적으로 눈과 머리를 움직이지 않고 고정시켜 볼 수 있는 범위를 말하며 정시야(靜視野)라고 함. 시선방향에서 상향 60°, 하향 70°, 수평 180°의 범위를 감지할 수 있음. 그러나 아주 작은 물체를 감각하는 부분은 시선과 거의 평행한 극히 작은 각도(2° 이내)에서 이루어짐. ⑦인간의 두 눈에 의한 최대 시야의 각은 188°. ⑧시야는 백색, 청색, 황색, 적색, 녹색의 순으로 넓어짐. ⑨분류는 주시야(수평시야·수직시야) 및 정시야·동시야로 구분. ⑩정시야(=).

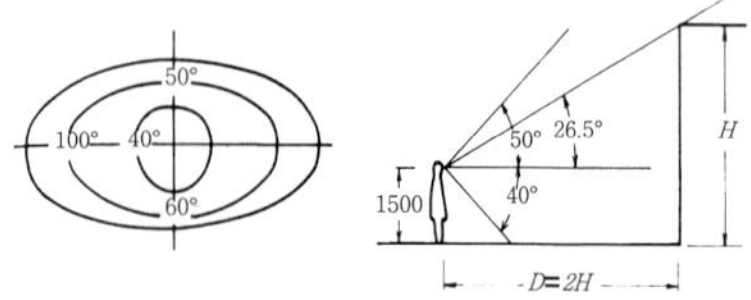

시야의 넓이

시야계수(視野係數, visual field coefficient) : 전체 시야 중에서 대상부분의 면적비율이 클 때에는 시야 중의 분할이 작으므로 대비도를 작게 하는 것이 좋고, 시야 면적비가 작을 때에는 분할도가 높으므로 명도차를 크게 하는 것이 적당함.

시어스터드(shear stud) : ①철제 보의 상부 플랜지에 용접된 철못. '전단보강 못'이라고도 함. ②콘크리트 슬래브에 묻히게 되면 빔과 콘크리트를 구조적으로 일체화시킴.

시어커넥터(shear connector) : ①철골과 콘크리트를 일체화시키기 위하여 설치하는 철물. ②부재를 접합하여 일체화로 할 때 접합부에 생기는 전단력에 대항하기 위해 배치되는 접합기구.

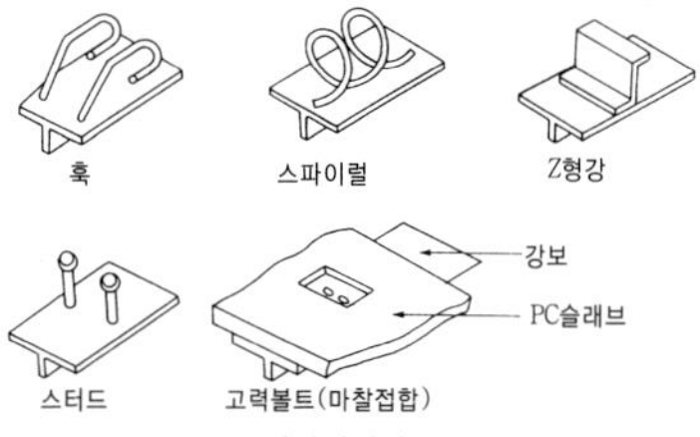

시어커넥터

시어터레스토랑(theater restaurant) : 공연·연주 등을 관람하면서 식사를 할 수 있는 식당.

시어플레이트(shear plate) : ①둥근 판으로 된 팀버 커넥터(timber connector). ②전성(展性)이 있는 금속으로 만들며, 접합면의 홈 속에 삽입해 목재면과 같은 높이로 만들고 한 개의 볼트로 고정시킴. ③주로 해체가 가능한 목재접합 또는 목재와 금속의 접합 등 뒷면끼리 맞닿는 부재에 사용하여 전단저항을 높여줌.

시에나(sienna) : 황토와 비슷한 천연색의 황색 안료.

시에나대성당(-大聖堂, Duomo di Siena, 1226~1380) : ①이탈리아 중부의 시에나에 있는 고딕 초기의 대표적인 대성당. ②신랑(身廊)과 익랑(翼廊)이 3랑식(三廊式)이고, 교차부분에 돔을 얹었음. ③성당 내외의 벽면은 백색과 흑색 대리석의 줄무늬로 장식됨. ④서(西)파사드는 G. 파사노가 설계.

시에나마블(Sienna marble) : 대리석의 일종.

시에나화파(-畵派, Sienese school) : ①중부 이탈리아의 시에나를 중심으로 13세기 말~14세기에 걸쳐 번영한 회화파의 하나. ②특색은 중세풍의 경건성(敬虔性)이 넘치며 몽환적(夢幻的)이고, 정서성(情緖性)이 넘치며 장식적(裝飾的)임.

시에스시에이(CSCA ; Superior Council of Architectural College of Spain) : 1931년 스페인(Spain)의 마드리드(Madrid)에서 발족한 민간독립기관인 인테리어디자이너협회(IFI)와 세계건축가협회(UIA)에 가입한 교육기관.

시엘로값(clo value) : ①착의량(clothing) 단위. ②1clo는 0.155m²℃/W의 열저항값을 갖고 있으며 착의량의 범위는 0clo에서 4clo까지임.

의복의 단열값

clo값	착의상태 *	착석한 상태에서의 일반적인 쾌적온도(℃)
0 clo	나체 : 수영복	29
0.5 clo	얇은 바지와 셔츠 : 얇은 드레스와 블라우스	25
1.0 clo	신사복 : 드레스와 상의	22
2.0 clo	두꺼운 신사복, 코트, 장갑 및 모자	14

* 일반적으로 입는 속옷도 함께 계산되었음

시엘에이에스피(CLASP) : ①Consortium of Local Authorities Special Programme의 약자. ②1957년 영국의 지방교육기관인 한 집단이 조립식 공법을 이용한 학교 건설 시스템을 연구하기 위하여 설립한 지방관헌 특별 프로그램협회. ③D. 깁슨(Gibson)에 의해 노팅엄에서 처음 고안하여 전 지역에 확대된 것으로 저렴한 비용과 노동력 및 대량생산에 의한 현장조립이 가능한 장점이 있음. ④두 번째 협회인 SCOLA는 외부치장 요소들이 시각적으로 혼란스럽게 독단적으로 사용하고, 신중하게 관련된 각 요소들의 유기적 결합에 의한 공간효과를 감소시킨 결과를 초래.

시엠(CM) : ⇨시엠제도(=).

시엠제도(-制度, C.M, Construction Management) : ①건설업의 과정인 사업에 관한 기획·타당성조사·설계·계약·시공관리·유지관리 등에 관한 업무의 전부 또는 일부를 발주처와의 계약을 통하여 수행할 수 있는 건설사업관리제도. ②특징 ; ㉠공기단축 및 품질 확보. ㉡원가 확보 ㉢합리적인 시공 ③역할 ; CM전문회사·종합건설회사·설계전문회사·컨설팅회사 등이 수행함. ③종류 ; ㉠대리인형 C.M.(CM for fee). ㉡시공자형 C.M.(CM at risk). ④계약유형 ; ㉠ACM(Agency CM). ㉡XCM (Extended CM). ㉢OCM(Owner CM). ㉣GMPCM(Guaranteed Maximum Price CM).

시역(始役) : 역사(役事)를 할 계획을 설계하거나 역사를 일으킬 준비를 하는 것.

시오디(COD ; Chemical Oxygen Demand) : ①화학적 산소요구량. ②BOD와 마찬가지로 물의 오염도를 나타내는 기준으로 유기물 등의 오염물질을 산화제로 산화할 때 필요한 산소량으로 나타냄. ③단위는 ppm. 이 숫자가 클수록 수질오염이 심함.

시오아이디(CoID) : ①1944년 영국에서 설립된 새로운 스타일, 즉 현대적 성향을 추구하는 산업디자인협회(Council of Industrial Design)의 약자(略字). ②모든 실질적인 수단을 동원해서 영국의 산업제품의 디자인 개선을 목적으로 설립한 디자인 진흥기관. ③가장 넓은 의미에서 교육적이며, 공업·상업 등 모든 산업 분야에서 최고 수준의 디자인을 요구·수용함으로써 제품의 질을 향상시키는 것을 목적으로 함. ④내구소비재에서 엔지니어링

제품을 포함하여 투자재(投資材)·스트리트 퍼니처(street furniture)·그래픽 디자인·급식용구 및 시설·조립식 농가에 이르기까지 산업디자인 전 분야를 포함. ⑤1942년 런던에 실용가구 전시회가 개최되어 영국 정부는 기능적이고 경제적인 유틸리티 스타일(Utility Style)의 보급을 이 CoID를 통해서 이루어졌으며, 현대양식(Comtemporary Style)을 추구. ⑥CoID는 두 개의 주요한 국가수준의 전시회를 개최(1946년의 "Britain Can make it"과 1951년의 "The Festival of Britain")했으며, CoID에 의해서 디자인 센터(Design Centre)와 스코틀랜드 디자인 센터가 생겼음. ⑦우수한 디자인의 제품을 상설전시(常設展示)함으로써 일반대중·상공업 제조업자·디자이너에게 현재까지 도움이 되고 있음. ⑧대표적인 인물은 고든 러셀 경(Sir Gordon Russell : 1892~1980).

시옷(ㅅ)자보(−字−, principal rafter) : ①양식 지붕틀에서 평보와 함께 트러스의 삼각형을 형성하여 중도리를 받는 경사재. ②지붕 트러스의 한 부분으로 서까래(common rafter)에 있는 중도리를 지지하는 대각선 부재.

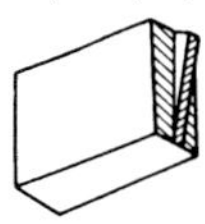
시옷(ㅅ)자보

시왕전(十王殿) : 지장전에 유명계의 시왕을 봉안하기 때문에 붙여진 지장전에 대한 다른 말.

시유(施釉, glazing) : 타일이나 기와 등 소성물(燒成物)의 바탕 표면에 유약을 칠하는 일.

시유와(施油瓦) : ①소소와에 오짓물, 즉 유약을 칠하여 재소성한 기와. ②여러 색으로 착색되고 경질면이 되어 광택이 나고 방수성이 양호해지며 외관이 아름다워 장식재료로 많이 사용됨.

시인거리(是認距離) : ①대상물을 식별할 수 있는 최대 거리로서 대상물의 크기·주변의 밝기·색채·마감 등의 조건, 특히 옥외의 경우 날씨, 공기의 오염상태 등에 따라 차이가 있음. ②멀리 있는 사람을 인식할 수 있는 한계는 약 1.2㎞이지만 표정을 알 수 있는 것은 수 10m 이내임. 벽타일의 눈금도 어느 정도 떨어지면 보이지 않음. 특히 외벽에 많이 사용되고 있는 5㎝각의 모자이크 타일의 눈금은 조그만 떨어져도 도장한 벽과 동일하게 보임. ③극장의 객석 시인거리(안길이)는 A(≒15m) : 표정·섬세한 동작을 알 수 있는 한도. B(≒22m) : 제1차 허용한도(일반극장·국악·신극·실내악 등의 한도). C(≒38m) : 제2차 허용한도(일반적인 동작이 보이는 범위 : 현대연극·발레·그랜드 오페라·뮤지컬 등). ④문자의 시인거리에 관해 도로에서의 시인거리 L=400h, 알파벳은 L=800h. 여기서 L은 시인거리, h는 문자의 높이. 그러나 표지와 안내판 등의 문자는 이보다 훨씬 크지 않으면 인식하기가 힘듦. 도로의 안내표지판 문자의 기준은 설계속도 70㎞/h 이상일 때 30㎝각으로 상당히 크게 함. 고속도로에서는 이보다 더욱 크게 함.

시인성(視認性, visibility) : ①대상의 존재를 얼마나 알아보기 쉬운가 하는 정도. ②색 자체를 식별하는 성질. ③본다는 것을 시각적 관점에 본 성질 중 하나. ④배경색이 큰 영향을 미침. ⑤주목성(=)·판독성(≒).

시자형 소용돌이장식(−形−裝飾, C−croll) : ①S자형 소용돌이 장식과 함께 많이 사용된 장식 모티프로 C자나 C자를 변형시킨 형태의 장식 모티프. ②C자의 양끝은 말려 들어갔으며 바로크·로코코·앤 여왕·치펜데일 가구의 다리나 다리 버팀대에 주로 사용.

시작업(視作業, visual task) : 보는 것이 주된 작업. 예컨대 독서·글쓰기·타이핑 등.

시적(詩的) : 어떤 디자인이 감정을 불러일으키거나 일으킬 수 있다는 생각 및 시각적 유추.

시전(市廛, government−constructed market ; permanent markets, markets streets) : 조선시대, 종로를 중심으로 한 도로변에 있었던 점포, 관청에서 상인에게 임대 준

것으로, 특정상품에 대한 독립 판매권을 가지는 대신 관청에 필요한 물품을 바쳐야 할 의무를 짐.

시점(視點, eye point, diagonal point ; EP) : ①눈이 공간적·지각적으로 멈추는 위치·높이 등.⇨사선소실점. ②물체를 보는 사람의 눈 위치.⇨주시점.

시지(CG ; computer graphic) : ⇨컴퓨터그래픽스·캐드(=).

시지각(視知覺, visual perception) : ①빛이 눈에 입사할 때 뇌에 의해 느끼는 현상. ②외부 자극에 반응하는 시각적 구조에 의한 깨달음.

시차(視差, parallax) : ⇨패럴랙스(=).

시카고구조(-構造, Chicago skeleton) : 시카고파가 창안한 철골구조.

시카고디자인연구소(-研究所, Chicago Institute of Design) : ①바우하우스의 이념과 교육방법을 계승하여 미국에서 시작한 디자인 학교. ②1937년에 모홀리-나기를 지도자로 하여 창설한 뉴 바우하우스가 1939년 스쿨 오브 디자인으로 재건되고, 다시 1944년에 디자인 연구소로 명칭을 바꾼 것. 1949년에 일리노이 공과대학과 병합.

시카고바우하우스(Chicago Bauhaus) : ⇨시카고디자인연구소(=).

시카고창(-窓, Chicago window) : ①사무소 건물에 나타난 대규모의 수평창을 가진 격자형 입면으로 표현된 간결하고 당당한 형태의 창. ②이러한 창은 벽체 면적을 줄이고 건축 상세를 단순화시키는 방식으로 구성.

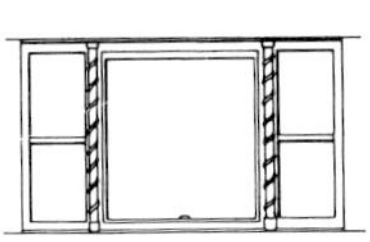
시카고창

시카고학파(-學派, Chicago school) : ①1871년 이후 1910년까지 미국 시카고를 중심으로 양식주의 건축에 대항하여 근대건축의 창설적 역할을 담당한 미국 건축가 집단. ②고층건물의 중요한 기술적 혁신과 근대적 상업건축 디자인의 개발로 유명. ③루이스 설리반이 대표적인 인물이며 초기의 아르누보 장식을 억제하고 웨인라이트 빌딩·카슨 피리 스코트 스토어(Carson Pirie & Scott Store) 규란티 빌딩(1899) 등으로 근대적 고층건축의 조형적 표현 발전에 노력함. ④설리반의 제자 프랭크 로이드 라이트는 20세기 초기까지 주택건축 등의 분야에서 우수한 작품들인 윈슬로 저택·히스 저택·쿤레이 저택 등을 계속적으로 발표.

시커모어(sycamore) : ①시리아·이집트에서는 무화과에 속하는 나무를 말하나 미국에서는 플라타너스의 일종을, 영국에서는 단풍나무의 일종을 의미. ②미국산은 잘 휘고, 영국산(産)은 특히 나뭇결이 아름답고 광택이 남. ③18세기부터 영국·프랑스·독일 등지에서 꽃문양의 마키트리(marquetry) 재료로 또는 가구재나 선반가공재(turning)로 사용.

시컨트(secant) : 직각삼각형 빗변의 근접한 변과 주어진 각도에 의한 비율로 규정되어지는 삼각함수.

시케(psyche, si-ke[프]) : ①제국시대에 개발된 쉐발 글라스(cheval glass)로 만든 크고 길이가 긴 거울. ②보통 수직기둥(vertical posts)에 달려 회전.

시퀀스(sequence) : 경관(景觀)의 연속 또는 상황전개 및 장면의 연속.

시트글라스(sheet glass) : ⇨보통판유리(=).

시트록(sheetrock) : ⇨월보드(=).

시트메탈스크루(sheet metal screw) : 철판이나 얇은 판재(板材)를 조이는 데 사용되는 나삿니(thread)이 굵은 나사못.

시트방수(-防水, sheet waterproof) : ①재료상 분류한 방수공법 중 하나. ②시트 방수제를 사용하여 바탕과 접착시키는 방수공법. ③재료는 합성고무계·합성수지계·고무화 아스팔트계 사용. ④아스팔트와 같은 다층방식의 방수법이 아니고, 시트(sheet) 1층으로서 방수효과를 내는 공법. 시공이 빠르고 연료에 의한 아스팔트 용융작업이 필요 없음. 방수층의 접착과 마감을 위해서 적당한 물구배와 패러핏의 치켜올린 부분은 30㎜ 정도로 곡선지게 함. ⑤분류 ; ㉠재료상 합성고무계·합성수지계·고무화 아스팔트계로, ㉡시공법상 노출공법·보호누름공법·단열공법 등으로 구분함.

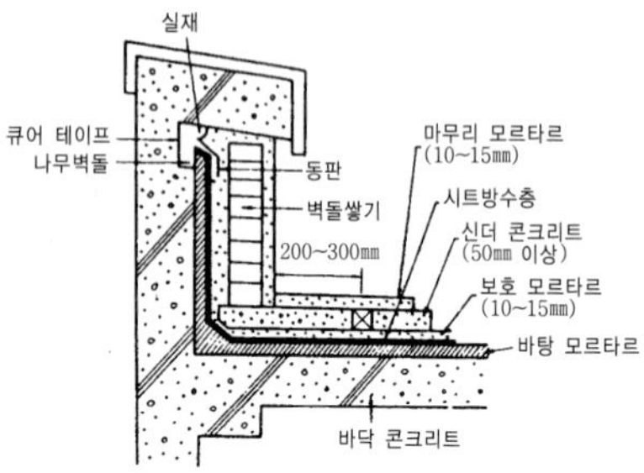

시트방수

시트카스프루스(Sitka Spruce, Picea sitchensis(Bong.) Carr[학]) : ①미국 남부알래스카의 태평양 연안을 따라 남서캘리포니아 지역에 분포. ②변재는 백색 또는 황색, 심재는 담홍황갈색으로 대기 중에 오래 두면 갈색이 진해짐. 연륜은 뚜렷하며 추재는 좁고 춘재는 넓으며 색이 연함. 조직은 비교적 곱고 부드러우며 가벼움. 기건비중은 0.45, 수선(髓線)은 곱고 가도관은 직경이 최대 5.5μ(평균 4.0μ). 수축률은 방사방향 4.3%, 접선방향 7.5%, 용적수축률 11.5%로 약간 적음. 강도는 압축강도 386kg/㎠, 휨강도 710kg/㎠, 전단강도 73kg/㎠로 약함. 거단(鋸斷)·건조·도장성은 양호하며 포삭성(鉋削成)은 보통. ③주로 내장·합판 등에 사용.

시티빌(Cityvil) : ①도시형 주택. ②종래의 일반 아파트가 설계나 시공 등 모든 면에서 입주자의 생활 스타일에 관계없이 획일화된 구조를 갖는 데 반해 시티빌은 입주민의 요구를 최대한 반영해 건설됨.

시티호텔(city hotel) : ①도시의 시가지에 위치한 호텔의 일종으로 투숙객의 단기간 체재 또는 도시의 사교적 집회·연회장에 사용. ②종류는 커머셜 호텔(commercial hotel), 레지덴셜 호텔(residential hotel), 아파트먼트 호텔(apartment hotel), 터미널 호텔(terminal hotel) 등으로 구분.

시팅룸(sitting room) : ①주택에서 가족의 일상생활의 중심이 되는 실로 리빙룸(living room) 또는 드웰링 룸(dwelling room)과 같은 의미. ②도면작성시 거실(living room) 내에 별도의 시팅 룸을 배치하는 경우에는 음료를 마시는 간단한 티 테이블과 의자가 차지하는 다실(茶室)을 의미. ③거실(=).

시팅플랫폼(seating flat forms) : 일반적으로 붙박이 형태로 바닥과 벽에 붙여 만든 크기가 다양한 좌석.

시포(Sipo, Entandrophragma utile Sprague [학]) : ①아프리카에 배수(排水)가 좋은 다우밀림(多雨密林)에 널리 분포. ②심·변재가 구분되며 심재는 아름다운 자색을 띤 도갈색(桃褐色)으로 빛에 의해 다소 농색(濃色)이 됨. 변재는 회도색(灰桃色). 목리는 약간 불규칙하고 교착목리가 정목(柾木)에서 매우 규칙적인 줄을 이룸. 나무갗은 매우 고움. 기건비중 0.55~0.77, 용적수축률은 11.7%로 적음. 강도는 압축강도 457kg/㎠, 휨강도 895kg/㎠, 횡인장강도 14.0kg/㎠로 보통 유연한 재. 건조가 용이하며 엷은 판목재(板目材)는 심하게 휠 위험이 있음. 기계가공은 곤란한 점은 없으며 포삭·도장·접착은 용이하고 염색도 가능하며 내구성은 보통. ③주로 장식·합판·가구·무늬단판 등에 사용.

시포트호텔(sea port hotel) : ①입지특성에 따른 시티 호텔의 일종. ②항구 근처에 위치하며 하버 호텔(harbor hotel)이라고도 함. ③여객선 출입으로 여객과 선언이 이용하기 편리한 호텔.

시폰(chiffon[프]) : ①얇은 거즈(gauge) 같은 실크 천. ②시폰·벨벳(velvet) 같이 가볍고 부드럽게 마감·처리된 천을 묘사하는데 사용되는 용어.

시프레스(cypress) : ①미국 원산의 밝은 갈색의 나무. 너무 약해서 바닥재나 구조재로는 부적당하고 꼬거나 휘는 데는 적당. ②삼목(cedar)과 같이 향기가 나며 내구성이 강한 연목(軟木). ③특히 좀벌레에 강하므로 옷장이나 옷궤용으로 적당. ④영국 튜더시대의 궤(chest)를 제작하는 데 사용.

시피(CP ; critical path) : ⇨크리티컬패스(=).

시피엠(CPM ; Critical Path Method) : ⇨크리티컬패스법(=).

시행세칙(施行細則) : ⇨규칙(=).

시험(試驗, test) : 가능성의 중요한 평가나 실행 또는 결과의 수용이나 포기를 이끌어내는 것과 같은 조건이나 조작에 체계(system)나 과정(process)을 제시하는 것.

시효경화성(時效硬化性) : 두랄루민을 500~510℃ 정도로 가열한 후 물속에서 급랭시키면 매우 연한 상태가 되는데, 이것을 상온에 방치하면 시간이 경과할수록 경화되는 현상.

식기세척기(食器洗滌器, dish washing machine) : 식기를 자동운반장치(conveyer)에 싣고 노즐(nozzle)에 의해 분무상태로 세척수를 통과시킴으로써 세척과 소독을 동시에 하는 기계.

식당(食堂, dining room, restaurant) : ⇨레스토랑(=).

식모벽지(植毛壁紙) : ⇨플로킹벽지(=)·부직포벽지.

식민지가구(植民地家具, colonial furniture) : ①미국의 독립전쟁을 거쳐 건국한 시대(1600년 후반부터 1700년 말까지)의 미국 가구를 총칭. ②광의(廣義)로는 1850년경까지 포함. ③당시 유럽의 영향을 강하게 받은 것이나 서민적이고 실용적이며 거칠게 가공한 토착 색채가 강한 것이 특징.

식민지양식(植民地樣式, colonial style) : ①유럽에서 이민이 시작된 17세기부터 18세기 후반까지 미국이 식민지 상태였던 시기의 가구·건축양식. ②아메리카대륙 발견 후 영국·프랑스·네덜란드·독일 등에서 이주민이 모국의 전통을 지닌 양식을 풍토조건·경제적 제약으로 식민지의 특징을 살려 받아들인 일종의 특징적인 양식. ③미국 식민지시대의 건축을 가리키며, 영국의 고전주의 양식을 간략하게 한 것. ④특징은 명쾌하고 직선적인 형태와 장식적으로 간소하고 견고·유용하며, 소박하게 마무리되어 있는 서민적이라는 점에 있음. ⑤가구로는 로킹 체어(locking chair ; 흔들의자)의 고안이 대표적임.

식별능력(識別能力) : ⇨변별력(=).

식별성(識別性) : ①어떤 것을 다른 것과 구분할 수 있는 정도. ②본다는 것을 시각적 관점에 본 성질 중 하나. ③가시성(=).

식영정(息影亭) : ①전라남도 기념물 제1호, 1560년(명종15)에 서하당(棲霞堂) 김성원이 스승이자 장인인 석천 임억령을 위해 창건, 전남 담양군 남면 지곡리 산 75에 위치. ②정면 2칸, 측면 2칸의 팔작지붕으로 식영정기(息影亭記)를 보면 "…네 귀에 기둥을 세우고 복판을 비웠으며 지붕은 띠풀로 덮고 대발로 날개처럼 차양을 달았다고…"라고 쓴 것으로 보아 구조적으로 중수시(1663년) 방을 두었거나 초가에서 기와로 바꾼 것으로 추정됨. ③북서쪽 각 1칸과 샛기둥을 도리에만 결구하여 반 칸을 더 넓혀 거처가 가능한 온돌방을 둔 점이 특이함. 방을 제외하고는 동귀틀과 장귀틀의 마루를 하고 있으며 귀틀 끝에는 둥근 못이 박혀 있음. 막돌허튼층의 외벌대 기단 위에 덤벙주초를 놓고 두리기둥을 세움. 주두와 소로가 없이 굴도리와 장여에 보아지로 결구되어 이는

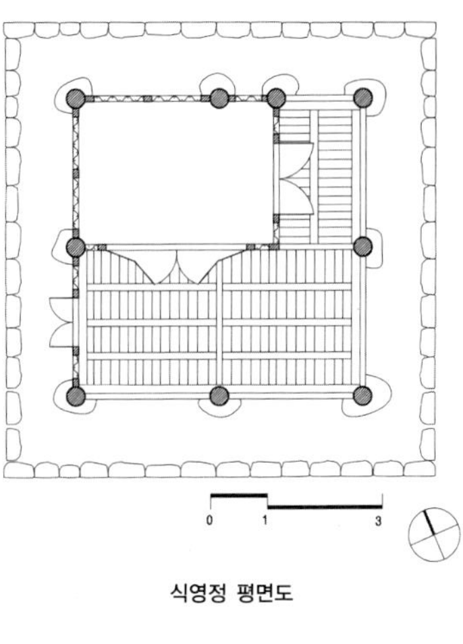

식영정 평면도

ㅅ

평5량가. 천장은 등굽은 충량이 보이는 연등천장과 우물천장을 혼합한 눈썹천장이며 온돌방은 종이반자를 함.

식탁(食卓, dining table) : ①식사용 테이블. ②식사 때 식기를 얹어 놓는 기물로서 판과 다리로 이루어진 가구. ③우리나라의 전통가구 중에는 소반이 이에 해당. ④중세나 르네상스시대에는 주택의 가장 큰 홀에서 사용되며, 많은 사람이 둘러앉기 위해 매우 길고 육중하였으며 식사가 끝나면 치워 놓을 수 있도록 받침대(trestle) 위에 상판을 올려놓는 조립식 형태로 이루어졌음. ⑤17세기 말에 와서야 오늘날과 같은 규모가 됨. ⑥필요에 따라 측판(側板)이나 연장보드(extension board)의 형태가 개발.

식탁의자(dining chair) : ①식사를 하기 위한 의자. ②식탁의 높이와 식사 자체를 고려하여 적절한 좌판의 높이 및 등받이 각도를 지녀야 함. ③등받이 각도는 완만하지 않고 좌판의 쿠션이 너무 좋은 것은 피함. ④'다이닝 체어'라고도 함.

신갈나무(槲, 淸剛木, 小葉神樹, Mongolian oak, Quercus mongolica Fisch.[학]) : ①참나무과로 연륜이 뚜렷하고, 심재는 담갈색, 변재는 담황갈색으로 심·변재의 구분이 뚜렷함. 나무갗은 거칠고, 결이 곧으며 환공재(環孔材)임. 고비중재이고, 수축성은 크며, 흡수성은 보통임. 압축강도·휨강도·전단강도는 강하고, 인장강도는 약하며, 충격 휨 흡수에너지는 보통이고, 경도는 낮음. 제재가공성과 대패가공성은 보통이고, 건조성은 불량하며, 휨 가공성은 양호함. 접착성과 도장성은 양호함. 합판제조적성은 보통이고, 파티클보드 제조적성과 섬유판 제조적성은 불량함. 시멘트경화성은 보통이고, 내후성은 양호함. 목탄제조 및 펄프화적성은 양호함. ②주로 화장단판·가구·건축(건구·내장)·기구·펄프·목탄·버섯재배 등으로 사용함.

신경세포(神經細胞, neuron) : ①축색(軸索, axon)이라고 불리는 긴 돌기부를 가지고 있으며, 이를 통해 다른 신경세포나 근육과 긴밀한 연락을 유지하는 세포. ②연락을 수행하는 분화된 접촉부를 시냅스(synapse)라고 함. ③신경세포와 수상돌기(dendrite)·니슬체(nissl body) 및 신경섬유(neurofibrils)를 합친 것.

신고딕양식(新-様式, Neo Gothic style) : ①18세기 중기~19세기에 걸쳐서 영국을 중심으로 일어난 고딕부흥양식. ②프랑스나 독일에 큰 영향을 줌. ③영국에서는 고딕의 전통이 중세 이후에도 사라지지 않고 남아 있어 18세기 중기에는 픽처레스크(picturesque)와 결합하여 중세풍을 연출하는 취미적인 성격이 강한 것으로 부흥. ④대표적인 작품으로는 힐(Hill)의 스트로베리(Strowberry, 1777)가 있음. ⑤19세기에 와서 신고전주의의 영향을 받은 고딕양식은 기독교의 신앙과 결부되어 독특한 고딕부흥운동이 시작되어 교회뿐만 아니라 역사(驛舍)나 공공건물에도 이 양식이 적용. ⑥대표적인 건축물로는 퓨진(A. W. Pugin ; 1812~52)이 실내디자인을 담당한 영국 국회의사당(1860, London)·스코트(G. G. Scott ; 1814~18)의 세인트 펜크러스 역(1874, London)이 있고 프랑스의 파리 대성당(노트르담 대성당, 12~13세기) 등이 있음.

신고전주의(新古典主義, Neo-Classicism) : ①원래 18세기 후반~19세기 전반에 걸친 유럽·미국 및 유럽의 식민지에서 유행했던 건축양식(고전주의)으로 그리스와 로마의 기둥 및 장식 모티프의 도입과 광범위한 사용·간결하고 엄격한 기하학적 구성에 의한 디테일·얕은 부조(浮彫)를 사용한 입면의 장식처리 등이 특징. ②바로크 및 로코코에 대한 반동으로 18세기 말부터 19세기 전반에 걸쳐 유행한 예술경향. ③고대 그리스와 로마의 고전적 건축과 디자인 원리로 돌아가자는 것에 근본을 두어 발달된 양식. ④신고전주의는 프랑스 혁명 다음 시기의 프랑스 디자인으로 특징지어지는데, 이 양식은 19세기까지 확장되어 디렉트와르(Directoire)와 앙피르(Empire) 양식이 포함. ⑤역사적으로는 18세기 중엽에 행해진 폼페이(Pompeii)와 헤르쿨라네움(Herculaneum)의 발굴이나, 동방여행에 의한 그리스 세계의 발견 등이 계기가 되어 프랑스 대혁명 전후에 이미 뚜렷이 고대적인 것에의 동경이 커다란 흐름으로 존재하고 있었음. 이리하여 이탈리아·그리스·이집트 양식에 대한 연구가 활발하게 전개되고 이들 세 나라의 고전적 원칙에 대한 유럽 각국의 집착이 두드러지고 각 나라 상호간에 양식의 연결이 밀접하게 됨으로써 19세기 이후의 새로운 양식의 탄생을 유도하게 됨. ⑥신고전주의 가구의 특징은 단순하고 기하학적인 형태로 이루어져 있으며 장식은 모두가 고전적인 형태로 고안됨. ⑦신고전주의 미학은 그리스 예술을 깊이 연구한 빙켈만(Johann Joachim Winckelmann ; 1717~68)의 이상미의 이론에 의한 사고방식이 후에 아카데미즘(academism)의 성립을 재촉하게 됨. 프랑스의 로코코양식은 공적이고 사무적인 성격의 양식이라고 할 수 있음. ⑧영국의 신고전주의 양식은 아담(Adam) 형제에 의해서 시작되며, 그 후 토머스 호프(Thomas Hope)에 의해서 엄격한 성격의 양식으로 자리잡게 된 사적이고 개인적인 양식이라고 할 수 있음. 영국의 신고전주의 양식은 ㉠후기 조지안시대(1750~1810) ; 치펜데일(Chippendale), 아담(Adam), 헤플화이트(Hepplewhite), 셰러턴(Sheraton) 등에 의해 가구가 다양하게 제작. ㉡리젠시시대(1810~30) : 신고전주의 전성기, 프랑스 황실의 영향으로 수공업 쇠퇴. ㉢빅토리아여왕시대(1830~1901) : 산업주의 대두, 대량생산이 본격화됨. 저질의 가구가 여러 가지 양식을 혼용하여 대량복제됨. ⑨20세기에 일어난 전체주의적·국수주의적 경향하에 설립된 장중한 건물군(建物群)을 포함. 1982년 이후 포스트모더니즘의 마지막 단계는 전통적 표현을 자유로운 방식으로 변형한 고전주의의 새로운 형태를 주도. 그것은 디자인 어휘로서 과거에 대한 회상을 나타냈고, 표현의 보편적인 수사를 사용하는 것과 마찬가지로 이전의 부활들의 전통적 가설을 공유. 그것은 두 가지 순수주의 양식들임. 즉 고전주의와 근대주의를 결합하며, 새로운 기술과 사회적 관습을 바탕으로 한 새로운 형태들을 첨가. 구성에 관한 이전의 법칙들은 무시된 것이 아니라 범위가 넓어지고 왜곡된 것임. ⑩미국의 신고전주의 가구양식은 영국과 같으나 다만, 셰이커(Shaker)교도의 가구만이 현대의 디자인 측면에서 볼 때 매우 독특한 성격을 띠고 있음. ⑪대표적인 인물로는 제임스 스털링(James Stirling ; 1926~92), 로버트 벤츄리(Robert Benturi : 1925~), 마이클 그레이브스(Michael Graves : 1934~), 찰스 무어(Charles Willard Moore : 1925~1993), 아라타 이소자키(Arata Isozaki : 1931~) 등이 있음.

신고전주의양식(新古典主義樣式, Neo Classicism style) : ①지나친 곡선과 장식으로 특징된 로코코양식에 대한 반동으로 1750년경 프랑스를 선두로 하여 영국·독일·네덜란드 등에 나타난 양식. ②아름다운 비례는 그대로 두고 곡선을 직선으로 대치시켰으며, 로코코양식에서 쓰이지 않던 그리스·로마의 기둥·엔태블러처(entablature) 등의 건축적 모티프를 다시 부활시킨 것으로 기념비적인 비례감에 따라 대칭적으로 배열된 건축물들이었음. ③아치는 사용되지 않았으며, 장식은 평범하고 단순한 기하학적 형태와 부드러운 표면이 사용. 이 디자인은 개개의 기능을 위해 본질적으로 다른 수많은 체적의 집합에 바탕을 둠. ④가구는

신고전주의양식

단순하고 기하학적인 형태로 이루어져 있으며, 장식은 모두 고전적인 형태로 디자인. 프랑스에서는 루이 16세 양식, 영국에서는 아담형제(Adam's brothers)의 디자인을 주로 일컬으며 프랑스 나폴레옹의 제국양식(Empire style)이나 영국의 섭정양식(Regency style)도 이 범주에 넣어 후기 신고전주의 양식으로 분류하기도 함.

신공업기술주의건축(新工業技術主義建築, Neo-Productivism architecture) : ①산업혁명 이후 발달된 공업과 과학기술을 건축에 적극적으로 활용하여 공업기술의 이미지를 과장하는 건축양식으로서 후기현대주의 건축의 가장 대표적인 건축사조. ②이탈리아 미래파와 러시아 구성주의가 20세기초 선구적으로 기능주의적인 기계미학의 가능성을 예시. ③미스(Mies)와 60년대 아키그램(Archigram), 풀러(B. Fuler), 오토(F. Otto), 왁스만(K. Wachsmann) 등의 공업기술 위주의 건축에 영향을 받음. ④공업기술 지상주의(工業技術至上主義), 기계미학(機械美學), 가변성(可變性) 등이 특징. ⑤주요 건축가는 노만 포스터(Norman Foster, 1935~), 리처드 로저스(Richard Rogers, 1933~), 시저 펠리(Cesar Pelli, 1926~), 케빈 로치(Kevin Roche, 1922~), 존 포트만(John Portman, 1924~), 군너 버케트(Gunner Birkert, 1925~), 헬무트 얀(Helmut Jahn, 1940~) 등.

신그리스양식(新-樣式, Neo Greek style) : ①헤르쿨라네움(Herculaneum)과 폼페이(Pompeii)의 발굴에 영향을 받아 가구와 실내장식에 그리스와 로마의 모티프를 사용한 루이 16세 시대에 성행한 양식. ②1860~70년대에 미국에서 성행한 르네상스 부흥양식(renaissance revival style).

신근(伸筋) : 척추동물에 있어서 사지(四枝)를 뻗는 작용을 하는 근육을 총칭.

신기술지정제도(新技術指定制度) : 건설업체가 많은 개발비를 투자하여 신기술이나 신공법을 개발하였을 때 그 새로운 기술이나 공법을 보호하여 주는 제도.

신까베 : ①일본 살림집의 한 가지. ②오까베를 개량한 것. ③기둥이 겉으로 들어나게 한 벽. ④일본 목조 건축의 일반적인 양식.

신너[1](thinner) : ⇨시너(=).

신너[2](shiner) : ①벽돌의 길이방향이 벽면과 나란하게 옆세워 쌓기한 벽돌. ②폭이 넓은 면을 노출시켜 가장 긴 모서리 위에 수평으로 놓는 벽돌쌓기. ③불 스트레처(=)·벽돌공사.

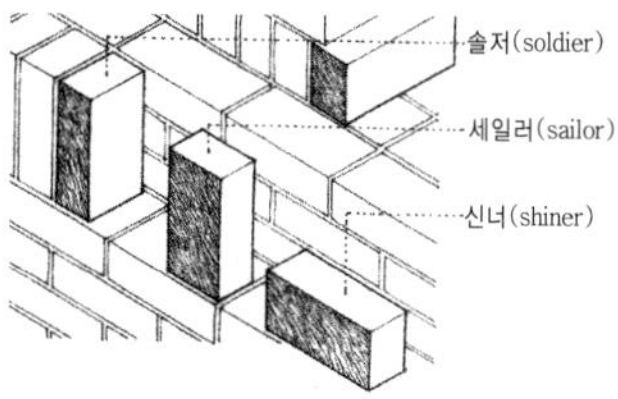

솔저, 세일러, 신너

신더(cinder) : ⇨광재(=).

신더블록(cinder block) : 신더 콘크리트로 만든 건축용 경량조적 단위체.

신더콘크리트(cinder concrete) : ①골재에 석탄재를 혼입하여 만든 경량콘크리트. ②애시콘크리트(=).

신랑(身廊, nave) : ⇨네이브(=).

신뢰도(信賴度), reliability) : ①성공적으로 임무수행을 할 수 있는 확률. ②⇨성능신뢰도(=).

신바로크(新-, Neo-Baroque) : ①바로크양식을 새로운 의욕하에 다시 시작하고자 하는 19세기 후반 유럽예술의 한 경향. ②명료·간소한 형식에 대한 반발로서 윤택, 화려한 바로크양식의 변화로 동적 요소가 다시 세력을 떨치게 되었음.

신방[1](信枋) : ①일각대문 등에 있어 기둥 하단부에 양쪽을 받친(가로댄) 베개목. ②일각문(一角門) 등의 기둥 밑 좌우 쪽에 받친 짧은 토대. ③기둥과 별도로 세운 문얼굴의 벽선을 받도록 만든 목침. 판문을 다는데 쓰이며, 목침의 바깥은 둥글게, 안쪽은 반듯하게 다듬음. ④신방목·

신방석의 준말.

신방[2](-房) : ①신을 신고 벗는 공간. ②강릉 최근배가옥 사랑방에는 방보다 15~18cm 낮은 흙바닥으로 된 신방이 있음.

신방목(信枋木) : ①일각문에서 기둥을 받쳐 세운 목침. ②신방석에 놓이는 모탕형의 무재로 일종의 나무 주초. ③일각대문의 기둥 밑에 가로 끼어댄 나무. ④문지두리 홈을 파고 문벽선 뒤로 널빤지 큰 문을 달기도 함.

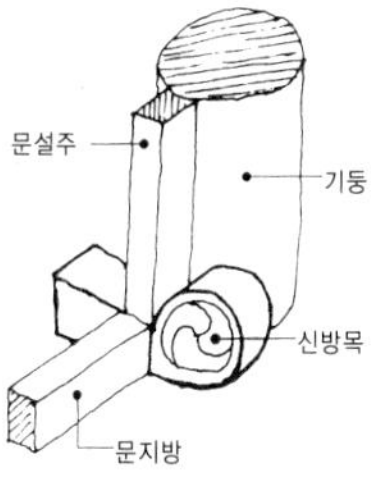

신방목

신방석(信枋石) : ①일각문(一角門)의 지대(址臺) 위에 기둥 및 용지판(龍枝板)을 받친 돌. ②신방목을 받치기 위하여 설치하는 장방석(長方石)의 주초석(柱礎石). ③주로 문얼굴의 구성을 위하여 만드는 고급스러운 구조물. ④신라·고려시대 고급 사원건축에서 찾아볼 수 있음.

신부르탈리즘(新-, New Brutalism) : ①스미슨 부부(Alison & Peter Smithson)의 이론에 기반을 두고 건축에 있어서 미학(美學)보다는 윤리성·진실성을 강조하며 주로 영국 내에서 전개된 건축사조. ②1950년대에 젊은 건축가들 사이에서 널리 퍼졌던 일종의 유행을 의식적으로 유형화시킨 용어. ③용어의 어원은 스미슨 가족-앨리슨 스미슨(Alison Smithson)과 그의 친구인 G. 오디. 당시의 신(新)유머니즘과 신(新)경험주의를 비판하는 의도로 출발한 것. ④미스 반 데 로에와 르 코르뷔지에의 비(非)타협적인 강직함을 그들의 지적인 명료성과 구조와 재료들의 정직한 표현의 기준으로 삼았음. ⑤같은 시기의 젊은 건축가들은 이러한 거장(巨匠)들의 작품 등에서 변하지 않는 전통을 감지함. 그들의 작품은 양식과 유행을 초월한 건축이었음. 특히 과거의 작품 중 팔라디오(Paladio)의 명료성과 정형성·영국 바로크 건축가인 반브루그 경(Sir John Vanbrugh : 1664~1726)과 혹스모어(Nicholas Hawksmoor : 1661~1736)의 웅대한 규모, 19세기 초 공학적 구조물들의 산뜻함과 육중함을 본받고자 했음. ⑥이러한 태도로부터 유추된 건축이란 시작부터 순수한 미스(Mies)풍을 띠었음. 단순하고 우아한 구조체계는 분명히 영국식 청교도주의였음. 왜냐하면, 어떤 허식이나 은폐에 대한 혐오감으로부터 비롯되는 것이었기 때문임. 따라서 구조나 재료의 정직한 표현은 물론 서비스 부분에서도 마찬가지로 나타났음. ⑦최초의 순수 브루탈리스트적인 건물인 스미슨의 작품인 노르폴크 주의 헌스탄톤에 있는 학교(1949~54)는 미스의 표현에서 볼 수 있는 이상의 정직한 표현으로 된 철과 벽돌뿐만 아니라 파이프·전기도관과 같은 여러 서비스 설비들이 노출되어 있음. 이러한 디자인의 엄격성과 너무 현저하게 나타나 세계적인 관심을 불러 일으켰고, 동시에 이와 유사한 건물들이 세계도처에서 건설되어졌음. ⑧이러한 성향 중 코네티컷 주 뉴 헤이븐에 있는 루이스 칸(Louis. I. Kahn : 1901~74)의 예일대학교 미술관(1951~53)은 재료들의 천연적인 성질과 이런 식의 서비스 설비들의 노골적인 표현에 관심을 두고 있음. ⑨이 운동은 볼록의 형태회화와 르 코르뷔지에의 롱샹교회, 뒤뷔페의 야수파 미술, 마르세유의 유니테 다비타시옹의 제물치장 콘크리트 등과 같은 다양한 방법으로 발전되어 갔음. ⑩브루탈리즘이란 19세기 선구자들에 의해 근대건축이 생성할 때에 보여준 윤리적인 의무감과 유사한 것을 표명하고자 한 것이었음. ⑪브루탈리즘의 근본적인 목적은 적어도 스미슨의 안목으로 볼 때 어떤 특정한 건물에 관해 형이상학적 감각을 지니고 구조적·공간적·조성적·재료적 개념을 발견하는데 있으며 찾아낸 개념을 뚜렷하게 기억될 만한 이미지로 남길 수 있는 형태로 정직하게 표현하는데 있음. ⑫이를 배경으로 한 이탈리아의 브루탈리즘적인 건물의 전

ㅅ

형적인 예는 밀라노 근교의 바기오에 있는 V. 비가뇨의 마르치온디 스파글리아르디 연구소(1958~59). ⑬⇨국제적 블루탈리즘.

신부함(新婦函, dower furniture) : ①중세기 카쏘네(cassone)에서 유래된 가구의 형태로 결혼을 앞둔 여자가 모아 놓은 옷·직물·가정용품 등을 수납하기 위한 상자형 가구. ②이 상자의 표면은 신부 이름의 첫 글자·꽃·아라베스크 등으로 장식. ③이러한 가구는 지역에 따라 코네티컷 체스트(Connecticut chest)·호프 체스트(hope chest)라고도 함.

신비평(新批評, new criticism) : ①1930년대에 미국의 남부에서 주로 형성되어, 그 후에 각국에 커다란 영향을 미친 문예비평상의 한 경향. ②이 명칭은 랜섬(John Crowe Ransom : 1888~1974)이 1941년에 자신의 비평집을 이 이름으로 명명한 데서 유래. 신비평은 그때까지 미국에서 지배적이었던 전기적·역사적·철학적·사회학적 입장에서 가하는 비평을 모두 외래적인 것으로서 거부하고, 유기적으로 완결된 하나의 언어형성체. ③문예작품의 미를 작품의 내재적인 관점에서 과학적·합리적으로 분석하고 해석하여 지적 이해에 입각한 비평작업을 시도. ④이와 같은 기본 입장에서 볼 때 신비평은 '미'와 '과학'과의 역설적 통일을 목표로 한 것으로 평가되기도 하며, 또한 러시아 형식주의와 거의 유사한 경향을 지닌 것이라 볼 수도 있음. ⑤이와 같은 신비평의 성립과 형성에 결정적인 영향을 준 것은 시인 엘리어트와 의미론의 리차즈, 시인 엠슨 등의 비평활동임. 신비평은 비평으로서, 그것이 대상으로 하는 작품의 개별성에 따라 극히 구체적으로 작업하는 것이지만, 이에 반해서 시에 관한 일반론으로서의 측면을 다분히 가지고 있음. ⑥가장 중요한 특징으로서 주목되는 것은 문예의 인식적 주장인데 랜섬과 테이트(Allen Tate : 1899~1979)는 그 대표적인 인물들로서, 그들은 시(詩)가 과학과 동렬에서는 인생의 인식기관이라는 것을 강조. ⑦하지만 시는 과학과 달라서 이론적 인식이 아니라 생의 다양한 경험이 구체적이고도 전체적으로 인식되는 것임. 따라서 문예의 언어도 일면적인 논리적 언어로서가 아니라 언어의 모든 면을 포함하여 유기적으로 작용해야만 함. 그러므로 신비평에서는 언어예술로서 문예작품의 유기적 통일성에 관한 각종 이론이 등장하게 되었던 것.

신사실주의(新事實主義, Neoréalisme) : ①쿠르베(Gustave Courbet : 1819~1977)의 사실주의 정신을 근대적으로 살린 것을 그 묘사하는 양식에는 상관하지 않고 널리 장식적 경향으로 표현된 회화. ②1930년대 이후 프랑스 화단에서 활약하고 있던 브리앙숑(Maurice Brianchon : 1899~1979)이나 플랑송 일파 사람들의 경향. ③전후파(戰後派)의 일부 경향. ④러시아 사회주의의 리얼리즘(realism) 또는 멕시코 전위화가의 양식.

신색단청(新色丹靑) : ⇨일반단청(=).

신소재(新素材, New Materials) : ①종래의 금속이나 플라스틱에 없는 뛰어난 특성을 가진 소재. ②종류와 특징은 다음과 같음. ㉠뉴세라믹스, 파인 세라믹스 ; 이미 전자재료나 기계부품의 일부로 쓰이고 있으며 핵융합으로, 자동차 엔진, 인공뼈 등에의 이용이 연구되고 있음. ㉡기능성 고분자 재료 ; 선택흡수, 도전성(導電性), 압전성(壓電性) 등의 특성을 갖추고 있는 고분자. 해수담수화막(膜), 해수 중의 우라늄 분리, 생체재료(生體材料) 등에 쓰임. ㉢복합재료 ; 플라스틱에 금속이나 유리섬유를 합친 것으로 강도, 전도성, 중량의 경감 등의 장점을 살려 항공기의 구조재(構造材) 등에 쓰이고 있음.

신스테인리스강(新-鋼, new stainless steel) : 뛰어난 고온특성 및 저온특성을 가지며 내식성·용접성·가공성·내열성이 개선된 태양열 온수기나 내식배관 등에 사용되는 신재료이며, 별도의 피복 필요없이 사용할 수 있음.

신씨고가(愼氏古家) : ①민속자료 17호, 창건 시기 미상, 20세기 중수, 경남 거창군 위천면 대정리 황산마을에 위치. 신씨고가는 원학고가로 불리기도 함. ②건물의 배치는 진입축과 직교하도록 사랑채와 안채를 직렬로 배열하여 사랑채와 안채가 남향에 가깝도록 고려. 사랑채와 안채 사이를 중문채로 막아 영역을 분리. 대문채는 솟을대문 중심으로 문간방과 마구간과 측간이 좌우에 배치. 측간 앞에 얕은 담장과 나무를 심어 마당에서 화장실 입구가 보이지 않도록 배려. 중문채에 안채로 향하는 출입구를 2개로 분리하여 중앙에 있는 출입구는 남자용 출입구, 중문채와 사랑채 사이를 담장으로 막아 여자용 출입구로 만듦. 진입방향으로 담장을 두고 90°로 꺾어 여자용 출입구를 만든 것은 대문을 통해 안채가 들여다보이지 않도록 고려한 것. ③사랑채는 정면 5칸, 측면 2칸의 겹집으로 대문채 쪽으로 툇간까지 둠. 중앙에 대청마루를 두고 대청쪽으로 툇간까지 포함하여 1.5칸 규모의 비교적 큰 누마루를 약간 들어 올려 대청마루와 연접시켜 누마루의 독립성을 상실하고 공간의 긴밀도도 적음. 굵은 원주를 사용하고 5량가구조에 팔작지붕과 큼직한 장대석으로 쌓아 주좌를 둔 초석, 누마루 상부에 포대공을 올리는 등 사랑채의 건축요소들이 살림집에서 보기 어려운 권위건축의 고급요소들이 두루 채용됨. 더욱이 살미첨차를 4개나 중첩시킨 것은 격식을 무시하고 고급스러움에 집착한 결과. 안채는 ㄱ자형 겹집 평면으로 팔작지붕이라는 점도 권위적 표현의 한 단면. 그러나 안채를 위요(圍繞)하는 부속채들마저 팔작지붕으로 하여 지나친 과시욕을 보임. 대청이 좁고 안채 내부에 화장실이 배치된 것은 실용성을 중시하는 근대화의 한 단면으로 격식의 해체·실용성 증가·경제계층화 등이 실증되는 실례.

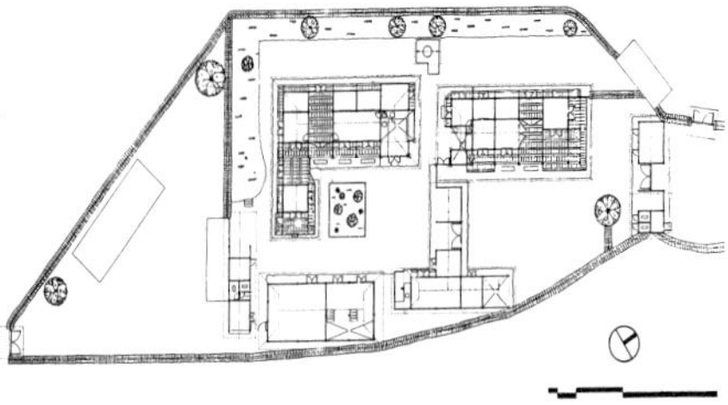

신씨고가

신안사극락전(身安寺極樂殿) : ①충청남도 유형문화재 117호, 통일신라인 17세기 후반에 창건, 1765년(영조41)과 1845년(헌종11) 중수. ②정면 3칸, 측면 3칸으로 3고주5량구조에 겹처마 팔작지붕. 측면에 풍판설치. 기단은 사괴석 모쌓기, 초석은 덤벙주초, 기둥은 약한 배흘림 원주 사용. 다포식 공포에 전후 내4출목외3출목 각 칸의 공간포는 2조씩 설치, 측면공포는 생략함. 외부 살미 끝 3개의 제공은 쇠서모양, 내부의 살미 끝은 모두 운공모양으로 처리. 측면 어칸 평방 생략함. 우물마룻 바닥에 천장은 우물마루로 짜 올린 층급천장. 정면 창호는 3칸 모두 사분합문, 어간은 교살문양의 협간은 정(井)자살 문양. 배면에 창문 설치 흔적이 있음. 극락전 앞에 조선말기 구조인 정면 4칸, 측면 3칸의 요사채가 배치 가운데 2칸의 전·후면에 각각 툇마루를 두고 나머지는 방으로 꾸밈. 무고주5량 구조에 홑처마 팔작지붕. 사괴석 두벌대 기단에 덤벙주초를 놓고 원주를 세움. 기둥 위에는 이익공식 포를 짜고 보머리부분은 봉황머리를 조각함.

신안사대광전(身安寺大光殿) : ①충청남도 유형문화재 3호, 통일신라 창건. ②현재 대광전·극락전·요사채가 남아 있음. 그 외에 진행각과 요묵당이 있었다고 전함. ③대광전은 정면 5칸, 측면 3칸의 무고주5량가구조 다포집으로 겹처마 맞배지붕이며, 측면에 풍판을 달았음. 막돌 허튼층쌓기 기단과 덤벙주초 위에 약한 배흘림 원주를 세움. 공포는 내·외각3출목 다포로 전면이나 측면의 협간을 제외하고 공간포를 한 구씩 배치함. 내부는 우물마룻바닥, 천장은 가운데를 높게 만든 층급천장과 화려한 닫집을 달았음.

신와(新瓦) : ①일본 기와의 영향을 받아서 생긴 본디 조선기와보다 좀 작은 기와. ②구와(⇔).

신원사대웅전(新元寺大雄殿) : ①충청남도 유형문화재 80호, 652(백제 의자왕12)년 창건, 소려 성종대 중수, 1298년(고려 충렬왕24) 중수, 1876년(고종13) 중수. 원래 이름은 신원사(神院寺), 1879년 사찰 동쪽에 왕실의 사당인 중악단을 중건. ②정면 3칸, 측면 3칸의 장방형 평면에 다포계 겹처마 팔작지붕. 막돌 바른층쌓기 기단과 덤벙주초 위에 약한 배흘림기둥을 세움. 기둥머리에서 다포계의 전형적인 구조기법인 창방으로 기둥을 걸고 그 위에 평방으로 보강한 다음 공포를 짜올림. 각 칸의 주간포는 전면과 후면에 2구씩, 양측면에 1구씩 설치. 공포구조는 외1출목이익공 내무출목 운공식으로 만듦. 기둥 상부에는 내외로 안초공이 평방과 창방을 감싸 내려와 기둥 상부를 구성함(조선 후기 건축기법). 창방 위에 평방으로 보강한 다포계의 일반적 구조에다 기둥머리 부분의 안초공, 실내천장의 반자와 연등천장의 혼용(조선 후기 건축기법). 바닥은 우물마룻바닥 천장은 종량위에서 반자로 마감하고 반자주위는 연등천장. 전면 어간 창호는 교살문 사분합, 양협간은 띠살문 사분합문, 각 칸 창호 상부에는 횡으로 긴 정(井)자살 광창이 설치됨. 안마당이 매우 큼(여유있는 호서지방 가람배치 개념 추정). ③경내에 고려 초기 5층석탑이 있음(충청남도 유형문화재 31호).

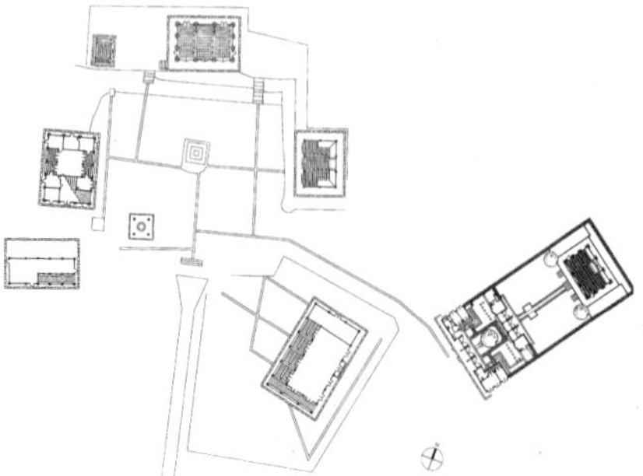

신원사 대웅전 배치도

신유효온도(新有效溫度, ET* ; New Effective Temperature) : 1971년 Gagge 등에 의해서 제안된 것으로 가벼운 옷차림(착의량 0.6clo)의 앉은 자세(1.0m)로 있는 인체에 적용시키는 것으로 거의 무풍상태인 실의 평균 복사온도가 기온과 같은 면 기온과 습도에 의해서 신유효온도 ET*가 구해짐. ET*는 일상적인 습도 50%의 기온으로 정해짐. 신유효온도는 열적 스트레스의 한계를 32℃로 봄.

신위(神位) : 죽은 이의 영혼이 의지할 자리, 즉 신주(神住)나 지방(紙榜) 같은 것.

신인상주의(新印象主義, Neo-Impressionism) : 쇠라·시냑 등을 중심으로 행해진 점묘주의의 이론과 수법 및 그 운동.

신자용 벤치(信者用-, pew) : 일반적으로 교회·성당에서 사용하는 등받이가 달린 고정된 벤치식의 신자용 의자.

신자용 벤치

신자유(新自由, neo-liberty) : ①제1차 세계대전 후 이탈리아의 건축가들이 아르누보 형태를 부흥한 운동. ②레오 리버티는 당시의 대중적인 스타일과 합리적이고 기하학적 양식에서 벗어나 파시즘 정원 하에서 건설한 근대건축을 비방하면서 가우디

(Antoni Gaudi I. Cornet : 1852~1926)와 아르누보양식(Art Nouveau)을 부활시켜 부유층을 대상으로 마치 조각을 연상케 하는 비합리적인 특성을 가짐.

신전(伸展, extension) : ①동작(운동)의 형태를 묘사하는데 사용되는 용어의 하나로 팔·다리 및 다른 신체부위의 동작 중 부위간의 각도가 증가하는 동작. ②펴거나 몸의 부분 사이의 각도를 늘이는 것. ③신체에 있어서 굽힌 손발이나 다른 부분을 똑바로 펴는 것. ④확장(=)·굴곡(⇔)·유착(⇔).

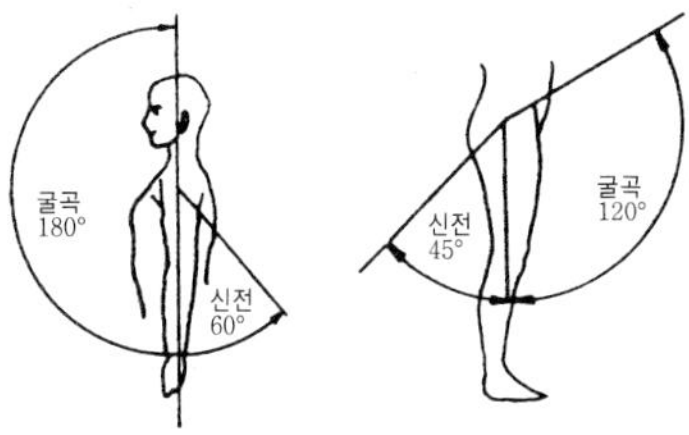

신전

신전운동(伸展運動) : ⇨신전(=).

신전제(伸展劑) : ⇨시너(=).

신정통기관(伸頂通氣管, stack vent pipe) : ①배수수직관 상부에서 관경을 축소하지 않고 연장하여 대기 중에 개구한 통기관. ②배수 입관의 상부를 배수 입관과 동일 관경으로 입상 배관하여 대기 중에 개방하는 통기관. ③배수관의 배수 및 공기통로가 됨. ④⇨통기관.

신조형주의(新造形主義, Neo-Plasticism) : ①1920년 몬드리안(Piet Mondrian : 1872~1944)이 시작한 네덜란드의 기하학적 추상주의의 회화를 전개하는 과정에서 주장한 경향 및 운동. ②이 용어는 1920년대에 파리에서 출판된 논문의 제목인 「neo-plasticism」에서 유래. ③새롭고 순수한 조형을 요구하는 주장은 데 스틸(de stijl)운동 속에서 추진되었으며, 그 명확한 기하학적 질서의 이념은 회화나 조각으로부터 건축과 디자인 등에 확산되어 커다란 영향을 줌. ④구도는 곡선이나 사선을 피하고 주로 수평선이나 수직선의 구성으로 한정하고 색채는 청·적·황의 삼원색과 백·흑·회색에 한정하여 엄밀한 비례관계에 바탕을 둔 화면구성을 주장함.

신즉물주의(新卽物主義, Neue-Sachlichkeit [독]) : ①제1차 대전 후인 1920년대 초(超)표현주의에 대한 반동으로 독일에서 일어난 풍자적인 사회적 리얼리즘인 회화 운동. ②나치의 출현까지 약 10년 동안 독일을 지배했음. ③이 용어는 만하임 미술관의 관장인 하르트라우프가 1923년에 제창한 것이며, 1925년에 이 미술관에서 노이에 자흐리히카이트(neue sachlichkeit)란 명칭의 전람회가 개최. ④신사실주의 또는 신비적 사실주의라고도 불리며 표현주의의 순수 주관적 경향을 배제하고 사물을 객관적으로 정확하게 파악하여 그 본질을 냉정하게 묘사하고자 하는 것으로 레마르크(Erich Maria Remarque : 1898~1970)·브레이트 등을 그 대표로 하여 소설·희곡·서정시 등 각 방면으로 파급됨. ⑤초기에는 다다(Dada)에서 표명된 전통적인 가치들에 대한 냉소와 파괴, 서로 다른 시각들을 동시에 결합시키는 미래주의 발상에 상당 부분 의존하였음. ⑥이 운동은 1930년대 독일 정부가 독려한 사회주의적 신화를 고무하는 자연주의가 대두되면서 사라져 버렸음. ⑦대표적인 작가로는 A. 카놀트·W. 쇼르츠·O. 디크스·G. 그로스 등이 있음. ⑧20세기 초부터 1920년대 이르는 건축·디자인에서 볼 수 있는 합목적성인 조형을 추구하는 경향.

신지방주의(新地方主義, New Regionalism) : ①1954년에 G. 기디온이 『Architectural Record』 지(誌)에 발표한 "새로운 지방주의"로 대표되는 사상. ②CIAM 그룹의 사상을 발전시킨 것이며, 국제적·보편적이라고 생각하는 사상이나 운동과 후진국 개발에 따른 더욱 지방적인 문제(아시아·아프리카 지역의 건축 및 도시 건설에 필요한 여러 문제)라는 두 가지 동기를 가짐.

신체예술(身體藝術, body art) : ①예술가가

자신의 신체를 주요 도구로 이용하는 미술. ②1967년부터 쓰이기 시작했으며 '살아 있는 조각'으로도 불림.

신축[1](新築, new building, new construction) : ①건축물이 없는 대지에 새로이 건축물을 축조하는 것. ②신축은 건축물관리대장에 새로 등록하게 됨.

신축[2](伸縮, movement, expansion) : ⇨신축줄눈(=).

신축이음(伸縮-, expansion joint, movement joint) : ①온도변화에 의한 부재(모르타르·콘크리트 등)의 신축에 의하여 균열·파괴를 방지하기 위하여 일정한 간격으로 하는 줄눈이음. ②조적조에서 흡열·흡수에 따라 팽창되어 변형이나 변동이 생겨 균열 및 파괴되는 것. ③큰 벽면에서는 5~10m 이내마다 간격으로 신축줄눈을 설치함. ④팽창이음·팽창조인트·팽창줄눈·신축줄눈(=).

신축줄눈(伸縮-, expansion joint, movement joint) : ⇨신축이음(=)·이음.

신쾌적도(新快適圖) : ①1972년에 개정된 쾌적도. ②평균 복사온도가 기온과 같고 거의 무풍인 실에 적용. ③사선 부분은 쾌적기준 55~74로 정해진 쾌적대를 나타내며 1.8~1.0clo의 착의·사무작업에 종사하는 경우의 결과이고 마름모꼴 부분은 쾌적대를 나타내며 1.4~0.6clo의 착의·앉은 자세에 대해 얻어진 결과임. ④일반적으로 추천되는 쾌적조건은 양자가 겹치는 상태로 기온과 평균 방사온도 및 ET*가 24.5℃·습도 40%·무풍상태라고 함.

신표현주의(新表現主義, Neo-Expressionism) : ①1964~70년에 유행한 역동적인 형상예술·건축양식. ②완전 곡선에 의한 형태의 연속성을 표현하는 구조가 특징. ③20세기 초 독일 표현주의자들이 폭넓게 부흥시킨 개념. ④1970년대 후반까지 이 개념 자체는 미국과 이탈리아 특히 서독에서 명백하게 나타났음. ⑤구조물들은 부드러운 형상과 이음매가 없이 날아오르는 형태를 창조하기 위해 주로 철근 콘크리트를 사용. ⑥대표적인 예술가로는 바젤리츠(George Baselitz)·페팅(Rainer Fetting)·키퍼(Anelm Kiefer) 등. 미국에서는 '배드 페인팅(bad painting)', 독일에서는 '신야수주의', 이탈리아에서는 '트랜스 아방가르드'라고 부름.

신풍토주의건축(新風土主義建築, New Regionalism Architecture) : ①라이트(F. L. Wright)가 주장한 고립주의적인 신풍토주의 건축은 서구의 근대건축과는 달리 마야문명의 조형언어에서 출발. ②고대 마야문명권과 같은 관계를 맺거나 혹은 이와 유사한 남북미 및 환태평양권역에 공감대를 형성할 수 있었음.

신형식주의(新形式主義, Neo-Formalism) : ①1964~70년대에 유행한 건축양식. ②미리 제작한 콘크리트의 아치와 장식적인 금속창살을 사용하여 고전적이고 비대칭적인 형태와 매끄러운 벽면을 조합. 외관에 세심한 주의를 기울임.

신호(信號, signal) : 인간이 고안해 만들어 낸 인공적 지표. 예컨대 빨간 신호등은 멈춤의 신호. 시그널의 일종.

실[1](室, room) : 건물의 내부를 막아서 어떤 용도로 쓰기 위해 구획한 공간.

실[2](seal) : 틈새를 막는 것.

실감온도(實感溫度) : ⇨유효온도(=).

실결(close grain) : 나이테의 간격이 좁고 춘재와 추재의 가공 크기의 현격한 차이로 분명하게 구분되는 나뭇결.

실공간(室空間, room cavity) : 조명기구면과 작업면 및 이 두 면 사이의 벽면에 의해 규정되는 공간.

실귀 : 나무의 귀를 가늘게 귀접이하는 것 또는 그렇게 하는 연장.

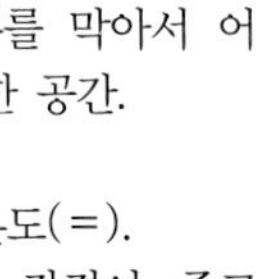

실귀

실끌림(cobwebbing) : 에어리스(airless) 도장시 완전히 분무되지 않고 가는 실 모양으로 도장되어 도장면이 마치 거미집을 풀로 붙인 것 같이 되는 현상.

실내건축(室內建築, interior architecture) : ⇨실내디자인(=).

실내공간의 치수계획 : ⇨치수계획(＝).

실내디자이너(室內-, interior designer) : ①주어진 실내공간을 인간의 생활환경에 적합하도록 합리적으로 재창조할 수 있는 방법을 교육·경험 등 여러 경로를 통해 습득한 능력이 있는 자. ②실내디자이너는 공간의 사용목적에 알맞도록 기술적이고 감각적인 안목으로 재구성 내지 재창조해야 하며, 창의적인 작업의 결과까지도 책임질 수 있는 능력이 있는 자이어야 함. ③인테리어디자이너(＝).

실내디자이너 역할(室內-役割, role of interior designer) : 독자적인 개성표현으로 주어진 공간의 용도에 적합한 환경에 대하여 책임질 수 있는 재창조적 해결방안을 모색·제시함으로써 생활공간의 질 높은 쾌적한 환경을 조성하여 사용자는 물론 미래의 사용자에게도 보다 인간답게 생활할 수 있도록 그 역할을 충실히 하여 기능적 욕구는 물론 인간의 예술적·서정적 욕구를 만족시켜야 함.

실내디자인(室內-, interior design) : ⇨인테리어디자인(＝).

실내디자인 개념(室內-槪念) : ①건축디자인과 상호 대립·보완되는 개념으로 형태적·구조적으로는 건축물의 기본구성요소인 바닥·벽·천장에 둘러싸여 수평적·수직적으로 하드(hard)한 외부공간과 소프트한 내부공간으로 구분될 때 내부공간에 대한 계획·설계. ②구조적으로는 실내디자인과 건축디자인은 동전의 앞·뒷면과 같은 구조적 일체성으로 말미암아 실내건축(室內建築)이라고도 함. ③환경에 대한 이해와 건축적 이해를 바탕으로 기능별 요구가 먼저 계획된 후 실내디자인 요소에 의한 실내계획이 설계되어야 함.

실내디자인 목표(室內-目標, goal of interior design) : 인간에게 적합한 환경, 즉 생활공간의 쾌적성 추구임. 실내공간의 쾌적성 추구는 기능적인 요소와 감성적인 요소, 조형적 요소가 충족되었을 때 이루어짐.

실내디자인 분류(室內-分類, classification of interior design) : 실내디자인은 수익성 유무(收益性有無)에 따라 영리공간과 비영리공간으로 대별되며, 공간(작업) 대상에 따라 주거공간·상업공간·업무공간 또는 공공 및 기념공간·전시공간·특수공간 등으로 구분. 그밖에 배치 및 설치구성 유형에 따라 세트(set)식(式) 인테리어와 수장적(修裝的) 인테리어로 구분.

실내디자인 영역(室內-領域, area of interior design) : ①실내디자인은 내부공간뿐만 아니라 외부로의 통로공간 및 내부공간으로서의 외부공간 및 건물 전면(facade)까지도 실내디자인 영역에 속함. ②건축의 모든 공간과 각종 교통기체 등 인간에게 점유되는 모든 공간을 대상으로 함.

실내디자인 정의(室內-定義, definition of interior design) : 인간이 거처하는 실내공간을 아름답고 능률적이며, 쾌적한 환경으로 창조해내는 계획과 실행과정.

실내디자인 조건(室內-條件, condition of interior design) : ①실내디자인은 인간생활이 이루어지는 내부공간을 그 공간의 사용목적에 맞추어 사용자나 사용예정자의 만족스런 충족으로 재창조하는 일체의 행위. ②실내디자인은 동선·공간규모·기능별 요구가 먼저 계획된 후 실내디자인 요소에 의하여 장식적 측면보다는 3차원적인 공간적 측면을 고려하여 설계되어야 함. ③실내공간에 대한 물리적 조건·환경적 조건·실내에서의 인간생활을 위한 기능적 조건·정서적 조건을 고려하여 계획. ㉠기능적 조건 ; 공간의 사용목적에 적합해야 함. 이를 위하여 인간공학·공간규모·배치 및 동선과 사용빈도 등 제반 사항을 고려. ㉡정서적 조건 ; 사용자의 심미적·심리적 예술 욕구를 충족해야 함. 이를 위해 사용자의 연령·취미·기호·습관·기호·직업·학력 등을 고려. ㉢환경적 조건 ; 쾌적한 환경을 직·간접으로 지배하는 공기·열·음·빛·설비·기온 등 제반 요소를 고려.

실내마감표(室內-表, finish schedule) : 실내의 마감재료를 한눈에 알아보기 쉽게 표로 작성한 것.

실내배치도(室內配置圖, interior layout) : 인테리어를 설계할 때, 가구의 배치와 설비 등을 써 넣는 단면.

실내분위기(室內雰圍氣, ambiance) : 실내에서 사용하는 실내디자인 요소, 즉 색·조명·형태·재료의 질감·가구·액세서리 등의 조합에 의해 창조되는 효과.

실내온도(室內溫度) : ①일반적으로 냉방과 난방을 하지 않은 상태의 실내 온도. ②건물 내부의 온열환경을 나타내는 가장 중요한 지표.

실내유지관리(室內維持管理, interior maintenance management) : 건물 실내를 구성하고 있는 모든 설치물·가구·장식품 등을 점검하고 청소·손질·보수 등을 하여 원상태를 유지하도록 관리하는 작업.

실내음향(室內音響, room acoustics) : 실내에서 연설의 가청도(可聽度)나 음악의 충실도를 결정하는 방·강당·콘서트 홀 등의 성질이나 특성.

실내장식(室內裝飾, interior decoration) : ①공간영역에 대한 계획을 하는 실내디자인과는 달리 단지 장식의 부가 및 치장한다는 감성 위주의 꾸밈작업. ②보통 가구·커튼·카펫·직물·액세서리 등을 선택하여 기존의 미적 가치를 향상시키는 일체의 작업임. ③실내디자인을 제2차대전 이후까지도 실내장식(interior decoration)이라고 불렀음.

실내장식부재(室內裝飾部材, interior trim) : 걸레받이·난간·체어 레일·픽처 몰딩·코너 몰딩 및 문틀과 창문틀 등에 사용하는 목재.

실내전개도(室內展開圖, interior extending, interior elevation) : ①건물 내부의 사방 벽을 앞에서 보아 보이는 것을 깊이·방향·거리에 관계없이 같은 면에 투영한 도면. ②입면도(=).

실내조도(室內照度, indoor illumination) : ⇨ 조도(=).

실내화(室內畵, interieur[프]) : ①실내를 묘사한 그림 또는 그와 같은 그림의 종류 전체. ②15세기 네덜란드에서 시작되어 17세기에는 회화 분야에서 독자적인 한 분야로 발전. ③대표적인 작가로는 피터 드 호흐(Pieter de Hooch : 1629~84)와 베르메르 반 델프트(Jan Vermeer van Delft : 1632~75) 등.

실내환경(室內環境, interior environment) : 실내기후·실내마감·가구 등의 기능이나 감각적인 성능 등.

실대패 : 장지나 판자 등을 끼우기 위하여 목재면을 실처럼 가늘게 홈을 파내는 또는 깎아 내는 작은 대패.

실드금속아크용접(shield metal arc welding) : ①연소성 금속 전극봉을 사용하며, 비활성가스를 방출하여 아크 주변에 실드를 형성하는 아크용접법. ②이 실드는 용해금속의 급속한 산화에 원인이 되는 대기 속의 산소와 질소로부터 용접부를 보호해줌.

실드케이블(shielded cable) : 외부전기나 자기장(磁氣長)의 영향을 줄이기 위해 금속 외장 내를 감싼 케이블.

실러(sealer) : ①페인트나 바니시 후속 칠의 흡수를 감소시키거나 마감 칠에 흘러나오는 것을 방지하기 위해 표면을 적합하게 하는 바탕칠. ②목재 표면 등을 도장하는 경우 표면의 흡수를 막기 위해 칠하는 밑바름 도료.

실런트(sealant) : ①일종의 유기물로서 흐름성이 있거나 사출시킬 수 있을 정도로 연성이 있어야 하고 어떤 물질과 영구적인 접착을 하여 굳어질 수 있어야 함. 대부분의 실런트는 합성고분자(실리콘·우레탄·아크릴·폴리클로로프렌)로서 도포 전에는 반고체이고 도포 후에는 탄성이 있는 물질이 됨. 가장 잘 알려진 실런트로는 아마인유·아스팔트와 여러 가지 왁스와 같은 천연물 등. ②조인트(joint) 또는 틈새를 공기나 물이 통과하지 못하도록 막는데 사용되는 점성(粘性)이 강한 실

(seal)재(材).

실론드프레일레로(sillon de frailero) : ①단순하고 직선적인 형태에 등받이와 좌판이 가죽이나 직물로 씌워진 스페인 르네상스 시대의 승려의자. ②스페인이 네덜란드를 지배하기 시작한 후인 16세기 중엽에 출현. ③전면의 가로다리 버팀대는 넓게 조각·장식되어 있으며, 못이나 술로 장식되기도 함. ⇨실리온프레일레로(＝).

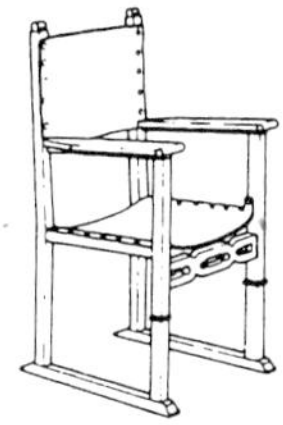

실론드프레일레로

실루엣(silhouette) : ①내부구조가 표현되지 않은 물체의 윤곽선. ②보통 단색으로 완전히 채워짐. ③사물의 그림자만을 그린 그림이나 윤곽이 뚜렷한 물체의 영상. ④평면적이고 속이 빈 외곽형 혹은 모양. 프랑스의 정치가이자 아마추어 종이오리기 공예가였던 에티엔 드 실루엣(Étienne de Silhouette : 1709~67)이 재무상으로 재임하던 당시 극단적인 절약을 호소해 초상화도 그림자 그림으로 충분하다고 주장한 데서 명칭이 유래. ⑤실루엣 초상화는 1750년대에 유행. ⑥싼 값에 신속히 초상화를 만들 수 있어 '가난한 자의 세밀화'라고 부르기도 함. ⑦초현실주의에서는 암시적인 수법으로 활용. ⑧물체의 형상만을 강조하는 기법. 시각적인 눈부심이 없고 물체의 형상은 강조되지만 물체면의 세밀한 묘사를 할 수 없음. ⑨광원 앞에 있는 사람의 행위가 실루엣으로 나타나므로 시각적으로 인간이 환경이나 공간에 종속되어 보임. ⑩이러한 공간은 친숙하며 시적인 분위기를 자아내며 개개인의 내향적 행동을 유도.

실루엣

실루엣기법(－技法) : ⇨실루엣(＝).

실루엣현상(－現狀, silhouette) : ①창을 등지고 있는 사람의 얼굴이 실루엣처럼 보이는 현상. ②이러한 현상은 휘도대비가 지나치게 크기 때문에 발생. ③이를 방지하기 위해서는 인공조명으로 어느 정도 이상 밝게 비춰주는 것이 좋음.

실리온프레일레로(sillón frailero[프]) : ①16세기경 스페인에서 사용하던 전형적인 접는 의자. 주로 가죽을 사용. ②테이블에는 쇠경첩과 쇠버팀목을 즐겨 사용함. ③이들에는 리베리아의 취향이 반영됐으며, 재료와 기술이 가능했고, 열악한 스페인의 도로상황에도 불구하고 귀족들의 생활이 상당히 방랑적이었음을 보여줌.

실리카(silica) : ①규소와 산소의 화합물. ②이산화규소 또는 규산무수물이라고도 하며, 일반적으로 실리카라고 함. ③천연으로 존재하는 각종 규산염 속의 성분으로서의 이산화규산(二酸化硅素, silicon dioxide)을 말함. ④화학식 SiO_2·천연으로는 석영·수정·옥수(玉髓)·마노(瑪瑙)·부싯돌·규사(硅砂)·인규석(鱗硅石)·홍연석(紅鉛石) 등에 결정 또는 비결정으로 산출됨. ⑤석영은 장석류에 이어 풍부하며 지구상의 여러 곳에 분포하여 지각의 12%를 차지함.

실리카시멘트(silica cement) : ①포틀랜드시멘트 클링커에 포졸란(pozzolan)을 혼합하여 적당량의 석고를 가해 만든 시멘트. ②초기강도는 보통 포틀랜드시멘트보다 약간 낮으나 장기강도는 약간 큼. ③수밀성이 좋고 내구성이 있는 콘크리트를 만들 수 있으며, 또한 콘크리트의 워커빌리티(workability)를 증대시키고 블리딩(bleeding)을 감소시킴. ④혼합시멘트이므로 비중이 작고 장기양생이 필요. ⑤구조용 또는 미장 모르타르용으로 적합.

실리콘(silicone) : ①내열성·내한성(－60℃~＋260℃)·내화학적임. 극도로 물을 흡수하지 않고 물을 튀기는 성질이 있음. ②주로 접착제·반수성 도료·칠막방수제 등으로 사용.

실리콘고무(silicone rubber) : ①실리콘 엘라스토머에서 생성. ②특징은 폭넓은 범위의 온도상에서도 유연성이나 탄력(彈力)·장력(張力)이 있음.

ㅅ

실리콘수지(-樹脂, silicon resin) : ①1943년 발견된 고무질 방수성 액상(液狀)의 합성수지. ②규소화합물의 중합체로 만들어진 유상(油狀)·그리스(grease)상·고무상·수지상 등의 형태를 가진 것을 총칭. 열경화성수지. ③실리콘수지는 액체고무상 고내열성으로 -60~+250℃ 정도까지 점성 및 탄성이 유지되어 천연고무보다 우수한 성질이 있으며, 알루미늄 분말을 혼합한 안료를 쓰면 500℃ 정도의 높은 내열성을 가짐. ④열절연성·내약품성 내후성·내열성·내한성·내구성 및 전기절연성 등이 우수하나 특히 발수성이 합성수지 중 가장 강함. ⑤주로 방수피막·발포보온판·도료·발수제(撥水劑)·이형제(離型劑)·소포제(消泡劑)·접착제 등에 사용.

실린더자물쇠(cylinder lock) : ①여닫이문에 쓰는 원통형 특수장치로 된 자물쇠. ②함자물쇠의 일종으로서 래치 볼트(latch bolt ; 손잡이대)와 데드 볼트(dead bolt)를 겸용한 것. ③실내쪽에 면하고 있는 둥근 손잡이대 중심에 있는 단추를 누르면 잠기는 것이 대부분임. ④원통 자물쇠(board lock, cylinder lock) 또는 모노록(mono lock)이라고도 함.

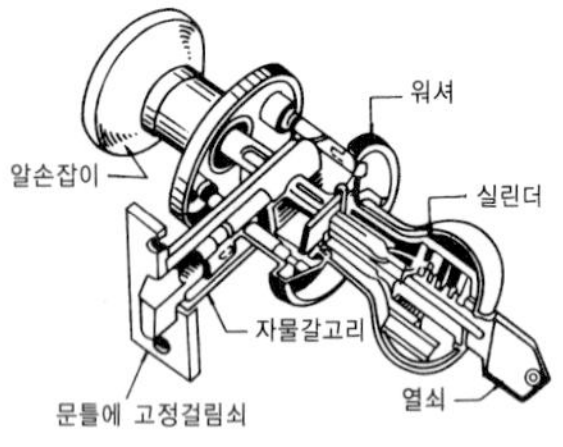

실린더자물쇠

실링(ceiling) : 천장(天障) 또는 천정(天井)을 의미.

실링디스플레이(ceiling display) : 사람의 눈에 띄기 쉬운 천장공간을 활용하는 디스플레이.

실링라이트(ceiling light) : ①천장에 부착하는 기구와 천장 속에 설치하는 기구. ②천장등(=).

실링로즈(ceiling rose) : ①천장 중앙에 위치하는 원형장식으로 보통 전등을 매달아 사용. ②회반죽의 장미형 장식으로 처리.

실링방수공법(-防水工法, sealing water proof method) : 퍼티·개스킷·코킹 및 실런트재 등을 접합부에 충전하여 수밀성·기밀성을 확보하는 공법.

실링스위치(ceiling switch) : ⇨풀스위치(=).

실링워싱(ceiling washing) : ⇨월워싱기법.

실링재(-材, sealing materials) : ①실(seal)이란 퍼티(putty)·코킹(caulking) 등 실링재의 총칭. ②사용할 때에는 반죽(paste) 상태이나 공기 중에서 시간이 경과함에 따라 탄성이 풍부한 고무상 고상체가 됨. ③접착력이 크고 수밀성·기밀성이 풍부하며 충진재로 가장 적당한 재료. ④코킹재와 구별하기 위하여 실링재라고 함. ⑤실리콘 코킹재는 건축구성재의 줄눈 부분, 창호 주위의 충진 및 유리끼우기 등에 사용.

실마루 : ⇨쪽마루(=).

실모접기 : 기둥 등의 모서리를 실처럼 가늘게 깎는 것 또는 그 부분.

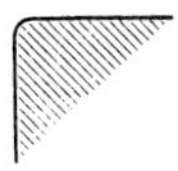
실모접기

실무이력서(實務履歷書, functional résume) : 이력서를 작성할 때 자격이나 기술을 획득했거나 수행한 순서보다는 그 자체를 강조하는 것.

실물크기모형(實物-模型, mock-up) : ①건축물이나 구조물의 실제 크기와 같은 모형. ②연구나 테스트 또는 학습을 위해 정확하게 지어짐. ③목업(=).

실버(silver) : 관용색명으로 은색.

실버그레이(silver gray) : ①은에서 온 색 이름. ②은의 독특한 금속성 광택을 고려치 않은 밝은 회색(light gray). ③관용색명으로 회색. ④먼셀기호 N6.5.

실버산업(-産業, silver industry) : ①노인을 위한 주거공간은 물론 복지센터·병원·클럽 등 시설의 설비를 갖추고 영업을 하는 새로운 산업. ②주로 고령자를 대상으로 한 상품(서비스 포함)을 제조·판매하거나 제공할 것을 목적으로 하는 영리산업. 고령이라는 단어가 갖는 마이너스 이미지를 없애기 위해 고안된 이름. ③실버란 은발이란 뜻이 함축되어 있음. ④선진국에서 고령인구의 급증 및 공사연금제도 확충으로 인한 고령자 경제력의 인구비율 이상의 증가, 고령자 간호 등 유료서비스 이용인구 증가, 공적 기관의 고령자 대책 서비스의 실버산업에 대한 위탁 등으로 인해 실버산업의 수요가 급증해, 이들을 대상으로 건강식품·의료·휴양 및 관광 등을 판매하는 실버산업이 호황을 맞고 있음.

실버타운(Silver Town) : ①노인만이 집단으로 생활하는 촌락. ②외국의 경우 병원·백화점·레스토랑·은행·영화관·레크리에이션센터(수영장·테니스코트·볼링장·헬스클럽) 등 노인을 위한 편의시설이 구비돼 있으며, 입주자의 건강상태에 따라 노인전용 아파트·유료 양로원·유료 요양원·노인병원·치매병원 등 다양한 형태의 주거시설이 있음.

실버퍼(Silver Fir) : ⇨화이트퍼(=).

실버프로그램(Silver Program) : ①장기근속 후의 정년 퇴직자가 미지의 세계에 적응할 수 있도록 보살피거나 직계 자녀 또는 형제자매의 자녀에게 일자리를 보장해 주는 등의 인생설계. ②최근 일부 기업에서 이러한 제도가 도입돼 주목을 끌고 있음. ③고령자복지계획(=).

실베스터법(-法, sylvester method) : ①모르타르 또는 콘크리트에 명반과 비눗물의 뜨거운 용액을 여러 번 시간 간격을 두고 바르는 방수 방법. ②특징은 공기가 빠르고 시공성이 좋음.

실비비율보수가산식도급(實費比率報酬加算式都給) : ①공사 진척에 따라 정해진 실비와 이 실비에 미리 계약된 비율을 곱한 금액을 시공자에게 보수로 지급하는 방식(총공사비=실비+실비×비율보수). ②시공자는 공사비에 구속받지 않음. ③건축주와 시공자간의 신뢰를 바탕에 두지 않으면 공사비 증대가 우려됨.

실비정산(實費精算, cost plus) : ①공사대금 중 자재비에 인건비를 더하고 실제 사용된 비용을 산정한 후 각종 경비와 이윤을 더하여 산정하는 최종금액. ②사무실에서의 실비정산은 먼저 사용하거나 지출하고 나중에 계산하는 경우를 의미하기도 함.

실비정산보수가산식도급제도(實費精算報酬加算式都給制度) : ①직영방식과 도급방식의 장점을 취한 가장 이상적인 제도. ②공사의 실비를 건축주와 시공자가 확인하여 정산하고, 건축주는 미리 정한 보수율에 따라 시공자에게 보수를 지급하는 방식. ③건축주가 양질의 공사를 원하는 경우, 건축주가 직영방식에서처럼 자기 의사대로 공사를 진척하고 싶을 경우, 설계도서가 미완성이거나 불명확한 경우, 총공사비의 산출이 어려운 경우에 적용함.

실비정산식도급계약제도(實費精算式都給契約制度) : ①공사의 실비(직접공사비)를 공사의 실적에 따라 건축주와 시공자가 확인하여 정산하고, 보수(경비·이윤 등)는 사전에 정한 보수율에 따라 추가 지불하는 도급계약제도방식. 직영과 도급계약 양 제도 중 장점을 택하고 단점을 제거한 일종의 이상적인 제도. ②건축주·감독자·시공자의 3자가 입회하여 공사에 필요한 실비와 보수를 협의하여 결정하고 시공자에게 지급하는 방법으로서 건축주와 시공자간에 상호 신용(신뢰)을 계약의 기초로 한 방식. ③특징은 신용을 지킬 경우 우량한 공사가 되며, 공사비가 올라가지 않고 시공자는 불의의 손해를 입을 염려가 없으므로 마음 놓고 우량한 공사를 할 수 있는 장점이 있으나 잘못하면 공사기간이 지연되고 공사비가 증대되기 쉬운 단점이 있음. ④종류는 실비비율 보수가산식 도급계약제도·실비 한정비율 보수가산식 도급계약제도·실비정액 보수가산식 계약제도·시리 준동률 보수가산식 도급계약제도 등.

실비정액보수가산식도급(實費定額報酬加算式都給) : ①실비 여하를 막론하고 미리 계약된 일정액의 보수만을 지불하는 방식(총공사비+실비+정액보수). ②설계변경으로 공사비 변동이 많을 경우 문제가 되므로 미리 변경에 대한 모든 범위·정도·한계 등을 정해야 함.

실비준동률보수가산식도급(實費準同率報酬加算式都給) : ①실비를 미리 여러 단계로 분할하여 공사비가 각 단계의 금액보다 증가될 때는 비율보수를 체감하는 방식(총공사비＝실비＋실비×변화비율보수). ②실비 절감에 따른 보수율이 높아져 공사비 절감 노력 증대.

실비한정비율보수가산식도급(實費限定比率報酬加算式都給) : ①실비에 제한을 두고 시공자에게 제한된 금액 내에서 공사를 완성시키는 책임을 지우는 방식(총공사비＝한정된 실비＋한정된 실비×비율보수). ②실비가 한정되어 있어 시공자에게 불리한 제도.

실선(實線, object line) : ①사물의 윤곽(輪廓, outline)이나 형태(形態, form)를 표현하는 고른 선. ②⇨선.

실시도면(實施圖面, work drawing, contract drawing, shop drawing) : ①현장이나 공장에서 실무자가 작업상 요구되는 상세하고 정확하게 그려진 도면. ②기본설계가 결정된 뒤 공사진행에 필요한 설계도. 시공도면·공작도면 또는 본설계라고도 하며 일반적으로 말하는 설계도는 실시도면을 의미.

실시설계(實施設計, construction drawing) : 기본설계에 의거하여 공사의 실시와 공사 시공자가 공사비의 내역명세를 작성하는데 필요한 충분한 정보를 제공하는 설계도서를 작성하는 과정 또는 그 업무.

실시설계도(實施設計圖, working drawing) : ⇨실시도면(＝).

실앵커(sill anchor) : 창대(窓臺, window sill)판을 콘크리트 바닥판이나 기초벽에 고정시켜 주는 앵커.

실연전시(實演展示, demonstration) : 실험전시와 비슷하나 이는 관람자 자신이 직접 전시물을 조작하는 것이 아니고 해당 분야에 대한 전문가의 실연(實演) 설명을 통해 전시물의 작동원리 및 특성을 관찰·학습하는 전시기법.

실연정사(實淵精舍) : 겸암 유운용이 조선 영종 18년(1563)에 창건한 것으로 원래는 원지정사 서편에 나란히 위치하였으나, 1821년에 이전함. 정면 3칸, 측면 2칸, 팔작(八作)지붕.

실염색(－染色, yam－dye) : ①직조(織造)하기 전에 미리 필요한 색으로 실을 염색하는 방법. ②직조한 후 염색하는 후염처리 방법은 '피스 염색(piece dye)'이라고 함.

실오리 : 귀접이를 하는 데 쓰이는 대패.

실오리귀 : 나무의 귀를 실오리대패로 둥글게 귀접이하는 것 또는 그렇게 하는 연장.

실오리귀

실온(室溫) : ①실내의 온도. ②온열환경 요소로서의 실온은 측정 위치가 바닥 위로부터 750~1,200㎜의 범위에서 측정함. ③바닥 위 1,200㎜는 재실자가 의자에 앉았을 때의 호흡선과 같은 높이. ④실내의 온도는 수평·수직방향에 따라 달라짐. ⑤분포의 특성은 기류분포 및 재실자 분포 등에 의하여 큰 차이가 나타남. 또한 벽면·유리창·출입구 부근에서는 온도의 변화가 현저하게 나타남. ⑥실내의 평균온도를 산출하기 위해 실내에 몇 군데의 장소에서 온도를 측정할 필요가 없음.

실용가구(實用家具, utility furniture) : ①제2차대전시 영국에서 고든 러셀(Sir Gordon Russell : 1892~1980)의 지도하에 재료와 노동력을 최대한 줄여서 생산한 가구. ②기본적으로 사각형에 장식이 없는 단순한 디자인으로 전쟁이 끝난 후인 1950년대에는 그 딱딱하고 무미건조함으로 인해 생산이 중단되었으나 영국의 가구디자인에 커다란 영향을 줌.

실용가구

실용적 공간(實用的空間, pragmatic space) : 육체적인 행위 공간으로 인간을 자연적이며 「유기적」인 환경과 통합시킴.

실용적 식당(實用的食堂, pragmatic restaurant)

: ①레스토랑 중 성격에 의한 분류의 하나. ②학생식당·직원식당·노무자식당·식권식당·런치룸·카페테리아 등 저렴하게 식사할 수 있는 식당.

실이나다 : 나무가 곧게 골고루 깎이지 않음.

실재[1](實在, real) : ①객관적이고 입증될 수 있는 독립적인 존재. ②인위적이고 가상적인 것의 반대 개념.

실재[2](-材, seal material) : ①틈새를 막는 재료. ②실런트(=).

실재적(實在的, Real) : ①객관적이고 입증될 수 있는 독립적인 존재. ②인위적(⇔)·가상적(⇔).

실적공사비 적산방식(實積工事費 積算方式) : 신규공사의 예정가격 산정을 위하여 이미 시공된 유사한 공사의 시공 단계에서 피드백(feed back)된 자재·노임 등의 각종 공사비에 관한 정보를 기초자료로 활용하는 적산방식.

실적률(實積率, ratio of absolute volume, percentage of solids) : ①골재를 어떤 용기 속에 채워 넣을 때 그 용기 내에 골재립(骨材粒)이 점유하는 실용적의 백분율. ②단위용적중량을 골재의 절건비중으로 나눈 값의 백분율. 즉,

$$실적률(d)=\frac{단위용적중량(W)}{골재의\ 비중(\rho)}\times 100\%.$$

③실적률이 클수록 골재의 모양이 좋고 입도분포가 적당하며 시멘트풀의 양이 적게 듦. ④건조수축 수화열을 줄일 수 있어 경제적으로 원하는 강도를 얻을 수 있으며, 콘크리트의 밀도, 수밀성, 내구성, 마모저항 등이 증대됨. ⑤골재의 실적률은 입도·입형이 좋고 나쁨을 알 수 있는 지표가 되며 동일 입도의 경우에는 일반적으로 각형(角形)일수록 실적률이 낮음. 따라서 입형(粒形)과 입도(粒度)가 좋은 골재는 실적률이 크고 동일 슬럼프를 얻기 위한 단위수량이 작음.

골재의 실적률 예

종류		실적률(%)
굵은골재	자갈	60~68
	쇄석	50~63
	경량골재	50~63
모래 0.6mm		55~60
모래 1.2mm		58~63
모래 2.5mm		58~63
모래 5.0mm		65~70

실존적 공간(實存的空間, existential space) : ①비교적 안정된 지각적 스키마(schema)의 체계, 즉 환경의 「이미지」. 수많은 현상의 유사성으로부터 추상화된 하나의 일반화이기 때문에 「대상으로서의 특성(object-character)」을 가짐. ②환경에 관하여 인간에게 안정된 이미지를 형성시키는 공간으로 인간을 사회적·문화적 전체로 귀속.

실존적 형태(實存的形態, existent form) : ⇨재현적 형태(=).

실줄눈(narrow joint) : ①벽돌·블록·돌 등을 거의 맞닿게 쌓아 가느다란 선과 같이 보이는 줄눈. ②⇨치장줄눈.

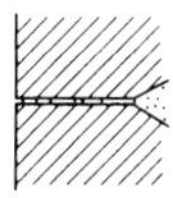
실줄눈

실지수(室指數, room index) : 광속법(光速法)에서 조명률에 관한 실의 치수를 나타내는 지수.

실척(實尺, full size, full scale) : ①실물 크기의 치수. ②1/1의 척도. ③원척(=).

실치수도(實値數圖, full size drawing) : ①공장도의 하나. ②상세한 부분에 대하여 1/1로 그리는 도면.

실코트(seal coat) : ①도료의 일종. ②특징은 작업성이 편하고 요철(凹凸)이 거의 없기 때문에 먼지가 묻을 염려가 없음. ③여러 가지 색상을 조화시킬 수 있기 때문에 부드러운 느낌을 줌. ④방수성·내구성·내약품성 등이 우수. ⑤방균성 도장도 가능. ⑥주로 실내의 벽면에 사용.

실크(silk) : ①얇으면서 부드럽고, 광택이 나며, 색상이 다양한 아름다운 견직물(絹織物). ②다른 섬유와 혼용하여 직조할 수 있고 더러움을 잘 타지 않는 편이며 질김. ③주로 드레이퍼리(drapery)·양탄자(rug)·가구 마감재로 사용.

실크라이트(silk light) : ⇨무기강화유리(=).

실크스크린(silk screen) : ①목재틀에 친 섬

세한 실크망에 감광된 패턴(pattern)을 전사(轉寫)시켜 롤러(roller)로 잉크를 밀어 넣어 종이나 천에 상을 정착시키는 인쇄방법. ②인쇄하지 않는 부분은 불침투성 물질로 막을 입혀 색이 침투하지 못하도록 함. ③과거 중국의 수작업 유색인쇄가 발전된 형태로 각 색채마다 각각 다른 스크린이 필요함.

실터 : 집과 집 사이의 길고 좁은 빈터.

실토스타일(cyrtostyle) : 보통 볼록하고 반원으로 된 주랑 현관.

실톱(jig saw, compass saw) : ①짧고 가는 수직톱날이 상하로 움직여서 레이스(lace) 같이 복잡한 곡선문양을 잘라낼 수 있는 톱. ②둥글게 자르는 톱. ③⇨거.

실톱거울(jig saw mirror) : ①18~19세기 영국과 미국에서 유행한 테두리가 복잡한 곡선으로 이루어진 거울. ②이러한 복잡한 곡선을 자르는 실톱(jig saw)으로 만들기 때문에 붙여진 명칭.

실톱거울

실트(silt) : 지름이 0.002~0.05㎜ 사이의 미세한 광물입자로 구성된 느슨한 재료.

실패와 구슬형 선반가공재(-型旋盤加工材, reel and bead turning) : 주로 중세기의 가구에 사용된 구슬이나 실패와 유사한 계란형(卵形)이 번갈아 가며 형태를 이루는 선반가공부재.

실패와 구슬형

실패형 가구(-型家具, spool furniture) : ①다리·다리 버팀대·팔걸이에 실패형 선반가공부재를 이용한 가구. ②영국 크롬웰(Cromwellian : 1599~1658) 시대에 등장하였으나, 기계 선반이 나온 19세기 이후 미국에서 침대 골조·탁자 다리 등에 다양하게 사용. ③주로 소나무(pine)로 제작하여 호두나무(walnut)나 마호가니(mahogany)와 유사하게 보이도록 도장하여 사용.

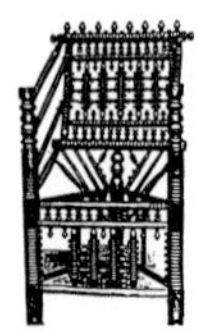
실패형 가구

실패형 선반가공재(-型旋盤加工材, spool turning) : 19세기 전에는 통 실패형 선반 가공재(bobbin turning)와 같은 의미로 사용하다가 19세기에는 미국 실패형 가구(spool furniture)에 사용된 부재를 특히 실패형 선반 가공재라고 함.

실행[1](practice) : 이론과는 구별되는 것으로서 원리의 실제 적용이나 응용.

실행[2](action) : 가장 적합한 해결을 선택하고 충족시키는 것.

실행능력(實行能力) : ①목적에 맞는 행동을 하기 위한 3가지 능력 중 하나. ②결정을 행동으로 변화시키는 능력. ③주로 개인의 공간체험이나 인지능력에 따라 차이가 나타남.

실행예산(實行豫算) : ①공사현장의 제반 조건(자연조건·공사장 내외 제조건·측량결과 등)과 공사시공의 제반 조건(계약 내역서·설계도·시방서·계약조건 등) 등에 대한 조사 결과를 검토·분석한 후 계약 내역과 별도의 시공사 경영 방침에 입각하여 당해 공사의 완공까지 필요한 실제 소요 공사비. ②품질저하, 공기지연 없이 생산원가를 줄이는 노력을 기울여 공사를 완성하기 위한 현장의 집행예산서. ③기능 ; ㉠계획기능 ㉡조직기능 ㉢지휘기능 ㉣조정기능 ㉤통제기능. ④분류 ; ㉠당초실행예산 ㉡일시적 예산 ㉢사전 공사예산 ㉣추가예산 ㉤미완성 공사예산 ㉥수정예산 ㉦정산예산.

실험영화극장(實驗映畵劇場) : ⇨시네마테크(=).

심고주(心高柱) : 건물의 간사이 중앙에 세운 높은 기둥. 툇기둥, 툇간에 세운 기둥.

심고주칠량집(心高柱七樑架) : ①정 가운데 심주가 서고 양쪽으로 고주와 평주가 서는 칠량가. ②봉정사 극락전 측면 가구가 이에 속함.

심리물리색(心理物理色, psycho physical color) : ①물질색 이외의 모든 지각을 배제한 순수한 색감각만을 다룸. ②심층색학 광학장치로 구분함으로써 객관적인 평가를 함. 내적 상호성에서 나타나며, 이는 외적 자극인 물리적 성질과 심리적 반응이 있음.

심리적 거리(心理的 距離, psychological distance) : ①단축효과, 즉 거리를 가깝게 느끼게 하는 효과와 연장효과. 즉 거리를 멀게 느끼게 하는 효과. ②공간디자인에서는 심리적 효과를 중요시하며 「속임수의 수법」으로 이용할 수 있음.

심리적 기능(心理的 機能, psychological function) : ①도구에 대한 인간의 심리적 욕구에서 오는 것. ②연령·성별 등에 의한 형태나 색에 대한 기호·장식적 욕구 등 인간이 요구하는 심리적이고 감성적인 요구에 부응하는 것. ③최근에는 이를 위해서 감성공학이라는 새로운 분야가 출현하였음. ④⇨기능.

심리적 척도(心理的尺度, psychological scale) : ①물리적 척도에 대응하는 척도개념. ② 인간의 심리상태를 고려한 척도개념.

심메트리(symmetry) : ①심메트리의 어원은 '같이 잰다' 또는 '나눈다', '같은 단위'. ② '잴 수 있는 것(commensurable)'을 의미하는 희랍어 '시메트로스(symme tros)'로 sym은 together with, 어간 'metr'는 'measure'로서 '같은 단위로 잴 수 있는'이라는 뜻을 가진 것으로 두 가지 이상의 부분이 하나의 단위로 나누어진 각부가 서로 공약량(公約量)을 갖는 것. ③협의로는 대상을 중앙의 수직축(또는 대칭축, symmetrical axis)에 의해 좌우 2등분으로 나누는 경우 그것들이 형태와 위치에 있어서 서로 대응하는 관계에 있음을 말함. ④보통 좌우대칭(左右對稱, bilateral symmetry), 대칭(對稱)·상칭(相稱)이라고 함. ⑤좌우대칭 이외에 수직축(또는 분할선) 대신으로 점을 중심으로 한 방사선에 작용하는 점대칭과 평행이동의 대칭 등이 있음. ⑥건물이나 사물의 형태에 있어 전체와 부분이 지니고 있는 기본적인 척도 단위와 그 기본단위로서 이루어져 있는 각부의 산술적인 비례관계를 총칭. ⑦대칭축(symmetrical axis)의 반대편에 서로 유사한 부분－점·선·면·입체·색채·형태·크기·위치·요소 등－들이 배치됨으로써 발생하는 대칭. ⑧일반적으로 좌우대칭은 방향성을 갖는 주도적인 흐름이 강하고, 점대칭은 집중적 성질이 강함. 그것은 널리 자연계에서 발견할 수 있는 하나의 구조적 특성이며, 그러한 조화가 이루어진 상태는 예로부터 조형예술의 세계에서도 중요시되어 왔기 때문에 심메트리는 미적 형식원리의 하나로 되어 있음. ⑨가장 원초적인 규제로 조형의 역사를 통해 살펴보면, 아득히 먼 옛날에 이미 자연 속에 내재한 자연의 이치로 이 자연의 이치에 맞는 형태에 인간은 안정감을 깨닫고 미를 느끼는 것은 당연함. ⑩척추동물이나 파충류, 기타 식물의 꽃잎 등은 전형적인 심메트리형식임. ⑪유기적인 세계뿐만 아니라 무기적인 자연 속에서도 무수히 발견됨. 특히 결정체(結晶體)는 심메트리의 법칙에 지배되고 있음. ⑫심메트리는 단순한 형으로 발전시키면 정돈성·안정성·정적 등이며, 다시 발전시키면 냉하든가 굳은 것이라든가 기분이 경직된 듯한 장엄함 등의 특성이 있음. ⑬건축에 있어서는 특히 종교건축에서 상징으로 되는 장엄한 느낌이 될 수 있도록 좌우대칭적인 조형으로 되어 있음. ⑭기원 전 1,300년 전 고대 이집트나 그리스의 고대건축에서 이미 성역으로서의 실용성보다는 분위기에 중점을 둔 신전에서 중심축상에 좌우대칭으로 배치한 것이 잇닿은 선상의 효과와 기념성을 강조하는 의미로 중요한 건축적 요소로 되고 있음. ⑮비트루비우스는 "심메트리란 건축의 여러 가지 부분 상호의 협화(協和)이며, 형 전체에 대해서 개개의 부분이 일정한 비율을 가지고 대응하는 것임."라고 특징을 설명하였음. ⑯로마 건축에서는 공공건축물이 심메트리가 갖는 장대성에 대한 효과적인 표현으로 이룩되었음. ⑰중세 고딕 건축에서는 건축물의 전면에 그대로 전수되어 노트르담 사원의 규제적인 디자인은 매우 엄숙한 종교적 분위기를 잘 표현하고 있음. ⑱어심메트리(⇔).

심메트리 유형(－類型, type of symmetry)

: 일반적으로 건축에 있어서는 다음 3가지로 분류. ①중고형(中高型) : 산과 수목 및 인간 등으로부터 힌트(hint)를 얻은 것으로 하나의 중심이 존재함으로써 정신적인 집중이 형성되기 쉬운 형. 피라미드나 그리스신전과 로마 판테온의 핫사드와 후이렌셋의 대사원, 산타 소피아 사원 등은 이와 같은 형식임. ②양고형(兩高型) : 우마(牛馬)의 머리에서 힌트를 얻은 것으로 천국으로 이끌리는 것 같은 느낌을 주는 고딕사원의 형태가 하나의 실례임. 중고형보다 안정감이 있고 평온한 위엄을 나타내는 것이 특징. 이집트나 서아시아의 성곽과 고딕사원과 르네상스 후기의 저택에서 살펴 볼 수 있음. ③중고양고병용형(中高兩高併用型) : 중앙에 큰 돔과 좌우에 작은 돔과 박공을 가진 형태로 안정감과 위엄을 겸비한 형으로 기념건축물에 많고 르네상스 이후 대형건축의 입면에도 즐겨 사용되고 있음. 우리나라의 구 국회의사당도 이 형식에 속함.

심목(心木) : ①기둥의 중심선. ②기둥의 한 반. ③주심(=).

심미성(審美性, nature for the beautiful) : ①디자인의 조건요소인 아름답다는 느낌, 즉 미의식을 말함. ②미의식(美意識)은 각각 개개인에 의해 감지되는 절대적으로 주관적이나 민족성·국제성·사회성·개인성 등의 공약수적인 대중이 공감하는 보편적 미의식도 있음.

심방(心枋) : 기둥 대문 위에 가로로 건너지른 부재.

심벌(symbol) : ①연기가 나면 불을 연상하는 등의 자연기호인 시그널이나 상호 약속에 의한 사인에서 출발한 심벌은 그리스도를 상징하는 십자가나 평화를 상징하는 비둘기처럼 가시적으로 응축된 형태나 특정 색채를 가진 시각기호. ②특정 상징이나 표상의 의미를 가지는 심벌은 사용에 따라 심벌마크·공공을 위한 퍼블릭 심벌·특정 캠페인을 위한 심벌 등으로 부르면서 마크라는 용어와 혼재되어 사용. ③심벌마크(=).

심벌마크(symbol mark) : ①기업의 절대적 표상으로 기업의 경영이념이나 경영방침 등을 시각적으로 상징화한 것. CI에서 가장 핵심적인 요소. ②모티브는 기업의 경영이념이나 기업자세·사업내용·회사명이나 브랜드 등이 있음. ③기업 심벌·사장(社章)이라고도 함.

심벽(心壁) : ①전통한옥에서 기둥 부분이 드러나게 만든 벽구조에 대한 일본식 용어. ②기둥을 세우고 위아래에 인방을 놓은 면 내에 벽재를 설치한 벽. ③기둥과 기둥 사이에 흙벽을 친 것. ④목조건축에서 기둥의 중심부에 흙벽 등을 쳐서 기둥이 벽면보다 두드러져 내보이게 된 벽. ⑤구조는 목조건축의 기초 위에 기둥을 세우고 기둥 위에 도리·창방 또는 도리와 장여를 건 다음 기둥의 상·중·하에 인방을 건너지르고 이들 인방과 인방 사이에 세로로 일정한 간격을 두어 중깃을 세우고 중깃 사이에 가시새를 가로지름. 다시 가는 나무나 대가지·수수깡 등을 가로로 엮은 눌외와 세로로 엮은 설외를 좁은 간격으로 엮은 후, 여물을 섞은 진흙을 입혀 면을 고르게 마감. 이렇게 해서 구조를 만든 후에는 종이나 천으로 도배하거나 회반죽으로 마감. ⑥산자벽(=).

심부감각(深部感覺, deep sensation) : ①시각(視覺)을 사용하지 않고 팔·다리의 위치나 운동의 방향 및 속도와 손가락의 굴신(屈身) 여부를 알 수 있는 감각. ②고유감각기·고유감각(=).

심상(心象, image) : ⇨이미지(=).

심상열가옥(沈相烈家屋) : ①강원도 유형문화재 82호, 19세기 창건. ②겹집으로 된 일자형 안채와 ㄴ자형태의 사랑채, 곳간과 우사, 대문이 이어져 ㅁ자형의 평면을 구성하며, 사랑채와 외양간을 잇는 외부 벽 이룸. 안채는 퇴가 있는 방과 부엌으로 면에 설치된 대문 외에 안마당과의 사이에 벽과 문을 하나 더 설치하여 안마당의 기밀성을 높임. 사랑채의 전면에는 툇마루가 놓이며,

작은 규모이나 기단 높이의 조정과 지붕형태의 차이를 통해 공간의 위계성과 독립성을 부여함. 실의 기능에 따라 판벽을 적절히 사용하여 입면의 효과가 큼.

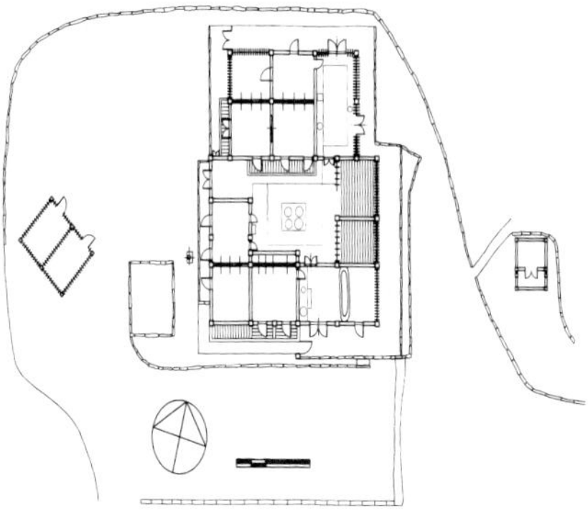

심상열가옥 배치도

심상진가옥(沈相振家屋) : ①조선 중종조의 관찰사 심광이 살던 살림집. 겹집의 평면에 사대부가의 평면형식이 결합된 ㅁ자형 집. ②정방형에 가까운 평면 및 안마당의 구성이 특이하며 전면 5칸, 측면 2칸의 겹집인 안채는 장대석 두벌대 기단 위에 방형의 초석과 기둥을 세운 겹도리 팔작지붕 집. 사랑채는 겹도리에 홑처마 팔작기와 집으로 안마당 쪽으로 툇마루를 설치하여 다른 방과 연결을 꾀함. 바깥 담장에는 대문이 없으나 안마당으로 출입하는 문 때문에 독립성이 부여됨.

심성암(深成岩) : ①화성암의 일종. ②암장(岩漿)이 땅속 깊은 곳에서 천천히 식어 굳어져서 생성된 것. ③완전히 결정(結晶)되어 낱알 모양의 조직(組織)을 이룸. ④화강암(花崗岩)·섬록암(閃綠岩)·반려암(斑糲岩) 등. ⑤심조암(深造岩, plutonic rock)이라고도 함.

심이음(心-, center joint) : 부재의 이음을 중앙에서 잇는 방법.

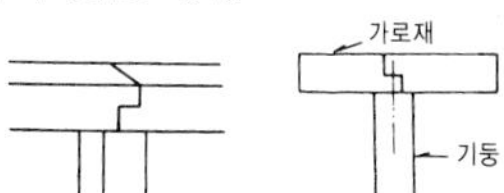

심이음

심장형 의자(心臟型椅子, heart shaped chair) : ①등받이가 심장 모양으로 뚫린 헤플화이트(Hepplewhite) 디자인 의자. ②18세기 방패형 의자의 헤플화이트식 변형임.

심장형 의자

심재(心材, heart wood, duramen, core) : ①나무의 횡단면상 중심부의 암갈색 부분을 제재한 목재로 견고하고 함수율이 낮음. ②수심(樹心)의 주위에 둘러져 있는 생활기능이 줄어든 세포의 집합으로 수액과 수분이 적으며 재질은 변재보다 단단하고 변형이 적고 내구성이 있어 이용상의 가치가 큼. 색은 진하며 고무질·탄닌·수지 등이 있고 목재를 말함. ③변재(⇔)·코어(=).

심점(心點, center of version) : 선형 투시도에서 시점(視點)의 중심축과 화면의 교차를 나타내는 점.

심제공(心諸貢) : 귀제공에 있어서 기둥의 수직상에 짜여진 제공.

심주(心柱) : ①중심기둥. ②다층 건물의 중심에 세우는 기둥. ③여러 층으로 된 건물의 경우에 건물의 한가운데에 세운 높은 기둥. ④탑·정자·누각 등의 한복판에 세운 기둥. ⑤중층일 때는 통재기둥을 쓰기도 하며 심초석 위에 세움. ⑥옥심주·중심주의 준말. ⑦찰주·옥심주(=).

심초석(心礎石) : 목조탑의 중심기둥을 받치는 긴 주춧돌.

심판(心板, cores) : ①합판의 중심층이 되는 판. ②베니어 코어 합판에서는 베니어(單板, veneer)이고, 럼버 코어 합판에서는 스트립판(strip board)임.

심포지엄(Symposium) : ①두 명 또는 그 이상의 사람이 한 가지 주제에 관해 각기 다른 입장에서 고찰한 바를 강연한 후 청중이나 사회자의 질문에 답변하는 공중 토론의 한 형식. ②그리스어의 심포시아(symposia ; 함께 술을 마시는 것), 심포시온(symposion ; 향연)에서 비롯된 용어. ③학술 토론회, 신문·잡지 등에 발표되는 지상(紙上)토론회의 뜻으로도 널리 쓰임.

심형판(心型版, manufactural norm, mental template) : ①문화에 있어서 보편적·규범적 성격을 지니는 것. ②그 사회에 일정한, 즉 정형적인 형태를 지니게 하며 이는 그 사회의 사람들 속에 보편적인 규범으로 존재함.

십각형(十角形, decagon) : ①변이 10개 모서리가 10개인 다각형. ②오각형의 절단된 형인 동시에 2차적 형상.

십센트스토어(十-, ten cent store) : ⇨버라이어티스토어(=).

십이장거리 : ①추녀 한쪽으로 선자연 열두 개로 부챗살처럼 선자를 구성하는 것. ② 선자서까래가 열두 개로 된 것. ③열두장거리·십이장막장(=).

십이장막장 : ⇨십이장거리(=).

십이주식(十二柱式, dodeca style) : ⇨도데카스타일(=).

십일월그룹(十一月-, Die November gruppe [독]) : ①1918년 11월 독일의 공화주의 혁명 후 급진적인 성향의 예술가들이 11월 혁명의 영향 아래 화가인 M. 페히슈타인(M. Pechstein)과 C. 클라인을 주축으로 1918년 12월 베를린에서 결성한 그룹. ②이 그룹의 멤버로서 화가인 L. 파이닝거(Lyonel Feininger ; 1871~1956)와 W. 칸딘스키(Wassily Kandinsky ; 1866~1944), P. 클레(Paul Klee ; 1879~1940), L. 마이드네르, 건축가인 O. 바르트닝(Otto Bartning ; 1883~1959)과 H. 루크하르트, 멘델존(Erich Mendelsohn ; 1887~1953), 미스 반 데어 로에(Ludwig Mies van der Rohe ; 1886~1969), 브루노 타우트(Bruno Taut ; 1884~1967), 막스 타우트(Max Taut ; 1880~1938), 샤론(Hans Scharoun ; 1893~1972), 작곡가인 H. 아이슬러 등이 있음. ③11월 그룹은 예술연구협회와 많은 구성원들이 중복되지만 정치적 야심은 되도록 적게 하고 엄격한 예술적 범주 속에서 급진주의를 제한한 상태에서 출발. ④1919년의 전시목록을 통해 다음과 같은 선언을 함. 11월 그룹은 급진적 예술가들의 모임. 종래의 형태가 보여준 표현을 거부하고 새로운 표현적 기법을 이용하는 급진적 성향의 그룹. 1919~1932년간 19회의 전시회를 개최하였으며, 1920년에는 로마, 1924년에는 모스크바와 일본에서 순회전시회도 함. 이 그룹은 새로운 음악과 실험적 영화 분야 등 많은 분야에서 적극적인 활동을 함. 1933년 9월 국가 사회주의 정부에 의해 공식적으로 이 그룹의 활동이 정지되었지만 이후에도 수년 동안 활동을 계속했음.

십일장거리 : ①선자 서까래가 열한 개로 된 것. ②십일장막장(=).

십일장막장 : ⇨십일장거리(=).

십일포(十一包) : 포집에서 공포가 열한 겹으로 겹쳐진 것.

십자가(十字架, cross) : ①고대, 특히 기독교의 상징이나 장식으로 사용된 모티프. ②종류는 다양하나 주로 그리스식(式) 십자가와 라틴식(式) 십자가를 가장 폭넓게 사용.

1. 그리스식 십자가
2. 라틴식 십자가
3. 성 안토니 십자가
4. 성 앤드류 십자가
5. 이중 십자가
6. 포크형 십자가
7. 말타 십자가
8. 클로버형 십자가
9. 로테인 십자가
10. 페아펠 십자가

십자가

십자교차부(十字交叉部, crossing) : ①십자형 교회의 평면에서 회중석(nave)과 익랑(transept)이 교차하는 부분. ②이곳에는 일반적으로 탑이나 반구형 천장(dome)을 설치.

십자금

십자금 : 단청문양의 일종.

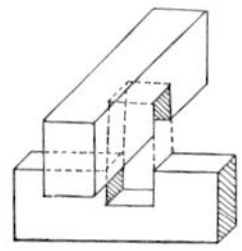
십자맞춤

십자맞춤(十字－) : 두 나무를 십자걸이로 하여 짜는 방법이나 그렇게 짠 자리.

십자쌍촉이음 : 길이 이음의 일종.

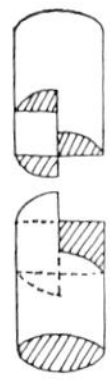
십자쌍촉이음

십자줄눈(十字－, straight joint) : 미장공사에서 타일·벽돌·블록 등의 세로줄눈 상하 이층 이상이 연속되어 있는 줄눈.

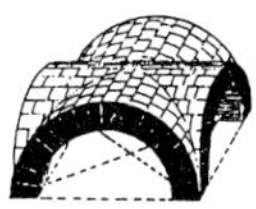
십자형 궁륭

십자형 궁륭(十字型穹窿, cross vault) : ①두 개의 원통형 천장이 직각으로 교차할 때 생기는 천장의 형태. ②로마에서 처음으로 사용되었고 네 개의 각 부분으로 전달.

십자형 다리버팀대(十字型－, cross stretcher) : ⇨엑스형 다리버팀대(＝).

십자형 머리(十字型－, phillips head) : 십자스크루 드라이버를 사용하도록 두 개의 홈이 직각으로 파진 나사못 머리.

십자형 반턱맞춤(十字型－, cross lap joint) : 교차되는 두 부재에 의해 형성되는 반턱이음.

십자형지붕

십자형 지붕(十字形－) : ①지붕형식의 일종. ②정(丁)자형 지붕과 같은 특수형 지붕의 일종.

십장거리(十杖－) : ①추녀 한쪽으로 선자연 열개로 부챗살처럼 선자를 구성하는 것. ②선자 서까래가 열 개로 된 것. ③열장거리·십장막장(＝).

십장막장 : ⇨십장거리(＝).

십주식(十柱式, decastyle) : ⇨데카스타일(＝).

싱글베드(single bed) : ①1인용 침대. ②크기는 너비×길이가(900㎜·1,000㎜·1,050㎜)×(1,900㎜·1,950㎜·2,000㎜·2,050㎜)이나 표준치수는 폭 1,000㎜, 길이 1,950㎜, 매트리스의 실제 치수는 너비방향이 80㎜, 길이방향이 50㎜ 작음.

싱글베드룸(single bed room) : 호텔·여관 등의 숙박을 위한 건축물에서 1인의 숙박을 위한 객실로 1인용 침대가 배치됨.

싱글벨트샌더(single belt sander) : 셰이퍼(shaper)나 대패(planer)를 거친 부재를 연마하는 목공기계로서 주로 서랍재나 곡선재를 연마하는 데 사용.

싱글스타일(shingle style) : ①19세기 후반 미국의 절충양식인 주거건축양식. ②특징은 벽에서처럼 지붕도 칠하지 않은 목구조인 우드 싱글(wood shingle)을 외부 덮판으로서 광범위하게 사용한 것이나 비대칭형 및 가변형 평면 배치를 사용한 것이 특징.

싱글스핀들셰이퍼(single spindle shaper) : ①띠톱에서 1차 절단된 부재를 부재의 형태에 따라 지그(jig)를 만들어 정가공하는 목공기계. ②주로 의자의 다리 가공에 많이 사용.

싱글오피스(single office) : ①긴 복도를 가지고 여러 작은 공간의 실로 구획되는 사무공간. ②칸막이에 의해 시선·소음이 차단되어 시청각적 프라이버시가 확보되므로 전문직이나 정신집중을 요하는 프라이버시 보장이 요구되는 업무에 적합. ③각 실마다 사용자가 원하는 대로 실을 꾸밀 수 있어 퍼스낼러티(personality)가 있는 공간이 될 수 있으며, 조명의 조작·통풍·채광·블라인드·커튼 등 주위환경의 조정도 가능. ④1인당 7.5~8.5㎡ 면적이 필요. ⑤종류는 세포형 오피스와 집단형 오피스로 구분. ⑥복도형 오피스(＝).

싱글카테고리디스플레이(single category display) : 진열된 모든 것들이 동일 가격의 한 가지 아이템에 초점을 맞추어 디자인된 것.

싱글쿠션식 침대(－式寢臺, single cushion type bed) : ⇨박스스프링 침대(＝).

싱글프로모션디스플레이(single promotion display) : 하나의 주된 판매 이벤트가 모든 매장의 전체에 나타나는 전시나 진열.

싱글형 오피스(－型－, single type office) : ⇨세포형 오피스(＝).

싱제리(singerie[프]) : 프랑스 루이 15세 시대에 널리 사용된 연극에 나오는 원숭이 모양의 디자인.

싱퀘센토(cinquecento[이]) : ①이탈리아의 16세기를 지칭하는 용어. ②전반부 50년은 르네상스 생산품의 절정기로 알려져 있음.

싱크(sink) : 주방이나 세탁장에서와 같이 세척하기 위한 급·배수시스템과 연결된 물받이 용기.

싱크대(-臺, sink table) : 부엌의 작업대(work-top)에 설치하는 수조(水曹).

싱크포일(cinquefoil) : ①커스프(cusp)에 의해 분할되어 방사상으로 구성된 5개 꽃잎의 무늬장식. ②'매화무늬'라고도 함.

싼물매 : 경사도가 보통보다 적은 물매.

쌈지공원 : ⇨포켓파크(=).

쌍가지소화전(雙-消火栓, siamese) : ⇨사이어미즈(=).

쌍갈 : 수장의 장부촉을 두 갈래로 바심하는 기법.

쌍계사대웅전(雙溪寺大雄殿) : ①보물 408호, 고려 때 행촌(杏村) 이임이 발원 창건, 화재로 소실된 후 1716년(숙종42) 중층 대웅전 중창, 그 후 1739(영조15) 재중건. ②이 절에는 극락전을 비롯하여 관음전·선원·동당·서당·명월당·백설당·장경각·향로전·해회(海會)·삼보·요사 등 500~600여 칸이 있었다고 함. ③대웅전은 정면 5칸, 측면 3칸의 겹처마 팔작지붕. 사괴석을 내벌대로 줄쌓기하여 하단을 만들고 그 위에 장대석 외벌대로 대웅전의 기단을 만듦. 평면의 크기가 정면 18m, 측면 8.4m로 정면대 측면의 비가 2 : 1 이상(보통 대웅전 평면비례는 1.5 : 1 내외). 초석은 덤벙주초 위에 굵기가 일정하지 않은 민흘림기둥을 세움. 기둥 중에는 원목을 정갈하게 마름질하지 않고 거의 그대로 사용한 것도 있음. 공포는 내5출목, 외4출목의 다포식으로 공포의 출목수가 많은 편임. 공포의 쇠서 끝은 앙서모양으로 하고, 살미와 살미의 제공 안장에는 연봉(蓮峰) 조각, 포의 상부는 용두, 보머리에는 봉황을 조각, 모서리 귀포 상부에는 용두 조각, 대들보 양측면으로 걸친 충량(衝樑)에도 용두를 조각하여 포작으로는 매우 화려한 모습. 상부는 우물반자를 설치. 정면 5칸에는 각각 2분합꽃살창을 만듦.

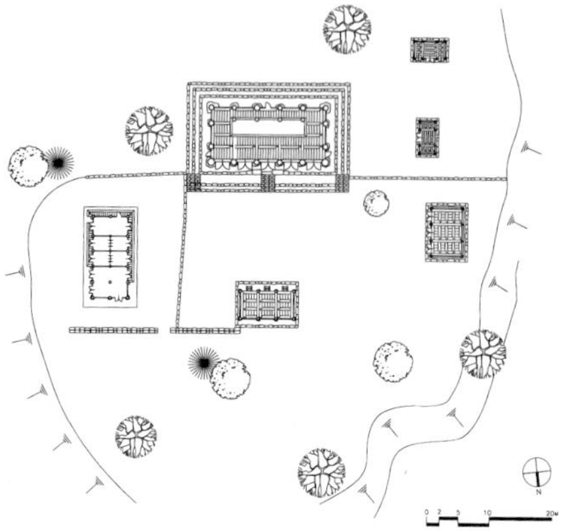

쌍계사대웅전 배치도

쌍계정(雙溪亭) : ①전라남도 유형문화재 제34호, 조선시대 창건, 전남 나주시 노안면 금안리 251에 위치. 고려 충렬왕 때 문정공 정가신(鄭可臣)이 말년에 건립한 정자로 정가신과 문숙공 김주정(金周鼎), 문현공 윤보 등이 교우하고 교육하던 처소였으며, 삼현당(三賢堂)이라고도 함. 그후 조선 세조부터 선조 연간에는 정서·신숙주·신말주·김건 등 당시 대표적인 학자들이 학문연구 장소로 이용됨. 또한 마을사람들이 대동계를 운영하던 장소임. ②방이 없는 대청형 건물로 정면 3칸, 측면 2칸의 맞배집. 낮은 1단 기단 위에 덤벙주초를 놓고 두리기둥을 세움. 포작이나 주두 없이 보와 장여, 도리로 결구함. 등이 굽은 커다란 대들보 위에 다락과 같은 창고를 두어 금안동과 관련된 책을 보관. 우물마루를 깔고 사방이 트였으며, 전체가 방이 없는 통칸임. 한석봉이 쓴 쌍계정 현

쌍계정

판 두 개와 쌍계정 중수기, 정가신, 정서, 홍천경이 지은 시가 걸려 있음. 1957년 네 성바지(나주정씨·풍산홍씨·하동정씨·성홍김씨)가 뜻을 함께 해 사성강당(四姓講堂)이란 현판도 걸었음.

쌍고주오량(雙高柱五樑) : ⇨이고주오량가(=).

쌍고주칠량(雙高柱七樑) : ⇨이고주칠량가(=).

쌍곡선(雙曲線, hyperbola) : ①2정점(二定點)으로부터의 거리 차이가 일정한 점의 궤적이며 원뿔을 축에 대해 비스듬히 교차하는 평면으로 절단한 면. ②쌍곡선의 역학적 특성으로 인해 댐이나 돌담 등은 쌍곡선으로 만든 것이 합리적임. ③위에서부터 아래로 향해 비례적으로 커지는 하중에 대해 합리적으로 저항하는 곡선이며 수압(水壓)이나 토압(土壓)을 지탱.

쌍곡포물선지붕(雙曲拋物線-, hyperbolic paraboloid roof) : 쌍곡선의 아치를 형성하는 연속적인 면에 의해 이루어진 조개무늬 지붕. 형태적으로는 날아가는 나비모양과 비슷함.

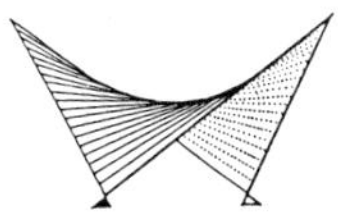
쌍곡포물선지붕

쌍기둥(accouplement, coupled column) : ①한 쌍으로 가깝게 붙어 있거나 같은 엔태블러처(entablature) 아래에 나란히 있는 두 개의 기둥. ②신고전주의 교회 정면에 사용되었고, 루브르 동쪽 정면에 소와 같이 몇 쌍의 기둥들이 함께 모여 하나의 주랑을 형성할 때 더욱 효과적임.

쌍기둥

쌍꼬임형 선반가공재(雙-型 旋盤加工材, double open twist turning) : ①두 개의 부재가 중앙에 공간을 두고 꼬여 있는 선반가공 부재. ②선반가공 후 조각도로 뚫어냄으로써 완성.

쌍대 : 나무 따위를 엇지게 쌓는 것.

쌍대공(queen post) : ①경사진 트러스에서 정점으로부터 같은 거리에 있는 두 개의 수직부재. ②지붕의 구조를 이루는 요소로써 한 쌍의 직립기둥 형태를 취함.

쌍대공지붕틀(雙臺工-, queen post truss) : 산형(山形) 트러스 부재 조립에서 중앙 부근에 대칭으로 배치한 쌍대공을 가진 트러스. (p.856 쌍대공지붕틀 그림 참조).

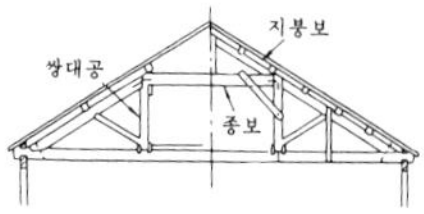

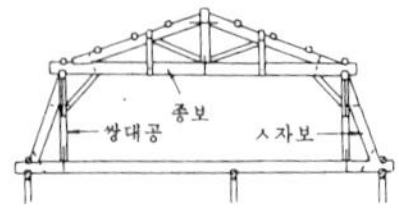

쌍바라지(雙婆羅之) : 두 짝으로 된 바라지문.

쌍사 : ①살대의 전면을 쌍사대패로 골이 지게 다듬질한 것. ②쌍사대패(=).

쌍사

쌍사귀(雙四-) : 나무의 귀가 두 줄로 되게 하는 모끼의 한 종류.

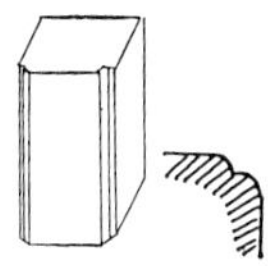
쌍사귀

쌍사대패 : ①쌍사를 칠 때에 쓰는 대패. ②쌍사밀이라고도 함. ③오목한 날이 두 개로 되어 있음. ④⇨쌍사(=).

쌍사슬고리(雙-) : 사슬이 두 개 달린 문고리.

쌍수금형 다리버팀대(double lyre stretcher) : ①두 개의 수금(獸禽)상태가 곡선부에서 만나 다리를 연결하는 18세기 초의 탁자 다리 버팀대. ②각 수금의 개방된 끝이 탁자의 끝부분으로 향해 다리와 만나 부착.

쌍여닫이문(雙開閉門, double swinging door) : 좌우 양쪽에 경첩을 사용하여 문 두 짝을 달아 개폐할 수 있는 여닫이문.

쌍여닫이창(雙開閉窓, double swinging window) : 좌우 양쪽에 경첩을 달아 창 두 짝을 달아 개폐할 수 있는 여닫이창.

쌍자재문(雙自在門, double acting door) : 양쪽 방향으로 여닫을 수 있는 한 짝으로 된 문.

쌍장부(雙丈夫) : ⇨깁스·쌍장부맞춤(=).

쌍장부맞춤 : ①장부를 두 갈래로 만든 맞춤. ②나무를 잇거나 끼울

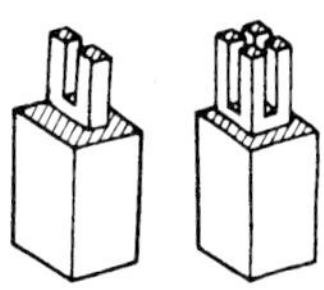
쌍장부 두쌍장부

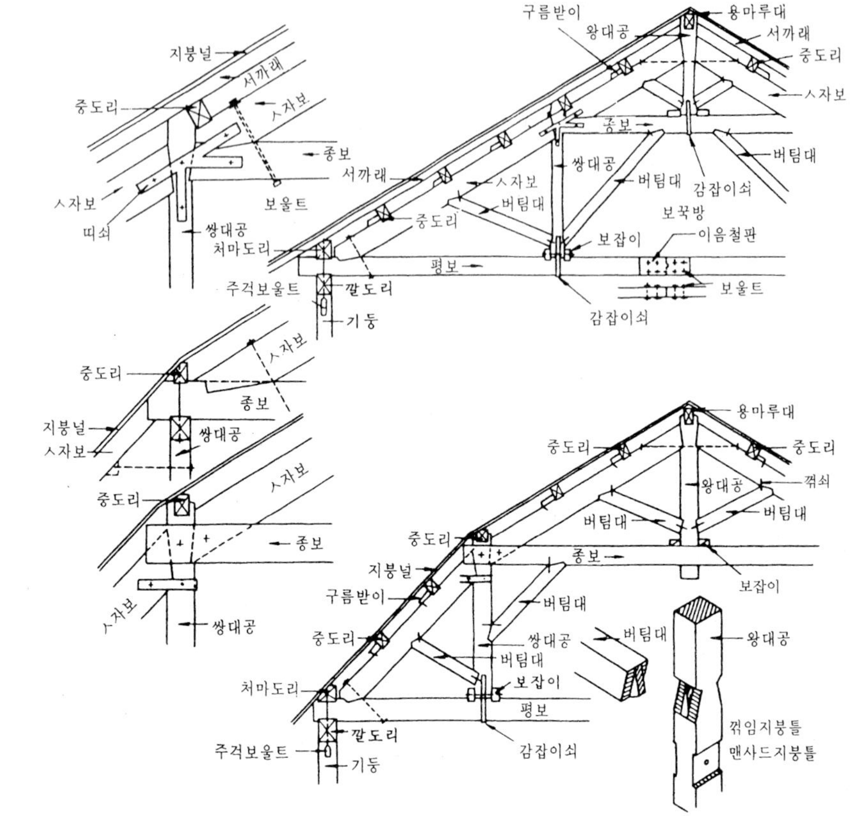

쌍대공지붕틀

때에 구멍을 끼우는 장부의 돌기가 두 개가 있는 장부. ③주로 창호에 사용.

쌍창(雙窓) : ①두 짝으로 된 창. ②쌍창이 들어가면 창의 옆에 벽을 치게 됨.

쌍채집(雙-) : ①안채와 바깥채가 나란히 배치된 평면형 홑집. ②건물의 좌우 끝은 담으로 이어지며 앞뒤채의 칸살은 비슷하게 구성. ③이자집(=).

쌍청당(雙淸堂) : 대전광역시 유형문화재 2호. 동춘당이나 송애당·제월당과 같은 1433년(세종15년) 유학자 송유(宋愉)가 건립한 별당. 1616년(광해군8년) 1차 중수, 1818년(순조18년) 재차 중수. ②정면 3칸, 측면 2칸에 팔작지붕의 단아한 모습. 건물 뒤로 구릉을 이용하여 화계(花階)를

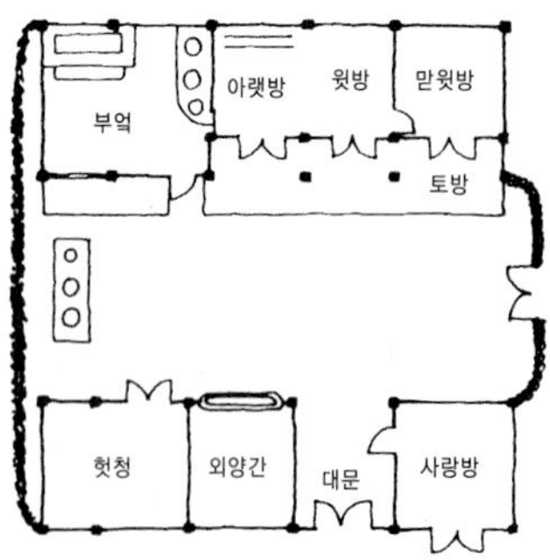

쌍채집

만듦. 일반주택건축에서 찾아볼 수 없는 단청이 되어 있음. 그 지역에서 가장 먼저 만들어진 별당의 모범적인 형태로 구들과 마루가 접합되어 건축되었으면서도

남방적인 지역성에 적절하게 대응할 수 있도록 고상식으로 꾸밈. 기단은 사괴석을 1단 쌓아 만든 외벌대 기단임. 초석은 막생긴 덤벙주초를 놓고 방주를 세움. 기둥머리는 대들보와 도리를 사개맞춤으로 하고 공포는 초익공을 짜 올림. 전체 칸수 6칸 중 동측 4칸은 마루, 서측의 2칸은 온돌방임. 온돌방 뒤편에 반침을 내달고 반침밑에는 불을 지피는 아궁 함실을 둠. 온돌방과 마루 사이에는 2폭짜리가 2개 모두 4폭인 들어열개문을 달아 공간의 가변성을 갖도록 계획함. 대청마루의 전면과 동측의 각 칸에는 2분합 여닫이문을 달았는데 문살은 촘촘하게 만든 띠살문이고, 마루의 뒤쪽 2칸에는 2분합 골판문임.

쌍촉 : 장부촉의 일종.

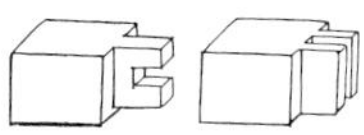

쌍촉

쌍턱걸이 : 가로로 댄 나무에 쌍턱을 따서 건너 걸치는 방법이나 그렇게 걸치는 자리.

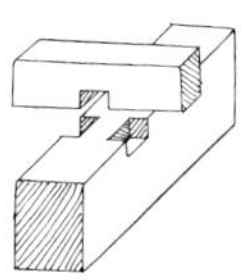

쌍턱걸이

쌍턱장부 : ⇨쌍턱장부맞춤(=).

쌍턱장부맞춤 : ①턱이 양쪽에 있는 장부맞춤. ②주로 도리와 보의 걸침에 사용.

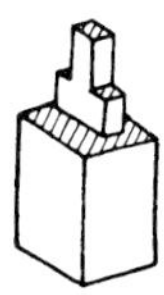

쌍턱장부촉 : ①장부촉의 일종. ②쌍턱장부맞춤.

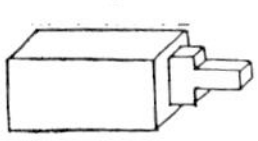

쌍턱장부촉

쌍흥장 : 부엌 안의 그릇을 넣어두는 곳.

쌓기식 가구(−式家具, stacking chair) : 쌓아 올려서 보관성이나 이동성을 고려한 가구로 주로 의자에 이용.

쌤 : 문꼴과 문꼴이 서로 겹쳐지는 자리.

써머 : ①마루의 장선 끝을 지지하거나 기둥을 받치기 위해 사용하는 가로들 보. ②문이나 창문의 상인방. ③아치구조의 일부로 원기둥 위에 얹혀지는 돌.

써머베드(summer bed) : ⇨섬머베드(=).

써머

썰다 : ①나무의 결을 가로질러서 자르는 것. ②나무를 옆으로 눕혀 놓고 위에서 아래로 자르는 것.

썰대(−臺) : ①미닫이가 깎아먹지 않도록 미닫이를 물홈바닥에 단단한 나무를 박아 깐 것. ②대나무를 쓰기도 함.

썰음톱 : ①나무의 결을 가로 질러서 자르는 톱. ②동가리톱·자름톱·가로톱·끈치톱(=).

쎄드로(Cedro, Cedrela odorata L.[학]) : ①멕시코·코스타리카·베네수엘라·페루·수리남·엘살바도르·파나마·콜롬비아·에콰도르·브라질 등 중앙아메리카·남아메리카·아시아·오스트레일리아에 걸쳐 분포. ②심재는 붉은 빛을 띤 갈색이며 변재는 황백색 또는 담갈색. 목리는 통직하고 나무갖은 약간 고움. 기건비중 0.5 내외, 수축률은 방사방향 3.6%, 접선방향 6.4%, 용적수축 6.8~10.0%로 적고, 강도는 압축강도 302~345kg/㎠, 휨강도 633~772kg/㎠, 횡인장강도 11.5~13.2kg/㎠로 약함. 내구성이 있으며 기계·기구·제작 등 가공이 용이하고 접착도장은 양호함. 자연건조·인공건조 모두 같이 빠르고 양호하며 품질의 저하도 적음. ③주로 건축·내장·가구 등에 사용.

쐐기(wedge) : ①어기고 박는 데 쓰는 토막나무. ②직사각형 단면에 길이가 짧은 나무토막을 비켜서 납작하게 만든 것. ③장부의 되빠짐을 막기 위한 장부마구리에 처넣는 것을 '벌림 쐐기치기'라고 함.

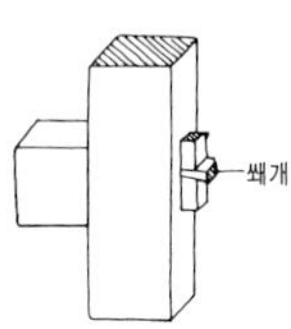

쐐기

쐐기돌 : 쇠로 만든 쐐기로 캔 돌.

쑥돌 : ⇨화강암(=).

쓰나미 : ⇨쯔나미(=).

쓰레기소각로(−燒却爐) : ①쓰레기 소각로에 사용하는 노. ②종류는 형태나 방식에 따라

㉠화격자 연소방식 ㉡고정상 연소방식 ㉢다단로 연소방식 ㉣로터리 키룬방식 ㉤유동상 연소방식 ㉥분무 연소방식으로 크게 구분함. ③소각로에서 배출되는 배기가스 중 대기오염물질로 가장 많은 것은 염화수소가스임.

쓰레기종량제(-從量制) : ①쓰레기 수수료 종량제는 경제적 유인방법 가운데 사용자 부담금에 해당됨. ②종량제는 쓰레기 배출량에 따라 그 처리비를 차등적으로 부과하는 제도. ③쓰레기 배출량이 늘어나면 처리비도 그만큼 많이 부담하는 제도가 종량제임.

쓰레기학(-學) : ⇨가볼리지(=).

쓰리베이(three bay) : ⇨스리베이(=).

쓰리아이산업(-産業, Three I Industry) : 지식(intelligence)·복합(integration)·정보(information) 산업의 총칭.

쓰리에스운동(Three S Movement) : ①생산성 향상운동의 하나. ②표준화(standardization)·단순화(simplification)·전문화(specialization)의 3개의 머릿글자를 따 3S라 부름. ③직장이나 노동을 전문화하고 제품 부품의 규격과 종류를 표준화해 제품이나 작업방법을 단순화하려는 것. ④기업이 제품의 규격을 정리해 표준화를 추진하면 자연히 생산공정은 단순화됨. ⑤기업이 전문화되면 제품의 종류도 줄어들어 동종 제품의 생산량이 증대하고 대량생산의 실현으로 코스트가 저하됨.

쓰리이운동(-運動, Three E Movement) : ①신바람나게(exciting), 즐기면서(enjoyable), 재미있게(entertaining)의 영문 이니셜을 딴 말. ②기업체 간부들이 신세대 부하관리를 보다 효율적으로 관리하기 위해 벌이고 있는 새로운 오피스라이프스타일.

씻어내기 : 미장공사에서 인조석 등을 바른 다음 바로 솔 또는 스프레이 건(spray gun)으로 씻어내어 마무리하는 방법.

【ㅇ】

아가리홈 : ①널판 따위를 끼우려고 개탕으로 밀어서 낸 홈. ②물홈의 한 종류로 개탕질해서 길게 판 홈. ③빈지를 들이는 데 쓰이거나 뒤주의 문에 쓰임. ④앙아리홈(=).

아가일체어(argyle chair) : ⇨아르질체어(=).

아가티스(agathis) : ①인도네시아·파푸아뉴기니 등지에서 생산되는 남양재. ②주로 가구재나 실내장식 마감재·몰딩재 등으로 사용.

아고라(Agora) : ①"사람이 모이는 장소"라는 뜻으로 고대 그리스의 도시 아크로폴리스(acropolis)에 있는 시민들의 공공광장(公共廣場). ②광장·신전이나 재판소·시장과 같은 건물에 둘러싸인 시민의 생활 중심지로 시민들의 정치·경제·상업 등의 일상적 활동을 위하여 만남의 장소로 이용된 개방된 공간. ③빌딩이나 주랑으로 둘러싸여서 정치 집회장소로도 이용됨. ④고대 로마의 포럼(forum)과 동일.

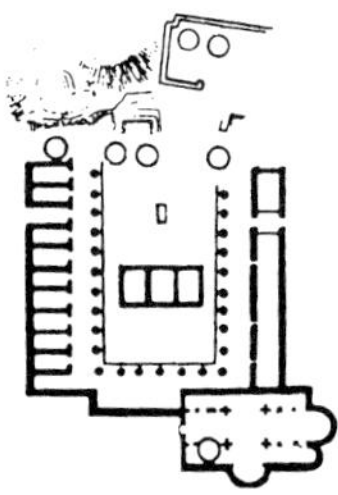

아고라

아고시카(akossika, scottellia spp[학]) : ①서아프리카의 코티브와르·카메룬·가봉 등 중부 아프리카 지역에 분포. ②심·변재의 구분은 불명료하고 엷은 황색이며 변재의 폭은 약 10㎝ 정도. 목리는 통직하고 약간의 교착목리가 있음. 광방사조직(廣放射組織)으로 정확한 정목면(柾木面)에서는 아름다운 호반문양(虎班紋樣)이 있음. 기건비중 0.62, 강도는 압축강도 625kg/㎠, 휨강도 1,125kg/㎠로 유럽의 너도밤나무와 비슷하거나 약간 강함. 건조는 쉽지만 갈라짐(할렬)이 일어나기 쉽고 비틀림이 잘 생김. 기계가공은 별문제가 없고 로터리 절삭은 좋으며 접착성이 양호함. 내구성은 불량하고 약제처리는 용이하며 청변(靑變)에 대한 내성은 없음. ③주로 내장·합판·가구·플로어링 등에 사용. ④오도코(=).

아교(阿膠, glue) : ①동물성 단백질의 일종. ②경단백질 알부미노이드(albuminoid)에 속하며, 동물의 피부·근육·결체조직 및 골격 내에 함유된 콜라겐을 온수로 가수분해하여 얻은 단백질계 접착제.

아구 : 아귀의 사투리

아구토(牙口土) : ⇨아귀토·와구토(=).

아궁쇠(焚口鐵物) : 아궁이에 대는 뚜껑 있는 철물.

아귀(牙口) : ①물건의 갈라진 곳. ⇨홈타기(=). ②주두·소로 위에 공포재가 끼이는 홈을 파낸 부분. ③나무 끝에 가장어귀가 있어 두 갈래로 된 나무. ④기둥과 보와 도리가 서로 맞물리는 곳.

아귀토(餓鬼土) : ①기와지붕의 처마 끝 수키와와 마구리가 물린 회백토(灰白土). ②수키와의 처마 끝에 물린 회백토 반죽. ③막새 대신 아귀토로 처리하면 소박하며 단정한 느낌을 줌. ④아구토·와구토(=).

아그라페(agrafe) : ①아치의 홍예석(voussoir) 또는 종석(keystone). ②특히 두루마리형 장식인 카르투슈(cartouche)로 조각된 것.

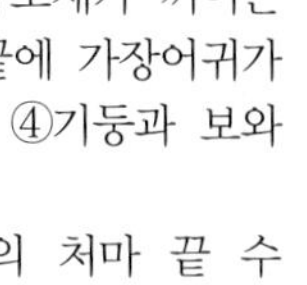

아그라페

아글라이아(Aglaia) : ⇨파삭(=).

아기장(-欌) : 의류를 보관하는 소형 장.

아나글립타(anaglypta) : ①낮은 부조(浮彫)로 조각되거나 새겨진 장식. ②석고와 혼합물로 돋을새회반죽의 김한 장식. ③몰드(mould) 제작된 조각을 벽이나 천장에 붙여서 조각 및 저부조(basrelief) 장식으로 사용. ④18세기 아담형제의 혼합장식 또는 카튼 피에르(carton pierre) 기법과 유사. ⑤오늘날에는 액체화하여 형틀이나 몰드에 부어 단편 조각으로 제조.

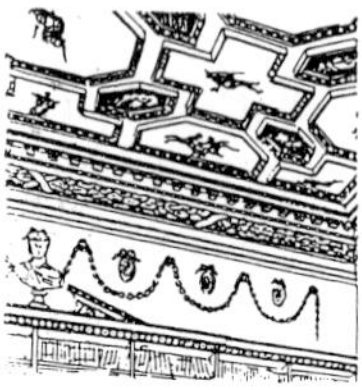
아나글립타

아나모르포시스(anamorphosis) : ①'비틀어진 상'이란 뜻으로 원래 레오나르도다빈치가 교회의 돔 천장에 그림을 그렸을 때, 아래에서 올려다보아서 정상으로 보이도록 그림을 왜곡시킨 것이 시작이라고 함. ②보통 상태에서는 보이지 않지만 통모양의 거울에 비춰보면 보이거나 비스듬히 보면 정상으로 보이는 그림을 말함.

아나콘다(Anaconda) : 미국의 아나콘다 카퍼 마이닝사의 제품으로 생산한 목재용 방부제의 상품명.

아네로이드기압계(-氣壓計, aneroid barometer) : ①일부분이 진공인 얇은 금속으로 된 상자를 이용하여 상자의 면이 대기압의 변화에 따라 조금씩 움직이도록 된 것. ②움직임은 지렛대에 의해 확대되어 눈금 위에 바늘로 나타내게 됨.

아노다이징(anodizing) : ①전기분해에 의해 알루미늄(aluminum)이나 티타늄(titanum)의 표면에 산화피막을 입혀서 색상을 부여하는 기법. ②전해주조 탱크 속에서 전기분해된 산소가 양극에 부착되어 있는 알루미늄이나 티타늄의 표면에 합류하여 산화피막을 형성하게 하는 기법.

아노말리(anomaly) : 정상적·순차적인 것으로부터의 일탈을 의미.

아담그린(Adam green) : 영국의 아담형제가 18세기 실내 배경색으로 채택·사용한 회색 기미가 도는 부드러운 녹색.

아담스타일(Adam style) : ①18세기 영국에서 활약한 로버트 아담(Robert Adam : 1728~92)과 동생 제임스 아담(James Adam : 1732~94)에 의한 신고전주의(neo-classicism)적 건축·실내·가구양식. ②고대 그리스나 로마양식이 혼재된 보다 장식적인 것이며 비례 및 디자인 역시 선례(先例)에 구애됨이 없이 상황에 따라 조정하는 다양한 방법을 선택하여 다양하게 변하는 표정을 중시하여 풍부한 변화와 경쾌하고 섬세하며 우아한 독특한 분위기를 조성. 초기에는 중후한 팔라디오양식(Palladian style)과 로코코양식(Rococo style)의 곡선을 사용했으나 그 후 독특한 신고전주의 양식을 개발하여 선적(線的)이고 가벼우며 우아한 이미지의 실내로 디자인함. ③특히 18세기 후기에 유행하여 프랑스나 미국에도 커다란 영향을 줌. ④공간의 형태는 사각형 또는 사각형의 한 벽면이 반원이나 팔각형으로 되어 있음. 천장은 평천장이나 원형의 둥근 천장·돔(dome) 등이며 원기둥·벽기둥·벽감(壁嵌, nitch)이나 패널·돌림띠(cornice) 및 징두리판벽(dado) 등의 고전적인 요소를 사용. 장식은 아라베스크(arabesque), 메달리온(medallion)·파테라(patera)·장식 항아리(urn) 등의 이집트·그리스·로마·에트루리아 등의 모티프를 채용. ⑤대표적인 작품으로는 1769년 런던 근교의 사이안 하우스와 1771년 영국 다비이샤의 케들스톤 홀과 햄스텍드의 켄우드 하우스, 1776년 런던의 홈 저택 등이 있음.

아담스타일

아동실(兒童室) : ①일반적으로 취학 이전의 어린이가 사용하는 방(房). ②아동실은 육체적·정신적으로 성장에 대응할 수 있는 공간이 되도록 하며, 취침·학습·놀이·휴식 등의 다목적 공간이 되도록 하고, 창조성·사회성을 기를 수 있도록 계획.

아라미드섬유(-纖維, aramid fiber) : ①방향족(芳香族) 폴리아미드(polyamide) 섬유의 약칭으로 1970년 미국 듀퐁사에서 개발된 유기합성섬유. ②특징은 탄산섬유와 동일한 수준의 고강도 재료이며, 탄산계수는 작지만 인성이 크고, 내충격성이 우수함. ③강력한 방탄력(防彈力)이 있어 방탄조끼 제조에 쓰이기도 하며, 플라스틱 강화제로 사용하면 로켓 엔진 케이스 보강에도 도움이 되는 등 공업용 섬유로서 뛰어난 인장력과 내열성을 가짐. ④종류는 제조방식과 분자구조에 따라 Kevlar 섬유와 Technolar 섬유로 구분함. ⑤모르타르나 콘크리트에 아라미드 단섬유를 혼입한 아라미드섬유 강화콘크리트(AFRC)가 있음. 최근에는 아라미드 섬유의 고장력, 저탄소계수 특성을 이용하고, 프리스트레스의 저하 감소, 긴장재의 총량 감소, 염분 부식 및 응력 부식의 우려가 없는 등의 효과가 예상됨.

아라베스카토(arabescato[이]) : ①이탈리아산(産) 대리석. ②흰색이며 광택과 색채평활도가 우수함. ③주로 실내용으로 사용.

아라베스크(arabesque[프]) : ①중세 이슬람, 특히 사라센과 스페인의 무어족 건축이나 미술·공예품의 기하학적인 패턴, 형태 및 양식화된 식물의 잎·꽃·열매 등의 혼합형태를 우아한 곡선으로 처리한 추상적이고도 미묘한 표면장식 문양에 대한 포괄적인 아라비아(Arabia)풍의 장식을 의미. ②아치, 개구부 주위 등 건물의 벽면이나 도기·카펫 등에 환상적인 분위기를 형성하는 중요한 장식요소로서 당초문양(唐草紋樣)과 동일한 의미로 사용되기도 함.

카사블랑카의 레스토랑 / 모로코 카사블랑카에 소재하는 아라베스크의 화려한 문양이 돋보이는 레스토랑.

아라스태피스트리(Arras-tapestry) : 14·15세기 프랑스 아라 지방에서 제작한 태피스트리. 두툼한 조직으로 되어 있고 당시에는 귀한 금속실을 넣어 짠 화려하고 고급스러운 고딕문양의 태피스트리.

아라조(Arazzo[이]) : ⇨태피스트리(=).

아래턱맞춤 : 기둥의 가로쇠목 맞춤법의 일종.

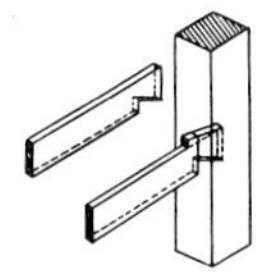
아래턱맞춤

아랫도리 : ①처마쪽에 있는 도리. ②장연(긴 서까래)이 걸림. ③웃도리(⇔).

아랫목 : 온돌방에서 아궁이쪽에 가까운 방바닥.

아랫턱끼움 : ①나무의 옆에 내려 걸리게 끼우는 방법이나 그렇게 끼운 자리. ②아래턱맞춤(=).

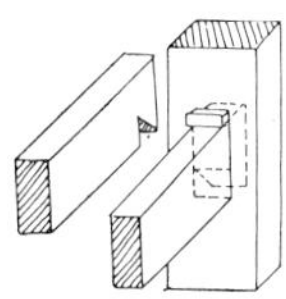
아랫턱 끼움

아레나극장(-劇場, arena theater, theater in the round) : ①고대 로마시대 타원형의 개방된 원형극장. ②스포츠나 전시를 위해 사용하던 건물. ③일반적으로 둘레에 관람석이 있는 원형 경기장으로서 관객이 연기자를 전반적으로 둘러싸고 관람하는 형식. ④좌석이 중앙무대를 중심으로 최소 3면을 둘러 배열된 극장. ⑤특징은 가까운 거리에서 관람하면서 가장 많은 관객을 수용할 수 있음. ⑥객석과 무대가 하나의 공간에 있으므로 입체감을 주며 긴장감이 높은 연극공간을 형성. ⑦무대의 배경을 만들지 않으므로 경제성이 있음. ⑧무대장치나 소품은 주로 낮은 기구들로 구성. ⑨관람객이 무대를 둘러싸기 때문에 시점이 현저하게 다르며, 연기자를 가리게 됨과 동시에 연기자가 전체적인 통일효과를 얻기 위한 공연을 구성하기 곤란함.

아레나 극장

아레나형식(-形式, arena type) : ⇨아레나 극장(=).

아레오스타일(areostyle) : ①로마시대의 건축가 비트루비우스(Vitruvius)가 창안한 기둥의 지름을 단위로 하는 기둥 배치간격 방법의 하나. ②기둥간격을 기둥지름의 4배로 하는 열주양식(列柱樣式). ③기둥의 지름은 높이의 1/8.

아레오스타일

아론스로드(Aaron's rod) : 규칙적인 간격으로 보이는 뾰족한 나뭇잎으로 구성된 볼록 몰딩.

아론스 로드

아르[1](are[프]) : ①미터법에 의한 면적단위. ②100㎡(약 30.25평)로 표시.

아르[2](radius) : ①라디우스(radius)의 이니셜(initial)로서 일반적으로 반지름을 뜻함. ②건축이나 실내건축에서 'r'은 물체의 형태나 모서리 부분이 반지름에 의한 곡선형태를 취하고 있음을 표현할 때 사용되는 용어.

아르누보(Art Nouveau[프]) : ①19세기 말과 20세기 초의 순수 및 응용미술의 한 양식. ②19세기 말 벨기에와 프랑스를 중심으로 발전한 장식적 디자인으로 모든 역사적 표현을 거부하고, 정교한 장식 대신에 일반적인 자연형태에 기초를 둔 매우 현대적인 양식. ③자연형태에서 추출된 물결모양의 유동체 모티프가 특징. ④'기계와 예술의 결합에서 가장 중요한 요소는 디자인이다.'라고 주장. ⑤아르누보는 공예상의 자연주의이며 미술공예운동(Arts and Craft movement)의 이식공예라고 할 수 있음. ⑥1870~1905년 사이에 산업화와 디자인의 빈곤시대에 저항하는 필연적인 반동작용으로 일어났던 혁신적인 예술운동. ⑦대표적인 디자이너로는 프랑스의 루이스(Louis)·마조레(Majorelle)·알렉산드레 샤펜티에르(Alexandre Charpentier)와 에밀 갈레(Emile Gallé) 등이 있고, 영국의 아서 맥머도(Arthur H. Mackmurdo)·스코틀랜드의 매킨토시(Charles Rennie Mackintosh), 오스트리아의 요셉 호프만(Joseph Hoffman), 벨기에의 앙리 반 데 벨데(Henry van der Velde)와 빅터 오르타(Victor Horta), 미국의 티파니(Louis Comfort Tiffany) 등이 있음. ⑧'새로운 예술'이라는 의미의 프랑스어로 스틸 1900(stijl 1900)로 알려진 아르누보는 1880~1910년대에 걸쳐 윌리엄 모리스의 미술공예운동에 반발한 유럽의 젊은 예술가들에 의해 벨기에·프랑스·독일·오스트리아 등 유럽 여러 나라를 중심으로 일어난 건축·예술의 운동이자 그 양식. ⑨과거의 전통적·역사적인 모티프나 양식(style)을 거부하고 철 등의 새로운 재료를 사용하여 식물형태의 자유롭고 자연스러운 선이나 형태에 의해 유연하고 유동적인 곡선이나 곡면을 적극적으로 사용하여 곡선의 장식적인 가치를 강조함. ⑩이 명칭은 1895년 빙(Samuel Bing ; 1838~1905)이 파리에서 자신의 미술상점에 붙인 이름에서 유래. 영국에서는 근대양식(modern style), 벨기에는 뱀장어양식(paling stijl)이나 회초리(채찍) 끈양식(coup de fouet), 빙(vingt), 독일은 유겐트 스틸(Jugendstil) 및 촌충(寸蟲)양식, 오스트리아는 시세션(Wiener secession), 스페인은 모더니즘(modernism), 이탈리아는 자유양식(liberti stile) 또는 꽃모양 양식, 프랑스에서는 앵글레 스타일(Le Style Anglais)이라고 알려져 있으며 아르누보 외에 1900년 양식, 근대양식(modern style) 또는 누에양식(nouille style) 및 중국면 장식(中國麵裝飾)이란 이름으로 활발하고도 왕성한 활동을 함. ⑪헨리 반 데 벨데(Henri Van de Velde ; 1863~1957)가 1896년 빙의 미술상점인 아르누보의 실내장식에서 설계한 가구를 보면 인간적인 동작에 대한 배려와 곡선적인 유연성이 전체의 형태를 결정했다면 곡선을 단순한 장식으로 사용한 것이 아니라는 것을 엿볼 수 있음. ⑫이에 대해 벨기에의 아르누보를 대표하는 건축가이자 실내디자이너인 오르타(Victor Horta ; 1861~1900)가 설계한 브뤼셀의 타셀저택(1893)은 흐르는 것과 같은 자유분방한 곡선으로 되어 있어 보다 아르누보적이었음. 브뤼셀의 사보이 호텔(1895~1900)에서 완전히 성숙된 아르누보를 보여줌. 그리고 오르타로부터 영향을 받은 아르누보 건축가 중 가장 뛰어난 프랑스의 기마르(Hector Guimard ; 1867~1942)는 자연의 형태를 연상시켜 주는 유기적 디자인의 걸작인 파리 지하철역 입구(1899~1900)는 그 대표적인 예임. ⑬가구에도 정열적인 활동을 하여 흐르는 것과 같은 선을 사용한 좌우 불균형한 구성을 함. ⑭아르누보는 1900년 이후에는 거의 장식적인 형식주의로 몰락하여 그 비합리적 구조와 더불어 한때의 유행에 그치고 단시일 내에 쇠퇴하였음. ⑮이러한 아르누보의 동태는 직접 관련을 갖지 않았으나 스페인에서는 안토니 가우디(Cornet Antoni Gaudi ; 1852~1926)가 곡면 환상적인 구성에 강렬한 개성을 발휘한 사그라다 파밀리아 교회는 그가 인생을 바쳤지만 아직까지 미완성된 대표작임. 그는 후기에 접어들면서 "직선은 인간에게 귀속하는 선이며, 곡선은 신에 귀속하는 선"이라고 단언하고 나섰음. ⑯미국 시카고의 루이스 설리반(Louis Henry Sullivan ; 1856~1924)이 건축 파사드 등에 곡선을 모티브로 한 독특한 유기적 장식을 표현하여 '형태는 기능에 따른다(form follows function)'는 명언을 남김. 영국에서는 매킨토시(Charles Rennie M–ackintoish ; 1868~1928) 등이 아르누보에 앞서서 동질의 조형을 전개. 글래스고의 미술학교나 그 도서관의 실내구성 등에서도 특색을 볼 수 있음.

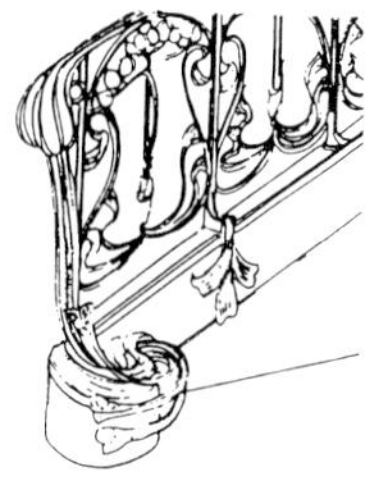
아르누보 스타일의 난간장식

아르다빌러그(ardabil rug) : ①기하학적 문양이 있는 코카시안 러그(caucasian rug). ②보통 상아색 또는 적색·녹색·청색·연어색 등의 강하고 선명한 색들의 조합으로 카펫 중앙에는 특징적인 형태로 둘러싸여 있는 메달리온(medallion)이 있거나 또는 3개의 다이아몬드형의 문양이 있음.

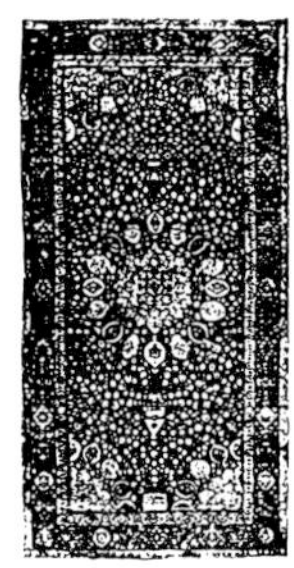
아르다빌 러그

아르데소나도(artesonado) : ①스페인의 삼나무(ceder)로 만들어진 무어족의 목공작업 또는 가구류. ②패널을 만들거나 천장과 문에 사용되는 삼목은 홍송처럼 부드럽고 아름다운 무늬가 자연상태로 마감됨. ③공공건물에서는 도장 또는 금박을 입혀 사용하기도 함.

아르데소나도

아르데코(Art Déco[프]) : ①1910~20년대의 장식적인 디자인을 의미하는 용어로 프랑스어인 arts décoratifs(장식미술)의 약칭. ②1925년 파리 전시회에서 'Les Arts Décoratifs'에서 유래. 이는 실내장식·가구·현대적 양식으로 디자인된 여러 대상을 포함하며, 또한 건축에도 영향을 미쳤음. 그 당시에 이 스타일은 불어로 모데르(modern) 또는 영어로 모더니스틱(modernistic)으로 부름. ③1920년대에 발달된 장식예술양식으로서 1960년대 다시 부활하였음. ④기본형태의 반복·동심원·지그재그 등 기하학적 모티브·유선형의 형태·뚜렷하게 정의된 윤곽·대담한 색채·플라스틱과 같은 합성재료의 사용 등이 특징임. ⑤루이16세 시대의 가구에서 순수한 형태와 세련됨을 계승하였고, 기능주의의 새로운 시도와 취향으로 인하여 변형된 양식. ⑥1920년대에서 1930년대에 걸쳐 프랑스를 중심으로 유럽이나 미국에서 전개된 건축·예술양식. ⑦1925년 프랑스 파리에서 개최된 현대장식 산업미술 국제박람회(L'Exposition Internationale des Arts Décoratifs et industriels Modernes)에서 유래한 명칭으로 개최된 연도를 따서 '1925년 양식' 또는 '현대양식'이라고도 함. ⑧아르데코양식은 19세기 말에서 20세기 초 유럽에서 번성하던 아르누보와 다양한 양식－세기의 전위 예술가·큐비즘·러시아 구성주의·이탈리아 미래주의－의 영향을 받아 호화스러움과 풍부함을 강조하면서 굿 디자인으로 부각된 시대양식으로, 그 특징은 과거 양식－아르누보(Art Nouveau), 아메리칸 인디언 아트·큐비즘·바우하우스·러시아 발레극 등－에서 영감을 받은 모티브를 독자적인 스타일로 변형하여 세련되고 실용적인 직선을 바탕으로 한 것이지만 기하학적이고 고전적인 문양으로 표현하여 아르누보의 복잡한 곡선적인 디자인과 좋은 대조를 이루며 사치스런 재료 사용과 함께 3차원의 부드러운 공간을 형성하는 것. 기계에 의한 대량생산을 위한 합리적·기능적인 경향의 장식보다는 수공에 중심의 일품제작(一品製作)의 전통으로부터 벗어나지 못하고 두 차례의 세계대전에서 잠시 동안의 안정과 향락을 취하는 것으로 그치고 쇠퇴. ⑨대표적인 건축가로는 아우트(Jacobus Johannes Piter Oud ; 1890~1963)와 에릭 멘델스존(Erich Mendelsohn ; 1887~1953) 등이 있음. 원양 여객선·호텔 실내 등의 오데이온(odeon) 극장의 양식이 있음. 이것은 '근대주의적'으로 불려왔으며 세련된 디자인과 함께 대량생산에 관계됨. ⑩뉴욕시(市)에 있는 크라이슬러 빌딩과 같은 초고층 빌딩에 영향을 미침. ⑪양식적 요소들은 선택적이었으며 대부분 엄격한 형태를 취함. 그것은 자유로운 해석과 개성에 대한 강한 시도를 나타냈음. ⑫양식화된 장식과 함께 선(線), 견고한 모서리 또는 각도 있는 구성 등이 특징이었음. ⑬건축물의 파사드는 종종 일련의 단벽(set back)으로 구성되었음. ⑭문과 창의 주위 및 지붕 끝 또는 난간을 따라 표현된 양각의 장식이 일반적으로 나타났음. ⑮장식적인 디테일은 흔히 건축물과 동일한 재료로 또는 금속들과 대조를 이루거나 유약을 칠한 벽돌이나 모자이크 타일로 됨. ⑯아르데코 가구는 프랑스의 앙시앵레짐(ancien régime[프])에서 그 영감을 받은 것이며, 이것은 18세기 말 가구제작자에서 유래.

아르드와즈(ardoise[프]) : ⇨슬레이트그레이(＝).

아르디시(ardish) : 동인도에서 사용하던 색유리 조각들을 천장 또는 벽의 회반죽(plaster) 속에 끼워 넣어 반짝이는 효과를 내는 장식의 한 형태.

아르마디오(armadio[이]) : ①커다란 옷장. 원래는 16세기 이탈리아 르네상스에서 뚜껑 대신에 문을 단 카소네(cassone)로 육중한 건축적 장식과 함께 돌림띠를 지지하고 있는 벽기둥으로 구성. 영국의 아르마디오는 그 규모가 작아지고 두 개의 층으로 되어 프레스 컵 보드(press cupboard)와 유사하게 변형. ②카소네가 발전된 형태의 작은 찬장.

아르무아르(armoire, armuar[프]) : ⇨아르므와(＝).

아르므와(armoire, armuar[프]) : ①프랑스어로 '크다'는 말로 수납하기 위해 사용했던 이동용 옷장. ②중세에 사용한 현대의 찬장과 같은 것. ③원래 갑옷투구 가게(store armor)에서 사용하던 큰 캐비닛(large cabinet). 일반적으로 건축적 모티브로 장식되어 있는 의복 또는 개인의 소지품이나 다른 기록들을 보관·수납하기 위해 디자인된 크고, 직립·이동이 가능한 2층 옷장(wardrobe) 또는 장(cabinet). ④보통 크기와 비례가 육중하면서도 정교하고 화려하게 제작되며, 색칠되고 도금되는데 칠이나 도금에 드는 비용이 실제로 가구구조를 만드는 데 드는 비용보다 훨씬 비쌌음. ⑤두 짝의 문에 정교한 경첩과 자물쇠가 달리며, 때로는 일련의 작은 칸막이들이 부착되기도 함. ⑥매우 실용적이며 중세에 신분과 무관하게 사용.

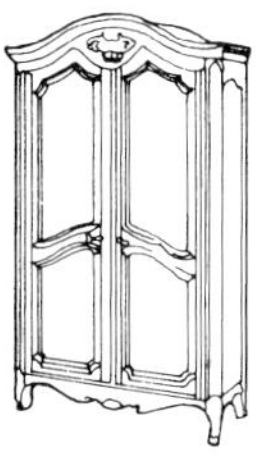
아르므와

아르므와아듀코르(armoire à deux corps[프]) : ①프랑스 르네상스 가구 형태인 2층 찬장. ②상부 장의 깊이가 좁아서 하부 장이 앞으로 조금 튀어나온 형태의 벽기둥·원기둥, 특히 여신주(caryatid)로 받쳐진 돌림띠(cornice)와 함께 상부는 박공지붕이며, 풍부한 조각으로 장식된 패널 문이 달려 있음.

아르므와아듀코르

아르질체어(argyle chair) : ①맥킨토시(Charles Rennie Mackintosch ; 1868~1928)가 1897년에 크랜스턴 양의 아르질 스트리트 티룸(Argyle street tea room)을 위하여 디자인한 중앙 테이블에 배치된 말털(horsehair fabric) 시트(sheet)의 흑단색 참나무(oak) 의자. ②1900년 비엔나(Vienna)에서 일어난 예술운동인 비엔나 시세션(Vienna Secession)에 전시. ③이것은 등받이가 높은 첫 번째 작품으로 머리 받치는 부분을 타원형으로 만들었으며, 제비 무늬를 새겨 놓았음. ④아가일체어(=).

아르카익(archaic) : ①그리스 예술 중 B.C. 1000~480년의 원시적 발달 시대. ②확실한 형태의 변화와 진보적인 경향으로 원시예술과 구분됨.

아르카익

아르테포베라(arte povera[이]) : ①이탈리아의 비평가 제르마노 체란트가 창안한 용어. ②기본적으로 반상업적이며 자유분방하고 반(反)형식적인 예술을 지향하며, 주로 매체의 물리적인 성질과 다양한 재료의 유용성을 강조. 외형상으로 미니멀리즘 작품과 유사.

아르텍(Artek) : ①1931년 알토(Alvar Aalto ; 1898~1976)를 비롯한 3명의 설립자로 구성된 가구회사. ②알토는 설립 이후 스틸 파이프 가구에서 벗어나 성형합판으로 된 곡목가구를 디자인. 이는 알토가 유기적인 재료에 애착을 느껴 핀란드의 유일한 자원인 목재로 양산체제의 가구를 추구하면서부터임. ③대표적인 가구는 파이미오 결핵요양소(Paimio Sanatorium ; 1929~33)에 환자를 위해 설계된 적청의 자로서 최초로 인간공학을 고려한 표준화의 치수와 형태로 디자인. 비푸리 도서관(Viipuri Library ; 1933~35)에 있는 모서리가 구부러진 의자도 위의 내용이 고려된 가운데 기계로 양산할 수 있는 이점을 지님. 알토는 경영가·자본가로서 아르텍을 소유하고 있었으며, 그의 가구들은 이 회사에 전매되고 있음.

아리스(arris) : ⇨애리스(=).

아마란테(amarante, Peltogyne spp[학]) : ①남아메리카의 북부에서 중앙아메리카의 멕시코까지 분포. ②변재는 백색 또는 회색이나 자백색 무늬가 있음. 어두운 보라색의 마호가니 목재로 단단하고 강한 목재. 심재는 신선할 때는 갈색 또는 회갈색이나 대기에 노출하면 진한 자색 또는 자색이 됨. 목리는 통직 또는 교착하고 나

아비앙스(ambiance[프]) : 주변 환경의 분위기나 성격.

아비타시옹(habitation[프]) : 아파트식(式) 고급 분양주택.

아사멜라(Asamela, Pericopsis elata Van Meeuwen[학]) : ①기니·콩고형 밀림 중에 불연속적인 분포로 코트디브와르의 동부에서 가나의 서부에 걸쳐 생육. ②심재는 암황갈색으로 보다 암색의 선이 특징적으로 들어가 있으며 변재는 심재보다 색이 없음. 심·변재가 구분됨. 목리는 통직 또는 교착목리가 있으며 나무갗은 매우 고움. 기건비중 0.70~0.80, 수축률은 방사방향 3.32%, 접선방향 6.6%, 용적수축률 11.9%로 적고 습도변화에 대한 변동은 거의 없음. 강도는 압축강도 642kg/㎠, 휨강도 1,015kg/㎠, 횡인장강도 30.3kg/㎠, 전단강도 95kg/㎠로 강함. 건조에 장기간이 필요하며 갈라짐(할렬)이나 과도의 변형은 없음. 기계가공은 일반적으로 어렵지 않으나 포삭은 교착목리 때문에 곤란할 때가 있음. ③주로 가구·내장·외장·합판·단판무늬목 등에 사용. 티크(teak)와 유사하여 대체목으로 쓰임. ④아프로모시아(=).

아사쿠(Assacu, Hura crepitans L[학]) : ①브라질·베네수엘라·페루·리비아·콜롬비아 등에 분포. ②심재는 담황갈색 또는 암갈색이고 변재는 흰색 또는 담황색. 목리는 교착 또는 통직하고 나무갗은 곱거나 보통. 기건비중 0.43~0.52, 수축률은 방사방향 2.7%, 접선방향 4.5%, 용적수축률은 7.3%로 적음. 강도는 압축강도 337kg/㎠, 휨강도 612kg/㎠, 전단강도 76kg/㎠로 약함. 가공은 용이하나 마무리는 약간의 털솟음이 있음. 특히 제재는 표면에 털솟음으로 약간 곤란하며 천연건조 속도는 빠르나 약간 곤란. ③주로 가구·내부공작 등에 사용.

아삼(Asam) : ⇨망고(=).

아성(牙城, keep) : ①중세 성(城)의 가장 내부에 위치하며 가장 튼튼한 구조물 또는 탑. ②특히 포위공격을 당할 때 주거처로 사용. ③동종(Donjon)이라고도 함.

아세테이트(acetate) : ①셀룰로오스를 화학처리한 천연섬유. ②주로 카펫·가구용 직물·커튼직물 등에 사용. ③염색은 잘 되지만 내구성·내마모성이 약한 것이 결점.

아스만통풍식 건습구온도계(-通風式乾濕具溫度計, Assmann dry and wet bulb) : ①온도계는 유리 봉상온도계를 사용. 두 개의 온도계 중에서 하나는 헝겊을 씌우고 수분을 공급한 습구온도계로 하고, 온도계의 감온부에는 일정한 기류속도를 유지하는 통풍장치를 함. 건구온도는 실내의 공기온도를 나타냄. ②건구온도계(dry bulb)와 물에 젖은 거즈로 싸여 있는 습구온도계(wet bulb)로 구성되며, 각각의 온도계에 5m/sec 정도의 기류속도를 유지하여 건구온도와 습구온도를 읽어 온도와 습도를 측정하는 방법. ③취급시 주의할 점은 온도계는 최소눈금 0.2℃의 수은봉입 유리 봉상온도계(이중관)를 사용. 통풍장치는 온도계의 감온부에 충분한 기류속도(2.5m/s 이상, 표준 5m/s)를 유지. 통풍관의 외측·내측은 이중으로 구성되어 주변의 복사열의 영향을 방지해야 함. 습구온도계의 헝겊은 장시간 사용하면 오염되고, 오염되면 정확한 측정이 불가능하므로 새로운 것으로 교환(사용빈도가 높을 때에는 1주마다 교환).

아스벽돌(-甓乭, cinder brick, as brick) : ①석탄재와 시멘트로 만든 벽돌. ②⇨광재벽돌.

아스베스토스벽지(-壁紙, asbestos wallpaper) : ①무기질 벽지의 일종. ②석면에 펄프를 혼입한 아스베스토스 시트에 염화비닐필름을 라미네이트하여 프린트 가공 또는 엠보싱 가공을 한 무기질 벽지. ③특징은 방화성능이 있는 것이 가장 큰 장점이지만 교체할 경우 벗기기 어려운 것이 결점임.

아스베스트코어합판(-合板, asbest core ply-wood) : ①특수구조 합판의 일종. ②심판(芯板)을 아스베스트판을 사용하여 표면과 이면에 나왕 단판을 접착한 합판. ③

방화성이 있어 건축용으로 많이 사용.

아스트라갈(astragal) : ①원형의 작은 형상을 갖는 몰딩. ②고전건축에서의 단면이 반원상으로 돌출된 것. ③일반적으로 반원형의 단면을 가지는 작은 블록 몰딩. ④밋밋하게 불쑥 나온 베드몰딩(bed moulding). ⑤단면이 반원인 좁은 몰딩. ⑥토러스 몰딩(torus moulding)과 비슷하나 규모가 작음. ⑦바람이나 먼지의 유입을 방지하기 위해 문이 맞닿는 한쪽 또는 양쪽 테두리에 댄 작은 블록 몰딩. ⑧원기둥의 둘레를 테 모양으로 둘러 싼 좁다랗게 돋아난 부분(구슬선). ⑨창문 가장자리 등에 붙이는 마중선. ⑩반원형의 단면으로 튀어나온 직선 또는 둥근 띠 한 개나 두 개의 홈이 파여 있음. ⑪⇨콤퍼지트 오더.

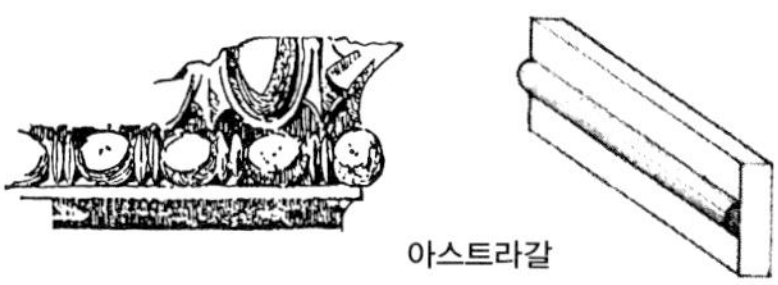

아스트라갈

아스팔트(asphalt) : ①유성 방부제의 일종. ②천연 아스팔트(natural asphalt)와 석유계 아스팔트(petroleum asphalt)가 있음. ③건축에서는 주로 석유계 아스팔트를 사용. ④석유계 아스팔트는 원유(原溜)를 건류(乾溜) 또는 증류(蒸溜)하여 잔류물(殘留物)을 정제한 스트레이트 아스팔트(straight asphalt)와 또 이것을 저온 증류한 블로운 아스팔트(blown asphalt)를 사용. ⑤가열·도포하면 흑색으로 착색되어 페인트칠이 불가능하므로 보이지 않는 곳에 사용. ⑥아스팔트 용융온도는 연화점 +170℃ 상한으로 함(연화점 30~50℃, 발화점 200~230℃).

스트레이트 아스팔트(S.A)와 블로운 아스팔트(B.A)의 비교

종류	용융점	신장도	침입도	감열도	교착력	항장력	충격 저항	용도
S.A	낮다	대	대	대	강	강	약	지하실용, 방수지 침투용
B.A	높다	소	소	소	약	약	강	지붕용, 지하실용, 방수지 정벌먹임용

아스팔트루핑(asphalt roofing) : ①섬유 원지에 스트레이트 아스팔트(straight asphalt)를 침투시키고 양면에 아스팔트 컴파운드(asphalt compound)를 피복한 후 광물질분말을 살포시킨 것. ②아스팔트 펠트의 양면에 아스팔트액(液)을 도포한 후 광물질분말을 부착시킨 것. 이때 색깔 있는 모래를 뿌린 것이 아스팔트 싱글(asphalt shingle).

아스팔트모르타르(asphalt mortar) : ①아스팔트 모르타르는 아스팔트에 모래·돌가루·시멘트 등을 혼입·가열하여 반죽한 것. ②아스팔트 매스틱(asphalt mastic)이라고도 함. 이것은 바름에 쓰이고, 여기에 잔자갈·석면·톱밥 등을 넣어 특별한 제품으로 하여 쓸 때도 있음. ③매스틱은 회반죽의 일종.

아스팔트방수(-防水, asphalt water roof) : ①여러 층의 아스팔트 펠트를 가열·용융한 아스팔트, 에멀션화한 아스팔트, 용제에 녹인 아스팔트 등으로 몇 겹으로 접착하여 방수층을 구성해 가는 공법. ②특히 시트 모양의 재료를 사용한 방수를 '멤브레인 방수(membrane water proof)'라고 함. ③입상이 높은 수직면, 급경사의 사면 및 특히 바닥의 움직임이 큰 경우를 제외한 대부분에서 사용할 수 있음. ④벽돌·돌·콘크리트면에 아스팔트를 먹인 펠트(felt)·루핑(roofing)·망형 루핑(reticulated roofing) 등의 방수지포(water roof sheet)를 녹인 아스팔트로 붙여 대는 것. 이것은 방수가 확실하고 보호처리를 잘하면 내구적이고 공사비가 비교적 저렴하므로 지하실·옥상·평지붕 등에 폭넓게 사용. 다만, 이 방수층은 결함부의 발견이 쉽지 않고 보수할 때에는 광범위하게 해야 하고, 또한 보호누름까지도 손질해야 하는 결함이 있음.

아스팔트블록(asphalt block) : ①아스팔트에 잡석·모래·광석분 등을 가열·혼합가압하여

벽돌모양으로 성형 가공한 제품. ②흡수율이 적고 내마모성이 크며 탄성이 있어 소음방지·방수성이 큼. ③주로 도로용으로 사용. 공장·창고 등의 마루나 지붕 및 플랫폼의 바닥이나 지붕 등에 사용.

아스팔트시멘트(asphalt cement) : ⇨아스팔트접착제(=).

아스팔트싱글(asphalt shingle) : ①광석(鑛石)의 작은 입자를 입히고 아스팔트를 포화시킨 펠트(felt). ②주로 지붕널의 방수재로 사용.

아스팔트유제(−油劑) : ①스트레이트 아스팔트를 가열하고 지방산 비누·계면활성제 등을 넣어 아스팔트 에멀션으로 한 것. ②스트레이트 아스팔트를 가열하여 액상으로 만들고 별도로 물에 유화제(乳化劑)인 지방산 비누·교질점토·로트(rot)유·가성석회와 안정제(젤라틴과 규산소다)를 용해시킨 다음 양자를 혼합하여 잘 저어서 만듦. ③종류는 사용목적에 따라 침투용·혼합용·콘크리트양생용으로 분류함. ④대부분 도로포장용으로 사용되지만 특수시멘트혼합용·방수도료·접착용재료·바닥용 포장재료 등으로 사용됨.

아스팔트유지(−油脂) : 스트레이트 아스팔트를 가열하고 지방산 비누·계면활성제 등을 넣어 아스팔트 에멀션으로 한 것.

아스팔트접착제(−接着劑, asphalt paste) : ①아스팔트를 주체로 하여 이에 용제(납사·메틸벤젠·벤졸 등)를 가하고 광물질 분말을 첨가한 풀모양의 접착제. ②아스팔트가 접착제로 쓰이는 것은 접착성이 우수하고 접착면이 유연하여 내수·내알칼리성 및 작업성이 좋고 화학약품에 대하여 안정적이며 다른 접착제에 비하여 값이 싸기 때문임. ③아스팔트타일·비닐타일·비닐시트·루핑·펠트·발포단열재 등의 접착제로 사용함. 아스팔트 시멘트(asphalt cement)라고도 함.

아스팔트컴파운드(asphalt compound) : 브라운 아스팔트(brown asphalt)에 동·식물성 기름이나 광물질분말을 1% 정도 혼합하여 탄성·내구성을 개량한 것.

아스팔트코킹재(−材, asphalt cauking materials) : ①아스팔트를 주재료로 하며 석면 등을 충전재로 하여 만든 재료. ②값은 싸지만 흑색이고 고온에서 용융하므로 세로면의 시공에 적합하지 못하며 자외선에 의해 노화되기 쉬우므로 용도가 한정되어 있음.

아스팔트타일(asphalt tile) : ①아스팔트에 석면·탄산칼슘·안료 등을 가하고 가열혼련(加熱混練)하여 시트(sheet)상으로 압연한 것. ②내수·내습성이 우수한 바닥용 건축 내장재로 다양한 색상과 두께 및 패턴으로 생산되며 주로 나무바닥이나 콘크리트 위에 깔음. ③내화성·전기절연성이 우수하고 내알칼리성 및 내후성이 우수하지만 내광성·내산성이 부족하고 유지에 대해서 경화되는 성질이 있고 일광직사 장소에서는 수축이 생기고 변색되는 단점이 있음. ④크기는 300×300㎜, 두께 3㎜인 것을 가장 많이 사용하고 보행자의 이용이 많은 곳에는 두께 4.5㎜인 것도 사용. ⑤아스팔트 타일 붙이기는 콘크리트 바탕 마무리→ 콘크리트 바탕 건조 → 먹줄치기 → 접착제 도포 → 타일붙이기 → 타일면 청소→타일면 왁스먹임의 순.

아스팔트펠트(asphalt felt) : ①섬유성 원단을 가열용해(加熱鎔解)한 스트레이트 아스팔트(straight asphalt)에 담갔다가 롤러(roller)로 삽입하여 만든 것. ②방수력이 없음.

아스팔트프라이머(asphalt primer) : ①브라운 아스팔트(brown asphalt)를 휘발성 용제로 녹인 액체로서 방수층과의 밀착을 위해 사용. ②휘발성 용제를 혼합하여 액체화시킨 아스팔트액(液). ③아스팔트방수·

아스팔트 프라이머 배합

종 류	내 용	중량배합
블로운 아스팔트	침입도 10~20	40~50
휘발성 용매 (Solvent Naphtha)	정제품	30~50
휘발유	보메 비중계 40~50	25~30

아스팔트 프라이머 품질

건조시간	8시간
가열잔분	35% 이상
비 중	1.01~1.04

아스팔트타일을 시공할 때의 밑바탕에 도포(塗布)하여 부착을 좋게 하는 부착력 증진재.

아스펜(aspen) : ⇨사시나무·백양목(=).

아시리아(Assyria) : ①고대 이집트와 동일 시대에 남서 아시아의 티그리스와 유프라테스 강(江) 사이에 위치한 고대 문명국. ②앗시리아(=).

아시리아건축(-建築, Assyrian architecture) : ①고대 메소포타미아 북부의 아시리아 지방에서 B.C.14~7세기경에 성행한 건축양식. ②슈멜·바빌로니아의 영향이 강하고, B.C.10세기경부터 아시리아 왕조의 제왕에 의해 콜사바드·니네베·카라크 등에 웅대한 도성(都城)을 건설.

아시리아장식(-裝飾, Assyria ornament) : ①B.C.9~7세기경 메소포타미아 유역의 정복자로서 힘을 과시하기 위한 건축과 이집트의 영향을 받은 장식. ②날개 달린 황소·사자·독수리는 가장 전형적인 모티브로 초기의 아치가 여기서 발전되었으며, 돌이 부족하여 유광타일과 진흙 벽돌이 주로 사용됨. ③돌은 기념비적인 장식조각이나 방어벽에 사용.

아시리아장식

아연도철망(亞鉛塗鐵網, hardware cloth) : 6.4~12.7㎜ 크기의 그물코로 짜여진 아연도금 철선망.

아연철판(亞鉛鐵板, galvanized plate) : ①아연도금한 강판. ②아연철판 또는 함석이라고도 함. ③주로 덕트용·실내장식용·마감용으로 사용. ④보통 #22(0.8m), #24(0.6㎜), #26(0.5㎜)이 많이 사용.

아연화(亞鉛華, zinc white, flower of zinc) : ①산화아연을 주성분으로 한 백색 안료. ②주로 도료·화장품·의약품 등으로 사용.

아웃렛(outlet) : ①옥내배선 중 전기기구에서 전기를 직접 공급할 수 있는 최말단의 전기. ②콘센트(convenience outlet). ③자사제품 또는 직매입한 상품을 잔품처리 목적으로 염가판매하는 상설소매점포. ④미국의 Woolworth, 한국의 E-Mart, 2001 아웃렛 등이 있음.

아웃렛박스(outlet box) : 금속관 부속품의 일종. 배선주(配線柱)의 아웃렛에 설치.

아웃렛스토어(outlet store) : ①자사제품 및 매입상품을 잔품처리 목적으로 염가판매하는 상설소매점포. ②백화점이나 제조업체에서 판매하고 남은 재고상품이나 비인기상품, 하자상품 등을 정상가보다 절반 이하의 싼 가격으로 판매하는 형태의 영업방식.

아이덴티티(identity) : ①주어진 공간의 기능·용도·목적 등에 알맞은 디자인 조성에 따른 동일성·주체성을 의미. 예컨대, 한식당인 경우 사용하는 재료·구조·색채·구법 등에 있어서 한식당의 분위기를 주는 경우임. ②어떤 대상물을 다른 대상물로부터 판별되도록 하고, 독립된 실체로 확인되는 성질로 '차별성'이나 '개성' 또는 '단일성'을 의미함.

아이디(ID) : ①컴퓨터를 사용할 때 사용자(또는 등록자)를 식별하기 위한 식별기호. ②일반적으로 ID는 여러 사람이 공유하고 있는 정보통신망 또는 컴퓨터에서 각각의 사용자에게 부여된 고유명칭(기호).

아이디어스케치(idea sketch) : ①디자인 전개를 위하여 생각을 구체적으로 형상화 시키는 시각화 과정으로 '개략적인 스케치'라고도 함. ②디자인 과정에서 개념과 방향 설정이 이루어진 후 구체화의 초기 단계에서 일반적으로 평면이나 입면 및 단면형식과 투시도형식으로 이루어짐. ③러프스케치(=).

아이보리(ivory) : ①상아(象牙)의 색. ②연한 베이지(light beige). ③관용색명으로 밝은 회노랑. ④먼셀기호 2.5Y 8.5/1.5. ⑤상아색·이브와르(=).

아이볼(eyeball) : ①보통 천장에 움푹 들어가도록 설치된 조명기구. ②대상을 직접 비추도록 램프는 회전형이나 원형으로 설치.

아이볼

아이빔(I-beam) : ①I자형으로 된 강철구조재. ②주로 폭이 긴 장소의 가로 받침대나 벽면의 개구부 상부 등에 사용.

아이소메트릭(isometric) : ⇨등축투상도.

아이소타입(ISO type) : ①International System of Typographic Picture Education(국제 그림문자 교육기구)의 약어. ②동일하다(iso)와 형(type)의 합성어. ③오스트리아의 철학자이며 교육자인 노이라트(O. Neurath)가 고안한 그림문자 시스템의 명칭. ④1925년 노이라트가 오스트리아 수도인 빈에 시각연구소를 설립하고, 문자를 대신하는 도형기호를 국제적인 표준화를 위해 제작한 수많은 픽토그래프들의 기본원리 및 질서 또는 그 이념을 총칭하는 용어.

아이스그린(ice green) : ①빙하의 깊은 곳과 같이 맑고 연한 청록색(light blue green). ②밝은 터어크와즈(turquoise) 계통의 색. ③먼셀기호 5.0BG 7.5/5.5.

아이스톱(eye stop) : ①사람의 시선을 끄는 돋보이는 사물. ②시선을 끌어들이는 듯한 특징이 있는 것을 만드는 수법. ③공간의 확산을 방지하고 시선을 집중시킴으로써 공간에 체계를 부여하는 역할을 함. ④조각·분수·상징적인 수목·기념비적인 건축물 등이 대상이 됨. ⑤랜드마크(≒).

아이아이티(IIT) : ⇨일리노이공과대학(=).

아이에스시시-엔비에스색명법(-色名法, ISCC-NBS ; Inter Society Color Council-National Bureau of Standard Color Name's Method) : ①먼셀의 표색계에 그 근원을 두고 있는 미국의 색채협의회(ISCC ; Inter-Society Color Council)와 국립표준국(NBS ; National Bureau of Standards)이 공동으로 제작한 계통 색명법. ②1939년에 ISCC의 주드(D. B. Judd)와 켈리(K. L. Kelly)에 의해 고안되고 NBS에 의해 세부적으로 발전시켜 설정한 '색명 부르는 법(Method of Designating Color)'은 1955년에 색명사전(Dictionary of Color Names)을 발간함으로써 오늘날 세계 여러 나라의 색명에 기준이 되고 있음. ③이 ISCC-NBS의 색명법은 먼셀의 색입체를 267개의 단위로 나누고 각 단위마다 예술·과학·산업 부문에서 실제로 사용되고 있는 이름과 일치하도록 만들어진 것. ④그 267개의 색이름은 다음과 같음(여기서는 기본색명을 약호로 표시

유채색의 기본색명

기본 색명	참 고
빨강(적)	Red
주황	Orange(Yellow Red)
노랑(황)	Yellow
연두	Green Yellow
녹색	Green
청록	Blue Green
파랑(청)	Blue
남색	Purple Blue
보라(자)	Purple
자주(적자)	Red Purple

*기본색명에 "색"자를 붙여 읽어도 좋다.

무채색의 기본색명

기본 색명	참 고
흰색 밝은 회색 회색 어두운 회색 검정색	White Light Gray Gray Dark Gray Black

*무채색의 기본색명은 5개의 색명으로 정하였다.

기본색 명에 쓰이는 수식어

수 식 어	참 고
해맑은 밝은 회색빛 회색빛 어두운 회색 거무스름한	pale light grayish gray dark gray blackish
연한 우중충한 어두운	light moderate - medium dark
밝은 진한	bright deep
산뜻한	vivid

해서 나타내고 있는데, 그 기본색의 약호는 Red=R, Orange=O, Yellow=Y, Green=G, Blue=B, Purple=P, Pink=Pk, Brown=Br, Olive=Ol로 표기). KS에서는 색명을 일반색명과 관용색명으로 구분하고 다시 유채색의 일반색명과 무채색의 일반색명으로 구분.

아이에프아이(IFI) : ①International Federation of Interior Architects/Interior Designer의 약자. ②1963년 덴마크의 코펜하겐에서 유럽 10여 개국을 주축으로 세계 인테리어디자이너협회(I.F.I)가 결성. ③한국의 KOSID(Korea Society of Interior Architects / Designer)는 1989년부터 정회원국으로 가입.

아이엑스선도(-線圖, IX chart) : ①습공기(psychrometric chart)를 나타내는 표시방법. ②몰리에르선도(mollier chart)라고 함.

아이이에스(Illuminating Engineering Society ; IES) : ①미국의 조명학회 명칭. ②우리나라는 IES에 의한 배광분류법을 따르고 있음.

아이카(Aica) : ①멜라민 화장합판의 일종. ②주로 내장재·가구재로 사용.

아이코노스타스(iconostas) : ⇨아이코노스타시스(=).

아이코노스타시스(iconostasis) : ①성상이 놓여진 장소 앞의 스크린이나 칸막이. ②동방정교 교회당에서 네이브(nave)와 베마(bema)를 분리시킴. ③아이코노스타스(=).

아이코사(icosa) : ①변이 20개, 각이 20개인 다각형. ②20각.

아이콘(icon) : ①기호(記號, sign)의 일종으로 대상의 닮은 형 또는 닮은 상의 기능을 하는 사진이나 캐리커처·초상화 또는 이미지. ②여러 기호 중 가장 직접적인 기호. ③이 용어는 그리스시대에 신성한 모습이나 성상(聖像) 등의 초상화를 담고 있는 패널을 지칭한 데서 유래.

아인슈타인타워(Einstein turm[독]) : ①E.멘델스존(Erich MendelsJohn ; 1887~1953)이 설계한 독일 표현주의의 대표적인 작품(1920년 착공, 1921년 준공). ②포츠담 천문대 내에 있으며, A.아인슈타인의 친구이고 조수인 E.F. 프로인트리히를 통해 상대성원리의 관측을 실증하기 위한 시설로 탑의 설계를 의뢰. ③복잡한 곡면을 따라 콘크리트를 부어넣기 위한 거푸집은 조선 목공이 만들게 하고, 또 심한 인플레이션과 자금난으로 공사 도중에 완성했으나 기계설비를 갖추어 개관(開館)한 것은 1924년 건축이 완성되었을 때 아인슈타인은 이것을 보고 '유기적이다.'라고 중얼거렸다고 함.

아일(asile) : ①고대 로마 건축의 바실리카 건축이나 중세의 기독교 교회당 내부의 중앙 부분을 이루는 본당 회중석(會衆席, nave) 또는 신랑(身廊, nave)의 한쪽 또는 양쪽에 평행으로 마련된 복도 모양의 좁고 긴 통로. ②보통 홍예받이의 기둥열(列柱, pier)에 의해 네이브와 분리. 측랑(側廊, asile)이라고도 함. ③현대에서는 극장·영화관·열차·비행기 등의 좌석 사이 통로를 지칭하는 의미로 사용됨.

아일랜드전시(-展示, island display) : ①벽이나 천장을 직접 이용하지 않고 전시물의 입체물을 중심으로 전시공간에 배치하는 방법. ②대형 전시물이나 군집 전시되는 소형 전시물인 경우에 적합. ③독립된 전시공간 전체를 공간적으로 활용하여 전시. ④관람자의 동선이 전시물 사이를 지나치게 하여 전시물을 보다 가까이에서 관람하도록 함. 아울러 자유로운 관람동선으로 전시공간을 다양하게 활용하되 동선은 계획적으로 전시내용의 순서와 맥락에 의해 유도되어야 함. ⑤매장 안 어디서나 쉽게 볼 수 있도록 상점 내부의 바닥으로부터 100~400㎜ 정도 올라 있는 단(壇) 형태의 독립된 디스플레이 스테이지(stage). ⑥일반적으로 상점 내부에 들어서게 되면 모든 방향에서 눈에 쉽게 띄는 위치. 즉 에스컬레이터나 엘리베이터 부근 또는 각 층의 전면(前

面)이나 각 매장의 입구에 설치·운용. ⑦주로 특별 판촉이나 그 해당 층의 관련 상품 또는 전체적 이미지 통일의 수단으로 사용되는데, 효과적인 조명처리와 상품을 돋보이게 하는 소도구와 집기를 적절히 사용하여 연출해야 함. ⑧윈도 디스플레이로 통행인을 점내로 유도했듯이 아일랜드 디스플레이는 그 매장의 특성을 나타내거나 부문별 매장의 상품 내용을 설명하여 의도하는 상품판매를 도움.

아일랜드침대(−寢臺, island bed) : ①실(室)의 중앙에 배치되는 침대. ②머리판(headboard)쪽에 가리개(screen)를 설치하거나 키 큰 수납장 등을 놓아 공간의 영역을 구분할 수 있음.

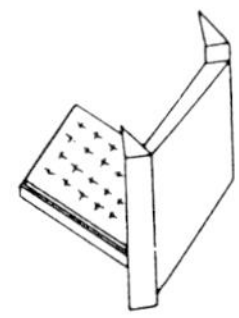
아일랜드침대

아일랜드키친(island kitchen) : ①취사 작업대가 섬형태로 부엌 중앙에 설치된 형태. ②라운지키친(＝).

아일릿(eyelet) : 장식구멍.

아일릿윈도(eyelet window) : ①요새의 벽에 뚫린 작은 구멍으로서 창문이나 총안으로 사용. ②오일릿(＝).

아자교란(亞字交欄) : 버금 아자 모양으로 장식한 헌란(軒欄).

아자난간(亞字欄干) : 버금 아자 모양으로 장식한 난간.

아자문(亞字門) : ①창호지문의 살을 만자(卍字)나 아자(亞字)형으로 또는 살의 간격을 넓게 짠 것. ②완자문·범살문· 세살문(＝).

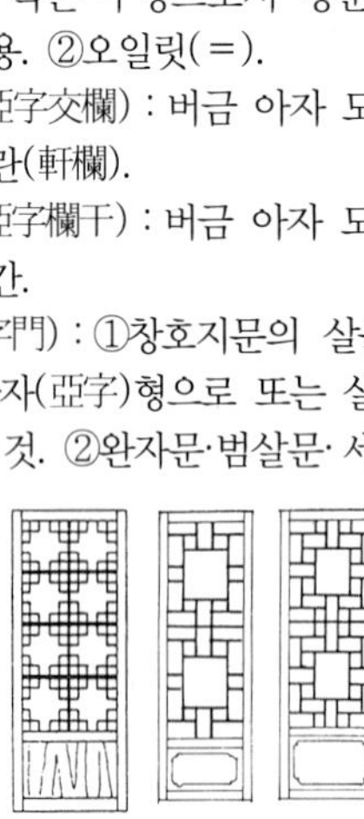
아자문

아자창(亞字窓) : ⇨창살.

아조베(Azobé, Lophira alata Banks[학]) : ①서아프리카 상록 열대다우림의 전형적인 수종으로 시에라이리온에서 자이레까지 분포. ②심재는 초콜릿색으로 빛에 의해 농색이 됨. 변재는 확실히 구분되지만 범위가 확실치 않으며 원목 주위 3㎝ 두께까지 변재임. 목리가 자주 뒤섞이거나 교착목리가 반드시 나오지 않으며 나무갖은 거칠음. 도관은 크고 적으며 고립(孤立) 또는 2~3개가 복합됨. 중경재(重硬材)로 기건비중 0.95~1.10, 수축률은 방사방향 8.5%, 접선방향 12.2%, 용적수축률 21.1%로 매우 큼. 강도는 압축강도 983kg/㎠, 휨강도 2,048kg/㎠로 매우 강함. 단단하고 생장응력이 커서 가공이 불량하며 제재는 곤란함. 접착성은 불량하며 도장성은 보통이고 건조에 장시간을 요함. 특히 섬유가 교착하기 때문에 얇은 재는 변형될 우려가 있음. 내구성은 매우 크고 내산성도 풍부. ③주로 중구조·선박·차량 등에 사용.

아줄레조스(azulejos) : ①청색(靑色)을 의미하는 아줄(azul)에서 유래. ②이베리아 반도의 무어인에 의해 사용된 장식타일. ③스페인과 포르투갈(Portugal)에서 중정(中庭)의 도로포장·현관·계단·창문·공원벤치 등에 사용.

아즈텍건축(−建築, Aztec architecture) : ①1352년경 중부 멕시코의 텍스코코 호수(lake Texcoco) 연안 근처에 정주(定住)를 시작하여 1450년경 이 지역을 지배했던 아메리카 원주민의 건축. ②주로 단일 기단 위에 두 개의 신전이 놓여진 피라미드−평행한 두 개의 계단이 있음−가 특징. ③스페인들의 정복으로 말미암아 철저하게 파괴되어 그 유적이 거의 남아 있지 않음.

아즈텍양식(−樣式, Aztec style) : ⇨아즈텍건축(＝).

아지트웨어(agate ware) : ①루비 및 수정과 비슷한 자기류의 한 형태. ②18세기 영국에서 웨지우드(Wedge−wood)와 다른 도예가들에 의해 만들어짐.

아체크(achech) : 사자의 몸에 새의 날개가 달린 고대 이집트 환상의 동물.

아치(虹霓, 拱, arch) : ①부재축(部材軸)이

직선이 아니고 곡선으로 된 구조물. ②창문 등의 문꼴 위에 상부에서 오는 하중을 받게 하기 위해 특수한 형태로 만든 구조부. 즉 상부에서 오는 수직압력이 아치의 축선에 따라 좌우로 나누어져 아래로 직압력만 전달되어 부재의 하부에 인장력이 생기지 않는 구조. ③조적조에 사용되는 재료들은 대부분 압축력(壓縮力, compression)에는 강하지만 인장력(引張力, tension)은 약하기 때문에 개구부(開口部) 상부에는 다른 부분과 같은 방법으로 쌓기할 수 없음. ④수직하중을 지지하는 곡면구조. 보통 쐐기형으로 구성되는데, 이를 쐐기형의 홍예돌이라고 함. 아치형은 수평으로 된 평평한 아치·반원형·반(半)타원형으로 첨단이 뾰족하거나 무딘 아치가 있음. 따라서 벽돌은 이 축선에 따라 수직방향으로 줄눈을 맞추어 쌓아야 하고 줄눈의 방향은 모두 중심에 모이게 함. ⑤종류는 벽돌을 특별 주문·제작하여 쓴 것을 본 아치(gauged arch)라 하고 보통벽돌을 쐐기모양으로 다듬어 쓴 것을 막만든아치(axed arch)·통벽돌을 쓰고 줄눈을 쐐기모양으로 한 거친아치(rough arch) 및 아치 너비가 넓은 경우에 반장별로 층을 지어 겹쳐 쌓는 층두리아치(rowlock arch), 아치 위에 또 하나의 아치를 한 이중아치(double arch) 등이 있음. 형태에 따라 반원아치(roman arch)·상심원아치·결원아치(segmental arch)·타원(상심)아치·포물선아치·뾰족아치(tudor arch)·파총아치·말굽아치·평아치(jack arch), 첨두아치(gothic arch)·포물선아치(parabolic arch) 등이 있으며, 구조 및 용도에 따라 정아치·정빗아치·빗아치·거꾸로(역)아치 등이 있음. 재료에 따라 돌아치(stone arch)·벽돌아치(brick arch) 등으로 구분. ⑥홍예(=).

아치의 형태

아 치 형	의 장 효 과
결원아치	변화감을 조성
평아치	이질적인 분위기 연출
뾰족아치	부드러운 가운데 반복미 연출
타원아치	조화미를 곁들인 가운데 아담한 분위기 조성
반원아치	자연스러우며, 우아한 느낌
첨두아치	경쾌한 반면 엄숙한 분위기 연출
포물선아치	질감을 효율적으로 표현

아치광고물(-廣告物, arch ad tower) : ①옥외광고물의 일종. ②도로 등 일정한 장소에 광고탑을 설치하여 문자·도형 등을 표시하는 광고물. 단, 백열등을 이용하여 조명을 하거나 형광등을 이용하는 광고물은 제외.

아치굽(springer, spring) : ①아치의 받침대 위에 얹힌 첫 번째 아치돌. ②홍예받이(=).

아치굽받침(ipost) : 아치대의 최상 부분으로서 아치받이 형태로부터 블록·주두·몰딩의 형태가 되기도 함.

아치굽선(isringing line) : 아치 지지대에서 아치가 시작되는 면을 연결한 가상적인 수평선.

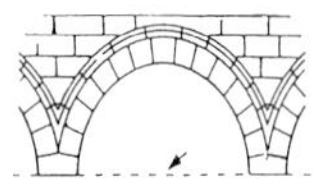

아치굽선

아치기둥(arch order) : 개선문과 같이 묻힌 기둥과 엔태블러처(entablature, 돌림띠)로 된 아치.

아치높이(rise) : 아치의 굽선으로부터 안둘레의 가장 높은 점까지의 높이.

아치대(abutment) : 아치나 궁륭 또는 받침기둥에 가해지는 하중을 받거나 지지하는 구조 부분.

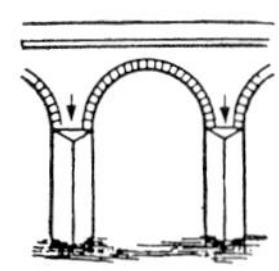

아치대

아치램프(arch lamp) : 전구와 전구집이 외팔보 구조로 되어 있고 무거운 받침과 단단하게 연결되어 있으며, 호의 맨 끝 쪽에 전구(bulb)가 달린 바닥용 혹은 책상용 조명등.

아치리브(arch lib) : 천장 또는 아치 볼트에서 아치의 끝 위에 돌출되어 나온 띠.

아치받침대(skewback) : 아치의 구성재료를 받치는 구조재의 경사진 표면.

아치벽돌(-甓乭, arch brick) : ①아치를 건축할 때 사용하는 쐐기 모양의 벽돌. ②홍예석(=).

아치쌓기법(-法, arch bond method) : ①아치벽돌을 쌓으려면 먼저 아치 밑에 나무틀을 이동·변형 등이 생기지 않도록 견고히 설치하고, 그 위에 벽돌을 좌우대칭으로 균등히 쌓아 올라가는 순서로 함. 모르타르가 완전히 굳은 후에 틀을 제거. 아치쌓기에 사용하는 모르타르 배합은 보통 시멘트 : 모래의 비율을 1 : 2로 하고 사춤모르타르는 충분히 함. 쌓은 후에는 보행·짐싣기·충격 등을 주지 않도록 보양(保養). ② 개구부 너비가 1,000㎜ 정도일 때는 평아치로 할 수 있으며, 1,800㎜ 이상인 경우에는 인방보를 사용하여 보강. 조적조에 있어서 창문 등의 문꼴은 물론 환기구멍 등의 아주 작은 문꼴일지라도 그 상부에는 반드시 아치를 두(트)는 것이 원칙.

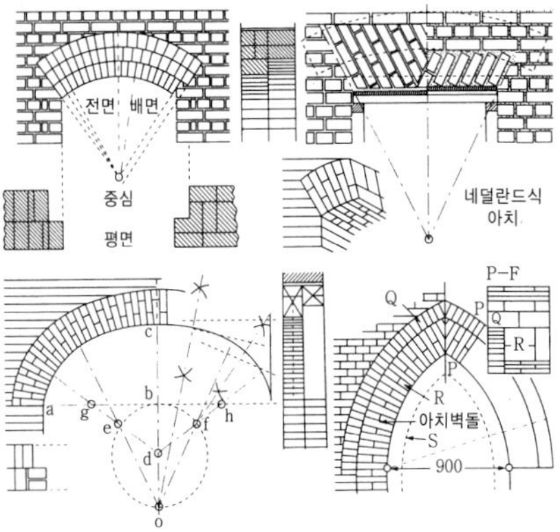

do=db, cd=ab, be=bf=bd, logeth는 아치쌓기 중심점

아치쌓기

아치웨이(arch way) : ①아치 밑이나 아치를 통해서 가는 통로. ②길이가 길 때 반원통형 천장(barrel vault)의 통로를 만듦.

아치이마(crown) : ①아치·궁륭·인입로(引入路)와 같이 볼록한 구조물의 가장 높은 부분이나 높은 점(頂点). ②아치 이맛돌의 하단(下端).

아치의 공복 : ⇨스팬드럴(=).

아치작용(-作用, arching effect, arching, arch action) : 경사진 구성요소에서 지지하고 있는 하중의 수직력을 변형시켜 아치 양쪽 위의 아치대에 전달시키는 방법.

아치정점(-頂点, arch crown) : 아치 중심부의 가장 높은 점.

아치테두리(archivolt) : 안둘레의 곡선을 따라 장식적으로 몰딩한 면이나 보이는 면의 둘레 띠.

아치틀기 : 아치돌이나 벽돌로 아치를 쌓는 일. 아치돌(벽돌)의 중심은 아치의 중심에 모이게 함.

아치허리(haunch) : ①홍예머리와 아치가 시작되는 부분. ②지붕 아래에 돌출되어 나온 들보. ③파이프관의 끝부분.

아치형 다리버팀대(-形-臺, arched stretcher) : ①영국 왕정복고시대에 테이블·의자·상자형 가구의 다리 사이에 사용된 원호 모양의 테 살대로 된 다리 버팀대. ②X형의 중앙부가 장식적으로 위로 부풀어진 다리 버팀대.

아치형 다리버팀대

아치형 채광창(-形採光窓, lunette) : 아치(arch)나 볼트(vault)에 의해 만들어진 반구(半球)의 창문이나 벽 패널.

아치형태(-形態, arched form) : 개구부나 지지하는 구조재의 상부가 구부러지거나 뾰족한 또는 둥근 형태를 한 아치로 이루어진 형상(形象)을 의미.

아카(arca) : 초기 르네상스시대의 수납용 체스트를 이르는 스페인 용어.

아카데미즘건축 : ⇨매너리즘건축(=).

아칸서스(acanthus) : ①남유럽 원산의 지중해 연안이 원산지인 야생하는 쥐꼬리망초과의 다년생 풀로서 위로 올라갈수록 넓어지고 엉겅퀴와 비슷한 가시가 있는 잎으로 고도로 양식화(樣式化)된 장식의 모티프로 이용. ②고대건축(그리스·로마)이나 로마네스크건축에서 주두장식(柱頭裝式)의 모티프로 이용. ③특히 그리스의 코린트식과 콤퍼지트 오더(order)의 기둥머리(柱頭)를 특징짓는 중요한 요소가 됨.

아칸서스

아케이드(acade) : ①원래 아치를 이루는 피어(pier)나 기둥의 연속 및 아치구조가 연속되어 이루어진 통로 또는 아치를 연속적으로 사용한 개방 공간. ②건물 외벽에 붙여 입면적으로 한쪽이나 양쪽에 연속된 아치가 가설되어 볼트(vault) 등으로 천장이 덮여 있는 통로도 아케이드라고 함. ③오늘날에는 일반적으로 아케이드의 길이에 연속하여 강철과 유리를 끼운 채광창(採光窓)으로 커다란 지붕으로부터 빛을 받아들인 가로(街路)로 그 한 쪽이나 양쪽에 점포가 늘어선 쇼핑 아케이드(shopping arcade). ④버팀기둥들이나 창 사이의 벽(pier)을 이어주는 아치(arch)의 연속으로 아케이드는 복도나 통로의 건축적인 처리방법의 하나.

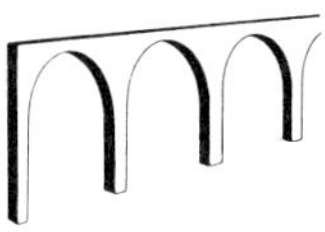
아케이드

아케이드형 등받이(-形-, arcaded back) : ①상부 가로대(top rail)와 좌판 사이에 아케이드 효과를 낸 의자의 등받이. ②루이16세 시대의 모티프로 18세기 후반, 영국 셰라턴(Sheraton)의 의자에서도 볼 수 있음.

아케이드형 등받이

아케이드형 패널(-形-, arcaded panel) : ①영국 초기 르네상스의 목공예에서 특히 유행하던 모티프. ②바닥(field) 또는 전면(face)에 아치형태를 지지하고 있는 작은 피어(pier) 또는 기둥들로 장식된 패널. ③프랑스 르네상스에서 궤(chest)의 장식에 사용되기도 함.

아케이드형 패널

아케이딩(arcading) : ①아치나 아케이드를 계속적으로 사용한 중세 가구에서 처음 선보인 장식 모티프. ②고대 그리스 건축의 아케이드에서 유래된 것으로 일련의 원기둥 또는 벽기둥(pilaster) 사이를 아치로 구성하였으며, 가구에서는 그림을 그리거나 새겨 넣거나 또는 양각으로 조각하거나 투각하여 만듦.

아케이딩

아코니언(Aconion) : 대형 지붕 천장판으로 흡음·방화·내수성이 있음.

아코디언 도어(accordion door) : ①방과 방 사이의 간단한 칸막이로서 접게 되어 있는 도어. ②주름상자 모양의 스크린을 개폐하는 칸막이. ③주름지게 된 여닫이문. ④접이문의 일종으로 +자형으로 된 철재 뼈대에 비닐 레더(vinyl leather : 두께 0.5~1.0㎜·너비 1m·길이 10m 정도이고 각종 색깔의 무늬가 있음) 또는 천(fabric)을 붙인 것. ⑤상부는 홈대형의 행거 레일(hanger rail)에 달바퀴로 매달아 접고 아코디언처럼 접혀지면서 여닫게 되는 여러 쪽으로 만들어진 문.

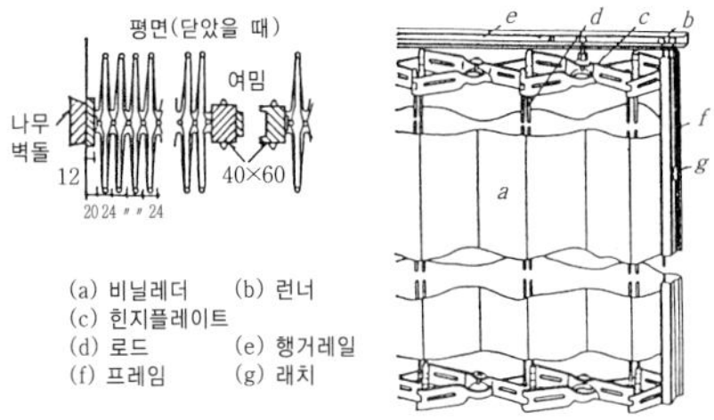

아코디언 도어

아코디언식 이동칸막이(-式移動間-, movable partition of accordion type) : ①주름문의 커튼형식으로 설치는 쉽지만 너무 가볍고 차음성(遮音性)이 거의 없음. ②집회장이나 대회의실의 칸막이로는 부적당하며 간이칸막이로 사용.

아코디언커튼(accordion curtain) : ⇨아코디언 도어.

아쿠아마린(aquamarine) : ①보석의 아쿠아마린(藍玉=綠硅石의 일종)과 같은 색. ②흐린 청록(dull blue green). ③먼셀기호 5.0BG 6.0/4.5.

아큐에이트(arcuate) : 형태상 아치와 비슷한 모양.

아큐에이티드(arcuated, arcuation) : ①건물이 아치 위에서 지탱되는 건축구조, 즉 아치형 구조를 말함. ②상인방구조와는 달리 아치의 사용을 강조한 건축양식. ③로마네스크·고딕, 그리고 르네상스의 아치나 아치와 같은 곡선 또는 궁륭(穹窿, vault) 등을 기초로 가구에서도 사용.

아큐에이티드

아큐에이티드아치(arcuated arch) : ⇨아큐에이티드.

아크(arc) : ①두 개의 전극 사이에 또는 회로 안의 간격에 걸쳐 발생되는 지속적으로 빛을 발하는 전기반응. ②전류가 흐르는 통로를 빠른 속도로 열고 좁은 간격으로 유지할 때 발생하는 발광방전(發光防電). ③두 개의 전극간의 가스체를 통하여 방전하는 현상. ④에너지는 대부분 열로 되어 있어 3,800℃ 정도가 되므로 용접이나 전기로(爐) 등에 이용.

아크관(-管, arc pipe) : ①아크방전관을 내포하는 덮개. ②형광전구의 유리, 수은이나 메탈할로이드 전구의 석영·고압 나트륨 전구의 반투명 알루미나 세라믹.

아크더블로(arc doubleau[프]) : 리브 볼트(rib vault)에 있어서 종축방향으로 뻗어 있으면서 볼트를 칸이나 구획으로 나누어 줌. '횡단리브'라고도 함.

아크라이트(arc light) : ①두 개의 금속 전극 사이 또는 두 개의 카본 줄 사이의 아크에 의해 빛이 생성되는 고강도의 조명원. ②감광 인쇄판의 노출에 사용되는 강력한 조명원.

아크램프(arc lamp) : ①방전에 아크의 빛을 이용한 전등. ②종류는 초고압식(고압 수은등·나트륨등)과 열전자방식(탄소아크등) 및 전계전자방사식(쿠퍼휴잇 수은등) 등으로 분류.

아크레뜨와르(écritoire[프]) : 글쓰는 책상(writing table).

아크로터(acroter, acrotetia, acroterium) : ①작은 대좌(pedestal ; 원래는 조각을 위한 것이지만 때때로 이것이 없는 조각도 눈에 띈다)로서 페디먼트(박공장식, pediment)의 양단부와 정점에서 사용. ②고대 그리스 건축에서 페디먼트의 정단부와 양끝에 위치한 조각이나 장식을 위한 기단(base)을 뜻하지만 보통 장식 자체를 가리키기도 함. ③고대 그리스와 로마의 건물에 장식되었으며 그리핀(griffins) 모양이나 종려잎무늬(palmette)의 모티프가 주로 사용. ④18세기 유럽의 상자형 가구(case furniture)인 책장, 세크러터리 등에서도 흔히 볼 수 있음. ⑤고전건축 특히 그리스 신전(神殿)의 페디먼트 정점(頂点) 및 양쪽 하단에 놓는 조각상이나 장식을 위한 대(臺) 또는 조각상이나 장식을 의미함.

아크로터

아크로테리아(acroteria) : ①장식을 지지하기 위해 지붕의 정상이나 모서리에 두는 대좌(臺座). ②박공(pediment)의 꼭짓점 부분과 맨 밑부분 양 끝점에 세워지는 조각물 따위. ③조각이나 꼭대기 장식 또는 페디먼트의 아래쪽 코너에 있는 장식의 주춧대.

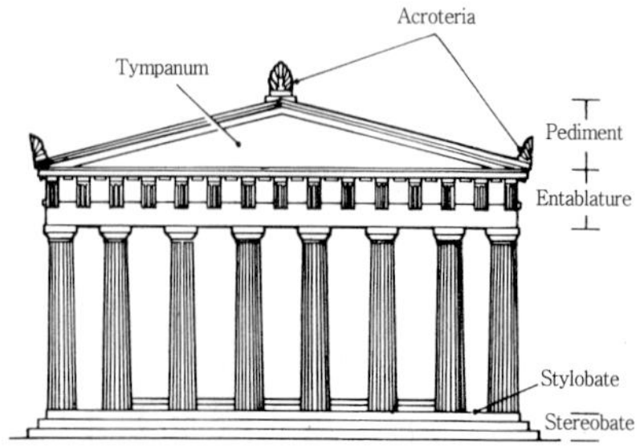

아크로테리아

아크로테리온(acroterion) : ⇨아크로테리움(=).

아크로테리움(acroterium) : 아크로테리아(acroteria)의 단수(單數).

아크로포디움(acropodium) : ①조각상을 위한 받침대. ②특히 규모가 크고 높은 경우 더욱 풍부한 장식을 곁들임.

아크로폴리스(acropolis) : ①'aeros : 높다+polis : 도시'를 의미한 높은 도시라는 의미의 합성어. ②고대 그리스 도시의 방어를 위해 높게 요새화한 곳. ③고대 그리스의 아테네(Athens)·코린트(Corinth)·티린(Tiryn) 같은 도시 중심부 근처의 가파른 언덕 위에 있었던 요새화된 성채. ④도시 수호신의 신전과 전당 등의 건물의 복합단지로 도시국가들의 전쟁에서 마지막 보루였음. 그 중 아테네의 아크로폴리스는 군사적·예술적 중심지로 거대한 신전 입구(propylaea)와 파르테논 신전을 비롯한 여러 신전과 전당 등이 아름답게 장식되어 있어 2500년을 존재해 오면서 서양건축에 강한 영향을 줌. ⑤아테네의 성과 파르테논이 대표적인 예.

아크롤리스(acrolith) : 머리·다리·팔은 대리석으로 조각되어 있고 몸체는 나무로 되어 있으며 천이 드리워져 있는 고대 그리스의 조각상.

아크릴(acrylic) : ⇨아크릴수지(=).

아크릴계수지도료(-樹脂塗料, acrylic resin paint) : ①목재용으로 사용되는 아크릴 래커는 아크릴산·메타아크릴 에스테르. ②아크릴 에스테르 등을 주체로 하여 비닐계 단량체(vinyl acetate stylene) 등과 공중합. ③투명성이 좋고 광택·촉감·내후성(특히 내광성·내광택 유지성) 및 내약품성이 우수하지만 열가소성계는 두꺼운 도막에서 건조가 늦고 작업시 아크릴 특유의 냄새 및 내용제성이 나쁘고 특히 내열성이 좋지 않기 때문에 제품의 중복중량 적재 시에는 도막의 점착성이 심함. ④주로 목재의 원색도장에 많이 이용.

아크릴고무(acrylic rubber) : ①아크릴산 에틸 또는 기타 아크릴산 알킬 에스테르와 2-클로로에틸, 비닐에틸 또는 아크리오니트릴과의 공중합에 의한 합성고무. ②내열·내유성이 좋고 이중결합을 하지 않으므로 내후성·내오존성이 좋음.

아크릴도료(-塗料, acrylic paint) : ①폴리머도료(polymer paint)라고도 하며, 물과 섞어 액상 아크릴 수지로 만들어 겹층으로 펴서 바르고 수분을 증발·건조시키면 지속적이고 유연한 플라스틱 방수막이 형성됨. ②종이·옷감·회벽·타일·목재·캔버스·벽돌 등의 표면에 도장이 가능.

아크릴 라이트(acrylic light) : 아크릴수지(acrylic resin)로 만든 채광판.

아크릴로니트릴-부타디엔-스티렌(acrylonitrile-butadiene-styrene) : ①열가소성 수지의 일종으로 견고하고 강인하며 내열성·내화학성이 큼. ②주로 플라스틱 파이프나 하드웨어 제품에 사용. ③약어는 ABS.

아크릴사(-絲, acrylic fiber) : ①자연재인 석탄·공기·물·석회석·석유와 천연가스로 만들어진 합성사. ②강하고 견고하며 내후성이 뛰어남. 절연성이 있으며 부드럽게 부풀어 양모(wool) 대용직물이나 카펫 등의 원료.

아크릴수지(-樹脂, acrylic resin) : ①열가소성 수지의 일종. ②특징 ; ㉠무색투명하여 착색이 자유로움. ㉡내충격강도는 무기유리의 10배임. ㉢100~120℃에서 연화되고 상온에서도 절단가공이 쉬움. ㉣자외선투광률도 큼. ㉤내유성·내약품성·내후성·전기절연성이 좋음. ③보통 시트(sheet)형이나 튜브(tube)형으로 만듦. ④주로 FRP·평판·골판·기타 각종 형태의 성형품으로 만들어 채광판·유리대용품·도어판·파티션·스크린판·광고판·도료·건축용 판재·낚싯줄·튜브·플라스틱형(型) 주조나 주형 제작·가구, 조작의 도장에 쓰임. 복잡한 곡선형의 열성형도 가능하며 반투명으로나 색채를 넣어 생산하기도 함. ⑤상품으로 플렉시글라스(plexiglas)와 루사이트(lucite), 퍼스펙스(Perspex) 등이 있음.

아크릴아미드(acrylamide) : ①접합제·도료·

물처리제·종이·섬유의 마무리제 등에 사용되고 있는 합성물질. ②쌀·시리얼·감자와 같이 탄수화물이 풍부한 식품들이 열을 받으면 아크릴아미드를 형성한다는 연구결과가 2002년 4월 24일 스웨덴의 국립식품국(NFA)에 의해 나오면서 WHO는 연구진을 구성했음.

아크릴컬러(acrylic color) : ①유연성과 내광성·내수성이 뛰어나며 고착력이 강한 아크릴 에멀션수지를 사용하여 만들어진 물감. ②고착력이 강하므로 유성 캔버스 이외에도 수성 캔버스·하드보드·천(fabric)·나무판·종이·가죽·시멘트벽 등에 자유롭게 사용 가능. ③건조는 보통 20~30분 정도로 빠름.

아크릴판무테문(-無-門) : 아크릴판은 메탈아크릴산 메틸의 중합체(重合體)인 견경질(堅硬質)이고 유기유리(有機琉璃)의 문짝으로 한 문.

아크용접(-熔接, arc welding, arc joint electric arc welding) : ①전기용접에 있어서 아크의 열을 이용한 용접법. ②용접하고자 하는 모재(母材, base metal)와 용접봉(electrode)에 전류를 통하면 그 사이에 전기불꽃(spark)이 계속 생기며, 3,500℃의 고열을 내는 아크(arc)를 발생시켜 그 열에 의하여 모재의 일부와 용접봉의 끝이 녹아내려 모재의 세세(細細)한 틈에 채워 용접하는 방법. 모재의 두께는 6~35㎜의 범위로 함. ③종류에는 실드금속아크용접(shield metal arc welding), 비활성가스실드아크용접(inert gas shielded arc welding), 플럭스코어드아크용접(flux coarded arc welding), 서브머지드아크용접(submerged arc welding) 등. ④전극봉이 용접봉을 겸하는 소모식(消耗式)과 탄소 또는 텅스텐을 전극으로 하는 비소모식이 있음. ⑤용접기에는 직류용접기와 교류용접기가 있는데 교류용접기가 취급이 간단하므로 널리 쓰임. ⑥조선·철공 등에 광범하게 이용되며 불활성(不活性)가스로 아크를 외부에서 차단하는 「이너트가스아크용접」이 보급되었고 또 전 작업이 자동화된 자동용접도 행해지고 있음.

아크전기용접(-電氣鎔接) : ⇨아크용접(=).

아키그램(archigram) : ①1960년 테일러 우드로 건설회사가 테오 크로스비지구 안에 있는 런던의 이스턴역(Easton Station) 재개발에 참여한 6명의 젊은 건축가 중 피터 쿡에 의해 결성되어 W. 초크(Warren Chalk ; 1927~1987), P. 쿡(Peter Cook ; 1936~), D. 크롬프턴(Dennis Crompton ; 1935~), D. 그린(David Green ; 1937~), M. 웨브(Michael Webb ; 1937~), R. 헤론(Ron Herron ; 1930~1994) 등이 만든 유동적인 연합체 그룹. ②그들의 개념은 느슨하고 자유로운 모든 종류의 관계들이 초점을 맞추는 경향은 소비성과 대중문화, 새로운 기술 등에 관한 낙관적인 유럽을 지향한 것으로 가장 진보적인 공간설비(space hardware)를 통해 전통적인 도시의 전제성을 파괴하고 더욱 많은 개인적 선택의 기회를 제공할 수 있는 일상적인 시스템으로 발전. ③아키그램은 1963년에 '리빙시티(Living City, 공동작품)' 전시회에서 팝아트의 기법으로 슈퍼맨, 남녀 로봇의 초상화를 인용하여 도시의 이미지를 소개하였음. 여기에서는 건축을 하드웨어로, 인간의 위치나 상황을 소프트웨어로 간주하고 강요된 환경질서와 규범적인 권위세계를 부정하면서 소외된 모든 상황에서의 탈출이 의도적으로 표현됨. ④가장 이상적인 계획안으로 피터 쿡(Peter Cook)의 펄햄 스터디(Fulham Study, 1963)와 고전과 새로움이 공존하는 도시의 이미지가 수천 개의 캡슐에 의해 자유자재로 형성 또는 해체되는 공상적인 형태의 건축물로 표현된 삽화가 소개된 플러그인시티(Plug-in-City, 1964~65), 헤르론(Ron Herron)의 워킹 시티(Walking City, 1964), 웨브(Michael Webb)의 쿠치클(Cuchicle, 1960~67), 헤르론(Ron Herron)의 인스턴트 시티(Instant City, 1969)에 소개된 삽화에도 첨단기술에 의한 오락기능이 갖추어진 유연한 형태의 파빌리온·애드벌룬, 그 외 팝(pop)적인 요소가 인용되어 주말의 대중적인 축제 분위기가 묘사됨. 그리네의 인플레이터블 슈트 홈(Inflatable Suit-Home, 1968) 등이 있음. 그 외에 일본에서 개최된 엑스포 '70의 아키그램 캡슐(Archigram Capsule)과 몬테카를로에 위치한 섬머 카지노(Summer Casino)를 위한 계획안(1971), 파리 루브르박물관에 소장되어 있는 '현대 영국 디자인에 관한 개관(1971)', 런던의 영연방협회에 지금도 현존하는 '말레이시아 전시관(1973)' 등이 있음. 이처럼 아키그램의 환상적인 일러스트레이션은 시스템 조직·테크놀로지의 전자동화를 이용한 기술적 팝아트의 수법으로 인간과 기계와의 공동체의식을 시사하였고 그래픽기법에 입각함으로써 새로운 광고미학을 제시하기도 함.

아키볼트(archivolt) : ①아치의 가장자리와 창문·문, 그밖의 개구부 둘레에 따른 연속적인 장식의 몰딩. ②아치의 바깥쪽을 따라서 댄 장식용 틀(장식 창도리 또는 장식 홍예 창도리).

아키볼트

아키줌(Archizoom) : ①1966년부터 1974년까지 운영되었던 이탈리아의 건축 및 산업디자인회사. ②파올로 데가넬로(Palol Deganello ; 1940~)를 포함하여 여섯 명의 건축가와 디자이너에 의해 플로렌스에서 설립. 빌딩·인테리어·전시·가구·제품 등을 디자인함. ③당시의 격렬한 사회적 반항의 반영으로 아키줌의 가구디자인은 무의미하게 보였던 상투적인 것에 대한 도전으로 색다르게 인식됨. ④그들은 기능과 재료의 뛰어난 사용에 관련되어 국제양식과 기능주의 원리로부터 성장하였고, '반디자인(counter design)'의 본보기로 제공되었으며 아직도 현대 이탈리아의 자유분방한 디자인 세계의 주류를 이룸.

아키텍스트(Architext) : ①건축가들의 비공식적인 그룹으로 출발하여 T. 아이다·T. 아주마·M. 미야와키·M. 스즈키·M. 타게야마 등이 주축이 되어 1971년에 정식으로 결성된 그룹. ②뚜렷한 원칙이 없이 근대주의에 관련된 총체적인 주장만을 내세웠고 각자의 개성을 존중했던 이 그룹은 다원주의(pluralism)와 불연속성(discontinuity), 모순성(contradiction) 등을 옹호.

아키텍토니카(Arquitectonica) : ①1977년 마이애미에서 베르나르도 포트 브레시아(Bernardo Fort-Brescia)와 로린다 스피어(Laurinda Spear) 부부가 중심이 되어 론리(Hervin A. R. Romney), 더니(Andres Duany)와 쥐베르크(Elisabert Pater Zyberk)에 의해서 창설된 미국 건축가 그룹으로 공식명칭은 Arquitectonica Intertional. ②대표적인 건축물로는 최초의 마이애미 로린다 스피어의 양친 주택(1977~79) 이외에 페루 리마(Lima)의 멀더(Mulder) 주택(1983~84), 플로리다주 마이애미의 헬름슬레이 팔레스(Helmsley Palace) 호텔(1978~80)과 마이애미주 비스캐린 베이(Biscayne Bay) 소재의 아틀란티스(Atlantis, 1979~81), 리마(Lima)의 Banco de Credito, Luxemburg 은행 등이 있음.

아키트레이브(architrave) : ①기둥머리(柱頭, capital)에 직접 얹혀 있는 기둥과 기둥을 연결하는 중요한 들보인 고전적인 엔태블러처(entablature)의 세 부분 중 최하단 부분. ②현관문이나 창 등 개구부의 상인방 및 잼(jamb) 등 사각형 주변을 장식하는 띠(몰딩). ③이 용어는 문이나 창문 장식에 이용되는 유사한 몰딩을 지칭할 때에도 사용.

아키트레이브코니스(architrave cornice) : 엔태블러처에서 프리즈(frieze)가 생략된 것.

아테네헌장(-憲章, Charte d'Athènes) : 1933년 여름 마르셀과 아테네를 연결시켜 주는 순항선 패트리(Partris) II세 선상과 Athénes에서 개최되었던 CIAM의 4차회의(1933)는 33개의 주요도시에 관한 체계적인 조사할 것을 결의한 결과 4차 회의의 원칙이 채택됨. 아테네헌장은 베를린 3차 회의에서 결정된 안(案)인 기능적 도시(The Functional City)에 관심을 두고 르 코르뷔지에의 개념(1941년 개정하여 아테네헌장이란 제목의 책을 익명으로 출간)을 바탕으로 서트(José Luis Sert, 1902~83)의 「우리의 도시는 살아남을 것인가(Can Our Cities Survive?, 하버드대학 刊, 1942)」에 토의내용을 정리. 이들 6가지 기본원칙 중의 하나는 도시의 4가지 주기능인 거주·작업·여가·교통을 구분·정리한 것으로 한때는 논란이 있었으나 잘못 인식되었던 도시문제를 근대주의적 도시계획을 통해 하나의 간단한 공식으로 만듦.

아테니엔느(athenienne) : ①신고전주의시대인 18세기 후반, 프랑스 루이16세와 제국시대의 세면대. ②뚜껑이 있는 대야와 항아리 형태의 세발 받침대로 구성. ③1793년 에버트(J. H. Eberts)에 의해 만들어져 19세기 초까지 널리 사용되었으며 화분대·촛대·향로(香爐)로도 이용.

아테니엔느

아트갤러리(art gallery) : ⇨미술관·화랑(=).

아트리움(atrium) : ①건물 내에서 천광이 있는 중앙마당. 특히 유리지붕으로 덮이고 여러 층의 복도로 둘러싸인 큰 내부. ②주위에 집이나 건물이 지어져 위로 열려진 천광(天光)이 있는 마당. ③고대 로마 도시주택의 경우는 건물로 둘러싸인 안마당으로 입구 부근에 있고 빛을 받아들이는 큰 천창을 남겨둔 채 지붕을 덮음. ④초기 기독교 건축의 경우는 네 면 모두에 열주를 세우고, 회랑으로 둘러싸인 안뜰 또는 현관 가까이에 있는 거실로서 교회의 앞에 붙어 있고 보통은 정사각형을 취함. ⑤물을 받도록 장문형 대야와 빗물용 지붕에 구멍이 있는 로마 주택의 내부홀로 천장 중앙에는 직사각형의 개방된 천창과 바닥의 움푹 패인 빗물받이의 저수조와 정원에는 나무를 심거나 분수를 설치하여 생활의 중심공간으로 사용. 또한 초기 기독교나 중세의 교회당에서는 성스러운 공간으로 들어가기 전의 전실(前室)격인 공간으로 중앙에 연못 등을 둔 안뜰을 의미하기도 함. ⑥현대 공공건축의 홀이나 로비에 나타나는 아트리움은 호텔·사무실 등 업무공간과 도시의 공공영역을 연결하는 매체공간이 될 뿐만 아니라 도시공간의 연속성과 일체감을 강하게 표현하는 사회적 의미도 가짐. ⑦일반적으로 사무실이나 호텔의 채광창을 가진 거대한 2층 이상을 비어 있는 공동(空洞)의 공간으로 하고 안뜰에 잔디나 나무 등을 식재하여 건물 내에 자연을 형성하고, 최근 지어지는 호텔·오피스 빌딩이나 기타 대형 건물에서 볼 수 있는 것처럼 실내공간을 유리지붕으로 씌우는 것을 지칭하는 용어로 사용됨.

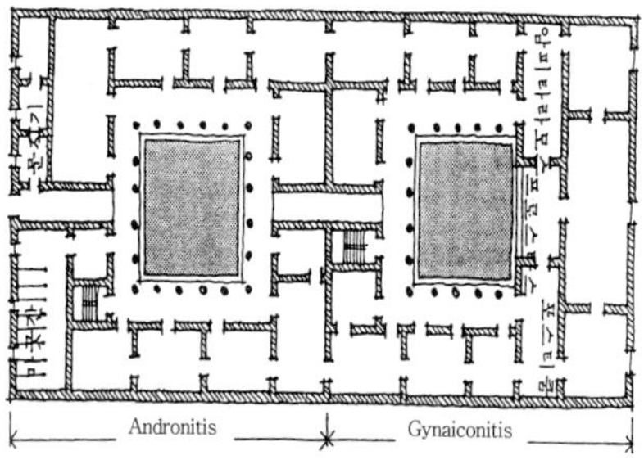

그리스식 주택 평면도(비트루비우스 설계)

아트리움 평면

아트리움

아트리움주택(-住宅, atrium house) : ①로마시대의 중정주택. ②오늘날에는 유리에 피막을 씌워 햇빛을 적극적으로 받아들여 실내에서 수목을 키우는 공간.

아트모자이크 타일(art mosaic tile) : ①모자이크 타일 중에서 11㎜각 정도의 극히 작은 타일. ②라스 모자이크 타일(lath mosaic tile)이라고도 함. ③무늬 모양·회화 등에 사용. ④주로 벽체의 슈퍼 그래픽(super graphic)에 많이 사용됨.

아트보드(art board) : 미려한 무늬가 있는 비닐·필름을 금속판에 접착한 화장판.

아트쇼윈도(art show window) : ①쇼윈도를 하나의 화폭으로 그림을 그리는 디스플레이용 창. ②배경벽 자체가 디스플레이의 주체가 됨.

아트앤크래프트운동(-運動, arts and crafts movement) : ⇨미술공예운동(=).

아트윈도디스플레이(art window display) : 쇼윈도를 하나의 화폭으로 하여 그림을 그리는 디스플레이.

아트컨설턴트(art consultant) : 미술에 대한 전문지식과 정보를 바탕으로 전시기획, 미술품 매매 등을 지휘하고 알선하는 전문조직.

아트페어(art fair) : ①여러 개의 화랑들이 한 장소에 모여 작품을 판매하는 행사. ②국제 미술계의 흐름을 한눈에 살필 수 있는 세계 3대 아트페어로는 스위스의 바젤, 미국의 시카고, 프랑스의 피악(FIAC)과 그밖에도 독일의 쾰른, 스페인의 아르코 아트페어가 유명함.

아트펜(art pen) : 장식적인 일러스트레이션에 적합한 펜으로 펜촉 형태가 각형(角形)과 원형(圓形)이 있음.

아틀라스(atlas) : ①원래 그리스 신화의 신들을 배반하여 하늘을 짊어지게 된 신(神). ②그리스 신화를 건축적으로 해석·적용하여 남자의 형상을 조각해 놓은 기둥. ③남상주(男像柱)라고 함. ④여상주(⇔).

아틀란티스(atlantis) : ①고대 그리스 건축에서 볼 수 있는 장식적인 기둥으로 인신상주(人身像柱) 중 남상주(男像柱)를 의미. ②남성의 신체를 조각한 건축 또는 가구의 기둥으로 르네상스시대에 유행. ③남상주의 모티프는 고전건축이래로 알려졌으나 활용된 것은 바로크 건축부터임. ⇨카리아티데스(⇔).

아틀란티스

아틀리에5(Atelier 5) : ①1955년 베른에서 프리츠(E. Fritz)·게버(S. Gerber)·헤스터베르그(R. Hesterberg)·호스테틀러(H. Hostettler)·피니(A. Pini) 등 5명의 건축가가 결성한 그룹. ②1983년에는 블루머(J. Blumer)·하임가르트너(C. Heim-gartner)·라니니(P. Lanini), 로이(D. Roy)·스테블러(B. Stebler)·토르만(F. Thormann) 등이 참여하여 12명의 멤버가 됨. ③이들은 르 코르뷔지에로부터 강한 영향을 받았으며 초기양식은 신브루탈리즘(New Brutalism)으로부터 유추된 형태언어가 지배적이고 1970년대 초기에는 건축주의 특별한 요구와 지역적 특성을 고려한 표현·형태로 그 경향이 변환되었음. ④대표적인 작품으로는 할렌 주택단지(1955~61)와 탈메드 주택단지(1967~72) 및 슈투트가르트(Stuttgard) 파이힝겐에 위치한 슈투트가르트 대학교 식당(1970~76) 등이 있음.

아티큘레이트(articulate) : 부재를 규칙적인 완성체로 조화되도록 만든 맞춤 또는 이음에 의해 결합된 것.

아티큘레이티드(articulated) : 분절된 벽 표면을 조각하거나 또는 새긴 것.

아티피셜(artificial) : 인위적·인공·부자연스런·자연의 대화 등을 의미하는 용어.

아파트먼트(apartment) : ①복수의 주호(住戶, flat)로 분할되어 있는 하나의 건물. ②원래 사람을 접대하거나 파티를 개최하는 개인을 위한 공간 또는 실(室)을 지칭하거나 집합주택 중에서 몇 개의 실로 이루어진 한 가족용 주호. ③영국 연방국에서는 아파트먼트를 플랫(flat)이라 하고, 미국에서는 아파트먼트 하우스(apartment house)라고 함. 우리나라에서는 보통 아파트라고 하며, 일상적으로 5층 이상의 공동주택을 말함. 특히 5층 이하를 저층아파트, 6층에서 15층 이하를 고층아파트, 16층 이상을 초고층아파트라고 함. 우리나라에서는 5층 정도의 저층아파트(low apart)를 연립주택이라고 함. 집합주택·공동주택이란 법률상 학문적인 표현임.

아파트먼트하우스(apartment house) : ⇨아파트먼트(=).

아파트먼트호텔(apartment hotel) : ①일반 아파트와 유사한 시설, 즉 욕실·주방 등이 각각의 객실에 부속되어 있으며, 호텔과 아파트가 복합된 형태. ②호텔식으로 장기 투숙자를 위해 간단한 가재도구가 갖추어져 있어 장기간 숙박에 적합한 객실을 임대하고, 식사나 청소 등의 서비스를 제공하는 호텔. ③복잡한 사생활을 피하고 교외에서 장기체류하고 휴식하는 호텔. ④외국에서는 중류층 사람 가운데 셀프 서비스(self service)생활이 싫어서 도시 내 호텔생활을 선호하는 사람을 위한 호텔. ⑤위치는 업무지역에서 가까운 조용한 곳이 좋음.

아포피지(apophyge[그]) : ①기둥의 주신과 베이스를 연결하는 오목하게 만곡(彎曲)된 부분. ②고전건축양식의 기둥에서 주신(柱身, shaft)과 주초(柱礎, base)의 접촉 부위인 기둥의 상부에 완만하게 움푹 파여 바깥쪽으로 오목하게 만곡(彎曲)된 넓어진 부분. ③주신과 주두와의 접촉 부위는 하이포피지(hypophyge[그])라 하며 도리아양식에서는 나타나지 않음. ④⇨이오니아식 오더.

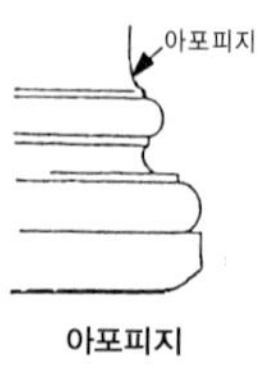

아포피지

아폴로유리(-琉璃, apollo glass) : ①자외선(紫外線)을 투과시키는 유리. ②주로 일광욕실이나 병실 등에 쓰임.

아프레게르(Apres Guerre[프]) : ①전후(戰後)에 나타난 종래의 전통·관습·관념에서 벗어나려는 경향. ②'전후(戰後)'라는 뜻으로 1차 대전 후 프랑스에서 전전(戰前)의 문화에 대한 젊은 세대의 반역이 다다이즘·초현실주의 등의 전위운동으로 표출된 것. ③넓은 의미로는 무궤도한 젊은 세대나 혼란된 전후 풍습 그 자체. ④전후파·아방가르드(=).

아프로모시아(Afromosia) : ⇨아사멜라(=).

아프론테(affronte) : 동물 또는 형상이 서로 대칭으로 마주보고 있는 박공장식(pediment)이나 출입구 상부의 장식.

아프론테

아프젤리아(Afzelia) : ⇨도우시(=).

아플리케(appliqué[프]) : ①한 구조에 장식용 형체를 응용한 액세서리나 장식공예로써 한 재료에 다른 재료를 잘라 붙인 것. ②조각을 잘라서 큰 면적의 재료에 박아 넣는 장식이나 문양. ③일정한 재료 위에 부착하기 위해 고정 접착코팅방법을 사용하는 색상이나 패턴의 전환 방법. ④프랑스어로 '벽에 매다는 것'이라는 뜻으로 벽에 거는 촛대 등.

아플리케

아피아(Via Appia) : ①로마 최고(最古)의 군용 대도로(大道路). ②로마와 남이탈리아를 연결하는 주요도로. 로마의 감찰관 아피아우스 크라우디우스가 건설.

아피통(apitong, Dipterocarpus grandiflorous Blanco.[학]) : ①필리핀·보르네오·말레이시아·태국·버마·인도 등 남양산의 목재로서 특히 보르네오·말레이시아·인도네시아에서 생산되는 것은 케루잉(keruing)이라고 함. ②일반적으로 나왕(lauan)과 비슷하나 나왕보다 더 적갈색(赤葛色)을 띠고 목질부는 나왕보다 단단하고 건조가 곤란. 변재는 담황갈색(淡黃褐色) 또는 회갈색(灰褐色)이며 심재는 적갈색(赤褐色) 바탕에 심홍색(深紅色) 또는 등색(橙色)으로 심·변재의 구분이 뚜렷하며 오래되면 암갈색(暗褐色)으로 변함. ③기건비중은 수종에 따라 다르지만 0.64~0.84, 수축률은 방사방향 7.2%, 접선방향 13.8%로 매우 크고 강도는 압축강도 614㎏/㎠, 휨강도 1,174㎏/㎠, 전단강도 124㎏/㎠로 강함. ④건조접착성은 양호하고 도장성은 불량하며 내구성은 수종에 따라 다르나 약하고 변재는 병충해에 약하나 심재는 강하며 방사조직은 실리카가 함유되어 있음. ⑤주로 가구재·수장재·내장·플로어링·벽패널 등에 사용. ⇨케루잉(=).

아헌(衙軒) : ⇨동헌·외아(=).

아헨대성당(-大聖堂, Aachen Pfalzkapelle Cathedral) : ①카롤링(Caroling)대제 시대에 칼1세에 의해 수도 아헨에 세워진 궁정 부속의 대(大)예배당. 785년 무렵 샤를마뉴가 궁정예배당으로 건설, 비잔틴 요소와 프랑크 요소를 융합한 카롤링거 왕조 르네상스를 대표하는 건축물. 집중식 평면구도로 되어 있으며 이탈리아에서 대리석과 오래되고 화려한 기둥을 가져와 건축재료로 사용하였음. ②라베나의 산 피에트로(San Pietro) 성당을 본뜬 것으로 오드 폰 메츠의 지휘 하에 792년에 착공하여 805년에 완공. 서쪽 탑은 1350년 무렵에 지었는데, 이곳에는 1239년에 만든 '성모 마리아의 성유물 상자'와 1349년 제작한 '샤를마뉴 흉상을 장식한 궤' 등의 보물을 보관하고 있음. 814년 샤를마뉴의 유해를 예배당에 안치하였고, 1165년 그가 신성로마제국의 수호성인이 되자 알프스 이북 지방 최고의 순례지가 되었음. 15세기 초 고딕양식으로 만든 내진(內陣)에는 샤를마뉴의 성유물 상자를 안치하고 있으며, 벽면은 긴 스테인드글라스로 장식하였음. 1664년에는 예배당 지붕을 꼭대기에 탑이 있는 바로크양식의 둥근 지붕으로 바꾸었으며, 1884년에는 서쪽에 첨탑을 세웠음. ③큰 돔을 올린 중앙의 8각당(八角堂)은 지름 14.4m, 높이 32m에 이르며, 그것을 둘러싼 16각형의 2층으로 된 주랑(周廊) 및 서쪽의 쌍탑 정면 부분으로 구성된 집중식 건축물로서 후에 고딕양식에 의한 본당(本堂) 등이 증축됨. 중앙공간은 각진 기둥과 아름다운 아치에 싸여 있으며, 둥근 천장은 모자이크로 꾸며져 있음. 천장 아래로 길게 드리운 쇠사슬에는 작은 탑 16기와 촛대 48개가 달린 청동 샹들리에를 매달아 놓았고, 주랑의 위층 회랑(回廊)에는 샤를마뉴의 왕좌가 있음. 왕좌는 대리암으로 만든 대좌와 소박한 나무의자로 되어 있는데, 나무의자는 6단의 계단 위에 놓여 있음. ④1978년 유네스코(UNESCO : 국제연합교육과학문화기구)에서 세계문화유산으로 지정하였음.

아헨대성당 내부

아황산가스(亞黃酸-, surfer dioxide ; SO_2) : 무색이고 자극적인 냄새가 나는 기체. 먼지와의 상승작용으로 기관지염·천식의 원인이 되는 경우가 많음. 대기 속 아황산가스의 90%는 중유의 연소로 생기며, 위생상 허용농도는 5ppm.

아황산가스 환경기준(亞黃酸-環境基準, surfer dioxide environment standard) : ①인간의 건강을 해치는 대기 중의 아황산가스 농도의 기준치. ②'아황산가스 환경기준'은 1년을 통해 아황산가스의 평균농도(연간 평균)가 0.05ppm을 넘지 않도록 하는 것을 목표로 하고 있음. 이 농도에서도 40세 이상 성인남자의 약 5%가 만성 기관지염에 걸리는 것으로 알려져 있음.

악센트(accent) : ①강조·억양·변화의 의미를 갖는 용어. ②특정공간 내에서 긴장감·주목성 및 전체가 아름답고 상쾌한 느낌을 자아내는 주안점이 됨.

악센트 라이트(accent light) : ①대상물을 강조하기 위하여 강한 빛을 집중적으로 비추는 것. ②일반적으로 강조하는 악센트

조명과 3배 이상의 조도차가 적당함. ③주위와의 조도차가 클수록 인상은 강해지나 풍부한 느낌을 주려면 주위의 조명도 상당한 조도가 필요함. ④주위의 조도에 대응하여 와트수가 높은 반사형 전구·빔전구로 하거나 전구의 수를 증가시킴. 건축공간이나 상업공간에서의 동선과 시선을 유도하고 박물관·미술관·기념관 등의 전시관에서 보다 극적인 연출효과를 위해 사용.

악센트라이팅(accent lighting) : ⇨악센트조명(=).

악센트조명(-照明, accent lighting) : ①시야의 한 부분으로 주의를 집중시키거나 또는 대상물을 강조하기 위한 방향성 조명으로 건축공간이나 상업공간에 시선을 유도하는 기능으로 이용되며, 박물관·미술관 등 전시공간에 보다 극적인 연출을 위해 사용. ②어떤 물체나 지역을 강조 또는 주의를 끌기 위해 빛을 사용하는 조명. ③시각장 내의 특별한 사물이나 특징을 강조하거나 표면에 장식적인 패턴을 형성하는 조명. ⇨악센트라이트(=).

악센트컬러(accent color) : ①엷은 청회색 속에 배치한 적은 양의 오렌지색과 같이 대비(對比, contrast)에 의해 전체를 끌어 올리는 소량의 색. ②기조색(基調色)을 드러내 상쾌한 인상을 주는 포인트가 되는 색. ③좁은 면적에 사용되어 공간을 산뜻한 느낌이 들도록 하는 효과를 가진 색채. 일반적으로 고채도의 색채가 선택됨. ④연한 색조에서 진한 색조의 작은 면적은 악센트 컬러로서 전체적으로 돋보이게 되며 시각적인 초점이 됨. ⇨강조색(=).

안가(安家) : ①안전가옥(安全家屋)의 약칭. ②청와대, 구 안기부 등 정부기관이 행정이나 수사의 비밀을 유지하기 위해 사용하는 일반가옥.

안거리 : 안채(제주도).

안걸이 : 상대 부재의 오금을 안으로 거는 것 또는 기법.

안고지기 : ①한식 건축물에서 미세기창의 한 짝을 다른 짝 옆에 밀어 붙이고 두 짝을 끼운 문틀까지 열어 젖히는 작은 창. ②두 장의 문짝 가운데 하나를 다른 하나에 밀어 붙이고, 밀어붙인 쪽의 문틀 일부를 함께 열도록 만든 문. ③안고지기는 방과 방 사이에 다는데, 특히 여름철 통풍과 공간 확장에 많이 이용됨. ④마당에 면한 창호로도 설치하여 여름철 시원한 바람을 맞아들이거나 시원한 조망을 이루기도 함. ⑤대청 기둥과 부엌 기둥 사이의 좁은 벽면에 안방의 창을 꾸밀 때 사용.

안길 : 안과 바깥이 구분되어 있는데서 안쪽으로 난 길.

안니에그레(Aniégré[프], Aningeria robusta Aubr R Pellegr[학]) : ①시에라리온에서 케냐까지 동서아프리카에 걸쳐 분포. ②목리는 통직하고 나무갗은 고움. 도관은 고립 또는 방사복합관공(放射複合管孔)으로서 균일하게 분포. 경연재(輕軟材)로 기건비중 0.50~0.60, 수축률은 방사방향 3.89%, 접선방향 7.6%, 용적수축률 13.4%로 적음. 강도는 압축강도 528kg/㎠, 휨강도 1,327kg/㎠, 횡인장강도 22.5kg/㎠, 전단강도 97kg/㎠로 보통. 건조는 용이하지만 인공건조 초기에 갈라짐(할렬)이 일어나기 쉬움. 가공은 용이하나 실리카가 있어 칼날이 마모되므로 스테라이트 가공톱이 필요함. 접착은 양호하고 도장은 착색에 문제가 없음. 부후(腐朽)는 약하고 약제주입은 용이함. ③합판·구조 등에 사용.

안다이런(andiron) : ①개방된 난로의 바닥돌 위에 장작을 얹기 위해 가로지르는 막대가 있는 한 쌍의 수직 금속지지대로서 전면 가장자리를 장식. ②파이어 도그(=).

안당(內堂) : ⇨정당(=).

안대청(-大廳) : 방으로 출입하는 전실(前室) 역할을 함. 여름에는 시원한 거처공간이 되고, 큰 일이 있을 때에는 대청이 중심이 됨.

안동(Andoung, Monopetalanthus heitzji Pellegr[학]) : ①적도 아프리카 서부 가봉·카메룬·콩고에 분포. ②변재는 도갈색, 심

재는 갈색으로 심·변재의 구분이 불분명하고 연륜은 구분이 명확. 목리는 교착하고 나무갗은 고움. 기건비중 0.54, 수축률은 방사방향 4~5%, 접선방향 8~9%로 보통이며, 강도는 압축강도 400kg/㎠, 휨강도 900~1,000kg/㎠, 전단강도 60kg/㎠로 보통. 가공은 용이하나 포삭(鉋削) 시는 엇결이 일어나기 쉬움. 도장·접착성은 양호하며 충해에 약함. ③건축·내장·합판·가구 등에 사용.

안동양진당(安東養晋堂) : 보물 제306호 조선 중기의 문인이며 유성룡의 형인 유운룡의 종택(宗宅)으로 풍산 유씨의 대종가 조선 중기에 건축된 것이며 정면 4칸, 측면 3칸, 팔작지붕.

안동충효당(安東忠孝堂) : 서애 유성룡의 생가로서 보물 제414호 총 52칸의 구자형(口字形) 가옥.

안두리기둥 : ①건물의 안쪽 가장자리에 세운 기둥. ②갓기둥·내변주(=).

안둘레(intredos) : 아래쪽 부분에 오목하게 형성된 아치의 안곡선이나 면.

안뜰(patio, cortile) : ⇨파티오(=).

안락의자(安樂椅子, easy chair, club chair, armchair) : ①라운지 체어와 비슷하나 크기가 작으며 경쾌하고 심플한 형태의 안락의자. 안락한 휴식을 위하여 등받이 각도를 완만하게 함. ②프랑스의 베르제르(bergere)와 영국의 날개의자(wing chair)에서 유래된 안락감을 주는 의자. ③몸 전체를 편안하게 감쌀 수 있도록 하기 위해 비교적 규모가 크고 전체가 쿠션과 직물로 싸여진 것이 특징. ④라운지 체어(≒).

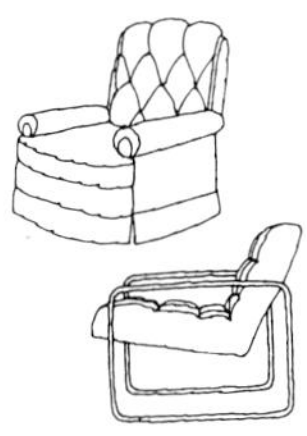
안락의자

안료(顔料, pigment) : ①입자가 극히 곱고 물·기름·기타 용제에 녹지 않는 불용해성의 착색분말(着色粉末). ②액체성 매체를 분해하고 전색제(展色劑)와 섞어 도료를 착색하고 유색(有色)의 불투명한 도막을 만듦과 동시에 도막의 질적 성질을 보강. ③도막의 강도·내구력 등은 안료를 사용할 때에 변화가 생기며 사용되는 안료의 종류에 따라 커다란 영향을 받음. ④안료는 색 및 성분상 여러 종류가 있으며 성분에 따라 크게 무기성 안료(無機性顔料)와 유기성 안료(有機性 顔料)로 분류.

안료성 스테인(顔料性−, pigmented stain) : ①목재 표면의 재질이나 나뭇결이 눈에 띄지 않게 한 안료를 함유한 유성 스테인. ②불투명스테인(=).

안마당(court, courtyard, cortile) : ①공간을 전체적 또는 부분적으로 둘러싸는 1개나 여러 개의 건축물 주위에 열린 공간. ②건물 내부나 아주 가까이 있는, 특히 사면이 닫힌 마당. ③안거리·밖거리·모거리로 둘러싸인 마당(제주도). ④안뜰·코트(=).

안목치수(眼目置數) : ①눈에 보이는 대로 길이를 잰다는 뜻으로 벽체 내부에서 벽체 내부의 거리. ②과거 아파트의 실내면적을 측정할 때 눈에 보이지 않는 벽의 중심선을 기준으로 산출했으나 안목치수를 적용할 경우 벽의 제일 끝을 기준으로 치수를 산출하므로 실내가 넓어짐. ③1998년 10월 1일 이후 공동주택 외벽의 내부선 기준으로 전용면적을 산정하는 것. 이 경우 남는 외벽면적은 공용면적에 합산. ④벽체 중심선을 기준으로 하는 예전의 아파트보다 분양면적이 1~5평 넓은 것이 특징임.

안문(−門) : ①안으로 통하는 문. ②이중으로 되어 있는 문이나 창에서 안쪽에 있는 문이나 창.

안밖거리집 : 부모 세대가 안거리에, 자녀 세대가 밖거리에 각각 살림을 하는 제주 특유의 주거양식.

안방수(內防水, inner waterproof) : ①지하층이 시공된 다음 내부를 건조시키고 바닥 및 벽의 내부에 설치하는 방수. ②유효면적이 감소되는 것이 단점이지만 시공이 용이하고 적당한 시기를 선택할 수 있으며 보수가 가능한 것이 장점. ③바깥방수(⇔).

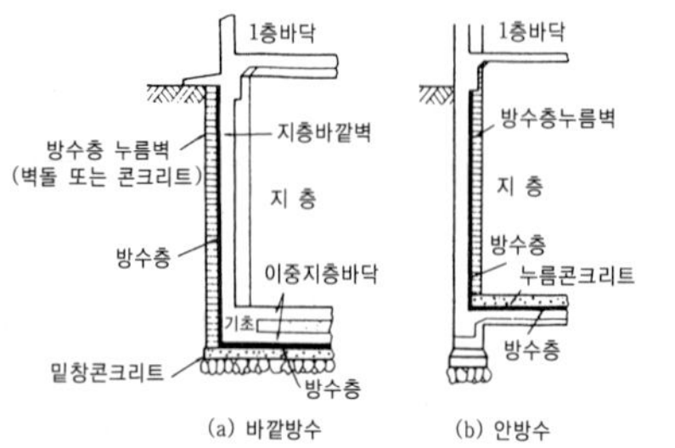

방수

안사랑채 : 안쪽에 위치한 사랑채.

안산(案山) : 명당 앞에 가까이 있는 낮은 산.

안산암(安山岩, andesite) : ①화강암의 주성분은 장석 65%, 석영 30%로 백색·흑색·홍색·청색·갈색 등 다양한 빛깔을 가진 미려한 석재. ②안산암은 화성암(火成巖, igneous rock) 중에서 산출량이 가장 많으며, 치밀한 것에서부터 조잡한 것까지 그 종류도 많음. ③강도(1,000~1,100kg/cm²)·경도·비중이 크며 내화적이고 흡수율(1.8~3.2%)도 적고, 돌결의 간격이 큼. 돌금이 있으므로 큰 재를 얻을 수 있어 석재 중에서 가공성이 가장 풍부. 내화력은 화강암보다 크고 강도와 내구성이 크므로 주로 구조용 재료로 사용. 구조용·장식용으로도 가장 우수. 열에 약하여 화열(火熱)에 의한 균열이나 붕괴의 결점이 있음. 압축강도 1,300~1,700kg/m², 흡수율 0.03~0.5%. ④그리스·이탈리아·캐나다 등에서 우수한 화강석이 나고, 우리나라에서도 서울·황주·전주 등에서 우수한 석재가 생산.

안석(案席) : 앉아서 몸을 뒤로 기대는 데 쓰는 등받침.

안쏠림 : ①기둥을 세울 때 기둥 위가 건물의 안쪽으로 조금 기울게 세운 것. ②변두리 기둥을 건물 내부쪽으로 기울여 건물 전체에 안정감을 주게 하는 수법. ③모서리기둥이 건물 바깥쪽으로 기울어져 보이는 착시현상(錯視現像)을 교정하기 위해 모서리 기둥을 미리 안쪽으로 약간씩 경사지게 하는 기법.

안여닫이(inward opening) : 여닫이문의 개폐방식에 있어 안쪽으로 열게 되는 방식.

안장 : 도리가 앉도록 보 끝을 파낸 부분.

안장대 : ①안장의 뼈대를 이루는 나무로 된 받침대. ②거목(=).

안장맞춤(bevel shoulder notch) : ①작은 재를 두 갈래로 중간을 오려내고 큰 재의 쌍구멍에 끼워 맞추는 맞춤. ②평보와 ㅅ자보의 맞춤에 있어서 ㅅ자보를 두 갈래로 내어 평보에 끼워 옆으로 이동되지 않게 한 맞춤. ③주로 양식지붕틀의 ㅅ자보와 지붕보의 맞춤에 사용. ④가름장맞춤은 한식 중방과 기둥의 맞춤에 쓰이고, 인장맞춤은 평보와 ㅅ자보에 쓰임.

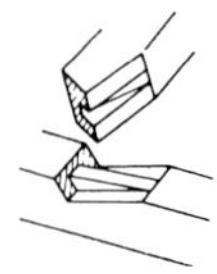
안장맞춤

안장쇠(鞍裝-, beam hanger, strap, stirrup, saddle style hanger) : ①목재접합에 사용되는 보강철물로서, 특히 큰 보에 걸쳐 작은 보를 받게 할 때 사용. ②보 따위의 맞춤 또는 이음 부분을 보강하는 안장모양으로 된 쇠.

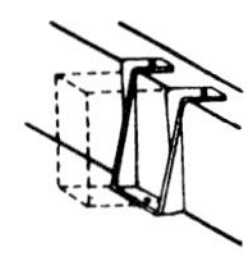
안장쇠

안전감(安全感, repose) : 조형적인 측면에서 시각적으로 편안함을 주는 색채나 요소간의 조화로운 배치.

안전공학(安全工學, safety engineering) : 인간에 대한 재해(災害)의 감소·예방에 대해 연구하는 학문.

안전관리계획서(安全管理計劃書) : 건설업자 또는 주택건설등록업자가 토목 및 건축을 포함한 건설공사의 착공에서 준공에 이르기까지 발생할 수 있는 안전사고의 예방을 위한 제반 기술적 안전관리활동 계획을 명시한 사전 안전성 평가자료.

안전기(安全器, ballast) : 형광등 또는 고압방전 등에 필요한 일정한 값의 전류를 제공하고, 때때로 점등에 필요한 전압 및 전류를 사용하는 장치.

안전등(安全燈, safe light) : ①벽면의 하부에 부착하여 바닥면을 비추는 조명. ②호텔 객실이나 복도 또는 병원 등에서 야간의 취침 또는 보행에 방해를 주지 않도록 고안된 조명. ③비추는 범위는 매우 한정적임.

안전머리(安全−, security head) : 일자(一字) 또는 십자(十字) 스크루 드라이버(screw driver)로는 뺄 수 없도록 설계된 나사못 머리.

안전밸브(安全−, safe valve) : ①압력을 받는 배관 또는 기기(機器)에 있어서 내부압력이 비정상으로 상승하는 경우에 자동적으로 압력을 방출시키는 밸브. ②유체의 폐쇄기구는 글로브 밸브와 같으며 글로브 밸브는 외력에 의하여 개폐되지만, 이것은 외력을 대신하여 스프링의 힘 또는 밸브의 중량 또는 지레와 추에 의해 개폐. ③증기·물·기름 배관 등에 사용. ④종류는 스프링식과 레버 웨이트식이 있음.

안전색(安全色, safety color) : ①피해예방을 위해 사용되는 색채의 총칭. ②재해방지나 구급체제를 위해 공장·광산·병원·극장의 사업장이나 선박·항공 보안시설에서 사용하도록 지정된 색. ③안전색은 빨강·주황·노랑·녹색·파랑·보라·흰색 및 검정색 8가지. ④빨강(방재·방화·정지·금지), 주황(위험), 노랑(주의·조심), 녹색(안전·진행·구급·구호·정리), 청색(주의·금지), 자주(방사능), 흰색(통로·정돈·방향), 검정(주황·노랑·흰색을 잘 나타내기 위하여 보조적으로 사용).

색의 지정

<table>
<tr><th rowspan="2">색이름</th><th rowspan="2">기준색</th><th colspan="3">허 용 차</th></tr>
<tr><th>H</th><th>V</th><th>C</th></tr>
<tr><td>빨강</td><td>5R4/B</td><td rowspan="3">±2</td><td rowspan="6">±0.5</td><td rowspan="3">11 이상
10 이상</td></tr>
<tr><td>주황</td><td>2.5YR6/13</td></tr>
<tr><td>노랑</td><td>2.5Y8/12</td></tr>
<tr><td>녹색</td><td>2G5.5/6</td><td rowspan="3">±2.5</td><td rowspan="2">±2</td></tr>
<tr><td>파랑</td><td>2.5PB 5/6</td></tr>
<tr><td>자주</td><td>2.5RP4.5/12</td><td>8 이상</td></tr>
<tr><td>흰색</td><td>N9.5</td><td rowspan="2"></td><td>9 이상</td><td rowspan="2">0.5 이하</td></tr>
<tr><td>검정</td><td>N1.5</td><td>0</td></tr>
</table>

안전색채(安全色彩) : ⇨안전색.

안전유리(安全琉璃, safety glass) : ①깨지기 쉽고 또한 깨진 파편이 날카로워 위험한 단점을 보완한 유리. ②종류에는 강화유리, 접합유리, 열선유리 등.

안전지내력(安全地耐力) : 지지력(支持力) 또는 내력(耐力)에 안전율을 적용한 것. 허용지지력·허용내력 또는 허용지내력이라고 함.

안전진단(安全診斷) : ①안전점검을 실시한 결과 시설물의 재해 예방 및 안전성 확보 등을 위하여 관리 주체가 필요하다고 인정하거나 대통령령이 정하는 시설물에 관하여 물리적·기능적 결함을 발견하고 그에 대한 신속하고 적절한 조치를 하기 위하여 구조적 안전성 및 결함의 원인 등을 조사·측정·평가하여 보수·보강 등의 방법을 제시하는 것. ②기본원칙 ; ㉠예방가능의 원칙. ㉡손실 우연의 원칙. ㉢원인계기의 원칙. ㉣대책 선정의 원칙. ③종류 ; ㉠종합진단. ㉡안전기술진단. ㉢보건기술진단.

안정(安定, stable) : ⇨안정구조물.

안정감(安定感, repose) : 보기에 편안함을 주는 색이나 요소간의 조화로운 배치.

안정구조물(安定構造物, stable structure) : 구조물이 어떠한 외력을 받더라도 이동과 회전을 하지 않고 원위치를 유지하며 큰 변형이 생기지 않으며 유한(有限)한 반력(反力)과 부재응력으로 힘의 평형을 이룰 때의 구조물.

안정기(安定機, ballast) : ①등을 on−off하거나 작동시키는 데 필요한 순환장치를 설치한 형광등 및 HID와 함께 사용되는 장치. ②형광등과 같은 방전램프를 작동시키기 위해 적당한 전압과 전류를 제공하는 전기장치.

안정사대웅전(安靜寺大雄殿) : ①경상남도 유형문화재 80호, 신라 무열왕 1년(654년)에 원효대사가 창건, 영조27년(1751년)에 중건. ②대웅전의 일곽은 만세루와 승방, 요사 등의 건물로 튼ㅁ자의 배치를 이루어 산지중정형 배치법을 따름. 나한전은 1626년 중건, 칠성각·명부전은 대웅전보다 오래 됨. ③고려시대부터 내려온 유물들이 다수 보존됨. 조선조 왕실에서 하사받은 가마와 인수궤 등이 왕실의 비호를 받는 사찰이었음을 추정케 함. ④정면과 측면은 모두 3칸으로 기둥간격이 넓고 매우 우람한 기둥과 높은 포작을 두어 웅대하게 보임. ⑤다포계 팔작집으로 무연으로 더 돌출된 팔작지붕의 처마곡선이 유연하게 휘어져 아름다움을 배가함. 정면의 기둥간격은 어간과 협간이 거의 동일한 너비를 하고 있어 2구씩 주간포작을 설치함. 어간에는 벽체 없이 네짝 창호를 달아 입면구성을 강조. ⑥직경 80㎝ 이상의 두터운 기둥을 사용하여 하체가 튼튼한 입면을 만듦. 주두 위 3출목 공포는 매우 높고 돌출이 심하여 신장감(伸張感)과 상승감을 가짐으로써 위엄과 화려함을 잘 표현함. ⑦살미의 쇠서는 길고 초각이 유연하며 쇠서 아래, 위에 새겨진 연봉(蓮峰)은 사실적이고 장식적임. 초제공에서는 앙서와 연봉으로 조각되다가 3제공의 쇠서는 여의주를 물고 있는 용머리를 사실적으로 조각함. 귀포의 귀한대에서는 용뿔까지도 갖춘 용머리가 사실적으로 조각됨.

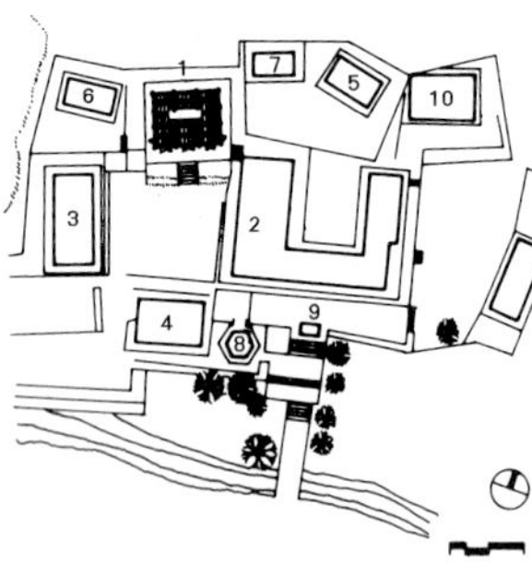

안정사 대웅전 배치도

안정성(安定性, stability) : 외력(外力)에 대해 평형조건이 변했을 때 내력과 모멘트(moment)를 발생시켜 원형(原形) 조건으로 복귀할 수 있는 구조물의 능력.

안젤린(Angelin, Andirainermis(W. Wright) H. B. K.[학]) : ①멕시코의 중부에서 남아메리카의 북부에 이르는 지역에 분포. ②심재는 황갈색에서 농적갈색이며, 농담의 선이 있고 변재는 엷은 커피색. 목리는 통직하고 나무갗은 거칠음. 기건비중 0.63 전후, 용적수축률은 10.4%이고, 강도는 압축강도 470kg/㎠, 휨강도 1,155kg/㎠, 횡인장강도 14.1kg/㎠로 보통. 가공건조가 용이하며 절삭·연삭성이 특히 좋으며 천연건조는 보통 속도이고 내구성은 큼. ③주로 가구·기구 등에 사용.

안쪽연귀 : ⇨안촉연귀(=)·연귀.

안초공(按草栱, 按草工) : ①기둥머리의 내외로 평방에 직교하여 끼워서 공포를 받는 부재. ②기둥머리의 내외에 끼워 기둥상부의 공포를 받치는 부재. ③기둥머리에 얹혀서 기둥 상부의 공포를 받는 초각한 반(盤). ④기둥머리에 얹혀서 주심포를 받치는 꽃모양으로 새김질한 것. ⑤기둥머리를 장식하는 당초를 조각한 장식부재. ⑥종류는 위치에 따라 평주안초공과 고주안초공으로 구분함. ⑦안초공은 창덕궁 인정전 등 조선 중기에서 후기의 다포계 건물에서만 찾아볼 수 있음.

안촉연귀(內欐燕口, tongued miter, tongue and groove miter joint) : ①촉과 홈을 모두 가지고 있는 연귀. ②연귀의 안쪽에 촉을 내어 맞춤재의 구멍에 끼우고 바깥쪽은 연귀로 맞춘 것. 나무 마구리를 감추면서 튼튼한 맞춤을 할 때 사용. ⇨연귀(=).

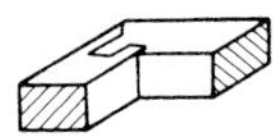

안촉연귀

안촉장부맞춤(內欐丈夫-) : 안촉장부를 작게 해서 실시하는 맞춤.

안치수(-値數) : ①높이나 너비에서 안쪽의 거리. ②상자나 틀의 내측 치수. ③내경(=).

안코나(ancona[이]) : ①조각을 놓기 위해 건축적으로 프레임이 있는 벽감이나 벽면에 안으로 들어간 곳. ②그림 모음 또는 격식을 차려 정식으로 건 하나의 주요 그림.

안콘(ancon) : 문이나 창문 상부의 코니스(cornice) 엔태블러처(entablature)를 지지하기 위해 고전건축에 사용하던 브래킷(bracket)이나 콘솔(console).

안타(anta, antae[그·영]) : ①직사각형의 각주(角柱) 또는 돌출된 벽면의 끝에 두툼하게 이루어진 붙임기둥. ②고대 그리스 신전에서 앞 주랑의 측벽 끝 원주 뒤에 위치하는 돌출된 각주(pier)·벽기둥(pilaster)·주랑의 부분 혹은 측면 전체를 덮는 짧은 벽. ③벽 단부에 두껍게 형성된 벽모서리 기둥 또는 벽 끝의 기둥. 복수는 안태(antae). ④필라스터(pilaster)와 같은 단어로 주로 그리스 건축에 사용되며, 그 주두는 옆 기둥의 주두와 다름. 벽의 단부가 기둥과 같은 면으로 돌출하게 되는 포티코(portico)는 인 안티스(in antis)라고 불림.

안타

안태(antae) : ⇨안타(=).

안테나숍(antenna shop) : ①실제 판매보다는 신제품·신업태·신매출방식 등의 개발이나 소비자 수요의 조사, 선전효과 측정 등을 목적으로 설치하는 실험점포. ②패션회사들이 명동에 설치한 직영점포나 유명 라면업체들이 여의도에 개설한 입식 음식점 등. ③일명 파일럿숍(pilot shop)이라고도 함.

안테미온(anthemion) : ⇨앤티미온(=).

안테미온문양(−文樣) : ⇨앤티미온(=).

안테픽스(antefix) : 고대 그리스·로마 신전 건축에 있어서 지붕 끝부분에 수직으로 서 있는 장식판으로 지붕기와의 이음매라든지 용마루를 감추면서 장식하기 위해 마련된 것으로 '처마끝장식'·'용머리장식'·'기와끝장식'이라고 함. 그 모티브는 인동문양(忍冬文樣)인 안테미온(anthemion)이 사용. 앤티픽새(antifixae)로도 씀.

안토니오 가우디(Antoni Gaudi ; 1852~1926) : ①풍부한 상상력의 소유자인 그는 19세기의 네오 고딕·네오 바로크·네오 로코코와 공상적인 자연주의를 정신적인 리듬 있는 것으로 융합하는데 성공함. 그의 작품의 근원은 카탈루냐 고딕에 있음. 그는 조상들의 방식과 그들의 재료에 대한 신념을 새 시대에 응용하는 것이 자기의 의무라고 생각했음. ②가우디의 건축과 실내디자인은 그의 가구디자인을 무색하게 했음. 파르크 겔(Parque Guell)에 있는 벤치와 같은 디자인들은 사실 조각품이고, 윤이 나는 타일을 모자이크한데서 느껴지는 색과 형태의 화려한 움직임은 미래의 환경과도 같음.

안티스 내의 스타일(−內−, style in antis) : 벽 끝의 기둥 사이 앞에 두 개의 기둥이 있는 것.

안티페디움(antependium) : 중세교회에서 제단 전면 위에 매달린 걸개로 직물 또는 금속으로 만든 덮개.

안팎연귀(內外燕口) : 안쪽과 바깥쪽은 연귀로 하고 그 내부는 맞대거나 장부 또는 촉으로 물리게 된 연귀맞춤의 일종.

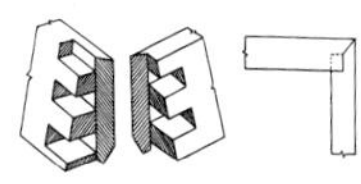

안팎연귀

안팎촉연귀(內外欘燕口, tongue-and-groove miter joint) : ①연귀의 안쪽과 바깥쪽에 서로 초과 구멍을 파서 꿰뚫어 넣고 나무 마구리가 감추게 되는 연귀맞춤. ②토대의 맞춤에 사용하는 맞춤으로 주로 고급공사에 사용. ③안촉연귀(=)·연귀·촉.

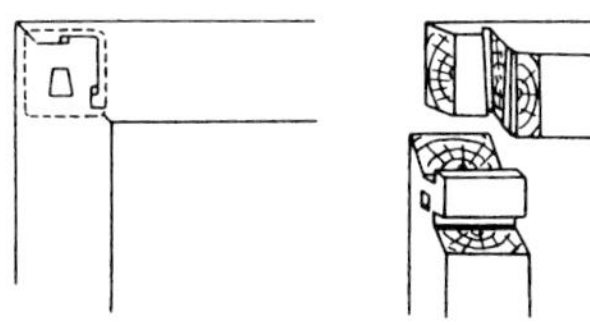

안팎촉연귀

안팎촉연귀맞춤 : ⇨안팎촉연귀.

안허리 : 지붕평면에서 선자연초장에서 막장까지 점차 휘어 들어가게 한 것.

안홈통(parapet gutter, inter gutter) : ①난간벽(parapet wall) 안에 목재 상자 홈통 바탕을 짜고 함석을 댄 것. ②경사는 1/50 정도로 함. ③함석공정은 상자홈통과 같고 벽옆과 지붕 기와 밑에는 치켜 올려 비가 새지 않도록 설치.

알고리듬(algorithm) : ①작업절차의 일정한 순서. ②문제의 이해를 구하는 목적에 맞춰 잘 정의된 정보처리 단계 또는 규칙들을 순서대로 나열한 유한단계의 과정. ③알고리즘(algorism)이라고도 함.

알고리즘(algorism) : ⇨알고리듬(=).

알공예(卵工藝, egg craft) : 각종 조류의 알을 이용하여 보석처럼 찬란한 장식품을 만드는 공예.

알돌 : ①작은 돌. ②지름이 25㎜ 안팎인 돌.

알라 1)(ala) : 고대 로마주거에서의 대화를 위한 알코브(alcove).

알라 2)(alae[그]) : ①전면(前面)이 툭 터진 신상실(神像室, cella)의 옆 공간(翼室). ②아트리움(atrium) 좌우에 개방된 요(凹)형 실(室)로 일반적으로 담소실로 사용되는 작은 공간.

알람브라궁전(-宮殿, Alhambra Palace) : ①남부 스페인의 그라나다 언덕 위에 무어족 왕이 지은 요새와 궁전. ②13세기 스페인식(式) 모슬렘 예술의 걸작으로 14세기 완공되었으며 기하학적 패턴, 복잡한 아라베스크와 혼합된 아랍 특성들이 타일과 형태를 찍어낸 석회벽에서 잘 나타남.

알람브라궁전

알람브레스크(Alhambresque) : 건축장식 등이 매우 환상적인 알람브라(Alhambra)의 장식양식.

알런덤(alundum) : ①산화알루미늄의 결정(結晶)을 주성분으로 한 재료. ②내화벽돌·타일·연마제 등에 사용. 경도·용융점이 높고 원광(原鑛)을 전기로에서 용융한 후 방열냉각(放熱冷却)하여 만듦.

알런덤타일(alundum tile) : ①보크사이트를 전기로(電氣爐) 속에서 용융하여 제조한 알런덤을 분쇄한 입자에 매용제를 첨가하여 압착성형한 후 소성한 타일. ②내마모성과 경도가 커서 개찰구의 바닥이나 미끄러지지 않는 바닥에 적합.

알레고리(allegory) : ①의미가 상징적으로 시사되는 조형적 표현. ②루이14세의 태양 또는 용감한 지도자를 독수리나 사자 같은 동물에 비유하는 상징적 표현.

알레고리

알레트(alett) : ①빌딩의 조그만 날개. ②문지방. ③다발기둥에서 부분적으로 볼 수 있는 벽기둥의 배면. ④붙임기둥(engaged column)의 양측면에 있는 피어(pier).

알레트

알론(Alone, Rhodognaphalon brevicuspe Roberty[학]) : ①동서아프리카·리베리아·코트디브와르에서 카메룬까지 아프리카 서해안에 분포. ②심재는 밝은 율다색(栗茶色)이고 변재는 흰색을 띠며 폭은 8~10㎝. 목리는 통직(通直)하나 종종 불규칙한 교착목리가 나옴. 나무갖은 소수의 큰 도관(導管) 때문에 거칠게 보임. 기건비중은 0.50~0.60, 수축률은 방사방향 4.6~4.7%, 접선방향 4.4~9.0%, 용적수축률 10.8~13.4%. 강도는 압축강도 330~456㎏/㎠, 휨강도 555~960㎏/㎠, 횡인장강도 14.4~23.0㎏/㎠로 보통. 가공은 보통이고 접착·도장성은 양호하며 인공건조는 수축이 큼. 변재는 변색균(變色菌)의 침해를 받기 쉬우며 방부약제의 침투성이 좋으며 연삭에 의한 광택이 없음. ③주로 내장·가구·단판 등에 사용. ④콘드로티(=).

알루마이트(alumite) : ①전해법(電解法)을 이용하여 알루미늄 표면에 치밀하고 견고한 내부식성 피막처리를 한 것. ②내마모성·내열성이 뛰어나고 고온에도 충분히 견디며 열과 전기의 전연성도 좋음. ③전해액의 종류에 따라 피막의 두께가 다름.

알루미나(alumina, Al_2O_3) : ①알루미늄의 산화물로 명반석(明礬石)을 소성한 것. ②주로 금속 알루미늄의 원료·알런덤 타일·연마제 등에 쓰임. ③시멘트의 한 성분. ④알루미나와 석회가 주성분인 것을 '알루미나 시멘트'라고 함.

알루미나벽돌(-甓乭, alumina brick) : ①보크사이트를 원료로 하여 만든 벽돌. ②SK.

35(1,770℃)에 견디는 염기성 내화벽돌.

알루미나시멘트(alumina cement) : ①보크사이트(bauxite : 알루미늄 원광을 말함)에 거의 같은 양의 양회석(洋灰石)을 혼합하여 전기로(電氣爐) 또는 반사로(反射爐)에서 용융·냉각하여 미분쇄(微粉碎)하는 용융방법 또는 회전로(回轉爐)에서 소성하는 제조방법인 소성방법에 의해 만든 시멘트. ②산·염류·해수 등의 화학적 침식에 대한 저항성이 큼. 또한 내화성·내열성이 우수하므로 캐스터블 내화물용으로도 사용되고, 취약성(脆弱性)과 수화(水和)발열량이 크기 때문에 긴급을 요하는 공사나 한중공사(寒中工事)의 시공에 적합. ③물시멘트비가 크면 이전(conversion)에 의한 강도저하가 크므로 물시멘트비를 40% 이하로 하는 것이 바람직하고, 포틀랜드시멘트에 알루미나시멘트를 혼합하거나 알루미나시멘트에 포틀랜드시멘트를 20% 이상 혼합하여 사용하면 순결성(瞬結性)을 나타내므로 주의를 요함. ④주로 동기공사·해안공사·긴급공사 등에 사용.

알루미늄(aluminum) : ①주성분이 알루미나(Al_2O_3)로 보크사이트(bauxity ; $Al_2O_3 \cdot 3H_2O$)라는 광석(鑛石)에서 알루미나를 분리축출하고 이것을 용융된 수정석(水晶石)에서 전기분해하여 제조한 금속으로서 대표적인 경금속. ②주요산지는 미국·캐나다 등이고 1827년에 발견되어 1886년 공업적 제조가 시작되어 근래 형(形)·재(材)·판(板)·선(線)·봉(棒)·관(管) 등 여러 가지 모양의 제품으로 제조됨. ③독특한 광택을 지닌 경금속(輕金屬)으로서 광선 및 열의 반사율이 큼. 전기전도율은 동의 64%이나 다른 금속보다는 크며 열전도율도 높음. 열팽창계수는 강보다 약 2배 큼. 전연성(展延性)이 좋아서 판·선·봉 등으로 가공하기 쉽고 박(薄)으로도 할 수 있음. ④강한 전도성·열과 빛에 대해 안전한 반사·산화에 대한 저항성을 갖고 있는 두들겨 펼 수 있는 자성을 띠지 않는 경량금속으로 얇은 판으로 이용할 수 있으며 구조적인 모양으로 압출·성형. 알루미늄판은 매우 경량이므로 벽과 지붕 등에 광범위하게 사용. 특히 실내장식재로 사용. 압축성형된 구조적 형태들은 다양한 형상으로 이용할 수 있으며, 주로 격자모양의 구조. ⑤창문의 단면과 문 프레임(frame) 및 문짝에 사용. 건축 창호재로 사용되는 이 금속은 표면 위에 단단하고 비삼투성의 산화물 피막을 씌워 질이 단단하도록 양극 처리.

알루미늄의 기계적 성질

항 목	수 치
인장강도	42~49kg/㎟
항복점강도	37~42kg/㎟
전단강도	29kg/㎟
영 계 수	7,300kg/㎟
푸아송비	0.33(⅓)
신 장 률	9~13
브리넬경도	120~130
중 량	2,800kg/㎥

알루미늄의 물리적 성질

순 도	99.996%	90.0% 이상
비 중(20℃)	2.6989	2.71
융 점(℃)	660.2	653~657
선팽창계수(20~100℃)	23.86×10^{-6}	23.5×10^{-6}
비 열(㎈/g·℃)	0.2226	0.2297
전기전도율(Cu=100%)	64.94%	59%
광반사율(%)	84.1	65.1

알루미늄도금(aluminium-plating) : ①용융도금법에 의하는 것이 일반적으로 내고온산화, 내유화성, 내식성 면에서 우수한 표면피복법. ②알루미늄욕과는 별도로 용융플럭스욕을 이용하는 2욕법과 알루미늄 위에 플럭스를 놓기만 하는 알루미늄욕법, 수소환원 후 용융 알루미늄 침지법 및 진공증착법도 있지만 생산량은 적음.

알루미늄도금강판(aluminized sheet) : ①박강판의 표면에 알루미늄을 용융도금한 것. ②제품의 표층은 알루미늄층, 철과 알루미늄 합금층, 모재인 강판으로 되어 있고, 알루미늄이 갖고 있는 내열성, 내식성 등의 특성을 갖춘 강판. ③용도는 내열성을 살려 어닐링상자 담금질 접시·스토브·버너·자동차 머플러·이그조스트·파이프·각종 히터용구 등이 있는데 미국에서는 자동차 머플러용이 대부분을 차지함. 내식성이 있다는 점에서 석유화학 장치부품·생선상자·지붕 등에도 이용됨. 1939년에 미국의 암코사가 규소강판계의 내열성이 있는 것을 생산한 것이 시초.

알루미늄아연합금도금강판(aluminium zinc alloyed steel sheet) : ①알루미늄 55%, 아연 43.5%, 규소 1.5%의 합금을 용융하여 도금한 강판. ②미국의 베들레헴스틸사는 galvalume이라는 상표를 사용하고 zincalume이라는 상표도 쓰이고 있음.

알루미늄새시(aluminium sash) : ①알루미늄을 압출성형(壓出成形)하여 바(bar) 상태로 만든 다음 강도를 높이기 위한 피복(被服)을 입힌 창호재(窓戶材). ②창호도면 또는 현장의 크기에 따라 적당한 크기로 절단·조립하여 설치·시공. ③새시 바(sash bar)의 너비(폭)에 따라 보통 70㎜·80㎜·100㎜로 구분. 다양한 색채와 다양한 형태의 방음형 새시 바가 생산됨. ④알루미늄의 부재를 사용한 틀이나 창호. 가볍고 견고하며 기밀성·불연성 등이 특징. ⑤알루미늄새시에 대한 유의사항 ㉠표면과 용접부는 철제보다 약함. ㉡알칼리 성분에 약하므로 중성제를 도포하거나 격리재를 사용하여 설치. ㉢이질(異質) 금속재와 접속되면 부식되므로 조임못·나사못은 동질(同質)의 것을 사용.

알루미늄창호(−窓戶, aluminum window) : ①알루미늄 재료로 만든 창호. ②강제창호(steel sash)에 비하여 장점이 많아 많이 사용되고 있음. ③특징 ; ㉠비중이 철의 약 1/3로서 경량. ㉡녹슬지 않아 유지관리가 쉽고 사용연한이 길음. ㉢공작이 자유롭고 기밀성이 우수. ㉣여닫음(開閉)이 경쾌. ㉤강제창호에 비하여 내화성이 약함. ㉥이종금속(異種金屬)과 접촉하면 부식되고 알칼리성에 약함. ㉦강성(剛性)이 적고 열에 의한 팽창·수축이 큼(철의 약 2배). ④종류는 미세기창·미닫이창·붙박이창·여닫이창·미세기문·붙박이문 등이 주로 사용. ⑤한국산업규격(KS F 4506)에 규정. ⑥창틀 및 문틀의 두께는 1.35㎜ 이상으로 허용오차 범위는 ±0.5㎜. ⑦이질금속재(異質金屬材)와의 접촉은 금지되고, 여기에 쓰이는 조임못·나사못 등은 모두 같은 재료로 해야 전기화학작용으로 인한 부식이 생기지 않음. ⑧습윤상태가 되는 접합부는 미리 징크로메이트(zincromate) 등의 연(鉛)을 함유하지 않는 도료로 녹막이칠을 함. ⑨쇠못·쇠볼트 등을 사용할 때에는 아연 또는 카드뮴(cadmium) 도금함. ⑩알루미늄면은 역청칠함.

알루미늄킬드강 : ①강을 조괴할 때 알루미늄을 첨가해서 용강을 탈산 진정시킨 강. ②보통 알루미늄의 첨가는 레이들 안에서 하고 있음.

알루미늄페인트(aluminum paint) : ①알루미늄 분말(粉末)을 안료(顔料)로 하는 페인트. ②종류는 전색제에 따라 다양함. ③특징은 방청효과뿐만 아니라 광선 및 열반사력이 강하고 내열성·방열성·내후성·내수성 등이 우수. ④각종 합성수지 도료에 알루미늄 분말을 안료분(顔料粉)으로 한 은색(銀色) 에나멜이 제조됨. ⑤녹막이 효과는 전색제에 따라 정해지고 정벌칠에도 많이 쓰임.

알루미늄합금(−合金, aluminium ally) : ①알루미늄을 주성분으로 하여 Cu·Mg·Si·Zn·Ni 등의 원소를 첨가하여 내식성·내열성 또는 강도를 높이기 위해 제조된 합금. ②알루미늄이라는 이름은 백반(白礬)에서 유래함. ③백반 속에 금속원소의 산화물이 존재한다는 것은 이미 1754년 독일의 A.S. 마르크그라프(Marggraf, Andreas Sigismund, 1709.3.3~1782.8.7)에 의해 확인되었으나, 영국의 H. 데이비는 이것에서 금속을 얻을 수 있다고 하여, 그 금속을 백반의 라틴어인 almen을 따서 알뮴(almium)이라 명명한 후 금속원소로 확인되어 알루미늄이라고 부르게 됨. ④1827년 독일의 F. 뵐러가 처음 금속으로 분리함. ⑤알루미늄의 공업화는 1955년 전기분해에 의해 금속을 얻는 방법을 발견한 프랑스의 H.E.생트클레르드빌

(Henri Etienne Sainte-Claire Deville; 1818.3.11~1881.7.1)에 의해서 시작되었으며, 1966년에 프랑스의 P.L.T. 에루 및 미국의 C.M. 홀에 의해서 독립적으로 대량생산이 가능한 전기분해제조법(에루-홀법)이 발명됨으로써 오늘날의 경합금시대의 기초가 됨. ⑥종류는 단련용 합금(鍛鍊用合金)과 주물용 합금(鑄物用合金)으로 구분. ㉠단련용 합금 ; 단조(鍛造)·압연(壓延)·인발(引拔)·압출(壓出) 등의 가공으로 판봉관선 등을 만들 수 있는 합금. 단련용 합금에 속하는 것은 다음과 같음. ⓐ내식성 합금(耐蝕性合金);대기 중에서 순 알루미늄과 거의 같은 내식성을 가지며 Mg· Mn·Si 등을 첨가하여 역학적 성질도 개선된 합금으로서 건축용으로 사용되는 알루미늄은 보통 이 합금임. 알루미늄 새시 바(sash bar)·발코니 난간·울타리·파이프 등은 이 합금의 압출성형재(壓出成形材). ⓑ고력합금(高力合金);내식성은 합금보다 떨어지지만 강도는 훨씬 높은 합금으로서 주로 가볍고 강도를 요하는 물체의 재료로 사용. 오늘날 널리 사용되고 있는 것은 두랄루민. ⓒ내열합금(耐熱合金) ; 열팽창률이 작고 열전도율이 커서 고온에서도 기계적 성질이 우수한 합금. ㉡주물용 합금 ; 주물 또는 다이캐스팅(diecasting)에 사용되는 합금으로서 주조성(鑄造性)을 좋게 한 합금. ⑦내·외장식용 착색무늬판재·대형창 격자·조각판재·메탈커튼 등에 사용.

알매흙 : ①한식기와를 이을 때 산자 위에 까는 흙. ②산자(橵子)를 서까래 위에, 서까래와 서까래 중간에 새끼로 엮어대고 되게 이겨 바르는 바탕용 진흙. ③알매흙을 쓰지 않고 짚이나 대팻밥 등을 산자 위에 펴고 보통의 흙을 이겨 바르기도 함.

알손잡이 : ①손잡이가 둥근 파넣는 식의 함자물쇠. ②문을 개폐할 때 자물쇠의 래치 볼트(latch bolt)를 움직이는 둥근 모양의 손잡이. ③함자물쇠의 손잡이 중 잡는 부분이 둥글넓적하게 된 것.

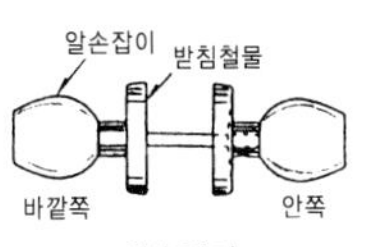

알손잡이

알엠알(RMR ; Relative Metablolic Rate) : ①작업 때문에 증가한 열량(노동대사)의 기초대사에 대한 비. ②작업 시에 단위인체 표면적, 단위시간당의 생산열량을 M[㎉/㎡·h], 기초대사를 B[㎉/㎡·h]라고 하면,

$$R=\frac{M-1.2B}{B}.$$

알추녀 : ①지붕귀의 왕지도리 위에서 조금 내밀어 추녀 밑에 덧받침으로 댄 추녀. ②추녀 아래에 얹는 이중으로 된 서까래. ③추녀로 쓸 재목이 짧거나 곡률(曲率)이 맞지 않거나 앞머리가 너무 무거울 때, 추녀를 짧게 하고 대신 짧은 추녀를 하나 덧대어 만든 것. ④여주 김영구 가옥, 덕수궁 대한문, 경복궁 경회루 등에 사용됨.

알칼리성(-性) : ①염기 중에서 물에 녹는 물질의 성질을 가지며, 주로 수산화나트륨, 수소화칼륨 등의 알칼리 금속과 알칼리 토금속의 수산화물이 이에 속함. ②수용액은 붉은 리트머스 종이를 청색으로 변화시킴.

알코브(alcove) : ①방 안의 후미진 구석이나 주실에서 이어진 골방 또는 방벽의 오목하게 들어간 곳으로 간이침대를 놓거나 서가를 놓기도 함. ②볼트(vault)를 의미하는 아라비아어의 알코반(alqoban)에서 유래된 용어로 방의 벽면에 만든 볼트·아치 또는 돔 모양으로 움푹 들어간 부분. ③방의 벽면을 후퇴시켜 서재(reading alcove)·식사공간(dining alcove)으로 만든 부속적인 공간. 오브제를 놓거나 약간 크게 만들어 테이블이나 소파를 놓기도 함.

알코브컵보드(alcove cupboard) : 18세기 영국에서 사용된 수직으로 선모양으로 펼쳐진 양식화된 잎이나 부채모양의 장식.

알코올바니시(alcohol varnish) : ⇨휘발성 바니시(=).

알코올온도계(-溫度計, alcohol thermometer) : ①가는 유리관 속에 착색한 알코올을 넣어 이용한 온도계. ②알코올은 수은보다 더 팽창하며 −112℃에서 78℃ 사이에 사용할 수 있는데, 이 두 온도는 알코올의 빙결점과 비등점을 나타냄.

알키드페인트(alkyd paint) : ①착색(着色)을 위한 전색제(展色劑)로서 합성수지인 알키드를 사용한 도료. ②오늘날은 대부분 유성도료로 대체.

알키드수지(−樹脂, alkyd resin) : ①알코올의 al과 acid(산)의 cid를 결합한 alcid를 어원으로 하여 alkyd라고 명명됨. ②폴리에스테르성 수지. ③열경화성 수지(thermosetting resin)로 폴리에스테르(polyester)의 일종이며, 유기산의 반응으로 폴리발렌트로부터 추출한 합성수지. ④프탈산과 글리세린 수지를 변성시킨 포화 폴리에스테르 수지. ⑤내후성·접착성·가소성·내유성이 우수하며 강도가 크고, 투명함. ⑥페인트나 바니시·래커 등의 도료나 접착제로 사용. ⑦⇨프탈산수지.

알키드수지도료(−塗料, alkyd resin paint) : ⇨프탈산수지도료(=).

알키드수지접착제(−樹脂接着劑, alkyd resin adhesives) : 무수(無水)프탈산과 글리세린의 폴리에스테르수지를 주성분으로 한 접착제.

알키미아(Alkimia) : ①이탈리아에서 20세기 제품의 이미지로 인식되는 1970년대 후반에 활동하던 이탈리아의 급진적 시각 디자인 그룹. ②1976년에 구에리에로(A. Guerriero), 그레고리(G. Gregori), 멘디니(Alessandro Mendini ; 1931~), 비피(Donatella Biffi) 등과 같은 젊은 디자이너를 주축으로 밀라노에서 탄생된 새로운 디자인 실험정신과 그 경향을 알키미아라고 불렀음. ③멤피스 그룹(Memphis group)은 알키미아에서 분리된 그룹. ④알키미아는 전후 이탈리아의 굿 디자인(good design)이나 합리적인 도덕주의를 거부하며, 현대 문화 경험의 중요한 요소는 '사람들이 스타일의 한 단편만을 보는 경향이 있다는 것이며, 이것은 결합되지 않는 단편적인 효과만을 유발할 뿐이다.'라고 함. 이러한 단편들이 '새롭고 만족스러운 방향으로 재조합되어야 한다.'라는 성찰이 회화나 드로잉에서 시작되었으며, 이들은 콜라주나 다른 요소들의 조합 또는 현대생활에서 경험되는 단편적인 경험의 조각이나 가치에 관한 것들로 전혀 불일치되는 조각들의 우스꽝스러운 대조적인 상황을 표현하는 경우가 많음.

알타(altar) : ①종교의식·기도·용석·제물을 올리기 위해 직사각형 또는 원형의 돌로 된 높은 테이블·슬래브 또는 구조물(제단). ⇨제단(=). ②교회의 성찬대.

알토릴리보(alto relievo) : ①최소한 바닥 표면 깊이의 절반 이상은 돌출되는 부조 형태. ②하이릴리프(=).

알파선(−線, α ray) : ①방사선 원소의 붕괴와 더불어 방출되는 α입자의 흐름. ②α 입자는 양성자 2개와 중성자 2개가 결합된 헬륨 원자핵으로 안정된 입자. 이온화 작용이 강하고 물질을 통과할 때 그 경로를 따라 많은 이온이 발생함. ③투과력은 약한 편이어서 500만V의 α선은 1기압의 공기 속을 3㎝만 통과해도 정지함.

알피시공법(−工法, RPC construction method) : ①철근콘크리트 기둥과 보를 가진 일반 라멘 철근콘크리트조 건축물을 조립하는 방식. ②부재의 종류에는 단일, 철근콘크리트 기둥과 보 이외에 +자형, T자형 및 벽판이 붙은 기둥부재 등 여러 종류가 있음. ③시공순서는 뼈대를 먼저 세우고 조립한 후 바닥 및 벽판을 설치함. 부재접합은 철근에 용접된 철판 또는 철근 상호를 용접 및 고장력볼트로 접합함.

알피십의자(−十椅子, RP10 chair) : 펠(PEL)이 1933~36년에 제작한 사무실용 회전 안락의자.

알피육네스팅의자(−椅子, RP6 Nesting chair) : ①크롬도금이나 에나멜을 칠한 튜뷸러 강철로 프레임(frame)을 만들고, 캔버스 시트와 등받이를 한 의자. ②⇨펠.

암(arm) : ①건축에서는 팔대를 말하는 가

로재로서 도리 등을 받치는 부재. ②의자에 팔걸이가 있는 것을 암체어(arm chair)라고 함.

암거(暗渠, culvert) : U자형으로 된 철근콘크리트조로 하여 땅속에 묻은 배수관(drain pipe).

암돌쩌귀 : 구멍 뚫린 돌쩌귀.

암돌쩌귀

암레스트(armrest) : 의자·소파 등의 팔걸이.

암로펠의자(-椅子, Armloeffel chair) : ①호프만(Josef Hoffmann ; 1870~1956)이 1908년에 제작한 것. ②19세기 절충주의에서 20세기 기하학적인 문양으로 옮겨가는 호프만의 세제션(Sezession[독]) 운동이 잘 나타남.

암막새 : ①지붕을 덮는 기와의 한 끝에 반달 모양의 혀가 붙은 암키와. ②암막새는 암키와의 끝에 암막새가 거꾸로 붙어 있는 기와. ③아직 정확한 용도가 밝혀지지 않았다고 함. ④암키와의 한끝에 반달모양의 혀가 붙은 기와로 빗물이 흘러내리기 편리한 기와. ⑤처마 끝의 암키와 막새·내림새. ⑥암키와를 쌓을 때에 쓰이는 막새.

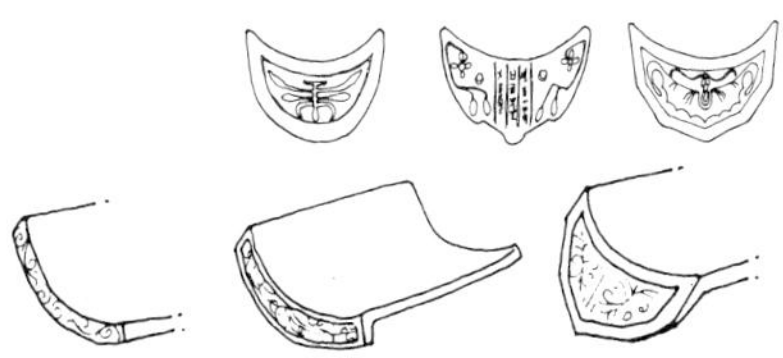
초기 암막새　　삼국시대 암막새　　조선시대 암막새

암면(岩綿, rock wool) : ⇨암면섬유(=).

암면섬유(岩綿纖維, rock wool) : ①용해된 슬래그(slag)나 암석에 증기 또는 공기를 불어넣어 제조된 광면(鑛綿). ②암석으로부터 인공적으로 만들어진 내열성이 높은 광물섬유를 이용하여 만든 제품. ③현무암·안산암·사문암·광제 등의 원료를 전기로로 용융시킨 것을 작은 구멍이 있는 분출구로 내뿜으면서 냉수나 압축공기 등으로 냉각시킨 섬유상의 것. ④모(wool)처럼 보이지만 화강석이나 규토 같은 물질로 이루어진 방화·방음재. ⑤특징은 불연성·경량성·단열성·흡음성·내구성 등이 우수하고 변질되지 않아 공급이나 가격 등이 안정되어 이것으로 가공된 암면 흡음판은 주로 사무실 천장재로 사용되며, 다양한 문양으로 생산(KS F 4701). ⑥규격도 다양하지만 6㎜ 두께에 300×600의 판재가 가장 보편적으로 사용됨. ⑦시공은 석고보드에 붙이는 밑창붙이공법과 반자틀에 직접 붙이는 직접붙이공법으로 이루어짐.

암모니아(ammonia ; NH_3) : 흡수식 냉동 시스템과 대규모 설비에서 사용되는 냉매(refrigerants)로서 효율적이지만 누출될 경우 독성이 있음.

암반관정(岩盤管井) : ①지하암반(바위) 사이의 빈틈을 흐르는 지하수를 뽑아 올리기 위해 굴착하는 관정. ②암반 사이의 빈틈에 있는 지하수는 대부분 수질이 깨끗하고 수량이 풍부함에 따라 가뭄이 심한 지방에서는 암반관정 굴착작업이 활발히 행해지지만 암반관정을 굴착한다고 해서 충분한 수량의 지하수를 뽑아 올릴 수 있는 것은 아님. ③암반관정 굴착은 100m 이상, 보통 300m의 지하암반을 뚫어야 성공할 수 있으며 굴착 성공률은 30% 수준을 밑돎음.

암보(ambo, ambou) : ①초기 기독교 교회에서 성경과 사도서간(使徒書簡)을 읽거나 설교하기 위해 위로 올려진 대(臺). ②뒤는 설교단(pulpit)이 됨.

암보

암보이나우드(amboyna wood) : ①아시아에서 주로 생산되는 새 눈알 형태의 자국과 얼룩 반점이 있는 선명한 금갈색에서 오렌지색까지의 색을 가진 단단한 나무. ②18세기 후반 영국의 아담과 헤플화이트(Hepplewhite)가 무늬목으로 사용.

암색(暗色, dark color, shade colour) : ①어떤 색에 검정색을 섞어 만든 색. ②일반적으로 먼셀 명도가 4~4.5 이하인 색. ③대체로 안정감을 주는 색조. ④명색(⇔).

암색조(暗色調, shade) : ①순색에 검정색을 혼입하여 만든 어두운 색조. ②검정색이나 회색을 첨가하여 만든 어두운 색. ③명색조(⇔).

암서(仰舌) : ①쇠서의 끝이 위로 올라간 것. ②일반적으로 공포가 이익공양식인 경우에 쇠서의 아랫부분은 앙서, 윗부분은 수서(垂舌)로 이루어짐.

암소시(暗所視, scotopic vision) : ①$10^{-3}$~10^{-6}칸델라(cd/m²) 정도의 밝기. 즉 암순응에서 간상체(桿狀體) 또는 한상체가 작용하고 있는 시각상태. ②약 0.01cd/m² 이하의 휘도(輝度)가 어두운 곳에서 조로 간상체라는 시세포가 작용하고 있는 상태. 그 이상의 밝기에서는 주로 추상체(錐狀體)가 작용하는데, 이 시각상태를 '명소시' 또는 '명순응시'라고 함. 암소시의 최대 시감도는 507㎚의 청록. ③암순응시(=)·명색(⇔).

암소음(暗搔音, back ground noise) : ①측정대상음이 없는 경우 어느 점의 소음. ②어느 장소에 있어서 특정한 음을 대상으로 하는 경우, 그 대상음이 없을 때 그 장소에 있어서 대상이 되는 소음. ③라디오·TV 등에서 대화에 대한 배경음악(背景音樂, background noise). ④수음자(受音者)에 의해 명확히 구분될 수 없는 주변에 정상적으로 존재하는 음. 보통 내측과 외측의 음원이 혼합된 상태. ⑤암소음의 보정(補正 ; 실험·관측 또는 근사값 계산 등에서 외부적인 원인에 의한 오차를 없애고 참값에 가까운 값을 구함)은 측정대상음이 있을 때와 없을 때의 양쪽을 측정하여 그 차에 의해 측정대상음의 소음레벨을 레벨의 분해에 의해 구함. 단, 측정대상음이 있을 때와 없을 때의 측정치 차가 10dB 이상이 되면 일반적으로 암소음을 무시할 수 있으며, 3dB 이하인 경우에는 측정 대상음의 값의 신뢰성이 저하. 또한 주위의 물체(바닥·벽·천장 등)에서부터 최소한 1m 이상 떨어져 측정하는 것이 바람직하고, 측정자도 마이크로폰(micro phone)을 신체에서 되도록 멀리 떼어 놓고, 가능하면 스탠드(stand)를 사용하여 측정하는 것이 좋음. 바람의 영향을 받는 지점에서는 바람막이 커버(cover)를 달도록 하고 진동이나 전자장(電磁場), 온·습도의 영향에 대해서는 주의.

암소음레벨(暗騷音-, background sound level) : ①공간에 정상적으로 존재하는 암소음레벨. ②이 단계에서는 언어·음악 또는 다른 음을 들을 수 있음.

암순응(暗順應, dark adaptation) : ①최소 광선 양의 한계 내에 캄캄한 밝기에서 활동하는 밝기의 순응. ②눈의 간상체(桿狀體) 작용으로 말미암아 밝은 곳에서 어두운 곳으로 들어갔을 때 처음 얼마동안 안 보이다가 차차 주위가 보이는 시각적인 현상. 명순응(밝은 곳)에서 암순응(어두운 곳)으로 옮겨지는데 걸리는 시간은 약 15분 정도이며 완전 암순응에는 25~30분 이상이 걸림. 암순응에서 명순응으로 옮겨지는데 소요되는 시간은 2~3분 정도밖에 걸리지 않음. ③⇨순응·명순응(⇔).

암순응시(暗順應視) : ⇨암소시(=).

암스테르담파(-派, School of Amsterdam, Amsterdam School) : ①1910년대 네덜란드의 암스테르담에서 베를라헤(Hendrik Petrus Berlage : 1856~1934)의 영향하에 미하엘 데 클라크(M. de Klerk : 1884~1923)를 중심으로 잡지 『벤딩헨』(Wendingen ; 회전하면서 전진한다는 뜻)을 발간하면서 활약한 그룹. ②벤딩헨 잡지에 의견을 발표하고 조형적으로 표현한 여러 벽돌 건축들을 통해 1920~30년대 독일 표현주의와 질적으로 같은 입장에서, 데 스틸(De Stijl)과는 대조적인 입장에서 활동함. ③대표적인 건축가는 클라크 외에 크라메르(Kramer), 반 데 마이(Van der May) 등이 있음.

암시적 분할(暗示的分割) : ⇨상징적 분할(=).

암체어(arm chair) : ①등판의 중간 정도에서 팔걸이가 설치되어 있는 안락형 팔걸이의자. ②16세기 말까지 의자라 함은 암체어를 지칭. ③팔걸이가 없는 의자는 백스툴(back stool)이라고 함. ④종류는 형태에 따라 풀업 암체어(pull up armchair)·어펄스터리 암체어(upholstered armchair)·어펄스터리 회전 암체어(revolving upholstered armchair)·어펄스터리 버킷 암체어(uphol-sered bucket armchair) 등이 있음. ⑤식탁용이나 특수의자로서 일반적으로 주거용 인테리어에 사용. ⑥형태가 유사한 담화용 의자를 카켓투즈(caqueteuse), 영어로는 채터박스 체어(chatter box chair)라고 함. ⑦⇨이지체어·팔걸이의자(=).

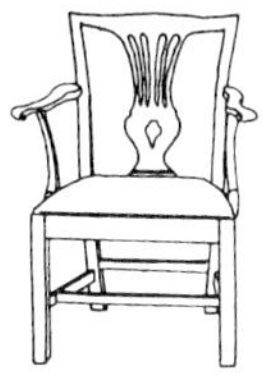
치펜데일 암체어

암체어쇼핑(armchair shopping) : 상점에 가는 대신 카탈로그를 보고 전화·우편 따위로 물건을 구입하기.

암키와(女瓦) : ①평면이 장방형이고 가로단면이 오목한 원호(圓孤)로 된 편평한 밑바닥에 까는 기와. ②지붕에 고랑이 지게 젖혀 놓는 기와. ③지붕의 골이 되게 까는 크고 넓죽한 기와. ④여와·바닥기와·편와·양와·빈와(=).

암키와

암키와깔기 : ①암키와는 알매흙 위에 진흙을 채워가며 줄을 바르게 잇고, 기와는 아래와 위가 서로 잘 맞아 비가 새지 않도록 함. ②암키와는 처마 끝 연암에서 90㎜ 내밀고 기와 이음발(기와가 겹쳐지지 않는 부분의 길이)은 기와길이의 1/3~1/2(90~140㎜) 이내로 함.

암패드(armpad) : 팔걸이패드(=).

암페어(ampere ; A) : ①전류의 단위. ②1초당 1쿨롱(coulomb)의 전하가 이동하면 1암페어의 전류가 흐른다고 하며, 1옴(ohm)의 저항에 1볼트의 전압이 걸리는 경우, 흐르는 전류의 크기와 같음. ③프랑스의 물리학자 A. M. 앙페르(Ampére)의 이름을 따서 명명된 용어.

암페어수(-數, amperage) : 암페어의 단위로 나타낸 전류의 크기. 흐르는 물의 속도의 개념과 같음.

암페어시(-時, ampere-hour) : 암페어의 전류가 1시간 흘렀을 때 통과하는 전기의 양.

암포라(amphora) : ①고대 그리스의 단지. 좁은 목과 달걀형의 몸체, 그리고 양쪽에 두 개의 손잡이가 달려 있는 대형 도자용기. ②기름·포도주 등을 담아 두는 데 사용.

암포라

암호등받이세로대(暗號-帶, cypher splat) : 17세기 영국과 미국에서 사용한 등받이 세로대에 이름의 머리글자를 조각해 넣은 의자.

암흑시대(暗黑時代, dark ages) : A. D. 476년에서 1100년까지의 중세 초기.

압각(壓覺, pressure sensation) : 어떤 대상이 피부표면을 눌렀을 때 느껴지는 감각.

압력수조방식(壓力水曹方式) : ⇨압력탱크방식.

압력탱크방식(壓力-方式, press tank type) : ①일단 물받이탱크에 저수한 다음 급수펌프로 압력탱크에 보내면 압력탱크에서 공기를 압축·가압하여 그 압력에 의해 물을 건축구조물 내의 소요개소로 급수하는 방식. 수도직결방식으로 필요압력이 얻어지지 않거나 고가탱크를 설치하기 곤란할 때 이용하는 방식. ②장점 ; ㉠높은 곳에 설치할 필요가 없으므로 건축물의 구조를 강화할 필요가 없음. ㉡고가시설 등이 불필요하므로 외관상 지저분하지 않아 좋음. ㉢특별한 사정으로 국부적으로 고압을 필요로 하는 경우에 적합함. ㉣탱크의 설치 위치에 제한을 받지 않음. ③단점 ; ㉠옥상탱크에 비해 펌프의 양정이 길어야 하므로 시설비가 많이 듦. ㉡탱크는 압력에 견딜 수 있어야 하므로 제작비가 고가. ㉢조작상 최고·최저의 압력차가 크므로 급수압이 일정하지 않음. 저수량이 적으므로 정전 시나 펌프가 고장이 나면 즉시 급수가 중단됨. 컴프레서(compressor)를 설치하여 때때로 공기를 공급.

압연(壓延, rolling) : ①회전하는 2개의 원통형 롤 사이에서 행해지는 소성가공. ②단조·압출·인발 등의 가공에 비해 압연은 비교적 단순한 형상의 제품을 능률적으로 만들 수 있는 매우 우수한 가공법. ③강괴(鋼塊)를 1,000~1,200℃ 정도로 가열하여 서로 반대로 돌아가는 롤러로 늘여서 솔용의 형상으로 압출성형(壓出成形)하는 가공법. ④형강·강판·강봉 등이 이 방법으로 가공. ⑤압연가공에 영향을 미치는 인자로서 재료의 종류와 상태, 롤과 재료의 표면 상황, 윤활제, 롤 구경, 전후면 장력, 소재의 치수와 형상, 압연 후 재료의 치수와 형상, 공형 압연시에는 공형의 치수와 형상, 압연 온도, 속도, 롤, 하우징의 탄성적 특징 등을 들 수 있음.

압연강재(壓延鋼材, rolled steel) : ①압연성형(壓延成形)한 구조형 강재. ②종류는 강을 가열하여 압연기의 롤 사이를 통과시켜 용도에 따라 판·봉·형·선·통관 등의 형상으로 성형 가공한 열간압연강재와 이를 다시 상온에서 압연한 냉간압연강재로 구분함. ③압연가공온도가 재료의 재결정온도 이상일 때를 열간압연이라고 하는데 열간압연은 가소성(可塑性)이 양호한 상태에서 압연하기 때문에 변형을 쉽게 할 수 있고 단조품과 같은 좋은 성질을 얻을 수 있음. 그러나 산화 때문에 표면이 아름답지 못하고 정도(精度)가 낮으며, 또 얇은 것을 만들 수 없는 결점이 있음.

압연법(壓延法, roll process) : 강재를 가열하여 롤러로 압축하여 소요의 형태로 성형하는 가공법.

압착(壓着, press, pressing) : ①접착제를 바른 접착할 두 물체에 균일한 압력을 가하여 밀착시켜 접착제를 굳히는 작업. ②분류는 가열접착 또는 열압(열을 가하여 접착)과 냉압(상온에서 압착)으로 구분.

압착공법(壓着工法) : 내·외장공사의 주위·합판·패널·타일 등을 접착제를 병용하여 누름대·못 등으로 힘을 가하여 접착하는 방법.

압착유리(壓着琉璃, pressed glass) : ①녹아 있는 상태에서 틀에 넣고 가압성형한 유리제품. ②1825년 영국에서 생산되기 시작한 후 유리산업이 급속도로 발전됨.

압축(壓縮, compression) : ①물체에 압력을 가하여 그 용적을 수축시키는 것. ②줄어드는 작용이나 서로 밀고 있는 상태.

압축강도(壓縮强度, compressive strength) : ①압축에 대한 파괴강도. ②재료가 파괴되지 않을 정도의 최대 압축응력을 나타내는 수치. ③재료의 압축력에 대한 강도. 시험편을 압축하여 균열을 일으킬 때의 하중(최대 압축하중)을 시험편의 최초의 단면적으로 나눈 값. ④뭇(crushing strength) 내화물이 눌려 찌부러질 때까지 견디는 최대 하중. 이 시험에 의해 소성내화벽돌의 경우 단단하게 구워진 정도 혹은 소결상태 등을 추정하는 자료로 사용 가능함.

압축강도시험(壓縮强度試驗, compression test) : 콘크리트 배치의 압축강도를 측정하는 방법. 공시체에 파괴되기 전까지 축방향으로 가해지는 하중을 유압을 이용하여 측정.

압축공기식 리벳터(壓縮空氣式-, pneumatic riveter) : 제2의 리벳머리를 가공할 때 리벳세트와 함께 사용하는 공기식 해머(hammer).

압축공기타설(壓縮空氣打渫, pneumatic placement) : 콘크리트·슬러리·플라스터(plaster) 등을 건설현장에서 파이프 배관이나 호스를 통해 압축공기로 타설 위치까지 이송. 비벼진 상태로 타설 부위까지 압송하거나 뿜칠로 하거나 건조상태의 재료와 물을 동시에 노즐로 뿜어 타설.

압축력(壓縮力, compressive force, compression) : ⇨컴프레션(=).

압축응력(壓縮應力, compressive stress) : ①부재가 압축력을 받을 때 일어나는 응력도(應力度). ②수직응력 중 재료의 단면에서 서로 밀리는 힘.

압축응력도(壓縮應力度, intensity of compressive stress) : 수직응력도의 하나로 부재에 압축응력이 작용할 때 그 응력에 수직한 단면에 대한 단위면적당의 힘.

압축이상재(壓縮異常材, compression wood) : 침엽수의 이상재(異常材).

압축재(壓縮材, compression member) : ①재축(材軸)방향에 압축력을 받는 부재. ②부재가 단면에 비해 짧은 단주(短柱)와 긴 장주(長柱)가 있음. ③기둥이 대표적임.

압축철근(壓縮鐵筋, compression reinforcement) : 압축응력에 저항하도록 설계된 철근.

압축카펫(壓縮-, compression carpet) : ⇨니들펀치드 카펫·코드카펫·부직포카펫(=).

압출성형(壓出成形, extrusion) : 금속이나 플라스틱을 수압기를 사용하여 금형의 구멍을 통해 밀어냄으로써 요구되는 단면을 가지도록 만드는 작업 또는 제품.

앗시리아 : ⇨아시리아(=).

앗시리아장식 : ⇨아시리아장식(=).

앙곡(昂曲) : ①끝머리가 휘어 오른 것. ②추녀머리가 통서까래보다 번쩍 들리는 곡률(曲率)에 따라 구성되는 것. ③추녀머리에 건 휘어오른 곡선형의 평고대. ④아래에서 위로 곡선이 져서 휘어 오른 상태 또는 그렇게 하는 일. 추녀허리 등. ⑤한옥의 처마 곡선을 입면으로 볼 때 중앙에서 양쪽으로 갈수록 들려 올라간 곡선.

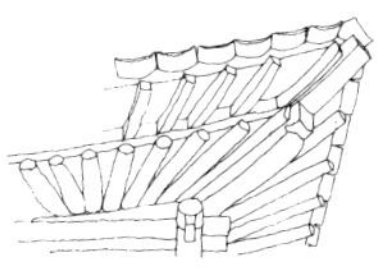
앙곡

앙굴렘대성당(-大聖堂, Angouléme cathédrale) : ①프랑스 서남부의 앙굴렘에 있는 산피엘 대성당(1105년 착공, 1128년 완공). ②단랑(單廊)은 라틴십자형 플랜으로 되고, 3개의 돔으로 덮인 신랑(身廊, nave)과 교차 부분은 탕부르 돔(tambour dome), 내당(內堂)은 반(半) 돔(dome)으로 덮었으며, 머리 부분에는 4개의 방사상(放射狀) 제실이 있음.

앙데팡당(Independants[프]) : 1884년부터 프랑스에서 아카데미즘에 반대하는 화가들에 의해 개최된 자유출품제로서 심사도 수상도 하지 않는 미술전람회.

앙련(仰蓮) : 연꽃을 옆에서 본 모양으로 그린 것.

앙리2세양식(-樣式, Henri II style) : ①앙리2세시대(1547~59)의 양식. 즉 프랑스 초기 르네상스양식. ②대표적인 건축가는 P. 드로룸, P. 레스코 등.

앙서(仰舌) : ①끝이 위로 삐죽하게 휘어 올라간 쇠서받침. ②제공의 쇠서가 길게 뻗어 나오다가 위로 올라간 것. ③앙설·앙혀(=)·수서(⇔).

앙서형(仰舌形) : ⇨앙서.

앙설(仰舌) : ⇨앙서(=).

앙셍트(enceinte[프]) : 성이나 도시를 둘러싼 요새(要塞) 방벽(防壁) 또는 그렇게 둘러싸인 장소.

앙소문화(仰韶文化, Yang Shao culture) : ①중국 황화의 비옥한 평원을 중심으로 발달한 신석기 문화. ②수혈주거와 기하학적 무늬가 그려진 채색토기가 유명.

앙시도(仰視圖) : 건물이나 사물의 수평 부분을 올려다보고 나타낸 평면도.

앙아리 : ①널판 홈을 파서 이을 때 쓰는 오리목. ②은살대·개탕쪽매·딴혀(=).

앙아리홈 : ⇨아가리홈(=).

앙주파(Ecole d'Anjou[프]) : ⇨플랜태저넷양식(=).

앙크(ankh) : ①위에 고리가 달린 T십자가(tau cross) 형태. ②고대 이집트인의 생명의 상징. 생명의 열쇠(key of life)라고도 불림.

앙크

앙토(仰土) : ①서까래 위에 엮은 산자(橵子) 밑 또는 고미반자 안쪽(밑)에 흙을 바름 또는 그 흙. ②앙벽·치받이(=).

앙피르그린(empire green[프]) : 프랑스 제국주의시대에 밝은 견직물과 벽지에 유행되던 진한 황록색.

앙피르양식(-樣式, Empire style) : ①나폴레옹 황제 제1제정시대(1804~14)를 중

심으로 한 19세기 초반부터 루이18세 및 샤를10세 시대까지 이어진 프랑스의 건축·공예·미술양식. ②고대 로마나 이집트 양식을 적용하여 실내 디자인과 가구 등이 매우 세련되고 호화스러우며 장엄한 신고전주의적 양식. ③루이16세 양식, 디렉투아르양식과 연속된 신고전주의 색채가 강하고 터키 나폴레옹이 원정한 이집트 등의 장식요소가 도입된 양식. ④파리에 있는 카르젤(칼제르)의 개선문이나 에투알의 개선문(1836) 또한 라 마들렌(1842)이 대표적인 건축물. 가구는 선명한 선과 안정된 모서리 형태를 보이며 의자 등의 다리는 사브르(sabre leg) 모양. ⑤모티프에는 고대 그리스나 로마양식에 이집트양식인 오벨리스크(obelisk)나 스핑크스(sphinx)도 도입. ⑥비싼 재료를 이용하여 사치스럽게 장식. ⑦제1제정양식(=).

앙피르침대(−寢臺, Empire bed) : ①19세기 초 프랑스의 전형적인 침대. ②양쪽 끝은 곡선형으로 되어 있어 배모양 침대(boar bed)나 곤돌라 침대(gondola bed)와 유사하며, 미국의 설매형 침대(sleigh bed)의 원형으로 됨.

앙혀(仰舌) : ⇨앙서(=).

앙화(仰花, lotus flower pattern ornament on top of the stupa) : ①탑의 복발 위의 꽃잎을 위로 향하여 벌려 놓은 모양으로 된 부분. ②⇨노반.

앞마당(forecourt) : 한 건물 또는 여러 건물군의 출입구 앞에 있는 마당.

앞바탕 : 가구의 앞면이나 옆면에 장식 등으로 붙이는 얇고 편편한 쇠장식.

애그래프(agraffe) : 주로 소용돌이무늬 장식이나 인간 얼굴이 조각된 아치 이맛돌.

애노니머스(anonymous) : '무명의'·'익명의'라는 의미. 애노니머스 건축이란 누가 만들었는지 모르는 토착건물을 의미함.

애뉴렛(annulet) : ①주신(柱身, shaft) 또는 주두(柱頭, capital)에 두른 몰딩으로 필렛(fillet) 등으로 장식한 띠. ②평면으로는 원형이며 단면에서는 사각형 또는 각을 이룬 형태와 조그만 몰딩. ③특히 도리아양식 기둥의 주두 하단부에 둘러싸인 가는 테두리. 도리아식 오더(=).

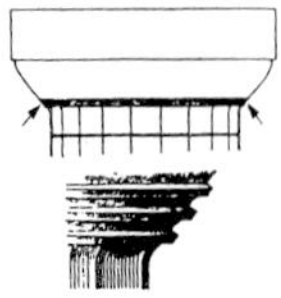
애뉴렛

애뉼라이(annuli) : 애뉼러스의 복수

애뉼러스(annulus) : ①고리 또는 고리 모양의 것(ring). ②환형(環形).

애니메이션(animation) : ①동화(動畵), 만화나 일러스트레이션 또는 기호 등을 사용하여 시간적인 경과를 재미있게 나타내는 시각전달 수단. ②동작이나 모양이 조금씩 다른 그림이나 인형을 한 장면씩 찍은 후 영사하여 화상이 움직이는 것처럼 보이게 하는 것. ③월트 디즈니가 대표적인 작가로 「백설공주」 등 많은 걸작을 남겨 애니메이션의 아버지로 추앙받고 있음.

애니메이티드(animated) : 생활력·활동력·움직임 또는 정신력으로 가득 찬.

애니소트로피(anisotropy) : ①물적 공간(物的空間)은 등질(等質)이나 심적 공간(心的空間)은 등질로 인식되지 않는 것. ②예컨대, 길이가 같은 직선을 수평으로 놓을 때와 수직으로 놓을 때는 수직쪽이 길게 느껴지는 것은 공간의 인식이 이방성(異方性)을 갖기 때문임. ③⇨길이의 착시·공간의 이방성(=).

애대석(磑臺石) : 기단이나 석축 위에 둘러 놓은 긴 돌.

애도키스트접근(−接近, adhocist approach) : ①기준의 건축에서 적절한 요소들을 선택하여 자기 작품에 인용하는 것. ②기존 구성 재료로 한정하여 사용하거나 표준화된 것을 사용하는 건축가는 모두 애도키스트라 할 수 있으며, 정도의 차로 구분할 수 있음.

애드립(ad lib) : ①'임의로'의 뜻을 갖는 라틴어 ad libitum의 준말. ②재즈의 즉흥적인 독주(獨奏)·영화·연극 등에서 배우가 흥에 겨워 또는 대사를 잊었을 경우 대본에 없는 대사를 즉흥적으로 지껄이는 것.

애드버커시광고(-廣告, advocacy advertising) : ①기업이 소비자에게 신뢰를 받기 위해 내는 광고. ②기업의 실태를 홍보해 특정기업활동이나 이윤 획득이 얼마나 적정한 것인가를 이해시켜 자기기업을 지지하도록 지원을 요청하는 광고. ③옹호광고·주장광고 등으로 번역됨.

애드버토리얼(advertorial) : ①광고(advertisement)와 편집기사(editorial)의 합성어로 논설식 광고. ②신문·잡지에 기사형태로 실리는 PR광고로서 일반대중과 관계있는 기업에 관한 주장이나 식견 등을 소개하는 것.

애드벌룬(ad-balloon) : ①비닐 등을 사용한 기구에 문자·도형 등을 표시하여 건물의 옥상이나 지면에 설치하거나 공중에 띄우는 광고물. ②광고용 기구(氣球). ③이벤트 행사나 개점·준공·행사 등을 알리기 위해 시선을 집중시키는데 사용.

애드호키즘(adhocism) : ①미국의 건축역사학자 겸 비평가인 찰스 젱크스(Charles Jencks ; 1939~)에 의해 명명된 용어. ②문제에 대한 공식화된 새로운 해결책뿐만 아니라 새로운 결과를 달성(실현)하기 위해 선재(先在) 요소들을 조합하여 발생하는 디자인을 묘사하기 위하여 사용. ③고전적인 예로는 나탄 실버(Nathan Silver)에 의해 디자인된 유모차의 4개 바퀴 위에 주물로 된 금속 트랙터 좌석(tractor seat)으로 구성된 스툴(stool).

애디논택가구(-家具, aedynontack furniture) : ①1800년대 중반, 북미에서 거칠게 자른 목재·구부러진 가지·통나무 등을 사용하여 제작된 시골풍의 가구. ②뉴욕 북쪽의 애디논택 산(山)에 있는 휴양지를 중심으로 인기 있었던 이유로 명명되어 나중에 미국 전역에서 사용.

애디논택가구

애로형 네트워크(arrow type network) : 화살선(→)으로 작업을 표시하는 네트워크도(圖).

애리나(aerina) : ①무대의 위치가 객석에 둘러싸인 중앙에 위치하여 연기자와 관객을 최대한 접근되도록 하는 형식. ②원형극장에서 경기를 하는 중앙 부분. ③중앙무대 형식의 극장.

애리나스테이지형식(-形式, aerina stage type) : 무대의 전 둘레(360°)가 객석(客席)으로 둘러싸인 형식. 워싱턴의 애리나 스테이지(1961)가 유명.

애리스(arris) : ①두 표면이나 곡면 또는 두 개의 부재가 외각(外角)으로 만나서 형성되는 날카로운 모서리. ②두 표면의 각을 지우면서 만나 생기는 날카로운 모서리. 예컨대, 벽의 두 면이 만나 생기는 각도. ③특히 기둥의 칸케이브 플루팅(concave fluting)이 만나 생기는 날카로운 모서리. ④몰딩의 모서리·문·선반·캐비닛 등 건축이나 가구 등에서 두 개의 면이 각을 이루어 만났을 때 생기는 날카로운 모서리나 외각(外角) 또는 귀퉁이. ⑤⇨피언드(=).

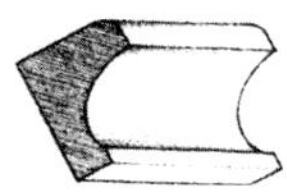
애리스

애리스거터(arris gutter) : V자형의 낙수홈통.

애매성(曖昧性, ambiguity) : ①디자인 용어로 정확성에 상대되는 용어. ②애매한 도형(圖形)은 보는 사람으로 하여금 자유로운 의미와 해석으로 이해되며, 이때 과거의 경험이나 기호는 중요한 판단기준이 됨.

애매함(曖昧-, ambiguity) : 배색(配色)의 법칙에서 동일·유사·반대는 두 색 사이의 관계가 간결하다고 볼 때 애매한 관계가 생김.

애슐러(ashlar) : ①건물을 짓기 위해 준비해 놓은 것으로 곱게 깎거나 각이 지게 한 석재. ②⇨다듬돌(=).

애스트러걸(astragal[그]) : ⇨아스트라갈(=).

애시(ash, *Fraxinus spp.*[학]) : ①캐나다 동남지역에서 미국의 중동남부 플로리다·텍사스까지 분포. 블랙 애시(black ash)는 오대양 주변의 지역에, 수직적으로는 해발 1,500m에 이르는 넓은 지역에 분포. ②활엽수 일종으로 약간 광택이 나는 크림색깔부터 아주 밝은 갈색의 심재와 밝은 색깔의 넓은 변재. 목질은 강하고 무거우며 강도가 우수. 가공하기가 쉽고 착색도 잘됨. 블랙 애시는 심재의 색깔이 더 짙은 갈색으로 구분이 분명함. 나이테가 뚜렷하고 춘재는 관공이 엉성하며 크고 춘재는 치밀. 목리는 통직이며 나무갗은 거칠음. 무늬가 곱고 아름다우며 전건비중은 0.65, 수축률은 방사방향 4.3%, 접선방향 7.2%, 용적수축률 13.2%로 보통. 강도는 휨강도 1,083kg/㎠, 압축강도 521kg/㎠, 인장강도 1,060kg/㎠, 전단강도 137kg/㎠로 보통. 탄성이 매우 좋고 내후보존성이 높으며 가공·접착·표면절삭이 양호하며 건조성은 보통이지만 도장성은 불량. ③내장·가구·패널·목공품·손잡이·무늬단판·스포츠용품 외 용제로 사용. ④⇨미국물푸레나무(=).

애시오브로즈(ashed of rosed) : ①지팡이 재료로 잘 쓰이는 미국물푸레나무(ash)의 표면과 같은 색. ②회색 기미의 분홍(grayish pink). ③먼셀기호 4.0R/6.5/3.0.

애시콘크리트(ash concrete) : ⇨신더콘크리트(=).

애시피트(ash pit) : 재를 모아 버리기 전에 벽난로나 화실(火室, firebox) 밑에 있는 재받는 재구덩이.

애시피트도어(ash pit door) : 재를 제거할 때에는 재구덩이로, 그을음을 제거할 때에는 굴뚝으로 통과하도록 만들어진 주철문.

애심메트리(asymmetry) : ①좌우가 자유로운 형태로 구성되어 좌우 비대칭(非對稱)인 것. ②자연형태와 인공형태의 모든 것 중에서 심메트리를 제외한 모든 것들. 그 중에서 전혀 아름답지 못한 것도 포함. ③⇨비대칭· 심메트리(⇔).

애자(碍子, porcelain insulator, insulator) : ①전기배선공사에서 전선을 지지하고 절연하기 위해 전주나 구조물에 장치하는 절연물 또는 절연관. ②전선이 조영재(造營材)를 관통하는 부분 또는 교차하거나 접근하는 부분에는 난연성 및 내수성의 절연관을 사용함. ③놉 애자(knob insulator)·핀 애자(pin insulator) 등이 있음.

애지테이터 트럭(agitator truck) : 반혼합 콘크리트를 계속 혼합하면서 운반하는 트럭.

애콜레이드(accolade) : 아치·문·창문 등의 상인방에 사용되는 장식처리로서 두 개의 오지(ogee) 곡선이 중앙에서 만나 구성된 장식이 풍부한 몰딩.

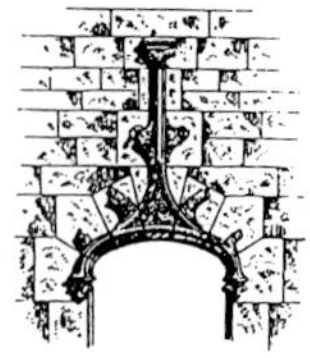
애콜레이드

애쿼틴트(aquatint) : ①수지를 함유한 질산 용액을 사용하여 동판 위에 조각하는 방법. ②동판면에 여러 색조를 연출하는 것이 가능한 부식 또는 프린트 방법의 한 형태로서, 손 조각보다 작업과정이 용이하며 많은 색의 프린트를 제작할 수 있음.

애트런덤(atrandom) : '기분대로', '임의로'를 의미.

애틱(attic) : ①고대 디자인에서 코니스(cornice)나 돌림띠(entablature) 위에 있는 낮은 벽으로 보통 조각물이나 부조물로 장식처리를 할 때 쓰임. ②르네상스 및 후기 고대건축에서 벽 윗부분에 장식용으로 두른 돌출부인 처마장식 위에 위치한 층. ③본래 고딕건축에 있어서 코니스(cornice) 위에 설치된 층으로 애틱 스토리(attic story ; 옥상층) 또는 꼭대기층 및 층들이라고도 함. 이 구조의 최상부는 하늘을 배경으로 그 하단부의 디자인 요소의 요약을 표현하는 건축물의 꼭대기 또는 최상부의 뾰족탑 지붕을 감추고 건물의 장식이 되는 부분. ④시각적으로 이 꼭대기는 파사드의 끝부분이며 매우 독특한 방법으로 장식. ⑤특히 고대 로마의 기념문(arch)에서 애틱은 건물에 비해 높고 문구(文句) 등이 새겨져 있으므로 전체적인 분위기가 당당해 보임. 또한 박공(맞배)지붕(gable roof)이나 지붕 속 한가운데가 네모꼴로 된 쌍대공 지붕틀(queen post roof truss) 같이 경사진 지붕 밑에 설치된 보꾹방(attic room ; 다락방)을 말하며, 이 지붕 밑의 방은 가테트(gattet) 또는 망사르드(mansard)라고 함.

애틱베이스(attic base) : ①두 필렛(fillet) 사이의 스코티아(쇠시리, scotia)에 의해 분리된 상하 2개의 토러스로 구성된 고전 원주의 베이스. ②고대 그리스·로마의 이오니아식 주초(柱礎). 오목 몰딩에 의해 연결된 두 개의 볼록 몰딩으로 이루어진 커다란 원반형의 초반(礎盤). ③ ⇨이오니아식 오더.

애틱베이스

애틱스토리(attic storey) : 건물의 주 엔태블러처 위에 위치한 층으로 이 엔태블러처와 엄격한 건축적 관계를 갖게 됨.

애틱오더(attic order) : 아티칸식 사각형 기둥.

애프터마켓(after market) : ①상품판매 이후에 발생하는 정기적인 점검·소모품 교환 등을 위해 형성된 새로운 시장. ②가전제품의 애프터서비스나 가옥의 보수·관리, 자동차 수리 등이 해당됨.

애프터스쿨(after school) : ①맞벌이 가정의 초등학생 자녀들을 방과 후부터 부모가 퇴근할 때까지 맡아서 교육하는 기관. ②미국 등에서는 기업이나 대학에서 탁아시설을 갖춰놓고 방과 후의 직원 자녀들에게 놀이와 소그룹 중심의 예체능 교육을 실시하는 탁아제도의 한 형태.

애플그린(apple green) : ①풋사과의 표면색. ②노랑 기미의 밝은 녹색(bright yellowish green). ③먼셀기호 9.0GY7.5/10.0.

애플루엔자(affluenza) : ①'풍요로운'이라는 뜻의 '어플루언트(affluent)'와 유행성 독감 '인플루엔자(influenza)'의 합성어로, 2001년 발간된 미국의 과소비증후군을 진단한 책. ②미국의 다큐멘터리 프로듀서 존 드 그라프가 제작해 1997년 PBS TV에 방송돼 반향을 일으킨 두 편의 다큐멘터리를 환경과학자 데이비드 원과 미국 듀크대 명예 경제학 교수 토머스 네일러가 참여했음. 작가들은 이 책에서 물질적 풍요에도 불구하고 삶이 나아졌다고 여기지 않고 더 좋고, 더 많은 물건을 사기 위해 더 많이 일하면서도 언제나 스스로를 가난하다고 생각하는 소아병적인 현대인의 세태상을 미국인을 대상으로 꼬집으면서 소비지상주의를 고발하고 지속가능한 삶의 방식을 대안으로 제시함. ③이 책은 미국이 세계 인구의 5%를 차지하면서도 전세계 자원의 25%를 소비하고 지구온난화의 주범인 온실가스의 25%를 배출하고 있는 미국에서 지나친 쇼핑 열기가 어플루엔자 증상을 대표하고 있다는 점을 뼈대로 전개되고 있음. ④갑자기 떼돈을 번 사람이 무력감과 권태감·자책감 등에 빠지게 되는 것.

액상화(液狀化, liquefaction) : 모래지반에서 진동에 의해 모래 속의 간극수압이 상승하고 유효압력이 줄어들어 액체상태로 되는 것.

액세서리(accessory) : ①실내를 구성하고 있는 여러 가지 요소들을 조합·연출해 나가는 과정에서 기능적인 측면보다 시각적인 효과를 강조하는 장식적인 것. ②실내에서 실용적이고 장식적인 목적으로 사용되는 소품. 전반적인 실내 색채계획의 악센트 요소가 되기도 함. 예컨대 조명등·화분·책·도자기·쿠션 등 그림·조각도 포함. ③건축물과 가구를 보완하고 바닥·벽·천장을 자연스럽게 연결하여 실내에 활력과 즐거움을 주며, 리듬과 짜임새가 있는 공간구성으로 연결시키는 실내 구성요소. ④전체 공간에 있어서 주된 포인트나 부수적인 악센트를 강조하며, 통일된 분위기와 예술적 세련미를 주어 개성적 표현·미적 충족과 극적인 효과를 끌어내는 역할을 함. ⑤액세서리는 디자인의도·주제·크기·재질감·색채·표현방법·내부공간의 성격·크기·마감재료·색채 등을 고려하여 그 종류를 선정하고, 아울러 액세서리 유형에 따른 디스플레이·조명 등을 고려함. ⑥실내를 구성하는 여러 요소 중 시각적인 효과를 강조하는 장식적인 오브제, 즉 회화·목공예품·조각품·벽화·도자기·금속공예품 등. 액세서리는 실내에 활력과 즐거움을 부여하고 리듬과 짜임새 있는 공간을 구성. ⑦분류는 장식품과 예술품으로 구분.

액세스(access) : 어떤 장소나 시설 등에 접근하는 것 또는 접근방법.

액세스 도어(access door) : ①파이프 덕트(pipe duct) 등의 배관이나 내부검사를 위한 작은 문. ②벽체와 동일한 색상과 질감으로 디자인하는 것이 일반적임.

액세스빌리티(accessibility) : ①어느 지역으로 이동하는 사회적·공간적 접근이 용이함을 나타내는 개념. ②그 지역의 집적(集積) 크기에 비례하여 여러 가지 의미에서 그 지역까지 가는 거리의 몇 제곱에 반비례하는 것이라고 함. ③대표적인 표시 방법은 중력(重力) 모델적인 것임.

액세스실링(access ceiling) : ⇨액세스 플로어.

액세스플로어(access floor) : ①바닥 밑이나 천장 위로 접근할 수 있도록 확보된 빈 공간을 두어 그 내부에 전선·파이프·덕트 등을 설치하고 필요시 개폐 가능하도록 대량 생산된 시스템재로 마감한 바닥이나 천장. ②중량충격음을 발생시키는 고체음이 구조체에 전달되지 않도록 하는 확실하고 이상적인 방진구조법으로 습식구조와 건식구조가 있음. ③일반적으로 방송 녹음스튜디오와 같이 고도의 차음을 필요로 하는 경우 또는 컴퓨터 등의 전선배관이 많은 실의 경우에 사용.

액세스플로어링시스템(access flooring system) : ⇨액세스 플로어.

액션디스플레이(action display) : ①정적인 진열 개념에서 탈피하여 운동감 있는 동적인 디스플레이로 자유로운 공간연출과 대담한 구성으로 더욱 강한 인상을 주는 신경향의 진열방법. ②도시환경의 활력소를 구성하는 쇼윈도를 연출하여 도시공간 연출에 기여하기도 함.

액션페인트(action paint) : ①2차대전 이후 잭슨 폴록으로부터 시작된 추상표현주의(抽象表現主義)미술. ②캔버스에 직접 물감을 뿌리거나 흘리는 자유분방하고 충동적인 표현기법을 씀. ③캔버스에 우연히 생겨난 모양을 이용하는 기법 자체는 레오나르도 다 빈치까지 거슬러 올라가지만 차이점은 다 빈치가 이 기법을 어디까지나 독창적 이미지네이션을 자극하는 수단으로 이용한 데 그친 반면 액션페인팅에서는 그 자체를 목적으로 함.

액소노메트릭(axonometric) : 30°·45° 각도에서 수평으로 그려진 선들에 의해 표현되는 3차원적 형상.

액스민스터카펫(Axminster carpet) : ①기계직 카펫의 일종. ②영국의 원산지인 카펫 조직으로 울로 짜고 뒷면은 황마로 된 것. ③황마(jute)의 바닥과 양모의 컷 파일(cut pile)을 이용한 전통적 카펫구조. ④18세기 중엽, 색수에 제한 없이 디자인과 패턴이 가능한 특수 직조기로 터키식 카펫을 모방하여 영국의 원산지인 액스민스터에서 직조된 카펫에서 유래. 현재는 기계적 직조과정으로 대치되고 있으며, 다양한 색과 패턴이 가능하다. 스풀 액스민스터 카펫·그리퍼 액스민스터 카펫 및 그 양자의 장점을 살린 스풀 그리퍼 액스민스터 카펫이 대부분이고, 모두 다색무늬를 목적으로 한 융단. ⑤⇨카펫.

액체방수(液體防水, liquid water proofing) : 모르타르에 액체방수제를 혼합하여 방수효과를 갖도록 처리한 것.

액트드롭(act drop) : ⇨하우스커튼(=).

액티닉글라스(actinic glass) : 자외선이나 자외선을 잘 흡수하는 유리의 하나.

액티비티(activity) : ①네트워크 용어의 하나로 프로젝트를 구성하는 작업단위. ②작업(=).

액티브솔라에너지시스템(active solar energy system) : 전기와 같은 부가 열원을 이용하여 냉난방까지 사용하는 능동형 태양열 시스템.

액티비티룸(activity room) : 가사실(家事室) 등 활동적인 작업을 하는 실(室) 또는 공간.

액팅에리어(acting area) : ①연기를 하는 무대면 중 관객에게 연기를 보이는 커튼라인 안쪽 무대의 부분. ②중앙 부분인 이 부분은 연기를 하거나 무대의 배경장치를 설치하기에 충분한 규모이어야 함. ③액팅 에리어를 포함한 연기 부분 무대의 폭은 PW(2×2m) 정도이며, 왜건 스테이지(wagon stage)를 사용하는 경우 왜건의 폭은 PW+2~3m 정도. 안길이는 PW 정도가 바람직하지만 현실적으로 PW(proscenium width)=18m에 대해서 연기 부분 무대 안길이는 12~15m의 것이 많음.

액화(液化, liquefaction) : ①기체가 냉각 또는 압축되어 액체로 변하는 현상. ②고체가 융해되어 액체가 되는 현상.

액화석유가스(液化石油-, Liquified Petroleum Gas ; LPG) : ①석유의 탄화수소가스 중 액화되기 쉬운 탄소수 3과 4의 탄화수소가스. 비중이 공기보다 크고 연소시 이론 공기량이 많음. 가벼운 도시가스와는 다르므로 배관설계와 기기를 사용할 때에는 특별한 주의를 요함. ②천연가스나 석유 정제의 과정에서 채취된 가스를 압축·냉각해서 액화시킨 것으로 저장·운반·취급에 편리하고 발열량도 높으며, 연소 시 필요한 공기량이 너무 많음. 비중이 공기보다 무겁고 생성가스에 의한 중독 위험성이 있으며, 완전 연소시켜 사용토록 하는 것이 좋음. 누출되는 경우 인화 폭발 위험성이 큼. 무색무취(無色無臭)이지만 프로판에 부탄을 배합하여 냄새를 맡음. 가정용·영업용으로 널리 사용됨. ③유량표시는 kg/h.

액화천연(液化天然-, L. N. G ; Liquified Natural Gas) : ①메탄이 주성분이고 메탄·부탄·프로판 등을 함유한 천연가스를 낮은 온도로 냉각시켜 액체로 만든 것. ②발열량이 매우 높고 비중도 공기보다 작아 폭발 위험성이 적음. ③도시가스나 발전연료·공업연료 등에 사용.

앤드로스핑크스(andro-sphinx) : 이집트 기자(Giza)의 거대한 스핑크스와 같이 인간의 머리를 가진 조각된 사자상.

앤드로스핑크스

앤여왕식 아치(Queen Anne arch) : ①베네치안(venetian)이나 팔라디오식(palladian) 창문의 세 개구부 위의 아치로 좁은 양측 개구부 위에 평평하며 높은 중앙 개구부 위는 둥근 형태. ②팔라디오식 모티프(=).

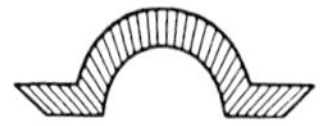
앤여왕식 아치

앤여왕양식(-女王樣式, Ann's queen style) : ①1702~14년간 영국의 로코코시대 양식. ②가구양식의 주요 특징은 곡선이 장식의 소재로 사용되고 장롱의 재료로서 주로 마호가니나무를 사용하기 시작. ③디자인과 표면처리 및 구조적인 면은 동양, 특히 중국의 가구를 모방하였으며, 옻칠기술이 매우 발달. 의자는 등받이의 상단부를 뒤로 굽히거나 어깨가 닿는 부분을 요(凹) 모양으로 한 것. 또한 좌판(坐板)의 모서리를 둥근 곡선으로 처리했으며 의자 다리에 무릎 부분과 발목의 형태를 강조하고 짐승의 발을 모방한 극단적인 캐브리올(cabriole)양식이 특징. ④말기에는 의자의 앞다리를 붙인 부분은 조개껍데기나 아칸서스 조각으로 크게 돌출시켜 캐브리올을 보다 과장시켰고, 말기에는 부채꼴 조개장식이 더욱 빈번하게 사용되고 캐브리올양식이 사라진 대신에 공을 쥐고 있는 발톱을 묘사하여 조각한 클로 앤드 볼(claw and ball)형식의 다리가 소개됨. 또한 다리를 지탱하고 있던 족대 및 중대는 1708년 완전히 사라졌음. ⑤1700년대 초기에 영국의 시골지방에서는 독자적인 형태의 윈저의자(Windsor chair)가 제작되었는데, 이것은 등받이가 수레바퀴의 살을 연상함. 또한 꽃병 모양으로 도려낸 등받이와 둥그스름한 등받이틀도 특징적임. ⑥1880~1920년대 영국 앤여왕

시대의 다채롭고 장식적으로 화려하며, 많은 양식들의 요소와 형태들이 풍부한 시각적 디스플레이로 처리되었고, 비대칭적인 구성은 다양한 형태·질감·재료로 구성된 건축양식. ⑦주요 요소들은 탑(tower)·터릿(turret)·큰 굴뚝·돌출한 파빌리온(pavilion), 포치(porch)·베이(bay)와 베란다 등을 포함. 채색된 유리패널을 창문에 사용. ⑧⇨초기조지안양식. ⇨윈저체어.

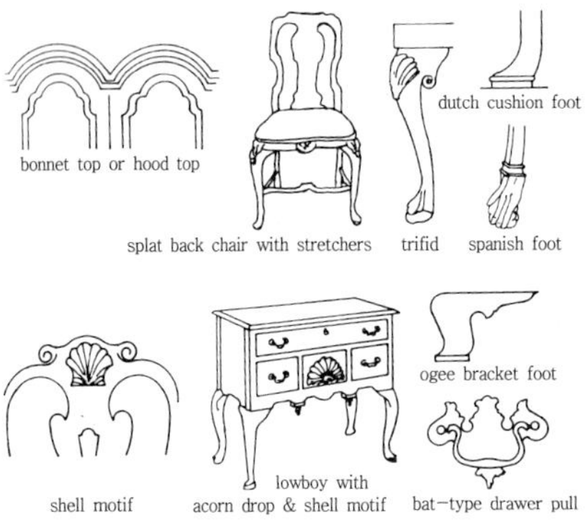

앤여왕양식

앤터롭의자(-椅子, antelope chair) : ①어네스트 레이스(Ernest Race)가 디자인한 하얀색 금속과 나무시트로 된 의자. ②브로넥 캐츠(Bronek Katz)와 보그한(R. Vaughan)이 디자인한 카페(cafe)에 설치.

앤티룸(anteroom) : ①주실(主室)로 통하는 작은방 또는 곁방 및 대기실·대합실 등을 의미. ②보다 크고 중요한 성격의 방으로 들어가기 위해 대기하는 방으로서 건물 내부에서도 외부공간의 성격을 가짐. ③⇨베스티블.

앤티챔버(antechamber) : ⇨베스티블.

앤티마카사르(antimacassar) : ①뜨개질(knit)이나 코바늘로 짜거나(crocheeted) 수놓은 작은 장식용 직물(doily). ②19세기 중엽 빅토리아시대에 남자들의 머리손질에 흔히 사용되었던 마카사르(macassar) 머리 기름에 의자의 직물이 더렵혀지는 것을 방지하기 위해 의자나 소파의 등받이와 팔걸이를 덮었던 레이스나 자수로 된 작은 장식용 직물. ③미국에서는 타이디(tidy)라고 불림.

앤티미온(anthemion) : ①인동덩굴(honey suckle) 혹은 종려나무잎 무늬(palmette)와 같이 꽃이나 잎을 양식화한 방사상 패턴의 장식문양. ②그리스·로마건축에서 꽃이나 잎이 평면적·연속적으로 사용된 모양 또는 장식. 인동(忍冬)모양으로 된 것도 있음. ③양식화된 허니서클(honeysuckle)이나 종려나무잎 장식 또는 그리스식(式) 장식기법에서 보였던 패턴. ④고대 그리스가 기원으로 돌림띠(cornice)·이오니아식 주두의 목도리(necking) 등의 건축몰딩 장식으로 사용되었으며, 프랑스 신고전주의시대에 유행된 모티프. ⑤비드앤드릴장식.

앤티미온

앤티미온

앤티미온과 비드 앤드 릴 장식

앤티미온등받이의자(-椅子, anthemion back chair) : ①18세기 신고전주의양식의 의자. ②앤티미온의 형태를 크게 살 같은 형태로 만들어 사이마다 구멍이 뚫리게 장식한 등받이가 있는 의자.

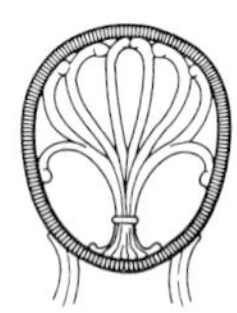
앤티미온등받이 의자

앤티크(antique) : ⇨골동품(=).

앤티크글라스(antique glass) : ①중세 스테인드글라스(stained glass)의 성분과 작품을 모방한 유리. ②판두께는 균일하지 않고 단차(段差)가 있으며, 가는 줄과 기포(氣泡) 등이 많이 들어 있어 디자인적으로는 매우 아름다운 고급 스테인드글라스임.

앤티쿼리언(antiquarian) : 고대 그리스·로마와 중세기의 건축양식에서 새로운 것을 찾으려고 했던 서유럽의 르네상스 건축양식.

앤티킹(antiquing) : ①다양한 방법에 의해 가구의 나무와 마감한 칠이 오래된 것처럼 보이게 하는 기술. ②가구의 밝은 표면색의 색조를 낮추기 위해 어두운 색조의 도료나 착색제를 칠한 후 닦아내거나 나무가 오래되어 낡은 것처럼 보이도록 산(酸)처리를 하거나 홈을 내고 모서리를 닳게 하거나 벌레먹은 구멍을 내기도 함.

앤티피사(antefixa) : 고대건축에서 지붕의 끝쪽에 일정한 간격으로 조각된 부분.

앤틱(antic) : 동물이나 인간·나뭇잎 형상의 기이한 조각.

앤틱처리황동(-處理黃銅, brass antiquded) : 산화과정을 거쳐 오래된 것 같이 보이도록 인위적으로 처리한 황동.

앨러(alure, allure, alur) : 성벽을 따라 또는 교회의 지붕 둘레에 회랑을 따라 있는 갤러리나 통로.

앨러

앨러배스터(alabaster) : ①앨러배스터는 대리석(大里石, marble)의 일종. ②투명감이 있으며 대부분은 백색이지만 붉은색이나 노란색을 띤 것도 있음. ③가공이 쉽고 갈면 빛나기 때문에 오래 전부터 건축이나 조각 및 공예품을 만드는 데 쓰이고 있음. ④얇은 판 모양으로 만들면서 빛을 통과시키기 때문에 중세에는 교회(church and cathdral)의 창에도 쓰임. ⑤설화석고(雪花石膏)라는 석고의 일종을 지칭하기도 함. ⑥부드러운 우윳빛 백색 표면을 갖고 있는 결이 좋은 돌로 약간 투명하며 장식물이나 조각물들을 만드는데 사용. ⑦대리석과 비슷한 순백 반투명의 돌. ⑧조각·장식품·항아리·벽면 등에 쓰임.

앨러배스터글라스(alabaster glass) : ①두께 8~16㎜의 대리석과 같은 광택이 나는 유리. ②투과율(透過率)이 비교적 크고 투과광(透過光)이 변색되지 않으므로 주로 장식이나 전구 등에 사용.

앨레이(allée[프]) : 집 사이의 좁은 통행로나 가로수길.

앨리(ally) : ①볼링장에서 공을 굴리는 레인(lane). ②길이 18.28m, 폭 1.04m의 나무로 된 바닥. ③단풍나무를 사용.

앨리게이터치형 다웰(-齒形-, alligator closedring dowel) : ①파상윤형(波狀輪形)이고, 양단이 날카로운 이빨 모양으로 된 듀벨(dübel[독]). ②두께가 1~2㎜, 지름이 55~155㎜ 정도로 목재에 직접 압입. ③⇨듀벨.

앨리스블루(Alice blue) : 엷은 회청색.

앨버트관(-館, Albert cottage) : ①1851년 제1회 영국만국박람회에 출품된 노동자계급의 모범주택. ②1844년 빅토리아여왕의 부군 앨버트 공(公)을 총재로 하여 설립된 노동자계급 생활개선협회가 건축. ③중공(中空)벽돌구조의 2층 건물로 4세대용 복도식 아파트 건물. ④각 주택은 거실·3침실·부엌 등으로 구성되고 수세식 변기 설치. ⑤외국인을 포함한 35만 명이 견학했으며 유럽에 많은 영향을 줌. ⑥시공은 수정궁(水晶宮)을 맡은 포크 앤드 앤더슨 회사가 함.

앰버(amber) : ①호박(琥珀, amber)색. ②앰버는 반투명의 지방질 광택을 띠며, 예로부터 유럽과 아시아에서 장식품으로 사용된 귀중한 보석. ③황색 기미의 흐린 주황(dull yellowish orange). ④먼셀기호 8.5YR5.5/6.5.

앰뷸러터리(ambulatory) : ①일반적으로 지붕이 있는 주 보랑. 교회건축에서는 안쪽이나 바깥쪽에 설치된 통로. ②수도원 등의 지붕이 있는 통로 및 회랑(cloister), 특히 교회당에서는 동쪽에 있는 성가대석(choir) 부분의 제단(alter) 배후를 도는 통로(aisle)를 말하며, 회랑(回廊) 또는 주보랑(周步廊)이라고도 함. ③내부공간을 둘러싸고 그 바깥쪽으로 만든 통로. ④회랑과 제실(chapel)에 의한 성가대석의 구성은 프랑스 고딕 대성당(cathedral)

의 특징을 이룸. ⑤이 말의 어원은 '걷는다' 또는 '보행용 공간'을 의미하는 라틴어에서 유래.

앰브리(ambry, almery) : ①교회당 안의 동쪽 끝 벽에 마련한 벽장 또는 골방. ②교회의 성기(聖器)를 넣어둠. ③체스트(chest)나 컵보드(cupboard)를 지칭하는 라틴어. ④교회에서는 성체를 위한 용기나 책과 제단용 리넨을 넣기 위해 사용하는 작은 찬장. ⑤중세에는 문으로 닫히는 찬장이나 저장용 벽감 또는 닫힌 저장공간을 뜻하며, 처음에는 프레스(press)로 대체되었고 17세기에 현대적 감각의 찬장으로 대체.

앰브리

앰피프로스타일(amphiprostyle[그]) : 앞과 뒤 양쪽에 주랑현관(portico)이 있고 양측면에는 기둥이 없는 고대 신전의 앞 뒤 주랑식.

앰피프로스타일

앰피시어터(amphitheater) : ①계단 모양으로 좌석을 배열한 오디토리엄(auditorium). 고대 그리스·로마의 극장은 반원형의 엠피시어터 형식. ②⇨애리나.

앱스(apse) : ①보통 교회의 내부 중앙 반원형으로 들어간 부분. ②고대 로마의 세속건축에서 볼 수 있음. ③고대 로마건축의 바실리카 등에서 볼 수 있는 챈슬(chancel)의 뒷부분에 위치한 반원형 또는 다각형의 단부(端部) 공간으로 튀어나온 부분으로서 볼트형태로 되어 있으며, 교회 동측 단부나 지성소(sanctuary)에 위치. ④고대 교회에서는 주교가 앉던 자리. ⑤천장은 일반적으로 반돔(half dome)을 설치. ⑥축 끝에 설치되며 보통은 제단을 놓기 위해 사용. ⑦영국의 고딕 교회에서 평면은 반원형이 아니라 직사각형을 이룸.

앱스

앱스아일(apse aisle) : 앱스나 동쪽 끝에 내달아 지은 예배당(chevet) 둘레의 측랑 또는 유보 회랑(ambulatory).

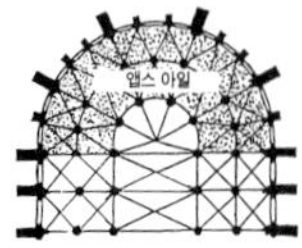

앱스아일

앱스트랙트(abstract) : ⇨추상·추상회화(=).

앵글(angle) : ①단면이 산(∧)모양을 하고 있는 형강. ②종류는 기본적으로 플랜지(변)의 등·부등, 두께의 등·부등에 따라 등변앵글·부등변앵글·부등변부등 후 앵글 등으로 구분함. ③건축 및 철구조물용으로 사용됨.

앵글도어(angle door) : ①스틸 도어의 일종으로 형강제의 골격에 철판을 용접한 문. ②⇨중공도어(≒)

앵글레스타일(Le Style Anglais) : 프랑스의 아르누보양식.

앵글렛(anglet) : 조적조에서 줄눈의 오목한 부분이 90° 각도의 홈으로 패인 줄눈.

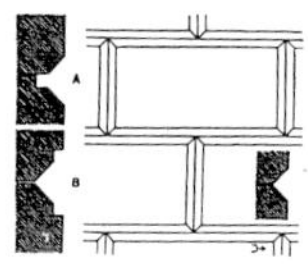
앵글렛

앵글로색슨건축(-建築, Anglo Saxon architecture) : ①1066년 노르만족 정벌 이전의 영국 초기 로마네스크건축. ②목재 구조체의 원형을 석조로 변환시킴.

앵글밸브(angle valve) : ①입구의 직각방향에 출구가 있는 글로브 밸브(globe valve). ②스톱 밸브(stop valve)의 일종. ③흐름을 직각으로 바꾸는 형식이므로 90°로 꺾이는 곳에 사용.

앵글브래킷(angle bracket) : 벽과 직각이 안되도록 설치하는 브래킷.

앵글비드(angle bead) : ⇨코너비드.

앵글조인트(angle joint) : ①방향이 변화하는 두 부재 사이의 단부에서 이음. ②용접이음의 일종으로 판을 직각으로 접합하는 것.

앵글철물(-鐵物, angle iron) : 'ㄱ'자 철물. 상인방 지지를 위해 사용되는 90° 각도로 만든 무쇠 혹은 철제 편철(翩鐵).

앵커(anchor, anchorage) : 구조물과 구조물을 결합시키는 여러 종류의 금속장치.

앵커볼트(anchor bolt) : ①주각(柱脚)이나 토대를 콘크리트 기초에 또는 지붕 트러스 등을 철근콘크리트 기둥이나 벽에 고정시키기 위해 매설하는 볼트. ②묻히는 부분의 끝을 굽히거나 앵커 플레이트(anchor plate)를 부착하여 인장저항을 증가시킴. ③목재 프레임·선반·기계 등이 움직이지 못하도록 구조부재를 건물구조에 고정·긴결시키기 위해 콘크리트 기초나 벽·기둥 등에 박아 넣는 기다란 조임쇠. 들림이나 횡력을 지지함.

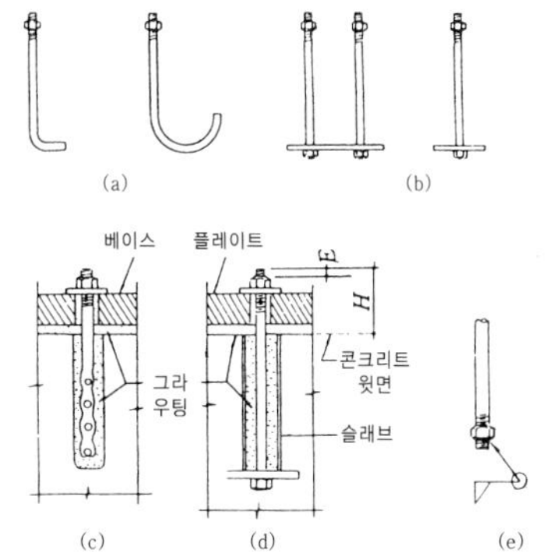

주각 앵커 볼트

앵커플레이트(anchor plate) : ①앵커볼트의 인장내력(引張耐力)을 증가시키기 위해 볼트에 사용하는 강판. ②앵커볼트에 생기는 인장응력이 기초 콘크리트와의 부착력 또는 볼트 하단의 훅(hook)에 의한 지압력(支壓力)만으로 부족한 경우, 두 개 이상의 볼트 하단을 강판으로 연결하여 인장내력을 증가시킴. ③⇨베이스 플레이트.

앵포르멜미술(-美術, informel art[프]) : ①1945년경부터 유럽에서 미국의 추상표현주의와 병행하여 전개된 추상회화. ②프랑스 비평가 미셸 타피에 의해 이 용어가 사용됨. ③1950년에는 볼스의 작품만을 염두에 두었으나 1951년부터는 포트리에·뒤뷔페·리오펠 등 다른 화가의 작품까지 넓혀 적용. ④엄격한 추상주의 경향인 입체파나 몬드리안(Piet Mondrian : 1872~1944) 및 데 스틸(de stijl)과 같은 기하학적 추상의 형태와는 대조적으로 무의식적 환상에 충만된 '서정적 추상'을 포괄함.

야 : ①돌을 깰 때 쓰는 조그마한 쇠침. ②남포가 들어오기 전에 야를 박고 메로 두드려서 돌을 깼음.

야간방사(夜間放射) : ①야간은 지면복사와 대기복사뿐이며 지면의 복사가 대기복사보다 크고 이 양자의 차. ②야간복사 또는 유효복사라고도 함.

야간복사(夜間輻射) : ⇨야간방사(=).

야간외기냉방(夜間外氣冷房, night purge) : 여름철 야간에 실내공기를 외기와 환기시켜 실내에 잠긴 냄새와 열기를 제거.

야광도료(夜光塗料) : ⇨발광도료(=).

야누스(Janus) : ①고대 로마의 신. ②머리의 앞뒤에 얼굴을 가진 신으로 처음과 끝을 지배. ③문이나 입구의 수호신(守護神).

야드(yard) : ①길이의 단위로 36인치와 같고 0.9144m와 같음. ②단위기호는 yd를 사용.

야등(夜燈, night light) : ⇨나이트라이트(=).

야수파(野獸派) : ⇨포비슴(=).

야스트로의 착시(-錯視, Jastrow's illusion) : ⇨샌도의 착시(=).

야연(野椽) : ⇨들연(=).

야장장이 : '야장(冶匠)+장이'의 결합.

야자주두(椰子柱頭, palm capital) : 고대 이집트 야자나무 머리 형태의 주두.

야장편수(冶匠編修) : 대장장이의 우두머리.

야전침대(夜戰寢臺, field bed) : ①장소를 옮겨가며 사용할 수 있도록 작고 접을 수 있는 천개(canopy)가 달린 침대. ②군대 장교들에 의해 전장에서 사용되었으며, 고딕시대부터 19세기 중엽까지 사용.

야전침대

야칼(yakal) : ①세랑강바뚜의 필리핀 명칭. ②⇨세랑강바뚜(=).

약국등(藥局燈, pharmacy lamp) : ①놋쇠나 크롬으로 된 반원의 갓이 있는 전등기구. ②바닥에 세워두며 키가 크고 빛의 방향 조절이 가능한 것이 특징. ③20세기 초,

약국에서 약을 조제할 때 사용하기 위해 고안되어 붙여진 이름. ④현대에는 일반적으로 집중조명을 필요로 할 때 사용.

약사전(藥師殿) : ①약사여래를 모신 전각. ②우리나라 민족이 선호하는 5대 부처 중 하나. ③중생들의 육체적인 질병과 마음의 고통을 치료해주는 역할을 하는 부처.

약식 지붕틀(略式-) : 스팬이 작고 간단한 건물에 사용되는 외쪽 지붕틀·맞댄 지붕틀·경골 지붕틀 등.

약장(藥欌) : ①다양한 종류의 약을 구분해서 보관하는 장(欌). ②자주 사용하는 1백여 종의 한약재를 따로따로 갈라서 넣어놓기 위해 작은 서랍으로 구성되어 있으며, 서랍마다 약재명이 기재됨. ③오늘날에는 약장을 이용하여 가정에서 사용하는 생활소품들을 따로 구분해서 각 서랍에 정리해 두고 찾아 쓰기 쉽게 보관하는 용도로 사용되기도 함.

약한 형태(弱-形態) : ①부분적으로 와해(瓦解)되는 형태. ②지각의 구성원리 중 하나로 배경·전경이 분리될 때 이미 강약의 형태가 있다는 원리.

얇은널 비닐판벽(-板壁) : ①너비 150~200㎜, 두께 9~18㎜의 널을 상하 1.5m 정도 겹쳐 기둥·샛기둥에 수평으로 못박아댄 가로판벽. ②구석·모서리 끝은 규준대 기준을 대거나 널의 마구리가 번갈아 물리게 하거나 연귀맞춤으로 함. ③벽의 위와 밑의 아물림은 영식 비닐판벽과 같이 함.

얇은판유리(-板琉璃) : ⇨박판유리.

양(梁) : ①기둥 또는 벽체 위에 수평으로 걸친 구조부재. ②보(=).

양각(陽刻, relief, bas-relief, engraving in relief) : ①무늬나 모양을 도드라지게 새기는 것. ②새기려고 하는 것이 솟아나게 조각하는 것. ③표면이나 배경으로부터 디자인이 돌출되도록 돋을새김하는 장식. 음각으로 파내는 잉타글리오(intaglio)와 비교되며, 돌출 정도에 따라 고부조(high relief)와 저부조(low relief)로 구분. ④인물이나 모티브가 그 배경으로부터 분리되지 않은 상태로 벽이나 표면으로부터 돌출판 얇은 부조의 조각장식. ⑤건축양식은 항상 정교한 목재와 테라코타에서부터 내구력이 있는 석회암·대리석·화강암, 그리고 구리와 황동과 같은 금속에 이르기까지 상상할 수 있는 모든 재료에 조각과 얕은 양각을 사용하여 장식. ⑥양각은 돌출물이 실제 비례의 절반과 동등할 때 그것을 반양각(half basrelief)이라 하고, 절반 이상일 때는 알토 양각(alto basrelief)이라고 함. ⑦돋새김(=).

양각기(兩角器, divider) : ⇨디바이더(=).

양갈소로(兩乫小累) : ①접차와 살미의 가운데 놓이는 소로. ②⇨소로.

양감(量感, volume) : ⇨볼륨(=).

양괴(量塊) : ⇨매스(=).

양규철가옥(梁圭喆家屋) : ①중요민속자료 제93호, 19세기 중엽, 전남 순천시 낙안면 동내리 79에 위치. ②배치는 안채·헛간채·측간을 겸한 잿간으로 구성. ③안채는 정면 4칸 측면 1칸 반의 전툇집의 형식이며 우측면에 툇간을 둠. 칸 치수는 전혀 일관성 없이 정면과 측면, 그리고 정면의 위치에 따라 심한 차이를 보임(방 정면은 8자, 부엌은 5자와 6자, 측면은 9자, 툇간 측면은 3자). 상부가구는 몸채에 대들보를 걸고 대공으로 마룻대를 받치는 간단한 구조. 툇간에는 곡선의 툇보를 퇴주(退柱) 상부에서 안기둥으로 걸었음. 좌측벽은 기둥 상부에

곳간채

전경

우측부엌

안채

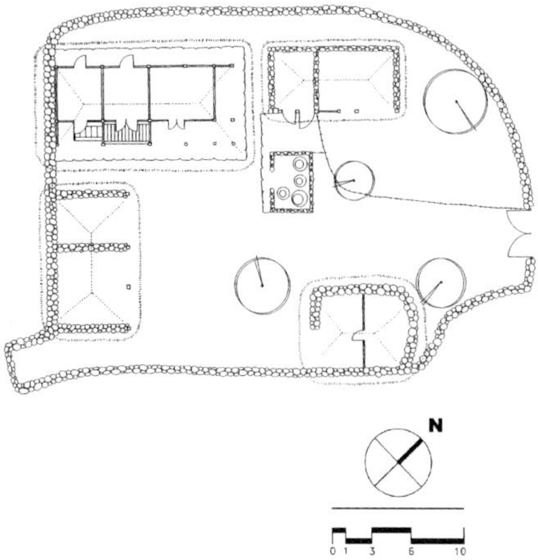

양규철가옥 배치도

홈을 파서 보를 걸고 그 위에 도리를 얹었음. 상방 전면에는 절반만 툇마루를 깔아 간신히 지게문으로 출입하도록 함.

양극(陽極, anode) : 1차 전지(電池)나 축전지(蓄電池, battery)의 +극 단자(端子)로서 전자가 유입되는 전극.

양극방식(陽極防蝕, anodic protection) : 방식하는 금속체를 양극으로 하고 전기를 통해 부식을 방지하는 것.

양꽂이쇠(cremon bolt, espagnolette bolt) : 여닫이문의 상하가 동시에 걸게 된 꽂이쇠.

양나사볼트(兩-, double screw bolt) : 볼트 양쪽이 모두 나사 모양으로 된 것.

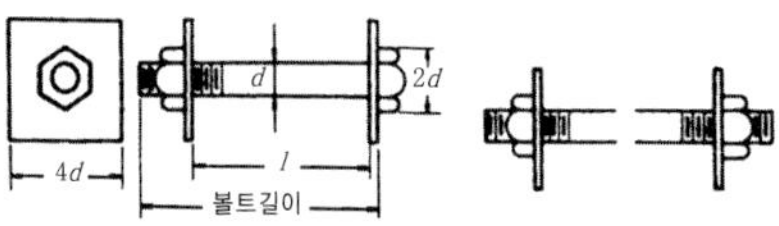

양나사볼트

양단내민보(double overhanging beam) : 양쪽 지지점 밖으로 돌출된 단순보.

양단지지보(兩端支持梁) : ⇨단순보.

양동민속마을 : 강동면에 있는 마을 이름. 계천군 손소, 우재 손중돈, 회재 이언적이 탄생한 마을. 전형적인 양반마을. 보물, 중요민속자료, 도지정유형문화재 등이 많음(무첨당·관가정·향단 등).

양두(梁頭) : ⇨보뺄목(=).

양련 : 연꽃을 옆에서 본 모양으로 그린 것.

양립성(兩立性, compatibility) : ①인간의 기대와 모순되지 않는 자극들간의, 반응들간의, 혹은 자극-반응 조합의(공간, 운동 또는 개념적) 관계. ②공간적 양립성(어떤 사물들 특히 표시장치나 조종장치에서 물리적 형태나 공간적 배치의 양립성), 운동양립성(표시장치, 조종장치, 체계반응의 운동방향의 양립성), 개념적 양립성(어떤 암호체계에서 청색이 "정상"을 나타내듯이, 사람들이 가지고 있는 개념적 연상의 양립성)으로 분류.

양마구리블록(兩-, both side block) : ⇨블록.

양머리장식(羊頭裝飾, Rem's head) : 18세기에 아담(Adam) 형제가 가구와 장식품에 사용했던 양머리 형태의 고전적인 장식 모티프.

양머리장식

양면댐판이음(兩面-板-, splice plates joint) : 접합부재의 양쪽에 판을 대고 접합하는 방법.

양면베벨용접(兩面-鎔接, double bevel welding) : 한 접합부재의 선단이 양면으로 경사지게 한 용접.

양면브이형 용접(兩面-形鎔接, double-vee welding) : 접합부재의 선단을 양쪽 면으로부터 경사지게 한 홈용접.

양면절단기(兩面切斷機, double end tenoner) : ①플러시 패널을 정규격에 맞추어 좌우 절단하는 목공기계. ②톱날 또는 몰더에 의해 동시에 가공할 수 있으며 톱날의 자유각도 45°까지 조정됨. 최대 가공규격은 1,750(너비)×2,400(길이)×85(높이)㎜, 최소 가공규격은 210(너비)×200(길이)×5(높이)㎜.

양버즘나무(American plane tree, Button wood, Platanus occidentalis L.[학]) : ①버즘나무과(Platanaceae)로 연륜이 뚜렷하고, 심재는 담적갈색, 변재는 담황갈색으로 심·변재의 구분이 약간 불명료함. 나무갖은 보통이고, 결이 곧으며 산공재(散孔

材)임. 중비중재이고, 수축성과 흡수성은 큼. 전단강도는 강하고, 압축강도와 휨강도는 보통이며, 인장강도는 약함. 충격휨흡수에너지는 크고, 경도는 낮음. 제재가공성과 대패가공성은 보통이고, 건조성과 휨가공성은 양호함. 접착성은 보통이고, 도장성은 불량함. 파티클보드제조적성과 섬유판제조적성은 보통이고, 합판제조적성은 불량함. 시멘트경화성과 내후성은 불량함. 목탄제조적성은 불량하며 펄프화 적성은 보통임. ②화장단판·가구·악기·식품포장재 등으로 사용함.

양봉(樑棒, bracket under beam) : ①기둥머리에 보가 짜일 때 주도리 받침장여의 높이와 같게 보 밑으로 짜 넣어 보를 받게 된 짧은 각재(角材). ②보를 받치려고 기둥에 가로 끼운 조각 나무. ③고급건축에서는 대부분 초각(初刻)되거나 쇠서로 장식. ④종류는 장식이 있는 것과 장식이 없는 것이 있음. ⑤⇨보아지·보받침(=).

양성(兩城) : 지붕마루의 수직면에 회사반죽 또는 회반죽을 바른 것.

양판 : ①대패질이나 자귀질 따위를 하려고 만든 것. ②기다란 나무 걸상처럼 생겼는데 높이는 어른의 허리높이 정도됨.

양뿔형 팔걸이(羊–形–, ram's horn arm) : ①프랑스 루이14세 시대에 성행했던 의자 팔걸이 끝장식. ②전면부 끝이 양뿔처럼 나선형으로 조각되어 아래로 향함.

양뿔형 팔걸이

양생(養生, cure, curing) : ①타설한 콘크리트나 모르타르가 경화를 계속하여 28일이 지나 거의 최종 압축강도에 도달할 때까지 시멘트의 화학작용이 계속되도록 습기와 온도를 유지시켜 주는 것. ②모르타르(mortar)·회반죽(plaster)·콘크리트 치기 등에서 최상의 강도를 주기 위해 적당한 수분과 온도를 유지시키면서 천천히 마르도록 하는 방법. ③콘크리트를 부어 넣은 후에는 수화작용을 돕기 위해 5일간 거적 또는 포장(布帳) 등으로 덮어 물뿌리기 또는 다른 방법으로 수분을 보존하고 일광의 급격한 건조 및 한기(寒氣)에 대하여 적절한 양생을 하여 콘크리트 온도가 2℃ 이상 유지되도록 함. 다만, 조강시멘트를 사용할 경우의 양생기간은 3일간 이상으로 함(건축공사표준시방서). 보양(保養, curing and protecting)이라고도 함. ④양생온도가 강도에 미치는 영향은 시멘트의 품질·배합 등에 의하여 달라지나 일반적으로 양생온도 4~40℃의 범위에서는 온도가 높을수록 재령 28일까지의 강도는 커짐. 그러나 온도가 지나치게 높으면 오히려 강도발현에 나쁜 영향을 미침. 한편 양생온도가 −0.5~2.0℃ 이하로 되면 콘크리트 속의 수분이 동결되므로, 특히 초기 재령에서 심한 동해(東海)를 입음. ⑤종류는 습윤양생·증기양생·전기양생·피막양생·프리쿨링(precooling)·파이프 쿨링(pipe cooling)·단열보온양생·가열보온양생 등. ⑥양생에 영향을 주는 요소에는 양생온도·습도·양생 중의 진동 충격·과대하중 등.

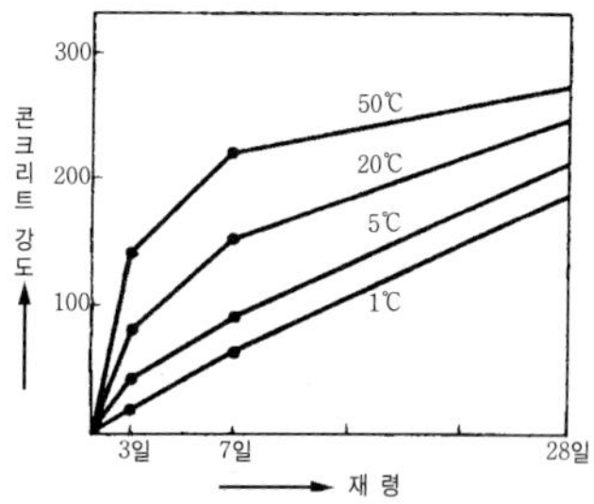

양생온도와 콘크리트강도와의 관계

양생테이프(養生–) : 마스킹 테이프 및 실링재료의 손상, 오염 등을 방지하기 위한 테이프.

양성(陽城) : ①지붕마루 전체의 양면을 회반죽 따위로 감싸 바른 것. ②용마루가 매우 높거나 바람이 세어 지붕마루가 도괴될 우려가 있을 때 쓰임. ③높은 것은 60~90㎝이며, 근정전은 150~

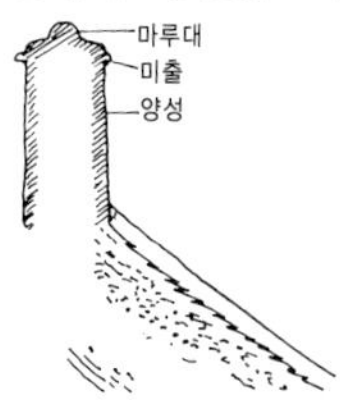

양성

180㎝ 정도임. ④궁궐·성곽·문루 등에 쓰임. ⑤양성의 기와쌓기법은 일반지붕 기와쌓기와 같으나 매우 높을 때에는 용마루 두께보다 크게 함.

양성잔상(陽性殘像, positive after image) : ⇨정의잔상(=)·음성잔상(⇔).

양수발전소(揚水發電所) : ①밤시간에 남는 전력을 이용하여 하부 댐의 물을 상부 댐으로 끌어올려 전력이 모자라는 낮시간에 발전하는 방식으로 발전단가가 기존의 화력발전에 비해 3분의 1 정도 저렴함. ②우리나라의 전력수요는 하루 중 낮과 밤의 일교차가 300만㎾ 정도이지만 저장이 불가능하기 때문에 밤에는 전력을 허비하게 됨. ③양수발전소는 이 같이 낭비되는 전력을 저장이 가능한 물리적 에너지 형태로 바꿔 공급할 수 있는 일종의 전기저장소와 같은 역할을 함.

양식(樣式, style) : ①예술작품에 있어서 특징적인 디자인이나 장식 등을 표현하는 것. ②개인·민족 한 시대의 고유한 예술적 표현의 특정한 또는 독특한 형태로 당시의 유행감각을 통하여 개성적인 유형으로 인식될 때 성립. ③사회·경제·기술 등과 대응하여 같은 시대의 공간개념을 전형적으로 표현하는 소재와 형태의 통합체로 공통된 특징을 갖는 것으로서 정신적 소양이나 작품에 나타난 형성방식. ④P. H. 존슨(Philip Johnson ; 1906~?)과 H. R. 히치콕(Henry Russel Hitchcock ; 1903 ~?)은 그 시대건축의 양식을 볼륨으로서의 건축·규칙성·세련된 비례의 질서와 평활한 소재 그 자체의 제품 등 3원칙이라고 1932년 주장. ⑤예술에 있어서 양식 개념의 성립 조건은 크게 ㉠객관적 조건 ⓐ표현재료 ; 대리석 양식·청동양식 등. ⓑ표현대상 ; 역사화·풍속화 등. ⓒ사용목적 ; 사원양식·궁정양식 등. ⓓ표현형태 ; 직선형 양식·원형 양식 등. ㉡창작 주체의 정신적 특성 ⓐ시대나 시기 ; 고딕양식·로마네스크양식 등. ⓑ민족이나 지방 ; 이탈리아양식·게르만양식 등. ⓒ예술가의 생애를 통한 양식 ; 청년양식·장년양식·노년양식 등, ㉢창작 자체에 담겨 있는 본질적인 형성의식 ⓐ헤겔(F. Hegel)의 상징적·고전적·낭만적 양식. ⓑ뵐플린(H. Wölflin)의 선정·회화적 양식, ㉣대립되는 개념에 따라 ⓐ객관적·주관적 양식, ⓑ이상적·현실적 양식, ⓒ정적·동적 양식 분류.

양식기와(洋式蓋瓦, western roof tile) : 대표적인 양식기와는 스페인 기와(Spanish roof tile)와 프랑스 기와(French roof tile)가 있음. ㉠스페인 기와는 암키와와 수키와가 거의 같은 모양으로 S자형으로 S기와도 있음. ㉡프랑스 기와는 한 장에 골이 있고 이것의 일종으로 만주기와(滿州蓋瓦)라는 것도 있음.

양식지붕틀(洋式-, roof truss) : ①서양식 지붕틀을 통칭. ②평보·ㅅ자보·왕대공·버팀대 등으로 트러스를 형성하는 지붕틀. ③왕대공 지붕틀(king post roof truss)·쌍대공 지붕틀(queen post roof truss) 이외에 여러 가지 지붕틀이 있음.

양식화된 디자인(樣式化-, stylized design) : 디자인의 질을 강조하기 위해 형태를 단순화시킨 디자인.

양식화 무늬(樣式化-, stylized pattern) : 일정기간 사용된 문양이 시대적·역사적으로 자리매김된 것.

양안시(兩眼視, binocular vision) : ①두 눈을 동시에 사용하는 것으로부터 생기는 3차원적(입체적)인 공간지각. ②공간의 거리지각 단서가 되는 요소는 양안부등(兩眼不等) 또는 괴리현상(乖離現象)·이중상(二重像)·수렴현상(收斂現象) 등.

양안시계(兩眼視界) : ①양눈이 볼 수 있는 시계. ②대상이 두 눈으로 관찰되면 좌우 눈의 시계가 겹치게 되어 한 눈으로 볼 수 있는 시계보다 넓은 중심시계를 형성하게 됨. ③좌우방향으로 약 60°씩의 영역임. 판독영역은 문자인 경우 10~20° 사이이며 기호인 경우는 5~30° 사이. 가장 선명한 초점이 잡히는 영역은 시야 양쪽의 약 1° 이내. 색시야는 30~60° 이내.

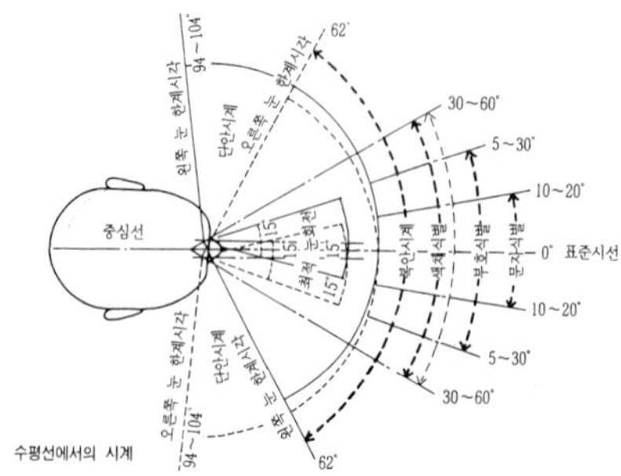

수평선에서의 시계

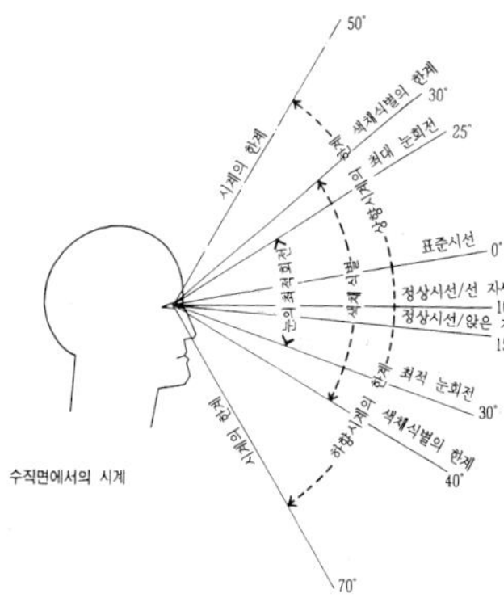

수직면에서의 시계

양안시차(兩眼視差, binocular disparity) : ①하나의 대상물을 볼 때, 좌우 안구의 망막에 약간의 다른 영상이 투영되는 현상. ②양안시차는 가까운 거리에서 입체감의 효과가 있지만 거리가 멀어지면 큰 의미는 없음. ③그림은 피라미드를 볼 때 좌우 눈에 비치는 다른 상.

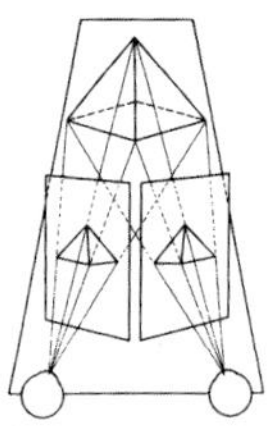
양안시차

양여닫이문(兩-門) : 양쪽으로 열리고 닫히는 문.

양와(孃瓦) : ⇨암키와(=).

양은(洋銀, albata, white metal, German silver) : ①구리(60~65%)·니켈(12~22%)·아연(18~23%)의 합금. ②은색과 비슷하고 경도(硬度)와 내부식성이 큼. 주로 장식기구·가정용 기구 등으로 사용.

양의 착시(量-錯視) : ①밝고 따뜻한 것은 크게(팽창·진출), 어둡고 차가운 것은 작게(수축·후퇴) 보이는 현상. ②검은 정방형과 흰 정방형은 동일한 형태인데 흰 정방형이 크게 보임. ③⇨착시.

양적 대비(量的對比) : 색이나 질감 등을 면적이나 크기 및 규모를 비교·대비할 때 느끼는 현상.

양쪽 꽂이쇠(two point latching bolt) : 상하로 꽂는 쇠.

양철(洋鐵, galvanized iron) : ①녹스는 것을 방지하기 위해 아연으로 도금하거나 녹방지 코팅으로 처리한 철판. ②⇨함석(=).

양측대칭(兩側對稱) : ⇨좌우대칭(=).

양측창(兩側窓, double side window) : ①실(室) 양측에 창문이 마주하고 있는 창. ②남서창(南西窓)과 남동창(南東窓)인 경우 입사량의 변화가 크고 불안정한 조도분포를 보임.

양탄자(洋-, rug) : ①바닥 표면의 일부를 덮는 규격화된 크기로 짜여진 깔개. ②고대에는 벽·테이블·벤치·침대를 덮는 모든 덮개류(類)에 적용된 용어나 과거 수백 년 동안은 카펫과 비슷한 용도로 사용되는 작은 조각을 의미함. ③페르시아(Persian)양탄자는 유럽에서 우수성을 인정받고 있음.

양통집(兩通-) : ⇨겹집(=).

양파형 돔(洋-形-, onion dome) : ①양파 형태의 끝이 뾰족하게 올라간 돔. ②큐폴라(cupola)나 탑의 꼭대기에 올려 놓음. ③러시아 정교회의 건축에서 많이 쓰임. ④⇨순무형 돔(=).

양파형 돔

양파형 발(-形-, onion foot) : ⇨둥근 빵형 발(=).

양판(兩板, panel, panel board) : ①걸레받이와 두겁대 사이에 틀을 짜대고 그 사이에 넓은 널을 끼운 판벽(板壁). 이 널을 양판이라고 함. ②기본면에서 들어가거나 튀어나와 천장 또는 문의 단면이나 입면과 구분되고 틀로 싸여져 있음. ③대패질 등을 하려고 허리 높이 정도 되게 만든 상.

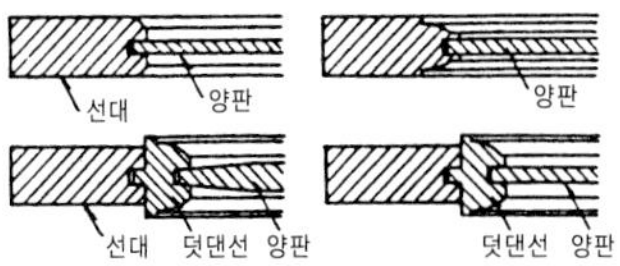

양판맞춤

양판문(兩板門, paneled door) : 얇은 판재가 끼워져 있는 가로틀(rail)과 세로틀 및 중앙 세로틀(muntin)에 형틀작업을 한 문.

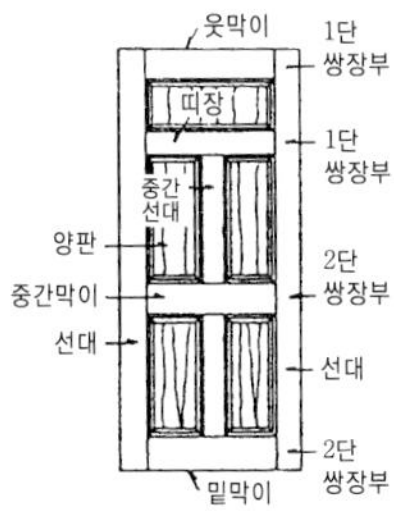

양판문

양판점(量販店, general merchandise store ; GMS) : ①저(低)마진·고(高)회전 셀프서비스에 의한 디스카운트 대량판매를 하는 점포. ②중산층을 겨냥하여 1,500~3,000평 규모에 중저가 상품구색을 갖추고 다점포 전략을 추구한다는 점에서 일반백화점과 차이가 있음. ③생활에 필요한 의류를 비롯하여 생필품을 총망라해 다품종 대량판매를 체인화하여 막대한 구매력을 행사하고 비용절감을 위해 PH(자체상품 부착)상품을 개발함으로써 제품의 염가판매가 특징. ④미국의 울워스(Woolworth), 한국의 한양유통 잠실점 등.

양판벽(洋板壁) : ⇨양판.

양편 제혀쪽매(兩偏-, multiple tongue and groove joint) : ⇨제혀쪽매.

양회(洋灰) : ⇨시멘트.

양회삼물(洋灰三物) : 양회와 잔모래와 황토를 섞은 것.

어간(御間) : ⇨어칸(=).

어계생가(魚溪生家) : ①경상남도 유형문화재 159호, 경남 함안군 군북면 원북리 592에 위치. ②조선 세종2년(1489년)대의 충신이며, 단종 폐위시 생육신의 한 사람이었던 어계은자(魚溪隱者) 조려(趙旅)의 생가로 대문채와 원북재(院北齋)라는 재실(齋室), 그리고 조묘(祖廟)의 사당으로 구성. ③주 건물인 원북재는 정면 4칸, 측면 2칸의 일자형 평면으로, 부엌 없이 중앙 2칸에 대청을 펴고 양측에 툇마루가 있는 침실을 각각 1칸씩 두어 재실로서의 공간구성을 보여 줌. 건물의 형태는 팔작기와집에 원주를 세웠으나 부연이 없는 홑처마이고, 주두 위에 장식이 없는 민도리집이며, 3개의 도리로 구성된 3량 구조의 단순·검약한 형태를 보여 줌. 대청 위의 원형 판대공만이 장식의 전부. 보 위의 동자주가 약간 길어 격식상 어색함. 주고가 높고 배흘림이 뚜렷한 기둥은 시원스런 입면을 구성함. ④사당(祠堂)은 삼문을 통하여 진입하며 툇간이 있는 3칸 일자형 평면에 풍판을 둔 맞배기와지붕이며, 구조상으로는 주두가 2개 있는 이익공계(二翼工系)의 건물로서 연화문 초각(草刻)으로 하여 비교적 크고 화려한 모습임.

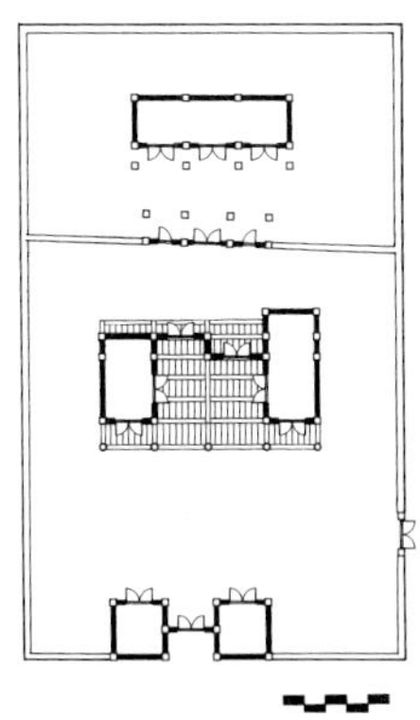
어계생가 배치도

어금꺾쇠 : 박히는 부분이 서로 반대되도록 꺾인 꺾쇠.

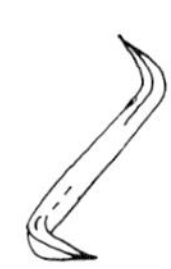
어금꺾쇠

어깨굴림 : ⇨편수깎기(=).

어넥스(annex) : ①본관(本館)의 기능을 보완하기 위해 마련한 별관(別館) 또는 부속 건물. ②집에 부속된 건물 또는 집 뒤에 붙어 있는 건물·별당.

어니언돔(onion dome) : ①건축물의 끝부분이 뾰족한 구근(球根)모양 또는 돔모양의 지붕. 특히 큐폴라나 타워를 덮기 위해 러시아 정교회 건축에서 사용. ②양파 모양처럼 생겨 붙여진 비잔틴 돔의 일종. ⇨돔.

어니언돔

어닐링(annealing) : ①재질의 변형을 줄이기 위해 가열한 유리 및 금속을 서서히 식히는 방법. ②철이나 강의 연화 또는 결정조직 조정 및 내부응력 제거를 위해 적당한 온도로 가열한 후, 천천히 냉각시키는 조작. ③목적은 잔류응력 제거·경도 저하·피삭성 향상·냉간가공성 개선·결정조직 조정·필요한 기계적·물리적 또는 그 밖의 성질을 얻는데 있음. ④종류는 완전 어닐링(full annealing)·저온어닐링(lonnealing)·연화(softening)·구상화(spheroidizing)·수중어닐링(water annealing)·가단화(malleablizing)·흑연화(graphitizing) 등으로 구분함. ⑤철강의 어닐링 가공은 KS B 4901에 규정되어 있음.

어닐링취성(-脆性, annealing embrittlement) : ①어닐링 온도에서 서냉에 의해 나타나는 취성. ②연강 및 극연강을 850~900℃에서 어닐링 서냉을 하면 인장강도나 연신율은 변하지 않지만 충격치가 현저하게 저하됨. 어닐링 온도에서 공랭한 것에 비해 충격치는 1/4~1/5가 됨. 이처럼 연강의 어닐링 취성은 입계에 시멘타이트가 띠상으로 되어 석출되기 때문에 생기는 취화라고 여겨짐. ③어닐링 취성은 탄소의 비율이 낮을수록 현저하게 나타나며 또한 킬드강보다도 림드강에 강하게 나타남.

어도브(adobe[스]) : ⇨어도비(=).

어도비(adobe) : ①어도비는 '벽돌'이라는 뜻을 가진 아라비어어의 알-토바(al-toba)에서 온 스페인어. ②햇볕에 말린 어도비 벽돌의 사용은 모든 초기 문화에서 특히 건조한 지역에서 볼 수 있었음. ③벽돌의 초기 형태는 손으로 주형된 진흙과 짚의 혼합으로 만들어졌으며 인공적인 열을 가하지 않은 상태에서 굳어졌음. ④가장 최근의 어도비 벽돌의 사용은 미국 남서부에 있는 푸에블로 인디언들의 주택과 관계 있음. 그들이 발전시킨 이 형태들은 그 지방 특유의 건축양식으로 아직도 모방되고 있음. ⑤옛날 우리나라 한옥 특히 초가집에는 거의 전부 흙벽돌을 사용. ⑥⇨날벽돌.

어도비벽돌(-甓乭) : ⇨어도비.

어드밴스(advance) : 진보적이고 남보다 먼저 가진다는 뜻으로 어드밴스 패션이란 시대를 앞서가는 패션을 의미.

어란석(魚卵石, oolite, egg stone) : 작고 둥근 석회질 성분의 입자로 구성된 어란을 닮은 석회석.

어레인지(arrange) : '배열하다'·'레이아웃(lay-out)하다'는 의미.

어레인지먼트(arrangement) : ①일정한 목적에 따라 질서를 조화롭게 배열하는 것. ②미적 효과를 고려하여 색채나 형태를 질서있게 배합하는 것. ③축약(縮略)하여 어레인지(arrange)라고 함. ④컬러 어레인지먼트라고 하면 조화로운 배색을 의미. ⑤상품을 배열·정돈해서 구매하기 쉽게 하는 것을 의미. ⑥흐트러진 것을 정돈하여 미적인 효과를 가짐.

어름 : 두 물건의 끝이 닿은 자리.

어린잎색(-色) : ①관용색명으로 칙칙한 연두. ②먼셀기호 7GY7.5/4.5.

어린풀색(-色) : ①관용색명으로 연두색. ②먼셀기호 3GY7/10.

어메니티(amenity, amenities) : ①기후·풍토·설비·인간관계 등으로부터 얻을 수 있는 장소·공간의 쾌적성, 적합한 장소에 적합한 환경이나 시설 또는 인간의 태도. ②생활환경을 쾌적하게 하거나 안락하게 하는 것을 의미. ③주거공간에 인용되는 말이지만 건축이나 환경디자인에서 자주 사용되고 있는 용어. ④어메니티를 결정하는 요소인 온도·습도·기후·열·조명 등이 체감(體感)에 가장 쾌적한 상태를 유지하도록 하는 것이 어메니티의 목적.

어명기가옥(魚命驥家屋) : ①중요민속자료 131호, 16세기 창건, 19세기 중건. 1750년 화재로 소실된 것을 어태준(1705~58)이 3년에 걸쳐 복원함. 어명기의 2대조인 어용수가 1860년 농토 약 3,000평으로 구입하고 대대로 팔지 말라는 유언이 전해짐. ②가옥은 북부형 겹집 형태를 채용. 세벌대 장대석 바른층쌓기의 높은 기단(85㎝), 전면에는 오르는 계단이 두 군데 있음. 가구는 오량으로 막돌 초석 위에 방주를 세워 납도리로 결구하였고, 기둥에는 끝이 사절된 방형 단면의 보아지를 두어 보와 도리를 받치게 함. 홑처마 팔작지붕으로, 전면은 모두 두 짝 분합문을 달아 창호 입면을 마감한 독특한 구성을 하였음. 후원(뒷마당)으로 가는 문이 집에 우측으로 따로 있어 일반적으로 부엌을 통해 뒷마당으로 출입하는 방법과 다름. 후원에는 방과 광으로 구성된 3량가구의 헛간채가 있음. 마루를 온전한 한 칸이 3칸으로 겹집에 붙여 구성한 것도 특징임. 찬모방(饌母房)을 별도로 둔 부엌은 3칸 규모이며, 붙여서 외양간은 다락을 두어 부엌에서 사다리로 오르내리도록 한 수납공간을 둠. 부엌과 외양간 사이에 곡식을 저장하는 붙박이 뒤주를 둠. 안방은 2칸 통칸으로, 윗방은 앞뒤 한 칸씩으로 나누었으며 동쪽의 전면 마루와 방은 사랑으로 사용되었음. 사랑방 뒤에는 하인이 쓰던 작은 골방이 있음. 방들은 모두 평천장으로 마감하고 측면에서 천장과 지붕 사이를 마감하지 않고 터놓아 마루에서 훤히 들여다보임. 더그매는 수납공간으로 사용됨.

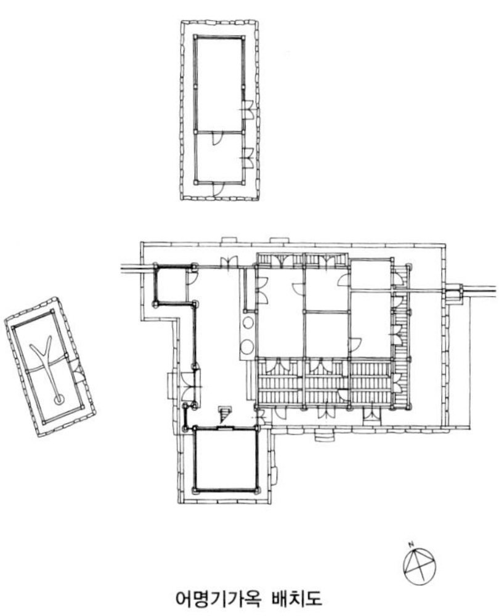

어명기가옥 배치도

어버커스(abacus) : ⇨아바커스(=).

어버트먼트(abutment) : ⇨홍예받침대(=).

어번디자인(urban design) : ①도시계획을 중심으로 인간생활에 필요한 공간을 형태화·조직화시키는 설계행위. ②도시 내의 각종 설비 및 구조물을 시각적·조형적으로 구성하려는 것으로 1960년대 후반부터 미국에서 활성화된 용어.

어번디클라인(urban decline) : ①도시로부터 인구가 유출돼 도시가 점점 쇠퇴해가는 경향. ②도시의 쇠퇴는 고소득자층이나 지식층이 쾌적한 주거환경을 찾아 도시로부터의 이탈을 꾀하고 있기 때문임. 인구감소로 세수(稅收)가 줄어드는 한편 도심부에서는 범죄 증가와 쓰레기처리 등의 재정수요 확대로 앞으로 심각한 재정 위기에 직면할 것으로 보이는데 뉴욕이 전형적인 예. ③도시쇠퇴(=).

어번퍼니처(urban furniture) : ⇨스트리트퍼니처(=).

어베이팅(abating) : 돌이나 금속을 자르거나 두드려서 얕은 부조의 패턴 및 형태를 만드는 기법.

어변당(魚變堂) : ①경상남도 유형문화재 190호, 15세기 창건, 1814년 중수, 경남 밀양군 무안면 연상리 상당마을에 위치. ②조선 초기의 장수였던 어변당(魚變堂) 박곤(朴坤) 장군의 종가(宗家)에 부속된 건물. ③주택에 부속된 별당형 사랑채로 평면은 2칸 대청과 온돌방 1칸을 홑집으로 만들어 전형적인 별당 평면을 갖춤. 대청을 남향으로 개방하여 측면 진입으로 만들었고, 전후로는 툇마루를 두었는데 앞에만 계자난간을 둠. 기둥은 전부 원주를 사용하였고, 민도리의 3량 맞배구조에 연등천장을 둠. 어변당 앞에 있는 방지는 방지일도형(方池一島型)임.

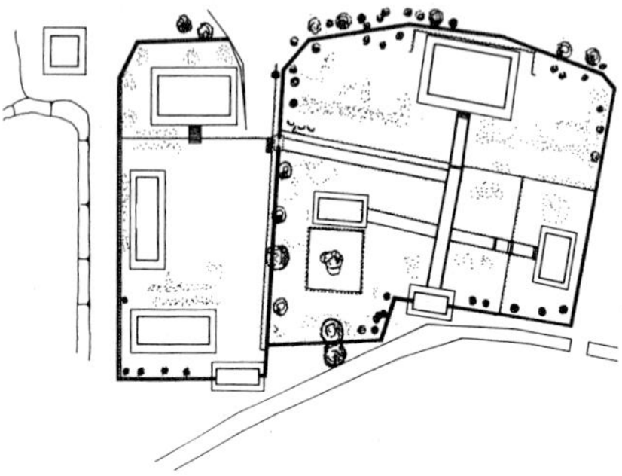

어변당 배치도

어새 : 비스듬히 깎아 지붕귀·회첨 등에 쓰이는 암키와.

어세스먼트(assessment) : ①생태학적(生態學的)으로 환경 및 기술의 개발행위를 하기 전에 여러 가지 영향을 예측하는 과정. ②환경 어세스먼트와 기술 어세스먼트가 있음.

어셈블리(assembly) : 기계의 구성 부품(part) 가운데 부품 그 자체가 기능을 갖는 작은 유닛(unit)의 조립부품 또는 집성재(集成材).

어셈블리언어(-言語, assembly language) : ①상징적인 문자를 사용하여 기계어를 표현할 수 있도록 정해놓은 기호언어. ②기본적으로 하나의 명령은 하나의 기계어 명령과 1 대 1로 대응됨.

어셈블리지(assemblage) : ①그림을 그리거나 조각하거나 새기는 대신 수집한 자료를 모아 꾸미고, 맞추는 예술작업. ②예술재료라고 생각되지 않는 사물의 조각들과 부목·종이·기계의 부품 같은 재료들도 포함.

어스웨어(earthware) : 거친 진흙으로 만든 자기류.

어영석(御影石) : ⇨화강석(=).

어이동자(-童子) : ①머름의 칸막이에 있어서 기둥에 붙여 세운 동자기둥. ②머름동자 중에 기둥·벽에 붙여 세운 동자. ③'어이동자'는 '머름동자'를 반으로 쪼갠 것처럼 보이지만 머름동자보다 너비가 더 넓음(큼).

어저스터(ajuster) : 높이·길이 등을 조절하는 장치.

어카운트 이그제큐티브(Account Executive ; AE) : ①광고대리점의 기구(機構). 광고대리점 내부에서는 고객인 광고주에 대해 광고대리점을 대표하고 광고대리점에 대해서는 광고주를 대표하는 특수한 존재. ②AE는 assistant AE나 conduct man으로 불리는 여러 명의 연락원을 거느리고 있으며, plans board라는 최고 광고기획회의에서 결정된 광고계획을 원활히 실현하기 위한 책임과 권한을 갖고 있는 가장 이상적인 광고활동을 위한 기구.

어칸 : ①건물의 중앙 칸. ②정면이 여러 칸으로 되어 있을 때 그 중앙에 있는 칸. 대부분 가장 넓은 칸으로 꾸밈. ③궁전이나 사찰 등의 권위적 건축에 있어 양쪽 칸보다 큰 가운데의 기둥과 기둥 사이의 칸. ④어간을 양협간보다 크게 하면 중심성이 강조됨. ⑤⇨명칸·중앙칸·정간(=).

어커플먼트(accouplement) : 두 개의 기둥을 매우 밀접하게 짝을 이루어 배열하는 것.

어쿠스틱 덱킹(acoustic decking) : 흡음효과를 위해 웨브(web)나 리브(rib)로 된 데크 및 구멍이 뚫린 셀룰러 덱(cellular deck)에 유리섬유를 채운 철제 덱킹.

어쿠스틱 보드(acoustic board) : ①음향조절을 위한 미세한 구멍을 표면에 만들어 놓은 금속판·합판·석고판 등의 흡음성(吸音性)이 있는 다공질판재(多孔質板材). ②방송국·회의실 등의 천장이나 벽면에 이용.

어쿠스틱 타일(acoustic tile) : ①연질섬유판(soft fiber insulation board) 또는 두께 0.5~0.8㎜의 알루마이트(alumite)를 가공한 알루미늄판에 작은 구멍을 전체 면에 뚫은 것을 암면판 앞에 대어 스프링으로 특수한 반자틀에 붙여댄 다양한 규격과 텍스처로 제작한 것. ②합판 또는 경질섬유판에 약 30㎜ 간격으로 작은 구멍을 뚫어 합판을 후면(後面)의 흡음재에 덧씌워 보호하면 흡음성도 좋아지고 외관도 우수함.

어쿠스틱텍스(acoustic tex) : 건축용 흡음판.

어큐트아치(acute arch) : 아치의 중심이 아치의 너비보다 더 멀리 떨어져 있는 첨두아치.

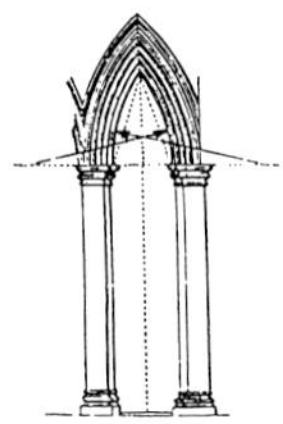

어큐트아치

어태치드컬럼 : ⇨반원기둥(=).

어태치투머천다이즈피오피(attach-to-merchandise POP) : ①상품에 직접 장치하는 POP로 상품에 장치하지 않으면 기능이 나타나지 않는 것. ②상품의 동력 또는 풍력 등을 이용하여 움직임의 요소를 더해서 보다 눈에 잘 띄도록 제작된 것이 많음.

어패런트브라이트니스(apparent brightness) : ①눈이 순응하고 있는 휘도에 따라 시대상(視對象)이 달라지는 겉보기 밝기. ②겉보기 밝기에 대한 척도의 단위는 브릴(bril). ③이 개념은 시각환경에 대한 새로운 사고방식의 하나로서 이것에 의한 시각환경의 계획방법이 제안되고 있으나 아직 실용단계까지는 이르지 못하고 있음.

어패럴(apparel) : ①'의복이나 복장'을 의미하는 영어. ②복식계에서는 어패럴산업이라는 표현으로 아웃웨어(out wear), 즉 드레스를 포함하는 광의의 의복과 속옷인 언더웨어(under wear)·이너웨어(inner wear) 등을 총칭.

어패럴산업(-産業, apparel industrial) : ①모피(毛皮)제품을 제외한 상·하의 양말, 모자, 장갑 등의 디자인 패션 봉제를 업으로 하는 산업. ②종래 섬유산업이라 하면 방적합성섬유 등의 소재(素材) 부문을 가리키고 봉제업 등은 경시됐으나 의생활의 다양화·고급화·개성화에 따라 이 부문도 커다란 산업으로 성장했음. ③의류 전체의 제조뿐만 아니라 소매점 등의 유통을 포함하기도 함.

어포스틸브(apostilb) : ①완전확산면의 광속발산도를 나타내는 단위. ②면적 1㎡로부터 1루멘(lumen)의 광속을 발산하는 경우의 광속발산도. ③휘도단위의 하나로 사용. 휘도단위(nt)는 cd/㎡를 사용하지만, asb로도 완전확산면(完全擴散面)에서 그 광속발산도와 수치가 일치하기 때문임. 1[asb]=1/π[cd/㎡]의 관계가 있음. ④영·미에서는 푸트 램버트(foot-lambert : fL)를 사용하는 경우가 있음.

어프로치(approach) : ①일정한 문제의 해결이나 목표에 도달하기 위한 예비수단 및 접근방법. 디자인에 있어서는 하나의 주제에 관련된 여러 문제를 검토하여 해결책을 찾아가는 것. ②문에서 현관까지의 거리.

어프로프리에이션아트(appropriation art) : ①모작(模作)·도작(盜作) 자체로부터의 표현형식을 묻는 시뮬레이션 아트의 한 형태. ②예컨대 피카소의 작품을 그대로 그려놓고 '이것은 피카소가 아니다'라는 제목을 붙임. 이것은 패러디 이상의 패러디로서 스스로의 이미지네이션을 포기한다는 아이디어에 의함. ③대표 작가는 마이크 비드로와 셸리 레빈 등.

어플리케이션시스템(application system) : ①기업 내에서의 모든 실제 사용 품목에 대해 CI를 적용시키기 위한 체계. ②이에는 광고매체·사인(sign)·서식·로고(logo)·유니폼 등의 시각적인 커뮤니케이션 매체들에 대한 사용방법 등이 포함. ③기업의 강한 이미지를 형성할 수 있음.

언강 : 수키와의 윗장 안에 끼우는 턱을 내어 조금 물리게 한 부분.

언글레이즈드타일(unglazed tile) : 표면질감이 매끄럽지 못하게 처리된 타일.

언더그라운드(underground) : ①음악이 창작되고 연주되는 공간에 대한 은유. ②대중음악의 연주장소로 거리·클럽·퍼브(pub 선술집)·방송국스튜디오·소극장·음악당·체육관·경기장 등을 든다면 이들 중 거리나 클럽을 언더그라운드라고 부름. 국내 대

에꼴로지(ecologie[프]) : ⇨에콜로지(=).

에나멜(enamel) : ①철·유리 또는 도기류의 표면에 용해시켜 칠하는 것. ②유리질이며 보통 불투명하고 장식용이나 보호용으로 사용. ③표면이 극히 부드럽고 경도가 높으며 보통 광택이 있어 건조시킨 페인트나 바니시(vanish).

에나멜래커(enamel lacquer) : ⇨래커 에나멜(=).

에나멜페인트(enamel paint) : ①바니시의 일종. ②유성 바니시에 안료 혹은 유성페인트 및 수지를 혼합한 착색도료. ③도막을 단단하게 하기 위하여 종종 가열건조도장(가열건조에나멜)을 사용. ④특징 ; 유성페인트보다 도막이 두껍고 튼튼함. 광택이 잘나고 피막이 강인함. 금속면·목재면 등의 장식용으로 사용함.

에너지대사율(-代射率, relative metabolic rate ; RMR) : ①작업 때문에 증가한 열량(노동대사)의 기초대사에 대한 비. ②육체노동이나 근육운동의 세기에 대한 지수(指數). 즉 RMR=노동대사/기초대사.

에네아스타일(enneastyle[그]) : ①고전 신전건축물의 전면 또는 전·후면에 9개의 기둥이 있는 주랑(柱廊). ②구주식(=).

에드워드루이십육세양식(-世樣式, Edwardian Louis XVI style) : ①프랑스 왕 루이 16세 시대(1774~92)의 예술양식. ②전시대의 로코코양식의 성숙에 대한 반성으로 번잡한 조각장식을 거부하거나 곡선의 사용을 피하고, 수평·수직의 단순·솔직한 구상적 디자인이 사용됨. ③사용 곡선도 정적이며, 전려한 느낌이 강함. ④식물무늬에는 자연스러움이 가해지고 로카이유(rocaille)의 장식 모티프는 고전적인 패각으로 바뀜. ⑤엄정한 고전주의와는 다른 궁정·부호를 중심으로 한 향락적인 궁정예술이라는 데는 전대(前代)와 다름이 없었음. ⑥프랑스혁명에 의해 종료.

에드워드양식(-樣式, Edwardian style) : ①유럽 본토에서 아르누보양식이 성행했던 1901년 빅토리아여왕 사후에 왕위에 오른 에드워드 7세의 이름이 붙여진 영국의 전성기 고딕건축양식. ②전통적인 빅토리아양식을 격조높고 세련되게 만든 것. ③영국의 에드워드 7세(1901~10)를 중심으로 한 19세기 말부터 20세기 초기에 걸친 건축의 흐름. 이 시기는 아직 고딕 부흥양식(Gothic revival style)이 남아 있었고, 미술공예(Arts and Crafts)나 아르누보(Arts Nouveau)가 계승되는 한편 고전주의도 다시 힘을 얻었음. 여기에 보자르(Ecole des Beaux-Arts)의 프랑스적 영향이 보이기도 하고 네오 마니에리즘(neo Manierisme)이라는 움직임도 있었음. 이 시대에는 안정된 화려함이 유행함. 이 시기에 가장 활약한 건축가 중 한 사람은 미술공예적인 방향에서 고전의 것까지 폭넓게 설계한 리첸스(E. Lutyens ; 1869~1944). ④전통적인 양식에 기초하여 철 등 근대적인 재료를 사용하여 빅토리아 시대의 건축처럼 다양한 경향이 나타나는 시기라고 말할 수 있음. ⑤⇨데코레이티드스타일(=).

에드워드칠세양식(-七世樣式) : ⇨에드워드양식.

에디쿨라(aedicula[이]) : ①원래는 고대 로마시대의 규모가 작은 사당(祠), 작은 신전이나 형태. ②정면에는 페디먼트, 엔태블러처, 열주(列柱)를 갖추고 있어 제물을 받치는데 쓰였음. 여기에서 페디먼트와 기둥 등으로 주위가 둘러싸인 니치(nitch)를 의미하게 되었음. ③르네상스 이후의 건물에서는 창이라든지 문의 주위를 둘러싼 장식적 조형물이며, 이러한 신전의 정면을 모방한 것과 같은 건축적 구성을 '에디쿨리'라고 함.

에디쿨라

에라라양식(-樣式, Eerrera style) : ⇨데소르나멘타도양식(=).

에레크테이온(Erechtheion) : 그리스 아테네 아크로폴리스의 중앙, 파르테논의 북쪽에 특수한 반자틀에 붙여댄 다양한 규격과 텍스처로 제작한 것. ②합판 또는 경질섬유판에 약 30㎜ 간격으로 작은 구멍을 뚫어 합판을 후면(後面)의 흡음재에 덧씌워 보호하면 흡음성도 좋아지고 외관도 우수함.

어쿠스틱텍스(acoustic tex) : 건축용 흡음판.

어큐트아치(acute arch) : 아치의 중심이 아치의 너비보다 더 멀리 떨어져 있는 첨두아치.

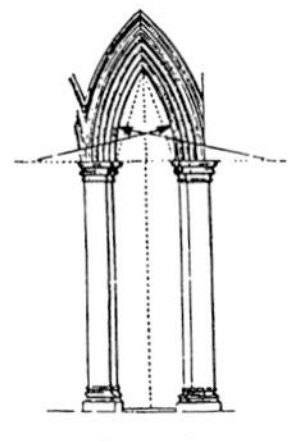

어큐트아치

어태치드컬럼 : ⇨반원기둥(=).

어태치투머천다이즈피오피(attach-to-merchandise POP) : ①상품에 직접 장치하는 POP로 상품에 장치하지 않으면 기능이 나타나지 않는 것. ②상품의 동력 또는 풍력 등을 이용하여 움직임의 요소를 더해서 보다 눈에 잘 띄도록 제작된 것이 많음.

어패런트브라이트니스(apparent brightness) : ①눈이 순응하고 있는 휘도에 따라 시대상(視對象)이 달라지는 겉보기 밝기. ②겉보기 밝기에 대한 척도의 단위는 브릴(bril). ③이 개념은 시각환경에 대한 새로운 사고방식의 하나로서 이것에 의한 시각환경의 계획방법이 제안되고 있으나 아직 실용단계까지는 이르지 못하고 있음.

어패럴(apparel) : ①'의복이나 복장'을 의미하는 영어. ②복식계에서는 어패럴산업이라는 표현으로 아웃웨어(out wear), 즉 드레스를 포함하는 광의의 의복과 속옷인 언더웨어(under wear)·이너웨어(inner wear) 등을 총칭.

어패럴산업(-産業, apparel industrial) : ①모피(毛皮)제품을 제외한 상·하의 양말, 모자, 장갑 등의 디자인 패션 봉제를 업으로 하는 산업. ②종래 섬유산업이라 하면 방적합성섬유 등의 소재(素材) 부문을 가리키고 봉제업 등은 경시됐으나 의생활의 다양화·고급화·개성화에 따라 이 부문도 커다란 산업으로 성장했음. ③의류 전체의 제조뿐만 아니라 소매점 등의 유통을 포함하기도 함.

어포스틸브(apostilb) : ①완전확산면의 광속발산도를 나타내는 단위. ②면적 1㎡로부터 1루멘(lumen)의 광속을 발산하는 경우의 광속발산도. ③휘도단위의 하나로 사용. 휘도단위(nt)는 cd/㎡를 사용하지만, asb로도 완전확산면(完全擴散面)에서 그 광속발산도와 수치가 일치하기 때문임. 1[asb]=1/π[cd/㎡]의 관계가 있음. ④영·미에서는 푸트 램버트(foot-lambert : fL)를 사용하는 경우가 있음.

어프로치(approach) : ①일정한 문제의 해결이나 목표에 도달하기 위한 예비수단 및 접근방법. 디자인에 있어서는 하나의 주제에 관련된 여러 문제를 검토하여 해결책을 찾아가는 것. ②문에서 현관까지의 거리.

어프로프리에이션아트(appropriation art) : ①모작(模作)·도작(盜作) 자체로부터의 표현형식을 묻는 시뮬레이션 아트의 한 형태. ②예컨대 피카소의 작품을 그대로 그려놓고 '이것은 피카소가 아니다'라는 제목을 붙임. 이것은 패러디 이상의 패러디로서 스스로의 이미지네이션을 포기한다는 아이디어에 의함. ③대표 작가는 마이크 비드로와 셸리 레빈 등.

어플리케이션시스템(application system) : ①기업 내에서의 모든 실제 사용 품목에 대해 CI를 적용시키기 위한 체계. ②이에는 광고매체·사인(sign)·서식·로고(logo)·유니폼 등의 시각적인 커뮤니케이션 매체들에 대한 사용방법 등이 포함. ③기업의 강한 이미지를 형성할 수 있음.

언강 : 수키와의 윗장 안에 끼우는 턱을 내어 조금 물리게 한 부분.

언글레이즈드타일(unglazed tile) : 표면질감이 매끄럽지 못하게 처리된 타일.

언더그라운드(underground) : ①음악이 창작되고 연주되는 공간에 대한 은유. ②대중음악의 연주장소로 거리·클럽·퍼브(pub 선술집)·방송국스튜디오·소극장·음악당·체육관·경기장 등을 든다면 이들 중 거리나 클럽을 언더그라운드라고 부름. 국내 대중음악에서 '언더'의 개념은 시대에 따라 다름.

언더레이먼트(underlayment) : 탄성이 있는 바닥재·카펫 등을 깔기 위한 평평하고 매끄러운 바탕을 만들기 위해 기초 바닥 위에 설치한 합판이나 하드보드 등의 재료.

언더컷(undercut) : ①일반적인 것보다 크게 바닥층에 낸 틈으로 문을 짧게 만들어 공기가 HVAC 시스템으로 돌아오도록 해주는 것. ②과대전류 혹은 용입불량으로 모재 표면과 용접 표면이 교차되는 점에 모재가 녹아 용착금속이 채워지지 않은 현상(결함).

언더컷테넌(undercut tenon) : 장부구멍과의 연결을 위해 턱(shoulder) 부분을 경사지게 잘라낸 장부.

언더크로프트(undercroft) : ①지하 또는 반지하에 있는 궁륭 천장(vault)의 실(室) 이나 공간. ②교회의 주공간에서 볼 때 그 아래에 있는 방. ③중세의 수도원에서는 기숙사나 식당으로 쓰임.

언더펠트(underfelt) : 펠트상의 시트(sheet). 카펫을 깔 때 방음·단열의 목적으로 사용.

언더피치볼트(under-pitch vault) : 높이가 낮은 다른 궁륭(穹窿, vault)에 의해 교차되는 하나의 주된 궁륭을 갖고 있는 복합형 볼트. '웨일스식 볼트'라고도 함.

언브레이스드길이(unbraced length) : 단순 길이방향으로 발생하는 좌굴을 방지하는 가새를 가진 구조부재 사이의 거리.

언어의 기능(言語-機能) : ①사물에 대한 감정을 표현하는 역할과 인간심리적 내용의 전달기능으로서 매개체. ②인간의 미적 의식상태를 표현할 수 있으며, 이를 이용하여 타인으로부터 미의식을 유발할 수 있음.

언어적 형태(言語的形態, verbal form) : 기호·알파벳·숫자·단어 등과 같이 문자언어에 기초한 형태.

얼금단청(-丹靑) : ①모로단청 중 장식의 정도에 따른 분류의 하나. ②모로단청 중 화려한 단청. ③금단청 중 하나. ④부재의 양끝 또는 한 끝에 머리초를 그리고, 중간 또는 다른 부분에는 단색으로 칠하고 무늬를 넣는 단청. ⑤모로단청과 금단청의 중간 정도의 단청. ⑥얼금단청의 조형양식은 최고 등급인 금단청과 모로단청의 절충형. 다른 말로 '금모로단청'이라고도 하는데 세분하면 그보다 약간 상위 등급으로 분류되기도 함. ⑦원래 '얼금'이란 의미는 계풍에 금문이나 당초문을 얼기설기 넣기 때문에 붙여진 이름이라는 설도 있음. 따라서 계풍에 뇌록가칠만을 하는 금모로양식과는 약간의 차별성을 보임. ⑧머리초는 모로단청보다 다소 복잡하게 도안하여 금단청과 거의 동등한 수준으로 출초함. 휘장식은 대개 인휘로 구성하는데 그 수는 3~5개가 보통임. 중간 계풍에는 출초없이 즉석으로 간단한 당초문을 그리거나 단색계열 2빛의 금문(錦紋)을 넣기도 함. 포벽에도 출초하지 않고 간단한 당초문을 장식함. ⑨금모로단청·얼모단청(⇔).

얼금단청의 실례 - 서울 봉원사 반야암 칠성각

얼루어(alure, allure) : 성곽의 성벽 뒷부분이나 교회 안뜰의 회랑을 따라 있는 보도 또는 통행로를 말함.

얼룩무늬현상(-現像, pattern staining) : ①열교(熱橋)의 특수한 결과로 천장 표면에 먼지나 티끌이 무늬를 이루어 천장 속에 감춰진 구조체의 형상이 나타남. ②재치장의 빈도에 따라서도 결정됨. 표면 온도의 차이가 1℃ 이상이면 얼룩무늬 현상의 위험이 있음.

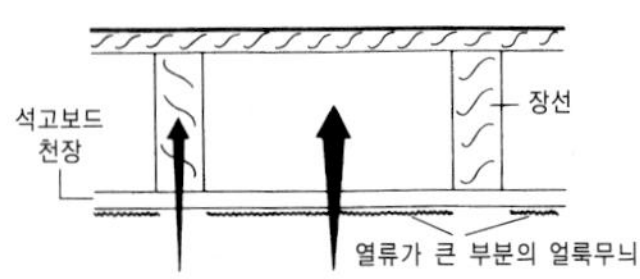

얼룩무늬현상

얼모단청(-丹靑) : ①모로단청(毛老丹靑) 중 장식의 정도에 따른 분류의 하나. ②간단한 문채(紋彩)로 된 것. ③얼금단청(⇔).

얽어짜임 : 창호 등의 문살을 얽어 짜는 방법이나 그렇게 한 자리.

엄나무(刺楸樹, 海木, 嚴木, 刺, Caster aralia, Kalopanax pictum(Thunb.) Nakai[학]) : ①두릅나무과의 활엽수로서 음나무라고도 함. 온대 전역, 전국 산지, 일본 전역, 중국 등지에 자생. ②변재는 밝은 황백색, 심재는 갈색의 줄무늬가 있는 담회색으로 심·변재의 구분은 불명확하며 연륜은 뚜렷이 구분됨. 환공재(環孔材)로 나무갗은 거칠며 목리가 아름다우며 광택은 매우 강함. 수축성은 보통이며, 흡수성은 작음. 내후보존성은 매우 높으며 절삭가공·도장·표면 마무리는 양호하나 건조가 불량하며 접착성은 보통. 용도는 건축·무늬단판·가구 및 느티나무 대용으로 사용.

엄지기둥(newel, newel post) : ①난간의 끝에 서는 난간동자보다 굵은 난간기둥. ②계단의 최상부 또는 최하부에서 난간의 한쪽 끝을 지지해 주는 치장기둥. ③나선계단인 경우에는 원형계단의 단들이 감도는 중앙기둥이나 원기둥. ④디자인에 따라 조각 등을 하고 밑 끝은 멍에 또는 계단받이보에 긴장부 산지치기 또는 엮따넣고 두 개의 볼트조임함.

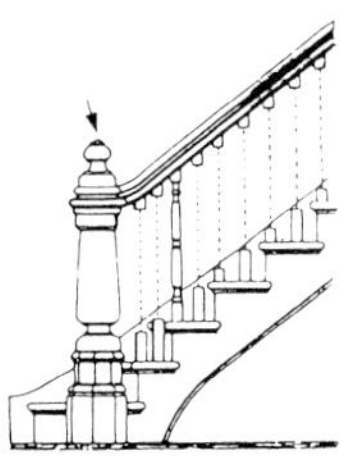
엄지기둥

엄지나사못(thumb screw) : 못머리가 평평하고 미끄럼 방지를 위해 표면에 요철처리가 되어 있어 엄지와 집게손가락으로 돌릴 수 있도록 만들어진 나사못.

엄지너트(thumb nut) : ⇨윙너트.

엄찬고택(嚴燦古宅) : ①중요민속자료 231호, 1670년 창건. 충남 홍성군 홍북면 노은리 29 위치. 사육신 성삼문의 외손 엄찬이 살았던 집. ②원래 사랑채와 문간채도 있었으나 현재는 안채와 안채에 붙은 익실과 중문간채만 남았음. ③평면은 ㅂ자를 엎어 놓은 모양으로 앞쪽에 날개부분이 빠져 나온 날개집.

업라이트(up light) : ①빛의 조사(照射)방향이 상부(上部)를 향하도록 되어 있는 간접조명방식. ②플로어 램프나 포치와 같이 빛이 위로 향하는 조명기구에도 사용. ③일반적으로 낮은 벽(low partition)이나 장식기둥에 설치하여 천장에 비추어 시각적으로 편안한 느낌을 줌. ④1980년대 이후 사용하기 시작. 할로겐전구·백열전구 외에 비교적 전력소모가 적은 수은등을 광원으로 사용. ⑤상향등(上向燈)이라고 함. ⑥스콘스(=).

업라이팅(up lighting) : ①상향광(上向光)을 이용하여 윗부분을 강조하고자 할 때 사용하는 기법. ②위로 향하는 빛으로 공간의 벽면·천장면을 간접적으로 비춤. ③낭만적이고 은은한 느낌의 공간 분위기를 자아냄.

업무공간(業務空間, official space) : ①업무나 작업능률을 제고(提高)하기 위해 적용하는 디자인 영역. ②인테리어에서 업무공간은 사무공간을 의미함. 사무업무는 두뇌를 주로 사용하면서 데스크에서 페이퍼 작업(paper work) 또는 전산작업(computer work)이 이루어지는 업무. ③관공서의 업무공간·은행·오피스·인테리어 사무실·변호사 사무실 등이 있음. ④사무공간·집무공간(=).

업무공간의 분류(業務空間-分類) : ①업무공간은 개개인의 차이가 있지만 프라이버시(privacy)·커뮤니케이션·지위상징(status symbol), 기기사용의 밀도 등을 고려하여 직종(職種)에 따라 구분. ②직종에 따른 분류 ; ㉠사무직 공간. ㉡연구직 공간. ㉢영업직 공간. ㉣관리직 공간 4종류로 구분.

업홀스터리가구(-家具, upholstery furniture) : ①직물을 씌운 가구(upholstered furniture). ②업홀스터리는 좌석을 푹신하게 하는 처리로 떠받치다(uphold)와 같은 어원. 이는 단순히 좌석 부분을 만들기 위해 양쪽 가구 틀에 직물을 펼쳐 연결할 수 있고 또는 신체를 딱딱한 의자로부터 보호하기 위해 스프링, 속과 겉 천을 매우 복잡하게 조립하기도 함. 천을 씌우는 방법에 따라 안락감이 다름.

엇걸이빗턱이음 : 두 부재를 Z자형으로 따낸 맞춘이음.

엇걸이산지이음(scarf cotter joint) : ①중앙에 단(段)이 진 경사면 끝에 턱솔을 내고 안쪽에 턱솔홈을 파고, 단에 상반된 빗물매를 두어 맞대고 타격을 가하면 미끄러 내려가면서 턱솔을 홈 속에 밀어 넣어 맞춤. ②맞춤자리는 옆면에서 산지를 쳐넣어 되빠짐을 막지만 볼트조임을 하는 경우도 있음.

엇걸이이음(scarf joint) : ①한 부재를 어긋내어 내리 맞추면 물리게 되고 옆에서 두 개의 산지를 박는 이음으로 비틀림이 방지되는 이음. ②촉 대신 옆에서 산지치기로 하고 중간은 빗물리게 한 이음. ③중도리 보 등 비교적 단면이 큰 부재의 이음에 사용. ④이음의 길이는 말단 춤의 3~3.5배로 함. 두께의 길이는 각각 상단 크기의 1/8로 함. ⑤토대·처마도리·중도리에 사용. ⑥접합부 턱솔을 밀어넣는 방법과 되빠짐을 막는 방법에 따라 엇걸이산지이음·엇걸이촉이음　엇걸이홈이음으로 구분함.

엇걸이촉이음 : ①겉모양은 산지이음과 거의 같지만 턱솔 위에 촉이 달리므로 이것이 겉에 나타나는 이음. ②위의 중간에서 산지치고 옆 끝에 촉이 있어 내보이게 된 이음. ③접합부를 포개대고 홈 속에 밀어넣고 산지를 때려 넣어 되빠짐을 막음. ④산지 이음보다 인장력·압축력·구부림이 강함. ⑤이음길이는 재춤의 2.5~3.5배로 함. ⑥토대·기둥·도리 등에 사용. ⑦⇨엇걸이이음.

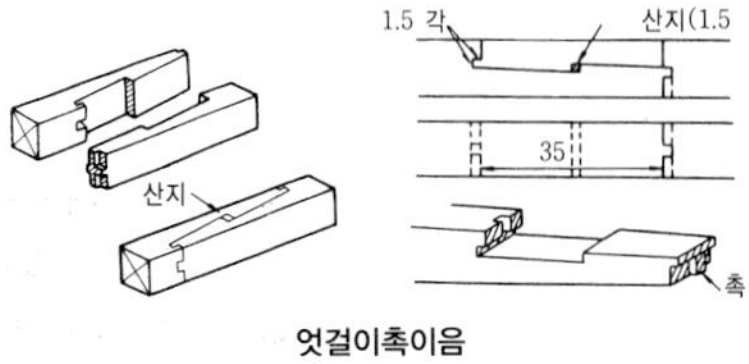

엇걸이촉이음

엇걸이홈이음 : ①중앙부를 남겨 둔 턱솔홈에 두 갈래로 된 턱솔을 밀어 넣고 산지를 처박는 이음. ②촉이 안쪽에 있어 옆에서 보이지 않게 된 이음. ③치장의 토대·도리·기둥에 사용. ④⇨엇걸이이음.

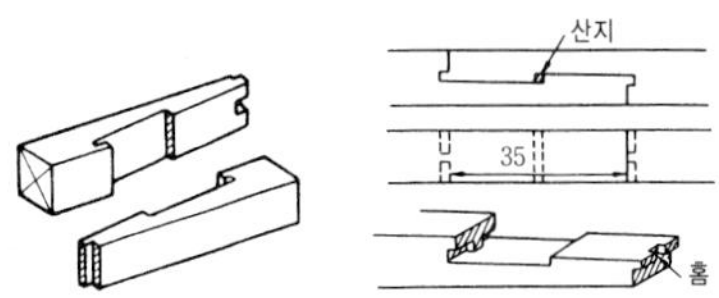

엇걸이홈이음

엇결(cross grain, slope of grain) : ①목섬유가 꼬여 나뭇결이 어긋난 것. ②거죽에 물결모양으로 나타나는 결. ③나무가 불규칙하게 성장하거나 비뚤어진 제재로 인하여 세포나 섬유질의 재목 길이방향으로 가로지르거나 경사지게 나타나는 나뭇결.

엇결

엇꺾쇠(kewclamp iron) : ①양끝이 직각방향으로 어긋나게 만든 꺾쇠. ②서로 직각을 이루는 부재의 목재접합에 적합.

엇두께판벽(−板壁, bevel siding) : ①한쪽 모서리가 다른 것보다 두껍게 되어 다른 판의 얇은 모서리 위에 겹쳐 놓도록 된 싱글 또는 옆막이 판. ②⇨미늘벽판자·물막이판자.

엇모쌓기(reticulated work) : ①벽돌을 쌓는 면에 대해 벽돌을 수평 45° 각도로 엇모지게 쌓는 것. ②담 또는 처마 부분에 내쌓기를 할 때 시공이 간단하고 벽면에 변화를 주며, 그림자(陰影)의 효과도 있어 외관을 장식하기에 적합한 쌓기 방법.

엇모용접(−鎔接, staggered intermittant fillet weld) : ⇨모살용접.

엇모토막(king−closer) : 벽돌의 길이와 마구리 길이의 1/2이 되는 점을 이

엇모토막

어서 모서리를 절단한 토막벽돌.

엇미닫이 : 두 골홈에서 두짝의 문이 서로 어긋지게 닫히는 문.

엇밀이 : 새김질을 하는 데 쓰는 연장.

엇보색(-補色, split complementary) : 색상환에서 보색의 옆에 있는 색들과 보색과의 배합.

엇붙임 : ⇨엇이음·빗쪽매(=).

엇빗이음(herringbone joint) : ①서로 빗갈라 두 갈래로 된 빗이음. 뒤틀림을 방지하기 위해 엇걸이로 하고 못을 박음. 이음의 길이는 목재 크기의 1.5~2배. ②반자틀·반자살대·장선·서까래·처마돌림 등 2면 또는 3면이 보인 곳에 사용. ③빗이음·턱솔이음(=).

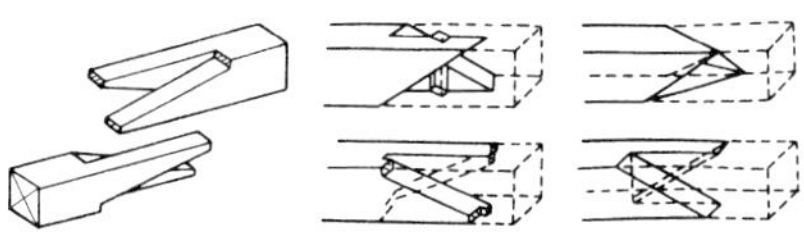

엇빗이음

엇이음(splayed joint, scarf joint) : ①두 나무의 끝을 각각 비스듬하게 잘라 맞추어 이음하는 것. ②널판을 엇깎아서 쪽붙임을 하는 방법이나 그렇게 쪽붙임을 한 자리. 경사지게 절단한 두 부재를 접합하는 것. ③이음의 길이는 목재 춤의 1.2배로 하고 접착은 못을 박거나 접착제를 사용. ④장선·서까래·널 등의 접합에 쓰임. ⑤빗이음(=).

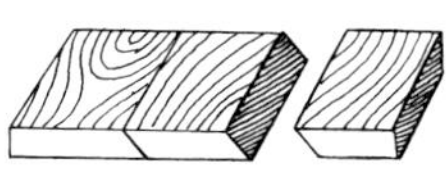

엇이음

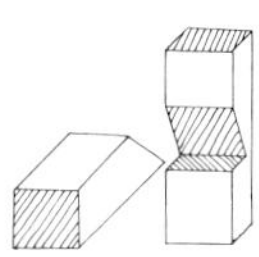

빗턱끼움

엇칠량(-七樑) : ⇨반칠량가(=).

엇턱맞춤(scarf joint) : 두 부재의 각각 단면을 경사지게 엇깎아 맞추는 이음법.

엇턱맞춤

엇턱이음(scarfing) : ①반턱이음의 턱이 경사지게 한 이음. ②이음 길이는 목재 춤의 1/20 정도의 경사로 함.

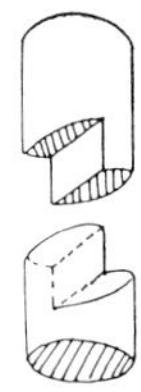

엇턱이음

엇평(wood lath) : ⇨졸대(=).

에그셸(eggshell) : 도장마감면의 반광택 상태.

에그앤드다트(egg and dart) : ①그리스(B.C. 600~300)시대 고전건축에서 몰딩장식으로 사용한 모티브. ②계란 모양(卵形)과 화살촉 모양을 교대로 연속하여 나열한 것으로 단면이 반원형태를 한 오볼르에 사용. ③종류는 모양에 따라 닻 모양은 egg and anchor, 화살 모양은 egg and arrow, 혀 모양은 egg and tongue이라고 함. ④⇨이오니아식 오더.

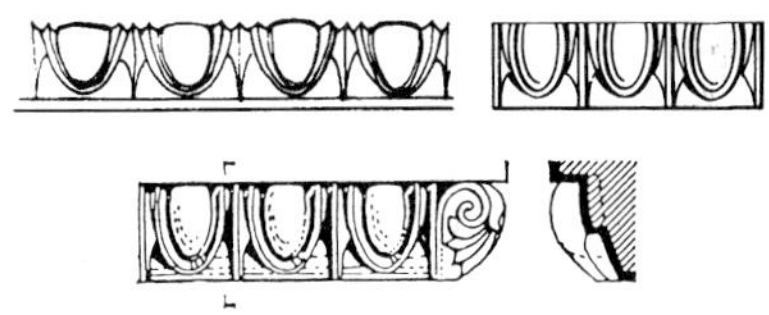

에그 앤드 다트

에그체어(egg chair) : ①1958년 덴마크의 아르네 야콥센(Arne Jacobsen : 1902~70)에 의해 개발된 현대적인 안락의자. ②등받이·팔걸이·좌판이 유리섬유로 만들어져 하나의 쉘(shell)로 구성되어 있으며, 전체가 계란의 형태를 연상케 하여 붙여진 이름. ③알루미늄으로 만들어진 회전식 받침대에 좌판이 부착되어 있는 이 안락의자의 재료 및 구조와 형태는 이후 새로운 의자의 발전에 큰 영향을 미쳤음.

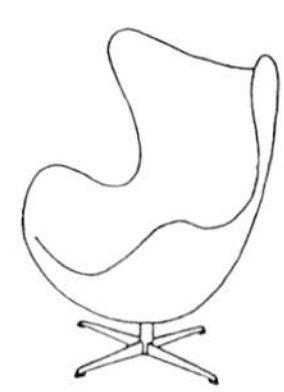

에그체어

에그크레이트(eggcrate) : 격자형의 셀(cell)로 나누어지는 루버형 구조로 상부의 광원에서 방사된 빛의 방향을 바꾸기 위해 사용.

에꼴데보자르(École des Beaux-Arts[프]) : ⇨에콜데보자르(=).

에꼴로지(ecologie[프]) : ⇨에콜로지(=).

에나멜(enamel) : ①철·유리 또는 도기류의 표면에 용해시켜 칠하는 것. ②유리질이며 보통 불투명하고 장식용이나 보호용으로 사용. ③표면이 극히 부드럽고 경도가 높으며 보통 광택이 있어 건조시킨 페인트나 바니시(vanish).

에나멜래커(enamel lacquer) : ⇨래커 에나멜(=).

에나멜페인트(enamel paint) : ①바니시의 일종. ②유성 바니시에 안료 혹은 유성페인트 및 수지를 혼합한 착색도료. ③도막을 단단하게 하기 위하여 종종 가열건조도장(가열건조에나멜)을 사용. ④특징 ; 유성페인트보다 도막이 두껍고 튼튼함. 광택이 잘나고 피막이 강인함. 금속면·목재면 등의 장식용으로 사용함.

에너지대사율(-代謝率, relative metabolic rate ; RMR) : ①작업 때문에 증가한 열량(노동대사)의 기초대사에 대한 비. ②육체노동이나 근육운동의 세기에 대한 지수(指數). 즉 RMR=노동대사/기초대사.

에네아스타일(enneastyle[그]) : ①고전 신전건축물의 전면 또는 전·후면에 9개의 기둥이 있는 주랑(柱廊). ②구주식(=).

에드워드루이십육세양식(-世樣式, Edwardian Louis XVI style) : ①프랑스 왕 루이 16세 시대(1774~92)의 예술양식. ②전 시대의 로코코양식의 성숙에 대한 반성으로 번잡한 조각장식을 거부하거나 곡선의 사용을 피하고, 수평·수직의 단순·솔직한 구상적 디자인이 사용됨. ③사용 곡선도 정적이며, 전려한 느낌이 강함. ④식물무늬에는 자연스러움이 가해지고 로카이유(rocaille)의 장식 모티프는 고전적인 패각으로 바뀜. ⑤엄정한 고전주의와는 다른 궁정·부호를 중심으로 한 향락적인 궁정예술이라는 데는 전대(前代)와 다름이 없었음. ⑥프랑스혁명에 의해 종료.

에드워드양식(-樣式, Edwardian style) : ①유럽 본토에서 아르누보양식이 성행했던 1901년 빅토리아여왕 사후에 왕위에 오른 에드워드 7세의 이름이 붙여진 영국의 전성기 고딕건축양식. ②전통적인 빅토리아양식을 격조높고 세련되게 만든 것. ③영국의 에드워드 7세(1901~10)를 중심으로 한 19세기 말부터 20세기 초기에 걸친 건축의 흐름. 이 시기는 아직 고딕 부흥양식(Gothic revival style)이 남아 있었고, 미술공예(Arts and Crafts)나 아르누보(Arts Nouveau)가 계승되는 한편 고전주의도 다시 힘을 얻었음. 여기에 보자르(Ecole des Beaux-Arts)의 프랑스적 영향이 보이기도 하고 네오 마니에리즘(neo Manierisme)이라는 움직임도 있었음. 이 시대에는 안정된 화려함이 유행함. 이 시기에 가장 활약한 건축가 중 한 사람은 미술공예적인 방향에서 고전의 것까지 폭넓게 설계한 리첸스(E. Lutyens ; 1869~1944). ④전통적인 양식에 기초하여 철 등 근대적인 재료를 사용하여 빅토리아 시대의 건축처럼 다양한 경향이 나타나는 시기라고 말할 수 있음. ⑤⇨데코레이티드스타일(=).

에드워드칠세양식(-七世樣式) : ⇨에드워드양식.

에디쿨라(aedicula[이]) : ①원래는 고대 로마시대의 규모가 작은 사당(祠), 작은 신전이나 형태. ②정면에는 페디먼트, 엔태블러처, 열주(列柱)를 갖추고 있어 제물을 받치는데 쓰였음. 여기에서 페디먼트와 기둥 등으로 주위가 둘러싸인 니치(nitch)를 의미하게 되었음. ③르네상스 이후의 건물에서는 창이라든지 문의 주위를 둘러싼 장식적 조형물이며, 이러한 신전의 정면을 모방한 것과 같은 건축적 구성을 '에디쿨리'라고 함.

에디쿨라

에라라양식(-樣式, Eerrera style) : ⇨데소르나멘타도양식(=).

에레크테이온(Erechtheion) : 그리스 아테네 아크로폴리스의 중앙, 파르테논의 북쪽에 있는 BC 421년부터 BC 405년경의 이오니아식 신전.

에레크테이온 신전(아크로폴리스의 중앙, 파르테논의 북쪽에 있는 이오니아식 신전)

에렌슈타인착시(Ehrenstein illusion) : ⇨졸대(=).

에로티시즘(eroticism) : 성적(性的)인 심리 표현을 목적으로 디자인하는 분위기 연출기법이나 조형 또는 예술 경향.

에르고노믹스(ergonomics) : ①사람과 물건의 효과적이고 안전한 상호작용을 염두에 두고 인간의 특성에 기반을 둔 응용과학. ②설비나 시설을 디자인하는 데 사람과 사물 사이의 효과적이고 안전한 상호작용을 위하여 고려할 필요가 있는 인간의 특성에 관련된 응용과학. ③체계(體系)·설비·환경의 창조과정에서 기본적인 인생의 가치기준에 초점을 두어 인간-기계체계의 최적설계를 다루는 학문으로 유럽에서는 희랍어인 ergon(노동·작업)과 nomos(관리법칙), 그리고 ics(학문)의 세 가지 용어를 조합하여 만든 ergonomics를 인간공학(人間工學)의 의미로 사용하며, 주로 노동과학을 중심으로 산업노동·휴식·노동시간 등이 중심과제가 되어 왔음. 미국에서는 인적요인을 중심으로 인간과 기계, 그밖의 다른 것과의 관계에 있어서 그 적합성을 고려하여 공학 분야 이외에도 좀 더 넓은 의미로 인간공학을 해석하려고 함. 오늘날 미국에서는 인간공학을 '휴먼 엔지니어링(human engineering)', '휴먼 팩터(human factors)' 또는 '휴먼 팩터 엔지니어링(human factors engineering)'이라고도 함. ④디자인 환경, 특히 작업환경과 관련된 인간 신체의 작용과 지각작용으로 연구하는 학문.

에르사츠건축(-建築, Ersatz architektur[독]) : ①'대용' 또는 '교체'를 의미하는 독일어로 건축 비평가 찰스 젱크스(Charles Jencks ; 1939~)가 무조건적으로 빌려온 형태를 가진 건축양식을 표현하기 위해 1973~75년에 사용한 용어. ②이는 어떠한 양식의 건축물이라도 생산 가능한 현대 기술의 결과임. 그것은 또한 원형의 요소를 보존하는 어떤 '모방작품'으로 간주되기도 함.

에마코트(ema coat) : ①도료의 일종. ②자연석과 같은 석재무늬를 형성. ③특징 ; ㉠수용성이므로 냄새가 없고 화재위험이 없음. ㉡변색 및 퇴색이 거의 없음. ㉢접착력과 내알칼리성이 우수. ㉣내구성이 우수. ④도막이 강한 것과 유연한 것이 있으며, 색상이 다양하고, 실내도료로 많이 사용.

에메랄드그린(emerald green) : ①보석의 에메랄드와 같은 색. ②산뜻한 녹색(vivid green). ③관용색명으로 녹색. ④먼셀기호 4G6/8.

에멀션(emulsion) : ①물에 불용성인 도료의 성분. ②액체의 미립자가 그것을 녹이지 않는 다른 액체 속에 분산된 유탁액(乳濁液)·유상액(乳狀液). ③우유·크림·석유 유제 등이 이에 속함. ④초산 비닐·아크릴산·메타크릴산·에스테르·스티렌·부타디엔 등의 비닐화합물을 단독 또는 공중합 형태로 물속에 넣어 보호 콜로이드의 존재 아래에서 중합시켜 얻은 수지액과 안료와의 혼합물.

에멀션접착제(-接着劑, emulsion adhesive) : ①물에 0.01㎛에서 1㎛의 합성수지 미립자를 분산시킨 유화제(乳化劑). ②특징은 ㉠수성이기 때문에 독성이나 인화성이 낮음. ㉡공구를 물로 씻을 수 있음. ㉢작업성도 양호함.

에멀션페인트(emulsion paint) : ①물에 융해되지 않는 건성유·수지·니스·래커 등을 에멀션화제의 작용에 의해 물속에 분산시켜서 에멀션을 만들고, 여기에 안료를 혼합한 도료. ②수성 페인트에 합성수지 교착제(膠着劑)와 유화제(乳化劑)를 혼합한 것. ③수성 페인트와 유성 페인트의 특징을 겸비한 유화액상의 합성수지 수성 페인트. 도장 후 물은 발산되어 고화(固化)되고 광택 없는 표면이 됨. ④실내·외 사용이 가능하고 청소가 쉬워 최근에는 매우 광범위하게 사용하는 수성페인트의 일종. ⑤수성페인트는 일반적으로 취급이 간단하고 건조가 빠르며 작업성이 좋고 무광택이며 내알칼리성·내수성이 우수하여 시멘트 모르타르면에 적합. ⑥특히 희석재로서 물을 사용하므로 저공해·무공해 도료.

에멀전(emulsion) : ⇨에멀션(=).

에베니스트(Ebéniste[프]) : ①고급가구를 만드는 기술 좋은 장인 혹은 에보니(黑檀, ebony)을 다루는 장인(흑단 세공인). ②1620년대에 흑단을 얇은 무늬목으로 가구에 붙이는 기술이 네덜란드로부터 프랑스에 도입되면서 당시 고급가구를 제작하는 전문기술자들만이 할 수 있는 작업으로 17세기 후반에 와서 흑단무늬목이 일반화되면서 붙여진 명칭.

에보나이트(ebonite) : ①생고무에 유황을 가하여(30% 정도) 가열, 장시간 가류(加硫)하여 만든 각질형상의 물질. ②재질이 굳고 흑색 광택이 남. ③전기절연재로 사용. ④경질고무(=).

에보니(Ebony, Diospyros ebenum Koem[학]) : ①가봉·카메룬·나이지리아 및 마다가스카르·모리시어스에 분포. ②변재는 좁고 도백색이나 엷은 적갈색으로 변함. 생재 시에는 도백색 부분이 심재 중에 나오는 것이 양재(良材). 회색 또는 도색을 띤 회색재에 적은 흑색의 심재를 가진 재에서 갈색 또는 흑색의 큰 심재를 갖는 것. 흑색의 줄무늬를 갖는 것 등이 있음. ③종류는 블랙 에보니(black ebony)·킹 에보니(king ebony)·퀸 에보니(queen ebony) 등이 있음. 목리는 통직 또는 약간 교착하고 나무갗은 매우 고움. 가공이 곤란할 정도로 단단하며, 내구성은 높고 건조·접착이 불량하고 도장성은 양호. ④내장·가구·장식재로 사용.

에보래치(ebo latch) : 포금제(砲金製)의 현관문에 쓰는 자물쇠.

에보킨수지접착제(-樹脂接着劑) : ①무수프탈산($C_3H_4O_3$)·지아민(thiamin) 등과 작용시킨 열경화성수지의 접착제. ②수축성이 적으므로 금속성 접착제로 사용함.

에비아라(Ebiara, Berlinia bracteosa Benth.) : ①적도 아프리카의 늪이 많은 다습·저습지·밀림에 생육. ②심·변재가 구별되며 심재는 도갈색~적색으로 자회색~lT임, 변재는 회색을 띠며 폭 10㎝. 목리는 불규칙한 교착목리이며 나무갗은 거칠음. 제재·절삭가공·도장·접착은 용이하며 건조는 늦지만 용이함. ③장식·무늬·단판·가구·단판 등에 사용.

에빙하우스도형(-圖形, Ebbinghouse figure) : 원으로 둘러싸인 중앙의 원이 객관적으로는 같은 크기이지만 큰 원들로 둘러싸인 원이 작은 원들로 둘러싸인 원보다 더 작아 보이는 착시현상.

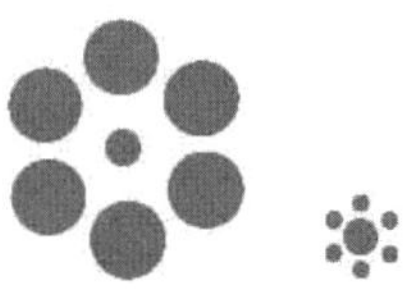

에빙하우스의 착시(-錯視, Ebbinghaus illusion) : ⇨티치너의 착시(=).

에세드레(exedre[프]) : ⇨엑세드라(=).

에스까베이유(escabellie[프]) : ①트레슬(trestle)로 받쳐지는 초기 프랑스 르네상스의 스툴 또는 의자. ②이탈리아의 스가벨로(sgabello)와 유사.

에스까보(escabeau[프]) : ⇨에스까베이유(≒).

에스닉(ethnic) : ①민족색(民族色)이 풍부한 패션이나 식품에 사용하는 용어. ②소박하고 자연스러운 느낌의 꽃무늬나 자수를 배합한 것. ③최근 주목받기 시작한 특징 있는 지역의 스타일로 민족성이 강한 의류나 가구에 대해서 쓰임. ④민족적·토착적이라고 해도 미국·중남미·동남아시아 등 지역에 따라 형태와 소재가 전혀 다름. ⑤각각의 지역적 특색을 갖고 있으며 재미있게도 그 원시적인 조형은 공업제품에 익숙해진 현대인의 마음을 평온하게 해줌.

에스닉퍼니처(ethnic furniture) : 가구 제작자들의 민족적 배경을 나타내는 가구.

에스디엠법(-法, SDM ; Semantic Differential Method) : ①'좋다-나쁘다'라든가, '고급스러움-천함' 등의 반대어를 많이 준비해서 인간이 가지는 이미지를 조사하고, 요인분석(要因分析)으로 데이터를 분석하는 방법. ②원래 '의미미분'이라는 뜻으로 의미론을 전개하기 위한 방법. ③언어에 의한 척도를 이용하여 심리실험을 하고 그 분석을 통하여 어떤 개념의 구조를 정량적으로 명확히 하려는 것. 예컨대 건물의 색채효과 측정, 가로공간에 있어 공간의식의 분석, 이미지 측정 등. ④의미미분법(=).

에스시알벽돌(-甓乭, SCR brick) : 102×68×305㎜의 공칭치수를 가지는 벽돌.

에스에스지공법(-工法, S.S.G. system, structural sealant glazing system) : ①유리를 안쪽 지지틀에 실링재로 접착시켜 유지시키는 방법. ②유리를 지지하는 변의 수에 따라 1변·2변·3변·4변 S.S.G.라고 함. ③유리를 접착제로 지지하기 때문에 장시간 사용시 불안감은 있으나 새시부재가 외부에서 보이지 않기 때문에 의장적 측면에서 선호함. 따라서 실링재를 보호하기 위하여 유리는 고성능반사유리를 사용하는 것이 바람직함.

에스(S)자곡선(-字曲線, serpentine curve) : ①체스트(chests)·데스크(desk)·컵보드(cupboards) 및 유사한 제품의 전면(前面)에 사용한 파상곡선(波狀曲線). ②이 곡선은 두 개의 접하는 반곡선으로 되어 있음.

에스자반전곡선(-字反轉曲線, ressaut[프]) : ①볼록한 곡선과 오목한 곡선이 섞여 S자 모양과 같이 된 이중곡선. ②레소·오지(=).

에스자형 소용돌이장식(-字形-裝飾, S-Scroll) : ①S형태와 유사한 장식적인 곡선. ②중앙이 끊기기도 하고 가파르게 경사지기도 하였으며, 주로 나선형으로 끝남. ③프랑스 로코코(rococo)와 유사한 형태로, 네 개의 다리 대신에 앞뒤에 조각된 두 개의 판이 좌면을 받쳐주는 독특한 구조의 의자.

에스카벨(escabelle) : ⇨에스카벨르(=).

에스카벨르(escabelle[프]) : ①프랑스 초기 르네상스에 나타난 간이의자. ②이탈리아의 스가벨로(sgabello) 의자와 유사한 형태로, 네 개의 다리 대신에 앞뒤에 조각된 두 개의 판이 좌면을 받쳐주는 독특한 구조의 의자.

에스카벨르

에스컬레이션조항(-條項, escalation articles) : ①물가나 외환시세의 변동에 따라 수출입계약, 공사도급금액, 임금 등 변경 가능한 사항을 미리 계약이나 노동협약에 정해두는 조항. ②이 조항은 공사기간이 길고 대규모공사가 많은 해외공사를 도급계약할 때 계약조건으로 조문에 삽입되는 경우가 많음.

에스컬레이터(escalator) : ①층과 층 사이를 오르내리는 통행자들을 수송하기 위해 연속적으로 움직이는 컨베이어벨트와 경사지게 부착시킨 계단으로 동력 구동장치로 이루어진 움직이는 계단. ②정격속도는 하강방향을 고려하여 30m/sec 정도가 좋음. 짧은 거리의 다수인 수송에 이용됨. 에스컬레이터는 엘리베이터보다 소형이라도 10배 이상의 수송력이 있음. ③건축법상 규정 구조 ; ㉠사람 또는 물건이 시설의 부분 사이에 끼이거나 부딪히는 일이 없도록 안전한 구조로 할 것. ㉡경사도는 30° 이하일 것. ㉢디딤바닥 양측에 난간을 설치하고, 난간 상부가 디딤바닥과 동일한 속도로 운송할 수 있는 구조로 할 것.

에스키스(esquisse[프]) : ①하나의 디자인이나 계획의 일반적인 특징을 보여주는 스케치(sketch). ②구성을 체크할 때 그리는 프리핸드의 그림·디자인·설계 등의 밑그림 스케치·구상도. ③색채나 명암을 넣어 그 효과를 가늠해 보기도 함. ④많은 건축가들이 사용한 개념(concepts)과 유사한 표현으로 19세기 프랑스 보자르학파에서 개발된 교육방법의 산물로 개념적이고도 사실적인 묘사방법. ⑤⇨빠르티(=).

에스테이트체어(estate chair) : ①중세의 상류사회에서 그들의 상징적 특징을 표시하여 장식한 의자. ②아케이드 또는 벽기둥·원기둥을 모방하여 목재에 건축적인 모티프를 조각하거나 새겨 넣었으며 금박하거나 채색. ③르네상스 이후 점차 이 의자의 중요성은 감소.

에스테이트침대(-寢臺, estate bed) : ①개인 및 가문의 지위를 과시하려는 목적에서 천개(canopy) 등으로 정교하게 장식된 침대. ②왕족과 귀족들이 사무용 방문자들을 맞이하는 용도로 사용되었으며, 취침을 위해서는 평상적인 침대를 사용.

에스트라드(estrde[프]) : ①방이나 거실의 한쪽에 마련된 높은 단상(壇上) 혹은 연단(演壇). ②17세기경 스페인 주택에 나타나는 양식. ③단상 위에는 침대 및 귀한 의자를 배치함.

에스티시(STC : Sound Transmission Class) : ①소음의 투과를 막는 재료나 구조체의 효율성을 표시하는 수치등급. ②등급 15~20은 차음의 효율성이 낮은 정도이며, 등급 40~60은 효율성이 매우 양호한 상태를 나타냄.

에스파뇰레트(espagnolette[프]) : ①에스파니아 자물쇠. ②여자의 상체를 나무나 청동으로 조각해서 덧붙여 놓은 장식. ③16~17세기 프랑스 가구에 나타나는 장식 모티프로서 가구의 다리 윗부분이나 기둥의 끝부분을 장식하기 위해 사용.

에스피에이치공법(-工法, standard public housing ; SPH) : ①대형 벽판 PC공법의 일종이며, 현재 한국주택공사에서 택하고 있는 공법. ②벽판 크기는 3m×6m 내외이며, 바닥판은 20m²(5t) 이하. ③수평 조인트는 매설철판 상호용접방식이고, 수직 조인트는 벽판 모서리에 요철(凹凸)이 있는 부분에 노출된 철근을 상호용접한 후 그라우팅함. ④기초는 연속 푸팅기초로 하고, 내력벽 두께는 18cm 이상이며, H/22 이상이어야 함. 단, H는 벽의 높이를 의미함. 건평(m²)당 내력벽의 길이를 벽량이라 하며, 10cm/m² 이상의 벽량이어야 함.

에스형 기와(-形-, pantile) : 단면이 S자 형태의 곡선으로 된 지붕재료.

에어(air) : ①'공간'이란 뜻으로 '오픈 스페이스(open space)'라고도 함. ②단독이나 그룹핑(grouping)된 상품 주위에 아무 것도 없는 공간을 의미. ③에어는 상품을 두드러지게 하기 위해서 나타난 공간.

에어도어(air door) : ①에어 도어는 개구부 상부에서 두꺼운 공기류를 형성하여 내려오고, 하부에서 흡인하는 장치로 되어 외기(外氣) 또는 먼지의 침입을 차단하는 설비, 즉 출입구에서 상하로 분류시킨 공기층(氣流)을 이용하여 건물 내·외의 공기유통을 차단시키는 장치. ②일반적으로 온·습도를 조절한 공기를 송풍기에 의해 천장에 있는 창살모양의 송풍구로 보내고, 같은 창살모양의 바닥면 흡입구에 들어가고 필터에 의해 여과되며 공기조화에 의해 가열·냉각되어서 또 다시 송풍기에 되돌아옴. ③백화점이나 공장 등 출입이 빈번하여 문을 닫아도 개방상태가 계속되는 경우 문을 설치하지 않고 외기(外氣)의 침입을 방지하여 외기에 의한 실내의 온습도에 영향을 주지 않기 위해 설치. ④에어커튼·에어셔터(=).

에어드레인(air drain) : ①통기관(=). ②에어리어웨이(=).

에어로솔 : ①통상 0.1mm 이하의 크기로 공중에 부유하는 다수의 고체 또는 액체 입자. ②분화 중에 화산재나 공장의 굴뚝에서 나오는 그을음·바닷물이 증발한 뒤 공중을 떠도는 소금가루·화분 및 박테리아·대기 중에 부유하는 안개 상태의 황산 등이 있음.

에어리어웨이(areaway) : ①지하 창 또는 지하 출입구로 빛의 유입과 공기의 유통을 위하여 기초 주위에 땅 밑으로 우묵하게 파여져 있는 곳. 또는 건물과 건물 사이의 통로. ②지하실이나 지하층 입구에의 통행을 위해 낮게 파 내려간 빈터.

에어벤트 : ⇨에어벤트밸브(=).

에어벤트밸브(air vent valve) : ①배관현장의 형편상 ㄷ자형 배관(굴곡배관)이 되어 공기가 찰 우려가 있는 곳에 설치하는 공기빼기밸브. ②슬루스 밸브를 사용하는 것이 좋음. ③중력환수식 증기난방장치의 방열기 배관과 온수난방에 쓰임. ④방열기를 설치할 경우 공기는 증기보다 무거우므로 증기 유입구의 반대쪽 하부에 부착하는 것이 좋지만 응축수가 밸브에 유입될 우려가 있으므로 방열기 높이 ⅔ 정도의 위치에 부착하는 것이 바람직함.

에어브러시(air brush) : ①소형의 스프레이건(spray gun)을 이용·뿜칠(spray)하여 그림물감을 잔서리처럼 화면에 뿌리는 기법 또는 그 장치. ②붓으로 할 수 있는 치밀한 그라데이션을 만들 수 있어 일러스트레이션(illustration)이나 투시도 작성에 많이 사용.

에어스프레이건(air spray gun) : 권총형 도장기계로서 제품을 회전 테이블 위에 올려놓고 스프레이건을 이용하여 도장.

에어와셔(air washer) : 작은 물방울과 공기를 직접 접촉시킴으로써 공기를 냉각하거나 또는 감습·가습하기 위하여 사용하는 공기 세정기(空氣洗淨器).

에어챔버(air chamber) : 배관계 내에서 물의 압력과 흐름을 같게 유지하기 위하여 탄성적으로 압축되고 팽창되는 공기가 내포된 수(水)배관 내의 실. '공기실'이라고 함.

에어커튼(air curtain) : ⇨에어도어·에어셔터(=).

에어컨디셔닝(air condition) : 실내공간의 온도·습도 등을 인공적·기계적으로 조절하여 실내의 기온을 보다 쾌적한 상태를 유지시키는 공기조절장치. 일반적으로 '에어컨'이라고 함.

에어컴프레서(air compressor) : 외부 공기를 모아서 호스를 통해 피스 또는 타카로 강한 에어 압력을 보내는 송압기로서, 일반적인 공기의 최대압력은 120PSI 정도이고 에어 생산량은 200li/min 정도. 주로 투시도 또는 목공작업에 사용.

에어타이트새시(airtight sash) : ①특히 기밀성을 높인 창호. 개폐가 가능하며, 닫았을 때 보통 창호보다 기밀성이 높게 고안된 창호. ②먼지나 소음을 완전히 차단할 필요가 있는 기계실 등에 설치.

에어태커머신(air tacker machine) : 플러시 패널의 심재나 에지 몰딩의 접합에 주로 사용.

에어트랩(air trap) : 가스와 냄새가 통과하지 못하도록 방취막을 형성하기 위해 배관시설(plumbing fixture) 바로 밑에 설치하는 U자형의 물로 채워진 파이프.

에어포트호텔(airport hotel) : ①입지특성에 따른 시티 호텔의 일종. ②공항 근처에 위치. 비행기 사정으로 출발 또는 도착이 지연될 때 기다리는 탑승객이나 승무원 등이 이용하기 편리한 터미널 호텔의 일종. ③에어텔(airtel)이라고 함. ④⇨터미널 호텔.

에어필터(air filter) : ①공기 중의 진애·유해가스 등의 제거를 목적으로 하는 공기 정화장치. ②⇨공기여과기(=).

에우스튤로스(eustylos[그]) : ①그리스·로마의 신전형식을 기둥의 굵기와 주간(柱間)의 비율에서 붙여진 명칭. ②주간이 정상인 정주식(正柱式). ③비트루비우스에 의하면 주간은 기둥 굵기의 2¼배.

에이(A) : 투시도 용어 중 물체.

에이급화재(-級火災, class A fire) : 물의 냉각 및 억제효과가 가장 중요한 목재·종이·의류 등과 같은 일반적인 가연성 재료들이 포함된 화재.

에이심메트리(asymmetry, unsymmetry) : ①디자인할 때 중심축에 대하여 좌우 부분의 크기·형·색 등을 불균등하게 한 부조화의 미적 구성으로 균형 잡히지 않는 비대칭 상태. ②심메트리(symmetry)가 정적이고 딱딱하며 권위적인 반면 동적이며 자연스럽고 위엄이 없으며 친밀감을 느끼게 함. ③'비대칭적 균형(非對稱均衡)' 또는 '비정형적 균형(非定形的 均衡)'이라고 함.

에이아이아이디(AIID) : ①1931년 창설된 미국의 실내장식기관인 American Institute of Interior Decorators의 약어. ②오늘날 인테리어디자이너협회인 The American Society of Interior Designers의 전신.

에이아이에이(AIA ; American Institute of Architects) : ①1857년 미국 워싱턴에서 설립한 세계에서 가장 많은 회원으로 구성된 민간독립기관인 건축가협회. ②1949년부터 실시된 AIA 명예상은 건축물이 아니라 건축프로젝트(project)에 수여하며 회원만을 대상으로 하고 있음. ③한국건축가협회도 가입된 UIA의 가맹국제기관.

에이에스아이디[1](ASID ; American Society of Interior Designers) : ①1975년에 미국 뉴욕에서 설립한 민간독립기관인 인테리어 디자인 직능단체로서 디자인상과 전시회, 홍보사업이 중심활동. ②IFI의 가맹국제기관.

에이에스아이디[2](ASID ; Association of Swiss Interior Designers) : ①1943년 스위스 취리히(Zürich)에서 설립한 민간독립기관인 인테리어 디자이너(건축가 포함)의 직능단체. ②출판활동과 1982년부터 매년 실시해온 선정사업이 활동의 중심. ③IFI의 가맹국제기관.

에이엘시(ALC : Autoclaved Light weight Concrete) : ①발포제에 의하여 콘크리트 내부에 무수한 기포를 독립적으로 분산시켜 중량을 가볍게 한 기포콘크리트의 일종. ②석회질·규산질 원료와 기포제 및 혼화제를 주원료로 물과 혼합하여 슬러리를 만든 후 고온고압(180℃, 10㎏/㎠)의 증기양생 과정을 거쳐 구조적으로 안정된 판상구조의 토버모라이트(tobermo-rite) 결정을 이루는 과정으로 제조됨.

에이엘시패널(ALC panel) : ①오토클레이브(autoclave)로 보양하여 만든 기포콘크리트. ②비중은 0.55 내외, 압축강도는 약 40㎏/㎠. ③제품으로는 블록형과 패널형이 있음. ④특징 : 경량이고 단열성과 내화성이 우수함. ⑤내외벽·지붕·바닥 등에 널리 사용.

에이이시멘트(AE cement) : 시멘트를 제조할 때 AE제를 미리 배합한 시멘트.

에이이제(-劑, AE agent, air entraining agent) : ①콘크리트 속에 Ball Bearing 작용·쿠션 작용을 하는 미세한 독립기포를 함유시키기 위해 혼합하는 표면활성제. ②특징 : 콘크리트의 워커빌리티 향상, 단위수량 감소(W/C비를 줄여 강도 증진), 재료분리, Bleeding 감소 및 균질이며, 동결·융해에 대한 저항성 및 내구성이 증가하는 반면에 콘크리트의 강도가 약간 저하되고 콘크리트를 타설한 면에 대한 마무리 모르타르 부착을 곤란하게 하는 결점이 있음. 계량은 Dispenser, 공기량 측정은 Washington Air Meter를 사용함. ③ ⇨공기연행제(=).

에이이콘크리트(AE concrete) : ①공기연행제(空氣連行劑 ; air entraining agent)를 사용하여 물시멘트비를 작게 하고 시공연도(workability)가 좋게 되는 콘크리트 ②AE콘크리트의 특성 ; A.E제를 사용하면 콘크리트 중에 발생한 미세한 기포(지름 0.03~0.3)가 볼 베어링(ball bearing)과 같은 역할을 하므로 콘크리트의 시공연도(workability)가 좋아지므로 재료분리가 방지됨. 일반적으로 빈배합(貧配合)의 콘크리트일수록 공기의 연행에 의하여 워커빌리티가 개선되는 효과가 큼. 그리고 입형(粒形)이나 입도(粒度)가 불량한 골재를 사용하는 경우에도 공기연행의 효과가 커짐. AE제를 사용함으로써 콘크리트의 블리딩(bleeding)이 감소되며, AE제만 사용하는 것보다는 감수제(減水劑)를 병용하면 워커빌리티 개선에 더욱 효과적임.

에이치러너(H-runner) : 천장의 구조를 형성하기 위해 사용되는 H자형 단면

에이치형 러너

의 경량금속재.

에이치브이에이시(HVAC ; heating, ventilating, air conditioning) : ⇨에치브이에이시 시스템(=).

에이치브이에이시시스템(HVAC systems) : 난방(heating)·환기(ventilation)·냉방(air conditioning) 시설을 총칭하는 용어.

에이치아이디등(-燈, HID lamp ; high intensity discharge lamp) : ①유리관에 가스를 금속성 주입하여 방전에 의해 가시광선을 만들어내는 고압방전등. ②수은등·메탈할라이드(metal haloide lamp)·고압나트륨 등이 있으며, 이들 등은 효율이 높으나 연색성이 낮음. ③⇨광원의 특징.

에이치피시공법(-工法, HPC method) : ①H형강 뼈대에 PC판이 매달린 형식의 구조체로 기둥보 등의 구조물은 콘크리트 피복을 하며 접합은 고장력 볼트와 용접을 겸용함. ②건축구조 중 구조상 공법에 의한 분류의 하나.

에이치형 다리버팀대(-形-臺, H-stretcher) : 앞다리와 뒷다리를 연결하는 두 개의 측면 가로대가 중앙에서 연결되어 H형을 이루는 다리 버팀대.

에이치형 다리버팀대

에이프런(apron) : ①커튼 라인 앞부분에 있는 무대 바닥부분. ②선반이나 후드(hood) 등 상부에 장치된 설치물이 앞으로 처진 부분. ③가스레인지 위에 설치하여 증기배기용 흡인기(hood)를 설치하는 경우, 그 크기는 L : H=1 : 2.5~3.0이고 자연환기일 때 a/A=15이며 에이프런은 작업에 지장이 없는 범위 내에서 최대한 낮추고 대형인 경우는 팬(fan)을 장치하여 배기. ④징두리널(=).

에이프런

에이프런스테이지(apron stage) : ①프로시니엄 아치(proscenium arch)의 후면에 설치된 커튼 라인(curtain line)을 경계로 객석쪽으로 나온 부분의 무대. ②포스테이지(=).

에이프런피스(apron piece) : 바깥 판자벽의 밑 부분에서 빗물이 안으로 스며들지 않게 댄 판자.

에이프리코트(apricot) : ①살구의 표면색. 연한 주황(light orange). ②먼셀기호 4.0YR8.0/8.0.

에이피에스디에이(APSDA) : ①Asia Pacific Space Designers Association의 약자(略字). ②실내디자인 분야에서 국가간 상호 교류의 일환으로 조성된 1984년에 스페이스 디자이너 모임. ③1987년부터 일본의 JCD, 자유중국의 CSID, 한국의 KOSID가 모여 매년 회의를 개최. ④1990년 동경회의에서 그 범위를 넓혀 아시아·태평양지역의 국가들이 참여했으며 1991년 서울에서 회의가 개최됨.

에인절산업(-産業, angel industry) : ①어린이 전용 백화점·사진관·치과 등에서부터 어린이놀이방 체인에 이르기까지 유아부터 초등학교 어린이를 수요층으로 하는 신종 업체와 서비스. ②해외 브랜드의 국내 체인점 형태로 어린이놀이방과 어학원이 잇따라 상륙중이어서 에인절산업의 번창을 예고함.

에임스의 방 착시(-房錯視) : 19세기 독일의 물리학자 헤르만 본 헬름홀츠(Hermann von Helmholtz)가 고안해 낸 것을 실제 물리적인 예로 처음 만들어 공개한 것은 1941년 아델버트 에임스(Adelbert Ames) 2세로 그의 이름을 따 '에임스의 방 착시'라고 부르게 되었음.

에지(edge) : 천판 주위에 붙은 재. 2~8㎜ 두께의 경재(硬材)가 쓰임.

에지디스턴스(edge distance) : 목재 가장자리와 가장 가까운 볼트구멍 중심 간의 거리.

에지몰딩(edge moulding) : 모서리에 대는 가늘고 긴 쇠시리.

에지크랙(edge crack) : ①판의 귀가 톱날처럼 깨져 들어간 홈으로 주로 중후판 등에 발생함. ②원인은 강괴 표면 가까이에 롤홀이 많은 것, 가열조건이 부적당하여 과열현상을 일으키고 있는 것, 또는 동·주석 등 취성을 일으키는 원소가 강 내에 많이 함유되어 있는 것에서 측면의 압력에 견디지 못하여 균열이 생기는 것.

에지테이터트럭(agitator truck) : 건설현장으로 배달된 레디믹스트 콘크리트(ready mixed concrete) 성형성(成形性)의 손실 또는 골재의 분리를 막기 위하여 회전 드럼이 장치된 트럭.

에지프레스(edge press) : 소부재 패널의 무늬목 또는 에지를 손으로 붙이고 양 롤러의 측압에 의해 부착.

에칭(etching) : ①판화기법의 일종으로 산화화학작용을 이용하여 도판이나 아연판(함석)·철판 유리 등을 부식시키는 것. ②금속판 위에 밀랍이 주성분인 그라운드를 바르고 이 그라운드를 날카로운 도구로 긁어낸 후 산으로 부식시켜 어떤 형상을 새기는 기법. ③실내건축에서는 유리나 금속에 사용. ④금속은 주로 동판이 사용되고 동판을 곱게 연마하고 판을 조금 데운 다음 베르니를 바르고, 가죽 롤러로 펴고 기름 연기로 그을려 에칭으로 그려 동면을 노출시킴. 다음에는 부식액으로 화선을 오목하게 부식. ⑤예술적 분야의 에칭을 식각오목판(蝕刻凹板)이라고 함.

에칭유리(-琉璃, etching glass) : ①유리가 불화수소에 부식되는 성질을 이용하여 5㎜ 이상의 후판(厚板) 유리면에 그림이나 무늬모양·문자 등을 화학적으로 새긴 유리. ②일명 '조각유리(engraving glass)'라고 함. ③장식용으로 사용.

에코마크제도(-制度, Eco-mark system) : ①생산·사용·폐기과정에서 환경오염을 덜 일으키거나 에너지와 자원절약에 기여하는 상품을 공인기관에서 선정하여 '환경상품'으로 인정해주는 제도. ②오존층 파괴물질인 염화불화탄소가 들어 있지 않은 스프레이나 재생종이를 사용한 책 등이 에코마크 대상임.

에코산업혁명(-産業革命) : 산업활동에서 에코노미(경제)와 에콜로지, 두 에코의 통합을 꾀하고 환경보전이 가능한 경제구조 및 경제활동으로 전환하는 것. 1992년 6월 브라질에서 개최된 「환경과 개발에 관한 유엔회의」의 주요 테마이기도 함. 영국에서 시작된 산업혁명은 지구환경을 급속히 소모시키면서 인간의 삶의 질을 높이는 데 크게 기여하였으나 유한한 지구환경과 조화를 이룰 수 있는 산업활동으로의 '혁명'은 그만큼 복잡한 어려움 속에 놓이게 됨.

에코페미니즘(Ecofeminism) : ①생명의 가치, 자연생태계라는 보다 넓은 삶의 가치를 실현하고자 하며 동시에 사람들의 삶을 살리는 평등가치를 실현하고자 하는 사상. 또한 지금까지 지배적이었던 남성중심, 서구중심, 이성중심의 가치와 삶의 방식을 뒤바꾸는 실천 지침. ②21세기 주요과제라 할 수 있는 환경운동과 여성해방운동의 만남인 에코페미니즘은 여성의 억압과 자연(환경)의 위기는 유사한 속성을 가지고 있다는 문제의식에서 출발. ③1970년대 후반 등장한 에코페미니즘은 독일, 프랑스 등 서구에서는 이미 새로운 대안론으로 자리잡기 시작했고 인도 등 제3세계에서도 활발함. ④생태여성론(=).

에코폴리스(ecopolis) : ①대기·수질은 물론 동·식물의 생태학적 자연환경까지도 이상적으로 보존하는 환경 시범도시. ②주택연료로 LNG 등 청정연료 사용이 의무화되고 경유 사용, 자동차 또는 매연 배출 자동차 소유가 금지되고 태양열 주택단지, 하수도 분리관 및 종말처리장, 쓰레기 소각 및 열병합 발전장치 등이 도시설계 초기부터 우선 설치됨. ③독일의 카빌, 일본의 기타큐슈 등이 있음.

에콜데보자르(École des Beaux-Arts[프]) : ①1671년 콜베르에 의해 창설된 프랑

스의 관료적 국가교육기관. ②왕립건축학회(Academie Royale d'Architecture)의 전통적인 수업내용이 재평가되어 프랑스혁명 기간 동안에 일시 폐쇄되었다가 1816년에 에콜 데 보자르로 재편성되어 1890년대 초기까지 학과수업보다 작업장-아틀리에-을 중심으로 창작활동을 목표로 함. ③보자르학교는 시대의 변화 속에서 전통적인 수업방식에 따라 실시되었던 수련생 과정의 교육을 실무와 병행하는 전문교육으로 활성화시켰음. ④⇨에꼴데 보자르(=)·보자르.

에콜드파리(Ecole de Paris[프]) : ①1차대전 후 파리로 이주해 온 일군(一群)의 외국인 화가들을 일컫는 말. ②한 유파로서의 주의·주장이 없이 야수파·입체파 ·표현파 등 개성적인 양식을 창조한 작가군을 통틀어 이르는 말. ③최근 프랑스 근대회화(繪畵)의 영향으로 혁신적인 관점을 취하는 화가들을 가리키는 대명사로 그 의미가 확대됐음. ④파리파(=).

에콜로지(Ecologie[프]) : ①그리스어 oikos(서식처)+logis(과학)의 합성어. ②생물학자 E. Häckel에 의해 1866년 처음으로 Ökologie(Haushaltslehre)라 명명. ③일본의 삼호학(三好學)은 생태학(生態學)이라 번역하고 '생물과 그 유기적·무기적 환경과의 관계, 직접·간접으로 접촉하는 동·식물간의 상대적 또는 경쟁적 관계를 밝히는 것'으로 정의. ④미국 환경보호운동의 근간이 되는 이론으로 자연계의 생물과 무생물 또는 생물끼리의 상호작용을 하나의 전체적 시스템으로 포착한 학문. ⑤이 학문에서는 현대의 심각한 공해문제를 식물이나 미생물에 의한 자연계의 자정 범위를 넘어선 오염물질 방출에 의해 필연적으로 나타난 현상이라고 지적했음.

에크루(ecru) : ⇨에크뤼(=).

에크뤼(écru[프]) : ①에크뤼는 불어의 "표백하지 않은"의 뜻을 가진 형용사. 표백하지 않은 생사(生絲)나 명주의 색으로서 베이지와 같은 색명. ②1910년 이전에는 베이지보다 에크뤼 쪽이 더 유행된 용어. ③자연소재에서 붙여진 색명. ④먼셀기호 10YR6.0/7.5.

에크리트와르(escritoire[프]) : ①18세기 프랑스 로코코시대(마호가니시대)인 리전시(1715~30)와 루이15세대(1715~74)에 유행한 테이블. ②18세기 유행한 뚜껑이 있는 경사진 책상. ③서랍과 칸막이들로 구성된 상면에 경사진 뚜껑이 있는 책상으로 뚜껑을 아래로 젖히면 필기할 수 있는 공간이 마련됨.

에크리트와르

에키누스(echinus) : ⇨이카이너스(=).

에타제르(étagère[프]) : ①18세기 말 프랑스에서 시작되어 현재까지 사용하는 여러 층의 선반으로 개방된 장식장. ②벽에 부착하거나 매달아 방의 구석이나 한 면에 맞도록 디자인되어 작은 장식품들을 전시하는 데 주로 사용되며 현대에 와서는 유리·크롬·브라스·플라스틱 등이 에타제르의 소재로 이용.

에타제르

에토스스페이스시스템(Ethos space system) : ⇨낮은 칸막이시스템(=).

에트루니아건축(-建築, Etruscan architecture) : ⇨에트루스칸양식(=).

에트루스칸양식(-様式, Etruscan style, Tuscan style) : ①B.C. 7세기부터 B.C. 2세기인 로마시대가 시작될 때까지 이탈리아 중부지방에서 가장 먼저 나라를 세우고, 독특한 문화를 발전시킨 민족인 에트루리아의 장식양식. ②기둥은 도리아 양식의 변형으로 무겁고 육중하며 높이가 기둥 직경의 7배가 되는 것이 특징. ③18세기에 폼페이와 헤라클레니움의 발굴로 고전양식이 부흥되던 시

에트루스칸양식

기에 영국의 아담형제는 에트루스칸양식의 채색된 가구를 유행시킴.

에트링가이트(ettringgite) : ①화학식 3CaO·Al_2O_3·$3CaSO_4$·$32H_2O$로 나타내는 화합물의 광물명. ②시멘트가 수화할 때 시멘트 중의 알루미네이트와 석고가 반응해서 침상결정으로서 나타남. ③에트링가이트는 결정화할 때 팽창되어 시멘트 경화체를 팽창시키는 성질이 있고 이러한 성질을 이용하여 수화시 에트링가이트를 생성시키는 화합물을 시멘트에 첨가하여 팽창시멘트를 제조할 수 있음.

에펠탑(-塔, Eiffel tower) : 1889년 파리에서 열린 세계무역박람회를 기념하기 위하여 에펠(Gustave Eiffel;1832~1923)의 설계로 높이 약 312m인 기념철탑(1887~89). 당시에는 야만스럽다고 비난을 받기도 했지만, 구조역학에 있어서는 19세기 공업기술의 최고 수준을 보여주고 있음. 조형적으로도 트러스구조와 아치에 의한 곡선형태에 의한 아름다움이 표현되어 있으며 근대건축의 미의식 발전에 크게 영향을 줌.

에폭시계 도료(-界塗料, epoxy paint) : ①내마모성·내약품성·내수성·접착력·방진성·작업성 및 레벨링(levering)이 우수. ②1회에 두꺼운 도막형성이 가능. ③수축팽창이 거의 없음. ④논슬립(nonslip) 효과. ⑤외관이 미려. ⑥방진성이 요구되는 공장(전자회사·화학공장·제약회사·식품공장 등), 논슬립성이 요구되는 바닥(주차장·창고), 내약품성이 요구되는 바닥(도금공장·실험실 등) 및 미려한 외관이 요구되는 바닥과 내외벽면에 사용.

에폭시모르타르(epoxy mortar) : 에폭시 수지·촉매제, 그리고 잔골재로 이루어진 모르타르.

에폭시변성아미노알키드수지도료(-변성-수지도료) : ①부착성이 불량한 아미노알키드수지도료에 에폭시수지를 혼합하여 부착성을 향상시킨 금속용 도료. ②알루미늄 등의 경금속이나 도금제품에 쓰임.

에폭시본드(epoxy bond) : ⇨에폭시수지접착제(=).

에폭시수지(-樹脂, epoxy resin) : ①열경화성 수지의 일종. ②에폭시수지는 표면 코팅 또는 페인팅으로 가장 많이 사용. 코팅용으로 사용된 주요형태는 초기에는 아민 경화제 배합의 도료·에스테르계 도료·에폭시-우레아수지계 및 에폭시-페놀수지계 등이 있음. ③에폭시수지로는 실리콘 변성 에폭시수지, 콜타르 변성 에폭시수지 등 종전의 에폭시수지보다 내구성이 우수한 것이 개발. ④에폭시란 희랍어의 '넘어서' 또는 '사이에'란 뜻과 영어의 '산소'의 합성어로서 소위 산소를 사이에 둔 화합물을 말하며 에폭사이드 구조를 가진 화합물의 총칭. ⑤특징 ; ㉠비중(25℃) 1.11~1.40, 인장강도 280~850(kgf/㎠), 신율 1~70%, 탄성계수 3.0~5.0(10^4kgf/㎠). ㉡일반적으로 비스페놀 A와 에피크롤 히드린을 결합하여 얻어지며, 아미노산 등의 경화제를 가하면 기계적 강도나 내약품성이 향상. 내열성·내수성·전기절연성이 우수하며 도료 및 금속·유리·플라스틱·목재·도자기·고무 등에 우수한 성질을 나타내며·내식성·내열성·내유성·내화학성·내약품성 및 내산성·내알칼리성·내수성·내구성 및 강도가 우수한 고가의 접착제. 주로 표면마감재나 구조형 금속접착제 및 도료로 사용. 특히 알루미늄과 같은 경금속 접착제로 사용. 또한 특수 분야(항공기 부품)의 접착에도 사용하는 만능접착제.

에폭시수지도료(-樹脂塗料, epoxy resin paint) : ①금속용 열경화성수지도료. ②일반적으로 금속에 대한 부착성이 우수하므로 경금속이나 도금제품 등의 비교적 부착하기 어려운 소재에 광범위하게 사용되지만 내후성이 그다지 양호하지 않으므로 내후성을 요구하는 경우에는 주로 프라이머(Primer) 용도로 사용함.

에폭시수지도장철근(-樹脂塗裝鐵筋, epoxy-coated reinforcing steel bar) : 정전(靜

電)도장에 의해 에폭시수지 분체도료를 표면에 도장한 철근.

에폭시수지접착제(-樹脂接着劑, epoxide resin adhesives) : ①에폭시수지를 사용한 주제와 경화제의 2액형(二液型)의 열경화성 접착제. 주제와 경화제를 1 : 1로 혼합 사용함. ②일반적으로 비스페놀(bisphenol)과 에필클로로히드린(picho-rohydrin)의 반응에 의하여 얻어짐. ③특징 ; ㉠경화할 때 물이나 기체의 방출이 없음. ㉡경화할 때의 수축도 적으므로 충전(充塡)효과가 좋음. ㉢내알칼리성도 있어 콘크리트 균열 보수 및 각종 균열에 사용. ㉣부식방지 라이닝으로 바닥의 표면 보호용으로 사용. 보통의 것은 가요성(可撓性)이 없고 또 저온에서도 접착성이 나쁨. ㉤철근콘크리트 균열부의 접착이나 금속표면과의 친화성이 뛰어나서 특히 금속이나 항공기의 접착제 및 도료로 쓰임. ㉥기본점성이 크며, 접착성·내식성·내열성·내유성·내화학성·내약품성 및 내산성·내알칼리성·내수성·내습성·내구성·전기절연성 및 강도 모두 우수한 만능형 접착제. 특히 내수성은 접착제 중 가장 큼. ㉦다양한 종류의 물질을 강하게 접착하지만 피막이 다소 단단하고 유연성이 부족하며 값이 비싸다는 것이 결점임. ④금속·플라스틱류·도기·유리·목재·천(布)·콘크리트 등에 사용함.

에폭시페인트(epoxy paint) : 마찰·충돌·화학성에 대한 저항을 증가시키기 위한 접착제로서의 페인트.

에프알피(F.R.P.) : ⇨강화폴리에스테르(=).

에프엠(FM ; Facility Management) : ①기업활동에 필수적인 업무시설을 종합적이고 효과적으로 관리할 수 있게 경영·부동산·건축·실내디자인·정보통신·공학 등 광범위한 지식을 활용하여 기업의 업무환경에 대한 총괄적인 지원으로 기업의 수익성과 업무의 효율성을 제고하는 신경영기법. ②FM 도입효과는 거액의 경비절약이 가능하고 오피스 근로자의 근로의욕이 높아지며 아울러 업무의 질과 생산성이 높아짐.

에피나오스(epinaos) : 고전적 신전(神殿)의 뒤쪽 현관.

에피르(épure[프]) : 벽·바닥 또는 다른 큰 표면에 그려진 실물 크기의 상세한 그림. 이것으로부터 여러 건물의 요소를 위한 패턴(pattern) 추적.

에피스카에니움(Episcaenium[그]) : scaena 전면에 있는 중층의 벽면장식.

에피크란티스(epicrantis) : 벽 또는 돌림띠의 가장 윗부분을 장식하는 몰딩.

에피크란티스

엑세드라에(exedrae[라]) : ⇨엑세드라(=).

엑세드라(exedra[이]) : ①고대 그리스·로마 건축의 다양한 공공건물이나 주택에서 보이는 큰 반원형 또는 직사각형의 형태로 되어 벽면을 따라 좌석 등을 마련하여 오목하게 들어간 만남 및 대화를 위한 공간. 고대 주택에서는 응접실·담화실 등으로 사용. ②실내에 설치된 앱스(apse)나 니치(nitch) 또는 앱스상의 말단 부분. ③포치(porch) 교회 또는 외부로 돌출된 오목한 장소. ④어원은 '앉는 장소'를 의미하는 그리스어 엑세드라(exedra)에서 유래. ⑤벤치나 좌석이 있는 큰 벽감(壁龕) 또는 우묵한 곳으로 반원형이거나 직사각형의 실외용 긴 의자. ⑥교회의 앱스(apse, 後陳)가 크게 확장된 장소. ⑦로마시대 주거공간 내의 공적인 공간.

엑소나르텍스(exonarthex) : ①내부 나르텍스 앞에 위치한 외부 나르텍스나 지붕이 있는 보행 부분. ②두 개의 나르텍스가 설치되어 있는 경우 내부에 있는 나르텍스

엑스(X)선방호용 납유리(-線防護用鉛琉璃) : ①의료용 X선이나 원자력 관계의 방사선을 차단하기 위하여 방사선실의 작은 창에 사용하는 유리. ②산화연(酸化鉛, PbO)을 함유한 유리로 방호능력은 산화연 함유율(30~50%)과 판두께에 따라 정해짐. ③규격은 한국산업규격(KS L 2011)에 규정.

엑스와이제트표색계(-表色系, XYZ color system) : ①CIE가 1931년에 권장한 혼색계의 표색계. ②이는 같은 시기에 발표된 RGB 표색계를 기초로 실제에 응용하기 쉽도록 개량. ③모든 색광(色光)을 가법 혼색으로 만들 경우 그 혼합량이 모두 정(正)의 값을 취할 수 있도록 RGB 표색계를 좌표변형한 것이 XYZ 표색계임.

엑스체어(X-chair) : ⇨엑스형 의자(=).

엑스쿠비토리움(excubitorium[그]) : ①축제 전날 밤에 대중들이 모여 행사를 볼 수 있도록 하기 위한 교회의 회랑. ②고대 로마 도시의 야경 초소 또는 중세의 수도원에서 밤에 순찰하는 사람이 기거하는 건물.

엑스쿠비토리움

엑스트라도스(extrados[이]) : ①아치나 볼트의 외부 둘레. ②인트라도스(⇔).

엑스포(EXPO ; Exposition) : ①인간의 참된 삶 추구·인간과 기술·미래의 인간 등 보다 고차원적인 전시의 주제를 가지고 세계 각국의 주요한 생산물을 모아 진열하고 인류의 문화와 새로운 산업기술의 성과를 겨루는 국제박람회(國際博覽會, World Exposition). ②1851년 런던에서 열린 만국산업박람회(The Great Exhibition of Industry of All Nations)에서부터 시작하여 세계 각국에서 개최. 만국박람회는 당초 구미 각국이 독자적으로 개최하였으나 1928년 파리 만국박람회 협정이 체결되고 1935년 브뤼셀의 만국박람회에서는 국제박람회 조약에 의해 개최지가 결정. ③1889년 파리 만국박람회의 기계관과 에펠탑의 대철골구조, 1933년 시카고 만국박람회의 무창건축(無窓建築), 1958년 브뤼셀의 만국박람회 서독관의 대형 플레하프 건축이나 필리핀관의 로프건축, 1967년 몬트리올 만국박람회 미국관의 대구형 돔(大球型 dome)이나 군집주택 해비태드67 등 건축에 대한 인류의 끝없는 꿈의 창조물이었음. ④1873년 비엔나 만국박람회를 계기로 시세션 운동이 일어나고 1900년 파리 만국박람회 때는 아르누보의 조류를 보였으며, 1893년 시카고 만국박람회 때는 인더스트리얼 디자인(industrial design)이 첫선을 보임. ⑤1933년 시카고 박람회 때부터는 명확한 공식 테마인 '진보의 세기'를 1937년 파리 박람회에서는 '과학문명과 휴머니즘', 1962년 시애틀 만국박람회에서는 '우주시대의 인류', 1967년 몬트리올 만국박람회에서는 '인간과 그 세계', 1970년 오사카 만국박람회에서는 '인류의 진보와 조화'. 1993년 대전 만국박람회에서는 '새로운 도약의 길'을 테마(theme)로 한 전시가 개최.

엑스형 다리버팀대(-形-臺, X-stretcher, crossstretcher) : ①의자나 테이블의 네 다리 사이를 대각선으로 연결하여 X자 형태로 된 의자나 테이블의 다리 버팀대. ②버팀대 자체는 직선이나 위로 솟은 곡선(curved upward)으로 되어 있고 X자의 교차점에는 문손잡이형으로 선반가공(knob turning)한 장식을 붙임. ③십자형 다리버팀대(=).

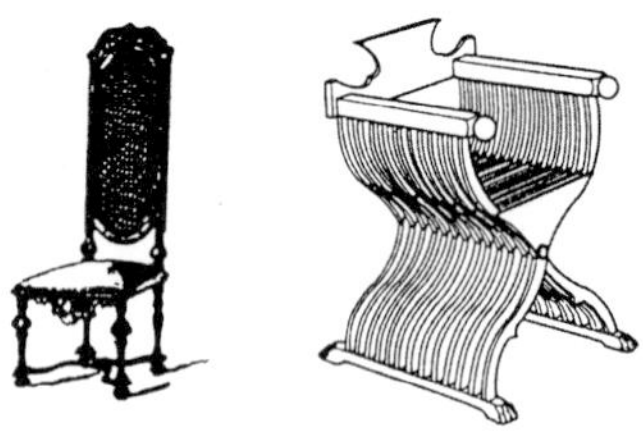
엑스형 다리버팀대

엑스형 의자(-椅子, X-chair, X-frame, X-shaped chair, scissors chair) : ①접는 의자 곡형의 일종으로 알파벳의 X자형 지지구조. ②고대 이집트, 그리스·로마시대에 사용된 접이식 X형 의자. ③형태가 가위(scissors)와 유사하여 붙여진 명칭으로, 단테(Dante)의자와 사보나롤라(Savonarola)의 원형이 되었음. 그림은 고대 그리스에서 사용되었던 가위형 의자. ④가장 간단한 형태는 고대 이집트의 접이의자(folding stool)와 고대 로마의 셀라 쿠룰리스이며 르네상스에서는 단테의자와 사보나롤라 의자가 X자의 골조로 디자인. ⑤그후 18~19세기에 걸쳐 신고전양식(neo classic style)의 가구에 성행. ⑥단테의자·사보나롤라의자·셀라쿠룰리스·가위형의자(=).

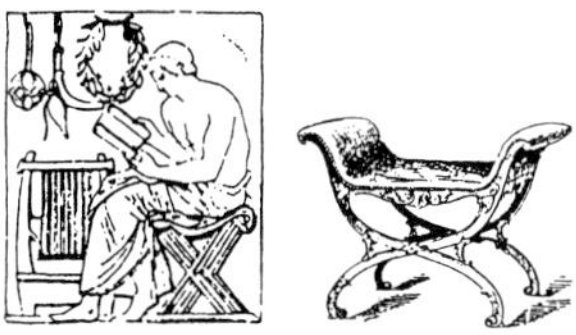

엑스형 의자

엔드네일(end nail) : ①판자의 마구리에 목재의 무늿결과 평행하게 못을 박아 조이는 것. ②못의 마찰저항이 작아짐.

엔드디스턴스(end distance) : 목재 끝과 가장 가까운 볼트 구멍중심 간의 거리.

엔드탭(end tap) : ①용접 길이의 끝이 우묵하게 항아리처럼 끝이 파지는 것을 막기 위해 끝이 받쳐지는 철판. ②용접판은 모재판의 높이와 같아야 하고 용접부 끝이 움푹 파지는 것은 방지할 수 있음.

엔시곡선(-曲線, NC curves) : ①실내소음과 같이 일반적인 환경소음을 주파수 특성에 따라 평가하기 위하여 제안된 곡선. ②소음의 회화방해 레벨(SIL ; Speech Interperence Level)을 근거로 하여 베르아넥(Beranek)이 제안한 것으로서 정상소음의 옥타브(octave)를 분석한 값을 NC곡선에 플롯(plot)하여 그 NC값의 최대치에 의해 평가하기 위한 것이며, 그것을 완화한 것을 'NCA곡선'이라고 함.

엔알곡선(-曲線, NR curves) : ①정수소음의 평가나 소음대책의 목적에 자주 사용되는 ISO보다 일반화된 것. ②NR곡선·보정치(補正值)·보정 후의 NR곡선 및 소음레벨의 각종 실(室)에 대한 허용치는 다음과 같음.

성가심을 평가하기 위한 NR수의 보정치

요 인	조 건	보정NR수
스펙트럼	순음	+15
	광대역음(廣帶域音)	0
peak factor	충격성	+5
	비충격성	0
반복성	연속	0
	10~60회/시	-5
	1~10회/시	-10
	4~20회/일	-15
	1~4회/일	-20
	1회/일	-25
익숙함	익숙하지 않다	0
	다소 익숙하다	-10
시 각	야간에만	+5
	주간에만	-5
계 절	여름	0
	겨울	-5
암소음(暗騷音)	조용한 교외	+5
	교외	0
	주택지	-5
	공업지 인근 시가지	-10
	중공업 지대	-15

NR수에 대한 성가심의 허용치

보정 후 NR 수	적합한 실의 보기
20~30	침실·병실·TV스튜디오·거실·극장·교회·영화관·콘서트 홀·소사무실·회의실
30~40	대사무실·상점·백화점·조용한 레스토랑
40	사고(思考)를 요하는 작업에 대한 평균적 한계
40~50	큰 레스토랑·사무기계가 있는 사무실·체육관
60	일반 사무실에서의 평균적 한계
60~70	작업장

엔젤라이트(angel light) : 창문의 아치와 하부 트레이서리의 아치, 그리고 상부 트레이서리의 수직 창살 사이에 형성된 고딕 창문 속의 작은 삼각형 창.

엔지니어링플라스틱(engineering plastic) : ①기능성 고분자재료(高分子材料)의 하나로서 금속 대신 기계·전기기기·자동차의 부품 재료로 사용되는 합성수지의 총칭. ②가볍고 가공하기 쉬운 플라스틱의 특성에 내열성·내마모성·내약품성·전기절연성 등이 우수함. ③종류는 폴리에스테르수지(樹脂)·폴리아미드(나일론)수지·폴리카보네이트수지·변성(變性) 폴리페닐렌옥사이드수지·폴리부틸렌 텔레프탈레이트수지 등 5가지가 있음.

엔지니어벽돌(-壁乭, engineered brick) :

102×81×203㎜의 공칭치수를 가지는 벽돌.

엔타시스(entasis) : ①주신(柱身, shaft)에 있는 완만한 곡선. ②상하정부(上下頂部)가 가늘고 중앙으로 올수록 원둘레를 의도적으로 약간 볼록하게 하여 시각적으로 가운데 부분이 오목하게 느껴지는 착시감이 생기지 않도록 안정감을 준 기둥 양식. ③수직의 평행선인 기둥의 중앙부가 가늘게 보이는 착시현상을 교정하기 위하여 기둥 중앙부의 직경을 기둥 상하부의 직경보다 약간 크게 하는 기법의 건축. '배흘림'이라고 함. 가늘어지기 시작한 부분은 보통 기둥 상부로부터 1/3되는 지점이며, 여기에서부터 곡선을 그리게 되는데 이 곡선은 여러 방식으로 결정. ④엔타시스양식은 고대 그리스나 로마건축에서 많이 쓰이고 우리나라의 고건축에서도 그 예를 쉽게 찾아 볼 수 있음. ⑤배흘림(=).

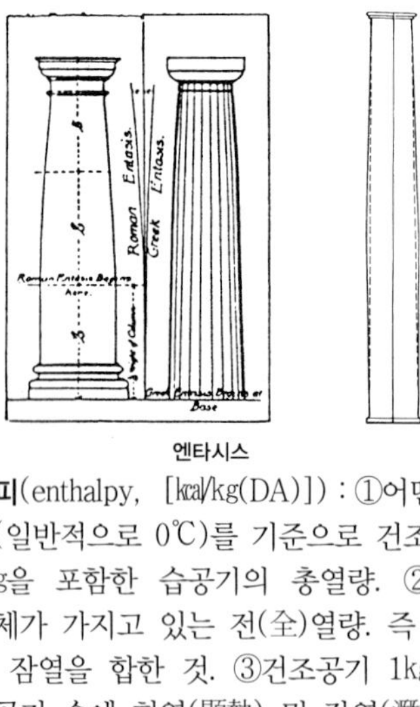

엔타시스

엔탈피(enthalpy, [㎉/kg(DA)]) : ①어떤 온도(일반적으로 0℃)를 기준으로 건조공기 1kg을 포함한 습공기의 총열량. ②어떤 물체가 가지고 있는 전(全)열량. 즉 현열과 잠열을 합한 것. ③건조공기 1kg당의 습공기 속에 현열(顯熱) 및 잠열(潛熱)형태로 포함되는 열량을 습공기의 엔탈피라고 함.

엔태블러처(entablature) : ①고전건축에 있어서 기둥에 걸쳐 지지되는 수평으로 가로지른 상인방. ②아키트레이브(architrave ; 기둥 바로 윗부분), 프리즈(frieze ; 중앙부분), 그리고 코니스(cornice ; 위에 돌출된 몰딩 부분)로 구성되어 기둥 위에 놓인 구조체. ③⇨아크로테리아.

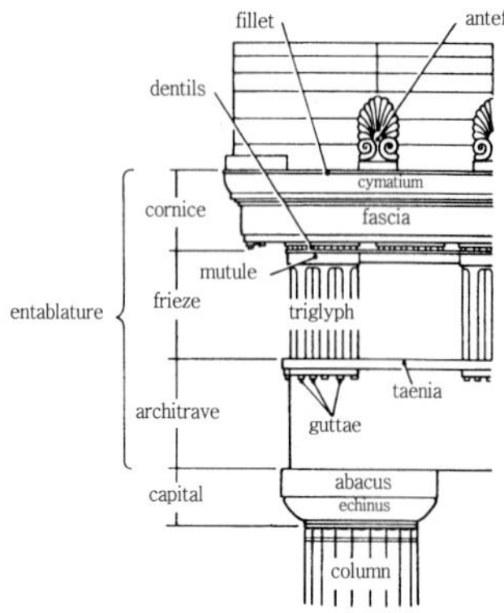

엔태블러처

엔터테인먼트(entertainment) : ①오락성이 강한 연극이란 말의 뜻에서 변화된 것. ②유통업계에서는 디스플레이를 통하여 시각적으로 재미있고 즐거운 표현을 꾀한 것.

엔트런스룸(entrance room) : ⇨베스티블(=).

엔트로피(entropy) : 물질의 형태가 변화될 때 또한 열 형태로의 에너지 방출을 수반함. 열역학 법칙에 의하면 일정한 양의 에너지체계는 창조되거나 파괴될 수 없으며, 다만 형태가 바뀔 뿐임. 엔트로피는 물리학에서 물체의 열역학적 상태, 즉 더 이상 일로 바꿀 수 없는 에너지의 양을 재는 단위. 일에 소모된 에너지의 찌꺼기. 거의 '무질서'라는 단어와 같은 말로 사용. 열역학 제2법칙에서는 엔트로피가 증가한다고 하는 말은 우주의 예정된, 피할 수 없는 몰락과 죽음을 가리키고 있음. 유기적인 체계 내에서는 엔트로피가 최소한으로 억제되고 에너지와 물질의 효율적 이용이 이루어짐. 성숙한 생태계는 성숙하지 못한 생태계보다 종이 아주 다양하며 낮은 엔트로피를 가짐.

엘[1](el, ell) : ⇨엘보우(=).

엘[2](L) : ①L의 사고방식을 근거로 하여 야간의 소음레벨에 10dB을 가산하여 24시간의 평균을 잡고 그것을 주야 소음 레벨로 하여 다음 식과 같이 정의.

$$L = 10\log_{10}\frac{1}{24}[15\times10^{\frac{L}{10}} + 9\times10^{\frac{L+10}{10}}][dB(A)]$$

여기서 L : (주간)7:00~22:00의 등가소음 레벨, L : (야간)22:00~7:00의 등가소음 레벨, ②이 밖에 도로교통소음의 평가량으로서 TNL(Traffic Noise Level)은 다음 식으로 구함. TNN=4(L10−L90)−L90−30. 여기서 L9 ; 80% 범위의 상단치. L90 ; 80% 범위의 하단치. L과 주야구별이 없는 24시간의 평균치 L(24)의 허용기준치는 다음과 같음.

L, L(24)에 의한 허용치

목적	기 준 치	적 용
청각보호	L(24)≦70	전역
옥외활동	L≦55 L(24)≦55	주거지역 등 교정·공원 등
실내활동	L≦45 L(24)≦45	주거실내 주거 이외 학교 등

③도로교통소음 등 불규칙하게 변동하는 소음에 대한 평가치로서 통계량인 중앙치(中央値)를 사용. 중앙치란 그 레벨을 초월한 시간이 관측시간의 절반이라는 것을 나타내는 시간율 50%의 레벨(L50). ④L5.L95는 국제적으로 규정되어 있는 변동률(90% 범위)의 상단치·하단치이며, 80% 범위의 상한치 L10은 관측시간 중의 피크레벨(peak level) 평균치로서 L과 더불어 구미 각국에서 비교적 널리 사용되고 있으며 현재 각국의 도로교통 진동 표준치임. 80% 범위의 하단치 L90은 암소음 레벨.

엘라이트(allite) : ①시멘트 원료를 1,260~1,450℃의 고온에서 소성시켰을 때 생성되는 광물. ②규산이칼슘($3CaO \cdot SiO_2$)에 가까운 조성을 가지고 있어서 이 화학기호를 간략화시킨 C_3S로 나타내기도 함. ③포틀랜드시멘트 속에는 약 50% 정도의 엘라이트가 포함되어 있으며, 수화반응속도와 강도발현이 빠른 특징을 가지고 있고, 수화열은 120cal/g 정도를 나타냄.

엘레먼트(element) : 요소·성분을 의미하는 용어.

엘레베이션(elevation) : ①건물의 내외 수직요소를 나타내는 도면(입면도). ②건축물이나 사물의 형태를 수직면에 투영한 도면, 즉 입면도(立面圖). 구조물의 측면 형태 및 부분의 위치나 크기 등을 표시하기 위한 것으로서 건축에 있어서는 정면에 대한 엘레베이션을 파사드(facade)라고 함.

엘렌가스(Liquefied Natural Gas ; LNG) : ①액화천연가스. ②메탄올(CH_4)이 주성분, 발열량이 높고(22,000kcal/m³) 무공해성이어서 연료용으로는 매우 우수.

엘리베이터(elevator) : ①1852년 발명된 사람이나 화물을 수송하는 수직 샤프트(shaft)에 오르거나 내려갈 수 있도록 설치한 수송설비(플랫폼 또는 승강장). ②안정성을 위해 수직의 가이드레일로 이동시키는 덮개나 플랫폼을 갖춘 2층 또는 그 이상의 층으로 옮길 수 있도록 끌어 올리거나 하강시키는 기계장치. ③대규모 건축물에서는 유효면적 2,000m²에 1대의 비율로 하거나 또는 2층 이상의 유효면적 2,275m²에 대해 1대의 비율로 한 대수가 일반적임. ④법규에 따른 규정에는 탑승인원수에 따라 8인승을 기준으로 하며 16인승 이상은 2대로 봄. ⑤1대에 3,000m²를 초과하는 2,000m² 이내마다 1대의 비율로 가산한 대수를 설치.

엘리베이터샤프트(elevator shaft) : ⇨승강로(=).

엘리베이터의 분류(−分類, sorts of elevator) : ①용도별 분류 ; 승객용(passenger elevator)·화물용(freight elevator)·승객화물용(passenger−freight elevator)·침대용(bed elevator)·자동차용(motor car elevator)·전동 덤웨이터(electric dumb−waiter). ②속도별 분류 ; 저속도(50m/s 이하)·중속도(60~120m/s)·고속도(1,350m/s 이상)

엘리베이터타워(elevator tower) : 엘리베이터 샤프트를 설치한 탑.

엘리베이터홀(elevator hall) : ①승객이나 화물의 승강 및 상하차를 위하여 엘리베이터 승강로에 인접한 대기공간. ②승강장(=).

엘리자베스양식(-樣式, Queen Elizabeth style) : ①1558~1603년대 영국에서 고딕과 르네상스 사이의 과도기적인 양식을 여왕의 이름을 따서 명명한 용어. ②튜더 왕조시대보다 추가되고 진전된 르네상스 양식의 가구 제작. ③르네상스양식의 전성기. 그것은 대부분 커다란 창문들이 특징인 전원주택을 위한 디자인으로 이루어짐. ④가구의 다리는 선삭가공(旋削加工)의 구근(球根) 모양이나 참외 모양의 다리를 적용하고 있으며, 이 구근과 참외 모양의 다리에는 초목덩굴 장식과 아칸서스 잎 장식을 함. ⑤다리의 윗부분에는 도리아식이나 이오니아식의 머리장식을 함. ⑥의자는 삼각형 또는 정방형의 좌석을 가지고 있는 목조로 제작된 웨인스콧 의자(wainscot chair)가 대표적임. ⑦탁자는 트레슬(trestle)탁자, 게이트 레그(gate leg)탁자, 드롭 리프(drop leaf)탁자 등이 대표적임. ⑧장롱은 구근 모양의 다리장식이 부착되고 여닫이문이나 탁자의 서랍 및 의자 등받이에는 로매인 워크(Romayane Work)라는 사람의 머리를 조각한 부조장식이 유행함.

엘리자베스양식

엘리자베스여왕양식 : 엘리자베스양식(=).

엘보우(elbow) : ①보통 90°로 구부러진 파이프 이음쇠. ②일반적으로 L자 모양의 부속 파이프 또는 이러한 모양의 연결 부위를 총칭하기도 함. ③'엘(el, ell)'이라고도 함.

엘보우

엘에스티(LST ; Latest Starting Time) : ①네트워크 공정표 용어의 하나. ②프로젝트 공기(工期)에 영향이 없는 범위에서 작업을 가장 늦게 시작해도 좋은 시각. ③계산은 역진계산. ④어느 작업의 LST는 그 작업의 LFT에 소요일수를 감하여 구함. ⑤종속작업이 복수일 때는 종속작업의 LST의 최소값이 그 작업의 LFT가 됨.

엘에프티(LFT ; Latest Finishing Time) : ①네트워크 공정표 용어 중 하나. ②프로젝트 공기(工期)에 영향이 없는 범위 내에서 작업을 가장 늦게 종료해도 좋은 시각. ③계산은 역진계산으로 함. ④어느 작업의 LST는 그 작업의 LFT에 소요일수를 감하여 구함. ⑤종속작업이 복수일 때는 종속작업 LST의 최소값이 그 작업의 LFT가 됨.

엘자(L字, el, ell) : 건물의 본체 길이에 직각으로 붙여 지은 건물.

엘티(LT ; Latest node Time) : ①임의의 결합점으로부터 종료결합점에 이르는 경로 중 시간적으로 가장 긴 경로를 거쳐 프로젝트의 종료시각에 알맞은 여유가 전혀 없는 결합점 시각. ②가장 늦은 결합점 시각(=).

엘피(LP ; Longest Path) : ①네트워크 공정표 용어의 하나로 임의의 두 결합점(node, event)간의 경로(path) 중 소요시간이 가장 긴 경로. ②최장패스(=).

엘피가스(Liquefied Petroleum Gas ; LPG) : ⇨액화석유가스(=).

엘피엠(LPM) : ①저압 멜라민 함침지(Low Pressure Melamine impregnated paper)의 약어로 종이에 그라비어(gravure) 인쇄를 하여 모양지(deco paper)를 만들고 이 모양지에 멜라민 수지를 함침(含浸)시킨 성형용 수지 시트. ②특징은 두께가 얇고 별도의 접착제 없이 고온열압에 의해 모양지에 함침되어 있던 수지가 용출되고 자착에 의해 접착. 낮은 압력(10~20kgf/㎠)에서 접착성형되어 저압이라 표현.

엠피지(LPG) : ⇨액화석유가스(=).

엠디에프(MDF ; Medium Density Fiber-board) : ①밀도를 0.64~0.80g/㎤로 조절하여 건식으로 제조한 섬유판. ②천판(天板)·문짝이나 알판용으로 사용(곡선면 가공에 쓰임). ③중밀도섬유판(=).

엠디에프(MDF ; Macro Defect Free)**시멘트** : 베이스 시멘트에 수용성 폴리머를 혼합한 후, 프레스 성형하여 수화상의 큰 결함을 제거하고 고강도화를 도모한 고급내장용 건재.

엠디에프콘크리트(MDF concrete) : ①시멘트 재료에 기공을 없앤 고수밀성 콘크리트. ②시멘트에 포함된 큰 기공(2~15㎛)을 추출, 트윈 롤 밀(twin roll mill)로 입자경 조절, 비빔식 혼합에 의한 기포 압출(roll mill).

엠보스(emboss) : 표면을 부조로 높이거나 조각하여 형태를 만드는 기법.

엠보스드글라스(embossed glass) : ①두께 2~5㎜의 반투명 돋을새김 유리. ②⇨돋을새김 유리(=).

엠보스벽지(-壁紙, emboss wall paper) : ⇨엠보싱벽지(=).

엠보스코팅벽지(-壁紙, emboss coating wallpaper) : ①표면에 합성수지가 코팅되어 있고 엠보스된 부분의 형상이 도배시 풀칠에 의해 펴지지 않도록 보강되어 있어 외관으로는 비닐벽지와 유사한 느낌을 주며, 내오염성·내수성이 일반 종이벽지에 비해 많이 보강된 벽지. ②합지벽지(=).

엠보싱(embossing) : 판재로 된 부재에 오목 또는 볼록하게 특수 가공한 것.

엠보싱벽지(-壁紙, Embossing wall paper) : ①종이벽지의 일종. ②똑같은 패턴으로 벽지 표면을 요철무늬로 입체감을 주어 만든 벽지. ③무늬가 인쇄된 프린트 벽지 위에 무늬를 맞춰 엠보싱 롤러로 눌러주면 무늬가 돌출되어 입체적인 효과를 얻을 수 있는 종이벽지. ④요철 모양의 입체 무늬를 프레스(Press)로 눌러 문양을 나타내는 벽지. ⑤소재는 두꺼운 백상지나 합지(이중지)를 사용하는데, 이는 풀을 발라 시공 후 엠보싱 효과가 펴지는 현상이 일어남. ⑥그라비아 벽지보다는 가격이 조금 비싸지만 90년대 종이 벽지의 주종을 이룸.

엠브레이저(embrasure) : ①창 또는 문의 기능을 위해 뚫어 놓은 구멍. ②문 또는 창문 주위가 비스듬히 벌어진 부분. ③총을 쏘기 위해 또는 대포를 설치하기 위해 파 놓은 성벽이나 총안(銃眼)의 구멍 또는 총구멍. ④성·요새 따위의 안쪽이 바깥쪽보다 좁은 흉벽(胸壁) 총안. ⑤창 등의 나팔꽃 모양 또는 나팔꽃 모양의 구멍.

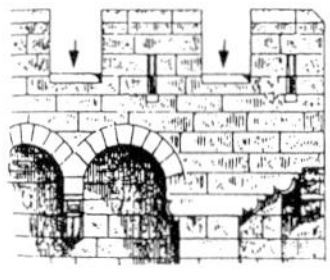
엠브레이저

엠브리(ambry) : 라틴어로 '체스트' 또는 '찬장'.

엠블레마타(emblemata, emblema) : 초기 로마인들이 마룻바닥이나 벽판 등을 위해 사용한 상감기법의 한 유형.

엠블레마타

엠에스의 실험(-實驗, The MS Experiment) : 모리스(M. Morris)와 시아디니(F. Sciadini)가 1966년에 「회화·생활방식과 가치들(Paintings, ways to live, and values)」이란 제목의 한 연구를 발표하였는데, 그 연구에서 그들은 예술작품의 의미를 명료하게 하기 위해 경험적 방법들이 어떻게 사용될 수 있는지를 보여주는 실험을 함.

엠오엠에이(MOMA) : 1988년에 미국 뉴욕에서 Deconstructivist Architecture Exposition을 개최한 Museum of Modern Art의 약자.

엠파이어양식(-樣式, Empire style) : ①프랑스의 신고전주의 중 프랑스혁명 후 파리를 중심으로 전개한 나폴레옹 통치시대의 실내·가구양식. ②고전주의를 기초로 하여 왕위에 오른 나폴레옹의 영화를 나타내기 위해 고대 로마양식을 복고적으로 정확하게 모방하고 고대 이집트양식을 가미한 사치스럽고 호화스러운 양식. ③궁정 건축가인 페르시에(Charles Percier ; 1764~1838)와 퐁텐느(Pierre Francois Léonard Fontaine : 1762~1853)에 의해 완성. ④바닥은 벨로드의 빨간 융단이 깔렸으며, 마호가니에 금의 블론즈 표장을 한 왕좌(王座)·스툴(stool)·콘솔(console)·주형침대(舟形寢臺) 등 호화로운 가구가 나폴레옹이 살고 있는 퐁텐블로(Fontainebleau) 궁전의 실내를 장식. ⑤가구는 자유로운 곡선이 기계적인 직선과 곡선으로 변화되고, 가구 다리는 아래로 내려갈수록 직선으로 되어 있으며, 단면은 단순한 원형이나 사각형이 아래로 내려갈수록 가늘어지고 표면은 직선이나 가시모양의 세로홈을 파 장식함. ⑥장롱이나 탁자는 대부분 장방형이며 모서리에는 금속장식을 부착하고 의자 등받이는 장방형 또는 타원형으로 되어 있음. ⑦테이블은 원형이나 팔각의 대리석 천판(天板)을 중앙에의 삼각형 판목(板木) 위에 세웠고, 로마의 트라이포드를 모방한 삼각대 위에 놓는 것이 유행. ⑧장식문양은 장미꽃·리본·큐피드의 화살·칠현금(七玹琴)·건축형 열주(列柱) 등을 흑단·상감세공·칠로 마감. ⑨엠파이어 양식을 영국에서는 리전시양식(Regency style), 독일에서는 비더마이어양식(biedermeier style)이라고 부름.

엠피타라모스(amphithalamos[그]) : 고대 그리스·로마시대의 독신 자녀들이 사용하던 방(房).

여(廬) : ①오두막집·주막·임시거처·움집·여인숙 등을 의미. ②오늘날 고속도로상에서의 주유소·간이식당·슈퍼마켓 등을 의미.

여닫이 : ①문틀에 고정되어 있는 정첩이나 돌쩌귀 등을 축으로 하여 여닫는 방식, 또는 그런 방식의 문이나 창을 통틀어 하는 말. ②문짝의 한편에 경첩을 달아 당기거나 밀면 열리는 문 혹은 창.

여닫이문(-門, swing door, hinged door) : ①밀고 당길 때 수직 끝에 문지도리인 일반정첩·돌쩌귀·자유정첩 등을 문선틀에 달거나 문장부(pivot ; 추축경첩)·바닥지도리(floor hinge) 등을 문의 한쪽 상하부에 장치(裝置)하여 돌리는 문. ②분류 ; ㉠문짝 수에 따라 외여닫이와 양(쌍)여닫이. ㉡열리는 방향에 따라 안여닫이와 밖여닫이. ㉢매달은 위치에 따라 외여닫이일 때에 오른편으로 여는 것을 오른편달기, 왼편으로 여는 것을 왼편달기로 구분.

여닫이창(-窓, casement window) : ①창짝을 문틀에 단 것. ②종류는 외여닫이·쌍여닫이가 있고 각각 안여닫이와 밖여닫이가 있음. 또 4짝으로 하여 중간 2짝은 옆의 창짝에 달아 접어 붙이고 열리게 할 수 있음. ③안여닫이는 빗물 막기에 불리하고 실내 사용에 불편하므로 이중창 외에는 외벽에 사용하지 않음. 밖여닫이는 빗물 막기도 편리하고 기밀하게 할 수 있으며, 또한 전부 열 수 있는 장점이 있으나 열어 놓았을 때 바람에 의해 파손되기 쉬운 단점이 있음. 비가 들이치는 것에 대해서는 차양 등을 설치하는 것이 좋고 창 밑에 물흘림 경사와 옆 또는 창짝 밑에 물끊기 홈을 팜. 외부 창의 밑틀 또는 중간틀의 윗면은 물흘림 경사를 1 : 5 정도로 하고 고급으로 할 때는 물끊기 홈을 파기도 함.

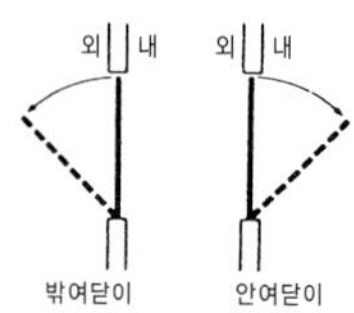

여닫이창

여담(女墻) : ①성벽 위에 쌓은 얕은 담. ②종류는 평여담·원여담·요형여담 등이 있음. ③성벽 위에 나지막하게 설치되는 凸자형 담장.

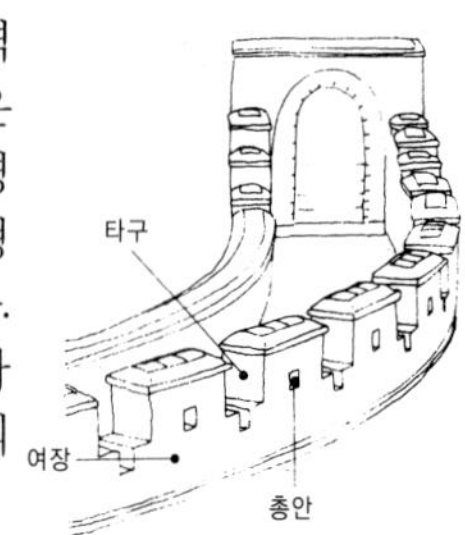

여장의 구성

여막사(女莫斯) : 여막새.

여물 : 맨흙으로만 벽질을 할 경우 흙이 마르면 갈라지는 것을 막으려고 짚이나 삼 따위를 흙에 섞어서 버무린 것.

여밈대(meeting stile) : ①여닫이창의 접촉

하는 창틀 중의 하나. ②미세기 또는 오르내리창이 서로 여며지는 선대.

여상주(女像柱, caryatid) : ①아크로폴리스에 있는 에레크테이온(Erechtheion)에서와 같이 그리스 건축양식에 있어 기둥 대신 지탱하는 구조재로 사용된 여성의 형체를 한 꾸며진 조각상에 붙여진 이름. ②여인상을 조각하거나 몰딩한 기둥·벽기둥·창문 사이의 벽의 기능을 발휘하는 지지 부재. ③엔태블러처를 받치는 여자 조각상. ④가장 유명한 예는 아테네의 Erectheum에 있음. ⑤남상주(⇔).

여상주

여색(餘色) : ⇨보색(=).

여염집 : ①신분계층에 의한 민가유형의 하나. ②일반백성의 집.

여와(女瓦) : ⇨바닥기와·암키와(=).

여의주와 용발톱브래킷형 발(如意珠-龍-形-, ball and claw bracket foot) : 여의주와 용발톱형 발 위에 가구의 몸체에 달린 브래킷이 있는 가구의 발.

여의주와 용발톱형 발(如意珠-龍-形-, ball and claw foot) : ①구슬이나 공을 쥐고 있는 동물의 발 모양을 조각한 가구의 발. ②중국의 용의 발이 여의주를 움켜쥐고 있는 장식 모티프에서 유래한 것. ③18세기 캐브리올 다리(cabriole leg)와 함께 크게 유행.

여장(女墻) : ⇨담장(=).

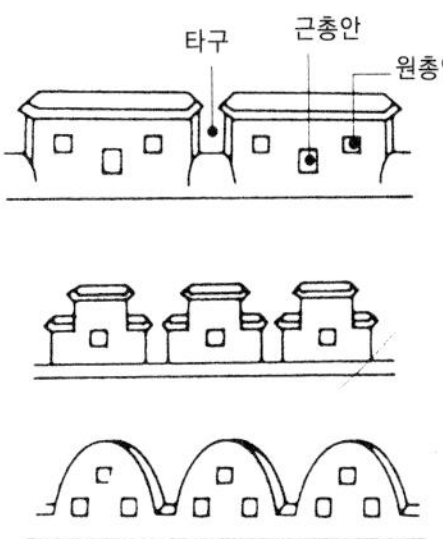

여장의 종류

여진(勵振) : 실을 난방하는 경우 열공급이라는 원인에 의해 실온이라는 결과가 생김. 또한 벽을 끼고 있는 한쪽 기온을 높인다는 원인이 되는 것을 여진(勵振)이라고 하고, 결과가 되는 것을 응답(應答)이라고 함.

역(閾, threshold) : ①자극에 대해서 반응이 시작되는 분계점. ②인식작용의 생기(生起)와 소실(消失)과의 경계점 혹은 끊어진 곳이라든가 경계를 의미.

역다이아몬드형 조합(逆-形調合, reverse diamond match) : ⇨무늬목조합(=).

역동적 치수(力動的値數, dynamic dimension) : ⇨기능적 치수.

역동주의(力動主義, dynamism, dynamisme[프]) : ①모든 자연현상의 근원을 힘이라고 생각하는 철학상의 학설로 일반적으로 예술에서 역동감을 중시하는 경향. ②미래파에서 출발한 큐비즘의 한 분파. ③1920년대 독일 표현주의의 건축표현에서도 이 경향이 보임. ④큐비즘이 정적(靜的)이고 직선적이며 색채가 단순한 반면, 역동주의는 동적이고 곡선적이며 원·구형(球形)인 원통형이며, 콘트라스트가 많은 색채를 사용. ⑤대표적 화가로는 프랑스의 레제(Fernand Léger : 1881~1955)가 있음.

역류방지기(逆流防止器, back syphon breaker) : ①세정밸브에 의한 급수관 직결 세정방식에 있어서 대변기의 트랩에 고형물이 끼이면 오수가 변기에 가득 차서 변기 급수구까지 잠기게 될 때, 단수 등에 의해 급수관이 감압되었을 경우 역사이펀 작용이 일어나 변기 내의 오수가 급수관으로 빨려 들어가게 되는 것과 같은 비위생적인 현상을 막기 위해 고안된 역류방지기. ②역압현상은 세면기·욕조·수채 등에서도 일어날 수 있으므로 모든 급수전의 출구는 물이 넘치는 면보다 3~5㎜ 정도 높이 부착해야 함.

역류방지밸브(逆流防止-, backwater valve) : 하수와 같은 오수가 반대방향으로 흐르는 것을 방지하기 위한 밸브.

역률(力率) : 유효전력을 피상전력으로 나눈 값.

역리도형착시(逆理圖形錯視) : ①모순도형·불가능도형을 말함. ②펜로즈의 삼각형처럼 2차원적 평면 위에 나타나는 안길이의 특징을 부분적으로 보면 해석이 가능한데, 종합적으로 지각되면 전체적인 형태는 3차원적으로 불가능한 것처럼 보이는 도형.

역반사(逆反射) : ⇨대기복사.

역빗줄눈(逆-, struck joint) : 경사지게 만든 빗줄눈과는 반대로 아래쪽이 경사지게 들어간 모르타르 줄눈.

역사적 보존(歷史的保存, historic preservation) : 역사적인 가치를 지닌 유물이나 유적 등을 실제로 활용하거나 재사용하려는 관점에서 실내 및 건물을 보존하는 작업.

역사주의(歷史主義, historicism) : ①예술을 제작함에 있어 독자의 양식을 창조하는 것이 아니라 과거에 있었던 역사적 양식을 빌리려고 하는 사조. ②일종의 절충주의 성격을 지니고 있음. ③신고전주의와 낭만주의에 이어지는 19세기 중엽 이후의 건축과 공예에 그 경향이 현저했던 것을 가리킴. ④역사학 속에서의 역사주의 개념과 독일의 철학적 전통이 부분적으로 연결되어 있는 역사주의는 기원(起源)에 대한 하나의 의식(consciousness)과 물질적인 영역은 물론 정신적인 영역에 있어서의 상관성을 지칭하는데 사용되어 왔음. ⑤이러한 견해는 일찍이 역사적 결정주의(determinism)의 형성에 대한 반향으로서 일어났던 것. ⑥비평적인 관점에서 볼 때, 역사주의는 '역사적 판단력에 대한 비평(W. 딜데이)'에서부터 '우유부단한 상대주의(F. 마인네케)'를 총칭하는 용어.

역아치(逆-) : ⇨거꾸로아치(=).

역청(瀝青, bitumen, asphalt) : 아스팔트 또는 탄화수소의 혼합물로 고대에는 시멘트나 모르타르로 사용.

역치(閾値, threshold) : 지각반응을 일으킬 수 있는 최소 자극의 크기. 역치 이하의 자극을 역치자극(閾値刺戟)이라 하고, 역치에 해당하는 자극을 역치역(閾値域)이라고 함.

역치의 법칙(閾値-法則 law of threshold) : 지각의 법칙 중 어떤 자극이 효과를 발휘하는데 필요한 역치 이상의 자극강도가 필요하다는 법칙.

역풍현상(逆風現像) : ①굴뚝머리에서 눈·비·바람이 고래로 역류되는 것. ②온돌현상의 하나.

역하청(逆下請) : 원자재를 대기업이 독점공급하는 경우, 또는 대기업이 갖지 못한 독특한 생산기술이나 뛰어난 아이디어가 있는 경우, 중소기업이 역학관계상 우위를 점하면서 대기업으로부터 원자재나 부품을 납품받는 것.

역학(力學, mechanics) : 물체 및 물질계에 대하여 미치는 힘의 영향에 관하여 다루는 물리학의 일부로서 정역학(靜力學)과 동역학(動力學)으로 구성.

역학적 성질(力學的性質, mechanical property) : 물리적·역학적 작용에 대한 성질·압축·인장·전단·휨·마모·충격 등의 응력에 대한 성질.

엮음아케이드(interlacing arcade, intersecting arcade) : 일렬로 늘어선 기둥에 있어서 아치(arch)가 연속적으로 서로 교차하여 구성된 아케이드.

엮음아케이드

엮음장식(-裝飾, interlace) : 띠 또는 고리들이 정교하고 섬세하게 엮어진 모양의 장식 문양. 매우 정교하게 엮어진 문양은 환상적인 형태를 만들어냄.

엮음장식

엮음장식 등받이(-裝飾-, interlaced chair back) : ①띠와 같은 선이 마치 자수의 특징과 같이 엮어지고 꼬아진 형태로 조각된 의자의 등받이. ②18세기 말 프랑스 가구와 치펜데일

엮음장식 등받이

(Chippendale), 헤플화이트(Hepplewhite) 등의 가구에서 즐겨 사용.

연강(軟鋼, mild steel, soft steel) : 탄소함유량이 0.15~0.25%인 저탄소강.

연결(連結, link) : ①조형적·디자인적 의미로는 연속의 일부를 의미하거나 간주(看做)함. ②분절(≒).

연결공간(連結空間, linked space) : ①제3의 조정공간에 의해 조인트(joint)되거나 연결되는 두 공간. ②예컨대 현관·복도·계단 등.

연결보(連結梁, tie beam) : ⇨기초보(=).

연결줄눈(連結-, collar joint) : 조적조 두 수직 단면 사이를 잇는 수직줄눈.

연결칸막이(連結-, joint partition) : ①시스템가구의 기본요소인 패널을 연결막대에 부착시켜 공간을 분할하는 칸막이. ②특히 칸막이는 수납·정리·작업을 위해 통합된 시스템가구의 워크스테이션(workstation) 형식은 규격화된 패널을 연결막대에 부착한 벽상(壁狀)구조의 시스템가구형식을 취함. ③칸막이는 평면패널·곡면패널 또는 조합하여 다각(多角)이나 직각(直角)으로 연결함으로써 형태를 다양하게 변화시킬 수 있음.

연결띠장 : ⇨비계장선(=).

연경당(延慶堂) : 창덕궁 비원에 있는 조선 조시대의 대표적인 상류주택의 양식으로 지은 집.

연관(聯關, connection) : 실제로 보이거나 상상되는 어떤 사물의 문맥적·인과적·논리적인 관계 및 연상.

연광(軟光, soft light) : 물체의 명암대비와 그림자가 뚜렷하게 생기지 않도록 하는 확산광.

연결지붕창 : ⇨링크도머(=).

연골색 : 서까래 사이에 치받이한 곳에 그린 단청.

연구(燕口, miter joint) : ⇨연귀(=).

연귀(燕-, miter joint) : ①면과 면을 맞추기 위하여 문짝 따위의 모서리를 을모지게 엇벤 곳. ②문짝 따위의 모서리를 짜 맞추는 방법이나 그렇게 짠 자리. ③연귀맞춤·큰연귀(=).

연귀맞춤(燕-, miter joint) : ①직교하는 두 개의 나무 마구리가 보이지 않게 45° 각도로 빗잘라 대는 맞춤. ②모서리의 맞춤으로 나무마구리를 감추고 튼튼하게 맞춤할 때 쓰임. ③두 부재의 마무리를 감추면서 끝부분이 서로 끼워지도록 성형하여 튼튼한 맞춤이 되도록 하는 방법. ④연귀이음이나 맞춤을 하기 위해 만든 두 부재의 경사진 면이 접합되어 만들어진 사면(斜面). 창문이나 가구·액자 등 모서리의 마무리에 나무 마구리를 감추면서 튼튼한 맞춤을 할 때 사용. ⑤종류는 반연귀·안촉연귀·밖촉연귀·안팎촉연귀·사개연귀 등 있음. ⑥연귀이음(=).

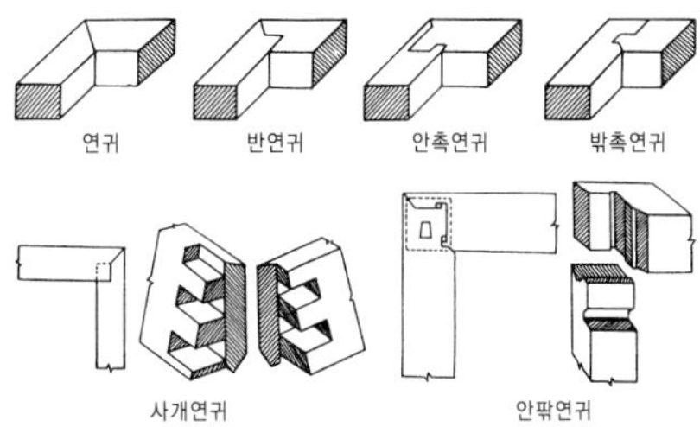

연귀의 종류

연귀이음(燕-, miter joint, mitre joint) : ①두 부재가 서로 맞댈 수 있도록 귀부분을 45° 각도로 잘라 직각(90°)으로 맞댄 접합. ②비스듬히 서로 교차하는 몰딩이나 다른 표면들의 만남으로 이루어진 이음 형식으로 각각의 부재는 접합부의 각을 절반으로 자른 형태를 가짐. 액자틀의 모서리와 같이 잇는 방법. ③연귀맞춤(=).

연귀짜임 : 접합부위를 45° 각도로 경사지게 하여 각각의 경사면이 맞닿도록 한 짜임기법. ⇨연귀맞춤·연귀이음(=).

연기감지기(煙氣感知器, smoke detector, smoke perceiver) : ①연기 발생에 의해 작동되는 전자 화재경보기. ②이온화식 감지기와 광전식 감지기가 있으며, 이온화식은 감지부분에 연기가 들어가면 이온전류가 변화하는 것을 이용하여 화재를 감지하고, 광전식은 감지부분에 연기가 들어가면 광량(光量)이 변화하는 것을 이용하여 감지. ③감도(感度)의 차이에 따라 3종류로 구분. ④연감지기(煙感知器)라고도 함.

연기돔(煙氣-, smoke dome) : 조립식 금속 벽난로 유닛(unit)의 연실 덮개.

연기성 먼지(煙氣性-, fume) : 공기 속의 먼지 가운데 입자의 크기가 더스트(dust, 1~150μ) 보다 작은 0.1~1μ 정도의 먼지.

연꽃무늬장식(蓮-裝飾, lotus ornament) : ①이집트의 수련을 양식화한 모티프. ②이집트에서는 주두와 가정용 세간 및 벽의 장식 등으로 쓰이고, 19세기 초 유럽과 미국에서 가구장식으로 다시 쓰임.

연꽃무늬장식

연꽃주두(蓮-柱頭, lotus capital) : 고대 이집트 연꽃 봉오리 형태의 주두.

연꽃형 아치(蓮-形穹窿, ogee arch) : ⇨오지아치(=).

연단거리(緣端距離, edge distance) : ①리벳구멍 또는 볼트구멍의 위치 치수의 하나. ②작용하는 힘과 직각방향으로 측정한 가장 가까운 가장자리에서 구멍 중심까지의 거리. ③단부의 리벳·볼트 등의 중심에서 접합재 가장자리까지의 거리. ④리벳구멍에서 부재 끝단까지의 거리(최대연단거리 e, e≦12t 또 e≦150㎜, t는 판두께).

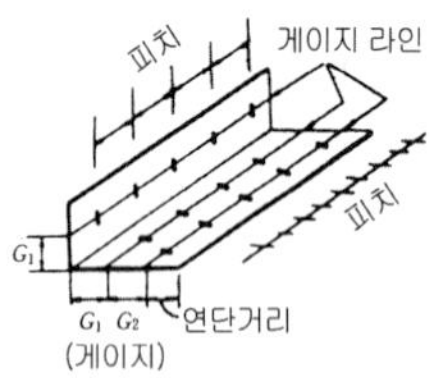

연단도료(鉛丹塗料, red leaded paint) : ⇨광명단도료(=).

연단색(鉛丹色, red leaded color) : ①관용색명으로 노랑 띤 빨강. ②먼셀기호 7.5R 5/12.

연단초(椽端草) : ⇨연목초(≒).

연도(煙道, flue) : 굴뚝의 연기가 빠지는 구멍인 불연성 통로나 연기관.

연도라이닝(煙道-, flue lining) : ①굴뚝 연도의 안벽에 사용되는 열에 강한 내화점토나 경량 콘크리트로 된 매끄러운 표면의 유닛. ②일반적으로 정사각형·직사각형·타원의 단면임.

연돌효과(煙突效果, stick effect, chimney effect) : ①외벽에 면한 개구부 상부쪽에서는 실내공기가 밖으로 유출되고 동시에 하부쪽에서는 외기가 실내로 유입되는 현상. ②건물 내의 복도·통로·계단 PD(Pipe Duct) 등을 통해서 기온 상승에 의하여 연돌(굴뚝)과 똑같은 원리로 통기작용하는 것.

연등천장(蓮燈天障) : ①서까래 사이(연등)의 개판 또는 앙토 밑이 그대로 치장되게 한 천장. ②반자 있는 천장과 달리 서까래까지의 가구(架構) 전부가 하나도 숨지 않고 모두 드러나 보이도록 꾸민 천장. ③삿갓처럼 솟은 서까래와 서까래 골 사이에 단청을 칠한 천장. ④지붕 밑의 보·도리·대공 등의 가구재(架構材)와 서까래가 실내에 모두 노출되고 서까래 사이에는 하얀 회반죽으로 마감하여 구조재인 목재와 회반죽의 흰색 대비가 단아하고 아름답게 조화를 이루는 가구조직의 구조미가 잘 나타나는 노출천장 양식으로 가장 오래된 양식이고 가장 널리 사용됨. ⑤연목(椽木) 및 연골(椽骨)이 그대로 드러난 부분을 단청한 천장. ⑥삿갓천장의 일종으로 서까래와 벽체가 그대로 드러나 보이도록 하고 다듬어 간추린 천장. ⑦주심포양식·맞배지붕의 건축물인 전통주택의 사찰·궁궐의 전각·서원의 대청·일반주택의 대청(大廳)마루 등에 사용. ⑧연등반자(=).

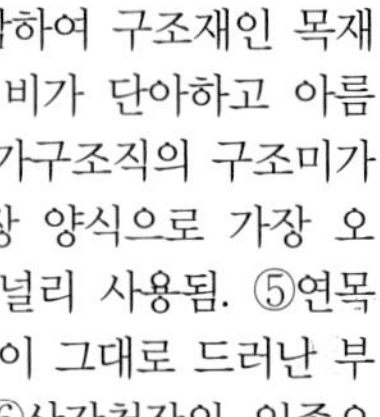

연등천장

연등초(蓮燈草) : 서까래 등에 그린 단청.

연력아치(連力穹窿, funicular arch) : ①가해진 하중 밑에 중축성(中軸性)의 압축만으로 발전되어 이루어진 아치. ②이러한 형태는 빗줄 모양의 장식이 비슷한 적재형태로 옮겨가기 위해 연력(連力) 모양이 전도됨으로써 시작됨. ③어떠한 연력구조에서든 간에 적재 형태가 변화하면 연력형태는 휨형태로 되기 쉬움.

연륜(年輪, annual ring) : ⇨나이테(=).

연륜간격(年輪間隔) : 횡단면상 목구면의 반지름 방향길이($x$cm)/그 사이에 포함되어 있는 연륜수(n). 즉 x/n.

연륜밀도(年輪密度) : ⇨나이테밀도(=).

연륜연대학(年輪年代學) : 나이테의 너비를 분석하여 과거의 기후·환경·연대 등을 알아보는 것.

연립주택(聯立住宅, terrace house, low house) : ①최소한 한 개의 측벽을 이웃주거와 공유한 주택. 보통 이웃주택과 동일하거나 매우 유사한 평면·창호·디자인·마감재료를 사용. ②동일한 평면으로 된 각 세대(주택)를 연속적으로 배열하여 시각적으로는 전체가 하나의 외관이 되도록 설계된 보통 단층(單層)으로 된 주택. 일상적으로 말하는 연립주택은 저층 아파트(low apart)로 연립주택과는 다름. ③⇨연속주택(=).

연마루 : 이층이 넘는 집의 경우에 아래층 지붕의 윗마루.

연마지(硏磨紙, sanding paper) : 소지의 평활(平滑)을 목적으로 보통 목재 또는 금속판에 사용하는 특수종이로 연마지의 입도에 따라 ㉠소지연마(80~180#), ㉡하도 도막연마(180~240#), ㉢중도 도막연마(240~400#), ㉣상도 도막연마(400~600#)로 구분.

연마판유리 : ⇨마판유리(=).

연면적(延面積, total floor area) : 건축물 각 층의 바닥면적을 합계한 것. 다만, 용적률 제한에 관한 규정을 적용할 때는 지하주차장 및 거실 이외의 용도로 쓰이는 부분은 산입하지 않음.

연모 : ⇨공구(=).

연목[1](軟木, softwood) : ①나뭇결이 거칠고 섬유질이 많은 침엽수인 목재. ②소나무·삼나무·전나무 등이 이에 속함. ③값은 저렴한 편이지만 섬세하게 마감하기 어려우며 가구제작용으로는 별로 사용하지 않음. ④글자 그대로 연한 나무를 의미하는 것은 아님.

연목[2](椽木, rafter) : ①서까래 또는 서까래로 쓰이는 통나무. ②마룻대에서 도리 또는 보에 걸쳐 자른 나무. ③대·중·소 연목으로 구분함. ④서까래(=).

연목느리개(椽木-) : 장연의 뒷목을 눌러 박은 느리개.

연목초(椽木草) : ①연목(椽木)과 네모진 각의 장엄을 위하여 단청할 때 풀어야 할 무늬의 원본을 정한 형태. ②초상(草像)의 한 유형인데, 서까래 끝에만 무늬를 놓는 경우와 서까래 몸채 전부에 무늬를 놓는 법 두 가지가 있으며, 그 밖에 무늬 없이 선으로만 긋기하는 방식도 있음. 서까래 끝마구리에는 연단초(椽端草)라 하여 별도의 무늬가 구성됨.

연목편수(椽木編修) : ⇨맥이편수·서까래편수(=).

연문(蓮紋, ripple mark) : ①활엽수재 중에서 방사조직 또는 축방향세포가 층계상 배열을 함으로써 나타나는 무늬. ②목재공예상 미관적 가치가 큼. ③연문의 수는 수종에 따라 다르기 때문에 목재 식별에 이용되기도 함.

연방양식(聯邦樣式, federal style) : ①1780년경부터 1830년까지 미국 장식예술과 건축에 사용되었던 고전부흥양식(classical revival style). ②독립 후 초창기에는 영국의 18세기 후반 양식인 아담양식(Adam style)·헤플화이트양식(Hepple White style)·셰러턴양식(Sheraton style)을 기본으로 하였으나 추후 프랑스 이민이 증가함에 따라 루이16세 양식과 앙피르양식 또는 리전시양식(Regency style)이 도입됨. ③특징은 곡선이 도입되고 장식도 풍부하여 의자인 경우 등판의 장식을 보면 고전적인 모티브를 독자적으로 발전시켰음을 알 수 있음. 특히 셰이커 가구(Shaker furniture)가 유행하여 단순하고 소박한 서민적인 가구를 사용.

연변대비(沿邊對比, successive contrast) : 어떤 두 색이 서로 가까이 있을 때 그 경계의 언저리 부분이 먼 부분보다 더 강한 색채대비가 일어나는 현상. 일반적으로 무채색을 명도단계로 붙여서 배열하거나 유채색을 색상별로 연속하여 붙여서 배열하거나 같은 명도의 유채색을 채도 단계별로 연속 배열할 때 잘 나타나고, 두 색 사이의 거리를 멀리 하거나 유채색인 경우에는 두 색 사이에 무채색의 테두리를 두거나 그 경계를 애매하게 만들 때 억제.

연봉(蓮峰) : 막새에 있는 못구멍을 감추려고 구멍 위에 얹는 연꽃 모양의 장식물.

연뿌리초 : 서까래 끝에 그린 단청.

연상(硯床) : ①문방제구를 담아 두는 작은 상자. ②문방사우(벼루·먹·종이·붓) 및 도장이나 작은 두루마리 서책을 넣어 두는 상자로 보통 뚜껑이 달려 있으며 상단에는 벼루와 먹을, 중간 서랍에는 편지를, 하단에는 책·종이·연적 등을 놓음. 주재료는 오동나무·소나무·먹감나무 등이 쓰였으며 죽제·나전칠기로 장식한 것도 있음. 형태와 종류는 매우 다양함.

연상작용(聯想作用, process of association) : 직감을 통하여 또 다른 미감각을 표현하는 것. 예술이란 미의 실체적 형성을 통해서 미를 존재케하는 것으로 미의 가치기준을 실현시키는 창조물.

연색(演色, colour rendition) : 광원에 의해 조명되어 나타나는 물체의 색.

연색성(演色性, color rendering, color rendition, farbwiedergabe[독]) : ①광원(光原)에 따라 동일한 물체색이 다르게 보이는 성질. ②물체색은 물체 표면의 분광반사율에 따라 일정한 색은 반사시키고 나머지 색은 흡수함으로써 나타나는데, 광원을 이루고 있는 여러 가지 분광이 다르게 분포되었을 경우에는 서로 다르게 지각. 백열등 조명하에서 붉은 계통의 색은 더욱 강하게 보이고 회색·푸른색은 침체되어 보이며, 형광등하에서 푸른 계통의 색은 선명하고 더욱 서늘하게 보이고 빨강색은 흐리게 보임. 광원의 종류에 따라 물체의 색이 어떻게 달라 보이는가를 나타내는 기준을 연색평가수(Ra)라고 함. 즉 인공조명이 자연채광과 어느 정도 색이 다른가를 나타내는 지수이고, 자연광의 연색평가수는 100, 따라서 측정한 광원이 기준광원과 같으면 Ra100으로 나타내고, 색 차이가 크면 Ra값이 작아짐. 100에 가까울수록 연색성이 좋은 것을 의미.

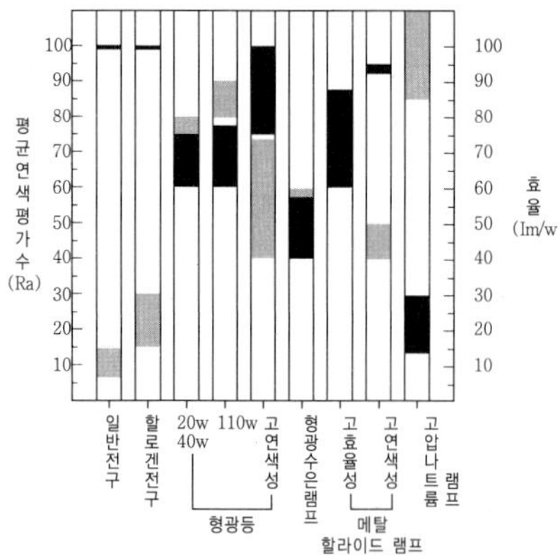

연색성과 효율

연색지수(演色指數, color rendering index) : 유사한 색온도의 기준 광원과 비교하여 색을 얼마나 정확히 연출하는가 하는 전구의 성능을 측정하기 위한 지수. 색온도 3,200°K의 텅스텐 램프, 색온도 4,800°K인 정오의 일광, 색온도 7,000°K인 평균 주광의 연색지수가 모두 100이며, 색상을 완벽하게 연출하는 것으로 간주함.

연색평가지수(演色評價指數, color rendering index, CRI) : 조명이 자연광과 비교하여 어느 정도 빛이 다르게 보이는가를 나타내는 기준. 일반적으로 자연광의 연색평가지수를 100으로 나타내는데, 단일광원보다 두 종류 이상의 광원을 혼합하여 사용하는 것이 연색성을 높여 주는 효과가 있으며, 백열등은 고압 나트륨의 10분의 1 효과가 있음. 평가지수는 음식공간은 85 이상, 전시관·의류매장 등 색채가 중요한 실내공간에서는 100에 가깝도록 조명계획.

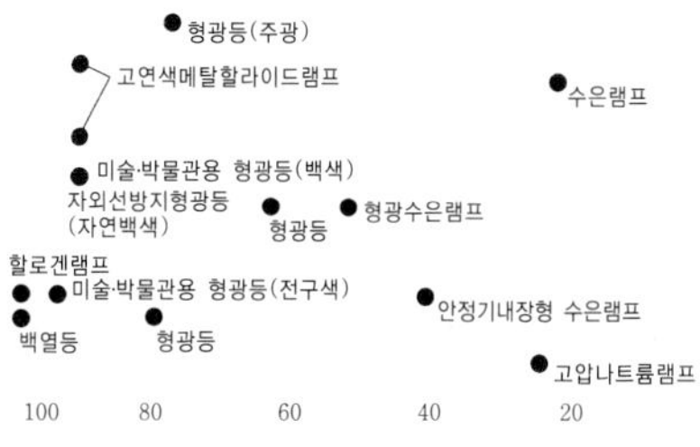

연색평가지수(Ra)

연석(軟石, freestone) : 사암이나 석회암처럼 아무 방향으로나 손쉽게 가공할 수 있는 돌.

연성(延性, ductility) : ①금속이 선형(線形)으로 늘어날 수 있는 특성. ②재료가 탄성한계 이상의 힘을 받아도 파괴되지 않고 가늘고 길게(넓고 또는 얇게) 늘어나는 성질. 따라서 연성이 풍부한 재료란 인장력을 주어 가늘고 길게 늘어나게 할 수 있는 재료.

연성파괴(延性破壞, ductile failure) : 압축측 콘크리트가 허용응력도에 도달하기 전에 인장철근이 파괴되는 현상. 균열과 처짐이 크게 발생되고 파괴 전에 징후가 나타나고 서서히 파괴됨.

연소(燃燒, combustion) : ①공기 또는 산소 속에서 물질이 산화되어 빛과 불꽃을 내는 현상. ②급격한 산화반응으로 발열하고, 그 열에 의해 산화된 물질이 발광하는 현상.

연속기초(連續基礎, continuous footing) : 일련의 기둥들을 지지하기 위한 철근콘크리트 기초.

연속단(連續段, flight) : 계단참에서 다음의 계단참까지 하나로 연속되는 계단.

연속대비(連續對比, successive contrast) : 하나의 색깔이나 색상에 집중적으로 노출되게 되면 시지각 특성에 의해 그것의 보충되는 감각, 즉 또 다른 색깔이나 표면을 즉시 보았을 때 잔상이 비추어지는 것.

연속도금(連續鍍金, continuous plating) : ①코일을 되감으면서 연속적으로 하는 도금. ②강제 코일을 사용한 용융아연도금, 전기아연도금, 틴프리스틸(TFS) 등이 대표적인 연속도금제품임. ③강판 이외에 스테인리스, 알루미늄, 동 등의 코일도 이용됨.

연속동작(連續動作) : 동작 중에 근육을 통제해야 되는 동작. 예컨대 자동차의 핸들조작 등. ⇨동작.

연속보(連續-, continuous beam) : 두 개 이상의 지지점 위에 연속적으로 놓인 보. 비슷한 길이와 하중을 갖는 단순보를 연속적으로 연결했을 때보다 강성이 높고 모멘트가 줄어듦.

연속성(連續性, continuity) : ①선, 가장자리 또는 방향이 일관되는 상태나 속성. ②조형적으로 옆이나 같은 방향에 따라 연속적으로 되어 있는 것들이 그룹으로 인식되려는 경향이 있다는 시지각적 특징.

연속성의 법칙(連續性-法則, law's factor of continuity) : ①유사한 요소들이 하나의 줄이나 완만한 곡선배열을 구성하여 그룹으로 지각되는 법칙. 더불어 짝이 되어 행동하는 것은 하나의 그룹으로 지각. 일정한 방향으로 연속하는 것이 통합·정리되기 쉬움. ②⇨공동운명의 법칙·연속의 요인·연속성의 원리.

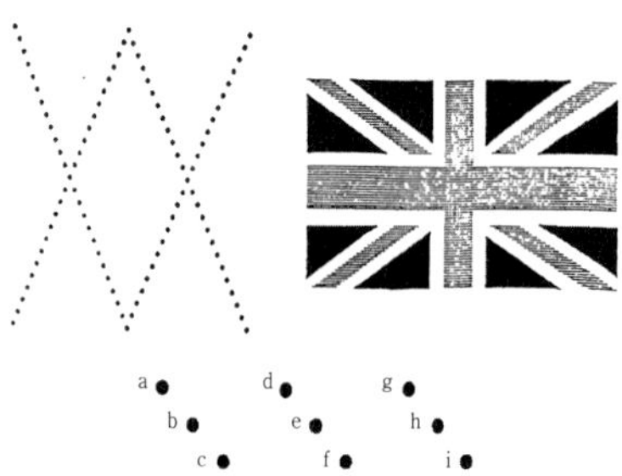

연속성의 법칙

연속순회형식(連續巡廻形式) : 전시실 순회형식의 하나로 긴 직사각형 또는 다각형 평면의 전시실이 연속적으로 연결된 형식으로 관람자는 연속적으로 이어진 동선을 따라 관람하게 됨. 동선이 단순하고 공간을 절약할 수 있는 장점이 있으나 많은 실을 주어진 순서별로 관람하기 때문에 지루하고 피곤한 감상이 될 수도 있음. 또한 하나의 전시실을 폐쇄했을 때는 전체 동선이 막히게 되는 단점이 있음.

연속스펙트럼광(連續-光, continuous spec-trum light) : 모든 에너지의 파장-색-을 가진 조명으로 백색광을 냄. 프리즘이나 분광기를 통해서 보면 이 광은 연속적인 무지개로 보임. 태양·촛불·백열등·기름 램프가 이 광을 가짐.

연속용접(連續鎔接, continuous welding) : ⇨모살용접(=).

연속정첩(連續丁鉆-, continuous hinge) : 움직이는 부분의 길이와 동일한 길이를 가진 정첩. 피아노정첩(=).

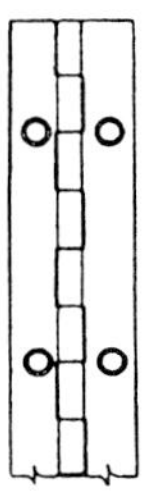

연속정첩

연속푸팅기초(連續-基礎, strip footing, continuous footing) : 벽 또는 기둥을 연결하는 구조의 기초로 받치게 되는 것을 말함. 보통 '줄기초'라고 함.

연쇄(連鎖, concatenation) : 서로 연결되거나 관련된 사물 및 사건의 시리즈.

연수(軟水, soft water) : ①칼슘·마그네슘 등 염류(鹽類)의 함유량이 비교적 적은 물. ②경도가 10도 이하의 물. ⇨경수(⇔).

연신율(延伸率) : 금속재료의 시험편 파단 후 표점간의 길이와 원표점간의 거리와의 차를 원표점 거리로 나눈 백분율.

연실(煙室, smoke chamber) : 벽난로의 목(throat)과 굴뚝의 연도(煙道) 사이의 넓게 된 곳.

연실선반(煙室旋盤, smoke shelf) : 연실의 바닥에 있는 돌출 선반. 굴뚝 상부로부터 하부로 내려오는 바람을 막거나 벗어나게 함.

연암 : ①연함의 변음. ②⇨연함(=).

연약지반(軟弱地盤, soft ground) : ①충적층의 점성토 또는 매립지로 대표되는 지반으로서 구조물을 지지하는 힘이 불충분한 지반. ②점성토층이나 느슨한 사질토층으로 구성되어 강도가 약하고 압축성이 큰 지반. ③해안-하천 인접지역에 많이 분포함. 연약지반에서는 도로공사중 도로하부지반이 파괴되기도 하고 장기적으로 도로침하가 불규칙하게 많이 발생함.

연자 : 연귀 등을 자를 때 쓰는 기역자 모양이나 90°가 안 되는 자.

연장선(延長線, extension line) : 치수선(置數線)이 그려지는 곳까지 사물의 가장자리나 자체로부터 연장된 선.

연장테이블(延長-, extension table) : 상판을 양옆으로 밀거나 경첩을 달거나 또는 아코디언 형태의 지주 등을 이용하여 연장시킬 수 있도록 고안한 테이블.

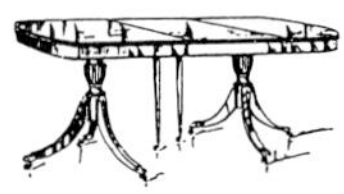

연장테이블

연정(椽釘) : 무쇠로 만든 서까래 못으로 길이는 1척 정도.

연죽(椽竹) : 초가지붕에서 서까래 아래에 건너질러 지붕을 얽는 동아줄을 잡아매도록 되어 있는 대나무.

연지(madder red) : ①홍색 안료의 한 종류. ②관용색명으로 빨강. ③먼셀기호 4R/4/11.

연질섬유판(軟質纖維板, fiber insulation board, low density fireboard, soft board) : ①식물섬유(볏집·톱밥·폐펄프·파지 등)를 주원료로 하여 높은 열을 가한 다음 내수제를 첨가하여 잘 다져 혼합한 것을 탈수·성형하여 건조시킨 판(KS F 3201). ②특징은 ㉠비중 0.4 미만, 함수율 16% 미만, 휨강도 10kg/㎠ 이상, 열전도율 0.075kcal/mh℃. ㉡흡음성·단열성 우수함. ㉢가공성·접착성 우수함. ㉣흡음성·팽창성 우수함. ㉤휨·충격에 약함. ㉥두께는 6·12·18·25㎜. 치수는 900×1,800·1,000×2,000·1,200×210(2,400·2,700·3,000·3,600). ③종류는 A급(목재 편) 연질 섬유판과 B급(면조각·볏짚·펄프 등) 연질섬유판이 있음. ④건물의 내장·흡음·단열·보온을 목적으로 사용함. ⑤일명 텍스(tex)라고 함.

연창(連窓, multiple window) : 창문이 옆으로 연이어 있는 것. 즉 가로로 배치된 연속적인 수평창.

연철(軟鐵, wrought iron) : 탄소함유량이 0.02인 철로 녹이 잘 슬지 않으며, 곧바로 단조 또는 용접할 수 있고, 질기고 전성이 있으며, 구성 성분·열처리에 따라 다양한 강도·경도·신축성을 나타내는 여러 종류의 철합금.

연청(椽廳) : ⇨질청(=).

연춧대 : 토담을 쌓을 때 쓰는 나무.

연침(聯針) : ①짧고 긴 서까래가 이어질 때, 그 끝에 구멍을 뚫고 볼따귀를 맞대어 싸리나무 등을 꽂아 고정시키는 것. ②전·후 또는 상·하에서 오는 서까래가 엇대는 끝머리에 구멍을 뚫고 연달아 꿰어 연결하는 가늘고 긴 나무. ③쇠못이 없던 때에 쓰던 것으로 마룻도리와 중도리 위에서도 썼으나 지금은 중도리 위에서는 쓰지 않음. ④산적꽂이(=).

연판(鉛板) : 납(鉛)으로 된 얇은 판.

연한(軟-, pale) : 색채에서 명도가 높고 채도가 낮은 고명도·고채도.

연함(椽檻) : ①평고대 위에 골을 파서 처마 끝 암키와를 받는 재. ②평고대 위에 암키와가 앉도록 파놓은 나무오리. ③서까래 끝의 평교대 위에 기왓골을 받기 위하여 암키와가 놓일 만하게 반달 모양으로 촘촘하게 댄 나무. ④암키와의 뒷면에 맞는 골을 파서 평고대 위에 박아 댄 처마.

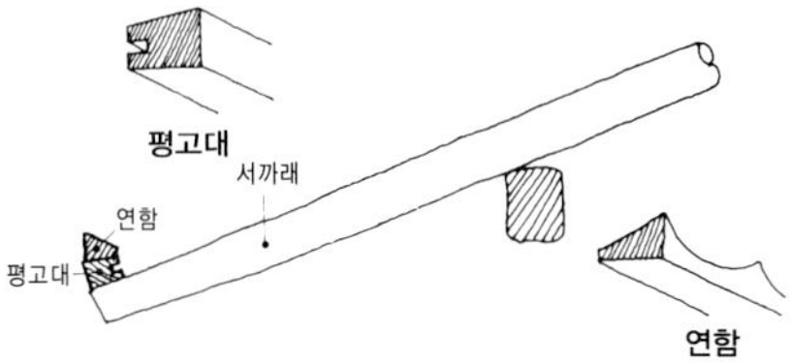

연합착시(聯合錯視) : ①예를 들면 A, B 2개의 똑같은 원을 놓고 A의 주위에 여러 개의 작은 원을 그리고, B의 주위에 큰 원을 그리면 A가 크고 B는 작게 보이는 것과 같은 대비적(對比的) 착시가 여기에 속함. ②동심원착시·델뵈프착시(=).

연행공기(連行空氣, entrained air) : ①미세한 구형의 기포로서 보통 0.1~1㎜의 직경을 가지며 콘크리트 또는 모르타르 배합시 AE제를 혼합하여 의도적으로 분산시켜 생기게 한 기포. ②표면활성작용으로 발생된 안정한 미세기포로서 각 기포가 독립되어 있기 때문에 콘크리트의 유동성을 현저하게 향상시키는 효과가 있어 콘크리트의 수밀성이 높고 동결융해 등의 내구성을 향상시킴. ③⇨잠재공기·공기연행제(=).

연화두첨차(蓮花頭檐遮) : 고려시대 양단 마구리를 비스듬하게 자르고 하단은 중괄호형태인 연꽃모양의 연화두(蓮花頭) 장식을 한 첨차.

연화문(蓮花紋, lotus) : ①연꽃이나 수련(睡蓮)의 꽃을 본 뜬 장식문양. ②연꽃을 도안화한 무늬. 머리초, 기타 주된 문양에 많이 쓰임. ③오래 전부터 이집트에서 사용하기 시작한 문양. 인도·중국·한국·일본에서 불교문화의 상징적인 무늬로서 널리 이용.

연화점(軟化點, softening point) : 플라스틱이 딱딱한 상태에서 부드러운 상태로 변할 때의 온도.

연회장(宴會場, banquet hall) : ①행사를 위해 많은 사람들이 모여 교류하는 장소. 호텔에서 집회공간은 정식의 연회·향연 등이 열리는 뱅키트홀(banquet hall)·뱅키트룸(banquet room)·무도회장인 볼룸(ball room), 의식·제전·대규모 연회 등을 위한 공간인 펑션룸(function room) 등이 있음. 이들 모두는 식사를 같이 할 수 있는 집회공간, 즉 연회장이라는 동일한 의미로 사용됨. ②대규모 연회장인 경우 1인당 1.3 ㎡ 정도, 중소규모인 경우 1인당 1.5~2.5 ㎡ 정도로 바닥면적을 차지. 연회장의 층고는 소규모인 경우 2.7~3.5m이며, 대규모인 경우에는 5m 이상이나 평면의 크기와 형상을 고려하여 적절한 치수를 결정. 연회장을 위한 전용 클럭룸(cloak room)·대기실·서비스 팬트리를 설치하는 것이 바람직함. ③공간 규모의 다변화를 위해 칸막이는 이동식 칸막이(movable partition)로 하고 방법은 아코디언식과 패널식이 있음. ④조명은 200~500lx 이상의 조명으로 구석구석까지 밝고 균일하게 조명되도록 하며 연색성이 좋은 광원을 선택. 조명기구와 설비는 장식성이 강한 것을 선택하며, 동시에 무대를 보는 데 방해가 되지 않도록 함. 특히 천장은 다른 면보다 밝게 하여 수직적 상승감을 주는 것이 효과적임. ⑤좌석배치는 극장스타일·강의스타일·수평스타일·디너스타일·뷔페스타일 등.

열가소성(熱可塑性, thermo plastic) : 화학적인 변화를 가져오지 않고 열을 가하고 형태를 다시 만들 수 있는 플라스틱의 특성.

열가소성수지(熱可塑性樹脂, thermo resin) : ①고형상(固形狀)에 열을 가하면 연화 또는 용융하여 가소성 또는 점성(粘性)이 생기고, 이것을 냉각하면 다시 고형상으로 되는 성질의 수지. ②열을 가했을 때 고유특성에 아무런 변화를 일으키지 않고도 연하고, 냉각시키면 다시 단단하게 될 수 있는 플라스틱. ③특징은 2차 성형이 가능하고 보통 자유로운 형상으로 성형하는 것이 가능하며, 투광성(透光性)이 좋지만 강도 및 연화점이 낮다는 결점이 있음. 따라서 구조재로 사용하기에는 부적당하지 않으나 마감재로서는 가격도 비교적 싸다는 이점이 있음. ④종류는 폴리비닐수지·초산비닐수지·아크릴수지·스티렌수지·셀룰로오스수지·폴리아미드수지·알키드수지·메틸메타크릴수지·스티롤수지(폴리스티렌)·폴리에틸렌수지·폴리아미드수지(나일론)·폴리프로필렌수지 등이 있음. ⑤열가소성 플라스틱.

열가소성 플라스틱(熱可塑性-, thermo plastic) : ⇨열가소성 수지(=).

열간압연(熱間壓延, hot-roll) : 재결정화할 수 있을 정도의 높은 온도에서 금속을 압연하는 것.

열간압연강재(熱間壓延鋼材, hot rolled steel) : 강괴를 가열하여 압연기 롤 사이를 통과시켜 단련하면서 동시에 용도에 맞게 성형 가공한 철강제품.

열간압연강판(熱間壓延鋼板, hot rolled steel plates, sheet and strip in cut length) : 보통 약 800℃ 이상(A3 변태점 이상)의 고온으로 압연되어 판형상인 것. 약칭으로 열연강판, H/C, HR 등으로 사용되고 있음.

열강화유리(熱强化琉璃, heat strengthened glass) : ⇨강화유리(=).

열경화성(熱硬化性, thermosetting) : 가공하는 동안 화학적인 변화가 일어나고 다시 영구불멸의 형태가 되는 플라스틱의 특성.

열경화성수지(熱硬化性樹脂, thermoplastic resin) : ①고형체로 된 후 열을 가해도 연화되지 않는 수지로서 강도나 열경화점이 높고, 유리섬유 등과 같이 사용하면 기재(其材)에 의해 충분한 구조적 소질(素質)이 있고 내후성이 우수하나 가격 및 성형 등에 결점이 있음. ②열을 가해 경화시켜 불가역적인 수지가 되어 불용·불융의 구조를 가진 것. 일반적으로 내열성이 높고 분자량이 열가소성에 비해 낮음. ③열을 가하여 영구히 경화되어 다시는 부드럽게 될 수 없는 플라스틱. ④석탄산수지(페놀수지)·요소수지·멜라민수지·실리콘수지·알키드수지·레소시놀수지·우레탄수지·폴리우레탄수지·규소수지·푸란수지 등의 포름알데히드계수지·푸란수지·폴리에스테르·에폭시수지·불포화 폴리에스테르수지 등이 이에 속함. ⑤열경화성 플라스틱(=).

열고정(熱固定) : 열처리에 의한 형태고정.

열관류(熱貫流, heat transmission) : ①고체로 격리된 공간의 한 쪽에서 다른 한 쪽으로의 전열과정. ②고체 표면의 열전달과 고체 내의 열과정을 포함.

열관류율(熱灌流率) : ①열관류에 의한 관류열량의 계수. ②전열 정도를 나타내는데 사용. ③단위는 ㎉/㎡h℃.

열관류저항(熱貫流抵抗, resistance of heat transmission) : 열관류율의 역수. 즉

$$R = r + \sum_{1}^{n} r_n + r_0$$

여기서 r_0, r_0는 열전달저항[m²·h·℃/kcal], r_n은 열전도저항[m²·h·℃/kcal].

열교(熱橋, heat bridge, thermal bridging) : ⇨열교현상.

열교현상(熱橋現狀, heat bridge phenomenon) : ①벽이나 바닥·지붕(천장) 등의 건물 부위에 단열이 연속되지 않는 부분인 열적 취약 부분이 생길 때, 이 부위를 통해 열의 이동이 많아지는 현상. ②열교현상이 발생하면 구조체의 전체 단열성이 저하하기 때문에 열교현상이 발생하기 쉬운 접합 부위는 단열설계 및 단열재의 불연속됨이 없도록 철저한 단열시공이 이루어져야 함. ③열교의 특수한 형태로 천장의 얼룩무늬(pattern straining) 현상이 생김. 이러한 현상은 두 면의 온도차가 1℃를 초과하면 발생될 위험이 있으나 단열이 잘된 천장에서는 발생하지 않음.

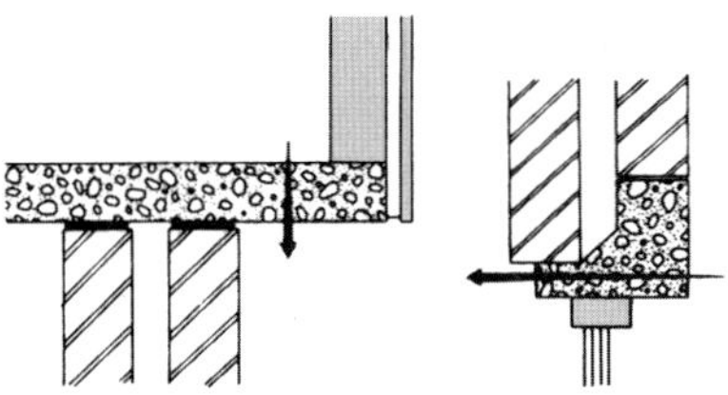

캔틸레버 콘크리트 바닥 / 창 윗인방

열교현상

열균열(熱龜裂, heat cracks) : ①급격한 가열, 냉각을 하면 재료의 표면에 생기는 금. ②열간 공구, 핫 롤 등의 표면에 생기는 금은 전형적인 열균열. ③열균열을 방지하려면 특히 냉각을 급격(수냉)하게 하지 않도록 해야 함.

열대재(熱帶材, tropical wood) : ⇨열복사.

열량(熱量, heat quantity) : ①에너지의 한 형태인 열의 물리량. ②단위는 cal 또는 kcal. ③ 1kcal는 표준대기압에서 순수한 물 1kg을 1℃ 높이는 데 필요한 열량. 순수한 물의 상태변화.

열루미네센스(熱-, thermoluminescence) : ①고온도로 인한 물체의 광방사(光放射). 방사의 색은 방사체(放射體)의 온도에 따라 다름. ②이 방사 물체색의 온도를 색온도(色溫度, CT)라고 함. ③단위는 절대온도 °K를 사용.

열린공간(-空間) : ①내부공간과 외부공간이 상호간에 교류·연결해서 서로 관통하여 하나로 합류하려고 하는 경향. ②대표적인 예로는 필립 존슨(Philip Johson : 1906~2005)의 유리의 집(glass house)과 미스 반 데어 로에(Ludwig Mies van der Rohe : 1886~1969)의 후안스 워드 주택 등이 있음.

열린 박공장식(-拍工裝飾, broken pediment) : ①18세기 영국에서 캐비닛·골동품 진열장. 코너장 등의 가구 상부에 사용되었던 장식 요소. ②삼각형의 정점 부위를 단절시켜 열린 중앙 부분에 장식적인 항아리(urn), 꼭지장식(finial), 조개(shall) 등으로 채워넣은 박공장식.

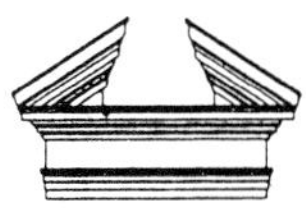

열린박공장식

열린아치(broken arch) : ①분절된 아치(segmental arch)의 형태로 아치의 중앙 부위가 생략되고 그 자리에 항아리 꼭지장식 등의 장식적 형상이 대체된 것으로 주로 문이나 창문 위, 엔태블러처(entablature) 또는 캐비닛 상부에 적용.

열린아치

열반사커튼(熱反射-) : 레이스 표면에 고온의 알루미늄박을 뿜칠하고 증착한 것으로 표면은 보통 레이스 커튼지와 동일. 알루미늄박이 증착된 면을 외측에 달면 적외선과 가시광선은 반사하고 자외선은 투과시켜 실내의 냉방효율이 증대되며 외부에서 실내가 보이지 않으므로 프라이버시 보호에도 효과적임.

열방사(熱放射) : ⇨열복사(=).

열방지도료(熱防止塗料, heat resistant paint) : 특히 고열(高熱)에 견디기 위한 실리콘

수지로 구성된 페인트.

열복사(熱輻射, heat radiation, thermal radiation) : ①물체에서 발생하는 열에너지가 공간을 통과하여 다른 물체에 도달하여 다시 열로 변하는 열의 전달현상. 즉 열이 공간을 통과하여 직접 접촉하고 있지 않는 다른 물체에 전자파 형식으로 열을 전달하는 현상. ②일반적으로 물체는 절대온도가 아닌 이상 열을 가지고 있으며, 열복사는 중간에 매체 없이 직접 열이 전달되는 방사만에 의한 고체면 간의 전열과정을 말하지만 그 공간의 영향은 적음.

열복사선(熱輻射線, heat radiation line) : ①모든 물체는 전자파의 형태로 방사선을 발산함. 방사선은 그 파장에 따라 자외선·가시선·열복사선으로 분류되며, 방사선은 그 파장에 따라 파장을 가진 방사선. ②열복사(=).

열선(熱線, heat ray) : ⇨적외선(=).

열선반사유리(熱線反射琉璃, low emissivity glass, lowe glass) : ①복사열의 긴 파장은 선택적으로 반사하면서 가시광선은 투과시키는 유리. ②열선 반사코팅을 유리면에 접착하거나 복층유리의 공기층에 열선 반사 코팅된 투명필름을 걸려 있게 하는 방법으로 제작.

열선유리(熱線琉璃) : ①보통 유리 표면에 실버 페이스트(silver paste)를 프린트하여 융착·강화시킨 유리. ②양쪽 단자에 전기를 연결하면 열선에서 발생된 열에 의해 표면의 서리·안개가 제거됨.

열선흡수유리(熱線吸收琉璃) : ⇨틴티드글라스·단열유리(=).

열섬현상(熱-現象, heat island phenomenon) : ①기온이 주변보다 높은 현상. ②인구가 밀집되어 있고 건물이 빽빽하게 들어선 도심지는 일반적으로 다른 지역보다 온도가 높게 나타나는데, 이처럼 주변보다 온도가 높은 특별한 기온 현상을 나타내는 지역을 열섬이라 함. ③열섬이 생기는 주요원인은 지표를 덮고 있는 대기의 성질, 상층을 덮고 있는 오염층, 도심의 가옥 건물 등에서 나오는 인공열(人工熱) 등으로 이러한 도시온난화현상은 녹지감소·도로포장률 증가·도시하천 복개·건물 증가에 따른 지표환경 변화와 대기오염 증가 등으로 주변 교외지역과는 다른 도시환경 때문임. ④도시기온의 특색인 열대야(熱帶夜)도 대부분 열섬에서 나타남. 열섬현상은 여름보다 기온의 교차가 심한 봄·가을이나 겨울에 뚜렷하며 낮보다 밤에 심하게 나타남. ⑤2001년 1월 현재 한강이남 지역의 기온이 한강이북지역보다 연평균 1℃ 이상 높은 것으로 나타남.

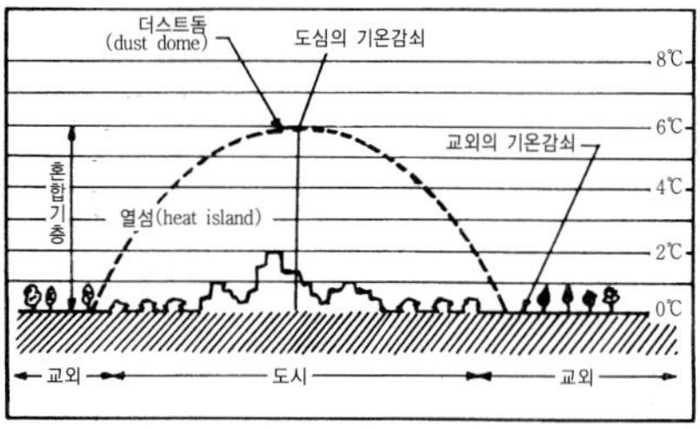

열섬현상

열기건조(熱氣乾燥, hot air seasoning) : 목재를 열기로 건조시키는 것.

열스트레스지수(熱-指數, heat stress index ; H. S. S) : ①인체가 열평형상태를 유지하기 위하여 필요한 증산량(蒸散量, evaporation required, Ereq)과 그때의 신체 주위 조건에 의해 규정한 최대 증산량(maximum evaporative capacity, Emax)과의 비. ②Belding-Hatch에 의해 제창되었다 해서 Belding-Hatch Index라고도 함.

열역학적 온도(熱力學的溫度, thermo dynamic temperature) : ①절대 영도와 물의 삼중점을 기준으로 정의된 온도의 척도. ②단위는 켈빈(kelvin ; °K). 켈빈은 온도에 대한 SI단위이나 섭씨도 같이 통용됨. ③켈빈에서의 온도간격은 섭씨에서와 같아 1°K의 온도변화는 1℃의 온도변화와 같음. 두 온도 척도간의 일반적인 관계는 $T=\theta+273$임. 여기서 T는 열역학적 온도

(°K), θ=섭씨온도(℃).

열오염(熱汚染, heat pollution) : 열에 의한 대기오염을 말하는 것으로 원자력 등의 에너지 이용으로 생긴 열이라든가 에어컨 사용에 의한 외부로 방출되는 열로 인하여 생기는 대기오염.

열응력(熱應力, thermal stress) : ①온도의 분포가 고르지 못함으로써 발생하는 금속 내부의 응력. ②열응력과 상대적인 변태로 인한 응력을 변태응력이라고 함.

열장 : 나무를 이을 때에 쓰는 돌기로서 나비자의 반쪽 모양의 것.

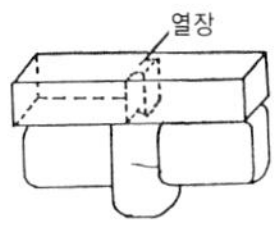

열장이음

열장이음 : ⇨열장.

열저항(熱抵抗, thermal resistance) : 건물의 부위에 있어서 특정한 구성 성분이 열류(heat flow)에 저항하는 능력에 대한 척도. 높은 열저항은 열류를 감소시키므로 훌륭한 단열을 위해서는 높은 열저항 값이 요구됨.

열적 박벽(熱的 薄壁) : ⇨열적 후벽.

열적 후벽(熱的 厚壁) : 반무한체 내의 온도 진폭이 표면의 10%가 되는 두께(A_x)는 $(\eta_e^{A_x}\theta_a)/\eta\theta_a=0.1$, 즉 A_x =2.3을 만족시킴. 기온변동이 1일 주기라고 한다면, 지반(=0.0012㎡/h)의 A값은 10.4이므로=0.22m, 콘크리트(=0.0024㎡/h)의 경우는 A=7.4이므로=0.31m. 이와 같은 두께의 벽으로 만들어진 환기가 안 되는 실의 기온은 외기온도의 1일 변동의 영향을 극히 조금밖에 받지 않으므로 A_x >2.3을 만족시키는 정도의 벽을 '열적 후벽'이라고 함. A_x의 값이 커짐에 따라 외기온도의 변화는 실내에 전달되기 어렵게 되고, 온도 및 열류의 위상은 커짐. A_x가 작아지면 벽체의 양쪽 기온이 일정하면 벽체 내는 정상온도로 간주되고, 이와 같은 벽을 '열적 박벽'이라고 함.

열전기온도계(熱電氣溫度計, thermoelectric thermometers) : 열전대(thermocouple)에 발생된 전류를 이용한 것으로, 열전대는 예컨대 철과 콘스탄탄합금(iron and constantan alloy) 같은 서로 다른 두 가지의 금속을 접합하여 만듦. 열전대에 흐르는 전류는 온도에 따라 민감하게 변화하며, 원격 또는 자동 제어시스템(auto-matic control system)과 함께 사용할 수 있음.

열전달(熱傳達, thermal transmittance) : ①고체와 유체간 또는 유체 속에서의 전열과정. ②양측면 공기층의 온도차가 1도인 경우 건축구조물 또는 조합물의 단위면적을 통과하는 열흐름의 시간율. ③⇨열전달계수.

열전달률(熱傳達率, coefficient of heat transfer) : 유체가 고체 벽면에 접하여 흐를 때, 벽면온도 w(℃), 유체온도(℃) 벽면적 Δ㎡라고 하면 정상상태에서 단위시간에 벽면에서 유체에 흐르는 열량 Q=αA(tw−t)[㎉/h]로 표시되며 비례정수 α를 열전달률[㎉/㎡·h·℃]이라 하고, 그 값은 유체나 벽면의 종류에 의해 다름.

열전도(熱傳導, thermal conductance) : ①일정 재질과 일정 두께를 지닌 양벽 사이의 온도차가 1도일 경우, 그 재질의 단위면적을 통과하는 열흐름의 시간율. ②물체에 온도차가 있을 때 열이 높은 고온부에서 낮은 저온부로 전달되는 현상.

열전도비저항(熱傳導比抵抗, resistivity) : 재료 내에서의 전도를 나타내는 또 다른 지표로써 열전도율의 역수. 즉 r=1/k.

열전도율(熱傳導率, thermal conductivity) : ①일정한 재질의 양 벽 사이의 온도차가 1°일 경우 그 재질의 단위면적과 단위두께를 통과하는 열흐름의 시간율. ②두께 1m의 균일재에 대하여 양측의 온도차가 1℃일 때 1㎡의 표면적을 통하여 흐른 열량. ③고체 또는 정지된 유체 안에서 온도차에 의해 열이 전달되어 가는 경우 열이 얼마나 잘 전달되는가를 나타내는 물성치로서 단위는 ㎉/m·h·℃. ④명시된 조건하에서 특정한 재료를 통하여 열이 전도되는 율에 대한 척도. 단위는

Watt−m/m²·℃, Watt/m·℃, ㎉/m·hr℃, BTU inch/ ft²·hr·°F.

재료의 열전도율

재 료	K값(W/—℃)	재 료	K값(W/—℃)
알루미늄합금	160	광면	0.039
석면 시멘트판	0.40	석고플라스터	0.46
아스팔트루핑(건조)	0.80	석고 보드	0.16
벽돌(1,700㎏/㎥)	0.84	발포 폴리스티렌	0.033
보통 콘크리트	1.83	고체 폴리스티렌	0.17
경량 콘크리트	0.19	폴리우레탄	0.026
구리	160	PVC 바닥판	0.040
코르크판	0.042	선철	50
섬유 단열판	0.050	사암	1.3
유리	1.0522	연질 목재	0.13
유리면	0.04	경질 목재	0.15
하드보드	0.13	목모판	0.085

CIBS GUIDE에서 발췌

열주(列柱, colonnade) : ①엔태블러처(entablature)를 지탱하는 규칙적인 기둥. ②규칙적인 간격으로 맞추고 건축물을 형성하는 구조적·장식적 관계로서 배열된 기둥들의 결합이나 집단. 원형의 패턴으로 직선 및 원호를 이루어 정렬되기도 함.

열주랑(列柱廊, peristyle, colonnade) : ①건축물의 바깥둘레 또는 안마당의 내부둘레에 구성된 기둥의 열. ②엔태블러처나 아치를 위에 갖는 기둥의 열.

열주식(列柱式, columniation) : 구조물에 있어서 기둥의 용도나 배열방식. 종류에는 2~10주식 및 12주식이 있음.

열처리(熱處理, heat treatment) : ①철강에 원하는 성질과 상태를 부여하기 위해서 하는 가열 및 냉각 조작. ②금속에 있어서 요구되는 물리적 또는 기계적 특성을 향상시키기 위해 가열이나 냉각과정을 제어하는 것. ③물질에 열을 가하여 그 조직과 성분을 변하게 하여 그 성질을 바꾸는 것. ④종류는 담금질(燒入, quenching)·뜨임질(燒戾, tempering)·풀림(燒鈍, annealing)·불림(燒準, normalizing) 등으로 구분하며, 열처리를 하여 강의 성질을 개선할 수 있음. 이외에 고용화(용체화), 석출경화, 가공열처리, 표면경화 등의 방법이 있음.

열처리방법(熱處理方法) : ⇨열처리.

열쾌적지표(熱快適指標, thermal comfort index) : ⇨쾌적지표(=).

열팽창계수(熱膨脹係數, thermal expansion coefficient) : ①열에 의해 팽창한 비율을 단위온도당으로 환산한 수치. ②열팽창계수의 측정법에는 ㉠diatometer법 ㉡직독법 ㉢빛의 간섭에 의한 방법 등이 있음. ③선팽창계수 외에 용적의 팽창비율을 나타내는 체적팽창계수가 있는데, 이것은 선팽창계수의 3배와 거의 같음. ④철과 콘크리트의 열팽창계수는 거의 같음.

열화당(悅話堂) : 강릉 선교장의 대표적인 건축물. 1815년(조선 순조15년) 이내번의 손자 이후(李厚)에 의해 건립. 3단의 장대석 단층기단 위에 전면 4칸, 측면 2칸의 누마루가 있는 팔작지붕 사랑채. 당호는 도연명의 「귀거래사」 중 "… 열친적지정화(悅親戚之情話…)"에서 유래. 대청·사랑방·침방·누마루가 유기적으로 결합된 평면. 전면의 7개의 석조계단을 올라가서 높은 위치에 대청과 누마루가로 된 작은 대청 사이에 방들이 ㄴ자로 배치됨. 툇마루 앞에는 서구풍의 차양이 설치됨. 들어열개문에 의해 내부공간의 확장과 전통건축의 공간적 특징인 내외부공간의 상호관입을 이룸.

열화정(悅話亭) : ①중요민속자료 제162호, 19세기 중엽 창건, 전남 보성군 득량면 오봉리 230에 위치. 조선 헌종11년(1845년) 이제 이진만(怡齊 李鎭晩)이 후진양성을 위해 건립했다고 전함. 1985년 누마루 부분이 붕괴되어 대대적으로 보수하였음. 동향으로 입구에 '백사문(白沙門)'이라는 현판이 걸려 있는 일각대문 뒤에 ㄱ자집 형태의 누마루집이 지어졌음. ②

열화정

자연석 허튼층쌓기 축대 위에 높은 덤벙주춧돌을 놓고 두리기둥을 세움. 기둥머리는 굴도리 아래에 장여를 받치고, 소로를 끼워 장여모양의 창방(昌枋)을 받침. 종도리는 장여만 받쳤으며, 사다리꼴 판대공으로 지지. 들보는 네모꼴로 모서리를 둘렀고, 굽은 부재를 사용. 지붕은 팔작지붕. 칸살구조는 세로칸이 맞걸이로, 가로칸 구들 부분은 전퇴로 하였음. 뒤쪽으로는 헛기둥을 일렬로 세워서 헛퇴를 달았음. 평면구성은 가로칸 중앙 2칸을 구들로 하여 아랫방·윗방으로, 세로 2칸은 누마루로 하였고, 누마루의 앞과 양측면에는 쪽마루를 내밀어서 계자난간을 시설하였음. 돌출된 난간 밑에는 누마루를 세웠고, 그 앞에는 활주를 2개 세웠음. 마당 앞에는 연못을 비롯하여 벚나무·목련나무·석류나무·대나무 등이 정원에 심어져 있어 아름다운 공간을 연출. 별다른 정원을 만들지 않았으나 주변의 숲과 잘 어울려 전통적인 한국조경의 수법을 잘 간직하고 있음. 일반적인 정자와는 달리 주택의 사랑채와 같은 분위기임.

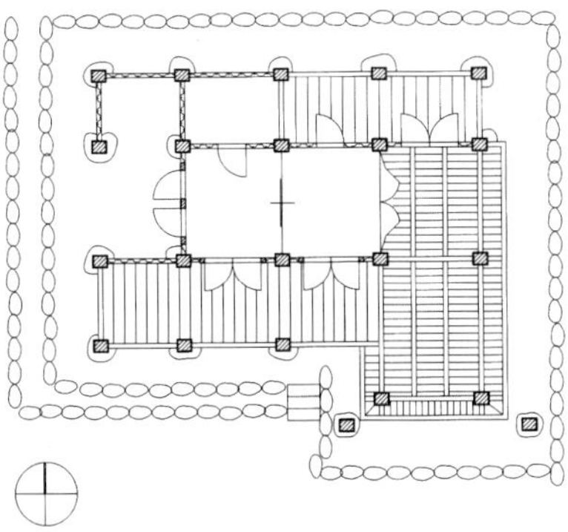

열화정 평면도

열환경사요소(熱環境-四要素) : 기온·습도·풍속(기류)·주위 벽의 복사열.

염기도(鹽基度, basicity) : ①슬래그의 염기성 성분의 양과 산성 성분 양의 비로 슬래그의 성질을 나타내는 지표가 됨. ②염기성 성분은 FeO·MnO·CaO·MgO 등이며 산성 성분은 SiO_2·P_2O_5 등으로, TiO_2·Al_2O_3·Fe_2O_3·Cr_2O_3 등은 양성 성분이라고 함(염기도=염기성 성분의 총합/산성 성분의 총합).

염기성 내화물(鹽基性耐火物, basic refractories) : ①내화물을 화학적으로 산성, 중성, 염기성의 3종으로 나누고 일반적으로 마그네시아 혹은 칼슘을 주성분으로 하는 것. 마그네시아·마그크로·돌로마이트·폴스테라이트 등의 내화물이 이에 속함. 그러나 성분상으로는 염기산화물을 몇 % 이상 함유하지 않으면 안 된다는 엄밀한 규정은 없고, 오히려 각종 내화물간의 조성이나 접촉하는 스크랩의 염기도와의 상관관계로 결정됨. ②축로를 할 때 염기성 내화물을 산성 내화물과 접촉시켜 사용하는 것은 고온반응을 일으켜 서로 침식되므로 주의해야 함.

염기성 내화벽돌(鹽基性耐火甓乭, basic refractory brick) : ①SK 35(1,770℃) 이상의 내화성을 가진 벽돌. ②알루미나 벽돌·마그네시아 벽돌·돌로마이트 벽돌·보크사이트 벽돌 등.

염기성 안료(鹽基性顔料, basic pigment) : 금속산화물을 주성분으로 하는 염기성 분말. 유성도료의 도막(塗膜)을 경화시키는 효과가 큼. 아연화(亞鉛化)·연백(鉛白)·연단(鉛丹) 등.

염력(捻力, torque) : 회전이나 뒤틀림을 일으키는 회전운동력.

염화(鹽化, chlorination) : 어떤 물질이 염소와 화합하는 일.

염화고무(鹽化-, chlorinated rubber) : 생고무를 4염화탄소에 녹여 염소(鹽素)를 도입하여 염소화한 것. 주로 도료 및 접착제로 사용.

염화마그네슘(鹽化-, magnesium chloride, $MgCl_2 \cdot 6H_2O$) : 조해성(潮海性)이 있는 무색의 결정(結晶)으로 바닷물에 함유되어 있으며, 비중은 1.56 가열하면 알칼리염(鹽)이 되고, 더 가열하면 산화마그네슘이 됨.

염화물(鹽化物, chloride) : 염소가 음성원소로서 화합된 물질의 총칭.

염화불화탄소(鹽化弗化炭素) : ①통칭 프레온

가스라고 함. ②냉방·냉동장치의 냉매제, 합성수지의 발포제, 스프레이 분사제, 전자·정밀부품의 세정제 등으로 산업현장은 물론 일상생활에서도 널리 쓰이는 화학물질. ③CFC는 태양에서 오는 해로운 자외선을 막아주는 성층권의 오존층을 파괴하는 것으로 알려져 있음. 따라서 미국, 일본 등 선진공업국들은 1989년부터 발효된 몬트리올 의정서에 따라 CFC 계통 물질의 생산과 사용을 규제하고 있으며 대체물질을 개발하여 생산중임. ④우리나라도 92년 몬트리올 의정서에 가입하여 CFC계통 물질의 생산과 사용을 규제하고 있으며 정부와 민간기업이 공동으로 대체물질을 개발 중임.

염화비닐(鹽化, chloride vinyl) : 아세틸렌과 염화수소와의 접촉반응으로 합성되는 유기화합물.

염화비닐벽지(鹽化−壁紙) : ①비닐벽지의 일종. ②종이에 염화비닐을 코팅하여 그 위에 프린트 엠보싱을 한 벽지. ③염화비닐을 졸(Sol)상태로 만들어 백상지에 전면 도포하여 무늬를 프린트 가공하여 입체무늬를 프레스(Press)로 눌러 문양을 나타내는 벽지. ④염화비닐벽지는 80년대 중반 이후 벽지시장의 주류를 이루고 있으며, 내구성·내오염성·다양한 디자인 표현효과 등의 장점이 있음.

염화비닐수지(鹽化−樹脂, polyvinyl chloride resin) : 열가소성 수지의 일종으로 염화비닐의 중합에 의해 작용하는 수지. 경질과 연질이 있으며 전자는 골판, 후자는 주로 바닥재(floor sheet)나 벽장재·절연재 및 파이프 제조에 사용됨.

염화비닐칩벽지(鹽化−壁紙, polyvinyl chloride wallpaper) : ①비닐벽지의 일종. ②종이에 접착제를 바르고 염화비닐 알갱이를 도포하여 요철의 질감을 갖도록 한 벽지. ③염화비닐 수지를 접착제로 도포한 기재의 종이에 살포하여 열가공한 벽지. ④표면에 칩이 자연스럽게 붙어 있어서 엠보싱처리한 염화비닐 벽지보다 훨씬 자연스러우나 긁으면 떨어지는 단점이 있음. ⑤실크와 같은 질감을 가지므로 '비닐실크벽지'라고도 함.

염화비닐타일(鹽化−, polyvinyl chloride tile) : 염화비닐에 가소제를 섞어서 연진물로 만든 것에 석분·석면·코르크 분말 등의 충전제를 혼합하고 안료를 섞은 것을 가열하여 롤러로 압연성형한 것. 석면 등의 혼합량이 많아지면 딱딱해지고 염화비닐 수지량이 많아지면 부드러워짐. 두께는 2~3㎜, 크기는 305×305㎜를 표준으로 다양하게 있으며 착색판·무늬판 등이 있고 색은 아스팔트 타일보다 더 선명하고 엷은 색 제작이 가능. 용도로는 바닥재·논슬립용 등이 있음. 제품으로는 플라스틱 타일 · 비닐아스타일 · 브렉스타일, 논슬립 등이 있음.

염화비닐판(polyvinyl chloride board) : ①입상수지원료(粒狀樹脂原料)를 가열하여 롤러(roller)를 통해 투명평판·착색골판·불투명평판·무늬판·골판 등으로 만듦. 불투명평판은 석면 등의 충전제를 혼합하여 만드는 경우가 많음. ②두께는 3㎜ 정도까지 있고 크기는 90×90㎝, 90×180㎝ 이외에 롤러에 따라 자유롭게 치수를 조정할 수 있음. 두께가 18~20㎜판은 통문판으로 쓰이며 각종 리브(rib)로도 쓰임. ③특징은 ㉠색이나 투명도가 자유로움. ㉡내수성·내약품성·내마모성 등이 우수하여 청소하기 용이함. ㉢화재시 Cl_2 가스 발생이 큼. ㉣전기절연성이 높음. ④부엌바닥·세면장·탈의실·화장실 등에 사용됨.

영계수(−計數, Young's modulus) : ①응력(應力)과 변형률(變形率)의 비. ②인장이나 압축할 경우의 탄성계수. 영률이라고 함. ③탄성비례한도 내에서는 응력(수직)(σ)과 비뚤어짐(변형)(ε)의 크기는 서로 정비례하므로 $\sigma = E\varepsilon$로 나타냄. 이 E를 영률이라고 함.

$$\text{즉 영계수}(E) = \frac{\text{응력}(\sigma)}{\text{변형률}(\varepsilon)}$$

영계수비(Young's modulus ratio) : 철근 콘크리트조에서 철근은 같은 단면적의 콘크리트보다 n배(영계수비의 비)의 힘에 저항한다는 역학적 관계의 비. 실용적으로는 영계수 n=15의 값을 쓰고 있음. 즉 철근은 콘크리트보다 15배의 응력이 작용.

영구거푸집(永久-, permanent form) : 마감이나 보호층으로서 구체콘크리트와 일체가 되어 거푸집 제거작업이 불필요한 콘크리트용 거푸집.

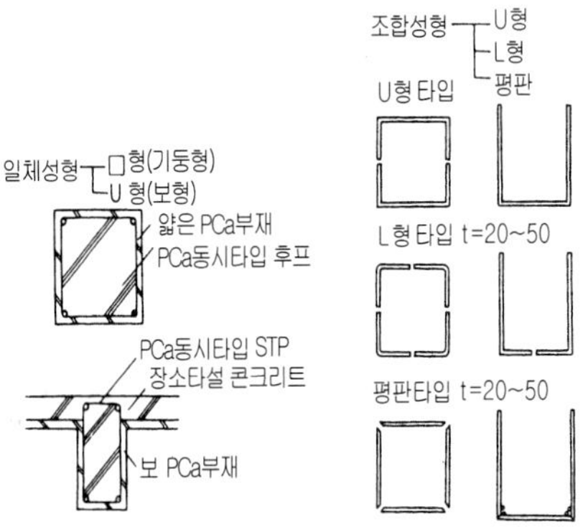

(a) 콘크리트제 일체성형 형틀 (b) 콘크리트제 조합성형

기둥 · 보 콘크리트제 영구거푸집

영구임대주택(永久賃貸住宅) : 법정 영세민 등에게 공급하기 위하여 국민주택 규모 이하의 크기로 지방자치단체·대한주택공사에서 건설하여 임대하는 주택과 기업체에서 건설하여 저렴한 임대보증금과 임대료로 임대해 주는 주택.

영국르네상스양식(英國-樣式, English Renaissance style) : 유럽에서 가장 늦게 르네상스를 수용한 영국은 16세기 초 헨리 8세 시대로부터 건축·실내장식·가구분야에 이탈리아 르네상스양식의 도입으로 엘리자베스1세(1558~1603) 시대부터 본격적인 르네상스양식이 전개. 특히 중세풍(中世風)의 귀족저택(manor house)은 이탈리아풍(Pallazzo style)의 호화저택으로 변하고 판자붙임의 고딕풍 의자는 상자에 의한 경쾌한 4각식 의자(四角式椅子)로 바뀌었으며 시트나 등받이는 천으로 감싸게 되었음. 침대는 멜론형의 기둥과 캐노피를 두른 호화스런 엘리자베스양식이 유행. 여기서 엘리자베스양식이라 함은 영국의 르네상스 가구를 총칭함.

영국만국박람회(英國萬國博覽會, The Great Exhibition) : 앨버트 황태자의 구상으로 런던 소재의 하이드 파크(Hyde park)에서 1851년에 개막. "기계·과학·예술(Machinery, Science, Taste)"이라는 주제의 국제규모 박람회였으며, 영국의 우수한 공업기술뿐만 아니라 혼란한 세계에 대하여 영국의 평화와 번영을 과시한 세계 최초의 박람회였음. 전시장의 예술품들은 저속한 작품에서부터 평범한 작품에까지 전시.

영국식 가로질러쌓기(English cross bond) : 영국식 쌓기의 변형으로 길이방향 켜의 줄눈이 길이방향으로 반토막 정도 밀린 형태의 쌓기.

영국식 벽돌쌓기(英國式組積, English bond) : 벽돌 나누기가 서로 다른 A켜와 B켜를 교대로 쌓아 입면도를 보면 A켜는 마구리쌓기, B켜는 길이쌓기로 되어 있으며 벽의 모서리나 끝에는 마름질한 이오토막을 써서 상하가 일치되도록 쌓는 법. 보통 '영식쌓기'라고도 하며 벽돌쌓기 중 가장 튼튼함.

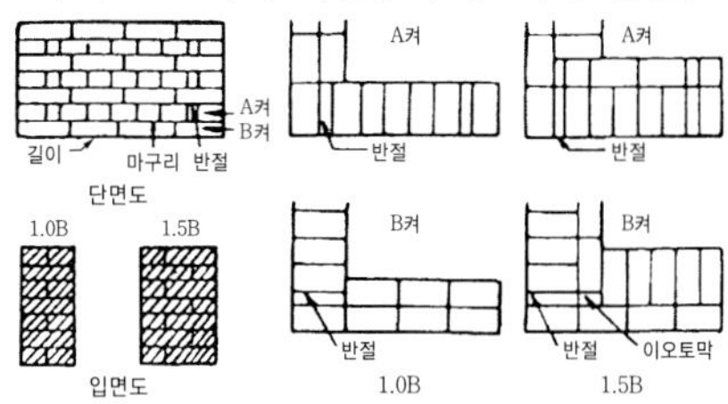

영국식 벽돌쌓기

영국식 정원(英國式 庭園, English garden) : 자연의 지형을 이용하거나 조성하여 자연의 일부분으로 하고, 연못이나 나무 및 경관의 초점이 되는 건물 등을 불규칙하게 비대칭적(asymmetry)으로 배치하여 마치 뱀과 같이 꾸불꾸불한 연못(serpentine)이나 흐름을 가진 정원으로 불규칙한 것 때문에 비정형 정원(informal garden)이라

고도 함. 18세기에 조성한 브레닝 궁전(옥스포드)의 정원이 대표적임.

영국왕정복고양식(英國王政復古樣式, restoration style) : 1660~88년 사이에 영국에서 발전된 양식으로 크리스토퍼 렌 경(Sir Christoper Wren : 1632~1723)이 대표적인 인물로 실내디자인의 특징은 풍부한 조각의 규모가 큰 패널을 사용. 가구는 단순하고 직선적인 형태 위에 화려한 장식이 부과되었으며, 특히 소용돌이(나선형) 곡선이 풍부하게 사용됨. 사용 목재는 주로 호두나무로 이 시대를 '호두나무시대'라고도 함.

영국 왕정복고양식

영랑사대웅전(影浪寺大雄殿) : ①충청남도 유형문화재 15호, 고려 때 창건 이후 여러 차례 중창(重創), 조선 후기 중수. ②정면 3칸, 측면 3칸에 다포식 겹처마 맞배지붕. 양측면에 커다란 풍판 설치, 막돌로 축대를 쌓고 기간을 조성, 초석은 막돌을 사용한 덤벙주초, 기둥은 약한 배흘림 원주, 기둥머리 부분에서 창방을 끼우고, 그 위에 평방을 걸친 다음 다포식 공포 설치, 전후면 각 칸에는 주간포를 2조씩 설치, 양측면에는 공포 생략, 공포 구조는 내·외2출목, 외부로 3개의 강직한 모습의 쇠서형 제공이 뻗어 있음. 내부 제공은 생략하고 대신 끝을 직선으로 잘라 마감함. 무고주2량식 구조로 대들보 위에 포기둥을 세우고 종량을 올렸으며, 종량은 중심부가 휘어지고 단부가 아래로 쳐진 우미량(고식적 건축기법)을 사용. 종량 위에는 파련대공을 세운 다음 장여와 종도리를 걸었으며 양쪽으로 솟을합장(고식적 건축기법)을 끼워 종도리를 고정시킴. 천장은 연등천장이며, 전면창호는 3칸 모두 사분합 세살문.

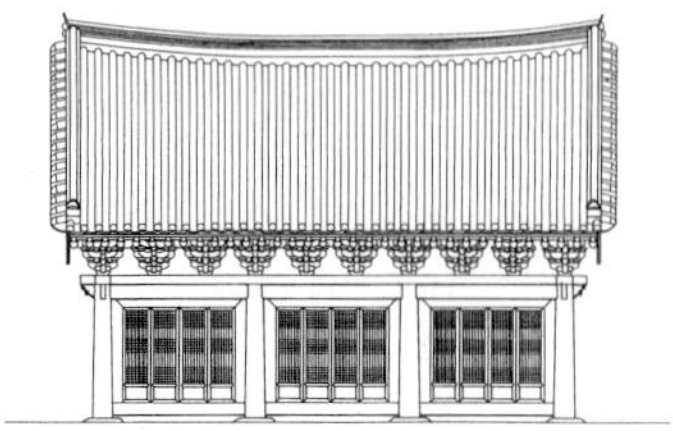

영랑사대웅전 평면도

영랑생가(永郎生家) : ①전라남도 기념물 제89호, 광무 10년(1906년) 창건, 1991년 중수. ②一자형의 안채와 사랑채가 지형에 맞추어 각기 향을 달리하며 옆으로 나란히 배치. ③안채는 부엌이 제일 마지막 칸에 위치하는 다른 지역과는 달리 부엌 건너편으로도 방이 하나 더 놓이는 소위 '중앙부엌형' 혹은 '모방형'의 평면형식. 가운데에 온칸을 두고 그 전후면으로 반칸씩의 툇간을 둔 전형적인 전·후 툇간의 기둥 골격을 가지며, 실내 공간구성은 뒤로 붙은 1칸 반의 방과 마루, 앞으로 붙은 1칸의 모방, 앞으로 붙은 찬방 등 전·후면으로 서로 다른 폭을 갖는 다양한 크기와 용도의 방을 복합적으로 조합(겹집화 현상). ④사랑채는 앞뒤로 2칸 반의 크기를 가지며 일정한 배열에 따라 규칙적으로 놓인 기둥선을 맞추어 각 방을 나누어 사용하고 있는 두줄백이집이며, 전열의 가운데 부분을 방으로, 양측면을 마루로 사용하여 누마루와 같은 분위기를 연출함.

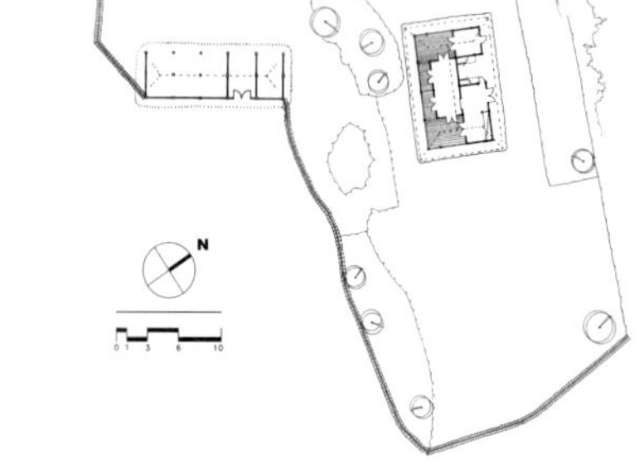

영랑생가 배치도

영롱담 : 화문담(花紋墻)의 일종.

영롱쌓기(玲瓏-) : ①벽돌벽 등에 장식적으로 구멍을 내어쌓기 방법. ②담의 두께는 보통 반장 두께로 함. ③구멍의 모양은 삼각형·사각형·－자형·＋자형 등의 여러 디자인으로 할 수 있음.

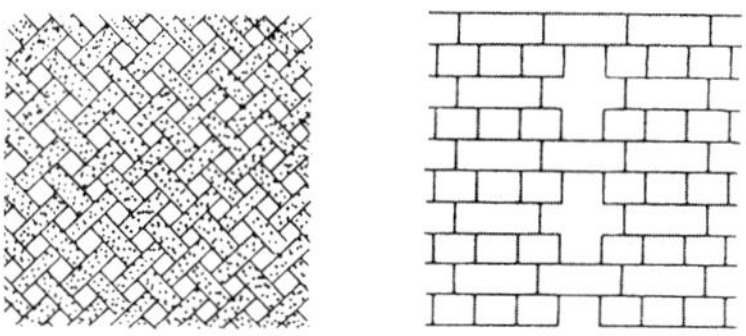

영롱쌓기

영률(Young's modulus) : 변형력에 의해 생성된 상응한 세로길이 변형에 대한 세로길이 변형력의 비율을 나타내는 물체의 탄성률.

영모전(寧月 永慕殿) : ①강원도 유형문화재 56호. 단종의 영정을 모시기 위해 건립된 사당. 1517년(조선 중종12년)에 창건. 영월 부사 이용하가 군민의 성금으로 건립. ②정면 3칸, 측면 2칸의 굴도리집에 홑처마 팔작지붕으로 소박한 건물. 영정을 안치하는 실을 제외하고는 전면이 개방. 중앙칸에서 뒤로 물러 설치된 안치실의 전면은 4분합 장지문 설치, 마루가 놓인 개방된 공간의 벽면 위쪽으로는 살창이 설치됨. ③전통공간의 특성과 조형원리를 잘 조화시켜 기능적인 공간이자 완충공간 역할을 하는 열린 마루를 더하여 작은 느낌이 들지 않는 건축적 규모로 확장한 매우 훌륭한 건축적 접근임.

영모정[1)](永慕亭) : ①전라북도 문화재자료 15호, 전북 진안군 백운면 노촌리 676에 위치, 1984년 4월 1일 지정 건창신씨 종중 소유. 후손들이 조선시대에 살았던 효자 신의연(愼義蓮)의 효행을 기리고 본받기 위해 1869년(고종6년)에 창건하였으나 중·개수의 내역은 자세히 알 수 없음. ②전면 3칸, 측면 3칸의 팔작지붕을 이루고 있으며 너와를 사용한 것이 특이함. 정자 아랫부분 네 기둥에는 거북머리 모양의 원형 주춧돌을 사용하고 있으며, 그 외에는 단순가공한 원형 주춧돌을 이용하였음. 정면에 있는 4개의 기둥(평주)은 자연지형을 이용하여 건립되어서 다른 것 보다 1m 정도 더 내려와 있음.

영모정

누정의 남쪽 내부 중앙에는 누명 '永慕亭'과는 달리 '永碧樓'라고 쓰여진 현판과 가선대부 이조참판을 지낸 윤성진(尹成鎭)이 지은 상량문이 걸려 있으며, 진안군지에 영모정기가 게재되어 있음. 평면은 주간의 길이로 볼 때, 중앙의 한 칸을 중심으로 사면에 퇴가 둘러 있는 형태. 가구는 외진과 내진 사이에 휘어진 툇보를 걸고, 우주와는 추녀로 결구하여 견실한 구조임. 전면은 후면보다 1m 정도 낮게 하고 높은 두리기둥으로 정자를 받치게 하여 마치 절벽에 떠 있는 느낌을 줌.

영모정[2)](永慕亭) : ①전라남도 기념물 제112호, 1520년(중종15) 창건, 1982년 중수. 1520년 혹은 1556년에 승지인 귀래정 임붕(林鵬, 1486~1553)이 건립한 정자. 임붕의 손자인 조선 중기 시인인 백호(白湖) 임제(林悌, 1549~87)가 활동한 곳으로도 유명함. ②정면 3칸, 측면 2칸에 단층 팔작지붕을 한 무고주5량가. 두벌대의 다듬은돌 바른층 쌓기의 기단 위에 덤벙주초를 놓고 다시 그 위에 원형 장대석 주초를 세움. 그 위에는 아랫 부분을 잘라버린 두리기둥을 세우고 원주 위에는 보와 장여, 도리를 결구. 기둥 위에는 굵은 보를 걸치고 동자주를 세워 종량을 걸쳤으며 판대공과 파련대공을 섞어 대공을 놓고 종도리를 설치. 평면은 온돌방 1칸, 누

영모정 전경

마루 2칸으로 사람이 기거할 실이 있는 정자. 현재 누마루 부분을 벽으로 막아 외부에서 보면 3칸 모두 방으로 된 느낌을 줌.

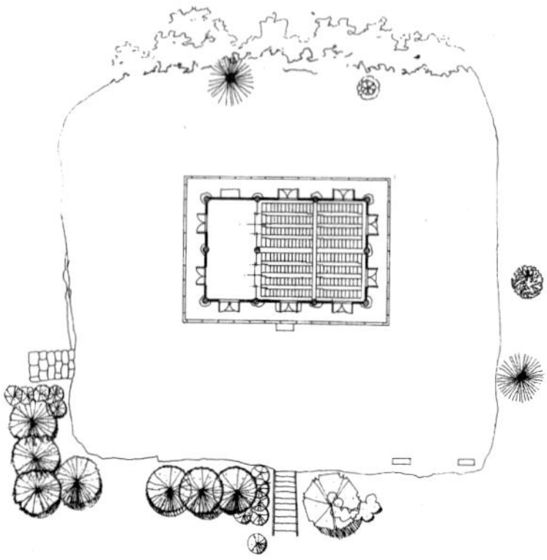

영모정 배치도

영묘(靈廟, shrine) : 신주(神主), 즉 죽은 사람의 위패를 모셔 놓은 집인 동양의 사당에 맞먹는 서양 문묘건축의 성소(聖所, sanctuary).

영방주(楹方柱) : 돌기둥 위에 세운 모진 기둥. 보통 내루(內壘)에 쓰임.

영벽(影壁) : ⇨내외벽·눈가림벽(=).

영보정(永保亭) : ①전라남도 시도기념물 104호. 전남 영암군 덕진면 영보리 296에 위치. 연촌 최덕지(烟村 崔德之, 1384~1455) 선생이 관직을 떠난 후 영암의 영보촌(永保村)에 내려가 학문연구에 몰두하면서 사위 신후경(신천익, 愼天翊, 1592~1661)과 함께 지은 정자. ②최덕지 선생은 조선 전기 문신으로 학식이 높고 행동이 단정하여 사람들로부터 존경을 받았으며, 많은 저서를 남겼으나 불타버려서 한 권만 남아 있고 여러 현인들의 논설만 전함. 처음 있던 정자는 황폐화되어서 최정과 신천익(1592~1661)이 지금 있는 자리로 옮겨지었음. 앞뜰에 방형의 연못이 있고 묘좌유향(卯坐酉向)으로 자리함. ③정면 5칸·측면 3칸 단층의 겹처마 팔작지붕. 네귀에 활주를 세움. 중앙 3칸 뒤쪽으로 측면 1칸에는 모두 다락을 만든 마루방을 꾸밈. 약 60㎝ 높이의 다듬돌 바른층쌓기 기단 위에 막돌초석을 놓고 그 위에 원통형 두리기둥을 세움. 기둥 위에는 주두를 얹고 기둥머리는 창방으로 결구. 창방과 주심도리의 장여 사이는 회벽으로 막음처리. 중앙에는 초각화된 화반을 1구씩 배치. 전면과 양측면에 기둥머리와 보머리 사이에서 수서로 된 쇠서 두 개를 낸 이익공양식이나 아래 쇠서 밑에는 앙서로 된 쇠서가 하나 더 붙음. 건물 후면은 초익공. 가구형식은 전후 평주 사이에 뒤쪽으로 내고주를 세우고 대량을 걸었으며 그 위에 동자주를 세워 종량을 얹고 그 위에 파련대공을 놓아 종도리를 받침. 대량 위에는 측면의 기둥으로부터 충량을 걸었으며 대량 밑면에는 기둥 안쪽으로 초각된 보아지가 놓임. 천장은 연등천장이나 합각 밑변에는 폭이 좁고 긴 우물천장으로 마감. ④현판은 한석봉이 쓴 것이라고 전함. 영보정은 일제시대 때 청소년들에게 항일구국정신을 교육한 장소로 역사적 의미가 크며, 해마다 5월 5일에 풍향찰(豊鄕祭)이라는 마을축제가 이곳에서 열림.

영보정

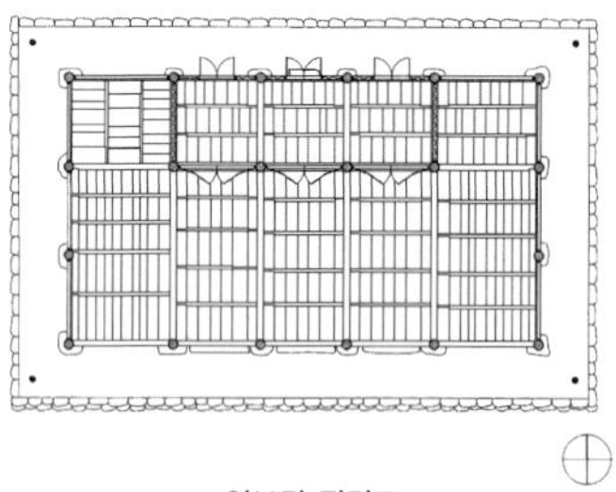

영보정 평면도

영산전(靈山殿) : 부처님께서 묘법연화경(妙法蓮華經)을 설한 영산회상(靈山會上)의 장면을 그린 영산회상도(靈山會上圖)를 모신 전각. 영산회(靈山會)란 영취산에서 제자들을 모아놓고 가르침을 베풀던 모임. 은해사 거조암 영산전이 대표적임.

영상 · 음향연출전시(映像音響演出展示) : 영상매체나 음향효과를 이용하여 목적한 내용을 가장 효과적으로 전달하며 종합적인 홍보 내용을 동시에 전달 가능한 전시 유형.

영상전시(映像展示) : 실물을 직접 전시할 수 없거나 오브제 전시만의 한계를 극복하기 위해 영상매체를 사용하여 전시하는 방법. 영상을 전시매체로 사용하면 표현 전달에 있어 종합성 있는 시각의 반복·재현·현장감 있는 빠른 정보, 다수의 관객에게 전달, 관객과의 정보교환 가능. 영상매체는 정지 영상전시인 슬라이드와 동적 영상전시인 영화로 구분.

영상회의(映像會議) : 지역적으로 멀리 떨어져 있는 사람들이 한자리에 모이지 않고도 모니터를 통해 영상 음성 문자(전자칠판) 등의 정보교환을 하면서 동시에 회의할 수 있는 시스템.

영성(欞星) : 공포의 살미를 수서·양서 등으로 뾰족하게 깎은 초가지.

영식비닐판벽(英式-壁, feather board) : ①널 너비 200㎜ 정도, 두께는 상부 10㎜, 하부 20㎜ 정도로 빗겨서 상부널 밑은 반턱 쪽매 15㎜ 깊이 정도로 겹쳐 물리며 기둥 또는 샛기둥에 수평으로 못박아 대는 가로판벽. ②벽의 모서리는 외관과 방수를 겸하여 기둥 모양(규준대 기둥)으로 테두리를 붙여 대고 벽 상부에는 윗막이대를 대서 벽 끝을 마무리. ③하부에는 토대를 보호하고 빗물을 막기 위해 붙임토대·비흘림 등을 댐. ④⇨판벽.

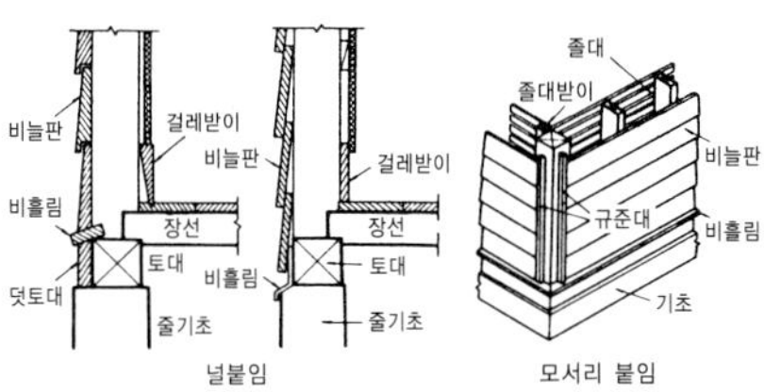

영식 비늘판벽

영암댁(靈巖宅) : 중요민속자료 233호, 조선 후기 창건(1800년대 후기 건립). 앞에 행랑채, 그 후면에 사랑채·안채·부속채를 둠. 안채와 사랑채가 각각 ㄱ자로 꺾어서 안마당을 감싼 튼ㅁ자형으로 배치. 외부 공간은 크게 사랑채와 행랑채 사이의 정원, 사랑채와 안채 사이의 안마당, 안채 후면의 뒤뜰 3개로 구분. 사랑채는 정면 5칸, 측면 2칸으로 가운데 사랑방을 두고 1칸 폭의 대청 건너 동쪽에 작은 사랑방을 배치. 서쪽 끝에는 누마루를 둠. 사랑채 측면은 가운데 한 칸과 전·후 반 칸씩 툇간을 두어 결국 2칸이 됨. 툇간에는 툇마루를 두고 막돌 기단 위에 덤벙주초를 놓고 방주를 세운 홑처마 팔작지붕. 중문간에는 안채가 곧바로 보이지 않도록 사잇담(내외담)을 설치. 안채는 2칸 통의 안대청을 중심으로 서쪽의 안방과 윗방 부엌이 남북으로 길게 놓이고, 동쪽으로 건넌방을 둠. 안방 남측의 아래 윗방과 마루방 한 칸이 모두 사잇장지로 구분되어 공간의 활용이 융통성 있게 처리됨. 부엌 위의 다락과 부엌의 채광과 환기를 위한 사롱살창과 광창이 실용적이고도 운치를 보여 줌. 사랑채 앞 정원과 안채 후원은 충청지방 반가의 여유있는 공간으로 내외담 밑으로 만들어진 수구를 따라 흘러 들어온 물은 완만한 곡선을 이루면서 작은 폭포를 만들어 연못으로 떨어지고 연못에 잠시 머물던 물은 남쪽으로의 담을 통해 밖으로 흘러감.

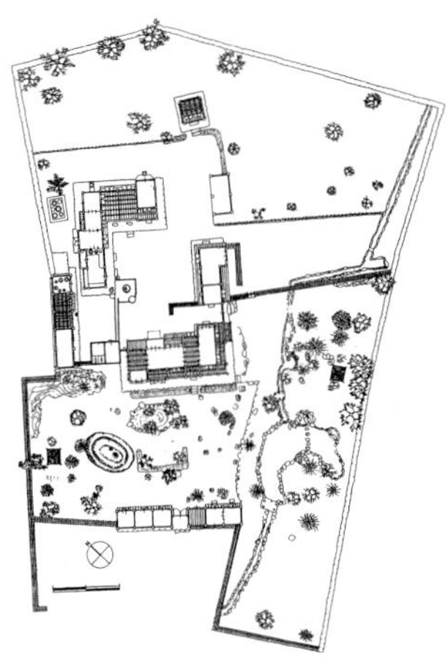
영암댁 배치도

영역(領域, domain) : 질적으로 한정된 구역(區域, area).

영역성(領域性, territoriality) : 세력권이나 영역을 경계짓거나 방어하는 것과 관련된 행동패턴.

영원주(楹圓柱) : 돌기둥 위에 세운 둥근기둥.

영조척(營造尺) : ①목수들이 길이를 재는 데 쓰던 자. ②가옥과 성벽, 봉화, 산릉(山陵)과 궁궐 등을 건축할 때 사용하는 표준척. ③약 30~31cm. ④곡척·대척·금척(=).

영창(映窓) : ①본디 빛이 들어오게 하려고 만든 창호. ②삼겹창 중에 방 안쪽에 있는 문. ③채광(採光)을 위해 방과 마루 사이에 낸 두 쪽의 미닫이.

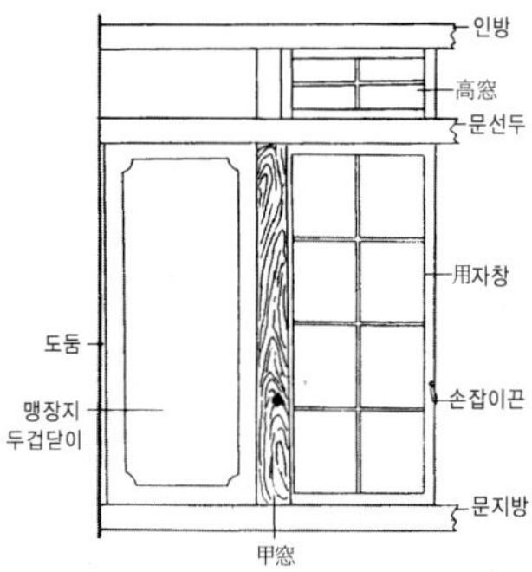

영창의 구조

영팔정(詠八亭) : ①전라남도 시도기념물 제105호, 전남 영암군 신북면 모산리 403에 위치. 문화유씨 종중 관리. ②고려 말~조선 초 문신인 하정 유관(柳寬, 1346~1433)이 주위 경치에 감탄하여 아들 맹문(孟聞)에게 시켜 조선 태종6년(1406)에 지은 정자. 처음에는 모산리의 '모'자와 호인 하정의 '정'자를 따서 '모정'이라고 불렀으나, 훗날 율곡 이이·고경명·남이공·유상운 등이 주변 경관을 팔영시(八詠詩)로 읊어서 '영팔정'으로 바뀌었음. 숙종15년(1689)에 영의정을 지낸 유상운이 건물을 고친 것 외에는 수리한 내역이 알려져 있지 않음. ③규모는 정면 3칸, 측면 2칸의 팔작지붕. 내부는 방이나 벽체 없이 사방이 개방된 정사각형 평면이며, 마루는 우물마루이고 오른쪽에만 평난간을 설치. 막돌바른층쌓기 기단 위에 막돌초석을 놓고 그 위에 원통형 두리기둥을 세움. 우측면의 초석은 2/3 높이까지 장주형 초석 위에 짧은 기둥을 얹음. 기둥머리에는 주두 없이 보의 머리를 덮어씌운 상투걸이 기법으로 결구됨. 보 밑에는 사선으로 빗갈라져 있는 보아지를 둠. 무고주5량가로 전후 평주 위에 대량을 걸고 짧은 평주동자주를 세워 종량을 걸었으며, 그 위에 도리방향으로 첨차가 있는 초각된 대공을 놓아 종도리를 받침. 측면 중심기둥으로부터는 대량 위에 충량을 걸었으며 도리는 모두 굴도리, 천장은 연등천장에 홑처마, 근래에 네 귀에 활주를 세움. 내부는 각종 기문과 주련이 걸려 있음. 배움의 장소로 오랜 세월 동안 많은 인물들을 배출하였으며, 강학의 장소, 향약의 집회소로 마을 사람들이 모임을 갖던 건물로 그 역사적 가치가 큼.

영팔정 정면

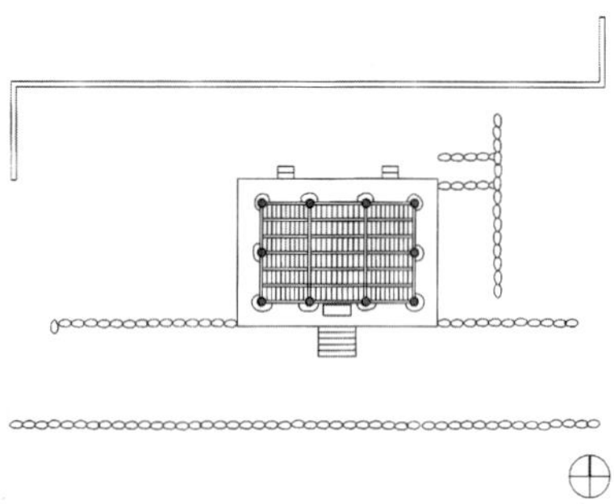

영팔정 평면도

영 · 헬름홀츠의 삼원색설(-三原色說) : 영(Thomas Young : 1773~1829)의 3원색설은 1860년에 헬름홀츠(Hermann von Helmholz : 1821~94)가 수정하기 전에는 기본 3원색이 빨강·초록·청자의 3원색이라고 주장한 것에 동의한 입장을 말함.

영의 이론은 헬름홀츠에 의하여 지지되고 정리되어 시신경이 뇌에 전달되는 과정까지 보충함으로써 더욱 진전. 이들의 이론에 의하면 노랑은 빨강과 초록의 수용기가 동등하게 자극되었을 때 지각되며, 자주색은 빨강과 청자가, 청록색은 청자와 초록 등이 동등하게 자극되었을 때 지각됨. 검정은 그 반대로 아무런 자극이 주어지지 않을 때 지각된다고 함. 그러나 영-헬름홀츠의 3원색설은 아직까지 뚜렷한 해부학적 근거로서 해명되어 있지 않으며, 정상인과 색맹자의 색각현상을 모두 설명할 수 없음. 특히 이들의 이론은 '음성적 잔상'이라고 불리는 지각현상을 설명하기가 곤란함.

옆문(側門, postern) : 포트-코세르(Porte-Cochère) 옆에 보행자들을 위해 설치된 부출입구.

옆세워쌓기(soldier course) : 마구리가 내보이게 세워쌓는 것. 마구리 옆세워쌓기는 일반 벽면보다 1/4B 내밀어 쌓고, 윗면은 물흘림 물매를 15~30℃ 정도 두고 치장줄눈은 방수 모르타르 등을 사용하여 방수가 잘되게 함. 한 장 두께의 벽돌벽을 옆세워 공간쌓기로 하여 외관(外觀)으로 보면 마치 불식쌓기와 같이 한 켜에서 번갈아가며 나오게 하는 법이 있는데, 이것은 방습적이며 가장 경제적인 임시건물이나 소형 건물에 사용될 뿐임.

옆판(string) : 옆판은 목조계단의 구성재로서 옆판의 두께는 50~100㎜ 정도, 디딤판 및 챌판을 끼울 세(細)홈 깊이는 30㎜ 정도 파넣고 윗면에는 난간동자기둥 장부구멍파기를 함. 옆판의 밑 끝은 멍에에, 위 끝은 계단받이보에 걸치고 주걱볼트조임·엄지기둥에 주먹장부넣기로 함. 옆판이 벽체에 옆붙을 때에는 지름 12m 정도의 앵커볼트를 간격 1.8m 이내마다 조여 댐. 옆판과 옆판이 벌어짐을 막기 위해 그 상하 및 중간 1.2m 내외 간격으로 긴 볼트조임을 하고 보임면 너트는 파묻거나 장식캡을 씌움.

옆훑치기 : ①개탕 따위로 판 홈의 너비를 더 넓힐 때에 홈의 한쪽면만 밀게 되어 있는 대패. ②대팻날이 대팻집에 비스듬하게 박혀 있음.

예각(銳角, acute angle) : ①90°보다 작은 각. ②조형적·도형적으로는 내면적인 상념(想念 ; vision)의 날카로움과 극도의 능동적 느낌을 줌.

예술가구운동(藝術家具運動, art furniture movement) : 1860~70년대의 건축가들이 디자인한 상업적인 취향가구로 대량생산의 불가피성을 역설·주장하여 산업화를 거부하는 미술공예운동(art and crafts movement)과는 노선을 달리한 영국 가구디자인 운동.

예술미(藝術美, beauty of art, art beauty) : ①예술의 소산으로 나타난 미 혹은 예술을 표현하려는 미. ②넓은 의미에서 미의 범주 속에 존재하며, 일반적으로 자연미와 구별하여 사용. ③예술미는 대부분 자연미에서 기인하므로 그 뿌리가 자연에 있으며, 자연의 영향을 지대하게 받음. ④인간·역사·사회 등을 포함하는 일반적으로 현실생활에서 체험되는 미를 총칭. ⑤예술작품에 실현된 미로서 흔히 자연미와 대비됨. ⑥헤겔은 인간의 정신에 의해 창조된 미이므로 이것은 단순한 자연미보다 가치가 높다고 하였지만, 반대로 예술창조의 원천으로서 자연미의 우월함을 주장하는 입장도 있음. ⑦현대에서는 기계미와 기술미의 차이가 미학상의 논제가 되어 있음. 또한 예술미 중 예술의 종류에 따라 회화미·조각미·건축미·음악미·문예미 등으로 구별. ⑧⇨자연미(⇔).

예술장식품(藝術裝飾品) : 일정 규모 이상의 건축물 건립에는 예술장식품의 설치를 각 조례에서 규정하고 있는데, 아파트는 국민주택 규모 이상의 공사비의 1/1,000을 설치해야 함.

예술학(藝術學, science of arts) : ①예술을 연구대상으로 하는 학문. 19세기 후반 독일에서 성립. ②넓은 의미로는 '예술에 관한 학문'을 가리키지만, 좁은 의미로는 19세기 후반에서 20세기 초반 독일에서 미학과 대립 내지 병립적으로 제창된 학문을 말함. 예술학에서는 미의 개념을 가장 좁은 의미로 한정하여 미학이란 형이상학적 또는 심리학적인 분석이라고 생각함.

예식용 의자(禮式用椅子, etiquette chair) : ①고대 이집트 소년왕 투탕카멘(B.C. 1361~52)의 가구 중 하나. ②다리는 X자형의 접는 의자와 유사하며, 염소 가죽을 모방해서 불규칙한 상아조각을 흑단(黑檀)에 상감하였으며, 깊숙하고 둥글게 된 좌석을 지지함. ③현대 건물의 벽장식과 유사한 별도로 장식판을 붙인 뒤판이 있고, 발판에는 이집트 대대로 내려오는 원수·적들을 대표하는 9인의 모습이 그려져 있음. 그 밖의 의자에 많은 인물이 그려져 있는데, 이들은 후세대에 예식용 가구에도 흔히 사용.

예열식 전등(豫熱式電燈, preheat lamp) : 점등에 필요한 전압에 도달하기 위하여 분리형 기동기가 음극을 예열하는 방식의 광원.

예첨창(銳尖窓) : ⇨란셋(=).

옐로오커(yellow ocher) : ①오커는 황토, 옐로 오커는 그림물감으로 알려진 이름으로서 노랑 기미의 황토색(밝은 갈색, light yellowish brown) 관용색명으로 칙칙한 빨강 띤 노랑. ②먼셀기호 10YR6/7.5.

오가닉 페인트(organic paint) : ①천연식물성 무공해 페인트. ②건강보호·환경보호 등을 위한 자연에서 얻어진 원료를 사용한 것. ③분류 ; ㉠다마르·낙엽송의 진·아마인유와 같은 식물의 진과 수지·카르노바 왁스·천연 라텍스와 같은 식물 왁스와 밀감껍질유와 인디고를 포함한 식물 엑기스. ㉡우유 카세인이나 밀랍과 같은 동물성 천연재료. ㉢백악(chalk)·붕사·황토와 같이 천연 혹은 조제광물. ④특성 ; ㉠변색이 없고 물이 흡수되지 않음. ㉡천연식물성 페인트로 건강과 환경보호. ㉢내구성이 우수함. ㉣유해독성이 없고 냄새가 없음. ⑤용도 ; 주택·병원·스포츠센터·호텔·사무실 등. ⑥종류 ; 투명·불투명·멀티컬러·지당·라줄래커 등이 있음.

오가리집 : 움집의 한 형태로 규모가 작고 여러 개의 가는 나무장대를 엇비슷하게 세워 꼭대기 끝이 모이게 하고 이엉으로 겉을 씌운 원추형 집. 우산을 펴듯이 펴놓은 형상.

오각형(五角形, pentagon) : ①5개의 변과 5개의 각으로 된 다각형. ②홀수의 변을 가지며 원과 유사한 정다각형 중 최초의 형. ③정5각형 공간은 4각형 실내공간보다도 모서리가 더욱 개방적이며 벽은 평행이 아니라 중심축에 대한 강한 초점을 형성. ④10개의 5각형은 완전한 링(ring)을 만들며 그 내부형상은 10각형이 됨. ⑤오릉보(五稜堡)를 말함.

오규환가옥(吳奎煥家屋) : 전면 3칸, 측면 2칸의 겹집 평면의 초가, 안쏠림의 전통수법과 전통적인 치목 및 결구방법이 사용됨. 전면에는 툇마루를 설치하고, 부엌의 한쪽에는 토담을 설치하여 공간을 확장함.

오금 : ①기둥머리를 안쪽으로 기울도록 세우는 법식. 시각의 착각을 교정하는 법식의 한 가지. ②기둥을 세울 때 기둥 위가 건물의 안쪽으로 조금 기울게 세운 것.

오금대패 : 둥근 귀를 깎는 데 쓰는 날이 오목하게 들어간 대패.

오금법(-法) : ⇨안쏠림(=).

오까베(おかべ) : ①일본 살림집의 한 형태. ②신까베보다 더 허술한 집. ③일본 목조건축에서 기둥의 양쪽에 판자를 붙이거나 회칠을 하여 기둥이 드러나지 않게 한 벽.

오너먼트(ornament) : 모양·장식(裝飾)을 의미하는 것으로 주된 상품에 곁들이거나 매장 안에서 분위기를 내기도 하고 변화를 주려고 할 때 이용하는 것. ⇨장식(=).

오너멘트(ornament) : ⇨오너먼트(=).

오니재폭기방식(汚泥在瀑氣方式) : 침전지의 침전 오니만을 재폭기 탱크에 보내어 충분히(6~8시간) 폭기시킨 다음 활성화한 오니를 폭기 탱크에 반송하여 오수와 혼합시킴으로써 폭기시간을 1~1.5시간 단축시키는 오물정화시설.

오닉스(onyx) : 마천석의 일종으로 노랑 기미와 파랑 기미가 혼합되어 있는 대리석.

오닝(awning) : ①비나 해를 가리기 위해 창의 상부에 댄 차일이나 천막. ②캔버스·알루미늄·플라스틱 등으로 만든 경량의 차양으로 창이나 출입구 위쪽에 설치.

오닝윈도(awning window) : ①차양처럼 외부로만 향하여 열리는 회전창. 창틀의 상부에 힌지가 달려 외부로 열 수 있도록 한 여러 개의 새시(sash)로 구성된 창. ②위를 축으로 하여 밖으로 돌출된 새시를 가진 창.

오닝창(-窓, awning window) : ⇨오닝윈도(=).

오늬무늬 : ⇨헤링본 패턴(=).

오늬쪽매 : V자를 옆으로 뉜 형태의 널쪽매 형식의 일종. ⇨쪽매.

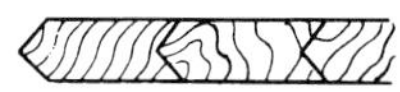

오늬쪽매

오더[1](order) : 조적으로 형성한 아치의 중심을 향해 모아지는 여러 고리들 중의 하나. 특히 하부 한 점을 중심으로 퍼져 나가는 고리들.

오더[2](柱, 柱範, order) : 고대 그리스·로마 시대 이후 건축물의 기둥을 지칭하는 말. 초기에는 건축구조적인 기능상 필요한 것으로 이해되었으나 근대 이후에는 주로 장식적인 의미로 이해되었음. 오더는 기본적으로 원주(圓柱)와 엔태블러처(entablature)의 조합으로 구성되며 원주 아래에 기단(基臺, pedestal)을 설치하는 경우가 있음. 고대 그리스에서는 도리아·이오니아·코린티안의 3종류가 알려져 있고, 고대 로마에서는 터스칸과 콤퍼지트의 2종류가 더해져 이들을 '5가지 오더'라고 함.

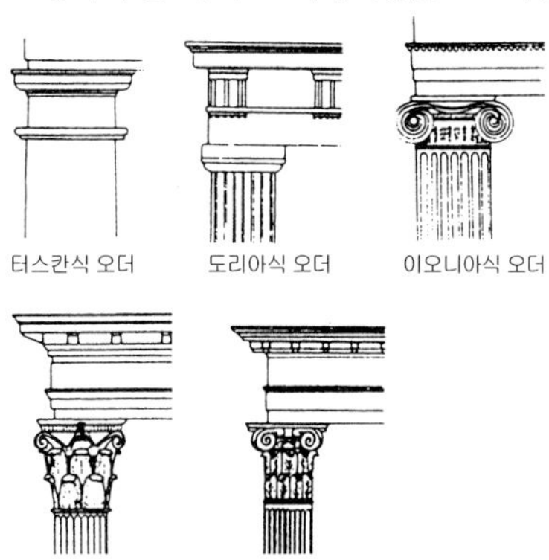

터스칸식 오더 도리아식 오더 이오니아식 오더 코린트식 오더 콤포지트 오더

오더

오더독스(orthodox) : 정통적인, 진부(陳腐)한.

오동나무(paulownia tomentosa [학]) : ①낙엽교목으로 키는 10m, 직경 50㎝ 정도. ②비중은 0.31. 심재는 탁한 백색이나 엷은 갈색. 변재는 심재와의 구별이 명확함. 재질이 경연하고 가벼우며 나뭇결이 아름다움. 뒤틀리지 않고 온도에 민감하여 장(欌)이나 궤(櫃) 등의 내부온도를 일정하게 할 수 있고 해충과 벌레의 피해가 없으며, 가공과 건습 조절이 용이한 장점이 있음. ③건구재·가구재·기구재 등으로 사용.

오두막집 : ①땅의 습기와 짐승의 습격을 피하기 위하여 지표면에서 높은 곳에 나무를 엮어 마루를 깔아 만든 집. ②오두막집에는 차양막이 있는데 사방으로 바람이 시원하게 통하게 하기 위해 열어 놓는 경우가 많았으며, 농촌의 한가한 시간에 지내기 좋은 집으로 이를 흔히 원두막이라고 불렀음. ③원두막(=).

오디토리움(auditorium) : ①극장이나 미팅 홀(meeting hall)에서 청중을 위해 마련된 공간. ②학교·극장 등의 공공건물에 좌석이 설치되어 있는 회의를 위한 장소 또는 청중을 위한 홀(hall).

오라토리(oratory) : 가정·학교·수도원 등에 있는 작은 예배당.

오량가(五樑架) : ⇨오량집(=).

오량구조(五梁構造) : ①동자기둥과 대공을 써서 처마도리·중도리·마룻대 등 5개의 도리가 얹히게 된 지붕틀. ②고주 사용에 따라 1고주 5량집·2고주 5량집 등으로 분류하며 1고주 5량집은 툇간에 있는 살림집이나 후불벽이 있는 불전 등에 많이 사용.

오량지붕틀(五樑-) : ⇨오량집.

오량집(五樑-) : ①두 개의 주도리와 두 개의 중도리, 한 개의 종도리. ②다섯 개의 도리에 서까래가 걸리는 집. ③지붕 전·후면에 처마도리와 중도리를 걸고 중앙에 종도리를 걸어 지붕틀을 꾸민 집. ④대들보 위에 종보가 있고 종보 중간에 대공을 놓고 대공 위에 종도리, 종보 양쪽에 중도리, 대들보 양쪽에 주심도리를 올린 구조. ⑤두 개의 주도리와 한 개의 종도리로 구성되는 서민의 삼량집에서 발전된 것으로 한국건축에서 가장 널리 사용된 가구(架構) 형식. ⑥종류는 기둥배열에 따라 내부에 기둥 없이 앞뒤 평주에 대들보를 걸어 구성한 무고주오량집(또는 2평주5량집)·고주가 있는 1고주 5량집·전후 툇간이 있는 2고주 5량집 등 3종류로 구분함. ⑦대들보 위에는 후면 평주에서 반 칸되는 위치, 즉 전면 고주와 대칭되는 위치에 동자주를 세우고 고주와 동자주를 잇는 종보를 올리고 종보 중간에 대공을 세움. 이를 1고주5량집이라고 함. ⑧5량가는 강릉 객사문·홍성 고산사 대웅전·서산 개신사 대웅전 등에서 찾아 볼 수 있음. ⑨오량가·오량지붕틀(=).

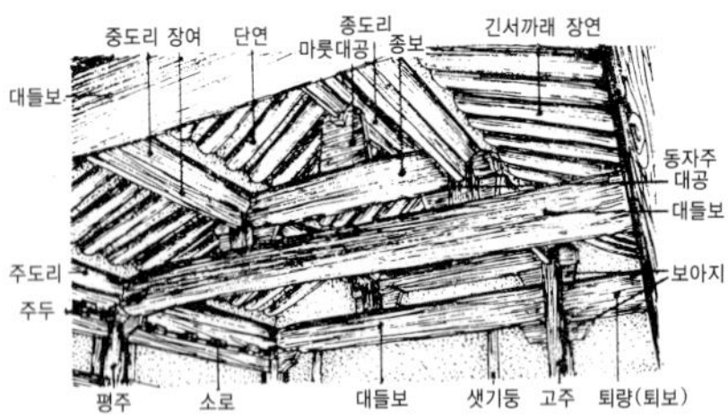

오량집

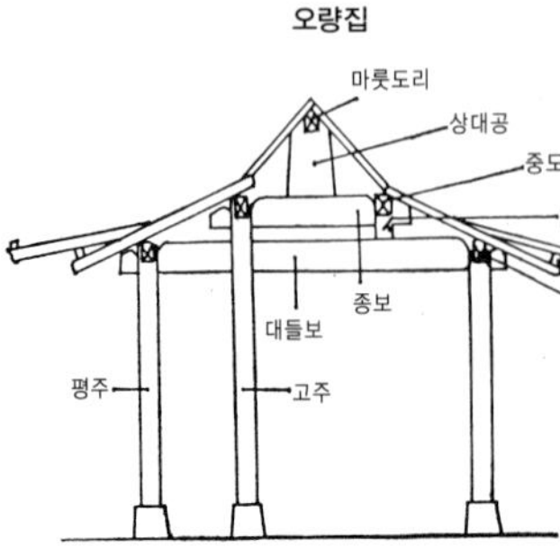

오량집의 뼈대

오렌지(orange) : ①오렌지 열매의 표면색. 주황색. ②먼셀기호 6.0YR6.0/11.5.

오렌지리(orangery) : 오렌지 나무를 재배하는 큰 창이 달린 온실.

오로라(aurora) : 마천석의 일종으로 우아하면서 중후한 느낌이 나는 대리석.

오르가니슴(organisme[프]) : 건축·조각·회화에 있어서 유기인 생명체의 느낌을 존중하는 사고방식. 건축디자인에 있어서 기능주의에 대비되는 유기적 경향.

오르내리꽂이쇠(barrel bolt) : 꽂이쇠를 아래 위로 오르내리게 한 것.

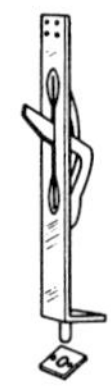
오르내리꽂이쇠

오르내리창(-窓, double hung, double hung window, double hung sash window) : ①두 개의 수직 미끄럼 창을 가진 창문으로 서로 다른 홈 또는 레일을 따라 창이 오르내림. ②두 개의 창문을 상하로 구성하고 끈과 활차(滑車)를 설치하여 무게를 조절함으로써 수직방향으로 여닫을 수 있도록 고안된 창문.

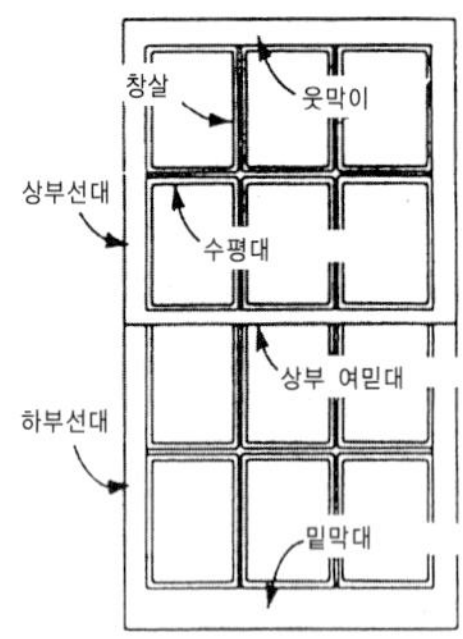

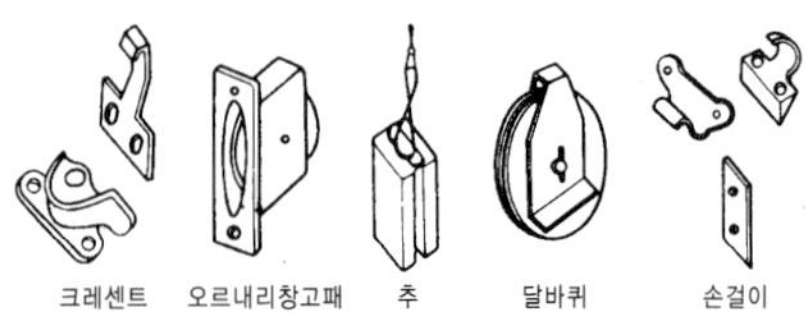

오르내리창용 철물

오르네매니스트(ornemanistes) : 장식조각가.

오르몰루(ormolu, or-mo-lou[프]) : 17세기 후반 프랑스에서 시작하여 영국·미국에서 많이 사용한 가구골조에 붙이는 장식을 위한 금도금한 장식품·구리와 아연합금에 금도금한 장식품 등 표면처리된 것.

오르몰루

오름대(–臺, bedstep) : 높은 침대에 오르기 위해 만들어진 것으로 푸트 스툴(foot stool)과 비슷하고 계단형으로 펼칠 수도 있음.

오리나무(alder) : 경량이고 단단하며 마감이 우수하여 주로 합판의 심재(心材, plywood core)나 크로스 밴딩(cross banding) 또는 가구재로 사용. 건조하면 연한 브라운 색으로 변화하며, 보통 채색(stain)하여 사용.

오리목(–木) : 큰 나무를 가늘고 길게 켠 나무.

오리얼(oriel) : ①코벨형식(corbelled)의 벽돌이나 석재구조로 받혀지는 커다랗게 돌출된 창문. ②돌출창의 일종으로 보통 2층 또는 그 이상 층의 벽면 밖으로 세로로 길게 돌출되고 하부가 받침대(bracket)로 받쳐지는 창으로 오리얼 윈도(oriel window)라고도 함.

오리얼 윈도

오리엔탈블루(oriental blue) : ①동양에서 도자기 또는 천에 사용되던 색에서 유래된 청색. 흐린 청색(bull blue). ②먼셀기호 3.0PB 4.0/7.5

오리엔테이션(Orientation) : 어원은 오리엔트(Orient)이며, 동쪽을 향하여 예배하는 것 혹은 그와 같이 예배당을 배치하는 것을 의미.

오리엘 : ⇨오리얼(=).

오림목(–木) : 보통 60×60㎜ 이하의 작은 각재.

오리오울(aureole) : 성자의 거룩함을 표현하기 위하여 얼굴이나 신체 주변에 방사되는 원형의 빛 또는 후광.

오메가공간(–空間, ω–space) : ①건축학자 문·스펜서(Moon·Spencer)가 색채조화에 있어서 동일·유사·대비의 원리를 정량적인 색좌표에 의해서 총괄적·과학적으로 설명하기 위해 만든 등보성을 지닌 색입체. ②색채조화에 있어서 스칼라 모멘트의 계산을 위하여 만든 색채조화론.

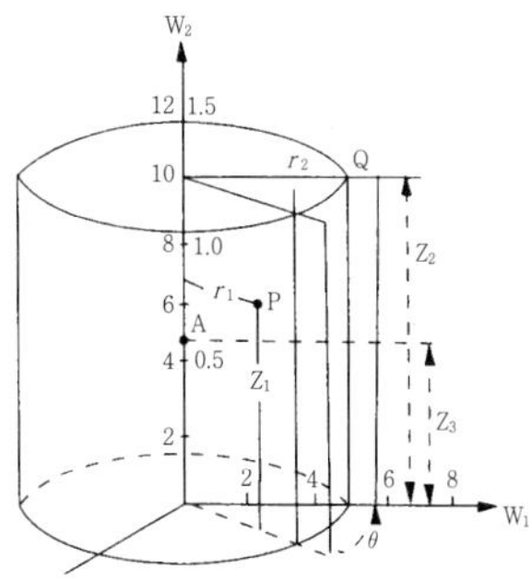

오메가공간

오목(烏木) : ⇨흑단(=).

오목면(凹面, concave) : 원의 원주나 우묵한 구면의 내부처럼 구부러진 면.

오목손걸이 : 미닫이·여닫이의 창문 선대에 파넣는 오목한 손잡이.

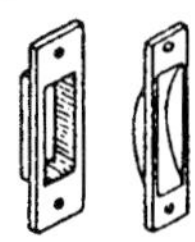
오목손걸이

오목손잡이 : ⇨오목손걸이(=).

오목원줄눈(concave joint, rodded joint) : ⇨오목줄눈(=).

오목줄눈(concave joint) : 원형강(圓形鋼)에 의해 곡선으로 도려낸 모르타르 줄눈. ⇨오목원줄눈(=).

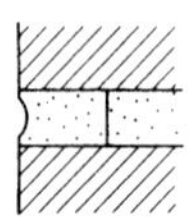
오목줄눈

오무르(ormolu) : ⇨오르몰루(=).

오믈루(ormolu) : ⇨오르몰루(=).

오방(午方) : 정남방.

오버래핑형태(overlapping form) : 오버래핑 형태들은 공통의 정렬을 갖는 공간이나 표면의 요소가 연장되고 커버(cover)된 형태.

오버랩(overlap) : ①용접결합의 일종으로 겹침이 형성되는 현상. ②용접금속의 가장자리에 모재와 융합되지 않고 겹쳐지는 것.

오버레이합판(-合板, overlay plywood) : 미관 및 표면의 강도를 증강시키기 위해서 그밖에 특별한 목적을 위해 보통 합판의 표면에 종이·멜라민수지·천(fabric)·금속박판·프린트지·얇은 단판 같은 것을 붙인 합판. 종류는 붙이는 재료의 종류에 따라 단판 오버레이 합판·플라스틱 오버레이 합판·파이버 오버레이 합판·금속 오버레이 합판·종이 오버레이 합판 등.

오버플로(over flow) : 흘러 넘치는 액체용 배수구나 파이프 및 물받이용구.

오버행잉(overhanging) : 벽면 아래쪽을 지나 돌출되거나 연장되어 매달린 것을 의미.

오버헝(overhung) : 용접결함의 일종으로 상향 용접시 용착금속이 아래로 흘러내리는 현상.

오버헤드도어(overhead door) : 한 판 또는 여러 판의 구조로 된 대형 문으로 개구부 상부에 수평적 상태로 밀거나 감기면서 개폐되는 문.

오베체(Obéché) : ⇨삼바(=).

오벨리스크(Obelisk) : 피라미드와 같이 상부로 올라갈수록 끝이 점점 가늘어지는 것으로서 1개의 덩어리로 뭉쳐 있거나 접합부로 연결된 4개의 면을 가진 석재 구조물. 이는 태양신의 상징으로 단순하고 강력한 기념물(monument)인 방형 첨탑. 제5왕조(B.C. 2560~2420)에 만들어졌으며 초기에는 피라미드의 전면에 건립. 그러나 초기의 오벨리스크는 모두 파괴되고 현존하는 것으로는 제12왕조 때 만들어진 1기(높이 20m)가 남아 있을 뿐임. 오벨리스크는 그리스어이며, 고대 이집트인들은 테켄(Tekhen)이라 불렀음. 오벨리스크의 기둥은 바닥이 사각형이고 위로 올라갈수록 점차 가늘어짐. 재질은 화강암이고 하나로 된 돌(Monolith)로 되어 있음. 그 말단 부분은 피라미드 모양으로 호박금(琥珀金)을 붙여 완성하였고 기둥의 측면에는 상형문자가 적혀 있음. 로마의 산 피에트로 대성당 앞 광장의 오벨리스크(16~17세기)를 비롯하여 파리·런던 등에 산재되어 있으며 가장 높은 것은 약 30m 정도.

오벨리스크

오볼로(ovolo) : ①원이나 타원의 1/4 부분의 프로필(profile, 측면도)을 가지는 볼록 몰딩. ②대략 1/4원의 단면으로 된 볼록한 몰딩.

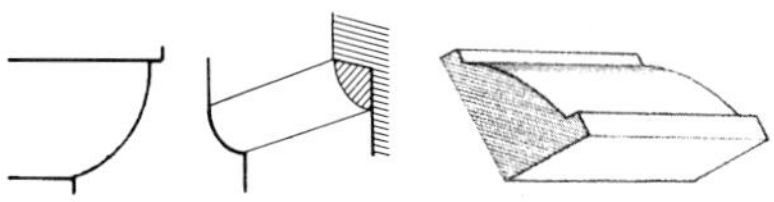
오볼로

오볼로몰딩(ovolo moulding) : ⇨오볼로(=).

오봉서원(江陵 五峰書院) : ①강원도에서 최초로 설립된 서원. 1556년(조선 명조11년)에 함헌·최운우·윤인로·홍춘년 등이 발의하여 창건. 조선 고종5년(1868년) 서원 철폐령에 의해 철폐됨. ②사당과 강당은 좌묘우학(左廟右學)의 배치. 1924년 집성사 중건(1868년 소실·1964년 재건)·1928년 칠봉사 건립, 그밖에 오봉강당이 세워짐.

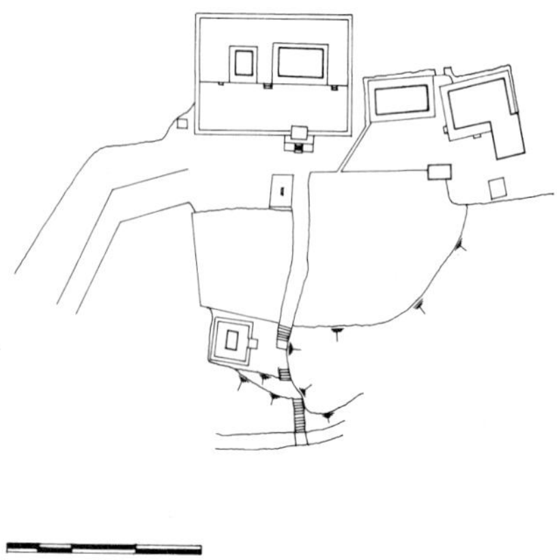
오봉서원 배치도

오뷔송(Aubusson, obuson[프]) : 프랑스에서 공장이 위치한 지명에 따라 명명된 독특한 융단(rugs).

오뷔송 카펫

오브라(ovra) : 인도 주택에서 창고.

오브제(obzëë[프], objet[프]) : 원래 사물·객체·대상 등을 의미하지만 작가의 어떤 기술적 변형에 의한 것보다는 발견과 선택으로 단순한 물(物)의 위치에서 예술적 차원으로 높여지는 것. 즉 다다이스트(dadaist)나 초현실주의(surrealism) 작가들이 자신의 이미지를 표현하기 위해 나무와 돌 등 자연에 흩어져 있는 물체나 사물을 구성하여 어떤 표현을 만들어 낼 때, 그 사물이나 객체로 그 자연적 위치 또는 본래의 기능에서 탈피시켜 이것에 새롭고 고상한 시적 표현을 갖게 한 것.

오비슨착시(-錯視, Orbison illusion) : 기하학적 도형으로 두 개의 동그라미는 모두 완벽하게 둥근 원이지만 커다란 원의 중심에서 퍼져 나오는 선들이 지각을 왜곡시키기 때문에 커다란 원 속에 들어 있는 작은 원의 둘레를 시선이 제대로 매끄럽게 따라 가지 못하고 찌그러져 보이는 착시현상. ⇨에렌슈타인착시(=).

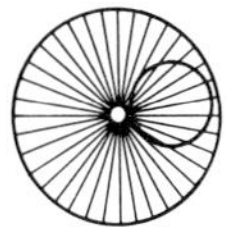
오비슨착시

오사이리언기둥(Osirian column) : 고대 이집트의 죽음과 부활의 주신의 형상이 고대 이집트의 기둥과 합쳐진 것.

오소독스인테리어(orthodox interior) : 모던 인테리어 중 캐주얼보다는 다소 격식을 차린 품위 있고 차분한 실내디자인. 가구와 장비는 심플한 것으로 소재 및 색채가 모두 짜임새 있게 구성.

오수(汚水, sewage) : 액체성 또는 고체성의 더러운 물질이 섞여 그 상태로는 사람의 생활이나 사업활동에 사용할 수 없는 물로서 사람의 일상생활과 관련하여 수세식 화장실·목욕탕·주방 등에서 배출되는 것.

오스테나이트(austenite) : ①탄소를 고용한 철을 말하며 1,130℃에서 탄소를 최대한 2.0% 고용함. ②과냉 오스테나이트의 변태는 냉각속도에 따라 여러 종류의 조직을 만들며, 담금질시에는 필요 불가결한 조직임. 오스테나이트는 탄소 함유량에 따라 물리적·기계적 성질을 달리함. 예컨대 탄소량이 많은 오스테나이트일수록 경도는 커짐. 또 오스테나이트는 비자성체(non-magnetic)로 전기저항은 크고 경도는 마르텐사이트보다도 작지만 인장강도와 비교하여 연신율이 큼.

오스트리안셰이드(Austrian shade) : 작업원리가 로만 셰이드와 동일하지만 보다 정교하고 셰이드가 부드러운 부채꼴 같은 주름장식을 갖고 있기 때문에 직물의 수직방향으로 주름잡아야 함. ⇨로만 셰이드·꽃줄장식.

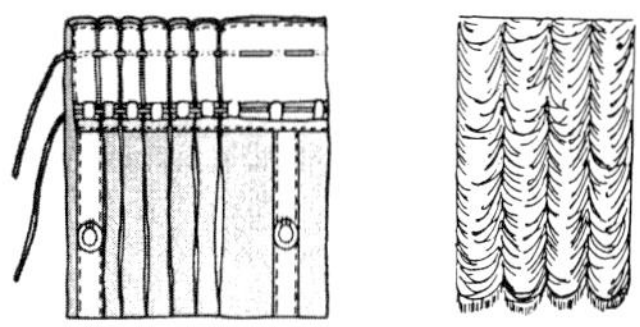
오스트리안 셰이드

오스트리안커튼(Austrian curtain) : ⇨로만 블라인드(=).

오스트발트기호표시법(-記號表示法) : 색표는 W-B, W-C, C-B 각 변에 각각 8단계로 등색상 삼각형을 형성하는데 이것에 기호를 붙여 표기함. 즉 W에서 C방향으로 a, c, e, g, I, n, p와 같이 알파벳을 하나씩 건너 띄어 표기(예 ; b는 없음). C에서 B방향으로 똑같이 a, c, e, g, i, l, n, m, p로 표기하여 이들의 교점이 되는 색을 ca, la라든가 pn, pl로 표시. p는 가장 밝은 색표의 백이며, a는 가장 어두운 색표의 흑임. 즉 등백계열조화는 기호의 문자가 같은 색들은 조화를 이룸. 등흑계열 조화는 기호 뒤의 문자가 같은 색들은 서로 조화함. 이 표색에서 색을 표시할 때는 색상 번호에 백색량과 흑색량을 붙여 나타냄.

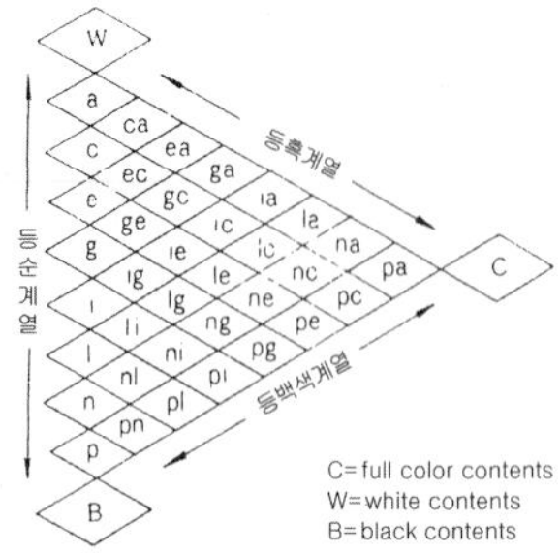

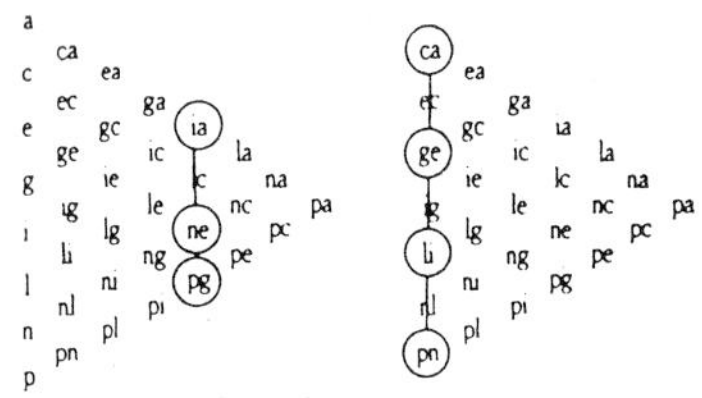

등순색 계열의 조화

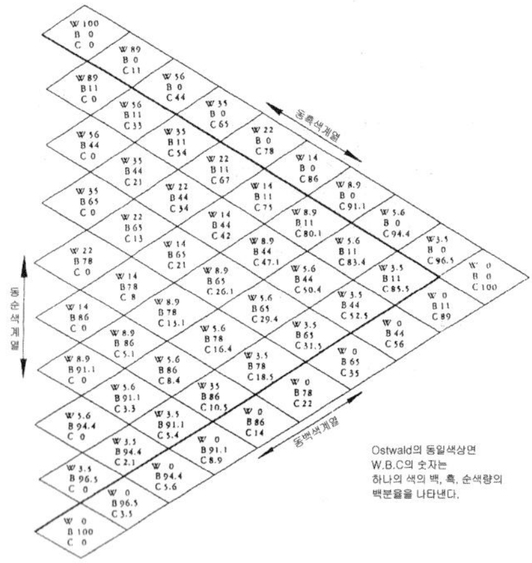

오스트발트색상환(-色相環, Ostwald color circle) : 헤링의 반대색설(4원색성)의 보색대(補色對)에 따라 4분할하고 다시 중간의 색상을 배열하여 8색을 기준으로 하는 색상환. 즉 황(yellow)·남(ulterma rine)·적(red)·청록(sea green)의 4색에다 그 사이사이에 주황(orange)·청(tur-quoise)·자(purple)·황록(leaf green)을 배치하여 8색임. 최종적으로 이것을 다시 3등분하여 우측 회전순으로 번호를 붙이면 24색상이 됨.

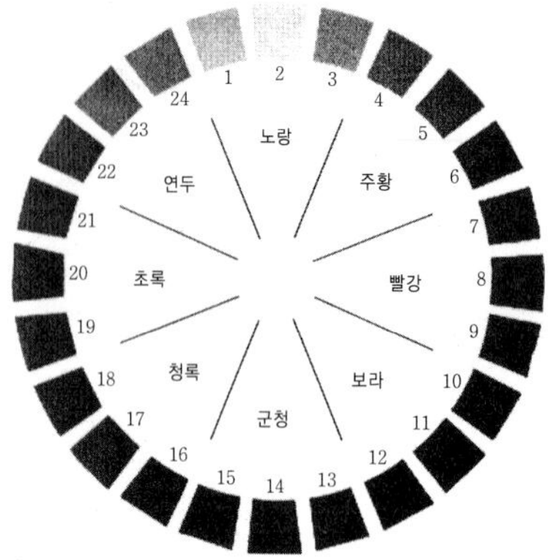

오스트발트의 색상환

오스트발트색입체(-色立體, Ostwald color solid) : 오스트발트 색채 시스템에서 명도 단계가 수직축으로 배열된 것. 채도의 단계는 낮은 채도에서 높은 채도로 뻗어나감. 먼셀 시스템과는 달리 채도의 각 단계는 부드러운 모양으로 이중 원뿔형을 이루게 됨.

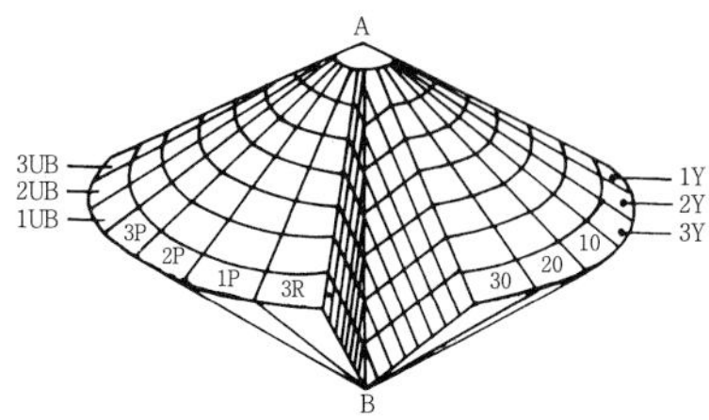

오스트발트색입체

오스트발트표색계(-表色系, Ostwald's color system) : ①독일의 물리화학자 오스트발트(Wihelm Ostwald : 1853~1932)는 색채의 표준화를 연구하여 1916년에 오스트발트 표색계의 개념을 창안·발표. ②이것은 회전혼색기(回轉混色機)의 색채 분할면적의 비율을 변화시켜 여러 색을 만들고 그것과 등색인 것을 색표로 나타낸 원리이며, 기호로써 백색량·흑색량을 표시. ③이 표색계의 중요한 점은 ㉠모든 빛을 완전하게 흡수하는 이상적인 흑(B). ㉡모든 빛을 완전하게 반사하는 이상적인 백(W). ㉢특정파장영역의 빛만을 완전하게 반사하고 나머지 파장영역을 완전하게 흡수하는 이상적인 순색(C)이라고 하는 현실에 존재하지 않는 3가지 요소를 가정하고, 이들 3색 혼합에 의해 물체색을 체계화한 것. 어느 한 색상에 포함되는 색은 모두 B+W+C=100이 되는 혼합비에 의해 구성되어 있음. 이것을 B·W·C가 정점이 되는 정삼각형 좌표로 하여 나타낸 것을 등색상 삼각형이라고 함. 그러나 현실적으로는 실제로 존재하지 않는 색료 속에서 선택한 것이므로 순색 C에 가장 가까운 채도가 높은 색과 B·W에 가장 가까운 흑과 백이 수치대로는 되지 않음.

오에스서비스(五-, Five S Service) : ⇨파이브에스서비스(=).

오에이(O.A) : ⇨오피스오토메이션(=).

오에이가구(-家具, office automation furniture) : 업무처리 과정의 능률 향상을 위해 행해지는 사무자동화기기 도입으로 사람의 가동률을 높이고 창조성을 최대한 발휘시키는 것을 목적으로 한 가구로 한 사람의 작업공간 면적은 책상·컴퓨터 테이블·의자로 구성되는데 최소한 4.8㎡가 필요함.

오에일드뵈프(oeil de boeuf[프]) : 원형 창. 베르사유 궁전의 8각 입구 홀에서 유래한 작은 원형의 개구부. 유리를 끼우거나 그대로 개방시켜 놓기도 하며 '황소의 눈(bull's eye)'이라고도 함.

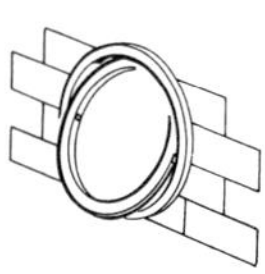
오에일드뵈프

오에쿠스(oacus[그]) : 고대 그리스·로마 주택에서 큰 방. 식당이나 집회실, 기타 용도로 사용.

오엔(五-, Five N) : ⇨파이브엔(=).

오엠에이(OMA) : ①Office for Metropolitan Architecture의 약자. ②1975/1983년 런던(London)의 더치(Dutch)에서 렘 쿨하스(Rem Koolhass)와 엘리아 젱헬리스(Elia Zenghelis)에 의해 창설된 건축설계사무소. 훗날 화가 젱헬리스(Zoe Zenghelis)와 마델론 브리젠드롭(Madelon Vriesendrop)이 참여. 1972년 "엑소덕스(Exodux)"라는 제목으로 환상적인 베를린 장벽의 콜라주 계획안을 쿨하스(Koolhass)와 젱헬리스가 합동으로 제안. 이들은 다수의 국제전시회와 현상설계에 참여하였으며 런던과 로테르담(Rotterdam)에서 건축설계 사무소를 운영.

오우번카펫(woven carpet) : 직조기에서 파일사와 백킹이 동시에 짜여진 카펫.

오운정(五雲亭) : ①서울특별시 유형문화재 제102호(1997년). 서울특별시 종로구 세종로 1번지 소재 지정. 1865년경 건립. ②오운정은 조선시대 왕이 후원을 거닐거나 군대를 사열하고 농사를 권장하던 행사 때 이용하던 정자. ③경복궁 궁성의 북문인 신무문(神武門) 밖에 위치해 있으며, 주산(主山)인 북악에 이르기까지 넓은 터의 후원에 조성되어 있음. 정면 1칸, 측면 1칸의 규모로 사방에 난간을 두르고 내진공간을 마련하여 사방을 4분합문으로 둘러 실내공간을 설치하였음. ④건축양식은 이익공의 사각 정자로 겹처마지붕에 절병통을 올렸음. ⑤현판의 오운정 한자 초서(草書)는 이승만대통령의 친필. ⑥흥선대원군이 고종 2년(1865) 경복궁 중건 당시에 함께 건립한 것인데, 이미 조선 초에 노루와 사슴을 경복궁 후원에서 길렀다는 기록이 있어, 그 터전은 조선 초기부터 운영되었던 것으로 보임. 1869년에 고종이 조대비(趙大妃)를 모시고 오운각 위에 올라 본 느낌을 적은 시(詩)에서 "녹음 울창한 속에 여기 저기 맑은 물소리, 수레를 모시고 오운각으로 나와 높은 복(福)을 기원합니다"라고 하였음. 1927년 일본이 경복궁 후원에 조선총독관저를 지으면서 이곳에 있던 융문당·융무당·경농재 등의 건물은 헐어버리고 오운각만 남겼음. 이 건물은 보존상태가 양호하고, 북궐(北闕) 배치도에서 확인된 경복궁 후원으로서 역사적·학술적인 보존 가치가 있음.

오이노코(oinochoe) : 술을 담는 병이라는 그리스어. 쉽게 흔들어 섞을 수 있도록 삼각형에 가까운 모양으로 됨.

오이노코

오이노코에(oinochoe) : 오이노

코(=).

오이스터링(oystering) : 18세기 초에 여러 겹의 베니어(veneer)를 결이 직각이 되도록 겹쳐서 만든 가구 베니어기법.

오일바니시(oil varnish) : ⇨유성바니시(=).

오일스테인(oil stain) : 안료를 석유용제에 용해한 유성착색료.

오주식(五柱式) : ⇨펜타스타일(=).

오지 [1](Ogee, ogive) : ①늘어난 S자 형태로 구성된 이중몰딩. ②단면의 요철면이 조합하여 반곡선인 S자형(파뿌리 모양)의 몰딩(ogee molding). ③꼭짓점으로부터 양쪽으로 사이머(cyma)곡선의 볼록곡선이 흘러 이루어지는 아치나 몰딩. ④단면이 S자 형태이나 오지 형태의 몰딩. 위는 오목하고 아래는 볼록한 형태를 사이머 렉타 몰딩(cyma recta moulding)이라 하고, 그 반대의 형태를 사이머 리버사 몰딩(cyma reversa moulding)이라고 함. ⑤몰딩.

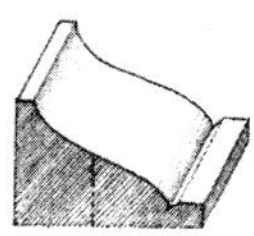
오지몰딩

오지 [2](salt glaze) : 진흙에 포함된 규산염과 식염(食鹽) 또는 화학약품이 증기와의 화학작용 반응 결과 나타나는 광택 있는 마감.

오지기와(乳液蓋瓦, salt glazed roofing tile) : 진흙을 빚어 초벌구이한 표면에 오짓물을 입혀 소성한 다갈색의 광택이 나는 치장기와. '청기와'라고도 함.

오지몰딩(ogee moulding) : ⇨오지(=).

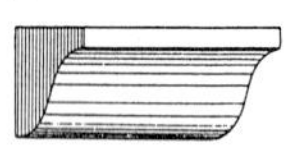
오지몰딩

오지벽돌(-甓乭) : 벽돌 표면에 오지유액을 입힌 치장벽돌.

오지브(ogive[프]) : ①일반적으로 뾰족한 아치. ②리브 볼트(rib vault)에서의 대각선 리브.

오지브래킷형 발(-形-, ogee bracket foot) : 브래킷의 모서리가 위에서 볼록하고 아래에서 오목해지는 S자 형태를 지닌 브래킷형 가구의 발.

오지아치(ogee arch) : 4개의 원호로 구성된 첨두아치. 중심에서 안으로 2개의 원호와 밖으로 2개의 원호로 오목하고 볼록한 두 곡선의 조합이 만나 형성된 형태. 1300년경에 처음 사용하여 중세 후기까지 많이 사용되었고 특히 14세기 초 영국에서 유행. ⇨연꽃형 아치(=).

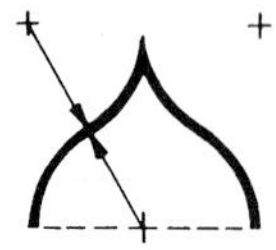
오지아치

오케이저널테이블(occasional table) : 하나 또는 여러 가지 목적으로 사용할 수 있는 테이블(소파 테이블·커피 테이블·램프 테이블·칵테일 테이블 등).

오큐루(oculu) : ⇨오큘러스(=).

오큘러스(oculus) : 지붕 및 벽체, 특히 돔의 최정부(最丁部)에 마련된 원형이나 타원형의 창문을 말하며, 유리를 끼우거나 루버(louver)를 달기도 함. 프랑스에서는 오큘러스를 '황소의 눈(bull's eye)'이라고도 함.

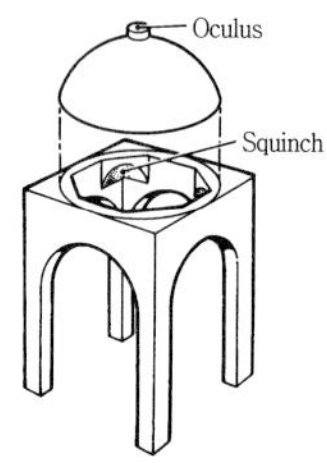

오큘러스

오크(oak) : 미국과 캐나다 여러 지방에 분포. 백적색(白赤色). 비중은 0.63~0.71~0.75. 가구재·실내장식재·술통으로도 사용. 가구제작에 있어 외부로 노출된 부분의 몰딩과 단판에 가장 많이 사용. 종류는 흰참나무(white oak)와 붉은 참나무(red oak)로 구분. 자연스런 마감처리에는 흰참나무가 더 적합.

오크시대(-時代, age of oak) : 가구 인테리어 패널링(panelling) 징두리벽 등에 주로 사용되었던 1500~1660년대 사이의 튜더·엘리자베스·자코비안·크롬웰시대를 포함한 영국 르네상스시대.

오크시대

오클라디아스(okladias[그]) : 그리스시대에 사용한 관리용(官吏用)의 접이식 의자.

오키드(orchid) : ①난초과에 속한 오키드 꽃의 색. 관용색명으로는 붉은 기미의 연한 보라(light purple). ②먼셀기호 3.0PB7.0/6.0.

오텔(hötel[프]) : ①프랑스의 큰 저택 건축물. 15세기 말 이후 특히 파리에 많이 지어졌음. 일반적으로 안뜰을 둘러싸고 여러 방이 배치되고 주인이 거처하는 주관(主館)은 안쪽의 중앙에 블록을 차지함. ②프랑스의 공공건축물을 차지함.

오토건축(-建築, Ottonian Architecture) : 962년에서 1002년까지 서로마 제국의 황제로서 통치하던 독일 왕조의 건축. 카롤링과 비잔틴 건축의 개념에서 추출된 형태를 개발.

오토도어(auto door) : ⇨자동문(=).

오토만(ottoman) : ⇨오토만체어.

오토만건축(-建築, ottoman architecture) : 14세기 이후 오토만 제국의 이슬람 건축. 비잔틴 건축의 영향을 많이 받았음.

오토만

오토만체어(ottoman chair) : ①타원형의 카나페(canapé[프]). 이것은 오스만 터키에서 유래한 것으로 술탄(sultan ; 오스만 터키 황제를 지칭)이라고도 하며 많이 앉기 위해 마루에 깐 대형 쿠션. ②발을 걸치는 스툴(stool). ③등받이나 팔걸이 없이 천을 씌운 낮은 의자만을 말하는데, 실제로 앉기보다는 주로 다리를 올려놓는 발받침대(쿠션 의자)로 사용. ⇨카나페·발받침대(=).

오토매티즘(自動技術法, automatism) : ①자동적 활동·무의식적 자동 작용·자동 묘법 등을 의미. 앙드레 보르통(André Breton ; 1896~1966)에 의해 제창된 운동으로 의식이나 이성에 지배되지 않고 무의식 중에 자유자재로 붓을 움직여서 그리는 것, 또는 사상의 작용을 받지 않는 창조 작용. ②일체의 어떠한 이성적 통제 없이 무의식의 상태에서 붓이나 연필을 '자동적으로' 이용하는 수법. 초현실주의자들이 개발하여 훗날에는 추상표현주의자들에 의해 폭넓게 활용.

오토시어터(auto theater) : 자동차를 탄 채 보는 야외영화관.

오토클레이브(autoclave) : 고압가열용 강철제 탱크. 완전히 밀폐된 강철제 탱크에 주로 고압증기를 보내 그 안의 소재를 고압가열하여 소독이나 성형하기 위해 사용하는 공압 용기.

오토클레이브보양(-保養, autoclave curing) : ①시멘트질의 재료를 강철제 탱크 속에서 고온(약 180℃)·고압(약 10기압)을 가하는 보양. ②석회와 규산의 화학반응을 촉진시켜 짧은 시간(24시간 이내)에 견고하게 굳은 것으로 만들 수 있음. 각종 시멘트콘크리트 제품을 공장 생산하는 경우에 쓰임. ⇨고압증기보양.

오팔그린(opal green) : ①단백석(蛋白石)의 일종인 오팔과 같은 색. ②흰빛을 띤 연한 녹색. ③해맑은 녹색(pale green). ④먼셀기호 4.0G8.5/2.5

오퍼스버미큘라텀(opus vermiculatum) : 벌레 문양을 닮은 형태로 짜여진 모자이크.

오퍼스섹타일(opus sectile) : 균일하게 절단된 재료로 구성된 모자이크.

오퍼스알렉산드리엄(opus alexandrinum) : ①검정·하양·청록·빨강 등의 몇 가지 색을 기초로 형성된 기하학적 패턴을 가지는 '오퍼스 섹타일(opus sectile)'. ②판으로 가공한 대리석이나 돌로 기하학적인 무늬를 넣어 바닥에 시공하는 한 방법.

오페라하우스(opera house) : 대중적 오페라를 공연하는 극장.

오펠쿤트착시(-錯視) : 1895년 처음 증명된 것으로 각 모양들은 똑같지만 나뉜 부분의 숫자가 많아질수록 점점 더 직사각형처럼 보이게 되는 착시현상.

오포(五包) : 공포가 다섯 겹으로 겹쳐진 것.

오포집(五包-) : 공포가 다섯 겹으로 얹혀 있는 포집.

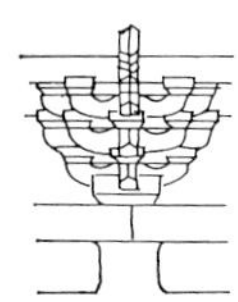
오포

오푸스레티클라툼(opus reticulatum) : 정사각형의 돌을 사선방향으로 사방 연속되게 쌓아 그물 모양으로 만드는 고대 로마 벽 공사의 한 방법.

오푸스레티클라툼

오푸스리스타툼(opus listatum) : 벽돌과 벽돌처럼 자른 돌을 교대로 쌓는 고대 로마 벽공사의 한 방법.

오푸스섹틸레(opus sectile) : ⇨오퍼스섹타일(=).

오푸스알렉산드리움(opus alexandrinum) : ⇨오퍼스알렉산드리엄(=).

오푸스인체르툼(opus incertum) : 불규칙하게 자른 각종 돌을 모르타르에 섞어서 벽 표면에 바르는 고대 로마 벽공사의 한 방법.

오푸스인체르툼

오푸스쿼드라툼(opus quadratum) : 일반적으로 돌을 쌓는 사이에 정사각형의 돌을 끼워 넣는 고대 로마 벽공사의 한 방법.

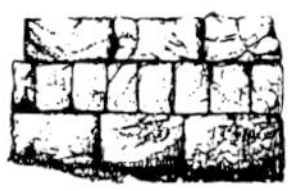

오푸스쿼드라툼

오푸스테셀라툼(opus tessellatum) : 다양한 색의 재료로 보통 모자이크와는 달리 바둑판 무늬와 규칙적인 무늬를 넣어 바닥에 시공하는 모자이크의 한 방법.

오푸스테셀라툼

오프닝(opening) : ⇨개구부(=).

오프셋(off set) : 벽에서 수평으로 돌출된 얕은 선반. 그 위의 벽은 위로 갈수록 두께가 얇아지며 경사지므로 경사진 면은 아래쪽으로 빗물이 쉽게 흘러드는 것을 방지하기 위하여 선반의 가장자리는 돌출된 빗물막이 몰딩이 있음.

오프블랙(off-black) : 어떤 색에 검은색을 다량으로 혼합하면 거의 검다고 느껴지지만 검은 색보다는 다소 밝은 색조를 지닌 색을 총칭함.

오프화이트(off-white) : ①어떤 색에 흰색을 다량으로 혼합하면 거의 백색으로 느껴지지만 검은 색보다는 다소 밝은 색조를 지닌 색을 총칭함. ②백색을 벗어난 백색이란 뜻으로 차가운 백색에 따뜻한 유채색을 혼합하여 얻어지는 백색. 명도 8.5에서 9.5까지, 채도는 1까지 '따뜻한 백색'이라고 느껴질 정도의 색. 예컨대 크림색이 섞인 흰색·핑크색이 섞인 흰색 등이 포함. 오프화이트는 반사율이 70~80% 정도.

오픈(open) : ①도면 표기상 바닥·벽체·천장 등 구조물이 없는 면, 즉 뚫려 있는 상태를 표현하는 용어. ②건축의 공업적 축조 과정에서 건축부품을 대량생산하여 그것들을 조합함으로써 축조하는 방식. ③공간을 칸막이 등으로 막지 않고 개방시키는 평면계획.

오픈디스플레이(open display) : 소비자가 상품을 직접 손으로 잡든가, 만지는 등의 자유롭게 선택할 수 있도록 진열되어 있는 상태. 이는 소비자가 물건을 직접 확인할 수 있기 때문에 저항감이 없고 판매에 좋은 인상을 주는 반면 상품 훼손이나 분실의 위험이 있다는 결점이 있음. ⇨클로즈드 디스플레이(⇔).

오픈부품화(-部品化, open component system) : 건축물을 구성하고 있는 건축구성재인 고정요소(support system)와 가변요소(infill system)가 하나의 유기적인 개방형 시스템(open system)하에서 모듈정합(MC ; modular coordination)을 바탕으로 일정한 원칙하에 조합되어 새로운 역할-건축물·건축공간·건축구성재 상호간의 호환성(changeability) 확보를 바탕으로 지속가능한 건축물의 건설 및 공급유지관리, 리모델링 등을 효과적으로 할 수 있는 오픈빌딩(open building)의 전체적 요소로 작용을 담당할 수 있도록 하는 추진력과 방향성을 지닌 과정(process).

오픈빌딩(open building) : ①개념은 ㉠건축물·건축공간·건축구성재 상호간의 호환성(다양성·적응성·정합성) 확보를 바탕으로 한 오픈부품화(open component system)로 건축 개방형 시스템(open system)을 구축함으로써 건축물의 장수명화를 적극 제고함과 동시에 궁극적으로 '지속가능한 건축 및 환경(sustainable building & environment)'을 실질적으로 구현할 수 있는 건축물. ㉡인간의 행동양식 변화에 능동적으로 대응하여 공간의 다양한 활용을 실질적으로 구현할 수 있는 건축물. ②특징은 ㉠혁신적이고 고객지향적인 개념을 바탕으로 건축물과 도시를 구성함. ㉡가장 선진화된 건축기술·정보관리·건설방법 등과 유기적인 연계를 바탕으로 건축에 있어서 수요와 공급 상호간의 균형을 유지.

오픈샌드위치 구조(-構造, open sandwich structure) : 샌드위치 구조의 한쪽 표면재를 제거시킨 것. 구조물이 받는 응력상태를 고려하면 샌드위치 구조와 거의 동일하며, 구조물의 경량화·비강성(比剛性)·비강도(比强度)의 향상을 경제적으로 얻을 수 있음.

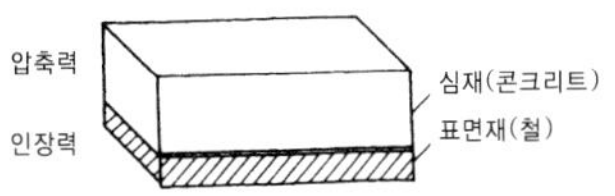

오픈스쿨(open school) : 학급단위의 수업을 부정하고 개인의 능력, 자질에 따라 편성하고 경우에 따라서는 무학년제로 하여 그룹별 지도와 팀티칭(team teaching) 등 다양한 학습활동을 할 수 있도록 하는 학교.

오픈스테이지형식(-形式, open stage type) : 관객석과 무대가 동일한 공간 안에 있는 형식. 프로시엄 무대형식에 대한 개념. 보통 무대가 공간 안의 한쪽에 있는 오픈 앤 스테이지형식을 가리킴. 그리스·로마의 극장이 이 형식임. ⇨트러스트 스테이지 형식(=).

오픈스페이스(open space) : 건물이 들어서지 않고 교통에도 이용되지 않는 대지. 일반적으로 공원·광장 등 공공적인 것과 하천이나 들판과 같은 자연적인 것. 사찰 경내·민간시설로 공개된 것. 개인 전용의 것으로 분류, 악화된 도시환경 해결에 불가결한 공간으로 이용.

오픈시스템(open system) : ①PC개발방식의 하나. ②건물을 구성하는 부재·부품들이 여러 형태의 건물에 사용될 수 있도록 개발·생산하는 방식. ③특징은 평면구성이 자유롭고 호환성이 높음, 시장공급 방식, 대량생산 가능. ④문제점은 초기 투자 과다, 부재의 표준화, 규격화 미흡, 접합부 취약, 기술개발·투자 미흡. ⑤대책은 초기 투자비의 금융지원 및 세제 혜택, 부재의 표준화, 규격화로 호환성 높임, 접합부의 강도 및 수밀성 개선, 기술개발 투자 확대로 자체 기술개발, 생산설비의 자동화 등.

오픈오피스(open office) : ①물·불을 사용하는 화장실·탕비실 등을 제외하고는 칸막이를 사용하지 않고 영역의 경계는 화분이나 낮은 수납장 등으로 개방하여 사용하는 사무공간. ②복도 및 통로 면적의 최소화로 공간이 절약되고 구석진 부분의 공간낭비가 없어 사용 면적이 넓음. 1인당 4~5㎡ 정도의 면적이 필요함. ③특징은 공간이 절약되며 배치이동시 공간의 제약을 받지 않으며 동선이 자유롭고 벽면 설치비용이 들지 않아 경제적인 이점이 있음. 그 밖에 가구·비품, 그리고 설비가 임의 위치나 목적에 맞게 이동 가능하고 부서간의 벽과 문이 없어 경제적인 면에서 시설비·관리비가 적게 듦. 단점은 개방으로 인한 산만함과 소음. 그리고 프라이버시 확보가 어려우며, 개방감은 심리적으로 자칫 산만한 분위기를 형성해 능률저하를 초래할 수 있음. 직급에 따른 가구배치로 비우호적인 분위기와 관리직을 중심으로 한 배열은 계급의식을 조장. 각 개인의 주위환경을 통제하여 지위를 나타내는 외적 표현은 거의 말소되어 비개성적인 공간이 되기 쉬움. 따라서 업무처리와 사무작업자의 심리적 요소 및 인체공학 중심의 새로운 배치형태가 연구·보완되어야 함.

오픈워크(openwork) : 재료의 표면에 구멍이 많이 생기도록 구성하여 만드는 장식 또는 구조기술.

오픈웨브(open web) : 개구부가 연속적으로 배치된 웨브. 허니콤 빔(honeycomb beam)과 같이 비충복(非充腹) 보의 웨브.

오픈웨브보(open web girder) : 대철(帶鐵)

이나 철근을 웨브재로 사용하는 래티스 보(lattice girder).

오픈타임(open time) : 접착제를 도포해서 붙일 때까지의 시간.

오픈팀버드(露出木材, open-timbered) : 노출된 목재 골조.

오픈플래닝(open planning) : ①각기 다른 목적으로 사용하는 공간 사이에 내부공간의 분할을 최소한으로 나누어 계획하는 것. 즉 하나의 전체공간을 고정된 벽체로 여러 개의 실로 구획·분할하지 않음으로써 폐쇄된 공간을 만들지 않고 필요한 영역만을 칸막이(partition)로 구획하여 사용하는 개념. ②벽이나 파티션이 없는 공간의 레이아웃(lay out). 이 용어는 오피스 플랜과 관련된 시스템을 지칭하는데, 분리되지 않은 오픈 사무공간에서 스크린이나 다른 가구요소를 이용하여 공간을 구획하고 어느 정도의 프라이버시를 보호해주는 것. ③공간의 영역은 바닥높이 차이·천장내림·알코브·마감재료 차이·조명 등 다양한 지각적 구획기법을 사용하여 구분할 수 있음. 고정된 벽체보다 공간을 더 융통성 있게 사용. 칸막이는 투명 또는 반투명이나 불투명 재료를 조절할 수 있으며, 커튼·블라인드·가구 등 가변성 있는 칸막이로 사용. ④실내공간이 폐쇄되지 않고 개방되어 있으므로 시각적·청각적인 프라이버시 확보를 위한 완충시설 필요. 즉 필요에 따라 부분적으로 비내력벽을 설치하거나 가구 및 식물배치를 이용하여 시선을 차단·격리하여 보호영역을 확보하고, 마감재료를 카펫·패브릭(fabric)·코르크(cork) 등 흡음재를 사용하여 소음원 발생을 없앰.

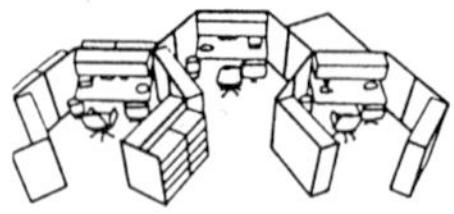
오픈플래닝

오픈플랜(open plan) : ⇨오픈플래닝.

오픈플랜오피스(open plan office) : ⇨오픈 플래닝.

오픈하우징(open housing) : ⇨오픈 빌딩(=).

오피스랜드스케이프(office landscape) : ①1958년 함부르크 퀵보너(Quickborner)의 설계팀에 의해 개발된 것으로 뷔로 랜드샤프트(büro landschaft)라는 어원에서 파생된 용어. ②등신대(等身大)의 관엽식물이나 워크 스테이션(work station)이나 휴게 코너·안내 데스크 등에 배치하는 소규모의 조경계획. ③미국 건축가인 케빈 로치(Kevin Roche ; 1922~81)가 설계한 뉴욕의 맨해튼 메인 스트리트 42번가 소재의 포드 재단 빌딩(1967년 준공) 등이 대표적임. ④오피스 랜드스케이프 공간의 특성은 다음과 같음. ㉠기존의 전통적인 권위의식에 의한 공간과 가구배치에서 벗어나 업무의 특성, 직원의 유대관계를 우선하여 작업시설물들을 배치. ㉡칸막이 벽에 의한 작업장의 배치보다 파티션 가구(partition furniture)로 자유롭게 공간을 구분하여 상황에 따라 변형이 가능한 공간을 이루고 있음. ㉢자유로운 개방형 평면계획에서 발생되는 제반 문제-소음·환기 등-는 현대적 설비시스템을 설치하여 해결하는 것이 보편화됨. ㉣일정한 직각 그리드에 의한 설계보다 다양한 기하학적 모듈 형태·사선·정방형·삼각형·육각형·원형·타원형 등을 선호하여 시스템 가구를 배치하고, 그 가운데 일관된 그래픽 작업을 적용함으로써 공간의 시각화를 극대화시키고 있음. ㉤자연수목을 이용하여 시각적으로 안락하고 부드러운 사무공간을 형성하고 직원들을 위해 휴식공간도 설치하는 세심한 배려를 고려함.

오피스오토메이션(office automation) : 사무경영의 합리화를 위해 컴퓨터를 비롯한 각종 첨단기술장비를 도입하여 업무처리를 자동화한 것. 일반적으로 OA라고 함. OA는 업무의 생산성을 향상시키기 위하여 컴퓨터를 중심으로 하는 자동화된 사무기기를 시스템화하는 것임.

오피스텔(officetel) : ①사무실과 호텔을 겸한 복합빌딩. ②도심공동화를 막고 재택근무 등 선진적 업무환경을 위해 생긴 우리나라 특유의 건물임. ③국내에서는 1985년 고려개발(주)이 서울 마포구 도화동에 세운 오피스텔 성지빌딩을 분양한 것이 효시임. ④현행법상으로는 1세대 2주택 원칙의 적용을 받지 않아 매매할 때 양도세가 없으며, 주거 및 사무실을 겸용하는 경우에는 취득세·등록세·재산세 등 각종 지방세도 주거용으로 적용함.

오피스토도모스(opisthodomos [그]) : 그리스 로마의 신전(神殿)에서 후실, 즉 켈라(cella)의 뒤에 있는 실(室). ⇨프로나오스(⇔).

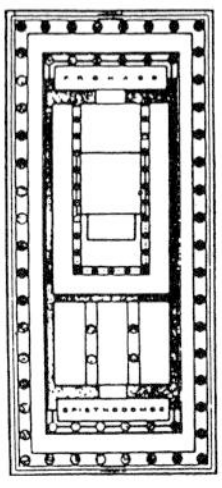
오피스토도모스

오행(五行) : 우주 간에 운행하는 5가지 원기(元氣)인 목·화·토·금·수.

오행설(五行說) : 오행설은 본래 유가의 자사(子思), 맹가(孟家)에 의해 제창된 중국 고대의 원자론임. 목·화·토·금·수인 5요소의 변전으로 만물의 생성·소멸을 설명하려는 이론임. 우주의 물질을 다섯 가지 기본원소로 분석한 이 이론은 이후 정기로 추상화되어 상생상극의 원자주기설을 낳았음. 즉 오행이 순화하여 서로 생(生)하는 것을 오행상생(五行相生)이라 하며, 오행이 서로 이기는 이치를 오행상극(五行相剋)이라고 함. 오행설은 건축에 응용되면서 점차 발전하여 현학(玄學)의 일종인 풍수설, 즉 감여학(堪輿學)이 됨.

옥개(屋蓋) : ⇨지붕(=).

옥개석(屋蓋石, roof stone) : ①탑의 옥신석 위에 덮는 돌. ②지붕돌(=).

옥내배선(屋內配線, service equipment) : 건물 등에 전력 공급·제어·안전·보호 및 계량(計量)에 필요한 전기장치.

옥내인입선(屋內引入線, service entrance conductor) : 가공 인입선이나 지중 인입선으로부터 옥내설비까지의 인입선.

옥녹화머리초 : 기둥이나 보 등에서 전체를 녹색으로 꽃을 그린 머리초.

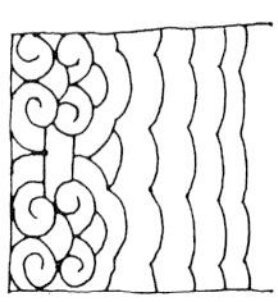
옥녹화머리초

옥련사(玉蓮寺) : ①경북 의성군 안평면 삼춘동 1011 소재. 신라시대에 의상조사가 창건. ②옥련사란 절이름은 이 절 아래에 있는 연못에서 연꽃이 구슬같이 아름답게 피어났다는 데서 연유한 것이라 함. ③현존하는 법당인 극락전은 높이가 7㎝, 폭이 6㎝인 목조와가(木造瓦家)로서 특징은 외7포, 내7포로 되어 있다는 것. ④기둥의 중간부분이 불룩하게 되어 있는 것으로 보아 고려시대의 건축양식으로 추정되지만 연대는 확실하지 않음.

옥류각(玉瑠閣) : ①충청남도 유형문화재7호, 1639년(인조17)에 동춘당 송준길과 그 문인들이 비래암 바로 앞에 학문을 연마하기 위해 세운 건물. ②정면 3칸, 측면 2칸의 팔작지붕에 5량집 구조. 평면 전체는 6칸 중 4칸은 누마루, 2칸은 사방에 문을 설치한 방. 누각 아래로 물이 흐르는 것이 마치 프랭크 로이드 라이트(Frank Lloyd Wright : 1867~1959)의 낙수장(落水莊)을 연상케 함. 누하(樓下)는 원주이고, 누상(樓上)은 방주. 기둥머리에는 창방을 끼우고 창방과 대들보를 결구하여 대들보를 받치는 양봉은 내부로 사절(斜截)하여 조각하였고, 외부로 익공. 창방 밑에는 창방받침을 대어 보강. 누마루는 우물마루이고

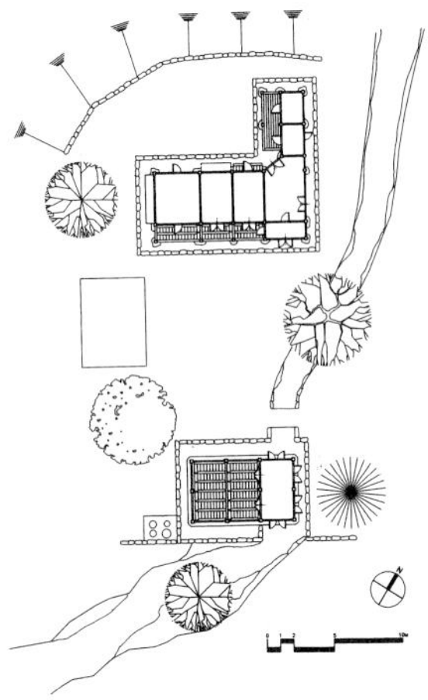
옥류각 배치도

난간 대신 한 자 높이의 머름을 만듦. 방과 마루 사이는 사분합 띠살 들어열개문이고 그 외는 2분합 여닫이문을 달음. 측면 가운데 기둥과 대들보 사이에는 충량(衝樑)을 걸었는데, 충량 위의 서까래가 모이는 합각 부분에는 우물천장, 그 외 다른 부분은 모두 서까래가 노출된 연등천장임. 대들보 위에 종량을 얹고 동자주 대신 파련대공으로 종도리를 받침.

옥상간판(屋上看板) : 건물의 옥상에 별도의 장방형·정방형·삼각형 또는 원형 등의 게시시설을 설치하여 문자·도형 등을 표시하거나 승강기탑 등 건물의 옥상 구조물에 문자·도형 등을 직접 표시하는 광고물.

옥상정원(roof garden) : ⇨루프가든(=).

옥색(玉色) : ①관용색명으로 녹색을 띤 파랑. ②먼셀기호 2.5B5/8.

옥스아이윈도(oxeye window) : 프리즈(frieze)나 지붕창(dormer window) 등에 설치한 비교적 작은 원형 또는 타원형 창. 작은 원창(oeil-de-boeuf)이라고도 함.

옥신석(屋身石, main stone) : ①석탑의 탑신을 이루는 돌. ②몸돌(=).

옥심기둥 : ⇨옥심주(=).

옥심주(屋心柱) : ⇨찰주·심주(=).

옥오재(玉吾齋) : ⇨제월당.

옥외광고물(屋外廣告物) : 상시 또는 일정기간 계속하여 공중에게 표시되어 공중이 자유로이 통행할 수 있는 장소에서 볼 수 있는 것(교통시설·교통수단 포함)으로서 간판·입간판·현수막·벽보·전단, 기타 이와 유사한 것.

옥외광고업(屋外廣告業) : 광고물을 표시하거나 게시시설을 설치하는 영업.

옥좌(玉座, tribune) : 교회의 주교용 성좌(聖座). 초기 기독교 교회에서 앱스(apse, 後陣)나 벽감(壁龕, niche) 속에 위치.

옥천사대웅전(玉泉寺大雄殿) : ①경상남도 유형문화재 53호, 신라 문무왕 10년(670년) 의상대사가 창건, 초창 이후 수차례의 중창과정을 거치다가 임진왜란 당시 완전히 소실, 1700년대 중반에 현재의 모습으로 큰 규모로 중창. ②대웅전 앞 좌우에 적묵당과 탐진당을 두고 대웅전과 대향하여 자방루를 배치하여 작은 중정을 둘러 싼 산지중정형 가람배치. 중정은 답답할 정도로 매우 협소함. 정면 3칸, 측면 2칸의 보편적인 주 불전 규모나 자방루와 적묵당의 규모에 비하여 작은 편임. 다포계 팔작집으로 높은 석축 위에 조성되어 권위적이고, 일반적인 다포계 맞배집에 비하면 많은 돈을 들여 건립한 건물임. 기둥이나 창방, 평방, 도리, 보 등 주요구조 부재가 모두 견실하여 육중한 골조미를 가짐. 외부는 2출목으로 기둥높이와 포작 크기가 적절한 비례를 가짐. 중앙 어간은 기둥 간격이 훨씬 넓어 2구의 공간포와 사분합문을 설치, 좌우 협간에는 각각 1구의 공간포와 삼분합 설치. 공간포 간격은 일정하지만 귀포에 귀한대 설치, 좌우대가 각각 3대씩 만들어져 마구리간격이 넓어 보임. 살미쇠서는 모두 앙서형으로 화려한 초각은 없지만 길게 뻗어 나와 완만하게 상승하여 힘이 있고 유려한 모습임(다포계 팔작집 초기적 모습). 보머리는 연화문으로 장식, 귀한대를 받치는 이방(耳枋)을 톱날처럼 파서 한 대가 끼워지도록 고안하여 실용적·회화적으로 표현. 내부는 3출목으로 경사져 올라가다가 층단형 우물반자를 만듦. ③군사적 목적으로 건립된 사찰로 1773~1842년의 기간에 340명의 군정(軍丁)이 기거하고 12방사와 12물레방아가 있었음.

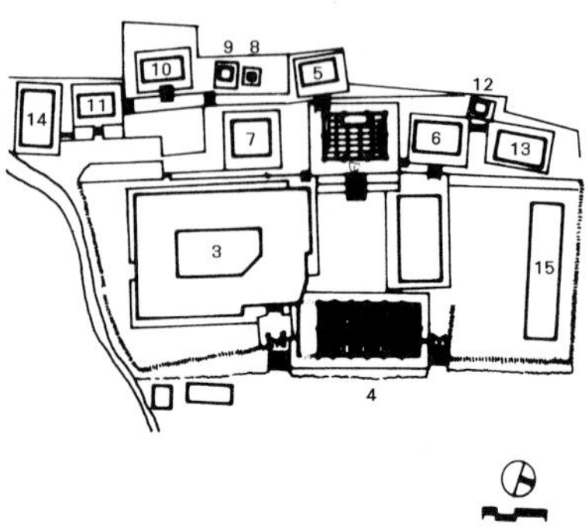

옥천사대웅전 배치도

옥천사자방루(玉泉寺慈芳樓) : ①경상남도 유형문화재 53호, 7세기 창건, 18세기 중수, 경남 고성군 개천면 북천리에 위치. 신라 문무왕 10년(670년) 의상대사가 창건하고 고려 의종 4년(1208)에 진각국사가 중창했다고 전해짐. 사찰의 중심곽은 1740년 이후에 조성, 1745년 대웅전 창건, 1754년에 적묵당과 참진당 건립, 1764년 자방루 창건. 가람이 깊은 산곡의 급한 경사에 조성되었음에도 불구하고 외곽 앞마당이 넓음(군병 훈련용 연병장 추정). ②정면 7칸, 누하주가 없고 석축 위에 기단을 놓고 건물을 세움. 기둥 사이는 두터운 판장문으로 막아 폐쇄적인 입면을 만듦. 중정을 면하는 배면에는 창호 없이 기둥 사이를 개방. 측면이 3칸임에도 불구하고 1고주5량가 구조이며 고주는 2칸마다 하나씩 세우다가 북측 협간에서는 매 한 칸에 하나씩 세움. 남측 협간에서 중정방향으로 2칸은 흙바닥으로 처리하고 중정으로의 출입부분을 만들어 매우 폐쇄적이고 미로 같은 진입동선을 만듦. 1출목이익공을 갖춘 익공계 팔작집으로 부연까지 달았으며, 초익공은 앙서 위에 연화를 초각하고 이익공은 수서를 만들었으며 보머리는 모두 봉두를 조각함. 귀포에는 귀한대를 두었고, 주간 창방에는 화반을 설치하였는데, 중앙 어간에만 귀면화반을 설치하여 중심성을 강조함. 협간에는 2개씩 충량을 두고 용머리로 단청을 올렸으며, 대들보를 받치는 보아지는 사치스럽게 초각하여 전체적으로 권위적이면서도 풍부한 장식성으로 고급스러움. ③임진왜란 이후 전략요충지에 군막사용 사찰이 건립되었다는 사례가 있음.

옥총아치 : ⇨삼중심아치.

옥타건(八角形, octagon) : ⇨팔각형(=).

옥타브(octave) : 두 주파수 비가 2 : 1일 때, 이 두 주파수 사이의 간격.

옥타브밴드(octave band) : ①인간의 가청범위에 있는 50~10,000㎐의 주파수를 1옥타브마다 나눈 그 범위. ②1옥타브 밴드에서는 어떤 주파대의 최대 주파수가 최소 주파수의 두 배인 때 그 주파수대의 범위. ③예컨대 150~300㎐는 하나의 옥타브 밴드.

옥타브분석(-分析, octave analysis) : 소음 등을 분석할 때 옥타브 밴드마다 음압레벨을 구하는 것을 말하며, 음의 성격이 명확하게 됨. 보통 지시소음계의 C회로와 옥타브 분석기를 조합하여 측정. 측정값의 단위는 데시벨(decibel ; dB).

옥타스타일(octastyle) : 고대 그리스의 선반이나 이와 유사한 건축물에서 정면이나 배면에 8개의 원주를 나란히 배열하는 양식.

옥타스튜로스(oktastylos[그]) : ⇨옥타스타일(=).

옥탑층(屋塔層, penthouse) : 건물의 옥상에 엘리베이터 기계장치를 격납하는 옥상(屋上) 기계실.

온담 : ①벽을 모두 담으로 쌓아 올린 것. ②사괴석과 전돌로 쌓은 벽체.

온도감(溫度感, temperature feeling) : ①색상에 강하게 느껴지는 따뜻하고 차가운 색의 감정적인 효과. ②일반적으로 장파장 쪽의 적외선은 따뜻하고 단파장 쪽의 자외선은 차갑게 느껴짐. ③저채도 저명도는 찬 느낌이 강하며 무채색인 경우 저명도(低明度)는 따뜻한 느낌을, 고명도(高明度)는 차가운 느낌을 줌. ④⇨색채의 온도감.

온도계(溫度計, thermometers) : 온도를 측정하는 기구로서 어떠한 물질의 성질이 온도의 변화에 따라 일정하게 변화하는 것을 이용한 것. 온도계의 종류는 수은온도계·알코올온도계·열전기온도계·저항온도계·광학온도계 등으로 구분.

온도근(溫度筋) : ⇨온도철근(=).

온도조절밸브(溫度調節-, temperature control valve) : 액체의 온도를 조절하는 것으로서 온도의 변화에 매우 민감한 벨로즈(bellows) 작용에 의하여 개폐되며, 가열 증기 또는 냉각수의 유량에 자동적으로 조절하는 자동 제어밸브. 열교환기 및 증류가열기 등에 사용.

온도철근(溫度鐵筋, temperature bar, shri-nkage reinforcement) : ①1방향 슬래브(slab)에서 주근(主筋)과 직각방향으로 배근된 철근으로 온도변화에 따른 수축 등에 저항. ②콘크리트의 수축·온도변화에 의한 열응력에 따른 균열 등을 방지하기 위하여 바닥판 배근시 하부 직선근(bottem straight bar)과 직교하고 주근(main bar)과 연결하는 보조근(배력근·부근이라고도 함).

온돌(溫突, ondol, hypocaust, under-floor hearing system of a room) : ①고래를 켜고 구들장을 덮어 흙을 발라서 방바닥을 만들고 불을 때어 난방하는 구조물. ②아궁이에 불을 때어 그 불기운이 방바닥 밑으로 난 방고래를 통해 열이 퍼지도록 하여 구들장을 데워 그 열이 인체에 직접 전달되거나 방을 덥게 하는 난방구조. ③실내공기를 데우는 장치로서, 열의 전도·복사·대류를 이용한 한국 고유의 난방방식. ④구들(=).

온돌구조(溫突構造) : 온돌 내부구조의 주요부분은 아궁이와 고래로서 연료가 아궁이에서 연소되어 부넘기를 통해 열과 연기로 고래로 끌어들이는 구조. 부넘기에서 굴뚝이 있는 개자리까지는 안쪽에 약간씩 경사를 두고 경우에 따라 구들장을 놓을 때도 약간씩 경사를 두어 결과적으로 아궁이 쪽이 낮아지게 함. 아궁이 쪽을 아랫목이라 하고 굴뚝 쪽을 윗목이라고 함. 불길이 고래에서 굴뚝으로 연결되기 전에 고래보다 깊이 파인 골이나 웅덩이가 있어 재나 연기가 머물도록 하는 개자리가 있음.

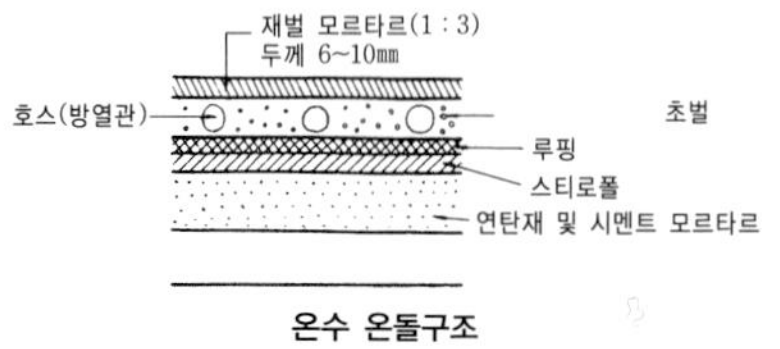

온수 온돌구조

온돌바닥(溫突-) : ①한국 건축에 사용된 바닥양식의 일종. ②고구려시대 서민주택의 난방방식인 장갱(長坑)구조에서 유래. ③고려시대 이후 가장 일반적인 바닥구조. ④조선시대에는 궁궐의 내전(內殿)·사찰의 승방(僧房)·서원의 방(房)·일반주택의 방(房) 등의 바닥에 널리 사용.

온머리초 : ①모로단청 중 무늬줄을 그려 넣는 정도에 따른 분류의 하나. ②무늬 전체를 그려 넣는 모로단청. ⇨반머리초(⇔).

온모루초 : ⇨온머리초(=).

온바탕머리초 : 기둥이나 보 따위에서 온 바탕을 녹색으로 꽃을 그린 머리초.

온바탕머리초

온백색형광등(溫白色螢光燈) : 색온도가 약 3,500°K에서 약 3,000°K로서 백열전구에 가까운 빛을 발산하는 형광등.

온센터(on center) : 한 치수의 중심에서 다음 치수의 중심까지 거리.

온수난방(溫水煖房, hot water heating) : ①현열(sensible heat)을 이용한 난방으로 보일러에서 가열된 온수를 복관식 또는 단관식의 배관을 통하여 방열기에 공급하여 난방의 목적을 달성하는 온수에 의한 중앙공급식 난방의 일종. ②분류 : 온도에 의한 저온수식(저온수식 ; 85~90℃)과 고온수식(고온수식 ; 100~150℃의 온수 사용), 배관방식에 의한 단관식(單管式)과 복관식(復管式), 순환방식에 의한 상향식(上向式)과 하향식(下向式), 중력식(重力式)과 강제식(强制式) 등. ③특징 ㉠장점 ; ⓐ난방부하의 변동에 따라 온수온도와 온수의 순환수량을 쉽게 조절. ⓑ타는 냄새가 없음. ⓒ난방을 정지해도 난방효과는 지속. ⓓ열용량이 크므로 시동시간이 길어짐. ⓔ제어 및 온도조절이 용이하고 현열을 이용하여 방열온도가 낮으므로 쾌감도가 높음. ㉡단점 ; ⓐ예열시간과 온수시간이 김. ⓑ설비비가 비쌈. ⓒ운전비가 비쌈. ⓓ한랭지에서 난방을 정지하였을 경우 동결의 위험성이 큼.

온실(溫室, conservatory) : 원래 식물을 재배하기 위해 집안에 있는 유리로 둘러싸인 공간을 말하지만, 현재는 일광욕실(日光浴室, sun room)과 같은 공간들을 포함하는 실을 말함.

온실효과(溫室效果, greenhouse effect) : ①도시기후 현상 중 특히 대기 중 탄산가스의 양이 증가하여 도시지역이 고온화되는 현상. 즉 장파복사의 투과율이 감소되어 도시의 열이 방출되지 못하기 때문에 도시의 온도가 상승하게 되는 현상. ②대기 중에 탄산가스가 늘어나는 것이 원인이 되어 일어나는 온도상승 효과. ③탄산가스는 태양으로부터의 직사(直射)에너지는 통과시키지만 지표로부터의 복사열(輻射熱)은 흡수하여 우주로 열이 발산되는 것을 방해함. ④일본 과학기술청 자원조사회가 1983년에 종합한 조사보고에 따르면 공기중의 탄산가스는 해마다 1.5ppm씩 계속 늘어나고 있다고 함. ⇨빙실효과(⇔).

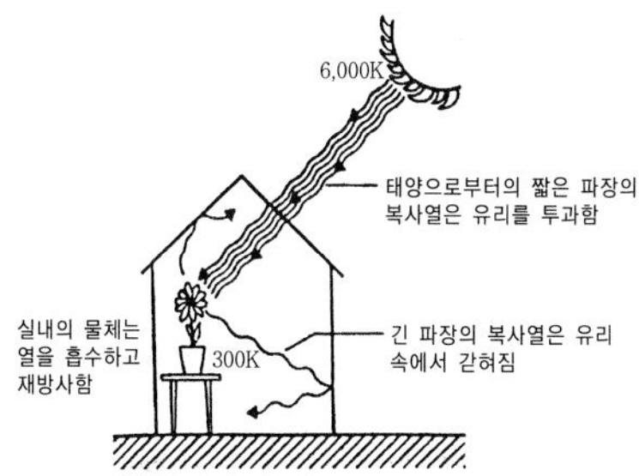

온실효과

온열요소(溫熱要素, thermal factor) : 인체가 느끼는 물리적인 환경요소. 즉 온도·습도·기류속도(풍속)·복사열(주위벽의 열복사) 등.

온열환경 사요소(溫熱環境-四要素) : ⇨온열요소(=).

온장(whole) : ①벽돌 한 장 크기. ②길이쌓기 및 마구리쌓기에 그대로 사용.

온통기초(-基礎, mat foundation) : 기초판을 건물 하부 전체에 걸쳐 깐 것으로 여러 개의 기둥이나 전체 구조물을 지지하는 두꺼운 슬래브 형태의 철근 콘크리트 기초.

온통파기(general excavation) : 지하실 등을 만들 때와 같이 건물 밑을 온통 파내는 것. 이렇게 기초파기로 생긴 흙은 훗날 다시 메울 때나 건물의 바닥을 높일 때에 사용할 것만 남겨 놓고 흙은 공사장 밖으로 반출.

온풍난방(溫風暖房, warm air heating) : 온풍로(溫風爐)로 가열한 공기를 직접 실내로 공급하는 난방방식으로 증기·온수난방방식에 비해 시스템 전체의 열용량이 적고 장치도 간단하며 설비비도 적게 들고, 예열시간이 짧아 실온상승이 빠르며 온도조절·풍량조절·습도조절·환기도 가능하지만 소음과 온풍로의 내구성이 문제가 되며, 또 취출 온도차가 35~50℃나 되어 정밀한 온도제어가 곤란하므로 난방의 쾌적도 면에서는 공조방식보다 뒤떨어짐. 주택·점포 등 비교적 소규모 건물에 설치가 용이하며, 운전시간이 비교적 짧은 건물에 유리.

온화색상(溫和色相, temperate hues) : 녹색과 적자색으로 색상환에서 볼 때 난색과 한색의 중간에 있는 비교적 덥지도 차갑지도 않은 색상들. ⇨중성색.

올드로즈(old rose) : ①채도가 낮은 회색기미의 색조에 흔히 올드(old)라는 형용사를 붙임. ②로즈는 약간 보라 기미가 있는 핑크에 해당. ③올드로즈는 로즈보다 회색 기미를 띤 색. ④관용색명으로 칙칙한 빨강. ⑤먼셀기호 1.0R6.0/6.5.

올래 : 동리에서 집으로 진입하는 진입로(제주도).

올래목 : 올래가 대문간과 만나는 올래의 구부러진 부분(제주도).

올레핀(olefin) : 가볍고 내구성이 강한 울(wool)과 같은 느낌의 섬유·카펫·담요·가구용 직물 등으로 사용.

올리베티회사(-會社, Olivetti company) : 이탈리아의 디자인 코디네이션을 위하여 1971년에 새로운 디자인 경영 시스템(DECOMAS)을 적용하여 건축가·실내·제품디자이너들이 협동하여 관련된 공간에 시각적인 통일을 꾀하고 제품·기업홍보·문화 전반에 이르기까지 일관된 디자인 정책을 적용하는 대표적인 회사.

올리브(olive) : ①올리브 열매의 색. ②어두운 회색 기미 황색의 넓은 범위를 가리키는 색. ③자연히 녹색 기미의 어두운 황색. ④관용색명으로 어두운 녹색을 띤 노랑. ⑤먼셀기호 7.5Y3.5/4.

올리브그린(olive green) : ①올리브와 같은 어두운 청록색(olive green). ②관용색명으로 어두운 회연두. ③먼셀기호 3.0GY 3.5/3.0.

올리브너클경첩(-釘貼) : ⇨프랑스정첩(=).

올리브드랩(olive drab) : ①올리브색에 회색 기미를 더한 것. ②미국 육군 작업복을 OD라고 하는데, 이는 이 색으로부터 유래한 것. ③회색 기미의 올리브(grayish olive). ④먼셀기호 7.5Y4.0/2.0. ⑤밤색(=).

올리브옐로(olive yellow) : ①올리브 기미의 황색. ②녹색 기미의 짙은 황색(deep greenish yellow). ③먼셀기호 9.0Y6.0/9.5.

올림(chamber) : ⇨챔버(=).

올실빼기장식(-裝飾, drawnwork) : 직물 장식에 있어서 경사와 위사에서 올을 뽑아 냄으로써 패턴을 만드는 장식기법.

옴(ohm ; Ω) : 전기저항의 단위. 1볼트(volt)의 전압을 가했을 때 1암페어의 전류(current)가 흐르는 저항을 1옴(ohm)이라고 함.

옴니어슬래브(omnier slab) : 공장·제작된 half PC판과 현장타설(topping concrete)로 된 복합구조의 바닥판 거푸집 공법. 하반부 PC판으로 거푸집을 대용하여 구조상 수평력 전달이 용이하며 재래식 거푸집보다 지주의 수량 감소. topping concrete 타설시 일체화에 유의하며 운반 양중시 균등한 하중이 되도록 해야 함.

옴브리(aumbry[프]) : 중세에 사용한 현대의 찬장과 같은 것으로 개념의 저장공간임. 닫힌 문 뒤에 선반이 있는 것도 있고 없는 것도 있으며, 스타일과 장식이 보통 기념비적인 것이었음. 선반이 있는 곳에 분류함이나 서랍, 옷을 걸어 놓는 막대가 있는 것도 있음. 장식적으로 구멍을 뚫은 문이 달려 있는 형태는 음식을 저장하는 데 사용. 옮겨 놓기 자유롭고, 또 주요골조를 세울 때 만드는 건물구조 부분이 될 수도 있음. 현존하는 가구는 대부분 종교적인 건물에서 찾아 볼 수 있음.

옴의 법칙(-法則, Ohm's Law) : 회로(circuit) 내에서 전류의 크기는 전압에 비례하고 저항에 반비례한다는 법칙.

즉 $I=\dfrac{V}{R}$.

옴팡간(-間) : 작은 초가집 따위의 간살.

옵셋인쇄(offset printing) : 판면에서 일단 잉크 화상을 고무 블래킹에 전사하여 거기에서 종이에 인쇄하는 방법.

옵아트(op art) : ①1960년대 미국에서 팝 아트(pop art)의 상업주의나 상징성에 대항하기 위하여 일어난 추상미술의 한 경향으로 옵티컬 아트(optical art)의 약칭. 특히 순수한 시각적 작품의 제작과 빛과 색의 변조 가능성 추구 및 비재현적 예술을 추구. ②당시 유행하고 있던 팝 아트의 문학적 상업주의와 상징성에 대한 반동으로서의 성격을 지니고 미술품의 관념적인 향수(享受)를 거부하고, 순수하게 시각적인 작품을 제작하려 했음. 65년 뉴욕 근대미술관에서 옵 아트의 집대성이라 할 전람회 'Responsive Eye(감응하는 눈)'가 개최되어 다양한 표현방법을 취한 작품을 전시했음. 기본적으로 회화에 의해 시각적인 착각으로 일어나는 색채상 또는 조형상의 변화를 추구하고, 조각 작품에 의해 시점(視點)의 이동 또는 작품의 변동으로 일어나는 조형상의 변화를 추구하는 작품을 제작함.

옹벽(擁壁, retaining wall) : 흙막이벽(retaining wall). 옹벽에는 석조나 무근콘크리트조로 하는 중력식 옹벽(gravity type retaining wall)과 철근콘크리트조로 하는 T형 옹벽(T-shaped retaing wall) 및 부축벽 옹벽(buttressed retaining wall)이 있

음. 중력식은 높이 3m 내외의 낮은 옹벽에, T형은 5m 내외의 높지 않은 옹벽에 쓰임.

옹브레효과(-效果, ombré effect[프]) : 벽면을 따라 색광을 상향시키는 조명효과.

옹성(甕城) : ⇨곡성(=).

옹스트롬(Angstrom ; Å) : ①길이의 단위로서 10^{-8}cm, 즉 1cm의 1억분의 1(빛의 파장이나 원자의 배열 등을 측정하는 데 씀). ②1미터의 100억분의 1에 해당하는 길이 단위로 특히 복사파장을 표시할 때 사용. 약어로 Å을 사용. ③옹스트롬(Å) 단위는 웁살라(Uppala)대학의 물리학 교수였던 옹스트롬(A. J. Ångström)의 태양 스펙트럼에 대한 파장의 연구를 기념하기 위하여 그 이름의 첫 글자를 딴 데서 유래.

옹이(burl, knot, node) : ①침엽수에서 나무의 상처로 인한 나뭇결의 비틀림. ②활엽수에서 옹이 가까이나 옹이를 포함하지 않은 나뭇결의 꼬인 모양이나 비틀림. ③나무줄기에 가지가 난 자리. ④손마디 등에 티눈처럼 살이 뭉쳐 딱딱한 마디가 생긴 것. ⑤나무의 몸에 박힌 나뭇가지의 그루터기나 나뭇가지가 난 자리. ⑥옹이의 길이는 옹이의 최대와 최소 크기의 평균. ⑦종류는 산(생)옹이·죽은 옹이·뽑힌(빠진) 옹이·썩은 옹이·숨은 옹이 등.

옻 : ①옻나무 껍질에 상처를 내어 거기서 분비되는 진(乳狀液). ②채취한 그대로의 액을 생옻이라 하고, 생옻을 40℃로 가열·정제한 옻이 있음. ③투명한 것과 불투명한 것도 있음. 굳어진 피막은 단단하고 광택이 남.

옻칠(-漆) : ①옻나무에서 채취한 옻을 사용하여 도장하는 것. ②옻나무에서 채취한 수액(樹液)이 대기 중에서 화학적으로 굳어진 것. ③생옻을 가열·정제한 검은 옻과 검은 옻을 다시 가열·정제한 정옻(精漆) 사용. 이것에 아마인유·오동유 등을 혼입한 것을 유성 옻칠이라 하고, 섞지 않은 것을 부성 옻칠이라고 함. 색깔은 보통 검정·적갈·주황·빨강 등. 일반적으로 초벌은 토분(土粉) 위에 생옻을 섞어 눈먹임으로 바탕에 칠하고 또는 베헝겊·간베(間帛) 등을 붙이고 그 위에 정칠을 하고 마무리.

와구토(瓦口土) : ⇨아귀토·아구토(=).

와권파주의(渦劵派主義, vorticism) : ①1914년 영국 런던에서 화가 윈드햄 루이스(Wyndham Lewis)가 주창한 일종의 미술운동. ②입체파와 미래파의 영향을 받은 이 와권파(渦劵派)는 예술은 현대공업문명과 기계의 복잡성을 표현해야 한다는 이론을 전개해 나갔음.

와당(瓦當, roof-end tile) : ①기와지붕의 처마 끝에 놓인 수키와나 암키와. ②드림판이 달려 있음. ③막새(=).

와도(瓦刀) : ①기와를 깎거나 자르거나 또는 깨는 데 쓰는 칼. ②기와칼(=).

와도

와량(瓦樑) : ⇨테두리보.

와문(蝸文) : ⇨나선무늬(=).

와박사(瓦博士) : ⇨개와장(=).

와상동선(渦狀動線) : ⇨와선(=).

와선(渦線, spiral traffic line) : 계단 또는 램프(ramp : 경사로) 등에서 나선형처럼 빙빙 돌아가는 동선.

와셔(washer) : ①접합재의 양면에 대어 볼트에서 오는 조이는 힘을 균등히 분배시키고 볼트나사 부분이 접합재에 의한 지압(支壓)이 일어나는 것을 방지. ②금속·고무·플라스틱 등으로 만든 중앙에 구멍이 난 원판. 압력을 분산시키거나 액체가

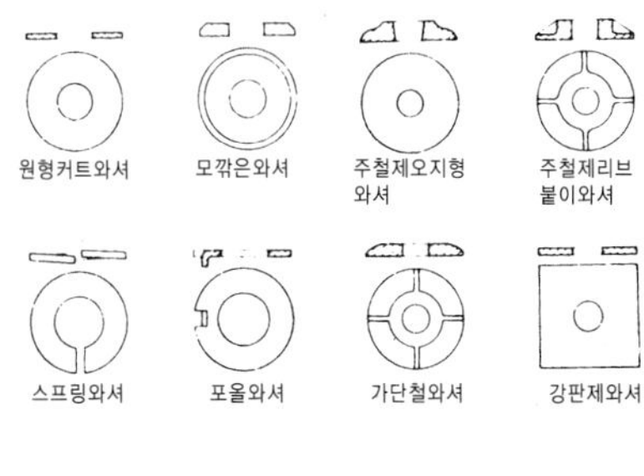

새는 것을 방지하기 위해 또는 마찰을 감소시키기 위해 너트나 볼트 밑 또는 접합부에 사용. ③종류는 형태와 기능에 따라 다음과 같이 매우 다양함.

와요(瓦窯, tile kiln) : ①기와를 구워내는 가마. ②기왓가마(=).

와위(臥位) : 생활자세의 일종으로 3가지로 구분. 즉 ㉠엎드리다. ㉡옆을 향해 눕다. ㉢위를 향해 눕다.

와이드벨트샌더(wide belt sander) : 패널의 면을 고르는 목공기계로서 판재 및 미장합판 연마에 많이 사용.

와이드컬러광고(wide color advertising) : 초대형으로 확대된 특정 내용의 투명컬러필름을 광창조명(光窓照明)을 이용하여 지하도나 공항 등 다수인이 통행하거나 모이는 장소에 설치하는 일종의 광고. 일반적으로 와이드 컬러(wide color)·파노라마 광고(panorama advertising)라고 함.

와이어글라스(wire glass) : ⇨망입유리(=).

와이어너트(wire nut) : 두 개 이상의 도체를 접속하고 그 끝을 덮는데 사용하는 나사식 플라스틱 커넥터(screw plastic connector).

와이어라스(wire lath) : 플라스터(plaster)나 치장벽토(stucco)의 바탕으로 사용하는 것으로서 일반적으로 종이 위에 용접되거나 엮은 철선이 부착된 형태.

와이어로프(wire rope) : ①경강선·아연도금강선 등을 소선으로 하여 1층 또는 여러 층을 꼬아서 스트랜드를 만들고, 이 스트랜드 6개를 다시 심강(코어)의 둘레에 꼬아서 합친 것. ②종류는 꼬임방향과 방법에 각각 2종류가 있고, 오른꼬임인 것을 Z꼬임, 왼꼬임인 것을 S꼬임이라고 함. 또 로프의 꼬임 방향과 스트랜드의 꼬임 방향이 반대인 것을 보통 꼬임, 로프와 스트랜드의 꼬임 방향이 같은 것을 랭꼬임이라고 하는데, 일반 와이어로프는 대부분이 보통 꼬임의 Z꼬임임. ③와이어로프를 구성하는 스트랜드 수는 6개가 표준이지만 3개, 4개, 8개 또는 그 이상인 것도 있음. ④로프 중심에 있는 심강은 마봉강을 이용하는 것이 일반적이지만 스트랜드와 같은 재료를 심으로 한 것(共心 : IWSC…Independent Wire Strand Core)과 와이어로프 자체를 심으로 한 것(로프심 : IWRC…Independent Wire Rope Core)도 있으며, 최근에는 로프심을 쓴 것도 널리 사용되고 있음.

와이어메시(wire mesh) : ①속빈 시멘트 블록을 쌓을 때 수평줄눈에 묻어 쌓아 하중 또는 횡력에 안전하도록 설치하는 철선으로 된 좁은 망형의 철물. ②종류는 판형(1.2×2.4m, 1.5×3m)과 두루마리형. 너비는 최대 4m. 철망의 눈은 보통 장방형이고 철선의 지름은 2.6~6㎜. ③콘크리트 보강용으로 눈 크기는 150㎜각, 철선지름은 3.2(#4)~4.5(#10)㎜가 주로 사용.

와이어워벌러(wire wobbler) : ①작은 바람이나 진동으로 움직일 수 있도록 광고표시를 가는 선(wire)과 같은 것으로 받치도록 한 POP. ②⇨벨트워블러(=).

와인레드(wine red) : ①관용색명으로 진한 자주색. ②클라레(claret[프]), 보르도(bordeaux[프]) 등과 같은 색. ③포도주와 같은 짙은 자주색. ④먼셀기호 10RP3/9. ⑤⇨보르도(=).

와인테이블(wine table) : 18세기 말 영국에서 저녁식사 후 포도주를 내놓는 용도로 사용된 말굽형 테이블. 개방된 한쪽 끝은 커튼이 쳐져 벽난로 쪽을 향해 있으며, 쟁반 역할을 하는 팔걸이는 경첩으로 커튼 지지대에 연결되어 원하는 방향으로 편리하게 회전할 수 있음.

와장(瓦匠) : ⇨개와장(=).

와전(瓦塼, roof tile and brick) : 기와와 전벽돌을 총칭.

와즙(瓦葺) : ⇨개와즙·기와잇기(=).

와트(Watt ; W) : ①전력(電力, power)의 단위로서 소모된 전기에너지 방사의 시간적 비율의 척도. ②단위시간에 어떤 면을 통과하는 방사에너지의 양. 1와트의 전력은

1초당 1줄(joule)의 일을 할 수 있으며, 1볼트(voltage)의 전위차로 1암페어(amperage)의 전류에 의해 전달되는 전력과 같음. ③방사속(放射速)의 단위. 스코틀랜드의 발명가 제임스 와트(James Watt)의 이름에서 유래. ④방사속(=).

와플거푸집(waffle form) : ①의장효과와 층고 확보를 목적으로 서울지하철 중앙청역사 천장과 같이 사각형의 콘크리트가 일정한 질서를 갖추어 튀어 나오도록 설치하는 거푸집. ②슬래브의 대스팬화 또는 층높이를 낮게 하기 위한 격자보 구조용. 하수대를 엎어 연속적으로 늘어놓은 형태의 특수 거푸집으로 슬래브와 보의 콘크리트를 동시에 타설. ③장점은 슬래브의 긴 스팬화가 가능. 층높이를 낮출 수 있음. 거푸집 작업과 철근배근 작업이 용이. 거푸집과 콘크리트 사이에 압축공기를 주입하는 것으로 탈형되므로 작업이 간단. 재료가 FRP로 경량이고 콘크리트 골변이 매끈하고 안전사고의 위험이 낮음. 단점은 초기 투자가 높음. 슬래브 설계시 와플 거푸집 유닛 크기를 고려.

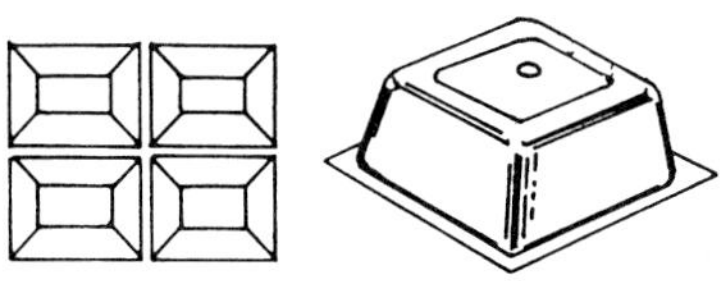

천장도 Waffle form

와플구조(-構造, waffle construction) : 와플 슬래브와 기둥으로 주가구(主架構)를 구성하는 것.

와플슬래브(waffle slab) : 격자 모양으로 비교적 작은 리브(rib)가 달린 철근콘크리트 슬래브. 리브가 격자보로 작용하므로 비교적 큰 슬래브를 작은 보가 없이 만들 수 있음. 격자 사이마다 규격화된 단위 거푸집을 사용.

와플폼(waffle form) : ⇨와플거푸집(=).

와플플랫슬래브(waffle flat slab) : ①2방향 장선 바닥구조의 모르타르 팬(mortar pan) 대신 돔(dome)형의 거푸집을 대고 만든 슬래브 구조. ②장선 바닥판의 장선을 직교하여 구성한 우물반자 형태로 된 두 방향 장선 바닥구조. 작은 돔(dome)형의 거푸집이 사용되고 모양이 와플(튀긴 과자의 일종)과 같다고 하여 붙인 명칭. ③와플 슬래브는 무량판구조(mushroorm construction) 또는 플랫 슬래브(flat slab)와 같이 주열대(柱列帶, column zone)와 주간대(柱間帶, middle-strip zone)로 나누어 정(井)자의 장선이 응력에 저항하는 것으로 계산. 기둥 상부에 직교하는 주간대 내에는 받침판(drop panel)을 구성하여 바닥판 지지부분을 보강하고 있음. 와플거푸집은 철판재나 합성수지재 등의 규격 기성제품이 있음.

와플플레이트구조(-構造, waffle plate construction) : 와플 케이크(waffle cake)와 같이 가로 세로로 작은 보가 촘촘히 설치되어 일체로 된 바닥판 구조로 재료면에서 경제적임.

와형(渦形) : ⇨나선형(=).

와형장식(渦形裝飾, scroll moulding) : 소용돌이 형태의 장식으로 이오니아 기둥양식의 기본적인 요소로서 이탈리아 르네상스 전성기에 다시 채용되어 바로크(Baroque) 건축에서 많이 사용.

왁스(wax) : ①동물·식물·광물들로부터 추출한 지방산을 알코올과 결합한 것. ②주로 결을 강조하고 광택을 내는 데 사용.

완각 : 맞배지붕이나 팔작지붕의 측면(옆면).

완결성 시멘트(完結性-, slow setting cement) : 시멘트의 응결시간이 긴 시멘트. 우리나라에서 제조하는 시멘트는 모두 완결성 시멘트임.

완심벽지(莞心壁紙) : ⇨완포벽지(=).

완자(完子) : 문살의 한 가지.

완자무늬문(完子紋門) : 문짝의 살대가 만자무늬의 형으로 된 문.

완자문[1](完子紋) : 만자를 이어서 만든 무늬. ⇨아자문(=).

완자문[2](完子門) : ⇨완자창.

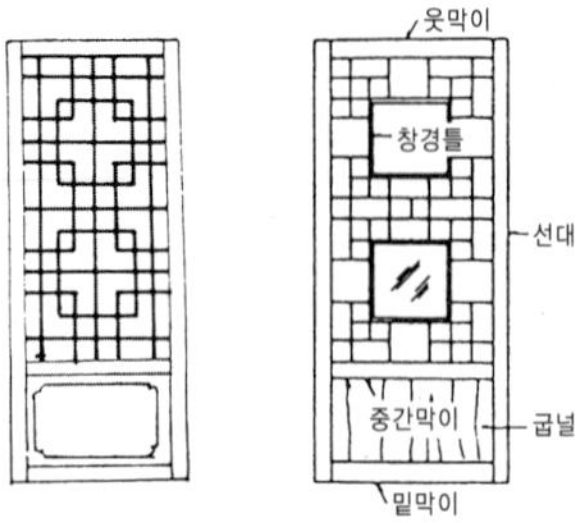

완자문

완자살문(完子箭門) : ⇨완자창.

완자살창(完子箭窓) : ⇨완자창(=).

완자창(完子窓) : ①창호의 울거미 속에 한자의 만(卍)자를 바탕으로 무늬를 짜 넣은 살창. ②만(卍)자는 불교의 상징문자이기도 하며, 이 창을 만자창·만자문이라고 부르는데, 본래는 완자창·완자문이라 하였음. ③정조24년(1800) 간행된 『화성성역의궤(華城城役儀軌)』 장락당(長樂堂)에서 만자영창(卍字影窓)이라 한 기록과 『경운궁중건도감의궤(慶運宮重建圖鑑儀軌)』에 완자교창(完子交窓)이라 칭한 기록으로 볼 때 본래 완자창·완자문이라 한 것으로 보임. ④안채·사랑채·별당채와 같은 방들의 창호로 널리 쓰임. 그밖에 불발기 살짜임으로도 쓰임.

완전궁륭(完全穹窿) : ⇨완전아치(=).

완전내수합판(完全耐水合板) : 페놀수지 접착제 또는 레조시놀수지 접착제를 사용하여 만든 합판.

완전반사(完全反射) : ⇨경면반사(=).

완전반사체(完全反射體, integrity reflecting body) : 빛·열 등의 복사에너지를 완전히 반사하는 물체.

완전성(完全性, integrity) : ①조형적·의장적으로 모듈(module)·모티프(motif)·모양·패턴(pattern)이나 크기·색채의 조화·텍스처(texture)와 재료들의 반복에 의해 요소들의 상호 의존성과 완전성을 나타내는 통일. ②통일성(≒).

완전소성(完全塑性, perfect plasticity) : 물체에 외력을 가했을 때 탄성한계를 넘으면 응력은 일정한 채로 변형만 끝없이 증대한다고 이상화(理想化)한 재료의 역학적 성질.

완전소성체(完全塑性體, perfect plastic body) : 역학적 성질이 완전소성이라는 이상화한 물체.

완전스펙트럼광(完全-光, full spectrum) : 일광의 완전한 범위의 파장을 포함하는 조명으로 가시 스펙트럼 각 끝의 비가시 발광도 포함.

완전아치(完全-, perfect arch) : 완전히 포물선형으로 된 아치.

완전탄성(完全彈性, perfect elasticity) : 물체에 있어 응력과 변형이 완전히 비례하는 이상화한 상태.

완전투명체(完全透明體, perfectly transmitting body) : 빛·열 등의 복사에너지를 완전히 투과시키는 물체.

완전환경계획도시(完全環境計劃都市) : 미국에 있는 이탈리아 건축가인 파올로 솔레리(Paolo Soleri : 1919~)에 의해 1969~93년에 제안되었던 건축학과 생태학의 결합을 뜻하는 건축양식의 개념을 의미. 완전환경계획도시는 도시문제들을 위한 솔레리의 해결방안임. 그는 수백만 거주자의 주택공급이 가능한 광대한 수직의 거대 고층건물을 제한함.

완전흑체(完全黑體, complete black body, perfectly black body) : ①물체는 자신이 복사선을 흡수·배출하는데 그 중 복사선을 완전히 흡수하는 성질(즉 흡수율 1)을 갖는 물체면. ②모든 파장의 복사를 완전히 흡수하는 물체. ③완전흑체는 람베르트 여현의 법칙에 따르며, 온도에 관한 복사법칙이 적용.

완포벽지(莞布壁紙) : 왕골에서 나오는 부산물인 완엽을 이용한 완포벽지와 화문석용 왕골대의 속심을 이용한 완심벽지가 있음. 완포벽지는 외관이 거칠고 자연적인 식물성에서 오는 독특한 느낌이 있는 벽지. 원료의 보관과정에서 변색되기 쉬우므로 표백하는 것이 좋음.

왕관유리(王冠琉璃, crown glass) : ⇨크라운글라스(=).

왕곡마을(旺谷-) : ①우리나라의 전통적인 건조물의 멸실과 훼손을 방지함으로써 그 원형을 유지·보존하여 계승·보존할 수 있도록 전통건조물 보존법(1984.12.31. 법률 제377호로 제정)에 의하여 1998년 8월 18일 문화공보부 고시 제736호로 제정·고시되어 '전통건조물 보존지구 1호'로 지정되었으나, 1999년 7월 1일자로 전통건조물 보존법이 폐지되어 '전통건조물 보존지구 제1호'에서 해제됨. ②고성 왕곡마을은 강원도 내 전통취락 중 그 원형이 비교적 잘 보존됨. 마을의 형국이 풍수지리설로 배형국(船形)으로 깊이 파면 배(마을)가 파선한다는 전설에 영향을 받아 깊이 파지 못했다고 함. 가옥의 방위는 우리나라 자연부락이 일반적으로 취하는 동쪽으로 약간 기운 남향을 취하며 가옥 3채는 주위의 지세의 영향으로 산에 기댈 수 있는 좌위(座位)를 선택하여 북동향으로 배치. 조사대상 가옥 중 전면에 담 또는 생울타리가 있는 가옥이 6집인 반면 나머지는 모두 후면에 담이 있음. 담의 재료는 돌 또는 돌과 흙을 섞어 쌓은 것이 대부분임. 앞마당은 개방적인 작업공간인 반면 비교적 높은 담으로 둘러싸인 뒷마당은 폐쇄적이며 뒷담길에서 내려다보더라도 지붕만 보여 공간의 기밀성이 최대한 보장됨. 뒷마당은 협문이나 안채와 사랑채 사이의 틈이 아닌 부엌을 통해서만 출입이 가능함. 모든 집은 겹집으로 방의 배치는 ㄱ자형이 33집, 일자형이 7집으로 비교적 적은 편임. ㄱ자형에서는 돌출부분(외양간)이 왼쪽에 있는 가옥이 24집으로서 압도적으로 많은 것은 겨울철 태양열을 보다 많이 획득할 수 있고 특히 동해에서 불어오는 북서풍을 차단하는 방풍벽 구실을 하는 등 여러 가지 자연형 조절에 유리한 형태이기 때문임. 기단은 주로 자연석 또는 자연석과 흙을 섞어 쌓음. 잘 다듬은 장대석을 이용한 기단은 2집. 기단 높이는 1단으로 평균높이가 65~75㎝ 비교적 높은 편이며, 앞에는 디딤돌이 없음. 기단 부분 바닥은 일반적으로 흙바닥이고, 기둥은 모두 각기둥이고, 마루와 방들의 외벽은 대부분 가옥이 토벽마감 또는 흰 회벽마감임. 문은 방과 마루 모두 한지를 바른 띠살문을 달고 마루에 문을 설치(북방식 가옥구조). 전면이 3칸인 가옥에서는 1칸 마루에 외여닫이 또는 쌍여닫이 띠살문 설치, 전면이 4칸인 2칸 마루의 가옥들은 모두 쌍여닫이 띠살문임. 일부 가옥에서는 부엌에 쌍여닫이 판문. 창은 도장방과 다락에만 설치하고 다락의 창 위치는 가옥의 측면으로 봉창 형태임. 벽체 구성은 대부분 가옥 좌측의 넓은 2칸으로 구성된 부엌의 경우 후면을 제외하고 다른 벽은 낮게 설치된 상인방까지 판벽, 그 상부 도리까지는 토벽으로 마감처리, 토벽은 흙마감으로 자체의 색상이 표현되거나 백색회벽처리. 외양간 벽체는 하방밑은 자연석과 흙을 섞어 쌓았고 상방까지는 판벽, 그 상부는 토벽으로 처리. 그 외 모든 외벽은 거의 토벽 위 백색 회마감으로 구성. 굴뚝은 대부분 사랑방 측면 벽체에서 1.5~1.8m 떨어진 가옥의 측면에 설치, 높이는 1.2~1.5m 정도로 밑이 넓고 위가 약간 좁은 원통형임.

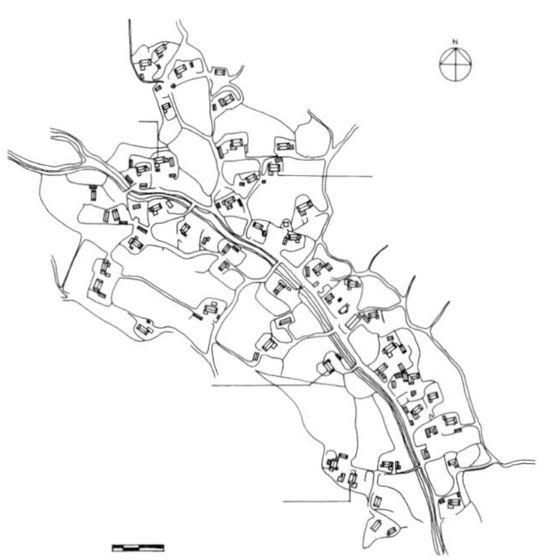
왕곡마을 도면

왕골망태기 : 왕골로 짠 연장 망태기.

왕궁(王宮) : ⇨대궐·궁궐(=).

왕대(苦竹·眞竹·王竹, giant timber bamboo, Phyllostachys bambusoides S. et Z=P.

reticulata koch[학]) : ①중국 원산이며 전라남북도, 경상남북도, 강원도와 충청남도의 해안지방에 재배. ②죽순껍질에는 흑갈색의 반점이 있고 견모(肩毛)가 없어 평활함. 죽순은 쓴맛이 있으며, 가지는 솜대, 맹종죽보다 드물게 붙고 잎이 큼. 죽간의 마디는 이륜상이며 보편적으로 윗마디가 아랫마디보다 밖으로 많이 튀어나와 있음. 줄기는 청록색이며 평활하고 줄기와 가지가 이루는 각도는 직각에 가까움. 높이 10~20㎜, 직경 5~15㎝, 마디 사이 30~45㎝, 죽간면이 평활하며 마디가 약간 높으며 마디 사이의 간격은 다소 김. 육질은 비교적 얇으며 기건비중 0.56~0.99, 평균 0.80. 강하고 질겨 할렬가공에 적합함. 변색이 생기기 쉬우며 충해를 입기 쉬움. 이용상의 특성 ; ㉠솜대보다 못하지만 쪼개지는 성질이 좋아서 가늘게 쪼개서 쓰기가 좋음. ㉡재가 단단하고 탄력성이 큼. ㉢불로 구어 굽히면 펴지지 않음. ㉣속까지 쪼개지므로 죽세공재로써 가장 소중히 여겨지고 값도 비쌈. ㉤땅속줄기는 채찍으로도 쓰는데, 마디 사이가 길고 모양은 좋지 않으나 튼튼함. ㉥마디가 굳고 세므로 우산이나 양산대로 적합함. ㉦바구니, 소쿠리 따위의 테를 두르는데 세대나 2년생짜리 대가 쓰임. ㉧대의 표면에는 흰가루나 검정 때가 묻어 있으므로 새끼나 가는 모래, 나무재로 문지르면 됨. ㉨죽순껍질은 질기기 때문에 물건을 싸는데 또는 방석자리 등을 짜내는데 쓰임.

왕대공(王大工, king post) : 물매형 트러스의 정점에서 하현재까지의 수직부재.

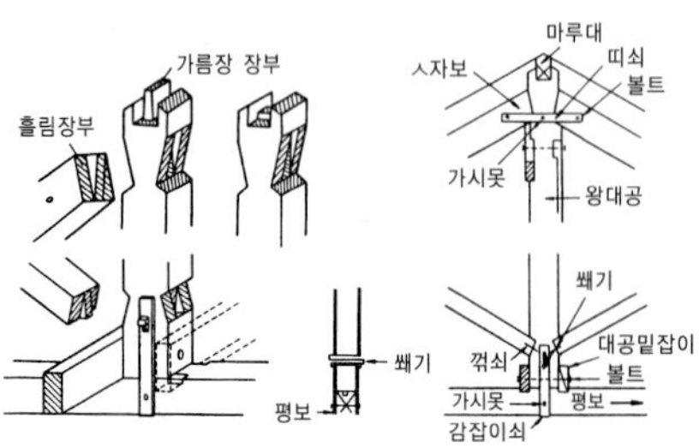

왕대공맞춤

왕대공지붕틀(王大工-, king post roof truss) : 왕대공 지붕틀은 양식지붕틀 중 가장 많이 쓰이는 것으로써 여러 부재를 삼각형으로 짜서 지붕의 하중을 받게 하는 지붕틀. 이 지붕틀의 간 사이는 20m 정도까지 가능하나 보통 10m 정도로 하고 간격은 2~3m 정도로 함. 각 부재에 일어나는 응력은 굵은선은 압축재, 가는 선은 인장재를 받음. 각 이음·맞춤은 철물로 보강.

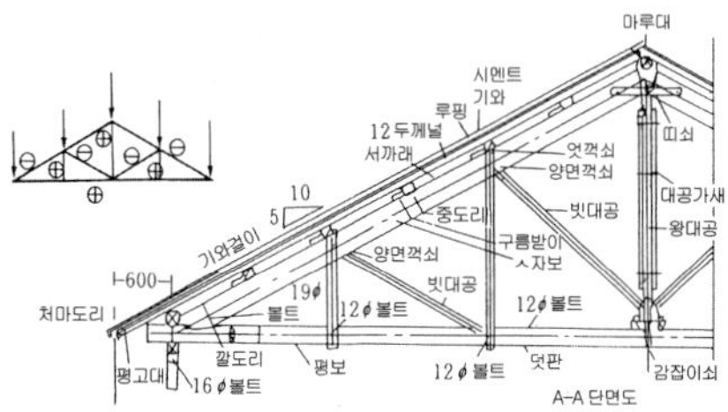

왕대공지붕틀

왕두겁돌(apex stone) : 박공벽 최상단의 돌을 말함.

왕모래(granule) : ①쇄설성 퇴적물의 일종. ②입자의 크기가 2~4㎜의 것.

왕자갈(cobble) : ①쇄설성 퇴적물의 일종. ②자갈 중 입자의 크기가 64~256㎜의 것.

왕정복고의자(王政復古椅子, restoration chair) : ⇨찰스2세의자(＝).

왕지기와 : ①박공 솟을각 끝이나 추녀 끝에 쓰이는 암키와. ②처마 끝이 꺾여 돌아가는 부분에 대는 기와. 암키와를 기와칼로 쪼개어 씀.

왕지도리 : ①모서리 기둥 밖으로 내민 도리. ②모퉁이 기둥 위에 얹는 도리. ③강진 해남 윤씨 추원당의 사례가 있음.

왕지맞춤 : ⇨왕치(＝).

왕치 : ①추녀 또는 박공 솟을각에 암키와를 삼각형으로 깎아 맞춘 것. ②지붕의 너새 끝에서 추녀 끝까지 비스듬히 물매가 지게 기와를 덮은 부분.

왕태후궁(王太后宮, queen dowager's house hold) : ①임금의 어머니가 사는 곳. ②대비궁(＝).

왜건(wagon) : ①레스토랑·주택 등에서 사용하는 바퀴달린 서비스용 선반식 또는 상자식 테이블. ②상업 공간에서 물건을 전시·판매하는 바퀴달린 전시대.

왜상화법(歪像畵法, anamorphosis) : 특정한 각도에서 보거나 또는 왜곡되게 표현하는 화법.

왜상화법

왜전나무 : 상록교목으로 키는 30m, 직경 1m 정도 자람. 비중이 0.44 정도로 나뭇결이 곧고 비교적 경연하며, 강도가 크지 않고 신축률이 큼. 인성이 부족. 중급 이하의 건축재로 사용.

외(椳) : 흙을 바르기 위해 벽 속에 엮은 나뭇가지·댓가지·수숫대·싸리·잡목 따위를 가로·세로 엮음.

외곽선(外廓線, outline, ashlar line) : 하나의 형상이나 사물의 외곽을 묘사하는 선.

외관상 거리(外觀上 距離) : 색의 지각적인 효과에 따른 진출색과 후퇴색 또는 팽창색과 수축색. 일반적으로 적·황 등의 난색은 진출해 보이고, 녹·청 등의 한색은 후퇴해 보임. 또한 명도가 높은 색은 외부로 확산하려는 성격을 지녀서 팽창색이 되며, 명도가 낮은 색은 내부로 위축하려는 성격 때문에 수축색이 됨. 따라서 진출색은 팽창색이 되고 후퇴색은 수축색이 됨.

외관운동(外觀－運動) : ①적당한 거리를 둔 장소에서 적당한 강도의 빛을 적당한 시간 간격으로 차례로 보내면 빛이 이동하는 것처럼 보이는 현상. ②두 번째의 빛이 처음 것보다 강하면 두 번째의 빛으로부터 첫 번째로 되돌아가는 것처럼 보이는 현상. ③두 개의 물체를 적당한 위치에서 서로 교대로 보면 물체가 그 공간에서 움직이는 것처럼 느껴지는 현상. ④영화나 TV에 응용되는 현상.

외기(外氣, outdoor air) : ①실외의 공기. ②공기정화 및 환기에 있어서 실내로 도입되는 신선한 공기.

외기도리 : ①충량에 직접 또는 동자기둥을 세우고 중도리를 저울대 모양으로 꾸민 것. ②합각지붕의 보꾹치장으로 꾸밀 때 쓰임. ③외기(＝).

외기냉방시스템(外氣冷房－) : ⇨이코노마이저사이클시스템(＝).

외력(外力, applied force) : 외부에서 물체에 직접 가해진 힘.

외머리살난간(外－欄干) : ⇨헌함(＝).

외목도리(外目道里) : ①한국 전통목조건축에서 주심도리를 기준으로 건물의 바깥쪽에 위치한 도리. ②처마부분에서 공포재에 받쳐져 서까래를 받치는 도리. ③포작(包作) 바깥에 서까래를 얹기 위하여 가로 얹는 도리. ④기둥의 중심선 바깥쪽에 나가 걸리는 도리. ⑤내외출목이 있는 경우 바깥쪽으로 나와 있는 도리. ⑥외출목도리·나앉은 도리(＝).

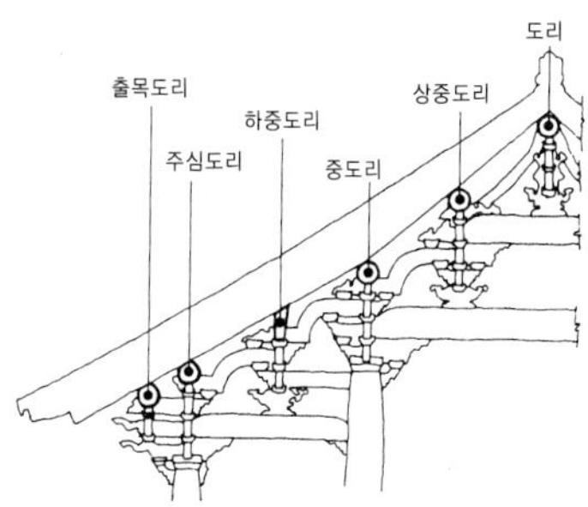

외목도리

외무코벽돌(－甓㼜, single bullnose) : 벽돌의 마구리와 옆면이 이루는 모서리 하나가 둥그스름하게 된 벽돌.

외문(外門) : ⇨바깥문(＝).

외벌대 : ①기단을 축조할 때 자연석 또는 장대석을 한 켜만 놓아 만든 기단. ②한벌대·일단지대(＝).

외벽(外壁, exterior wall) : 지면과 외기에 노출된 건물을 에워싼 벽.

외부처마반자용 석고판(外部－牜子用石膏板) : 직광선을 받지 않는 처마반자. 지붕만 있는 간이차고 등의 천장에 사용하는 옥외에 면한 구조물의 밑면에 사용하는 판.

외부피난계단(外部避難階段, fire escape) : 내부 비상계단과 동일한 규정으로 만들어진 건물 외벽에 있는 비상계단.

외삼문(外三門) : ①바깥에 쓰는 삼문. ②내삼문(⇔).

외삼출목(外三出目) : ⇨출목.

외서랍책상(外-冊床, single pedestal desk) : 한쪽에만 서랍이 있는 책상.

외선(外旋, lateral rotation) : 팔다리 및 다른 신체 부위의 동작 중 몸의 중심선으로부터 회전. ⇨내선(⇔).

외수피(外樹皮, outer bark, rhytidome) : ①생활기능이 없는 수피. ②식물체를 외부의 고온과 저온, 그리고 건조와 같은 기계적인 상해(傷害)로부터 보호하는 기능을 함.

외아(外衙) : ①수령의 살림집을 내아(內衙)라고 하는 데 대하여 집무소인 동헌(東軒)을 말함. ②동헌(=).

외암마을(外岩-) : 조선조 명종대에 장사랑(將仕郞)을 지낸 이연(李挺) 일가가 충남 아산시 송악면 외암리로 이주하여 형성된 동족집성마을. 외암은 이연의 6세손 이간(李柬)의 호, 외암(外巖)을 후손들이 외암(外岩)이라 칭함. 참판댁(중요민속자료 195호), 건재고택(중요민속자료 233호), 송화댁 등이 있음.

외암마을 도면

외얽다 : 욋가지를 얽음.

외얽이 : 토벽을 하기 위하여 가로세로 외를 얽는 일.

외여닫이(外開閉, single swing) : 창문 한 짝으로 된 여닫이. 힌지(hinge, 경첩·돌쩌귀·자유경첩 등)는 한쪽 면에만 달아 미는 여닫이로서 오른편에 여는 것을 바른편달기, 왼편으로 여는 것을 왼편달기라고 함. ⇨여닫이.

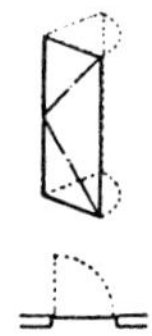

외여닫이

외여닫이문(外開閉門, single swing door) : ①외여닫이로 된 문. ②쌍여닫이문(⇔).

외여닫이창(外開閉窓, single swing window) : 외여닫이로 된 창. ⇨쌍여닫이창(⇔).

외장용 석고판(外裝用石膏板, sheatering plaster board) : 외벽 등 마감재(외단열 마감·벽돌·비늘판벽 등)의 바탕이 되는 판.

외장케이블(外裝-, armored cable) : 외상으로부터 보호하고 장력(張力)에 견딜 수 있도록 철선(鐵線) 또는 강대(鋼帶)로 연피(軟皮)를 보호한 케이블.

외전[1](外殿, hall in the public quarters of the royal palace) : 궁궐 앞쪽에 배치되어 임금이 신하들과 정치를 행하던 정전과 편전.

외전[2](外展, abduction) : ①동작(운동)의 한 형태를 묘사하는 데 쓰이는 용어. ②팔다리 및 다른 신체 부위의 동작 중 몸 중심선으로부터의 회전. ③몸 가운데를 앞쪽으로 움직이는 것. ④내전(⇔).

외주(外注, outside order) : 수주한 프로젝트의 도급업자(본청업자)가 각 분야의 전문적인 하도급업자(하청업자)에게 해당 분야의 작업을 재하도급(재하청) 주는 것. 실내건축에 대한 공사는 비교적 규모가 큰 대형공사인 경우 목공작업을 직영으로 처리하고 나머지는 재하청 주는 것이 대부분임.

외주(外柱) : ⇨외진주·첨주(=).

외주물구석 : 외주물 집들만 옹기종기 모여 있는 곳.

외주물집 : 마당이 없고 안이 길 밖에서 들여다보이는 보잘 것 없는 집.

외죽 : 죽이 한 군데만 남아 있는 경우.

외죽각 : 한 모서리에만 나무의 거죽이 남아 있게 깎은 나무.

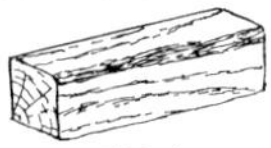
외죽각

외진(外陣) : ①건물의 내·외에 이중으로 기둥이나 벽이 둘러쳐져 있을 때 그 바깥쪽의 기둥열이나 벽체. ②바깥둘레 기둥(=).

외진주(外陳柱) : ①건물의 벽체 또는 바깥쪽에 위치한 기둥. ②처마 아래에서 처마를 받쳐주는 기둥으로 기둥열 가운데 맨 바깥에 놓임. ③건물의 외부 변두리에 둘러 세운 기둥. ④평주·변주·변두리기둥·첨주(=)·기둥.

외짝(쪽)반자(外-盤子, single sloped ceiling) : 한쪽 벽으로 경사져 있는 천장으로 방음이 좋고 극적인 효과를 창출하는 천장.

외짝(쪽)자유문(外-自由門, single acting door) : 양쪽 방향으로 여닫을 수 있는 외짝으로 된 문.

외짝(쪽)천장(外-天障) : ⇨외짝반자(=).

외쪽지붕(shed roof) : ①한 방향 물매를 가진 지붕. ②지붕면이 한쪽으로만 경사진 지붕이고 눈썹지붕(lean to roof, pent roof)은 좁게 된 지붕. ③규모가 작은 건물, 부속건물 등에 사용. ④⇨지붕.

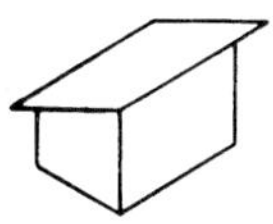
외쪽지붕

외천장(畏天障) : 우물천장의 일종으로 우물이 정방형이 아니고 장방형으로 되어 있는 천장.

외출목(外出目) : 기둥 열을 주심으로 건물 밖으로 빠져나가 짜여진 출목. ⇨출목. ⇨내출목(⇔).

외통집(外-) : ⇨홑집(=).

외팔들보지붕(外-梁-, hammer beam roof) : 고딕양식의 지붕건축구조로 지붕의 합각부분에 부착되는 짧은 수평들보로 구성되는 지붕. 서까래가 벽에서 돌출된 수평들보에 의해 지지되는데 일반적인 들보와는 달리 반대편에서 돌출된 들보와 연결되지 않음.

외팔들보지붕

외팔보(外-, cantilever, cantilever beam) : 한쪽 끝이 고정지지되고 다른 쪽 끝이 자유로운 보. 시각적으로 경쾌한 효과가 있어 근대건축에 널리 채용. 내민보·돌출보(=).

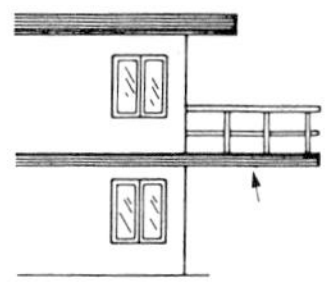
외팔보

외팔보구조식 의자(外-構造式椅子) : ⇨캔틸레버체어(=).

외포[1](外包) : 건물의 외부(바깥) 쪽에 짜여진 공포.

외포[2] : ①광목의 다른 이름. ②광목을 일본사람이 가지고 왔기 때문에 붙여진 이름으로 추정됨.

외향추력(外向推力, outward thrust) : 볼트나 아치에 의해 외벽과의 연결지점에서 미치는 바깥 방향을 향한 반력(反力)으로 버트레스(buttress)나 두꺼운 벽으로 균형을 잡아줌.

왼편달기 : ⇨여닫이.

욋가지 : 중깃과 가시새를 얽어 맨 싸리나 수수깡.

요각(凹角, reentrant) : ①다각형에서 안으로 들어간 내부각이 180°보다 큰 각. ②두 직각보다 크고 네 직각보다 작은 각. 즉 180°와 360° 사이의 각. ⇨철각(⇔).

요람(搖籃, cradle) : 그네나 흔들의자처럼 움직일 수 있는 아기용 침대.

요벽(腰壁) : ⇨징두리판벽(=).

요사(寮舍) : ⇨요사채(=).

요사채 : ①절에 있는 승려들이 기거하면서 생활하는 집. ②요사채에 승방과 승당이

겸해 있는 경우와 별개의 건물로 짓는 경우가 있음. ③요사(=).

요선정(邀僊亭) : ①강원도 문화재자료 41호, 1913년 창건. 1913년 숙종·영조·정조 세 임금의 어제시를 봉안하기 위하여 세운 정자. 1698년(조선 숙종24년)에 숙종 어제시를 포함하여 영조·정조의 어제아필 시문은 원래 주천의 청허루에 보관되었으나 화재로 소실됨. ②정면 2칸, 측면 2칸의 규모로 겹처마 팔작기와집. 2단은 자연석 기단 위에 덤벙주초를 두고 원주를 세움. 이익공양식으로 창방과 도리 사이에는 각 칸마다 화반을 하나씩 배치. 정면과 좌우 첫 칸으로 창방 아래에 풍혈판 장식함.

요소(要素, elements) : ①모든 시각미술이나 디자인을 이루는 기본자료 혹은 인자들, 즉 점·선·면·색채·질감·형태 등과 같은 것. ②어떤 형태나 구성 혹은 디자인을 이루는 보이지 않는 구조적 성분 혹은 눈에 보이는 구성인자·개념적 요소·구축요소·시각적 요소·상관적 요소·실제적 요소 등.

요소수지(尿素樹脂, ureaform aldehyde resin) : ①열경화성 합성수지의 일종으로 요소를 포름알데히드로 농축시켜 생성. ②성질은 ㉠비중(25℃) 1.47~1.52, 인장강도 420~910(kgf/㎠), 신율 0.5~1.0%, 탄성계수 8.1~11.2(10^4kgf/㎠). ③특징은 대체로 페놀수지와 비슷하나 ㉠값이 저렴함. ㉡목재에 대한 상대접착력이 강하고 내수성 및 내습성도 어느 정도 강하지만 더운물에는 약함. ㉢수용성 또는 알코올 용성으로서 사용하기에 편리함. ㉣약산·약알칼리에 견디고 내용제성임. ㉤100℃ 이하에서는 연속 사용이 가능함. ㉥색깔은 무색임. ㉦상온에서는 경화제를 첨가하여 냉압하면 경화되고 고온에서는 열압으로 경화됨. ㉧강도와 단열성이 있음. ㉨내약품성이 크고 투명하나 착색이 가능함. ㉩수지의 빛깔이 나타나므로 오염 없이 여러 가지 접착제로 사용. ㉪내수성과 노화성을 개선하기 위하여 초산비닐에멀션(vinyl acetate emulsion)과의 혼합·멜라민과의 공중합·혈분(血粉) 및 기타 변성재의 첨가 등 여러 가지 방법을 선택함. ④보드 및 2류·3류 합판 접착제·표면 마감재·일반 목공용 접착제·도료·발포재 및 전기장치 등으로 사용.

요소수지접착제(尿素樹脂接着劑):①요소와 포름알데히드(formaldehyde) 초기 축합물을 탈수하여 축합한 목재용 접착제. ②보드 및 2류·3류 합판 접착제·표면 마감재·일반 목공용 접착제. ③종류는 농축형(濃縮型, 진공증발시켜 수지분을 60% 정도로 만든 것)과 미농축형(未濃縮型, 40~50%의 수지분을 함유한 것)으로 구분함 ; ㉠농축형은 염화암모늄 15~20%의 수용액을 경화제로서 가하면 실온에서 경화하므로 냉압(冷壓)으로 충분하며 휘발수분이 적어서 두꺼운 것의 접착에 적당함. ㉡미농축형은 보통 열압(熱壓)을 가하게 되고 값이 싸며 사용기간이 오래 걸리므로 2가지 이하의 합판 파티클보드(particle board)에 많이 쓰임. ④특징은 ㉠온도가 높을수록 빠름. ㉡경화제를 넣은 후의 가사시간(可使時間)은 1~2시간. 경화시간은 15~24시간임. ㉢경화제의 양(量)에 따라 영향을 받지 않음.

요소주의(要素主義) : 1926년 데 스틸(De Stijl)의 테오 반 되스부르크(Theo van Doesburg ; 1883~1931)에 의해 표명된 사조로 신조형주의의 계승자들에 의해 창안된 예술운동. 형태는 신조형주의와 유사한 기하학적이지만 경사진 면이 사용된 점이 특징.

요월정(邀月亭) : ①전라남도 시도기념물 70호. 1550년(명종5) 창건, 1925년 중건. 전남 장성군 황룡면 황룡리 171에 위치. ②요월정원림은 조선 명종(재위 1545~67) 때 공조좌랑을 지낸 김경우(1517~59)가 관직에서 물러나 은거하기 위해 지었다는 요월정이라는 정자 주위의 숲을 가리킴. ③정면 3칸, 측면 1칸의 전후퇴를 가진 굵은서까래에 선자서까래가 뚜렷한 겹처마 팔작지붕으로 두 개의 방과 동쪽의 마루로 구성. 외벌대 기단 위에 덤벙주초를 놓고 두리기둥을 세움. 기둥머리에는 장여받침 굴도리와 보아지에 얹힌 툇보가 직각방향으로 결구됨. 한가운데 방이 네 개의 기둥으로 둘러싸임. 측면 방향으로 충량 설치하여 측면 합각 부분의 지붕경사를 따름. 전면 창호는 띠살창을 설치, 측면과 벽면은 판장문 달았음. 전퇴부분은 3칸 모두 우물마루를 깔았음.

요월정 측면

요월정 전경

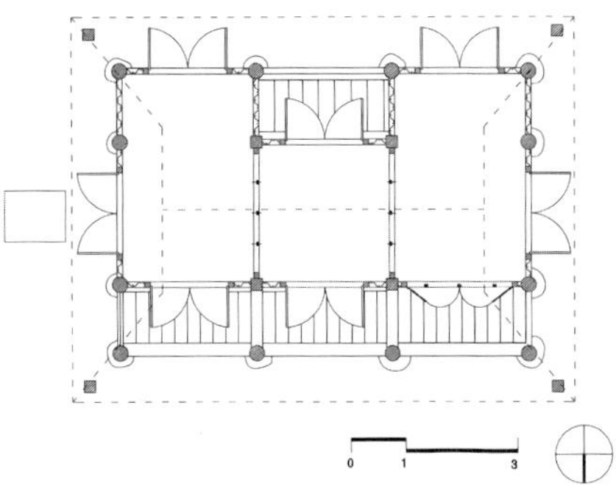

요월정 평면도

요조(凹彫) : ⇨음각(=).

요크(yoke) : ①기둥이나 벽에 콘크리트를 칠 때 거푸집을 고정시키는 가로로 지르는 수평 각목 또는 띠장. ②창틀이나 문틀을 이루는 맨 위의 수평부분. ③Y자로 된 이음매.

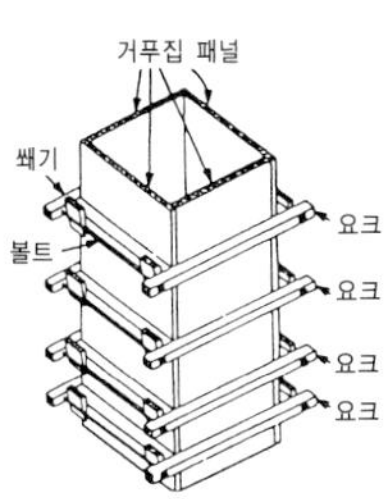

요크

요크가로대(-帶, yoke rail) : ⇨크로스 레일(=).

요크등받이의자(-椅子, yoke back chair) : 영국 초기 조지안(Georgian) 시대에 두 개의 S자형 곡선이 상부 가로대에 사용된 등받이의자. 치펜데일(Chippendale) 초기 디자인에서 볼 수 있음.

요크등받이의자

요크셔체어(Yorkshire chair) : ⇨델비셔 체어(=).

요크셔윈도(Yorkshire window) : 고정되어 열리지 않는 창이 한 개 또는 그 이상 있고, 수직으로 열리는 창이 하나 있는 창문.

요크형 서랍장(-形-欌, yoke front chest) : 18세기에 사용된 가운데가 오목한 곡선으로 그 양옆은 볼록하게 부푼 곡선으로 된 서랍장.

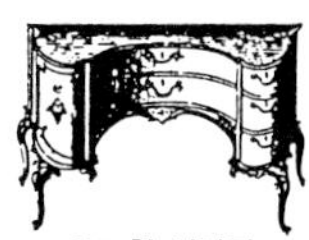
요크형 서랍장

요텔(yotel) : 해상(海上)여행을 위해 요트 하버(yacht harbor)에 위치한 숙박시설을 갖춘 호텔.

요트하우스(yacht house) : 요트 하버(yacht harbor)에 만든 클럽 하우스(club house).

요해도(了解度) : 언어의 명료도에 의해 말의 내용이 얼마나 이해되느냐 하는 정도를 백분율로 나타낸 것. 요해도는 명료도보다 높은 값을 가짐.

요형여담(凹形呂墻) : 위를 볼록(우묵)하게 쌓은 여담.

욕실(浴室, bath room) : 생리위생공간으로 오늘날에는 입욕·세면·배설의 장소일 뿐만 아니라 휴식공간으로까지 그 개념이 확대. 보통 욕실·세면실·화장실로 구분되는데 각 실은 주택의 전체 규모와 실의 목적에 따라 서로 근접시켜 배치하거나 한 공간에 모두 통합하여 일실다목적공간화(一室多目的空間化)함. 유형은 입욕·배설, 세면의 기능배치에 따라 일실형·이실형·삼실형으로 구분.

용(Eyong) : 리비아에서 가봉까지의 서아프리카에 분포. 벽오동과에 속함. 심변재가

구분되지 않으며 심재는 밝은 색으로 가는 백색의 무늬가 있는 담황색. 목리는 교착목리이고 도관(導管)은 매우 크나 분포수가 적음. 중경재(中硬材)로 기건비중 0.70~0.80, 수축률은 방사방향 5.0%, 접선방향 12.2%, 용적수축률 17.6%로 큼. 강도는 압축강도 508kg/㎠, 휨강도 1,223kg/㎠, 횡인장강도 24.7kg/㎠, 전단강도 34kg/㎠로 보통. 기계가공은 용이하나 포삭(鉋削)이 곤란함. 마무리가 어려움. 건조에는 장시간이 필요하며 변형의 위험이 큼. 접착·도장은 용이하고 원목은 청변(青變)하기 쉬우므로 빨리 운반·처리할 필요가 있으며 내구성도 낮음. 용도는 내장·합판·가구 등에 사용.

용가재(鎔可材, filler metal) : 모재의 용해점과 비슷하거나 낮은 용해점을 갖는 용접이나 땜질 시 사용하는 금속.

용고새 : ①초가의 지붕마루에 덮는 人자형으로 엮은 이엉. ②용마름(=).

용골(龍骨) : 선박 바닥의 중앙을 이물에서 고물로 뻗어 선체를 버티는 장대(長大)한 재료. 보통 킬(keel)이라고 함.

용골몰딩(龍骨-, keel moulding) : 선박의 용골(龍骨)과 같은 형태의 몰딩. 단면은 첨두아치(pointed arch)의 모양.

용골몰딩

용골아치(龍骨-, keel arch) : ⇨오지아치(=).

용동목(龍棟木) : ①용마루 또는 지붕마루에 건 도리. ②용마룻대(=).

용두(龍頭, dragon's head-shaped foof) : ①지붕장식의 한 종류. ②지붕 용마루 또는 귀마루에 올려놓은 용머리형의 장식기와. ③내림마루나 추녀마루의 하단부에 얹히는 조형물. ④용의 머리를 무섭게 표현한 장식기와. ⑤보머리나 초가지를 용머리 모양으로 새김질한 것. ⑥절의 불전에서 용마루 끝을 장식하는 기와. ⑦처마 밑 공포 위를 장식하는 용머리 조각. ⑧용머리(=)·망새.

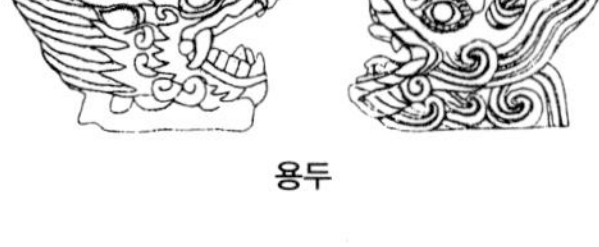
용두

용두박이 : 용두를 박는 데 쓰는 치두박이보다 조금 더 작은 못.

용련목(龍楝木) : ⇨용마룻대(=).

용마루(龍-, 樑城, ridge) : ①지붕 경사면의 상부. ②지붕 중앙부에 가장 높이 있는 수평마루. ③마룻대는 기와만으로 쌓거나 삼화토(三華土)로 싸바르기도 함. ④종마루·대마루(=).

용마루궁륭(龍-穹窿, ridge rib) : 볼트(vault) 부분의 정점을 형성하는 수평리브.

용마루띠(龍-, ridge rib) : 궁륭(穹窿, vault) 천장의 용마루선을 따라가는 띠 또는 용마루를 가로지르는 2차적인 띠.

용마룻널장식(龍-裝飾, finial) : 최상단부에 있는 뾰족탑의 장식으로 작은 뾰족탑이나 박공지붕의 꼭대기에 있는 장식.

용마룻대(龍楝木) : ①용마루 또는 지붕마루에 건 도리. ②용련목(=).

용매(溶媒, solvent) : ⇨솔벤트(=).

용목장(龍木欌) : 느티나무 뿌리 부분의 나뭇결로 장식한 장.

용문사대웅전(龍門寺大雄殿) : ①경상남도 유형문화재 85호, 신라시대 원효대사가 금산에 세웠다는 보광사를 이곳 용소리에 이전하여 용문사 창건, 17세기 중건, 경남 남해군 이동면 용소리에 위치. ②정면 3칸, 측면 3칸, 정면 기둥 간격이 넓어 장방형 평면, 협간은 세짝, 어간은 네짝 교살분합문을 달음. 공간포는 협간, 오간 구별 없이 2구씩 두어 중앙 어간의 표간 간격이 넓음. 기둥은 건물 규모에 비해 굵고 약한 흘림 원주로 주고가 낮아 상분이 상조된 웅장한 다포계 팔작집 건물. 비교적 포작의 크기가 커서 처마의 돌출이 심하고 지붕이 웅장하게 보이며, 네 귀퉁이에 팔각 활주를 두어 귀처마를 받침. 포작의 세부기법이 매우 우수함. 양 기둥 사이에 용두를 사실적으로 조각하여 어간의 중심성이 강조됨. 포작은 외3출목 내4출목으로 첨차의 길이는 짧은 편. 출목첨차의 단부는 직절되고 하단부가 교두형으로 단순하게 처리됨. 살미첨차는 매우 화려하게 초각됨. 살미첨차는 길게 뻗어 나온 앙서형 쇠서 위에 연화를 사실적으로 조각. 맨 윗단에는 봉두를 조각함. 우미량은 용신으로 조각, 대들보에서 용머리를 내민 것으로 조각은 용의 눈썹과 뿔, 다리 등이 사실적으로 묘사됨. 소란반자에 그려진 단청은 극락세계의 하늘을 은유적으로 표현함.

용문양(龍紋様, dragon pattern) : 용을 이용한 장식문양. 후기 로마제국의 상징이었으며, 중국에서는 국가나 황실 가족의 문장으로, 현재에는 영국 웨일즈(Wales)의 문장으로 사용되는 문양. 주로 의상·깃발·도자기·가구 등에 자주 사용. 특히 18세기 영국을 비롯한 유럽의 가구에서 비늘이 있는 용의 발이 구형의 여의주를 잡고 있는 발의 형태(dragon's claw foot, ball and claw foot)가 유행. 또한 영국의 튜더(Tuder)양식이나 자코비안(Jacobean)양식의 장에는 용이 날고 있는 문양이 장식 모티프로 사용.

용문양

용범(鎔范, mould) : ①금속을 녹여 부어서 어떤 물건을 만들기 위한 원래의 틀. ②거푸집(=).

용선(鎔銑, hot metal) : 용융상태의 금속, 특히 선철.

용수철 정첩(-釘牒, spring hinge) : ①용수철을 장치하여 자동적으로 닫히고 열리는 정첩. ②자동적인 개폐가 가능하도록 경첩에 용수철을 부착한 정첩. 양여닫이에 사용.

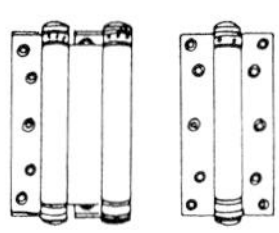
용수철 정첩

용오정사(龍塢精舍) : ①전라북도 유형문화재 91호. 용오 정관원(鄭官源)을 봉사하는 사우(祠宇). 전북 고창군 무장면 덕림리 산33에 위치. ②본래 사숙(私塾)으로 용오정사는 강당인 경의당과 홍의재, 상운루, 덕림사(德林祠)로 구성됨. ③경의당은 정면 5칸, 측면 3칸의 팔작집이나 칸살이 크기로 보면 정면 3칸, 측면 1칸의 내진을 두고 주위 사면을 돌아가면서 퇴를 구성함. 내진은 두 칸의 방과 1칸의 마루로 구성. 마루는 3면에 들어열개문이 있어 자연과 쉽게 동화되고 방과 방 사이는 분합문이 있고, 방마다 앞뒤에 세살문을 설치함. 방 하나에는 벽장을 만들고 그 옆에 다락으로 올라갈 수 있는 계단을 설치함. 동쪽의 툇간은 다른 마루보다 한 단 높게 구성하고 계자난간까지 부설하여 마치 누마루와 같은 느낌을 줌. 공포는 초익공 소로수장집으로 간단한 구조이지만 장대석 기단과 초석, 목부재 및 창호 등에서 매우 섬세하게 정성들인 단정한 모습임. 그러나 홍의재는 정면 3칸, 측면 1칸 반의 팔작집으로 건물 사방에 세운 기둥 10개 모두 구부러진 소나무를 껍질만 벗겨 생긴 모습 그대로의 원목을 주심(柱心)을 맞추어 사용함으로써 자연에 순응하는 모습.

용옥척(龍屋脊, main ridge of roof) : 물매지붕에서 앞뒤 지붕면이 올라가 모인 부분.

용입불량(溶入不良) : ①용접결함의 일종. ②용입 깊이가 불량하거나 모재와의 융합이 불량한 것.

용자(用字) : 문살의 한 종류.

용자집(用字-) : ①평면 형태에 의한 전통민가 유형의 하나. ②평면 배치가 용자 모양으로 된 집. ③쓸 용(用)자는 일(日)과 월(月)의 합자로 생각하여 길상문자로 보고, 또 글자 자체의 뜻도 유용하게 쓰임을 뜻하기 때문에 이를 길상문자로 생각하여 사용함. ④안동 임청각 몸채의 평면도. 월성의 향단은 해석하기에 따라 용(用)자형과 월(月)자형으로 볼 수 있음.

용자창(用字窓) : ①창호의 울거미 속에 한자의 용(用)자를 무늬화하여 살대를 짜넣은 창호. ②살대의 짜임이 간결하며 창호

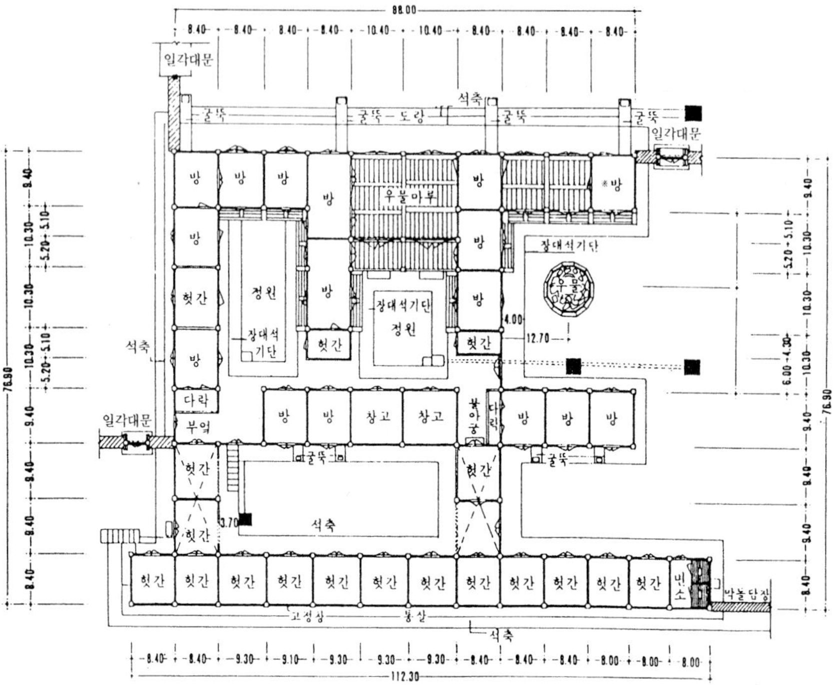

용자집 예-안동 임청각 몸채

지로 남는 면이 넓기 때문에 시원한 느낌을 주면서도 소박한 모습을 이룸. ③선비의 방이나 사랑방에 설치함. ④방의 남면에 창의 용도로 혹은 방과 방 사이의 사잇장지로 설치됨. ⑤갑창이나 맹장지의 기본 뼈대로 용자창이 쓰이기도 함. 용자창 앞뒤 모든 면을 두꺼운 종이로 싸바름. ⑥수직살대가 하나인 용자창보다 수직살대를 하나 더 세우거나 수직살대와 수직살대를 하나씩 더 짜넣은 변형된 용자창이 쓰이기도 함. ⑦⇨창살.

용적률(容積率) : ①대지면적에 대하여 지하층을 제외한 건축물의 전체 지상면적(연면적) 비율. ②대지 100평에 연면적이 100평인 건물은 용적률이 100%이고, 연면적이 200평인 건물은 용적률이 200%임. 즉 용적률이 높을수록 같은 크기의 부지에 더 큰 건물을 지을 수 있으므로 값어치가 올라가는 반면에 경관을 망치는 등 환경적 측면에서 부작용도 많음. ③용적률은 건축법에서 용도지역별로 그 기준을 정하고 각 지방자치단체가 조례로서 세부기준을 정하고 있음. 주거지역은 300%, 상업지역은 1,000% 등으로 되어 있음.

용적무게(容積重量) : ⇨목재비중.

용적절대습도(容積絶對濕度, absolute humidity) : 습공기 1m³ 중의 수증기 중량. 단위는 kg/m³, 기호는 y.

용접(鎔接, weld, welding, fusion welding) : ①두 개의 금속부재를 가열시켜 금속을 함께 녹임으로써 접합 또는 융합시키는 것. 보통 압력을 가하거나 중간 금속재 또는 용가재를 사용. ②용접 중 부재에 기계적 압력이나 타격을 가하지 않고 용융상태에서 용접하는 방법. 가스용접, 아크용접, 테르밋용접, 일렉트로슬래그용접,

전자빔용접 등이 포함됨.

용접결함(鎔接缺陷, weld, welding) : 용접 시 전류의 높낮이가 고르지 못하거나 용접속도가 일정치 못하고 기능 미숙, 용접봉의 잘못 선택과 관리보관 불량, 용접부 개선 정밀도, 청소상태 불량, 용접방법, 순서에 의한 변형이 생길 경우 등으로 용접부에 발생하는 여러 가지 결함을 총칭. 용접부의 결함은 건물 구조체의 내구성 저하, 접합부 응력에 대한 내력강도 상실 등의 원인이 됨. 종류는 크랙(crack)·블로우 홀(blow hole 또는 weeping hole), 슬래그(slag) 감싸기·크레이터(crater)·언더컷(under cut)·피트(pit) 용입불량·피시 아이(fish eye)·오버랩(over lap)·오버헝(over hung)·목두께 불량 등.

용접균열(鎔接龜裂, weld crack) : ①용접으로 인해 용접부분에 생긴 균열. ②용접부, 즉 용착금속이나 경계부, 열영향부에 발생하는 균열. ③종류는 비드균열(bead crack), 크레이터균열(crater crack), 비드밑 균열(underbead crack) 등 여러 종류로 분류됨.

용접기호(鎔接記號, welding joint, welding symbol) : 용접구조물·도면에 표기하는 용접 방법·용접 종류·모양·치수·용접 위치·용접자세 등이나 종류별 보조기호 및 용접기호의 표시는 다음과 같음.

용접기호

아크 용접 및 가스 용접 기호													
용접 방식										현장 용접	전주 용접	민 (flush)	전주 현장 용접
오목 용접	비드 용접	모살용접		그로브(凹形=開先)용접					栓 용접 (plug & slot)				
		연속	단속	I형 (square)	V형·X형	ᒪ형·K형 (bevel)	U형·H형	J형·양면 J형					
◡	⌓	⊿	◺	∥	∨	ᒪ	Y	ᒪ	▽	●	○	–	⊙

용접봉(鎔接棒, welding rod) : ①가스용접이나 땜질에 사용하는 와이어 또는 봉. ②금속을 아크용접 또는 가스용접할 때 양부재의 맞대는 부분의 틈을 충전하기 위한 충전선재(filler metal). ③용접되는 금속의 종류에 따라 철강용, 비철금속용(동, 동합금, 니켈합금용 등)으로 대별됨. 철강용 용접봉은 용접하는 철강의 재질, 사용하는 열원, 피복재 유무, 용접법의 차이 등에 의해 다음과 같이 분류됨. ㉠ 재질에 의한 분류 ; 연강용, 고장력강용, 저합금용, 스테인리스강용, 주철용 등 ㉡ 열원에 의한 분류 ; 아크용접봉, 가스용접봉 ㉢피복제에 의한 분류=피복 용접봉(피복봉), 나용접봉(나봉). 수동 용접에 사용되는 것은 길이 45㎝ 이하인 가는 봉상. ④자동식 또는 반자동식 용접봉에 의해 연속적으로 전기용접할 경우에는 입자상 플럭스와 조합하여 사용하는 긴 권선인 잠호용접용 와이어(submerged arc welding wire) 또는 CO 등의 가스와 조합해서 사용하는 가스실드아크용접용 와이어가 이용됨. 아크용접에 사용하는 전극봉에는 용가재가 들어있지 않음.

용접이음(鎔接-, welded splice joint) : ①철근 이음공법 중 용접에 의한 이음을 총칭. ②용접봉과 철근 사이에 전류를 통하여 용접하는 이음. ③종류는 겹친 용접이음·맞댄용접이음·덧댄용접이음·테르밋용접이음·물림철물에 의한 용접이음·아크용접·flush butt 용접 등이 있음. ④조립시에는 주로 아크 용접이 쓰임. ⑤이음길이는 5d 이상.

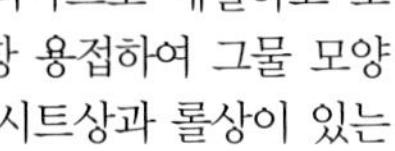

용접접합(鎔接接合, welded joint) : 용접에 의한 접합을 총칭.

용접철망(鎔接鐵網, welded steel wire fabric) : ①종선과 횡선을 직각으로 배열하고 모든 교차점을 전기저항 용접하여 그물 모양으로 만든 철망으로 시트상과 롤상이 있는데, 국내에서는 거의 대부분 시트상으로 제조됨. 보통 '와이어메시'라고 불리며, KS D 7017에서 그 품질이 규정되어 있음. ②그 물코의 형상은 정방형과 장방형의 2종. 선경은 2~9㎜. 시트상인 것은 선경×피치(종선, 횡선의 간격)×폭×길이로 나타냄. ③주로 콘크리트 보강용 또는 크랙 분산용으로 이용되며, 콘크리트 도로, 건축물 바닥, 지붕, 벽, 콘크리트 제품의 보강재로 이용됨.

용제(溶劑, solvent) : 고체를 녹여서 용액(溶液)으로 만들기 위한 액체. 녹이는 고체에 따라 벤졸·톨루엔·카시렌 등의 방향족계(芳香族系), 케톤계·에테르류 등을 사용.

용제형 접착제(溶劑型接着劑) : ①유기성 용제(케톤·에스테르)에 유기 폴리머를 용해시킨 것. ②조기(早期)에 붙이면 잔존 용제에 의한 부풀음의 위험성이 있으며 너무 늦게 붙이면 유기용제가 증발되어 접착력이 감소되기 때문에 오픈시간(open time) 확보가 중요함.

용지판(龍枝板) : ①돌담·화방벽 옆면을 마무리하기 위해 기둥 옆에 세워대는 널. ②일주문(一柱門)·일각문(一角門)의 기둥 앞뒤로 담이 무너지지 않게 붙여 세우는 재목. ③판재(板材)를 세우면 용지판이라 하고 각재(角材)를 세우면 벽원이라 함. ④용지판에는 당초(唐草)를 초각(草刻)하거나 단청(丹靑)으로 용을 그리기도 함.

용차(龍車) : ①탑의 상륜부에 있는 보주와 수연 사이의 구슬모양 장식. ②⇨노반.

용추사일주문(龍湫寺一柱門) : ①경상남도 유형문화재 54호, 신라시대 창건, 18세기 중수. 신라 소지왕 9년 각연(覺然) 스님이 개창하여 장수사(長水寺)라 함. ②팔작지붕으로 기둥 간격이 4m가 넘고, 직경이 1.2m가 넘는 기둥으로 받친 6m의 건물 높이는 거대한 위압감을 줌. 당시 장수사는 보기드문 거찰로 추정됨. 기둥 사이에 배치된 5구의 공간포와 측면에 배치된 3구의 공간포로 둘러싸인 공포의 구성과 팔작지붕의 처마로 이루어진 상부는 매우 화려함. 앙서형으로 길게 뻗어나간 제공의 쇠서는 기둥 위에서부터 구름과 연꽃의 표현, 보머리의 봉황머리를 조각하여 포작이 마감되고 길게 돌출되는 서까래와 함께 팔작지붕의 처마선이 휘어 오름은 부처의 극락세계가 시작된다는 건축언어의 표현. 지붕과 공포를 평방과 창방으로 정자형의 왕지를 짜놓고 하부를 직경이 120㎝나 되는 2개의 기둥과 미(米)자 모양의 사장재(斜長材)를 대어 지지하는 특이한 구조법. 범어사 일주문의 굵은 석주와 계자각(鷄子脚)이라는 특별한 부재로 정(井)자형 왕지를 기둥과 결구와 비교됨.

용트림(龍-) : 용을 틀어서 그린 무늬.

용해페인트(溶解塗料) : ⇨조합페인트(⇔).

용호정(龍湖亭) : ①전라남도 기념물 제68호, 1829년(순조29) 창건, 1947년 중수. 이 정자는 조선시대 호남의 효자로 알려진 우옹(友翁) 최영택(崔榮澤 : 1759~1838)이 주인임. 우옹은 부친이 죽자 이곳에서 장사를 지내고 3년 동안을 하루 세 번씩 성묘했음. 또 탈복 후에도 하루 한 번씩 찾아와 묘소를 돌보며 자식의 도리를 다하자 이를 지켜본 자식 4형제(두문·형문·규문·경문)가 아버지의 풍우한서(風雨寒暑)를 피해주기 위해 움막을 지어 줌. 그래서 훗날 이 정자를 망친지정(望親之亭), 위친지정(慰親之亭)이라고도 함. 이 정자는 본래 짚으로 엮어진 움막이었으나 후손들이 선친들의 '효'사상(孝思想)을 기리기 위해 1946년에 반듯한 정자로 새로 지어 현재까지 관리해오고 있음. ②정면, 측면 각각 2칸의 면적은 7평으로 다른 정자보다 규모가 작은 편임. 가운데에 뒤로 치우쳐 방을 두고 양쪽 전면 2칸의 우물마루를 둠. 방의 양옆과 뒤쪽에는 툇마루를 들임. 막돌 다듬어 쌓기한 기단과 덤벙주초 위에 두리기둥을 세움. 기둥 위에는 주두와 창방, 소로를 장식한 장여받침 굴도리를 걸쳐 간결하게 처리. 안쪽의 고주는 네모기둥으로 하고 네 개의 기둥으로 방을 들임. 외지칸의 기둥과의 높이를 조절하기 위하여 경사가 급한 우미량형 툇보를 걸쳤음. 5량가 구조이며 마루 위에는 충량을 설치. 홑처마로 선자 서까래를 촘촘히 걸침. 정면에 사분합 들어열개문과 측면에 이분합문을 설치함. 평면 구성은 강쪽으로 2칸을 들이고 안쪽으로는 양쪽으로 반칸의 툇마루를 설치, 중앙에 온돌을 두었음. 또한 방 뒷쪽으로도 툇마루를 설치하여 4면을 쉽게 통할 수 있게 했음. 용호정에는 현재 노사 기정진의 '용호정기'를 비롯 용호정 8경을 노래한 8수의 시문 등이 정자 내에 걸려 있음.

용화반(聳花盤) : ①창방과 장여 사이에 人자형으로 된 받침. ②솟을화반(=).

용화사보광전(龍華寺普光殿) : ①경상남도 유형문화재 249호. 경남 충무시 봉평동 404에 위치, 17세기 창건, 19세기 중수. ②다포계 맞배집, 창방과 평방을 놓고 주두를 설치하고 그 위에 포작을 구성하였는데, 포작의 크기에 비하여 주두가 매우 큼. 주두의 크기는 기둥 굵기에 맞춘 것으로 보임. 내·외부 모두 2출목이지만 행공첨차나 쇠서의 장식은 사치스럽게 화려함. 쇠서와 첨차가 가냘프고 섬세한 장식을 갖는다는 것은 조선 후기의 수법임.

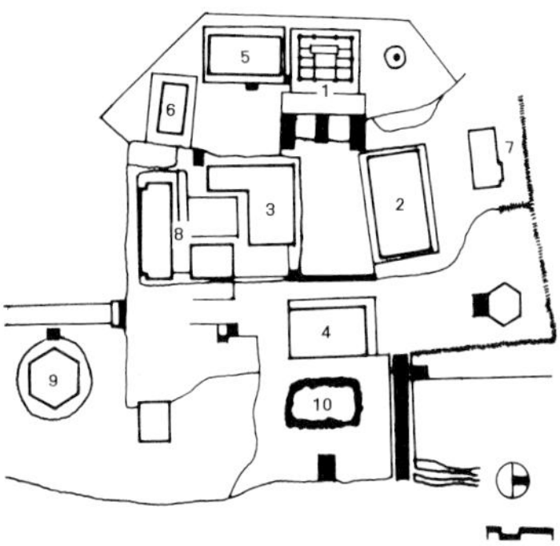

용화사보광전 배치도

용화석(龍華石) : 댓돌에 올라서기 위하여 꾸며진 층층계 좌우 소맷돌에 용의 머리와 몸뚱이, 그리고 여러 가지 무늬가 베풀어진 화려한 구조물.

용화전(龍華殿) : 미륵불에 의해 정화되고 새로운 불국토의 용화세계를 상징한다고 하여 붙여진 미륵전(彌勒殿)에 대한 다른 말.

우구정가옥(禹九鼎家屋) : ①강원도 문화재자료 70호, 19세기말, 20세기초 중건. 안채·사랑채·후에 증축된 헛간채로 구성된 튼ㅁ자형 평면 가옥. 보편적인 영월민가의 모습을 갖춘 가옥. ②안채는 마루를 중심으로 좌측에 안방과 부엌이 직각으로 배치되고, 우측에는 건넌방이 배치된 ㄱ자형. 마루 중앙에는 원주 사용. 건넌방의 채난을 안마당쪽으로 내고 출입을 측면에서 하도록 함. 사랑채는 90㎝ 정도 높이의 자연석 기단과 덤벙주초 위에 방주를 세우고 전면 3칸, 측면 1칸인 일자형 건물로 전면에 툇마루가 설치된 홑처마에 팔작지붕집.

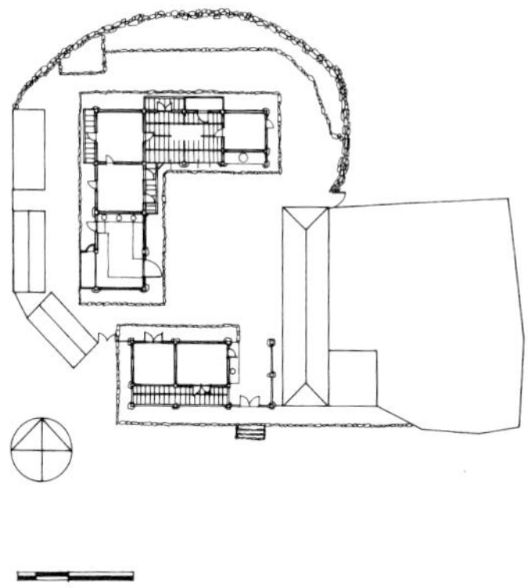

우구정가옥 배치도

우동(隅棟, hip) : ①추녀 위쪽에 있는 귀마루. ②추녀마루(=).

우드락(woodlack) : 고운 입자로 된 스티로폼 판재(板材)에는 성능 좋은 접착제가 붙어 있어 다루기도 편하고 마무리가 깔끔함. 주로 샘플보드(sample board)나 모형제작(modeling)에 사용.

우드패턴(wood pattern) : ⇨무늬목(=).

우드플로어링(wood flooring) : ①바닥구조의 마감에 사용하는 널재·판재·쪽마루 등 목재류로 마감한 바닥을 총칭. ②목재가 갖는 자연스러움과 편안한 느낌·따뜻한 색상(또는 색조)·우수한 보온성·편리한 유지관리 등으로 실내공간의 바닥 마감재로 많이 사용. ③바닥재로는 경목(硬木, hard wood)이 사용. ④종류 ; ㉠소재에 따라 천연목재·합판재·코르크(cork)재·목재 문양의 합성수지재 등 ㉡형태에 따라 플로어링 보드(flooring board)·플로어링 블록(flooring block)·쪽매널(wood mosaic, wooden mosaic, parquetry)·파키트리 보드(parquetry board)·파키트리 패널(parquetry panel)·파키트리 블록(parquetry block) 등 또는 띠형·블록형·파키트리형·타일형 등으로 구분.

우러리창(-窓) : ①방을 밝게 하거나 또는 방안에 낀 연기를 내보내기 위하여 천장에 낸 창. ②'울얼(다)+이+창'의 결합, '울얼다'는 '우러러보다'의 옛말. ③천창(≒).

우레탄(urethane) : ⇨우레탄수지.

우레탄고무 : ①우레탄에 고무를 작용시켜 만든 고무 유도체. ②탄력성·단열성·내후성 및 내약품성이 우수하여 줄눈·코킹재·방수재 및 창틀재 등으로 사용됨.

우레탄방수(-防水, urethane waterproof) : 우레탄을 이용한 방수.

우레탄수지(-樹脂, urethane resin) : ①열경화성수지의 일종. ②가볍고 세포모양으로 된 플라스틱으로, 그 밀도와 경도를 추정할 수 있는 방수성이 우수한 방수제의 일종. ③특징은 ㉠비중(25℃) 1.00~1.30, 인장강도 300~750(kgf/㎠), 신율 100~600%, 탄성계수 0.1~7.0(10^4kgf/㎠). ㉡치밀한 방수가 요구되는 부위에 사용. ④우레탄 폼(urethane foam)은 표면을 코팅하거나 쿠션과 절연체로 사용. ⑤일반적으로 두께 3㎜ 이상 보통 5㎜ 정도로 함.

우레탄폼(urethane form) : 쿠션재의 하나로 폴리우레탄을 거품을 일으켜 경화시킨 스펀지 모양의 것.

우력(偶力, couple) : ①크기가 같고 방향이 반대인 한 쌍의 나란한 힘. ②한 쌍의 동일한 크기를 갖고 방향이 서로 반대인 평행한 서로 회전을 일으키지만 이동은 일으키지 않는 힘. 우력에 의한 모멘트의 크기는 그 중 하나의 힘 크기에 의한 두 힘 간의 수직거리를 곱한 것과 같음.

우그렁이(反曲) : 목재가 안으로 우그러든 것.

우리 : ①기와를 세는 단위. ②한 우리는 2,000장.

우물 : 마루에 까는 청널.

우물마루 : ①마루틀을 짜고 그 사이에 넓은 널을 짧게 잘라 끼워 놓은 마루. ②세로 장귀틀을 놓고 가로 짧은 동귀틀을 놓은 뒤 동귀틀 사이에 세로 마루청 널을 깐 마루형식. ③전통주택에서 가장 보편적으로 쓰였던 마루구조. 대청이나 곳간마루에 이용. ④구조는 귀틀과 청판으로 만들어지는데 귀틀은 장귀틀·중귀틀·동귀틀로 구분. ⑤대들보와 같은 세로 방향으로 앞뒤의 기둥뿌리에 두, 세 개의 장귀틀을 건너지르고 보의 방향과 같게 중귀틀을 끼운 후 거기에 직각으로 동귀틀을 건 다음 짧고 넓적한 마룻널인 청판(廳板)을 제혀쪽매로 동귀틀에 파놓은 홈에 끼워 넣은 방법으로 마루에 특유한 문양이 생김. ⑥창덕궁 인정전·수덕사 대웅전 등의 바닥이 실례.

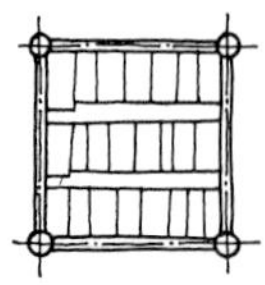

우물마루

우물반자(藻井盤子, coffered of works) : ①반자틀에 소란을 대고 반자널을 얹은 반자. ②반자 중 가장 고급스런 반자로 바둑판같이 우물 정(井)자형의 반자틀을 짜고 그 정간(井間)에 종이를 바르는 반자. ③보통 반자틀 우물에 네모반듯한 청판(廳板)을 끼워 막음. ④합각 및 선자서까래가 모이는 곳에 설치. ⑤+자로 교차하는 곳은 연귀턱맞춤으로 하며 이음은 턱솔 또는 주먹장으로 함. 이를 격자틀(格子框)이라 하며, 달대는 그 윗면에서 덮어 대거나 주먹장부맞춤 또는 나사못 등을 박고 철사로 동여맴. 격자 내에는 거울판이나 그림을 그려 넣기도 함. ⑥마루틀을 짜고 그 사이에 넓은 널을 짧게 잘라 끼워 놓은 마루. ⑦주심포계에서는 천장을 구조로 하지 않는 대신에 다포계에서는 거의 모두 반자를 설치함. ⑧반자는 구조방식에 따라 빗반자·층급(층단)반자·우물반자·소란반자 등으로 구분됨. 그 중에서 소란반자가 화려한데, 우물반자의 기본구성에 소란 하나를 첨가한 것. 우물반자는 반자틀

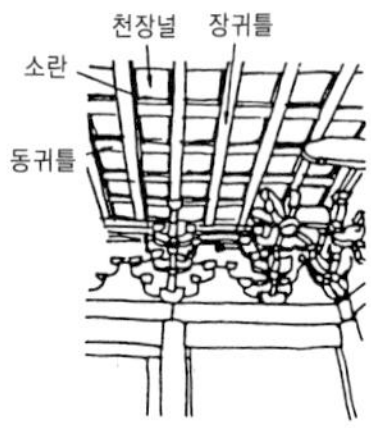

우물반자

로 정(井)자 형으로 울거미를 만들고 정방형 청판을 덮은 구조임. ⑨소란반자·우물천장·격천장·격자천장(=).

우물천장(藻井天障, coffered ceiling, coffer, coffering, compartment ceiling, caisson, lacunar) : ①움푹 파인 판(coffer)으로 지붕이나 돔을 구성하는 기법. ②우물반자인 천장. ③일반적으로 정사각형 또는 팔각형의 모양을 갖는 천장. ④장귀틀과 동귀틀로 반듯한 정방형의 틀이 생기도록 짜고 청판으로 끼워 꾸미는 천장. 이보다 고급스런 것이 소란천장임. ⑤천장면이 나무로 바둑판 모양으로 우물 정(井)자형의 반자틀을 짜고 그 안에 반듯한 널판을 끼워 마감한 천장. ⑥소란반자로 된 천장. 곧, 바둑판처럼 井자 형으로 된 천장. 천장 내부의 복잡한 가구조직을 은폐하며, 천장면을 화려한 색채로 장식. ⑦다포양식, 팔작지붕의 건축물에 사용. ⑧⇨격자천장·조정천장·우물반자·소란천장(=).

우물천장

우미량(牛尾梁) : ①도리와 보에 걸쳐 동자기둥을 받는 보. ②처마도리와 동자기둥에 걸쳐 그 일단이 중도리에 짜여진 보. ③소꼬리 모양으로 휘어진 형태의 곡선부재로 '꼬리보'라고도 함. ④지붕귀(모서리)에서는 중도리·마룻대 등을 받치는 동자기둥·대공을 세울 수 있도록 지붕보를 배치하고 그 간격은 일반보에 준함. ⑤귀에 오는 보를 평행으로 걸면 긴 보를 쓰게 되므로 도리에서 일반 지붕보에 우미량을 적당히 배치하여 동자기둥 또는 대공을 받게 함. ⑥우미량의 맞춤은 처마도리 기둥에는 일반보와 같이 하고 지붕보에는 촉을 꽂고 주먹장 걸침 또는 걸침턱으로 하고 또 볼트조임함. ⑦각각의 도리는 위치에 따라 낙차(落差)가 있어서 강하게 휘어 굽은 나무이어야 양쪽 도리에 결구(結構)될 수 있음. 크게 휘어 만들고 보니, 그 형상이 튀어오르는 새우 모양 같기도 하고, 파리 쫓는 황소의 꼬리가 휘어 오른 듯한 모습 같기도 하다고 하여 붙여진 이름. ⑧우미량은 주심포집에서만 사용되며 다포형식이나 익공형식 집에서는 나타나지 않음. ⑨우미량은 포집과 같은 큰 집에서만 쓰이는데 아래와 위의 도리를 이어줌. 반드시 굽은 나무로 만들어야 함. ⑩수덕사 대웅전·강릉 객사문 등의 고려시대와 조선시대의 맞배지붕 건물에서 그 실례를 볼 수 있음. ⑪꼬리보(=)· 지붕틀.

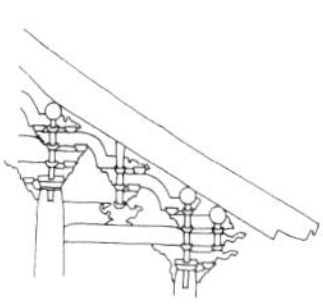
우미량

우백호(右白虎) : 풍수지리에서 혈 뒤에서 나와 혈의 오른쪽을 둘러싸고 혈 앞을 지나는 산의 맥. ⇨좌청룡.

우블리에트(oubliette) : 옛날의 성 등에 있는 천장에만 개구부가 있는 비밀 지하 감옥. 죄수들을 이 개구부에서 떨어뜨려 가두었음.

우산형 돔(雨傘形−, umbrella dome) : ⇨참외형 돔(=).

우생색(偶生色, accidential color) : 보색잔상(補色殘像)에 의해 생기는 색깔.

우석(隅石) : ⇨계단우석·소맷돌·귓돌(=).

우설(牛舌) : ⇨쇠서(=).

우스타일(eustyle) : 로마시대의 건축가 비트루비우스(Vitruvius)가 창안한 기둥의 지름을 단위로 하는 기둥간격 배치방법의 하나로, 기둥간격이 기둥지름의 2.25(2 1/4)배인 것.

우스타일

우안창(牛眼窓) : ⇨옥스아이윈도(=).

우영 : 텃밭(제주도).

우주(隅柱, corner column, corner pillar) : ①건물의 귀퉁이에 세운 기둥. ②귓기둥·모서리기둥(=).

우진각(隅進閣) : 모임(우진각) 지붕으로 지은 집.

우진각지붕(隅進閣−, hip roof) : ①용마루를 중심으로 사면으로 지붕경사를 이룬 지붕으로 지붕 외관의 정면은 사다리꼴, 측면은 삼각형 형태. ②지붕의 측면 구성에서 팔자지붕과 같은 합각을 두지 않고 용마루로부터 바로 기왓골이 시작되는 유형의 지붕. ③네모서리의 추녀가 용마루에 몰려 붙은 지붕. ④현존하는 법당 건물에서는 보기 드물지만 금강산 등지의 사원에서 찾아볼 수 있고, 해인사 장경판고(藏經板庫) 등에서 볼 수 있음. ⑤도성의 정문과 궁궐의 대문 등에 주로 사용되며, 궁실(宮室) 건축에서는 서울 남대문을 비롯하여 창덕궁의 돈화문(敦化門)·창경궁의 홍화문(弘化門)·덕수궁의 대한문(大漢門) 등의 지붕이 그 실례. ⑥정전(正殿)이나 법전(法殿)에서 잘 쓰이지 않는 지붕이 그 실례.

서울 숭례문 우진각지붕

우진각지붕

우진각집(隅進閣屋) : ①한 채의 집 네 귀에 추녀를 달아 용마루까지 올려 지붕 4면으로 빗물이 흐르게 된 집. ②네 귀의 추녀마루가 용마루에 붙어 있는 집. ③추녀마루가 한 군데에 다 몰려 있게 되면 '사모집'이 됨. ④모임집(=).

우포(隅包) : ⇨귀포(=).

우한대(隅限大) : ⇨귀한대·한대(=).

우한대제공(-限大諸工) : ⇨귀한대제공(=).

욱은지붕(concave roof) : ①지붕면 중간이 우그러져 내린 지붕. ②부풀어 오른 지붕·부른지붕(=).

욱음골 : 나무를 우겨 판 골.

운각(雲閣) : ①도리 안쪽으로 나무를 둘러대어 장식한 것. ②건물 내부에서 초새김한 포살미가 중첩된 부분. ③궁궐 따위에서 천장 밑에 둘러 붙인 장식물.

운각

운공(雲工) : ①구름무늬를 새긴 받침 등. ②이익공포(二翼栱包)에 있어서 화반(花盤) 상부에 가로 얹혀 장여와 도리를 가로 받친 부재.

운궁(雲宮) : ①살미(山彌)가 공포의 안쪽에서 겹쳐진 것. ②건물 내부에서 초새김질한 포살미가 중첩된 부분. ③운각(=).

운궁첨차(雲宮檐遮) : 운궁이 있는 쇠서에 짜이는 첨차.

운당(雲堂) : ①구름집. ②도사의 집.

운동시차(運動視差, monocular movement parallax) : 눈이 하나라도 관찰자가 운동하면 시점이 변화하여 계시적인 시차가 생기는 현상. 즉 주행 중 열차에서 창밖의 광경을 보면 주시점 F보다 가까운 물체는 가까울수록 빠르게 뒤쪽으로 사라지고 반대로 F보다 먼 곳의 물체는 멀어질수록 빠르게 주행방향으로 가는 것처럼 보이는 현상.

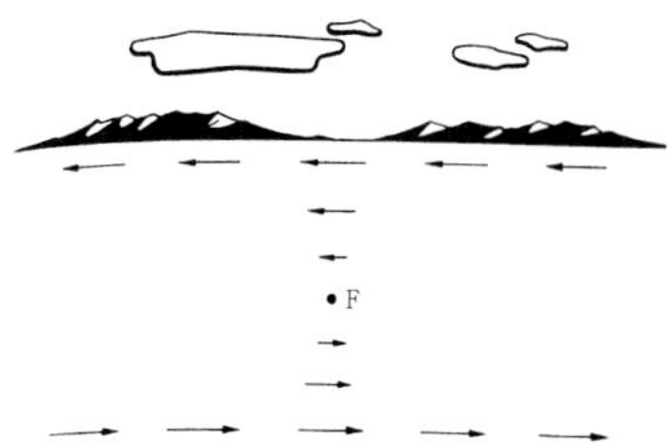

운동시차

운동잔상(運動殘像) : 움직이는 자극을 계속적으로 주목하는 경우 생기는 잔상으로 이는 실제 운동과 반대방향으로 생김.

운동조망(運動眺望) : 반대방향으로 움직이는 가까운 거리에 있는 움직이는 물건들 중에서 상대적으로 멀리 있는 것은 천천히, 가까이 있는 것은 빨리 뒤쪽으로 움직이는 현상. 움직이는 속도에 따라 원근조망이 생김.

운동학(運動學, Kinematies[독]) : 평형·운동·힘·에너지 등에 관한 동작의 합리화를 추구하는 학문.

운두(雲頭) : ①주두의 윗부분. ②구름과 같은 무늬가 새겨져 붙여진 이름. ③물건이나 연장 따위의 높이. ④보통 바닥의 폭이나 너비에 견주어서 말할 때 쓰임.

운람사(雲嵐寺) : ①경북 의성군 암평면 신안 2동 산32 소재. 지금부터 1300여 년 전 신라 신문왕 때 의상조사가 창건했다고 전해오고 있음. 현존하는 법당인 보광전(普光殿)은 1300여 년의 역사를 지닌 불전으로서 창건 이래 여러 차례 중수되어 왔고, 1960년 3월 15일에 중수를 마친 최근의 기록이 보광전 현판 옆에 있음. ②보광전은 굵은 원목으로 건축된 목조와가로 내부에는 중앙에 주불(主佛)인 아미타불, 그 왼쪽 옆에는 관세음보살이 있고, 오른편에는 대세지보살이 있음. 그 후면에는 칠성탱화·지장탱화·산중탱화 등이 균배되어 있음. 현존하는 건물로는 보광전·산왕각·조실·식암당이 각각 1등씩 있고 3층 석탑과 양수터가 있음. 그리고 사찰을 둘러싼 노송과 갖가지 화초와 수목이 잘 조화되어 좋은 경관을 이루고 있음.

운량(雲量) : 흐린 날씨에 하늘을 덮고 있는 구름의 정도(구름양). 맑게 갠 상태를 0으로 하고 완전히 구름이 덮인 상태를 10으로 하여 천공의 구름 상태를 천공에 대한 10분비로 표시하여 나타냄. 운량이 2 이하인 경우를 쾌청, 3~7인 경우를 청천(晴天), 8 이상인 경우를 담천(曇天)이라고 함.

운문(雲紋) : ①구름모양의 무늬. ②종류는 점운·유운·기운·만자운·풍운·비운·사운 따위가 있음.

운반시간(運搬時間, time of haul) : 콘크리트공사에서 시멘트와 물이 처음 접촉한 시간부터 트럭믹서(truck mixer)에서 굳지 않은 콘크리트를 완전히 타설할 때까지의 기간.

운서정(雲棲亭) : ①1928년 지역의 부호였던 김양근(金瀼根)의 아들 승희(昇熙)가 부친의 유덕(有德)을 추모하기 위해 세움. 당시 300석을 매각 처분하여 6년 동안 지었다고 함. ②운서정은 누정과 동·서재, 가정문(嘉貞門)으로 구성. 배치는 마치 향교나 서원의 강학공간과 같은 구성을 하고 있음. 운서정은 내진과 외진으로 구분. 안쪽에 정면 3칸, 측면 2칸의 내진을 구성하고, 밖으로 135㎝ 정도 띄워서 외진기둥을 세워 외관상 정면 5칸, 측면 4칸의 구조임. 외진과 내진 기둥 사이는 휘어진 툇보를 결구하였음. 내진은 다시 전후 기둥 위에 보를 보내고 보 위에 충량을 걸어 팔작지붕을 구성함. 추녀가 길게 뻗지 못하여 전체적으로 비례감이 떨어짐. 공포는 내·외1출목 이익공구조이지만 살미·첨차가 주심좌우 소로 위치에서 출목첨차와 수직으로 두 개가 더 짜여져 이제공 쇠서가 세 개가 되는 특이한 형태임. 주심의 쇠서 끝에는 용두(龍頭)를 끼워 장식함. 건물 전체를 화려하게 단청하였으며, 기둥과 활주로 받치는 초석도 매우 장식적임. 자연과의 조화를 제일로 삼는 다른 정자와는 달리 재력을 과시하며 권위적인 공간을 구성하였음.

운서정

운서정 가정문(소슬삼문)

운암정(雲岩亭) : ①강원도 문화재자료 17호, 1937년 창건. ②정면 3칸, 측면 2칸의 규모로 팔작지붕. 장대석 1단의 기단 위에 사다리꼴의 기초를 두고 원주를 세움. 공포는 익공계이며 상부구조에 비하여 기둥이 왜소해 보임. 정자 옆에는 조그만 연못을 만들어 놓음. ③이 정자는 열심히 노력하여 가난을 이기고 성공한 두 사람이 회갑을 맞아 자신들의 입지를 기념하고 많은 사람들에게 이롭게 하고자 두 노인의 호인 운수(雲水)와 청암(靑岩)에서 한 자씩 택해 운암정이라 칭하였음.

운조루(雲鳥樓) : ①중요민속자료 제8호, 1766년(사랑채 상량문) 건립, 전남 구례군 토지면 오미리 103에 위치. ②배치는 ㄷ자형 안채와 一자형 곳간채, 날개채처럼 붙은 사랑채 및 19칸의 一자형 행랑채 및 사당으로 구성됨. ③행랑채 중간에서 직각으로 뻗어 나온 담장으로 인해 집 외부에 바로 면한 부분이 대문간을 포함하여 외부에 폐쇄적인 입면구성과 공간구성을 취하고, 그렇지 않은 부분이 행랑살이를 위한 하인용 주거의 성격을 갖는 부분으로 구분. 집을 남북으로 반분하여 전면을 남성적 공간, 후면을 여성적 공간으로 분할하고, 다시 좌우로 분할하여 보다 공식적인 공간과 사적인 공간으로 구획. ④사랑채는 정면 5칸, 측면 2칸의 팔작집으로 누마루 2칸, 대청마루 4칸, 온돌방 4칸이 나란히 배열된 정형적인 구성. 사랑채는 큰사랑채와 작은 사랑채가 만나서 만들어내는 작은 사랑 뒷마당은 안채의 부엌과 직접 연결되는 서비스 공간으로 사랑채에는 따로 부엌을 두지 않고 안채의 부엌과 시선적으로 차폐되고 동선상 긴밀하게 연결되는 서비스 공간을 만듦. 아랫사랑채의 누마루 뒤로 온돌방이 1칸, 안마당에서 접근하는 광이 1칸이 연이어 배치됨. ⑤안채는 정면부 몸채만이 전후로 툇간을 가진 전후툇집으로 5량가구조임. 양날개채 및 전면의 행랑채는 모두 홑집의 3량가로 구성. 지붕은 두 칸 폭을 갖는 사랑채의 마구리면은 합각을 둔 팔작지붕으로 처리하고 나머지 한 칸 폭을 갖는 건물의 단면은 모두

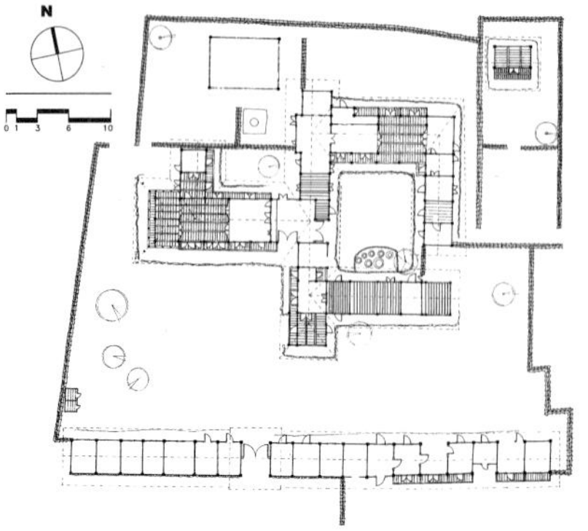

운조루 배치도

맞배지붕으로 처리하되 아랫사랑채의 전면으로 튀어나온 마구리면은 우진각지붕으로 처리. ⑥사당은 정면, 측면 모두 1칸인 맞배지붕의 단칸집으로 옆으로 긴 작은 장방형 평면이나 전면으로 쪽마루를 두어 완전한 정방형 평면을 이룸.

운천공(雲天空, cloudy sky) : 태양은 가려지고 운량이 30~70%인 천공.

운학(雲鶴) : 구름과 학을 그린 그림.

운현궁(雲峴宮) : ① 사적 제257호로 지정(1977년). 서울특별시 종로구 운니동 98-50 소재. ②조선 제26대 고종(高宗)의 생부인 흥선대원군(興宣大院君, 1820~98)의 저택으로 고종이 탄생하고 즉위하던 12세까지 자란 곳. 고종이 즉위하자 이곳은 집정을 맡은 흥선대원군이 정치를 하는 곳이 되었고, 임금이 있는 궁과도 직통으로 연결됨. 흥선대원군은 10여 년 간 집정을 하면서 세도정치하에서의 폐단을 제거하고 인사, 재정 등에 대폭적인 개혁을 단행하였으며, 경복궁을 중건하기도 하였음. 1882년 일어난 임오군란(壬午軍亂) 때는 청군(淸軍)에게 납치되어 청으로 갔다가, 1885년 귀국하였음. ③현재는 궁의 일부가 덕성여자대학으로 사용되고 있고 방송국 시설이 있기도 함. 그리하여 대원군이 즐겨 사용하던 아재당도 헐려 나가고 사랑채인 노안당, 노락당만 남아 있음.

운형자(輪形-, french curve irregular curve) : ①곡선을 그리는 데 사용하는 제도용자. ②크기는 보통 180~240㎜이고 특히 작은 것은 90㎜도 있음.

운형첨차(雲形檐遮) : ①백제에서 사용한 구름 모양의 첨차. ②원형은 일본의 법륭사 금당에서 볼 수 있음.

운흥사대웅전(雲興寺大雄殿) : ①경상남도 유형문화재 82호, 경남 고성군 하이면 와룡리에 위치, 14세기(17세기 중창) 창건, 18세기 중수. 신라 문무왕 때 의

운흥사대웅전

상대사의 창건설과 고려 충정왕2년(1350)에 창건설이 전해짐. ②일주문이나 천왕문 등 뚜렷한 경계가 없고, 대웅전 앞에 누나 탑도 없으며, 전각 및 요사채도 없음. 진입 과정이 없고 대웅전의 영역이 한정되지 않은 사찰의 배치법은 보기 어려움. 임진왜란 때 소실된 부속건물들이 복원되지 못한 이유로 추정됨. ③정면 5칸, 측면 3칸 정도의 건물, 기둥이 높아 거대한 규모감이 느껴짐. 낮은 외벌대의 기단 위에 세웠지만 측면의 고주 높이로 보면 여타 대웅전의 1.5배 정도의 높이로 보임. 기둥은 민흘림과 배흘림이 섞여 있는데 배흘림기둥은 굵기나 곡률이 안정되고 아름다워 보임. 기둥의 가공방식이 다른 것으로 보아 신구재가 혼용된 곳으로 추정. 다포계 맞배집으로 창방과 평방을 놓고 각 기둥 사이마다 공간포를 설치하여 2출목을 받침. 살미쇠서가 길게 뻗었으나 가늘고 허약하며 초각장식이 없고, 보머리도 운공으로 단순하게 처리한 포작의 모습은 조선 후기의 기법으로 보임. 내부는 3출목으로 받치는 포작이 중앙을 향해 있고 살미의 내단부도 외부보다 장식적이며 천장은 층급천장과 우물반자를 설치하여 매우 화려하고 거대한 공간감을 가짐. 특히 우물마루는 자귀로 마감하여 더욱 고졸(古拙)스러움. 맞배집에서 잘 사용되지 않는 귀포를 두고 이방(耳枋) 대신 주두모양의 대접받침을 사용. 2고주 5량가 구조가 측면 박공 부분에 풍판을 덮었는데도 잘 보임. 다포계와 익공계의 포작이 한 건물에서 동시에 나타남. 기둥 및 주두와 포작의 비례가 적절하지 않는 등 개보수 과정에서 일부 부재가 혼용된 것으로 보임.

울거미(rail, stile, frame) : 문짝 등과 같이 짜서 만든 물건의 가장자리를 이루는 뼈대.

울담(fence) : ①토지의 경계, 구획 등을 하는 울타리. ②각재·통나무·죽재 등을 간격을 두어 세우고, 여기에 펠대를 통한 것이 많음. ③페일링(=).

울름대성당(-大聖堂, Ulm Münster[독]) : 독일 남부 울름시(市)의 도나우 강변에 건조한 고딕 전성기의 대표적인 바실리카식 교구성당. 고딕식 성당건축에서는 최고(最高)의 탑(161m)을 가지고 있음. 1377년 팔루라가(家)의 H.von 구뮨트에 의하여 공회당으로서 착공되었으나 1392년 건축가 U.von 엔징겐의 설계로 바실리카양식의 성당으로 변경되어 서탑(西塔)의 정초(定礎)가 이루어졌음. 본당(本堂)은 1471년에 완성되었으나 탑은 M.베브링거의 재설계(再設計)로 1472년에 착공, 1492년에 상부(上部)가 건조되어 일단 완성되었으나 현재의 첨탑(尖塔)과는 다름. 부수되는 세부의 증축은 1543년 거듭되는 전쟁에 의한 경제적 사정으로 공사가 중단되고, 또 17세기의 종교개혁운동이 한창일 때는 우상파괴주의(偶像破壞主義)의 신교도에 의하여 손상되었으나 복원이 개시된 것은 1844년에 이르러서임. 이때 서탑에는 베브링거의 설계대로 현재의 높은 첨탑이 세워져 1890년에 완성되었음. 물매가 급한 지붕의 서쪽에 대탑(大塔), 동쪽 본당 좌우에 2개의 탑이 있는 성당의 내부는 가는 기둥에 의하여 측랑(側廊)을 2분하는 랑식(廊式) 실리카건축으로 15세기의 벽화, 스테인드 글라스, 조각 등에 의하여 장식되어 독일 최성기의 고딕양식을 대표함.

울름대성당

울타리 : 싸리나 삼대 따위를 땅에 꽂아서 만든 공담.

울트라마린(ultramarine) : ①울트라마린은 광물성 안료의 이름. ②천연산과 인공산이 있으며, 그 성분은 같으나 인공의 안료가 더 산뜻함. ③자색 기미의 산뜻한 청색(vivid purplish blue). ④먼셀기호 6.0PB3.5/12.5.

움 : ①땅을 파고 위를 거적 따위로 덮어 추

위나 비바람을 막게 한 곳. ②일반적으로 뒷마당에 움을 지음. ③종류 ; ㉠채소움 : 겨울 동안 채소들을 보관하는 움. ㉡집안에서 키우던 화초들을 보관하는 움. ㉢김칫독을 묻는 움. ④움막(=).

움막집 : ①땅을 움푹 파고 그 바닥부터 기둥을 세워 지붕을 받치게 한 집. ②가난한 사람들이 가장 손쉽게 지을 수 있는 수혈주거(竪穴住居). ③반지하구조를 갖는 구조로, 자연재료를 이용하여 소박하게 지었으며, 폐쇄적인 지붕을 얹은 움집 안에서 취사와 간단한 작업이 이루어짐. ④내부공간은 정지와 고방(庫房)의 역할을 하는 고팡, 그리고 잠자리 공간으로 나누어 사용하면서 화로를 정지 가운데에 놓고 사용. 움막집은 반지하로 들어가 그 담면(面)이 벽체를 구성. ⑤땅을 파고 거적으로 위를 덮어 비바람을 막도록 지은 집. ⑥움막·토막·움집(=).

움집 : ⇨움막집(=).

움집터(竪穴住居址, subterranean dwelling, pit house) : 지상에서 30~100㎝ 내외의 깊이로 넓은 구덩이를 파서 만든 집터로 한반도에서는 신석기시대 이후 선사시대 전반에 걸쳐 유행한 살림집 형태.

웃인방(window head, lintel) : ①창·출입구 등 개구부 위를 가로질러 상부로부터 오는 하중을 지지하는 부재. ②창문 프레임(frame)에 대한 상부의 수평적으로 가로지르는 부재 또는 장식적 요소. 창문의 위턱은 반구·아치 또는 삼각형의 모양과 같이 다양한 방식으로 디자인. 일부는 상부와 양쪽 옆 기둥에 대담하고 화려한 장식적인 몰딩을 갖고 있는 반면에 창문 턱은 보통 물이 저절로 떨어지는 기능적 상황을 수용하기 위해 남아 있음. 도면의 표기는 헤드(head).

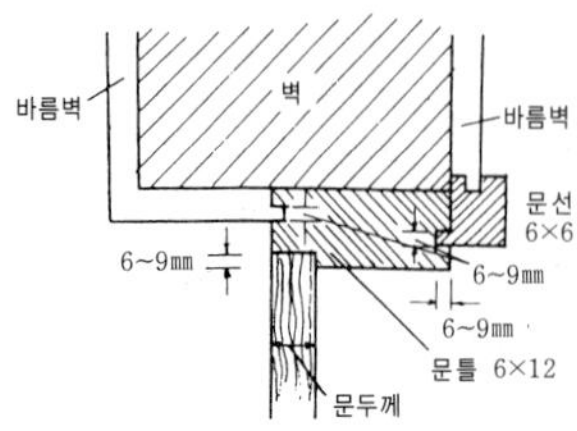

웃인방

워드(ward) : 성벽 안쪽이나 사이에 위치한 옥외공간.

워드로브(wardrobe) : 사람이 소유하는 의장(衣欌) 또는 의장계획을 총칭하는 말. 의장이나 옷장이라는 뜻에서 변해 의장계획이라는 의미로 사용할 때가 많음.

워드로브

워렌트러스(warren truss) : ⇨트러스.

워커빌리티(workability) : ①작업장소에서의 일의 편리성. 예컨대, 의자의 워커빌리티·책상의 워커빌리티 등. ②워커빌리티의 체크 포인트는 적합성(adoptbiality)·동작성(movability)·조작성(operation)·접근성(acessability)·대화성(communication)·접근성(concentration)·쾌적성(comfortability)·안락성(relaxation)·안전성(security) 등.

워크셰어링(work sharing) : ①업무의 분담. ②전체 국민경제에서 일의 총량을 되도록 많은 사람에게 분담시켜 실업자를 줄이려는 정책. ③구체적인 정책으로는 ㉠노동시간 단축 ㉡작업량 삭감 ㉢휴일·휴가 증가 ㉣퇴직연령의 인하 ㉤교육·직업훈련 기간의 연장 등이 있음.

워크스테이션(workstation) : ①미니컴퓨터 정도의 처리속도를 갖췄으나 PC와 같은 단일 사용자 지향의 컴퓨터 기종을 통칭. 과학, 공학, 업무 분야 등의 고속, 고해상도 처리가 요구되는 특정목적에 많이 사용됨. ②한 사람이 차지하는 면적을 기준으로 정해지는 사무작업공간으로 작업을 위해 가장 기본이 되는 개인영역. ③프라이버시나 다소간의 밀폐감을 제공하기 위하여 스크린 및 파티션을 결합시킨 사무가구 또는 집기시스템. 사용자의 지위나 업무성격에 따라 비품과 사무기기·서류의 양에 따른 기본가구로 구성. 이때 인간공학·대인관계·안전조건·감각적인 측면을 함께 고려. 그리드 플래닝(grid planning)에 있어 그리드의 크기·형태를 결정. ④한 사람이 한 번에 사용이 가능하도록 고안된 컴퓨터 장치의 배치. 대체로 입력장치·영상장치·프린터·플로터(plotter)와 같은 출력장치로 구성.

워크아웃(work out) : 기존의 결재 스타일에서 검토 대상이 생기면 관계자들이 모인 회의를 통해 충분히 검토한 뒤 바로 결정을 내리는 방식. 특징은 서류작업과 각 결재단계를 줄여 의사결정을 보다 신속히 할 수 있음.

워크인클로젯(work-in closet) : ①부부침실 내에서 의류 등을 수납하기 위한 작은 방. ②⇨클로젯(=).

워크테이블(worktable) : 작업용 탁자. 특히 바느질을 위한 탁자를 바느질 테이블(sewing table)이라고 함.

워크팩터법(-法, work factor method) : 동작시간에 대하여 그 동작의 장해가 되는 시간의 정도를 표시한 것으로 동작시간을 보정하여 표준동작시간을 끌어내도록 한 법.

워크팩터법

워터검(water gum, eugenia jambolana Lamk[학]) : ①전 세계 열대지역에 분포. 그러나 특히 남태평양 지역인 뉴기니아·솔로몬·말레이시아·태국·인도·필리핀·미얀마·베트남 등에 분포. ②변재는 담색, 심재는 회갈색, 금갈색 또는 자갈색으로 다양하며 심·변재는 구분이 되나 경계가 불분명함. 목리는 교착하고 파상문양을 나타내며 나무갗은 곱고 균일함. 기건비중 0.65~095(평균 0.70 정도), 수축률은 방사방향 5.0%, 접선방향 9.0%로 보통이며 강도는 압축강도 599kg/㎠, 휨강도 1,180kg/㎠로 강함. 내구성이 높고 가공성이 불량하며 연삭은 양호하고 광택이 있으며 건조하면 전단면에 갈라짐(할렬)이 일어남. 약제주입은 불량. ③주로 바닥재·기둥·가구 등에 사용.

워터리프문양(-紋樣, water leaf pattern) : ①고대 그리스와 초기 로마의 연꽃잎이나 담쟁이덩굴을 양식화한 문양. ②월계수 잎을 기본으로 구불구불하게 늘어진 잎 문양. ③시마 리버사(cyma reversa) 몰딩을 풍요롭게 해주는 데 사용된 고대로부터 유래된 양식화된 잎사귀 문양. ④12세기 말 로마네스크양식의 원기둥 주두에 사용된 장식으로 18~19세기에는 신고전주의 양식의 가구와 은세공에 중요한 장식모티프가 됨.

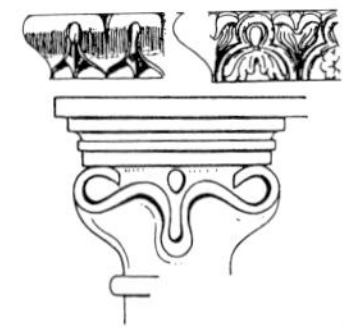
워터리프문양

워터블릿(water vliet) : 1875년 얇은 나무판을 엮어서 시트를 한 소나무로 만든 셰이커 의자와 1890년 빨강색 줄무늬와 엷은 갈색 직물 시트로 된 단풍나무 어린이용 의자 및 1880년 엮은 등나무 줄기로 시트를 한 어둡게 착색한 참나무 의자 등.

워터스트럭벽돌(water struck brick) : 달라붙는 것을 방지하기 위해서 물을 가지고 미끄럽게 몰드(mould)를 사용하여 소프트 머드 프로세스(soft mud process)로 틀을 만든 미끄럽고 표면이 조밀한 벽돌.

워터존(water zone) : 키친·세면실·화장실·욕실 등과 급배수가 필요한 공간.

워터프런트(water front) : 공공성 등에 착안하여 거대도시 근교에 입지한 도시의 자립적 기반 형성과 도시 아이덴티티 확립 및 시민휴식공원을 조성하기 위해 개발되는 수변지구(水邊地區). 수변부 주상공간의 개발, 저수지 공간의 조형적 연출 등 다양한 테마로 조성. 특히 도시공간의 재생과 성장이라는 도시구조, 도시정책적 입장에서 새로운 관심을 불러일으킴. 대표적인 예로는 미국 보스턴 해안의 재개발이나 요코하마의 미나토 미라니21 계획, 고베의 포트아일랜드 개발 등.

워터하이머의 이론(-理論, Werthemier's Theory) : 부분과 부분이 서로 유사성에 의해 그룹을 보인다는 이론. 유사성에는 크기의 요인·형태의 요인·명도의 요인·색상의 요인·위치의 요인·접근의 요인 등 여러 요인. ⇨군화(群化, grouping). 유사성의 원리·게슈탈트사법칙(=).

원(院, lodging facility; established along the principal roads to offer official travellers accommodations) : 고려, 조선시대에 나라에서 역과 역 사이에 두어 출장 관원을 유숙하게 했던 여관.

원구(元口, butt end) : ①원목(통나무) 뿌리 쪽의 두꺼운 횡단면. ②말구(⇔).

원구단(圓丘壇, Round-Mound Altar;the national altar to worship the Heaven) : 고려시대부터 하늘과 땅에 제사지내기 위하여 쌓은 단.

원근단축법(遠近短縮法, foreshortening) : 투시도 용어로서 화면에 나란하지 않는 표현된 선이나 모양의 분명한 모순 및 왜곡으로 공간 확장이나 투영의 환영.

원근법(遠近法, perspective) : 2차원적인 평면 위에 3차원적인 연장을 갖는 공간을 표현하기 위해 사용되는 방법. 투시도(perspective)는 원근법의 일종.

원달구 : ⇨달구.

원당(願堂, prayer hall) : ①소원을 빌려고 세운 집. ②궁중에 둔 것을 내원당이라고 하였음.

원도급자(原都給者, general contractor) : ⇨제네콘·원청자(=).

원두막(園頭幕) : ⇨오두막집(=).

원두은장이음 : ⇨원두장.

원두장(圓頭丈) : ①양쪽 끝이 둥글게 된 나무조각. ②원두은장(=).

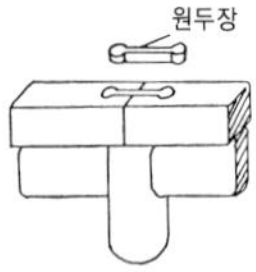

원두은장이음

원두정(圓頭釘) : 못의 꼭대기가 둥근 못.

원룸시스템(one room system) : 주거공간에 오픈 플래닝(open planning)이라는 공간구성기법을 적용하여 활동패턴이 연결될 수 있는 기능의 공간들을 칸막이 없이 모두 연결하여 기능적으로 복합·집약시켜 다목적 공간이 되게 하고 화장실·욕실 등 물사용 공간만을 막아 공간 사용의 극대화를 갖는 생활공간의 구성방식. 가구배치 등 공간활용이 자유로워 실내공간을 보다 융통성 있고 넓게 사용할 수 있어 일반적으로 좁은 공간의 이용에 적합. 주로 독신자나 맞벌이 신혼부부 및 학교 부근 학생 등의 주거공간에 적합. 최근에는 도시의 아파트나 오피스텔의 원룸 시스템 적용이 활발히 이루어짐.

원룸주거(-住居, one room residence) : ①화장실을 뺀 모든 공간이 하나로 터져 있는 형태의 주택. 미국 등지에서 독신자용 주택으로 일반화되어 있으며 우리나라에서도 1990년대 들어 독신자, 신혼부부 등을 위한 주택으로 건축됨. ②기본적인 4면의 벽을 제외한 모든 벽을 제거하거나 4면의 벽과 욕실벽을 제거함으로써 여러 가지 기능의 실 등을 한 곳에 집약시켜 생활공간을 구성하는 일실 다용도 방식.

원리(原理, principle) : 행동·과정 또는 배치 등을 지배하는 기본적이고 포괄적인 법칙이나 진실 또는 가정.

원림(園林) : ①동산과 숲의 자연상태를 그대로 조경으로 삼으면서 적절한 위치에 집칸과 정자를 배치한 것. ②고려시대부터 '원림'이라고 사용함. 한국 사람은 일본인과 달리 자연을 거역하거나 자연을 훼손하면서 정원을 꾸미지 않고 동산이나 계곡, 하찮은 길이라도 인위적으로 바꾸지 않고 생긴 그대로 이용하고, 용의 그림에 눈을 그려 넣는 듯한 모퉁이에 건축물을 세워 자연풍광을 한층 빛나게 하고 자연과 건축을 하나가 되게 함. 예컨대, 창덕궁 후원은 인위적으로 조경을 한 일본식 정원과는 거리가 멀고 한국 전통정원의 성격을 그대로 담고 있음. 개념적으로 창덕궁 후원은 정원이 아닌 원림. 현재 원림이라는 명칭을 사용하는 곳은 장흥의 부춘정 원림, 담양의 독수정 원림·명옥헌 원림·소쇄원, 화순의 임대정 원림 등이 있음. ③정원(≒).

원밀이(圓-) : ①창살의 윗부분이 둥글게 된

것. ②⇨쇠목.

원반형 장식(原盤形裝飾, bezant) : 장식적인 몰딩이나 디자인에 연속하여 사용된 동전이나 디스크 같은 모양의 장식.

원뿔꼴(conical) : 옥수수 모양으로 된 형태.

원산(遠山) : 문짝이 걸리게 하려고 문턱 따위에 박은 쇠붙이.

원산

원삼국시대(原三國時代) : ①우리나라 고고학 편년상 초기 철기시대 이후에 등장한 시기로 고구려·백제·신라 형성기인 300년까지의 약 3세기간. ②이 시기는 선사시대에서 진정한 의미의 역사시대로 전환돼 가는 과도기적 시기로서 역사적으로나 고고학적으로 매우 중요한 시기이며, 문화사적으로도 청동기의 실효성이 소멸되고 철기생산 및 보급이 확대되면서 벼농사가 발전하기 시작한 중요한 시기. 또 고인돌이 소멸하고 석곽묘(石槨墓)가 발달하기 시작함. ③대표적 유적으로는 김해·양산·동래·고성·창원·성산 등지의 낙동강 하류지역에 밀집, 분포하고 있는 패총(貝塚) 유적과 해남 군곡리의 주거지 유적 등을 들 수 있음. ④1996년 3월 경주시 서면 사사리에서 이 시대 최고 수장임을 알 수 있는 고분군이 발견됐음.

원색(原色, primary color) : ①모든 색을 나타낼 수 있는 최소한의 색. ②다른 색의 복합으로 만들 수 없는 모든 색의 근원이 되는 색. 즉 원색을 혼합하면 어떠한 색이라도 만들 수 있는 특색을 가짐. ③하나의 색을 더 이상 분색(分色), 즉 분해시킬 수 없는 색. ④색의 1차색과 빛의 1차색은 서로 다름(가산혼합과 감산혼합 참조). ⑤⇨일차색(=).

원색의 조건(原色-條件) : ①그 색을 다른 색으로 더 이상 분해할 수 없음. ②다른 색광의 혼합에 의하여 만들 수 없음. ③이들 색을 전부 혼합하면 백색(색광의 혼합인 경우) 또는 흑색(색료의 혼합인 경우)이 됨.

원스톱쇼핑(one stop shopping) : ①소비자가 한 개의 점포 또는 상가 내에서 여러 종류의 상품을 일괄적으로 구매하는 것. ②소비자 입장에서는 상품구매를 위해 이곳저곳을 둘러봐야 하는 시간적·육체적 노력을 아낄 수 있고, 유통업체도 수요에 따라 다양한 고객들을 모으는 효과를 거둘 수 있음. ③생식품과 생활용품 등을 취급하는 슈퍼마켓에서부터 의류매장과 완구, 도서, 가전매장까지 거의 전 업종을 고루 갖추고 있는 백화점과 할인점이 대표적인 곳.

원시안(遠視眼) : 눈의 수정체의 초점거리가 너무 크거나 또는 망막에 이르는 거리가 너무 짧기 때문에 가까운 거리의 물체의 상(像)이 망막보다 안에 맺혀, 그 때문에 선명한 상이 보이지 않는 눈. 볼록렌즈로 교정. ⇨근시안(⇔).

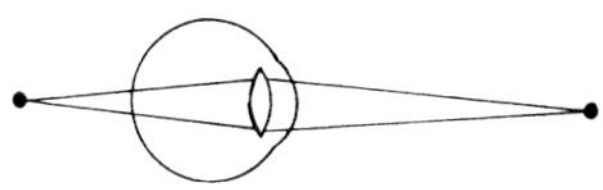

가까운 물체의 상이 망막 뒤에 맺는 원시

원시안

원심적 구조(遠心的構造, centrifugal structure) : 중심이나 그 근방에서부터 사방으로 뻗어나가는 구조선을 갖춘 방사구조의 일종.

원아우어시멘트(one hour cement) : ⇨초속경시멘트(=).

원아치(round arch) : 안둘레를 연속적으로 곡면화한 아치로서 반원아치와 같음.

원앙반닫이(鴛鴦-) : ⇨반닫이.

원앙삼층장(鴛鴦三層欌) : ①장의 한 층을 둘로 나누어 여닫이문 한쌍을 나란히 설치한 것. ②원앙장은 부부가 오래도록 해로(偕老)하라는 의미에서 혼수장으로 많이 이용. ③⇨나비삼층장.

원앙장(鴛鴦欌) : ⇨원앙삼층장(=).

원여담 : 위가 반달 모양으로 된 여담.

원용성가옥(元容星家屋) : ①강원도 문화재자료 73호, 19세기 중엽 창건, 20세기 초 중건. ②안채·사랑채·행랑채가 맞배지붕의 독특한 입면 구성의 튼ㅁ자로 배치된 이 지역의 일반적인 홑집 가옥. 높은 층고로 건넌방 부엌의 상부에 누마루형식의 다락이 설치됨. 안채는 1단의 자연석 기단 위에 대청을 중심으로 좌측에 윗방·안방·부엌이 직각으로 배치되고, 우측으로 건넌방과 부엌이 설치됨. 사랑채는 대문의 좌측에 헛간을 두고 좌측에 2칸의 사랑방을 배치한 일자형 초가건물이나 지금은 기와가 얹혀진 기와집.

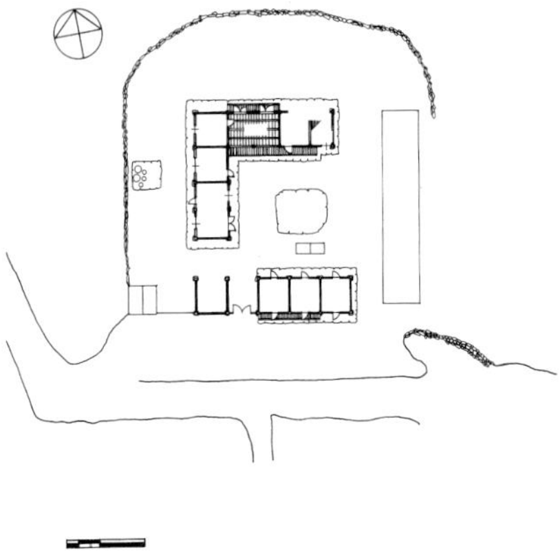

원용성가옥 배치도

원음(遠音) : ⇨머름(=).

원적외선(原赤外線) : ①적외선 중에서 가장 긴 파장을 가진 빛. 적외선은 가시광선보다 파장이 길고 투과력이 강하며 눈에 보이지 않음. 원적외선의 파장은 물분자를 구성하고 있는 수소원자와 산소원자간의 거리와 일치하기 때문에 원적외선이 물분자를 통과할 때 질량이 가벼운 수소원자를 진동시켜 물분자의 진동을 증가시키는데, 이때 열에너지가 발생함. 이 열에너지가 생명체에 새로운 힘을 제공한다는 원리가 밝혀지면서 원적외선을 이용한 상품이 대거 등장하고 있음. ②원적외선은 5.6~1,000μ 사이에 있는 파장이 매우 긴 빛으로 이 중에서도 5.6~15μ 파장대에 있는 빛이 우리 생활에 가장 유익. 이는 인체에 전혀 해가 없는 생체활동을 촉진하는 광선으로 숙성·온열·자정·건조·연수 등 다양한 작용을 하는 불가사의한 빛으로 알려짐. ③원적외선은 저온 40℃에서 피부 속 깊이 40㎜까지 침투하여 인체 세포분자를 구성하고 있는 분자를 자극하여 땀을 빼내는데 몸속의 납·카드뮴·니켈 등의 중금속은 물론 콜레스테롤·염분·유산 등을 피부 밖으로 배출시켜 주는 특징이 있어 사우나욕으로 인기가 많음.

원주(圓柱, column) : ①주두(柱頭, capital)·주신(柱身, shaft)·주초(柱礎, base)로 구성되는 원통형의 기둥. ②주신은 하나의 돌로 되거나 드럼(drum)을 조적하여 만듦. ③긴 원통형의 구조적 지지대로서 기단(base)과 주두를 가짐. ④벽에 붙어서 쓰이거나 따로 분리되어 씀. ⑤단면이 원형인 기둥. ⑥궁궐이나 사찰건축에 사용됨. ⑦분류는 원통형 기둥·배흘림기둥·민흘림기둥으로 구분. ⑧두리기둥·둥근기둥·원형기둥(=).

원죽 : 둥글게 깎은 돌란대.

원척(原尺, full size) : ①실물과 똑같은 크기로 제도(drawing)하는 것. ②척도 1/1이라고 표시. ③원치수(原値數)·현치(現値) 또는 현척(現尺)이라고도 함.

원척도(原尺圖, full size drawing) : ①실물과 똑같은 치수로 그려진 도면. ②원척의 제도도면이나 가구·철골구조물 등의 작업에 형판(形板)을 만들 때 실물 크기의 도면을 그리는 경우에 사용. ③현척도 또는 현치도라고도 함.

원청자(原請者, general contractor) : ⇨제네콘(=). ⇨원도급자(=).

원추세포(圓錐細胞, cones) : ⇨추상체(=).

원추형 시계(圓錐形視界, cone of vision) : ①선형 투시도에서 관찰자의 눈으로부터 밖으로 방사하는 시계(視界)의 영역. ②시계의 중심축과 15°~30°의 각을 형성하는 시선에 의해 규정. ③원추형 시계는 왜곡의 나타남이 없이 선형 투시도에서 그려질 수 있는 것을 결정하는 데 지표로서 작용.

원통의자(圓筒椅子, barrel chair) : ⇨곤돌라의자·터브체어(=).

원통자물쇠 : ⇨실린더자물쇠(=).

원통전(圓通殿) : 중생의 고뇌를 씻어주는 권

능이 모든 곳에 두루 통한다고 하여 붙여진 관음전(觀音殿)에 대한 다른 말.

원통조도(圓筒照度, cylinder illumination) : 스컬러 조도에 있어서 미소구면(微小球面)에 해당하는 것으로서 축이 수직인 미소원통면의 평균조도.

원통형 책상(圓筒形冊床, cylinder front desk, cylinder top desk) : ①상판 윗부분에 원통을 자른 형태의 덮개가 있는 책상. ②⇨톱데스크·롤톱 데스크(=).

원통형 책상

원형(原形, archetype, prototype) : ①이후 전개되는 양상의 모태가 되는 필수요소의 전형적 모델. ②같은 종류의 것을 복제하거나 기초로 하는 근원적인 모델 또는 패턴. 자연형태에서 많이 찾을 수 있는 것으로 원초적인 형.

원형강(圓形鋼, round steel bars) : ①봉상(棒狀)으로 압연 또는 단조된 강철로서 단면의 모양이 원형인 강재. ②봉강은 단면형에 따라 원형강, 반원형강, 각강 육각강, 팔각강 등으로 구분.

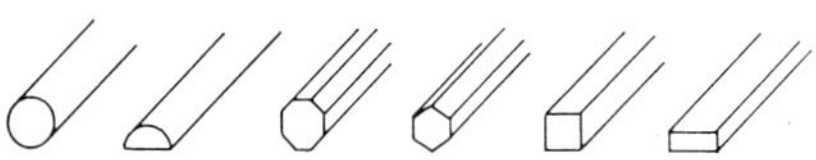

봉강의 종류 및 형상

원형경기장(圓形競技場) : ⇨아레나극장(=).

원형극장(圓形劇場, amphitheater, surround theater, arena theater) : ①층층으로 겹쳐진 좌석이 중앙의 아레나(arena)를 둘러싸고 있는 타원형 또는 원형. 고대 로마에서 검투사 경기와 맹투를 벌이는 장소로 사용. ②좌석의 중앙무대 4면 또는 그 둘레로 배열되어 있는 극장이나 콘서트홀.

원형극장

원형기둥(圓形柱) : ⇨원주(=).

원형수직몰딩(圓形垂直-, bead and butt) : 패널의 프레임에 따라 설치된 장식몰딩. 세로대를 따라 수직으로 패널의 가장자리에 장식.

원형돋을새김 : ⇨원형 양각(=).

원형양각(圓形-陽刻, medallion) : 벽이나 프리즈에 적용된 양각이 새겨진 장식판. '원형 돋을새김'이라고도 함.

원형장식(圓形裝飾, roundel decoration) : 작고 둥근 고전적인 장식. 초상이나 모티프가 내부에 디자인되거나 연속문양으로 사용. ⇨메달리온·파테라(=).

원형전시공간(圓形展示空間, roundel display space) : 고정된 축이 없어 안정된 상태에서 지각하기 어려움. 배경이 동적 관람자의 주의를 집중시키기 어렵고 위치 파악도 어려워 방향 감각을 잃어버리기 쉬움. 중앙에 핵이 되는 전시물을 중심으로 주변에 그와 관련되거나 유사한 성격의 전시물을 전시함으로써 공간이 주는 불확실성을 극복할 수 있음.

원형창(圓形窓, roundel window, circular window) : ⇨장미창.

원형철근(圓形鐵筋, round steel bar) : 표면에 리브(rib)가 없는 원형 단면을 가진 봉강(棒鋼)(KS D 3504). 이형철근(⇔).

원형파노라마(圓形-, cyclorama) : 둥근벽에 풍경이나 전쟁터 등 외부 장면의 그림 또는 사진을 붙이고 중앙부의 관람석에서 보는 사람에게 자연스러운 원근감을 주도록 구성하는 방법.

원형형광등(圓形螢光燈, circler fluorescent) : ①튜브(tube)가 둥근 환형(環形)으로 된 형광등. ②서클라인(=).

원형홀(rotunda) : ⇨로툰다.

원호(圓弧, circular arc) : 곡선의 일종으로 인내성을 많이 간직하는 힘을 가짐.

원호아치(圓弧-, segmental arch) : ⇨세그멘탈아치(=).

원화창(圓花窓, rose window) : ⇨장미창(=).

월가든(wall garden) : 돌담이나 석단(石段)에 따른 벽면을 이용하여 돌과 돌 사이에 나무를 심은 화단 뜰. 19세기말 영국에서 유행.

월계수(月桂樹, laurel) : 승리와 영광을 상징하는 장식모티프로 그리스·로마에서 이용하기 시작하여 프랑스 루이 16세 시대와 영국 조지안 시대의 실내 및 가구에 몰딩이나 프리즈에 사용.

월계수

월계수잎화환장식(月桂樹-花環裝飾) : 오목몰딩(convexed moulding)이나 토러스 몰딩을 장식하기 위해 사용되는 월계수 화환이나 꽃줄 장식의 고전적인 장식 모티프.

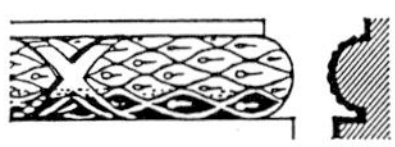
월계수잎화환장식

월너트(walnut) : ⇨월넛(=).

월넛(胡桃木, walnut, Juglans sinensis Dode[학]) : ①미국 북동부·남동부 지방 산(産)의 활엽수. ②변재는 엷은 갈색(회백색)이고 심재는 갈색으로 심변재 구분이 분명함. 연륜계(年輪界)는 불명함. 산공재(散孔材)로 연하고 가벼우며 조직은 거칠고 광택은 강함. 재질은 약간 무겁고 강인하며 결이 아름답고 광택이 있음. 공작이 쉽고 내구성이 큼. 내구성과 약제 주입성이 불량. 아교에 의한 접착성이 우수. 도장·연삭·선반세공 및 조각작업에 대한 탁월한 성질이 있음. ③비슷한 종류로는 블랙 월넛(black walnut)·서캐시언 월넛(circassian walnut)·버터 넛(butter nut)·프렌치 벌(french burl) 등. 이중 버터 넛은 나뭇결이 선명하고 시캐시언 월넛은 매우 정교한 소용돌이무늬가 있는 장식용 나무이며, 프렌치 벌은 페르시안산(産)으로 곱슬무늬가 있음. ④가구무늬목용재·가구재·실내장식재 등으로 사용. 캐비닛용으로 우수한 목재이며 격식 있고 형식적인 실내 또는 고전적인 분위기에 적합함.

월넛시대(-時代, age of walnut) : ①1710~65년경까지 월넛나무가 가구와 실내장식에 널리 사용되었던 영국의 앤 여왕시대(1689~1720). ②조지안과 치펜데일의 많은 가구도 이 나무를 사용. ③⇨마호가니 시대(=).

월대(月臺) : ①궁전 앞에 있는 섬돌. ②전각기단(=).

월디스플레이(wall display) : 벽면을 이용하여 설치하는 디스플레이를 총칭. 최근에는 대부분 벽면에 진열대가 위치하므로 벽면을 이용할 수 있는 디스플레이 면적이 줄어드는 실정임. 포스터가 대표적인 예.

월보드(wall board) : 실내공간과 벽과 천장에 시공되는 얇은 재료로 플라스터 보드나 시트록과 상호 혼용되어 사용되기도 함.

월랑(月廊) : ①대문의 양쪽에 있는 방 또는 그 집채. ②궁궐이나 공공건축물의 정전 주위에 둘러 지은 집. ③행랑·월랑·행각·회랑(=).

월문(月門) : ①솟을대문의 문인방이 반달처럼 아래 위로 둥글게 휘어져서 붙여진 이름. ②아산 외암리 송화댁의 사랑채 동쪽의 중문간과 서쪽 처마 밑의 월문, 경북 닭실마을 충재 권벌고택(청암정) 등이 실례.

월부백화점(月賦百貨店) : ①할부판매의 규정에 의한 판매를 원칙으로 하는 백화점. ②구매자로부터 받을 대금은 2개월 이상으로 3회 이상 분할·판매하는 형태.

월연정(月淵亭) : ①경상남도 유형문화재 243호, 1520년에 초창 추정, 19세기 중수. ②조선조 중종대 한림학사로서 강직한 선비였던 월연 이조(李造 : 1483~1563)가 벼슬을 버리고 고향으로 돌아와 지은 별장. 처음에는 쌍경당(雙鏡堂)과 월연대(月淵臺) 등 주 건물을 세우고, 쌍청교(雙淸橋), 영월간(迎月澗), 수조대(垂釣臺) 등의 다양한 부속건물이 있었으나 임란 때 소실되었다가 1757년 쌍경당, 1866년 월연대 및 1950년 재헌(齋軒)의 신축과 부속건물을 복원하여 전

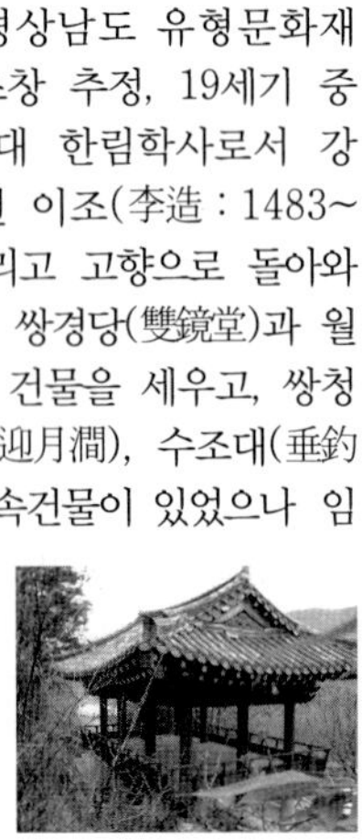
월연정

남 담양의 소쇄원과 비교됨. 쌍경당은 정면 5칸, 측면 2칸으로서 좌로부터 2칸의 대청과 2칸의 방을 두고 마지막 칸에는 전면에 온돌방과 후면에 부엌을 두어 난방시설을 설치함. 익공계 팔작집이지만 삼익공 무출목, 기둥 사이에는 원형 화반을 설치하고, 두툼하고 길게 뻗어 나온 앙서형 쇠서 위에 장식성을 높인 연꽃장식이 있음. 월연대는 정면, 측면이 모두 3칸인 정방형 평면, 사방에 마루를 두르고 중앙에 온돌방을 설치함.

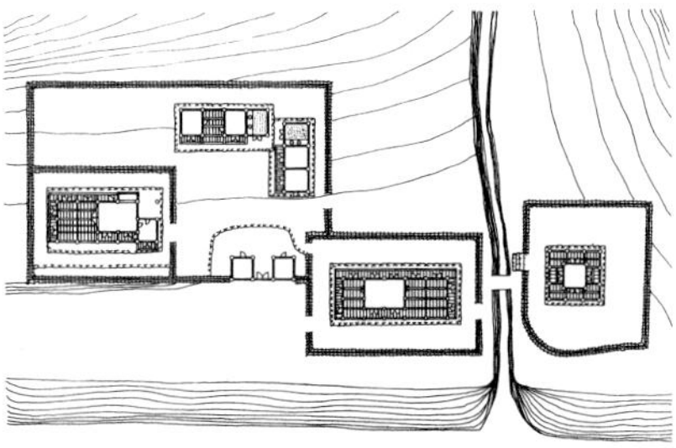

월연정 배치도

월워셔(wall washer) : ①수직면을 비추기 위해 벽면 가까이에 설치한 반사막으로 공간감을 확대시켜주고 벽을 온통 빛으로 반사시켜줌. 배플(baffle) 또는 렌즈를 갖춘 하향등(down light)을 사용. 보통 벽에서 900㎜ 떨어져 고정. 그림이나 수집품에 좀 더 가깝게, 비스듬하게 월워셔를 설치하면 그 사이에 대조되는 그림자를 드리우면서 다른 표면 위에 빛을 발함. ②주로 커튼·회화·장식장 등의 벽면을 위한 최적의 조명방식. ⇨월워싱조명기법.

월워셔

월워싱조명기법(-照明技法, wall washing lighting methods) : ①광선을 전시 벽면과 수직으로 균일하게 방사하여 그림자 현상을 방지하여 벽체의 재질감을 평탄하게 하는 조명방식. ②조명이 벽을 씻어내리는 효과. 수직면을 시각적으로 균일하게 조명함으로써 공간 내에 방향성을 유도하고 양의 부드러운 반사광이 공간 내부로 침투되어 전반조명을 보충하는 역할을 함. 실내공간에서 이 기법은 강한 빛의 홍수를 이룸으로써 극적이고 흥미있는 실내를 연출.

월자집(月字-) : ①평면형태에 의한 전통민가 유형의 하나. ②길상문자 월(月)자를 의도적으로 채택하여 평면형을 이룬 집. ③일(日)자집과 같이 양반주택에 많은 형. ④화성 정용채 집이 실례.

월투월방식(-方式, wall to wall method) : 카펫을 실 전면에 까는 방법. 바닥면이 하나의 재료로 처리되므로 넓어 보이는 효과가 있음. 카펫 밑에 펠트(felt, 不織)나 고무 스펀지를 깔면 탄력성·보온성·방음성이 더 커짐. 전면깔기(=).

월투월카펫(wall to wall carpet) : ⇨월투월방식.

월캐비닛(wall cabinet) : 부엌의 작업대 벽면에 설치되는 캐비닛.

웜커튼(warm curtain) : 난방장치가 된 것.

웝(warp) : 보통 수분함량의 변화로 유발되는 목재의 뒤틀림.

왜건궁륭(-穹窿, wagon vault) : ⇨반원통형궁륭.

웨더몰딩(weather moulding) : ⇨레이블(=).

웨버의 법칙(Weber's Law) : 자극과 감각의 일반적인 관계로서 자극량 L이 ΔL만큼 증가했을 때 감각량 S의 증분 ΔS는 $\Delta L/L$에 비례한다고 보았음. 즉 웨버상수를 비례정수로 하여 $\Delta S=\frac{\Delta L}{L}$라고 함. 이것을 웨버의 법칙(Weber's law)이라고 함.

웨버-페히너법칙(Weber-Fechner's law) : 페히너는 웨버의 법칙을 적분이 가능한 것으로 가정하고 초기값(値)으로서 감각이 생기는 최소의 자극량 L_0에 대한 감각량을 0이라 하고 $S=k\cdot\log(\frac{L}{L_0})$라고 하였음. 이것을 페히너의 법칙(Fechner's Law) 또는 웨버-페히너의 법칙이라고 함.

웨브(web) : ①H형강·판보 등의 중앙복부

(中央腹部)를 말하며, 이 부분에 있는 이 부재를 복부재(腹部材, web member)라고도 함. 또 판보 등을 충복보(充腹梁, full web girder)라고 함. ②구조형강의 플랜지 같은 넓고 평행한 두 면 사이를 평평하고 단단하게 접합하는 보의 결합부. ③리브볼트에 있어서 리브에 의해 짜여진 표면.

웨브재(-材, web member) : 트러스 상하의 현재(弦材)를 연결하는 부재.

웨브플레이트(web plate) : 판보의 웨브를 구성하는 강판.

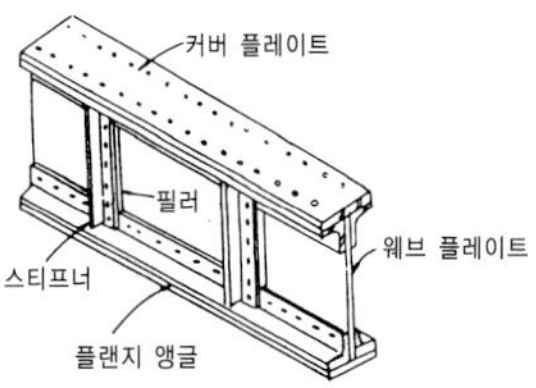

웨빙(webbing) : 직물(천)로 씌운 가구에서 스프링이나 쿠션을 받치기 위해 거친 삼베로 가로·세로 엮은 띠.

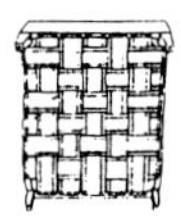
웨빙

웨빙테이프(webbing tape) : 레이스 등의 가벼운 커튼 자락에 넣은 것으로 드레이프를 아름답게 보이게 하고, 바람막이 역할의 연제품(鉛製品)이 있음.

웨스턴레드시더(western red cedar) : 침엽수의 일종이며, 수종 중 가장 대형의 나무로 진이 전혀 없고 향이 강함. 담황색이며 어느 기후에나 잘 견딤. 변재는 백색에 가깝고 상업용으로 중요시 되는 침엽수 중 가장 가벼운 중량으로 내부장식·패널링(paneling)·옥외 파티오·담 또는 싱글과 셰이크로 사용.

웨스턴스틱양식(-樣式, western stick style) : 1890~1920년대에 유행한 건축양식으로 벽을 훨씬 벗어나 완만하게 경사진 박공지붕과 돌출되어 있는 발코니가 특징. 특징적인 것은 지붕에 따라 돌출되어 있는 막대기 모양의 브래킷. 창문의 상인방(upper lintel)·난간(handrail)·빔(beam) 등이 수직기둥을 넘어 돌출되어 있음. 나무못이 이 구성요소들을 연결시키는 데 사용. 끝부분은 기둥과 빔의 모서리에서와 같이 둥글게 마무리.

웨이브(wave) : ①강판에 발생하는 결함으로 판의 귀부분 평탄성이 불량하여 물결모양을 띠는 것. ②이는 판의 테두리가 중심보다 많이 압연되어 길어졌기 때문에 생기는 것으로 열간 냉간압연, 조질압연작업, 테두리 절단 또는 도금작업 조건의 불량 등으로 인해 발생함.

웨이스트(waist) : 철근콘크리트 계단 슬래브의 최소두께.

웨이퍼(wafer) : 파티클 보드(particle board) 제조원료로 사용되는 모양이 가장 크고 넓적한 칩(chip). 이것은 웨이퍼 라이저(wafer rizer)를 이용하여 제조하는데 길이가 최소한 30㎜가 되고 두께와 폭이 일정하고 납작한 플레이크(flake).

웨이퍼보드(wafer board) : ⇨파티클보드(=). ⇨파티클보드 및 섬유판의 역사(=).

웨인라이트빌딩(Wainwright building) : ①D. 아들러(Dankmer Adler : 1844~1900)와 설리번(Louis Henry Sullivan : 1856~1924)이 설계한 세인트루이스시 7번가와 체스트넛로(路)의 북서 모퉁이에 건설(1890년 착공, 1891년 준공). ②원형 창을 중심으로 화려하게 장식된 코니스와 폭넓은 차양 및 강한 수직선과 부드러운 수평선의 조화 등이 특징.

웨인스콧(wainscot) : ①실내 벽에 나무로 줄무늬를 낸 것으로 패널을 씀. 이와 비슷한 처리법을 총칭하여 웨인스콧이라고 함. ②⇨패널등받이의자.

웨인스콧의자(-椅子, wainscot chair) : ⇨패널등받이의자(=).

웨인스콧의자

웨일(wale, breast timber, ranger, waler) : 거푸집공사나 시트 파일(seat pile), 방축널의 가장자리를 지지하는 여러 종류의 수직부재인 철골 또는 수평각재.

웨일즈궁륭(－穹窿, wales vault) : ⇨비대칭 궁륭(＝).

웨일즈왕자의 깃털장식(－王子－裝飾, prince of Wales feathers, prince of Wales plumes) : 아랫부분이 묶여 있는 3개의 타조털로 구성된 장식 모티프.

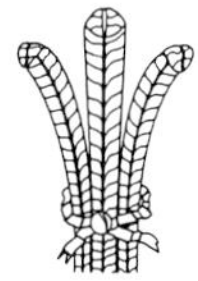
웨일즈왕자의 깃털장식

웨지우드(wedgwood) : 영국 스태퍼드셔(staffordshire)에 있는 대형 도자기 회사. 주로 유행에 맞는 신고전주의적 취향의 도자기 제품을 지속적으로 생산.

웨지우드블루(wedgwood blue) : 밝은 보라빛이 도는 청색. 고전적인 실내의 내부 벽에 장식적으로 사용된 색채.

웬지(wenge) : 열대지방에서 생산되는 흑나왕으로 주로 넓은 면에 가늘고 긴 띠(케이싱 등) 부분에 사용.

웰(well) : ①나선형 계단에서 수직으로 개방된 중앙공간. ②대형 건물의 중앙부에서 하늘로 개방된 공간.

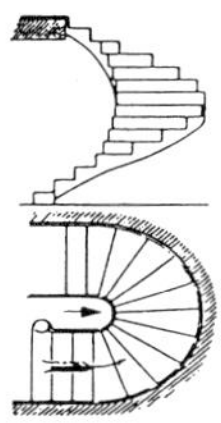
웰

웰링턴체스트(Wellington chest) : 19세기 초 영국 웰링턴(1769~1852) 장군 시기에 마호가니로 제작된 서랍장. 폭이 좁고 간결하며 날씬한 비례에 6개 이상의 서랍이 상하로 달려 있음. 중앙에는 서판이 있어 앞으로 잡아 당겨 사용.

웰링턴체스트

웰빙(well being) : 사전적 의미는 행복·안녕·복지·복리라는 뜻을 가지고 있으나, 요즘 웰빙은 바쁜 일상과 인스턴트식품·스트레스 등으로부터 건강한 육체와 정신을 추구하는 라이프스타일.

웰시드레서(welsh dresser) : 17~18세기에 영국에서 유행된 주방용 가구. 상부의 선반에는 도자기나 접시가 진열되고, 하부에는 서랍장과 칸막이가 구성. 주로 소나무로 제작되며 무광처리나 도장한 채 사용.

웰즈대성당(－大聖堂, Wells Cathedral) : 영국 남서부 웰즈에 있는 고딕식 대성당. 1170~1239년경에 건조. 초기 영국양식의 대표적인 양식. 장식 스타일의 8각형 참사회당과 성모예배당·중앙탑 등은 14세기에 증축한 것. 서(西)파사드는 폭이 넓고, 약 400개의 니치 조상으로 장식.

웰팅(welting) : 정리된 외관을 주기 위해서 겉 천과 속 사이에 재료를 넣어 메우는 작업.

웽제(Wemgé, Millettia launrentü De Wild.) : 콩고·자이레의 수종으로 레오폴드호 지방에서 주로 수출. 카메룬·가봉·콩고 국경지대가 이름있는 생산지임. 심재는 생재시 황갈색이나 시간이 경과함에 따라 암색이 됨. 변재는 흰빛을 띠며 심재와 명확히 구분됨. 목리는 거의 통직하나로 교착목리가 나오며 나무갖은 거침. 가공은 용이하나 건조에 장시간이 걸리며 건조 후 치수는 안정됨. 내구성이 양호하며 도장성은 불량. 용도는 단판·합판·건축 등에 사용.

위계(位階, hierarchy) : ①중요도에 의해 조직되고 분류된 요소들의 체계. ②중요성이나 심도에 따라 어떤 것과 다른 것을 서로 연결하거나 분류하여 구성하는 요소들의 체계.

위계환가옥(魏桂煥家屋) : ①중요민속자료 제161호, 1937년 건립, 전남 장흥군 관산읍 방촌리 476에 위치. 실학자 존재 위백규(存齋 魏伯珪 : 1727~98)의 생가. 일명 '서당골'이라고 함. ②담장 안쪽으로 석가산을 둔 연지(蓮池)가 있고, 대문간을 지나면 안채가 자리하고 안마당 좌우에 3칸의 곳간채와 존재의 서실(書室)을 배치. 안채 우측 후면으로 독특한 곡선형의 방풍판을 가진 단칸의 사당을 둠. ③안채는 정면 5칸의 규모를 갖는 두줄백이집으로 전면과 양측면으로 퇴를 둘렀으며, 후면으로는 중앙 3칸에 쪽마루를 두고, 부엌은 향 좌측 제1칸의 전면 칸에 두고 부엌의 후면에는 찬마루라 일컫는 마루방을 둠. 호지문을 통하여 안방과 연결. 기둥은 각재를 사용하고, 상부는 단장여와 보아지를 갖춘 사개맞춤으로 상부가구를 받침. 전면 창호는 모두 띠살 쌍여닫이, 부엌문은 골판문을 사용. ④서실은 한쪽은 합각을 둔 팔작지붕으로, 다른 한쪽은 맞배집으로 구성된 독특한 형식의 지붕. 합각이 있는 정면과 남쪽 마당을 향한 두 측면의 퇴는 툇마루로 구성하고 안마당쪽을 향한 나머지 한 면의 툇간에는 함실아궁이를 둠. 굵은 각주를 세우고, 기둥머리에서 장여와 도리를 보와 직각 방향으로 사개맞춤을 함. 정면으로는 1칸 반의 길이를 반분하여 가운데에 기둥을 두고 충량을 받침(팔작지붕 상부가구를 받치기 위해 기둥배열의 원칙에 벗어난 모습). 안채와 안마당에 면한 북쪽과 동쪽은 폐쇄적으로 막고, 남쪽과 서쪽의 두 면은 개방적으로 독특하게 처리함으로써 보는 시각에 따라 다양한 입면 구성과 필요와 희망에 따라 공간전개가 변화있게 구성. ⑤사당은 정면과 측면이 같은 단칸집으로 전면 일부에 툇마루를 두어 전툇집과 같은 구성을 함. 집의 규모에 비해 지나치게 큰 맞배지붕과 측면에 선암사의 측간에서와 같은 독특한 곡선형 방풍판을 달았음.

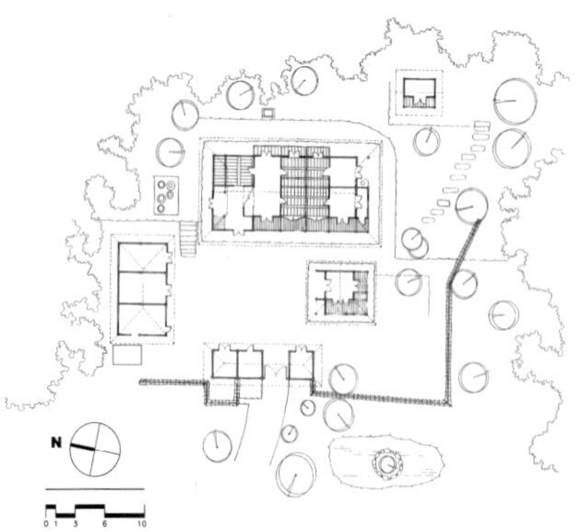

위계환가옥 배치도

위그노양식(－樣式, Hugenottenstil) : 1685년 프랑스에서 추방된 신교(新敎)의 위그노파 건축가들이 네덜란드 및 독일로 이주한 후에 지켜온 바로크의 고전주의적 양식.

위그웜(wigwam) : ①북미 인디언의 주거. 원형 또는 반원형을 따라 기둥을 세우고 나무껍질이나 짐승가죽으로 덮은 주거형태. ②캐나다와 미국 5대호 부근에서 볼 수 있는 주거형태.

위글못(wiggle nail) : ⇨파형죔쇠(＝).

위도(緯度, latitude) : 지구 위의 임의의 지점 위치를 나타내는 좌표. 적도로부터 남북으로 각거리(角距離).

위도선(緯度線, hoop line) : 회전면의 축에 수직으로 절단한 수평단면을 그리는 원형의 선.

위도선힘(緯度線－, hoop force) : 돔 구조체의 위도선을 따라 작용하는 힘. 자오선 힘에 직각. 돔은 외각(shell)에서 좁은 자오선의 면 밖으로의 운동을 제한하는 위도선 힘은 윗부분에서는 압축력이고 아랫부분에서는 인장력이 작용함.

위드(wythe) : 조적조벽 한 단위 두께의 연속적인 수직단면.

위락센터(慰樂－) : ⇨레저센터(＝).

위상(位相, phase) : ①주기운동에서 하나의 주기 중의 어떤 위치를 표시하기 위한 말 또는 집합요소의 연속상태. ②주기신호에서 한 주기를 일부분으로서 일정한 기준점으로부터 측정된 각도로 표현된 시간. 1주기를 350 또는 2π 라디안(radian)으로 표현하며, 반(半)주기는 180°, 1/4주기는 90° 등이 됨.

위생도기(衛生陶器, sanitary ware) : ①욕실이나 개수대 및 화장실에서 사용하는 요업제품으로 만들어진 기구나 용구로 목욕·세안·대소변 등에 의한 인체의 오물을 위생적으로 처리하거나 세척하기 위한 목적으로 사용. 종류는 세면기·욕조·대소변기 이외에 수건걸이·휴지걸이·비누받침·재떨이 등의 보조용구도 포함. 재료로는 내구성·청결성·미려성 등에서 도자재가 가장 적합하며, 그 외에 법랑·스테인리스 스틸·합성수지재 등도 사용. ②급배수·급탕 등의 설비에 사용한 여러 기구의 총칭.

위생설비유닛(衛生設備-) : ⇨유비알시스템(=).

위성룡가옥(魏聖龍家屋) : ①전라남도 민속자료 제6호, 사랑채(1921년 건립), 안채(1946년) 창건. 전남 장흥군 관산읍 방촌리 477에 위치. ②도로에 대하여 폐쇄적인 입면을 가지며, 대문을 지나 왼쪽으로 사랑채로 통하는 협문이 있고 이 중간 영역에서 다시 1층 높이로 올라간 사랑채의 후면에 안채가 있음. 대문간 안에 사다리꼴의 작은 마당의 절반 가까이를 안채로 오르는 계단이 차지하고 있으며, 계단 위에 다시 중문간이 있었다고 함. 대문과 사랑으로 통하는 협문과 안채로 통하는 중문간이 3면을 막아서고, 다른 한 면은 비스듬한 담장에 의하여 구획되는 매우 이채로운 공간은 계단이 공간의 주인공이 된 과정적 공간으로 규모는 작지만 집안의 각 공간을 조정하고 준비하는 전이공간. 안채는 정면 6칸의 전후퇴 겹집이나 후퇴의 칸 치수가 일반적인 툇간보다는 크고 온 칸보다는 작은 것으로 전퇴가 있는 두줄백이집과 일반적인 전후툇집의 중간쯤에 속함(내부적 기능 요구에 따라 칸 치수 조절을 한 경우). 부엌을 전면에 두고 부속공간을 후면에 둔 것은 안마당에 대한 부엌의 위상, 즉 안주인의 공간 사용 행태를 확인할 수 있는 자료. 사랑채는 정면 4칸, 측면 2칸의 두줄백이집으로 전열과 후열을 완전히 구분하여 전열에는 온돌방과 마루방, 후열에는 아궁이칸과 온돌방, 마루방을 둠. 전열과 후열의 마루방 사이에는 사분합문을 달아 필요에 따라 전체를 한 공간으로 사용할 수 있게 하고 전열과 후열의 온돌방 사이에는 호지문을 달아 구분함. 사랑채의 온돌방 전면에 한 칸 정도의 규모를 갖는 마루를 내달아 차양간을 가설함. 사랑채 마당은 방형의 연못과 중앙의 석가산, 일본식 정원이 있음.

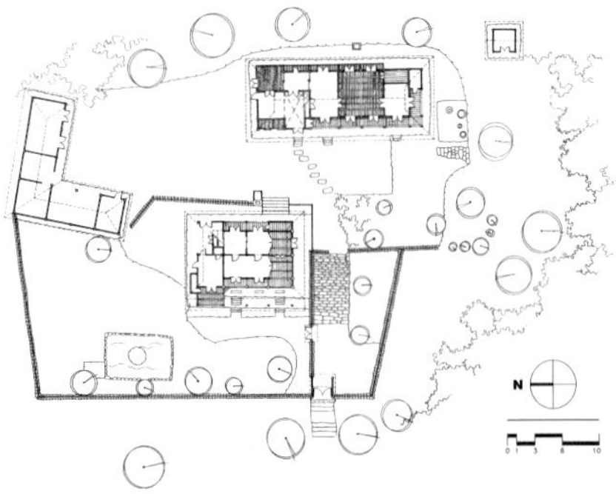

위성룡가옥 배치도

위성오피스(衛星-, satellite office) : ①몇 개의 부(部)나 과(課) 단위를 도심으로부터 교외로 이전하여 위성 오피스로서 활용하는 경우. 즉 고객관리를 주된 업무로 하는 영업 맨과 서비스 맨이 본사 또는 지사 등의 관리자가 있는 오피스로 출근하지 않고 정보처리기기를 장비하고 본사 등과 통신회선으로 연결된 위성 오피스(satellite office)에서 최소한도의 필요한 사무처리만을 하는 시스템. 일명 '리모트 오피스(remote office)'라고도 함. ②특징은 ㉠통근의 혼잡이 없음. ㉡통근시간 단축. ㉢스트레스 감소됨.

위성탁가옥(魏聖卓家屋) : ①전라남도 민속자료 제7호, 1918년(안채), 1922년(사랑채), 1930년대(곳간채·사랑채) 건립. ②대문간은 남아 있지 않으며 사랑채·안채·사당이 앞뒤로 나란히 늘어서 배치되고 직각으로 부속채를 둠. 사랑채 측면과 안채 전면에 독특한 형태의 전이공간을 둠. 담장 밖으로 석가산을 가진 연지를 둠. 사랑채 진입은 연못 앞에서 별도의 출입. 사랑채는 정면 5칸, 측면 2칸의 두줄백이집. 후면 마루방에서 안채로 바로 통하는 문을 달지 않고 측면으로 반 칸을 덧달아 안채 출입을 위한 매우 독특한 공간적 장치를 함. 사랑채 전면에 정원(화단)을 두고 우측에 세 칸의 아래채(하인숙소)를 둠. 사랑채와 안채의 연결을 위하여 중문간을 두었고, 이에 부속하여 잿간과 측간을 드린 작은 규모의 3칸집이 사랑채 좌측에 연접하여 배치. 안채는 정면 5칸의 두줄백이집으로 전후좌우에 퇴를 둘러 전체 칸수가 18칸에 이르는 매우 큰 규모의 전후툇집. 가운데 2칸의 온돌방과 나머지는 모두 고방과 대청 등의 마루방과 부엌. 부엌에 모방이 있었다고 함. 후면은 정지방으로 사용하던 곳으로 안방과는 후퇴를 통하여 연결되는 공간임. 안마당 우측과 좌측에 각각 정면 3칸의 맞배집인 광채와 곳간채가 있고 안채의 우측 뒤편에 방풍판을 두지 않은 맞배지붕의 정면, 측면 모두 단칸 사당이 있음. 정면에 두 짝의 골판문을 달았음.

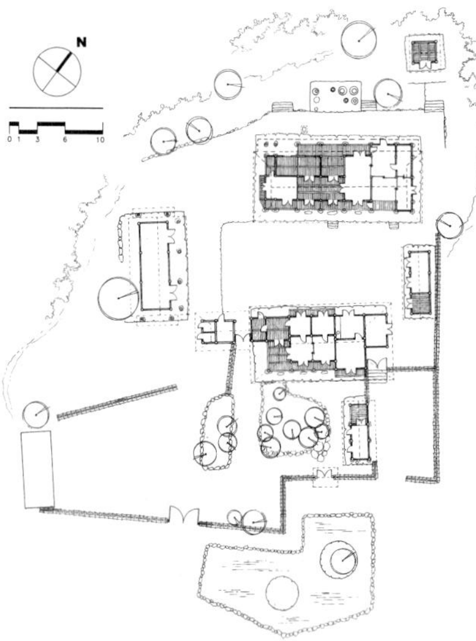

위성탁가옥 배치도

위심재(僞心材, false heartwood) : ①수목이 외부로부터 어떤 상처를 입게 되면 그 부분으로 균류(菌類)가 침입하여 기생하게 되고 마치 정상적인 심재의 모양으로 갈색 또는 다른 변색되는 경우의 심재. ②너도밤나무속·박달나무속·사시나무속 등의 수종에서 자주 관찰되지만 특히 너도밤나무에서 일반적으로 나타남. ③위심재는 주로 동심원상으로 나타나지만 불규칙한 구름모양으로 나타낼 때도 있음. ④상심재(=).

위치의 항상성(位置-恒常性) : 관찰자가 머리를 움직이거나 몸 전체를 움직일 때 대상이 망막에 맺히는 상도 함께 움직이지만, 대상 그 자체가 다른 대상들과의 관계에서 움직이는 것으로 지각되지 않는 현상.

위커(wicker) : ①등나무나 버드나무 등의 가늘고 야들야들한 가지. ②강하고 작업이 용이하며 값이 저렴하여 땋거나 엮어서 옥내외 가구, 그 외 세공품 제작에 이용. ③위커 가구는 고대 이집트, 그리스, 로마 시대부터 제작, 17, 18세기에 미국·유럽에서 일반적으로 사용되었으며 빅토리아 시대에 전성기.

위커

위클리맨션(weekly mansion) : ①1주일 단위로 임대료를 받는 주간단위 임대주택. ②단기출장을 온 사람들을 대상으로 임대하는 주택. ③비즈니스맨과 관광객이 수요고객층으로 업무밀집지역이 유망함. ④1실당 약 7평 정도면 적당.

위틀 : 현관 등에서 안으로 올라서는 목의 문얼굴.

위패(位牌) : ①제사지낼 때 죽은 사람을 대신하는 형상물. ②죽은 사람의 위(位-신위, 영혼)를 모시는 나무 패. ③신주(神主) 또는 목주(木主)라고도 함. ④위패가 없는 경우 지방(紙榜)으로 대신함. ⑤밤나무를 깎아 만들며 본신(本身)의 규격은 높이 1자(尺) 2치(寸), 너비 3치, 두께 1치 2푼(分)이며, 머리 부분의 5치 정도를 깎아서 둥글게 만듦.

위핑홀(weeping hole) : 용접부에 생기는 미세한 구멍.

윈도(window) : 고대 노르웨이어로 '바람의 눈(wind's eye)'이라는 의미를 갖는 것으로 일반적으로 창(窓)을 의미.

윈도디스플레이(window display) : ①건물 외벽의 한 부분인 윈도를 이용하여 진열된 상품으로 보행자의 흥미를 유발시키고 구매욕구를 창출하여 상점 안으로 유도하는 역할과 상점의 이미지를 표현하는 기능도 수행하는 전시나 진열. 현대 사회의 문화생활과 정보 매개체로서 도시 가로 환경 조성에 직접적인 영향을 미침. 윈도 디스플레이는 조형성·계절성·상품성에 초점을 맞추어야 하며, 보행자의 시선 유도를 위해 동적 표현을 하기도 함. ②종류는 단면형식에 따라 단층형, 단층에 중간층이 있는 형과 다층형 등이 있고, 평면형식에 따라 수평형(straight type), 각형(angled type), 아케이드형(arcaded type) 등. 형태에 따라 폐쇄형·개방형·반개방형·아일랜드형·박스형으로 구분하고, 점두를 향해서 통행인의 방향에 따라 횡형(평형)·중앙형·요철형·투시형(오픈형·배면오픈형) 등이 있음. ③평면형식에 의한 분류 : 수평형(straight type) ; 개방형·폐쇄형·반개방형의 3형태로 구분. ④종류별 특징 ㉠개방형 : 점 내의 내부가 훤히 들여다 보이도록 쇼윈도 벽면을 설치하지 않는 것으로 소규모의 상점이나 패션숍에 적합한 형. 뒤 벽면이 없어서 내부의 판매공간이 외부에서도 직접 들여다보이므로 지나가는 고객의 흥미를 쉽게 끌 수 있는 장점이 있으나 상점 내의 상품과 조명이 보는 사람의 눈을 어지럽힐 수 있음. ㉡폐쇄형 : 대형 유리 안에 벽면·천장·측면이 모두 막힌 전형적인 쇼윈도 형태. 사각박스로 되어 있어서 디스플레이 연출을 다양하게 할 수 있음. 폐쇄형은 쇼윈도의 배경을 이루는 벽면을 상점 내부와 외부가 완전 차단되도록 고정적으로 설치하는 것으로, 윈도 디스플레이 연출에 있어서 독자적 공간 사용으로 극적인 효과를 얻을 수 있음. 고객 또한 내부에 들어서면 완전히 상점 내부의 분위기에 젖게 됨. 소규모 상점에서는 1~3개의 윈도가 설치되어 있고, 백화점 같은 대형 상점은 수십 개의 윈도가 건물을 돌아가면서 설치되어 있음. 구두·화장품·일용품 등에 많이 쓰임. 바닥면은 대리석·플로어링·비닐타일 등 다양한 재료로 처리해줌. 조명은 광원을 감추거나 매다는 행잉형(hanging) 그리드(grid)나 트랙(track)을 설치하여 사용. ㉢아일랜드형 : 사방에서 볼 수 있도록 설치된 독립 윈도형으로서, 모든 방향에서 보이게 되므로 상품진열이 까다로움. 고급패션숍에서 많이 볼 수 있는데 뒷 배경이 없으므로 처리가 힘들고 핀 워크 작업도 할 수 없음. 유리면에 조명이 비추어서 눈이 부시거나 휘도가 발생하는 것을 방지해 주어야 함.

윈도블라인드(window blind) : ①창문에 설치하며 날개의 각도를 조절하여 일광·조망·시각의 차단 정도를 조절하는 기계적인 창가리개. ②커튼(curtain 또는 shade)과 다르게 외부의 조망을 방해받지 않고 실내에 들어오는 빛을 부드럽게 조절하며 날개각도로 시각적 차단을 자유로이 조절하여 프라이버시를 보장. ③변화가 심한 자연광에 의해 생기는 블라인드의 그림자는 실내공간의 분위기를 더욱 드라마틱하게 함.

윈도셰이드(window shade) : ①날개의 각도를 조절하는 것이 아니라 천으로 만든 커튼을 창에 설치하여 일광을 조절하고 어느 정도 시선을 차단하는 창가리개. ②직물 전체가 발처럼 감아서 알맞은 높이에 맞춤으로써 창을 가리는 정도에 따라 일광 및 시선을 조정. ③⇨윈도블라인드.

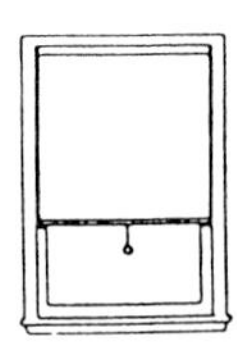
롤러 셰이드

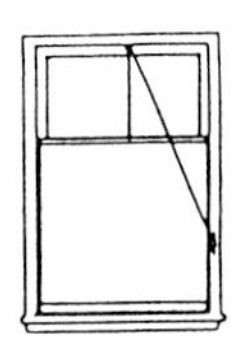
역롤러 셰이드

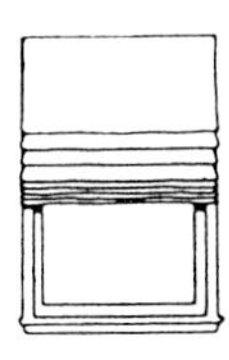
로만 셰이드

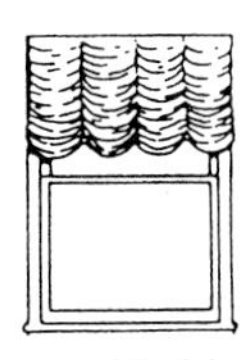
오스트리안 셰이드

윈도시트(window seat) : 창문이 후퇴된 공간에 장치된 의자.

윈도월(window wall) : ①벽면 전체를 벽체로 사용하는 창문. 어떤 창보다도 큰 조망과 보다 많은 투광량을 얻은 창. ②자연광선을 충분히 공급받아 에너지 보존 측면에서 유리하지만 빛의 축열면적이 넓어 생기는 고열처리문제와 냉난방에 의한 열손실방지 문제가 있음. ③흡열유리로 처리하거나 일조를 차단하고 실내의 온도를 보존하기 위한 일광조절방법이 강구되어야 함. ④직사광선을 받는 쪽에 창이 위치하면 차광을 연구하여 눈부심을 줄이고 여분의 열이 실내로 들어오지 않도록 창문처리함.

윈도케이스(window case) : 창문틀을 의미.

윈도피오피(window POP) : ①점두의 윈도내에 사용하기 위해 만들어진 POP. ②윈도 POP 도구가 아닌 것은 몇 개의 세트로 된 것이라도 모두 window POP이라고 할 수 있음.

윈드스쿠프(wind scoop) : 건축설계에서 많이 사용하고 있는 자연적인 기법의 하나.

윈드칠(wind chill) : 대기의 건조상태와 대류에 의한 냉각 정도, 즉 바람과 기온에 기인하는 냉각효과.

윈드칠지수(-指數, Wind Chill Index) : 1945년 A. Siple과 F. Passel이 체감기온으로 중요한 요소로 윈드칠지수를 제안함.

$$K=\sqrt{100}+10.45-V)(33-t_a)$$

여기서, K : 윈드칠지수(cal/m², hr),
V : 풍속(m/s), t_a : 기온(℃)

윈드커튼(wind curtain) : ⇨에어커튼(=).

윈슬로저택(-邸宅, Winslow house) : ①설리번(Louis Henry Sullivan : 1856~1924)으로부터 독립한 라이트(Frank Lloyd Wright : 1867~1959)가 일리노이주(州) 리버풀리스트에 세운 최초의 작품. ②처마가 길게 나온 지붕·차양 전체에 낸 창문·처마 아래의 프리즈·음영이 깊은 개구부를 심메트리로 배치한 정면 등이 특징.

윈저체어(Windsor chair) : ①1728년 영국의 윈저궁 근처 시골집에서 발견한 의자를 조지3세가 애호하여 동일한 형식구조를 갖는 궁전용으로 만들게 하여 붙여진 명칭. ②강하고 가볍고 앉은 감각도 좋고 제작도 용이함. 18세기 후반 19세기 초 미국 가구디자이너에 의해 궁극적 형태의 완성을 하였으며, 영국에서는 느릅나무로, 미국에서는 소나무로 만듦. 실용적이고 가격이 저렴하며 고전적인 분위기 때문에 오늘날 많이 사용하고 있는 실정. ③앤여왕양식(=).

여러 가지 등받이의 윈저 의자

윌리엄과 메리장식(-裝飾, William and Mary style) : ①네덜란드주(州) 장관 윌리엄 3세와 메리 여왕이 함께 영국을 집권했던 1685~1705년에 유행된 양식. ②1660년 왕정복고 시대로부터 프랑스의 바로크양식이 이입되고 명예혁명 이후에는 네덜란드의 바로크양식이 도입되어 형성된 상류계급의 저택 실내 및 가구의 유행양식. ③바로크의 세부장식이 도입되어 영국 취

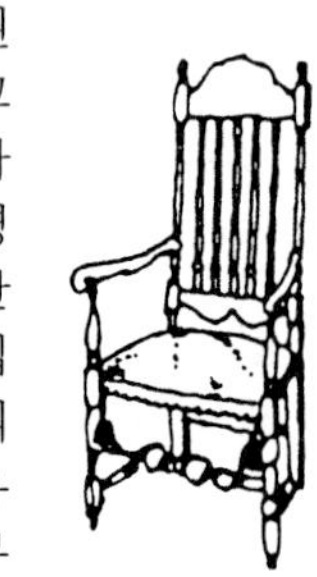

윌리엄과 메리장식

향에 맞게 응용되었고, 특히 가구 등은 네덜란드의 영향을 많이 받아 네덜란드 가구 제작자들은 후기 자코비안(Jacobean) 양식을 영국에 도입하여 가구에 있어서 근본적인 변화가 발생함. 이전시대에 빈번하게 사용되었던 가구조각이 거의 사라지고 우아하고 균형잡힌 선과 비율로 된 단순한 형태의 가구가 나타남. 따라서 가구의 형태 및 장식에 있어서 여러 특징이 나타남. ④매우 윤택이 나며 어떤 것은 도금을 하여 마치 프랑스 가구에 많이 사용되는 합금 상감처럼 보이도록 함. ⑤다양한 형태의 상감세공과 일본과 중국에서 전래한 옻칠기법이 더욱 일반화됨. ⑥재료는 주로 호두나무(walnut)를 사용. 다리는 플레미시(Flemish)의 와선형태에서 벗어나 직선적인 형태로 환원시키고 버섯 모양이나 종, 물잔을 엎어놓은 듯한 형태로 선삭가공(旋削加工)하여 가구의 발 부분에 적용. X자형 다리버팀대로 보강. 대표적인 가구는 하이보이(highboy). 17세기 말에는 프랑스 루이14세의 궁정건축가인 다니엘 마로가 정부의 신교도 탄압정책 때문에 영국에 망명하여 루이14세 양식의 실내장식과 의자 테이블·침대 등 화려한 디자인을 유행시킴. ⑦이 시대의 가구는 종종 '초기 퀸 앤(Early Queen Anne)'으로 불림.

윌턴카펫(Wilton carpet) : ①기계직 카펫의 대표적인 것으로 실용적인 카펫에서 예술적인 것까지 폭넓게 생산할 수 있고, 18세기부터 현재에 이르기까지 카펫의 주력 상품. ②바탕을 짜면서 와이어 파일을 만들기 때문에 와이어 카펫이라고 말하는데, 와이어 형태, 자카드 사용 등으로 모든 유형의 카펫을 만들 수 있음. ③기계직이지만 대량 생산되지 않으므로 별도의 생산도 가능. 와이어의 텍스처 변화와 2색이나 5색의 연속무늬 표현에 가장 적합.

윗도리 : ①오량집(도리가 다섯 겹으로 걸리는 집)의 경우 가운데에 걸리는 중도리. ②단연(짧은 서까래)이 걸림. ③아랫도리(⇔).

윗막이대(-帶, top rail) : ⇨상부틀(=).

윗문(overdoor) : 출입구 바로 윗부분에 장식적 도장(塗裝)이나 조각 또는 목각작업을 한 부분. 천장높이와 문높이의 차이에서 생기는 부분으로 오늘날에는 일반적으로 벽을 처리하거나 유리를 끼워 고정창 또는 개폐창으로 처리.

윙너트(wing nut) : ①두 개의 평평한 돌출 날개가 붙어 있어 엄지와 집게손가락으로 돌릴 수 있도록 만든 것. ②⇨나비형 너트·엄지너트(=).

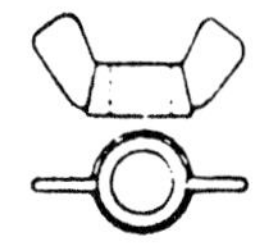
윙너트

윙체어(wing chair) : ①덮개를 댄(upholstered) 높은 등받이를 가지고 있고 그 양옆에 있는 날개에 의해 머리와 어깨 부분이 받쳐지고 보호되는 특수한 형식의 안락의자. ②17세기 후반 영국에서 고안되어 오늘날에도 현대적인 요소를 가미하여 제작·사용함. ③소매달린 의자(=).

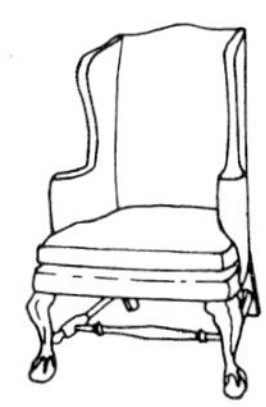
콜로니얼 윙체어

유각투시(有角透視, angular perspective) : ①물체를 둘러싼 직방체(直方體)로 대치하여 이 직방체의 밑면을 기면(旗面)과 평행하게 하고, 옆면을 화면에 경사지게 놓은 경우의 투시 투영. 소점이 두 개이므로 2소점 투시라고도 함. ②이점투시(=).

유겐트스틸(Jugendstil) : ①독일어 문화권에서 아르누보를 달리 부르는 명칭. ②'젊은 스타일' 또는 '청춘양식'이라는 독일어의 용어. ③종래의 모방적 경향에 대항하여 독일의 뮌헨과 베를린을 중심으로 활발히 전개된 아르누보를 말함. ④유겐트는 1896년부터 뮌헨(München)에서

유겐트스틸

출판된 미술잡지의 이름인 유겐트(Jugend)에서 유래. ⑤뮌헨에서는 피터 베렌스(Peter Behrence : 1868~1949)와 아우구스트 엔델(August Endel : 1871~1925) 등이 활약. 베렌스는 최초의 근대건축이라 불리는 베를린 AEG사(社)의 터빈공장(1908~09)을 설계. 엔델은 뮌헨의 엘비라 사진관(1897~98)과 베를린 번데스 극장의 장식으로 생동감 있는 풍부한 장식의 환상적인 파사드(facade)가 그의 아르누보적인 특징을 대변함. ⑥유겐트스틸은 식물적 요소와 꽃·잎 등을 형상화하여 곡선화한 것이 주요 특징.

유공벽돌(有孔壁乭, air brick) : 속이 빈 벽돌.

유공재(有孔材, porous wood) : 도관(導管)을 가지는 목재.

유공판(有孔板, perforated panel) : ①구멍을 뚫은 금속판·합판·경질섬유판 등의 판. ②강체(剛體)벽에서 띄어 부착하면 구멍 부분의 공기진동에 의해 공명흡수가 되기 때문에 주로 방음재로 사용. ③⇨천공판(=).

유공합판(有孔合板, perforated plywood) : 드릴 및 펀치로 다수의 구멍을 뚫어 흡음과 장식의 효과를 낸 합판.

유광도장(有光塗裝, gloss painting) : 재질의 표면광택을 위해 유성 페인트를 바르는 것.

유광황동(有光黃銅, polished brass) : 거울처럼 비치도록 마감처리한 황동.

유기성 안료(有機性顔料) : ①유기물을 발색성분으로 하는 안료. ②레이크 안료(lake pigment)라고도 하며 염료로부터 만들어진 안료. ③일반적으로 색상이 선명하고 입자가 가늘어 착색력이 우수하지만 값이 고가이고, 내광성·내열성이 떨어지며 유기용제에 녹는 것이 많음.

유기안료(有機顔料) : ⇨유기성 안료(=).

유기암(有機岩) : 수성암(水成岩)의 일종으로 동물·식물의 유골 등이 해저에 퇴적하여 응고된 석회암·규조토.

유기유리(有機琉璃, organic glass) : ①열경화성 수지인 메탈크릴수지. ②무색투명하고 정적강도(定積强度) 및 충격강도에 대해 강하지만 대전(待電)하여 먼지가 묻기 쉽고, 청소 등으로 상처가 생기고, 가연성인 것이 단점. ③문자판이나 간판 등에 사용됨. ④⇨메탈크릴수지(=)·아크릴수지(=).

유기재료(有機材料) : 목재·아스팔트·섬유류 등의 천연재료와 플라스틱재·도료·접착제·실링재 등 합성수지.

유기적(有機的, organic) : 살아 있는 식물이나 동물과 비슷한 불규칙한 윤곽을 가진 형태 및 형상에 속하거나 관련된 것을 의미.

유기적 건축(有機的建築, organic architecture) : ①20세기 초에 나타난 건축디자인 철학. ②건물은 그것의 기능적 요구를 만족시키는 구조와 평면을 갖고 주위의 자연환경과 조화를 이루며, 지성적으로 명쾌하고 통합된 전체를 형성해야 한다고 주장. ③이러한 작품의 형태는 종종 비정형의 윤곽을 가지며 자연에서 발견될 수 있는 형태와의 유사성을 가짐. ④건축 분야에서 대부분의 개념처럼 유기적 건축 양식 또한 다른 분야에서 차용한 개념으로 결코 통일된 이론적 기반을 가지고 있지 않음. 그러나 이에 적용된 몇 가지 이론 중 첫째로는 고대 그리스와 로마의 건축양식에 기원을 두고 르네상스 기간에 비트루비우스에 의해 더욱 발전됨. 둘째로는 디자인을 위한 유기적 생활의 응용임. 자연의 유기체에 있어서 유기체가 수행되도록 디자인된 작품의 조건에 의해 전체와 각 부분들 간의 조화로운 관계를 포함하면서 동시에 출생·성장·죽음과 같은 자연의 생성과정과 연결되어 있음. ⑤자연과 건축 사이의 유기적 관계는 이미 19세기 중반 미국의 신고전주의 조각가인 H. 그리드(Horatio Greenough : 1805~52)에 의해 표현되었음. 그는 당시 절충주의의 미적 개념을 극복하기 위해 기존의 양식이나 모델에서 탈피하여 자연의 다양한 형태로부터 기능과 형태의 조화에 대한 인식을 하고자 하는 문제에 있어서 많은 논란을 야기함. 그리드의 이론에서 일반성이 결여되어 있을 때 시카고파를 대표하는 루이스 설리번은 건물에도 이러한 원리가 실질적으로 적용 가능할 것인가라는 연구를 하기 시작했음. 따라서 자연과 건축의 유사성을 존재론적(기계적이 아니라), 기능적으로 하게 될 때 발견되어야 함. 프랭크 로이드 라이트는 "스승인 설리반의 이론을 확대·발전시켜 형태와 기능은 하나가 되어야 한다."고 주장하고 이러한 개념을 전달하기 위해 '유기적 건축'이란 용어를 사용함. 즉 모든 부분들은 각 부분들 자체의 고유의 성질을 갖고 있지만 동시에 각 부분들은 전체로부터 분리될 수 없는 것임. 이 표현은 공간구성에 관한 그의 접근방법을 인상 깊게 하는 것으로 라이트의 공간은 하나의 공간에서 다른 공간으로 넘어갈 때면 항상 그 차이점을 느끼게 하는 공간 흐름으로 됨. 오히려 공간들이 각자 구분되어 존재하면서 공간 사이에 삽입되는 작은 공간구성에 의해 연결되어 있음. 그리고 각 건물은 바로 그 대지와의 관계 속에 자연경관의 일부로 간주됨. 유기적 건축의 이념을 신봉하는 그 밖의 건축가로는 앙리 반 데 벨데(Henry van de Velde : 1863~1957), 헥토르 기마르(Hector Guimard : 1867~1942), 안토니오 가우디(Antoni Gaudi I Cornet : 1852~1926), 루이스 설리번(Louis Henry Sullivan : 1856~1924), 휴고 헤링(Hugo Häring : 1882~1972), 알바 알토(Alba Aalto : 1898~1976), 한스 샤론(Hans Scharoun : 1893~1972), 루이스 칸(Louis Kahn : 1901~74) 등이 있음.

유기적 공간(有機的空間, organic space) : 건물의 각 부분이 건물 전체의 형태와 일체로 되어 분리할 수 없는 구성으로 되어 있는 공간. 구체적으로는 그 공간을 이동하는 사람의 심리를 포착하여 공간의 연속(sequence)을 이룬 것. 대표적인 건축가는 라이트(Frank Lloyd Wright : 1867~1959)와 알토(Henrik Hugo Alvar Aalto : 1898~1976) 등.

유기적 양식(有機的樣式, organic style) : 1986년 이후에 전개된 전적으로 개인의 자유로운 표현에 의존하는 경향으로 유기적인 요소들은 형태와 기능의 통합에 의존. 그리고 건축물의 구조와 외관은 자연환경과 관련있는 형태들의 조화를 바탕으로 함. 그것은 또한 전체의 개념에 대한 개인적 요소들의 통합을 강조하며, 모든 형태는 자연 그대로의 재료를 사용하여 표현. '유기체 양식'이라고도 함.

유기적 요구(有機的要求, organic request) : 온냉·고통·갈증·배고픔·성욕 등 신체 내부의 생리적인 평형상태 변동에 그 원인을 갖는 요구.

유기적 패턴(有機的-, organic pattern) : ①프리핸드 등에 의해 묘사된 패턴. ②보다 자연에 가깝고 인간적인 체취가 있는 것이 특징. ③대조적인 것이 건축물임.

유기적 형상(有機的形象, organic shape) : 부드럽게 흐르는 곡선으로 이루어진 형상.

유기적 형태(有機的形態, organic form) : ①생명체의 성장과정에서 생긴 형태. ②성장력의 반영으로 생긴 입체적 형태. 따라서 생동감 있는 이미지가 전달. ③뼈모양·계란모양·잎모양 등이 이에 해당.

유기질침투성방수제(有機質浸透性防水劑) : ①콘크리트구체 및 모르타르·벽돌 등 흡수성을 갖는 모재에 고분자유기질의 용액을 도포하여 물의 침투를 억제하는 실리콘. ②재료는 실리콘 에이트계·실리콘계·실런트계·아크릴수지계·우레탄화합물계·유기중합물계 방수재료.

유니래치(uni latch) : 손잡이에 열쇠구멍이 있는 문걸쇠의 일종.

유니마트(unimart) : 상하·좌우 4면을 고르고, 몰드가공이나 각도 조정이 가능하며, 여러 각도면에서 몰드를 만들 수 있는 목공기계.

유니버설공간(－空間) : ⇨유니버설스페이스(＝).

유니버설디자인(universal design) : 사용자의 신체 크기나 연령 또는 신체적 장애와는 무관하게 사용될 수 있도록 안전하고 편리하게 디자인된 건물이나 실내공간 대상에 사용되는 용어.

유니버설스페이스(universal space) : ①공간의 융통성이 극대화된 공간. ②여러 가지 용도로 사용할 수 있도록 특정 기능이나 용도 및 목적을 정하지 않고 만든 공간. ③필요에 따라 적당한 크기로 구분하여 파티션을 설치할 수도 있음.

유니커브(uni curve) : 5개가 한 세트이며 여러 커브에 대응할 수 있는 곡선이 있어 가구·인테리어 요소 제도에서 많이 사용.

유니테다비타시옹아파트(Unité d'Habitation Marseille) : ⇨마르세유아파트(＝).

유닛(unit) : ①건물의 어떠한 일부분의 단위. ②일정한 치수에 의하여 공장에서 규격제품화됨. ③구성단위·구성동력부·구성장치를 뜻함. ④키친유닛·배드유닛·유닛가구 등.

유닛가구(－家具, unit furniture) : 규격화된 단일가구를 원하는 형태로 공간의 조건에 맞게 조합하여 사용할 수 있는 공간의 이용 효율이 높은 다목적용 가구. 필요에 따라 형태의 변화가 가능하므로 고정적이면서 이동적인 성격을 가짐. 단일가구의 구성에 시스템 디자인을 적용하면 환경·용도 및 사용자의 요구에 대응하여 조립·분해가 가능하므로 변화와 이동에 더욱 효과적임.

유닛교회(－敎會, Unity Church) : 라이트가 설계한 시카고시의 오크 파크(Oak Park)에 있는 초기작품 중 대표적인 걸작으로 1906년 준공. 간결하면서도 고전적인 육중한 형태미와 내부가 정사각형과 직선을 교묘하게 결합하여 만든 단일공간이면서도 기둥 모양과 고저차로 다양한 공간 기능을 형성한 수법이 특징적임.

유닛블록(unit block) : ①짧은 스트립 목재널(strip board)을 연결시켜 만든 쪽매 바닥판. ②줄맞추어 시공하기 위해 두 모서리에는 혀를 만들고 다른 두 모서리에는 홈을 파 놓았음.

유닛체어(unit chair) : 하나로만 사용할 수 있고 여러 개가 함께 사용되어 시팅 유닛(sitting unit)으로 사용이 가능한 다재다능한 모듈형 의자.

유닛프라이스(unit price) : 단품가격을 비교할 수 있도록 상품단가를 kg·g·cc 등의 단위당 가격으로 환산한 가격 표시. 상품단가와 합쳐서 표시.

유닛형 오피스(－型－, unit type office) : ①클로즈드 오피스(closed office)의 일종 중 하나. ②개인이나 집단의 작업능률을 향상시키기 위해 건축 본래의 공간적인 특성을 작업환경에 도입하여 선큰가든(sunken garden)과 같은 공간 속에서 느낄 수 있는 공간의 크기에 의한 개방감과 천창(top light)으로부터 내려오는 자연광의 시각적인 변화 및 계절감 등을 활용하여 실내에서 활동하는 인간의 오감을 자극함으로써 쾌적한 사무환경을 창출하는 타입의 오피스. 또 선큰가든을 통해 시각적으로 상하층을 연결시킴으로써 유닛(unit)의 그룹(group)화뿐만 아니라 기업 전체의 연대성을 도모할 수 있음.

유닛화(－化, unification) : 건물이나 가구의 대량생산 효과를 높이기 위해 프리패브식으로 하거나 몇 가지 부분(부재 또는 부품)을 일체화하는 시스템.

유닛히터(unit heater) : 가열장치와 송풍기로 구성된 난방장치로 가열기는 증기 또는 온수가 흐르는 가열관, 전기가열기 또는 가스연소기 등이 사용됨.

유도색(誘導色, inducing color, inducing color, induzierende farbe[독], couleur induisant[프]) : ①색채대비 또는 색채동화와 같이 시야의 어떤 영역에 있어서 자극적 효과가 주는 쪽의 색자극. ②색채대비 현상을 일으키는 근본원인으로 흑색자극을 받으면 흑색영상 주위에 흰색이, 황색의 자극을 받으면 주위에 청자색이 보임. 그 결과 흑색도형은 주위를 희게 칠하고 황색도형은 주위를 청자색으로 칠한 것처럼 보이는 광채.

유도시야(誘導視野) : 제시된 정보의 존재를 판별할 수 있는 정도의 식별 능력밖에 없지만 인간의 공간좌표 감각에 영향을 미치는 범위로 수평 30~100°, 수직 20~85° 정도임.

유도운동(誘導運動, induced movement) : 실제로는 정지해 있는 것을 움직이는 것으로 느끼거나 반대로 운동하고 있는 것을 정지해 있는 것으로 느끼는 현상. 예컨대 열차나 자동차가 줄지어 정차해 있을 때 다른 편 차가 움직이는 것인데도 불구하고 자신이 타고 있는 차가 반대방향으로 움직이는 것처럼 느낀다거나 구름이 움직이는 것인데도 달이 움직이는 것처럼 보이는 경우 등.

유동감(流動感, fluidity) : ①일정한 규칙이나 질서를 나타내지 않으면서도 마치 물이 원활하게 흐를 때와 같은 느낌. 율동감과는 다름. ②주물모래가 모형의 구석구석까지 충전되는 데 있어서의 난이도를 나타내는 말. ③유동성이 좋은 주물모래를 이용하면 그다지 세게 다지지 않아도 모형의 구석구석까지 균일하고 치밀한 표면사를 갖는 표면이 형성되어 주물의 표면결함 방지에 효과가 있음. ④유동성을 양적으로 표시하려면 주물모래 표준다지기기구를 이용하여 3회 낙하중량에 의해 표준시험편을 만들고 다음에 제4회째와 제5회째의 낙하중량에 대한 시험편의 높이를 h_4, $h_5$mm라고 했을 때, 유동성 P(%) $=100-h_4-h_5/0.254$로 나타냄.

유동성(流動性, fluidity) : ⇨유동감(=).

유동적 평면(流動的平面, fluid plan) : 실(室)과 실 사이의 구획이 거의 없이 필요에 따라 공간의 통합이 될 수 있는 개방적인 평면계획.

유동화제(流動化濟, super plasticizer) : ①분산성이 높아 된비빔 콘크리트의 소요 품질을 유지하면서도 슬럼프값이 큰 콘크리트를 얻을 수 있게 시공성(work ability)을 증대시키기 위한 혼화제. ②멜라민 술폰산염계(시멘트량의 1~1.2% 정도), 나프탈렌 술폰산염계(시멘트량의 0.5~0.79% 정도)를 사용. ③시멘트의 분산성을 크게 하여 유동성을 증대시키고 단위수량을 적게 하면서도 시공성이 큰 콘크리트를 얻을 수 있음. ④슬럼프값 변화 8㎝→21㎝→8㎝, 60분 경과시 base concrete의 성질을 회복함. ⑤공장첨가 유동화제조 방법(레미콘 공장에서 첨가시키는 방법) 또는 현장첨가 유동화제조 방법(현장타설시 레미콘 트럭에서 혼합하여 첨가하는 방법) 및 공장첨가 현장 유동화제조 방법(레미콘 공장에서 첨가하여 비벼서 현장에서 타설하는 방법)이 있음.

유동화콘크리트(流動化-) : 유동성이 개선된 콘크리트.

유량계수(流量係數, flow coefficient) : ①개구부에 바람이 침입할 경우의 유량비율을 나타낸 것. ②이론상의 유량과 실제상 유량과의 비. 개구부의 종류, 형상, 마찰 등에 의하여 다른 값을 나타내며, 예컨대 벨마우스형의 개구부에서는 거의 100%에 가까운 값을 냄. 또 유량계수 대신에 압력손실계수를 이용하여 산출하는 경우도 있음.⇨풍량계수(=).

유로거푸집(euro form) : 내수 라미네이트 합판과 경량형강으로 만드는데, 각 부위별로 적합한 사이즈의 패널과 가설재를 이용할 수 있어 거의 모든 구조물에 적용이 가능한데, 국내에서는 아파트 현장을 중심으로 사용되고 있음. 장점은 거푸집 전용횟수(200회)가 경제적임. 조립·해체작업이 간단하여 공기가 단축되고 노무절감 효과가 있음. 콘크리트의 내축압 강도가 큼. 보수수선이 거의 필요 없고 작업장 가설비계가 생략됨. 콘크리트면이 평활하여 마감이 유리. 기계적인 조립작업이므로 숙련공이 필요 없고 목재거푸집과의 혼용이 가능. 운반이동작업에 소형 크레인이나 인력만으로도 충분. 단점은 설계에 의한 가공제작을 해야 함. 현장가공이 어려움. 복잡한 구조에는 경제성이 낮음.

유로폼 : ⇨유로거푸집(=).

유리(琉璃, glass, graveur[프]) : ①비정질로 유리전이현상을 나타내는 고체의 총칭. ②규산·붕산·인산 등의 산성산화물(酸性酸化物)과 소다·석회·산화마그네슘·산화연·산화아연·산화망간·산화알루미늄·산화제이철 등 염기성산화물(鹽氣性酸化物)의 일종 또는 둘 이상을 배합하고 1,350~1,500℃의 고온으로 용융하여 이것을 서서히 냉각시켜 결정(結晶)되지 않게 고화(固化)시킨 것. ③종류는 재질에 따라 ㉠무기물질로부터 되는 무기유리 ㉡금속합금으로부터 되는 금속유리 ㉢유기고분자로부터 되는 유기유리 등이 있음. 이 중 일반적으로 유리라 함은 무기유리로 구성음성원소에 의해 산화물유리 등이 있음. ④유리의 기원은 매우 오래되며 메소포타미아·이집트에서 사용되었음이 전해짐. 일찍이 로마시대에 처음으로 창에 유리가 사용되었으며 로마의 멸망과 함께 비잔틴을 거쳐 13세기에 베네치아로 전해졌음. 16세기 이후에 판유리 및 거울·스테인드글라스가 발명되어 건축에 크게 기여하고, 판유리 제조는 19세기말에 기계화되었으며, 20세기 초에 대량생산되기 시작하여 일반인의 가정에도 널리 사용. 또한 제철기술의 발전에 따라 19세기 초에는 유리와 철골조의 혼성이 가능해졌으며 온실·갤러리·박람회 건물·파빌리온 등에 널리 사용. 한편 구조의 진보에 따라 구조적 제약으로부터 해방된 벽은 내부와 외부를 구획하는 얇은 피막(curtain wall)으로서 생각하기에 이르렀음.

용도에 의한 분류

일반적 용도	특 수 용 도	가 공 품
보통 판유리	자외선 투과 유리	거 울
마판유리	자외선 흡수 유리	안전유리
형판유리	적외선 차단 유리	합판유리
망입유리	투명 착색유리	강화유리
	불투명 착색유리	방탄유리
	유 백 유 리	복층유리

성분에 의한 분류

종 별	성분	원 료	일반성질	용 도
1. 소다석회유리 소다유리 보통유리 크라운유리	Na_2O	탄산나트륨(소다회) 또는 황산나트륨(망초) 및 목탄·코크스 등	용융하기 쉽고, 산에는 강하나 알칼리에 약함. 풍화되기 쉽고 비교적 팽창률이 크고 강도도 큼.	건축 일반 창유리 기타 병류
	CaO	탄산칼슘(석회석) 소석회		
	SiO_2	무수규산(규사·규석)		
2. 칼륨석회유리 칼륨유리 경질유리 보헤미아유리	K_2O	탄산칼슘 또는 초산칼륨(초석)	용융하기 어렵고 약품에 침식되지 않음. 일반적으로 투명도가 큼.	고급용품 이화학기구 기타 장식품, 공예품 식기 등
	CaO	탄산칼슘(석회석) 소석회		
	SiO_2	무수규산(규사·규산)		
3. 칼륨연유리 납유리 플린트유리 크리스털유리	PbO	산화연	소다유리 및 칼륨유리보다 용융하기 쉽고, 산 및 열에 약하고 가공하기 쉬움. 비중이 크고, 광산선굴절률·굴절률이 큼.	고급식기 광학용 렌즈류 모조보석 진공관용
	K_2O 또는 BaO	탄산칼륨 탄산바륨		
	SiO_2	무수규산(규사·규석·석영)		
4. 硼硅酸유리	B_2O_3	붕산·붕사	가장 용융하기 어려움(경글라스), 내산성 큼, 내열성·팽창성 작음, 전기절연성 큼.	내열용, 이화학용 내열기구 내열식기, 고주파용 및 전기 절연용 (글라스울 연료)
	CaO_2	탄산칼슘(석회석)		
	SiO	규사·규석·석영		
5. 高硅酸유리 (석영유리)	SiO_2	규사·규석·석영 또는 수정	내열성·내식성 큼. 자외선 투과성 큼.	전구, 살균용등(글라스 울 원료)
6. 물유리	Na_2SiO_2	탄산소다 무수규산(규사·규석)	물에 용해됨.	방화도료 내산도료

유리경첩(琉璃-) : ⇨유리정첩(=).

유리공사(琉璃工事, glazing work) : 유리를 사용하는 모든 공사를 총칭.

유리기와(琉璃瓦, glass roof tile) : ①유리로 만든 기와. 시공이 간단하고 강도가 있기 때문에 채광을 위한 지붕재로 사용. ②유리유약을 발라서 구운 오지기와. 청기와와 황금색 기와가 있으며, 궁전이나 사원 등에 쓰이는 고급품.

유리끼우기(琉璃-) : 프레임에 알맞게 절단한 유리를 프레임에 끼우는(맞추는) 작업. 일반적으로 프레임의 유리홈을 고려하여 프레임 안치수보다 약간 크게 함. 프레임과 유리를 고정시키는 재료에는 목제 프레임이나 철재 및 알루미늄, 기타 플라스틱 제품에 대해 일반적으로 실리콘 코킹재가 가장 많이 사용되며, 그밖에 유리고정 철물(삼각못)이나 그립(grip) 및 반죽퍼티 등이 있음.

유리면(琉璃綿, glass wool) : ①용융되어 흘러내리는 유리를 압축공기 또는 수증기 및 원심력법에 의해 짧은 섬유모양으로 만든 것. ②보온·방음·흡음·방화 등에 쓰이고 아스팔트 펠트(asphalt felt)·루핑(roofing)·시트(sheet) 등의 보강재로도 쓰이며 경질판으로 만들어 장식재·간벽·스크린(screen) 등에 쓰임.

유리문(琉璃門, glass door) : ⇨강화유리문(=).

유리벽돌(琉璃璧乭, glass brick) : ①충격에 강한 속이 채워진 유리제 벽돌. 열전도를 줄이기 위해 표면에 코팅을 하거나 내부에 특수처리함. ②유리에 망을 넣거나 착색하여 벽돌모양으로 주조한 것. 주로 채광용으로 바닥이나 벽 또는 장식용으로 사용. ③넓은 의미로는 유리블록을 포함.

유리블록(glass block) : ①벽돌모양으로 된 중공유리(中空琉璃)로 채광 및 의장성이 뛰어남. ②표면이 투명하거나 문양처리된 속이 빈 반투명 유리제 블록으로 내부를 부분 진공처리하여 반으로 나누어진 두 조각을 접합시켜 제작한 확산성 유리제품. 일반적으로 광선유리의 내부 유입이 필요한 개구부에 사용. ③글라스블록(=).

유리상자법(琉璃箱子法) : ⇨글라스박스형(=).

유리색(琉璃色) : ①관용색명으로 보라 띤 파랑. ②먼셀기호 6PB3.5/11.

유리섬유(琉璃纖維, glass fiber, fiberglass) : ①가늘고 짧은 섬유를 교차시켜 열경화성수지, 폴리에스테르수지를 결합재료로 하여 펠트모양으로 강화하기 위해 사용된 물질. ②내화성(耐火性)을 높이기 위하여 유리의 원료를 녹인 유리액을 압축공기로 비산(飛散)시켜 가는 섬유모양으로 만든 것. ③무기질이기 때문에 불연재이며, 열전도율이 작고 가는 섬유가 음에너지를 흡수하기 때문에 단열재·흡음재·전기절연재로 사용됨. 탄성이 작고 인장강도·전기절연성·내화성·흡음성·내식성·내수성·내구성 등이 우수하며 경량이고 가위로 간단히 절단할 수 있어 작업능률이 양호함. 반투명으로 성질은 가성소다나 알칼리에 약하지만 그 외에는 안정적임. 그러나 굴곡에 약한 점과 집속(集束)된 것은 모세관현상에 의하여 흡수성이 있다는 것이 결점. ④채광창이나 지붕에 사용되며 자동차 차체·소형 선박의 선체·의자나 다른 가구에도 부분적으로 사용됨. 최근에는 플라스틱 보강재로 사용되어 섬유강화 플라스틱(FRP)이 개발됐음. 이것은 플라스틱 내에서 철근 역할을 하여 플라스틱을 강하게 만듦. 항공기나 자동차·배 등의 몸체 및 탱크 파이프 건축자재 등 가벼우면서도 우수한 성질의 재료를 필요로 하는 곳에 쓰임. 그밖에 플라스틱제품의 보강용으로 쓰이고 단열재·방음재·보온재·전기절연재 등에 사용. 벽체의 보온·단열재로 많이 사용. ⑤특히 지름이 5~24μ의 필라멘트모양의 섬유를 '유리장섬유'라고 함. ⑥보통 FRP판으로 알려져 있음. ⑦에프알피(=).

유리수(遊離水, free water) : ⇨자유수(=).

유리스크린오픈형 윈도(琉璃-, glass screen open window) : 쇼윈도 전후면을 가능한 개방시켜 상점의 내부가 밖에서 보이도록 전면을 투명한 유리로 처리함으로써 도로와는 특별한 경계를 두지 않는 단층형 쇼윈도의 일종. 계절·행사 등 목적에 따라 레이아웃을 쉽게 바꿀 수 있으며 일반의류·스포츠용품·침구류·인테리어용품·백화점에 많이 적용.

유리스크린윈도(琉璃-, glass screen window) : 전면을 유리로 처리한 대형 쇼윈도. 일반적으로 바닥에서 150㎜ 정도 높이로 전면을 개방시키고 디스플레이 계획이나 디자인 의도에 따라 후면의 차단 정도가 결정되지만 폐쇄시키는 것이 일반적. 시선의 범위가 넓어 비교적 큰 상품의 진열에 적합.

유리와(琉璃瓦) : ①광주산 의안토에 황단을 넣어 구운 청기와의 다른 이름. ②시유와·청유리와(=).

유리장(琉璃欌, vitrine) : 전면과 측면이 유리로 된 진열장.

유리장

유리장섬유(琉璃長纖維, glass long wool) : ①유리섬유 중 지름이 5~24μ인 필라멘트 모양의 섬유. ②특히 수지와의 복합기재(複合基材)로서 사용되어 F.R.P.(유리섬유 강화 플라스틱) 등의 원료가 됨. ③특징은 특수강과 비슷한 인장강도를 지님. 내열성·내약품성·전기절연성이 우수함.

유리장식장(琉璃裝飾欌, cabinet vitrine) : 유리문이 달린 캐비닛. 주로 전시용으로 17세기 후반과 18세기 초 진기하고 값진 중국산 자기제품 수집이 유행되었을 때 그 전시를 위해 사용.

유리정첩(琉璃釘貼) : 정첩과 스크루 컵·캡으로 이루어져 있으며, 숨은 정첩과 기능은 동일하지만 유리문짝에만 사용.

유리커튼(琉璃-, glass curtain) : 여러 겹의 커튼이 사용되는 경우 창 또는 커튼문의 유리 바로 앞에 쳐지는 얇고 가벼운 직물의 커튼. 빛을 부드럽게 하고 확산하며 전망을 흐리게 하며 일상의 프라이버시 확보. 창의 안쪽에 내리거나 바깥쪽에 내려서 창을 몇 개라도 합쳐서 덮을 수 있음.

유리타일(琉璃-, glass tile) : ①불투명의 두꺼운 판유리를 소형으로 자른 것. ②유리로 만든 타일. 두께는 5~11㎜ 정도이고, 색은 다양하지만 전반적으로 불투명. 뒷면은 모르타르의 부착을 크게 하기 위해 요철이 있음. 물이나 화학약품을 사용하는 곳에 사용.

유리퍼티(琉璃-, glass putty) : 탄산석회($CaCO_3$)와 아마인유(油)를 4.0~5.5 : 1의 무게 비율로 혼합한 것. 부착을 좋게 하기 위해 연백(鉛白)을 1% 정도 첨가하고 건조의 촉진을 위해 송근유(松根油)나 벤진을 소량 혼합하기도 함. 주로 유리의 틈새를 고정하거나 틈새에서 물이 새는 것을 방지하는 데 사용.

유리화(琉璃化, vitreous) : 투명·견고·깨지기 쉬움·광택 또는 구멍이 거의 없는 유리를 닮게 하는 것.

유목민가구(遊牧民家具, nomadic furniture) : 조립과 분해가 용이한 휴대용 가구를 총칭. 1948년 기디온(Siegfrid Giedion, 1893~1968)의 저서인 Mechanization Takes Command에서 처음 사용한 용어.

유목성(誘目性, attractiveness) : 형태의 구성이나 배색에서 사람의 눈을 끄는 것. 개인의 기호나 관심 및 경험에 따라 좌우되지만 모든 사람에게 공통되는 시각적인 조건으로는 가시성, 즉 보기 쉬운 것이어야 함.

유미주의(唯美主義, aestheticism) : 18세기 임마누엘 칸트(Immanuel Kant : 1724~1804)에 의해 처음으로 정식화된 예술이론으로 예술철학의 입장을 고수하여 '예술은 그 자체의 입장에서 판단되어야 한다'고 주장. 이 이념은 1840년대 프랑스에서 '예술을 위한 예술(l'art pour l'art)'로 부활. 또한 19세기 후반 영국의 미학운동에서 이 개념은 그 자체의 커다란 성과를 이룸.

유방(酉方) : 정서방(正西方).

유보회랑(遊步回廊, ambulatory) : ①교회의 동쪽 끝 앱스(apse) 둘레에 위치한 반원 또는 다각형의 성당을 두루 돌아보기 위한 회랑. ②스펙트럼이나 색상환에서 어떤 색채와 이웃해 있는 색채. 예컨대 녹색과 청색, 노랑과 주황 등과 같은 관계임.

유보회랑

유비알(UBR) : ⇨유비알시스템(=).

유비알시스템(UBR system) : 화장실·욕실에 필요한 기구나 배관류 또는 이것이 부착된 바닥·벽·천장 등 일체화한 것으로 최근에 아파트·호텔 등에서 많이 사용. 공장에서 하나의 유닛으로 대량생산하여 현장에 반입·조립함으로써 현장작업을 단순화시킬 수 있지만 양산하기 때문에 획일적이고, 각 개인의 요구조건을 충분히 만족시킬 수 없는 단점이 있음. 장점은 공기의 단축·공정의 단순화·시공의 정밀도 향상·인건비 절약·재료 절약 등. 현재 설비유닛으로 개발되어 실용화되고 있는 것은 욕실·욕조·주방·세면·샤워설비 코어 컴포넌트식 패널배관 유닛 등이 있음.

유비쿼터스(ubiquitous) : ①사용자가 네트워크나 컴퓨터를 의식하지 않고 장소에 상관없이 자유롭게 네트워크에 접속할 수 있는 정보통신환경. ②1988년 미국의 사무용 복사기 제조회사인 제록스의 마크 데이비드 와이저(1952~99)가 '유비쿼터스 컴퓨팅'이라는 용어를 사용하면서 처음으로 등장하였음. ③유비쿼터스는 라틴어로 시공을 초월해 '언제 어디에나 존재한다'는 뜻. ④아직까지 일반화되어 있지 않지만 휴대성과 편의성뿐만 아니라 시간과 장소에 구애받지 않고도 네트워크에 접속할 수 있는 장점 때문에 세계적으로 개발 경쟁이 일고 있음.

유사색(類似色, analogous color) : ①색상환에서 인접한 인접색. ②색채 스펙트럼이나 색상환에서 어떤 색채와 이웃해 있는 색채. 예컨대 녹색과 청색, 노랑과 주황과 같은 관계.

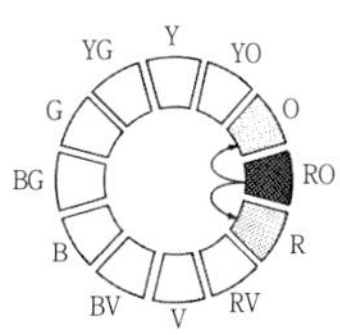

유사색

유사성(類似性, similarity) : ①내용·본질 또는 특성이 닮은 상태나 그러한 속성. ②모양이나 크기·색깔·근원이나 세부적으로 유사한 것처럼 시각적 특징이 유사한 것들을 그룹으로 인식하려는 시지각적 특징. ⇨게슈탈트사법칙.

유사성의 법칙(類似性-法則) : ①형태·규모·색채·질감 등에 있어서 유사한 시각적 요소들이 서로 연관되어 자연스럽게 그룹핑하여 하나의 패턴으로 지각하는 법칙. ②⇨동류성(≒).

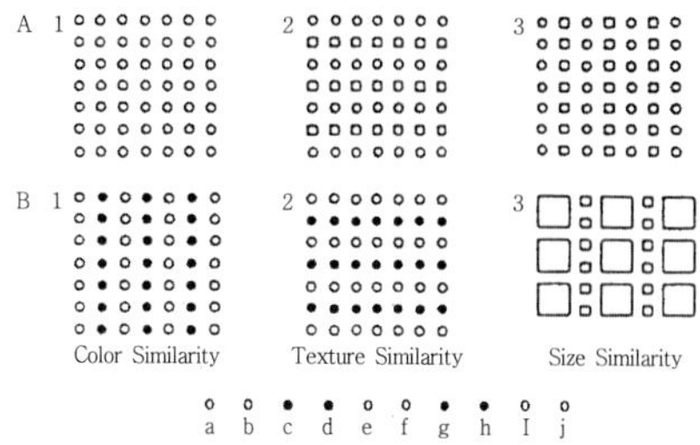

유사성의 법칙

유사이열주양식(類似二列柱樣式) : 고전 건축양식에서 기둥의 배열이 한 줄로 들어가는 일열주양식(peripteral)과 비슷하나 안쪽의 열주가 있는 양식. 따라서 건물과 열주 사이의 폭이 비교적 좁음.

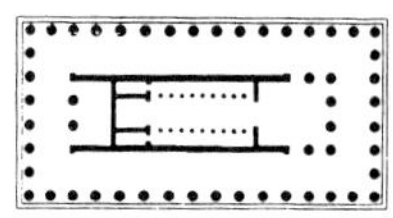

유사이열주양식

유사일열주양식(類似一列柱樣式) : 고전 건축양식에서 기둥의 배열이 두 줄로 들어가는 이중열주양식(dipteral)과 비슷하나 안쪽의 열주가 없는 양식. 따라서 건물과 열주 사이의 폭이 비교적 넓음.

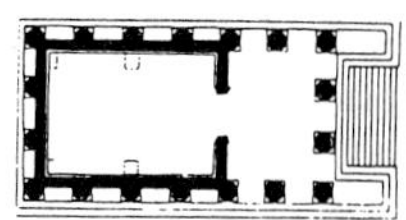

유사일열주양식

유사조화(類似調和, similarity harmony) : 형식적으로나 외형적으로 동일한 요소 조합에 의해 성립되는 조화. 개개의 요소 중에 공통성이 있으므로 온화하며, 여성적인 안정감이 있으나 도가 넘으면 단조롭게 되며 신성함을 잃음.

유산소운동(有酸素運動) : ①근육에 산소가 공급되도록 운동시간이 비교적 길고 움직이는 동안 계속 숨을 쉬는 운동. 조깅, 에어로빅, 줄넘기 등이 대표적임. ②무산소운동은 단거리달리기·역도·아령·턱걸이 등 몸이 움직이는 동안 호흡이 정지되는 운동. 유산소운동은 체내대사를 촉진시켜 지방질을 태워 없애는 효과가 있으며 운동기구가 없어도 일상생활에서 간편하게 할 수 있는 이점이 있음.

유선형(流線型) : ①1930년 미국 산업디자인을 특징짓는 양식. ②원래는 공기나 유체 저항을 최소화하기 위해 항공기나 선박에 적용되던 유체역학의 개념이었으나 마침 대량생산과 소비주의로 방향을 잡아나가던 미국의 산업디자인이 이를 채택하면서 당시 거의 모든 제품에 적용된 양식상의 관용어가 되었음. ③유선형의 양식적 기원은 이탈리아의 미래파와 1920~30년대의 아르데코(art deco)에서도 나타났는데, 유선형은 이를 대량생산제품에 적용한 것으로서 상업주의 측면에서 디자인 사상 최초의 본격적인 디자인 양식이라고 할 수 있음.

유성바니시(油性-, oil varnish) : 유용성 수지를 건성유에 가열·용해하여 이것을 휘발성 용제에 희석한 것. 무색 또는 담갈색의 투명도료로 일반적으로 목재부 도장·석고판류 등에 사용. 나뭇결을 아름답게 보이게 함. 착색하려 할 때는 미리 목재를 착색제(스테인)로 착색하거나 염료를 넣은 바니시로 마감. 염료를 넣은 바니시를 바니시스테인(varnish stain)이라고 함. 일반적으로 유성페인트보다 내후성이 작아서 옥외에는 별로 사용하지 않음.

유성방부제(油性防腐劑) : 유성 및 유용성 방부제는 방부처리 후 물에 용해되지 않으므로 습윤 장소에 적합한 방부제로 크레오소트유(cresote oil)·콜타르(coal tar)·아스팔트(asphalt)·페인트(paint) 등이 있음.

유성스테인(油性-, oil stain) : 유용성 염료(dye)를 보일유(boiled oil)·건성유(drying oil)에 용해시킨 것으로 착색에 사용.

유성코킹재(油性-材, oil caulking material) : ①유지천연수지 또는 합성수지에 충전재(탄산칼슘·석면·착색재 등) 등을 균일하게 이겨서 만든 재료. ②접합부에 밀착성이 좋고 충전 후에 표면은 유연성이 있는 담황색의 피막을 형성하면서 균열이 없으며 내부는 충전시 원상과 거의 다름 없고 접착성과 가소성을 유지함. 실(seal)재로 최초로 사용하고 최근에는 실재의 주체가 됨. ③품질은 수축률 7%, 슬럼프 3㎝ 이하, 침투너비 5㎜ 이하, 경화율 30% 이하, 그리고 내알칼리성이어야 함. ④벽체의 균열구멍 충전·익스팬션 조인트·PC콘크리트판 또는 콘크리트판 등의 접합부와 줄눈·창호틀 주위 등에 쓰임.

유성페인트(油性塗料, oil paint) : ①보일드유 등의 지방유를 전색제로 하여 여기에 안료를 가하여 만든 착색도료. 역사가 가장 오래된 도료로 지금은 합성수지에 밀려서 사용량이 많이 줄었음. ②유성방부제의 일종으로 목재에 도포(塗布)하면 피막(皮膜)을 형성하여 목재 표면을 피복(被服)하므로 방습·방부효과가 있고 착색이 자유로우므로 외관을 미화하는 효과도 겸함. ③안료+보일드유(건성유+건조제)+희석재를 조합해서 만듦. ④안료를 보일드유에 이겨서 소량의 건조제를 섞고 적당량의 미네랄 스피리트를 섞어서 점도를 조절하여 도장용 원료로 사용함. ⑤종류는 보일류 양의 다소에 따라서 견련 페인트와 조합 페인트로 구분. ⑥특징 ; ㉠도료는 건조가 빠름. ㉡도막의 팽창성이 있음. ㉢내후성이 우수함. ㉣내알칼리성이 우수함. ㉤경도가 큼. ㉥내마모성이 좋음.

유스호스텔(youth hostel) : 여행을 하는 청소년에게 제공되는 비용이 저렴한 청소년 합숙소나 기숙사 등의 숙박시설. 보통 1실의 수용인원은 20명 이내로 함.

유시엘에스표색계(-表色系, UCLS color notation system) : 표면색 색차의 균등성을 목적으로 구성된 표색계로서 3차원 좌표가 사용됨.

유시에스표색계(UCS color notation system) : ①UCS는 uniform chromaticity scale system의 약자임. ②색도점(色度點) 간의 거리가 감각적인 색의 차이에 비례하는

색도도에 기초를 둔 표색계. 그러나 현재에는 CIE가 1976년 채용한 색도도(色度圖)를 사용.

유심주(有心柱) : ①나무의 심. 곧 나이테의 가운데가 나타나도록 자른 나무. ②무심주(⇔).

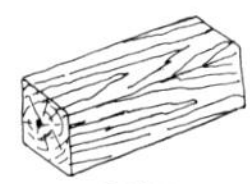

유심주

유아용 침대(幼兒用寢臺, crib, baby cot) : 굴러 떨어지지 않도록 사방을 막은 어린이용 침대.

유에이엠(U.A.M ; Union des Artistes Modernes) : 1930년대 프랑스에서 과거 양식에서 탈피하고 신고전주의와 엘리트 의식을 주장하는 현대주의자들이 현대미학을 강조하는 새로운 경향을 제시하고 건축가·장식가·조각가·광고디자이너 등이 모여 새로운 방식과 환경을 모색하기 위해 결성되어 1929년에 창설한 현대 예술가 연맹. 특히 샤호(Pierre Chareau : 1883~1950), 주르댕(Francis Jourdain : 1876~1958), 스티븐(Robert Mallet Stevens : 1886~1945) 등이 주축이 되어 여러 해 동안 전람회를 개최하여 UAM의 이념을 전파함. 회원들은 호화스런 장식에 치중하던 기존의 장식예술협회(La Sociéte des Artistes)와 대응하기 위해 새로운 산업재료를 사용하면서 현대운동의 주요원칙을 생활공간에 적용. 그 가운데 건축·실내·가구디자인 등 다방면에 활동한 샤호는 금속구조와 유리블록으로 된 '유리의 집'을 설계하였는데 이는 당시 공업화주택의 원형으로 부각되었고, 금속 튜브로 만든 가구들과 함께 외관과 실내를 일관된 디자인으로 통일.

유연성단열재(柔軟性斷熱材, filled insulation) : 벽체 내부에 부어지거나 기계에 의해 채워지는 유연성 있는 단열재.

유용성방부제(油溶性防腐劑) : ①목재 방부제의 일종. PCP(Penta-Chloro Phenol, C_2ClOH) 및 각종 유기계 방충제를 게로신(Keroene) 등의 유기용매에 용해시킨 것. ②여기에 유화제를 가하여 유제로서 사용하는 것이 좋음. ③유성방부제(≒).

유인유닛방식(誘引-方式, induction unit system) : ①중앙공급식 공기조절장치 중 덕트 및 유닛방식. ②중간규모의 실이 많은 사무실·호텔·아파트·병원 등 고층건축물에 적합한 방식. ③특징 ; ㉠각 실마다 창 밑에 유인유닛을 설치하여 덕트 면적의 절감. ㉡각 실 제어를 낮은 비용으로 할 수 있음. ㉢중앙공조기는 소형으로도 됨. ㉣운전방법이 복잡함. ㉤자동제어가 복잡함. ㉥송풍량이 적어서 외기 냉방효과가 적음. ㉦에너지가 낭비됨.

유전체(誘電體, dielectric) : 도전율이 극히 적은 전기의 부도체.

유조직(柔組織, parenchyma) : ①유세포로 구성된 조직. ②낭세포(娘細胞)의 분열에 의해 방추형 시원세포(紡錐型始原細胞)로부터 형성되는 경우와 방사조직시원세포로부터 형성되는 경우가 있음. ③양분의 저장과 분배에 관여하며, 목부에 형성되면 목부유조직, 절부(節部)에 형성되면 절부유조직이라 함.

유주 : 춘양목의 옛 이름.

유지(遺址, historic site) : 옛날의 건축물들이 남아 있는 터 또는 그 자리.

유지율(維持率, maintenance factor ; MF) : 주어진 면적에 떨어지는 초기 광량에 대한 시간이 지난 후 광량의 비율. MF는 LDD(먼지에 의한 기구 광량 감소)에 LLD(시간경과에 의한 기구 광량 감소)를 곱한 값.

유채색(有彩色, chromatic color) : ①무채색을 제외한 모든 색. 즉 검정색·회색·흰색을 제외한 모든 색. ②빨강·파랑 등의 색상을 가진 색.

유척시력(遊尺視力, vernier visual acuity) : ①하나의 수직선이 중간에서 끊겨 아랫부분이 옆으로 옮겨진 경우에 탐지할 수 있는 최소 측방 변위. ②부척시력·유표시력(=).

유체(流體, fluid) : 액체와 기체를 총칭.

유추(類推, analogy) : ①한편으로는 서로 다르지만 특정한 부분에서 유사성을 가지는 것. ②두 사물이 어떤 면에서는 특히 유사하다고 한다면, 아마도 다른 측면에서도 비슷할 것이라는 가정을 기초로 한 논리적인 추정. ③기존의 건축물이나 자연, 형태로부터 적절한 이미지를 찾아 설계하는 건축에 연관시켜 바탕으로 삼는 것. ④예컨대, 고딕-교회·가정집-호텔방 등.

유클리드공간(-空間, Euclidean space) : ①유클리드(기하학)의 정의나 규칙에 적용되는 2차원적 또는 3차원적 공간. ②데카르트의 공간(Cartesian space)이라고도 함.

유통업무단지(流通業務團地) : ⇨물류센터(=).

유통혁명(流通革命, distributive revolution) : ①대량생산·대량소비가 진전돼 상품의 유통구조·거래방식·상업관습·기업의 상태가 일신되는 것. ②슈퍼마켓·슈퍼스토어·디스카운트스토어 등 본부를 주축으로 많은 점포를 집중관리하는 방식(체인스토어 형태)의 소매업을 대규모화, 판매의 주류로 정착시킴. ③컴퓨터 보급에 의해 소비자의 욕구가 과학적으로 파악되어 소비정보가 메이커에 신속히 반영되고 가격 결정도 생산자와 판매자가 대등하게 행하며 생산유통소비의 계획화가 추진되는 것까지 포함.

유트랩(U trap) : ⇨가옥트랩(=).

유틸리티룸(utility room) : ①주택에서 기능성·효율성이 강조되는 가사 중심의 다용도실. 특히 세탁건조·다림질·수납 등의 작업을 할 수 있는 곳. 동선계획상 부엌과 가깝게 위치하는 것이 바람직함. ②병원에서는 오물처리를 중심으로 환자용 화장실 등에 인접하여 검사용 변기 선반·소독기구·청소도구·작업대 등을 설비하여 간호원의 작업을 편리하게 하고, 청결을 유지하기 위해 바닥과 벽은 수세가 잘되는 마무리로 함. ③주택에서 세탁기를 놓거나 식기·식료품 등을 저장하는 공간. ④⇨다용도실(=).

유파씨오스코프(eupatheoscope) : ①1920년 A. D. Dufton에 의해 난방 자동제어를 위해 고안. 난방기의 쾌적함은 물론 기온뿐만 아니라 벽체의 온도와의 관계가 있기 때문에 복사의 영향을 고려한 측정기기. ②직경 190㎜, 높이 560㎜의 흑색 칠을 한 구리로 만든 원추 가운데 20W(와트)의 전기열원을 장치하고 조작하여 원추의 온도를 25℃로 유지시키는 것.

유표시력(遊標視力) : ⇨유척시력(=).

유화제(乳化劑, emulsifier) : 유탁액(乳濁液, 乳劑) 속에 분산해 있는 입자에 보호막을 만들어 유화를 돕고 안정화시키는 물질을 말하며, 각종 계면활성제로 사용.

유화착시(類化錯視) : ⇨뮬러라이어착시(=).

유행색(流行色) : ⇨유행색명(=).

유행색명(流行色名, fashion color name) : ①관용색명의 일종으로 그 시대에 따라 유행했거나 또는 현재 유행하고 있는 모든 색명. ②유행색을 선정하는 국제단체인 인터컬러(Intercolor)에서는 1년 후 유행컬러를 예측함. 대표적인 유행색명으로는 알몬드(almond)·암버(amber)·애플 그린(apple green)·비제(biege)·브릭 레드(brick red)·프레임(flame)·플레시 골드(flesh gold)·마호가니(mahogany)·파스텔(pastel)·피크 블루(peack blue)·스카이 블루(sky blue) 등.

유형(有形, type) : 공통적인 특징이나 성질을 근거로 하여 그룹을 형성하는 수많은 것.

유형학(有形學, typology) : ①구조적 특성에 따른 유형들의 체계적인 분류나 연구. ②유물의 형태·색·재질에서 공통적인 속성을 연구하고 생김새. 즉 유형에 따라 비교·분류하는 학문 분야. ③형식학(=).

유형화(有形化, typisierung) : ①일반적으로 미적인 측면을 고려하여 제품들을 일정한 형태로 통일시킨 것으로, 건축을 포함한 공예품들의 유형화문제는 독일공작연맹에서 무테지우스(Hermann Mthesius : 1861~1927)가 그로피우스(Walter Gropius : 1883~1969)보다 먼저 제시. 그로피우스는 공간의 구체적인 유형화를 위해 '큰 상자'를 제안함. 이것은 2층 높이의 입체에 거실을 공간축으로 하여 현관·안방·식당 및 설비공간을 배치하고, 또다시 2개 침실을 갖춘 L자형의 입체를 결합한 최소한의 면적을 가진 주택 모델안임. 이러한 기본 형태는 부수적인 형태를 연결함으로써 더 넓은 공간으로 사용할 수 있도록 자유롭게 계획됨. 이렇게 기하학적 단순형들이 모여 전체공간을 형성하는 그로피우스의 상자 시스템은 주택을 기계로 제작할 수 있게 설계되어 프리패브리케이션(prefabrication) 양상을 초래함에 따라 당시 주택설계 분야에서 새롭게 받아들여짐. ②결과적으로 그로피우스의 상자 시스템은 유형화된 다양한 단위형태 구성법으로 개성적인 조형작품을 만들 수 있어 예술적인 욕구를 만족시켰고 계속되는 형태의 유형화 실험은 1923년 바우하우스 전시회에서도 소개됨.

유화착시(類化錯視, assimilation optical illusion) : ①같은 길이의 양 직선이 각기 양단의 사선을 포함한 전체 도형의 대소에 응하여 크거나 또는 작게 보임. 즉 도형 전체에 유화(類化, grouping)하여 지각되기 때문에 붙여진 뮬러-라이어(Müller-Lyer)의 착시를 말함. ②뮬러-라이어도형 착시·뮬러-라이어착시(=).

유회당(有懷堂) : ①대전광역시 유형문화재 6호, 1707년(숙종33년) 창건. ②정면 4칸, 측면 2칸으로 전면과 양측면에 툇간을 두고 마루를 깔음. 팔작지붕에 무고주 오량집 구조. 전체가 8칸 집으로 가운데 4칸은 대청마루, 좌우측의 각 2칸씩은 온돌방을 둠. 양측의 온돌방 전면의 툇마루 아래에 아궁이 함실 설치. 기둥 위에는 창방을 얹었는데 초각 없는 양봉과 함께 대들보를 사개맞춤으로 끼움. 대청 앞쪽 2칸에는 창방과 주심도리 사이에 각각 3개씩의 소로를 끼움. 주심도리는 사각형의 납도리를 쓴 반면 중도리와 종도리는 원형의 굴도리를 사용. 대들보 위에는 중보를 올리고 판대공을 세워 장여와 함께 종도리를 받치게 함. 대청마루는 우물마루이고 천장은 연등천장. 온돌방의 천장은 낮게 하여 회바름 마감. 대청의 앞쪽 2칸은 사분합 띠살문으로 하고 그 외문은 분합문이며, 모든 창호의 모양은 띠살문임. 유회당 뒤편에 1715년에 지은 삼근정사(三近精舍)가 있음. ㄱ자형 평면의 매우 작은 건물로 가운데 방을 배치하고 양쪽 좌우에 마루를 깔음. 유회당 뒤편에 정면 3칸, 측면 2칸의 조그만 장판각이 있고, 유회당과 담을 사이에 두고 서측에 ㄱ자형 평면의 본채와 정면 2칸의 문간채와 가운데에 대청을 두고 양쪽에 온돌방과 부엌을 배치한 기궁재(奇窮齋)가 있음.

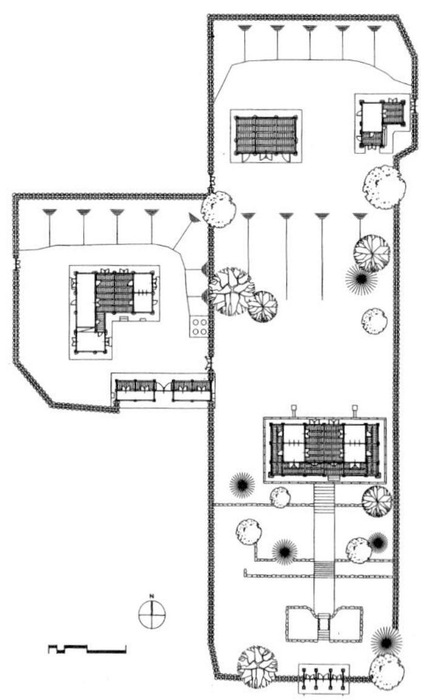

유효간사이(有效間-, effective span) : ⇨유효스팬(=).

유효길이(有效-, effective length) : 고정단보 및 연속보 스팬에서의 반곡점간 거리. 단순지지보의 실제 길이와 동일.

유효너비(有效-, effective flange width) : T형 철근콘크리트 보 및 벽에 붙은 기둥 등에서 보·기둥과 일체가 되어 휨력에 저항하는 판상(板狀) 부분을 포함한 너비.

유효높이(有效-, effective depth) : 철근콘크리트 부재의 단면에서 압축콘크리트 끝면에서 인장철근 중심까지의 거리.

유효단면적(有效斷面積, effective section area) : 부재의 단면을 설계할 때 유효하게 작용하는 단면적.

유효면적(有效面積, effective area) : 특정 목적에 대해 실질적으로 유효하게 사용되는 실질면적. 예컨대 채광 유효면적 또는 임대 가능한 면적 등.

유효복사(有效輻射) : 지면복사와 대기복사의 차이.

유효복사온도(有效輻射溫度) : 글로브온도(GT[℃])와 기온 DBT*[℃]와의 차이.

유효스팬(有效-, effective span) : 간사이를 이루고 있는 수직구조물의 중심간격.

유효시야(有效視野) : 안구운동만으로 정보를 주시하고 순간적으로 특정정보를 수용할 수 있는 범위로서 좌우 15°, 상부 약 8°, 하부 약 12° 이내.

유효에너지(有效-, useful energy) : 주어진 일을 수행하기 위해 필요한 에너지.

유효온도(有效溫度, effective temperature ; ET) : ①주변온도·상대습도·공기기류 상태에 따라 인체의 감각으로 따뜻하거나 차갑게 느껴지는 복합적인 효과가 나타나는 온도. ②온도(흑구온도)·상대습도·기류 3요소의 온냉열 감각에 미치는 영향을 총합하여 온도척도를 나타낸 것으로 피험자를 사용한 실험에 의해 통계적으로 구한 쾌적지표. ③기류가 거의 없고 습도는 포화상태인 상대습도 100% 상태를 기준으로 할 때의 값. ④동일한 감각상태를 유발하는 정체상태의 공기기류와 50%의 상대습도에서의 건구온도는 같음. ⑤⇨실감온도(=).

유효온도도표(有效溫度圖表, effective temperature chart) : 유효온도를 도표로 나타낸 것. 습구온도 및 건구온도를 도표의 세로선에 나타내고, 풍속을 나타내는 선과의 교차점에서 가로선의 눈금을 읽어 유효온도를 구함.

유효진열높이(有效陳列-) : 고객이 상품을 구매하기 쉬운 높이의 범위. 실질적인 유효진열높이는 600~2,100㎜나 실제 손이 닿는 범위는 1,800~1,900㎜ 이하.

유효춤(有效-, effective depth) : 콘크리트 단면에서 압축면으로부터 인장철근의 중심까지 거리.

유효흡수율(有效吸水率) : 기건상태의 골재가 표건상태의 골재로 될 때까지 흡수되는 물의 양을 절건중량으로 나눈 값의 백분율.

유흥적 식당(遊興的食堂, merry-making restaurant) : 레스토랑 중 성격에 따른 분류의 하나로 상담·공용·연회 등에 이용되는 음식점으로 요정·고급 레스토랑 등이 이에 속함.

유희실(遊戱室, play room) : ⇨플레이룸(=).

육각강(六角鋼, hexagonal bars) : ①봉상으로 압연 또는 단조된 강철로서 단면의 모양이 육각형인 강재. ②직경 14~48㎜짜리 소형이 많음. 대변거리의 ㎜로 치수를 표시함. ③너트재로 사용되지만 수요량은 극히 적음.

육각머리(六角-, hex head) : 렌치로 돌리도록 육각형으로 만들어진 볼트 또는 나사못머리.

육각형(六角形, hexagon) : ①6개의 변과 6개의 각으로 된 다각형. ②공간적으로 확장될 수 없고 다양한 공간의 요구를 수용할 수 없으며, 일조와 환기에도 극히 제한된 한계만을 제공하는 디자인적인 결점이 있음. ③라이트(F. L. Wright)를 비롯한 일부 건축가들은 전체 건물 및 그 내부의 모든 가구계획에 있어 6각형을 주제로 사용. 그 밖에 눈송이·벌집·타일·보도블록 등에서 찾아 볼 수 있음.

육각홈머리(六角-, allen head) : ⇨알렌헤드(=).

육모지붕(六-) : ①지붕형식의 일종. ②다각형지붕의 하나. ③육각형으로 된 지붕.

육모지붕

육송(陸松) : ①소나무의 한 종류. ②흔히 보는 큰 소나무.

육주식(六柱式) : ⇨헥사스타일.

윤곽선(輪郭線, out line) : 둘레의 테두리 선

으로 도형과 바탕의 경계선으로 그 내부를 도형으로 만들어주며, 또한 외부와 도형을 구분함. 즉 윤곽선은 도형과 바탕의 경계선이지만 바탕에 속하지 않고 도형에 속함. 루빈의 항아리 그림에서 옆얼굴의 경계선은 양쪽에 속해 있으나 반전되어 보이므로 역시 일면성을 잃지 않고 있음.

윤두서고택(尹斗緖古宅) : ①중요민속자료 제232호, 영조6년(1730), 고종8년(1871) 중수. ②현재 ㄷ자형의 안채와 아래채, 곳간채, 사당 등의 건물과 담장 일부가 남아 있는데, 과거에는 사랑채와 대문간 및 행랑채 등의 건물이 더 있었다고 함. 전남지역에서 ㄷ자형 평면형태는 해남의 녹우당과 구례의 운조루 등에 불과하며, 여러 면에서 녹우당의 안채와 비교됨. 1730년 녹우당을 모델로 삼아 건축된 집으로 추정됨. ③사당은 원래 단칸이었으나 박공부분에 부엌과 마루를 증축한 것으로 추정됨.

윤보선가옥(尹潽善家) : ①서울특별시 민속자료 제27호(1978년 지정). 서울특별시 종로구 안국동 8-1 소재. 1890년대 건립 추정. ②안국동 윤보선가옥은 넓은 대지에 안채·사랑채·별당·소슬대문간채·부속채·광채 등 여러 채의 건물들이 제각기 축들을 형성하면서 배치되어 있는 큰집. 크게 안채·사랑채·별당으로 구분됨. 집을 너무 크게 지어 고종의 질책을 받았다는 말이 구전됨. 이 집은 철종의 부마인 박영효(朴泳孝, 1861~1939)가 살기도 하였음. 안채는 평면 형태가 많이 변하여 확실한 원형을 알 수 없지만, 4칸 굽은 자 모양을 기본으로 하고, 건넌방 앞쪽에는 대청·큰방·누마루를 두었음. 사랑채는 연못을 꾸민 정원을 두고 집의 남쪽 부지에 남쪽을 향하여 배치되어 있음. 잔디를 심고 정원을 잘 꾸몄는데, 이것은 일본식과 서양식의 영향을 받은 흔적으로 보임. 행랑채는 사랑채 뒤 정원의 서쪽 담에 붙여지었는데, 중앙에 대문을 두고 옆으로 출입하는 현관이 있음. 별당채는 안채의 서쪽에 담장을 둘러서 따로 '一'자형으로 만들었고, 2칸 크기의 큰방을 동쪽에 두고 그 옆에 건넌방을 두었음. 안채·사랑채·별당채가 각각 별도의 담장으로 둘러져 있고, 각 건물의 앞에는 대한제국 말에 유행했던 차양(遮陽)이 깊숙이 그늘을 이루고 있는 것도 인상적임.

윤보선생가(尹潽善生家) : ①중요민속자료 196호, 1907년 창건. ②사랑채·안채·문간채·부속채가 파(巴)자 모양으로 구성. 안채 후면의 낮은 구릉은 화계(花階)로 처리. 문간채와 행랑채는 측면으로 익랑이 이어져 ㅋ자 모양이 됨. ③사랑채는 정면 6칸, 측면 2칸의 겹처마 팔작지붕. 평면은 가운데 대청마루를 두고 좌우에 온돌방을 둠. 전면 열의 반 칸은 마루를 길게 두어 대청과 이어지게 하였으며, 서측 한 칸 통에는 마루방을 두고 그 후면에 방을 내달아 평면이 ㄴ자 모양이 됨. 대청과 마루방 바닥은 모두 쪽마루를 깔음. 사랑채 전면은 모두 유리창문. 기단은 잘 가공된 장대석 두벌대로 만들고 방추형 초석에 방주를 세움. 기둥 모서리에는 쇠시리 모양으로 냈고 기둥머리에는 주두를 놓고 운공형 무익공을 끼움. 보머리와 운공에는 당초문양을 조각하여 매우 장식적임. ④안채는 ㄱ자 평면으로 가운데 안대청을 중심으로 좌우에 안방과 건넌방을 배치. 양측면에는 각각 부엌을 둠. 전면 열에는 툇마루를 설치. 안대청 마루는 우물마루를 깔음. 문간채는 정면 8칸, 측면 7칸 ㄱ자 평면. 전면 가운데에 솟을대문을 두고 그 좌우에 창고·문간방·부엌 등을 배치. 맞걸이 3량집구조로 외부의 하방벽에는 벽돌을 사용. 행랑채는 정면 6칸, 서측 6칸으로 가운데에 중문을 두고 나머지는 행랑방·마루방·곳간을 둠. 부속건물인 문간채와 행랑채는 각각 별도로 두어 그 기능을 분리. 안마당 구조는 ㄱ자 안채와 ㄴ자 행랑채가 안마당을 중심으로 놓여 튼ㅁ자 집을 만듦. 조선 후기의 장식적인 특징과 기호지방 반가(班家)의 특징을 잘 표현하고 있음.

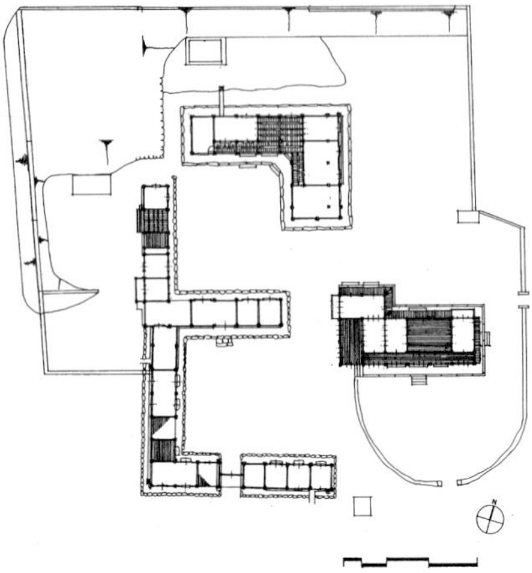

윤보선생가 배치도

윤증고택(尹拯古宅) : ①중요민속자료 190호, 18세기초 창건. ②조선 숙종대의 성리학자인 명재(明齋) 윤증(尹拯)의 말년에 지은 고택. ③배치는 사랑채·안채·문간채·사당·광으로 구성. 고택 앞에 연못이 있음. 사랑채는 동쪽에 치우쳐 배치, 좌우대칭적인 팔작지붕. 사랑채 주변에는 담을 두지 않아 가옥 전체가 개방된 분위기를 줌. 사랑채 가운데에 사랑방을 두고 3면에 마루를 배치. 서측의 마룻바닥을 높이 들어올려 하부에 아궁이 함실을 둠. 높은 축단 위에 정면 4칸, 측면 2칸으로 동측에 대청, 가운데 2칸에는 사랑방, 높은 누마루와 사랑부엌이 배치되고 문간채 가까이 방 2칸을 연결. 사랑채 전면의 칸수를 홀수로 하여 안정감 있는 비례조정. 몸채는 좌우를 비대칭으로 만들어 엄격함을 순화시킴. 안채는 대청을 크게 하여 안마당이 개방되고 밝은 느낌을 줌. 서쪽 익랑에는 안방을 가운데에 두고 윗방과 부엌을 배치하였으며, 평면은 앞뒤로 툇간을 두고 툇마루를 설치함. 동익랑에는 건넌방과 부엌을 배치 앞마당쪽으로 앞퇴를 두어 안대청과 연결하고 부엌 상부는 모두 누다락을 설치. 안채는 양통집과 같이 맞보로 이어진 3평주3량가, 대청 중앙은 긴보로 오량가로 구성. 막돌 허튼층쌓기 기단과 덤벙주초 위에 방주. 사랑채는 1고주오량가. 방형의 높은 초석과 장대석 축대, 댓돌 사용이 고급스러움. 2칸을 꺾음 대문간으로 사용한 중문채는 맞걸이 5칸으로 모임지붕. 안채 서쪽에 있는 광채는 정면 4칸, 측면 2칸의 박공지붕이고 구조는 안채와 같은 3량집. 특징은 호서지방의 반가에서 흔히 볼 수 있는 별당을 생략한 대신 사랑채 공간을 크게 하여 별당 기능을 수용함. 고택 앞에 연못과 섬을 만들어 신선사상을 표현하고 있음.

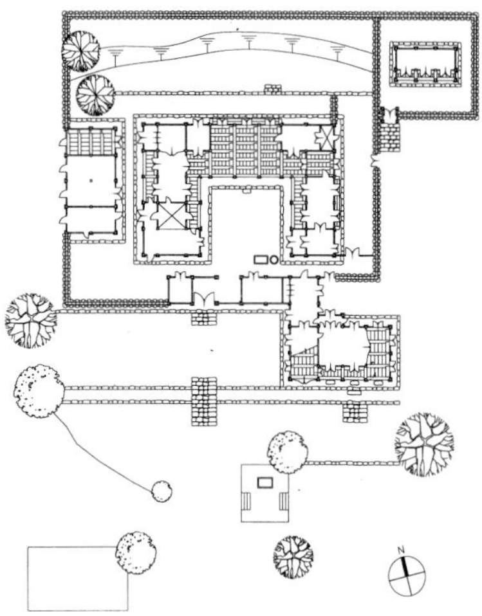

윤증고택 배치도

윤탁가옥(海南 尹鐸家屋) : ①중요민속자료 제153호, 1906년 안채, 1912년 대문간채, 1914년 별당채, 1943년 중문간채 창건. ②경사가 급한 집 전체를 세 개의 단으로 구획하여 각각 대문간채, 사랑채, 안채와 별당채를 한 단으로 둠. 이에 따라 각각 행랑마당, 사랑마당, 안마당을 조성한 독특한 배치기법임. 대문간채는 긴 변의 중앙에 솟을대문을 두고 그 좌우로 행랑과 곳간을 둠. 사랑채는 단이 높아 중간에 단을 구분하여 화단을 만듦. 정면 7칸의 일자집으로 전후면에 툇간을 둔 전후툇집. 전면 칸은 온돌방, 후면칸은 마루방으로 사용하는 겹집. 지붕은 우진각지붕. 길이방향으로 두 칸씩 3등분하여 각각 안방, 마루, 건넌방을 둠. 부엌을 별도로 두지 않은 점이 특이함. 사랑채 뒤로 ㄱ자형 안채와 ㄱ자형의 작은 돌출부를 가진 별당채가 안마당을 에워싸는 형식임. 안채는 전면에만 퇴를 둔 전툇집이고 돌출부는 전·후면으로 모두 퇴를 두고, 특히 후퇴는 처마 끝선까지 확장하여 폭이 두 칸 이상의 규모를 갖는 전·후툇집. 두 날개가 만나는 꺾임부는 마루를 깔아 고방으로 사용(녹우당의 영향). 별당채는 몸채가 정면 4칸의 전툇집으로 각각 큰방과 대청 2칸, 그리고 건넌방으로 사용.

윤활제(潤滑劑, lubricant) : ①냉간 인발에서 사용되는 다이스의 마모방지제. 인발시 다이스의 압력 및 발열에 의해 능력이 감퇴되지 않고 인발력이 작으며 작업이 용이할 것 등의 성질이 요구됨. ②일반적으로 금속비누 또는 식물성유나 광유에 여러 가지 첨가제를 가한 것을 사용하고 있음.

윤황고택(尹煌古宅) : ①충청남도 민속자료 8호. 1730년(영조6) 창건. 숙종대 소론의 거두였던 명재 윤증의 조부이자 윤선거의 부인 윤황의 집. ②배치는 전면에 一자형 사랑채와 후면에 크게 담을 두르고 ㄱ자형 안채·광채 및 사당을 둠. 사랑채 전면은 담을 두지 않고 트여 개방된 공간구조인 반면, 안채는 주변을 담으로 둘러 공간을 폐쇄. 사랑채는 정면 7칸, 측면 3칸의 홑처마 팔작지붕. 가운데 대청에 좌우 온돌방을 둠. 사괴석 세벌 대 기단과 혼용한 방형초석과 덤벙주초 위에 방주를 세움. 안채는 가운데에 대청을 두고 좌우에 안방과 건넌방을 두었으며, 동쪽의 건넌방에 아궁이 함실을 둠. 사괴석 두벌대로 기단을 만들고 덤벙주초를 놓은 다음 방주를 세움. 무고주오량집 구조에종량 위에는 사다리모양의 판대공을 광채는 우진각지붕으로 정면 5칸, 측면 1칸 세우고 종도리를 받치도록 함. 자연석, 외벌대, 기단에 덤벙주초를 쓰고 방주를 세움. 넓은 안마당에는 화계(花階)를 만들고 사당을 배치.

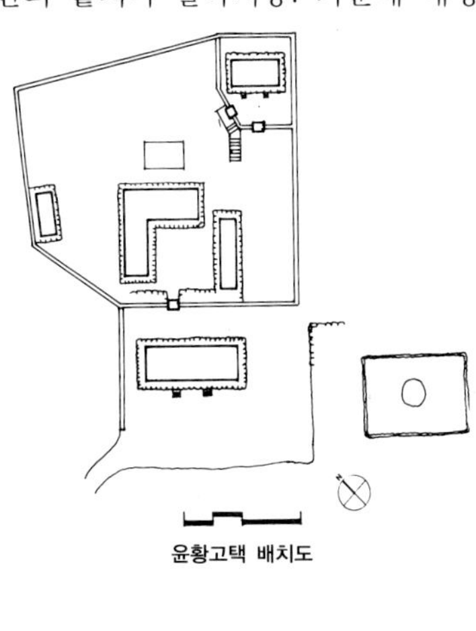

윤황고택 배치도

율곡사대웅전(栗谷寺大雄殿) : ①보물 374호, 신라시대, 17세기 중건, 경남 사청군 신등면 율현리 1034에 위치. ②가구의 조립에 못을 전혀 사용하지 않아 목침절이라고도 함. 정면 3칸, 측면 3칸으로 정면 기둥 간격이 매우 넓어 장방형 평면을 이룸. 정면 기둥간격은 협간도 11척이 넘어 3칸 건물 치고는 비교적 큰 규모의 건물임. 어간에는 꽃살로 장식한 네 짝의 분합문을 두고 협간에는 세 짝의 분합문을 두어 중심의 차별성을 둠. 다포계 팔작집으로 창방과 평방을 놓고 그 위에 기둥 사이마다 2구씩의 공간포를 두어 내외3출목을 받쳤으며, 귀포에 귀한대를 가진 전각포를 사용. 제공살미에 쇠서를 두지 않고 내외단을 모두 교두형으로 처리한 포작형식으로 하앙이나 쇠서(가앙)를 사용하지 않았다는 의미로 무앙계 공포형식이라고도 함(주로 영남지역에만 나타남). 내부공간의 구조와 포작은 고졸(古拙)한 수법이며 충량(衝樑)이 없음. 대들보 위에 정(井)자형 평방을 짜 올리고 그 위로 내부공포를 다시 배열하여 지붕하중을 부담함. 내부에서는 공포대가 2층으로 배열되어 내부공간의 장식성이 탁월함. 화려한 초각은 없으나 품위와 장식성을 두루 갖추고 기교나 꾸밈없이 격식의 순수성만으로 우아함을 추구함.

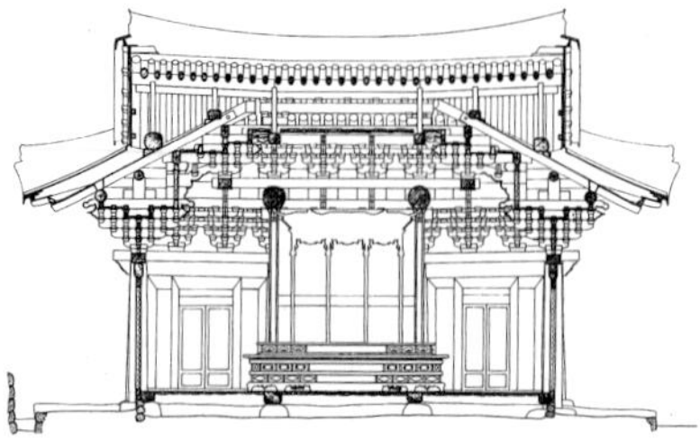

율곡사대웅전 정면도

율동감(律動感, rhythmical image) : 조형요소가 일정기준에 따라 질서 있게 규칙적으로 반복될 때 생기는 동적인 느낌.

융통성(融通性, flexibility, adaptability, elasticity) : ①주어진 조건에서 그때그때의 상황과 형편에 따라 일을 처리하거나 적절하게 처리하는 '실질적 선택' 또는 '실천능력' 그 자체를 의미함. ②일반적으로 형태를 손상시키지 않고 변화에 적응하는 능력과 변화에 적응할 수 있는 능력 모두를 의미하는 개념. ③윌리엄 페너(William Peña)는 그의 저서인 「Problem Seeking(1987)」에서 확장성(expansibility ; 건물의 확장을 통해 어느 정도의 성장을 수용할 수 있는 것)·전환성(convertibility ; 공간의 전환을 통해 기능의 변화를 수용할 수 있는 것)·다기능성(versatility ; 다기능 공간을 통해 가장 경제적으로 건물을 활용할 수 있도록 하는 것) 모두를 포함하고 있다고 함. ④다양성(variability)과 적응성(adaptability)의 개념을 포함하는 개념. ⑤가변성(≒).

융통형 주택(融通形住宅, flexible housing) : ①주택의 내부구조를 필요에 따라 손쉽게 바꿀 수 있는 주택. ②⇨가변형 주택·백년주택.

융합접합된 카펫(融合接合-, fusion-bonded carpet) : 다른 재료로 보강된 비닐 백킹이 원사를 융합시킨 카펫.

으뜸머리초 : ①모로단청 중 규모에 따른 분류의 하나. ②으뜸가는 모로단청. ⇨버금머리초(⇔).

은못(dowel) : ①기둥에 보 등을 끼우고 박은 나무못. ②보통 나무로 만들어진 둥근 핀. ③은못이음(맞춤)은 보드 구멍에 맞는 한 개 이상의 은못을 사용하는 목공조이너(joiner)로 일반적으로 캐비닛을 만들 때 많이 이용.

은못맞춤(doweled joint) : 결합하려는 두 면 사이에 맞짜임을 보강하기 위해 보통 나무로 만든 둥근 못을 숨겨 박아 넣음으로써 결합하는 방법. 때로는 둥그런 나무못을 목재의 표면에 노출시키는 방법도 있음.

은반향나무 : ⇨향나무.

은살대 : ①나무를 잇는 살대. ②앙아리(=).

은살대붙임 : ①개탕으로 두 널판에 홈을 내어 은살대, 곧 앙아리로 쪽붙임을 하는 방법이나 그렇게 쪽붙임을 한 자리. ②딴혀쪽매(=).

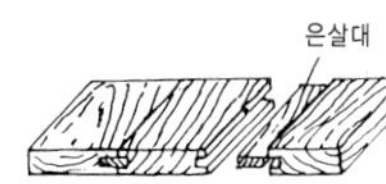

은살대붙임

은색(銀色, silver color) : ⇨실버(=).

은색페인트(銀色-, aluminium paint) : 알루미늄 분말을 안료로 하고 오일 바니시(oil vanish)로 녹인 도료로서 내열성이 있으므로 특히 고열부의 방청도료로 사용.

은열 : 구멍에 끼우는 것.

은열덮장 : 마루의 청널을 까는 방법의 한 가지.

은유(隱喩, metaphor) : ①사물 사이의 유사성을 보이기 위해 대신 사용되는 대상물이나 활동 또는 생각. ②추상적 필연개념. 예컨대 열주는 신의 찬양. 집은 하나의 우주.

은장(double dovetailed, butterfly) : ①두 재의 쪽매 또는 맞댄자리가 벌어지지 않게 그 사이에 걸쳐 끼워 넣는 나비모양의 나무쪽. ②접합하는 두 부재면을 파고 접합부분이 벌어지지 않도록 끼워 넣는 나비모양으로 만든 나무쪽. ③나비장(=).

은장이음(double dovetailed joint, butterfly joint, cramp joint) : ①두 부재를 맞대고 같은 재 또는 참나무로 나비형의 은장을 만들어 끼워 잇는 이음. 못 또는 볼트보다 뒤틀림이 강함. ②목재를 길이방향으로 잇는 방법의 일종으로 나비형은 장을 맞댄이음에 끼움. ③난간두겁에 사용.

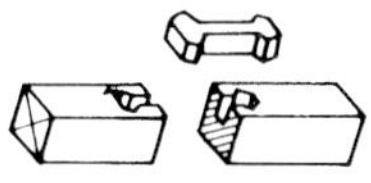
은장이음

은장홈 : 나비장이나 원두장, 연장 따위로 잇거나 쪽붙임을 할 때 파낸 홈.

은촉 : 널판의 모서리를 변탕으로 밀었을 때 생기는 돌기.

은촉붙임 : ①개탕으로 홈을 내어서 은촉으로 쪽붙임하는 방법이나 그렇게 쪽붙임을 한 자리. ②개탕붙임(=).

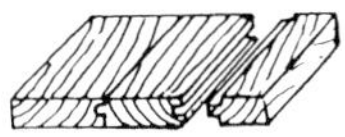
은촉붙임

은촉이음(rebate joint, rabbit) : ①나비장이나 원두장 따위의 은촉을 써서 잇는 방법이나 그렇게 이은 자리. ②돌이나 나무의 두 널빤지를 잇기 위해 널빤지 끝이나 표면을 잘라낸 은촉과 은촉홈.

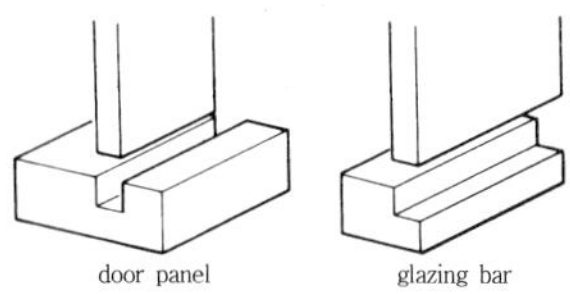

은촉이음

은촉홈 : 은촉붙임할 때 파낸 홈.

은폐선(隱蔽線, hidden line) : 부재가 겹치거나 평면 또는 하부에 천장 및 상부의 마감선을 표기하는 등 설계상 도면에 표기하는 감추어져 보이지 않는 부분의 형태를 나타내는 선으로 일반적으로 점선 또는 파선을 사용.

은폐조명(隱蔽照明, concealed lighting) : 커튼 박스나 밸런스(valance) 뒤의 조명 등 건축구조물 뒤에 은폐시켜 천장이나 벽 조명으로 반사되어 비추는 간접조명방식. 이 조도를 낮추면 실의 가장자리가 상대적으로 밝게 느껴짐. 벽이나 창문의 후미진 곳에 조명을 설치함으로써 실내공간에 공간미를 느낄 수 있음. 또한 조명이 벽을 스치고 지나가기 때문에 벽의 질감을 즐길 수 있음.

은폐효과(隱蔽效果) : ⇨마스킹효과(=).

은하사대웅전(銀河寺大雄殿) : ①경상남도 유형문화재 238호, 경남 김해시 상방동 882에 위치, 17세기초 중창, 철종12년(1871년)에 중수. ②정면 3칸, 측면 3칸이며 정사각형 형태이고 기둥 간격이 어간과 협간의 차이가 없음. 정면에 어간과 협간에 2분합빗살문을 달았으나 어간에는 팔각창을 달아 협간과 구별함. 배면에는 모두 3분합 띠살문을 달았음. 내외3출목 다포계 맞배집으로 정면의 첨차는 모두 교두형(翹頭形)이고 후면 첨차는 하단에 화각을 둠. 정면의 쇠서는 단부에 날카롭게 직선으로 꺾었지만, 후면의 쇠서는 둥글고 완만하게 휘어오름. 정면의 귀포는 지붕 마구리쪽으로 포작의 구성 없이 출목으로 처리. 후면의 귀포는 측벽으로 돌아가면서 포작이 완성됨. ③임기응변식으로 개보수하면서 신재 사용, 해체된 부재의 재사용, 측벽에 포작이 이루어진 점, 정방형에 가까운 칸살 등으로 보아 기존 건물은 팔작집으로 추정됨.

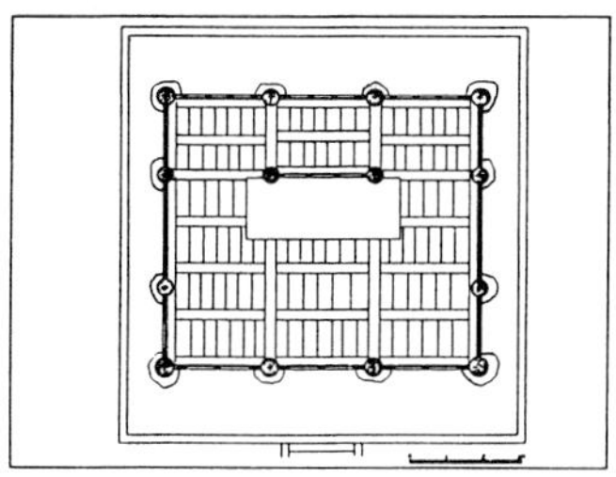
은하사대웅전 도면

은행(銀行, bank) : ①금전 또는 유가증권과 관계를 갖는 모든 사람에게 여러 가지 제도에 의해 봉사하는 기관으로서 공공성·안정성·수익성을 추구하는 영리단체. 은행의 실내계획은 업무환경의 획기적 개선으로 대외적 이미지를 고무시키고 대내적으로는 업무능률을 향상시켜 영업을 활성화시키고자 함을 목적으로 함. ②은행의 공간구성은 접객부분과 비접객부분으로 대별. 접객부분의 대표적 공간인 영업실은 한정된 인원으로 전 과목의 업무를 취급하고 풀 뱅킹(full banking)의 운영을 전제로 함. 영업실은 점포고유나 사무고유의 기능을 겸하므로 영업을 위한 객장과 업무를 위한 영업장이 한 공간에 위치하며 카운터를 중심으로 구분. 객장은 점포 분위기와 성격에 맞는 설비 및 기기 등이 고려되고 영업장은 사무처리의 기능이 대량의 고객을 단시간 내에 정확·신속하게 처리하는 고도의 능률성이 요구되므로 양 기능을 적절히 융합·조화시킴.

은행나무(銀杏−, maidenhair tree, Ginkgo biloba L.[학]) : ①전국 각지·중국·일본 등에서 식재하며, 자생지는 불분명하지만 중국에서는 야생도 하는 침엽수. ②수고 40~60m, 흉고직경 2.5~4m에 달하는 자웅이주(雌雄異株)의 낙엽 대교목. ③심변재의 구분이 불분명하며, 재는 황갈색으로 춘추재의 구분도 불분명. 횡단면에는 수산석회를 함유한 이종세포가 반점(斑點)으로 보임. 목리는 통직(通直)하고 치밀하며 광택은 보통이고 향기가 강함. 절삭가공·건조도장이 용이하고 접착성은 보통. 내후보존성이 낮고 내수성은 양호하며 할렬(割裂)이 용이. ④조각·기구·고급가구·바둑판·칠기, 주판·도장·건축용 등으로 사용됨.

은회색(銀灰色, silver gray) : ⇨실버 그레이(=).

을종방화문(乙種防火門, second grade fire door, class B fire door) : ①인접 건물로부터의 연소를 방지하기 위해 건축물의 방화구획 등을 위해 개구부에 설치하는 방화문. ②을종방화문의 구조 : ㉠철제로써 철판 두께가 0.8㎜ 이상 1.5㎜ 미만인 것, ㉡철과 망입유리로 된 것, ㉢골구를 방화목재로 하고 옥내면에 두께 1.2㎝ 이상의 석고판을 붙이고 옥외면에 철판을 붙인 것, ㉣국토교통부 장관이 이에 준한 방화성능이 있다고 인정하여 지정한 것 등.

음각(陰刻, intaglio[이], intaille[프], incised, entail) : ①조각 모양이 움푹 들어가게 파는 기법. ②에칭·인쇄·조각·보석·보자기·동전 등의 음각과 같이 새기기·파기·조각하는 것. ③때로는 움푹 파인 자리에 다른 재료를 상감(象嵌)하여 넣는 경우도 있음. 종종 주형으로 사용되는 양각과 반대되는 것을 의미. ④요조·음요판·상감세공(=). ⑤부조(⇔)·양각(⇔).

음각새김(陰刻−, recessed carving) : 목재 표면에 형태와 문양을 선으로 강조하거나 배경에서 얇게 파내 펀치(punch)로 질감을 표현한 17세기 영국의 장식 기법.

음감쇠(音減衰, decay of sound) : 소리가 전파되는 도중에 감쇠하는 현상.

음강도(音强度, sound intensity) : ①음파의 방향에 직각되는 단위면적을 단위시간(1초)에 전파되는 음에너지량. ②매질을 통한 단위면적당 음향에너지의 흐름. ③단위면적당 파워(power). ④음의 강도는 음압 및 입자속도의 제곱에 비례함. 즉 $I=\dfrac{p^2}{\rho c}=\rho c v^2$. ⑤음의 강도를 유지하기 위해서는 음원 부근의 재료를 반사재료로 설치함.

음공명(音共鳴) : ①강벽(剛壁)으로부터 공간을 띄워 유공흡음판 등을 붙일 때 음파가 용수철처럼 심하게 진동하는 현상. ②공명을 피하기 위한 보완대책 ; ㉠음향적으로 바람직한 실의 비례를 가질 것 ㉡실의 표면은 불규칙한 형태로 설계할 것 ㉢표면의 불규칙성(확산체)을 풍부하게 적용할 것 ㉣흡음재를 분산·배치할 것.

종류	높이	폭	길이
소형식	1	1.25	1.6
보통실	1	1.5	2.5
약간 낮은 천장높이의 실	1	2.5	3.2
길이가 긴 형의 실	1	1.25	3.2

음굴절(音屈折, reflection of sound) : 다른 매질(媒質) 사이의 경계 또는 같은 매질에서도 밀도가 다른 경계면에 그 한쪽의 매질에서 음파가 입사하면 진행방향을 바꾸어 다른 매질 속으로 들어가는 현상.

음높이(音−, pitch of sound) : 음의 고저. 음

의 높낮이 감각은 주로 주파수와 관계되며, 주파수가 큰 음은 높고, 주파수가 작은 음은 낮게 느껴짐.

음데시벨(音−, decibel of sound) : 두 개의 양을 구분하는 데 사용하는 디멘션(dimension ; 치수)이 없는 단위.

음마스킹(音−, masking of sound) : 두 개 이상의 음이 동시에 존재할 때 큰 음 때문에 작은 음을 듣기 어렵거나 들리지 않는 현상. ⇨매스킹현상(=).

음반사(音反射, reflection of sound) : 음파가 일정한 방향으로 진행 중에 매질(媒質) 사이의 경계에서 본래의 매질로 돌아가는 현상.

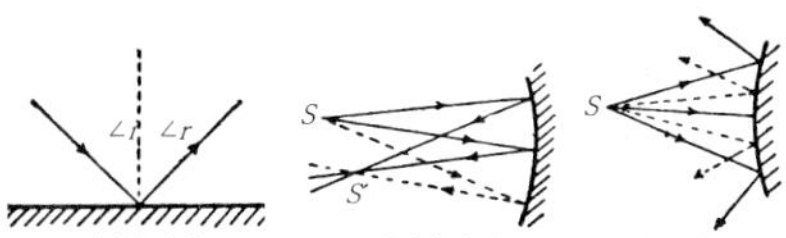

평면의 반사 오목면의 반사 볼록면의 반사

음의 반사

음반사율(音反射率, reflection coefficient of sound) : 다른 매질의 경계면에서 입사(入射)한 음의 에너지와 반사한 음의 에너지와의 비.

음반향(音反響, echo) : 직접음이 들린 뒤 반사음이 들리는 현상. 일반적으로 반사음이 직접음보다 3,050m/s 이상 늦게 도달되면 에코로 느낌. 직접음과 반사음의 행정차(전파거리)가 17m 이상 차이(0.05초)가 있을 때 생김. ⇨에코(=).

음분해(音分解) : 측정하고자 하는 데 음이 있을 때, 그 이외의 주위소음을 암소음이라고 함. 대상음을 A, 암소음을 B라고 할 때 합성음(A+B)과 암소음의 차에서 보정치(표 참조)를 구하여, 이를 다시 합성음에서 빼면 대상음의 음압레벨을 구할 수 있음. 단, 합성음과 암소음의 차가 10dB 이상인 경우는 대상음이 암소음의 영향을 거의 받지 않는 것으로 보며, 차이가 3dB 미만일 때는 암소음이 더 큰 경우이므로 대상음을 구하는 것은 무의미하게 됨.

합의 계산표(dB)

2가지 음압레벨의 차	0	1	2	3	4	5	6	7	8	9	10
큰 쪽에 가산되는 값	3.0	2.5	2.1	1.8	1.5	1.2	1.0	0.8	0.6	0.5	0.4

음성잔상(陰性殘像, negative after image) : ⇨부의 잔상(=).

음세기(音−, sound intensity) : ⇨음강도(=).

음속(音速, sound speed) : ①1초간에 음파(音波)의 진행거리. ②어떤 위상(位相)을 진행방향으로 이동하는 속도. 여기서, 위상이란 각 입자의 평형 위치로부터 변위(變位)의 상대적 관계. ③단위 c(m/s), 여기서 c는 전파속도(음속). ④음속은 기온 15℃를 기준으로 하여 공기 중에서 340m/s로 전파되며, 액체나 고체 속에서는 더욱 빠름. ⑤1℃ 기온상승에 따라 음의 속도는 0.6m/s씩 빠름.

재료	음속c(m/s)	재료	음속c(m/s)
고무	1,000~1,200	코르크	480
납(鉛)	1,200	소나무 노송나무	3,300
철	5,000	콘크리트	3,500~5,000
유리	4,000~5,000	대리석	3,800
물	1,460		

음압(音壓, sound pressure) : 음파장의 한 점에 생긴 실제 압력과 그 점의 정압 사이의 차이.

음압레벨(音壓−, sound pressure level) : 데시벨 척도로 나타낸 음압으로서 일반적으로 20μPa인 기준 음압에 대한 음압 비의 상용대수값에 10을 곱한 값.

음에너지밀도레벨(音−密度−, sound energy density) : 어느 음의 에너지밀도 E와 기준이 되는 음의 에너지밀도 E_0과의 비(比)의 상용로그(log)를 10배한 것. $E_0 = 2.94 \times 10^{-15}$(W·S/m³). 단위는 dB.

음영(陰影, shade, shades, shading) : ①3차원의 환영을 만들고 빛과 그림자를 나타내거나 색채의 효과를 주기 위해 그림 속에서 밝고 어두운 정도를 연출. ②이론적 광원으로부터 그것들이 접하거나 돌려져 있기 때문에 빛을 받지 않는 고형체(固形體) 부분. ③조형적으로 음영(그림자)이 물체의 아랫부분에 있으면 볼록하게 보이고 윗부분에 있으면 오목하게 보임.

음영과 그림자(陰影-, shades & shadows) : 빛·표면·형태 및 깊이를 나타내는, 특히 정면에서 본 음영과 그림자의 묘사는 중요한 입체표현이 됨.

음영연출조명기법(陰影演出照明技法, shadow play) : ⇨그림자 연출기법(=).

음원(音源, sound source) : ①음이 발생되는 근원. ②음원의 특성으로 각 주파수마다 그 지향성이 가장 중요함.

음음영(音陰影) : 음의 사점(死點)으로 발코니 밑 부분에 생김.

음의 사점현상(音-死點現狀) : 음의 분포가 불균일한 현상.

음의 산란(音-散亂, scattering of sound) : 음파가 불규칙하고 또 확산적으로 많은 방향으로 반사 또는 회절(回折)하는 현상.

음의 회랑(音-回廊) : 음원으로부터 나온 음이 커다란 요철면을 따라 반사를 되풀이함으로써 속삭임과 같은 작은 소리도 먼 곳까지 들리는 현상.

음전파(音電波, propagation) : 음은 공기 속에 있는 어느 물질의 급속한 충격의 매질. 주로 공기에 의해 파동이 되어 전달.

음지향성(音指向性) : 음의 전파는 음원의 종류에 따라 각기 다른 지향특성을 갖게 되며, 음원의 크기에 비해 음파장이 매우 클 때(저주파수음)의 음에너지는 전방향으로 균일하게 방사되고, 파장이 음원 크기보다 작을 때(고주파수음)는 음이 퍼져 나가는 각도가 좁고 예민하게 됨.

음크기(音-, loudness) : 소리에 대한 주관적인 반응으로 음파의 진폭에 따른 청감의 크기를 나타냄.

음크기레벨(音-, loudness level) : 음의 크기는 청각의 감각량으로, 단위는 폰(phon)임. 데시벨(dB)은 물리적인 척도인데 비해 폰은 귀의 감각적 변화를 고려한 주관적인 척도임. 음의 크기에 대한 감각은 음파의 세기뿐만 아니라 부파수의 영향을 크게 받음. 음의 감각적 크기를 보다 직접적으로 표시하기 위하여 손(sone) 단위를 사용함. 손값을 2배로 하면 음크기는 2배로 감지됨.

음파(音波, sound wave) : 청감(聽感)을 일으키는 압력파로서 공기나 탄성 매질 속에 생기는 종파(從波).

음평형(音平衡, balance of sounding) : 음원에서 음이 발생하여 충분한 시간이 지난 후 음원에서 나가 방사에너지와 벽면에서의 에너지 손실과의 평형이 그 이상 증가나 감소가 없는 현상.

음합성(音合成) : 두 가지 음파가 겹쳐지면 합성음의 세기는 각각 음파의 세기의 합으로 되지만, 합성음 세기의 레벨(음압레벨)은 합성음 세기와 기준음 세기의 비의 대수치로 나타남. 즉 E개의 음압레벨 A와 B일 때의 합성(A≧B일 때)은 두 개의 음압레벨의 차로써 정해지는 증가분을 N이라 할 때 A+N과 같음. ⇨복합음(=).

음향(音響, sound) : 실내·외의 음을 총칭. 건축에서는 소음설계·잔향·흡음 등을 통틀어 음향설계라고 하며 음에 관한 계획·설계 포함.

음향계획시 고려사항(音響計劃時考慮事項) : ①단상(檀像)이 있을 때 음원은 그 위에 위치시켜 음원의 위치를 높이고 음원 가까이에 청중이 오도록 하여 직접음이 충분히 미치게 함. ②반사판·반사성 마무리면의 배치를 적당히 하여 반사음 또는 잔향을 적당히 이용. ③이상반사를 피함. 즉 원통형·구형으로 하되 천장에 확산체·흡음체를 달거나 충분한 흡음재를 깔면 음의 확산을 높일 수 있음.

음향반사판(音響反射板, acoustical cloud) : 음향효과를 높이기 위해 음을 반사시키도록 콘서트홀의 천장 부근에 설치한 음향판의 일종.

음향블록(sound block) : 흡음처리할 필요가 없으므로 경제적이고, 저주파수역에서 흡음이 최대이며 내구성(耐久性)이 있어 체육관·풀장·볼링장·생산공장·설비기계실·수송터미널 등에 쓰임. 공명기 내에 다공질 재료를 충진할 경우 흡음특성변화는 다음 그림과 같음.

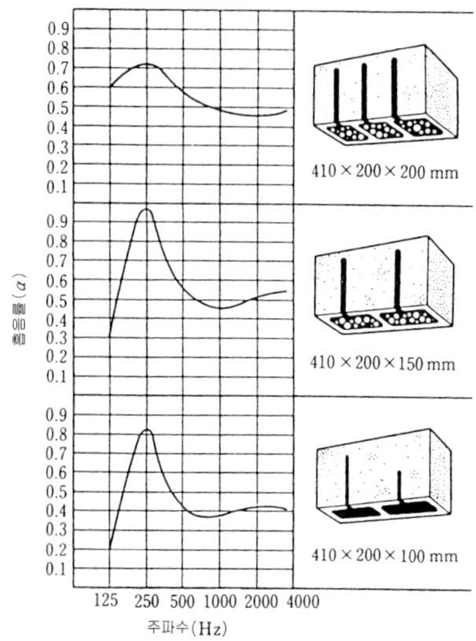

음향블록(sound block)의 흡음특성

음향설계(音響設計, acoustical design) : 명료한 청감을 얻기 위한 음향환경을 이루도록 밀폐된 공간의 형태와 벽면마감을 계획하는 일.

음향처리(音響處理, acoustical treatment) : 음향 특성을 향상시키거나 개조하기 위해 밀폐공간의 벽체·천장 및 바닥 등에 흡음재나 반사재료의 사용을 의미함.

음향천장(音響天障, acoustical ceiling) : 음향타일(acoustical tile)이나 기타 흡음성 재료로 구성한 천장.

음향타일(音響-) : ⇨어쿠스틱 타일(=).

음향학(音響學, acoustics) : 음의 발생·조절·전달·수음 및 효과, 특히 음악적 소리의 최적인지에 관한 학문을 다루는 물리과학. 고대 그리스 극장 디자인에 처음 도입되었으며, 중세 건축가들에 의해 교회의 설계에도 적용.

음향효과판(音響效果板, acoustic board) : 음향을 조절하기 위해 가공된 흡음판.

읍성(邑城, city fortress wall) : ①마을 전체를 둘러싸서 만든 성(城). ②중국의 성곽과 같이 한 도시 전체를 성벽을 쌓고 군데군데 문을 설치하여 외부와 연결하여 쌓은 성.

응결(凝結, set) : ①시멘트풀(cement paste)이 시간이 경과함에 따라 수화(水和)에 의하여 유동성(流動性)과 점성(粘性)을 상실하고 고화(固化)하는 현상. ②콘크리트·모르타르·플라스터가 물리적·화학적 변화에 의한 점착력으로 단단한 상태로 굳어가는 것. ③특징은 ㉠첨가된 석고량이 많을수록 응결시간이 늦어짐. ㉡물시멘트비, 즉 혼합수량이 많으면 응결이 늦어짐. ㉢온도가 높을수록 응결시간이 짧아짐. ㉣분말도가 고울수록(높을수록) 응결시간이 빨라지고 분말도가 거칠면(낮으면) 응결시간이 길어짐. ㉤알칼리($3CaO·Al_2O_3$)가 많을수록 응결시간이 빨라짐. ㉥양생조건, 풍화의 정도에도 영향을 받음. 즉 풍화된 시멘트는 응결시간이 늦어짐. ④한국산업규격에서는 응결의 초결(initial set)과 응결의 종결(final set)은 각각 1시간 이후와 10시간 이내로 규정하고 있음. ⑤시멘트풀이 너무 일찍 응결되는 것을 이상응결(異常凝結) 또는 위응결(僞凝結)이라고 함. 이로 인하여 조기균열발생, 이상분리, 이상레이턴스 등의 장애가 발생하기 쉬움.

응결수축(凝結收縮, setting shrinkage) : 시멘트 페이스트의 수화작용에 의해 수화종결 전까지 콘크리트의 부피가 감소하는 것.

응결지연제(凝結遲延劑) : ⇨지연제.

응결촉진제(凝結促進劑) : ⇨촉진제.

응고(凝固) : 굳기 시작하는 것.

응고점(凝固點, crystallizing point, solidifying point, freezing point) : 액체가 냉각에 의해 응고할 때의 온도.

응답(應答) : ⇨여진.

응력(應力, stress) : ①외력을 받은 재료의 내부에 생기는 외력에 저항하는 힘. ②물체에 가해지는 외력에 의해 그 내부에 생기는 힘으로, 단위면적당 힘으로 나타냄. 즉 응력(σ)$=\frac{\text{하중}(p)}{\text{단면적}(A)}$(kg/㎟). ③종류는 외력의 종류에 따라 인장응력(tensile stress), 압축응력(compressive stress), 전단응력(shearing stress), 꼬임응력(torsional stress), 굽힘응력(bending stress), 굽음(좌굴)응력(buckling stress) 등이 있음.

응력도(應力度, stress intensity) : 단위면적에 대한 응력.

응력도-변형률곡선(應力度-變形率曲線, stress-strain curve) : ①외부에서 가한 힘변형에 대한 물질의 응력과의 관계 곡선. ②구조용 강재의 시험편에 인장력을 가하여 생기는 곡선으로 시험편의 변형이 E점까지는 외력을 제거하면 원상태로 회복. P점까지는 변형률이 응력에 비례하므로 후크(Hook)의 법칙에 의하여 응력과 변형률을 구할 수 있으며 P점을 비례한계라고 함. 하중이 증가함에 따라 시험편이 변형되는 도중에 소성변형(塑性變形)을 계속 받게 되어 결국에는 표적거리 표시부의 임의의 위치에 단면수축이 생기고 시험편이 파괴됨. 이때의 하중이 시험편에 작용한 최대하중이 됨. 그러나 실제로 하중이 작용한 것이므로 수축단면적으로 파괴하중을 나누는데, 이것을 일반적인 응력에 대하여 진응력(眞應力, true stress)이라고 하며, 다음 그림 중 점선에 해당.

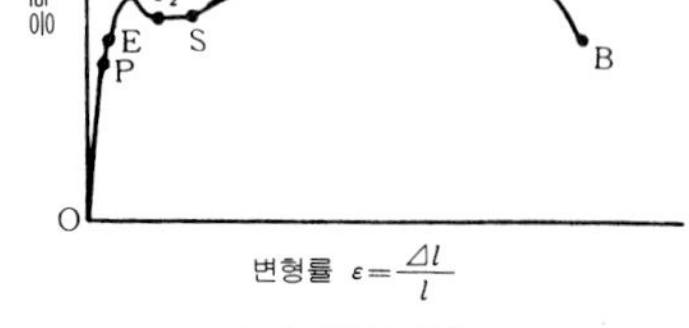

응력-변형률 곡선

응력부식(應力腐植, stress corrosion) : 부식하기 쉬운 환경에서 응력이 발생하면 그 부분이 선택적으로 부식되는 현상.

응석사대웅전(凝石寺大雄殿) : 경상남도 유형문화재 141호, 6세기 창건(18세기 중건), 19세기(20세기 중수), 경남 진주시 집현면 정평리에 위치한 해인사의 말사(末寺). 중수과정에서 어울리지 않은 여러 기형적 변형으로 문화재로서 그 원형을 찾을 수 없도록 심하게 파손됨.

응용과학(應用科學, applied science) : 기술적 방법과 재료의 고안 및 활용, 그밖의 생명·사회·환경과 맺는 상호관계 등을 다루는 지식의 한 분야.

응용예술(應用藝術, applied art) : 실용생활에 밀접하게 관계하는 것으로 기능성·실용성·편리성 등이 미적 원리보다 우선적으로 요구되는 건축·실내·가구·산업·공예·장식미술 등. ⇨부자유예술·장식예술·기계예술·종속예술·효용예술·목적예술(=)⇨순수예술(⇔).

응용장식(應用裝飾, applied decoration) : 구조적으로 완성된 물건에 첨가되는 장식.

응접테이블(應接-, reception table) : ⇨센터테이블(=).

응진전(應眞殿) : ①부처님의 16제자를 모신 전각. ②중생들 가까이에서 중생들의 소원을 이루어 주는 역할을 함. ③나한전(≒).

응회암(凝灰岩, tufa tuff) : ①화성암의 일종. ②종류는 화산재가 냉각응고한 것이 퇴적하여 생긴 응회암과 열운(熱雲) 등으로부터 퇴적한 고온의 것이 응결하여 생긴 응회암이 있음. ③보통 다공질(多孔質)이고 강도(100~400kg/㎠) 및 내구성이 작으며 흡수율(13~18%)도 높고 풍화·변색되기 쉽고 외관도 좋지 않음. 가볍고 내화도가 높고 가공이 용이하며 값이 싸기 때문에 석재로 많이 사용. 구조재로는 부적당하지만 특수장식재나 경량골재·내화재 등에 사용. 대곡석(大谷石)이라고도 함.

의걸이장(-欌) : ①조선시대 말기에 나타난 형태로 옷을 넣는 옷장. 하단에는 낮은 장 또는 반닫이가 부착되고 그 위로 긴 장이 설치된 2층 구조의 장. 위쪽의 내부에 횃대가 달려 있어 옷을 걸 수도 있음. 현대의 양복장과 비슷함. ②문판에 유리를 댄 의걸이장은 처음 작은 유리에서 1자 반(一尺半)유리, 그 다음은 2자(二尺)유리로 규격이 커졌음. 3자짜리 거울이 달린 의걸이장은 최신형으로 1930년대 이후에 제작됨. 유리 또는 거울이 달린 의걸이장은 하단에 대부분 반닫이가 부착되어 있으며 이러한 의걸이장은 안방에서 사용. 사랑방에서는 오동으로 만들었으며 하단에는 낮은 장이 부착된 의걸이장을 주로 사용.

의궤(儀軌) : ①조선시대에 왕실이나 국가의 주요행사 내용을 정리한 문서. 주로 훗날에 참고하기 위한 목적으로 제작되었음. 여기에는 왕실의 길흉사 등 주요 의식과 행사의 준비과정, 실연 그림, 준비 비용과 물품 조달, 행정적 소통사항 등이 상세히 적혀 있음. 의례가 되풀이되는 왕실에서 의례 관련 문서를 본보기로 만들어 비용을 아끼고 혼선을 막고자 임시관청인 도감에서 펴냈음. ②왕에게 직접 바치는 어람용과 정부기관 보관용인 비어람용으로 나뉨. ③현재 전해지는 의궤로는 1600년(선조33)에 만들어진 의인왕후(懿仁王后 ; 1555~1600)의 장례에 대한 것이 가장 오래됐으며, 19세기까지 시기가 내려올수록 종류도 많아지고 질적인 수준도 높아졌으나 1860년대 이전의 의궤 중에서 강화도 외규장각에 보관되던 많은 것이 병인양요 때 프랑스군에 약탈당하였음. ④5년마다 임대형식으로 반환.

의미미분법(意味微分法, Semantic Differential Method) : ⇨에스디엠법(=).

의사딥테랄(疑似-, pseudodipteral) : 내부의 주랑 없이 딥테랄(dipteral)구조를 연상시키면서 기둥의 배열을 가지고 있는 것.

의사페립테랄(疑似-, pseudoperipteral) : 측면에 묻힌 기둥이 있는 것.

의석(疑石) : ⇨모조석(=).

의인화(擬人化, anthropomorphize) : 인간이 아닌 물체나 존재에 인간의 형태나 특성을 부여하는 것.

의자(椅子, chair) : ①의자는 가구의 꽃으로 프랑스의 쉐르(chaiere)에서 유래된 1인용 등받이 걸상. 처음 고대 이집트와 메소포타미아에서 주로 왕좌나 권위를 상징하는 의미로 웅장하게 제작·사용되었으며, 실용적인 일상생활용 의자는 그리스 가구에서부터 시작. ②의자는 원래 중국에서는 '椅子'라고 써왔는데, 후에 '倚子'로 바뀌었음. '椅'는 나무의 이름인데 언제부터인지 人(사람)변이 포함되고 그 이유는 의자 사용자인 인간에게 중점을 두었기 때문으로 의자가 가구 중에서도 그만큼 인체와는 밀접한 연관을 갖고 있기 때문임. ③좋은 의자란 여러 가지로 휴식자세를 취하게 디자인되어야 함. 그밖에 ㉠쿠션이 좋아야 함. 압력시 생리적 장애요소를 제거시킬 수 있는 것이어야 함. ㉡인체의 생체리듬(체온·혈압·맥박)의 합리화. ㉢사용인과 성별에 맞는 인체계측에 의한 치수. ㉣성장기의 자세(체격) 형성의 보조역할과 성인에게는 건강증진 및 피로 방지에 도움을 줌. 결국 좋은 의자란 그때그때의 자세를 자연스럽게 변경할 수 있는 기능을 가진 의자를 말함. ㉤피부감각에 대한 민감 정도. ㉥자세의 변화에 따른 근육의 피로 정도를 고려.

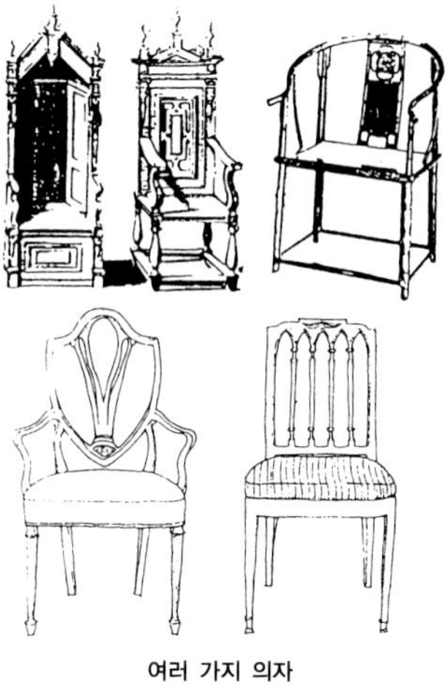

여러 가지 의자

ⓢ좌면(座面)의 탄성은 기능에 따라 다르게 디자인. ⓞ신체의 움직임을 고려. 의자의 높이와 각도.

의자가로대(椅子-帶, chair rail) : 데도(dedo)의 맨 위 몰딩 부분. 데도 캡(dedo cap)으로 알려져 있기도 함. 이것은 의자 등받이 높이로 설치되어 벽의 석고재가 손상받는 것을 막아줌.

의자다리덮개(椅子-, flounce) : 직물로 덮개를 씌운 의자에 있어서 다리부분을 가리기 위해 아랫부분에 덧붙인 주름장식. 또는 이중으로 된 침대 덮개의 아랫부분을 말하기도 함.

의자등세티(椅子-, chair-back settee) : 17세기 후반과 18세기에 사용된 직물로 씌운 긴 좌판과 2~3개 또는 그 이상의 개방된 등받이로 구성된 의자.

의자선택(椅子選擇) : 좋은 의자 선택을 위한 유의사항으로는 ①좌판 높이는 앉는 사람의 다리길이보다 짧은 것이 좋고, 좌판은 탄성이 있는 것이 좋음. ②좌판의 깊이는 앉을 사람의 허벅다리 길이보다 짧은 것이 좋음. 좌판과 등받이(back rest)가 모두 후면으로 경사되어 체중이 등받이에 걸리도록 함이 휴식에 좋음. ③좌판과 등받이가 이루는 각도는 95° 이상이어야 함. ④좌판의 폭은 골반 끝에 하중이 걸리지 않는 적당한 폭이어야 함. ⑤좌판의 높이와 등받이를 조절할 수 있는 것은 사용하기에 편리.

의자씌우개(椅子-, upholstery) : 의자 등의 커버.

의장(意匠, design) : ⇨디자인(=).

의장권(意匠權, design right) : ①물건의 성질이나 기능 등이 아니라 모양, 색깔, 형태 등을 새롭게 고안하거나 다른 물건과 결합시켜 활용할 수 있도록 고안한 사람이 이를 등록함으로써 얻을 수 있는 권리. ②산업재산권 중 하나로 등록한 사람은 그 등록의장으로 물건을 제작·사용·판매할 권리를 가짐. ③의장권의 존속기간은 의장권 설정의 등록일로부터 2년이며 그 기간에 등록한 사람 외에는 아무도 같은 의장권을 갖지 못함. 따라서 의장권자는 고의로 자기의 의장권을 침해한 사람에 대해 손해배상을 청구할 수 있음.

의전침대(儀典寢臺, state bed) : 영국 왕정복고시대부터 18세기 중엽까지 제작된 키가 크고 장엄하며 매우 장식적인 침대. 목재가 노출되지 않으며 전체적으로 고급 직물로 덮거나 직물을 늘어뜨렸음. 각 모서리는 보통 화려한 타조 깃털과 꽃병 형태로 마무리.

의전침대

의좌위(椅座位) : 생활자세의 일종으로 등받이가 없는 스툴(stool)과 등받이가 있는 의자에 대해 각각 3개씩 골라 앉는 면의 높이와 각도의 차이에 따라 다음 6가지로 구분. ㉠기대다. ㉡stool(60㎝)에 앉다. ㉢stool(20㎝)에 앉다. ㉣작업의자에 앉다. ㉤간이 휴식의자에 앉다. ㉥안락의자에 앉다. 등.

의침(依枕) : ⇨궤상(=).

이간통(二間通) : 간의 두 개가 통하게 된 것.

이고주오량(二高柱五樑) : ⇨이고주오량가(=).

이고주오량가(二高柱五樑架) : ①고주 두 개를 써서 오량을 구성하는 방식. ②전후 툇간이 있는 오량가. ③들보는 고주에서 합보하고 고주는 종량을 바로 잡음. ④은해사 거조암 영산전, 강화도 정수사 법당 등이 이에 속함. 정수사 법당은 임진왜란 이후 전퇴를 반칸 더 붙임. ⑤쌍고주오량(=).

이고주칠량가(二高柱七樑架) : ①한식목조건물에서 내부에 전후로 고주 두 개를 세워 꾸민 칠량 지붕틀. ②앞뒤로 툇간이 생기기 때문에 내부의 고주와 고주는 대들보로 연결하고 전후퇴는 툇보로 연결함. ③쌍고주칠량(=).

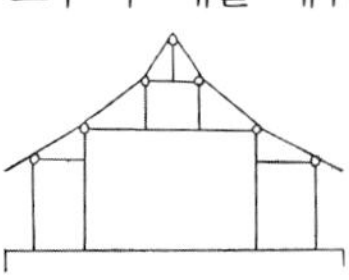
쌍고주칠량

이광노가옥(江陵 李光魯家屋) : ①조선선조

대의 문신인 허엽(1517~80)이 살던 집으로서 여류시인 허난설헌(1563~89)이 태어난 곳. ②집 전체가 담장으로 둘러지고, 담장이 공간별로 따로 설치됨. 각 채마다 독립적인 마당을 가지며 진입을 분리하여 각각의 공간에 독립성을 부여함. 사랑채, 안채, 안마당 출입문이 별도이고 출입통로를 따라 담장이 따로 설치되어 공간의 기밀성이 더 높음. ③사랑채 윗방에서 안채로 직접 통하는 문을 설치하여 기능적인 연결도 꾀함. 안채는 전면 5칸, 측면 2칸의 규모로 부엌과 평면과 출입구가 특이함. 각 마당마다 정원을 꾸밈.

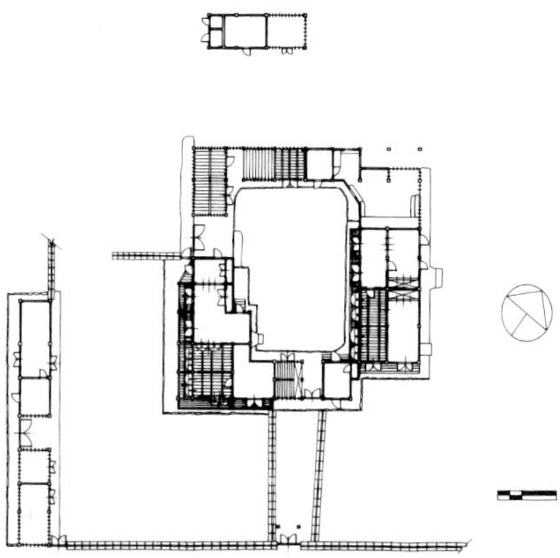

이광노가옥 평면도

이광임고택(李廣任古宅) : ①충청남도 유형문화재 83호, 1870(순조25) 창건. ②동향으로 경사진 대지를 따라 전면에 긴 一자형 사랑채를 두고, 그 후면에 ㄱ자형 안채와 종방향으로 길게 행랑채를 배치한 전체적으로 튼ㅁ자집. ③사랑채는 막돌 2단으로 하단은 두벌대, 상단은 세벌대로 쌓고 덤벙주초 위에 방주를 세움. 정면 6칸, 측면 2칸에 전·후열과 서쪽에 툇간을 둔 홑처마 팔작지붕. 평면은 가운데 2칸의 대청과 서측에 1칸 반 크기의 온돌방을 배치. 온돌방 측면에 툇간을 만들어 전면열 툇간과 연결. 대청과 안방의 후면 4칸에도 툇간을 만들어 마루를 깔았는데 벽을 막아 골방으로 사용. 동측 부엌 상부는 누다락을 설치. 전면 누마루 1칸은 바닥을 높여 전면 툇마루와 연결. 전면과 측면 2면에는 머름을 달아 마치 정자(亭子)와 같은 모양. 높아진 누마루 하부는 판벽으로 막아 광으로 사용. ④안채는 막돌로 2자 정도 높여 만들고 덤벙주초 위에 방주를 세움. 정면 7칸, 측면 2칸이며 동측에 정면으로 꺾어 달아 낸 ㄱ자 집, 한쪽 지붕은 팔작이고 부엌쪽 지붕은 맞배지붕으로 처리. 회첨부분에 2칸통의 안대청을 두고 동측에 안방과 고방(윗방)을 배치. 안방 앞쪽으로 2칸의 부엌을 달고 부엌 상부에는 다락을 설치. 안대청 서측으로 건넌방·광·제실·객방을 이어 둠. 건넌방은 안쪽에 벽장을 두고 앞쪽에는 안대청마루와 높이가 다른 툇마루를 설치한 다음 마루 밑에 아궁이를 둠. 광은 1칸 통을 하나의 실로 만들고 그 위에 다락을 둠. 제실은 제사를 지낼 수 있도록 앞쪽 1칸은 마루를 설치하고, 후면 1칸을 제실로 사용. 객방(客房)은 제사에 참여하는 집안사람들이 묵을 수 있는 방으로 전면에 툇마루를 두고 측면에 2자폭의 좁은 쪽마루를 달아두었으며, 객방 전면 툇마루 밑에는 아궁이 함실을 둠. ⑤행랑채는 안채에 인접하여 종방향으로 배치함. 안채와 사랑채가

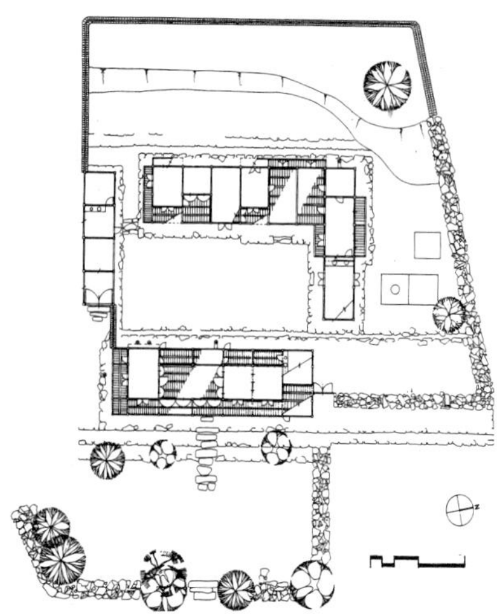

이광임고택 도면

구분되지만 안채에 객방이 만들어지고 안마당을 행랑마당과 공유하는 등 내외 구분이 모호해지는 배치구조임. 조선 후기에 들어와 엄격하던 유학사상이 건축공간에 적용될 때 조금 완화된 듯한 특징으로 볼 수 있음.

이궁(離宮, detached palace, imperial villa.) : ①임금이 바깥으로 나올 때 머물기 위해 대궐 바깥에 지은 궁궐. ②한 왕조의 정궁 이외에 따로 더 지은 궁. ③별궁(=).

이글(eagle) : 그리스 건축물의 박공벽을 이루는 면이나 성직자가 사용하는 책상이나 성경대로 중세에 사용된 것은 주로 황동으로 만들어짐. 그밖에 1786년 미국 의회에서 인장으로 채택한 독수리장식 문양. 이래로 군대의 힘을 상징하는 의미의 장식으로 흔히 사용.

이글

이금재가옥(李錦載家屋) : ①중요 민속자료 제157호, 1900년 이전(곳간채), 1900년 전후(안채) 건립. 집 전체는 요자형의 독특한 평면구성. 전·후면으로 평기둥 바깥으로 또 다른 기둥을 배열하여 처마를 받치게 함. ②19세기 말 이후 급변하는 사회적 분위기에서 외부적 혼란과 경제적 부흥을 상징적으로 대변하며, 외부세계에 대한 불안감을 극단적으로 보여주는 내부화된 주택.

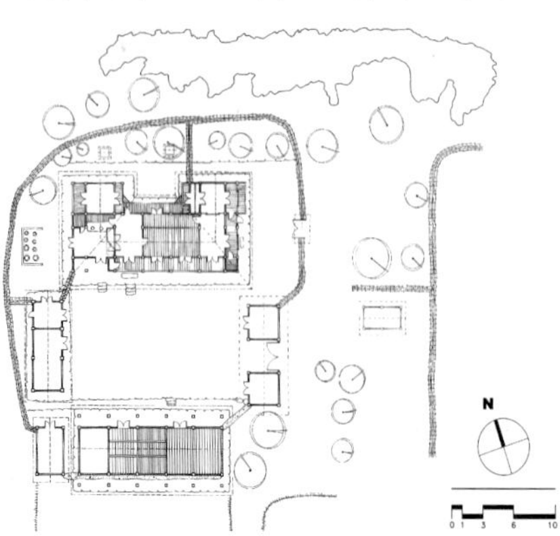

이금재가옥 평면도

이급벽돌(二級甓乭, second grade brick) : 압축강도 100kg/㎠ 이상, 흡수율 28% 이하인 벽돌. 두드렸을 때 탁음이 남.

이끼색(-色, moss green) : ①관용색명으로 어두운 연두. ②먼셀기호 2.3GY5/5.

이남규가옥(李南珪家屋) : ①충청남도 유형문화재 68호, 1637년(인조15년) 창건, 1846년(헌종12) 중수(重修). 충남 예산군 대술면 상항리 334-2 위치. ②사랑채와 안채가 좌우로 배치. 별당과 같은 사랑채의 호서지방의 반가. 사랑채는 정면 6칸, 측면 2칸으로 전면 열은 툇간. 동측에 부엌을 두고, 부엌 상부에 누다락을 꾸밈. 부엌에 이어 큰사랑방과 뒤쪽에 2개의 작은 온돌방을 둠. 두 방의 북측벽은 판자벽에 쌍여닫이 설치, 큰사랑방에서 대청으로는 3분합 들어열개문이 달림. 대청 남측 전 칸에 비해 북측에는 반 칸의 마루가 조금 높게 설치됨. 북측 벽은 각 칸에 쌍여닫이를 달았음. 대청마루와 1칸 반의 작은 사랑방 사이는 큰 사랑방과 마찬가지로 3분합 들어열개문으로 되어 전체가 통간이 되고 공간의 상호침입이 되도록 함. 작은 사랑방 뒤쪽 반 칸은 함실과 상부가 반침으로 사용했던 흔적이 있음. 각 칸의 전면에는 툇마루로 이어지도록 함. 특히 '평원정(平遠亭)'이란 현판이 걸린 사랑채 전면은 4분합 정자살창이고, 측면은 쌍여닫이 띠살문임. 현재는 없어졌으나 그 툇마루를 연결하여 안채 마루로 바로 들어설 수 있도록 지붕이 설치된 통로가 있었음. 지금 그 자리는 작은 협문과 안채와 사랑채를 격리시킨 담이 안채를 둘러싸고 있음. 행랑채의 중문을 들어서면 안채가 2칸의 마루방과 6칸 통칸의 넓은 안대청, 2칸의 안방, 1칸의 윗방을 둠. 안방과 윗방에는 동측면에 수장공간이 반 칸씩 연결되어 있음. 안방에 따로 3칸의 넓은 부엌이 있음. 부엌 상부는 다락방을 두어 안방과 건넌방에서 사용할 수 있도록 함. 기둥머리에 철띠를 둘러 기둥의 균열을 방지하고, 그 위에 초익공으로 공포를 짠 다음 보 밑은 양봉으로 보강함. 장여 위에 올린 도리는 모두 굴도리를 쓰고, 대들보 위에 짧은 동자주를 세운 다음 종량을 걸었음. 종량 위에는 높은 사다리 모양의 판대공을 세우고 그 위에 소로와 장여를 올린 다음 다시 뜬창방을 결구함. 천장은 서까래가 노출된 연등천장. 지붕은 모두 홑처마에 팔작지붕인데 안채 우측 끝은 맞배지붕이고 대청 전면만은 부연이 있는 겹처마로 마감함.

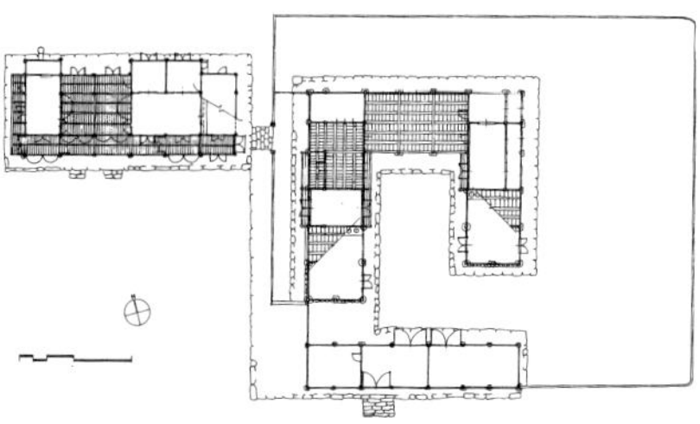

이남규가옥 평면도

이넌데이트(inundate) : ①세골재(細骨材)에 있어서 서로 다른 함수상태에서 용적이 거의 같아지는 현상. ②이넌데이트(inundate) 현상은 건조상태의 잔골재가 최대로 부푼 상태(절건상태)인 약 8% 함수량일 때 물을 가하면 용적이 감소되고, 포화상태인 25~35%일 때는 마른 모래와 거의 같은 용적이 됨.

이념적 형태(理念的形態, ideal form) : ①인간의 지각, 즉 시각과 촉각으로 직접 느낄 수 없는 인간의 머리 속에서만 생각되는 순수한 형태. 순수형태는 이념적 기하학적 형태를 감득(感得)할 수 있게 직관화한 것이기 때문에 점은 위치를 가질 뿐만 아니라 크기도 가짐. 이와 같이 점을 기본으로 한 동적 정의에 의해 선·면·입체가 얻어짐. ②자연에서 발상한 것이라도 자연 그대로 느끼지 않고 자기 마음 속으로 그린 이미지를 기초로 만들어낸 형태. 기하학에서와 같이 점·선·면·입체 등은 추상적인 형태의 기본. ③현실적인 형태의 여러 가지 속성을 버린 최후에 남는 것. 예컨대, 이념적 형태로서의 목재나 금속 등의 재료로 만들어지는 것이 무의미함. 오직 구체(球體)면 됨. 그러나 현실적 형태에 있어서는 석고의 구체인가, 금속의 구체인가, 고무의 구체인가 하는 재료의 차가 중요한 의미를 갖기 때문임. 따라서 이념적 형태는 현실적 형태를 구성하는 원소 또는 그것을 표현하는 그 무엇(영어의 알파벳 등)이라도 좋음. ④⇨순수형태·추상형태·현실적 형태·재현적 형태(=).

이니셜코스트(initial cost) : ⇨러닝코스트(=).

이다 : ①기와나 짚으로 지붕을 덮음. ②지붕을 이는 데 쓰기 위해 엮은 볏짚이나 새는 '이엉'.

이덕균가옥(高城 李德均家屋) : ①강원도 문화재자료 77호. 19세기 후반 창건, 20세기 초 중건. 1879년 구성포에 건립된 것을 현 위치로 옮긴 것. ②나즈막한 기단 위에 세워진 ㄱ자형 겹집으로 부엌에 붙어서 외양간이 돌출되어 지어짐. 전면 중앙에는 마루를 깔고, 측면에는 사랑방을 두었으며, 마루 뒤로는 안방과 도장방을 두고 뒤에는 헛간과 고방이 따로 지어져 있음.

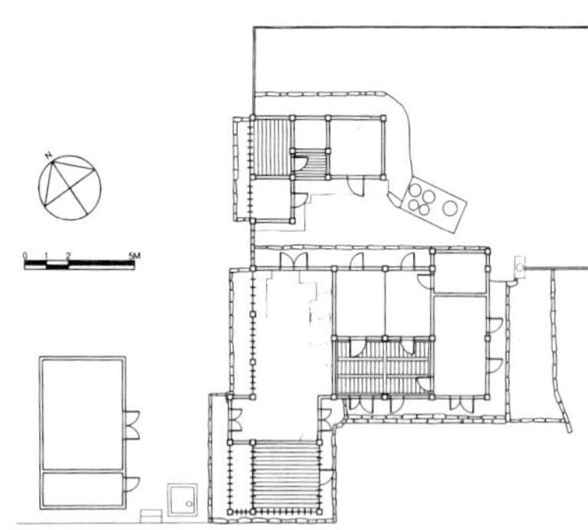

이덕균가옥 평면도

이동가구(移動家具) : ⇨가구.

이동단(移動端, roller end) : 지점은 지대(地臺) 위를 자유롭게 이동할 뿐만 아니라 아무 마찰없이 자유롭게 회전할 수 있는 구조.

이동복도(移動複道, movable corridor) : 수평으로부터 10° 이내의 경사로 되어 있으며, 승객을 수평방향으로 수송하는 데 사용하는 방식. 수송능력은 1시간당 최대가 1,500명. 주로 역이나 공항에서 이용.

이동사무실(移動事務室, mobile office) : 파워 컴퓨터의 등장과 네트워크 발달로 이동 중에도 업무수행이 가능한 경우.

이동주택(移動住宅, mobile home) : 자동차 따위로 끌고 다닐 수 있는 여행용의 작고 간단하며 필수적인 생활시설이 짜임새 있게 계획된 가옥. 보통 카라반(caravan)이라고 하나 트레일러 코치(trailer coach)나 트레일러 하우스(trailer house)라고도 함. 기존의 폭은 고속도로 차선 3m를 초과하지 못하도록 규정. 그러나 오늘날에는 6m로 설치하기도 함. 길이가 21m 되는 것도 있음.

이동칸막이(移動式間-, movable partition) : 공간 사이를 물리적·시각적으로 구분할 수 있는 움직임이 가능한 칸막이. 다른 장소로 이동이 가능한 벽으로 '분리칸막이벽'이라고도 함.

이동하중(移動荷重, moving load) : 움직이는 자동차·장비 또는 기타 기계 등에 의해 짧은 시간 동안 발생하는 활동하중.

이두형가옥(襄陽 李斗衡家屋) : ①강원도 유형문화재 91호, 19세기말 창건. ②외양간·부엌·뒷방과 광이 이어져 독특한 ㅓ자형 평면을 이룸. ③채의 분화를 적극적으로 하지 않고 몸채에 붙여서 조성하는 작은 규모의 확장을 이룸. ④부엌에 이어 돌출

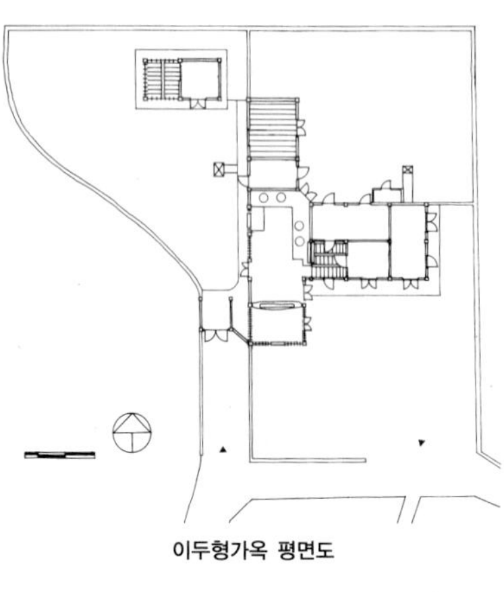

이두형가옥 평면도

된 부분의 높이를 높이고 건물과 담, 그리고 창호개폐의 방향을 적절히 이용하여 사용자에 따른 공간을 구분하는 입면 구성을 함.

이등각투상도(二等角透像圖, dimetric projection) : 두 개의 주요 축이 균등하게 줄어들고 세 번째 축이 다른 두 개보다 길거나 짧게 3차원의 사물을 화면에 기울여 놓은 축측(軸側) 투상도.

이로코(Iroko, Chlorophora excelsa Benth. et. Hook. f.) : 아프리카 서해안 기니에서 동해안 모잠비크·탄자니아에 이르는 넓은 범위의 열대아프리카에 분포. 뽕나무과에 속하며, 변재는 백색으로 폭이 60~120㎝. 판재의 심재는 밝은 황다색(黃茶色)으로 빛에 의해 급속히 황금색으로 변색되며 유조직에 의해 담색의 가는 줄무늬가 보임. 목리는 교착하고 나무갗은 거칠음. 기건비중 0.55~0.75, 수축률은 방사방향 3.1%, 접선방향 4.7%, 용적수축률 9.6%로 적음. 강도는 압축강도 536㎏/㎠, 휨강도 872㎏/㎠, 전단강도 127㎏/㎠가 보통. 가공건조는 용이하나 제재시 심재가 문제될 때 있으며, 목분은 사람에 따라 자극을 줄 때가 있음. 내구성은 높고 접착성은 좋으나 도장성은 불량. 용도는 건축, 무늬단판 등에 사용.

이론(理論, theory) : 현상을 분석하거나 설명·예언하는 데 사용되거나, 행동의 근거로서 제안되거나 추구되는 원리 또는 가정의 체계로 나타나는 추상적인 생각이나 숙고.

이롬바(Ilomba, Pycnanthus nggolensis exell.) : 가나에서 앙골라·우간다까지 열대 아프리카에 풍부하게 분포. 심변재가 구별되지 않으며 재색은 회백색, 엷은 회도색(灰桃色)~베이지색. 목리는 통직하고 나무갗은 매우 거칠음. 도관은 크고 적게 산재함. 경연재로 기건비중 0.45~0.60, 수축률은 방사방향 4.6%, 접선방향 8.4%, 용적수축률 13.0%로 보통. 강도는 압축강도 246㎏/㎠, 휨강도 525㎏/㎠, 횡인장

강도 18.5kg/㎠, 전단강도 52kg/㎠로 약함. 건조는 빠르나 갈라짐(collapse)이 일어나기 쉬움. 접착과 도장은 용이하나 내구성은 극히 약하고 생재시 약제의 침투·확산이 용이. 용도는 합판·가구·내장·단판 등에 사용.

이류합판(二流合板, type two plywood) : 순수한 요소수지 접착제 및 멜라민 중간 요소수지 접착제를 사용하여 만든 합판이 표준으로 통상적으로 습윤상태에 견디는 합판.

이륜마차형 의자(二輪馬車形椅子, curricle chair) : 반원의 등받이와 밖으로 벌어진 다리(splayed leg)로 구성된 셰러턴(Sheraton) 의자. 이 용어는 말 두 필이 끄는 지붕이 없는 소형 이륜마차와 유사한 데서 유래. 1803년 출간한 캐비닛 사전(Cabinet Dictionary)에 소개된 의자.

이름경쟁이론(-競爭理論) : ①회사이름에 따라 주식의 가격도 다르게 나타난다는 것을 실증적으로 뒷받침한 이론. ②뉴욕의 한 작명전문회사의 발표에 의하면 회사이름이 이니셜로 표기된 금융기업과 일반적인 이름을 가진 기업의 5년간에 걸친 회계성과를 조사한 결과 주당순이익·매출·자본수익률면에서 회사명이 이니셜로 표기된 기업이 다른 기업에 비해 뒤떨어진 것으로 조사됐음. ③보험업계를 제외한 전 산업에서도 이와 유사한 현상이 나타났다고 함. ④우리나라 증시에서도 가끔 이름 때문에 주가가 급등하는 현상이 일어나기도 함.

이맛돌(keystone) : ①돌로 된 문틀 윗턱에 얹힌 돌. ②아치의 머리 중앙부에 장식하기도 하여 얹히게 되는 홍예돌로서 이 이맛돌이 얹힘으로써 다른 홍예돌들이 고정됨.

이맥이 : 부연 위에 걸리는 평고대.

이맥이초(-草) : 부연 위의 평고대에 그린 단청무늬. 이일초(=).

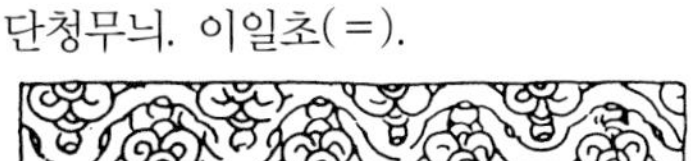

이맥이초　　쇠코 걸련

이면대패기계(二面-機械, two side planer) : 갱 립 소(gang rib saw)·립 소(rip saw)에서 절단된 부재의 상·하면을 고르는 목공기계. 최대 가공규격은 120㎜(높이)×290㎜(너비), 최소 가공규격은 높이 5㎜.

이(치아) 모양의 장식(-裝飾, dentil) : ⇨덴틸.

이무기기둥돌 : 기둥머리에 짐승모양을 새긴 돌기둥.

이무기돌 : ⇨이무기기둥돌(=).

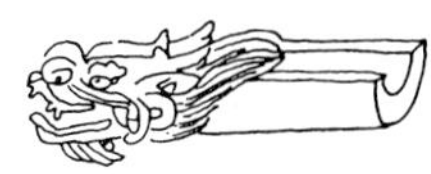

이무기돌

이문간 : 올래목에 서 만나는 대문간(제주도).

이문거리 : 좌우에 주거시설, 축사들이 있는 여러 간으로 된 이문간(제주도).

이미지(心象, 映像 image) : ①image는 '모방하다'라는 라틴어 동사 'imitarie'의 명사인 'imago'에서 유래. 따라서 광의로는 외계의 대상을 모방한다는 상(像)·조상·사상(寫像)·영상·화상, 그림 등을 의미. 즉 조각·사진이나 회화로 보이도록 만든 어떤 것의 형태나 외양의 재현을 의미. 협의로는 마음속으로 떠오르는 상으로서의 심상만을 의미. 디자인 행위에서 디자이너의 마음에 떠오른 것을 다른 사람에게 전달할 때, 그림·사진 입체상 등의 구체적인 대상으로 나타내게 됨. 따라서 이미지는 원래 외계에 대한 모방성과 개인적인 독자성을 갖지만 심상은 오로지 사람의 마음속에 떠오르는 것으로 외계에 대한 충실한 모방이라고 할 수 없음. ⇨자재화(=). ②특정한 원래의 자극 없이도 이전에 지각된 어떤 것을 떠올리는 정신적인 표현. ③마음에 떠오른 영상. 이미지는 언제나 형상으로 표현되므로 일반적으로 외관이라고 하며 표층적인 언어가 사용.

이미지 디스플레이(image display) : 기업이나 상점의 좋은 이미지를 전달하고 문화환경의 조성을 통해 잠정적인 고객의 저변 확대를 꾀하여 결국 판매 증대로 연결시키는 고차원적 디스플레이 형식. 주로 판매현장·외부공간 또는 공공영역에 적용되고 있으며, 상품 광고와 판매 증대를 위한 보조역할을 하게 됨.

이미지배색(-配色, imaging color) : 문·스펜서가 제창한 기하학적 질서를 기초로 한 배색법과 달리, 보는 사람의 마음에 드는 이미지를 만들어내기 위한 배색. 컬러 이미지 측정으로 그 과학적 근거를 입증할 수 있음.

이미지소비(-消費, image consumption) : ①상품이나 서비스가 본질적으로 개선되지 않은 가운데 소비자가 어떤 상품이나 서비스를 선택할 것인지는 이미지에 의해 좌우된다는 것. ②소비자에게 좋은 이미지를 풍기는 기업은 상품구매에까지 그 이미지가 결부될 가능성이 높음.

이미지 스케치(image sketch) : 완성될 때를 상상해서 대략적인 이미지를 그린 스케치. 이미지라고 하는 추상적인 것을 확인하는 컨센서스(consensus)를 만들기 위해 이용하는 그림이라는 뜻.

이미지어빌리티(imageability) : ①물체가 갖고 있는 색채·형상·배치 등의 특질. ②선명한 개성(identity)과 강력한 구조(structure)를 갖춘 환경이미지를 창조하는 요소. ③단순하고 선명하며 강력하게 제 감각에 호소한다는 고도의 의미에서 리지빌리티(regibility)라고도 함.

이미지전략(-戰略, image strategy) : 기업이 고객의 기호(嗜好), 이미지에 기업 및 상품의 이미지를 맞추는 것. 소비자를 자기 회사의 상품이나 기업으로 이끌기 위한 정책의 일환으로 행함.

이미테이션(imitation) : 일반적으로 모조품·모방·가짜를 의미. 디자인이나 예술활동의 기원 및 본질은 자연 모방에 있다는 설이 예술모방론이며 이런 측면에서 모든 작품 등은 모방의 요소를 가짐. ⇨데칼코마니아.

이방(耳枋) : ⇨귀방·고삽(=).

이방성(異方性, optical anisotropic, anisotropy, anisotropic, aeolotropy) : ①어떤 재료에 있어서 방향에 따라 다른 성질을 갖고 있는 것. 예컨대 섬유상 조직을 갖는 선재나 결정 이방향성을 지닌 냉간규소강판 등은 이에 속함. ②물질의 물리적 성질이 방향에 따라 다른 것. 결정체(結晶體)는 이 성질을 가지며, 결정의 방향에 따라 그 물리적 성질이 다름. ③이방성 재료의 성질은 측정하는 방향에 따라 달라질 수 있는 반면, 등방성(等方性) 재료의 성질은 측정하는 방향과 관계 없음.

이방향(二方向, two way) : 두 개 이상의 방향으로 작용하는 하중전달 메커니즘을 가진 구조나 구조부재.

이방향 배근 슬래브(二方向配筋-) : ⇨이방향슬래브(=).

이방향 슬래브(二方向-, two way slab) : 슬래브(slab)가 4면에서 모두 지지되는 것으로 슬래브가 보에 의해 지지되지 않을 경우 지지하는 기둥으로 하중이 직접 전달되며, 양방향(2방향)으로 철근배근된 콘크리트 슬래브. 큰 하중을 받는 중(中)스팬(span)에 적합.

이범재가옥(李範載家屋) : ①중요민속자료 제158호, 안채 19세기말, 기타 건물은 20세기초 건립 추정. ②안채는 정면 6칸의 전후퇴를 가진 ㄱ자형 평면. 본채 구성은 부엌 앞으로 모방을 갖는 중부지역의 전형적인 평면형식을 따라 부엌-안방-상방-마루 두 칸이 구성되며 꺾임부에 해당하는 몸채의 마지막 칸은 건넌방 대신 마루방으로 처리하고 대신 꺾여 돌출한 부분에 온돌방을 둠. 안채는 특이한 평면을 지니고 있어 전·후툇집과 양통을 함께 두는 겹집형태를 띠며 사랑채를 따로 두지 않는 대신에 안채에 사랑을 곁들이는 구성, 돌출부는 온칸의 홑집. 상부가구는 몸채 5량가, 돌출부 3량가구조이며, 몸채부는 팔작, 돌출부는 맞배로 처리하여 위계를 둠. 5칸이 되는 마루를 용마루선에 맞추어 가운데서 판장문으로 구획하여 전후로 놓인 성격이 다른 두 개의 마루를 둠. 전면 마루는 마당을 향해

광채

개방적이고, 후면 마루는 판벽으로 둘러 싸인 폐쇄적인 마루방을 만듦. 특히 후열의 마루방과 전열의 개방적 대청마루와의 사이를 가로 막는 판벽은 두 짝 여닫이에 가로 막는 판벽은 두 짝 여닫이에 머름대를 갖춤. ③사당은 정면 2칸을 가진 전후퇴를 가진 구조로 전퇴는 툇마루를 깔아 반외부공간으로 사용하고, 후퇴는 신주를 보관하는 감실로 함.

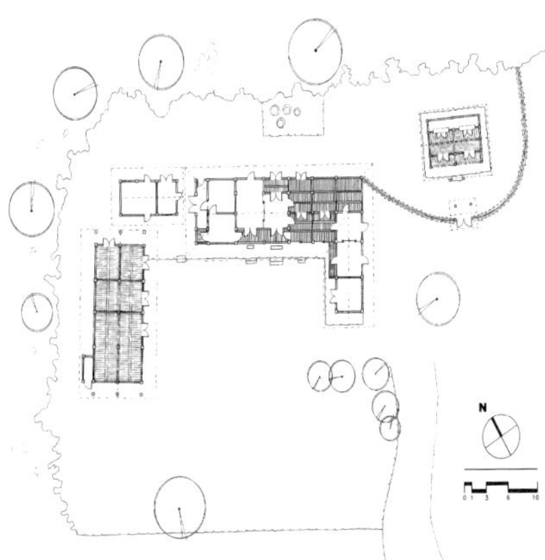

이범재가옥 배치도

이벤트(event) : ①사전적 의미로는 사건·시합을 의미하지만 일반적으로는 마케팅 용어로서 어떤 목적을 가지고 특정 기간에 특정 장소에서 대상으로 하는 사람들에게 직접적인 체험을 갖게 하는 생활과 관련 깊은 행사를 말함. ②목적에 따라 판매촉진(sale promotion)·계몽·교육·정보 파급·홍보·관계개선 등의 효과를 갖기 위한 특별행사라는 개념으로 사용되어 왔음. 다른 커뮤니케이션 미디어와 달리 직접 접하므로 메시지에 대한 흡수가 빠르고, 대상인의 오감에 호소하여 반응도가 높게 됨. 이벤트는 커뮤니케이션 대상·요구·개성화·가치관의 변화·시장의 다변화, 세분화 등에 따라 새로운 효과적 커뮤니케이션 미디어로 각광받기 시작함.

이분형 궁륭(二分形穹窿, bisected vault) : ①하나의 홍예굽(impost)을 가진 아치나 둥근 천장. ②1/4 원통형이 둥근 정상부를 사이에 두고 둘로 나누어져 반대 측면에 마주하여 접해 있음.

이분형 궁륭

이불장(-欌) : 자녀방이나 사랑방에 두었던 머릿장 양식의 가구로 위에 이불을 얹으므로 이불장으로 통용.

이브와르(ivorire[프]) : ⇨아이보리(=).

이브즈(eaves) : 경사진 지붕의 낮은 가장자리로 벽보다 더 돌출된 지붕의 한 부분.

이빛 : 빛넣기를 할 때 연한 빛 다음에 진한 빛을 칠하는 것.

이뻬록소(Ipê Roxo, Tabebuia avellanedae Lorenz) : 브라질·파라과이·아르헨티나·볼리비아에 분포. 심재는 황록색~녹갈색이지만 대기에 노출되면 다시 암색으로 되며 변재는 황색을 띤 백색임. 목리는 사주~교착하고 나무갗은 고움. 심재는 무겁고 기건비중 0.88로 매우 강함. 수축률은 방사방향 5.4%, 접선방향 7.9%, 용적수축률 12.9%로 보통이고 강도는 압축강도 740kg/㎠, 휨강도 1,930kg/㎠로 매우 강함. 경도가 높고 내구성이 크고 가공은 곤란하며 마모저항성이 매우 강함.

이산화탄소(二酸化炭素, CO_2) : ①실내의 종합적인 공기오염 정도를 단적으로 표시하며 실내환기를 위한 점검 내용으로 작용. ②탄산가스 농도가 3%에 이르면 호흡수·맥박·혈압이 증가하고 7~10%가 되면 수분 내에 의식불명이 되고 죽음에 이름. 호흡작용에 의해 농도가 1% 이상으로 되는 경우는 거의 없고, 또 이 정도의 농도라도 건강상 특히 해롭다고 말할 수는 없음. 일상생활에서는 0.1%, 8시간 노동의 작업장에서는 0.5%를 최대허용 농도로 하고 있음.

이삼장군고택(李森將軍古宅) : ①충청남도 민속자료 7호, 1727년(영조3) 창건. 조선 숙종과 영조대에 무관을 지낸 이삼장군(1677~1735)의 고택. 이인좌의 난을 평정한 공로로 영조가 하사한 가옥임. ②배치는 사랑채·안채·문간채·사당으로 구성. 앞쪽에 일자형 사랑채와 후면에 ㄇ모양의 안채를 연결한 튼ㅁ자집으로 동쪽에 정면 4칸의 문간채를 세우고 안채의 동북쪽 구릉 위에 담을 둘러 친 사당을 배치함. 일반적으로 사랑채의 전면부에 대문이 있는 것에 비해 동쪽 측면에 솟을 대문이 있음. 사랑채는 정면 7칸 중 동측 3칸에 사랑방과 대청을 배치하고, 전면에 툇간을 달아 높게 툇마루를 설치하였음. 사랑채 서측의 4칸은 온돌방을 두지 않고 고방으로 사용. 기단은 막돌로 3자 정도 높게 만들고, 초석은 덤벙주초를 사용. 기둥은 모두 방주이지만 빈약해 보임. ③안채는 후면 가운데에 대청을 두고 그 좌우에 안방과 건넌방을 둠. 대청 전면은 툇간을 만들고 툇간과 대청 사이는 문을 달았던 문설주가 있었으나 지금은 없어짐. 좌우 안방과 건넌방 남측에 붙여 각각 1칸 통과 2칸 통 부엌을 둠. 안방 후면에는 두 개의 작은 골방을 두고 서측의 안방과 골방 사이에는 작은 툇마루를 설치. 대청 동측 건넌방 외부에도 툇마루 설치. 안채는 방형 초석에 덤벙주초를 혼용하고 기둥은 사랑채보다 견실한 방주를 사용. ④사당은 정면 3칸, 측면 1칸 홑처마 맞배지붕. 대문간은 정면 4칸, 측면 1칸의 솟을대문. ⑤마을의

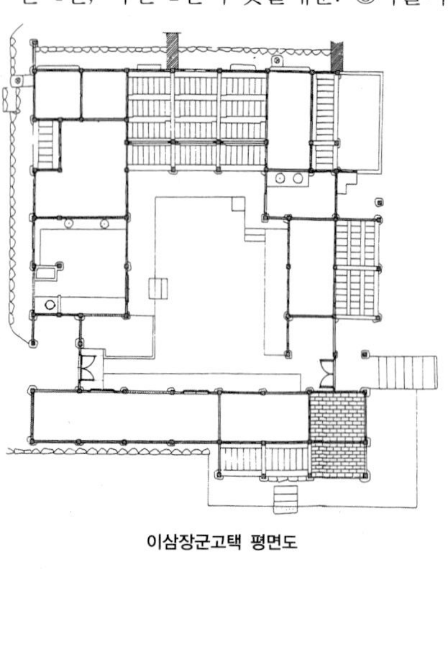

이삼장군고택 평면도

입지조건과 대지조건 및 풍수지리를 적극적으로 도입하여 동쪽에 대문을 두고 진입길을 길게 둠. 검소한 성품으로 특히 사랑채에 사용한 건축부재가 견실하지 못한 것으로 추정됨.

이상(理想, ideal) : ①각자의 지식, 경험의 범위 안에서 최고라고 생각되는 상태. ②개인적인 것이 아닌 절대적인 이데아. 곧 인생의 최고 궁극적인 목적인 선진선미의 합일점. ③최고의 기대와 목적으로서 예술가에게는 이것이 최대의 희망.

이상교류(二相交流, two phase current) : 위상(位相, phase)차가 90°인 두 개의 교류 전압과 그에 대응하는 전류가 흐르는 경우.

이상응결(異常凝結) : 시멘트풀이 너무 일찍 응결되는 현상. ⇨응결.

이상주의(理想主義, idealism) : 디자인의 모티프를 정신적인 이상에 두고 형식을 형성하려는 입장 또는 우주 전체의 의미를 담는 경향으로 사실주의나 자연주의에 대립되는 태도를 취함. 이는 신봉주의를 신봉하던 그리스양식이나 종교양식에서 주로 찾아 볼 수 있음. 사실주의 입장에서 보면 낭만주의나 상징주의·고전주의도 이상주의의 일종으로 파악됨.

이상체온(異常體溫, abnormal body temperature) : 정상적인 체온을 벗어난 체온, 즉 성인의 경우 평균 36℃ 이하이거나 37℃ 이상.

이성(理性, reason) : 올바르고 합리적인 방향으로 이해하거나 추리·생각하는 능력이나 힘.

이세대주택(二世代住宅) : 자녀 또는 손자·손녀와 함께 2~3세대가 한집에서 사는 주택형식으로 욕실이나 부엌을 따로 만들어서 어느 정도의 독립성을 배려한 주택. 단독주택뿐만 아니라 연립주택·아파트와 같은 공동주택에서도 이 방식을 적용.

이소점투시도(二消點透視圖, two point perspective) : ①대상물을 비스듬한 방향에서 본 경우의 표현. 세 쌍의 능선 중 너

비와 깊이 두 쌍의 능선은 화면에 대하여 각도를 갖는 것으로 각각 2개의 소실점이 됨. 화면에 대한 대상물의 각도는 자유로이 설정되는 것으로 건물의 외관 투시도 등에 주로 사용. ②화면에 비스듬한 두 개의 주입면(注入面)을 가진 네모진 사물이나 양괴(量塊, mass)의 선형 투시도. 화면에 나란한 수직선은 수직으로, 화면에 비스듬한 두 수평한 일단의 평행선은 두 소실점, 즉 하나는 왼쪽, 다른 하나는 오른쪽으로 모이는 것처럼 보임.

이수[1](螭首, ornamental top in the form of hornless dragon for a stele, bell, stone post or bronze vessel) : 건축물, 공예품 등에 뿔 없는 용이 서린 모양을 아로새긴 형상.

이수[2](利水) : 생활용수·공업용수·농업용수로서 물의 이용과 발전 등을 말함.

이슈타르문(-門, The Ishtar Gate) : 앗시리아 멸망 후(BC 612년) 신바빌로니아의 네부카네자르(Nebuchadnezzar)2세는 바벨탑을 세우고 요새화된 도시 성벽에 아치로 된 기념적인 문들을 세웠음. 그 중 하나가 고대 메소포타미아의 조적조 건축의 규모와 훌륭함이 잘 나타난 이슈타르(Ishtar) 여신에게 봉헌된 이슈타르문으로 진한 청색의 바탕에 황갈색과 적색의 유약으로 마감된 오지벽돌로 표면이 장식되었음. 또한 성문 벽면에는 이슈타르 여신에게 봉헌된 동물(소·말)들이 뛰어난 솜씨로 부조로 되어 있음.

이스트레이크가구(-家具, Eastlake style furniture) : 19세기 말경에 미국의 찰스 이스트레이크(Charles Eastlake)가 수공예의 정직성과 기능성을 주장한 가구. 그의 가구는 구조를 나타내기 위하여 접합부위를 강조하고 견고하면서도 너무 비대하지 않도록 절제한 점이 특징.

이스트레이크양식(-樣式, Eastlake style) : 1870~80년대에 유행한 건축양식으로 특징은 현관기둥·난간·난간동자는 튼튼하고 육중하며, 커다란 곡선 모양의 까치발과 소용돌이 모양의 장식들, 그리고 그 밖의 양식화된 요소들은 파사드에 따라 각 모서리와 돌출부에 배치되었으며, 개구부를 낸 박공구조, 조각된 판자널, 그리고 다수의 굴대와 현관처마 등을 따라 만든 격자세공이 덧붙여졌음.

이스트레이크양식

이슬람건축(-建築, Islamic architecture) : 7세기 이후 회교도인들의 건축. 회교도 정복의 자취를 좇아 각 지역의 예술 및 건축요소들을 흡수하여 발달. 독특한 건축형식으로서의 모스크 완성·석조 돔과 터널 볼트·원형 및 말발굽형 아치·인간이나 동물의 형상을 그리는 것이 금지되었기 때문에 대신 기하학적 패턴에 맞추어 그려 넣은 서예와 꽃무늬 표면장식 등이 특징. 아라비아 문자를 이용한 복잡한 곡선의 장식기법인 아라베스크(Arabesque) 문양은 사라센 건축의 특징적 요소임. 사라센 건축 혹은 모슬렘 건축(Moslem architecture)이라고도 함.

이슬람교(-敎, Islam) : 유일신 알라와 천국, 지옥과 최후의 심판의 날이 올 것을 믿는 것으로 중심 예언자 모하메드의 가르침을 기초로 한 이슬람교도의 종교적 신앙.

이슬람교도(-敎徒, Muslim) : 이슬람의 무명이나 종교·법에 관계하며, 이슬람을 믿는 사람들.

이승업가옥(都邊首李承業家屋) : ①서울특별시 민속자료 제20호, 서울특별시 중구 필동 한옥마을 소재, 시대는 1860년대에 경복궁을 중건할 때 도편수였던 이승업이 지은 것. 원래 중구 삼각동 36-2번지에 있던 것을 이곳으로 이전·복원하였음. ②안마당에 남쪽으로 향한 안채는 'ㄱ자'형 평면으로 부엌·안방·윗방이

도편수 이승업가옥

일렬로 남북으로 길게 늘어서고, 이와 'ㄱ자'로 꺾인 곳에 대청과 건넌방이 자리잡고 있음. 사랑채(3칸×2칸)는 'ㄴ자'형 평면으로 남향하고 있으며, 서쪽에 사랑방(2칸×1.5칸)과 부엌이 있고 그 동쪽으로 대청(1.5칸)을 건너 또 하나의 방(아들방)이 자리함. 대문간채와 행랑채가 안채와 사랑채를 둘러싸고 있는데, 지금은 안채와 사랑채만 남아 있어 전체적인 건물의 맛을 찾아볼 수 없음. 그러나 안채의 아담함과 길이가 서로 다른 지붕면의 처리, 부엌 앞 측벽(側壁)의 박공벽 전돌의 듬직한 처리 등은 서울에서 찾아보기 힘든 특색있는 구조로 평가됨. 부엌 앞의 사분합 창살문양, 건넌방과 대청 뒤의 난간 처리, 대청문을 들쇠에 달 수 있게 처리한 것, 선반에 까치발을 새긴 초(草)새김 등은 상당히 정교하게 꾸며졌음. 이 가옥의 구조를 보면 남자들은 대문간에서 사랑중문을 통해 사랑채로 왕래함으로써 여인들의 공간인 안채를 통하지 않았으며, 여인들은 대문에서 안중문간을 통해 바로 안채로 통행할 수 있는 구조였음. 이는 남자들은 주로 사랑채에서, 여인들은 주로 안채에서 자신의 생활공간을 가지며 독립된 공간구조에서 생활하였음을 보여줌.

이식래가옥(李湜來家屋) : ①중요민속자료 제160호, 1891년(안채). 전남 보성군 득량면 오봉리 414. ②배치는 안채, 사랑채, 문간채, 곳간채로 구성됨. ③단칸의 대문간에 측간 및 외양간이 두 칸 규모로 연이어 ㄱ자형 평면 형태. 외양간은 문밖에서, 측간은 문안에서 진입하여 공간적 활용의 효용이 매우 독특함. ④안채는 정면 6칸에 전후면에 퇴를 두르고, 평면의 칸살이는 양통집과 툇집의 배열을 혼용(19세기 후반 남도지방의 전형적인 겹집 형태). 부엌 건넌편에 방을 두는 중앙부엌형 계열로 상부가구는 고주를 부분적으로 사용한 가운데 대들보와 조양을 갖는 5량가로 구성한 우진각형의 초가지붕. ⑤곳간채는 3칸의 기본칸에 전후좌우로 퇴를 덧달은 툇집. 전면과 우측면의 퇴는 벽체 없이 개방하여 지붕이 덮인 반외부 공간으로 활용, 나머지 두 면의 툇간은 내부공간으로 사용. 우물마루에 기둥과 도리의 맞춤에는 단장여를 사용하여 보강. ⑥사랑채는 정면 4칸의 전후퇴를 두고 전면은 툇마루로 후면은 판벽을 달아 골방으로 사용. 전열은 온돌방, 후열은 부엌으로 구분하여 사용. 가운데 온칸은 온돌방으로 사용.

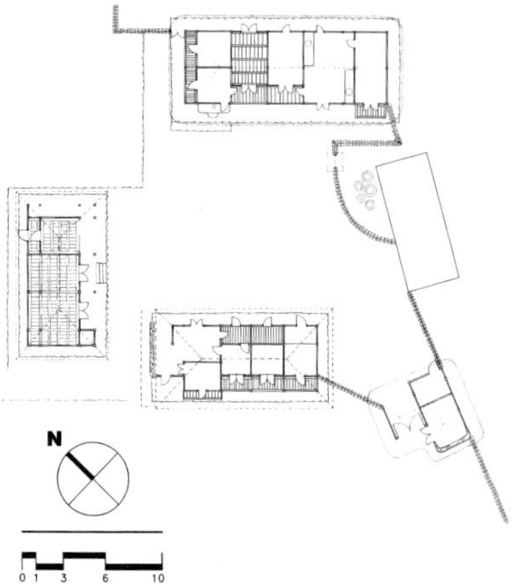

이식래가옥 배치도

이십사번의자(二十四番椅子, No.24 chair) : 와그너(Hans Wegner : 1914~)가 1950년에 설계한 참나무나 너도밤나무로 만든 의자로 래커칠을 9번이나 했음. 종이끈으로 시트를 짜고 증기 압력으로 팔걸이 부분을 구부림.

이십오년양식(二十五年樣式) : ⇨장식미술전(=).

이암(泥岩, mudstone) : 점토나 실트(silt ; 모래보다 곱고 진흙보다 거친 침적토(沈積土)로 침니(沈泥)라고 한다)가 건조·압력 등의 작용으로 딱딱하게 굳은 암석.

이액형 실링재(二液形-材) : ①2액형 poly-sulphide 실링은 poly-sulphide 액상 폴리머(polymer)에 카본 블랙(carbon black)과 기타 미량의 배합제를 더한 것을 전색제(展色劑)로 하고 여기에 이산화연(二酸化鉛) 등의 경화제를 혼합한 가소제를 섞어 만든 재료. ②사용할 때는 전색제와 가소제가 각각 다른 통에 들어 있는 것을 사용 전에 섞어서 사용함. ③특징은 내수성·내약품성·내유성·밀착성이 우수하고 실링재로서의 성능을 갖는 시간은 35~5℃에서 5~14일 후. 즉 고온다습할 때는 경화가 촉진되고 저온다습일 때는 경화가 지연됨. 메탈커튼월(metal curtain wall)·대리석·유리공사 등의 줄눈 등에 광범위하게 쓰임.

이액형 에폭시수지도료(二液形-樹脂塗料) : ①주제와 경화제로 구분되는 이액형 금속용 도료이고, 상온건조 또는 60~80℃×30분 정도의 강제건조로 이용됨. ②Bis Phenol A형의 에폭시수지가 주성분이고, 경화제는 폴리아미노산무수물(酸無水物)·폴리아미드수지 등이 첨가되지만 주로 폴리아미드수지가 사용됨. ③일반적으로 부착성·내약품성이 매우 우수하나 내후성은 양호하지 않음. 외부용으로는 프라이머(primer)로 많이 사용됨.

이어붓기(jointing of successive pours) : 이미 부어넣은 콘크리트를 계속해서 부어넣거나 또는 붓기를 중지한 곳에서 다시 콘크리트를 부어넣기 시작하는 것. 콘크리트를 이어붓는 위치는 보 및 바닥판은 간사이(span)의 중앙부에, 기둥은 바닥판 또는 기초의 상면(上面)에 수직으로 둠. 이때에 레이턴스(laitance)가 생기지 않도록 부어넣고 또 표면에 생긴 것을 제거하고 이음장소는 거친 면으로 하여 부착이 잘되게 하며, 청소를 한 다음 좋은 시멘트 페이스트를 뿌리고 전날 콘크리트와의 부착이 잘되게 함.

이어쌓기(bond) : 벽구조에 안정감과 내구력을 주기 위해 사용된 돌이나 벽돌의 겹쳐지는 열 또는 가로층쌓기 방법으로 많은 표준디자인과 패턴들이 있음.

이에스티(EST ; Earliest Starting Time) : ①네트워크 공정표의 용어 중 하나. ②작업을 시작하는 가장 빠른 시간. ③작업의 흐름에 따라 계산. ④개시결합점에서 나간 작업의 EST=0으로 함. ⑤어느 작업의 EFT는 그 작업의 EST에 소요일수를 가산하여 계산. ⑥복수의 작업에 종속되는 작업의 EST는 선행작업 중 EFT의 최대값으로 하고, 이 EFT값이 계산공기에 해당. ⑦표시는 △로 함.

이에프티(EFT ; Earliest Finishing Time) : ①네트워크 공정표의 용어 중 하나. ②작업을 종료하는 가장 빠른 시각. ③작업의 흐름을 따라 계산. ④개시결합점에서 나간 작업의 EFT=0으로 함. ⑤어느 작업의 EFT는 그 작업의 EST에 소요일수를 가산하여 계산. ⑥복수의 작업에 종속되는 작업의 EST는 선행작업 중 EFT의 최대값으로 하고, 이 EFT값이 계산공기에 해당.

이오니아기둥양식 : ⇨이오니아주범양식(=).

이오니아식 오더(Ionic order) : ⇨이오니아주범양식(=).

이오니아주범양식(Ionian order style) : ①B. C. 6세기 아시아 미놀(Minor) 지역의 그리스 식민지에서 그리스인에 의해 발전된 고전 오더. ②주두에 우아하게 주형된 기반(基盤, base), 가는 띠에 의해 분리된 세로홈을 가진 길고 가느다란 기둥, 그리고 소용돌이 모양(螺旋形) 장식을 사용한 기둥머리(柱頭 : capital)가 특징. ③플루팅(fluting)이 있는 기둥에는 몰딩된 베이스가 있고, 3개의 띠벽으로 구성된 앤태블러처(entablature), 풍부하게 장식된 프리즈·코벨식으로 돌출된 코니스를 받치고 있음. ④로마와 르네상스의 것은 더욱 정교하며 보통 볼루트(volute)는 아키트레이브(architrave)와 45° 각도로 놓여 있음. ⑤오래된 목조가구(木造架構, frame structure)에서 유래한 형식으로 B. C. 6세기 중반경 소아시아에서 기원한 이 오더는 소용돌이(渦形) 형상(volute)의 주두와 코니스에 덴틸스(dentils)가 특징인 그리스 기둥양식의 하나로 도리아식 주범에 비해 세부장식이 풍부하고 가늘고 길기 때문에 우아·경쾌·유연감을 주며 곡선적인 관계로 여성적인 느낌이 나며 주초(柱

礎, base)가 있고 배흘림이 약하며 주신(柱身, shaft)에는 골줄(fluting)이 있음. ⑥비례는 그리스의 약 9배 정도가 르네상스에서 크게 변하지 않았음.

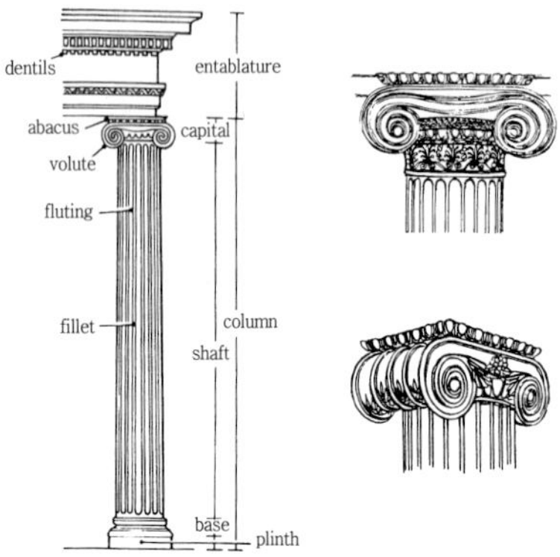

이오니아식 기둥

이오닉양식(-様式, Ionic order) : 건축의 고대양식 중 하나. 주두(capital)의 특징적 요소는 나선형의 소용돌이 문양. 로마 기둥의 표준비례는 지름의 9배 높이가 되도록 하는 것.

이오닉오더(Ionic order) : ⇨이오니아주범양식(=).

이오토막(二五-, quarter closer) : ①벽돌의 길이를 1/4로 마름질(cutting)한 토막벽돌. 이때 3/4이 되는 부분을 '칠오토막'이라고 함. ②벽돌을 절단하여 만든 이형벽돌의 일종. ③영식쌓기와 불식쌓기의 모서리 부분에 사용.

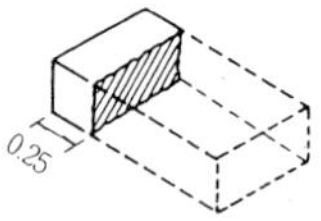

이오토막

이완(iwan) : 이슬람 건축에서 중앙 뜰을 향하여 한쪽 또는 양쪽으로 개방된 반원통형 궁륭천장(vault ceiling)이 있는 홀.

이용우가옥(李容禹家屋) : ①중요민속자료 제163호, 순종 융희2년(1908) 안채 건립. 전남 보성군 보성읍 옥암리 580에 위치. ②이씨동족마을인 보성읍 옥암리에는 반가(班家)의 품격을 갖춘 옛집들 중에서 대표적인 가옥. 안채를 비롯하여 사랑채·광채·대문간·헛간채·축사 등 다양한 건물과 마당이 갖춰져 있음. 1908년에 지어진 안채는 동남향으로 위치하고 그 아래쪽에 서쪽으로 약간 비껴서 사랑채가 안채와 병렬로 배치되었음. 사랑채 뒤와 안채 서쪽은 부엌과 연계된 뒤뜰이 마련되고 그 서쪽에 광채가 동향으로 앉았음. 안채 앞쪽으로 안마당이 있고, 그 맞은편에 안채와 약간 비스듬히 대문간이 놓였으며, 그 동쪽에는 헛간채가 나란히 배치되었음. 대문간 앞은 조그마한 바깥마당인데 서쪽에 사랑채로 통하는 대나무 사립문이 시설되었음. 사랑채 앞은 사랑마당인데 정원으로 꾸며졌음. 사랑채에 대문간이 있는 것으로 보아 예전에는 사랑채로 직접 출입하였으며 진입로도 지금과는 달랐으리라 추정됨. 안채 뒤로는 안채의 양쪽 끝에서 뒤로 담장을 쳐서 동선을 차단하고 뒤안마당을 만들었음. ③凹자형 안채는 건물 앞쪽은 '一'자형이며 건물 뒤쪽에서 양쪽날개를 내밀어 뒤안을 둘러쌓았음. 이러한 건물의 형태는 남해안 지역에서만 볼 수 있는 독특한 방법으로 뒤안공간을 폐쇄적으로 사용하기 위한 의도임. 건물 정면은 5칸으로 전후좌우퇴를 가진 겹집으로 측면에서 보면 두줄백이인 양통(兩通) 혹은 전후툇집의 가구구조 형식을 혼용함. 건물 뒤쪽의 날개는 각각 1칸씩 내미는데 이 형태가 뒤안공간을 둘러쌓고 있음. 좌우측면과 후면으로는 처마를 받치기 위한 덧기둥 설치. 대청중앙에 가로로 분합문을 시설하여 공간을 구분 안대청과 밖대청으로 구분하여 공개적인 밖대청은 전면으로 개방하면서 가족만이 들어갈 수 있는 안대청은 폐쇄하는 점. 남도지방의 대청이용 방법은 경기지방과 달라서 외부로 보기에는 하나의 기능을 갖는 실로만 여겨지는데 내부로는 대청과 도장 내지는 고방의 기능이 강조되어 안대청을 도장기능을 갖는 공간으로 구분하는 것이 이 지방부농들의 발달된 이용 행태로 여겨짐. ④곳간채는 중앙 두 칸은 마루방, 좌우의 두 칸은 흙바닥으로 마감한 4칸 규모의 맞배집.

안채

광채

부엌 후면

곳간채

이용욱가옥(李容郁家屋) : ①중요민속자료 제159호, 현종(1835) 때 창건, 19세기말 개축, 솟을대문(1904). 마을 내에서 가장 세력이 큰 계파(李派)의 의식적 중심으로서의 역할(집 앞의 연지와 솟을대문 등의 의장적 장치가 위계를 반영)을 함. ②배치는 솟을대문을 가진 행랑채와 사랑채, 안채, 곳간채와 중문간채, 별당으로 구성. ③솟을대문은 정면 5칸의 홑집으로 중앙칸에 솟을대문을 두고 좌우로 두 칸씩 각각 행랑방과 고방으로 사용. 사랑채 좌측에 안채로 통하는 중문채가 있고 사랑채와 중문채 사이에 담장을 두어 안마당과 사랑마당으로 구분. ④사랑채는 정면 4칸에 전후면과 한쪽 마구리면에 툇간을 둔 팔작집. 좌측에서부터 부엌, 온돌방, 마루를 둠. 정면 툇간은 모두 툇마루로 사용, 후면의 툇간은 안마당과의 공간적 연결과 차단을 위한 감실 등으로 이용. 특히 부엌은 후면 안마당에서 바로 접근할 수 있도록 구성하여 사랑채에 대한 서비스 동선을 편리하게 함. 대청 측면으로도 개구부를 두어 두 방향으로 조망을 취할 수 있도록 함. ⑤중문채는 정면 4칸의 홑집으로 우측의 중문간 1칸과 안마당을 정면으로 하는 세 칸의 고방을 둠. 각 주를 사용한 맞배집. ⑥안채는 정면 6칸에 전·후면과 한쪽 마구리면에 퇴를 두는 매우 큰 규모의 전형적인 一자집. 안방과 건넌방 및 뒷방(후퇴)과 부엌(2칸)과 마루(2칸)로 구성됨. 잡석 기단에 네 개의 계단을 둠. 안방과 마루, 건넌방으로 오르는 계단은 바깥쪽으로 돌출된 것이며 부엌으로 이르는 계단은 기단을 파고 들어간 계단임. 각 실의 용도에 따라 칸의 크기를 조절함. ⑦별당채(蓮亭)는 온돌과 마루를 각각 한 칸씩 두고 사방으로 툇간을 돌려 각각 툇마루 및 함실아궁이로 사용하는 정자와 같은 집. 별도의 담장은 없지만 안마당과 구분되는 작은 별당 마당이 전면에 있어 독립적인 영역을 확보함. ⑧곳간채는 4칸 규모의 홑집으로 단순한 기둥배열을 하고, 안채에 직각으로 놓인 맞배집.

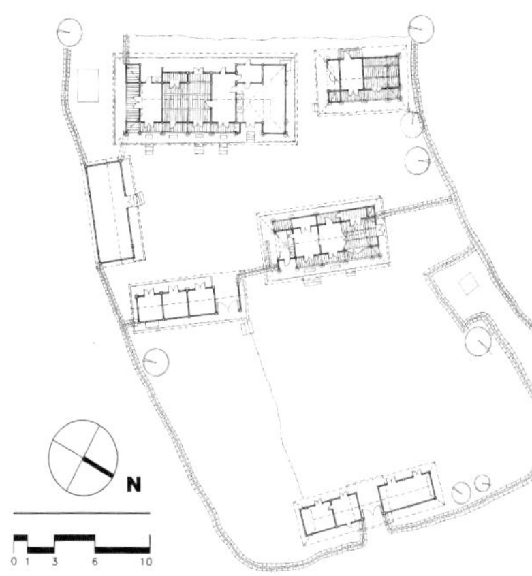

이용욱가옥 배치도

이음(joint, connection joint) : ①재의 길이방향으로 이어가는 방법 또는 그 자리. ②두 개 이상의 부재를 길이방향으로 이어서 1개의 부재를 만들 때 그 이음자리 또는 잇는 방법. ③형식에는 맞댄이음과 따낸이음으로 구분. ④이음장소는 응력이 큰 곳은 피하고 가능한 작은 곳에 둠. ⑤이음의 종류는 접합방법에 따라 맞댄이음·겹친이음·따낸이음(주먹장이음·메뚜기장이음·엇걸이음·빗걸이이음)·중복이음·기타(빗이음·엇빗이음·홈이음·턱솔이음·상투이음·산지이음), 이음 위치에 따라 내이음·심이음·베개이음 등으로 구분. ⑥⇨붙임(=).

이음고리장식(guilloche) : ⇨기요셰(=).

이음매(joint) : 석조공사에서의 석재 사이 또는 벽돌공사에 있어서 벽돌 사이의 틈. 콘크리트공사에 있어서 이음매는 어떤 치수로 만들어진 공간을 편리하게 다룰 수 있도록 하기 위해, 수축을 고려하기 위해, 그리고 독립적인 요소들을 분리하기 위해 필요함. 조절 이음매는 큰 공간의 수축을 방지하기 위해 연장에 의해 세공됨. 확장 이음매는 온도변화에 기인하는 확장이나 축소를 대비하여 디자인되었으며, 보통 발판에서부터 지붕까지의 구조 전반에 걸쳐 있음. 분리 이음매는 각각의 이음매가 독립적으로 움직일 수 있도록 각자의 콘크리트 단면을 분리함. 그들은 흔히 바닥면에서, 기둥에서, 그리고 바닥과 벽 사이의 접합부분에서 찾아볼 수 있음.

이음매 없는 강관(-鋼管, seamless steel tubes) : ①강괴 또는 강편으로부터 열간으로 압연·압출·밀어빼기로 제조되든가 또는 천공한 다음 기계마무리로 제조된 이음매가 없는 강관. ②이음매 없는 강관을 냉간인발한 것을 냉간마무리 이음매 없는 강관이라 함.

이익공(二翼栱, 二翼工) : ①공포가 2개인 것. ②익공 부재가 2개인 경우. ③익공이 두 개 겹쳐진 경우로 익공양식 중 가장 널리 사용됨. ④익공 쇠서가 둘로 된 공포. ⑤기둥머리에 두공과 창방에 교차되는 상하 두 개의 쇠서로 짠 공포(기둥 중간에 창방과 도리·장여 사이에 화반을 놓음). ⑥기둥 위에 덧붙이는 쇠·촛가지가 둘로 된 익공. ⑦도리 및 장여를 화반(花盤)·기둥 위에는 두공으로 받치고 창방과 두공 또는 보아지가 쇠서 모양으로 바깥에 내민 부재(部材) 또는 그렇게 꾸미는 일.

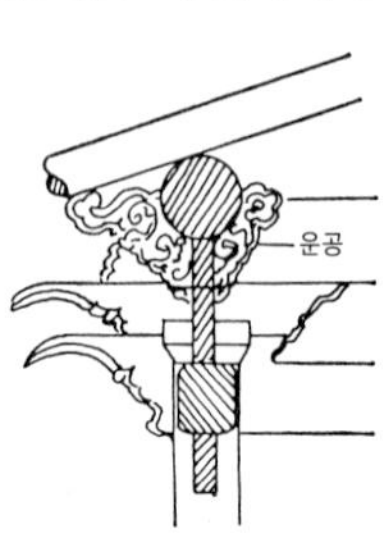

이익공

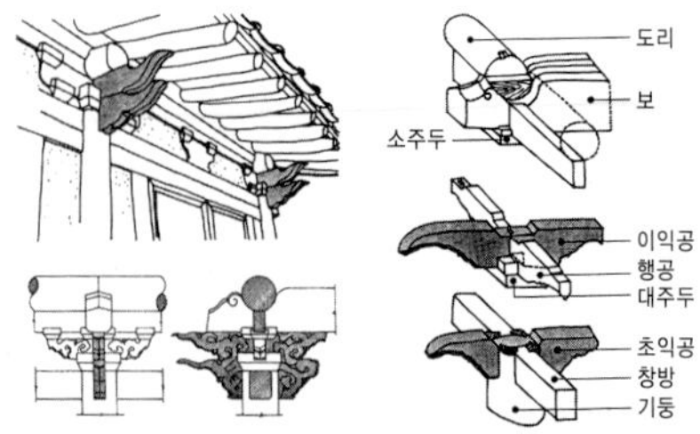

이익공

이익공주삼포집(二翼工柱三包-) : 주심포가 삼포로 되어 촛가지가 두 개로 된 집.

이익공포(二翼栱包) : ⇨이익공(=).

이일초(二一草) : ⇨이맥이초(=).

이입문화(移入文化, migrant culture) : ①이질적인 배경의 두 개 또는 그 이상의 문화가 접했을 때 적응과정에서 나타나는 지엽적이고 약세인 경우의 문화. ②두 문화가 접했을 때 약세의 문화(migrant culture)는 우세한 문화(host culture)의 영향을 많이 받으면서 크게 변하다가 시간이 흐름에 따라 세대(generation)가 바뀌면서 고유한 것을 원하게(wanted) 되고, 그 다음에 실제생활에서 필요한 것으로 요구(needs)하게 됨.

이의정(二宜亭) : ①조선 중기(朝鮮中期)의 거유(巨儒)이던 미수(眉叟) 허목(許穆)이 그의 동생과 함께 우거(寓居)하던 곳. 처음에는 자굴산 아래 곡소(鵠巢)마을에 이의정(二宜亭)을 짓고 시서(詩書)를 벗하며 지냈으나 그 뒤 후손들에 의해 지금의 장소로 옮겨 지은 것. ②정면 5칸 팔작(八作)지붕. 미수 허목의 영정(影幀)과 위패(位牌)를 모신 사당(祠堂)과 3칸 고사(庫舍)가 있어 이곳에는 미수기언(眉叟記言) 목판각(木板刻) 등 그의 유품(遺品) 20여 점이 보존되어 있음. 목판각(木板刻)은 모두 921장이 있었으나 그동안 유실되고 지금은 869장이 남아 있음. 가로 20자 세로 18자씩 각자(刻字)된 이 목판각은 미

이의정

수가 남긴 유고 가운데 일부이며, 이 밖에 도 그의 역저(譯著)로 알려진 경예유찬(經禮類纂) 각판이 보존되어 있음. 한편 이 목각판은 도지정문화재 제182호로 지정되었음.

이자집(二字-) : ⇨쌍채집(=).

이장(二杖) : ①초장 다음에 얹힌 선자서까래. ②추녀 옆에 붙은 초장 다음번의 귀서까래. ③이장 다음에 삼장, 사장, 오장 따위로 얹힘.

이장우가옥(李章雨家屋) : ①광주광역시 민속자료 제1호, 광무3년(1899) 창건. ②솟을대문을 가진 3칸의 문간채 외에 안행랑채, 사랑채, 안채가 앞뒤로 나란히 배열. 꺾음부에 부엌을 두어 평면계획에서 부녀자의 활동을 편리하게 하고 가족의 공간을 확보하기 위한 노력이 두드러짐. 근대 한옥에서 흔히 발견되는 현상. 독특한 거북문의 문짝 고정쇠를 갖는 등 세부의장에 한껏 멋을 부림. 기둥배열을 조절하여 각 방에 모두 규모 있는 수납공간을 배치한 점 등은 근대 한옥에서 공통적으로 발견되는 평면계획의 특징.

이재준가옥(李載濬家屋) : ①서울특별시 민속자료 제10호 지정(1977.3.17). 서울특별시 성북구 성북동 243-4 소재. 이재준가옥은 조선말 마포 강에서 젓갈장사로 큰 부자가 된 이종상의 별장으로 전하여 오는데, 당시 부유한 상인들의 생활상을 알 수 있는 귀중한 건물. ②이 집은 사랑채 비슷한 별채의 안채와 이에 부속된 행랑채로 이루어져 있는데, 동북쪽에는 안채와 북쪽에는 행랑채가 있음. 대청 옆 누마루에는 '일관정(一觀亭)'이라고 쓴 글씨를 걸고, 추녀에는 풍경을 달았으며, 회색벽돌로 영롱담을 쌓아 집터 주위를 둘러막았음. 특히 안채로 드나드는 일각대문과 그 바깥마당의 우물가 등은 집터 주위의 수목과 마당의 소나무 등과 어울려 옛스런 멋을 주고 있음. 이 집은 살림집이라기보다 별장 건축으로서의 면모를 갖춘 집이라고 할 수 있음. ③이 집은 남향의 ㄴ자형 안채와 행랑채로 구성되어 있음. ㄴ자형 몸체의 중심공간은 방과 대청, 누마루, 본래 부엌간이 없었던 것은 별장으로 지었기 때문이며, 대신 행랑채가 반빗간으로 쓰여졌음. 몸체의 구조는 장대석 세벌대 기단 위에 네모뿔대의 초석을 놓고 네모기둥을 세워 굴도리로 결구한 일고주오량(一高柱五梁)이며 겹처마팔작지붕을 이루고 있음.

이재준가옥

이전(移轉) : 건축법상 용어의 정의는 건축물을 그 주요구조부를 해체하지 아니하고 동일한 대지 안의 다른 위치로 옮기는 것.

이점변별치(二點辨別値) : ①피부의 예민도를 측정하기 위해 동시감(同時感)을 제일 많이 쓰는 방법. ②동시에 2점을 자극했을 때, 이것이 각기 다른 점이라고 느낄 수 있는 최소한의 거리. 이는 신체 부분에 따라 다르고, 훈련에 따라 향상시킬 수 있음. 두 점의 식별 능력은 피부가 한 점의 위치를 식별하는 힘보다는 작음. 위치의 지각은 손·발·입술 등과 같이 움직이는 부분이 가장 예민함.

이점식별능력(二點識別能力) : ⇨이점변별치.

이점투시(二點透視) : ⇨유각투시.

이정우가옥 : ①홍산객사(鴻山客舍)와 동헌(東軒)의 앞쪽에 약간 비켜 배치되어 있는 형방청(刑房廳) 건물. ②ㄷ자형 평면으로 가운데 3칸의 방을 두고 북측에는 부엌을, 남측에는 마루방을 배치. 부엌 앞쪽으로 2개의 방을 나란히 두고 마루방 앞에는 2개의 방과 부엌을 나란히 배치. 남측의 방 바깥쪽으로 툇간을 두어 마루방과 연결. 가운데 3개의 방 앞 툇간에는 마루를 놓고 북측 2개의 방 앞에는 폭이 좁은 쪽마루를 설치. 홑처마 팔작지붕에 무고주5량가구조. 지붕의 높이가 다른 건물에 비해 높음. 자연석을 대충 다듬어 방형으로 만든 다음 두벌대 기단을 만듦. 초석은 덤벙주초, 기둥은 방주. 부재는 상대적으로 큼. 기둥 상

부는 부분적으로 무출목초익공을 설치. 안쪽 회첨부분 서까래 배열은 평행하게 놓고, 양익랑의 서까래가 그 밑에 직각으로 배열되게 함. 지붕 위 기와의 회첨부분에는 45°로 지붕골을 만들어 서까래 배열과 전혀 다르게 함.

이제공(二諸工) : ①초제공 위에 두 번째로 짜여진 제공. ②주삼포(柱三包)집 기둥에 덧붙이는 쇠서받침. ③오포(五包)와 칠포(七包) 집에는 각각 3제공, 4제공이라 함. ④삼제공·사제공·오제공 따위로 짜여짐.

이준구가옥(李俊九家屋) : ①서울특별시 문화재자료 제2호 지정(1991년). 서울특별시 종로구 가회동 31-1. 1938년경 건립. ② 개화기 서양식 상류계층 주거 가옥의 형태를 보이고 있는 2층 양옥. 특히 건축 자재 중에는 개성 송학의 신돌이라는 화강암과 프랑스 기와가 사용되었음. 정원수와 석탑 등이 설치되어 있으며, 보존상태 양호함.

이좀베(Izombé[프], Testulea gabonensis Pellegr[학]) : ①가봉의 원시밀림 중 배수가 좋은 곳과 카메룬 일부에 분포. ②목리는 통직하나 교착목리가 있음. 나무갗은 곱고, 기건비중 0.64~0.84로 중경재(中硬材). 강도는 압축강도 500kg/㎠, 휨강도 1,110kg/㎠, 횡인장강도 23.6kg/㎠, 전단강도 77kg/㎠로 보통. 건조는 매우 용이하고 빠르며 큰 갈라짐(할렬)이나 변형은 없음. 가공은 용이하며 약간의 교착목리가 포삭에 문제될 때가 있음. 접착과 도장은 용이하며 못은 잘 받으나 갈라짐이 일어나기 쉬움. ③주로 단판·건축·내장·바닥재 등에 사용.

이종선가옥(李鐘善家屋) : ①전라남도 민속자료 제15호, 순종 융희2년(1908년) 건립. 전남 보성군 보성읍 옥암리 582에 위치. 예동마을 광씨, 이씨 종가집. ②안채, 문간채, 헛간이 딸린 아래채 등으로 구성·배치됨. ③단칸의 문간을 중심으로 좌측으로 2칸의 온돌방과 우측으로 2칸의 마루방을 둠. ④안채는 7칸 규모의 一자집에 몸채 전후에 퇴를 올린 평면으로 막돌 거친돌쌓기 기단과 사각형으로 거칠게 다듬은 초석을 두고 방주를 세움. 기둥머리는 보아지와 도리를 모두 갖춘 사개맞춤 구조이지만 주두를 쓰지 않음. 좌측의 4칸과 우측의 3칸이 각각 방-마루-부엌을 갖는 독립채를 구성하며 나란히 연접한 형식. 이 두 공간 사이는 전열에 놓인 마루방을 통하여 연결됨. 연결부는 판벽과 여닫이문을 달아 구획함으로써 동선상으로는 서로 연결되지만 심리적으로는 분리된 영역으로 안채 4칸의 규모는 안채와 3칸의 규모는 사랑채가 한 몸으로 붙은 통합형 평면구조임. 一자형 안채의 구성은 부엌·안방·마루·건넌방이라는 4칸 길이를 기준으로 동선상으로 연결되고 심리상으로 분리되는 사랑채에 해당하는 부분을 부가하여 새로운 통합형 안채를 만들어냄. ⑤문간채는 정면 4칸의 전후툇집으로 대문간에 문짝을 부설하기 위하여 기둥을 두어 전후 2칸의 형식을 취함. 상부가구는 고주를 사용하지 않고 평주만으로 7량가를 둠. ⑥아래채는 모두 5칸 중 3칸은 곳간, 2칸은 온돌방과 아궁이간으로 사용하는 우진각지붕. 곳간부의 전면에는 원주, 나머지는 각주를 사용.

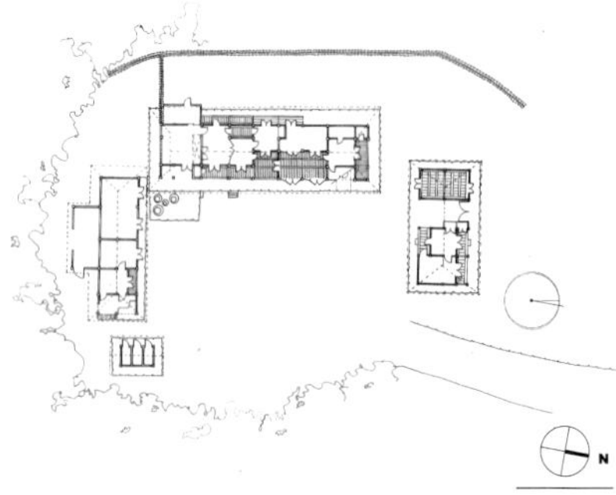

이종선 배치도

이종순가옥(李種順家屋) : ⇨삼척 대이리 굴피집.

이종옥가옥(李種玉家屋) : ⇨삼척 대이리 너와집.

이종환기(二種換氣) : 실내의 적당한 위치에

배기구를 설치하고 송풍기에 의하여 외기를 강제적으로 도입하고 배기는 배기구에서 자연적으로 밀려나가도록 하는 방식.

이종후가옥(旌善 李種厚家屋) : ①강원도 유형문화재 88호, 18세기초. ②안채와 사랑채가 헛간채와 대문으로 이어진 튼ㅁ자 형태. 사랑채 앞으로 별당인 수고당(守孤堂)이 조성된 정선의 대표적인 반가(班家)임. 안채는 자연석을 세벌대로 쌓은 후 장대석 초벌쌓기를 하여 기단을 완성하고 자연석 초석 위에 방주를 세움. 대청과 건넌방이 ㄱ자 형태로 구성된 일반적인 겹집 형태. 대청에는 모두 문을 달고 안방에서 건넌방까지 툇마루를 설치하여 외부에서도 동선의 연결을 원활히 함. 건넌방에는 측면에도 툇마루를 설치하여 외부 마당과의 원만한 연결과 입면효과를 도모함. 건넌방에는 안주인이, 사잇방은 할머니, 안방에는 증조할머니가 생활하였고, 큰방은 거실 개념의 가족공간이었으며, 뒷방은 부엌과 연결되어 음식을 장만하는 공간으로 사용되었음. 사랑채는 비교적 높은 기단 위에 세워져 자연스럽게 상당부분 들어 올려져 기능적 배치에 의해 경사진 대지를 효과적으로 활용하여 전체적으로 좌고(坐高)가 높아져 조망성이 좋아지고 겹겹의 완충공간을 만들어 입면효과와 공간의 위험을 더함. 큰사랑·작은사랑·서함·대청·머슴방 등으로 구성되고, 전면과 측면에는 툇마루를 설치함. 큰사랑은 증조부, 작은 사랑은 할아버지가 기거하였음. 사랑채 서측에 위치한 별당은 겹처마에 팔작지붕으로 대청·작은마루·중층의 다락과 서고로 구성됨.

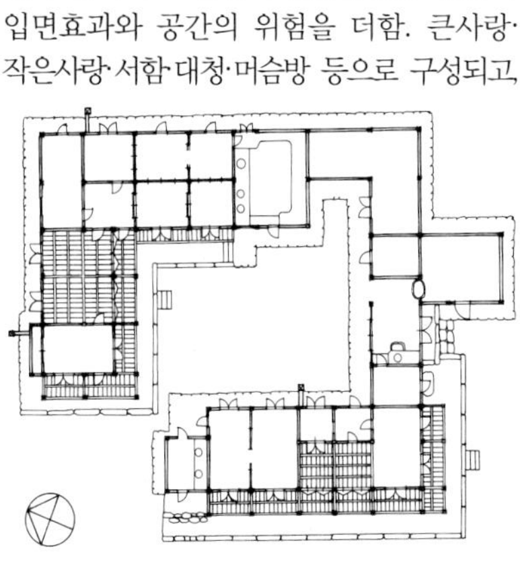

이종후가옥 배치도

이주식(二柱式 distyle) : ⇨다이스타일(=).

이중구배지붕(mansard roof) : ⇨망사르드지붕(=).

이중구조(二重構造, double glazing) : 힘을 받기 위해 2개 또는 그 이상의 골조를 결합해서 만든 구조유형.

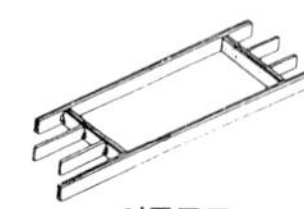

이중구조

이중덕트방식(二重-方式, dual duct system) : 온풍의 2개 덕트를 설치하여 말단 혼합유닛으로 냉풍·온풍을 혼합해 송풍함으로써 실온을 조절하는 전(全)공기식 조절방식. 개별 조절이 가능하고 난방을 동시에 할 수 있으므로 계절마다 냉난방의 전환이 필요하지 않음. 칸막이나 공사비 절감에 따라 계획을 임의로 바꿀 수 있음. 그러나 설치비·운전비가 많이 들고 이중덕트 설치로 차지하는 면적도 넓으며, 완전한 습도조절이 어려움. 주로 개별 제어가 필요한 건물, 냉난방부하 분포가 복잡한 건물이나 전풍량 환기가 필요한 곳(회의실·병실·연구실·식당 등), 임대사무실과 같이 장래 대폭적인 변경 가능성이 많은 건물에 적합.

이중머리못(二重頭釘, double headed nail, duplex headed nail) : 비계나 거푸집 같이 건물의 임시구조물에 사용하는 못. 몸대에 플랜지(flange)를 달아 못이 끝까지 박히는 것을 막고 못머리를 잡아 빼기 쉽도록 만든 못. ⇨거푸집용 못·비계용 못(=).

이중문(二重門, double door) : 동일한 문틀(frame)에 장치된 한 짝의 문.

이중바닥(二重-, double floor, duplex floor) : 공간을 사이에 두고 바닥널을 이중으로 깐 바닥. 주로 방한·방음·배선·배관 등의 목적으로 행함.

이중벽(二重壁, duplex wall, double wall)

: 이중으로 되어 있는 벽. 주로 방수·방습의 목적으로 실시. 밑에는 배수구 또는 배수관을 설치.

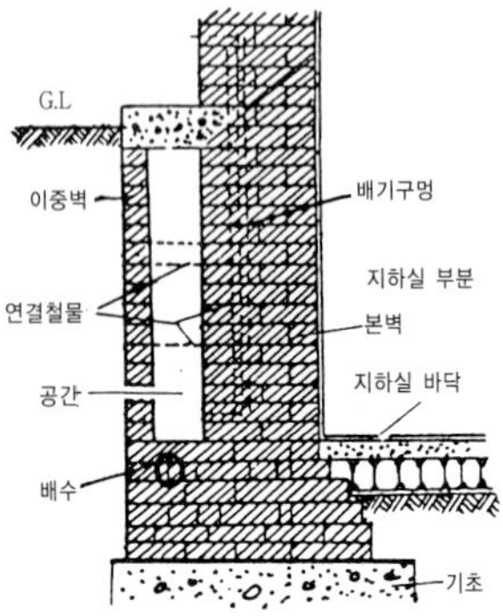

이중벽

이중보색(二重補色, double complementary) : 색상환에서 근접색과 그들의 보색과의 관계.

이중서랍장(二重-欌, double chest of drawer) : 체스트 위에 체스트가 얹힌 것으로 아래쪽 체스트가 조금 더 넓고 깊으며 위쪽 것은 꼭대기에 장식되어 있음.

이중서비스밸브(二重-, double service valve) : 한랭지 배관에서 사용되는 난방설비용 밸브.

이중유리(二重琉璃, pair glass) : ⇨복층유리(=).

이중응결(二重凝結) : ⇨헛응결(=).

이중지붕(二重-, double roof) : 마룻보나 동자보와 같이 길이방향 부재들이 서까래를 중간에서 지지할 수 있도록 하는 지붕으로 '이중골조식 지붕'이라고도 함.

이중창(二重窓, double window) : ①보온·방음효과 등을 위해 이중으로 만든 창. ②창을 이중으로 하며 일반적으로 실외측에서는 외기현상에 강한 알루미늄 창호·철제 창호 및 플라스틱제 창호를 사용하고 실내측에는 목재창호를 설치하여 그 양측 사이에 공기층을 만들어 방한·방열·방음의 목적으로 하는 이중겹창으로 여닫이와 오르내리창 또는 밖여닫이·안미세기로 함. 또한 이중창문도 안여닫이·밸런스 창·이중3등분 밸런스창으로도 할 수 있음.

겹창의 열전도율(cal/℃ · cm · sec)

온도차 / 종 류	1℃	20℃	40℃	60℃	70℃	80℃
단 창	1.126	22.5	45.5	67.6	78.8	90.0
이 중 창	0.456	9.0	18.0	27.0	31.5	36.0
삼 중 창	0.281	5.6	11.2	16.9	19.7	22.5

이중판접착합판(二重板接着合板, double plate plywood) : 일반적으로 섬유방향이 직교한 두 장의 단판을 합친 것으로 주로 도어용으로 많이 사용.

이중패널(二重-, sandwich panel) : 두 장의 고강도 박판 사이에 경량 재질의 코어를 삽입한 구조패널. 일반적으로 중량 대비 강성이 커짐.

이즈먼트(easement) : 각도를 이루어서 교차하는 양면간의 표면이 부드러운 변화를 나타내도록 처리한 곡선형 접합.

이지드에지(eased edge) : 모서리가 약간 둥그스름한 테두리.

이지오더방식(-方式, easy order method) : 신사복을 여러 가지 패턴으로 분류, 이에 맞춰 소비자들의 주문을 받은 후 10여 일 후에 완제품을 만들어주는 기성복과 맞춤복의 중간형태.

이지체어(easy chair) : ⇨안락의자(=). ⇨라운지 체어(≒).

이지크라네(aegicranes) : 고대 그리스와 로마의 조각에 장식적 요소로 사용된 염소나 양의 두상 또는 두개골.

이지크라네

이진기가옥(江陵 李眞基家屋) : ①강원도 문화재자료 89호, 19세기말 창건. ②전체적으로 겹집형태를 주조로 하여 폐쇄적인 평면구성을 이루나 적절한 개구부를 구성하여 기능적인 연결을 꾀하여 기밀성 확보와 건축환경적 효과를 가짐. ③전면에 차면담이 T자로 설치되어 사랑채와 안채의 출입을 입구에서 분리하여 열려 있으면서 닫힌 공간을 연출함. ④흙·기와·돌을 적절히 사용하여 기능적이고 아름다운 담장을 구성하고, 수키와와 흙을 사용하고 문양을 넣은 차면 담은 이 지역의 특징. ⑤대문 없는 사랑채와는 달리 안마당으로의 출입에 대문이 설치되어 공간의 성격 차이를 보여 줌. 또한 안채의 공간성 확보도 확실함. ⑥안채는 높은 기단 위에 전면 5칸, 측면 2칸의 겹집으로 구성된 팔작기와지붕 집. ⑦사랑채는 전면 4칸 중 3칸이 툇마루임. 대청과 안채쪽에 사우(祠宇)를 둠.

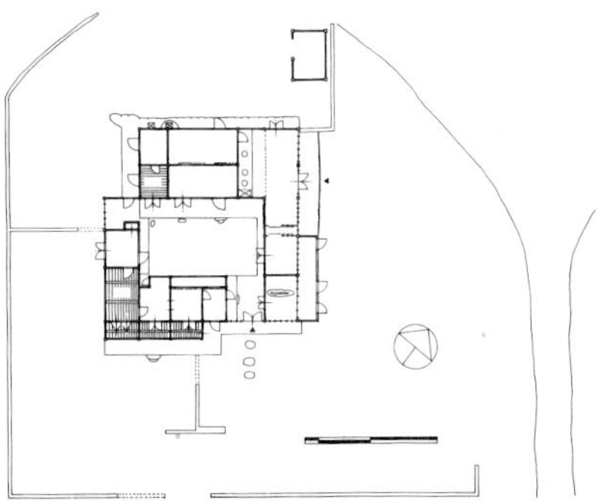

이진기가옥 평면도

이집트건축(-建築, Egyptian architecture) : B.C. 3000년 이전부터 B.C. 30년 로마에 합병될 때까지 아프리카의 북서부 나일 강 유역에서 번성한 고대 문명의 건축. 특히 거대한 석재무덤과 신전의 축에 의한 배치계획(axial planning)과 정교한 석공법을 이용한 상인방식 구법(構法)의 사용, 부조방식으로 새겨 놓은 상형문자로 장식한 벽체 등이 특징. 영원의 세계와 내세에 대한 신념이 이러한 장의적(葬儀的) 기념비와 신전 건물에 표현되었는데, 주거건축의 형상을 영구·보전하기 위하여 석재를 사용해서 거대한 규모로 복제.

이집트양식(-様式, Egyptian style) : 거대한 피라미드와 신전·스핑크스·오벨리스크 및 무덤에서 출토된 수많은 부장품들로 대변되는 B.C. 3100~332년 사이에 나일 강을 중심으로 발달한 양식. 실내는 연꽃·종려나무·파피루스 등이 기둥 주두의 모티프였으며, 벽면은 선으로 음각하거나 벽화로 처리. 가구는 그 종류와 형태가 다양하며, 골풀이나 가죽으로 좌판을 설치한 X자형 다리의 스툴·궤·테이블·접이의자 등이 사용. 장식적 모티프는 태양·지구·날개달린 독수리 등이 수호의 상징으로 갑충이나 딱정벌레는 영생의 상징으로, 연꽃이나 그 봉오리는 순결의 상징으로, 큰 뱀은 왕권의 상징으로 사용됨. 이집트양식은 그리스와 로마의 양식과 19세기초 제국양식(empire style)에 큰 영향을 줌.

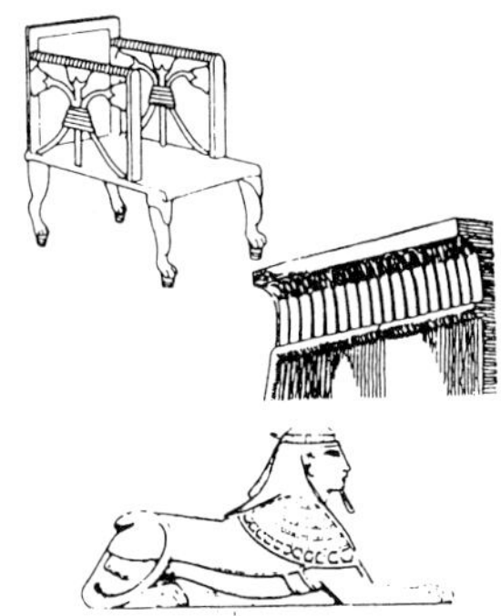

이집트양식

이차공해(二次公害) : ①공장 등 고정 발생원이나 자동차 등 이동 발생원에서 직접 배출되는 유해물질에 의해 발생하는 일반적인 공해에 대해 공해방지나 환경정화를 목적으로 사용한 처리장치 및 약품, 첨가물 등에서 파생하는 2차적인 공해. ②자동차 배기가스 중의 유해물질을 제거하기 위해 사용한 촉매에서 유해한 중금속이 배출되기도 하고 고속도로의 소음방지를 위해 설치한 차폐물에 배출가스가 쌓여 주변을 오염시키는 사례 등이 예.

이차림(二次林) : 채벌(採伐)이나 화재 등으로 원래의 삼림이 착란(錯亂)된 뒤 자연적으로 재생한 숲. 2차림의 상태를 유지하기 위해서는 정기적인 관리가 필요함.

이차보(二次樑, secondary beam) : 자신의 하중을 주보(主樑)에 전달하는 부보(副樑).

이차색(二次色, secondary color) : 삼원색인 일차색(一次色 ; 빨강·파랑·노랑) 중 두 가지 원색을 똑같은 양으로 혼합하여 만든 혼합색으로 주황·녹색·보라·자주. 3원색과 3개의 2차색이 무지개 색을 이룸. ⇨삼차색.

이차성형(二次成形, post-forming) : 완전 또는 부분적으로 경화된 열경화성 수지로 가열과 가압으로 주형 위에 얇게 포개어 만드는 방법.

이차에너지(二次-, delivered energy) : 소비자가 공급받은 상태에서 측정한 연료의 순에너지 함유량.

이차오염(二次汚染) : 오염물질이 대기나 물속에서 다른 유해물질로 변화하는 것. 예컨대 광화학 스모그의 옥시던트는 자동차 배기가스의 일산화탄소, 탄화수소, 일산화질소 등의 광화학반응으로 생성되며, 2차적 오염물질의 대표적 예. 식품첨가물로 사용되기도 하는 아초산염은 채소 내에서 질소비료 등에 의해 위산과 반응하거나 2급 식품성분인 아민류와 반응하여 발암물질인 니트로소아민을 2차적으로 생성함.

이차원(二次元, two dimension) : 면(面)으로서 바닥·벽·지붕 등의 평면. 내부공간이 입체 속의 구심공간(求心空間)으로 형성되며 내부공간이 전체적으로 형성.

이차제국양식(二次帝國樣式, second empire style) : ①1852~71년간 프랑스에서 유행한 루이16세 부흥양식. 특히 프랑스 황제 나폴레옹3세의 왕궁에서 사용되었으며, 제국양식에 루이16세 모티프가 혼합되어 발전되었고 다수의 다양한 형태가 남아 있음. ② ⇨루이16세 양식(=).

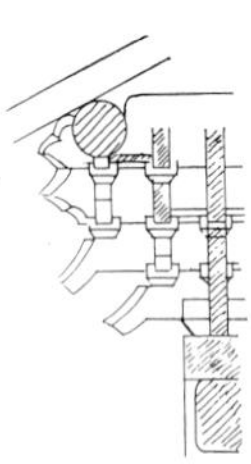
이출목

이출목(二出目) : ①공포가 두 목이 괴어 나와 도리를 받친 것. ②공포에 있어서 첨차가 두 번 괴어 나가 앉아서 도리를 받친 것.

이출목제공(二出目提栱) : ①귀제공에서 두 목을 내어 도리를 받친 것. ②기둥 중심에서 두 번 또는 두 번째로 앉은 출목의 제공.

이층농(二層籠) : 네 귀의 기둥이 없고 위에 개판이 없으며 복잡한 표면의 면분할이 없는 단순한 상자형태의 가구를 2층으로 포개 놓은 것.

이층서랍장(二層舌盒欌, chest on chest) : 약간 더 넓은 서랍장 위에 또 하나의 서랍장이 놓여 구성된 상자형 가구. 17세기 후반에 발전된 영국 가구의 형태로 18세기 톨보이(tallboy)가 가장 일반적인 형태였으며, 다수의 다양한 형태가 남아 있음.

이층장(二層欌) : 네 귀를 기둥으로 짜고 개판을 얹었으며 전면에 면분할이 이루어진 정교한 형태의 수납가구를 말함. 아래위 이층으로 구성된 여닫이문 부착.

이층침대(二層寢臺, bunk bed) : ①상하 2단으로 된 침대로 2단이 일체로 된 것과 상하로 겹쳐서 2단으로 하는 형태가 있음. ②수직으로 포개놓은 두 개의 1인용 침대. 수직틀에 의해 분리되거나 4개의 코너 기둥에 의해 분리. 각각의 침대에는 스프링과 매트리스가 있고 상부의 침대로 쉽게 오르기 위한 붙박이 사다리나 계단이 설치. 주로 초등학생이나 중학생 정도의 자녀를 주 대상으로 한 어린이용 침대이지만 공간절약의 의미가 큼. 또 기숙사나 유스호스텔 등의 기숙사 형식의 숙박시설에도 많이 보급.

이카이너스(echinus) : ①이카이너스는 섬게를 의미하며, 부재가 섬게의 껍질을 닮은 데서 붙인 명칭. ②고전건축(특히 도리스식)의 주두(柱頭)에서 아바쿠스(abacus ; 頂板) 바로 아래에 있는 단면이 원형인 볼록한 부재. ③도리아나 이오니아 건축양식의 주관을 이루는 아치형으로 다른 양식의 주두에 있어서 대응하는 형은 종종 에그 앤 다트(egg and dart) 문양으로 장식. ④이오니아식 주두의 볼류트(volute) 사이 쿠션 아래에 있는 곡선 몰딩. ⑤도리아식·터스칸식 오더의 주두(柱頭, capital)를 지지하는 접시판 모양의 원형 부재(만두형 쇠시리).

이카이너스

이카이너스와 애스트러걸(echinus and astragal) : ①고전건축의 기둥양식에 나타난 줄지어진 볼록한 계란형 밑의 작은 구슬 형태가 반복된 조각장식 문양. ②에그 앤드 다트(egg and dart) 아래 비드 앤드 릴(bead and Reel)이 있는 것과 유사.

이카이너스와 애스트러걸

이코노마이저 사이클 시스템(economizer cycle system) : ①냉방부하가 큰 건물에 있어서 중간기에 100% 외기를 도입하여 자연냉방하는 공조방식. ②중간기에 발생하는 냉방부하를 실내기준온도보다 낮은 외부의 공기를 이용하여 실내 냉방부하를 제거 또는 감소시키는 시스템. ③⇨외기냉방시스템(=).

이코노클라스틱운동(-運動, iconoclastic movement) : 8세기초 동로마 황제인 레오3세가 이교도의 미신 숭배를 막기 위해 장식을 금지시킨데 반발한 장식운동으로 비잔틴과 동로마 장식은 대부분 다양한 색상과 질감·화려한 꽃무늬와 복잡한 기하학적 패턴으로 됨.

이코놀로지(iconology) : 초상(肖像) 또는 종교예술에서 도상(圖像)이 갖는 내용을 연구대상으로 하는 학문.

이콜로지컬아키텍처(ecological architecture) : 자연의 생태학적인 법칙에 따르고 자연에 동화하고 있다고 여기는 건축.

이퀼래터럴아치(equilateral arch) : ⇨등변뾰족아치(=).

이탈리아로코코가구(-家具, Italian rococo furniture) : ①18세기 베니스인들이 즐겨 사용했던 영국의 윌리엄양식을 프랑스 로코코와 함께 들여와 복사하여 사용한 복제형 가구를 지칭하는 말. ②많은 장식과 매우 과장된 곡선과 조각이 풍부한 후기 이탈리아 르네상스의 가구. ③이 가구는 훗날에 웅장한 바로크, 장식적인 로코코, 그리고 이국적인 동양의 특성이 결합되어 더욱 화려한 양상을 보임.

이탈리아르네상스건축(-庭園, Italian Renaissance Architecture) : 15~16세기 이탈리아의 토스카니 지방의 피렌체(지금의 플로렌스)에서 일어난 건축양식. 건축가 브루넬레스키(Filippo F. Brunelleschi, 1377~1466)에 의해 설계된 도시 중심에 있는 고대 로마의 부흥인 '꽃의 성모사원'이 르네상스의 심벌. 이 양식은 나중에 로마의 베네치아(지금의 베니스)에 전해지고 16세기에는 유럽 전역에 퍼짐. 이탈리아의 부유한 귀족들은 팔라초(palazzo)라는 석조의 호화주택을 지었고, 그 실내는 장식기둥이나 격자천장으로 장식되고 각 요소에 고대 장식으로 조각을 하고 모자이크 붙임의 대리석 바닥에 화려한 융단(carpet)을 깜. 이탈리아 르네상스의 인테리어 디자인 특징은 귀족의 사회적 지위나 권력을 나타내기 위해 대칭(symmetry)형의 강조, 건물의 각 부분들간의 정확한 수학적 비례(proportion)관계·전체적인 간결성과 조화 등이 특징. 가구의 배치방법도 철저하게 대칭적으로 처리함을 원칙으로 삼음. 이탈리아 가구 중에는 특히 단테의자(dantesca)나 사보나롤라(savonarola)라는 접이식 안락의자와 수납용 상자, 가각식의 대형 탁자, 방석(seats)과 등받이(dack)를 아름다운 천으로 싼 의자, 스가벨로(sgabello)라는 작은 의자·장식선반·침대·기도대 등.

이탈리아르네상스양식(-様式, Italian Renaissance Style) : ⇨이탈리아르네상스 건축. ⇨르네상스양식.

이탈리아바로크양식(-様式, Italian Baroque Style) : 르네상스 말기에 기교에 젖은 예술가들이 엄격한 고전의 범주에서 벗어나려는 시도로 이탈리아 로마를 중심으로 발흥된 예술양식. 대표적인 작품으로는 미켈란젤로(Buonarroti Michelangelo, 1475~1564)가 설계한 성당의 큰 돔(dome)과 건축가 베르니니(Giovanni Lorenzo Bernini 또는 Gian Lorenzo Bernini, 1598~1680)에 의한 호화스런 조각과 색채로 된 인테리어와 외부광장의 다이내믹한 공간구성. 특징은 보통 사람을 압도하는 디자인의 사치와 호화로움으로 건축이나 인테리어 및 가구에 공통적으로 나타난 성격. 특히 가구 디자인에 있어서는 대형 의상장(衣裳欌)·식기선반 등의 정면장식에 비틀어 놓은 것 같은 기둥이라든가 격식에 구애받지 않고 두꺼운 부조법(浮彫法)이 쓰인다는 점이 특징임.

이탈리아식 정원(伊太利式庭園, Italian garden) : 중심이 되는 건물의 축선을 살리고 정원에 배치하는 산책길이나 계단·테라스·나무·연못·분수 등을 기하학적, 즉 그 축선과 대칭적(symmetry)으로 배치하는 정원으로 정형 정원(formal garden)이라고도 함. 대표적인 이탈리아식 정원은 티보리의 빌라 데스데(1572)와 로마의 빌라 보르게제 정원(1615) 등이 있음.

이탈리아합리주의건축운동(伊太利合理主義建築運動, Movimento Italiano per l'Architettra Razionale) : 이탈리아 합리주의(rationalism)가 처음 주목을 받기 시작한 것은 1928년 로마에서 개최되었던 제1회 합리주의 건축 전시회를 통해서였음. 이는 A. 리베라(Adalberto Libera : 1903~63)와 건축비평가인 G. 민누치에 의해 처음 조직되었고 'Gruppo 7'의 구성 멤버인 발데사리와 M. 리돌피(Mario Ridolfi : 1904~1984), A. 사르토리스가 참여함. 같은 해 'Gruppo 7'은 새로운 운동인 MIAR(합리주의 건축운동)를 조직하여 4개 지역으로 분할되었던 이탈리아 합리주의 건축가들과 건축그룹을 하나로 통합. MIAR의 주요사업은 제2의 합리주의 건축 전시회를 준비하는 것이었고, 1931년에 전시회가 로마에서 다시 개최되었으며, 이때 무솔리니(Benito Mussolini : 1883~1945, 이탈리아 독재자)와 관계된 '합리주의 건축선언'이란 소책자를 통해 A. 브라시니와 G. 지오반노니, M. 피아첸트니(Marcelo Piacentini : 1881~1960) 등의 작품을 비난하는 Tavolo degliorrori가 스캔들을 야기했음. MIAR은 합리주의 건축과의 불안정한 관계를 계속 유지시켜 나갔지만 같은 해(1931)에 결국 해체됨.

이티(ET ; Earliest node Time) : 개시결합점으로부터 대상이 되는 종료결합점에 이르는 경로 중 시간적으로 제일 긴 경로를 거쳐 프로젝트의 종료시각에 알맞은 여유가 전혀 없는 결합점 시각. ⇨가장 빠른 결합점 시각(=).

이판암(泥板岩, clay stone) : ①점토질(粘土質)의 부드럽고 연한 침적암(沈積岩). 대개 얇은 층을 이루고 얇게 벗겨지는 성질이 있음. ②제3기층 및 중생층·고생층에 발달됐는데, 화석을 많이 포함함. ③바다 속에 쌓인 진흙(粘土粉)이 침전하여 압력을 받아 변질·응결된 암석으로 더 굳으면 점판암이 됨. ④층상(層上)의 박판으로 성형·채취할 수 있으며, ⑤석질이 치밀하고 판석으로 만들 수 있어 슬레이트(slate) 모양으로 된 지붕재·바닥재 또는 숫돌·비석 등으로 많이 이용. ⑥색깔은 보통 어두운 회색·붉은 갈색·검은 갈색. 흑색이나 회흑색 또는 암회색이나 적갈색 등이 있음. ⑦'혈암(頁岩)'·'이암(泥岩)'이라고도 함.

이펙트(effect) : 상품에 곁들여 상품의 특징을 강조하기 위한 작은 도구 및 그 효과. 빛이나 소리의 연출효과도 포함됨.

이하복가옥(李夏馥家屋) : ①중요민속자료 197호, 조선말기 창건. ②목은 이색의 18세손이며 중추원 의관을 지낸 이병식이 조선말에 안채 3칸을 건립한 후, 아들 이형규가 사랑채와 아래채, 위채를 증축하면서 전체적으로 튼ㅁ자집 배치가 됨. 안채는 원래 부엌 1칸과 아랫방, 윗방 각 1칸씩인 전퇴 3칸집이었으나 나중에 부엌을 늘리고 윗방을 붙여 대청과 아랫방을 늘려 현재와 같은 모습이 되었음. 2고주4량의 민도리집이며 기단은 사괴석 외벌대를 만들고 덤벙주초 위에 방주를 세움. 4칸의 전툇집인 아래채는 안채와 나란히 배치. 문간·부엌·사랑방 2칸이 끝에 머리

퇴를 두었음. 사랑채는 일자 6칸 전툇집으로 부엌·안방·윗방에 2개의 광을 덧붙임. 뒷마당에는 광채와 헛간채 2동을 배치.

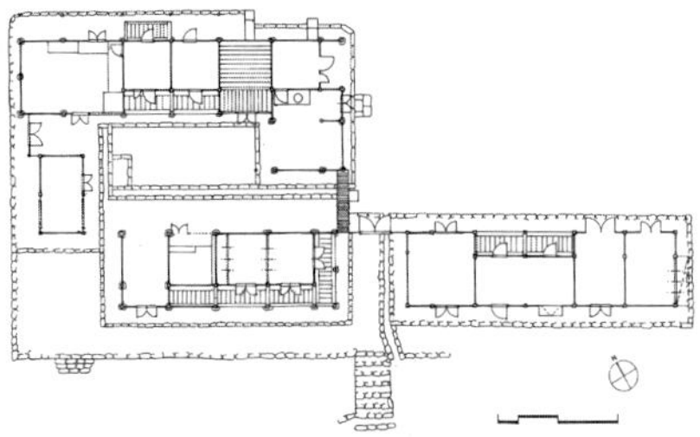

이하복가옥 배치도

이한호가옥(李漢晧家屋) : ①중요민속자료 제94호, 19세기 중엽(안채), 전남 순천시 낙안면 남내리 73에 위치. ②배치는 복원 전의 안채·잿간채와 축사, 복원 후의 잿간채와 축사가 있던 자리에 4칸의 사랑채를 들여 사용함. ③안채는 복원 전에는 정면 3칸에 우측으로 툇간을 두었으나 현재는 정면 4칸을 만듦. 부엌 좌측벽과 후벽의 일부는 돌각담으로 내부공간의 경계를 삼음. 복원 전에는 부엌 옆으로 안방과 작은 방을 두었으나 복원 후에는 그 다음에 한 칸의 광을 덧달았음. 안방과 작은 방 전면에 3자 정도 툇간을 드려 툇마루를 깔았으며, 내부는 9자 반 정도의 깊이로 대들보를 사용하는 재목의 단면이 작아 중간에 샛기둥을 두어 상부구조를 받침. 지붕은 우진각 초가지붕으로 처마가 전면에는 기단을 덮고 후면에는 담장 밖으로 나감.

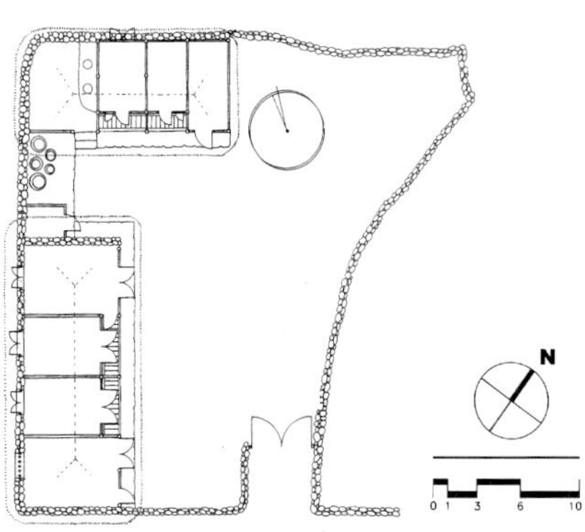

이한호가옥 배치도

이핵평면(二核平面, bi-nuclear plan) : 두 개의 분할된 구조로 건물을 분리하는 건축 평면.

이행재(移行材, intermediate wood) : 색깔 및 일반적인 성질이 심재와 변재의 중간적인 것.

이형라멘(異形-, deformed rigid frame) : 수직기둥 및 수평보로 구성된 보통의 직사각형 라멘(rhamen)에 대해 경사재를 포함한 산형 라멘·톱니형 라멘·사다리꼴 라멘과 같이 모양이 다른 라멘을 통칭.

이형벽돌(異形甓瓦, deformed brick) : 특별한 모양을 한 아치벽돌·팔모벽돌·둥근벽돌·원형벽돌 등.

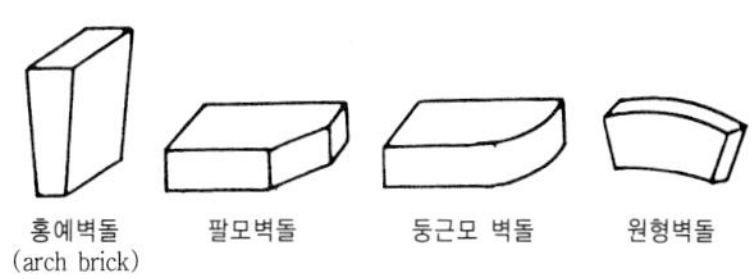

이형벽돌

이형봉강(異形棒鋼, deformed bar) : ①환형의 원주 표면에 콘크리트와의 부착력을 더하기 위해 요철 혹은 돌기를 준 봉강. ②봉의 횡방향으로 일정 간격의 마디상 돌기, 축방향으로 2가닥의 돌기를 준 횡마디 이형환강(봉강), 종으로 홈을 주어 비튼 모양의 꼬임봉(트위스트 바) 등이 있음.

이형블록(異形-, deformed block) : 블록의 형상 또는 용도가 특수하게 된 블록으로 반블록·한마구리평블록·양마구리평블록·인방블록·창대블록·위막힌 가로근형 블록·창쌤블록·가로근형 블록 등.

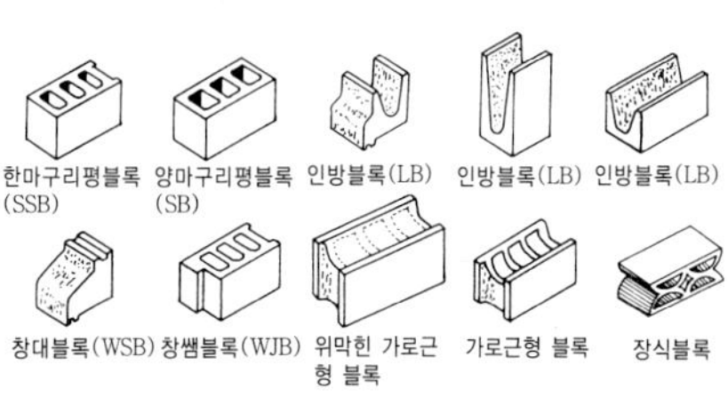

이형석탑(異形石塔, non-typical stone pagoda ; a pagoda other than the standard four-sided, 3 or 5 stories) : 평면구성이나 입면구성이 이른바 신라 전형 양식의 석탑과 다른 석탑.

이형철근(異形鐵筋, deformed steel bar) : ①콘크리트 속에서 철근의 부착을 증진시키기 위해 철근의 표면을 리브(rib) 또는 마디 등의 돌기(lug)를 붙여 만든 열간압연된 철근. ②마디의 간격은 공칭지름의 약 70%이고 마디와 축선의 각도는 45℃ 이상으로 됨. ③마디의 간격이 짧고 마디 높이가 높을수록 철근의 부착강도는 커짐. ④이형철근은 표면의 돌기가 있으므로 지름을 공칭지름(公稱經 ; nominal diameter)으로 대신함. ⑤이형철근의 공칭지름은 단위 길이가 그 이형철근과 동일한 원형철근 지름. ⑥공칭지름은 D로 표시하고 ㎜단위로 치수를 기입(예 ; D25). ⑦철근 정착물 길이는 6, 6.5, 7, 8, 9㎜ 등으로 제조되며, 운반관계로 9m까지로 함. ⑧한국산업규격에서는 철근의 길이를 3, 4, 4.5, 5, 5.5, 6, 6.5, 7, 7.5, 8, 9, 10m로 정함. ⑨이형철근의 장점 ; ㉠부착강도는 원형철근의 2배(피복두께가 작을 때에는 약 1.8배)가 됨. ㉡정착길이(anchorage length), 겹침이음길이를 단축할 수 있음. ㉢콘크리트에 발생하는 수축균열이나 응력균열 분산이 가능. ㉣기둥과 굴뚝을 제외하고 갈고리(hook)를 하지 않아도 됨.

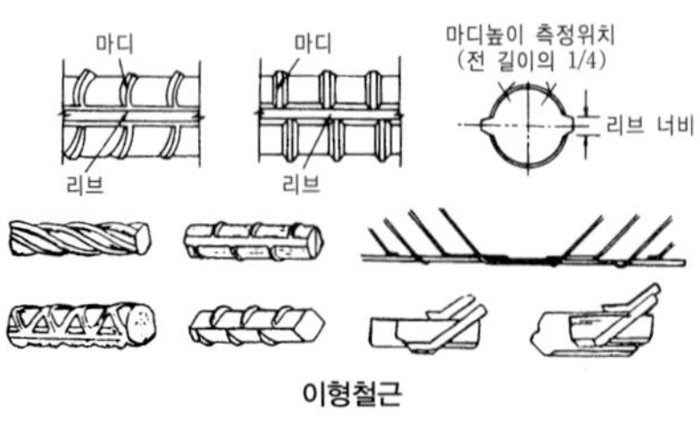

이형철근

이힌지아치(two-hinged arch) : 활모양으로 구성되어 고정지점으로 된 틀구조.

익공(翼工, 立工, 葉工, 入宮, a bracket with orthogonal projection) : ①보방향의 살미부재가 새 날개 모양으로 생긴 것을 부르는 명칭. ②익공을 사용한 공포형식을 부르는 명칭. ③첨차와 소로가 함께 얹힌 짧은 나무. ④창방과 직교하여 보를 받치며 쇠서모양을 하고 초각한 공포재. ⑤임진왜란 후에 급격히 보급된 것인데, 주삼포(柱三包)의 약식인 것처럼 보이는 구조. ⑥18세기 이후 익공(翼工)으로 통일하여 사용함. ⑦공포형식으로 익공형식은 출목의 유무에 따라 포작계와 비포작계로 구분하나, 출목의 유무와 관계없이 보방향의 살미가 새 날개 모양의 익공형태로 만들어진 공포를 익공양식이라고 함. ⑧익공양식에서 살미의 끝 모양이 새 날개처럼 생긴 부재. 다포와 주심포양식에서는 살미를 살미 끝 모양에 따라 앙서형제공과 수서형제공으로 구분함. ⑨내진고주와 동자주에서 보 밑에 보 방향으로 놓여 도리와 장여를 받치는 초각된 부재. ⑩종류는 초익공(初翼工)·2익공·3익공 등의 여러 가지가 있음. ⑪입궁(=).

익공가(翼工家) : ①기둥 위에 익공 쇠서를 놓아 꾸민 집. ②기둥 위에 주두(柱頭)를 놓고, 익공(翼工)으로 결구하여 처마도리를 받치는 가구(架構)를 이룬 주택. ③종류는 초익공·이익공·몰익공으로 구분함. ④조선시대 지방의 많은 상류주택의 몸채·별당·누·정자 등이 이 구조를 이룸. ⑤강릉동헌(東軒)인 칠사당(七事堂)은 익공이 3개인 삼익공이라고 함(주남철). ⑥구조에 의한 전통민가 유형의 하나. ⑦익공집(=).

익공계공포(翼工系栱包) : 기둥 위에 쇠서 보아지를 끼우고 그 위에 주두 쇠서를 짜서 장식하는 공포.

익공양식(翼工樣式) : ①조선시대부터 우리나라에서 독자적으로 발전된 공포양식. ②주심포양식이 단순화되고 간략화된 양식. ③향교·서원·사당 등의 유교 건축물이나 궁궐과 사찰의 침전·누각·회랑 등 주요건물이 아닌 부속건물에 주로 사용. ④세부구조 : ㉠평방 및 주간포작이 없으므로 외관은 주심포양식과 유사. ㉡주두 위에 새

날개 모양의 부재인 익공을 창방과 직각 방향으로 꽂아 보를 받치도록 한 공포양식. ㉢기둥 상부에만 익공을 배치하고 기둥 사이는 화반으로 대치. ㉣일익공(초익공)·이익공·무익공. ㉤대부분 출목이 없고 대규모 건물인 경우에만 일출목을 형성. 출목수가 적으므로 처마를 외부로 길게 형성하지 못함. 지붕은 일반적으로 팔작지붕 형식. ⑤오죽헌(1536)·경복궁 경회루(1867)·청평사 회전문(1557)·종묘 정전 및 영령전(1608)·서울 문묘 명륜당(1601)·옥산서원 독락당(1532) 등.

익공집(翼工-) : ⇨익공가(=).

익공짜기(翼工-) : 익공집에서 소로받침과 쇠서를 짜맞추는 것.

익공형식(翼工形式) : ①살미(다포형식 공포의 보 방향으로 놓이는 공포부재를 통칭하는 명칭) 부재가 새 날개 모양의 익공 형태로 만들어진 공포형식. ②기둥 위에 쇠서 보아지를 끼우고 그 위에 주두·두공 및 쇠서를 짜서 장식하는 계통의 공포. ③종류는 공포 부재의 개수와 모양에 따라 초익공·이익공·다익공으로 구분. ④기원은 주심포가 간략 형식화되었다는 설과 또 다른 형식으로 조선조 발생했다는 양론이 있음.

익당(翼堂) : ⇨날개집(=).

익랑(翼廊, transept) : ①바실리카(Basilica) 교회 건축의 앱스(apse) 부근에서 회중석(會衆席, nave)을 직각으로 가로지르는 좌우 양 날개 부분. ②문의 좌우 쪽에 잇대어 지은 행랑으로 접대공간으로 사용하기도 함.

익사(翼舍) : ⇨날개집·익당·익헌(=).

익사이트(exite) : 흥미를 환기시켜서 주의를 일으키게 한다는 뜻. 또는 상상력을 환기시키는 것을 말하며, 정서감정에 어필(appeal)할 수 있는 방법.

익스테리어(exterior) : 건물의 외관·조경 등의 바깥을 의미.

익스텐션볼트(extension bolt) : ①문짝 안으로 낸 구멍에 설치하여 문틀의 소켓에 밀어 넣도록 한 플러시 볼트. ②끝 부분이 갈라진 케이싱(casing)이 있어 조적조 또는 콘크리트 등에 구멍을 내고 삽입하면 그 끝이 구멍 면에 닿으면서 자동적으로 벌어지게 됨.

익스텐션테이블(extension table) : 필요에 따라 상판의 크기를 조절할 수 있는 테이블로 주로 상판을 좌우로 벌리고, 그 사이에 확장용 판을 끼워넣거나 두 겹으로 접어둔 상판을 옆으로 펼치는 형식. 주로 사무용이나 식탁용 테이블.

익스팬드메탈(expand metal) : ①KS D 3601에 규정되어 있으며 박판 또는 중판을 마름모꼴 그물모양으로 확장한 것으로 토목, 건축 및 기타 일반 광공업 등의 콘크리트 보강용, 바닥용, 격벽 등에 사용되며, 두께 1.0㎜ 이상으로 이 점에서 철재의 바탕철망용인 메탈라스 KS F 4552와 구별됨. ②종류는 용도에 따라 그레이팅(기호 XG)과 스탠더드(XS)의 2종류로 대별됨. 일반용은 그물코의 크기에 따라 빅메시(콘크리트 도로의 보강, 철탑용·창격자·철책·칸막이·기계 커버용 등)·스몰 메시·베이비 메시(전자기기·전열기·기타 외장용)로 분류됨. 그물코의 크기는 종횡방향에 대해 짧은 쪽을 SW, 긴 쪽을 LW의 약칭으로 나타냄.

익스팬디드메탈라스(expanded metal lath) : 다이아몬드형 개구부를 견고하게 만들기 위해 합금판을 늘리거나 길게 찢은 형태로 제조한 금속 라스.

익스팬션슬리브(expansion sleeve) : ⇨익스팬션실드.

익스팬션실드(expansion shield) : 미리 뚫어 놓은 구멍 속에 볼트나 나사못을 그 속에 박으면 벌어지게 되어 있는 납 또는 플라스틱으로 만든 관. 익스팬션슬리브(=).

익실(翼室) : 본채의 좌우편에 딸려 있는 방.

익헌(翼軒) : 주 건물에 붙여 지은 날개 건물.

익형송풍기(翼型送風機, air foil fan) : 비교적 길게 생긴 후곡형 날개를 갖는 터보송풍기의 일종으로 날개의 형상은 익형

단면이며 유선형으로 견고하게 제작하므로 고압용으로 사용되며 효율이 좋고 소음도 적음.

인간공학(人間工學, ergonomics) : ⇨에르고노믹스(=).

인간기계시스템 : ⇨인간기계체계(=).

인간-기계체계(人間-機計體系, man-machine system) : 주어진 입력으로부터 요구되는 결과를 얻기 위해 상호 작용하는 인간과 기계와의 유기적 결합. '인간은 기계를 사용하는 동물이다.'라는 말이 있음. 즉 인간은 그들의 생활을 좀더 편하고 안락하며 용이하게 하기 위하여 여러 가지 이기(利器)를 만들어 사용함. 인간이 만들어 사용하는 이기들의 설계요소 중 주로 인간요소를 다루는 것이 인간공학이며, 여러 이기를 만드는 과정에서 어떤 설계를 하는 것에 따라 사람이 사용하기에 편하기도 하고 불편하기도 함. 이러한 문제를 공학적·경제적으로 가장 합리적이게 하는 것이 인간-기계체계의 연구목적이며 인간-기계체계는 바로 인간과 기계의 관계를 인간공학적 측면에서 본 것임.

인간행태(人間行態, behavior) : 어떤 상황적 조건(setting)에서 인간의 보편적·습관적 반응으로서 정지된 상태의 고정된 장면이 아닌 동적인 양태.

인간현실감기술(人間現實感技術) : 멀리 떨어져도 마치 현실상황에 있는 것처럼 느낄 수 있도록 하는 기술. 즉 인간의 감각특성을 충분히 활용하여 극한 환경에서의 작업 또는 멀리 떨어져 있는 사람들끼리의 협력을 가능케 하며, 컴퓨터의 사용자 인터페이스·엔터테인먼트·교육 등의 분야에 큰 파급효과를 가져올 수 있는 부상기술(浮上技術, emerging technology).

인간환기(人間換氣) : ①목적에 따른 환기의 일종. ②실내에 있는 인간이 쾌적하고 안전한 공기환경 속에 있도록 공기환경을 유지하는 것을 목적으로 하는 환기.

인거재(引鋸材) : 사람이 톱질하여 제재한 목재.

인게이지드기둥(engaged column) : 기둥이 정확히 위치하도록 기둥이 세워지기 전에 외관상으로 벽에 접합되도록 세워진 기둥. 벽에 반쯤 파묻힌 기둥(=).

인게이지드 기둥

인게이지드원주(-圓柱, engaged column) : ⇨인게이지드 기둥(=).

인게이지드 칼럼(engaged column) : ⇨인게이지드 기둥(=).

인공경량골재(人工輕量骨材, artificial light weighty aggregate) : 인공적으로 제조한 경량골재. 굵은골재와 잔골재가 있음.

인공골재(人工骨材, artificial aggregate) : 암석이나 굵은 돌을 깨서 만든 돌(碎石) 또는 진주석 등을 소성한 펄라이트(perlite) 등의 경량골재·천연경량골재를 시멘트로 피복한 것 등.

인공대리석(人工大理石, artificial marble) : 모르타르 칠 바탕에 백색시멘트·대리석분·안료의 혼합물을 도포·성형하여 마감갈기한 인조석.

인공목재(人工木材) : ①나무 부스러기·톱밥·대팻밥으로 이를 적당히 처리한 후에 고열압을 가하여 원료가 가진 리그린 등을 이용하여 목재섬유를 고착시켜 만든 견고한 인공적인 목재. ②무기계 고분자의 함수 규산칼슘($CaO-SiO_2-H_2O$) 화합물인 xonotolite가 주성분으로 유리섬유로 보강하며 수지로 결합시킨 것. ③특징은 ㉠휨강도 및 압축강도가 천연목재의 1/4 정도이므로 구조부재로 부적합함. ㉡불에 타지 않고 균질함. ㉢경량·보온·단열성이 천연목재와 동일함. ㉣못을 박을 수 있고 가공성이 좋음. ㉤치수안정성이 좋음. ㉥변질·부식·충해·독성이 없음. ㉦의장성·거주성·습도조절성·방화성을 겸비한 신경량 내장재임.

인공적 형태(人工的形態) : ⇨인위적 형태(=).

인공조명(人工照明, artificial lighting) : 인공광(人工光)을 광원으로 하는 조명. 주광

조명(=).

인공지능(人工知能, AI ; Artificial Intelligence) : 컴퓨터를 상대로 인간과 같이 생각하고 행동하여 내용이 합리적이고 이성적인 결과를 얻도록 연구하는 학문.

인공지반(人工地盤) : 토지의 유효한 지반이나 동선의 단순화 등을 위해 지반면과는 다른 레벨에 인공적으로 바닥을 만들어 놓은 것. 기본적으로 실제 토지를 대신하는 용지로서의 역할. 옥상정원이나 입체 역전 광장 등과 같은 도시에 부족한 오픈 스페이스로서의 역할·보도교·옥상연결 통로에서 몇 개의 건축물을 연결하여 공중에 가로망을 구성하는 스카이웨이 시스템과 같은 가로 역할의 인공지반 및 인공지반이 구축되어 가는 복합 건축물로서의 역할 등이 있음.

인공창(人工窓, artificial window) : 지하실이나 창이 없는 공간에 창이 있는 것처럼 보이게 하는 기법. 주로 한식당 내 장식창·디스플레이·쇼룸 등에 사용.

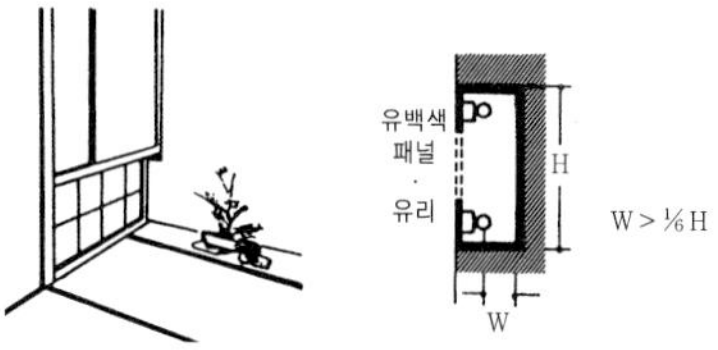

인공창

인공피혁벽지(人工皮革壁紙) : ⇨부직포벽지(=).

인공형태(人工形態, man-made form) : 인간에 의해 만들어진 사물이나 환경에서 이끌어낸 재현적인 형태.

인광도료(燐光塗料) : 외부에서 자극이 없어져도 상당 기간 발광이 남아 있는 도료로서 잔광을 응용하는 것이 주목적. 안료로는 칼슘·바륨·스트론티움의 황화물을 사용. 특히 라듐 등 방사선 물질을 가하면 자발광도료(自發光塗料)가 되어 문자판·계기 등에 이용. 주로 교통기관·공공장소 등의 야간 표시용으로 사용되며, 교통안전·위험방지용으로도 사용.

인규석(鱗硅石, tridymite) : ①고온에서는 육방정계(六方晶系), 상온(常溫)에서는 사방정계(斜方晶系)에 속하는 광물. ②강도는 6.7~7.0, 비중은 2.28~2.33, 색깔은 무색투명·백색 반투명. 유리광택이 남. 조흔색(條痕色)은 백색임. ③화학성분은 SiO_2임. 고온형(163℃ 이상), 중온형(117~163℃), 저온형(117℃ 이하) 등 세 가지 형태가 있음. ④안산암이나 현무암 등 화산암의 공극에서 산출됨. 운석(隕石) 중에 발견되는 경우도 있음. ⑤인석영(=).

인그레이빙(engraving) : ①나무·유리·금속·돌 등 단단한 판의 표면을 직접 새기는 목각판화·드라이 포인트·에칭 등으로 처리하는 것으로 파인 곳에 잉크를 묻혀 종이에 찍어내는 판화기법. ②실내건축에서는 목재문·유리문 등의 표면을 에칭이나 인그레이빙으로 처리하면 더욱 화려하고 장식적인 효과를 가짐. 특히 유리문인 경우에는 그라비어(gravure)라고 함.

인그레인(ingrain) : 자카드직(jacquard textile)이나 평직으로 짜여진 모 또는 모와 면 혼방의 카펫.

인더스트리얼디자인(industrial design ; ID) : ①기계에 의한 대량생산을 목적으로 하는 디자인. ②산업에 의해 대량생산되는 공산품의 형태적인 여러 특질을 결정하기 위한 조형활동. 보통 '공업디자인' 또는 '산업디자인'이라고 함.

인덴티드몰딩(indented moulding) : 삼각형의 이빨 모양처럼 들쭉날쭉한 모양의 몰딩.

인덴티드몰딩

인도산융단(印度産絨緞, indohurries) : 얇고 평평하게 짜여진 인도 유단. 기하학적 문양이나 양식화된 동물 문양이 있는 것이 특징.

인도포르투기즈양식(印度-樣式, Indoportugese style) : 인도의 영향을 받았으며 후기에는 중국의 영향을 받은 포르투갈 가구양식. 갑곡류(甲穀類)나 열대식물의 형태에서 기인한 매우 풍부한 세부묘사로 서양의 전반적인 가구양식에 영향을 줌.

인동덩굴문양(忍冬-紋樣, honeysuckle motif) : 인동덩굴의 꽃·잎사귀·덩굴 등이 방사상으로 이루어진 디자인 모티프. 그리스 건축과 예술에서 유래되어 르네상스 시기에 다시 사용되었으며, 18세기 신고전양식에서 유행. 헤플화이트(Hepplewhite)는 의자 등받이에 이 문양을 사용하였고, 아담(Robert Adam : 1728~92)도 패널·장식촛대·가구의 세부장식에 자주 사용.

인동덩굴문양

인동무늬(忍冬-) : ⇨인동문양(=).

인동문양(忍冬紋樣, anthernion) : 그리스 건축의 장식에서 눈에 잘 띄는 야자잎 같은 팔메트(palmette)나 연(蓮)·스이카즈라(인동덩굴, honeysuckle) 문양을 물결모양으로 연속시킨 섬세하고 아름다운 당초문양(唐草紋樣)의 일종으로 인동당초문양 또는 스이카즈라문양(인동넝쿨문양)이라고 함. 인동문양은 이오니아식 주두(柱頭, capital)의 밑부분(necking)이나 처마끝장식(antefix) 등에 자주 쓰였으며, 영국의 18세기 후기 건축가 아담(Adam style)은 이 문양을 교묘히 사용함. 인동문양은 헬레니즘 문화에서 시작하여 페르시아(Persia)와 시리아(Syria) 등의 서아시아를 거쳐 불교미술과 결합하여 중국과 한국에 전래.

인동초(忍冬草) : 겨우살이 덩굴을 그린 무늬.

인동초무늬 : ①겨우살이 덩굴을 그린 무늬. ②인동초문(=).

인동초문(忍冬草紋) : ⇨인동초무늬(=).

인디고(indigo) : ①본래는 중국 또는 인도지나 원산인 일년초 쪽(藍)의 잎으로 만들었던 남색 염료. 지금은 콜타르를 원료로 하여 공업적으로 합성에 의해 사용함. ②붉은 빛이 도는 남색. 어두운 청색. 보라기미의 어두운 청색(dark purplish blue). 먼셀기호 6.0PB1.8/4.0 ③붉은 빛이 감도는 남색. 과거에는 인디고 식물을 염료로 사용하였으나 최근에는 합성에 의해 생산.

인디스크릿(indiscreet) : ①세 개의 팔걸이 의자 중심에서 뻗어나가는 형태로 연결되어 바람개비 모양을 한 의자. ②직물로 씌워졌으며, 좌판이 두텁고 코일 스프링 사용. ③프랑스 2차 제국시기에 제작됨.

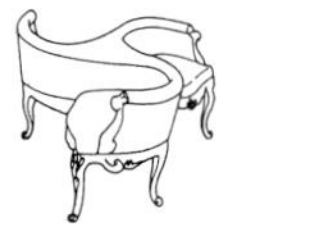
인디스크릿

인디아프린트(India print) : 흰색이나 자연색의 바탕 위에 밝은 색채로 날염한 페르시아와 인도의 면직물. 일반적으로 값이 저렴하고 내구성이 좋아 창문의 드레이퍼리(drapery)·침대보·벽지 등으로 사용.

인디케이터(room indicator) : 프런트 데스크 내 투숙객의 체크인(check-in)과 체크아웃(check-out), 객실의 청소상황 등이 동시에 표시되는 설비. 숙박객의 시야에 직접 닿지 않는 카운터 밑부분에 위치.

인디펜던트그룹(Independent Group) : 현대예술협회(Institute of contemporary Art)를 중심으로 영국의 예술가·건축가·저술가들이 모인 단체. 자유로운 토론을 통하여 새로운 예술사상 및 본질을 탐구할 목적으로 1952년 겨울에 1차 주제(기술), 1954년 겨울에 2차 주제(대중문화) 회합을 가졌음. 주요 참가자로는 Eduard Paolozzi, Richard Hamilton, Smithson 부부 등.

인디펜던트플로트(independent float) : ⇨독립여유(=).

인레이(inlay) : ⇨상감(=).

인류학(人類學, anthropology) : 인간에 대한 과학. 특히 인류의 기원·신체적·문화적 발전과 인류의 환경적·사회적 관계에 대한 연구를 함.

인문생리기후학(人文生理氣候學, human bioclimatology) : ⇨생리기후(=).

인발(引拔, pull-out, drawing) : ①잡아당겨 뽑아내는 것. ②소성가공의 한 방법으로 공대(다이스)의 공경보다 큰 재료를 견인하면서 구멍을 통과시키면 공경에 맞는 단면으로 변형됨. 관재, 축재, 선재를 상온이나 열간에서 인발하면 정도가 높은 것이 만들어짐. 연산가공으로 표기함.

인발강관(引拔鋼管, drawing steel tube) : ①열연강판을 소재로 만든 전기저항용접강관이나 무계목강관 등을 소재로 하여 열간 또는 냉간상태에서 잡아 늘려서 뽑아내어 구경을 조정하여 만든 강관. 일반강관보다 정교하고 기계적 성질이 우수함.

인발력(引拔力, pull out power) : 빼는 저항력(예, 콘크리트 못 25~105kg/㎠ 스크루 앵커(screw anchor) 50~115kg/㎠, 익스팬션 볼트(expansion bolt) 270~510kg/㎠).

인방(引枋, lintel) : ①기둥과 기둥 사이를 건너 끼운 나무. ②기둥과 기둥 또는 문설주·벽선에 가로질러 벽체의 뼈대 및 문틀이 되는 가로재. ③기둥과 기둥 사이 또는 벽선에 가로 대어 창문이나 문 등의 개구부 위에 구조적 요소를 지지하기 위해 걸쳐대는 상부에서 오는 하중을 받는 수평부재인 빔(beam). ④상방·중방·하방의 총칭. ⑤수장재 중에서 기둥머리 부분에 결구(結構)되는 부재. ⑥분벽석(粉壁石) 위에 가로지르는 것으로 보통 상인방을 말함. ⑦위치에 따라 벽의 상부에 있는 것을 상인방(상방, lintel), 중간에 있는 것을 중인방(또는 중방), 하부에 있는 것을 하인방(또는 하방·지방)이라 하며 또한 창 밑에 있는 것을 창대(window sill)·문 밑에 있는 것을 문지방(door sill)이라고 함. ⑧인방의 크기는 기둥 사이가 2m 정도이면 기둥의 2/3 정도로 하며, 그 이상이 되면 기둥과 같은 것을 쓰거나 중간에 달대공을 넣음. 그 양끝은 빗턱통 넣고 장부맞춤·꺾쇠 등은 띠쇠 등으로 보강.

인방돌(楣石, lintel stone) : 인방에 사용되는 석재. 단지 장식으로 한 개의 통재로 사용하거나 평아치형으로 함.

인방보(引枋梁, lintel girder) : 창문 등의 개구부 상부에 목재·석재·철재 또는 철근콘크리트 보를 걸쳐대고 그 위에 아치를 틀거나 벽돌을 세워 쌓는 보.

인방보식 구조(引枋樑式構造, trabeated construction) : ①기둥 위에 수평보만 얹히는 건축구조. ②수평의 상인방과 수직의 기둥으로 이루어진 구조로서, 흔히 그리스건축 양식에서 볼 수 있음. ③기둥 위에 아치를 설치하는 구조(arcuated construction)와 상반되는 개념. ⇨가구식 구조(=).

인방식 구조 : ⇨가구식 구조(=).

인보이스(invoice) : 거래명세서 또는 송품의 송장(送狀).

인사이드랜드스케이프(inside landscape) : 멤피스 그룹의 일원인 에토레 솟사쓰(Ettore Sottsass : 1917~)가 점포와 쇼룸을 디자인하면서 실내디자인 분야에 새롭게 제시한 용어. 이 개념은 장소를 만든다는 일차적인 공간수법보다는 내부공간의 경관을 염두에 둔 것으로 실내디자인 개념을 환경디자인 영역으로 확장시킴.

인사이즈드(incised) : 파내어 새기는 것으로 돌·나무 다른 견고한 표면을 파내어 조각하는 기법. 배경이나 표면으로부터 돌출되게 만드는 기법은 돋을새김의 반대양식.

인상주의(印象主義, impressionism) : ①자연에 대한 순간적인 시각적 인상을 중시하고, 여러 가지 기교로서 인상을 그대로 표현하려는 주의. ②부분이나 상세함을 무시하며 직관적인 시각적 인상을 단순하게 표현하는 주의. ⇨사실주의(⇔). ③1860~90년대에 프랑스를 중심으로 시작하여 전 세계에 그 영향을 끼친 회화운동. 현대의 과학적 탐구를 색채에 끌어들여 색채와 질감에서 더 큰 성취를 위해 색조·색채·빛을 분석하여 보다 훌륭한 자연주의를 추구하려는 목적으로 팔레트에서 안료를 혼합하는 대신 캔버스 위에 연속된 색을 배치시킴으로써(병치혼합) 빛의 효과를 주고자 함. 인상주의자들은 대부분 폭넓고 혼합된 필법보다 순수 색채의 작은 터치를 응용하여 동시대 살롱 화가들의 그림보다 밝고 발랄하게 보였음. 그들은 아틀리에보다 야외를 선호하였고, 스튜디오에서 작업을 하는 대신에 빛과 색채의 특별하며 순간적인 인상을 자신들의 화폭에 담으려고 노력함. 또한 명확한 외곽선이나 경계선을 사용하지 않으므로 멀리서 볼 때 효과가 크게 나타남. 대표적인 효과로는 클로드 모네(Claude Monet : 1840~1926), 까미유 피사로(Camille Pissarro : 1830~1903)·알프레드 시슬리(Alfred Sisley) 등이 있음.

인석영(鱗石英) : ⇨인규석(=).

인성(靭性, toughness) : ①외력을 가했을 때 변형이 크면서 저항도 큰 성질. ②재료가 외력을 받아 변형을 나타내면서도 파괴되지 않고 견딜 수 있는 성질. 극한강도와 연신성(延伸性)이 큰 재료일수록 인성이 큼.

인센스시더(Incense Cedar, Libocedrus decurrens Torr) : 미국 서북부 오리건에서 남부 캘리포니아, 남부 네바다의 표고 400~2,200m에 수직분포. 변재는 담백색으로 좁고, 심재는 적갈색 또는 짙은 갈색. 옅은 보라색이고 연륜은 뚜렷하며 추재는 좁고 진한 색이나 춘재는 폭이 넓음. 목리는 통직하고 조직은 곱고 강한 향기가 있고 쓴맛이 남. 기건비중은 0.41, 수축률은 방사방향 3.3%, 접선방향 5.2%, 용적수축률 7.6%로 적음. 강도는 휨강도 562kg/㎠, 압축강도 366kg/㎠, 전단강도 62kg/㎠로 약함. 내구성이 크고 거단(鋸斷)·건조·도장성이 양호하며 접착성은 보통. 경도는 다소 부드럽고 내산·내수성이 강하며 갈라짐(할렬)이 심함. 주로 내장·합판·가구·건구 등에 사용.

인센티브(incentive) : 사람을 어떤 행동을 취하도록 부추기는 것을 목적으로 하는 자극. 특히 종업원의 근로 의욕이나 소비자의 구매 의욕을 높이는 것을 말함. 예를 들어 하루 상품 10개를 생산하는 근로자에게 12개를 생산하면 보너스를 20% 더 준다거나 상품 1개를 사는 소비자에게 2개를 사면 하나 더 얹어 3개를 주는 식 등이 이에 해당함.

인슐라(insula) : ①로마의 유적 가운데서 계획된 공간 혹은 도시의 한 블록. ②고대 로마의 평민·노예들을 위한 집합주택(flat, apartment) 및 그 건물이 세워진 구역. 인슐라는 주로 일반서민의 고층 집합주택을 말하며, 황제 또는 유산계급의 고급주택은 도무스(domuse)라고 하는 단층의 독립주택으로, 현재도 폼페이에서 그 유적을 찾아볼 수 있음.

인스펙터(inspector) : 검사관 또는 감독관.

인식적 공간(認識的空間, cognitive space) : 물리적 세계에 대한 공간으로 인간이 공간에 관하여 사고할 수 있음을 의미.

인용사지(仁容寺址) : ①반월성을 배경으로 남산을 바라보는 곳에 있는 절터. ②면적 15필(12,637㎡), 문화재자료 240호 지정(1991.3.25). ③인용사는 신라의 장군이며 외교가였던 김인문이 중국 당나라 감옥에 갇혀 있을 때, 그의 안녕을 빌기 위해 신라 사람들이 세운 절이라고 함. 김인문은 신라 제29대 태종무열왕의 둘째 아들로 당나라에서 22년간 생활하면서 많은 벼슬을 했음. ④무열왕7년(660)에는 당나라 장수 소정방과 함께 백제를 멸망시켰고, 문무왕8년(668)에는 고구려를 통합하여 신라가 삼국을 통일하는데 크게 공헌하였음. ⑤현재 절터에 남아 있는 석물들로 당시에 쌍탑식 가람배치였음을 짐작할 수 있는데, 이는 통일신라시대의 전형적인 모습이라 할 수 있음. ⑥신라시대에 승려나 왕이 아닌 개인을 위해 일반인들이 세운 절로는 처음이라는데 그 의의가 큼.

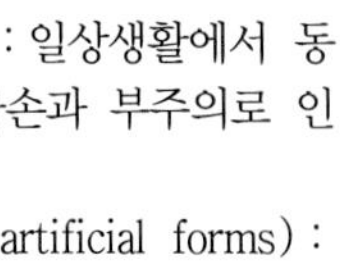
인용사지

인위적 노후(人爲的老朽) : 일상생활에서 동반되는 여러 종류의 파손과 부주의로 인한 파괴.

인위적 형태(人爲的形態, artificial forms) : ①인간에 의해 창조된 사물이나 자연환경으로부터 이끌어낸 현실적 형태 또는 재현적 형태. ②실내디자인에 있어서 형태는 3차원적인 모양·부피·구조를 가지며, 물리적으로나 감정적으로 우리에게 커다란 영향을 미침. 디자인은 바로 어떤 형태를 생각하고 표현하는 행위. 사람의 마음은 물체나 공간의 형태에 따라 불안하기도 하고 침착하기도 함. 예각보다 둔각이 보기에 편안한 것처럼 휴식을 위한 공간이라면 날카로운 형태나 구성을 피해야 함. 그래서 저항감이 적은 원형을 이용하거나 질감과의 관계도 고려하는 것이 바람직함. 또한 조형요소 간에 균형잡힌 형태는 아름다운 형태를 가지며, 쓸모 있는 형태가 되기 위해 목적에 부합하는 올바른 형태이어야 함.

인입개폐기(引入開閉機, service switch) : 인입점 이후 최초의 개폐기로서 건물의 옥내배선에 공급되는 전력의 주차단기.

인입선(引入線, service conductor) : 주상(柱上) 변압기나 주 동력선으로부터 옥내배선에 이르는 전력 선로(線路).

인자대공(人字臺工) : ①보 위에서 두 개의 장재(長材)를 사람 인(人)자 모양으로 세우고 그 결합점에서 도리를 받치는 대공. ②대공이 따로 있고 보조적으로 인(人)자형의 받침대를 설치하여 도리가 구르는 것을 방지하는 경우에는 '솟을합장'이라고 함. '人'자대공 수법은 발전하여 결국 합장재(合掌材)로 변함. ③인자대공은 기둥과 기둥 사이에서 주심도리 받침재로도 사용되었으며, 오랜 건물에서만 보일 뿐 한국에서는 발견된 예가 없으며, 고구려 천왕지신총을 비롯한 여러 고분벽화 유적지에서 많이 보이고, 일본의 경우 현재 그 예가 많음. 벽화고분 중에서 보이는 것으로 보아 삼국시대에 사용된 것으로 추정.

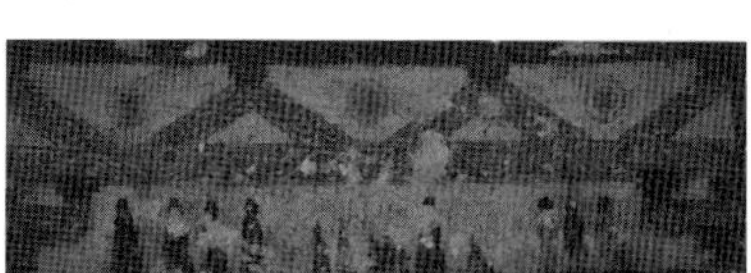

고구려벽화 안악 2호분

인자분석(因子分析) : 현상의 이면에 존재하는 인자(잠재인자)를 추출하는 통계분석수법. 현황과 관련된 많은 요소 중에서 소수의 잠재인자를 찾아내 그 인자에 의해 현상을 설명함.

인장(引張, tension) : 서로 잡아당기는 작용이나 당기고 있는 상태. 탄성체의 신장을 초래.

인장강도(引張强度, tensile strength) : ①금속재료의 시험편 절단시 하중을 원단면적으로 나눈 값. ②시험편이 절단되기까지 견딘 최대응력, 즉 최대 인장하중을 평행부의 원단면적으로 나눈 값. 항복 후에 시험편이 견딘 최대하중이 위 항복점보다 낮은 재료에 대하여 항복 후의 최대하중을 평행부의 원단면적으로 나눈 값으로 함. '항장력', '인장력'이라고도 함.

인장력(引張力, tensile strength) : ①두 개의 점 사이에서 서로 잡아당기는 보이지 않는 힘. ②물체의 길이에 작용하는 압력. 각 부분이 떨어져 나가려는 힘에 대하여 견딜 수 있는 물질의 특성. ③두 점의 크기가 같을 때 주의력은 균등하게 지각되나 네거티브 라인(negative line ; 보이지 않는 힘)은 두 점간의 거리가 가까우면 굵고 멀면 가늘게 느껴짐. 또한 점의 대소(大小)가 있을 때에는 주의력(시선의 방향)은 큰 점에서 작은 점으로 이행되며, 큰 점이 작은 점을 잡아당기는 것처럼 느껴짐. '장력'이라고도 함.

인장시험(引張試驗, tensile test) : 재료의 형상이나 재질에 따라 정해진 시험편에 인장하중을 주어 그 변형과 휘어짐을 측정하여 기본적인 기계적 성질(탄성한도·비례 한도·탄성계수·항복점·최대강도·파단강도·연신·단면수축 등)을 알기 위한 시험.

인장이상재(引張異常材, tension wood) : 활엽수의 이상재(異常材).

인장재(引張材, tension member) : ①부재(部材)가 재축(材軸)방향으로 인장력을 받는 부재. ②인장응력을 받는 부재 또는 부분.

인장철근(引張鐵筋, tension reinforcement) : ①인장응력에 저항하는 철근. ②압축철

근보다 부착력이 적음.

인적 요인(人的要因, human factor) : 인간의 생활을 안락하고 편안하게 해주는 것과 관련 있는 디자인 요소.

인접공간(隣接空間, adjacent space) : 서로 인접한 두 공간으로서 공통된 경계나 외곽을 가짐.

인접도(隣接度, adjacency) : 실내공간 내에서 여러 요소 사이의 인접 수준을 나타내는 것. 이에 기초하여 실내디자인 계획을 발전시킴.

인젝터(injector) : 증기 보일러의 급수장치. 증기노즐·혼합노즐·방출노즐로 구성.

인조견(人造絹, rayon) : 표면처리에 따라 면·견·모와 같은 질감과 세탁방법을 가지며, 다양한 색상이 가능한 재생섬유. 주로 값이 저렴하여 침구·커튼·양탄자·소파 등의 마감재로 사용.

인조대리석(人造石, terrazzo, cast stone) : ①백시멘트·시멘트·모래·종석 등을 물반죽하여 굳혀서 갈아 낸 것. 원래가 현장갈기로 시공되며 '인조석 물갈기'라 하고, 공장에서 판상(板狀)으로 생산하여 붙이는 것을 '테라초(terrazzo)판 붙이기'라 함. ②미세한 골재를 만들어 사용한 콘크리트를 써서 자연석을 모방하여 표면을 연마하거나 주형을 넣어 만든 석재. ③매트릭스(matrix) 안의 석재 부스러기와 포틀랜드 시멘트를 혼합하여 인공적으로 만든 건축자재용 석재. 일단 주조하면, 그것은 바탕칠이 되거나 광택이 나며, 그 밖의 비슷하게 꾸민 석재로 표현. 인조석의 특징은 콘크리트의 특성과 유사. 그러나 그것은 부가된 재료에 따라 독특한 마감효과를 얻어낼 수 있음. 그것은 석회암·갈색의 사암 또는 사암처럼 보일 수 있음. 주조하는데 있어서 정교한 디테일을 얻어낼 수 있는 인조석의 역학을 그것이 현대적이고 전통적인 요소와 질감들을 재현하게 하는 것임. 대형 패널들은 몇 개의 작은 조각들로 제작. ④테라초·현장테라초(=).

인조석(人造石, terrazzo, cast stone, artificial stone) : ⇨인조대리석·테라초(=).

인조석갈기(人造石-, artificial grinding stone) : 인조석의 정벌바름 후에 숫돌이나 그라인더(grinder)로 연마해서 매끈하게 마감한 것.

인조석바름(人造石-) : 돌로 마무리한 것과 비슷하게 보이기 위한 미장 마무리 방법. 씻어내기와 도드락다듬이 있음.

인조석씻어내기(人造石-) : 인조석 바름이 굳어버리기 전에 솔 또는 분무기로 표면의 시멘트페이스트를 씻어내어 표면에 종석만 나타나게 한 것.

인조섬유(人造纖維, staple fiber) : ⇨합성섬유(=).

인지(認知, cognition) : 아는 것(know), 이해(understand), 산물(product-지식을 얻는 것)의 과정을 지칭.

인지거리(認知距離, cognition distance) : ①눈에 보이지 않는 물체에 대한 거리를 심상(心想, image)을 통해 판단하는 거리. ②인지거리는 개인에 따라 실제환경에서 실측할 수 있는 거리와는 전혀 다름. ⇨지각적 거리.

인지맵핑(認知-, cognitive mapping) : ⇨인지쉐마.

인지쉐마(認知-, cognitive schemata) : 환경심리학 용어로서, 환경에서 상대적 위치와 환경적 속성들에 관한 정보를 수집·조직·저장·회상·해독하는 능력. 따라서 이런 능력이 결여되면 가까운 일상적인 거리의 이동도 불가능하게 됨. 인지맵핑(=).

인천(印天) : ⇨프린트합판(=).

인체계가구(人體系家具, ergonomics furniture) : ①기능적으로 분류한 가구의 일종. ②의자나 침대처럼 인체를 지지하는 것을 목적으로 한 가구(의자, 침대류). ③종류에는 스툴·작은 의자·등받이 의자·안락의자·소파·카우치·벤치·흔들의자·리클라이닝 체어·접의자·스태킹 체어·침대·소파베드·아동용 침대 등.

인체계측(人體計測, somatometry, anthropometry) : 사람의 생체·골격 등에 대한

계측. 인체의 측정은 보통 구조적 치수와 기능적 치수로 대별.

인체계측학(人體計測學, anthropometrics) : 다수인(多數人)을 체계적이고 통계학적 관찰에 의해 인체의 치수와 관절의 계측을 연구하는 학문.

인체비례(人體比例, canon) : 인체와 인체 각 부와는 일정한 비례가 성립한다는 것으로, 인체의 아름다움은 이 비례에 의하여 크게 좌우된다고 생각하여 고대 이집트나 그리스의 회화 및 조각에 이러한 비례원리를 충실히 사용함. 레오나르도 다빈치는 그리스적인 비례이론을 존중하여 이를 발전시켰으며 인체의 비례와 동작에 관하여 '사람이 벌린 팔의 길이는 신장과 같음.' '턱의 밑에서 머리 상부까지는 신장의 1/8임.' 등의 메모를 남김.

인체척도(人體尺度, human scale) : ⇨휴먼 스케일(=).

인체측정(人體測定, human measurement, anthropometry) : ①인간의 형태를 객관적으로 표시하기 위해 행하는 측정으로 인간공학에 있어 설계자료로써 가장 기본적인 것 중의 하나. ②인체측정은 구조적인 인체측정(표준자세에서 움직이지 않는 피측정자를 인체계측 등으로 측정하는 것)과 기능적인 인체측정(움직이는 몸의 자세로부터 측정하는 것)으로 분류함. ③측정법은 크게 동적인 측정방법과 정적인 측정방법으로 구분. ㉠정적인 측정방법 ; 표준자세에서 움직이지 않는 피측정자를 인체계측기로 인체 각부의 길이·무게·면적 등을 측정하는 것. ㉡동적인 측정방법 ; 움직이는 몸의 자세로부터 인체의 치수나 관절 운동, 동작분석 등을 구하는 방법. 그밖에 마르틴(Martin)식 인체측정법(人體測定法)과 3차원 인체측정법, 비접촉식 측정방법(주로 광학적인 방법, 특히 입체사진술에 의한 방법을 사용)과 무레아(Moire)측정법(몸통에 등고선이 나타나도록 특수조명을 한 후 사진촬영을 하고, 이 등고선으로부터 3차원정보를 얻어내는 방법) 등이 있음.

인체측정법(人體-測定法) : 인체의 측정은 ㉠형태학적 계측 : 길이·무게·양 따위의 계측으로 보통 인체측정이라고 하면 형태학적 측정. ㉡생리학적 계측 : 침·땀·따위의 생활현상에 대한 인자 등의 계측. ㉢운동기구학적 계측 : 관절의 운동범위와 체형이 변화하는 상태의 계측으로 볼 수 있음.

인체측정학(人體測定學, anthropometry) : ①개인이나 집단에 있어 인체측정에 관한 차이점에 대하여 연구하는 과학. 이 분야의 개척자는 벨기에의 수학자 퀘틀레트(Querlet)이며, 1890년 그의 저서 『인체측정(Anthropometrie)』을 발간함으로써 이 방면의 창시자뿐만 아니라 '인체측정'이란 용어를 처음 만든 사람이 됨. ②인체의 치수나 비례관계를 연구하는 학문. ③19세기에 이르러 인체측정의 연구가 실제로 건축적인 측면에서 이루어지기 시작. 19세기 말엽에는 대부분 합리적 추측을 바탕으로 임의로 설정한 것이었으나 이를 기점으로 관심이 고조되면서 어느 정도 체계적인 인체측정 자료가 작성되기 시작. 현대적 인체측정은 바우하우스에 의해 활기를 띠기 시작했고 발전의 계기는 2차대전 무기 발달에 따른 인체측정이 필요하게 되면서부터임. 전후 이 자료를 통해 일상용품에 적용되었고 많은 사람의 인체 부위에 대한 자료측정이 이루어지면서 각종 권장치수가 나오게 됨.

인체치수(人體値數, body dimension) : 신체의 각 부위 및 신체 모양이나 기능을 측정한 치수로 건축·실내·가구를 설계함에 있어서 치수를 정하는 가장 기본적인 자료. 주로 인체계측학(antropometry)이나 인체역학(biomechanics)에서 다룸. 구조적 인체치수와 기능적 인체치수가 있음.

인치(inch) : 길이의 단위로 1인치는 25.4㎜에 해당. 단위기호는 in.

인크러스트테이션(incrustation) : 돌붙임과는 다른 종류로서 돌색에 따라 모양 있게 붙인 치장붙임.

인클로즈드타입(enclosed type) : ⇨동선의 유형.

인타르시아(intarsia[이]) : 초기 르네상스양식의 가구로 베니스 지역에서 채색된 여러 종류의 나무를 아라베스크 문양과 당초문양으로 상감한 것이며, 플로렌스 지역에서 나오는 가구에는 황금을 도금한 장식을 부착함으로써 실내의 다른 가구와 조화를 꾀함.

인터(inter) : '관계' 또는 '유대'를 의미.

인터내셔널스타일(International Style) : ⇨국제주의(=.)

인터널도머(internal dormer) : 경사 지붕면 아래쪽에 위치한 수직의 함몰형 지붕창.

인터네이싱아치(interlacing arch) : 아케이드에서 아치가 서로 교차하고 있는 것.

인터돔(interdome) : 돔의 내부와 외부의 외각(外殼, shell) 사이의 공간.

인터디자인(interdesign) : 건축·인테리어·시각·제품 등 서로 이질적인 분야를 상호 연결하여 한 분야만으로는 해결하기 어려운 문제들을 보다 현실적으로 처리하려는 창조적인 디자인.

인터레이싱아케이드(interlacing arcade) : 아치가 서로 가로지름으로써 겹치고 교차된 지지점의 아치로 구성된 벽으로 막힌 얽혀진 아케이드.

인터스티스(interstice) : 개체와 부분 사이에 있는 작고 좁은 중재역할을 하는 공간.

인터컬럼니에이션(intercolumniation) : 두 기둥 간의 간격을 기둥의 지름 배수로 나타낸 것. 피크노스타일(pycnostyle, $1\frac{1}{2}$D), 시스타일(systyle, 2D), 유스타일(eustyle, $2\frac{1}{4}$D), 디아스타일(diastyle, 3D), 아래오스타일(areostyle, 4D) 등.

인터트라이글리프(intertrigrief) : ⇨메토프(=).

인터퍼닝플로트(interfering float) : ⇨간접여유(=).

인터페이스(Interface) : ①2개 이상의 장치 사이에 정보 및 신호를 주고 받는 경우의 접점(接點) 또는 경계면. ②장치 사이를 연결하는 연결장치 그 자체를 가리키기도 함. 그러나 장치끼리의 경계부분뿐 아니라 소프트웨어끼리를 연결하는 경우의 경계부분도 인터페이스라고 함. ③일반적으로 이용자가 프로그램을 개발하는 데 필요한 인터페이스는 메이커로부터 제공되는 매뉴얼(manual) 등에 기재돼 있는데, 거기에는 데이터의 양식이나 명령어 등의 정보가 포함됨. 그러나 메이커의 기업비밀을 지키기 위해 공개되지 않는 부분도 있음. ④인터페이스의 공개는 관련기기나 소프트웨어 개발을 촉진시킴.

인테글리오(intaglio) : 보석·조개 등과 같은 단단한 재료의 표면을 음각(陰刻)으로 파내어 장식하는 기법. ⇨카메오(⇔).

인테리어(interior) : 일반적으로 '실내' 또는 '내부'를 의미. 그러나 최근에는 실내디자인을 지칭하는 경우가 대부분임.

인테리어디자이너(interior designer) : 건축 실내 설계의 계획과 공사감독을 하는 예술·사업 또는 직업에 종사하는 자. 미국에서는 1930년에 인테리어 데커레이터(interior decorator)라는 말과 함께 1950년에 사회적인 직업으로 확립되었음.

인테리어디자인(室內意匠, interior design) : ①건축실내 설계의 계획과 기능적이고 미적인 필요성과 요구를 만족시키기 위해 공간 안에 디자인 요소를 어떻게 선택하고 배치하는가를 결정하는 작업. 색채계획에서부터 가구·조명·장식물·마감재료와 제반 설비 및 건축적인 부분까지 다룸. 공간의 요소에 배치하는 것에는 패턴을 만드는 것도 포함. ②건축물의 내부공간을 공간의 용도와 인간의 생활목적에 따라 기능적·정서적·환경적인 충족이 되도록 안전성·편리성·쾌적성을 고려하여 보다 능률적인 공간이 되도록 계획·설계하는 작업. 따라서 인테리어 디자인의 내부공간은 추상적·개념적인 비실체적 공간개념이 아니라 현실적이고 실질적인 생활공간임. 또한 건축의 구축물인 매스(mass)나 구조(construction)를 취급하는 건축작업을 제외한 실내공간을 구성하는 전반적인 내용을 폭넓게 내포함. ③인테리어 디자인이라는 용어는 제2차 세계대전 이후에 일반화됨. 그 이전에는 인테리어 데코레이션(실내장식)이라고 알려져 있었음. 20세기 이전의 실내장식은 아담(Adam) 형제·안토니오 가우디(Antonio Gaudi : 1852~1926), 윌리엄 모리스(William Morris : 1836~96)·미켈란젤로(Bunonaroti Michelangelo : 1475~1564)와 같은 건축가와 미술가들에 의해 수행.

인테리어컬러(interior color) : 실내공간에 사용되는 색채. 실내의 색채계획은 실내에 사용하는 재료의 질감이나 조명등과 밀접한 관계가 있으므로 제반 요소들을 충분히 고려하여 조화 있게 해야 함. 일반적으로는 편안하고 안정감 있는 색을 주로 사용하며 원색보다는 중간색을 선택하는 것이 무난함.

인테리어 코디네이터(interior coordinator) : ⇨실내장치가(=).

인테리어패브릭스(interior fabrics) : 특히 실내에 쓰이는 커튼·쿠션·카펫·태피스트리 등의 텍스타일 직물제품.

인텔리전트빌딩(intelligent building system) : ①정보화(情報化) 빌딩. ②빌딩 소유자가 미리 입주자(tenant) 공용의 정보통신시설을 완비시킨 임대용 사무실 빌딩. ③미국에서는 스마트빌딩(smart building) 또는 브레인빌딩(brain building)이라고도 하며, 1983년 미국 코네티컷 주(州)의 하트퍼드에 완공된 시티 플레이스 빌딩(City Place Building)이 효시. ④일반적으로 인텔리전트 빌딩은 다음과 같은 고도의 첨단기능을 갖춘 오피스 빌딩을 말함. ㉠첫째, 사무자동화(office automation) 기능. 사무소에서 수행하는 일상적인 기본작업을 컴퓨터 등의 각종 첨단기기를 이용하여 자동화시키고 빌딩 내 사무공간 간에 랜을 구축하여 다양한 사무자동화가 네트워크화되어 업무능률을 향상시키는 시스템. ㉡둘째, 빌딩자동화(building automation) 기능. 사무자동화와 더불어 빌딩 자체에도 자동제어장치를 첨가시킨 건물의 자동화 기능. 화재경보 등 비교적 초보적인 시설에서부터 전원·조명·온도 등의 자동제어시스템, 빌딩의 관리 및 보안시스템, 에너지시스템 등을 조절하는 첨단기능. 이 기능으로 에너지가 절약되고 인력이 절감되어 경제성 향상을 꾀할 수 있음. ㉢셋째, 텔레커뮤니케이션(통신) 기능. 광섬유 등을 이용한 고도의 통신기능. 통신업의 자유화와 통신기술의 발전과 더불어 정보통신 수요가 증가함에 따라 통신기능이 고도화되고 다양하며 편리한 전화통신서비스를 공급하게 되어 업무의 효율성을 향상시킴. ⑤초기 인텔리전트 빌딩은 미국에서 도심 사무용 임대빌딩이 수요를 초과하여 공급됨에 따라 다른 빌딩과 차별화하여 빌딩 임대인을 확보하기 위한 영업 전략으로서 출발하였음. 그러나 이제 인텔리전트화의 개념은 자사빌딩·호텔·병원·맨션·학교 등의 각종 건축물뿐만 아니라 더 나아가 단지나 도시 전체를 대상으로 발전하고 있음. 통신기능 및 사무자동화기능·빌딩자동화기능이 빌딩 내 네트워크화뿐만 아니라 빌딩의 네트워크로 확대되어 빌딩 콤플렉스·인텔리전트 시티·스마트 시티 등으로 광역화되고 있음. 이에 따라 단지나 도시 전반에 대한 제어와 관리가 한 곳에 집중되어 원격제어·원격보수 등 상상을 초월한 도시의 운용이 가능해질 전망. ⑥⇨스마트빌딩.

인텔리전트센서(intelligent sensor) : ①빛·온도·습도 등의 환경정보를 감지하여 전기신호로 변환시키는 장치. 여기에 마이크로컴퓨터 등의 주변회로를 결합시킴으로써 감지뿐만 아니라 연산(演算)에서 판단까지의 능력을 갖게 만든 것. ②종래 센서와 반도체회로 등의 일체화는 재질(材質)이 다르거나 반도체 자체가 습도 등 환경변화에 취약한 제약도 있어 곤란한 점이 많았으나 최근 電界效果型 트랜지스터(FET)와 습도·온도 센서를 일체화, 1.5㎜

칩 위에 집적할 수 있게 되었고, 이에 따라 출력 안정화를 기할 수 있게 되고 기능적으로도 한층 더 향상됐음.

인텔리전트재료(－材料, intelligent materials) : ⇨지능재료(＝).

인텔리전트주택(－住宅, intelligent housing) : ①첨단시설을 갖춘 미래형 고급주택. ②입주자들은 집안에 있을 때는 리모컨으로, 외출중일 때는 전화기로 집안의 모든 전기·전자 시스템을 조절할 수 있음. ③1995년 3월 경남기업이 '스마트 하우스'라는 브랜드로 4채를 분양했음.

인텔리전트키친(intelligent kitchen) : ①첨단 부엌시설과 인테리어가 합해진 차세대 부엌. ②냉장고·가스오븐레인지·정수기 등의 부엌기기와 싱크대 수납장 같은 부엌가구를 세트로 취급해 주문·생산한 제품들을 사용함. 그 보급을 위해 '키친 스페셜리스트'까지 등장, 부엌 설계와 설비를 담당하고 있음.

인텔리전트화(－化, intelligent) : 건축물 자동화(building automation)·사무자동화(office automation)·사무공간의 쾌적성(ergonomics)·정보통신(wireless communication) 기능을 고려한 것.

인트라도스(intrados) : ①아치나 볼트의 내부면 또는 내부 둘레. ②⇨엑스트라도스(⇔).

인트랩트에어(entrapped air) : 일반 콘크리트에서 자연적으로 발생하는 상호연속된 1~2% 정도 함유된 기포.

인트레인드에어(entrained air) : 콘크리트 속에 AE를 섞어 형성되는 미세한 기포.

인프라스트럭처(infra-structure) : 도시의 수도·전기·가스 등을 집약시킴으로써 변화에 대응할 수 있도록 도시의 기본적 골격을 구성해야 한다는 도시 디자인의 방법으로, 1962년 팀텐(Team X)의 회의에서 스미슨(P. Smithson)이 주창. ⇨메가스트럭처.

인화(引火, ignition) : ①가연성 물질에 발화원을 대어 가열하면, 열분해로 생성된 가스와 산소의 혼합기체가 순간적으로 불붙는 현상. ②떨어진 장소에 있는 화기(火氣)나 불꽃으로부터 발화하는 현상.

인화도(引火度, flammability) : 실내공간에 사용되는 재료가 불에 번지는 정도와 연기를 발생하는 정도. 모든 재료는 적정한 기준에 따라 인화도 시험을 해야 하며, 공간의 성격에 따라 법규에 따른 재료를 사용해야 함.

인화온도(引火溫度) : ⇨인화점(＝).

인화점(引火點, flash point) : ①가연가스에 화원을 근접시키면 가연가스에 인화되는 온도. ②가연성 액체가 화염(火焰)에 노출되었을 때 발화를 위해서 순간적으로 충분한 화기(火氣)를 낼 수 있는 가장 낮은 온도. 목재인 경우 200℃ 전후(보통 240℃)가 되면 인화됨. ③시료를 가열하면서 작은 불꽃을 시료표면에 접근시켰을 때, 인화되는 시료의 최저온도.

일각대문(一角大門) : ①좌우에 기둥을 하나씩 세우고 지붕을 얹은 대문. ②기둥 두 개로만 끼워진 문.

일각문(一角門) : ⇨일각대문(＝).

일고주오량(一高柱五梁) : ⇨일고주오량가.

일고주오량가(一高柱五樑架) : ①건물 내부 앞쪽 또는 뒤쪽에 고주 하나를 써서 꾸민 5량 지붕틀. ②가운데 기둥 하나는 다른 기둥보다 높고 보를 다섯줄로 놓아 도리를 받쳐주는 방식으로 지은 집. ③대들보 위에 후면평주에서 반칸되는 위치, 즉 전면고주와 대칭되는 위치에 동자주를 세우고 고주와 동자주를 잇는 종보를 올리고 종보 중간에 대공을 세우는 오량가. ④고주를 세우고 다른 쪽에서는 고주 대신 보 위에 동자주를 세워 고주와 동자주를 연결하는 종보를 얹어 대들보와 퇴보로 연결되는 것이 대들보로만 연결되는 이평주오량집과 다름. ⑤살림집의 안채 등 정침·사찰의 대웅전에 많이 사용. 봉정사 대웅전·여주 신륵사 극락보전·칠장사 대웅전

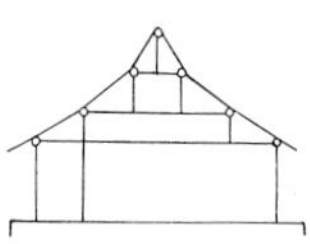
일고주오량가

등이 이에 속함.

일고주칠량(一高柱七樑) : 고주 하나를 써서 꾸민 칠량 지붕틀.

일관(一貫-, coherent) : 이해나 인식을 위해 논리적으로나 미학적으로 질서 잡힌 또는 통합된 것.

일관성(一貫性) : ⇨상시성.

일괄발주(一括發注, bundle order) : 건축물을 종합적으로 완성할 것을 계약범위로 하는 발주방식.

일광(日光, sunlight) : 태양으로부터 직접 발생하는 빛.

일교차(日較差) : 하루 동안의 최고 기온과 최저 기온의 차이. 일교차는 새벽녘이 가장 낮고 오후 2시경이 가장 높음.

일급벽돌(一級壁乭) : 보통 벽돌의 등급을 나누어 압축강도 150kg/㎠ 이상, 흡수율 20% 이하인 벽돌. 구워진 정도는 양호하고 두드렸을 때 금속성의 청음이 남. 형상이 양호하고 갈라짐. 흠이 극히 적음.

일단지대(一段地臺) : ⇨외벌대·한벌대(=).

일러스트레이션(illustration) : ①삽화(插畵)·도해(圖解)·설명화(說明畵). 보통 일러스트(illust)라고 줄여서 말함. ②광고·출판물·서적·TV 등에 이용되는 그림 또는 도해와 사진이 포함되기도 하며 광고에서는 그림·삽화·디자인 컷(cut)·도해·만화 등의 회화적인 부분을 총칭.

일러스트레이션보드(illustration board) : 채색의 작화용에 쓰이는 채색용지에 두꺼운 보드를 붙인 것.

일러스트레이트(illustrate) : '그림을 그린다' 또는 '삽화를 넣는다' 의미의 용어.

일렬밸브(一列-, alignment valve) : 디스크·실린더나 볼 내에 구멍을 정렬시킴으로써 열리는 와셔가 없는 밸브.

일루션(illusion) : 환상·착각·망상의 사전적 의미를 갖는 데 2차원적인 평면형태에 있어서 입체감·원근감·공간감을 느끼도록 하는 것. 즉 화면에서 거리감을 만들어 마치 멀리 있는 듯한 느낌을 주며 착각을 일으키도록 하는 것. 또한 색채나 명암을 이용하여 원근감을 표현할 수 있음. 예컨대 노랑이나 주황·빨강 등의 난색계는 가깝게 보이고 파랑·초록·보라 등은 멀게 보이며, 밝은 색은 가깝게 어두운 색은 멀게 느껴짐.

일면문틀(一面-, flush frame) : ⇨플러시프레임(=).

일반구조(一般構造, ordinary construction) : 비내화 외벽과 내부가 전체 또는 부분적으로 경량 목구조로 된 구조.

일반구조용 탄소강관(一般構造用炭素鋼管, carbon steel tubes for general structural purposes) : ①KS D 3566(금속기호 SPS). 토목·건축·철탑·비계·기타 철구조물 일반에 사용되는 구조용 강관. ②1종(SPS290)은 특별히 강도를 필요로 하지 않는 용도에, 2종(SPS400), 3종(SPS500) 및 4종(SPS490)은 주로 족장, 가설용으로 이용됨.

일반단청(一般丹靑) : ①백골집에 처음으로 도채하는 단청. ②신색단청(=).

일반도(一般圖, general drawing) : 건축의 내용을 이해하는 데 필요한 기초적인 도면, 즉 배치도·평면도·입면도·단면도 등.

일반보행(一般步行) : ⇨자유보행(=).

일반색명(一般色名, general color name) : ①색상·명도·채도를 나타내는 수식어를 특별히 정하여 표시하는 색명. ②일반 색명법은 색명의 기능적 역할에 기초하며 오늘날 ISCC-NBS 색명법에 따르는 경향이며 우리나라의 한국산업규격(KS) 수식어도 이 ISCC-NBS에 의하여 제정.

일반시방서(一般示方書) : ⇨표준시방서(=).

일반회로(一般回路, general purpose circuit) : 조명이나 일반 전기기구에 전기를 공급하는 분기회로.

일방향(一方向, one way) : 한 방향으로 작용하는 하중 전달 메커니즘을 가진 구조나 구조부재.

일방향 슬래브(一方向-, one way slab) : 지지되는 보에 대하여 대부분의 하중이 단변 방향으로 전달되어 한 방향으로 철근배근된 콘크리트 슬래브로 단(短)스팬(span)에 적합.

일본식 칠(日本式漆, Japanning) : 18세기에 유럽과 북미에서 일본의 옻칠 기법을 모방하여 사용하던 장식·채색·마감 등의 여러 가지 기법. 가구나 금속세공품에 유색의 셸락(shellac)을 칠하여 마치 칠보를 입힌 것과 같은 효과를 주는 방법과 포도주에 용해된 셸락을 여러 겹 칠하여 거의 검정색에 가까운 반짝거리는 옻칠의 효과를 내는 방법 등이 있음.

일본잎갈나무(Larix leptolepis, Japanese larch) : ①소나무과로 중요 조림수종으로 일본이 원산이며 수직분포는 표고 200~1,200m에 생장. 수고 30m, 흉고직경 1m에 달하는 낙엽교목의 침엽수로 수관은 원추형으로 완만하며 수피는 갈색의 줄무늬가 있는 암갈색으로 얇게 붙어 있음. ②변재는 백색으로 좁고 심재는 홍갈색으로 구분이 명료하며 추재는 갈색의 줄무늬가 있음. 목리는 통직하고 나뭇결은 거칠며 수평수지구가 있고 수직수지구는 육안으로 관찰이 가능. 내구성이 크고 건조속도가 빠르며 절삭가공·접착성은 보통이고 할렬이 용이하며 약제주입은 불량. ③토목·건축·선박·합판·농업용재 등으로 사용.

일본잣나무(冷杉, 日本-, Abies firma S.et Z[학]) : ①일본이 원산으로 남부지방의 조림수종으로 식재. ②심재와 변재의 구분이 없고 대개 백색이나 때로 심재는 담갈색을 띄기도 함. 수피는 암회색으로 비늘과 같은 모양. 목리는 통직하고 연하고 가벼우며 거칠음. 내후 보존성이 낮고 절삭가공이 용이하며 갈라짐(할렬)이 큼. 건조에 주의를 요하며 표면 마무리는 보통이고 도장성은 불량. ③조각·건축·가구·포장·목관·연필 등에 사용.

일본주의(日本主義, Japanism) : A. D. 500~1700년 중국 디자인에 의하여 강하게 영향을 받은 이 건축양식은 오로지 목재구조에 그 기초를 두었음. 단순한 파빌리온 구조물은 수직의 목재 골격으로 구성되었으며 연결 빔은 플랫폼(platform)에 의해 지지됨. 축받이가 없는 벽돌은 이동 가능한 칸막이로 된 회반죽과 목재구조로 되어 있음. 문과 창문은 가벼운 재료로 구성되었으며, 기와를 얹은 모임지붕은 정교한 브래킷 시스템(bracket system)의 결과로 넓게 펼쳐질 수 있도록 설계됨. 석재는 단지 기초·플랫폼과 방벽에만 사용. 중요한 점은 개방된 발코니에 의한 변화와 주변 환경을 수용한 건축물의 통합에 있음. 이 양식은 독특한 생명력과 심오한 청결감을 나타내고 있음. 목공에 대한 수준 높은 기준은 부지환경, 구성, 그리고 건설에 대하여 많은 현대 건축가들이 풍부한 영감을 얻어내는 원천이 됨.

일사(日射, solar radiation) : 지표면 또는 대기 속에서의 태양복사를 총칭.

일산방(一散枋) : ①추녀가 얹힌 바로 옆 도리 위에 가로놓아 선자서까래 등을 점차 올려 받쳐 괴는 부재. ②갈모산방·산방(=).

일산화탄소(一酸化炭素, CO, carbon monoxide) : 무색·무취의 유독한 기체로서 인체에 들어가면 신경계통에 들어가 빈혈증을 일으키고 공기 중에 0.5% 함유되어 있으면 5~10분 사이에 사망. 석유·석탄 등의 탄소를 함유한 연료가 불완전 연소할 때 발생.

일세대일주택(一世代一住宅) : ①1세대가 국내에 1개의 주택을 소유하고 3년 이상 거주하는 것으로 주택을 팔 때 양도소득세가 과세되지 않음(소득세법 5조와 동 시행령 15조). ②여기서 '세대'는 세대원이 실질적으로 생계를 같이 하는 가족으로 주민등록법상의 '세대'와는 개념이 다름. 가령 부부가 주민등록상 각각 별도의 세대를 구성한 경우에도 각자 주택을 소유하고 있으면 1세대2주택으로 간주됨. ③단, 정부는 결혼으로 인해 2주택이 됐을 경우 1993년 5월 중순께부터 비과세를 적용키로 했음. ④1세대2주택이라도 불가피한 경우 일부 비과세를 인정하고 있음.

일소점투시도(一消點透視圖, one point perspective) : 화면과 나란한 주입면을 가지는 네모진 사물이나 양괴(量塊, mass)의 선형 투시도로서, 화면에 나란한 수직선은 수직으로 남고 화면에 나란한 수평선은 수평으로 남는데 화면에 수직인 수평선은 중심점에서 만나는 것처럼 보임.

일액형 에폭시수지도료(一液形-樹脂塗料) : ①강제건조형 금속용 도료. ②일반적으로 에폭시수지는 단독으로 중합하는 것이 불가능하므로 염화비닐수지·열가소성 아크릴수지 등과 혼합하여 에폭시수지의 부착성을 양호하게 만듦. 일액성에는 강제건조(60~80℃) 또는 상온건조로 건조도막을 얻는 것이 불가능함. ③속건성으로 작업성·부착성이 우수하나 내용제성·내약품성 등은 불량함.

일열주양식(一列柱樣式, peripteral) : 한 줄의 원주로 사방이 둘러싸인 양식의 건물.

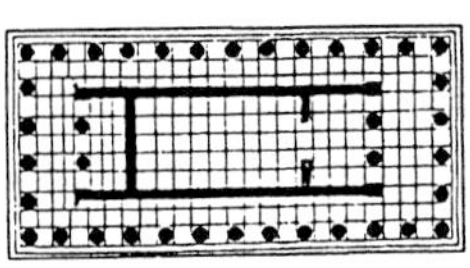

일열주양식

일영곡선(日影曲線) : ⇨일영선(=).

일영선(日影線) : 수평면상에 수직으로 세운 막대기 끝에 던져지는 그림자의 궤적.

일월오악병(日月五嶽屛) : 해와 달, 다섯 산봉우리·폭포·파도·소나무가 그려진 병풍.

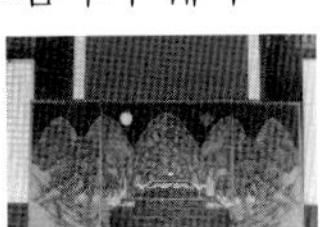

일위대가(一位對價) : 단위공사의 소요 재료비와 공사노무비를 합계한 가격.

일익공(一翼栱) : ⇨초익공· 단익공(=).

일인용 소파(一人用-) : ①한 사람이 앉을 수 있는 의자와 같은 개념의 소파. ②⇨소파.

일자매기 : 서까래 끝을 가지런히 일직선상으로 자르는 일.

일자집(日字-) : ①평면형태에 의한 전통민가 유형의 하나. ②길상문자로서 일(日)자를 의도적으로 채택하여 평면을 이룬 집. ③길상문자 중 일(日)자와 월(月)자는 바로 해와 달로서 신비한 힘을 가진 영원한 것으로 생각하여 사용. ④십장생무늬(十長生紋)에 해와 달이 포함된 것은 같은 이유임.

일자편입난간(日字編入欄干) : ⇨교란(=).

일자형 머리(一字形-, slotted head) : 일자 스크루 드라이버(screw driver)를 사용하도록 한 개의 홈이 파진 나사머리.

일자형 주택(一字型住宅) : 마루가 없고 부엌에 방이 두 개 또는 세 개가 연달아 배치된 주택(평안도 지방)이나 부엌과 방, 대청, 방이 한 줄로 늘어선 평면 배치의 가옥(경남, 호남 지방).

일점오차산업(1.5次産業) : ①1차산업과 2차산업의 중간적 성격을 가지고 있는 산업. ②영국의 경제학자 콜린 클라크는 산업을 농림수산업 등의 1차산업, 광·공·건설업(鑛·工·建設業) 등 2차산업, 운수·통신·상업 등의 3차산업으로 나눠 경제발전에 따라 산업의 중심이 차츰 2차, 3차로 옮겨간다는 것을 실증했음. ③최근에는 농림수산업에도 고도의 시설을 도입한 공업적 관리가 이루어지고 가공에 의한 부가가치를 높이는 일이 활발해져 이를 1차산업과 2차산업과의 중간적인 1.5차산업이라고도 함. ④농림수산업의 생산성 향상 등 지역경제 활성화의 의도가 담긴 호칭이기도 함. 한편 서비스업 가운데 기기의 보수(補修) 등 2차산업에 가까운 것을 2.5차산업이라고도 함.

일정계산(日程計算) : ①개시결합점에서 종료결합점에 이르기까지 네트워크의 모든 루트(route)를 거쳐 계산되고 각 결합점에 있어서의 시각이나 개개의 작업착수 가능 시간과 종료시간을 가하여 각기 작업의 여유시간(float time) 및 프로젝트(project)를 완성하는 데 필요한 공사기일. 이와 같이 구한 공사기일을 계산공기라고 함. ②⇨시간계산(=).

일정계획(日程計劃, scheduling) : ①네트워크 공정표 용어의 하나. ②지정공기·소유자원 등의 제약하에 계획달성에 필요한 작업 일정을 계획하는 일. ③공정 기본 계획을 통하여 구성된 공정표를 토대로 각 작업의 착수와 완료일정 및 여유시간을 계산하고 전체공정을 산정하며, 공정관리 이론을 근거로 공사기간을 조정하고, 필요시 자원을 평준화하거나 적절하게 배당하는 절차.

일정계획여유(日程計劃餘裕, schedule float) : 일정계산결과의 계획여유로서 지정시각에서 가장 늦은 종료시각(LFT)을 뺀 여유.

일점투시도(一點透視圖, one point perspective) : 전개 또는 입면의 한 면과 화면을 평행하게 설정한 것으로써 소점(vanishing point)이 1점인 평행투시도법.

일조(日照, sunshine) : 지표면에 있어 태양의 복사를 주로 빛의 영향이 미치는 점에서 표현할 때의 태양복사.

일조권(日照權, right of light) : ①건축법에서 북측 사선제한 등으로 남쪽 건물의 높이를 제한하는 권리. ②햇빛을 쪼일 수 있도록 법률상 보호돼 있는 권리. ③우리나라에서는 도시의 과밀화와 고층건물 증가에 따라 특히 주거지역 내의 채광(採光) 문제가 빈번하게 분쟁을 야기해 왔으나 그동안 일조권의 적극적인 법적 보호조치가 없었다가 건축법시행령의 개정으로 '일조권 등을 위한 건축물의 높이 제한'에 관한 규정을 두게 됐음. ④주거지역 안에 건축하는 건축물 각 부분의 높이는 그 부분으로부터 정북(正北)방향에 따른 인접대지(垈地) 경계선까지 수평거리의 2배 이하로 하는 등의 제한이 가해지고 또 인접대지의 경계선으로부터 떨어져야 할 거리에 관한 규정임.

일조율(日照率, percentage of sunshine) : 일조시간을 가조시간(태양의 중심을 기준으로 일출에서 일몰까지의 시간)으로 제한 값의 %를 말하며 날이 좋은가를 나타냄.

일종환기(一種換氣) : 송풍기에 의하여 실내에 외기를 도입한 동시에 배풍기에 의하여 실내의 공기를 배출하는 방식.

일주문(一柱門) : ①사찰의 삼문 중에서 가장 앞에 있는 문. ②절의 입구에 기둥을 일렬로 세워 만든 문. ③기둥이 일렬로 있어서 붙여진 이름. ④기둥을 일직선상에 세우고 벽체에 의한 공간없이 단이진 위로 공포를 짜 지붕을 받치고 있는 독특한 형식의 건물. ⑤일반적으로 규모가 크지 않고 보통 맞배지붕으로 만듦. 그러나 드물게 팔작지붕으로 만들기도 함(용추사 일주문). ⑥불교에서는 일심(一心)을 의미함. ⑦물리적인 출입을 통제하는 문이 아니라 마음의 문임. ⑧신성한 가람에 들어가기 전에 세속의 번뇌로 흩어진 마음을 하나로 모아 부처님이 계시는 신선한 공간인 진리의 세계로 향하라는 성(聖)과 속(俗)의 공간을 구분하는 상징적인 의미가 강하게 담김. ⑨범어사 일주문(부산 유형문화재 2호)이 유명함.

일차보(一次樑) : ⇨주보(=).

일차색(一次色, primary color) : 빨강·파랑·노랑의 3원색으로 다른 색을 섞어서는 만들 수 없는 모든 색의 근원이 되는 기본색. 단, 이 색들 중 2가지를 섞으면 이차색이 됨.

일차에너지(一次-, primary energy) : 석탄이나 석유와 같이 가공되지 않은 연료로부터 직접 얻는 총 에너지.

일차오염(一次汚染) : 오염발생원에서 방출된 유해물질이 오염과 연결되는 상태. 예컨대 석탄이나 중유가 연소할 때 발생하는 매연·황산화물, 공장에서 나오는 분진에 의한 대기오염 등. 1차 오염은 산업발달 단계에 따라 대체로 초기에는 석탄 연소에 의한 매연과 분진, 다음에는 석유 연소에 의한 이산화황, 자동차 배기가스에 의한 질소산화물 등이 있음.

일차원(一次元, one dimension) : ①선(線)으로서 기둥·보·서까래 등의 골조 등. ②공간적으로는 외부공간이 내부공간과 혼합된 상태로서 양자간에는 분명한 구분이 없음.

일체식 구조(一體式構造, rigid frame construction, monolithic structure) : ①기둥과

보가 고정단(固定端)으로 강접합(鋼接合)된 구조물. ②몸체가 속이 빈 고상부로 이루어진 것과 대조적으로 한 조각의 돌 또는 대리석으로 이루어진 기둥형태. ③전 구조체를 일체(一體)로 만든 것으로서 철근콘크리트조·철골조·철골철근콘크리트조가 있음. 이것은 가장 강력하고 균일한 강도를 낼 수 있는 합리적인 구조체임. ④구조부재의 절(결)점, 즉 접합부가 강하게 긴결되어 있는 골조로서 인장재·압축재·휨재가 모두 결합된 형식인 고정절점으로 된 구조체(골조)로 종류 ; ㉠보통라멘(철근콘크리트조의 기둥과 보의 결합), ㉡합성라멘, ㉢평면라멘(평면트러스), ㉣입체라멘(입체트러스), ㉤구형라멘, ㉥산형라멘 등으로 분류. 건축구조의 구성형식에 의한 분류(라멘·트러스·셸) 중 하나의 건축구조. ⑤⇨라멘구조(=). ⇨건축구조의 분류.

교문 일체식 WT형 일체식 분할조립 일체식

일체식 구조

일체식 천장(一體式天障, integrated ceiling) : 조명기구·공기조화기구 등을 천장과 일체식으로 디자인한 달대천장.

일체식 테라초(一體式-, monolithic terrazzo) : 콘크리트의 거친 면 위에 직접 시공된 테라초. 콘크리트 표면이 너무 매끈하여 접착력이 부족한 경우 화학 부착제를 사용.

일출목(一出目) : 공포에 있어서 첨차가 한자리 나가 앉아서 도리를 받친 것.

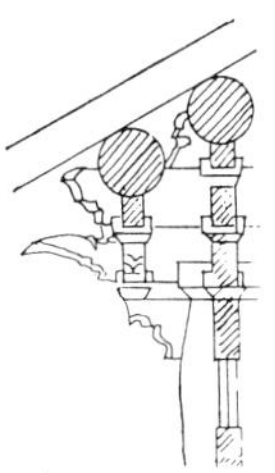

일출목

일출목이익공(一出目二翼工) : 익공건물 외부에 일출목으로 한 이익공.

일출목제공(一出目諸工) : 기둥 중심에서 한 번 또는 첫 번째로 앉은 출목 제공.

일층(一層, first floor) : ①건물의 지반층. 영국에서는 지반층 바로 위층. ②⇨층.

일치(一致, agreement) : 디자인 또는 예술작품에 있어서 요소들 사이의 형상·크기·색의 일치.

일치효과(一致效果) : ①벽면에 대해 파장 λ의 평면파가 θ의 각도로 입사하면 벽면 위에 $\lambda_B(\lambda_B=\lambda/\sin\theta)$의 파장을 가진 음압분포가 생기고, 벽체의 굽힘성에 의한 굴곡파의 파장과 일치하면 굴곡진동이 생겨 음의 투과가 촉진되는 현상. ②어떤 벽체의 임계주파수(critical frequency)가 1,000 Hz일 때 1,000Hz 이상의 주파수에서 발생하는 차음과 같은 현상. ③⇨한계주파수.

일팔라초(Il palazzo) : 이탈리아 출생의 건축가 알도 로시(Aldo Rossi : 1931~)가 설계하여 일본 후쿠오카시(市)에 건립된 호텔.

임경당(臨鏡堂) : ①강원도 유형문화재 46호, 16세기 창건, 19세기 중수. 강원도 강릉시 성산면 금산리 445-1에 위치. ②임경당은 강릉 12향현 중의 한 사람인 임경당 김열(金悅)의 아버지인 김광헌이 건립한 별당. 임경당은 이율곡(1536~84)과 같은 시대의 사람으로 학문과 덕행이 뛰어났으며, 평소에 친하게 지내던 율곡은 집 주변에 소나무를 심고 가꾸면서 청빈하게 살아가던 임경당을 높이 칭송하면서 선물로

임경당

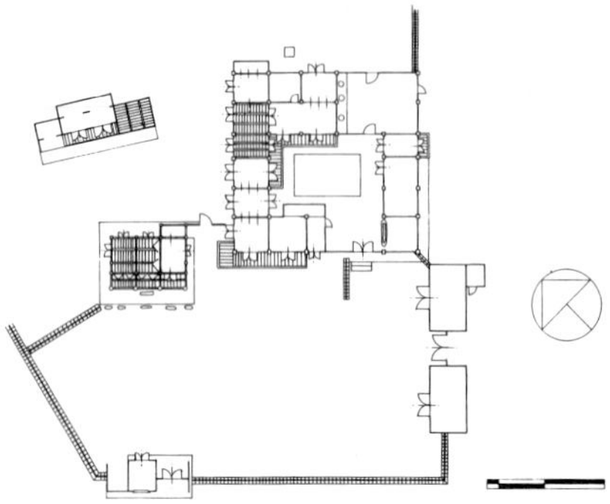

임경당 평면도

호송설(護松說)을 지어 주기도 하였다고 함. 근래에 중건된 ㅁ자형 평면으로서 안채와 살림채가 한 동으로 연결되며, 안채 뒤편으로는 사당채가 있는데 이 공간은 임경당과 몸채와 담과 문에 의해 차단됨. ③전면 3칸, 측면 2칸의 익공계 홑처마 팔작지붕 건물로 잘 다듬은 이중기단 위에 남서향으로 건립된 별당. 두 겹의 장대석 기단 위에 자연석 초석을 놓고 세운 4개의 전면기둥은 약간 배흘림 있는 원주, 나머지는 방주를 세운 5량가구조임. 기둥머리는 수서형 이익공양식. 고미반자의 온돌방과 연등천장의 대청으로 구성. 전면은 반 칸 폭의 툇마루를 놓은 구조. 툇마루를 놓고 한 칸 뒤로 우측 한 칸은 온돌방, 좌측 2칸은 대청으로 사분합(四分閤) 띠살문을 달았음. 온돌방 앞은 낮은 이분합(二分閤)의 빗살문을 달고 위에 아자문(亞字紋) 교창을 달았음. 들어열개의 외부 창호와 같은 방식으로 구성된 대청과 방 사이의 창호는 공간의 확장성과 연결감을 부여해 줌. 안에는 이이의 호송설과 김열의 송어시(松魚詩)를 새긴 판액(板額)이 걸려 있음.

임계온도(臨界溫度, critical temperature) : ①어느 온도 이상에서는 증기가 존재할 수 없는 온도. ②임계상태에 도달했을 때의 온도, 즉 일정한 압력에서 기체를 액화시키는데 필요한 최고 온도. ③기체상태에서 액체상태로 변화되는 온도점. ④기체는 어느 한계점 이하의 온도에서는 압축에 의해 액화(液化)할 수 있는데, 이 한계점에 해당하는 온도를 기체의 임계온도라고 함. 예컨대 암모니아는 132, 이산화탄소는 31, 산소는 −119가 임계온도.

임계온도

물　질	임계온도(℃)
산소(O_2)	−119
공　기	−141
탄산가스(CO_2)	31
암모니아(NH_3)	132
물(H_2O)	374

임계주파수(critical frequency) : ⇨한계주파수(=).

임대백화점(賃貸百貨店) : ①판매업자가 공동으로 운영하는 백화점. ②원스톱구매(one stop shopping)의 구매욕구에 대응하는 형태.

임대정(臨對亭) : ①전라남도 기념물 제69호. 1862년(철종13) 창건. 전남 화순군 남면 사평리 599에 위치. 조선 후기 철종(1849~63, 재위) 때에 병조참판을 지낸 사애(沙厓) 민주현(閔胄顯, 1808~82) 선생이 관직을 그만 두고 귀향하여, 전통적 정원 형식의 3칸 팔작집으로 건립한 정자. 임대정이란 이름은 송나라 시인 주돈이의 「종조임수대여산(終朝臨水對廬山)=아침내내 물가에서 여산을 대한다」 이라는 시구에서 따와 임대정을 취한 것 또는 동쪽에 위치하고 있는 봉정산에서 흘러내리는 물이 사평천(沙平川)과 임하는 곳에 위치하였다 하여 붙여진 것으로 알려졌으며, 그동안 이 정자에는 많은 문인들이 찾아와 시를 읊었고, 충효·예절을 가르치는 서당으로 활용되었다고 함. ②정면 4칸, 측면 2칸의 팔작지붕으로 북서향으로 위치함. 외벌대 기단 위에 덤벙주초를 놓고 두리기둥을 세움. 기둥 위에는 주두가 있으며 그 위에 보아지와 장여받침 굴도리를 결구시킨 5량가구로 소로로 수장한 정자. 우물마루에 연등천장으로 마감. ③북쪽에 7×6m 크기의 중도형방지(中島型方池)가 있음. 임대정이 위치한 대를 수

륜대(垂綸臺)라고 하며, 임대정 원림은 대상부(臺上部)와 대하부(臺下部)로 나뉘어 대상부에는 정자를 중심으로 섬이 있는 방지(方池)와 송·죽·매·석류·측백·자미·은행나무 등 여러 수림으로 구성되고, 대하부에는 두 개의 섬이 있는 연못과 또 다른 연못에 단차를 두어 하나의 둥근 연못을 이루고 있는 정원. 연못 가운데 있는 조그마한 섬 위에 화려한 자미나무가 심어졌고 괴석을 놓고 화려한 자미나무를 심어 원림을 형성한 것은 상당한 식견과 견문이 요구됨.

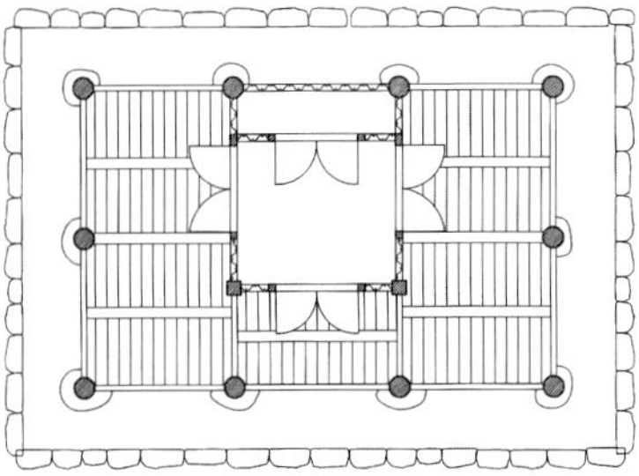

임대정 평면도

임브렉스(imbrex) : 그리스와 로마의 건축에 있어서 지붕을 덮는 타일을 연결하는 볼록한 형의 타일.

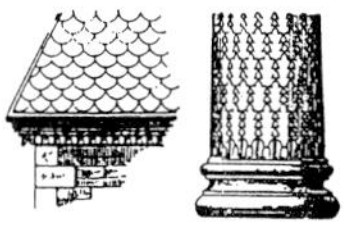

임브렉스

임씨고가(林氏古家) : ①민속자료 9호, 1507년 창건, 조선중기 문신이며 효자로 이름이 높았던 갈천(葛川) 임훈(林薰)이 거처하던 곳. 경남 거창군 북상면 갈계리에 위치. ②임씨고가의 서측 담장을 경계로 갈천 임훈의 동생인 종운이 거처하던 서간소루 소재. ③대문채·사랑채·안채가 각각 독립적인 일자형 건물로 남북방향으로 축으로 하여 三자형 병렬배치를 이룸. 배치는 안채·사랑채·사당·장판각·대문채로 구성됨. 안채 정면에 사랑채가 있고 안채 오른쪽 뒷편에 사당이 자리잡고 있음. 본래 사랑채의 동측으로 담장과 중문이 있어 구획되었다고 하나 현재는 개방됨. 대문채나 사랑채·안채는 본래 중종2년에 건립된 것. ④안채는 대청 2칸을 중앙에 두고 좌우에 온돌방 2칸, 그리고 동측에 부엌 1칸을 둔 맞배지붕의 일자형 건물. 건물 전면에는 대청에서 서측 온돌방 앞까지 툇간을 두어 툇마루를 가설함. 2칸의 대청마루에는 뒤편으로 창고형의 신주를 모시는 감실을 두고, 대청은 재실형 대청이 됨. 대청앞 기둥은 민흘림원주를 사용하고 나머지는 모두 방주를 사용. 부엌부분에만 가적지붕을 달았음(후대 설치한 것으로 추정). ⑤사랑채는 대청과 방 2칸으로 이루어진 일자형 맞배지붕으로 대청앞에는 자이당(自怡堂), 대청안에는 사무사(思無邪)라는 현액이 걸림. 서쪽방은 남측에 외짝 세살여닫이를 두었고, 북쪽에 아궁이를 둠. 동쪽방은 남측에 두짝 세살문을 두고 안에는 정(井)자살 미닫이를 두어 겹창을 구성. 서쪽방은 침실로, 동쪽방은 강학공간으로 사용하였다고 함. 기단은 강자갈로 허튼층쌓기로 만들었고, 방마다 섬돌을 둠. 툇간 없이 툇마루를 가설함(후대에 설치한 것으로 추정). 기둥은 모두 건물 규모에 비해 매우 굵은 방주(方柱), 기둥보다 더 두꺼운 창틀이나 중방(中枋)이 더욱 고풍스러움. 입면으로 보면 중앙에 중방을 가로지르고 그 하부에 창호를 구성하였으며, 그 상부에는 설주를 세워 고풍스러움을 더함. 중방하부의 창호 역시 규모가 매우 작으며 중방을 윗문틀로 사용함. ⑥사랑채 앞면에 위치한 대문채는 방·대문·헛간 3칸으로 중앙에 솟을대문을 둠. 서측칸은 밖을 향하여 외짝 세살문을 달았고, 동측칸은

임씨고가

안을 향하여 문을 단 것이 특이함. 중앙에는 홍살 장려문을 달았고 문설주의 양쪽 초석 모두 길이 1m, 폭 50㎝ 정도의 초석으로서 거북을 사실적으로 묘사하는 정교한 조각을 하고 양쪽 거북머리가 문밖을 향하고 있어 홍살문의 권위를 잘 표현함. 측면 벽빗변방향으로 가새를 설치(후에 보수과정에서 이루어진 변형으로 추정). 지붕은 맞배기와지붕이며, 내림새 망와(望瓦)가 모두 건립 당시의 것으로 인면(人面)으로 조각되어 있음.

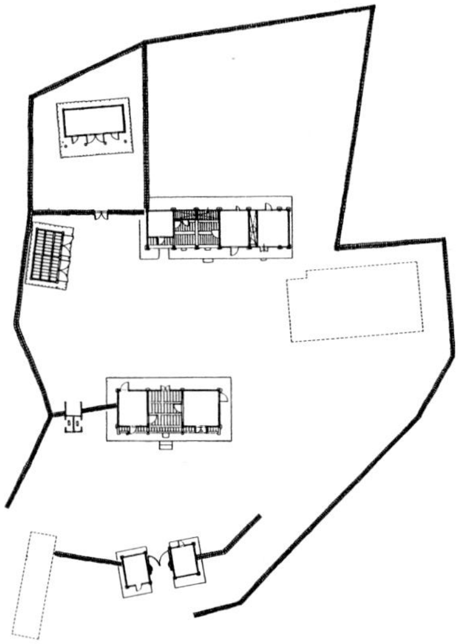

임씨고가 도면

임영관지(臨瀛館址) : ①강원도 강릉시 용강동 58-1 위치, 객사지(客舍址), 사적 388호, 10세기 중엽 창건, 20세기 중건. 임영지에 의하면 936년(고려 태조19년) 강릉부 객사로 창건. 그 후 수차례 중수를 거침. ②일제강점기에 공립보통학교로 사용되다가, 1920년에는 운동장 확장공사 명목으로 완전히 해체, 철거하여 해체된 부재 일부는 강릉 일대의 정자 및 신축건물에 사용됨.

임의정(臨履亭) : ①충청남도 유형문화재 67호, 1626년 창건. 충남 논산시 강경읍 환산동 95에 위치. 사계 김장생이 후학들을 강학하던 건물. 원래는 환산정(黃山亭)임. ②정면 3칸, 측면 2칸의 겹처마 팔작지붕. 평면 2칸 통은 대청, 1칸 통은 온돌방, 온돌방 전면 반칸을 안으로 들여 하부는 아궁이 함실로 쓰고 그 상부는 누마루로 꾸밈. 사괴석으로 외벌대 기단을 만들고, 초석은 방형과 원형을 혼용. 기둥은 모두 원주 사용. 공포는 무출목초익공 구조. 무고주5량가. 대들보 위에 종량을 올리고 종량 위에는 사다리형 판대공을 세워 종도리를 받도록 함. 대청의 각 칸 창호는 골판문과 분합문을 달고 창호 하단에 머름을 설치. 온돌방에는 띠살문을 달고 대청과 같이 머름을 설치.

임의조합(任意組合, random match) : ⇨무늬목조합.

임즈라운지체어(Eames lounge chair) : ①미국의 건축가 겸 가구 디자이너인 찰스 임즈(Charles Eames : 1907~79)가 1956년에 디자인한 현대적 휴식의자. ②좌판과 등받이의 틀은 주형된 합판으로 만들어졌고, 좌판은 별 모양의 금속 페데스탈(pedestal) 다리 위에 얹혀져 있음. 머리받침대는 등받이와 분리되어 있고, 목재의 틀 위에는 부드러운 가죽 쿠션이 덧대어져 있음. ③낮고 넓은 발받침대(ottoman)는 휴식의자를 보조하기 위해 고안함.

임즈라운지체어

임즈보조의자(補助椅子, Eames side chair) : ①미국의 건축가 겸 가구 디자이너인 찰스 임즈(Charles Eames : 1907~79)가 1946년에 디자인한 새로운 개념의 보조의자. ②좌판과 등받이는 합판(plywood)으로 만들었으며, 프레임(frame)은 크롬을 도금한 강철로 만듦. 분리된 좌판과 등받

임즈보조의자

이 부분은 강하고 가느다란 금속봉으로 연결되어 가벼운 느낌을 줌.

임팩트(impact) : ①손님에게 주는 강한 인상. ②디스플레이 등으로 행해지는 것을 비주얼 임팩트(visual impact)라고 함. ③단조로운 인상을 피하기도 하고, 특이성을 만듦.

임페리얼옐로(imperial yellow) : ①중국 황실에서 상징색으로 사용되었던 계란 노른자와 같이 선명하고 강한 노랑색. ②주로 실크나 벨벳에 사용.

임포스트(impost) : ①아치가 올라가기 시작하는 부분에 놓은 피어(pier)의 몰딩. ②아치의 양단 추력(推力)을 배분하여 수용하는 조적석(租積石).

임플루비움(impluvium) : 로마시대 주거공간의 지붕에서 쏟아지는 빗물을 받기 위해 사용하는 아트리움(atrium) 중앙에 있는 사각형의 움푹 팬 웅덩이.

임플루비움

임피던스(impedance) : 전기회로에서 전기저항으로 보는 것을 총칭.

입구(入口, entrance) : 건물로 들어갈 수 있는 통로로 외부의 문 또는 현관이나 로비 등이 이에 해당.

입궁(入宮) : ⇨익공(=).

입도(粒度, grading) : 콘크리트 골재 등의 입자로 된 재료의 크고 작은 입자의 혼합비율.

입면(立面, elevation) : ⇨입면도.

입면도(立面圖, elevation drawing) : ①건물의 외부나 내부의 일정한 수직면을 2차원적으로 나타내기 위한 도면. ②일반적으로 표면의 마감재료명이나 크기 및 여러 부분간의 관계나 비례·장식 등을 한눈에 볼 수 있도록 정확히 표시. ③스케일은 상황에 따라 다르나 보통 1/50, 1/30, 11/20, 11/10이 많이 사용되며 상세도는 11/5, 1/3, 1/2, 1/1로 함.

입방미터 : ①부피(volume)를 나타내는 SI단위. ②부호는 V, ③단위는 m³. ④가로×세로×높이, 즉 면적×높이.

입방미터당 킬로그램(−當−) : 비중(density)을 나타내는 SI단위. 부호는 ρ, 단위는 kg/m³.

입사(入射, incidence) : 광선이나 음파가 표면에 부딪히는 현상.

입사각(入射角, angle of incidence) : ①표면에 도달하는 광선 등의 방향인 직선이 입사 지점에서 그 표면의 법선(法線)과 이루는 각도. ②반사각(⇔)·굴절각.

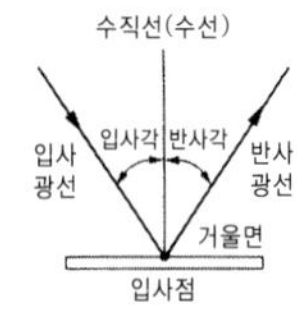

입사각

입사광속(入射光束, incident light) : 어느 면 또는 점 및 선에 입사하는 광속.

입상관(入狀管, stack, riser) : ①배관 또는 배선에서 건물의 위층을 받쳐주는 수직 확장설비. ②급배수시설에서 수직으로 뻗은 오물 파이프로 밑으로는 하수관에까지 연결되고 가스의 통풍을 위해 위로 향해 있음.

입수(入首) : 풍수지리에서 주산(主山)으로부터 혈(穴)로 들어가는 지점. ⇨풍수지리.

입술형 몰딩(−形−, lip moulding) : 가구의 문이나 서랍 가장자리에 사용된 작고 볼록한 몰딩으로 앤여왕시대와 치펜데일시대에 주로 사용.

입위(立位) : 자세의 일종으로 머리높이의 변화를 기준으로 6가지로 구분. 즉 ㉠발뒷꿈치를 들고 서다. ㉡보통으로 서다. ㉢가볍게 앞으로 구부리다. ㉣앞으로 구부리다. ㉤가볍게 무릎과 허리를 구부리다. ㉥무릎과 허리를 구부리다.

입점(立點, stand point, station point) : 선형 투시도에서 관찰자의 한 눈을 나타내는 공간상의 고정점.

입주(立柱) : 기둥을 세우는 것.

입찰(入札, bidding) : 계약서류에 규정된 프로젝트 업무를 수행하는 대가를 결정하는 경쟁과정.

입찰자격심사제도(入札資格審査制度) : ①면허 등 기본적인 자격만 있으면 입찰에 참가할 수 있는 일반적인 정부공사 입찰과 달리 일정한 요건을 갖춘 업체를 미리 심사하여 최종입찰에 참가할 수 있도록 하는 제도. ②이 제도는 공사실적, 경영상태 등을 100점 만점으로 하여 종합점수 60점 이상인 업체 중 20~30개 업체에 최종입찰자격을 부여하는 것인데, 공사실적과 경영상태가 약세인 중소건설업체에는 처음부터 입찰참가가 봉쇄되어 몇몇 대기업이 담합할 우려가 높다는 것이 문제점으로 지적됨.

입체(立體, solid) : ①길이·넓이·두께를 가진 3차원의 형상. ②입체는 동적 정의에 의하면, 면이 이동한 궤적임. 그것은 면과 어떠한 각도를 가진 방향으로의 3차원적 이동. ③입체는 면의 회전에 의해서도 만들어짐. 그러나 입체에 관한 동적 정의는 이념적이고 관념적. 현실적으로 대부분의 물체는 입체이지만 순수형태로서의 입체는 모든 입체의 기본요소인 구·원통·직방체와 같이 단순한 것이 아니면 안 됨.

입체각(立體角, solid angle) : 3개 또는 그 이상의 면이 한 점에서 만나 이루는 각.

입체각투사율(立體角投射率, configuration factor, sky factor) : 면적 S의 완전확산면이 균일한 광속 확산도(擴散度)일 때 수조면(受照面)의 X점에서 받는 조도.

입체감(立體感, cubic effect) : 원래 평면적인 조형 구성이 입체적으로 느껴지는 인상을 말함. 평면적인 것이 입체적으로 보이는 것은 상대적인 도형보다는 어느 방향으로 도형이 무너지는 것을 안정되게 보이도록 하기 위해 입체시(立體視)하는 것임.

입체골조(立體骨造, space frame) : 모든 부재가 서로 연결되어 하나의 전체로서 외력을 지탱할 수 있도록 3차원적으로 골조를 구성하여 공간을 만드는 구조적 방법 중 하나. 시스템은 달걀 상자형·육각형 또는 그밖의 여러 기하학적 형태가

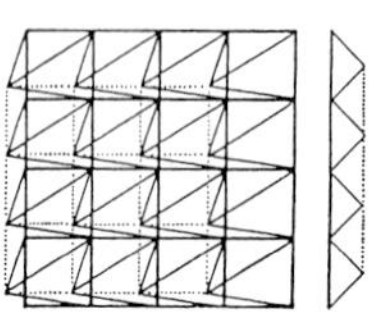

입체골조

가능.

입체구조(立體構造, space frame construction) : ①여러 부재를 입체적으로 짜서 외력·하중을 지지하고 평형이 되는 핀(pin) 구조. ②특징은 트러스의 높이를 50%로 낮출 수 있고, 철재의 양을 25% 이상 절약할 수 있으며, 동일 형태를 반복하여 사용하므로 시공이 용이함. 절판 또는 곡면 구조로도 이용 가능. 지진 및 기타 횡력에 대한 저항성이 큼. 얇은 판이나 막(膜)이라도 자체에 입체적인 굴곡이나 입체적 구성으로 하면 보다 높은 강도의 강성을 지닌 우수한 형태와 구조로 발전시킬 수 있음. ③종류는 단형 스페이스 프레임 3각형 스페이스 프레임(60° 트러스), 4각형 스페이스 프레임(90° 트러스), 6각형 스페이스 프레임(6각형으로 구성된 트러스), 복잡형 스페이스 프레임 및 파이프 구조 등. ④대스팬을 요구하는 특수건물이나 구조를 노출시킬 수 있는 전시장·공연장 등의 용도로 사용. ⇨건축구조의 분류.

입체시(立體視, stereopsis) : ①공간지각 요소 또는 현상의 일종. ②물체들이 두 눈을 자극하되 각기 별도로 자극하여 거리가 생생하게 경험되도록 하는 현상. ③1838년 물리학자 휘트스톤(Wheatstone)의 입체경(立體鏡) 연구에서부터 시작.

입체시력(立體視力, stereoscopic acuity) : 거리(depth)가 있는 한 물체를 양 눈은 약간 다른 각도로 보기 때문에 시차(視差, parallax)가 생기며, 약간 다른 상이 두 눈의 망막에 맺힐 때 이를 구별하는 능력. 비슷한 두 물체가 다른 거리에 있다고 느껴지는 시차각(視差角)을 최소차로 측정.

입체작업역(立體作業域) : ⇨입체작업영역.

입체작업영역(立體作業領域, working area in three dimensions) : 수직작업역과 그 각점에서의 수평작업역을 합한 작업영역.

입체전시(立體展示) : 입체적인 전시매체가 벽체로부터 독립되어 전시되는 방법. 전시의 시각이 사방에서 개방되며 전시물과

가까운 시각성과 촉각까지도 허용할 수 있음.

입체주의(立體主義, cubism) : ⇨입체파(=).

입체트러스(立體-, space frame) : 트러스를 가로 세로로 설치하여 지붕이나 캐노피가 전체적으로 일체화된 구조. 특징은 해체이동이 가능하고 기둥이 없는 넓은 공간 확보에 주로 채용.

입체파(立體派, cubism) : ①물체의 본질이나 실체의 도상으로 이성을 파악하는 것을 주장하고, 물체의 모양을 분석하여 그 구조를 기하학적으로 점과 선으로 구성하여 표현하려는 주의. ②표현성보다 미학적 구성에 중점을 두고 볼륨을 강조하며, 기하학적 형태와 입체성을 강조한 주의. ③1909년경부터 프랑스 파리의 예술가들에 의해 발달한 추상적 디자인과 기하학적 형태에 기초를 둔 회화·조각 등의 예술사. 자연의 형태를 기하학적 형태로 변화시키며, 물체의 구성을 강조함으로써 한 시점에서 본 물체보다는 여러 시점에서 동시에 본 물체를 표현한 것이 특징. 분석적 입체파가 종래의 원근법을 포기하면서 똑같은 사물의 서로 다른 온갖 측면을 동시적으로 표현하는 반면, 종합적 입체파는 화가가 관찰한 실제 세계를 반영하기보다는 회화 자체를 하나의 실재물로 인식하면서 모든 사물을 시각적 기호의 언어로 전환시킴. 대표적인 인물로는 피카소(Pablo Ruiz Picasso : 1881~1973), 브라크(Georges Braque : 1882~1963) 등이 있음.

입체화법(立體畵法, trompe l'oeil) : 이 용어는 '눈을 속인다'라는 뜻의 프랑스어로 원래 화가들이 현실성과 연결되는 환상을 보여주는 기술들을 발전시켜 왔던 이전시대의 표현방식을 명확하게 묘사하기 위해 사용함. 이 기술들은 건축물들의 빈 벽에 칠해진, 게다가 특별한 시대 또는 양식이나 디자인을 나 타내는 요소들과 전체 건축물의 파사드까지도 외부와 내부의 벽 디자인에 적용함. ⇨트롱프뢰유(=).

잉글누크(inglenock) : 침니 코너(chimney corner)의 영국식 명칭으로 넓고 움푹 들어간 벽난로 앞의 개구부. 일반적으로 양쪽에 붙박이로 달린 나무벤치가 있음.

잉글누크

잉카건축(-建築, Inca architecture) : 1100년경 쿠즈코(Cuzco) 지방으로 이주하여 16세기 스페인들의 정복 때까지 페루를 지배했던 케추아(Quechua)인들의 건축. 매끈한 마름돌쌓기(ashlar)나 가각형 석공술로 된 아주 간결한 형태가 특징. 석공술은 철제 끌을 사용하지 않고 석재를 자르고, 다듬고, 매우 정교하게 접합시킨 것으로 유명.

잉킹(inking) : 잉크나 먹물을 사용하여 그리는 선긋기.

잎갈나무(羅漢松, 黃花松, Larix gmelini var, manchurian larch, Korean larch) : 금강산 이북에 자생하며 표고 300~2,300m에 분포. 수고 40m, 흉고직경 1m에 달하는 낙엽교목의 침엽수로 극양수(極陽樹)이며, 수간은 통직하고 수피는 암회색 또는 백록색의 어인상(魚鱗狀). 변재는 담황색이고 심재는 황갈색 또는 적갈색으로 심·변재의 구분이 분명함. 매우 견고하고 곧은결을 가지고 있으며 나뭇결은 거칠고 광택은 보통. 기건비중 0.60, 수축성은 약간 크며 강도는 압축강도 524kg/㎠, 휨강도 908kg/㎠. 거단(鋸斷)·포삭·건조·접착·도장성은 보통이고 할렬이 잘 안 됨. 건축·토목·교량·선박·조각·합판·펄프 등으로 사용.

잎과 화살촉문양(-觸文樣, leaf and dart) : 삼각주 모양의 잎과 화살촉 모양의 잎을 양식화하여 교대로 늘어놓은 문양으로 그리스 건축물의 문양에서 유래한 문양.

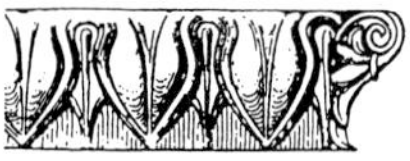

잎과 화살촉문양

잎무늬장식(-裝飾, foils) : ①고딕양식에서 주로 사용된 돌출된 부분과 꽃받침 사이의 공간으로 이루어진 잎무늬장식. ②⇨포일·잎새김장식(=).

잎사귀조각장식(-裝飾, leaf work) : 작은 잎을 연이어 조각한 장식문양으로 가구의 다리·의자 등받이의 세로대(splat)·수납장 등에 쓰임.

잎사귀조각장식

잎새김장식 : ⇨포일(=).

잎장식(葉裝飾, crocket) : 고딕 건축에서 첨탑(spire), 소첨탑(pinnacle), 박공 등의 경사진 옆면 가장자리에 사용된 꽃이나 줄기·잎사귀 등의 돋을새김 조각장식. 19세기 영국 고딕부흥 양식의 가구(Gothic revival furniture)에서도 이 장식이 사용됨.

잎장식

【ㅈ】

자(尺) : ①자는 손을 폈을 때의 엄지손가락 끝에서 가운뎃손가락 끝까지의 길이에서 비롯됨. ②자의 한자어인 척(尺)은 손을 펼쳐서 물건을 재는 형상에서 온 상형문자(象形文字). ③처음에는 18㎝ 정도였던 것으로 추정됨. 차차 길어져서 중국 한(漢)나라 때에는 23㎝ 정도, 당(唐)나라 때에는 24.5㎝ 정도였으며, 이 보다 5㎝ 정도 더 긴 것도 사용되었음. 우리나라에서 고려 및 조선 초까지는 32.21㎝를 1자로 하였으나, 세종12년 개혁시에 31.22㎝로 바꾸어 사용해 오다가 한말(韓末)에 일제의 곡척(曲尺)으로 바뀌면서 30.303㎝로 통용되었음. 1963년 계량법이 제정되어, 현재는 거래·증명 등의 계산단위로 사용하지 않게 되었음. ④본디 조선에서 조선의 재목을 다루는 단위. 예컨대, 두자각, 열두자 등. ⑤10치(寸).

자갈(gravel, ballast) : 작은 조약돌과 돌멩이 또는 이들이 모래와 섞여 있는 것으로 자연적으로 형성되거나 암석을 부수어 형성되며, 특히 76㎜체를 통과하고 5㎜체에 남는 재료.

자감(紫紺) : ①관용색명으로 어두운 보라. ②먼셀기호 8P2/4.

자개(bureau, burgndiner, burgos) : ①근동(near east)지역에서 발견되는 소라(spiral shell)에서 얻어지는 두껍고 찬란한 붉은 보랏빛 재료. ②금조개를 썰어낸 조각으로 작게 썰어 꾸밈새로 널리 쓰임.

자궁의자(子宮椅子, womb chair) : ①사리넨(Eero Saarinen : 1910~61)이 1946년 놀(Knoll Associate)회사를 위해 디자인한 안락의자. ②곡선형 플라스틱 성형체에 직물과 쿠션으로 푹신하게 씌우고, 다리는 강관에 크롬으로 도금했으며, 날개 의자(wing chair)의 현대적 변형이며 여체의 자궁처럼 인체를 안락하게 감싸는 디자인으로 인해 이러한 명칭이 붙여졌음.

자귀(adze, hand-adze) : ①나무를 깎아 다듬는데 사용한 연모로 날의 한쪽면만 갈아서 만든 연모. ②나무를 깎을 때 쓰는 도구로 나무 자루에 부리가 크고 기다란 무거운 쇳날을 꽂아 곡면과 모서리면을 깎고 다듬을 때 사용하는 도구. ③찍개처럼 한쪽 방향에서만 여러 번 떼어내어 날부분을 만드는데 끝부분에 가로날을 만들고 날의 형태는 직선 또는 오목한 모양을 이룸. ④도끼의 날이 자루와 같은 방향으로 이루어진데 반해 자귀는 자루와 직각을 이루는 방향으로 날을 끼워 사용함. ⑤깎개·수부·손도끼(=).

자귀나무(合歡木, silk tree, *Albizzia julibrissin* Durazz[학]) : ①황해 이남, 일본 중남부에 자생. ②변재는 황백색, 심재는 황갈회색으로 경계가 분명치 않고 연륜은 분명한 편이며 환공재(環孔材)로 나무 겉면은 거칠음. 기건비중 0.53, 전건비중 0.44로 가벼운 편. 강도는 압축강도 360㎏/㎠, 휨강도 470㎏/㎠, 인장강도 830㎏/㎠로 약하고 내후·보존성이 낮음. ③조경수 외에 건축·가구 등에 사용.

자귀질 : 자귀로 나무를 깎는 일.

자기(磁器, chinaware, porcelain) : ①도자기 중에서 1,250℃ 이상의 고온에서 소성(燒成)되며 흡수율이 1.0% 미만인 반투명의 백색 유리질을 말함. 기계적 강도가 크고 두드리면 맑은 청음(淸音)이 남. 원료는 고령토(高嶺土, kaolin)·점토(粘土, clay)·자토(磁土, kaolin)이고, 제조기술에 따라 선택·혼합하여 사용함. ②황갈색의 높은 온도에서 구운 것으로 유약을 발라 낮은 온도에서 구운 반투명한 세라믹 물질을 말하고, 도자기 중에서 1,250℃ 이상의 고온에서 소성되며, 흡수율이 1.0% 미만인 반투명의 백색 유리질.

자기사이펀작용(自己-作用, self siphonage) : 트랩의 봉수를 밀어내서 트랩효과를 파괴하는 작용. 기구(器具)에서 배수되는 물이 가득 찬 상태로 흐를 경우에 기구쪽의 압력이 수주(水柱) 때문에 낮아져서 트랩 안의 물을 밀어 올려 텅 비게 하는 작용.

자기에나멜(磁器-, porcelain enamel) : 높은 온도에서 용해시켜 금속에 입히는 불투명한 유리질 코팅재.

자기온습도계(自己溫濕度計) : 장시간 연속하여 측정하고 온습도 기록이 필요할 때 사용하는 것. 온도 측정에는 팽창계수가 서로 다른 두 종류의 금속판을 사용한 바이메탈을 이용하며 습도 측정에는 흡수에 의한 모발의 신축을 이용하여 각각의 검출부로 사용함. 드럼은 1일 또는 7일마다 1회전함. 박물관·전시장 등에 많이 사용함.

ㅈ

자기점토(磁器粘土) : ⇨고령토(=).

자기질타일(磁器質-, porcelain tile) : ①점토에 규석·장석·도석 등의 분말을 혼합하여 물로 반죽하고 1,250℃ 이상의 고온에서 소성한 타일. 특히 내수성이 뛰어나며 내구성과 내마모성도 좋으며 다양한 크기와 형태로 생산됨. 가로·세로가 각각 5.5㎝ 이하의 것들을 모자이크 타일이라 하며, 두께는 5㎜ 이상이 요구됨. 외장용과 주방·욕실 등의 바닥이나 벽에 사용되는 것이 보통임. ②도토(陶土)·점토(粘土)·자토(磁土)를 분쇄·압축·성형하여 1,250℃ 이상의 고온에서 소성(燒性)하여 만든 타일로서, 흡수성이 거의 없고 기계적 강도가 크며 두드리면 금속성의 맑은 소리가 나고 성형을 용이하게 하며, 규석(硅石)류는 탈점성(脫粘性)을 가지며, 장석(長石)류는 매용제(媒溶劑) 역할을 함. ③소지는 보통 백색이고 유리질이며, 파단면은 조개껍질 모양이 되며 강도뿐만 아니라 화학적 내식성·내열성이 우수함. 소성온도는 1,300~1,500℃ 정도이고 흡수율은 0~1% 미만, 시유(施油)·무유(無油) 두 종류가 있음.

자기타일(磁器-, porcelain tile) : ⇨자기질타일(=).

자기화(磁器化, vitrify) : 지정된 온도에서 소성(燒成)에 의해 유리질의 점토 몸체를 만드는 것.

자기확인성(自己確認性, personal identity) : 어떤 물리적 공간이 주변공간과 명백히 식별되도록 개별적인 특성과 동시에 다른 공간과의 관계에서도 동일성을 지닌 환경인지(기억·느낌 등).

자꺾음 : 서까래의 길이를 정하는 데서 물매의 경사를 한 척으로 할 때에 높이를 다섯 치로 하여 정하는 것.

자꺾음장여 : ① 가구의 비례구성. ②거절(=).

자 네치 장여 : 자꺾음을 한 척에 네 치의 비율로 하는 것.

자단(紫檀, red sandal wood) : ①태국·미얀마·말레이시아·인도 등지에 분포. 변재는 백색이고 심재는 주홍색이며, 비중은 0.9~1.2 정도. 재질이 미려하지만 공작이 곤란하고 다듬질 면은 매끈하며 주로 고급 가구재·장식재로 사용됨. ②⇨장미목(=).

자동개폐기(自動開閉器, automatic switch) : 수위 및 압력에 따라 자동적으로 전기 회로의 개폐를 하는 개폐기.

자동개폐문(自動開閉門) : ⇨자동문(=).

자동개폐밸브(自動開閉-) : ⇨플로트볼(=).

자동공기필터(自動空氣-, auto air filter) : 공기조화용 공기필터는 공기 중 오염물질을 제거하기 위해 설치하며 가스 제거용 필터도 있음.

자동문(自動門, automatic door) : ①문에 기계장치를 하여 사람이나 자동차의 접근 시 자동적으로 개폐되는 문. 보통 오토도어(auto door)라고 함. ②종류는 매트식·페달식·터치식 등이 있음. 매트식은 문 안팎의 바닥에 스위치 매트(switch mat)를 두어 밟으면 문이 열리고 지나가면 닫히는 방식이고, 페달식은 바닥면에 설치한 페달을 밟으면 문이 열리고 지나가면 설정시간에 따라 닫히는 방식이며, 터치식은 문의 손잡이 또는 밀판(push plate)에 특수한 스위치를 장치하여 여기에 손이 닿으면 문이 열리고 지나가면 닫히는 방식.

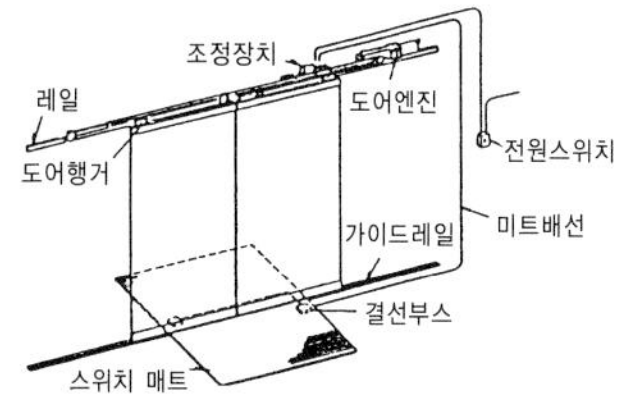

자동개폐문

자동온도조절기(自動溫度調節器, thermostat) : 온도변화에 따라 열의 공급을 자동적으로 조절하는 기구.

자동운동(自動運動, auto kinetic movement) : 캄캄한 방에서 조그만 불빛을 보여주면 불빛이 정지되어 있는데도 불구하고 움직이는 것처럼 보이는 현상. 이는 불빛의 상대적 위치를 확인할 수 있는 참조준거(參照準據, frame of reference)가 없기 때문임.

자라목재(-木, Jarrah wood) : 서부 호주에서만 자생하는 활엽수로 내구성이 강하고 습도와 습기, 병충해에 강한 고급재로 체리와 비슷하여 대체목으로 사용이 가능함. 주로 실내·외부 바닥재(베란다 바닥·deck 등)나 가구재·야외용 의자 등의 용도로 사용됨.

자르디니에르(Jardinière [불]) : 화분(plant container)을 말함.

자르디니에르벨벳(jardinière velvet) : 꽃무늬 디자인으로 장식된 다양한 색상의 벨벳 직물.

자르디니에르탁자(-卓子, jardinière table) : 고대 이집트에서 사용한 장식용 진열대 또는 간이용 탁자로 운반이 용이하도록 디자인되었음.

자름톱(切鋸-) : 목재의 섬유방향에 대하여 직각으로 자르는 톱. ⇨썰음톱·동가리톱·가로톱·끈치톱(=)·거.

자물쇠(lock) : ①창호의 자물쇠로서 열쇠를 이용해야만 열리게 됨. ②창문 등을 닫아 잠그는 철물. ③종류에는 설치방법에 따라 파넣는식·면붙이기식·따로끼워대는식 등이 있고, 형태에 따라 헛자물쇠(latch)·본자물쇠(dead lock)·겸용 자물쇠 등이 있음.

자바라 : ⇨주름문(=).

자보(Jabot[프]) : 의상이나 커튼 등에 있어서 꽃줄장식(swag)처럼 늘어뜨린 주름장식.

자비(煮沸, boiling) : 무늬목용 원목(原木) 등의 온도를 높이고, 또 함수율을 많게 하여 단판(單板)의 절삭(切削)을 용이하게 하기 위해 물 속에 넣어 삶는 것. 목재의 살충이나 목재면 청소에 용이함.

자비건조(煮沸乾燥, boil seasoning) : 목재를 물에 삶아서 말린 것.

자스트로착시(錯視, Jastrow illusion) : 기하학적인 착시의 일종으로서, 위아래가 똑같은데 아래쪽이 더 크게 보이는 착시.

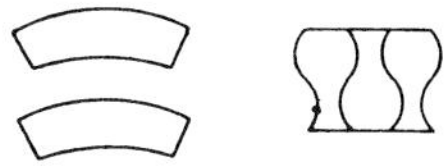
자스트로착시

자연건조(自然乾造, air seasoning, natural seasoning) : 대기 속에 방치하여 자연상태에서 말린 대기건조.

자연건조목(自然乾造木, air dried lumber) : ①건조로에서 말리지 않고 자연상태에서 건조시킨 목재. ②보통 함수율 24%(프로 코드 표) 미만이어야 하며, 최소함수율은 15~15%임.

자연건조법(自然乾燥法, natural seasoning) : 목재를 자연건조에 의해 건조하는 방법으로서, 경비가 적게 들고 많은 목재를 동시에 건조시키는 장점이 있으나 건조

ㅈ

시간이 길고 넓은 장소가 필요하며 변색·부패 등 손상을 입기 쉬운 단점이 있음.

자연경관(自然景觀, natural landscape) : ①자연풍경으로서 느껴지는 요소에 의해 구성되어 역사적으로 그 지역에 뿌리내려 지역특성에 맞게 동화된 경관. ②좁은 의미로는 사람의 손이 전혀 닿지 않은 자연 그대로의 경관. 넓은 의미로는 사람이 다소 변화시켜도 자연의 풍경이라고 느껴지는 경관을 포함하는 경관.

자연공원(自然公園) : ① 풍광·경치 등 자연상태 그대로 보전하고 그 안에 일부의 이용시설을 갖추어 시민들이 열린 공간으로 활용하도록 하는 공원. ②자연공원법상 국립·도립·군립공원으로 구분. ⇨도시공원.

자연대류(自然對流, natural convection) : 벽면이 가열·냉각되면 경계층 내의 공기는 그 밀도차로 말미암아 상승 또는 하강하는 상태.

자연미(自然美, natural beauty) : ①자연적 현실의 사물에서 발견할 수 있는 아름다움. ②비인간적인 대상의 미. 예컨대, 풍경미 등.

자연생태계보호지역(自然生態界保護地域) : ①환경부가 6개 지역을 자연생태계 보호지역으로 지정·관리하고 있는 곳. ②이 지역에서는 건축물의 신·개축, 토지형질 변경, 동식물 포획·채취 등 생태계 파괴 행위가 금지됨. ③낙동강 을숙도(철새 도래지), 지리산 피아골(극상원시림), 강원도 인제군 대암산(고습지), 강원도 태백시 대성산·대덕산(야생동물 집단 서식지), 전남 광양군 백운산(희귀식물 자생지), 경기도 가평·포천군 조종천 상류 명지산·청계산(희귀곤충류 서식지·희귀식물 자생지) 등의 지역이 있음.

자연석주초(自然石柱礎) : ⇨덤벙주초(＝).

자연적 디자인(自然的−, natural design) : 실제 사물처럼 자연스러워 보이는 디자인.

자연적 무늬(自然的−, natural pattern) : 의도에 있어서 회화적이며 인물·동물·식물이나 꽃·잎·풍경으로 구별되고, 이들은 대부분 서로 합쳐서 다루는 형식을 취하지만 단독으로 취급하기도 함.

자연적 형태(自然的形態, natural form) : ①모든 살아 있는 유기체·식물·무생물 혹은 연계하여 존재하는 모든 것으로부터 이끌어낸 재현적인 형태. ②눈으로 지각되는 정형(定形)·무정형(無定形)의 생물(식물·동물)·무생물 또는 풍경과 같이 종합적인 형태. ⇨인위적 형태(⇔).

자연조명(自然照明, natural lighting) : ⇨자연채광.

자연주의(自然主義, Naturalism) : 사물을 표현함에 있어서 주관을 배제하고 오직 보이는 그대로를 표현하려는 사조로 밀레(J. F. Millet)·코로(J. B. Corot)·루소(H. Rousseau) 등의 19세기 바르비종(Barbizon)파 화가들이 표방했던 입장. 그러나 후기 고딕의 건축조각, 고대 그리스 미술에서도 자연주의적 경향을 가짐.

자연착화점(自然着火點) : ⇨발화점(＝).

자연채광(自然採光, natural light, daylighting) : ①자연광 또는 일광(日光)에 의한 실내의 빛이나 밝기, 즉 조명을 말함. 자연광은 색상의 선택과 밝기의 정도에 영향을 주며, 자체의 색채를 첨가시키고 채광량에 따라 실내공간을 역동적이거나 차분한 분위기를 만드는 역할. 또한 빛의 양과 질, 창과 실내의 양감관계, 일광조절이나 개인적 프라이버시를 위한 창가리개의 종류, 기상의 변화, 태양의 높낮이, 구름의 움직임, 채광방법의 종류에 따라 조명도와 색온도가 항상 변화하며, 특히 색채와 함께 고려해야 하며, 빛의 질이나 개구부의 위치에 따른 영향을 고려해야 함. ②주간(晝間)의 빛을 이용하여 조도를 제공하는 과학·방법 및 이론.

자연취락지구(自然聚落地區) : 도시계획법상 용도지구의 하나로서 녹지지역 내의 취락정비를 목적으로 지정한 지구.

자연태양열난방(自然太陽熱煖房, passive solar heating) : 기계장치를 이용하지 않고

ㅈ

벽·바닥 등의 부재에 태양열을 축적(집열·저장)하여 자연스러운 방열을 통해 난방하는 방식.

자연통풍(自然通風, natural draft) : 실내·외의 온도차 또는 압력차 등을 이용하여 실외공기를 실내로 유입시키는 것.

자연형 조절(自然形調節, passive control) : ①건물의 형태·구조·공간구성·외피구성 등 건축계획을 통해 기계적 장치 없이 실내환경 조건을 조절하는 방법. ②자연형 조절은 각종 설계기법을 통하여 외부의 자연환경이 갖고 있는 이점을 최대한 이용함으로써 에너지를 절약하면서 실내환경을 조절하는 방법. 자연형 조절과 설비형 조절은 상호보완적인 조절방법임.⇨설비형 조절(⇔).

자연형태(自然形態, natural form) : 모든 살아 있는 유기체·식물·무생물 또는 자연계에 존재하는 모든 것으로부터 보여지는 형태로서 보편적인 매력을 가지고 있는데, 일반적으로 그 형태가 부정형(不定形)이고 단순한 여러 기하학적 형태를 취하는 것이 특징임. 그러나 부정형한 것이라도 그 구성을 세분해가면 기하학적인 형태가 많음. 즉 수학적인 기본요소들이 직관적으로 이해될 수 있는 미를 창출한다는 것을 의미하고, 기하학적인 형태는 시각적으로 불규칙한 형태보다 가볍게 느껴짐.

자연환기(自然換氣, natural draft, natural ventilation) : ①실내·외 공기의 흐름이 바람에 의하거나(풍력환기), 온도차에 의하여(중력환기) 이루어지는 환기. ②바람과 온도차에 의한 환기를 총칭.

자연휴식년제(自然休息年制) : 오염상태가 심각하거나 황폐화가 우려되는 국·공립공원 등을 지정, 3년마다 출입을 통제해 자연의 생태계 파괴를 막고 복원하기 위한 제도.

자오선(子午線, meridional line) : ①어떤 지점에서 정북과 정남을 통해 천구(天球)의 상상으로 그은 선, 즉 천장 Z·천저 Z·남저 S를 포함하는 대원(大圓)을 말함. ②회전면의 축을 절단하는 수직단면을 그리는 곡선.

자오선힘(子午線力, meridional force) : 돔구조체의 자오선을 따라 작용하는 힘. 최대의 수직적 하중 아래로 항상 압축력이 작용함.

자외선(紫外線, ultraviolet, ultraviolet radiation) : ①가시광선(380~780㎚) 스펙트럼의 자색 바로 다음 영역인 약 370㎚부터 x선 영역의 경계인 10㎚까지의 파장을 가진 전자파. ②방사선 가운데 가시광선보다 파장이 짧은 전자파. 파장범위는 10~380㎚이고, 240~280㎚는 살균효과를 갖고, 290~320㎚는 도르노선(Dorno rays)이라고 하는 비타민 D를 만드는 효과를 가지며 화학선(化學線)이라고도 함. ③자외선은 단파장 자외선(~290㎚), 중파장 자외선(190~320㎚), 장파장 자외선(320~400㎚) 등으로 구분. ④파장 320㎚보다 긴 자외선은 수정체에서 거의 흡수하고, 320㎚의 자외선은 투과성이 매우 낮고, 수정체에 도달하는 것도 거의 없으며, 약 360㎚의 자외선은 안구조직에 형광을 발생시키기 때문에 눈부심에 대한 대비도의 저하로 시각장해를 일으키고, 별에 타게 하는 원인인 320㎚보다 짧은 파장은 눈의 표층에서 흡수되어 각막세포를 손상시킴으로써 각막염을 일으킴. 통증·시력장애·눈부심·결막출혈·분비 증가·종창 등이 생김. 이른바 광선안질이라고 하는 것으로 특히 산란반사가 심한 강설지방에서 일사에 노출된 후에 나타나는 설맹(snow blindness)이 생기며 보통 하루가 지나면 자연치료됨. ⑤자외선은 피부 속에 엘라스틴이라는 물질을 파괴하여 주름을 생기게 함.

자외선투과유리(紫外線透過琉璃) : 보통유리의 성분 중 철분을 줄이거나 철분을 산화제이철(Fe_2O_3) 상태에서 산화제일철(FeO)로 환원시켜 자외선 투과율을 높인 유리. 자외선은 약 50~90% 정도를 투과시키므로 병원의 선룸(sun room)· 결핵요양소의 창유리·온실 등에 사용하면 적합함.

자외선흡수유리(磁外線吸水琉璃, ultra violet ray absorption glass) : 자외선을 흡수하는 세륨(cerium)·티타늄(titanium)·바나듐(vanadium)을 함유시켜 담청색의 투명유리로서 자외선 차단유리라고도 함. 자외선의 화학작용을 피해야 할 곳, 의류의 진열창, 식품·약품창고의 창유리 등에 적합함.

자유개가식(自由開架式, free open stack system) : 열람자가 서고(書庫)에서 책을 꺼내어 확인을 받지 않고 열람할 수 있는 형식.⇨개가식.

자유경첩(自由−, acting hinge) : ⇨자유정첩(=).

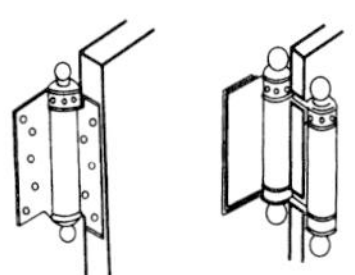
자유경첩

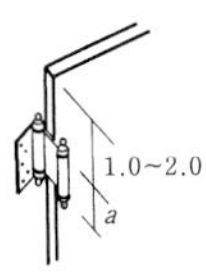

자유경첩달기

자유곡선자(自由曲線−, flexible curve) : 운형자(french curve)처럼 곡선을 그릴 수 있는 제도용구. 운형자와는 달리 마음대로 곡선을 조절할 수 있는 도구이고, 한 그림에 나타난 곡선을 다른 그림으로 옮길 수 있는 장점이 있음. 자재곡선자(=).

자유공간(自由空間, free space) : 유니버설(universal)적인 생각에서 건축할 경우 장비가 차지하는 공간을 제외하고 자유로이 사용할 수 있는 공간.

자유관람(自由觀覽) : ①전시동선의 관람 경로에 따른 분류 중 하나. ②전시공간 내에 유사한 성격을 지닌 소주제 내용들이 형식에 따라 전시되는 일반적인 전시형식. ③관람자의 관심에 따라 임의적으로 자유롭게 접근할 수 있는 반면 특정 분야에서의 혼잡이나 소외현상이 발생될 수 있음. ④대부분 중규모 이상의 과학관에서 적용되는 유형.

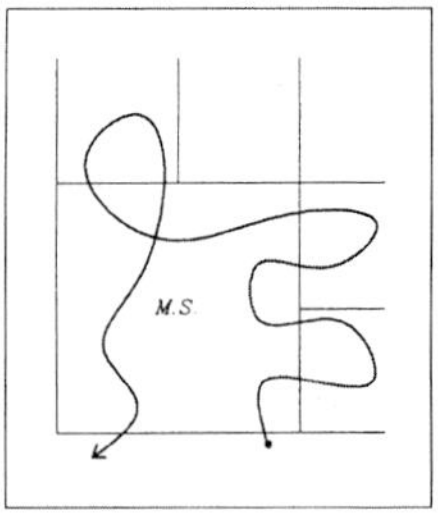

자유관람 형식

자유단(自由端, free end) : 지지(支持)하고 있지 않는 부재의 끝부분. 외팔보의 선단이 이에 해당함.

자유미학전(自由美學展, La Libre Esthetique) : 벨기에는 예전부터 'Le XX(Vingt)' −20인조의 뜻−라고 하는 그룹을 통하여 주로 회화·조각 분야에서의 연구와 유럽의 다른 나라로부터 전위적인 작가와 작품을 벨기에에 소개하는 활동을 함. 이것이 1894년부터는 '자유미학전'이라고 명칭을 바꾸어 주로 공예에 관심을 둔 예술의 총합을 목표로 한 의식이 분명한 활동을 1914년까지 지속함.

자유보(自由栿) : ⇨내민보.

자유보행(自由步行) : 주위에 다른 보행자의 간섭이 없으며, 생리적으로 안락한 속도로 계속적이고 무의식적인 보행상태. 이는 개인의 육체적 조건·심리상태·피복·장비 등에 따라 다름. 일반보행(=).

자유수(自由水, free water) : ①목재나 콘크리트 등 재료의 공극(空隙) 속에 유리(遊離)상태로 들어 있는 물. ②생체조직·토양·겔·수용액 속에 존재하면서 이들과 결합하지 않고 자유롭게 이동할 수 있는 물. ③생물체 내의 물은 생물체를 구성하는 물질분자 또는 미셀의 틈을 채우고 있는데, 이들 분자나 미셀에 강하게 끌려 간단히 빼낼 수 없는 물과 그렇지 않은 물이 있음. 이 경우 전자(前者)를 결합수, 후자를 자유수라고 함. 즉 간단한 건조 조건에 의해서 유리되어 물질 밖으로 쉽게 빠져 나와 세포나 목섬유의 간극(間隙)에 존재하는 것. ④유리수(=).

ㅈ

자유여유(自由餘裕, free float) : ⇨프리플로트(=).

자유예술(自由藝術) : ⇨순수예술.

자유음장(自由音場, freedom sound space) : 소리의 파동이 아무런 방해 없이 퍼져나갈 수 있는 공간.

자유정첩(自由釘牒-, double acting spring hinge, spring butts) : ①안팎으로 자유로 열리는 스프링 정첩의 일종. ②한쪽 또는 양쪽 방향으로 개폐하는 자재문에 부착하는 정첩으로 정첩의 너클(knuckle) 속에 스프링이 들어 있어 문을 열 때 스프링이 감겨서 되돌아가려는 힘으로 문이 자동으로 닫힘. 너클 상부에 있는 구멍에 조정핀(pin)을 끼워 스프링의 강도를 조절하고, 가벼운 문에 적합하며 무거운 문에는 플로어 힌지(hinge)를 사용함. 한쪽으로 열리는 자유정첩과 양쪽으로 열리는 자유정첩이 있음.

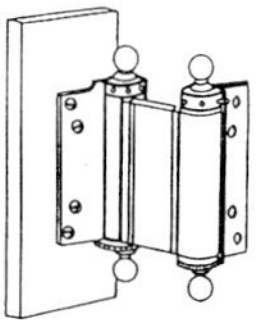

자유정첩

자유형식(自由形式, free form) : 자유형식의 형상들은 기하학적 구조이기보다는 오히려 자유로운 흐름이 특징인 형태이고, 그것들은 대체로 자연에서 발견되는 형태와 유사함.

자이언트그래픽(giant graphic) : ⇨슈퍼그래픽(=).

자이언트오더(giant order) : ①파사드를 분절하고 2개 층 또는 그 이상을 걸치는데 사용되는 벽기둥이나 반기둥. ②지면 혹은 낮은 기단으로부터 시작되어 2층 내지는 그 이상까지 올라가는 기둥.

자작나무(birch, horn beam, Zygia, Betula platyphylla var. japonica[학]) : 북미·북유럽에 분포하며, 나뭇결이 균일한 밝은 한대성(寒帶性) 낙엽·활엽 교목의 밤색 나무. 고산(高山)의 양지에서 높이는 30m 정도 자라며, 비중이 약 0.55이고, 우리나라 북부지방과 일본·사할린·중국 등지에도 분포함. 러시아의 국수(國樹)이며, 정원수는 물론 껍질은 백화피(白樺皮)라 하여 약용(이뇨·진통·해열)·유피용(鞣皮用)으로 쓰이고, 러시아에서 수입한 자작나무를 원료로 핀란드에서 자일리톨을 추출하여 껌의 원료로 사용함. 천마총에서 출토된 그림의 재료가 자작나무 껍질이며, 팔만대장경도 자작나무로 만듦. 프레시 도어·캐비닛 제조와 패널 등의 무늬목으로 가장 널리 사용되는 단단한 나무로 곡목가공도 가능함. 자연 그대로 마감이 좋아 스칸디나비아의 현대가구제작에 많이 사용되며, 핀란드의 디자이너 알바 알토(Alvar Aalto : 1898~1976)가 특히 선호하였음.

자작나무색(-色, horn beam color) : ①관용색명으로 진한 주황색. ②먼셀기호 10R4.5/11.

자재곡선자(自在曲線-) : ⇨자유곡선자(=).

자재관리(資材管理, material management) : ①건설공사 현장에서 사용되는 각종 자재의 운반방법, 운반경로, 운반설비의 합리화 및 재고품 감축을 도모하는 것. ②공사현장의 자재비 비율은 전체 공사비의 60~70%를 점유하므로 공사원가에 커다란 영향을 줌.

자재문(自在門, acting door, free hinge door, double acting door, swing door) : ①양쪽 방향으로 여닫을 수 있도록 자유정첩이 달린 문. ②안팎 자재로 열고 닫히게 된 여닫이문의 하나.

자재의자(自在椅子, adjustable chair) : 앉은 높이(座高)와 좌판과 등받이 각도 등을 조절할 수 있는 의자.

자적 : ①자귀질(자귀로 나무를 깎는 일)이나 자귀질을 하는 기술. 특히 자귀나 손자귀를 하는 것. ②대목은 자귀질을 하지 않음.

자좌오향(子坐午向) : 집터나 묏자리가 자방(子方)을 등지고 오향(午向)을 향한 좌향.

자주(紫朱) : ⇨자주색(=).

자주색(紫朱色, purple, violet) : ①빨강과 파랑색의 혼합으로 생기며, 생리적으로는 중성임. 주목성이 낮고 안전색채로 방사능의 위험을 오염으로부터 지키기 위해 표시색으로 쓰임. ②굴절각의 다른 장파장광과 단파장광의 혼합자극에 의해 생기는 색이므로 눈의 초점을 흐리기 쉽고 미감(美感)을 흔들리게 하는 경우가 있음. ③조명광원에서 보면 태양직사광에서는 선명하게 발생하지만 형광등 밑에서는 약간 붉은 기를 나타냄. ④추상적으로는 고귀·우아·평안·온화·신비·영원 등을 연상할 수 있음. ⑤자줏빛(=).

자중(自重, self load) : 구조물 자체의 중량을 말하고, 구조역학상으로는 구조물에 걸리는 하중의 하나.

자철광(磁鐵鑛, magnetite, Fe_3O_4) : 철의 원료가 되는 광석의 일종으로서, 광택이 나고 경도는 5.5~6.5, 비중은 4.9~5.2 정도임. 자성(磁性)이 있으며, 적철광(赤鐵鑛)과 함께 가장 많이 사용되는 철광석.

자촉(自觸) : 목재 이음에서 두 부재에 걸쳐 끼게 만든 긴 촉.

자촉이음(自觸－) : 두 부재를 별도의 긴촉을 끼우고, 산지를 꽂아 빠지지 않게 한 이음.

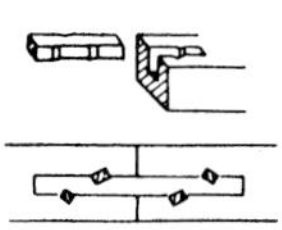
자촉이음

자촉장부(自觸丈夫) : ⇨자촉.

자카드(jacquard) : 벨기에(Belgium)의 조셉 마레 자카드(Joseph-Marie Jacquard : 1752~1834)에 의해 발명된 직조기. 구멍 뚫린 카드(cards)에 의해 직물이나 카펫을 직조할 때 복잡한 패턴을 짤 수 있도록 고안되었음. 이 방법은 1825년 윌튼 직조기(Wilton loom)에 응용되었음.

자카드디자인(jacquard design) : 직조 디자인의 일종으로 자카드 머리의 도움으로 만듦.

자코비안양식(－樣式, Jacobian style) : ①엘리자베스양식에 이어 제임스 1세(1603~1625) 때 르네상스 건축이 중심이 된 17세기 초 영국의 건축양식(1603~49). ②유럽 대륙의 르네상스 영향을 엘리자베스양식에 적응시켰고, 고딕양식이 거의 소멸하고 플레미시(Flemish)의 영향으로 장식은 엘리자베스양식보다 줄어들고 간소해졌으며 외관이 단정하게 디자인되었고, 특히 가죽공예가 성행했음. 한편, 르네상스 건축이 이를 정통적으로 도입하여 모방에 그치지 않고 독자적인 자코비안양식을 도출하였음. ③가구는 앞면의 판자를 마름모형·십자형·육각형·이중사각형 등의 기하학적인 모양으로 구성하고, 가구의 모서리에 금속주물 양식을 부착하였음. 또한 가구의 다리는 구근형태에서 드워프 아치(dwarf arch)의 원주형태로 변하고, 그것은 또다시 직선이나 나선형태로 교체되었으며, 주로 주택건축에 뛰어난 작품이 나타남. ④대표적인 건축가로는 존스(I. Jones : 1573~1652)의 하트포트 샤의 하드필드 하우스(1611)·그리니치의 퀸즈 하우스(1635)와 방게팅 하우스(1622) 등이 있음.

자포네제리(Japonaiserie) : 19세기 프랑스의 가구 및 실내장식에 나타난 일본풍의 특징. 그 당시 중국풍의 특징은 시누아즈리(Chinoiserie)라고 함.

자풀이 : 간수나 집의 높이 따위를 계산하는 것.

자하리히(sachlich[독]) : 적절·당연·객관적 등을 의미하지만 근래에는 '즉물적(卽物的)'이라는 말로 번역하고 있음.

작동전시(作動展示) : ①관람객이 직접 참여하여 작동하는 전시형태. ②특징은 ㉠관람객이 전시물을 손쉽게, 간단하게 이해할 수 있음. ㉡현장감과 함께 간접적인 체험을 가능케 함. ㉢관람객의 집중도를 높일 수 있음. ㉣전시효과의 극대화. ㉤관람객의 흥미 유도

작산비닐(酌酸－) : 합성수지의 일종.

작산비닐에멀션(酌酸－) : 작산비닐을 유화중합(乳化重合)하여 만든 미장재료에 사용하는 젖빛(乳白)의 용액.

작산섬유소판(酌酸纖維素板) : 인화성이 없고, 투명도가 좋아서 채광판(採光板)으로 쓰이며, 상품으로 셀라네스 아세테이트(Celanese acetate)가 있고 두께는 0.1~6.5㎜ 정도로 채광판 등이 있음.

작업(作業, activity, job) : ①전체 작업을 세분한 각각의 단위작업. ②네트워크 공정표 용어의 하나로 전체 계획사업을 구성하는 하나하나의 개별단위 작업을 표시하며, 시간과 자원을 필요로 함. ③보통 화살표(→)로 표시하고, 화살표 위에는 작업명과 물량을, 아래에는 소요공기(所要工期)를 표시함.

작업강도(作業強度, work intensity) : 작업할 때 신체에 가해지는 부담의 정도. 부담의 크기는 에너지대사율과 흡기량(吸氣量)에 의해 개략적으로 알 수 있음.

작업곡선(作業曲線, work curve) : 계속적인 작업의 단위시간에 대한 작업량의 증감을 그 변화에 따라 곡선으로 나타낸 것. 작업곡선은 작업의 내적인 여러 인자(因子)와 사회적 환경 및 작업환경의 외적인 여러 인자에 규제되어 변화함.

작업공간포락면(作業空間包絡面, work space envelop) : 한 장소에 앉아서 수행하는 작업활동에서 사람이 작업하는 데 사용되는 공간.

작업대(作業臺, working table) : ①주방작업대 길이의 최소 기준치로 준비대는 400㎜, 개수대는 싱크대의 좌 600㎜, 우 500㎜, 조리대 900㎜, 가열대는 레인지의 좌 300㎜, 우 300㎜, 배선대가 600㎜로 작업대의 총 길이(레인지·싱크대 제외)는 2,000㎜가 적당함. 부엌작업대의 배치 유형은 공간의 규모 및 크기에 따라 일렬형·병렬형·ㄱ자형·ㄷ자형·반도형·아일랜드형 등으로 구분. ②작업대의 높이는 여성의 표준 신장 1,580㎜를 기준으로 할 때 신을 신고 작업하는 경우 850㎜, 그렇지 않을 경우 820㎜가 적당함. ③착석식(着席式) 작업대 높이는 의자높이·작업대 두께·대퇴 여유(thigh clearance) 등과 밀접한 관계가 있으며, 작업의 성격에 따라 작업대의 최적높이가 달라짐. 일반적으로 섬세한 작업(coarse)일수록 높아야 하며, 거친 작업에는 약간 낮은 편이 좋고 가능한 한 의자높이·작업대 높이·발걸이 등을 조절할 수 있도록 하는 것이 바람직함. ④입식 작업대의 높이는 작업의 성격에 따라 최적높이가 달라지지만 일반적으로 팔꿈치 높이보다 5~10㎝ 정도 낮은 것이 경조립 작업이나 이와 비슷한 조작 작업에 적당함. 보통은 섬세한 작업(미세부품 조립)일수록 높아야 하며 거친 작업에는 약간 낮은 편이 좋음.

작업대의 배치유형

작업도(作業度, shop drawings) : 공사현장이나 물품제작 공장에서 실제 시공(작업)에 사용되는 도면으로 치수(척도)와 내용이 상세히 설명되어 있는 도면. 일반적으로 도급업자(contractor)나 하도급업자(subcontractor)에 의해 작성됨.

작업면(作業面, work plane) : 작업이 이루어지고 그 위의 조도가 명시되어 측정되는 수평면. 일반적으로 책상 높이인 바닥으로부터 762㎜ 위의 면을 말함.

작업삼각형(作業三角形) : 냉장고 부분(A)과 개수대 부분(B) 및 가열대 부분(C)의 3점을 연결한 삼각형 부엌의 배치시 동선길이에 유의하여 배치하는 것이 가장 능률적인 배치방법임.

작업영역(作業領域, working area, work-space) : 인간이 일정한 장소에서 신체의 각 부위를 움직일 때 평면적이거나 수직적 또는 입체적인 영역의 공간이 만들어진 것. 이를 각각 수평작업역·수직작업역·입체작업역과 최대작업역과 기능적 작업영역으로 구분함.

작업용 의자(作業用椅子, working chair) : ①장시간 앉아서 일하는 경우에 사용되는 의자로써 휴식용 이외의 공장·사무용 의자를 말함. ②작업용 의자에 대한 설계기준은 ㉠모든 작업자의 의자높이는 조절되어야 함(사무용인 경우 약 380~530㎜). ㉡넘어지거나 미끄러질 우려가 있는 경우 적어도 좌판 크기의 원형 틀(직경 400~450㎜)에 5개의 다리를 붙여 안전하게 해야 함. ㉢좌면의 깊이는 380~420㎜이어야 하고, 좌면의 경사는 앞쪽이 약간 높은(즉 뒤쪽으로 기울어지게) 4~6°(평균 5°)이고, 앞면은 둥그스름하게 해야 함. ㉣좌면의 쿠션은 미끄럽지 않고, 공기가 잘 통하기 쉬우며, 흡수성이 있는 재질(wool 등)로 씌운 것으로 20㎜ 두께면 됨. ㉤좌면에서 상단까지의 높이가 450~500㎜, 폭이 320~360㎜이어야 함. 등받이는 좌면의 가장 낮은 곳에서 100~200㎜에 있는 척추와 천추(sacrum)를 잘 지지해 주어야 함. ㉥등받이를 지지할 수 있는 의자인 경우 요추부분이 잘 지지되도록 해야 하며, 이 경우 등받이 높이는 300㎜, 폭은 380㎜이어야 하며, 수평·수직이 조절되어야 함. ㉦나쁜 자세가 되지 않도록 발걸이(발받침대)나 팔걸이 등을 부착함. ㉧좌면에서 작업면까지의 거리가 200~300㎜가 되도록 함. 특징은 좌면의 높이는 하퇴(下腿)의 길이가 짧은 사람에 맞춰야 하며, 좌면은 수평으로 하는 것보다 뒤쪽으로 약간(약 5°) 기울어지는 것이 좋음. 좌면의 길이는 실제 치수보다 짧게 해야 하고 좌면의 앞 가장자리는 둥글게 해야 하며 좌면은 특히 쿠션을 사용하지 않는 경우에는 어느 정도 만곡(彎曲)시키는 것이 바람직함.

작업조명(作業照明, task lighting) : ①독서·바느질·제도 등과 같은 특수한 작업이나 활동을 수행하는데 시각적으로 요구되는 밝은 조도를 제공하도록 디자인된 조명. ②최소한의 빛 손실과 최대의 효과로 영역을 밝히기 위해 작업역과 근접한 곳에 설치해야 하지만 주위와의 극심한 대비는 눈을 피로하게 하는 요인이 됨.

작업효율(作業效率, work efficiency) : 에너지 소비 관점에서 사람의 작업수행도(performance)를 나타내는 척도를 말하며, 작업효율(%)＝작업량/에너지소비량×100식으로 나타냄.

작용온도(作用溫度, operative temperature ; OT) : ①체감에 대한 기온과 방사의 종합효과를 나타내는 지표. ②1937년 윈슬로(Winslo) 등에 의해 제안되었음. ③이것은 기온 APT, 주벽의 평균 복사온도 MRT인 실에 있어서 인체가 받는 열량과 동등한 수열(受熱)을 하는 기온 및 평균 방사온도를 같게 한 실의 기온. 인체표면의 열수지에서

$$OT=\frac{\alpha_c\,DBT+\alpha_r\,MRT}{\alpha_c-\alpha_r}\text{임.}$$

여기서 σ_c, σ_r은 각각 대류 및 복사열 전달률이고 미풍 속의 실내에서 $\alpha_c \fallingdotseq \alpha_r$이 되며, 따라서 $OT=\frac{DBT+MRT}{2}$가 됨.

작은구들 : '작은 온돌방'을 의미하는 제주도 말.

작은두공 : ⇨소로(＝).

작은보(－梁, beam) : ①기둥과 직접 연결되어 있지 않는 보, 즉 보와 보 사이에 있는 보. ②기둥과 기둥 사이에 있는 보는 큰보(girder)라고 함.

작은 뾰족탑(－塔, pinnacle) : ⇨피너클(＝).

작은 정다듬(－鋌－) : ⇨고운정다듬(＝).

작은판 반자(－板半子) : ①붙임반자의 일종. ②합판과 각종 섬유판을 30~60㎝ 각 정도의 소형으로 만들어 대는 반자. ③판류는 특수가공, 즉 잔구멍뚫기·무늬돋히기·기타의 처리를 한 것과 칠마무리를 한 것 등이 있음. ④바탕은 넓은판 반자와 같이 짜고 6㎜ 두께 합판을 바탕으로 대거나 10㎜ 석고보드를 댐. 그 위에 치장반자 음향판을 교착제(보통 본드)를 바르고 숨은 못치기(못박기)로 하거나 교착제로 고정시킴. ⑤반자틀로 치받이 널반자틀과 같이 짜고 그에 직각으로 졸대(7.5×36㎜)를 간격 10㎝ 정도로 못박아 대고 판과 판은 맞댄줄눈으

로 또는 한 장 걸름 겹치기도 함. ⑥맞댄줄눈일 때에는 면을 접기도 하고 그 사이를 뗄 때도 있음.

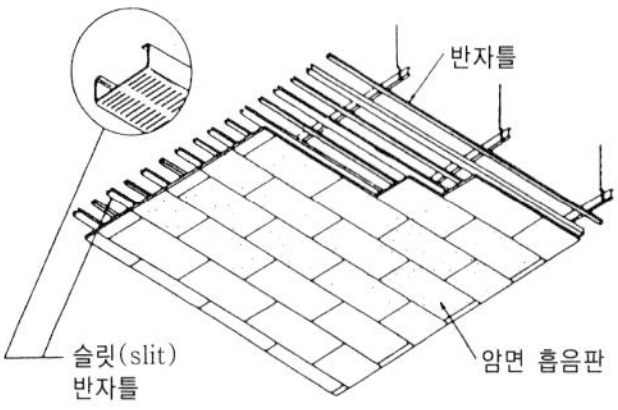

(a) 암면 흡음판 직접붙임공법

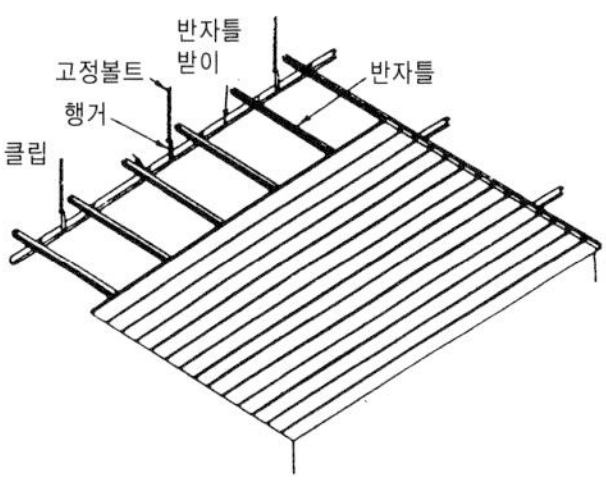

(b) 금속판 천장

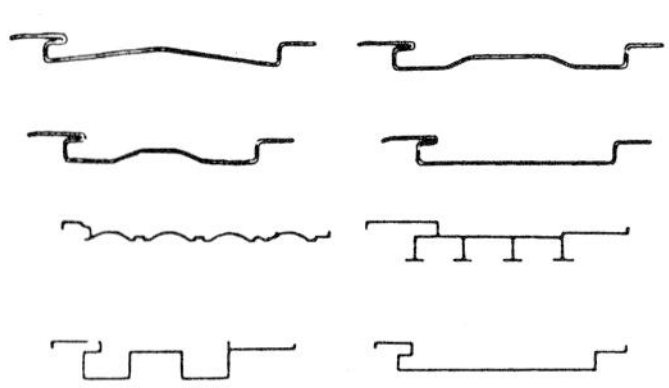
(c) 각종 금속판

작은판 반자

작청(作廳) : ⇨질청(=).

작흐리카이트(Sachlichkeit[독]) : ①합리적이고 객관적인 관점에서 완전하고 순수한 효용을 추구하는 태도의 운동으로 Maschinenstil이라고도 함. ②건물의 용도·목적 등을 충실하게 표현하려는 것.

잔결 : 가느다랗게 나타나는 곧은결.

잔골재(-骨材, fine aggregate) : ①10㎜(호칭치수 9.5㎜)체에 전부 통과하고 5㎜(No.4)체에 거의 다 통과하며, No.200체에 거의 다 남는 골재 또는 No.4를 다 통과하고 No.200체에 다 남는 골재를 말함. ②건축공사표준시방서에 의하면, 체규격 5㎜체에서 중량비로 85% 이상 통과하는 콘크리트용 골재를 잔골재라고 하며, 보통 모래를 잔골재라고 함. 세골재(=).

잔골재흡수율(-吸水率) : 표건상태에서 건조중량을 뺀 후 퍼센트로 나눈 값. 즉 흡수율=(표건상태-건조중량)÷100.

잔금(hair crack) : 도막(塗膜)에 생기는 세밀한 작은 균열.

잔금내기(crazing, cracking, crackle, craguelure) : ①도자기에 유약을 칠해 가마에서 구울 때, 도자기의 몸체와 유약의 팽창 및 수축 속도가 각각 달라서 가는 금이 생기는 현상. ②처음에는 실수로 일어난 현상이었으나 이것을 장식적 효과로 응용하여 도자기 외에도 가구의 표면·석회 및 시멘트벽의 표면에도 사용하고 있음.

잔다듬(dabbed finish) : ①돌면을 도드락 다듬기한 후 날망치로 다듬기하는 것. ②정다듬 또는 도드락 다듬면 위에 일정한 방향으로 나란히 쪼아 평탄하게 마무리하는 것. 종류는 거친 잔다듬·중 잔다듬·고운 잔다듬 등으로 구분.

잔다듬질 : ①날망치로 잔다듬하는 일. ②종류는 거친 잔다듬(날망치의 날간격 5~6㎜되는 날망치로 일정방향으로 찍어 다듬는 돌표면 마무리). 중 잔다듬(날망치의 날간격 3~4㎜되는 날망치로 일정방향으로 찍어 다듬는 돌표면 마무리), 고운 잔다듬(날망치의 날간격 1.5~2㎜되는 날망치로 일정방향으로 찍어 다듬는 돌표면 마무리)으로 구분.

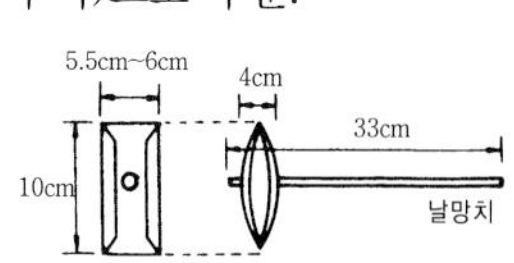

날망치

날망치-1

잔못 : 널판이나 문짝 따위를 달 때에 쓰는 작은 못.

잔상(殘象, after image) : ①색상에 의하여 망막이 자극을 받게 되면 시세포의 흥분이 중추에 전해져 자극이 끝난 후에도 계속해서 생기는 시감각 현상. ②고유색으로 시신경의 흥분이 남아 있는 상태. ③원자극(빛)이 없어진 후에도 시신경의 흥분이 남는 현상을 말하고, 잔상에는 원자극이 사라진 후에도 계속해서 같은 밝기·색채·형태 등이 남는 정(正)의 잔상(殘象, positive after image) 또는 적극적 잔상과 원자극이 사라진 후 자극의 정반대되는 밝기·색채·형태 등이 남는 부(負)의 잔상(殘象, negative after image)이 있음. 잔상은 조건 및 노출시간 등에 따라 다르며, 사물의 모양이 잔상현상에 의해서 혼란되기도 함. 색에 대한 잔상을 색잔상이라고 하며, 색잔상은 부의 잔상인 경우가 많고, 무채색인 경우 검은 원반 중심의 흰 점을 응시하다가 검은 점을 보면 부의 잔상(음성잔상)이 생기며, 유채색의 보색이 잔상으로 보임. ④자극을 주어 색각(色覺)이 생긴 후 자극을 제거해도 얼마동안 그 흥분이 남아 원자극과 동질 또는 이질의 감각 경험을 일으키는 현상. 이 현상은 색의 대비 중 계시대비와 밀접한 관계가 있음.

잔상

잔자갈(pebble) : ①쇄설성 퇴적물의 일종. ②자갈 중 입자의 크기가 4~64㎜인 물질.

잔향(殘響, reverberation) : ①실내에서 발생된 음의 음원이 정지한 후에도 계속해서 그 여분이 남는 현상. ②음원이 정지한 후에도 다반사(多反射)에 의해 밀폐된 실내공간 내에 음이 계속해서 남아 있는 것. 그 계속시간을 '잔향시간'이라 함.

잔향시간(殘響時間, reverberation time) : ①이론적으로 잔향시간은 실내음이 정상상태가 되고 나서, 음원을 정지하고 실내의 평균 음향 에너지 밀도가 정상상태일 때의 값의 100만분의 1이 되기까지 시간. 즉 밀폐된 실내공간에서 만들어진 소리인 평균 음압레벨이 초기의 평균에너지 밀도보다 60dB 소멸하는데 소요되는 시간. ②잔향은 그 실내 표면에 반사하여 일어나므로 벽·바닥·천장 등 각 면에 소리의 반사면이 많을수록 잔향시간이 길어짐. 반대로 흡음성이 큰 실내에서는 잔향시간이 짧아지고, 일반적으로 고상함·차분함·사색적인 분위기를 원할 경우에는 약간 긴 잔향시간이 좋음.

잘루지(jalousie[프]) : ①수평한 깃판을 가로로 나란히 설치한 루버(louver)인 깃판의 각도를 조절할 수 있는 것. ②유리판을 깃판으로 사용한 유리창호가 사용됨.

잠금쇠(door bolt) : 문을 잠그기 위해 문에 부착되며, 수동으로 작동되는 밀대. 미는 힘을 줄이기 위해 밀대의 안쪽에 스프링을 달기도 함.

잠열(潛熱, latent heat) : ①물질의 상태변화 과정에서 온도의 변화 없이 흡수되거나 방출된 열에너지. ②물질의 상태변화에 관계하는 열이며, 온도계 등으로 측정할 수 없음. ③물질이 고체·액체·기체 등의 상태로 바뀌는 경우에 상태를 바꾸기 위해 필요한 열을 말하며, 외부에 나타내지 않고 또한 온도의 변화를 나타내지도 않으며, 융해열·증발열·승화열 등은 이에 속함.

잠재고객(潛在顧客, prospect) : 회사가 영업하는 지역에서 디자인 서비스를 요구할 수 있는 고객.

잠재공기(潛在空氣, entrapped air) : ①콘크리트를 비빌 때 발생하는 공기. ②잠재공기는 기포가 비교적 크고, 콘크리트의 수밀성을 저하시켜 내구성에 영향을 미침. ⇨연행공기.

잠재수경성(潛在水硬性) : 석고 등의 화학작용에 의하여 수화(水和)하며 경화(硬化)하는 성질.

잠함(潛函, caisson) : ⇨케이슨(=).

잡상(雜像, a set of decorative roof tiles on the roof over angle rafter) : ①궁전건물 등의 귀마루에 얹는 여러 가지 신상을 새긴 장식기와. ②궁전이나 전각의 지붕 네 귀에 얹는 짐승 모양으로 만든 기와. ③맞배지붕일 때에는 내림마루 끝에, 우진각지붕이나 팔작지붕에서는 추녀마루 끝에 일렬로 앉히는 여러 가지 모양의 조상(調象). ④중국 명(明)나라에서 영향을 받아 조선시대에 성행했던 잡상은 3마리에서부터 11마리까지 3·5·7·9·11의 홀수로 앉혀짐.

잡상의 여러 모습

잡석(雜石, rubble stone, cobble stone) : 지름 200~300㎜ 정도의 부정형 막 생긴 돌. ⇨막깬돌(=).

잡석콘크리트(rubble concrete, cobble concrete) : 증량(增量)을 목적으로 잡석·둥근잡석(호박돌, 지름이 200㎜ 정도의 잡석) 등을 넣은 콘크리트.

잡우새 : 솟을각의 안쪽을 보강한 널판.

잡종재산(雜種財産) : 행정재산 및 보존재산이 아닌 일체의 국유재산.

잣나무(紅松·柏子木·五葉松, Korean pine, Pinus koraiensis Sieb. et Zucc[학]) : ①소나무과로 중부 이남에 표고 100m 이상에서 북부 압록강까지 가장 중요한 수종으로 만주 우수리강·시베리아·일본의 중북부지역에 분포함. ②수고 30m, 흉고직경 1~1.5m에 달하는 상록침엽교목으로서, 수피는 처음에는 암회색으로 평활하지만 나중에는 갈색으로 되며, 비늘모양으로 떨어짐. ③변재는 담홍황백색, 심재는 황홍색·황홍갈색으로 심·변재의 구분이 뚜렷하고, 목리가 통직하고 재질(나무갖)은 거칠고 광택이 나며 결이 곧고 홍삼과 같은 향기가 있음. 연하며 부드러운 조직으로 되어 있고 수직수지구가 육안으로 관찰됨. ④절삭·가공성이 양호하며 내후·보존성이 크며 접착도장성은 보통임. 건조속도가 빠르고 약제 주입성은 비교적 양호함. ⑤건축·건구(建具)·가구·포장·합판·기구·상자 등에 쓰임. 열매는 식용·약용·유지를 채취함.

장1)(丈) : ①길이의 단위. ②어른, 길(사람의 키). ③중국 주(周)나라에서는 8척(尺)을 1장이라고 하고, 성년남자의 키를 1장으로 보았음. ④사람의 키만한 길이를 '한 길'이라고 하는 것도 거기서 유래됨. ⑤1장=10자(尺)=3.03m

장2)(藏, wardrobe, chest of drawers) : ①의류를 넣어 보관하는 서랍식 수납가구. 원래 중국에서 밥그릇으로 사용되던 둥근 대나무 그릇을 지칭하는 것으로서 의류와는 무관함. ②여인들이 안방에서 주로 방치장에 필수적으로 사용한 것으로서 비교적 호화스러운 것이 특징임. ③장은 궤가 발전된 것으로 궤에서 양식이 변화되어 단층장인 머릿장의 형태가 되고, 이것이 2층장 또는 3층장으로 변환된 듯하며, 구조적으로 일체식(一體式)으로 포개어 놓은 것을 2층장 또는 3층장이라 하고, 특히 독립된 단층류(單層類)의 것은 머리장이라고 함. ④장은 우리나라의 고유 용어로서 장의 발생이나 기원에 관하여 기록된 문헌은 없으나 우리나라의 장과 비슷한 장과 유사한 중국의 주(廚)가 명대의 무덤에서 출토된 바 있음. 한자로는 수궤(竪櫃), 곧 세우는 궤라고 하였음. 중국의 북쪽지역에서는 장을 궤라 하고, 남쪽지방에서는 주(廚)라고 불렀음. 중국의 북쪽지역과 육로로 교류를 많이 했던 우리나라에서는 수궤라는 용어가 널리 보급되었고, 중국의 남쪽지방과 교류를 했던 일본에서는 장을 중국처럼 주(廚)라고 함. ⑤모든 장의 내면에는 종이를 발랐는데, 고급장에는 당지(唐紙)를, 일반장에는 반물을 들인 청색지(靑色紙)를 발랐고, 조선시대 말기에는 황지(黃紙)가 유행했으며, 일제 때는 노루지를 발랐음. ⑥종류 ; ㉠용도에 따라 옷장·이불장·버선장·신장·책장·약장 등으로 구분함. 상층부에 개판(蓋板, shingle)이 있고, ㉡형태에 따라 원앙장, ㉢경첩의 형태에 따라 나비장·불로초장, ㉣크기에 따라 소형장은 '아기장'이라고도 하며, 8·9·10·11·12자 등으로 구분함. ⑦조선시대 중기 이전에는 2층 또는 3층장이 없었으며, 우리나라에서는 조선시대에 농이 사용되기 시작하였고, 두 낱말을 합쳐 장롱이라 부르게 되었음. ⑧유럽에서는 17세기 중엽에 서랍이 달린 체스트가 서랍장으로 사용되기 시작하여 오늘날까지 이어지고 있음. ⑨장롱·농(=).

장[3](墻, wall) : ①집의 둘레나 일정한 공간을 둘러막기 위하여 돌, 흙, 벽돌 같은 것으로 쌓아 올린 것. ②담·담장(=).

장결합유리(-結合琉璃, combined glass) : 산성과 염기성 성분이 각각 여러 종류로 구성된 유리.

장경각(藏經閣) : ⇨대장전(=).

장고머리초 : 장고 모양으로 된 머리초.

장곡사(長谷寺) : ①충청남도 청양군 대치면 장곡리 15, 통일신라 창건, 조선중기 중수. ②산문(山門)이나 당간지주가 없음. 운학루·봉향각·설선당·금당(상대웅전·하대웅전)·산신각 등이 있음. ③가람배치는 북쪽 상단의 상대웅전 구역, 아랫단에 중정을 중심으로 한 하대웅전 구역으로 구분하여 2개의 금당(金堂)을 둠(공주 마곡사의 대웅보전과 대광보전이 실례). ④상대웅전은 동남향, 하대웅전은 남서향으로 축을 달리함. ⑤운학루(雲鶴樓)는 폐사된 운곡사에서 이건한 것으로 구조와 양식으로 보아 조선후기로 추정, 정면 3칸, 측면 2칸의 전면 홑처마, 배면 겹처마 맞배지붕, 기단은 전면 자연석 석축 배면은 외벌대의 낮은 자연석 기단, 덤벙주초 위에 원주를 세움, 공포는 전면은 출목이 없는 이익공이며, 배면은 출목이 있는 이익공으로 앙서형 초제공임. ⑥설선당(說禪堂)은 원래 선방(禪房)이나 후일 부엌쪽 2칸을 달아내어 요사채로 겸용됨. 조선중기 추정, 기둥 상부의 목구조에 고식적인 건축기법 사용. 좌우에 2개의 온돌방과 앞뒤로 툇마루를 설치.

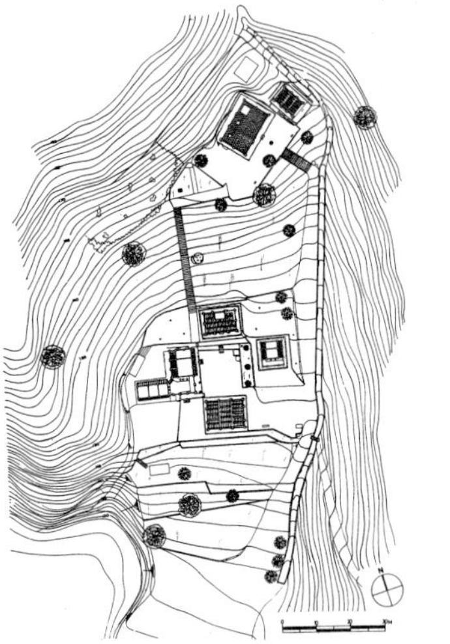

장곡사 배치도

장곡사상대웅전(長谷寺上大雄殿) : ①보물 162호. 통일신라, 고려말 건립, 1778년(건륭42년) 재건립. ②정면 3칸, 측면 2칸의 무고주5량집 겹처마 맞배지붕, 사괴석 세벌대로 기단을 만들고 덤벙주초 위에 강한 배흘림 원주 세움. 기둥머리에서 창방을 걸고, 평방을 생략한 다음 각 칸에 외1출목 공포를 1조씩 올린 다포식 구조(원래 주심포 건물이었으나 재건립하면서 기둥 사이에 중간포를 추가하여 다포식으로 만듦). ③특징은 다포식에 창방 위에 평방을 두어 주간포의 하중을 기둥에 전달할 수 없어 전체적으로 불안정한 구조인 점. 주심포에서 다포식으로 변화되면서

장곡사상대웅전

공포를 다시 짜올리지 않고 주간포만 추가된 점. 기둥 위에 짜올린 주포의 주두굽은 곡선이지만, 주간포의 주두굽은 직선으로 만들어 주두 모양이 다른 점 등. 또한 첨차의 하단부를 곡선으로 처리한 점. 측면 대들보의 단면이 항아리 모양인 점. 바닥에 마루를 깔지 않고 바닥벽돌을 깔아둔 점 등은 고려의 건축기법으로 보아 1778년(건륭42년 정조2년) 재건립하면서 사용 가능한 옛 부재를 활용하고 부족한 부재를 보충하여 결구하되 옛 기법을 그대로 따르지 않고 절충하여 중건한 것으로 추정됨.

장곡사하대웅전(長谷寺下大雄殿) : ①보물 181호. 통일신라, 조선중기 중건. ②자연석 2단의 축대를 쌓고, 그 상단에 장대석 외벌대로 기단을 만들고 덤벙주초 위에 약한 배흘림 원주를 세움. 정면 3칸, 측면 2칸으로 겹처마 맞배지붕인데 특이하게 사면에 공포를 배치함(측면에 공포와 풍판을 설치). 공포는 내외 모두 2출목인데 전후면 어간은 2조의 주간포 배치, 협간과 측면 칸은 각각 1조씩 주간포 배치. 외부 살미의 쇠서는 조선초기의 것보다 긴 앙서형태. 실내에는 내진주를 세우지 않고 대들보 위에서 측면으로 충량을 걸었으며 충량 위에는 소란반자 설치, 우물마룻 바닥 깔음. 조선초기의 기법이 남아 있음.

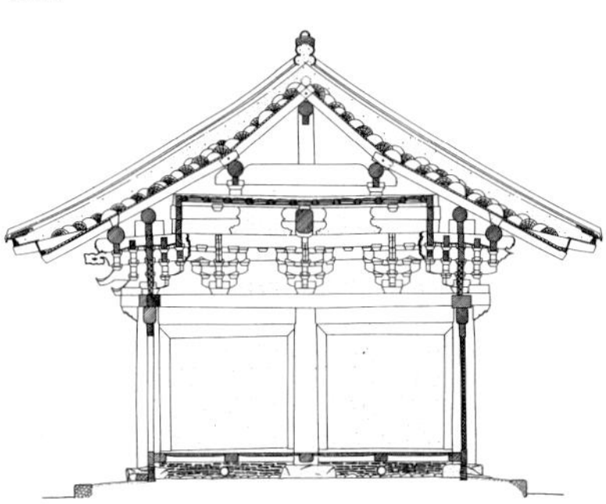

장곡사하대웅전 단면도

장구머리초 : ⇨장고머리초(=).

장귀틀 : ①우물반자를 구성하는데 사용되는 긴 각목. ②맨 가장자리에 놓인 긴귀틀. ③마루의 끝에 가로로 놓은 긴 귀틀. ④마룻바닥을 깔기 위해 기둥과 기둥 사이에 길게 건너대어 동귀틀을 받고 또한 마룻널이 끼이게 되는 귀틀.

장기강도(長期强度, long age strength) : 모르타르 또는 콘크리트의 재령(材齡) 4주 이후의 강도. ⇨단기강도(⇔).

장기판무늬(將棋板−, checkerboard bond) : 벽돌 조적조에서 벽돌의 가장 작은 면인 마구리(header)면으로 하나 위에 다른 하나를 놓아 수직으로 쌓는 방법. 장식적인 조적방법일 뿐 벽돌쌓기의 실제 방법은 아님.

장남방 : 도사리방으로 머슴이 기거하는 방(제주도).

장단쌓기(長短−, long & short work) : 모서리의 돌을 쌓는 법으로 긴 돌을 수직과 수평으로 번갈아 쌓아 모나게 맞물림.

장대석(長臺石, long pedestal stone) : ①섬돌 층계나 축대에 쓰이는 길게 다듬은 돌. ②단면이 네모지고 길게 다듬은 석재. ③주로 디딤돌이나 섬돌 및 층계 등에 사용함. ④긴댓돌(=).

장대패(長−) : 대팻집이 길고 바닥이 평평한 대패. 면을 반듯하게 고르는 데 씀.

장도리 : ①못을 뽑거나 박는 데 쓰는 연장. ②두드리는 데 쓰는 연장을 망치라고 부르는데, 특별히 큰 망치를 장도리라 하고, 작은 망치를 소도리라고 함.

장도리

장려(長欐) : ⇨장설(=).

장력(張力, tension, tensile strength) : ⇨인장력(=).

장력구조(張力構造, tensile structures) : 서로 잡아당기는 인장강도는 섬유나 막조직과 같이 신축성이 있거나 부재를 늘리거나 또는 두 연성이 있는 재료로 된 것. 어떤 형태들은 콘크리트 셸(shell)이나 슬래브(slab)처럼 그 재료가 섬유가 아닌데도 이러한 특성을 나타냄.

장롱(欌籠, wardrobe) : ⇨장.

장마루(長-) : ①긴 마룻널을 깐 마루. ②이층마루·누마루·광·다락·퇴 등에 주로 깔았던 마루구조로, 긴 널판을 한쪽 방향으로만 나란히 붙여 만든 마루. ③장선과 멍에를 깐 후 좁고 긴 널판을 나란히 붙여 깔기 때문에 평행한 선들이 나타나고 중간에 직각으로 이음선들이 나타남.

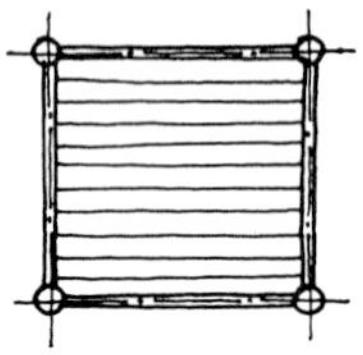
장마루

장막(帳幕, curtain, tent) : ⇨커튼·텐트.

장막척수(長幕尺數) : 문의 아래와 위의 길이.

장명도(長明度, major) : ①명암 사이의 간격이 5, 6, 7단계로 떨어져 있는 큰 간격, 강한 대조 등을 말함. ②⇨명도.

장목[1](長木) : ⇨목재·재목·나무.

장목[2](樟木) : ①상록교목으로 키는 18m, 직경 1.8m 정도 자람. ②심재는 황갈색~홍갈색, 변재는 백~황갈색. 표면이 약간 유연하고 교착된 결을 나타내며, 강한 방향성이 있고 광택이 남. 경도는 보통이고 가공이 용이하며 내구성·내수성이 우수함. ③건축재·가구재로 사용됨. ④⇨녹나무(=).

장미등(薔薇燈) : ⇨전구형 형광등.

장미목(薔薇木, rosewood) : ①열대·아열대에 걸쳐 약 150여 종이 있으나 주로 열대아시아·아프리카·남미 등에 분포. ②명칭은 목재를 벌목할 때 발산하는 향기로 인하여 붙여짐. ③변재는 좁고 황색이며, 심재는 적황색(赤黃色)에 농자색(濃紫色)·암자색(暗紫色)·흑자색선(黑紫色線)과 줄무늬가 있음. 심·변재의 구분이 뚜렷하지만 생산지에 따라 색상에 차이가 있음. 나뭇결은 곱고 치밀하며 광택이 있고 특히 아름다운 문양이 있음. 내구성은 매우 높고 도장 표면연삭이 잘되며 접착·건조는 곤란하며, 갈라짐(割裂) 등에 주의해야 함. ④최고급 장식재로 고급가구 등에 사용되고, 특히 18·19세기에 널리 유행했으며, 특히 영국 섭정(Regency, 1811~20) 양식의 대표적인 가구재가 되었음. ⑤자단(=).

장미몰딩(薔薇-, rose moulding) : 장미꽃 무늬로 된 장식. 노르만 건축에서 볼 수 있음.

장미장식(薔薇裝飾, macaroon) : ①장미꽃을 주제로 한 루이16세 시대 가구의 조각장식. ②중앙에 봉오리가 있고 그 주위로 8개의 꽃잎이 있는 형태로 보통 의자다리의 윗부분이나 좌석과 다리의 접합 부분에 조각되었음.

장미창(薔薇窓, rose window) : ①고딕 건축에 사용되었던 창살을 꽃송이 모양으로 만들고 바퀴살이나 방사(放射)문양으로 배열된 트레이서리(tracery)로 장식된 대형 원형 창. ②원화창(圓花窓) 또는 바퀴창(wheel window)이라고도 함. ③창살 사이에는 색유리나 스테인드글라스가 사용됨. ④이러한 문양장식은 가구 및 목재 패널에 사용되었고, 파리 노트르담 사원의 중앙 현관 위쪽에 있음. ⑤원형창·바퀴창(=).

장미창

장방형 교회당(長方形 敎會堂, langbau, langhausbau[독]) : 집중식 교회당에 대해 장방형 또는 라틴 십자형 플랜으로 된 교회당.

장부[1](丈夫, tenon, the point of joint) : ①같은 크기의 장부구멍에 끼워넣기 위해 부재의 끝 부분에 만든 돌출부. ②목재 맞춤에서 연결된 다른 부재의 장부구멍(mortise)에 맞도록 돌출시킨 부재 끝의 돌출부. ③나무를 잇거나 끼우려고 만든 돌기. 두 부재가 결합될 때 장부맞춤(mortise and tenon joint)이라고 함. 두 개의 부재를 연결하기 위해 한쪽에 낸 구멍에 맞추어 다른 쪽 부재의 끝을 깎아 낸 부분. ④한 재의 판 구멍에 끼워 넣을 수 있도록 다른 재의 끝을 가늘고 길게 널찍한 초같이 만든 부분. 장부촉과 장부맞춤 등에 쓰임. ⑤한쪽 끝을 다른 한쪽 구멍에 맞추기 위하여 일정 정도 가늘게 만든 부분. ⑥종류 ; ㉠모양에 따라 긴(내닫이)장부·짧은장부·쌍장부·쌍턱장부·빗장부·데릴장부·턱솔장부·부채장부 등이 있고, ㉡위치에 따라 사방붙임장부·삼방붙임장부·양면붙임장부·한쪽붙임장부 등이 있음. ⑦장부촉(=).

장부[2](丈夫, joggle) : 빗대공의 밑부분을 지지하기 위한 대공의 넓혀진 면.

장부구멍(丈夫-, mortice, mortise) : ①장부촉을 끼우는 홈. ②목재를 접합시키기 위해 파놓는 깊숙한 구멍. ③장부를 끼워넣기 위해 만든 직사각형의 홈 또는 구멍. ④접합될 두 나뭇조각에서 한쪽은 홈을 파고 다른 한쪽은 그 홈에 맞도록 돌출부분을 만들어 서로 맞추어질 수 있는 이음법을 말함.

장부금(丈夫金) : 대문짝 위에 있는 돌기에 씌운 쇠.

장부금

장부대공(丈夫大工, joggle post, joggle piece) : 경사진 버팀목 부분을 지지하는 홈이 있거나 돌출부가 있는 왕대공.

장부맞춤(丈夫-, mortise & tenon) : ①골조를 형성할 두 개의 각재를 연결하기 위해 한 끝은 촉을 내고, 다른 한 끝은 홈을 파서 짜맞추는 방법. ②종류는 구조형태에 따라 짧은장부맞춤·긴장부맞춤·내다지장부맞춤·턱장부맞춤·턱솔턱장부맞춤·쌍턱장부맞춤·주먹장부맞춤·부채장부맞춤·쌍장부맞춤·빗장부맞춤·지옥장부맞춤·가름장장부맞춤·맞인장부맞춤 등이 있음.

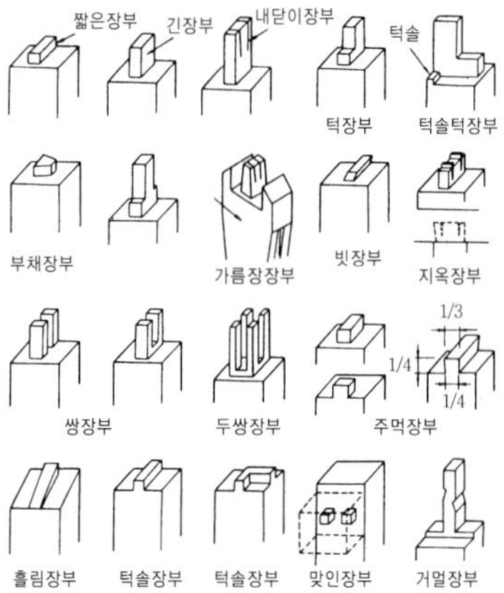

장부맞춤의 종류

장부빗턱맞춤 : 주로 기둥과 보·도리·층도리·밑인방 등과의 맞춤에 사용.

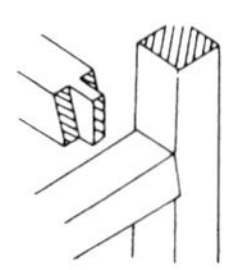
장부빗턱맞춤

장부이음(丈夫-, mortise joint, mortise and tenon joint) : ① 장부구멍에 장부를 통맞춤하도록 된 두 부재 사이의 접합을 총칭. ② ⇨메뚜기 장부이음.

장부촉(丈夫-, dowel, joggle) : ①장부의 끝. ②장부의 돌기. ③수장재의 이음 부분을 촉으로 깎아 만든 것. ④목재의 이음을 강화하기 위해 사용하는 나무못 또는 금속못. ⑤이음이나 끼움을 할 때 구멍에 끼우려고 만든 돌기. ⑥미끄럼을 막기 위해 두 접합 부재의 한쪽에는 촉을 만들고 다른 한쪽에는 대응하는 오목한 홈을 만들어 끼우는 것. ⑦종류는 긴촉·단촉·막장부촉·

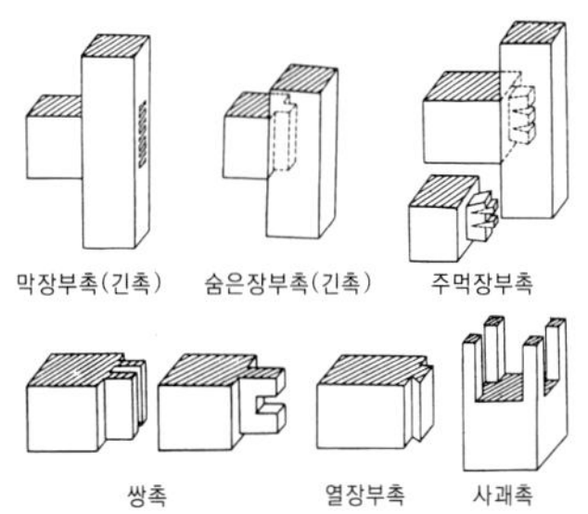

장부촉 종류

숨은장부촉·쌍턱장부촉·턱장부촉·쌍촉·사괘촉·열장장부촉·은못촉 따위가 있음.

장부촉끼움(丈夫欘–) : 장부촉을 끼워서 맞추는 방법 및 그렇게 한 자리.

장비(裝備, fixture) : 전기나 배수관 등의 설비나 부품.

장산(長山) : ①긴 마룻널 밑에 가로로 놓인 받침 오리대. ②⇨장선(=).

장색(匠色) : 손재주를 가지고 여러 가지 물건을 만드는 것을 업으로 삼거나 집 짓는 데에 다니면서 벌이를 하는 사람.

장석[1](長石, feldspar) : 백색·담황색·홍색·녹색 등을 가진 조암광물로서, 경도는 66.5, 비중은 2.529임. 주된 것으로는 정장석(正長石)과 사장석(斜長石) 두 가지가 있고, 화강암의 60~70%를 점함. 정장석은 단사정계의 칼륨·알루미늄을 함유하는 규산염(硅酸鹽)으로 도자기·비료·유리의 원료가 됨. 사장석은 조장석(曹長石)과 회장석(灰長石)이 섞여서 된 고용체(固溶體)를 총칭.

장석[2] : 장색의 사투리.

장선(長線, joist) : ①마루 끝에 가로 대어 마루청을 받치는 나무. ②표면을 지지하거나 걸쳐지는 수평골재를 말하고, 일반적으로 보 또는 다른 구성재가 되는 프레임을 지칭. ③멍에 위에 직각방향으로 걸쳐대어 마룻널을 받는 것. ④마루 밑에 한 자 가웃 가량의 사이로 가로 대어서 마루청을 받치게 한 나무. ⑤멍에 또는 보에 건너대어 마룻널을 박아대는 가로재. ⑥긴 청널 따위의 아래에 놓여서 청널 따위를 받치는 오리목. ⑦장선의 크기는 간격이 0.9m이면 45~60㎜ 각재를 쓰고, 1.8m이면 60~120㎜ 각재를 씀. ⑧장선은 하중에 따라 360~450㎜ 간격으로 배치하되 벽 옆에는 구석장선을 두어 마룻널 끝을 받게 함. ⑨장선은 받침재심에서 맞댄이음으로 하되, 이음자리를 엇갈리게 하고, 춤이 큰 장선의 중간은 멍에에 걸침턱으로 걸치며, 장선 끝을 토대 위에 얹을 때에는 기둥·샛기둥에 옆대고 못질을 하며, 장선받이·기둥밑잡이에는 통넣기 또는 턱걸침으로 하고 못질을 함. ⑩바닥·천장 또는 평지붕을 지지하는, 나란히 일정한 간격으로 배열된 수평적 구조요소. 들보와 들보 사이에 평행하게 수평으로 놓여지고, 기초적인 바닥의 틀을 형성하게 되지만 아래층에서는 이 틀이 천장을 구성하게 되며, 작은 건물에서는 평행한 수평형태이지만 큰 건물에서는 보다 복잡한 격자 형태를 이룸.

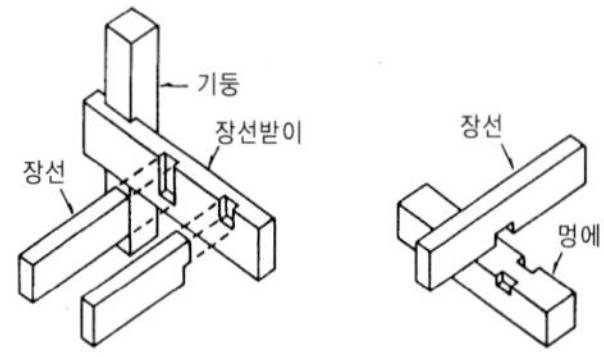

(a) 통맞춤·턱걸침 (b) 걸침턱

장선의 맞춤

장선가새(長線–, bridging) : 장선 사이에 대각선의 위치로 삽입되어 그들을 보강하고 제 위치에 고정시키며 하중의 분배를 돕는 작은 목재 및 금속의 버팀대. ⇨장선.

장선마루틀 : ⇨홑마루틀(=).

장선받이(長線–, header, ledger strip, wall plate, rim joist) : ①하중을 분산시키기 위해 장선(長線)·샛기둥·서까래 등의 끝을 지지하여 두 끝을 받쳐주는 가로재. ②목조틀 바닥의 가장자리를 마무리하며, 하인방 위에 놓이는 장선. ③벽의 상단에서 지붕의 서까래를 받는 부재. ⇨장선.

장선잡이(長線–, bridging) : 장선부재 길이가 높이의 6배를 넘을 경우, 뒤틀리거나 움직이는 것을 방지하기 위해 장선 사이를 고정시키는 부재. 단, 장선이 기초바닥에 고정되어 있어서 뒤틀릴 우려가 없는 경우에는 생략할 수 있음. 브리징(=)·장선.

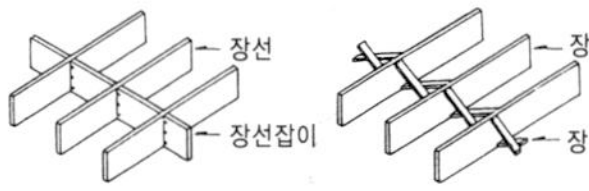

(a) 장선과 같은 치수의 장선잡이 (b) X형 장선잡이

장선잡이

장설(長舌) : ①도리 바로 밑에 평행으로 받쳐 거는 인방과 같은 재. ②장려(=).

장스팬구조(長-構造, long span construction) : 큰 공간을 구성하기 위해 기둥과 기둥, 지점과 지점의 간격을 길게 잡은 구조. 초기의 예로서 듀테일과 콘타만의 기계관(1889)·E. 플레시네의 오를리 비행선 격납고(1916~24)·P.네르비의 트리노 전시장(1948~49) 등이 있음. 근대기술의 극치를 나타내는 것으로서 추구되었고, 트러스·아치·쉘·달지붕·스페이스 프레임 등의 수법이 이용되고 있으며, 주로 공장·체육관·격납고 등에 사용됨.

장승(長承) : 거리를 표시하고 위쪽에 사람의 얼굴을 새겨 오리나 십리마다 세운 푯말.

장식(裝飾, decoration, ornament, ornamentation) : ①구조나 사물의 외관을 꾸미고 장식하고 또는 아름다움을 더하거나 강하게 하기 위하여 부가·사용되는 형상 또는 행위 및 전반적인 미적 효과를 위해 첨가한 부속물이나 디테일. ②19세기 이전에는 복잡한 모양이 아름다움을 더해주는 것으로 생각했으나 19세기 이후 근대건축의 장식은 과거 구조에 의해 표현된 장식적 디테일과 마찬가지로 근대 기술이 요구하는 건축 디테일에서 많이 초래됨. 전체의 단조로움에 대해 감흥과 다양성을 부여해주고 보다 단순해졌으며, 과거 장식(ornament)의 첨가(添加)와는 달리 재료의 질감(texture)·구조(construction)·기능(function)이 갖는 필연적인 성격 표현이나 성격 강조·스케일·비례 등을 데코레이션으로 간주하지만 오너먼트(ornament)는 단순히 꾸민다는 의미를 지닌 데코레이션보다 의장적(意匠的) 의미를 더 가짐. 장식은 '지나치게 상세한' 의미로서의 화려한(ornate) 것으로 모든 상세·모양·질감과 색채는 의도적으로 개발되거나 관찰자의 흥미를 끌기 위해 또는 표면의 질을 높이기 위해 부가(附加)되었음. 오늘날 장식적인 디자인을 고전적(classic)이라고 하며, 비장식적인 심플한 디자인을 현대적(modern)이라고 함.

장식기와(裝飾蓋瓦, antefix) : 타일 지붕의 처마장식을 위한 처마 끝의 장식기와. ⇨ 막새(=).

장식들보(裝飾-樑, jesting beam) : 구조적 기능과는 무관한 디자인상 필요하거나 장식적인 목적의 들보.

장식띠벽(裝飾-壁, fascia) : 벽면보다 돌출된 수평적인 띠장식을 말함. 일반적으로 띠벽 자체는 장식이 따로 없는 평평한 면을 이루며 평평한 띠 자체가 장식이 되고, 보통 두 줄 또는 세 줄로 사용됨.

장식무늬(裝飾-, ornament) : 장식을 목적으로 물체의 표면에 문양 또는 일정한 그림의 무늬를 만드는 것을 총칭. 무늬는 기하학무늬·양식화무늬·자연적 무늬·형용무늬·문양 등으로 분류.

장식물(裝飾物, accessory) : ①비교적 크기가 작으면서 움직이기 쉽고 실내디자인을 완성케 하는 보조적인 역할을 하는 물품. ②종류는 실용적 장식물과 장식적 장식물로 구분. ③액세서리(=).

장식미술(裝飾美術, decorative art) : 순수하게 시각적인 미적 효과를 높이기 위하여 사물의 표면을 인공적인 기술로 가감(加減)하여 꾸미는 장식 목적형 조형예술. 그 표현은 비재현적·추상적·문양적인 성격을 가짐. 넓은 의미에서 건축·실내·가구·정원 등에 부수되어 미적 효과를 높이기 위해 사용되는 회화나 조각도 이에 포함됨.

장식미술전(裝飾美術傳, L'Exposition Internationale des Arts Décoratifs et industrials Modernes) : 프랑스 파리에서 1925년에 새로운 양식을 전파하기 위하여 미술을 중심으로 생활 전면에까지 확산되는 탁월한 예술성과 아름다운 재료의 사용과 정교한 기법에 의한 전시물로 화려하게 꾸며진 전시회를 말함. 일명, '25년 양식'이라고도 함. 그후 이 전시회의 명칭에서 유래된 것이 아르데코양식

(Art Deco style)인데, 이는 건축학을 근거로 하던 과거의 움직임에 비해 실내공간에서 장식적인 측면을 강조하여 일반적으로 장식미술의 대명사로 인식되었음. 이 전시회에서는 프랑스의 장식적인 디자인이 전시된 반면에 비장식적인 르 코르뷔지에의 에스프리누보(Esprit Nouveau)관이 참가하여 양산 가능한 기계 이미지도 소개하였음. ⇨아르데코.

장식박공(裝飾朴工, wimperg[독]) : 고딕 건축에서 창이나 문의 상부 또는 벽면에 만든 장식적인 박공. 보통 잎 모양의 조각장식이 규칙적으로 사용됨.

장식술[1](粧飾絨, braid) : 실크·면·다른 직물로 여러 가닥 꼬아 줄을 만드는 기술.

장식술[2](裝飾術, tasselled friengr) : 매다는 장식으로 드레이퍼리의 모서리 부분, 코니스의 끝부분, 필로우(pillow)의 끝 부분 등 천으로 만든 물건의 끝에 매다는 실을 꼬아 만든 줄.

장식양식(裝飾樣式, ornament style, decorated style) : ①1280~1350년대 영국 고딕의 3단계 중 두 번째 양식으로 화려한 장식과 트레이서리(tracery), 그리고 볼트에 있는 많은 서까래(rib)가 특징. 후기의 형태들이 복잡한 리브 볼트(rib vault)와 자연스럽게 조각된 잎 무늬 장식을 지닌 곡선체인 반면에 초기의 형태는 매우 기하학적임. ②영국 고딕양식 중 제2기에 해당하는 14세기 초기부터 후기까지의 양식을 말하고, 전기를 기하학적 양식(geometric style), 후기를 곡선적 양식(curvilinear style)이라고 함. 엑시터 대성당(13~14세기)이 대표적임.

장식예술(裝飾藝術, decorative art) : 조각·회화 등의 순수예술과 실내장식·공예 또는 디자인 등을 말함.

장식용재(裝飾用材, decorative goods) : 주로 실내의 치장(decoration)을 위해 쓰이는 부재로서 수장재·창호재·가구재를 총칭하는 말.

장식장(裝飾欌, shelf) : 보통 상부장과 하부장으로 구분하고, 상부장은 유리가 달린 장식성이 강한 기능적인 장이고, 하부장은 소품을 수납할 수 있는 가구이며, 보통 4자(1,200㎜)가 기준임.

장식전구(裝飾電球, decorative lamp) : 색유리나 유리에 착색을 한 장식용 전구로서 형태가 다양하며, 그 속에 여러 가지 물건을 넣기도 함.

장식조명(裝飾照明, decorative lighting) : ① 색채·회화 등과 같이 조형예술품의 색채에 영향을 주는 부분의 연색성을 고려한 조명. ②장식전구를 사용한 조명방법. ③ 조명기구 자체가 하나의 예술품과 같이 강조되거나 분위기를 살려주는 역할을 하는 조명을 말하고, 실의 성격을 더해주거나 공간에서 하나의 초점이 됨. 펜던트(pendant)·샹들리에(chandelier)·브래킷(bracket) 등이 있음.

장식주의(裝飾主義, ornemantalism) : ⇨장식양식(=).

장식창(裝飾窓, ornamental window) : 창호틀을 장식세공 처리한 창문.

장식천장(裝飾天障, plafond) : 장식 처리한 납작 천장 또는 둥근 천장(vault).

장식틀(裝飾-, surround) : 문·창문 또는 그 밖의 개구부 주위를 둘러싸는 경계나 장식적 프레임.

장식판등받이의자(裝飾板-椅子, slat-back chair) : 등받이가 몇 개의 수평판재나 가로대로 이루어진 17세기 미국의 전형적인 의자형태. 여러 개의 가로대 중 특히 최상부의 장식 판재(slat)를 갖춘 의자로 사다리형 등받이의자(ladder back chair)와 유사하지만 전자의 등받이가 조각의 장식적인 형태인 반면, 후자의 등받이는 얇고 단순한 형태임.

장식항아리(裝飾-, urn) : 돌·금속·도자기 등으로 만든 받침이 있는 장식적인 용기. 원래 고대 그리스·로마에서는 유해를 넣는 뚜껑이 있는 큰 단지를 일컬음. 그 후 신고전시대에 주로 쓰였는데 실내와 캐비닛에는 열린 박공장식(broken pediment)

의 가운데 꼭지장식(finial)으로서, 테이블에서는 십자형 다리버팀대(stretcher)의 교차점에 사용되었으며, 특히 영국 아담(Adam)양식의 식당에서는 식당용 칼을 보관하는 나무로 만든 장식 항아리(knife urn)를 페데스탈(pedestal) 위에 올려놓는 것이 일반적임.

장식형태(裝飾形態, ornamental form) : 장식의 형태들은 구조물의 표면이나 그 밖의 요소를 아름답게 하거나 화려하게 하는 것으로 모더니즘 이전에는 건축의 형태와 분리된 것으로 생각되지 않아 거의 모든 건축물이 어떤 장식적 형태를 가지고 있음. 건축물과 장식의 통일성은 실질적으로 건축물의 많은 부분에서 형성되었음.

장식홈통(裝飾–, rainwater head) : 낙수홈통의 빗물을 모아 선홈통으로 보내는 역할을 하는 선홈통 상부에 연결된 금속체. 과거에는 철주물 대신 함석이 사용되기도 했으며, 정교하게 장식되어 날짜가 기록되기도 함.

장십자형(長十字形, Latin cross plan) : 십자형 교회에서 본당 회중석이 다른 나머지 3가지 보다 더 긴 십자형 평면계획.

장안사대웅전(長安寺大雄殿) : ①경상남도 유형문화재 118호, 경남 양산군 장안면 장안리 291에 위치, 7세기 창건, 17세기 중수. ②대웅전·명부전·응진전·강당이 마당을 둘러싸고 있는 ㅁ자형 배치형식으로 조선 중·후기 통불교계 사찰에서 흔히 보이는 산지중정형임. ③웅장한 스케일, 건물이 높고 처마가 깊으며 깊게 돌출된 팔작지붕은 정면 3칸, 측면 3칸의 기둥배열이지만 기둥간격이 넓고 특히 어간의 기둥간격이 사분합을 달 정도로 넓어 장방형 평면 형태를 가짐. 기둥머리 부분에 평방을 끼워 넣어 평방 사이의 이음새를 보이지 않도록 만들어 기둥과 평방의 결구수법은 다포계 건물 중에서 비교적 완결성을 보여줌. 살미쇠서가 가냘프고 장식적인 것으로 다포계의 후기적 성격을 보여 줌. 창호 구성은 중심성을 강조하는 입면구성의 기법과 소목공예의 화려함을 보여 줌.

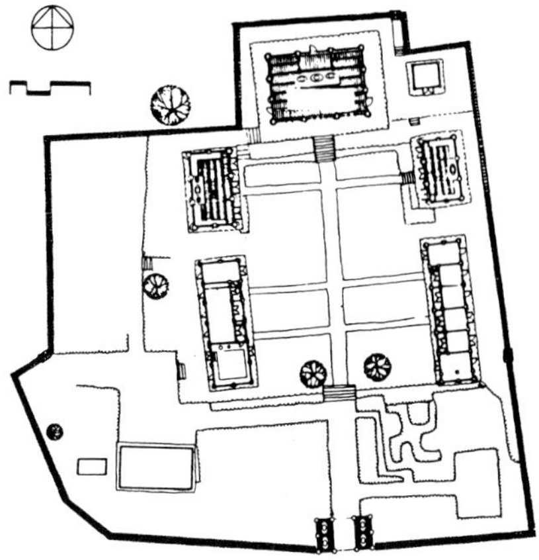

장안사 대웅전 도면

장암정[1)](藏庵亭) : ①문화재자료 제150호. 경북 봉화군 물야면 오록리 628에 위치. ②일명 만축정으로 불리는 장암정은 지방 유생들과 사림들이 모여 당시 일어나는 일이나 정세를 토론하고 시에 대해 평론을 하며 후학들에게 글을 가르치던 곳. 장암 김창조(1581~1637)의 학문과 덕을 생각하고 기리기 위해 조선 경종4년(1724)에 풍산 김씨 문중에서 세운 것. 선조38년(1605)에 과거에 합격하여 의금부도사를 지냄. 인조15년(1637) 병자호란 때에는 안방준이 의병을 이끌고 남한산성으로 향할 때 쌀을 내어 군량을 도왔으며, 왕이 삼전도에서 항복하였다는 소식을 듣고는 아들 시성에게 태백산에 들어가서 살라고 이르고 관직에서 물러났다고 함. ③규모는 정면 3칸·측면 2칸인 팔작지붕. 배열은 왼쪽에 2칸 온돌방을 들이고 오른쪽에 대청마루를 두었는데, 오른쪽 방을 왼쪽 방보다 조금 뒤로 물려 배치한 것이 특이함.

장암정 정면

장암정[2](長巖亭) : ①전라남도 시도기념물 제103호, 1668년(현종8년) 창건, 1880년(고종17년) 중수. 전남 영암군 영암읍 장암리 497에 위치. ②장암정은 장암 대동계에서 현종9년(1668)에 동약(계)의 모임장소로 지은 정자. 동약의 집회소 외에 강계(講契)나 혼부계(婚扶契) 장소로도 사용했으며, 향음주례(鄕飮酒禮)나 위로연(慰老宴), 회갑연, 백일장 혹은 국중경조(國中慶弔)의 예상소(禮喪所)로도 이용되었음. 지금 있는 정자는 1668년(현종9년) 창건, 영조36년(1760) 중창, 정조12년(1788), 순조19년(1819)에 각각 중수, 고종17년(1880)에 전체적인 중창, 1976년에 일부를 수리. ③정면 4칸·측면 3칸 규모의 누각식 팔작지붕. 전면에 마루를 깔아 개방된 구조이며 후면 중앙으로 마루방 2칸을 둠. 마루방 상부에는 260cm 높이로 다락을 설치하여 서고로 이용. 우물마루를 깐 대청 주변에는 창호 설치 없이 모두 개방. 전면은 막돌초석으로 두고 바른층쌓기, 후면은 막돌허튼층쌓기. 막돌초석 위에 원통형 두리기둥을 세움. 기둥 상부는 주두 위에 창방을 결구, 창방과 주심도리와 장여 사이에 주간마다 코끼리 등 각종 형상으로 조각된 화반을 1구씩 배치. 주두 위에는 공안이 없는 두공첨차가 설치되어 장여받침 주심도리를 지탱. 기둥머리에서 앙서형의 쇠서 1개를 초익공, 쇠서 위면에는 연화각, 기둥머리에는 봉두를 조각하여 전체적으로 장식화 경향을 보임. 가구는 평주와 고주를 대들보로 연결하고 결구한 1고주5량가. 대들보 위에 낮은 동자주를 세우고 종량을 얹음, 중앙에는 원형대공을 놓아 종도리를 받게 함. 천장은 연등천장이나 양합각 밑면에만 폭이 좁고 긴 우물천장을 가설. 처마는 전후면 모두 부연을 단 겹처마. 건축적으로 큰 특징은 없으나, 동약의 집회소로 남아 있는 건물이 드물고, 조선후기 호남지방의 시골 생활사를 반영하는 기록들을 보관하고 있어 역사적 자료로 가치가 큼.

장암정

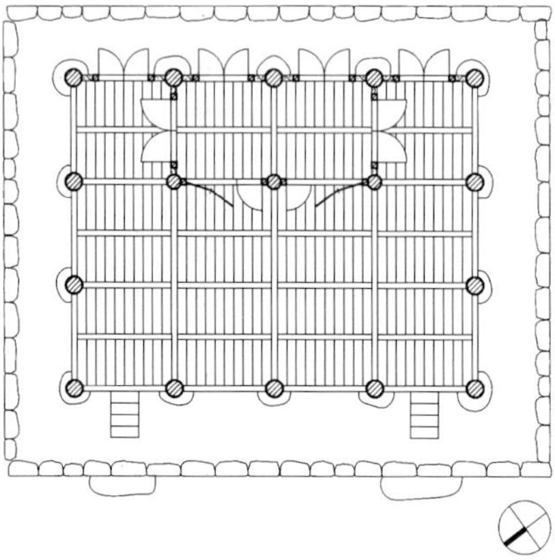
장암정 평면도

장애인용 디자인(障碍者用-, barrier free design) : ①장애인들이 자유롭게 통과할 수 있고 사용할 수 있도록 방해물(통로·계단·장애물)들을 제거하거나 수정하여 편의를 제공하기 위한 디자인. ②예를 들면, 휠체어 통과를 위해 건물 입구를 지면과 같게 하거나 경사지게 하거나(경사도 12분의 1) 화장실 편의시설(넓은 칸, 80~85cm 높이의 손잡이와 세면대, 100cm 높이의 수건선반 설치), 내활성 바닥재 사용, 휠체어 사용자를 위해 낮은 음료대와 공중전화를 설치하는 것 등을 말함. 우리나라에서는 '88 장애인올림픽' 개최 이후 지체부자유자를 위한 배려가 많아졌으며, 건축설계 시에도 권장사항으로 되어 있음.

장애인용 시설물(障碍人用施設物, accessible) : 지체장애인들이 쉽게 접근할 수 있고 사용할 수 있도록 계획된 건물의 시설물.

장여(長欐, 長舌, strip of wood supporting beam : ①도리 밑에서 도리를 받치는 모가 진 긴 나무. ②도리 바로 밑에 평행으

로 받쳐 거는 폭이 좁고 높이가 높은 인방과 같은 각재(角材). 보통 두께 세 치, 높이 다섯 치임. ③도리의 인장력을 높이고 이음 부분을 떠받쳐 주는 역할을 하는 부재. 긴장여(長長欐)와 짧은 장여(短長欐)가 있음. ④도리의 보조재로써 단면이 장방형으로 폭보다 높이(운두)가 높은 가로재. ⑤기둥머리와 기둥머리 사이에 보낸 도리 밑에는 장여를 끼우고 그 아래에는 창방(昌枋)을 끼우며, 이들 사이에는 네모진 소로받침이 틈틈이 들어감. ⑥장여의 폭이 그 건물의 기준척이 됨. 즉 건물 주칸의 크기·기둥높이·보의 크기는 장여폭의 몇 배라는 식으로 장여폭(수장폭)을 기준으로 건물 전체가 비례체계를 가짐. ⑦장여는 외진주상의 도리 외에 종도리와 중도리에도 모두 걸림. ⑧종류는 단장여·통장여·뜬장여로 구분함. ⑨장설·장려(=).

장여소루(長舌小累) : 장여 위에 얹힌 소루.

장연(長椽) : ①처마에 건 긴 서까래. ②중도리에서 처마 끝까지 내밀어 걸친 긴 서까래.

장예 : ①장여의 다른 말. ②지붕가구에서의 서까래가 걸리는 각도. ③각도에 따라 삼분변작(三分變作)·사분변작(四分變作)이 성립됨. 세치자꺾음장예, 다섯치자꺾음장예 단위를 씀.

장유성(長油性, long oil type) : 수지(樹脂)에 대해 기름 성분이 비교적 많은 것.

장이기(長耳機) : ⇨장귀틀(=).

장이론(場理論, field theory) : 장(field)과의 상호작용을 통하여 입자가 서로 힘을 미친다는 입장에서 구성된 이론이고, 대표적인 인물은 네치(Walter Netsch)임. 심리학에서는 이러한 장의 개념을 이용하여 심리현상의 여러 과정을 다이내믹한 상호작용의 장으로 파악하고 있음.

장작받침쇠(fire-dogs) : ①벽난로의 땔감을 받쳐주는 쇠시렁. ②중세의 것은 키가 매우 커서 벽난로의 중간 높이 정도였으나, 17세기 이후에는 낮고 육중하게 만들어짐. 18세기 이후에는 석탄을 땔 수 있는 창살형도 사용되었음.

장장설(長長舌) : ⇨긴장여(=).

장장여(長長欐) : ⇨긴장여·통장여(=).

장주(長柱, long column) : ①파괴에 의해서가 아니라 좌굴에 의해 붕괴되는 세장한 기둥. ②장방형 기둥은 단면의 최소 치수(D)에 대한 유효높이(h)의 비(h/D)가 15 이상인 기둥이고, 원형 기둥은 단면 최소 치수에 대한 유효높이의 비가 10 이상인 기둥.

장지 [1)](壯紙) : ①우리나라에서 만든 두껍고 질긴 큰 종이의 일종. ②⇨장지문(=).

장지 [2)](障-) : 방에 칸을 막아 끼우는 제구(미닫이와 비슷하지만 운두가 높고 문지방이 낮음).

장지문(壯紙門, 障紙門) : ①문살에 창호지를 발라 반투명하게 한 문. ②문울거미를 짜고 울거미 사이에 짜 넣은 살대 짜임의 한 면에 창호지를 발라 만든 문. ③문틀은 홈을 판 문지방에, 문 상인방은 방바닥과 천장면에, 문틀의 선대는 양측 기둥에 붙여 세워 짜고, 문짝들을 홈대에 끼워 밀고 잡아당김. ④살대의 짜임새는 상황에 따라 아자살·완자살 등 여러 가지 모양으로 함. ⑤방과 방 또는 방과 마루 사이에 있는 운두가 높고 문지방이 낮은 미닫이문. 주로 방과 방 사이에 설치함. ⑥종이와 띠살로 연약하게 만들어 외부에서 내부로 유입되는 강한 빛을 완충시키며 또 방과 방 사이를 시각적으로 차단하는 문이고, 살대 문양은 완자문이나 아자문 등 다양함. ⑦전통주택에서 밤에는 장지문을 닫아 방을 분리하고, 공간을 기능적으로 구분하며, 난방의 효율을 높였음. 즉 식구들의 침실로 사용하고 낮에는 친지나 친분이 두터운 사람 이외에는 접근을 제한하여 문지방으로 거리감, 상하의식을 상징했음. ⑧경우에 따라 방 중간의 벽과 천장에 문틀을 고정시킨 다음, 바닥의 문지방은 필요에 따라 끼우고 장지문을 달면 방을 두 개로 나눌 수 있고,

필요할 때에는 문지방과 문짝을 빼내 하나의 큰 방으로 융통성 있게 사용하기도 함. ⑨사잇장지·영창(=).

장척(長尺, long scale) : ①나무로 만든 긴 자. ②보통 열두 자로 되어 있음. ③간답 따위의 거리가 긴 것을 재는데 쓰임.

장천(張天) : ⇨화장합판(=).

장천재(長川齋) : ①전라남도 유형문화재 제72호. 전남 장흥군 관산읍 옥당리 산 95에 위치. 고려 공민왕21년(1372년)에 창건. 그 후 훼손된 것을 조선 효종10년(1659년) 장흥 위씨들이 여기에 장천재를 세웠으며, 현 건물은 조선말기(1870년경) 고종 때 중건되어 그간 수차례의 중수를 거쳐 오늘에 이름. ②호남 실학의 대가인 존재 위백규(存齋 魏伯珪, 1727~98) 선생이 강학하던 장소, 또 유림들이 시문을 나누던 곳으로 더 알려져 있음. 당대의 호남 석학들이 이곳을 찾아 남긴 43편의 시문이 현판에 남아 있음. 위백규 선생은 자를 자화, 호를 존재 또는 규암임. 10세에 천문·지리·율력·도불·산수·의학서를 열람하는 수재를 보였고 17세 이후에는 주로 장천재에 기거하면서 학문에 전념하였음. 70세의 노구에 현감의 벼슬을 지냈으며 목민의 경륜을 실천하는데 진력했음. 그의 저술로는 정현신보, 만언봉사, 사서유의, 지제지, 명사평, 상론, 본초강목 등 다수가 전함. ③工자형으로 정면 5칸 측면 3칸의 특이한 건물. 중앙 3칸에는 온돌방을 두고 양측 날개에는 대청·온돌방·난간을 두른 누마루를 배치. 장대석으로 짜올린 기단에 주초는 덤벙초석을 놓고 원주를 세움. 포작이 없는 주두와 창방, 장여를 올려 결구함. 지붕은 중간 동곡(棟曲)이 ㄷ자형 양날개와 높이를 동일하게 하고 전면에서는 팔작지붕으로 합각이 보이며 배면에서는 맞배지붕으로 처리한 것이 특이함. 문은 중앙 3칸에만 설치했는데 3칸 모두 이분합(二分閤). 방에는 열락헌(悅樂軒), 추원루(追遠樓), 장천재(長川齋), 부계당(俯溪堂), 칙휴루(則休樓) 등 고유한 이름이 붙어 있음. 후원 담장 위쪽에는 철융단지가 모셔져 있음. 민간신앙이 엄격한 유교문중의 교학소에 어울려 있는 것이 이채로움.

장천재

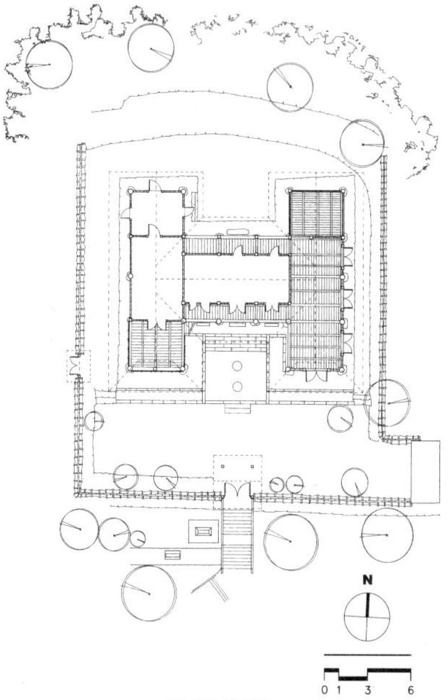

장천재 배치도

장척물(長尺物) : ①규격화된 기준치수보다 긴 부재. ②목재의 길이가 정척물(定尺物)보다 긴 것. ③제품의 길이를 길게 만들어 사용개소에 따라 절단하여 쓰도록 만든 물품을 말하고, 알루미늄 새시·벽지 등이 이에 해당함.

장초석(長礎石) : ①누각이나 정자 따위에서 높게 세운 주춧돌. ②높은 주초석(=).

장파장(長波長) : ①파장이 긴 부분으로 붉은 색으로 보임. ②700nm 이상의 적외선 영역은 열선이라고도 하는데, 일반적으로 온실에서 태양복사에 의한 열환경(온도)을 고려할 때 대상이 되는 장파장 영역을 포함함. 보통 유리는 2,000nm 이하의 파장을 가진 복사선을 매우 쉽게 투과시키기 때문에 태양복사열의 대부분이 통과함. 그러나 3,000~4,000㎚ 이상의 장파장 복사선에 대해서는 본질적으로 부도성(不導性, opaque)을 나타냄. 실제로 온실 내에서의 복사체는 저온이고 복사선은 장파장이기 때문에 유리를 통해서 온실 밖으로 빠져나가지 못함. 이와 같이 유리는 밖으로 빠져나가는 에너지보다 더 많은 에너지를 온실 내에 들어오게 하여 온도를 상승시킴. 따라서 온실은 태양복사에 의하여 열을 흡수하고 온실 밖으로의 열손실은 대부분 대류에 의해서만 일어남.

장판(壯版, papered floor) : ①한식 구조의 방(房)에 새벽질을 하고, 그 위에 기름먹인 종이를 바른 방바닥. ②⇨장판지.

장판문(長板門) : ①문틀에 널빤지를 붙여서 만든 문. ②주로 부엌문이나 광문으로 사용.

장판벽(長板壁) : 널빤지를 붙여서 만든 벽.

장판지(壯版紙, papered floor) : 방바닥을 바르는 데 쓰는 기름먹인 두꺼운 종이.

장판지마감(壯版紙−) : ①일반적인 종이마감으로 구들 위에 점토를 발라 방바닥면을 고르게 한 다음 초배지(창호지 저급품)로 먼저 한 겹 발라 장판지 면을 고르고, 그 다음 품질이 좋은 두꺼운 장판지 종이로 마감하는 방법. ②장판지 끝을 겹쳐 발라 겹친 부분이 약간씩 도드라져서 일정한 간격으로 정방형의 띠를 형성하게 되고, 장판지는 겹배지로 만들어지므로 종이 자체에 풀칠한 붓자국이 나타나는 독특한 패턴이 특징. ③도배가 끝나면 길들이기를 하는데, 가장 보편적인 방법은 콩댐으로서, 불린 콩을 갈아 들기름을 섞고 이를 무명주머니에 넣어 여러 번 문지르면 장판지에 윤이 나고, 이 때 색조를 일정하게 내기 위하여 치자물을 콩댐에 섞어 장판지에 골고루 문지르면 아름다운 황색조를 띠게 됨. 이와 같은 치장은 장판지에 내수성을 갖게 하는 등 이중적인 효과를 가짐.

장판철(長板鐵) : 평평하고 넓은 쇠판대기.

장피살 : 배가 약간 불러서 창포(菖蒲)의 줄기모양으로 된 창문살.

장혀(長舌) : ⇨장여(=).

장혀소루(長舌小累) : ⇨장여소루(=).

장화반(長花盤) : ①이익공집에서 창방과 장여 사이의 긴 널에 여러 개의 꽃 모양의 초방(화반)을 새긴 것. ②공청(空廳)이나 법당(法堂) 따위에 두공을 겸하여 초제공(初提栱)과 서로 엇걸리게 길게 짠 화반.

장흘림 : 단청에서 초새김한 자리의 옆에 내려긋기한 것.

장흘림

장흥사인정(長興舍人亭) : ⇨사인정(=).

장흥위계환가옥(長興魏桂煥家屋) : ⇨위계환가옥(=).

장흥위성룡가옥(長興魏聖龍家屋) : ⇨위성룡가옥(=).

장흥위성탁가옥(長興魏聖卓家屋) : ⇨위성탁가옥(=).

장흥향교(長興鄕校) : ①전라남도 유형문화재 제107호. 태조7년(1398년) 창건. 임진왜란(1592) 때 불에 탄 것을 인조8년(1630)에 수리. 그 후에도 여러 차례 중수. ②현재 남아 있는 건물은 대성전·명륜당·동재·서재·제기고 등이 있음. 내삼문을 경계로 강학공간과 제사공간을 구분. 앞쪽에는 외삼문·명륜당·동재·서재가 있고, 뒤쪽에는 대성전과 전사청이 있어 전학후묘의 배치를 이룸. 전사청은 1981년에 지은 것으로 제사를 관리하는 곳이며, 원래 대성전 앞에 동무, 서무가 있었으나 1970년에 철거. 조선시대에는 국가로부터 토지·노비·책 등을 지급받아서 학생들을 가르쳤으나 갑오개혁(1894) 이후에는 교육적 기능은 없어지고, 봄·가을 2차례에 걸쳐 제사만 지냄. ③대성전은 정면 5칸, 측면 4칸으로 막돌허튼층쌓기의 기단 위에 자연석 덤벙주초를 놓고 민흘림기

장흥향교 대성전

둥을 세웠으며 들보 칸의 우측 2칸을 개방시킨 것이 특이함. 가구(架構)는 7량의 기본 구조에 춧가지를 가진 차양 구조 형태의 처마를 결구시켜 툇간을 구성함. 개방된 정면 2칸의 주춧돌은 약 80cm의 긴 주춧돌을 사용함. 포작은 전면의 퇴주 위에만 되어 있으며 익공식임. 지붕은 겹처마에 맞배지붕이며 풍판이 있음. 5성 10철, 중국 송 6현, 한국의 18현을 봉안하였음. ④명륜당은 정면 5칸, 측면 3칸으로 전퇴에 마루를 설치하였으며 자연석 덤벙주초 위에 배흘림기둥과 민흘림기둥을 세움. 창방과 기둥 윗몸에 날카로운 익공형 쇠서를 끼우고 보머리를 쇠서로 새김한 초익공식인데, 내부는 운공형 보아지로 보를 받침. 가구는 5량이며 지붕은 홑처마에 팔작지붕. ⑤전사청은 정면 3칸, 측면 1칸으로 자연석의 덤벙주초에 원형기둥을 세운 삼량가의 맞배지붕. 동재·서재는 정면 3칸, 측면 1칸이며 전퇴로 삼량가이며 모두 민흘림이 있는 원형기둥을 세움. 동재는 맞배지붕이고 서재는 팔작지붕.

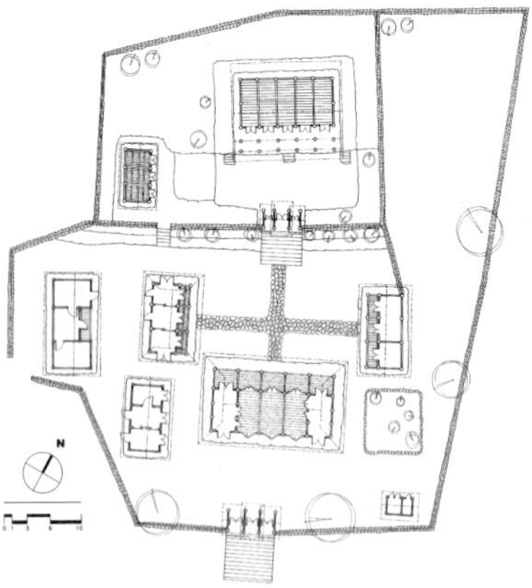

장흥향교 배치도

잦은금단청(錦丹靑) : ①부재 양끝에 머리초를 치고 중간에 여러 가지 비단무늬를 그린 단청. ②금단청(=).

잦은포집 : ①공포를 기둥 위와 기둥 사이에도 꾸며 놓은 집. ②다포집·다포각(=).

재[1)](材) : ⇨부재(=).

재[2)](才) : ①원래 일본 용어로서, 목재의 재적(材積)을 계량할 때 사용하는 목재의 체적단위. ②1사이(才)=1치(寸)×1치(寸)×12자(尺). 0.00334m^3=1.415보드 피트(feet). 1자=10치=30.0cm임. ③사이(=).

재[3)](齋) : ①오로지 작업(학문)만 하는 건물. ②조용히 거처하는 건물을 의미함.

재개발(再開發) : ①도시재개발법에 근거하여 주거환경이 낙후된 지역에 도로, 상하수도 등의 기반시설을 새로 정비하고 주택을 신축함으로써 주거환경 및 도시경관을 재정비하는 사업. ②토지의 고도이용과 도시기능 회복을 위해 건축물 및 그 부지의 정비와 대지의 조성 및 공공시설 정비에 관한 사업. ③재개발의 경우 공공사업 성격을 띠고 있으며 기존 주택 세입자 처리와 관련, 공공임대주택을 공급하거나 공급받을 자격이 없는 세입자에게 3개월분의 주거대책비를 지급토록 되어 있음. ④효과 ; ㉠경제적 효과. ㉡사회적 효과. ㉢미적 효과. ㉣간접비 감소 효과.

재개발공동주택의 규모(再開發共同住宅－規模) : 분양주택의 경우 전용면적 기준 115m^2 이하로 하되, 종전 주택규모가 115m^2 초과 시 초과하는 주택수 만큼 전용면적 165m^2 범위 안에서 종전 주택의 규모 이하로 건설 가능하며, 임대주택은 전용면적 기준 30m^2 이상 45m^2 이하로 함.

재개발구역(再開發區域) : ①재개발사업을 시행하기 위하여 도시계획으로 지정·고시된 구역. ②재개발 구역지정의 실효 재개발구역 지정·고시가 있는 날부터 2년(사업시행 예정시기) 이내에 사업시행인가의 신청이 없는 경우 2년이 되는 날의 다음 날부터 재개발 구역지정은 그 효력을 상실함.

재개발사업(再開發事業) : ①재개발구역 안에서 토지의 합리적이고 효율적인 고도이용과 도시기능을 회복하기 위하여 도시재개발법이 정하는 바에 의하여 시행하는 건축물 및 그 부지의 정비와 대지의 조성 및 공공시설 정비에 관한 사업과

이에 부대되는 사업. ②도시재개발법·도시계획법·지적법 등에 적용. ㉠도심재개발사업 : 도심지 또는 부도심지와 간선도로변의 기능이 쇠퇴해진 시가지를 대상으로 그 기능을 회복 또는 전환하기 위하여 시행하는 재개발사업. ㉡주택재개발사업 : 노후·불량한 주택이 밀집되어 있거나 공공시설의 정비가 불량한 지역의 주거환경을 개선하기 위해 시행하는 재개발사업. ㉢공장재개발사업 : 노후·불량한 공장 등이 있는 공업지역의 기능을 회복하기 위하여 시행하는 재개발사업. ③재개발사업에 수반되는 계획의 종류, 재개발기본계획, 재개발구역 지정.

재개발조합(再開發組合) : 도시의 건전한 발전과 공공복리 증진을 목적으로 도시계획으로 지정·고시된 재개발구역 안에서 공공시설을 설치하고 지적을 정리하여 건축하고자 토지, 건축물 등의 소유자들이 설립한 조합.

재건축(再建築) : ①주택건설촉진법에 의거해 건물소유주들이 조합을 구성해 기존의 노후 불량 주택을 철거한 후 그 대지 위에 새로운 주택을 건설하는 것. ②입주자들이 조합을 구성하여 자체적으로 추진할 수 있으므로 사업절차가 비교적 간단하고 사업기간이 짧은 것이 일반적임. 따라서 민간주택사업의 성격이 짙으며, 당사자간의 주택임대차계약에 따라 개별적으로 처리됨.

재건축결의(再建築決意) : 건물 소유자의 80% 이상이 동의서를 제출하고 추진위를 구성한 후 창립총회를 개최하여 재건축을 결의하는 단계. 결의내용에는 새 건축물의 설계개요와 개략적인 비용, 조합 규약과 사업계획서 등이 작성되어야 함. 창립총회는 조합원 2/3 이상이 참석해야 함.

재건축사업(再建築事業) : 기존 주택의 소유자 등이 조합을 결성하여 기존 노후·불량주택도 철거하고 신축주택을 건립하여, 자가소비 후 잔여세대를 민간에게 판매하는 것을 목적으로 하는 민간 차원의 주택사업.

재건축조합(再建築組合) : 기존 노후·불량 주택을 철거하고 그 철거한 대지 위에 주택을 건설하기 위하여 기존 주택의 소유자가 설립한 조합.

재구덩이(ash pit) : ⇨애시피트(=).

재구덩이문(ash pit door) : ⇨애시피트도어(=).

재구성(再構成, reconstruction) : 자연현상이나 사회현상에서 볼 수 있는 조형적인 형상을 바탕으로 조형요소를 달리 구성하여 디자이너의 새로운 의도를 표현하고자 하는 조형 표현기법.

재련대패 : ①초련대패로 밀고 난 뒤에 곱게 미는 대패. ②초련대패로 깎은 것을 곱게 미는 데 쓰는 대패. ③고운대패·마무리대패(=).

재령(材齡, material age) : ①목재가 성장한 기간(年輪), 즉 나이테를 말함. ②성형품(成形品)을 만든 후 경과한 일수(日數)를 말함. 예컨대 콘크리트는 재령 4주(28일)를 재령의 기준으로 함.

재료강도(材料强度) : 재료에 외력(重力)이 작용했을 때 그 외력에 저항하는 능력.

재료강도특성치(材料强度特性值, characteristic value of strength of material) : 설계용 재료강도의 산정기준이 되는 강도. 따라서 그 값은 제조·시공·환경 등의 각 조건에 수반되는 품질의 변동을 고려하여 각 조건하에서 충분히 기대할 수 있는 강도가 되어야 함.

재료강도 특성치

특성치 철근의 종류	SD295	SD345	SD390
f_y의 값(kgf/㎠)	3,000	3,500	4,000

재료계수(材料係數, material coefficient) : 설계용 재료강도를 산출할 때 재료강도의 변화·시공상의 불량 등을 고려하여 설정하는 안전계수.

재료계수

구조종류	재료	종국강도	피로	점증붕괴	사용
철근콘크리트	콘크리트	1.5	1.5	1.1	1.0
프리스트레스 콘크리트구조	철근PC·강재	1.0	1.0	1.0	1.0
강구조	강재	1.1	1.1	1.0	1.0

ㅈ

재료분리(材料分離, segregation) : ①콘크리트 구성재료의 균질성이 소실되는 현상. 굵은골재가 국부적으로 집중되거나 물이 콘크리트 상부에 모이는 현상(bleeding 현상). ②콘크리트 강도·내구성·수밀성 저하 및 시공상 장애·미간불량(곰보·허니콤·공극 발생)의 원인이 됨. ③굵은골재의 분리 및 시멘트 페이스트와 물의 분리 등으로 발생함. ④콘크리트 운반이나 타설시에 큰 골재와 작은 골재가 분리되는 것.

재료분리대(材料分離帶, material separator, devide strip) : 특히 실내 바닥이나 벽체의 재료마감이 서로 다른 경우 이질재(異質材)간에 부착 또는 설치하는 가늘고 긴 부재.

재배(再褙) : 초배한 후에 두 번째로 종이 등을 바르는 일 또는 바르는 것. ⇨도배.

재배지(再褙紙) : ①초배지 위에 덧바르는 종이. ②재배에 사용하는 종이.

재벌(再-, brown coat) : ①도장공사 또는 미장공사에서 초벌 후에 바르거나 칠하는 일 또는 층을 말함. ②세 벌 석고바름의 두 번째 석고 입힘을 말함.

재벌바름(brown coat) : ⇨재벌(=).

재벽질 : 맞벽질을 한 다음에 안팎으로 하는 벽질.

재색(材色, wood color) : ①목재 내에 함유되어 있는 화학물질에 의하여 나타나는 색. ②정상적인 목재는 일반적으로 심재가 변재보다 농색을 띠는 것은 심재에 화학물질의 함유량이 더 많기 때문임. ③목재가 색깔을 띠는 원인 가운데 하나는 목재를 대기 중에 방치했을 때 산화작용을 일으켜 변색이 이루어져 암색화되는 현상임. ④특별한 경우를 제외하고 재색이라면 심재 색을 의미함. ⑤심재 부분의 재색에 따른 대표적인 수종을 표시하면 흑색(흑단), 암홍색(벚나무·살구나무), 황색(옻나무·회양목·뽕나무), 자홍색(물푸레나무·느릅나무), 황갈색(소나무·잣나무·잎갈나무·가문비나무), 황홍갈색(향나무), 백색(가죽나무) 등.

재생무늬목(再生-木, recomposed veneer) : 무늬목 용도는 물론 다른 용도로도 사용될 수 없는 값싸고 구하기 쉬운 나무를 원료로 베니어 상태로 만든 다음, 표백살균·염색·접착 및 몰딩성형 등의 과정을 거쳐 재생목을 만들고 절삭기(slicer)에 의하여 수평 절삭하여 만든 원하는 모양과 색상의 무늬목. 특징은 로스(loss)를 줄일 수 있고, 인건비 절감 및 도장비 절감 등 경제적이며, 내구성·무균·무황화 현상 유지 등임. ⇨특수무늬목.

재스퍼(jasper) : 붉고·노랗고·갈색이 나는 불투명한 수정의 일종.

재스퍼도자기(-陶磁器, Jasper ware) : ①19세기 후반에 미국과 유럽의 장식미술에 나타난 일본풍의 경향. ②당시 많은 예술가와 디자이너들은 일본으로부터 수입된 상품·예술품을 통해 일본의 장식적 특징을 서구 예술에 접목시키려는 경향을 보였음. ③특히 영국 빅토리아양식의 조잡한 장식과다에 대한 반발로 일본의 단순한 조형미가 관심을 끌었고, 수공예운동을 추종하던 윌리엄 고드윈(William Godwin)은 일본 가구의 단순함을 응용한 그의 가구를 '앵글로 재패니즈(Anglo Japanese)'라 했으며, 나중에 찰스 레니 매킨토시(Mackintosh, 1868~1928)·그린 형제(Green brothers, 1868~1957, 1870~1954)·프랭크 로이드 라이트(Frank Lloyd Wright : 1869~1959) 등도 단순한 선과 기하학적 특성을 지닌 일본 미학에 영향을 받았음.

재실(齋室) : ①능묘 등의 제사지내는 집. ②묘제를 지내기 위해 지은 집. ③재실건축 중에는 후학 양성을 위한 강당으로 건립하여 쓰다가 나중에 문중이나 유림에서 재실로 사용하는 경우도 있음. 조선 후기에 들어와 서원의 남설(濫設)을 억제하자 본래는 서원 용도로 건축하고도 건물명을 재실 혹은 재사로 붙이는 경우도 있음. ④경북지방의 재실은 주로 뜰집형 건물형태를 취하여 민가형으로 분류되기도 함. ⑤

예컨대 경상남도 합천의 구음재(龜陰齋) 등이 이에 해당함. ⑥재전(=).

재이용수(再利用水) : ⇨중수(=).

재적(材積, material volume) : 목재·석재 등 재료의 부피(體積).

재적단위(材積單位, unit of material volume) : 재료의 체적을 나타내는 단위(m^3).

재전(齋殿) : ⇨재실(=).

재주두(再柱頭) : ①이익공 형식에서 주두 위 이익공 두공 위에 얹어 도리 밑 장여와 보를 받는 대접주두. ②운두는 낮고 크기는 주두의 밑면과 같이 하는 것이 보통임.

재중(材重, wood weight) : 단위면적이 나타나는 중량인 비중을 측정하여 표시.

재질감(材質感, texture) : ①색이나 형태와는 무관한 물체가 갖고 있는 표면상의 상태로서 물체를 만져 보지 않고 눈으로만 보아도 알 수 있는 시각적, 특히 촉각적으로 느껴지는 표면에 대한 구조적 표현 상태. ②촉감이나 시각적 감각을 통해 감지되는 물체의 표면 느낌. ③재질면(material's surface)의 상태에 따라 부드러움·거칠음·유연함·경쾌함·푹신함 등의 감정적 느낌을 가짐. 오늘날 실내디자인에 있어서 다양성과 흥미로움을 주기 위해 질감에 의존하고 있으며, 경우에 따라서는 거친 면을 그대로 이용함으로써 재료가 갖고 있는 자연미를 즐기고 있음. 질감에서 색채나 명암을 동시에 고려했을 때 더욱 큰 효과가 있으며, 특히 조명에 따른 질감의 효과나 단일색상의 질감 대비를 통해 변화와 다양성 및 드라마틱한 분위기를 연출할 수 있음.

재축(再築) : 건축물이 천재·지변, 기타 재해에 의하여 멸실된 경우에 그 대지 안에 종전과 동일한 규모의 범위 안에서 다시 축조하는 것.

재택근무(在宅勤務, home office) : ①파워컴퓨터(power computer)의 등장과 네트워크의 발달로 텔레커뮤팅사무실에 출근하지 않고 자택에서 통신수단 등을 이용해 회사 일을 하는 것. ②특징 ; ㉠통근에 따르는 피로감이나 시간이 절약되어 실질근무시간을 늘릴 수 있음. ㉡회사에선 사무실의 공간절약과 출근할 수 없는 주부들의 잠재적 능력을 이용할 수 있음. ㉢고기능 워크스테이션 등의 설비비용이나 통신비용 증대, 재택근무자의 소외감 발생 등의 문제점이 있음.

재크파인(松, jack pine, scrub pine, gray pine) : ①캐나다 중서북부에서 동부 퀘벡주, 미국의 미네소타, 인디애나 주 등에 분포. ②변재는 백색, 심재는 늦게 형성되어 40~50년에 담등갈색(淡橙褐色)으로 나타나며 연륜의 구분은 뚜렷하고, 추재는 진한 색으로 좁아 보이지만 춘재는 넓어 보이고 밝은 색임. 조직은 보통이거나 거칠고 목리는 통직함. 절건비중은 0.46, 수축률은 방사방향 3.4%, 접선방향 6.5%, 용적수축률 10.4%로 적음. ③거단(鋸斷)·포삭(鉋削)·건조·접착성은 쉽지만 도장성은 불량하고, 용도는 내장·건축·저급가구·합판·차량·전주 등에 사용.

재판(材板) : 담배통·재떨이·요강·타구 등을 놓기 위해 방안에 까는 널빤지.

재패닝(Japanning) : 18세기에 많이 사용되었던 일본풍의 공정으로서, 가구와 금속공예는 색 있는 셸락(shellac)으로 칠해지고 솟아오르는 장식과 금색으로 채색되었음.

재평가(再評價, reevaluation) : 디자인 과정에서 사용하고 있는 충족된 해결안이 특정 목적과 기준들을 과연 잘 만족시키고 있는가를 평가하는 작업.

재현예술(在現藝術) : ⇨사물적 예술(=).

재현적 상상(在現的想像, reproductive imagination) : 연상되는 이미지를 함께 떠올리면서 기억 속에 저장된 이미지를 재현하는 힘.

재현적 형태(在現的形態, representational form) : ①우리의 일상적인 환경에 존재하고 있는 어떤 것을 표현하는 형태. ②관찰자들과 순수한 시각언어 이상의 것으로

의사소통을 하는 형태. ③예컨대 사진과 같이 사실적으로 그리거나 주제를 인식하지 못할 정도가 아닌 한 어느 정도 추상적으로 그려질 수 있지만, 때때로 환상적인 경우가 있음. ④양감과 공간이 있는 변형된 사실감을 보여주는 만큼 환상적인 주제라 하더라도 관찰자에게 일종의 사실감을 전달해줌. ⑤구상적 형태. ⇨직현적 형태(⇔).

잭(jack) : 골조식 구조에서 다른 대부분의 부재들보다 길이나 높이가 작은 것.

잭나이프소파베드(jack knife sofa bed) : 소파베드의 접이식 구조가 잭나이프(jack knife)와 유사하여 붙여진 소파베드.

잴루지(jalousie[프]) : ⇨잴루지창.

잴루지창(-窓, jalousie window) : 특별한 종류의 들창으로 매우 작은 여닫이 유리 루버를 사용함.

잼(jamb, door jamb) : 문틀 양옆 수직 부재를 말하고, '수직선틀'이라고도 함.

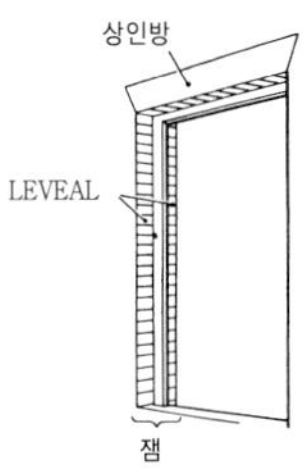

잼

잼스톤(jamb stone) : 문이나 창문 개구부의 버팀기둥에 사용되는 석재.

잼앵커(jamb anchor) : 문틀을 각종 벽에 견고하게 설치하기 위한 금속장치.

쟁반형 상판탁자(錚盤形象板卓子, top-top-table) : 18세기 중·후반에 유행한 상판 둘레의 3면이나 4면이 난간과 같은 낮은 테두리(gallery)로 둘러싸여 쟁반과 같은 형을 이루는 작은 탁자.

저가심의제(低價審議制) : ①낙찰자 선정방법 중 하나. ②예정가격이 85% 이하 업체 중 공사 수행능력을 심의하여 선정하는 제도. ③공사비 내역·공사계획·경영실적·기술경험 등 전반에 대한 내용 심의. ④특징은 ㉠부실공사 사전 예방 ㉡최저가 낙찰제와 부찰제의 장점만 선택하여 활용 ㉢심의기관의 비전문성으로 심사의 어려움 ㉣심의기관 소요, 행정력 낭비 ㉤심사기준이 미비.

저광창(低光窓, bottom light) : ①일조조절을 위한 방법의 일종. ②벽의 하단 부위에서 간접적으로 실내에 입사되도록 만든 창.

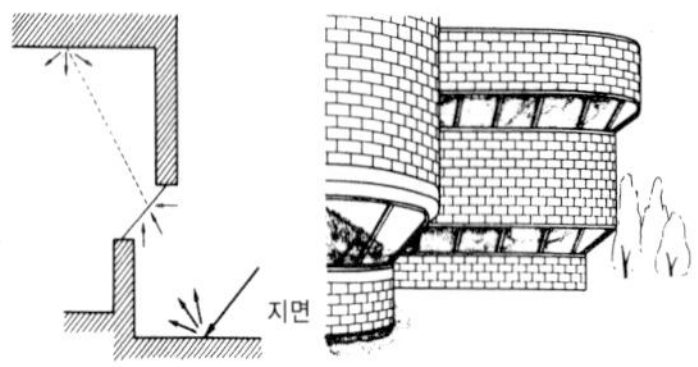

(a) 저광창의 채광법 (b) 저광창의 실례 (남캘리포니아주 포트밀의 사무소)
저광창

저기압(低氣壓, depression, cyclone) : ①어떤 구역의 내부가 주위보다 기압이 낮은 경우. ②이것이 대상으로 뻗어 있을 때는 기압의 골(though)이라 함. ③고기압(⇔).

저드의 색채조화 원칙(-色彩調和-四原則) : ①질서의 원칙 ; 색체계에서 규칙적으로 선택된 색끼리의 배색이 조화롭다는 원칙. ②친근성의 원칙 ; 색을 접하는 사람들에게 쉽게 어울릴 수 있는 배색이 조화를 준다는 원칙. ③동류성의 원칙 ; 배색에 있어서 공통된 양상과 성질이 있을 때 조화된다는 원칙. ④명료성의 원칙 ; 색상 차이나 명도 또는 면적의 차이가 분명한 배색이 조화롭다는 원칙.

저명도(低明度, shade, dark color, low key) : ①색의 명도단계에서 3~0도(4단계)로 검정색을 섞으므로 상대적으로 어두운 색채. ②주조명도가 거의 1, 2, 3에 가까운 구성을 말함. ③⇨명도단계.

저부조(底浮彫, bas relief, basso rilivo, low relief) : 배경에서 약간 돌출된 디자인의 조각형태.

저상(楮桑) : ⇨닥나무(=).

저속덕트방식(低速-方式, low velocity duct system) : ①덕트 안의 풍속을 저속으로 설계한 덕트방식. ②일반 건축물에서는 5~6㎧, 공장에서는 10㎧ 안팎으로 함.

저압(低壓, low voltage) : ①전기법규상 300V 이하의 교류전압 및 750V 이하의 직류

전압. ②모든 가전제품이나 가정용 전기기기에 공급되는 전압.

저압나트륨등(低壓-燈, low voltage natrium light, low pressure sodium lamp) : ①현휘가 없는 황색의 빛을 발생시키는 증기압이 낮은 나트륨 발광을 이용한 방전등으로 인공광원 중에서 가장 효율이 높은 광원. ②거의 오렌지색으로 연색성(演色成)이 매우 좋지 않아 물체가 날카롭게 보이고 배기가스 등의 매연 중에서도 투시성이 우수함. ③도로조명·체육관 등 특수한 용도에만 쓰임.

저압력라미네이티(低壓力-, low pressure laminated) : ①28kg/㎠ 압력하에서 주형을 만들고 경화시킨 것. ②수직적이며 마모율이 낮은 외장용에 사용.

저압수은등(低壓水銀燈, low pressure laminated) : ①증기압 0.01~10㎜Hg의 수은증기 속에서의 방전을 이용한 램프. ②주로 살균 등에 사용.

저열시멘트(低熱-, low heat cement) : ①중용열 시멘트에 비해 경화시 수화열이 10% 정도 낮은 포틀랜드시멘트. ②매스콘크리트(mass concrete)에 사용함.

저온급기분배방식(低溫急機分配方式) : 빙축열 등에 의하여 얻어진 저온의 냉수를 사용하여 종래의 공기분배 시스템의 실내 급기온도보다 낮은 온도인 3.3~10.6℃에서 급기하는 방식으로 송풍공기량 및 공기 반송 동력을 절감.

저온취성(低溫脆性, low-temperature cold brittleness) : ①저온환경 하에서 재료가 연성(延性)을 잃고 급격하게 약해지는 성질. ②암석·콘크리트·유리·주철과 같이 소성변형을 거의 보이지 않고 작은 비틀림으로 돌연히 파괴에 이르는 성질. 이때의 파괴를 '취성파괴'라고 함.

저작권(著作權, copyright) : 서면이나 그래픽 자료를 특정기간 동안 법적으로 보호받는 것.

저작권표시(著作權表示, copyright notification) : 법적으로 저작권을 보호받으려면 다음의 표시가 확실히 나타나야 함. ①'copyright' 또는 'corp' 및 'ⓒ'. ②출판년도. ③저작권 청구자의 이름.

저장공(貯藏孔, storage pit) : 움집 내부나 어깨 부분에 직경 1m 안팎의 구덩이를 파서 곡물이나 열매 등의 식량을 저장하는 곳.

저주파(低周波, low frequence) : ①20Hz보다 낮은 주파수의 음. ②낮은 주파수의 진동 또는 파동을 총칭하거나 특정 주파수의 전파를 가리키는 말. ③통신공학 분야에서는 무선통신에 사용하는 고주파에 대해서 20Hz~20㎑ 범위의 가청(可聽)주파를 저주파라고 하는 경우가 많으며, 전파법에서는 30㎑~300㎑의 전파를 저주파로 정의함. ④특히 5~10Hz, 강도 120dB에서 압박감, 숨이 막히는 등의 불쾌감이 있고 호흡이 빨라지는 등 증상이 발생함.

저층건물(低層建物, low building) : 일반적으로 1, 2 또는 3개 층을 갖고 보통 엘리베이터가 없는 건물.

저탄소강(低炭素鋼) : ①탄소의 함유량이 0.3% 이하인 강. ②0.3~0.6%는 중탄소강, 0.6% 이상은 고탄소강이라고 함.

저택(邸宅, residence) : 일반적으로 넓은 대지에 규모가 큰 고급주택.

저항(抵抗, resistance) : 전류의 흐름을 방해하는 회로정수(正數)로서 전기에너지가 열이나 빛으로 변환되는 등 전력을 소비하게 됨. 단위는 옴(Ohm).

저항률(抵抗率, resistance) : 표준상태의 도체가 갖는 전기저항으로 보통 단위면적이나 단위길이당의 전기저항을 말함.

저항모멘트(resisting moment) : 휨모멘트와 크기는 같고 방향은 서로 다른 내부 모멘트를 말함. 해당 단면에서 힘의 평형을 이루기 위한 우력(偶力, 짝힘)에 의해 발생함.

저항온도계(抵抗溫度計, resistance thermometers) : 온도변화에 따른 금속의 전기저항 변화를 이용한 온도계. 일반적으로 순수한 백금이 사용되고 있으며 전기회로 속에 온도계를 설치하여 전기저항의 변화를 아주 정확하게 측정할 수 있음.

저항용접(抵抗鎔接, resistance welding) : 전류흐름에 대한 저항으로 발생되는 열을 이용한 용접방법.

적격낙찰제도(適格落札制度) : ①낙찰제도 중 하나. ②입찰가격, 기술능력을 포함한 종합적인 판단으로 최저가 입찰자를 낙찰자로 선정하는 제도. ③특징 ; ㉠낙찰제도 중 가장 합리적인 제도. ㉡업체의 시공능력 위주로 낙찰, 시공기술 향상과 기술개발 및 전문화 유도. ㉢공사비보다 능력 중시. ㉣평가의 객관성 미흡. ㉤중소기업의 불리한 제도. ㉥P.Q.제도의 보완 필요. ④적격심사제도(=).

적격심사제도(適格審査制度) : ⇨적격낙찰제도.

적극적 색채(積極的色彩, positive color) : ①색채심리에 있어서 흥분을 유발시키는 빨강 등 난색계열의 색. ②흥분색(=).

적나왕(赤羅王, red lauan, Shorea negrosensis) : ①필리핀 루손 섬 동부 및 북부·레이테 섬·레그로스 섬·민다나오 섬 북부에서 분포·생산되는 나왕. ②변재는 40~60㎜에서 크림색이고, 심재는 암적색 또는 붉은 벽돌색이며, 재질은 비교적 무겁고 단단하며, 조직이 균일하고 나뭇결이 교차하여 거칠며 큰 기공(氣孔)이 있고 광택이 남. 건조가 용이하고 도장마무리가 양호하지만 썩기 쉬움. ③주로 실내장식재·가구재·합판재 등에 사용. ④⇨나왕.

적록색맹(赤綠色盲, red-green blindness) : ①적색과 녹색을 식별하는 능력이 없는 색각 이상자. ②청·황은 식별하고, 또 청에 가까운 청록·황에 가까운 황록·오렌지 등은 색상이 청·황과 같은 감각이 느껴지지만 녹색에 가까운 청록·황록·적에 가까운 오렌지는 명암으로 느끼는 무채색이 됨. 적록색맹에 녹색은 식별되지만 적색이 식별되지 않는 적색맹과 그 반대의 녹색맹이 있음.

적벽돌(赤壁瓦, red brick) : ⇨붉은벽돌(=).

적산(積算, estimate) : ①공사에 소요되는 재료·노무·단가·품 등을 계산하는 것. ②사용자재의 종별·수량 및 품질·소요시간 등을 조사하고, 각각의 단가에 자재량 및 노동량을 곱하여 건축물 등 전체의 이른바 추정공사 가격을 계산하는 작업. ③공사에 필요한 재료 및 품의 수량. 즉 공사량을 산출하는 기술 활동. ④견적(≒).

적산온도(積算溫度, maturity) : 어떤 온도하에서 양생된 콘크리트의 강도는 콘크리트 양생온도의 시간적분으로 결정된다는 어떤 재령(일)까지의 온도(M℃/일).

적산전력계(積算電力計, Watt Hour meter) : 시간에 따라 전력의 사용량을 측정하고 지시하는 전기계기.

적삼목(赤杉木, red cedar, red wood, coast red wood sequoia) : ①북미의 중부 및 북부 태평양 연안·오리건·캘리포니아산(産)으로 연한 침엽수임. ②변재는 담색~백색, 심재는 붉은 갈색, 비중은 0.42. 재질이 경연하고 결이 곧고 경량이며 내구성이 좋고 작업이 용이하고, 시일이 경과함에 따라 변색이 심함. ③미국에서는 싱글(shingle) 지붕에 최상의 목재로 사용되며 실내와 실외의 목재 장식·문이나 창틀·벽판 등으로 이용됨.

적새(積-) : ①지붕마루를 덮어 쌓는 암키와. ②마루를 축조하기 위한 것으로 암마룻장 기와라고도 함. ③적새는 암키와를 그대로 사용하거나 세로로 반을 잘라 사용함. 암키와를 뒤집어(지붕에 기와를 올릴 때와 반대로) 5장에서 9장 정도를 쌓게 됨. ④마루의 미관을 돋보이게 하기 위하여 맨 마지막에 수키와를 얹는데 이를 숫마룻장 기와라고 함. ⑤적새는 반드시 홀수 수효로 쌓아 올림. ⑥마루를 덮은 암키와. ⑦적와(=).

적새기와 : ⇨적새(=).

적색(赤色, red) : 삼원색을 구성하는 색상의 일종으로 기호는 R.

적색맹(赤色盲) : ⇨적록색맹.

적석목곽묘(積石木槨墓, wooden chamber tomb with stone mound) : ①지상에 설치한 목

곽 위에 사람 머리 크기의 강자갈을 덮고 다시 그 위에 점토 따위의 흙을 입혀 다진 무덤. ②신라 특유의 것임. ③돌무지나무덧널무덤(=).

적석목관묘(積石木棺墓, wooden coffin with stone mound) : ①나무관을 고정시키고 보강하기 위해서 주위를 돌로 쌓거나 채워두는 무덤. ②돌무지나무널무덤(=).

적석총(積石塚, stone mound tomb) : 시신 위나 시신을 넣은 석곽 위에 흙을 덮지 않고 돌을 쌓아 올린 무덤.

적송(赤松, red pine) : ①캐나다 동남 마니토바에서 미국 오대호 일대에 주로 분포. 상록활엽교목으로 20~30m 정도, 직경 30~90㎝ 정도 자람. ②심재는 황갈색, 변재는 황백색이고 목리는 통직하고 조직은 비교적 고움. 전건비중은 0.42, 수축률은 방사방향 3.5%, 접선방향 5.9%, 용적수축률 9.6%로 적고 강도는 휨강도 711㎏/㎠, 압축강도 386㎏/㎠, 전단강도 76㎏/㎠로 약함. 비중은 0.52임. 재질은 치밀하고 경도는 보통이며, 탄력이 크고 인성이 풍부하며 변화가 큼. 건조·접착·도장 가공성은 용이하고 내구성·내수성이 강하며 중심재는 습기에 견디고, 내후보존성이 큼. ③주로 건축재·건구재·가구재·악기재·조각재 등으로 사용됨. ④춘양목(=).

적실(適室) : ⇨정침(=).

적심(積心) : ①알매흙 위에 물매를 잡기 위해 보공(補空)하는 잡목. ②지붕물매를 잡기 위해 산자와 서까래에 덧대는 잡목. ③마루나 서까래의 뒷목을 보강하거나 하중의 분산을 위하여 지붕물매를 고르기 위해 큰 나무를 건너지르는 것. 또는 눌러 박는 것. ④마루나 서까래 뒷목을 보강하기 위해 박는 큰 원목. 「積心」으로 씀은 취음.

적심돌(積心-) : ⇨적심석(=).

적심석(積心石) : 축석의 안쪽에 심을 박아 쌓는 돌.

적심재(赤心材, heart wood) : 수심에 가까운 적갈색 부분의 목재.

적열포성(赤熱包性, red shortness) : ①강(鋼)이 900℃ 전후에서 신율이 감소되어 포성현상이 다시 나타나는 성질. ②청열포성(⇔).

적와(積瓦) : ⇨적새(=).

적외선(赤外線, infrared radiation) : ①가시광선 스펙트럼의 적색 바로 다음 영역인 약 800㎚부터 마이크로웨이브 영역의 경계인 1㎜까지의 파장을 가진 전자파. ②780㎚보다 긴 파장영역의 전자파를 말하고, 열작용이 강하여 열선(熱線)이라고도 함. ③눈에 도달한 대부분은 결막과 각막에 흡수되고, 또한 수정체의 혼탁(백내장)·망막의 장애도 보임.

적외선반사유리(赤外線反射琉璃) : ⇨단열유리(=).

적외선차단유리(赤外線遮斷琉璃, infrared ray insulating glass) : ⇨적외선흡수유리.

적외선투과유리(赤外線透過琉璃, infrared ray transmitting glass) : 파장이 0.7μ 이상의 열선(熱線)인 적외선을 투과시키는 유리.

적외선흡수유리(赤外線吸收琉璃, infrared ray absorbent glass) : ①적외선을 흡수함으로써 열을 차단하는 유리. ②보통 유리는 적외선을 80% 정도 투과시키는데 반해 적외선 흡수유리는 40~70%임. ③유리 자체의 온도상승과 2차복사의 발생 억제가 곤란함. ④주로 병원의 창문·자동차 유리문 등에 사용. ⑤흡열유리· 열선흡수유리(=)·적외선차단유리(⇔).

적위(赤緯, δ) : ①적도면에서의 태양고도. ②태양이 연주(年周)궤도상을 운행함에 따라 태양의 적위는 변함. ③태양이 천구(天球)의 북극에 가장 가까이 이르렀을 때를 하지(夏至), 남극에 가장 가까이 이르렀을 때를 동지(冬至)라 하고 천구의 적도상에 이르렀을 때를 춘분(春分) 또는 추분(秋分)이라고 함.

적재하중(積載荷重, occupancy load) : ①건물 내에 있는 사람·가구·기타 적재된 물건들로 인해 구조에 작용하는 활하중(活荷重). ②건축물의 각 실별, 바닥별 용도에 따라 그 속에 수용·적재되는 사람·물품 등의 중량으로 인한 하중. ⇨거주하중.

적정규모(適正規模, aptitudinal scale) : 이용자에 대한 최대한의 서비스를 고려한 현실적인 시설규모.

적정온도(適正溫度, aptitudinal temperature) : ①공간별 활동에 필요한 적합한 기능적인 온도. ②겨울철 실내온도는 섭씨 18~20℃가 알맞음. 공간별 적정온도는 주거공간인 경우 거실과 식당은 16~20℃, 욕실 18~20℃, 공부방 15~17℃, 침실 12~14℃, 복도와 현관 10~15℃임.

적정화(適正化, propriety) : 건축구성의 기본원리가 되는 건축형식과 내용의 일치를 말함. 어원은 그리스어 decore에서 유래.

적청(赤靑) : 일반적으로 산화제이철(Fe_2O_3).

적청의자(赤·靑椅子, Red-Blue chair) : ①데 스틸(De Stijl) 운동의 초기인 1918년경 리트벨트(Gerrit Rirtvelt : 1888~1964)가 디자인한 추상회화를 3차원으로 구성한 것으로 기계예술의 원형으로 상징되는 규격화에 의하여 제작되었음. ②이 의자의 기본형태를 상징적으로 실현시키고 회화·조각·건축 등이 총합된 예술작품으로써 평가되는 슈뢰더 하우스(Scgröder House : 1923~24)가 Utrecht에 한 가족을 위해 설계함. ③레드블루체어(=).

적층공법(積層工法) : ①공장·제작된 구조체 및 외벽 등을 1개층씩 조립하면서 동시에 설비공사 및 마감공사도 1개씩 끝내면서 세워가는 공법. ②종류에는 S조 적층공법, RC조 적층공법, SRC적층공법 등이 있음. ③특징은 공기단축·노무절약·품질향상·건설공해감소·안전성. ④품질의 정도 관리 향상, 건설노동력 부족에 대처, 인건비 상승에 대처, 공기단축 및 원가절감. 기계화 시공에 의한 재해·공해 예방을 위해 필요함.

적층목(積層木, layered wood) : 합판(veneer)·적층목재(laminated wood) 등 얇은 나무판을 몇 겹 겹쳐 붙인 종류를 말하며, 같은 두께의 단일 나무판보다 휘거나 갈라지지 않으면서 가공하기 쉬운 장점이 있음.

적층물(赤層物, lamination) : ⇨적층성형(=).

적층성형(赤層成形, laminated plastic) : ①바탕재에 플라스틱을 함침(含浸)하여 가압·성형한 것. ②얇은 재료를 좀 더 두툼한 판을 만들기 위해 그 재료로 된 층을 붙여 나가는 과정을 거친 제품. 합판도 적층과정을 거쳐 만들어진 제품이며, 적층 플라스틱은 탁자나 카운터 상판에 사용되며, 기타 가구의 표면에 사용되어 가구가 약간 닳는 것을 방지해 줌.

적층유리(赤層琉璃) : ⇨라미네이티드글라스(=).

적층재(赤層材, laminated wood) : 단판의 섬유방향을 평행하게 하여 여러 장을 겹쳐 만든 목재. 목재의 불균일성을 개선하여 변형을 적게 함. 크고 긴 목재를 얻는데 적합. 단판을 페놀수지에 함침(含浸)시켜 접착한 목재를 경화적층재라 하고, 단판 대신에 켠 널을 적층한 목재를 집성재(集成材)라고 함.

적층판(赤層板) : ⇨샌드위치보드(=).

적층플라스틱(積層-, laminated plastic) : 포개진 종이 층으로 구성된 단단한 표면재료를 멜라민과 페놀수지에 침지한 후 가압·가열하여 융화되게 함.

적침(適寢) : ⇨정침(=).

전[1](殿, hall, palace hall, main buddhist hall) : ①일반적으로 예의를 거행하고 사무를 처리하는 규모가 큰 중심 건축물. ②궁궐에서 왕, 왕비, 대비 등이 사용하는 중요한 건물. ③절에서 불상을 모셔 놓은 건물. ④규모가 큰 건축물이란 의미 이외에 고귀함·장엄함·신성함의 내용을 포함.

전[2](塼) : 동양 건축 재료로서 벽돌이나 타일과 비슷한데 건물이나 무덤의 벽, 바닥을 쌓거나 까는 데에 쓰이는 것.

전각포(轉角包) : ⇨귀한대(=).

전개도(展開圖, development drawing) : ①각각의 실내 벽면을 입면도로 표시한 도

ㅈ

면은 '실내 전개도'의 약어임. ②창문이나 문의 위치, 재료나 패턴의 지정, 스위치 및 콘센트 설치 위치를 지정하는 도면으로 실내디자인에 있어서 벽면이 차지하는 역할이 크므로 벽면을 나타내는 전개도를 이용하는 것이 실내의 표정에 대한 시각적인 효과를 확실하게 표현할 수 있어 입체의 표면을 설명하는데 적합함. ③일반적으로 1/50축척(scale)을 사용하고 실내디자인에서는 입면도·전개도를 전개도라고도 함.

전건재(全乾材) : 목재(生材)의 함수율이 0%인 상태의 목재. 100%의 건조기에 넣어 건조시켜 무게가 변하지 않는 상태의 목재를 말하며, 전건재는 대기 중에서 습기를 흡수하여 기건재 상태로 되돌아감.

전경(前景, foreground) : 앞에 위치해 있고 관찰자로부터 가장 가까운 화면의 한 부분.

전경과 배경(前景-背景, figure and ground) : ⇨그림과 바탕(=).

전구형 형광등(電球形 螢光燈) : 콤팩트 사이즈의 전용 램프와 안정기 점등관 등을 일체화시켜 전구와 같이 꼭지쇠를 붙인 형광등으로서, 형광등이 갖는 높은 효율, 긴 수명과 백열전구의 소형 편(片) 꼭지쇠 구조의 장점을 겸한 것이기 때문에 백열전구에 비해 전기료가 절감되고, 발열량이 뛰어나며, 수명은 약 3~8배인 고성능 램프. 주로 상점·호텔 등 전력의 양이 많은 공간 및 점등시간이 긴 장소에 사용됨. ⇨장미등.

전극(電極, electrode) : 비금속성 매질(媒質)에 전류(電流)의 출입이 가능하도록 한 도체(導體).

전기기구 회로(電氣器具 回路, electric appliance circuit) : 특정 전기기구에 전기를 공급하는 분기회로.

전기도금(電氣塗金, electroplating) : ①전기분해를 통해 접착성이 큰 금속막으로 도금하는 것. 강도를 강하게 하거나 연성을 향상시키거나 또는 모재 외관의 질을 높이기 위해 이용함. ②물체를 음극에 달아매고 도금용 금속을 양극으로 하여 용액의 금속을 석출(析出)해서 물체 표면에 부착시킴으로써 내식성의 피복층을 만드는 것을 말하며, 금·은·동·크롬·니켈·카드뮴 등을 도금함. 실내디자인에서는 가구의 골조(frame) 또는 장식적인 경우에 주로 사용.

전기로(電氣爐, electric furnace) : 전열(電熱)을 이용하여 가열하는 가열로(加熱爐).

전기방식(電氣防蝕, electric protection) : 금속체에 전류를 작용시켜 부식속도를 감소시키는 방식.

전기보양(電氣保養, electric curing and protecting) : 콘크리트에 저압 교류를 보내어 저항열에 의해 콘크리트를 보양하는 방법.

전기분해(電氣分解, electrolysis) : 전해질을 통해 전류를 흘리면 양전기와 음전기를 띤 이온이 음전극과 양전극으로 옮겨감으로써 화학적 변화를 일으키는 것.

전기식 금속튜브(電氣式金屬-, Electrical Metallic Tubing ; EMT) : 압착이나 세트스크루(setscrew)로 연결하는 금속 튜브로서 얇은 벽에 이용함.

전기양생(電氣養生, electric curling) : ①콘크리트 중에 저압교류를 통하게 하여 콘크리트의 전기저항에 의하여 생기는 열을 이용하여 양생하는 방법. ②주로 한중콘크리트에 많이 사용함.

전기용접(電氣溶接, electric welding) : 전기에너지를 이용하여 용접하는 것으로서, 아크열에 의한 아크용접·저항열에 의한 저항용접 등을 말함.

전기자(轉機子, armature) : 발전기나 전동기의 기전력(起電力)을 발생시키는 주 코일(捲線).

전기집진기(電氣集塵器, electric dust collector) : 전리부의 전장 내를 통하여 하전된 입자를 집진부의 전극에 부착시켜 먼지를 포집하는 방식으로 포집된 먼지는 이따금 하전을 정지시키고 세척함으로써 제거.

전기통근(電氣通勤, tele-commute) : ①미국의 남캘리포니아대학 미래연구센터의 정보기술 연구부장 닐슨 박사가 명명한 용어. ②컴퓨터 통신기기의 발달로서, 1980년대 이후의 새로운 사회현상이고 전화선으로 연결된 마이크로컴퓨터와 디스플레이, 프린터 등 주변기기의 발달로 개인은 퍼스컴을 단말기로서 화상과 전화선으로 연결하여 정보를 처리하거나 교환함. ③직장으로 통근하는 대신에 컴퓨터 회선에 의해 업무가 집으로 '통근'하게 되는 새로운 근무 형태. ④컴퓨터와 전화기의 결합이 가능한 사회, 즉 안토니 오팅거(Anthony Oettinger)의 컴퓨니케이션(com-punication, computer+communication의 합성어)의 하부구조가 정비되어 있는 고도정보화 사회에서 처음으로 가능한 근무 형태.

전기통근자(電氣通勤者, tele-commuter) : 재택근무자를 말함.

전기화학적 부식(電氣化學的腐植) : ①두 가지 이상의 다른 금속을 전해질에 넣으면 양자의 전용압(專溶壓)이 달라 전위차(電位差)가 생기며, 그 전용압(專溶壓)이 큰 것. 즉 이온화경향이 큰 것이 녹아서 부식되는 것을 말함. ②습한 환경에서 부식이 가장 심하고, 예컨대 철판과 동판이 접촉할 경우 빗물이나 습기가 전해액에 작용하여 철판을 단독으로 사용하는 경우보다 더 빨리 부식됨. 또한 동판 잇기에 아연도 못을 사용하며 빗물이나 습기에 아연도 못과 동판의 접촉부에 전해질이 형성되어 전류가 흐르는데, 이때 전류밀도가 커서 못에 자주 집중되어 못의 부식이 심해짐. ③이온화경향이 큰 것부터 순서를 배열하면 Mg·Al·Zn·Fe·Ni·Sn·H·Cu·Ag·Au가 됨.

전나무(沙松, 白衫, Niddle fir, fir abies firma[이], Abies holoylla Maxim[학]) : ①소나무과의 상록낙엽교목으로 높이 15m, 직경 45㎝ 정도 자람. ②종류가 다양한 상록수 목재를 말하고, 해발 1,000~1,200m의 고지에서 자라며 키는 15~18m 정도 자람. 주로 미국·캐나다의 서부 해안에서 자라며, 건축용재로 비중은 0.44~0.53임. 춘·추재의 이행은 급하고, 춘재가도관은 횡단면에서 대체로 다각형으로 나타나며 수지구는 없음. 변재와 심재가 모두 약간 황색. 수축성은 크며, 흡수성은 작음. 압축강도와 전단강도는 보통이고, 인장강도와 휨강도는 약하며, 충격 휨흡수에너지는 보통이고, 경도는 낮음. 나무갗은 거칠고 나뭇결은 곧고 가벼우며, 부드러우면서도 견고하여 신축 및 만곡이 크고 인성이 작아 실내 구조체와 가구의 내부에 사용됨. 제재가공성과 대패가공성은 보통이고, 건조성과 휨가공성은 양호함. 접착성은 불량하고, 도장성은 양호함. 파티클보드 제조적성과 섬유판 제조적성은 양호하고, 합판 제조적성은 보통임. 시멘트경화성은 양호하고, 내후성은 보통임. ③주로 건축(건구, 내장), 가구·포장·합판·실태의 구조물·트림(trim)·선반 제조 등에 사용.

전단(剪斷, shear) : 물체에 외력이 작용했을 때 물체 내부의 임의의 면을 경계로 그 양쪽 부분이 서로 반대방향으로 빗나가려는 현상.

전단강도(剪斷强度, shearing strength) : 재료가 전단·파괴될 때의 최대 전단 응력도.

전단력(剪斷力, transverse shear, shear force) : ①보 또는 휨을 받는 부재의 단면에 작용하는 부재를 절단하려는 힘. 그 단면까지 한쪽 방향으로 놓여진 수직 외력의 대수적 합계와 같음. ②물체에 미끄럼을 일으키거나 일으키려고 하는 가해진 힘. ③단면력의 재축에 직각방향의 성분으로 재축에 직각으로 부재를 절단하려는 작용을 말하고, 즉 반력(反力)에서 그 단면까지의 하중을 뺀 값이 되므로 전단력=반력-하중으로 표시됨.

전단력도(剪斷力圖, shear diagram) : ①주어진 하중과 지지형식에 대해 구조물에 발생하는 전단력 크기의 변화를 도식화한 그림. ②집중하중의 경우에는 하중과 하중 사이에서 전단력의 크기가 일정하고, 등분포하중의 경우에는 전단력이 선형(線形)으로 변화함.

전단벽(剪斷壁, shear wall) : 수평력(횡력)을 기초에 전달할 때 폭이 좁고 춤이 긴 보처럼 작용하는 수직 다이어프램(diaphragm).

전단재(剪斷材) : 전단력에 저항하는 부재.

전단탄성계수(剪斷彈性係數) : 전단응력에 대한 전단변형의 비.

전달창(傳達窓, pass through window) : 부엌과 식당 사이처럼 한 공간에서 다른 공간으로 물건이 전해지도록 내부 칸막이에 설치된 창문형 개구부.

전당(殿堂) : 대형 건축물을 말함. 당(=).

전덕트방식(全-方式) : ①지하실이나 그 밖의 기계에 설치한 공기조화기에 의해 조절된 공기를 덕트를 통해 각 실로 송풍하는 방식. ②취출구(吹出口)를 통해 실내에 공급된 공기는 실내의 부하를 처리하고, 일부는 회송(回送) 덕트로 다시 공기조화기에 보내져 재순환되어 사용됨. ③환기에 필요한 바깥공기가 들어와 회송공기와 혼합되어 공기조화기에 들어가고, 회송되지 않은 실내공기는 개구부를 통해 배기됨. ④주로 영화관·극장 등과 같이 천장이 높은 실이나 공장·소규모 건물 등에 사용됨. ⑤⇨공기방식.

전도[1](傳導, conduction, transmission) : ①온도가 다른 요소 사이에서 일어나는 열의 전달. ②고체 또는 정지한 유체 속을 그들 물체 분자 또는 원자의 열에너지가 확산됨으로써 열이 이동하는 형태. ③고체상태에서 물체 내의 분자가 그 기본 위치를 바꾸지 않으면서 열에너지를 전달하는 것. 즉 분자의 진동에 의한 에너지 전달. ④겨울에는 벽이 클수록 날씨가 추울수록 열손실이 많고, 같은 재료일 때 벽이 두꺼울수록 열손실이 적음. ⑤⇨열전도율.

전도[2](顚倒, prospect) : 영역을 넘어서 또는 특별한 방향에서 또는 경치를 요구하는 장소에서 바라보는 전망.

전도성타일(傳導性-) : ①접촉시 발생하는 정전기를 신속하게 제거하여 정전기 발생으로 인한 인체의 피해·전자기기 작동방해·폭발 등을 방지해주는 특수한 타일. ②전도성·난연성·내마모성·내약품성 등이 우수함. ③주로 반도체·전기·전자제품의 생산 및 조립장소·컴퓨터실·OA기기 및 각종 전산자료 제어실과 통신장비 설치장소 및 병원 수술실·방사성 장치·가연성 마취제 사용 장소·폭발물 제조장·가연성 가스 취급 장소 등에 쓰임.

전동기(電動機, electric motor) : 전기를 기계적 동력으로 변환하는 회전기계.

전동덤웨이터(電動-, electric dumbwaiter) : 사람은 타지 않는 화물용으로 케이지 바닥면적이 1㎡ 이하, 천장높이가 1.2m 정도로 중량 300kg 이하의 화물운반에 이용됨. 속도는 15·20·30m/min이고, 전동기 용량은 최대가 3Hp이며, 용량이 클수록 저속임. 조작방식은 복귀제어식과 상호층 제어식이 있음.

전등(電燈, lamp) : 전기나 가스에 의해 열과 빛을 내는 다양한 모든 기구.

전등갓(電燈-, shade, lampshade) : ①램프의 전등을 감싸는 갓. ②형태는 원통형·타원형·종(bell)형 등이 일반적이며, 보통 철사로 형태를 만들고 실크·면 등의 직물이나 플라스틱, 두꺼운 판지 등으로 씌움. 전구에서 나오는 빛을 분산시키고 눈부심을 없애거나 빛을 한 곳으로 모으는 등의 역할을 함.

전력(電力, power, electric power) : ①전기력(電氣力)을 말함. ②전류가 단위시간에 행하는 일 또는 단위시간에 사용되는 에너지양. ③직류=전위차×전류, 교류는 유효전압, 유효전류 및 전압과 전류 사이의 위상각의 여현값(cosine)을 곱한 값임. 단위는 와트(w)·킬로와트(kw).

전력량(電力量, wattage) : 전기장치나 제품을 작동하는 데 필요한 전력량. 단위는 와트(W).

전류(電流, current) : 단위시간에 어떤 면을

ㅈ

통하여 이동하는 전하의 총량 또는 그 현상. 양(陽)전하 이동의 방향이 전류의 방향이고, 직류전류는 양극에서 음극으로 흐른다고 말하지만 사실은 음전하를 띤 전자는 음극에서 양극으로 이동함. 단위는 암페어(ampere).

전망(展望, perspective) : 서로 연관되게 사물을 보는 능력이나 그들의 상대적인 중요도를 평가하는 능력.

전망대 [1](展望臺, belvedere) : 흥미있는 광경을 볼 수 있도록 디자인된 건물이나 건물의 건축적 특징.

전망대 [2](展望臺, gazebo) : 측면이 개방되고 정원이나 공원에 그늘과 휴식을 제공해 주는 지붕이 있는 자립 구조물.

전망창(展望窓, picture window) : ⇨픽처 윈도(=).

전면경사책상(slope-front desk) : 18세기에 영국과 미국에서 최초로 사용된 전면이나 뚜껑이 아래로 젖혀지며(drop-front, drop lid), 닫혀 있을 때는 상판(上板)이 경사를 이루는 책상.

전면깔기(全面-, wall to wall) : ⇨월투월방식(=).

전면식(全面蝕, general corrosion) : ①금속 표면 전체에 거의 균일하게 발생하는 부식. ②일반적으로 전면부식의 속도는 1년간 침식깊이(㎜/y) 혹은 1일 1㎡당 부식량(g/㎡·d)으로 표시함.

전묘후학(前廟後學) : ①문묘·서원·향교 등의 각 건물 배치법으로 앞쪽에 묘당을, 뒤쪽에 학업용 건물을 배치한 것. ②서울의 성균관·전주향교·경주향교 등 전국적으로 8개소에서만 발견됨. ③전학후묘(⇔).

전문백화점(專門百貨店) : ①단일상품과 그 주변 보조상품만을 취급하는 단일품목 백화점. ②최근 도심지에서 활발히 늘어나고 있는 전문화·개성화된 형태. ③주로 주류백화점·전자제품백화점·문구류백화점·농수산물 등.

전문가(專門家, expert) : ①전문 분야의 어렵고 복잡한 문제를 일반인이나 초보자에 비해 매우 빠르고 쉽게 해결할 수 있는 사람. ②어떤 특정 부문을 오로지 연구·담당하며, 특히 그 부문에 정통한 사람. ③일반적으로 전문가는 다음과 같은 문제해결의 특성을 가짐. ㉠대부분 해당 전문 분야에서만 탁월함. ㉡전문 분야에서 문제해결을 위해 많은 의미있는 패턴을 지각함. ㉢전문 분야에서 문제해결이 빠르고 오류가 적음. ㉣초보자에 비해 뛰어난 기억능력을 가짐. ㉤초보자에 비해 문제를 좀 더 깊은 수준, 즉 원리적인 수준에서 파악하고 표상함. 문제를 정성적으로 분석하기 위해 많은 시간을 사용함·문제해결 과정을 스스로 감지할 수 있는 능력을 가짐.

전바닥(塼-) : ①벽돌을 바닥마감재로 사용한 바닥. ②한국건축에 사용된 바닥양식의 일종. ③삼국시대·통일신라시대·고려시대에 궁궐의 전각(殿閣)이나 사찰의 바닥에 사용. ④조선시대 이후로는 궁궐의 정전(正殿)에만 제한적으로 사용. ⑤부석사 무량수전·경복궁 근정전·창경궁 명정전·덕수궁 중화전 등의 바닥이 실례.

전반국부병용조명(全般局部竝用照明) : ①전반조명과 국부조명을 혼합하여 사용하는 조명방법. ②공간 자체에 생동감을 주며, 명암대비에서 오는 시각장애를 제거하는 장점이 있음. ③전반국부병용조명의 조도가 부분조명의 1/10 이하가 되지 않도록 주의해야 함. ④혼합조명(=).

전반조명(全般照明, general light, general lighting, base light) : ①실내 전체 조도의 불균형을 가능하면 적게 하고 균등하게 조명하는 방식. ②전 지역에서 균일한 수준의 조도를 제공하기 위해 디자인된 조명. ③조명기구를 일정한 높이와 간격으로 설치하여 아래쪽으로 비추도록 균등하게 조명하는 가장 일반적인 방법. ④균제도가 좋고 휘도대비가 작아 실 전체를 평균적으로 밝고 온화한 분위기로 편안하게 보는 환경을 만듦. 온화한 분위기로 눈의 피로가 적은 편안한 시각환경을 만들어

사고 및 재해를 줄일 수 있어 사무·작업·전시판매 등에 적합함. ⑤전체조명(=).

전반확산조명(全般擴散照明, general diffuse lighting) : 위·아래로 거의 같은 양의 빛을 방사하는 조명기구로부터의 조명.

전반환기(全般換氣, general ventilation) : ①실내의 어디에도 편중되지 않는 환기. ②실 전체에 대한 환기. ③열·수증기·오염물질의 발생이 실내에 널리 분포하고 있는 경우의 환기. ④일반적으로 여러 가지 냄새, 즉 오염된 공기가 새거나 국부에서 포착할 수 없는 경우에 채용함. ⑤희석환기(=).

전사적 품질관리(全社的品質管理, CWQC : Company-Wide Quality Control) : ⇨종합적 품질관리(=).

전색맹(全色盲) : 색상의 식별이 전혀 안 되는 색각이상자로 지각을 간상체에만 의존하여 오직 밝고 어두운 명암만을 구분할 수 있는 색맹. 또한 눈은 항상 정상인의 암순응현상 상태에 있고, 빛이 강할 때는 눈이 부셔서 볼 수 없는 상태가 됨. 따라서 정상인과 같은 푸르키녜(Purkinje) 현상도 일어나지 않음. 전색맹인 경우 눈은 언제나 정상자의 암순응 현상의 상태에 있고, 빛이 강할 때는 눈이 부셔서 볼 수 없는 현상이 일어남. ⇨색맹.

전색제(展色劑) : 안료(顔料)가 함유되어 있는 도료에서 안료를 제거한 부분.

전선(電線, wire) : 전기를 운반하는 데 사용하는 물체로서 구리선이 절연체로 감싸여 있음.

전성(展性, malleability) : ①연질재(軟質材)를 롤러(roller)로 누르면 박편으로 펼쳐지는 성질. ②압력이나 타격에 의해 파괴됨 없이 가늘고 길게 또는 넓게 된 판상(板狀)으로 되는 성질을 전성이라고 함. 금속재료의 일반적인 성질의 하나로서 금·은·알루미늄·구리 등은 전성이 큰 대표적인 재료임.

전시(展示, display) : ①시각매체를 이용하여 의미를 전달하려는 계획적인 행위 또는 그 결과물. ②컴퓨터에 의한 정보를 제공하기 위해 나타내는 비디오 화면.

전시공간(展示空間, display space) : 물건의 연출을 통해 주제나 이미지를 관람자에게 적극적으로 전달·설명하여 느끼도록 하는 공간.

전시공간의 평면형태(展示空間-平面形態, dihibition) : 기본적으로 동선계획과 단위 전시실의 실내계획 및 전시계획을 고려하여 관람자의 연속적인 흐름·거리·시간 등을 분석하여 지루하지 않고 감상이 자세를 흐트러짐 없이 전개함. 종류는 부채꼴형·직사각형·원형·자유로운 형·작은 실의 조합으로 분류.

전시대(展示臺) : ⇨디스플레이테이블(=).

전시실(展示室, exhibition room) : ⇨전시공간.

전시실의 순회유형(展示室-巡廻類型) : 건축계획에 있어 전시실의 경영형식, 즉 관람자가 입구에서 출구까지의 의도된 전시경로를 따라 순회하는 전체 건축물 내의 동선계획을 말함. 순회유형에 따라 전시실 상호간의 결합을 결정하고, 미술관·박물관의 기능과 전체의 전시계획에 영향을 미침. 종류는 연속순회형식·갤러리 및 복도형·중앙홀형 등이 있음.

전시야(全視野, ganzfeld[독]) : ①움직이면서 볼 수 있는 시야. 매체의 위치, 즉 상향·하향·상중향·하중향 또는 상중하향의 복합적 배치로 신비와 감동을 표출하는 기법으로 사용됨. ②색의 면적효과가 색순응을 일으키는 현상. 예컨대, 눈에 보이는 모든 면적이 빨강으로 되어 있다고 하는 경우 처음에는 빨강으로 보이지만 어느 정도 시간이 경과하여 색순응이 일어나면 빨강은 어두운 회색으로 보이게 되는 현상. ③코프카(Koffka)는 이러한 경우를 전시야(ganzfeld)라고 명명함.

전시용 모형(展示用模型) : ⇨프레젠테이션 모델(=).

전시장(展示場, display room, exhibition room) : 제품 소개·광고 등의 목적으로 진열·전시하기 위한 공간.

전식(電蝕, electrolytic corrosion) : ①금속체의 주위가 불순물이나 습한 흙과 같은 전해질에 둘러싸인 속에 전류가 흐르는 경우 전기분해를 일으켜 부근의 금속체를 부식시키는 것. 주로 이질(異質)의 금속에 접속하는 경우 직류 전류가 누전되는 경우 등에 발생하기 쉬움. ②전식방식을 위해서는 금속표면을 절연하는 것이 중요함. 예컨대 철근콘크리트 구조물 속에서도 콘크리트에 전류가 흐르면 박혀 있는 철근이나 금속배관 등에서 전식이 발생함.

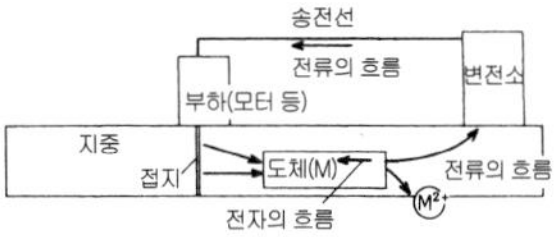

자료 : (米山宏 著, 『電氣化學』, 大日本國書 1991)

전식이 일어나는 모습

전실(前室, vestibule) : 대형 건물이나 홀 및 규모가 큰 방으로 들어가는 문간의 부분 또는 공간.

전씨가옥(全氏家屋) : ①전라남도 민속자료 제3호. 전남 영암군 군서면 월곡리 554−1에 위치. 조선 후기인 영조 즉위년(1724년)에 당시 충청도 당진현감(唐津縣監)이던 박정택(朴廷宅)이 지었다는 집으로 그의 증손 때에 현 소유자의 고증조부가 사들여 주인이 바뀐 채로 5대째 살아오고 있는 집. ②당시의 상황을 알 수 있는 매도서류에는 도광(道光)24년 갑진(甲辰)이라는 연호가 명기되어 있는 데 이는 조선 헌종(憲宗)10년, 즉 1844년에 해당. 이 매도서에 의하면 원래는 안채 6칸 반, 사랑채 4칸, 사당 3칸 반, 행랑채 4칸 반이 있었다고 하나 현재는 안채만 이 남아있음. 다른 건물들은 모두 현대식으로 새롭게 건축하여 원래의 모습은 찾기 힘들고 안채 또한 일부를 개·보수하여 고졸한 맛이 사라졌음.

전씨가옥

알루미늄 새시와 스테인드글라스 유리로 장식된 대문을 들어서면 왼쪽으로 행랑채가 있었던 자리에 시멘트 블록과 슬레이트 지붕을 이용해 만든 창고가 있음. 정면으로는 예전부터 있었던 작은 화단들과 연못이 아직도 그 자취를 남기고 있으며 한쪽 옆으로는 우물도 남아 있음. 화단 뒤편으로 사랑채가 있던 자리에 서양식 단층건물이 건축되어 있음. 대문의 우측에는 뒤로 넓은 정원을 가진 안채가 남아 있는데 옛 모습을 잘 간직하고 있는 유일한 건물. 마당에는 시멘트를 깔아서 예전의 흙마당이 그리운 느낌을 주는 가운데 장대석을 낮게 한 단만 쌓아서 기단을 만들었음. 시멘트로 덮어버린 토방 위로는 전혀 다듬지 않는 막돌로 기초를 삼았고 그 위로 원형기둥을 세움. 안채의 간살이는 정면 5칸의 좌우퇴(左右退), 측면 2칸으로 되어 있는데 좌측의 1칸 반은 하나로 터서 전후면 모두 부엌으로 하였고 가운데의 3칸은 앞쪽으로 우물마루를 달아내었으며 뒤쪽으로만 방을 둠. 맨 오른쪽 칸은 겹집의 형태를 하고 있으며 우퇴를 두어서 전면으로는 우물마루를 두었고 뒤쪽부분은 방으로 포함시켰음. 부엌으로 들어가는 문은 2짝의 판장문을 달았는데 문턱은 아래로 불룩하게 하여 드나드는 데 걸리지 않도록 고려하였을 뿐 아니라 그 모양새도 아름다움. 방으로 들어가는 창호는 띠살창호를 사용하여 2분합문을 달았으며 벽에는 벽중방(壁中枋)을 대었음. 안채 건물은 한식기와를 사용하였고 부연을 대지 않은 채 서까래만 달려 있는 홑처마로 되어 있으며 팔작지붕 건물. 기둥간격이 일반 민가보다 넓고 당시의 주거생활, 특히 조선시대 중류 이상의 주택모습을 간직하고 있음. 또한 넓은 대지 곳곳에는 연자맷돌, 물확 등의 석물들이 남아 있어서 옛 흔적을 남기고 있음.

전안(奠雁) : 전통혼례에서 신랑이 신부집에 기러기를 가지고 가서 상위에 놓고 절하는 예.

전안청(奠雁廳) : ①안마당이나 사랑마당에 차일(遮日)을 치고 마련된 의식·의례공간. ②전안(奠雁)을 행하기 위하여 베풀어 놓은 자리. ③초례청(=).

전압[1](轉壓, rolling) : '흙쌓기'에서 흙 또는 포장재료를 깔아 펴고 '롤러'로 굳게 다지는 작업.

전압[2](電壓, electric voltage, voltage) : ①볼트로 표시되는 전위차(電位差) 또는 기전력(起電力)을 말함. 흐르는 물의 압력과 개념이 같음. 도체에 전기를 흐르게 하려면, 마치 물이 높은 곳에서 낮은 곳으로 흐르는 것과 같이 전기적인 높이의 차가 있어야 함. 이 전기적인 높이를 '전위(electric potential)'라 하며, 그 차를 '전위차(potential difference)' 또는 '전압(電壓)'이라 함. ②전류를 흐르게 하는 전기적인 압력. ③전압 1V의 크기는 쿨롱의 전하를 흘려 1줄(Joule)의 일을 하는 것임.

전압[3](全壓, total pressure) : 유체의 흐름 측점점에 작용하는 동압의 합을 mmAq로 표시.

전열건조(傳熱乾燥) : 전기를 열원으로 사용하여 건조시키는 방법으로서, 온도조절이 용이하고 균질한 건조를 할 수 있다는 장점이 있음.

전열면적(電熱面積, heating surface) : 보일러의 연소실에서 연료를 연소하는 경우 발생하는 열에 따라 한쪽이 가열되고, 그 반대쪽에 물이 접근하여 열을 물에 전하는 면적(㎡).

전용가능가구(轉用可能家具, convertible furniture) : 부분들을 조정하여 다른 기능을 수행할 수 있도록 설계된 가구. 소파베드는 평상시에 소파였다가 필요에 따라 침대로 쓸 수 있는 전용가구의 실례임.

전용면적(專用面積) : 벽으로 둘러싸인 현관·거실·주방·식당·침실·욕실·화장실·받침·창고 등 독립적으로 상용되는 면적. 단, 쓰레기투입구·전기·기계설비·덕트는 사업계획 승인서 또는 건축허가 면적을 기준으로 전용이나 공용으로 구분함.

전용일가옥(田溶一家屋) : ①충청남도 민속자료 11호. 조선 숙종대 창건. 원래 안동 김씨 집안 가옥이었으나 후손대에서 전씨 소유가 됨. ②문간채나 부속채 없이 ㅁ자 평면에 안채·사랑채·곳간 등이 연결됨. 전에는 앞쪽에 사랑채와 옆에 연못과 정자가 있다고 함. ③안채는 2칸 통의 안대청을 가운데 두고 서측에 안방과 동측에 건넌방을 둠. 건넌방 북쪽 끝에 작은 방을 덧붙여 날개집처럼 밖으로 한 칸이 빠져나감. 안방 부엌 상부는 다락을 둠. 안방 전면은 반 칸의 툇간을 두고 툇마루를 설치. 문간채는 마루를 깐 곳간과 동쪽 모서리에 큰 창고를 두었고, 문간채와 서측 익랑 사이에는 뒤뜰로 나가는 작은 협문을 둠. ④안마당이 트이지 않은 완벽한 ㅁ자집은 영남지방에서 볼 수 있는 평면구조로 건립 당시 소유주가 안동 김씨였던 것이 배치 형태·형성의 요인으로 추정.

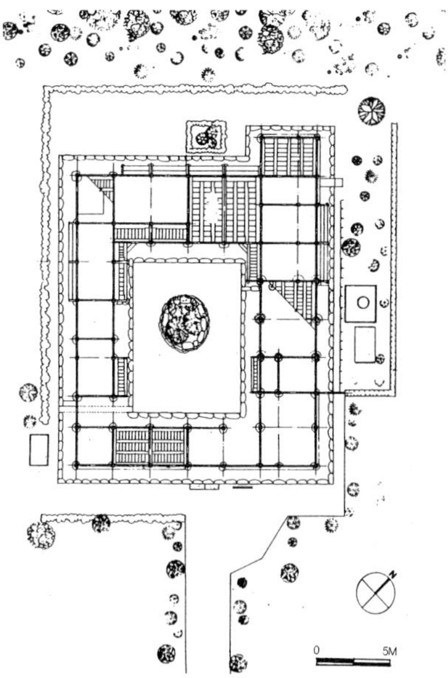

전용일가옥 도면

전원도시(田園都市, garden city) : 본래 산업화 초기에 설계되고, 호평을 받았던 농촌과 공장이 병존하는 이상도시. 하워드(E. Howard)에 의해 영국의 리치워드(Richard, 1902)에서 실현됨. 동심원이나 방사선 형상의 가로 패턴을 가짐. 오늘날에는 혼돈된 도시생활을 탈출하여 전원생활을 영위하기 위해 고안된 신도시를 말함.

전원풍가구(田園風家具, rustic furniture) : 나뭇가지와 마디를 모티브로 하여 디자인된 정원용 가구. 전원의 소박한 생활을 동경했던 18세기 영국인의 취향을 충족시키기 위해 맨웨어링(Manwaring)과 치펜데일(Chippendale)에 의해 주로 디자인되었음.

전원풍 테라초 : ⇨러스틱테라초(=).

전용면적(專用面積) : ①실제 거주하는 면적. ②벽으로 둘러싸인 현관·거실·주방·식당·침실·욕실·화장실·받침·창고 등 독립적으로 상용되는 면적. ③다용도실은 포함하지만 베란다는 서비스로 주는 공간이므로 포함되지 않음. ④쓰레기투입구·전기·기계설비·덕트는 사업계획 승인서 또는 건축허가 면적을 기준으로 전용이나 공용으로 구분함. ⇨분양면적.

전용부담금(轉用負擔金) : 농지·임야 등을 다른 목적으로 전용함으로써 발생하는 개발이익의 일부를 징수하여 농·임업 구조 개선 자금을 마련하기 위해 부과하는 부담금.

전위(電位, potential) : 기준점에서 다른 점으로 단위전하를 이동시키는 데 필요한 일.

전위차(電位差, potential difference) : 두 점 사이의 전위 차이.

전이(轉移, translation) : 어떤 모양의 방향은 바꾸지 않은 채 위치만 변화시키는 것.

전자집(田字-) : ①평면 형태에 의한 전통민가 유형의 하나. ②밭 전(田)자 모양의 평면을 이룬 집. ③앞뒤에 방들을 배치, 열손실을 적게 하려는 의도에서 이루어진 것을 겹집이라고도 함. 일제기(日帝期)에 일본인에 의해 붙여진 명칭으로 생산(生産)을 뜻함. ④추운 자연환경에 연유한 것으로 함경도 지방에 많이 분포. ⑤겹집(=).

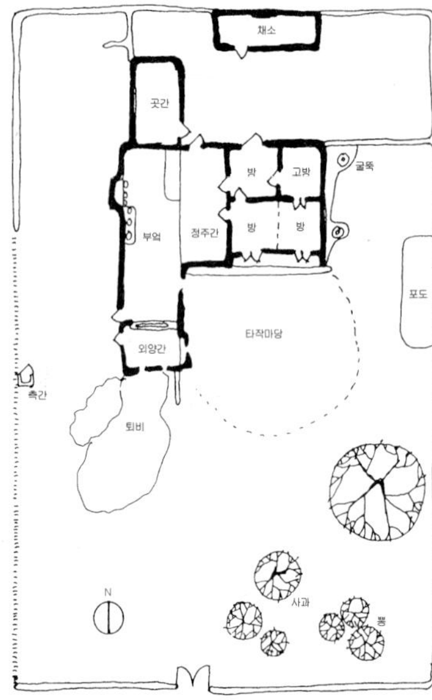

함경도 지방 서민주택(자료 : 今和次郎)

전자파(電磁波, electromagnetic waves) : ①입자로서가 아니고, 물질파(物質波)로서 전자를 이르는 말. 빛은 전자파의 일종임. ②전기와 자기의 파동이 퍼져나가는 현상. ③주파수(초당 파동수) 크기에 따라 극저주파·저주파·고주파·마이크로파·적외선·가시광선·자외선·엑스선·감마선 등으로 구분. ⇨파장. ⇨진폭.

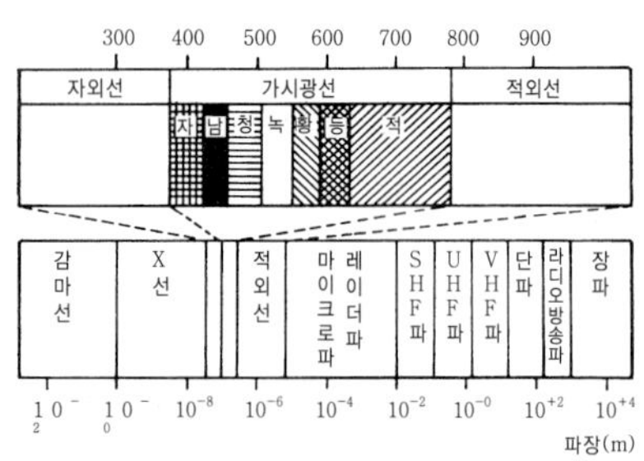

전자파의 파장

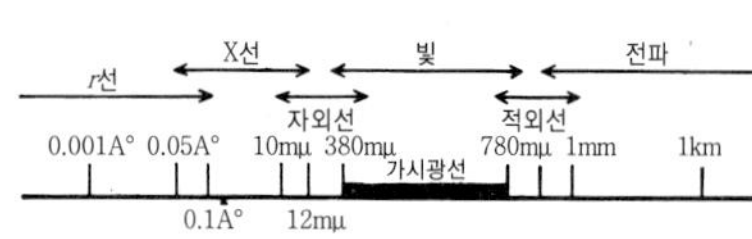

전자파의 종류와 파장과의 관계

전자파공해(電磁波公害) : 각종 전기전자제품에서 발생하는 전자가 인체나 다른 기기에 영향을 미쳐 산업재해나 장해를 일으키는 현상.

전정(前庭, forecourt) : 건물의 앞쪽에 있는 마당(앞뜰, court yard , front yard)을 의미.

전정감각(前庭感覺) : ⇨평형감각(=).

전지(電池, cell) : 화학에너지를 전기에너지로 변환하여 전원으로 사용할 수 있도록 한 장치. 전해질(電解質) 속에 전극(電極)이 삽입되어 있음.

전착도장(電着塗裝 electrodeposition coating ; ED) : ①금속재의 피도물에 전기적으로 도막을 형성시키는 방법으로 자동차 차체 도장에서 출발하여 전 산업 분야에 이용하고 있는 특수도장. ②초기설비 비용이 높고 많은 전력이 소요되나 도장의 효율이 크고 도막 두께 조절이 자유롭고 방청력이 우수하며, 자동화가 가능함. ③특징 ; ㉠도장 효율 우수함. ㉡도막두께 조절 자유로움. ㉢방청력 우수. ㉣균일한 도장 가능. ㉤도료손실이 적고 도포량이 일정. ㉥자동화 시스템 적용. ㉦초기설비비용 과다. ㉧많은 전력 소모. ㉨전문인력이 필요하며, 가열온도가 높음. ㉩금속 도장에만 적용.

전천공조도(全天空照度) : 직사광선을 제외한 천공으로부터 빛의 입사를 방해하는 물체가 없다고 했을 때 수평한 수조면(受照面)의 조도.

전체용착용접(全體溶着鎔接, full penetration welding) : 두 개의 접합부재 중 얇은 부재의 두께와 용접 깊이를 같게 한 맞댄 용접(butt welding).

전체조명(全體照明) : ⇨전반조명(=).

전탑(塼塔, brick pagoda) : ①전벽돌로 쌓은 탑. ②벽돌을 쌓은 탑. ③벽돌탑(=).

전통(傳統, tradition) : ①사전적 개념은 '계통을 전해 받음' 또는 '이어받은 계통'으로 이해되며 시간을 통해서 변치 않는 요소(cultural core)이어야 함. ②오랜 세월을 통해 오늘까지 전해 내려오는 원형적 요소(core element) 또는 유전적 우성인자(hereditary dominant genetic). ③시간의 변화에 따라 생활양식과 건축환경이 변할 때, 쉽게 변화하는 요소를 periphery element라 하고, 변치 않거나 느리게 변하는 요소를 cultural core element라고 함. ④시간의 변화에 따라 core element의 종류·정도·크기 등은 점차 약화되고, 반면에 periphery element의 종류·크기·범위 등은 증대함.

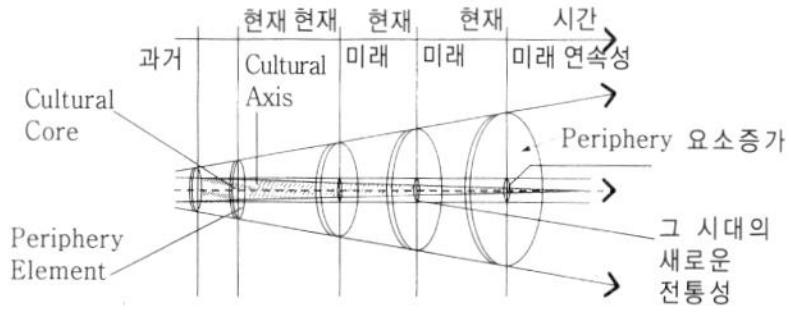

Cultural Core와 Periphery Element

전통색(傳統色, traditional color) : 어떤 민족이 오랜 세월동안 특정 지역에서 사용함으로써 그 민족의 정체성(identity)을 나타낼 수 있는 색.

전파속도(傳播速度, spreading speed) : 음속(音速)이라고도 하며, 어떤 위상(位相)을 진행방향으로 이동하는 속도. 여기서, 위상이란 각 입자의 평형 위치로부터 변위(變位)의 상대적 관계.

전파효과(傳播效果, spreading effect) : ⇨색의 동화(=).

전하(電荷, electric charge) : 모든 전기현상의 근원이 되는 물질의 속성. 단위는 쿨롱(Coulomb)이고, 종류는 양전하와 음전하로 구분. 극성이 서로 다른 두 전하는 서로 끌어당기고 극성이 같은 두 전하는 서로 밀치는 특성이 있음.

전학후묘(前學後廟) : ①문묘·서원·향교 등의 각 건물 배치법. ②앞쪽에 학업용 건물을, 뒤쪽에 묘당을 배치한 것. 즉 전면에 강당을 배치하고 후면에 사당 등을 배치하는 배치법. ③전묘후학(⇔).

전해질(電解質, electrolyte) : ①물에 용해되어 양이온과 음이온으로 나누어지는 물질.

②비금속성 도전 물질. 그 속에서는 이온(ion)이 이동하여 전류가 흐를 수 있음.

전형(典形, prototype) : 어떤 부류 및 그룹의 기본 특성을 보여주며, 다음 단계의 기본이 되거나 판단의 근거가 되는 원형을 말함.

전후관계(前後關係, contexture) : ①이 용어의 의미는 설정하는데 있어서 전후관계의 중요성을 강조하는 원칙임. ②건축물의 부지와 자연환경, 그리고 그 이웃이 고려된 전후관계 속에 자리잡고 있음. 구조물은 그 이웃의 색채와 조화를 이룰 수 있으며, 섬세하므로 그의 육중함과 대조를 이룰 수 있음. 전후관계에 기여하는 요소들 중의 일부는 건물의 높이·정면의 비례·빈 공간에 대한 견고함의 리듬·이웃 건축물과의 관계, 그리고 각각의 패턴들임. 색채와 건축 재료의 반복은 거리의 연속성을 더해주고, 전후관계를 고려하여 세워진 그 밖의 요소에는 랜드스케이핑(landscaping), 도로시설물·도로포장·공원벤치·가판대·도로표지·사인물·스트리트 퍼니처(street furniture) 등이 있음.

전후퇴(前後退) : 건물의 앞과 뒤에 툇간을 붙인 것.

ㅈ

절건비중(絶乾比重) : 절건상태의 중량을 골재의 체적으로 나눈 값(무명수.)

절건상태(絶乾狀態, absolute dry condition, oven dry condition) : ①110℃ 정도의 온도에서 24시간 이상 골재를 건조시킨 상태. ②절대건조상태·노건조상태(=).

절곡(折曲, vending) : 금속판을 일정한 각도로 접는 기법으로 금속공예의 주요 판금기법의 하나임. 인테리어공사 중 금속공사가 차지하는 비중이 커지면서 공업차원이 아닌 공예 차원에서 해결해야 함. 보통 절곡기(折曲機, shearing machine)를 이용함.

절단(切斷, truncation) : ①하나의 형태와 또 하나의 형태 간에서 매개가 될 수 있는 일련의 단계들이 있는 변화의 과정. ②기하학에 있어서 모서리 부분을 수정함으로써 하나의 형태에서 또 다른 형태의 변화, 즉 정사각형의 네 모서리를 자르면 8각형이 되고, 정삼각형의 세 모서리를 자르면 6각형이 되며, 6각형의 모서리를 자르면 12각형이 되는 등의 변화를 의미함.

절단석재(切斷石材, cut stone) : ①지정된 장소에 설치하기 위해 도면에 기입된 치수에 알맞게 지정된 크기와 모양으로 절단된 석재. ②절단석재는 디자인이 표면 위에 돌출되기보다는 오히려 우묵한 벽감(壁龕, nitch)이 만들어지는 음각법에 의해 새겨지게 됨. ③주로 화강암·석회암·대리석 등이 사용·절단되고, 화강암이 가장 조밀함.

절단선(切斷線, break line) : 짧은 지그재그(zigzag) 선(線) 또는 획(劃)들에 의해 연결된 비교적 긴 부분으로 구성된 불연속선.

절대건조(絶對乾燥, oven dry) : 101~105℃의 가마 속에서 더 이상의 습기가 빠져 나오지 않는 수준까지 재목을 완전히 건조시킨 것.

절대건조상태(絶對乾燥狀態, absolute dry condition) : ①110℃ 정도의 온도에서 24시간 이상 골재를 건조시킨 상태. ②함수율이 2~3% 정도인 상태. ③절건상태·노건조상태(=).

절대건축선언(絶對建築宣言, Manifesto on Absolute Architecture) : 1963년 Arts and Architecture지에 Walter Pichler와 함께 발표한 선언임. 일반적으로 기술의 이미지를 대비시킨 것을 바탕으로 하여 건축 자체가 목적이 되는 기술을 이용하는 순수절대의 건축을 지향함.

절대습도(絶對濕度, absolute humidity) : 단위용적의 습공기에 대해 그 중에 포함된 수증기 중량과의 비(g/㎤)를 절대온도라고 함.

절대연대(絶對年代, absolute age) : ①지질시대를 구분하거나 지층의 연대를 결정하는 방법으로서 지질학에서는 오랫동안 오로지 고생물의 진화(화석에 의한)를 기준으로 상대적인 신·구연대를 판단해 왔음. ②그러나 화학분석방법의 진보에 따라 최근에는 방사성 원소의 비율을 측정해 절대적인 연대를 결정할 수 있게 됐음. ③이 절대적인 연대는 반감기(半減期)가 밝혀진 방사성 원소[반감기가 488억년인 87Rb(루비듐), 7억 년인 235U(우라늄), 5730년인 14C(탄소) 등]의 잔존 함유량을 분석해 산출함. ④예컨대 반감기가 7억 년인 235U을 함유한 암석에서 235U이 붕괴되어 생긴 납(鉛)의 동위원소가 거의 같은 양이 검출되면 그 암석은 마그마에서 굳어진 이래 약 7억 년이 경과됐음을 알 수 있음. ⑤이 방법에 의해 지구상에서 최고(最古)의 암석은 지금으로부터 약 42억 년 전에 생성됐고 히말라야의 조산운동(造山運動)은 약 1500만 년 전에 시작됐음이 밝혀졌음.

절대영도(絶對零度, absolute zero degree) : ①물질 내부의 원자는 무질서한 운동(熱運動)을 하고 있음. 온도란 이러한 운동의 격렬한 정도를 나타내는 척도임. ②온도를 강하시켜 섭씨 영하 273.15도에 달하면 이 무질서한 운동은 없어지는데, 이 온도를 절대영도라 하며 그보다 낮은 온도는 존재하지 않음. 이 점을 기준으로 하면 온도는 언제나 정(正)의 수치로 나타낼 수 있음. 이와 같은 온도를 절대온도라 하고 K(Kelvin)로 표시함.

절대온도(絶對溫度, absolute temperature) : ①물질의 특성과 상관없이 정의되는 온도. 기호는 K. 섭씨 영하 273.15도를 0도로 하여 보통의 섭씨와 같은 눈으로 잰 온도이며, 절대온도의 0°K(절대영도)는 물리적으로 생각되는 가장 낮은 온도. ②-273℃를 0°K(Kelvin)으로 만든 열역학 최저 온도를 말함. 즉 절대온도 T=섭씨온도(t℃)+273℃임.

절대용적배합(絶對溶積配合) : 콘크리트 1㎥를 비벼내는데 소요되는 각 재료의 양을 절대용적으로 표시한 배합을 말하며, 각 배합의 기본이 됨.

절대주의(絶對主義, suprématisme[프]) : 1913년 러시아의 말레비치(Kasimir Malevich : 1878~1935)에 의해 제창한 회화이념을 바탕으로 설명한 요소는 배제하고 순수한 감정을 표현한 절대주의는 자신의 "흰 바탕 위의 검은 사각형"이란 작품(1913년)에서 볼 수 있는 유형의 순수한 추상미술을 일컬어 그가 붙인 이름으로서, 러시아혁명 후 구성주의와 동시에 일어난 전위 미술사조로서 가장 단순한 구성과 순수성을 추구하려는 기하학적 추상주의임. 문학·건축·디자인 분야에 많은 영향을 주었음. 말레비치에게 있어서 절대주의는 순수미술에서 느낄 수 있는 순수한 감각의 지고(至高)를 의미했고, 그의 그림에서 나타나는 단순한 형태요소들 역시 추상적인 건축 기술적 구성요소에 응용되었으며, 이러한 요소는 당시의 데 스틸(de stijl)그룹 작품과 상당히 친밀한 것이었음. 지상주의(至上主義) 또는 지고주의(至高主義)라고도 함. 모홀리-나기(Moholy-Nagy. Naszlo ; 1875~1946) 등에 의해 더욱 발전하였음.

절대흑색(絶對黑色) : ①독일의 물리학자 G.R. 키르히호프(Gustav Robert Kirchoff)가 15㎥의 어두운 상자 내부에 검정색 빌로드를 깔고 검정색 뚜껑을 덮은 다음 중심부에 직경 3㎝의 구멍을 뚫고 그 주위를 하얗게 칠한 다음 들여다보았더니 이 세상에서 가장 새까만 검정색이 보였다고 함. ②반사율이 1~2%인 흑색. ⇨키르히호프의 절대흑색(=).

절리(節理, joint) : ①암석체에 생기는 금 혹은 틈. 즉 금이 간 면을 경계로 해 전이(轉移)가 없는 것. ②화성암이 가지고 있는 특유의 것으로서 마그마나 용암이 냉각되어 고결할 때 수축이 일어나서 자연적으로 생긴 금이 간 상태. 이는 용융상태에 있던 지구 내부의 마그마(magma)가 냉각에 따른 수축과 압력 등에 의하여 자연적으로 수평과 수직으로 갈라져서 생긴 것임. 화강암은 절리의 거리가 비교적 커서 큰 판재를 얻을 수 있지만

ㅈ

안산암은 그렇지 못하여 박판석(薄板石)만을 얻을 수 있음. ③점토질의 퇴적암에서 습기가 빠질 때, 지각이 횡압력을 받을 때, 그리고 암석 내부에 장력(張力 ; 어떤 면의 양쪽에서 수직방향으로 끌어당기는 변형력)이 작용할 때 나타남. ④육각기둥 모양으로 쪼개지는 주상(柱狀)절리, 얇은 판자모양으로 쪼개지는 판상(板狀)절리, 육면체로 쪼개지는 방상(方狀)절리가 있음.

절병통(切餠筩, ornamental top on the hip roof) : 전각이나 사모정·육모정·팔모정 등의 지붕 꼭대기에 올려놓는 탑이나 항아리 모양의 장식기와.

절연내력(絶緣耐力, dielectric strength) : 절연물(絶緣物)이 어느 정도의 전압에 견딜 수 있는지를 나타내는 수치. 단위 두께당 절연이 파괴되는 항복 전압을 볼트(volt) 또는 킬로볼트(kilovolt)로 나타냄.

절연재료(絶緣材料, insulation material, isolation material) : 전기절연(電氣絶緣) 및 단열재료(斷熱材料). ⇨보온재료(=).

절연체(絶緣體, insulator) : ①전기 또는 열을 차단하는 불량도체를 말하며, 전기에 대해서는 유리·운모·도자기·섬유류·합성수지·오일 등이 있고, 열에 대해서는 진공·공기 등의 보온재를 사용함. 전기나 열의 유통을 차단하는 것을 말함. ②전류 또는 전하(電荷) 통과를 방해하는 물질이나 물체. ⇨단열재(=).

절점(節點, joint, panel point, joint of framework) : ①구조물을 구성하고 있는 부재(部材)와 부재가 연결된 곳. ②둘 이상 부재의 교차점을 말하고, 부재가 서로 강절점으로 되었을 경우(라멘)는 강절점(鋼節點), 서로 회전할 수 있는 경우는 핀접합, 특히 다른 구조물에 접합되어 있는 점을 지지점이라고 함. ③결점(=).

절정(絶頂, climax) : 조형적·디자인적으로는 제각기 계속 이어진 것이 이전에 있었던 것 위에 몰리는 형태로 배열된 수많은 아이디어(idea). 절정이나 최고점은 전체 과정의 요약이며, 최대 강도의 포인트(point)임.

절집 : ①절로 쓰는 집. ②'절'의 속된 말.

절충주의(折衷主義, eclecticism) : ①창조력의 부족으로 독자적인 양식을 만들지 못하고, 다른 작가 및 과거의 양식적 특징을 차용·조합하고자 하는 경향을 지칭함. 역사적 양식으로 되돌아간다는 이유로 역사주의라고도 함. 이러한 경향은 19세기 이후 건축에서 뚜렷이 나타나 단일 건물 내에서조차도 다양한 장식의 요소를 자유롭게 사용했으며, 그 절정은 19세기 중반의 건축에서 나타난 역사주의의 표현에까지 이르렀고, 포스트모더니즘 형성에 있어서도 중요한 역할을 했음. ②다양한 선례(先例)로부터 또는 암시적 내용의 장점을 취하자는 목적으로 여러 가지 다양한 역사적 양식을 자유롭게 혼합하여 사용하는 건축 및 장식 예술의 경향.

절토(切土) : 택지조성 등을 위해 종전의 지반을 깎아 정리하는 것.

절판(折板) : 슬래브와 벽판(壁板 ; 평면력을 받는 구조물)의 양 기능이 합쳐진 구조물.

절판구조(折板構造) : ⇨절판식 구조(=).

절판식 구조(折板式構造, folded plate structure) : 철근콘크리트의 구조체에 있어서 얇은 판을 꺾어 만든 형태의 역학적 이론으로 한 구조. 특징은 철근콘크리트의 얇은 판이 접어진 모양으로 구성된 구조임. 곡면·절면(병풍식) 구조 등을 자유로이 만들 수 있음.

점(點, point) : ①점은 공간 내의 위치만을 표시할 뿐 길이·폭·깊이 등도 없고 어떤 공간도 형성하지 않음. 따라서 점은 정적(靜的)이며 자기중심적이고, 내면을 향한 응축된 형태임. 점은 선의 교차·선의 양 끝·선의 굴절·선과 면의 교차 등에 의해 생기는 위치의 특성만 있는 치수 없는 기하학적 요소. ②작품의 규모에 의존하는 구성요소를 이루는 디자인 요소의 하나로서 가장 작은 크기 및 단위를 갖는 일정한 형태를 의미. 하나의 점이 공간에 놓여지면 주의력이 집중되어 구심점이 되고, 놓이는 위치에 따라 동적·정적인 느낌이 되며, 두 개의 점 사이는 눈에 보이지 않는 서로 잡아당기는 인장력이 생기고, 두 점의 크기가 같으면 주의력은 균등하게 지각되지만 크기가 다르면 큰 점은 작은 점을 잡아당기는 것으로 느껴짐. 점이 많은 경우에는 면으로 인식되기도 하고, 점의 크기가 서로 다른 많은 점은 동적인 느낌을 줌. 점의 크기가 같은 많은 점은 정적인 느낌을 주고, 특히 점이 나란히 있으면 간격에 따라 집합·분리되어 도형으로 지각됨.

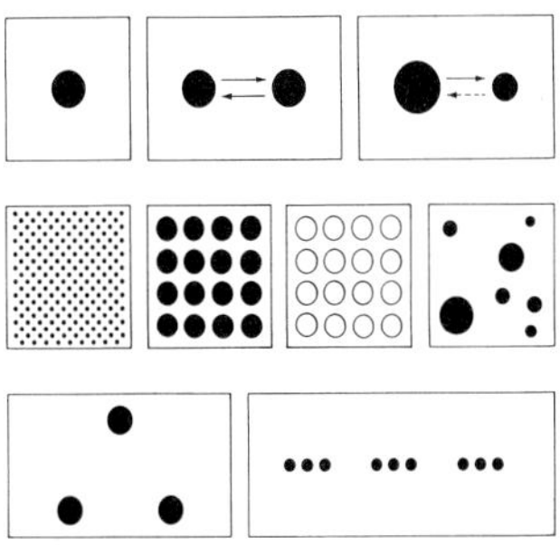

점의 효과

점각법(點刻法) : ⇨스티플(=).

점검구(點檢口, access door) : 건물 내부의 설비시설 점검·보수·내부공간의 환기 등을 목적으로 덕트·천장·벽 뒤 또는 기계실로의 출입을 위해 설치하는 작은 문.

점개발(點開發) : 도시개발에 있어 일정 규모 이상의 일정가구(一定街區)를 단위로 개발하지 않고 1개 획지만 개발하는 것.

점광원(點光原, point source light) : ①빛을 발산하는 점, 즉 발광면적이 극히 작아 크기를 무시할 수 있는 광원. 보통 조명되어야 할 표면과 광원 사이의 거리의 1/5보다 작은 크기의 광원을 의미. ②광원의 최대 크기가 광원과 빛이 비춰지는 면과의 거리의 1/5보다 작은 광원을 말함.

점대칭(點對稱) : ⇨방사대칭(=).

점두광고(店頭廣告, shop front advertising) : 과거에는 건물 입구에 있는 광고를 말하며, POP 광고와 동일한 의미로 사용하였으나 최근에는 상점 외부에 설치하는 광고와 전반적인 POP 광고를 말함. 입구의 간판·쇼윈도·현수막 및 파사드(facade)의 광고 등이 포함됨.

점두진열(店頭陣列, shop front display) : 일반적으로 상품을 진열대 위에 직접적으로 배열하는 전시·진열을 말하는 것으로 진열선반·쇼케이스·곤돌라(gondola) 등이 사용됨.

점멸기(點滅器, switch) : 조명용 개폐기. ⇨개폐기(=).

점묘법(點描法, pointillism) : ①프랑스 인상파 화가들이 발명한 화법으로 눈짐작으로 혼합한 순수한 안료의 작은 점들로서, 빛의 효과를 내는 방법. 현대 사진인쇄미술이나 색채인쇄 등은 이와 같은 방법으로 사용하고 있음. ②붓이나 펜을 이용하여 수많은 점을 조밀하게 찍어 그림을 그리는 기법. 점묘법에 의한 색의 혼합을 병치혼합이라 하고 점묘법은 디자인 기법으로도 이용됨. ③19세기 프랑스 인상파 화가인 쇠라(Georges Seurat : 1859~89)·시냑(Paul Signac : 1863~1935)·들라크르와(Eugne Delacrix : 1798~1863) 등이 대표적인 점묘법 화가임.

점묘화법(點描畵法, pointillism) : ⇨점묘법(=).

점보벽돌(-璧乭, jumbo brick) : 생산자에 의해 제작된 공칭치수를 가지는 변화가 큰 특대(特大)의 벽돌.

점블디스플레이(jumble display) : ①상품을 무질서하게 뒤섞어 판매하는 진열. ②일반적으로 대상 상품을 특별한 진열계획 없이 진열대에 마구잡이로 쌓아놓고 파는 형식을 취함.

점선(點線, dotted line) : 점이 연속적으로 이어지는 연속점으로 구성된 불연속선으로, 특히 겹치거나 숨겨지거나 또는 보이지 않는 부분의 윤곽 및 형태를 표현하기 위해 사용되는 선. ⇨파선.

점성(粘性, viscosity) : ①엿 또는 아라비아

고무와 같이 유동(流動)하려고 할 때 각 부에 서로 저항이 생기는 성질. ②외력이 작용하였을 때의 변형이 하중속도(荷重速度)에 따라 영향을 미치는 성질.

점성계수(粘性係數, coefficient of viscosity) : ①유체흐름 방향의 단위체적당 전단력을 속도경사로 나눈 값. ②유체의 변형을 저해하려는 성질을 유체의 점성이라 하고, 이 점성의 크기를 나타내는 척도.

점음원(點音源, point sound source) : 음파(音波)가 구면(球面) 모양으로 퍼져 가는 음원.

점이(漸移, gradation) : ⇨그라데이션(=).

점증(漸增, gradation) : ⇨그라데이션(=).

점진(漸進) : ⇨점층·그라데이션·계조(=).

점채법(點彩法) : ⇨스티플(=).

점층(點層) : ⇨그라데이션(=).

점토(粘土, clay, argil) : ①천연산의 미세한(지름 0.002㎜ 이하) 알루미나 실리게이트(규산염)를 주성분으로 한 광물의 집합체. ②가장 작은 크기의 알갱이로 이루어진 흙으로 wentworth등급 구분법에 의하면 지름 0.04㎜보다 작은 것. ③입자의 크기가 1/256㎜ 이하의 물질. ④주성분은 실리카(SiO_2 : 50~70%), 알루미나(Al_2O_3:15~35%)이고, 그밖에 Fe_2O_3, CaO, K_2O, Na_2O 등이 포함됨. 알루미나가 많은 점토는 가소성이 좋고 FeO와 기타 부성분(副成分)이 많은 것은 건조수축과 소성변형이 크므로 고급제품의 원료로는 부적합함. 화학식은 고령토(高嶺土, Al_2O_3, $2SiO_2$, $2H_2O$)와 같음. ⑤특성은 미분말에 물을 가하면 가소성(plasticity)을 갖게 되며, 건조하면 강성(elasticity)을 나타내고 고온에 소성하면 소결(燒結, sintering)됨. ⑥가소성 점토의 대부분은 섭씨 700°~1,300°에서 소결(燒結)되지만 섭씨 1,450°에서 소결되는 것도 있음. ⑦주로 벽돌·타일 및 도자기를 만들기 위해 이용됨. 도자기에 사용하는 점토는 주로 2차 점토로서 유기물 및 미세입자를 다량 함유하고 있으므로 가소성이 풍부하며, 소성색상은 유기물 때문에 보통은 황색을 나타내지만 양질의 점토는 유기물의 함량이 비교적 적어 담황색 내지 백색을 나타냄. ⑧점토의 종류 ; 자토(磁土)·볼 클레이(ball clay)·내화점토·석암점토·bauxitic clay 'diaspore clay' 산성백토·황토·결합점토·연와점토·석회질점토·법랑용점토·홍토·황토·혈암점토·규산질점토·규산질점토·slip clay·도석토(陶石土)·활석토·규조토 등.

점토기와(粘土蓋瓦, ceramic roofing tile) : ⇨기와(=).

점토암(粘土岩, clay stone, argillite) : 수성암의 일종으로서, 점판암·혈암 등을 통칭.

점판암(粘板岩, slate, clay slate) : ①이판암(泥板岩 ; 진흙이 침전하여 압력을 받아 응결한 것)이 더 큰 압력을 받아서 생성된 것. 탄소 직물의 포함량에 따라 흑색 또는 회색이 있으며, 얇은 판으로 뜰 수 있어서 이를 천연 슬레이트라고 하며, 지붕재·바닥재로 쓰임. ②점토 및 혈암과 같은 다양한 퇴적물이 압축을 받아 생긴 조밀하고 결이 고운 변성암으로 평행으로 잘 쪼개지는 성질이 있음. ⇨이판암.

접객실(接客室, parlour) : 손님을 접대하기 위한 방. 현대의 주택에서는 보통 거실을 말하며, 호텔이나 클럽 하우스 등에서는 휴게실이나 담화실을 말함.

접걸상(foulding stool) : ⇨폴딩스툴(=).

접근성(接近性, access) : 접근·출입 또는 이용에 대한 가능성이나 자유도 또는 허용도.

접근성의 법칙(接近性-法則, law's factor of proximity) : 보다 가까이 있는 두 개 또는 그 이상의 시각요소들은 패턴이나 그룹으로 지각될 가능성이 크다는 법칙. 즉 가까이 있는 것끼리 통합·분리되기 쉬우며, 접근성은 사물의 공간적 배열이나 면적의 문제에서 생김. 즉 공간의 면적이 작으면 작을수록 그것이 형태로 보일 가능성이 커지고, 모든 면은 선으로 둘러 싸이는데, 이러한 선들의 접근이 크면 클수록 선 안의 면이 모양으로 보일 가능성이 큼. ⇨근접의 요인. ⇨근접성.

ㅈ

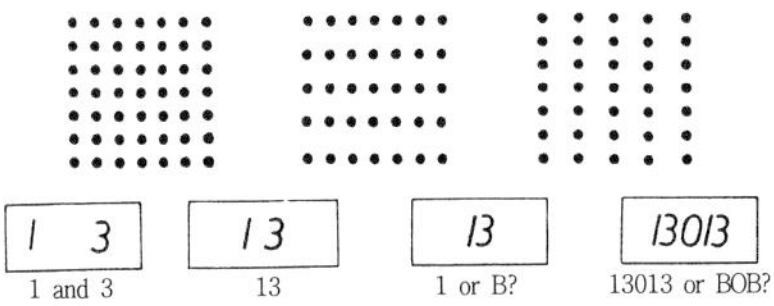

접근성의 법칙

접는식 가구(-式家具) : 각 부분이 연결되어 있어서 필요에 따라 접었다 폈다하여 형태적으로 부피가 축소·확대가 가능한 가구.

접는 의자(-倚子) : ⇨폴딩체어(=).

접는 테이블(drop leaf table) : 사용하지 않을 때는 상판의 양쪽 끝 또는 양쪽을 아래로 접게 만든 형식의 테이블.

접대패 : ⇨겹대패(=).

접문(摺門, folding door) : ①두 짝 이상의 문짝을 돌쩌귀로 연결해 접을 수 있게 만든 문. ②대청과 방 사이, 방과 방 사이, 대청과 대청 사이에 설치하는 분합문에 사용됨. ③접이문(=).

접속부하(接續負荷, connected load) : 전기회로 또는 계통에 접속된 전기기기의 정격(正格)부하 합계.

접속상자(接續箱子, junction box) : 케이블을 서로 접속할 경우에 케이블을 보호하기 위해 사용하는 주철제(鑄鐵製)의 상자.

접시대공 : ①소로로 받친 동자주. ②판재(板材)를 층층이 쌓아 짜올려 도리(道理)를 받치도록 한 대공. ③중종보나 마룻보 따위를 떠받는 동자주가 소로와 함께 떠받드는 대공. ④여러 개의 판재를 다양한 조각으로 초각해 접시를 쌓듯이 쌓아올린 대공. ⑤봉정사 극락전·수덕사 대웅전·성불사 극락전 등에서 사용됨.

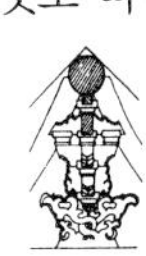

접시대공

접시머리 : ⇨팬헤드(=).

접시받침 : 전통건축에서 공간포를 받치는 사각재의 소로. ⇨소로(=).

접시형 좌판(-形坐板, dished seat) : 쿠션을 놓고 움직이지 않도록 하기 위하여 좌석 받침대보다 약간 아래로 오목하게 파인 의자의 좌판.

접의자(-椅子, folding chair) : ⇨폴딩체어(=).

접이가구(-家具, folding furniture) : 보관이나 이동을 위해 접을 수 있도록 고안된 가구로 접을 수 있는 스툴·의자·테이블·침대 등이 있음. 기본원리는 고대 이집트·그리스·로마에서 유래하며, 현대 생활에서도 대중화된 가구의 개념임. 18세기 중반 이후 헤플화이트(Hepplewhite)·세라턴(Sheraton) 등이 접을 수 있는 다목적 가구를 다양하게 개발함.

접이문(-門, folding door, accordion door) : ①문 여러 장을 경첩으로 연결하여 큰 방을 분할하여 사용하고 필요에 따라 전체를 사용할 때 쓰임. 문짝이 클 때는 위에 도어 행거를 달고, 밑에 가이드 롤러를 달아 개폐를 용이하게 하고 처지는 것도 방지함. ②접어서 열고 펴서 닫는 식의 접게 된 문으로, 경첩이 달린 부분이 접힐 수 있게 한 두 짝 문을 말함. 일반적으로 내부 칸막이 역할을 하는 간이문이나 커튼의 대용으로 사용. 가동(可動)칸막이로는 간단한 형식이며 중량감이 없고 하부도 바닥이 떨어져 있어서 차음성이 약함. 종류는 바이폴더 도어(bifold door)·아코디언 도어(accordion door)·포켓 도어(pocket door) 등이 있음. 접문(=).

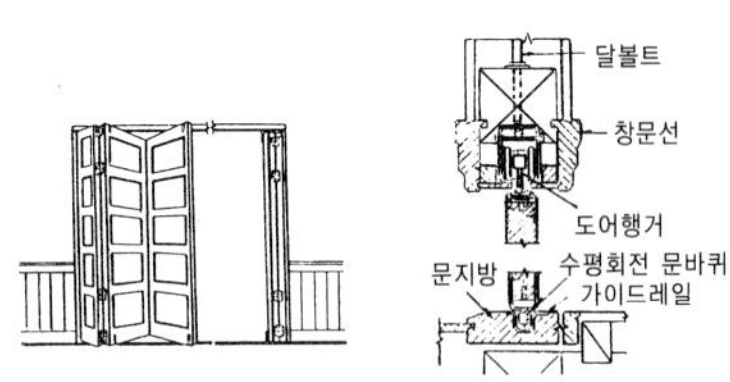

(a) 입면 (b) 단면

접문

형 식	달 기	개 구 부
접문 3짝	행거 또는 밑 도르래	
접문 4짝	행거 또는 밑 도르래	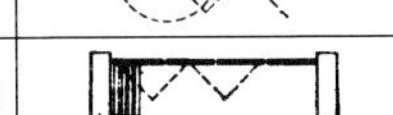
중앙달기	행거 또는 밑 도르래	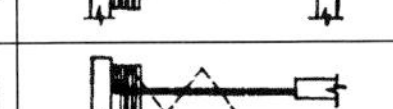

ㅈ

접이상판(-上板, flip top) : 테이블의 상판이 두 개의 면으로 포개져 있어서 위판과 아래 판이 수평이 되도록 펼치면 상판을 두 배로 확장시킬 수 있는 탁자. 이러한 접이탁자는 많은 시기와 양식에서 다양한 형태로 고안되었음.

접이식 가구(-式家具) : 접고 펼 수 있는 가구. 사용하지 않을 때의 보관성을 고려한 가구로 공간 활용에 효과적임.

접이식 덮개(-式-pull down front) : 세크러터리(secretary)나 뷰로(bureau)의 덮개 또는 뚜껑으로 내리면 책상면을 덮게 되어 있음.

접이식 의자(-式椅子, folding chair) : 접어 보관할 수 있는 의자. 접는 방식에 따라 여러 형태가 있지만 수납이나 운반을 쉽게 하도록 작고 가벼운 것이 특징임. 캡틴 디렉터 체어(director chair)가 대표적임.

접이식 의자

접이식 침대(-式寢臺, folding bed) : 여분의 침대로 수납이나 이동을 간편하게 하기 위해 접을 수 있는 침대.

접이창(-窓, folding casement, folding window) : 중간 선틀이 없는 창틀에 사개맞춤한 여밈대(meeting stile)로 구성된 양면으로 열 수 있는 창.

접이테이블(folding table) : 영국 초기 르네상스시대에 개발된 다리가 많은 테이블. 확장되는 상판을 지지하기 위해 보통 12개에서 20개까지의 다리가 있음. 따라서 테이블은 전체 크기의 1/3까지 축소될 수 있음.

접이판(diptych) : 경첩에 의해 접히도록 고안된 두 개의 기록판. 중세에는 종교적인 그림이나 조각장식으로 구성되어 제단의 뒤편에 병풍처럼 세워두는 것으로 사용되었음. 이러한 용도의 접이판은 목재·금속·상아 등으로 만들어짐.

접지(接地, ground) : 회로(回路)의 일부 또는 기기의 외함(外函) 등을 대지와 같은 전위로 유지하기 위해 지하매설 도체(導體)와 연결하는 것 또는 연결하는 도선(導線)을 말함.

접지극(接地極, grounding electrode) : 접지봉·접지판·상수도관과 같이 지하에 매설(埋設)되어 있는 접지용 전극.

접지선(接地線, ground wire) : 전기기기나 전기회로의 한 점과 접지모선(母線, bus)을 연결하는 선로(線路).

접지아웃렛(接地-, grounding outlet) : 접지단자(端子, terminal)가 있는 아웃렛.

접지플러그(接地-, grounding plug) : 접지단자(端子, terminal)가 있는 플러그.

접집 : ⇨겹집(=).

접착 [1](接着, bond) : 모르타르 또는 그라우트와 조적조 단위 또는 시멘트로 보강된 철근 사이의 연결·접합제.

접착 [2](接着, adhesion) : 접착제에 의한 유동체의 고화현상을 이용하여 소체 사이에 붙이는 것.

접착제(接着劑, adhesive, binder) : ①재료를 서로 견고하게 접합시킬 수 있는 능력을 가진 물질을 총칭함. 교착제(膠着劑)라고도 하고, 주로 목재 등의 유기재료를 접합시키는데 사용되어 왔으나 최근에는 금속·유리·시멘트 제품들도 접합시킬 수 있는 성능의 합성수지계 접착제가 개발되어 널리 사용되고 있음. ②어느 물질을 개입시켜 두 고체 사이를 결합시키는 현상을 접착(adhesion)이라 하고, 이때 사용한 물질을 접착제(adhesives)라고 함. ③도장(塗裝)에서 접착층이 건조하는 동안 극소량의 안료를 접착시키는 페인트 용액의 비휘발성 부분. ④접착제의 요구성능은 ㉠접착면에 잘 스며들고 유동성을 가질 것. ㉡고화(固化)시 체적수축에 의한 내부변형을 일으키지 않을 것. ㉢장기부하에 의해 크리프(creep)가 없을 것. ㉣진동충격의 반복에 잘 견딜 것. ㉤내수성·내알칼리성·내산성·내열성·내후성이 있을 것. ㉥취급이 용이하고 독성이 없고 값이 저렴할 것.

접착제 분류(接着劑-分類) : ①단백질계 접착제 ; 카세인(casein)·콩풀(大豆膠)·아교류(獸血·알부민) 등. ②전분질계 접착제 ; 쌀(米粉)·밀(小麥粉)·옥수수·감자·고구마 등. ③합성수지계 접착제 ; 에폭시수지접착제·페놀수지접착제·비닐수지접착제·요소수지접착제·레조르시놀수지접착제·멜라민수지접착제·실리콘수지접착제 등. ④고무계 접착제 ; 천연고무·네오프렌·치오콜 등. ⑤섬유소계 접착제 ; 초화면(硝化綿)접착제·나트륨·칼폭시 메틸셀룰로오스(C.M.C). ⑥아스팔트계 접착제. ⑦규산소다접착제.

접착제 붙임공법(接着劑-工法) : 압착공법에 사용하는 붙임용 모르타르 대신에 유기질 접착제를 사용하여 붙이는 공법.

접침대(folding bed) : ⇨소파베드(=).

접합[1)](接合, articulation, junction, filler) : ①조합된 부분들의 상호관계를 명확하고 분명하게 또는 정확하게 결합시키는 방법 및 방식. ②디자인적 의미로는 두 가지가 결합되거나 힌지(hinge)가 있는 선(線) 또는 점(點). ③조립부재 개개의 좌굴을 방지하기 위하여(①-①방향으로 좌굴) 조립재 사이에 끼워 두 재를 접합하는 것을 말함. ④분절(≒).

접합[2)](接合, joint) : 이음(목재를 길이로 잇는 방법이나 이음자리)·맞춤(한 부재가 직각 또는 경사지게 맞추어지는 방법이나 그 자리)·쪽매(나무를 옆으로 넓게 붙여 대는 것)를 총칭하는 용어.

접합유리(接合琉璃, laminated glass) : ①몇 장의 유리판 사이를 띄워서 겹쳐 붙인 것. ②두 장 이상의 판유리 사이에 비닐계 수지막을 끼운 후 열과 압력을 가해 접합시킨 유리. 파괴되어도 유리 파편이 튀지 않아 안전유리(safety glass)라고도 함.

접합의 원칙(接合-原則) : 접합은 그 부분에 생기는 응력상태에 따라 다음과 같은 일반원칙이 다음에서 적당한 것을 선택해야 함. ①이음맞춤은 될 수 있는 한 응력이 적은 곳에서 만듦. ②재료는 될 수 있는 한 적게 깎아내어 약해지지 않도록 함. ③접합면은 정확히 가공하여 밀착시켜 빈틈이 없게 함. ④큰 응력을 받는 부분이나 약한 부분은 철물로서 보강함.

접힌 플레이트 형태(-形態, folded plates form) : 일련의 접힌 플레이트로 이루어진 방식의 형태 안에 있는 아코디언 형상들은 부가적으로 단단함을 제공하고, 표면이 구부러지는 것을 방지하기 위해 지붕 슬래브 속에 끼워져 있음. 플레이트에는 공통의 가장자리를 따라 단단한 이음매를 가진 힌지가 달려 있고, 이 경량의 형태는 상당한 거리도 양끝이 연결될 수 있으며, 디자인 요소로서 주로 파사드(facade)에 표현됨.

접힘침대 : ⇨하우스베드(=).

정[1)](亭, pavilion) : ①지붕과 지주만 있고 벽이 없는 건축물. ②골짜기 같은 경치가 좋은 곳에 쉼터나 놀이터로 쓰려고 지은 작은 집. ③네모·육모·팔모 등의 평면에 기둥들을 세워 사방에 벽체를 설치하지 않고 확 트이게 지은 건물. ④이러한 건축물은 건축과 자연의 결합을 추구하는, 즉 안과 밖을 통하게 하려는 사상이 깃들어 있음. ⑤정자(=)·사.

정[2)] : ①돌을 쪼아 다듬은 쇠연장. ②돌에 구멍을 뚫거나 돌을 다듬을 때 쓰는 쇠로 만든 끝이 뾰족한 쇠붙이 연장. ③돌따위를 쪼개거나 다듬을 때 쓰는 연장. ④생각·의도(=).

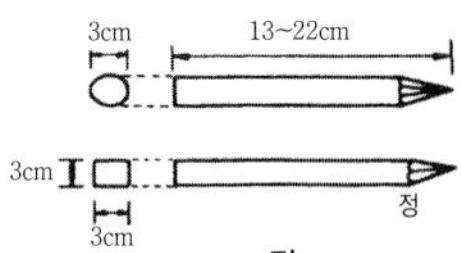

정

정가(定價, net price) : 권장소매가격에서 50% 할인을 나타내는 가격.

정간[1)](井間) : 바둑판처럼 가로 세로 여러 평행선을 그어 나타나는 우물 정(井)자형의 각각의 칸살. ⇨격간(=).

정간[2)](正間) : ①건물의 가운데(중앙)에 있는 간. ②어간(=).

정간식(井間式) : ⇨누목식(=).

정갈기(晶-) : 카보런덤(carborundum)숫돌

로 갈기한 후 광택기구를 사용하여 광내기 처리한 공정.

정계채가옥(夫餘 鄭啓采家屋) : ①중요민속자료 193호, 조선 후기(18세기 후반) 창건. ②배치구성은 안채·헛간채·광채가 각각 별도로 배치된 3동으로 구성. ③안채는 정면 4칸, 측면 2칸의 일자형 초가집. 추녀 끝에 사래를 달아 들어 올림. ④평면구성은 가운데 안방을 두고 서측에 사랑방, 동측에 부엌을 배치. 안방과 사랑방의 앞뒤로 툇마루를 두고, 안방과 부엌 사이의 반침은 안방에서 사용하도록 함. 기단은 방형으로 다듬은 화강석 두벌대로 쌓고 덤벙주초로 초석을 놓은 다음 방주를 세웠으나 동측의 부엌에 사용한 기둥은 원주를 사용. 기둥머리에서 납도리와 툇보를 +자로 사개맞춤하고 보아지는 끼우지 않았음. ⑤재료 및 기법으로 보아 부엌은 추후 증축한 것으로 보아 안채는 사랑채 용도로 지은 것으로 추정. ⑥전면과 측면의 창호는 띠살문으로 하고 부엌에는 장판문을 달았음. 특히 문설주는 연귀로 짜 맞추고 안방 문의 하단에는 머름을 설치하여 초가에서는 보기 드문 장식적인 요소가 많이 가미됨. 사랑방에는 머름이 없음. ⑦헛간채는 정면 3칸, 측면 1칸으로 추녀를 들어올려 곡선을 줌. 대충 다듬은 화강석 두벌대 기단을 만들고 덤벙주초를 놓은 다음 방주를 세움. 기둥 상부는 납도리와 보를 +자로 사개맞춤을 한 다음 서까래를 올림. 창호는 전면에만 양쪽에 띠살문과 장판문을 둠. ⑧조선 중기 이후 건축에 장식적인 요소가 많아짐.

정광(頂光, top light) : 천창채광에 의한 주광(晝光)은 천장면에서 바닥면을 향하여, 즉 위에서 아래로 흐르는 빛.

정궁(正宮, main palace) : ①한 왕조의 중심 궁궐. ②법궁(=).

정낭 : ①문 대신 쓰이는 긴 장대(제주도). ②제주도 민가 대문간인 이문(耳門, 귀문)간에 문짝이 없거나 이문간 자체가 없을 때, 이웃(올래)의 담장 양쪽에 기둥(정주목)을 세우고 걸쳐 놓는 긴 장대. ③집 안에 사람이 있을 때는 정낭 세 개를 모두 내려놓지만, 집을 오랫동안 비울 때는 정낭을 모두 걸쳐놓고, 들에 일 보러 나가서 곧 돌아오지 못할 때는 아래 두 개만 걸치고 잠깐 집을 비울 때에는 제일 아래의 한 개만 걸쳐 놓음. ④정살(=).

정낭

정다각형(正多角形, regular polygon) : ①형태기하학에서 기본이 되는 형상. 독립적으로나 복합적으로 건축에서 중요한 무수한 평면형상·패턴·설계뿐만 아니라 antiprism)·각추(角錐, pyramid)와 고전입체의 기본이 됨. ②특성은 좌우대칭이자 등변, 등각이 되고 원 안에 그려질 수 있으며 둘 이상의 무한한 면을 가질 수 있음. 면의 수가 무한히 많아질 때 정다각형은 원이 되며, 최소 둘레를 가지는 주어진 면적을 둘러싸는 형상이 됨.

정다듬 : 정으로 쪼아 다듬어 평평하게 하는 마무리. 거친정다듬·중정다듬·고운정다듬이 있음.

정당(正堂) : ①몸채의 대청(大廳). ②안당(=).

정동호가옥(禮山 鄭東鎬家屋) : ①중요민속자료 191호, 19세기 초 창건. 충남 예산군 고덕면 오추리 568에 위치. ②안마당을 중심으로 사랑채·안채·곳간이 튼ㅁ자 집으로 배치되고 동쪽에 별도의 1동의 창고와 화장실을 둔 초가집. ③사랑채는 정면 4칸, 측면 1칸으로 전면 열에 툇간을 둠. 동쪽에 마루방을 두고, 서쪽의 대문간을 겸하는 부엌 건너 2개의 사랑방을 둠. 동쪽의 마루방은 외부로 창을 두지 않고 폐쇄시킨 대신 내부는 대문간에서 출입하도록 함. 사랑채 동측면 옆은 3.5자 폭의 툇간을 만들고 벽이나 마루를 만들지 않음. 툇간에 원주를 사용. 마루칸 뒤편에 1칸 규모의 외양간을 덧붙여 ㄴ자 평면으로 만듦. 서쪽 사랑방 2칸 앞에는 툇마루를 설치. 부엌간은 아궁이 함실과 창고를 설치하여 칸 넓이가 3칸 정도로 넓어짐. ④안채는 정면 5칸의 일자형 평면으로 전면에 툇간을 둠. 동쪽 끝 칸 부엌 뒤로는 처마 밑을 이용한 반 칸 퇴를 내어 나뭇간으로 쓰고, 앞쪽엔 반 칸 퇴를 더 달아서 사방 1칸의 부엌광을 설치함. 부엌에 이어진 3칸 온돌방은 내부에 사잇장지문(미세기)을 달아 안방과 윗방, 끝방으로 구획하고 필요에 따라 실을 터서 사용할 수 있도록 계획. 구조는 내진고주 반오량집으로 전면은 반5량, 후면은 맞걸이 3량집으로 전면쪽은 장연과 단연을 이어 서까래 구성하고 후면은 서까래 하나만 얹은 지붕의 길이가 전면쪽이 후면보다 더 길음. 기둥은 원주와 방주를 혼용하고 기둥 위 도리는 굴도리를 사용. 평면 구성에 툇간을 두어 방을 넓게 만들려는 의도가 보임.

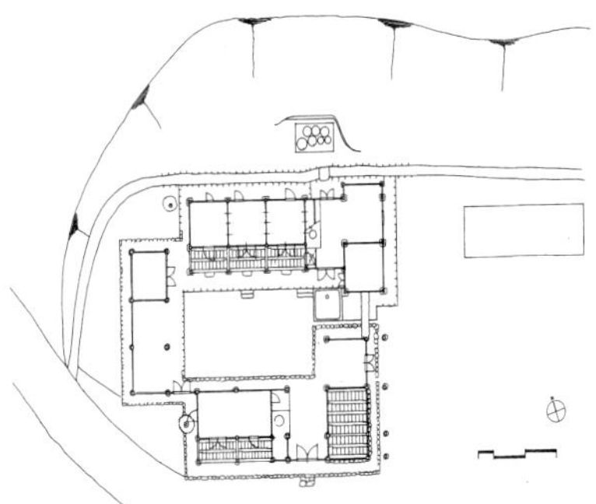

정동호가옥 배치도

정려(旌閭) : 충신·효자·열녀 등을 그 동네에 정문(旌門)을 세워 표창함.

정려문(旌閭門) : ①정려를 기리기 위한 문. ②정문(=).

정련(精鍊, refine) : 디자인 과정에서 명확성이나 정확성을 더욱 기하기 위하여 다듬고 개선하는 작업.

정료대(庭燎帶) : ①횃불을 피워 놓은 뜰에 세운 기둥 모양의 대. ②옛날 대궐 뜰에서 밤중에 참내(參內)하는 재신을 위해 횃불을 켰음.

정면(正面, frontispiece) : 주요 입면 또는 한 입면의 부분이나 특징을 말하고, 보통 개별적 디자인 요소로 처리되고 장식으로 강조됨.

정명식가옥(海南 鄭明植家屋) : ①전라남도 민속자료 제8호, 고종8년(1871) 창건. ② 현재 안채는 멸실되고 행랑채와 사랑채만 남아 있음. ③사랑채는 정면 7칸, 측면 2칸의 큰 규모로 전후로 두 줄의 방이 나란한 온전한 두줄백이집.

정모멘트(正-, positive moment) : 볼록한 곡면을 형성하는 구조재 단면의 휨모멘트.

정목(柾木) : ①곧고 굵게 자란 나무. ②대체로 정목에서는 독특한 아름다운 무늬를 얻을 수 없음.

정목면(柾目面) : 곧은결이 있는 면.

정문[1](正門, portal, the main gate) : ①어떤 건물의 정면에 있는 주가 되는 출입문. ②공적(公的)인 외부에서 사적(私的)인 실내 공간까지의 경계를 구분하는 건축물이나 안뜰로 들어가는 출입구, 대문 또는 문을 말함. ③특히 크기 및 기념비적인 건축처리로 강조된 거대한 현관·문 또는 출입구를 말함.

정문[2](旌門) : 정려(旌閭)를 나타내는 문.

정미수량(精微數量) : ①설계도의 치수를 근거로 하여 산출한 수량. ②할증률이 포함되지 않으며 노임단가를 적용할 때 사용됨. ③설계수량·계획수량(⇔).

정밀견적(精密見積) : ⇨명세견적(=).

정밀묘사(精密描寫, rendering) : ①투시도법에 기초하여 그려지는 스케치 가운데서 가장 질이 높은 것으로서, 그림 자체가 실물(實物)과 같은 느낌을 갖도록 표현해 내는 기법의 하나. ②글자 그대로 컬러 사진을 보듯이 사실적 효과를 디자이너의 묘사력에 의해 표현하는 것으로 제품 디자인(product design)에 적합하며, 아이디어 스케치(idea sketch)에 비해 디테일에 이르기까지 명확하게 그려야 함. ③실내에서는 특수한 경우를 제외하고는 간명한 표현의 스케치가 효과적임. 묘사 재

ㅈ

료는 색연필·파스텔·콩테 등과 휘발성이 강한 매직 마커가 있고, 보다 정밀함을 요구할 때는 에어브러시(air brush)를 이용한 수성도료의 피스작업을 하게 됨. ④ 렌더링(=).

정반사(正反射) : 재료의 광택을 나타냄.

정방향전단력(正方向剪斷力, positive shear) : 해당 구조물의 왼쪽에서 수직 상향(上向)의 힘에 의한 최종 전단력을 말함.

정배지(精褙紙) : ①마지막에 붙이는 벽지. ② 중배지가 마른 후에 마지막으로 바르는 마감벽지.

정병호가옥(鄭炳鎬家屋) : ①중요민속자료 186호, 조선중기 창건, 19세기 중수. 경남 함양군 지곡면 개평리에 위치. 조선조 성종대에 성리학자인 일두 정여창의 고택. 현재의 이 집은 일두 정여창이 죽은 100년 후 후손들이 중건한 것. ②가옥의 배치법은 전체적으로 바둑판처럼 9등분되어 매우 정교함. 남측에는 주로 하인들의 작업영역인 부속사와 남새밭, 중앙부에는 사랑채와 안채, 북측에는 사당과 뒷광, 안사랑채로 영역을 구분함. ③안채는 앞뒤에 툇간을 둔 홑집으로 8칸에 이르는 긴 건물이지만 소박하리만큼 아담함. 튼실한 기둥 굵기와 5량가구의 견실함, 화려한 창살무늬는 정갈하고 절제와 품위를 갖춘 정형적인 사대부가 살림채 모습임. ④사랑채는 사각주초 위에 팔각 장초석과 원주를 세움, 공간배열은 규칙적인 기둥배열 안에서 자유로운 칸막이 배치로 공간규모의 조절과 자유로운 배치로 유기적인 공간을 구성하여 근대건축의 합리성이 보임. 이러한 일정한 규범은 방과 마루의 공간적 성격, 즉 빈곳과 찬 곳, 트인 곳과 막힌 곳의 배분이 마치 음양의 조화처럼 결합됨. 사랑채 외벽의 모든 덧문은 세살들어열개문임. 사랑채와 부속채 사이로 통로를 만들고 부속채 중간에 담장을 가로질러 중문을 둠. 중문에서 담장으로 시야를 막아 외부인의 시선과 출입을 차단하고 제어하는 완충공간과 사랑채와 안채를 연결하는 전이공간의 기능도 함께 하는 다중영역 구성수법은 의성 김씨 내압종가 등 명문가에서 볼 수 있는 탁월한 배치법이며 공간구성임. 안채영역은 주건물인 안채와 그 좌우에 아래채와 사랑채, 안채와 대향하는 안광과 안대문채 등으로서 전체적으로 튼ㅁ자 배치 형상임. ⑤뒷광은 우진각지붕의 정면 5칸, 측면 2칸의 대규모 수장공간으로 집안의 경제력을 말함. 벽체 하부에는 널벽, 상부에는 흙벽에 작은 살창을 두어 통풍을 고려함.

정여창고택

사랑채 전면

안광 · 아래채(중앙) · 안채

장동대 · 사당(중앙) · 곳간

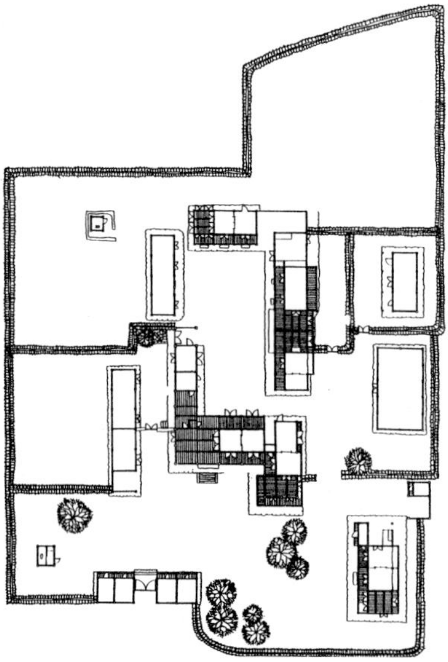
정병호가옥 배치도

뒷광 앞으로 작은 통로를 통하여 사당으로 연결되며, 안채 뒤로 돌아 사당을 배치하는 흔한 방식이 아님. 전면쪽이 후면보다 더 길음. 기둥은 원주와 방주를 혼용하고 기둥 위 도리는 굴도리를 사용. ⑥평면 구성에 툇간을 두어 방을 넓게 만들려는 의도가 보임.

정보화사회(情報化社會, information society) : ①공업화사회 다음에 오는 정보를 중심으로 운영되는 사회. 탈공업사회, 문명후(後)사회라고도 함. ②종래의 농업화사회와 공업화사회에서는 가치를 생산하는데 있어 물질과 에너지가 가장 중요한 자원이었으나 정보화사회에서는 정보가 가장 중요한 자원이 됨. ③사회의 산업구조도 제조업 중심에서 정보산업, 두뇌산업 중심으로 바뀜. ④오일쇼크 이후 물질적 자원의 유한성이 강조됨에 따라 특히 정보화사회의 개념을 널리 거론하게 됐음. ⑤일반적으로 컴퓨터 네트워크가 완비된 사회라 부름.

정분(精粉) : 분색안료의 한 종류.

정사(精舍) : 원래 명망이 높은 학자가 그의 향리나 풍광이 좋은 곳에 은거하며, 후학들을 가르치던 일종의 사숙(私塾).

정사공간(精舍空間) : ⇨정사(=).

정사각형 형태(正四角型形態, square form) : 정사각형은 동등한 변과 모두 직각인 4개의 변을 가진 2차원적 배열에 있어서 가장 단순하고 기본적인 형태로서 다양한 방법으로 세분화되고, 가장 많이 알려진 일반적인 형태는 크로스(cross)임. 그리고 원안에 내접하는 정사각형과 그 원에 외접하는 정사각형과 같은 2개의 기하학적인 형태 사이에는 강한 유사성이 존재함. 주요 보조선은 모서리의 각을 연결하는 대각선이나 시선, 그리고 각 변의 중심을 연결하는 선.

정사영법(正射影法, orthographic projection) : 화면에 수직인 투영선(投影線)에 의해 삼차원 사물이 재현되는 투영기법. 직각투영법(=).

정살 : ⇨정낭(=).

정삼각형(正三角形, equilateral triangle) : ①기하학에 있어서 가장 기본적인 것으로 이등변삼각형 중에서 가장 단순하고 용도는 다양하며, 가장 흔히 사용되고 있음. ②정다각형의 한 형상으로서 각추(角錐, pyramid)와 역각주(antiprism)의 측면이며 기본 입체(classical solid)의 내부 분할에서 나타남.

정상작업역(正常作業域) : ⇨정상작업영역(=).

정상작업영역(正常作業領域, normal working area) : ①팔을 자연스럽게 수직으로 내려뜨린 채 아래 팔만으로 편하게 뻗어 파악할 수 있는 구역. ②오른손과 같이 팔을 굽혀 편하게 작업할 수 있도록 하면서 좌우의 손을 움직였을 때 생기는 작은 원호에 의한 영역을 말함. ③위 어깨를 몸에 붙인 채 팔꿈치를 굽혀서 쉽게 손이 닿는 범위로 기능적 작업영역의 일종.

정상지가상승분(正常地價上昇分) : 국토이용관리법 규정에 의하여 국토교통부장관이 조사한 전국의 평균 지가변동률 및 정기예금이자율 등을 감안하여 산정한 금액.

정상파(定常波, stationary wave, standing wave) : ⇨정재파(=).

정수압(靜水壓, static water pressure) : ①정지하고 있는 액체의 수압. ②⇨동수압(⇔).

정순왕후생가(貞純王后生家) : ①충청남도 기념물 68호, 1650년경(조선효종조) 창건. 충청 감사, 황해도 관찰사를 지내고, 추사 김정희의 7대조인 김홍욱(金弘郁)이 효종임금의 하사금으로 지은 집. 담을 사이에 두고 동쪽에 작은 댁 김기현가옥이 있음. ②가옥의 배치는 안채와 사랑채가 ㅁ자 집으로 배치. 사랑채는 가운데 2칸의 사랑방을 두고, 동쪽 모서리에 1칸의 마루방을 둠. 사랑방과 마루방 앞에는 3자폭의 쪽마루를 길게 놓았으며, 사랑방 서쪽에 붙여 부엌과 고방을 두고 부엌 상부는 다락으로 꾸밈. 장대석 외벌대에로 기단을 만들고 덤벙주초에 방주를 세움.

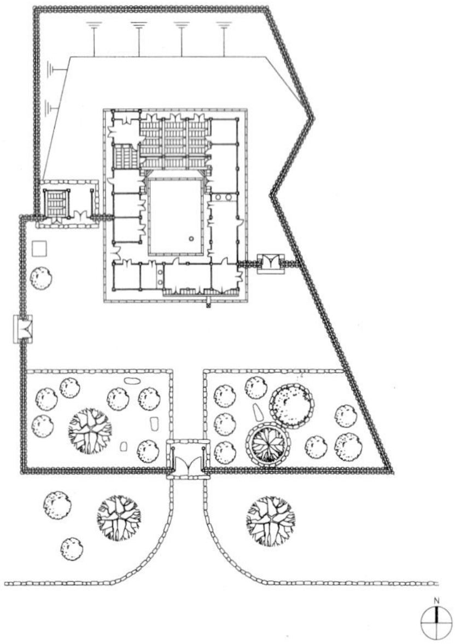

정순왕후생가 배치도

사랑채 서쪽 익랑에 붙여 중문간을 두고 이 문으로 안마당 출입을 함. 안채는 가운데 3칸의 큰 안대청을 중심으로 안방과 건넌방을 두고 건넌방 북쪽에 작은 벽장을 덧달았음. 부엌 상부는 다락을 두고 서쪽 익랑에는 마루방·건넌방·고방을 둠. 안대청 전면 반 칸에 툇간마루를 깔고 툇간마루와 안대청 사이의 3칸에는 띠살 분합문을 달았음. 안방과 건넌방 앞에는 좁은 쪽마루를 달아두었음. 안채의 지붕이 사랑채보다 훨씬 높게 만든 것. 완벽한 ㅁ자 평면 등은 영남지방을 닮았음. 사랑채가 다른 반가에 비해 작은 편임.

정시야(靜視野) : ①한 점을 고정하였을 때에 보이는 범위. ②전시물이 시선의 중앙부에 놓였을 때 정시야에 들어올 수 있는 거리는 물체 높이의 2배.

정식적(定式的, formal) : 어떤 물체나 대상이 규칙적이고 대칭적이며, 그 효과가 전통적인 시각적 특성을 지닌 것. 특히 가구배치나 장식이 정적(靜的)이고, 대칭적 균형(對稱的 均衡)을 강조한 것을 나타냄.

정씨고가[1](鄭氏古家) : ①경상남도 유형문화재 제287호. 경남 거창군 남하면(南下面) 무릉리(武陵里)에 위치. 1686년(숙종12) 장예원판결사 정응두(丁應斗)의 현손이자 장사랑(將仕郞)을 지낸 정형초(鄭榮初)가 건립. 현재의 건물은 1924년에 중수. ②집터가 경사졌으므로 기단을 높게 쌓고 안쪽 높은 곳에 안채, 낮은 곳에 사랑채를 배치. ③안채는 홑처마 맞배지붕의 3량집. 평면구조는 한국 남부 지역에서는 보기 드물게 ㄷ자집 형태. 정면 4칸, 측면 2칸의 一자형 평면구조에 양끝 협칸을 앞으로 돌출시켜 전체적으로 ㄷ자형 평면을 구성. 양쪽 돌출부 하부에는 부엌을 두고 상부에는 다락을 설치함. ④사랑채는 ㄱ자집 형태. 정면(서측누마루)은 팔작지붕이고 측면(남측누마루)은 맞배지붕으로 된 3량의 익공집. 양마구리 측면의 대청은 앞으로 돌출된 누마루 형식. 아랫부분은 개방되어 있고 윗부분은 대청 바깥쪽으로 마루를 두르고 서측누마루는 2칸 규모에 계자난간(鷄子欄干)을 두르고 팔작지붕으로 처리하여 정면성을 강조, 남측누마루는 1칸 규모에 평난간을 두르고 지붕도 맞배지붕으로 소박한 편임. 또한 서측누마루는 판벽과 판문으로 구획되어 대청과 같은 모습이지만, 남측누마루는 툇마루처럼 모두 개방되어 공적인 공간과 사적인 공간의 기능적 차이가 있었던 것으로 추정됨. 기둥 위에 주두(柱頭)를 놓고 포작을 설치하였으며, 포작은 익공계로, 익공의 모습은 위치에 따라 약간의 차이가 있지만 초익공은 연꽃모양으로 초각하고 이익공은 봉두(鳳頭)을 조각. 종량 위에 사다리꼴판대공은 그 내부에 첨차와 소로를 두어 판대공, 포대공의 형식과 출중함. 도리방향으로 익공이 돌출됨. 대청과 방 사이의 창호처리도 중앙에 좁은 세살문을 두고 좌우 벽면에 붙박이 영창을 두어 마치 사람의 눈과 코의 형상을 연상케 함. 사랑채는 정형초의 호를 따서 산수정(山水亭)이라고 부름. 대문채는

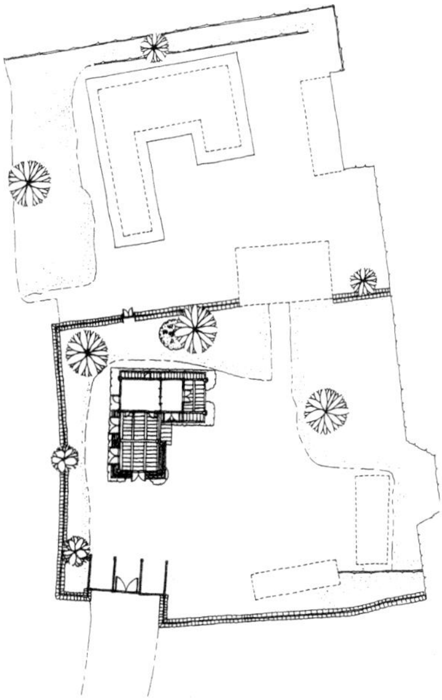

정씨고가[1] 배치도

정면 3칸의 맞배지붕. 솟을대문을 중심으로 좌우에 방과 광이 1칸씩 있음. 안사랑채는 헐리고 일부 변경된 구조로 남아 있음.

정씨고가[2](鄭氏古家) : ①1985년 1월 14일 경상남도 문화재자료 제121호로 지정. 하면 우명리 정씨고가는 하동 정씨 문헌공 정여창의 7대 손인 정희운(鄭熙運)이 효리마을에 정착한 이후, 조선시대인 1723년(경종3)에 그의 셋째아들 정지헌(鄭志獻)이 분가하여 건립. 원래 초가 4칸이었던 것을 1895년 희운의 4대 손인 환식(煥植)이 대문간채와 안채·바깥사랑채·창고·안사랑채·사당 등을 증축. ②담장으로 구획된 400여 평의 대지 전면에는 남북으로 긴 직사각형에 가까운 넓은 대지에 동북방향으로 一자형 대문채와 사랑채가, 후면에 안채가 '一'자형으로 배치된 삼자형 병렬배치. ③안채는 정면 5칸 반·측면 2칸 크기로, 지붕은 옆에서 볼 때 팔작지붕. 서쪽에 부엌(정지)을 두었고 동쪽에 전면 2칸·측면 1칸의 안방을 둠. 안채와 사랑채 사이의 좌측에는 집안 어른들을 위한 안사랑채가 있고 우측에는 곳간이 있음. 사랑채는 정면 2칸·측면 1칸 크기이며 안채 동북쪽에는 따로 쌓은 담장 속에 전면 1칸·측면 2칸 크기의 사당채가 있음. 대문채는 오랜 풍상을 대변하듯 높이 솟아 있고 사랑채 규모는 다소 작은 편이지만 바깥마당과 안마당은 공간을 잘 나누고 있음. 사당채까지 갖추고 있어 종가의 면모를 고루 갖춘 전통 민가. 사당은 안채의 동쪽 담장 밖에 위치하여 사랑채에서 접근이 용이하게 되어 있음. 대문간채는 정면 4칸·측면 1칸 크기이며 대문간을 들어서면 전면 4칸·측면 2칸 반 크기의 우진각지붕의 사랑채가 자리잡고 있음. 농가 건물답게 사랑채 앞 바깥마당이 안마당보다 넓어 보다 많이 활용됨을 알 수 있음. 안채는 담과 건물 등에 둘러싸여 내외가 분명한 조선시대 시골 부농의 가옥형태를 잘 나타냄. 한편 정희운의 아들 중헌(重獻), 사헌(師獻), 상헌(相獻)과 재종간 일가 9명이 조선 영조 때 일어난 정희량의 난에 출전한 충절을 찬양하고자 1830년(순조 30)에 사후 관직을 수여한 내용이 새겨져 있는 구충각(九忠閣)이 국도변에 세워져 있음.

하면 우명리 정씨고가[2]

정암사적멸보궁(旌善 淨岩寺 寂滅寶宮) : ① 강원도 문화재자료 32호, 17세기 중엽 창건, 19세기 후반 중수. 석가모니 사리를 모신 전국의 다섯 적멸보궁 중의 하나이며, 다른 적멸보궁처럼 불상을 모시지 않음. ②정면 3칸, 측면 2칸의 주심포 겹처마 팔작지붕. 3단의 자연석 기단 위에 자연석 초석을 놓고 원주를 세움. 우물마루 우물천장이며, 어간은 사분합 띠

ㅈ

살문이고 협간은 판벽으로 처리됨.

정압(靜壓, static pressure) : ①음의 정압. ②음파가 존재하지 않을 때의 유체매질(流體媒質) 안의 압력. ③유동하는 유체의 전압에서 동압을 뺀 압력을 말하며, 흐름의 방향에 대해서 수직방향으로 작용하는 단위면적당의 힘을 mmAq로 표시. ④⇨동압(⇔).

정역학(靜力學, statics) : 물체나 물질계에서 평형을 이루도록 하는 힘들의 관계성을 다루는 역학의 한 분야.

정열펀치(正列-, aligning punch) : 리벳이나 볼트의 구멍을 일렬로 만들어 주는 드리프트(drift)를 말함.

정엽(頂葉) : 나비 모양으로 된 돌쩌귀.

정온고택(鄭蘊古宅) : ①중요민속자료 205호, 18세기 창건, 조선 순조20년(1820년) 중수, 경남 거창군 위천면 강천리 50-1에 위치. ②조선 중기 중신이었던 동계(桐溪)정온(鄭蘊, 1569~1642)의 생가. 영창대군의 처형을 반대하여 10년간 귀양살이를 한 충신 정온 선생이 병자호란 때 남한산성에서 인조 임금이 청나라에 항복하자 벼슬을 버리고 고향으로 돌아와 세운 집. ③대문채와 사랑채, 안채가 진입축선상에 병렬배치되는 경남지방 상류주거의 일반적인 3자형 배치법. 사당이 안채 뒤, 주축선상에 위치하는 특이하고 경직된 배치. 대문채와 사랑채로 이루어진 사랑영역, 안채와 부속채로 이루어진 안채영역, 독립된 담장으로 구획된 사당영역이 진입축에 따라 배치. 누마루 방은 전면과 좌우 3면에 지붕 아래로 다시 처마를 덧대고 눈썹지붕을 달아 비가 들이치지 못하게 하는 기능보다는 한껏 부린 멋을 더 중요시함. 누마루 방 좌우의 창은 네 짝 분합문으로 접어서 들어올리게 했고, 정면의 창은 좌우로 열게 돼 있어 창을 모두 열면 3면이 탁 트인 공간이 됨. 정면과 좌측 창은 아래 위로 삼등분하여 아래와 위에는 정자살로, 가운데는 완자살로 치장했음. 굵은 홍송으로 정성들여 지어 나뭇결이 곱고 지붕 용마루 밑에 작은 눈썹을 달았음. 누마루는 기단이 높아 2단의 섬돌을 놓아 출입이 불안함. 누마루부분은 차양형식의 눈썹지붕을 덧달았음. 주두나 포작이 없는 민도리집으로 소로수장 정도가 장식의 전부. 안채는 정면 8칸, 측면 3칸의 규모로 살림채치고는 큰 편 건물임. 기둥간격이 좁아 칸 수를 늘린 감이 있으며, 평면이 2칸 겹집에 앞뒤로 툇간을 붙이고 중앙에 기둥이 세워진 4칸 통방인 이해할 수 없는 평면구성임. 대청은 뒤쪽 2칸 마루를 1자 정도 높여 위계를 둠. 마구리의 2칸에도 역시 1자를 높이고 난간을 둘러 내루(內壘)를 만듦. 안채의 대청 부분은 주두와 포자를

동계고택 사랑채

동계고택 안채

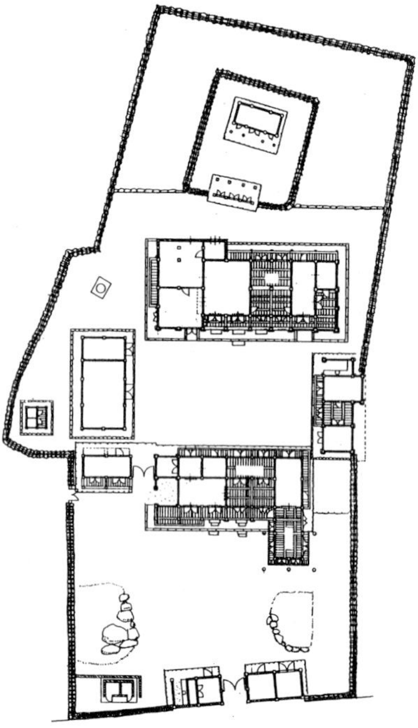

정온고택 도면

두어 장식적 결구를 만듦. 가구는 툇보를 사용한 곳도 있고 고주에서부터 충량이 벽도리 위를 지나 툇기둥과 연결된 것도 있음. 안채지붕이 팔작지붕인 점도 살림채를 중시하는 근대적 발상임. 전통격식과 많은 차이가 남. 안채영역은 안채 좌우에 곳간채와 아래채를 두어 폐쇄적인 안마당을 형성하는 튼ㅁ자의 분산형 배치이지만 사랑채와 안채의 거리가 가깝고 건물이 높아 마당이 협소하고 답답한 느낌이며 곳간채마저 2층 높이에 가깝도록 높음.

정온식 감지기 : ⇨정온식 화재감지기(＝).

정온식 스폿형 감지기(定溫式-感知器) : 바이메탈식은 바이메탈이 열에 의해 변형됨으로써 접점이 열려 작동함. 작동온도는 0~150℃까지의 범위를 말함.

정온식 화재감지기(定溫式火災感知器, constant temperature type fire detector) : 일정 온도 이상으로 되면 작동하는 화재감지기. 바이메탈의 열변형을 이용하여 접점을 움직여 발신하는 바이메탈식과 플라스틱을 경계로 두 개의 피아노선을 감지선으로 하여 화재시 녹여서 피아노선을 접촉시켜 발신함.

정원(庭園, garden) : ①일본인들이 명치시대에 만들어 낸 것으로 도심 속의 주택에서 인위적인 조경작업을 통하여 만든 것. 즉 건물 앞의 뜰을 가리키는 말. ②식물·나무·덤불 또는 그 밖의 랜드스케이프(landscape) 요소에 어울리는 개발되거나 둘러싸인 지면의 디자인. ③원림(≒).

정원가구(庭園家具, garden furniture) : 17세기 말 이탈리아를 중심으로 사용되기 시작한 정원이나 야외용 가구. 초기에는 주로 주철로 만든 후에 흰 칠을 하는 것이 일반적이었으나, 등나무·버드나무·강철·석재·자기 등 다양한 재료가 사용됨. 19세기에는 로코코양식의 정원가구가 유행되었으며, 오늘날에는 플라스틱 재료가 많이 사용되고 있음.

정원벽쌓기(garden wall bond) : ①하중이 적게 걸리는 경계만을 짓기 위한 벽에 사용되는 벽돌쌓기. ②하나의 마구리와 세 개의 길이방향이 한 사이클이 되어 한 켜를 이루며, 각 마구리는 한 켜 건너 마구리와 중심이 맞추어짐.

정원용 스툴(庭園用-, garden stool, garden seat) : 중국에서 유래된 자기·석재·목재 등으로 된 원통형의 정원용 의자. 조각된 장식이 매우 화려하거나 레이스 모양으로 구멍이 뚫린 것도 있음.

정위(正位, orientation) : ①정북(正北) 방향과 나침반의 특별한 장소나 지형 또는 태양·바람, 그리고 배수에 대해 지역적 상태와의 관계 속에서 대지 위 건물의 위치. ②생물이 외계(外界)의 상태에 반응하여 그 몸의 위치·방향을 정하는 것으로 새로운 환경·사상·습관 등에 대한 적응·순응을 나타냄.

정의윤가옥(江陵 鄭義鈗家屋) : ①강원도 유형문화재 93호, 1894년 현 소유주의 조부에 의해 지어짐, 최매직·정덕소라는 목수가 전해짐. ②안채와 사랑채 및 별채가 ㅁ자형을 이룸. 안채는 겹처마 팔작지붕의 전면 6칸, 측면 2칸의 일자형 평면으로 3단의 사괴석 기단 위에 조성. 각 공간마다 퇴가 설치된 안방·대청·건넌방·부엌으로 구성됨. 사랑채도 겹처마 팔작지붕으로 대청에 면해 사우(祠宇)와 상방(上房)이 ㄱ자로 이어져 구성. 특히 조모가 기거하는

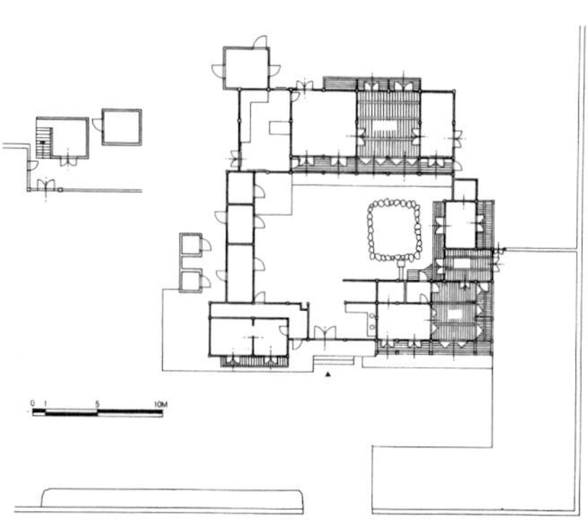

정의윤가옥 배치도

상방은 사랑방에 딸린 사랑마당과 뒷마당을 가르는 담에 의해 공간의 독립성이 보장됨. ③각 단위공간의 크기 및 마루의 구성비가 돋보임.

정의 잔상(正-殘象, positive afterimage) : ①망막에 주어진 색의 자극이 흥분된 상태가 그대로 지속됨으로써 그 자극이 없어졌을 때도 원래의 자극과 같은 자극으로 남게 되는 잔상. ②따라서 그 자극은 다음의 다른 자극에 영향을 주게 되고, 이때 밝기나 색상에 있어서 원래의 자극과 흡사한 잔상을 등색잔상(homochromatic after image)이라고 함. 이와 같은 정의잔상이나 등색잔상은 원래의 자극과 질적으로 같은 것이 다음에 오는 자극을 더 강하게 할 수도 있음. 그것은 부의잔상보다도 더 오랫동안 자극이 지속되기 때문이고, 즉 정의잔상은 때에 따라 1/3초 정도의 노출에도 잔상의 원칙이 적용됨. ③정의잔상에는 다음 3가지 잔상의 원칙이 적용되고, 긍정적 잔상 또는 양성적 잔상이라고도 함. ㉠제1의 적극적 잔상 : 원래의 자극과 같은 색으로 느껴지지만 밝기가 약간 감소되는 잔상으로 '헤링의 잔상' 또는 '제1의 정의 잔상'이라고 함. ㉡제2의 적극적 잔상 : 원래의 자극과 밝기는 같으나 색상은 보색으로서 채도도 낮은 것으로 느껴지는 잔상으로 '푸르키녜의 잔상', '비드웰의 잔상(bidwell's ghost)' 또는 '제2의 정의잔상'이라고도 함. ㉢제3의 적극적 잔상 : 일반적으로 정의잔상이라고 하는 잔상으로서, 원래의 자극과 같은 정도의 지속으로 느껴지는 잔상으로 '스윈들의 유령(swindle's ghost)' 또는 '제3의 정의잔상'이라고 함. 정의잔상은 예컨대, 빨간불을 어두운 곳에서 돌리면 길고 선명한 빨간 원을 그리고, 정의잔상은 망막의 흥분상태 속성에 기인하는 것이고, 즉 자극의 이동 후에도 충동이 시신경에 발한 그대로 계속되고 있는 결과인 것임. 영화와 TV의 각 장면, 네온사인과 네온 패턴 등은 시간적인 변화를 수반하는 이상들의 장면은 잔상의 영향을 고려한 색으로 결정할 필요가 있음. ④⇨잔상.

정자(亭子, pavilion, gazebo) : ①작은 건물이라는 뜻. ②정원에 있는 크기가 작고 장식적인 건물. ③다각형으로 되어 있으며, 여름에 주로 사용하는 장식적인 작은 구조물. ④꼭대기는 첨탑의 꼭대기 장식으로 장식되고 측면은 보통 개방되어 있으며, 지지물 사이에 격자를 붙임. ⑤탁 트여 텅 빈 내부를 갖는 집, 경관 속에 어우러져 관상하기 위한 집. ⑥정자는 대부분 개인용 건축으로서 주택에 부속 또는 경관이 수려한 입지에 독립적으로 건립됨. ⑦마치 별장과 같은 기능으로 주택과는 독립적으로 건립되기에 이를 별서건축(別墅建築)이라고도 함. ⑧입지적 성격이 강하고 건립자의 의도와 개성이 유감없이 발휘되어 조형적 개성도 강함. ⑨정·누정·전망대(=).

정자각(丁字閣, T-shaped shrine for tomb rites) : 왕릉 앞에 제사를 지내기 위하여 봉분 앞에 '丁'자 모양으로 지은 집.

정자문(井字門) : ⇨정자창.

정자보(丁字樑) : 곰배 정자모양으로 생긴 보.

정자살문(井字箭門) : ⇨정자창.

정자살창(井字箭窓) : ⇨정자창(=).

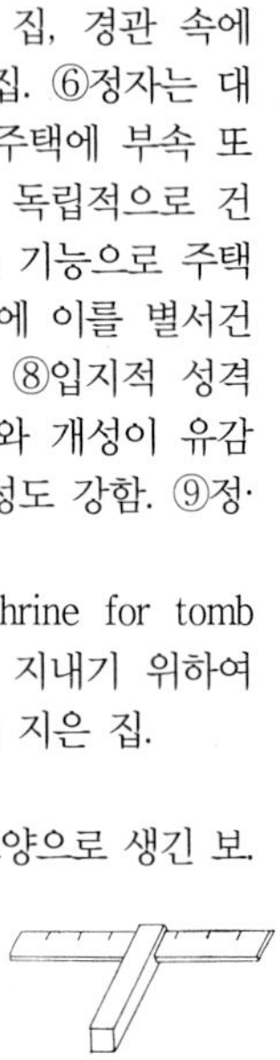

정자자

정자자(丁字尺) : 곰배 정자 모양으로 생긴 자.

정자집

정자집(亭子-) : 종마루가 정자 모양으로 된 집.

정자창(井字窓) : ①창호의 울거미 속에 한자의 정(井)자를 무늬로 짜 넣은 살창호. ②인조 25년(1647)에 간행한 『창덕궁수리도감의궤(昌德宮修理圖鑑儀軌)』에 따르면 만전사창(滿箭斜窓)의 만전(滿箭)은 정자살을, 사창(斜窓)은 빗살창(斜箭窓)을 뜻함. ③고려 말의 건축인 부석사 무량수전 전면 창호는 정자살창호로 정자살창호도 역사가 오래 된 것으로 판단됨. 주택에서는 교창이나 불발기창호로 널리 쓰였고, 마루방의 정면 창호로도 쓰임. ④양동마을 여강이씨 종택의 하나인 무첨당 분합문 불발기는 정자살 짜임이고, 담양 장산리 김선기가옥의 대청과 방 사이의 분합문은 띠살창호와 정자살 창호로 이루어졌음. 분합문 전체를 닫았을 때에는 띠살창호를 여닫이로 하여 출입함. 띠살창호를 접어 정자살창호 위에 얹고 이들 모두를 들어열개로 들쇠에 접어 매달면 방 전체가 개방됨. 풍산 체화정(棣禾亭) 중앙의 온돌방 전면 창호는 살창호 속에 띠살 호령창과 빗살 불발기가 짜여 있음. ⑤정자창은 차양(遮陽)으로도 쓰임(연경당 사랑채 동쪽에 있는 서재인 선향제). ⑥만살창(=).

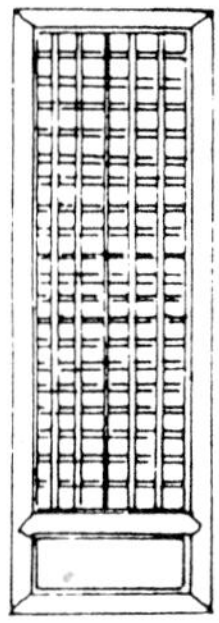
정자 살문

정자형 지붕(丁字形-) : ①지붕형식의 일종. ②십자(十字)형 지붕과 같은 특수형 지붕의 일종.

정자형 지붕

정장석(正長石, orthoclase) : ①도자기의 원료가 되는 조암(造岩)광물의 일종. ②화학성분은 산화칼륨(K_2O)·Al_2O_3·$6SiO_2$, 경도는 6, 비중은 2.57. 광택이 나고 불투명하며 백색·담회색·담황색·담홍색임.

정재문가옥(鄭在文家屋) : ①서울특별시 민속자료 제9호 지정(1977.3.17). 서울특별시 광진구 모진동 145번지 건국대내 소재. 조선말기 건립. ②사직동 정재문가는 선조의 생부(生父)인 덕흥대원군의 종손 이하전(李夏銓, 1842~62)의 저택인 도정궁(都正宮)으로 전해짐. 그러나 전통 사대부 가옥으로서의 면모는 아니어서 도정궁터 위에 다시 세운 집으로 추정되는 가옥. 이 가옥은 원래 정재문 씨 소유 가옥으로 종로구 사직동 262-85번지에 있었으나 도시계획에 의하여 부득이하게 헐리게 되자 건국대학교에서 인수하여 1979년 현 위치인 건국대 교정으로 옮기고, 이하전의 이름을 따서 경원당(慶原堂)으로 부름. ③이 집은 건평 36평으로 평면은 'ㄱ자'형인데 안방 2칸, 대청(마루) 2칸, 건넌방 1칸으로 된 '一자'형의 안채에 마루를 깐 '一자'형의 사랑채를 연결시켜 구성하고, 'ㄱ자'형의 모퉁이에는 부엌을 만든 특이한 구조로서 전통한옥 연구에 흥미로운 자료임. 또한 창문 등과 현관을 붙인 것은 서양식이나 일본 주택 양식이 가미되었음을 알 수 있음. 이러한 변모는 현 창덕궁 희정당 행각의 현관이나 낙선재의 현관에서도 찾아볼 수 있음.

정재파(正載波, standing wave) : 전달파와 반사파가 합쳐져서 파의 축상 각 점이 일정한 진폭을 갖게 되는 파. 진폭은 마디(node)에서 0이고 안티노드(antinode)에서 최대치가 됨.

정적 강도(靜的强度, static strength) : 재료에 비교적 느린 속도로 하중이 작용할 때 생기는 저항. 보통 재료의 강도란 정적 강도를 일컬음.

정적 공간(靜寂空間, silence space) : ①안정·휴식·취침 등을 위한 조용하고 정숙한 분위기를 요구하는 공간으로 활동이 적은 공간 또는 시간에 따라 흐름·변화 및 물량적으로 적은 경우를 말함. ②부부침실·서재·노인실 등으로 완전한 독립성이 요구되며 소음공해가 없어야 하고 시각적·청각적 프라이버시가 확보되어야 함. 상반(相反)되는 정적 공간과는 서로 근접배치하지 않으며, 그 사이에는 완충공간을 두어 공간의 흐름을 부드럽게 하거나 상하층으로 분리하여 배치. 부득이하게 근접할 경우 프라이버시를 확보할 수 있는 방음·차폐 등의 방법이 강구되어야 하며, 개구부의 위치 및 개폐방향도 고려해야 하고, 동적 공간(動的 空間)과는 완전히 독립·분리되어야 함. ⇨동적 공간(⇔).

정적 동작영역(靜的動作領域) : ⇨동적 작업영역(⇔).

정적 인체치수(靜的人體値數) : ⇨구조적 인체

치수(=).

정적 일치(靜的一致, static fit) : 인체의 크기나 자세와 건축요소 및 가구 사이의 일치를 말함.

정적 치수(靜的値數, static dimension) : ⇨ 구조적 인체치수(=).

정적 통일(靜的統一, static unity) : 어떤 디자인의 활발치 못한 것·수동적인 것·형식적인 것·규칙성·완고함·강직성·획일성 등을 암시하는 단위의 특질.

정전(正殿, main hall of Royal palace) : ①왕이 와서 조회를 하던 궁전. ②법전(=).

정정 (statically determined) : 힘의 평형조건만으로 지지점의 반력(反力)이나 부재 응력의 전부를 구하는 경우의 그 구조물의 상태. 정적 원리로 완벽하게 해석 가능한 구조물에 속함.

정정구조(靜定構造, statically determinated structure) : 정정상태의 구조를 말하고, 1부재(部材) 또는 1절점(節點)이 파괴되면 전체가 붕괴됨.

정정구조물(靜定構造物, statically determinate structure) : ①안정구조물(安定構造物) 중에서 힘의 평형(平衡)조건만으로 지점(支點)과 반력(反力), 부재(部材) 응력을 구할 수 있는 구조물. ②정정보는 단순보(simple beam ; 1단이 이동단이고, 타단은 회전단으로 된 보)·캔틸레버보(1단이 고정단이고 타단은 자유단인 보)·내민보(overhanging beam ; 지점의 구조는 단순보와 같지만 다만, 보의 1단 또는 양단이 지점에서 더 연장되어 있는 보), 게르버보(gerber's beam ; 3개 이상의 지점을 가진 보)로 구분함. 반대로 구할 수 없는 구조물을 부정정구조물(不靜定構造物)이라고 함.

정정아치(靜定-, statically determinate arch) : 정정구조의 아치로 보통 삼교식 아치를 말함. 아치의 특성을 가지면서도 온도 변화 등의 영향을 받지 않고 응력을 명확하게 파악할 수 있는 장점이 있어 오래 전부터 많이 사용.

정조(情操) : 정서가 더 순화·발달된 단계로 문화적 가치, 특히 예술 및 종교 등에서 느껴지는 지적이고 고차원적인 감정.

정주간(鼎廚間) : ①큰 공간으로 구성된 부엌에 붙은 방. ②부엌과 트여 있는 온돌방으로 주로 함경도 및 평안도 등 추운 지방에서 볼 수 있음. ③난방이 되기 때문에 식사 및 가족 단란이 이루어지게 되어 사실상 정지방이 안방 역할을 함. ④함경도 지방의 '전(田)'자형 주택은 마루가 없고 부엌과 방이 하나의 큰 공간으로 구성된 정지가 있어 마치 네 개의 방이 '전(田)'자처럼 구성되어 보임. ⑤안방 옆에 붙어 있는 부엌의 부뚜막 반대쪽에 우물마루로 바닥을 이룬 찬간이나 온돌방으로 된 찬방을 둔 부엌. 부엌 바닥과 정지방 바닥과는 상당한 높이차가 있었는데 이는 정지방과 부엌 사이에 설치한 부뚜막의 윗면이 정지방 바닥면과 같아지면서 아궁이가 커졌기 때문임.

정주목(定主木) : 구멍 뚫린 돌구멍(제주도).

정줏간(鼎廚間) : ⇨정주간(=).

정지(鼎支) : 부엌(제주도).

정지거리(鼎支-) : 부엌인 정지만 설치된 채(제주도).

정지동작(停止動作) : 근육운동은 하지 않지만 어떤 일정한 시간 내에 신체의 일부를 어떤 정지된 상태로 유지해 두는 것으로서, 근육의 평형을 유지하는 동작을 말함. 예컨대, 양 손 또는 한 손으로 물체를 떠받들고 있는 동작.

정지마당(鼎支-) : 정지방에 딸린 마당.

정지방(鼎支房) : ⇨정주간(=).

정지영상전시(停止映像展示, slide projection) : 단일 영상의 단조로움을 피하고, 관객의 흥미를 유발시키기 위해 여러 개의 단일 영상을 복합하여 구성하는 대중매체의 다원영상 전시와 하나의 화면으로 구성되는 단일 영상매체로 구분됨.

정착(定着, anchorage) : ①벽돌벽 등에 석재를 매는 철물. ②인장이나 압축으로 인해 단면에 부착파괴를 일으키거나 쪼개지는

ㅈ

것을 방지하기 위해 정착길이를 두거나 후크(hook)를 사용하는 등의 고정을 하는 것을 말함.

정착철물(定着鐵物, anchor) : ⇨정착.

정척(定尺, standard size) : 재료의 표준치수.

정척물(定尺物) : ①목재의 길이가 규격(보통 1.8·2.7·3.6m의 치수)에 맞게 일정하게 된 부재. ②정척물보다 긴 것을 장척물(長尺物)이라 하며, 보통 0.9m씩 길어진 것을 표준으로 함. 또 1.8m 이하인 것을 단척물(短尺物)이라 하고, 정척물이 아닌 것을 난척물(亂尺物)이라 함. 단척물이나 난척물의 길이는 1.8m를 기준으로 하여 300㎜씩 짧거나 길며, 장척물은 고가(高價)이고 단척물은 저렴함. 또 난척물은 구하기 어렵고, 건축재료에 사용되는 일반적인 목재 기성재의 치수는 ㉠목재의 길이 ; 1,820㎜(6자)·2,730㎜(9자)·3,640㎜(12자)·4,550㎜(15자)·5,460㎜(18자) ㉡각재의 단면 ; 20㎜각(7푼각)·30㎜각(1치각)·35㎜각(1치2푼각)·45㎜각(1치반각)·50㎜각(1치7푼각)·60㎜각(2치각)·75㎜각(2치5푼각)·90㎜각(3치각)·105㎜각(3치5푼각)·120㎜각(4치각). ㉢판재의 두께 ; 10㎜(3푼널)·12㎜(7푼널)·30㎜(1치널)·36㎜(1치2푼널)·45㎜(1치5푼널)·60㎜(2치널)·75㎜(2치5푼널)·100㎜(3치널) 등.

정첩(釘貼, hinge butt) : ①한쪽은 여닫이창이나 문의 틀에 달고 다른 한쪽은 문짝에 달아 여닫게 하는 철물. ②문틀에 여닫이 창호를 달 때, 한쪽은 문틀에 다른 쪽은 문짝에 고정하고 여닫는 축이 되는 철물. 강철·주철·청동·알루미늄 등으로 만들고 주물(鑄物)과 대장물(鍛物)이 있는데, 가장 많이 쓰이는 것은 황동 주물제(黃銅鑄物製, brass)임. ③크기는 50·62·75·87·100·125·150·180㎜ 등이 있음. 출입문에는 보통 100㎜가 사용됨. 치수는 정첩높이(길이)로 표시되고, 보통 벌린 전체 너비는 높이와 같은 정사각형임. 정첩의 축을 핀(pin)이라 하고, 핀을 둘러 감은 관부(管部)를 너클(knuckle)이라 하며, 한쪽 너클의 마디는 3개, 다른 쪽은 2개로 되어 있음(다섯 마디 정첩). 정첩은 전체가 형상이 바르고 표면에 흠이 없고 축의 중심선이 바르며, 개폐가 원활해야 함. 또한 정첩의 양 날개는 약 2㎜로 벌렸을 때 평행이 되어야 하며, 개폐시험결과 개폐횟수가 20만 회일 때 그 마모량이 0.8㎜ 이하이어야 양질의 정첩이라고 할 수 있음. ④정첩의 형상에 따라 패스트 핀 정첩(fast pin hinge)·루스 핀 정첩(ball bearing hinge)·용수철 정첩(자유정첩, spring hinge)·숨은정첩(invisible hinge)·돌쩌귀정첩(loose joint hinge) 등이 있음. ⑤경첩(=).

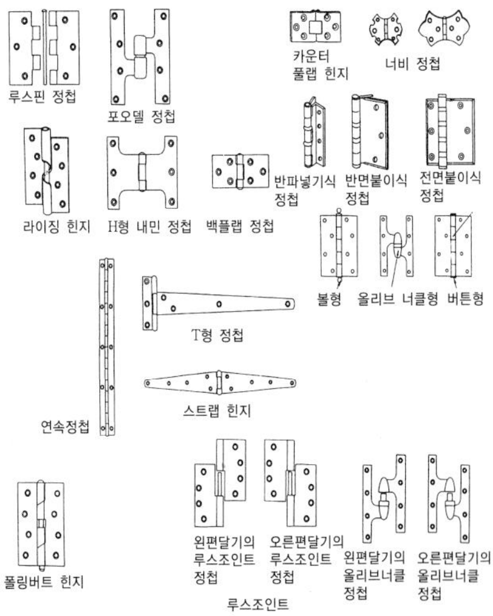

정첩의 종류

정초(定礎) : 주춧돌을 놓는 것.

정측광(頂測光, top side lighting) : ①천창의 채광효과를 얻기 위해 천창의 위치에 설치하고, 비막이에 좋은 측창의 구조적 장점을 살리기 위하여 연직 또는 연직에 가까운 방향으로 한 창에 의한 채광법. ②천장 부근의 수직에 가까운 면에서 채광하는 방식이고, 주로 공장 등 톱날 지붕의 채광이나 솟을지붕 채광 또는 클리어스토리 채광 등에 사용.

정침(正寢) : ①제사를 지내는 몸채의 방.

②사람이 거처하지 않고 주로 일을 보는 몸채의 방. ③안채와 사랑채. ④안방. ⑤주인의 방. ⑥제사를 모시는 방. ⑦적실·적침(=).

정탑(丁塔, lantern) : ①돔(dome)이나 큐폴라(cupola, 둥근 지붕)를 꼭대기에 올려놓은 타워나 작은 탑. ②햇빛과 공기가 유입되도록 개방되거나 창이 있는 벽을 가진 돔 위에 놓이는 상부구조.

정투상(正透像, orthographic) : 수직투상의 복면투상. 물체를 직교하는 두 투상면에 투상시키는 방법으로서, 보통 '투상도'라고 함. 건축 및 실내디자인의 평면도·입면도·정면도 등임.

정투상도(正透像圖, orthographic projection) : ①서로 직각으로 교차하는 3개의 화면 사이에 물체를 놓고 각 화면에 수직인 평행광선으로 투상하여 얻은 도형. ②각각 평면도(plan)·정면도(front elevation)·측면도(side elevation)라고 함. ③물체의 모양을 가장 간단하고 정확하게 나타내며, 내부의 구조 등 복잡한 부분까지도 충분히 나타낼 수 있음. ④투영도의 세로로 평면이 직각으로 그려지고 3차원적 효과를 주기 위해 후퇴선이 30°·45° 또는 60° 각도에서 그려지는 투영도. ⇨ 사투상도.

정투영도법(正透影圖法, orthographic projection) : 평행투영(parallel projection) 중 물체에서 화면에 수직으로 광선을 투사했을 경우는 경사투영(oblique projection)이라고 함.

정평주초(正平柱礎) : ①다듬은 초석. ②주로 원형이나 원추형으로 다듬어 사용. ③조선 후기에 이르러 건물이 장식화되면서 살림집에 사용. ④가공초석(=).

정풍량단일덕트방식(定風量單一-方式, constant volume single duce system) : ①가장 기본적인 공조방식으로 오래 전부터 사용되고 있으며, 중앙에서 air handing unit이나 패키지형 공조기 등을 써서 실내 또는 환기덕트 내의 thermostat 또는 humidistat에 의해 각 실의 조건에 맞게 조절된 냉풍 또는 온풍을 하나의 덕트와 취출구를 통해 각 실에 보내서 공조하는 방식. ②이 방식의 특징은 송풍량을 일정하게 하고 실내의 열부하 변동에 따라 송풍온도를 조절하는 방식. ③장점은 ㉠온·습도 조정, 공기청정, 냄새 제거 등은 높은 효율로 처리할 수 있음. ㉡중앙의 기계실과 실내가 분리되므로 방음·방진처리가 가능함. ㉢외기의 엔탈피가 실내의 엔탈피보다 낮은 경우에 외기의 도입량을 증가시켜 공기조화 부하를 감소시킬 수 있고, 조건이 좋은 경우 냉동기를 사용하지 않고 외기의 도입만으로 외기 냉방을 할 수 있음. ㉣냉난방의 최대 부하시, 외기 도입이 부하를 증대시키는 경우 전열교환기를 사용하여 실내의 배기로부터 열회수를 할 수 있음. ㉤설비비는 일반적으로 계통수가 적을 경우 다른 방식보다 적게 듦. ㉥재열에 의한 에너지 손실이나 이중 덕트에서와 같이 혼합손실이 없으므로 운전비가 적게 듦. ㉦공조기가 중앙에 집중되므로 보수관리가 용이함. ④단점은 ㉠부분적 부하변동에 대처하기 어려움. ㉡재열계통이 없을 경우 실내 습도가 문제가 됨. ㉢중앙기계실의 소요면적은 수·공기식 방식이나 전수방식보다 넓은 면적을 필요로 함.

정풍량방식(定風量方式, constant air volume) : 공조기 등의 출력제어 방식으로 송풍량이 일정하고 냉수코일 조정으로 공조공기의 분출온도를 부하상태에 맞추어 변화시키는 방식.

정향(定向, orientation) : 시간·장소·사람에 따라 자신의 환경에 위치하게 하는 능력을 말함.

정합성(整合性, coordination) : 요구치수와 성능의 최적화를 이루려는 능력.

정헌재(靖獻齋) : ①전라남도 민속자료 제31호. 정조5년(1781년) 초창. 전남 순천시 주암면 주암리 217번지에 위치. 1980년 중수. 1998년 번와. ②창건 당시에는 담

ㅈ

장 안에 재실을 배치하고 서편에 서당을, 동편에 행랑을 두었다고 하는데, 이로써 정헌재가 서당과 묘각

정헌재

의 기능을 함께 수행하였음을 알 수 있음. 대지의 상단 동쪽에 사당을 두고 하단 북쪽에 전사청을 두었으며, 사당과 같은 축선상 앞쪽에 문간채를 둠. 재실은 이 지역의 전통적 재실 구조임. ③중앙에 대청을 둔 일(一)자형으로 정면 5칸, 측면 2칸이고 맞배지붕. 정면의 가운데 3칸은 대청으로 우물마루를 깔고, 양쪽 끝의 1칸씩은 제사에 참가한 사람들이 묶어갈 수 있도록 온돌방으로 배치하였음. 지붕에는 한식 골기와를 얹고 양쪽 박공면에 방풍판을 달았음. 기단 위에 덤벙주춧돌을 놓고 두리기둥(圓柱)을 세웠으며, 그 위에 주두를 놓고 공포는 초익공으로 꾸밈. 기둥 사이마다 3구씩 소로를 둠. 일반적인 5량 구조이고 창호는 모두 띠살문이며, 대청

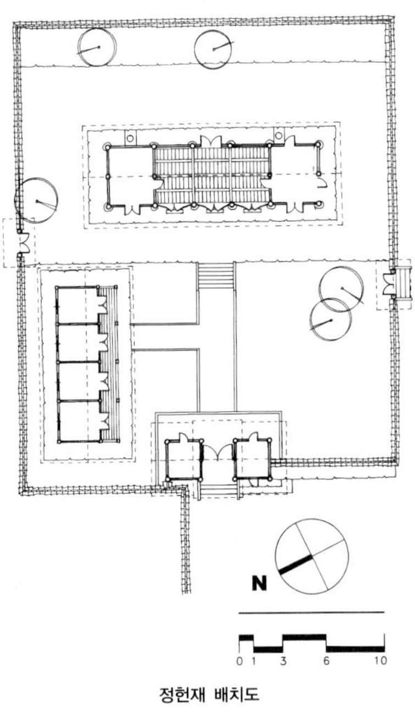

정헌재 배치도

정면에는 4분합 들어열개문을 달았음. 전체적으로 재실은 예스럽고 소박한 멋이 있는, 일반적인 유교건축의 모습임. 문간채는 정면 3칸, 측면 1칸에 맞배 솟을삼문이며, 가운데 칸은 재실의 정문. 양협간에는 고방과 온돌방을 둠. 정헌재 뒤편으로 북동쪽 가까이에는 예장묘(禮葬墓)로 알려진 조유의 묘역이 있으며 근처에 겸천서원(謙川書院), 상호정(相好亭 : 전라남도 문화재자료 49), 승주 조순탁가옥(전라남도 민속자료 30), 영모재·정려각 등이 잘 보존되어 있음.

정현(正弦) : ①나무에 먹을 긋고 다듬는 일. ②나무를 쓰임새에 따라 치수를 정해서 먹을 긋고 다듬는 것. ③나무를 다듬는 일을 '마름질'이라고 함.

정현편수(正弦編修) : ①정현을 맡아서 하는 목수들의 우두머리. ②살림집이나 조그마한 궁궐 따위를 지을 때에는 정현편수가 도편수(대목) 노릇을 했음. ③먹을 긋는 일은 정현편수가 하고 다듬는 일, 즉 마름질은 정현편수에 딸린 목수들이 함.

정형구조(定型構造) : ①구조물이 평면 또는 입면상 대칭을 이루는 경우. ②정형구조물은 지진에 대해 유리함.

정형균형(定形均衡, formal balance) : ⇨대칭적 균형(=).

정형적 공간(定形的空間, formal balance) : ⇨대칭적 공간(=).

정형적 균형(定形的均衡) : ⇨대칭적 균형(=).

정화조(淨化槽, septic tank) : ①수세식 화장실일 때 수세식 변기를 씻어 내린 오물이 침전되는 탱크(침전조) 및 이 오물을 부패시키는 탱크(부패조) 또는 산화시키고 소독시키는 탱크(소독조) 등 모든 장치를 갖춘 일종의 오물처리 탱크. ②수세식 화장실에서 나오는 오수를 침전·분해 등 총리령이 정하는 방법에 따라 정화하는 시설. 정화조는 부패조·산화조, 그리고 소독조의 순서로 조합한 구조로 하고, 성능은 BOD 제거율 50% 이상으로 해야 함. ③실내에서 배출되는 오물은 이 정화

조에서 완전히 정화되어 일반하수도와 연결됨.

젖빛유리(-琉璃, obscure glass, milky glass) : 유리의 한쪽 또는 양쪽 면을 산(酸)으로 부식시키거나 모래분사를 이용해 시야를 흐리게 만든 유리.

제(劑, agent admixture) : ①혼화해도 물량의 증감에 영향을 미치지 않고 성질을 변화시키는 재료를 총칭. ②적은 양으로 첨가되거나 효력을 발생하는 물질. 예컨대 혼화제 등.

제거소화(除去消火) : 가연물을 제거하여 소화하는 방법.

제고물 : 반자를 들이지 않고 서까래에 흙을 붙여 만든 천장.

제곱미터(square meter) : 평방미터. ㎡.

제공(提栱, 諸工, 諸貢, 齊工, bracket system) : ①쇠서형(牛舌形)으로 만들어진 살미. ②공포(供包)에 있어서 첨차와 살미가 층층으로 쌓여 올라가 짜여진 것. ③첨차와 직교되는 살미. ④주두나 대접받침의 위에서부터 차례로, 즉 가장 아랫단부터 초제공, 이제공, 삼제공 등으로 구분하여 부름. ⑤고려 주심포양식에서는 보통 살미가 초제공 정도이며, 이제공은 퇴보를 주심 밖으로 제공과 같은 크기로 줄여 같은 몸으로 만듦. ⑥주심포양식에서 살미를 앙서형의 제공형태로 만든 것은 중기 이후임. 그 이전에는 첨차와 같은 모양으로 만듦. ⑦초제공과 같이 만들어진 앙서형은 부석사 대웅전·수덕사 대웅전·강릉 객사문 등에서 볼 수 있음. ⑧주두에서 창방과 십자로 짜이는 초제공을 받는 짧은 살미를 헛첨차라고 함. ⑨제궁·제공첨차(=).

제공첨차(齊工檐遮) : ⇨제공(=).

제국양식(帝國樣式, Empire style) : 프랑스 제1기 제정시대(1800년경에서 1830년 사이)에 유행했던 건축·가구 장식의 신고전주의양식. 그리스와 로마의 선례에서 모방한 정교한 장식의 사용과 군사적 모티브를 간혹 사용한 것이 특징임.

제궁(齊宮) : ⇨제공(=).

제네콘(general contractor) : 하도급업자가 수행할 작업을 포함하여 특정 건설프로젝트를 관리 및 감독할 것을 건축주와 직접 계약한 개인 또는 단체. 원도급자·원청자(=).

제노도케움(xenodocheum) : 고대 그리스나 로마에서 손님의 접대와 숙박을 위한 방이나 건물.

제단(祭壇, altar, communion table) : ①희생제물을 받치거나 종교적 의식이 행해지던 상승된 공간 또는 구조. ②예수의 최후만찬을 기념하는 성찬식 때 사용하는 기독교 교회 내의 테이블.

제도(製圖, drawing) : ①과학적인 법칙에 의해 기하학적으로 물체의 형상을 평면 위에 투영시켜 도면을 작성하는 것. ②특히 건축과 디자인 및 공학구조물의 체계적 표현과 크기 상세를 위해 T자·삼각자·컴퍼스·삼각 스케일과 같은 도구를 사용하여 그린 그림. ③일반적인 종류로는 평면도·입면도·단면도·정면도·측면도·배면도·투시도 등이 있고, '기계제도(機械製圖, mechanical drawing)'라고도 함.

제도기(製圖器, drafting machine) : 제도를 위해 사용하는 삼각자·평행자·축도자 등의 역할을 하도록 두 개의 자를 두 개의 회전축에 의해 평행자에 연결해 놓은 도구.

제도기호표시(製圖記號表示) : 설계도면의 제도는 만국 공통의 표시로서 나타내어야 함.

제도용구(製圖用具) : 선을 긋는 필기용구·정확한 선을 긋는 자, 올바른 치수를 재는 치수자, 종이를 고정하는 제도판 등을 말함.

제도용 홀더(lead holder) : 제도를 하기 위해 만든 연필심용 홀더. 샤프펜슬에 0.5㎜ 정도의 가는 연필심을 끼워 사용하는데 비해 제도용 홀더는 이보다 더 굵은 연필심을 사용.

제리동(gueridon[프]) : ①작고 장식적인 스탠드 또는 페데스탈(pedestal)을 말함. ②

조그만 원탁.

제문(題文) : ⇨발문(=).

제물반자(-盤子) : 철근콘크리트일 때 바닥판 밑을 제물 또는 바르는 반자. 순 한식(韓式) 고미반자 등.

제물치장콘크리트(architectural concrete finish, béton brut[프]) : ①거푸집을 제거한 후 나타나는 질감·접합부·거푸집판의 연결부 등의 콘크리트 표면을 자연스러운 상태로 두는 것. ②콘크리트 표면에 대해 페인트 도장을 하는 등의 작업을 하지 않는 마감방법으로 거푸집을 떼어 낸 면을 그대로 마감면으로 하는 것. 석조(石造)에 대신하는 것으로서, 소재 그 자체에 오브제(object)로서의 소박한 효과를 느낄 수 있고, 라이트와 르 코르뷔지에 등에 의해 시도되었으며, 그 이후 근대건축의 조형언어 중 하나가 되었음.

제발문(題拔文) : ⇨발문(=).

제삼각법(第三角法, third angle projection) : 투사선이 투상면을 관통하여 대상물과 연결되는 경우의 정투상. 치수기입이 합리적이며 보조투상이 용이하고 독해력이 빠름. 건축·자동차제품·선박 등 정면도의 표현이 합리적.

제삼섹터(the third sector) : 도시개발 또는 공공개발 사업주체가 어디냐에 따른 분류로서, 정부주도형 개발주체·민간주도형 개발주체·정부, 민간공동개발 주체를 각각 제1·제2·제3섹터라고 함.

제소(gesso) : 17세기부터 사용하기 시작한 석고와 점토의 혼합물로 실내 및 가구에 있어서 장식·조각·금박이나 채색을 입힐 부분에 밑칠로 사용되는 재료.

제수이트양식(-樣式, Jesuitical style) : ①라틴 아메리카의 독창성 없는 블록식 성당 건축의 양식. ②로마에 있는 일 제수 성당을 모방한 제수이트파(派)의 성당 건축양식을 말하고, 제수이트교도가 건조한 경우가 많아서 붙여진 명칭.

제스처(gesture) : 생각·의견 또는 감정을 표현하는 손·팔·머리·얼굴이나 몸의 움직임, 즉 몸짓을 말함.

제스처드로잉(gesture drawing) : 하나의 사물을 보고 전체에서 부분으로 진행하면서 자유롭고 신속하게 단선(單線)이나 복선(複線)으로 그리는 기법. 일반적으로 양괴(量塊, mass)·덩어리·움직임·주요 디테일(detail) 등의 몸짓 그림이 그려지고 있음.

제습기(除濕器, dehumidifier) : 실내공간에 적절한 습도를 유지하기 위해 공기 중의 습기를 빨아들이도록 장치된 기기.

제안(提案, proposal) : 고려(考慮)하거나 수락(受諾)하거나 실행하기 위해 어떤 계획을 내놓는 것.

제언(堤堰, embankment bank) : 하천이나 호수의 물, 바닷물의 범람을 막기 위하여 설치하는 흙이나 콘크리트 따위로 만든 구축물.

제우스신전(-神殿, the Temple of Zwus) : BC 515년 아테네의 참주(僭主) 페이시스트라토스가 착공했다가 우여곡절 끝에 AD 124~125년경에 로마 황제 하드리아누스에 의해 완성되었음. 신전 안에는 황금과 상아로 만든 제우스 상이 있음. 아크로폴리스보다 웅장했다는 건물은 4세기에 고트족이 파괴했고 지금은 열다섯 개의 코린트식 기둥만 남아 있음. 발굴은 1889년에 펜로즈(E. Penrose)에 의해 그리고 1922년에 웰터(G. Welter)에 의해 이루어졌음. 이후 트라블로스(Travlos)에 의해 1960년대에도 이루어졌음.

제우스신전

제월당(霽月堂) : ①대전광역시 유형문화재 9호, 1676년(숙종2년) 창건. 조선조 숙종대의 문관이며 대사헌을 지낸 제월당 송규렴(宋奎濂)의 별당이고, 옥오제는 그의 고택 당호임. 제월당은 송규렴의 호이고, 옥오재(玉吾齋)는 송규렴의 아들이자 대사헌을 지낸 아들 송상기의 호임. 현재 정침(사랑채·안채)과 별당·사당·행랑채가 남아 있음. ②일자형 사랑채(옥오재) 북측에 붙여 ㄷ자형 안채가 연결되고, 사랑채 전면 남쪽에 별당인 제월당이 배치됨. 남측에 솟을대문과 행랑채가 배치되고 별당 앞에 연못이 있었으나 근래에 메워 없어짐. 제월당은 정면 3칸, 측면 2칸의 팔작지붕에 오량가구조. 평면은 전체가 6칸을 더 내어 상부는 반침, 하부는 아궁이함실로 쓰고 있음. 토단까지 합하여 약 한자반 높이로 기단을 쌓고 방형 주초석을 놓았으며 기둥은 주초석에 7치각 방주를 세움. 기둥머리에는 조각없이 단순한 양봉(樑棒)이 내외로 돌출됨. 소로받침 없이 기둥과 대들보 위에 굴도리를 얹어 결구하는 단순한 구조임. 대청 창호는 온돌방쪽을 제외한 3면은 모두 띠살문 들어열개문이고, 온돌과 대청마루 사이는 3분합 맹장지 들어열개문. 외부와 통하는 온돌방 창호는 쌍여닫이 2개와 외여닫이 1개가 달려 있고 모두 띠살문. 대청의 천장은 합각부분에서 만나게 되는 복잡한 부분을 충량(衝樑)과 결구하여 우물천장으로 하고 온돌방의 천장은 종이반자로 마감하였음.

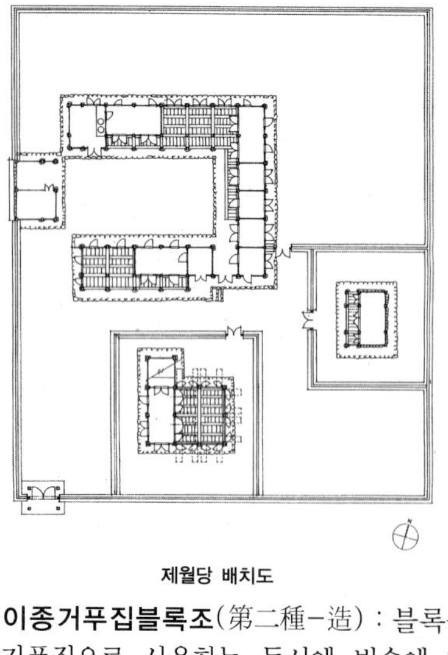

제월당 배치도

제이종거푸집블록조(第二種-造) : 블록을 거푸집으로 사용하는 동시에 빈속에 다져 넣는 콘크리트와 일체가 되어 내력벽이 되도록 하는 벽식 구조.

제일각법(第一角法, first angle projection) : 투사선이 대상물을 지나 투상면에 이르게 되는 경우의 정투상을 말함.

제일종거푸집블록조(第一種-造) : 블록을 단지 거푸집으로만 사용하는 구조로 벽식 구조와 라멘구조가 있음.

제일제정양식(第一帝政樣式) : ⇨앙피르양식(=).

제임스일세양식(-一世樣式) : ⇨자코비안양식(=).

제자리콘크리트(cast-in-place concrete, cast-in-situ concrete) : 구조체의 부분이 위치하는 제자리에서 콘크리트의 타설·성형·양생·마무리가 되게 하는 것.

제작도(製作圖, shop drawing) : ⇨숍드로잉(=).

제재(製材, sawing) : ①원목에서 소요의 목재를 취하기 위한 작업. ②필요한 치수의 목재를 얻기 위해 원목을 절단하는 조작. 목재를 제재할 때는 나뭇결·홈 등에 주의하여 폐재(廢材)가 적게 되도록 계획해야 함. 제재의 취재율은 침엽수 원목의 약 60~70%이고, 광엽수는 50~60% 정도임.

제재가득률(制裁可得率) : ⇨제재취재율(=).

제재목(製材木, lumber) : ①원목에서 소요의 목재로 소요치수 형태로 오려낸 목재. ②원목을 가공하여 만든 판재나 각재 등의 목재 가공품으로 톱질·대패질·자르기·연마 등을 거쳐 제작된 것.

제재취재율(製材取才率) : 규격으로 정한 원목 재적에 대하여 생산된 전제품의 재적을 백분율로 나타낸 값. 침엽수에서는 원목의 약 60~70%이고 활엽수는 50~60% 정도임. 제재가득률(=).

제재치수(製材値數, nominal dimension) : ①제재된 목재의 실제 치수로 제재시 톱날의 중심간 거리로 표시하는 목재의 치수. ②목공사에 있어 목재의 단면을 표시한 지정치수는 특기가 없을 때 구조재·수장재는 모두 제재소에서 켜는 치수를 말함. '명목치수'라고도 함.

제주도형 주택(濟州道型住宅) : 중앙에 마루인 상방을 두고, 상방의 서쪽에 부엌과 작은 구들을, 상방의 동쪽에 큰 구들과 고팡(고방)을 두어 평면 배치한 가옥.

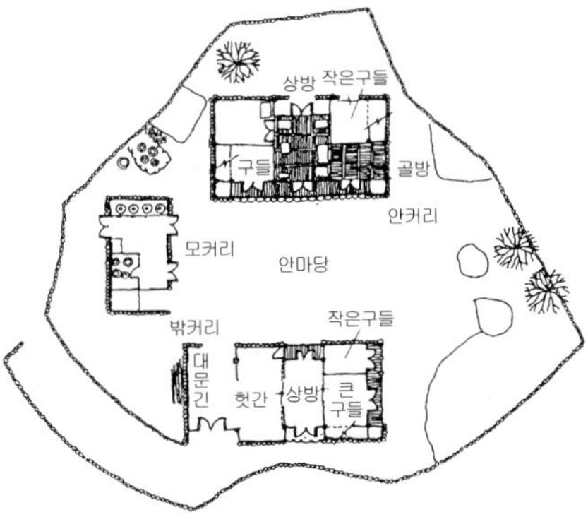

제주도형 주택 배치도

제퀴티바(Jequitibá, Cariniana legalis(Mart.) O.Ktze[학]) : ①브라질이 원산으로 콜롬비아·베네수엘라 등에 분포. ②시재는 엷은 갈색을 띤 장미색이나 진한 색임. 나무갗은 약간 거칠거나 곱고 불규칙한 광택이 있음. 무게는 보통으로 부드럽고 내구성이 크며 목리는 통직하지만 파상을 나타내며 광택은 보통임. 기건비중은 0.72 전후로 가공은 보통이며 유세포에 실리카를 많이 함유하고 있어 톱날을 무디게 하고, 마무리는 양호하며 천연건조할 수 있지만 비틀림이나 할열의 경향이 있으며, 용도는 플로어링·가구·합판·무늬단판 등에 사용.

제택(第宅) : 살림집을 옛 사람들은 제택이라고 불렀음. ⇨살림집(=).

제트버너처리(jet burner treatment) : 주로 화성암(火成岩) 계열의 표면처리에 이용되고, 분사되는 고열의 불꽃에 의해 독특한 가공면을 형성하며, 수동식 조면(手動式 粗面) 처리보다 더 발전된 가공법으로서 가공속도가 매우 빨라 많은 물량을 단시간 내에 처리할 수 있으므로 대형공사의 마감에 많이 채택하고 있음. 주로 현장에서 산소용접기의 불꽃을 이용하고, 화염처리(火焰處理, schorching treatment)라고도 함. ⇨버너처리.

제트시멘트(jet cement) : ⇨초속경시멘트(=).

제트형강재(-型鋼材 Z-bar, zee) : 단면이 Z자형의 강재. 그러나 Z자의 내부 각은 글자형과 달리 90°에 가깝고, 흡음판을 달아맨 천장에서 흡음판이 놓여지는 러너(runner)도 Z형강으로 되어 있음.

제티(突出部, jetty) : 건물에서 아래층 위로 상부층이 돌출한 부분.

제품차별화(製品差別化, product differentiation) : ①종래의 제품과 다른 특이성을 추구함으로써 수요자의 선호(選好)를 유도하는 마케팅 기법. ②제품차별화는 제품이 시장에 공급돼 어느 정도 보급되고 기본수요가 충족됐을 단계, 즉 제품의 라이프사이클로 보아 성장기 이후에 품종수요를 자극하는 선택적 추구를 통해 전개됨.

제품화계획(製品化計劃) : 머천다이징(=).

제한경쟁입찰(制限競爭入札, limited open bid) : ①입찰참가자에게 입찰자격에 대한 제한을 가하여 양질의 공사를 기대하며, 그 제한에 해당되는 업체라면 누구든지 입찰에 참가할 수 있도록 한 방식. ②특징은 ㉠중소건설업체 및 지방건설업체 보호. ㉡공사 수주와 편중 방지. ㉢담합 우려 감소. ㉣업체의 신용과 양질의 공사 확보 곤란. ㉤균등 기회 부여 무시, 경쟁원리 위배.

제한입찰(制限入札, Private Auction) : ①신문 등을 통해 입찰에 대한 내용과 조건을 사전에 공고하는 공개입찰 형식과 달리 매각 주간사 은행이 인수 의향이 있을 것으로 보이는 기업들을 직접 선정하여 이들을 대상으로 입찰 참여업체의 범위를 제한하는 방식. ②매각 주간사 은행이 선정한 업체들에는 투자안내서(Information Memorandum)와 매각기업의 비밀을 보장한다는 각서를 받는 것이 일반적인 관례. 특히 공개입찰과 달리 입찰참여업체들과 개별적인 협상을 통해 매각조건 등에 대한 긴밀한 '네고'가 가능함. 또한 입찰의

ㅈ

향서를 제출한 업체들이 제시한 가격이 나 매입조건이 채권단의 기대치와 현격한 차이가 있을 경우 낙찰자를 선정하지 않아도 되는 절차상의 융통성을 발휘할 수 있음.

제한적 최저가 낙찰제도(制限的 最低價 落札制度, lower limit) : ①낙찰자 선정방법 중 하나. ②부실공사를 방지할 목적으로 예정가격 대비 90% 이상 입찰자 중 가장 낮은 금액으로 입찰한 자를 결정하는 방식. ③중소기업보호육성책의 일환. ④특징은 ㉠덤핑(dumping) 방지로 부실공사 예방. ㉡시장경쟁원리 배제로 기술개발 저해. ㉢예상가 탐지를 위한 부조리 발생 우려.

제혀(tongue) : 판재의 가장자리를 따라 길고 좁게 돌출된 띠. 맞추어지는 다른 판재의 홈에 삽입됨.

제혀쪽매 : ⇨제혀쪽매맞춤(=).

제혀쪽매맞춤(groove and tongue) : ①널의 양면 중간을 턱지게 하여 혀처럼 내밀게 한 것을 다른 널의 홈에 끼워 맞추는 붙임기법. ②목재를 연결시키기 위해 한 쪽 표면에 판 가늘고 긴 홈에 다른 쪽 끝에 혀처럼 튀어나온 부분을 끼워 넣는 방법. ③종류는 제혀쪽매의 형태 및 구조에 따라 V줄눈 제혀쪽매, 개탕식 제혀쪽매, 양편 제혀쪽매 등으로 구분함.

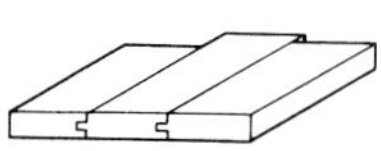

제혀쪽매맞춤

제혀턱솔(tongue and groove) : 세장면을 만들기 위해 한 재의 끝면에는 촉을 만들고 또 다른 재의 끝면에는 홈을 두어 서로 끼워 맞추는 접합.

제형보(梯形樑) : ①사다리꼴로 된 보. ②고려시대의 주심포집에 쓰였음.

젤라틴(gelatine) : 동물의 가죽·힘줄·연골 등을 구성하는 천연 단백질인 콜라겐을 뜨거운 물로 처리하면 얻어지는 유도 단백질의 일종. 주로 접착제로 사용함.

젤루통(jelutong) : 인도네시아 등 남양에서 생산되는 실내 내장마감재·가구재.

젬(GEAM) : ⇨지이에이엠(=).

조가비문양(-紋樣, scallop, scallop shell) : 중심에서 방사상으로 홈이 파져 가장자리가 오목·볼록한 형태가 연결되어 물결무늬로 마무리되는 문양. 후기 르네상스, 루이(Louis)14세와 15세, 앤여왕(Queen Anne), 그리고 조지안(Gorgian)시대에 널리 사용되었으며, 특히 가구 다리의 무릎(knee) 부분과 탁자의 에이프런(apron), 가구의 최상부 머리장식(crest)에 사용됨. 18세기 후반에는 전통적인 파이껍질(pie crust) 테이블의 가장자리처럼 세발(tripod) 탁자의 가장자리에서도 조가비 문양이 장식되었음.

조가비세공(-細工, shellwork) : 다양한 형태와 색채의 조가비를 재료로 하여 장식하는 기법. 작은 보석함으로부터 석굴 전체 벽면에 이르는 넓은 면적까지 기하학적 문양이나 꽃문양으로 디자인하여 장식하였음. 18세기 말부터 19세기에 유행하였음.

조가비형 아치(-形-, scalloped arch) : 무어족(Moorish)의 건축에 사용된 다섯 개 이상의 잎으로 구성된 아치. 조가비형의 연속 문양을 이룸.

조가비형 주두(-形柱頭, scalloped capital) : 끝이 잘려진 원추형태나 조가비형으로 측면이 형성된 주두. 중세의 베개형 주두에서 그 형태를 찾을 수 있음. ⇨베개형 주두.

조각(彫刻, sculpture) : 조각은 목재를 조각하고, 대리석을 새기며, 점토를 몰딩하거나 금속으로 주조하여 모양과 형태 또는 디자인을 형성하는 예술. 건축에 있어서 조각은 벽돌·석재·콘크리트 등을 포함하는 다양한 재료를 통해 이루어짐. ⇨환경조각.

조각유리(彫刻琉璃, engraving glass, sculpture glass) : ⇨에칭유리(=).

조각편수(彫刻編修) : 새김질을 하는 조각쟁이의 우두머리.

조감도(鳥瞰圖, bird's eye perspective, airscape) : 새가 하늘에서 내려다보는 것과 같이 높은 위치에서 내려다보며 그리는 도형으로 투시도의 일종. 부감도(俯瞰圖, high angle perspective)라고도 하며, 복잡한 배치 등을 한눈에 보는데 편리하며, 실내 디자인에서는 보통 1소점 투시가 쓰임. 부감도(=).

조강포틀랜드시멘트(早强-, high early strength portland cement) : 보통 포틀랜드시멘트에 비해 재령(材齡)의 조기에서 고강도를 나타내는 석회계(石灰系)의 시멘트. 보통 포틀랜드시멘트는 재령 28일에 나타내는 강도가 재령 7일 정도에서 나타나지만 장기강도는 보통 포틀랜드시멘트와 큰 차이가 없으며, 조강(早强) 포틀랜드시멘트는 조기강도가 높고 장기에 걸쳐 강도를 증진함. 따라서 거푸집 회전율이 좋고 양생기간 및 공기의 단축이 가능하며, 콘크리트의 수밀성(水密性)이 크고, 지하공사 등의 방수성·해수·오수·지하수 등 황산염을 포함하는 물에 대한 화학적 침식에 대한 저항성이 큼. 수화속도(水和速度)가 빠르고 수화열이 커서 저온 시에도 강도발현성이 크므로 동기 공사(冬期工事)에 적합함. 수축이 크고 수화열이 많으므로 단면이 큰 콘크리트, 즉 매스 콘크리트에는 부적당함. 긴급공사·동기공사 등에 적합.

조개껍질의자(-倚子) : 영국의 디자이너 데니스 영(Young)이 1940년대 후반에 제작한 것으로 1951년 영국의 전시 축제(Festival of Britain Exhibition)에 출품.

조건등색(條件等色, metamerism, metamerie bedingtgleichkeit[독], métamérisme[프]) : ①두 가지의 물체색이 서로 다르더라도 어떤 조명 아래에서는 같은 색으로 지각되는 현상, 즉 색의 분광반사율(spectrum)이 서로 다른 두 가지 색이라도 특수한 조건에서는 같은 색으로 보이는 현상. 이 조건은 가상 색이므로 조건이 다른 상황에서는 색이 서로 달라져 보이고, 보통 '메타메리즘'이라고 함. ②색의 특성을 조절함에 있어 여러 종류의 다른 조명을 이용한 효과.

조경(造景, landscape) : 환경에 인공을 가하여 경관(景觀)으로 아름답게 꾸미는 일.

조경건축(造景建築, landscape architecture) : 미적인 목적이나 실용적 목적으로 경관의 형상을 설계·정돈·개조하는 예술·사업 또는 전문 분야.

조광기(調光器, dimmer) : 변압기·저항·반도체 등을 사용하여 전등 빛의 밝기를 조절하는 장치. 백열등용의 저항식(전압조절식)과 반도체를 사용한 백열등·형광등용의 SCR(전류위상 제어)이 있음. 보통 디머(dimmer)라고 함.

조광유리(照光琉璃) : ①두 장의 유리판 사이에 투명한 전극과 전해질 또는 액정을 넣어 전기를 통하게 함으로써 착색·소색(消色)·투명·불투명을 전기적으로 조절할 수 있는 것. ②커튼이나 블라인드를 사용하지 않고 공간의 조도조절을 할 수 있음.

조골재(粗骨材) : ⇨굵은골재·자갈(=).

조규승가옥(曺圭承家屋) : ①강원도 문화재자료 80호, 1930년경 창건. ②안채·사랑채·곳간채가 이어져 전체적으로 ㅁ자 형태를 이루고 양옆이 앞으로 돌출된 구성을 함. 경사에 의한 기단 설정방법을 건물 안쪽

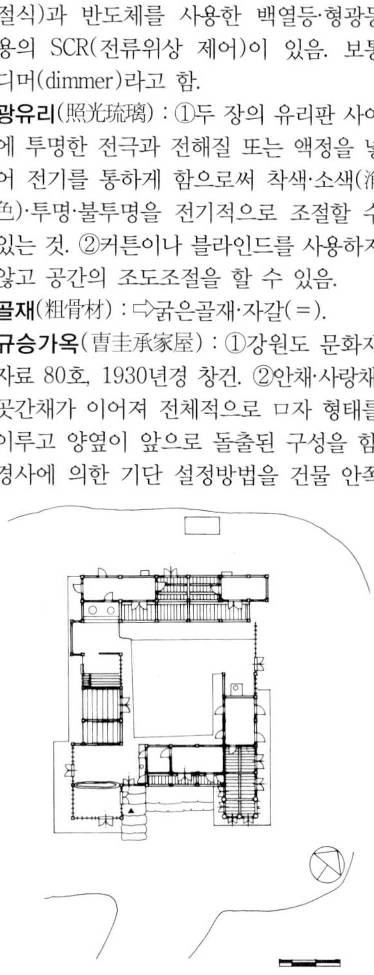

조규승가옥 배치도

에서 흡수하지 않고 외부에서 입면구성상 적극적으로 도입하여 높게 쌓인 석축과 계단, 그 위에 가볍게 들어 올려진 사랑채의 구성이 이 가옥의 파사드를 결정짓는 주요한 요소로 솔리드와 보이드가 적절히 사용된 독특한 인상과 효과를 가짐. 먼저 지어진 안채는 전면 5칸, 측면 2칸으로 중앙에 넓은 마루가 조성됨. 사랑채는 사랑방 3칸의 사랑대청, 아랫사랑, 행랑채방으로 구성됨. 부엌에 연이은 곳간채는 3칸으로 2칸은 상부에 다락 설치됨.

조글(joggle) : ①석재를 접합하는데 서로 어긋나거나 미끄러지는 것을 방지하기 위해 한쪽에는 촉을 내고 다른 한쪽에는 홈을 파서 맞물리게 하는 장치. ②창틀에서 창문을 고정시키기 위해 아래 위에 파놓는 홈. ③은못(dowel)의 다른 명칭.

조기강도(早期强度, short age strength) : ①모르타르·콘크리트 재령(材齡) 4주(週)까지의 강도. ②재령 7일 이내의 강도를 조기강도 또는 초기강도라고 함. ③장기강도(⇔).

조닝(分節, zoning) : ①공간을 생활영역에 따라 나누는 것. 즉 공간의 구역구분. ②단위공간(unit space) 사용자의 특성·사용목적·사용시간·사용빈도·행위의 연결 등을 고려하여 공간을 여러 개의 생활권으로 구분하는 공간구획(空間區劃)을 말하며, 그 구분된 공간을 존(zone) 또는 구역(區域)이라고도 함. 경우에 따라서는 시간배분(時間配分)까지도 의미하며, 그 밖에 매장의 상품배치를 존(zone) 단위로 배치하는 것. ③공기조화설비상 건물 내를 몇 개의 구역(區域, zone)으로 나누어 각각 별개 계통의 공기조화와 덕트를 설비하는 것. ④동일 건물 내에서도 부분에 따라 열부하의 시각별 변동이 다르기 때문에 동일한 부하특성이 나타나는 구역으로 건물을 분할하여 공조계통을 분리시키는 것으로 용이한 운전제어와 장비용량을 줄여 운전비 절약. ⑤조닝계획시 유의사항 ; ㉠사용자의 특성. ㉡사용목적 ㉢사용빈도 ㉣사용시간 ㉤행위간의 긴밀성 분석 등. ⑥조닝에는 부하별(負荷別)·용도별·사용시간별이 있음. ⇨구역(=).

조닝계획(-計劃, zoning planning) : ⇨조닝(=).

조도(照度, illumination) : ⇨럭스(=).

조도계(illumination meter) : 표면의 밝기를 측정하는 기계.

조도계획(照度計劃, illumination plan) : 물건이 잘 보이고 작업에 지장이 없도록 적당한 밝기를 유지·확보하는 기준.

조례(條例, regulations, rules, laws) : 지방자치단체가 지방의회의 의결에 의해 법령의 범위 내에서나 자기 사무에 관하여 제정하는 법.

조례기척(造禮器尺) : ①종묘나 문묘 등의 각종 예기를 제작하는데 사용하는 자. ②28센티미터. ③예기척(=).

조로 : ①추녀·사래와 귀서까래 위에 거는 휘어 오른 평고대. ②구부스름하게 휘어져 올라감. ③지붕의 수직면상에서 위로 휘어 오르는 평고대(平高臺)인 조로를 둠으로써 네 귀를 위로 쳐드는 기법으로 착시현상을 교정하기 위한 것. ④이때 수평면으로는 후림을 가지므로 3차 곡선을 형성하고, 한국건축의 처마곡선은 중국계 건축 중에서도 가장 아름다운 형태를 가지고 있는 것이 특색임. ⑤처마 서까래 위에 거는 평고대를 '초평고대' 또는 '초맥이'라 하고, 부연 위에 걸리는 평고대를 '부연 평고대' 또는 '이맥이'라고 함. 여기서 맥이라고 하는 것은 막이라는 뜻으로 추정함. ⑥조로 평고대의 준말. ⑦부석사 무량수전·경복궁 근정전·창덕궁 인정전 등의 지붕은 유명함. ⑧조로 평고대. ⑨후림(⇔).

조로

조로평고대(-平高臺) : 지붕곡선을 계산하여 휘어진 평고대를 만들어 쓰는 것으로서, 이를 사용하면 아름다운 유선(流線)의 처마곡선이 이루어짐.

ㅈ

조롱나무(Distylium racemosumvar typicum [이]) : 금루매과(金縷梅科)의 상록활엽교목. 키는 78m 정도 자라고, 재목은 단단하여 건축재·가구·악기 등에 사용되며, 나무껍질을 태운 재는 도자기의 유약이 됨.

조림수종도(造林樹種圖) : ①전국을 기상 및 토양 여건에 따라 7개 지대로 구분, 그 지역에서 잘 자랄 수 있는 나무 종류를 예시한 나무지도. ②지금까지 조림은 해방 전에 작성된 조림수종도에 의거, 전국을 4개 지대로 구분하여 추진해 왔는데 산림청은 새로 전국을 온대북부, 온대중부, 온대남동부, 온대남북부, 온대남서부, 온대해안 난대림지대로 나눈 새 지도를 펴냈음.

조립(組立, fabrication assembling) : 부분적으로 생산된 부품들을 한데 모아 하나의 제품으로 완성시키는 작업. 다양하고 표준화된 부재를 조합하여 설치.

조립구조(組立構造, prefabricated structure) : ①벽체·바닥판·지붕판 등 건물의 각 부분을 한 단위판으로 공장·생산하여 현장에서 조립·접합하여 건축하는 구조. ②구조는 1차대전 후 전쟁의 피해 복구를 단시일 내에 하기 위한 방책으로 영국을 비롯하여 벨기에·네덜란드 등 유럽에서 연구·개발. 오늘날 많은 발전으로 주택·아파트뿐만 아니라 상당한 고층 건물에 이르기까지 이용됨. ③구조의 특성은 공장생산이 가능하여 대량생산을 할 수 있고, 극단적으로 작은 단면의 부재로 꾸미는데 재료가 절약되고, 기계화 시공으로 단기완성이 가능하며, 현장 거푸집 공사가 절약되고, 정밀도가 높고 강도가 큰 철근콘크리트부재를 쓸 수 있다는 이점이 있으나, 접합부에 결함이 생기기 쉽고 단면이 작으므로 화재발생시에 강도저하의 우려가 있고, 같은 형의 건물을 대량으로 건축하기 위해서만 가능한 결점이 있음.

조립구조의 분류(組立構造-分野) : ①조립양식에 따라 ㉠가구식 조립구조 ㉡패널식 조립구조 등. ②주 사용재료에 따라 ㉠조립식 목조 ㉡조립식 철근콘크리트조 ㉢조립식 철골조 등으로 분류함.

조립률(粗立率, Fineness Modulus ; FM) : ①콘크리트에서 골재의 입도를 수치적으로 나타내는 하나의 지표. 세골재는 2.6~3.1, 조골재는 6~8 정도가 적당함. ②골재의 입도(粒度)를 수량적으로 나타내는 방법으로 80㎜·40㎜·19㎜·10㎜·No.4(5㎜)·No.8(2.5㎜)·No.16(1.2㎜)·No.30(0.6㎜)·No.50(0.3㎜)·No.100(0.15㎜)의 10개 체를 1조로 하는 체가름 실험을 하여 각각의 체를 통과하지 않는 시료(試料)의 전 골재 중량에 대한 중량백분율의 합계를 100으로 나눈 값을 말하며, 골재 크기(粒度)의 개략치를 표시하는 지수(指數)로 사용됨. 조립률(FM)은 입경(粒徑)이 큰 것일수록 커지고, 일반적으로 잔골재(모래) 조립률이 2.6~3.1이며, 굵은골재(자갈)는 6~8이 되면 입도가 좋은 편이 됨.

조립보(組立梁) : ⇨겹보(=).

조립식(組立式, prefabricate, prefabricated) : 건물이나 물품의 각 부분을 따로 생산한 후 조립할 수 있도록 각 부분에 기준치수를 정해 놓고 대량생산하는 방식.

조립식 가구(組立式家具, prefabrication furniture, knock down furniture) : 포장·운반·선적 등의 편의를 위해 제품을 쉽게 조립할 수 있도록 분해하여 제작하는 가구. 'K.D가구'라고도 함. 필요할 때에만 조립하거나 펴서 사용하며 평상시에는 접어서 부피를 적게 하여 보관함으로써 공간점유율을 적게 할 수 있음. ⇨분해식 가구(⇔).

조립식 건축(組立式建築, system building) : 건물의 조립과 설치속도를 향상시키기 위해 표준화된 건축부재 또는 작업요소의 생산을 통한 고도의 선조립(先組立) 시공과정.

조립식 구조(組立式構造, prefabricated plate structure) : 주요 건축뼈대를 공장에서 제작·현장에 운반하여 짜맞춘 구조. 미리 부분품(부재)을 공장에서 생산하여 현장에서 조립만 하는 것으로, 벽체는 구조적인 하중을 분담하지 않음.

조립식 목조(組立式木造) : 뼈대를 목조로 하고 패널·창호 등을 맞추어 조립하는 구조와 목조의 패널을 접착재로 조립하여 일체식 구조화하는 구조.

조립식 연도(組立式燃導, prefabricated flue) : 공장 생산 부품으로 조립된 연소장치(燃燒裝置)를 위한 금속 배출구.

조립식 주택(組立式住宅, prefab house) : 일정한 규격에 따라 건물의 골격을 구성하는 규격화·단순화된 자재를 공장에서 대량으로 제작·생산하여 현장에서 단순히 조립·설치하는 건축방법이나 건물. 시공기간의 단축·건축비 절감 등의 효과는 있으나 초기 자본의 경비가 많이 드는 결점이 있음.

조립식 천장(組立式天障, eggcrate, open cell ceiling) : 미리 만들어져 있는 정사각형이나 육각형의 구성재를 연결시켜 이어가면서 만드는 조립식 천장.

조립식 철골조(組立式鐵骨造) : ①주 사용 재료에 따른 조립구조의 하나. ②뼈대는 경량형강을 사용하고 조립식 패널과 새시를 여기에 맞추어 조립하는 구조.

ㅈ

조립식 철근콘크리트조(組立式鐵筋-造) : 철근콘크리트의 프리캐스트 패널(precast panel)을 조립하는 구조.

조립트랩(粗立-, system trap) : 대변기나 소변기처럼 위생도기와 일체가 된 트랩. 기구·기능에 따라 다양한 형이 있음.

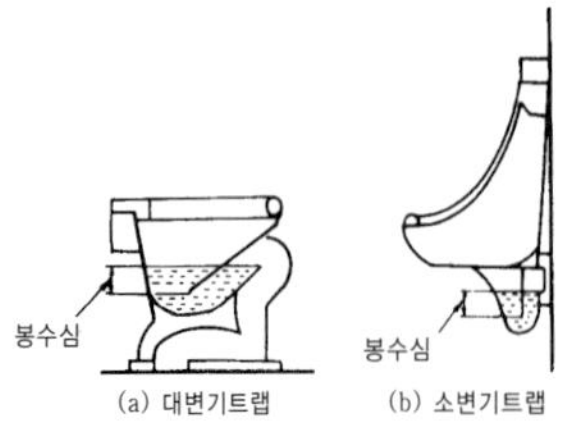

조립트랩

조막온도(造膜溫度) : 피막화하기 위해 필요한 온도.

조망(眺望, vista[이]) : ①어느 지점에서 바라보는 경치. ②비스타(=).

조망권(眺望權) : 갑지(甲地)의 관망을 방해할만한 을지(乙地)의 이용방법을 제한하기 위하여 설정되는 지역권.

조면마감(粗面-) : 르네상스 건물에 적용되었던 거친 표면과 오목하게 들어간 부분으로 된 돌 시공방법.

조명(照明, lighting) : ①자연광원에 의한 자연조명과 인위광원에 의한 인공조명으로 크게 구분되지만, 조명은 일반적으로 일정한 장소를 인위적으로 밝게 하는 발광체인 광원으로 공간에 빛을 제공하는 인공조명을 말함. ②분류는 ㉠조명방식에 따라 전체조명(general lighting 또는 base lighting)·국부조명(partial lighting)·장식조명(decreative lighting)으로 구분하고, ㉡배광방식에 따라 직접조명(directive lighting)·반직접조명(semidirective lighting)·간접조명(indirective lighting)·반간접조명(semi-indirective lighting)·전반확산조명(mixed lighting)으로 구분함. ㉢설치형태에 따라 매입형·직부형·벽부형·펜던트(pendant)·이동형·건축화조명으로 구분. ③계획 ; ㉠조명의 배광방식과 조명방식은 빛의 질과 양, 광색 등으로 입체감·재질감·색채감을 변화시킴. ㉡조도가 낮을수록 공간의 여유감은 더해지며 한결같이 밝은 조명은 활기 있는 공간을 만듦. ㉢일상적인 반복의 작업공간은 균일한 조명상태가 좋음.

조명각도(照明角度, lighting angle) : 작업의 효율성을 극대화하고 올바른 감상을 위해 추천되는 각도. 예컨대 작업할 때는 양 옆의 어깨보다 높은 위치에서 45°에 위치하는 것이 바람직하고, 색을 비교할 수 있는 감상 중심의 관람실이나 전시장인 경우의 조명각도는 또한 45°가 이상적임.

조명계획(照明計劃) : ⇨조명.

조명계획도(照明計劃圖, lighting plan) : 천장과 벽에 사용할 조명의 배치와 치수를 기입하는 도면으로 천장도에 포함시키기도 함.

조명과 구매심리(照明-購買心理) : 점두에서 조명분포나 색채대비 등으로 시선을 끄는 조명. 이상적이고 흥미를 끌고 호기심이 가는 상품에 대한 형태감·친근감을 주는 조명. 점내를 감싸주는 조도를 배분하고 매력있게 시선을 집중시켜 구매 욕구를 자극시키는 조명. 충분한 밝기의 조도와 상품에 맞고 연색성을 고려하여 광원 선택으로 상품 비교가 가능한 조명 등의 단체들이 전체적으로 조화되어 기분이 좋은 상품. 또 다시 오고 싶은 상점이 되도록 구매심리를 고려한 조명계획을 전개함. 이는 단골고객이나 계획구매의 고객보다 유동객이나 구매를 망설이는 고객에 대한 고려임.

조명규칙(照明規則) : ①램프 갓(lamp shade)은 소켓을 항상 덮어야 함. ②램프갓은 항상 눈높이에 있거나 그 아래에 있어야 함. ③보통 실내는 최소한 200lx 정도가 필요함. ④한 개의 콘센트는 방 둘레의 매 4m 거리마다 두는 것이 효과적임. ⑤탁상용 전등갓의 하단은 탁상면에서 최소 350㎜는 떨어져야 함. ⑥독서의 가장 좋은 광원의 위치는 왼쪽 어깨너머의 눈높이에 와야 함. ⑦식탁등(食卓燈)은 바닥에서 약 1,500㎜ 높이에 달아야 함.

조명기구(照明器具, lighting fixture, luminaire) : ①램프와 램프를 보호하고 고정시키는 부분으로 빛에 방향을 주는 부분과 전원 연결장치까지의 기구 일체로 완전한 조명단위를 말함. ②램프를 포함하여 전선·반사경·렌즈·조절기와 각종 조명요소를 말하고, 발광장치는 영구적인 부속물이나 기구에 덧붙여지거나 적절하게 고정되며, 그것은 악천후로부터 전기회로들을 보호하기 위한 램프와 소자(素子)들을 가진 조명유닛(lamp unit)을 말함. 그리고 규정된 패턴 속에 빛을 분산시키기 위한 장치로 구성되어 있음.

천장높이와 조명기구 최대취부간격

천장높이 H(m)	가구 최대취부간격 Smax(m)	그 경우의 수평면 조도(ℓx) Fl 40W×2등용)
2.5	1.2	약 1,900
2.7	1.5	약 1,500
3.0	2.0	약 1,000
3.6	3.0	약 700

※ 조도와 연결배치는 바닥에서 0.8m를 기준으로 한 계산치임(실내반사율 : 천장 60%, 벽 40%, 바닥 20%인 경우)

조명기능(照明機能, lighting function) : ⇨상품조명(=).

조명도(照明度) : 조명기구·조명방법·벽과 천장의 반사율 등에 따라 다르나 저명도가 약 0.1룩스 이상일 때는 명시(明視)가 이루어지고, 0.01룩스 이하일 때는 암시(暗視)가 됨. 0.1~0.01룩스 사이에서는 양쪽이 다같이 움직임.

조명등(照明燈) : ①유효하게 이용되는 광속(光速). ②전등에서 나오는 광속의 몇 %가 유효하게 이용되어 작업면을 비치는가 하는 것.

조명디자이너(照明-, lighting designer) : 전문 조명 디자인과 설계를 돕거나 제공하는 사람.

조명디자인(照明意匠, lighting design) : ①빛의 조사(照射)와 수조(受照)의 관계에 의해 성립되는 디자인. ②실내에 소요되는 조도 및 필요한 조명의 종류·방식·조명기구 등을 고려하여 배치·계획하는 작업.

조명률(照明率, coefficient of utilization ; CU) : ①조명률(照明率) : 작업면의 광속을 광원의 총 광속으로 나눈 값. ②수조면(受照面)에 도달하는 빛의 총합. 즉 광원으로부터 나온 빛 가운데서 작업면에 도달하는 빛이 어느 정도인가를 표시한 것이고, 따라서 조명률은 천장·벽·바닥 등의 반사율에 따라 변화하며, 실내의 폭과 깊이에 대응하는 광원의 높이에 따라서도 변화함. 조명률의 표에 의해 구함. ③한 기구의 광원들로부터 방출되는 총광속량과 지정 작업면 위에 도달하는 광속량의 비율. CU값은 실표면의 반사율·실의 크기(비례) 형태·기구의 위치·기구의 형태 등에 의해 영향을 받음.

조명박스(照明-, lighting box) : 광천장 등과 같이 건축화된 매입등인 경우 현장상황을 고려한 디자인에 따라 제작되는 상자. 주로 금속이나 판재(합판 또는 짚섬보드 등)를 사용하고, 이때 ϕ10~30 정도의 열구멍(熱口)을 뚫어 주어야 함.

조명방식(照明方式, lighting system) : 조명방식은 의장이나 배치 및 배광방식에 따라 여러 방식으로 분류됨. 일반적으로 ①배광방식에 따른 분류 : 직접조명·반직접조명·간접조명·반간접조명·전반확산조명으로 구분. ②기구에 따른 분류 : 매입형·직부형·벽부형·펜던트·이동형 조명으로 구분. ③건축화조명 : 광천장조명·광창조명·코브조명·벽면조명(커튼조명·밸런스조명·코니스조명·캐노피조명)으로 구분.

조명사요소(照明 四要素) : 물체가 잘 보이도록 하는 조명의 조건. 즉 명도(명암·휘도)·대비·크기(물체의 크기와 시거리로 정하는 시각의 대소)·움직임(또는 노출시간)을 말함.

조명색(照明色, illuminating color) : ①광원의 빛이 물체에 비췄을 때 그 물체의 고유한 표면색이 보이는 것이 아니라 광원색과 합쳐서 다른 색으로 나타나는 것. ②무대 위에 비춰 광원으로부터 나오는 광원색과는 다른 빛의 색. 조명색은 표면색과도 다르며, 조명색을 볼 때는 대부분 공기분자 자체 및 공기 중에 있는 부유분진 및 수증기 등에 의한 산란색도 볼 수 있음.

조명설계순서(照明設計 順序) : 다음과 같은 순서에 의해 설계함. ①소요조도를 결정. ②광원을 선택. ③조명방식을 결정. ④조명기구 배치를 결정. ⑤조명률을 결정. ⑥실지수(室指數)를 결정. ⑦조명률을 결정. ⑧감광보상률을 결정. ⑨광속을 결정. ⑩광원의 수 및 광원의 크기를 결정. ⑪조도분포와 휘도(輝度) 등을 결정. ⑫점멸방법을 결정. ⑬스위치 : 콘센트 등의 배치를 결정. ⑭건축 평면도에 배선설계를 함.

조명연출기법(照明 演出技法) : 조명과 재질감·공간감 및 심리적 효과 등을 고려한 조명효과. 종류에는 강조기법·빔플레이·월워싱기법·그림자 연출기법·실루엣기법·후광조명기법·글레이징기법·상향조명기법·스파클기법 등이 있음.

조명유리(照明琉璃, lighting glass) : 빛의 반사로 소요방향에 광선을 집중시키고, 투과확산으로 눈부심을 방지하며, 형상(形狀)을 효과적으로 고안하여 장식용으로 사용하는 유리.

조명조건(照明 條件) : 좋은 조명이 되기 위한 조건으로는 ①충분한 조도가 있어야 함. ②조도가 균일하여 밝기에 있어서 얼룩이 없어야 함. ③광원(光源)이 직접 눈에 보이거나 금속과 유리의 반사에서 오는 눈부심이 없어야 함. ④적당한 그림자는 물체를 돋보이게 하므로 적당한 그림자가 필요함. ⑤광색(光色)이 좋고 방사열(放射熱)이 적어야 함. ⑥조명의 심리적 효과가 적어야 함. ⑦등기구(燈器具)의 배치와 가구의 디자인이 좋아야 함.

조명천장(照明天障, luminous ceiling) : 투명 또는 반투명 천장판으로 그 위에 설치한 조명기구의 빛을 실내에 전달하도록 디자인된 달천장 또는 달대천장.

조목(釣木) : ①상부재에 하부재를 달아매는 부재. ②달대(=).

조밀한 배치(-配置, tight fit) : ①막힌 공간에서 형태나 구조를 기능적으로 조합하여 긴밀하고 콤팩트한 상호반응을 하도록 가구를 배치한 형태. ②느슨한 배치(⇔).

조반테이블(朝飯-, breakfast table) : 치펜데일(Chippendale)에 의해 명명된 투조(透彫)된 갤러리와 격자장식이 있는 우아하고 작은 네다리 테이블. 길고 좁은 서랍을 부착하기도 함.

조방 : '정첩'이라는 뜻의 일본말.

조사당(祖師堂, hall of priest'portraits ; a building in a monastery compound to house portraits of venerated monks) : ①조사의 영정을 모신 당우. ②절에서 조사(祖師)를 모신 집. ③특히 선종의 조사인 달마대사의 상을 안치한 법당.

조사전(祖師殿) : ①선종 사찰에서 만들어진

ㅈ

전각. ②각 선종 사찰에서 으뜸으로 모시는 선승의 영정을 봉안한 전각. ③고려시대부터 나라의 스승이 될 만한 스님을 국사(國師)로 모셨고, 왕의 스승을 왕사(王師)라고 불렀음.

조산[1](祖山) : ①풍수지리에서 혈(穴) 뒤의 멀리 떨어진 산. ②종산(=).

조산[2](朝山) : 풍수지리에서 안산(案山)을 넘어 멀리 있으면서 높고 큰 산.

조산[3](造山) : ⇨가산[2](=).

조상대(彫像臺, acroterion) : 박공벽(朴工壁)의 꼭대기와 아랫부분의 앵글(angle)에 높인 조각물, 그리고 그 밖의 장식품을 위한 받침대 또는 장식 그 자체를 말함.

조선기와(朝鮮蓋瓦) : ①점토로 성형 소성한 반원형의 수키와와 원곡률로 오목하게 된 암키와의 총칭. ②한와(=).

조선톱 : 조선시대까지 사용된 전래의 톱.

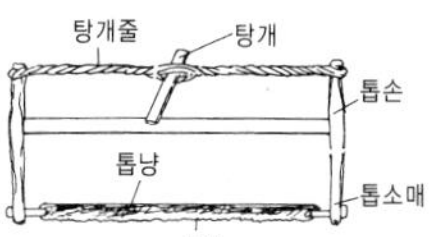

조선톱

조수환가옥(江陵曺守煥家屋) : ①강원도 유형문화재 96호, 약 100년 전인 19세기 말에 창건. ②정방형에 가까운 안마당을 건물이 둘러싼 닫혀진 ㅁ자집. ③입면의 연속성을 살리면서도 개구부의 방향과 툇마루 등을 이용하여 공간의 성격에 따라 분리하거나 연결함. ④겹집으로 된 안채와 사랑채 사이에는 대청과 방이 조성되며, 안채와 이들 방 앞에는 툇마루가 설치되어 통로로 사용되었으며, 밖으로도 연속적인 외관을 형성함. 대문 좌측의 3칸 사랑채의 전면에는 툇마루가 설치되고 좌측끝 방은 마루로 됨. ⑤대문 우측의 우사와 창고는 부엌과 연결되며 안마당은 장독대가 조성. ⑥기단을 높인 안채와 사랑채의 높이 차와 낮은 창고의 높이 구성은 공간의 성격과 위계를 잘 반영하는 환경적으로 좋은 구성임.

조순탁가옥(趙淳卓家屋) : ①전라남도 민속자료 제30호, 1934년(사랑채 상량문) 건립. 전남 순천시 주암면 주암리 821에 위치. ②솟을대문과 사랑채·중문간채·안채·별당채·곳간 등으로 구성. 특히 마당의 성격별 분화를 매우 뚜렷하게 도식적으로 보여줌(행랑마당·안마당·사랑마당이 각각 연결됨). 안채와 사랑채는 각각 일자집으로 강한 정면성을 가지며 마당과 담장의 위요에 의하여 성격별 분화된 마당을 구성함. ③안채는 정면 6칸 전후툇집으로 좌측으로부터 부엌·모방·안방·상방·마루방·건넌방·마루방의 용도로 사용. 가운데 중앙에 있는 4칸은 전면에 툇마루를 두고 한칸 반의 깊이를 모두 실내공간으로 사용, 후면에는 쪽마루를 두어 동선을 연결. 특히 마지막 칸인 모방은 후열의 부엌과 함께 가사노동공간으로 방의 일부에만 마루를 깔아 배선공간으로 활용하고 나머지는 온돌을 들여 한 공간을 두 부분으로 나누어 일부는 마루, 다른 일부는 온돌구조로 한 것은 매우 특이함. 마지막 칸인 마루방은 전면과 우측면 전체를 들어열개문으로 마감하여 창문을 열었을 때 누마루와 같은 공간감을 연출함. ④사랑채는 정면 4칸으로 전후열의 두 칸 폭에 전면 퇴를 가진 두줄백이집. 안마루에서 다락으로 접근한 통로가 마련되고 우측면의 쪽마루 밑의 개구부를 통하여 사랑채 지하의 비밀

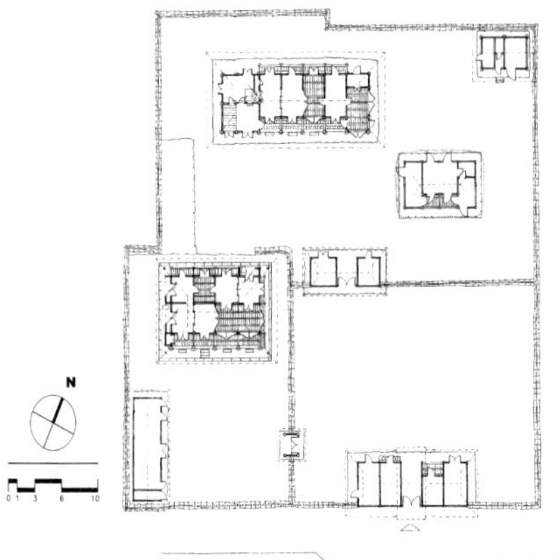

조순탁가옥 배치도

ㅈ

스런 창고공간으로 접근하는 통로가 있음. 장대석 기단과 팔각으로 다듬은 주초석 위에 원주를 세우고 기둥머리는 전면에 주두는 갖지 않지만 창방과 도리 상에 소로를 두어 의장적으로 격식을 높이고 후면은 도리와 보가 기둥머리에서 바로 만나는 사개맞춤을 함.

조실환가옥(江陵 曺室煥家屋) : ①강원도 문화재자료 54호, 18세기말 창건, 문간채 상부 용마루에 대정삼년(大正三年, 1914) 갑인 8월이라는 상량문의 기록. ②사랑채와 행랑채가 안채와 직각으로 구성되고 안채의 칸수가 상대적으로 적게 구성되어 이 지역의 다른 ㅁ자집과는 달리 각 채의 배치가 일직선상에 있지 않고 ㅁ자 형태가 종축이 깊은 ㅁ자 마당의 긴 형태를 가짐. ③안채는 세벌 쌓은 기단과 자연석 주초 위에 방주를 세운 전면 3칸 측면 2칸의 팔작기와집, 전면 3칸의 홑집인 행랑채는 2개의 방과 마루로 구성되어 있으며 방의 전면에 툇마루가 설치됨. 마루는 연등천장에, 전면은 사분합문이 설치되고 상하부에 머름대가 둘러졌으며, 사랑채는 초벌대 기단 위에 2칸의 방과 툇마루로 구성됨.

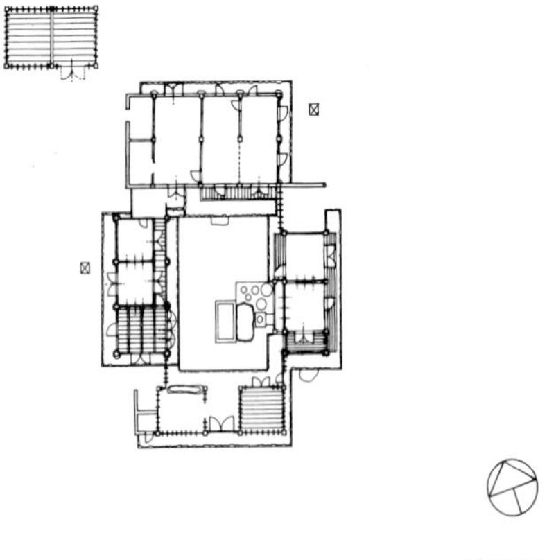

조실환가옥 평면도

조약돌(pebble) : 특히 물의 작용에 의해 부드럽게 마모된 것으로 작고 둥근 돌.

조옥현가옥(曺玉鉉家屋) : ①강원도 문화재자료 62호. 1820년경 현 소유자의 7대조 때 건립되었으며, 진사댁으로 불리고 있고, 집 앞에 있는 길에 솟대를 세워 솟대걸이터라는 이름이 지금까지 불려지고 있음. ②전면 5칸, 측면 2칸의 팔작기와지붕으로, 안채의 전면은 상방과 안방의 2칸, 뒤칸은 뒷방, 도장방, 뒷상방의 3칸으로 되어 있으나, 현재는 뒤칸의 도장방을 없애고 뒷상방을 확장하여 사용하고 있음. 안채의 좌측에는 작은 판문이 있어 후원 출입을 할 수 있게 되어 있고 집의 뒤에는 활을 쏘았던 과녁터가 있음. 사랑채는 ㄷ자형으로 일자형의 안채와 연결되어 ㅁ자 배치의 가옥구조를 하고 있고, 원래 측면 2칸은 마루였으나 지금은 개조하여 방으로 사용하며 사랑채는 모두가 방으로 만들어졌음. 안채 부엌에 이어서 광과 마구간이 있음. 현재의 마구간 자리는 원래 광이었으며, 마구간은 광 옆에 있었음. 안채의 우측 제일 높은 위치에 맞배지붕 사당이 있고, 사당의 벽체는 흙벽, 바닥은 장마루, 문은 외짝 세살문으로 되어 있음. 대청이 도입되지 않고 전퇴만이 조성된 겹집의 안채에 곳간과 외양간이 ㄱ자로 이어지고, ㄴ자의 사랑채가

조옥현가옥

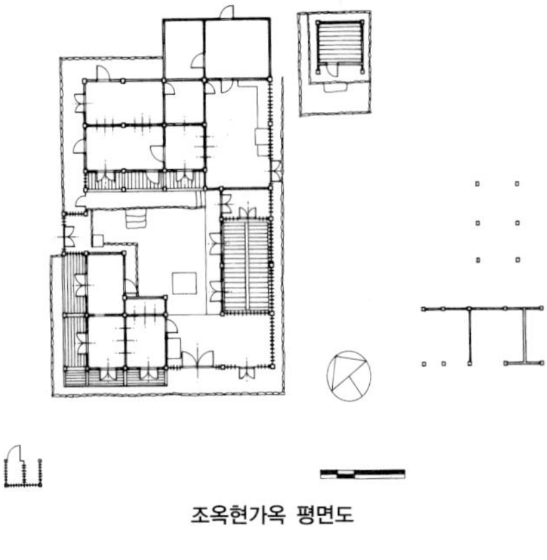

조옥현가옥 평면도

문으로 이어져 ㅁ자를 이루는 배치. 네벌로 쌓은 비교적 높은 기단 위에 세워진 팔작기와집인 안채는 벽과 지붕 사이에 벽체가 없고 지붕물매를 잡기 위해 서까래 위에 헛서까래를 더해 꾸민 헛지붕 구조임.

조우아포러스(zoophorus) : 고대건축에서 사람에 동물이 결합된 조각이 들어가 있는 프리즈(frieze, 小壁).

조원(造園, landscape architecture) : 협의(狹義)로는 정원을 꾸미는 소극적인 일. 광의(廣義)로는 환경개발·토지이용·위락(慰樂)효과 증대 등을 목적으로 경관을 꾸미는 계획(풍경계획)·설계(조원설계)·시공 및 관리(조경).

조응식가옥(洪城 趙應植家屋) : ①중요민속자료 198호, 19세기초 창건. ②ㄱ자 안채와 일형인 사랑채·별당(안사랑채)·문간채·광채 등 10여 동이 튼ㅁ자 형태로 배치. 사랑채는 정면 5칸으로 전면과 좌측에 툇간을 둔 1고주5량집구조, 홑처마 팔작지붕. 평면은 동쪽으로부터 큰사랑 2칸·대청·작은사랑을 두고 부엌 상부는 중앙칸을 막아 누마루, 뒤쪽은 다락으로 사용. 자연석 외벌대 기단 위에 네벌대 기단을 만든 이중기단. 방형초석을 놓고 방주를 세움. 안채는 정면 5칸, 측면 4칸 좌우 툇간을 두고 후면 열에 툇간을 둠. 가운데 3칸 통 대청마루로 하고 대청 동서에 안방과 건넌방을 둠. 안방 남측에 2칸의 부엌을 두고 안방 북측에 1칸 크기의 작은 방을 둠. 작은 방 뒤편에 만든 골방은 처마 밑에 헛기둥을 내어 확장함. 툇마루 밑은 함실아궁이를 설치. 툇마루 끝 모서리에 토광과 대청 동측 후면 칸은 벽과 문을 달아 묘실(廟室)을 둠. 기단은 사괴석 네벌대로 만들고 방형 초석에 방주를 세움. 1고주5량가로 대청마루쪽 지붕은 팔작지붕이고 부엌쪽은 맞배지붕임. 대청 종량 위에는 사다리꼴 판대공을 세워 종도리를 받도록 함. 안사랑채라고 하는 별당은 정면 4칸, 측면 2칸으로 홑처마 팔작지붕. 측면은 가운데 열을 한 칸으로 하고 전후 반 칸씩 툇간을 만들어 전후에 툇간마루가 생김. 가운데 방은 후면을 좌우1칸 크기의 방을 달아 반 칸 정도가 튀어나감. 기단은 방형 초석 위에 방주를 세움. 행랑채는 정면 6칸, 측면 1칸으로 가운데에 솟을대문을 두고 대문 좌우에는 방과 광·헛간을 둠. 문간을 중심으로 동측에 2칸의 곳간·서측으로 마루곳간과 2개의 방을 각각 배치. 서측 끝에는 반 칸을 내달아 밑에는 부엌을, 위는 다락을 설치함. 공간적 특징은 외부공간을 사랑채공간·안채공간·안사랑채공간으로 크게 분류하고, 가옥 근처에 큰 연못을 만들었으며, 고상식(高床式) 창고인 부경(桴京)과 별도의 커다란 외양간을 두고 행랑채에도 창고를 만듦.

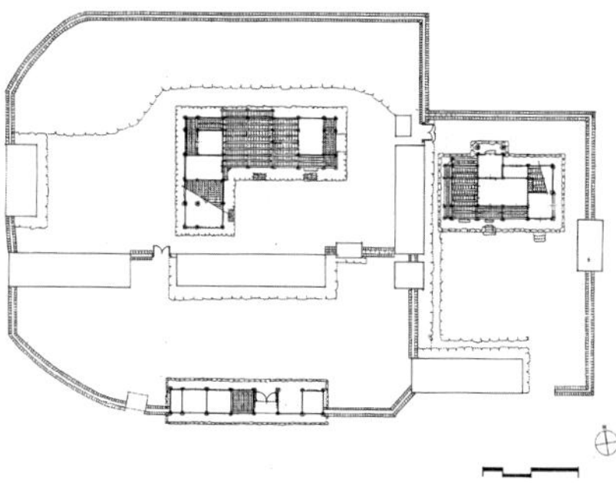

조응식가옥 배치도

조이너(joiner) : 천장·벽 등에 보드(board)류를 붙이고, 그 이음새를 감추고 누르는데 사용되는 것으로 아연도금 철판제·경금속제·황동제의 얇은 판을 프레스(press)한 것임. 경질염화비닐 성형제·목제 등이 있고, 단면형상이 다양하며 길이는 1.8m 정도임.

조이스트(joist) : ①바닥을 지지하는 수평구조 부재. ②바닥과 천장을 받쳐주기 위해 이용된 수평 나무부재.

조이스트앵커(joist anchor) : 횡방향으로 작용하는 풍력(風力)이나 지진력(地震力)을 전달하기 위해 바닥이나 지붕 외곽의 장선(長線)을 콘크리트 또는 조적벽에 고정시켜 주는 띠쇠.

조인트컴파운드(joint compound) : 조인트 테이프(joint tape)를 끼워 넣거나 홈파진 부위를 채우고 석고보드 표면의 접합 부위를 마무리하기 위해 사용되는 컴파운드 또는 퍼티(putty)를 말함.

조인트퍼티(joint putty) : ⇨조인트컴파운드(=).

조임보(collar beam) : 조그만 양식 가옥의 맨 아래에 있는 들보.

조임쇠(yoke) : 기둥 거푸집 또는 벽거푸집 상부를 새로 타설한 콘크리트의 측압에 의해 벌어지는 것을 잡아 죄어주는 장치.

조작가구(造作家具) : ⇨붙박이가구(=).

조작동작(操作動作) : 숙련된 동작방법이 필요한 동작. 예컨대 시계수리·컴퓨터 동작 등. ⇨동작.

조재(早材) : ⇨춘재(=).

조적(組積, masonry) : 벽돌·블록·돌 등의 재료를 교착제로 붙이는 것. 고대와 고전시대 및 중세시대의 서양건축은 거의 모두 조적식 구조를 택함.

조적공사(組積工事, masonry) : 돌·벽돌·콘크리트 블록·유리 블록 등 각이 지거나 형태가 있는 재료를 모르타르(mortar)로 결합시켜 벽이나 기둥 등을 만드는 작업. 근래에는 이외에도 회반죽(plaster)이나 콘크리트 등의 형태가 없는 재료도 포함시킴.

조적공사밑칠(組積工事-, masonry primer) : 조적공사 후 거친 부분이나 습기가 있는 부분을 없애기 위해 밑바탕에 바르는 초벌칠. 깨어진 부분에 개어 넣거나 거친 부분에 바르는 모르타르(mortar)인 시멘트 그라우트(cement grout)와 습기가 있는 부분에 바르는 블록 필러(block filler) 등이 있음.

조적식 블록조(組積式-造, masonry primer) : ①블록을 단순히 모르타르로 접착하여 보통 막힌줄눈으로 쌓는 구조로서, 내력벽(耐力壁, bearing wall)임. 주택 등 소규모 건물에 적합. ②단순블록구조(=).

조적아치(組積-, masonry arch) : 개개의 아치돌이나 벽돌로 구성시킨 아치.

조적조(組積造, masonry structure) : ①구조물의 벽체나 기초 등을 벽돌·시멘트 블록 등의 재료를 각각 모르타르 등의 교착재로 부착시켜 쌓아 만든 구조. ②조적조에 사용되는 개체는 압축력에 대하여 비교적 강하지만 인장력에 대해서는 약함. ③일반적으로 구조·시공법이 간단하고 방화적이지만 다른 구조에 비하여 벽두께가 커지므로 실내 면적이 줄어듦. 풍압력·지진력 등 횡력에 약하며 고층·대규모 건물로 적합하지 않음. ④종류는 벽돌구조(brick construction)와 시멘트 블록구조(cement block construction)와 돌구조(石造, stone construction)가 있음.

조절문틀(調節門-, adjustable door frame) : 다양한 벽두께에 맞추어 설치할 수 있도록 상부틀(top rail)과 선틀(jamb)에 틈을 만들어 놓은 문틀.

조절줄눈(調節-, control joint) : ①균열 등을 방지하기 위해 두는 줄눈. ②콘크리트나 조적조구조체의 연장으로 세공되어 형성되거나 연속적인 홈을 말하며, 평면에 홈을 만들어 놓음으로써 건조·수축이나 열에 의한 압력 때문에 생기는 균열의 위치 및 양을 조절하기 위해 시공됨. ③조절줄눈의 위치와 간격은 벽체의 인장강도·전단강도 및 차동적인 이동량에 의해 결정. 어떤 벽체에도 적용할 수 있는 단일 규정은 없으나 일반적으로 다음과 같은 위치에 조절줄눈을 둠. ㉠벽의 교차부, ㉡벽체와 기둥 또는 붙임기둥과의 접합부, ㉢개구부의 양측, ㉣벽의 두께가 변하는 곳, ㉤벽의 높이가 변하는 곳 등. ④수축줄눈(=).

조정[1](藻井) : ⇨격천장·우물반자·격자천장·소란천장(=).

조정[2](調整, modulation) : 어떤 비례에 의해 치수를 재기 위한 또는 조절하거나 규제하기 위한 것. 하나의 요소·형태 또는 재료에서부터 또 하나의 다른 것으로 이어지는데 있어서 완화하거나 부드럽게 함.

조정천장(藻井天障) : ⇨소란천장·우물천장·우물반자(=).

조족철(鳥足鐵) : ①창문이나 가구 따위의 울거미를 연결하여 틈이 벌어지지 않게 하려고 대는 쇠붙이. ②새발(=).

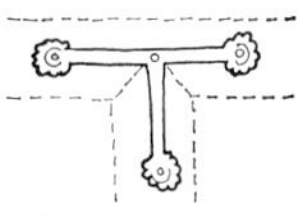

조족철

조지아건축(-建築) : ⇨조지안건축(=).

조지안(Georgian) : 약 1714~1800년대 조지1세와 2세 통치시대에 발전된 중기와 후기 사이의 영국식 르네상스양식. 또한 같은 시기의 미국식 양식에도 동일하게 사용됨.

조지안건축(-建築, Georgian architecture) : ①특히 1741년에서 1811년까지 영국과 미국 식민지에서 유행한 건축·인테리어·가구·공예양식을 말함. 고전주의·르네상스·바로크 형태에서 추출되었으며, 이 시기의 영국을 계속 지배한 왕의 이름에서 유래. ②영국의 신고전주의양식 중 극히 사적이고 개인적인 양식으로 1727년 치펜데일가(Chippendale家)가 런던에 가구점을 세 개나 두면서 시작되어 헤플화이트(Hepplewhite)·셰러턴(Sheraton) 등 가구제작자의 이름이 가구의 명칭으로 된 양식. ③18세기에서 19세기에 유행한 영국의 건축양식으로, 품위 있고 안정된 고전주의를 바탕으로 여러 양식이 혼재하였음. 즉 18세기 이전에는 중후한 팔라디안양식이 중기에는 신고전주의의 영향이 시작되고, 특히 섬세하고 우아한 실내장식이 특징인 아담양식이 유행하였고, 또한 파르테논신전 등의 고대 그리스 건축이 소개되자 말기에는 그리스 부흥양식이 유행함. 이 양식의 특징은 벽돌조의 간소한 입면과 창문의 크기 및 배열에 있어 비례를 고려한 단정한 구성을 하였으며, 실내의 구성은 기능성을 중시한 평면배치를 했고, 컨트리 하우스나 도시주택 등의 저택·주택이 그 대표적인 예임.

조지안시대(-時代, Georgian period) : 1714~1810년 사이, 조지1세부터 조지4세까지 영국의 중기와 후기 르네상스시대. 이 시기는 초기 조지안(1714~1750), 중기 조지안(1750~1770), 후기 조지안(1770~1810)으로 나뉘고, 초기에는 앤여왕(Queen Ann)양식과 팔라디안(Palladian)양식이 유행되었고, 중기에는 영국 로코코양식으로 치펜데일(Chippendale)양식이 유행되었고, 후기에는 신고전주의 영향으로 헤플화이트(Hepplewhite)와 셰러턴(Sheraton)의 활약이 있었음.

조지안양식(-様式, Georgian style) : 18세기부터 19세기에 걸친 영국의 조지왕시대(1714~1830)의 건축양식. 건축은 품위 있고 안정된 팔라디오 등을 기초로 한 고전주의를 모티브로 하여 다양한 양식이 존재함. 즉 신고전주의양식이 나타나기 시작했으며, 특히 섬세하고 우아한 실내장식이 특징인 아담양식이 유행함. 또한 고딕이나 그리스의 부흥양식이 계속 이어짐. 특징은 벽돌조의 간소한 입면 형태, 창문의 크기나 배열에 대한 비례를 고려한 단정한 구성과 실내공간의 기능적 배치 등을 들 수 있음. G. 켐벨, W. 켈트, R. 앤덤 등이 대표적인 건축가임.

조직(組織, organization) : 서로 의존적이거나 조합을 이루는 부분들을 서로 관련된 통일체나 기능상 단일체로 만드는 체계적인 배열.

조집기(阻集器, interceptor) : ①배수(排水) 중에 혼입(混入)한 여러 가지 유해물질이나 기타 불순물 등을 분리하기 위한 것. ②목적은 트랩과 다름. ③트랩(≒).

조철(metal hoop for lifting door and window) : ①들창이나 분합문(창)을 들어올린 채 걸기 위하여 천장이나 처마에서 내려뜨린 쇠. ②들쇠(=).

조판(組版, veneer preparation) : ①단판(單板)을 건조하여 소정의 크기로 재단된 단판은 폭이 좁거나 할열(割裂)·옹이·벌레구멍·부패된 부분 등의 결점을 보수하여 일정한 단판의 크기로 맞추는 작업. ②조판

ㅈ

공정에는 단판의 선별 및 분류 소폭단판의 접합·단판보수·심판의 구선작업 등이 있음. ③합판의 구성에는 단판 보드로 구성하는 올 단판 구성(all veneer construction), 심판에 럼버 스트립(strip)을 사용하는 럼버 코어 구성, 단판 2매로 구성하는 2매 구성(two ply construction) 등이 있음.

조프러스(zophorus) : 동물이나 인물이 조각된 프리즈(frize). 주포러스(zoophorus)라고도 함.

조합(調合, mixing proportion) : ⇨배합(=).

조합가구(組合家具, sectional furniture) : ①가구를 구성하는 부품을 자유롭게 분해·조립할 수 있는 가구. ②⇨가구.

조합강도(調合强度) : ⇨ 배합강도(=).

조합능력(調合能力, combined stresses) : 구조에서 인장과 압축응력의 구성은 축의 겹침과 구조재 전단면에 같은 방향으로 작용하는 휨응력과 그들 대수합과 동일하게 되는 점으로부터의 결과.

조합페인트(調合塗料, ready mixed paint) : ①도장하기 전 보일드유(boiled oil)를 가할 필요가 없고 일정한 용도를 목적으로 하여 만든 페인트. ②도장에 직접 사용할 수 있도록 각 재료를 알맞게 배합하여 제조된 도료. ③용해페인트(⇔).

ㅈ

조합환기(調合換氣) : ⇨기계환기.

조형[1](造型, modeling, moulding) : ①여러 가지 디자인 요소와 재질을 이용하여 촉각적·시각적 또는 역학적으로 2차원·3차원의 공간 내에 자율적이며 창조적으로 형상(shape)이나 형태(form)를 조직화하는 것. ②인간의 의식적 활동에 의해 만들어지는 형과 형태, 일반을 가리키는 광범위한 개념. ③일반적으로는 아름다움이나 용도를 추구하는 미술 및 디자인의 과정과 그 결과물을 지칭하며, 입체조형과 평면 조형 등으로 나누어 분류. ④디자인 센스에 의해서 형상이나 형태가 구성된 시각적·예술적 대상.

조형[2](造形, art design) : ①협의로는 조형예술(또는 입체조형)을 의미하며, 광의로는 미적 요소의 유무를 불문하고 점·선·면·색·빛·공간·시간 등의 제반 요소와 재질을 이용하여 인간의 의식적인 활동에 의하여 시각적·촉각적 또는 역학적으로 2차원 또는 3차원의 공간 내에 자율적·창조적으로 형태를 조직화하는 것. 또는 만들어진 형상 일반을 가리킴. ②일반적으로 아름다움이나 용도를 추구하는 미술 및 디자인의 과정과 그 결과물을 지칭하는 경우가 대부분임. 조형에는 3가지 요소, 즉 목적·요소·기술이 있음.

조형교육(造形敎育, art education) : ①조형작업을 통한 인간형성을 목적으로 하는 교육. ②서양에서는 19세기경부터 인간의 창작력 발달에 중요한 수단으로 교양교육과 함께 예술교육을 실시함. ③대표적인 근대예술교육기관은 1920년부터 1930년대에 걸쳐 형성된 바우하우스(Bauhaus)임.

조형미술(造形美術, plastic art) : ⇨ 조형예술(=).

조형예술(造形藝術, plastic art) : ①공간적 형상을 조형하는 예술의 의미로 회화·조각·건축·공예 등의 총칭이며, 거의 미술이라는 말과 같음. ②2차원적 예술(회화·평면장식 등)과 3차원적 예술(조각·건축 등)을 총칭하는 용어. ③물질적·공간적·시각적 예술을 포함하여 총칭하는 용어. 어떤 재료에 의하여 가시적(可視的) 또는 가감적(加減的) 공간형성을 형성하는 예술을 가리키며, 건축·조각·회화 등이 이에 속함. ④⇨공간예술·시간예술(⇔).

조화(調和, harmony, harmonie[독·불]) : ①원래 음악의 기본적인 요소 중 하나로서 어원은 조직을 의미하고, 고대 그리스에서는 질서가 잡힌 음의 연결, 즉 음계(音階)를 의미하는 그리스어 하르모니아(harmonia)에서 유래한 용어. 예술작품을 형성하는 요소 및 부분들의 규칙적이거나 적합한 또는 어울리는 배열을 말함. ②각 부분이 명쾌한 전체로 혼합되는 것을 표현하는 디자인 법칙.

조화급수(調和級數, harmonic series) : ①각 항의 역수가 등차급수를 이루는 급수. ② 조화수열에 속하는 항들의 급수.

조화비례(調和比例, harmonic proportion) : b－a/a＝c－b/c, 예컨대 2, 3, 6 등임.

조화수열(調和數列, harmonic progression) : ①각 항의 역수가 등차수열을 이루는 수열. ②등차수열을 이루는 역수열을 말하고, 예컨대 1, 1/3, 1/5, 1/7, 1/9 등임.

조화적 비례(調和的比例, harmonic proportion) : 음악적 조화를 기초로 한 건축 비례의 고전적 체계. 이 원리는 그리스·로마시대에 사용되었으며, 르네상스 시기에 알베르티(Alberti)와 팔라디오(Palladio)에 의해 재발견되었음. 악기의 현길이 비례에 따라 음악적 조화가 이루어지는 원리에 기초하여 1 : 2, 2 : 3, 3 : 4 등의 비례로 건축의 조화를 추구하였음.

조흔색(條痕色, streak color) : ①광물의 가루가 나타내는 색. ②광물의 색은 덩어리인 경우와 가루인 경우에 흔히 차이가 있어서 광물을 육안으로 감별하는 데 잘 이용됨. ③자연금이나 황철석·황동석은 모두 금속광택이 있고 황색을 띠지만, 조흔색은 각각 황금색·갈흑색·녹흑색을 띰. ④이와 같은 색의 차이는 결정 표면에서 빛을 반사하는, 주로 금속광택을 가진 광물에서, 이를 가루로 만들었을 때는 미세한 분말에 의해 빛이 난반사되기 때문에 일어나는 것임. ⑤조흔색은 석영(石英)의 미세한 분말을 표면에 소부(燒付)한 백색 조흔판에 광물을 문질러서 검사하는데, 굳기 7 이상의 광물, 예를 들면 유색 규산염광물의 일부 등에 대해서는 분쇄한 분말의 색을 조사하기도 함.

족선(足線, Foot Line ; FL) : 투시도 용어의 하나로 지면에서 물체와 입점간의 연결선, 즉 시선의 수평투상을 말함.

족장(足長) : 신체의 측정 중 발길이를 측정하는 것으로, 똑바로 서서 양발에 체중(體重)을 등분하였을 때의 왼발 뒤꿈치에서 가장 긴 발가락까지의 거리.

존(區域, zone) : ①조닝(zoning)에 의해 구분된 공간. ②⇨조닝.

존핸콕센터(John Hancock Center) : 1968년 SOM이 설계하여 시카고에 건설된 초고층 빌딩. 사면체의 끝이 가늘게 된 빌딩이며, 높이가 335m인 100층 건물의 내부에는 아파트·상점·레스토랑·풀(pool) 등이 있음.

졸대(wood lath, wooden lath) : ①벽·천장 등의 미장바탕으로 사용되는 얇고 가는 나무오리. ②졸대에 못을 박을 때에는 2개씩 박아야 함. ③졸대는 7㎜ 내외 정도 간격으로 뒤틀리지 않고 충분히 건조한 것을 써야 함. ④회반죽은 졸대 사이로 빠져 나올 수 있을 정도로 눌러 바름. ⑤엇평(＝).

졸참나무(淸剛樹, 勃落樹, Jananese oak, Quercus serrata Thunb[학]) : ①너도밤나무과의 낙엽교목이고, 키는 약 15~27m, 직경 1.5m 정도 자람. 우리나라 각지에 분포하고 산중턱이나 기슭에서 자람. ② 연륜이 매우 뚜렷하고, 심재는 담회갈색, 변재는 담갈백색으로 심·변재의 구분이 뚜렷함. 나무갗은 거칠고, 결이 곧으며 환공재(環孔材)임. 고비중재이고, 수축성은 크며, 흡수성은 보통임. 압축강도, 휨강도, 전단강도는 강하고, 인장강도와 충격휨 흡수에너지는 보통이고, 경도는 낮음. 가공이 곤란함. 인공건조가 어렵고, 칠다듬질 면이 아름답고 곧은결에 호랑이무늬가 나타나며, 제재가공성과 휨가공성은 양호하고, 건조성은 불량하며, 대패가공성은 보통. 접착성은 보통이고, 도장성은 양호함. 합판제조적성과 파티클보드 제조적성은 보통이고, 섬유판 제조적성은 불량함. 시멘트경화성은 보통이고, 내후성은 양호함. 목탄제조 및 펄프화 적성은 양호함. ③주로 화장단판·가구·건축(건구·내장)·기구·펄프·목탄·버섯재배 등으로 사용함.

종(種, Species) : ①생물분류학의 단위들. ②생물분류의 기본단위로서 개체 사이에서 교배가 가능한 한 무리의 생물, 다른 생물군과는 생식적으로 격리된 생물군. ③외견상 비슷한 형태를 지니고 있으면서도 서로 교배할 수 없는 경우가 있음. ④⇨속(≒).

종가(宗家) : ①한 문중에서 맏이로만 이어온 큰 집. ②본가로서 계속되어 온 대수가 많고 적음에 따라 종가를 다시 대종(大宗)·소종(小宗)으로 나눔. 종가라는 말은 법령상의 용어가 아니고, 종법제(宗法制)의 영향을 받은 풍속의 관념임. 옛날의 사회관습으로는 조상숭배와 관련하여 종가를 존경하고 보호하였으며, 종가의 혈통이 끊어지는 일을 집안의 불명예로 생각하였음. 그러므로 종가의 호주가 남자 자손 없이 죽으면, 분가들이 의논하여 반드시 사후양자(死後養子)를 들였음. 또한 종가의 호주는 종중(宗中)의 재산을 소유하거나 관리할 것을 위임받는 것이 일반적이었으나, 오늘날 종가의 법률상 의의는 없음.

종간(從間) : 집의 옆쪽에 있는 귀기둥과 귀기둥 사이의 칸의 수효.

종과 난간동자형 선반가공재(種-欄干童子型旋盤加工材, bell and baluster turning) : ①컵을 뒤집은 형태와 항아리형의 난간동자가 결합된 선반가공부재. ②벨앤드밸러스터너닝(=).

종과 난간동자형 선반

종다라니 : 다라니 가운데에 그린 꽃무늬.

종단면도(縱斷面圖, longitudinal section) : ①한 건축물의 평면도에서 가장 긴 축(軸)을 따라 자른 것에 의해 만들어진 단면의 정사영(正射影)으로, 긴 축에 대하여 가로로 자른 특히 직각에 의해 만들어진 단면의 정사영. ②횡단면도(⇔).

종대공(宗臺工) : ⇨마룻대공(=).

종도리(宗道理, ridge purlin) : ①도리 중 최상부에 위치하는 도리로서, 용마루의 받침대 역할을 하는 부재. ②종량에 마룻대공을 세워 받치는 마룻도리. ③도리의 위치에 따른 구분의 하나. ④지붕마루에 수평으로 걸어 좌우 지붕면 상연의 위 끝을 받는 도리. ⑤용마루 밑에서 서까래가 걸리게 된 도리. ⑥마룻대·마룻도리(=).

종량(宗樑, straining beam, straining piece, tie beam) : ①두 개의 동자기둥 상부를 연결하는 보. ②모든 보 중에서 최상부에 위치하여 대공(臺工)을 받쳐주는 보. ③5량(五樑) 이상의 가구조직에서 사용하며, 종보 위에 상대공이 얹힘. ④대량(大樑)만 있을 때에는 삼량(三樑)의 가구법(架構法)이 쓰이지만, 종보가 더 있으면 5·7량가(樑架)가 되고, 중종보가 더 있으면 9·11량가(樑架)가 됨. ⑤지붕가구에서 대들보 위에 동자기둥을 양쪽에 세우고 그 위를 건너지른 보. 간사이가 크면 대공이 길어져서 좌굴할 우려가 있으므로 중도리 사이에 종량을 걸쳐 대어 대공을 받게 함. 종량의 양끝은 동자기둥 상부의 긴장부에 끼우고 산지치기 또는 못박기로 함. ⑥종보가 대들보 길이와 어떤 비례를 지녔느냐에 따라 삼분변작법(三分變作法), 사분변작법(四分變作法)이라고 하는데, 이 법식에 따르면 서까래의 각도와 처마의 깊이도 함께 의장(意匠)됨. 천장 구성에 따라 종보는 노출되기도 하고 천장 위에 숨겨지기도 함. ⑦높은데 있다고 '마루보'라고도 함. ⑧마룻보·종보(=).

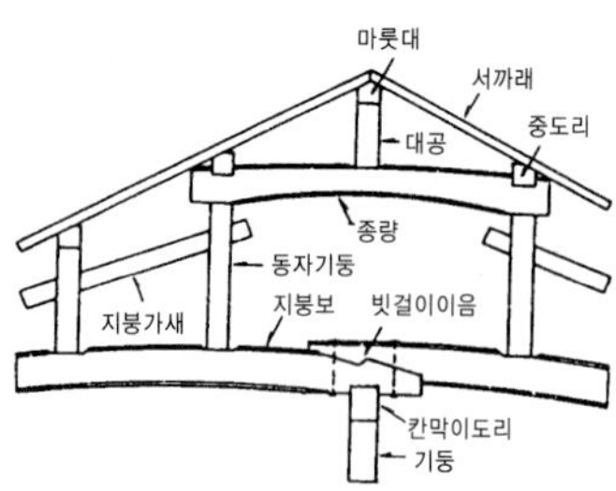

종량

종려나무장식(-裝飾, palm) : 종려나무의 잎이나 가지 또는 나무 자체를 양식화한 것으로 주로 고대 이집트에서 사용된 모티프를 말함. 승리·개선·평화 등이 상징적 의미로도 쓰였음.

종려나뭇잎장식(-裝飾, palmette) : 펼친 종려나무의 잎을 문양화한 장식 모티브. 이집트에서 유래되었으며 그리스의 프리즈(frieze, 小壁)나 띠장식, 그리고 르네상스 시대의 가구에 사용. 가운데의 잎이 가장 크고 그 양옆으로 점점 작은 잎이 배열되며 안테미온(anthemion)이나 부채(fan)형 모티브와 비슷함.

종려잎궁륭(palm vault) : ⇨부챗살궁륭(=).

종루(鐘樓, bell-tower ; a pavillion in which a large bronze bell in hung) : ①종을 매달기 위한 누각. ②종을 안에 걸어놓고 치려고 세운 건물. ③사찰의 경우 대웅전 앞에 문루를 겸한 고루와 종루가 있음. 완주 송광사 종루는 십자형 평면 건물로 십자는 태극의 기본형으로 동(動)과 정(靜)의 핵심이며, 교차하는 도리를 말함. ④중국의 종루는 1384년 시간을 알리는 종을 치기 위해 만든 누각으로 못을 쓰지 않고 이음매도 없이 세운 진귀한 건물임.

종마루 : 건물의 지붕 한복판에 있는 주요한 마루.

종묘(宗廟, the Royal Ancestral Shrine) : ①왕조시대에 왕과 왕비의 신주를 위해 두고 제사 지내려고 지은 사당. ②역대 제왕의 위패를 모시는 왕실의 사당.

종벽돌(宗甓乭) : 홍예문 가운데에 끼우는 마루 벽돌.

종보(宗樑, straining beam, straining piece) : ⇨종량·마룻보(=).

종보용지 : ①'종보 용지판'의 준말. ②박공까지 댄 널판. ③맞배집의 경우에 박공쪽에 문이나 창을 내지 않고 벽만 칠 때 쓰는 용지판.

종비나무(picea Koraiensis[이]) : ①전나무과의 상록 침엽교목이고 키는 30m 정도 자람. 깊은 산이나 고원지대에 자라고 함경도·만주 등지에 분포. ②주로 건축재·기구재 등으로 사용.

종산(宗山) : ⇨조산[1](=).

종석(種石, chip) : ①인조석 또는 테라초(terrazzo)에 쓰이는 잘게 부순돌(소니석 ; 碎石). ②주로 대리석·화강석·사문암·석회암·백회석·대리석, 기타 자연석을 부수어 잔 알갱이로 만든 쇄석(碎石). ③인조석 바름용 종석은 주로 백색 석회석의 부순돌을 씀. 입도(粒度)의 크기는 5.0㎜체에 100% 통과하고 2.5㎜체에 약 50% 내외가 통과하며 1.7㎜체에 통과분이 없는 것으로 함. ④테라초용 종석은 주로 대리석을 부순 것으로서 15㎜체에 100% 통과하고 2.5㎜체에 통과분이 없는 것으로 하며, 종석의 입도는 가늘고 굵은 것이 알맞게 혼합된 것으로서, 최대 알맹이 치수는 15㎜ 이하로 함.

종석의 치수

구 분	시 멘 트	종 석
표 면 층	25	75
이 면 층	20	80

종속(從屬, subordination) : ①보다 덜 강조케 하고 보다 덜 중요케 하는 것. ②이미 부과된 질서에 복종하는 것을 말하고, 종속은 이와 반대로 이루는 주조의 존재를 암시함.

종속예술(從屬藝術, subordination art) : ⇨응용예술.

종심목(宗心木) : ⇨마루적심목·종적심목(=).

종아치(鍾-, bell arch) : 대형 코벨(corbel)로 지지된 원형 아치. 외관이 종모양으로 생겨 붙여진 명칭.

종업원동선(從業員動線) : 종업원의 판매행위 및 출납·사무의 동선이고, 특히 고객동선과 교차되지 않도록 하며, 가능한 동선길이를 짧게 하여 기능적으로 피로를 적게 해야 함. 동선계획에 있어 고객동선과 종업원동선이 만나는 곳에 카운터·쇼 케이스 등을 배치함.

종유석장식(鍾乳石裝式, stalactite work) : ⇨스탈랙타이트워크(=).

종이반자(paper ceiling) : ①종이를 평평하게 바른 천장. 반자라 함은 협의로는 종이반자를 지칭함. ②초배지를 바르고, 그 위에 두꺼운 중배지와 정배지를 바르는 천장마감방법. 정배지의 경우 초기에는 거의 백색에 가까운 종이가 사용되었지만 차츰 밝고 연한 색의 은은한 무늬가 있는 화문지를 바르거나 단색의 색지가 이용되었음. ③주로 온돌방에 설치되는 것으로서, 일정한 높이에 수평의 반자틀을 만든 후 초배지를 바르고, 그 위에 중배지와 정배지를 바르는 것으로 천장의 연등을 가리고 높이를 낮추어 보온효과의 기능이 있음.

종이벽지(-壁紙. wall paper) : ①펄프를 원료로 한 벽지. ②특징은 디자인과 색조가 매우 풍부하여 다색물이 비교적 많고 색채의 내후성이 아주 좋은 것이 특징임. ③종류는 그라비아벽지·엠보싱벽지·지사벽지 등이 있음.

종이습도계(-濕度計, paper hygrothermometer) : ①종이가 습도의 변화에 따라 일정한 신축비율을 갖는다는 사실을 이용한 습도계. ②습공기의 절대습도는 실험실 내에서 정밀하게 무게를 재고 이를 건조시킴으로써 측정할 수 있으나, 일반적으로는 습공기의 다른 성질들을 측정한 후 이들을 이용하여 상대습도를 계산하게 됨.

ㅈ

종적심목(宗積心木) : ⇨마루적심목· 종심목(=).

종축회전창(縱軸回轉窓) : ⇨수직회전창(=).

종콩(Jongkong, Dactylocladus stemostachys Olive) : ①보르네오섬의 고유수종으로 일속일종(一屬一種)이 있으며, 동부 카리만탄 사바주 사라와크 등에 분포. ②심재·변재의 구분이 불분명하고 벌채 초기에는 담황백색 또는 담등갈색, 도갈색이나 점차 암갈색 또는 적갈색으로 변화함. 목리는 통직하지만 얇게 교착하며 나무갖은 곱고 균일하고 기건비중 0.54, 수축률은 방사방향 2.1%, 접선방향 4.1%로 적고, 강도는 압축강도 510㎏/㎠, 휨강도 912㎏/㎠, 전단강도 117㎏/㎠로 보통임. 내구성은 낮지만 절삭·건조·접착·연삭·방부제 주입이 양호함. ③주로 내장·가구·합판·건축 등에 사용.

종탑(鍾塔, campanile) : 교회의 본체에서 독립·분리된 종이 설치된 탑.

종합(綜合, synthesis) : ①디자인 과정에서 제약요소나 가능성을 발견하고 가능한 한 해결안을 가정하는 것. ②단일체나 통일체를 만들기 위해 각각 분리된 또는 서로 반대로 배치됨으로써 발생하는 대칭.

종합계획(綜合計劃, master plan) : 전체 계획의 기본이 되는 디자인. 구체적인 계획은 이것이 끝난 후에 자세하게 이루어짐.

종합백화점(綜合百貨店) : 연건평 300㎡ 이상으로 주로 의식주 관련 상품을 취급하는 백화점.

종합오락단지(綜合娛樂團地) : ⇨테마파크(=).

종합적 품질관리(綜合的品質管理, TQC : Total Quality Control) : ①관리자·감독자·작업자 등 전원 참여에 의해 실시되는 품질관리. ②⇨품질관리·전사적 품질관리(=).

종합주의(綜合主義, synthetisme[프]) : ①고갱(P. Gauguin) 및 나비파의 화가들에 의해 고안된 기법 및 그 이념. ②나비파의 이념과 더불어 아르누보를 거쳐 반인상주의적인 20세기 회화의 저변을 이루고 있음.

종합토지세(綜合土地稅) : ①전국의 토지를 합산하여 누진과세하는 지방세. ②매년 6월 1일 현재 토지소유자가 10월 16일부터 다음해 3월 1일 사이에 관할 시·군·구청에 납부함.

종형아치(鐘形-, bell arch) : 두 개의 커다란 내쌓기 곡면으로 둥글게 이루어진 아치.

좌경(坐鏡) : ①경첩이 달린 열림 뚜껑이 꺾어져 뚜껑 안쪽에 부착된 거울이 비스듬히 서도록 지탱해줌. ②빗접에 거울을 부착한 빗접이 발전된 양식으로 앉아서 거울을 볼 수 있도록 만든 화장대. ③조선시대 후기에 거울이 보급되면서 제작되기 시작한 이래 그 사용이 널리 보급되었음. ④남성용 좌경은 보통 소형이며, 목침을 겸용하도록 만든 예가 많음. ⑤종류는 뚜껑의 반을 절개하여 경첩을 달고 뚜껑 안쪽에 거울을 부착하여 뚜껑을 열면 거울을 세울 수 있도록 된 것과 뚜껑이 통판으로 되어 돌려 열고 뚜껑이 받침다리가 되어 거울을 세우도록 된 형태가 있음. 수장공간으로 한, 두 개의 서랍이 달린 것, 거울 밑에 공간이 있어 빗과 빗치개 등을 보관하도록 된 것, 거울만 달린 것 등 여러 가지 양식이 있음. 서랍이 없거나 하나만 있는 것은 대부분 사랑방에서 쓰던 것임.

좌고(座高) : ①지면으로부터 좌면(座面) 앞부분까지의 높이. ②인체측정시 똑바로 허리를 펴고 앉아서 무릎 아래쪽 힘을 빼고 안각(眼角)과 전이개기부(前耳蓋基部)의 결선(結線)이 수평일 때, 조면에서 두정(頭頂)까지의 높이. ③의자 높이가 오금 높이보다 높게 되면 대퇴부(大腿部) 아래쪽에 과도한 압력을 가하게 되므로 오금 높이보다 낮아야 하며, 키가 작은 사람을 포함한 설계를 해야 함. 좌고 높이는 일반적으로 남녀 모두 432㎜ 정도임. ④앉은 높이(=).

좌골결절점(坐骨結節點, tuber ischiaddicum point, ischial tuberosities point) : 골반 아래쪽의 뾰족한 각도로 된 부분. 의자에 앉은 자세에서는 상체(체중)가 여기에 지지되고, 좌골 결절점은 남자인 경우 약 120㎜, 여자는 130㎜임.

좌굴(座掘, buckling, distortion) : ①압축력을 받고 있는 세장(細長)한 구조재가 갑작스럽게 불안정한 수평력이나 비틀림의 작용을 받으면 부재가 항복에 이르기 전에 좌굴이 발생하게 됨. ②박판(薄板)과 리브 용접시 열응력이 원인이 되어 리브의 구속에 의해 판에 생기는 파상(波狀)의 변형.

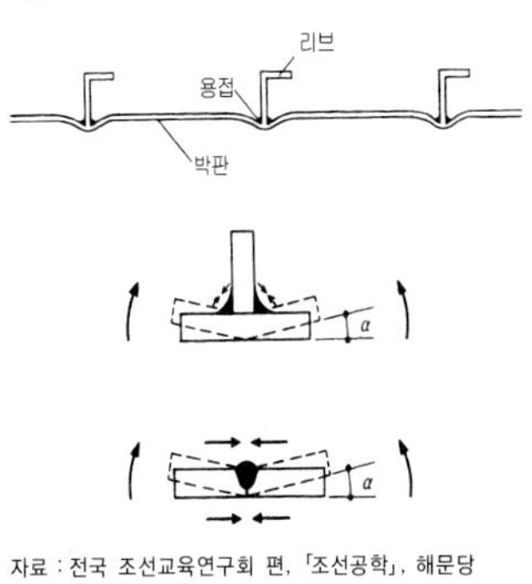

자료 : 전국 조선교육연구회 편, 「조선공학」, 해문당출판사, 1975

필릿 용접 이음매에 생기는 각변형

좌굴계수(座掘係數, effective length factor) : 좌굴길이는 재단조건에 따라 기둥의 유효길이에 수정계수를 적용하여 결정하고, 양단고정일 때 장주(長柱)의 좌굴길이는 기둥길이의 1/2로 줄이고 계수 4에 의해 내력을 증가시킴.

좌굴길이(effective length) : 기둥에 좌굴이 생길 때 변곡점 사이의 거리. 기둥의 좌굴길이는 좌굴하중에 의해 결정되고 기둥 일부에서 좌굴이 발생하여 기둥 전체가 붕괴됨.

좌굴하중(座掘荷重, buckling load) : 기둥이 견디지 못해서 수평으로 처지기 시작할 때의 축하중(軸荷重). 좌굴하중에서 기둥은 최초의 직립상태를 유지하기 위해 필요한 내력을 가질 수 없음. 이러한 좌굴하중은 건물이 붕괴될 때까지 기둥의 처짐을 가중시키고, 실제로 기둥은 휨이나 압축에 견디도록 되어 있으나 좌굴하중에 의한 휨으로 실제 좌굴하중은 한계좌굴하중보다 조금 작게 됨.

좌등(坐燈) : 직육면체 모양의 등(燈) 내부에 초를 넣을 수 있는 재나 등잔을 넣어 방안에 두는 조명기구.

좌면각도(座面-角度) : 좌면의 지평면에 대하여 기울어진 각도. 사용되는 경우에 따라 다르지만 일반적으로 수평이거나 5° 정도 약간 뒤로 기울어진 것이 좋음.

좌면깊이(座面-) : 측면에서 본 좌면의 길이(의자바닥의 길이). 의자 설계·제작시 등받이가 충분한 지지를 하도록 엉덩이 뒷면으로부터 장딴지 안쪽까지의 거리보다 짧아야 함. 보통 432㎜가 되어야 함.

좌면높이(座面-) : ⇨좌고(=).

좌면폭(座面-幅) : 좌면의 정면에서 양쪽거리. 의자 설계·제작시 엉덩이 크기에 여유를 고려하여 결정해야 함. 체격이 큰 사람도 걸쳐서 앉지 않고 깊숙이 앉을 수 있도록 폭이 480㎜ 정도 되어야 함.

좌우대칭(左右對稱, bilateral symmetry) : ⇨심메트리·양측대칭·비례(=).

좌위기준점(座位基準點) : 의자·침대 등 인체계 가구를 위한 기능치수의 원점이 좌골점에 있는 것으로 좌위를 측정하기 위한 기준점.

좌청룡(左靑龍) : 풍수지리에서 혈 뒤에서 나와 혈의 왼쪽을 둘러싸고 혈 앞을 지나는 산의 맥. ⇨우백호.

좌판가로대(坐板-臺, seat rail) : 의자구조에서 좌판을 지지하는 수평골조의 구성요소를 말함. 사각 골조는 네 개의 가로대로 이루어져 있으나 휘어서 제작하는 원형 골조는 그것 자체가 하나의 가로대가 될 수 있음.

죔새(clamp) : ⇨꺾쇠.

주(柱) : ⇨기둥(=).

주간(柱間) : ①집의 간살이. ②기둥과 기둥 사이의 간격. ③주칸(=).

주간포(柱間包) : ⇨공간포·간포·갖은포(=).

주거(住居, dwelling) : 사람이 거처하는 주(住)생활을 영위하는 주택을 의미.

주거공간(住居空間, living space) : ①가족단위 또는 개인의 생활권을 형성하는 단위공간으로 기본적인 가정생활을 영위하는데 필요한 설비를 갖춘 의식주(衣食住) 생활이 가능한 일정한 장소. ②주거공간 계획은 실의 규모·소요집기 등의 대상공간과 경제적 조건 파악을 기본으로 전개하되 기후·위치·방위·디자인·스타일·거주자·주생활양식 등을 고려하여 생활의 쾌적성 추구·개인의 프라이버시 확보·생활의 편리성 추구·가족 본위의 공간이 되도록 해야 함. 따라서 가족의 정신적 욕구(단란·유희·공부·사색 등)와 생리적 욕구(휴식·취침·배설·영양섭취 등)를 만족시켜야 함. ③주거공간의 분류는 일반적으로 공간의 용도에 따른 분류(개인공간·작업공간·사회적 공간), 공간을 사용할 때에 따른 분류(주간공간·야간공간), 행동반사에 따른 분류(정적 공간·동적 공간) 등으로 구분. ④리빙 스페이스(=).

주거공간 실내디자인(住居空間室內-, residential interior design) : 개인의 주거공간에 이용되는 실내디자인 자재와 제품의 지정과 설계에 관련됨.

주거공용면적(住居共用面積) : ①계단·복도·현관 등 공동주택의 지상층에 있는 공용부분 및 지하층의 면적을 합한 면적. ②주택공급에 관한 규칙 제8조 5항, 6항 ③기타 공용면적 : 주거공용면적을 제외한 관리사무소·노인정·기계 전기실 등의 면적을 합한 면적.

주거디자인(住居-, residential design) : ①상업시설·공공시설을 디자인하는 상업(비주거)디자인과는 달리 주택과 같은 주거용 건물이나 공간을 디자인하는 것. ②주택이나 그 이외의 모든 주거공간을 다루는 디자인. 상업적인 공간이나 공공공간을 계약에 의해 다루는 비주거 디자인(contract design)과 구별됨. 주거공간을 다루는 디자인은 고객의 특수한 관점과 취향·상황 등을 사전에 파악하여 작업에 반영해야 함.

주거지(住居址, site of house) : ①고대 인류가 집단으로 생활하던 유적. ②움집·동굴유적·바위그늘집터 등이 있음. ③집터(=).

주걱볼트(strap bolt) : ①볼트 머리가 주걱 모양으로 되고, 다른 끝은 넓적한 띠쇠로 된 볼트. ②주로 기둥과 보의 긴결 등에 쓰임. ③⇨볼트.

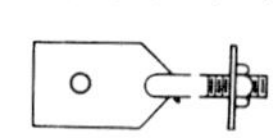

주걱볼트

주공(柱孔, post hole) : 움집터의 바닥 같은 데에 기둥을 세우기 위해 파 놓은 구멍.

주공정계획표(主工程計劃表, Critical Path Method : CPM) : 작업기간·작업 간의 연관성·작업순서 등 관련 정보를 활용하여 프로젝트의 기획·계획·관리에 사용하는 기법.

주공정선(主工程線, Critical Path ; CP) : ①공사의 소요기간을 결정할 수 있는 경로. 최초 작업일로부터 최종 작업일에 이르는 공정 중 시간적으로 가장 긴 공정들을 연결한 경로. ②크리티컬패스(=).

주관색(主觀色, subjective color) : 보는 사람에 따라 다르게 보이는 색. 흑과 백이 계시혼합이나 병치혼합에서는 흑과 백의 평균된 밝기를 가진 회색으로 보이지만 회색이 보이는 것이 아니라 유채색이 보이는, 즉 실제로 무채색의 자극 외에는 아무 것도 없는 곳에 유채색이 보이는 이상한 현상이 일어남. 이런 현상을 처음 발견한 페히너(G. T. Fechner : 1801~1887)의 이름을 따서 페히너 컬러(Fechner color)라고 함. 실제로 어떤 색이 보이는가는 회전속도와 보는 사람에 따라서 다르기 때문에 어떤 색이 보인다고 일률적으로 말할 수도 없고, 오직 본인 스스로 시험하여 보는 방법 밖에 없기 때문에 붙여진 명칭임.

주광(晝光, daylight) : 실내공간에 직접 및 간접 광원으로부터의 햇빛을 제공하는 것.

주광광원(晝光光源, daylight source) : 햇빛에 의한 자연광원으로 직사일광과 천공광으로 구분되지만 주로 천공광(天空光)을 의미함. 자연광(=). ⇨인공광원(⇔).

주광률(晝光率, daylight factor) : ①어느 점의 조도를 그 때의 전천공조도로 나눈 값을 %로 나타낸 것으로 천후에 관계없이 실의 밝기를 평가할 수 있는 지표임. 주광률은 실내 반사성분을 포함함. ②천공의 휘도와 관계없이 실외와 실내의 어느 점의 조도비로 표시한 것이고, 주광률은 천공광 자체의 휘도와 관계없이 실외와 실내 조도의 백분비로서 일반적인 실내의 적정 주광률은 2% 정도임. ③주광률은 천공의 상대적인 휘도분포, 창과 수조점(受照點)의 기하학적인 관계, 실의 형태와 마감 등에 의해 결정됨. ④가려지지 않은 천공에서 측정된 수평면 조도에 대한 실내 한 지점에서 주광조도의 비로 표현된 주광에 의한 조도의 정량치.

주광률법(晝光率法, daylight factor method) : 주광률에 근거하여 채광 시스템의 성능을 계산하는 방법.

주광색형광등(晝光色螢光燈) : 색온도가 약 65,000K°로서 흐린 날씨일 때 하늘로부터의 빛을 혼합한 색에 가까운 빛을 발산하는 형광등.

주광조명(晝光照明, daylighting) : ①주광을 광원(光源)으로 하는 조명. ②보통 채광(採光)이라도 함. ③인공조명(⇔).

주근(柱筋, main bar, principal reinforcement) : 하중과 모멘트 작용에 대한 응력에 견디도록 설계된 철근.

주금(鑄金, casting) : ⇨주조(=).

주단면도(主斷面圖) : 천장·벽·바닥의 단면도.

주당 : 뒷간을 지키는 귀신.

주도리(柱道理) : ⇨주심도리(=).

주두(柱頭, 柱枓, capital) : ①서양 건축에서 기둥 위에 얹어 장식하는 머리부분. 다양한 형태의 오더(order)의 주두가 있음. ②기둥 바로 위 또는 창방(昌枋) 위에 놓여 첨차(檐遮)를 받쳐주는 부재. ③기둥머리 위에 놓여 포작(包作)을 받아 공포를 구성하는 대접처럼 넓적하게 네모난 나무. ④동시에 상부의 하중(荷重)을 균등하게 기둥에 전달하는 기능을 가지고 있음. 이것의 축소형을 소로(小累)라 함. ⑤다포(多包)에서는 주두가 기둥머리를 떠나 평방 위에도 놓이는데, 이것을 특히 좌두(坐頭)라고 함. ⑥민도리집에서 생략하는 경우를 제외하고는 거의 모든 집에서 사용하는 부재. 민도리집에서 주두가 사용될 경우에는 기둥 위에 바로 놓여 주두 위에서 보와 도리가 십자로 짜여짐. 초익공집에서는 사갈튼 기둥머리에 창방과 익공이 짜이고 그 위에 주두가 놓이며 주두 위에서 보와 장혀 및 도리가 십자로 짜여짐. 이익공 집에서는 사각 튼 기둥머리에서 초익공과 창방이 십자로 짜이고 주두가 하나 더 올라가며 주두 위에서 이익공과 행공이 다시 십자로 짜이고 그 위에서 보와 도리 및 장여가 맞춰지는 형태. 이 때 주두는 초익공 위와 이익공 위에 2층으로 놓이는데 위층의 주두(재주두 또는 소주

ㅈ

두)가 밑에 놓이는 주두(초주두 또는 대주두)보다 약간 작음. 주심포양식에서는 기둥 위에 바로 놓이며 주두 위에서 첨차와 살미가 십자로 짜임. 다포양식에서는 기둥 사이에도 포가 놓이므로 주심포양식에는 없는 창방(唱榜)이라는 넓적한 부재 위에 놓임. 주두와 창방은 촉으로 연결하여 주두가 움직이는 것을 방지함. ⑦주두는 운두와 굽으로 구분되며 고구려시대와 고려시대에는 굽 밑에 굽받침이 있으나 통일신라시대와 조선시대에는 굽받침이 없음. ⑧주조·대접받침·주료(=).

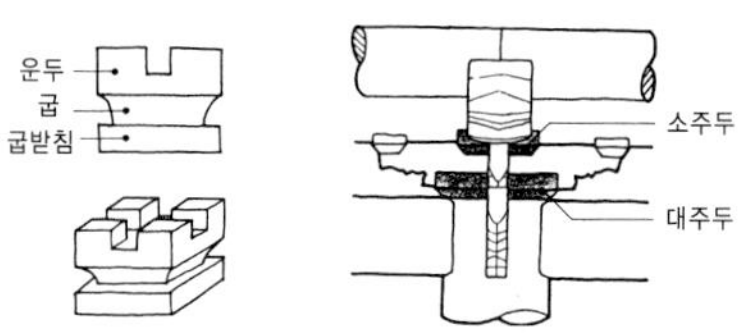

주두의 세부명칭

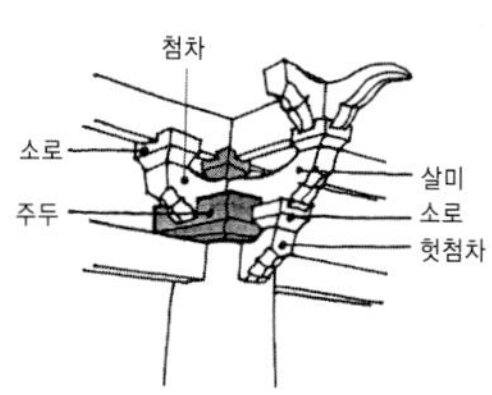

주두

주두열가옥(朱斗烈家屋) : ①중요민속자료 제96호, 19세기초 건립, 전남 순천시 낙안면 서내리 78에 위치. ②배치는 안채와 헛간채로 구성. ③안채는 정면 3칸의 초가집으로 전후면 툇간을 두고 배열은 부엌·안방·웃방을 차례로 둠. 복원 전에는 정면을 제외한 나머지 3면을 담집으로 구성하여 기둥은 따로 두지 않고 다만 중앙의 칸살이 부분만 기둥 및 흙심벽으로 마감한 벽체를 둠. 따라서 후퇴나 모퇴는 없고 전퇴에만 툇마루를 깔았고, 우측 모서리의 뒤주가 있는 부분은 돌각담을 두른 반내부공간으로 꾸몄음. 특히 이 부분은 작은 방을 위한 아궁이가 있어 일종의 작은 부엌과 같은 기능을 수행. 현재는 가운데 온칸을 두고 앞뒤로 퇴를 두었으며 안방과 웃방 전면 툇간에는 툇마루를 둠. 후면 툇간은 내부공간으로 사용하며 안방 후면에만 벽감(壁龕)을 둠.

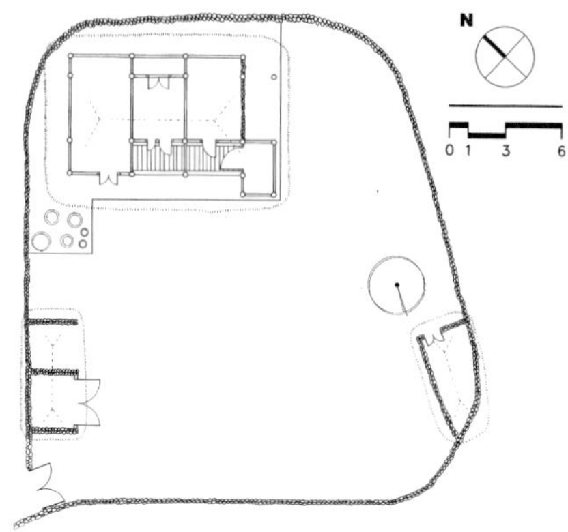

주두열가옥 배치도

주랑(柱廊, colonnade) : ①엔태블러처나 지붕의 한 쪽을 받치는 기둥. ②엔태블러처(entablature, 돌림띠)를 지지하고, 보통 지붕구조의 한 방향으로 지지하는 규칙적으로 배치된 일련의 기둥들. ③열주(=).

주랑현관(柱廊玄關, portico) : ①주택·신전 등에서 본 건물의 전면에 위치한 기둥과 지붕이 있는 현관. ②하나 또는 그 이상의 측면이 개방되어 있는 보도(步道)를 가지고 있으며, 때때로 파사드(facade)에 포함된 건축물 앞에 있는 기둥의 열을 말함. ③포티코(=).

주련(柱聯) : 시구(詩句)를 조각하거나 꽃이나 새를 새겨 넣은 목판자. 주로 기둥이나 벽에 장식으로 붙임.

주료(柱料) : ⇨주두(=).

주루막 : 화전민들이 사용하는 배낭.

주름문(-門) : ①세로주름이 지게 만든 문. ②주름을 접고 펴서 열고 닫음. ③폴딩도어·아코디언도어(=).

주머니형 문(-形門, pocket door) : 문을 열면 벽 안으로 숨어 들어가 보이지 않는 문. 벽 안에 문이 들어갈 만한 공간을 마련하고, 그 속으로 문을 밀어 넣어 문틀만 보이도록 고안되었음.

주먹장(butterfly, butterfly wedge) : ①도리 대강이를 안쪽은 좁고 끝은 조금 넓게 에어 깎은 부분. ②단부에서 두 개의 판을 연결하는 데 사용되는 은장형태의 조임쇠.

주먹장끼움 : 한쪽 면에서는 주먹장부맞춤이, 다른 쪽 면은 직사각형 마구리가 보이도록 하는 것으로 주로 가구 및 창호에 사용함.

주먹장부(-丈夫, dovetail tenon) : 목재의 접합에서 장부의 끝이 넓고 안쪽이 좁게 된 부채 모양의 장부.

주먹장부맞춤(-丈夫-, dovetail tenon joint) : ①주먹모양 장부를 끼워 맞춘 장부. ②주먹장 모양으로 끝이 조금 넓고 안쪽은 좁게 하여 도드라진 것을 끼우면 빠지지 않게 된 것. ③가공이 간단하여 널리 쓰임. ④종류는 걸침주먹장·내림주먹장·두겁주먹장 등이 있음. ⑤주로 토대와 멍에 맞춤, 달대공 맞춤에 사용함. ⑥⇨주먹장이음.

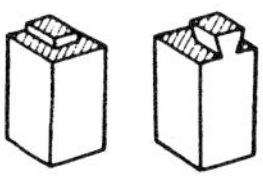

주먹장부 맞춤

주먹장이음(拳狀接合, dovetail joint) : ①한쪽 부재 끝에 한 개 또는 그 이상의 주먹장부를 만들고, 다른 부재 끝에 장부구멍을 파서 접합한 이음. 공작이 용이하고 튼튼하기 때문에 많이 사용. ②목재 조이너의 일종으로 두 개의 연결부분으로 구성되어 있고, 주먹장부는 전통적인 수공 캐비닛 제작에서는 손으로 만들며 때로는 기계작업으로도 만들어짐. ③결합하려는 부재의 두 모서리를 연속적인 제비꼬리 모양으로 잘라내서 90° 방향으로 결합하려는 방법. 작업은 까다롭지만 정교하고 견고한 짜임으로 접착제나 못 등으로 보강할 필요가 없으며, 서랍의 앞판과 측판의 연결에 사용되며 앞판이 당겨지는 힘을 잘 견딜 수 있음.

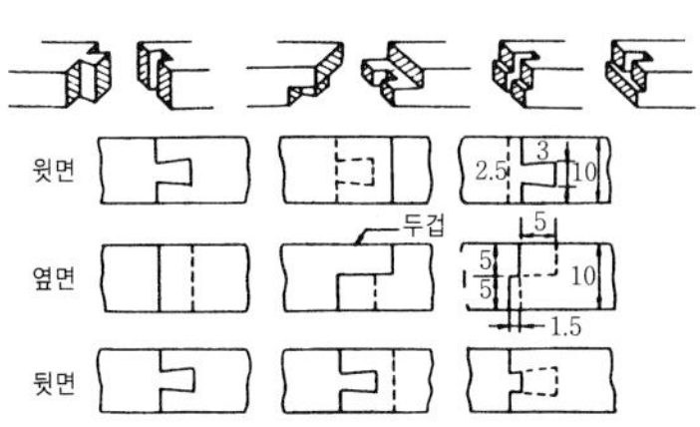

주먹장이음

주먹장 딴혀쪽매(butterfly spline joint) : ⇨딴혀쪽매.

주먹장부촉 : 장부촉의 일종.

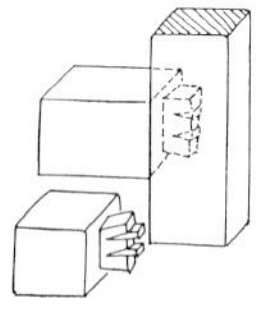

주먹장부촉

주먹장 통맞춤(dovetail dado joint) : ⇨통맞춤.

주먹장 틀맞춤(dovetail joint) : ①모서리 맞춤. ②종류는 구조형태에 따라 세겹 주먹장 맞춤·숨은 주먹장 맞춤·주먹장 연귀맞춤·한편 숨은 주먹장 맞춤·관통복합주먹장 맞춤 등으로 구분함.

주목(朱木, Taxus cuspidata S. et Z. yow [학]) : ①중북부의 고산지대·일본·만주 온랭대·미국·유럽의 일부지역에 유사 수종이 분포하며 수직적으로는 표고 700~2,500m까지 분포함. ②수고 17m, 흉고직경 1m에 달하는 상록침엽교목으로 자웅이주이며 관상수로 사용함. 수피는 농적색 또는 적갈색으로 얇은 편이고, 변재는 폭이 좁으며 황백색이고, 심재는 자홍색(紫紅色) 또는 청홍색(晴紅色)으로 심변재의 구분이 불분명하며 연륜이 뚜렷함. 목리는 통직(通直)하고 치밀하며 광택은 보통이고 향기가 강함. 나뭇결이 아름답고 탄력이 있으며 내구성이 강하나 연함. 가공성이 양호하고 접착성은 보통이며 심재의 내후·보존성은 보통이고 내수성은 양호하며 할열(割裂)이 용이함. 건조와 도장·연삭이 양호하고 할열이 양호하며 광택이 있음. 고급연필·고급가구·기구·특수건축 내장·조각·세공·목공·바둑판·목형 등의 용도로 사용되며, 심재는 적색염료(赤色染料)로 쓰이고, 방향목(芳香木)으로 사용함. 서양에서는 영국의 튜더(Tudor)시대에 가구재로 쓰이기 시작하여 17세기 후반에는 무늬목으로 사용되었음. 탄력이 좋아 윈저 의자(windsor chair)를 비롯한 곡목(bent wood) 가구의 재료로 사용되기도 함.

주목성(注目性) : 시선(視線)을 끌 수 있는

조형적·색채적·조명적·시각적인 효과. 형태의 특이성·색채의 명시성·명암의 차이 및 개인의 기호(嗜好)에 따라 다름.

주물(鑄物, casting) : ⇨주조[2](=).

주반(柱半) : ①기둥 한가운데에 내려 그은 먹줄. 보통 먹통의 먹줄로 튕김. ②심목(=).

주방(廚房, kitchen) : ①음식을 요리하고 준비하는 작업장. 위생적으로 불쾌한 느낌이 나지 않도록 재료와 환기가 잘 되게 하고, 청결감을 갖도록 밝고 환하게(200lx 이상) 조명계획을 함. 따라서 재료는 내유성·내구성 등이 좋은 재료를 선택하고 색채는 밝고 환한 것을 선택함. 최근에는 시스템 키친(system kitchen)이 개발되어 다양한 디자인과 크기·소재 및 색채가 개발되어 대량으로 생산되고 있음. ②종류는 크게 리빙 다이닝(living dining)과 리빙 다이닝 키친(living dining kitchen)으로 구분됨. ㉠독립형 : 객실형, 반독립형(알코브형·해치형) ㉡겸용형 : 생활공간 겸용형(DK·LK·LDK), 기능 겸용형(유틸리티키친·가사주부실 겸용·아동실 겸용).

주방가구(廚房家具, kitchen furniture) : 주방가구를 디자인하기 위해서는 주방의 작업순서나 음식의 조리 특성을 고려하여 주방의 동선과 작업 흐름을 충분히 고려하며, 주방에서의 작업은 준비에서 뒷정리까지 거의 일정한 흐름이 있으므로 될 수 있는대로 단순하고 짧은 동선이 되도록 배치해야 함. 이러한 주방의 기본적인 배치 및 동선계획을 하기 위해서는 주방가구의 기본적인 치수를 이해해야만 올바른 설계와 디자인을 할 수 있음.

주방작업대 배열(廚房作業臺－配列) : 준비대 → 개수대 → 조리대 → 가열대 → 배선대의 순서로 배치한 전체 작업대의 배열.

주방형식(廚房－形式) : ①일자형 : 모든 작업대를 일렬로 배열하는 방법. 배관·배선을 집중시킬 수 있어서 경제적이나 작업동선이 길어지는 단점이 있음. 소규모 주택이나 다이닝키친에 적합. ②병렬형 : 두 벽면을 이용하여 작업대를 배치하는 방법이고, 각종 작업대 사이의 동선거리를 단축시킬 수 있으며 사용이 편리함. 이 경우 한쪽에 싱크대·조리대·레인지를 놓고 다른 한쪽에 냉장고·준비대를 배치하는 것이 능률적이며, 두 작업대 사이의 통로 넓이는 900~1,200㎜가 적당함. ③ㄱ(ㄴ)자형 : 맞닿은 두 벽면에 작업대를 ㄱ(ㄴ)자로 설치하는 방법. 한쪽 벽면에 싱크대, 다른 한 벽면에 레인지를 배치하는 것이 능률적이며, 일자형보다 작업동선이 짧고 식사나 기타 활동을 위한 공간의 여유가 생기는 효율적인 배치형태임. ④ㄷ(U)자형 : 세 벽면에 작업대를 배치함으로써 효과적이고 짜임새 있는 배열형태를 이룸. 냉장고·싱크대·가열대 순으로 놓고 볼 때 작업동선이 짧기 때문에 효과적임. U자형 밑부분에 싱크대·냉장고·준비대·다른 한쪽 벽면에 조리대 레인지를 배치하면 작업범위가 좁아지기 때문에 능률적임. ⑤반도형(peninsula type) : 일자형의 작업대에 이어 반도(半島)처럼 방안에 돌출시켜 배치한 형태로 주방의 면적이 넓어야 함. ⑥섬형(island type) : 일자형의 작업대 앞에 섬과 같이 하나의 작업대를 배치한 형태로 주방의 면적이 넓어야 함.

주범양식(柱範樣式, order style) : 고대 그리스·로마시대 건축의 기둥양식. 즉 이오니아식 기둥(Ionic order)·도리아식 기둥(Doric order)·코린트식 기둥(Corinthian order)·터스칸식 기둥(Tuscan order)·콤퍼지트 기둥(Composit order) 등.

주변조명(周邊照明, ambient lighting) : ①업라이트(up light)를 이용하여 천장에 간접조명을 설치하여 실내환경을 부드럽게 연출하기 위한 조명방법. ②보통 간접광이거나 주변 공간으로부터 실내에 들어오는 일상적인 빛.

주보(主褓, principal beam) : 구조 프레임에서 이차보나 장선을 지지하는 큰보를 말함. 일차보(=).

주보랑(周步廊, ambultatory) : 원래 행렬을 위한 것으로 후진(後陳)이나 끝부분이 직선인 성단(聖壇)을 둘러싸는 반원형 또는 다각형의 통로.

주사(主舍) : 임금의 상징인 전패를 모신 감(龕)이 있는 객사 건물.

주산(主祖) : 혈(穴) 뒤의 높은 산.

주삼포(柱三包) : ①기둥 위에만 1출목으로 공포를 짠 것. ②포살미집의 하나. ③주두와 삼포만으로 만듦.

주상복합(住商複合, mixed-use) : ①한 건물 안에 주거용 아파트와 상업용 시설이 갖춰진 건물을 말함. ②같은 건물 내에 아파트와 상가·호텔 등 건축법시행령 제45조에 준하는 복합용도가 있는 경우를 말함. ③주거와 직장생활을 한 건물 안에서 할 수 있어 교통난을 덜 수 있고 야간의 도심공동화를 방지할 수 있는 장점을 지닌 주거 형태.

주상복합건물아파트(住商複合建物-) : ⇨주상복합.

주상포(柱上包) : ⇨주심포(=).

주색(朱色, vermilion) : ①관용색명으로 해맑은 노랑 띤 빨강. ②황색을 띤 산뜻한 적색. ③먼셀기호 6R5.5/14. ④황화(黃化)수은을 주성분으로 하는 적색 안료.

주생활(住生活) : 주거 안에서 전개되는 생활, 즉 주택과 관계되는 생활.

주생활양식(主生活樣式, main life style) : 주택을 중심으로 이루어지는 생활문화의 유형. 주생활이란 전통·습관화된 생활행동의 상태로서 가족의 구성조건·사회적 계층·지역적인 기후·풍토조건·문화조건 등에 따라 달라짐. 주생활양식은 한식생활과 양식생활로 대별. 한식생활의 특징은 바닥에 앉아서 생활하는 좌식 중심으로 이루어지며 기능적인 공간분할이 불명확한 일실다용도(一室多用途)의 대가족 생활임. 양식생활의 특징은 의자에 앉아서 생활하는 입식 중심으로 이루어지며 기능적인 공간분할이 명확한 개실(個室) 중심의 일실일용도(一室一用途)의 핵가족생활임.

주석(朱錫, tin) : 광택이 있고 용융점이 낮은 청백색의 금속원소. 상온에서 전연성(展連性)이 있으며 도금·합금·땜질에 사용됨. 기호는 Sn.

주선(柱線) : ①기둥 옆에 붙은 문설주. ②옆벽을 치는 수직재.

주시성(注視性, regardness) : ⇨주목성(=).

주시점(注視點, point of attention) : 시적(時的)긴장이 집중되는 지점. 악센트·시점(=).

주신(柱身, shaft) : ①주두(柱頭, capital ; 주신의 최상부와 인방을 연결하는 부재로서 대부분 건축양식에 따라 장식)와 주초(柱礎, base ; 기둥의 기초)를 제외한 기둥의 주체 부분. ②원주(column)와 주두(capital), 기단(base) 사이의 가운데 부분.

주심도리(柱心道理) : ①한국 전통 목조건축에서 기둥의 바로 위에 위치한 도리. ②주심 위에 가로 얹힌 도리. ③도리의 위치에 따른 구분의 하나. ④포집 따위에서 기둥 위에 놓인(얹힌) 도리. ⑤두 개의 기둥을 가로로 건너지르는 도리. ⑥주도리(=).

주심포(柱心包, columner bracker set) : ⇨주심포양식(=).

주심포가(柱心包家) : ①목구조 건축에서 공포를 기둥 중심 위에만 꾸며 놓은 집. ②공포가 주심 위에만 있는 집. ③주심포집(=).

주심포계(柱心包系) : ⇨주심포양식.

주심포계공포(柱心包系栱包) : ⇨주심포양식.

주심포양식(柱心包樣式) : ①목구조 건축에서 공포가 주심(柱心) 위에만 짜여진 양식의 공포. ②기둥 상부에만 사각제의 주두를 올려놓고 그 위에 공포를 짜 올라가는 단순한 형식을 말함. ③기둥머리 바로 위에서 받침 공포(貢包), 다포(多包)의 구성이 고려말, 조선조에 성행되었다면, 주심포는 모든 시대에 걸쳐 구조되었다고 할 수 있으며, 조선 초기 이전의 시대에 주심포만이 있었을 뿐이지만, 그 유형은 여러 가지임. ④고려시대 중기 중국 송(宋)나라로부터 전래되었으며, 다포양식에 비해 간결·단순하며 직선적이고, 고려시대와 조선 초기에 성행된 공포양식으로 당시의 주요건물에 사용함. ⑤고려시대 주심포 건물은 어칸과 측면칸의 가구법이 다르고, 도리가 기둥 위뿐만 아니라 툇보 위에도 놓임에 따라서 정확히 몇량집이라고 하기가 어려움. ⑥대표적인 건축물로는 현존하는 한국 최고의 목조건축물인 봉정사(鳳停寺) 극락전(極樂殿), 경북 안동, 12세기 말, 부석사(浮石寺) 무량수전(無量壽殿), 경북 영주, 13세기 초, 수덕사(修德寺) 대웅전(大雄殿), 충남 예산, 1308년, 성불사(成佛寺) 극락전(極樂殿), 황해 해주, 고려 말, 은해사(銀海寺)·거조암(居祖庵) 영산전(靈山殿), 경북 영천, 조선 초, 강릉 객사문(客舍門), 강원 강릉, 14세기 경·무위사(無爲寺) 극락보전(極樂寶殿), 전남 강진, 1746년 등임. ⑦공아·화두아(=)·다포양식(⇔).

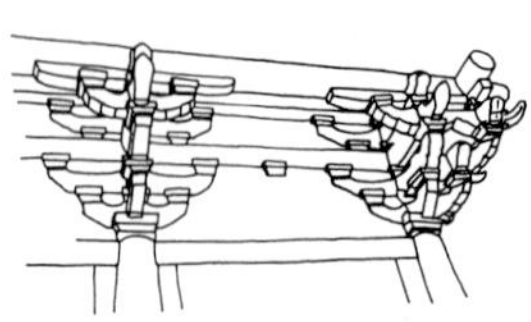

주심포양식

주심포집 ①공포를 기둥 위에만 꾸며 놓은 집 ②주심포가(=).

주양식(住樣式) : 주(住)생활이나 주(住)습관의 행동 형식. 예컨대, 한식(韓式)이나 양식(洋式)인 경우이고, 가족형태·생활습관 등에 따름.

주옥(主屋) : 여러 채(건물) 중 가장 중심이 되는 건물 또는 방.

주요공간(主要空間, main space) : 가장 핵심이 되는 크고 넓은 주요한 공간. 절정(climax)을 이루는 곳이며, 이곳이 중심이 되어 크고 작은 여러 공간들이 여기에 조화되도록 연결되어 전체적으로 통일된 공간체계를 이룸.

주요구조부(主要構造部) : 건축법상 용어의 정의는 벽·기둥·바닥·지붕 및 주계단을 말함. 다만, 사이벽·사잇기둥·최하층바닥·작은 보·차양·옥외계단·기타 이와 유사한 것으로 건축물의 구조상 중요하지 않는 부분을 제외함(법 제2조 6).

주울(joule) : ①에너지를 나타내는 SI단위. ②부호는 E. ③단위는 J(Nm)임.

주의[1](柱衣) : 기둥머리에 그린 단청.

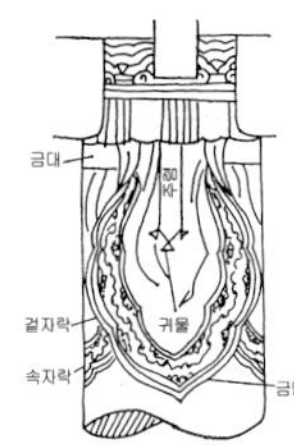

주의

주의[2](主義, attention) : ①고객의 구매심리 5단계 중 첫 번째 구성요소로 무심코 상점 앞을 지나는 사람의 시선을 끄는 것. ②움직임·색채·조명·형태·그래픽 등 요소가 활용되며, 그 중 대비(對比, contrast)가 가장 큰 효과를 가져 옴. ③아이드마법칙·아이드카법칙·아이다스법칙(=).

주의끌기(注意-, engage) : 디자인적으로 어떤 영향이나 힘으로 주의를 끌거나 사로잡는 것.

주제(主題, theme) : ①재현적 형태에서 인지할 수 있는 내용. ②건축의 개념(槪念)으로 한 프로젝트의 설계 전 과정에 걸쳐 반복적으로 나타나는 특정의 패턴 혹은 아이디어. 주제가 의도하는 프로젝트 전반을 통해 나타나는 특정의 기하학적 주제처럼 그 폭이 좁은 것일 수도 있지만 좀더 일반적인 내용이 되는 경우도 있음. 찰스 무어(Charles Moore)의 작품은 자신이 관심대상인 주제 및 원칙을 발전시킬 수 있는 특정방법을 찾아내려는 탐구활동이라고 할 수 있음.

주제건물(主題建物, theme building) : ⇨테마빌딩(=).

주제단(主祭壇, high alter) : 천주교회에서 예수를 모신 지성소 중앙에 단을 지어 높게 설치된 제단.

주제화(主題畵, theme painting) : ①북한 정부가 주체사상에 입각한 집단적인 정서를 유도하기 위해 그리도록 한 주민들의 생활상을 특별한 주제에 담은 그림. ②북한 미술의 독특한 한 분야.

주조[1](主調, dominant) : ①대상의 주요한 흐름. ②대상의 통합적·반복적인 흐름. ③디자인적으로 우세하며, 보다 가치 있고, 탁월하고, 주체가 되며, 분명하게 강조된 것을 말함. 주조는 이와 음성적으로 반대되는 다른 것을 종속시킴을 암시함. 왜냐하면 하나의 단위를 주조하려면 자동적으로 다른 것을 종속시키기 때문임.

주조[2](鑄造, casting) : 철이나 기타 금속을 고열(高熱)로 녹여서 주형에서 응고시켜 각종 형태의 물건을 복제 생산하는 금속 가공기법. 주물(鑄物) 또는 주금(鑄金)이라고도 함. 주물은 금속이 주형 속에서 응고될 때 냉각속도가 부분에 따라 달라지므로 결정체의 크기 및 모양이 불규칙하여 외력에 대한 저항력이 단조품에 비해 약함. 주조법·진공주조법·오징어뼈주조법·탈납주조법 등으로 분류.

주조색(主調色, dominance color) : ①배합에 있어서 그 배색의 기초나 바탕이 되는 주요한 색. ②전체 배색에서 지배적인 색. 주조색에 대비되는 색을 작은 면적에 배색하여 강조하는 것이 악센트색임.

주조색 빛의 조화(主調色-調和, the harmony of a dominant colored light) : 여러 가지 색상의 명도가 마치 주조색(主調色)으로 물든 효과를 갖는 상태.

주좌(柱座) : 주초 상면에 기둥을 받치는 부분을 약간 높게 새긴 자리.

주척(周尺) : ①주나라 때 거리·면적 등을 측정하는데 사용된 기준자. ②삼국시대에 당나라로부터 들어와 고려, 조선시대까지 사용됨. ③주로 측우기 등 기구를 측정하거나 신주(神主)를 만들 때 사용하며, 그 밖에 도로의 거리수를 잴 때도 사용하였음. ④20센티미터.

주철(鑄鐵, cast iron) : ①모래 거푸집 속에 부어진 뒤 원하는 모양으로 틀에 맞게 만들어진 합금. 철은 건축재료로 사용하기 훨씬 이전에 연장과 무기로 만들어졌음. 주철과 연철은 장식적인 요소들로 만들었고, 빅토리아풍의 건축양식은 구조상으로 초기 고층빌딩들을 위한 골격구조는 물론 장식을 위해 변경할 수 있는 특성을 연구했음. 이 양식은 또한 주철을 강철과 유리 구조물에 조화시켰고, 아르누보시대에는 건축물에 대하여 장식적인 디테일을 위해서 뿐만 아니라 미술공예 목적을 위해서도 사용됨. 장식용 철은 격자·대문·용마룻널장식·철물, 그리고 무수한 건축 액세서리를 위해 사용됨. 청동·황동·구리·알루미늄과 스테인리스 스틸과 같은 그 밖의 장식용 금속들은 주요한 구조물에는 사용되지 않았음. 그들은 단지 비어 있는 공간을 채우는 재료의 역할을 담당했음. 동판(銅版)·알루미늄판·스테인리스 스틸판(stainless steel plate)과 구워진 에나멜 금속 합금 패널 등이 해당됨. ②탄소 2.0~4.5%, 실리콘 0.5~3.0%를 포함하며 단단하고 깨지기 쉽고 전성이 없는 철합금으로 모래 형틀에 주조·가공되어 여러 가지 건축 자재로도 사용됨.

주철가구(鑄鐵家具, cast iron furniture) : 19세기 혁신품으로 옥외용 가구 또는 카페 및 공공 빌딩 같은 곳에 사용되는 철물 가구. 용해 및 주조의 기술로 19세기 초에 발전된 철제 가구는 영국에서 1840년 처음 제작되었고, 후에 유럽 대륙과 미국에서도 제작됨. 고전 부흥양식(classic revival style)이 주철가구 디자이너들의 영감을 고취시켰고, 특히 로코코 부흥양식의 조각요소와 자연적인 모티프는 주조가 가능한 곡선형태에 적합했으며, 마이클 토넷(Michael Thonet : 1796~1871)의

ㅈ

곡목 가구 역시 주철 가구디자인에 많은 영향을 주었음.

주철의 5원소(鑄鐵－五元素) : 크롬·망간·규소·유황·인.

주초(柱礎, base) : ①기둥 아래에 괴는 물건. ②베이스·주추(=).

주추먹 : ①주축의 윗바닥에 심자모양으로 그린 먹줄. ②주추먹이 서로 만나는 점이 곧 주추 바닥 외접원의 중심이 됨.

주축(主軸, axis) : 건물이나 건물군의 중심이 되는 축 중에서 주된 축.

주출입구(主出入口) : ⇨메인 엔트런스(=).

주춧대(－臺, plinch block) : 지주·기둥·다리 또는 조각상의 토대.

주춧돌(cornerstone) : ⇨초석.

주칠(朱漆) : 주택의 주요 목부(木部)에 칠하던 붉은 칠.

주택(住宅, housing) : ①사람이 사는 집. ②분류 ; ㉠집합형식에 따른 분류－ⓐ단독주택 : 단독주택·다가구주택·다중주택·공관. ⓑ공동주택 : 아파트·연립주택·다세대주택. ㉡기능 및 사용 목적에 따른 분류－ⓐ전용주택 : 순수하게 거주용. ⓑ병용주택 : 점포 병용·사무실 병용·작업장 병용. ㉢생활양식면에 따른 분류－한식주택·양식주택·절충식주택. ㉣구조재료에 따른 분류－목조주택·조적조주택·철근콘크리트주택·조립식주택. ㉤질적 수준에 따른 분류－고급주택·중류주택·국민주택·판잣집. ㉥공급형태에 따른 분류－임대 주택·분양주택·주문주택·기성주택. ㉦높이별 분류－저층주택(1~2층)·중층주택(3~5층)·고층주택(6층 이상)·초고층주택(15층 이상). ㉧시대적 분류－원시주택·현대주택·미래주택. ㉨지역적인 분류－도시주택·농어촌주택·전원주택. ㉩지붕재료별 분류－초가집·기와집·함석집·슬레이트집·슬래브(slab)집. ③새로운 주택설계 방향 ; ㉠주거의 단순화. ㉡가족 본위와 주부 본위. ㉢주거의 기계화와 인간화. ㉣새로운 건축재료와 건축기술의 진보. ④가옥(=).

주택근무(住宅勤務) : ⇨재택근무(=).

주택담보대출(住宅擔保貸出) : ①집을 담보로 은행에서 돈을 빌릴 때 집의 자산가치를 얼마로 보는가의 비율. ②보통 기준시가가 아닌 시가의 일정 비율로 정함. ③2002년 9월 9일 은행들이 정부의 부동산투기억제 대책의 하나로 투기과열지구로 지정된 지역에 대한 주택담보대출 비율을 시가의 60% 수준으로 크게 내렸음.

주택상담사(住宅相談士) : ①주택판촉만 전문으로 하는 요원. ②자동차딜러나 보험설계사와 비슷한 개념. ③매매계약이나 중개업무는 다루지 않고 호별 방문을 통해 전문적으로 판촉활동을 벌이며, (아파트) 매매계약을 성사시키면 분양가의 일정률을 수수료로 받음.

주택의 주층(住宅－主層) : ⇨피아노 노빌레(=).

주택임대차보호법(住宅賃貸借保護法) : ①주거용 건물의 임대차 관련 민법에 대한 특례 규정. ②국민의 주거생활 안정을 목적으로 전·월세 입주자를 보호하기 위해 마련됨. ③주거용 건물에 적용하고 있지만 상가면서 실제 주거용으로 사용된 경우도 포함됨. ④주택을 임차할 때 주민등록 전입과 확정일자를 받아두면 다른 채권자에 우선하여 보증금을 변제받을 수 있는 우선변제권이 생겨 민사소송법에 의한 경매 또는 국세징수법에 의한 공매시에도 보호받을 수 있으며, 계약기간이 만료되었을 때 임대인이 1개월 전까지 계약해지 사실을 통보해 주지 않으면 계약이 묵시적으로 자동 연장되는 것으로 정함.

주택저당채권(住宅抵當債權) : ①주택금융기관이 주택구입자에게 주택자금을 대출한 뒤 취득한 저당채권. ②금융기관은 이를 만기 전에 중개기관을 통해 다른 투자자에게 매각하거나 이를 담보로 증권을 발행하여 새로운 주택자금을 마련함. ③이 제도가 잘 발달된 미국의 경우 총주택저당채권의 약 50%를 유동화시켜 주택자금을 조달함.

주택할부금융(住宅割賦金融) : ①주택구입시 잔금을 할부금융회사로부터 장기에 걸쳐 융자받는 제도. ②자동차·가전제품처럼 주택이나 아파트를 함부로 매입할 수 있으며, 은행보다 자금을 빨리 얻을 수 있고 무엇보다도 이를 이용한 대출은 꺾기가 없다는 것이 장점. ③아파트 등을 분양받은 상태에서 계약금과 중도금을 납부하고 입주하기 전에 자금대출을 원하는 수요자만 혜택을 받을 수 있는데, 이때 미납한 중도금의 일부도 대출이 가능함. ④이미 아파트를 분양받아 입주한 후와 기존 주택에 살다가 다른 집으로 옮기는 경우는 해당이 안 됨.

주파수(周波數, frequency) : 파(波)나 진동의 단위시간당 사이클 수.

주파장(主波長, dominant wavelength, farongleiche wellenlange[독], longueur d'onde dominante[프]) : 어떤 파장의 색을 지닌 빛을 밝게 하거나 어둡게 하여 시료(試料, sample)와 같은 동일한 색으로 느껴졌을 때의 파장.

주포러스(zoophorus) : ⇨조포러스(=).

주하니 팔라즈마(Juhani pallasma) : ①내리막길이 오르막으로 보이거나 오르막길이 내리막길로 보이는 착시현상. ②이러한 현상은 오르막길이 실제로 낮음에도 불구하고 인접한 오르막길의 영향을 받아 높게 보이거나 내리막길이 실제로 높은 경우에도 인접한 내리막길의 영향으로 낮아 보이는 현상. ③도깨비착시(=).

주형(鑄型, mold) : 녹아 있거나 무른 상태의 물질에 어떤 형태를 주기 위한 형틀.

주호(住戶, dwelling unit) : 집합주택에서 개개의 거주공간(아파트)을 말함.

죽(wane) : ①나무를 네모로 잘랐어도 완전하게 네모지지 않고 모서리에 나무 거죽이 조금 남아 있는 것. ②제재목(製材木)의 가장자리(모서리 등)에 수피(樹皮) 부분이 남아 있는 것을 말함. ③죽이 80% 이상이면 '통나무'라고 함. 죽이 한 군데만 남아 있는 경우를 '외죽'이라고 함. ④죽각(=).

죽각(-角) : 네 모서리에 나무의 거죽이 남아 있게 깎은 나무.

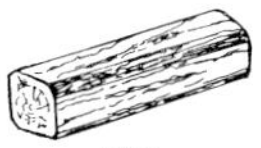

죽각

죽각재(-角材) : 모서리에 죽이 좀 남아 쓰는 각재(角材).

죽널 : 한 편에 죽이 붙어 있는 판재.

죽담 : ①잡석으로 쌓은 돌담. ②잡석을 흙과 섞어서 쌓은 돌담. ③마당에서 한단이나 두, 세단쯤 올라가도록 높게 만든 기단. ④산에서 떠온 알맞은 돌을 맑은 진흙과 섞어가며 축조한 구조물. ⑤하회마을 토담집 죽담은 돌과 흙으로 쌓은 것을 그냥 노출한 것과 그것을 싸발라 숨기면서 말쑥하게 정리한 것. 두 유형이 있음. ⑥댓돌(=).

죽담집 : ⇨토담집(=).

죽더끼 : ⇨죽데기(=).

죽데기 : ①제재목을 오려내고 죽만 남은 조각들. ②제재하고 남은 겉목의 껍질 부분. ③겉목의 겉쪽에서 잘나낸 조각 널판. 죽데기는 보통 잘라서 땔감으로 쓰는데 죽데기 널판은 서까래를 걸고 난 뒤에 서까래 뒤를 튼튼하게 하려고 박은 이른바 서까래느리개나 부연느리개 또는 박공느리개로 쓰임.

죽더끼

죽때기 : ⇨죽데기(=).

죽부인(竹夫人) : 대나무를 열두 날로 쪼개어 안을 비워 통풍이 잘 되게 하여 여름철에 안고 자는 사랑방 소품.

죽은옹이(死節, dead knot, loose) : ①옹이부분이 죽은 세포로 되어 굳은 것. ②그루터기의 언저리가 단단하게 붙어 있지 않은 옹이. ③옹이세포가 죽어 옹이의 섬유와 그 주위 목재 부분의 섬유가 연결이 안 된 것.

죽은옹이

죽척(竹尺) : 대로 만든 자.

준경석(準硬石, semi hard stone) : 경석(硬石)과 연석(軟石)의 중간 강도를 가진 돌. KS규격에서 100×100×200㎜ 시험체의 압축강도가 500kg/㎠ 미만, 100kg/㎠ 이상인 것.

준공(竣工, completion) : 공사의 전 공정이 완료되어 사용할 수 있을 정도의 상태를 법률적으로 인정하는 것.

준공검사(竣工檢査) : 공사완료 후 건축허가를 내준 관계기관으로부터 받는 검사로 공사를 완료한 날로부터 7일 이내에 신고하고 검사에 대한 합격에 따라 검사필증이 교부됨.

준공후평가(竣工後評價, post occupancy evaluation) : 미래의 도시계획이나 설계를 위한 정보를 축적하기 위해 완공된 건물의 기술적·기능적·행동양식적인 측면에서의 분석.

준농림지(準農林地) : ①용도지역의 한 종류. ②용도지역에는 두 종류가 있음. ㉠하나는 국토이용관리법상의 용도지역으로 도시지역·준도시지역·농림지역 준농림지역·자연환경보전지역. ㉡일반인이 혼란스럽게 생각하는 부분은 주거지역·상업지역·공업지역·녹지지역이라는 또 하나의 용도지역임. 이들은 도시계획법상의 용도지역. 도시계획법은 국토이용관리법의 하위개념법. ③노태우 대통령 시절 시작된 5개 신도시 사업이 '비판의 도마'에 올라 정권에 부담을 주자 김영삼 정부는 새로운 신도시 건설을 사실상 중단한 결과 집지을 땅(택지)이 부족해지는 현상이 발생해서 나온 것이 도시주변의 농지를 '준도시지역'으로 용도를 변경해 아파트 등을 지을 수 있도록 하자는 방안이었고, 이렇게 해서 탄생한 것이 바로 준농림지임. ④준농림지는 여의도(86만 평)의 900배 가량인 2만 5,890㎢로 전 국토의 26.4%를 차지함. 용도변경 권한은 100만㎡까지의 경우 국토교통부 장관이 시·도지사에게 위임해두고 있으며, 그 결과 난개발문제가 끊이지 않고 있음.

준불연재료(準不燃材料, semi-non-combustible) : ①목모 시멘트판·석고보드·펄프 시멘트판 등과 같이 불연재료에 준하는 방화성능을 갖고 국토교통부 장관이 고시하는 기준에 따라 국립건설시험소장이 지정하는 자가 품질시험을 실시하여 그 성능이 확인되고, 국립건설시험소장이 지정하는 자가 행하는 품질검사에 합격한 것. ②통상의 화재시 10분간의 화열(최고온도 650℃)에 대하여 방화성능상 약간의 피해는 인정하나, 변형파손 연소성의 발염이 없어야 하며, 10분간 가열 후 잔염시간이 30초를 초과하지 않는 것. ③최근에는 난연재료와 불연재료를 적층한 복합재료인 석고보드+철판, 페놀폼+철판, 파티클보드+철판 등의 조합이 있음.

준설(浚渫, dredging) : 소정의 수심을 확보하거나 해저기반을 정비하기 위하여 하천이나 해저의 토사, 연니(軟泥) 등을 제거하기 위하여 파내는 작업.

준이층주택(準二層住宅, bi-level) : 2층 주택으로서 아래층은 반지하로 들어가며, 현관은 지표면에 나와 있어서 두 층의 중간에 있게 됨.

준주거지역(準住居地域) : ①도시계획법에 의거, 주거기능을 주로 갖되 상업적 기능의 보완이 필요한 주거지역의 일종. ②주거지역은 전용 및 일반, 준주거지역 등 3가지가 있는데, 준주거지역은 이 가운데 상업적 성격이 가장 강함. ③준주거지역의 상업성은 대지면적에 대한 건물연면적 비율을 나타내는 용적률에서도 잘 나타남. ④현행 건축법에서는 이 지역의 용적률 상한선을 700%로, 서울시 조례는 600%로 각각 정하고 있는데, 이는 근린상업지역의 용적률인 800%와 맞먹는 것이며 전용주거지역 용적률인 100%보다 크게 높인 것.

줄 : ①쇠붙이를 깎거나 자르고 다듬는 데 사용하는 강철로 만든 연장. ②길게 발음됨.

줄기초(-基礎, strip footing) : 기초벽(基礎壁) 지지를 위한 연속기초를 말함. ⇨연속푸팅기초(=).

줄눈(joint) : 벽돌과 벽돌 사이의 모르타르 부분. 수평(가로)줄눈과 수직(세로)줄눈으로 구분. 세로줄눈에는 막힌줄눈(breaking joint)과 통줄눈(straight joint)이 있는데,

ㅈ

세로줄눈의 상하가 막힌 것을 막힌줄눈이라 하고, 통한 것을 통줄눈이라고 함.

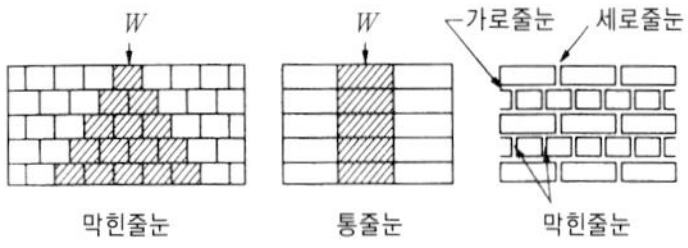

줄눈

줄눈나누기(joint plan) : 타일붙이기·돌쌓기·벽돌쌓기 등에서 줄눈이 보기 좋게 마무리되도록 배치 위치를 정하고 나누는 일.

줄눈대(metallic joiner) : 인조석 현장갈기·바름바닥·이질재(異質材)와의 접합부분, 기타 특수한 경우에 신축·균열방지 및 디자인 효과를 구하기 위해 구획하는 줄눈에 넣는 철물로서 줄눈쇠(joint strip) 또는 재료 끊기라고 함. 황동제·스테인리스제·강제·주물제 등이 있음. 두께는 최소 2㎜ 이상, 높이는 6~12㎜ 정도, 길이는 900㎜, 단면은 여러 형태가 있음.

줄눈대줄눈(stripped joint) : 벽면과 일치되도록 평행시키는 줄눈. ⇨민줄눈(≒). ⇨치장줄눈(=).

줄눈마감(pointing) : 벽돌이나 돌을 쌓으면서 모르타르에 의해 생기는 줄눈을 흙손으로 다듬어 일정하게 만드는 마감.

줄눈쌓기(shoved joint) : 조적조 끝에 모르타르를 바르고 놓여진 마지막 조적조에 힘을 가하여 형성된 마구리 줄눈.

줄눈이 있는 딴혀쪽매(grooved and spline joint with exposed spline) : ⇨딴혀쪽매.

줄눈째기(channeled joint) : 줄눈 중앙을 좁게 홈처럼 직각으로 판 줄눈. ⇨치장줄눈.

줄눈착색(-着色, joint stain) : ①목재의 착색방법 중 하나. ②줄눈을 착색하는 방법으로 특히 강조할 부분은 도관(導管)을 선명하게 나타내도록 함.

줄눈파기(racking rake out) : 치장줄눈을 만들기 위해 방해되는 모르타르를 제거하는 일. 보통 벽돌쌓기가 끝난 직후에 벽돌면에서 10㎜ 정도 깊이로 팜.

줄띄기 : 집터에 줄을 띄워서 집이 들어설 곳을 표시하는 것.

줄무늬(band) : 벽면의 분리를 만드는 건축물을 에워싸거나 벽을 따라 장식한 처마 밑의 띠 모양 벽면 또는 벽의 수평면으로부터 약간 돌출된 연속적인 부재.

줄무늬러스티케이션(banded rustication) : 번갈아 교차하는 매끄러운 마름돌과 거친 텍스처(texture, 재질감)를 지닌 석재.

줄무늬장식(-裝飾, banding) : 측면도(side surface)나 재료의 변화를 사용하는 기둥이나 벽의 수평적 분할요소.

줄의 법칙(-法則, Joule's law) : 도체(導體) 내에 흐르는 정상 전류에 의해 일정시간 동안 발생하는 열의 양은 전류세기의 제곱과 도체의 저항에 비례한다는 법칙.

줄정다듬 : 정을 줄지게 쪼아 표면을 평탄하게 하는 것으로서, 줄의 간격에 따라 대·중·소로 나눔.

줄치기 서까래 : ①통나무를 여섯모나 서른두모로 먹줄을 쳐서 자귀로 잘 깎은 서까래. ②'드르새'도 줄치기 서까래임.

줏개 : ①대궐 지붕에 세운 짐승 모양의 기와. ②잡상(=).

줏대살창(籌箭窓) : ⇨숫대살창(=).

중간관리일(中間管理日, milestone) : 전체 공사과정 중 관리상 특히 중요한 몇몇 작업의 시작과 종료를 의미하는 특정시점(event).

중간기둥(中間柱, intermediate column) : 부분적으로 탄성좌굴과 비탄성파괴의 파괴성상을 모두 나타내는 단주(短柱)와 장주(長柱) 사이의 중간기둥.

중간리브(中間-) : ⇨티서론(=).

중간명도시(中間明度視) : ⇨박명시(=).

중간색조(中間色調, half tone) : 본래 색상을 반 정도만 드러내는 중간 명도와 중간 채도의 색조.

중간선대(中間線帶, muntin) : ①문의 틀 중앙에 있는 선대(세로틀). ②⇨중앙세로틀(=).

중간선틀(中間線-, mullion) : ①창 또는 문의 중간에 대는 문설주. 일반적으로 실용적·기능적·장식적으로 사용됨. ②멀리온(=).

중간스위치(中間-) : ⇨코드스위치(=).

중간스티프너(中間-, middle stiffener) : ① 재축에 직각방향으로 배치되는 스티프너. 주로 전단좌굴에 대한 웨브 플레이트(web plate)의 보강에 사용. ②⇨스티프너.

중간층(中間層, half story) : 일반적으로 빛을 위한 지붕창을 갖는 경사진 지붕 내의 사용 가능한 거주공간.

중간틀(中間-, transom) : ①창문이 위 아래로 있을 때, 그 중간에 가로로 댄 부재. ②⇨트랜섬(=).

중간혼합(中間混合, mean color mixture) : 가법혼색(加法混色)의 일종으로 표면색의 회전 원반(原盤)에 의한 색의 혼합.

중걸이 : ①큰톱보다 조금 작은 톱. ②중톱(=).

중공계단(中空階段, half-turn staircase) : ⇨꺾인계단(=).

중공도어(中空-) : 골격 양면에 강판을 붙여서 만든 스틸도어. #16 이상의 철판을 접어 사용함.

중공벽(中空壁, cavity wall) : 방수·단열효과 목적으로 외벽을 공간(空間)쌓기한 조적조의 벽. 내·외벽 사이에 50~70㎜ 정도 공간을 두어 단열재로 채워 열차단 효과를 얻는 벽. 이중벽(=).

중공벽돌(中空壁乭, hollow brick) : ⇨공동벽돌(=).

중공타일(中空, hollow tile) : 점토를 불에 구운 속이 빈 진흙. 주로 벽·바닥·지붕 또는 강철제품의 내화재료로 사용.

중국식 벽지(中國式壁紙, Chinese wallpaper) : 17세기 중엽 유럽에 소개된 중국풍 벽지. 18세기 중국식 디자인인 시누아즈리(Chinoiserie)가 매우 유행했을 때 특히 중국산 벽지는 인기 품목이었음. 꽃 핀 관목·나무·꽃·새와 나비 등이 상용된 모티브(motif[프])였으며, 후에는 이국적인 풍경과 진기한 동양적 형상으로 대체되었음. 이 벽지는 프랑스와 영국의 벽지 인쇄업자에게 복사·생산되었음.

중국식 브래킷형 발(中國式-形, Chinese bracket foot) : 브래킷 전면 위에 발전된 S형 곡선(cyma-recter)의 브래킷형 가구의 발. 오지 브래킷형 발(ogee bracket foot)이라고도 하며, 18세기 중엽 치펜데일에 의해 선호된 받침대임.

중국식 치펜데일가구(中國式-家具, Chinese Chippendale furniture) : 1750년대 영국식 시누아즈리(Chinoiserie) 가구의 현대 명칭. 치펜데일의 'Gentleman and Cabinet Maker Director'라는 책에서 명명(命名)된 독특한 영국식 로코코 가구의 형태로 진기하고 이국적인 것에 대한 시대적 열광을 표현한 것임. 이 양식에서 가장 유행된 형태는 의자의 등받이와 측면, 작은 테이블의 프리즈(frize)와 장식 테두리(gallery)에 기하학적인 뇌문장식을 주로 활용한 의자, 세티(settee)·테이블과 소형 캐비닛 등이었음. 약간의 장식과 외곽선이 각이 져 있어 뇌문장식과 잘 조화됨. 1750년대에만 유행되었으며, 아담스타일(Adam style)의 부상과 함께 자취를 감추었다가 19세기 초 잠깐 다시 유행되기도 했음.

중국식 카펫(中國式-, Chinese carpet) : 중국의 모티브와 상징 등을 이용하여 직조한 러그(rug)나 카펫. 마무리를 세나(sehna) 매듭으로 맺고 긴 파일(long pile)형태로 직조하는데, 패턴의 가장자리선을 내어 윤곽을 강조시키는 독자적인 방법을 사용함. 황색·청색·백색 등의 주조색으로 구름·용·파도·모란·꽃 등이 모티프로 사용되었음. 유명한 단통 카펫(pillar carpet)은 유일하게 중국에서만 발견되는데, 기둥 둘레에 굵게 짜기 때문에 패턴이 연속적이며, 대부분 긴 용트림을 표현하였음.

중국식 열쇠디자인(中國式-, Chinese key design) : 연속된 기하학적 가장자리 테두리 디자인을 말함. 그리스의 열쇠 문양(key pattern) 디자인 또는 뇌문장식(geander)과 유사하며, 치펜데일(Chippendale)의 책장이나 세크러터리(secretary)의 뇌문장식 세공과 돌림질 세공된 살문(grille door)에서 사용되었음.

중국자기(中國磁器, China porcelain) : 동양에서 수입된 자기를 가리키는 유럽식 명칭. 단단하고 반투명하며 다량의 골회분(bone ash)을 함유하여 고온에서 소성한 고품질의 자기류. 보통 중국자기 제품류를 '본차이나'라고 함.

중금속(重金屬, heavy metal) : 비중이 5 이상인 금속의 총칭, 예컨대 납(11.3)·아연(7.1)·철(7.9)·크롬(7.2)·수은(13.6)·카드뮴(8.6)·니켈(8.8)·동·망간·바나듐·금·은·백금 등 이러한 중금속은 강한 독성을 가진 것이 많음. 또한 배수나 매연에 포함된 중금속의 경우 그 양이 미량일지라도 축적되어 식물 연쇄 등의 경로를 거쳐 인체에 해를 끼침. 이를 미량 중금속 공해라 함. 카드뮴, 수은이 대표적인 예.

중귀틀(中-) : ①마루중간에 건너대는 우물마루 귀틀. ②동귀틀 사이를 막아 낀 귀틀.

중기 르네상스양식(中期-樣式, middle Renaissance style) : 1547~89년대의 프랑스 르네상스양식으로 고딕형태의 퇴조와 함께 본격적인 르네상스양식의 전개를 말함. 가구는 이탈리아에서 이주(移住)한 많은 수의 가구제작자들에 의해 이탈리아의 영향이 두드러지게 나타났고, 16세기에 들어서 이탈리아의 영향이 두드러지게 나타남. 16세기에 들어서 이탈리아의 스가벨로 의자(sgabello)와 유사한 에스카벨(escabelle)이 사용되었음. 또한 카크투아르(caquetoire)라는 사각형 의자가 제작되었음. 크레덴스(credence)와 아르므와(armoire)라 불리는 이탈리아식의 2층 장롱은 고전적 건축양식을 과다하게 사용하였는데, 이것은 전형적인 프랑스의 장롱으로 그 성격이 형성되었음.

중깃 : ⇨중깃대(=).

중깃대 : ①벽속에 세운 가는 기둥. ②흙벽을 치는 상하 인방에 세워 대서 욋가지를 엮어 매는 가는 나무. ③벽 사이에 욋가지를 대고 엮기 위하여 듬성듬성 세우는 가는 기둥. ④중깃·벽중깃(=).

중대문(中大門) : ⇨중문(=).

중대석(中臺石) : 석등(石燈)의 화사석(火舍石)을 받친 대석(臺石).

중대패(中-) : 막대패로 거칠게 민 다음에 더 곱게 미는 대패.

중도도장(中塗塗裝) : 중벌도료로 소지나 하도와의 부착성이 좋고, 특히 살오름성과 연마성이 좋아야 함. 평활한 도막이 얻어져야 하고 상도도료와의 부착성이 좋아야 하며, 샌딩 실러는 수지와 투명성이 있기 때문에 도막을 두껍게 도장했을 때 투명성을 잃고 도막의 갈라짐이나 백화현상 등을 일으키므로 이러한 문제점을 고려해야 함. 중도도장에 사용하는 연마지는 220~400#로 연마자국이 남지 않도록 해야 함.

중도드락망치(中-) : 사방 50㎜ 안에 64눈의 돌기가 있는 도드락망치로 두들겨 다듬는 돌표면 마무리.

중도리(中道里, purlin) : ①지붕의 서까래를 받치기 위해 동자기둥에 가로로 얹은 도리나 마룻대. ②마룻대(또는 종도리)와 처마도리(또는 주심도리) 사이에 건 도리. ③오량집에서 맨꼭대기에 있는 마룻도리와 맨 아래에 있는 도리 사이에 걸려 있는 도리. ④오량집이나 칠량집의 경우에 동자주에 가로 얹힌 중간 도리. ⑤지지재의 간격이 1.8m 정도이면 100~120㎜ 각재를 씀. 중도리 윗면은 빗따내거나 서까래맞이 따기로 하고, ⑥이음은 동자 기둥심에서 내민턱걸이 주먹장이음 못박기를 함. ⑦중도리 직각으로 만나는 지붕귀나 지붕골에서는 서로 반턱으로 따서 맞추고, 윗면에 추녀 및 골추녀맞이 따기를 함. ⑧⇨지붕.

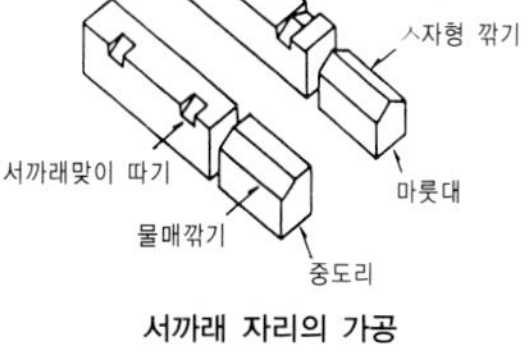

서까래 자리의 가공

중량(中樑) : 3층으로 걸리는 칠량집인 경우에 제일 밑에 있는 것을 대들보(大樑), 중간의 것을 중보(中樑), 제일 위에 있는 것을 종보(宗樑)라고 함.

중량감(重量感, weight feeling) : 무게의 느낌. 즉 무겁게 보이고 가볍게 보이는 시각의 감각현상으로 색의 3속성 중에서 주로 명도의 효과에 의하여 정해짐. 일반적으로 밝은 색(高明度)은 가볍게 느껴지고 어두운 색(低明度)일수록 무겁게 느껴지며, 채도가 높은 색도 같은 명도에서는 가볍게 느껴짐. 실제로 브라운 기미의 주황과 보라·암녹색의 천장은 밝은 색의 천장보다 더 낮게 보임.

중량골재(重量骨材, heavy weight aggregate) : 원자로 감마선(γ線)과 같은 투과성이 큰 방사선 등의 차폐효과(遮蔽效果)를 위해 콘크리트에 사용되는 자철광(磁鐵鑛)·갈철광(褐鐵鑛)·적철광(赤鐵鑛)·중정석(重晶石)·사철(砂鐵) 등과 같이 비중이 큰 골재.

중량배합(重量配合) : 콘크리트 1㎥를 비벼내는 데 소요되는 각 재료의 양을 중량으로 표시하는 배합으로서 가장 정확한 배합이고 단, 골재는 절건중량을 기준으로 함.

중량블록(重量-, heavy block) : 기건상태(氣乾狀態)의 체적비중(體積比重)이 1.8 이상 되는 블록. 비중은, 즉 기건부피비중 =블록의 중량(kg)/블록의 정미체적(精微體積)임. 중량골재를 사용하여 속이 차게 만들고 방사능 차폐용으로 쓰임.

중량콘크리트(重量-, heavy aggregate concrete) : ①방사선을 차폐할 목적으로 비중(2.5~6.9)을 크게 한 콘크리트. ②중량골재를 사용하여 특히 비중을 크고 치밀하게 하여 생물체의 방호나 감마선(γ線) 및 중성자선을 차폐할 목적으로 만들어진 콘크리트. ③배합은 슬럼프값 ; 3~10㎝, 물시멘트비 ; 60% 이내, 단위시멘트량 ; 300~350㎏/㎠, 조골재의 사용량을 가급적 많게 함. ④골재는 중정석·자철광·갈철광·동광재·적철광 및 사철 등이 이용됨. ⑤⇨차폐콘크리트.

중력감(重力感, gravity) : ①불안정과 움직임 혹은 안정감과 균형의 효과를 나타내는 어떤 형태의 무거움이나 가벼움. ②중량감(=).

중력배수(重力排水) : 중력의 작용에 의하여 높은 곳에서 낮은 곳으로 자연히 흘러내리게 하는 배수.

중력식(重力式, gravity circulation) : ①배관 속을 흐르는 온도가 높은 온수와 낮은 온수의 밀도차에 의해 생기는 대류작용에 의한 순환력을 이용하여 자연순환시키는 방법. ②방열기는 보일러보다 항상 높은 장소에 위치해야 하고, 장치가 간단하며 취급도 간단하기 때문에 주택 등 소규모 건축에 많이 채용되며, 자연순환력이 약하므로 큰 건축물에는 사용할 수 없음. ③⇨순환식 온수난방법.

중력식 정첩(重力式 釘貼, gravity hinge) : ⇨중력식 힌지(=).

중력식 힌지(重力式, gravity hinge) : 중력에 의해 닫히게 되어 있는 정첩.

중력환기(重力換氣) : ①실내·외의 온도차에 의하여 발생하는 환기. ②실내 기온이 바깥 기온보다 높은 경우에는 실내공기의 밀도가 외기의 밀도보다 작아져 있기 때문에 부력이 작용하게 되고, 실 위쪽에서는 밖으로 향하는 압력이, 아래쪽에서는 안으로 향하는 압력이 생김.

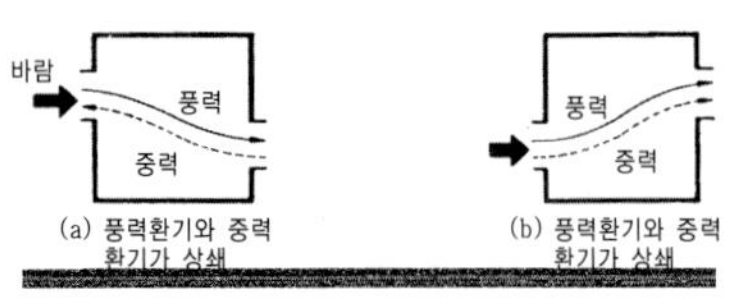

풍력환기와 중력환기

중막이대(中-帶, lock rail) : ⇨중앙틀(=).

중명도(中明度, intermediate key) : 주조명도가 약 4, 5, 6이 되는 구성.

중문(中門, 重門) : ①대문 안에 또 세운 대문. ②상류주택은 여러 채가 있고 이를 담장으로 구분했는데, 이들 공간을 이어주는 중간문.

중문간(中門間) : ①특히 문간채의 여러 칸 중 중문이 있는 칸(間). ②주로 가운데 칸이 중문이 됨.

중밀도섬유판(中密度纖維板, MDF medium density fiberboard) : ⇨엠디에프(=).

중반(中盤) : ⇨대공(=).

중방(中枋, window sill) : ①기둥과 기둥 사이에 건너 끼우는 인방 중에 기둥의 한가운데쯤에 끼우는 인방. ② 기둥과 기둥 사이의 벽 가운데를 가로질러 댄 나무. ③기둥 아래쪽에 끼우는 인방을 '하방' 또는 '하인방'이라고 하며, 벽속에 끼우는 인방을 '벽인방'이라고 하며, 문틀에 끼우는 인방을 '문중방'이라고 하며, 머름에 끼우는 것을 '머름 중방'이라고 함. ④중방은 중인방의 줄임말. ⑤중인방(=).

중방구멍(中枋-) : 중방을 끼우려고 판 끌 구멍.

중방끼움(中枋-) : 기둥의 옆에 중방을 끼우는 방법이나 그렇게 한 자리.

중방벽(中枋壁) : 중방 위에 있는 벽.

중방식도장(重防式塗裝) : ①구조체를 부식으로부터 보호하기 위한 두꺼운 도장. ②두꺼운 도막을 형성하여 강도·탄성·내충격성·내약품성(내산성·내알칼리성)·내마모성·내화학성 등이 우수하여야 하며, 또한 물과 산소의 이동을 차단하여야 함. ③시공시 유의사항은 ㉠설계된 도막 두께 유지 ㉡흐린 날이나 습한 날에는 시공 중지 ㉢뿜칠도장이 원칙. ④부식의 가능성이 높은 환경에 처해 있는 구조물인 해상 구조물·화학공장·원자력발전소 등에 사용.

중배지(中褙紙) : 초배에서 메워지지 않았던 부분을 정리하려고 바르는 초배지보다 약간 두꺼운 종이.

중보(中樑) : ⇨중량(=).

중복도(中複道) : ①복도를 중앙에 두고 양쪽에 주거 세대가 있는 복도. ②양측에 거실이 있는 복도. ③초등학교, 중·고등학교의 학생용 중복도는 2.4m 이상, 공동주택의 공용 중복도는 1.8m 이상, 의료시설의 환자용 중복도는 1.5m 이상.

중성내화벽돌(中性耐火壁乭) : 산성·염기성이 분명치 않은 내화벽돌을 말하며, 종류에는 크롬내화벽돌과 알루미나질 내화벽돌이 있음.

중성대(中性帶, neutral zone) : ①실내·외 압력차가 분포한 경우 중간의 어느 높이에서 실내·외 압력차가 0이 되는 곳. ②중성대의 위치는 중성대를 중심으로 대칭하여 같은 면적이 개구부가 있는 경우에는 천장높이의 중간에 있으나, 실의 하반부에 개구(開口) 및 틈새가 많으면 중성대는 아래쪽으로 이동하고 상반부에 개구부나 틈새가 많으면 위쪽으로 이동함.

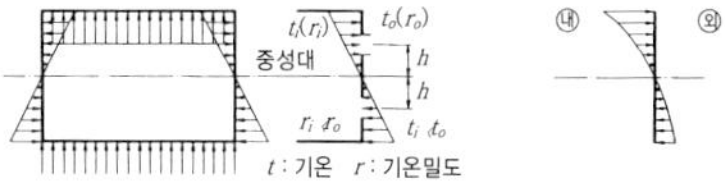

실내외 온도차에 의한 압력분포　　압력분포의 실제

중성대

중성색(中性色, neutral color) : 시감적(視感的)으로 따뜻하지도 차갑지도 않은 느낌을 주는 색. 이는 색상환에서 연두·초록·보라·자주 등의 계열 및 무채색이 이에 해당하고, 중간색과의 혼동에 유의해야 함.

중성지(中性紙) : 펄프에 스며드는 중성 사이즈제를 사용하여 만든 종이. 오래 보존되어야 할 종이는 모두 중성지 또는 중성판지를 사용해야 하며, 이를 보존하는 포장지도 중성지를 사용해야 함. 우리나라는 현재 한솔제지에서 제조·시판되고 있으며, 오늘날 사용되고 있는 종이(신문·책 등)의 대부분은 산성지임.

중성화작용(中性化作用, neutral action) : ①콘크리트의 중성화는 콘크리트 중의 알칼리($Ca(OH)_2$)와 대기 중의 탄산가스(CO_2)가 반응하여 내구성이 저하되는 현상. ②$CaO+HO \rightarrow Ca(OH)$, $Ca(OH)_2+CO_2 \rightarrow CaCO_3 \downarrow +H_2O$. ③수화반응으로 수산화칼슘이 소비되면 콘크리트는 중성화되고 콘크리트가 중성화되면 철근부식에 대한 저항력이 소실됨. ④중성화 시험방법은 지시약(페놀프탈레인 1%의 에탄올 용액)을 콘크리트면에 도포하는데 적색이면 정상, 무색이면 중성화임. ⑤중성화에 영향을 주는 요인에는 시멘트의 종류·물시멘트비(w/c)·AE제 사용(보통 콘크리트의 0.6배 중성화 속도가 느림) 또는 감수제 사용(보통 콘크리트의 0.4배 중성화 속도가 느림)·콘크리트 균열(중성화를 고려한 허용 균열폭은 0.2~0.3㎜ 이하) 등임.

중세(中世, middle age) : 유럽의 고대와 르네상스 사이의 시대. 보통 서로마 제국의 마지막 황제인 로물루스 아우구스툴루스가 폐위된 A.D. 476년에서 1500년경까지를 말함.

중세건축(中世建築, medieval architecture) : 비잔틴·선(先)로마네스크·로마네스크·고딕건축이 포함하는 유럽의 중세건축. 주로 4, 5세기경부터 15세기경에 이르는 시대의 건축.

중수[1)](中水) : ①재생 처리한 물. ②상수와 하수의 중간을 지칭하는 것. ③상수계통의 배수를 재이용하여 처리해서 사용하는 물. ④세수나 목욕으로 쓰고 버리는 비교적 수질이 깨끗한 물을 간단한 정수로 처리한 후 변기용 용수 등으로 재사용하는 물. ⑤중수는 화장실용뿐만 아니라 냉각수, 세차용수, 소화용수, 도로청소용수 등으로 다양하게 쓰임. ⑥재이용수(=).

중수[2)](重水, heavy water) : ①중수소(重水素)와 산소가 화합한 것. ②원자로의 감속재(減速材)나 수소폭탄, 핵융합로의 연료로 사용됨. ③격막(隔膜)을 사용해 바닷물에서 제염(製鹽)하는 것과 같은 방법으로 수중(水中)의 중수를 농축해서 만듦.

중수도(重水道) : ①산업배수·생활배수·하수 등을 처리, 순환이용하는 시설. ②상수도와 하수도의 중간에 위치한다는 뜻에서 비롯된 말. ③세척용수나 살수용수(撒水用水) 등 신체에 직접 닿지 않는 잡용도로만 쓰이기 때문에 '잡용수'라고도 함. ④인구과밀지대에서 상수도의 공급력이 한계에 이르거나, 하수도가 받아들이는 능력이 부족한 탓으로 물의 순환이용으로 상수의 소비와 하수의 배출을 억제하는 것이 목표.

중심간격(中心間隔) : 철근과 철근의 가장자리 간격. 2.5㎝ 이상 간격. ⇨순간격.

중심거리(中心距離, on center, center to centre) : 한 부재의 중심선에서 다른 부재의 중심선까지 거리.

중심깔기(中心-) : 벽면에서 약 300~500㎜ 정도 바닥이 보이게 하고 가운데만 까는 방식.

중심배치(中心配置, centralized organization) : 크거나 우세한 중심공간을 향해 모여지거나 그 쪽으로 향한 공간배치.

중심색(中心色, central color) : 순색(純色, pure color)을 말함. 먼셀은 색상 중 5의 숫자의 가장 중심이 되는 색. 즉 순색이라고 하였음. 예컨대 5.0YR7.0/2.0은 색상은 주황의 중심색, 명도 7, 채도 2라는 의미임.

중심선(中心線, center line) : 단일 획이나 점에 의해 분리된 약간 긴 부분으로 구성된 불연속선. 주로 대칭적 요소나 구성의 축(軸, axis)을 나타내는 데 사용.

중심시(中心視, central vision, foveal vision, zentrales sehen[독], vision centrale[프]) : 망막의 중심에 있는 오목한 곳인 주변에는 추상체가 밀집해 있으므로 망막의 중심으로 색을 쉽게 구별하고 사물을 가장 뚜렷하게 볼 수 있음.

중심재(重心材, double heartwood) : 균류에 의하여 변재부로부터 심재화가 정상적으로 이루어지지 않고 때때로 변재부의 중간에 정상적인 심재부로부터 떨어져서 새로운 2차의 심재가 형성되는 이상조직. 정상적인 심재의 부분이 표백되거나 침해되어 이루어짐.

중심주(中心柱) : 여러 층의 건물 중심에 세우는 굵은 기둥. 심주·찰주·간주(=).

중심축(中心軸, neutral axis) : 보 또는 기타 힘을 받는 부재에서 전단면의 중심을 가로지르는 가상의 선. 이 선상에서는 휨응력이 발생하지 않음.

중아치(重-) : ⇨이중아치(=).

중앙공기조절(中央空氣調節, central air conditioning) : 중앙에서 통제·관리하는 공기조절방식으로 건물내 공기의 온도 및 습도 조절이 자유로움. 공기의 정화작용도 함.

중앙공기조절장치(中央空氣調節裝置, central air conditioning system) : 외부에 설치되어 있는 설비기구의 팬(fan)과 펌프에 의해 덕트와 파이프를 통해 전달하는 공기가 조절되는 중앙공기조절장치.

중앙난방(中央煖房, central heating) : 중앙의 단일 근원으로부터 열이 파이프와 덕트로 분배되어 건물의 전역에 공급되는 장치.

중앙서(中央舌) : 앙서가 두 겹으로 된 것.

중앙식 급탕방식(中央式給湯方式) : 지하실 등 일정한 장소에서 탕비장치(湯沸裝置)를 설비하고 배관에 의해 각 사용개소에 급탕하는 방식. 주로 호텔·병원·사무실 건물·아파트 등 급탕개소가 많고 소요 급탕량도 많이 필요한 대규모 건축물에 적합함.

중앙칸(中央間) : ⇨어간(=).

중앙틀(中央-, lock rail) : 잠금장치 높이(바닥에서 약 900㎜ 정도 높이)에서 세로틀(잠그는 선대)과 만나는 중앙 가로틀.

중앙홀(great hall) : 중세시대 성의 내부에 천장이 높은 커다란 중앙의 홀인데 주로 식사나 연회장소로 사용됨.

중앙홀형(中央-形) : 중앙에 커다란 홀을 두고 그 홀을 중심으로 각 전시실이 접해 있는 형식. 중앙 홀에는 높은 천창을 두어 채광하는 방식이 주로 사용됨. 중앙홀이 크면 동선의 혼란이 없으나 장래에 확장할 때에는 많은 무리가 있는 것이 결점임. 구겐하임미술관은 중앙홀형을 기본으로 하여 나선램프로 입체화시킴.

중연(中椽) : 중도리와 중도리에 거는 서까래.

중요무형문화재보유자(重要無形文化財保有者) : ①문화재 가운데 연극·음악·춤·공예기술 등 중요무형문화재의 기능이나 예능을 보유한 사람. ②무형문화재 또는 그것의 기능이나 예능을 보유한 중요무형문화재보유자가 문화재로서 보호·전승된 것은 1962년 문화재보호법 제정 이후. ③법 제정 이후 정부는 전통 기예능의 발굴·지정, 인간문화재의 생계보조, 후계자양성, 활동지원, 기록보존 등에 역점을 두고 있음. ④속칭 '인간문화재'라고 함.

중용열 포틀랜드시멘트(中庸熱-, medium heat portland cement, moderate heat cement) : ①수화열을 적게 하기 위하여 화학조성 중 규산3석회($3CaO \cdot SiO_2$)와 알루민산3석회($3CaO \cdot Al_2O_3$)의 양을 적게 하고, 그 대신 장기강도를 발현하기 위하여 규산이석회($CaSiO_4$)량을 많게 한 시멘트로 '저열시멘트'라고도 함. ②보통 포틀랜드시멘트보다 수화열이 적고 단기강도는 낮지만 장기강도는 같거나 약간 높으며, 건조수축은 포틀랜드시멘트 중에서 가장 적고 화학저항성이 크며, 내산성(耐酸性)·내구성(耐久性)이 우수함. 수화열(水和熱)을 중용도(中庸度)로 억제한 것으로 특히 안정성이 가장 좋음. ③주로 댐 등의 두꺼운 매스 콘크리트나 도로포장 또는 원자로 차폐용 콘크리트 등에 사용됨.

중이층(中二層, mezzanine) : ①건물의 두 기본층 사이의 낮고 부분적인 층. 특히 발코니로서 돌출되며, 그 밑의 층과 하나의 조직을 형성함. ②층과 층 사이의 중간에 설치된 층. 아래층보다 바닥면적은 좁고 천장높이는 낮으며, 주로 공연장·음악당·교회당 및 대형 오피스 일층 홀에서 많이 볼 수 있음.

중이층주택(split level) : 중간층이 서로 다른 두 층 사이에 끼워져 있는 주택. 기본이 되는 층에는 거실·식당·부엌이 있고, 그 위층은 침실, 그 아래층은 가족실이나 오락실·창고·다용도실 등으로 이루어짐.

중인방(中引枋, middle lintel) : ①벽 한가운데에 가로지르는 인방(引枋). ②수장재 중 기둥허리에 걸리게 된 것으로 인방과 하인방과의 사이 중앙에 위치함. ③중방(=).

중인집(中人-) : ①신분계층에 의한 전통민가 유형의 하나. ②조선시대 의약·천문 등 주로 기술직에 종사하던 중인계급의 살림집. ③주택의 규모나 경제력은 양반 계급에 못지 않았으며, 주로 서울의 중심지인 다동·무교동 일대가 거주지였음.

중잔다듬(中-) : 날망치의 날간격 3~4㎜ 되는 날망치로 일정방향으로 찍어 다듬는 돌 표면 마무리.

중점조명(重點照明, concentrated lighting) : ⇨상품조명(=).

중정(中庭, court, courtyard, atrium, patio) : ①하늘로 열려져 있고, 거의 벽이나 건물로 둘러싸인 공간. ②넓은 의미의 마당 또는 주위를 벽이나 건물로 둘러싼 지붕이 없는 공간인 안뜰·안마당. ③하나의 주거 중심에 있는 노출된 공간으로서 가장 먼저 삭제된 공간. ④포티코(portico)에 의해 둘러싸이거나 에워싸인 초기 기독교 교회의 앞마당.

중정다듬(中鋌-) : 사방 100㎜ 안에 정자국이 15개 정도 나도록 정으로 쪼아 다듬는 돌표면 마무리.

중정형 주택(中庭形 住宅, country-yard house) : ①중정(둘러싸인 마당)을 가진 주택. 한국은 안마당, 중국은 원자(院子) 또는 천정(天井), 일본은 니와(にわ), 그리스는 페리스타일(peristyle), 스페인은 파티오(patio)라고 함. ②중정형 주택은 중정이 구심점이 되어 중정을 향하여 면하도록 배치·구성되며, 주택이 거주자의 소우주로서 의미를 가짐.

중종량(重宗樑, 中宗樑) : ①들보 위에 이층으로 걸린 보. ②대들보와 마룻보(종량) 사이에 있는 보. ③칠량집에서 대들보와 마룻보 사이에 있는 보. ④칠량집의 경우에 쓰이는 보로써 대들보 위에 얹혀서 마루보를 떠받는 들보. ⑤중종보(=).

중종보(中宗樑) : ⇨중종량(=).

중질섬유판(中質纖維板, semi hard board) : ①연질섬유판과 같은 원료로 만든 것(KS F 3202). 제판할 때 열압(熱壓)하는 점이 다름. 접착제를 혼합할 때도 있음. ②특징은 ㉠비중 0.4~0.8, 함수율 14% 이하, 휨강도 50㎏/㎠ 이상, 두께 4.5·6·9·12, 치수는 900×1800·1,000×2,000·1,200×210 (2,400·2,700·3,000·3,600). ㉡흡음성·단열성 우수함. ㉢가공성·시공성 우수함. ㉣연질판보다 강도·경도가 큼. ㉤갈라짐·썩음 등의 외관상 결점이 없음. ㉥내수성이 부족함.

중창(重窓) : ⇨겹창(=).

중첨(中檐) : ⇨겹처마(=).

중첩(重疊, overlapping) : 어떤 형태가 다른 형태를 부분적으로 가린 상태.

중추(中樞, hub) : ⇨벨(=).

중층(中層, mezzanine) : ⇨중이층(=).

중층건물(中層建物, mid-rise) : 일반적으로 5~10층, 그리고 엘리베이터를 갖춘 약간 많은 수의 층을 갖는 건물.

중탄소강(中炭素鋼, medium steel) : 탄소량의 함유량이 0.25~0.45% 또는 0.3~0.6%인 것.

중톱(中鋸) : ⇨중걸이(=)·거.

쥐벽간(-壁間) : 가구나 건축의 전면을 분할하는 데 있어 가로동자에 의해 상하로 분할되는 면.

쥐색(-色) : 관용색명으로 회색. 먼셀 N5.5.

중파장(中波長) : ①장파장과 단파장 사이의 부분. ②400~700nm 범위의 가시광선은 다시 그 파장에 따라 색을 구분함. 400~500nm의 가시광은 청색, 500~550nm의 가시광은 녹색, 550~600nm의 가시광은 황색, 600~650nm의 가시광은 오렌지색, 650~700nm의 가시광은 적색을 나타내는 광선으로 구분. 가시광선은 작물을 재배하기 위해 적극적으로 도입하고자 하는 영역의 파장임.

중편수(中編修) : ①도편수보다는 지위가 낮은 우두머리 목수. ②도편수가 자리를 비울 때 믿고 맡기는 목수로 추정됨.

중화(中和, neutralization) : ①산과 염기(鹽基)가 당량(當量)씩 반응하여 산 및 염기로서의 성질을 잃는 현상. ②일반적으로 중화란 중성으로 향하는 과정을 나타내고 있으며, 강한 산과 강한 염기에 의한 반응인 경우는 중성을 나타냄. 그 밖의

ㅈ

경우에는 반드시 중성이 되는 것은 아님.

쥬다스(judas) : 바깥 또는 내부를 쳐다보기 위해 출입문 등에 뚫어 놓은 작은 문구멍.

즉결식 회의체(卽決式會議體, work out) : ⇨워크아웃(=).

즉물주의(卽物主義, Sachlichkeit) : ①1920년 이후 독일에서 있었던 전위예술운동. ②명칭은 1925년 독일 맨하임미술관에서 열렸던 전람회 이름에서 유래. ③1910년대의 비합리적 미술 경향에 대립하여 즉물적인 대상파악에 의한 실재감(實在感) 회복을 의도한 것. ④대표적인 화가인 G. 그로츠와 O. 딕스는 베를린 다다이즘을 경험한 바 사회참여 의욕이 강해 제1차세계대전 뒤의 세태를 좌익적인 입장에서 통렬히 풍자하고 비판했음. 사회의 부정·퇴폐·악덕을 박진감 있는 묘사력으로 그린 딕스는 <프롤레타리아의 크라나흐>라는 별명을 얻었음. 그 밖에 자연을 기하학적 구성으로 그린 A. 카놀트, 정물 및 실내를 그린 G. 슈림프 등이 있음. 형이상 회화나 초현실주의에 가까운 이 파의 화면위화효과(違和效果)를 가리켜 마적(魔的) 리얼리즘이라 하는 경우도 있음.

증개축(增改築) : ⇨리노베이션(=).

증기(蒸氣, vapo(u)r) : 온도의 변화없이 압축에 의해서만 액화될 수 있는 기체상태의 물질. ⇨임계온도.

증기건조(蒸氣乾燥, steam seasoning) : 목재를 증기로 말리는 것.

증기난방(蒸氣煖房, steam heating) : ①증기에 의한 중앙공급식 난방의 일종. 보일러에서 물을 가열하여 발생된 증기를 각 실에 설치된 방열기로 보내 이 수증기의 증발잠열로 난방하는 방식. ②분류 : 증기압력에 의한 저압식(게이지압력 0~1kg/㎠. 쾌감도 양호·일반건물·주철재 방열기)과 고압식(게이지압력 1kg/㎠ 이상. 증기누설 위험·지역난방·제방열기) 및 진공식(게이지압력 1kg/㎠)이 있고, 배관방식에 의한 단관식(單管式)과 복관식(複管式), 공급방식에 의한 상향식과 하향식, 환수방식에 의한 중력식과 기계식이 있음. ③특징 : 열용량이 적어서 빨리 더워지고 빨리 식으며, 제어하기 어려움. 설비비와 유지비는 싸고 운전비가 비싸며, 난방의 쾌감도가 낮고, 난방부하의 변동에 따라 방열량 조절이 어렵고, 소음이 많이 발생함. 보일러 취급에 기술을 필요로 하고, 난방 정지시 동결의 위험이 없는 것이 특징임.

증기보양(蒸氣保養, steam curing and protecting) : 콘크리트 보양의 일종으로 콘크리트 타설 후 거푸집을 조기에 제거하고 짧은 시간 내에 소요강도를 얻기 위해 고온이나 고압증기로 보양하는 방법. 주로 한중콘크리트 타설시 많이 사용하게 되며, P.C. 제품 보양에도 사용됨. 보양방법에는 저압증기 보양, 고압증기 보양, 고온·고압증기 보양 등이 있음.

증기선양식(蒸氣船樣式, steamboat style) : 19세기 중반 미국의 오하이오와 미시시피 계곡 지역의 주택에 사용된 장식이 많은 건축양식. 빅토리아시대 강배(river boat)에 쓰인 진저브레드(gingerbread)식의 장식에서 유래된 명칭.

증기양생(蒸氣養生, steam curling) : ①거푸집을 빨리 제거하고 단시일 내에 소요강도를 발현시키기 위해 고온의 증기로 양생하는 방법. ②한중콘크리트에 유리함. ③종류에는 저압증기양생과 고압증기양생이 있음.

증기트랩(蒸氣-, steam trap) : ① 증기난방에서 증기와 응축수를 분리할 목적으로 설치하는 기구. ②방열기나 열교환기의 환수구 또는 배관의 아래 부분에 응축수가 모이는 곳에 설치하여 방열기·배관 등에서 생긴 응축수 및 공기를 증기로부터 분리하여 증기는 통과시키지 않고 응축수만 배출시킴. ③방열기의 환수구(하부 tapping) 또는 증기배관의 최말단 등에 부착하여 증기관 내에 생긴 응축수만을 보일러 등에 환수시키기 위해 사용하는 장치. ④종류는 방열기 트랩(radiator trap)·관말트랩·버킷트랩(bucket trap)·플로트트랩

(float trap)·봉수트랩·임펄스팀트랩·열동트랩 등이 있음.

증량제(增量劑, extender) : 비용이나 품질 개량을 위해 첨가하는 물질.

증식(增殖, multiplication) : 한 형태를 다량으로 복제하는 것.

증점(增粘, bodying) : 점도가 상승하여 유동성이 감소하는 것.

증축(增築) : 기존 건축물이 있는 대지 안에서 건축물의 면적·연면적·층수 또는 높이를 증가시키는 것을 말함. 기존 건축물이 있는 대지에 건축하는 것은 기존 건물에 붙여서 건축하거나 별도로 건축하거나 관계없이 증축이 됨. 따라서 기존 건축물이 있는 대지에 담장을 축조하는 것도 증축에 해당됨. 건축물에 부수되는 시설은 건축물에 해당되기 때문임.

지(地, ground) : 그림이나 도형에 대해 바탕이나 배경을 의미함. ⇨도(⇔).

지각(知覺, perception) : ①사회학적 정의로 ㉠감각이나 마음으로 이해하는 능력 및 행위. ㉡지능이나 경험을 통해 체득하는 감각능력. ㉢감각기관의 생리적 자극을 통해 외부의 환경적 대상을 받아들이는 과정. ㉣외적자극에 대한 감각의 반응뿐만 아니라 다른 현상들이 지워지거나 윤곽만 남게 되는 반면, 어떤 현상은 명백하게 기록되는 활동(Tuan). ②심리학적 정의로 감각수용기관의 생리적 흥분을 통해 자극을 느끼는 것. ③사회심리학적으로 '감지할 수 있는 직접적인 영역 내에 존재하는 대상물을 느끼는 것' 또는 '과거에 경험했던 인상'. ④신경학적 정의는 '어떠한 사람이 자극에 대해 가지고 있는 인상(Schift)(일반적인 과거경험·그 자극과 같거나 유사한 자극에 대한 이전의 경험. 그리고 관심있는 자극을 바라보고 있는 순간의 개개인 상태 등)'. ⑤지리학적으로는 '사물에 대한 지각과 기억들의 속성 및 다른 심리학적 특성'을 모두 포함함.

지각구조(知覺構造, perceptual structure) : 공간의 지각·영역성·개인공간·소집단공간·도시공간으로 인지함.

지각색(知覺色, perceived color) : ①물체의 색은 그 자체만이 아니라 거리감·표면질감·형태·심리적 느낌 등으로 느끼므로 이런 것들을 포함한 색을 말함. ②가시광선이 인간의 눈을 통해 느껴지는 생리적·심리적인 색. 즉 눈을 통해 직접 색의 상태를 알게 되는 구체적인 전체적 감성경험의 현재적인 색.

지각소음레벨(知覺騷音－, WECPNL;weighted equivalent continuous PNL) : 항공기 소음의 평가에 사용되는 지각소음레벨로서 간헐적으로 날아오는 항공기 1대마다의 PNL을 측정하여 제트기 등의 급속적 순음 성분(D특성)이나 계속시간의 장단에 의한 성가심에의 영향을 고려하여 EPNL(effective PNL)을 구하고, 나아가 1일에 비행하는 대수에 대해 주간·저녁·야간에 따라 1대당 1, 3, 10의 평가치를 정하여 그것을 1일의 비행횟수로 하여 성가심을 평가하는 것.

지각의 체계화(知覺－體系化) : 주어진 자료를 그대로 복사하는 것이 아니라, 일종의 창출과정으로서 결손된 부분을 보완하는 충완법칙(充完法則)에 의해 좋은 형태를 이루는 방향으로 지각이 체계화되는 것.

지각의 체제화 과정(知覺－體制化過程) : 감각자료에서 배경이나 바탕과 전경(全景) 또는 그림이 분리된 후 지각이 형성되기 위해 전경(바탕) 자료들이 형태를 갖추는 과정.

지각의 항상성(知覺－恒常性) : ①물체가 안정된 특성을 항상 지니고 있는 것으로 지각하는 현상. ②사람들이 매순간 물체들로부터 받는 감각정보가 변함에도 불구하고 물체가 안정된 특성을 지니고 있는 것으로 지각하는 현상. ③물리적으로 다른 자극을 받고 있는데도 실제로 지각되는 것은 그 물리적 특성에 가까운 형태로 수정된 것으로 되는 현상을 말하며, 이를 항상현상(恒常現狀)이라고도 함. 지각의 항상성에는 밝기의 항상성, 색채의 항상성, 색조의 항상성, 형(모양)의 항상성,

크기의 항상성, 위치의 항상성, 방향의 항상성 등이 있음.

지각적 거리(知覺的 距離) : ①사람과 그의 시각 내에 들어오는 물체와의 거리. ②지각적 거리의 정확성은 개인의 사물에 대한 시각적 관찰의 정확성에 의존함.

지각적 공간(知覺的空間, perceptual space) : 직접적인 정위(定位)로서의 공간으로 한 개인으로서의 동일성(identity)을 얻는데 절대로 필요함.

지각한계(知覺限界, perceptible limit) : 자신이나 외부 세계의 사물과 현상을 감각기관을 통하여 인지할 수 있는 한계.

지게문(-門) : 크기가 작은 문.

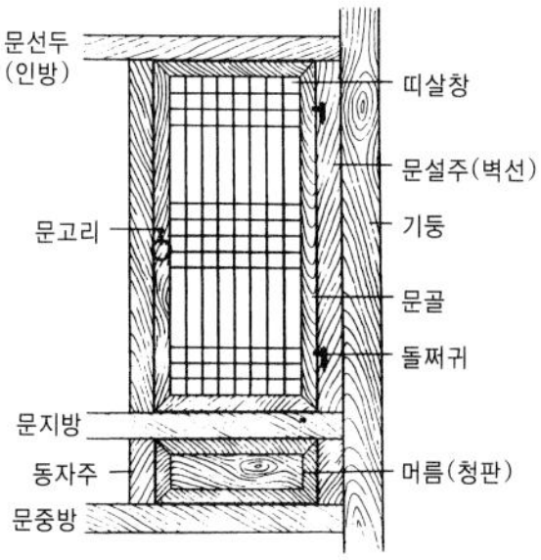

지게문의 구조

지경닫기 : 달고 등을 써서 지반을 견고하게 다지는 일.

지고주의(至高主義) : ⇨절대주의(=).

지구라트(ziggurat) : ①고대 아시리아(assyria)나 바빌로니아(babylonia)에서 층층으로 물려 쌓은 피라미드형(pyramid type)의 벽돌이 주재료인 탑형 건조물. 지구라트란 "높은 곳"을 의미하며, 계단형태의 건물로서 "성탑"이라고 불리움. 층과 층은 경사로(ramp)로 연결되며, 맨 꼭대기에 신전이나 제단이 있으며, 층에 따라 색채가 다르게 사용되는데 가장 아래층은 지하를 상징하는 검은 색으로 그 위에 땅은 붉은 색으로 하늘은 푸른색으로, 천국은 금색으로 상징됨. ②수메르와 아시리아 건축의 신전탑을 말함. 진흙벽돌로 된 버팀벽을 향한 산화벽돌이 단계별로 차츰 줄어들어 정상의 사당에 달하게 되거나 수많은 빗면을 통해 신전에 이르게 되고, 수메르가 기원으로 추정되며, 기원전 3번째 천년왕국 말로 거슬러 올라감. ③대표적인 유구로는 BC 2100년 전 우르 제3왕조시대에 지어진 우르(Ur)의 지구라트가 있음. 크기는 제1층이 62.5×43m, 높이 11m. 제2층이 38.2×26m, 높이 5.7m. 구조는 건조벽돌의 조적조이며 표면은 소성벽돌 사용. 벽면은 위로 올라가면서 계단식으로 된 형태이며 전체적으로 위쪽이 아래쪽보다 작고, 측면이 사다리꼴 상자를 중첩시켜 놓은 형태. 벽면에는 규칙적인 요철(凹凸)이 조성된 버트레스(buttress)가 있으며, 이 버트레스를 통해 음영효과를 표현하며, 시각적인 보정효과와 전체적으로 긴장감을 나타냄.

지구라트

지구사막화(地球沙漠化) : 원래 레바논, 이집트, 에티오피아 등지는 울창한 삼림을 가지고 있었는데 오늘날에는 많은 지역이 황폐한 사막의 모습으로 변해 버렸다고 함. 사막화되는 이유는 나무를 지나치게 많이 베어내고 너무 많은 농작물을 길러내면서 땅이 약해지고 게다가 비까지 적게 내렸기 때문임. 사람들의 수가 갑자기 늘어나서 지하수를 마구 개발해 현재는 심한 가뭄에 시달리고 있으며 이런 이유로 사막의 면적이 점점 늘어나는 추세라고 함. 사막화가 계속되면 사람들은 이리저리 옮겨 살아야 하고 식물·동물들도 무사할 수 없음. 심하게는 수백만 마리의 가축이 죽었고 수만 명의 사람들이 굶주려 죽었으며 또한 영양실조로 인해 저항력이 약한 노인들과 어린이들은 전염병에 걸려 목숨을 잃음. 사막화를 막기 위해서는 땅을 적절하게 이용하여 토양의 질을 높이는데 힘써야 함. 물론 나무와

풀들을 마구 베어내는 일도 삼가야 함.

지구온난화현상(地球溫暖化現狀) : ①이산화탄소가 지표에서 대기로 다시 방사되는 적외선을 흡수, 온실의 유리지붕과 같은 역할을 하게 돼 지구표면의 온도가 올라가는 현상. ②지구가 일정한 온도를 유지할 수 있는 것은 태양으로부터 오는 에너지를 공기 중에 있는 수증기와 이산화탄소가 흡수해서 다시 지구 밖으로 빠져나가는 것을 막기 때문임. 그런데 이 이산화탄소가 점차 늘어나자 점점 더 적외선을 많이 흡수해 가두게 되고 따라서 지구의 온도가 점점 올라가게 되는 것. ③대기 중의 이산화탄소량이 증가하는 것은 석유·석탄 등 화석연료를 많이 쓰는 데 기인함. ④1950년대부터 40년간 대기중 이산화탄소 함유량은 0.031%에서 0.035%로 늘어났고 지구는 지난 100년간 섭씨 0.5도 더워진 것으로 조사됐음. ⑤이런 추세가 계속되면 지구의 해수면은 매년 3.9㎜씩 높아져 바닷물에 침수되는 지역이 넓어지고 2070년에는 우리나라의 기온이 지금보다 2~2.5도 오를 것으로 예상됨.

지그재그의자(-倚子, zigzag chair) : ①1934년 리트벨트(Gerrit Thomas Rietvelt ; 1888~1964)에 의해 디자인된 의자. ②느릅나무를 잘 가공하지 않은 상태에서 만든 것으로 그뢰네칸(G. Van Groenekan)이 처음 제작했으며, 1935년 이후에는 메츠회사가 생산했음. ③리트벨트는 이 의자의 가장자리를 흰색으로 칠하고, 빨간색이나 녹색으로 래커칠을 하여 1938~1942년에 거의 시골 저택에 응용함. 그는 팔걸이가 달린 의자들과 어린이용 의자를 응용해서 만들었음.

지그재그형태(-形態, zigzag form) : 지그재그 선은 가장 오래되고 영구적인 형태 중 하나로서, 교대로 돌출하고 후퇴하는 앵글(angles)에 의해 만들어진 선임. 지그재그 형태는 코니스의 장식띠와 커다란 패턴을 가진 기둥에 표현되었으며, 때로는 다른 장식띠와 혼합되기도 함.

지내철(-鐵) : ⇨지네철(=).

지네철(-鐵) : ①박공판이 용마루에서 마주치는 곳에 좌우 박공판을 연결하여 고정시키기 위한 장식적인 철물. ②박공의 두 쪽이 마주 닿는 이음매에 걸쳐 박는 지네 모양의 쇳조각. ③박공널이 만나는 부분을 거몰한 쇠못.

지능로봇(知能-, intelligent robot) : ①시각·촉각 등의 지각(知覺) 센서로 외부의 상황변화를 검지(檢知)하고 그에 적응한 행동을 취하는 작업 로봇. ②시각센서에는 초음파, 공업용 TV카메라, 반도체 촬상(撮像) 소자가, 촉각센서에는 압전(壓電)효과를 이용한 전자소자가 사용됨. ③센서가 얻은 정보를 마이크로컴퓨터 등이 인식·판단해서 로봇의 행동을 결정함. ④시각센서를 갖춘 아크용접 로봇 등이 개발돼 있으며 의료 로봇, 극한작업 로봇 등이 대표적인 예로 장래에 로봇의 주류를 이룰 것으로 예상됨.

지능아파트(intelligent apartment) : ①현관에서 주방까지 전자동화되어 있는 지능지수가 높은 첨단 아파트. ②인텔리전트 아파트(intelligent apartment)라고도 함. ③각 가구의 가정자동화(HA) 시스템을 갖추고 있는 살아 숨쉬는 아파트로 일컬어지고 있음.

지능재료(知能材料) : ①생물체와 같이 스스로 외부의 자극을 감지하여 적절하게 대응할 수 있도록 특성을 변화하는 재료. ②주위의 환경조건 변화에 대해 그것이 가지고 있는 기능이나 구조가 변화하는 자기제어 능력 및 부분적인 파괴가 발생하더라도 자기수복능력을 할 수 있는 재료. ③현재 이용되고 있는 지능재료로는 안경재료로서 photographic glass가 있으며, 독일의 SICOM사에서 유리섬유센서에 의한 콘크리트 구조물의 내부변형·균열온도·강재의 부식·콘크리트의 중성화깊이·염소이온의 침투깊이 등을 장기적으로 모니터링할 수 있는 기술이 개발되어 있음. ⇨인텔리전트재료(=).

ㅈ

지니장식문양(-裝飾紋樣, genie) : 이슬람 신화에 등장하는 초강력 힘을 가진 요정. 상상적인 형태의 요정이 장식 모티프(motif[프])로 사용됨.

지대(地臺) : 담·집이 지면에 터전을 잡는 자리에 돌을 쌓은 부분.

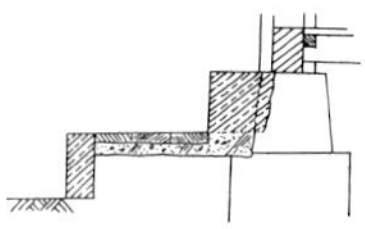
지대

지대석(至大石) : ①난간의 기초부에 까는 대석. ②병풍석·섬돌·댓돌첨댓돌(=).

지댓돌 : ⇨섬돌·댓돌첨댓돌(=).

지도리(pivot) : ①양쪽 선대의 중앙에 단 지도리를 창호틀에 붙여 댄 지도리받이에 끼워 넣어 회전시키는 철물. ②경쾌한 개폐를 할 수 있는 도어용 돌쩌귀의 일종. ③장부가 구멍에 들어 끼어서 돌게 된 철물을 말하며, 회전창·여닫이창에 쓰임. ⇨지도리(=).

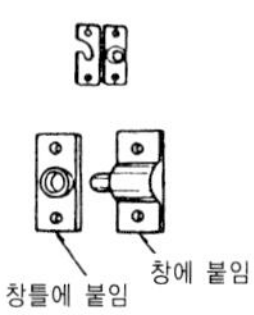

회전축

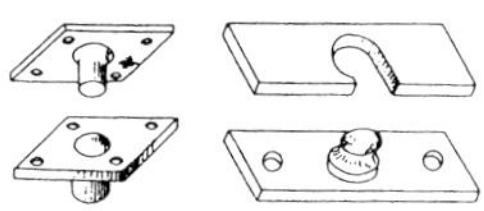
지도리

지동봉가옥(平昌 智東鳳家屋) : ①강원도 문화재자료 74호, 19세기 말 창건, 1941년 중건. ②ㄱ자형의 안채와 일자형의 사랑채로 이루어진 가옥. ③안채는 대청을 중심으로 좌측에 툇마루가 있는 2칸의 건넌방이, 우측에는 안방과 부엌이 직각으로 배치됨. 안방의 바깥쪽으로 툇마루 설치됨. ④사랑채는 대문을 중심으로 좌측에 광이, 우측에 2칸의 사랑방이 조성됨. 그 우측에는 외양간과 헛간으로 사용 중인 디딜방앗간이 있음.

지동봉가옥

지두리(hinge) : ⇨지도리(=).

지두리대(帶-, hinge sile) : 문의 경첩을 달 수 있는 문의 선대(線帶). 거는 선대(=).

지들룽(Siedlung[독]) : 소규모의 취락 또는 이민촌을 의미하는 독일어로, 특히 1920년대에서 30년대에 걸쳐 독일에 출현한 계획적인 주택지를 가리킴. 작은 채소밭과 축사가 딸린 독립주택이나 집합주택 등에 의해 구성됨. 정부의 노동력 확보와 국가공동체 의식화 정책을 바탕으로 건설되었고, 일본의 공동주택 건설이나 도시계획에 큰 영향을 주었음.

지란돌(girandole) : 많은 가지가 부착된 벽부착용 또는 천장에 부착하는 장식 촛대. 명칭은 '회전하는 불꽃놀이'라는 이탈리아어 '지란돌라(Girandola)'에서 유래됨. 보통 촛대 뒤에는 거울을 장식하여 반사되도록 했으며, 이 거울은 '황소의 눈(Bull's eye mirror)'이라 불리는 볼록거울이 사용되기도 하였음. 18세기에 유행되었으며, 청동이나 은으로 된 가지에는 주로 크리스털을 늘어뜨려 장식하였음.

지레(lever) : ①무거운 물체를 다룰 때 쓰는 연장의 일종. ②지렛대·천금철(=).

지레장 : ⇨지레·공간(=).

지-록 스플라이스(G-loc splice) : 깔때기 모양의 G-loc sleeve를 이음할 두 철근 사이에 끼우고, G-loc wedge를 망치로 쳐서 이음하는 공법.

지름길 : ⇨ 에움길(⇔).

지면복사(地面輻射) : 지표가 일사를 받아 생긴 자체온도에 의해 정해지는 복사. ⇨대기복사.

지면선(地面線, ground line ; GL) : 선형 투시도에서 지표면과 화면(畵面)과의 교차를 나타내는 수평선. ⇨기저선.

지명경쟁입찰(指名競爭入札, appoint competitive tender, private tender, limited bid) : ①공개경쟁입찰과 특명입찰의 중간 방식이고, 그 공사에 가장 적격이라고 인정되는 3~7개 정도의 시공회사를 선정하여 입찰시키는 방식. ②건축주가 도급자의 자

지정닻기 : 기초를 다지고 굳게 하는 것.

지정목수(指定木手) : 대령목수와 비슷한 뜻.

지정한(指定-, specified) : 도면 표기법의 일종으로 특정색 또는 재질을 지명(指名)하지 않고 막연히 기입할 때 사용함. 예컨대 '지정 대리석 마감(specified marble finish)' 또는 '지정색 마감(specified color finish)' 등과 같은 경우임.

지정공기(指定工期) : 사전에 건축주로부터 결정된 공기. ⇨공정관리. ⇨공기.

지정형 시방서(指定形示訪書, proprietary specification) : 특정한 생산품이나 시스템, 프로세스 사용을 규정한 시방서.

지주(支柱, pillar) : ⇨필러(=).

지중보(地中樑, gread beam, tie beam, foundation beam) : ①지중(地中)에 위치하여 지표면보다 위에 있는 건축물을 지지하며, 하중을 인접한 독립기초·말뚝·피어(Pier) 등에 전달하는 철근콘크리트 보를 말함. ②각 벽을 안전하게 연결하고 집중 또는 국부적 하중을 균등히 지반에 분포하고 기초의 부동침하를 막는 보를 말함. ③지중보의 두께는 벽체 두께 정도 또는 그 보다 3 이상 크게 하고 춤은 그 건물 높이의 1/12 이상 또는 80㎝ 이상으로 함. ⇨기초보(=). ⇨연결보(=).

지중인입선(地中引入線, service lateral) : 배전용 변압기나 모선(母線)으로부터 수용가(受用家)까지 전기를 끌기 위해 매설한 지하배선.

지중해양식(地中海樣式, Mediterranean sea style) : 이탈리아와 그리스·터키·북아프리카·스페인 등 지중해에 면해 있는 지역양식을 총칭함. 대부분 집들은 돌로 만들고 내벽·외벽 모두 하얗게 칠해 돌바닥과 함께 산뜻한 느낌을 줌. 깊게 판 작은 창틀에는 밝은 분홍과 파랑·담황색 등의 색이 도장되고, 수수한 목재 가구와 등나무 의자가 놓이며, 차양을 통해 들어온 햇빛이 흰 리넨을 눈부시게 하는 것 같은 이미지가 있음. 터키와 북아프리카, 그리고 스페인에는 이슬람풍의 장식 디자인이 많음.

지중화공사(地中化工事) : ①철탑과 전신주 등 공중선로로 연결돼 있는 6만6000V 이상의 고압송전선과 가정용 배전선을 지하에 매설하는 작업. ②1971년 일본기술로 당인리~용산변전소간 지중송전선이 처음 연결된 후 도시미관과 안전성을 이유로 서울을 비롯한 대도시를 중심으로 진행됐으나 신도시나 목동단지 등은 처음부터 지중선이 매설되었음. ③송전선의 지중화공사 방식은 지표면을 파헤치는 개착식과 터널식이 많이 쓰이는데, 터널식이 개착식보다 공사비가 많이 들지만 도심에서는 교통체증 때문에 주로 터널식이 쓰임. ④그 중 대표적인 것이 바위 층에 발파와 기계굴착을 병행한 뒤 바로 시멘트를 압축 분사해 터널벽을 다지는 NATM공법임.

지지점 거리(支持點距離) : ⇨벽의 거리(=).

지차 : ①'다음'이나 '버금'을 뜻함. ②우두머리 목수 다음 목수.

지차목수 : '부하목수'라는 뜻.

지천(紙天) : 낮은 천장을 칡덩굴 등으로 엮은 후 종이를 바른 소박한 천장마감.

지철(地撤) : ①부모나 조부가 돌아가시면 외부인을 삼가고 생활하는 곳. ②봉당(封堂)이 발전되어 온돌 시설을 갖춘 흙바닥. ③양양 김택준가옥에서 안채와 사랑채 연결부분에 사용됨.

지체상금(遲滯償金) : 계약 당사자가 계약 이행기간 내에 계약상 의무를 이행하지 못하고 지체되었을 때, 당해 지체에 대한 손해배상의 성격으로 징수하게 되는 것.

지포벽지(紙砲壁紙) : 종이·실을 주체로 한 천으로 스트로(straw)를 사용하기도 함. 짜는 방식은 그물눈이나 평직 등임.

지표(指標, index) : 직접적으로 지각할 수 없는 사상(事像)을 직접적으로 지각할 수 있는 다른 사상으로 표현할 때의 기호. 예컨대 먹구름은 비의 지표임.

지표면(地表面, ground plane ; GP) : 선형 투시도에서 수직적 측정이 이루어질 수 있는 참고의 수평면. 일반적으로 묘사되는 사물을 지지하거나 관찰자가 서 있는 면.

지표조사(地表調査) : 목적한 단위지역 내에 유적의 존재를 판단하는 가장 기초적 조사.

지하(地下, basement, cellar) : ⇨지하실(=).

지하감옥(地下監獄) : ⇨던전(=).

지하권(地下權) : '토지소유권은 정당한 이익이 있는 범위 안에서 토지의 상하에 미친다.'라고 민법에 규정하고 있고, 이때 정당한 이익의 범위가 미치는 영향권 내의 지하토지를 이용할 수 있는 권리로서, 지하철건설촉진법에서는 지하 10m까지 보상하고 지하권을 설정함.

지하실(地下室, basement, cellar) : ①전부 또는 부분적으로 지반 높이 아래의 건물의 층을 말함. ②건축물의 바닥이 지표면 아래에 있는 층으로서, 그 바닥으로부터 지표면까지의 평균높이(h)가 당해 층높이(H)의 1.2 이상인 것. ③건물 아래의 전부 또는 일부분으로 음식·연료 등의 저장소 및 주거용 공간.

지하실문(地下室門, bulkhead) : 지하실로 출입하기 위한 계단 위의 수평 또는 경사진 문.

지하실 출입구(地下室出入口, areaway) : 지하실 문이나 창문으로 입구 및 환기와 빛을 제공하는 팬 부분. 건물 사이 통로라고도 함.

지하이층(地下二層, subbasement) : 건물의 주된 지하층의 아래에 있는 어떤 층이나 바닥.

지하창고(地下倉庫) : ⇨지하실.

지하층(地下層, basement) : ①고전적 르네상스 건축에서 건물의 주층(主層) 바로 밑의 층을 의미하지만 반드시 지하에 있을 필요는 없고, 일반적으로 부분 또는 전체가 지면 아래에 있는 층을 말함. ②건축법에서 사용하는 용어의 정의는 건축물의 바닥이 지표면(G. L.) 이하에 있는 층으로서 건축물의 용도에 따라 그 바닥으로부터 지표면까지의 높이가 대통령이 정하는 기준에 해당하는 것을 말함. ③일반적으로 그 바닥으로부터 지표면까지의 높이 h와 당해 층의 층고 H와의 비율로 일반건축물은 건축물의 바닥이 지표면 이하에 있는 층으로서 바닥으로부터 지표면까지의 높이가 그 층높이의 2/3 이상인 것. 단독주택 및 다세대주택은 바닥으로부터 지표면까지의 높이가 그 층의 층높이의 1/2 이상인 것을 말하고, 지표면(G.L)의 높이차가 다른 경우에는 지표면의 가중 평균한 높이를 기준으로 지하층 여부를 판별함.

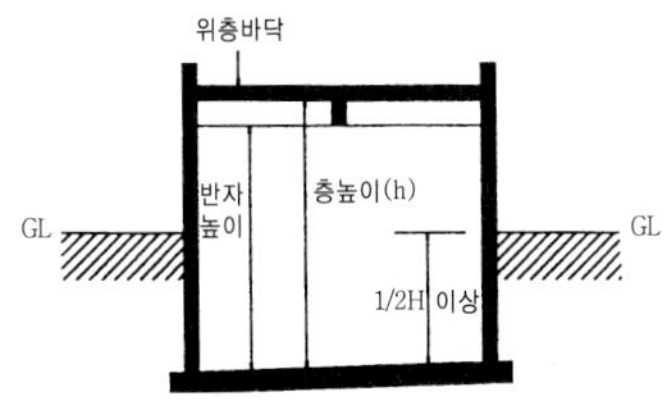

지하층 산정

지향성창(指向性窓, light directional window) : 유리블록·프리즘 유리 등 특수한 투과 지향성 재료를 끼운 창문. 특히 지향성 유리블록 창은 투과광을 천장면에 비추게 고안되어 있음.

직각(直角, right angle) : 두 개의 직선이 직각으로 교차하여 형성된 90° 각도.

직각교차맞춤(直角交叉, cross lap joint) : 목재의 겹쳐지는 부분의 두께를 반으로 파내어 서로 직각으로 교차시키는 맞춤.

직각투영법(直角投影法, orthogonal projection) : ⇨정사영법(=).

직·간접조명(直·間接照明, direct-indirect lighting) : ①조명기구의 수평면 방향으로는 거의 빛이 방사되지 않는 전반확산조명. ②일반 확산조명의 변형으로서 빛이 아래 및 위쪽으로만 확산될 뿐 수평방향으로는 거의 비치지 않는 조명.

직결급수방식(直結給水方式, directional water supply system) : ①도로에 매설한 수도본관(本管)의 수압을 이용하여 목적하는 위치에 수돗물을 공급하는 방식으로 일반적으로 소규모 건물이나 주택에 주로 채용됨. ②급수장치의 끝까지 배수관 내의 수압에 의하여 직접 급수하는 방식.

직경(直徑, diameter) : 원이나 구의 중심을 지나는 선분이나 그 선분의 길이. 고대 건축물에서 기둥 하단의 직경은 건축물의 각 부위와 전체의 비례를 설정하는 기준으로 사용됨.

직관(直觀, intuition) : ①즉각적으로 이해하는 것. 이성적인 사고나 추론을 하지 않고 직접적으로 알고 결정하는 것. 느끼는 것. ②근거가 될만한 합리적인 사고(思考)나 참조 없이 파악하는 능력이나 힘. ③직관은 과거 경험의 자연발생적인 결과이고, 의식적으로 생각하지 않는 요소를 포함할 수 있기 때문에 문제해결에서 가치 있는 프로세스임. 직관적인 해결은 문제에 대한 즉각적인 반응이기 때문에 이에 따라야 하지만 무조건 수용되어서는 안 됨.

직관적 접근방법(直觀的 接近方法, intuitive approach) : ①디자이너 자신이나 그룹의 누적된 지식 및 경험 등의 정보와 창조력·통찰력을 기초로 하는 방식. ②추상적인 막연한 상태에서 구체적인 결과물로 점차 불확실성을 줄여가면서 의사결정에 도달하는 총괄적 과정으로 조건의 변동사항에 유연하게 대처할 수 있는 디자이너에게 비교적 친숙한 접근방식. ③전통적 재래식 방식이고 주관적이고 경험적인 접근방식으로 설계자의 아이디어 근거나 전개의 당위성을 타인이 알 수 없는 상태로 진행되며, 불규칙하고 임의적으로 진행. ④특징은 설계과정이 작가의 사고속에서 전개되므로 설계의 진행이 빠르다는 장점과 독단적인 자기표현이 강하고, 작가가 인식하지 못한 정보는 무시되며, 새로운 정보에 대한 개발성이 없다는 단점이 있음. ⑤⇨디자인 방법.

직교법(直交法, rectangular system) : 백화점 매장 안의 통로가 직각으로 교차하도록 쇼케이스·카운터 등을 배치하는 방법.

직교식 선형체(直交式線形體, intersection type recilinear) : ①바닥·벽·천장과 같은 요소를 직교하여 상자형태를 이루는 가장 안정된 형태. 내부공간은 금지나 제한을 나타냄. ② 비직교식 선형체(=).

직교축(直交軸, cross axis) : 직각으로 만나는 두 개의 축이 만드는 형태. 주로 주축의 하나는 그 교차점에서 끝나고 T자형을 이루는 경우가 많음.

직달일사(直達日射) : ①태양의 방향으로부터 직접 도달하는 일사. ②대기 속에는 수증기·CO_2·O_2의 기체분자나 먼지 등이 보유하고 있음. 태양으로부터 나온 복사열은 대기를 통과할 때 이들 기체분자나 먼지 등에 의해 흡수 또는 산란되어 그 일부를 잃고 나머지가 투과하여 지표에 도달하고, 이와 같이 대기를 투과하여 지표에 직접 도달한 열복사를 말함.

직렬(直列, series) : 각 소자(素子)에 흐르는 전류의 크기가 같도록 회로 내에 회로소자(素子)를 배치하는 접속방법.

직렬배열형(直列配列形) : ①매장계획시 진열대 배치유형의 하나로 진열대가 입구에서 안으로 향하여 직선적으로 구성된 형식. ②통로가 직선이어서 고객의 흐름이 빠르며, 부분별 상품진열이 용이하고, 대량판매에도 가능한 형식임. ③주로 침구·가전제품·식기·서점 등 비교적 상품이 크고 고객이 직접 취사선택할 수 있도록 하는 측면판매에 적합함.

직류(直流, direct current ; DC) : ①전류의 방향이 변화하지 않는 전기의 한 종류. ②전류가 일정한 방향으로 흐르는 것을 말하고, 전화·전기시계를 비롯한 통신설비와 엘리베이터의 전원으로는 직류를 사용함. ③⇨교류(⇔).

직물(織物, textile) : ①경사와 위사로 짜여지는 천. 경사와 위사만으로도 놀라울 정도의 변화와 감정을 가진 직물이 만들어짐. ②일반적으로 사용하는 직기는 비교적 단순한 것을 반복하여 짤 수 있지만 자카드(Jacquard) 직기는 변화가 풍부한 무늬도 짤 수 있음. ③실내공간에 걸려 부드럽고 아늑함을 줌. 신선한 느낌을 자아내는 무대막과 태피스트리는 손으로 짜는 평직물로서, 경사를 걸어놓고 밑그림을 보면서 위사를 짜넣는 전통적인 방법의 직물임.

직물벽지(織物壁紙, fabric wallpaper) : ①견·모·면·마 등의 천연섬유와 레이온·나일론·아크릴 등 합성섬유의 실을 뽑아 직기에 제직을 거친 벽지. ②부드러운 질감과 고급스런 느낌이 있어서 호화로움. 특징은 흡음·단열 및 통기성이 좋지만 물에 약하고 퇴색·변형 등의 단점이 있음. ③종류는 프린트직물 벽지·평직물벽지·파일조직물벽지·플로킹벽지(식모벽지)·갈포벽지·부직포벽지. ④섬유벽지·천벽지(=).

직사각형 전시공간(直四角形展示空間) : 일반적으로 사용되는 전시공간 형태로서, 공간형태가 단순하고 분명한 성격을 지니고 있기 때문에 지각이 쉽고 명쾌하며 변화있는 전시계획이 가능함.

직사각형 형태(直四角型形態, rectangular) : 직사각형은 4개의 정확한 각도를 가진 평평한 4개의 측면으로 된 평행사변형으로 정사각형에 가깝게 또는 잡아 당겨져 가는 띠 모양으로 만들어질 수 있음. 황금분할은 직사각형으로 그 비례는 완벽한 조화를 이루고, 다른 법칙에도 일치됨.

직선목리(直線木理, straight grain) : ⇨통직목리(=).

직선투과(直線透過) : 투명유리 또는 색의 필터 등을 보는 경우로서 이것을 특히 투과색(transparent color)이라고 함.

직업성 난청(職業性難聽) : ⇨ 소음성 난청(=).

직역(直譯, literal translation) : ①많은 건축가들이 사용한 건축의 개념(concepts)과 유사한 표현임. ②프로젝트의 단순화된 계획이라고 볼 수 있는 개념과 도식을 개발하려는 목적 아래 에드워드 라라비 반스(Edward Larrabee Barnes)가 사용한 용어. 반스는 한 프로젝트에서의 개념이란 냅킨(napkin) 위에 스케치한 그림과 같이 표현 가능한 것이라야 한다고 봄. 즉 최초의 도식은 냅킨 위의 그림에서처럼 완공된 건물에서도 명료하고 인지될 수 있어야 된다는 것임. 반스의 말에 따르면, "건물은 회화적이거나 조형적인 아이디어보다 건축적인 아이디어가 강해야 되고, 즉 건물 안에서 이루어지는 활동상과 관련된 아이디어를 가져야 한다.…"라고 하였음.

직유(直喩, similes) : ①직접 두 개의 사물을 비교하는 방법. ②똑같이 실제의 관계를 표현하는 방법.

직절(直切) : 부재축에 직각으로 자른 것 또는 그 일.

직접 · 간접조명(直接間接照明) : ⇨직·간접조명(=).

직접공사비(直接工事費, direct construction cost) : 공사에 직접 소요되는 비용을 말하며, 이 비용에는 재료비·노무비·외주비·경비 등이 포함되며, 공기의 단축과 반비례하여 증가함.

직접글레어(直接-, direct glare) : 시야 내의 높은 휘도비 또는 충분히 가려지지 않는 광원에 의해 발생하는 현휘(눈부심)를 말함.

직접난방방식(直接煖房方式) : 방열체의 방열형식에 따라 대류난방·복사난방으로, 사용열매에 따라 온수난방·증기난방·온풍난방 등으로 분류함.

직접난방설비(直接煖房設備) : 열원실비(증기 보일러·온수 보일러·온풍로 등)로부터 열매(증기·온수·온풍 등)를 직접 실내의 방열장치에 공급하여 난방하는 방식.

직접노무비(直接勞務費, direct labor) : 서비스에 대한 대가를 지급받기로 계약한 작업을 위해 노동자가 투입한 시간을 의미함.

직접비(直接費, direct cost) : ⇨직접공사비(=).

직접음(直接音, direct sound) : 음원으로부터 수음자(受音者)에게 직접 전달된 공기전달음. 실내에서 인간의 귀는 항상 반사음을 듣기 전에 직접음을 듣고, 직접음이 세기를 잃어감에 따라 반사음의 중요성이 증가함.

직접조도(直接照度, direct illumination) : 광원에서 비추는 점에 직접 입사하는 빛에

ㅈ

의한 조도. ⇨간접조도(=).

직접조명(direct lighting) : ①조명기구에서 방사된 광원(빛)으로부터 확산되는 빛의 90~100%가 다른 간섭을 받지 않고 아래쪽에 있는 물체나 표면을 직접 비추게 되는 조명. ②일반적으로 천장에서 아래로 직접 비추는 조명. ③유리나 아크릴 또는 종이를 섀도(shadow)하여 빛을 확산시키는 것과 섀도를 하지 않고 직접 조사하는 스포트방식(spot lighting)이 있음. 예컨대 다운라이트(down light)가 대표적이며, 특수한 곳이나 부분을 강조하기 위한 조명도 포함함. ④조사된 빛은 형태와 구조, 색을 강조해 주며, 반사된 빛은 공간조명에 기여하고 경제적이고 조명효율은 좋지만, 조도분포가 균일하지 않고 눈부심 현상과 강한 그림자가 생기는 결점이 있음. 뿌옇게 처리된 유리나 젖빛 아크릴·창호지 등은 조도분포를 균일하게 하고 빛을 부드럽게 하므로 스크린으로 사용하면 매우 효과적임. 그밖에 격자·루버 등의 스크린이 사용됨.

직접조명

직접타설(直接打楪, direct placement) : 콘크리트 믹서·수레·크레인 버킷(bucket)에서 거푸집 속으로 직접 콘크리트를 투입하는 것.

직접하중(直接荷重, direct load) : ⇨하중.

직접현휘(直接眩輝, direct glare) : ⇨직접글레어(=).

직조(織組, fabric weave) : 씨실과 날실을 교차시켜 직물을 짜는 기법 또는 그 제품. 날실(warp)은 직기에 일정한 간격을 두고 평행으로 늘어뜨린 실로 경사(經絲)라고 하며, 가로줄에 해당하는 실을 씨실(weft) 또는 위사(緯絲)라고 함. 종류에는 평직·능직·수자직·문직·편직·이중직·첨모직 등이 있음. ①평직(平織) ; 각 날실은 씨실 한 올마다 그 위 아래로 얽혀 짜서 직물을 구성하며, 옆에 있는 날실이나 씨실은 각각 위로 한 올씩 걸어서 짬. ②능직(綾織) ; 날실과 씨실을 연속적으로 두 올씩 위 아래로 얽어서 한 올씩 규칙적으로 어긋나게 하여 45° 각도의 무늬가 생기게 짜는 직물로 사문직(斜紋織)이라고도 함. 천 바닥에 비스듬한 고랑이 생기며, 평직보다 촉감이 좋고 광택이 남. ③수자직(繻子織) ; 씨실이나 날실 중 어떤 하나가 천면에 많이 나타나게 조직되어 광택이 강하고 부드럽지만 평직이나 능직에 비해 실이 많이 나와 있어 마찰에 약함. 주자직(朱子織)이라고도 함. ④문직(紋織) ; 두 가지 이상의 기본조직을 조합시켜서 직면(織面)에 여러 가지 무늬 모양을 만든 조직으로 바탕이 되는 실과 무늬가 되는 실이 같은 종류인 경우 모노크롬의 직물이 되고, 무늬가 되는 씨실에 다양한 색상을 사용하여 여러 가지 색상의 무늬를 만듦. ⑤편직(編織) ; 씨실을 박아 넣을 때마다 날실을 잡아 꼬아서 좌우의 위치를 교대하여 씨실을 짜는 직물로 날실이 교대되는 부분에서 비틀어 꼬여서 빈공간이 생겨 통풍성이 커지므로 여름 옷감에 적당함. ⑥이중직(二重織) ; 씨줄과 날줄을 각기 이중으로 짠 직물로 안팎 두 장의 직물을 합쳐서 꿰맨 것 같은 직물로 날실만 이중으로 짠 것, 씨줄만 이중으로 짠 것, 씨줄 날줄 다 이중으로 짠 것 등이 있음. ⑦첨모직(添毛織) ; 이중직을 변화시킨 직물로 특별한 날실 또는 씨실이 올가미 모양으로 짠 직물. 올가미채 그대로 둔 것은 타올이나 올가미 빌로스가 되고 올가미 부분을 잘라서 털날개를 세운 것은 빌로스가 됨. 빌로스(villous, villose)직이라고도 함.

직조형 카펫(織造型-) : 표면의 실이 배접의 세로실과 가로실 사이에 짜 넣음으로써 텝테드 카펫보다 오래 가고 튼튼하지만 제작기간이 걸리고 가격이 비싸며, 배접실은 표면의 실에 짜 넣으므로 배접의 층을 나눌 필요는 없음. 짜는 직조방식에 따라 벨벳(velvet)·윌튼(wilton)·액스민스터(axminster)·터프트(tuft)·니들 포인트(needle point) 등으로 구분되고, 시공은 태커(tacker)나 스테플(staple) 또는 접착제로 시공함.

직통계단(直通階段) : ①계단과 계단참이 연속되어 연결되는 계단. ②피난층 이외의 층에서 계단과 계단참만을 통해 피난층까지 갈 수 있는 계단. 계단의 구조가 간단하고 연속되어 동선이 짧아지므로 신속한 피난이 가능하며, 계단의 구조가 일방으로 상승 또는 하강하게 되어 연결통로를 거쳐야 하는 계단은 직통계단이 아님.

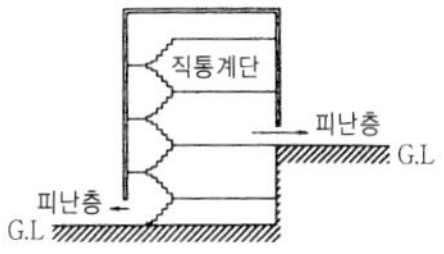

직통계단

직현적 형태(直現的形態) : ①자연에서 볼 수 있는 모양이나 구상적(具象的)인 모양에 의존하지 않고 자신의 관념으로 자유롭게 만들어낸 형태. ②재현적 형태(=).

진개(塵芥, dust, refuse) : 먼지와 쓰레기 따위.

진공건조(眞空乾燥) : 가열공기의 수증기 압력저하로 건조시키는 인공건조법.

진공청소기(眞空淸掃器, vacuum cleaner) : 진공을 이용하여 먼지와 세균 등을 흡수하여 청소하는 기구.

진공콘크리트(眞空-, vacuum concrete) : ① 콘크리트가 경화하기 전에 진공 매트(vacuum mat)로 콘크리트 중의 수분과 공기를 흡수하는 공법. ②보통 콘크리트를 시공한 후 진공매트(vacuum mat) 또는 진공패널(vacuum panel)에 의하여 콘크리트 표면을 진공으로 하여 물과 공기를 제거하고, 대기압에 의해 콘크리트 압력이 가해지도록 만든 것. ③진공처리를 한 콘크리트는 조기강도·내구성·내마모성이 커지고 건조 및 수축이 적게 되므로 콘크리트 기성재의 제조에 이용됨. ④장점은 강도가 극도로 높아지고 내구성이 개선됨. 조기강도가 크고, 주로 토목공사에서 사용하지만 건축공사에서의 사용 예는 거의 없음.

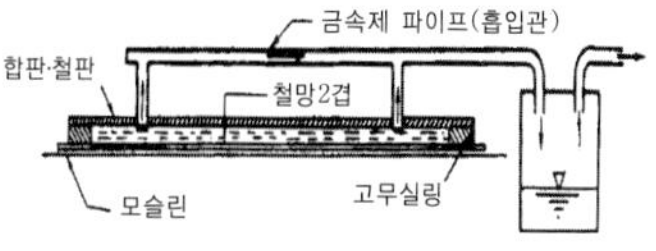

진공콘크리트

진남색(眞藍色) : 관용색명으로 진한 남색을 말함. 먼셀 9PB2.5/9.5.

진달래색(-色) : 관용색으로 해맑은 보라를 띤 빨강. 먼셀 7RP5/13.

진도(震度, seismic intensity) : ①일정한 지점에서 진동의 세기를 등급으로 나눠 놓은 것. ②진도는 지진이 일어난 곳, 즉 진앙지와의 거리와 지반·거주지역의 차이에 따라 달라짐.

진동(振動) : 기계, 기구, 시설, 기타 물체의 사용으로 인하여 발생하는 강한 흔들림을 말함. 인간이 느낄 수 있는 진동주파수의 범위는 약 0.1~500kHz인데, 문제되는 주파수의 범위는 1~90Hz임.

진동기(振動機, vibrator) : 전기 또는 압축공기 진동장치로 타설한 콘크리트의 교반(攪拌) 또는 다짐에 사용되는 공구.

진동다짐(vibration) : 콘크리트공사에서 진동기의 완만한 고주파 진동으로 타설한 콘크리트를 다지는 것.

진동레벨(振動-) : 인체의 전신을 대상으로 하는 진동의 평가척도로서 진동가속도 레벨을 진동감각 보정특성으로 보정한 양. 단위는 dB.

진동수(振動數, frequency) : 어느 운동이 주기적으로 반복될 때 단위시간에 반복되는 운동의 수를 말함. 단위는 헤르츠(Hz) 외 rpm(revolutions per minute), rad/s (radians per second), BPM(beats per minute) 등 사용. 1 Hz는 1초에 1번 주기적인 현상이 일어나는 것이고, 2 Hz는 1초에 2번 주기적인 현상이 일어나는 것. ⇨ 주파수(=).

진동측정기(震動測程器, vibration level meter) : 진동 픽업(pick up)에 감지된 진동가속도 신호(1~90Hz)에 진동감각 보정특성을 적용하여 실효치를 디지털게이지로 표시하는 기기.

진분(眞粉) : ①순백색의 안료. ②호분.

진비빔(wet mix) : 콘크리트나 모르타르 비빔에서 상대적으로 많은 수량과 진반죽 질기를 말함. 강도·내구성·수밀성에서 낮은 값을 나타냄.

진비중(眞比重, true specific gravity, specific gravity of wood substance) : ①공극(空隙)·수분(水分)을 포함하지 않는 실질적인 재료의 비중. ②실질의 중량을 실질의 용적으로 나눈 값.

진사(cinnabar) : 진사(적색, 황화수은)를 첨가하여 만든 풍부한 주홍색의 중국 래커를 말함. 18세기에 제작되었으며, 오늘날 고가의 가구 및 장식품에도 사용됨.

진새 : 지붕을 이을 때 산자를 엮고, 그 위에 올리는 진흙.

진성(鎭城) : 수군들의 전투를 위해 해안변에 쌓는 성곽을 말함. 현재 남아 있는 진성으로는 녹도진성·사도진성·발포진성·여도진성 등이 있음.

진실의 입(眞實-) : ①산타 마리아 인 코스메딘 교회의 입구 회랑에 있음. ②4개의 이오니아식 기둥을 정면으로 하여 세 방향을 기둥형 벽으로 둘러싸고 있음. ③강과 항구의 신을 모시는 신전으로 기원전 2세기의 것이며, 현재 로마 신전 중에 가장 잘 보존되고 있음. ④이 앞이 베스타 신전으로 화로와 화롯불의 신에게 봉헌된 20개의 코린트식 원주로 둘러싸인 원형 신전임. 이 신전 앞이 진실의 입 광장임. ⑤항구이자 우시장이기도 했던 보카델라 베리타 광장 남쪽의 중세 교회-산타 마리아 인 코스메딘을 관광명소로 만든 대리석 부조물로 이 교회 입구 왼편 포티코 벽에 있는 이 '진실의 입'은 BC 4세기에 바다의 신 트리톤의 얼굴을 새긴 것인데, 거짓말한 자가 손을 이 입속에 집어넣으면 입이 닫혀 손목이 잘려버린다는 속설이 전해옴.

진애(塵埃, dust) : 티끌·먼지 따위 등의 작은 미립자(微粒子).

진열대 : ⇨디스플레이테이블(=).

진열대배치(陳列臺-配置) : ⇨디스플레이테이블.

진일 : ①음식을 만드는 일이나 빨래를 하는 일처럼 물을 써서 하는 일. ②마른일(=).

진입공간(進入空間, entry space) : ①연속된 공간 중에서 주요한 공간에 이르기까지 전위적이고 과정적인 역할을 하며, 시점의 이동과 체험적 기억을 축적시켜 공간의 심연성을 느끼게 하는 공간. ②사찰건축에서 일주문(一柱門)과 금강문(金剛門), 천주문(天主門)과 같은 여러 산문을 통과하면서 체험하는 공간. 일단 일주문을 들어서면 유인감을 느끼게 되며, 변화하면서 진열하는 과정이 전혀 지루함이 없이 즐겁게 전개되는 것이 특징임. ③경복궁에서 광화문과 근정전(勤政殿)까지 이르는 사이에 홍예문과 금천교(禁川橋), 그리고 근정전문 등을 통과하여 근정전 앞뜰에 이르기까지 공간을 말함. ⇨과정적 공간(=).

진잠향교대성전(鎭岑鄕校 大成殿) : ①충청남도 문화재자료 6호, 조선 초기 창건, 조선 후기 중수. ②대성전은 정면3칸, 측면 3칸에 겹처마 맞배지붕. 전면 열은 툇간이며, 툇간은 벽돌(塼)바닥. 2고주5량가 구조이며 가공선 바른층쌓기한 기단 위에 덤벙주초를 놓고 약한 민흘림 원주를 세움. 초석 일부는 주좌를 새긴 것도 있음. 기둥 상부에는 창방을 걸고 평방을 생략, 장여와 결구되었는데 이익공 공포로 짜여 짐. 내진주 중간에서 외진주 상부로 툇보가 나와 창방과 장여 사이에 3개씩 소로를 끼웠음. 대들보 위에 동자주를 세워 중보를 얹고 다시 대공을 세우고 그 위에 종도리를 걸쳤음. 내부는 마룻바닥에 연등천장이고 전면 중앙칸에 4폭의 정(井)자살 문, 양협간에 긴 고정된 정(井)자살 창을 중간에 달았음. 외부에만 단청함.

진저브레드(gingerbread) : ⇨진저브레드 스타일(=).

ㅈ

진저브레드스타일(gingerbread style) : 빅토리아 양식의 주택에 적용했던 매우 장식적인 나무세공. 특히 건축물에서 저속(低俗)하고, 필요 이상으로 과장된 장식을 말함.

진전(眞殿, hall with the portrait of the decreased kings and queens) : 궁궐에서 왕이나 왕비의 초상화를 놓고, 차례를 지내던 건물.

진주암(眞珠岩) : ⇨펄라이트(=).

진채(眞彩) : 진하게 쓰는 불투명한 채색이나 물감.

진채화(眞彩畵) : 진채로 그린 그림.

진청(眞靑) : 군청색의 안료.

진출색(進出色, advancing color) : 배경색보다 앞으로 진출 또는 돌출하는 것처럼 느껴지는 색. 이는 관찰자 쪽으로 튀어나와 보이는 공간적 착각을 일으키는 색으로 따뜻한 색이 차가운 색보다, 밝은 색이 어두운 색보다, 고채도 색이 저채도 색보다, 유채색이 무채색보다 더 진출하는 느낌을 주고, 이러한 현상은 색의 물리적 파장에 대한 수정체의 반응이 다르기 때문에 일종의 착각이 생기고 파장이 긴 따뜻한 난색인 빨강·노랑 등은 진출성을 가짐. 전진색(前進色)이라고도 함. ⇨후퇴색(⇔).

진태양일(眞太陽日) : 태양이 남중(南中)에 왔을 때를 0시로 하고, 시각 t가 360° 회전하여 다시 남중하기까지, 즉 일일(1日)이 되는 것을 말함.

진폭(振幅, amplitude) : 파(波, wave)나 교류(交流)의 평균치로부터 나온 변위의 최대값을 말함. ⇨파장.

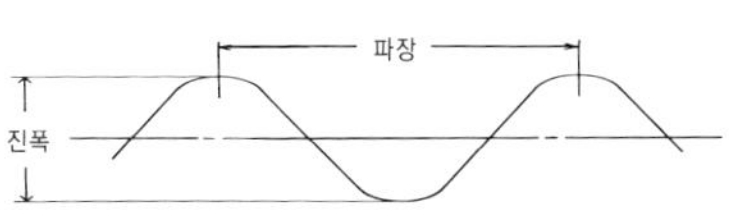

파장과 진폭

진행(進行, progression) : 조형적·디자인적인 측면에서 동일한 기초적 주제나 아이디어를 유지하는 형태 또는 디자인에 대한 크기 및 모양의 점진적 증가.

진홍색(−紅色, hunting pink) : 영국에서 여우사냥을 할 때 입는 코트의 밝은 진홍색.

진화적 건축양식(進化的建築様式, evolutional architecture style) : ⇨진화적 양식(=).

진화적 양식(進化的様式, evolutional style) : ①1990년 이후 과학과 기술에 있어서 진보와 마찬가지로 기후적이고 생태학적인 요소들을 바탕으로 하여 성장하고 발달한 디자인으로서 대표적인 제안자인 유겐 추이(Eugene Tsui)에 의해 정의됨. ②디자인은 마치 자연의 힘이 구조물을 만들어 놓은 것처럼 보이는 살아 있는 유기체로서 접근함.

진휼청(賑恤廳) : 빈민을 구제하기 위해 곡식을 빌려주던 곳.

진흙기와(−蓋瓦) : ⇨기와.

질감(質感, texture) : ⇨재질감.

질감투시도(質感透視圖, texture perspective) : 화면으로부터 멀어지는 것처럼 지각된 표면 질감의 밀도를 점차적으로 증가시킴으로써 깊이나 거리를 내는 기법.

질그릇 : 진흙만으로 구워서 만들고 잿물을 덮지 아니한 그릇. 겉면이 거칠어 윤이 없음.

질량(質量, mass) : ⇨매스(=).

질량계수(質量係數, inertia coefficient) : ①질량력을 구할 때 물체형상에 대응하여 곱하는 계수. ②물체가 유체 속에서 가속도 운동을 할 때 유체에 새로운 가속도 운동이 유도되어 일어나므로 물체의 질량이 부가된 것 같은 효과가 생기는 데 그 효과를 질량 평가한 것.

질량력(質量力, virtual mass force) : 유체속의 물체가 가속도 운동을 할 경우, 혹은 물체의 주변을 유체가 가속도 운동을 할 경우에 생기는 가속도에 비례하는 힘.

질량절대습도(質量絶對濕度, humidity ratio) : 건조공기 1kg 중에 포함된 수증기의 질량.

질료(質料, hylé, matter) : 넓은 의미에서 소재(素材)를 의미함. 예컨대 집의 구조를 형상(形相, eidos, form)이라고 한다면 목재는 질료(質料)가 됨.

질석(蛭石, vermiculite) : 열에 의해 팽창한

운모로 매우 가볍고 벌레 자국 같은 흔적이 있으며, 비구조용 경량골재와 단열재의 충진재로 사용함.

질석모르타르(蛭石-, vermiculite mortar) : 질석의 원석(原石)을 약 1,100℃에서 소성·팽창하여 만든 매우 가벼운 골재를 사용한 모르타르. 경량·방화·단열·흡음이 좋아 미장 마무리 재료로 많이 사용함.

질석벽지(蛭石壁紙, vermiculite wallpaper) : ①무기질 벽지의 일종. ②안대기 종이 위에 질석의 고운가루를 살포하여 접착시킨 벽지. ③종이는 크라프트지와 같은 질긴 종이를 사용하며, 질석은 대만산과 아프리카산을 주로 많이 사용함. ④주로 천장용으로 사용. 내화성이 우수함.

질석플라스터(蛭石-, vermiculite plaster) : 질석을 골재로 한 플라스터. 팽창한 질석에 석고 플라스터를 배합비 1 : 2~2.5로 혼합한 것.

질식소화(窒息消火) : 포말(formal)로 연소물을 감싸거나 불연성 기체·고체 등으로 연소물을 감싸 산소공급이 이루어지지 않게 하는 방법.

질적대비(質的對比) : ⇨채도대비(=).

질청(秩廳) : ①아전(衙前)들이 근무하는 육방(六房)의 집무소. ②작청·연청(=).

짐받이아치(discharging arch) : ①개구부 위에 두어 하중을 받게 되는 일반적인 아치. ② 거꾸로아치(⇔).

집기(什器) : ①일상생활에 사용되는 온갖 기구. ②고객이 상품을 선택하고 구매하기 쉽도록 종류별로 코디네이터하여 진열하는데 사용되는 것. 일반적으로 사용되는 행거의 폭은 남성용 750㎜, 여성용은 60㎜임. 매장의 위치에 따라 행거의 높이는 약간씩 차이는 있으나 보통 여성복 상의는 1,200~1,250㎜, 원피스와 코트류는 1,450~1,500㎜ 정도임. ㉠집기의 효과 ⓐ고객의 상품이 맞닿는 곳으로서 상품의 가치를 높이며, 매장의 이미지를 전달하는 매개체로서 판매원과 고객의 만남에 기능적인 역할을 함. ⓑ집기 자체가 연출의 역할을 하는 점내 환경 조성에 도움을 줌. ⓒ상품을 어떻게 보여 주는가 하는 상품연출을 도와주는 상품판매의 도구 역할을 함. ㉡집기 선택의 조건 ⓐ상품이 가지고 있는 값어치와 특성을 올바르게 표현하며, 구하려는 상품을 손쉽게 발견할 수 있어야 함. ⓑ사용방법은 상품을 중심으로 디스플레이, POP라고 하는 시각적 요소들이 유기적으로 잘 표현되는 것이라야 함. ⓒ고객의 감각을 리드할 수 있는 미래지향적인 감각을 가진 것이라야 함. ⓓ상품의 질과 양, 그리고 집기와의 이미지 균형이 잘 이루어져야 함. ㉢집기의 종류 ⓐ행거(hanger), ⓑ조립식 기구(joint system), ⓒ쇼 케이스(show case), ⓓ선반(shelf), 디스플레이 테이블(display table), 스테이지(stage), ⓔ웨어 스탠드(wear stand), ⓕ셔츠스탠드(shirts stand), ⓖT자형 스탠드(T-stand), ⓗ슬랙스 스탠드(slacks stand), ⓘ왜건(wagon) 등이 있음.

집단형 오피스(集團形-, group space office, grouping type office) : ①싱글 오피스의 일종. ②보통 7~8인의 그룹을 위한 실로 구성되며, 규모는 직제별 업무좌석의 필요면적·가구배치형식·단위그룹별 인원·작업종류 등에 의해 결정됨. ③⇨싱글 오피스.

집성목(集成木) : ⇨집성목재(=).

집성목재(集成木材, laminated veneer lumber, glue laminated timber, glue lam, LVL, I-beam) : 두께 15~30㎜의 널(panel)을 우수한 접착제(페놀수지 및 요소수지 등)를 사용하여 각 판재를 섬유평행방향으로 겹쳐 붙여서 만든 목재로서 목구조의 보·기둥·아치·트러스 등의 구조재료와 계단의 디딤판·노출된 서까래 및 가구 등에 장식용으로 쓰임. 특징은 접합에 의해 필요한 치수 및 형상을 가진 인공목재의 제조가 가능하고 균질한 조직의 인공목재의 제조가 가능하며 방부성·방충성·방화성이 높은 인공목재의 제조가 가능함. 또한 건조·균열 및 변형 등을 피할 수 있음.

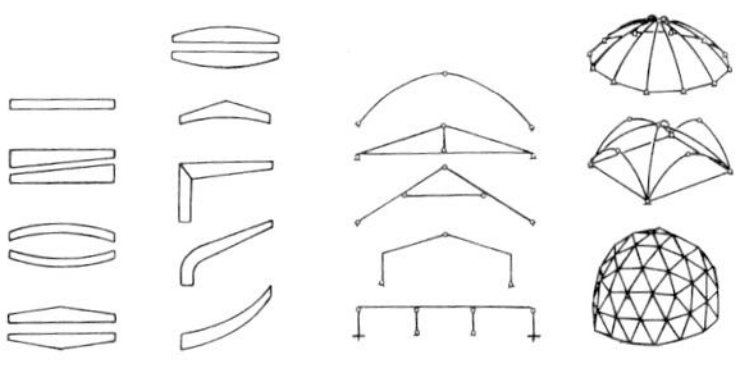

(a) 집성재의 형상 (b) 집성재 구조의 형상

집성재의 형상 및 구조형상

집섬보드(gypsum board) : ①압축된 석고판 위에 종이를 덧댄 보드. ②석고($CaSO_4 \cdot 2H_2O$)를 약 200℃로 가열하여 결정수를 탈수시킨 소석고(반수석고)가 주원료로 이것에 혼화제를 넣은 물로 반죽하여 강인한 보드용 원지 사이에 넣어 안정된 결정상태의 석고로 환원시켜 판상으로 제조한 제품. ③종류는 형상에 따라 평보드(square board)·테파드보드(tapard board)·에지보드(edge board)등으로 구분하고, 부위에 따라 성능·용도별 ㉠내부 마감용 ㉡내부 바탕용(바탕석고판·미장바탕석고판·타일 바탕석고판) ㉢외부바탕용 ㉣지붕용 ㉤방습용 ㉥방수용 ㉦흡음용 ㉧방화용(무기섬유강화석고판·불연석고적층판) ㉨외부처마반자용 ㉩치장용으로 구분함. ④일반적인 크기는 1,200×2,400×6·9·12㎜임. ⑤주로 실내·외 벽·천장 등의 바탕재료로 사용되고, 두께와 형태가 다양하여 사각형 또는 접합을 위해 유리 면치기처럼 가장자리가 얇아지는 것 등이 있음. ⑥일명 '석고판'이라고도 함.

집성목재(集成木材) : 양질 소형 각재를 접착하여 만든 각재.

집성블록(集成-, laminated block) : 3겹 이상의 얇은 목재판을 방수접착제로 결합시켜 만든 바닥판으로 시공의 편의를 위해 두 모서리에는 혀를 만들고 다른 두 모서리에는 홈을 파 놓았음.

집우새 : 솟을각 뒤쪽을 보강한 널빤지.

집점(集點, focusing) : 음환경의 의미로는 오목한 면으로부터 반사된 음파가 한 점으로 모이는 것을 말함. 초점(焦點)이라고도 함.

집정부양식(執政府樣式) : ⇨디렉토와르양식(=).

집중(集中, concentration, convergence) : ① 필요로 하는 공간에 밀도를 높이면서 어떤 모양이나 형태를 분배하는 방식. ②가까운 위치에 있는 점(사물)에 초점을 맞추기 위해 눈의 내부가 협동적으로 도는 것.

집중구조(集中構造, concentration structure) : 미리 정해진 점이나 선 혹은 면적 주위에서 이루어지는 집중모양이나 형태의 배열로 반형식적 구성.

집중조명(集中照明, flood light) : 건물이나 인물 및 상품 등을 드러나 보이게 하기 위해 여러 각도에서 강한 광선을 비추는 조명법.

집중하중(集中荷重, concentrated load) : 매우 협소한 지역 또는 지지구조재의 한 점에 작용하는 하중.

집중형 가구배치(集中形家具配置) : 그 방의 행동이나 목적이 명확한 식당·침실과 같은 공간에서 흔히 사용되는 가구배치형식으로 공간에서의 특정행위를 위주로 하여 그 공간 중심에 가구를 배치하는 방법. 따라서 집중형 가구배치 공간에서는 기대되는 행위가 원활하게 이루어질 수 있는 반면, 그 밖의 주택 내에서 이루어지는 다른 행위들은 수행하기 힘들어 공간의 융통성이 줄어들게 되어 실질적으로 더 넓은 주택이 됨.

집터 : ⇨건물지(=).

집합방식(集合方式, grouping of masses) : 건물 덩어리들을 한데 모아 건축군(建築群)을 만드는 여러 가지 방식. 건축군을 포도송이에 비유하여 'cluster'라고도 함.

집합주택[1)](集合住宅, multi family dwelling) : 2가구 이상의 단위 세대가 모여 있는 공동주택·연립주택·아파트·다세대주택 등을 말함.

집합주택[2)](集合住宅, congregate housing) : ①신체적으로 건강한 상태에 있는 고령자를 위하여 식사서비스가 부대(제공)되는 정도의 다소 집중적인 거주 지원 서비스를

ㅈ

갖춘 노인용 집합거주 형식. ②특징은 ㉠ 반드시 관리인이 상주함. ㉡비용은 개인부담이 원칙임. ㉢집합의 규모는 100~200호 정도임.

징두리널 : ⇨징두리판벽(=).

징두리테(dado rail, dado cap) : 징두리판벽과 상부 벽면을 구분하는 몰딩. 의자에 스쳐서 벽이 손상되는 것을 방지하므로 체어 레일(chair rail)이라고도 함.

징두리양판벽 : ⇨징두리판벽(=).

징두리판벽(-板壁, dado, waincoat, wain-coating) : ①실내공간 벽 아랫부분의 표면장식. ②벽의 하부에서 1,000~1,500㎜(평균 1,200㎜) 높이의 징두리에 판자를 붙인 벽. ③벽의 낮은 부분의 마무리를 상부 벽의 마무리와 다르게 하는 것을 말하고, 두 벽 마무리재에 구획을 붙이기 위해 테두리가 필요함. ④징두리벽선이나 수평방향의 띠는 벽 수직방향의 스케일감을 줄이고, 카펫과 같은 바닥재를 벽까지 높게 세우면 바닥이 커 보임. ⑤굽두리판벽·다도·요벽(=)·판벽.

징두리벽(-壁) : ⇨징두리판벽(=).

징크로메이트도료(-塗料, zincromate paint) : 크롬산아연을 안료로 하고 알키드 수지를 전색제로 한 것. 녹막이 효과가 좋고 알루미늄판이나 아연철판의 초벌용으로 가장 적합함.

짙은(deep) : 색채에서는 명도가 낮고 채도가 높은 저명도, 고채도를 말함.

짙은 남색(-藍) : ①관용색명으로 진한 파랑. ②먼셀기호 2PBS/4.

짙은 녹색(-綠色) : ①관용색명으로 짙은 녹색. ②먼셀기호 5G3/7.

짚여물 : ①흙에 짚을 섞은 여물. ②짚여물은 일제강점기 이후 우리나라에서 사용하기 시작함.

짜세움 : 나무를 짜서 세움.

짜임 : ①나무를 짜는 방법이나 짠자리. ② 바심한 나무들을 결구하는 일.

짜임새(fabric) : 연결된 부분들에 부여된 틀이나 구조.

짝창(coupled window) : 한 쌍으로 나란히 붙어 있는 창문.

짠마루 : ①큰 보(girder) 위에 작은 보(beam)를 걸고 그 위에 장선을 대고 마룻널을 깐 마루. ②간사이가 6.4m 이상일 때 쓰이고, 간격은 2.7~2.6m 정도로 함. ③조립식 마루틀(=).

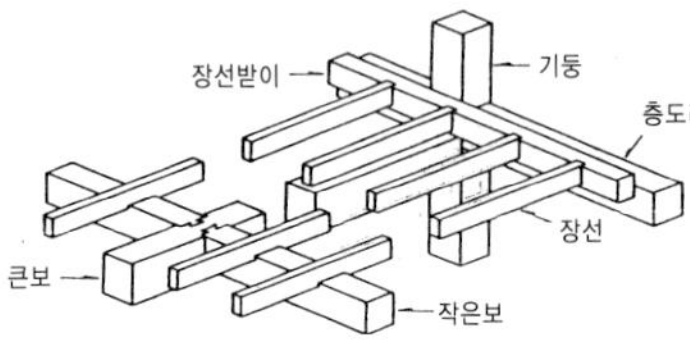

짠마루

짠마루틀 : ⇨짠마루(=).

짧은반장부맞춤(half blind mortise and tenon joint) : ⇨장부맞춤.

짧은장부맞춤(stub mortise and tenon joint) : ①숨은 장부구멍에 끼워 넣는 짧은 장부맞춤. ②맞추는 재의 반 또는 1/3 정도의 길이로 구멍을 파 넣은 장부맞춤. ③주로 샛기둥·동바리의 상하맞춤·기둥과 가로재 등에 사용함. ⇨반다지장부맞춤(=). 짧은장부.

짧은장부

짧은장여(-長欐) : 한국 목조건축의 지붕에서 도리가 하부의 부재에 얹혀질 때 하부의 부재를 중심으로 도리방향으로 짧게 내밀어 도리를 받쳐주는 장여. ⇨단장여(=).

짬 : ⇨짜임(=).

짬통 : 나무를 잇고, 붙이고, 맞추고, 끼우는 방법.

쪽구들 : ①바닥 전체에 온돌을 만들지 않고 한쪽 벽에 붙이거나 외줄로만 만든 구들. ②부여 능사 금당에서 발견됨. ③고구려 유적인 중국의 동대자 집자리에서도 발견됨.

쪽마루 : ①한, 두쪽의 넓은 널을 깔아 만든 좁은 툇마루. ②넓은 널 한쪽이나 두쪽으로 방 앞 바깥에 좁게 놓은 마루. ③일반적으로 폭 60㎜ 정도, 길이 240㎜ 정도로 제

재·가공한 것. ④신발을 신지 않고도 외부에서 방과 방들을 연결하는 간단한 시설이지만 출입의 편리성 때문에 근대 한옥에서도 적극적으로 사용됨. ⑤실마루·툇마루·눈썹마루(=).

쪽매(joint) : ①좁은 폭의 널을 옆으로 붙여 그 폭을 넓게 하는 것. ②좁은 판재를 평행하게 옆으로 이어 붙여 넓은 판재로 만드는 기법. 주로 마룻널이나 양판문의 양판제작에 사용됨. ③쪽매의 방법은 널 위에서 못 박는 것(맞댄쪽매·반턱쪽매·틈막이쪽매·오늬쪽매·양끝못맞댄쪽매·빗쪽매)과 널 옆에서 못 박는 것(제혀쪽매·딴혀쪽매) 등이 있음.

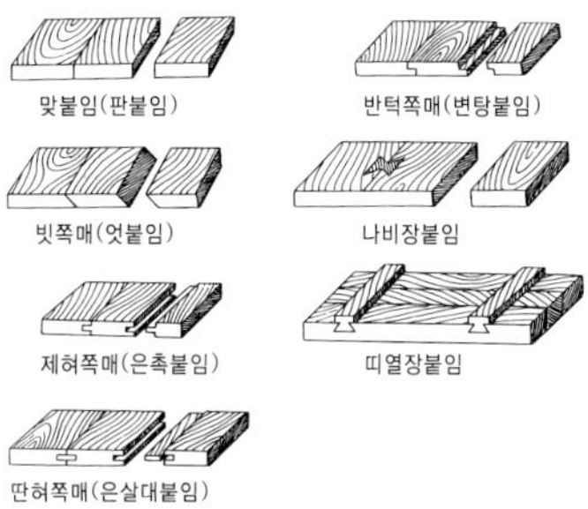

쪽매의 형태

쪽매널(wood mosaic, wooden mosaic, parquetry) : 작고 고운 널에 문양(pattern)을 내서 잘라 맞추어 바닥널 위 또는 콘크리트 모르타르 바닥에 가로·세로 또는 빗방향으로 붙여 깐 것을 말함. 나무는 주로 흑감나무·자단·흑단·밤나무 등의 흑색 계통과 벚나무·느티나무(괴목)·참나무·티크·마호가니·나왕 등의 갈색 계통의 것이 사용됨. 종류는 디자인에 따라 공장에 특별 주문하고, 쪽매판 또는 '쪽매널 붙이기'라고도 함.

쪽매널붙이기 : ⇨쪽매널.

쪽매널블록 : ⇨플로어링블록.

쪽매바닥 : ⇨블록플로어링.

쪽매붙임 : ⇨마키트리.

쪽매이음 : ⇨쪽매.

쪽매붙임기법(－技法, marquetry) : ⇨마키트리.

쪽매판 : ⇨쪽매널.

쪽소로 : 소로가 한 면으로만 된 반쪽소로.

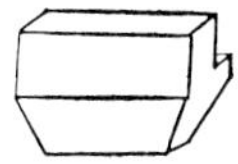

쪽소로

쪽판붙임 : 널판의 옆을 맞붙여서 널판을 넓게 하는 방법이나 그렇게 붙이는 자리.

쯔나미(津波, tsunami, tidal wave) : ①해저지진, 해저화산의 폭발, 슬라이딩, 해저 핵폭발 등에 의해 발생하는 장주기파. ②주로 해저 판(플레이트) 경계 주변에서 생기는 해저지진에 의한 것으로 해저지진에 의해 지반이 융기 혹은 침강하면 그 위의 해수면도 지반변위와 같이 변위하고 그 파도가 쯔나미가 되어 해안부로 전해짐. ③해일(≒).

【ㅊ】

차가운 색(−色, cool color) : ①시각적으로 차가운 느낌을 주는 색. ②색상환에서 청록(BG)·파랑(B)·청자(PB)의 계통에 해당하는 파장이 짧은 색으로, 보통 한색(寒色)이라고 함. ③한색(=).

차경(借景) : 외부의 경관을 건축 안으로 끌어들이는 방법. 주로 기복이 있는 지형에서 의식적으로 외부의 아름다운 경관이 개입되도록 하여 혼란스런 풍경을 여러 가지 방법으로 차단하는 세심한 시각적 안배.

차고(車庫, garage) : 주택의 일부로써, 자동차를 넣어두고 보관할 수 있도록 고안된 공간. 이 외에도 작업공간, 수납공간 등의 2차적인 목적으로 사용되며, 차고는 주택 건물의 일부분으로 연결되는 것이 일반적이지만 주택과 독립된 건물로 계획될 수도 있음. 차고의 크기는 차량의 크기와 수, 그리고 차고 내의 부대시설에 따라 다양함.

차광각(遮光角) : ①직접조명에 의한 광원을 차단하기 위한 각(角)으로 글레어(glare)의 감소효과, 매장의 수평면 조도분포, 수직면 조도(상품 앞면의 밝기 등), 조명기구의 효율 등을 종합적으로 고려한 밸런스 설계가 필요함. ②차광각을 결정할 때는 천장의 높이를 충분히 고려하여 조명기구의 차광각과 취부 간격을 정해야 함. ㉠차광각 15° 타입 ; 천장의 높이가 2.7m 정도인 상업공간의 베이스조명(base lighting) 기구로서 적당함. ㉡차광각 30° 타입 ; 천장의 높이가 2.7m 이상으로 높은 상업공간의 베이스 조명으로 적당하며, 차광각 30° 타입의 조명기구는 글레어 차단영역이 더 넓은 본격적인 안락한(comport) 조명기구이지만, 조명기구의 취부간격이 넓으면 수직면 조도가 낮아지므로 조명기구의 배치에 충분한 주의를 할 필요가 있음.

차광창(借光窓, borrowed light) : 한 공간에서 다른 공간으로 빛이 전해지도록 내부 칸막이벽에 설치된 창문형 개구부.

차광커튼(遮光−, shade curtain) : ①차광을 필요로 하는 호텔 등의 침실·병실·영사실 등에 이용되는 커튼. ②레이스 커튼·블라인드를 병용하여 사용. ③차광커튼의 직물에는 검정색 실을 중앙에 짜 넣은 삼중직과 천 안쪽에 은색 폴리우레탄 또는 아크릴 수지를 코팅 가공한 것이 있으며, 투과율은 50% 정도임.

차단기(遮斷器, circuit breaker, no fuse circuit breaker) : ①회로의 단락·과전류·과전압 등으로 인한 이상이 생겼을 때 전기회로의 일부 또는 전부를 자동적으로 차단하는 개폐기. ②이상 상태, 특히 단락(短絡, short circuit) 상태의 선로(線路)를 차단할 수 있는 장치를 말하며, 전기기기의 보호나 화재를 예방하는 데 필수적인 전기장치임. 보통은 부품의 교체 없이 선로(線路)를 복구할 수 있음. ③상시 부하전류의 개폐·회로의 단락·지락(地絡)·과전류 및 과전압 등 이상 상태를 각 계전기에 의하여 자동적으로 차단하는 장치. ④보통의 회로상태에서는 수동으로 회로를 개폐할 수 있고 단락 고장 등의 이상 상태에서는 회로를 자동 차단하도록 설계된 장치. ⑤고압 또는 특고압에서는 탱크형 유입차단기(OCB), 극소유입차단기(MOCB 또는 TCB), 진공차단기(VCB), 자기차단기(MBB) 등이 있음. ⑥탱크형 유입차단기, 극소유량차단기가 많이 쓰이며 저압에서는 기중차단기(ACB), 서킷 브레이크 등이 쓰임.

차단녹지(遮斷綠地) : ①도시의 토지 이용에 있어서 여러 가지 기능적 용도간의 마찰을 완화시키고자 기능이 접촉하는 지역 사이에 녹지대를 설치하는 것. ②공업지역과 주거지역 사이·고속도로·철도 연변지대 등에 설치.

차단적 구획(遮斷的 區劃) : 칸막이에 의해 내부공간을 수평·수직방향으로 구획하여 몇 개의 실을 만드는 것. ⇨차단적 분할(=).

차단적 벽체(遮斷的 壁體, interceptive wall) : ①눈높이보다 높아 시각적으로 완전히 차단되는 1,800㎜ 정도의 벽. 에워싼 느낌이 강하여 실의 성격이 갖는 공간이 형성되고, 프라이버시를 보호함. 또한 벽면의 전체 또는 일부를 투명한 유리로 처리하여 내부공간과 외부공간을 시각적으로 개방함으로써 내부공간의 연장과 확대에 따른 개방감과 외부공간의 실내 도입으로 실내공간의 분위기를 보다 활기차고 생동감 있게 변화를 줄 수 있음. ②종류는 상부의 고정하중을 지지하는 내력벽(耐力壁)과 벽 자체의 하중만을 지지하는 비내력벽(非耐力壁)으로 구분됨. 내력벽은 수직 압축력을 받는 구조체로서의 기능과 역할을 하며, 비내력벽은 벽 자체의 하중만을 지지하는 스크린이나 칸막이(partition) 역할만을 함.

차단적 분할(遮斷的 分割) : 물리적·시각적으로 공간의 폐쇄성을 갖도록 분할하는 것. 차단막을 구성하는 재료와 형태 및 높이에 따라 영향을 받게 됨. 특히 차단막의 높이가 눈높이인 1.5m 이상이면 바닥면의 연속성이 단절되어 동작이 차단될 뿐만 아니라 시각적인 차단도 가능함. 차단막에는 고정벽·이동벽·블라인드·수납장 등이 이용되며, 유리창은 물리적으로 차단되지만 시각적으로는 개방감이나 조절이 가능함.

차동식 감지기 : ⇨차동식 화재감지기(=).

차동식 스폿형 감지기(差動式-感知器) : 주위 온도가 일정한 온도 상승률 이상으로 올랐을 때 작동하는 감지기로 온도 차이에 따라 1종과 2종이 있음.

차동식 화재감지기(差動式火災感知器, differential active fire detector) : ①실내에서 공기온도의 상승률이 일정 값을 초과할 때 작동하는 화재감지기. 난방·취사 및 기상변화와 같이 보통의 온도변화, 즉 정상적으로 상승하는 온도에 작동함. ②국소(局所) 감열에 의하여 작동하는 스폿형(spot type : 공기식·열전대식·바이메탈식·모노메탈식)과 광범위한 감열의 누적에 의해 작동하는 분포형(spread type : 열전대식·공기관식)이 있음.

차면벽(遮面壁) : ⇨내외벽(=).

차양(遮陽, pent roof, pent house, lean to roof, eaves, hood, canopy) : ①건물에서 햇빛을 가리거나 비를 막으려고 처마 끝에 덧댄 시설. ②마키스(marquees)와 달리 건물에 완전 고정된 것이 아니라 상태를 변화시킬 수 있는 것. ③일반적으로 처마가 높고 처마 끝이 벽에서 적게 내밀 때 출입구나 창 등의 문꼴을 보호하기 위해 차양을 설치하며, 상점에서는 윈도의 반사를 방지하고 진열상품을 보호하며 궂은 날씨로부터 고객을 보호하는 등의 기능을 함. ④건물 외관에 색채와 디자인을 가미함으로써 미적 감각을 더해 주는 요소가 될 수 있음. ⑤차양은 계절적 디스플레이 또는 상점의 판매 촉진에 효과적으로 활용할 수 있으며, 차양의 사용 및 설치방법은 상점에 따라 창조적으로 개발될 여지를 남겨 둠. ⑥종류는 눈썹차양·수평차양·틈막이대널차양·엇깔기널차양 등이 있음.

차양계수(遮陽計數, shading coefficient) : 투명한 3㎜ 두께의 판유리와 비교한 특정 유리의 태양열 투과량 비율.

차양블라인드(遮陽-, awning blind) : 주로 쇼윈도에 설치되어 햇빛에 의한 상품의 변색 또는 눈부심을 방지하고, 우천시 고객의 발길을 멈추게 하는 효과를 누릴 수 있음.

차양장치(遮陽裝置, shading devices) : ①건축물의 실내·외에 부착 또는 설치하여 일사를 차단·조절하는 실내환경의 중요한 조절수단. ②종류는 내부 차양장치와 외부 차양장치가 있음. ㉠내부 차양장치는 외부 기후조건과 실내기온에 따라 실내에서 쉽게 작동해야 함. 베네치안 블라인드·휘장(draperies)·필름 쉐이드(film shades)·단열 셔터·불투명 블라인드(opaque roll blind) 등이 있음. ㉡외부 차양장치에는 선 스크린(sun screen)·블라인드(blind)·오닝(awnings)·지붕의 돌출장치 등이 있음. 이러한 장치들은 주기능 외에 부차적으로 에너지절약적 측면에서 효율적인 역할을 함.

차용기(茶容器, tea caddy) : 18세기에 마른 차를 담기 위해 목재·자기·별갑·백랍(pewter) 등으로 우아하고 정교하게 만든 용기. 자물쇠를 채우기도 하고 내부는 칸을 나누기도 하였음.

차원(次元, dimensions) : ①시각적인 면에서 하나의 단위를 구성하는 시각적 성질 혹은 분량·질감·색채·크기 등과 같은 시각적 특성을 말함. ②⇨요소.

차운꾼(車運－) : 수레로 짐 따위를 나르는 사람.

차음(遮音, sound isolation, sound insulation) : ①음원(音源)에서 발생된 음이 수음점(受音點)으로 전달되는 것을 방해하는 성질. ②한쪽 실에서 다른 쪽 실로 또는 건물의 외부에서 내부로 공기음과 고체음의 전달을 감소시키기 위해 고안된 건축재료의 사용과 시공 조립을 말함. ③실내건축에 있어서 차음은 공간을 나누는 천장·벽·바닥 등의 평면을 구성하는 단판 요소의 차음성능에 따라 다름. 단판의 투과손실은 판의 면밀도(단위면적당 질량)와 음의 주파수 사이에서 일정 관계를 유지함(질량측). 면밀도가 2배되면 투과손실도 거의 5dB 정도 커지며, 판의 면밀도가 클수록 또는 음의 주파수가 높을수록 차음성능은 우수함.

차음도(遮音度, noise reduction) : 밀폐된 공간 사이에 수음측 실의 흡음성과 분리벽의 차음성능에 의해 나타나는 음압레벨 차이. 단위는 데시벨(dB).

차음문(遮音門, sound insulation door) : 음의 투과를 감소시키기 위해 차음구조와 차음재료로 만든 문.

차음벽(遮音壁) : ①소음을 줄이기 위하여 특별히 설계된 벽. ②차음벽은 통기성이 없고 중량이 클수록 효과가 높음.

차음성능(遮音成能) : 인접된 두 실 간의 경계벽을 통하여 소음이 투과되고 전달되는 것을 막는 성능. 음원실(音源室)에서 경계벽에 입사한 소음은 벽을 진동시키며, 이것은 수음실(受音室) 안에서 음을 방사하게 만들고, 이때 수음실에 전달된 소리의 크기와 차음 정도는 주파수와 벽의 구조에 따라 다르며, 특히 경계벽의 단위 면적상 무게에 좌우됨. 실제로 모든 벽과 바닥판 구조는 고주파 수음보다 저주파 수음에 대하여 차단성능이 저하되고, 차음재의 차음성능은 투과손실(Transmission Loss : TL)을 사용하여 표시함.

$$\text{투과손실(TL)} = 10\log 10^{\frac{1}{\tau}}\ \text{(dB)},$$

여기서, τ는 투과율로서 입사음에 대한 투과음의 에너지비(%)이고, 투과손실은 음의 벽체에 부딪혀서 투과할 때 감소하는 에너지 dB수와 동일함.

차음재 : ⇨차음재료(＝).

차음재료(遮音材料, sound insulation materials, sound insulator) : ①차음성이 높은 재료, 즉 투과음이 적은 재료. 특히 차음재료는 음파를 차폐하는 벽체 재료 및 단면의 구조가 문제됨. 따라서 재질이 단단하고 무거운데 비하여 흡음재료는 다공질 또는 섬유질임. ②차음이 필요한 실에 대해서는 평면계획상 음원과 격리하는 것이 가장 바람직하지만 그밖에 개구부 면적을 가능한 작게 하고, 벽이나 천장 등에는 차음재를 사용함. ③복수의 재료를 복합하여 구성할 경우 총체적인 차음성능은 각 재료 성능의 합으로 나타나지 않으므로 조합 방법에 따라서는 차음성능이 저하되기도 함. 그러나 벽체 등에 무겁고 두꺼운 한 가지 재료만을 사용하는 것 보다는 중간에 공기층을 둔 이중벽 또는 서로 다른 재료를 겹친 합성벽이 더 유리함. ④콘크리트·철판·유리·석고보드 등 재질이 치밀하고 균질의 단일재료로 구성되는 단일벽체의 차음성능은 질량측에 의존하고, 코인시던스 효과에 의한 저하를 제외하고는 거의 재료의 면밀도에 따라 결정됨.

차이나캐비닛(China cabinet) : 전면과 양 측면이 유리로 되어 있는 전시용 캐비닛. 주로 중국의 자기수집품을 전시하기 위해 사용되었고, 진귀한 동양 자기의 수집이 유행했던 17세기 후반과 18세기 초에 유행했던 가구.

차이나클레이(China clay) : 중국산 카올린.

차이나테이블(China table) : 18세기에 차나 가벼운 음식을 내놓는데 사용되었던 작은 격자로 만들어진 장식 테두리가 있는 작은 탁자.

차이니즈래커(Chinese lacquer) : 아시안 슈막(Asian sumac, 옻나무의 일종)으로부터 추출한 천연바니시(varnish). 목재의 표면을 광택내는데 사용.

차이니즈 레드(Chinese red) : 진홍색(scarlet).

차이니즈박스(Chinese boxes) : 크기에 따라 차례차례 꼭 끼게 만든 상자.

차이니즈카피(Chinese copy) : 완전한 모조(품).

차이니즈화이트(Chinese white) : ①백색 그림물감의 일종. ②아연화(亞鉛華). ③징크화이트(zinc white)

차이티야(chaitya) : 언덕 위의 바위를 깍아 건축한 인도의 불교사원. 한쪽 끝에 사리탑이 있으며, 측랑을 가진 옛 로마교회당 형태임.

차척(差尺) : 책상과 의자의 높이차. 작업용 책상인 경우 차척은 평균 27~30㎝이고, 사무용 의자의 높이는 신장의 1/4이 최적이라는 이론이 있음.

차콜그레이(charcoal gray) : ①목탄과 같은 회색. 흑색에 가까운 회색. 어두운 회색(dark gray). 관용색명으로 어두운 회보라. ②먼셀기호 5.0P3.0/1.0.

차탁자(茶卓子, tea table) : 18세기에 차나 가벼운 음식을 내놓는데 사용되었던 작은 탁자. 용기 및 음식이 미끄러져 떨어지는 것을 방지하기 위해 상판 둘레에는 뇌문(雷紋, fretwork)의 장식 테두리가 부착됨. 오늘날에는 거실에 놓여진 다용도의 낮은 탁자를 총칭하며, 주로 소파 앞에 배치됨.

차통(茶筒, tea caddy) : 나무·도자기·자기·납·은으로 만들어진 우아한 디자인의 찻장(a tea chest).

차폐벽(遮蔽壁) : ⇨내외벽(=).

차폐콘크리트(遮蔽-, radiation shielding concrete) : ⇨중량콘크리트(=).

차포이(charpoy) : 인도의 대나무로 만든 간이침대.

착(鑿, chisel) : ①나무에 구멍을 파거나 다듬는데 쓰이는 폭이 좁고 긴 네모난 연장. ②청동기시대에는 돌과 청동제의 끌이 만들어지나 철기시대 이후에는 쇠로 만들어 사용하였음. ③끌(=).

착각(錯覺, illusion) : 사물에 대한 그릇된 지각을 하는 경우. 착각에는 자극을 받는 사람과 무관하게 객관적인 상태에서 오는 착각(보통 착시라고 함)과 지각하는 사람의 경험 또는 감정적 태도에서 오는 착각, 파레이돌리(parreidolie) 착각 등이 있음. ⇨착시.

착고(着固, 着高) : ①처마도리 상부에서 서까래 사이에 생긴 틈새. 또는 기와집 용마루의 하단에서 서로 접하는 기와 사이에 생기는 틈새를 말함. ②기왓골에 맞추어 수키와를 다듬어 옆세워 댄 기와. ③착고를 막기 위해 사용하는 기와. ④적새 밑의 기왓골을 막는 수키와. ⑤기와를 지붕에 이을 때 맨 위의 연결 부분에는 공간이 생기게 되고 이를 막기 위해 착고라는 기와를 사용함. ⑥착고는 수키와가 굳기 전에 생와(生瓦) 양쪽 끝과 옆면을 잘라 만듦.

⑦기와 마루 밑을 막는 기와. ⑧지붕마루 기왓골 위 끝을 막아 대는 기와. ⑨적새 밑의 기왓골을 막는 수키와. ⑩기왓골을 막으려고 적새 밑에 놓는 수키와. ⑪높이가 낮고 너비가 짧은 빈 곳에 끼어 댄 널 또는 그 자리(부연차고·마루차고 등). ⑫지붕마루(=)·착고기와(=).

착고기와(着固-) : ⇨착고.

착고막이(着固-) : ①기와집 용마루의 양쪽으로 끼우는 수키왓장. ②차꼬막이(=).

착고와(着固瓦) : ⇨착고(=).

착고판(着高板) : ⇨당골판(=)·부연착고(=)·부연간판(=).

착공(着工, commencement of work) : 공사의 시작 및 착수를 말함. 인테리어공사는 현장에서 이때 착수계(着手計)를 제출함.

착색(着色, stain) : ①목재에 색을 입히는 것. ②목재의 투명도장시 목재 고유의 색을 원하는 색으로 입히는 것. ③방법은 생지착색(목재의 생지를 착색하는 방법)과 도막착색(눈메꿈 또는 중도가 끝난 면에 착색하는 방법)으로 구분함. ④목적은 나뭇결을 나타내고 목재를 미화함과 동시에 보호하여 내구성을 증가시키고자 하는 것. ⑤방법은 용재의 종류에 따라 수성 스테인, 스프리트 스테인, 기름 스테인, 바니시 스테인으로 구분함. ⑥목재의 착색방법에는 나뭇결착색, 줄눈착색, 도막착색 등이 있음. ⑦착색제의 구비조건은 내광성·투명성·작업성·염착성이 양호하고, 블리딩(bleeding)이 없을 것, 착색에 무리가 없고 균일하게 착색될 것, 상도도장에 대한 장해가 없을 것 등.

착색강화유리(着色强化琉璃, stain tempered glass) : 마판유리(磨板琉璃)를 원판으로 하여 유리보다 융점이 낮은 세라믹 컬러(ceramics color)를 도포(塗布)하고, 열처리하여 융착시킨 불투명한 강화유리를 말함. 일반적으로 커튼월(curtain wall)의 스팬드럴(spandrel)·벽·테이블·가구 등에 사용.

착색아연도강판(着色亞鉛鍍鋼板, pre-coated galvanized steel sheet) : 아연도 강판에 착색도장한 강판으로서, 지붕과 외벽재 등에 사용됨. 종류는 개식성에 따라 1급(SBG-1), 2급(SBG-2)으로 구분하고, 형상에 따라 평판과 골판으로 구분.

착색안료(着色顔料) : ①도료에 착색이나 은폐력의 기능을 더할 목적으로 사용되는 안료. ②물·기름·용제에 녹지 않고 햇볕에 견디는 색을 갖는 분말. ③종류는 무기안료(티탄·납·철·동·크롬 등의 금속화학물이 있고, 석유 또는 천연가스를 불완전 연소시켜 만든 카본블랙도 포함)와 유기안료(염료를 물이나 용제에 녹지 않는 금속화합물의 형으로 한 것과 체질안료를 염료로 염색하여 물과 용제에 녹지 않도록 한 것도 있음)로 대별됨.

착색유리(着色琉璃, stained glass, tinted glass) : 색유리를 쓰거나 색을 칠하여 무늬 및 그림을 나타낸 판유리. 보통 '스테인드글라스' 또는 '틴티드글라스'라고 함. 각종 색유리의 작은 조각을 도안에 맞춰 절단하여 조립하고, 그 접합부를 H자형 단면의 납제(鉛製) 틀로 끼워 맞추어서 모양을 낸 것으로 교회의 창, 기타 장식용으로 쓰임.

착색제[1](着色劑, coloring agent, coloring admixture) : 콘크리트나 모르타르에 넣어 착색하고 싶을 때 시멘트와 혼합해서 사용하는 미분말의 안료나 염료. 무엇보다도 물이나 알칼리 및 일광(日光)에 의해 변색하지 않고 시멘트 경화에 끼치는 영향이 적어야 함. 안료는 무기질이고 제이산화철(빨강)·크롬산바륨(노랑)·군청(郡青 ; 파랑)·산화크롬(초록)·이산화망간(갈색)·카본블랙(carbon black, 검정) 등이며, 염료는 유기질계로 푸탈시아닌 블루(futalcyannin blue)가 대표적임.

착색제[2](着色濟, oil stain) : ①거친 것이 없는 목재 표면에 침투시켜 착색하는 염료(染料, dye)의 용제(溶濟)나 색소의 액체. 일반적으로 스테인으로 착색시키고,

그 위에 바니시나 투명도료로 마감함. ② 안료를 물이나 기름 또는 다른 용제에 녹여 목재 및 섬유 등에 색을 입히는 작업. 특히 가구 제작시 마감작업의 일부로 광범위하게 사용됨. ③특징은 ㉠나무무늬 결의 미려함을 강조함. ㉡나무의 노령화를 막아 줌. ㉢자외선 차단제를 더욱 강화시킴. ㉣방수효과를 더욱 높여 줌. ㉤밟고 다니는 부분에 저항력이 있는 제품. ㉥나무속으로 깊이 침투함. ㉦곰팡이의 성장을 막아 줌.

착수금(着手金, down payment) : 제품을 주문할 때 전체 판매가격 중 일부를 지불하는 것.

착시(錯視, optical illusion, illusion) : ①대상이 물리적 실제와는 다르게 지각되어지는 것을 대표하는 지각적 자극. ②지각의 항상성과 반대되는 현상으로 눈이 받는 자극의 지각이 여러 조건에 따라 다르게 보이는 현상으로서, 착각 중에서 주로 피지극자와는 상관없이 객관적인 상태에 놓여져 있는 어떤 기하학적 도형이 실측한 객관적 크기 및 형과 다르게 지각되는 현상-기하학적 착시-을 말함. 착시의 종류에는 길이의 착시·사선의 착시·각도의 착시·방향의 착시(만곡의 착시)·면적의 착시·역리도형(逆理圖形)·경험의 착시·형태의 착시·동심원 착시·달의 착시·운동의 착시·분할의 착시·기울기의 착시 등이 있음. ㉠길이의 착시 : ⓐ길이의 지각은 그 양단의 부가물의 형에 의하여 좌우됨. 따라서 화살표가 밖으로 향한 선분(線分)쪽이 안으로 향한 선분의 길이보다 길게 보이는 현상 및 원형 직경과 그 사이의 간격이 동일해도 직경 쪽이 짧게 느껴짐. 또한 수평의 길이가 모두 동일하지만 아래로 내려갈수록 길게 보이는 형상은 같은 길이의 선분도 구조 주위의 부가(附加)에 따라 서로 다르게 인식되는 것. ⓑ수직선의 형태가 수평선보다 길게 인식되고, 같은 길이의 선분이라도 세로가 가로보다 길게 보임. 이러한 현상은 인간의 눈이 가로로는 움직이기 쉽지만 세로로 움직이는 것은 힘들기 때문임. ⓒ중간 매개물이 있는 쪽이 없는 쪽보다 길게 보이고, 일정한 같은 길이가 여러 선분(線分)으로 분할되면 길게 보이는 현상. ㉡방향의 착시 : 삼각도형을 보는 시각은 날카로운 방향성이 강하고, 그 반대의 현상으로 과대 및 과소로 지각됨. ㉢면적의 착시 : 밝은 것은 크게, 어두운 것은 작게 느껴짐. 이러한 현상은 주위의 밝은 색이 어두운 색을 압도하기 때문임. ㉣경험의 착시 : 경험에 의해서 생기는 착시는 경험의 정도와 사람에 따라 다르게 나타남.

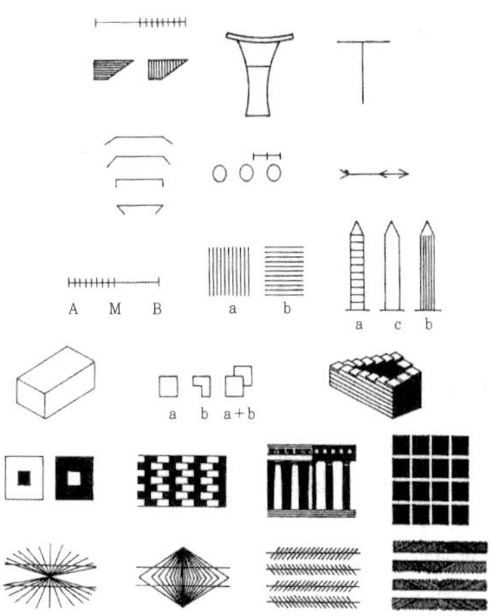

착시현상

착시교정(錯視矯正) : 인간의 망막에 투영된 영상이 실제와 다르게 착각을 일으키는 경우, 이를 미리 오차만큼 수정하는 것. 예컨대 그리스 신전 건축의 기둥 엔타시스 및 스타일로베이트(Stylobate), 한국 고건축 기둥의 배흘림 등.

착시현상(錯視現狀) : ⇨착시.

착화점(着火點) : 목재 자체에 착화하는 온도인 260℃.

찬간(饌間) : ⇨찬방·참방·반빗간(=).

찬마루 : ①부엌에 붙여 두는 찬방. ②보통 마루방이나 온돌방임.

찬모방(饌母房) : ⇨참방(=).

찬방(饌房) : ①음식을 준비하고 저장하는 마룻바닥이나 온돌바닥으로 이루어진 공간. ②참방(=).

찬비(饌備) : ⇨참방(=).

찬장(饌欌, cupboard) : ①그릇과 음식을 보관하는 2, 3층으로 된 주방장. ②놋그릇·사기그릇 등의 하중을 받기 위해 튼튼하게 짜여졌음. ③컵이나 접시 등 집안에서 쓰는 물건들을 넣어두기 위한 내부에 선반이 있으며, 문이 달린 상자형 가구. ④중세에는 3단의 선반만 있는 코트 찬장(court cup board) 형태였으나, 15세기 후반 선반의 전면에 문이 달린 것이 소개되기 시작했고, 16세기 후반에 와서 문이 달린 프레스 찬장(press cupboard)이 널리 사용되었음.

찬탁(饌卓) : ①그릇과 음식을 얹기 위한 2, 3층으로 된 탁자장 형태의 주방가구. ②사기나 놋쇠 등 무거운 그릇을 얹어도 튼튼하도록 기둥과 쇠목 등이 굵은 것이 특징임.

찬합(饌盒) : 윗면에 고리가 달려 있어 휴대할 수 있게 되어 있는 야외용 반찬그릇.

찰간지주(刹竿支柱) : ⇨당간지주(=).

찰스2세의자(-世 椅子, Chalse Ⅱ chair, Restoration chair) : ①영국 왕정복고시대의 바로크 소용돌이 장식과 꽃무늬로 정교하게 조각된 상부 가로대(crest rail)와 전면 다리버팀대가 있는 높은 등받이의자. ②버팀대는 다리나 세로대와 같이 목선반가공 되어 있고, 좌판과 등받이를 구성하는 패널은 케인(cane) 또는 직물로 씌워짐. 흔히 상부 가로대에 왕관이 조각된 것을 볼 수 있음. ③왕정복고의자(=).

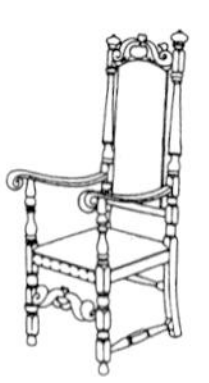

찰스2세의자

찰쌓기(wet bond) : ①석축(石築)쌓기법의 일종. ②모르타르를 써서 쌓고, 뒤에도 모르타르 또는 콘크리트로 사춤함. ③사춤쌓기(=)·메쌓기(⇔).

찰주(刹柱, 擦柱, support of the stupa finial) : ①불탑 내부 중심에 세운 기둥. ②심주·옥심주(=).

참가 · 체험형 전시(參加體驗型展示) : ①작동전시의 발전된 형태. ②특징은 ㉠관람객의 오감을 통한 직접체험으로 효과를 극대화시킬 수 있음. ㉡관람객의 흥미 유발 및 전시물에 대한 이해 촉진.

참고선(參考線, leader) : 참고점·선이나 영역까지의 표기 및 치수로부터 시선을 집중시키기 위한 짧은 선.

참고시방서(參考施方書, reference specification) : ASTM(American Society for Testing and Materials)기준과 같은 확립된 기준을 이용하도록 하는 시방서.

참나무(oak) : ⇨오크(=).

참나무시대(-時代, oak period) : 영국 르네상스시대를 일컬음. 영국의 가구에 대한 시대구분은 가구에 사용된 목재의 종류에 따라 구분하기도 하는데, 르네상스시대에 사용된 나무가 참나무이므로 붙여진 별칭임.

참밥 : 일을 하다가 참에 먹는 밥.

참방(-房) : ①마루방 또는 온돌방으로 음식을 준비하고 저장하는 곳. ②보통 부엌의 아궁이 맞은쪽에 배치함. ③가구는 찬을 보관하는 찬탁(饌卓), 식기를 보관하는 식탁(食卓), 쌀을 보관하는 뒤주, 크고 작은 소반 등이 비치됨.

참사회(參師會, chapter) : 수도원에서 수도승들의 집회나 교회 내의 교단 모임.

참사회관(參師會館, chapter house) : 성당의 참사회관 또는 수도승이 모이는 장소로서 보통 성당이나 부속건물을 말함.

참여전시(參與展示) : 관람자가 전시에 직접 참여하는 전시로 관람자가 '실물을 직접 확인하고 싶다'는 욕구를 충족시킴으로써 가장 큰 전시효과를 얻는 전시방법. 관람의 시각·청각·후각·촉각 등의 지각체험을 통해, 즉 전시대상을 손으로 만져보거나 작동시키고 실험에 참가함. 관람자는 전시 의도에 의해 주어진 문제나 상황에 직접 부딪쳐 문제를 발견·해결하거나 체험함으로써 관람의 기쁨을 얻을 뿐만 아니라 전시를 보다 잘 이해할 수 있음.

참오동나무(梧, Royal paulownia, Paulownia

tomentosa, Uyeki[학]) : ①중부 온대지방, 중국, 일본 등지에 자생. ②재색은 심·변재 모두 담홍백색으로 구분이 되지 않으나 연륜은 구분이 명확함. 환공재(環孔材)로 목리는 통직하고 나무갗은 거칠고 결이 고움. 접선방향 6.9%로 매우 적으며, 강도는 압축강도 240kg/㎠, 휨강도 390kg/㎠, 인장강도 600kg/㎠, 전단강도 60kg/㎠로 매우 약함. 경도는 낮음. 절삭가공·도장성은 보통. 접착성은 양호하나 포삭성(鉋削性)은 불량. 건조속도가 빠르고 흡습성이 적으며 내열성이 큼. 표면마무리가 양호하고 무늬가 아름다움. ③건축내장·건구·가구 등에 사용.

참외형 돔(-形-, melon dome) : ①참외 형태의 리브(rib)로 구성된 돔. 주로 이슬람 건축에서 사용됨. ②우산형 돔(=).

참외형 발(-形-, melon foot) : 양파형 발(onion foot)에 규칙적으로 수지골을 판 참외형태의 가구 발을 말함.

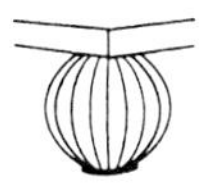
참외형 발

참외형 선반가공재(-形 旋盤加工材, melon bulb turning) : 구근형태에 세로줄무늬가 있는 참외와 유사한 형태의 선반가공부재를 말함. 튜더(Tudor)양식과 자코비안(Jacobean)양식 가구에 특히 애용됨.

참외형 장식(-形 裝飾, melon bulb) : 영국의 엘리자베스 여왕시대와 자코비안(Ja-cobean)시대에 사용되었던 참외형태의 장식. 특히 테이블 다리와 침대 모서리 기둥(bedpost)의 중간에 사용되었음.

참외형 장식

참조(參照, confer) : ①도면상 표기법의 하나. ②보다 더 자세한 내용을 찾아볼 수 있도록 특정한 부분을 지적하는 도면상의 용어.

참조시방서(參照示訪書, reference specifi-cation) : 자재나 구성요소에 요구되는 특성과 품질 및 효율을 확인하기 위해 요구되는 시험방법·측정방법 등을 지정하기 위해 표준시방서를 참조하는 형식으로 작성하는 시방서.

참죽나무 : ⇨참중나무(=).

참중나무(香椿, 眞僧木, 香椿樹 Chinese toon, Chinese Cedrela, Chinese mahogany, Shaggy-barked tree, Cedrela sinensis A. Juss.[학]) : ①멀구슬나무과(Meliaceae)로 중국 원산으로 전국, 중남부 전역에 분포. ②변재는 좁으며 노란줄무늬가 있는 갈색, 심재는 홍색줄무늬가 있는 농적갈색으로 심·변재 구분이 뚜렷하고 연륜도 매우 뚜렷함. 환공재(環孔材)로 나무갗은 거칠고 결은 고우며 독특한 광택이 있음. 기건비중 0.53이며, 강도는 압축강도 420kg/㎠, 인장강도 520kg/㎠로 보통. 충격휨 흡수에너지는 보통이고, 경도는 낮음. 수축성과 흡수성은 작아 내후·보존성이 높고 특히 습기에 강함. 절삭가공이 용이하고 건조성은 보통이고 대패가공은 불량이며, 휨가공성은 양호함. 접착성은 보통이고, 도장성은 양호함. 표면 마무리도 양호하며 재면 광택이 있음. 합판제조적성과 파티클보드제조적성은 보통이고, 섬유판제조적성은 불량함. 시멘트경화성은 불량하고, 내후성은 양호하며, 목탄제조적성은 양호하나 펄프화 적성은 보통임. ③화장단판·가구·건축(건구·내장·마루판)·조각·고급장식·기구·불교용품 등으로 사용함.

참판댁(參判宅) : ①중요민속자료 195호, 조선후기 창건. ②참판댁은 마을 중심부에서 동쪽편에 위치하며 담을 사이에 두고 뒤쪽의 큰댁과 앞쪽의 작은댁으로 나뉨. ③큰댁은 조선말 규장각 직학사(直學士)와 참판을 지낸 이정열(李貞烈) 공이 고종 황제로부터 받은 하사금으로 지었다고 함. ④큰집과 작은집은 각각 행랑채와 사랑채·안채·곳간·가묘를 갖추고 있는 배치구성에서 각기 독립된 집임. 큰댁은 튼ㅁ자집. 외각의 돌각담은 문간채 전면에 둘러지고 대문앞은 좁은 골목길에 마을길과 이어짐. 작은댁은 큰댁과 구조적으로 문간채와 사랑채가 초가로 된 것이 다를 뿐임. 또한 앞쪽의 사랑채와 문간채, 뒤쪽의 안채와 곳간 사이에 담으로 구분하여 유학적 덕목인 남녀유별을 공감적으로 표현함. ⑤특징은 중문에서 안채 대청이 곧바로 보이지 않도록 가림벽을 둠. 뒷마당 장독에 낮은 담을 둘러서 들짐승의 출입을 막음. 사랑채 대청이 집 몸채에 비해 좁은 것을 보완하기 위해 대청 후면 장판문 위로 벽장을 내달아 사용. 솟을대문이 매우 높아 집주인의 위엄을 상징하는 듯함. ⑥외부공간은 크게 사랑마당을 중심으로 사랑채와 행랑채를 담으로 감싸는 남성공간(밖)과 안마당을 중심으로 작은댁은 큰댁과 구조적으로 문간채와 사랑채가 초가로 된 것이 다를 뿐임. 또한 앞쪽의 사랑채와 문간채, 뒤쪽의 안채와 곳간 사이에 담으로 구분하여 유학적 덕목인 남녀유별을 공감적으로 표현함. 안채가 배치되는 여성공간(안)으로 엄격하게 구분함.

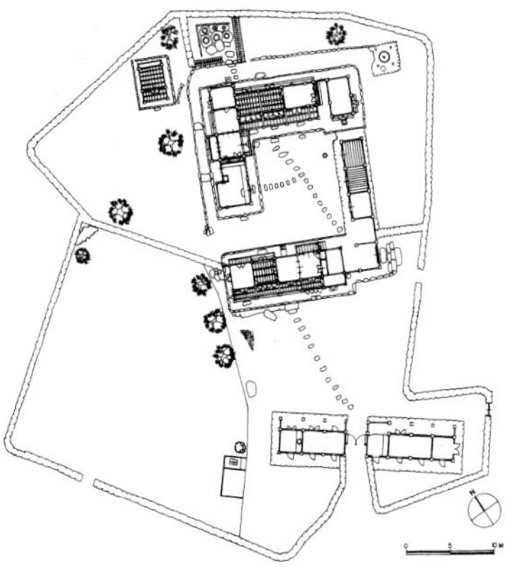

참판댁 도면 1

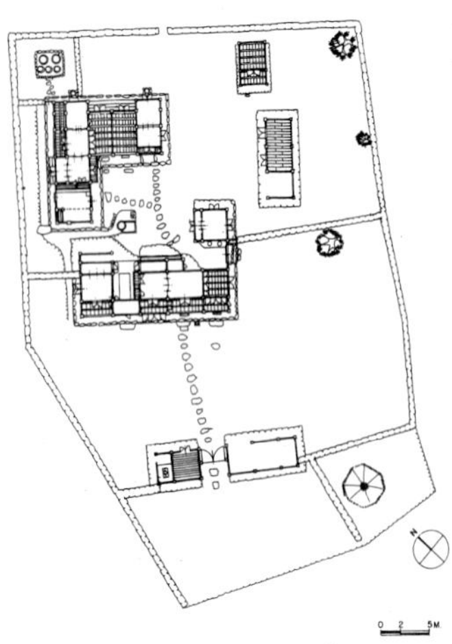

참판댁 도면 2

참피나무(bass wood, Tilia amurensis var glabra[학]) : ①피나무과의 낙엽활엽교목. 키는 18m, 직경 60㎝ 정도 자라고, 산중턱이나 골짜기에서 자라며, 경남·강원·황해도·일본 및 북미와 캐나다에 분포. ②변재는 담갈색·홍색을 띤 백색이고, 비중은 0.45이며, 재질은 가볍고 무르며 치밀하고 나뭇결이 곧고 광택이 없음. 또한 쉽게 뒤틀리지 않으며 적당한 강도를 지니고 있고 베니어 패널의 심재와 교차밴딩(cross banding)으로 널리 사용.

창(窓, window) : ⇨창문(=).

창개폐조정기(窓開閉調整器, sash adjuster) : 여닫이창의 창짝 하부와 밑틀에 달아 창짝이 바람에 의해 열리고 닫히는 것을 방지하기 위하여 창을 열어 고정시키는 장치.

창내기(窓−, fenestration) : ⇨창문내기(=).

창대(窓臺, window sill) : 창 상부에는 아치를 틀거나 인방보를 두고 창 밑에는 돌

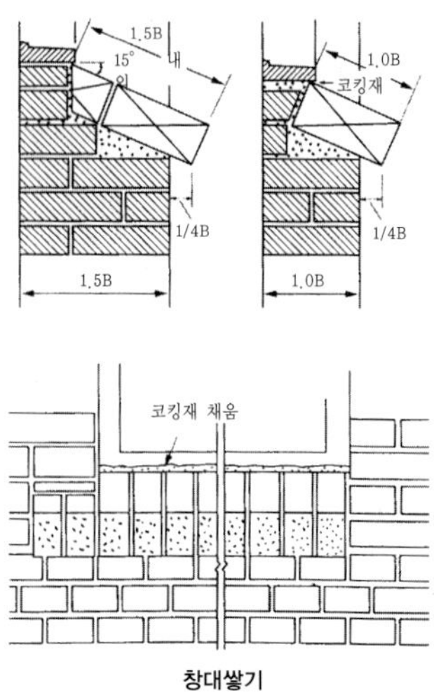

창대쌓기

또는 벽돌을 옆세워 쌓거나 철근콘크리트 보를 설치하거나 모르타르로 발라 만든 것. 창대의 윗면은 경사지게 해서 물흘림(weathering)을 두거나 그 끝 아래에는 물끊기(throating) 홈을 파서 물이 벽에 흘러내리지 않도록 함. 특히 창문틀과 창대의 접합부는 빗물이 스며들지 않는 구조로 하거나 코킹 컴파운드(caulking compound) 등으로 채워 넣어 마무리함.

창대돌(窓臺石, window sill stone) : 창 밑에 대어 빗물처리 겸 장식용으로 설치하는 돌. 윗면은 물흘림(weathering)으로 경사를 두고, 그 끝 밑에는 물끊기(throating) 홈을 파서 빗물이 벽에 흐르지 않게 함.

창대블록(窓臺-, window sill block) : 문틀에 맞추어지고 물흘림, 물끊기가 달린 이형(異形) 블록.

창대쌓기(窓臺-, window sill) : ⇨창대(=).

창름(倉廩) : ⇨곳집(=).

창면적비(窓面積比, window area ratio) : ①거실의 바닥면적에 대한 창문면적의 비. ②채광(1/10)이나 환기(1/20)의 목적을 위한 최소한의 법적 규정.

창문(窓門, window) : ①프레임·유리 및 개폐 가능한 요소 등의 조립으로 고정되어 빛과 공기가 통할 수 있는 보통 유리를 끼운 외부의 벽개구부. ②개폐 가능한 창문들은 그들이 작동되는 방식에 따라 여닫이창·미세기창·미닫이창·오르내리창·회전창·미늘창 등이 있음. 우리나라 전통건축에서의 창은 기능과 용도에 따라, 위치(높이)에 따라, 창살에 따라, 모양에 따라, 개폐방법에 따라 봉창·화창·광창·교창·눈곱재기창·살창·갑창 등 매우 다양함. ③창의 현휘(眩輝)를 조절하는 방법 : ㉠일시적인 장치 ; 사용자가 간단히 조절 가능한커튼·블라인드 장치·루버, ㉡영구적인 장치 ; 돌출차양·오닝(awning)·깊이 후퇴한 창, ㉢기타 장치 ; 실내반사율을 증가시키고, 스프레이창은 대비를 감소시킴. 스프레이·창대·멀리온 등은 과다한 대비를 방지하기 위해 밝은 색으로 권하고, 실내의 조명과 눈의 순응능력을 높이기 위해 인방을 낮게 함. 창을 청결하게 함으로써 창 주위의 조도(照度)를 증가시킴.

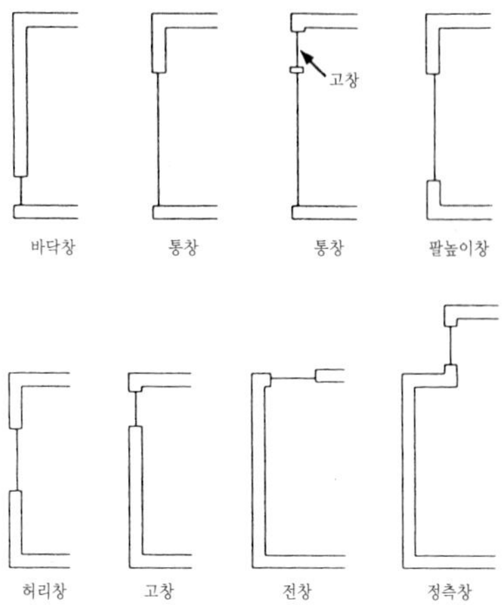

창문과 벽의 관계(窓門-壁-關係) : 각층의 대린벽으로 구획된 벽의 문꼴 너비 합계는 그 벽길이의 1/2 이하로 해야 하며, 각층의 문꼴 너비 총 합계는 그 층의 벽길이 총 합계의 1/3 이하로 하고, 벽에 균등하게 배치하는 것이 좋음. 하나의 문꼴과 그 직상에 있는 문꼴과의 수직거리는 600㎜ 이상으로 함. 또 문꼴 상호간, 문꼴과 대린벽 중심과의 수평거리는 그 벽두께의 2배 이상으로 함.

창문내기(窓門-, fenestration) : 건축물에 있는 창문들의 디자인과 배치. 구멍들의 수·모양·배치상태는 파사드의 특징을 결정함. 만일 개구부가 상대적으로 작으면 형태는 육중해 보이고, 개구부가 크면 구조물이 더 가볍게 보임.

창문맨틀(窓門-, window mantel) : 드레이퍼리(drapery)나 커튼 상부의 주름진 부분을 장식하기 위해 상단 위에 덧대는 돌림띠. 밸런스(valance)와 유사한 기능을 갖지만 밸런스가 직물을 이용하여 다양한 형태로 제작되는 것에 비해 창문 맨틀은 목재와 직물이 결합되어 만들어짐.

창문배열(窓門配列, fenestration) : 건물의 정면에서 보이는 개구부의 상대적인 비례를 고려한 창문 배열.

창문벽(窓門壁, window wall) : 고정창과 개폐 가능한 창이 혼합되도록 수직 창틀과 수평 창틀을 조합한 비내력벽.

창문새시(窓門-, window sash) : 창유리를 끼우는 틀. 보통 '새시'라고 함.

창문이용광고물(窓門利用廣告物) : ①옥외광고물의 일종. ②천·종이 또는 비닐 등에 문의 도형 등을 표시하여 창문에 부착하는 광고물.

창문처리(窓門處理, window treatment) : 창문에 차양·셔터·커튼 등을 이용하여 기능적이며 장식적으로 처리하는 것. 햇빛과 광량조절·태양열 제한·열손실 방지·거주자의 사생활보호 등이 목적임.

창문턱(窓門-, sill) : 빗물의 배수를 위해 창문의 아랫부분을 따로 두고 경사지게 하여 벽 아래에 걸쳐놓은 창문이나 문 개구부의 아랫부분에 놓인 외부의 수평적 구조재. 그러나 일반적으로는 문이나 창문의 틀(frame) 중 하부 틀을 말하고, 특히 문인 경우에는 '문지방'이라고 함.

창밑틀(窓-, window sill) : ①창문틀(window frame)에서 창문의 새시(sash)를 받치는 수평부재. 이는 돌이나 벽돌을 눕혀 쌓거나 모르타르를 발라 만든 단 위에 얹히며, 단의 윗면은 보통 경사지게 하여 물흘림을 좋게 하고, 밑부분은 물끊기 홈을 팜. ②창문틀의 맞춤은 맞대기·턱솔넣기·큰연귀·반연귀·사개연귀·턱솔넣은 반연귀·숨은 주먹장 등으로 함. ③창문틀 세워대기는 먼저세우기와 나중세우기가 있고, 창문틀을 세우지 않는 것이 있음. 먼저세우기는 창문틀 옆의 벽돌을 쌓기 전에 창문틀을 먼저 정확한 위치에 견고히 세우고 창문틀 측면에 600㎜ 이내마다 설치되어 있는 큰 못 2개, 꺾쇠 또는 ㄱ자쇠를 줄눈에 묻어가며 벽돌을 쌓음. 나중세우기는 가(假)창문틀(rough buck)을 세워서 벽돌을 쌓은 후 본 창문틀을 대는 것으로서, 연결고정 철물은 앞에 것에 준하여 써야 함.

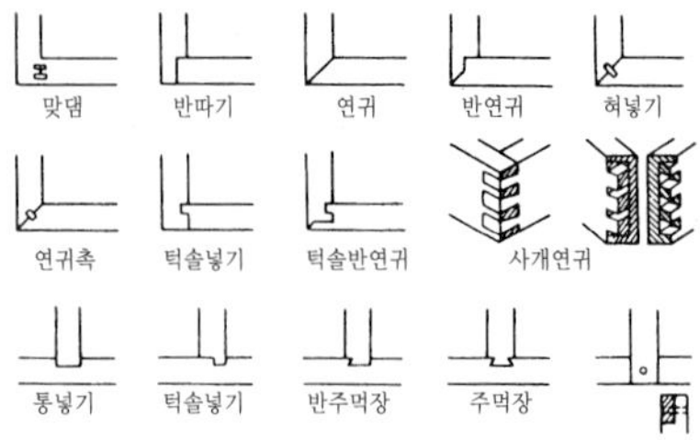

창문틀 맞춤

창방(蒼芳, 昌枋, lintel, head penetrating sill) : ①한식 목조건물의 기둥 위에 가로 건너질러 연결하고, 평방(平枋) 또는 화반(花盤)·소로(小櫨) 등을 받는 가로재. ②기둥머리에 건너 끼워서 도리가 받는 무게를 덜어 주는 나무. ③외진기둥을 한바퀴 돌아가면서 기둥머리를 연결하는 부재. ④기둥머리에서 기둥과 기둥을 서로 연결하여 잡아매어 기둥을 연결·고정시키는 수평방향의 부재. ⑤상부의 하중이 주간(柱間, span)의 벽이나 개구부에 작용하지 않도록 막아주는 역할을 함. 기둥머리에 옆으로 끼운 나무이고, 모서리 기둥에서 창방은 서로 직교하며 기둥을 통과하여 뺄목을 형성하고, 입면에서 기단과 더불어 수평의 시각적 요소로 작용함. ⑥민도리집에서는 창방이 없고 주로 도리나 장여가 창방을 대신하며, 익공집에서는 보방향의 익공과 기둥머리에서 사개맞춤으로 짜여짐. 다포집에서는 평방과 함께 사용되며 기둥과 주먹장맞춤으로 연결하여 빠지지 않음. ⑦뜬창방(≒)·창방뺄목.

창방뺄목(唱榜-木) : ①건물 모서리에서 창방머리가 기둥 밖으로 약간 튀어나온 것. ②보통 창방뺄목은 초각하는 경우가 많음.

창방 및 평방뺄목
(수덕사대웅전)

창살(窓-, muntin, sash bar) : 유리창이나 조각유리를 끼운 문에서 유리 부분을 떠받치며 세분하는 살. 원래는 창틀이나 문틀의

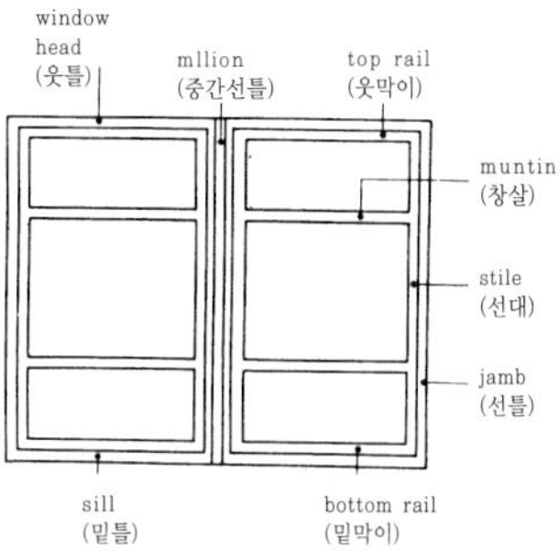

여닫이창(casement window)

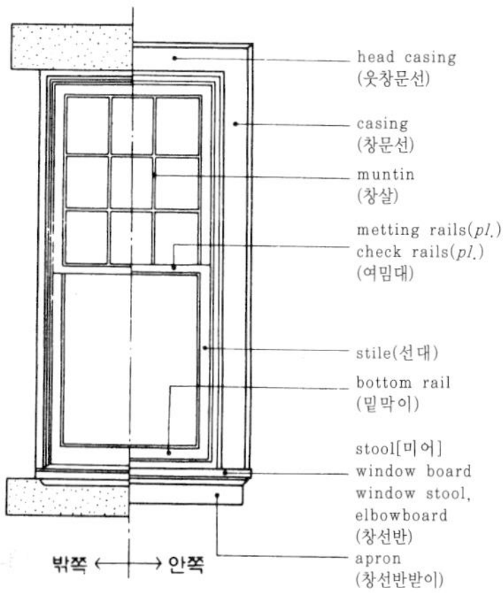

오르내리창(double-hung window)

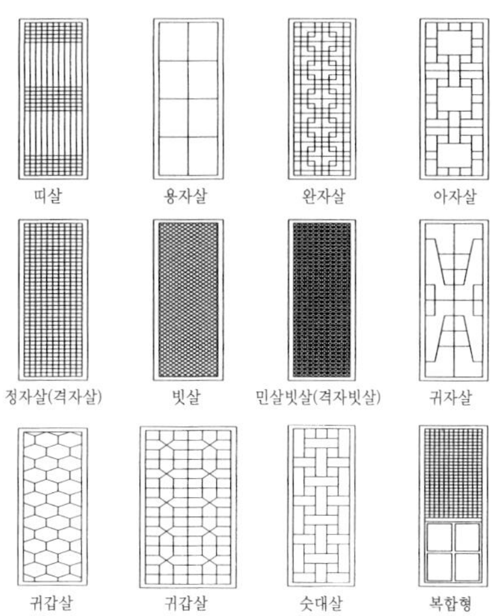

창 살

세로살을 의미했으며, 중간선틀(mullion) 보다 가늘고 규모가 작음. 우리나라 전통 건축의 창호에 사용하는 살의 종류는 모양에 따라 매우 다양함.

창살문(窓-門, barred door) : 캐비닛·세크러터리(secretary)·책장 등의 격자창살 유리문. 유리가 고가(高價)였던 시대에 작은 유리조각을 세공한 창살 사이에 끼워 넣어 장식하였음.

창선 : 문에 설치하는 문선과 같은 기능과 의장효과를 가짐.

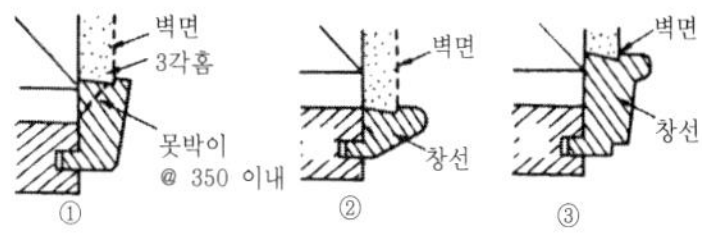

창선

창안(創案-, contrive) : 예술적이고 타고난 재능으로 새롭게 형성하는 것.

창위틀(窓-, head) : 문틀이나 창틀에 있어서 위쪽의 수평적인 틀부분.

창의자(窓椅子, window seat) : ①실내의 후미진 곳이나 벽감(alcove)의 창문 아래에 설치한 붙박이식 벤치 및 스툴. ②낮은 팔걸이가 양쪽으로 놓이기도 하며, 좌판 위에는 작은 쿠션을 얹기도 함. ③18세기 아담(Adam)과 치펜데일(Chippendale)이 이러한 유형을 많이 디자인하였고, 헤플화이트(Hepplewhite)는 창스툴(window stool)이라 칭하였음.

창의자

창조공학(創造工學, synectics) : 창조 과정의 연구, 특히 각양각색의 개인들이 모인 소규모 집단 내에서 자유롭게 의견을 교환하면서 은유(隱喩)나 유추(類推)를 통해 문제를 언급하거나 해결하는 데 적용되는 창조과정의 연구.

창조력(創造力, creativity) : 전통적인 생각이나 패턴 또는 관계를 초월하는 능력, 의미있는 새로운 아이디어 및 형태·해석을 창시하는 능력.

ㅊ

창조성(創造性, creativity) : 라틴어 크리아레(crear)에서 유래한 용어로서, 그리스 시대부터 19세기 초까지 자연의 모방이나 신의 '무로부터의 창조(creatio ex nihiol)'를 설명하기 위한 용어로 사용되어 왔으나 19세기 낭만주의시대 이후부터는 자율성·독자성·순수성에 바탕을 둔 '낡은 요소의 배합을 통한 새로운 의미의 획득으로서의 색다름을 이끌어내는 정신적 에너지'라는 새로운 창조성의 개념으로 이해함. 또한 모방의 개념을 단순히 대상의 외관이나 형식을 복제한다는 의미가 아닌 자연의 실제를 그것과는 다른 재료와 목적을 가지고 정신적으로 재구성한다는 의미로 확대 해석하면 창조성과 모방성은 구조적으로 같은 동전의 앞, 뒷면과 같다고 할 수 있음.

창조적 디자인(創造的-, creative design) : 디자인 문제공간의 개연성이 너무 커서 기존의 지식이나 문제해결방법으로는 만족할 만한 결과를 산출할 수 없는 경우에 발생함. 따라서 기존의 지식과 방법을 대체할 수 있는 새로운 것을 찾아야 하며, 문제공간의 범위를 문제해결 능력에 맞는 작은 범위로 축소하는 효과적인 디자인이 필요함.

창조적 상상(創造的想像, creative imagination) : 특정 목적에 따른 또는 문제해결에 도움이 되는 새로운 이미지를 창조할 때, 그 이전의 경험을 재결합하는 힘.

창짝(窓-, sash) : ⇨새시.

창포색(菖蒲色) : ①관용색명으로 파랑을 띤 보라. ②먼셀기호 3P4/11.

창호(窓戶, window and door) : ①창과 문의 총칭. ②채광·통풍·출입 등의 목적으로 벽체 또는 지붕·천장 등에 붙여 대는 것. 창호의 형태나 그 설치 위치가 창호이용의 편리 여부는 물론 실내 동선과 건물의 외관을 좌우함. ③채광·통풍의 통로가 되고, 문은 사람이나 물품의 통로라고 할 수 있으며, 창과 문을 '창문' 또는 '창호'라고 함.

창호공사(窓戶工事, joiner's work) : 하드웨어(hardware)를 포함한 창과 문의 제작·설치에 관한 공사를 총칭. 유리 끼우기를 포함하기도 함.

창호도(窓戶圖, window and door drawing) : 문과 창의 형식·위치·치수·재질·마감·철물·종류·수량 등을 표기한 도면. 작성은 평면도나 입면도에 기입한 기호에 맞추어서 함.

창호상세도(窓戶詳細圖, window and door detail) : 창호도를 구조적으로 이해하기 위해 특히 단면을 부분적으로 작성하는 도면.

창호재(窓戶材) : 수장재보다 더욱 흠이 없는 곧은결의 기건재를 사용함. 창호재는 나왕·전나무·졸참나무·느티나무·뽕나무·벚나무·감나무·티크(teak) 등이 쓰임.

창호지(窓戶紙) : ①창문에 바르는 얇고 질긴 종이로 특히 한지(韓紙). ②창호지는 광색·투명성·통기성 및 열적(熱的) 성능이 좋고, 유리로만 된 창호를 설치했을 때보다 한지를 1겹 혹은 2겹으로 사용했을 때 좋은 효과를 나타냄. ③우리나라 창호지는 안에서 바르나 일본에서는 밖에서 바름. 즉 우리나라는 창살이 안에서 보이지 않게 바르고 일본은 창살이 안에서 보이게 바름.

창호지문(窓戶紙門) : 울거미를 짜고 그 안에 가는 살을 넣고 한 면에 창호지를 바른 문.

창호지문 울거미 치수(단위 : mm)

층수 \ 치수		A	B	비 고
울거미	선 대	27×40(27×36)	30×45	( )는 일본의 경우
	윗 막 이	27×50(27×45)	30×55	
	중 막 이	27×50(27×45)	30×55	
	밑 막 이	27×50(27×45)	30×55	
살		16×12(12×6)	16×12	
굽 널		두께 6	두께 6	

창호철물(窓戶鐵物, hardware, finish hardware) : 창호에 부착하거나 관계되는 일체의 철물.

채 : ①오막살이집 한채·안채·사랑채처럼 집의 덩이를 말함. ②달구지로 한 채 또는 이부자리 한 채 등과 같이 큰 기구를 세는

단위.

채광(採光, daylighting) : ①광선을 받아들임. ②거실의 채광을 위한 개구부의 면적은 거실 바닥면적의 1/10 이상으로 함.

채광조절장치(採光調節裝置, daylighting control equipment) : 실내에 유입되는 햇빛을 차단 또는 조절하기 위해 창문에 설치하는 코닝·발·루버·커튼 등을 말함.

채광창[1](採光窓, clerestory, clearstory) : ①광선을 받아들이기 위한 창문. ②고창·채광층(=).

채광창[2](採光窓, transom window) : ⇨트랜섬윈도(=).

채광층(採光層, clerestory, clearstory) : ①인접 지붕창 위로 설치한 장식요소를 말하며, 주로 채광을 받아들이기 위한 창이 있음. ②주광(晝光)의 깊숙한 유입을 위해 벽체 높이만큼 설치한 창을 말함. ③벽상부에 위치하여 가로로 길게 뚫린 창 또는 창이 있는 벽. ④채광창(=).

채광탑(採光塔, lantern) : ⇨랜턴(=).

채널(channel) : ①원기둥의 주신에 상하 수직으로 이어져 필렛(fillet)으로 불리는 좁은 모서리에 의해 분리되는 길고 좁고 오목한 홈. ②강철구조에서 사용되는 구조적인 또는 말아서 만든 철물의 형태를 말함. ③목공 또는 조적조에서 장식적인 홈. ④안정기·스타터·램프 홀더·형광용 전선 등을 넣은 함.

채도(彩度, chroma, saturation, stattigung [독], saturation[프]) : ①색의 지각적인 측면에서 보면 색의 순도(純度)·포화도(飽和度) 또는 색의 선명도(鮮明度). 즉 색의 강약(强弱)의 도(度)를 의미함. ②먼셀 색채 시스템에서 나타나는 색의 순도를 말함. 1~14까지의 숫자로 측정되고, 가장 높은 번호가 가장 강한 채도를 나타내며, 선명도는 각 색에 흰색·회색·검정색의 혼합된 정도에 따라 정해짐. 또한 색의 혼합량으로 보면 어떤 색상의 순색에 무채색의 함유량이 많을수록 채도가 낮아지고 적을수록 채도가 높아지며, 즉 채도가 가장 높은 청색(淸色, clear color), 채도가 가장 낮은 탁색(濁色, dull color), 동일 색상의 청색 중에서 채도가 가장 높은 색으로 무채색의 함유량이 가장 적은 색을 순색(純色, pure color)이라고 함. 순색은 가장 맑은 색으로 가장 깨끗한 색을 가짐. ③같은 밝기의 회색에 대한 색의 순도 또는 섞는 상태의 정도. ④물체의 표면색을 같은 명도의 무채색으로부터 얼마나 차이가 나는지를 나타낸, 즉 물체 표면의 색순도 또는 포화도를 척도화한 색채의 3속성 가운데 하나. ⑤색의 풍부성(fullness) 또는 강도를 최소 10분류(파랑~초록)와 최대 18분류(빨강)로 구분한 것임. ⑥색채가 가지는 힘, 강도(intensity) 혹은 순수성 정도. ⑦중간 회색과 가장 강한 색상 사이의 색상변화를 측정하는 단위. ⑧색채가 가지는 힘, 강도(intensity) 혹은 순수성의 정도. ⇨색의 삼요소.

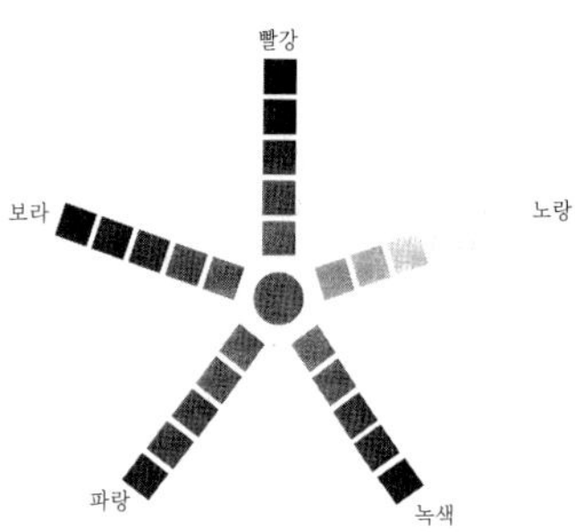

채도

채도대비(彩度對比, saturation contrast) : 채도가 다른 색들끼리의 영향으로 인하여 채도가 높은 색은 더 높게, 낮은 색은 더욱 낮게 보이는 색의 대비. 무채색 위에 놓인 유채색은 훨씬 맑은 색으로 채도가 높아 보이는 반면에 어떤 중간색을 그 색과 같은 색상의 밝은 색 위에 놓으면 원래의 색보다 훨씬 탁하게 보임. 따라서 채도대비는 색상대비와 밀접한 관계임. 즉 그것은 채도대비가 색상대비에 대하여 질적(質的)인 관계가 있음을 의미하므로 '질적 대비'라고도 함. 예컨대 빨강과 보라의 대비인 경우 보라는 빨강에 비해 저채도가 되며, 바꾸어 말하면 빨강과 보라는 더욱 탁하게 보임. 그리고 무채색끼리는 채도대비가 생기지 않는데 그것은 색상대비가 일어날 수 없는 대비는 채도대비도 일어나지 않는다는 것을 의미함.

채독(菜-) : ①싸리로 엮어 만든 식량저장용 독(항아리). ②싸리로 항아리처럼 엮은 뒤 쇠똥을 바르고 그 겉에 다시 보릿겨와 진흙을 바른 뒤 여기에 옥수수·콩·감자 등을 저장함. ③높이는 137㎝, 구경 70㎝ 둘레 280㎝.

채색(彩色, colouring) : 회화·투시도 등에 다양한 채색을 칠하는 일 또는 칠한 색깔(빛깔).

채색마감가구(彩色-家具, painted furniture) : 에나멜·래커(lacquer) 등의 페인트로 마감한 가구. 보통 색을 넣어서 사용하므로 나무 고유의 결이나 색은 볼 수 없지만 금도금하거나 선이나 메달리온(medallion)을 그려 넣거나 스텐실로 문양을 넣는 등 다양한 방법으로 장식하는 것이 일반적임.

채색장식(彩色裝飾, illumination) : 중세의 수도원에서 종교적인 필사본을 손으로 직접 채색하고 장식하는 작업. 나선형·아라베스크(arabesque)·잎사귀문양 등을 다양한 색상·금칠·은칠 등으로 장식하였음.

채찍형 곡선(-形曲線, whiplash curve) : 구불구불하며 휩쓰는 듯한 긴 곡선이 역 방향의 짧은 곡선으로 끝나 S형 곡선을 이루는 아르누보(Art Nouveau)양식의 장식적 모티프(motif[프]). 벨기에의 건축가 겸 디자이너인 빅터 오르타(Baron Victor Horta : 1861~1947)의 작품에서 추상적 요소로 처음 사용되었음.

채찍형 곡선

채터박스체어(chatterbox chair) : ①미국에서 사용하는 담화용 의자. ②카크더즈(=).

채플(chapel) : 개인적인 기도, 묵상 또는 소규모의 예배를 위해 교회 안에서 따로 분리된 예배당.

책상(冊床, desk) : 글을 쓰기 위해 사용되는 테이블로서, 대부분 설비를 갖추고 있으나 없는 것도 있음. 상판은 약간 경사진 것(약 15°)과 평평한 것이 있음.

책상배치 유형(冊床配置-類型) : ①가구배치는 가까이에 있는 책상과 어떻게 마주하느냐에 따라 동향형·대향형·좌우대향형·자유형·십자형 등으로 분류. ㉠동향형(同向形) ; 책상을 같은 방향으로 배치하는 형식으로 가장 일반적인 형식임. 통로가 명확히 구분되고 잡담을 줄일 수 있는 반면에 대향형에 비해 면적 효율성이 떨어지며, 대면 시설에 의한 프라이버시 침해를 최소화할 수 있음. ㉡대향형(對向形) ; 책상을 서로 마주보도록 하는 배치로서 면적 효율성이 좋고 커뮤니케이션 형성에 유리하며, 전화와 전기 등의 배선관리가 용이함. 그러나 대면 시설에 의해 프라이버시가 침해당하기 쉽고, 특히 공동작업으로 자료를 처리하는 영업관리업무에 적합함. ㉢좌우대향형(左右對向形) ; 대향형과 동향형의 양쪽 특성을 절충한 형태. 조직관리면에서 조직의 융합을 꾀하기 쉽고, 정보처리나 집무동작의 효율성은 좋지만 배치상 면적 손실이 크며, 커뮤니케이션 형성에 불리함. 생산관리업무, 서류와 전표 등 독립적인 데이터처리업무에 적당함. ㉣자유형(自由形) ; 낮은 칸막이로 한 사람의 작업활동을 위한 공간이 주어지는 형태로 독립성을 요하는 전문직이나 간부급에 적합한 배치. ㉤십자형(十字形) ; 4개의 책상이 맞물려 십자를 이루도록 배치하는 형태. 십자형의 배치형태가 하나의 단위그룹을 이루고, 그룹작업을 요하는 전문직 업무에 적합하며, 커뮤니케이션이 원활함. 3개의 책상이 맞물려 모이는 경우 삼각형 배치가 하나의 단위그룹을 이룸.

책임감리(責任監理) : ⇨감리.

책탁반닫이(冊卓-) : ①반닫이에 서탁이 함께 설치된 양식으로, 반닫이에는 귀중품을 넣고 서탁에는 책을 얹도록 설계한 사랑방 가구. ②⇨반닫이.

챈슬(chancel) : ①성단소(聖壇所) 또는 교회

의 성상 안치소(聖像安置所; 보통 동쪽 끝의 성가대와 성직자의 자리)로 보통 성단(聖壇)이 놓이는 곳을 중심으로 그 주위에 성직자·성가대(choir)가 위치함. 그 위치는 건물의 동쪽 끝에 놓이며, 다른 장소와는 낮은 칸막이로 구획되어 있음. ②사제와 성가대를 위한 교회 제단 근처의 공간. 일반적으로 난간이나 낮은 칸막이를 설치하여 네이브(nave)와 분리하며, 네이브보다 한 단 높게 위치함.

챈트리(chantry) : 교회 건축물을 창설한 사람 또는 그가 지명한 사람들의 영혼을 위해 기도하거나 미사를 위한 소형 부속 예배당 건축물.

챌면(-面, riser) : ①계단의 수직한 면. ②계단구조에서 단을 이루는 수직 요소.

챌판[1](-板, kick plate) : ①문 하부의 발이 닿는 부위에 대어 문짝이 발에 채여 손상되는 것을 보호하는 장식용 금속판. ②계단멍에와 같은 경사진 부재의 밀림을 방지해 주고 고정시켜 주는 판.

챌판[2](-板, riser) : ①계단의 디딤판 뒷면에 막아댄 수직판. ②목조계단에서 널두께 15~25㎜ 정도 상하 디딤판에 홈파넣기 또는 밑은 디딤판 옆에 대고 못치기, 옆판에는 통넣고 쐐기치기하는 판재. ⇨계단뒤판(=). ⇨계단의 구조.

챔버(chamber) : 평아치에서 쳐져 보이는 시각현상을 막기 위해 중간부분을 약간 올린 것.

챔버체어(chamber chair, commode chair, close stool) : 18세기의 가구형태인 휴대용 화장실. 챔버 의자는 당시에 유행되던 일반의자 같아 보이지만 누빈 보조 좌판 아래에 깊은 에이프런(apron)이 있어서 경첩으로 연결된 좌판과 변기(chamber pot)가 있는 선반을 가리고 있음.

챔버호스(chamber horse) : 셰러턴(Sheraton)에 의해 디자인된 18세기 영국의 운동 기구. 가느다란 포스트가 의자등받이 높이로 전면의 양 다리 위에 세워져 있고, 코일에 의해 분리된 여러 개의 나무널로 이루어진 주름상자와 같은 좌판은 공기구멍이 있으며, 가죽으로 씌워져 있음. 사용자는 2개의 전면 기둥을 잡고 바닥을 바로 딛고 밀면서 앉았다 일어섰다 반복하여 운동하도록 되어 있음.

챔버호스

챔벌린·파우웰 앤 본상사(-商社, Chamberlin, Powel and Bon Co.) : 1952년 P. 챔벌린과 G. 파우웰, C. 본 등에 의해 설립된 합동설계사무소임. 같은 해 런던의 골든 레인(Golden Lane)지구를 위한 집합주택 현상설계에 당선(1953~1957)됨으로써 세인(世人)들의 주목을 받기 시작하였고, 그 후 작품으로 미스 반 데 로에(Ludwig Mies van der Rohe : 1886~1969)풍의 외관을 가진 Bousfield 초등학교(1952~1956)는 1956년 건축 부문 London Bronze Medal을 수상하였음. 그 외에 하나의 커다란 Podium(낮은 벽 또는 칸막이벽) 위에 조각적인 형태로 서 있는 버밍햄대학교 스포츠센터와 케임브리지에 있는 New Hall(1960년 착공)과 리드(Leeds)대학교 개발계획안 등이 있음.

챔퍼(chamfer) : ①주부재의 길이방향 모서리 부분을 45° 각도로 잘라내어 생긴 경사 표면. ②날카로운 모서리를 제거하여 만든 판재의 면접의 한 끝. 일반적으로 몰딩·서랍 전면의 모서리·캐비닛·문 등에 사용되며, 바깥으로 퍼져 보이게 하는 효과가 있음. ③판이나 기둥의 코너를 잘라냄으로써 형성되는 면, 즉 사각면(斜角面)을 말함. ④면접이(=).

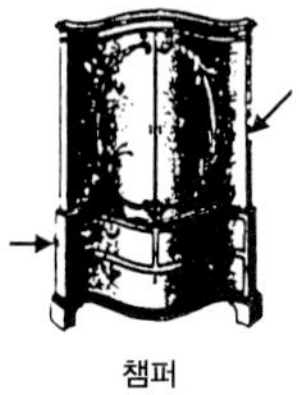

챔퍼

챔퍼드러스티케이션(chamfered rustication) : 돌을 쌓을 때 부재의 모서리 부분을 45° 각도로 잘라내어 경사지게 만든 조적.

챔퍼드러스티케이션

챔퍼스트립(chamfer strip) : 콘크리트 부재의 외측 모서리를 매끄러운 곡면 또는 파낸 모서리로 만들 때 거푸집에 덧붙이는 나무 또는 다른 재질의 졸대.

챔퍼형태(-形態, chamfered form) : 챔퍼는 경사지거나 모서리가 잘린 형태처럼 끝부분이나 모퉁이가 잘려 평평한 표면임.

챕트럴(chaptrel) : 벽기둥이나 궁륭 주신(vaulting shaft)의 작은 주두(column).

챕트럴

챗방 : ⇨찬방.

챙 : ①햇볕이나 빗물이 쳐드는 것을 막으려고 처마 끝에 다는 것. ②본래는 모두 나무로 만든 '목챙'만 썼지만 요즈음은 '구리챙'이나 '함석챙'을 많이 씀. ③차양(=).

처마(檐下, 軒, 檐, eave) : ①지붕이 도리 밖으로 내민 부분. ②서까래가 기둥 밖으로 빠져 나와 형성된 공간. 빗물이 저절로 떨어지도록 지붕의 가장자리 아래쪽에 돌출해 있는 부분.

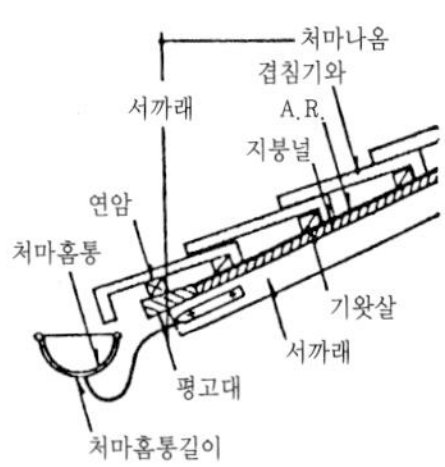

처마

처마깊이(檐下-) : ①건물의 규모에 따라 다르지만 보통 기둥뿌리에서 처마 끝을 연결하는 내각이 28~33° 정도를 이루는 범위. ②주도리에서 처마 끝까지의 간격. ③처마깊이를 빼는 이유는 여름에 시원하고 눈·비·바람 등 자연기후로부터 건물을 보호하기 위함. ④기둥높이와 상관 있음. ⑤처마깊이를 깊게 하기 위해 서까래 끝에 부연(浮椽)이라는 방형 단면의 짧은 서까래를 덧달아 냄(겹처마).

처마높이(檐下-) : ①땅바닥에서 처마까지의 높이. ②지표면으로부터 건축물의 지붕틀 또는 이와 유사한 수평재를 지지하는 벽·깔도리 또는 기둥의 상단까지 높이.

처마도리[1)](檐下-, architrave) : ⇨아키트레이브(=).

처마도리[2)](檐下-, pole plate) : ①깔도리 위에 평보를 걸치고 깔도리와 같은 방향으로 걸친 가로재. ②외벽 위에서 처마도리 아래에 걸쳐서 댄 가로재(橫架材)이고, 중도리의 일종이며, 건물의 축(軸)부분으로서 기둥과 보를 도리방향으로 연결하는 역할을 하는 부재. ⇨깔도리.

처마도리돌림띠(檐下-, architrave cornice) : 엔태블러처(entablature)에서 소벽(frieze)이 생략되고, 처마도리(architrave) 위에 바로 돌림띠(cornice)가 놓인 형태.

처마돌림(檐下-) : 서까래 마구리가 보이지 않도록 대는 부재.

처마서까래(檐下-) : ⇨들연·평연(=).

처마안허리(檐下-) : ①처마 끝이 휘어진 것을 말함. ②처마에 곡선이 생긴 것. 추녀 끝이 많이 튀어 나오고 통서까래가 짧아서 생기는 곡선. ③처마허리휨. 후림(=). 조로(⇔).

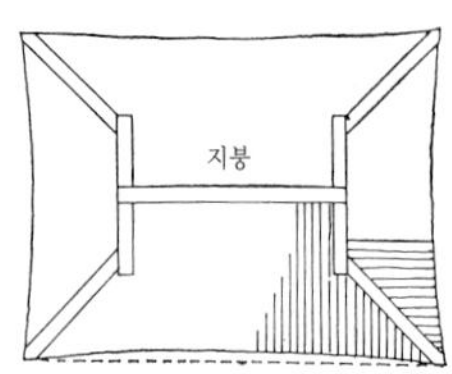

처마안허리

처마장식(檐下裝飾, cornice) : ①엔태블러처의 최상부 구조로 보통 시마티움·코로나·베드몰딩으로 구성되어 있음. ②코니스(=).

처마추리(檐下-) : ①지붕이 건물 바깥으로 내민 부분 또는 그 내민 길이. ②처마지붕이 도리 밖으로 내민 부분. ③지붕을 구성하기 위하여 베푼 기반구조. ④서까래만으로 구조되면 홑처마, 부연까지 구조되면 겹처마라고 함. ⑤처마구성은 얼마나 뻗었느냐에 따라 처마깊이라 하여 기둥높이와 비견되는데, 처마깊이는 중국이 한국보다 얕고, 한국은 일본보다 얕은 경향을 지녔음. 이는 강우량과 태양의 남중고도(南中高度) 때문임. ⑥처마길이·처마내밀기(=).

처마코스(檐下−, eaves course) : 지붕의 처마에서 지붕판, 슬레이트, 기와의 첫 번째 열.

처짐[1](deflection) : 가로방향으로 하중이 연속될 때 수평부재가 휘어져 생긴 곡면과 본래 수평면과의 수직거리. 하중과 칸 사이가 커질수록 증가하고, 단면의 단면 2차 모멘트가 또는 부재의 탄성계수가 증가할수록 줄어듦.

처짐[2](sag) : 지지점으로부터 케이블구조물의 최저점까지 수직거리.

척(尺) : 재래의 길이를 재는 단위로 보통 '자'를 의미함.

척도(尺度, scale, index barometer) : ①실물에 대한 도면의 크기 비율. ②길이의 규준이 되는 하나의 단위로 자·눈금·길이의 정도, 계획의 표준치수 등을 말함. ③어떤 표준이나 기준점에 의해 일반적으로 판단되는 일정한 비례를 이루는 크기·넓이 또는 정도. ④변수(變數) 및 변인(變因)의 특성을 숫자나 기호로 표시하기 위해 사용하는 도구 또는 설계상 필요한 도구나 가로·세로·높이 등 크기 및 규모에 있어서 도면상과 실물치수와의 비율. ⑤종류에는 인체척도·기계적 척도·시각척도 등으로 구분하고, 그밖에 미터식 척도(meter scale)와 인치식 척도(inch scale)가 있음.

척도조정(尺度調定, modular coordination) : ⇨모듈러코디네이션(=).

척정(尺釘) : 길이가 한 자쯤 되는 조선 못.

천(fabric) : ⇨패브릭(=).

천개(天蓋, canopy) : ①본래 인도에서 귀인(貴人)이 덮개를 받치고 걸어간 것에서 유래된 용어로 불상(佛像)의 머리 위에 덮는 덮개. ②창이나 문 위에 내어 단 지붕 및 차양. ③벽감(nitch)이나 설교단 위에 설치하는 장식 덮개. ④침대나 의전용 의자(chair of estate)와 같이 가구의 상부를 기둥으로 받치거나 천장에서 매달아 내린 덮개. ⑤침대의 위쪽이나 높은 사람의 의자 위에 얹히는 것과 가구의 위쪽에 매달듯이 덮어씌우는 것을 말함. ⑥캐노피(=).

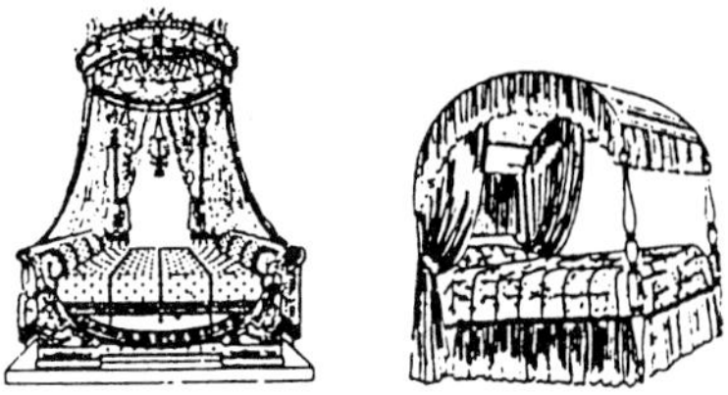

천개

천개의자(天蓋椅子, canopy chair) : 위로 수직으로 세워져 직각으로 돌출된 천개가 달린 넓은 등받이가 있는 15세기 후반~16세기 초의 장중한 의자. 주로 조각장식으로 육중하게 꾸며져 있으며, 17세기 카나페(canape)의 모델이 됨.

천공광(天空光, sky light) : ①직사일광을 제외한 천공에서 오는 빛. ②날씨가 쾌청한 때를 말함. ③천광·담청광(⇔).

천공의 창(穿孔−窓) : ⇨봉창(=).

천공일사(天空日射, sky radiation) : ①대기 속의 기체분자나 작은 먼지에 의해 산란되어 천공 전체로부터 복사되어 지표에 도달하는 짧은 파장(波長)의 일사를 말함. '천공복사' 또는 확산일사(diffuse radiation)라고도 함. ②⇨직달일사.

천공판(天空板) : ⇨유공판(=).

천공판공명기(穿孔板共鳴器) : 벽체에 공기층을 갖도록 천공판을 설치하는 경우 구멍마다 공기층을 갖게 되므로 구멍수만큼 단일 공명기가 배치됨.

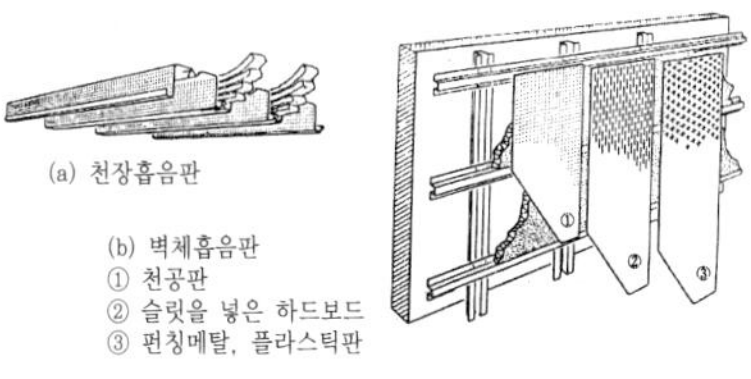

천공판 공명기 시공 예

천광(天光, sky light) : ①대기로부터 방향이 재조절되어 투사되는 태양으로부터의 빛. ②공기 입자에 의해 반사되는 산란한 천공으로부터의 빛.

천구(天球, celestial sphere) : ①관측자 위치에서 천체의 위치를 정할 목적으로 관측자를 중심으로 반지름이 무한대인 구면(球面)을 설정하고 천체를 그 위에 투영하여 나타내는 것. ②17세기까지도 이 천구가 실재하는 것으로 생각되어 모든 천체가 이 천구 위에서 고정된 채로 돌고 있다고 믿었음. ③지금도 천체까지의 거리와는 관계없이 천구상에서의 천체 위치를 생각하는 구면천문학이라는 분야가 있음.

천금철(千金鐵) : ⇨지레(=).

천마감 : 장판 재료에 따른 마감방법으로서 초배지 위에 은은한 색조의 갖가지 무늬를 수놓은 비단을 발라 온돌을 마감하는 방법.

천매암(千枚岩, phyllite) : 변성암의 일종으로 조직이 치밀하고 광택이 나는 편상(片狀) 암석. 성분은 운모편암과 비슷하지만 불규칙하고, 견운모(絹雲母)가 있기 때문에 잎편상(葉片狀)임.

천벽지(綪壁紙) : ⇨직물벽지(=).

천사창(天使窓, angel light) : ⇨엔젤라이트(=).

천연고무(天然-, natural rubber) : ①신축성이 높고, 단단한 물질이며, 고무나무나 식물의 즙을 응고시켜서 생성하는 이소플렌 중합체의 본질적인 요소. ②고무는 적당한 유연성이 있고, 초기 접착력 및 점착력이 강하기 때문에 접착제로서 중요한 위치를 차지하고, 천연고무를 접착제로 사용한 것은 약 500년 전으로 고무나무의 수액인 라텍스(latex)를 농축하여(60~70%) 원료로 하는 고무 라텍스 접착제 및 라텍스를 응고시켜 만든 생고무를 원료로 하는 접착제 또는 생고무에 다시 여러 가지 화학처리를 하여 만든 환화고무·감화고무 등 특종 고무계 접착제가 생산되고 있음.

천연골재(天然骨材, natural aggregate) : ①천연작용에 의해 암석에서 생긴 골재로서 하천·바다·산에서 생산됨. ②⇨골재·인공골재(⇔).

천연나뭇결합판(天然-合板) : ⇨마무리재 합판.

천연무늬 화장합판(天然-化粧合板) : ①자연의 고급 목재를 단판(sliced veneer)으로 만들어 붙인 합판. ②무늬·색채·수지 모두 천연재료를 사용한 합판(KS F 3107).

천연수지(天然樹脂, natural resin) : 로진(rosin)·댐머(dammer)·코펄(copal)·셸락(shellac)·앰버(amber)·에스테르고무(ester rubber) 등 주로 나무 또는 기타 곤충에서 채취하는 수지.

천연슬레이트(天然-, slate) : ①점판암의 하나로서, 치밀하고 흡습성(吸濕性)은 적지만 충격에 약함. ②지붕재 및 실내 바닥재로 사용. ③슬레이트(=).

천연시멘트(天然-, natural cement) : 자연상태로 존재하는 석회석을 구워서 잘게 분쇄하여 만든 수경성 시멘트.

천연아스팔트(天然-, natural asphalt) : 지중(地中)에서 천연 생산하는 아스팔트.

천연펄프벽지(天然-壁紙) : ⇨펄프벽지(=).

천장(天障, ceiling) : ①일반적으로 지붕 밑 또는 위층의 바닥 밑을 가려서 열차단과 소음방지는 물론 장식·보온효과를 위해 꾸민 부분. ②상층부 바닥이나 지붕 밑부분 등을 가리기 위해 실내공간의 상부에 설치하는 실내면 또는 라이닝(lining). ③구조적으로는 반자의 겉표면을 말함. 그러나 일반적으로 천장과 반자를 동일어로 사용하고 있으며, 천정(天井)이라고 하는데, 천정은 우물반자를 지칭하지만 혼용하여 사용하며, 일반적으로 방이나 지붕 위 또는 둥근 천장의 안쪽 표면에서 구조적 부재들을 감추는 지붕이나 바닥의 덮개를 말함. ④바닥과 함께 실내공간을 구성하는 수평적 요소로서 구조적으로 상부에 매달려 스스로 지지하거나 숨겨지거나 노출된 빔들에 의해 지지되며, 디자인적으로 다양한 형태와 문양의 처리가 가능함. 즉 천장을 낮추거나 경사지게 처리하면 친근하고 포근하며 아늑한 공간이 되고, 천장을 높이면 시원함과 확대감 및 풍만감을 주어 공간의 활성화를 기대할 수 있음. 또한 고저차(高低差)나 천창(天窓)을 설치하여 공간의 변화를 풍부하게 할 수 있으며, 천장의 형태는 재질감과 함께 실내의 음향에 영향을 미칠 뿐만 아니라 천장을 경사지게 하여 실내의 음향에 영향을 주고 천장의 형태를 강조하여 요철(凹凸)을 주고, 구조체를 보이게 하며, 경사지게 하여 공간을 보다 활기차게 하고, 확대감을 주며 방향성을 줄 수 있음. 그리고 고저차를 갖는 바닥면과 천장의 형태를 동일하게 하면 공간이 갖는 한정은 더욱 제한됨. ⑤재료에 따라 회반죽 천장·널천장·종이천장·금속판 천장·각종 보드 천장 등으로 구분하고, 구성에 따라 연등천장·반자천장·삿갓천장 등으로 구분하며, 반자천장은 그 꾸밈에 따라 종이반자·평반자·우물반자 등으로 구분함. ⇨반자(=). ⇨정(=).

천장공간(天障空間, ceiling cavity) : ①천장면과 매단 조명기구가 있는 면 및 이 두 면 사이의 벽면에 의해 규정되는 공간.

천장귀틀(天障耳機) : ①우물천장을 만드는데 쓰이는 길고 짧은 나무. ②천장널을 끼우기 위한 우물정자 모양의 틀. ③장판자에 쓰이는 얇고 긴 널빤지. ④천장틀(=).

천장널(天障板) : ①우물반자에 쓰이는 네모반듯한 판자. ②장반자에 쓰이는 얇고 긴 널빤지. ③청판·개판(=).

천장높이(天障高, ceiling height) : ①청에서 천장까지의 높이. ②실내의 바닥면으로부터 반자(또는 보 및 직상층 바닥판)까지의 높이. ③다만, 동일한 방(房)에서 반자높이가 서로 다른 부분이 있는 경우에는 그 각 부분의 반자 면적에 따라 가중평균한 높이로 함(건축법시행령 101조 ① 7).

천장도(天障圖, reflected ceiling plan) : ①천장높이에서 약 300㎜ 아래를 절단하여 바닥에서 천장을 올려다 본 모양을 다시 거울에 비친 모습으로 나타낸 도면. 평면계획을 기초로 하여 필로티(pilotis)·천장마감방법·조명계획 등이 표현됨. ②천장평면도(=).

천장돌림띠(天障-) : ⇨반자돌림대.

천장등(天障燈, ceiling light) : 천장에 부착하는 일반 조명기구를 총칭하는 용어. 매입방식에 비해 눈부심현상은 심하지만 효율성이 좋음.

천장매입등(天障埋込燈) : ⇨매입등(=).

천장방음벽(天障防音壁, plenum barrier) : 인접한 실 사이에 음의 전달을 줄이기 위하여 칸막이벽 위의 반자와 천장 사이에 올려 세운 방음을 위한 벽.

천장복도(天障伏圖, reflected ceiling) : ⇨복도.

천장비계(天障飛階, scaffold for ceiling) : 천장을 작업하기 위해 설치한 비계.

천장조명(天障照明, illuminated ceiling) : 천장에 매달리거나 벽에 부착된 조명기구 또는 실내의 가구에 설치된 광원에 의해 직접 조명되는 천장.

천장채광(天障採光, top lighting) : 천창을 이용한 채광방식. 일반적으로 조도분포가 좋으며, 같은 면적일 때 측창의 3배의 효과가 있음.

천장초(天障草) : 단청에서 천장에 그린 풀 모양.

천장초

천장틀(天障-) : ⇨반자틀·천장귀틀(=).

천장평면도(天障平面圖) : ⇨천장도.

천정[1](天井, ceiling) : ⇨천장(=).

천정[2](天頂, zenith) : 주어진 위치 또는 관찰자의 수직 상부에 해당하는 천구상의 점.

천주교교회당(天主敎敎會堂) : ⇨성당(=)

천창(天窓, top light, sky light, roof light) : 채광 또는 환기를 목적으로 지붕 아래 위치한 방의 천장에 끼우는 창문이나 유리구조체를 말함. 투명이나 반투명 재료가 사용되며, 아래 공간으로 발산되는 태양광선을 실내에 유입시키는데 효과적임.

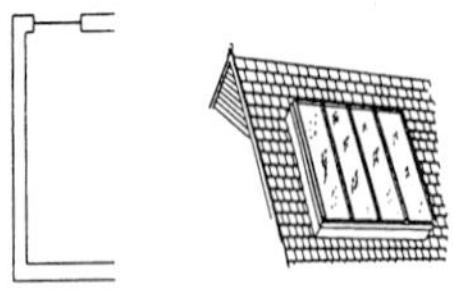

천창

천창채광(天窓採光, top lighting, sky lighting) : ①천창에 의한 빛의 실내 유입을 말함. ②특징은 ㉠구조와 시공이 불리하고, 특히 비처리에 불리함. ㉡조작 및 유지에 불리함. ㉢비개방적이고 폐쇄된 느낌을 줌. ㉣통풍과 차열에 불리함. ㉤채광 양면에서 매우 유리함. ㉥조도분포의 균일화에 유리. ㉦실의 넓이와는 무관하게 실이 어느 정도 넓어도 채광에 크게 불리하지 않음. ㉧채광상 이웃 건물에 의한 영향을 거의 받지 않음. ③광량(光量)은 채광과 이웃 건물의 특성에 따라 천창은 측창의 3배 효과를 가지며, 천창을 이용하면 측창에 비해 작은 면적으로 소요조도를 많이 얻을 수 있음. 채광창의 경사가 45°보다 크면 수직 채광면적은 증가하지만 실내의 평균조도는 일정함. 이 경우 작업면 조도가 가장 큰 위치는 천창의 경사방향 부근에 있게 됨. 그러나 경사각이 너무 작아지면 경사각이 큰 경우에 비해 최대 조도값은 감소하지만 실내조도분포는 균일하게 됨.

ㅊ

천판(天板, top board) : ①가구의 가장 윗부분을 구성하는 모든 판재. 천판 중 몸체보다 크게 밖으로 뻗쳐 나온 것을 개판(蓋板)이라고 함. ②책상·테이블·카운터 등의 윗판을 말함.

천화판(天花板) : ⇨소란천장(＝).

천황사대웅전(天皇寺大雄殿) : ①전라북도 유형문화재 제17호(1973.6.23)로 지정. 천황사(天皇寺)는 전북 진안군 정천면 갈룡리 구봉산(九峰山) 자락에 있으며, 대한불교조계종 제17교구 본사인 금산사(金山寺)의 말사(末寺). ②875년(헌강왕 1) 무염선사(無染禪師)가 세우고 1064년(문종18)에 대각국사 의천(義天)이 중창하였으며, 조선시대에는 학조(學照)·애운(愛雲)·지견(智堅)·혜

천황사대웅전

명대사(慧明大師) 등이 중창. ③대웅전은 정면 3칸, 측면 3칸의 오가량임. 주초는 덤벙주초에 배흘림의 도리기둥, 주심포에 외목도리 겹처마이며 맞배지붕에 부연을 달았으며, 앞뒷면에만 다포식(多包式) 공포(拱包)를 댔음. 전면 중앙에 4합, 좌우에 분합, 좌우측면 앞칸에 1짝씩의 문이 있음. 그리고 건물의 좌측 중간에 시주 명단이 쓰인 현판이 있고, 우측 앞칸 창방에도 현판이 있는데 글씨가 마모되어 있음. 민흘림이 있는 두리기둥을 사용. 맞배집인데도 귀기둥에서 귀솟음과 안쏠림 사용. 정면은 어간에 4분합 빗살문, 협간에 2분합 교살문을 달아 입면에 변화를 줌. 내부에는 삼불상이 모셔져 있으며 불상 위에는 닫집(唐家)을 달았음. 공포는 내외 3출목 구조. 기둥상부와 주간에도 어간에 3구, 협간에 2구의 주간포 배치. 측면은 앞퇴에만 하나의 주간포 배치. 다포구조라도 맞배집은 측면에 공포를 짜지 않는 것이 원칙이나 이 건물은 창방 위에 평방을 덧대고 그 위에 다시 기둥을 세워 고주를 대신하였음. 공포는 살미 끝이 세장한 앙서형(仰舌形)임. 장식화되지 않았지만 행공첨차 위 보머리에는 메뚜기머리를 조각하여 꾸밈. 첨차는 양끝을 사선으로 빗자르고 하단은 직선으로 간단히 마무리함.

철(鐵, steel, iron) : ①선철과 강철의 원료가 되는 전성(展性)·연성(延性)·자성(磁性)이 있는 은백색의 금속원소. 단위기호는 Fe임. ②강철(鋼鐵)의 공업생산화는 18세기 중엽 영국에서 시작되었으며, 유리공업의 진보에 따라 철과 유리의 혼성에 의한 가능성이 열렸고, 제2차세계대전 이후 철골구조의 완성과 경제적 필요성으로 인해 커튼월에 의한 많은 표현이 창출되었음. 또한 입체 트러스 지붕·쉘(shell) 등이 연구·응용되었으며, 근대건축에 새로운 건축 표현의 국면을 초래했음.

철각(凸角, convex angle, salient) : 바깥으로 돌출된 직각보다 작은 각. 즉 180°보다 작은 각. ⇨요각(⇔).

철감색(鐵紺色) : ①관용색명으로 아주 어두운 보라 띤 파랑을 말함. ②먼셀 7.5PB1.5/2임.

철강재주택(鐵鋼材住宅) : ⇨스틸하우스(=).

철거공사(撤去工事, removal construction) : ①실내 공간의 리노베이션(renovation)으로 인해 기존 내부시설을 해체·제거하여 실외로 반출하는 작업. ②공사에 앞서 장애물을 해체·반출하는 작업.

철골구조(鐵骨構造, steel frame construction) : ①하중에 잘 견디는 강철 골조 구조재에 외벽을 조립시키는 구조를 말함. ②경간(span)이 긴 건축과 고층 건축에 많이 이용되며, 공사기간이 짧고 수명이 반영구적인 장점이 있으나, 건축비가 많이 드는 단점도 있음. ③철을 최초로 사용한 실례는 1779년 영국의 주철교(鑄鐵橋)이며, 1851년 영국의 런던 만국박람회장이 된 수정궁(水晶宮)도 주철의 골조에 유리를 사용하였음. 강골조로 된 최초의 건축물은 1884년에 미국의 William Le Baron Jenney가 세운 10층 건물임. ㉠장점은 ⓐ강재는 다른 재료에 비하여 균질도가 높아 신뢰할 수 있음. ⓑ강도가 커서 철골구조가 철근콘크리트구조보다 건물 중량을 가볍게 할 수 있음. ⓒ큰 스팬의 구조물이나 고층 구조물에 적합함. ⓓ인성(靭性)이 커서 상당한 변위에 대해서도 견딤. ⓔ현장상태나 기상조건의 시공기술에 크게 관계없이 정밀도가 높은 구조물을 얻을 수 있음. ㉡단점은 ⓐ단면에 비하여 부재길이가 비교적 길고 두께가 얇아 좌굴하기 쉬움. ⓑ열에 대하여 약하며, 고온에서 강도저하 및 변형하기 쉬움. ⓒ녹슬지 않는 강재가 개발되었다고는 하지만 일반적으로 강재는 녹슬기 쉬움. ⓓ접합점의 구성상 용접하는 이외는 일체화로 보기 어려움.

철골조주택(鐵骨組住宅, steel house) : ①주택의 골조를 단면이 C자 형태인 얇은 철판만으로 만든 조립식 주택. ②철골조 주택은 스크루건(screw gun)을 사용하여 현장에서 철판을 조립하며, 특히 지붕재 철판은 지붕형태로 공장제작·현장조립됨. 주재료인 철판은 두께 1㎜ 안팎의 철판으로 목재보다 1/3 정도 가볍고, 철판은 녹슬지 않게 아연도금을 한 아연도 강판을 사용함. ③일반적으로 고급목재 등으로 덮어씌우고, 기와를 얹으며, 고급 인테리어로 치장함. 특징은 견고(堅固)하고 환경친화적이며 불에 타지 않고, 공기(工期)를 단축할 수 있으며, 개조(改造)가 용이함. 또한 리사이클링(recycling, 재활용)이 가능함. 미국에서는 1992년 국유림 벌채금지령으로 목재가격이 급등한 것이 주원인으로 활발히 확산되고 있고, 우리나라는 포항제철을 주축으로 보급되었으며, 1996년 2월 철강·건설·부품회사 등이 스틸하우스 클럽을 결성했음.

철골주택(鐵骨住宅, steel framed house) : 주요구조부에 철골을 사용한 주택. ⇨철골조주택(=).

철골철근콘크리트(鐵骨鐵筋-, steel reinforced concrete) : 형강(形鋼)이나 기타 철골과 철근 및 이들을 포함한 콘크리트가 일체로 작용하도록 설계·시공된 철근콘크리트의 일종. 철골을 주구조체로 하고 철근은 콘크리트를 피복하기 위하여 배근하는 경우와 철골과 철근콘크리트가 공동으로 응력을 부담하는 구조체 형태가 있음. 또한 콘크리트는 철골 및 철근의 내화·방청을 위한 피복으로 생각하고 구조적으로는 오직 콘크리트 부분에 발생하는 사응력(斜應力)을 강재 부분의 국부적 좌굴(挫屈)이 생기지 않을 정도로 여기는 경우도 있음.

철광석(鐵鑛石, iron ore) : 철화합물을 다량 함유한 광석. 적철광(赤鐵鑛)·자철광(磁鐵鑛)·갈철광(褐鐵鑛)·능철광(菱鐵鑛) 등이 있음. 철광석에서는 선철(銑鐵)을 얻음.

철근(鐵筋, steel bar) : 콘크리트 속에 묻힌 콘크리트를 보강하기 위하여 사용되는 강재. 철근은 원형철근(圓形鐵筋)과 이형철근(異形鐵筋)이 있으나 건축공사에는 주로 이형철근이 사용됨.

철근간격(鐵筋間隔, bar spacing) : ①주근과(主筋) 주근 사이. ②평행인 철근의 중심간 간격. 철근 사이의 순간격은 철근의 직경이나 자갈의 최대 직경 및 콘크리트 단면의 두께에 의해 결정됨. 원칙적으로 골재(자갈)의 최대 입자 지름의 1.25배 또는 2.5cm 이상으로 하고, 또 주근 굵기의 1.5배 이상으로 함.

철근부동태막 : ⇨부동태(=).

철근용접이음(鐵筋-鎔接-) : ⇨용접이음(=).

철근이음길이(鐵筋-) : ①보통 콘크리트의 경우; 압축철근 25d, 인장철근 40d. ②경량 콘크리트의 경우; 압축철근 30d, 인장철근 50d.

철근이음위치(鐵筋-位置) : ①응력이 작은 곳. ②기둥은 바닥에서 50cm 이상 및 높이의 2/3 이하 지점. ③보는 스팬(span)의 1/4 지점.

철근콘크리트(鐵筋-, reinforced concrete) : ①시멘트와 모래를 비벼 이 사이에 철근을 박아 넣는 공법. ②콘크리트를 붓기 전 철근을 넣어 강화시킨 것. 압축력에 강하고, 인장력에 약한 콘크리트에 인장력이 강한 철근을 보강한 것. ③일명 RC공법으로도 불리는 이 공법은 철골(鐵骨)공법(일명, H빔 공법)과 함께 현대 고층건축의 양대 공법 중 하나로 국내에서도 아파트 등의 시공에 널리 쓰임. ④이들 두 건축법은 각기 장·단점이 있으나 철근콘크리트의 경우 부실시공의 여지가 많아 국내 건축계에서는 이미 오래전부터 '불신의 공법'으로 알려짐.

철근콘크리트공법(鐵筋-工法) : ⇨철근콘크리트.

철근콘크리트용 방청제(鐵筋-用防銹劑) : 염분을 함유한 해사(海沙)를 사용하거나 연안(沿岸) 콘크리트구조물과 같이 해염입자(海鹽粒子)가 침투할 경우 염분에 의해 철근이 쉽게 녹스는 것을 방지할 목적으로 사용되는 혼화제.

철근프리패브공법(鐵筋-工法, steel reinforced prefab methods) : ①골조공사에 사용하는 철근을 기둥·보·바닥·벽 등 사용 부위별로 미리 조립해 두었다가 현장에서 접합하는 공법. ②공기단축·작업환경 개선·안전성 확보 등으로 공사의 합리화 추구 및 건설의 공업화 발전에 필요함. ③필요성 ; ㉠작업의 단순화 및 시공 정도 향상 ㉡현장작업 감소로 공기단축 ㉢검사 확인 및 관리의 용이성 ㉣구조체 공사의 시스템화. ④특징 ; 성력화·품질 향상·안전성·공기단축·관리 용이·기계화·시스템화.

철근피복(鐵筋被服, cover of reinforcement) : 철근콘크리트구조에서 콘크리트가 철근을 덮고 있는 것 또는 그 두께.

철근피복두께(鐵筋-, covering depth) : ①철근을 콘크리트로 감싼 두께. ②철근 표면과 콘크리트 표면의 최단거리. ③철근피복 목적 ㉠내구성 확보 ㉡부착성 확보 ㉢내화성 ㉣방청성 확보 ㉤콘크리트의 유동성 확보. ④철근이 콘크리트 속에 파묻힌 두께. ㉠흙에 접하지 않는 경우에는 바닥이나 내력벽 이외의 벽은 20㎜, 내력벽·기둥·보인 경우에는 30㎜임. ㉡흙에 접하는 경우 벽·기둥·보·바닥은 40㎜, 기초 및 옹벽은 50㎜임.

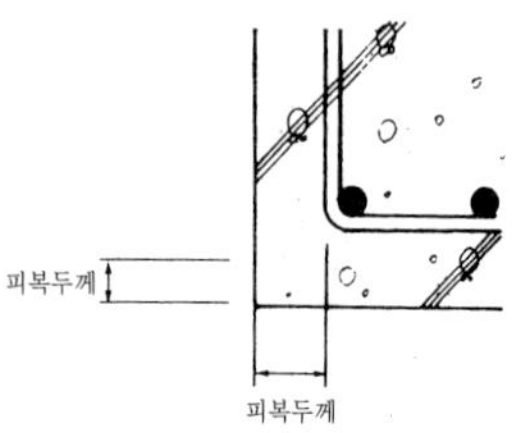

철근의 피복두께

철금속(鐵金屬, ferrous metal) : 철이 주성분인 금속.

철단색(鐵丹色) : ①관용색명으로 어두운 노랑을 띤 빨강. ②먼셀기호 8R3.5/5.

철대(鐵帶) : ⇨철띠(=).

철도목(鐵刀木, iron wood, cassia siamea Lam[학]) : ①콩과의 낙엽활엽수. 버마·태

국에서 야생하는 수종이었으나 필리핀·인도네시아·말레이시아·인도 등 열대 동남아시아 전역에서 식재. ②변재는 백색 또는 담회색, 심재는 농갈색 또는 흑갈색·적갈색으로 심변재의 구분이 뚜렷하며 변재폭이 넓고 목리는 교착하고 나무표면은 거칠고 균일하며 실리카를 함유함. 기건비중 0.84~1.12로 무겁고 용적수축률 14.1%이고 강도는 압축강도 615㎏/㎠, 휨강도 1,520㎏/㎠로 매우 강함. 재질은 강도와 내구성이 매우 크며, 신축·휨·균열이 작음. 공작이 곤란하고, 내구성이 높고, 건조가공성은 불량하고, 표면연삭은 양호하며, 접착과 도장성은 보통. ③실내장식용·고급가구, 고급내장 등에 사용함.

철띠(鐵帶) : ①벽 표면으로 되돌리는 철재 문틀 외곽 부분의 면. ②철대(=).

철망삽입무근콘크리트(鐵網揷入無筋-) : 지반(地盤) 위에 직접 또는 잡석·자갈·모래 다짐 위에 설치하는 콘크리트로서, 다짐바닥과 경미한 무근콘크리트 벽체에 철망이나 가는 철선을 삽입하여 콘크리트의 신축균열 및 그 확대를 방지할 목적으로 사용하고, 사용하는 철근은 지름 4~6㎜, 철망은 #4(4.2㎜), #10(3.4㎜)의 철선을 150㎜ 눈으로 압접 또는 용접한 것을 사용하고, 그 사용량은 2~3㎏/㎡가 표준임.

철망유리(鐵網硫璃, wired glass) : ⇨망입유리(=).

철물(鐵物, hardware) : ⇨하드웨어·금물(=).

철색(鐵色) : ①관용색명으로 아주 어두운 청록. ②먼셀기호 2.5BG2.5/ 2.5.

철심(鐵心, core) : 전자석(電磁石)·유도코일·변압기 등에서 주변의 코일에 흐르는 전류에 기인하여 생성되는 자기장(磁氣場)을 접속하고 강화하기 위하여 사용되는 자성체(磁性體).

철엽(鐵葉) : 대문짝에 고기비늘처럼 박는 쇠.

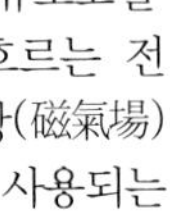
철엽

철정(鐵釘, iron rail) : 나무 등에 박는데 사용하는 쇠로 만든 뾰족한 못.

철제가구(鐵製家具, steel furniture) : ①강철로 제작된 가구. ②르네상스 이후에 소개되었고, 나폴레옹 원정시 접어 운반하기 쉽고 튼튼한 구조의자·테이블·침대·책상 등을 제작하면서 활성화되었음. ③최초의 현대적 강철가구는 1890년대 말 독일의 디자이너 아우구스트 엔델(August Endell)이 제작한 가구임. 그 후 얇고 속이 빈 철제 파이프(tubulate steel) 개발은 구조적·형태상 세련된 철제가구의 생산을 가능케 했으며 2차대전 후 특히 각광받게 되었음.

철제덱킹(鐵製-, metal decking) : ⇨메탈덱킹(=).

철제세공(鐵製細工, ironwork) : 18세기 영국에서 창살·발코니·문·계단·난간동자 등에 철을 사용하여 나타낸 정교한 장식. 19세기 아르누보에 와서는 주형에 의해 철의 형태를 뜨는 방법을 이용하여 더욱 화려한 장식조각의 효과를 낼 수 있었음.

철판(鐵板, iron steel plate, plate steel, iron sheet, steel sheet) : ⇨강판(=).

철평석(鐵平石) : ①안산암(安山岩)의 일종. ②판상(板狀)결이 발달하고, 또 주상(柱狀)결도 있어서 얇은 판으로 채석(採石)하기가 쉽고, 판면(板面)이 장소에 따라 적·청·갈색 등 색채가 다양함. 내압강도가 크고 내화성이 있음. ③건축용으로는 징두리·테라스·욕실·평지붕 등에 사용.

철형여담(凸形女墻) : 위를 볼록하게 쌓은 여담.

첨가제(添加劑) : ⇨혼화제.

첨계상석(檐階床石) : ⇨박석.

첨금철(添金鐵) : 동계 벽선의 돌쩌귀 구멍에 박는 쇠.

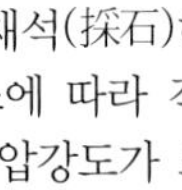
첨금철

첨댓돌 : ⇨섬돌·댓돌(=).

첨두아치(尖頭穹窿, pointed arch) : ①고딕양식에서 스팬(span)에 같은 길이의 반경을 가진 두 개의 호(弧)로 이루어지고 정점(頂點)이 뾰족한 아치. ②스팬의 길이와

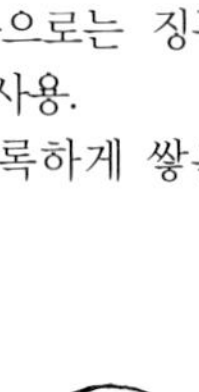
첨두아치

같은 반지름을 가진 2개의 원호(圓弧)를 합쳐 아치머리가 뾰족한 아치 및 그 변형. ③랜싯 아치(lancet arch)와 튜더 아치(tudor arch)는 첨두아치의 변형임. ④경쾌한 반면 엄숙한 분위기의 의장효과가 있음. ⑤⇨아치·뾰족아치·프슈도아치(=).

첨성대(瞻星臺, The Arstronomical Observatory, star observatory) : 신라 선덕여왕 때 건립한 것으로 동양 최고의 유물임. 높이 약 9m. 국보 제31호.

첨예아치(尖銳穹窿) : ⇨랜싯아치(=).

첨주(檐柱) : ①의식을 치를 때 대청에 이어 마루를 덧붙여 놓는데 쓰이는 기둥. ②외주·보첩기둥(=).

첨차 [1](ancon ancone) : ①문이나 창문 위의 돌림띠. ②엔태블러처(entablature)를 받치는 소용돌이 모양의 브래킷. ③수평장식용 까치발.

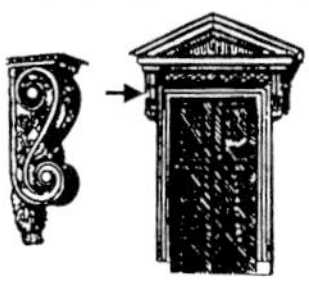

첨차

첨차 [2](瞻遮, 檐遮, 添差, bracket arm) : ① 도리방향에 평행하고 촛가지에 직각으로 짜이는 나무. ②살미와 십자로 짜이는 도리방향 공포부재의 통칭. ③소로나 첨차 따위를 받치려고 가로놓인 나무. ④공포(貢包)의 구성재로 주두 또는 소로(小累) 위에 얹혀 도리방향으로 십자맞춤이 되는 짧은 말발굽 형태의 부재. ⑤삼포 이상의 집에 있는 꾸밈새. 첨차는 주심선상에도 놓이지만 포작계열의 출목이 있는 공포에서는 출목선상에도 놓임. 조선시대 다포에서는 첨차와 살미가 같은 만두모양의 교두형인데 첨차와 같음. 봉정사 극락전의 첨차는 양단 마구리는 직절(直截)해서 통일신라시대의 첨차와 같은데 밑은 연화두 장식을 한 고려 양식임. 즉 통일신라와 고려의 절충적 양식임. 대부분 첨차는 아래첨차가 위첨차보다 작기 때문에 아래첨차를 소첨차, 위의 것을 대첨차라고 함. 종류는 위치에 따라 주심첨차(柱心檐遮)와 출목첨차(出目檐遮)로, 크기에 따라 대첨차(大檐遮)와 소첨차(小檐遮)로 안팎에 따라 내출목첨차(內出目檐遮)와 외출목첨차(外出目檐遮)로, 그밖에 특수한 첨차로 병첨(竝檐) 또는 도매첨(都每檐), 형태 및 모양에 따라 원호형첨차(圓弧形檐遮)·운형첨차(雲形檐遮)·연화두첨차(蓮花頭檐遮) 등으로 구분함.

첨탑(尖塔, minaret, spire, steeple) : ⇨미너렛·스파이어·스티플(=).

첨탑아치(尖塔穹窿, pointed arch) : ⇨첨두아치(=).

청각(聽覺, sensation of hearing) : 음파를 지각하는 신체의 생리적인 기구. 음파가 귀에 도달하면 외이(外耳)·중이(中耳)·내이(內耳)를 거쳐 대뇌(大腦)로 전달되며, 그 사이의 청신경(聽神經)에 의해 음을 지각함.

청각기관(聽覺器官, hearing) : 소리가 감지되는 감각기관으로 내이·중이·외이와 물리작용이 지각신호로 바뀌는 신경 및 대뇌작용을 모두 포함함.

청각표시(聽覺表示, auditory display) : 사람과 기계로부터 정보를 전달받는 음성 표시 방법.

청각피로(聽覺疲勞, auditory fatigue) : 큰 소리에 장시간 노출됨으로써 발생되는 정신적·물리적 피로.

청감보정회로(聽感補正回路) : ①소음계(騷音計)의 지시값이 귀의 감각과 비슷한 주파수 응답(response)으로 되는 회로. ②인간의 귀에 느껴지는 소음의 크기를 개략적으로 측정하기 위한 국제적으로 규격화된 A특성 소음계. 이것은 A·B·C·D 네 가지

청감보정 특성 및 용도

비고 \ 내용		신호보정	용 도	비 고
보정	A특성	낮은 음압대	일반적으로 많이 이용	인간의 귀의 특성과 밀접
	B특성	중간 음압대	거의 사용하지 않음	
	C측성	높은 음압대	소음등급 평가, 물리적 특성 파악시 이용	전주파수에서 평탄
	D특성	높은 음압대	항공기 소음 평가용	
무보정	Linear	없음	물리적 특성 파악	

특성이 있으며, A는 40폰(phon), B는 70폰, C는 90폰의 등감(等感)곡선에 가깝도록 정한 것임.

청곡사대웅전(青谷寺大雄殿) : ①경상남도 유형문화재 51호, 경남 진주시 근산면 갈전리에 위치, 신라 헌강왕5년(879년) 창건, 광해4년(1613년) 중창, 19세기 중수. ② 정면 3칸, 우측면 2칸, 좌측면 3칸으로 서로 다름. 정면과 우측면에는 2구씩의 공간포가 배열되었고, 좌측은 1구씩 공간포를 둠. 다포계 팔작집으로 고주가 없는 5량 구조, 장대석 기단 위로 덤벙주초, 기둥은 다포계에서 잘 나타나지 않는 배흘림. 2출목, 정면에 원형 활주와 후면에 8각 활주로 처마를 받침. 정면 활주에 주두 모양의 받침을 두어 추녀를 받치고 있음. 팔작지붕에는 잘 나타나지 않는 횡력에 대한 보강재 없이 공포만을 짜올려 중도리에 연결하여 원래 맞배지붕으로 추정됨. 조선 중기 건축의 특징과 중수과정에서 변형이 혼재됨.

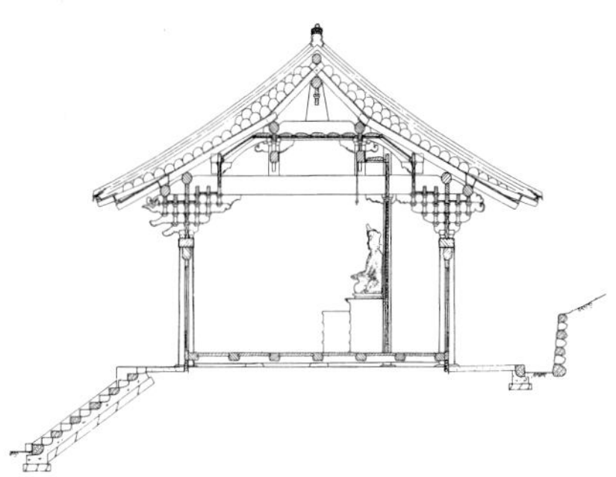

청곡사대웅전 단면도

청공광(青空光, clear sky light, blue sky light) : 맑은 날씨의 푸른 하늘(青空)에서 오는 빛.

청구율(請求率, billing rates) : 고객에게 제공한 서비스에 대한 보수 청구기준으로 디자이너 보수·각종 혜택·일반비용·이익을 결합한 비율로 책정함.

청기사(青騎士, Der Blaue Reiter[독]) : 바실리 칸딘스키(Wassily Kandinsky : 1866~1944)에 의하면, 그룹의 구성원 모두가 청색을 애호하며, 더욱이 마르크가 말(Horse)을, 칸딘스키는 기사(騎士)를 각각 좋아하여 이 명칭을 붙였다고 함. 1911년 당시에 막케(August Macke : 1887~1914)·마르크(Franz Marc : 1880~1916)·칸딘스키가 결성하고, 나중에 파울 클레(Paul Klee : 1879~1940)가 참가한 이 그룹은 독일에서 가장 중요한 전위그룹이었음. 이후 1924년 3월에 칸딘스키와 클레·파이닝거(Lyonel Feininger:1871~1956)·야블렌스키(Alexei Jawlensky : 1864~1941)는 블루 포(Blue Four)라는 그룹을 결성하였음.

청기와(青蓋瓦, glazed roofing tile) : ①점토기와에 유약을 칠하여 구어 만든 기와. ②청색의 연유(鉛釉)를 칠하여 구워 만든 기와. ③오지기와(=).

청기와장수(青蓋瓦-) : 비법이나 기술 따위를 자기만 알고 남에게는 알려주지 않는 사람.

청동(青銅, bronze) : ①과거에는 구리(銅, Cu)와 주석(朱錫, Sn)을 주성분으로 하는 합금이며, 아연(Zn)이나 납(Pb) 또는 철(Fe)이 약간 섞인 여러 가지 합금을 의미했지만, 오늘날에는 주석이 조금 있거나 거의 없이 구리가 주성분인 여러 가지 합금을 말함. 이를 구분하기 위해 청동 또는 주석청동의 2종류로 구분해서 부름. 기본적으로 구리와 주석으로 된 합금. ②일반적으로 동에 주석 5~12%를 합금한 것으로서 청동의 색깔은 주석의 함유량에 따라 변함. 즉 주석 5%까지는 동적색(銅赤色)으로 나타나고, 주석량이 증가함에 따라 황색을 띠며, 주석 15%의 합금은 등황색(橙黄色)을 띠게 됨. 주석량이 더욱 증가하게 되면 백색을 띠고, 25%의 주석을 함유할 경우 창백황색(蒼白黄色)이 됨. 주석이 10% 정도 함유된 포금의 비중은 8.8%이고 열전도율은 0.099cal/cm·sec℃ 정도. 주석을 10% 정도 포함한 것을 포금(砲金, gun metal)이라 하고, 밸브나 문 등의 제작용 재료로 많이 사용됨. 주조재·판재(板材)·선재(線材) 등에 쓰고, 강도 및 내식성이 크고 주조성이 좋으며 표면은 아름다운 색깔을 지니고 있어서 주로 건축물의 장식부품이나 인테리어용 장식철구 또는 미술공예재료로 사용됨. 특히 대기 중에서 내식성이 강하므로 지붕 마감재 및 옥외 장식재로 많이 사용됨. ③원래 고대 그리스와 로마·중국과 아프리카에서는 조각상의 혼합금속으로서, 오래되면 화학적 반응을 일으켜 녹(patina)이라는 아름다운 푸른 색조의 광택이 있는 표면을 띠게 됨. 15세기부터 조각의 주조를 위해 사용되던 재료임.

청동색(靑銅色, bronze) : ①청동색이 낀 구릿빛. ②브론즈(≒).

청력장애(聽力障碍, hearing defect) : 청각기능이 비정상적인 상태(難聽狀態)를 말함. 일시적인 난청·영구적인 난청·노인성 난청이 있음.

청록색(靑綠色, blue green, bluish green) : ①녹색과 파랑의 중간 정도의 색으로 푸른빛을 띤 녹색. 관용색명으로 칙칙한 녹색. ②먼셀기호 4G5/4.5.

청방(廳枋) : 다락집 귀틀 아래에 댄 굵은 나무.

청변(靑變) : ⇨청부(=).

청부(靑腐) : ①목재의 변재부가 청색으로 변하는 것. ②목재의 강도에 거의 영향을 미치지 못함.

청사진(靑寫眞, print) : 건설현장에서 작업자들이 사용하는 건축도면으로 원(原)도면을 프린트하면 청색 배경에 흰색선으로 바뀌어 전사되는 도면 또는 사진법을 말함.

청색[1](靑色) : 파랑 기미가 있는 색.

청색[2](淸色, clear color) : ①가장 깨끗한 색가(色價)를 지니고 있는 순도(純度), 즉 채도가 가장 높은 색. ②명도가 맑고 밝은 색을 말함. ③색상의 순색에 무채색의 포함량이 많으면 채도가 낮아지고, 적으면 채도가 높아짐. ④청색 중에서도 채도가 가장 높은 색. 무채색의 포함량이 가장 적은 색을 순색(pure color)이라고 함. ⇨채도.

청석(靑石, blue stone) : 푸른 기가 도는 점토질 사암.

청석집(靑石-) : ⇨돌기와집(=).

청소구(淸掃口, clean out, cleaning) : ①관이 막혔을 경우 점검수리를 위해 또는 배관이나 기기류의 내부를 청소하기 위해 굴곡부 및 분기점에 만든 점검구(點檢口). ②청소구를 필요로 하는 위치는 ㉠가옥 배수관과 부지 하수관이 접속되는 곳, ㉡배수 수직관의 최하단부, ㉢수평지관의 최상단부, ㉣가옥 배수수평주관의 기점, ㉤배관이 45° 이상의 각도로 구부러진 곳, ㉥관경 100㎜ 이하에서는 수평관의 직진거리 15m 이내마다, 100㎜ 이상의 관에서는 직진거리 30m 이내마다 설치, ㉦각종 트랩 및 기타 배관상, 특히 필요한 곳.

청소로 : ⇨청소루(=).

청소루(廳小累) : ①첨차와 살미가 사거리처럼 교차되는 곳에 놓이는 사갈소로(四乫小累)의 다른 말. ②청소로(=).

청소용 싱크(淸掃用-, service sink) : ⇨서비스싱크(=).

청야(聽野, auditory sensation area) : 최소 가청치(最小可聽値)와 최소 촉각치(最小觸覺値)를 이은 특정구역.

청열포성(靑熱包性, blue shortness) : ①강이 200~500℃ 정도에서 신율(伸率)이 가장 작게 되는 성질. ②⇨적열포성.

청유리와(靑琉璃瓦) : ⇨유리와(=).

청자색(靑磁色, celadon) : ①원래 청자(靑瓷)와 같은 색이라는 의미로 푸른빛을 띤 밝은 녹색. 관용색명으로 칙칙한 빨강 띤 녹색. ②먼셀기호 7.5G6.5/4.

청죽색(靑竹色) : ①관용색명으로 칙칙한 청록. ②먼셀기호 2.5BG5/6.5.

청천(晴天, clear sky) : ⇨청천공(=).

청천공(晴天空, clear sky) : ①구름이 없는 맑은 날씨의 하늘. ②태양은 가려지지 않았고 운량(雲量)이 30~70%인 천공. ③CIE 표준 청천공은 태양 근처의 휘도가 최대이고, 태양으로부터 90°인 지점의 휘도가 최소가 됨. ④담천공(⇔).

청판(廳板) : ①마루에 까는 널(마룻널). ②널의 통칭. ③마루청에 까는 네모지고 두툼한 짧거나 긴 널빤지. ④단청판·장천판(=).

청판돌(廳板石) : 돌다리의 청판돌을 받드는 귀틀돌.

청황색맹(靑黃色盲) : ①청·황이 느껴지지 않는 색각 이상자. ②청황색맹은 희귀하지만 이 색맹이 있다고 하는 것이 주목됨.

체가름(sieving, sieve analysis) : 골재의 입도(粒度)분포를 알기 위해 또는 입도의 크기에 따라 분류하기 위해 체질하는 것.

체감률(遞減率, successive diminution ratio) : 탑신(塔身)이 층에 따라 위로 올라가면서 그 높이와 너비가 줄어드는 비율.

체감선(遞減線) : ①각 층의 지붕돌 끝을 이은 가상의 선. ②체감선은 직선이 아니라 약간 휘어진 곡선을 이루며, 체감률과 곡선의 만곡도에 따라 석탑의 형상이 결정됨.

체감온도(體感溫度, sensory temperature) : 인체가 기온 외에 바람·방사열·습도 등의 영향으로 인해 실제로 느끼는 온도.

체계(體系, system) : 공동의 목적을 달성하기 위해 하나의 복합적인 전체를 형성하고 상호 작용하여 서로 연관되거나 상호의존적인 사물이나 부분.

체계적 설계접근(體系的設計接近, systematic design) : 직감적·영감적이 아닌 합리적이고 논리적으로 변수를 분석하거나 조합하는 등의 문제해결 과정을 면밀하게 단계적으로 설계를 진행하는 것.

체계적 접근방법(體系的接近方法, systematic approach) : ①과학적 방법의 체계적인 틀과 기법들을 의사결정 단계에 적용하는 방법. ②객관적이고 합리적이며, 형식적이고 논리적인 방법으로 진행될 수 있는 접근방식. ③모든 설계의 전개 및 진행과정을 다른 사람이 보아도 알 수 있는 형태이며, 엄격한 스텝 바이 스텝(step-by-step)으로 순차적·연속적으로 진행되어 단계적 정보처리 과정을 통해 누락부분을 최소화할 수 있는 기법. ④특징은 목표 변수평가에 대한 기준이 미리 설정되어야 하며, 최적치의 선정 및 보완과 피드백(feed back) 과정을 통해 진행되는 방법. ⇨직관적 접근방법(⇔).

체류시간(滯留時間) : 건축시설 내로 사람이나 차량이 들어간 후 다시 나올 때까지의 시간.

체류율(滯留率) : 최대 체류인원을 총 이용인원으로 나눈 값. 즉 최대 체류인원÷총 이용인원임.

체르너착시(-錯視, Zöller illusion) : ⇨각도의 착시(=). ⇨방향의 착시(=).

체르너착시

체르토시나(certosina[이]) : ①초기 르네상스시대의 롬바르디아 지방에서 상아를 가지고 상감한 가구양식. ②모자이크 상감형식으로 어두운 배경 위에 대리석·상아·금속 또는 밝은 나무 같은 재료를 새겨 넣는 기법. 작은 기하학적 패턴을 새겨 넣는 상감세공(intarsia)의 형태로서 이탈리아 르네상스시대에 롬바르디와 베니스에서 유행됨. 이러한 기법은 상감작업에 탁월한 카르투시안(Carthusian) 승려들에서 유래되어 '카르토시오양식'이라고도 함.

체리목(-木, cherry wood) : ⇨벚나무(=).

체리우드(cherry wood) : ⇨벚나무(=).

체목(體木, structural timber) : ①건축물의 뼈대가 되는 목재. ②보통 100~150㎜ 각재로서 기둥·도리·보 등의 건물 뼈대로 쓰이는 목재.

체비지(替費地, city-owned land for auction) : 토지구획정리사업의 시행자가 그 사업에 필요한 자금을 조달하기 위해 환지(換地)계획에서 제외하고 유보해 둔 땅. 토지구획정리사업의 사업비용을 충당하기 위하여 사업시행자가 토지 소유주로부터 토지의 일부를 취득한 땅으로서, 감보율에 의해 그 면적이 확보됨.

체스카(chesca, 1927~1928) : ①브로이어(Marcel Breuer : 1902~1981)가 금속 파이프의 탄성을 교묘하게 살린 작품으로서 유명한 의자. ②체스카는 재판의 판결에서는 마트 스탐(Mart Stam : 1899~1986) 작이 되어 바우하우스의 동료였던 두 사람을 괴롭혔음.

체스터필드(chesterfield) : ①속을 두툼하게 넣고 육중하게 직물로 씌운 카우치(couch) 또는 소파(sofa). ②소파의 안락감(cushion)을 양호하게 하기 위하여 솜·스펀지·스프링 등을 채워 천으로 감싼 소파를 말함. 팔걸이와 등판이 연속되어 높이가 동일하며, 등받이의 윤곽이 소용돌이선으로 말려진 형태로 되어 있는 대형 의자로 빅토리아시대에 주로 클럽이나 끽연실에서 사용되었음.

체스터필드

체스트(chest) : ①의류나 귀중품 및 소품 등을 수납하는 뚜껑달린 목제의 직사각형 상자(궤). 수납기능뿐만 아니라 의자와 테이블의 기능, 심지어는 짚을 넣어 만든 요(palliasse)를 깔면 침대의 기능도 할 수 있었음. ②원래는 천연 그대로의 나무를 조각하여 만든 상자에 불과했지만 점차 아르모아르(armoires)나 클로젯(closet)·허치(hutches) 같은 옷장(wardrobes)으로 발전되어 갔고, 다른 한편으로는 로 보이(lowboy)이지만 하이 보이(highboy)·서랍장·찬장과 같은 형태로 변천되었음. 16세기와 17세기 동안에 체스트와 카손느(cassone)는 일반적인 장식품이었지만 18세기에 들어서는 하이 보이나 찬장처럼 덩치가 큰 가구들이, 특히 미국에서 널리 쓰였음. 육중한 스타일의 조각장식이 윌리엄 앤드 메리, 퀸 앤시대의 정교하고 우아한 조각장식을 대신하여 이용되었음. 이러한 경향은 17, 18세기에 생산된 서랍장이나 옷장, 아르모아르에 잘 반영되어 나타남. 이처럼 큰 가구들은 오늘날 현대화된 아파트에서 비실용적이기 때문에 현재 대부분의 방에는 붙박이 수납공간이 설치되어 있음. 중세에는 중요한 가구의 하나였으며, 17세기 중엽에는 서랍이 달린 체스트(chest of drawer)를 사용했음. ⇨코퍼(=). ⇨키보토스.

체스트온체스트(chest on chest) : 서랍이 달린 체스트가 두 부분으로 이루어져 한 부분이 다른 한 부분 위에 얹힌 것.

체압분포(體壓分布, distribution of body pressure) : 인체계가구인 의자에 앉거나 침대에 누웠을 때의 지지면에서 체압이 분포하는 상태.

체어(chair) : ①1인용 의자를 말함. ②배근 철근을 콘크리트 타설 전 또는 타설 중에 적절한 위치를 유지시켜 주는 철물을 말함.

체어레일(chair rail) : ①의자의 등받이에 의해 벽 표면이 손상되는 것을 방지하기 위하여 의자 등받이 높이로 내부 벽면에 따라 설치된 수평몰딩. ②의자에 벽이 상하지 않도록 벽에 댄 긴 판자 또는 중인방(中引枋). ③벽면이 스쳐서 벗겨지거나 다른 방법으로 손상되는 것을 방지하기 위하여 설치된 징두리벽(dado)의 가장 윗부분.

체어베드(chair bed) : 긴 의자 겸용 침대.

체어테이블(chair table) : 원형이나 타원형 또는 사각형의 등받이가 팔걸이 뒷면에 경첩으로 부착되어 있는 의자. 등받이를 앞으로 당겨 팔걸이 위에 놓으면 테이블로 전환. 중세 후기부터 18세기에 이르기까지 유럽에서 제작·사용되었음.

체어테이블

체이스(chase) : ①홈·덕트·파이프·전선 등을 넣기 위한 건물벽 안의 수직공간. ②금속 표면 위를 두드려서 돋을무늬로 조각 장식하는 작업.

체이스로그식 의자(-式椅子, chaise longue type long chair) : '영국은 할 수 있다(Britain Can Make It)' 전시회에 출품·전시되었고, 전쟁 때 만들어졌음에도 불구하고 미래지향적인 것으로 전쟁이 진행되고 있었을 때 팽창식의 기술을 개발해서 만든 볼륨감 있는 긴 의자. 1960년대 짧게 성공을 누렸던 투명한 PVC의자의 전조가 되었음.

체이스롱(chase long) : 등받이가 있는 긴 의자.

체이스머티스(chase mortise) : 장부가 측면으로 미끄러져 삽입되도록 좁은 면을 갖고 있는 숨은 장부구멍.

체인도어파스너(chain door fastener, door chain) : 실내에서 문을 잠그는데 사용하는 체인 달린 철물. 체인의 길이가 짧아 문이 약간 열리고 찾아온 사람을 확인할 수 있는 정도.

체인스토어(chain store) : ⇨체인점(=).

체인점(-店, chain store) : 슈퍼·전문점 등으로 인구밀집지역에 표준화된 상점을 만들고, 본부에서 집중관리하여 효율화를 추구하는 소매업.

체인지마스터스(change masters) : 경영환경의 변화를 누구보다도 빨리 간파하고, 그에 대응하는 적절한 기업변혁을 추진하는 사람 또는 조직.

체질안료(體質顔料, filler) : ①천연석이나 백색점토를 그대로 분쇄하거나 열처리 등의 가공 후 분쇄한 것. 분쇄 후 체여과를 하여 입자를 고르게 함. 무기안료의 일종으로 무색투명하며 도료의 착색과는 무관함. 안료는 아니지만 다른 안료와 같은 성질과 성능이 있으므로 다른 안료와 같이 증량제(增量劑)와 충진제(充盡劑)로 사용됨. 체질안료의 명칭은 원석의 산지·조성·가공법 등에 의해 붙여짐. ②종류에는 탈크·탄산칼슘·실리카(Silica)·클레이(Clay)·산성백토·돌로마이트(Dolomite)·블랭크 픽스(Blanc Fixe)·바라이트·침강성 유산(沈降性硫酸)바륨·침강성 탄산칼슘·백아(白亞)·알루미나백·규석분 벤토나이트·활석분 등이 있음. 수지바니시와 연육할 때의 유동성(점도) 등의 거동이 크게 다르므로 도료의 종류에 따라 신중하게 선택되고 있음. ③도료·고무·종이 등의 제조에 사용되고, 도료의 성분에 쓰이는 체질안료에는 다음과 같은 기능이 요구됨. ㉠도료막을 보호하고 강한 성질을 부여함. ㉡도료막의 살오름을 좋게 하여 평활성을 줌. ㉢마감상태에서 광택 소실 효과를 줌. ㉣점성을 조절하거나 중량에 의해 가격을 낮추는 효과를 줌.

체커(checker) : 사각형의 반복으로 구성되는 표시 및 장식.

체커보드(checkerboard) : 밝은 색과 어두운 색의 사각형이 번갈아 반복되는 양식.

체크(check) : ①목재에 갈라지거나 금이 간 것으로 급속히 건조되어 일어나는 현상. ②갑자기 냉각되어 일어나는 금속의 실금(crack). ③도어체크(door check) 같이 제한된 움직임을 주는 접착장치. ④지붕창(dormer window)의 옆 부분. ⑤문이나 출입구의 양 기둥.

체크무늬(check pattern) : ⇨체커(=).

체크무늬형태(-形態, checkered form) : 체크무늬 형태는 서로 다른 색채로 나누어진 체크나 사각형의 패턴으로 만들어지며, 서로 다른 재료의 체크나 사각형의 패턴에 의해 다채롭게 구성됨.

체크밸브(check valve) : ①유체(액체나 가스)의 흐름을 한쪽 방향으로만 흐르게 하고 반대방향으로는 흐르지 못하게 하는 밸브. ②재질의 동체는 주철제·밸브 시트는 포금제의 것이 많음. ③밸브의 작동방식에 따라 스윙형(swing type)과 리프트형(lift type)이 있음. ㉠스윙형 ; 밸브가 스윙식으로 장착되어 한쪽으로만 열리도록 되어 있으며, 수평·수직배관에 모두 사용할 수 있음. ㉡리프트형 ; 상하로 움직이는 밸브 본체가 아래로부터의 수압에 의해서만 밀려올라가며, 이 수압이 없어지면 밸브는 자중 때문에 내려앉아 자동적으로 반대방향의 흐름을 지지함. 또한 구조상 수평으로 놓지 않으면 움직이지 않게 되어 있으므로 수평배관에만 사용해야 함.

체크시트(check sheet) : ①시공의 품질관리를 위한 통계수법의 하나. ②불량수·결점수 등 셀 수 있는 데이터를 분류하여 항목별로 나누었을 때 어디에 집중되어 있는가를 알기 쉽게 한 그림 또는 표. ③이 방법을 적용할 때는 목적을 정확히 하여 데이터의 분류항목을 요령 있게 결정하는 것이 중요함. ④기록에서 직접 불량수·결점수 등 분포의 판단이 가능하며, 다른 그림과 조합하여 부적합의 원인 발견에 이용됨.

체크아웃(check-out) : 호텔 등의 객실 사용을 마치고 행하는 퇴실 절차. ⇨체크인(⇔).

체크인(check-in) : 호텔 등의 객실 사용을 위해 행하는 숙박 절차. ⇨체크아웃(⇔).

첼시자기(-磁器, Chelsea porcelain) : 영국 첼시에서 1732년경 처음 제조된 부드러운 점토로 만든 도자기. 영국에서 가장 우수한 도자기로 델프트(delft) 도기에 사용된 것과 유사한 산화주석의 유약으로 만들었으며, 가마 속에서의 붕괴 위험을 감소시키는 골회분(bone ash)을 함유함. 깊은 청색과 금색이 주조색으로 향수병·인형·동물·꽃·새 등과 전통적인 테이블 웨어(table ware)를 제작한 이 공장은 1779년 더비(Derby)공장과 합병되었음.

초(草) : ①공포 따위를 꽃모양으로 꾸민 것. ②공포의 내외에서 살미(山彌) 끝이 초각(草刻)으로 된 것. ③도리에 직교방향으로 거는 익공·쇠서에 초엽무늬를 새긴 것. ④공포 안팎의 쇠서가 꽃모양으로 새김질을 한 것. ⑤공포의 내외에서 산륵 끝이 초각된 것으로 경사재의 양 옆에 귀서까래와 선자서까래가 붙어 있음. ⑥보통 '초가지'라고 함.

초가리기와 : ①목부재 끝마구리에 붙이는 치장용기와 중앙에 못 구멍이 있음. ②연목·부연·추녀·사래 끝면에 붙임.

초가삼간(草家三間) : ①초가로 지붕을 잇고 방 2칸과 대청 1칸으로 이어진 3칸짜리 집. ②안방 옆으로 부엌이 딸려 있지만 부엌은 대부분 간수에 포함시키지 않음.

초가지(草花枝) : ⇨초(=).

초가지붕 : ⇨초가집(=).

초가집(草家) : ①지붕 재료에 의한 전통민가 유형의 하나. ②지붕을 볏짚으로 이은 집. ③볏짚으로 엮은 이엉을 지붕에 덮고 용마루에 용마름 또는 곱새라고 하는 용구새를 얹어 마무리짓는 집. ④일반 백성들의 주택으로 기본 뼈대는 대부분 우진각지붕과 때로 맞배지붕을 이룸. ⑤농촌·어촌 등의 집들은 대부분 볏짚으로 지붕을 이었는데, 추수가 끝난 후 다시 이엉을 함.

초각(草刻) : ①당초(唐草)무늬를 새긴 것. ②가볍게 파되 선각(線刻)도 아니고 부조(浮彫)도 아닌 상태로 조각칼을 뉘어 파는 방법. ③꽃모양으로 새긴 것. ④파련각(=).

초각두(草刻頭) : 초엽무늬 따위를 새겨 꾸민 부재의 끝머리.

초각첨차(草刻檐遮) : 끝머리 부분이나 면에 초새김질을 한 첨차.

초감각주의(超感覺主義, super sensualism) : ①1972년 이탈리아에서 개최된 "New Domestic Landscape Show"에 참여한 디자이너에 의해 표출되었으며, 익명(匿名)과 반복(反復)에 대한 강조에 있어서는 후기모더니즘(Late Modernism) 경향이지만 은유나 풍자에 대한 관심으로 보아서는 포스트모더니즘(Post Modernism)경향을 나타냄. ②이 사상은 부분적으로는 맥시즘(Marxism)적인 논법과 포스트 인더스트리얼(Post Industral)적인 사회적 관점을 기본으로 하고 있음. ③나탈린(Florentin adolfo Natalin)이 주도하는 슈퍼 스튜디어(Super Studio)와 아키준(Archizoon)에 의해 편집되는 잡지 'IN'에 의해 발표됨. ④'도시의 제거'와 '작업의 소멸'이라는 철학과 'No-Stop-City계획안'이 나옴.

초거대도시(超巨大都市) : ⇨메가로폴리스(=).

초경량불연보드(超輕量不燃-) : 난연성 특수 펄프에 유리섬유를 50% 혼합한 무기질계 섬유.

초경벽지(草莖壁紙) : 갈포·완포·완심·황마·아바카 등으로 만든 벽지로 자연적인 감각과 방음효과가 우수한 수공예벽지. 갈포벽지가 주종을 이루어 갈포벽지라고도 함. ⇨갈포벽지(=).

초고출력램프(超高出力-) : ⇨고출력 형광램프

초고층건물(超高層建物) : 일반적으로 16층 이상의 공동주택(아파트)을 말함. 6층 이상을 고층, 그 이하를 저층이라고 함.

초공(草栱) : ①도리받침 장여와 직교되어 짜이고, 도리가 좌우로 구르지 않도록 고정하는 부재. ②종량의 끝이 도리 및 장여와 짜일 때 도리가 구르지 않게 하고 그 끝머리에 초각하는 것. ③초각하여 끼우는 재의 총칭. ④승두(=).

초기기독교건축(初期基督教建築, Early Christian architecture) : ①AD 313년 콘스탄티누스 대제에 의해 기독교가 국교로 공인되면서부터 AD 800년 샤를마뉴대제에 서로마제국의 황제로서 대관식까지에 걸친 건축의 마지막 단계. 회중집회 예배를 위해 계획된 성장, 특히 바실리카양식으로 특징지을 수 있음. 서로 관련이 있는 비잔틴 건축과 동시에 등장했음. ②로마시대의 공공건물이었던 바실리카(Basilica)를 교회건물로 전용(轉用) 바실리카교회는 중세 교회건축의 원형(原型, protype)으로서 로마네스크양식을 거쳐 고딕양식에 이르러 완성함. ③재료나 구조에 있어서 새로운 기술이 개발되지 못하여 로마의 건축양식을 그대로 계승. ④로마에서 사용되었던 두 가지 구조방식을 지속적으로 사용. 즉 기둥과 보에 의한 가구식구조(架構式構造)와 기둥과 아치에 의한 아케이드 구법(構法). ⑤실내장식은 새로운 색채의 효과를 이용하였으며, 모자이크를 사용하여 벽과 천장을 장식함.

초기르네상스양식(初期-様式, Early Renaissance style, quattrocento[이]) : ①1400~1500년간 고딕양식과 고전양식의 부활 사이에 과도기 양식으로 건축형태와 장식물·가구 및 기타 예술에 고딕과 고전양식의 병행이 보임. ②15세기에 발전된 이탈리아 미술과 건축양식을 말함. 명암대조법(chiaroscuro)과 건축에서 고전주의적 디테일의 자유롭고도 창조적인 사용이 특징적임. ③프랑스 초기르네상스양식(1484~1547)은 고딕 가구의 구조적인 형태와 르네상스의 건축적 장식이 복합된 성격으로 나타났음. 중세 양식이 남아 있으므로 투박하고 육중한 모습을 지니고 있고, 가장 일반적으로 사용된 초목 넝쿨 잎 장식(gadrooning)과 아라베스크 문양과 같은 이탈리아풍의 장식 요소가 고딕 형태의 가구와 결합하였음.

초기미국양식(初期美國様式, Early American style) : ①초기 미국 식민지 양식으로 주로 1650년에서 1720년 사이에 미국 뉴잉글랜드 지방을 중심으로 한 예술·건축·가구에 나타난 디자인 양식. ②이 시기의 식민지들은 그들이 이주해온 각 나라의 양식을 단순하게 변조하여 주택이나 가구를 만듦. 눈이 많은 삼림지대이기 때문에 초기에는 경사가 심한 지붕과 판자를 댄 외벽을 한 목조 단층집이었으며, 회반죽 내벽에 작은 창과 큰 대들보가 눈에 띄는 천장으로 마무리하였고, 추위를 견디기 위한 난로와 침대 퀼트가 있었음. 처음에는 경제적·기술적 문제로 단순하게 만들었으나, 장인기술이 발달한 후에도 간편하고 단순한 특성을 그대로 지녔음. 디자인의 원형은 주로 영국의 자코비안(Jacobean) 양식과 윌리엄과 메리(William and Mary)양식이었으며, 뉴욕에서는 독일의 영향도 강하게 나타났음. 목재는 주로 소나무·참나무·단풍나무 등의 흔한 재료를 사용했고, 직물은 채색한 목면인 친즈(chintze)를, 바닥에는 캔버스나 삼베를 바탕으로 한 고리형 러그(hooked rug)를 즐겨 사용하였고, 색채는 전체적으로 밝고 화려했음.

초기미국양식

초기영국양식(初期英國様式, Early English style) : 영국 고딕건축 발전의 3단계 중 첫 번째 단계. 12세기 후반부터 14세기 초기까지의 양식으로 란싯(lancet ; 첨두아치의 일종인 란싯아치로 된 창)식 창문과 플레이트 트레이서리가 특징이며, 솔즈베리

대성당(13세기)이 대표적임.

초기영국양식

초기조지안양식(初期-樣式, Early Georgean style) : 1714~1750년간의 마호가니 나무의 시대. 앤 여왕시대의 가구보다 일반적으로 꽃무늬로 된 부착장식이 많아지고 자연스런 나뭇결 사용이 더욱 유행하고 구조적인 면에서 더욱 중후해졌음. 특히 장식 부분에는 사자의 머리가 1725년 경부터 많이 사용됨. 이 시기를 전후로 동양의 요소와 옻칠은 그 영향이 사라지고 고전적인 건축장식의 소개와 함께 가구의 구조적 형태에서 곡선의 점진적인 곡선장식이 배제됨. 이 시대의 가장 특징적인 가구는 치펜데일(Chippendale) 가구의 등장임. 특히 중국의 가구양식을 모방한 작품에는 차이니즈 치펜데일(Chinese Chippendale)이라는 독특한 명칭을 사용하였음.

초기프랑스건축(初期佛國建築, Early French style) : 프랑스 고딕건축 발전의 3단계 중 첫 번째 단계. 첨두아치와 기하학적 모양의 트레이서리(tracery)가 특징.

초기화(初期化, initiation) : 디자인 과정에서 문제를 파악하고 문제의 사회적·경제적·물리적 맥락을 확인하는 작업.

초련대패 : ①대패질을 처음 할 때 쓰는 대패. ②거친 나무 따위를 처음으로 깎을 때 쓰는 대패. ③막대패·거친대패(=).

초례(醮禮) : 관례(冠禮)에서 삼가(三加) 다음에 술을 마시는 절차. 빈(賓 : 관례를 주관하는 사람)이 관자(冠者 : 관례의 주인공)에게 축사를 하고 잔을 권하면 관자는 2번 절하고 자리에 올라 남향하여 잔을 받음. 빈이 자리에 가서 답배하면 관자는 자리 앞으로 나아가 제주(祭酒)한 다음 자리에서 술맛을 보고 찬자(贊者 : 관례를 돕는 사람)에게 잔을 돌려주고 빈에게 2번 절함. 관자가 또 찬자에게 절하면 찬자는 답배(答拜)함.

초례청(醮禮廳) : ①초례를 치르는 안채의 안대청이나 장소. ②전안청(=).

초롱꽃문양(-文樣, bell-flower) : 18세기 미국 연방 시기에 가구와 실내장식물로 사용된 장식조각의 모티프(motif[프]). 종모양의 꽃을 양식화한 연속적인 사슬·꽃줄·감소되는 크기의 펜던트로 사용되었고, 옥수수 꼬투리장식(husk cornament)과 유사함.

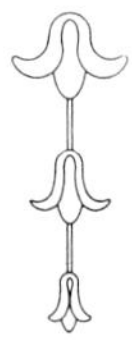

초롱꽃 문양

초매기 : 서까래에 걸린 평고대.

초매기초 : ①처마 서까래 위의 평고대에 그린 단청무늬. ②초일초(=).

초매기초

초목벽지(草木壁紙) : 대의 껍질·풀뿌리나 줄기·골풀 등을 엮어 뒷면에 종이로 고정시킨 벽지. 소재의 자연색을 그대로 사용하거나 염색하여 사용하기도 함. 바탕지에 배경색을 넣기도 하며 자연소재를 그대로 사용하므로 자연스러운 분위기를 형성하지만, 썩기 쉬우므로 습기가 많은 실내에 사용하는 것은 피하고 질감이 거칠어 먼지가 쌓이는 점을 고려해야 함.

초무익공(草無翼工) : ①쇠서가 없는 새김질 초방이 하나로 된 집. ②보통 익공집은 초가지의 끝을 뾰족하게 소의 혓바닥처럼 깎은 것. ③익공이 쇠서로 되어 있지 않고 초가지 하나로만 된 것. ④쇠서를 하지 않은 초가지가 있는 집에 대해서는 아직까지 학자들이 이름을 붙이지 못하고 있음. 그러나 실제로 덕수궁 안에 있는 대궐 건물에서 쇠서로 되어 있지 않은 초가지로만 되어 있는 집이 있는 것을 미루어 보면 학자들이 아직까지 '초무익공집'이라는 형식의 건축을 모르는 것 같음. 여기서 초는 초가지를 말함. ⑤쇠서로 되어 있지 않은 초가지가 두 겹으로 되어 있는 집.

초무익궁 : ⇨초무익공(=).

초반(礎盤, base, plinth) : ①원주의 주신(柱身, shaft) 아래에 위치한 일련의 몰딩으로 하중의 배분을 도움. ②조각에서 블록이나 몰딩으로 된 받침대 및 상자형 가구의 받침대. ③넓적한 주춧돌. ④건축물의 지반에 널리 하중을 전달하기 위하여 주춧돌 밑에 받쳐 까는 넓적하고 큰 돌. ⑤초반석(=).

초반

초반석(礎盤石) : ⇨초반(=).

초방(初枋) : ①창방 또는 인방의 뺄목. 끝머리 등을 초새김하여 장식한 것. ②초새김한 포인방. ③포중방(=).

초배(初褙) : 도배 중에서 가장 먼저(밑에) 바르는 종이.

초배지(初褙紙, lining paper, first coating) : ①도배·장판할 때 초벌 밑바름에 쓰이는 종이. ②흙벽이나 회반죽벽에 처음으로 붙이는 종이. ③벽지를 바르기 전에 미리 바르는 종이이고, 벽 표면과 벽지 사이에 이 종이를 바름으로써 벽지의 표면이 매끈해지며 또한 찢어지는 것을 방지할 수 있음.

초벌 : ①맨 처음 하는 대패질. ②겉목 따위를 맨 처음으로 깎는 것.

초벌칠(初-柒, scratch coat) : 벽 표면에 1차적으로 거칠게 바르는 회벽처리. 이러한 초벌은 점착성이 좋아 재벌을 위한 좋은 바탕이 됨.

초분처(草墳處) : ①집안에 상(喪)을 당하면 시신(屍身)을 바닥이나 우물마루로 된 마루방에 3년 내지 10년 정도 모셔 두어 뼈만 추려 분묘를 안치하기 위한 공간. ②구례 운조루의 대문간채의 끝단 ㄱ자로 꺾인 곳과 김제 영광김씨 종가의 대문간 옆간에 초례청이 마련된 예가 있음.

초빈방(草殯房) : 상(喪)을 당했을 때 시신을 모시는 방.

초빛 : 빛넣기를 할 때에 밝은 색으로 처음에 바르는 것.

초사실주의(超寫實主義) : ⇨슈퍼리얼리즘(=).

초산비닐수지(醋酸-樹脂, polyvinyl acetate resin) : ①아세틸렌과 초산에서 생기는 초산비닐의 모노머를 촉매로써 부가중합(附加重合)시켜 얻은 것. ②아세틸렌에 수은을 촉매로 하여 기상 또는 액상의 초산을 반응시켜 얻은 단량체를 과산화벤졸·과산화수소 등의 촉매하에서 가열·교반하면서 중합시킨 것으로서, 직선상의 고분자임. ③열가소성 수지로서 목재·금속·플라스틱 등 여러 가지 물질을 잘 접착시키며, 접착제로서는 에멀션형·용액형·열용액형 등이 있지만 목재의 접착에는 일반적으로 에멀션형 접착제가 이용되고 있음. 무색무취(無色無臭)·무미무해(無味無害)이고, 감온성이 커서 0℃에서 부서지며, 40℃에서 점착성이 생기며 연화됨. ④장점은 수분 확산으로 입자가 융합하여 투명하고, 강한 막으로 되며, 노화성이 없음. 가열하지 않아도 경화되고, 또한 경화제를 첨가하지 않아도 경화되며, 사용할 때는 제한 등을 받지 않음. 비투과성으로서 표면에 표출되지 않고 열접착이 가능함. ⑤단점은 내수성과 내열성이 좋지 않으며 강도가 약함. 요소수지에 비하여 값이 비싸고 겨울철 저온에서 동결되며, 주로 합성섬유 비닐론의 원료 및 도료·접착제 등에 널리 사용됨.

초산비닐수지접착제(醋酸-樹脂接着劑) : 초산비닐(CH_2)의 중합(重合)으로 만든 수지를 접착제로 만든 것. 열경화성으로 아세톤·알코올액 또는 에멀션으로 한 것으로서 가구·합판의 2차 접착이나 얇은 쪽매를 붙이는데 사용됨.

초산비닐접착제(醋酸-接着劑) : ⇨초산비닐수지접착제(=).

초상(草象) : 단청의 초안.

초석 [1](礎石, keystone) : 화려한 장식과 아치를 적절하게 맞물리기 위해 아치 꼭대기 중심에 위치한 석재. 아치이맛돌.

초석 [2](礎石, cornerstone) : ①기둥 밑에 기초로 받쳐 놓은 돌. ②주초석·주춧돌(=).

초속경시멘트(超速硬-) : 재령 1~2시간 내에 압축강도 100kg/㎠ 정도 발현시키는 초속경성 및 응결시간 조정이 가능한 시멘트. 응결시간이 짧으며, 경화시 발열이 크고, 재령 1일 차후의 강도는 초조강 포틀랜드시멘트와 거의 같아 제트 시멘트(jet cement) 또는 원 아우어 시멘트(one hour cement)라고 함. 또한 저온뿐만 아니라 장기간에 걸쳐 안정된 강도발현이 이루어지며, 건조수축이 적고 알루미나 시멘트와 같은 전이현상(轉移現狀)을 갖지 않음. 포틀랜드시멘트와 혼합하여 사용하지 않도록 함. 이 시멘트는 긴급보수공사·동기공사·시멘트 2차제품·그라우트용으로 사용됨.

초속경콘크리트(超速硬-) : ①콘크리트의 조기강도를 높여 양생시간을 단축한 콘크리트. ②고압증기양생법. ③초속경 혼화제($CaCl_2$, A.E. 감수촉진제) 사용. ④초속경시멘트 사용(2~3시간 내에 조기강도 발현시킴).

초승달형 건물(-形建物, crescent) : 정면이 오목한 곡선의 초승달형으로 계획된 건물이나 초승달형을 따라 가며 세워진 건물군. 18세기에 성행했으며, 영국의 존 우드(John Wood)가 로열 크레센트(royal crescent, bath)를 디자인하면서 처음 시도함.

초승달형 다리버팀대(-形-臺, crescent stretcher) : 18세기 가구에 사용된 아치나 활모양의 다리버팀대. 소뿔형 다리버팀대(cow-horn stretcher)와 유사하며, 미국에서는 윈저의자(Windsor chair)에 사용되기도 했음.

초승달형 다리버팀대

초안(草案, draft) : 하나의 디자인이나 계획에 대한 초기 스케치. 보통 수정이나 변경을 전제로 수행됨.

초연정(超然亭) : ①전라남도 기념물 제127호, 1809년 창건, 1880년 중수. ②원래 1788년(정조12)경 대광사(大光寺) 승려가 정자를 창건하여 수석정(水石亭)이라 이름 짓고 수도하였던 곳. 그후 1809년(순조9)에 청류헌(廳流軒) 조진충(趙鎭忠)이 중창하여 순창 옥천조씨의 제각(祭閣)으로 사용하였으며, 그의 아들 조재호(趙在浩)가 중건하고 1888년(고종25)에 송병선(宋秉璿)이 초연정이라고 개칭. 왕대마을은 1361년(공민왕10)에 공민왕 일행이 홍건적의 난을 피하기 위해 이곳 모후산(母后山)에 머물렀다 하여 유경(留京)이라 부르다가, 마을에서 300여 미터 떨어진 곳으로 피신하였다 하여 왕대(王垈)라 부르게 되었다고 함. 또한 공민왕이 이곳으로 파천하였던 당시 왕을 호위하였던 5명의 장수가 바위에 깃대를 꽂았던 흔적이 있다고 하여 '깃대바위'라고도 부름. ③정면 3칸, 측면 1칸에 전후퇴로 단층 홑처마 팔작지붕. 2고주5량가. 정면은 좌우칸을 크게 하고 중앙칸은 작게 하였으며, 측면은 중앙칸의 앞에 퇴를 두었고 뒷면은 막아서 창고로 사용. 좌측 1칸은 마루로, 나머지 두 칸은 방을 두었으며, 우측에 반 칸은 부엌을 둠. 현재 아궁이가 남아 있고, 후면에 굴뚝이 있어 난방을 한 것으로 추정되며 아궁이 윗부분은 다락으로 사용. 높은 암반 위에 축대를 1단 쌓고 건물을 앉혔으며, 바로 아래에

초연정

는 연못의 유구가 있고 주변은 울창한 숲으로 둘러싸여 있음. '초연정', '아천석'이라 쓰인 현판이 걸려 있으며, 건물을 고쳐 지을 때 쓰인 각종 기록과 시문 등이 많이 걸려 있음.

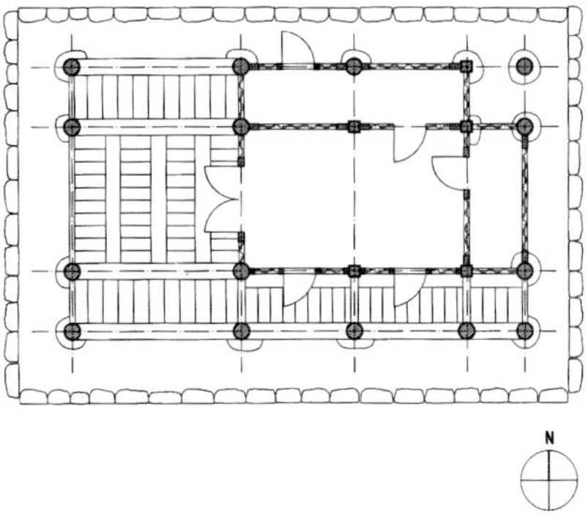

초연정 평면도

초엽(草葉) : 박공머리에 목기연을 받치려고 끼운 조각 나무.

초엽무늬(草葉-) : 넝쿨풀이나 줄기가 뻗어 나가는 형태의 무늬.

초옥토실식(草屋土室式) : ①원시건축형식 중 하나. ②수혈로 된 토막식 주거가 발전된 것으로 기둥이 사용되고 지면상에 벽체가 생기게 된 지상거주형식. ⇨토담집(=).

초음파소음(超音波騷音, ultrasonic noise) : 가청영역 위의 주파수를 갖는 소음으로 전형적으로 20,000Hz 이상임. 20,000Hz 이상에서는 110dB 노출을 한정함.

초이무익공(草二無翼栱) : 익공이 쇠서로 되지 않고 초가지 둘로만 된 것.

초익공(初翼栱) : ①익공부재가 한 개인 경우. ②익공집에서 쇠서가 하나인 집. ③한식 나무구조 건축 중 가장 간단한 공포구조에서 익공이 한 개인 것. ④기둥머리에 익공쇠서가 한 개로 짜여진 공포. ⑤익공쇠서가 하나로 된 공포. ⑥기둥 위에 끼워 보의 밑을 받치도록 하며 보아서 외부 머리는 쇠서형으로 하거나 초엽이 말린 것처럼 함. ⑦단익공·일익공(=).

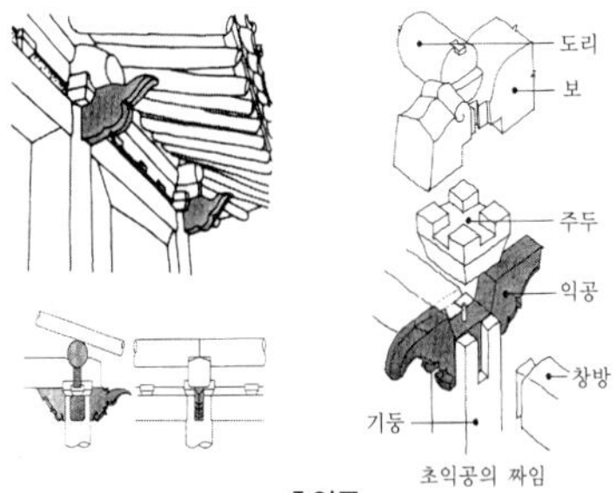

초익공

초익공집 : 익공 쇠서가 하나로 된 집.

초익궁 : ⇨초익공(=).

초일초(初一草) : ⇨초매기초(=).

초장(初杖) : ①추녀에 붙어 있는 반쪽으로 된 선자 서까래. ②추녀·사래 옆에 붙이는 반쪽으로 된 서까래나 부연.

초저주파소음(超低周波騷音, infrasonic noise) : 가청영역 밑의 주파수를 갖는 소음으로 전형적으로 20Hz임. 주관적으로 감지되지 않으나 청각계통을 보호하기 위하여 1Hz에서 136dB로부터 20Hz에서 123dB에 이르는 8시간 노출한계가 추천됨. 소음이 3dB 증가하면 허용기간은 반감됨.

초전도(超傳道, superconductivity) : ①초전도현상은 어떤 물질을 절대온도 0°(섭씨 영하 273°)에 가까운 극저온 상태로 냉각시키면 갑자기 전기저항이 없어지는 물리적 현상. ②초전도 물체는 이 상태에서 전류를 거의 무제한으로 보낼 수 있어 매우 강력한 자석을 만들거나 전력손실이 없는 송전선을 만드는 데 쓰임. ③초전도현상은 1911년 네덜란드의 물리학자 H. 오네스가 극저온상태에서 쓸 수 있는 온도계를 찾는 과정에서 우연히 발견했음. ④현재 실용화되고 있는 초전도물질은 니오븀, 티타늄합금 등 2~3종으로 강력한 전자석을 만드는 데 쓰이고 있음.

초점(焦點, focus) : 주요 공간·스케일·재료·조명 또는 방위와 같이 디자인계획의 가장 중요한 관점에 주목하여 드로잉(drawing)하는 관심이나 행동의 중심이 되는 것.

초점색채(焦點色彩, focal color) : 색을 식별

하는 기준으로 작용하는 중심적인 지각색. 초점색의 기본색은 검정·흰색·빨강·노랑·초록·파랑 등으로 헤링의 이론에 따르는 편이며, 색지각의 발달에 따라 그 중간색이 이차적인 초점색이 됨.

초제공(初提栱) : 맨 위에 짜여진 제공.

초조강포틀랜드시멘트(超早强-) : 수화성(水和性)이 큰 시멘트 광물을 소성(燒成)하여 수화활성(水和活性)을 잃지 않도록 미분쇄(微紛碎)한 시멘트로서, 단기(短期)에 고강도를 발현(發現)하고 장기에 있어서도 증진이 계속됨. 조강 포틀랜드시멘트와 비교적 유사하지만 전반적으로 우수함. 'one day cement'라고도 하며, 주로 긴급공사, 한중공사 등의 사용에 적합함.

초주파(超周波, ultra frequence) : 2만 Hz보다 높은 주파수의 음.

초콜릿색(-色, chocolate) : ①초콜릿과 같은 색. ②회색기미의 어두운 갈색(dark grayish brown). ③관용색명으로 어두운 주황을 말함. ④먼셀기호 9~10R2.5/2.5.

초크(chowk) : 인도 주택에서 가로를 넓게 해주는 주택 외부의 공간이나 소광장인 중정(中庭) 또는 내정(內庭).

초평고대 : ①처마쪽으로 나온 긴 서까래 위에 얹는 평고대. ②초맥이(=).

초합금(超合金, superalloy) : ①섭씨 650° 이상의 고온에서도 장시간 그 형상을 바꾸지 않는 내열성이 높은 합금. ②중심이 되는 금속은 철, 코발트, 니켈 등 3종. ③여기에 다른 금속원소를 첨가해 각종 새로운 합금을 개발하고 있음. 이 가운데 가장 내열성이 높은 것은 철을 성분으로 하는 것으로서 섭씨 850°까지 견딜 수 있어 미사일이나 제트엔진의 부품재료, 가스터빈의 회전날개(disk wheel) 등에 사용됨. ④니켈을 성분으로 하는 것으로는 몰리브덴을 첨가한 해스텔로이계(hastelloy系) 합금이 있으며 산성(酸性)에 강하여 고로(高爐)의 재료 등에 사용됨. ⑤현재는 니켈을 성분으로 하는 것이 초합금의 주류를 이루고 있음.

초현대디자인(超現代-, ultra modern design) : 현대의 수준을 넘어서 앞으로 올 미래의 세계를 예측하는 전위적 디자인.

초현실주의(超現實主義, surrealism) : 모든 관례적인 체제·질서·이성을 배제하고 무의식·감성·우연성·상징성을 표현하고자 20세기 초 다다이즘(dadaism)에서 이탈한 미술가들을 주축으로 일어난 문예예술운동. 1차세계대전 후 다다이즘의 자연스러운 결과로서, 1924년 앙드레 브루통(Andre Brouton)의 첫 번째 '초현실주의 선언문' 이후 20여 년간 사회적인 예술활동이 지속되었으며, 현대인의 새로운 정신세계를 반영하였음. 영향으로 콜라주·프로타주·데칼코마니 등의 표현기법이 상업디자인에 도입되기도 하였음. ⇨슈레알리슴(=).

초화면(醋化綿) : ⇨니트로셀룰로오스(=).

초확장(超擴張, hyper extension) : 보통 동작(운동)의 형태를 묘사하는데 쓰이는 용어의 하나로 목이 지나치게 잘 휘거나 무릎이 보통 이상으로 앞쪽으로 굽거나 척추가 뒤쪽으로 많이 휘는 등 보통 이상으로 동작(운동)이 일어나는 것.

촉[1](燭, candlepower) : ⇨촉광(=).

촉[2](dowel, joggle) : ①끝을 뾰족하게 깎아 구멍에 끼우는 나무. ②목재의 접합면에 각각 네모구멍을 파고, 한편에 작은 나무토막(촉)을 반 정도 박아 넣고 포개면 접합제의 이동을 막을 수 있음. 이 나무토막을 촉이라고 하며, 촉을 꽂는 것을 꽂임촉이라고 함.

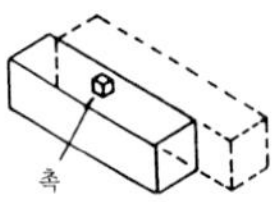

촉

촉각(觸覺, tactile sense, tactual sensation) : ①어떤 대상이 피부 표면에 접촉했을 때 체험되는 감각. ②촉각에 의한 체험의 분류(Katz) ; 표면촉(표면촉 ; 손가락 끝이 대상의 표면에 접촉했을 때의 느낌, 예컨대 매끄럽다, 거칠다 등으로 표현되는 느낌), 공간에 충만한 촉감(기류가 손이나 얼굴 등에 닿았을 때의 느낌), 공간촉(空間觸 ; 물체와 손 사이에 끼워진 두께의 느낌, 예컨대 의자 쿠션 두께의 느낌 등), 투촉면(透觸面 ; 공간촉과 유사하지만 장갑이나 종이 등 좀 더 얇은 경우를 투과하여 느끼는 경우) 등.

촉각적 질감(觸覺的質感) : ⇨촉감적 질감(=).

촉감적 질감(觸感的質感, tactile texture) : ①손으로 만져서 느낄 수 있는 재질감. ②색이나 형태와는 무관한 표면의 물리적·입체적인 구조.

촉광(燭光, candlepower) : ①칸델라(candela)로 표시된 광도(光度). ②양초 하나가 발하는 빛의 정도.

촉매(觸媒, catalyst, catalyzer) : ①화학반응을 일으키는 물질에 비교적 소량을 첨가하여 그 자체(촉매)는 어떤 화학변화도 일으키지 않고(물리적인 형태변화는 별도) 반응속도를 바꾸는 물질. 반응속도를 증가시키는 것을 정(正)촉매, 감소시키는 것을 부(負)촉매 또는 역(逆)촉매라고 함. 그 작용을 촉매작용(catalysis)이라고 함. 주로 화학합성공업에서 많이 이용함. ②생체 내의 단백질합성에서 촉매작용을 하는 것이 효소임. 그러나 화학평형을 이동시켜 생성물의 양을 변화시키는 것은 아님. 다만, 평형에 도달할 때까지의 속도를 바꿀 뿐임. ③일반적으로 촉매는 높은 특이성을 갖는데, 특히 효소의 기질 특이성은 현저함.

촉이음(doweled joint) : ①목재의 두 부재 사이에 촉을 꽂아서 잇는 것. ②촉은 부재와 동질의 나무 또는 참나무를 사용함.

촉장부(-丈夫, dowel) : ①한 재의 구멍에 별도로 꽂아서 다른 재와 맞추는 장부모양의 나무. ②두 재의 맞댐면의 양쪽에 꽂아 물려서 한 재의 장부처럼 되는 촉.

촉장부맞춤(-丈夫-, pinned joint) : ①두 부재에 구멍을 뚫어 이에 맞는 목재의 촉을 별도로 끼워 맞추는 것. ②대량생산용 목재 가공 및 목재 절약을 위해 창문틀·창문울거미짜기 등에 사용됨.

촉진제(促進劑, accelerator admixtures) : ①반응의 속도나 효율을 크게 증가시키는 첨가물질. 공업적인 가황 반응에서는 대부분 금속 산화물·지방산과 함께 사용함으로써 최대 효율을 얻음. 가황시간의 단축·가황온도의 저하·가황제의 양을 감소시켜 고무제품의 품질 향상을 목적으로 사용됨. 유기촉진제가 주로 사용되고, 무기촉진제는 가황촉진조제로 쓰이게 되었음. 오늘날 많이 쓰는 촉진제로는 구아니딘류·티오산염류·이소티오요소염류·아민류 등이 있음. 가황을 너무 촉진시켜 불균일하게 되었을 때는 반대로 가황지연제(retarder)를 씀. ②염화칼슘·염화나트륨 등의 염화물·유산염·탄산염·트리엔탈올아민(triethanolamine) 등을 사용하여 콘크리트의 초기강도발현 촉진과 거푸집 회전을 빨리하고자 하는 경우 및 한랭시에 온난시와 같은 경화속도를 갖게 할 경우 사용하는 혼화제. 대표적인 것은 염화칼슘으로 응결, 강도 모두 우수하며, 촉진효과가 우수하기 때문에 저온에서도 상당한 강도의 진전이 생김. 그러나 촉진제 단독으로 사용하거나 해사(海沙)와 함께 사용하면 철근을 녹슬게 하거나 부식시키므로 사용에 주의해야 함. 따라서 일반적으로 철근콘크리트나 프리스트레스콘크리트에는 사용이 금지됨. ③콘크리트·모르타르·플라스터 혼화물의 응결과 강도발현을 빠르게 하는 혼화제.

촌목(寸木) : ①먹줄을 띄우지 않고 변에 나란하게 나가는 평행선을 그릴 때 쓰는 기역자 모양의 연장. ②턱촌목(=).

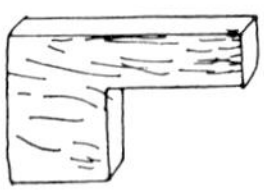

촌목

촌수(寸數, measure) : ⇨치수(=).

촛가지 : ⇨초가지·초(=).

촛대(-臺, candle stick) : 금속·나무·자기 또는 도기로 만든 양초를 꽂을 수 있는 꽂이가 달린 그릇. 초를 꽂기 위해 한 쪽 끝이 열려 있는 튜브타입(tube type)인 것도 있고, 안전하게 놓을 수 있도록 표면이 평평하게 되어 있으며, 정교하게 장식된 것도 있음.

촛대받침대

촛대받침대(-臺-臺, candle stand) : 촛대나 램프를 얹어놓기 위한 휴대용 받침대. 중세 이후 다양한 형태로 제작되어온 촛대받침대는 보통 조그만 받침 접시가 네 개의 다리 위에 얹혀 있는 형태를 하고 있으며, 19세기에 와서는 조명의 발전으로 제작이 중단되었음.

총공사비(總工事費, total cost ; TC) : 직접공사비와 간접공사비의 총합이고, 이 비용은 시간-비용(공기-공비) 도표에 표시하는 것이 편리함. 어떤 시점의 총공사비는 그 시점에서 두 곡선의 합계로 됨.

총급여(總給與, gross salary) : 공제하기 전 고용인에게 지급한 보수의 총액.

총마진(總-, gross margin, gross profit) : 판매가격에서 원가를 제한 차액. 판매와 총경비를 충당할 수 있는 수입액이어야 함.

총안[1](crenellated) : 흉장의 경우처럼 성벽이나 성곽의 최상부에서 공격과 방어를 고려한 톱니형태의 처리를 한 것으로 의장적으로 사용할 수 있음.

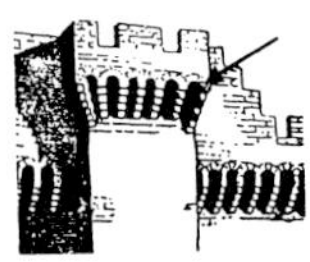
총안

총안[2](machicolation) : 벽면의 경계를 넘어 돌출시킨 코벨(corbel) 위에 난간을 두어 형성된 개구부. 비록 개구부는 없지만 코벨 위에 놓인 어떤 난간은 이와 유사한 외관을 가짐.

총안몰딩(銃-, crenelatde molding) : 총안 형태를 톱니바퀴 모양으로 반복하여 응용한 몰딩.

총안몰딩

총안장식(銃-裝飾, castellated) : 성(城)의 총안흉벽(battlent) 혹은 총안(crenelated) 무늬와 같은 장식.

총액입찰제도(總額入札制度) : ①내역입찰제도 중 하나. ②수량·단가 등 모든 내역을 총액으로 작성하는 방법. ③특징은 ㉠대규모의 복잡한 공사에서 수량산출에 과다시간 소요. ㉡공사비 조정이 복잡함. ㉢기성고 지불이 불명확함. ㉣원가절감이 시공자의 기술에 따라 복잡함. ㉤설계변경 곤란함. ㉥품질 향상 곤란함.

총여유(總餘裕, total float ; TF) : ①네트워크 용어. ②모든 선행작업이 가장 빠른 개시시각(EST)으로 착수되고, 또한 모든 후속작업들이 가장 늦은 개시시각(LST)으로 착수될 때 이용 가능한 작업여유시간을 말함. ⇨토털플로트(=).

총여유시간(總餘裕時間) : ⇨총여유(=).

총체예술(總體藝術, gesamtkunstwerk[독]) : 여러 예술 장르의 완전한 통합이라는 개념으로 회화·조각·극적 행위·시·음악 등 어느 장르도 지배적인 개념이 될 수 없는 예술사조.

총체적 구성아이디어(總體的構成-, super organizing ideas) : ①프로젝트의 각 부분마다 고려되어야 하는 전반적인 기하학적 구성이나 각 부분의 위계질서. ②총체적 구성 아이디어에서는 전체 형태를 보강시켜 주는 한도 내에서 부분간에는 약간의 변화가 허용됨. ③도시계획이나 캠퍼스 계획 및 대규모 프로젝트의 동선설계에서 적용되며, 전반적인 조직형태를 구성한 후 부분적 패턴이 채워짐.

총화아치(蔥花穹窿, ogee arch) : ⇨파총아치·오지아치(=).

총화지붕(蔥花-) : ⇨오지지붕(=).

최근배가옥(江陵 崔根培家屋) : ①강원도 문화재자료 55호, 1916년 3월 28일 상량. ②안채는 사괴석 세벌대쌓기 기단 위에 방형초석과 방주를 세운 팔작기와지붕으로 네칸의 건넌방은 원래 전면에는 방이, 후면에는 마루가 북쪽으로 조성됨. 부엌에서 꺾어진 부분에 방과 곳간이 배치됨. 사랑채는 굴도리의 팔작지붕으로 전면에 우물마루를 두었고 마루는 연등천장으로 됨. 한쪽에 벽장이 있었고, 또 한쪽에는 방보다 15~18cm 낮은 흙바닥으로 된, 신을 신고 벗는 신방이 있었음.

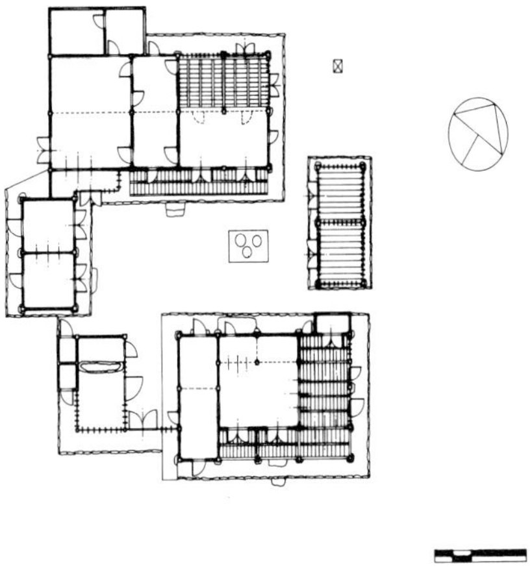

최근배가옥 평면도

최단경로방식(最短經路方式, CPM) : ⇨시피엠(=).

최대석가옥(江陵 崔大錫家屋) : ①강원도 유형문화재 81호. 17세기말 창건, 1937년 조부 최두회가 이곳에 이사하여 지금에 이름. ②문간채와 사랑채 사이에 차면벽이 설치됨. 안채로 들어가면 시각적 기밀성을 위하여 판벽을 설치함. 안채는 두 벌로 쌓은 기단 위에 겹도리 팔작기와집 앞뒤로 대청을 가진 겹집이며 전면에 툇마루가 설치됨. 사랑채는 장대석 기단 위에 자연석 주초석을 두고 방주를 세운 겹도리 팔작지붕집. 마루방은 우물마루의 연등천장이고, 전면에는 툇마루가 설치됨. 차면벽과 꺾인 진입으로 보장한 각 공간의 독립성과 기밀성이 돋보임.

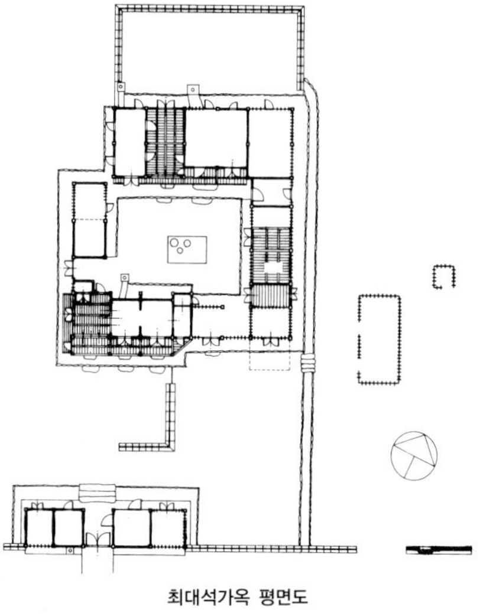

최대석가옥 평면도

최대시감도(最大視感度, maximum spectral luminous efficacy) : ①시감도(視感度 ; 방사에너지에 대해 광에너지로 되는 정도)의 최대 파장(555㎚)인 황록색의 빛의 값(680㏐/W)을 말함. ②⇨시감도·비시감도.

최대작업역(最大作業域) : ⇨최대작업영역(=).

최대작업영역(最大作業領域, maximum working area) : ①아래팔과 위팔을 곧게 펴서 파악할 수 있는 구역. ②수평작업역 중 팔을 최대로 뻗어 손이 닿을 수 있는 영역. ③왼손과 같이 마음껏 손을 펴서 형성되는 경우 좌우 두 종류의 큰 원호에 의해 생긴 영역. ④⇨수평작업역.

최대집단치(最大集團値, population value) : ①특정한 설비를 설계할 때, 어떤 인체계측 특성의 한 극단에 속하는 사람을 대상으로 설계하면 거의 모든 사람을 수용할 수 있는 경우. ②일반적으로 대상 집단에 대한 관련 인체계측 변수의 상위백분위수(上位百分位數)를 기준으로 하여 91, 95, 99%치가 사용됨. ③전형적으로 최대집단치는 문·탈출구·통로 등과 같은 공간의 여유를 정할 때 사용됨.

최대체류인원(最大滯留人員) : ①총이용 인원에 체류율을 곱한 값. ②총이용 인원에 집중률과 평균체류율을 곱한 값. 즉 총 이용인원×집중률×평균 체류시간.

최대치수(最大値數) : ⇨최소허용치수(=).

최대허용치수(最大許容値數, upper limit) : 실(實)치수에 대해 허용되는 최대 상한(上限) 치수.

최상순가옥(江陵 崔常洵家屋) : ①강원도 문화재자료 61호. 19세기 창건. ②본채의 사랑방과 사당 사이에 담장이 설치되어 뒷마당의 기밀성을 보장하고 사랑방과 안

ㅊ

방 사이에 작은 공간을 두되 문을 두지 않아 각 공간의 독립성을 보장. 사랑방과 뒷마당으로의 접근방법도 완충공간을 두고 방향을 꺾어 설정함으로써 공간의 독립성을 보장함. 본채에 툇마루를 설치하여 각 방을 연결하며 완충공간 역할을 함. ③안채는 팔작지붕 5량집 구조로 좌측 끝의 부엌에 이어서 맞배지붕의 아래채를 붙여서 'ㄱ'자 배치. 안채의 오른쪽 측면에 툇간(건물의 덧달아 낸 칸, 물림칸)마루가 있고 전면 툇마루(방이나 마루 바깥에 붙여 꾸민 좁은 마루)에는 사랑방과 중간 방의 남·녀간 이동을 제한하는 '내외문'이 있음. 아래채는 광과 마구간으로 구성되며 전면 마당에는 'ㄱ'자로 높이 170㎝의 토석담이 있음. 아래채 측면에는 맞배지붕의 3량집 구조로 된 판벽의 곳간채가 있고 사랑방 뒷마당에는 정면 3간, 측면 2칸의 맞배지붕 사당이 있음. 영동지방의 민가형을 보여 주고 있으며 유교의 남·녀간 엄격한 구분이 가옥에 나타나 있음.

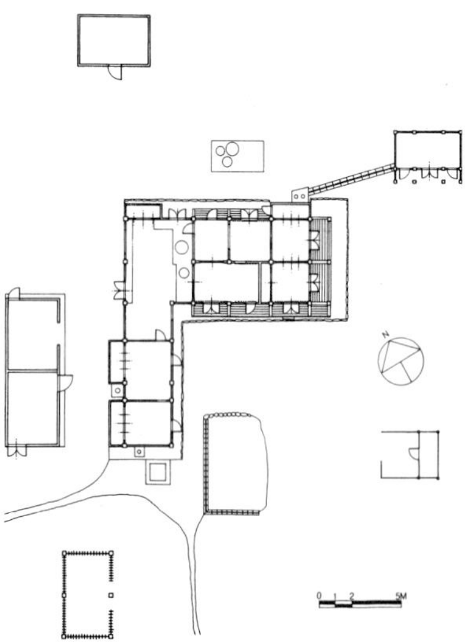

최상순가옥 배치도

최상순가옥

최선준가옥(崔善準家屋) : ①중요민속자료 제98호, 19세기 초 건립. 전남 순천시 낙안면 동내리 343-1에 위치. 낙안성 남문의 가운데로 뻗어 있는 큰 길에 접해 있는 첫 번째 초가집. 담장을 쌓지 않고 비워둠으로써 대문의 역할을 하고 있는 대문간을 들어서면 바로 왼쪽에 田자 모양의 집이 자리잡고 있음. 낙안성 안의 유일한 田자형 집인데, 땅이 좁아 택한 평면이라 추정됨. ②2칸의 담집으로 된 헛간과 정면 2칸, 측면 2칸의 전(田)자형 평면에 남쪽과 동쪽에 툇간을 둠. 방의 배열은 남쪽의 부엌과 작은방, 북쪽의 안방과 마루방이 각각 연결되었으나 직각방향으로는 서로 완전히 구획된 초가지붕의 오두막집. 안마당을 갖는 살림채 부분을 점포와 서로 등을 대고 맞붙여 두는 가능성의 요구조건을 함께 만족시키는 방식. ③방 2개, 점포, 부엌으로 구성이 된 이 집은 대문간의 첫 칸이 방이고 다음 칸이 부엌이며, 방의 뒤쪽으로는 점포로 사용되던 마루방이 있고 그 옆에 안방이 있음. 방의 앞쪽으로는 각각 툇마루를 달아 개방하였음. 벽은 흙벽인데 부엌의 옆 벽면은 돌로 쌓

헛간

안채

안채

았음. 벽의 윗부분에 물건을 올려놓을 수 있도록 긴 판자를 매어놓아 작은집에서 쓸모있는 공간을 마련하였음. 가로로 면한 마루방 한 칸을 구멍가게로 사용하던 전근대사회의 점포 겸용 주택. ④낙안읍성(樂安邑城) 남문지(南門址)에는 거석(巨石)의 중첩(重疊)과 함께 약간의 유지(遺址)를 남기고 있음. 남문으로 들어서면 주작대로(朱雀大路)가 열려 북상(北上)하게 되는데 이 집은 그 길의 첫 번째에 위치함. 집의 서변이 대로에 면해 있는데 왕래가 빈번하던 시절에 요지(要地)였던 듯 여기에 점포를 내었음. 방물(方物)을 파는 소규모의 좌판이 있는 점포인데, 터전이 좁아서 더 크게 지을 수는 없었음. 대로가 한계가 되었고 남문성루(南門城壘)와 성벽에 가로막힌 곳이어서 어쩔 수 없었음. 놓칠 수 없는 요지의 좁은 터전을 어떻게 활용할까 고심하다 전자형(田字形)의 평면으로 구성(構成)하였는데 이런 평면형은 성내에서는 다시 찾아볼 수 없는 유일한 것. 점포는 1칸 넓이로 서변은 주작대로에, 북변은 골목에 면하여서 두 쪽의 벽을 터서 좌판을 벌릴 수 있었음. 빈지들인 문을 열면 곧 좌판에 진설(陳設)할 수 있는 구조로 만들었음. 점포의 동쪽에 방 1칸이 있고 이 방 동편 밖으로 뜰마루처럼 생긴 퇴가 있음. 점포의 남쪽으로도 방 1칸이 놓이고 바깥에는 반반간(半半間)넓이의 툇마루가 있는데 고설(高設)되어서 내루(內樓)와 같은 분위기로 흥미로운 구성임. 점포 동편방은 안방이고 이 방은 사랑방인 셈인데 두 방에

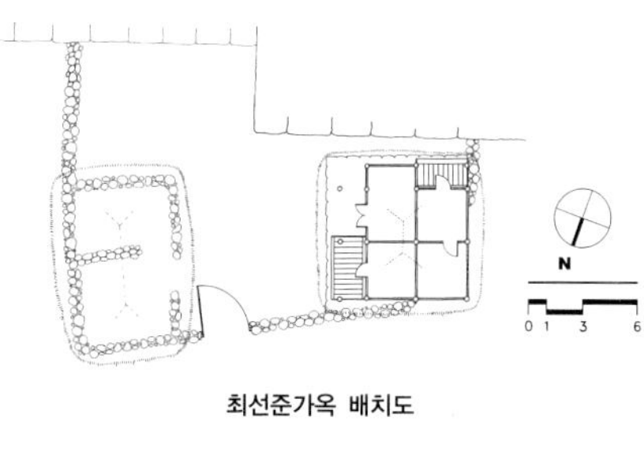

최선준가옥 배치도

접합되는 부엌이 있어 양쪽 방에 불을 지필 수 있음. 부엌의 남쪽벽 바깥쪽은 상하의 수장공간(收藏空間).시렁을 매어 상부에도 올려놓을 수 있게 되었음. 부엌의 동쪽은 토상(土床). 안방 밖의 툇마루가 뜰마루처럼 된 형상이면서 부엌쪽으로 더 시설되어서 토상은 좁아진 상태. 극히 질박한 구성이면서도 쓸모 있게, 흥취있게 하려고 노력한 흔적이 역력함.

최선평가옥(江陵 崔善平家屋) : ①강원도 문화재자료 81호. 19세기 후반 창건, ②대청 없이 방으로만 조성된 겹집의 안채에 부엌이 붙어 곳간과 외양간이 ㄱ자로 이어지고, 사랑채가 ㄴ자로 배치되어 전체적으로 ㅁ자의 닫혀진 평면을 이루는 가옥. 판벽의 적절한 사용으로 환경적·기능적·효과적인 입면효과를 가짐.

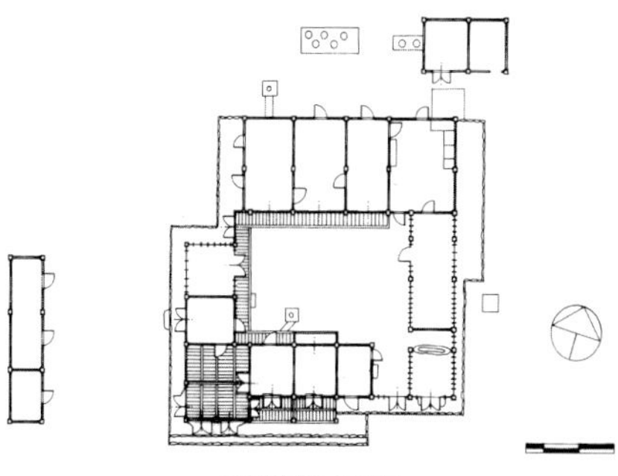

최선평가옥 평면도

최성호가옥(崔成鎬家屋) : ①중요민속자료 제164호, 19세기 중엽 창건, 전남 영암군 덕진면 영보리 294-1에 위치. ②안채·사랑채·헛간채·문간채·사당까지 고루 갖춰 짜임새 있는 공간을 연출하고 있는데 배치가 약간 특이함. 대나무숲 사이에 사랑채가 서향으로 배치되고 앞에는 사랑마당, 뒤에는 보다 큰 안마당이 있음. 안마당 왼쪽에는 안채가 서북을 향하고 오른쪽에는 헛간채가 놓이며, 뒤쪽으로는 대문간이 배치되었음. 진입은 거꾸로 유도되어 헛간채 남쪽의 끝으로 들어와서 헛간벽을 타고 남쪽 샛길로 이웃집의 바자울을 따라 사랑채 서쪽에서 거꾸로 들어옴. 사랑마당 앞에는

잿간이 있고 대문간 앞에는 조그만 빈터가 있으며 안채 뒤에는 뒤뜰이 마련되어 있음. 문간채의 상량문 기록으로 보아 건립 년대는 1848년으로 추측되며 안채와 사랑채는 더 올라가는 것으로 추정되며 20세기 중반에 중수한 것으로 보임. 안채는 一자 4칸 전후좌우 툇집으로 칸살이는 서쪽으로부터 부엌, 큰방, 대청, 작은방의 차례로 배열. 구조는 2고주 5량이며 납도리집. 보의 단면은 사각형이고 등굽은 종보를 써서 대공은 두지 않았음. 측면 지붕틀은 중도리, 종도리에 각각 우미량을 걸치고 여기에 추녀를 걸었으며, 말굽서까래를 놓았음. 기둥은 네모이고 덤벙주초이며 기단은 자연석을 면 맞추어 허튼층으로 쌓았음. 지붕은 우진각 초가. 사랑채는 5칸 전툇집인데 3칸만 헛퇴를 덧붙였고 최근에 앞으로 서쪽 2칸을 덧달아냈음. 뒤쪽은 처마 끝만 적당히 조정했고 앞쪽은 처마를 증축 부분만 더 빼내어 회첨골 없이 ㄱ자 모양을 이루도록 함. 구조는 1고주 5량, 납도리이며 장혀는 쓰지 않았음. 사각기둥이고 낮은 덤벙주초이며, 기단은 자연석 허튼층 쌓기로 처리했음.

최소가청음(最小可聽音, minimum audible sound) : 사람이 들을 수 있는 가장 작은 소리.

최소가청치(最小可聽値, thresholds of audibility) : ①정상인에게 소리로 들리는 최소의 음압, 즉 실효값(實效値). ②인간의 귀에 전달되는 음의 주파수를 점차 낮추어 나중에 들리지 않게 되는 한계.

최소인식시력(最小認識視力, minimum perceptible acuity) : 배경과 구별하여 탐지할 수 있는 최소의 점.

최소집단치(最小集團値) : ①특정한 설비를 설계할 때, 어떤 인체계측 특성의 한 극단에 속하는 사람을 대상으로 설계하면 거의 모든 사람을 수용할 수 있는 경우. ②관련 인체계측 변수분포의 하위백분위수(下位百分位數)를 기준으로 하여 1, 5, 10% 등이 사용됨. ③팔이 짧은 사람이 잡을 수 있다면 이보다 긴 사람은 모두 잡을 수 있음. 전형적으로 선반의 높이, 조정장치까지의 거리 등을 정할 때 사용됨.

최성효가옥 안채

최소촉각치(最小觸覺値) : 인간의 귀에 전달되는 음의 주파를 점차 높여 들으면 고통스럽게 되고 나중에는 청각기관(聽覺器官)이 파괴되는 한계.

최소치수(最小値數, minimum measurement) : ⇨최소허용치수(=).

최소허용치수(最小許容値數, lower limit) : 실(實)치수에 대해 허용되는 최소 치수.

최승효가옥(崔昇孝家屋) : ①광주광역시 민속자료 제2호, 1920년 창건. ②정면 6칸, 측면 2칸. 부엌을 지면에 나란하게 두어 전체적으로 채광을 좋게 함. 서까래의 마구리면을 감싸는 장식철물을 사용하여 매우 고급스런 장식을 함. 서까래의 마구리면을 장식하는 재료로는 삼국시대 절터에서 발견된 서까래 기와가 있을 뿐임. 또한 무늬목을 사용하여 호피무늬의 목리를 그대로 살렸으며, 기둥이 놓이는 부분을 돋을새김한 쇠시리가 있는 원형의 정평주초를 사용. 겹처마 팔작지붕으로 된 지붕의 합각부분에는 두 개의 아치형 창문을 열어 환기공으로 삼았음. 정면의 개구부 문인방 상부로는 독특한 형태의 풍혈(風穴)을 가진

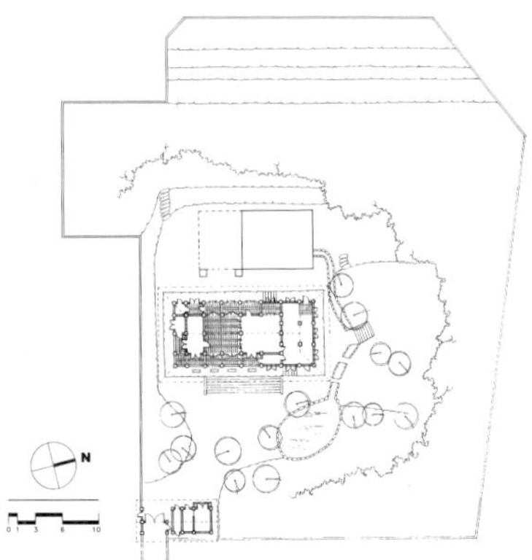

최승효가옥 배치도

머름을 설치하고 그 위로 광창을 둠. 쌍여닫이의 문짝을 고정하는 철물은 거북이 모양으로 만든 덮개를 회전하게 만들어 양쪽 벽면에 두었음. 전면 창호는 두 겹의 미닫이와 한 겹의 여닫이를 설치하여 안팎의 기밀성을 높임. 기와는 갈색을 띠는 옹기기와를 사용.

최씨고택(崔氏古宅) : 경주 교동 소재. 요석궁터에 지은 조선중기 양반의 집.

최재근가옥(崔在根家屋) : ①강원도 문화재자료 65호, 1971년 창건. ②안채와 사랑채가 틀어진 채로 배치. 一자형 안채와 一자형 부속채가 ㄱ자형으로 붙고 ㄴ자형 사랑채가 전체적으로 ㅁ자형 평면 배치를 이루는 영서(嶺西) 중부지방의 전형적인 기와집. ③안채는 2칸의 대청을 중심으로 왼쪽에 웃방·안방·부엌이 직각으로 꺾여서 배치되고, 오른쪽에는 건넌방이 배치되었으며, 대청마루 전면에는 들장지문이 있어 계절과 용도에 따라 공간을 활용할 수 있도록 하고, 툇마루가 설치되어 공간의 확장성을 꾀함. 각 방마다 툇마루를 설치하여 외부공간과의 원활한 동선처리. 3칸으로 구성된 사랑채는 반 칸 크기의 앞마루가 설치된 방과 큰방 하나로 구성됨. 앞마당 쪽으로 좁은 퇴가 설치됨. 필요시 떼어 사용할 수 있도록 계획한 가변성 있는 창호구성 등이 특징임. 사랑채에 붙은 부엌은 대문으로 이어지고 대문 좌측에는 마구간·방·광 등이 4칸으로 구성됨. ④사랑채는 대문을 중심으로 왼쪽에 지금은 방으로 변한 외양간과 머슴방, 헛간을 차례로 두었고 오른쪽으로는 툇마루를 놓은 세 칸의 사랑방과 협문(狹門)을 두고 다시 한 칸의 고방(庫房 : 광)을 만들었는데 고방 밑으로 지하실을 만들었음. 안채는 삼량가구 팔작지붕이며, 사랑채는 삼량가구이나 사랑채 쪽은 평사량(平四樑)으로 되어 있는 것이 이 가옥의 특징.

최재근가옥 사랑채

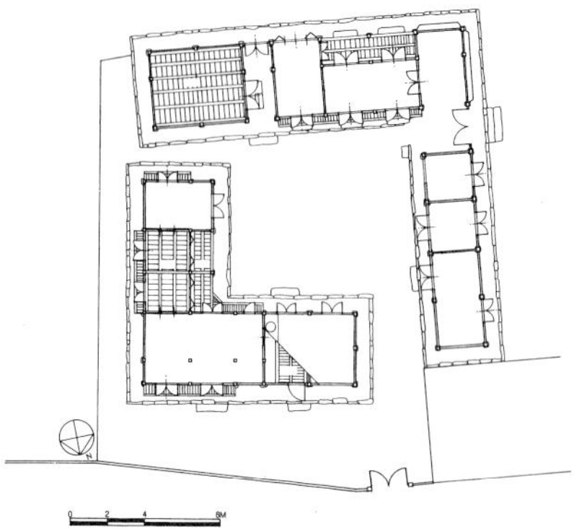
최재근가옥 평면도

최저가낙찰제(最低價落札制) : ①낙찰자 선정방법 중 하나. ②예정 가격 범위 내에서 최저가격으로 입찰한 자를 선정하는 방법. ③특징은 ㉠업체의 기술개발과 경쟁력 배양 가능 ㉡국고 절감 ㉢부적격 입찰가 사전 배제. ㉣덤핑(dumping)으로 인한 부실시공 우려.

최저조막온도(最低造膜溫度) : ①피막화하기 위해서 필요한 최저온도. ②건축공사에서는 5℃ 이하에서의 사용을 피하도록 함.

최적격낙찰제(最適格落札制) : ①최저가 낙찰제의 틀을 그대로 유지하면서 업체가 입찰한 금액으로 제대로 시공할 수 있는지 사전에 심사하는 제도. ②최저가 낙찰제를 보완하기 위한 것으로 무조건 낮은 금액을 써내 일단 공사를 수주한 뒤 채산을 맞추기 위해 공기단축과 불량자재 사용 등 부실시공으로 이어지는 것을 방지하기 위한 것. ③최적격낙찰제는 교량·터널 등 특수대형공사에 대해서만 적용됨. ④업체의 경영상태·공법·기술능력 등을 낙찰 전에 종합적으로 심사, 만약 부적격자로 판단될 경우 낙찰대상자에서 제외시킴. 따라서 최저가격으로 입찰했더라도 시공능력이 없다고 판단되거나 채택한 공법의 안정성에 문제가 있다고 판단되면 공사수주가 불가능하게 됨.

최적기후(最適氣候, optimum climate) : ①인

간이 활동함에 있어서 최고의 능률을 올리며, 재해가 적고 쾌감을 느낄 수 있는 기후. ②최적기후로서의 구비조건은 인종이나 연령·의복·작업내용 등에 따라 약간의 차이가 있음.

최적온도(最適溫度, optimum temperature) : ①인체의 건강과 활동에 가장 적합한 온도. ②일반적으로 실내에서는 온도 18~20℃, 습도 40~60℃ 정도임. ③헌팅턴(E. Huntington)은 그의 저서 「문명과 기후」에서 기후가 인간의 능률을 지배하는 요인이라고 주장하면서 육체노동은 15~18℃에서, 정신노동은 4~10℃에서 능률이 극대가 되고, 양자를 고려하면 10℃ 내외가 능률이 극대화되는 최적온도라고 했음.

최적작업영역(最適作業領域, optimum working area) : 구체적인 작업을 주어서 그 작업효율을 검토하여 얻을 수 있는 기능적 작업영역.

최적잔향시간(最適殘響時間, optimum reverberation time) : 실(室)의 사용 목적에 따라 경험상으로 정하는 가장 적합한 잔향시간.

최적조도(最適照度, optimum illumination) : 눈의 사용조건에 따라 필요한 적당한 조도.

최적화(最適化) : ①어떤 기준이 주어졌을 때 가능한 한 완벽하고 효과적이며 기능적인 것으로 만드는 것. ②일련의 요소들을 조절하는 과정.

최종복가옥(崔鍾福家屋) : 고성 왕곡마을에서 유일하게 보존되고 있는 전면 3칸, 측면 2칸의 초가집.

최종안정자세(最終安定姿勢, final stable posture) : 의자나 벤치 등에 앉았을 때 최종적으로 안정되는 편안한 자세.

최창우가옥(崔昌羽家屋) : ①중요민속자료 제97호, 19세기 중엽 건립, 전남 순천시 낙안면 동내리 283에 위치. ②원래의 집 구성은 ㄱ자형 안채를 두고 그 후면으로 아래채와 헛간채 등이 길이방향으로 배열된 점표겸용주택. 현재는 점포가 있던 ㄱ자형 안채만 있음. ③안채는 기둥 없이 담이 구조체의 역할을 겸하는 담집구조로 점포로 사용되는 부분만 기둥을 갖춘 가구식 구조를 사용한 혼합식 건물.

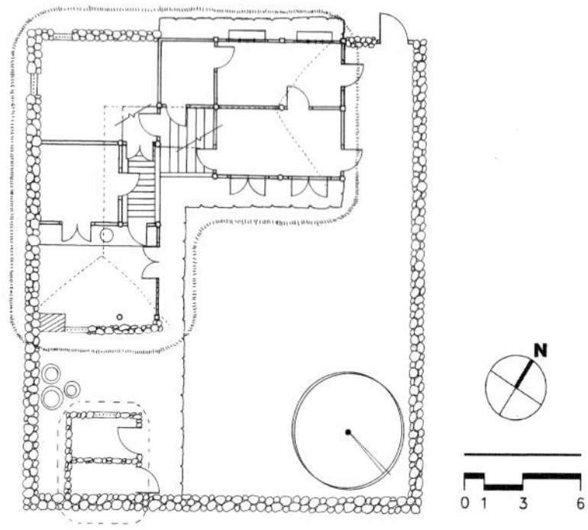

최창우가옥 평면도

추가공사(追加工事, additional works) : 처음 계약 내용에는 없던 또는 계약내용에 추가되는 공사. 공사내용이나 금액이 작으면 설계변경으로 처리하지만 크면 별도 계약으로 하여 별도공사로 함.

추녀(春舌, diaonal rafter) : ①합각·모임지붕의 귀에 대각선 방향으로 거는 경사진 재. ②건물의 모서리에 45° 방향으로 걸리는 방형단면의 부재. ③첨의 네 귀의 기둥 위에 끝이 위로 들린 크고 긴 서까래 또는 그 부분의 처마. ④탑이나 건물의 처마 네 귀의 기둥 위에 끝이 위로 들린 크고 긴 서까래 또는 그 부분의 처마. ⑤맞배지붕을 제외한 팔작지붕·우진각지붕 등에 생기며 추녀 안쪽 끝은 중도리 모서리에 올라 앉으며, 주심도리가 지렛대 역할을 하여 균형을 잡음. ⑥처마깊이에 따라 추녀의 깊이가 결정되며 보통 처마보다 2~4치(6~12cm) 정도 더 빼는 것이 일반적임. ⑦주심도리 모서리에 추녀를 맞추기 위해 그랭이질을 함. ⑧추녀의 단면은 폭보다 높이가 약간 더 높고 역사다리꼴로 다듬어짐. ⑨추녀 말구는 건물을 올려볼 때 옆으로 퍼져 보이는 착시현상을 교정하기 위해 약간 빗자름. ⑩추녀 말구 쪽으로 갈수록 밑면의 살을 걷어서 날씬하게 하고 골뱅이 조작을 하여 둔탁하기 쉬운 추녀가 날씬하고 역동적으로 보이게 하는 효과를 줌. ⑪춘설(=).

추녀각(春舌刻) : ①추녀 끝에 새김질을 하여 장식한 것. ②춘설각(=).

추녀높이(春舌-) : 땅바닥에서 추녀까지의 높이.

추녀마루(春舌-) : ①추녀가 걸린 위에 만든 지붕의 마루로 지붕의 구성을 분명하게 하기 위한 기법의 한 가지. ②우진각지붕이나 팔작지붕에서 지붕의 네 귀퉁이인 추녀 쪽으로 뻗어 내려온 마루. ③당마루에 이어 추녀를 기와로 덮은 부분.

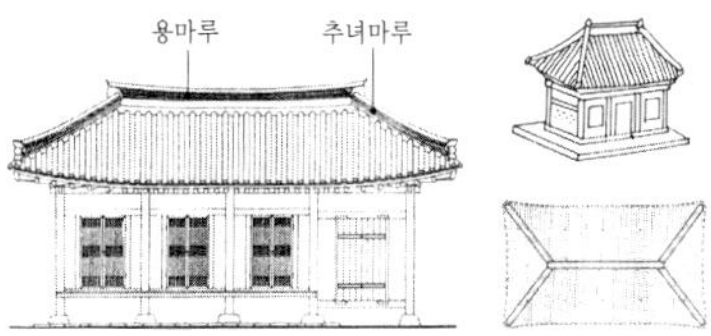

추녀마루

추력(推力, thrust) : 아치(arch)나 궁륭(vault) 양 끝에서 지지면에 대하여 접선방향으로 일어나는 반력(反力). 일부가 붕괴되거나 뒤틀리지 않도록 아치대(abutment)나 버팀기둥(buttress)을 사용함.

추론정보(推論情報, inferential information) : ①건축환경 내에서 환경의 인지에 도움을 줄 수 있는 정보요소 중 하나. ②직접 인지되지는 않지만 인간의 경험과 학습을 바탕으로 한 추측에 의해 얻어질 수 있는 인위적인 노력에 의한 정보.

추리게라양식(-樣式, Churriguera style) : ⇨추리게레스크(=).

추리게레스크(Churrigueresque) : ①1700~1760년대 웅장하고 풍부하게 장식된 스페인 바로크양식. 정교한 장식과 곡선들이 특징. 건축가인 호세 추리게라(Jose Churriguera : 1650~1725)에 의해 도입되어 유래된 용어로서, 처음에는 그 건축물을 가리켰음. 건물의 기능적인 계획보다는 공간성을 무시하고 과대한 크기의 모티프(motif[프])가 구조에 적용되었고, 부조(浮彫)·스터코(stucco)·도금(鍍金)·조각 등으로 벽면과 기둥을 혼란스럽게 장식하고, 원기둥과 벽기둥은 나선형이나 난간동자형으로 나선형의 벌루트(volute)는 박공장식(pediment)으로 대체되었으며, 나신(裸身)과 아기천사·구름·폭포·소용돌이 곡선 등이 모티프로 사용되었음. 풍부한 색채와 화려한 장식은 18세기 중엽에 이르기까지 로코코양식과 동시에 진행되었으며, 아메리카의 스페인 식민지 건축에도 영향을 주었음. ②프랑스 로코코양식과 영국 앤양식의 영향이 복합적으로 작용하여 가구가 제작되었으며, 지중해 연안지방은 베니스의 영향을 강하게 받았음. 칠(漆)에 의한 화려한 색조가 당시의 스페인 가구의 특징이었음. 의자는 영국 앤 여왕시대의 가구양식을 수정한 것을 둔 세로널의 등받이와 굽은 다리를 한 것이 특징. 서류장은 정교하게 조각한 박공(pediment)으로 치장했으며, 초기에는 대부분 가구가 수입되었으나 후기에는 복사·제작하였음.

추리게레스크

추목(楸木) : ⇨가래나무(=).

추분(秋分) : ⇨춘분(⇔).

추사고택(秋史古宅) : ①충청남도 유형문화재 43호, 1750년경 창건. ②문간채·ㄱ자 평형의 사랑채·ㅁ자 평면의 안채·사랑채와 안채의 축을 벗어난 사당이 안채 후면의 높은 축대 위에 배치됨. 사랑채는 대청과 사랑방 2칸이 이어지고 안채 쪽으로 꺾인 부분에 2칸 마루방과 온돌 1칸을 둠. 방과 대청의 전면에 반 칸의 툇마루가 놓임. 사랑방 끝에 반 칸을 내어 아궁이 함실을 둠. 사랑방에 붙은 작은 방은 시중드는 수직방이나 객실로 추정. 단칸인 대청과 붙은 2칸 마루방 사이에 들어열개 불발기창 분합문을 달아 융통성 있는 공간구성을 함. 1고주5량가에 납도리를 쓰고 홑처마에 알추녀·엇선자 등 간결한 구조이면서도 동쪽 측면에 눈썹지붕을

ㅊ

달아 풍우를 막도록 함. 안채는 정면 3칸, 측면 2칸의 넓은 육간대청을 중심으로 양쪽에 익랑을 연결하였음. 안방쪽은 1칸 반, 건넌방쪽은 1칸 통으로 방과 부엌, 헛간 등을 배열하고 전면 옆에는 중문간과 광을 배치함. 안대청을 중심으로 안방과 건넌방은 방대석 두벌대로 기단을 높이고, 양익랑채와 광채는 단을 낮추어 높낮이를 확연하게 구분함으로써 안마당의 크기가 작아지고 폐쇄감이 강함. 안채의 구조는 중심몸채는 1고주5량가, 다른 부분은 3량맞걸이집. 안방 위와 옆 둘레에 고방과 골방을 배치하여 안주인의 생활영역을 넓힘. 안방과 건넌방에 달린 부엌간은 외면 벽에만 판문을 두어 앞뒤의 뜰과 통하도록 하고 안마당쪽 벽면은 모두 개방하여 외부에서 보면 폐쇄적이지만 안마당쪽에서 보면 개방적임.

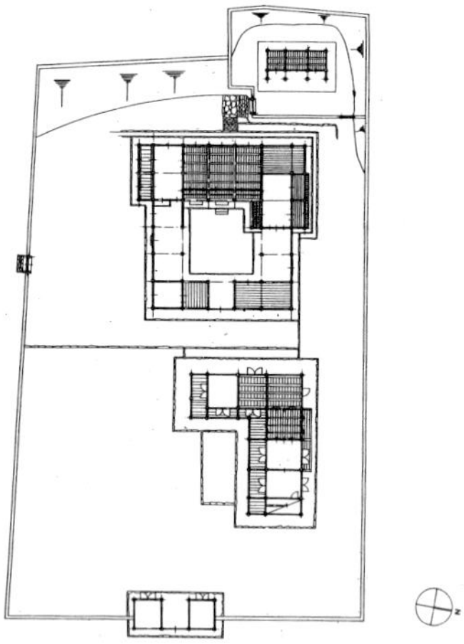

추사고택 도면

추상(抽象, abstraction) : ①구체적인 사실이나 특정한 예(例)와는 무관한 생각을 말함. ②어느 사상에서 특징적인 징표(徵表)를 찾아내어 사유(思惟)의 대상으로 하는 정신적인 작용.

추상세포(錐狀細胞, cones) : ⇨추상체(＝).

추상예술(抽象美術, abstract art) : ①완전히 비재현적인 형태를 취하는 미술 또는 현실에서 관찰된 형태를 원래대로 표현하지 않고 전혀 무관한 것으로 감상자에게 읽히도록 하는 미술. ②20세기 초의 큐비즘을 중요한 전환기로 하여 그 이후 유럽 각지에서 일어난 비자연주의적인 동향을 말하고, 경험적으로 알고 있는 자연의 형상이 남아 있는 예술, 즉 구상예술에 대하여 비구상예술 전체를 말함. ⇨비사물적 예술. ③사물적 예술(⇔).

추상적 디자인(抽象的－, abstract design, non－objective design) : 대상의 실물형상 또는 자연형태를 인용하지 않고 창조된 형태나 자연적·기하학적인 디자인으로부터 유래되었어도 그 근원을 알아볼 수 없는 수준으로 양식화된 형태.

추상적 형태(抽象的形態, abstract form) : ⇨이념적 형태(＝).

추상체(錐狀體, retina, cones) : ①눈이 보통 밝기의 빛에 순응되어 있을 때 작동하는 수광세포. ②스펙트럼은 색으로 나타나게 되고, 추상체는 중심와(中心蝸)라 하는 망막의 중앙부분에 집중되어 있으며, 물체를 상세하게 보는데 사용됨. ③눈의 망막의 두 가지 시세포 중 하나. ④길이 약 0.35㎜의 약간 구형(球形)의 망막에 있는 시세포의 일종. ⑤수는 약 7백만 개 정도임. ⑥밝은 곳에서 물건을 보는데 작용하여 색을 구별하며, 시력에도 관계함. ⑦원추세포(＝)·눈의 구조.

추상표현주의(抽象表現主義, abstract expression) : ①1940년대 미국에서 시작된 시험적 비구상회화운동. 기법의 자유, 극적으로 큰 캔버스 선호, 무의식의 즉각적 표현 등을 공동 특성으로 하는 여러 가지 개별 양식을 흡수했음. ②1940~1950년대 후반까지 미국 화단을 지배한 본질적으로 초현실주의의 이념을 차용하고 혼용해 전통으로부터 예술의 해방을 주장한 미국식 스타일의 회화 경향. 전형적인 추상표현주의 작품은 일반적으로 회화를 파악하는 방법보다는 눈으로 인식할 수 있는 부분이 감소되며, 두 개의 범주를 하나로 조화시킴. 서예처럼 갈겨 쓴 표시들이 전체 화면을 덮고 있거나 표상은 단일화되며, 집중적인 형태로 지배적인 구상이 이루어짐.

추상형태 : ⇨이념적 형태(=)·재현적 형태(⇔).

추재(秋材, summer wood, autumn wood) : 목재의 조직이 여름과 가을철에 이루어진 부분. 보다 단단하고 색이 진하며, 밀실하고, 세포가 치밀하며, 세포막이 두꺼운 것이 특징임.

추재율(秋材率, late wood ratio) : 가을부터 겨울에 걸쳐 만들어진 세포만으로 이루어진 목질부의 나뭇결, 즉 목재의 나이테를 말함.

추적선(追跡線, trace line) : 정렬(整列)이나 측정(測定)을 기록하기 위하여 옮게 그려진 선.

추축(樞軸, pivot) : 사물의 운동이나 활동에 가장 중요한 부분.

추축문(樞軸門, pivoted door) : 중심이나 추축의 단(段)에 의해 회전하거나 열리는 문으로 경첩이 장치되는 문과는 다름.

축(軸, axis) : ①2차원이나 3차원의 대상을 대칭적으로 구획하는 수직 중앙선. ②운동의 중심이 되는 부분. 물체가 회전운동을 할 때 그 물체에 고정한 것으로 판단되는 직선으로 공간적 위치를 바꾸지 않는 회전축 등임. ③축선(=).

축방향력(軸方向力) : 단면력(斷面力)의 재축(材軸)방향 성분으로 재축방향에 대해 인장 또는 압축작용을 함. 축방향력의 부호(符號)는 인장력일 때를 정(正)으로, 압축력일 때는 부(負)로 표시함. 도식할 때는 일반적으로 (+)를 하측(下側) 또는 내측(內側)에, (−)를 상측(上側) 또는 외측(外側)에 도식함.

축볼트이음(軸−) : 목재를 길이로 잇는 방법의 일종으로 은장 대신 볼트를 사용하고, 주로 두겁대 등에 쓰임.

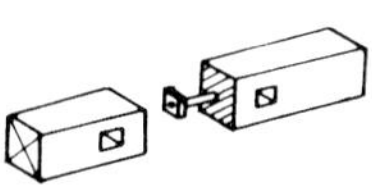

축볼트이음

축선(軸線, axis) : ①건축물의 요소들 또는 배열될 수 있는 건축물군(群)에 대한 가상(假想)의 직선. ②구성요소의 측정이나 대칭에 기준이 되는 직선. 축선은 형태나 재료를 통해 또는 공간과 입체에 의하여 시각적으로 인지할 수 있고, 요소들은 대칭적이나 비대칭적인 방식으로 배열될 수 있음.

축성(築城, castellation) : 새김 눈이 있거나 톱니모양의 들쭉날쭉한 난간으로, 본래 요새를 위해 사용되었으나 나중에는 교회 파사드에 사용되고 장식적인 효과를 위해 계획되었음.

축전지(蓄電池, battery) : 축전(蓄電)과 방전(放電)을 반복할 수 있는 전지(電池). 여러 개의 단위전지들이 직·병렬로 연결됨.

축점법(逐點法, point method, point by point method) : ①각 수조면(受照面)의 직접조도와 간접조도를 따로 구하여 이를 합계해서 전(全)조도 분포를 구하는 방법. ②역제곱법칙 및 코사인 법칙에 근거하여 점광원으로부터 어떠한 각도로 비추어지는 면에 대한 조도를 계산하는 방법. ⇨광속법.

축조도(築造圖, framing elevation) : 목조·철골조 등의 가구식 구조물에 있어서 건물의 외벽·내벽·칸막이벽 등의 축조모양을 입면으로 나타낸 도면. 각 부재의 배치·치수·재료·부재의 연결방법에 따른 보강철물 등을 명시함.

축조학(築造學, tectonics) : 구조상의 형태를 만들고 장식하거나 재료를 조합하는 과학 또는 예술. '구조학'이라고도 함.

축차동작(逐次動作) : 차례대로 하는 동작. ⇨계열동작(=).

축척(縮尺, scale) : ⇨스케일(=).

축측투상 : ⇨축측투상도(=).

축측투상도(軸側投像圖, axonometric projection) : ①물체의 모든 면(육면체의 3면)을 투상면에 경사시켜 놓고 수직투상을 한 것. ②세 개의 주요 축이 축소되는 방식으로 화면에 기울어진 삼차원 사물의 정사투영도(正斜透影圖)를 말함. ③삼차원적으로 건물을 보여주는 제도방법을 말하고, 수직선은 수직으로, 수평선은 일정한 각도

ㅊ

비교하지 않고는 알 수 없기 때문임. 이런 까닭으로 치수는 비(비례)를 의미하지 않을 수 없음.

치수 [2)](治水) : 홍수·해일 등에 의한 피해의 방지.

치수계획(値數計劃, dimension planning) : ①생활과 공간과의 상호관계를 만족시키는 적정치수체계를 구하는 과정. ②전체공간과 단위공간, 단위공간과 공간구성 요소간에 적절한 상호관계를 만족시키는 수량적 관계를 구하는 프로세스(process). ③공간에서 행해지는 인간생활과 물품, 공간과의 적정한 상호관계를 만족시키는 치수체계를 구하는 과정. 정해진 크기의 치수체계는 실의 규모를 제한하고, 생활을 규제하며, 행동을 유도하고 인간의 심리적·정서적인 반응을 유발시킴. 이러한 치수를 규정하는 요인에는 행동적 조건·환경적 조건·기술적 조건 및 경제적 조건이 있음. ㉠행동적 조건이란 생활행위에 있어서 형성되는 기능적 조건으로 인체치수와 동작치수임. 동시에 생리적·심리적·정서적·습관적인 측면을 고려한 치수이어야 함. 따라서 이용자의 동작이나 행위의 요구 이외에 공간의 심리적 효과도 아울러 함께 이해해야 함. ㉡환경적 조건이란 열·소리·지진·바람·기온·눈·비 등의 자연환경, 냉난방 기구 등의 인위적인 설비에 의한 인공환경 또는 인간이 생리적·심리적·사회적으로 필요로 하는 환경조건을 말하고, 이러한 요인에 의한 조건들은 건축구성재의 성능·구성재의 단면치수 결정에 영향을 줌. ㉢기술적 조건이란 구성재의 생산·운반·조립 등의 구축적 조건(構築的 條件)을 말함. 행동적 또는 환경적인 요구를 경제적으로 충족시켜 나가기 위해 건축을 구성하는 준비가 합리적으로 체계화되어야 함. ㉣사회·경제적 조건이란 건축적 시설의 경영·관리·건축비·유지비 등의 조건을 말함. 이러한 경제적 조건은 시설의 공간규모를 결정지으며, 그 값이 낮은 경우에 규모를 치수로 변환할 때의 자유도가 한정됨. 이러한 규정 요인들은 서로가 독립된 조건이 아닌 상호 연관된 상태에서의 영향을 갖으며, 또한 어떤 조건을 중시하면 다른 조건이 소외되는 경우도 있음. 따라서 항상 전체적인 입장에서 규정요인을 참작하고 고려하여 적정치수를 결정해야 함. 최적치수를 구하는 방법으로는 최소치 $+\alpha$, 최대치 $-\alpha$, 목표치 $\pm\alpha$, 여기서, α는 적정치수를 구하기 위한 조정치수를 말함. ⓐ최소치 $+\alpha$는 공간 또는 구성재의 기능이 충족되는 최소치수를 구하고, 여기에 여유치수를 더하거나 안전율을 더함으로써 적정치수를 구하는 방법으로써 특히 요소공간의 크기 및 구성재의 크기를 구할 때 요구되는 방법임. 화장실·현관 등의 면적이나 일조조건 또는 프라이버시를 고려하여 정하는 이웃간의 거리조정 등이 그 예임. ⓑ최대치 $-\alpha$는 치수가 어느 한도의 값을 넘으면 생활동작이나 행위가 불가능하게 되는 것과 같이 값의 상한이 존재하는 경우 최대치수를 구해서 α 만큼의 치수를 빼고 적정치수를 구하는 방법임. 손·발이 닿는 범위, 인간 상호간의 커뮤니케이션이 가능한 거리, 계단의 단높이 치수, 강의실 평면치수 등이 그 예임. ⓒ목표치 $\pm\alpha$는 일정한 치수를 가지고 최대·최소치수를 구할 수 없는 경우 설계자 또는 사용자의 판단으로 어느 목표치를 설정하고, 그 효과를 조정하면서 치수를 결정하는 방법. 이는 일반적으로 설계 과정에서 가장 많이 이용되는 방법으로 치수의 개략적인 크기를 사전에 경험이나 사례·법적 규준·관용치수 및 모듈에 의해서 가정하고, 설계가 진행됨에 따라 치수를 수정하여 최적치수를 구하는 방법으로 대부분 이 방법을 사용하고 있음. 이 때 스케일(scale)은 치수계획 수법으로서의 기능뿐만 아니라 치수의 대상이 되는 물적 환경의 지각과 정보 정리를 위한 유력한 방법임.

치수기입방향(値數記入方向) : 치수기입의 방향은 치수선 방향식(치수를 도면의 오른쪽이나 아래쪽에서 읽도록 기입한 것)

으로 함.

치수기입순서(値數記入順序) : ①치수보조선을 먼저 그리고, 보통 외형선으로부터 약 5㎜ 정도 떨어져서 그림. ②외형선으로부터 적당한 위치에 떨어져서 치수선을 그리고, 치수선끼리는 8~10㎜ 정도의 자리를 둠. ③각 치수구간을 점 또는 짧은 사선으로 표시함. ④모든 숫자와 문자를 기입함.

치수보조선(値數補助線, extension line) : 보통 치수선의 상단에 숫자나 기호를 기입하기 위해 긋는 보조선.

치수선(置數線, dimension line) : 부분이나 전체의 범위 및 크기를 나타내는 화살표 또는 두 점 사이의 거리를 나타내기 위해 양 끝에 화살표나 점 등으로 표시한 선.

치수인출선(値數引出線) : 치수선을 표시할 수 있도록 하기 위해 축선(軸線)에서 끌어낸 선.

치수의 일반원칙(値數-一般原則) : 도면에 표기하는 치수를 올바르게 표기하기 위한 제반 원칙. ①치수는 특별히 명시하지 않는 한 마무리 치수로 하고, 치수는 모양 및 위치를 가장 명확하게 표시하는데 필요하고, 충분하게 되도록 중복을 피하고 또한 계산하지 않고서도 알 수 있게 씀. ②현장작업의 기준이 되는 곳이 있을 때는 그것을 기준으로 하여 치수를 기입. ③하나하나의 부분, 치수의 합계 또는 전체의 치수는 순차적으로 바깥쪽에 씀. ④치수단위는 밀리미터(㎜)를 원칙으로 하며, 단위기호는 쓰지 않음. 치수단위가 밀리미터가 아닐 때에는 단위기호를 쓰거나 기타의 방법으로 그 단위를 명시함.

치수의 표기방법(値數-表記方法) : 도면치수의 표기방법이나 기입은 도면형태를 명확하게 나타내는데 필요한 것을 충분히 기입하여 중복되는 것을 피하고, 또 누락된 치수를 다시 계산하여 구하는 일이 없도록 하며, 치수의 표기방법을 정확히 알고 있어야만 올바른 도면을 그릴 수 있음. ⇨치수.

치수조정(値數調整, dimensional coordination) : ⇨모듈러코디네이션(=).

치수허용차(値數許容差, dimension tolerance) : ⇨허용차(=).

치오콜(chiochol) : 알칼리 다황화물(多黃化物)과 폴리할로겐 탄화수소의 반응에 의해 얻어지는 고무상의 고분자로서, 내유성(耐油性)이 우수하고 내약품성도 우수하며, 주로 줄눈재 또는 구멍을 메우는 데 사용됨.

치올림(camber) : ⇨캠버(=).

치장(治粧, 治裝) : 보기 좋게 꾸미는 일.

치장널(治裝-, decorate board) : 합판·파티클보드·금속판 등 보드류의 표면을 돌출판·인쇄지·도장·프린트 등으로 피복한 것.

치장못(治粧-, stud bolt) : 적동·황동 혹은 도금된 금속으로 제작된 머리 부분이 큰 원기둥 형태의 못. 궤·수납장·문의 판재에 구조적 결합뿐만 아니라 장식을 목적으로 혹은 의자·판재·궤 등에 직물이나 가죽을 고정시킬 목적으로 사용됨. 중세에 스페인·포르투갈·이탈리아에서 소개되어 17세기에 영국과 프랑스에서 사용되었음.

치장벽돌(治粧甓乭, stucco, face brick, facing brick) : ①벽의 바깥쪽 면에 사용되는 겉벽돌. ②석고형의 모르타르 혼합을 말하고, 주로 외장용으로 사용됨. ③건축의 외장·담·화단 등의 마감에 쓰이는 벽돌.

치장벽마감(治粧壁-, stucco, stucco work) : 모든 형태의 회반죽이나 시멘트 미장 마감을 말함. 회반죽은 시멘트가 사용되기 이전인 19세기 이전까지는 석회와 모래만으로 만들었으나, 그 후에는 시멘트·모래·소석회를 물에 반죽하여 만듦. 실내 돌림띠(cornice), 프레스코(fresco) 작업의 기초, 시멘트가 사용된 외부 벽마감 등에 이용되며, 단순히 입혀지거나 질감효과를 낼 수 있고 채색이 되기도 함.

치장용 석고판(治粧用石膏板) : 표면 원지에 미리 인쇄한 보통판 또는 평석고판에 치장 가공한 종이나 플라스틱시트를 붙인 판(KS F 3506).

치장용 석고 흡음판(治粧用 石膏 吸音板) : 흡음용 구멍 석고판의 표면을 치장 가공한 판.

치장쌓기(治粧-) : 벽돌·블록 등을 그대로 마무리하는 조적방식으로 줄눈은 치장줄눈으로 하고 사용하는 재료는 결함이 없고 치수가 바른 것을 사용.

치장재(治粧材, apperance lumber facing) : ①마감재로 사용하는 목재. ②치장에 사용되는 재료를 총칭하는 용어. ③구조물의 거친 표면이나 보기 좋지 않은 재료 위를 가리기 위해 사용되는 석재·테라코타·금속·치장벽토(stucco)·회벽(plaster)·목재 등의 비구조 재료. 구조물의 가장 표면에 사용되는 층으로 보호기능과 장식기능을 가짐.

치장줄눈(治粧-, tooled joint, pointing) : ① 벽돌벽면을 모르타르 등으로 바르지 않고 제물치장할 때 바르는 모르타르 줄눈을 말함. ②보통 벽돌쌓기가 끝난 직후에 벽돌벽면으로부터 10㎜ 정도까지 줄눈모르타르를 파내고 1 : 1 모르타르를 눌러 바름. ③흙손 대신 다른 도구를 사용하여 누름질을 하고 모양을 낸 모르타르 줄눈을 말함. 치장줄눈은 방수 모르타르나 색 모르타르를 사용하기도 함. ④치장줄눈의 종류에는 줄눈의 모양에 따라 민줄눈·평줄눈·둥근줄눈·빗줄눈·오목줄눈·볼록줄눈·내민줄눈·실줄눈 등으로 구분하고, 쌓는 방법에 따라 막힌줄눈·통줄눈 등이 있으며, 조형적 효과는 다음과 같음.

치장줄눈의 조형적 효과

줄눈형태	사용의 경우	의장성
평줄눈	벽돌의 형태가 고르지 않을 경우	질감(texture)이 거침
빗줄눈	색조의 변화가 많은 경우	벽면의 음영차가 분명. 질감의 강조
볼록줄눈	면이 깨끗하고 반듯한 벽돌	순하고 부드러운 느낌. 여성적 선의 흐름
내민줄눈	벽면이 고르지 않을 경우	줄눈의 효과를 확실히 함
오목줄눈	면이 깨끗한 벽돌	약한 음영 표시. 여성적 느낌. 평줄눈·민줄눈의 중간효과
민줄눈	형태가 고르고 깨끗한 벽돌	질감을 깨끗하게 연출. 일반적인 형태

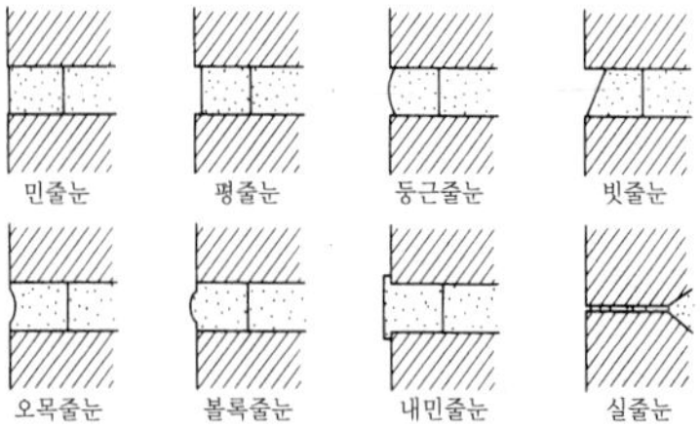

치장줄눈의 종류

치장콘크리트(治粧-, fair-faced concrete) : 콘크리트를 붓고 외부의 형틀을 뜯어내면 콘크리트 자체의 면이 드러나는데 거기에 시멘트 모르타르나 다른 마감재를 바르거나 붙이지 않은 채 그대로 표면을 다듬은 것을 말함. 형틀을 면밀하게 제작하여 설치해야 하고, 콘크리트를 부을 때도 주의를 기울여 타설하여 공극이 생기거나 자갈 등이 몰려 있지 않도록 해야 함. 형틀의 처리방법에 따라 다양한 질감 표현이 가능하므로 많은 건축가나 디자이너들이 자주 사용하는 시공방법임.

치장합판(治粧合板, decorative plywood) : 벽판 또는 장식장, 가구 등에 사용하기 위해 제조된 경목재 표면의 합판.

치즐포인트(chisel point) : 못 또는 스파이크(spike)에서 두 면이 비스듬하게 만나 뾰족한 각을 이루는 못 끝.

치켜올림 : 긴 수평선이나 수평면은 처져 보이므로 경험적으로 중앙을 조금 치켜 올려 수평으로 보이도록 하는 수법. 예컨대 천장이나 길이가 긴 교량 등의 경우 치켜 올리는 경우가 많음. 천장은 1/200 정도 치켜 올리면 수평으로 보임. 아테네 파르테논(Parthenon) 신전의 처마와 기단의 선은 수평이 아니고 중앙부에 약간 치켜 올림으로 되었음.

치크피스(cheek piece) : 18세기 영국에서 디자인된 안락의자 등받이의 양측 날개 부분. 사용자 머리부의 외풍을 막기 위해 디자인되었음.

치펜데일(Chippendale) : ①치펜데일풍의 우아한 곡선을 이용한 장식적인 가구. ②영국의 가구디자이너 토머스 치펜데일(Thomas Chipendale, 1718~1979)의 이름.

치펜데일고딕(Chippendale Gothic) : 1750년대 영국의 신고딕양식의 현대적 명칭. 중세 교회 건축에서부터 18세기 가구형태까지의 모티프(motif[프])의 인용이 특징적이고, 다발기둥(clustered column)을 인용한 의자와 테이블의 다리, 첨두아치와 고딕창의 트레이서리(tracery)를 인용한 창문·의자등받이·상자형 가구의 패널 등에서 볼 수 있음.

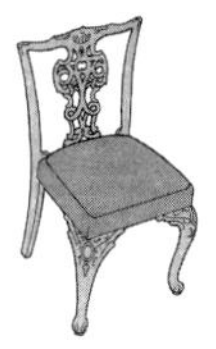

치펜데일체어

치펜데일양식(-樣式, Chippendale style) : ①영국의 가구디자이너 겸 가구제작자인 치펜데일(Thomas Chippendale : 1718~79)이 제작한 18세기 중엽 영국 로코코 초기 조지안시대의 가구양식. ②이 가구는 초기 조지안시대에 유행한 모든 양식(영국의 퀸 앤 스타일, 프랑스 로코코양식)과 심지어 중국풍의 가구 및 고딕형의 창 장식까지도 종합적으로 포함하여 서민을 위한 보다 실용적이고 기능적인 양식으로 개량하여 영국의 독특한 로코코양식으로 발전시켰음. ③우아한 곡선을 이용한 장식적인 것이 특징으로서 치펜데일의 초기 작품은 네덜란드의 양식과 앤 여왕시대의 양식을 소화하고, 중기의 작품은 바로크·로코코·중국 가구의 양식을, 후기의 작품은 고딕양식을 소화하였음. 특히 중국의 가구양식을 모방한 작품을 차이니즈 치펜데일(Chinese Chippendale)이라고 함. ④치펜데일 가구는 특히 등받이가 오픈된 것으로 경쾌한 인상을 주며, 캐브리올 다리의 리본을 본뜬 가늘고 긴 장식적인 재료를 복잡하게 얽히게 한 리본 백 패턴, 고딕건축의 창의적인 의장인 트레이서리를 모방한 등막대 패턴, 중국양식인 조립격자 패턴·보리 이삭을 좌우로 감기게 한 래더 백 패턴 등을 모티브로 채용하고 있음. 저서에는 최초의 가구디자인 서적인 『신사와 가구사의 지침(1754)』이 있음.

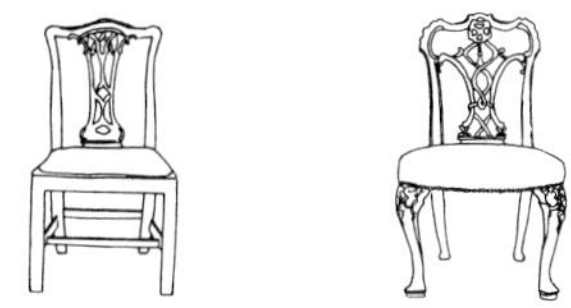

고딕풍의 트레이서리가 있는 의자 리본 백 의자

치펜데일양식

치펜데일체어(Chippendale chair, 1755) : 동물의 다리로 된 지주(支柱)와 등판에 구멍을 뚫고 조각을 한 로코코양식의 전형적인 의자.

치핑(chipping) : ①토막. ②잘게 부서진 것. ③나뭇조각 등

친사회적 거리(親社會的距離, prosocial distance) : 목적을 가지고 만나서 대화 및 식사 등을 할 수 있는 정도의 친밀거리. 개인거리와 사회적 거리의 중간 정도의 거리. 회의실·커피숍·식당·공항대합실 등.

친사회적 공간(親社會的空間, prosocial) : 회의실·커피숍·식당·공항대합실 등.

친수(親水) : 사람과 물과의 만남. 사람은 건축, 도시의 여러 장면에서 흐르는 물, 비치는 물 등을 이용하는 경관창출이나 공간연출을 행하여 목욕·물장난 등의 레크리에이션을 즐기고, 정신적인 영향을 받고 있음.

친츠(chintz) : 가느다란 실로 평평하게 단단히, 그리고 유약으로 처리된 면(綿)으로 짠 천. 무색 또는 유색 염색 천으로 만듦. 한 때는 가는 목면실에 유약이 안 발라진 천을 의미했음.

칠기(漆器) : ①옻칠을 도료(塗料)로 사용한 기물(器物). ②옻칠은 방수(防水)·방패(防腐)·방수(防銹) 및 장식을 묘사하는 방법으로 예로부터 널리 사용되었음. 우리나라에서는 한국식 동검문화 전기(前期)인 기원 전 3세기에 등장.

칠량(七樑) : ①칠량집의 준말. ②도리가 일곱 개가 얹힌 집.

칠량가(七樑架, 七樑家) : ①한식 목조건물에서 도리가 7개로 된 지붕틀. ②칠량으로 지은 집. ③도리가 일곱 겹으로 얹힌 집. ④오량집에 도리 두 개를 추가하여 앞퇴

와 뒤퇴가 함께 구성되는 집. ⑤일반적으로 앞뒤로 툇간이 있는 이고주칠량집이 대부분임. 나주 향교 대성전·수원 화성 화령전 등이 이에 속함. ⑥일고주칠량가는 봉정사 극락전 어칸 가구·지림사 대적광전·금산사 대적광전이 이에 속함. ⑦심고주칠량가로는 봉정사 극락전 측면 가구가 있음. ⑧사대부가에서 고급의 권위적인 건축물이나 공공건축물 등의 비교적 대규모 건축물에 사용됨. ⑨종류는 일고주오량집(一高柱五樑架)·이고주오량집(二高柱五樑架) 등으로 구분함. ⑩구조에 의한 전통민가 유형의 하나. ⑪칠량집·칠량각(=).

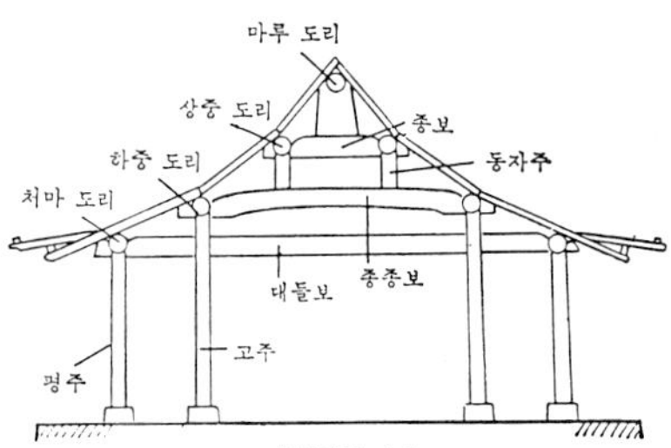

칠량집의 뼈대

칠량각(七樑閣) : ⇨칠량가.

칠량집(七樑-) : ⇨칠량가.

칠막(漆膜) : ⇨도막(=).

칠면(漆面) : ⇨도면(=).

칠반자(柒半子) : ⇨도장반자(=).

칠보(七寶, enamel) : ①약 5000년 전에 미케네 문명에 의해 개발·발전된 금속 표면에 다양한 색채의 유리질을 녹여 붙이는 기법. 기독교를 배경으로 비잔틴 문명에서 중요한 역할을 했으며, 아라비아를 경유하여 중국·한국·일본으로 전해짐. ②칠보의 기법은 작업과정에서 개발될 수 있으며, 표현효과에 따라 다양한 기법이 있으나 대표적인 기법으로 유선 칠보·반투명칠보·가루뿌리기·붓으로 찍어 바르기 등이 있음. 칠보라는 명칭은 7가지 보석(금·은·유리·사파리·산호·마노·진주)에 필적하는 아름다운 빛과 광택을 지니고 있는 재료라는 뜻임.

칠성각(七星閣) : ①수명장수신인 칠성을 봉안한 전각. ②도교의 영향으로 한국사찰에서만 볼 수 있는 특이한 전각. ③제1북두는 자손에게 만복을, 제2북두는 재난을 없애고, 제3북두는 업장을 소멸시키고, 제4북두는 모든 것을 얻게 하고, 제5북두는 백가지 장애를 없애며, 제6북두는 복덕을 고루 갖추게 하고, 제7북두는 수명을 오래 연장시켜 줌. ④북두각(=).

칠오토막벽돌(七五-甓乭, three quarters bat) : ①벽돌의 길이를 3/4이 되게 자른 토막벽돌. 이때 1/4이 되는 부분을 '이오토막'이라고 함. ②화란식쌓기의 모서리 부분에 사용. ③킹클로저(=).

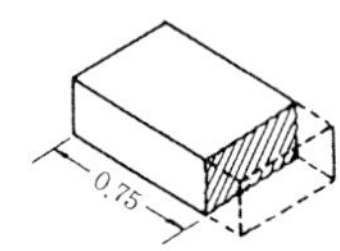

칠오토막벽돌

칠포(七包) : 공포가 일곱 겹으로 겹쳐진 것.

침구함(寢具函, blanket chest) : 17~18세기 미국의 담요·침구·의류 등을 넣어두는 뚜껑이 있는 상자 모양의 가구. 간혹 밑에 한두 개의 서랍이 달려 있으며, 후에 로우 보이(lowboy)·하이 보이(highboy)·서랍장 등으로 대체됨.

침기(侵氣, air leakage) : 실내·외의 공기압이 다른 경우 구조체의 틈새 및 개구부의 틈 사이로 환기가 이루어지는 공기 유출현상.

침기현상(侵氣現象) : ①풍압과 온도차에 의한 압력에 의하여 개구부 및 틈새로 의도하지 않았던 외기가 들어오는 현상. ②극간풍(=).

침니[1](沈泥, silt) : 모래보다 잘고 진흙보다 거친 침적토.

침니[2](chimney) : ①연도가 달린 수직, 불연성 구조, 즉 굴뚝을 말함. 연도를 통해 화열이나 화로의 연기와 가스가 외부로 배출되고, 연도로 통기가 이루어지며, 특히 지붕 위로 올라간 그러한 구조의 부분을 의미함. ②벽난로의 방언(方言).

침니바(chimney bar) : ①벽난로 개구부 위의 조적조를 지탱하는 강철 상인방. ②캠버바·터닝바(=).

침니브레스트(chimney breast) : ①실내의 벽

난로 전면 위 굴뚝의 연도를 덮어씌운 석조 또는 벽돌조의 돌출된 부분. ②보통 건물 내부에서 벽으로부터 돌출되어 나온 굴뚝이나 벽난로의 한 부분.

침니스택(chimney stack) : 여러 개의 연통을 한데 모아 붙여 놓은 굴뚝.

침니스톡(chimney stalk) : 굴뚝의 지붕 위로 나온 부분.

침니아치(chimney arch) : 굴뚝 돌출부를 지지하는 벽난로 개구부 위의 아치.

침니잭(chimney jack) : 굴뚝의 회전식 갓.

침니치크(chimney cheek) : 맨틀(mantel)을 지지하는 벽난로 개구부 측면.

침니캡(chimney cap) : ①보통 평판이나 코니스 형태로 된 굴뚝의 올림 덮개. ②굴뚝마개(=).

침니코너(chimney corner) : ①벽난로의 구석(측면). ②노변·난로가(=).

침니포트(chimney pot) : ①금속으로 만든 원통형관(圓筒形管). 통기를 좋게 하고 연기를 없애기 위해 굴뚝의 상부에 꼭 맞도록 설치함. ②굴뚝단지(=).

침니피스(chimney piece) : ⇨맨틀피스(=).

침대(寢臺, bed) : ①잠을 자거나 기대기 위해 사용되는 가구의 형태. 4개의 수직다리 및 상자형으로 지지되는 수평면으로 매트리스 또는 단판으로 되어 있음. 약 300년 전에 이집트 문화권에서 처음으로 나타나 지리적·자연적 환경에 의한 문화관습에 따른 보호장구로 문화관습에 따라 발전된 형태. 침대는 인체계가구 중 대표적인 가구로 또는 휴식과 취침을 위한 가구(인간 중심 분류)·2층 침대·소파베드·well system relax(기능별 분류) 등의 여러 형태가 있음. ②침대 조건으로는 유연성·탄력성·통기성·항균성·견고성·보온성 등이 우수해야 함. 또한 등뼈가 바르게 위치할 수 있고, 취침시 체온이 보존될 수 있으며, 유연한 감촉이 있고, 진동이 차단되고, 바닥의 습기로부터 보호될 수 있어야 함. 침대구조의 구성요건으로는 외형을 이루는 프레임(frame), 즉 머리판(head board)·발판(foot board)·사이드 보드(side board)의 프레임, 침대 하부 구성재로 하층 분산 역할을 담당하 relax·wooden fiex·스프링·우레아폼·프레시 패널 등의 파운데이션의 bottom·스프링·우레아폼·라텍스 등 탄력층과 표면재로 구성. ③중세 후기까지 침대는 재산이나 신분을 과시하기 위해 거대하게 만들고 정교하게 장식된 천개를 씌웠음. 후에는 휴대성이 강조되어 바퀴달린 침대(trundle bed)·야전침대(field bed)가 생겼으며, 18세기 이후에는 구조와 장식이 점점 단순해짐. ④형태로는 이층 침대(bunk bed)·물침대·천개침대(canopy bed)·붙박이 침대(built-in bed)·원형 침대 등이 있으며, 크기는 1인용(1,000×2,000㎜)인 싱글베드, 2인용(1,500×2,100㎜)인 더블베드, 중대형(1,800×2,100㎜)인 퀸 사이즈 베드, 초대형(2,100×2,100㎜)인 킹 사이즈 베드 등이 있음. ⑤1인용 침대는 벽에 기대어 배치하되 창과 평행하도록 배치시키는 것이 기본. ⑥침대칸의 간격은 최소 450㎜ 이상 800㎜ 정도이며, 벽과 침대간의 간격은 300㎜ 이상이 필요함.

침대덮개(寢臺-, bed spread, coverlet, counter pane) : 침대 위에 씌우는 장식덮개. 바닥까지 내려오며 주름을 달거나, 누비거나, 헐렁하게 씌우거나, 상자형으로 꼭 맞게 씌우는 등의 다양한 형태와 천으로 만들 수 있음. 취침 시에는 벗겨서 사용하고 사용하지 않을 때는 다시 덮어 놓음.

침대용 계단(寢臺用階段, bed steps) : 18세기 영국과 미국에서 사용된 침대에 오르내리기 위하여 디자인된 계단형 가구. 다른 침실용 가구와 결합되어 있어서 세면용 기구를 보관하거나 접어서 스툴로 사용하기도 함.

침대용 계단

침대틀(寢臺-, bed stead) : 매트리스를 받치는 침대 골조.

침문(寢門) : 내실(內室)의 문.

침방[1)](寢房) : 잠자는 곳으로 사용하는 방.

침방[2)](針房) : 반가(班家)에서 바느질을 전담하는 침모(針母)를 우두머리로 하여 노비들이 작업을 하는 가사 노동 공간.

침수건조(浸水乾燥, water seasoning) : 물에 담가 두었다가 꺼내서 건조하는 방법.

침식(侵蝕, erosion) : ①부식용액이 고속으로 흐를 때 금속표면의 산화피막이 계속적으로 파괴되며 부식이 진행되는 현상. ②유체의 급속한 흐름이나 충격에 의해 또는 토사(土砂) 등이 혼입된 때 금속 표면이 서서히 닳거나 깎여서 소모되는 현상.

침식부식(浸蝕腐蝕, erosion corrosion) : ⇨침식.

침실(寢室, bedroom, sleeping room) : ①잠을 자기 위한 취침공간, 즉 주생활을 위한 공간으로 주택의 침실 크기는 1인용은 6.5㎡, 부부침실은 12.5㎡, 2인용은 10.2㎡임. 생리학적 측면에서 볼 때 성인인 경우 취침 중 0.02㎥/h의 탄산가스나 유해물을 배설하므로 시간당 50㎥의 신선한 공기를 확보해야 하고, 이 때 실내의 자연환기횟수를 시간당 2회로 가정하면 성인 1인당 25㎥의 공간이 필요하며, 천장 높이를 2,500㎜라 가정하면 10㎡의 면적이 산출됨. 가구의 면적을 고려하지 않으면 1인용 침실은 6㎡, 2인용 침실은 10㎡ 면적이 최소한 필요함. ②침실의 조명은 휴식공간이므로 명시성보다는 편안하고 분위기 있는 있는 조명으로 계획함. 전체적으로 침착하고 부드러운 빛으로 하며, 실내의 색채가 난색계일 때는 백열등으로 조절하여 더욱 온화한 느낌이 되도록 함. 천장조명이 지나치게 밝은 조명은 피하며, 분위기를 위한 커튼조명, 밸런스조명의 간접조명이 바람직함. 일반적으로 침대 옆 나이트 테이블에 장식성이 강한 테이블 램프를 둠. ③침실의 색채는 사용자의 기호에 의해 좌우되므로 특별한 원칙이 없고 좋아하는 색을 중심으로 개성 있고 안락한 분위기가 연출되도록 함. 일반적으로 중성계의 색을 주조색으로 하고, 단조로움을 피하기 위해 악센트 색을 적절히 사용함. 남향이나 밝은 침실은 한색계가 바람직하고, 북향이나 어두운 침실은 노랑, 주황색과 같은 밝고 따뜻한 난색계가 바람직함. 좁은 실인 경우 한색계통으로 약간 밝은 분위기를 주면 침착하면서도 넓은 분위기 연출이 됨. 한색계통은 긴장과 행동을 이완시킴으로써 피곤함을 덜어주고 신선한 안락감을 주고, 난색계통은 여성스럽고 따뜻하며 화려하고 명랑한 실의 분위기를 줄 수 있음. ④침실의 재료는 일반적으로 벽·천장은 따뜻하고 부드러운 느낌이 나는 천(fabric)이나 벽지가 사용되고, 한식은 장판지나 비닐계 시트, 양실은 비닐계 시트나 카펫으로 전체 깔기(wall to wall) 또는 부분 깔기(rug)를 함.

침염(浸染, dip-dyeing) : 염색하는 과정에 있어서 직물 전체를 용액에 담구는 염색방법.

침엽수(針葉樹, needle-leaved tree, conifer, soft wood, coniferous tree) : ①소나무·삼송나무·전나무·솔송나무·가문비나무·리기다소나무 등과 같이 잎의 모양이 바늘과 같이 가늘고 긴 형태를 갖는 나무. ②대부분이 폭과 길이가 큰 가도관(假導管)으로 구성되어 있기 때문에 비교적 성질이 균일하며 연한 성질을 나타내므로 연재라고 함. ③도관이 절단된 관공(管孔) 존재 여부에 따라 관공(管孔, pore)이 관찰되지 않는 침엽수재를 무공재(無孔材)라고 함. ④일반적으로 솔방울이 있는 상록수이고, 주로 구조용재로 사용함. ⇨활엽수(⇔).

침의자(寢椅子, sleeping chair) : ⇨슬리핑체어(=).

침입도(侵入度) : 아스팔트의 연도 단위를 말하며, 일반적으로 스트레이트 아스팔트는 20~200, 블로운 아스팔트는 0~40 범위.

침적점토(浸積粘土) : 비·바람에 의한 이동으로 다른 장소에서 침적된 점토로 비교적 양질이나 유기물이 포함되어 있음.

침적암(浸積岩) : ⇨퇴적암(=).

ㅊ

침전(寢殿, the hall containing the King's bed-chamber) : 왕과 왕비가 잠자는 방이 있는 건물.

침전암(沈澱岩) : 수성암의 일종으로 암석에 포함되었던 광물질이 물에 녹아서 바다에 흘러들어 갔다가 점차 침전되어 퇴적·응고된 것.

침지도장(浸漬塗裝, dipping) : 물체를 도료 속에 담근 후 꺼내는 도장 방법.

침지법(沈漬法, dipping process, stepping process) : 어느 액체를 재료에 흡수시키거나 표면에 바를 때 그 재료를 액체 속에 담가 적시는 방법. 목재의 방부처리 난연처리 및 도금처리 등에 이용됨.

침출수(浸出水) : ①매립된 쓰레기가 썩으면서 생기는 더러운 물. ②쓰레기 매립장의 침출수는 쓰레기에 있는 부패성 유기물질로 인해 생물학적 산소요구량(BOD)과 화학적 산소요구량(COD)의 값이 높으며 미량의 중금속 물질을 함유하고 있음. ③침출수의 BOD는 매립지 사용기간, 쓰레기의 종류에 따라 다르지만 대략 5천~3만ppm에 이름. ④침출수의 발생량은 매립된 쓰레기의 종류, 강우량, 매립장 면적, 매립장의 투수(透水)계수 등 매립지 특성에 따라 차이가 있으며 보통 강우량의 20~30%를 차지함. ⑤우리나라 쓰레기 매립장에서 나오는 침출수는 외국보다 유기성 성분이 높은 것이 큰 특징. 이는 우리나라 쓰레기 중 국물 있는 음식물쓰레기의 비율이 높은 데 따른 것. 일본의 경우는 매립지에 소각잔재물만 매립하고 있기 때문에 침출수의 유기물질 농도가 우리나라의 10분의 1에 불과함. ⑥현재 국내에서는 위생매립지를 1990년대 이후부터 설치하면서 침출수 처리장도 같이 건설하고 있음.

침투방수공법(浸透防水工法) : 모체에 별도의 방수층을 형성시키지 않고 모체 자체가 방수성능을 갖도록 방수액을 침투시키는 공법. 보호모르타르가 필요 없으며, 방수층 분리가 생기지 않음. 높은 수압에 유리한 장점이 있으나 진동 균열에는 약한 단점이 있음.

침투성(浸透性, permeability) : 물이 침입·흡수되는 성질.

침투성 방수공사(浸透性防水工事) : ①노출된 부위나 실내의 콘크리트·조적조·석재 및 미장 표면에 방수제를 침투시켜 방수층을 형성하는 방수공사. ②특징은 ㉠시공성이 좋음. ㉡공기가 빠름. ㉢백화현상 방지. ㉣사용범위가 넓음. ㉤장시간 경과 후 방수효과 우려. ㉥비교적 고가. ㉦실적이 적어 신뢰성 저하. ③재료는 유기질과 무기질로 분류. ④사용부위는 노출된 실내외부 콘크리트 표면·실내외부 제치장콘크리트 표면·외부 조적 벽돌표면 등에 사용.

침투성 스테인(浸透性-, penetrating stain) : 목재 표면에 침투하는 스테인으로 표면에 엷은 피막을 형성함. ⇨수성스테인(=). ⇨스프릿스테인(=).

침하수축균열(沈下收縮龜裂) : ①콘크리트의 부등침하(不等沈下)에 의하여 생기는 콘크리트 균열 중 하나. ②침하수축균열은 콘크리트 타설 후 콘크리트의 표면 가까이에 있는 철근, 매설물 또는 입자가 큰 골재 등이 콘크리트의 침하를 국부적으로 방해하기 때문에 일어남. 균열이 발생하여 커지는 정도는 블리딩(bleeding)이 큰 콘크리트일수록 높아짐. ③균열은 콘크리트 타설 후 1시간 정도 경과한 후 일어나기 쉬운데 콘크리트 타설 후 거푸집 이동 또는 시멘트의 이상응결 등의 원인에 의하여 콘크리트 표면에 균열이 발생했을 경우에는 침하가 종료된 단계에서 새로 다시 표면 마무리를 하여 메워주는 것이 좋음.

침향(沈香, agalloch) : 인도산 향나무. 가나(伽羅)라고도 함.

칩보드(chip board) : ①제재목의 죽데기(통나무 겉쪽에서 떼어 낸 널쪽) 등을 잘게 깎은 부스러기를 원료로 하여 접착제를 혼입하여 가압성형한 판. ②판지(板紙). ⇨목질섬유판(=). ⇨파티클보드(=).

칩카빙(chip carving) : 중세 목재 가구에 사용된 기하학적 무늬가 특징인 조각장식. 평끝과 반원형 끝(gouge)을 사용하여 단순하고 얇게 조각된 원형 장식으로 특히 체스트(chest)의 패널에서 볼 수 있음. 17세기 초 영국의 가구장식과 18, 19세기 미국의 가구장식에서 사용되었음.

칩카빙

칭퀘센토(cinquecento[이]) : 이탈리아 르네상스 시기인 16세기를 말함.

【ㅋ】

카나레떼(Canalete, Cordia alljodora Oken[프]) : ①에콰도르·베네수엘라·코스타리카·브라질·온두라스·쿠바·콜롬비아·멕시코·도미니카·엘살바도르·니카라과 등에 분포. ②심재와 변재의 구분이 불명확하며 심재는 목색을 띤 커피색 또는 암록색을 띤 커피색으로 농색의 줄무늬가 많음. 목리는 통직하고 나뭇결은 보통이거나 고움. 기건비중 0.45~0.57, 수축률은 방사방향 4.2%, 접선방향 6.6%, 용적수축률 17.3%로 적고 강도는 압축강도 337kg/㎠·휨강도 612kg/㎠·전단강도 76kg/㎠로 약함. 가공은 용이하며 접착·포삭·연삭은 양호하고 인공건조는 속도가 빠름. ③용도는 가구·내장·조각 등에 사용.

카나리아색(-色, canary yellow) : ①아프리카 카나리아제도에서 사는 새인 카나리아의 깃과 같은 밝은 노랑색으로서 약간 녹색을 더 띰. ②관용색명으로 녹색 띤 노랑. ③먼셀기호 7.0Y8.5/10.0.

카나페(canapé[프], kanape) : ①두 명 이상이 앉기 위한 긴 의자. 세티 혹은 소파 어느 쪽에나 해당되지만 목재의 골조가 반드시 전부 덮개로 싸여 있을 필요가 없다는 점에서 소파(sopha[프])와 다르고, 천개의자(canopy chair)의 원조(元祖)임. ②이 용어는 17세기 후반에 사용되기 시작하여 18세기가 되면서 여러 형태에 따라 다양한 이국풍(異國風)의 명칭이 사용되었음. 예컨대, 타원형을 오토만(ottoman)이라고 함.

셰라턴의 카나페

카나페아콘피당트(canapé à confidante[프]) : ①하나의 몸체에 세 개의 좌석이 달린 긴 의자. ②18세기 프랑스 가구의 형태로 양 끝의 팔걸이 너머로 바깥으로 면한 두 개의 좌석을 조합시킨 넓은 소파. ③19세기 프랑스의 세티(settee)를 일컬음. 직물로 씌운 좌판과 양 끝에 두 개의 천으로 씌운 등받이가 있으며, 이 두 개의 등받이는 굴대형(spindle)으로 구성되어 있어서 개방된 목재 등받이와 연결되어 있음. 코일 스프링을 사용하고 단추를 깊게 박아 직물로 씌운 이 가구는 제2제국(Empire Ⅱ)시대의 취향을 반영한 것으로서 귀족들을 위한 가구였음.

카네포라(canephora, canephorus[프]) : ①머리 위에 과일과 꽃바구니를 이고 있는 소녀 조각상. ②고대 건축물의 여상주(caryatid)에서 유래되어 프랑스에서 가구나 선반을 지지하는 기둥장식으로 사용되었고, 18세기 프랑스 루이 16세 양식의 가구에서는 브론즈(bronze)에 올리는 금박으로 널리 사용된 모티프(motif[프])였음.

카드뮴(cadmium ; Cd) : ①도금이나 특정한 합금에 사용되는 주석과 유사한 흰색의 연성이 있는 금속. ②아연을 정련하는 과정에서 부산물로 생성되는 물질. 카드뮴의 급성중독으로 나타나는 현상은 흉통, 현기증, 구토, 폐부종을 수반한 심폐기능부전, 만성중독으로 나타나는 현상은 신장기능의 장해로 단백뇨가 나타남.

카드테이블(card table) : ①접을 수 있는 작은 카드게임용 테이블. 17세기를 기원으로 윌리엄과 메리·앤여왕시대에 특히 유행함. ②초기의 카드 테이블은 촛불을 놓기 위해 상판의 네 귀퉁이가 움푹 패여 있었으며, 흔히 게임 중에 사용하는 칩(chip)을 넣기 위한 네 개의 접시 모양으로 패어진 '기니홀(guinda hole)'이 있고, 테이블 상판은 초록색 나사로 덮여 있음.

카디널레드(cardinal red) : ①가톨릭 추기경(cardinal)이 입던 옷에서 유래된 색이름. 진한 적색(bright red). ②먼셀기호4.0R3.5/11.5.

카라벤서리 : ⇨캐러밴서리(=).

카란타스(Kalantas[필], Toona calantas. & Rolfe) : ①필리핀·인도네시아·미얀마·캄보디아·뉴기니·태국·베트남·인도 등 동남아시아 열대지역에 유사 수종 분포. ②변재는 담적색으로 뚜렷하고 심재는 생재시 담도색(淡桃色)으로, 오래두면 적색·암적갈색으로 변화하며 심변재의 구분이 뚜렷함. 목리는 교착하거나 통직하며 나무표면은 거칠고 불균일함. 기건비중 0.43으로 가볍고 수축률은 작은 편이며 강도는 약함. 접착·도장성은 양호하고 건조도 용이하며 포삭성(鉋削性)은 보통이나 내구성은 심재에서 강한 편임. ③용도는 내부장식·가구·합판·무늬단판·캐비닛 등에 사용. ⇨레드시다(=).

카롤링거건축(-建築, Carolingian architecture) : ①프랑스에서 751년부터 987년까지 독일에서는 911년까지 지배했던 프랑크 왕조의 초기 로마네스크 건축. 종교적인 요구에 의해 변형된 고전적 형태의 부흥이 특색임. ②8세기 고대 로마의 형태를 기초로 한 로마네스크 이전의 건축. ③칼레메인(Carlemagne, 768~814) 황제와 그의 후계자들 시대에 생산된 정교하고 장식적인 예술품의 역사적 용어. 이 시대의 뛰어난 형태는 고대 로마의 유물에 대한 흥미와 콘스탄티노플 대제와 테오도시우스 황제의 예술적 영감을 재현한 것. 비잔티움의 6세기와 7세기의 작품들이 유명함.

카롤링거왕조양식(-王朝樣式, Carolingian) : A. D. 800년경 샤를마뉴 대제 시대에 발생하여 로마네스크로 이어지는 양식.

카르도(cardo) : ①본래는 회전축(回轉軸)을 의미함. ②고대 로마 도시를 구성하는 주축(主軸)의 하나로 남북을 달리는 주요 간선도로. ⇨데쿠마누스(=).

카르만소용돌이(Karman vortices, Karman vortex street) : 유체(流體) 속에 있는 물체의 뒤쪽에서 발생하여 어떤 법칙에 따라 비대칭으로 배열되는 소용돌이. 특히 2차원적인 물체의 하류에는 2열의 소용돌이가 나란히 있는 경우가 많음.

카르분클러모래(carbuncular sand) : 적갈색을 띤 변성암의 일종으로 모래와 같은 작은 입자.

카르카스(carcass) : 무늬목이나 다른 표면재를 붙이기 위한 서랍장 및 책장 같은 상자형 가구의 기본 골조. 가구의 뼈대는 '프레임(frame)'이라고 함.

카르텔시계(-時計, cartel clock) : 18세기 중엽 프랑스 루이 15·16세 시대에 사용되던 벽시계. 황동·청동 또는 목재 프레임 위에 금박으로 화려하게 장식되었음.

카르토니에르(cartoniere[프]) : 18세기 가구 형태로 된 서류를 넣기 위한 보관함으로써 보통 2개의 서랍이나 베이스 및 선반에 작은 찬장이 있거나 비둘기장형 정리칸(pigeon hole)이 있음. 독립구조식 가구(free standing piece)나 뷰로 플랫(bureau flat)의 한 끝에 올려놓음.

카르토시(cartouche[이]) : ⇨카르투슈(=).

카르토시오양식(-樣式) : ⇨체르토시나.

카르투슈(cartouche[프]) : ①고대 이집트의 기념비에 왕의 이름이나 신의 이름을 써넣은 타원형 패널. ②르네상스 후기 및 바로크 건축 장식에서 볼 수 있는 문장(紋章)이나 문자를 기입하기 위한 편액(扁額)이며, 둘레를 여러 모양으로 디자인. ③조각되거나 장식이 없는 중심을 가진 종이의 두루마리와 비슷하지만 화려한 소용돌이 같은 조각의 가장자리를 갖고 있는 장식판. ④르네상스·바로크·로코코 가구에 사용된 두루마리 모양의 모티프(motif[프]). ⑤양 끝을 감은 한 장의 종이 모

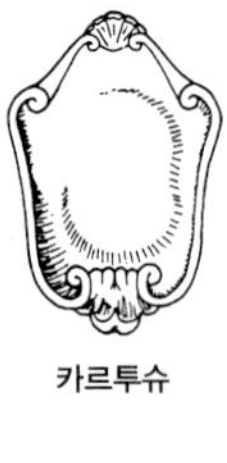

카르투슈

양을 한 장식적 패널로서, 일반적으로 명판(銘板)을 가지며 정교한 장식을 한 틀로 둘러싸여 있음. ⑥장식으로 쓰이는 방패 및 계란의 양식화된 형태로 화관·꽃줄이나 소용돌이 모양으로 둘러싸여 쓰이기도 함. ⑦르네상스 이후 특히 바로크 건물 등에서 자주 볼 수 있는 장식의 하나로, 두루마리 또는 한 조각의 종이와 같은 판(板) 모퉁이를 종이로 감기도 하고 뒤집어 꺾은 듯한 형태의 조각을 새기거나 그림을 그린 것으로 두루마리 장식 또는 소용돌이장식이라고도 함. 또한 이집트에서는 상형문자로 적은 왕의 이름을 둘러싸는 타원형의 테두리를 의미.

카르투시(cartouche[이]) : ⇨카르투슈(=).

카르티에(cartier) : ①프랑스의 세계적인 고급 장신구 회사. ②1847년 루이 프랑수아가 당시 상류층에서 크게 유행하던 칠보와 도금기법과 보석을 조화시킨 새로운 기법을 만들었으며, 1853년 보석상점을 개점하면서 점차 명성을 얻기 시작했고, 1889년에는 장남 루이와 함께 'A 카르티에와 그 아들'이란 회사를 설립했으며, 1902년 에드워드 7세의 대관식에 사용할 27개의 왕관을 제작하면서 더욱 유명해졌음. 루이의 대표적인 작품으로는 1904년 브라질의 비행사 듀몽에게 만들어준 시계와 1923년에 장느토우상 부인의 도움으로 에나멜과 은을 사용한 보석품과 가죽 일기장, 쓰리 컬러 골드(three color gold) 등이 유명함.

카리아티데스(caryatid, caryatides) : ①그리스어의 '카류아에의 소녀'를 의미하는 Karyatides에서 유래된 명칭. ②주신(柱身, shaft)이 여자의 상(像)으로 된 기둥. ③고대 그리스 신전건축에서 볼 수 있는 여신상을 조각한 장식기둥. 아테네의 엘렉티온 신전의 것이 대표적인 예임. ⇨여상주(=). 아틀란티스(⇔).

카리아티데스

카릴론(carillon[프]) : 크기와 음조가 모두 달라서 소리의 음악적 조화를 만들 수 있는 여러 개의 종들이 그룹지어 함께 있는 것. 영국에서는 여러 개의 종들이 내는 소리.

카마레레(Kamarere[뉴니], Euclayptus deglupta Blume) : ①변재는 백색에 갈색 줄무늬가 있으며, 심재는 적갈색 또는 암흑갈색으로 매끄러운 편임. 목리는 통직하지만 교착목리가 나타나며 나무갗은 거칠고 균일하고 광택이 남. 기건비중 0.37이며 강도는 압축강도 311kg/㎠·휨강도 458kg/㎠·전단강도 64~74kg/㎠로 매우 약함. 건조·접착성은 불량하며 내구성은 약하고 도장·제재·연삭·가공성이 양호. 약제주입성은 변재는 양호하나 심재는 불량함. ②용도는 건축·합판·가구 등에 사용. ⇨레다(=).

카마인(carmine) : ⇨카민[1)](=).

카메(came) : 스테인드 글라스(stained glass)나 납유리(leaded glass) 창(窓)에 인접한 유리조각 사이를 연결하는 부드러운 금속 띠.

카메오(cameo) : ①양각으로 아로새긴 보석·조개 등을 일컬음. ②줄무늬가 있는 돌이나 부조를 조각한 조개껍데기. ③다른 색깔의 층을 가진 보석에 양각(陽刻)을 한 장식을 말하며, 재료에는 호박(琥珀)·마노(瑪瑙) 등의 돌 및 유리·조개껍질 등을 사용함. 고대 그리스에서 로마에 걸쳐 여러 가지로 제작되었는데, 건축이나 가구의 장식에 응용되고, 18세기 영국의 건축가 아담이 회반죽에 착색함으로써 카메오풍의 효과를 내어 천장이나 벽장식에 응용함.⇨인탈리오(⇔).

카민[1)](carmine) : ①선명하고 진한 홍색 안료로 가장 적색다운 적색. 즉 관용색명으로 해맑은 빨강을 나타냄. 먼셀 4R4. ②코치닐(cochineal)이란 벌레의 암컷을 달인 액을 알루미늄·주석 등의 염류(鹽類)로 침전시켜 만든 동물성 안료. ③중세의 라틴어 carmesinus 또는 cremesinus에서

carmine과 crimson의 두 말이 생겼고, 선명한 빨강(vivid red)으로서 자주색에 더 가까운 색. ④먼셀기호 2.5R 4.0/14.0.

카민2)(kamin) : 르네상스 시대의 화려한 벽난로.

카바(Ka'ba) : 메카의 대 모스크(great mosque) 뜰에 있는 작은 큐빅의 석조건축물. 내부에는 신성하게 여기는 검은 돌이 있으며, 이슬람교도에 의해 신의 집으로, 순례여행의 목표 및 기도의 방향으로 간주됨.

카바레(cabaret[프]) : 무대·댄스홀 등을 갖춘 서양식 고급 술집.

카바에디움(cavaedium[그]) : 'Cavumaaedium'의 약어. 로마주택에 있어서 외래객을 위한 천장이 구비된 중앙홀. ⇨아트리움(=).

카바이드(carbide) : 탄화물 또는 탄화칼슘의 상표명(물을 혼합하면 아세틸렌가스가 발생).

카버체어(carver chair) : 17세기 미국식 자코비안 의자의 형태. 두꺼운 란자 및 골풀로 만든 좌판을 제외한 전부가 목선반가공으로 구성되어 있음. 브루스터 의자(brewster chair)와 유사하지만 등받이에 장식적인 가늘고 긴 굴대(spindle)를 가지고 있는 점이 다르고, 초기 이민자들이 정착했던 폴리머스(polymouth)의 첫 번째 지도자였던 존 카버(John Carver)가 가지고 있었던 초기 의자 모형에서 유래. 17세기 미국 식민지 가구제작자들에 의해 제작됨.

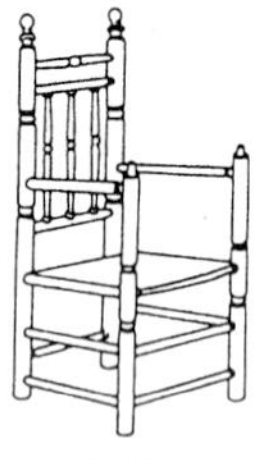
카바체어

카베아(cavea[라]) : 고대 로마 극장의 관람석으로서, 보통 반원형의 계단석으로 되어 있음.

카베토(cavetto[라]) : ①1/4원의 형태로 구성된 오목(concave) 몰딩. ②단면의 약 1/4원으로 오목하게 들어간 몰딩. ③측면이 항상 1/4원으로 되어 있는 속이 빈 몰딩. ④오볼로(ovolo) 몰딩과 반대이고, 코브(cove) 몰딩과는 비슷하나 규모가 작음. ⇨스코티아(=).

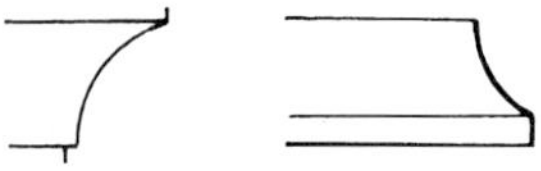
카베토

카베토몰딩(cavetto moulding) : ⇨카베토(=).

카베토코니스(cavetto cornice) : 이집트 건축 코니스의 특징으로 큰 카베토(cavetto)와 아래의 수직 잎사귀로 장식된 롤 몰딩(roll molding)으로 되어 있음.

카보런덤(carborundum) : ①전기로(電氣爐)에서 만든 진한 녹색 또는 검은 색의 결정(結晶). 경도가 크고 내열성이 강함. ②탄화규소의 상품명이나 흑색 바탕이 있는 아름다운 결정으로 굳는 정도가 금강석에 가깝고, 연마력이 강하며, 내열성·내약품성이 강함. 모래·코크스·소금을 혼합하여 가열한 후 정제·분쇄하여 연마제·내화제·저항기 등으로 사용.

카보런덤타일(carborundum tile) : 점토에 카보런덤을 혼합하여 소성한 검은색의 바닥용 타일. 내마모성이 크고 미끄러움을 방지하는 논슬립 타일(nonslip tile).

카보릴리프(cavo relief) : 부조(浮彫)의 일종으로 가장 돌출된 부분의 조각이 원래의 바닥표면보다 낮거나 같은 높이로 처리된 형태. ⇨선크릴리프(=).

카보숑(cabochon[프]) : ①둥글거나 타원형으로 볼록하고, 윤이 나게 연마한 보석. ②돌기장식(hobrail)의 프랑스어이고 18세기 가구에 사용한 장식 모티프로, 때로는 둘레에 장식 잎사귀를 조각하기도 함. 로코코양식의 가구와 꼭지장식(finial)에서 찾아 볼 수 있음.

카보이(carboy) : 산(酸)과 같은 부식성(腐蝕性) 액체를 운반하는데 편리하도록 상자 및 채롱에 넣는 커다란 유리병.

카본(carbon) : 탄소(炭素) 또는 아크등(燈)이나 전극(電極)에 쓰는 탄소봉(棒) 및 탄소선(線)이나 탄소지(紙).

카본브릭(carbon brick) : ⇨탄소벽돌(=).

카본블랙(carbon black) : 천연가스·기름·아세틸렌·타르·목재 등의 불완전연소에 의해 만들어지는 흑색안료. 먹·잉크·페인트 등의 원료나 고무·시멘트 등의 착색제(着色劑)로 사용.

카브드러그(carved rug) : 파일(pile)의 길이에 차이를 두어 빛과 그림자를 연출하도록 만든 러그. 특별한 디자인을 얻기 위해 패턴의 주변 파일을 잘라내거나 파일의 실을 뒤로 바짝 당기는 방법이 사용됨.

카사(casa[이]) : 주거·주택·저택을 의미하는 용어.

카사델파쇼(Casa del Fasio[이]) : ⇨카사델포폴로(=).

카사델포폴로(Casa del Popolo[이]) : ①G. 테라니(Giuseppe Terragni : 1904~43)가 설계한 대표적인 작품으로 1930년대 이탈리아 근대건축의 최고 작품으로 평가됨. ②이탈리아 북부 코모에 위치한 인민의 집(Casa del Popolo)으로 처음에는 '파시트의 집(Casa del Fasio)'이라고 불렀음(1932년 착공, 1933년 준공). 거의 직사각형의 대지에 안뜰이 있고, 외관은 매우 육중한(massive) 철근콘크리트에 보를 붙이고 장식이 전혀 없는 건축이나 벽면과 기둥은 보의 뼈대만 있는 빈 부분과 흰 돌을 붙인 벽 또는 유리블록벽과 유리창이 매우 교묘한 조화를 이룬 디자인이 보는 이로 하여금 고전적인 미적 감각을 느끼게 함.

카사밀라(Casa Mila[스]) : 바르셀로나 시내에 있는 A. 가우디(Antonio Gaudi : 1852~1926)의 대표작으로 1905년에 착공하여 1910년에 준공함. 1층에는 점포가 있고, 그 위에는 각층마다 플랜이 다른 5층의 주택이 있고 지붕 밑에 주택이 있음. 해조(海藻)와 같이 불규칙한 형태로 된 철제 발코니가 있고, 미완성 작품처럼 돌의 표면을 거칠게 마무리하였음. ⇨라 페드레라(=).

카사벨라(Cassabella[이]) : 이탈리아 건축잡지명.

카사팡카(cassapanca[이]) : ①이탈리아 르네상스시대 상자모양의 긴 의자로서 나무로 된 등받이와 팔걸이가 있으며, 기다란 나무로 된 좌석이 있음. 아랫부분은 경첩이 달린 뚜껑으로 함처럼 이용됨. 이것은 영국 박스세틀(box settle)의 원형이 되었음. ②일종의 카소네(cassone[이])로 카소네의 뚜껑 위에 등받이와 팔걸이를 부착시킨 형태. 즉 커다란 안락의자(sofa)나 세티(settee)형태이고, 15세기 이탈리아 플로렌스 지역에서 사용한 의자와 궤(chest)의 복합기능 특성을 가진 부피가 큰 장방형의 상자형 가구로서 상자나 함의 뚜껑 위에 등받이와 팔걸이를 부착시켜 매트리스와 부드러운 쿠션을 이용하여 안락한 느낌을 주는 집주인의 의식용 의자. 카소네(cassone)는 카사팡카와 밀접한 혼례용 함으로 보다 널리 보급되었고, 주로 침실의 벽면에 맞대어 놓여 있음.

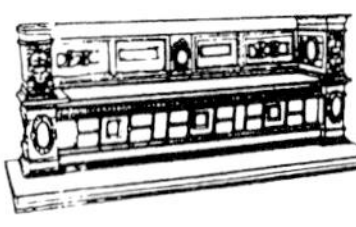

카사팡카

카세드라(cathedra) : 초기 기독교시대의 바실리카에서 원형 부분의 안쪽 벽 근처에 솟은 옥좌로서 사제를 위한 것임.

카세인(casein) : ①우유 중에 포함되어 있는 단백질로서 소석회와 결합된 상태로 적당량의 물을 섞으면 점성이 있는 접착제(接着劑, adhesive)가 되고 산을 가하면 분리됨. 제조할 때 넣는 산의 종류에 따라 성질이 달라짐. 산이나 젖산(乳酸)을 사용하면 질이 좋아지고, 황산은 응결시간을 단축시킴. ②사용방법은 카세인에 소석회·소다염을 가하고 물을 잘 혼합하여 사용함. 일반적으로는 카세인 100g, 소석회 20g(생석회는 15g), 소다염(가성소다·탄산소다 등) 0.27g, 물 300g를 배합비율로 혼합하여 사용하고, 사용시간은 보통 6~7시간임.

카세토스(cathetus) : 이오니아식 주두(柱頭, capital)의 볼류트(volute, 소용돌이 장식)의 중심(eye)을 지나는 수직축선.

카소네(cassone[이]) : ①이탈리아 르네상스 시대의 가장 위엄 있고 정교한 전통적인 상자형태의 혼례함(婚禮函) 또는 여행용 가방. 뚜껑에는 경첩을 부착시키고, 뚜껑은 좌석이나 탁자로 사용하기도 함. ② 아름다운 조각이 새겨진 목재 상자를 말하며, 그림으로 장식되어 있는 경우도 있음. 카사팡카(cassapanca)와 밀접한 것으로 보다 널리 보급되었지만 중요한 장식의 뉘앙스를 나타내는 말들이 15세기에 이르러 사용되었으며, 여성용 옷이나 귀중품을 수납하는데 이용되었음. ③카소네는 혼례의식을 하는 동안 신분을 상징하는 물건으로서의 중요한 역할을 함. ④보통 2개가 한 쌍으로 놓여지며 흔히 혼례를 치르는 양가의 문장이 들어 있어, 한쪽 카소네는 신부측의 문장이 새겨진 겉옷이 들어 있었음. 신부의 혼수감과 들고 갈 수 있는 일부 지참금으로 꽉 채워서 카소네는 거리를 통해 신랑의 호화저택으로 운반되었음. 카소네의 공적인 역할 때문에 그 디자인이 그 역할에 알맞게 화려해야 한다는 것은 매우 중요한 일이었음. ⑤카소네가 발전하여 카사팡카(cassapanca)와 아르마디오(armadio)가 되었음.

카소네

카소니(cassoni[이]) : 장식을 위한 알맞은 수단으로 여겨져 플로렌스에서는 많은 카소니가 채색된 판자로 장식되었으며, 그 일부는 당시 거장들의 작품임. 이 상자에 이용된 다른 형태의 장식은 파스티글리아(Pastiglia) 작업과 상감세공이 있음.

카솔렛(cassolette, cassolet[이]) : 향을 넣거나 피우기 위해 만든 다양한 형태의 용기. 뚜껑 덮힌 항아리 모양이나 변화시켜 촛대가 되는 꼭지달린 화병에도 적용됨.

카스(kas[네]) : ①17~18세기에 미국에 이주한 네덜란드인들이 쓰던 대형 장롱. ② 육중하지만 장식이 없는 돌림띠(cornice), 공형태의 발(ball foot), 그리고 여닫이문 두 개와 그 밑에 서랍이 여러 개 달려 있는 것이 전형적인 형태임.

카스

카스네이드(casnade) : 한쪽이 건물이고 반대측은 빈 원통형태로 지붕이 부착되어 있는 주랑(柱廊)을 말하고, '플라머네이드(plamunade)'라고도 함. 중세 이탈리아 도시에서는 교회·광장·성문 등을 연결하고 도시의 공공가로공간의 기능을 함.

카스킷(casket) : 목재·상아·귀금속 등으로 사치스럽게 치장되어 있는 작은 함. 보석이나 편지 등을 보관하는 데 사용.

카스킷

카슨피리스콧백화점(-百貨店, Carson Pirie and Scott Department Store) : ①L. H. 설리번(Louis Henry Suillivan : 1856~1924)이 설계한 백화점으로 시카고시(市)의 메디슨가(街)와 스테이트로(路)의 모퉁이에 위치. ②공사는 제1기(1899~1901)·제2기(1903~04)로 나누어져 행해졌으며, 처음에 슐레징거 메이어 백화점으로 건설하였는데, 1904년 현재의 소유로 바뀌었고, 1~2층 철골조 바탕에 주철 및 청동장식을 제자인 G. G. 엘름즐리(Elmslie)가 디자인했음. 3층 이상은 귀퉁이 수직선과 북서면(北西面)의 수평선이 교묘하게 균형을 이루고 가로로 긴 전형적인 시카고 창문을 쓰고, 처음에 내부의 가구 및 조명 디자인은 설리번이 했음. 현재는 바(bar) 등으로 사용하는 것만이 약간 남아 있고, 그 후 설리번의 디자인이 존중된 증축이 1906년(번햄 사무소)과 1960~61년(홀러버트 로체스터 사무소)에 걸쳐 행해졌음.

카신(Cassina furniture company) : 1927년에 설립된 이탈리아를 대표하는 현대 가구의 회사명.

카쏘네 : ⇨카소네(=).

카올린(kaolin) : ①카올린나이트(kaolinite)가 주성분인 점토. ②알루미나 규산염(硅酸鹽) 광물, 특히 장석(長石) 등을 분해하여 생성된 물질. ③도기(陶器)의 원료로 사용되며, 수경성(水硬性) 석회 및 시멘트를 제조하는데 알루미나 성분을 얻기 위한 원료가 됨. ⇨고령토(=).

카우치(couch) : ①한쪽 또는 양쪽에 등받이와 쿠션이 달린 휴식용 긴 의자. ②가면(假眠)과 휴식에 많이 사용되며, 한쪽으로 접히는 긴 의자. ③한쪽 또는 양쪽에 쿠션이 있어서 쉬기 편안한 의자로 17세기 프랑스에서는 데이베드(daybed)로 개발되었음. ④침대 및 소파의 기능을 합한 것으로 몸을 기댈 수 있도록 좌판의 한쪽 끝이 올라간 형태. 중세(中世)에는 침대와 같은 의미였음. ⑤잠자는 의자(≒). 데이베드(=).

카우프만저택(-邸宅, Kaufmann House) : ⇨낙수장(=).

카운터(counter) : ①서 있는 입위(立位)의 사람과 의자 위에 있는 좌위(座位)의 사람을 잇는 작업대. ②양자의 시선을 맞추기 위해 단차(段差)를 두거나 동일 평면의 바닥 위에서 조정치수를 통해 할 수 있음. ③판매대·계산대·은행이나 우체국 창구의 카운터에 적용되며, 카운터의 기능치수. 단위는 ㎝.

카운터디스플레이(counter display) : 소형 상품이나 견본 등을 판매대 및 계산대에 올려놓고 전시하는 방법이나 전시물. 판촉용품이 하나씩 빠져 나오도록 만들어진 디스펜서(dispenser)가 대표적임.

카운터볼트(counter vault) : 솟아오르는 선의 밑에 있는 내만곡선(內萬曲線)의 아치. 특히 기초의 집중하중을 분산시키는데 사용됨. ⇨교차볼트(=)·그로인볼트(=).

카운터서비스레스토랑(counter service restaurant) : ①레스토랑 중 서비스형태에 따른 분류의 하나로서, 좌석은 카운터와 의자로만 되어 있는 형식으로 카운터를 사이에 두고 조리사와 고객 사이에 직접 교류함. ②서비스가 신속하게 이루어지고, 가벼운 기분으로 식사하는 음식점이며, 고객 앞에서 조리되므로 조리장과 카운터 주변은 청결하게 유지되도록 해야 하고, 특히 카운터 뒤의 벽면은 고객이 바라보는 면이므로 청결감을 강조하고 단순하게 처리해야 함. 면적이용률이 높고 자유로운 평면의 설치가 가능하며 고객의 회전율도 좋지만 소음방지가 어렵고 분위기가 불안정한 결점이 있음. 동시에 다수인이 몰리거나 신속하게 식사하는 사람에게 적합하며, 테이블 서비스와 혼용한다면 보다 융통성 있는 계획이 가능. 공간이 협소한 경우 1층은 카운터 서비스로, 2층은 테이블 서비스하는 것이 바람직하고, 그릴·카페테리아·런치룸·스낵바 및 일품(一品)요리의 소규모 음식점에 적합함.

카운터싱크(countersink) : 나사못 또는 볼트의 머리가 표면에 돌출되는 것을 방지하기 위해 나사못의 머리 크기보다 약간 크게 접시 모양으로 드릴로 뚫어 못머리 마감이 표면과 일치하거나 표면보다 약간 밑에 올 수 있도록 구멍의 윗부분을 넓히거나 뚫어놓은 구멍.⇨못머리 구멍파기(=).

카운터컬처(counter culture) : ①반문화(反文化). 일반대중들의 생활방식(문화)에 대항하는 젊은이들의 문화. 광의로는 '젊은이의 문화(youth culture)'라고도 함. ②1967년 베트남전쟁이 한창인 무렵 미국에서 생긴 히피들의 생활방식에서 비롯된 말. 그들은 사회에서 이탈, 일을 하지 않고 마약을 상용하며, 머리를 길게 기르고 보통사람과 다른 복장을 하고서 동양의 신비한 철학에 관심을 가지며 싸움이나 경쟁을 피한 공동생활을 했음. 즉 현대 미국문화에 등을 돌리고 자연으로 돌아가는 것을 이상으로 여겼음. 우리나라에서 한 때 유행한 장발족도 이들로부터 영향을 받았음.

카운터테이블(counter table) : 상점이나 식음료 업소에서 주인 또는 점원 등의 출납업무를 맡은 사람과 고객 사이에 놓인 테이블. 보통 철판 아래에 서랍이 있어서 사용하도록 되어 있고, 중세 유럽의 상점에서 돈을 세거나 물건의 길이와 무게를 재기 위해 표시한 눈금이 있는 작은 테이블 및 궤(chest)에서 유래함.

카울(cowl) : 굴뚝이나 환기장치의 통기를 돕는 후드(hood) 모양의 덮개.

카이로(Chi-Rho) : 예수를 상징하는 두 개의 그리스 문자를 겹쳐서 만든 기독교적 상징.

카지노(casino) : ①큰 공원 안에 세워진 장식적인 파빌리온(pavilion) 또는 신전(temple). ②18세기에는 춤추기 위한 연회장 또는 공공집회실을 지칭했으며, 현대에는 도박을 위한 클럽 하우스나 그와 관련된 시설.

카케투스 : ⇨카켓투즈(=).

카켓투즈(cacqueteuse[프]) : 초기 르네상스시대의 목재로만든 스가벨로 의자(sgabello chair)와 비슷한 고딕풍의 높고 좁은 등판과 곡선형의 팔걸이가 있는 사각형의 여성용 담화의자. ⇨암체어(≒).

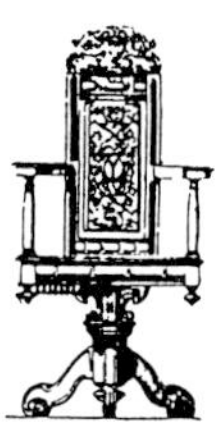
카켓투즈

카크더즈(caqueteuse) : 팔걸이가 있는 담화용 의자.

카키(khakie[힌]) : ①카키는 힌두어의 '흙색'의 뜻. ②본래 영령(英領)인도 군복 빛깔에서 따온 색. 현대에도 군복 빛깔로 흔히 사용하고, 회색 기미의 어두운 황색(dark yellow). ③먼셀기호 1.5Y5.0/5.5.

카키색(-色, khaki) : 관용색명으로 어두운 빨강을 띤 노랑. 먼셀기호 1YR5/5.5.

카타온도계(溫度計, Kata thermometer) : ①체감을 표시하기 위해 1916년 Leonard Hill이 고안한 것으로, 직경 약 150㎜의 구리로 만든 속이 빈 구체이며, 중심부에 막대온도계를 넣고 눈금을 읽도록 구성된 온도계. 상하에 38℃와 35℃의 눈금이 있고, 눈금 사이의 중앙이 인간의 체온과 거의 일치. 종류는 상온식(상부 표시선이 38℃·하부 표시선이 35℃)과 고온식(상부 표시선이 55℃·하부 표시선이 52℃)이 있음. ②카타온도계는 38℃와 35℃의 눈금만 있고, 양 눈금의 중앙이 정상체온과 같도록 만들어짐. 구부(球部)를 온탕에 넣고 알코올이 38℃에서 35℃까지 강하하는 시간을 측정하여 구한 카타 냉각력에 의해 느끼는 정도이며, 가격이 저렴하고 취급도 용이한 측정기기. 감온부위는 인체를 본떠 만든 것으로 온열환경요소 중에서 온도와 기류속도에 의한 냉각력을 측정하기 위해 고안되었음. 또한 기류에 의해 느끼는 미풍계로서도 사용됨.

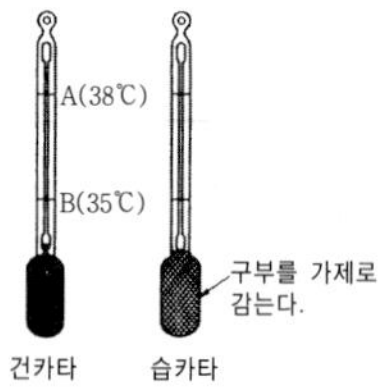

카타온도계

카타콤(Catacomb) : ①초기 기독교 시대에 원래 지하분묘(地下墳墓)였으나 기독교 박해시대에 신도들의 비밀집회장소로 이용됨. ②석관을 담은 니치(niche)와 장례 및 예배의식을 위한 채플(chapel)을 갖는 갤러리로 구성된 지하무덤.

카타한랭계 : ⇨카타온도계(=).

카테고리킬러(category killer) : ①초대형 전문점으로 특정 상품 부문을 전문화하여 그 상품 부문이 타 업계에 비교할 수 없을 정도로 다양하고 풍부한 상품구색을 갖춘 소매점. 완구·가전·의류 등 특정상품을 특화하여 판매함. ②예컨대 용산전자상가·미국의 토이자러스·서킷시티·마샬 등이 있음.

카테드라(cathedra[그]) : ①초기 기독교 교회의 높은 제단 뒤 앱스(apse) 끝에 놓인 주교를 위한 의자. ②고대 로마시대에 사용되었던 여인들의 화장대에 딸린 의자로 그리스의 클리스모스(klismos)에 해당. 형태는

카테드라

두꺼운 다리를 부착시켜 무겁고 균형이 맞지 않은 구성과 넓은 폭으로 형성된 조각 등받이가 있음.

카테드랄(cathédrale[프]) : 로마 가톨릭의 사교좌(司教座, chtheedra ; 그리스어로 의자를 의미) 대성당. 파리 대성당(노틀담 대성당 ; 12~13세기)·런던의 세인트 폴 대성당(1710) 등이 있음.

카테투스 : ⇨카세토스(=).

카톤디스플레이(carton display) : ①용기의 뚜껑을 열면 상품을 꺼내지 않고도 그대로 진열될 수 있도록 만들어진 포장상자를 이용한 디스플레이 방법의 일종. ②화장품·세제류·조미료·주류·캔류 등 각각 비슷한 종류의 상품들을 종합 세트(set)로 판매하는 방법으로 이용.

카툰(cartoon) : 생략된 수법으로 표현되는 웃음을 제공하는 풍자화나 만화. 캐리커처(caricature)와 비슷한 의미를 가짐.

카트(cot) : ①간이침대·보조침대·어린이용 흔들침대·소아과 병원의 침대 등. ②⇨캇(=).

카트리지퓨즈(cartridge fuse) : 파이버(fiber) 통 속에 아연과 같은 가용성 금속선을 넣어 소호(消弧, ground fault) 작용을 하는 퓨즈.

카파티아산느릅나무(Capathian elm burl) : 어두운 밤색의 나뭇결과 반점이 있는 밝은 밤색에서 벽돌색의 장식 무늬목. 흔히 장식적인 강조로 호두나무(walnut)와 배합시켜 사용함. 유럽의 카파티아산(産)·프랑스·영국에서도 생산.

카페(café[프]) : ①16세기경부터 아랍지역에서 커피를 파는 장소를 의미. ②17세기 중엽 프랑스에서 상류층을 위한 커피점으로 시작하여 곧바로 일반대중을 위한 커피점으로 발전했고, 귀족과 부자들은 살롱(salon)을 이용하는 대신 일반인들은 카페를 만남의 장소로 이용하였음. ③종류는 스넥카페·팔러카페·양과자카페·디저트카페·록카페 등으로 구분. 그리고 커피 하우스(coffee house)·레스토랑·바 룸(bar room)·나이트클럽·웨이트리스(waitress)가 시중을 드는 술집 등을 의미.

카페커튼(café curtain[프]) : ①창이나 문의 밑 부분을 가리는 커튼. 2~4단으로 나누고, 커튼을 짧게 설치하는 경우도 있음. ②창문의 절반 아랫부분 혹은 중앙부에 달고, 2단으로 해도 좋으며, 얇은 레이스 천을 사용하여 집안이 밖에서 들여다보이지 않도록 가린 커튼. 코너의 작은 창·세면대와 화장실의 창에도 적합하며, 높이에 따라 분위기가 달라짐. ③프랑스에서 카페 내부의 창문처리에서 유래.

카페테라스(café terrace[프]) : ①가로(街路)에 면하여 대형 유리를 끼워 조망을 즐기도록 꾸민 경식당(輕食堂). ②휴가철이나 야외경치를 즐기는 계절에는 가로를 테라스와 같이 이용하여 의자를 배치하는 카페.

카페테리아(cafeteria) : ①패스트푸드 레스토랑의 일종으로 식사를 간단히 하려는 사람들의 요구에 맞춰 등장한 경양식당. ②준비되어 있는 음식을 손님 스스로가 직접 식탁으로 가져다 먹는 셀프서비스(self-service) 형식의 식당.

카펠터널증후군(-症候群, carpel tunnel syndrome) : 잘못 설계되거나 잘못 만들어진 가구, 머리 위의 조명조도, 부적절한 장비배치와 앉은 자세로 인하여 생기는 병적 증세.

카펫(carpet) : ①카펫의 역사는 라틴어의 'Carpete(양모를 빗는다는 뜻)'가 원어. 용어는 카펫·융단(絨緞)·단통(緞通)이라는 3종류를 사용했고, 프랑스의 태피, 독일의 태피히, 이탈리아의 타피치 등은 모두 고대 그리스어인 'Tappus'에서 유래한 것임. 융단은 중국의 지담(地談)에서, 단통은 지담의 속어(談子, TanTsu)에서 만들어졌고, 카펫은 페르시아 융단, 중국의 단통이 세계적으로 유명하며, 페르시아 융단의 산지인 이란과 중국 단통을 잇는 사막의 실크 로드(Silk load)가 카펫을 만들고 전승되어 온 지역이었음. 인류가 최초로 카펫을 사용한 것은 기원 전 3만 년경으로 현재의 것과 비슷한 것이 등장한 것은 기원 전 6세기경의 페르시아에서 양털을 그대로 사용한 것이 대부분으로서, 석류열매나 나무껍질, 풀물을 이용하여 염색하는 기술도 개발되어 페르시아 융단의 원조(元祖)가 됨. 그러나 카펫은 당시 왕후귀족의 전유물이었고, 나중에는 금실은실(金絲銀絲)은 물론 보석을 짜 넣은 것까지 등장했으며, 결국 실용적 가치보다는 보물로서 또는 권력의 상징으로서의 역할이 더 컸던 것으로 페르시아에서 전 세계로 확산되었음. 17세기에 이르러 비로소 일반서민에게도 보급되기 시작했으며, 19세기 이후부터 우리나라에는 중국을 거쳐 전래되었으며, 세계 최고의 융단은 기원 전 5세기경 페르시아 스키타이 왕족의 유물임. 이 융단은 '파즈이루이크 융단'으로 불리는데, 남러시아의 고르노 알타이스크 파즈이루이크 계곡의 제5호 고분에서 발굴된 것으로, 현재 레닌그라드 에르미타주 박물관에 진열되어 있음. 이 융단은 터키 매듭으로 거의 원형을 유지하고 있고, 제2호 고분에서 발굴된 다른 융단 조각은 페르시아 매듭이며, 훨씬 오래된 것으로 추정되고 있는 점으로 보아 기원 전 1,000년경에 이미 현재의 페르시아 융단이 제조되었음. ②의의는 수작업 또는 기계로 밀도있게 짠 바닥 덮개. 중후하고 내구성이나 보온성이 있는 장식성이 강한 바닥마감재. 16~17세기에는 테이블 덮개로 짜여졌으나 17세기 이후 중후한 벽장식 및 바닥 장식재가 되었음. 원래는 바닥 전체 또는 넓은 부분을 까는 것을 말하지만 바닥의 일부를 까는 러그(rug)도 포함되었고, 카펫은 파일(pile) 직물을 말하지만 광의로는 펠트(felt) 및 태피스트리(tapestry) 등을 포함한 호칭이 됨. 소재로는 양모·실크·면·나일론·폴리에스테르·아크릴 등을 사용. ③카펫의 종류는 직물상·펠트상·파일상으로 분류되고, 직조방법·텍스처·사용목적·치수·형상 등에 따라 구분되지만 기본적으로 컷 파일(cut pile)과 고리형 파일(loop pile)로 마감됨. 직조방법에 따라 윌턴(Wilton)·액스민스터(Axminster)·터프트(tuft)·니들 포인트(needle point) 등으로 구분되며, 태커나 스태플 또는 접착제로 시공함. ④카펫의 배치는 전면깔기(wall to wall, 방 전체의 바닥면을 까는 방법)·중심깔기(rug, 벽 둘레에서 약간 – 300~500㎜ – 띄워 바닥이 보이도록 가운데만 까는 방법)·부분깔기(실내의 가구류 밑이나 난로 앞에 까는 등 작은 카펫을 필요한 곳에 부분적으로 까는 피스방법) 등이 있음. ⑤카펫깔기공법은 깔기공법·붙임공법·그리퍼공법·타일공법 등이 있음.

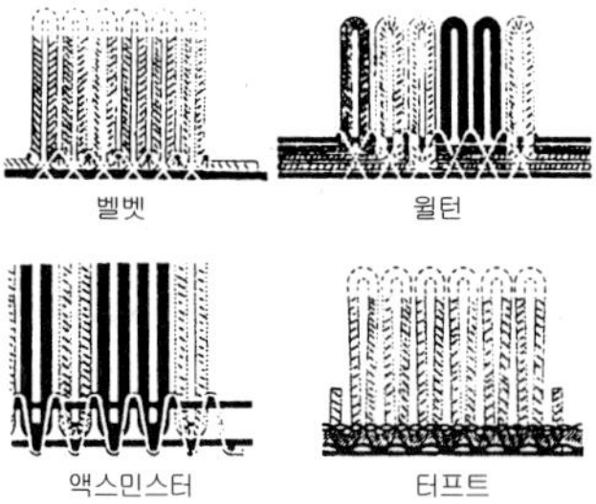

카펫밑깔개(carpet underlayment) : 카펫을 설치하기 전에 바닥에 먼저 까는 패딩재. 보통 펠트(felt)·고무 폼(foam)·고무 스펀지(rubber sponge) 또는 이 재료들의 조합으로 만들어짐.

카펫스트립(carpet strip) : 카펫을 깔 때 고정시키기 위해 문의 문지방 앞바닥 위에 설치하는 카펫의 두께와 같은 높이의 나무 졸대. 월 투 월 카펫(wall to wall ; 바닥 전체를 까는 방법) 시공시 방의 네 모서리 끝부분에 설치하는 좁은 나무 띠로 표면에 못 끝이 비스듬히 나와 있어 이곳에 카펫의 배면을 걸어 고정시킴.

카펫커튼(carpet curtain) : 커튼의 상단부를 설치하며, 레이스 및 얇은 천을 소재로 작은 창문에 알맞은 커튼임.

카펫쿠션 : ⇨카펫패딩(=).

카펫타일(carpet tile) : ①카펫 재료로 만들

ㅋ

어진 바닥타일. 기준치수로 잘라서 갖춘 카펫의 소편(小片)으로, 벽에서 벽까지 이음매가 없는 것처럼 미묘한 또는 대담한 패턴으로 깔 수도 있음. ②300×300㎜·500×500㎜ 등으로 타일과 같이 한정된 4각형으로 잘려져 있어서 단단한 바닥에 직접 설치할 수 있는 카펫. 안락함과 탄력성을 주기 위해 스펀지 및 고무 같은 재질을 뒷면에 붙여 생산함. 종류는 가정용(고무의 배접에 접착테이프가 부착된 것으로 크기는 가로, 세로가 각 228.4㎜ 또는 304.8㎜임)과 상업용(타일의 신축과 카펫의 끝이 터지는 것을 방지하는데 충분한 강도를 가진 것으로 크기는 각 450㎜임.)으로 구분함. ③특징은 ㉠최소한의 낭비는 생기지만 불규칙한 윤곽에 맞도록 간단히 자를 수 있음. ㉡흠이 있는 경우에는 개개의 타일만 새 것으로 교체할 수 있고, 즉 교체할 때에도 전체를 걷어내지 않고 오염되거나 닳아진 부위만을 떼어내고 새 것으로 교체할 수 있음. 간단히 움직이고 재사용할 수 있음. ㉢상업건축에 사용하는 경우 바닥 아래의 유틸리티 점검이나 교체를 위해 타일을 쉽게 제거할 수 있음. ㉣내구성과 견고성이 좋아 특별히 통행량이 많은 장소 및 상업공간에서 주로 사용됨.

카펫패드(carpet pad) : ⇨카펫패딩(=).

카펫패딩(carpet pading) : 카펫이나 러그(rug) 밑에 깔아 탄력·내구성·흡음효과 등을 높여주는 다공질로 된 바닥면, 탄성을 더해 주고, 카펫을 보호하고, 열손실을 방지하며, 흡음도 돕는 기능을 함. 패딩의 소재는 알레르기를 일으키지 않고 성형이 좋으며 내구력이나 탄력성이 있고, 보온성 및 흡음성이 좋아야 함. 폴리우레탄 제재와 다공질의 재료로 부드럽고, 냄새방지와 탄성이 좋은 고무 스펀지 제재나 털과 주트(jute)로 조합된 격자문양의 펠트 제재 등이 많이 쓰임. ⇨카펫.

카포디몬테(capo di monte[스]) : 1943년 찰스 3세가 세운 스페인의 자기공장 또는 이 공장에서 생산된 자기를 일컬음. 전형적인 로코코 패턴과 색채가 특징이며, 커다란 명판과 벽 브래킷 등으로 마드리드 및 아란쥬에(Aranjuez)궁전 장식에 사용됨.

카포트(carport) : 주택의 건물과 분리되어 있는 차고(車庫)로서, 완전히 막혀 있지 않고 한 면 또는 그 이상이 개방되어 있는 곳.

카피라이터(copywriter) : ①광고문안 담당자. 애드라이터(adwriter)라고도 함. ②광고 문장 또는 광고 문안 등을 쓰는 사람이나 광고 문장가. 일반적으로 여러 관계 디자이너(아트디렉터·일러스트레이터 등)들과 협력하여 광고를 만드는 문장 담당의 전문가를 지칭. ③광고의 입안계획 문안작성 등의 일을 함.

카피톨(capitol) : ⇨캄피돌리오(=).

칵테일라운지(cocktail lounge) : 호텔에서 바(bar)를 갖춰 주류(酒類)의 서비스를 받으며 담소할 수 있도록 만든 공간. 현관 옆에 설치하는 것이 일반적이지만 최근에는 도시의 건물이 고층화되면서 상층부에 위치하는 것이 조망(眺望)을 볼 수 있어 유리함.

칸(間, span) : ①전통주택에서 건물의 칸살을 재는 단위. ②건축물에서 기본구조가 되는 일정한 간격의 네 개 기둥으로 만들어진 사각공간을 일컬음. ③전통주택에서는 건축적 기본모듈로 기둥과 기둥 사이. ④집의 규모를 표현하는 단위. ⑤최소 6척(1,800㎜)에서 10척(3,000㎜)이 한 칸을 이룬 경우도 있지만 보통 7척(2,100㎜)에서 8척(2,400㎜)이 한 칸을 이룸. 이 사각공간이 단위가 되어 열 칸짜리 주택이라고 하며, 네 개의 사각기둥이 이룬 공간이 열 개가 된다는 뜻임. ⇨간(=).

칸델라(candela) : ①광도(光度, luminous intensity)의 단위로 1칸델라는 540×1,012 Hz의 단색광을 $\frac{1}{683}$ W/sr의 복사강도를 방사하는 광원의 광도와 같음. ②광원의 어느 방향에 대한 빛의 시계(視界). ③단위시간에 어떤 방향으로 노출하고 있는 빛의 양. ④광도의 국제표준단위를 말하며,

표준 캔들이라고도 함. 촉광으로 알려진 단위와 같고, 단위는 약어로 cd임. ⑤규격 양초에서 1피트 떨어진 표면에 전달되는 빛의 밝기를 1칸델라로 규정함. ⑥빛의 강도를 나타내는 단위이고, 일반적으로 사용되는 풋 캔들(foot-candle)과 동일한 의미.

칸막이(partition, compartment) : ①옷장 따위의 구획용 칸막이. ②큰 장식 속의 구분된 부분. ③파티션(=).

칸막이가구(間-家具) : ①넓은 공간을 가구로 칸막이하여 독립된 실을 만드는 칸막이용 수납가구. ②시선높이 이상의 큰 가구를 이용한 공간분할 기능을 갖춘 칸막이 형식으로 보다 명확하고 구체적인 공간 사용 영역의 한계를 명확히 함. 가구로서의 수납기능이 우선하며, 가구의 배면은 단순히 칸막이 역할 외에 핀 업 보드(pin up board)·메모꽂이 등으로 활용함.

칸막이용 수납가구(-用收納家具) : ⇨칸막이가구(=).

칸살 : 건물을 구성함에 있어서 기둥의 역할이 중요한 만큼 기둥이 몇 개 서 있느냐에 따라 집의 규모를 계산함. 기둥과 기둥 사이를 하나의 단위로 삼았는데, 그것을 칸(間)이라 하고, 칸은 들보가 걸리는 방향과 도리가 걸리는 간격에 따라 양간(梁間)과 도리간(道理間)으로 부르는데, 현재는 정면·측면 몇 칸이라고 계산함. 칸의 위치에 따라 어간(御間)·협간(挾間)·툇간(退間)이라 하고, 외진(外陣)·내진(內陣)으로 구분. ⇨주문(柱門)(=).

칸살잡이 : ①칸(間)을 정하는 기법. ②보통 1칸을 칸살로 정하지만 측면에서 가운데 열을 1칸으로 하고 전후로 반 칸씩 툇간을 만들어 전후에 툇간마루가 생기도록 하여 칸살잡이를 다르게 함.

칸제이(congee, congé[프]) : 기존 표면에서 분리된 위치에 1/4 원형으로 구성되어 있어 표면과 평활한 필렛(fillet)으로 마무리되는 오목 몰딩.

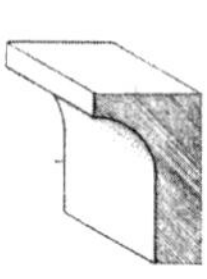
칸제이

칸지 : ⇨칸제이(=).

칸첼리(cancelli[라], chancel screen, rood screen) : 기독교 교회당에서 셀라(cella)를 신랑(身廊, nave)과 구분하기 위해 만든 장벽. 보통 그림이나 조각으로 풍부하게 장식되기도 함.

칸토니에르(cantonnière[프]) : 휘장(valance) 특히 16, 17세기에 프랑스의 의전용 침대(state bed)에 사용된 정교한 휘장 장식.

칸토니에르

칼 : ①서까래를 양판 구멍에 끼우는 것. ②마치 죄인의 목에 칼을 씌운 것과 같기 때문에 붙여진 말.

칼귀 : ①조각칼. ②날이 가운데 있고 양쪽에 손잡이가 있어서 손잡이를 잡고 밈.

칼날퓨즈(knife-blade fuse) : 가용체(可溶體)를 칼날처럼 만들어 양단(兩端)에 접속단자를 부착한 퓨즈.

칼다리움(caldarium) : 고대 로마시대 공중목욕탕의 열탕(hot water room).

칼라만데(calamander) : ①재질이 단단한 인도산 흑단의 일종. ②⇨칼라만데우드.

칼라만데우드(calamander wood) : 인도산 흑단의 일종으로 재질이 단단하고 고급가구에 쓰이는 나무. ⇨코로만델우드(≒).

칼라카타(calacatta[이]) : 대리석의 일종.

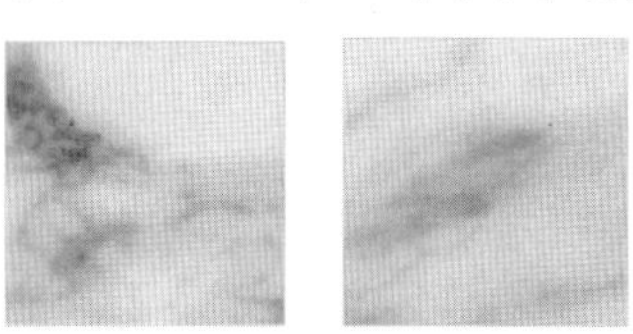
칼라카타

칼럼(column) : ①원래는 원형기둥(圓柱)을 의미했지만, 오늘날에는 원형기둥·사각기둥 구분 없이 모든 기둥을 뜻함. 기둥을 의미하는 용어로는 필라(pillar)·포스트(post) 등이 있음. ②고대 건축의 원기둥은 기능적일 뿐만 아니라 상징적인 중요성을 갖고 있으며, 기둥의 디자인과 비례 및 장식을 갖는 독특한 주범양식(柱範樣式, order style)을 만들어냈음. 특히 칼럼은 유명한 인물들을 기념하여 세워진 것도 있으므로 기념원주라고도 함. 또한 배흘림(entasis) 형태를 취하여 시각적 안정감을 가지며, 대부분의 벽체로부터 독립된 위치에 있음.

칼럼캡(column cap) : ⇨포스트캡(=).

칼로리(calorie : cal) : 열량의 단위. 표준기압하에서 순수한 물 1kg의 온도를 1℃ 높이는 데 필요한 열량.

칼륨석회유리(-石灰琉璃) : ①소다석회유리에 있는 나트륨의 일부를 칼륨으로 치환한 유리. ②소다석회유리보다 굳고 수분에도 잘 침식되지 않음. ③예로부터 이화학용의 경질(硬質)유리로서 사용되어 온 것인데 모조보석·사진 필터의 기초유리·광학유리·안경용 유리에도 사용되며, 특히 투명도가 높은 것은 크리스털 유리로서 고급식기 등의 재료로 이용. ④광학유리에서 크라운이라는 것은 이 계통의 유리임.

칼로필럼(calophyllum) : 파푸아뉴기니·솔로몬 등지에서 생산되는 남양재로서 주로 가구재 및 실내장식 마감재로 사용.

칼리(kali[라]) : ①탄산칼리의 약어임. ②칼륨(kalium)으로서 원소의 하나임.

칼리납유리(-琉璃, potassium lead glass, flint glass) : ①주성분이 산성(酸性) 성분인 실리카(SiO_2)·염기성(鹽基性) 성분인 산화칼륨(K_2O)과 산화납(PbO)을 함유한 유리. 비중 및 굴절률이 크며, 연화점이 낮아 500℃에서 연화되고, 납이 35% 정도 함유된 것이 질이 좋은 것이고, 광학유리·인조보석 등에 사용됨. ②산화칼륨과 산화연을 주체로 한 유리로 비중과 굴절률이 높고, 투명하여 아름답고, 식기·인조보석·조명기구(샹들리에)에 쓰임. ③플린트(flint)란 명칭은 유리 원료로서 처음으로 부싯돌(flint)을 사용했기 때문이라고 함. ④광학(光學)에서는 성분과 별도로 굴절률과 분산(아베數)에 의해 분류하는데, 분산이 작고 아베수가 50 이하인 유리를 말함. 일반적으로 사용하는 광학유리의 아베수는 플린트유리가 20~50, 크라운유리가 55~70임. ⑤플린트글라스·크리스털글라스(=).

칼리석회유리(-石灰琉璃, potash lime glass) : 칼리유리의 일종으로 염기성 성분인 산화칼륨(K_2O)이 함유된 유리. 소다석회유리에 비해 내부식성 및 경도가 우수하고 고급임. 보헤미안 유리는 칼리석회 유리의 일종.

칼리유리(-琉璃, kali glass, potassium glass) : ①염기성 성분인 산화칼륨을 주성분으로 하는 유리. ②산화칼륨 외에 산화칼슘(CaO)을 함유한 칼리석회유리·산화납(PbO)을 함유한 칼리납유리 등이 있음. ③용해온도가 높고 내약품성이 우수하여 화학용 유리기구와 고급식기 등으로 사용.

칼리장석(-長石) : ⇨정장석(=).

칼슘실리케이트보드(calcium-silicate board) : ①무기질계 보드류의 일종. ②석면을 섞지 않은 내화·내수·단열성이 있는 보드.

칼시민(calcimine, kalsomine) : 안료·화이팅(whiting ; 칼슘 카보네이트 가루)에 물을 섞어 만든 저가의 묽은 백색도료. 천장회벽이나 조적조 벽체 표면의 마무리용으로 사용되며 착색하여 사용하기도 함.

칼턴하우스테이블(Carlton house table) : ① 올려진 뒤판과 측판으로 구성된 상부구조로서 비둘기장형 칸(pigeon holes)과 작은 서랍·펜과 잉크병이 겸비되어 있는 다리가 있는 책상. ②18세기 후반 영국에서 제작되어 황태자의 주거지인 칼턴 하우스에서 처음 사용됨으로써 유래된 이름. ③주로 상감장식 띠와 함께 마호가니 및 새틴우드로 제작되었으며, 셰러턴은 이것을 '숙녀용 책상(lady's desk)'으로 불렀음.

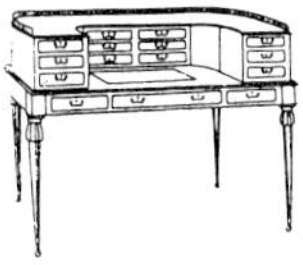
칼턴하우스테이블

캄포(campo[이]) : 장(場, field)을 의미하는 이탈리어.

ㅋ

캄포산토(campo santo[이]) : ①묘지(墓地)라는 의미의 1278~83년경 G.d. 시모네가 건조한 피사의 캄포산토가 가장 유명함. ②고딕양식의 회랑(回廊)으로 둘러싼 장방형의 안뜰로 구성되었고, 회랑은 토스카나파(派) 화가의 작품인 프레스코로 장식되었음. ③제2차 세계대전 중에 재해(1944)를 입음.

캄피돌리오(Campidoglio) : 고대 로마 7개의 언덕 중 하나인 캄피토리움.

캄피돌리오광장(−廣場, Piazza del Campidoglio) : ①미켈란젤로(Buonarroti Michelangelo : 1475~1564)가 로마의 캄피돌리오 언덕 위에 세운 광장(1546년경 착공). ②정면에 3층 건물 팔라초 세나토리오로, 오른쪽에 팔라초 디 콘셀바도리, 왼쪽에는 캄피토리노 미술관을 배치하고, 중앙에 고대 로마의 마르크스 아우렐리우스 제(帝)의 청동 기마상(騎馬像)이 있는 우아하고 고전적인 작은 광장.

캇(cot) : ①1인용 간이침대 또는 보조침대. ②크기는 750×1,875㎜ 정도. 주로 어린이용 침대, 호텔의 보조침대, 소아과 병원의 침대로 사용. 카트(=).

캐노피(canopy) : ①천개(天蓋) 모양의 차양. ②지붕 모양으로 돌출된 텐트. ③점포 정면 위나 호텔의 출입구 등에 차양 또는 빗물받이로 설치하고, 연속하여 설치하는 경우에는 아케이드(arcade)와 같은 효과가 있음. ④벽에서 돌출되어 창 또는 문 등의 개구부 상부에 평평하고 단순하게 달아놓은 닫집과 같은 덮개(covering). ⑤선반과 같은 돌출물이나 니치(niche) 또는 설교단 등의 상부에 설치된 장식적 덮개. ⑥창문이나 문을 받쳐주고 전시효과를 겸한 브래킷 및 콘솔. ⑦이 용어는 그리스어의 모기장이 쳐진 침대를 의미하는 말에서 유래한 것으로 '침대 위에 갖추어진 덮개'를 일컬음. ⑧조명기구의 갓(shade). ⑨의자 및 침대 위에 설치하는 천개형 차양. ⑩현대건축의 캐노피는 다양한 의미를 가지고 있으며, 캐노피의 경쾌함을 강조하면 해가리개와 같은 오닝(awning)이 되고, 입구부분의 사인(sign)을 강조한다면 포티코(portico)가 되며, 천개로서의 성격을 부상시키면 돔(dome)이 됨. 천개(=).

캐노피도어(canopy door) : 문 중앙에서 수평으로 가운데가 꺾여 돌출되고, 열었을 때 차양모양으로 된 문. ⇨ 접어올린 문(=).

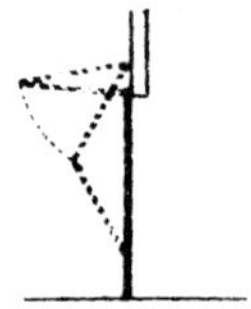

캐노피도어

캐노피베드(canopy bed) : ⇨ 천개(=).

캐노피스위치(canopy switch) : ①풀스위치(pull switch)의 일종. ②점멸기의 일종으로서 전등기구의 플랜지 내부에 끈을 설치하여 끈으로 점멸시키는 스위치.

캐노피 스위치

캐노피조명(−照明, canopy lighting) : ①천장면 속에 내장시키거나 천장면보다 낮게 매달아 설치하는 조명방식. ②사용자의 얼굴에 적당한 조도를 분배하기 위해 벽면이나 천장면의 일부를 돌출시켜 조명을 설치하는 방식. 부엌의 싱크대와 같은 작업대 상부 · 카운터 상부 ·욕실 ·탈의실의 세면대 상부·드레싱 룸(dressing room)에 설치. ③한 공간의 테두리를 따라 장착하거나 한 벽면에 설치하여 시각적으로 공간을 확대시켜 보이기도 하며, 주위의 시선을 끌게 할 수도 있음. ⇨소핏조명(=)·조명방식.

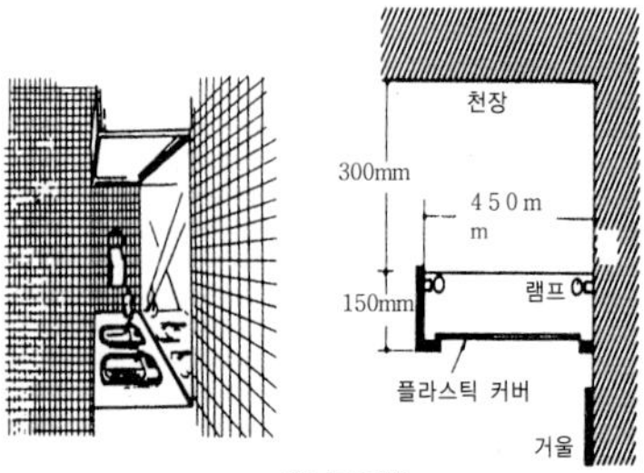

캐노피조명

캐드[1](CAD ; Computer Aided Design) : ① 건축설계를 포함한 모든 창조적인 디자인 과정에 컴퓨터를 이용한 설계. ②컴퓨터를 보조수단으로 사용하여 디자인하는 것의 약어(略語).

캐드[2](CAAD ; Computer Aided Architectural Design) : ①컴퓨터를 이용한 건축설계. 특히 컴퓨터를 이용하여 도형을 처리하는 기술을 컴퓨터 그래픽(computer graphic ; CG)이라고 함. ②컴퓨터를 보조수단으로 사용하여 디자인하고 초안을 작성하는 작업을 지칭하는 약어.

캐드오퍼레이터(CAD operator) : ①CAD설비와 소프트웨어를 사용한 경험이 있는 사람. ②회사의 개별적 기능이거나 실내디자인 부서의 일부일 수도 있음.

캐드 웰드 이음(cad weld joint) : ⇨캐드웰딩(=).

캐드웰딩(cad welding) : ①철근공사에서 철근 이음공법 중 하나. ②철근에 슬리브(sleeve)를 끼워 연결하고, 철근과 슬리브 사이의 공간에 화약과 합금(cad weld alloy) 혼합물을 충전하여 순간 폭발로 녹여 공간을 메워 이음함. ③특징은 ㉠화재의 위험이 없고 기후에 관계없이 작업을 할 수 있음. ㉡동일 규격 철근에 사용하고 외관 검사 불가. ㉢굵은 철근(보통 D28 이상)에 사용.

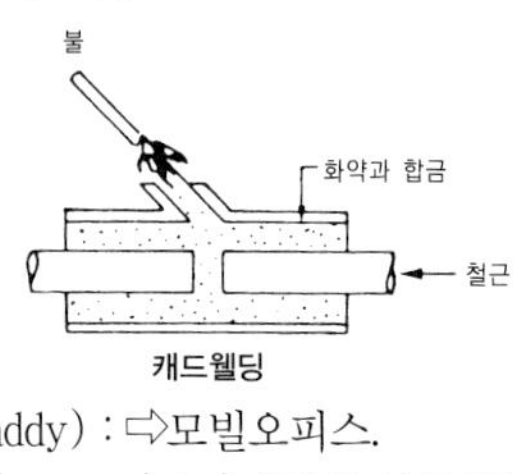

캐드웰딩

캐디(caddy) : ⇨모빌오피스.

캐라밴(caravan) : ⇨캐러밴·이동주택(=).

캐러밴(caravan) : ①페르시아어 'Kar van'에서 유래한 용어로 본래는 근동(近東)이나 북미(北美) 대상(隊商)의 포장마차 형식의 주택. ②서커스단의 짐과 사람을 운반하는 포장마차. ③영국에서 바퀴가 2개 또는 4개 달린 이동주택. ④자동차 뒤에 매달아 끌고 다니며 주로 여행·레저·레크리에이션·현장노동자의 임시 주거용으로 사용됨. ⑤미국에서는 트레일러하우스(trailer house) 또는 트레일러라고도 함. ⑥현장 설치는 상하수도와 전기만을 접속하는 것과, 그 이외에 약간의 조립작업이 필요한 것이 있음. ⑦종류는 모빌 캐러밴(mobil caravan : 자동차와 한 짝으로 되어 있는 것)·스테이셔널 캐러밴(stational caravan: 이동할 때만 자동차에 연결하는 것)·레지덴셜 캐러밴(residential caravan ; 장기간 거주용) 등이 있음.

캐러퍼(carrefour) : ①관청 앞이나 장터처럼 도로가 집중되는 광장이나 교차로 또는 십자로. ②프랑스의 대형 체인 슈퍼마켓.

캐러밴서리(caravansary) : ①단단한 벽으로 둘러싸인 큰 마당을 갖고 있는 숙박시설. ②동쪽의 캐러밴(caravan ; 隊商/포장마차)을 위한 1박 숙박시설. 견고한 벽으로 둘러싸인 큰 마당은 출입구를 통해 진입.

캐럴(carrel) : 도서관의 서고(書庫) 안에 작게 구획한 개인용 독서 자리. 대학 도서관이나 연구소의 도서관 등에 특별한 연구를 위해 설치.

캐럿(carat) : ①보석·귀금속을 계량하는 단위. ②기호는 ct 또는 car. 1ct=200㎎.

캐로(carreau[프]) : ①프랑스어로 '사각형'을 의미하며, 사각형의 타일이나 돌. ②푹신한 쿠션 또는 의자에 천이 씌워지기 전에 사용되는 느슨한 속재료.

캐로트오렌지(carrot orange) : ①당근의 표면색. ②붉은 기미의 밝은 주황(bright reddish orange). ③먼셀기호 10R7.0/12.0.

캐롤리언시대(-時代, Carolean period) : ① 영국 찰스 2세의 집권 시기(1660~88)의 영국 가구와 실내디자인 시대. ②왕정복고시대(Restoration period)라고도 함.

캐리애티드(caryatid) : ①인간 형태로 조각된 기둥으로 건축적 조화를 위해 지지대로 사용됨. ②여성을 모티프(motif[프])로 하여 긴 로프를 거친 여성을 본 뜬 여인상 기둥. 아테네의 아크로폴리스에 세운 에렉티온 신전(기원 전 5세기)의 포치(porch)가 유명함. 인간을 모티프로 한 형식의 기둥에는 남성을 본 뜬 것도 있음(atlas). 이탈리아 시칠리아 섬의 아그리젠트의 제우스 올림피아 신전에는 높이 7.6m나 되는 남성상 기둥이 쓰이고 있음. ⇨여상주(=).

캐리캐처(caricature) : ①일반적으로 시국풍자(時局諷刺)나 인생의 유머를 다룬 모든 회화를 총칭. ②회화상의 과장법에 의한 풍자적인 표현을 내용으로 함.

캐릭터산업(-産業, character industry) : ①만화·영화의 인물이나 동물 또는 유명한 로고 및 상품 등을 산업화한 마케팅 산업. ②상품 제조업체가 영화나 만화의 캐릭터를 사용할 경우 캐릭터 소유자에게 사용료로 로열티를 지불해야 하는 캐릭터 산업은 1929년 월트디즈니사의 만화 미키마우스로부터 시작되어 TV 등장 이후 만화영화와 팬시사업의 성공에 없어서는 안 될 중요한 요소가 됐음.

캐멀백(camel back) : 후기 치펜데일(Chippendale)이나 헤플화이트(Hepplewhite) 스타일의 의자등받이로 위쪽에 가로대는 뱀과 같은 곡선의 형태.

캐벌리어드로잉(cavalier drawing) : 투시도에서 화면에 나란한 선들처럼, 동일한 축척(縮尺)으로 그려진 화면에 수직인 뒤로 물러나는 선을 가진 사각투상도의 평행 선도.

캐벌리어투영(-投影, cavalier projection) : 사투영법(평행투영법)의 일종으로 화면을 입면의 하나에 평행하게 그린 투시도.

캐브리올(cabriole[프]) : ①의자의 안팎다리가 바깥쪽으로 구부러진 다리. ②'염소의 도약(a goats leap)'이라는 의미임. ③가구의 다리 및 받침대를 표현할 때 쓰이는 용어. ④무릎·발목·발이 있는 동물의 다리를 양식화한 형태로 디자인하여 쓰였음. ⑤18세기 영국, 프랑스에서 사용되었음.

캐브리올다리(cabriole leg) : ①전체는 S자 형상의 이중으로 구부러져 있으며, 아래로 내려 갈수록 가늘어지고 무릎부분은 넓고 밖으로 굽었으며, 그 아랫부분은 내려 갈수록 가늘어지면서 부드럽게 안으로 구부러지는 형상. ②동물의 다리를 본 떠 만든 책상·의자 등의 다리 형식. ③끝 부분은 막대모양의 다리(club) 및 개나 고양이처럼 발톱이 있는 동물의 발(paw foot) 또는 말 등의 말굽 같은 형태로 부풀어서 커진 공 모양(hoof), 새 등의 발톱이 공을 잡은 모양(claw and ball)을 하고 있음. ④17세기 후반 영국에서 개발되어 18세기 전기의 퀸 앤 양식(Queen Anne style)으로 널리 사용되기 시작했음. ⑤18세기 루이 15세 양식과 같은 로코코 가구의 특징이 되었으나 곧은 다리의 신고전주의 양식이 출현하면서 서서히 사라졌음. ⑥'굽은 다리'라고도 함.

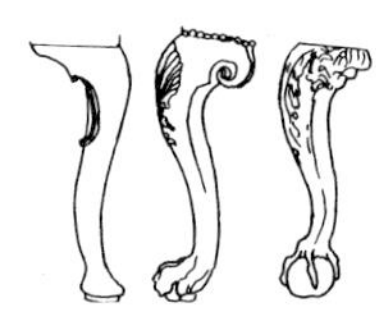
캐브리올다리

캐브리올레(Kabreeol[프]) : ⇨캐브리올(=).

캐브리올양식(-樣式, cabriole style) : ①짐승의 발 형태를 모방한 의자의 여러 다리 형태. ②영국의 앤여왕 후기에는 부채꼴 조개장식이 더욱 많이 사용되었고, 캐브리올 양식이 사라지고 공을 거머쥐고 있는 발톱을 묘사한 클라우 앤 볼(claw and ball) 형식의 다리가 나타나기 시작했음. ③초기 조지안 시대의 가구는 앤여왕 시대보다 더욱 중후해지고 다리 상단부에 사자머리(lion mask) 장식이 많이 사용됨. 이 시대의 가구에 적용된 다리형태는 헤어 풋(hair foot)·클라우 앤 볼(claw and ball)·퍼 풋(pow foot)·스크롤 풋(scroll foot) 등이 있음.

캐비닛(cabinet) : ①예전에는 작은 방(cabinet)의 의미로 사용했으나 나중에는 모든 가구를 말하고, 오늘날에는 상자모양의 가구를 가리키며, 소형 장이나 상자 등도 포함됨. 원래 창고라는 의미로 어떤 특정한 수납물을 염두에 둔 것이 아닌 다목적 수납가구. ②16세기 이탈리아에서 고안되어 북유럽으로 확산되었고, 17세기에는 진기(珍奇)한 고가품(高價品) 등이 제작. 가구를 만드는 사람을 원래는 joiner(소목장이, 가구장이)라고 했지만 이러한 캐비닛이 나오자 조이너(joiner)와는 달리 가구사(家具師, cabinet maker)라는 명칭이 생겼음. ③작은 물건을 넣어 두거나 장식을 위해 몇 단의 서랍이나 정리선반(pigeon hole)을 갖춘, 그 정면에 문이 달린 수납용 가구(cup board). 오늘날에는 작은 방에 있는 문선반·장식선반 등의 수납가구, 정리용 찬장이나 TV·라디오·비디오데크 등을 넣는 상자도 캐비닛이라고 함. ④원래는 보석이나 귀중품을 넣어두기 위해 디자인된 서랍이 많은 장을 말하고, 그 안에 보관되는 내용물 때문에 정교하게 장식되는 것이 많았음. 가장 화려한 캐비닛으로는 17세기에 유행하던 흑단과 별갑을 상감한 앤트워프(Antwerp)의 체스트와 18세기 불(Boulle)이 디자인한 합판으로 된 것이 있음.

캐비닛

캐비닛드로잉(cabinet drawing) : 투시도에서 정확한 축척으로 그려진 화면에 평행한 모든 선과 1/2축척으로 축소된 화면에 수직인 뒤로 물러나는 선을 가진 사각투상도의 평행선도.

캐비닛메이커(cabinet maker) : 특수하게 고급기술을 가진 캐비닛 만드는 사람(家具師). 17세기 후반 유럽에서는 가구제작 품목 중 캐비닛을 가장 정성들여 만들던 품목에서 붙여진 이름.

캐비닛세크레테르(Cabinet Secretaire) : ①18세기 프랑스와 영국에서 유행된 책상면 위에 깊이가 더 얕은 캐비닛이 놓인 책상. ②캐비닛에는 유리·금속 그릴 또는 나무 패널문 등이 달려 있음.

캐비닛 세크레테르

캐비닛스탠드(cabinet stand, casket stand) : ①캐비닛이나 다른 상자형 가구를 올려놓기 위해 가장자리 둘레에 올라온 테두리가 있는 낮은 테이블. ②대부분 벽 앞에 놓이므로 뒷면은 장식되지 않았으며, 18~19세기에는 중국에서 수입한 '강지(kangi)'라는 작은 테이블이 흔히 캐비닛스탠드로 사용되었음.

캐비닛워크(cabinet work) : 고급가구 또는 고급가구 제작을 말함.

캐비닛의자(-椅子, cabinet chair) : 호프만(Josef Hoffmann : 1870~1956)이 1910년에 제작한 의자.

캐서린휠(catherine wheel) : ⇨장미창.

캐슈(cashew) : ⇨캐슈도료.

캐슈도료(-塗料, cashew paint) : ①열대지방 캐슈나무 열매(nut)의 씨에서 채취한 액을 원료로 하여 석탄산·멜라민·요소(尿素)·알키드와 공축합(共縮合)시켜 만든 최근에 개발된 도료. ②내약품성·내유성·내수성이 좋고 광택이 우수하지만, 탄성(彈性) 또는 밀착성은 칠보다 떨어지고 실온(室溫)에서 또는 가열해서 건조함. 품질·내용·사용방법·필요한 습도 등은 칠과 비슷함.

캐슈수지퍼티(cashew resin putty) : 캐슈수지에 안료·경화제 또는 촉진제를 가하여 액상(液狀)이나 호상(糊狀)으로 만든 것으로서 바탕 만들기에 사용.

캐스케이드(cascade) : ①조경기법의 하나로 정원(庭園) 등에 낙차(落差)가 있는 물의 흐름을 여러 계단모양의 폭포처럼 만든 자연적 또는 인위적인 소규모의 작은 폭포. ②고전양식의 정원에서 흔히 볼 수 있고, '현애(懸涯)장식'이라고도 함.

캐스터(caster) : ①다리에 달린 바퀴를 의미하는 것으로서 가구나 진열장 및 왜건(wagon)에 부착된 작은 바퀴. ②매입식과 평면에 사용하는 형식이 있음.

캐스터

캐스트스톤(cast stone) : ①인조석 바름 후 7~8일 경과 후에 표면을 정으로 쪼아 내는 인조석 표면 마무리법. ②인조석 다듬기를 돌다듬기와 같이 하여 자연석과 유사하게 마무리하는 시멘트 제품. ③'모조석(模造石, imitation stone)'이라고도 함. ④인조석잔다듬(=).

캐스트알루미늄(cast aluminum) : ①주조하여 성형한 알루미늄. ②가볍고 녹이 슬지 않는 장점이 있음.

캐스틸레이티드너트(castellated nut) : ①너트 외면(外面)에 방사선으로 갈라진 틈을 내어 구멍 뚫린 볼트와 너트 사이로 잠금 핀이나 와이어를 끼워 넣을 수 있도록 된 너트. ②캐슬너트(=).

캐슬너트(castle nut) : ⇨캐스틸레이티드너트(=).

캐시리스사회(-社會, cashless society) : ①기업과 개인을 포함하여 경제 주체간의 거래·결제에 어음·수표나 크레디트 카드 등을 이용함으로써 현금이 필요 없는 사회. ②캐시리스사회의 배경으로는 컴퓨터망, 데이터통신 등의 발달을 들 수 있는데 앞으로는 수표도 필요 없는 '체크리스(checkless)사회'로 진전될 것으로 예상됨. ③캐시리스사회화가 점차 진전됨에 따라 소비자신용산업으로 불리는 신용판매회사·월부백화점·은행계·크레디트회사 등의 신용공여액이 비약적으로 늘고 있음.

캐시리스체크리스소사이어티(cashless checkless society) : ①거래의 결제나 상품 구입에 현금이나 수표를 쓰지 않는 사회. ②크레디트 카드의 보급과 금융기관의 온라인화는 이러한 현상의 예비적 단계라 할 수 있음. ③이러한 시대가 본격화되면 거래는 예금대금카드만으로 이뤄지며 단말기 조작에 의해 예금계좌간에 자동적으로 대금이 대체됨.

캐시카운터(cash counter) : ①돈의 영수처리를 위한 계산대. ②계산의 크기와 사용자의 동작을 고려한 적절한 치수형태이어야 하며, 간단한 문구류를 수납할 수 있도록 하고, 돈의 안전한 보관을 위해 서랍에는 잠금장치를 하며, 소형 금고가 놓이기도 함. ③레스토랑에서는 주로 출입구 가까이에 위치하므로 출입구 동선과 교차되지 않도록 유의함. ④소규모인 경우 고객의 출입 및 종업원의 서비스를 관리하므로 관리자는 전체공간을 한눈에 인지하도록 하는 것이 바람직함. ⑤주방과 되도록 가깝게 위치하여 종업원 동선을 짧도록 하고, 상점에서는 출입구 근처에 위치하는 것이 일반적으로 매장공간 구성에 따라 실내의 내측에 위치할 경우 전체 분위기를 흐트러지지 않도록 하며, 구매에 대한 고객의 심리적 부담감을 주지 않도록 함. ⑥계산대는 공간의 용도, 공간구성과 조닝(zoning), 동선계획 등에 따라 그 성격이 좌우됨.

캐주얼(casual) : ①평상·일상이라는 뜻. ②의류 및 신발 외에 레스토랑 같은 곳에 이르기까지 기분 좋게 사용되는 것을 말함. ③양식과 정해진 틀에 구애받지 않음. ④자유롭고 편한 이미지를 나타내며 패션도 자유업에 종사하거나 젊은이들에 의해 유지됨. ⑤신선함·경쾌함·생동감 있는 활동성, 친숙하기 쉬움, 즐거움이 연출의 포인트가 됨. ⑥스타일은 단순함이 기본이 되고, 기능적이고 가벼운 감각적인 디자인 요소가 중심이 됨.

캐주얼인테리어(casual interior) : ①모던 인테리어(modern interior)의 일종. ②간단·명료하고 소박한 느낌이 나는 실내디자인. ③형식을 탈피하여 자유롭게 전개됨. 샤프(sharp)하면서 경직되지 않고 인간미가 넘치는 시티 인테리어(city interior)에 속함.

캐치자물쇠 : ⇨트랜섬캐치(=).

캐치 자물쇠

ㅋ

캐치프레이즈(catch phrase) : ①사람의 시선이나 주의를 집중시키는 것을 1차적인 목표로 하는 표제어. ②캐치프레이즈 기능은 불특정 다수인 중에서 독자의 시선이나 주의를 환기시키고 흥미를 갖게 하여 본문 내용을 읽도록 유도하는 것임.

캐트러포일(quatrefoil) : 커스프(cusp)에 의해 분할되어 방사상으로 구성된 4개의 꽃잎 무늬장식.

캐프스텅(calf's tongue) : 평평하거나 곡면으로 처리된 표면에 펜던트(pendant)와 혀(tongue) 모양의 요소로 조각된 몰딩을 말함.

캐프스텅

캐피털(capital) : ①기둥·벽 등을 장식한 최상부분, 홍예받침대 블록으로 위에 얹어 놓거나 아케이드 또는 아키트레이브를 지탱함. ②원주(圓柱, column)·필라스터(pilaster), 앤타(anta)·피어(pier) 등 다양한 종류의 기둥 최상부에 놓여지며, 상부로부터의 하중을 지탱하는 부재(部材). 일반적으로 장식이 부가되며, 특유한 형태가 그 건축양식을 특징짓는 중요한 요소가 되었음. ③도리아식 오더는 사각형의 정판(頂板)과 단면이 반원형의 원반을 갖는 간소한 형식으로 되어 있고, 코린트식 오더는 아칸서스의 잎과 줄기의 끝부분이 둥글게 된 작은 소용돌이로 장식되었으며, 이오니아식 오더는 소용돌이 형태의 장식을 갖고 있음. 또한 콤퍼지트 오더는 이오니아식 오더와 코린트식 오더의 아칸서스를 조합하여 화려하게 장식하였음. 한편 우리나라의 사찰 기둥 상부에는 처마를 지탱하는 공포가 특징적임. ④종류는 바스켓 캐피털(basket capital)·쿠션 캐피털(cushion capital)·파피루스 캐피털(papyrus capital)·프로톰 캐피털(prptome capital)·스캘로프 캐피털(scalloped capital)·스티프리프 캐피털(stiffleaf capital) 등.

캔들(candle) : 1948년 이전에 사용된 광도의 단위. 표준조건에서 양초 한 개의 광도와 같음.

캔들파워(candlepower) : 표준 양초의 빛 출력과 동등한 빛의 강도를 나타내는 단위.

캔미팅(can meeting) : ①일정 조직원들이 일상업무장소를 떠나 외부와 단절된 상태에서 정해진 경영과제에 대해 격의 없이 자유토론하는 것. ②SK그룹의 최종현(崔鍾賢) 회장이 미국유학시절에 익혀 1984년부터 그룹에 도입하기 시작, 86년에 전계열사로 확대했고 최회장이 전경련회장에 선임된 후 전경련에도 도입했음. ③처음에는 10여 명이 둘러앉아 캔 맥주를 마셔가면서 업무에서 빚어지는 인간적 갈등이나 조직 내 문제를 털어놓자는 뜻에서 일절 업무얘기는 하지 않았음.

캔버스(canvas) : ①마사(痲絲) 및 면사(綿絲)로 짠 두꺼운 직물 또는 막(幕)을 말함. ②평직·능직의 면(cotton)을 말함. 중량감·견고성·내구성이 있으며, 강한 단색뿐만 아니라 줄무늬나 나염된 디자인도 있음. 주로 차양·외부 커튼·가구용 직물로 사용됨. ③유화(油畵)에 쓰이는 화포(畵布).

캔버스체어(canvas chair) : ①가위 모양의 X자형 다리에 앉는 자리와 등받이에 천(doek)을 댄 접의자. ②배(또는 야외)에서 사용하는 나무로 만든 접이형 휴식의자를 말하고, 보통 캔버스 직물을 좌면에 깔고 팔걸이와 다리받침이 부착됨. 오늘날에는 금속으로 만든 것도 있음. ③미국의 남북전쟁(1861~65) 때 야전(野戰)에서 사용한 의자를 말함. 종류는 용도에 따라 사냥용은 사파리(safari), 배에서 사용하는 해상(海上) 또는 덱 체어(deck chair) 등이 있음.

캔셀리(cancelli) : 초기 기독교 바실리카에서 사용하는 높이가 낮은 칸막이로서 회중석과 사제, 그리고 성가대를 분리시켜 줌.

캔타러스(cantharus[그]) : 초기 기독교 바실리카의 중정 부분에 위치한 수조(水槽)로서 물로 세례를 받는 종교의식을 위한 곳.

캔터베리(canterbury) : 18세기 후반 영국 가구의 형태로 종이·책·잡지·악보 등을 보관하는 칸막이가 있으며 위로 열리는 낮은 장식대를 말함. 작은 서랍이 밑에 있고 캐스터(caster)가 달려 있으며, 1780년 캔터베리 주교가 처음 구입한데서 유래된 이름으로 오늘날에는 이동 가능한 잡지대로 불림. 본래는 차를 내거나 식사를 위한 쟁반·접시·포크나 나이프 같은 식사 용구(cutlery) 등을 나르기 위해 디자인되었음.

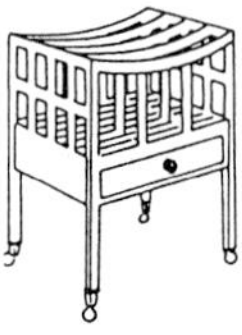

캔터베리

캔터베리대성당(−大聖堂, Canterbury Cathedral) : ①영국 동남쪽 끝의 캔터베리에 있는 영국 최초의 고딕식 대성당. ②1174년 화재 후 프랑스의 건축가 기욤(Guillaume de sens)과 영국인 윌리엄이 프랑스 양식을 사용하여 셀라(cella) 부분을 신축(1175~84)하고, 신랑(身廊, nave)과 익랑(翼廊)은 1378~1400년경에 건조했으며, 교차부분의 탑은 1497년경에 세웠음.

캔톤(canton) : 건물의 코너로부터 튀어나온 벽기둥 또는 이와 유사한 형태.

캔톤차이나(canton china) : 17세기에서 현재에 이르기까지 중국의 꽝뚜아항에서 수출된 청·백자기. 미국과 영국에서 매우 유행되었음.

캔트베이윈도(cant bay window) : 경사진 측면을 가진 돌출창.

캔티드(canted) : ①비스듬하거나(slanted), 경사지거나(sloped), 면접이하거나(beveled), 모서리를 죽이는 것(chamfered). ②주로 궁형창(bow window)의 반8각형 모서리 같은 큰 각도에 적용됨.

캔티드

캔틸레버(cantilever) : ①한쪽 끝만 고정단으로 지지된 수평보 및 구조물. ②한쪽 끝에 고정되어 있어 수평으로 돌출된 보 또는 구조와 같은 요소를 말함. ③1단(端)이 고정단(固定端)이고, 타단(他端)은 자유단(自由端 ; 支持端이 없는 자유로운 상태를 말함)인 보. ④지지점으로부터 내민보 또는 기타 구조물로 지탱하는 벽이나 기둥의 범위를 훨씬 넘어서 돌출해 있으며, 돌출부의 끝에 균형잡힌 하중을 지탱하기 위하여 한쪽 끝에 가중시킨 구조적 부재 또는 그 밖의 요소를 말함. ⑤⇨외팔보(=).

캔틸레버드(cantilevered) : 코니스와 연장된 처마를 지지하는 데 사용하는 돌출 브래킷(bracket).

캔틸레버보 : ⇨캔틸레버·외팔보·내민보(=).

캔틸레버체어(cantilever chair) : ①S자의 원형이 된 한 면으로 지탱되는 구조를 가진 외팔보구조의 의자형. ②1926년 마트스탐이 발표한 것보다 1928년에 독일의 건축가인 브로이어(Marcel Breuer : 1902~81)가 발표한 것이 더 유명하지만 일반적으로 캔틸레버 의자는 미스 반 데어 로에가 설계한 1926년 파이프 의자를 가리킴. ③외팔보구조식 의자(=).

캔틸레버형태(−形態, cantilevered form) : 캔틸레버 형태들은 수직적 지지대를 넘어서 상당히 돌출되어 있는 직선의 구조적 부재나 벽을 갖고 있음.

캘로렉스유리(−琉璃, Calowlex glass) : ①인체에 유효한 자외선을 투과시키는 유리. ②병원·온실·아파트 등의 창문유리에 사용함.

캘린더링(calendering) : 회전 롤러 사이를 통과시키는 동안 열과 압력을 가하여 표면을 평평하고 매끄럽게 광택처리하는 섬유의 마무리 공정.

캠버(camber) : ①트러스나 보(beam)의 중앙 부위에 처짐이 나타나는 시각적 현상을 조절하기 위해 보의 아래면 중앙을 약간 위로 휘어 오르게 만드는 것. ②거푸집에 미리 치켜올려 잡아두는 만곡(彎曲)된 곡면. ③수평적 가구의 받침대에도 사용.

캠버바(camber bar) : ⇨침니바(=).

캠버피스(camber piece) : 이마 부분이 살짝

솟아오르게 되어 평아치를 틀 때 사용되는 가설틀의 판.

캠우드(cam wood) : 서아프리카산(産) 콩과의 흰개미에 강한 경재(硬材).

캠퍼닐리(bell tower, campanile[이]) : ①독립적으로 서 있는 종루(鐘樓)·종탑(鐘塔). ②주로 교회 옆에 있지만 본체에서 분리되어 단독 건물로 교회건축물과 함께 세워지는 종탑을 의미. ③피사의 사탑(12세기), 플로렌스 대성당 종탑(14세기) 등이 유명함.

캠페인체어(campaign chair) : ①야외 특히 배 위에서 사용하는 간이휴식용 의자. ② ⇨침니바(=).

캠페인퍼니처(campaign furniture) : ①18세기말 미국의 남북전쟁 중 종군장교들이 사용하던 운반과 해체가 용이한 휴대용 가구. ②미국 식민지 가구(colonial furniture)라고도 불리며, 의자·소파·체스트·책상·침대 등의 가구를 포함. ③보통 티크·장미목(rose-wood)으로 만들어짐. ④거친 여행에서도 견딜 수 있도록 금속으로 모서리를 처리하는 등 견고하게 제작되었음.

캠프방갈로(camp bungalow) : 호수·바다·산에 세워지는 캠프용 숙소.

캠프베드(camp bed) : 접을 수 있는 간편한 침대.

캠프스툴(camp stool) : 접이식 의자.

캠프천장(-天障, camp ceiling) : 피라미드(pyramid) 형상으로 장식한 천장.

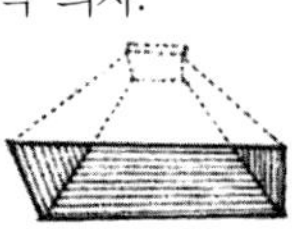

캠프천장

캠프체어(camp chair) : 접을 수 있는 간편한 의자.

캡너트(cap nut) : ①밑 부분은 육각(六角)이고, 그 위에는 돔형(dome type)의 꼭지가 붙어 있어 나사못의 끝부분을 감싸도록 만든 너트. ②도토리너트(=).

캡션(caption) : ①제목 또는 도판(圖版, 그림)의 설명문. ②원래는 도판 위에 적힌 글이 캡션이고 아래에 적힌 글을 리젠드(legend : 범례)라고 하지만, 이 두 가지를 합친 설명문을 일반적으로 '캡션'이라고 함. ③도면에서는 리젠드(legend)라고 함.

캣워크(catwalk) : 공연 공간이나 촬영장의 천장 부위에 설치한 구조물로서 조명설비 등의 점검 및 조작을 위해 접근할 수 있는 작업공간이나 통로.

커넥터(connector) : ①목구조의 접합부에 사용하는 꺾쇠·듀벨·볼트 따위의 철물. ②두 개 이상의 도체(導體)를 임시로 접속하기 위하여 사용되는 연결단자(連結端子).

커넥팅볼트와 너트(connecting bolt & nut) : ①가구의 조립 연결철물(knock down fitting) 중 하나. ②볼트와 너트는 패널의 두께에 따라 조절할 수 있는 장점이 있음. ③주로 측판과 측판, 지판과 지판을 연결함.

커넥팅케이싱(connecting casing) : ①가구의 조립식 연결철물(knock down fitting)의 하나. ②케이싱 볼트와 너트로 구성되며, 볼트는 스틸과 플라스틱 두 종류가 있고 주로 천판과 측판을 연결·부착함.

커머셜호텔(commercial hotel) : ①시티호텔(city hotel)의 일종. ②주로 업무상의 여행자를 대상으로 하는 호텔이고, 교통이 편리한 시가지에 위치함. ③객실은 싱글베드룸이 차지하는 비율이 높고 요금이 비교적 저렴하기 때문에 로비 면적 등이 작고 공간의 절약·서비스의 기계화·인력절감 등이 특징임.

커먼도브테일(common dovetail) : 모서리에서 주먹장부가 양쪽 면에 보이는 모서리 주먹장맞춤.

커뮤니언테이블(communion table) : ⇨제단(=).

커뮤니케이션(communication) : ①일반적으로 언어나 문자를 사용하여 본인의 생각·의지·감정 및 정보, 통신을 전달하는 의사전달(意思傳達). ②청각적·시각적·시청각적·후각적·동작적 기호체계를 통한 광범위한 인간의 소통을 말함.

커뮤니케이션공간(-空間, communication space) : 휴게실·로비 등으로 대기·정보수집·

만남·대화 등과 같이 다른 목적으로도 이용됨.

커버링식 가구(－式家具, covering type furniture) : 의자 마감직물을 파스너 등으로 고정시키거나 분리시킬 수 있도록 고안한 의자.

커버플레이트(cover plate) : 강한 휨응력이 작용하는 위치에서 단면계수를 증가시키기 위해 판보의 플랜지에 고정시킨 강판.

커브루프(curb roof) : ①물매가 2단으로 된 지붕. ②망사르드지붕(＝).

커비미터(curvimeter) : ①직선 또는 곡선의 길이를 재는 계기. ②곡선의 길이를 측정하는데 사용됨.

커빌리니어양식(－樣式, curvilinear style) : ⇨곡선장식양식(＝).

커스마티(cosmati) : ①12세기에서 14세기 로마의 대리석 장식 세공가. ②대리석 안에 모자이크·금박·색 대리석과 유리를 새겨 넣는 장식세공으로서, 도로·무덤·설교단 등을 제작. ③커스마티 세공(cosmati work)은 유색 석재의 장식세공을 가리키는 총칭. ④로마와 나폴리 주변의 이탈리아 로마네스크 건물에 많이 적용됨.

커스프(cusp, cusping) : ①고딕양식의 격자 구조에서 잎무늬 장식을 형성하는 점. ②고딕양식의 트레이서리(tracery)·세잎장식(trefoil)·첨두아치(pointed arch) 등과 같이 두 개의 곡선이 만나서 생기는 돌출점. ③작은 조각장식으로 강조하는 것이 일반적임. ④⇨트레포일.

커스프

커스피데이션(cuspidation) : 커스프(cusp)들에 의한 장식.

커터웨이(cutaway) : 내부를 보이기 위해 제거된 외부 단면을 가진 도해(圖解)나 모형.

커테일스텝(curtail step) : 양 끝을 소용돌이 모양으로 마무리한 계단의 가장 밑단.

커트못(cut nail) : ⇨못.

커튼(curtain) : ①커튼은 차광(遮光)·단열·흡음(吸音)·프라이버시·칸막이(partition)·장식(裝飾) 등을 목적으로 창문이나 문 등에 설치하는 직물로 만든 막(幕). ②어원은 '코로티나'란 라틴어에서 유래한 용어로 덮개·차양 또는 사람이 둥글게 모여 서 있는 모습이란 뜻으로 이 어원이 영국으로 건너가 커튼이란 말이 생겼음. ③주름잡는 형식이나 직물의 두께에 따라 그 명칭은 다양함. ④일조(日照)의 조절·시선의 차폐(遮閉)·단열과 보온·흡음과 방음 및 장식의 목적으로 창문이나 칸막이 등에 사용되는 막(screen)의 일종. ⑤커튼은 가구 등과 같이 실내공간을 구성하고 연출하는 부장물(副裝物)의 하나. ⑥커튼은 사용하는 재료나 형식에 따라 분류되며, 최근에는 기능적 역할보다 직물(fabric) 자체가 지닌 풍부한 감정을 강조하는 것이 중요시되고, 특히 커튼은 가동적(可動的)으로 쓰이기 때문에 실내분위기는 그 개폐 정도에 따라 변할 수 있는 가변요소(可變要素)를 지니고 있음. ⑦커튼의 선택은 방의 규모와 용도, 그리고 전체 실내색상에 맞추어 그 분위기를 조절해야 함. 예컨대, 큰 방에는 큰 무늬나 무지(無紙)가 무난하게 어울리고, 실내의 통일된 조화를 얻기 위해서는 커튼과 다른 요소와의 조화를 고려해야 함. 즉 거실의 경우 소파쿠션(sofa cushion)과 조화시켜 같은 천으로 한다거나 침실은 침대커버, 다이닝은 식탁보와 조화시키는 것을 들 수 있음. ⑧종류와 특징은 다음과 같음. ㉠유리커튼 : 일반적으로 투명한 얇고 가벼운 막과 같은 직물을 유리창이나 문에 항상 쳐 놓은 커튼이며, 실내에 유입되는 빛을 부드럽게 하고 확산하며, 전망을 보일 듯 말듯이 흐리게 하여 일상적인 시각적 프라이버시를 보호하는 효과가 있음. ㉡새시커튼(sash curtain) : 유리커튼과 똑같지만 창틀 또는 창 전체에 커튼을 치지 않고 반 정도만 친 커튼임. ㉢드로우 커튼(draw curtain) : 가로장대에 설치하는 커튼으로 글라스 커튼에 사용되는 직물보다 육중하고 투박한 직물을 사용. ㉣드레이퍼리 커튼(draperies curtain) : 창문에 느슨하게 걸려 있는 중량감 있는 커튼으로 모든 커튼을 총칭. 커튼의 상부에는 커튼이 걸리는 장대와 커튼 틀의 상부를 감추기 위한 코니스(cornice)와 코니스에 주름을 넣어 처리한 밸런스(valance)로 마감처리함. 커튼을 고정시키는 터셀은 일반적으로 3 : 2의 높이에 설치하지만 상하로 이동하면 개성적인 느낌을 줌. ㉤아코디언 커튼(accordion curtain) : 주름상자 모양의 스크린을 개폐하는 칸막이라는 뜻이고, 아코디언 도어(accordion door)라고도 하며, 주택용 칸막이로 가장 많이 이용되며 주방·현관의 차폐 및 규모가 큰 실을 간단히 만들 수 있음.

커튼디자인(curtain design) : ⇨커튼.

커튼라인(curtain line) : 극장의 막(幕)과 무대 바닥이 접하는 선이며, 표지(標識)의 뜻을 가진 선.

커튼러너(curtain runner) : ①커튼을 달아매기 위해 커튼레일에 달려 있는 작은 활차. ②커튼 고리를 활차에 끼워 넣음.

커튼레일(curtain rail) : ①커튼을 달아매기 위해 커튼박스(curtain box)나 창틀에 붙이

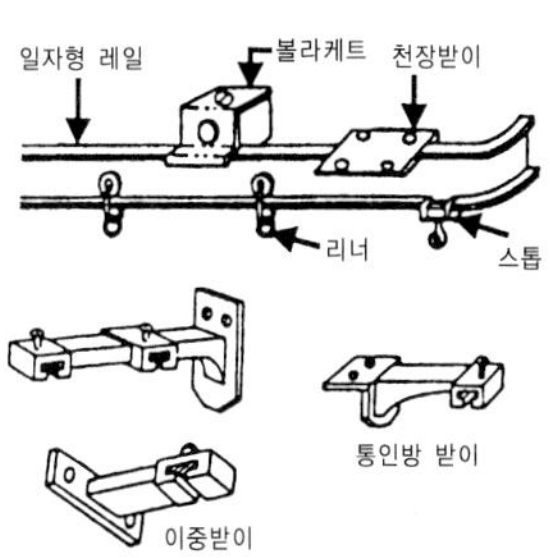

는 철물, 스테인리스 스틸(stainless steel)이나 알루미늄으로 되어 있으며, 커튼 러너(curtain runner)를 포함하고 있음. ②커튼의 위치를 정하고 개폐를 용이하게 하기 위한 레일.

커튼박스(curtain box) : 커튼을 설치하는 경우 커튼레일과 커튼 상부를 감추기 위해 창문 안쪽 천장에 창문 길이보다 약간 크게 판 목재의 박스 및 철판 박스 홈을 말함.

커튼스타일(curtain style) : ①기본적인 주름의 종류 ; ㉠플랜(plain), ㉡한쪽주름, ㉢상자주름, ㉣핀주름(한주름·두주름·세주름 등), ㉤치마주름, ②커튼치기의 기본방법 ; ㉠한쪽열기, ㉡양쪽열기, ㉢중앙부 좌우겹치기, ㉣이단치기(늘어뜨리기).

커튼월(curtain wall) : ①공장생산 부재로 구성되는 비내력벽이며 구조체의 외벽에 고정철물(fastener)을 사용하여 부착시킨 것으로서, 초고층 건물에 많이 사용. ②건축물의 하중이 모두 금속구조틀로 전해지는 시공의 한 방법으로 축받이가 없는 금속과 유리로 된 하중을 지탱하지 않는 외벽을 말하고, 단순히 보호하는 기능을 가진 부착재. ③커튼월을 대별하면 재료별(metal curtain wall, wall−AL·steel, stainless와 P.C curtain wall : concrete, G.P.C, T.P.C), 외관 형태별(mullion type, spandrel type, grid type, sheath type), 구조 방법별(mullion system, panel system)로 분류. ④특징은 외벽의 경량화, 현장시공의 기계화에 따른 성역화, 공업화 제품, 가설비계의 생략 및 절감, 외장 마무리의 다양화 등. ⑤커튼월의 요구 성능은 차음성·강도·층간변위 추종성·내풍압성·기밀성·결로방지·시공성·경제성·심미성·내열성 등. ⑥근대건축에 있어서 철골조·철근콘크리트조의 발달과 유리공업의 진보로 외벽을 엷은 피막으로 구성할 수 있게 되었으며, 표면에 싸여진 내부 볼륨의 표현이 가능해졌고, 커튼 월은 최대의 바닥

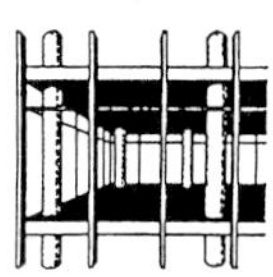
커튼월

면적과 충분한 자연광을 내부에 제공해 주었고, 유리커튼 월을 지닌 새로운 오피스빌딩의 전형(典型)이 확립되었음. 대표적인 예로는 시그램 빌딩(1954~58, 미스 설계), 레버하우스(1952, SOM 설계) 등이 있음.

커튼월구조(-構造, curtain wall construction) : 커튼월로 벽면을 만든 구조.

커튼의 부착(-付着) : 커튼을 다는 것은 창틀에 커튼 철물(파이프 또는 레일)을 직접 부착하는 경우와 목재나 금속판의 커튼 박스를 설치하여 부착하는 경우, 천판을 설치하여 장식을 준비해 두는 경우가 있음.

커튼의 분류(-分類) : 재료별 제품 명칭에 따라 레이스 커튼(lace curtain)·케이스먼트 커튼(casement curtain)·프린트 커튼(print curtain)·드레이프 커튼(drape curtain)·특수 커튼(special curtain)·블라인드(blind) 등으로 구분.

커플링(coupling) : ①강판비계 설치시 필요한 부속철물 중 하나. ②지름이 작은 강관의 직선 연결에 사용되는 배관 연결용 부속. ③커플링을 사용할 때는 파이프 양 끝에 나사를 죄어 연결. ④전선관(電線管)의 관과 관을 연결하는 철물. ⑤커플링을 죄는 공구의 명칭.

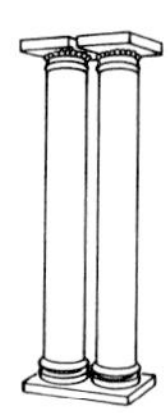

커플기둥

커플먼트(couplement) : ⇨커플칼럼.

커플칼럼(coupled column) : 아주 가깝게 두 개의 기둥을 짝을 맞춰 배열하는 것.

커피브라운(coffee brown) : ①커피 열매가루의 색. 황색기미의 어두운 갈색(dark yello-wish brown). ②먼셀기호 8.0YR3.5/5.5.

커피숍(coffee shop) : 커피를 중심으로 홍차 및 기타 음료수를 판매할 뿐만 아니라 분위기·인적 서비스를 판매하는 공간. 만남·대화·비즈니스·음악감상 등 폭넓고 다양한 고객층의 사람들이 부담 없이 자유로이 출입할 수 있는 다목적 이용의 공간. 입구 어프로치로부터 목적으로 하는 좌석에 이르기까지 원활한 동선의 흐름이 되도록 하며, 좌석배치가 손님의 수용 상황에 대응할 수 있도록 함. 고객층·지역성에 따라 칸막이(partition) 및 스크린에 의한 구획도 적절히 계획.

커피테이블(coffee table) : ①소파나 카우치 앞에 놓는 낮은 테이블. ②재떨이·잡지·다과 등을 놓는 20세기 가구의 형태이고, 18세기의 유사한 테이블로 다과를 놓는 차 탁자가 있음.

커핑(kerfing) : 건축이나 가구제작시 나무부재에 홈을 파서 그 방향으로 구부러지도록 만드는 작업 또는 평평하게 제작한 일련의 홈.

커핑

커효과(-效果, kerr effects) : ①전자기장이 편광(偏光) 또는 물질의 광학적 성질에 미치는 효과의 하나로서 전기광학적인 것과 자기광학적인 것이 있음. ②전기광학적인 것은 등방성(等方性)인 물체를 정전기장 속에 두면 마치 변형을 가한 것처럼 일시적인 비등방성을 띠고 복굴절성 물질로 변하는 현상이며, 자기광학적인 것은 직선편광이 자극(磁極)에서 반사하면 타원편광으로 변하는 현상.

컨덕턴스(conductance ; C) : 열저항의 역수. 즉 C=1/R이고, R은 열저항임.

컨버세이션체어(conversation chair) : 18~19세기에 사용된 서로 반대방향의 두 사람이 마주보고 앉을 수 있도록 만든 S자형 의자.

컨버세이션피트(conversation pit) : 현대 실내의 거실이나 가족실에서 바닥의 일부를 낮춰 앉을 수 있도록 천으로 덮어씌우고 베개·쿠션 등을 비치해 놓은 방의 움푹 파인 부분. 실 바닥과 피트 바닥의 높이 차이로 생긴 턱은 등받이로 사용됨. 사각형·타원형·원형 등의 형태로 대화시 서로 마주보도록 위치하는 것이 보통임.

컨버터블룸(convertible room) : 트윈베드룸의 시팅 스페이스(sitting space)에 특별히 여유를 두어 예비침대가 배치 가능한 객실. 가족이나 4~5명 정도의 그룹고객에게 하나의 객실을 제공할 수 있으므로 가족단위나 그룹의 이용객이 많은 리조트호텔에 실용적인 객실 유형.

컨버터블스위트룸(convertible suite room) : ①두 객실이 공유한 칸막이벽에 연락구인 커넥팅 도어(connecting door)를 설치하여 필요에 따라 하나의 스위트룸을 만들어 융통성 있게 사용함. ②보통 연결문(connecting door)이 설치됨.

컨벡스(convex) : 부풀거나 밖으로 만곡(彎曲)된 선이나 면. 오목한(concave) 선 또는 면의 반대형임.

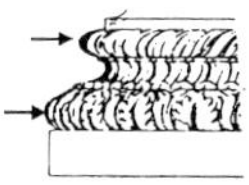

컨벡스

컨벡터(convector) : 라디에이터와 비슷한 난방기구이지만 대류, 즉 일정치 않은 온도에서 공기의 움직임에 의해 데워진 공기가 효과적으로 이동할 수 있도록 고안된 것임.

컨벤셔널케이스워크(conventional casework) : 나무로 만든 일체의 박스형 제품(casework)이나 캐비닛류. 예컨대 책장·카운터·진열케이스·벽장·옷장·백바(back bars)·성서대(lecterns)·싱크장·보관장 등이 포함됨.

컨벤션산업(-産業, convention industry) : ①대규모 국제회의 등을 유치해 수익을 올리는 산업. ②환경비용이 거의 들지 않는 고부가가치 산업으로 고용증대도 큼. 컨벤션산업이 활성화되면 국제수지개선에도 상당한 도움이 됨. ③우리나라에 온 일반 관광객들이 평균 5일 동안 머무르며 1,400달러를 쓴 데 비해 회의 참석자들은 보통 1주일 체류하면서 3,200달러를 지출하기 때문임.

컨벤션센터(convention center) : 회의장이나 숙박시설이 집중되어 있어 집회 등을 열기에 적합한 지구 또는 종합빌딩.

컨벤션호텔(convention hotel) : 숙박목적에 따른 시티호텔의 하나로 대도시에 위치하면서 수천 개의 객실과 컨벤션 홀을 보유한 대형 호텔로 메트로폴리탄 호텔(metropolitan hotel)이라고도 함. 국제회의·대규모연회·각종 문화행사·전시 및 박람회 등 사회·경제·문화·예술 각 분야의 집회를 유치할 수 있는(1,000명 이상) 다목적 공간의 컨벤션 홀을 중심으로 운영됨.

컨벤션홀(convention hall) : 회의를 할 수 있는 연회장.

컨비니언스상품(-商品, convenience goods) : 일상생활에 있어 소비·소모하는 정도가 높은 상품으로 가까운 가게에서 입수할 수 있는 것. 티슈-페이퍼(tissue-paper)·담배·감기약·캔디 등.

컨비니언스스토어(convenience store) : ①미국에서 단시일에 발달한 소규모 소매점(일용잡화식료품점). ②미니 슈퍼라고도 불리며 식품·일용잡화 등을 셀프 서비스 방식으로 팔고 있음. ③'소비자에게 편의를 제공하는 가게'라는 뜻에서 이 명칭이 붙었으며 ㉠연중무휴, 장시간 영업 ㉡주택지역에 가까운 위치 ㉢1품목 1브랜드의 원칙하에 대형 소매업과 경쟁에서 발전하고 있으며, 대부분이 프랜차이즈 체인임.

컨설턴트(consultant) : ①기업경영에 관한 기술상의 상담에 응하는 전문가. 그가 제공하는 전문적 지식의 조언·협력을 컨설턴트 서비스라고 함. ②수출상품의 새로운 고안이나 수출 마케팅의 신개발 등 국제무역 분야에까지 컨설턴트 서비스가 확대되고 있음. ③우리나라에서는 중소기업진흥공단에서 경영진단사 제도를 채택하여 기업경영의 진단에 응하고 있음.

컨세션스페이스(concession space) : 호텔에서 손님을 위해 설치한 이용원·미용원·화원·전화실 등의 서비스 공간.

컨셉(concept) : ①사고방식이라는 의미의 광고용어. ②상품 또는 서비스의 편리성이나 특성을 현대사회의 흐름 속에서 새로운 각도로 잡아 광고의 주장 또는 캠페인을 목표로 하는 것. 따라서 그 광고는 대중의 기성개념을 무너뜨릴 만한 새로운 사고방식을 가지고 있는가에 그 의미가 있음. ③개념·구상·생각·관점·사고방식 등을 의미하는 것으로 디자인하는 경우, 주어진 주제(theme)에 대하여 갖게 되거나 제시된 이미지 및 아이디어를 말하고 전에 없었던 새로운 관점 등도 의미함. 그리고 현실화하기 위해서는 설계조건이 설정되어야 하며 예컨대 시드니 오페라 하우스(1973)는 조개껍질·범선 등을 디자인 컨셉으로 하였음. 비주얼 머천다이징에서는 기성 개념이 없는 새로운 관점을 가리키고 있으며 차별화에 필요한 것임.

컨셉션(conception) : 착상·고안 등을 의미하는 용어.

컨셉추얼스타일(conceptual style) : ⇨개념적 건축양식(=).

컨셉트(concept) : ⇨컨셉(=).

컨소시엄(consortium) : 특정한 공사 또는 사업을 하기 위해 복수의 업체로 구성한 집합체.

컨시스턴시(consistence) : ⇨반죽질기(=).

컨템퍼러리(contemporary) : 현재 유행하고 있는(유통되는) 모던 스타일의 인테리어·가구양식 등. 원래는 동시대(同時代)를 뜻하지만 일반적으로 현대를 의미하고, 모던(modern)은 근대를 의미함.

컨트롤데스크(control desk) : 도서관에서 열람자의 동태를 감시하고, 요구하는 도서를 서고(書庫)에 출납하는 직원 또는 그 담당자가 있는 위치에 놓인 책상이나 카운터.

컨트롤조인트(control joint) : 계절적 온도차로 생기는 내·외부의 균열을 방지하기 위하여 신축에 융통성을 갖도록 설치하는 것. 이에는 신축이음·익스팬션 조인트(expansion joint) 등이 있음.

컨트리가구(-家具, country furniture) : 일반적으로 시골풍을 연상하는 토착적 가구로, 각 부분의 재료도 두껍고 튼튼해 보이며 수제작의 투박한 느낌을 줌.

컨트리양식(-様式, country style) : 나라와 지역에 따라 컨트리양식은 다르지만 공통적인 것은 흙과 돌·벽돌·나무와 등나무·면 등 자연소재의 간결한 디자인에 의한 편안함과 따뜻함이 특징임. 회반죽과 대들보가 돌출되어 있는 천장·초벌구이 타일과 돌·폭 넓은 판자의 마룻바닥·소박하고 단순한 가구도 공통적으로 사용되고 있음.

컨트리하우스(country house) : 16세기 이후의 영국에서 유력하고 유복한 귀족이나 상류계급이 사용하던 시골의 대저택. 도시의 저택은 타운 하우스(town house)라고 함.

컨트리호텔(country hotel) : ①입지특성에 따른 리조트 겸 스포츠 호텔의 일종으로 산에 세워지는 호텔을 말함. ②클럽 하우스(club house)와 조합된 컨트리클럽 하우스(country club house)도 있음. ③골프·스키·등산 등 레크리에이션(recreation) 기능도 있음. ⇨산장호텔(=).

컨티니엄(continuum[라]) : 차례로 반복되는 아이디어(idea).

컬(cull) : 열등(劣等)한 품질로 불합격된 벽돌이나 목재.

컬드포(cul-de-four[프]) : 후진(apse)이나 벽감(niche) 위에서처럼 반돔(semidome)이나 1/4구(球)볼트(vault)를 말함.

컬러다이내믹스(color dynamics) : 색채역학(色彩力學) 또는 색채조절을 의미. 주로 안전색채의 이용에 의한 재해방지 또는 작업능률 향상을 위해 사용됨.

컬러디자인(color design) : 디자인에 있어서 형태나 스케일 등의 요소보다는 색채를 더 중요시하는 입장을 말함.

컬러라마조명(-照明, colorama lighting) : 조광장치를 사용하여 3색의 조명등(삼원색)을 일정한 속도로 차례로 조광하여 색채를 자유롭게 연출할 수 있는 조명 수법. 주로 분수의 수중 조명(投光器)·분수 모양의 변화에 따른 조명의 변화 등에 응용됨.

컬러라인(color line) : 색상 선택을 위해 만든 연속하여 주어진 완전한 색상배열.

컬러링(coloring) : 색의 채색(彩色)·착색(着

色) 방법에서 확대되어 색의 배색과 배합에 대해 말한 것.

컬러마케팅(color-marketing) : ①색상으로 소비자의 구매욕을 자극하는 판매기법. ②컬러TV와 함께 성장한 감각적인 X세대와 경제력을 갖춘 20~30대 여성층이 늘어나면서 최근에는 식음료를 비롯한 가구·자동차·가전 등 소비재 전 분야에 걸쳐 확산되고 있음. ③노랑·파랑 등 원색의 목재가구, 검은색 냉장고, 색상을 활용한 패션음료 등 컬러마케팅 전략이 실제 매출증대에 엄청난 도움을 주자 업체에서는 상품기획부터 생산까지 색채정보조사와 색채 적용 사후관리 등 종합적인 컬러마케팅에 주력하고 있음. ④컬러마케팅의 효시는 미국 파커사로 1920년대 당시로선 파격적인 빨간색 만년필을 시장에 내놓아 선풍적인 인기를 끌었음.

컬러빔(collar beam) : 두 개의 서로 반대 방향인 서까래를 연결하고 있는 수평부재.

컬러스킴(color scheme) : ①색채계획의 하나. ②인테리어 코디네이트의 계획에서도 주요한 부분임.

컬러시멘트(color cement) : 시멘트·수지·규사·안료·방수제를 주원료로 한 것으로서 원하는 장소에 미장처럼 바르면 색상이 변하지 않고 미려하여 아름다우며, 시공 후에는 색상이 반영구적임. 빌딩·호텔·사무소·공장·학교·아파트 등에 적합.

컬러어레인지먼트(color arrangement) : 색이 마음에 드는 특징적인 상품을 특별한 계획을 가지고 배열·배색하는 것.

컬러웨이(colorway) : 독특한 형태 및 무늬의 각각의 색깔.

컬러차트(color chart) : 색채의 상호관계를 설명하기 위해 만든 색표체계를 말하고, 이에는 색상환 차트와 색조(명도/채도) 차트가 있음. 먼셀표색계에서 색상은 10색상으로 이루어지는데, 하나의 색상은 다시 10등분되고 색조 차트는 명도를 세로로 배열하고 채도를 가로로 배열하여 색의 위치를 체계화한 것임.

컬러컨디셔링(color conditioning) : ⇨색채조절(=).

컬러컨트롤(color control) : 상품 자체의 컬러 전시를 배려한 것임. 여러 가지 색 전개 상품의 컬러 전시법을 말함.

컬러코디네이션(color coordination) : 서로 다른 이질적인 재료 및 기능의 제품을 동일한 색으로 처리하여 색채의 일관성에 의한 질서감과 통일감 및 조화감을 갖는 것을 말함. 이는 목적에 맞는 기본색을 선택하고, 그 기본색이 아름답게 보이도록 배색함으로써 이루어짐.

컬러플래그(color flag) : 색선(color line)을 보여주기 위해 가위로 오려 연이어 붙여 만든 가게의 샘플.

컬러하드너(color hardener) : 콘크리트 및 미장바닥 표면 컬러 바닥강화제. 바닥의 수명을 연장시키며 방진작용이나 내마모성이 우수하며, 분진발생이 없고, 내충격·내유성·내수성이 우수함. 가격이 경제적이고 공장·차고 등의 바닥·병원복도·빌딩·호텔·사무실·지하실 계단·주유소 바닥·주차장 바닥 및 중장비 생산공장 등 표면강도나 방진을 요구하는 바닥에 적합.

컬러하모니(color harmony) : ⇨색채조화(=).

컬러하모니매뉴얼(color harmony manual) : 오스트발트 표색계를 근거로 하여 개량한 표색계.

컬렉션(collection) : ①개인이나 단체가 사적·공적 차이를 막론하고 물품을 수집하여 모으는 것을 말함. 물건을 소유하고 모으는 것은 인간의 본능 중 하나이며, 고대에는 사원(寺院)이 의식적 가치가 있는 물건을 모았고, 중세 이후에는 왕가나 개인의 저택이 컬렉션의 장소가 됐음. ②패션 디자이너들이 한 계절을 앞서 개최하는 작품 발표회. 특별한 주제 없이 여러 디자이너의 패션쇼를 한자리에 모았다는 의미에서 컬렉션으로 불림. 가장 권위있는 컬렉션은 파리·밀라노·뉴욕·런던·도쿄 컬렉션이며, 한국에는 스파(SFAA)컬렉션과 서울컬렉션이 있음. 콜렉션(=).

컴파운드(compound) : 원래 화합물·혼합물·합성물 등을 의미하는 것으로 연마(鍊磨)나 충전(充塡) 등에 사용하는 가소성(可塑性) 또는 반유동성(半流動性)을 가진 배합제품. 콤파운드(=).

컴파트먼트(compartment) : 칸막이가 된 방(房).

컴퍼스(compass) : ①원래는 천문관측·거리나 각도의 측정·건축물의 설계에 사용된 제도기의 일종. ②원을 그리는 데 사용하는 제도용구. 종류는 스프링 컴퍼스·중컴퍼스·대컴퍼스·빔컴퍼스 등이 있음. ③컴퍼스라는 명칭은 네덜란드어로서, 항해시 필요한 나침반을 의미함.

컴퍼스윈도(compass window) : ⇨보우윈도.

컴퍼지션(composition) : ⇨구도(=).

컴퍼지트기둥양식(-柱樣式, composite order style) : ⇨콤퍼지트기둥양식(=).

컴퍼지트양식(-樣式, composite order) : ⇨콤퍼지트기둥양식(=).

컴퍼지트캐피털(composite capital) : ⇨콤퍼지트캐피털(=).

컴퓨터그래픽스(computer graphics) : ⇨캐드[2)](=).

컴퓨토폴리스(computopolis) : 컴퓨터에 의한 고도의 정보기능을 지닌 미래도시.

컴프레션(compression) : ①피어(pier)나 기둥과 같은 건축부재를 상부로부터의 하중에 의해 압축하는 힘. 즉 압축력을 말함. ②탄성체에서 압축을 일으키거나 일으키려고 하는 힘.

ㅋ

컵(cup) : 한 조각의 표면 가장자리에서 가장자리로 그려진 직선으로부터의 오차. 그것은 직선으로부터 가장 큰 거리의 점으로 잼.

컵과 컵뚜껑형 선반가공재(-形旋盤加工材, cup and cover turning) : 성찬용 컵과 뚜껑형태의 선반가공 부재.

컵보드(cupboard) : ①식기류 또는 식료를 수납하고 있는 문선반. ②찬장·식기장을 의미하는 상부장(上部欌). 그러나 오늘날에는 붙박이장(built-in furniture)을 의미하기도 함.

컵앤드커버터닝(cup and cover turning) : ⇨컵과 컵뚜껑형 선반가공재(=).

컵터닝(cup turning) : ⇨컵형 선반가공재(=).

컵형 다리(cupped leg) : 영국의 왕정복고시대에 널리 사용된 컵 모양으로 선반가공된 책상·의자 등 가구의 다리.

컵형 선반가공다리(-形旋盤加工-, cup turned leg) : 컵형 모양으로 선반·가공한 가구의 다리를 말하고, 영국의 왕정복고에 사용되었음.

컵형 선반가공재(-形旋盤加工材, cup turning) : 뒤집힌 컵형태의 선반가공 부재.

컵형 선반가공재

컵형 선반가구(-形旋盤家具, cup and cover turning) : 성찬용 컵과 뚜껑형태의 선반가공 부재.

컷글라스(cut glass) : 다량의 납을 포함하고 굴절률이 큰 유리제품을 금강사로 연마하고 무늬를 붙여서 최후의 면을 미끄럽게 한 판유리를 가공한 유리. 능각(稜角)은 프리즘 작용을 하고 전반사가 많고 찬란한 광택이 남. 주로 미술공예품으로 사용.

컷아웃스위치(cut-out switch) : ①개폐기의 일종. ②스위치와 보안장치를 겸한 작은 용량의 보안개폐기이고, 안정기 또는 두꺼비집·베이비 스위치(baby switch)라고도 함.

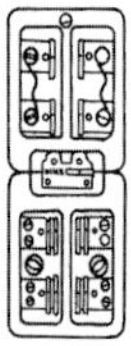
컷아웃스위치

컷오프스톱(cut off stop) : 바닥선에서 45°나 90°의 각도를 주어 끝마구리가 된 고정틀.

컷파일(cut pile) : 카펫을 직조할 때 실을 위로 솟아오르게 짠 후 자르는 방법. ①플러시(plush) 또는 벨벳(velvet) ; 가장 일반적인 타입으로 일정한 높이로 자르는 방법을 말하고, 조밀하게 짜며 보통 5~10㎜ 정도의 길이이

컷파일

므로 벨벳과 같은 느낌을 주며, 중 보행용으로 적당함. ②벨루어(velour) ; 유럽의 기본상품으로 플러시 중에서 가장 정교한 게이지 머신으로 만들어지며 파일을 고도로 짜 넣어 벨벳처럼 마감. 파일은 5㎜ 전후. ③색소니(saxony) 또는 섀그(shag) ; 플러시와 비슷하지만 2개 이상의 실을 꼰 채로 짜서 표면의 질감이 보다 살아나게 하는 방법이고, 파일의 길이는 플러시보다 더 길지만 조밀도는 부족. ④프리즈(frieze) ; 플러시와 비슷하지만 촘촘하게 꼰 실을 사용하므로 표면의 질감이 거칠게 살아나도록 하는 방법을 말하고, 내구성이 강하며 고보행용으로 적당함.

케루잉(Keruing[인]) : ⇨아피통(=).

케르만러그(kerman rug) : 이란이 원산지인 순모 양탄자. 부드러운 파스텔 톤의 색과 가장자리의 무늬가 정교하고 가운데는 주로 원형의 메달리온(medallion)이 있으며 가장자리는 직선이나 곡선의 정교한 무늬로 디자인됨. 배경색으로는 보통 크림색·장미색·하늘색 등이 많이 쓰임.

케른(cairn) : 많은 돌로 기념비·무덤 또는 경계표나 이정표로 쌓아올린 원추형의 돌무덤.

케름스코트프레스(Kelmscott press) : 윌리엄 모리스(William Morris : 1834~96)가 1890년에 설립한 인쇄소의 명칭.

케미컬벽지(-壁紙, chemical wall paper) : 비닐벽지의 일종으로 가공처리 중 통기성을 약품에 넣어 공기소통이 되게 한 것으로서, 통기성과 방음성이 우수함.

케블라(Kevlar) : ①미국 듀폰사가 1971년 개발한 아라미드섬유의 상표명. ②'황색의 마법섬유'라는 별명을 가진 획기적 신소재로서 철의 5배의 인장강도와 내열성이 우수함. ③내마모재 자동차부품 항공기의 강화플라스틱재료 등에 사용함.

케이값(K-value) : 어느 특정한 두께의 벽·지붕·바닥 등을 통해 전달되는 열류율에 대한 척도. 이 계수, 즉 K-값은 표면적 1㎡인 구조체를 사이에 두고 온도차가 1℃일 때 구조체를 통한 열류율을 와트(watt)로 측정한 것. K-값이 낮을수록 단열의 성능이 더 좋음. 단위는 W/㎡℃.

케이블(cable) : ①한 가닥 이상의 도체를 피복·절연한 전선. ②철선·쇠사슬 등과 같이 높은 인장강도를 갖지만 압축이나 휨에 대한 저항능력이 없는 유연한 구조부재. 종류는 외장 케이블(armored cable)·광물 절연 케이블(mineral insulated cable) ·비금속 외장 케이블(nonmetallic sheathered cable)·동축 케이블(coaxial cable)·실드 케이블(shielded cable) 등.

케이블몰딩(cable molding) : 새끼를 꼰 듯한 밧줄 모양의 볼록 몰딩. 주로 로마네스크 건축에 사용되었음.

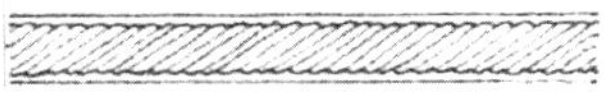

케이블 몰딩

케이블트레이(cable tray) : 절연(絶緣)된 도체(導體)를 지지하는 금속프레임.

케이스가구(-家具, case furniture) : 물건들을 담기 위한 가구로서 책상·궤·캐비닛 등이 이에 속함.

케이스드오프닝(cased opening) : 문틀이 끼워져 마감처리된 문(짝)이 없는 상태의 개구부.

케이스먼트(casement) : ①레이스보다도 두꺼운 반투명의 커튼지. 투명감이 없어 차폐성·조광·칸막이에 이용됨. ②여닫이창의 테두리.

케이스먼트윈도(casement window) : 문설주에 붙은 경첩에 의해 건물의 외측 혹은 내측으로 개폐하는 창. ⇨여닫이창(=).

케이스먼트 윈도

케이스먼트천(casement cloth) : 실크·면·레이온·모헤어·나일론 또는 이 섬유들을 혼합하여 짠 가볍고·얇고·성기게 늘어지는 천. 레이스 커튼과 같이 빛을 반(半)차단하는 용도의 커튼 천으로 사용.

케이스먼트커튼(casement curtain) : 드레이프 커튼(drape curtain)과 레이스 커튼(lace curtain)의 중간형으로 경쾌한 색상과 무늬들이 부드러운 무드와 함께 효용성이 크기 때문에 가장 많이 사용됨. 드레이프와 이중으로 쳐도 좋고 레이스와 곁들이면 보다 품위가 있게 보임.

케이스베이(case bay) : 천장·들보 상호간의 공간.

케이스워크(casework) : 문·서랍·선반을 포함한 마감된 케이스나 캐비닛을 구성하는 모든 부분.

케이스피스(case piece) : 체스트·캐비닛·책상·서랍장과 같이 물건을 담아두거나 저장하기 위해 디자인된 가구로서, 건축적 가구로 불림. ⇨상자형 가구.

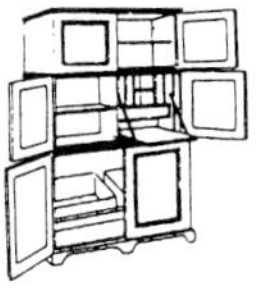
케이스피스

케이스형 윈도케이스형(-形-形) : 상점 전면에 판매를 위해 윈도를 설치하는 경우로 담배·서점 등에서 많이 볼 수 있음.

케이슨(caisson) : 수중작업용의 밑바닥이 없는 상자.

케이싱(casing) : ①창·문틀에서의 창선이나 문선. ②마무리된 외관을 나타내는 문과 창문 개구부 둘레에 있는 평평하거나 돌출된 형태의 테두리, 부재 몰딩 프레임 또는 판벽.

케이싱 비드(casing bead) : 모서리가 익스팬디드 플랜지나 유공 플랜지로 된 여러 형태의 금속 소판(小板)으로, 그라운드(ground)로 사용되거나 미장작업 및 석고보드 표면의 모서리를 보강하는데 사용됨.

케이에스(KS ; Korean Standard) : ⇨한국산업규격(=).

케이트러스(K-truss) : 래티스재(材)가 K자형으로 연속된 트러스. 래티스의 좌굴길이가 워렌 트러스(Warren truss)에 비해 짧기 때문에 비교적 대규모의 건물에 사용.

케이폭(kapok) : 케이폭 나무의 열매에서 얻어진 섬유. 침대의 매트리스·베개·쿠션 등의 속을 채우는 재료로 사용.

케인(cane) : 야자·풀·대나무 및 등나무 같은 식물의 줄기를 엮어 짠 조직으로 앉거나 또는 기대거나 의지하기에 편한 재료. 프랑스 루이 14~16세 시대와 17~18세기의 영국과 폴란드에서 장식적이고 우아한 의자의 좌판과 등받이의 재료로 사용되었음. 아직도 널리 이용되며 스크린이나 상자용 가구에 끼워 넣는 장식판으로도 사용됨.

켈라(cella[라]) : ①'작은 방'을 의미하는 라틴어. ②고대 그리스 및 로마의 신전에서 신상(神像)을 안치하는 내실(內室)·내진(內陣)을 의미. 규모가 큰 경우에는 내부에 열주(列柱)가 세워져 있음. ⇨나오스(=).

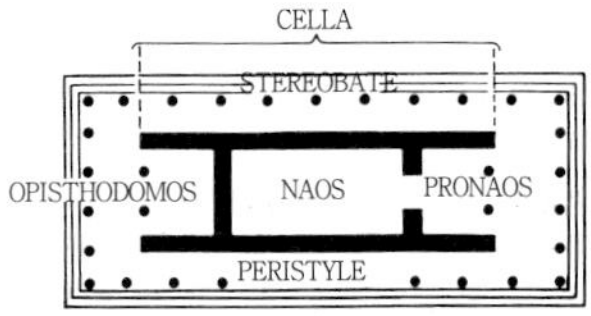

켈라

켈림(kelim) : 중동 지방의 유목민들이 만들어 사용하던 강한 색채와 기하학 무늬의 평직으로 짜여진 양탄자(rug).

켈빈(Kelvin) : 열역학적 온도를 나타내는 기본단위. 부호는 °K.

켈빈온도(-溫度, Degree-Kelvin ; °K) : 켈빈(Lord Kelvin)이 창안한 온도눈금을 말하는 것으로서, 물의 빙점을 273.15℃로 하는 절대온도 눈금을 말하며, 이 눈금을 사용하면 모든 온도가 정(正)의 값으로 나타남.

켈사본(-寫本, Book of Kells) : 8세기인 중세 사본예술(寫本藝術)의 대표적인 것 중의 하나. 아일랜드에서 만들어졌으며 가장 복잡한 장식을 갖는 것으로 유명함.

켈트크로스(Celtic cross) : 라틴십자가(Latin cross)형으로 생겼거나 중앙의 교차부분 주위에 원형의 장식이 부가된 형태.

켐파스(Kempas) : ①말레이시아·보루네오섬 일대·수마트라와 태국 등에 분포. ②변재는 담황색으로 좁고, 심재의 경우 벌채 초기에는 붉은색이 강하지만 대기 중에서 점차 황갈색 무늬나 적등색 무늬로 변하며 심·변재의 구분이 매우 뚜렷함. 목리는 교착하고 나무표면은 거친 편이며 기건비중 0.93, 수축률은 방사방향 6.0%, 접선방향 7.4%임. 강도는 압축강도 737㎏/㎠, 휨강도 1,361㎏/㎠, 전단강도 77~85㎏/㎠로 강하고 내구성은 약하며, 방부제 주입은 양호함. 거단(鋸斷)·건조·포삭(鉋削)·접착은 불량하며 도장성은 보통임. ③용도는 합판·바닥재·세공 등에 사용.

켜다 : ①나무의 결과 나란히 자르는 것. ②나무를 눕혀 놓고 옆으로 자르는 것.

켜들여쌓기 : ⇨들여쌓기.

켜쌓기 : ⇨판축.

켤톱(−鋸) : ⇨거(=).

코끼리코형 다리(elephant trunk leg) : 윗부분은 밖으로 굽고 바닥부분은 안으로 굽어 나가다가 끝에서 나선형이 된 다리로, 짧고 육중한 의자 및 테이블 등의 가구 다리를 말하며, 주로 중국 명나라 시대의 가구에 사용하였음.

코너(corner) : 2개의 선과 면이 만나는 장소. 건축물이나 구조체의 모서리에서와 같이 2개의 선이나 면에 의해 형성된 외부의 모서리는 2개의 파사드(facade)에 대한 접합을 나타내는 가장 중요한 부분들 중 하나임. 이는 모양에 있어서 우묵하게 들어가거나 둥글게 되거나 테두리를 가지거나 계단식으로 된 것과 같은 다양한 형태를 취함. 모서리가 있거나 만곡(彎曲)될 수 있으며, 또는 다양한 방법으로 접합부를 이을 수 있음.

코너로킹머신(corner locking machine) : 주로 서랍재를 조립하는데 사용하며 반자동. 부재의 폭은 최대 355㎜까지 가능하고 높이 120㎜까지 한 번에 절단할 수 있음. 최대 가공 두께는 120㎜, 최대가공 너비는 355㎜, 홈깊이는 38㎜임.

코너블록(corner block) : 목공에서 목재로 만든 사각 블록 접합의 한 형태를 형성하기 위해 사용되며, 캐비닛 제조에서는 삼각형의 블록이 다리와 좌판 가로대를 접합하는 부목으로 사용됨.

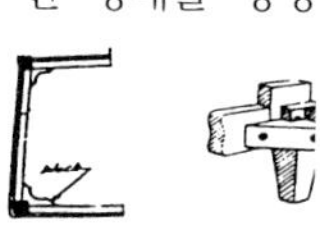
코너블록

코너비드(corner bead) : ①벽·기둥 등의 모서리 부분의 미장바름을 보호하기 위하여 묻어 붙인 길이 1.8m의 모서리쇠. 아연도금철제·스테인리스강제·경질염화비닐제 또는 황동이나 돌(특히 대리석), 목재를 사용하기도 하며, 형상은 디자인에 따라 다양함. ②집섬보드 시공 시에는 양 날개로 이루어지거나 유공 플랜지로 된 금속소판으로 모서리를 보호하기 위하여 여러 가지 형태로 되어 있음. 그라운드(ground)로 사용되거나 미장작업 및 석고보드 표면의 외곽을 보호하기 위해 사용됨. 앵글비드(=).

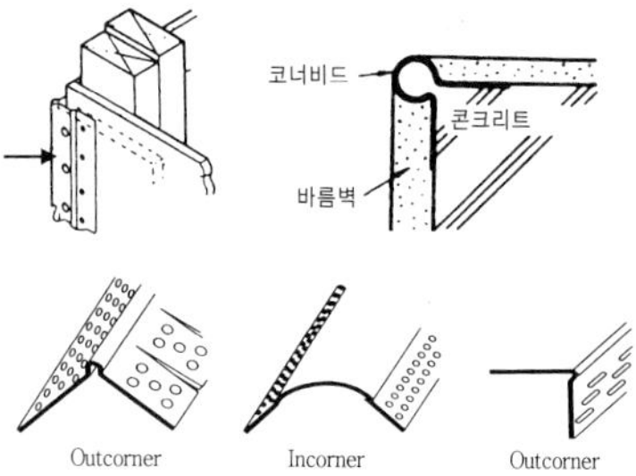

코너소파(corner sofa) : 코너공간을 활용한 소파.

코너숍(corner shop) : ①일종의 상점 속의 상점으로 매장에 색채를 더해 주며, 많은 고객을 불러들이는 판매의 중요한 부분임. ②시청각매체의 활용으로 특별한 분위기를 만들 수 있으며, 고객이 손쉽게 장소를 식별할 수 있으므로 고객들의 만남의 장소로도 유용하게 사용됨. ③구멍가게(=).

코너스톤(cornerstone) : ⇨귓돌(=).

코너조명(−照明, corner lighting) : 천장과 벽면의 경계가 되는 코너(corner)에 기구를 배치하여 천장과 벽면을 동시에 비추면서 실내를 조명하는 방식.

코너체어(corner chair) : ⇨라운드어바웃체어(=). ⇨라이팅체어(=).

코너캐비닛(corner cabinet) : 선반 위에 작은 장식들을 진열하기 위한 상자형 가구. 18~19세기 영국가구의 한 형태로서 방의 한 구석에 놓기에 적당하도록 디자인되었음.

대각선 또는 곡선의 전면을 가지며, 유리문이 달린 코너 찬장(corner cupboard)과는 서로 다름.

코너컵보드(corner cupboard) : 18~19세기의 영국과 미국에서 수납을 위한 상자형 가구를 말함. 코너에 설치할 수 있도록 디자인되어 대각선 또는 곡선의 전면을 가지며, 상부는 때로 중국 도자기를 진열·수납·전시하면서 유리문을 부착하기도 함.

코너퍼니처(corner furniture) : 실의 귀퉁이(구석)에 놓을 수 있게 만든 가구류를 총칭함. 코너 컵보드·코너 오토만·코너 캐비닛·코너 체어 등.

코네티컷체스트(connecticut chest) : 두 줄로 서랍이 있는 초기 미국식의 체스트. 4개의 짧은 다리로 받쳐지고 검정색이 칠해진 방추형 조각물(split spindle)로 장식되었음.

코누코피아(cornucopia[그]) : ①신화에서는 나선형으로 꼬인 홈 오브 플렌티(home of plenty)로 종종 과일이나 꽃을 전면에 집중적으로 표시함. 르네상스·엠파이어·빅토리아시대에 유행한 장식적 모티브. ②그리스 신화의 '풍요의 뿔(그리스 신화에서 제우스에게 젖을 주었다는 염소의 뿔)'에서 유래된 과일과 꽃들이 넘치도록 담겨져 있는 뒤틀리거나 나선형인 뿔의 장식 모티프(motif[프])를 말함. 풍요와 번영의 상징으로 르네상스·제국시대·빅토리아시대에 유행되었고, 19세기 가구에서 소파의 팔걸이와 다리의 모티프로 애용되었으며, 특히 미연방 시대에 '팬시(fancy)' 가구에서 많이 사용되었음.

코누코피아

코누코피아소파(cornucopia sofa) : '풍요의 뿔' 형태로 조각되고 소용돌이 모양의 팔걸이가 있는 영국 집정시대(Regency)의 소파(1820년경). 등받이와 다리에서 이 모티프가 반복되며 발은 흔히 사자 주먹발(lion's paw foot)로 되어 있음. 이 소파는 미국식 제국양식에서도 볼 수 있음.

코누코피아소파

코니스(cornice) : ①벽체의 상부에 댄 몰딩 모양의 장식적인 수평띠. 고전건축에서 엔태블러처의 최상부에 돌출된 수평띠를 말함. 이러한 몰딩은 전통적으로 엄격하게 코니스의 윤곽을 본 떠 만들게 됨. ②커튼의 윗부분과 막대가 설치되는 곳을 가리기 위해 창의 맨 위쪽 또는 천장에 설치하는 폭이 75~100㎜ 정도인 견고한 수평테로 창의 처리를 벽·천장과 연결시켜줌. ③르네상스 건축에서는 벽면의 상부를 따라 장식적인 브래킷(bracket)이나 콘솔(console)에 의해 지지된 벽의 꼭대기를 따라 돌출되어 있는 처마돌림띠·수평돌림띠·반자돌림띠 등의 돌출선반 또는 몰딩 부분을 의미. ④고대건축의 오더를 구성하는 엔태블러처(entablature)로 프리즈(frieze, 小壁)에 얹은 최상부의 돌출부를 말함. 시메이티엄(cymatium)·코로나(corona)·베드 몰딩(bed molding)으로 구성됨. ⑤통상적으로 목재 또는 플라스터(plaster)로 된 장식적 몰딩을 말하고, 천장 바로 밑에 있는 실의 벽 둘레에 얹혀 있음. ⑥벽과 지붕이 만나는 구조체의 외부장식. ⑦건축적 구성재 중 수평적 요소로서 천장의 수평띠이거나 창문의 상단부 드레이퍼리 위쪽 또는 막대를 가리기 위해 설치함.

코니스조명(-照明, cornice lighting) : ①천장 가장자리의 내부 코니스에서 하향으로 비추는 간접조명을 말함. ②벽면의 상부에 위치하여 모든 빛이 아래로 직사하도록 하는 조명방식. ③연속열 조명기구가 벽면에 평행되도록 하고 천장 구석에 광원이 시야에 들어오지 않도록 눈가림판(covering)을 설치하여 하부 방향으로 빛을 조사하여 벽 또는 창을 조명하는 것을 말함. ④천장이나 천장 가까이에 코니스 또는 차폐장치(baffle)를 설치하여 모든 빛이 아래쪽에 비추게 하여 벽·커튼·벽면을 아름답게 하는 간접조명 방식. ⑤

모든 빛이 아래로 직사되므로 재질감이 좋은 벽면(돌·벽돌·벽지·커튼·벽화 등)의 드라마틱한 특성을 강조하거나 주변을 강조함으로써 재미있는 조명효과를 주며, 실내에 친밀하고 개인적인 분위기를 조성함. 특히 천장을 부상시키는 시각적인 효과가 연출되어 천장이 높아 보이므로 낮은 천장의 공간에 적합한 조명 방식임. 시각대상물과 그 주변과의 명암 차이가 별로 없기 때문에 시선의 이동에 의해 생기는 눈의 피로를 방지할 수 있음. 창의 상부와 천장과의 사이가 좁아서 밸런스 조명을 위한 공간이 없는 창에도 사용됨.

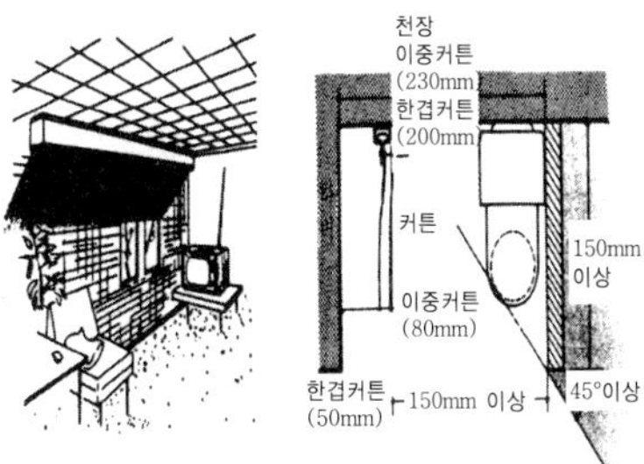

코니스조명

코니컬볼트(conical vault) : 한쪽 끝이 다른 쪽보다 폭이 넓은 원형 단면을 가진 원뿔형 궁륭(穹窿).

코도반가죽(cordovan leather) : 중세 스페인 코도반에서 시작된 기술과 스타일로 제작된 장식 세공가죽을 말하고, 금박의 아라베스크 및 무어족의 금속 패턴으로 가죽 위에 스탬프로 찍거나 파내서 돋을새김 장식을 하였음.

코드[1](chord) : ①한 끝에서 다른 한 끝으로 연장된 트러스의 주요 부재. 주로 처짐을 방지하며, 쌍으로 된 부재 중의 하나를 말함. ②원호상 두 점 사이의 직선을 말함. ③직선 아치의 경간을 말함.

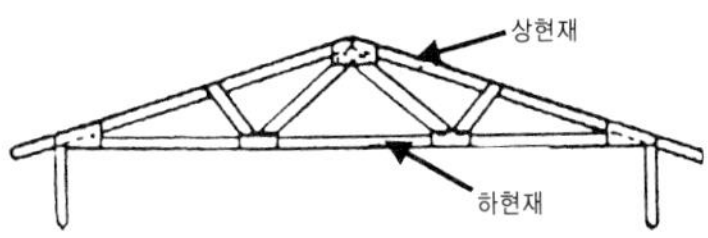

코드[2](cord) : 연등선의 가는 선을 수십 개 꼬아서 고무로 감은 것을 심선(心線)이라 하고, 그 위에 면사 등으로 조밀하게 편조한 피복전선을 말하며, 플러그를 연결하여 리셉터클(receptacle)로부터 전기를 공급받는 선로(線路)임.

코드[3](code) : ①한 시대나 세대의 문화적 특징의 주요 구조를 읽어내는 키워드. ②사회·문화가 바뀌면 기존의 코드는 낡은 문화 및 개념(세계관)을 반영하는 불편한 코드로 인식되어 해체·수정됨(조선총독부 건물이었던 중앙청의 해체, 5.16광장이 여의도광장으로 바뀜 등).

코드스위치(cord switch) : 점멸기의 일종으로 코드 중간에 접속하여 점멸하는 것이며, 가정용 소형 전기기구와 형광등에 사용됨. ⇨중간스위치(=).

코드 스위치

코드식 블라인드(cord type blind) : ⇨블라인드.

코드카펫(cord carpet) : 바탕천에 출렁임이 붙은 펠트 섬유를 풀로 고정시켜 만든 접착카펫(압축카펫 또는 부직카펫)의 일종. 파일은 섬유와 실로 만드는 방법이 있는데 모두 파일을 바탕천에 접착제로 고정시키고, 일반적으로는 루프 파일이지만 다른 방법으로 생산된 컷 파일이 있음. 모든 파일은 접착강도에 따라 유지되므로 안쪽은 비교적 견고한 마무리로 이루어지고, 시공은 직접 붙임이 적합함. 섬유의 브랜드에 따라 보통 카펫보다 감촉이 딱딱하고 탄력성이 부족함.

코드커넥터(cord connector) : 코드와 코드의 접속 또는 사용기구의 이동접속에 사용되는 접속기로 삽입 플러그와 코드 커넥터 몸체로 구성됨.

코드펜던트(cord pendant) : 천장에서 끌어내린 코드에 매단 장식성이 강한 조명기구를 말하고, 기구(器具)에 의한 조명방식의 일종임.

코디네이션(coordination) : 실내공간에서 천장·벽·바닥 등의 마감재와 가구 및 가구의 직물·커튼·액세서리 등에서 형태·크기·색채·질감·패턴 등의 여러 디자인 요소들이 잘 조화되도록 정돈하거나 디자인하는 작업.

코디네이트(coordinate) : 디자인에서 다른 아이템의 컬러·소재·스타일 등을 특정 의도를 가지고 짝지어 조화롭게 만드는 것을 의미함.

코디네이트패션(coordinate fashion) : ①복식품(服飾品)의 단품(單品)을 여러 가지로 맞춰 통일된 패턴을 만들어내는 패션. ②셔츠·블라우스·판탈롱·코트 등 단품을 모아서 소비자가 스스로 멋을 내도록 한 것인데, 그 후 메이커측에서 전체의 조화를 강조한 제품제작이 활발해졌음. ③피에르 가르댕·이브 생 로랑 등 유명한 디자이너가 스카프, 구두, 핸드백 등의 신변잡화를 만들면서부터 의복과의 조화도 강조돼 왔음. ④불황이 밀어 닥쳐 소비자의 취향이 제품을 조금씩 사들여서 갖고 있는 옷과의 조합을 즐기는 경향이 강해진 것도 이 패션이 정착된 한 요인.

코라이(Korai) : 마직물(麻織物)로 된 벽지, 천장지 등으로 쓰는 것.

코란(koran) : 이슬람의 신성한 성서를 말함. 가브리엘에 의해 알라(Allah)신이 모하메드에게 내린 계시를 말하고, 이슬람의 법·종교·문화·정치의 기초로 받아들여지고 있음.

코러스(chorus) : ①고대 그리스의 합창 가무단인 배우집단으로 연극의 주요 장면에서의 중요한 역할을 직접 맡아서 하거나 해설하였음. ②뮤지컬의 합창단이나 군무단(群舞團).

코레티(coretti[이]) : 성당의 2층 좌석. 단수는 코레토(coretto[이])라고 함.

코렉스공법(-工法, corex method) : ①철강공법 중 가장 최신 기술로 용융환원제철공법. ②오스트리아의 베스트 알핀사가 개발. ③대표적 철강공법인 고로방식에서는 철광석을 굵은 덩어리로 만들기 위해 한번 쪄주는 소결공정과 유연탄을 코크스로 만드는 코크스공정 등 2개의 선공정이 있어야 하는데, 코렉스공법은 이런 선공정을 없애고 철광석과 무연탄을 미세가루로 부수어 바로 코렉스로(爐)에서 태우는 방식. ④용광로 안의 높은 곳에서 낮은 곳으로 쇳물을 흘리는 과정에서 용융과 환원반응을 유도, 높은 순도의 쇳물을 만드는 것이 코렉스로의 원리. ⑤세계 철광석시장의 80%를 점하는 분광(粉鑛)을 사용할 수 없고 괴광(塊鑛)만 사용하기 때문에 원료 확보가 쉽지 않은 단점이 있음.

코로나(corona, coronae[그]) : ①고전건축의 코니스(cornice)에 있어서 상부의 시마티움(cymatium, 反曲)과 하부의 몰딩 사이에 있는 돌출된 판상 부분. ②베드 몰딩(bed molding)으로 받치고, 시마티움(cymatium)으로 덮어 씌운 돌림띠(cornice)인 최상부의 돌출부. ③그리스·로마건축에 채용한 코니스를 말하고, 특히 아랫부분의 몰딩과 상부의 시마(sima[라]) 사이에 있는 돌출된 부분을 말함. ④프리즈(frieze) 위에 돌출된 코니스의 일부분. ⑤고전적 처마장식의 돌출된 판 모양의 구조를 말하고, 베드 몰딩에 의해 지탱되며, 시마티움에 의해 장식됨.

코로나

코로네트(coronet) : 문이나 창의 상부에 부조(浮彫)로 조각된 페디먼트(pediment) 장식.

코로네트

코로만델래커(coromandel lacquer) : 중국 중부의 호난 지방에서 시작한 래커기술. 루이 15세 시절 코모드(commode)와 캐비닛의 마감을 위해 사용되었고, 바탕이 붉은 빛이 나는 흑색이나 오래 되면 갈색으로 변하며, 래커는 매우 두텁기 때문에 계속 덧입혀 새겨 넣는 디자인도 가능하며, 패널은 형상·집·경치 등으로 장식되어 있음.

코로만델스크린(coromandel screen) : 진한

갈색 또는 흑색으로 두텁게 옻칠·마감한 중국병풍을 말하고, 전면의 전체가 패턴 또는 경치로 디자인된 옻칠병풍으로 디자인부분을 낮은 음각으로 파내어 금색 또는 다른 색으로 채워 넣어 제작했고, 17세기 중엽 유럽에 수출하기 위해 처음 제작되었으며, 인도의 코로만델 해안에서 선적되어 그 이름에서 유래되었음.

코로만델우드(coromandel wood) : 동인도에서 생산되는 단단한 나무. 검지 않는 흑단(黑檀)으로 회색 또는 회색빛이 도는 갈색의 반점이 있으며, 장식 무늬목 또는 상감용으로 사용되었고, 인도의 코로만델항구에서 유래된 이름으로 19세기 영국에서 특히 유행되어 마블목(marble wood)이라 불리며, 칼라만데(calamander) 또는 마카사르 흑단(macassar ebony)으로도 알려져 있음.

코르크(cork) : ①코르크나무의 표피 밑의 코르크 조직으로 된 껍질을 벗긴 것. 두께는 보통 50mm 정도임. ②남양이나 지중해에 있는 상록수. ③수령 15~20년부터 10년마다 채취하여 200년까지 계속함. ④코르크는 주성분이 수베린(suber-in)으로 잘 썩지 않고 병충병균이 살기가 힘들어 쾌적한 환경이 유지되며 정전기 방지효과가 우수하여 사무실이나 전산실 등에 이상적임. 또 흡음효과가 우수하여 방송실·극장·음악당 등에 사용하면 효과적임. ⑤비중이 0.22 정도로 신축성·내구성·보온성·내수성 및 방염성 등이 우수하고 가볍고 탄성이 크며, 공기나 물이 새지 않고, 열의 불량도체(不良導體)이므로 바닥재·방음·단열재로 얇은 것은 벽에도 사용되며, 병 등의 마개 및 보온재로도 쓰임. 최근에는 코르크타일, 코르크 벽지 등이 개발되어 바닥과 벽의 마감재로 사용됨. ⑥특징은 ㉠감촉이 부드럽고 탄력성이 양호함. ㉡단열성 및 보온력이 우수하여 냉온방의 효율성과 결로를 방지함. ㉢차음성·흡음성 및 방진성이 우수하여 흡음재로 사용하거나(약 4,200만 개/㎤) 저온용 보온재로 많이 사용. ㉣내수성과 방재성이 우수하여 물에 강하고 불에 타기 시작하면 탄화하여 공기를 차단하는 효과가 있음. ㉤내구성과 디자인이 우수함. 코르크 타일은 흡음성과 탄력성이 좋아 오디오실이나 어린이방에 적당함. 자연적인 갈색톤과 특수도료를 입힌 파스텔톤이 있음. 까는 방법에 따라 독특한 바닥패턴을 연출할 수 있음. ⑦종류는 가공방법에 따라 화이트 코르크(white cork)와 탄화코르크(black cork)로 분류함. ⑧코르크와 같은 색. 황색 기미의 연한 갈색(light yellowish brown). 먼셀 4.0YR6.5/6.0

코르크깔개(cork flooring) : 두께가 9~12㎜이고, 크기는 300×300㎜ 정도의 코르크판을 바닥 마무리재로 사용하여 접착·시공한 것.

코르크나무(Quercus suber[라]) : 참나무과의 상록교목. 키는 15m 정도 자라고, 스페인을 중심으로 유럽 남부지방에 분포하며, 줄기에 해면질(海綿質)의 질기고 두꺼운 코르크 조직층(層)이 있음.

코르크벽지(−壁紙, cork wallpaper) : 코르크를 얇게 잘라 종이에 부착시킨 목질계 벽지로, 흡음성과 촉감이 부드럽고 압축과 탄력성이 있고 각종 벌레나 균의 서식을 방지함. 방음성·흡음성·정전기방지효과·난연성·시공성·보온 및 보냉성·무독성 등이 우수하며, 특히 병원의 입원실·수술실에 효과적임.

코르크보드(cork board) : ①코르크 입자에 톱밥이나 식물성 섬유 등을 혼합하여 접착과 함께 고온의 증기로 가압하여 성형한 판. ②코르크나무 수피(樹皮)의 탄력성 있는 부분을 원료로 하여 그 분말(粉末)을 만들고 톱밥·삼·접착제 등을 첨가하여 가열·성형하여 판형으로 만든 제품. ③비중이 0.18 정도로 작고, 열전도율은 0.05㎉/m h ℃이며, 표면은 평활하고 유공판(有空板)으로 탄성·탄력성·흡음성 등이 우수하여 보온재 또는 음악 감상실·방송실 등의 천장 또는 안벽의 흡음판(吸音

板)으로 사용하며, 불에 잘 타지 않는 성질을 가지고 있어서 불연재료로 사용. 때로는 방습성을 주기 위해 아스팔트 페인팅을 하기도 함. ④크기는 보통 600×900㎜이고 두께 10㎜·15㎜·20㎜·5㎜ 등임. ⑤종류는 생(生)코르크판과 탄화(炭化)코르크판이 있음.

코르크보드의 규격

품명	규격(폭×길이)	두께(mm)
탄화코르크판	500×1000mm	25·50·75·100
일반코르크판	600×900mm	1·2·3·4·5·10·15·20

코르크우드(corkwood) : 라이트네리아(북미산 낙엽관목). 목질부가 가볍고 기공(氣孔)이 있는 나무. 발사(balsa) 따위.

코르크카펫(cork carpet) : 코르크 부스러기와 고무를 혼합하여 끓여서 마포(麻布)에 붙인 탄력성 있는 바닥재료.

코르크타일(cork tile) : ①코르크 가루를 합성수지에 혼합하여 만든 탄성(彈性) 바닥재료. ②천연수지가 액화될 정도로 압력과 열을 가하여 코르크 파편을 일정한 크기의 사각 판재로 잘라 만든 타일. ③특징은 코르크판 위에 강력한 특수 코팅 처리하여 압축·성형한 천연타일. 내구성·탄력성·흡음성·난연성이 우수하고 정전기 방지 효과와 마모성·방수성·방음성능을 강화시켜 주로 바닥재 및 벽재로 사용되고, 강화수지나 왁스를 입힌 코르크 타일은 천연 코르크보다 흡수성이 덜하고 유지관리가 쉬우며, 왁스 코팅이나 투명 염화비닐 필름으로 표면이 보호·처리됨. ④천연 코르크는 다공질의 부드러움 때문에 손상이 잘 되어 얇은 비닐층으로 적층시키거나 비닐수지로 포화시켜 사용하는 것이 좋음. 코르크 타일은 평평한 바닥에만 시공이 가능함.

코르틸(cortile[이]) : ⇨코르틸레(=).

코르틸레(cortile[이]) : ①원주(圓柱)나 각주(角柱)에 의해 경계가 된 천장이 덮인 회랑으로 둘러싸인 건물 내부의 중정(안뜰). ②왕궁이나 대형 건축물에서 아케이드로 둘러싸인 내부 정원. ③안뜰, 특히 이탈리아 르네상스의 팔라초 안뜰을 말함.

코르크판(-板, cork plate) : 코르크의 수피 또는 코르크용 떡갈나무의 외피를 분쇄하여 ϕ2~22㎜의 분말상태로 금속형틀에 넣어 압축하여 열기 또는 과열증기로 가열·소성하여 성형됨. 포르투갈산(産)이 가장 우수하며, 국내에서는 참나무과 코르크나무의 외피를 사용함.

코리더액세스타입(corridor access type) : ⇨복도식 공동주택(=).

코린트기둥양식(-様式, Corinthian order style) : ①BC 4세기경 그리스에서 아테네인들이 발명한 것이지만 로마건축에서 더 광범위하게 사용. ②특징은 많은 점에서 이오니아식과 비슷하지만 초기의 잎에서는 잎을 감아 올린 형태의 주두를 갖는 점, 한 가지만이 이오닉 오더와 달랐고, 더 가늘고 오목한 아버커스(abacus)와 높은 주초(柱礎, base)·기둥 받침대·가느다란 세로홈(fillet)이 새겨진 기둥으로 주두(柱頭, capital)를 아칸서스(acanthus) 나뭇잎 형상으로 장식한 양식화된 화려한 코니스(cornice)의 특징을 가지며, 그리스인에 의해 사용된 그리스 기둥양식의 하나로 3가지 기둥양식 중 마지막 것으로 가장 장식적임. AD 1세기에 비트루비우스조차도 '코린트 오더는 코니스와 다른 장식들에 관한 독립적인 규칙이 없기 때문에' 단지 주두에 관해서만 적고 있음. 그러나 후기 로마 시대에는 코린티안의 앤태블러처가 분명히 구별되도록 만들어졌으며, 비트루비우스는 코린티안 주두의 본래 디자인을 조각가인 캘리마커스(Callimachus)가 한 것이라고 말하면서 캘리마커스가 장난감을 담는 바구니를 보고 영감이 떠올라 만들었으며, 석재 슬래브(abacus에 해당)가 코린트(Corinth) 소녀의 무덤 위에 보호용으로 놓여졌고, 그 주위에는 야생의 아칸서스(acanthus)가 자라고 있

코린트기둥양식

ㅋ

었다고 주장했음. 16세기 이후부터 계속되어 사용되었던 코린티안 오더는 로마의 코린티안 오더를 기초로 한 것이며, 특히 포럼광장에 있는 베스파시안(Vespasian)사원·카스토르(Castor)사원·폴룩스(Pollux)사원 등의 예에서 영향을 받았음.

코린트식 오더(Corinthian order) : ⇨코린트 기둥양식.

코린티안오더(Corinthian order) : ⇨코린트 기둥양식.

코모드(commode) : ①로코코시대에 유행한 장식이 달린 서랍장. ②높이 1.2m 정도의 서랍이 달린 소형의 장식용 장롱으로 중앙부가 불룩 튀어 나오고, 양 옆은 오목하게 들어간 곡선으로 연결되었음. ③서랍장(chest of drawers)인 코모드는 체스트(chest)에 비해 수납이 편리하고, U자형인 옥스보우(oxbow)와 정반대되는 형태이고, 그밖에 장롱·옷장·찬장세면대·실내용 변기(chamber pot)를 의미하기도 함.

코미티움(comitium[그]) : 로마 민회(comitia)가 열리는 회의장.

코발트그린(cobalt green) : ①관용색명으로 밝은 녹색. ②먼셀기호 4G7/9.

코발트블루(cobalt blue) : ①관용색명으로 하늘색보다는 진한 얇은 청색(strong blue), 즉 파랑을 말함. ②산화코발트가 주성분인 아름다운 청색 안료. 내열(耐熱)·내광(耐光)·내알칼리·내산(耐酸) 등은 우수하지만 착색력(着色力)과 은폐력(隱蔽力)은 떨어지며, 값이 고가이므로 유리 및 도기 등 특수한 목적에만 사용됨. ③먼셀기호 3.0PB4.0/10.0.

코벨(corbel) : ⇨머치코레이션(=). ⇨내쌓기(=).

코벨링(corbeling) : 벽돌이나 조적조의 각 부재가 코벨(corbel)의 열과 같이 아래 부재보다 조금씩 돌출되도록 쌓여져서 생긴 열.

코벨박공(-朴工, corbel gable) : 코벨 계단이 있는 박공.

코벨볼트(corbel vault) : 돌 조적식의 내쌓기 열(列)에 의하여 만들어진 궁륭을 말하고, 그 결과 생겨난 계단식 외면은 부드럽게 곡선화되기도 하지만 아치의 원리와는 다름.

코벨볼트

코벨아치(corbel arch, corbelled arch) : ⇨내쌓기아치(=).

코벨테이블(corbel table) : ①일련의 코벨에 의해 받쳐지는 돌출된 벽의 수평장식 띠. ②난간(handle rail)이나 코니스(cornice)와 같이 벽의 꼭대기 부근에 브래킷(bracket)으로 지지되어 있는 석조 건축물의 돌출된 가로층을 말함.

코브(cove, coving) : ①1/4원으로 오목하게 굴린 표면이나 몰딩. 가구에 장식적으로 사용하거나 천장과 벽의 경계에 사용하는 등 2개의 다른 표면을 부드럽게 처리해주는 역할을 함. ②천장의 한 부분에 설치하는 간접조명 등의 광원을 감추기 위하여 내벽 상부의 우묵하게 구성한 것. 주로 형광등이나 냉음극 등을 눈에 보이지 않도록 감추어 놓은 부분으로 때로는 벽에도 도입됨. ③벽과 천장이 만나는 부분 또는 벽과 바닥이 만나는 부분을 유려하게 처리·설치되는 오목면의 표면이나 몰딩. 카베토(cavetto) 몰딩보다 크고 넓으며, 로코코시대의 가구와 실내, 특히 천장과 벽이 만나는 부분에 주로 사용함. ④벽과 천장의 연결 부위에 사용되었던 오목한 표면으로 코브 몰딩(cove molding)은 카베토 몰딩(cavetto molding)과 유사함.

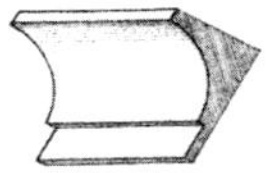
코브

코브드실링(coved ceiling) : ⇨코브천장(=).

코브라(COBRA) : 1948년 유럽 예술가가 창립한 단체로 표현주의의 부활을 명제로 활동했으며, 이 명칭은 예술가 그룹의 주요멤버들이 소속된 국가의 수도명인 코펜하겐(Copenhagen)·브뤼셀(Brussel)·암스테르담(Amsterdam)의 첫 글자를 결합시켜 만든 것이고, 1951년 해산되었음. 주요 인물로는 피에르 알레진스키(Pierre Alechinsky)·카렐 아펠(Karel Appel)·아스게르 요른(Asger Jorn) 등이 있음.

코브몰딩(cove moulding) : ⇨코브.

코브볼트(coved vault) : 네 면이 하나의 중심에 모이도록 만든 볼트. ⇨코브.

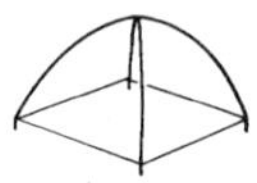

코브볼트

코브조명(-照明, cove lighting) : ①천장이나 바닥 가장자리의 내부 코니스(cornice)에서 상향으로 비추는 간접조명. 주로 보조조명으로 사용하고, 주변을 강조함으로써 실내에 친밀하고 개인적인 분위기를 조성함. ②광원을 천장 또는 벽면에 설치하여 그 직접광을 코브의 벽과 천장에 반사시켜 그 반사광에 의해 조도를 얻는 방식이며, 비효율적이기 때문에 비교적 조도를 필요로 하지 않는 실(室)의 분위기 조명과 기타 조명과 병용하는 것이 좋고, 천장이 높거나 천장 높이에 변화를 주고자 할 때 천장의 높낮이 차이를 이용하여 설치하는 부드럽고 차분한 간접조명 방식, 그리고 낮은 천장에도 효과적임. ③벽과 천장이 맞닿는 부분에 광원을 매입하거나 몰딩, 선반 또는 돌림띠(cornice) 및 코브 속에 숨기고 빛을 벽이나 천장으로 비추어 일단 반사된 빛이 실내에 유입되도록 한 건축적 조명(architectural lighting)을 말함. 특히 간접조명기구를 사용하지 않고 천장 또는 벽의 구조만으로 만든 조명을 말하며, 매우 넓은 실내에 특별한 방법으로 사용함. ④반사되는 면의 표면상태와 컬러상태에 따라 반사되는 빛의 컬러와 반사 정도, 그리고 배광범위가 달라지며, 높이에 따라 강조효과를 얻을 수 있음. 코브가 천장에 너무 근접해 있으면 천장의 중심 부분이 어두워지며 양측 벽에 매우 밝은 선이 생김. 천장 비침의 거리 대 벽면과의 거리 최소비는 약 1.5 정도임. 밝은 천장면은 실제보다 들어가 보이고 내실자에게 공간감과 넓은 실내에서의 방향성을 줄 수 있음.

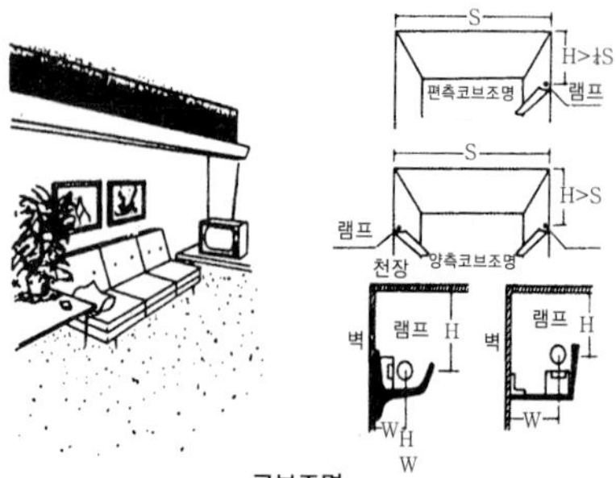

코브조명

코브천장(-天障, cove ceiling) : ①천장과 벽이 직각으로 만나지 않고 곡면 형태로 만나는 천장. ②가장자리에 코브가 있는 천장을 말함.

코블러벤치(cobbler's bench) : 초기 미국의 구두수선공들이 사용하던 작업의자. 주로 소나무로 제작되었으며, 좌판과 구두 틀·궤·연장을 보관하기 위한 칸막이 등으로 구성. 최근에는 실내의 칵테일 테이블로 사용되고 있음.

코비단(corbie step, cat step) : 경사진 지붕을 차폐한 박공벽의 계단 가장자리로 14세기에서 17세기에 북부 유럽 조적구조에서 시작되어 유래되었음.

코비단

코사인(cosine) : 직각삼각형의 빗변과 주어진 각도에 대한 근접한 변의 비율로 규정되는 삼각함수.

코스(course) : 돌·벽돌·타일 등을 쌓을 때 모르타르에 의해 생기는 가로의 층이나 열을 말함. ⇨애리스. ⇨쿠오인.

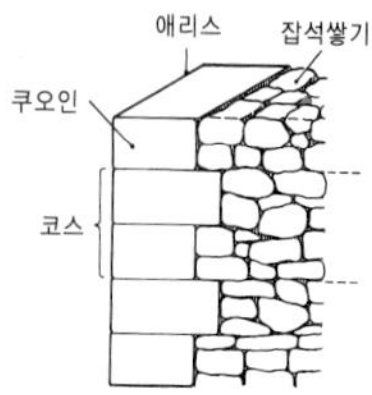

코스

코스모스(cosmos) : 질서를 갖고 조화를 이룬 체계로 인식되는 우주.

코스트(cost) : 원가·실비·생산원가 등을 의미하는 용어.

코스트 슬로프(cost slope) : ①공기 1일 단축하는데 추가되는 비용. ②공기단축일수에 비례하여 비용이 증가.

코시드(KOSID) : ①Korean Society of Interior Architects Designers의 약자로서 한국실내건축가협회를 일컬음. ②인테리어 디자인을 통해 민간활동의 발전과 향상에 공헌할 수 있는 디자이너를 양성하고 디자이너의 자질과 지위 향상, 권익 보호가 목적인 민간 독립기관으로 1979년 설립. 정기간행물 'KOSID'(격월간)을 발행하고 있으며, 1979년 초대 회장에 조성렬을 비롯하여 손석진·김원·문신규·김원석·민영백·이창근·김철·안희영·박혜숙 등이 회장을 역임함.

코시포(Kosipo, Entandrophragma candollei Harms.) : ①기니에서 자이레·앙골라까지 적도 아프리카 중서부에 분포. ②심·변재가 구분되며 심재는 붉은 포도주색을 띤 적갈색으로 시간이 경과하면서 색이 짙게 되며 변재는 회색을 띤 백색 또는 엷은 갈색. 목리는 통직하고 나무갗은 보통이며 중경재(中硬材)로서 기건비중 0.60~0.80, 수축률은 방사방향 4.5%, 접선방향 6.0%, 용적수축률 11.3%로 보통이고 흡습이 큼. 강도는 압축강도 481kg/㎠·휨강도 1,144kg/㎠·횡인장강도 20.4kg/㎠·전단강도 60kg/㎠로 보통이며 가공은 용이하지만 거치(鋸齒)에 마모가 크며 포삭(鉋削)·연삭(硏削)은 문제 없음. 인공건조는 변형이 크게 일어날 우려가 있으므로 주의가 필요하고 도장과 접착은 양호하며 용도는 합판·가구·무늬단판 등에 사용.

코어(core) : ①표면의 단판(單板, veneer)을 위해 뒷면에 형태를 준 문의 내부로서 나무구조로 된 재. ②합판(plywood)의 층 또는 심재(心材)를 말하며, 무늬목과 재목 또는 합성판으로 구성되는 것으로서 목작업에서는 가구의 구조적인 몸체를 말하며, 일반적으로 무늬목으로 마감됨. ③핵(核)·중핵(中核)이란 뜻으로 건물의 각층에 걸쳐 수직으로 배치되어 있는 에어덕트·전기·계단 또는 엘리베이터 등을 위한 샤프트(shaft).

코어시스템(core system) : 중심의 뜻으로 기능이 유사한 것을 공간에 모아 집중시켜 보다 경제적이고 효율적인 공간 확보를 구하고자 하는 개념. 예컨대 부엌·욕실·세면장·화장실 등의 위생부분과 냉난방·급배수·환기설비 및 엘리베이터·계단 등을 한 곳에 묶어 한 쪽으로 모으는 것.

코어온도(-溫度, core temperature) : 몸의 중심부 온도를 말하며, 뇌·심장·위장 등의 내장기관을 포함하는 온도이고, 체온은 코어온도를 말함.

코어테스트(core test) : 경화콘크리트 구조물에서 일반적으로 코어 드릴(core drill)을 사용하여 채취한 실린더(cylinder)로 압축강도 시험에 주로 사용.

코어플랜(core plan) : ①코어를 채용한 평면계획. ②코어 시스템에서의 코어 평면계획.

코우저즈(causeuse) : 넓은 팔걸이의자 또는 측면이 개방된 작은 2인용 소파를 일컬음. 17~18세기에는 등받이와 좌면이 보베(beaubais) 태피스트리로 덮어 씌워지기도 했음. 마르키즈(marquise)·러브시트(love seat)·세티(settee)와 유사함.

코우저즈

코우프조인트(coped joint, scribed joint) : 한쪽의 몰딩 단부를 다른 쪽의 몰딩형상에 맞추어 절단하여 생긴 두 몰딩 사이의 접합.

코이드(CoID ; Council of Industrial Design) : ①1944년 쾰른(Köln)에서 열린 독일공작연맹전(展)의 자극을 받은 7명의 디자이너를 중심으로 조직되어 좋은 디자인의 중요한 거점의 하나가 된 공업디자인협(의)회. ②공업제품의 디자인을 개선하기

ㅋ

위해 각종 디자인 연구 및 지도를 하고, 전시회와 출판 등을 통해 계몽활동을 하고 또 디자이너 양성에 관한 교육지도 등 광범위한 활동을 전개하였으며, 1972년에 Design Council로 개칭하여 그 활동범위를 엔지니어링 디자인 분야에까지 확대하였음. ⇨디아이에이(=).

코인(coign, coin, quoin[프]) : ①모서리에 놓기 적당하도록 삼각형태로 만든 찬장(cupboard). ②귓돌·조적조벽에 있어서 모서리 부분에 보강하기 위해 물려 쌓은 돌 또는 벽돌. 프랑스에서는 퀴언(quoin)이라고 함. ⇨귓돌(=).

코인

코인시던스효과(-效果, coincidence effects) : ①판의 고유진동수와 음의 주파수가 일치하면 판과 음파 사이에 격렬한 공명진동이 일어나 음이 급격하게 투과되는 현상. ②이 효과는 주로 얇은 판에서는 고음역, 두터운 판에서는 저음역에서 생김.

코즈웨이(causeway) : 높게 처리된 길이나 통로.

코츠월드학파(-學派, Cotswold School) : 1888년 미술공예전시협회 회원 중 장인정신에 대한 애정과 가구디자인에 대한 순수지식을 결합시켜 이 운동의 이념을 가장 독립적으로 표현한 가장 뛰어난 인재들로 구성된 경향이나 운동.

코치스크루(coach screw) : ①머리가 사각형 또는 육각형으로 되어 렌치를 사용하여 박아야 하는 굵고 거친 나삿니를 가진 나사못. ②이음부분을 관통시키기 위해 매우 긴 볼트가 필요할 때나 너트를 채우기 어려울 때 사용함. ③래그스크루·래그볼트(=).

코카시안러그(caucasian rug) : ①북부 이란의 유목부족에서 기원된 양모사를 두꺼운 파일(pile)로 조밀하게 손으로 매듭진 카펫. ②만자무늬·십자형과 8각형 등이 특징인 기하학적 문양이며, 직선형태와 동물 역시 정교한 디자인으로 자주 사용됨. ③색으로는 선명한 적색·청색·녹색·밝은 황색, 때로는 검정색도 사용됨. ④카비스탄(Kabistan)·카작(Kazak)·카라바흐(Karabagh)와 셔번(Shirvan) 등의 디자인이 유명함.

코코보로(Cocobolo, Dalbergia rutusa Hems.) : ①멕시코의 남부에서 북부 콜롬비아에 이르는 태평양 연안에 분포. ②심·변재가 구별되며 심재는 담황색에서 농적색까지이며 흑색의 줄무늬 또는 반점이 있고, 변재는 두께가 수령에 따라 다르며, 그을린 백색. 목리는 통직 또는 교착하고 나무갗은 곱고 치밀하며 냄새가 약간 있으며 목재는 매우 단단하고 무거우며 유성물질이 있어 헝겊으로 문지르면 기름과 왁스·바니시 등을 사용하지 않아도 왁스 마무리가 됨.

코코아색(-色, cocoa) : ①음료용 코코아와 같은 색. 코코아는 카카오(cacao)씨에서 만들며, 그 제조조건에 따라 열 가지 색조가 있으나 대체로 회색 기미의 갈색을 말함. ②코코아 브라운은 같은 색이고 다갈색. 회색 기미의 갈색(grayish brown). 관용색명으로 어두운 주황. ③먼셀기호 2.0YR 3.5/4.0.

코클 : 추운 산간지역의 너와집 등에서 실내 모서리 벽체에 설치하는 벽난로.

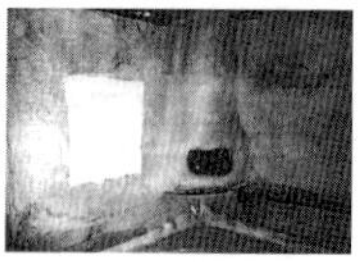

코클

사랑방과 코클

코키너(coquina) : ①조가비·산호 따위의 파편으로 이루어진 말랑말랑한 백색의 석회암. ②패각암(=).

코키야쥬(coquillage[프]) : 프랑스 로코코 시대에 유행된 조가비 형태의 장식물. 새·꽃·마스크와 다른 조각장식물과 함께 거울 틀·시계 등의 장식물을 위해 사용되었으며, 치펜데일의 프랑스식 가구에서 가구 꾸밈 장식으로 사용되기도 함.

코킹(cauking) : ①실리콘·역청질·고무질을 지닌 탄성있는 점액질의 합성재. 금간 곳을 붙이거나 연결 부위를 메울 때 누수의 방지 및 방수의 대비 등에 사용되는 신축성 있는 방수접착제. ②접합된 곳이나 갈라진 틈의 방수·방기를 목적으로 메우는 저범위의 방수제.

코탄젠트(cotangent) : 각에 근접한 변과 주어진 각의 반대편 변에 대한 비율로 규정되는 삼각함수.

코트(court) : 안뜰·안마당을 의미하는 것으로서 주위의 벽이나 건물에 둘러싸인 지붕이 없는 공간. 주위 모두가 건물이며, 형태는 직사각형이나 사각형을 취함. 파티오(patio)는 같은 의미의 스페인어이고, 그 외에도 궁정이나 재판소를 의미하기도 함.

코트야드(court yard) : ①서양의 성곽(城郭)·궁전·주택에서 건물로 사주를 둘러싼 안뜰. ②호텔·아파트·상업건축 등에서 인접해 있는 서비스용 대지(垈地).

코트오브암스(coat of arms) : ①원래는 가벼운 의복류를 일컬음. 문장의 상징을 수놓아 장식하여 갑옷 위에 겹쳐지는 것. ②중요한 가계(家系) 및 지도자의 이름을 나타내는 상징문양으로 된 문장(紋章).

코트컵보드(court cupboard) : ①프랑스어로 '짧다'는 뜻으로 다리에 금박장식이 된 낮은 컵보드 또는 2층 컵보드를 말함. 풍부하게 조각되어 있고, 외관상 육중한 느낌임. ②중세 및 르네상스에서 고급 접시를 진열하기 위한 보통 1,200㎜ 이하의 낮은 찬장을 말하고, 보통 정교한 조각과 3단의 선반이 있으며, 상단은 문이 달리고 하단은 선반이 있음. 일반적으로 영국의 자코비안 양식(Jacobean style)으로 오크(oak)를 사용하였음.

코트하우스(court house) : ①법원(法院)의 건물. ②건축물 또는 담으로 둘러싼 오픈스페이스를 가진 프라이버시를 높인 주택, 즉 중정식 주택(中庭式 住宅)을 말함.

코티지(cottage) : 시골집, 작은 주택을 의미하는 것으로 작고 초라한 작은 집을 말함. 그러나 오늘날에는 주말을 지내는 별장 등을 의미함.

코티지오네(cottage orne) : 18세기 후반부터 영국에 세워졌던 농가풍의 주택양식.

코틸레이(cortile) : ①이탈리아 주택의 안마당이나 안뜰. ②안마당·중정(=).

코팅(coating) : ①도료를 칠하여 도막을 형성하는 것을 말하며, 도장(塗裝)이라고도 함. ②재료의 방식을 목적으로 재료의 표면을 다른 물질로서 막두께 0.2~0.5㎜ 정도로 비교적 얇게 피복하는 것. 그 이상의 두꺼운 막을 갖는 도장을 '라이닝'이라고 함. ⇨라이닝(≒).

코팅글라스(coating glass) : 한 면을 거울코팅한 창유리. 유리의 양면 중 한 면에서만 반대편을 볼 수 있으며, 가시범위의 빛만을 유입하고, 자외선과 적외선의 범위는 차단시킴. 코팅은 건물 내부에서 발생된 열의 일부를 안으로 반사하여 겨울에는 열을 절약하는 효과도 있음.

코팅미러(courting mirror) : 18~19세기에 사용된 작은 거울. 단순한 나무틀에 그림이 그려져 있거나 장식되어 있는 조각유리가 박혀 있으며, 그 당시에 남자가 구애를 할 때 여자에게 선물로 주었던 물건.

코팅벽지(-壁紙, coating wall paper) : 종이벽지의 일종으로 벽지 표면을 코팅처리하여 먼지와 때가 덜 타게 만든 것.

코팅체어(courting chair) : 프랑스 루이 16세 시대에 유행한 의자로서 직물로 씌워진 더블 의자(double chair)나 세티(settee) 등을 일컬음. 영국의 앤여왕 시대에는 두 개의 의자가, 등받이는 개방된(open back) 형태로 각각 따로 있고 좌판은 붙어 있도록 디자인되었음. 쌍등받이 세티(two chair back settee)라고도 함.

코퍼[1)](coffer) : ①귀금속이나 화폐를 넣어 두는 것으로 가죽 및 다른 재료로 씌워지고, 금속으로 띠를 두른 함(函)이나 궤(櫃). ②천장·돔 또는 볼트·함이나 궤 위에 입히는 입체적 장식패턴. ③천장 볼

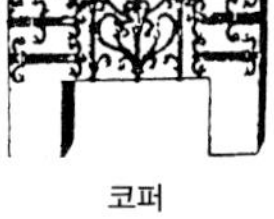
코퍼

ㅋ

트(vault)에서 장식적으로 움푹 패인 패널. ④서양건축의 천장·궁륭(vault)·돔(dome)에서 소란반자와 같이 연속적인 3차원의 장식패턴 형태로 되어 오목하게 움푹 들어가 있는 패널을 말함. 로마건축인 판테온(Pantheon)의 돔(dome) 내면은 코퍼(coffer)로 되어 있음. ⇨소란반자(=).

코퍼[2](coffer) : ①천장에 일정한 간격으로 구멍을 뚫어 조명기구를 설치한 건축화 조명방식의 일종. ②매설형 조명기구의 하단부를 젖빛(milky color, 유백색) 또는 형판(型板) 플라스틱(아크릴)을 부착하여 약간 튀어나온 건축화조명. ③천장면을 장식적으로 원형과 사각형으로 파서 내부에 기구를 끼워 천장의 단조로움을 없애는 방법이며, 보통 간접조명방식을 취함. ④수직적 차폐효과로 어른거림을 완화시킬 수 있으나 배경과 물체의 형태가 동일한 강한 대비로 인하여 혼란을 유발시킬 수 있음. 주로 빌딩이나 백화점 1층의 홀·레스토랑·대연회장 등 호화스런 분위기를 연출하는 장소에 사용. ⑤⇨트로퍼(=).

코퍼조명

코퍼레이셔널리즘(corporationalism) : 사회에 대한 기업의 태도, 비전의 표명 및 사회적 책임을 관계자 집단에 보여주는 것.

코퍼레이트아트(corporate art) : ①기업문화의 한 조류. ②기업이 미술품을 수집·전시하거나 각종 전람회 및 미술가의 여러 기획에 자금 후원자가 되는 것을 의미함. ③미국경제가 호경기를 누리던 1970년대 중반 기업들이 미술품 수집 등 미술 분야에 힘을 기울임으로써 생겨난 용어.

코퍼레이티드아이덴티드(corporated identity) : ⇨시아이(=).

코퍼레이티브주택(-住宅, cooperative house) : ①두 가구 이상이 조합을 결성하여 공동으로 사업계획을 세우고 대지 구입·설계·공사발주를 하여 주택을 완성함으로써 함께 관리하는 방식. ②사용자가 조합을 만들고 각자의 희망에 따라 설계하고, 관리에 이르기까지 의논하여 운영하는 설계주문형 주택의 일종. ③건축방식에 따른 주택 분류의 하나.

코퍼링(coffering) : ①깊게 파여지고 풍부하게 장식된 패널로 구성된 4각·8각형의 우물천장. ②대리석·벽돌·콘크리트·회반죽·치장벽토(stucco) 등으로 시공한 우물천장과 같은 구성을 말함.

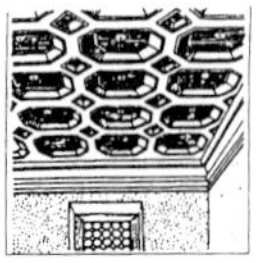
코퍼링

코퍼조명(-照明, coffer lighting) : ⇨코퍼[2].

코펄(copal) : ①여러 가지 열대 나무에서 채취되는 수지로서 니스·래커 등의 원료. ②열대성 소나무로부터 추출한 단단하고 광택이 있는 수지(樹脂, resin)를 말하고, 주로 바니시(varnish)의 원료가 됨. ③천연수지 중에서 가장 경질이며, 수지액이 지하에 묻혀서 화석상태가 된 것. 동아프리카 및 여러 남방 지역에서 산출되는 화석(化石) 수지이며, 그대로는 기름이나 석유계 용제에 잘 녹지 않으므로 300~360℃로 가열하면 부분적으로 분해·유출되어 유용성이 됨.

코펄바니시(copal varnish) : 중유성(中油性) 바니시로 코펄과 건성유를 가열·반응시켜 만든 것으로 건조가 비교적 빠르고 담색(淡色)으로 목부분 내부용으로 사용됨.

코펜하겐리브(Copenhagen rib) : 슬릿형(slit type) 공명기(共鳴器)의 일종. 흡음재(吸音材) 위에 목재 리브를 덮은 것으로 리브는 외부에서 보이지만 그 밑의 흡음재는 보이지 않음. 덴마크의 수도 코펜하겐의 방송국에서 처음 사용하여 붙여진 명칭. ⇨코펜하겐리브판.

코펜하겐리브판(-板, Copenhagen rib board) : 표면에 코펜하겐리브를 형성하도록 가공한 판. 두께 50㎜, 너비 100㎜ 정도의 긴 판에 표면을 리브로 가공한 것으로서, 리브재(材) 옆에 생기는 빈틈과 뒷면 띠장 부분의 공기층이 고음을 처리하게 되어 있어 음향효과가 좋음. 주로 벽·천장 등의 음향조절 효과와 장식효과를 위한 수장재로 집회장·강당·영화관·극장 등의 천장 또는 내벽에 붙이며, 원래 덴마크 수도 코펜하겐의 방송국 벽에 음향효과를 얻기 위해 오림목을 특수한 형태의 단면으로 쇠시리(moulding)하여 사용한 것이 시초임.

코포레이티브하우스(cooperative house) : ⇨코퍼레이티브주택(=).

코프(cope) : 성형한 길고 가는 두 개의 나뭇조각을 직각으로 접합하는 방법으로, 한 조각의 상부에 고정시키는 다른 조각 또는 철제보·채널 등에 홈을 내어 고정되도록 만든 다른 부재.

코프렛(coffret) : 작은 체스트나 돈궤로서 코프렛만으로도 쓰이고, 테이블 위에 얹어서도 사용됨.

코핑(coping) : 굴뚝·벽 등의 최상단부를 덮어씌운 덮개 또는 두겁대.

코-하우징(cohousing) : ①거주자의 개인적인 자치권과 공동생활의 이익을 혼합한 주택. ②덴마크에서 1970년대에 시작되어 다른 여러 나라에서 각기 그들의 현실에 맞게 적용됨. ③촌락과 같은 공동체 생활을 현대화한 것으로 장소와 이웃에 대한 공동체 의식을 재창조하기 위한 현대적 모델이며 공동체에서 가용하거나 압박하는 환경을 약화시켜 현대인의 프라이버시 추구의 요구를 반영한 공동체 주거방식.

코흘러의 착시(-錯視, Kohler illusion) : 정사각형의 선과 원이 만날 때마다 정사각형이 구부러지는 것처럼 보이는 시각적 효과. ⇨착시.

콕(cock) : ①유체의 흐름과 차단을 위해 설치하는 간단한 밸브. 손잡이를 90°로 돌려서 밸브의 개폐조작을 하므로 유량의 조절이 필요 없음. ②원추형의 수전(水栓)을 90°(1/4회전) 각도로 회전함으로써 유체의 흐름을 차단하고 유량을 정지시키는 것이며, 각도 0~90° 사이의 임의의 각도만큼 회전시킴으로써 유량을 조절할 수 있음. 따라서 급속히 유로(流路)를 개폐하는 경우에 사용되며, 물·기름·배수 및 공기배관 등에 널리 사용되고 있음.

콕비드(cock bead) : 인접한 패널 표면보다 높게 돌출한 비드.

콕비드몰딩(cock bead moulding) : 18세기 영국에서 생산된 가구의 서랍 전면 테두리에 붙였던 몰딩.

콘(corn) : 나무·금속·플라스틱 등으로 만든 작은 테이퍼(taper)의 콘으로 폼 타이(form tie)에 붙여 거푸집 벽의 간격을 유지하는 것으로서, 제거시 콘크리트 표면에서 깨끗이 처리하여 그대로 노출시키거나 채움 처리를 함.

콘도미니엄(condominium) : ①원어는 라틴어로 '공동통치'를 뜻함. ②숙박시설의 새로운 경영법의 하나로 유럽에서 비롯됐음. ③회원제를 채용하여 분양하는 휴식용 호텔. ④기본패턴은 우선 호텔을 객실단위로 분양, 구입자는 자기가 사용하지 않는 기간 중 관리회사에 객실의 관리운영을 위탁하고 임대료로서 수입의 일부를 받음. ⑤우리나라에는 1980년 한국콘도미니엄이 설립된 후 명성·만년장·진안산업·선경·쌍용·글로리 등이 참여, 한때 신종 레저산업으로 각광받았으나 명성그룹 사건 이후 각종 규제조치로 현상유지에 그치고 있음. ⑥현재는 관광숙박업으로 취급되어 국토교통부에서 인·허가를 다루고 있음. ⇨분양아파트(=).

콘도미니엄공유제(-共有制, condominium) : 휴양 콘도미니엄 1개의 객실을 5인 이상, 10인 이하의 자연인·법인 또는 단체 등에게 공유 지분으로 분양·등기해 주고 운영하는 제도.

콘도미니엄회원제(-會員制, condominium member rules) : 휴양 콘도미니엄 1개의 객실을 5인 이상, 10인 이하의 자연인·법인 또는 단체 등에게 이용권을 주어 운영하는 제도로 휴양 콘도미니엄 객실 운영의 다양화를 위해 전체 객실의 일정 퍼센트까지 회원제로 분양할 수 있도록 규정되어 있음.

콘드로티(Kondroti) : ⇨알론(=).

콘벤트(convent) : 수녀들이 사는 수도원. 모나스터리(monastery)(⇔).

콘볼트(corn bolt) : 폼 타이가 간격재의 역할을 할 수 있도록 거푸집의 안쪽 방향 양면의 일정한 위치에 콘이 붙어 있는 폼 타이(form tie).

콘센트(convenience outlet) : ①전기기구와 배선과의 접촉에 사용되는 배선측에 설치되는 접속기. 보통 한 개 이상의 리셉터클(receptacle)이 있음. ②노출형과 매입형이 있고, 노출형은 조영제 표면에 돌출시켜 부착하며, 매입형은 벽 속에 박스를 매입해서 그 속에 장착하여 사용함.

콘솔(console[프]) : ①고대 건축물에서 처마 방식을 받쳐주는데 사용되는 소용돌이 꼴 장식의 선반받이. ②이탈리아 바로크시대에 제작된 벽면에 근접하여 배치하는 장식적인 탁자로 커다란 조개껍질 모양과 돌고래, 인간의 형상 등을 현란하게 조각한 다리 위에 대리석의 천판을 얹어 놓은 탁자로 바로크 가구양식을 대표함. ③복합적인 윤곽을 갖고 대부분의 경우 돌출부보다 높이가 더 긴 장식용 브래킷을 말함. 브래킷(bracket)의 원형으로 코니스(cornice)·창문 또는 조각품을 지지하기 위해 벽의 양끝으로부터 돌출된 소용돌이 형태의 장식이 되어 있는 상부의 장식적인 까치발(bracket)처럼 쓰이는 건축부재. 그 소용돌이 형태는 크기가 다르고 대칭되어 있지만, 밑부분의 안쪽으로 둘둘 감긴 면에서부터 윗부분의 뒷면에까지 흐르는 선에 의해 연결되어 있음. ④벽면의 돌출부분보다 높게 위치하여 감겨지는 형태를 가지는 장식적 브래킷. ⑤코니스 지지벽에서 돌출된 수직형의 와권(蝸卷)장식. ⑥브래킷이라는 프랑스어로 S형의 소용돌이나 곡선무늬 형태를 한 블래킷으로 한쪽 끝이 다른 쪽 끝보다 넓고, 코니스나 선반을 구조적으로 지지하는 것이며, 콘솔은 수직적으로 혹은 수평적으로 매우 다양하게 이용되고 있음. ⑦아치의 키스톤(keystone)도 콘솔형태로 사용되는 경우가 많음. ⑧방바닥에 놓는 대형 스트레오·텔레비전 등의 캐비닛. ⑨⇨소용돌이까치발·모딜리온(=).

50 Doorway detail. Erechtheion, Athens(출입구 상세)

콘솔

콘솔레그(console leg) : 바깥쪽 모서리는 각지고 안쪽 끝은 곡선으로 처리된 가구의 다리. 18세기 영국과 미국에서 캐비닛 디자인에 유행하였던 형태. ⇨브래킷형 발(=).

콘솔테이블(console table) : ①일반적으로 창과 창 사이 또는 거울 달린 벽체 하부에 배치하여 벽에 꼭맞게 기대어 놓은 작은 반달형 테이블. ②다리는 벽면 쪽으로 기울어져 있고, 앞쪽에는 다리가 달려 있지 않는 테이블 상면이 콘솔(까치발)풍으로 만든 다리로 지탱하는 형식의 테이블. ③사이드 테이블(side table)과 비슷하지만 사이드 테이블은 벽면에 붙여서 배치하지 않고 독립적으로 배치하는 점이 다름.

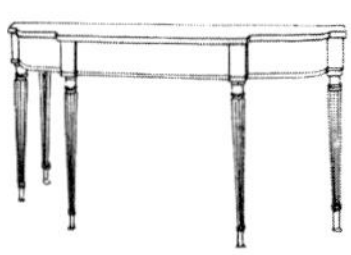

셰라턴의 콘솔형

콘스탄탄(constantan) : 동 55%, 니켈 45%의 합금.

콘제(congé[그]) : 기둥 맨 밑부분에 있는 두부(頭部, the necking)에 달린 장식.

콘치(conch, concha) : 교회 동쪽 끝에 내민 반원형 부분의 반구형을 띠는 천장. 반원형 지붕(=).

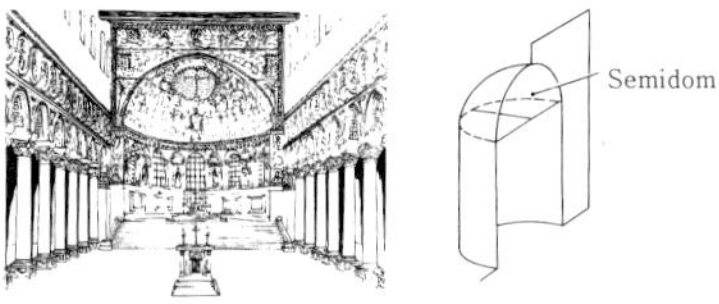

콘치

콘캐티네이션(concatenation) : 여러 요소들을 통합된 전체로 합치려 시도하는 디자인.

콘케이브(concave) : 구체(球體)의 내면(內面)과 마찬가지로 만곡(彎曲)되어 있는 형태.

콘크리트(concrete) : ①시멘트·골재(잔골재, 굵은골재)·물 및 필요에 따른 혼화재료를 혼합한 것이나 그 경화물. ②콘크리트에 골재를 사용하지 않은 것, 즉 시멘트와 물을 혼합한 것을 시멘트페이스트(cement paste)라 하고, 콘크리트에 굵은골재를 사용하지 않은 것, 즉 시멘트페이스트에 잔골재를 혼합한 것을 모르타르(mortar)라고 하며 넓은 의미에서 보면 콘크리트의 일종. ③고대 로마시대에는 천연시멘트를 이용한 건물이 많이 축조되었는데, 1824년 포틀랜드시멘트(인공시멘트)가 발명된 이래 콘크리트가 구조재료로서 사용되기에 이르렀고, 콘크리트는 압축력에는 강하지만 인장력에는 약하기 때문에 철근으로 보강한 철근콘크리트(reinforced concrete)가 모니에 등에 의해 고안됨으로써 골조구조는 A. 빠레 등에 의해 비약적으로 실현되었으며, 근대건축에 있어서 구조의 원형(原型)이 되었음. ④콘크리트는 젖은 상태에서는 거푸집과 일시적인 틀에 부어지거나 망제품의 내구력이 강한 재료로 만들어지도록 보강하는데 사용될 수 있음. 노출된 콘크리트는 일반적으로 완전한 재질감으로 형성되지 않으면 미관상 좋지 않고 콘크리트가 완전한 골재임을 여러 가지 형태들로부터 발견할 수 있으며, 그 특징은 형성된 패널의 색채와 질감, 그리고 크기에 달려 있음. 또한 콘크리트는 굳어진 후에 그 표면을 망치로 두들겨 만든 무늬에 의해 질감이 만들어질 수 있으며, 그것은 망치로 깨진 후 이랑모양의 무늬를 나타낼 수 있고 일부 형태들은 수정되어 제거될 수도 있음. 목재·석고·쇄석과 같은 재료들은 특별한 효과를 내기 위하여 형태 표면에 삽입될 수 있음. 이 삽입물에 의해 쉽게 양각(陽刻)으로 무늬가 만들어질 수 있으며, 패턴은 콘크리트의 표면으로 이동되고, 이 방법에 일반적으로 사용하는 가장 대표적인 재료는 목재임. 목재의 부재들이 건설되는 동안 적절하게 지탱하기 위해 아치 아래에 사용되었다는 점에서 그 아이디어는 최초의 아치와 둥근 천장만큼 오래된 것이고, 아치의 아래쪽은 젖은 석고가 씌워지고, 목재의 지지물들이 제거되었을 때 목재의 텍스처(texture)가 콘크리트 속에서 드러남. 특별한 형태의 선들은 텍스처와 장식적인 모양을 창조할 수 있는 풍부한 잠재성을 부여하며, 그것은 또한 최소한의 비용이 소요됨.

콘크리트공사(-工事, concrete work) : 콘크리트 재료의 계량·배합·비빔·운반·부어넣기·보양까지의 콘크리트에 관한 작업을 총칭.

콘크리트그릴(concrete grilles) : 숨기기 위해, 장식하기 위해 또는 개구부를 막기 위해 사용된 오픈작업의 벽체. 콘크리트 블록은 기초와 견고한 벽을 위해 여러 해 동안 사용되어 왔으며, 콘크리트 벽의 적용에는 오픈 패턴이 각각의 블록으로 주조된 개별적 블록들에 의해 형성된 다양한 격자세공(格子細工)을 포함하고, 이 블록들은 총체적인 텍스처와 패턴들을 생산하는 다양한 방법으로 배열될 수 있으며, 콘크리트 격자는 그의 개방상태에 의존하는 프라이버시 정도만큼 햇볕을 막아주기도 함.

콘크리트내구성(-耐久性) : ①구조물이 장기간 외력에 저항하는 성질. ②내구성 저하의 요인은 기상작용(동결융해·건조수축·온도 변화), 물리·화학적 작용(중성화·알칼리골재반응·염해), 기계적 작용(충격·진동·파손 등), 설계상 요인(과다하중·소요단면부족), 시공시 품질저하(w/c비 부족·슬럼프값 부족·양생 부족) 등이 있음.

콘크리트못(concrete nail) : 콘크리트나 벽돌조·블록조 등 조적재에 박을 수 있도록 몸대에 홈 또는 나삿니가 나 있고 못 끝은 다이아몬드형으로 된 강철못.

콘크리트믹서(concrete mixer) : 콘크리트를 만들기 위해 시멘트·골재·물을 비비도록 일반적으로 모터 구동장치가 달린 회전 드럼을 장치한 기계설비.

콘크리트배합(-配合, concrete mix) : 콘크리트의 조성재료인 시멘트·모래·자갈·모래·물·혼화재 등을 일정한 배합비로 혼합하는 것.

콘크리트배합설계(-配合設計) : ①소요의 강도·내구성·균일성·수밀성·작업에 알맞은 워커빌리티(workability) 등을 가진 콘크리트가 가장 경제적으로 얻어지도록 시멘트·잔골재·굵은골재 및 혼화재의 비율을 정하는 것. ②배합설계시 요구사항은 균질한 시공연도를 얻는 것이고, 경화 후 소요강도, 내구성 확보와 배합비의 경제성이 있어야 함.

콘크리트부어넣기(concrete placing) : ⇨콘크리트타설(=).

콘크리트블록(concrete block) : ①사각형의 속이 비워 있거나 속을 채운 콘크리트로 만든 제품의 일종. ②콘크리트 블록은 벽돌보다 매우 크지만 모듈을 토대로 제작되었으므로 이 두 재료는 시공시 동일한 시스템으로 사용될 수 있음. 블록은 대체로 벽돌 외장재에 대한 보완재료로 간주되었으나 오늘날 블록은 광범위한 장식적 형태와 색채, 텍스처(texture)로서 표현됨. ③장식적 블록은 두 가지 주요한 범주로 구분됨. 즉 주형방법으로 만들어진 윤곽이 뚜렷한 패턴과 주형된 블록을 깨뜨려 만든 덜 섬세한 텍스처들이 있음. 분할 리브의 표면은 이 두 가지 기술을 결합하고, 이 장식적 표현은 표준형의 모듈 블록 크기로 되어 있기 때문에 그것들은 매우 단순한 것에서부터 화려한 텍스처와 패턴에 이르기까지 수많은 다양한 패턴을 만들기 위해 벽에 반복되어 일어날 수 있음. 구멍뚫기에서 기인한 고품격의 장식적인 또 다른 블록이 있으며, 그것은 프라이버시를 유지하는 한편 통풍이 될 수 있도록 하고, 그것은 다른 패턴들을 만들기 위해 혼합될 수 있는 다양한 디자인에 이용할 수 있음. ④콘크리트 블록은 프랭크 로이드 라이트(Frank Lloyd Wright : 1867~1959)의 의뢰로 만든 것으로, 디자인에 있어 최고의 성과를 가져다 주었고, 그는 패턴을 지닌 특별하게 만들어진 블록을 사용하여 주택을 디자인했으며, 이 블록들은 고유의 독특한 스타일로 발전했던 그 자신의 건축방법에서조차 매우 독특한 것이었음.

콘크리트블록쌓기 : 1일 쌓기 높이는 1.5m, 7켜, 두꺼운 쪽의 살이 위로 향하도록 하며 쌓기용 모르타르는 1 : 3임.

콘크리트비중(-比重) : 보통 골재를 사용한 콘크리트의 비중은 2~3 정도이지만 경량골재와 중량골재를 사용한 것은 1 전후부터 4 정도까지임.

콘크리트 비중

굵은골재	잔골재	콘크리트 비중
자 철 광	자 철 광	3.5~4.9
자 철 광	강 모 래	3.0~3.5
강 자 갈	강 모 래	2.2~2.3
인공경량골재	강 모 래	1.8~1.9
인공경량골재	인공경량골재	1.5~1.7
연질 화산암	강 모 래	1.6~1.8
연질 화산암	연질 화산암	1.4~1.6
연질 화산암	펄 라 이 트	1.0~1.3

콘크리트 압축강도(壓縮强度) : ①콘크리트의 압축강도는 200~250kg/㎠, 장기허용강도는 파괴강도의 1/3이므로 허용압축강도는 60~70kg/㎠. ②콘크리트의 소요강도는 장기허용응력도의 3배 이상, 단기허용응력도의 1.5배 이상으로 함. ③콘크리트강도는 양생(養生 cutting)에 따라 현저하게 달라짐. 습윤양생 후 공기 중에서 건조시키면 강도가 20~40% 증가함. 일반적으로

ㅋ

양생온도 4~40℃의 범위에서는 온도가 높을수록 재령 28일까지의 강도가 증대함. ④물시멘트비를 크게 하면 강도가 저하됨. ⑤콘크리트 압축강도에 영향을 주는 주된 요인은 ㉠사용재료의 품질(시멘트·골재·혼합수·혼화재료 등) ㉡배합(물시멘트비·공기량·단위시멘트량 등) ㉢시공방법(콘크리트의 비빔·다짐 등) ㉣양생방법·재령·시험방법 등.

콘크리트의 열적 성질(熱的性質) : ①콘크리트의 열전도율은 1.3kcal/mh℃ 정도. ②고열에 의한 열적 변화 발생 ㉠210℃ 이하 : 점차 팽창, ㉡2106~50℃ : 수축, ㉢650℃ 이상 : 팽창, ㉣900℃ 이상 : 완전파괴, ㉤열팽창계수 : 0.00001~0.000013℃ 정도. ③골재는 가열하면 계속 팽창하고 결과적으로 콘크리트 전체가 팽창됨.

콘크리트의 용적변화(-容積變化) : ①함수율 변화에 의해 용적의 신축이 발생. ②함수량이 일정할 때는 물시멘트비가 클수록 신축률이 커짐. ③건조수축률은 최대 0.05%. ④라멘체에서 최대 인장탄성한계는 0.01%(라멘의 수축균열이 불가피함).

콘크리트의 재료분리(-材料分離) : ①균일하게 비벼진 콘크리트가 타설 도중 균질성을 잃고 시멘트·물·조골재·세골재 등이 분리되는 현상. ②재료분리는 콘크리트 강도 저하·내구성 저하·미관을 손상시켜 마감재에 영향을 주므로 재료·배합·시공 등의 전 작업과정에서 철저한 품질관리를 해야 함. ③재료분리의 가장 큰 요인으로는 굵은 골재의 분리(시공년도가 지나치게 클 때, 단위수량과 물·시멘트비가 클 때, 골재의 입도·입형이 부적당할 때, 혼화재료 사용이 부적당할 때)와 시멘트페이스트의 분리(블리딩현상 발생, 레이턴스 발생)가 있음.

콘크리트 조합(-調合) : ⇨콘크리트 배합(=).

콘크리트 중성화(-中性化, concrete neutrality) : ①대기 중의 탄산가스와 콘크리트 중의 알칼리(수산화칼슘)가 반응하여 탄산칼슘이 생성되고, 콘크리트가 알칼리성을 상실함으로써 콘크리트 강도가 저하되고 균열이 발생하여 내구성이 저하되는 현상. ②방지대책은 물·시멘트비를 적게 하고, 슬럼프값을 적게 하여 밀실한 콘크리트 타설과 강도가 큰 골재 사용, 조강시멘트를 사용하고 AE제나 감수제를 사용, 충분한 습윤양생을 하며, 온도가 높을수록 중성화가 빠르므로 주의해야 함.

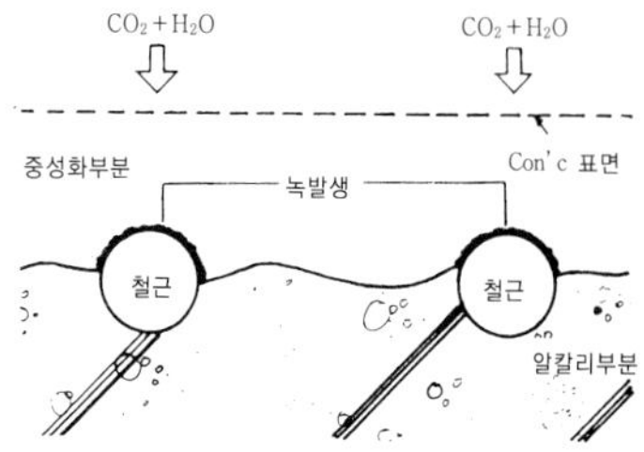

중성화

콘크리트 중성화작용(-中性化作用) : ⇨중성화작용.

콘크리트 측압(-側壓, concrete side pressure) : ①콘크리트가 유동하는 동안 중량의 유체압으로서 수직재 거푸집에 작용하는 압력. ②거푸집은 측압에 견딜 수 있도록 설계되어야 함. ③측압은 콘크리트 윗면에서의 거리와 단위용적 중량의 곱으로 표시함.

콘크리트 크리프(concrete creep) : 콘크리트의 크리프는 일반적으로 하중이 클수록, 시멘트량 및 단위수량이 많을수록, 하중 작용시의 재령이 짧을수록, 부재의 단면 치수가 작을수록, 부재의 건조온도가 높을수록 커짐.

콘크리트타설(-打渫, concrete placement) : 비빈 콘크리트를 거푸집 또는 일정한 장소에 부어 넣고 다지는 작업.

콘크리트톱(concrete saw) : 경화된 콘크리트 바닥에 콘크리트 신축줄눈을 만들기 위해 사용되는 다이아몬드 또는 실리콘 카바이트 날이 달린 바퀴 있는 절단 작업용 회전기계톱.

콘크리트 패널(concrete panels) : 콘크리트로 만든 패널.

콘크리트 헤드(concrete head) : ①콘크리트를 부어넣은 윗면에서부터 아래 깊이로 최대측압이 작용하는 깊이. ②콘크리트 타설 높이의 상승에 따라 측압도 크게 되지만 일정높이 이상이 되면 측압은 상승하지 않고 차츰 저하되어 가는데 이 경계높이를 말함. 콘크리트 헤드의 최대값은, 벽은 0.5m, 기둥은 1.0m일 때 최대가 됨. 콘크리트 측압의 최대값은, 벽은 약 1.0t/m^2, 기둥은 약 2.5m/m^2임. 거푸집 측압의 최대 설계용 표준값은 진동기 미사용시 기둥 3t/m^2, 벽 2t/m^2이고, 진동기 사용시에는 기둥 4t/m^2, 벽 3t/m^2임.

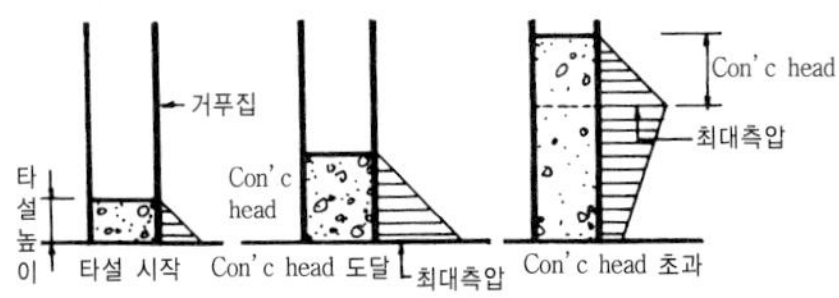

Con'c 측압의 분포

콘텍스트이론(-理論, context theory) : 1960~70년대에 유행한 건축양식으로 도시계획에 대한 접근은 무엇보다도 도시의 경험이 중요하며 건축물은 주변 환경과 조화를 이루어야 하고, 영향을 받아야 하며, 조절되어야 한다고 주장함.

콘텐츠(Contents) : 원래는 서적, 논문 등의 내용이나 목차를 일컫는 말이었으나 현재는 각종 유무선 통신망 등을 통해 매매 또는 교환되는 디지털화(2진법상의 숫자화)된 정보를 통칭하는 말로 자주 쓰임. 예컨대 인터넷이나 PC통신 등을 통해 제공되는 각종 프로그램이나 정보 내용물, 비디오테이프·콤팩트디스크(CD)·CD롬 등에 담긴 영화 및 음악 게임소프트웨어 등이 이에 속함.

콘투어(輪廓, contour) : 이차원의 모양 또는 삼차원 형상의 접하는 모서리 윤곽선.

콘투어드로잉(contour drawing) : 형태에 명암(明暗)이나 입체감 없이 사물의 윤곽을 나타내는 선을 그리는 기법.

콘투어체어(contour chair) : 인체의 윤곽선을 따라 형상화하거나 형태화하여 직물로 씌운 의자. 다수의 현대 의자가 적층판(laminated plywood)·플렉시 글라스(flexy glass)·알루미늄 등으로 인체선에 적합하게 디자인되어 있음. 자궁의자(womb chair)는 콘투어 의자의 한 예임.

콘투어체어

콘트라스트(contrast) : ①대비·대조·대립이란 의미로 불과 물처럼 전혀 반대되는 성격을 가진 것을 말함. ②이질적인 형·색·재질 등의 대비나 대조는 유동적이고 강렬하며, 자극적인 요소로 작용하여 역동감(力動感) 있는 분위기를 자아내고, 색상이 유사하거나 서로 조화되기는 쉬워도 비교적 단조롭고 평범해 보이며, 이와 같은 경우에 대조되는 요소를 효과적으로 가미함으로써 자극과 활기를 줄 수 있음.

콘트랙트디자인(contract design) : 모든 비주거용 실내디자인을 총칭. 콘트랙트 디자인은 대형의 상업 및 공공공간에 사용되는 가구·텍스타일·조명기구 등의 생산과 유통을 포함하는 말이고, 이러한 요소들은 소매상을 통하기보다는 콘트랙터(contractor)에 의해 구매됨.

콘트레불레(contre boulle[프]) : ⇨콘트레파르티(=).

콘트레파르티(contre partie[프]) : 별갑(鱉甲)을 황동 바탕에 새겨 넣는 불레기법(boulle work)의 한 형태로 기존 불레기법이 반전된 형태.

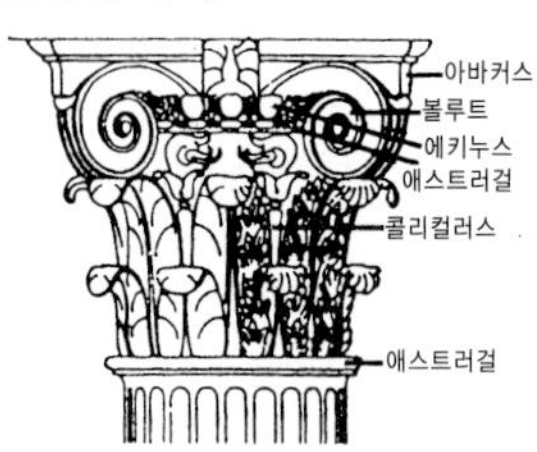

콘트레파르티

콜드드래프트(cold draft) : ①창면이나 벽면에서 차가워진 공기는 하강하고 바닥면에 가까운 곳을 흐르는 현상. ②0.2㎧를 넘는 기류속도가 되는 경우가 있는데 상하온도차에 의하여 바닥 부근이 저온으로 되면서 큰 불쾌요인이 됨. ③하반신에 신경통 증상을 지닌 사람에게는 발 밑 부근의 저온

기류는 큰 고통의 원인이 되기도 함. ④겨울철 차가워진 창문 유리에 접해 온도가 내려간 공기가 창을 따라 하강하는 기류. ⑤겨울철 창가에 존재하게 되는 냉기가 취출기류에 의하여 밀어 내려져서 바닥면을 따라서 거주구역으로 흘러 들어가는 현상.

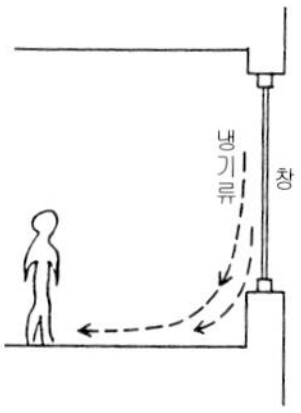

차가워진 창면에 의한 콜드드래프트

콜드조인트(cold joint) : ①콘크리트의 이어치는 부분에서 일체화가 이루어지지 않는 현상. 주로 서중콘크리트 타설시 콘크리트의 응결 진행속도와 이어치기 시간상의 간격과 관계가 있음. ②콜드 조인트 발생은 접착부의 강도저하로 구조상의 문제가 발생되므로 품질관리에 주의해야 함. ③콜드 조인트가 발생하지 않는 허용한도(관입저항값)는 구조내력상 주요부재는 노출(제물치장)콘크리트 : 1kg/㎠, 일반부재는 5kg/㎠, 내부 진동, 기타 특수한 처리를 할 경우는 10kg/㎠임. ④콜드 조인트에 대한 대책은 타설 순서·타설 구획·펌프카 대수·다짐 방법·인원배치 등의 시공계획을 면밀히 수립하고 콘크리트의 이어치기는 1시간 이내에 완료되도록 하고 조인트 부위는 진동기를 사용하여 일체화에 힘씀. 또한 운반거리·교통상황이 불리한 경우는 배칭 플랜트(batching plant ; B/P)에서 건비빔하여 현장에 물을 가하고 혼합하여 타설함. 현장에 도착한 레미콘에 고성능감수제를 첨가하고 교반하여 고유동화시킨 후 타설함. ⑤작업이음(cold an work joint)을 말함.

콜라주(collage[프]) : ①'풀로 붙인다'는 뜻으로 근대미술 특수기법의 하나. 1912~13년경에 브라크와 피카소 등의 큐비스트들이 유화의 한 부분에 신문지나 벽지 악보 등 인쇄물을 풀로 붙였는데 이것을 파피에 콜레(papier colle)라 불렀음. ②다양한 요소들을 전혀 예상치 않거나 기대하지 않은 배치를 통해 표현하는 예술적 구성. ③이 수법은 화면의 구도·채색효과·구체감을 강조하기 위한 수단이었고 1차대전 이후의 다다이즘 시대에는 이 파피에 콜레를 확대하여 실밥, 머리칼, 깡통 등 캔버스와는 전혀 이질적인 재료를 오려붙여 보는 사람으로 하여금 이미지의 연쇄반응을 일으키게 하는 것을 의도했음. 여기서 부조리와 냉소적 충동을 겨냥하는 사회풍자적 포토 몽타주가 생겨남. 50년대 로렌스 앨러웨이에 의해 이름붙여진 팝 아트 역시 테크놀로지라든가 매스 미디어에 의해 대중의 시각 안에 있는 조형적 요소를 몽타주하여 작품에 포함시킨 것. ④큐비즘에서 실험했던 파피에 꼴레로부터 발전된 것으로 여러 가지 일상의 소재를 혼합시켜 작품을 만드는 것으로 다다이즘이나 쉬르리얼리즘에서 즐겨 사용하는 수법. 출발점은 슈비타즈의 메르츠(Kommerziel)와 같이 반예술적(反藝術的) 행위로서 사진이나 인쇄물의 그림을 도려내어 사용함으로써 얻어지는 우연한 효과에 의해 보는 사람의 타성적인 미의식에 충격을 주었음. 요컨대 이러한 콜라주 방법은 대상을 그것이 있던 본래의 일상적인 어떤 장소에서 추방하여 전혀 엉뚱한 환경에 둠으로써 빚어지는 심리적인 어떤 자극을 염두에 두었고, 이러한 방법은 뒤에 쉬르리얼리즘의 떼페이즈망 원리로 발전. 에른스트의 '백두녀(百頭女, 1929)', '자선주간(1934)' 등의 작품은 지금에 와서 보아도 충격적임. ⑤피카소(Pablo Ruiz Picasso : 1881~1973)와 브라크(Georges Braque : 1882~1963)의 분석적 큐비즘 활동기간에 고안된 화면에 2차원 또는 3차원적 물질을 부착하는 수법이나 기법을 말함. 파괴적인 입체파적 형태 분석의 경향에 나타나는 촉감의 실제적 표현처럼 신문조각들이나 상표 등의 실물로 화면을 구성했고, 나중에는 기본적 이미지의 비합리적 결합을 창조하는 수단으로서 초현실주의에 받아들여졌으나, 콜라주는 구성의 통일성을 파괴하는 경향을 가지고 있으며 공간의 부조화와 척도의 부조화를 창조함.

콜로나(colonna[이]) : ⇨기둥(=).

콜로네이드(colonnade) : ①일정한 간격으로 다수의 기둥을 배치한 열주(列柱). ②엔태블러처(entablature)나 아치를 얹은 기둥의 열을 말함. ③열주랑(列柱廊)으로 보통 일정한 간격으로 세워진 열주가 엔태블러처를 받고 있는 모습. ④원주(圓柱, column)의 열주·주랑(柱廊)·열주랑을 의미하는 것으로, 원주를 늘어 세우고 그 상부에는 엔태블러처를 올려 구성한 기둥의 스크린. 한쪽은 벽으로 막히고, 다른 쪽은 개방된 형태로 여기에 지붕을 설치하여 통로형태를 만들고, 직선적으로 한 줄로 세우는 경우와 활처럼 굽은 경우도 있으며, 고대 로마시대의 도시에서는 도로 양쪽에 열주를 세워 웅장하고 아름답게 보이는 열주가 있었음. 또한 로마의 산 피에트로 대성당(16~17세기)의 전면에는 광대한 타원형의 열주랑(portico)이 있었고, 페리스타일(peristyle)도 열주이나 콜로네이드는 엔태블러처나 아치를 지지하는 열주이며, 페리스타일(peristyle, 列柱廊)은 건물의 외측이나 안마당을 둘러싸는 열주임. 중세 이탈리아 도시에서는 교회·광장·성문 등을 연결하여 도시의 공공 가로공간(즉, 遊步路 또는 遊步廊)의 기능을 함. ⇨프롬나드(=).

콜로네트 : ⇨콜로넷(=).

콜로넷(colonnette) : ①건축에 쓰이는 작은 기둥 또는 축소형 원주(column)로 가구 장식에도 쓰임. ②작은 기둥들이 줄지어 있으며, 보통 장식되어 있음. 중세건축에서는 가늘고 둥근 기둥들이 늘어서 있어서 입면상에서 수직선을 강조하였음. ⇨콜로네이드.

콜로니얼건축(-建築, colonial architecture) : 17~18세기 북미 대륙의 영국 식민지 시대의 건축·인테리어·가구공예 양식. 당시 유행하던 영국식 양식을 지역 재료를 사용하여 구현했음.

콜로니얼스타일(colonial style) : ①유럽에서 이민이 시작된 17세기 초기에서 18세기 후반까지 미국이 식민지 상태였던 시기의 양식. ②영국이나 프랑스·독일 등으로부터의 이주민이 모국의 전통을 지닌 양식을 받아들인 양식. 특히 영국이나 네덜란드의 영향을 바탕으로 하고 있음. ③영국 조지 왕조 시대의 개작을 포함하여 초기 미국 건축양식을 말함. ④다소 막연하게 콜로니얼 디자인 양식을 모방한 좀더 현대적인 양식을 표현하는 용어임. ⑤영국의 튜더·자코비안·치펜데일 스타일 등의 요소가 도입되어 촌스럽고 세련되지 못한 분위기가 있는 윈저체어의 형식을 가지며, 로킹 체어는 이 시대 말기에 고안된 의자. ⑥특징은 명쾌하고 직선적인 형태와 장식적으로 간소하고 소박함.

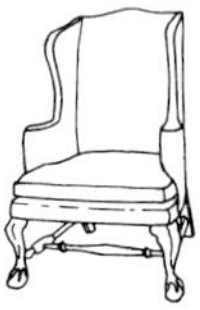
콜로니얼(윙체어)

콜로니얼퍼니처(colonial furniture) : ⇨식민지 가구(=).

콜로세움(colosseum) : ①고대 로마시대의 원형경기장(AD 70~83). 베스피아노 황제(The Emperor Vespasian)가 당시 일반 시민을 위한 시설물로 대극장의 공사를 시작. 다음 황제인 티투스가 공사를 완료한 후 베스피아노 황제에게 봉헌. 고대 그리스극장을 원형극장으로 변형시켜 완성한 로마인 고유의 건축발명품. ②장축 190m, 단축 156m의 타원형 경기장으로 50,000명 수용하는 대규모 경기장. 경사가 매우 가파른 것이 특징. ③외관은 원래 3층의 아케이드로 구성되었으며, 각층의 주범은 1층은 도리아식, 2층은 이오니아식, 3층은 코린트식이고 4층은 후에 증축. 단면상 하중지지의 기능보다는 장식적으로 기둥을 사용하였음. 전체 외벽의 높이는 48m이며 3개층은 각각 아치와 볼트축조방식이 로마건축의 특징임. ④경기장 내부의 하부 구조는 매우 복잡하여 발굴 당시 여러 가지 추측이 있었으나 물을 끌어들일 수 있는 시설과 배수시설이 발굴된 것으로 보아 당시의 기록에서 찾아볼 수 있는 해전(海戰)놀이가 실제로 있었던 것으로 추정. ⑤하부구조 중에는 무대시설에 사용되었던 리프트구조물과 시설들이 발견되어 입체적인 무대로서의 시설을 갖추고 있었음. ⑥로마건축에서 주로 사용하였던 교차볼트로 상부를 지지. 외벽은 일종의 가구식 돌쌓기로 구성되었으며, 각각의 석재들은 못으로 연결하는 방식을 취함.

콜로슬오더(colossal order) : ①지면에서부터 몇 개 층을 관통하여 올라가는 오더. ②건물의 정면을 형성할 때 위·아래 몇 개 층(보통은 한 두 층)을 통과하는 독립기둥 또는 벽기둥으로 세워 하나의 거대한 오더로 처리한 기둥. ⇨자이언트오더(=).

콜리컬러스(caulicolus, caulicoli[그]) : ①코린트식·콤포짓식 원기둥 주두(柱頭, capital)의 아칸서스 잎 사이로 올라온 장식적 줄기. ②나선형(螺旋形)이 시작되는 코린트식 주두의 잎 사이에서 상승하는 줄기 모양의 장식. ③코린트식 오더(=).

콜의 집단(-集團, The Cole circle) : 헨리 콜(Henry Cole)을 중심으로 1851년 런던 만국박람회를 추진한 진보파를 일컬음. '콜의 집단'에 대한 발견과 평가를 한 것은 펩스너 경(Sir Nikolaus Pevsner : 1902~83)의 커다란 업적임.

콜타르(coal tar) : 유성 방부제의 일종. 석탄의 고온건류(高溫乾溜)시 부산물로 얻어지는 흑갈색의 유성 액체로서, 가열도포(加熱塗布)하면 방부성은 좋지만 목재를 흑갈색으로 착색하고 페인트칠도 불가능하게 하므로 보이지 않는 곳이나 가설재 등에 이용.

콤바인페인팅(combine painting) : 미국의 로버트 라우센버그에 의해 정의된 것이며, 그는 박제된 동물이나 작동하는 라디오 같은 것을 자신의 회화에 부착하였음. 콜라주가 한층 발전된 개념임.

콤백(comb back) : 윈저의자(Windsor chair) 등받이 부분으로 일련의 방추형물들이 위를 향해 펼쳐지고, 그 위쪽에 얹히는 가로대들과 함께 왕관모양을 하고 있음.

콤비네이션도어(combination door) : 겨울철을 위한 스텀 도어(storm door)나 여름철을 위한 스크린 도어(screen door)로서 판재의 다른 형태로 끼워 넣을 수 있는 틀의 외부에 대는 덧문(外部門)을 말함.

콤비네이션윈도(combination window) : 계절에 따라 여름에는 망사, 겨울에는 유리로 교체하여 사용할 수 있도록 만들어진 창.

콤파운드(compound) : ⇨컴파운드(=).

콤퍼지트기둥양식(-柱樣式, composite order style) : 이오니아식 기둥과 코린트식 기둥을 복합시킨 로마시대의 기둥양식으로서 매우 장식적이고 화려한 느낌을 주며 개선문과 같이 화려한 건물에 주로 이용되었음.

콤퍼지트덱킹(composite decking) : 덱 철판에 무늬를 넣어 콘크리트와의 결합을 강화함으로써 영구적인 거푸집의 기능과 함께 콘크리트 슬래브의 인장력을 분담하게 한 철제 덱. 구조덱킹(=).

콤퍼지트오더(composite order) : ①고전 오더 5개 중의 하나로 고전 로마시대에 고안되어 초기 르네상스 이후 유행했으며, 코린트식 오더의 아칸서스(acanthus) 잎의 종 모양 장식 위에 사선으로 세트(set)된 이오니아식 4개의 볼류트(volute ; 나선형 장식)를 첨가하여 만듦. ②이오닉 특징에 코린티안의 특징을 덧붙인 것으로서, 비트루비우스는 언급하지 않았는데 아마도 비트루비우스 이후에 생겨난 것 같음. 알베르티(Alberti)에 의해 최초로(1450년경)

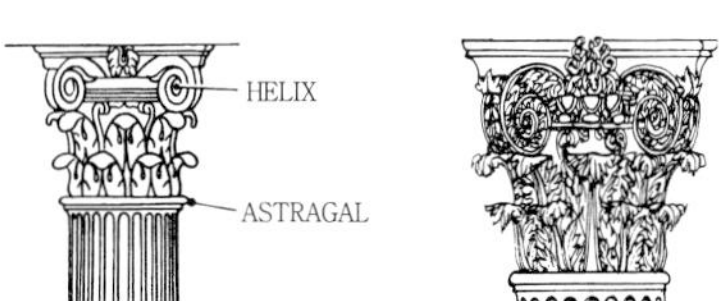

콤퍼지트 오더

ㅋ

발견되었으며, 세를리오(Serlio)가 다섯 번째의 오더로, 그리고 다섯 오더 중 가장 정교한 오더로 분류했음.

콤퍼지트우드(composite wood) : ⇨개량목재(=).

콤퍼지트캐피털(composite capital) : 이오니아식의 소용돌이 형태 장식과 코린트식의 아칸서스 잎 장식을 결합시킨 5개의 고전적 오더 중 하나.

콤퍼티션(competition) : ⇨꽁페(=). ⇨설계경기(=).

콤프루비움(compluvium[그]) : 아트리움(atrium) 상부의 노천천장 부분.

콩글로머리트(conglomerate) : ①'둥글게 뭉쳐진', '집단을 이룬'의 뜻으로 복합기업을 의미함. ②사업내용이 전혀 다른 기업을 많이 흡수·합병하여 지배하는 다각적 기업. ③미국의 ITT(미국국제전신전화사), 리튼 인더스트리즈, 걸프 앤웨스턴 등이 대표적인 콩글로머리트임. ④지주(持株) 회사인 본사에 각 사업부가 있어 이를 통괄하고 아울러 독립채산성도 요구됨.

콩글로머천트(conglomerchant) : ①복합소매업 또는 복합유통업. ②각종 다른 소매업의 경영형태를 갖춘 소매업. ③대형 슈퍼마켓이 자사의 점포판매 외에 미니슈퍼마켓, 외식산업, 보험업, 자동차금융에 손을 대는 등 복합형 종합소매업에 진출하는 것.

콩댐 : 불린 콩을 갈아서 들깨기름 따위에 섞어 장판을 바르는 일.

콩코스(concourse) : ①건물의 주된 큰 홀 또는 중앙의 오픈 스페이스(open space). ②공원이나 광장에서 사람의 흐름이 집중되는 곳. ③경기장 또는 경마장을 의미함.

콩팥형 탁자(-型卓子, kidney table) : 사용자의 앉는 부분이 오목한 곡선으로 된 콩팥형태의 장식적인 탁자. 영국 조지안(Georgian)시대의 가구 디자이너인 셰러턴(Sheraton)은 다리가 들어가는 책상이나 화장대로 디자인하였고, 프랑스의 루이 15세 시대에는 소형 화장대인 푸드루즈(poudreuse)로 사용하였음.

콩풀(大豆膠) : 기름을 뺀 콩가루에 소석회나 나트륨염을 혼합하여 물을 넣고 끓인 것. 접착성은 떨어지나 내구성이 약간 있으며 값이 싸므로 요소수지 접착제 등과 혼합하여 사용하면 풀기가 좋아짐.

콰르테토테이블(quartetto table) : 4개의 소형 테이블이 포개지도록 만든 테이블. 셰러턴이 이러한 이름을 붙였음.

콰르테토테이블

콰이어(choir) : 교회의 성가대석·합창단석이 있는 부분 및 내진(內陣, chancel)으로 챈슬(chancel)의 서측부에 있음. 종종 넓은 의미로 챈슬과 같은 것으로 사용하기도 함.

콰페즈(coiffeuse) : ①루이 15·16세 시대의 이용 테이블 또는 화장 테이블. ②18세기 프랑스 로코코 의자의 형태로 앉아 있는 동안에 머리를 손질받을 수 있도록 상부 가로대의 중앙이 밑으로 곡선지게 파여져 있고, 팔걸이 부위가 개방된 의자. 일상의 팔걸이의자로도 사용됨.

콰페즈

쾌감대(快感帶, comfort zone) : 사람이 쾌적하게 생활할 수 있는 외적 조건의 범위. 보통 여름에는 유효온도 ET=19~24℃, 겨울에는 ET=17~22℃로 함.

쾌감선도(快感線圖, comfort chart) : 인체가 느끼는 기온·습도·기류·복사에 의한 쾌적감의 범위를 말하며, 쾌감선도에 의해 구함.

쾌적(快適) : 열적으로는 온열환경에 만족을 표시한 기분의 상태.

쾌적성(快適性, amenity) : 안락함이나 편리함 또는 즐거움을 증가시키거나 제공하는 특성. ⇨어메니티(=).

쾌적성 한계(快適性 限界, reduced comfort limit) : 자극에 의해 인간이 불쾌감을 느끼거나 느끼지 않느냐의 경계. 쾌적성에 대한 환경인자는 온열·공기의 질·음·진동·

빛 등이 있음.

쾌적영역(快適領域, comfort zone) : 기온과 평균 복사온도·습도·기류간의 관계를 조합하여 다수의 성인이 쾌적하다고 느끼는 환경의 범위. 그리고 쾌적영역은 개인차·생리적·심리적 특성 및 활동상태에 따라 변함.

쾌적온도(快適溫度, optimum temperature) : ①쾌적한 상태와 거의 일치하는 온도를 말하고, 설계의 목적으로 사용할 때는 환경온도(tei)와 합성건구온도(tres)를 표시함. ②각종 작업에 있어서 춥지도 않고 덥지도 않은 온도.

쾌적온도

계절	앉아서 하는 작업 (상당히 가벼운)	경작업(輕作業) (가벼운)
여름	24~27℃	20~25℃(냉방했을 경우)
겨울	20~23℃	18~20℃(난방했을 경우)

㉠앉아서 하는 작업이란 에너지 대사율 1 미만
㉡경작업이란 에너지 대사율 1~2 정도
㉢습도는 50~60% 정도
㉣풍속은 경작업인 경우는 0.5㎧ 이하
앉아서 하는 작업에서는 더욱 낮은 값이 바람직함.

쾌적지표(快適指標, thermal comfort index) : ①실내의 쾌적환경에 영향을 미치는 온도·습도·기류 및 주벽의 복사열 중에서 여러 가지를 조합하여 하나의 지표로 표시한 것. ②열쾌적지표는 실험적 지표(실험실에서 물리적 환경조건과 주관적인 쾌적감을 동시에 조사하여 상호관계를 통계적으로 작성한 지표)와 분석적 지표(대사에 의한 주위환경으로의 열류경로를 추적하고 환경요소에 의해 영향을 받는 여러 가지 열류저항을 고려하여 작성한 지표)로 분류함. ③실험적 지표에는 유효온도·신유효온도·수정유효온도·표준유효온도·등가온도·등온감각온도·작용온도·합성온도·적도쾌적지표 등이 있음. 분석적 지표에는 열응력지수·4시간 발한예측·열응력지표·열스트레스지표·불쾌지수 등이 있음.

쾌적환경측정기(快適環境測定器, comfort meter) : P.O. Fanger의 쾌적 방정식에 기초를 두고 표현하는 상온열감반응(PMV ; Predicted Mean Vote)·상상불만족도(PPD ; Predicted Percentage of Dissatisfied)를 직접 측정하고, 온열환경에서 일어나는 인체의 쾌적성을 결정하는 측정 장치.

쾌적환기(快適換氣, comfort ventilation) : ⇨환기.

쾌청(快晴) : 운량(雲量)이 20% 이하인 경우를 말함. ⇨운량.

쾰러착시(-錯視, köller illusion) : ⇨만곡의 착시(=). ⇨착시.

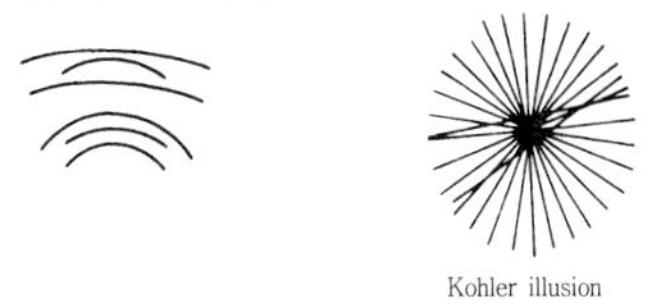

쾰러착시

쿠룰레그(curule leg) : 고대 그리스와 로마의 접이의자(folding stool)에 사용된 다리와 유사한 'X'자 형태로 된 다리.

쿠마론수지(-樹脂, coumarone resin) : ①쿠마론인덴수지와 아스팔트를 혼합하여 만든 타일로 보통 아스팔트 타일·아스타일이라고 함. ②쿠마론의 중합체(重合體)이며 열가소성 수지. 쿠마론은 콜타르의 증류물 속에 그 유도체인 인덴(inden)과 함께 있어 보통 쿠마론인덴수지로서 주로 바닥재 및 도료 등에 사용함.

쿠마론인덴수지타일(-樹脂-) : ⇨쿠마론수지(=).

쿠비쿨룸(cubiculum[라]) : ①고대 로마 주민의 침실. ②초기기독교 시대의 카타콤(catacomb) 안의 묘실(墓室).

쿠션(cushion) : 신체나 그 일부를 받치기 위해 새털·솜 등의 탄력성 있는 물질로 채운 직물 혹은 가죽으로 만든 부드러운 베개나 방석. 소파나 의자에 두고 완충제로 사용하는 것이 일반적이며, 좋은 쿠션성이란 적당한 딱딱함이 더해진 지지면(支持面)을 의미. 독서와 휴식에는 쿠션과 스프링 60㎜가 적당함.

쿠션상주두(-狀柱頭, cushion capital) : ⇨블록상주두(=). ⇨쿠션캐피털(=).

쿠션캐피털(cushion capital) : ⇨받침주두(=). ⇨캐피털.

쿠션프리즈(cushion frieze) : 상자형 가구(case furniture)의 돌림띠(cornice) 아래에 있는 볼록한 무장식의 소벽(小壁, frieze). 17세기 후반에서 18세기 초까지 영국과 미국의 가구에 사용됨.

쿠셰트(couchette[프]) : ①중세에 서민들이 사용하던 천개(天蓋, canopy)가 없는 접어서 들고 다닐 수 있는 매우 단순한 형태의 침대. 방에서 방으로 이동시킬 수 있도록 바퀴가 달린 것도 있음. ②유럽 열차의 침대 객실 또는 침대차의 칸막이 방.

쿠스핑(cusping) : 고딕건축에서 세 잎 장식(trefoil)이나 네 잎 장식(quartrefoil)의 뾰족한 부분.

쿠아트로리브리(quattro libri) : 1570년 출간된 팔라디오(Andrea Palladio, 1508~80)의 저서 『Quattro Libri Dell'Architectura』로 그의 이론서이며, 특히 실무에 관한 이론이 서술되어 있어서 후대에 그의 탁월함을 전해줌.

쿠오인(quoin) : 일반적으로 건물의 우각부를 지칭하며, 특히 이 부분이 건목치기(rustication)에 의해 강조될 때 사용함. ⇨애리스.

쿠울(cuoule[그]) : 비잔틴 양식의 대표적인 가구로 사자의 머리와 발톱·돌고래 등의 고대 이집트와 그리스의 조각장식을 사용한 접을 수 있는 의자.

쿠폰실(-室, coupon room) : 은행의 보호 예치금고(預置金庫). 금고 안에는 보호 상자를 놓아두고, 특정의 고객이 그 상자를 자유로이 이용하게 하며, 손님 자신이 금고에서 자기의 보호상자를 꺼내고 점검하는 등 귀중품을 안전하게 관리하기 위한 쿠폰 부스(coupon booth)가 마련되어 있음.

쿠프(Himmelblau Coop) : 1968~71년 동안 활약한 W. D. 프릭스·H. 스빅친스키·R. H. 홀체르 등에 의해 비엔나에서 결성된 건축가 그룹. H. 홀라인(Hans Hollein : 1934~)과 당시의 실험적 그룹인 Haus-Rucker사(社)의 영향을 받아 공기막구조의 심리적·미적인 문제에 관심을 두었음. 건축은 시각적으로 그 긴장감을 더욱 고조시킬 수 있는 방법으로 표현되어야 한다는 인식하에 건축계획안을 공포와 해로움, 더 나아가 이글이글 타오르는 불꽃같은 것으로 인식했고, 작품으로 1976년의 'Wiener Supersommer, 빈의 초여름', 'Reiss Bar(1977)', 'Mistelbach(1979)'와 'The Brabches of Humanic(1980)', 'Flammenflügel, 불길의 날개(1980)', 뮤직바(music bar)인 'Roter Engel, 빨간천사, 1981)' 등이 있고, 저서로는 『발화되어야 할 건축(Architectur muβ brennen, 1980, 그라츠)』이 있음.

쿡숍(cook shop) : 작은 요리집 또는 식당.

쿤트의 착시(Kundt illusion) : 실제로는 같은 거리이지만 분할되어 있는 길이는 분할되어 있지 않은 길이보다 크게 보이는 착시. 이 착시도형은 1855년 오펠(Opperl)에 의해 소개되었으며 1863년 쿤트(Kundt)에 의해 분할거리착시가 연구됨. 실험에 의하면 분할선이 균질적, 분산적, 등간격일 때 과대시의 경향이 더 커짐. 채워진 공간착시(=).

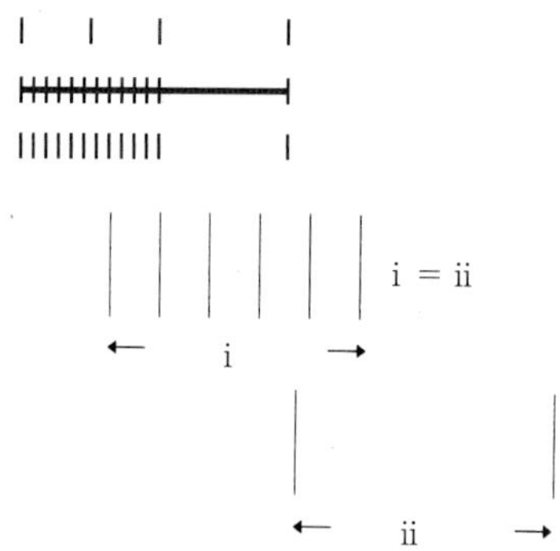

쿤트의 착시

쿨리스(coulisse) : ①홈이 있는 기둥. ②홈을 따라 문이 움직임.

쿨링오프제도(-制度, system of cooling off) : ①원치 않는 계약을 하거나 판단착오로 계약했을 때 소비자가 일정기간까지

계약을 취소하고 계약금을 돌려받을 수 있는 제도. 즉 냉정해져서(cooling off) 다시 생각하는 기간을 계약자에게 부여하기 위한 것. ②흔히 외판원의 끈질긴 권유나 친척·친구간의 의리 때문에 계약내용을 잘 알지 못한 채 계약하는 예가 많아 이 같은 제도가 생겼음. ③해약을 원할 경우 10일 이내, 다단계판매의 경우는 20일 이내에 판매회사에 해약을 통지하면 됨. ④이때 반드시 증거가 남을 수 있도록 내용증명으로 통지해야 함. ⑤소비자 책임으로 물품이 훼손된 경우와 가격이 5만 원 이하인 경우에는 쿨링오프를 행사할 수 없음.

쿨링타워(cooling tower) : ⇨냉각탑(=).

쿨링타워의 백연현상(白煙現像, white smog of cooling tower) : 대기가 저온다습한 경우 냉각탑 출구 공기 중의 다량의 수증기가 주위에 확산될 때 과포화현상으로 인하여 마치 흰 연기가 피어오르는 것처럼 보이는 현상.

쿨미디어(cool media) : 정밀도가 낮은 정보, 완성도가 낮은 정보매체를 말하며, 라디오·신문 등이 이에 속함.

쿨 튜브 시스템(cool tube system) : 신선한 외기를 지하에 매설된 관에 유입시켜 지하의 열원과 열교환하여 동·하절기에 건물의 난·냉방 부하를 절감.

쿼드랭글(quadrangle) : 사방이 건물로 둘러싸여진 장방형의 안뜰.

쿼드러처(quadrature) : 트롱프뢰유(trompel'oeil) 회화의 17, 18세기의 이탈리아 양식. 원기둥(column)·돌림띠(cornice)·엔태블러처(entablature)·큐폴라(cupola)·주랑(colonnade)과 같은 건축적 요소들을 평평한 벽과 천장 위에 투시도법으로 그려 외경(外景)을 극도로 사실적·입체적으로 표현하였음.

쿼드리파타이트아치(四分形穹窿, quadripartite arch) : 교차하는 대각선 리브(diagonal vault)에 의해 4부분으로 나누어진 리브 볼트(rib vault).

쿼럴(quarrel) : ⇨쿼리(=).

쿼리(quarry) : 사각형이나 다이아몬드형의 작은 유리 및 타일 조각을 말하며, 중세시대 스테인드글라스에 사선방향으로 사용됨.

쿼리

쿼리타일(quarry tiles) : 거친 진흙으로 소성된 무광택 방형 타일을 말하며, 견고하여 주로 바닥재로 사용됨. 프로메네이드 타일(=).

쿼인(quoin) : ⇨퀴언(=).

쿼크(quirk) : ①몰딩의 오목하게 들어간 깊은 홈. ②비드(bead) 또는 쇠시리(molding)와 인접한 부재나 패널 표면을 구분해 주는 홈 또는 예리한 모서리. ⇨개탕.

쿼터라운드(quarter round) : 1/4 원형의 단면을 가지는 볼록 몰딩.

쿼터라운드

쿼터포일(quarter foil) : 4개의 둥근 잎이 모인 모양 또는 무늬.

쿼터포

퀘브라초콜로라도(Quebracho Colorado, Schinopsis lorentzji Engl.) : ①아르헨티나·파라과이·브라질에 분포함. ②심·변재 구분이 분명하며 나무표면은 곱고 매우 단단하고 무거움. 비중이 1.17, 가공은 곤란하고 판재로 켜는 일은 거의 없으며 박판(薄板)은 할렬(割裂)이 일어날 우려가 없고 내구성이 높음. ③용도는 주로 침목·토대 등에 사용.

퀴언(quoin) : 모서리돌(corner stone)을 의미하는 것으로 건물이나 벽체 외측의 모서리 및 모퉁이 또는 건물의 모서리를 보호·보강하고 장식적으로 강조하기 위하여 모서리에 사용하는 돌. 일반적으로 돌이나 벽돌을 길고 짧은 것을 교대로 번갈아 가며 쌓는 형식이 대부분이며, 인접한 돌과는 장식적으로 구별됨. 귓돌(=).

ㅋ

퀵보너(Quickborner) : 거대한 설계조직에 의해 대형의 고층 오피스 빌딩을 주로 설계한 건축사무소. 오피스 랜드스케이프(office landscape)는 1958년 함부르크 퀵보너의 설계팀에 의해 개발된 것으로 'Büro Landschaft'라는 어원에서 유래했고, 이것은 종래의 정형화된 사무공간에서 벗어나 시각적이고 의장적 요소를 복합적으로 시도한 새로운 유형으로서 작업환경을 개선하여 기업의 생산성 증대와 이윤을 극대화하기 위한 방안임.

퀵서비스공간(-空間, quick service space) : 은행의 객장 중 고객업무의 처리소요시간을 기준으로 본 동적 공간(보행·전표기입·하이카운터·로카운터에서의 거래가 이루어지는 곳)의 일종으로 주로 예금관계를 다루는 고객이 가장 붐비는 영역공간. 출입에 편리하고 객석을 많이 확보할 수 있는 곳에 위치시키며, 하이카운터를 사이에 두고 고객과 마주 대하며, 대기공간과 보행·전표기입·카운터에서의 거래와 교차되지 않도록 대기용 의자와 필기대의 배치를 고려함. 필요에 따라 각종 홍보물의 부착이나 기타 전시공간으로도 활용함. 객장(=).

퀸사이즈베드(queen size bed) : 매트리스의 폭이 1,650㎜ 전후의 침대. 더블 침대의 폭을 넓게 한 것으로, 2인용으로 여유가 있는 크기임. ⇨침대.

퀸앤양식(-樣式, Queen Anne style) : ①앤여왕시대(1702~14)를 중심으로 한 18세기 초 영국 초기의 화려하고 우아한 건축이나 가구양식. ②19세기 후반에 출현한 노먼 쇼(Richard Norman Shaw : 1831~1912)에 의한 주택건축 양식을 지칭하기도 하고, '앤여왕 부흥양식'이라고 함. ③가구의 특징은 프랑스 로코코풍의 장식이 도입되어 파상곡선이 사용되고, 테이블이나 의자에는 캐브리올 다리(cabriole leg)가 사용되었으며, 특히 등받이의 중앙에 꽃병형의 등판을 부착한 의자는 인체의 곡선이 일치하여 앉는 것을 고려한 기능적인 디자인으로 함. 건축은 붉은 벽돌을 사용한 직사각형의 간결한 형태가 특징으로 평면은 비대칭(asymmetry)의 배치를 하였으며, 건물의 지하나 반지하 또는 지상에 전체 또는 부분적으로 설치된 실(室)이나 통로가 있는 것이 특징임.

퀸앤부흥양식(Queen Anne revival style) : ⇨퀸앤양식.

퀸앤체어(Queen Anne chair) : 1984년 놀인터내셔널(Knoll International)을 위해 로버트 벤추리(Robert Venturi ; 1925~)가 디자인한 그랜드마더 패턴(grandmother pattern)으로 구성된 의자.

퀸앤 소파

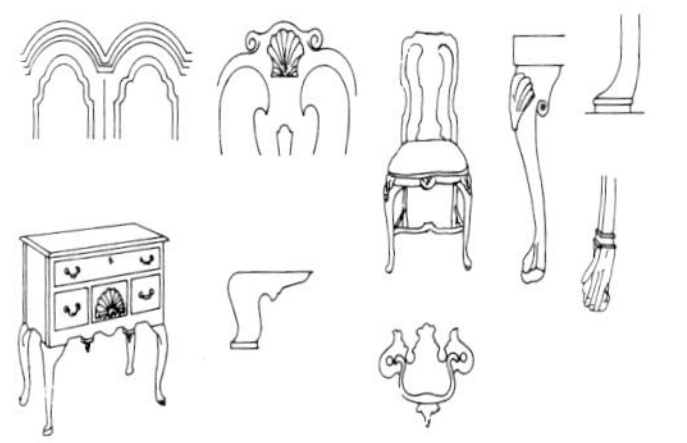

퀸에보니(queen ebony) : 흑색과 엷은 황색 또는 등색(橙色)의 재가 불규칙한 줄무늬를 이루는 것.

퀸클로저(queen closer) : 보통 두께의 반토막 벽돌로 켜를 마무리하거나 정규 벽돌의 남는 공간을 위해 사용함.

퀸클로저

퀸포스트트러스(queen post truss) : ⇨쌍대공지붕틀(=).

큐레이터(curator) : 박물관·미술관·도서관 등의 학예연구가.

큐브스의자(-椅子, Kubus chair) : 호프만(Josef Hoffmann : 1870~1956)이 1910년 기하학적 도형에 대해 연구하여 만들어 낸 디자인.

큐비즘(Cubism, Kubismus[독]) : ①세잔느의 사상과 원시민족 예술에서 시작된 원근법 등의 수법을 부정하고 입방체(cube)를 기초로 표현하는 것을 목적으로 한

20세기 초기의 예술운동. 포비즘(야수파)에 이어서 일어난 20세기 미술의 혁신운동으로 입체표현에 특색이 있어서 '입체파' 또는 '입체주의'라고 함. 시각적인 것에서부터 촉각적인 것으로의 전환, 개념적 현실의 표현을 통해 급격한 운동을 전개했으며, 특히 포스터에 큰 영향을 주었고, 그 이념은 리얼리즘을 골격으로 하는 르네상스 이래의 미술적 전통 그 자체에 도전하는 혁명적인 성격을 가짐. 피카소와 브라크가 추진하였고, 그 동안 분석적 큐비즘·종합적 큐비즘·다이내믹 큐비즘 등의 변용을 보이면서 입체적인 대상을 평면의 캔버스에 옮기려는 세잔의 추구에서 큰 암시와 격려를 받았고, 주로 대상을 분해하여 재구성할 때 화면에 역동감을 도입하려는 운동. ②20세기 초기에 발전된 회화와 조각의 한 양식. 형태적 구조를 강조하고, 자연형태를 기하학적 형태로 추상화하며, 물체를 사실적인 입체로 그리는 것이 아니라 물체의 면을 독립적으로 구성하는 것이 특징. ③세잔느에 의해 시도된 예술사조로 사물의 사실적 형태를 기하학적으로 전환하여 관찰하는 새로운 방법으로 보통 입체파 또는 입체주의라고 함. 감상적 표현을 특징으로 하는 포비즘(Fauvism)과 대조적으로 세잔느(Paul Cézanne : 1839~1906)의 이론을 계승시켜 이론적이고 조형적인 표현의 특징을 가짐. 그 표현방법은 원통·원추·구·삼각형, 입방체 등을 이용하여 과거의 원근법적 화면구성에서 크게 벗어나 있고 가끔씩 기계적 요소들이 상징적 모티프(motif[프])로 장식적인 역할을 하고 있음. 조형적 특징은 예술 전반과 건축·실내환경에 영향을 미치므로 원형의 계단·반원형의 컵 등 기하학 기본 도형이 일상 생활용품에 응용되었고, 특히 새로운 건축기술에 의해 입방체의 도형원리가 건축물의 단순한 구조체에 응용됨으로써 형태 건축을 싹트게 하는 요인이 됨. 러시아의 절대주의(Suprématisme [프]), 네덜란드의 데 스틸(De Stijl)과 같은 공간 이념에 큐비즘 회화의 특성이 조형적으로 적용되었으며, 그밖에 프랑스 건축가 르 코르뷔지에(Le Corbusier : 1887~1965)에게도 영향을 주어 1914년 골조로써 공간의 평면과 기능을 완전히 독립시킨 건설시스템인 도미노이론과 필로티에 의한 건물을 탄생시켰음. 대표적인 작품으로는 프랑스 Poissy에 위치한 사보이 주택(villa Savoy ; 1928~30)으로 직사각형과 원통형이 구사된 기하학적 형태의 건물이 필로티에 의해 공중에 떠오르는 듯이 설계되었으며, 내부 공간에서도 사각형의 평면 위에는 기능에 따라 유기적으로 공간이 배치된 가운데 마당에 인접한 테라스에 이르는 대각선 형태의 경사로, 곡선형의 벽면 등 단순한 기하학 형태로 실내공간의 효과를 높였음.

큐비클시스템(cubicle system) : 실(室)에 간단한 커튼이나 스크린 등으로 칸막이하는 형식.

큐빅블록(cubic block) : 포도(鋪道)블록 중 120~200㎜각, 두께 100㎜ 이상으로 두껍게 만든 특수블록.

큐빗(cubit) : 팔꿈치라는 의미로 팔꿈치에서 중간 손가락 끝까지의 길이이고, 대부분 50㎝ 전후임.

큐어럴의자(-椅子, curule chair) : 로마 시대에 고관대작들이 사용한 접는 의자의 일종. 다리가 곡선으로 디자인되었고, 보통 상아로 상감되어 있으며, 하인이 들고 다니거나 마차에 싣고 다녔음.

큐폴라(cupola) : ①원형 또는 다각형의 주초 위에 놓여 지붕이나 작은 탑의 상부를 마감하는 돔. 특히 작은 돔. ②햇빛이 안으로 들어오도록 채광창(採光窓, clearstory)이나 창문이 달린 보통 소형의 돔(dome) 및 작은 탑으로 상부가 구성된 지붕 위에 솟아오른 탑과 같은 구조물. ③종루(鐘樓)·

큐폴라

정탑(丁塔) 또는 전망대로서 사용되는 돔이나 지붕 위의 가벼운 구조. ④반구형(半球形)의 지붕 또는 천장, 둥근 지붕으로 지붕 위의 작은 돔이나 이와 같은 작은 집을 의미함. ⑤잔을 엎어놓은 것과 같은 모양의 작은 돔을 말하며, 돔의 내부 볼트를 큐폴라라고 부르기도 함. ⑥연강판(軟鋼板)으로 만든 원통의 내벽(內壁)을 내화벽돌로 쌓아 덮은(lining) 수직형 용선로(溶銑爐).

큐폴라벽돌(－壁乭, cupola brick) : 부채꼴 벽돌의 일종으로 큐폴라의 내벽(內壁)에 쌓는데 알맞은 모양으로 만든 내화벽돌.

크기(size) : 한 형태의 치수 혹은 상대적인 크기와 작기.

크기의 항상성(－恒常性) : 대상이 위치한 거리에 상관없이 그 크기가 같다고 인지하는 경향. 이 때 대상이 떨어진 객관적 거리에 대한 정보를 무의식적으로 고려하여 크기의 항상성을 유지함.

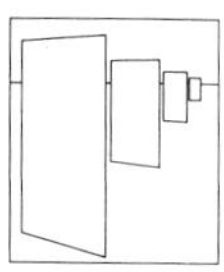

4개의 칸막이
크기의 항상성

크기투시도(－透視圖, size perspective) : 화면(畵面, picture plane)으로부터 멀어지는 것으로 지각된 사물의 크기를 줄임으로써 길이나 거리를 나타내는 기법.

크기효과(－效果, mass effect) : ⇨면적효과(＝).

크라우제소체(－小體, Krause's corpuscles) : 피부의 온도감각(thermoreception) 중 냉각을 감지하는 감각. 피부의 냉각점은 온각점보다 4~10배 정도 많음.

크라운(crown) : ①아치나 궁륭(vault)의 가장 높은 부분. 조각하거나 그림을 그려 장식하고 돋을새김장식(bass)으로 장식하는 것도 일반적이며, 아치에서는 종석(keystone)도 포함됨. ②탑이나 주 건물에 부속된 작은 탑(turret)의 장식적인 꼭대기 부분. ③볼록한 형태의 중심부분. ④크라운몰딩(crown molding)을 말함.

크라운몰딩(crown molding) : ①건물·가구·실내 등의 가장 꼭대기에 있는 몰딩. 특히 돌림띠(cornice)의 장식띠 벽(fascia) 위에 있는 필렛(fillet)과 사이머곡선·시마렉터(cyma recta)나 시마 리버사(cyma reversa)의 몰딩. ②어떤 구조나 장식적 형상의 가장 높은 부분에서 마감되는 장식 몰딩. 실내에서는 천장 상부와 벽이 만나는 부위에 설치되는 장식몰딩을 말함. ③꼭대기 부분의 몰딩, 특히 고대의 몰딩에서 파수아(fasua) 위에 위치한 반곡선과 띠 모양의 몰딩.

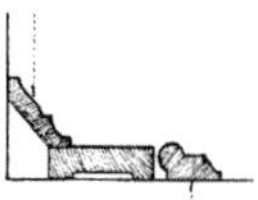

크라운 몰딩

크라운글라스(crown glass) : 고전적인 판유리 제작법으로 빨대를 이용하여 액상유리를 돌리면서 불어내어 평평한 원반형 유리로 만든 제품. 빨대로 인해 판유리 중앙에 볼록한 혹이 붙어 있음. 크라운이라는 이름은 옛날에는 판유리를 만드는데 왕관형구상(王冠型球狀 : crown 狀)으로 부풀린 다음 절단하여 넓히는 방법을 취한 데서 유래함. 왕관유리(＝). 소다석회유리(＝).

크라운홀(Crown Hall) : 미스 반 데어 로에(Ludwig Mies van der Rohe : 1886~1969)가 설계한 시카고의 일리노이공과대학 건축·디자인과의 교사(校舍).

크라이슬러빌딩(Chrysler Building) : ①뉴욕의 42번 스트리트(42nd St.)와 렉싱턴 애비뉴(Lexington Ave)에 위치함. 지상 77층, 지하 1층, 높이 319.4m, 세계에서 18번째로 높은 건물로 기록되고 있음. ②건축가 윌리엄 반 알렌(William Van Alen, 1883~1954)의 디자인으로 1928년 9월 착공해 1930년 5월에 완공. ③전형적인 아르데코 스타일을 보여주는 아름답고 독특한 전형적인 마천루 건축물. 크라이슬러 빌

크라이슬러빌딩

ㅋ

딩을 가장 유명하게 만드는 것은 바로 복잡한 디자인의 눈부시게 빛나는 스테인리스 스틸의 첨탑(尖塔, steel tower). 그리고 우아한 아프리칸 대리석 장식의 로비도 유명함. 빌딩 정면과 내부의 장식은 대체로 기하학적으로 구상됐음. 건축주이면서 세계적 자동차 회사의 오너였던 월터 P. 크라이슬러의 요구에 따라 스테인리스 스틸로 만든 자동차의 모양이 건축에 응용된 것임. 유명한 자동차인 머큐리 모양의 라디에이터 캡이 첨탑 기단부와 건물의 다른 부분 장식부로 쓰이기도 했음. 크라이슬러 빌딩은 기둥을 노출시키지 않은 모서리 부분, 매끈한 외형 등으로 1920년대 모더니즘의 전형을 보여줌. 이후 이 빌딩은 1980년대 초 한 번의 개축공사를 진행했음. ④크라이슬러는 독창적인 디자인으로는 세계 유수의 빌딩들과의 경쟁에서 절대 빠지지 않음. 맨해튼 미드타운의 마천루에서 멋진 자태를 뽐내고 있음.

크라치무늬목(-木, crotch veneer) : 나뭇가지가 갈라져 나간 부분에서 취한 무늬목. 나뭇결은 곡선으로 새털과 같은 무늬가 나타남.

크라터(krater[그]) : ⇨크라테르(=).

크라테르(krater[그]) : ①고대 그리스의 두 개의 손잡이가 있는 보올(bowl)로서 술과 물을 섞는데 이용되었음. ②포도주와 물을 혼합하기 위해 사용된 입이 넓고 손잡이가 양쪽에 있는 고대 그리스의 용기.

크라프트(craft) : 수공예로 만든 제품, 즉 수공예품(手工藝品)을 말하고, 기계로 만든 제품, 즉 공산품에 대한 상대적인 용어.

크라프트지(-紙, kraft paper) : 황산펄프로 만든 단단하고 내습성이 있는 갈색 종이. 주로 시멘트·밀가루·설탕 등의 포장부대 등으로 사용.

크래시포인트(crash point) : 아무리 비용을 들여도 작업일수(공기)를 어느 점 이상으로 단축할 수 없는 한계상태인 시간 및 비용. 특급점(=).

크랙(crack) : ⇨균열(=).

크랩우드(Crab Wood, Carapa guianensis Aubl.) : ①에콰도르·코스타리카·페루·가이아나·브라질·쿠바·파나마·베네수엘라·온두라스·수리남 등 열대 아메리카 외에 서아프리카와 동남아시아에도 분포. ②심재는 통직 또는 교착하고 나무표면은 약간 거칠며, 기건비중 0.60~0.75, 수축률은 방사방향 4.0%, 접선방향 9.1%, 용적수축률 12.8%로 보통이고, 강도는 압축강도 469kg/㎠, 휨강도 1,214kg/㎠, 횡인장강도 23.0kg/㎠로 강함. 가공은 용이하고 마무리는 양호하며 접착도장성도 좋으나 건조는 약간 늦으며 갈라짐(割裂)이나 비틀림에 주의를 필요로 함. 부후에 저항성은 보통이고 원목은 천공충(穿孔蟲)에 심한 침해를 받으며, 용도는 가구·건축내장 등에 사용하며 마호가니와 유사하므로 그 대용재로도 사용.

크레널(crenel, crenelle) : ⇨크리넬(=).

크레닐레이션(crenellation) : ⇨머치코레이션.

크레닐레이티드(crenellated) : ①흉장(胸牆, battlement)의 경우처럼 주로 벽의 최상부에 있어서 V자 또는 톱니모양으로 새겨진 형태. ②⇨머치코레이션.

크레덴스(credence[프]) : ①고딕시대의 중요한 가구 중의 하나인데 제대(祭臺) 또는 공물대(供物臺)를 지칭하는 것으로 함(函)에 다리를 부착한 장(欌)을 의미. ②2층 장롱이나 작은 화장대·테이블을 말하고, 부분적 대리석과 월넛(walnut)을 사용한 전형적인 프랑스 장롱. ③프랑스 고딕시대에 교회용으로 발달된 찬장 또는 서빙 테이블(serving table). ⇨사이드 보드(side board)·크레덴자(=).

크레덴자(credenza[이]) : ①이탈리아 르네상스 실내장식 양식에서 흔히 사용되었던 궤짝 모양의 캐비닛. 윗면이 전면으로 돌출한 선반형태의 장식이 있고, 하단부에는 서랍이나 여닫이문을 설치하여 그 속에 식기

크레덴자

를 보관했으며, 현대에는 문이나 서랍을 가지고 있는 책상 또는 그와 유사한 수납 캐비닛. ②카소네(cassone[이])의 뒤를 따라 이탈리아 르네상스 시대에 사용되기 시작한 가로로 긴 찬장(cupboard) 형태의 가구. 일반적으로 정면에 2~3개의 문이 있고, 사이사이에 사각 벽기둥(pilaster)이 있으며, 소벽(frieze)에는 서랍이 있음. 현대에는 르네상스 시대와 같은 비례와 규모, 그리고 문과 서랍이 있는 형태가 일반적이며 보통 사무용 가구로 많이 쓰임.

크레마마필(crema marfil[tm]) : 스페인이 원산지인 실내용 대리석으로 베이지색(엷고 밝은 갈색)이며 광택과 색채, 평활도가 우수하고, 주로 바닥에 사용.

크레마마필

크레센트(crescent, sash fastener) : ①오르내리창을 걸어 잠그는데 사용되는 걸쇠(latch)의 일종. ②스퀘어(square)와 비슷한 것으로 광장에 면하여 세워진 웅장한 디자인의 집합주택을 말함. 스퀘어 사각 광장인데 반하여 크레센트는 초승달형이나 반타우나형의 광장을 말함. 18~19세기 초기에 걸쳐 건설되었으며, 베스의 로열 크레센트(1767~75)가 대표적임. ⇨스퀘어.

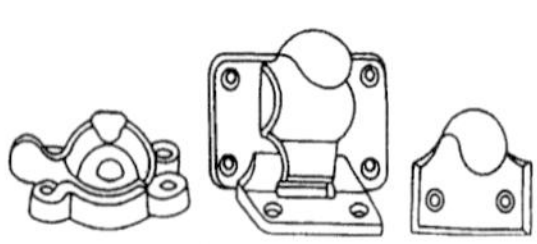
크레센트

크레스트레일(crest rail) : 의자등받이의 높이 솟은 가로대.

크레스팅(cresting) : ①의자등받이 또는 긴 의자의 꼭대기 가로대(top rail)에 하는 르네상스식의 정교한 조각. ②지붕·루프 스크린·벽·에디큘라(aedicula)의 장식. 일반적으로 규칙적이고 장식적이며 다공적(多孔的)임.

크레오소트(creosote) : ⇨크레오소트오일.

크레오소트오일(creosote oil) : ①목재용 방부제인 흑갈색 액. ②유성 방부제의 일종으로 콜타르(coal tar)를 분류(分溜)할 때 나온 흑갈색의 기름. ③너도밤나무속(屬) 식물의 나무를 증류하여 만드는 기름 모양의 액체. 태우는 것 같은 냄새와 맛이 나고 목재 등의 방부제(防腐劑)로 사용함. ④특징은 ㉠방부력이 우수하고 염가이므로 많이 사용. ㉡도포부분은 갈색이고 페인트를 칠하면 침출되기 쉬움. ㉢침투성이 양호하여 깊게 주입할 수 있음. ㉣외관이 아름답지 못하고 냄새가 강하여 실내에서는 사용할 수 없음. ⑤주로 눈에 보이지 않는 토대·기둥·도리·침목·전주 등에 널리 이용됨.

크레이징(crazing) : 경화된 콘크리트 슬래브에 급속한 건축수축에 의해 발생하는 무수한 머리카락 같은 균열.

크레이터(crater) : ①용접 결합의 일종. ②용접할 때 비드(bead) 끝에 항아리 모양처럼 오목하게 파인 결함(현상).

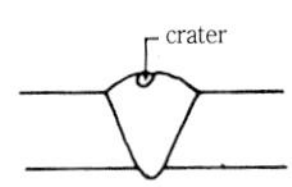

크레이터

크레이트의자(-椅子, Crate chair) : 리트벨트(Gerrit Thomas Rietvelt : 1888~1964)가 1934년에 제작한 의자로 덜 다듬은 붉은색 가문비나무를 사용하여 래커칠을 했으며, 당시에는 메츠회사(Mrtz & Co.)가 생산했으나 현재는 카지나(Cassina)가 제조·판매함.

크레인(crane) : 동력을 사용하여 중량물을 매달아 상하 및 좌우로 운반하는 것을 목적으로 하는 기계 또는 기계장치.

크레졸(cresol, Kresol[독]) : 석탄 타르 및 목(木) 타르 속에 함유된 방향족(芳香族) 화합물. 소독약·방부제로 사용됨.

크레졸수지접착제(-樹脂接着劑, cresol resin adhesive) : 크레졸류와 포르말린(Formalin[독])을 반응시켜 만든 수지를 기재(基材)로 하여 만든 접착제.

크레피도마(crepidoma, crepis) : 그리스 신전에서 기단 주위에 설치한 세단의 돌계단.

크로노사이클그래프법(-法, chronocycle graph method) : ⇨사이클그래프(=).

크로마이징법(-法, chromizing process) : 철의 내부식성을 갖도록 하는 화학적 처리법으로 시멘테이션(cementation) 가운데 크롬을 철강제 표면에 융착시키는 방법. 크롬 이외에 알루미늄도 사용하고, 캐롤라이징법(calorizing process)도 있음.

크로마틱네스(chromaticness) : 색상과 채도를 동시에 고려한 경우의 색 속성.

크로스(cross) : ①기독교 정신의 상징으로 사용되는 물체로 수직과 직각이 교차되는 모양으로 이루어지는 형태를 총칭함. ②4개의 가지(arm)가 같은 길이가 되도록 2개의 선이 서로 정확한 강도에서 교차될 때 그 결과로 생기는 형태가 크로스이고, 이 형태에서 흔히 볼 수 있는 변화는 이 가지 중의 하나가 다른 3개의 가지보다 더 길게 확장된 것임. 이것은 로마 교회에 의해 채택되었던 크로스 형태이며, 4개의 길이가 같은 가지를 갖는 형태는 그리스 교회에 의해 채택되었음.

크로스레일(cross rail) : ⇨가로(횡)대(=).

크로스밴딩(cross-banding) : ①목재문의 구조에서 코어(core)와 나뭇결 방향이 표면 단판(單板, veneer)의 방향과 직각인 표면 단판 사이에 위치한 단판. ②패널·문·테이블 상판(table top) 등을 디자인하는데 틀(frame)로 사용되는 나무 베니어판의 좁은 띠. ③가구·문·패널, 기타 목재 내장재의 베니어판 구조에서 노출된 바로 밑의 층. 베니어가 쪼개지거나 뒤틀리는 것을 방지하기 위하여 딱딱한 목재 심재와 베니어 표면과의 나뭇결이 직각을 이루도록 붙이는 것.

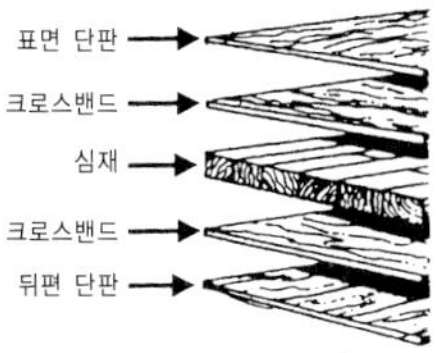

크로스브리징(cross bridging) : 바닥이나 지붕의 장선 사이에 가새형으로 고정된 장선잡이(bridging).

크로스빔(cross beam) : ⇨격자보(=).

크로스오버(cross over) : 부드럽게 흘러내리는 드레이프가 중앙에서 겹치게 되는 커튼. 드레이프를 고정시키기 위해 한 번 형태를 잡으면 개폐하지 않음. 이 자체만으로도 낭만적인 스타일이기 때문에 무늬가 있는 것보다 무늬가 없는 흰색이 적합함. 세로로 긴 창문에 붙여 세로로 긴 아름다움을 강조하는 쪽이 보다 효과적임.

크로스커넥션(cross connection) : 수돗물과 수돗물 이외의 물질이 혼입되어 오염시키는 것. 이러한 현상은 백플로(back flow)·수수탱크·고가탱크 등을 통해 발생함.

크로스콘투어드로잉(cross contour drawing) : 형상(形象)의 가장자리보다 표면을 따라서 연속된 절단면(切斷面)을 표현하는 선을 그리는 기법.

크로스파이어(cross fire) : 마호가니·호두나무·새틴우드 등에 생기는 얼룩얼룩한 줄무늬.

크로스포미(cross formée) : 같은 길이를 가지는 막대가 교차되어 중심으로부터 확장되는 형태.

크로스해칭(cross hatching) : 둘 이상 일련(一連)의 교차하는 평행선으로 구성된 음영(陰影).

크로켓(crocket) : ①보통 잎사귀 모양의 튀어나온 장식. 특히 고딕건축에서 첨탑과 박공 외측 귀퉁이 장식에 사용됨. ②고딕건축양식에서 뾰족탑의 각도에 의해 형성되는 경사진 선을 장식하기 위해 잎 장식으로 조각된 돌출된 부분. ③주두(柱頭)·첨탑(尖塔)·버트레스(buttress) 등의 돌출된 꽃모양 장식. ④잎이나 꽃봉오리의 정점들이 측면에 이용되었던 장식으로 고딕예술에서 사용되었음. ⑤⇨피너클(=).

크로켓팅(crocketing) : 작은 뾰족탑(pinnacle)의 측면에 사용되는 돌출된, 돌려 깎은 장식으로서 고딕 예술과 건축에 나타났음. 주먹 또는 잎사귀 모양으로서 책장 옥좌와 같은 의자의 기둥(post)에도 세공되었음.

크로키(croquis[프]) : ①움직이는 동물이나 사람의 형태를 짧은 시간에 스케치하는 것. ②대상의 특징이나 움직임을 빨리 정확하게 포착해 실감나도록 표현하는 것이 특징.

크로킹(crocking) : 직물 또는 염색된 천으로부터 색을 제거(rubbing)하는 것.

크롬(Cr) : ①은백색의 단단한 금속 원소. ②기호는 Cr, 번호 24, 원자량 51.996. ③녹이 슬지 않아 크롬 도금이나 합금에 널리 쓰임.

크롬강(-鋼, chrome steel) : 탄소강에 크롬을 첨가하는 특수강을 말하며, 탄소 및 크롬의 함유량에 따라 그 성질과 용도가 다름. 탄소 0.3~0.8%·크롬 0.8~1.2%를 함유한 것은 구조용 강재로 사용하고 크롬을 12% 이상 함유한 것은 스테인리스강이라고 하여 내식성이 우수하여 창호재·주방용 기구·난방 등으로 널리 사용. 풀림처리를 한 상태로는 탄소강과 큰 차이가 없는 강도의 기계적 성질을 갖고 있으나 열처리를 하면 기계적 성질이 크게 개선되고, 크롬은 탄성한도와 인장강도를 증진시키고 신장률을 크게 감소시키지 않고 경도와 내마모성·충격값 및 피로한도 등을 증대시킴.

크롬그린(chrome green) : 산화 제2크롬(chromium)으로 만드는 녹색 안료. 강한 녹색. 색 이름으로는 아직 불확정적임.

크롬도금(鍍金, chromium plating) : ①크롬산과 황산의 혼합액 중에 전기를 통하게 하여 피도금체를 음극으로 하여 그 표면에 크롬을 전착(電着)시키는 것을 말하며, 표면의 미화·방청 및 스테인리스 대용품으로 널리 사용. 의자에 사용되는 파이프는 일반적으로 크롬도금한 것으로 스테인리스강 파이프와 비슷한 질감이나 색을 가지고 있음. ②크롬 혼합물로 금속 표면을 입히거나 도금하는 것.

크롬렉(環石柱群, cromlech) : 단일석(單一石)들로 된 원형의 거석(巨石)으로 고인돌이나 흙무덤 및 멘힐이 원형(圓形)으로 배열된 것을 말하며, 여기에 단열(單列)로 배열된 단환석주군(單環石柱群, stone circle)과 이열(二列)로 배열된 복환석주군(複環石柱群, stone hinge), 두 가지가 있음. 멘힐에서 자연거석(自然巨石) 그대로이지만 크롬렉은 각 석주의 굵기가 거의 같게 가공되고, 열석 주위에 석재보(石材樑, stone lintel)가 얹어져서 원형은 연결됨. 남부 영국의 솔즈베리(Salisbury)에는 유명한 스톤헨지(stonehenge)가 남아 있는데, 높이 4.4m의 석주 30개가 직경 30m의 원주상에 열주형식(列柱形式)으로 되어 있음. 이러한 스톤헨지가 만들어진 것은 신석기시대가 아닌 다음의 금석병용시대(金石併用時代)의 동기시대(銅期時代)의 것임.

크롬마그네시아질벽돌(-質璧乭, chrome and magnesite brick) : 크롬철광과 마그네시아 클링커를 주원료로 한 염기성 내화벽돌. 마그네시아의 함유에 따라 크롬 마그네시아 벽돌 또는 마그네시아 크롬 벽돌이라고 함.

크롬몰리브덴강(-鋼, chrome molybdenum steel) : 크롬강에 몰리브덴을 첨가한 특수강으로 니켈·크롬강의 니켈을 절약하기 위하여 몰리브덴(Mo)을 대신 소량 첨가하여 성질을 개선시킨 니켈·크롬강의 대용강(代用鋼). 기계적 성질이나 담금질에 대한 질량효과도 니켈·크롬강에 비해 큰 차이가 없고 용접성 또한 우수하여 많이 사용하고 있음. 건축에서는 내열재(耐熱材)로 사용하고, 그밖에 기어·크랭크축으로 사용함.

크롬벽돌(-璧乭, chrome brick) : 중성 내화벽돌의 하나이고 크롬철광($FeO \cdot Cr_2O_3$)에 내화점토·석회 등을 소량 혼합하여 소성한 벽돌이며 압축강도는 20℃에서 450kg/㎠, SK 36(1,790℃) 이상인 질이 좋은 내화벽돌. 주로 야금로(冶金爐)에 사용.

크롬옐로(chrome yellow) : ①크롬산염이 주

ㅋ

성분인 황색 안료로서 그림물감의 일종. ②금속원소인 크롬(chromium)이란 말은 색이란 뜻의 그리스말 크로마(khroma)에서 유래. 이 안료는 제조과정에 따라 순황색에서 붉은 기미의 황색까지 그 범위가 넓으나 약간 적색 쪽으로 기울어진 노랑. 관용색명으로 노랑. ③먼셀기호 3.0Y 8.0/12.0.

크롬웰의 통치시대(-通治時代, Cromwell period) : 1649~60년간은 종교전쟁 등으로 영국의 산업과 예술이 전반적으로 침체된 시대로써 가구도 별다른 발전이 없었던 시기였음. 그러나 1660년 이후(Restorian Age ; 1660~89) 프레미시와 프랑스의 바로크에 영향을 받았고, 군주제(君主制)의 부활로 생활환경이 사치스럽게 변모하였으며, 가구도 영향을 받아 형식주의가 대두되게 되었음. 커다란 의자의 등받이는 안락함을 위해 뒤쪽으로 경사지기 시작하였고, 인간의 머리를 부조한 로메인(Romayane) 장식은 의자의 등받이에 지속적으로 적용되었으며, 다른 가구에도 적용되었음. 탁자는 여러 가지 형태로 제작되었으며 규모가 작은 탁자는 상감세공과 일본식의 옻칠이 표면장식으로 사용되었으나 품질은 열악한 편이었고, 실내의 벽면은 커다란 나무판으로 장식되었음.

크롬웰체어(Cromwellian chair) : 1649년 찰스 1세의 사형 후, 1660년 찰스 2세의 왕정복고까지 크롬웰이 집권했던 영국 공화정시대에 사용된 단순하고, 수수하며, 장식이 없는 의자. 사각의 형태로 등받이는 낮고 선반·가공한 다리에 팔걸이가 없으며 좌판과 등받이는 가죽으로 씌웠음.

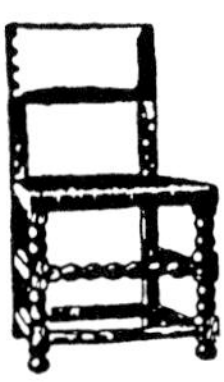
크롬웰체어

크루엘(crewel) : 체인 스티치 자수(chain stitch embroidery)는 가늘고 느슨하게 꼬이고, 그 주름 모직물 실을 사용하여 무색으로 짠 섬유 위에 만든 것. 보통 영국이나 인도의 캐시미어(Kashmir) 지방에서 수작업으로 만들고 있음.

크루징(cruising) : ①요트나 호화여객선 등 선박에 의한 여행. ②서구에서는 크루징이 이미 대중화되어 대형 초호화여객선으로 세계일주 등 다양한 코스의 선박여행을 즐기고 있음.

크룩스이미사(crux immissa) : ⇨라틴십자가(=).

크리넬(crenel, crenelle[프]) : 총안(銃眼)으로 성가퀴의 멀런(merlon) 벽 사이에 위치한 트인 부분.

크리드랄(clithral) : 고전적 신전의 지붕이 얹어진 부분.

크리스크로스커튼(crisscross curtain) : 양여닫이 커튼의 내측에서 X자형으로 교차하여 매는 방법.

크리스털글라스(crystalline glass) : ⇨칼리납유리(=).

크리스털 형태(-形態, crystalline form) : 주기적인 반복과 동일한 구성, 그리고 합동하는 단위세포로 이루어진 형태.

크리오스핑크스(criosphinx) : 고대 이집트에서 사용된 사자의 몸과 양의 머리를 지닌 상상의 동물.

크리켓(cricket) : ①경사진 지붕에서 굴뚝과 같은 수직의 구조물이 있을 때 이 두 부분이 만나서 생긴 골짜기로 낙숫물의 방향을 바꾸어 물이 차는 것을 막기 위해 만든 작은 지붕. 말안장과 같이 위가 솟아오른 형태의 구조물을 골짜기에 설치하여 주변으로 물이 흘러가도록 함. ②목재로 만든 낮은 발판(foot stool)의 고임.

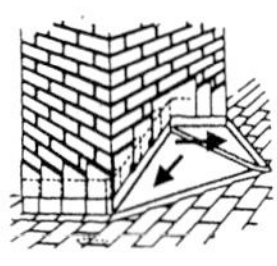
크리켓

크리켓테이블(cricket table) : 고대 그리스인이 주로 식사용으로 사용하던 작고 소박한 테이블. 높이는 소파 밑으로 밀어 넣기 알맞게 낮은 것으로 3개의 다리에 사각형이나 원형의 상판이 있는 영국의 자코비안(Jacobean)시대에 주로 사용되었음. 필요에 따라 들여 놓기도 하고 내놓기도 했으며, 그리스인들은 벽에 걸어 놓

ㅋ

았음. 4세기에는 점차 사각탁자가 원형탁자 대신에 놓여지게 되었으며, 17~18세기에 특히 인기가 있었음.

크리티컬패스(critical path) : ①개시 결합점에서 종료결합점에 이르는 가장 긴 패스를 말함. ②공사의 소요기간을 결정할 수 있는 경로로서, 최초 작업으로부터 최종작업에 이르는 공정 중 시간적으로 가장 긴 공정들을 연결한 경로(path). ③⇨주공정선·시피(CP)(=).

크리티컬패스법(−法, CPM ; Critical Path Method) : ①1957년 민간회사인 듀퐁사 공무부(engineering service division)의 워커(Morgan R. Walker)와 레먼턴랜드사(社)의 켈리(James E. Kelley) 등에 의해 개발되었는데, 실험용의 모델 플랜트에 의한 분해검사와 유지관리를 위해 플랜트를 일시 폐쇄하는 프로젝트의 일정과 원가(cost)의 관리를 위한 기법으로 공기 설정에 있어서 최소의 비용 조건으로 최저의 공기(工期)를 구하는 것을 목적으로 하고 있음. 비용문제를 포함한 반복사업, 즉 경험이 있는 건설사업에 적합하고 경험이 있으므로 한 번의 시간추정으로 그치며, 이 양자(兩者)는 각각 독립적으로 개발되어 기법이나 용어가 매우 다르지만 이 양자는 이후에 서로 뒤섞이고 종합되면서 현재에 이르는 CPM(comlete project management)시스템이라고 할 만큼 일반화되었음. ②컴퓨터로 복잡한 작업의 각 단계를 도식화하여 필요한 자료를 산출하는 방식으로 사전에 계획 관리하는 방식.

크리프(creep) : ①고온재료가 점성액(粘性液)이 되어 하중(荷重)이 작용하는 동안 계속 변형되는 현상. ②콘크리트의 크리프는 경화된 콘크리트에 지속적으로 하중이 작용할 경우에 발생하는 시간 종속적 변형을 의미하고, 콘크리트 구조체에 하중이 전달되면 순간탄성변형도가 발생한 후 시간이 흐름에 따라 크리프 변형도가 발생함. 따라서 크리프변형도는 구조체에 하중이 작용하여 일정한 시간이 경과된 후 측정된 전체 변형도에서 하중작용시 측정한 순간탄성변형도를 빼면 얻을 수 있는 값임. ③콘크리트에 하중이 작용하면 그 크기에 따라 순간적으로 변형되지만 일정한 하중이 지속적으로 작용하면 하중의 증가가 없어도 콘크리트의 변형은 시간에 따라 증가하고, 이와 같이 지속적으로 작용하는 하중에 의해서 시간에 따라 콘크리트의 변형이 증가하는 현상을 말하며, 콘크리트 크리프에 영향을 주는 요인은 콘크리트 압축강도·재령·골재·온도·상대습도 등임. 콘크리트의 크리프 변형은 일반적으로 ㉠하중이 클수록, ㉡시멘트량(量) 또는 단위수량이 많을수록, ㉢하중 작용시의 재령(材齡)이 짧을수록, ㉣부재의 단면치수가 작을수록, ㉤부재의 건조 정도가 높을수록, ㉥재하기간중 대기습도가 낮을수록, ㉦재하응력이 클수록, ㉧부재 치수가 작을수록, ㉨빈배합 또는 물시멘트비가 클수록, ㉩시멘트, 페이스트량이 많을수록 커짐. 또한 외부습도가 높을수록 작고 온도가 높을수록 크며, 소정의 하중에 의한 크리프 변형도가 탄성변형도의 비를 크리프 계수(creep coefficient)라고 함. ④콘크리트 크리프는 기본 크리프와 건조 크리프로 분류하고, 기본 크리프는 콘크리트와 주위와의 수분 이동이 차단된 상태에서 발생하는 시간 종속적 변형도이며, 건조 크리프는 기본 크리프에 건조에 의한 변형도가 추가된 것임.

크리프강도(−强度, creep's intensity) : 일정한 하중을 장시간 작용시킨 채로 두면 하중을 더 늘리지 않아도 천천히 변형이 진행될 때 그 응력의 한계. ⇨피로강도.

크리프트(crypt) : ⇨크립트(=).

크림색(−色, cream) : ①우유의 크림과 같은 색. 해맑은 황색(pale yellow). ②관용색명으로 밝은 회노랑. ③먼셀기호 5.0Y 8.5/3.5.

크림슨(crimson) : ①카민과 같은 원료. 어원을 가짐. 본래 카민과 같은 색이지만 카민보다 더 짙고 어두운 쪽을 가리키는 경향이 있음. 보라 기미의 진한 적색(deep purplish red). ②먼셀기호 1.0R 3.0/11.0.

크립톤(krypton, Kr) : ①주기율표 18족인 비활성 기체에 속하는 원소. ②화합물을 잘 형성하지 않으며, 공기보다 3배 정도 무겁고 무색·무미·무취임. 천연가스와 온천·화산에서 내뿜는 기체에 미량 존재하나 지구 대기에는 매우 많아 1.11ppm 정도임. 1898년 영국의 화학자 윌리엄 램지와 모리스 트래버스가 액화공기를 전부 끓여 증발시킨 잔류물에서 발견했음. 상업적으로는 액화공기를 분별·증류하여 소량 생산하고, 형광등과 속사진의 섬광등에 쓰이며, 방사성 동위원소인 85Kr는 금속 표면에 있는 흠을 발견(원자가 금속 표면의 작은 흠에 모여 내놓는 방사선으로 검출함)하는데 사용. 저압에서 크립톤이 들어 있는 유리관에 전류를 통하면 푸른색을 띤 백색광이 방출함. 안정한 동위원소인 86Kr이 내놓는 주홍색 스펙트럼선에 해당하는 파장은 매우 선명하기 때문에 1960~83년 국제표준미터법의 기준이 됨(1m는 이 스펙트럼선 파장의 165만 763.73배와 같음).

크립트(crypt) : ①교회 건물의 지하 예배실 또는 묘소로 사용된 지하의 방이나 지하 볼트를 말하며, 특히 교회 주층(主層)의 아랫부분에 위치하고 있는 공간을 말함. 주로 성자(聖者)의 유해(遺骸)를 안치하는 납골소(納骨所)로 사용됨. ②중세 초기의 로마네스크 양식의 성당에서 성인(聖人)이나 순교자의 성유물(聖遺物)을 안치하기 위해 때로는 고위 성직자나 왕후(王后)의 묘소로서, 동쪽 셀라(cella)에 만든 지하 제실(祭室). 9세기경부터 볼트(vault)를 얹은 3랑식 홀의 형식을 취했음.

크립톤램프 : ⇨크립톤전구(=).

크립톤전구(-電球, krypton light) : 불활성 가스이며 크립톤을 봉입한 전구로서 아르곤을 봉입한 일반전구보다 약 10% 정도 효율이 우수함.

크세논램프(Xenon lamp) : 크세논 가스 속의 아크 방전(放電)에 의한 발광(發光)을 이용한 램프. 주광의 색온도(6,100 °K)와 유사하므로 색채를 감별하는 표준백색광원으로 사용됨.

큰구들 : '안방'을 의미하는 제주도 말.

큰보(girder) : ①기둥에 직접 결합되어 있는 구조상 주요한 보. ②거더(=)·빔(⇔).

큰빗토막(bevelled bat large) : 벽돌의 한쪽 옆면의 1/2, 다른 쪽 옆면의 3/4을 잇는 선을 따라 자른 토막벽돌.

큰연귀 : ⇨연귀(=).

큰자귀 : 손으로 들고 서서 배목을 깎는 연장.

큰절 : ⇨거찰(=).

큰정다듬 : ⇨거친정다듬.

클라시커스(classicus) : 고대 로마시대의 여섯 계급 중 최상급의 계급.

클라이모그래프(climograph) : 호주의 테일러(Tayler)가 창안. 세로축에는 월평균 기온, 가로축에는 월평균 상대습도(%)를 표시하여 어떤 지방의 1월부터 12월까지 매월 온도와 습도의 값을 나타내는 점을 연결함으로써 폐다각형(閉多角形)을 그리는 방법. 좌표 위치에 따라 기후의 체감은 다음과 같고, 이밖에 기온과 강수량을 좌표축에 나타낸 것을 하이더그래프(hythergraph)라고 함.

좌표위치별 기후의 체감

	건구온도	습 도	명 칭
혹서(酷暑)	16~32℃	20~50%	고온저습
증서(蒸暑)	16~32℃	70~90%	고온다습
혹한(酷寒)	−18~4℃	20~50%	저온저습
냉한(冷寒)	−18~4℃	70~90%	저온다습

클라이밍거푸집(climbing form) : ①벽체용 거푸집으로 갱 폼(gang form)에 거푸집 설치를 위한 비계틀과 이미 타설된 콘크리트의 마감작업용 비계를 일체로 조립·제작하여 사용하는 공법. ②고층 건물의 건설에 있어서 콘크리트를 수직으로 이어 칠 수 있도록 들어 올려 가면서 연속적으로 사용할 수 있는 거푸집. ③특징은 조인트 감소·조립해체 용이·반복 사용으로 원가 절감·VH 타설공법 적용·초기 투자비 과다·양중장비 필요함.

클라이언트(client) : 의뢰인(依賴人)·고객을 총칭하는 용어로 프로젝트의 오너인 건축주·설계 또는 시공 의뢰자·발주자·광고주·거래처 등을 말함.

클라인(kline) : 소파·식사용 카우치(couch), 침대 등 다용도·다목적으로 쓰이던 고대 그리스의 가구. 클리스모스(klismos) 의자와 비슷하지만 좌석부분을 앞쪽으로 길게 늘인 형태.

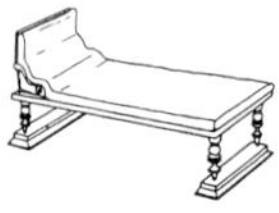
클라인

클락룸(cloak room) : ①박물관·전시관·극장·호텔·경기장 등에서 휴대품·의류 등을 잠시 맡아 보관하는 실(室). ②코트류·휴대품을 두는 곳으로 주택에서는 현관 또는 침실에 부속된 의복을 넣어 두는 곳, 방 등의 공간.

클락와이즈(clockwise) : 오른쪽으로 회전하는 것. 시계바늘은 오른쪽으로 돌고 있으므로 오른쪽으로 회전한다는 것을 가리켜서 하는 말임.

클래식인테리어(classic interior) : 격식을 차린 포멀(formal)한 분위기가 나는 실내디자인. 특징은 대칭적이고, 곡선적이며, 짙고, 어두운 색상 등 고전적인 향수가 많음.

클램프(clamp) : 목재의 이음부분을 단단히 고정시키는 데 사용하는 조임철물.

클랩보드(clapboard) : ①물막이 판자의 일종. ②한쪽은 두껍고 한쪽은 얇게 만든 판자를 겹쳐대기 위한 것으로서 그 판자는 비늘판(fearher board, side board)이라고 함. ⇨베벨사이딩(=).

클러스터(cluster) : 여러 개의 기둥들이 근접하여 이루어지거나 겹쳐져서 지지대를 이루는 기둥의 형태로 중세 유럽 건축스타일에서 널리 쓰였음.

클러스터드원주(-圓柱, clustered column) : ⇨클러스터.

클러스터하우징(cluster housing) : ⇨군집주거(=).

클럽체어(club chair) : 천으로 씌운 크고, 넓은 안락의자로 스커트가 있기도 함. 팔걸이 형식은 시대에 따라 높낮이와 두께, 직물로 씌운 형태 등이 변화되었음. 안락성 위주로 디자인된 측면 개방형 빅토리아 팔걸이의자는 깊은 좌면과 뒤로 약간 기울어진 등받이와 팔걸이 패드는 주로 가죽으로 씌우고 단추를 달아 장식했음. 미국의 디자이너인 찰스 임즈(Charles Eames : 1907~1978)의 현대판 클럽 의자는 연속적인 곡선의 좌판과 등받이가 있는 형태로 디자인의 단순성과 안락성을 혼합시킨 것.

클럽하우스(club house) : ①17세기 후반 영국에서 친하게 지내는 사람들이 모여 환담하고 음식을 함께 먹는 사교장. 오늘날은 스포츠·오락·문예 등 공통의 목적으로 결성된 단체를 위한 사교장으로 회원제로 운영됨. ②입지특성에 따른 리조트 호텔의 일종으로 골프·승마 등 스포츠시설을 위주로 운영되는 호텔.

클럽형 발(-形-, club foot) : 18세초 영국 캐브리올 가구의 다리에 사용한 평평하고 둥근 패드(pad)로 마감한 가구의 발. ⇨패드형 발(=).

클럽형 발

클레이(clay) : ⇨점토(=).

클레임(claim) : ①상품거래에서 거래의 상대방이 품질 불완전·착하부족·손상 그밖에 계약위반시 상대방에 대하여 손해배상의 청구 및 이의를 제기하는 것. ②시공자나 발주자가 자기의 권리를 주장하거나 손해배상, 추가공사비 등을 청구하는 것으로서, 계약하의 양 당사자 중 어느 일방이 일종의 법률상 권리로서 계약과 관련하여 발생하는 제반 분쟁에 대한 구체적인 조치를 요구하는 서면 청구 또는 주장.

클로(clo) : ①의복이나 침구 등의 열저항값으로서 단열성을 나타내는 단위를 말하며, 1clo = 0.18 ㎡·h·c/㎉. ②A.P. 개디 외에 몇 사람이 제창함. ③평균 피부온도가 33.3℃, 실내온도가 21.1℃, 기류가 5㎝/sec 이하에서 관계습도가 50%, 열발생량이 50㎉/㎡·h의 조건하에서 쾌적성을 유지하는데 필요한 신체에 대한 의복의 열저항값을 나타냄.

클로라이드(chloride) : ⇨염화물(=).

클로로포름(Chloroform) : ①화학식 $CHCl_3$. 무색투명한 액체로 휘발성이며 특유한 냄새가 나고, 약간 달면서 찌르는 듯한 맛이 남. ②에틸알코올이나 벤젠에는 녹지만 물에는 잘 녹지 않음. ③공기와 빛에 의해 서서히 산화되어 맹독을 지닌 포스겐을 생성하나 소량의 에틸알코올로 이를 저지할 수 있음. ④에탄올에 표백분을 작용시키든지, 아세톤에 하이포염소산(次亞鹽素酸) 칼슘을 작용시키면 발생함. ⑤클로로포름은 인체에 대한 발암성이 명백히 밝혀진 화학물질이며, 마취작용이 있고 두통·구토·설사·어지럼증·간장장애 등을 일으키기도 함. ⑥의약품 추출용 용매 분석시약 등으로 사용되고 공업적으로는 유지·합성수지·고무·알칼로이드·페니실린 등의 용제로 사용됨.

클로스스툴체어(close stool chair) : ⇨챔버체어(=).

클로스터(closter) : 실내·뜰 주위의 천장이 있는 통로 또는 뜰 그 자체로 중세 건축에 많이 이용.

클로스프레스(clothespress) : 서랍이 달린 체스트(chest)로 옷을 넣어두는 선반이 있음.

클로스합판(-合板, cloth plywood) : ①특수가공화장합판의 일종(KS F 3106). ②합판 표면에 각종 색과 무늬의 천(직물) 종류를 붙인 합판.

클로우앤드바질푸트(claw and bajl foot) : 공을 쥐고 있는 새의 발톱을 본 따서 조각한 발로, 굽은 다리(cabriole leg)에 붙여서 사용되었음. 18세기초 영국에 소개되었고 동양으로부터 유래되었을 수도 있음.

클로우앤드볼푸트(claw and balll foot) : ⇨파이드드비치(=).

클로우테이블(claw table) : 세 개 또는 네 개의 소용돌이 모양 또는 용발톱형 발(claw foot)을 베이스로 하여 외기둥 위에 놓은 18세기의 소형 테이블.

클로이스터(cloister) : ①마당 한쪽 면이 개방된 주랑 또는 아케이드로 되어 있는 지붕이 씌워진 복도. ②라틴어로 '둘러싸인 장소'를 의미하는 용어로 교회나 대학 등에서 중정(中庭, court)을 끼고 돌아서 설치된 지붕이 있는 복도를 말함. 중정 쪽은 보통 아케이드(arcade)로 하고 천장은 볼트(vault)로 함. 이러한 중정을 회랑 중정(cloister garth)이라고 함. ⇨회랑(=).

클로이스터볼트(cloister vault) : 대각의 수직면을 따라 만나는데 4개의 코브(cove)에 의해 형성되는 복합형 궁륭.

클로저(closer) : ①1켜(course)의 마무리 또는 벽 코너에서 쌓기를 마무리짓기 위해 자르거나 만든 조적. ②문짝과 문틀에 고정시켜 문개·폐속도를 조절하는 장치. 도어클로저(=).

클로저

클로젯(closet) : ①개인실, 귀빈용 객실(chamber). ②사람이 들어 갈 수 있을 만큼 큰 저장 또는 수납을 위한 장소를 말함. ③벽장·선반·개인실·세면기·소변기·옷장 등의 편의시설이 있는 작은 방. ④원래는 상당한 지위에 있는 사람이 자신을 위해 사용하는 개인용 작은 방을 의미하였으나 오늘날에는 일상생활에 필요한 여러 가지 물건을 챙겨 넣는 공간으로 수납창고나 옷장 등을 의미함. '워크 인 클로젯(walk-in-closet)'이라고도 하며, '워크 인(walk-in)'은 세워서 넣을 수 있는 크기를 말함. 또한 수세식 변기가 놓여져 워터 클로젯(water closet)으로 수세식 화장실로 사용되었음.

클로젯키친(closit kitchen) : 키친네트(kitchenet)를 최소화시켜 작업대의 모든 것을 하나의 가구 형태에 통합·일체화시킨 간이부엌.

클로즈(close) : 밀폐된 공간으로서 특히 성당을 에워싼 대지 또는 성당 측면의 대지를 지칭함.

클로즈드(closed) : ①도면 표기상 막힌 부분. ②건축의 공업적 축조과정에서 최종적으로 완성된 건축을 상정(上程)하여 그것을 생산하려고 하는 것. ③실내 평면계획상 기능·용도·목적에 따라 칸막이를 사용하여 계획하는 것.

클로즈드 디스플레이(closed display) : 상점 내 진열에 있어서 주로 고가인 소형품 귀금속·시계 등의 도난이나 파손을 방지하기 위해 상품을 쇼 케이스(showcase) 등에 넣어 진열하는 방법.

클로즈드 시스템(closed system) : ①PC개발방식의 하나. ②완성된 건물의 형태가 사전에 계획되고 이를 구성하는 부재·부품들이 특정한 타입(type)의 건물에만 사용할 수 있도록 생산하는 방식. ③특징은 단조로운 건물의 형태, 주문생산으로 부재·부품 호환성이 없고, 주문 공급 방식, 대형 구조물, 특수 구조물 대상임. 문제점 발생시 대처하기 어려움. ④개발방향은 상징적 건축구조물의 생산. 세미 오픈 시스템(semi-open system)화.

클로즈드 오피스(closed office) : ⇨폐쇄형 오피스(=). ⇨개방형 오피스(⇔).

클리네(cline[그]) : 그리스시대에 식사나 사교 또는 밤의 휴식을 위해 사용한 침대로 장식적인 요소가 제거되고 생활에 도움을 주는 실용적 기능을 위해 사용되었음.

클리닉(clinic) : ①질환이나 심리적 장애로 고통받는 사람들을 진단·치료하는 시설. 원래는 임상강의(臨床講義)나 진료소를 의미하는 영어였음. ②종합적 클리닉도 있으나 특정 질환이나 장애를 대상으로 하는 암(癌) 클리닉 또는 특정 그룹만을 대상으로 하는 아동 클리닉 등이 있음. ③의사·임상심리학자·사회사업가의 3자 또는 어떤 전문가가 진단·치료·지도를 맡음.

클리쉐베레(cliché-verre[프]) : 에멀션 도막을 칠한 유리면 위를 긁어서 디자인하여 네거티브한 형태로 감광지에 하는 사진 인쇄.

클리스모스(klismos) : ①고대 그리스 시대에 여자가 사용한 일상용 안락의자. 팔걸이가 없으며 등받이가 있는 것과 없는 것 두 가지가 있음. ②앞다리는 전면으로, 뒷다리는 후면으로 휘었으며, 등판 안쪽이 오목한 곡선으로 된 의자. ③콘케이브 곡선(concave curve)의 등받이와 곡선다리를 갖는 그리스 시대 의자의 한 형태.

클리스모스

클리어래커(clear lacquer) : 안료(顔料)를 쓰지 않고 투명한 칠막을 형성하도록 만든 도료. ⇨투명래커(=).

클리어런스(clearance) : ①간격(間隔)을 의미함. ②리베팅(reveting) 작업에 지장이 없도록 하기 위하여 리벳의 중심부터 리베팅하는데 장애물이 되는 부재 또는 리벳까지의 거리.

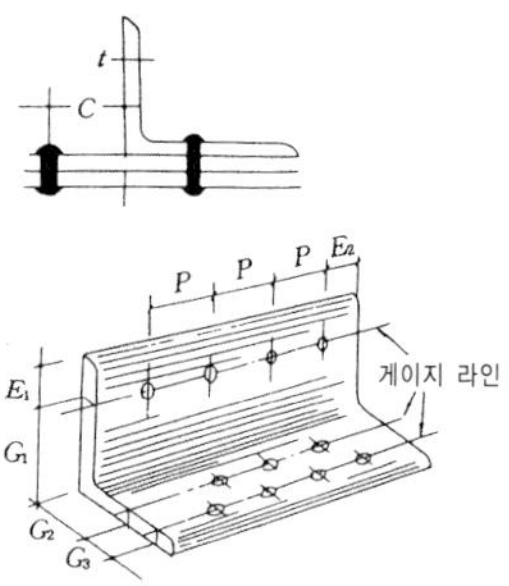

C : 클리어런스, P : 피치, G_1, G_2, G_3 : 게이지, E_1, E_2 : 연단거리

리벳간격에 관한 용어

클리어스토리(clearstory) : ①지붕과 인접한 지붕 위층으로 일반적인 창문은 벽의 위쪽 근처에 있으나 교회의 본당 벽에 있는 클리어스토리 창(clearstory window)은 양측 측랑의 지붕 위에 있음. ②채광과 환기를 위하여 설치함. ⇨고창·채광(=).

클로즈스툴체어(close stool chair) : ⇨챔버체어(=).

클리어래커(clear lacquer) : ⇨투명래커(=).

클리어스팬(clear span) : ⇨경간(=).

클리퍼스(clipeus[라]) : 죽은 사람의 원형으로 돋을새김(medallion) 초상화를 구성하는 원형 방패모양의 건축적 바탕무늬 장식.

클린룸(clean room) : ①공기 중의 부유미립자가 규정된 청정도 이하로 관리되고, 그 공간에 공급되는 재료·약품·물 등에 대해서도 요구되는 청정도가 유지되며, 필요에 따라 온도·습도·압력 등의 환경조건 등에 대해 관리가 행하여지는 공간. ②실내의 공기가 박테리아·바이러스 등의 세균이나 부유분진물이 없는 청정한 상태가 요구되는 실(室). ③실의 용도·목적에 따라 허용되는 먼지(浮遊塵) 상태를 정하여 그 값 이하인 실. ④그 이외에 실내 기류현상과 속도·유해가스·진동·실내 조도 등이 관리항목으로 요구됨. ⑤클린룸에서 실내공기중의 생물 및 무생물 미립자를 제어한 공간을 바이오 클린룸이라고 함. ⑥디스플레이(TFT LCD)·반도체 산업·정밀산업·전기·전자산업·의학품 제조·식품제조산업·광학기계·병원·실험실·바이오 등 광범위한 범위까지 다양하게 적용됨. ⑦무진실(=).

클린에너지(clean energy) : ①태양열이나 수소 에너지, 지열, 조력발전 등과 같이 환경오염물질을 발생시키지 않는 에너지. ②현재 가장 많이 사용하는 석유와 석탄 같은 에너지는 공해현상의 주범이므로 선진국들은 공해 에너지를 대체할 수 있는 클린에너지 개발에 진력하고 있음.

클린치(clinch) : 못이나 나사못이 튀어나온 못 끝을 망치로 구부리거나 찌그려 단단하게 고정시키는 것.

클립줄눈(clip joint) : 수평줄 위의 높이를 맞추기 위해 보통 수평줄눈보다 더 두껍게 만든 줄눈.

클링커(clinker) : 석탄을 태우거나 가열로에서 생겨난 타지 않는 물질의 용융된 덩어리. 클링커를 분쇄하여 포틀랜드시멘트를 만들며, 응결을 지연시키기 위해 클링커에 석고를 첨가함.

클링커벽돌(-甓乭, clinker brick) : 보통 벽돌의 소성(燒成)온도보다 더 높게 하여 적갈색이 되도록 구운 벽돌. 흡수율이 작고 경도와 내마모성이 크며, 도로 포장용에 사용.

클링커타일(clinker tile) : 시멘트의 원료인 석회석과 실리카(silica)·반토질물·산화철 등이 포함된 점토를 주원료로 소성한 타일.

클링클글라스(clincle glass) : ①빛을 이용하여 실내공간을 밝고 아름답게 연출하는 광천장 재료. ②색상은 유백색·초록·빨강·청색·노랑 등이 있음. ③크기는 900×1,800㎜, 1,200×1,800㎜ 등이 있음.

키네틱건축(-建築, kinetic architecture) : 1971~85년에 사용자들의 변화하는 요구에 대한 동적이고 적응력이 있으며 응답적인 건축형태의 양식. 주요 범주(範疇)로서 모빌(mobil)·포르메 건축과 같은 많은 개념들을 포함하며, 모빌구조는 영구적으로 이동하는 것이 아니라 단지 필요에 따라 이동할 수 있게 한 것임.

키네틱아트(kinetic art) : ①작품 속에 동세(動勢)를 표현하거나 옵아트와 같이 시각적 변화를 나타내려는 것과 달리 작품 그 자체가 움직이거나 움직이는 부분을 넣은 예술작품. 따라서 작품은 거의 조각형태. ②일정한 수단이나 방법을 이용하여 움직이는 미술작품을 총칭. 이용하는 수단이나 방법에는 손·바람·모터장치 등이 이용되며 모빌 등이 포함됨. ③이러한 경향은 미래파나 다다의 예술운동에서 파생된 것이며 최초의 작품은 M. 뒤샹이 1913년에 자전거 바퀴를 사용해 만든 <모빌>. 유명한 것으로는 A. 카르더의 여러 모빌이나 J. 틴게리의 기계조각 등이 있음. ⇨ 테크놀로지아트(≒).

키드(KIID) : The Korean Institute of Interior Design의 약자. 1992년 4월에 실내디자인의 전반적인 교육에 관한 연구 활동을 장려하고 지원하는 목적으로 창립. 학회지가 발행됨.

키르히호프의 절대흑색(-絶對黑色) : ⇨절대흑색(=).

키메라(chimera) : ①신화에 나오는 용을 닮은 동물 또는 '반은 사람, 반은 동물'인 것으로서 장식에 이용되고, 키메라는 르네상스·엠파이어·19세기 후반 디자인에서 가구 받침대나 가구 다리로 이용됨. ②16세기에 르네상스 고전주의에 뿌리를 둔 장식 모티프(motif[프])로 사용하던 사자의 머리·양의 몸통·뱀의 꼬리를 가지고 입에서 불을 뿜는 괴수(怪獸). 고대 그리스와 로마의 건축장식에서 기원하는 다양한 형태의 카메라는 르네상스 가구, 특히 매너리즘 양식(mannerism style)에서 장식 모티프로 유행되었음. 제국양식(empire style)과 19세기 후반 디자인에서도 볼 수 있음.

키보토스(kibotos) : 이집트 양식으로 된 침대보·식탁보·냅킨 등의 리넨(linen)류를 보관하기 위한 고대 그리스시대의 의류함 가구. 그리스의 키스테(kiste)라는 말에서 유래한 용어로 일반적으로는 작은 상자를 의미하며, 라틴어로는 시스타(cista), 영어로는 체스트(chest)로 변함.

키브라(kibrah) : 모스크(mosque)의 주축(主軸)을 기도방향인 메카로 향하도록 하는 방향축.

키블라(qibla) : 미랍(mihrab)이 고정되어 있는 메카를 향한 모스크의 벽.

키스리(きsり) : ①일본집에서 누끼(ぬき)에 대를 엮은 것. ②우리나라 전통 집의 욋가지와 같은 기능을 함.

키스위치(key switch) : 열쇠를 삽입해야만 작동하는 스위치.

키스테(kiste) : ⇨키보토스.

키스톤(keystone) : ①석조 아치의 최상부에 있어서 다른 아치부재를 함께 고정시키는 역할을 하는 종석(宗石). ②아치의 중앙이나 볼트의 꼭대기에 설치되는 돌을 말함. 키스톤은 아치를 형성하는 쐐기형의 홍예돌(voussoir ; 아치형 돌) 중에서도 눈에 띄는 크기를 갖고 때로는 콘솔(console)형의 장식적인 마무리가 상부에 설치되기도 하며, 또한 창 또는 문 등의 개구부 중앙에 키스톤을 닮은 장식적인 돌을 의미하기도 함. 이맛돌(=).

키스톤

키스톤플레이트(keystone plate) : 규칙적으로 골이 되게 주름잡은 강판으로서 강판의 두께는 0.6~1.2㎜ 정도이며, 덱 플레이트(deck plate)에 비하여 춤이 작아 강성이 작음. 철근콘크리트 슬래브의 거푸집 패널이나 지붕 마감재·외벽 마감재 등으로 사용됨.

키아로스큐(chiaroscuro[이]) : 빛에 의한 명암 또는 농담(濃淡).

키아바리체어(Chiavari chair) : ①19세기 초에 처음 제작되어 오늘날까지 사용되고 있는 이탈리아의 가볍고 단순·날렵한 요소로 구성된 보조 의자(side chair). ②직선의 다리와 선반 가공된 상자형 다리 버팀대·골풀 좌판·선반 가공된 세로대 사이에 상부 가로대와 하부 가로대가 있는 단순한 등받이 등으로 구성되어 있음. ③1810년경 개발되어 제노아 근처의 마을에서 유래된 명칭으로 19세기에는 다양한 복고양식이 반영된 장식적 변형으로 제작되었으며, 1930년대 초 현대 이탈리아 디자이너 지오 폰티(Gio Ponti : 1891~1979)에 의해 재현되었음.

키오스크(kiosk) : 원래 정원이나 공원에, 주위가 개방적인 정자 같은 건물이나 임시 구축물(pavillion) 등을 말함.

키오스크

키치(kitsch[독]) : ①모조풍의 것, 빛 좋은 개살구의 뜻. ②본래의 목적과는 다른 이용을 하는 경우를 의미. ③저속한 미술품,' '사이비 그림'이라는 의미로 사용된 이 말은 19세기말 독일에서 처음 생겨났으며 당시 급격한 산업화와 교통통신의 발달, 대중문화의 탄생 등으로 그림에 대한 소유욕구가 확산된 데서 비롯됐음. 최근 유행하고 있는 70년대풍의 촌티패션을 가리켜 '키치패션'이라고 함. ④반질반질한 나일론 소재와 넓은 깃, 알록달록한 꽃무늬, 손뜨개 벙어리장갑과 고무줄 귀마개, 갓난이 머리핀, 자카드 스웨터, 알이 크고 테가 넓은 안경, 투박한 디자인의 구두 등 촌스럽고 저렴해 보이는 물건들이 새롭고 남다른 것을 지향하는 90년대말 젊은층의 취향과 맞아 떨어져 패션뿐만 아니라 문화 전반에 걸쳐 이러한 복고바람이 불고 있음.

키친네트(kitchenette) : 가장 간단한 형태로 최소화시킨 작업대로 간이부엌이나 작은 취사장. 가장 기본적인 기능만 담당할 수 있도록 크기를 최소화시킨 것임.

키친넷 : ⇨키친네트(=).

키 컬러(key color) : 수요의 계기가 되는 색.

키테넌트(key tenant) : 쇼핑센터의 출점 점포(出店店鋪)·백화점·양품점·슈퍼마켓·대형 전문점 등 중심적인 점포.

키패턴(key pattern) : 고대 그리스 건축물에서 유래한 연속적인 직각선의 문양을 말하며, 주로 가장자리의 띠 모양 장식으로 사용됨. 십자무늬·그리스 뇌문(greek fret)이라고도 함. ⇨프렛(=).

키패턴

키프(keep) : 중세의 성에서 중앙 망루의 역할을 하는 가장 주된 건물을 말하고, 육중한 탑의 형태로 되어 있으며, 주로 주거를 위한 시설이 있음.

키프

키프라(qibla) : 이슬람교에 있어서 예배의 방향이라는 것을 의미.

키플랜(key plan) : 전체에 관한 부분의 배치를 나타낸 평면도. 이해와 검색을 위해 도면 한쪽 면에 아주 간략하게 표시.

킨스시멘트 : ⇨킨즈시멘트(=).

킨즈시멘트(Keene's cement) : ⇨경석고플라스터(=).

킬(keel) : ⇨브레이스몰딩(=).

킬드강(-鋼, killed steel) : 페로실리콘 알루미늄(ferrosilicon aluminum) 등의 탈산제로 완전 탈산한 강괴(鋼塊).

킬른(kiln) : 시멘트의 원료인 석회석·규산질 점토 등을 소성하여 클링커를 만드는 가마(爐). 킬른에는 원료를 상단에서 공급하여 가마를 회전시켜 서서히 아래쪽으로 이동시켜 가면서 고온·소성시키는 회전로(rotary kiln)방식과 4단 사이클론(cyclone)으로 된 예열장치가 설치되어 있는 SP킬른(suspension preheater kiln) 방식 등 두 가지가 있음.

킬릭스(kylix[그]) : 손잡이가 양쪽에 있는 납작한 형태의 음료수를 마시는 고대 그리스의 용기. 현대 포도주잔과 비슷하게 가느다란 외다리 받침이 있음. 18세기말에서 19세기 초까지 신고전 양식에 장식 모티프로 많이 쓰였음.

킬린(kylin) : 중국에서 장식으로 쓰였던 용을 닮은 환상의 동물.

킬몰딩(keel moulding) : 선박의 용골(龍骨)과 같은 윤곽을 그린 몰딩. 단면이 뾰족한 아치로 됨.

킹클로저(king closer) : 칠오토막 벽돌. 켜를 마무리짓거나 표준벽돌의 남는 공간을 위해 사용됨.

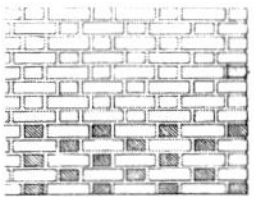
킹클로저

킹사이즈베드(king size bed) : 매트리스 폭이 1,880~2,100㎜인 침대. 이 크기는 싱글용 매트리스 2개를 나란히 놓아 각각의 매트리스를 분리한 형이 많음. 퀸 사이즈 침대(queen size bed) 이상으로 호화로운 침대. ⇨침대.

킹에보니(king ebony) : 흑색 또는 농적갈색에 불규칙한 줄무늬가 있는 것. ⇨에보니.

킹우드(king wood, dalbergia cearensis ducke) : 브라질에 분포. 심재는 검은 자갈색에 흑색 또는 진한 자갈색의 평행한 좁은 줄무늬가 있으며 진한 반점이 있음. 목리는 통직 또는 파상문양이 있고 나무표면은 곱고 균일하며 치밀하고 미끄럽고 광택이 있고 처음에는 냄새가 있으나 건조되면 제거됨. 기건비중 1.2 전후로 매우 무겁고 강하지만 쪼개지기 쉬움. 내구성이 매우 크며 예리한 칼날을 사용하면 가공은 쉬우며 마무리는 자연윤(自然潤)을 얻을 수 있고 용도는 장식조각선반세공 등에 사용.

킹포스트(king post) : ⇨왕대공(=).

킹포스트트러스(king post truss) : ⇨왕대공지붕틀(=).

【ㅌ】

타가야산(tagayasan, Bombay black wood, cassia siamea[학]) : ①열대산의 낙엽활엽교목. 태국·인도차이나·미얀마·필리핀·베트남 등지에 분포. ②기건비중은 약 1.0 정도. 심재는 흑갈색이며 목질부는 단단하며 아름다운 무늬가 있음. ③주로 건축내장용이나 가구 및 공예 등에 사용.

타라모스(thalamos[그]) : 고대 그리스·로마 시대에 부부침실의 용도로 사용된 실(室).

타래무늬 : ⇨나선무늬·나선문·와문.

타르(tar) : 석유원료·석탄·나무 등 고체 유기물의 건류 또는 증류에 의해 생기는 흑갈색(역청질)의 비교적 휘발성인 유상(油狀)물질을 총칭. 건류하는 원료와 방법에 따라 성질이 다르지만 일반적으로는 탄화수소 및 유도체(誘導體)로 되어 있으며, 아스팔트와 성질이 비슷함. 공업적으로는 목재에서 목(木)타르, 석탄에서 콜타르(coal tar)를 제조. 용도는 목재·철재의 방부제(防腐劑)·방식제(防蝕劑)로 쓰이며, 타르 콘크리트를 만들 때 쓰이기도 함.

타르피치(tar pitch) : 타르를 건류하여 나온 흑갈색의 액체.

타부레(tabouret[프], ta-boo-ret[프]) : ①왕의 앞에서 귀족들이 앉던 등받이가 없는 접는 스툴형(stool type) 의자. 풋 스툴(foot stool)이라고도 함. ②프랑스의 방모(紡毛)융단이며 실내장식에 사용됨. ③낮고 천이 씌워진 좌석용 스툴로서 17세기 프랑스에서 궁정의 숙녀들이 왕과 왕비 앞에 앉을 때에 만들어진 특수 목적의 의자 또는 스탠드나 탁자의 용도로 천이 씌워지지 않은 스툴(stool)을 지칭하기도 함.

타부레

타블리넘 : ⇨타블리눔(=).

타블리눔(tablinum[라]) : ①아트리움(atrium)의 정면 안에 있는 넓고 개방적인 주실(主室)이며 주인의 접객실용(응접실)으로 사용되었고, 주로 문서(文書)를 수장(收藏)함. ②고대 로마 주택의 아트리움 뒤에 있는 방으로 아트리움을 향하여 개방하고, 로마 주거의 아트리움에 면한 커튼이 쳐진 객실과 거실공간(응접실)이며, 고대 로마 주택에서 가족의 문서·족보·화상(畵像) 등을 보관하는 중요한 방(房)으로 사용된 중정(atrium)의 가장 안쪽에 위치한 방이나 후미진 곳. 중정(中庭)을 향하여 개방되어 있음.

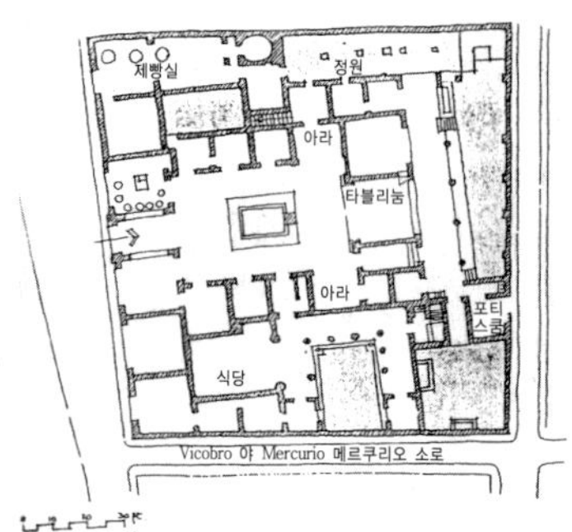

타블리눔

타설(打渫, placement) : 굳지 않은 콘크리트를 거푸집 또는 경화시키는 최종 장소에 붓고 다짐하는 공정. 예컨대 도면에 기입하는 경우 '고름 모르타르 치기' 또는 '무근 콘크리트 치기'라고 함. 치기(=).

타설공법(打渫工法) : ①내화공법 중의 하나. ②철골 주위에 거푸집을 설치하여 콘크리트를 현장타설하는 공법. ③접합부의 문제가 없으며 경제성과 내구성이 우수함.

타셀(tassel) : ①커튼 액세서리의 일종. ②커튼을 좌우로 끌어 모아 술(tuft)걸이에 고정하기 위한 것. ③커튼을 좌우로 끌어 모아 아름답게 조여 술걸이에 고정하기 위한 끈.

타셀저택(－邸宅, Tassel House) : V. 오르타(Victor Horta : 1861~1947)가 설계한 벨기에 브뤼셀(Brüssel)의 폴 에밀 존슨가(街)에 있는 아르누보의 대표적인 주택 건축(1892~93). 기사(技師)인 타셀을 위해 건조한 것으로 중앙의 커다란 내민창과 좌우의 상층으로 갈수록 좁아지는 창문의 배치, 철골 난간의 디자인 등은 아르누보수법이 적용된 것임. 내부 특히 계단실 디자인이 아르누보의 특징으로 알려졌고, 1958년 일부가 개수됨.

타슬(tassel) : 큰 견사를 둥근 심 위에 둘러 묶어 만든 매다는 장식. 좌판 가로대·침대 천개(canopy)·베개나 드레이퍼리(drapery)의 가장자리 부분 등에 부착하였고, 특히 빅토리아시대에 영국에서 유행하였음.

타시어(tarsia) : ⇨상감세공(＝).

타운(Taun[뉴니], Pometia pinnata Forster[학]) : ①인도·뉴기니·호주·미얀마·인도네시아·태국 등에 분포. ②심·변재의 구분이 분명하지만 수종에 따라 구분이 불명확하고 변재는 핑크색 또는 담색이며, 심재는 담갈색 또는 농갈색에 자색의 줄무늬가 있으나 수종에 따라 변화가 많음. 목리는 통직하나 얇게 교착하고 파상문양이 보이며 나무표면은 곱고 광택이 남. 기건비중 0.64, 수축률은 방사방향 5.0%, 접선방향 9.3%로 보통이며 강도는 압축강도 510~600kg/㎠, 휨강도 1,160kg/㎠으로 보통. 제재가공이 용이하고 건조·접착·도장성은 보통, 내마모성이 크며 내구성은 보통, 변재는 가루나무좀의 침입이 쉽고 약제주입이 어려움. ③주로 가구·플로어링·합판·내장 등에 사용. ④마또아(＝).

타운스케이프(townscape) : ①정돈된 도시거리의 풍경. ②그 지역 특유의 재료·기술·생활문화의 일정한 조건에 의해 통일감 있게 형성되었음. ③오늘날에는 일반적으로 그 지역의 고유한 풍경을 만들기 위한 용도·색·재료·형태·양식·스케일·부분 장치 등을 디자인 코드화하여 가로의 질서를 부여하기 위한 공통항목으로 함. 또한 그 실현과정에서 주민협정이나 시(市)조례가 정해짐.

타운하우스(town house) : ①대도시의 호화로운 저택을 말함. ②16세기 후기 이후의 영국에서 유력하고 유복한 귀족이나 상류계급이 사용하던 도시의 대저택을 말함. 시골의 대저택은 '컨트리 하우스(country house)'라고 함. ③대도시 주변부의 높이 제한과 일영(日影)규제가 엄격한 시가지에 있어서 공공화의 수준을 높이는 저층 고밀도 주택을 말함. ④단독 주택과 아파트의 장점을 살린 연립 주택을 말하나 고층 아파트와 달리 2~5층 규모로 옆으로 길게 연결되어 있어 내부 공간도 길고 좁은 경향이 있으며 문과 창문이 전면과 후면에 위치함.

타워(tower) : ①주위의 건물을 내려다보며 하늘 높이 우뚝 솟은 구축물로서 탑·성루(城樓)를 의미. ②방위상 용도의 관측·감시·전망 또는 기념물로서의 기념물(monument)·통신·방어를 위해 디자인된 긴 형태의 구조물. ③종탑(campanile)과 같은 것을 의미하며, 교회 탑은 종을 달기 위한, 즉 종루 안의 '종이 걸려 있는 곳'. ④알렉산드리아의 등대(lighthouse, pharos)나 유일하게 잔존하는 해시계 탑인 바람의 탑(The Tower of Winds) 등이 유명함. ⑤교회의 캠퍼닐(campanile), 이슬람의 모스크에는 미너렛(minaret), 불교사원에서는 스투파(stupa), 파고다(pagoda) 등이 이에 속함. ⑥탑(＝).

타워식(－式, tower style) : 계단 및 엘리베이터를 중앙에 두고 한 층에 3~4개 이상의 주거세대를 설치하는 타입.

타원(楕圓, ellipse) : ①원주(圓柱)를 일정각으로 절단한 결과 얻을 수 있는 형상으로

45° 타원은 원주를 절단한 결과 얻을 수 있는 형상임. ②원의 매력을 명백한 남북 방향선과 동서방향선, 즉 주축과 부축으로서, 한계 내에서 방향과 방위를 분명히 설정해 주는 축의 장점과 조화를 이루는 형. ③조형적으로는 온화하고 여성적인 부드러운 느낌을 줌. ④건축가적인 입장에서 타원은 부정확하며 계속적으로 변화함. 고정된 두 점, 즉 초점으로부터 그들 거리의 합이 일정한 길을 움직이는 것에 의해 만들어지는 폐쇄된 곡선.

타원아치(楕圓-, elliptic arch) : ⇨타원형 아치(=).

타원형(楕圓形) : ⇨타원.

타원형 등받이(楕圓形-, oval back) : 프랑스 루이16세 시대의 의자등받이와 비슷한 영국 조지아(Georgian) 시대에 헤플화이트(Hepple-white)가 제작한 의자등받이의 하나.

타원형 등받이

타원형 아치(楕圓形穹窿, elliptical arch) : ①타원형으로 된 아치. ②타원의 일부로 이루어진 아치.

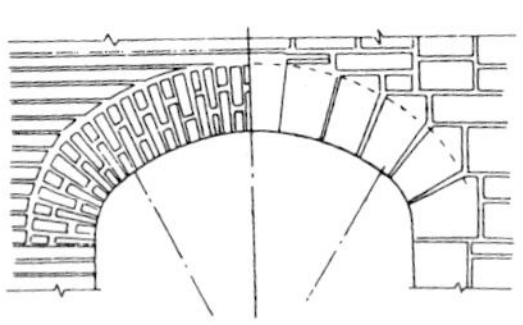
타원아치

타이(tie) : 트러스(truss) 부재 중 인장력을 받는 재(材). ⇨스트럿(⇔).

타이드아치(tied arch) : 아치의 두 지지점을 타이(tie)로 연결하여 트러스(thrust, 推力)를 처리한 아치.

타이바(tie bar) : ⇨타이빔(=).

타이빔(tie beam) : 지붕보·평보를 의미하는 것으로 맞배지붕 등에서 지붕틀 구조의 가장 밑에 있고 벽에서 벽으로 설치되어 있는 구조적으로 중요한 보. 이는 서까래 중에서 특히 중요한 것은 그 하부에 연결시켜 벽이 벌어져 파손이나 붕괴되는 것을 방지하는 역할을 함. 또한 마주보는 벽을 보강하기 위하여 연결하는 금속의 지지대를 타이 바(tie bar)라고 함.

타일(tile) : ①점토 또는 암석의 분말을 성형(成形)·소성(塑性)하여 만든 유광(有光) 또는 무광(無光)으로 된 두께 약 5㎜ 정도의 박판제품(薄板製品)을 총칭. ②종류는 소질(素質)에 따라 자기질 타일·석기질 타일·반자기질 타일·도기질 타일로 분류하며, 흡수율과 강도는 자기질 타일>석기질 타일>반자기질 타일>도기질 타일 순으로 높음. ③일반적으로 타일은 도기질 타일(ceramic tile)을 말하며 내수성·내마멸성이 우수하고 시공이 간편하며 내·외장재 및 바닥재로 많이 사용함. ④타일의 동해(冬害) 방지를 위해서는 ㉠붙임용 모르타르의 배합비를 좋게 함. ㉡소성온도가 높은 타일 사용. ㉢흡수율이 낮은 타일 사용. ㉣줄눈누름을 충분히 하여 우수(雨水)의 침입을 방지.

타일공사(-工事, tile work, tiling) : 타일을 바닥이나 벽에 붙이는 작업.

타일나누기(tile dividing) : ①타일의 빛깔과 형상이 결정되면 설계도면과 실시 도면 및 실지 건물의 각부 치수를 실측하여 확인하고 타일나누기를 계획함. ②먼저 타일치수와 줄눈치수를 합하여 타일 한 장의 기준 치수를 정하며 실시면의 높이가 타일의 정배수로 나누어지게 하며 부족할 때에는 줄눈을 조절하여 맞춤. ③가로방향으로 나눌 때에는 교차되는 벽과 타일 바름두께를 가감하고 중간 정배수로 나누어지도록 하고 대응되는 벽은 서로 평행되도록 하며, 또 중간 문꼴 부위이나 좌우 벽도 정배수로 나누어지도록 줄눈을 가감하거나 타일 붙임 두께를 조절함. ④타일의 세로줄눈은 통줄눈 또는 막힌줄눈으로 하고 타일에 부착되는 매설물은 위치도를 명시함. 바깥벽 타일 나누기는 각종 공사의 기준이 되므로 공사가 시작되면 빨리 그 시공도를 작성. ⑤주의사항 : ㉠가능하면 온장을 씀. ㉡벽과 바닥을 동시에 계획. ㉢수도관·하수관 등 매설물 위치를 확인. ㉣바닥과 벽과의 접합부·모서리 등은 특수타일로 계획.

타일바탕석고판(−石膏板, tile backer board) : ①내부 바탕용 석고판의 일종. ②타일 붙이기의 바탕이 되는 판.

타일붙이기(tie work, tile facing, tiling) : ①내·외벽이나 바닥 등에 모르타르·시멘트 페이스트·접착제를 써서 타일을 붙이는 일. 타일붙이기 공정순서는 바탕처리→타일나누기→타일붙이기→치장줄눈→보양 순. 벽타일붙이기는 아래(밑)에서부터 위의 순으로 하고, 원칙적으로 반토막 이하의 작은 조각을 쓰지 않도록 나누며, 좌우 끝부분의 타일은 같은 크기가 되게 함. ②종류는 타일 직접붙임법(타일 뒷면에 모르타르를 채워가면서 붙이는 법), 타일 압착공법 붙임법(타일 후면 공간이 생기지 않도록 압착공법으로 붙이는 법), 타일 부어넣기법(콘크리트면에 직접 타일이 붙도록 한 것으로 거푸집 내에 직접 집어넣어 붙이는 법) 등이 있음.

타임래그(time−lag) : ⇨시간지연(=).

타임스케일공정도(−工程圖, time scale progress graphic chart) : ①네트워크 공정표 용어의 하나. ②각 작업을 소요시간에 관계없이 표현한 공정도를 말함.

타입엑스석고판(−石膏板, type X−plaster board) : ⇨방화용 석고판(=).

타초(打草) : 천초된 초지를 단청할 부재면에 대고 백분주머니로 두들겨 채색할 윤곽을 그리는 일. 타출(=).

타출 : ⇨타초(=).

타카(air tool) : ①구조적으로 컴프레서(air compressor)라는 공기압축기로부터 보내진 공기가 강한 압력으로 건(gun)에 연결되어 못의 대용품인 핀을 목재 또는 석고보드나 합판 등 판재에 박아 넣을 수 있게 된 목공기기(木工器機)의 현장속어. ②종류는 'ㄷ자용', 'ㅣ자용' 및 '콘크리트용' 에어 건(타카)이 있음. ③타카는 의성어.

타퀼론(taquillon) : 스페인 르네상스 시대의 대표적 가구인 바궤뇨(vargueño)를 올려놓는 용도로 디자인된 수납장. 2개의 상부 서랍과 2개의 찬장 또는 4개의 서랍으로 구성되어 있으며, 받침대가 부착되어 있어서 상부 장의 전면부가 젖혀졌을 때 잡아당겨 받칠 수 있도록 고안되었음.

타피스트리(tapestry) : ⇨태피스트리(=).

탁색(濁色, dull colour, tonal color) : 채도가 가장 낮은 색, 즉 색의 선명도가 가장 낮은 색으로 탁한 느낌이 나는 색. 안정감이 있으며 정적(靜的)인 느낌을 줌.

탁자(卓子, table) : ①천판(板)을 통나무로 하고 다리는 도리아식의 원주(圓柱) 또는 회전 선삭(旋削)하여 제작한 밸러스터(baluster) 기둥형태로 되어 있음. ②문방가구의 대표적인 것으로 2층, 3층, 4층 또는 다층 구조의 것이 있음. 보통 서적이나 문서를 올려놓는 책탁자와 문방구를 장식하는 감상용의 진열탁자가 있음. 탁자의 구조는 용도에 따라 기능과 질서를 위해 그 비례의 아름다움에 중점을 둠. 수납장이 없는 사방탁자(四方卓子)와 여닫이문이 달린 수납장이 있는 탁자장이 있음. ③테이블(=).

탁자장(卓子欌) : 사방탁자형에 삼면을 막고 수납부분과 선반부분을 만들어 장식용과 수납용을 겸하는 선반달린 장.

탄각(炭殼, cinder ash) : 석탄재 덩어리, 신더 콘크리트의 골재.

탄산가스(炭酸−, carbon dioxide, CO_2) : ①공기 속에 3/10,000이 있음. 무미무취(無味無臭)의 기체. 공기를 1로 한 때의 비중은 1.529임. 수용액(水溶液)은 약한 산성이고, 물에 녹인 것은 청량음료 또 조연성이 없는 것을 이용하여 소화제(消化劑)로 사용. ②실내에서 CO_2 농도는 0.5%를 넘어서는 안 됨. 호흡에 1~2% 함유되어도 느낄 수 없으나 능률은 저하됨. 3%를 넘으면 호흡이 힘들고, 5~10%에서는 호흡곤란을 초래하며 곧 피로해지고, 10% 이상에서는 생명이 위험함. ③대규모 냉동설비에서 일부 사용하고 있는 냉매(refrigerants)로서 매우 높은 압력을 필요로 함.

활동별 산소소비량과 필요환기량

	1인당산소소비량 (해면상)ℓ/min	CO_2농도를 0.5% 이하로 유지하기 위해 필요한 환기량(1인당)ℓ /min			
		해면상	1,500m	3,000m	4,500m
휴식시	0.23	34	40	48	59
보통활동	0.79	110	135	190	195
격렬활동	1.60	245	275	330	410

탄산가스허용량(炭酸－許容量, permissible carbon dioxide content, tolerable carbon dioxide content, maximum allowable carbon dioxide content) : 위생학적으로 공기 속에 함유된 CO_2량의 허용한도. 용적 백분율로 나타내고 보통 거실에서는 0.1%, 침실은 0.07%이고 실외에서는 0.03~0.01% 정도이지만 0.5%까지는 전혀 해가 없고 4~5% 이상은 위험함.

탄산나트륨(炭酸－) : ⇨탄산소다(＝).

탄산마그네슘(炭酸－, magnesium carbonate : $MgCO_3$) : 천연으로 나는 마그네사이트 또는 탄산칼슘과 함께 돌로마이트로 산출됨. 돌로마이트를 900~1,200℃로 가열하여 소화(消火)한 것이 돌로마이트 플라스터임.

탄산석회(炭酸石灰, calcium carbonate) : ① 방해석(方解石)·대리석(大理石)·석회석(石灰石) 따위 등에서 산출. ②흰색 결정으로 물에 잘 녹지 않음. 시멘트·소석회·생석회 원료이고 도료의 체질안료(백색안료)로도 많이 사용. 산의 중화제·충진제 등으로 사용. 수도관의 코팅 물질로도 중요함. 탄산칼슘(＝).

탄산소다(炭酸－, sodium carbonate) : 비누·유리·수산화나트륨·탄산수소나트륨의 원료로 보통 '소다'라고 함. 이산화탄소를 흡수시켜 탄산수소나트륨($NaHCO_3$)을 만듦. 탄산나트륨(＝).

탄산칼슘 : ⇨탄산석회(＝).

탄성(彈性, elasticity) : 재료에 외력(外力)이 작용하면 변형(變形, deformation)이 생기고 이 외력을 제거하면 재료가 원래의 모양·크기로 되돌아가는 성질 또는 현상. ⇨소성(⇔).

탄성계수(彈性係數, elastic modulus) : ⇨영계수(＝).

탄성률(彈性率, modulus of elasticity) : 재료의 탄성계수로서 변형력에 의해 야기되는 단위변형력 대 단위변형 간의 비(比). ⇨영계수.

탄성바닥재(彈性－材, resilient flooring) : 굽혀지거나 눌려진 후 원래 형태로의 복원능력이 있는 바닥재. 타일이나 시트로 생산되며, 적당한 바탕층 위에 매스틱(mastic)으로 접착함.

탄성실런트(彈性－, elastic sealant) : 탄성의 성질이 있는 실(seal)재. 종류는 1액형과 2액형이 있음. 1액형은 공기 중의 수분에 의하여 가황(可黃)이 진행되고, 2액형은 경화제의 첨가를 따름. 우수한 접착성을 가지며 시공 후 경화되기까지의 시간이 짧아 접착 후 늘어나지 않고 변형하지 않으며 내후성·내수성·내약품성이 크고 시공도 용이함.

탄성체(彈性體, elastic body) : 탄성의 성질을 가진 물체.

탄성한계(彈性限界, elastic limit, E point) : ①외력과 변형도가 비례적으로 발생하였다가 외력을 제거할 때 변형도가 0으로 되는 한계. ②건축재료의 역학적 성질 중 응력이 비례한계 이내에서는 하중을 제거할 때 당연히 O점으로 되돌아가며 응력을 P점보다 높은 E점까지 높일 때도 하중을 제거하면 O점으로 되돌아갈 때 E점의 응력을 말함. 실용상 P, E점은 똑같은 응력으로 취급해도 무방. ⇨응력－변형률 곡선.

탄소(炭素, carbon) : 순수한 상태로 다이아몬드나 흑연을 이루며, 석탄이나 석유의 구성성분이 되는 비금속 요소를 말함. 단위기호는 C.

탄소강(炭素鋼, carbon steel) : 탄소·망간·인·황·실리콘과 같은 잔여 요소들이 조정된 보통의 비합금 강재. 탄소량이 증가하면 강재의 강도와 경도는 증가하지만 연성과 용접성은 감소. 경강(硬鋼)은 기계용 재료로 사용되고, 연강(軟鋼)은 주로 토·건구조용 강재로 이용됨. ⇨강.

ㅌ

탄소함유량

	구 분	탄소 함유량(%)
저탄소강	극연강(極軟鋼)	0.12 이하
	연강(軟鋼)	0.13~0.20
	반연강(半軟鋼)	0.21~0.35
고탄소강	반경강(半硬鋼)	0.36~0.50
	경강(硬鋼)	0.51~0.80
	최경강(最硬鋼)	0.82~2.06

탄소벽돌(炭素甓乭, carbon brick) : 점토질 원료에 흑연을 첨가하여 만든 벽돌.

탄소섬유(炭素纖維, graphite fiber) : 그래파이트 모양의 탄소로 된 섬유. 아크릴섬유를 질소 속에서 1,000~2,000℃로 가열·변형시켜 탄소화해 만듦.

탄소십사연대측정법(炭素十四年代測定法) : ⇨방사선탄소연대측정법(=).

탄소아크램프(炭素-, carbon-arc lamp) : 탄소 전극 사이의 아크방전을 사용한 고강도 전기방전등. 영사기용 조명이나 금속 절단 용접에 사용.

탄오크(Tan Oak, Litchocarpus densiflora) : ①미국 오리건·남캘리포니아 세레네바다까지 분포. ②변재는 벌채 초기에는 담적갈색이나 점점 진한 색으로 변하고, 노목(老木)은 변재와 심재의 구분이 불분명함. 심재는 담갈색으로 적색의 줄무늬가 있으며 성목(成木)이 될수록 암적갈색으로 변함. 방사공재(放射孔材)로 목리는 통직하며 기건비중은 0.58. 향기 및 맛은 없으며 단단하고 관공(管孔)은 큰 편으로 육안으로 볼 수 있으며 크기는 다양함. 수축률은 방사방향 5.5%, 접선방향 10.0%, 용적수축률 14.9%로 크고 강도는 압축강도 533kg/㎠, 휨강도 1,146kg/㎠, 전단강도 88kg/㎠로 강함. 내구력이 크고 건조가 잘 되며, 가공은 불량하고, 용도는 건축·가구·내장·플로어링에 사용.

탄젠트(tangent) : 주어진 각도의 반대 변과 그 각도의 근접한 변에 의한 비율로 규정되는 삼각함수.

탄츠(緞子, tuan tzu, rug) : 카펫 중에서 최고급품임. 명칭은 중국의 단자(緞子=繻子)에서 유래함. 심포(芯布)에 털실을 한 오라기씩 짜 넣는 손짜기의 카펫으로 털발이 길고 눈이 섬세한 제품이 제조됨. 호화롭고 수명도 100년은 지속되며, 유명한 것으로는 페르시아 탄츠·터키 탄츠·중국 탄츠 등이 있음.

탄화(炭化, carbonization) : 목재를 가열하여 검게 탄 상태. 200℃가 넘으면 검게 되는 상태가 되고, 목재를 상온에서 점차 가열하면 함유된 수분이 증발하여 약 100℃에서 거의 절건상태로 되며, 열을 더 가하면 열분해가 시작되어 약 150℃에서 검게 탄 색으로 변하고, 170~180℃ 이상에서는 빠른 속도로 열분해를 일으켜 일산화탄소·메탄·에틸렌·수소·유기산 알데히드 등의 가연(可燃)가스와 탄산가스 물 등의 불연성(不燃性) 가스가 발생하고 나중에 탄소(C)가 남음.

탄화규소(炭化硅素) : ⇨카보런덤(=).

탄화물(炭化物) : 탄소와 알칼리 금속·알칼리 토류 금속·할로겐 등의 양성원소와의 화합물.

탄화수소(炭化水素, hydrocarbon) : ①탄소와 수소와의 화합물을 총칭. ②HC. 탄소와 수소화합물. 이 중 에탄(C_2H_6)이 대기오염의 주범. ③탄화수소는 이산화질소와 반응하여 광화학스모그현상을 일으킴. ④자동차도료공장, 인쇄공장, 주유소 등에서 주로 발생하며 탄화수소 발생을 억제하기 위해 자동차 배출가스 규제를 실시하고 있음. ⑤탄화수소 가운데 올레핀계와 방향족계(芳香族系)는 석유화학공업의 중요한 원료.

탄화시험(炭化試驗, carbonized test) : 유기물이 열을 받아 탄화할 때의 온도 및 시간 등을 알기 위한 시험.

탄화칼슘(炭化-, carbonization calcium) : 생석회와 탄소를 전기로에 넣고 가열·반응시켜 만든 회색의 굳은 덩이. 물을 가하면 아세틸렌가스가 발생하며, 이를 "칼슘카바이드"라고 함.

탄화코르크(炭火-, black cork) : 코르크를 채취하여 끓이는 대신 화열(火熱) 또는

랑채 평면은 정면 4칸, 측면 2칸인데 양 측면에 반 칸씩 툇간을 달아내어 길이로 보면 정면이 5칸이 됨. 가운데 중문간을 두고 좌우에 사랑방 2개와 온돌방과 외양간을 둠. 온돌방 주위로는 바닥높이가 서로 다른 툇마루를 돌렸음. 특히 모서리 마루의 바닥을 높이 들어올려 마치 작은 정자와 같은 분위기를 만듦. 남측의 툇마루도 높이를 달리 하여 작은 공간에서 독특한 공간의 느낌을 줌. 마루에는 아(亞)자 문양의 난간을 설치하여 작은 초가집의 여유 있는 장식성을 보여 줌. 기단은 사괴석 기단에 덤벙주초를 놓고 방주를 세움.

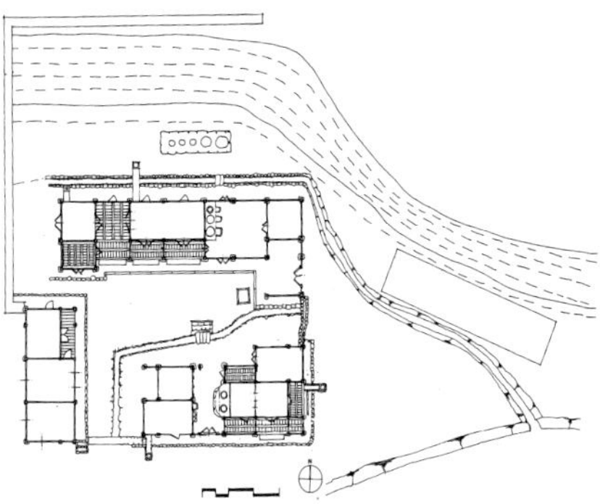

태안최씨댁 도면

태양광조명방식(太陽光照明方式) : ①설비를 이용하여 필요한 건축공간에 자연광을 삽입시키는 자연채광수법. ②방식에는 태양광 자동추미방식과 건축화덕트방식·덕트방식·블록거울방식·광파이버방식 등이 있음. ㉠태양광 자동추미방식은 태양 위치에 맞추어 반사거울을 제어하여 태양 직사광을 도입하는 방식으로 주로 고층 건축물에 많이 사용. ㉡건축화덕트 방식은 건물의 내벽에 고반사체를 붙이고, 천공광을 상호반사에 의해 유입시키는 방식으로 건물 내부 전체가 밝아지고 익사이팅(exciting)한 빛을 얻을 수 있음. ㉢덕트방식은 채광부로부터 입사한 천공광을 고반사 거울로 구성된 도광덕트를 이용하여 실내로 빛을 도입하는 방식으로 자연광에 가까운 빛을 얻을 수 있음. ㉣블록거울방식은 건물 상부의 정해진 각도에 배치된 거울을 이용하여 태양직사광을 내벽에서 산란시키며 도입하는 방식으로 중층인 경우에 유리함. ㉤광(光)파이버방식은 태양 위치에 맞추어 최적 각도로 제어된 렌즈로 태양직사광을 집광하고 광파이버에 의해 건물 내부로 도입하는 방식으로 고광로를 임의로 굴절시킬 수 있음. ⇨설비형 자연채광방식.

태양고도(太陽高度, altitude) : 수평면과 태양이 이루는 각도.

태양광발전(太陽光發電, solar photovoltatic power generation) : ①태양빛을 바로 전기로 전환해내는 태양전지 등을 이용하여 태양의 빛에너지로부터 전기를 얻는 시스템. ②태양전지는 소규모로 전자계산기나 손목시계 등 가전제품이 있지만 우주위성용으로 실용화되어 있음. ③태양광발전의 소재로는 실리콘이 많이 쓰임.

태양등(太陽燈) : ⇨건강등(＝).

태양방위각(太陽方位角, azimuth) : 수평선을 따라서 정남으로부터 동서쪽으로 측정되는 태양의 위치에 대한 각도. ⇨방위각.

태양시(太陽時) : ①태양의 일주운동에 의해 정해지는 시간. ②태양의 일주(日周) 운동을 기본으로 하여 정한 시법(時法)으로 1태양일을 24시간으로 하고 태양의 시각(時角)에 의해 시각을 나타냄. ③태양시를 1년을 통해 평균한 것이 평균태양시. ⇨항성시. ⇨시각[2].

태양열난방(太陽熱煖房, solar heating) : 에너지원으로 태양을 사용하는 난방.

태양열시스템(太陽熱-, solar system) : 태양에너지를 건물의 난방이나 냉방에 이용하는 방법. 시스템은 집열부(集熱部, collector element)·축열부(蓄熱部, thermal storage element)·이용부(利用部, use element)의 3가지로 구성됨. 종류는 열전달 방법에 따라 설비형(active) 시스템·자연형(passive) 시스템·혼합형(hybrid) 시스템으로 구분함.

태양열온수기(太陽熱溫水器, solar water heater) : 태양열을 집열기에 의해 집열하여 온수를 만드는 장치로 집열량이 날씨에 의해 좌우되므로 일반 전열기 등의 보조열원이 병용됨.

태양열주택(太陽熱住宅, solar house) : 태양으로부터의 열에너지를 이용하기 위한 장치가 설비된 주택. 이는 건물의 단열성을 높이고 창문면적을 대형화하며 유리면은 이중(二重)으로 하여 간접적으로 태양열을 이용하는 passive solar house와 태양열을 흡수하여 온수·난방·발전 등에 기계장치의 힘을 이용하는 active solar house가 있음.

태양열집열판(太陽熱集熱板, solar collector) : 공기나 물 등 매체가 순환되도록 되어 있는 흡열체를 가열하는데 태양복사를 이용하도록 고안된 장치나 시스템.

태양위치도(太陽位置圖) : 천구면상(天球面上)의 여러 가지 면을 적당한 방법으로 수평면에 사영(射影)한 것. 이 경우 사영도는 대부분 천구의 중심을 지나는 수평면 또는 수직면에 그려짐.

태양창(太陽窓, solar window) : 태양열을 효율적으로 이용할 수 있도록 주변건물과 나무에 의한 일사의 방해 없이 일조를 받게 되는 천구상의 가상영역으로 오전 9시부터 오후 3시까지의 동서 태양방위각 경계와 동지(12월 21일)부터 하지(6월 21일)까지의 상하 태양궤도 경계로 정해짐.

태자궁(太子宮) : ⇨동궁(=).

태평화 : 단청에서 태평문양의 그림.

태평화

태피스(tapis) : 일반적으로 바닥깔개를 총칭. 태피스트리(=).

태피스트리(tapestry) : 날실에 통과된 씨실(緯絲)에 의해 그림이나 도안을 짜 넣은 두꺼운 직물로 실내장식용(accessory)으로 사용하며, 일반적으로 태피스트리는 바닥깔개·벽걸이를 말함. 주로 벽걸이 장식이나 테이블 등의 가구덮개로 이용됨. 고대 메소포타미아나 이집트에서 시작하여 중세 초기의 페르시아를 중심으로 프랑스 등지에서 화려한 작품이 많이 나왔음. 유럽에서는 13~14세기에 실내장식용으로 사용함. 아라조(arazzo[이])·태피스리(tapesserie[프])라고 함.

태피스트리타일(tapestry tile) : ⇨카펫타일(≒).

택(TAC) : ⇨티에이시(=).

택지개발사업(宅地開發事業) : 도시개발사업의 일종. 도시지역의 주택난을 해소하기 위하여 주택건설에 필요한 택지 공급을 목적으로 시행하는 사업.

택지개발예정지구(宅地開發豫定地區) : 택지개발을 위하여 택지개발촉진법의 규정에 의해 지정되는 지구.

탠(tan) : ①짐승의 가죽을 무두질(모피에서 털과 기름을 뽑고 두드려서 가죽을 부드럽게 하는 일)하는 일. 무두질한 가죽의 황색 기미의 갈색(yellowish brown). 관용색명으로 칙칙한 주황을 말함. 햇볕에 탄 피부색과 같은 밝은 황갈색. ②먼셀기호 6.5YR5.0/6.0.

탭(tap) : 구멍 속에 나사못의 나삿니(thread)를 파넣는 것.

탭핑스크루(tapping screw) : ⇨셀프탭핑스크루(=).

탱기일(tangile) : ①필리핀, 말레이시아·인도네시아·보르네오 등지에 분포. ②변재는 회황녹색, 심재는 홍갈색·엷은 홍색. 비중은 0.67. 재질은 적나왕과 유사하지만 적나왕보다 아름답고 건조·공작이 용이하며 약간 단단하고 조밀하며 내구성이 큼. ③실내장식재·가구재 등으로 사용.

탱주(撑柱, piller standing in the middle of pedestal) : ①넘어지지 않게 버티는 기둥. ②건물이나 석탑의 기단부에서 중간에 일정한 간격으로 세운 기둥. ③샛기둥·사잇기둥(=).

탱크없는 부스터방식(-方式, tank less booster) : ⇨수조없는 부스터방식(=).

터널거푸집(tunnel form) : ①벽체와 바닥을 일체화한 공법으로 동일 규격의 유닛(unit)이 계속되는 보가 없는 벽식 구조의 건축물에 적합한 금속제 거푸집(steel form) 공법. ②종류는 ㄱ자형(twin shell form)과 ㄷ자형(mono shell form)이 있음. ③아파트, 병원의 병실, 호텔의 객실 등에 적합. ④장점은 거푸집의 조립·해체 작업이 간단, 신속하여 공기단축, 인건비가 절약됨. 콘크리트 노출면이 평활하여 마감이 유리함. 재료가 철판이므로 전용횟수가 많아서 경제적임(200회 정도). 한중기 콘크리트인 경우 하부로부터의 가열양생이 효과적임. ⑤단점은 초기투자가 높고 중량물이므로 운반에 장비(T/C 등)가 동원되고 안전사고 위험이 있음. 거푸집과 거푸집 사이에 목재 거푸집으로 연결해야 하므로 번거로우며, 철판면의 녹이 콘크리트 노출면을 오염시킬 수 있고, 거푸집이 완전 조립되기 전에 강풍이 불면 넘어질 우려가 있음.

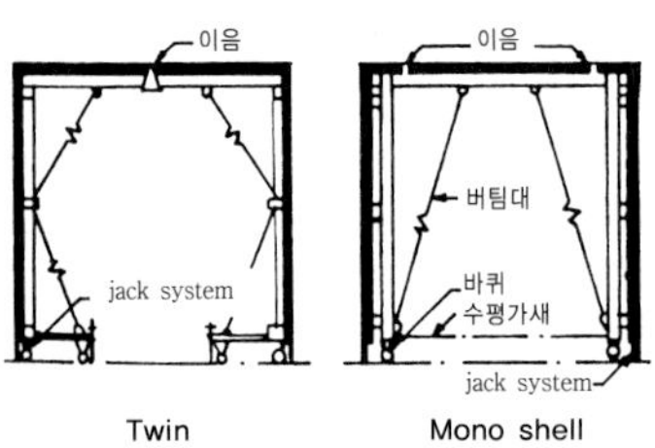

터널거푸집

터닛(turret) : ①건물의 모서리 등에 마련된 작은 탑으로 건물의 일부가 그대로 세워져 이 부분이 탑의 형태가 된다거나 하부를 콘솔(console, 까치발)로 벽으로부터 끌어내어 거기에 올려져 있으며 중세의 성곽외벽 등에 자주 사용된 작은 탑 또는 누대. ②구석에 특징적인 바구니장식을 가진 소형 탑. ③큰 구조물의 일부를 형성하는 작은 탑으로서 땅에서부터 어느 정도 올라온 곳에 설치되어 있는 경우가 많고, tourelle이라고도 함. 이 용어는 탑을 의미하는 'tour'에서 유래. 터렛(=).

터닝바(turning bar) : ⇨침니바(=).

터렛(turret) : ⇨터닛(=).

터미널백화점(-百貨店, terminal department) : ①철도 또는 버스터미널 본래의 업무에 지장이 없는 범위 내에서 터미널을 입체화하는 각종 상품의 판매, 음식물 제공 등을 하고 여객 및 공중의 편의를 도모하는 것을 목적으로 함. ②여객이 모이는 종점이나 분기점(分岐點)에 위치하는 백화점으로 최근에는 기차나 지하철 및 버스·고속버스·시외버스 등의 터미널에 민자역사(民資驛舍)를 지으면서 활발히 전개되고 있음. 예컨대 서울역·영등포역·청량리역·대전역 등의 터미널백화점이 유명함.

터미널호텔(terminal hotel) : 공항이나 역사(驛舍) 등 교통기관이 발착(發着)하는 터미널에 위치한 호텔. 예컨대 에어포트 호텔(airport hotel)·스테이션 호텔(station hotel)·하버 호텔(harbor hotel) 등.

터보블로어(turbo blower, turbo fan) : ①고정압용의 송풍기. ②날개의 끝 부분이 회전방향 뒤쪽으로 굽은 후곡형으로 공조용(고속덕트) 및 환기용으로 사용하고 있으며, 효율은 원심형 송풍기 중 가장 높음. ③날개차의 회전방향이 후향으로 되어 있고, 고속회전에 잘 견딜 수 있게 설계되어 있음.

터브체어(tub chair) : ⇨곤돌라의자·원통의자(=).

터셀(tassel) : ⇨타셀(=).

터스칸기둥양식(-樣式, Tuscan order style) : 그리스의 도리아식 기둥을 단순화시킨 로마의 주범양식 중 하나.

터스칸오더(-式-, Tuscan order) : 도리스식 오더의 변형으로 주초(柱礎, base)가 있고 주신(柱身, shaft)에는 플루팅(fluting ; 기둥에 수직방향으로 새긴 긴 홈)이 없는 경우도 있는 로마 건축 오더의 일종.

터스칸 오더

터스크(tusk) : 장부를 보강하기 위한 경사진 턱(shoulder).

터짐 : 제재하고 난 뒤에 나무가 말라서 터지는 것이나 터짐으로써 생기는 흠.

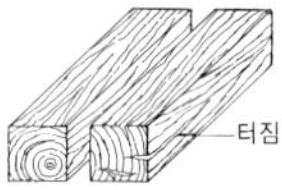

터짐

터치(touch) : 회화·투시도 등의 화면에 화필(畵筆) 또는 용구(用具)의 움직임이 흔적으로 남은 것. 디자이너의 개성있는 작품이나 양식을 나타내는 기본적인 요소가 됨.

터치버튼(touching button) : 손가락으로 버튼을 누르면 작동되는 버튼의 일종으로 스탠드 라이트(stand light)나 엘리베이터 버튼 등이 이에 해당.

터어펜타이유(−油) : 도료에 사용되는 희석제(稀釋劑, thinner diluent)의 일종.

터크와즈그린(turquoise green) : ①녹색 쪽으로 기울어진 터크와즈. 청색 기미의 해맑은 녹색(vivid bluish green). ②먼셀기호 9.5G 5.0/10.0.

터크와즈블루(turquoise blue) : ①터키석으로 알려진 보석의 색에서 온 이름. 녹색 기미의 밝은 청록색(bright blue green). 관용색명으로 녹색. ②먼셀기호 7.5BG6.0/6.0.

터키소파(turkey sofa) : ⇨오토만(=).

터키양탄자(turkish rugs) : 14, 15세기에 아시아에서 짜여진 수제품 매듭식 양탄자. 디자인은 전통 페르시아산보다 기하학적이며, 난색조로 되어 있음. 고급제품은 벽걸이·기도용 무릎 받침·식탁보 등으로 사용되며 모슬렘 신도들이 기도할 때 메카(Mecca)의 방향으로 향할 수 있도록 방향이 표시되기도 하였음.

터키융단(−絨緞, Turkish rug) : 16세기 초에 페르시아에서 건너온 지공이 터키에 전해 온 융단.

터키직물(−織物, Turkey work) : 터키 카펫을 모방하여 16~18세기 캔버스(canvas) 바탕에 모(wool)를 통과시켜 잡아당긴 후 매듭을 짓고 자르는 식으로 짠 수제품 직물. 당시 영국 자수에서 주로 사용한 꽃문양을 이용하여 밝은 색조로 짜여졌으며, 의자 등받이나 좌판을 싸는 용도로 사용되었음.

터키탕(−湯, Turkish bath) : 증기욕(蒸氣浴)의 일종으로 주한 터키 대사관으로부터 터키탕이 퇴폐의 온상으로 사회적 지탄의 대상이 된 것으로, 명칭에 대한 개명 요구를 받은 후 "증기탕"으로 명칭을 개명하였음. 터키탕은 일본에서 붙여진 것으로 터키와는 무관한 명칭.

터픈드글라스(toughened glass) : ⇨강화유리(=).

터프티드카펫(tufted carpet) : ①기초 백킹(backing)이 되는 직조물에 파일(pile)사(絲)를 기계로 감친 다음 백킹에 라텍스를 다시 바른 카펫. ②대량 생산이 가능하며, 비교적 값싸게 생산됨. 초벌 그림을 그려서 펀칭 머신으로 파일을 집어넣어 만든 후크드 러그(hooked rug) 등도 있음. ⇨카펫.

터프팅(tufting) : ①가구나 침구류의 마감 직물과 그 속의 완충제를 단추 및 술 등을 이용하여 묶고 잡아 당겨 올록볼록한 효과를 내는 기법. ②터프티드 카펫을 이루는 카펫구조. ⇨카펫.

터프팅

턱걸이겹주먹장이음 : 두 부재를 반턱으로 맞대고 주먹장을 상하의 겹으로 만든 이음.

턱걸이메뚜기장이음 : 턱이음에 메뚜기 장부를 만들어 끼운 것. 주로 토대·멍에·중도리에 사용.

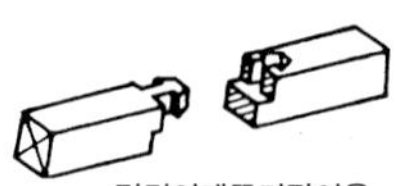
턱걸이메뚜기장이음

턱걸이주먹장맞춤 : 턱을 지어 걸치게 한 윗부분에 주먹장을 내어 물리는 맞춤.

턱걸이주먹장이음 : ①턱이음에 주먹모양의 장부를 끼운 것. ② 턱을 지어 걸친 위에 주먹장을 내어 물리는 이음. 주로

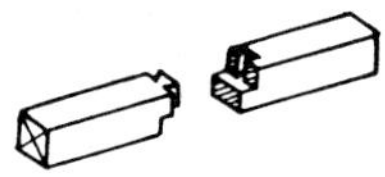
턱걸이주먹장이음

토대·멍에·중도리에 사용.

턱경사혀쪽매(－傾斜－)：턱을 걸치게 하고 혀를 경사지게 낸 널쪽매.

턱끼움：⇨턱맞춤(＝).

턱대패：옆면 모서리를 턱지게 깎을 때 쓰는 대패.

턱둥근모：둥근 모의 양끝이 조금 턱이 지게 한 모.

턱맞춤：①두 부재에 서로 턱을 내어 물리게 한 맞춤. ②나무의 옆을 파내어서 생긴 도구에 끼우는 나무의 머리를 끼우는 방법이나 그렇게 한 자리.

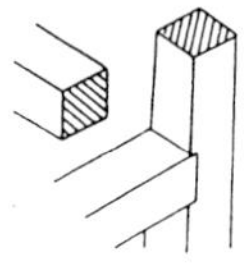
턱맞춤

턱물림맞춤：한 재의 중간에 턱을 따내어 다른 재의 마구리를 끼워 물리게 한 맞춤.

턱목촌(－木寸)：⇨목촌(＝).

턱물림아치(joggled arch, rebated arch)：평아치의 이맞돌이 흘러내리지 않도록 턱을 지어 물리게 한 아치.

턱물림쪽매(rebated and broken joint)：경사면으로 된 널의 두꺼운 쪽 옆면에 턱을 내고 다른 널의 얇은 옆면이 물리게 한 널쪽매.

턱빗모：비스듬히 접은 빗모의 양끝이 약간 턱이 지게 한 모.

턱빗모치기：돌의 모서리를 턱이 지게 따내고, 또 그 턱의 상부를 45° 경사면이 되게 따낸 모로 다듬는 일.

턱솔(tongue)：①이음 또는 맞춤의 한쪽 접합면에 가늘고 긴 턱이 지게 한 돌기를 통칭하는 용어. ②⇨턱솔맞춤.

턱솔개탕(－開鐋)：널을 쪽매할 때 접합면의 한 쪽에는 홈을 파고, 한 쪽에는 턱솔이 돌출되게 깎는 일.

턱솔깎기：이음 또는 맞춤의 솔기에 턱솔을 지어 깎는 일.

턱솔맞춤：한 재에 홈을 파고, 다른 재에 턱솔(突起)을 내어 서로 물리게 한 맞춤.

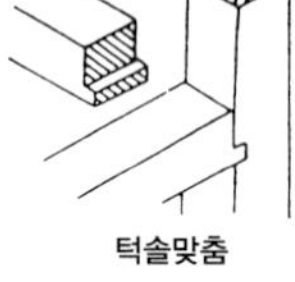
턱솔맞춤

턱솔비늘판벽(－板壁)：가로판벽의 일종으로 너비 180~240㎜, 두께 20㎜ 정도의 널 옆면을 반턱으로 만들고 줄눈을 두어서 가로쪽매로 못박아 설치한 판벽. ⇨판벽.

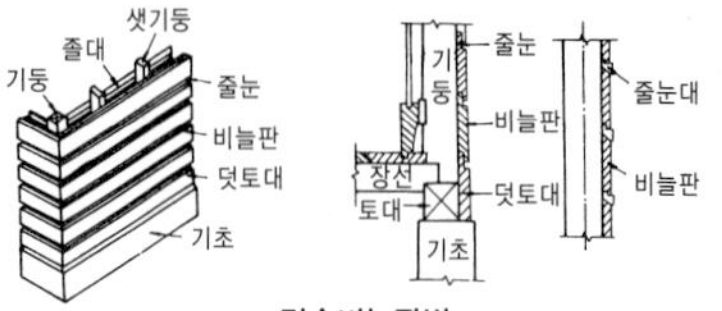

턱솔비늘판벽

턱솔이음(tongue and groove joint)：①맞댄면이 옆(가로방향)으로 이동하는 것을 방지하기 위하여 한편 마구리에 턱솔을 설치하여 다른 편의 턱솔 홈에 밀어 넣는 이음. ②홈이음과 구조 및 이음방법이 같음. ③이 이음은 이은 자리를 양면에 덧판으로 보강하지 않으면 이음의 역할을 할 수 없음. ④턱솔의 종류에는 一자형·十자형·ㄱ자형·T자형·ㄷ자형 등이 있음. ⑤주로 걸레받이·난간두겁 등 수장재에 사용.

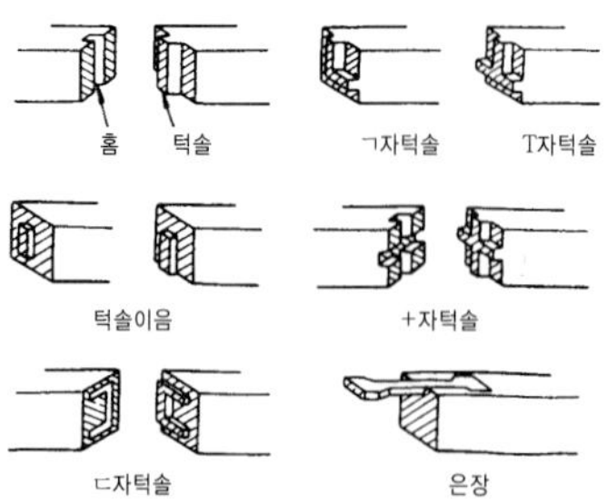

턱솔이음

턱솔장부：①이음맞춤의 솔기에 턱을 낸 것. ②솔기가 턱이 지게 한 짧은 장부.

턱솔장부

턱솔주먹장맞춤：①맞춤면의 중앙에 주먹장을 만들고, 그 좌우에 턱솔이 끼게 된 맞춤. ②턱걸이주먹장맞춤(＝).

턱솔쪽매(tongue and groove joint)：널의 한 쪽 옆면에 턱솔(突起)을 만들고, 다른 옆면에 홈을 파서 이은 쪽매. 이음 길이는 판두께의 1/3로 하는 것이 보통.

턱솔장부：⇨턱솔턱장부맞춤.

ㅌ

턱솔턱장부

턱솔턱장부맞춤 : ㄱ자·ㄴ자 형의 턱솔을 두는 장부맞춤으로 이동되는 것을 방지하며, 다른 장부와 겸용.

턱솔홈(rabbet, rebate) : ①두 널빤지를 잇기 위해 널빤지 끝을 잘라낸 은촉과 은촉 홈. ②턱이 진 다른 부재를 끼우기 위해 부재의 한쪽 끝을 깎아 만든 홈. ③은촉이음(=).

턱시도(tuxedo) : ①등받이와 팔걸이가 동일한 높이의 소파. ②연미복 대용의 남자의 야간 약식(略式) 예복. 모양은 거의 양복과 같지만 윗깃을 비단으로 덮고 바지 솔깃에 장식이 달렸음.

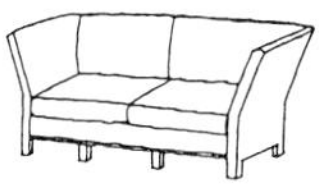
턱시도

턱연귀맞춤(-燕口-) : 안쪽은 턱지게 하고 바깥쪽은 연귀로 한 맞춤.

턱이음(rebated joint) : ①두 재에 서로 턱을 내서 잇는 턱걸이 이음. 주로 토대이음에 사용. ②⇨반턱이음.

턱장부(-丈夫) : 장부의 한 쪽에 턱이 지게 깎은 장부.

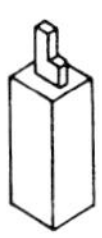
턱장부

턱장부맞춤(-丈夫-) : 턱장부를 계단형으로 끼운 맞춤으로 수직하중을 안전하게 전달하기 위해 턱을 둠. 주로 토대·창호의 모서리부분에 사용.

턱장부촉 : 장부촉이 턱이 져서 2단으로 된 것.

턱제혀쪽매 : 마룻널 등의 옆면에 만든 제혀(突起)의 쪽에 턱이 지게 한 쪽매.

턱촌목 : ⇨촌목(=).

턴버클(turn buckle) : ①물건의 동여맨 줄을 조이는 제구(製具)로, 동여맨 줄의 중간에 비녀장을 끼워서 틀어 돌리면 줄이 팽팽하게 조여짐. ②줄(인장재)을 팽팽하게 당겨 조이는 나사 있는 탕개쇠. 거푸집 연결시 철선을 조임에 사용. 철골 및 목골공사에 쓰이며, 콘크리트 타워 설치시에도 사용. ③탕개(=).

턴키(turn key) : ⇨턴키계약방식.

턴키계약(-契約, turn key contract, package deal contract) : ⇨턴키계약방식.

턴키계약방식(-契約方式, turn key contract method) : ①플랜트 수출이나 해외건설공사 등에서 계약방식의 일종. 일괄수주계약이라고도 함. ②건축주는 키를 돌리면 모든 설비가 가동되는 상태로 인도한다는 뜻이며, 조사·설계·기기조달·건설·시운전까지 공사내용의 모든 요소를 일괄 포함하는 도급계약 방식. 토목공사부터 공장건물, 부대설비 등 모든 것을 포함하는 것을 강조하여 '풀(full)턴키'라고도 함. ③시공자가 대상계획의 사업 발굴·기획·타당성 조사·설계·시공·시운전·인도·조업·유지관리까지 건축주가 필요로 하는 모든 것을 조절하여 건축주에게 인도하는 도급계약방식. ④종류 ; ㉠성능만 제시, ㉡기본설계도서 제시, ㉢상세설계도서 제시. ⑤특징은 ㉠설계시공의 커뮤니케이션 우수, ㉡책임 한계 명확, ㉢공사비 절감, ㉣공기단축, ㉤신공법의 연구 및 개발, ㉥설계 우수성 반영 불가, ㉦건축주 의도 반영 곤란, ㉧총공사비 산정 사전 파악 곤란, ㉨최저 낙찰가로 품질 저하 우려. ⑥설계시공일괄계약방식(=).

털실자수(-刺繡, crewel, crewel work) : ①화려한 색의 모(wool)나 흰색 또는 베이지색의 리넨(linen)천에 두 겹으로 느슨하게 꼰 털실로 고리 모양의 수(chain stitch)를 놓는 자수의 한 방법. ②인도의 캐시미르(Kashmir)지방에서 유래되어 영국의 자코비안(Jacobean)시대에 사용되었음. 주로 침대의 천개(canopy)에서 늘어뜨리는 천이나 커튼 등에 생명나무(tree of life)·모티프로 디자인되었음. ③⇨생명나무 문양.

털여물 : 흙에 짐승의 털을 섞는 여물.

텀(term) : 르네상스와 프랑스 로코코시대에 애용된 하부로 갈수록 좁아지는 받침대. 고대 그리스의 종교적인 조상(statue)으로부터 유래된 것으로 조각된 사람의 흉상이

ㅌ

동물이나 신화적인 동물 등을 받치고 있으며, 개별적인 장식물뿐만 아니라 탁자 및 수납장 받침대(cabinet stand)의 다리로도 사용되었음.

템

텀블러스위치(tumbler switch) : ①점멸기의 일종. ②손잡이를 상하 또는 좌우로 젖혀서 점멸하는 스위치. 노출형과 매입형이 있음.

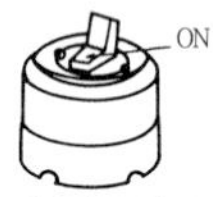

텀블러 스위치

텅그앤드그로브(tongue and grove) : 목재 이음법의 한 형태로 길고, 직선의 돌출부는 텅그라고 하며, 이것은 붙을 수 있게 같은 모양으로 홈이 패인 부분에 꼭 맞도록 되어 있음.

텅스텐(tungsten) : 고강도합금이나 전자제품에 사용되는 용융점이 높은 무겁고 부서지기 쉬운 밝은 회색빛 금속원소. 기호는 W.

텅스텐전구(–電球, tungsten lamp) : 텅스텐선(線)을 코일처럼 감은 필라멘트를 사용한 전구.

텅스텐할로겐램프(tungsten halogen lamp) : 텅스텐으로 만든 필라멘트와 할로겐 가스가 결합되어 빛을 내는 아주 효율적인 HID 전구. 관 또는 반사경을 사용하는데, 이 조명은 막대한 양의 열을 발하므로 특별히 고안된 기구가 요구됨. 최근에 개발된 백열등의 일종으로 일반 백열등보다는 백색광에 가까움.

테넌트숍(tenant shop) : 임대 점포로 구성되는 부인복·숙녀구두·잡화·액세서리·아동복 등 관련 상품이나 상호 보충할 필요가 있는 상점을 한 곳에 모아서 배치하고, 보완적인 상품을 근접·배치시킴으로써 편리한 쇼핑과 매장 증가도 꾀함. 상점의 전면은 3m 폭이 최소이며 3~6m가 일반적임. 전면 부분이 일률적이며 단조로워지기 쉬우므로 각 점포마다 취급상품의 종류·성격에 따라 변화있는 평면·입면을 구성하도록 계획.

테다소나무(火距松, 德達松, Loblolly pine[영], Loblolly Kiefer, Taedaföhre[독], Pinus taeda L.[학]) : ①난대지방에만 생장하며 미국 남부 해안지대에서 도입된 수종으로 표고 500m 이하의 저지온대에서 생장함. 수고 30m, 흉고직경 1m에 달하는 상록침엽교목이며 수피는 적갈색으로 잎이 3개임. ②연륜이 뚜렷하고, 변재는 백색이고 심재로 갈수록 황갈색 또는 갈색이며 심·변재의 구분이 불명함. 나무갗은 거칠고, 나뭇결(목리)이 곧고 교착되어 있으며 가벼움. 춘·추재의 이행은 급하며 수지구가 있음. 기건비중 0.47, 수축률은 방사방향 3.43%, 접선방향 4.52%, 허용수축률 8.24%로 약간 적은 편이며 강도는 압축강도 234kg/㎠, 휨강도 524kg/㎠, 전단강도 77kg/㎠로 약함. 충격휨 흡수에너지는 작으며, 경도는 높음. ③파티클보드 제조적성은 양호하고, 합판 제조적성과 섬유판 제조적성은 보통. 시멘트경화성은 양호하고, 내후성은 보통. 목탄 제조적성은 불량하고 펄프화 적성은 보통. 절삭가공·도장성은 보통이고 건조·접착성은 양호. ④주로 건축, 내장, 토목, 선박, 합판, 차량 등에 사용함.

테두리보(臥梁, wall girder) : ①벽돌벽체를 보강하기 위하여 지붕·처마 또는 층도리 부분에 철골보·철근콘크리트보 또는 목조보를 둘러대는 보. ②철골조 또는 철근콘크리트조의 테두리보인 경우는 보의 춤이 내력벽 두께의 1.5배 이상이어야 하고, 단층 건물로서 벽의 두께가 벽높이의 1/16 이상 또는 최소한 250㎜이어야 하고, 2, 3층 건물에서는 최소한 300㎜ 이상이어야 함. 벽의 길이가 5m 이하인 때에는 목조의 테두리보를 설치할 수 있음. 또한 철근콘크리트조 테두리 보에 철근콘크리트 바닥판을 붙여 만들면 더욱 강력한 구조물이 될 수 있고, 철근콘크리트 바닥판으로 할 때에는 테두리보를 따로 쓰지 않아도 좋음. ③테두리보는 상부의

ㅌ

하중을 균등히 벽체에 분포시키고 횡력에 대하여 벽면에 수직균열이 생기는 것을 막음. 와랑(=).

테두리보의 배근(-配筋) : ①주근(主筋) 9ϕ·10ϕ 단근(單筋)으로 하지만 중요한 보는 복근(複筋)으로 함. ②보의 늑근(肋筋, stirrup)은 6ϕ 이상, 간격 300㎜ 이하로 하고, 벽의 세로 철근을 연장하여 늑근으로 겸용할 수도 있음. ③철근의 정착길이는 철근지름의 40배 이상으로 하고 인장근 이음길이는 철근지름의 25배 이상 40배, 압축근의 이음길이는 철근지름의 20배 이상으로 함.

테두리효과(-效果) : ⇨테효과(=). ⇨출구효과(=).

테드라도론(Tetradoron[그]) : 4장(掌, 손바닥) 크기의 벽돌 크기. 그리스어로 도론(doron)은 손바닥을 의미함.

테라(tera) : ①기가(giga 10억)의 1,000배, 즉 1조를 나타내는 수. ②$10^{12}$=1,000,000,000,000을 나타내는 SI단위. 부호는 T임.

테라스(terrace) : ①집 또는 건물에 연결되며, 옥외 거실공간으로 사용되는 열려진 바닥이 포장된 공간. ②경사진 면의 상층부 위나 옆에 축조된 연립주택 및 주택의 노면을 말함. ③주택 등의 전면에 달아내어 설치하고 벽돌이나 돌·타일 등을 깔아 약간 높이 단차이를 둔 공간으로, 실내와 정원이 이어지는 공간이며 의자 등을 배치하여 여가시간을 즐기게 하는 공간을 의미. 오늘날에는 베란다·포치(porch)와 같은 의미로 사용됨.

테라스하우스(terrace house) : ①비탈진 경사면을 이용하여 계단식으로 지은 집. ②경사 10~45°의 언덕에 집을 짓기 때문에 바로 아랫집의 옥상을 윗집에서 테라스로 사용, 아늑한 정원을 꾸밀 수 있으며 보통주택에서 느낄 수 없는 탁 트인 조망과 일조권을 보장받을 수 있음. ③아파트 구조의 일종으로 집합주택 중 각 단위주거가 수평방향으로 연결되어 있지만 각호에서 뜰로 직접 나올 수 있도록 되어 있는 집.

테라초(terrazzo[이]) : 대리석이나 돌조각에 백색 시멘트를 섞어 견고하게 굳힌 후 기계로 갈아 광택을 낸 인조석. 내마모성이 커서 바닥재나 벽재로 사용되고, 균열이 생기기 쉬우므로 금속선으로 줄눈을 구획하여 현장에서 바르기도 하며, 공장제품을 금속선과 함께 시공하기도 함. 대리석 조각과 안료의 색상에 따라 다양한 색조로 생산됨.

테라초갈기 : ⇨테라초현장갈기(=).

테라초판(-板, terrazzo board) : 대리석·사문암·화강암 등의 쇄석을 종석(種石)으로 한 포틀랜드시멘트 또는 백색 포틀랜드시멘트에 안료를 섞어 형틀에 넣고 진동기 또는 롤러 등을 사용하여 충분히 다지고 양생한 후 가공·연마하여 대리석 등과 같이 미려한 광택을 갖도록 만든 평판. 종석의 입도(粒度)는 가늘고 굵은 것이 알맞게 혼합된 것으로서 최대 알맹이 치수는 15㎜ 이하로 함. 표면에 나타난 쇄석의 합계면적의 표면적에 대한 비율이 50% 이상으로서 강도 50kg/㎠ 이상이어야 좋은 것임.

테라초현장갈기(-現場-) : 현장에서 테라초(terrazzo[이])를 바르고 굳은 다음 물을 부어가며 그라인더(grinder)로 가는 것을 말함.

테라초현장바름(-現場-, terrazzo finish) : 바닥에 사용하는 테라초현장바름. 바름이 끝난 후에 습기를 유지하기 위하여 급격한 건조를 피하고 충분히 경화시킨 다음(여름에는 3일 이상, 겨울은 7일 이상 방치) 갈기 시작함. 테라초현장갈기는 현장바름이 굳은 후에 표면을 돌알(종석)이 균등하게(최대면적이 될 때까지) 나타나도록 숫돌로 갈고 물씻기 청소를 한 후 테라초와 같은 색의 시멘트 페이스트를 문질러 바르고 잔구멍 등을 메운 다음 광내기 마무리를 함.

테라코타(terra-cotta[이]) : ①원래 '구운 흙(backed earth)'이란 의미의 라틴어에서

유래한 것으로 자토(磁土)를 반죽하여 조각의 형틀로 찍어내어 유약을 바르지 않고 소성한 속이 빈 대형의 점토제품으로 구조용과 장식용이 있음. ②본질적으로 벽돌과 같은 재료이지만 주형 안에서 구워진 뒤에 더 단단해짐. 이는 자연 그대로 갈색이거나 광활제가 코팅됨. 그리고 초기에 비해 벽면이나 지붕 또는 바닥 타일에 없어서는 안 될 장식적 재료로 사용되어 왔고 고대로부터 사용되어 왔으나, 중세에는 거의 보이지 않고 르네상스 이후 건축장식이나 조각상에 다시 사용하여 세계 각지에서 널리 사용되고 있음. 건축공사에서는 구조용과 장식용으로 구분하지만 인테리어 공사에서는 주로 장식이나 마무리 또는 건물의 세부(細部)에 사용. 장식은 5가지로 분류. ㉠지지(기둥과 벽기둥), ㉡줄무늬(프리즈와 코니스), ㉢패널(전체적인 패턴), ㉣자유로운 장식(장미꽃 장식과 기타 마감), ㉤건물의 난간벽(parpet)·돌림대(띠)·창대·주두(柱頭) 등의 복잡한 무늬가 있는 대형 점토제품이 많이 사용됨. 구조용으로는 바닥·칸막이벽 등에 사용되는 공동벽돌이 있음. ③색이름으로서의 테라코타는 산화철(酸化鐵)을 포함한 흙을 구운 색. 붉은 기미의 진한 적갈색(deep brown). ④먼셀 기호 4.0YR 3.5/9.0.

테라코타공사(－工事, terra－cotta work) : 건축물의 난간(parapet)·돌림띠(대)·기둥머리 등에 장식용으로 사용하는 속이 빈 대형 점토제품을 붙이는 공사. 타일형은 타일공사 요령으로서 형(型)으로 된 것은 긴결철물로 붙임.

테라코타점토(－粘土, terra－cotta clay) : 가소성(可塑性)이 크고 조형(造形)하기 쉬우며 테라코타의 바탕흙이 되는 점토.

테레빈유(turpentine oil) : 무채색의 휘발성 오일로 소나무과 식물의 줄기로부터 분비하는 송진이나 목재의 증기 증류, 건조에 의해 얻는 휘발유. 페인트류나 바니시류를 만들기 위해 시너(thinner)나 솔벤트(solvent)가 사용됨.

테레핀(－油, turpentine oil) : ⇨테레빈유(＝).

테르마에(thermae[라]) : 고대 로마의 목욕탕. 냉욕실(冷浴室)·고온욕실(高溫浴室)·저온욕실(低溫浴室) 등으로 구분되고, 레크리에이션·사교·오락을 위한 설비를 갖춘 사치스럽고 고급스러운 디자인임. 볼트(vault) 구법을 활용하여 여러 방을 교묘하게 배치한 평면계획은 르네상스 건축가에게 커다란 영향을 주었음.

테마(theme) : 예술적 표현의 내용을 이루는 사상이나 관념을 말하는 용어로, 보통 중심이 되는 사고와 내용인 주제를 의미. 조형예술에서는 작품에서 다루어진 중심 문제를 말함.

테마빌딩(theme building) : ①다른 건물이나 상가와 차별되도록 주제를 정해 지은 빌딩. ②특정 용도의 건물을 지어 유사업종을 집중·배치하는 전문건물. 즉 특정 주제에 맞춰 지은 빌딩. ③테마 관련 면적이 연면적의 50%를 넘으면 테마빌딩으로 간주하고, 한 번의 방문으로 모든 것을 해결할 수 있는 원 스톱 쇼핑(one stop shopping)이 가능하다는 장점이 있음. ④서울시 구의동의 테크노마트 21, 동대문의 거평도매센터와 두산타워, 분당 야탑동의 테마폴리스 등은 테마빌딩 개념이 도입된 건물. 음식 테마빌딩으로는 분당 오리역 사거리에 위치한 동아그린플라자, 음식백화점인 블루파크, 주차전용 건물인 미금파크 등이 있음. ⑤우리나라 테마빌딩의 효시는 한 건물 내에 내과·안과·치과 등 전문의원들만 입주하는 클리닉빌딩과 다양한 음식점이 입주하는 음식 백화점임. 주제건물(＝).

테마파크(theme park) : 일정한 주제로 전체 환경을 만들면서 쇼와 이벤트를 연출하는 레저시설. 서울 잠실에 있는 테마파크 롯데월드는 어드벤처(adventure)와 호수공원, 매직 아일랜드(magic island)로 구성된 세계 최대의 실내 테마파크로 1989년에 개장. 예컨대 스포츠시설과 유통시설, 호텔과 레저·스포츠시설, 영화관과 상업시설 등과 같이 여가 활용을 한 구역 내에서 해결할 수 있다는 구상에서 나온 것. 종합오락단지(=).

테메노스(temenos[그]) : ①고대 그리스 신전의 경내(境內). ②고대 그리스에서 신성한 장소(聖域)로 특별히 정해 놓은 곳.

테서라(tessera, tesserae[그]) : 모자이크 작업에 사용되는 장식 재료가 되는 대리석. 자기타일·유리 등의 작은 사각형 조각.

테서라

테스터(tester) : 4개의 기둥이 있는 침대 위의 천개(天蓋, canopy) 부분. 15세기에는 목재 및 직물로 만들어 천장에 부착시켜 침대나 제단 등을 가리는 용도로 사용되었으나 나중에 침대의 4개 기둥이 이를 지지하였음. 설교단(=).

테스튜디네이트(testudinate[그]) : 아트리움(atrium) 전체가 원통천장으로 덮여 있어서 천장이 없는 장식.

테이블(table) : ①몰딩·베이스 몰딩과 코니스의 모든 수평띠에 일반적으로 적용. ②벽면에 부착되어 돌출되거나 파여진 사각 모양의 패널. 조각이나 그림·글씨로 장식되는 것이 특징임.

테이블

테이블램프(table lamp) : ⇨테이블스탠드(=).

테이블서비스레스토랑(table service restaurant) : 일반적인 레스토랑의 형식으로 종업원이 배선실에서부터 고객의 식탁까지 음식을 운반·제공하는 형식.

테이블스탠드(table stand) : ①이동조명기구의 일종으로 테이블이나 책상 위에 올려놓고 작업보조용이나 장식용으로 사용하는 조명기구. ②한 곳에 집중적으로 빛을 비추기 위해 디자인된 조명기구. 세밀한 작업을 할 때는 빛의 각도를 바꾸기 위해 조절이 가능함.

테이블스탠드램프(table stand lamp) : 테이블스탠드(=).

테이블체어(table chair) : ⇨체어테이블(=).

테이블탭(table tap) : 이동식 콘센트의 일종으로 보통 기둥이나 작업 테이블 옆면 위에 고정시켜 사용.

테이블폼(table form) : 바닥판 거푸집을 테이블 모양으로 만들어서 슬래브 콘크리트 타설 후 대형 양중기를 사용하여 반복적으로 전용하는 공법.

테이블프레스(table press) : ①공기의 힘을 모아서 1차 조립된 가공재를 더 강하게 조립할 수 있도록 압착하는 목공기계. ②기계로서 주로 서랍재 및 소부재 조립에 사용되고 있음.

테이크아웃형 판매방식(-型販賣方式, take out type selling method) : ①매장 안의 의자에 앉아 마시지 않고 들고 다니면서 먹거나 집, 사무실로 가져가 먹을 수 있도록 판매하는 형태. ②바쁜 직장인은 이동하면서 마실 수 있어 편리하고 판매자 입장에서는 매장 관리에 필요한 사람을 줄일 수 있어 좋음. ③활동성을 중시하는 젊은이들에게 인기를 끄는 판매방식.

테이퍼드레그(tapered leg) : 곧고 단면이 사각이며 아래쪽으로 내려갈수록 좁아지는 다리. 18세기 중반에 소개되어 의자·탁자·사이드보드 등의 다리에 사용되었음.

테이프시트(tape seat) : 띠형의 기다란 면직물로 엮어 짠 좌판. 서유럽 지방 가구에서 오랜 기간 사용되었음.

테일러시스템(Tayler System) : ①19세기 말 미국의 기사(技師) F. W. 테일러가 주창한 공장 등의 과학적 경영관리법. ②종래의 불합리성이나 조직적 태업(怠業)을 막기 위한 것으로 작업요소·동작 및 시간을 연구하여 노동자의 1일 작업량을 합리적으로 결정, 이것을 기준으로 하는 관리방법으로서 차별적 성과급제도(成果給制度)를 채용함과 동시에 기능식 관리조직의 도입과 생산을 계획적으로 실시하여 생산능률을 올리는 것이 목적임.

테일피스(tailpiece) : ①한 쪽 끝은 벽에 의해 지지되고, 다른 끝은 장선받이에 의해 지지되는 비교적 짧은 보. ②보브테일(bobtail)의 다른 명칭. ③윈저 의자(windsor chair) 좌판의 후면에서 굴대를 받도록 돌출된 부분. 스트링거(=).

테크노마트(technomart) : ①기술 자체를 하나의 상품으로 인식해 일정기간 특정 장소에 모여 기술을 전시·매매하는 기술시장. ②technology market의 합성어로 테크노마켓(technomarket) 또는 기술박람회라고도 함. ③테크노마트는 일반 상품시장과 달리 기술판매자의 통제력이 강한 판매자 위주 시장으로 구매자는 거래 대상인 기술의 내용과 기능 및 기술·도입·조건 등에 관해 정보를 충분히 얻을 수 없다는 문제가 있음.

테크노벨트(technobelt) : ①대덕단지 같은 기술도시(technopolis) 및 공업단지를 교통·통신망을 이용, 하나의 그룹으로 연결시킨 거대한 기술도시 권역. ②1991년 10월 15일 과학기술처가 발표한 테크노벨트 구축안에 의하면 2001년까지 들어가는 예산은 총 1조 3924억 원. ③부산·대구·전주·강릉 등 4개 권역의 첨단연구단지를 조성, 기존의 수도권·대덕·광주단지와 연결해 전국토를 5개의 테크노벨트로 묶는다는 계획임.

테크노새비족(-族, techno savy tribe) : ①전자문명에 관해 진일보한 소비층. 이들은 젊은이가 아니라 PC 등장 초기에 청년기를 보냈던 40대들임. ②TAF(Technologically Advanced Family), 즉 기술적으로 진보한 부류라는 개념도 있음.

테크노아트(technoart) : ①테크놀로지아트, 즉 예술공학(또는 공학예술)이란 과학기술을 예술과 결합시켜 새로운 인간의 표현양식을 얻으려는 현대예술운동. ②예술적 명제는 기술문명의 인간화. ③오늘날 과학과 기술의 융합은 비디오 아트를 필두로 홀로그래피 아트, 컴퓨터 그래픽스, 하이테크 아트 등에서 로봇기술을 이용한 양식으로까지 확장되고 있음.

테크노크라트(technocrat) : ①과학적 지식이나 기술을 소유하고 있음으로써 사회 또는 조직의 의사결정에 중요한 영향력을 행사할 수 있는 사람이나 기술관료. ②과학기술이 중요시되는 현대사회에서 뷰로크라트(bureaucrat)를 대신하는 새로운 사회계층으로서 사회적 역할이 주목되고 있음.

테크노폴리스(technopolis) : ①고도의 기술집약도시·첨단산업도시·첨단도시 등으로 불리는 신도시의 한 형태. ②미국 실리콘밸리를 염두에 두고 일본에서 만들어진 합성어.

테크놀로지아트(technology art) : 1970년 이후 첨단과학의 기술과 예술의 결합을 시도하려는 경향. 기술과 예술의 결합이라는 점에서 키넥트 아트(kinetic art)와 유사하지만 키넥트가 복잡한 것에 비해 테크놀로지 아트는 일반대중이 공감을 기대할 수 있는 단순함과 안정감을 추구하려는 경향이 강함.

테크놀로지컬디자인(technological design) : 항공엔지니어·해상구조물 건축가·프레스 디자이너들이 디자인하는 프로펠러·터빈·기계류·구조물 등과 같이 미(美)의 고려보다는 기능과 구조적인 조건에서 계획되는 디자인을 말함. 형태는 기능적 필요에 의해 제시되고 지도되며 재료 및 제조기술에 의해 실제적 문제가 부과됨.

테크놀로지하우징(technology housing) : ⇨복지주택(=). ⇨스마트하우스(=).

테크니컬펜(technical pen) : 일반적으로 상품명인 '로트링 펜'으로 더 많이 알려져 있음. 탱크에서 흘러나온 둥근 노즐 속의 잉크로 노즐 굵기의 선이나 문자를 그리는 용구. 선의 굵기는 0.1~2.4㎜까지 선택이 다양함.

테크닉(technic) : 기술과 기교를 뜻하며, 어떤 과제물에 대해서 문제를 해결할 수 있는 힘. 또 사물을 교묘하게 행하는 재주를 의미하기도 함.

테트라스타일(tetrastyle) : 고대 신전의 전면 또는 전·후면에 4개의 기둥을 세운 양식.

테트라스타일

테트라스틸로스(tetrastylos[그]) : ⇨테트라스타일(=).

테트론(tetron) : 일본에서 폴리에스테르에 붙인 상품명.

테트아테트(tête-à-tête[이]) : 두 사람이 반대방향으로 어깨를 맞대고 앉는 S곡선의 2인용 소파. 비자비·시아무아즈(=).

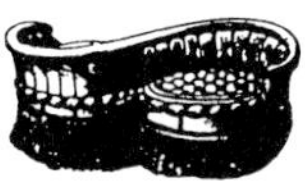
테트아테트

테퍼드석고보드(tapered gypsum board) : 건식 공법의 결점인 이음매 처리를 완전히 해결한 새로운 공법으로서 일매이음 처리(smooth wall joint)용으로 개발한 보드. 보드의 길이방향 양단을 경사지게 하여 이음매 균열방지재(joint tape)와 이음매 마감재(joint compound) 등을 사용하여 이음매가 보이지 않도록 벽·천장에 빠르고 경제적으로 시공할 수 있음.

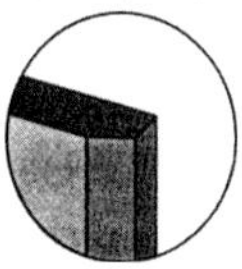
테퍼드석고보

테프다리움(tepidarium[그]) : 고대 로마 공중 목욕장의 냉탕(frigidarium)과 열탕(caldarium) 사이의 미온탕.

테효과(-效果) : ⇨출구효과(=).

텍스(tex) : 식물성 섬유를 화학처리한 후 접착제·방수제를 혼입하여 압축·성형한 판재. 가격이 저렴하고 보온·흡음·방음·차열성(遮熱性)이 우수하고, 가볍지만 방화성·내구성·내습성이 부족함. 따라서 천장·벽 또는 가구용 재료로 사용되지만 대형 식당의 천장 재료로는 부적당함.

텍스붙임(textile finishing) : 텍스를 붙이는 일.

텍스처(texture) : ⇨재질감(=).

텍스타일(textile) : 직물의 일반적인 것.

텍스타일디자인(textile design) : 섬유공예에 있어서 사용 섬유, 염료의 결정, 무늬의 고안, 색실의 조합 등에 관한 창조적 부분을 지칭. 섬유공예는 한 디자이너에 의해 디자인과 제작이 이루어지므로 디자인과 제작과정에 따라 다양한 표현효과가 가능함.

텍톤그룹(Tection group) : Architects and Technicians Organization의 약자. 1932년 루베트킨(Berthold Lubetkin : 1901~1990)을 중심으로 A. 취티(1936년 탈퇴)와 L. 드라케, M. 두그달레(1934년 탈퇴), V. 하르딩거(1936년 탈퇴), G. 사뮤엘(1935년 탈퇴), F. 스키너 등 6명이 런던에 모여 결성한 건축가 그룹. 1946년 라스던 경(卿, Sir Denys Lasdun : 1914~2001)이 파트너로 참여하였음. 영국의 국제주의 양식을 대표하는 가장 중요한 그룹인 텍톤그룹은 1948년에 해체되었고, 이 그룹이 세상에 알려지게 된 것은 러시아 구성주의적 조각을 주로 다루었던 N. 가보와 A. 펩스너의 작품을 연상시키는 환상적인 형상의 건물들(1932~37)을 런던 동물원에 선보이면서부터임.

텐션구조(-構造, tension structure) : ⇨장력구조(=).

텐션링(tension ring) : 자오선 힘의 외향 요소들을 포함하는 돔 기저(基底)를 둘러싼 링. 콘크리트 돔에 있어서 이 링은 쉘(shell)의 탄성변형을 달리함으로써 야기되는 휨응력을 다루기 위해 두꺼워지고 강화됨.

텐트구조(-構造, tent structure) : 모든 예상 가능한 하중상태에서 구조물을 팽팽하게 하기 위해 초기 응력을 도입한 막구조. 과도한 인장응력을 피하기 위해 막구조는 서로 반대인 방향으로 곡률을 가지고 있어야 함.

텐트형 침대(-形寢臺, tent bed) : 야전침대(field bed)의 18세기 변형으로 텐트 지붕과 유사한 천개(canopy)가 4개의 기둥 위에 걸쳐

텐트형 침대

E

져 있는 침대.

텔(tell) : 하나 또는 둘 이상의 고대 주거의 유적 위로 쌓이는 인공의 언덕. 중동지방에서는 종종 지명의 한 부분으로 '텔'이 사용됨.

텔라몬(telamone[로]) : 로마어로 남상주를 의미. ⇨남상주(＝).

텔라몬

텔러카운터(teller counter) : 은행에서 행원과 고객이 접촉하여 영업이 이루어지는 영업카운터를 말함.

텔레커뮤팅센터(telecommuting center) : 변화하는 업무환경에 적응하기 위한 새로운 오피스 개념. 재택근무자들을 위한 설비가 갖추어져 있는 공용 오피스.

템퍼드글라스(tempered glass) : ⇨강화유리(＝).

템퍼드도어(tempered door) : 가로틀이나 세로틀과 상관없이 열처리 및 강화처리가 된 유리문. 주로 주출입구문에 사용. 유리문에 사용하는 유리는 보통 12㎜를 사용하며 강화시킨 후에는 절단 등 가공이 안 되므로 강화 전에 정확한 치수절단과 구멍 뚫기 등을 해야 함.

템페라(tempera) : 분말 안료에 달걀노른자와 흰자 또는 달걀노른자만을 섞어 물로 희석하여 만든 회화재료 혹은 그것으로 그린 16세기까지 유행한 화법. 회벽이나 석고 바탕 위에 칠해지며 빨리 건조되고 색채가 엷으나 거의 영구적이며 최근의 구아슈(gouache)와 유사함.

템플(temple) : ①원래는 기독교 이외에 여러 종교의 성당을 말하지만 고대 그리스나 로마에서는 여러 신에게 받쳐진 건물, 즉 신전(神殿)을 뜻함. 그러나 오늘날에는 기독교나 성당 등을 의미하고, 기독교(新教)의 예배시설 또는 유태교의 교회(synagogue)도 템플이라고 함. 또한 동양의 불교사원인 절(寺)도 템플이라고 함. ②사원 주위의 기둥배치 방식에 따라 프로스타일 템플(prostyle temple)·앰피프로스타일 템프(amphiprostyle temple)·페르프터랄 템플(peripteral temple)·프슈도퍼리프터랄 템프(pseudoperopteral temple)·인 앤티 기둥을 가진 템플(temple with columns in antis) 등이 있음.

템플레이트(template) : ⇨템플릿(＝).

템플레이트힌지(template hinge) : 중공 철제문과 문틀의 들어간 부분에 끼워 문 및 문틀의 구멍 위치와 맞도록 제작한 파넣기식 정첩(mortise hinge).

템플릿(template) : ①디자인할 때 주어진 외곽선을 따라 선을 긋는 데 사용되는 자의 일종. ②플라스틱판에 원이나 타원 또는 가구·설비기기 등의 형으로써 제도에서 사용하는 자. 종류는 원형·타원형을 가장 많이 사용하며 가구를 그릴 때 사용하도록 제작된 것도 있음.

텝테드카펫 : 장식술이 달린 일반적인 카펫으로 표면에 실이 많은 바늘을 사용하여 배접재(褙接材) 안에 심어 넣은 카펫. 섬유는 미리 짜여진 배접재에 라텍스의 두꺼운 막으로 단단히 고정시킴. 더욱 견고하게 할 경우에는 이중배접을 하는 것도 고려됨.

토광(土廣) : 널빤지를 깔지 않고 흙바닥 그대로 마감된 광.

토글볼트(toggle bolt) : 힌지(hinge)로 접합된 두 개의 날개가 붙어 있어 미리 뚫어 놓은 구멍을 통과시킬 때는 스프링이 닫히고 중공벽(中空壁)의 안쪽 면으로 나가면 열려지게 되어 있는 앵커볼트(anchor bolt).

토글스위치(toggle switch) : ①돌출한 손잡이를 상하좌우로 움직일 때 내부의 스프링이 전기회로를 개폐시키는 스위치. ②손으로 직선적인 상하왕복운동을 하여 전기회로를 개폐하는 레버(lever)형태의 손잡이.

토기(土器, earthenware) : 도자기는 점토의 성분과 구워내는 온도에 따라 다양한 종류로 구분되는데, 그 중 토기는 불순물이 많고 거친 점토로 만들어진 약 800~1,200℃ 정도의 온도에서 구워낸 도자기를 말함. 이 정도의 온도에서는 유기질로 변하지 않으므로 토기는 비교적 다공질임. 토기 중에서도 불순물의 종류와 소성온도에 따라 붉은색·연한 살색·검은 갈색 등 다양한 색상이 있음. 토기 점토는 벽돌·타일·민속도자기의 재료로 쓰임. 또한 화분의 재료로 사용되는데, 이는 토기가 다공질이기 때문임.

토기와(土蓋瓦) : ⇨기와.

토넷의자(Thonet chair) : 1830년 M. 토넷(Michael Thonet : 1796~1871)이 창안한 벤트우드(vent wood) 의자. 조금 두꺼운 얇은 판을 여러 장 묶어서 접착제를 함침(含浸)시켜 이것을 목형(木型)에 넣어 성형한 것으로 값이 저렴하고, 견고한 의자를 만들었음. 1859년에 창작한 사이드 체어(side chair), 1860년에 디자인한 흔들의자는 오늘날에도 제작·생산되고 있음. 당시는 비더마이어 양식의 전성기이며, 흠이 없는 목재를 곡선으로 도려내서 얇은 판을 붙이는 품이 많이 드는 수법을 써서 만들었음.

토넷의자

토담(土-) : ①재료에 의한 담의 일종. ②흙과 지푸라기·석회 등을 섞어 쌓거나 여기에 돌을 넣어 쌓기도 한 담. ③주로 농가에서 많이 사용하는 담. ④토벽(=).

(토담)민성기가옥

토담집(土-) : ⇨토벽집(=).

토대(土臺, base) : ①목조건물에 있어서 기초 위에 가로대어 기둥을 고정하는 벽체의 최하부재. ②기둥·벽 또는 건물의 가장 아랫부분이 되는 바탕. ③기초 또는 토대는 일반적으로 몰딩과 같은 형태를 취함. ④다양한 크기의 작은 기둥 속에 다발기둥이 있는 어떤 양식에 있어서 기초는 그 위의 바닥·벽 또는 기둥의 그룹 사이에 조정된 것으로 더욱 복합적으로 이루어져 있음.

토러스(torus) : ①반원형으로 되어 있는 그리스 몰딩으로 주초에 사용됨. ②고전건축 원주(圓柱, column)의 베이스(base, 礎盤)의 대좌(臺坐) 바로 위에 있는 반원형의 볼록한 큰 몰딩. ③단면이 1/2원의 규모보다 큰 볼록 몰딩. 아스트라갈 몰딩(astragal moulding)보다 큼. 길로쉬(guilloche)나 월계수 잎사귀를 리본으로 묶은 장식으로 치장함. ⇨몰딩.

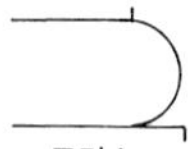

토러스

토러스몰딩(torus molding) : 단면이 1/2원의 규모보다 큰 볼록 몰딩. 아스트라갈 몰딩(astragal moulding)보다 큼.

토로체(torchere) : ⇨제리동(=).

토루스(torus) : ⇨토러스(=).

토르네라이암체어(Toneraj armchair) : 조르지오 세레티(Giorgio Ceretti)·피에르 드로시(Piero Derossi) 및 리카르도 로소(Ricardo Rosso)가 1969년 설계한 '당신은 돌아올 것이다(토르네라이) 안락의자(You'll come back-Toneraj-armchair)'를 말함.

토르세르(torchère[프]) : ①촛대를 의미하는 프랑스어. 탁자와 유사한 형태의 촛대 받침대로 일반적으로 상판이 작고 세발형 다리에 소용돌이형 발을 갖고 있음. ②바닥에 설치하는 간접조명 기구. 일반적으로 빛의 조사는 위쪽을 향하게 함. 촛대받침대(=).

토르소(torso) : ①동체(胴體). 몸에서 머리, 팔, 어깨, 손, 다리를 제외한 부분. ②머리나 손·발 등이 없는 동체만의 조각품. 원래는 파손되거나 미완성 작품을 의미하였으나, 오늘날에는 인체의 중량감이나 근육의 집중적인 표현을 위하여 독립된 의미로 이해하고 있음. ③트랙과 도로경기에서 엇비슷하게 도착한 경우에는 토르소의 일부분이 도착한 순서에 따름.

토리(tori) : 신토사원으로 접근하는 문. 위쪽이 수평대에 의해 연결된 두 기둥으로 구성되어 있음.

토막[1)](bat) : 한 쪽 부분을 남기기 위해서 가로(길이)로 자른 벽돌로 반토막, 칠오토막, 이오토막 등이 있음.

토막[2)](土幕) : ⇨토막식(=).

토막길 : 원 줄기에서 몇 갈래로 갈라져 나온 짤막한 길.

토막벽돌(-壁乭, bat) : 마름질(cutting)하여 사용하는 일체의 벽돌.

토막세워쌓기 : ⇨솔리드블록플로어링(=).

토막식(土幕式) : ①원시건축형식 중 하나. ②지면을 파서 수혈(竪穴)을 만들고 간단하게 목재로 골조를 세워서 그 위에 지붕을 덮은 수혈식 주거.

토막형 발(-形-, stub foot) : 짧고 옆으로 퍼진 육면체 모양의 아래가 가늘어진 형태의 가구 발. 주로 상자형 가구에 사용함.

토멘터(tormentor) : 극장에서 프로시니엄(proscenium) 개구 너비를 조절하여 무대 양 옆에 수직으로 길게 친 좌우 한 쌍의 막(膜).

토방(土房) : ①옛 시골집에서 흙을 편평하게 쌓아서 마루 대신으로 이용하던 곳. ②봉당(=).

토벽(土壁) : 흙으로 만든 벽 또는 담.

토벽집(土壁-) : ①벽에 외(椳)를 엮고 흙을 발라서 꾸민 집. ②토벽집은 흙·나무·짚·돌과 같은 재료를 이용하여 벽체를 만듦. ③토벽집은 빗물이나 물기로부터 벽을 보호하기 위하여 처마가 깊어짐. ④토담집(=).

토분(土粉) : 진흙을 물에 풀어서 그 중 부드러운 것만을 채취하여 말린 흙가루. 주로 눈먹임, 갈라진 곳의 땜질, 색을 올리는데 사용.

토분먹임(土粉-) : 토분을 물에 풀어서 그것을 헝겊 등에 묻혀 나무면에 문질러서 눈먹임이나 색올림으로 칠하는 일.

토산물(土産物, indigenous) : 그 지역의 고유한 토착적인 재료나 물건.

토성(土産) : 성벽 재료를 흙으로 쌓은 성곽. 토성은 일반적으로 목재틀을 만들어 진흙과 생석회를 섞어 가며 판축기법으로 다지면서 쌓아 올라감. 백제의 풍납동토성과 몽촌토성이 있음.

토셰어(torchère[프]) : ⇨토르세르(=).

토속건축(土俗建築, vernacular architecture) : 특정시대, 지역 또는 인종의 건물 형태와 재료에 근거한 가장 범속적인 건축기법을 묘사하는 건축양식.

토속적 디자인(土俗的-, vernacular folk design) : ⇨버나큘러디자인(=).

토수(吐首) : 처마 모서리나 돌출된 추녀·사래 끝이나 그 사이에 끼워지는 흙으로 만든 이무기(용두형)·귀두형·잉어 등과 같은 형상의 기와.

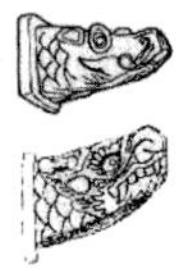

토수의 형상

토수기와 : ①마구(馬口)없이 뒷뿌리를 갈수록 폭을 좁게 만든 사다리꼴의 수키와. ②마구기와보다 오래된 형태로 남아 있는 실례는 없고 신라시대의 가형토기에서 그 흔적을 볼 수 있음. ③거돈사지에서 출토됨.

토수기와

토스카나기둥양식(-樣式, tuscan order) : 그리스 도리아식 기둥으로부터 발전된 로마식 기둥. 도리아식보다 간결하고, 높이가 기둥 직경의 7배이며, 기둥에는 세로홈인 플루팅(fluting)과 트리글리프(triglyph)는 없고 소벽에도 장식이 없는 단순한 형태. 에트루스칸 기둥 또는 토스카나식 도리아 기둥이라고도 함. ⇨에트루스칸양식.

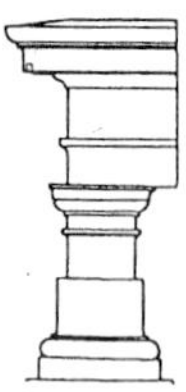

토스카나기둥양식

토스카나식 침대(-寢臺, Tuscan bed) : 머리판이 정교하게 조각되고 금박장식되었으며 각 모서리는 나선형 선반가공된 기둥에

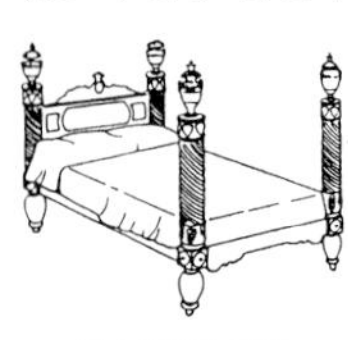

토스카나식 침대

ㅌ

꼭지 장식이 달린 이탈리아 르네상스 침대. 16세기 중반 토스카나 지방에서 유행하여 이름이 붙여졌음.

토역(土役) : 벽을 치는 것 따위로 흙을 가지고 하는 일.

토우네일(toenail) : 접합면에 비스듬히 못을 박아 조이는 빗못치기. 부착력을 높이기 위해 반대쪽에서 다른 못을 박을 수 있음. 빗못치기(=).

토치램프(torch lamp) : 가솔린 또는 석유를 압축하여 토치에서 안개상태로 뿜어내서 여기에 점화하는 램프. 블로램프(=).

토치어(torchère) : 그릇처럼 생긴 반사판 내에 광원을 두어 빛을 상향으로 비추는 플로어 램프(floor lamp).

토털디자인(total design) : 실내디자인 측면에서 개개의 제품만을 대상으로 하지 않고 전체공간을 고려하여 계획하는 것. 이는 아르누보 운동의 목적 가운데 하나로, 완전하게 통일된 디자인으로서 실내공간을 형성하는 것으로 개별의 가구와 일상용품에 이 양식을 부분적으로 적용하는 것이 아니라, 생활공간을 모리스가 주장한 예술의 통합성에 입각하여 디자인하는 것. 따라서 당시의 건축가와 실내장식가들은 건축구조에서 문손잡이에 이르기까지 세심한 관심을 갖고 건물의 내·외부 공간의 일체화를 추구하는 토털디자인 개념을 확립하였음. 이러한 개념이 적용된 실내공간에는 이전 시대와 다르게 구분되는 양식적 특성이 있는데, 그것은 자연의 모티프·상징주의·후기인상파·일본의 동판화 등의 영향을 받아 직선과 자유스런 곡선을 양식화·추상화시켜 나타낸 것임. 이러한 양식의 특성을 유럽 각국에서는 춘·근대·자유·새로움이라는 다양한 용어를 사용하면서 발전하였음.

토털플로트(total float) : ⇨총여유(=).

토틀라이트배스(Tottolite bath) : 유리섬유강화플라스틱제 욕조.

토포스(topos) : 인간이 환경 속에서 생기가 있는 관계를 파악하고 사건이나 행위의 세계에서 의미나 질서를 찾아낼 수 있는 특정한 장소.

토피어리(topiary) : 유난히 장식적이고 환상적인 형태로 다듬어 만든 예술작품 또는 그 기술.

톤[1)](tone) : ①배색의 조화로 이루어진 전체적인 분위기나 효과. ②누런 기·붉은 기 등의 색 기운이나 색조를 말함. ③순색에 회색이나 그 외의 혼합물을 섞어 만든 부드러운 색. ④명색조와 암색조 사이에 생기는 중간 밝기의 색채. ⑤미국에서 톤은 명암을 말하고 영국에서는 그림의 주조명암과 색채를 의미함. ⑥색조(=). ⇨명암.

톤[2)](ton) : 중량의 단위로 1톤은 1,000kg임.

톤온톤(tone on tone) : 동색 계열을 조합하는 격조 높은 이미지 연출방법. 유사한 색상에 톤으로 변화시킴.

톤인톤(tone in tone) : 유사한 톤으로 색상을 변화시켜 색의 다양성을 즐김.

톨(tole, toll[프]) : 도금한 금속판(metal sheet) 또는 주석판(tin sheet).

톨라(Tola, Gossweilerodendron balsamiferum Harms.) : ①나이지리아에서 자이레까지의 적도 아프리카지역의 상록다우밀림에서의 가장 전형적인 수목. 특히 나이지리아에서는 거의 군락을 이루고 생육함. ②생재는 심·변재의 구별이 되지 않지만 심재의 생재는 황백색이지만 극히 엷은 도갈색(桃褐色)으로 변색함. 변재는 녹색의 액이 다량 삼출(滲出)되며 마르면 푸른빛을 띤 백색이 되고 폭은 10㎝임. 목리는 교착목리가 두드러지며 나무표면은 매끄러움. 경연재로 기건비중은 0.45~0.55, 수축률은 방사방향 2.4%, 접선방향 5.5%, 용적수축률 7.9%로 적음. 강도는 압축강도 400kg/㎠, 휨강도 760kg/㎠, 횡인장강도 17kg/㎠, 전단강도 80kg/㎠로 약함. 거단가공(鋸斷加工)이 용이하고 건조한 나무는 스테라이트 가공톱(鋸)의 사용이 바람직함. 건조·접착도장이 양호. 고무질 삼출(滲出)에 주의. 심재는 내구성이 있으며 용도는 합판·내장·가구 등에 사용.

E

톨로베이트(tholobate) : 돔(dome)이나 큐폴라(cupola)를 지탱하는 하부구조.

톨로스(tholos) : ①그리스의 원형 건축물. ②고대 원형 사원. ③일반적으로 돔으로 씌워진 원형 건축물. ④고전건축양식에서 볼 수 있는 원형 건물. ⑤미케네(Mycenae)문명시대에 벽돌이나 돌로 쌓은 반구형 천장을 지닌 분묘.

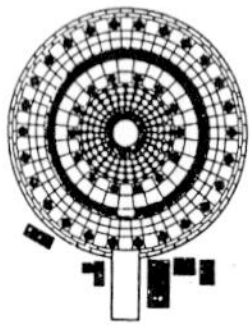
톨로스

톨보이(tallboy) : 네덜란드에서 처음으로 만들어진 것으로 17세기말 영국에 소개되어 18세기에 유행한 서랍장. 2층 서랍장(chest-on-chest)의 다른 명칭으로, 중앙의 돌림띠에 의해 상부와 하부 서랍장으로 구분되며, 하부가 상부보다 조금 넓고 키가 작은 것이 특징임. 일반적으로 8개의 서랍으로 구성되며, 그 중 2개의 작은 서랍이 상부에 부착되어 있음. 표면장식이 거의 없으며 오크(oak)나 소나무(pine)로 제작되어 호두나무(walnut) 무늬목으로 마감됨. 북미에서 대중화된 품목으로 하이보이(highboy)와 혼용하여 쓰기도 함.

톨텍양식(-樣式) : 800~1200년대의 엄격한 기하학적인 이 건축양식은 아즈텍(Aztec)양식과 그 외의 다른 것들을 위한 기초를 형성하였음. 열주의 사용과 직사각형으로 새겨진 지붕지지대, 기념비적인 뱀모양의 기둥, 그리고 평평한 벽면에 새겨진 양각 패널 등이 특징임. 툴라(tula)는 이 양식을 대표하는 중요한 유적들 중의 하나임.

톱날지붕(saw tooth roof) : 작고 평행한 여러 개의 삼각형 지붕으로 구성된 지붕.

톱날지붕채광(-採光, saw tooth roof lighting) : 일반적으로 산업체공장에서 사용되는 형식으로 여러 방식들이 있음. ㉠연직창(鉛直窓)에서 채광하는 방식. ㉡창면을 약간 경사지게 하여 채광량을 증대시키는 방식. ㉢완만한 경사면에서 채광하는 방식. ㉣지붕 전체를 채광면으로 채광하는 방식 등이 있음.

톱니모양(crenellation) : 방어벽에 움푹 들어간 구멍이 반복되는 패턴.

톱데스크(top desk) : ⇨원통형 책상(=).

톱라이트(top light) : ①천창 또는 쇼윈도 상부에 설치된 조명. ②스카이라이트·루프라이트(=).

톱라이트글라스(top light glass) : ⇨프리즘유리· 덱글라스(=).

톱밥모르타르 : 톱밥을 골재로 써서 만든 모르타르. 강도는 약하나 가볍고 단열성·가공성이 좋고 못을 박을 수 있음. 주로 바닥이나 벽의 바탕 모르타르 등에 사용됨.

톱소매 : 톱니와 붙어 있는 곳.

톱손 : ①들톱의 양쪽 가에 있는 손잡이 나무. ②조선톱의 손잡이. ③톱자루.

톱자루 : ⇨톱손(=).

톱칼 : 거도. 자루를 한쪽에만 박아 혼자 당겨 켜는 톱.

통(dado) : 다른 부재의 마구리를 통째로 연결하기 위하여 판 직사각형의 홈.

통계적 품질관리(統計的品質管理, SQC : Statistical Quality Control) : ①통계적인 수단을 이용한 품질관리. ②⇨품질관리.

통구덩이 : ①기초를 다지려고 집바닥을 두루 파내는 것. ②기초를 위하여 집자리 전부를 파낸 구덩이.

통구멍 : ①통끼움을 하려고 판 끌구멍. ②통장부구멍·막장부(=).

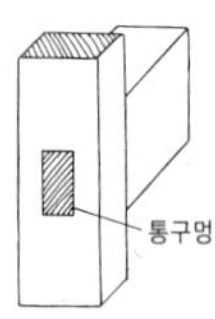

통구멍

통기계통(通氣系統) : ⇨통기관(=).

통기관(通氣管, vent pipe) : 하나 또는 그 이상의 트랩(trap) 가까이에 있는 배수관이 수직 통기관이나 연장 통기관에 접속되는 관. 통기관은 사이펀 작용 및 배압으로부터 트랩의 봉수를 보호하고, 배수관 내의 흐름을 원활하게 하며, 배수관 내에 신선한 공기를 유통시켜 배수관 계통의 환기를 도모하여 관내를 청결하게 유지하는 것을 목적으로 설치되는 관 또는 그 계통.

ㅌ

통기둥(通柱) : ①긴 나무로 2층까지 올려 세운 고주. ②이층 넘는 집의 경우에 층마다 잇지 않고 한 몸통이로 올라간 기둥. ③통주(=).

통기장치(通氣裝置) : ⇨드래프트(=).

통끼움 : 끼우는 나무가 통째로 들어가도록 끼우는 방법이나 그렇게 한 자리.

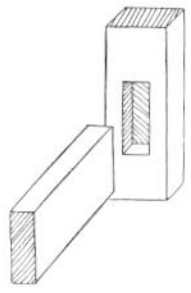
통끼움

통나무(log, round timber) : ①벌채 후 적당한 크기로 자른 것. ②톱질 가공 전의 벌목된 나무 줄기 또는 큰 가지.

통나무비계(–飛階, timber scaffold) : ①재료 : 비계용 통나무는 눈높이(밑둥에서 1.5m)에서 지름 90~100㎜ 이상으로 끝마구리 지름 35㎜, 길이 7.2m 내외의 낙엽송·삼나무 등으로 하고 지름 50㎜ 이하의 것은 유효길이로 삼지 않음. 비계장선은 끝마구리 지름 90~100㎜, 길이 2m 정도의 통나무 또는 각재로 함. 발판은 36×250㎜, 길이 3.6m 정도의 판재 또는 구멍철판(punched steel panel)으로 함. 통나무의 긴결은 보통 #8~10의 철선 또는 #16~18m의 아연도금 철선을 결속선으로 사용하고, 이 철선은 재사용하지 못함. ②비계기둥과 띠장 : 비계기둥은 간격 1.2~2.0m, 보통 1.5~1.8m로 하고 땅 속에 300~600㎜ 이상 파묻고 지반이 연약할 때는 밑에 넓은 밑창을 대고 묻음. 띠장의 최하부는 2m 이하, 그 위는 1.5m 내외로 수평이 되도록 하여 비계기둥에 철선을 매고, 이음은 특별한 경우를 제외하고 겹침이음으로 하며 이음 위치는 엇갈리게 함. 하나의 이음에서 철선으로의 결속은 2~4개소로 하고 지름 75㎜의 가는 부분은 겹쳐 댐. ③비계장선 : 간격은 1.5m를 표준으로 하고 중량물을 다룰 때는 1m 정도로 하여 띠장을 결속. 외줄비계인 경우는 건물구조체에 걸쳐 연결시키며, 이때를 연결대 또는 팔대라고도 함. ④가새 : 비계 전체는 가새(약 14m의 수평간격)로 보강하고 버팀대를 댈 수 없는 높은 건물에서는 건물구조체에 수직·수평 6m 이내의 간격으로 연결하여 도괴(倒壞)를 방지함. 버팀대의 간격은 각각 6m 이내로 함. ⑤발판 : 높이 2m 이상의 비계에서는 두께 35㎜ 이상, 폭 200㎜ 이상의 판재를 사용하고, 높은 비계에서는 발판의 폭은 400㎜ 이상으로 하고 3개 이상의 비계장선에 놓여야 하며, 이음은 장선 위에서 300㎜ 이상의 겹침으로 함. 또한 발판은 장선으로부터 300㎜ 이상 내놓지 않음. ⑥비계다리 : 오르내림 비계다리도 일반 비계와 같이 튼튼하게 설치하고, 비계목에는 특별한 경우를 제외하고는 못박기를 피함. 또한 못박는 자리, 기타 흠집이 있거나 썩은 듯한 것은 쓰지 않도록 함. ㉠비계다리의 너비(폭)는 900㎜ 이상으로 함. ㉡비계다리 참은 높이 7m 이내마다 설치. ㉢디딤판이음은 겹침이음이 되지 않도록 하고 비계장선 등에 결속. ㉣경사는 30° 이내 보통 17° 또는 4/10을 표준 물매로 함. ㉤경사가 15° 이상의 경우 디딤판에 15×30㎜ 정도의 미끄럼막이를 300㎜ 내외의 간격으로 못박음. ㉥건평 1,000㎡마다 1개소의 비계다리를 만듦. ㉦높이 750㎜ 이상의 난간(hand rail)을 세움. ⑦⇨비계.

통도사극락전(通度寺極樂殿) : ①경상남도 유형문화재 194호, 1369년 고려 공민왕 18년에 승려 성곡(聖谷)이 초창, 1758년(조선 영조34) 승려 지홍(智鴻)이 중건. ②정면 3칸, 측면 3칸. 정면 중앙 어간의 기둥간격은 좌우협간의 2배에 가까워 장방형의 평면을 이룸. 기단은 갑석이 있는 이괴석쌓기. 기둥은 민흘림이지만 건물 규모에 적합한 비례감을 갖춤. 창호는 빗살문으로서 어간에는 네짝, 좌우 협간에는 두짝 분합문. 측면에는 솟을빗살문을 둠. 기둥머리마다 보뺄목으로 두어 평방과 결구로 구조의 완결성 보임. 어간을 넓게 하여 2구의 포작을 두어 높

통도사 극락전

은 위격을 표현. 내외2출목을 두었으며, 모든 첨차의 밑부분은 둥글게 깎인 교두형(翹頭形)으로서 쇠서장식이 없고 맨 윗단 살미는 삼분두형으로 처리하여 다포계 초기 수법을 보임. 내부는 층급(層級)을 둔 우물반자(격자천장)를 가설하였고 벽체는 모두 불화(佛畵)와 산수화를 채화(彩畵)하였음. 다만, 포작의 가장 윗부분 살미에는 봉두(鳳頭)를 조각하여 장식성을 높임. 포작 구성이 건물 사면 모두에 구성된 것은 팔작지붕을 만들기 위한 수법임. 네 방향 추녀 끝에 활주를 두어 팔작지붕을 받치고 있어 화려함을 더함. 내부에는 주세불(主世佛)로 아미타불을 봉안하고 협시불(脇侍佛)로 관세음보살과 대세지보살을 세워 놓았음. 후불탱화로는 극락정토를 사실적으로 묘사하고 있는 극락회상도(極樂回想圖)가 봉안되어 있음.

통도사대광명전(通度寺大光明殿) : ①경상남도 유형문화재 제94호 지정(1974.2.16). 창건년대는 확실하지 않고 다만, 통도사 창건 당시에 지어졌다고 전함. 즉 선덕여왕 15년(646)에 지었다고 하며, 지금 남아 있는 목조 건물들은 임진왜란(1592) 이후에 다시 지은 것(1725년, 영조 원년)에 축환대사(竺環大師)가 중수한 것으로 추정. ②정면 5칸, 측면 3칸의 다포식 팔작집. 막돌 바른층쌓기를 한 기단 위에 장대석 갑석으로 마무리하고, 막돌초석을 놓아 약한 배흘림기둥을 세웠음. 정면5칸, 측면3칸이며 정면이든 측면이든 중앙 어간은 기둥간격이 3.7m, 좌우협간의 기둥간격은 2.4m. 정면은 빗살창호를 달고 측면은 정자살 창호를 하였으며 공포는 기둥 사이에도 배치한 다포계 팔작집. 외3출목(外三出目), 내4출목(內四出目). 외관은 비교적 안정되고 비례감을 갖추어 장중하고 화려함. 살미첨차 끝은 뾰족한 앙서(仰舌)로 되어 있고 안쪽은 연봉으로 장식하여 하나의 판(板)처럼 붙게 하였음. 천장은 층급(層級) 우물천장(소란반자)이며 1고주 7량 가구 형식. 특히 양측의 정면 어칸(御間) 기둥머리에 뺄목을 사실적인 용두(龍頭)가 섬세하고 정교하게 장식되어 공포의 양식과 더불어 이 전각이 조선 중기 이후의 건물임을 말해줌. 전각 안에는 법계의 진리와 일치하는 비로자나불을 모셨는데, 본래 비로자나라는 것이 광명변조(光明遍照)라 번역되므로 이 전각의 이름을 대광명전이라 한 것. 흔히 비로자나불을 모셨을 때 비로전(毘盧殿)이라 편액하기도 함. 법신불(法身佛)이라고도 함.

통도사 대광명전

통도사만세루(通度寺萬歲樓) : ①경상남도 유형문화재 193호, 창건 미상, 조선 인조 22년(1644)에 영숙화상(靈淑和尙)이 보수했다고 전해짐. ②정면 5칸, 측면 3칸으로 기둥의 높이가 길고 기둥 사이가 넓어 대규모의 건물로 느껴짐. 가운데칸 양쪽 기둥 위에 밖으로는 용머리를, 그 안쪽으로는 물고기 꼬리모양의 용꼬리를 새겨 출입구로서의 중심성을 강조. 내부 기둥에도 주두 아래 용모양의 보아지를 설치한 것과 내부 기둥 사이의 창방 위에도 연화문 초각의 화반(花盤)을 설치하여 장식성을 풍부하게 함. 구조적으로는 1고주 5량가의 형식이며 평방 없이 1출목 이익공으로 결구. 내부 역시, 기둥 위와 그 사이에 꽃모양 받침의 장식이 있어 위엄이 느껴짐. 원래 누각은 땅에서 높이 들려 있는 것이 일반적이지만 이 건물은 건물이 높으면 많은 승려나 신도가 오르내리는데 불편함이 있기 때문에 돌기단 위에 세워져 있음. 원래 벽이 없고 기둥만 있던 것으로 보임. 내부 바닥이 우물 정(井)자 모양의 우물마루라는 점을 빼고는 누의 모습을 찾아볼 수 없음. 전체적으로 짜여진 구조로 보아 조선 후기의 건축양식.

통도사 만세루

통도사불이문(通度寺不二門) : ①경상남도 유형문화재 252호, 14세기 창건. ②정면 3칸, 측면 2칸으로 다포식 팔작집이며, 동향의 전면 3칸에 판문(板門)을 달아 출입하게 되어 있음. 어간이 넓어 평방 위에 주간포작을 3개나 둠. 기둥머리에는 평방을 가로지르고 그 위에 포작을 구성. 대들보 양끝에서 두터운 솟을합장재를 빗변방향으로 두어 대들보와 더불어 삼각형을 이룸. 솟을합장 위에 장여를 놓아 도리를 받치고 서까래에서 도리를 거쳐 장혀로 전달되는 지붕의 무게를 받도록 함. 배흘림 원주 사용.

통도사 불이문

통도사약사전(通度寺藥師殿) : ①경상남도 유형문화재 197호, 고려 공민왕 18년(1369년) 성곡대사에 의해 초창. 18세기 이후 중건. ②정면 3칸 측면 단칸의 다포계 맞배집. 전면 기둥은 영산전의 절반 이하. 기둥 몸체와 주두가 창방으로 분리됨. 공간포작은 하나만 설치, 측면에는 평방도 없고 포작도 단순하게 처리함. 내외2출목, 창호는 두짝 분합문. 기둥과 주두의 비례감이 적절함. 포작의 쇠서는 치켜 올라간 앙서형이나 날카롭지 않고 날렵하며, 첨차의 하단부에는 연봉무늬를 초각하여 쓴 것인데 우아하고 여성적인 모습으로 건축적으로는 완성도가 높음. 화각(花刻)된 첨차는 다포계 포작의 장식화 경향임. 8개의 기둥 중 5개가 흰개미가 파먹어 손으로 기둥을 두드리면 껍질만 남은 빈소리가 남.

통도사 약사전

통도사영산전(通度寺靈山殿) : ①경상남도 유형문화재 203호, 경남 양산군 하북면 지산리 583에 위치, 7세기 초 창건, 18세기 초 중수. ②영산전 동서 양 옆에 약사전과 극락전, 남쪽에 만세루로 에워싸인 내정과 그 중심에 3층탑을 한 일탑삼금당식(一塔三金堂式) 가람배치를 갖는 독립된 사찰. 석가의 영산전과, 약사의 약사전, 아미타의 극락전이 삼세불화(三世佛畵)의 배치와 일치함. ③정면 3칸, 측면 3칸의 다포계 맞배집으로 전후면에만 포작을 구성, 귀기둥에는 평포를 결구. 측면 가구는 2고주형. 내부에는 대들보와 종량을 이중으로 구성하여 2중량을 만듦. 중도리 대공은 화반을 사용. 포작의 가공은 투박하여 고전적인 맛을 줌. 출목첨차는 밑단이 둥글게 깎인 교두형(翹頭形)으로 화각(花刻)이 없고 살미첨차의 쇠서는 짧게 밑으로 처지면서 휘어 올라 그 위에 연화를 초각. 살미는 삼각형의 3분두형(三分頭型)으로 가공하여 다포계 초기나 중기적인 성격을 보여 줌. 정면 좌우협간에는 바둑판무늬의 정(井)자살 창호, 어간에는 빗살 창호를 두어 중심성을 강조. 정면 기둥 간격이 5m 이상으로서 여타 건물의 두 배 정도임. 기단은 갑석(甲石)을 갖춘 이괴석쌓기로 고급스러움, 기둥 위와 기둥 사이마다 3개의 포작을 둔 다포계로서 수평적 규모를 더함. 기둥머리 부분에 평방을 분절, 평방 위에 주두를 놓아 포작을 구성. 각 포작은 3출목의 공포구성으로서 첨차와 소로의 중첩을 강조하면서 상승감과 돌출감을 주고 내부는 4출목으로 화려함을 더함.

통도사 영산전

통도사용화전(通度寺龍華殿) : ①경상남도 유형문화재 204호, 고려 공민왕 13년(1369년)에 초창, 조선 영조 원년(1725년)에 중수. ②정면 3칸, 측면 3칸. 정면 어간이 넓어 직사각형의 평면을 가짐. 기둥머리에서 평방을 가로지르고 평방 위에 주두를 놓아 포작을 구성. 중앙 어간의 기둥머리 보뺄목을 용머리로 조각한 다포계 맞배집. 내부기둥 없이 통간(通間) 처리. 중앙 어간에만 교살창 설치, 포작의 출목수는 2출목. 내부에서 사면 모두 공포가 배열된 점으로 보아 팔작집을 해체한 후 맞배지붕으로 개수한 것으로 추정. 건물 측면 중앙에 창호 설치. 밑으로 처지다가 앙서를 이룬 쇠서. 초각이 장식적임. 기둥의 굵기가 과대하여 비례감을 잃음. 측벽에 고주 2개를 세워 2고주 5량가 구조. 공포의 쇠서에 용두, 연화, 봉두 등이 조각됨.

통도사천왕문(通度寺天王門) : ①경상남도 유형문화재 250호, 경남 양산군 하북면 지산리 583에 위치, 1337년 창건, 19세기 중수. ②정면 3칸, 측면 2칸의 보편화된 평면. 주출입구인 동시에 하로전(下爐殿)으로 진입하는 중문. 구조는 기둥 위에만 포작을 둔 익공계 맞배지붕의 단순·소박한 건물. 장식성은 높지 않은 1출목의 무고주 5량가 구조. 건물의 규모에 비해 대들보가 가늘어 보이고 벽체의 수장이 횡으로 3등분되어 있음. 출목도리는 있으나 초각이 없는 사각형 화반을 둠. 포작의 규모가 왜소하며 주심첨차의 투박함에 비해 출목첨차는 규모가 작고 섬세함 (중수과정에서 변형된 것으로 추정됨).

통도사 천왕문 대들보

통맞춤(dado joint) : ①궬대와 기둥의 맞춤과 같이 큰 재에 작은 재를 통째로 끼워 맞춘 것으로 다른 장부와 같이 쓰는 경우가 많음. ②수직적인 중앙 부위에 목재의 길이대로 홈을 파고, 수평적인 목재를 그 안에 끼워 넣는 방법. 주로 선반·장롱 등 수직재에 힘이 가해지는 경우에 사용됨. ③통맞춤 형태 및 구조에 따라 단형 통맞춤·한쪽 통맞춤·주먹장 통맞춤 등으로 구분함. 통이음(=).

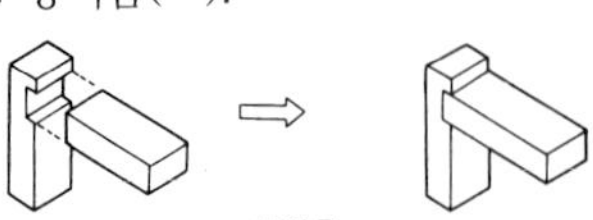
통맞춤

통머름(通-) : ⇨하중방(=).

통방아(桶-) : ①통나무를 물이 당기도록 하고 이 물의 무게를 이용하여 방아질을 하는 방앗간. ②삼척 대이리 통방앗간은 직경이 약 5m, 면적 5.89m의 평면에 원추형으로 서까래를 세워 그 위에 굴피로 지붕을 이어 만든 방앗간임. ③물방아·벼락방아(=).

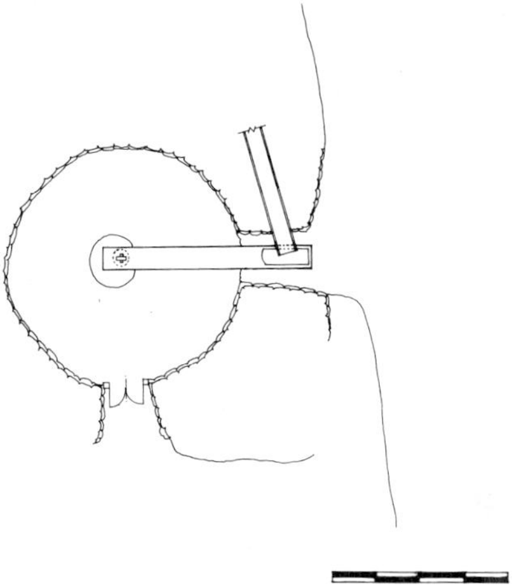
통방아 평면도

통상작업역(通常作業域, general working area) : 수평작업역 중 어깨를 가볍게 신체측에 붙여 팔꿈치를 구부린 상태로 자유로이 손에 닿는 영역. ⇨수평작업역.

통세로대(upright) : 의자의 구조에서 등받이의 양 바깥쪽 세로대가 좌판에 연결되지 않고 뒷다리에 그대로 연결되어 있는 세로대. 헤플화이트(Hepplewhite)나 아담(Adam)의 타원형·방패형·심장형 의자에서는 쓰이지 않았고 셰러턴(Sheraton)의 의자에서 주로 쓰였음.

통송곳 : ①끝이 반달모양으로 된 송곳. ②위에 굵은 자루가 가로 박혀 있음. ③도래송곳(=).

통시 : '화장실'을 의미하는 제주도 말.

통실패형 선반가공재(筒-形旋盤加工材, bobbin tuning) : 일련의 좁고 양각된 원반으로 이루어져 실패와 같은 모양의 선반 가공 부재를 말함.

통실패형선반가공재

통이음 : ⇨통맞춤(=).

통일(統一, union) : ①디자인 전체에 미적 질서를 주는 기본원리로 모든 형식의 출발점이며 구심점의 하나로 합치(合致)되는 과정. ②종류로는 ㉠정적 통일 ; 동일한 디자인 요소가 적용되거나 균일한 대상물이 연속적으로 배치되는 디자인 유형으로 안정감을 줌. 주로 교육공간이나 기념공간에 적용됨. ㉡동적 통일 ; 변화가 있고 성장성이 있는 흐름의 전개가 가능하며 다목적 공간에 이용하며 생동감이 있음. 상업시설이나 레저시설에 적용. ㉢양식 통일 ; 동시대적 양식의 나열 또는 관련된 기능의 유사성을 이용하는 통일감 형성, 기능목적 공간계획에 이용함. 휴양목적 공간이지만 교통 관련공간에 적용됨.

통일성(統一性, unity) : 다양한 요소가 전체적으로 결합되는 균형잡힌 평형감·완성감을 말함. 조형예술에 있어서 완성 전의 여러 요소간에는 서로 무관하게 배제하는 것 등이 있으나 이들이 모순 없이 관계를 맺고 하나의 전체로 각기 전체적인 미적 효과에 공헌하기 위한 작품 속에 있는 부분들의 조합이나 배열, 그리고 모든 요소들은 정돈과 결합시키는 계기를 의미함. 관련된 유사용어로는 동질성(同質性)·완전성(完全性) 등이 있음.

통자물쇠(padlock) : 열쇠를 가지고 한 쪽에서만 열고 잠글 수 있는 자물쇠로서 여러 가지 형식이 있고, 최근에는 맹꽁이자물쇠(pad lock)가 많이 사용됨.

통장설(通長舌) : ⇨긴장혀(=).

통장여(通長-) : ⇨통장혀·긴장여·긴장혀·통장설·장장설(=)·단장여(⇔).

통장혀(通長舌) : ⇨긴장혀(=).

통재기둥 : ①잇지 아니하고 2층 이상까지 단일재로 만든 기둥. ②통재주(=)

통재주(通材柱) : ⇨긴장혀(=).

통주(通柱) : ①2층 이상의 집에서 내진(內陣)에 위치하면서 가장 높은 층까지 뻗어 올라가 대량(大樑)을 받치는 기둥. ②건물 안에서 가장 긴 기둥. ③한옥은, 바깥은 2·3층이나 내부는 통층(通層)이므로 이렇게 긴 내진의 고주(高柱)가 소용됨. ④통기둥(=).

통줄눈(straight joint, stack joint) : ①세로 줄눈의 상하(上下)가 통한 것. ②벽체의 상부 하중이 아래로 균등하게 전달되지 않기 때문에 큰 하중을 받는 벽체에는 적합하지 못할 뿐만 아니라 지중에서 습기가 스며들기 쉬움. ③통줄눈으로 쌓는 이유 : ㉠시공이 용이함, ㉡강도상·방수상 유리함. ⇨줄눈.

통줄눈쌓기(stack bond) : ⇨스택본드(=).

통증의 역치(痛症-閾値) : 인간의 귀가 통증을 느끼기 시작하는 충분히 큰 소리의 크기 레벨. 일반적으로 약 130dB 정도.

통직목리(通直木理, straight grain) : ①수축(樹軸)에 따른 목리 분류의 하나. ②구성세포가 축방향과 평행하게 배열된 목리. ③세포의 배열방향이 수축과 같은 방향인 직선으로 나타나는 목리.

통창(-窓) : ①벽면의 1/2 이상 또는 전체를 고정창으로 만드는 경우로 실외의 풍경을 즐기기 위해 사용. ②픽처윈도(=).

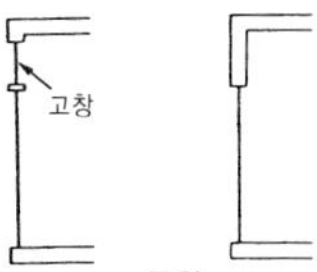

통창

통층(通層) : 중층 건물에서 내부의 상층 바닥을 꾸미지 않고 통하게 된 구조.

통층구조(通層構造) : 외부에서 보면 2층이나 내부에서 보면 한 층인 구조.

통판문(通板門) : ①여러 판재를 쓰지 않고 한 판재가 통째로 사용된 문. ②주로 작은 부엌문 등에 사용됨.

통풍(通風, draft) : 바람을 통하게 함으로써 기류(氣流)에 의해 재실자의 체감온도를 낮추고 실온상승을 억제하는 자연환기.

통풍구(通風口, vent) : 공기의 유입구. 배관시설에서는 트랩 위로 물이 올라오는 것을 막고 가스가 밖으로 빠져나갈 수 있도록 해줌.

통풍벽돌(通風甓乭, air brick) : 공기가 벽으

로 진입하여 통과할 수 있도록 구멍을 뚫어 놓은 벽돌.

통풍조절판(通風調節板, register) : 풍량조절용 셔터(shutter)와 그릴(grille)이 조합된 냉방이나 난방용 개구부 덮개. 실내에서 덕트의 마지막 개구부에 씌어짐.

통퓨즈(cartridge fuse) : ⇨카트리지퓨즈(=).

통합(統合, orchestration, integrate) : ①조화있게 조합시키는 것. 건축물에 있어서 재료들은 제각기 그들의 고유 색과 질감을 갖고 있으며, 이는 어떻게 그들이 서로 조화를 이루며 제작하기 위해 통합되는지에 대한 차이점을 만들어냄. 각 재료들의 특성은 그 밖의 다른 것들과 어울려야 함. ②통일하는 것, 하나의 완전함을 만드는 것.

통행공간(通行空間) : 동선목적을 위해 특별히 만들어진 공간으로 복도·계단 등.

퇴(退, veranda, balcony, porch, open corridor, quadrangular aisle attached) : ①원 집채에서 물려서 달아낸 칸(間). 보통 반칸, 즉 4자(약 1.2m) 크기임. ②건물의 덧달아 낸 칸. ③마루·툇간·툇마루 및 원 집채 주위에 다른 툇기둥을 세워 붙여 지은 좁은 칸살 또는 집채. ④평면상 건물 중심부를 둘러싼 둘레 부분. ⑤공간을 확장하는 수법으로 집의 일부 또는 2면 이상에 활용되기도 함. ⑥개흘레(=)

퇴가(退家) : ①전·후면에 툇기둥을 세우고 원채에 붙여서 지은 집. ②툇집(=).

퇴량(退樑) : ①툇간에 얹은 보. ②일고주오량집인 경우에 툇간에서 고주와 외진평주를 연결하는 들보. ③퇴량은 보통 대들보에 비해 길이가 반 정도 밖에 안 되며 직경도 작음. ④툇보(=).

퇴마루 : ⇨툇마루(=).

퇴말루(退抹樓) : ⇨툇마루(=).

퇴물림쌓기 : ①우리나라의 전통적인 성벽 쌓기 방법. ②아래에는 무겁고 긴 돌을 쌓고 위로 올라 갈수록 그 무게와 크기를 줄인 돌을 조금씩 뒤로 물려가며 쌓는 방법. ③이것은 전통적인 우리 석조 건축물의 특징이기도 하여 사찰의 축대나 민가의 댓돌도 이렇게 쌓음.

퇴밀이 : 투밀이(=).

퇴밀이 빗살 : 퇴밀이 문살을 빗지게 얽은 문살.

퇴적시간(堆積時間) : 접착제를 도포한 후 가압까지 기다리는 시간. 종류는 개방 퇴적시간과 폐쇄 퇴적시간이 있음.

퇴적암(堆積岩, sedimentary rock) : 바람이나 물에 의한 퇴적으로 이루어진 암석. 화성암(火成岩)·변성암(變成岩) 이외의 모든 암석. 구성 원인에 따라 수성암(水成岩)·풍성암(風成岩)·빙성암(氷成岩)으로 구분.

퇴주(退柱) : ①퇴량을 받는 갓기둥(변주). ②툇간에 세운(있는) 기둥. ③평주(平柱)보다 낮은 기둥으로서 주로 툇간(退間)에서 사용함.

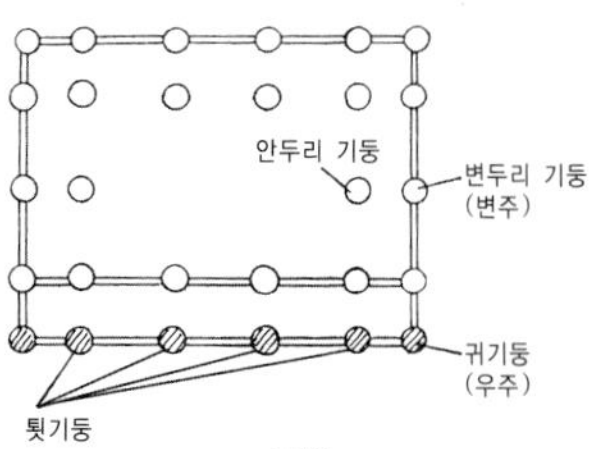

퇴주

퇴지돌 : 처마 밑에 도려 놓은 긴 돌.

퇴창(退窓, meshrebeeyeh, mashrebeeyeh, mashrebeeyah, bay window) : ①카이로나 지중해 연안 도시에서 흔히 볼 수 있는 것으로 바람은 자유롭게 통하지만 내부 공간을 들여다보지 못하도록 격자망을 가진 내민창. ②밀어서 여는 창(미닫이창)을 말함. ③밖으로 내민 창.

퇴천장(退天障) : ①툇간(退間)에 있는(설치하는) 천장. ②추녀 뒷부분을 가리기 위하여 소규모 면적에 설치. ③눈썹천장(=).

퇴침(退枕, wooden pillow) : ①서랍이 있는 목침(木枕)으로 이 서랍에는 빗·귀이개 따위를 넣음. ②낮잠을 자거나 휴식을 취할 때 사용하는 소형 베개.

퇴칸 : ⇨툇간(=).

툇간(退間) : ①건물의 내진(內陳) 밖에 달아낸 내진보다 폭이 좁은 외진(外陳)의 주간(柱間). ②집채의 원 칸살 밖에 붙여서 딴 지붕을 세워 만든 칸살. ③전면이 여러 칸으로 된 건물로서 좌우 끝 쪽에 있는 칸으로 대부분 협간보다도 작게 함. ④몸채 앞뒤에 달린 칸 또는 덧달아낸 칸. ⑤집채의 본디 간살 밖에 따로 툇기둥을 세워서 만든 간살. ⑥⇨퇴.

툇기둥(退柱) : ⇨퇴주(=).

툇마루 : ①툇간에 놓은 쪽마루. ②방이나 마루 바깥에 붙여 꾸민 좁은 마루의 총칭. ③쪽마루(=).

툇보(退樑) : ①고주가 있을 때나 툇간이 달릴 경우 그 위에 걸려 있는 짧은 보로써 보통 대들보보다 한단 낮게 걸림. ②툇기둥과 안기둥에 얹힌 짧은 보. ③툇간에 건(얹는) 보.

툇집(退家) : ⇨퇴가(=).

투각(open work) : 나무나 금속 등의 재료에 도안을 하고 도안 외의 부분은 파내어 뚫는 조각방식. 고대로부터 가구의 표면이나 의자의 등받이에 계속 쓰였음.

투각세로대(pierced splat) : 투각된 의자 등받이의 중앙에 댄 수직패널. 뇌문(fret work)으로 조각된 패널이 주로 사용되었음.

투겐트하트저택(-邸宅, Tugendhat House) : 루드비히 미스 반 데어 로에(Ludwig Mies van der Rohe : 1886~1969)가 설계한 체코슬로바키아 공업도시 부르노에 있는 건물로 1930년 준공한 미스가 유럽에서 세운 최고의 걸작품. 특히 거실을 중심으로 한 공간 처리가 돋보이는 디자인으로 높이 평가되고, 스팬이 6m이며, 강(鋼)기둥을 세운 25×15m 넓이는 바르셀로나 만국박람회의 독일관과 같이 벽의 배치를 자유롭게 할 수 있음. 조명기구·커튼 등을 미스가 직접 디자인하여 배치한 것으로 실내 공간은 새로운 주택의 전형으로 받아들여지고 있음.

투계의자(鬪鷄椅子, cock fighting chair) : 독서 또는 경기(닭싸움 같은) 관전을 위해 사용된 의자. 뒤쪽을 향해 다리를 벌리고 앉는 형태로 등받이 상부에 작은 경사 선반이 있으며, 상부 가로대는 주로 부드러운 패드(pad)로 되어 있어서 팔걸이 기능도 함. 뒤를 향해 앉을 경우 독서용 의자가 되고, 앞으로 향해 앉으면 휴식용 의자가 됨. 8세기 퀸 여왕시대부터 치펜데일 시대까지 유행되었음.

투과(透過, transmission) : 열선(熱線)·음파(音波)·광선(光線) 등의 에너지가 어느 물질을 통과하는 현상.

투과광(透過光, transmitted light) : 물질을 투과한 빛.

투과색(透過色) : 물체색 중 빛의 투과에 의한 색.

투과손실(透過損失, transmission loss) : 벽·창호 등의 차음(遮音)의 정도를 나타낸 수치. 입사음의 에너지와 투과음에너지와의 상용로그의 10배로 나타냄. 즉

$$TL = 10\log_{10}$$

$$\frac{|p_r|^2}{|p_I|^2} = 10\log_{10}{}^{\frac{1}{Z}}\,(\mathrm{dB})$$

p_r =입사되는 음파의 음력
p_I =투과된 음파의 음력

투과율(透過率, transmission factor, transmittance) : ①총흡수량에 대한 투과된 복사량의 비. ②광선이 채광재료를 얼마나 투과하느냐의 정도, 즉 투과율은 입사(入射)하는 광속에너지에 대해 투과하는 광속에너지 비율의 백분율(%)로 표시하고, 투과율은 재료 표면의 평활도(平滑度)·두께·가시광선·적외선·자외선 등의 파장에 따라 달라짐.

투광조명(投光照明, flood lighting) : 투광기 또는 투광용 램프를 사용하여 빛을 집중 조명하는 방식. 건물·분수·건물·광고탑 등을 비추어 미적 효과와 상업가치를 향상시키기 위한 조명. 주로 경기장·작업장·주차장·비행장·항만 등 넓은 면적을 멀리서 비추는 조명.

투기계수(透氣系數, air permeance) : 어떤 재료의 두께에 있어서 그 양 표면의 압

력차가 1mmAg일 때 면적 1m²당 1시간에 통과하는 공기량. 투기계수를 K라 하면 $K = Q/A\Delta_p$(m/h·mmAg). 여기서 Q는 투기량(m³/h), A는 면적(m²), Δ_p는 양면의 압력차(mm/Ag)임.

투기율(透氣率, air permeability) : ①투기계수에 재료의 두께를 곱한 값. ②단위는 m²/h·mAg로 표시.

투막집 : ①귀틀집에 대한 울릉도지방의 말. ②투방집이라고도 함. ③귀틀집(=).

투막집

투매(投賣, distressed) : 목재를 오랜 된 것처럼 보이도록 마감을 하는 처리기술.

투명 : ⇨투명성(=).

투명도장(透明塗裝, transparent finish clear coating) : 목재의 특성(나뭇결)을 살려 목질의 보호와 미장을 겸한 도장.

투명래커(透明-, clear lacquer) : ⇨클리어래커(=).

투명색(透明色, transparent colour) : 물체색(物體色)의 일종으로 빛을 통과시키는 매질(媒質)의 색채.

투명성(透明性, transparency) : ①물체나 이미지를 마치 재료가 중간에 없는 것처럼 보이도록 빛을 투과시킬 수 있는 또는 매우 정교한 오픈 텍스처(open texture) 여서 물체들이 다른 측면에서 쉽게 보이는 재료의 특성. ②건축에서의 투명성에는 물리적인 실(實)의 투명성과 지각적인 허(虛)의 투명성 등 2가지 개념이 있음. 어느 쪽이나 서로 시각상 방해하는 것 없이 상호 관입한다는 투명성의 기본적인 개념을 지니고 있지만, 물리적인 실의 투명성이 빛을 통과시키는 특성을 지니며 배후에 있는 물체를 보여주는 성질·상태 등 물리적인 사실을 가리키는 데 반하여 지각적인 허의 투명성은 공간의 장치에 의해 만들어진 지각이 가능한 상상(想像)의 면이나 공간에 의해 다른 차원에 존재하는 것이 동시에 지각되는 성질 또는 형태.

투명시(透明視) : 물리적으로는 물과 유리처럼 빛이 통과하는 것을 투명이라고 하지만 지각적으로는 어떤 것이 투명하게 보이는 것. 따라서 투명시란 예컨대 유리창 너머로 어떤 물체가 투명하게 보이는 시지각을 말함.

투명창(透明窓, transparent window) : 조망(眺望)할 수 있는 가장 일반적인 창문으로 정투과성(正透過性) 재료를 끼운 창문으로써 일반적으로 투명유리·흡열유리·망입유리·연마유리·투명 아크릴유리 등을 사용.

투명판유리(透明板琉璃, clear glass) : 유리 표면이 제조된 그대로의 평활한 면을 가진 맑은 유리.

투물러스(tumulus[그]) : 인공 흙무덤이나 돌을 말하고, 특히 흙무덤을 둘러싼 원형배치임.

투밀이 : ①퇴밀이 문살을 밀 때 쓰는 대패. ②문살의 끝을 둥글게 밀어 판 문살. ③문살의 다듬질 중에서 가장 많이 공을 들이는 것으로 살대의 전면과 양측면까지 모양을 낸 것. ⇨쇠목.

투밀이

투밀이살 : 끝이 둥글고 옆을 길쭉하게 깎아 만든 문살.

투방집 : ⇨투막집(=).

투사대(light table) : 나무나 금속 프레임에 유리를 끼우고 그 밑에 광원을 넣어 도면을 복사하거나 사진이나 슬라이드 필름 등을 보도록 되어 있는 기구.

투상(投像, project) : 생각이나 개념을 의식 밖의 객관적인 실체로 인식하는 것.

투상법(投像法, method of projection) : ①3차원의 입체를 2차원의 평면도에 나타내는 방법. 건축에서는 일반적으로 평면도·입면도·단면도 등에 의해 형상의 크기를 정확하게 표시하고 전달하기 위한 도법. ②투상법에 대해서는 「제도에 쓰이는 투상법」으로 KS에 규정. 건축 설계도에서는 도면을 이해하기 쉽게 음영·해칭을 덧붙인 경우도 있음. ③공간에 있는 대상물을 투상하는 데 4개의 상한을 씀. 상한이란 직교하는 2개의 평면으로, 공간을 구획하면 제1·제2·제3·제4상한이라 불리는 4개의 면각이 됨. 제1상한의 공간에 물체를 두고 투상할 경우를 제1각법에 의한 투상법이라 하고, 제3상한의 공간에 물체를 두고 투상할 경우를 제3각법에 의한 투상도라고 함. 일반적으로는 제1각법과 제3각법으로도 부름. ④KS에 의한 제도통칙에서 「투상법은 제3각법으로 작도함을 원칙으로 하되, 도면 제1각법을 사용할 경우에는 제1각법이라 기입함. 다만, 오인할 염려가 없을 때는 생략할 수 있다.」로 되어 있지만 건축물의 경우에는 주가 되는 면이 반드시 제3각법과 일치하지 않는 경우가 있음. 그 경우에는 평면도나 입면도가 바르게 이해되는 다른 투상법을 씀. 그러나 투상법의 원칙은 어떤 도면의 종류에도 공통이며, 특별한 이유가 없는 한 평행투상에 의함.

투스드플레이트(toothed plate) : 구멍을 내어 촘촘하게 돌출된 이빨을 만들어 놓은 금속판. 경량목재 트러스의 이음판 등으로 사용함.

투스칸양식(-様式, Tuscan order) : ⇨터스칸오더(=)

투습(透濕) : ①재료의 양쪽 공기에 증기압 차이가 생겨 재료 속에 수증기가 흐르는 현상. ②습기관류(=).

투습률(透濕率, permeability) : 투습성을 나타내는 수치의 하나. 단위는 g/m·h·㎜·Hg.

투습비저항(透濕比抵抗, vapour resistivity) : 습기의 이동에 대한 저항값을 각 재료의 단위 두께에 따라 측정한 값. 단위는 MNs/㎎.

투습성(透濕性, vapour permeability, moisture permeability) : 재료에서 수증기가 통과하는 성질.

투시도(透視圖, perspective, perspective drawing) : ①기본 도면들을 이용하여 건물이나 실내의 모양을 입체적으로 표현한 그림. 특히 설계된 건축물이 완성되었을 때의 형태를 가상하여 그린 도면을 완성예상도(完成豫想圖)라고 함. 실내 투시도는 일반적으로 눈높이 시점으로 바라보는 상태로 작성. ②사물이나 장면의 투시도적 투상도를 말함. ③상당한 거리에 있는 물체나 공간을 사실적으로 표현하는 화법. 멀리 있는 물체는 가까이 있는 물체보다 작게 그려지며, 수평선은 거리를 두고 움직이며 소점을 향해 수렴함. ④3차원 공간이나 사물을 원근법에 의거하여 2차원의 평면 위에 입체적으로 표현하는 여러 다양한 기법을 총칭하는 용어. ⑤종류에는 대상물과 화면과의 위치 관계에 의한 것과 시점별(視點別)·도법별(圖法別)로 대별됨. ㉠위치별 분류 ; 평행투시(parallel perspective) 1(소)점 투시도·유각투시(angular perspective) 2(소)점 투시도·사투시(oblique perspective) 3(소)점 투시도, ㉡시점별 분류 ; 실내투시도(interior perspective)·외관투시도(appearance drawing)·조감투시도(bird's eye view)·앙고투시도(frosh perspective), ㉢도법별 분류 ; 직접법(direct method), 소점법(vanishing point method), 거리점법(distance point method), 측점법(measuring point method) 등. ⑥대상물과 눈 사이에 위치한 화면에 시점과 대상물을 연결한 투사선에 의해 상이 그려지는 것. 즉 보는 사람과 대상물과의 광학적인 관계를 기하학적으로 고찰해서 대상물을 2차원의 화면에 그리는 합리적인 화법.

투시투상 : ⇨투시투상도.

투시투상도(透視透像圖, perspective projection) : ①물체와 시점 사이에 평면을 놓고 시선과 평면과의 교점으로 이루어지는 상을 구하는 것. ②3차원 사물이 관찰자의 눈을 나타내는 한 임의의 고정점에 모이는 직선에 의해 이 모든 점을 화면에 투영시킴으로써 표현되는 투영기법. 1소점 평행투시도·2소점 유각(성각)투시도·3소점사투시도(조감도) 등이 있음.

투시화면(透視畵面, picture plane) : 투시도를 그릴 때 관측자와 그리고자 하는 대상물 사이에 있는 것으로 가정하는 상상적인 2차원의 기법.

투야(thuya) : 아프리카와 북미가 원산지로 붉은 갈색에 새눈(bird's eye) 문양이 있는 목재. 견고하고 어둡고 광택이 좋아 캐비닛 등 가구제작에 사용되며, 특히 고대 그리스와 중국, 18세기 영국에서 무늬목 상감재료로 유행되었음.

투영(投影, projection) : 상상하거나 이미 알고 있거나 기타 유사한 이미지를 반영하면서 패턴의 무정형 형태로 이것이 감각에 맞을 때까지 찾는 시각적 특징.

투영도(投影圖, projection drawing) : ①화면을 나란히 하거나 만나는 직선에 의해 이의 모든 꼭짓점을 투영시켜 3차원 사물을 나타내는 과정이나 기법. ②연직방향(鉛直方向)으로 한 평면을 두고 그 앞 또는 뒤쪽에 입체를 두어 눈과 입체의 각 부분을 연결한 시선이 그 평면 위에 맺히는 허상. 종류는 평행투영(parallel projection)과 투시투영(perspective projection)이 있음.

투영법(投影法, projection) : ①정투영법 : 직각투영법·수직투영법. ②축측투영법 : 등각투영법·부등각투영법(등축투영법·아이소메트릭). ③사투영법(평행투영법) : 밀리터리투영법·캐벌리어투영법 등이 있음.

투입진열(投入陣列) : ⇨점블디스플레이(=).

투탕카멘의자(-椅子) : ⇨이집트양식.

투파(tufa) : ⇨응회석(=).

툴캐비닛(tool cabinet) : 부엌 바닥 위에 설치하는 높이가 높은 캐비닛. ⇨월캐비닛. ⇨플로어캐비닛.

튜더건축(-建築, Tudor architecture) : 16세기 후반의 영국 튜더 왕가의 지배하에 발전된 영국 건축의 변환기적 양식. 튜더아치와 과거 수직양식의 건물에 르네상스식 디테일을 적용한 것이 특징.

튜더식 꽃문양(-式-文樣, Tudor flower) : 잎장식 첨두아치의 뾰족한 끝부분으로부터 수직선으로 연결된 세 잎(trefoil)의 첨화(pointed flower)문양. 영국 고딕 후기와 튜더양식 건축의 돌림질 세공(brattishing)에 흔히 사용되었음.

튜더아치(Tudor arch) : ①4개의 원호로 구성된 일종의 평평한 첨예아치. ②중세 후기의 끝이 뾰족한 아치로 끝(shank)이 1/4원에 가까운 원호로 시작하여 꼭짓점까지 직선으로 연결하는 아치.

튜더아치

튜더양식(-様式, Tudor style) : ①고딕양식이 지배적인 과도기시대(1500~1558)로 점진적으로 이탈리아 르네상스양식이 소개되어 고딕양식과 혼합되었으며, 프랑스의 영향도 가중되었음. 가구의 형태는 고딕양식을 그대로 계승한 장방형이며 판자의 표면은 리넨폴드 장식이나 방패모양의 문장을 부조로 장식하였음. 그 후 이탈리아의 영향이 증대되면서 가구의 표면은 아라베스크 문양이나 초상을 원형의 테두리 안에 돋을새김 무늬인 멜라리온(mellallion) 등을 조각 또는 상감하였으며 드월프 아치(dwarf arch) 형태의 조각장식도 사용하였음. ②16세기 중엽인 후기 고딕시대 영국의 조형양식으로 헨리(Henry) 7세와 엘리자베스 여왕에 이르는 튜더왕조(1485~1603)를 중심으로 하는 고딕과 르네상스양식의 혼합에 의한 과도기적 경향의 양식. 아치는 튜더아치(Tudor arch)라고 하는 끝이 뾰족한 작은 사심(四心)아치가 특징으로서, 하프팀버양

ㅌ

식(half-timbering)·해머빔천장(hammer beam ceiling) 등에서의 발전에 독특한 특징이 있음. 대표적인 건축물로는 장엄하고 화려한 양식으로 유명한 햄프턴 코트의 홀(16세기)과 웨스트민스터 어베이의 헨리 7세 교회당(1512년경)이 있음.

튜더장미(-薔薇, Tudor rose) : 다섯 잎 장미 꽃잎 안에 축소된 장미가 하나 더 들어 있는 문양을 말함. 1486년에 튜더왕조의 문장으로 디자인되었으며, 랭커스터(Lancaster)의 헨리 7세를 상징하는 붉은 장미와 요크(Yoke)의 엘리자베스를 상징하는 백장미를 결합시켜 그들의 결혼을 상징화한 것임. 16, 17세기의 영국식 오크(oak)가구에 중요한 장식 모티프(motif[프])로 사용되었음.

튜브구조(-構造, tube construction) : 기둥과 보로 조합된 튜브, 즉 파이프 형태의 구조체로 지진과 바람에 의한 횡력에 건물 전체가 일체가 되어 저항하는 구조로서 최고층에 가장 보편적으로 적용되는 구조. 기둥 간격은 3~5m로 촘촘히 배치되며, 이론적으로 지진과 바람이 없는 지역에는 초고층이라도 튜브구조가 필요 없음. 종류에는 싱글 튜브(프레임 튜브·트러스 튜브)·튜브 인 튜브(tube in tube)·번들 튜브(bundle tube) 등이 있음.

튜브러그(tube rug) : 굵은 코드를 재봉틀로 둥글게 꿰매 붙여서 만든 카펫. 튜브 러그에 파일을 거칠게 하기도 함. 깔개용으로 독특한 느낌을 줌.

튜브시스템(tubular system) : 외부의 기둥과 보를 촘촘히 설치하여 마치 지상에서 솟은 속이 빈 튜브 캔틸레버와 같이 거동하도록 된 구조 시스템으로, 100층 이상의 높은 초고층 건축물을 축조할 수 있는 구조.

튜브인튜브구조(-構造, tube in tube construction) : 싱글 튜브로서 요구되는 강성·내력이 부족할 때 내부에도 튜브를 배치하는 경우가 있음. 외부 튜브만큼 내부 튜브는 효과가 없지만 초고층이 될수록 유효함. 이중튜브가 있는 경우를 더블 튜브·삼중으로 튜브가 있는 경우를 트리플 튜브(triple tube)라고도 함. 일본 요코하마 소재의 랜드마크 타워 등이 유명함.

튜펠로(tupelo, tupelo gum) : 황색에서 밝은 갈색이나 밝은 회색이 도는 미국 동남부에서 생산되는 경재. 건조가 덜 되면 잘 휘고, 마호가니나 호두나무처럼 착색한 후 사용하기도 함. 주로 값싼 가구·실내의 트림(trim)재, 그리고 합판의 구성재로 사용.

튤립나무(tulip wood) : 장미목과에 속하는 키가 작은 활엽수로 북미 및 브라질의 나무로부터 얻어지는 경재. 황색 바탕에 연갈색이나 핑크빛 줄무늬가 있어 미국에서는 핑크 우드(pink wood), 프랑스에서는 브와 드 로즈(bois de rose)라고 함. 목공작업에 대한 성질이 우수하며 도장과 착색이 잘되고 연삭 및 가공하기가 쉬움. 내장용·가구·액자·장난감용으로 널리 이용. 루이 15세 때 애용되었고 상감이나 휨재(bending)로 사용.

튤립우드(tulip wood) : ⇨튤립나무(=).

튤립체어(tulip chair) : 사리넨(Eero Saarinen : 1910~61)이 디자인한 튤립 모양의 의자. 곡선으로 성형된 플라스틱 상부가 페데스탈(pedestal) 받침대로 연결되며, 좌판은 직물로 씌워진 방석이 얹혀짐. 페데스탈체어(=).

튬파논(tympanon) : ⇨탕팡(=).

트라베(travée[프]) : ⇨베이(=).

트라이글리프(triglyph) : ⇨트리글리프(=).

트라이앵글(triangle) : 삼각형을 뜻하며, 디스플레이 구성에 있어 하나의 형이고, 삼각형 틀 속에 디스플레이 구성을 하면 정리하기가 쉬움.

트라이엄펄아치(triumphal arch) : 기독교 교회당에서 켈라(cella, 內陳)와 네이브(nave, 身廊) 부분을 구획하는 큰 아치.

트라켈리엄(trachelium) : 고전 원주(圓柱)에 있어서 하부의 하이포트라켈리엄(hypotrachelium)과 주두(柱頭, capital) 사이에 있는 목부분.

트라켈리온(trachelion) : 그리스 도리아식 기둥에서 아눌렛(annulet)과 하이포트라첼리온(hypotrachelion) 사이의 목부분.

트라이포드(tripod) : ⇨트리포드테이블(=).

트라이포리엄(triforium) : ⇨트리포리엄(=).

트라팔가르의자(-椅子, Trafalgar suite) : 프랑스 섭정시대의 기념품적인 가구로 뒷부분은 줄로 꼰 것 같은 형태로 조각했음. 보다 더 화려한 것은 '트라팔가르 스위트(Trafalgar suite)'라고 함.

트라팔가르체어(Trafalgar Chair) : 영국의 넬슨 제독이 1805년 스페인의 트라팔가르 전투에서 영웅적으로 전사한 후 영국을 승리로 이끈 것을 기념하여 가구 제작자들이 디자인한 의자. 돌고래나 닻과 같은 바다를 상징하는 모티프를 주로 사용하였고, 골풀 좌판에 세이버 다리(saber leg)를 지니는 등 영국섭정양식(regency)의 특징을 보여주고 있음.

트래버틴(travertine[포]) : 원산지는 포르투갈이나 이탈리아산(産)이 유명함. 광택은 매우 좋고 색채평활도는 떨어짐. 샘물 특히 온천에 의하여 침전된 표면에 벌레모양의 불규칙한 다양한 틈이 있는 대리석의 일종인 석회암. 로마시대 이후 사용되었으며, 최근에는 구멍을 돌가루로 메워 바닥재·벽재·테이블 상판 등으로 사용됨. 크림색·벽돌색 등의 여러 가지 색이 있고, 주로 실내 벽체에 사용.

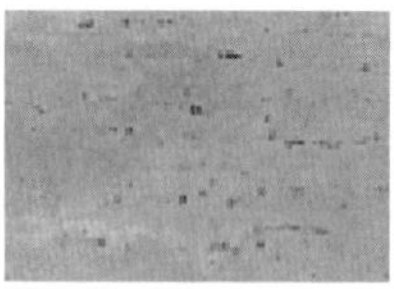
트래버틴

트래블링거푸집(travelling form) : ①거푸집·장선·멍에·동바리 등이 미리 일원화된 수평이동이 가능한 대형 시스템화 거푸집에 이동 및 해체가 용이한 기계장치(이동 활차 등)를 구비한 것으로 직선적으로 반복되고, 연장 시공되는 터널, 교량의 슬래브, 아치, 쉘(shell)구조 등에 적합한 거푸집. ②공법의 종류는 사용하는 거푸집, 요크(거푸집 인양 기구)에 따라 슬라이딩 폼(sliding form)과 슬립 폼(slip form)으로 구분. ③장점은 품질의 균일성(재료부리, 이음이 최소), 소운반, 크레인, 자재 보충이 생략되어 노무자의 최소화가 가능. 계속적·반복적인 타설작업으로 공기단축이 가능. 기계적 거푸집이므로 시공 정밀도가 향상. 투입자재가 감소되므로(1층분의 거푸집으로 전층에 사용) 자재비 절약효과와 현장 자재 적치장 및 작업장이 필요 없음. 공정이 단순하므로 관리가 용이하고 안전성도 높음. 단점은 초기투자비가 높음. 콘크리트 타설 순서에 융통성이 없음. 이동해체 장비 필요.

트래블링폼(travelling form) : ⇨트래블링거푸집(=).

트래픽다이어그램(traffic diagram) : 사람 또는 상품이 이동하는 경로나 궤적(軌跡). 종류는 고객동선·종업원동선·상품동선 및 수평동선(가로동선)·수직동선 등이 있음.

트랙조명(-照明, track lighting) : ①좁은 천장 또는 벽에 부착된 전류가 흐르는 금속 트랙에 설치된 가변형 스포트라이트에 의한 조명. ②트랙 또는 연속된 고정띠에 조명을 부착하는 것으로 이동이 가능. ③벽이나 천장에 부착된 긴 트랙에 다수의 스포트라이트나 투광조명(floodlight)을 설치하는 조명시스템. 각각의 조명등을 이동시킬 수도 있고, 목적과 필요에 따라 전원을 개폐하거나 트랙의 길이도 조정할 수 있음.

트랜섬(transom) : ①출입구 위에 창이나 고창(高窓)을 분리하는 가로대. ②창문 위쪽에 위치한 패널이나 문 위쪽에 붙은 창문. ③수평방향의 가로 중간틀을 트랜섬(transom, 가로대)이라고 함. 또한 그 위의 창을 구분하는 가로대를 의미하기도 함. 멀리온(=).

트랜섬윈도(transom window) : 출입구 중간틀 위쪽의 창문. 고창(高窓)이라고도 함.

ㅌ

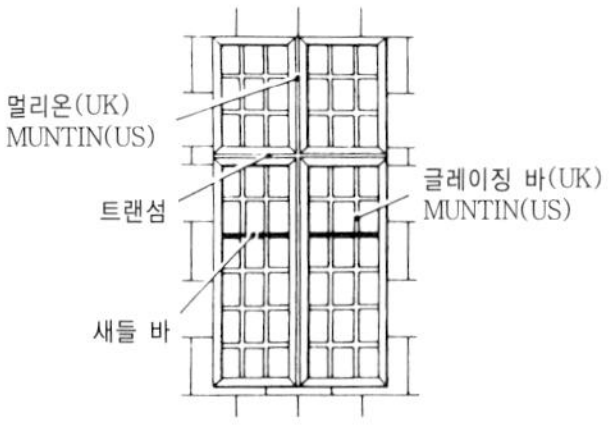

트랜섬윈도

트랜섬캐치(transom catch) : 회전창이나 안으로 열리는 창의 울거미 상부 등에 부착하는 간단한 자물쇠.

트랜셉트(transept) : ①초기 기독교 건축의 바실리카 교회당에서 내부의 반달모양으로 들어간 부분(apse)의 앞부분, 또는 교회당의 십자형 평면에서 좌우충돌(wing) 부분을 말함. ②사원의 주위를 에워싸고 있는 대리석 또는 금속의 격자. ③교회건축에서 십자형의 좌우 양 날개부분. ④십자형 교회당의 평면계획에서 옆으로 튀어나온 좌우익부(左右翼部)를 말하고, 보통은 신랑과 내진 사이에 있으나 신랑의 서쪽 끝에도 마찬가지로 설치되며, 또 신랑과 내진의 접합부보다 훨씬 동쪽에도 돌출부를 설치하여 수랑(袖廊)을 중복시킬 수도 있음. 네이브(nave)와 성가대(chorus) 사이를 수직으로 가로지름. 수랑(=).

트랜스버스아치(transverse arch) : ⇨횡경막아치(=).

트랜스아방가르드(Trans-Avant-Garde) : ①1970년대 말부터 80년대 중반까지 이탈리아에서 성행한 미술양식. ②독일의 신표현주의, 프랑스의 신구상, 미국의 뉴페인팅 등과 함께 이탈리아에서 일어난 유사 경향. ③이탈리아 평론가인 아킬레 보니토 올리바(1939~)가 만들어낸 용어. ④올리바는 트랜스아방가르드 미술을 주로 회화나 조각 등 전통적인 형식을 사용하는 비정치적이며 무엇보다도 절충적인 미술로 정의하고 이 용어를 1980년대 초에 등장한 국제적인 신표현주의의 주류에도 적용시키려 했으나 이탈리아 미술가들의 작품만 지칭하는 용어로 귀착됐음.

트랜스하이테크(trans-high-tech) : ①하이테크 디자인에서 연유된 다른 양상으로 고도로 발달된 도시의 뒷골목에 뒹구는 파괴된 전자제품, 기계 조각 등에서 미학을 발견하여 공간에 적용시킨 것으로 모더니즘의 폐허 속에서 쾌감을 느낀 디자인 모티브를 채용하여 새로운 문화로 표현하려는 것. ②기술의 극소화와 미학적 재료를 표현하는 현실적 건축으로, 하이테크의 재료 및 기술들을 변형시키거나 멀리 소외되어 과거의 진귀한 고고학적 기념비로서 특이한 모양새를 드러내거나 콘크리트·철·알루미늄·유리 같은 차가운 재료들을 사용하여 현대사회에 대한 반감을 표현하는 데 이용되었으며, 구조적이고 기술적인 오브제 디자인을 미학적으로 변화시키는 제3의 기술혁명으로 현대디자인의 도약을 가능케 함.

트랜싯몰 : 공공교통을 인정한 몰. 원칙적으로는 버스·노면전차 등 특정 공공교통기관에 대해서만 차량의 통행을 허용하는 쇼핑몰의 한 형식. 이러한 차량 진입을 규제하고 보행자의 안전성·쾌적성을 확보해 가면서 공공교통기관에 의한 시민의 교통기관을 확보하는 것. 쇼핑몰의 한 형식으로서 모든 차량규제를 전제로 하는 풀 몰과는 구별되는 형식. 이 형식은 도시의 스케일이 비교적 크게 만들어져 있는 미국의 여러 도시에서도 도심부 재생수법으로서 보급하는 한편, 유럽의 여러 도시에서도 노면 전차와의 공존을 계획하는 등의 방법도 채택되고 있음. 트랜싯 몰의 경우 속도가 다른 차량과 보행자 등이 공존할 수 있는 가로의 디자인이 불가피함. 보행이 쉽고 여유가 있는 보도의 확보, 차량이 주행하는 부분을 안전하게 횡단할 수 있도록 만들어진 방법과 교통수단의 바꿈, 즉 곧 버스와 노면전차 등을 갈아타기 위한 공간의 디자인이 주요한 요소가 됨. 미국 미네아폴리스의 니콜레트 몰 등은 차도를 완만하게 구불거리게 하여 변화하는 보도폭을 이

용하여 디자인한 버스 정류소 센터 등 스트리트 퍼니처를 설치하여 특징 있는 가로 공간을 만들어냄.

트랜싯믹스트콘크리트(transit mixed concrete) : ①레미콘 공장에서 계량된 재료만을 트럭믹서에 넣어 운반 도중에 비벼서 현장까지 운반하여 타설하는 콘크리트로 원거리 수송용 콘크리트. 1시간 30분 정도까지 가능함. ②레미콘 콘크리트의 비비기와 운반 방식에 따른 분류의 하나.

트랜전트호텔(transient hotel) : 숙박객의 체재기간에 따른 시티 호텔의 일종으로서 단기체재자용 호텔을 말함. 따라서 객실의 크기는 여유가 없고 수납 스페이스도 최소한으로 하는 등 경제적으로 계획되었으며, 숙박객의 왕래가 빈번하고 로비의 업무가 많으며, 식당과 커피숍의 이용이 다른 호텔보다 높음.

트랜지셔널스타일(transitional style) : ⇨과도기양식(=).

트랜지트믹스트콘크리트(transit mixed concrete) : ⇨트랜싯믹스트콘크리트(=).

트랩(trap) : ①하수관이나 배수관에서 나오는 나쁜 냄새의 역류(逆流)를 막기 위하여 설치하는 휘어진 곡관(曲管). ②배수관에서의 유해가스, 취기의 역류를 방지하기 위하여 모든 위생기구에 접속하여 사용하는 기구. ③원리는 곡부(曲部)에 물이 들어 있어서 올라오는 냄새를 막도록 되어 있으며 이 물을 봉수(封水)라 하고 이 봉수를 보호하기 위하여 트랩의 아래쪽에 통기관을 설치해야 함. ④종류로 S트랩·P트랩·U트랩·3/4트랩·플로트랩·가솔린트랩·드럼트랩·그리스트랩 등이 있고, 기능상으로는 사이펀식(⇦)과 비사이펀식(⇦)이 있음. ⑤물막이 장치(=).

트랩딥(trap dip) : ⇨트랩위어.

트랩위어(trap wier) : 트랩에서 물이 넘치는 부분의 상단. 하단은 트랩 딥(trap dip)이라고 함.

트랩의 봉수(−封水, seal water) : ⇨봉수(=).

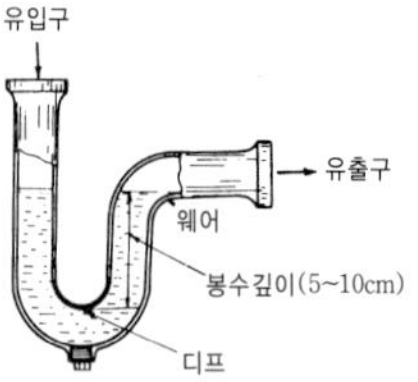

트랩의 봉수

트러스(truss) : ①콘크리트 교각을 미리 수중에 세운 뒤 철강재 구조물(트러스)을 교각 위에 올려 연결하는 방법. ②두 개 이상의 부재를 조합하여 그 교점을 핀(pin)으로 연결한 뼈대 구조물. ③건축에서 지붕틀 구조나 철교 등의 구조로 사용됨. 보통 3각형으로 조립되며 역학적으로는 힌지(hinge)로 결합된 각각의 부재를 따라 압력을 전달하는 직선의 부재들로 구성된 혼합식 구조 시스템으로 부재의 축방향으로 작용하는 인장력(引張力)만을 받도록 하여 가는 부재에 의하여 큰 힘을 받도록 되어 있음. ④천장이나 지붕의 긴 경간(span)이 구조적·역학적으로 지지되도록 직선 부재들이 삼각형이나 다각형의 형태로 결합된 구조형식. ⑤긴 길이를 중간에 다른 지지대 없이 견고한 틀의 형태로 놓이게 하는 구조적 요소들의 조합. ⑥종류는 부재의 조립방법에 따라 왕대공 트러스·퀸 포스트 트러스 등이 있고, 용도별로 구분하면 교량 트러스·지붕 트러스 등이 있으며, 이러한 것들은 입체적으로 조립된 입체 트러스와 평면적으로 조립된 평면 트러스로 구분. 보통 트러스를 몇 개의 평면 트러스로 나누어 제작·조립하였고, 오늘날에는 입체 트러스(라멘구조) 등 구조적인 기능성에 조형적인 미를 가미한 우수한 형식이 사용되고 있음. ⑦기하학적으로 견고한 삼각형의 구조틀이나 경제성이나 기능성보다 미관을 중시함. 1994년 10월에 붕괴된 성수대교가 그 예.

트러스공법(−工法, truss method) : ⇨트러스(=).

트러스바(truss bar) : 철근콘크리트 보의 모멘트 변곡지점에서 위나 아래로 구부러진 부분의 철근.

트러스보(trussed girder) : 조립보의 하나로 현재(弦材)와 래티스(lattice)라 하는 사재(斜材)로 조립된 트러스 모양의 보. 스팬이 커서 비경제적인 경우에 사용.

트러스아치(truss arch) : ⇨리브아치.

트러스트스테이지형식(thrust stage type) : ⇨오픈스테이지형식.

트러스헤드(truss head) : 윗부분은 낮은 구형이고 접촉부분은 평평한 나사못 또는 볼트의 머리. 낮은둥근머리(=).

트러스형태(-形態, trussed form) : 파사드 중의 일부는 수평 또는 수직으로 구조물을 지지하는 트러스로부터 얻어진 장식적인 형태를 나타냄. 이 트러스들은 삼각형의 패턴 또는 치밀하거나 대담하게 표현되어 있는 대각선의 버팀대가 특징임.

트러클베드(truckle bed) : ⇨바퀴침대(=).

트럭믹서(truck mixer) : ①재료만 공급받아 운전 도중에 혼합 작업하는 트럭. ②건설현장으로 가는 도중에 콘크리트를 비비기 위하여 회전 드럼과 분리형 물탱크를 장치한 트럭.

트런들침대(-寢臺, trundle bed) : ①하인이나 아이들이 사용하는 소형의 각륜침대(脚輪寢臺). ②네 귀퉁이에 지주(支柱)를 부착시키고 그 위에 덮개를 덮은 중세가구.

트럼펫다리(trumpet leg) : ⇨트럼펫형 다리(=).

트럼펫형 다리(-形-, trumpet leg) : ①트럼펫과 닮은 불꽃 모양의 끝과 원추형 다리. ②트럼펫 모양으로 선반 가공한 다리. 주로 영국 왕정복고시대(Restoration) 및 윌리엄과 메리(William and Mary)의 가구에 사용됨. ③⇨트럼펫형 선반가공재.

트럼펫형선반가공재

트럼펫형 선반가공재(-形旋盤加工材, trumpet tuning) : ①위로 향한 트럼펫에 돔(dome)이 얹어진 형태의 선반가공부재. 주로 윌리엄과 메리(William & Mary)양식과 영국 왕정복고양식의 가구에 사용됨. ②선반가공재(=).

트렁크룸(trunk room) : 의복이나 생활용구류를 넣어두는 방.

트레드(thread) : ①나사못·너트·볼트 등에 나선형으로 난 홈. ②나삿니·나사이빨(=).

트레디셔널(traditional) : 전통적인 것을 의미하는 용어.

트레미공법(-工法, tremie process) : ①수중에 콘크리트를 타설하는 경우 물과의 접촉을 적게 하기 위하여 깔때기 형상의 주입구를 가진 수직관을 통해 밑바닥으로 콘크리트를 보내 타설하는 공법. ②수면상에 깔때기 모양의 주입구 용기(트레미)를 준비하고 트레미(tremie)에 접속한

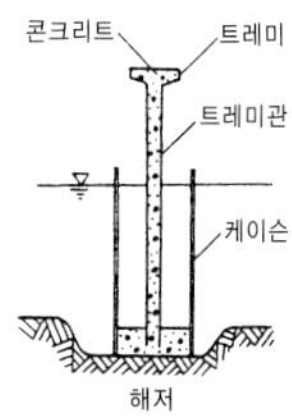

트레미공법의 시공원리

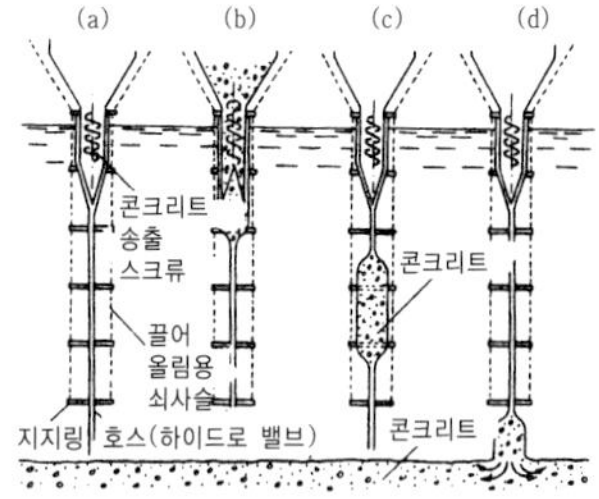

콘크리트를 타설하기 시작할 때 물과의 혼입을 방지하기 위해 사용하는 장치

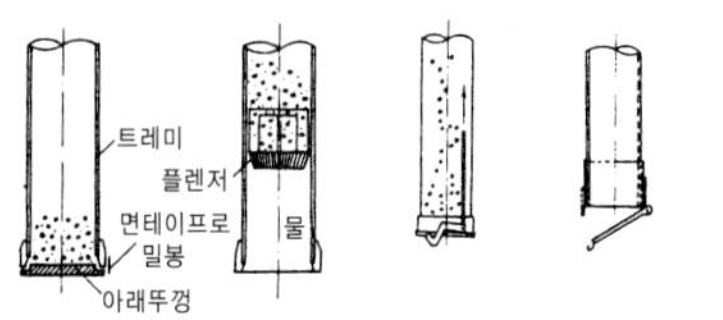

트레미관 내를 생콘크리트로 가득 채운 뒤 트레미관을 조금 끌어 올린다.
트레미관 내를 플렌저를 사이에 두고 생콘크리트로 물을 눌러 내린다.
문을 닫고 트레미관을 세워 넣고 콘크리트를 물로 가득 채운 후 앞부분을 개방하여 콘크리트를 흘러 내린다.

(1) 아래 뚜껑식 (2) 플렌저식 (3) 개폐문식

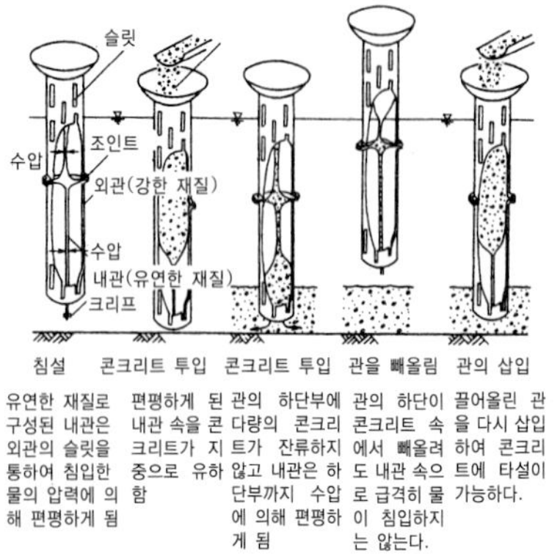

트레미공법의 시공원리

연직관(트레미관)을 밑바닥에 닿도록 설치하여 가능한 연속적으로 콘크리트를 타설하는 방법.

트레비분수(-噴水) : ①전 벽면을 이용한 로마 최대의 분수로 교황의 공모에 의해 니콜라 살비가 설계하였음. ②1762년 완공된 로마 최대의 분수이자 로마 최고 명물의 하나. ③폴리 궁전의 벽면을 이용해, 중앙에 형상화시킨 바다의 신 넵튠과 트리톤 조각상은 바로크시대 후기의 걸작으로 꼽히는데, 돌아서서 어깨 너머로 이 샘에 동전을 던지면 로마에 다시 올 수 있다는 전설이 전해옴. ④퀴리날레언덕에 있는 샘, 콜로세움, 스페인 계단과 함께 로마의 3대 명소임. ⑤'트레비'란 삼거리라는 뜻. 바로 앞에 3개의 길이 뻗어 있어서 유래되었다고 함. ⑥교황이 주최한 분수 콩쿠르에서 우승한 니콜라 사비노의 1762년 작품임. ⑦폴리 궁전 배후의 벽면을 교묘하게 이용한 조각은 바다의 신 넵튠과 트리톤이 힘차게 약동하는 모습임. ⑧브란치의 작품으로, 바로크 미술 후기의 걸작으로 꼽힘. ⑨트레비 분수의 물은 처녀의 샘이라고 하는데, 전쟁에서 돌아온 지친 병사에게 물이 있는 샘물을 한 처녀가 알려 주었는데, 이 트레비 분수의 샘이 그곳에서 끌어왔다고 하여 전해진 말이라고 함.

트레스틀테이블 : ⇨트레슬테이블(=).

트레슬(trestle) : ①튜더왕조 시기에 트레슬 테이블을 지지해주는 넓은 판(받침대)을 말함. ②수평보와 다리로 구성된 탁자나 궤(chest)받침대. 중세 이후부터 제작되었고 조립과 분해가 가능함. 영국 튜더(Tudor)왕조 시기에는 트레슬 테이블의 상판을 받치는 넓은 판재도 트레슬이라 하였음.

트레슬테이블(trestle table) : 그리스시대에 사용한 두꺼운 목재로 된 장방형의 천판과 대리석의 구각(構脚)으로 형성된 조립식 탁자. 규모가 큰 것은 주로 야외에서 사용되었으며, 이후 르네상스시대의 장방형 식탁인 리펙토리 탁자(refectory table)의 원형임. ⇨트리포드테이블.

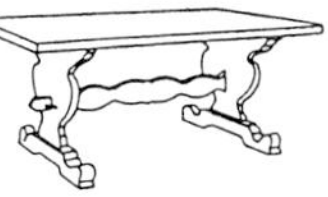

트레슬테이블

트레이드드레스(trade dress) : ①제품의 고유한 이미지를 형성하는 색채·크기·모양 등으로 새로운 지적재산권의 한 분야. ②의장(意匠)이 제품 기능을 중시하는 반면 트레이드 드레스(상품외장)는 장식성에 큰 비중을 둔다는 점에서 구분됨. ③트레이드 드레스는 여러 가지 복합적 요소가 모여 만들어진 무형의 이미지이기 때문에 상품과 같이 등록을 통해 보호되지 않고 있고 우리나라에서는 아직까지 이에 대한 명확한 개념 규정이나 보호방안이 없음. ④미국에서는 1989년에 개정한 상표법을 통해 지적재산권의 하나로 보호토록 했는데, 치어걸의 복장이나 독특한 외관의 트럭 디자인을 트레이드 드레스로 규정, 하나의 창작물로 재산권을 인정토록 한 사례가 있음. ⇨의장권.

트레이드마크(tread mark) : 상표(商標)나 등록상표(登錄商標).

트레이딩에어리어(trading area) : 점포나 쇼핑센터 등을 대상으로 하는 고객이 거주하는 지역. 동원(動員)에 있어서는 내방(來訪)에 필요한 시간이 거리보다 낫다

ㅌ

고 함.

트레이브(trave) : 횡보 또는 횡보에 대해서 형성되는 베이(bay).

트레이서리(tracery) : ①고딕양식의 창문 꼭대기에서 볼 수 있는 장식적인 석조물. ②고딕건축의 창문 상부에 있는 원형 또는 기타 모양의 장식 또는 장식창을 말하고, 창에 집중된 고딕건축공예 전반을 대표하는 특수장식임. 대첨두아치와 그 안에서 이루어진 소첨두아치의 중간에 남겨진 벽면이 기하학적 장식을 이루는 것으로, 프랑스에서는 장미형 창의 방사상 격자도 트레이서리화(化)되었음. ③원래는 고딕 창문에 있는 돌로 된 멀리온(mullion)으로 원이나 호(carc's)들이 서로 얽혀 만든 장식적 패턴들임. ④고딕식 창문 상부·가리개·칸막이 등에 쓰이던 나뭇가지. 특히 레이스 모양의 구멍을 뚫어 만든 장식적인 격자구조나 창 틈새 장식 또는 유리를 끼우기 위한 선대 및 가로살 등을 곡선과 직선형으로 배치한 것으로 중세의 건축에서 기하학적이고 흐르는 듯한 선을 그려 창의 상부 또는 장미창(rose window)을 장식하는 보통은 돌로 만들어진 골조를 말함. 중세 말에는 목재 스크린이나 벽면의 장식에도 사용되었음. 종류는 ㉠플로어링 트레이서리(flowing tracery) : 곡선, 특히 반전곡선을 복잡하게 조합시킨 것. ㉡기하학적 트레이서리(geometrical tracery) : 주로 원이라든지 다엽형(多葉形)을 사용한 것. ㉢교차 트레이서리(intersecting tracery) : 아치의 커브에 맞도록 멀리온이 나누어져 교차하는 것. ㉣판형 트레이서리(plate tracery) : 가장자리가 고정되어 구멍이 뚫린 석판으로 만들어져 개구부의 모양과 배열에 따라 디자인된 초기 고딕시대의 트레이서리를 말함. ㉤막대형 트레이서리(bar tracery) : 창문 산상부를 채우는 다양한 가지 모양의 요소들을 분할하는 쇠시리 형태의 석재 창살로 구성된 고딕 트레이서리를 말함. ㉥그물형 트레이서리(net tracery, reticulated tracery) : 기하학적인 형상이 반복되어 주로 그물 모양의 배열을 이루는 고딕 트레이서리를 말하고 '망형 트레이서리'라고도 함. ㉦곡선형 트레이서리(curvilinear tracery) : 불규칙하고 대담한 곡선형태의 패턴으로 형성된 고딕 트레이서리를 말하고 유동형 트레이서리(flowing tracery)라고도 함. ㉧패널 트레이서리(panel tracery) : 멀리온이 곧바로 위로 뻗어 수평창살인 트랜섬(transom)을 설치하여 수직의 패널로 구성하는 것.

플레이트 트레이서리

곡선 트레이서리

바 트레이서리

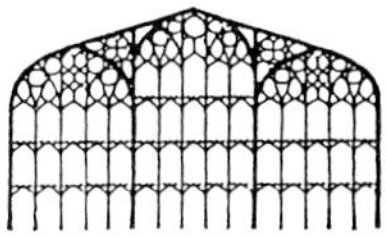
패널 트레이서리

트레이스(trace) : 원도(原圖) 위에 얇은 종이를 놓고 그림을 베끼는 일.

트레이싱지(-紙, tracing paper) : ⇨트레이싱페이퍼(=).

트레이싱페이퍼(tracing paper) : 도면을 그리기 위해 사용되는 얇고 반투명한 제도용지. 두께에 따라 60g·70g·80g·90g·100g 등이 있으며, 80g 이상이 일반적으로 사용됨. 또한 기름종이인 트레팔지(紙)가 있으며 이는 장기간 보관을 위하여 잉킹(inking)하는 데 주로 사용되지만 최근에는 캐드작업으로 거의 사용하지 않음.

트레팔지(-紙) : ⇨트레이싱페이퍼.

트레포일(trefoil) : ①클로버와 비슷한 3잎 장식. ②커스프(cusp)들에 의해 분할되어 방사상으로 배열된 3개의 꽃잎 무늬. ③세잎 장식(=).

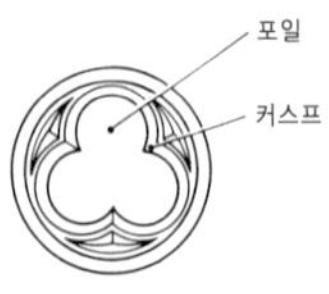

트레포일

트렌드(trend) : 동향·경향을 의미함. 특히 패션에 있어서 '새로운 경향'이란 뜻의 '패션 트렌드'라고 함.

트렌치(trench) : 실내, 특히 주방에서 물이 흘러 내려가는 도랑.

트렐리스(trellis) : ①식물이나 넝쿨을 지지하기 위해 금속이나 목재로 만든 격자 또는 창살을 지지하는 구조틀. ②개방 격자 세공 공간을 지지하는 틀. 이는 자랄 때 식물의 지지대나 칸막이로 쓰임.

트로퍼(troffer) : ①하나 이상의 형광등이 설치된 홈통같이 생긴 반사판을 가진 조명기구. ②일반적으로 긴 형태로 매입되는 조명기구. 하우징(housing)을 천장 속에 매입하는 형. ③매설형 조명기구의 하단부를 개방한 가늘고 긴 건축화조명. ⇨코퍼.

트로퍼조명(-照明, troffer lighting) : 장방형의 천장매입 기구(troffer)를 천장에 매입시킨 조명방식으로, 하나 이상의 형광등이 설치된 홈통같이 생긴 리플렉터를 가진 조명기구. 주로 사무실의 조명으로 널리 사용하고, 종류는 개방형·확산형·반매입형 등이 있으며, 램프가 직접 눈에 들어오지 않도록 차광판·디퓨저·루버 등이 사용됨.

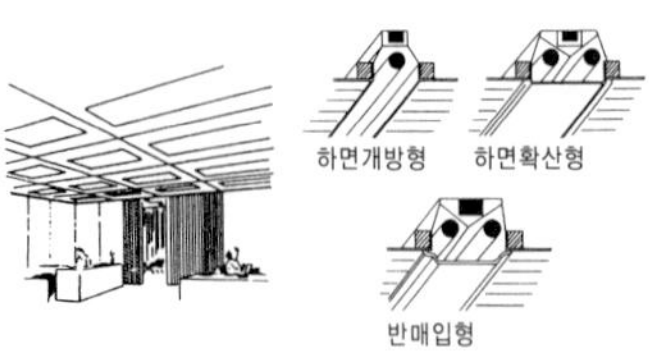

트로퍼조명

트로피(trophy) : ①원래는 고대 그리스 전쟁터에서의 승리를 기념하기 위한 기념물. ②르네상스 예술가들이 관심을 갖기 시작하여 전쟁을 기념하는 문장·악기·헬멧·그 외 전쟁 관련 무기물품들을 태피스트리(tapestry)와 조각장식의 모티브로 사용하였으며, 초기 로코코양식이 되어 17, 18세기의 디자이너들도 모티브의 비대칭성과 다양성에 자극되어 작품에 애용하였음. 꽃·과일·동물·생선, 그 외 상징적 그림들도 트로피 모티브를 이루는 문양으로 도입되었음.

트로피

트롱프(trompe[프]) : ⇨스퀸치(=).

트롱브윌 : ⇨트롱프뢰유(=).

트롱프뢰일 : ⇨트롱프뢰유(=).

트롱프뢰유(trompe l'oeil, tromploy[프]) : ①평평한 곳에 그린 그림으로 삼차원적 입체감을 표현. ②촉감과 공간적 질의 환영(幻影, 눈앞에 보이는 듯이 떠오르게 하는 모습이나 형체)을 강조하기 위하여 극도로 세밀한 상세로서 그려진 사물이 있는 그림이나 회화. ③"눈을 속이는 것"을 의미하는 프랑스어로 착각이나 혼란으로 환각(幻覺)을 일으킬 정도로 사물을 정밀하게 묘사하는 회화기법인 입체화법(立體畵法)을 말하고, 회화와 장식 및 건축에서 창문이나 그 외의 개구부 또는 인공적으로 창조된 투시효과를 나타내는 표현을 통해 3차원적인 물체나 공간으로 착시를 일으키는 것. B.C. 100년경 로마에서 방이나 교회를 더욱 넓고 인상적으로 보이도록 하기 위하여 벽에 매우 사실적인 그림을 그린 것이 시초가 되었음. 예컨대 도무스 잡지의 창설자이자 편집인인 지오 폰티(Gio Ponti : 1891~1979)는 1947년경에 절충주의 건축가로서 활동했는데, 실내공간에 트롱프뢰일과 같은 속임수의 유화기법을 장식으로 자주 사용하였음. ④원근법·투시법 등을 응용하여 시각적인 착각을 이용하는 기법으로 로마에서 시작하여 르네상스 인테리어에서 많이 볼 수 있음. ⑤원래 화가들이 현실성과 연결되는 환상을 보여주는 기술들을 발전시켜왔던 이전시대의 표현방식을 명확하게 묘사하기 위해 사용함. 이 기술들은 건축물들의 빈 벽에 칠해진, 그리고 특별한 시대 또는 양식이나 디자인을 나타내는 요소들과 전체 건축물의 파사드까지도 외부와 내부의 벽 디자인에 적용했었음. 쿼드러처(=).

트롱플뢰이유(trompe l'oeil[프]) : ⇨트롱프뢰일(=). ⇨ 트롱프뢰유(=).

트루모(trumeau, tru-mo[프]) : ⇨트뤼모(=).

트루바두르양식(-樣式, troubadour style) : 1830년대와 1840년대 사이에 제작된 프랑스 고딕 부흥 시대의 양식. 고딕 건축의 특징인 뾰족탑·아케이드·트레이서리·다아초 문양 등이 가구·태피스트리(tapestry)·장식품에 장식적 요소로 응용되었음.

트루바두르양식

트룰로(trullo) : 남부 이탈리아 아폴리의 원형석. 수성 석회도료가 입혀진 석조구조물로 구성된 원뿔구조 지붕이 있음.

트룰리(trulli[이]) : 남부 이탈리아의 아퓨리아 지방에서 1000년이 넘게 지속되어 온 원추형 구조. 원통형(약 2m 높이) 안에 돌을 쌓아올려서 모르타르나 시멘트 없이 축조되며, 꼭대기의 특징적인 원추형은 끝이 점점 가늘어짐. 보통 원추형의 끝은 회반죽을 하고 숫자나 심벌을 그려 넣음. 흔히 추수기간 동안 창고나 임시 주거지로서 포도밭 한가운데에 세워짐.

트뤼모(trumeau[프]) : ①원래 피어(pier) 또는 창문 사이를 말하지만 17세기 후반부터는 트뤼모에 매달리는 대형 거울이나 채색화를, 18세기에는 특히 벽난로 위의 장식거울이나 부조(浮彫)처럼 보이도록 표현한 회화작품을 지칭함. ②벽난로 위의 선반으로 창문 위쪽의 장식적 처리방법. 보통 거울이나 채색화를 놓음. 특히 루이15~16세 시대에 벽난로 윗부분에 대한 처리법임. ③도리아양식의 소벽을 따라 일정한 간격을 이루며 새겨진 수지의 홈.

트리글류포스(triglyphos[그]) : ⇨트리글리프(=).

트리글리프(triglyph) : ①도리아식 오더의 프리즈(frieze)에서 세로홈이 있는 부분. 2개의 가운데 부분이 오목한 수직의 홈을 가지며 양단부에서는 그 수직홈이 반으로 잘려 나가고 있음. 트리글리프는 위쪽의 뮤튤(mutule)과 아래쪽의 거터(gutta) 무늬와 연관되어 있음. 이 전체의 체계는 목구조를 조적조로 해석한 것임. ②도리아 형식의 프리즈 장식으로 가는(細) 줄의 홈이 있는 돌기물. ③기둥의 중심 위에 나타나는 두 개의 폭이 좁고 평평한 공간에 의해 세 개의 수식석 'V' 형상으로 된 장식 홈, 또는 분리된 가늘고 긴 세로홈으로 이루어진 도리아식 오더의 프리즈(frieze, 小壁)를 형성하는 가늘고 긴 홈을 판 장식. ④도리스식 오더의 프리즈(frieze)의 메토프(metope)를 구획하는 수직 블록의 하나이고, 표면에 2개의 수직 홈이나 글리프(glyph)가 있으며, 양 사이드에는 챔퍼(chamfer)나 헤미글리프가 있음. ⑤3개의 홈이 새겨져 있는 장식. 직각 삼각형 단면의 홈이 중앙에 두 개, 양단에 반개씩 세 개의 홈이 새겨져 있음. ⇨ 트라이글리프(=).

트리단(tridarn) : 17세기에 웨일스(Wales)지방에서 제작된 찬장. 내부가 3단으로 분리되어 있으며, 맨 아랫단은 따로 쌍여닫이문이 달려 있고, 중간단은 낮고 움푹 들어간 공간에 문이 달려 있으며, 맨 상단은 접시 진열용으로 개방되어 있음.

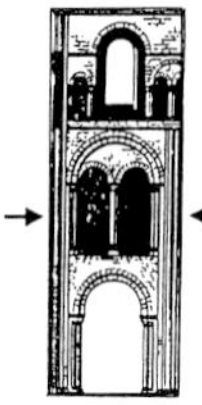
트리단

트리단컵보드(tridarn cupboard) : 16세기 웨일스 왕조의 2층으로 된 찬장으로 상부는 열려진 스핀들이 있는 드레서(spindle sided dresser)임.

트리머(trimmer) : 바닥이나 지붕틀 개구부의 가장자리에 장선받이의 마구리를 지지하는 보·장선·서까래.

트리머아치(trimmer arch) : 벽돌로 되어 있으며, 반원아치를 이등분한 아치로 된 아

E

치. 벽난로의 노상(爐床, hearth)을 받치기 위해 바닥구조에 있는 마구리와 굴뚝 사이에 위치함.

트리밍(trimming) : 구도를 정리하기 위하여 불필요한 부분을 제거하는 것.

트리뷰널(tribunal[그]) : 고대 로마 바실리카의 판사 좌석을 위한 상승된 연단.

트리뷴(tribune) : ①장방형의 바실리카(basilica) 건물 끝 쪽에서 반원이나 다각형으로 연장된 앱스(apse). ②단을 쌓아서 실내의 원래 바닥보다 약간 높이 올려지은 강단이나 연단. ③교회 및 극장 건물의 2층에서 앞쪽으로 개방된 좌석.

트리엔날레(Triennale[이]) : ①1923년 이래 밀라노에서 3년마다 열리는 디자인 중심의 국제전(展) 밀라노 트리엔날레를 지칭함. 인도트리엔날레 등이 유명함. ②4년마다 열리는 미술행사는 콰드리날레라고 함.

트리아농(Trianon[프]) : 베르사유 궁전의 정원 안에 있는 크고 작은 두 개의 이궁(離宮). 그랑트리아농은 루이14세가 편안히 쉴 수 있는 장소로서 1687년 J. H. 망사르(Jules' Hardouin Mansart : 1646~1708)가 건조함. 프티트리아농은 루이15세의 명을 받아 1724~64년에 가브리엘(Ange-Jacues Gabriel, 1698~1782)이 건조함.

트리칼슘실리케이트(tricalcium silicate) : 포틀랜드시멘트 부피의 약 1/2 정도 부피를 차지하는 물질로 경화를 하게 하는 성질 또는 시멘트의 조기강도를 담당.

트리코퇴즈(tricoteuse[프]) : 소형 재봉탁자나 작업탁자. 상판의 가장자리에 장식 테두리(gallery)가 있으며, 상판 아래로는 몇 개의 선반이 있어 실패 및 털실 등을 보관할 수 있음. 루이16세 시대에 최초로 선보였고 19세기까지 제작됨.

트리클리니움(triclinium[그]) : 고대 로마 주택에서 3면에 특히 세 개(tri)의 긴 안락의자(kline)가 배치된 넓은 장식적인 파티용 식사실. ⇨세나티오.

트리파타이트(tripartite) : 3각형의 공간을 덮기 위한 복합형의 궁륭(穹窿, vault). 보통 3개의 원통형 궁륭에 의해 형성됨.

트리포드(tripod) : ⇨트리포드테이블.

트리포드테이블(tripod table) : ①B. C. 4세기경 그리스에 사용한 원형의 천판과 다리가 3개 달려 있는 장방형의 삼각대 탁자(三脚臺卓子). ②르네상스시대 영국에서 사용한 트레슬 받침대로 지지되는 좁고 긴 식탁. 중세시대에 이동과 운반에 있어서의 편리성을 고려하여 제작. 17세기까지 인기있는 가구였으나, 이후에는 다양한 형태의 날개형 테이블(drop leaf table)이 이를 대신하였음. 이 탁자에는 그리핀(griffin)·독수리 머리와 날개·사자의 머리·그리스 양식의 군엽(群葉, Greek foliage) 등을 다리에 조각하고 있음. 최근에는 금속재 받침대에 유리 상판이 얹혀진 트레슬 테이블이 제작되고 있음. ⇨구각탁자.

트리포리엄(triforium) : ①신랑(身廊)에 면한 아케이드가 있는 벽랑(壁廊). 아케이드 위에 고창(高窓, clearstory)이 있으면 그 아래에 위치함. ②교회 입구의 아치와 지붕과의 사이. ③중세양식의 교회에서 본당 회중석의 늘어선 부분과 채광층(고딕 건축의 대성당에서 통로의 지붕 위에 높은 창이 달려 있는 층) 사이에 있는 1층 중간층을 말함. 이 층은 대부분 일렬로 늘어서게 되고 통로를 갖게 되는데, 그 통로는 같은 높이로 쭉 둘러서 생기게 됨. ④교회에 있어서 네이브(nave)와 아치(arch)와 클리어스토리(clearstory)의 사이, 그리고 아일(aisle)의 지붕과 둥근 천장 사이의 아케이드로 된 이층 부분 또는 교회의 성도석 및 교회 측벽의 홍예(虹霓)와 높은 창 사이의 부분. 또는 고측창(高側窓, clearstory) 밑의 평탄한 벽면으로서 측랑의 지붕과 천장 사이의 공간을 은폐하는 역할. 트라이포리엄의 벽면을 성화(聖畵)·코니스(cornice) 등으로 장식함. 그밖에 초기 기독교 건축의 바실리카식 교회당의 부인석을 말함. 트라이포리엄(=).

블라인드스토리(=).

트리포리움(triforium) : ⇨트리포리엄(=).

트리플렉스(triplex) : ① 3세대를 따로 수용하는 3호 주택. ② 3층짜리 아파트를 말함. ③ 3개의 무대 및 화면을 가진 극장.

트리플렉스글라스(triplex glass) : ①두 장의 판유리를 투명한 플라스틱 중간막(膜)으로 접착한 적층유리(積層琉璃). 안전유리(safety glass)의 일종으로 보통 중간막은 폴리비닐·부티릴비닐을 사용하고, 중간막 때문에 파손되어도 파편이 비산(飛散)하지 않음. ②2, 3장의 유리 사이에 합성수지로 덧붙여 댄 유리. ③3겹 합판유리의 일종. ④두 겹 유리 사이에 투명 플라스틱을 끼운 유리. ⑤후판유리(厚板琉璃) 또는 강화판유리(强化板琉璃)를 여러 장 접착한 접합유리(接合琉璃, laminated glass). 방탄성능이 있어서 '방탄(防彈)유리'라고도 함.

트리플렉스형(-型, triplex type) : 하나의 주호가 3개 층에 걸쳐 구성된 형식. ⇨삼층형(=).

트릭트랙테이블(tric-tractable) : ⇨백개먼테이블(=).

트릴리톤(trilithon) : 트릴리드(trilith)로도 불리는 수평돌을 지탱하는 직립한 거석.

트림(trim) : ①문·창문 등의 개구부나 징두리판벽(dado)·웨인스콧(wainscot)·코브(cove) 등의 건축적 요소의 둘레에 첨부되는 목조장식의 총칭. ②보통 인접 벽체 표면과 구별되는 나무 몰딩을 말하지만 대리석·석재 또는 회벽칠로 가공된 띠장식과 드레이퍼리(drapery) 가장자리 장식을 의미하기도 함. ③개구부 및 표면의 모서리를 강조·장식하거나 보호하기 위해 사용되는 목공작업. ④좌우 커튼 맞춤새와 커튼 하단부에 다는 장식. ⑤커튼 및 밸런스 하단과 타셀(tassel)에도 이용됨. ⑥커튼 및 밸런스 등에 악센트를 주기 위한 테두리 및 끝단의 장식. ⑦트림의 종류에는 30~80㎜ 정도의 장식을 주어 짠 테이프·술을 단 것·방울을 단 것 등 다양함.

트림

트왈드주이(toile de jouy[프]) : 고전적인 꽃이나 경치를 밝은 색조의 면이나 마에 프린트한 디자인. 1760년 프랑스 주이지방에서 생산되어 붙여진 이름으로서 음각된 동판을 사용하므로 단색의 선으로 표현됨.

트왈드주이

트왈레트(toilette[프]) : ①화장대(dressing table)를 말함. ②화장실.

트위드(tweed) : 다양한 색채의 모사를 꼬아서 능직으로 짠 스코틀랜드 지방의 직물. 거칠고 투박하며 무거운 편임.

트위스트형 선반가공재(-形旋盤加工材, twist turning) : 두 줄로 밧줄을 엮은 것처럼 골이 파여진 꼬인 형태의 선반가공 부재. 17세기말 가구의 다리 버팀대에 주로 사용함.

트위스트형 선반가공재

트윈베드(twin bed) : 침실에서 쌍으로 놓여지는 침대의 한 짝. 19세기 초 셰러턴(Sheraton)의 서머베드(summer bed)로부터 유래되어 현재도 널리 사용됨. 일반적으로 1,000×1,900㎜ 정도의 크기에 이불(comforter)은 1,700×2,200㎜ 정도임.

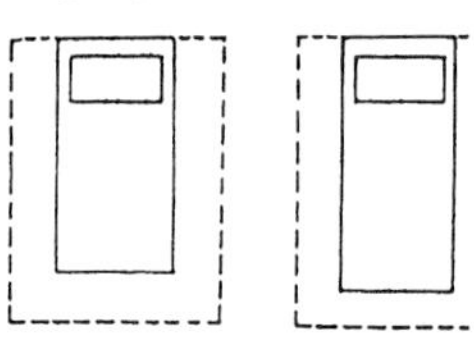
트윈 트윈 엑스트라 롱

트윈베드룸(twin bed room) : 1인용 침대가 2개 있는 2인용 호텔의 객실.

특급점(特給點) : ⇨크래시포인트(=).

특급합판(特級合板) : ⇨내수합판(=).

특기시방서(特記示方書, particular specification) : ①표준시방서에 기술한 일반적이고 공통적인 사항 외에 해당 공사의 특별한 사항을 기술한 시방서. ②특정한 건축공사에만 적용되는 지시사항을 지시한 것으로 표준시방서에 기재하지 않은 특별한 시방을 기재. ③그 공사에 한하여 적용되는 재료·시공법·부위 등의 각종 지정 및 특수재료의 생산자, 특수공법의 전문업자 지정 등을 기재함. ④특징은 ㉠반드시 각 건축공사마다 작성, ㉡다른 공사에 유용할 수 있도록 해서는 안 됨. ㉢통상 표준시방서 중에서 공사마다 특기해야 할 사항이 규정되어 있음.

특명계약(特命契約, special appointment contract) : 경쟁에 의하지 않고 특정의 업자와 도급계약을 체결하는 것.

특명입찰(特命入札, special appointment tender, individual negotiation) : ①경쟁에 의하지 않고 건축주가 시공회사의 신용·자산·공사경력·보유기자재·자재·기술능력 등을 고려하여 그 공사에 가장 적합한 1명을 지명하여 입찰시키는 공사도급방식. ②특징은 ㉠양질의 시공 기대, ㉡업체 선정 및 사무 간단, ㉢공사 보안 유지에 유리, ㉣공사 금액 결정의 불명확, ㉤부적격업체 선정 우려, ㉥부실공사 유발.

특별연구개발사업(特別硏究開發事業) : ①기술개발촉진법에 따라 정부가 기반기술 및 중점개발 기술을 확보하기 위해 특정 분야의 연구과제를 선정, 정부출연 연구기관이나 대학·기업연구소에 자금을 지원해 개발하는 사업. ②G7프로젝트를 비롯해 국책연구개발사업 우주·항공·해양 분야의 거대과학기술 개발사업 공동연구시설 선진화사업 등 8개 분야에서 2001년을 목표로 이 사업을 실시했음.

특별지구단위계획(特別地區單位計劃) : ①현재 도시계획법에 규정된 지구단위계획을 변형시킨 것으로 규모성과 계획성을 감안한 체계적인 개발수단. ②도로·공원·학교 등 기반시설 배치와 규모, 가구수와 획지 규모, 조성계획, 건축물 용도와 층고개발 밀도 등이 포함됨. ③민간인도 구역지정이나 계획안을 제안할 수 있지만 계획수립에 필요한 비용은 민간이 부담해야 함. ④부지면적 10만 ㎡(3만 평) 이상인 경우 지정 가능하며 용적률은 150%가 적용됨.

특성요인도(特性要因圖, fish bone diagram, cause and effects diagram) : ①시공의 품질관리를 진행시키기 위한 Q. C.7 중 통계수법의 하나. ②품질의 특성(결과)과 요인(원인)이 어떻게 관계하고 있는가를 문제로 하는 특성과 그것에 영향을 미치고 있다고 생각되는 요인과의 관련을 정리하여 생선의 뼈와 같이 알기 쉽게 수형상(樹形狀)으로 표시한 그림. ③작성은 먼저 품질의 특성을 정하고 요인을 큰 가지에 쓰고 공정순으로 쓰든지, 아니면 4M(재료·인력·장비·자금)으로 쓰고, 각 요인의 그룹에 더 적은 요인을 단계적으로 써 넣음. ④건축공사의 공정 중에 발생한 문제점 하자를 분석할 때 사용.

특수강(特殊鋼, special steel) : 탄소강에 다른 금속 원소(니켈·망간·크롬·텅스텐·코발트 등)를 첨가하여 보통의 탄소강이 갖지 못한 물리적·화학적·기계적 성질을 갖게 하는 합금.

특수강판(特殊鋼板, special steel plate) : 특수강으로 만든 강판으로 스테인리스 강판 등이 있음.

특수공간(特殊空間, special space) : ①공간(작업) 대상에 따른 실내공간의 분류 중 주거공간·상업공간·업무공간·전시공간을 제외한 특수한 용도에 사용되는 모든 공간영역을 지칭. ②병원·조산원·건강관리연구소 등과 자동차·기차·선박(요트·유람선·여객선)·우주선·우주정거장 등.

특수벽돌(特殊壁乭, special brick) : 특수한 용도를 가진 벽돌을 총칭하는 용어. 보통

벽돌과 형상·치수·색이나 원료가 약간 다름. 종류는 검정벽돌·이형벽돌·오지벽돌·포도벽돌·광재벽돌·날벽돌 등.

특수보행(特殊步行) : 자연스러운 바른 보행 이외의 급한 보행·무대보행·무용보행·행사보행·살금살금 걸음 등을 말함.

특수석고흡음판(特殊石膏吸音板) : 흡음용 구멍 석고판의 뒷면에 암면 또는 유리솜 펠트를 붙인 판.

특수요양시설(特殊療養施設, special nursing facility) : 만성 질병 환자나 회복기의 환자를 장기간 수용하는 요양시설 또는 면허가 있는 독립 요양시설.

특수창호(特殊窓戶) : 사용용도가 특수한 경우에 제작·설치되는 창호로서 강화유리·방음문·내방사선 방호문·자동문·접문·회전문 등.

특수합판(特殊合板, special plywood) : ①목재가 갖고 있는 결점을 보완·개량하여 만들어 기계적 성질 및 내수성·내구성이 우수하고 사용이 편리하도록 특수한 처리를 한 보다 합리적인 합판. ②⇨합판의 종류.

특수형 지붕(特殊形－) : 丁자형지붕(통도사 대웅전)·十자형 지붕(창덕궁 비원 부용정과 전주 송광사 범종루).

특실(特室, special guest room) : ⇨스위트룸(＝).

특정폐기물(特定廢棄物) : ①1993년 9월 9일 개정된 폐기물관리법에 의하면 모든 쓰레기는 일반폐기물과 특정폐기물로 분류됨. ②폐기물관리법 제2조 제3항에는 특정폐기물을 "사업활동에 수반하여 발생하는 오니, 폐유, 폐산, 폐알칼리, 폐고무, 폐합성수지 등 환경 및 국민보건에 유해한 물질로서 대통령령이 정하는 물질을 말한다"고 정의함. 즉 특정폐기물이란 사람의 건강과 환경에 해로운 영향을 주는 물질이 함유된 폐기물을 말하는 것.

튼ㅁ자집 : ①평면 형태에 의한 전통민가 유형의 하나. ②ㄷ자형 몸채와 일자형 몸채가 서로 사이가 트이면서 ㅁ자형을 이룬 집. ③ㄴ자형이 서로 마주보면서 채 사이가 트이면서 ㅁ자형을 이룬 집.

틀구조(－構造, frame construction) : 원래 북부 삼림지방에서 발생한 것으로 특징은 목재의 완전 이용으로 항상 같은 치수로서 2×4부재로 짜여짐. 이 방법은 얇은 부재로 수평·수직방향으로 구성하여 짠 새장과 같은 것임. 이 구조에 벽과 지붕을 붙이면 밀감상자처럼 전체가 한 개의 요소로 작용함.

틀구조형태(－構造形態, framework form) : 틀구조 형태는 서로 꼭 맞게 만들어지고 결합되어 있는 개개의 요소들로 구성되는 형태로, 그것들은 독특한 모양을 만들기 위해 또는 일시적이거나 영구적인 지지를 제공하기 위해 디자인된 골격구조임.

틀목집 : 귀틀집에 대한 평안북도의 말.

틀받이(cheek) : ①건축 또는 구조적 부재의 끝이나 측면. ②개구부의 한 측면을 형성하는 좁은 직립 면, 도머(domer) 창의 측면 부재 또는 대문이나 문의 측면 기둥.

틀톱 : 톱에 틀이 붙어 두 사람이 이쪽저쪽에서 밀고 당기어 켜게 된 옛날식 톱.

틈막이 자갈 : 잡석다짐 위에 틈땜하는 자갈.

틈막이쪽매(fillet) : 두 부재의 맞댄면 일부를 파내어 다른 부재를 끼워 넣어 잇는 방법.

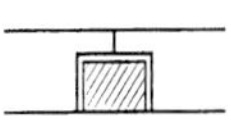
틈막이쪽매

틈새(clearance) : ①물건과 물건 사이가 떨어져 있는 빈틈 또는 사이(間隙). ②끼는 축(軸)과 구멍과의 차이 또는 틈.

틈새바람(infiltration) : 창이나 문 등 개구부의 틈새로 침입하는 바람.

틈새산업(－産業, nitch industry) : ①남이 쳐다보지 않는 기술, 연관기술을 촉발할 수 있는 기술을 개발하는 것. ②틈새산업은 기술로만 가능한 것이 아니고, 기술을 창조하는 집단 주변에 얼기설기 얽혀 공생하는 커다란 인프라그룹이 이를 뒷받침함. ③틈새산업 활동이 두드러진 미국 실리콘밸리에는 모험기업에 투자하는 모험자본, 설립과 상장 자문에 응하는 법률

회사들이 각자의 영역에서 활동하고 있음. ④자문도 투자자문·창업자문·인력자문 등으로 세분화되어 있음. ⑤PR전문가·특허전문가·회의진행자 등 나름대로 특화된 전문가들이 거대한 네트워크를 이뤄 신기술 발전을 유도하고 있음. ⇨니치산업(=).

틈서리 : 틈이 난 부분의 가장자리.

티(tee) : 3방향 이음을 하기 위한 T자 모양의 파이프 이음쇠.

티그용접(-鎔接, TIG welding, inert gas tungsten arc welding) : 이너트 가스 아크 용접의 하나임. 텅스텐 전극을 사용하여 이너트 가스(불활성 기체) 속에서 아크 용접하는 것으로 스테인리스강이나 비철금속 용접에 사용함.

티니어(taenia, tenia) : 도리아식 기둥양식에서 처마도리(domer)의 최상부, 즉 처마도리와 소벽(frieze) 사이에 돌출한 좁은 띠나 몰딩.

티볼리등(-燈, tivoli light) : 각각의 작은 광원을 염주처럼 엮은 등.

티브스스툴(Thebes stool) : 오목한 가죽시트에 가죽 끈을 달고 다리에 멋을 부려 만든 것으로, 호두나무·마호가니 또는 참나무 목재를 사용하여 홀만 헌트(Holman Hunt)가 만든 의자(1885)에 기초하여 고대 이집트의 모델에 영감을 받아 만듦(18840. 이 의자는 리버티 회사의 가구와 장식품 스튜디오(Liberty's Furnishing and Decoration Studio)의 첫 번째 제작품임. 단단한 참나무와 마호가니를 사용하여 만든 다리가 세 개 달린 두 번째 티브스 스툴은 유럽에서 제작되어 선풍적으로 팔렸음.

티브스의자(Thebes chair) : ⇨티브스스툴(=).

티서(teaser) : 무대 상부에 드리운 막.

티서론볼트(tierceron vault) : ⇨티에르세론.

티아마(Tiama Entandrophragma angolense C. DC.) : ①북·중부 아프리카 적도의 배수가 좋은 원시 밀림에서부터 산림의 끝인 건조림까지 넓게 분포. ②변재는 엷은 도색이며 폭은 산지에 따라 다르지만 심재는 균일한 도갈색으로 빛에 의해 대체로 평활함. 나무 표면은 상당히 거칠고 도관은 매우 크며 아주 균일하게 분포함. 재는 균일하고 교착목리가 반드시 있지만 눈에 띄게 과도하지 않고 폭은 일정치 않음. 경연재(輕軟材)로 기건비중 0.55~0.64, 수축률은 방사방향 4.90%, 접선방향 7.7%, 용적수축률은 12%로 보통이고, 강도는 압축강도 500kg/㎠, 휨강도 1,143kg/㎠, 횡인장강도 21.8kg/㎠로 보통임. 건조할 때는 주의가 필요하며 가공상 문제점이 없고 포삭·도장·접착은 용이함. 심재도 어느 깊이까지 가루나무좀의 침입을 받음. 용도는 장식·바닥재·내장 등에 사용.

티아우아나코(tiahuanaco) : 프레-잉카시대인 A.D. 5세기 초에 현재의 볼리비아 티티카카(Titicaca)호(湖) 근방에 자리한 산악지대 최고의 문화 중심지. 거대한 단석(單石)으로 된 '태양의 문' 등의 거석문화로 알려져 있음.

티어(tier) : 극장 등에서 계단식으로 된 일련의 관람석 한 층·줄·단 등을 말함.

티에르세론(tierceron[그]) : ①솟아오른 원형 천장에서 평평해진 리브까지 뻗쳐 있는 고딕양식의 둥근 천장에서 중간의 서까래. ②리브 볼트에 있어서 지지점으로부터 맞보(ogive) 방향이나 횡단 리브 방향으로 뻗어져 나온 리브. '중간 리브'라고도 함.

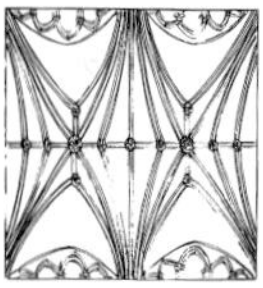

티에르세론

티에이비(TAB ; Testing Adjusting & Balancing) : 시스템의 시험(Testing), 조정(Adjusting), 균형(Balancing)을 TAB라 하며, 설계목적에 부합되도록 모든 빌딩의 환경시스템을 검토하고 조정하는 과정.

티에이시(TAC ; The Architects Collaborative) : 1945년 W. 그로피우스를 중심으로 젊은 세대 건축가들인 N. 프레트거·J. 하르크네스·S. 하르크네스·R. 맥밀란·L. 맥밀란·B. 톰프슨이 함께 결성한 건축가 그룹.

그로피우스는 자신의 개념인 '개인주의자들을 통한 팀워크'를 이 그룹을 통해 실현했고 작품으로는 매세추세츠 주 케임브리지 대학과 하버드대학교 대학원 센터(1949), 아테네에 있는 미국대사관(1956), 바그다드대학교 계획안(1957), 콜롬비아 주 제퍼슨 카운티에 있는 존슨-맨빌사 본관(1976) 등이 대표작.

티엑스선도(t-x 線圖) : 건구온도 t와 절대습도 x를 직교좌표로 잡은 그래프. 캐리어선도(=).

티자(T-square) : 제도판 측면 모서리에 꼭 맞게 설치하여 제도판의 위와 아래 가장자리와 평행을 이루는 제도용구. 수평선을 긋는 데 사용하며, 수직선은 삼각자를 이용하여 그음.

티저광고(-廣告, Teaser advertizing) : 특정 제품에 대한 정보를 한꺼번에 알려주지 않고 조금씩만 흘리면서 소비자의 호기심을 자극하는 광고기법.

티지오램프(Tizio lamp) : 침대 머리에 있는 독서용 램프.

티치너의 착시(-錯視, Tichener illusion) : ①6개의 원으로 둘러싸인 중앙의 원은 실제로는 크기가 같지만 큰 원들로 둘러싸인 것이 더 작아 보이는 현상. ②동화·대비에 따라 크기 등이 변화하는 착시. 에빙하우스의 착시(=).

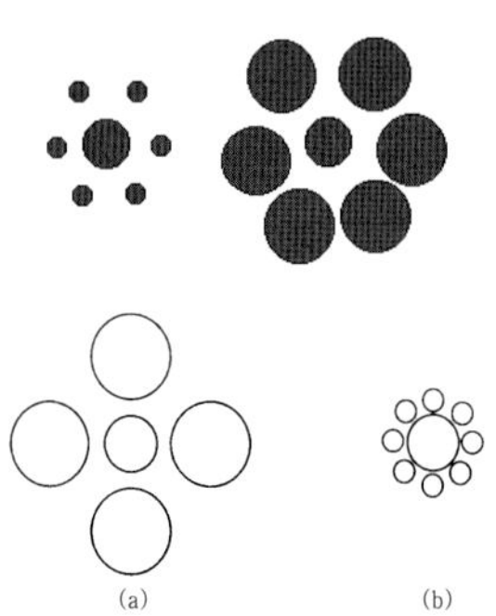

티치너착시

티크(teak, Tectona grandis L.f.) : ①마편초과의 열대성 낙엽교목으로 주로 동남아시아산인 활엽수재로 인도네시아·미얀마·타이·태국·말레이시아 반도 등 열대지방에 자연산으로 생장하지만 인도네시아 및 동남아시아, 남태평양 전역에서 조림. ②장식용 목재로서 변재는 통직하고 나무표면은 약간 거칠거나 고운 편임. 기건비중 0.54, 수축률은 방사방향 3.9%, 접선방향 7.8%로 보통. 강도는 압축강도 433, 휨강도 900으로 보통. 실리카를 함유하며 재면에는 왁스를 바른 느낌이 남. 가공건조가 양호하며 접착은 불량하지만 내구성이 높고 병균과 충해에 강하고 흡습(吸濕)으로 인한 신축이 극히 작기 때문에 변형이 없고 광택이 남. 노란색에서 갈색에 이르는 바탕색에 검은 줄무늬가 있으며 나뭇결이 곱고 재질이 무거우며 신축성이 적고 참나무(oak)보다 내구성이 크면서도 가공이 용이함. 용도는 고급가구·고급건축내장·무늬단판·벽판·플로어링 및 실내장식용 등 다양하게 이용.

티킹(ticking) : 촘촘하게 짜여진 능직·평직·수자직의 면직물이나 마직. 보통 세로줄무늬로 짜여지지만 줄무늬가 프린트되기도 함. 침구류나 가구덮개·드레이퍼리(drapery)·벽마감재 등으로 사용됨.

티탄백(-白, titan white, titanium pigment) : 주성분이 산화티탄(TiO_2)인 대표적인 백색 안료. 은폐력과 피복력이 뛰어나고 내열(耐熱)·내산(耐酸)·내알칼리성이 좋음. 주로 도료·고무·합성수지·화장품 등에 사용.

티파니(Tiffany) : 찰스 루이스 티파니(Charles Louis Tiffany : 1848~1933)에 의해 설립된 뉴욕에 있는 세계적으로 유명한 보석판매점의 명칭.

티파니글라스(Tiffany glass) : 미국의 아르누보양식을 대표하는 디자이너 겸 예술가·실내장식가였던 티파니(L.C. Tiffany : 1848~1933)가 램프·전등갓·창문장식·화병·장신구 등의 제작에 사용한 스테인드글라스와 파브릴(favrile) 유리.

티포이(teapoy[인]) : 세발(tripod)을 뜻하는 힌두어. 18세기에 유행한 영국 가구로 하나의 받침대 아래에 짧은 다리가 세 개 달린 작고 낮은 테이블을 일컫는 용어이지만 다리가 4개 달린 것도 있음. 뚜껑을 열면 내부에 차 용기(tea caddy)가 들어 있는 상자가 받침대 위에 얹혀짐.

티포이

티(T)형 쿠션(T-pillow) : 의자나 소파에서 등받이쪽 면보다는 앞쪽 끝부분이 더 넓어서 위에서 볼 때 'T'자를 거꾸로 놓은 것처럼 보이는 의자나 소파의 좌판 쿠션. 직물로 씌워진 팔걸이가 좌판 앞으로 튀어나오지 않도록 쿠션에서 양쪽의 사각 돌출부분이 팔걸이 양끝 사이와 전면부를 꽉 채움.

티형 쿠션

틴트(tint) : ①색의 명도단계에서 고명도(high color ; 10~7도의 4단계) 또는 명색조(明色調)의 셰이드(shade)를 말함. ②백색을 섞으므로 상대적으로 밝은 색채를 말함. ③색의 혼합 정도를 의미하며, 특히 부드러운 느낌을 주는 색혼합을 지칭. ④에칭에 있어서 세밀한 선에 의해 색조를 부드럽고 애매하게 하는 기법을 의미하기도 함.

틴트컬러(tint color) : 밝고 맑은 색. ⇨셰이드컬러.

틴티드글라스(着色琉璃, tinted glass) : 열선과 가시광선을 부분적으로 흡수하도록 화학적 혼화제를 첨가한 착색유리. 산화철을 첨가하면 엷은 청록색 유리가 되고, 산화코발트를 첨가하면 청회색, 셀레늄을 첨가하면 청동색이 됨. 이런 유리를 열선흡수유리(heat-absorbing glass)라고 함.

틸로(Trillo, Brosimum alicastrum Sw) : ①쿠바·과테말라·베네수엘라·멕시코·온두라스·자메이카·콜롬비아에 분포. ②심재는 황백색이나 진한 선이 있으며 변재는 심재보다 약간 엷고, 목리는 통직 또는 교착하고 나무표면은 보통임. 기건비중 0.79, 수축률은 방사방향 3.4.6%, 접선방향 8.3%로 보통이고, 강도는 압축강도 717kg/cm², 전단강도 141kg/cm²로 강함. 내구성이 낮고 청변균(青變菌)이나 충해에 저항성이 없음. 가공은 약간 곤란하거나 용이하며 강한 금속의 톱을 사용하는 것이 바람직하며 마무리는 양호함. 자연건조는 보통이거나 약간 곤란하며 건조에 의해 비틀림이 일어나기도 함.

틸트업공법(-工法, tilt up method) : ①부재를 현장에서 크레인 등을 이용하여 수직으로 세우면서 조립하는 공법. ②건축구조중 시공상 공법에 의한 분류. ⇨틸트업구조.

틸트업구조(-構造, tilt up construction) : 철근콘크리트 벽체를 현장에서 수평으로 미리 제작된 패널(panel)들이 해당 위치까지 수직적 위치로 들어올려진 뒤 구조틀에 붙여지는 구조방식.

팀버(timber) : ①일반적으로 건축 구조재로 사용되는 100×150mm 이상의 각재. ②생목(生木) 또는 벌목 후의 가공 전 목재.

팀버커넥터(timber connector) : 접합목재면에 발생하는 전단력에 전달해 주는 금속링(ring) 또는 그리드(grid). 한 개의 볼트를 사용하여 조립하고 목재 위에 하중이 분산되는 면을 크게 해주므로 볼트 및 래그 스크루(lag screw)만 사용했을 때보다 효과적임.

팀블풋(thimble foot) : ⇨삽형발(=).

팀텐(Team X) : 1959년 Dubrovnik에서의 제10회 CIAM 오테르로의 회의를 준비한 Alison & Peter 부부·스미슨(P. Smithson)·바케마(J. B. Bakema)·캔디리스(G. Candilis)·E. 로저스·카를로(G. de. Carlo)·아이젝(A. V. Eijck) 등 젊은 건축가들이 CIAM를 대신할 새로운 운동을 전개하기 위해 결성한 그룹. 명칭은 제10회 회의의 개최 준비에서 따온 것임. 이들은 모빌리티(mobility)·어소시에이션(association)·성장 패턴 등의 개념을 도입하여 CIAM의 정적인 도시관을 탈피하여 변화·유동하는 사회에 대응하는 공간을 실현하고자 하였음. 제1회 회의는 1959년 오테르로에서, 제2회 회의는 1962년에 파리의 르와이요몽에서 개최했으나 그 후 내부의견의 대립으로 활동이 정지되었음. 시아이에이엠(=).

팀파늄(tympanum[그]) : ①출입구의 개구부 바로 위에 있는 수평적이고 경사진 처마 장식들 사이의 삼각형 공간. ②창문 또는 문 위의 인방과 아치 사이로의 공간으로서 보통 조각으로 장식되어 있음. ③페디먼트(pediment)의 수평선과 경사진 코니스(cornice)에 의해 생긴 삼각형 공간을 말하고, 주로 움푹 들어가 있어서 조각으로 장식됨. ④그리스식 건축의 지붕에 의해 구획된 지붕 윗부분의 벽이나 페디먼트 또는 아치에 의해 둘러싸인 삼각형 또는 원(圓)형태의 공간. ⑤수평 코로나(coronae)와 지붕 경사면을 따라가는 삼각형의 박공공간 또는 박공벽. ⑥박공 따위의 삼각면 부분 또는 홍예머리에서 문둘레 사이의 반원면 부분. ⑦고대 건축물의 박공에서 그 경사진 부분과 수평적인 처마장식 사이의 형태를 말하며, 입구의 상인방과 그 상부 아치 사이공간을 말하기도 함. 이것은 보통 조각이 되거나 새김질이 됨. ⇨아크로테리아.

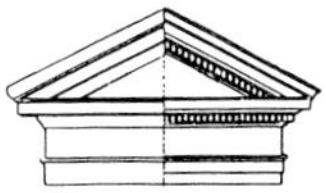
팀파늄

【ㅍ】

파(波, wave) : 음이나 빛이 전달될 때와 같이 매질(媒質) 및 공간에 있는 하나의 입자로부터 또 다른 입자로 에너지가 점진적으로 전달되는 교란 및 진동.

파고다(pagoda) : ①각 층에 돌출지붕을 가진 정방향이나 다각형 탑 모양의 불교사원. 중국과 일본에 불교가 전파되면서 파고다는 여러 층의 전망대 형태로 변했음. ②동양의 탑(塔)을 통칭하고, 보통 적층식(積層式)으로 된 높은 건물을 지칭.

파골라(pergola[이]) : 몇 개의 기둥 위에 보 또는 수평의 격자판이 얹혀진 구조로 포도 넝쿨이나 등나무덩쿨 등을 올려 햇빛을 차단해 주는 시렁 또는 터널 모양의 정원용 정자. ⇨퍼걸러(=).

파골라

파괴(破壞, rupture, failure) : 재료 및 구조물이 파단(破斷)하거나 부서져 외력(外力)에 저항할 수 없게 된 상태.

파괴강도(破壞强度, breaking strength) : 재료에 외력이 작용하여 파괴될 때 파괴에 이르기까지의 최대응력도.

파구스구두공장(-工場, Faguswerke[독]) : W. 그로피우스(Walter Gropius : 1883~1969)가 P. 베렌스(Peter Behrens : 1868~1940)(A. 마이어 협력) 베를린 북부 교외의 알페르트 암 델 라이네에 있는 구두 목형(木型) 공장이고(1911~1913), 스틸 새시(steel sash)로 되어 있으며, 3층까지 유리창으로 된 커튼월 구조임. N. 페브스너(Nikolaus Pevsner : 1902~1983)가 20세기 건축은 이것으로부터 시작되었다고 단언한 근대건축사상의 기념비적인 작품으로 평가됨.

파낸줄눈(raked joint, square recessed joint) : 경화 전에 각이 진 도구로 골이 진 부분의 모르타르를 파내고 만든 모르타르 부분.

파넣기식 자물쇠(mortice lock, cut lock) : ⇨파넣은 자물쇠(=).

파넣기식 힌지(mortice hinge) : 문짝과 문설주의 부착면을 파내고 설치하는 보통 정첩.

파넣은 자물쇠(mortice lock, cut lock) : 창호 울거미나 서랍의 앞판 등에 자물쇠 자리를 파서 설치한 자물쇠.

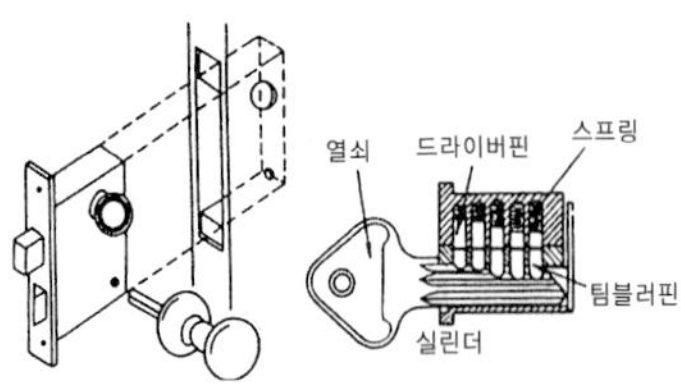

파넣은 자물쇠

파넣은 줄눈 : ⇨파낸 줄눈(=).

파네띠에르(panetiere, panetière[프]) : 빵을 저장하기 위한 캐비닛.

파노라마(panorama) : ⇨파노라마전시.

파노라마디스플레이(panorama display) : ⇨파노라마전시(=).

파노라마전시(-展示, panorama display, panorama exhibition) : ①파노라마는 '보인다'는 의미의 그리스어로서 전경화(全景畵)라고도 함. 배경을 둥글게 하여 앞쪽에는 입체적인 조형물을 설치하고 적당한 조명을 설치하여 연속적인 주제를 연관성 있게 표현하기 위해 전경(全景)으로 펼쳐지도록 선형(線形)으로 연출하는 현실감 있

ㅍ

는 디스플레이 기법. 일반적으로 벽면전시와 입체적인 조형물 전시인 오브제(objet[불])전시가 병행되는 유형으로 벽면 전시는 벽화·사진·그래픽·영상으로 이루어지고 상황마다의 시퀀스(sequence)가 벽면 앞에 놓이는 오브제로서 구성하고, 경우에 따라서는 효과를 극대화시키기 위해 전시 조형물을 동적(動的)으로 처리하거나 각종 첨단장치를 이용하기도 함. 적극적인 파노라마 기법은 동작이 수반되는 메커니즘을 부가할 수 있는데 보조적인 매체로서 음향은 필수적이어서 관람의 속도와 표현의 속도를 적절하게 결합시키는 계획이 필요함. ②극장에서 무대의 배경에 움직이는 원경을 표현하는 장치수법의 하나. 가로방향으로 길게 그린 캔버스(canvas)가 무대 후방에서 한쪽으로 감기면 원경이 이동하는 장면이 보임. ③연속적인 주제를 연관성 있게 표현하기 위해 선형(線形)으로 연출되는 전시로 맥락이 중요하다고 생각될 때 사용되는 전시기법임. 일반적으로 벽화·사진·그래픽·영상 등의 벽면 전시와 오브제전시가 병행됨. 그 방법은 ㉠단일한 상황을 파노라마로 연출하여 전시. ㉡시간적인 연속성을 알리기 위해 그 흐름을 플로 차트(flow chart)화하고, 각 시퀀스마다 중심 주체를 펼쳐서 전시함. ㉢사건·인물의 맥락을 전시하기 위해 수평으로 연속된 화면에 종합함.

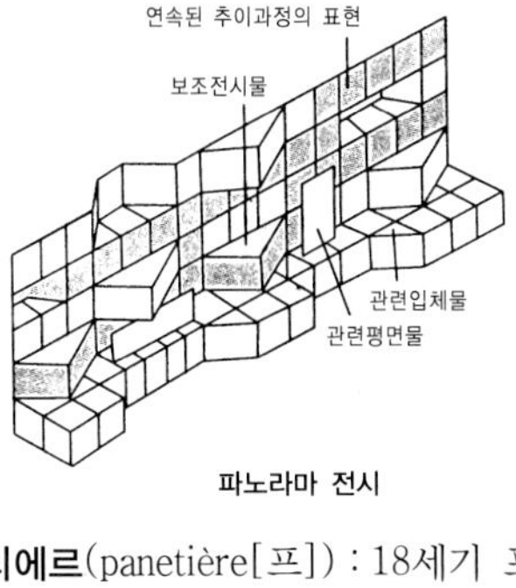

파노라마 전시

파니티에르(panetière[프]) : 18세기 프랑스 프로방스 지방에서 주로 제작·사용되었던 빵을 넣어두던 높이 950㎜, 너비가 880㎜ 정도인 상자 또는 찬장.

파단(破斷, recapture, fracture) : 부재에 외력, 특히 인장력이 작용하여 생기는 응력이 인장강도를 초과하여 부재가 절단되는 현상.

파단선(破斷線, break line) : 도면상 건축물의 일부를 상상으로 잘라낸 절단선.

파도무늬 : ⇨파도문양(=).

파도문양(波濤文樣, wave pattern, wave scroll) : ⇨비트루비안스크롤.

파독(padouk) : 아프리카산(産) 가구재·실내장식 마감재.

파동(波動, wave motion) : 어느 점의 변위(變位)가 시간의 함수인 동시에 어느 시각에서의 변위가 공간좌표함수로 되어 전파되는 현상.

파동음향(波動音響, physical acoustics, wave acoustics) : 음의 파동성을 취급하여 음의 특성을 이해하는 것.

파동음향학(波動音響學, physical acoustics, wave acoustics) : 실내 음장(音長)에 대한 정확한 해답을 얻기 위해 여러 사례에 대해 적당한 경계조건(境界條件)을 부여하여 파동방정식(波動方程式)을 해결하는데 경계조건이 단순한 경우에 적용되는 학문.

파라다이스(paradise) : 교회의 전면부에 주랑(周廊)으로 둘러싸인 안뜰(cloister)이나 아트리움.

파라볼로이드(paraboloid) : ⇨하이퍼볼릭.

파라스케니언(paraskenion[그]) : 고대 그리스 및 로마의 극장에서 무대 양날개가 앞면으로 튀어나온 부분.

파라시니움(parascenium[그]) : 고대 그리스 극장에서 볼 수 있는 스킨(skene) 양쪽으로 내민 위치의 두 날개 공간으로 배우들의 아파트가 있음.

파라에토니움(paraetonium[그]) : 리비아의 마을 명칭 또는 이곳에서 생산되는 백색 안료의 명칭.

파라오(Pharaoh) : 고대 이집트에서 신성시되는 절대권력을 지닌 통치자.

파라카스(paracas) : 프레·잉카의 전성기로 A.D. 1세기 초 페루의 서해안에서 일어난 문화. 절묘한 장식의 여인의상(女人衣裳)으로 유명.

파라펫(parapet) : ⇨패러핏(=).

파라핀(paraffin[영·독]) : 석유를 분류하여 얻은 희고 반투명한 납(蠟)모양의 고체. 비점(沸点)이 약 300℃ 이상인 고위(高位) 메탄계 탄화수소의 혼합물. 물에 녹지 않고, 벤젠(benzene)·에테르(ether)·석유에 녹음. 석유에서 얻는 것 이외에 천연산 파라핀도 있고, 파라핀지(紙)·크레용·전기절연 재료 등에 사용.

파라핀스테인(paraffin stain) : 테르펜유(terpene oil)와 납(蠟)의 혼합물에 염료를 첨가한 것. 목재 등에 색을 입히는데 사용.

파락(Parak[인네]) : ⇨베칵(=).

파레토그램(pareto diagram) : ①시공의 품질관리를 진행시키기 위한 Q.C.7 통계수법의 하나. ②가로축에 시공불량의 내용이나 원인을 분류하여 크기 순으로 나열하고, 세로축에 그 영향도(불량도)를 표시하여 막대그래프를 작성하고, 그 누적계수(누적비율)를 꺾임선으로 표시한 그래프.

파레토도(-圖) : ⇨파레토그램(=).

파련각(波蓮刻) : ①대공 등에 새김질한 연꽃무늬. ②꽃을 연속된 모양으로 새긴 것. ③초엽(草葉)이 연속하여 서린 듯한 무늬(초틀임)를 새기는 일. ④꽃모양이 연속되도록 조각하는 것. ⑤초각(=).

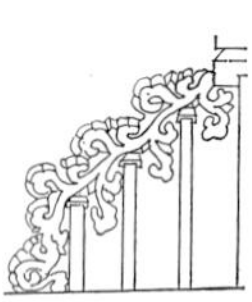

파련각

파련대공(波蓮臺工) : ①마룻대공의 일종. ②초엽무늬를 새긴 대공. ③꽃모양으로 새김질한 마룻대공의 일종. ④한식 나무 구조에서 판대공(板臺工)에 파편각(波蓮刻)을 한 대공. ⑤판재를 불로초나 구름모양으로 입체적으로 화려하게 초각 장식한 대공.

파련대공

파련문(波蓮紋) : ⇨파련초(=).

파련초(波蓮草) : ①단청에서 덩굴나무가 서리어 나간 모양으로 된 무늬의 총칭. ②초트림이 연결된 무늬.

파로도스(parodos[그]) : 고대 그리스 극장의 두 측면 통행로 중 하나. 관람객석과 무대 사이로 나 있으며, 이를 거쳐 코러스(chorus)가 오케스트라(orchestra)실로 입장하였음.

파르테네 : ⇨파르테르(=).

파르테논신전(-神殿, temple of Parthenon[그]) : 기원 전 5세기경에 조각가 피디아스(Pheidias)와 건축가 익티누스(Ictinus)가 설계하여 그리스 아테네의 아크로폴리스(Acropolis) 언덕에 설치한 대표적인 도리아식 신전. 아테네의 수호신 아테네(Athena)를 숭배하기 위하여 축조된 것. 대부분 대리석을 사용하여 축조했으며, 31×60m의 대지에 정면 8개, 측면 17개씩의 기둥으로 되어 있음.

파르테르(parterre[그]) : ①다른 형태와 크기를 가진 화단(花壇)의 장식적인 배열. ②다양한 형태와 크기를 가진 꽃들로 구성된 장식적인 꽃밭. ③여러 가지 모양으로 화단과 길을 배치한 정원. ④극장·오페라하우스나 콘서트홀의 주층(主層)에서 좌석 후면부와 측면부까지를 포함하여 일컬으며, 파켓 서클(parquet circle)임.

파리파(-派) : ⇨에콜드파리(=).

파문(波紋) : ⇨물결모양의 형태(=).

파브릴글라스(favrile glass[프]) : 이국적인 색채와 환상적 장식을 위해 19세기말 사용되었던 진주빛유리. 주로 아르누보양식의 유리공예품에 많이 사용되었으며, 티파니(Louis Comfort Tiffany : 1848~1933)의 작품이 유명함.

파비스(parvis) : 성당이나 교회의 정면 또는 주위에 위치한 안뜰 및 교회의 현관 바로 위에 위치한 실(室).

파빌리온(pavilion) : ①여름용 주택으로 사용되거나 커다란 건축물의 부속물로 사용된 휴식처 및 정자와 같은 개방된 구조 또는 규모가 작은 장식적 건축물. 그것은 대부분 분화(分化)된 활동을 위해 분리된 구조이며, 때때로 피라미드와 같은 형태를 이루기 위해 측면에 귀마루를 댄 지붕을 갖고 있음. ②특별한 활동으로 사용하거나 병원에서 접대용으로 사용하는 고립 또는 반(半)고립된 구조물. ③정원 또는 장터의 일시적인 구조물. ④만국박람회 등의 전시관·스포츠 관람석 등의 행사시에 세워진 큰 텐트 또는 별관으로서 일시적으로 사용하는 정자·휴게소·관람석·전시관 등으로 사용되는 간편하고 장식적인 건물 또는 공원 등의 일시적인 특설 가건물 등. 또한 바로크 건축에서는 건축물의 중앙이나 끝부분 또는 각이 지는 지점에서 돌출된 구조물을 지칭하는 데 사용. 이 말은 'tent'의 의미를 가진 프랑스어로서 프랑스에서는 '빠삐용'이라고 함. ⑤바로크 대형 건축물의 전면 또는 입면의 중앙이나 측면의 돌출된 세분할(細分割, subdivision)을 말함. 일반적으로 더 정교한 장식이나 더 높은 높이와 스카이라인 차이로 강조됨. ⑥정자(亭子)나 천막 등 임시적 소건축을 말함.

파빌리온루프(pavilion roof) : 피라미드형 지붕. 박형 지붕(=).

파빌롱(pavilon[프]) : ⇨파빌리온(=).

파사드(facade, façade[프]) : ①건물의 정면. 보통 정면 현관 쪽의 입면을 가리키지만 외관상 중요한 면이라면 측면 또는 뒷면도 파사드라고 부르는 경우도 있음. ②건축물의 전면(前面) 또는 가로에 접하여 그 건물의 특징을 나타내고 있는, 주요 입면 특히 주출입구(main entrance)가 있고 정면 현관이 있는 입면을 의미. 입면 중에서 가장 중요한 면으로 정면에 어울리는 외관이 중요하다는 의미에서 구성이라든지 장식에 노력을 기울이고 시각적·건축적으로 눈에 가장 띄게 해야 함. 파사드는 특정지구의 경관보전을 목적으로 프랑스에서 비롯된 것으로서 내부의 공간구성을 단적으로 표현하는 경우도 있지만 내부와는 무관하게 독립적으로 구성되기도 함. 가로지구로서의 집합체를 보존한다는 개념에서 파사드는 단순히 하나의 건물이 아니라 도시를 구성하는 중요한 요소이며, 양식적 디테일이 풍부한 것이 특징으로 실내디자인 측면에서 파사드는 그 시대의 문화적 상황을 그대로 표현하고, 도시문화와 특정한 이미지를 부여해 주는 역할을 함. 따라서 파사드 계획은 지역적 특성·인접건축물의 파사드·도로폭·출입인원의 도수·실의 성격과 용도·디자인의 양식·건물의 전체 외관 등을 통합적으로 분석한 후 디자인의 의도에 따라 파사드를 이루는 벽면·창·쇼윈도·간판·출입구·차양 등 뿐만 아니라 덧문·블라인드·커튼 등도 포함하여 전개해야 함. 이때 벽면은 내부의 표현이면서 동시에 외부의 표현인 두 가지 측면을 고려하고 적절한 비례·수직·수평적 구조·마감재료·색채·장식적 요소 등의 미적 조화를 도모하여 디자인해야 함.

파사드

파사드디스플레이(facade display) : ①건축의 정면부, 즉 파사드에서 상점 전체의 이미지를 전달하기 위한 디스플레이 방법임. ②상점의 이미지(shop identity)를 형성하므로 파사드는 불특정 다수의 고객에게 좋은 인상을 주어야 함은 물론이고, 이미지를 만드는 데 효과적인 매체로서 그 상점의 아이덴티티가 표현되어야 함. ③쇼윈도의 크기 및 위치·출입구의 위치 및 여유공간·자연광 조절 및 조명계획·벽면간판과 돌출간판의 배치·배너(banner)·셔터(shutter)·외부조명·차양(awning)·현수막의 설치·주변 경치의 조화 등의 파사드 구성요소 처리가 중요한 요소가 됨.

파삭(Pasak, Aglaia sapindina Harms.[학]) : ①필리핀·인도·솔로몬 등 남태평양 전역과 오스트레일리아까지 분포. ②변재는 담황갈색 또는 담회색으로 좁으며 심재는 생재시에는 잠적색·적등색에서 건조하면 농색으로 변화하며 심·변재의 구분은 뚜렷함. 목리는 통직 또는 교착하고 불규칙한 파상문양을 보임. 나무 표면은 곱고 초기에는 방향성이 있음. 기건비중 0.69, 수축률 12.0%. 강도는 압축강도 577kg/㎠, 휨강도 1,265kg/㎠로 강함. 가공은 곤란하고 내구성은 양호, 연산·건조는 용이. 용도는 고급가구·고급무늬단판·내장·고급건축 등에 사용. 아글라이아(=).

파상나뭇결(波狀–, waste) : 섬유방향이 물결모양(波狀)으로 되어 있어 굴곡이 있는 목재를 곧은결 방향으로 켰을 때 생기는 장식적인 효과가 큰 나뭇결. 단풍나무·자작나무·호두나무의 밑동 목재에 나타남.

파상문(波狀紋) : 물결무늬.

파생적 요구(派生的要求, derivative request) : ⇨비유기적 요구(=).

파선(波線, short dashed line, broken line) : 도면을 작성할 때 짧은 선을 약간의 간격을 두고 긋는 선. 물체가 보이지 않는 부분의 모양을 나타내는 숨은선(hidden outline)으로 보통 0.1~0.2㎜ 두께로 함. 점선(=).

파스칼(pascal) : 압력(pressure)을 나타내는 SI단위. 부호는 P, Pa(N/㎡).

파스타스(pastas[그]) : 고대 그리스 주택에서 중앙복도 모양으로 동서로 뻗친 길쭉한 방(房). 북쪽에는 주요한 여러 방이 배치됨.

파스텔(pastel) : ①분필과 함께 가루로 만든 안료를 고무용액과 섞어서 압축시킨 회화재료. 보통 크레용(crayon) 모양으로 굳혀서 사용하고, 때로는 색상명으로 사용하기도 함. ②부드럽고 우아한 느낌을 주는 색.

파스텔색조(–色調, pastel color) : ⇨파스텔컬러(=).

파스텔컬러(pastel color) : 파스텔을 종이에 칠했을 때 보이는 것처럼 부드럽고 연한 색.

파스티글리아(pastiglia[이]) : ①도금이나 채색된 얇은 부조의 일종. 이탈리아 플로렌스 지방에서 사용하던 카사판카의 상자에 이용된 장식의 일종. ②이탈리아 르네상스시대에 가구를 장식하던 기법. 나무 및 금속의 틀 위에 석고나 백분(white lead) 등을 몇 겹으로 발라 굳힌 후 아라베스크(arabesque)·그로테스크(grotesque), 그 외의 신화적 장면 등을 조각하고 금박을 입혀 광을 냄.

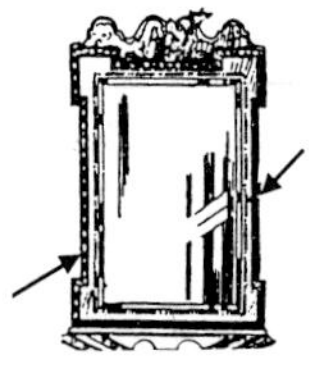
파스티글리아

파슨스테이블(Parson's table) : 곧고 육중한 사각의 다리가 달린 직사각이나 정사각형의 낮은 테이블. 1950년대 뉴욕의 파슨스디자인학교(Parson's School of Design)에서 처음 계획되어 그 후 널리 사용되고 있음.

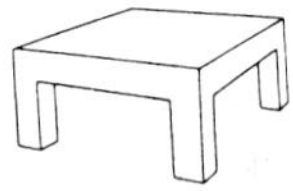
파슨스테이블

파양스(faience[프]) : 자기류를 뜻하는 프랑스어이고, 특히 좋은 자기를 모방하기 위해 토기 및 테라코타의 표면 위에 광택있는 유약을 입힌 장식 도자기. 이탈리아 파엔자(Faenza)에서 처음 개발되었으며, 타일의 형태로 만들어진 것은 건물의 마감재나 바닥재로 사용.

파오로사(paorosa) : 아프리카산(産) 가구재·실내장식 마감재로 사용하는 목재.

파우더룸(powder room) : ①안락하고 쾌적하게 장식된 여성용 화장실(化粧室). 18세기 귀족사회에서 애용한 흰 가발에 분을 칠하기 위한 용도로 침실 옆에 마련된 작은 방에서 유래되었음. ②손님용 화장실을 말하며, 손님이 자신의 집처럼 편안하게 느낄 수 있도록 하는 시설들을 공간이 허락하는 한 많이 갖추어야 함. ③우리나라에서는 평형이 큰 고급아파트에 주로 사용되며, 부부침실과 욕실 사이에 위치함.

파우세스(fauces) : 고대 로마시대의 아트리움(atrium)에서 페리스타일(peristyle)에 이르는 중간실.

파운주택(－住宅, Paun House) : 로마시대 부유층의 도시형태 주거로 입구에서 내부 중정을 향해 조각이 있는 분수와 열주랑, 그리고 각 실이 배치되어 있는 등 판사의 주택과 같은 규모를 보여 줌. ⇨ 판사의 주택.

파워레벨(power level, PWL) : 음원의 음향 출력 크기를 나타내는 것으로서, 음출력 와트(W)의 파워레벨에서는 기준 출력으로 10^{-12}와트를 하여 다음 식으로 표시함.

$$\mathrm{PWL} = 10\log_{10}\frac{\mathrm{W}}{10^{-12}}\ [\mathrm{dB}]$$

파이껍질테이블(pie-crust table) : 테이블의 상판이 원형의 파이 껍질과 유사한 형태로서, 가장자리가 가리비 조개의 끝과 같은 물결무늬를 이루고 있는 18세기 영국과 미국에서 사용된 원형 테이블.

파이껍질테이블

파이니얼(finial) : ⇨피니얼(=).

파이드드비치(pied de biche[프]) : ⇨볼앤드 클로형 발(=).

파이렉스글라스(pyrex-glass) : 내열유리의 일종으로 미국의 코닝 유리회사가 발명한 붕규산(硼硅酸) 유리의 상품명. 무수규산이 많이 함유되어 있어 열팽창계수가 보통 유리의 1/2~1/4 정도이고, 주로 실험기구로 사용됨.

파이록실라인래커 : ⇨니트로셀룰로오스도료(=).

파이미오의 새너토리엄(Tuberculosis Sanatorium at Paimio) : A.알토(Henrik Hugo Alvar Aalto : 1898~1976)가 설계한 핀란드의 투르쿠 교외의 파이미오에 있는 요양소. 1928년에 실시한 설계경기에서 알토의 안이 당선되어 1929~33년에 건설했고, 6층 건물의 병실과 약간 꺾여서 이어진 일광욕실이 주동(主棟)이고, 그 뒤에 짧은 진료동(診療棟)과 주방·보일러실 등이 있는 부속동(附屬棟)이 예각(銳角)으로 교차되는 형식으로 배치되고 병동과 진료동 사이에 현관과 계단 및 엘리베이터가 있음. 환자의 심리를 잘 고려한 배색(配色), 문의 손잡이·가구·창호가 디자인되어 있음.

파이미오의자(－椅子, Paimio chair) : 알바 알토(Alvar Aalto)가 파이미오의 새너토리엄(Tuberculosis Sanatorium at Paimio)을 위해 1930~33년에 제작한 의자. 시트나 등받이는 주조를 뜬 합판(plywood)을 이용했고, 팔걸이와 의자다리는 벚나무 베니어(veneer)판으로 만들었음.

파이버글라스(fiber glass) : 매우 가는 실로 구성되어 있는 재료로서 직물형태로 짜여지며, 다량으로 열과 음향 차단재로 사용되거나 다양한 재보강 재료에 포함됨. 섬유유리(=).

파이버보드(fiber board) : ①목재의 분말인 펄프를 접착해 만든 섬유판. ②텍스(tex)의 일종. ③나무나 다른 식물의 섬유를 접착제와 함께 압착하여 단단한 판으로 만든 건축재료. ⇨섬유판(=).

파이브에스서비스(Five S Service) : 금융·호텔·병원 수송 등 종래의 전통적인 서비스업 외에 새로 개발된 5가지 서비스 산업. 즉 ㉠기업·개인의 업무를 대행하는 서브스티튜트(substitute) 서비스. ㉡컴퓨터시스템 사용·유지관리, 프로그램 등의 소프트웨어(software) 서비스. ㉢개인·기업의 안전, 생명·재산보호에 대한 시큐리티(security) 서비스. ㉣복지사업 등에 의한 사회보장 확립을 위한 사회적 서비스. ㉤변호사·의료·사설학원에 의한 특수서비스 등.

파이브엔(Five N) : 최근 국내에서 히트한 상품의 특징으로 새로운 기능(New Function)·향수(Nostalgia)·자연(Nature)·자기애(Narcissism)·네트워킹(Net Working)을 말함.

파이어스크린(fire screen) : 불꽃이나 타다 남은 화열(火熱)이 실내쪽으로 나오는 것을 막기 위해 벽난로 앞에 세우는 화열 가

대가 한 층을 점유하여 주거하는 형식으로서 중정(中庭, courtyard)을 향해 L자형으로 둘러싸여 있음. ②정원의 마당을 가진 주택이고 연립주택의 일종. ③중국의 삼합원(三合園)이나 사합원(四合園) 또는 우리나라의 중정형 전통가옥은 한 가구 자체가 중정을 가지고 있지만 이것은 몇 세대가 중정을 공유하고 있음. 라틴 아메리카 지중해 연안의 지역 등에서 광범위하게 통용되고 있음. ④특징은 격자형의 단조로움을 피하기 위해 돌출·후퇴시킬 수 있고, 중정에 식재(植栽)를 할 수 있으며, 내부에 그늘이 생기는 것을 줄이기 위해 동측 또는 북측의 세대들은 2층으로 해도 좋음. 입구의 연속적인 효과를 위해 도로 및 보도에 면하여 중정을 배치시켜서 중정이 입구가 되도록 하며, 놀이·휴식·수영장 등 커뮤니케이션이나 오픈스페이스(open space)를 확보하기 위해 한 세대를 없앨 수도 있음. ⑤중정형 주택·아트리움 하우스(=).

파티클보드(particle board) : ①목재의 작은 조각을 접착하여 만든 비중 0.3~0.4 이상, 휨강도 35~40kg/㎠, 온도 40℃, 습도 97%, 24시간 내에 4.2%의 흡수율을 갖는 비구조용 섬유판. ②나무의 작은 조각이나 톱밥 또는 이들을 충분히 건조시킨 후 합하여 합성수지 접착제와 같은 유기질 접착제를 첨가하여 가열·압축한 판재(KS F 3104). ③목재·대나무·아마·사탕수수·볏집 등의 리그노 셀룰로오스 성분을 재료로 기계적으로 분쇄하여 파티클로 만든 다음 건조시키고, 접착제를 혼합하여 성형시킨 후 열압(熱壓)하여 만든 판. ④목재인 경우는 톱밥·칩(chip)·대팻밥·합판 및 제재공장의 폐재(廢材)를 이용하며, 보드를 제조할 때는 목재 비중의 1.2~1.6배 정도로 크게 압축하여 만드는 것이 일반적임. ⑤특징 ; ㉠내화성·내수성·방부성이 있음. 흡수율의 변화에 의하여 약간의 강도 및 크기(size)의 변화가 생김(10% 이내). ㉡신축성이 약함. ㉢습기에 약하므로 습한 곳에 사용하는 것을 피함. ㉣온도에 의한 변화·변형이 적음. ㉤음 및 열의 차단성이 우수함. 1,000cycle음에 대하여 약 20~50%의 흡음이 가능함. ㉥강도가 크므로 내력적으로 사용하는데 적당함. ㉦강도에 방향성이 없고 큰 면적의 판을 만들 수 있음. 방향에 대한 강도비는 1 : 1~1 : 12 정도로 목재에 비하여 등방향성(等方向性)에 가까움. ㉧두께는 비교적 자유로이 선택할 수 있음. ㉨평면이 평활하고 경도가 큼. ㉩방충방부성이 있음. ㉪균질한 판을 대량으로 제조할 수 있음. ㉫가공성이 비교적 양호함. ㉬못·나사못의 지보력(持保力)은 목재와 거의 같음. ㉭경량임. ⑥합판이나 착색된 파티클보드는 원목 및 합판과 동일한 효과를 주기 위한 마감처리로 사용되고, 보통은 치장판이나 가구재의 몸통재(사무용 가구·주방 가구 등)로 쓰이거나 바닥 바탕깔기용으로 사용됨. 칩보드(chip board)라고도 하며, 합판이나 원목과 같은 방법으로 마감할 수 있음. ⑦종류 ; ㉠광의(廣義)로는 칩보드(chip board)·세이빙 보드(shaving board)·플레이크 보드(flake board)가 있으며, 웨이퍼 보드(wafer board)와 스트랜드 보드(strand board)라고 주장하는 사람도 있지만 아직까지 통일되지는 않았음. ㉡협의(狹義)로는 플래너 셰이빙 보드(planer shaving board)·그래뉼(granules)·작은 플레이크(small flake)·크기가 일정하지 않은 매우 작은 파티클(small particle)로 만든 것. 그밖에 표면 연마의 유무에 따라 양면 연마·한면 연마·소판(素板), 층수에 따라 단층·2층·3층·4층, 휨강도에 따라 200타입(180kg/㎠ 이상), 150타입(130kg/㎠ 이상), 100타입(80kg/㎠ 이상) 등으로 구분함. 그밖에 ㉢접착제의 종류에 따라 P형(페놀수지계 접착제 또는 이와 동등한 것을 사용한 것. 가구·마루바탕재용)·M형(우레아·멜라민수지계접착제 또는 이와 동등한 것을 사용한 것. 가구·마루바탕재용)·U형(우레아수지계 또는 이와 동등 이상의 것을 사용한 것. 가구재용)으로 구분함. ⑧칩보드·소편판·목질인조판(=).

보드와 수종과의 비중 관계

수 종	목재 비중	보드 비중
미 송	0.48	0.69
호두나무	0.72	1.03
참나무류	0.63	0.90

파티클보드 및 섬유판 역사(-纖維板歷史) : ①1914년에 저밀도 섬유판(low density fiberboard ; 0.16~0.50 g/㎤의 밀도)이 발명되고, 1924년에 하드보드(hardboard ; 0.50g/㎤)가 발명되었는데, 이것은 모두 습식 보드(wet process board)임. 1947년에 건식방법(dry process)이 개발됨에 따라 1960년대 중반에 습식 보드보다 두께가 두껍고, 보드의 성질이 다른 중밀도 섬유판(medium density fiber board ; 0.64~0.80 g/㎤의 밀도)이 개발되었음. ②우리나라의 경우 MDF는 1986년에 최초로 생산되었으며, 파티클 보드에 관한 특허는 유럽과 미국에서 1905~1937년 사이에 많이 발표되었고, 세계 최초의 파티클 보드 공장은 1941년 독일에 세워졌음. 그 이후 1940~1950년대에 유럽에서는 목재의 부족으로 미국에서 이용되지 못하고 있던 많은 양의 침엽수 폐재(廢材)를 이용하기 위해 파티클 보드 공장이 건설되었고, 이에 대한 많은 연구가 실시되어 왔음. 우리나라에서는 1960년대 초에 처음으로 도입되었고, 웨이퍼 보드는 1950년대 초에 제임스 다 클라크(James's d'A Clark)에 의해 최초로 발명되었고, 1962년에 최초의 웨이퍼 보드 공장이 설립된 이후 캐나다와 미국에서는 현재 많은 양의 웨이퍼 보드가 생산되어 합판 대용으로 사용되고 있음.

파티클보드치장판(-治粧板, dressed particle board) : ①표면을 시트 등으로 칠하여 치장한 판(KS F 3105). ②보드의 표면을 아름답게 치장한 것. ③종류는 표면의 치장층에 따라 ㉠단판처리 파티클보드 치장판(표면에 치장단판을 붙인 것). ㉡플라스틱 처리 파티클보드 치장판(보드의 표면에 합성수지계 시트 또는 필름을 붙인 것). ㉢도장 파티클 보드 치장판(표면에 합성수지 도료를 사용하여 소부도장 처리한 것).

파티클보드코어합판(-合板, particle board core plywood) : 특수구조 합판의 일종으로서, 파티클 보드로 만든 합판으로 표면에 단판·플라스틱판 등을 접착하여 도장이나 인쇄한 것이 파티클 보드의 화장합판이 됨.

파팅게일체어(farthingale chair) : 17세기 자코비안시대의 여성들이 입던 부풀려진 파팅게일 스커트를 위해 팔걸이 없이 만들어진 낮은 의자. 등받이와 좌면에는 패딩이 있고 직물로 씌워져 있음.

파팅게일체어

파펠레라(papelera[스]) : 서류·문구류 등을 보관하는 스페인의 르네상스풍 소형 캐비닛. 바게뇨(vargueño)와 유사하지만 앞으로 열리는 문이 없음.

파피루스(papyrus) : ①B.C. 3500~3000년경 사용하던 이집트 나일강가에 자라는 갈대 비슷한 풀. ②고대 이집트인들이 파피루스라는 갈대에서 그 줄기를 일정한 길이로 잘라 외피를 벗겨내고, 속피를 얇게 떼어내어 먼저 가로로 가지런히 겹쳐 늘어놓고 물에 적셔 강하게 눌러 종잇장 같이 말아낸 것으로, 파피루스 줄기의 섬유를 종횡으로 겹쳐 만든 종이 또는 파피루스 풀로 만든 종이에 적은 고대 문서를 총칭하거나 파피루스 문서 등을 의미함. 종이라는 의미의 페이퍼(paper)의 어원(語源)이기도 함.

파피루스

파피루스주두(-柱頭, papyrus capital) : 고대 이집트 건축에서 파피루스 꽃 모양으로 된 주두 및 기둥. ⇨캐피털.

파피에마쉐(papier-mâché[프]) : 물에 불려

걸쭉하게 이긴 종이에 아교·수지·고운 모래·호분(chalk) 등을 함께 혼합한 재료로 이 종이가 젖어 있는 동안 다양한 형태로 만드는 기법. 마르면 단단하고 강해지며, 처음에는 주로 액자의 틀에 사용되었으나 18세기말부터 테이블·의자·벽난로용 스크린 등의 소형 가구를 만드는 데 사용되었음. 일반적으로 자개로 상감(象嵌)하거나 그림을 그려서 장식하며, 래커 등으로 윤이 나게 칠 마감함.

파피에콜레(papier collé[프]) : 콜라주(collage[프])의 일종으로 구성적인 의도에서 화면(畵面)에 붙인 종이.

파하로(Faro, Daniellia thurifera Benn) : ① 적도 아프리카의 중서부에서 서부 해안 일대, 가봉의 북부에서 시에라리온 남쪽에 이르는 상아해안, 기니만 일대에 분포. ② 변재는 백색 또는 담황색, 심재는 담도색~적갈색에 농색의 줄무늬가 있으며 심·변재의 구분이 뚜렷함. 목리는 교착하고 나무 표면은 약간 거칠며 기건비중 0.49, 수축률은 방사방향 2.7%, 접선방향 5.6%, 용적수축률 11.6%로 적고, 강도는 압축강도 380kg/㎠, 휨강도 830kg/㎠, 전단강도 72kg/㎠로 약함. 절삭가공과 접착성은 양호하고 건조속도가 빠르며 향기가 있지만 청변(靑變)되기 쉬우며, 용도는 건축·합판·가구 등에 사용.

파형망입유리(波形網入琉璃, corrugated wired glass) : 파형으로 성형한 망입 판유리.

파형유리(波形琉璃, wave glass) : 파형으로 성형한 판유리.

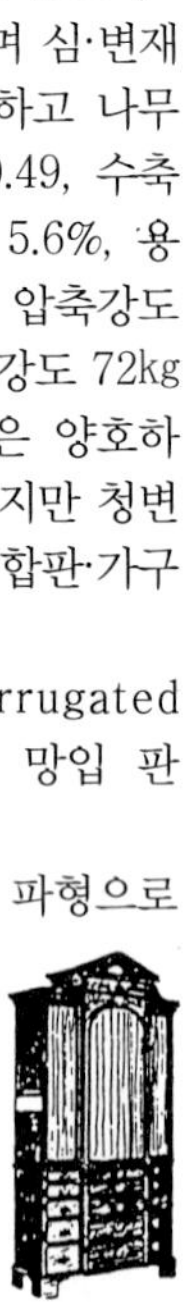
파형전면

파형전면(broken front) : ①양 측면보다 중심부가 튀어나온 찬장이나 책상 등의 전면부. ②브레이크프런트(=).

파형죔쇠(波形−, corrugated fastener) : ①파형의 주름조각으로 만든 죔쇠. 파형의 한쪽 끝이 날카롭게 되어 있어서 연귀이음에서와 같이 두 개의 목재를 연결할 때 사용함. ② 위글못(=).

파형철판(波形鐵板, corrugated iron sheet) : 파형으로 성형한 판상(板狀) 제품을 통칭함.

판거(Fanger)의 쾌적도(−快適圖) : 판거는 1967년 쾌적상태에 있어서 인체의 생산열과 방열은 평형을 유지하며, 평균피부온도 θ_s [℃] 및 발한에 의한 방열량 E_s [㎉/㎠·h]을 생산열량과 어떤 일정한 관계를 유지하고 있다는 생각에 근거를 두고 판거의 쾌적식을 만들며, 쾌적식을 만족시키는 계산결과를 도식화한 여러 표시.

판거(Fanger)의 쾌적식(−快適式) : $f(M \cdot I \cdot \theta_a \cdot P_a \cdot \nu \cdot \theta_{mr})=0$, 여기서 M은 생산열량[㎉/㎠·h]. I는 의복저항[clo], θ_a는 기온, P_a는 수증기, ν는 풍속, θ_{mr}는 평균복사온도.

판단(判斷, judgment) : 특징을 지각하거나 어떤 관계를 이해하여 대안들을 구별하는 지적 능력.

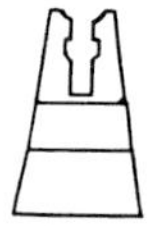
판대공

판대공(板臺工) : ①널판으로 만든 대공의 총칭. ②여러 쪽의 두꺼운 나무판을 중첩하여 만든 대공. ③들보 위에 세워 마룻보를 받치는 짧은 기둥. ④ 일반적으로 조각하지 않은 사다리꼴 모양이며, 종량 위에 얹혀 종도리를 받음. ⑤종보 및 판과 판재 사이는 촉으로 연결함.

판독성(判讀性) : 어떤 색이 갖고 있는 형태를 식별하는 성질. 배경색이 큰 영향을 미침.

판돌(板石) : 넓이가 두꺼운 돌. 보통 두께 150~200㎜·너비 300~600㎜·길이 600~1,000㎜ 정도의 돌로서 바닥깔기 또는 붙임돌에 쓰임.

판막진동 흡음재(板膜振動吸音材, membrane absorbers) : ①합판·섬유판·석고보드·석면 슬레이트·플라스틱판 등의 얇은 판에 음이 입사되면 판진동이 일어나서 음에너지의 일부가 그 내부마찰에 의해 소비되고, 흡음특성은 판의 밀도·강성·배후 공기층의 두께 등에 따라 좌우되며, 흡음판은 막진동이 쉬운 얇은 것일수록 흡음률이 큼. ②판과 배후 공기층에 따라 공명주파수 부근의 음을 선택·흡수함. ③보통 공명주파수의 범위가 80~300Hz의 저음역(低音域)에 있으므로 저음용의 흡음재로서 유용하며, 재료의 중량이 크거나 배후 공기층이 클수록 공명주파수 범위가 저음역으로 이동하며, 일반적인 보드를 붙인 구조에서는 흡음의 피크는 300Hz 이하의 저음역에서 그 효과는 20~30%임. ④흡음률은 저음역에서 0.2~0.5이고, 고음역에서는 10% 내외를 흡음하므로 반사판 구실을 함. ⑤흡음판은 막진동하기 쉬운 얇은 것일수록 흡음률이 크며, 기밀하게 접촉하는 것보다는 못으로 고정시키는 것이 진동하기 쉬우므로 흡음률이 커짐. ⑥흡음용 소프트텍스와 같은 다공질판은 배후공기층을 갖게 하여 벽에 부착시키면 다공질형 특성과 판진동형 특성을 조합한 흡음특성을 갖게 됨. ⑦판상(板狀) 또는 박막상(薄膜狀)의 재료를 견고한 바탕벽 위에 설치한 띠모양에 고정시키면 그 표면에 입사(入射)된 음파(音波)에 의해 재료는 진동을 일으키고, 판상재에 생기는 내부마찰에 의해 음에너지가 흡수되며, 특성은 특히 저음부분에서 흡음성이 우수한 것에 비하여 중음·고음 부분에서는 흡음성능이 많이 떨어짐. 최대 흡음력이 생기는 곳은 판상재의 공명주파수(共鳴周波數)에 따라 정해짐.

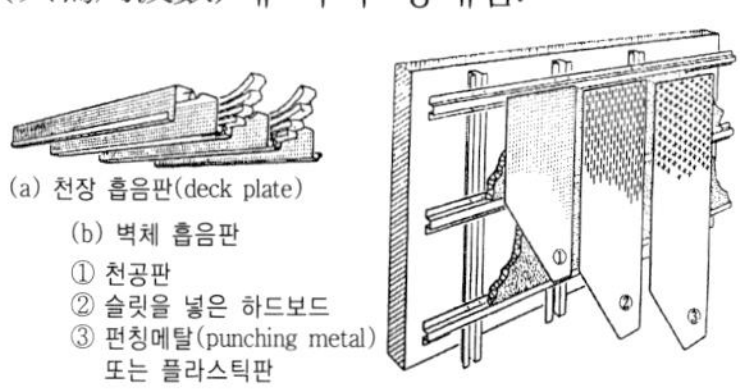

천공판 공명기 시공 예

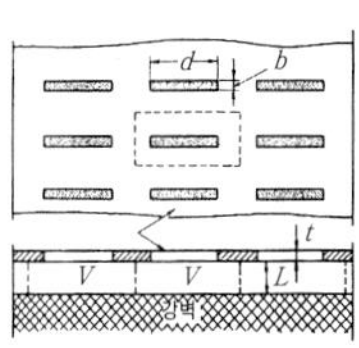
슬릿 공명기의 원리

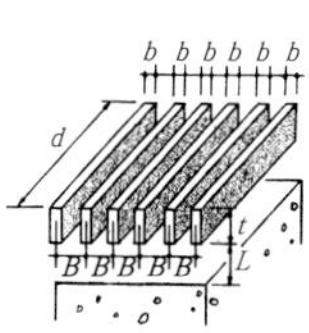
슬릿 공명기 예

판매관리비(販賣管理費) : ⇨간접비.

판매시점(販賣視點, Point of Sale ; POS) : ⇨피오에스(=).

판매시점 정보관리(販賣視點情報管理, Point of Sale) : ⇨피오에스.

판매촉진(販賣促進, sales promotion) : 인적 판매·광고활동·홍보(public relation) 등을 포함하여 고객의 구매를 자극하는 일체의 방법. 판매촉진 방법은 판매상에 대한 판촉(판매점의 판매활동을 적극적으로 촉진하는 행위)과 최종 소비자에 대한 구매욕구를 자극하는 두 가지 방법이 있음.

판매촉진정책(販賣促進政策, sales promotion) : 상품에 대한 대중의 흥미와 관심을 고조시키는 판매촉진 방법. 광고 및 개인판매 등의 일반적 판매방법에 덧붙여 견본이나 경품 제공·전시·콘테스트·특가판매 등의 방법을 동원함. ⇨판매촉진.

판매확인서(販賣確認書) : ⇨구매확인서(=).

판목[1)](板木) : ①널판보다 두께가 더 두꺼운 나무. ②두께가 6㎝ 이상, 폭이 두께의 3배(倍) 이상 되는 재목.

판목[2)](板目) : ⇨널결(=).

판목재(板目材) : ⇨널결재(=).

판문(板門) : ①판재로 만들어진 문을 통칭. ②종류는 울거미가 있는 널문과 통판문 두 가지임. ③통판문은 널문이라고도 함. ④주로 부엌문·대문·중문 등에 사용됨.

판문

판반자(板半子) : ①붙임반자의 일종. ②종류에는 넓은 판반자·작은 판반자 등이 있음.

판벽(板壁, lining sheathing) : ①널을 붙인 벽. ②벽면의 마감과 보호 및 장식용 등의 목적으로 널을 포개지 않고 못 박아 맞댄 벽. 일반적으로 가로로 댄 가로판벽과 세로로 댄 세로판벽 및 징두리판벽으로 구분하고, 가로판벽은 영식 비닐판벽·턱솔비닐판벽·누름대 비닐판벽으로 구분. ㉠가로판벽은 널을 기둥·샛기둥에 수평으로 못박아 댄 것. 영식 비늘판벽은 너비

180~240㎜ 되는 널을 사용하는 경우로서 반턱쪽매 또는 겹쳐 물리게 하여 설치하며, 턱솔 비닐판벽은 너비 180~240㎜·두께 20㎜ 정도의 널 옆면을 반턱으로 만들고 줄눈을 두어서 가로쪽매로 못박아 설치함. 누름대 비닐판벽은 너비 180~240㎜·두께 9~18㎜의 널을 상하 15㎜ 이상 겹치도록 기둥에 못박아 대는 형식임. ㉡세로판벽의 띠장은 가로로 대고, 세로로 널을 반턱쪽매·제혀쪽매로서 못 박아 댐. ㉢징두리판벽은 바닥 밑부분에서 1,000~1,500㎜ 부분까지의 판벽. ⇨가로판벽.

판벽널(板壁-, panelling) : 패널은 일정하게 규격화한 크기의 평판으로 이를 여러 가지로 이용하여 옆으로 잇대어 벽을 만든 것.

판별시야(判別視野) : 시력·색판별 등의 시기능이 뛰어나며 높은 정밀도의 정보를 수용할 수 있는 범위.

판보(板樑, plate girder) : ⇨플레이트거더(=).

판사의 주택(-住宅, Pansa House) : B.C. 2세기경 로마시대 부유층의 도시형태 주거. 가로(街路)에 면하고 있으며 현관과 아트리움, 지붕에 천장이 있는 중정(中庭), 그리고 이 중정을 중심으로 각 실과 열주랑이 배치되어 있는 등 당시 매우 부유한 계층의 주택형태.

판상유리(板狀琉璃, cathedral glass) : 장식무늬가 표면에 부분적으로 있는 반투명의 얇은 판유리. 다양한 질감의 무늬와 색으로 제조가 가능함.

판상재료(板狀材料) : ⇨판막진동흡음재(=).

판상흡음재(板狀吸音材) : ⇨판막진동흡음재(=).

판석(板石, flagstone, plate stone) : ①돌판. ②바닥·계단·복도·벽 등의 마감재로 사용하기 위해 돌을 얇게 잘라 평평한 모양으로 다듬은 사각형 또는 불규칙한 형태의 서재, 보통 두께는 25~60㎜ 정도임. ⇨돌판(=).

판석깔기(flagging) : 바닥에 얇게 절단한 석재나 슬레이트·대리석 등을 까는 것.

판석깔기

판스워스주택(Farnsworth house, 1945~50) : 미스 반 데어 로에(Mies van der Rohe : 1886~1969)에 의해 설계된 건축물로 주위의 환경은 큰 나무숲에 둘러싸인 평탄한 부지이며, 거실은 남쪽의 폭스 강을 향해 열려 있는데 봄이 되면 눈이 녹은 물로 범람하기 때문에 바닥면이 홍수 때의 수위보다 높게 만들어져야 했다고 함. 이 주택은 3장의 수평판으로 구성되어 있으며, 지붕판과 바닥판 사이에 있는 부분의 2/3 정도가 유리로 외부와 구획되어 있고, 이 부분이 거주부분에 해당됨. 바닥판으로만 규정된 곳(테라스)→바닥판+지붕판에 겹친 곳(거주부분)에 이르는 단계적 구성을 이루고 있으며, 바닥에 붙여진 대리석(610×840㎜)을 기본단위(module)로 하는 그리드(grid)에 의해 평면의 스케일이 정해져 있음. 현관 포치(porch)로부터의 입구는 중앙에서 1/2단위(약 300㎜) 정도의 테라스 쪽으로 옮겨져 있음. 또한 거주부분 중앙의 목조로 된 설비코어는 바닥 그리드에서 벗어난 비대칭의 위치에 놓여 있음. 이러한 그리드 플랜 속의 미묘한 관계를 표시하기 위해 그리드를 깨뜨린 것이고, 설비코어를 구성하고 있는 H형인 3장의 벽에 실내를 분절하는 모든 기능을 맡기고 있음. 각기 식당을 구획하는 벽, 거실을 구획하는 벽, 침실을 구획하는 벽임. 구조는 200㎜ 형강 기둥 8개에 의해 지지되며, 바닥판은 1.6m 올려져 있음. 구조단위는 6,700×8,950㎜이며, 지붕판과 바닥판의 둘레는 381㎜ 두께의 ㄷ형강(channel)으로 둘러싸여 있으며, 이것은 기둥과 기둥을 이어주고 바닥의 내민 부분을 지탱해 주며, 작은 보는 300㎜ 두께인 I형강임. 구조의 특징은 기둥과 바닥판의 결합방법으로 H형강의 플랜지와 보인 ㄷ형강의 웨브(web)가 접하도록 용접에 의해 처리되어 있는 점이고, 그것은 대지로부터 분리된 인공의 바닥판을 강조하며, 마치 떠 있는 것과 같은 효과를 지니게 함. 형태는 수평판이 동일한 두께이며, 특히 평면상이나 수직방향에서도 서로 엇갈리게 함으로써 테라스→침실에 이르는 대각선 방향의 공간흐름을 만들어냈으며, 그 요소의 추상적인 구성으로 최소한의 요소에 의해 공간을 규정하고 있음. 테라스의 바닥을 한 단 낮게 배치시킴으로써 더해지는 전체의 수평비례감과 주변지형으로부터의 명확한 이탈을 느낄 수 있고, 천장높이는 2.9m이며, H형 설비코어에 의한 실내의 최소한 분절(zoning)과 외부 흐름에 따르는 내부공간의 흐름 등이 특징을 이루고 있음.

판유리(板琉璃, sheet glass, flat drawn sheet glass, plate glass) : ⇨보통판유리(=).

판인법(板引法) : 두께 6㎜ 이하(薄板)의 얇은 판유리를 만드는 방법.

판자담 : ⇨판장담(=).

판자와 널빤지(板子－, board and batten) : 목재 프레임 건축물들을 위해 널빤지로 이루어진 지붕널의 한 형태. 보통 수직으로 놓여 있으며, 이음매나 틈 위에는 가늘고 긴 나무 조각으로 덮여 있음.

판장담(板墻－) : ①널판으로 만든 담. ②생울과 함께 경제적 여유가 없는 경우 사용된 담.

판장문(板墻門) : ①널을 붙이기 위한 가로재인 띳장에 비교적 두꺼운 널을 붙여서 만든 널문. ②몇 장의 널판에 띠를 대어 한 장의 문판을 구성한 문. ③두꺼운 널판 서너 장을 띳장에 붙여 만든 무거운 문. ④일반주택의 부엌 출입문과 각종 광문, 그리고 방의 덧문으로도 사용됨. ⑤문이 무거워 문틀의 상인방과 하인방에 둔테를 붙여 설치함. ⑥재료에 따른 문의 일종.

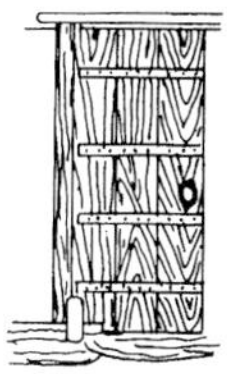
판장문

판장벽(板張壁) : 널판으로 된 벽.

판재(板材, board) : 널로 쓰기 위해 켠 목재.

판재바닥(板材－, plank flooring) : 스트립 플로어링(strip flooring)에서 사용된 널보다 넓은 판재로 이루어진 바닥. 일반적으로 측면과 마구리면에서 제혀쪽매로 연결·시공됨.

판진동흡음재(板振動吸音材) : ⇨판상흡음재·판막진동흡음재(=).

판체토(panchetto[이]) : 비스듬히 내어 뻗친 3개의 다리와 부채꼴의 등받이가 있는 이탈리아 르네상스의 나무 의자. 스가벨로(sgabello)와 유사하지만 장식과 마감에서 스가벨로보다 정교하지 못함.

판체토

판축(版築, 阪築, hardening and heaping of earth, stamped earth) : ①흙을 쌓을 때 한 겹씩 다져 쌓아올림. ②흙을 판자처럼 얇게 여러 층으로 다져가며 쌓아 올리는 기법. ③무덤의 봉분이나 토성을 쌓을 때 흙을 한 켜씩 다져가며 쌓는 방법. ④삼국시대의 건물에는 기단을 쌓기 전에 그 하부 기초에 판축구조를 두는 것이 특징임. ⑤양측에 판을 고정한 속에 흙을 넣어 견고하게 만들고, 순차적으로 층을 늘리면서 벽을 축조하는 공법. ⑥중국에서는 이미 은(殷)나라 때부터 가옥의 벽을 만들 때 판축공법을 사용했음. ⑦다져쌓기·켜쌓기(=).

판축기초(版築基礎) : ①터파기를 하고 넓찍한 돌을 두께 20~30cm 정도로 펴서 깔고 위에 토사를 넣어 다지고, 또 그와 같이 하여 축조한 기초. ②콘크리트가 없을 때에 사용된 기초공법의 하나.

판테온(pantheon) : ①사람들이 알고 있는 모든 산에 있는 사원(寺院). ②공식적으로 인식되는 사람들의 신을 말함. ③헌납사원으로 유물이나 유명인의 시신을 보관하는 공공건물로도 쓰임.

판테온돔(Pantheon dome) : 로마에 있는 판테온 신전의 천장과 같은 형태의 돔. 단, 중앙에 있는 천창(oculus[그])은 필수적인 요소는 아님.

판테온신전(－神殿, Pantheon temple) : 고대 로마의 대표적인 건축물(A.D. 118~128)

로서 서양건축역사상 내부공간의 형성과 발전의 출발점이 된 것으로, 로툰다(rotunda)라고 불리는 원통형의 벽체와 돔(dome)의 형태로 된 지붕으로 구성되었음. 로툰다의 직경은 44m, 벽의 두께는 6m, 돔형 지붕의 최고 천장높이는 44m로 실내측 벽면에 7개의 벽감(壁龕, niche)을 파고, 각각의 내부에 신상(神像)을 안치했음. 돔형 지붕의 정상(頂上)에 위치한 직경 9m의 천창(天窓)이 유일한 채광 수단이고, 전면의 열주현관(portico)은 코린트식(corinthian) 주범의 기둥이 8개로 구성되어 있음.

판화(版畵, 板畵) : 판에 그림을 새겨서 채색하여 종이에 찍은 그림.

팔각다층탑(八角多層塔, multi-story octagonal pagoda) : 평면을 팔각으로 하여 여러 층으로 쌓아 만든 탑.

팔각뾰족탑(八角-塔, broched spire) : 사각첨탑 위에 얹혀진 8각형의 뾰족탑.

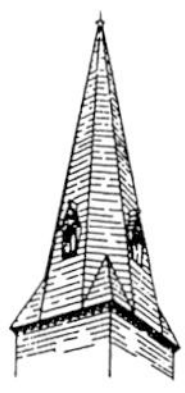
팔각뾰족탑

팔각원당형부도(八角圓堂形浮屠, funerary stupa of buddhist monk with circle oriented octagon) : 목조건물을 본뜬 돌로 만든 팔각형 건물을 둥근 연꽃 대좌 위에 올려놓은 모습으로 만든 신라말 고려 초기의 승려 묘탑.

팔각지붕(八角-) : ⇨합각지붕(=).

팔각집(八角-) : ⇨합각집(=).

팔각형(八角形, octagon) : ①8개의 변(邊)과 8개의 각(角)으로 된 다각형. ②정방형의 모서리가 절단된 다각형으로 기하학의 2차적 형태. ③그리스의 정통적인 교회는 영속적인 시각적 감명을 주는 8각형의 내부를 가지고 있음. 그밖에 타일이나 문에 종종 사용됨. ④옥타건(=).

팔각형 형태(八角型形態, octagonal form) : ①팔각형은 여덟 개의 동면(同面)·측면(側面)과 각도를 갖고 있는 평면 기하학적 모양으로 육각형 다음으로 많이 사용되는 디자인 요소. ②로마인들이 가장 선호했던 형태들 중의 하나로, 초기에 많은 교회의 평면 디자인 속에서 발견되었으며, 타워나 그 밖의 부수적인 공간에 적합한 형태임. ③오늘날에도 여전히 폭넓게 사용되며, 특히 상업공간 중 한식 또는 중식 레스토랑 창호 디자인에 주로 사용됨.

팔괘정(八掛亭) : ①충청남도 유형문화재 76호, 인조조 창건, 충남 논산시 강경읍 황산동 86. ②조선 인조 연간에 우암 송시열이 후학들에게 강학하던 건물. ③정면 3칸, 측면 2칸의 겹처마 팔작지붕. 평면은 2칸 통 대청, 1칸 통 온돌방, 온돌방 측면은 반 칸을 안으로 들여 아궁이 함실로 쓰고, 상부는 누마루로 꾸밈. 장대석 외벌대로 기단을 만들고 초석은 8각, 방형, 덤벙주초를 혼용. 기둥은 모두 원주 사용. 기둥 상부 공포는 무출목초익공. 각 칸의 창방 장여 사이에는 작은 소로를 5개씩 끼워두었으며, 장여 위에는 굴도리를 올렸음. 무고주 5량가 구조. 대들보 위에 종량을 올리고 종량 위에는 사다리형 대공과 원형 대공을 혼용하여 종도리를 받치도록 함. 대청의 각 칸 창호는 골판문·분합문을 달고, 창호 하단에 머름을 설치하였으며, 온돌방에는 띠살문을 달고 대청과 같이 머름을 설치함. ④⇨임의정.

팔걸이받침대(-臺, arm stump) : ①의자 팔걸이 앞부분의 지지를 위해 좌판 가로대로부터 올라온 수직부재. ②나무로 선반가공(turning)하거나 무늬를 조각해 넣거나 어떤 형태로 조각하기도 함. ③프랑스에서는 아코트와르(accotoir)라 불림.

팔걸이의자(-椅子, arm chair) : ①휴식용 간이의자(pull-up chair)와 구별되는 팔걸이가 있는 의자. ②오늘날 사용되는 팔걸이의자는 17세기 후반에 소개되었음.

팔걸이의자

팔걸이패드(armpad) : 팔걸이의자의 팔걸이(arm)에 패드를 넣고 천으로 덮어씌운 부분. 프랑스에서는 망셰(manchettes)라 고 불림.

팔다리의 동작(-動作) : ①발뒤꿈치를 움직이지 않고 일정한 위치에서 팔과 다리를 움직이는 경우의 인체치수. ②일반적으로 작업역(作業域)이라 하는 것이 여기에 해당함.

팔대(arm, bracket) : 구조물에서 어떤 물체를 지지하는 팔 모양의 부품.

팔대보 : ⇨내민보(=).

팔라디아나(Palladiana) : 판재 대리석을 원하는 문양으로 깎은 후 그 사이를 작은 종석으로 채워 제작한 모자이크 테라초.

팔라디안모티프(Palladian motif) : ①팔라디오(Andrea Pallzdio : 1508~80)가 사용한 아케이드의 구성. 대형의 반원형 아치를 중앙에 두고 그것을 지지하는 양쪽의 가느다란 원형 기둥을 부축하여 낮고 좁은 장방형의 창(또는 통로)이 만들어짐. 형태가 비슷하므로 '개선문 모티프'라고도 하며, 비첸차의 팔라디아나에서 전형적인 모습을 찾아 볼 수 있음. ②세 부분으로 구분하여 가운데의 넓은 구획 상부는 원형 아치로 상인방을 만들고, 양측의 좁은 구획 상부는 가운데 구획의 아치가 얹혀지는 엔태블러처(entablature)가 올려진 창이나 출입구가 됨. 세를리오의 『건축서(建築書, 1537)』에 처음으로 나타났으므로 Serliana 또는 Serlian motif라고도 부르지만 팔라디오가 많이 사용했기 때문에 팔라디안 모티프라고 하며, 일반적으로는 베네치안 윈도(Venetian window) 또는 베네치안 모티프(Venetian motif)라고도 함. ③팔라디오(Palladio)의 비첸차(Vicenza)에 있는 바실리카(Basilica)에서 명백하게 보이며, 아치와 기둥의 조합방식을 프랑스인들이 motif Palladio라고 이름 붙였고, 그 조합방식을 보면 아치는 기둥의 상부에 위치하며 그 기둥의 엔태블러처는 양측의 좁은 개구부 인방(lintel)이 됨. 팔라디오의 바실리카에 있어서는 위와 같이 하여 만들어진 3중의 개구부는 상위의 오더에 의해 형성되는 틀 속에 짜 넣어지고, '팔라디안 모티프'라는 용어는 이와 같은 방식에 한정되어 사용되어야만 함. ④세 개의 개구부를 가진 아치의 가구(架構) 또는 창(窓)으로서, 중앙부에는 아치가 걸리고 다른 두 개보다도 폭이 넓음.

팔라디안모티프

팔라디안양식(-様式, Palladian style, Palladianism) : 16세기 후기에 활약한 이탈리아 건축가 팔라디오(A. Palladio : 1508~1580)의 건축에서 나타난 엄격한 좌우대칭과 엄격한 로마식의 형태를 따르는 건물의 양상 및 그의 건축이나 건축이론을 바탕으로 설계한 건축. 특히 영국에서 18세기 빌링턴(Burlington)가(家)의 영향 아래서 성행했음. 팔라디오는 르네상스 후기 또는 매너리즘 시기를 대표하는 건축가로서 바실리카 팔라디오나(1549~?)·팔라초 케리카티(1580년경~?)·빌라 카프라 로툰다(1567~?)·테아트로 올림피크(1580~?)·산지오르지오 마조레(1565~?)·일레텐토레(1592~?) 등의 작품이 있고, 『건축사서(1570)』를 출판했음. 특징은 베네치아 창(Venetian window)에의 팔라디오 모티프이고, 고대신전의 페디먼트를 가진 정면(facade) 구성을 주택에 응용하였음. 그리고 오더(order)가 그 입면을 구성하고 있는 듯한 표현도 팔라디오의 독자적인 표현임. 팔라디오양식은 18세기 후기에 미국에도 영향을 주어 여러 나라에서 반복되어 일어난 양식임.

팔라디안양식

팔라디안윈도(Palladian window) : ⇨팔라디안모티프(=). ⇨베니션창문.

팔라초(palazzo) : ①이탈리아의 크고 위엄 있는 궁전이나 인상적인 개인주택 또는 공공건물. ②궁전·전당·대저택·대규모의 공공건물 등을 의미하는 것으로서, 중세 로마의 황제·귀족·왕의 주거를 'Palatium'

이라고 한 것에서 유래하여 palazzo가 된 것임. 팔라초는 기본적으로 안뜰(cortile)형식의 사각건물을 의미하고, 영어의 궁전을 의미하는 'palace'는 같은 어원임.

팔러(parlor, parlour) : 객실·거실·응접실·(상업용)공간·휴게실 등을 의미하는 것으로 프랑스의 "이야기한다"라는 'parler'에서 유래. 원래 손님 또는 가족 등이 담소하기 위한 공간이었으나 현재는 영업을 위한 공간 또한 한정된 사람이 휴식용으로 사용하는 공간을 의미하기도 하고, 처음에는 식당이나 침실의 의미로 사용되었으나 점차 담화 및 식사를 하는 공간으로 사용되었고, 18~19세기 영국의 컨트리 하우스(country house)에서는 거실의 의미가 더 강하게 나타남.

팔러먼트시계(－時計, act of pariliament clock) : 18세기 중엽에서 19세기 초 영국의 벽걸이 시계. 짧은 몸체와 유리 덮개가 없는 커다란 나무 문자판은 보통 검정색으로 칠해져 있고, 금색 숫자가 악센트임. 몸체는 직사각형·사각형·구형 혹은 바이올린형 등으로 여러 종류가 있으며, 총길이는 110㎝~150㎝까지 다양함.

팔러먼트시계

팔러의자(－椅子, parlor chair) : 등받이가 막히지 않은 현대의 식탁용 의자와 유사한 의자. 가벼워서 옮기기 편함. 18세기에 주로 사용.

팔레스톡레(palais stoclet[프]) : 합리주의를 기반으로 설계되었지만 풍부하고 세련된 색채, 화려한 재료가 실내에 강조된 점이 돋보이는 성공을 거둔 작품으로서, 브뤼셀에 위치한 호프만(Josef Hoffmann : 1870~1956) 등의 건축가와 디자이너·공예가들이 함께 참여하여 설계한 세제션 이념이 반영된 대표적인 작품임. 건축외관·정원·실내의 세부 설계에 이르기까지 토털 디자인의 개념이 적용되었고, 가구와 식기 공예품들은 모두 비엔나 공방에서 직접 제작함.

팔로사피아(palosapia[핀]) : ⇨멜사와(＝).

팔메트 : ⇨팔메트문양(＝).

팔메트문양(－文様, palmette[프]) : ①고대의 예술품과 건축물에 장식적 요소로 사용된 형식화된 종려나무 잎의 장식문양. ②종려(棕櫚)의 잎을 모티프(motif[프])로 한 좌우 대칭형의 장식문양. 단독 또는 연속무늬로 쓰이거나 로제트(rosette)와 결합하여 사용함. ③종려나무의 잎을 부채 모양으로 펼친 듯한 문양. 원형은 아시리아(Assyria)나 바빌로니아(Babylonia)의 궁전 벽면장식 등에서 나타나며, 특히 그리스 장식문양의 주요 모티프로 사용했으며, 연화문(蓮花紋)과 조합하여 코르니스 등의 장식문양인 안테미온(anthemion) 문양을 이룸.

팔메트문양

팔모지붕(八－) : ①지붕형식의 일종. ②다각형지붕의 하나. ③여덟 개의 추녀마루가 지붕의 한 가운데에 몰려 있는 지붕.

팔모집(八－) : 팔모지붕을 가진 집.

팔받이의자(－椅子) : 팔을 받치거나 걸치는 팔받이가 달린 의자.

팔상전(八相殿, Hall of Eight Phases of the Buddha) : 석가팔상의 그림과 존안을 봉안한 법당.

팔우소루(八隅小累) : 팔각형으로 만든 대접소루(大貼小累).

팔작(八作, hip and gable roof) : 네 귀에 모두 추녀를 달아 지은 지붕.

팔작가(八作家) : ⇨합각집(＝).

팔작옥개(八作屋蓋) : ⇨합각지붕(＝).

팔작지붕(八作－) : ①지붕의 완각이 막 잘라진 지붕. ②합각지붕(＝).

팔각지붕

팔작집(八作－) : ⇨합각집(＝).

팔주식(八柱式, octastyle) : ⇨옥타스타일(＝).

팔크럼(fulcrum) : ⇨펄크럼(＝).

팝가구(－家具, pop furniture) : 1960년대 후

반에 미국에서 등장한 의자를 익살스럽게 만든 가구양식. 살바도르 데일(Salvador Dali) 등이 대표적인 인물임.

팝건축(−建築, pop architecture) : 공공의 광대한 영역에 대중적인 건축물들이나 물체들을 상징적으로 나타내는 구조. 건축적 스케일 위에 거대한 조각을 새기기 위한 환상적인 디자인 또는 건축물보다는 아이디어로 더 많이 만들어졌음.

팝아트(pop art) : 이 용어는 1950년대 중반 자연과 도시의 대중문화에 대한 광범위한 탐구를 명제로 하여 영국에서 매스미디어가 사용하는 틀에 박힌 이미지를 채택하거나 모사(模寫)하는 경향을 지칭하는데서 유래한 용어. 팝아트의 명칭은 영국에 있었던 미술평론가인 로렌스 앨로웨이(Lawrence Alloway)에 의해 1954년 처음으로 쓰기 시작했고, 매스미디어나 대중문화를 지칭하는 말로서 매우 우호적으로 사용되었음. 그 후 1960년대, 특히 1961~1962년에 뉴욕을 중심으로 활발하게 전개된 미술의 한 경향인 회화양식으로 전용된 대중예술(popular art)의 약어. 매스미디어의 도상(圖像)을 그대로 도입하며, 기법으로는 하드에지, 상업적인 테크닉(technical)과 색채를 쓰는 것을 특징으로 함. 주목할만한 단체는 런던의 현대미술협회(ICA)의 부설 단체인 인디펜던트 그룹(independent group)이 있고, 세계가 1, 2차 세계대전으로 온통 폐허가 되어 있을 때, 미국은 고도의 과학기술 문명을 향유하고 있었으며, 문화에 있어서도 세계를 주도하는 위치에 있었음. 미국은 세계문화의 중심지가 되었고, 유럽은 전쟁의 복구에 여념이 없던 1950년대를 전후하여 팝아트는 10~12년간에 히트를 친 '미국적 미술현상'이 되었음. 앨로웨이는 집단문화광고(admass culture)에 기인한 '대중미술(popular art)'을 지칭하기 위해 사용하였고, 이어 1962년에 대중적 이미지(popular image)를 구사하는 순수미술가들의 활동을 논하기 위해 확대하여 사용. 당시 그에 필적할만한 여러 가지 명칭들도 있었고, 일부 팝아트의 작가들은 이 용어에 거부적인 태도를 취했지만 이제는 모두 그렇게 부를 만큼 일반화되었음. 특히 풍속이나 대중문화에 관심을 두었던 1960년대 미술의 커다란 흐름의 하나로서 팝아트에 관련된 가구와 장식에 영향을 주어 가구제작자의 민족적 배경을 나타내는 에스닉(Ethnic)가구는 단순히 값이 저렴하다는 경제적 이유 외에도 공예에 있어서의 새로운 유행으로 인하여 인기가 있었지만, 가장 중요한 이유는 팝 음악의 생태와 환경에 대한 관심의 고조와 함께 자연적인 것에 관한 많은 숭배가 에스닉 가구를 유행하게 했음. 미국의 대표적인 팝아트 인물로는 리히텐슈타인(Roy. Lichtenstein)·올덴버그(Chaes. Oldenburg)·로젠퀴스트(J. Rosenquist)·워홀(A. Warhol)·조지 시걸(Jorge. Segal)·짐 다인(Jim. Dine)·라모스(Nel Ramos)와 영국의 리처드 해밀턴(Richard Hamilton) 등이 있음.

팡당티프(pendentif[프]) : ⇨펜덴티브(=).

팥색(−色) : ①관용색명으로 칙칙한 황색을 띤 빨강. ②먼셀기호 8R4.5/4.5.

패각암(貝殼巖) : ⇨코키너(=).

패금철(鋇金鐵) : 문짝 돌쩌귀 밑에 박는 쇠.

패금철

패널(panel) : ①건물의 조립과 설치에 사용되는 단일 건축부재. 바닥·벽·천장·지붕·가구 등의 공장에서 제작한 부재를 현장에서 조립·설치하고, 목재 패널은 가장 일반적인 벽처리임. 레일과 패널구조는 레일로 된 프레임에 얇은 목재 패널을 고정시켜 만든 시스템으로 문이나 가구제작에 사용됨. ②건축용어로는 벽·천장·문·창 등의 틀 안에 둘러싸인 오목하거나 볼록하게 돌출된 판재 또는 몰딩이나 어떤 다른 모양에 의해 돋보이도록 에워싸고 있는 테두리보다 아래로 우묵하게 들어간 평평

패널

한 부분을 의미하며, 디스플레이 용어로는 상품을 한데 모아 조합·구성하여 진열할 수 있는 평면적인 진열대로 의류의 디스플레이에 많이 사용. 벽면에 부착하는 것이 일반적이지만 하이 쇼케이스의 상부 벽면이나 진열장의 일부가 패널로 처리되기도 함.

패널도어(paneled door) : ⇨패널문(=).

패널등받이의자(-椅子, panel back chair) : ①17세기 초기 영국과 미국에서 사용되었던 나무의자의 일종. ②육중한 다리와 버팀대(stretcher), 비교적 높은 좌석에 패널로 된 등받이가 있는 영국의 초기 르네상스식 의자, 등받이에는 대부분 조각장식이 되어 있으며, 일명 '웨인스콧 의자(wainscot chair)'라고도 함.

패널문(-門, paneled door) : 가로대(rail)와 세로대(stile)의 틀 속에 패널을 끼운 형식의 일반적인 문.

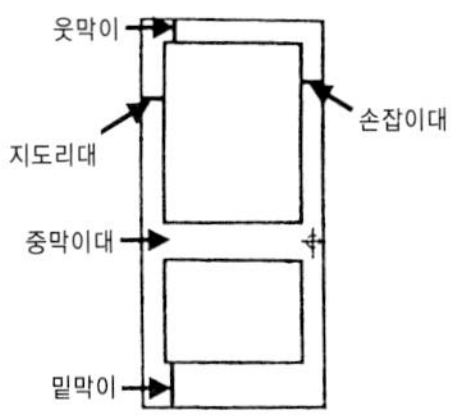

패널스크린(panel screen) : 한 장의 스크린을 달아, 좌우로 슬라이드(slide)하여 사용하는 가장 단순한 창문 장식. 무늬가 그대로 보이기 때문에 색과 무늬의 선택을 신중히 해야 함.

패널식 이동칸막이(-式移動間-, movable partition of panel type) : 천장에 내장하는 행거레일에 패널을 매달고, 칸막이를 개방할 경우 한쪽 끝이나 양측의 구석 부분에 칸막이를 하는 형식으로 차음·방음 성능이 있음.

패널식 조립구조(-式組立構造) : ①조립양식에 따른 조립구조의 일종. ②뼈대를 따로 구성하지 않고 벽판·바닥판·지붕판 등의 단위판을 조립하는 구조.

패널에어방식(-方式, panel air system) : ⇨패널냉난방방식.

패널전선통로(-電線通路, power race way) : 개방형 사무실에서 개별적인 사무공간에 프라이버시를 주기 위해 세우는 패널 시스템 속에 마련된 전선의 통로 또는 전선 숨김 장치.

패널커튼(panel curtain) : 가장 심플한 커튼으로 세로로 긴 천을 한 장의 스크린으로 하여 좌우 슬라이드 식으로 개폐함.

패널톱(panel saw) : 러닝 소(running saw)와 유사한 톱의 기능을 가지고 있으나 반자동으로 톱의 각도를 45°까지 조정할 수 있고 패널류의 평면절단도 할 수 있음.

패널트레이서리(panel tracery) : ⇨트레이서리.

패널히터(panel heater) : 라디에이터(radiator)형의 난방기.

패널히팅(panel heating) : 전열선이나 온수용 파이프 벽·바닥·천장 등에 묻어서 그 복사열로 건물이나 방을 난방하는 복사방식.

패닉(panic) : ①불특정 다수인의 비합리적인 도주행동으로 평상시에는 일어나지 않는 현상. ②패닉이 일어나기 위한 조건 : ㉠위험이 돌발적으로 발생하거나 위험이 가까이 다가온다는 것을 많은 사람이 동시에 알고 있어야 함. ㉡위험에서 벗어날 방법은 있지만 수단과 용량이 한정되어 있고, 구조될 수 있는 범위도 극히 일부분이기 때문에 전원이 구조되는 것은 도저히 무리임. ㉢구조되기 위해서는 행동을 빨리 개시할 필요가 있음.

패닉바(panic bar, fire exit bolts) : 푸시 가드 바(push guard bar)와 같이 가로로 댄 손잡이의 붙임판에 폐쇄장치가 딸린 것으로 손잡이를 직각으로 올려서 밀면 폐쇄장치가 풀리면서 문이 열리는데, 주로 비상구의 자물쇠로 극장 등의 공중 피난용 비상문을 걸어 잠그는 철물의 하나임. 누름판(push plate) 또는 누름막대에 연결하여 오르내리 또는 래치 볼트(latch bolt)가 움직이도록 되어 있음.

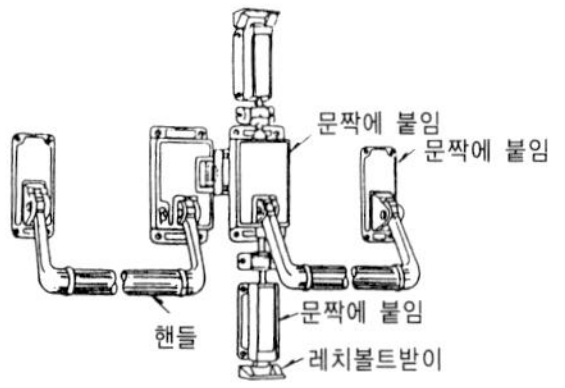

패닉바

패닉핸들(panic handle) : ⇨패닉바(=).

패드아이(pad eye) : 활차 도르래 등을 구성물에 고정하기 위해 그 구조물의 말단과 측면 등에 부착할 수 있는 구멍을 뚫은 작은 강판. 삭(索)의 말단, 섀클(shackle) 활차 등을 구조물에 고정하는 경우에 이용되는 철물.

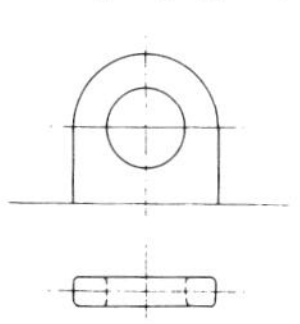

자료 : 전국조선교육연구회 편, 「조선공학」, 해문당출판, 1983

패드아이

패드형 발(-形-, pad foot) : 네덜란드식 발의 일종으로 하키나 골프채의 끝부분과 유사한 형태의 가구 발. 영국 앤 여왕양식의 가구에서 캐브리올 다리(cabriole leg)와 함께 사용함.

패드형 발

패러다이스(paradise) : ⇨파라다이스(=).

패러다임(paradigm, disciplinary matrix) : ①확실하게 정의되지는 않지만 전형·범례·활용 예 등을 의미함. ②어떤 과학사회에 있어서 그 구성원들이 받아들이고 있는 이론·법칙·방법·지식·가치 및 전통을 통틀어 말하는 매우 종합적이고 추상적인 개념으로 모형·모델 또는 약속이라는 말로 번역되기도 함. ③통상적으로 어느 위대한 학자나 위대한 인물이 나와서 그가 확립해 놓은 학설 및 방법이 그를 추종하는 제자들이나 학자들에 의해 더 받아들여지고 그 동아리가 하나의 커뮤니티를 형성하게 되면 결국 그 방법들 내지는 학설이 하나의 패러다임을 형성하게 됨. 따라서 각각의 패러다임은 각각의 근거를 가지고 있으며, 그 해석 나름대로의 규칙을 가지고 있기 때문에 서로 비교될 성질이 아니며, 전의 패러다임과 후의 패러다임은 서로 공존할 수 없는 전혀 새로운 차원이 됨. ④어떤 한 시대 사람들의 견해나 사고를 지배하고 있는 이론적 틀 및 개념의 집합체. ⑤미국의 쿤(Thomas Kuhn)이 그의 저서 『과학 혁명의 구조』에서 제시한 개념.

패러피트(parapet) : ⇨패러핏(=).

패러핏(parapet) : ①테라스·발코니·지붕 등의 가장자리에 안전을 위해 세워진 일종의 낮은 벽. ②건물 지붕의 주위, 다리나 발코니 등의 가장자리에 설치된 낙하방지를 위한 낮은 벽체. 장식이 없는 일정한 높이의 것도 있지만 난간동자(baluster)를 붙이거나 성곽 등과 같이 요철을 조합한 흉벽(battlement)으로 하기도 함. ③원래 적의 포화로부터 병사들을 방어해 주는 방어벽 또는 흙이나 돌을 쌓아 올린 방어벽. ⇨머치코레이션.

패럴랙스(視差, parallax) : ①비스듬히 보았을 때 지침이 다이얼 면에 떨어짐으로써 생기는 오독(誤讀). ②새로운 시각의 선을 제공하는 관찰자의 위치변화가 원인이 되어 관찰되는 물체의 뚜렷한 이동이나 방향변화. ③관찰자가 움직이면 가까운 것은 반대방향으로, 먼 것은 같은 방향으로 움직이는 것처럼 보이고, 타고 있는 기차가 움직일 때 가까운 산과 먼 산을 보면 운동시차 현상이 나타남. ④운동시차·시차(=).

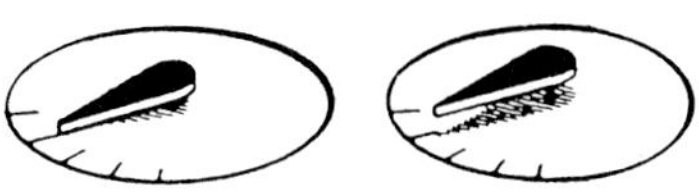

시차가 최소가 되도록 부착하여야 함.

패럴랙스

패립테랄(peripteral) : 통로변에 한 줄로 기둥이 서 있는 것.

패밀리룸(family room) : ⇨가족실(=).

패밀리브랜드(family brand) : 개개의 상표를 통합하여 판매할 때, 공통되고 대표로 쓰이는 상표. ⇨블랭킷브랜드(=).

ㅍ

패브릭(fabric) : ①일반적으로 자연적·인공적 섬유로 짜여진 직물로 인테리어공사의 마감재인 '천벽지(fabric wallpaper)'이고, 건물의 기본구조임. ②연결된 부분들에 부여된 틀이나 구조. ⇨천.

패브릭배너(fabric banner) : 보통 수평으로 놓여 있는 기둥으로부터 장식이 달려 있는 천을 아래로 내려 천의 화려함을 나타낸 배너.

패상주두(貝狀柱頭, scalloped capital) : ⇨스캘럽캐피털(=).

패션스테이트먼트(fashion statement) : 상품의 패션을 인상적으로 알리는 것. 디스플레이 기술을 구사하여 사람의 눈에 띄게 보이도록 한 것.

패스(path) : 네트워크 중 둘 이상의 작업이 이어지는 것. 또는 작업이 연결된 작업의 경로.

패스트푸드레스토랑(fast food restaurant) : ①미리 준비되어 있는 음식을 빠른 시간에 간편하게 먹을 수 있는 간이음식점으로 셀프서비스로 운영됨. ②고정식의 테이블과 의자로 최소화하여 배치하되 일정한 통로폭을 확보하고, 특히 주방과 개방되어 있으므로 주방과 객석이 다른 공조시스템으로 주방의 냄새가 객석으로까지 가지 않도록 주의하고 항상 청결하게 유지되어 깨끗한 인상을 주도록 함. 색채는 손님의 회전율을 높이고 식욕을 돋우기 위해 붉은 색과 신선한 느낌을 주는 파랑색 등 원색을 사용하는 것이 바람직함. 종류에는 카페테리아·스낵바·샌드위치숍·드라이브 인 레스토랑·커피숍 등이 있음.

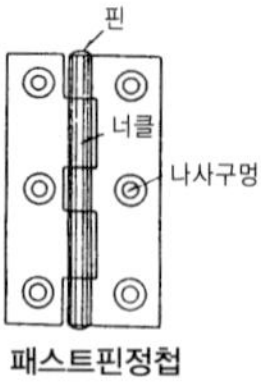

패스트핀정첩

패스트핀정첩(-釘貼, fast pin hinge) : ⇨패스트핀힌지(=).

패스트핀힌지(fast pin hinge) : ①고정핀으로 된 정첩. ②핀의 양끝 머리를 두드려 빠지지 않도록 한 것으로 주로 바깥문에 쓰임. ③패스트 핀 정첩(=).

패스티시(pastiche) : 각기 다른 원천으로부터 축출된 형태 및 문양으로 조화를 이룬 예술적 구성 또는 혼성(混成) 구성.

패시지(pasige) : 특히 제작상의 질(質)에 대한 작품의 특정한 일부분이나 세부분(細部分).

패키지방식(-方式, package air conditioning) : ①송풍기, 공기여과기, 냉동기 등으로 구성되며 실내에 보내는 공기의 온·습도를 조정하는 것으로 소형의 패키지형 공조기를 룸 에어컨이라고도 함. ②패키지형 공기조화기에 의한 공기조화방식으로 패키지에 덕트를 설치하거나 덕트 없이 실내에 설치하여 공기조화(化)하는 것이며, 설치와 조립이 간편하고, 공사기간이 짧으며, 설치 장소가 축소되고, 가격이 저렴하고 품질이 보증되며, 설비비 절감 등의 장점이 있음. 그러나 열원 전체의 용량이 중앙열원보다 커지게 되는 경향이 있고, 보수비용이 증대되며, 온·습도 제어성이 떨어지며, 유닛에 히팅 코일(heating coil)을 첨가하면 난방용으로도 사용할 수 있으므로 냉난방 겸용이 가능함. 주로 사무소 건물·점포·회관에 적합하며, 24시간 계통의 실내에 대하여 부분적으로 사용되고, 최근에는 유닛의 고급화와 더불어 대규모 사무소 건물과 병원 등에도 사용됨.

패키지형 공조기(-型空操機, package air condition) : ⇨패키지방식.

패키지유닛방식(-方式, package unit method) : ⇨패키지방식(=).

패턴(pattern) : ①축적된 경험 또는 단어. ②예술적이거나 장식적인 디자인을 이루는 반복적 요소들의 통제된 배열. 특히 특징 있는 배열을 통해 각 부분이 아이디어를 나타내는 단위(unit)로서 인식됨. ③패턴을 이루는 정돈된 요소의 배열은 다양한 규모로 나타나며, 서로 다른 패턴들은 서로 다른 공간에서 표현되고, 작은 규모의 패턴들은 파사드(facade) 위에 전체의 벽면에 의해 표현된 커다란 규모의 패턴들

ㅍ

과 대조하여 개별적인 단위에 의해 만들어졌음. ④지속적이고, 특징적이거나 밀착된 배열은 구성요소 부분의 상호연관에 기초함.

패턴랭귀지(Pattern Language) : ①소쉬르(Ferdnand de Saussure, 1857~1913)와 촘스키(Noam Chomsky, 1928~) 등의 언어학과 방법론에서 건축에 적용된 것. ②크리스토퍼 알렉산더(Christopher Alexander)가 그의 동료와 C.E.S(Center for Environment Structure)를 조직하고 새로운 디자인 방법론을 모색함. ③언어의 기능(경험의 축적·새로운 문장을 만드는 기능)을 건축공간 구성에 적용시킴.

패턴스테인(pattern stain) : 벽이나 천장의 더러워짐이 균일하지 않아 더러움의 패턴을 만드는 현상.

패턴인식(-認識, pattern recognition) : 문자나 도형 또는 음성 등에 대해 어느 패턴과 다른 패턴을 판별하는 것. 그 대상이 도형일 때는 도형인식(圖形認識)이라고 함.

패트드베르(pate de verre[프]) : 원형 틀에 유리분말을 밀어 넣고, 형틀과 함께 가열·용융시킨 유리제품으로서 여러 가지 조각이 채색·융합되어 장식용으로 사용됨.

패티너(patina) : ①오래된 청동의 표면이 산화하여 생긴 녹청. ②오래 사용하거나 왁스로 닦거나 습기와 같은 요소에 노출되었을 때 만들어지는 목재 및 금속표면의 마감. ③오랫동안 왁스칠하고 윤을 내어 길들인 나무나 가구에서 나오는 자연스럽고 깊은 느낌의 표면 및 색.

팬[1](fan) : ①공기조화나 환기·배기 등에 사용하는 환기팬·송풍기·선풍기 등을 통칭. ②토출압력이 1,000mmAq 미만의 송풍기. 일반적으로 공기조화설비에는 팬이 많이 사용됨. ⇨블로어.

팬[2](pan) : 벽, 특히 노출 목재구조의 나무벽돌 패널의 수직방향 부분.

팬디자인(fan design) : ⇨팬모티프(=).

팬라이트(fan light) : ①18세기 영국 조지안(Georgian)양식과 리젠시(Regency)양식의 건축에서 보편적으로 사용되었던 문 위의 반원형 창. 특히 반원형의 창에 부챗살 모양의 창살이 있는 경우가 많기 때문에 붙여진 이름. ②부채형 창 또는 부채창을 의미하는 것으로 중심으로부터 방사상으로 뻗어 나가는 문창살이 마치 펼쳐진 부채를 연상케 하여 붙여진 이름. 창문의 상부에 마련하는 반원형 또는 타원형을 한 창의 유리로 끼우기도 함. ③천장의 높은 실 중앙까지 채광이 되도록 한 창이 있는 벽의 상층 부분. ④위치가 높은. ⇨고창. ⇨클리어스토리. ⇨선버스트라이트(=).

팬모티프(fan motif[프]) : 18세기 후반 영국과 미국의 가구 조각에 장식 모티프로 자주 사용되었던 반원형의 부챗살 문양.

팬볼트(fan vault) : 보통 4개의 오목한 원뿔형 단면으로 구성된 궁륭으로 궁륭의 모서리 부분에서 생기고, 영국의 볼트구조법으로 부채의 살 모양으로 펼쳐져 나오는 리브들로 장식되어 '부채형 궁륭'이라고 함. 이는 기둥의 상층부를 기점으로 동일한 직경에 길이도 같은 리브(rib)를 나팔같이 우묵하게 들어간 원추모양으로 편 다음 형성된 곡면을 서로 교차하듯이 배열하고 구성하여 그 곡면은 더욱 가느다란 리브나 조각·부채형 트레이서리(fan tracery)로 화려하게 장식한 독특한 볼트법. 천장을 횡단하여 양측면을 연결하는 아치의 벽면 가까운 부분에 팬 볼트를 늘어뜨리고, 그것을 기점으로 리브를 시작한 것도 있음. 팬 볼트는 볼트면 전체가 일체로 마치 한 장의 막처럼 보임.

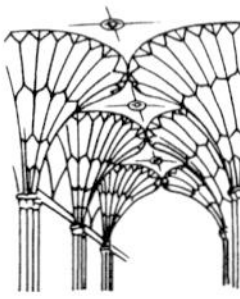
팬볼트

팬서징(fan surging) : 송풍기를 한계치 이하의 유량으로 운전하거나 토출측 댐퍼를 교축운전(최소개도치 등)시 심한 소음과 함께 유체의 유동방향이 순(順)과 역(逆)으로 반복하여 변화하는 현상.

팬시퍼니처(fancy furniture) : 미국의 연방

(federal) 시기에 생산되던 가볍고 장식적인 가구. 대부분 토머스 세라턴(Thomas Sheraton)의 디자인을 기초로 한 것으로 밝은 색의 도료와 도금·스텐실(stencil)·그림 등으로 장식되었으며, 가볍고 움직이기 쉬운 의자가 주류를 이룸.

팬시퍼니처

팬워크(fan work) : ⇨부챗살트레이서리(=).

팬지(pansy) : ①제비꽃과에 속하는 팬지꽃(viola tricolar)의 색. ②진한 청자색(deep violet). ③관용색명으로 진한 남색. ④먼셀 1.0P2.5 /10.0.

팬코일유닛방식(-方式, fan coil unit system ; FCU) : ①일체(一體)의 케이싱 안에 송풍기와 코일을 내장한 개별식 공기조화기. ②코일에 냉수 또는 온수를 보내어 송풍기로 냉풍 또는 온풍으로 보내는 공조장치. ③각 실의 유닛에 냉온수를 공급하고 유닛 내 팬에서 실내 공기를 흡입하고 열교환하여 실내에 분출하는 방식. ④종류는 바닥형·천장형 등이 있음. ⑤=원격식(遠隔式, remote type) 공조기. ⑥팬 코일 유닛을 각 실(室)에 설치하고, 냉·온수를 각 유닛에 공급하여 공기조화를 하는 방식으로 각 유닛마다 조절할 수 있으므로 각 실의 조절에 적합하고, 소음이 적으며 팬 코일 유닛 증설이 용이한 반면 일반적으로 외기 공급을 위한 별도의 설비를 병용할 필요가 있으며, 보수·관리가 곤란하며 실내용 소형 공조기이므로 고도의 공기처리가 어려운 단점이 있음. 주로 호텔의 객실·아파트·주택 및 사무실 건물에 적용됨. 그러나 청정도와 온·습도 조건이 엄격한 극장·공장과 같은 대공간이나 병원의 수술실·클린룸(clean room)에는 부적당하며, 저소음이 요구되는 방송국 스튜디오에는 적당함. 팬 코일 유닛 방식에는 2관식·3관식·4관식이 있고, 2관식은 냉온수 겸용으로 계절별로 각각 냉온수를 사용하고, 3관식은 냉수 공급관·온수 공급관·냉온수 공급관으로 구성되며, 환수관에서는 열손실이 생기지만 배관을 존(zone)별로 구분하면 열손실을 줄일 수 있음. 4관식은 냉온수 계통이 독립되어 있으므로 각 유닛과 계통별로 동시에 냉난방을 운전할 수 있고, 이 방식은 혼합 손실은 없지만 배관량이 증가하여 배관 공사비가 증대됨.

팬톤스태킹체어(panton stacking chair) : 팬톤(Vetner Panton)이 1960년 셀(shell)구조로 설계한, 쌓아 놓을 수 있도록 디자인한 플라스틱 성형 의자.

팬톤스태킹체어

팬트리(pantry) : 식료품 저장실·식기실을 의미하는 것으로 원래는 빵을 쌓아두기 위한 공간이었으나 오늘날에는 개수대를 갖추고 있는 다양한 식기를 챙겨두는 식기실(食器室) 및 배선실(配膳室)을 의미함.

팬헤드(pan head) : 가장자리를 곡면으로 처리한 원통 모양의 나사못 또는 볼트의 머리. 접시머리(=).

팰럼포르(palampore) : '생명의 나무(tree of life)' 문양으로 프린트된 인도 동부지방에서 생산되는 면직물. 17~18세기에 주로 영국에서 수입하여 사용했고, 그 후의 문양을 모방한 벽지·직물·자수 등을 생산함.

팰리세이드월(palisade wall) : 나무판을 수직으로 연결시킨 벽구조.

팰릿(pallet) : ①빈약한 작은 잠자리. ②짚자리.

팰메이티드장식(-裝飾, palmated) : 반원(半圓)과 나뭇잎이 어우러진 띠 모양의 조각장식. 영국 스튜어트 왕조시대의 참나무(oak)로 만든 가구에 주로 사용되었음. 팔메테(=).

팽나무(朴樹, Hackberry, Celtis Sinensis Pers) : ①느릅나무과에 속하고, 함북 이외의 전국 평지·일본 중남부·중국 등에 자생하며, 표고 1,100m 이하에 분포. ②심변재 구분이 없이 모두가 담황백색이나 수피는 흑회색 또는 암녹색이며, 거칠고 얇고 딱딱함. 기건비중 0.62, 전건비중 0.58임. 강도는 압축강도 55kg/㎠·인장강도 510kg/㎠·휨강도 480kg/㎠·전단강도 95kg/㎠로 비교적 약함. 내구성·보존성은 작고 가공성과 인공건조성은 좋으며, 표면 마무리는 보통이고 갈라짐(割裂)은 잘 일어나지 않음. ③주로 무늬목이나 실내장식 마감재·가구재 등으로 사용함.

팽창(膨脹, expansion) : ①물체의 체적이 증가하는 것. ②다공질 재료가 흡수·흡습하여 체적이 증가하는 것.

팽창률(膨脹率, expansion factor) : 어느 물체가 팽창할 때의 물리량과 팽창하기 전의 물리량과의 비.

팽창밸브(膨脹-, expansion valve) : 냉동기의 응축기(凝縮器)에서 증발기(蒸發器)로 보내는 냉매(冷媒)의 유량(流量)을 조정하는 밸브.

팽창볼트(膨脹-, expansion bolt) : 콘크리트·벽돌 등의 면에 띠장·문틀 등의 다른 부재를 고정시키기 위해 묻어두는 철물. 익스팬션볼트·스크루앵커(=).

팽창색(膨脹色, expansive color) : 어떤 색의 면적이 실제보다 크게 느껴질 때의 색. 일반적으로 명도가 높은 색은 팽창색이 되고, 팽창색은 진출색이 되며, 시각적 중량감이 큼. ⇨수축색(⇔).

팽창시멘트(膨脹-, expansion cement) : ①석고·보크사이드·백아를 혼입하여 소성한 칼슘 클링커. ②콘크리트의 수축성(收縮性)을 개선시키기 위해 수화시(水和時) 계획적으로 팽창성을 갖도록 한 시멘트. 무수축(無收縮)시멘트라고도 함. ③일반적으로 표준 모르타르를 28일간 습도 약 50%로서 기건 양생했을 때 0.05% 정도 팽창했고, 수중양생을 한 경우 약 15% 정도 팽창함. 수축률은 보통 콘크리트에 비해 20~30% 낮고, 비빔시간이 길어지면 팽창률이 저하되므로 주의가 필요함. ⇨무수축시멘트(=).

팽창이음(膨脹-, expansion joint) : 건물이나 구조체의 이음부분에서 열 또는 습기의 팽창으로 인해 생기는 손상을 없애기 위한 이음. 팽창이음은 분리이음이나 조절줄눈에도 사용됨.

팽창줄눈(膨脹-, expansion joint) : 온도의 변화·콘크리트수축·부동침하·이동하중의 진동으로 인한 신축에 따른 균열을 막기 위해 두는 이음새.

팽창탱크(膨脹-, expansion tank) : 온수난방장치 중에서 물의 온도변화에 따라 온수의 용적이 증감하게 되고, 팽창량은 4℃의 물을 100℃까지 높였을 경우 팽창체적 비율이 약 4.3%에 이르는데, 항상 이 정도의 팽창에 대한 여유를 갖지 않으면 안되고, 이에 대응하기 위해 설치하는 것.

팽창페인트(膨脹-, intumescent paint) : 화재의 열에 노출되었을 때 불꽃 확산과 연소를 억제하는 불활성기체 기포의 두꺼운 단열층을 형성하기 위해 부풀어진 피복재.

퍼걸러(pergola[이]) : ①뚫어진 지붕보와 직교하는 서까래 및 트렐리스(trellis)를 지지하고, 그 위로 넝쿨식물을 키울 수 있는 수평 주랑 구조물. ②정원 등에 등나무·담쟁이·덩굴장미 등의 나무넝쿨을 설치한 개방된 통로 및 작은 구조물. ③지붕에는 담쟁이·장미 등 식물을 얹고 울타리 및 나무 또는 벽돌기둥에 보를 올리는 간단한 구조물. ④이 용어의 어원은 라틴어의 오두막집·포도넝쿨이 올라가는 시렁의 의미에서 유래.

퍼니시드룸(furnished room) : 실내에 모든 생활시설이 마련되어 있는 주택으로 침대· TV·냉장고·에어컨·옷장 등이 비치됨.

퍼니싱(furnishing) : 실내에 가구·집기 등을 배치하여 마감하는 작업.

퍼닝(furring) : ⇨띠장(=).

퍼들용접(-鎔接, puddle weld) : 실드 메탈(shield metal)을 용해시켜 구멍을 내고, 그 안에 용착금속을 채워 넣는 용접.

퍼라이트(perlite) : ⇨펄라이트(=).

퍼블리시티(publicity) : ①아이디어와 제품·

서비스에 대해 돈을 지불하지 않고, 프레젠테이션(presentation)하는 것. ②판매를 돕기 위해 회사의 고객 또는 잠재고객을 대상으로 사용료 지불 없이 미디어의 스페이스를 확보하는 프로모션 활동. 이것은 상점에 뉴스거리가 될 만한 것이 생길 때 필요한 것으로, 고객에게 좋은 인상을 심어주는 역할을 하고, 상점의 패션쇼·새로운 스타일의 계절상품 소개·상점 공공활동·신설 지점이나 부서 확장 등의 홍보에 효과적인데, 이것은 상점에 대해 과장되거나 칭찬하는 내용이 아니라 사실적이고 정확한 내용으로 꾸며져야 함.

퍼블릭스페이스(public space) : 일반적으로 누구나 자유롭게 출입할 수 있는 공간. 공공공간(=). 공적 공간(⇔).

퍼빌리온(pavilion) : ⇨파빌리온(=).

퍼센타일(percentile) : ①자료를 크기순으로 배열하여 100등분했을 때의 각 등분점. ②인체계측자료의 응용원칙은 ㉠최대집단치(상위백분위수를 기준으로 91%·95%·99%치 적용) ㉡최소집단치(하위백분위수를 기준으로 1%·5%·10%치 적용) ㉢평균치(평균치를 적용). ⇨백분위수(=). ③전체 수험생의 성적을 최고점에서 최하점까지 순서대로 배열했을 때 개인 성적의 상대적 위치를 백분율로 나타낸 서열 척도. ④100을 기준으로 원점수 백분위가 99.99로 표기됐다면 계열별 전국 석차는 1만 명 중 2등인 셈임.

퍼셉추얼씽킹(perceptual thinking) : 지각 있는 사고(思考).

퍼스낼러티(personality) : ⇨개성(=).

퍼스트플로어(first floor) : 유럽에서는 2층을 의미하고, 미국에서는 1층을 의미함. 유럽에서 1층을 그라운드 플로어(ground floor)라고 함.

퍼스팩티브(perspective) : 사물을 인간의 눈에 보이는 것처럼 도학적 방법에 따라 평면 위에 표현하는 것을 말하며, 보통 '투시도'라고 함. 투시도에는 가까운 쪽보다 먼 쪽에 있는 물체의 윤곽·음영·색채 등을 불분명하게 묘사하여 거리감을 표현하는 공기(색)원근법이 있고, 단지 선만으로 원근감을 나타내는 선투시법이 있음. 일반적으로 '퍼스팩티브'라고 하면 선 투시도법을 가리키며, 제출용으로는 색 원근법에 의한 퍼스팩티브를 가리킴.

퍼실리티매니지먼트(Facility Management ; FM) : ①조직구성원과 업무에 대해 물리적인 직장공간을 가장 적합한 것으로 하는 실무이며, 경영학·건축공학·행동과학·기술과학 등의 모든 원리가 통합적으로 운용되는 관리업무. ②근무자 중심의 바람직하고 효율성이 높은 직장을 실현하기 위해 실증된 관리업무와 최신의 지식기술을 조합하여 생산성이 높은 직장을 계획·실현하며, 운용·관리하는 경영업무. ③기업·단체들의 모든 시설 및 환경을 경영적 시점에서 종합적으로 기획·관리·활용하는 경영관리 활동. ④조직체가 보유하거나 사용하는 모든 업무용 시설설비를 대상으로 그 상태를 최적으로 유지하는 것을 목적으로 종합적·장기적 시야로서 다면적인 지식기술을 활용하여 행하는 계획·관리활동.

퍼트(PERT ; Program Evaluation and Review Technique) : ①1958년 미국 해군의 특별계획실에 의해 polaris 핵잠수함 건조계획 시, 개발과정에 있어서 일정계획과 그 통제기법으로서 고안해 낸 것으로 PERT는 정해진 기일에 프로젝트를 완성한다는 목적 달성을 위해 어떤 손을 써야 하는가를 명백히 하기 위한 역할. ②목표의 기일에 맞추는 능력을 높이기 위한 시간·자원·기능에 관한 처치와 조정을 하는 방법. ③불확정 요소를 결합하여 소요시간 견적을 3점법으로 확률 계산함. ④신규사업 및 미반복사업, 즉 경험이 없는 사업에 적합.

퍼티(putty) : 접합제의 일종으로 산화석(酸化石) 또는 탄산석회($CaCO_3$)를 아마인유 같은 건성유(乾性油)로 혼합하여 만든 페인트의 일종으로 현장에서는 주로 '빠데'

라는 속어를 사용하고 있고, 백색 유조점유가 건조함에 따라 굳어지는 것으로 창유리의 정착판자를 도장할 때 나무마디와 틈을 덮는데 사용하고, 인테리어공사에서는 주로 도장공사에 사용되는 도장퍼티가 이용되며, 그 외에 유리공사에 사용되는 유리퍼티·각종 배관 접합부에 사용되는 붉은 퍼티 등이 있음.

퍼퍼레이션(perforation) : 큐비즘의 조각가 A. P. 알키펜코가 제창한 설(說)로 지금까지의 양감(量感)을 포지티브(positive)로 해석하고, 자기의 조각에 네거티브(negative) 볼륨. 즉 오목함이나 구멍을 채용하여 '퍼퍼레이션'이라고 명명. 그러나 조각의 세계에 정착시킨 것은 유기적 추상조각가인 H. 무어임.

퍼펜디큘러양식(-様式, Perpendicular style) : ①가장 화려한 영국의 수직식 고딕양식. 영국의 고딕은 초기 영국식·장식식·수직식·튜더식의 4기로 구분. ㉠초기 영국양식(early English style)은 12세기 후기부터 14세기 초기까지의 양식으로 솔즈베리 대성당(13세기)이 대표적임. ㉡장식양식(decorated style)은 14세기 초기부터 후기까지로 전기를 기하학양식(geometric style), 후기를 곡선양식(curvilinear style)이라고 하고, 엑시터대성당(13~14세기)이 그 예임. ㉢수직식은 영국 고딕을 특징짓는 양식으로 14세기 후기부터 16세기 초기까지의 것을 말하고, 수직의 방향성이 강조되어 트레이서리(tracery)도 패널 트레이서리나 바르게 뻗은 멀리온(mullion)과 트랜섬(transom)으로 구성된 수직패널이 됨. 천장은 팬 볼트(fan vault)가 되어 경쾌하고 화려함. 케임브리지의 킹즈 칼리지 교회(king's college church, 15~16세기)가 대표작임. ㉣튜더양식은 16세기 중엽의 것으로 튜더아치(Tudor arch)가 특징이며 런던의 웨스트민스터 어베이의 헨리 7세 교회(1512년)가 그 예임. ②수직양식(=).

퍼플(purfle) : ①성당이나 교회를 장식하기 위해 소형 건축형태를 응용하여 레이스 효과를 만든 문양. ②레이스·자수·드레이퍼리(drapery) 등과 유사한 효과의 조각장식 및 표면장식. 트레이서리(tracery)·첨탑(pinnacle) 등도 레이스와 같은 효과가 있으므로 퍼플의 한 종류.

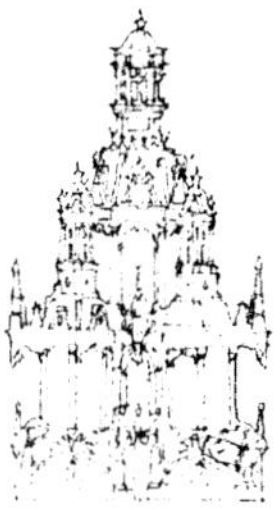
퍼플

펀칭메탈(punching metal) : 판두께 1.2㎜ 이하의 얇은 판에 여러 가지 모양으로 오려낸 철물로서 아연도금철판·알루미늄판·동판·두랄루민(duralumin)판 등을 사용. 환기공(換氣孔)·라디에이터 커버(radiator cover) 등에 이용.

펄그레이(pearl gray) : ①진주색에서 따온 색이름. 백색에 가까운 연한 회색. 약간 더 희면 펄 화이트(pearl white)가 됨. 그러나 그 한계는 분명치 않음. 회색 기미의 백색(grayish gray). ②먼셀기호 N8.5.

펄라이트(perlite) : ①진주석·흑요석·송지석 등을 분쇄하여 입상(粒狀)으로 된 것을 소성·팽창시켜서 만든 인공경량 골재. ②열에 의해 팽창한 화산유리. 가볍고 구형(球形)의 입자를 형성하여 비구조용 경량골재와 단열재의 충진재료로 사용됨. 시멘트·플라스터 등과 혼합하여 흡음성이나 단열성이 뛰어나 벽 및 천장용 미장재료로 사용함. ③화산석으로 된 진주석(眞珠石)을 900~1,200℃로 소성한 후 분쇄하여 소성·팽창하면 미세공극(微細空隙)을 가지는 가벼운 구상물(球狀物)의 작은 입자가 되며 이를 말함. 1940년 미국에서 본격적으로 제조되기 시작한 이래 오늘날까지 경량골재 및 단열재료로 사용되고 있음. 매우 가볍고, 단열성이 크며, 표면이 요철형(凹凸形)으로 되어 있고, 화학적으로 안정되어 있을 뿐만 아니라 내화성도 큼. 색깔은 백색·회백색이고, 비중은 0.04~0.2 정도(강모래의 1/5~1/10)·공극률은 90% 정도·입도(粒度)는 10㎜ 이하·

흡음률은 30~50%·최고 사용온도는 약 600℃ 정도임. 일반적으로 모르타르 또는 플라스터의 골재로 사용되고 건축용으로는 주로 단열·보온·흡음 등의 목적으로 사용되지만 흡음성이 있으므로 외부 마감재로는 부적합함. 또한 합성수지에 펄라이트 운모(雲母)·색소 등을 혼합하여 스프레이 코팅재료로 사용됨.

펄라이트뿜칠(pearlite spray) : 펄라이트를 주재료로 하여 돌로마이트 플라스터나 벤토나이트를 결합제로 사용하여 뿜칠하는 것. 흡음성이 좋아 주로 천장 마무리에 사용.

펄라이트시멘트판(-板, pulp cement pearlite boards) : 시멘트·석면·펄프·펄라이트 및 무기질 혼합재를 주원료로 하여 성형한 판상의 제품으로, 주로 건축물의 천장재로 사용됨. 바탕판을 착색하거나 인쇄 또는 치장지를 바르고, 도장·뿜칠·마무리 등의 가공을 한 펄라이트 시멘트 치장판도 있음.

펄라이트판(-板, pearlite board) : ①무기질 단열재료의 일종. ②천연 암석을 원료로 한 일종의 천연 섬유질의 펄라이트 입자를 무기 바인더로 프레스 성형한 보드(발수성, KS F 4714). 내열성은 650℃로 높으므로 주로 배관용 단열재로 많이 사용함.

펄라토로열(perlato royal[그]) : 스페인산(産) 대리석으로 베이지색이며 광택이 우수하고 색채평활도는 선택하기에 따라 좋을 수 있음. 주로 실내용으로 사용.

펄몰딩(pearl molding) : 구슬과 진주로 연결된 형태의 몰딩. 비드몰딩(=). 패터노스터(=).

펄빈(pulvin[라]) : ①어원(語源)은 '쿠션(cushion)'을 의미하는 라틴어 'pulvinus'로 비잔틴 건축양식에서 아치의 하단과 주두(柱頭) 사이에 삽입한 사다리꼴을 엎어 놓은 모양으로 된 돌. ②비잔틴양식과 로마네스크 기둥양식에 나타나는 이중 주두의 윗부분. ③부주두(=).

펄크럼(fulcrum) : 로마시대에 사용한 벤치형태의 석재가구.

펄크럼

펄프(pulp) : 목재에서 축출한 섬유질을 분해하여 종이나 인조섬유의 원료로 쓰는 것.

펄프벽지(-壁紙, pulp wallpaper) : 천연펄프로 만든 벽지로 통기성이 우수하고 습도조절 등 장점 때문에 주택·병원·스포츠센터 등 다양하게 사용됨. 가격이 저렴하며 수명이 길어 최근에 많이 사용.

펄프시멘트판(-板, pulp cement boards) : 시멘트·펄프·석면 및 무기질 혼화재를 주원료로 하여 압축·성형한 판으로서 시멘트는 포틀랜드 시멘트 또는 조강포틀랜드 시멘트를 사용하며, 펄프는 주로 파지(破紙)를 용해·처리하여 사용. 석면은 6D 이상인 것을, 무기질 혼합재는 팽윤성(膨潤性)이 작은 석면분(石綿粉)·암분(岩粉) 등의 무기질 물질을 사용하고, 원료를 배합·성형한 후 충분히 양생하고 함수율을 8% 이하로 하여 건조시켜 출하함. 주로 건축물의 수장재로 사용.

펄프시멘트판의 치수(단위 : ㎜)

길이×너비	길이×너비
1,820×900	2,420×900
2,420×600	2,730×900

펌프콘크리트(pump concrete) : ①현장에서 부어 넣을 장소에 수평 또는 수직으로 먼 거리까지 콘크리트를 펌프로 수송하는 공법으로서 공간이 비교적 제한된 공간에 적합. ②펌프의 종류는 피스톤 펌프(유약 또는 기계적 작동)·뉴매틱 펌프(압축공기로 압축)·착출식(搾出式) 펌프의 3종.

펌프콘크리트

펑셔널리즘(functionalism) : ⇨기능주의(=).

펑크(Punk) : ①1970년대 중반 런던에서 찢어진 티셔츠와 같은 자학적인 패션과 과격한 헤어스타일로 말미암은 반항적·파괴적인 모습이 사회문화현상으로 일컬어지면서 대두되었음. 또한 그보다 앞서 1967년 봄, 윌리엄 사이츠가 캘리포니아대학 부속 미술관에서 펑크 아트라는 전시회를 개최한 이래 부각되었으며, 더욱 거슬러 올라가면 이미 1950년대부터 일부 작가에 의해 논의가 이루어지기도 했음. ②펑크 아트는 본질적으로 앙상블라주(assemblage[프])의 예술이었던 펑키(Punky) 아트에서 자연적으로 발전한 것으로 펑키라는 용어는 뜨겁고 물결치는 듯한 재즈곡을 지칭. 그 속에는 전통적인 가치관에 대한 경멸의 의미가 외설적으로 담겨 있고, 이것은 젊은 불량배·애송이·허튼소리 등의 의미가 담겨 있는 펑크와 일맥상통하고 있음. ③미술경향에 있어 펑크 아트는 재료에 있어서 반기능적이며, 미학에 있어서는 반지성적·반형식적 입장을 취했음. 1980년 창간되어 테리 존스가 디자인을 맡았던 『아이디(ID)』 잡지는 펑크를 그대로 반영하여 많은 영향을 주었고, 대표적인 작가로는 케네드 프라이스·브루스 코너·로버트 허드슨 등이 있음.

페넌트(pennant) : 길고 좁은 삼각 깃발(旗).

페네스텔라(fenestella) : 성인의 유골을 모신 성당에서 성골을 볼 수 있도록 하기 위해 유리창으로 만든 작은 벽장.

페놀(phenol) : ①특취(特臭)있는 무색의 침상 결정 또는 백색결정의 괴상물(塊狀物; 방부 소독용 합성 원료로 쓰임). ②벤젠핵(核)의 수소 원자를 수산기로 치환한 화합물의 총칭.

페놀수지(－樹脂, phenol resin, phenolic resin, phenol formaldehyde) : ①석탄산 등 페놀류와 포름알데히드의 축합(縮合) 반응으로 만들어진 열경화성 수지. 페놀류 가운데 특히 크레졸을 주원료로 한 것을 크레졸 수지·크실레놀을 주원료로 한 것을 크실레놀 수지라고 함. ②열경화성 수지의 일종으로 페놀(phenol)과 포르말린(Formalin) 또는 포름알데히드를 주원료로 한 합성수지. 일반적으로는 베이클라이트(Bakelite)라는 상품명으로 알려져 있고, 내수합판의 접착제·내알칼리성 도장재 등에 많이 쓰임. 도료에서 사용되는 페놀수지는 알코올용성(溶性) 페놀수지 중에 노블라크형(novolak type)은 알코올에 녹고, 상온에서 건조되지만 도막은 단단하여 깨지기 쉽고, 셸락과 비슷한 용도에 사용됨. 유용성 페놀수지는 기름에 녹고 속건성(速乾性)·내알칼리성이지만 도막은 황변(黃變)하기 쉬움. 100% 페놀수지는 어떠한 변성제를 사용하지 않아도 용제에 녹고, 보통의 페놀수지 또는 바니시보다 건조가 더욱 빠르고 내후성도 뛰어남. 황변성(黃變性)이 작고, 단단하고, 내알칼리성이며, 전기적 성질이 좋으며, 일명 '페놀회반죽'이라고도 함. ③특징은 ㉠비중(25℃) 1.25~1.30, 인장강도 490~700(kgf/㎠), 신율 1.0~1.5%, 탄성계수 5.3~8.8(104kgf/㎠). ㉡내열성·내약품성·내수성·강도·전기절연성 등이 좋고 단단하며 내알칼리성이 약함. 전기절연성을 높이기 위하여 목면(木棉)을 첨가함. ㉢흑색과 갈색을 띰. ④벽·덕트·파이프·발포보온관·배전판·도료·접착제·전기절연재료·접착제·도료 등에 사용됨. ⑤제품으로 베이클라이트(상품명)를 만듦. ⇨석탄산수지(＝).

페놀수지도료(－樹脂塗料, phenolic resin paint) : ①페놀수지를 사용하여 바니시를 만들고, 안료(顔料)를 섞어 만든 도료. ②페놀류(phenol類)와 알데히드류(aldehyde類)를 산 또는 알칼리를 촉매로 하여 축합(縮合)시켜 얻은 합성수지를 페놀수지(phenol resin)라고 함. 도료 중 가장 많이 사용하는 페놀수지는 석탄산(石炭酸)과 포르말린(formalin)을 축합시켜 얻으며, 이를 석탄산 수지도료(石炭酸樹脂塗料)라 하고, 내유성·내수성·내후성·내열탕성(耐熱湯性)·내산성이 우수하며, 속건성(速乾性, 10시간 이내)이고, 비교적 내알칼리성도 있음. 무색(無色)·담황색(淡黃色)으로 100~150℃에서 용해되며, 영구 열가소성(熱可塑性)이 있음. 알코올(alcohol)·아세톤(acetone)·에스테르(ester)에 녹으며, 셸락

(shellac) 대용(代用)으로도 사용됨.

페놀수지접착제(-樹脂接着劑, phenol resin adhesive phenol resin paste) : ①보통 페놀수지와 포르말린(formalin[독])으로 합성하여 액상(液狀)·가루·필름 모양으로 만들어 접착제로 사용하는 것. 「열경화성이고 내구성이 있으며, 주로 합판·집성재·플러시 도어·패널 등을 제조하는데 사용」. ②페놀수지의 초기 축합물(縮合物)을 주성분으로 하고 이것을 메탄올(methanol) 또는 변성 알코올에 녹여 경화제와 증량제(규조토·목분 등)를 혼합하여 만드는 접착제로서 주로 일류합판·목제 제품에 사용. ③종류는 용제형과 에멀션형이 있고, 멜라민·초산비닐 등과 공중합시킨 것도 있음. ④특징은 접착력·내열·내수성·내구성이 우수하지만 유리 및 금속의 접착에는 적당하지 못하고, 액상인 것은 상온에서 경화하는 것도 있지만 기온 20℃ 이하에서는 충분한 접착력을 발휘할 수 없고, 60~110℃ 정도로 가열해야 함. 완전히 굳으면 적등색을 띠므로 경화 정도를 쉽게 판단할 수 있음. ⑤주로 일류합판·집성재·플러시 도어·패널 등 목제제품을 제조하는데 사용됨. ⇨석탄산수지접착제(=).

페놀수지판(-樹脂板, phenol formaldehyde board) : 페놀수지로 성형·제작한 판으로 베이클라이트 형판(bakelite : 종이에 페놀수지를 침투시켜 가열·가압하여 만든 얇은 판)·강화목재 적층판(强化木材積層板, 목재박판을 페놀수지액에 담갔다가 여러 매씩 겹쳐 가열·가압하여 만든 판)·페놀수지 치장판(합판 표면에 페놀수지를 침투시킨 종이를 한 층만 붙이고 가열·압축시켜 만든 판) 등이 있음.

페니(penny) : 못 길이의 호칭.

페더글라스(feather glass) : 유리섬유제의 흡음·단열재료.

페데스탈(pedestal) : ①높이가 단면최소 치수의 3배 미만인 직립 압축부재. ②원주(圓柱)·조상(彫像) 등의 지지대. 베이스(base)·데이도(dado)·다이(die)·코니스(cornice)·캡(cap) 등. ③하나의 다리로 지지하는 받침대를 총칭. 고전 건축에서는 기초(base) 아래에 위치하여 기둥 전체를 지지하는 받침대로 사용되었고, 그 후 가구에 응용되어 책상이나 테이블의 상판을 지지하는 받침대 및 조각물·꽃병 등을 올려놓는 받침대로 쓰였으며, 특히 영국 조지안(Georgian)시대의 아담(Adam) 형제는 식당의 사이드보드(side board) 양옆에 이 페데스탈을 두어 나이프 박스(knife box)를 올려놓는 받침대로 사용함. ④기둥머리(柱頭)와 토대(土臺), 그리고 코니스(cornice) 등으로 구성되는 기둥·무덤 또는 조각상을 지지하는 받침대.

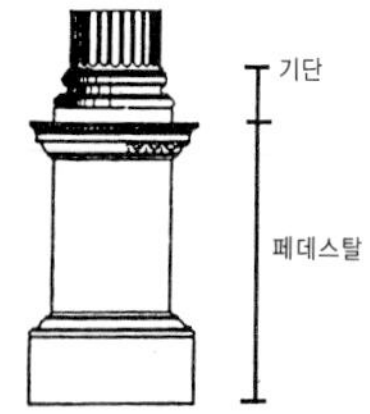

페데스탈데스크(pedestal desk) : 니홀 데스크(kneehole desk)와 같은 형태의 책상. ⇨니홀 데스크(=).

페데스탈체어(pedestal chair) : ①4개의 다리 대신 좌석 밑에 아래로 퍼지는 나팔 모양의 받침대 하나로 지지되는 20세기에 디자인된 의자의 형태. ②에로 사리넨(Eero Saarinen)이 디자인한 튤립의자가 대표적임. ⇨튤립체어.

페데스탈테이블(pedestal table) : 상판 아래 한가운데에 하나의 기둥이나 원통 형태의 받침대가 있는 테이블. 18세기 삼각대(tripod)의 형태도 개발되었고, 현대에는 에로 사리넨(Eero Saarinen)의 튤립의자와 테이블을 비롯하여 이와 유사한 많은 디자인들이 있음.

페데스탈테이블

페데스티리언몰(pedestrian mall) : ①쇼핑센터의 가장 특징적인 요소로서 보행자 전용로(專用路). ②쇼핑센터 내의 주요동선으로서 고객을 각 점포에 균등하게 유도하는 보도. 특히 고객에게 변화감과 다채로움, 자극과 변화 및 흥미를 주는 동시에 휴식을 취할 수 있는 장소를 제공하는데 그 의미가 있음. 이러한 기능을 위해 분수·연못·조경 등이 구성요소로 쓰임. ③일반적으로 한 사람의 폭 0.75m를 기준으로 시설대(施設帶)와 가로수의 여유 공간을 포함시켜 계획. 친근감이 있으며 면적상의 크기와 형상 및 비례감이 잘 정리된 각기 연속된 크고 작은 공간들의 조합으로 계획되어야 함.

페데스티리언웨이(pedestrian way) : ⇨페데스티리언몰(=).

페드럴양식(-樣式, Federal style) : ⇨연방양식(=).

페디먼트(pediment) : ①고전 그리스 건축의 박공장식으로 건물의 앞이나 문과 창문 위에 장식되는 삼각형의 박공부분. 페디먼트는 분절되어서 형태를 이루기도 함. ②그리스 건축의 페디먼트는 돌림재·경판(tympanum)·회진(acroterion) 등 3부분으로 구성되어 있음. 열주(列柱)나 파사드(facade)의 주요부분 위에 얹혀진 넓고 낮은 박공. 파사드 위의 낮은 경사도 삼각형의 박공 또는 문이나 창문 상부의 장식으로 쓰인 둥글거나 삼각형으로 된 건축구조물. 박공면을 갖는 사원이나 다른 고전적 건물에 있어서 경사진 처마와 수평의 코니스선에 의해 만들어지는 삼각형 부분. ③이 단어는 '페리먼트(periment)'라는 단어가 변형된 것으로 보이는데, 이 페리먼트라는 단어는 16세기 영국의 문헌에 출현하고 있으며, 아마도 '전면을 향한다'라는 뜻의 프랑스어 'perement'에서 유래한 것으로 추측됨. 'pediment'는 항상 지붕의 단부를 표현하는 것은 아니며, 종종 장식적으로 사용되기도 하고 거대한 규모로 적용되기도 함. 작은 규모의 경우에 박공은 일반적으로 문과 창의 개구부 및 벽감 등의 장식요소로 사용됨. 'pediment'에는 많은 변형 내지는 왜곡된 형태들이 있는데, 예컨대 삼각형 대신에 활모양의 곡선형으로 되어 있기도 하며, '단절된 pediment'에서는 그 경사진 측면이 꼭짓점에 다다르지 못하고 다시 원점으로 되돌아감. ④지붕의 팔자(八字) 모양으로 맞물려 있는 건물에서 지붕 아래쪽의 삼각형을 이루는 부분. ⇨아크로테리아.

페라이트(ferrite) : 강조직 내의 0.021% 정도의 탄소가 고용(固溶)되어 있는 순철(純鐵)의 입자로서 온도에 의해 α, γ, δ로 구별됨. 극연(極軟)이며, 담금질 효과가 없고, 강자성(强磁性)임. 전기전도율이 크며, 브리넬경도는 약 80, 인장강도는 약 3.5kg/㎟, 연신율은 40%.

페런(perron) : ⇨페론(=).

페로바(Peroba, Aspidosperma polyneuron M. Arg) : ①브라질·아르헨티나·파라과이에 분포. ②심재는 적색, 장미색에서 황색으로 일반적으로 적갈색 또는 갈색의 반점 혹은 줄무늬가 있음. 표면은 외기에 노출되면 갈색을 띤 황색 또는 진한 갈색으로 되며 황금색을 띤 변재와의 구별은 불분명함. 목리는 통직(通直) 또는 매우 불규칙하고 나무 표면이 고우면 광택은 낮거나 보통이고 냄새는 심하지 않으며 맛은 씀. 기건비중 0.78~0.85 수축률은 방사방향 3.5~4.5%, 접선방향 6.9~8.3%, 용적수축률은 12.2~14.1%이고, 강도는 압축강도 505~580kg/㎠, 휨강도 974~1,107kg/㎠로 보통. 가공성은 양호하고 내구성은 보통. ③용도는 가구·플로어링·내부장식·건축 등에 사용.

페로시멘트(Ferro cement) : ①와이어 메시(wire mesh)를 이용한 보강 콘크리트. ②시멘트 페이스트 또는 모르타르를 결합재, 금속망(鐵網)을 보강재로 하여 제조한 시멘트계 복합재료. ③1847년 프랑스인 Jeseph Louis Lambot에 의해 특허가 취득되어 1940년 이탈리아인 Pier Luigi Nervi에 의해 선박에 사용됨. 그 후 1959년 영국의 시크리트사(社)에 의해 페로시멘트선이 건조되어 세계에 보급되었음. ④특징은 인성(靭性)·내충격성·균열에 대한 분산성·자유로운 디자인·내부식성·내수성·내구성·

경량화·경제적임. 철망의 형태와 모르타르 배합에 의해 비중이나 강도 등의 성질이 변화함. 사용하는 모르타르의 배합은 물시멘트비 30~50%, 시멘트 모래비는 1 : 1에서 1 : 3의 범위. 단위시멘트량은 500kg/m³ 정도를 사용하며 단위수량은 흙손마감 또는 뿜어붙임이 가능한 양. 단위용적질량은 2.4~2.6t/m³가 되며, 압축강도 300~500kg/m². 휨강도 및 인장강도는 철망 등의 보강재 함유량이 많을수록 큼.

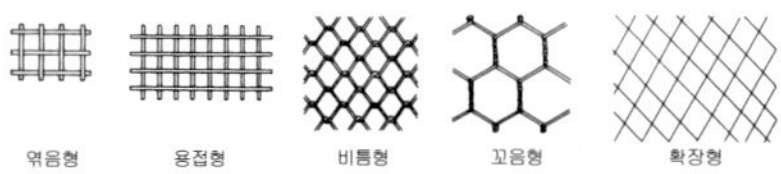

금속망 종류

페론(perron) : ①주택의 중앙 출입구로 진입하도록 만든 바깥 계단. 보통 궁전이나 저택 2층의 응접실인 피아노 노빌레(piano nobile)로 오르도록 되어 있으며, 대칭으로 된 것이 일반적임. ②교회의 현관 앞 계단.

페룰(ferrule) : 가구의 다리를 강화시키고 발끝이 갈라지는 것을 막기 위해 다리의 둘레 및 발끝에 끼우는 금속 마개·고리 또는 띠 등 일반적으로 그림붓에서 붓 부분의 나무대를 연결시키는 금속부분과 같이 두 개의 물체를 연결시키기 위해 감아 두는 금속 띠.

페룰

페르시안건축(－建築, Persian architecture) : ①아카이메네스왕조시대(B. C. 550~330년경)의 페르시아(이란) 옛 제국의 건축. 대표적인 건축물로는 파사르가다이 궁전과 스사와 페르세폴리스 궁전 등이 있음. ②거대한 기단(基壇) 위에 열주(列柱) 홀·주랑(柱廊)·안뜰 등을 배치한 웅장한 건물. 기단과 건물의 벽면은 유약(油藥)을 칠한 벽돌과 부조(浮彫)한 돌이 특징.

페르시안카펫(Persian carpet) : 이란에서 생산되는 질 좋은 카펫을 총칭. 디자인·색채·끝마무리·장인의 기량 등에서 탁월한 품질의 것이 많고, 종류에는 사로크(Sarouk)·케르만(Kerman)·사라벤드(Sara－bend)·이스파한(Ispahan)·피간(Feaghan) 등으로 각 지방에 따라 독특한 양식을 가지고 있음.

페리스타일(peristyle) : ①사원 건물이나 중정(中庭, 안뜰)의 주위를 둘러싸고 있는 연속적인 열주랑(列柱廊, colonnade) 또는 그렇게 하여 생긴 중정. 고대 그리스·로마의 주택에서는 이 부분을 중심으로 사적인 가족생활을 위한 방들이 배치됨. ②방형(方形)의 안마당에 면하여 주열(柱列)을 둘러싼 열주랑. 이 주랑을 포함한 둘레도 같은 명칭으로 부르고, 그 안의 공간을 에워싸는 역할을 함. ③건물의 3면이나 4면을 둘러싸거나 건물 내의 정원(courtyard) 안쪽에 있는 연속적인 열주랑(列柱廊, colonnade).

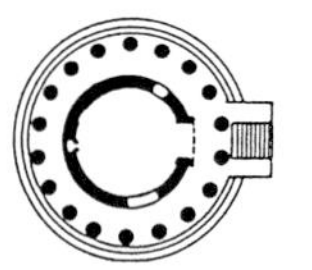
페리스타일

페리스튤룸(peristylium) : ⇨페리스타일(＝).

페리프테로스(peripteros[그]) : 켈라(cella) 주위에 일렬로 원주(圓柱)를 둘러 세운 주주식(周柱式). 주주(周柱)가 독립기둥이 아니라 벽에 붙은 기둥으로 되어 있는 경우에는 셰도우 페리프테로스(pseudo peripteros, 擬周柱式)라고 함.

페립터랄(peripteral) : 포티코(portico)가 열주랑에 의해 측면에 따라 연결된 형태.

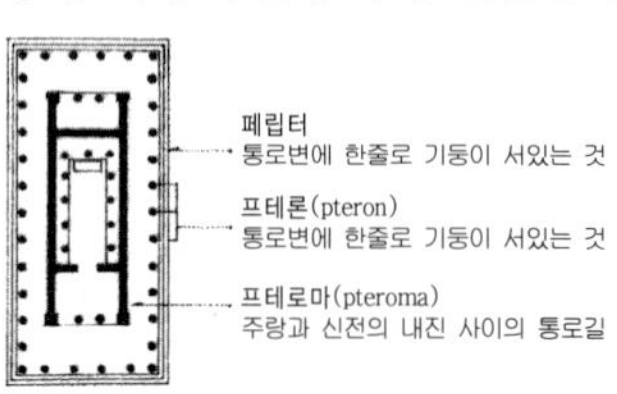

페립터랄

페미닌(feminine) : 여성적인 것을 의미하는 용어.

페스툰(festoon) : ①꽃·잎·리본 등을 길게 이어 양끝을 질러놓은 장식. ②끈

페스툰

이나 꽃·잎·리본 등으로 구성되며, 양쪽의 두 점을 기준으로 늘어진 줄모양의 장식. ③꽃줄장식 또는 스왜그(swag)라고도 하는 페스툰은 꽃·과실·잎을 모티브로 한 조각장식으로, 꽃 등을 줄줄이 엮어 그 양단을 끊어서 늘어뜨린 듯한 원호모양의 형태를 하거나 양단에 리본을 사용하고, 소의 두개골(Bucranium, Bucrane)을 배합한 장식. 나무나 돌을 새기거나 회반죽 등으로 만들고, 오더의 엔태블러처의 프리즈 장식 또는 벽면 패널 장식 모티브로 자주 사용하였음. ④꽃줄장식(=).

페어(fair) : ①원래는 중세 유럽에서 정기적으로 개장되었던 시장에서 유래한 것으로 종교적인 축제 및 행사가 끝난 후에 사용된 물건을 교환하거나 판매하기 위한 목적으로 시작된 것인데, 현대에 있어서는 농업·공업 등의 발달과 도시화의 진전에 따라 교역이나 판매를 위한 상품 품평 및 전시회를 의미하는 말로 널리 사용되고 있음. 박람회 견본시(見本市)라고도 함. ②한 나라의 풍물 및 생활문화를 소개하는 박람회를 지칭.

페어글라스(pair glass, double glazing) : ①창문·문 또는 채광창의 단열효과를 위해 2개의 유리판 사이에 진공공간을 둔 유리. ②2장 또는 3장의 유리를 일정한 간격을 두고 둘레에는 틀을 끼워서 내부를 기밀하게 만들고, 여기에 깨끗한 공기 등의 건조기체를 넣어 만든 판유리로서 다층유리의 일종임. '이중유리' 또는 '겹유리'라고도 함. ③단열(斷熱)·방서(防署)·방음(防音)효과가 좋고, 결로방지용으로도 적합하며, 차음(遮音)에 대한 성능은 보통 판유리보다 더 나은 것은 아님. ④유리의 두께는 판유리의 두께와 공기층의 두께를 합하여 표시함. 예컨대 5㎜ 판유리 2장과 공기층이 6㎜인 복층유리의 두께는 16㎜가 되며, 16(5+A6+5)으로도 표시함. 에너지절약을 위해 일반주택에서부터 고층빌딩에 이르기까지 외부창에는 복층유리가 많이 사용됨. ⑤건축법에서 거실의 외기에 면하는 창은 열관류율의 값이 3.0㎉/m²h℃ 이하인 구조로 하거나 이중창 또는 복층유리로 시공하도록 되어 있음. ⑥복층유리(=).

복층유리의 두께 및 최대 크기

두께 (㎜)	유리의 구성 "A"는 공기층(㎜)	최대 크기 (㎜)	최대 크기 (㎜)	평균무게 (kg/m²)
12	3+A6+3	1219×1830	48×72	15.3
16	5+A6+5	1830×2440	72×96	25.3
18	6+A6+6	2440×2743	96×108	30.3
22	5+A6+5	1830×2440	72×96	25.5
22	8+A6+8	2500×3500	98×138	40.3
24	6+A6+6	2440×2743	96×108	30.5

페이드아웃(fade out) : 조도(照度)를 서서히 줄여서 어둡게 하는 것.

페이드인(fade in) : 조도(照度)를 서서히 더 밝게 하는 것.

페이브먼트글라스(pavement glass) : ⇨테크글라스·포도유리·프리즘유리(=).

페이셔(fascia[이]) : ①장식이 없는 수평띠. 아키트레이브의 통상적인 형태는 2~3개의 파스시아로 구성되는 것이며, 이때 아래쪽의 것보다 약간씩 더 길어지게 되고 좁은 몰딩에 의해 서로 구분됨. ②이오닉 오더(Ionic order)에 있어서 아키트레이브(architrave)를 구성하는 3개의 수평띠 벽 중 하나로 평평한 수평부재나 약간 튀어나온 띠 모양의 수평부재. ③처마 밑의 띠 모양 벽. ④이오니아 및 코린트식 엔태블러처(entablature)의 아키트레이브가 띠의 장식으로 나누어진 것처럼 조그만 돌출몰딩 또는 평평한 수평부재. ⑤파시아·패시아·페이셔(=). ⇨필렛(⇔)⇨몰딩.

페이스(face) : 전시공간에서 상품의 표면, 특히 정면을 선반에 진열할 때, 옆 방향으로 셈할 수 있는 상품의 정면 페이스(face)의 수를 뜻함.

페이스네일(face nail) : 작업면에 수직으로 미치지 못하는 것.

페이스아웃(face out) : 전시공간에서 상품의 특징인 밝은 상품의 얼굴이라고 할 수 있는 부분을 보는 사람들을 향해 대항시킨 상태.

페이스트(paste) : 반죽하여 만든 풀 등. 예컨대 시멘트 페이스트 등.

페이싱(facing) : 페이싱 수를 관리하여 상품회전율을 향상시키는 것을 '페이싱 관리'라고 함.

페이싱브리크(facing brick) : ⇨치장벽돌(=).

페이즐리(paisley) : 솔방울·실삼나무·잎사귀의 형태가 얽혀 있는 문양. 실내에서는 보통 벽지나 가구용 직물에 쓰임.

페이퍼플랜(paper plan) : 지상계획을 의미하는 용어.

페인트(塗料, paint) : 도료 전반을 총칭하는 것으로 특히 유성도료를 의미. 종류는 유성페인트와 수성페인트로 구분되지만 보통 유성페인트를 일반 페인트라고 함.

페인트퍼티(paint putty) : 건성유에 연백(鉛白) 또는 안료를 더하여 호상(糊狀)으로 만든 것을 말하며, 주로 유성페인트의 바탕 만들기에 사용함.

페인티드디스플레이(painted display) : 금속판에 유성페인트로 그린 옥외광고판 또는 건물의 벽면에 페인트칠한 것.

페일링(paling) : ⇨울담(=).

페치카(pechka[러]) : 러시아·만주지방에서 사용하는 특유의 난로 등의 난방장치. 내부에는 수직면으로 굴곡된 굴뚝을 넣고, 돌·벽돌·금속 등으로 만든 난로를 벽에 붙여서 열을 가하면 방안 전체가 따뜻해짐.

페코빔(pecco beam) : ①간사이에 따라 신축이 가능한 무지주(無支柱)공법으로서 수평 지지보로 거푸집을 지지하는 공법. ②보우 빔(bow beam)과 비슷하나 안보에 의한 스팬(span) 조절이 가능한 무지주공법. ③특징은 철골 빔 간격이 복잡한 경우 작업 가능함, 공기단축 작업 용이함, 중앙부 처짐 우려, 설치 해체시 작업발판 필요함. 천장이 높은 건물에 유리하고, 최대 허용 휨모멘트는 1.5t/m임.

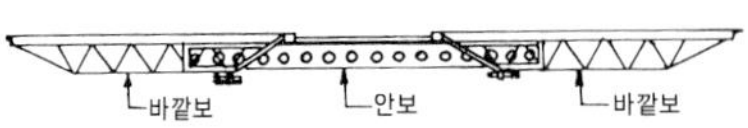

페코빔

페티코트(petticoat) : 스커트 속에 입는 여성용 속옷의 일종.

페티코트밸런스(petticoat valance) : 침대와 바닥 사이에 생기는 빈 공간을 막기 위해 사용하는 주름이 있는 천. ⇨더스트러플(=).

페티코티밸런스

페히너의 법칙(Fechner's law) : ⇨웨버페히너의 법칙.

페히너컬러(Fechner color) : ⇨주관색(=).

펜더(fender) : 재나 불똥이 떨어지는 것을 막기 위해 벽난로 앞에 놓는 낮고 장식적인 금속망.

펜던트(pendant) : ①라틴어의 '매달리다'라는 의미의 '펜데레(pendre)'에서 유래한 용어로 조명기구를 천장(ceiling)이나 볼트(vault)에 매달아 아래로 늘어뜨린 형식의 장식 및 매달린 모양 또는 조명기구. 줄이나 와이어·파이프·코드 및 체인으로 천장에 매달게 되며, 반간접 또는 전반확산 조명의 효과를 얻을 수 있음. 식탁 위에서부터 900~1,000㎜까지 늘어뜨리는 것이 일반적이지만 필요에 따라 이를 조절하며, 광원은 백열등이나 할로겐램프가 음식을 돋보이게 하므로 이상적임. ②지붕 트러스나 볼트 또는 천장에 매달려 있는 조각된 장식품을 말하고, 드롭(drop)이라고도 함. ③종류는 확산형·반간접형·다운라이트형·노출형 등.

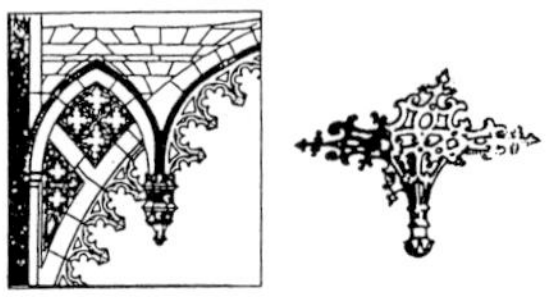
펜던트

펜던트스위치(pendant switch) : 코드 끝에 달린 누름버튼스위치. 보통 형광등에 사용.

펜던트조명(-照明, pendant lighting) : ⇨펜던트(=).

펜덴티브(pendentive, pendentif[프]) : ①비잔틴 건축에서 돔을 만들기 위해 사용한 네 귀퉁이에 생긴 부분. 사각형의 평면 위에 돔 지붕을 얹은 경우에 생기는 모서리 부분으로서, 일반적으로 그 평면에 외접한 큰 원을 저면으로 하는 반구(半球)의 일부로 되어 있음. ②정사각형의 평면 위에 돔(dome)을 설치할 때 돔의 바닥 네 귀에 쌓아올리는 구면(球面)의 삼각형 부분. ③돔의 원형 평면에서부터 그 지지구조물의 다각형 평면으로의 전이를 형성하는 구면(球面) 삼각형. ④돔과 벽을 기하학적으로 연결시키는 것. ⑤서로 반대방향에서 조적이 시작되어 열주 또는 기둥에 의해 지탱되는 아치로 이루어진 두 쌍의 돔이 서로 교차함으로써 형성되는 둥근 삼각형. ⑥비잔틴 건축의 특징으로 정사각형 평면에서 인접 기둥과 반원아치 구성 후 아치 사이의 삼각곡선을 말함. 대표적인 예는 콘스탄티노플의 산타 소피아(Santa Sophia) 성당(532~37)과 베네치아의 성 마르코(San Marco) 교회당(1042~71)이 있음. ⇨구면 삼각형(=).

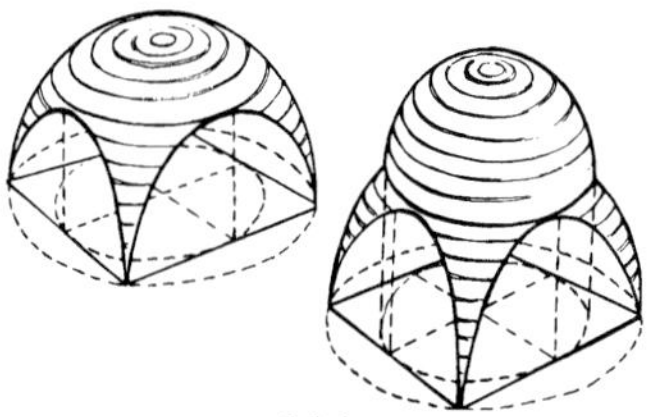

펜덴티브

펜덴티브구조(-構造) : ⇨펜덴티브.

펜덴티브돔(pendentive dome) : ①페르시아(Persia) 지방에서 사용한 스퀸치(squinch) 기법을 발전시킨 기법으로서, 사각형 평면 위에 원형 평면의 돔을 가설하는 비잔틴양식의 독특한 기법. ②네 개의 활꼴 모양을 제거함으로써 형성되는 구형 돔. 돔은 펜덴티브와 합병되며, 정방형의 평면에 놓임. ⇨펜덴티브.

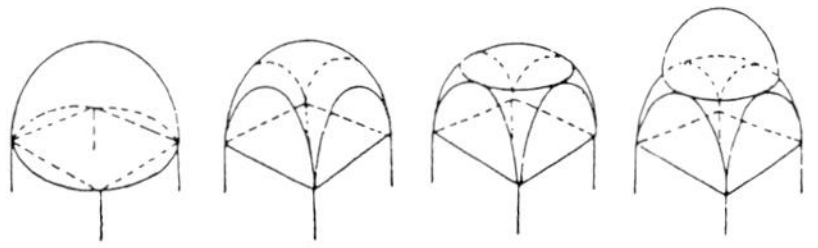

펜덴티브돔

펜션(pension) : 장기 체류자를 위한 호텔로 '하숙호텔'이라고도 함.

펜슬시다(pencil cedar) : 파푸아뉴기니 등지에서 생산되는 남양재로 주로 가구재나 실내장식 마감재로 사용.

펜워크(pen-work) : ①영국섭정(Regency) 시대에 성행. 펜으로 그려 섬세하고 레이스의 효과가 있는 가구장식 기법. ②검게 옻칠한 나무 위에 디자인된 무늬를 흰색으로 그리고 세부묘사와 명암은 검은 인디안 잉크를 묻힌 세밀한 깃촉 펜(guill pen)으로 마무리함.

펜타곤(pentagon) : ⇨오각형(=).

펜타도론(pentadoron[그]) : 5장(掌, 손바닥) 크기의 벽돌. 도론(doron)은 그리스어로 손바닥을 말함.

펜타스타일(pentastyle) : 고전 신전(神殿)의 전면 또는 전·후면에 5개의 기둥이 있는 건축양식.

펜타스튤로스(pentastylos) : ⇨펜타스타일(=).

펜트하우스(penthouse) : ①본체에 붙어 있는 부설지붕으로 된 건물 또는 문·창 등의 개구부 위에 붙이는 차양형식의 지붕. 그 외에 옥탑이나 최상층의 고급주택을 의미하기도 함. ②이 용어는 라틴어 pentice(부가하다)+house(집)의 합성어. ⇨옥상층(=).

펠(PEL ; Practical Equipment Ltd) : ①1931년 7월 튜브 인베스트먼트(Tube Investments) 회사에 의해 형성된 것. ②튜브 인베스트먼트는 1차 세계대전으로 인한 잉글랜드 중부지방에서 강철관 산업의 격렬한 경쟁을 막기 위해 1919년 에클레스(Accles)·폴락(Pollock)·튜브스 리미티드(Tubes Limited)와 몇몇 조그만 회사들을 병합하여 만든 것이었음. 1931년 초반에 튜브 인베스트먼트의 경영자인 카루(P. G. Carew)와 히긴스(Higgins)는 스트랜드 팰리스(Strand Palace) 호텔의 휴게실에 있는 튜뷸러 강철의자 두 개를 눈여겨보았고, 카루는 강철관이 가구생산에 대량으로 쓰일 것이라는 것을 깨닫고 튜브 인베스트먼트를 재편성하여 새로운 회사를 설립했는데, 카루가 경영이사를 맡고 올리버 버나드(Oliver Bernard)가 디자인 고문위원이 되었음. ③펠(PEL)은 처음부터 상류사회의 사람들을 고객으로 잡았는데, 왈레스(Wales) 공·심프슨(Simpson) 부인·인디언족 등이 런던 헨리에타(Henrietta) 가에 있는 그들의 전시실을 자주 찾았으며, 올리버 버나드가 미친 영향은 그 회사의 초반기 생산품에 뚜렷이 나타나 있으며, 우아하게 구부린 곡선모양을 한 모험적인 그의 디자인들은 그가 그 회사를 떠난 후에도 오랫동안 영향을 미쳤음. 펠은 이런 곳을 찾아볼 수 없을 정도로 깨끗한 관을 이용하여 수많은 경쟁회사를 물리쳤는데, 이것은 경험이 풍부한 에클레스와 폴락이 제작했으며, 펠이 처음으로 주문 의뢰를 받은 중요한 청탁물은 BBC방송국을 위한 것(1928~1930)이었고, 이로 인해 얻은 명성으로 많은 주문을 받았음. 1932년 4월에 펠은 "아이디얼 홈(Ideal Home)"을 가졌는데, 이로 인해 클레리디스(Clarides)·사보이 호텔과 해러즈(Harrods)로부터 주문 의뢰를 받게 되었음. 그러나 시간이 지남에 따라 생산은 증가했는데, 가격은 더 낮게 책정되어 가구를 특별 제작할 수 없었고, 회사는 모험을 건 특이한 디자인보다는 기능적으로 규격화시킬 수 있는 효율적인 디자인에 집중하여 가구를 제작하게 되었음. 펠은 오늘날까지도 존재하고 있는 회사로 'RP6'과 같은 스탁(Stack) 의자들은 전 세계 각국에 있는 학교와 교회·공공건물의 표준의자가 되었음.

펠미트(pelmet) : 커튼이나 블라인드의 위쪽 끝부분을 감추기 위해 창문이나 문 위에 설치하는 장식적 직물 및 쇠장식 덮개 또는 나무판. ⇨밸런스.

펠미트

펠트(felt) : ①섬유로 두꺼운 종이처럼 만든 것. ②직조되지 않은 모·레이온·합성섬유를 열·수분·압력을 가해 굳힌 천. 잘 풀리지 않으므로 끝부분에 별도의 처리가 필요 없고, 진한 색상으로만 제조가 가능하며, 폭을 넓게 만들 수도 있으며, 절연과 음향조절에 좋음.

펠트 백 시트(felt back seat) : ①아스베스토스·아스팔트 등의 뒷면에 붙인 시트 모양의 자리. ②아스팔트 펠트와 석면 아스팔트를 붙인 시트 모양의 재료. 외관상 리놀륨(linoleum)과 비슷하고, 표면은 염화비닐계·아스팔트계·동식물성 유지를 사용하는 것이 좋음. 치수는 폭 910㎜·길이 3.6m·10.8m·21.6m 등이 있음. 내수성·내마모성이 있고, 경도(닳음 저항)가 크므로 보행시 촉감이 좋아 주로 사무소·주택·병원 등의 바닥에 많이 사용되고, 시공은 약 1개월 정도 임시깔기를 해두었다가 충분히 늘어난 후에 접착제를 사용하여 본깔기를 함.

펨브루크테이블(pembroke table) : ①테이블의 상판을 세 부분으로 나누고, 그 사이에 각각 경첩을 달아 사용하지 않을 때는 양날개 부분을 밑으로 내려두는 공간 절약형 테이블. ②날개 부분을 위로 들어올릴 때는 테이블의 골조(frame)에 끼워둔 까치발(bracket)을 빼서 고정시키거나 회전하게 되어 있는 지지대로 받침. ③18세기 중반에 영국과 미국에서 유행했으며, 서랍은 양쪽이나 한쪽에 달려 있고, 소파테이블과 비슷하지만 펨브루크테이블은 4개의 좁아지는 다리(tapered leg)로 지지되는 반면, 소파테이블은 X형 다리나 수금형(lyre) 받침대 등 다양한 형태로 지지됨. ④소파테이블(≒).

펨브루크테이블

편개주(片蓋柱) : ⇨벽기둥(=).

편광(偏光) : 한쪽에서만 입사되는 빛.

편마암(片麻岩, gneiss) : ①변성암(變成岩)의 일종으로 주성분은 장석(長石)·석영(石英)·운모(雲母)·각섬석(角閃石) 등의 유색광물로 구성되어 있으며, 수성암(水成岩)과

ㅍ

화성암(火成岩)의 두 종류가 있음. ②구성 성분은 화강석과 같고 광물질이 층층이 배열되어 있어 줄무늬 또는 켜를 이루고 있는 변성암.

편문[1](便門) : ①섬돌 위의 당판문. ②통용문(通用門).

편문[2](偏門) : 부정문(不淨門)

편백(扁柏) : ⇨노송나무(=).

편백나무(扁柏木) : ⇨노송나무(=).

편복도(偏複道) : ⇨갓복도(=).

편수(編修) : 공장의 두목.

편수깎기 : ①한국 전통목조건축에서 기둥 의장 및 기법으로 기둥머리를 가늘게 하고, 그 끝을 둥글게 궁굴리는 기법. ②기둥 상부를 점차 가늘게 하고 그 윗머리부분을 궁굴려 접은 것. ③고급제택(第宅)이나 오랜된 집에서 볼 수 있음. ④송편접기·어깨굴림(=).

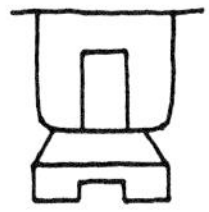
편수깎기

편심(偏心, eccentricity) : 단면의 중심축과 떨어진 또 다른 평행한 축의 떨어진 크기. 모멘트=하중(p)×편심(e)임.

편액(扁額) : 비단이나 종이 또는 목판에 그림을 그리거나 글씨를 사용하여 실의 내부 및 문 위에 걸어 놓은 액자.

편의점(便宜店, convenience store) : ①원래 소비자들이 생활 주변에서 가장 손쉽게 접근하여 구매하는 일종의 소매점. ②보통 한정된 종류의 음식·가정용품·개인 신변용품 등을 판매하는 상점으로 오늘날에는 밀집된 지역에서 24시간 심야영업을 하는 소매점으로 인식이 변화되고 있음.

편전(便殿, Royal council hall) : 궁궐에서 왕과 높은 신하가 어전 회의를 하던 건물.

편지봉투형 테이블(便紙封套形-, envelope table) : 테이블의 상판을 세 부분으로 나누고, 그 사이에 각각 경첩을 달아 사용하지 않을 때는 양날개 부분을 밑으로 내려두는 공간절약형 테이블. 날개부분을 위로 들어올릴 때는 테이블의 골조에 끼워둔 까치발(bracket)을 빼서 고정시키거나 회전하게 되어 있는 지지대로 받침. 18세기말 프랑스에서 사용되었으며, 이와 유사한 것으로 사각형을 대각선으로 이등분한 손수건형 테이블(handkerchief table)이 있음.

편차(偏差, deviation) : 표준으로 되는 일정한 수치·위치·방향 등으로부터 한쪽으로 치우치기 쉬운 값. 자동제어에 있어서 제어편차라고 하면 제어량에서 목표치를 뺀 값.

편측창(偏側窓, single side window) : 실내의 한 측면에만 위치하는 창. 남측창인 경우 광선의 입사량이 많아 1년 내내 충분한 채광이 되지만 실의 구석부분은 조도가 부족하고, 실 전체의 조도분포가 적어 실내온도의 상승억제에 유리함. 그러나 북측창인 경우 여름철 아침, 저녁으로 잠시 동안만 직사광선을 받고 하루 전체의 입사량은 적으며 실내조도가 일정하여 안정된 빛을 얻을 수 있지만, 동·서창인 경우에는 실내조도의 변화가 커서 불안정함.

평(坪, 3.3 square meter) : ①가로 6자 세로 6자의 넓이, 즉 사방 6자평방. ②3.306평방미터. ③산업자원부에서는 2007년 7월 1일부터 사용을 전면금지하였으며, 이를 위반시 50만원 이하의 과태료가 부과됨.

평가(評價, evaluation) : ①디자인 과정에서 특정 목적이나 기준에 따라 받아들여질 수 있는 대안(alternative)들을 모의실험(simulation)하거나 테스트하고 수정하는 작업. ②세심한 감정이나 연구를 통해 중요도 및 가치·질의 정도를 시정하거나 확인하는 것.

평강(平鋼, flat steel) : ①좁은 벨트형의 강재(鋼材). ②두께 3㎜ 이상·너비가 125㎜ 미만인 것.

평고대(平高臺) : ①전통건축에서 처마 끝에 가로놓은 오리목. ②추녀와 추녀를 연결하는 가늘고 긴 곡선부재. ③추녀 끝에 올라가는데 지붕가구에서 추녀 다음에 거는 것. ④처마서까래 끝을 연결하고 부연 끝을 아무리는 단면이 사각재인 긴 가로재. ⑤처마 끝에 가로 얹어서 서까래를 연결하는 오리목. ⑥추녀나 사래와 모서리 서까래 위에 거는 휘어진 평고대를 조로 또는 조로 평고대라고 함. 처마 서까래 위에 거는 평고대를 초평고대 또는 초맥이라 하고, 부연 위에 걸리는 평고대를 부연 평고대 또는 이맥이라고 함. 여기서 맥이라 하는 것은 막이라는 뜻으로 추정함. 처마 서까래나 부연의 끝에 걸쳐 댄 가는 나무를 평고자, 처마 서까래 위의 것을 서까래 평고대(초매기 또는 초맥이), 부연 위의 것을 부연 평고대(이매기 또는 이맥이)라고 함. ⑦평고대는 곡선으로 만들어지기 때문에 재료를 미리 구해 양쪽을 받치고 가운데에 무거운 것을 올려놓아 가운데가 자연스럽게 처지도록 만듦. ⑧평고자·이맥이·초맥이 평고대(=).

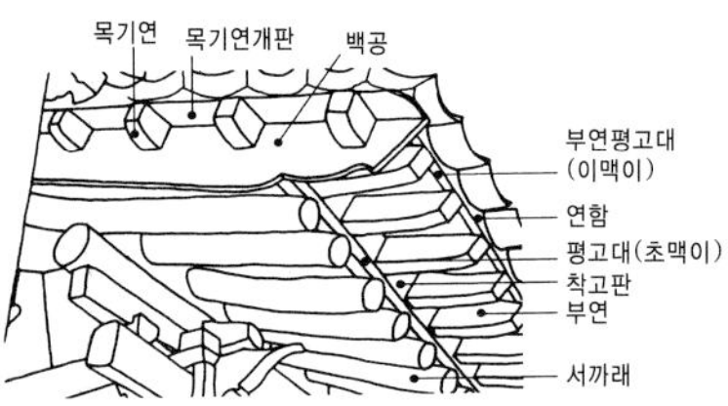

평고대

평균복사온도(平均輻射溫度, ℃, Mean Radiant Temperature, MRT) : ①주위 표면으로부터 복사의 영향을 평균한 값. 이 온도는 평균 표면온도(mean surface temperature)와 같은 값을 갖는 것이 대부분임. ②글로브 온도계와의 위치관계 및 벽면과의 관계로부터 복사열과 같은 균일한 주위의 벽면 온도.

평균입체각투사율(平均入體角透射率) : $\phi 12 = \frac{1}{A_1}\int_{A_1} \phi_{12} dA_1 = \frac{1}{A_1}\int_{A_2} \phi_{21} dA_2$ 임. $\phi 12$는 $\phi 21$ 급수면 1상에서의 평균치를 말하고, 평균형태계수라고도 함.

평균조도(平均照度, average illumination) : ①램프광속(lx)×조명기구수×조명률×보수율을 바닥면적으로 나눈 값. 즉 $\frac{\text{램프광속}(lm)\times\text{조명기구수}\times\text{조명률}\times\text{보수율}}{\text{바닥면적}(m^2)}$ 임. ②수조면의 면적을 S로 하면, 그 면적 S로 입사하는 전광속(全光速) F를 나눈 값. 평균조도 $E=\frac{F}{S}$(lx)임. ⇨수평면조도.

평균주광률(平均晝光率, average daylight factor) : 수조면(受照面) 위에서 주광률의 평균값.

평균태양시(平均太陽時, mean solar time) : 진태양일(眞太陽日)의 1년간 평균값을 평균태양일이라 하며, 평균태양일의 1/24을 말함.

평균태양일(平均太陽日) : 진태양일의 1년간을 통한 평균길이.

평균혈압(平均血壓) : 확장기 혈압에 맥압(脈壓, pulse pressure)의 1/3을 곱한 혈압.

평균형태계수(平均形態系數) : ⇨평균입체각투사율.

평기둥(平柱) : ⇨평주(=).

평대문(平大門) : ①대문을 설치한 행랑채 및 문간채의 지붕과 같은 높이인 지붕. ②⇨솟을대문.

평대문

평대패(平-) : ①대팻집과 대팻날이 곧게 나 있는 대패. ②목재의 표면을 평평하게 밀어 깎는 가장 기본적인 형태의 대패. ③종류 ; ㉠길이에 따라 긴(장)대패와 짧은(단)대패로, ㉡덧날의 유무에 따라서는 양날 대패와 외날대패로 구분함.

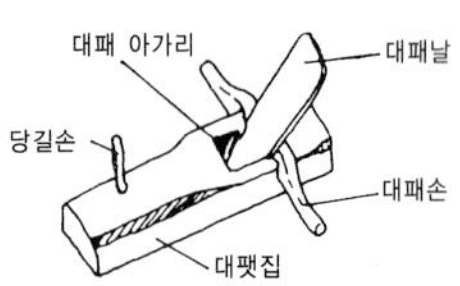

평대패

평도리(平道里) : ⇨납도리(=).

평리벳(平-, flathead rivet) : 리벳머리의 상단 부분이 평평한 리벳.

평마구리형 블록(平-形-) : ①모양에 따른 분류에 의한 블록의 일종. ②벽의 모서리·창문 옆 또는 붙임기둥 등에 쓰이는 블록.

평머리(平頭, flat head) : 윗면은 평평하고 접촉부는 원추형(圓錐形)으로 된 나사못 머리.

평면(平面, plan) : 보통 척도에 따라 그려진 수평면 위의 사물이나 구조물의 지붕 및 단면의 정사영(正射影). ⇨평면도(=).

평면계획(平面計劃, planning) : 좁은 의미로는 평면도를 작성하는 일. 넓은 의미로는 건물이나 실내디자인의 전체적인 계획을 체계적으로 진행하여 종합하는 작업.

평면도(平面圖, plan, plan view) : 도면 중에서 가장 기본이 되는 도면으로 구조물의 일정한 높이(바닥면에서 1,000~1,500㎜)에서 수평면을 가상으로 잘라 윗부분이 제거된 다음에 위로부터 내려다보는 건물의 실내투영공간. 각 공간과 벽체, 문과 창문의 형태와 배치, 설치기기류 및 가구류 등의 구성과 레이아웃(layout), 동선계획 등이 이루어짐. 일반적으로 1/30 내지 1/50 축척(scale)을 사용.

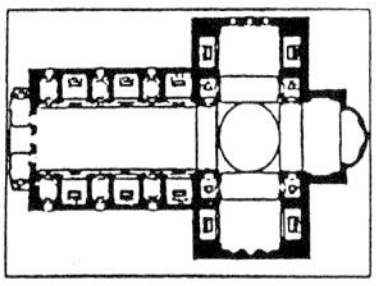

평면도

평면력(平面力, coplanar force) : 동일 평면 내에 작용하는 힘.

평면모듈(平面-, plan module) : ①공간상 필요에 따라 재료 및 다른 물품의 소규모 치수단위로 조합하는 유닛 모듈을 기본 단위로 선정하여 전개하는 계획. ②1인당 단위면적·작업의자 형태·표준화된 가구치수·창·문·칸막이의 패널치수·기둥의 간격·개실의 최소치수 등에 적용됨. 이때 재료의 규격·계획의 편의·경제성·이용상의 문제점 등 여러 측면에서 분석하여 평면단위의 모듈결정을 고려해야 함.

평면작업영역(平面作業領域) : ⇨수평작업영역(=).

평몰딩(平-, fillet) : 단면에 수직적으로 평평한 표면이 포함된 몰딩. 특히 곡선 몰딩의 시작이나 끝에 사용되고, 기둥에 있는 파인 부분(flute) 사이의 평평한 부분을 의미.

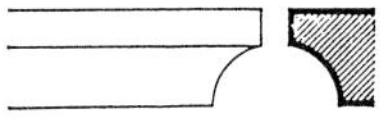

평몰딩

평미레(平-) : 곡식을 말이나 되로 잴 때 그 위를 밀어서 고르게 하는 원기둥 모양의 방망이.

평밀이(平-) : ①살대의 단면이 골이 없이 민자로 된 것. ②평밀이 문살을 밀 때에 쓰는 대패. ③⇨쇠목.

평반자(平盤子) : ①수평면으로 평평하게 꾸민 반자. ②반자틀 사이에 울거미를 짜 수평으로 설치하고, 장마를 짜듯이 널빤지나 둥근 나무를 반으로 쪼개서 건너지른 반자. ③가는 오리목을 드문드문 건너지르고 반자지·포면 등으로 평평하게 마감한 반자. ④종류는 나무가 그대로 노출된 것과 앙토(仰土)로 싸바르는 것. ⑤추운 지방에서 외풍을 막기 위해 설치했으며, 부엌 위에 다락이 있을 때나 다락의 바닥면을 만들기 위해 부엌의 천장은 평반자가 됨. ⑥평천장·필반자(=).

평방(平枋) : ①다포계양식에서 나타나는 것으로, 공간포나 공포 등을 받기 위해 평주 위에 건너지른 창방 위의 가로재. ②공포(栱包) 등을 받치기 위해 평주(平柱) 위에 건너지르고 창방(昌枋)에 얹히는 가로재. ③공포 등을 받치기 위하여 기둥 위에 초방(初枋)을 짜고, 그 위에 수평으로 올려놓은 넓적한 나무. ④공포를 짜 올리는 집의 경우에 쓰는 것으로서 공포가 놓이는 가장자리 기둥 위에 가로로 놓는 나무. ⑤평방은 다포(多包)집에서는 반드시 설치되는 부재(部材)인데, 보통 두껍고 굵은 각재(角材)를 씀. ⑥주간(柱間)에 주간포(柱間包)를 놓기 위해 창방 위에 덧대는 부재. ⑦공포 따위를 받치려고 변두리기둥 위에 얹는 넓직한 나무. ⑧보통 장식이 없는 소박한 부재. ⑨폭이 넓기 때문에 주두가 잘 보이지 않아 주두의 굽이나 운두를 높게 함. ⑩평인방(=).

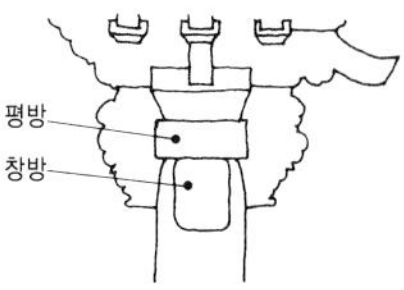

평방

평방뺄목(平枋－木) : 건물 모서리에서 평방 머리가 기둥 밖으로 약간 튀어나오게 하는 것.

평벽(平壁) : 목조건축에서 기둥이 나타나지 않도록 기둥 바깥에 친 벽.

평사량(平四樑) : ①부속채나 문간채 등에서 삼량집으로 하기에는 너무 좁고 오량을 걸기에는 가구를 구성하기가 어려워 동자대공을 두 개 세우고 종도리를 2개 건 사량집. ②화성의 박희석 가옥 대문간채와 양평의 김병호 가옥 부엌 등 경기도 민가에서 흔하게 볼 수 있음. ③사량가·사량(=).

평사량집(平四樑家) : ⇨사량가·사량집(=).

평사천장(平斜天障, slanting support ceiling) : ①양쪽 긴 벽 위에서 안쪽으로 비스듬히 돌을 올리고 다시 그 위에 수평으로 판돌을 얹은 천장. ②꺾임천장(=).

평산성(平山城, system of the city and mountain fortress wall) : 평지성과 산성의 쌓는 법을 아울러 벌판과 산을 이어 쌓은 성.

평삼문(平三門) : 중앙 어간과 좌우 측간의 지붕이 같은 높이인 문.

평석고판(平石膏板, regular gypsum board) : ①내부마감용 석고판. ②보통석고판으로서 실내의 벽 및 천장에 설치하여 페인트칠·벽지바름 등의 바탕이 되는 판(KS F 3504).

평아치(平－, fillet, jack arch, flat arch) : ①볼록한 모양이 거의 없는 수평적인 홍예머리를 가진 아치. 벽돌구조에서 자주 볼 수 있으며, 이러한 아치는 금속 막대로 강화되기도 함. ②아치의 하부 중심에서 방사되는 선을 따라 축조된 아치돌의 안둘레가 수평으로 구성된 아치. ③아치형태가 수평으로 되고, 아치벽돌과 압력은 중심점을 향하여 한 곳으로 모이는 아치. ④이질적인 분위기의 의장효과가 있음.

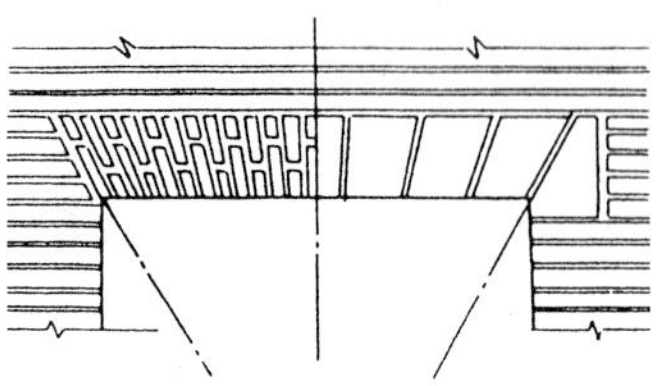

평아치

평여담(平여담) : 위를 평평하게 쌓은 여담.

평연(平椽) : ①서까래를 모두 평행하게 건 것. ②나란히서까래·들연·처마서까래(=).

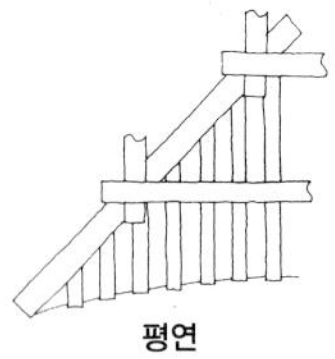

평연

평와(平瓦, flat tile) : ①지붕의 낙수면 전면을 덮는 기와. ②기와지붕의 골에 해당하는 암키와와 기왓골 사이를 덮는 수키와 두 종류가 있음.

평이음(平－, flush joint) : 주위의 표면을 평평하고 수평이 되도록 마무리한 이음.

평인방(平引枋, board lintel) : 창방 위에 놓여 다포양식(多包樣式)의 건축물에만 사용하며, 공포(栱包)를 더 받게 된 널따란 두꺼운 나무. 창방 위에 덧대어져 공포를 통해 내려오는 지붕하중을 직접 받아서 기둥에 전달함. 창방과 마찬가지로 모서리 기둥에서는 뺄목을 형성하고 입면에서 기단·창방과 더불어 주요한 수평적 시각요소로 작용함. 주심포계의 공포를 가진 집에는 설치되지 않으며, '평방(平枋)'이라고도 함.

평좌위(平座位) : 생활자세의 일종으로 9가지로 구분. 즉 웅크리다. 한쪽 무릎을 바닥에 꿇고 서다. 양 무릎을 바닥에 꿇고 서다. 양 무릎을 꿇고 뒤꿈치에 걸터앉다. 손 짚고 무릎을 꿇고 엎드리다. 무릎 꿇고 앉다. 책상다리로 앉다. 발을 뻗고 앉다. 등.

평주(平柱) : ①일반적으로 한층 높이의 길이로 된 기둥. ②건물 외곽에 세운 기둥을 말하며, 키는 귀기둥, 고주(高柱)보다 짧은 것이 보통. ③한식 목조 건물의 여간 좌우에 세운 기둥이나 변두리에 세우는 기둥과 같이 높이가 같은 기둥. ④크기나 모양이 같은 여러 기둥. 평기둥·외진주·변주(=)·퇴주.

평줄눈(平－, flat joint, raked joint) : ①조직

조에서 벽돌을 잇는 모르타르 줄눈이 벽면과 같은 평면이 되는 줄눈. ②⇨거친줄눈·막줄눈.

평지붕(平-, flat roof, deck roof) : ①비교적 비가 적게 내리는 지역의 전통적인 민가(民家)에서 사용되는 것으로, 지금도 특히 지중해 연안인 그리스에서 하얗게 칠한 민가의 평지붕은 매력적인 외관을 갖고 있음. 근대건축이 활발히 전개된 20세기 초 국제주의양식에 힘입어 슬래브 지붕(slab roof)이 평지붕의 형태로 널리 사용되고 있음. ②지붕면이 수평이거나 물매가 극히 작은 지붕. 지붕 위를 다닐 수 있고 이용할 수 있음. 일반적으로 1/100~1/200 정도의 물매를 둠.

평직(平織, plain weave) : 날실과 씨실을 규칙적으로 교차시켜 사각형이 연속되도록 하는 가장 기본적인 직조방법.

평직물벽지(平織物壁紙) : ①평직으로 짜서 만든 직물벽지. ②종류로는 헤산·헴프가 있음. ㉠헤산은 거친 마포로서 표면이 수지가공되어 있으므로 깃털은 덜 나오지만 퇴색하기 쉬운 결점이 있으며, ㉡헴프는 마와 레이온 혼방으로 짜여진 약간 올이 가는 것으로 직물의 고급스러움은 뛰어나지만 시공성·내오염성에 약한 단점을 가지고 있음.

평창 지동봉가옥(平昌 智東鳳家屋) : ⇨지동봉가옥(=).

평천장(平天障, flat ceiling) : ①수직으로 올린 벽에 편편한 돌을 얹은 천장. ②⇨평반자(=).

평판(平板, plate, sheet) : 평평한 널판·금속판 등.

평판구조(平板構造, flat slab construction) : ①보를 사용하지 않고 주두(柱頭)가 달린 기둥으로 슬래브를 직접 지지하는 구조. 수직하중이 크고 층높이가 낮은 경우에 적합함. ②평판슬래브(=)·머시룸구조·무량판구조.

평판붙임(平板-) : ⇨맞붙임·맞댄이음(=).

평판슬래브(平板-, flat slab) : 보(樑)나 거더(girder) 없이 기둥에 의해 직접 지지되는 콘크리트 슬래브로서 2방향 이상의 철근이 배근됨. 가벼운 적재하중에 견디며, 단(短)스팬과 중(中)스팬에 적합하고, 드롭패널(drop panel)과 칼럼 캐피털(column capital)이 없으므로 전단력에 의해 평판 슬래브의 두께가 결정됨.

평행귀서까래 : ①추녀 옆에서부터 면서까래까지 귀서까래를 평행으로 건 것. ②평행우연(=).

평행베기(flat slicing) : 통나무의 중심을 통과하는 선에 평행으로 켜를 잘라냄으로써 통나무에서 목재 단판을 자르는 방법.

평행선도(平行線圖, para-line drawing) : 선(線)투시도에서처럼 선이 교차하는 대신에 서로 평행으로 남는 평행선에 의해 특징지워진 여러 단일소점 도해.

평행우연(平行隅椽) : ⇨평행귀서까래(=).

평행자(平行-, parallel rule) : 제도에서 수평선을 그리기 위해 T자 대신 사용하는 자. 수직으로 이동할 수 있도록 제도판의 양 끝에 피아노선으로 고정되어 있으며, 길이는 제도판의 길이와 같고, 보통 I자라고도 함.

평행투시도(平行透視圖, parallel perspective) : ⇨일소점투시도(=).

평행투영(平行投影, parallel projection) : 시점의 위치가 무한히 먼 곳에 있어서 투사선끼리 서로 평행하다고 가정하는 투영법. 종류는 수직투영과 경사투영이 있음. ⇨투영도.

평행투영법(平行投影法) : ⇨평행투영(=).

평형[1](平衡, balance, balancing, equilibrium, equilibrium of force) : 외력에 대해 변화하지 않는 상태를 유지하는 것. 즉 외력의 전후가 불변의 상태 또는 모든 외력의 합이 영(0)이나 모멘트가 영(0)인 상태.

평형[2](平形, plate form) : 물체가 평평한 형태로 되어 있는 상태.

평형감각(平衡感覺) : ①인체가 운동을 할 때 신체 각부에 나타나는 중력작용의 변화를 곧 감지하고, 이에 따라 맥박·호흡

등을 조정하고 신체의 안정을 기도하면서 그 중력에 가장 알맞은 자세를 취할 수 있도록 하는 감각. ②회전운동이나 직선(진)운동 및 동요(動搖)시 속도변화(가속도)를 느끼는 것. ③신체의 안정을 유지하기 위한 중심적 감각으로 내이(內耳)의 삼반규관(三半規管, semicircular canal) 팽대부에 있는 평형정(平衡頂)과 전정기(前庭器, 구형 낭반과 타원낭반)에 있는 평형반(平衡班)이라는 유모세포(기관)를 말함. 평형감각은 주로 반사운동에 관련되며, 엘리베이터를 탔을 때 어지러운 것, 눈이 아물아물한 것과 같은 상태에서 주로 의식됨. ⇨전정감각.

평형문(平衡門, balanced door) : 개폐(開閉)가 용이하도록 어느 부분을 평형으로 한 추축문(樞軸門, pivoted door).

평형보(平衡-) : 평형 철근비만큼 배근된 보.

평형쇼윈도(平形-, flat type show window) : 일반적으로 가장 많이 사용되는 기본형으로 지면과 수직이기 때문에 눈부심이 일어나기 쉽지만 상점 내의 면적을 넓게 사용할 수 있음.

평형철근비(平衡鐵筋比) : ①철근의 인장응력도와 콘크리트의 압축응력도가 동시에 허용응력도에 도달했을 때의 철근비. ②가장 경제적인 설계법이나 취성파괴이어서 채택하지 않음.

평형함수율(平衡含水率, equilibrium moisture content ; EMC) : ①어떤 재료를 일정한 온도에서 높은 습도로 유지된 공기 중에 장시간 놓아두면 재료는 점차 흡수하여 중량이 증가하고 결국에는 중량변화가 없어지는 상태의 함습률. ②목재를 대기 중에 방치하면 대기 중의 수증기압과 목재 중의 수분에 기본을 둔 수증기압이 같아질 때까지 흡습·방습현상이 반복되어 평형상태에 도달하게 되는 함수율. 건축재료의 평형함습률은 공기의 온도를 일정하게 하면 상대습도 또는 증기압이 높아질수록 증대함. 즉 평형함수율은 상대습도와 온도에 따라 변함.

평활한 면(平滑-面, plain surface) : 표면에 요철(凹凸)이 없는 엷은 면. 평활한 면은 표면의 연속성을 강조하여 모든 방향으로 균등한 긴장감을 부여해 주고, 볼륨을 일체적인 것으로 표현해 주며, 근대건축의 중요한 미적 기준이 됨. 내부의 볼륨 표현을 가능하게 하는 수단의 하나.

폐기물무역(廢棄物貿易) : 자국에서 처리하기 힘든 폐기물을 타국에서 처리하기 위해 폐기물을 거래하는 것. 주로 선진국에서 후진국으로 폐기물의 이동이 일어남. 유럽과 미국의 경우 환경과 안전에 대한 법률이 강화되고 유해 폐기물을 처리하는데 비용이 오름에 따라 폐기물 처리업자들은 폐기물을 쉽게 처리할 수 있는 장소로 제3세계, 특히 아프리카로 눈을 돌리게 되었음. 선진국들의 유해 폐기물을 아프리카에 버리는 거래가 비밀리에 이루어져 왔으나, 아프리카 정부와 합의 아래 이루어지기도 하였음. 선진국간의 폐기물 무역과는 달리 제3세계에 대한 폐기물 수출은 많은 문제를 안고 있음.

폐쇄공간(閉鎖空間, closed space) : ⇨개방공간(⇔).

폐쇄성의 원리(閉鎖性-原理, principle of closure) : 개방적이거나 불완전한 형태가 보이면 마치 이것이 폐쇄되고 완전한 안정된 형태로 인식되어지는 경향이 있다는 시지각적 경향(정돈).

폐쇄퇴적시간(閉鎖堆積時間, closed assembly time) : 접착제를 도포한 재료를 적층하여 방치하는 시간.

폐쇄평면(閉鎖平面, closed plan) : 벽과 문으로 분리된 단위공간에 의해 내부공간을 구획하는 축평면계획.

폐쇄형 건축시스템(閉鎖型建築-, CBS ; closed building system) : ⇨폐쇄형 시스템(=).

폐쇄형 시스템(閉鎖型-, closed system) : ①특정 건축물을 대상으로 특정 건축구성재만을 반복적으로 대량생산·대량공급하는 시스템. ②건축물의 획일화·단순화를 초래하며 도시 전체적인 측면에서는 획일화된 건조환경(built environment)을 조성할 수 있는 시스템.

폐쇄형 아케이드(閉鎖形-, blind arcade) : 실제의 개구부가 없이 벽면에 단순히 장식만을 위해 만든 아케이드 또는 일련의 아치. 로마네스크 건물에서 많이 볼 수 있음.

폐쇄형 아케이드

폐쇄형 오피스(閉鎖型-, closed office) : ①개실(個室)의 형태에 따른 업무공간의 유형 중 하나. ②단위공간을 개실화하여 작은 공간의 실로 구획하고, 소수인원이 부서별 또는 직제별로 구분하는 업무(사무) 공간. ③형태 및 규모에 따라 싱글 오피스(single office)·세포형 오피스(cellular office)·집단형 오피스(group space office) 등으로 구분. ④클로즈드 오피스(=).

포(包) : ①동양식 목조건축에 있어서 처마를 길게 내밀기 위하여 기둥 위 처마도리 밑에 짧은 부재를 써서 장식적으로 받게 한 부재(部材)의 총칭. ②화공(=).

포갬보 : ⇨겹친 보(=).

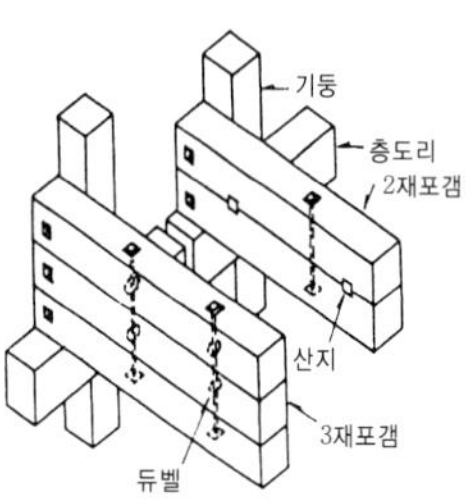

포갬보

포겐도르프착시(-錯視, Poggen-dorf illusion) : 대각선이 직사각형의 방해를 받아 따로 떨어진 3개의 선으로 보이는 착시현상.

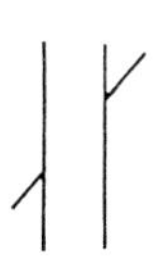
포겐도르프

포금(砲金, gun metal) : 동에 주석 10%·아연 2%를 함유한 동합금으로 청동(bronze)의 일종으로 포금의 비중은 8.8이고, 열전도율은 0.099㎈/㎝·sec·℃ 정도이며, 경도와 내식성이 크며, 밸브나 문등의 주조품의 원료나 제작용 재료로 많이 사용됨.

포대공(包臺工) : ①대공을 공포형식으로 짠 것. ②들보나 종량 위에 포작처럼 꾸민 대공. ③대들보나 마루보 위에 공포모양으로 짠 대공. ④공포처럼 짜 만든 대공. ⑤대들보나 마루 보위에 포작(包作) 형식으로 세운 기둥. ⑥대들보나 종보 위에 포작으로 만든 대공. ⑦공포와 비슷하게 짠 대공. ⑧공포를 짜듯이 소로와 첨차를 이용해 대공을 만든 것. ⑨중보받침에 주로 사용되며, 화반대공과 복합되어 많이 사용됨. ⑩고급 건축에서 흔히 볼 수 있는 것이지만 살림집에서도 찾아볼 수 있음.

포대콘크리트공법(布袋-工法, sacked-concrete process) : 수중에 콘크리트를 타설하는 경우 포대에 콘크리트를 채우고 굳어지기 전에 물밑이나 교각의 밑 고정 등에 깔아 펴거나 겹쳐 쌓는 공법.

포데스테이유(faudesteuil[이]) : 곡선으로 된 X자형의 지지대가 있는 로마네스크양식의 벤치 또는 스툴. 보통 가죽 띠로 된 좌면이 부착되어 있고 접을 수 있도록 고안되었으며, 이와 유사한 고딕양식의 의자는 다리가 접히지 않고 고정되어 있음.

포도벽돌(鋪道甓乭) : ⇨포도용벽돌(=).

포도용 벽돌(鋪道用甓乭, pavement brick) : 인도(人道) 또는 마룻바닥에 사용하는 두꺼운 벽돌로 경질이며, 흡수성이 적고, 내마모·방습·내구성이 큼.

포도유리 : ⇨프리즘유리(=). ⇨페이브먼트 글라스(=).

포도주색(葡萄酒色) : ⇨버건디(=).

포도형 장식(葡萄形裝飾, pampre[그]) : 포도와 포도넝쿨로 구성된 장식 모티프. 꼬인(twisted) 기둥의 오목한 부분에 휘감아 장식함.

포디엄(podium) : ⇨포디움(=).

포디움(podium[그]) : ①고대 신전에서 석조의 육중한 기단(基壇, 저층 돌출부). ②고대 로마 원형극장의 투기장(amphitheater)을 에워싸고 있는 높이 올려진 계단식 관람석으로 보통 특권층 관람객의 좌석을 배치하였음. ③기둥을 받치는 사각형의 받침(plinth). ④(토대로 하는) 낮은 벽이나 방의 벽에서 튀어 나오게 만든 의자. ⑤원형 극장의 중앙광장과 관객석과의 칸막이벽. ⑥고전적 건물의 기단을 형성하는 육중한 구조체. ⑦오케스트라의 지휘자 및 연사가 서는 지휘대 또는 단(檀). ⑧돌출된 연속토대 또는 주춧대 부위.

포라(fora) : 포럼(forum)의 복수.

포럼(forum) : ①고대 그리스 아고라(agora)의 기능과 동일한 고대 로마 도시 중심에 있는 광장. ②라틴어로 공공장소나 시장 등의 공공광장. ③초기에는 도시의 중심에 있어서 시장이나 집회장소용이었으나 나중에는 재판을 위한 법정 중심지, 사업상의 일, 사람들의 집회장소였으며, 보통 바실리카와 사원(신전)을 포함하는 집단 지역으로서 아고라에 비해 상징성이 높은 공간이었음. ④⇨포라.

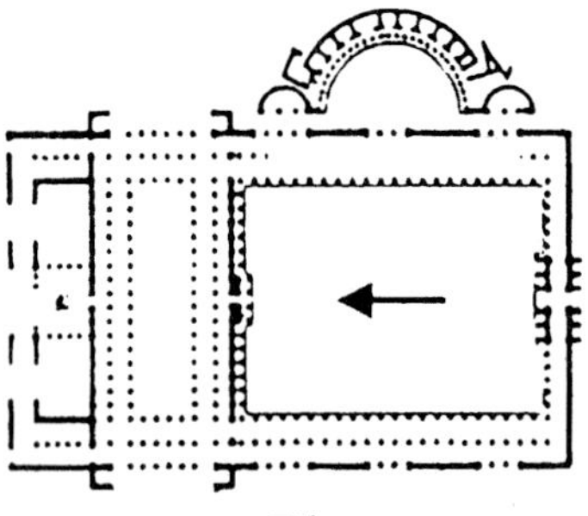

포럼

포로(Foro) : 고대 로마 사회의 집회용 중앙광장.

포로로마노(Foro Romano) : ①고대 로마의 정치·경제·종교의 중심지 유적으로 로마제국의 영화를 한눈에 더듬어 볼 수 있는 공공광장. ②완전히 폐허화되어 땅속에 매장되었던 것을 18세기부터 고고학적 발굴을 계속해 일부는 복원해 놓았는데, 아직도 제작연대가 밝혀지지 않은 유물들이 많음. ③원로원과 안토니우스 대제와 파우스티나 황후의 신전, 로물로스와 베스타 신전, 2개의 아치형 개선문이 원형에 가깝게 발굴, 복원됐고, 그 밖에 건물 초석과 기둥의 잔해들이 웅장했던 포름의 규모를 가늠케 함. ④베네치아 광장과 콜로세움 사이에 펼쳐진 큰 포로는 로마시대의 시민 생활의 중심이었음. ⑤기원전 179년에 세워진 금융의 중심으로서 상거래 등에 사용되었지만 410년 서고트족의 로마 점령시 화재가 발생했고 그때 녹은 화폐의 흔적이 지금도 남아 있음. ⑥바실리카의 서쪽에 있는 벽돌 구조의 4층 건물은 원로원(Curia)이며, 공화제시대의 최고 정치 기관. ⑦시저가 살해당한 곳이 이 건물 앞임.

포르말린(formalin) : ①포름알데히드를 물에 용해시킨 것. 함량은 35~38%이고 중합을 방지하기 위해 메탄올을 5~13% 첨가하기도 함. ②방부용·소독살균용으로 세균·바이러스·곰팡이 등의 생장을 저해함. 기구 등의 소독용으로는 1%액을 쓰지만 온도가 20℃ 이하면 효과는 급속히 감소함. 또 세균이 만들어내는 독소와 결합하여 톡소이드작용을 함. ③인체에 대한 독성이 매우 강하여 무기력증·호흡기 장애 또는 심할 경우에는 암 발생도 유발. 피부나 점막을 침해하고 가스로 흡입하면 인두염이나 기관지염 등을 일으킴. 최근에 새집증후군 현상으로 사회적 관심사임. ④무늬목에 발라진 포르말린이 2년가량 남아 있음. 미국이나 일본 등 대부분의 선진국에서 포르말린은 방부작업은 금지되어 있지만 우리나라에는 그런 규정이 없음. 최근에는 무늬목 대신 무늬목 시트지로 대치되고 있음.

포르므레(formeret[프]) : ⇨벽붙이아치(=).

포르트－코세르(porte-cochére) : ①안마당으로 들어가는 차의 출입구 또는 위에 차양이 있는 주차장소. ②건물이나 스크린 벽을 지나 내부의 마당으로 인도하는 차량통로. 건물출입구에 있는 차도 위에 설치되며, 차에서 타고 내리는 사람들을 보호하는 현관지붕. 정차장(停車場, carriage porch)이라고도 함.

포르티코(pórtico) : ⇨포티코(=).

포름알데히드(formaldehyde) : ①화학식 HCHO. 가장 간단한 구조의 알데히드. 메타날이라고도 함. ②화학식량 30.03, 녹는점 −118.3~−117.8℃, 끓는점 −19.3℃임. 강한 자극적인 냄새가 나며, 피부에 염증을 일으키고 점막을 침해함. 물에 잘 녹으며, 보통 35~38% 농도의 수용액으로서 포르말린(Formalin)이라는 이름으로 시판되어 의약에 쓰이고 있음. 포름알데히드는 메틸알코올 CH_3OH를 산소와 함께 가열한 백금·구리망을 통해 산화, 합성됨. $2CH_3OH+O_2 \rightarrow 2HCHO+2H_2O$ 순수한 것은 포름산칼슘$(HCOO)_2Ca$을 건류하면 얻어짐. $(HCOO)_2Ca \rightarrow HCHO+CaCO_3$.

포마이커(formica) : 적층 플라스틱의 상품명.

포머릿(formeret) : 리브 볼트(rib vault)의 종축에 평행하면서 벽과는 반대되게 위치한 리브. '벽리브'라고도 함.

포물선(抛物線, parabola) : 고정된 선과 점으로부터 같은 거리를 유지하면서 움직이는 점에 의해 만들어진 곡선.

포물선아치(抛物線−, parabolic arch) : ①포물선처럼 휘어져 있는 형태의 아치. ②질감을 효율적으로 표현할 수 있는 형태의 아치.

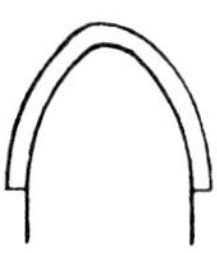
포물선

포밍(forming) : 디스플레이에 있어서 어떤 목적에 적합한 모양을 만드는 것 또는 기교. 패딩과 같이 부속물질을 넣어 부풀게 하는 것도 그 중의 하나임.

포백척(布帛尺) : ①포목의 무역과 의복을 만드는데 쓰는 자. ②곡척(曲尺, 30.303㎝)의 1척6촌에 해당하는 48.48㎝. ③포백척은 지방에 따라 또는 사용하는 사람에 따라 길이가 일정하지 않음. ④포백척은 사용하는 천에 따라 견척(絹尺)·목면척(木棉尺)·마포척(麻布尺)·저포척(苧布尺)·면주척(綿紬尺)이라고 부르는데, 길이에 있어 약간의 차이가 있음. ⑤침척(=).

포벽(包壁) : ①공포와 공포 사이에 있는 평방(平枋) 위의 벽. ②불벽(=).

포복공간(怖伏空間, crawl space) : ①송수관·배관·배선 등을 위해 한 사람이 겨우 기어 다닐 정도로 낮게 만든 공간. ②지하실이 없는 빌딩에서 1층의 바닥 아래와 땅 사이에 기초벽(foundation wall)으로 둘러싸여 있는 공간. ③포복참호(creep trench)를 의미함.

포비슴(Fauvisme[프], Fauvism[영]) : ①20세기 초 프랑스에서 일어난 혁신적인 미술사조로서 야수주의 또는 야수파라는 회화운동. ②이 용어는 앙리 마티스(Henri Matisse : 1869~1954)·마르케(A. Marquet)·블라맹크(Maurice de Vlaminck : 1876~1958)·앙드레 드랭(André Derain : 1880~1954) 등이 1905년 파리의 살롱 도톤느전(展)에 출품한 작품으로 강렬한 색과 터치와 대담한 변형으로 반향을 일으켰는데, 프랑스의 미술 비평가 루이스 보크셀(Louis Vauxcelles)이 1905년 파리의 젊은 화가들이 작품을 처음 발표한 살롱 도톤느(Salon d'automne)에 관해 '야수의 우리'라는 말을 사용하여, 비평한 것으로부터 유래하여 이 화가들을 야수파(Les Rauves)라고 하는 명칭이 생겼음. ③이 용어는 비리얼리즘적 색채와 대담함, 외관상으로 조형한 인상에서 근거하고 있으며, 포비슴은 빨강·노랑·파랑·녹색의 원색을 커다란 붓으로 병렬시켜 긋고, 대담한 개성 해방을 목표로 인상주의 이후의 새로운 시각과 기법에 입각하여 형태의 단순화와 변형·순수색의 표현 등을 추구함. 또한 회화를 색채와 형태에 의한 하나의 조형질서로 파악하려고 했다는 점에서 폴 세잔느(Paul. Cézanne : 1839~1906)와도 연결됨. 1908년 이후 피카소는 브라크(Georges Braque : 1882~1963)와 함께 세잔느의 예술에 암시를 받아 큐비즘을 창시했고, 포비슴운동은 1907~1908년까지 번성하다가 1910년 이후 작가들이 각자의 방향을 발전시켜가면서 점차 새로운 미술사조에 흡수됨.

포비즘(fauvism) : ⇨포비슴(=).

포삭(鉋削) : 대패로 깎고 다듬는 작업.

포석(舖石) : 지면이나 길바닥에 까는 돌.

포소화설비(泡消火設備) : 발포방식에 따라 공기포에 의한 것과 화학포에 의한 것이 있음. ①공기포 : 포말소화약제와 물을 혼합하여 수용액을 만들어 기계적으로 공기를 흡입하며, 거품을 만들어내므로 공기포를 기계포라고도 함. ②화학포 : 두 종류의 약제를 혼합하여 그 화학반응에 의해 발생하는 탄산가스를 둘러싸고 생기는 미세한 화학포를 연소면에 끼얹어 연소면을 포말층으로 덮어씌움으로써 산소 공급을 차단하여 소화하는 방법.

포쉐(poché[프]) : ①평면도나 단면도에서 잘린 건물의 벽. 기둥과 다른 고형체(固形體)로 보통 검은색이나 빗금에 의해 표시됨. ②건축 드로잉에서 표현한 밀폐된 입방체 속의 비어 있는 일부분.

포스터(poster, affiche[프], plakat[독]) : ①기둥을 의미하는 포스트(post)에서 유래한 명칭으로, 일반적인 의미로는 전달하고자 하는 내용을 임의의 이차원 공간에 디자인적 요소를 배열하여 대중에게 정보나 행사 등을 알리거나 상품광고 등을 위해 시각적 요소나 이미지를 정착시킨 것으로 주로 종이에 인쇄되며, 시각전달을 목적으로 하는 공공상업 선전물을 말함. ②유럽에서는 '거리의 벽화'의 의미로 사용되어 정해진 공간의 전시가 아닌 '거리'라는 개방된 공간에서 대상에 대한 적극적이며 보편적인 제시의 장(場)이 되며, 대량전달의 기능을 수행하는 예술의 한 형태. 최근의 포스터 디자인의 표현기법은 과거의 경직된 스타일에서 벗어나 과거의 여러 사조가 동시에 출현하기도 하고, 인쇄기술과 다양한 컴퓨터의 기능으로 순수한 기능에서 탈피하여 그래픽 포스터라는 미학으로 발전함. ③종류는 일반적으로 ㉠사회적 기능에 따라 문화행사포스터·사회계몽포스터·상품광고포스터·관광포스터·장식포스터 등으로 분류. ㉡스위스의 브로크만(Josepf Müller Brockman)에 의한 개념상의 분류로는 일러스트 포스터·물적 정보 포스터·구성 포스터·실험 포스터 등으로 구분. ㉢사조적 분류로는 사실주의 포스터·아르누보 포스터·표현주의 포스터·구성주의 포스터·초현실주의 포스터 등으로 분류. ㉣시대적·지역적·역사적 상황에 따라 전쟁포스터·계몽포스터·쿠바포스터·폴란드포스터·미술사적 포스터 등으로 구분.

포스터컬러(poster color) : ①안료(顔料)에 점착제인 아라비아고무, 글리세린(glycerin) 등을 섞어 만든 불투명 수채물감. ②병에 있는 것 또는 튜브에 있는 것 등이 있고 수용성형으로 건조가 잘되는 물감이며 시판되고 있는 색은 50~80가지 색임.

포스턴(postern) : ①뒷문·부엌문 등 현관 이외의 출입문. ②대문 옆에 난 쪽문이나 샛문. 중세시대에 요새 및 성으로 들어가는 작은 뒷문을 말하고, 성채(castle)의 중앙마루(barbican)로 가는 비밀통로에서 유래.

포스턴

포스테이지(fore stage) : ⇨에이프런스테이지(=). ⇨전면무대(=).

포스트(post) : 수직력을 지지하는 강한 구조재. 특히 목구조에서의 나무기둥. ⇨지지대(=).

포스트모더니즘(postmodernism) : ①용어가 처음으로 사용된 것은 1949년 요셉 허드넛(Joseph Hudnut)의 『건축과 인간』이란 책의 '포스트 모던(post modern)'이란 기사에서이고, 이 용어가 본격적으로 사용되기 시작한 것은 찰스 젱크스(Charles Jencks : 1939~)의 『포스트모던 건축의 언어(The Language of Post Modern Architecture)』에서 임. ②은유적 표현으로 특정양식을 벗어난 역사적 장식과 어떤 특이한 양식을 말하고, 현대주의의 법칙에서 파생되어 온 건축 디자인에서의 양식 발달을 표현하는데 사용되는 용어임. ③화려한 색채와 비논리적인 조합으로 건축디자인에 대한 장식과 장식적 주제들을 재구성했음. 특징은 역사적 토속양식에서 추출된 요소와 유희적 환상·장식·복잡성의 사용을 추구했고, 이것은 과거의 부활양식들과는 다른 몇몇의 시대로부터 역사적 디테일에 대한 선택적 도입이며, 학술적인 재생과는 무관함. 미의 상징과 디테일에 대한 사려 깊은 재구성 대신에 스케일의 국제적 불일치성과 제멋대로의 기하학을 사용했고, 가장 일반적으로 행해지는 형식은 풍자·애매함·모순 등이 있음. 오늘날의 총체적인 문화현상을 일컫는 포괄적 용어로 사용되기도 하며, 종교·문학·미술·건축 등 다양한 장르에서 모더니즘 이후의 전개 양상을 규정하려는 시도로서 주로 비평적 관점에서 사용되고 있음. ④근대주의 건축에 싫증을 느낀 사람들이 새로운 디자인 원리를 추구하여 시도하고 있는 활동의 총칭임. 과거양식의 재구성과 버내큘러(vernacular)적 건축디자인의 재평가 등도 이 일면에 속함. 이 조류는 건축에서 힘을 발휘하여 패션·예술 등 다른 디자인계에도 영향을 미치고 있음. ⑤포스트모더니즘은 20세기 전반의 문화와 예술·삶과 사고를 지배해 왔던 모더니즘에 대한 반동으로 60년대부터 이미 잉태되어 왔고, 60년대에는 다니엘 벨·이합 핫산·로젠버그 등이 잇따라 모더니즘의 종식을 선언함. 포스트모더니즘이란 용어를 구체적으로 적용하기 시작한 것은 건축 분야로 1960년대까지 유행했던 엄격한 사각형의 국제적 양식에 대한 반발에서 비롯되었으며, 실제로 그러한 경향은 1980년대 들어 뚜렷한 양상의 현상으로 나타나면서 포스트모던시대의 도래를 예고하였음. 준거의 틀을 약간 달리 하고 있으나 디자인 분야에 있어서의 포스트모더니즘은 기능주의에 입각한 근대 디자인 운동에 반대하여 인간의 정서적·대중적·유희적 본성을 중시하는 디자인 사조. 즉 기존의 물질적 가치만을 추구하던 기능주의적 입장에서 탈피하여 역사적 기억·장식·유추적 표현의 표상 등이 절충되어 복합적 이미지의 다양한 경향을 띠고 있으며, 이러한 경향은 서구에서 발전되어 온 모더니즘의 합리성과 획일성에 대한 반발에서 비롯된 것으로 다원화된 대중문화의 선물이라고 할 수 있음. 건축적으로는 국제주의양식에 대한 비판적 반작용이나 도전으로 시작하여 현대화와 공업화에 대한 반발에서 비롯되었음. 이는 1960년대 이후 제이콥스에 의해 포스트모더니즘 건축이론이 시작되어 찰스 젱크스(Charles Jencks : 1939~)와 포르토게시에 의해 보다 구체적으로 체계화되고, 이론화되었으며, 1980년대에 들어서면서부터 보다 본격적으로 발전되었음. 특히 1980년 7월에 베니스에서 개최된 국제미술박람회인 비엔날레(biennial)의 건축전은 포스트모더니즘 건축의 상징이 되었고, 포스트모더니즘의 특징으로는 과거의 다양한 생활양식에 대한 향수를 강조함으로써 전통이나 역사성에의 복귀를 강조하고, 역사적 절충주의 입장을 취했으며, 일상성이나 대중성의 강조, 현실적인 자유형적 고전주의라고 할 수 있음. 이 운동의 시초와 관련 있는 인물로는 알도 로시(Aldo Rossi : 1931~1977)·스탠리 타이거만(Stanley Tigerman : 1930~)·찰스 무어(Charles Willard Moore : 1925~1993)·마이클 그레이브스(Michael Graves : 1934~) 등이 있음. ⇨후기 모더니즘(=).

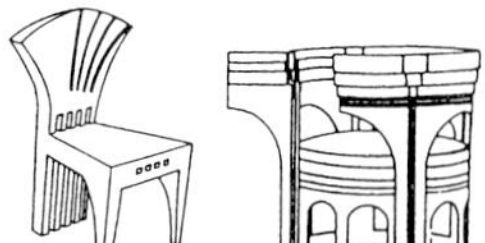

봉의 의자 콜로세움 의자

포스트모던사고(一思考, post modern thought) : 건축 분야에 있어서 기능성·합리성을 추구한 근대건축에 대해 획일성을 꺼리고, 장식성을 부활시킨 운동으로 시작되었으며, 이것이 예술 전반·종교·철학으로 번지고, 고지식하게 무언가를 추구하지 않더라도 좀더 자유롭게 생활을 즐기도록 하면 된다는 풍조를 알리는 말이 되기도 함. 풍족하고 다양화된 자본주의 사회를 살아가는 감각을 잘 표현한 발상.

포스트베이스(post base) : 동자기둥(童子柱, post strut)을 기초부에 지지하고 정착시키는데 사용하는 ㄷ자형의 금속 브래킷(bracket).

포스트와 빔(post-and-beam) : 구조적 시스템으로 얻어진 이 형태들의 다소 복잡한 변형은 오늘날에도 사용되는 형태로서 구조의 시초를 이루고, 단순한 한층 구조물의 형태는 간단한 방법 안에서 포스트와 빔이 표현됨. 타설된 콘크리트의 구조물에 있어 포스트와 빔은 다층식 골격구조를 만들기 위해 모두 상호 연결되어 있음.

포스트캡(post cap) : 동자기둥에 목재보를 고정시킬 때 사용하는 ㄷ자형의 금속 브래킷. 컬럼 캡(=).

포스트텐션(posttension) : ①E. 프레시네가 주재한 'STUP'에 의해 개발된 것으로 콘크리트 타설시 PC강재가 통과하는 위치에 시스(sheath ; 긴장재에 씌우는 캡)를 묻고, 경화(硬化)한 후 시스에 PC강재를 넣어 한쪽 끝을 고착시키고, 다른 쪽 끝은 수압이나 유압 잭 등에 의해 긴장(緊張)하면서 그 반력(反力)으로 콘크리트에 강력한 압축을 준 다음 쐐기·나사 등을 사용하여 정착시키고, 늘어난 긴장재(緊張材)가 원상복구되지 않도록 고정시켜 프리스트레스(prestress)를 주는 방법. ②콘크리트 타설 후 긴장재를 긴결함으로써 콘크리트 부재에 프리스트레스(prestress)를 가하는 방법으로 거푸집에 콘크리트를 타설하기 전에 시스(sheath) 내부에 아직 응력을 가하지 않는 긴장재를 설치하고, 콘크리트 양생 후 긴장재를 긴결하는 것. 긴장재의 한쪽 단부는 고정시키고, 설정한 힘이 발현될 때까지 다른 쪽 단부를 잭(jack)에 의해 가압한 후 잭을 제거함. 대규모의 보·기둥 등에 사용되며, 프리텐션법이 공장생산인 것과 같이 이 공법은 현장시공임. ③재(材)를 성형할 때 인장측의 응력축(應力軸) 방향에 구멍을 관통시키고, 경화시킨 후 특수철근을 삽입하여 이에 인장변형을 주어 양단을 고정시키고, 구멍에 모르타르를 주입한 후 전과 같이 압축응력을 준 것임. ④콘크리트 제품에서 콘크리트가 경화한 후에 PC 강선에 인장을 주어 그 강선을 콘크리트에 정착시켜서 스트레스를 주는 방법.

포스티쉬(postiche[프]) : 피상적으로 또는 부적절하게 응용된 건축적 장식·인조품·모조품을 말함.

포아에(foyer[프]) : ①극장 등 휴게실이나 대합실 및 현관홀로 사용되는 공간. ②원래는 '그린 룸'이라고 하여 배우들이 무대위에 오르기 전에 대기하고 있는 실로서 녹색으로 칠해져 있기 때문에 붙여진 이름. 그 이후에는 관객이 막간에 휴식을 취하거나 이야기를 주고받는 장소를 의미하게 되었고, 오늘날에는 극장의 현관홀이나 대합실 등 객석 이외의 휴게실용 공간을 일컬음.

포에스원칙(Four S Principle) : ①지나가는 고객에게 제품을 팔기 위한 일종의 마케팅 전략. ②우선 '멈추게 하라(Stop them)'. 그러고 나서 제품과 회사방침에 대해 '말하라(Speak to them)'. 고객이 관심을 기울이면 이번엔 '자리에 앉혀라(Sit them down)'. 마지막으로 '팔아라(Sell them)'. ③이는 1995년 11월 세계 최대 컴퓨터쇼인 <추계 컴덱스 95>를 국내에 홍보한 인터내셔널PR이 박람회 판촉효과의 극대화 방법으로 소개한 것.

포우스턴(postern) : ⇨포스턴(=).

포웰과 모야(Powell & Moya) : 런던의 건축협회학교에서 공부한 필립 포웰 경(Sir A. J. Philip Powell : 1921~2003)과 존 히달고 모야(Hidalgo Moya : 1920~94)는 1946년 졸업 후 파트너 관계로서 런던의 핌리코(Pimlico) 주택단지계획(오늘날 Church Gardens, 1946~1962)을 위한 웨스트민스터 지구현상설계에 당선되어 주목받았음. 64개의 응모작 중 당선된 그들의 작품은 전후(戰後)의 풍토적인 성격을 확립시키기 위한 시도로 하나의 의미심장한 랜드마크(landmark)가 된 디자인이었고,

이밖에 1951년 런던의 영국 페스티벌에 출품되었던 스카이론(skylon)이란 이름의 수직적 특징이 있는 작품. 런던의 Putney에 있는 Mayfield학교(1956)·Swindon에 있는 Margaret 왕녀 병원(1957)·옥스포드의 Basenose College의 독창적인 건축군(1956)·지체스터(Chichester)에 있는 축제극장(1962)·케임브리지에 있는 St. John's College의 대규모 증축(1967년 완성)·옥스포드에 있는 Christ College(1968년 완공)와 Wolfson College(1971년 착공) 등이 있음.

포인방(包引枋) : ⇨포중방(=).

포인트오브세일프레젠테이션(point of sale presentation) : 그룹화된 상품의 종류와 코너 숍(corner shop)의 성격을 나타내 주는 상품의 점두 표현.

포일(foil) : 고딕건축 아치의 안쪽이나 트레이서리에 쓰이는 원호 모양의 곡선-꽃잎무늬-을 말하고, 곡선은 꽃잎 또는 잎의 형태를 그리며, 그 수에 따라 삼엽포일(trefoil)·사엽포일(quarter foil)·오엽포일(cinquefoil)·다수인 경우에는 다엽포일(multifoil)이라고 함. 또 이 원호의 이음매가 뾰족한 곳을 커스프(cusp ; 가시나무)라고 하며, 이러한 잎의 형태를 이용한 장식을 '꽃잎무늬장식(foilation)'·'잎무늬장식(foils)'이라고 함. ⇨트레포일.

포일리에이션(foiliation) : 아치나 창문 또는 기타 개구부에 꽃잎무늬 및 이와 유사한 무늬로 장식하는 작업.

포작(包作, 鋪作) : ①두공(斗栱)의 층수. ②도(跳)의 수량 및 순서. ③두공 구조의 총칭. ④공포를 짜서 꾸민 것. ⑤공포(=).

포장타일(paver tile) : ①잿물을 입히지 않고 구운 도기질 타일은 세라믹 모자이크 타일의 성분과 비슷함. ②수경성 시멘트의 원료가 되는 구멍이 많은 응회암 또는 화산회를 총칭.

포장폐기물(包裝廢棄物) : 우리나라의 경우 포장폐기물은 생활쓰레기의 25%를 차지하고 있고, 필요 이상의 과대포장으로 재사용량이 연평균 8.4%씩 증가하는 추세임. 또한 대부분 한 번 쓰고 버리는 스티로폼 등 합성수지류 포장재는 부피가 크고 난분해성이어서 쓰레기 관리 및 처리가 곤란함.

포정문(布政門) : ①감영(監營)의 출입문. ②성문이 있는 곳에서는 감영의 문루에 북을 달아 성문의 개폐시간을 알렸기 때문에 일명 개문루(開門樓)라고도 함.

포졸란(pozzolan, pozzolona, pozzolana) : ①화산회 등의 광물질 분말로 콘크리트 혼화제(混和劑)의 일종. ②천연산 또는 인공 실리카질 혼합재인 화산회·규산질 백토·소점토 등을 총칭. ③자체에는 수경성이 없으나 시멘트와 혼합하여 불용성 물질을 만들게 하는 무기질 분말. ④수용성 화산회로서 물·석회와 혼합할 때 경화되는 성질이 있고, 주로 고대 그리스·로마 당시에 사용했던 콘크리트용 시멘트의 원료로 쓰였음. 네이플즈 주변의 화산지대에서 다량으로 발견된 화산재를 말하며, 네이플즈 근처의 'Pozzuoli'라는 도시의 이름을 본떠 명명되었고, 그 지방 석회석으로부터 얻을 수 있는 석회와 혼합되어 이 Pozzolana는 예외로 단단한 콘크리트를 형성하여 기초 부위에 벽돌이나 석회조각들과 함께 사용되었음. ⑤플라이애시(flyash)와 같은 실리카를 함유하는 것으로서, 수분이 존재할 때 소석회와 화학적으로 반응하여 천천히 경화하는 시멘트를 형성. ⑥종류는 천연산(천연산 화산회·규산토·규산백토 등)과 인공제품(광재분말·소성점토·플라이애시 등)으로 구분. ⑦특성은 ㉠시공연도(workability)가 좋아지고 블리딩(bleeding)과 재료분리가 적어짐. ㉡수밀성이 커짐. ㉢수화작용이 늦어지고 발열량이 감소되고 자이강도가 증가함. ㉣해수에 저항이 커짐. ㉤인장강도와 신율이 증가함. ㉥용수량이 적어지고 건조수축이 적어짐.

포중방(包中枋) : 공포에 있어서 첨차 위 보방향 전·후로 길게 건너지른 부재. 포인방·

초방(＝).

포지티브(positive) : 긍정적(肯定的)·적극적(積極的)·동적(動的)을 의미하는 용어. ⇨네거티브(⇔).

포지티브스페이스(positive space) : 불쑥 튀어나온 공간. ⇨네거티브스페이스(⇔).

포지형태(－形態, positive form) : 색깔·무늬·질감으로 채워져 있고 공간을 점유하는 형태.

포집(包－) : ①공포를 짜서 지붕을 받친 집. ②기둥 위에 공포를 짜 올려서 처마를 떠받게 한 집. ③기둥 따위 위에 공포가 짜여진 집. ④종류는 크게 주심포로만 짜여진 집을 주심포집이라고 하며, 주심포와 공간포가 함께 짜여진 집을 다포집이라고 하며, 공포가 겹쳐진 정도에 따라 삼포·오포·칠포·구포 등으로 구분함.

포촐라나(pozzuolana[이]) : 수경성 시멘트의 원료가 되는 구멍이 많은 응회암 또는 화산회의 총칭.

포치(porch) : ①원래는 문·입구·통로를 의미하는 용어로 건물에서 돌출시켜 만든 지붕이 있는 현관·문간·본 건물에서 달아내거나 돌출현관으로 외부로 축조한 지붕달린 현관. ②영국에서는 교회 입구, 미국은 베란다(veranada, veranadah[이]) 또는 로지아(loggia)의 의미로 사용하기도 함. 또한 마차 등이 출입할 수 있는 규모가 큰 마차를 대는 곳을 의미하기도 함. 신전·교회 및 주택에서 콜로네이드(colonnade)와 같이 기둥으로 지지한 지붕을 얹은 양편이 트인 열주와 박공을 구비하며, 포티코(portico, 步廊)라고 부름. ③이 용어의 어원은 중세 프랑스어의 'porche', 라틴어 'porticus'에서 유래함. ④현관문 바로 앞에 사람이나 차가 와서 닿는 곳으로 보통 건물과는 별도로 지붕이 있으며 어느 경우나 건물 밖에 만들 수 있고 간단한 벽으로 둘러싸이는 경우도 있으며, 구멍 블록·스크린 등의 구조를 가짐. 가장 일찍이 알려진 것은 초기 기독교 건축의 바실리카 정면에 연이어 서 있는 기둥 위에 가설한 아치를 가리고 있는 라텍스(narthex)라고 하는 포치였음.

포치

포커스(focus) : 디자인적으로 흥미 및 관심 또는 활동의 중심지점, 즉 핵심을 말함.

포컬포인트(focal point) : 디자인상의 주안점을 말하며, 시각상·구성상의 초점. 이것이 적절하게 정해지는 것에 따라 디자인에 늦춤과 당김을 할 수 있음.

포켓도어(pocket door) : ①벽체 내부로 삽입하거나 벽체에 붙인 주머니를 만들어 그곳에 문짝을 넣는 식의 문. ②출입구 벽체 속으로 숨는 곳의 안이나 밖으로 미는 미닫이문.

포켓코일(pocket coil) : 침대의 구성품 중 내부에 스프링이 내재되어 있어 쿠션을 갖는 매트리스. 스프링이 제각기 독립되어 있어 그 부분의 무게를 받아 지탱할 수 있게 되어 있음.

포켓파크(pocket park) : 1960년대 뉴욕시가 도시정책의 일환으로 각종 디자인 컨트롤을 행할 때, 공개공터 창출을 목적으로 출현됨. 어원은 1967년 뉴욕시의 베스트 포켓 파크(vest pocket park)에서 비롯되었고, 베스트 포켓이란 양복의 조끼에 붙어 있는 작은 주머니를 말함. 포켓 파크는 건물과 건물 사이의 공간에 존재하고, 크기가 작으며, 자기 영역을 확인할 수 있는 스케일임. 공간적 성격으로는 옥외이고, 거리에 근접하며, 도로에 있는 형태를 이루어야 하고, 이용면에서는 누구나 출입이 가능하고 특정 목적으로 이용되지 않는 휴식과 놀이중심의 공간. 쌈지공원(＝).

포크로어인테리어(folklore interior) : 그 시대의 농어민 생활 속에서 만들어진 양식. 시대가 지나간 낡은 것을 수집하여 만드는 인테리어뿐만 아니라 현대인의 손으로 만드는 것도 모두 민족성·지역성을 살린 것임. 클래식 인테리어가 귀족적인 것에 비해 서민적임.

포크아트페인팅(folk art painting) : 낡고 퇴색된 가구나 일상용품에 아크릴 물감을 이용하여 풍경·사람 등을 그려 넣는 것. 색다른 분위기의 새로운 물건으로 리폼(reform)되어 사용하는 사람이나 보는 사람을 즐겁게 함. 16~17세기 유럽 상류계급에 의해 시작되어 알프스 지방의 민속예술로 자리잡았음.

포터이(fauteuil) : ①팔걸이 아래는 개방되고, 천을 씌운 팔의자(upholstered armchair). ②프랑스 로코코시대(마호가니시대)인 리젠시시대(1715~30)와 루이 15세(1715~74) 때 유행한 의자. ③팔걸이가 직물로 씌워져 있으며, 그 아래가 개방된 17C 프랑스식 의자.

포터이

포테스테이유(faudesteuil) : 곡선으로 된 X 자형의 지지대가 있는 로마네스크양식의 벤치 또는 스툴.

포테스테이유

포토(photo) : 조도의 단위. 기호는 ph. 1ph=1lm/㎠=104lm/㎡=104lx=9.24×102fc(foot-candle).

포토도어(photo door) : ⇨사진벽지.

포토월(photo wall) : ⇨사진벽지.

포톤(portone[프]) : 대문·정문(porte의 확대형)을 말함. 포트(porte)에 비해 보다 큰 의미의 문이나 입구.

포트(porte[프]) : 문·입구·출입구 등. ⇨포트코셰어(=).

포트컬리스(portcullis) : ①요새화된 장소의 문 위에 걸쳐진 주철(鑄鐵) 또는 재목(材木)의 격자로 된 견고한 내리닫이 쇠살문. ②문 양옆의 세로홈에 끼워 넣어 위에서 내리 닫아 통행을 하지 못하도록 장치한 철제로 된 튼튼한 격자문 중세의 성이나 요새(fort) 등에서 주로 방어용으로 쓰였음. ⇨내리닫이 쇠살문(=).

포트컬리스

포트코셰어(port cochère[프]) : (지붕이 달린 현관의)차 대는 곳. 포트(=).

포트테이블(pot table) : 세로홈이 있는 원기둥(fluted column) 아랫부분과 유사한 원통형의 탁자. 우물 원통의 한 부분을 그대로 따낸 상태로 달려 있거나 없을 수도 있으며, 내부에는 선반이 하나 있음. 테이블 위에는 보통 세숫대야 및 물주전자를 올려놓음.

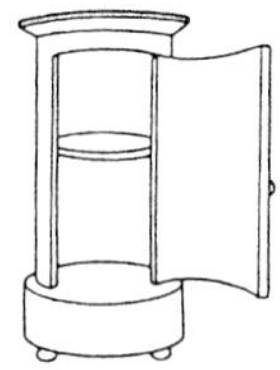
포트테이블

포트폴리오(portfolio) : 디자이너가 고객에게 보여주기 위해 철해 놓은 자신의 작품집 또는 작품들을 철해 놓은 가방.

포틀(portal) : ①궁전이나 웅장한 건물의 정면 입구. 풍부한 조각으로 장식하기도 함. ②다리(bridge) 등 구조물의 지주가 되는 철이나 강철 교각.

포틀

포틀랜드스톤(portland stone) : 영국 포틀랜드반도 등지에서 산출되는 석회암의 일종으로 색깔은 백색의 자색. 17세기 이후 런던에서 공공건축물에 쓰이는 돌은 대부분 포틀랜드스톤이 사용되었으며, 방케팅 하우스(1622)·세인트 폴 대성당(1710) 등이 그 대표적인 예이고, 포틀랜드스톤으로 만든 시멘트가 포틀랜드시멘트임.

포틀랜드시멘트(portland cement) : ①1824년 아스프딘(Joseph Aspdin : 1774~1855)에 의해 발명되었고 시멘트의 인공적인 대량생산이 가능해짐. 이는 석회질 원료 및 점토질 원료를 적당한 비율로 충분히 혼합하고, 그 일부가 용융될 때까지 소성하여 얻은 클링커(clinker)에 적당량의 석고를 갈고 분쇄하여 만든 시멘트. 주성분은 규산(SiO_2)·알루미나(Al_2O_3)·석회(CaO)이고, 소량의 산화철(Fe_2O_3)·마그네시아(MgO)·아황산(SO_3) 등이 포함되어 있음. 종류는 보통 포틀랜드시멘트(1종)·중용열 포틀랜드시멘트(2종)·조강 포틀랜드시멘트(3종)

외에도 백색 포틀랜드시멘트·초조강 포틀랜드시멘트·저열 포틀랜드시멘트 등. ②일반구조 미장용 시멘트. ③비중은 KS에 3.05 이상으로 규정하고 있으나 일반적으로 보통 포틀랜드시멘트의 비중은 3.10~3.18(평균 3.15)이며, 단위용적중량은 1,500kg/m³. ④용어는 영국 포틀랜드 섬에서 채취한 석회석과 유사하여 붙여진 명칭. ⑤종류에는 일반형(normal)·완화형(moderate)·조강형(high early strength)·저열형(low heat)·황산염 저항형(sulfate resisting) 등이 있음.

포틀랜드화병(-花甁, portland vase) : 청흑색(blue-black) 유리에 불투명한 흰색의 인물상이나 도안을 카메오(cameo)와 유사한 효과로 덧붙인 로마시대의 화병. 현재 세계적으로 유명한 영국의 도자기회사인 웨지우드(Wedgwood)사의 창시자 조시아 웨지우드(Josiah Wedgwood)가 이것을 모방한 검은색 자기를 생산함으로써 제품화되었음.

포티에르(portière) : 문이나 현관에 문짝 대신 혹은 장식용으로 치는 커튼. 주로 한 공간 안에 부속된 공간(예컨대 거실에 부속된 식당)이나 벽에서 움푹 들어간 곳(alcove)을 분리하기 위한 목적으로 씀.

포티코(portico, portique[프]) : ①포치나 기둥에 의해 지지된 지붕을 이루는 곡선벽 또는 연속된 기둥이 있는 포치. ②기둥을 일렬로 세우고 지붕을 설치한 입구의 통로 및 열주랑이나 건물에서 돌출된 출입구에 열주를 설치한 주랑현관, 즉 열주(列柱)가 세워진 포치를 의미. ③건물 입구의 기둥에 의해 지지되는 지붕이 있는 현관. ④덮개가 있는 보행을 위한 장소. 보통 사원이나 이와 유사한 건물의 입구 전면에 있는 돌출된 열주 부분을 말함. 이와 같은 종류의 포티코는 전면의 기둥 수에 따라 테트라스타일(tetrastyle, 4개)·헥사스타일(hexastyle, 6개)·옥타스타일(octastyle, 8개)·데카스타일(decastyle, 19개)·도데카스타일(dodecastyle, 12개)·벽기둥 혹은 안타(anta) 사이에 기둥이 두 개만 있을 때는 '디스타일 인 앤티스(distyle in antis)'라는 표현이 쓰임. ⑤천장이 있는 공간이든, 없는 공간이든 관계없이 신전·주택·교회 등의 파사드 중앙 입구 부분이 독립기둥 및 벽기둥·페디먼트(pediment)로 형성되는 것. 용어의 어원은 라틴어 '포르티쿠스(porticus)'에서 유래. ⑥주랑현관(=).

포틸(fauteuil[프]) : 팔걸이가 직물로 씌워져 있으며, 그 아래가 개방되어 있는 17세기 프랑스식 의자. 이와 달리 팔걸이 아래가 직물로 씌워진 패널로 막혀 있는 것은 베르제르(bergere)라고 함. 18세기에 와서는 여성의 넓은 드레스로 인해 팔걸이의 지지대가 뒤쪽으로 옮겨졌으며, 모든 선이 곡선이고 보다 여성적인 우아한 형태가 되었음.

포퓰레이션스테레오타입(population stereo type) : 어떤 인간집단에서 공통적으로 나타나는 습관 및 경향. 실내디자인에서 문이나 창·출입구 등을 어디에 위치시키고, 어떠한 형식으로 작동시킬 것인지 또는 수도·가스·전기 등의 레버 및 버튼을 어떻게 설계할 것인지 등에 적용할 수 있지만 인종이나 생활습관·문화 등에 차이가 있으므로 적용에 충분한 주의가 필요함.

포플러나무(poplar) : 저가(低價)의 가구제작에 쓰이는 밝은 색의 단단한 나무. 비중이 약 0.38이고, 16세기와 17세기에는 가구의 상감재료로 사용됨.

포화공기(飽和空氣, saturated air) : ①주어진 온도에서 포함할 수 있는 최대한의 수증기를 함유한 공기. ②불포화 습공기를 서서히 냉각했을 때 공기 속의 수분이 수증기의 형태로만 존재할 수 없는 어떤 한계상태. 이것을 더욱 냉각시키면 수증기의 일부가 작은 물방울이 되어 공기 속을 떠돌아다니는 김이나 안개가 됨.

포화폴리에스테르수지(飽和-) : ⇨알키드수지(=).

ㅍ

포화도(飽和度, degree of saturation) : 습공기의 X와 같은 온도의 포화공기 Xs와의 비율. 포화도(ψ) $\psi = \frac{X}{Xs}$ 임.

포화수증기압(飽和水蒸氣壓, saturated vapour pressure ; SVP) : 어떤 공기가 주어진 온도에서 최대한의 수증기를 포함할 때의 수증기압. 포화수증기압은 온도가 상승함에 따라 증가하고, 수증기압이 증가했다는 것은 곧 수증기량 증가를 의미하며, 만일 공기의 온도를 상승시키면 그 공기가 포화되는 시간은 지연됨.

포흔(布痕) : 기와를 빚을 때 기와틀에 씌운 마포(麻布)의 흔적.

폭발리벳(爆發-, explosive rivet) : 한쪽 면에서만 접근 가능한 접합부에 사용하는 리벳. 리벳머리를 망치로 때리면 몸대(shank)에 채워져 있는 화약이 폭발하여 구멍 바깥쪽의 몸대가 팽창함.

폭스볼트(fox bolt) : 끝부분이 갈라져 있고, 구멍을 통과시킨 후 여우꼬리 쐐기(foxtail wedge)를 박아 넣는 앵커 볼트.

폭스웨지(fox wedge) : ⇨폭스테일웨지(=).

폭스테일웨지(foxtail wedge) : 짧은 장부를 숨은 장부구멍에 넣을 때 장부구멍을 벌리거나 보호하기 위해 짧은 장부의 갈라진 단부에 끼워 넣는 작은 쐐기. 폭스웨지(=).

폭원(幅員) : ⇨너비(=).

폭주(輻輳, overcrowding) : 두 눈으로 같은 점을 볼 수 있는 작용. 안근(眼筋)과 수정체의 협동에 의해 이루어지며, 일반적으로 10m 정도의 범위보다 가까운(6m 이상의) 거리일 때는 폭주작용이 거의 일어나지 않음. 또 20m 이상의 원거리에서 양쪽 눈의 시선은 실제로 평행에 가까워 공간의 실마리로서 효과가 거의 없고, 또한 폭주의 변화에 따라 두 눈이 한 곳으로 혼란을 일으키지 않고 함께 움직이는 것을 '시선이동'이라고 함.

폭주각(輻輳角, overcrowding angle) : 주시점(注視點)을 정점(頂点)으로 양시선이 이루는 각도. 이것은 안구를 움직이는 근육의 작용에 의한 것으로, 거리에 따라 변화하는 긴장감의 차이가 공간깊이의 실마리가 됨.

폰(phon) : ①음의 강도 및 소음 등 음의 크기를 수치화한 단위로 주어진 음에 대해 수음자들에 의해 크기가 같다고 판단되는 음으로서 1,000㎐ 기준음의 데시벨(dB)값. ②폰 척도는 귀의 감각적 변화를 고려한 주관적인 척도임. 1,000㎐ 순음의 음압레벨이 'A'dB인 음과 동일한 크기로 들리는 음을 'A'phon음이라고 함. ③음 크기 레벨(loudness level)의 단위. ④지정된 지시소음계 소음레벨 지시값의 단위로 속삭이는 소리는 10폰, 대화는 40폰, 지하철은 90폰, 비행기는 110폰.

폰데로사 소나무 : ⇨폰데로사 파인(=).

폰데로사 파인(Ponderosa Pine, Western Yellow Pine, Black Jack Pine, Pinus Ponderosa Dougl.) : ①캐나다 남부 브리티시 콜롬비아 주에서 남부 몬스다나와 남부 캘리포니아, 북멕시코 지역에 분포. ②변재는 담황백색으로 넓고 심재는 담황적색 또는 등갈색이며 연륜은 분명치 않음. 목리는 통직하며 재질은 연하고 가벼우며 기건비중은 0.45이며 수축률은 방사방향 3.9%, 접선방향 6.43%, 용적수축률 3.6%로 적고, 송진냄새가 남. 강도는 압축강도 371kg/㎠, 휨강도 647kg/㎠, 전단강도 87kg/㎠로 약하고, 거단·포삭·접착·건조성 등은 비교적 양호하며 도장성은 보통이고 쉽게 변색되며 용도는 건축·내장·합판 등에 사용.

폰드(ponde) : 목재·금속·각종 판류의 접착제의 일종.

폰조의 착시(-錯視, Ponzo illusion) : 대비에 의한 착시현상으로 a와 b가 같은 길이이지만 b의 길이가 a보다 짧아 보임. ⇨대소의 착시. ⇨대비의 착시. ⇨동심원 착시. ⇨착시.

동심원착시

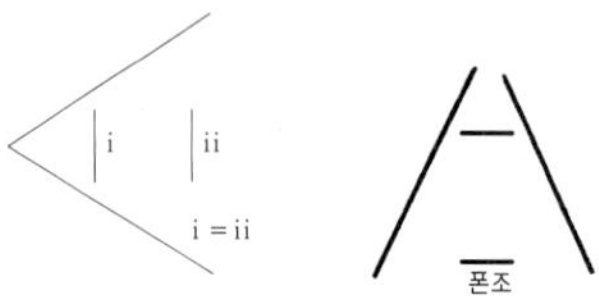

폰조의 착시

폰트(font) : 세례식에서 사용하는 물을 담기 위한 그릇으로 보통 돌로 만들어짐.

폰티체어(ponti chair) : 1950년에 디자인한 연약해 보이지만 튼튼한 디자인의 의자. 대량생산을 위해 오래된 시골풍의 모델을 세련되게 정련·변형시켰음.

폴드업베드(fold-up bed) : ⇨하우스베드(=).

폴디스플레이(pole display) : 기둥형태의 진열대를 사용한 디스플레이 방법. 일반적으로 점포 내의 고객이 이동하는 흐름을 잘 조절하여 의도하는 방향으로 고객을 인도하는 역할을 하는데 사용하며, 대부분의 대량 진열과 병행하여 많이 사용.

폴딩도어(folding door) : ⇨접이문(=).

폴딩베드(folding bed) : ⇨소파베드(=).

폴딩스케일(folding scale) : ⇨접자(=).

폴딩스크린(folding screen) : 장식을 하거나 바람을 막거나 또는 무엇을 가리기 위해 실내에 둘러치는 기구. 병풍(=).

폴딩스툴(folding stool) : ⇨접걸상(=).

폴딩체어(folding chair) : ①접을 수 있도록 만든 의자. 보통 좌판과 등받이 부분을 맞대어 접도록 고안됨. ②한스 바그너(Hans Wegner : 1914~)가 1949년에 제작한 시트와 등받이를 등나무 줄기로 엮어 만든 티크 목재 의자. ③접는 의자(=). 접이의자(=).

폴리[1](folly) : ①의사소통 기구로 제공되고, 시각적으로 흥미를 주거나 사람 또는 사건을 기념하기 위해 지어진 특이하고, 기발한 구조물. ②돈을 들여 건축했으나 특별한 용도가 없는 무의미한 건축물. 이는 건축주의 변덕이나 과시욕을 만족시키기 위해 세우는 것으로 막대한 자금을 투자하면서도 효용가치가 없거나 떨어지는 건물을 일컬음. 현대 건축에서도 이러한 종류의 건물을 찾아볼 수 있음.

폴리

폴리[2](poly) : ①일반적으로 하나의 저분자인 화학물질이나 여러 종류의 화학물질들이 일정한 상태에서 촉매 등에 의해 중합반응이나 축중합반응을 통하여 사슬처럼 이어지는 분자량이 아주 큰 고분자를 형성하게 되면 폴리머(polymer)라고 부르는데 이 폴리머를 접두사로 사용할 때 폴리라는 말을 사용함. 폴리는 수지(樹脂)를 의미함. 따라서 예컨대 폴리스티렌 수지라고 하면 폴리와 수지가 같은 의미로 겹치게 됨. ②⇨수지(=).

폴리머시멘트(polymer cement) : ①콘크리트의 방수성·내약품성·변형성능을 향상시킬 목적으로 다량의 고분자 재료를 혼입시킨 시멘트의 총칭. ②시멘트 콘크리트를 경화시킨 후 남아 있는 공극에 고압으로 메타크릴산·메틸스티렌 폴리머를 함침시켜 과산화·벤졸 등의 촉매가 가교재를 이용하여 중합경화시켜 콘크리트와 일체화시켜 여러 가지 성능을 향상시킨 신재료. ③종류는 결합제에 시멘트와 폴리머를 병용한 폴리머 시멘트, 결합제로 폴리머만을 이용한 것을 레진 콘크리트, 충분히 경화시킨 콘크리트에 모노머 또는 프리폴리머를 함침시킨 폴리머 함침 콘크리트의 3가지로 구분함.

폴리머콘크리트(polymer concrete) : 시멘트를 전혀 사용하지 않고 액상수지, 주로 불포화 폴리에스테르나 내약품성을 향상시킨 에폭시 및 투명성을 가진 아크릴수지 등을 이용하여 매트릭스(matrix)를 형성한 것으로 시멘트 콘크리트와 다른 특성을 갖은 신재료.

폴리머함침콘크리트(－含浸－) : ⇨폴리머시멘트(＝).

폴리보네이트레진(polybonate resin, lexan sheet) : 유리의 대용품으로 비중 1.2로 유리의 반 정도 밖에 안 되며 160℃ 정도의 온도변화에도 영향을 받지 않으며 유리의 250배 강도를 가짐. 보통 렉산시트라고 함.

폴리부텐수지(－樹脂) : 비중 0.93의 경량이고 내열성·내수성·내오염성·가요성(可撓性) 등이 우수함. 급수·급탕·냉난방용으로 사용됨.

폴리비닐낙산(－酪酸, polyvinyl butyrate) : 열가소성 수지의 일종으로서, 주로 안전유리 틈 사이에 끼워 넣는 층에 사용됨.

폴리비닐수지(－樹脂, poly－vinyl resin) : 열가소성 수지의 일종으로 비닐합성물을 중합(重合, poly)하거나 공중합(共重合)하는 것에 의해 형성되는 것으로서, 보통 비닐수지(vinyl resin)라고 함. ⇨플라스틱.

폴리비닐알코올섬유(－纖維, polyvinyl alcohol fiber) : 폴리비닐알코올을 반 이상 아세탈화(化)한 것으로 무명과 비슷한 흡수성을 나타냄. 폴리아미드 섬유를 나일론과 마찬가지로 폴리비닐알코올 섬유는 바이날(vinal) 또는 비닐랄(vinylal)이라는 일반 명칭으로 부르며, 일본에서는 비닐론(vinylon)이라 함.

폴리스티렌(polystyrene) : ①에틸렌과 벤젠을 원료로 하는 열가소성 수지의 일종. ②제2차 세계대전 중에 생산된 스티렌(styrene), 부티디엔(butadiene) 고무 제조기술을 바탕으로 만들어진 열가소성 수지의 일종. ③특징은 ㉠비중(25℃) 1.04~1.07, 열변형온도는 90~105℃, 인장강도 210~630(kgf/㎠), 신율 1.0~3.6%, 탄성계수 2.8~4.2(10^4kgf/㎠) 및 고주파 절연성·전기 절연성이 우수하며, 맛과 냄새가 없고 착색이 용이하며, 유기용제에 쉽게 용해. 산·알칼리에 강함. 착색과 가공이 용이하고, 팽창성이 크며, 압축롤러에 투입하기 쉬운 단단하고 강인하며 안정성이 있으므로 내수성·내약품성이 큼. ④종류는 일반용·내충격용·발포용·AS수지·ABS 수지 등이 있음. ⑤방진포장재·스티렌 페이퍼·도료·단열재·절연제·필름·발포재·채광판·가정용품에 쓰임. 발포 스티로폼은 단열 및 완충재로 사용함. ⑥'스티롤수지' 또는 '발포스티롤'라고도 하며, 보통 스티로폼이라고 함. ⇨플라스틱.

폴리스티렌수지타일(－樹脂－, polystyrene resin tile) : 폴리스티렌수지 원료에 충전재 및 안료를 혼합하여 열압·성형한 것으로서, 바탕에 접착이 잘 되고 경량으로 보온효과가 있지만 경도가 부족하여 마모되기 쉽고 흠이 생기므로 바닥면에는 사용하지 않고 내벽제로 사용됨. 크기는 75×75㎜·110×110㎜ 등 모자이크형인 것이 많음.

폴리스티렌투명판(－透明板, polystyrene transparent plane) : 폴리스티렌수지를 가열하여 틀(mold)에 주입·성형한 합성수지제품. 두께 2㎜ 이상, 무투명하여 투과율이 90% 이상으로 채광판에 사용되지만 내후성이 부족하고 황색화(黃色化)되어 투광률이 감소되는 단점이 있음.

폴리스티렌폼(polystyrene foam) : ①발포플라스틱 중에서 가장 대표적인 유기질 단열재료 중 하나(KS M 3808). ②종류는 제조방법에 따라 연속 압출발포폼과 비스를 용착성형시킨 2차 발포폼으로 구분함.

폴리아미드(polyamide) : ①열가소성수지의 일종. ②특징은 ㉠비중(25℃) 1.09~1.14, 인장강도 490~840(kgf/㎠), 신율 20~320%, 탄성계수 1.0~3.1(10^4kgf/㎠). ③필름·발포재로 사용함.

폴리앙(polyant[프]) : 루이 14세 때 프랑스 궁정에서 고관들이 사용하던 등받이가 있으면서 딱딱한 의자.

폴리에스테르(polyester) : ①고분자 합성수지의 일종. ⇨유리섬유(＝). ⇨강화폴리에스테르판(＝). ②테리프탈산 또는 디메틸테레프탈산과 에틸렌글리콜의 축합중합으로 만듦. ③굳은 콘크리트를 서로 접착시키고 골재와 혼합고급콘크리트가 되는 액체. ④세계에서 가장 많이 생산되는 의료(衣料)용 합성섬유 중의 하나.

폴리에스테르 강화판(－强化板, polyester hard board) : ①유리섬유를 불규칙하게 혼입하고, 상온에서 가압·성형한 판(板). ②특징은 알칼리 이외의 화학약품에는 저항성이 있고, 결정체(結晶體)임. ③내·외 수장재 및 설비재로 사용됨.

폴리에스테르섬유(－纖維, polyester fiber) : ①테레프탈산과 에틸렌글리콜의 축합중합체와 같은 폴리에스테르를 방사(紡絲)하여 얻는 합성섬유. ②J.R.윈필드와 J.T.딕슨이 발명하였으며, 그 후 영국 ICI가 특허를 얻었음. ③내산성(耐酸性)·내알칼리성도 충분하고 기계적 강도가 크고 내구성도 뛰어남. 전기공업에서 절연재료를 비롯하여 예선용(曳船用) 로프·각종 차양·돛·그물·컨베이어 벨트·공업용 여포(濾布), 파라슈트용 섬유 등에 사용됨. 또한 ICI의 테릴렌(Terylene), 미국 뒤퐁의 데이크론(Dacron), 일본의 도레[東レ]와 데이진[帝人]의 테토론(Tetoron) 등도 같은 섬유임.

폴리에스테르수지(－樹脂, polyester resin) : 열경화성 수지의 일종으로 산과 알코올을 압축·성형한 수지로서 유리섬유를 보강하여 FRP를 만듦. 비중이 강철의 1/3 정도 가벼우면서도 강도는 강철과 비슷하고 투명함. 주로 도료·접착제·섬유직물·채광재료 등으로 사용됨.

폴리에스테르수지도료(－樹脂塗料, polyester resin paint) : 폴리에스테르수지 도료를 '용제를 사용하지 않은 도료'라고도 하며, 불포화(不飽和) 폴리에스테르수지에 촉매(觸媒)를 도장 직전에 첨가하여 80℃에서 30분간 구운 다음 붙여서 경화시킴. 또한 불포화 폴리에스테르수지에 촉매(유기산화물·메틸·에틸·케톤 등)와 촉진제(유기염산 등)를 도장 직전에 첨가하여 사용함. 건조시간은 수지의 조성, 촉매·촉진제의 첨가량에 따라 다르지만 보통 30분 내지 3시간임. 폴리에스테르수지 도료는 전형적인 무용제(無溶劑) 바니시로서, 한 번만 칠해도 아름답고 두꺼운 도막을 형성함. 이 도막은 강도·내약품성이 우수하지만 경화에 있어서 체적이 크며 변형되어 부착이 나빠질 뿐만 아니라 내후성도 매우 좋지 않고 목재용 도료로 사용함.

폴리에스테르치장판(－治粧板, polyester decorated board) : 합판·하드보드 등의 표면에 0.5~1.0㎜ 두께로 폴리에스테르수지 피막(皮膜)을 입힌 넓은 판으로서, 바탕에 색채 및 무늬 등을 투영시켜 디자인 효과를 낼 수 있음. 두께는 30㎜·40㎜·45㎜·60㎜ 정도이고, 크기는 900×900㎜·900×1,800㎜·1,200×2,400㎜ 등이 있으며, 주로 천장판·내장판·가구판 등에 사용.

폴리에이트(foliate) : 나뭇잎으로 구성된 장식.

폴리에틸렌(polyethylene, PE) : ①에틸렌가스를 중합하여 얻어지는 상온에서 유백색의 탄성이 있는 열경화성 수지의 일종. ②에틸렌의 중합체. ③특징은 ㉠비중(25℃) 0.92~0.93, 인장강도 70~390kgf/㎠, 신율 150~650%, 탄성계수 0.1~1.3(10^4kgf/㎠), 열변형온도 낮음. ㉡무색무취(無色無臭)이며 광택이 좋음. ㉢저온에서 탄성이 풍부하고 경량이지만 내충격성은 보통 수지의 4~6배 정도로 강인함. 내열성·내약품성·투명성·고주파절연성·전기절연성·고주파절연성·기체 투과성은 우수하며 비교적 노화되지 않으나 열접착성이나 내한성이 좋지 않음. ④주로 섬유재료·필름성형·식품포장재·기타 루핑·얇은 시팅·필름·방수방습제·표면코팅제·전선피복·발포재 등으로 많이 사용됨. 일명 '폴리틴'이라고도 함.

폴리에틸렌수지(－樹脂, polyethylene resin) : ⇨폴리에틸렌(＝). ⇨플라스틱.

폴리에틸렌 파이프(polyethylene pipe) : 폴리에틸렌 수지를 원료로 고압 및 저압으로 압축한 파이프 제품으로 내화학성이 크지만 용제 접착이 안 됨.

ㅍ

폴리에틸렌필름(polyethylene film) : 염화비닐보다 유연하며 내열성이 있고 흡수가 적음. 햇빛의 영향을 거의 받지 않고, 강산(强酸)이나 강알칼리의 영향을 받지 않으며, 반투명이고 착색이 자유로움. 주로 염화비닐과 같은 용도로 사용되지만 방수재로 돔(dome)지붕 등에 사용됨.

폴리염화비닐리덴(polyvinylidene chloride): 염화비닐리덴과 염화비닐의 혼성중합물로, 무겁고(비중 1.7) 난연성(難燃性)이므로 극장용 커튼 등에 사용됨.

폴리염화비닐수지(-樹脂, polyvinyl chloride resin) : ①폴리염화비닐을 섬유화한 열가소성수지의 일종. ②특징은 ㉠비중(25℃) 1.30~1.40, 인장강도 350~630(kgf/㎠), 신율 2.0~4.0%, 탄성계수 2.5~4.2(10^4kgf/㎠). ㉡열수축 온도가 낮아 합성섬유 중에서 열에 가장 약하나 다량의 염소를 함유하므로 불에 잘 타지 않음. ③필름·루핑·바닥용타일·시트·화장판·파이프·발포 폼·채광판·도료 및 이불솜 등에 사용됨.

폴리우레탄(polyurethane) : ①열가소성 및 열경화성 수지의 일종으로 유연(柔軟)하거나 굳은 포말(formal)·탄성중합체 및 사출제를 위한 수지. ②디이소시안산염을 양단에 수산기 OH를 가진 저분자량의 폴리에스테르·폴리에테르와 반응시키면 만들어지며, 고무 탄성과 비슷한 성질을 나타냄. ③고무줄보다 강하고 내구성이 있으며, 섬유를 가늘게 만들 수 있음. 스판텍스라고도 하며, 스포츠 의료나 양말의 목 부분 등에 쓰임. ④나일론·폴리에스테르·아크릴로니트릴을 3대 합성섬유라 함.

폴리우레탄바니시(polyurethane varnish) : 같은 명칭의 플라스틱 수지로 만들며 충격 및 화학적 반응에 강한 바니시임.

폴리우레탄수지(-樹脂, polyurethane resin) : ⇨폴리우레탄(=).

폴리우레탄수지계 도료(-樹脂界塗料, polyurethane resin paint) : ①폴리소시아네이트(polyisocyanate)와 활소성수소(hydrogen doner)가 반응하여 만들어진 일액형 금속용 도료임. ②부착성·내후성·내마모성·내한성·내수 및 내열성·내약품성·내굴곡성·경도 및 표면 감촉이 다른 도료에 비해 우수하므로 최근에 목재용 도료로 그 이용도가 증가되고 있는 고급도료임. 그러나 가사시간의 제한으로 사용상의 불편함과 습기가 심한 환경에서는 기포로 인한 핀 홀(pin hole) 등이 발생하기 쉽고, TDI(toluene diisocyanate)계의 폴리소시아네이트는 황변성(黃變性)이 심함. ③아크릴폴리올 등의 수산기를 가지는 주제와 이소시아네이트수지인 조제의 이액성 도료. ④사용 직전에 주제와 조제를 일정한 비율로 혼합해서 사용함. ⑤건조조건은 상온에서부터 160℃ 정도까지 폭넓고, 일반적으로 건조온도가 높으면 도막경화시간은 단축됨. 수지도금제품 등에 도장된 경우는 60~80℃에서 30분 정도 건조하고, 실온에서는 48시간 정도 방치함. 또 Die Cast나 Die Cast제품에 도금된 피도물에 도장된 경우, 소재의 공혈(孔穴)로부터의 발포가 문제가 되고, 일반적인 소부형 도료에는 도장이 불가능한 경우도 있지만, 이런 이액형우레탄도료를 80~100℃ 정도에서 건조시키는 것에 의해서 해결 가능하지만 이런 종류의 도료는 2액형이기 때문에 혼합이 불편하다고 생각할 수 있지만 지정된 배합비에 정확하게 평량(秤量)하는 것이 도막의 마무리 측면으로나 성능면으로 중요함. 또 2액성도료는 주제와 경화제 또는 조제를 혼합하고, 용액 중에서도 상온에서 반응을 개시함. 혼합하고 나서 사용 가능한 시간을 가사시간(Pot Life)이라고 함. 가사시간을 지나서 사용하면 소정의 도막성능이 저하되고 건조 불량의 원인될 수 있으므로 충분히 주의하여 사용할 필요가 있음. 또 우레탄계 도료는 사용 시너 중에 알코올계나 에테르계 등의 수산기를 함유하고 있는 용제나 물을 함유한 시너(thinner)를 이용하면 성능 저하나 건조불량을 일으키는 경우가 있으므로 시너는 Maker가 지정한 전용시너를 사용하는 것이 바람직함. 또 폴리우레탄 도료의 조제는 이소시아네이트수지이므로 밀폐해서 보관하지 않으면 공기 중의 수분과 반응하여 사용할 수 없게 되므로 사용 후 가능하면 공간이 적은 용기에 밀폐하여 보관함. 반응계 도료를 사용한 도장기기·용기 등은 사용종료 후 즉시 세정하며 방치해 놓으면 경화되어 사용할 수 없게 됨.

폴리우레탄폼(polyurethane foam) : 연질과 경질이 있으며 건축 단열재로는 경질의 제품이 사용됨. 단열성이 크고 공사현장에서 발포시공이 가능하며 화학약품에 대해 안전한 재료임. 난연성을 부가하기 위한 첨가제는 제품의 품질을 저하시키거나 제품에 접하는 금속에 녹 발생을 촉진시키지 않도록 해야 함.

폴리초산비닐(−醋酸−) : ①열가소성 수지의 일종. ②특징은 ㉠비중(25℃) 1.18~1.20, 인장강도 200~400(kgf/㎠), 신율 20~60%, 탄성계수 1.0~1.5(104kgf/㎠). ③주로 도료·접착제로 사용함.

폴리카보네이트(polycarbonate : PC) : ①열가소성 수지의 일종. ②특징은 비중 1.20~1.40로 유리의 반 정도 밖에 안 되며 열변형 온도 160℃ 정도이고 유리의 250배 정도의 강도를 가짐. 투명·강인하고, 내충격성이 뛰어나 심한 충격에도 강한 특징이 있으며, 내충격성·전기절연성·내후성 및 자기소화성(自己消火性)은 우수하나 내용제성이 불량함. ③주로 유리의 대용품으로 고가도로의 방음벽이나 가벼운 부착물이나 건물연결통로·실내외 천장·방음벽·공중전화박스·식물원 온실·동물원·스포츠시설·사인보드·박물관·은행·톱라이트·안전유리창 및 하드웨어에 사용함. ⇨폴리탄산에스테르(=).

폴리탄산에스테르 : ⇨폴리카보네이트(=).

폴리프로필렌수지(−樹脂, polypropylene resin) : ①열가소성 수지의 일종. ②특징은 ㉠비중이 0.91로 플라스틱 중 최경량임. ㉡열변형온도와 용융온도는 폴리에틸렌보다 높음. ㉢값이 저렴함. ㉣무색무취(無色無臭)이며, 광택이 좋음. ㉤내수성·내열성·내약품성·투명성·전기절연성이 우수함. ㉥기체 투과성이 좋음. ㉦내충격성이 약하고, 열접착성이나 내한성이 좋지 않음. ③건축용도보다는 주로 필름성형·식품포장재·파이프 접착·절연제·카펫 섬유재료로 사용됨. 염색성이 향상되면 의료섬유로 더욱 발전될 것으로 예상됨.

폴사인(pole sign) : 상점 입구에 막대기를 이용하여 설치한 표지판. 원래는 건물과 독립되어 설치된 것을 의미하지만 오늘날에는 건물의 벽에서 돌출된 형식이나 고정 및 이동이 가능한 형식, 회전할 수 있거나 조명장치가 되어 있는 형식 등 다양한 형태가 있음.

폴스크린(pole screen) : 벽난로 앞에서 사용하는 불 가리개(fire screen)와 같지만 높이를 마음대로 조정할 수 있는 스크린. 불 가리개(=).

폴프런트데스크(fall front desk) : 전면이 앞으로 젖혀지는 책상.

폴프런트 데스크

폴피오피(pole POP) : 대량으로 쌓아올린 상품들 가운데 폴을 이용하여 광고 메시지를 표시한 POP.

폼(form) : ①형태·크기와 구조를 포함한 물체의 3차원적인 특성. ②선반가공으로 제작된 다리와 버팀대를 가진 자코비안(Jacobean)시대의 등받이 없이 길이가 긴 벤치. ③콘크리트 혼합물이 굳을 때까지 지지해 주는 나무 및 금속 거푸집. ④미술에서는 문학적 폼과 같이 인간이 만든 질서·구조·디자인·구성·조직 등을 의미하는 형태. 폼은 크기·질량·부피 등의 말과 동의어로 쓰이며, 이 함축성은 잘못 쓰이면 오해받기 쉬움.

폼 글라스(form glass) : 미세기포(微細氣泡)가 포함된 보온용 유리제품.

폼덱킹(form decking) : ⇨거푸집덱킹(=).

폼라이너(foam liner) : 거푸집의 안쪽 면에 대는 부재. 콘크리트 표면에 일정한 형태를 가진 마무리를 하고자 할 때 또는 부드럽게 구획하고자 할 때 사용됨.

폼체어(form chair) : 푹신한 면직물로 씌워진 의자. 등받이가 낮고 시트가 깊어서 안락함.

폼타이(form tie) : 타설(placement)한 콘크리트의 측압에 의해 거푸집 벽이 벌어지지 않도록 유지하는 금속 결속재.

폼페이양식(－樣式, Pompeiian style) : A.D. 79년 베수비우스(Vesuvius) 화산의 폭발로 완전히 매몰되었다가 18세기 중반에 발굴되면서 알려지기 시작한 고대로마의 휴양도시인 폼페이 주택에서 사용된 양식을 일컬음. 주로 프랑스의 루이16세 양식과 영국의 디자이너인 아담 형제의 실내디자인에 많은 영향을 주었으며, 특히 천장 장식·벽지·내장용 직물·가구·도자기 등에 폼페이의 주택양식 및 모티프(motif [프])가 많이 사용됨.

퐁튀니(Pontigny, 1140년 시작) : 단순한 형태의 시토 수도회 교회를 일컬음. 플라잉 버트레스(flying buttress)를 가진 12세기 말의 슈베리은 예배당으로, 바깥쪽을 완전히 둘러싸며 그곳에는 탑들이 없음.

표건비중(表乾比重) : 표건상태의 중량을 골재의 체적으로 나눈 값(무명수).

표건상태(表乾狀態, saturated surface dry condition) : ⇨표면건조포화상태(＝).

표고투상(表高透像) : 기준면을 정하여 기준면과 평행한 평면으로 같은 간격이 되도록 잘라 이것을 수평면, 즉 기준면 위에 투상한 수직투상.

표면건조(表面乾燥, surfaced dry) : 마무리한 재목 제작시 함수율이 19% 또는 그 이하로 되도록 한 것.

표면건조내부포수상태(表面乾燥內部飽水狀態) : ⇨표면건조포화상태.

표면건조내부포화상태(表面乾燥內部飽和狀態) : ⇨표면건조포화상태.

표면건조포수상태(表面乾燥飽水狀態) : ⇨표면건조포화상태.

표면건조포화상태(表面乾燥飽和狀態, saturated surface dry condition) : ①골재입자의 표면에 물은 없지만 내부의 공극에는 물이 꽉 차 있는 상태. ②함수상태가 7~8%인 상태. ③골재의 내부와 표면의 패인 곳이 물로 채워져 표면에 여분의 물을 갖고 있지 않을 때의 상태. ⇨표건상태(＝). ⇨에스에스디(＝).

표면결로(表面結露, surface condensation) : ①결로현상이 벽면의 표면에서 발생하는 상태. 즉 실내의 습한 공기가 벽·천장·창유리 및 바닥의 표면에 접촉되었을 때 물기가 생겨 결로되는 현상. 표면결로는 표면에 수증기막이나 물방울이 나타나며 단단하거나 흡수가 잘 안 되는 표면일수록 더욱 분명하게 나타남. 흡수성 표면에서는 처음에는 결로를 볼 수 없으나 결로가 계속 진행되면 결국은 축축하게 젖게 됨. ②외기에 면한 건물 부위의 표면온도가 접촉하고 있는 공기의 노점온도(포화온도)보다 낮을 때는 그 표면에 발생함. 벽면의 수증기압은 벽에 접하는 공기의 수증기압과 같으므로 일반적으로 실내공기의 수증기압 f[mmHg]과 그 공기에 접하는 벽의 표면온도 θ[℃]에 따른 포화수증기압 θss [mmHg]보다 높으면 그 표면에 수증기가 응축하는 현상.

표면레이스웨이(表面－, surface raceway) : 건조하고 위험하지 않으며 오염이 없는 곳에 노출시켜 설치하는 레이스웨이.

표면베니어(doorskin) : ⇨도어스킨(＝).

표면색(表面色, surface color) : 물체색 중 표면에서의 반사로 나타나는 색.

표면수율(表面水率) : 표건상태 이상으로 포함되어 있는 물의 양(표면수량)을 표건중량으로 나눈 값의 백분율.

표면응력구조(表面應力構造, stressed skin construction) : 골조 부재에 기하학적 형태의 외부 판재가 결합되어 자체가 지지되는 구조체.

표면장식(表面裝飾, enrichment) : 건축의 세부장식. 특히 몰딩 부분에 그림이나 조각을 반복적 문양으로 넣는 것. 고전양식의 건축물은 이러한 표면장식에 특정한 문양을 표준으로 사용하는 경우가 많았음. 계란형과 창살 문양·월계수 잎·인동넝쿨 등이 흔히 사용되는 표면장식의 예.

표면착화점(表面着火点) : ⇨발화점(=).

표면처리(表面處理, surface treatment) : ①접착해야 할 물체의 표면을 접착이 잘 되도록 연마(硏磨)·용제세정(溶劑洗淨)·전해(電解)·부식(腐植) 등 물리적·화학적으로 처리하는 방법. ②금속·비금속의 표면에 내식성·내마모성·내열성·외관미 등을 주기 위해서는 전기도금 등이나 도장이, 내식성을 주기 위해서는 인산염 처리 등이 이루어짐. 전기도금에서는 유해 폐수가, 도장에서는 유해 미스트가, 인산염처리에서는 유해 폐수의 배출이 있어 어느 것이나 공해와 연관됨. 표면처리의 전처리로서 연마하게 되는데, 이 작업은 분진이 발생하므로 대기의 오염원이 됨.

표면처리강판(表面處理鋼板) : ①유기재료 및 무기재료로 강재의 표면을 코팅하거나 라이닝처리하여 내식성을 크게 향상시킨 것. ②무기피복은 금속도금을 하거나 다른 금속과의 합성재로 사용하며, 유기피복은 수지계 재료로 도장함.

표면촉(表面觸) : ⇨촉각.

표면탄화(表面炭化) : ⇨표면탄화법(=).

표면탄화법(表面炭化法) : ①방부효과를 얻기 위하여 목재 표면만 약간 태우는 것. ②목재의 부패균 침입을 방지하기 위하여 목재표면을 약간 태워서 탄소로 표면을 씌우는 것.

표면파(表面波, surface wave) : 매질(媒質)의 표면에 따라 전파되는 파(波).

표면활성제(表面活性劑, surface active agent) : ①일반적으로 소수성(疎水性)을 가진 탄화수소 연쇄(連鎖)와 친수성(親水性)·원자단(團)을 공유(共有)하여 콜로이드상(狀)을 띤 물질. ②물에 녹아 표면장력을 저하시키는 물질의 총칭. ③콘크리트용 화제로는 AE제·분산제(감수제)·AE감수제·응결촉진제·응결지연제·기포제(알루미늄 미분말·아연 미분말)·방수제·방청제(아황산소다)·습윤제(濕潤劑) 등. ⇨혼화제(=).

표백(漂白, bleaching) : 염색 또는 프린트하기 전에 순백색으로 만들기 위해 섬유에서 자연적 또는 염화물처리를 하여 천을 희게 함. 텍스처가 보이는 나무에서도 밝은 색조로 화학적으로 표백할 수 있으며, 블론드 호두나무(blond walnut)·블론드 마호가니(blond mahogany)는 전형적인 표백목임.

표본추출법(標本抽出法, sampling) : 표본조사를 위한 표본추출법으로서 모집단(母集團)을 효율적으로 추정하려면 편중되지 않은 표본을 잡아야 함. 무작위 표본추출법에는 단순무작위추출법·계통추출법·취락(聚落)추출법·다단(多段)추출법·층화(層化)추출법·층화다단추출법 등이 있음.

표색계(表色系) : 색을 표시하는 체계.

표제란(表題欄, title bock) : 도면의 우측이나 하단에 공사명·도면명·도면번호·축척·날짜·제작자명 등을 모아서 표시하는 항.

표준(標準, criterion) : 판단이나 결정의 기반이 되는 기준.

표준건축비(標準建築費) : 국토교통부장관이 매년 고시하는 아파트 건축공사 단가.

표준광원(標準光源, specificed achromatic lights·weisses licht[독]·lumières achromatiques spécifiees[프]) : 색을 측정하기 위해 설정된 자연광과 유사한 인공광원. 자연광도 기후 및 시간에 따라 분광률이 다르기 때문에 색에 대한 일관된 측정을 위해서는 일정한 색온도를 갖는 표준광원이 필요함. 1931년에 국제조명위원회(CIE)에 의해 분광분포가 규정된 표준광은 A·B·C 3가지가 있음. 즉 색온도 2,850°K의 광원과 4,870°K의 광원, 6,740°K의 표준광원이 있음.

표준말뚝(標準-) : 표준틀의 기둥.

표준모래(標準沙, standard sand) : 시멘트 강도시험에 쓰이는 표준형 모래.

표준색(標準色, standard color) : 스펙트럼에

서의 수많은 색 중에서 식별이 쉬운 대표적인 색을 일컬음. 표준색은 표색계의 기본색이 되기도 함. 기준색(=).

표준시방서(標準示方書) : ①공사를 표준화하기 위해 작성한 공통시방서 또는 일반시방서. ②건축공사를 구성하는 모든 재료, 시공법, 부위 등을 집대성·평균하여 모든 경우에 공통된 표준적인 것을 정리한 것. ③아주 특수한 것을 제외한 통상의 건축공사에 대한 지도서로서 시공에 있어서 예상되는 모든 항목에 대하여 빠짐없이 기재함.

표준유효온도(標準有效溫度, standard effective temperature ; SET) : 신유효온도(ET*)를 보다 발전시킨 최신 쾌적 지표로서 Gagge 등이 제안하여 ASHRAE에서 채택하여 세계적으로 널리 쓰이고 있음. 상대습도 50%·풍속 0.125㎧(정지상태의 공기)·활동량 1met(작업시 대사량 58W/㎡에 해당)·착의량 0.6clo(가벼운 실내 평상복장)의 동일한 표준환경(ta=MRT)조건에서 환경변수들을 조합한 것. "팡거(Fanger)의 쾌적식"과도 비슷함.

표준틀(標準-) : ①집을 지을 적에 높낮이를 표시하는 장치. ②벽의 한 가운데가 표준틀이 되는 경우가 많음.

표준편차(標準偏差, standard deviation) : ① 인체자료의 통계적 분석에서 정밀도를 나타내는 것으로서 자료의 원래 수치에 의해 구해지며, 표본분포 평균으로부터의 산포(散布) 정도를 나타냄. ②비교적 정규(normal)에 가까운 분포에서는 표본 전체의 약 2/3 정도가 평균에서 상하로 1 표준편차 이내에 들어오고, 전체의 99% 이상이 평균에서 상하로 3 표준편차 이내로 들어옴. 만약 어느 한 집단인 소년들의 키의 표준편차가 1㎝라고 한다면 이 집단은 표준편차가 2㎝인 다른 집단보다 더 균일하다고(즉 산포가 적다고) 할 수 있음.

표준환기횟수(標準換氣回數, standard number of air change) : 공기조화 및 환기에서 공기순환횟수의 기준. 환기횟수는 공기조화시 풍량을 설정하는 기준이 됨.

표준환기횟수

용 도	횟 수
사무소	8~10
화장실	5~10
주방(주택)	10
주방(영업)	30~40

표준활성오니방식(標準活性汚泥方式, conventional activated) : 장시간 폭기방식에 준하는 구조로 하고, 그밖에 오니농축 탱크를 구비함. 처리대상인원 5,000명 이상의 대규모 처리에 준하는 경우에 적합함.

표준활성오니법(標準活性汚泥法) : 1873년 영국의 디브딘이 제안해 1928년 런던에서 실용화되기 시작. 현재 세계의 하수처리법 표준으로 삼고 있음. 오니 중에 들어있는 박테리아가 활성화되도록 조건을 만들어준 후에 폭기조에 넣어줌으로써 유기물 등이 잘 분해되도록 하는 하수처리 방법. ⇨표준활성오니방식(=).

표준훅(標準-, standard hook) : 철근의 직경에 따라 정해진 구부린 반경 기준에 의해 철근 단부를 90°·135°·180°로 구부린 철근.

표현(表現, expression) : 의미·정신 또는 성격이 예술작품의 창조를 통해 상징화되거나 전달되는 방법.

표현양식(表現樣式, expression style) : ⇨스타일(=).

표현언어(表現言語, language of expression) : 시각언어에 대한 관조자의 심리적 반응 표현.

표현적 공간(表現的空間, expressive space) : ⇨예술적 공간(=).

표현적 예술(表現的藝術, expressive art) : ⇨비사물적 예술(=).

표현주의(表現主義, expressionism) : ①1903~1905년 간 자연주의·인상주의에 대한 반발로 독일에서 발생한 건축·예술사조로서 예술의 기본 목적을 자연의 재현으로 보는 것을 거부하며, 르네상스 이래 유럽

예술의 전통적 규범이나 양식에 구애됨 이 없이 자유롭고 로맨틱하며 환상적인 구상이나 표현을 다양하게 전개한 20세기 예술운동의 하나임. ②표현주의자들은 예술의 진정한 목적이 감정과 감각의 직접적인 표현이며, 회화의 형태·색채 등은 그 표현의 가능성만을 위해 이용되어야 한다고 주장함. 특히 사회에 관심을 돌리는 흐름과 개인의 내면세계를 추구하고자 하는 흐름의 대립 속에 전형적으로 나타나는 사상의 분열상태가 특징이고, 구도의 균형과 아름다움에 대한 전통적 개념은 감정을 더욱 강렬하게 전달하기 위해 무시되었으며, 왜곡은 주제나 내용을 강조하는 주요한 수단이 되었음. 이러한 현상은 유럽에서는 사회·정치적인 격변기로서 제1차 세계대전(1914~18), 각국의 내정변화 및 1917년 러시아 10월 혁명으로 그 정점에 달했고, 독일에서는 특히 1933년 나치의 탄압으로 해체되기 전까지 그 어느 나라보다도 이러한 변화가 심했음. 경제적 패권의 장악을 최우선 목표로 한 제1차 세계대전 결과 독일의 경제력은 오히려 악화되었고, 패전에 의한 절망감과 경제적 위기는 안정적이지 못했음. 빌헬름 2세가 퇴위한 후 1919년에 탄생한 바이마르공화국은 이러한 현상을 제어할 능력이 없었고 내분·암살·폭동·총파업·반란이 혼란을 점점 가중시켰고, 이러한 사회·경제·정치적인 요소는 다른 분야에도 영향을 미쳤음. 표현주의는 정치적 진보성과 문화 지향의 엘리트적인 자세, 사회주의와 개인주의, 혁명과 신화 사이의 이데올로기적인 혼합으로 놀랄만한 에너지를 얻었으나 동시에 수명은 짧았음. ③건축 분야에 있어서 대표적인 건축가와 작품으로는 한스 페르치히(Hans Poelzig : 1869~1936)의 포젠에 위치한 '급수탑(1911)'과 베를린의 '대극장(Grand Theatre, 1918~19)'이나 브루노 타우트(Bruno Taut : 1880~1938)의 쾰른 박람회 때 출품한 '유리의 전시관(1914)', 도미니쿠스 뵘(Dominikus Böhm : 1880~1955)의 '성 요셉 교회(Saint Joseph)', 데팅겐 소재의 '성 베드로와 바울 교회(1922~1923)', 네덜란드의 '성 베네딕트 수도원(Saint Benedict)', 노이 울름(Neu Uhm) 소재의 '성 요한 침례교회(Saint John the Baptist, 1921~1927)'·'성 카미르스 교회(Saint Camillus)', 오토 바르트링(Otto Bartning : 1883~1959)의 '차이판의 급수탑(1923)'·'크레베의 슈스타 저택(1924)'·'별의 고향(Sternkirche, 1922)', 에리히 멘델존(Erich Mendelsohn : 1887~1953)의 베를린 근교의 '아인슈타인 타워(천체관측연구소, 1921)' 등이 있음. 표현주의 건축 그룹에는 11월 그룹(Die Novembergruppe [독], 1918~1933)·예술노동평의회(Der Arbeitsrat fur Kunst, 1918~1921)·유리의 사슬(Die Glaseme Kette, 1919~1920)·고리(Der Ring) 등이 있음.

표현주의건축(表現主義建築) : ⇨표현주의.

표현주의적 설계접근(表現主義的設計接近, expressive design) : 강력한 상징적 형태가 모든 것을 능가할 수 있다는 입장에서의 설계를 진행함.

표현파건축(表現派建築) : ⇨표현주의.

푸드루즈(poudreuse, poodruz[프]) : 18세기 프랑스와 영국에서 널리 사용된 여성 전용의 소형 화장대(dressing table). 철판의 뒤쪽으로 경첩이 있어서 열 수 있으며, 내부에는 거울이 붙어 있어 철판을 들어서 열면 거울이 드러나게 되어 있음.

푸란수지(-樹脂, furan resin) : ①푸란환(furan環)을 가진 플라스틱을 통칭함. ②푸루프릴 알코올과 포름알데히드를 축합하여 만든 열경화성 수지. ③특징은 내약품성·내열성·내알칼리성이 우수하고 특히 접착성이 양호하여 목재·유리·고무·피혁·종이·금속접착제 및 금속도료로 사용함.

푸르키녜현상(-現象, Purkyně Phenomenon) : ①주위의 밝기 변화에 따라 물체에 대한 색의 명도가 변화되어 보이는 현상. ②밝은 곳에서는 같은 밝기로 보이는 빨강과 파랑이 어두운 곳에서는 빨강이 어둡고 파랑이 밝게 보이는 현상. ③낮(밝은 곳)에는 추상체로부터, 밤(어두운 곳)에는 간상체로 이동하는 현상으로서 파장이 긴 색이 먼저 사라지고 파장이 짧은 색이 나중에 사라짐으로써 조명이 점차 어두워지면 망막에 있는 추상체가 반응하지 않게 되어 빨간색이 다른 색보다 먼저 영향을 받음. 그 순서는 빨강→주황→노랑→초록→파랑→청자의 순으로 색상이 사라짐. 반대로 빛이 밝아지면 다시 본래의 색으로 되돌아오는데, 그 순서는 앞의 반대이고 일상적으로 새벽이나 초저녁의 물체들이 그저 푸르스름한 색으로 보이는 것도 바로 이러한 현상 때문이며, 초저녁에 가까울수록 초목의 잎이 선명하게 느껴지는 것도 같은 현상임. ④명시(明視)에는 약 560nm 부근에서 또는 암순응(暗順應) 눈에서는 왼쪽으로 옮겨 약 510nm 부근에서 감도가 최대가 되는 이동현상. ⑤비시감도곡선이 변하는 현상과 이와 같은 효과를 푸르키녜효과라고 함. ⑥눈에 주어지는 빛의 휘도가 낮아짐에 따라, 즉 명소시에서 암소시로 옮겨갈 때 발생하는 색 지각현상으로서 파랑색의 시감도가 노랑색이나 빨강색의 스펙트럼에 비해 높아지는 것을 발견(1823)한 체코의 생리학자 푸르키녜(Jan Evangelista Purkyně : 1787~1869)의 이름을 따서 붙인 명칭.

푸르키녜효과(-效果, Purkyně effect) : ⇨푸르키녜현상.

푸르킨예현상(-效果, Purkyně effect) : ⇨푸르키녜현상.

푸르킨예효과(-效果, Purkyně effect) : ⇨푸르키녜현상.

푸석돌(brittle stone) : 잘 부스러지는 무른 석재.

푸시버튼스위치(push button switch) : 점멸기의 일종으로 두 개의 버튼 중에서 하나를 누르면 켜지고, 다른 하나를 누르면 소등되는 것으로 매입형.

푸시인(push in) : 상품진열 선반의 일정 스페이스를 확보하기 위한 트레이로 세트화되어 있는 상품을 용이하게 전시하는 것.

푸아송비(-比, Poisson's ratio) : 탄성체(彈性體)에 인장력이나 압축력이 작용할 때 외력의 방향으로 변형이 생기지만 외력과 직각의 방향으로도 변형이 생기는데, 이때 두 변형률의 비.

푸아송수(-數, Poisson's rumber) : 최대강도 부근에서는 2이고 장기하중일 때 계산용은 4~6으로 봄.

푸탈산수지도료(-樹脂塗料, phthalate resin paint) : ⇨알키드수지도료·프탈산수지도료(=).

푸토(putto, putti) : 조각이나 그림 및 장식 모티프(motif[프])로 쓰이던 큐피드(Cupid)와 같이 토실토실 살이 찌고 발가벗은 남자 아기. 이탈리아 르네상스시대에 주로 쓰였으며 날개가 달린 경우도 있음.

푸토

푸트라이트(foot light) : ⇨풋라이트(=). ⇨각광(=).

푸트스툴(foot stool) : ⇨풋스툴(=).

푸트캔들(foot-candle ; FC) : ⇨풋캔들(=).

푸페(pouffe[프]) : ⇨푸프(=).

푸프(pouf[프]) : 경대(dressoir[프])와 함께 신분을 나타내는 또 하나의 부속물로서 1830년대 프랑스에서 소개되어 19세기에는 유럽과 미국에서 유행한 원형의 직물로 씌워진 오토만(Ottoman) 형태의 스툴.

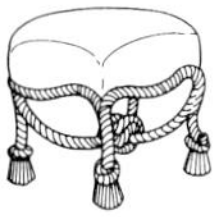
푸프

푼(分) : 0.1치(3.03cm)

풀림(燒鈍, annealing) : ①강의 열처리 방법 중 철에 열을 가하여 완냉각시킨 것. 소둔(燒鈍)이라고 함. ②금속이나 유리를 재결정 온도 이하로 가열한 후 액체 및 공기 속에서 서서히 식힘으로써 내부응력을 제거하여 연성을 높이는 것. ③연화하거나

ㅍ

내부응력을 제거할 목적으로 강(鋼)을 적당한 온도(800~1,000℃)로 일정 시간동안 가열하여 소정의 시간까지 유지한 후, 노(爐) 안에서 천천히 냉각시키는 열처리법. ④풀림을 하면 강의 질(조작)이 연화되며 단조(鍛造)·압연(壓延) 등에 필요한 가공성과 적당한 기계적·물리적 성질을 얻을 목적으로 실시. 주로 비계의 긴결철선으로 사용됨. ⇨소둔(=).

풀몰(full mall) : 보행자 전용 가로공간.

풀비나리아(pulvinaria, pulvinar, pulvinus) : 이오니아식 주두의 양측에 나선형 볼류트(volute)로 이루어진 둥근 베개와 유사한 형태. 그리스·로마 신전에서 신의 강림에 대비하여 준비해 놓은 쿠션식 의자.

풀빈(pulvin) : 비잔틴 건축에서 아치를 받치는 주두 위의 부주두(dosseret).

풀빈

풀색(-色, grass green) : 관용색명으로 어두운 연두. 먼셀 5 GY5/5.

풀서피스힌지(full surface hinge) : ⇨플랩힌지(=).

풀스위치(pull switch) : 점멸기의 일종으로 천장 또는 높은 곳에 설치하여 내려뜨린 끈을 잡아당겨 점멸하는 것으로 주로 복도와 화장실의 점등·점멸에 많이 사용함. 실링스위치(=).

풀업드레이프(pull up drape) : ①로만 셰이드와 같은 원리로 작동되는 셰이드이지만 로만 셰이드보다 부드럽고 여성스러운 효과를 줄 뿐만 아니라, 부분적으로 걷어 올려졌을 때의 모양이 가장 좋음. 가벼운 직물로 만들거나 주름을 잡고 또는 주름진 헤딩이나 소용돌이 모양의 꽃장식과 함께 이용하면 효과적이고, 수평의 주름이 있지만 끈을 풀어 놓으면 편평하게 매달려 있게 됨. ②가장자리에 술장식이 있는 줄무늬 셰이드는 밋밋한 벽면과 어울려서 효과적임. 이 셰이드는 아래로 내려져 있으면 편평하게 보이므로 반 정도 올려져 있을 때 가장 보기 좋음.

풀 업 체어(pull up chair) : ①필요에 따라 이동시켜 사용할 수 있는 긴 의자로서 크지 않으며 가벼운 형태를 취함. 일반적으로 벤치(bench)라고 함. ②필요한 장소로 이동하기 쉽도록 잡기에 편하고, 들어올리기에 가벼워야 하며, 이리저리 옮겨도 튼튼해야 함. 보통 목재·금속·플라스틱 등으로 만들어지며, 앉는 부위에 패드가 약간 들어가 있거나 신체곡선에 맞게 파여져 있고, 딱딱하지 않는 것으로 되어 있어서 어느 정도 안락함. ⇨다목적의자(=).

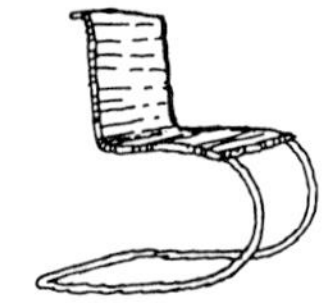
풀 업 체어

풀피텀(pulpitum) : 교회의 회중석(nave)과 성가대(choir)를 차단하기 위해 세운 석조 칸막이(screen).

풀핏(pulpit) : 기독교 교회당에서 목사의 설교용으로 설계된 한 층 높게 된 설교단으로서 보통 벽면에 설치하거나 독립적으로 세움. 주로 실내에 설치되지만 실외에 설치되기도 하며, 화려하게 장식되는 것이 대부분임. 그 상부에 음향효과를 내기 위해 설치한 일종의 천개(天蓋)를 테스터(tester)라고 함. 설교단(=).

풀핏

풀형오피스(-型-, pool type office) : ①오피스의 효율적이고 합리적인 운영을 위해 숙련된 기술과 사고를 요하는 부문과 숙련된 기술과 사고를 요하지 않는 비숙련 부문으로 구분하여 1개소 또는 여러 장소로 통합시켜 비숙련자는 기계적인 작업을 하고, 세포형의 개인실에 있는 숙련자의 관리통제를 받기 쉽도록 풀(pool)화시킨 방식의 오피스. ②유사한 사무업무를 한 곳에 통합하여 전문화한 것이 가능하도록 하였음. ③구성원은 상호교체가 가능하며 비교적 단순한 반복업무에 적합한 배치 형태. ④위계적 차이는 작업성격이 서로 다른 계급적인 성격을 제거하고 공간의 특성을 CI로 연출하기도 함.

품셈(work account) : ①단위생산량(공사)에 소요되는 노력 및 재료 등을 수량으로 산출하는 것. ②인력 또는 기계로 어떤 물체를 창조하기 위하여 단위당 소요로 하는 노력과 능률 및 재료를 수량으로 표시한 것. ③한 공사의 단위에 필요한 표준적 재료량 또는 노무공수(人力工數) 또는 건물 각 부위의 한 단위를 생산함에 있어 과거의 공사실적 및 각종 비교 데이터(data)로부터 설정한 표준적인 재료의 소요량 및 소요 공수.

품질감리(品質監理) : ⇨품질보증(=).

품질경영(品質經營, Quality Management) : ①기업의 경영자가 원가절감과 공기단축을 통하여 대외경쟁력을 확보하고, 또한 고객의 만족을 위해 건축물의 특징·미관·용도·기능 등을 전체적으로 향상시키기 위하여 체계적인 방법으로 접근하는 것. ②품질관리·품질보증·품질인증 등의 3단계 활동으로 구성됨.

품질관리(品質管理, QC ; Quality Control) : ①수요자의 요구에 맞은 품질의 제품을 경제적으로 만들어내기 위한 모든 수단의 체계. ②설계도·시방서 등에 표시되어 있는 규격에 만족하는 공사의 목적물을 경제적으로 만들기 위해 실시하는 관리수단. ③건축공사에 있어서 품질관리는 각자의 품질에 대한 관심사항을 토대로 하여 단계적으로 관리목표를 정하고 이에 따라 P→D→C→A 과정을 사이클화하여 단계적으로 목표를 향해 진보·개선·유지해 나가는 것. ④근대적 품질관리는 통계적 품질관리(SQC ; Statistical Quality Control)와 종합적 품질관리(TQC ; Total Quality Control)로 대별됨. ④품질관리의 순서는 계획－실시－검토－조치 순. ⇨검수관리(=). ⑤품질관리 기법(QC tool)에는 관리도·히스토그램·파레토도·특성요인도·산포도(산점도)·체크시트·층별 등이 있음. ⑥품질관리의 단계(品質管理－段階)는 ㉠P(plan) ; 제품규격·작업규준·생산계획단계. ㉡D(do) ; 규격과 표준에 의한 작업실시단계. ㉢C(check) ; 제품검사 공정이나 재료의 검토단계. ㉣A (action) ; 체크한 결과에 따른 시점단계의 관리사이클 4단계로 진행됨. ⑦품질관리의 4대 기능(品質管理四大機能) : ㉠품질의 설계(design). ㉡공정의 관리(make). ㉢품질의 보증(sell). ㉣품질의 조사(test)임. ⇨품질통제(=)임.

품질보증(品質保證, Quality Assurance) : ①품질관리의 결과를 관련규정과의 일치여부를 감독하고 확인하는 제반행위. ②국제적으로 각 국가별 및 사업분야별로 정해져 있는 품질보증 시스템에 대한 요구사항을 통일시켜 고객에게 품질보증을 해주는 ISO(International Standardization Organization)가 설립되어 있음. ⇨품질관리(=). ⇨품질감리(=).

품질인증(品質認證, Quality Verification) : 품질관리 결과 규정된 품질의 구현이 의심되거나 품질관리 규정에서 특별한 품질검사나 실험을 요구할 때 검사실험을 실시하는 것.

품질통제(品質統制) : ⇨품질관리.

풋(foot) : 원래는 사람의 발 길이로부터 유래된 길이의 단위. 1foot은 12in 또는 304.8㎜와 같고, 단위기호는 ft임.(=피트).

풋라이트(foot light) : ①바닥에 설치하여 위로 향하게 비추는 조명. 주로 디스플레이나 무대조명으로 사용함. 각광(=). ②부분적으로 강조하고 싶을 경우에 아래쪽에서 집중적으로 빛을 조사하는 조명방법. 강조되는 진열면을 전체적으로 같은 정도의 밝기로 사용할 때 효과적임.

풋라인(foot line) : ⇨족선(=).

풋람베르트(foot－lambert) : ①빛의 강도를 측정하는 단위로 1풋 캔들은 규격 양초가 있는 지점에서 1피트 떨어진 곳의 표면을 비추는 밝기. ②0.32cd/ft^2 밝기 또는 휘도의 단위. 약어로 fL이라고 함. ③어느 면의 단위면적(1ft^2)에서 발산하는 광속을 광속발산도(光束發散度)라 하고, 그 면이 완전확산면일 때의 광속발산도의 단위임. 기호는 fL이고, $1fL = 1lm/ft^2 = 1.0764mL$임.

풋스툴(foot stool) : 주로 침대 옆에 놓는 발판. ⇨해소크(=).

풋캔들(foot-candle) : 1칸델라(candela)의 일정한 점광원으로부터 1피트 떨어진 표면의 조도단위. 1풋-캔들은 1lm이 ft^2에 입사된 밝기와 같음. 약어로 FC로 표시.

풍게나무(Celtis jessoensis koidzumi. [학]) : ①느릅나무과(Ulmaceae)로 연륜이 매우 뚜렷하고, 재색은 황백색으로 심·변재의 구분이 뚜렷하지 않음. 나무갗은 거칠고, 결이 곧으며 환공재(環孔材)임. 고비중재이고, 수축성은 보통이며, 흡수성은 큼. 전단강도는 강하고, 압축강도·인장강도·휨강도는 보통이며, 충격휨 흡수에너지는 크고, 경도는 낮음. 제재가공성과 대패가공성은 보통이고, 건조성과 휨 가공성은 양호함. 접착성은 보통이고, 도장성은 불량함. 합판제조적성, 파티클보드제조적성, 섬유판제조적성은 보통임. 시멘트경화성과 내후성은 불량함. 목탄제조 및 펄프화 적성은 보통임. ②용도는 주로 화장단판·가구·건축(건구·내장)·운동구 등으로 사용함.

풍격(風格) : 어느 시대·민족·유파(流派) 또는 개인의 문예작품에 표현된 주요 사상적·예술적 특징이나 경향.

풍경(風磬) : 절의 전각 추녀 부근에 달려 있는 작은 종으로 바람이 불면 청아한 소리가 남.

풍경식 정원(風景式庭園, land style garden) : 정원양식의 하나로 자연풍경을 축소하여 꾸미거나 상징화하는 것. ⇨자연식 정원. ⇨기하학식 정원.

풍량계수(風量係數) : ⇨유량계수(=).

풍량조절댐퍼(風量調節-, volume damper ; VD) : 주 덕트로부터 존별 분기점 또는 송풍기 출구측에 설치하고, 날개의 열림 정도에 따라 풍량조절 및 폐쇄의 역할을 하는 댐퍼.

풍력환기(風力換氣, wind force ventilation) : ①바람에 의한 환기. ②자연풍이 건물에 부딪히면서 그 건물 주위에 생기는 복잡한 기류에 의해 건물의 주벽(周壁)에 생기는 압력에 의한 환기.

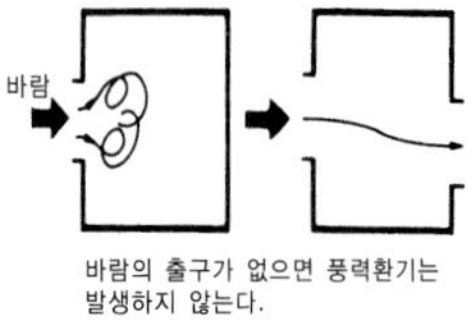

풍력환기

풍련(風蓮) : 닫집 등에서 낙양처럼 단 넓은 장식판.

풍선형 등받이의자(風船形-椅子, balloon back chair) : 헤플화이트(Hepplewhite)시대의 원호 또는 고리 모양의 등받이가 있는 의자. 18세기 프랑스 타원형의 등받이가 있는 루이15세 양식의 보조 의자에서 유래된 의자로 등받이의 중앙부가 비어 있고 프레임(frame)만 있어서 가볍게 보임.

풍선형 등받이의자

풍선형 커튼(風船形-, ballon curtain) : 천을 일정한 간격으로 주름잡아 부풀어 오른 풍선과 같은 효과를 내는 세이드나 블라인드. 오스트리안 블라인드처럼 뒷면에 일정한 간격의 고리로 되어 있는 실끈에 의해 상하로 작동됨.

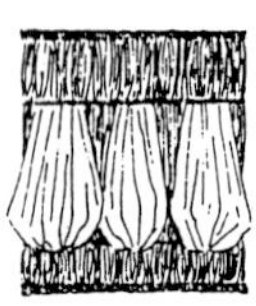
풍선형 커튼

풍소란(風小欄) : 창호의 갓둘레 및 마중대의 틈새를 막아 댄 나무쪽. ⇨마중대.

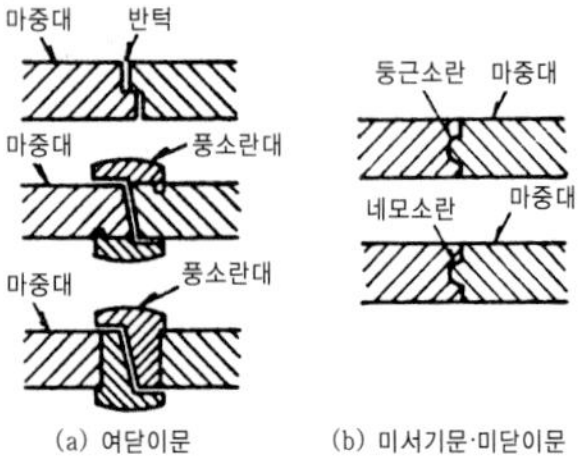

풍소란 · 풍소란대

풍속(風速, wind speed) : 단위시간당 이동

하는 공기의 속도·일정기간 동안 관찰된 풍속 중 가장 강한 풍속을 최대 풍속이라고 하며, 일반적으로 2~4시 사이에 나타남.

풍속저하역(風速低下域) : 바람이 건물 전면에서 불어 올 때 후면에 풍속의 감소와 역류현상이 발생하는 지역. ⇨풍역.

풍수지리설(風水地理說) : 지형(地形)이나 방위(方位)의 길흉(吉凶)을 판단하여 죽은 이를 매장하는데 적당한 장소를 점쳐서 구하는 이론. 또한 건축을 위한 명당(明堂)이나 건강과의 관계를 고려한 연구가 활발히 전개되고 있음.

풍차목(風遮木) : 풍차(風遮)에 쓰이는 재목.

풍치지구(風致地區) : 도시의 발전에 따라 파괴되기 쉬운 자연풍치를 유지·보전하기 위해 도시계획구역 중 필요한 일정구역을 확정·구분하여 지정한 지구.

풍토성(風土性, vernacular) : 지역적 특성에 맞도록 발전한 특유의 건축양식으로 토착화(土着化)를 의미하고 최근에는 가장 바람직한 건축행위의 형태로 강조되고 있음.

풍토주의(風土主義, regionalism) : ①그 지역의 자연환경이나 전통성에 맞는 형태로 설계되는 건축사조. ②2차대전 이후 경제협력이란 이름아래 행해진 자본의 식민을 촉진하는 원조문화에 그 어원을 두며, 풍토주의(지방주의·지역주의)란 북구주(北歐州)에서 발생.

풍판(風板) : ①풍우를 막기 위해 박공벽·합각벽을 가리어 박공널 밑 바로 안쪽에 널판장처럼 댄 널. ②비바람을 막기 위하여 박공벽이나 합각벽을 가린 널빤지. ③띠장·널·틈막이대로 구성됨. ④차양의 하나. ⑤방풍판의 준말.

가정집의 풍판

풍하중(風荷重, wind load) : 움직이는 공기의 동역학적 에너지에 의해 발생하는 힘. 구조물의 한쪽 부분에는 압력을 주게 되고, 다른 부분에서는 흡입효과를 유발함.

풍혈(風穴) : ①기구·가구 속의 통풍을 위하여 뚫어 놓거나 비워놓은 구멍. ②기구·가구 등의 구멍이나 비워놓은 갓 둘레에 새김질하고 돌려댄 테두리.

풍화(風化, aeration, weathering) : ①시멘트가 공기 중의 습기나 수분을 흡수하여 수화작용을 일으킨 결과 수산화석회와 공기 중의 탄산가스가 작용하여 탄산칼슘($CaCO_3$)을 생기게 하는 작용. ②풍화에 의한 강도저하는 재령의 초기에 크고 수량이 많을수록 심하므로 시멘트를 취급할 때는 대기에 노출시키지 않거나 습기에 접하지 않도록 하는 등 주의가 필요함. ③시멘트가 풍화하면 강열감량(强熱減量)이 많아져서 강도가 저하되고 아황산(SO_3)·규산삼석회(C_3S)가 많을수록 조기강도는 높아지며, 규산이석회(C_2S)의 함량이 많을수록 장기강도는 높아짐. ④시멘트의 풍화는 특히 콘크리트의 압축강도를 저하시킴.

풍화루(風化樓) : ①누정처럼 건축한 문루(門樓) 또는 누문(樓門). ②보통 외문(外門)에 해당함. ③향교·서원·산성·사찰·궁궐 등에서 건립됨.

퓨리즘(purism) : ⇨순수주의(=).

퓨셔(fuchsia) : 바늘꽃이 피는 관상목 또는 바늘꽃의 색인 붉은 기운을 띠는 보라색. 채도는 높고, 명도는 중간 정도임. 1950년대 뮤지컬 '왕과 나'에서 무대의상 색으로 찬사를 받은 후, 실내장식의 강조색(accent color)으로 불림.

퓨전인레이(熔融象嵌, fusion inlay) : ①금속 평면에 문양을 새기고, 그 부분에 색채가 다르고 낮은 온도에서도 녹는 다른 금속을 넣은 후 갉아내 상감효과를 내는 기법. ②기원 전 약 3000년 전에 이집트에서도 사용되었다는 니엘로는 은 1 : 구리 1 : 납 2 : 유황 적당량을 섞은 가루를 금(金)이나 은(銀)같은 장신구 문양 사이에 녹여 부어넣어 검은 색과 밝은 색의 대비효과를 살린 대표적인 용융상감.

퓨전인테리어(fusion interior) : 동양식과 서양식·고전미와 현대미 등 서로 다른 이질

ㅍ

적인 요소를 접목시켜 자연스럽게 어우러져 의외로 세련된 독특한 맛과 멋을 창조하는 인테리어 디자인. 이질감이 느껴지지 않도록 통일감 있게 공간에 배치하는 것이 중요하고, 퓨전 인테리어는 벽지나 천장은 모든 색상을 포용할 수 있는 흰색을 기본으로 하고, 바닥은 친근감을 주는 나무색을 선택하며, 조명은 직접조명보다는 간접조명으로 하는 것이 보다 효과적임.

퓨전카펫(fusion carpet) : 표면의 실을 다른 재료 위에 편 비닐의 배접층 속에 열을 가하여 묶고 고정시키는 방법.

퓨즈(fuse, fusible metal) : ①납·주석·카드뮴 등의 합금으로 저온에서도 녹는 금속. ②과부하전류나 단락전류에 의한 배건 및 기계 기구의 과열 소손을 막기 위해 전기회로에 삽입하는 전기부품.

퓨크노스틸로스(pykhnostylos[그]) : ⇨피크노스타일(=).

퓸(Fume) : 기체 중에 포함된 고체 알갱이로서, 통상 1마이크로미터 이하의 고체 알갱이.

프라이머(primer) : ①방수제의 접착력을 증대시키기 위한 액체. ②페인트나 바니시 후속 칠의 부착을 개선시키기 위해 적절하게 표현하는 바탕칠. ③방수제·도료·접착제를 바를 때 기재(바탕재)와의 접착을 좋게 하기 위해 그 기재 위에 미리 도포하는 바름재(下塗劑).

프라이버시(privacy) : ①개인·집단 및 단체에 있어서 자신들에의 접근을 통제하고, 자신들에 관한 정보를 언제·어떻게·어느 정도 전달할 것인지를 스스로 결정할 권리. ②분류는 목적에 따라 고립(solitude)·친밀(intimacy)·익명(anonymity)·제한(reserve) 등 4가지로 구분하기도 함. 프라이버시는 개인의 자율성을 제공하고, 감정의 이완을 허용하며 자기평가를 돕고 의사전달을 제한하거나 도움. 따라서 프라이버시는 한 개인 또는 다른 사회조직과의 연계성 관점에서 중요하며, 사생활의 의미로 이해하는 것이 일반적임.

프라이빗스페이스(private space) : ①개인적인·사적(私的) 공간. ②⇨퍼블릭스페이스(⇔)·공적 공간(⇔).

프라이스라인(price line) : 가격의 종류. 또는 가격의 종류에서 특히 역점을 두고 판매하는 스톡(stock) 양이 많은 가격.

프라이스레인지(price range) : 상품들의 프라이스 존(price zone)에서 역점을 두고 판매하는 상품을 중심으로 하나의 위 랭크 가격과 아래 랭크 가격의 폭.

프라이스존(price zone) : 상품 가격의 높고 낮음을 분류했을 때 형성되는 가격의 일정한 범위.

프라이스카드(price card) : 가격표시 사인의 일종으로서 카드형식의 것. 가격표시가 주요 표시내용이며, 일부에 광고 메시지 등이 들어 있음.

프라일레로(frailero[이]) : ①스페인 르네상스시대의 대표적인 가구인 수도승의 의자. 주로 호두나무로 제작되며 단순한 다리와 넓은 다리버팀대가 있음. 좌판과 등받이는 가죽으로 덮고, 골조와의 연결을 위하여 장식적인 못머리를 사용함. ②젖은 석벽에 수채물감인 템페라(tempera)로 그린 그림. 석고가 마르면 색은 옅어지고 벽과 천장이 그림으로 통합되는 효과를 나타냄. 14세기 이탈리아에서 시작되었으며, 16세기에는 벽화의 기법으로서 완성된 면을 보여줌. 대표적인 예로는 라파엘이 그린 바티칸의 스탠자(Stanza of Vatican)와 미켈란젤로의 시스틴 성당의 벽화 및 천장화가 있음.

프란수지(-樹脂, furan resin) : ⇨푸란수지(=).

프랑스공화정양식(-共和政樣式, style republicaine[프]) : 1790년대 프랑스 혁명기에 제작된 검소하고 시대적 특징이 잘 드러나 있던 가구에 대한 양식으로서, 1799년 이후에 곧 프랑스집정양식(directoire)으로 불림.

프랑스로코코양식(-樣式) : ⇨루이15세 양식(=).

프랑스르네상스양식(-樣式) : ①대표적인 인

테리어는 퐁텐블로(Fontainebleau)궁에 있는 프랑수아1세의 갤러리인데, 이는 고전양식(古典樣式)과 대칭(symmetry)의 법칙으로 철저하게 통일되었고, 천장은 격자천장에, 벽면의 하부는 월넛(walnut) 조각판자를 붙이고 상부는 플라스터(plaster) 바름 위에 프레스코(fresco)화(畵)로 구성했으며, 바닥에는 쪽매널을 깔아 호화로운 분위기를 더욱 강조함. 그러나 16세기 후반이 되면서 이탈리아 가구에서 보인 지나친 장식성은 배제되고, 정확한 비례의 아름다움이 중시되어 프랑스 나름대로의 세련된 양식으로 발전시킴. ②부인용 의자·테이블·의상용 벽장·침대 디자인에서 이러한 특색이 인정됨.

프랑스바로크양식(-樣式) : ⇨루이14세양식(=).

프랑스섭정양식(-攝政樣式, Regence style) : ①프랑스 오를레앙 공 필립(Duc d'orleans Philippe)이 루이14세 사후 8년(1715~1723) 동안 루이15세의 섭정을 하던 시기에 가구와 장식미술 분야에서 성행된 양식. 그러나 섭정양식은 섭정 이전부터 출현하여 루이15세 재임기간에도 지속되어 30여년(1700~1730)간 유행됨. ②루이14세의 장중한 양식으로부터 루이15세의 경쾌하고 우아한 곡선양식으로 넘어가기까지의 과도기적 양식 또는 복합적 양식. 18세기 초에 유행했으며, 중국 모티프(motif[프])의 디자인인 시누아즈리(Chinoiserie)와 조개문양이 채택·사용됨.

프랑스섭정양식

프랑스식 광택마감(佛式光澤-, French polish) : 18세기 후반 프랑스에서 사용되던 표면처리 방법. 목재의 표면에 투명한 셸락(shellac)을 여러 번 코팅하고 문질러서 유리와 같은 고광택의 질감을 만드는 기법으로 유럽과 미국에 널리 퍼졌으며, 현대에는 섬유소에서 추출한 투명 래커로 유사한 효과를 낼 수 있음.

프랑스식 브래킷형 발(佛式-形-, French bracket foot) : 브래킷의 모서리가 아래쪽에서 약간 바깥쪽으로 퍼진 브래킷형 발.

프랑스식 쌓기(佛式積, Flemish bond) : 입면상에 한 켜에 길이쌓기와 마구리쌓기가 번갈아 가며 나오게 쌓는 방법. 통줄눈이 생겨 영식보다 덜 튼튼하지만 벽의 모서리 및 끝부분에는 이오토막·반절 또는 칠오토막 벽돌을 사용함. 반토막의 벽돌을 많이 쓰게 되면 벽체 내부에 통줄눈이 많이 생겨 강도는 떨어지지만 외관이 좋아 강도를 필요로 하지 않는 벽체나 벽돌담 등에 이용되며, 보통 불식 쌓기라고도 함. 벽체의 앞면은 불식 쌓기·뒷면은 튼튼한 영식 쌓기로 하는 한 면 불식 쌓기(single Flemish bond)와 안팎을 모두 불식 쌓기로 하는 양면 불식 쌓기가 있음. 불식 쌓기(=).

프랑스식 아치(佛式-, French arch) : 아치의 중심을 향해 동일한 각도로 경사지게 아치 돌을 놓아 구성한 평아치.

프랑스식 정원(佛式庭園, French garden) : 건물과 정원을 잇는 중심축선에 대칭으로 연못·화단·나무를 한 줄로 배치하여 공간의 확대감과 보다 더 질서정연한 바로크적인 정형정원(定形庭園, formal garden)을 일컬음.

프랑스식 지붕(佛式-, French roof) : ⇨망사르지붕(=).

프랑스식 주름접기(佛式-, French heading) : 커튼을 만들 때 상부에서 일정한 간격으로 접는 방법. 커튼의 상부를 가리는 밸런스(valance)에도 적용됨. ⇨주름접기.

프랑스식 창(佛式窓, French window) : 프랑스식 문(french door)과 유사한 형태로 바닥까지 연장되어 있는 여닫이창으로서 창의 전면을 격자로 만든 후 작은 유리를 격자의 사이마다 끼워서 만든 창문. 보통 한 쌍의 여닫이 창문으로 구성되며, 바닥까지 닿는 긴 창문도 있음. 특히 실내에서 포치(porch) 또는 테라스(terrace) 등으로 나가는 곳에 설치.

프랑스식 창

프랑스양식(佛國樣式, France style) : 나폴레옹 통치기간인 1860~1875년 동안 유행한 양식으로 특히 망사르드(Mansarde ; 이중구배지붕)라고 불리는 지붕구조가 특징적임. 정교하게 만든 굴뚝·지붕창, 그리고 지붕으로부터 튀어나온 원형의 창에 의해 높이가 강조되었음. 돌출된 파빌리언·물결치는 듯한 파사드, 고전적인 장식은 정확한 3차원 효과를 만들어냈음. 이 양식은 비대칭적 형태를 나타내기도 했음.

프랑스예술가단체(佛國藝術家團體, The Compagnie des Arts Français) : ①건축가이자 화가인 루이스 슈(Louis Süe ; 1875~1968)와 화가 앙드레 마레(André Mare ; 1887~1932)는 인테리어를 공동으로 완벽하게 디자인하려는 목적으로 다른 분야의 예술가단체-화가 베르나르 보테 드 몬벨(Bernard Boutêt de Monvel), 직물디자이너이자 벽화가인 구스타브 루이 졸메(Gustave Louis Jaulmes), 화가이자 나무 조판공인 조각가 폴 베라(Paul Vera), 유리제품을 만들던 모리스 마리노(Maurice Marinot)와 그래픽 예술가 앙드레 마르티(André Marty) 등 - 를 통합하여 1919년에 만든 단체. ②1928년 회사가 파산하기 전까지 슈와 마레는 퐁텐느(Fontaine) 전시장·현대 미술관(Musée d'Art Contemporain)·오르세이(d'Orsay)향수 상점의 인테리어를 디자인했고, 화가였던 마레는 슈의 정밀한 건축적 기술에 색채와 장식에 대한 감각을 자연스럽게 덧붙였으며, 그들은 10년 동안 건축과 디자인을 포괄할 수 있는 완전히 응집된 프랑스 스타일을 만들어냈음. 이 단체는 매우 개인적인 아르누보의 반동으로 형성되었고, 유행을 따르는 인테리어보다는 진실하고 우아한 전통적 가치를 고수했으며, 그들이 만든 가구는 루이 필립(Louis Philippe)시대에서 영감을 받았던 것임. 요철(凹凸)무늬를 얇게 새기거나 진주 자개로 상감을 조각한 꽃무늬 아르데코 모티브를 양식화시키고, 고급 목재들을 매우 광택이 나게 만듦. 그들이 디자인한 의자에는 크면서도 편안한 시트를 약간 둥글게 만든 모델과 부드러운 선으로 조각한 팔걸이 없는 의자 등이 있음. 1925년에 미술장식박람회(Exposition des Arts Décoratifs)에 출품한 그들의 작품은 그 그룹의 목적을 확실하게 드러내 주고 있음.

프랑스왕정복고양식(佛國王政復古樣式, Restoration style) : ①1814년 나폴레옹 몰락 이후에 1830년 혁명으로 부르봉(Bourbon)왕조가 막을 내리기까지의 프랑스 신고전주의양식. 혁명과 제국시대 이후 부르봉 왕조가 복권됨으로써 이러한 명칭이 붙여지게 됨. ②양식적 특징은 전시대인 제국양식과 대동소이하여 단순한 형태에 그리스와 로마의 고전적양식과 장중한 외관을 지녔으며, 차이점은 색조의 변화로 붉은 색조 마호가니를 대신해서 부아 클레르(bois clair)라는 밝은 색조의 목재가 사용되었음. 즐겨 사용한 모티프는 백조·수금(lyre)·아칸서스(acanthus)잎 장식이 있음. 1830년 혁명으로 프랑스는 변화의 국면을 맞아 신고딕(Neo-Gothic)양식과 함께 르네상스·로코코 등의 다양한 부흥양식이 유행하게 되었음.

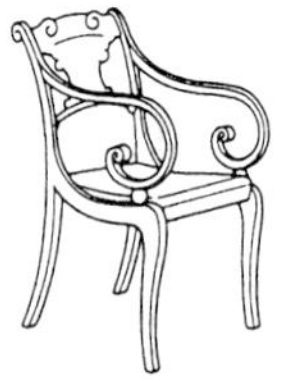
프랑스왕정복고양식

프랑스정첩(佛國釘貼, france hinge) : ⇨돌쩌귀정첩(=).

프랑스제국양식(佛國帝國樣式, Empire style) : ①19세기 초, 프랑스의 건축·실내디자인·가구에 나타난 신고전주의양식. 1804년부터 1820년까지 나폴레옹이 집권한 제국의 이름에서 유래한 양식. ②이집트 원정과 폼페이의 발견으로 고대 그리스와 로마의 문화에 심취한 나폴레옹은 자신의 영광과 황제의 권위를 나타내기 위한 상징으로 고대 건축의 형태와 장식 모티프를 즐겨 사용했음. 이러한 작업은 나폴레옹이 고용한 두 건축가 피에르 퐁텐느(Pierre Fon-

ㅍ

taine)와 샤를르 페르시에(Charles Percier)에 의해 실현되었고, 황동(brass)장식과 화환·백조·월계수·스핑크스·꿀벌·왕관·나폴레옹의 첫 글자인 'N', 그리고 군대식 주제와 상징들이 자주 등장했음. 태피스트리와 카펫 등의 직물에도 이러한 장식문양과 함께 메달리온이나 줄무늬를 직조하였으며, 직물은 실내에서도 중요하게 부각되어 벽과 천장에 직물을 늘어뜨렸고, 실내에도 군대막사와 같은 텐트를 사용하였음. 나폴레옹이 선호한 색조는 밝은 녹색·빨강·노랑·진한 갈색 등이었고, 가구의 종류로는 긴 의자, 배 모양의 침대, 긴 거울, 곤돌라의자·데이베드 등이 뛰어났음. 이 웅장한 신고전주의양식은 유럽과 미국으로 널리 퍼졌으며, 특히 영국의 토머스 호프(Thomas Hope)·토머스 셰라톤(Thomas Sheraton)·미국의 던컨 파이프(Duncan Phyfe)에게 영향을 끼쳤고, 독일에서는 제국주의 양식이 중산계급에 파급되어 비데마이어(Biedermeier)양식을 낳게 하였음.

프랑스제국양식

프랑스지방양식(-地方樣式, French Provincial style) : ①루이15세 양식이나 로코코양식의 단순화된 실내 및 가구양식. ②주로 프로방스 지방의 양식이고, 테라코타양식은 종종 프로방스풍이라고 불리는 독특한 디자인을 가진 것으로서 바닥에 돌을 사용했거나 매트를 깔았음. 호두나무재의 테이블과 의자의 다리는 약간 곡선형태를 이루고 있으며, 의자의 바닥은 등나무를 사용한 것이 많음. 특징적인 것은 직물의 패턴으로 파란색과 노란색·초록색 등의 작은 프린트무늬가 가장자리 장식 디자인에 사용됨. 선적(線的) 요소가 단순화되었을 뿐만 아니라 표면장식에 있어서도 비교적 마감이 거칠고 무늬목이나 상감장식은 거의 사용하지 않았으며, 소박한 것이 특징임. 프랑스컨트리양식(=).

프랑스지방양식

프랑스지붕 : ⇨망사르드지붕(=).

프랑스집정양식(佛國執政樣式, directoire style) : ①프랑스혁명과 나폴레옹 황제의 등극 사이인 1789년부터 1804년 사이에 나타난 양식. ②명칭은 1799년에 등장했던 집정정부(directoire)에서 유래되었음. 실내는 루이16세 양식을 대조적으로 자유·평등·박애의 혁명정신을 반영하기 위해 그리스·로마의 소박한 주택 실내장식을 특징으로 하고, 색채도 붉은색·노란색·검정색 등 폼페이(Pompeii) 및 헤라클레니움(Heraclenium)의 프레스코 벽화나 모자이크 등을 반영하였음. 가구도 이와 병행하여 완만한 곡선으로 단순해지고, 그리스·로마의 X자형 의자, 삼각다리의 받침대, 침대 겸용 소파 등이 주로 사용되었음. 그 모티프는 월계관·백조·돌고래·화환·마름모형 등이 주로 사용되었고, 이러한 양식적 특성은 영국의 셰라톤(Sheraton)과 미국의 파이프(Phyfe) 등에게 영향을 주었음.

프랑스집정양식

프랑스컨트리양식 : ⇨프랑스지방양식(=).

프래그넌츠원리(-原理, pragnanz principles) : ①단순하게 법칙적·대칭적인 형으로 정리하기 쉬운 경향. ②보다 단순하고 안정된 체제로 향하는 규칙적인 경향. ③어떠한 형태도 가능한 한 단순하고 명료하게 볼 수 있는 상태에서 지각된다는 원리. 항상 우세한 조건이 갖춰진다면 심리적

ㅍ

조직화는 당연히 좋은 것으로 됨.

프래리하우스(prairie house) : ⇨프레리하우스(=).

프랙터블(fractable) : 지붕경사를 감추기 위한 박공벽 위의 두겁으로서 어떤 것은 장식적인 실루엣(silhouette)을 가짐.

프랫(fret) : ⇨프렛(=). ⇨키패턴(=).

프랫트러스(pratt truss) : 미국의 프랫이 발명한 트러스로서, 수직하중을 받을 때 길이가 짧은 수직재에 압축력이 생기고 길이가 긴 사재(斜材)에는 인장력(引張力)이 생기도록 만든 트러스. 철골과 같이 인장력에 강한 재료에 적합한 트러스 형식.

프랭클린난로(-煖爐, Franklin stove) : 18세기 중반에 미국의 벤자민 프랭클린이 고안한 벽난로와 난로의 조합된 형태. 주철로 만들어지고 외형은 벽난로와 유사하지만 효율을 높이기 위해 방열판을 사용함.

프랭클린난로

프러시안블루(Prussian blue) : ⇨감청색(=).

프런트(front) : ①호텔의 정면 또는 건물의 정면으로서, 호텔의 중추적인 업무를 담당하는 접객부분으로 호텔 각 부분에서 정보가 집중되어 투숙객이 호텔에 머무는 동안 필요한 모든 정보를 제공. 프런트데스크와 프런트오피스로 구성됨. ②구체적 방향으로 면(面)하거나 보기.

프런트데스크(front desk) : 고객을 처음으로 맞이하고 환송하는 장소로 접수·회계·안내 등의 여러 기능이 복합적으로 이루어지는 곳으로 호텔과 고객을 연결시켜 호텔에 대한 인상과 이미지를 갖게 함. 공중전화·구내전화·귀중품보관·클로크룸(cloakroom)·텔렉스룸(telexroom)·팩스룸(faxroom) 등은 프런트데스크 가까이에 위치하도록 함. 업무수행을 위해 룸 인디케이터(room indicator)·호텔머신(hotel machine)·키랙(key rack)·메시지보드(message board) 등의 제반 설비가 필요함. 프런트카운터(=).

ㅍ

프런트스크린(front screen) : 스크린 후면에 있는 프로젝트와 영사광을 반사시켜 화상을 관람공간에 전달하는 방법. 관람공간이 어두워야 하므로 안막커튼 등으로 암실화해야 하고, 영상장치를 위한 설비공간은 약 900~1,000㎜ 깊이가 필요함. ⇨리어스크린(⇔).

프런트오피스(front office) : 호텔의 입구 근처에 있으며, 카운터에서 손님을 접수하여 손님의 안내·객실의 배정·열쇠의 관리 및 전화·편지·텔렉스에 의한 접수·예약카드 작성·예약확인 및 조정·전화교환·회계업무 등의 사무를 보는 부서. 따라서 업무적으로 프런트데스크와 가까운 위치에 있어야 함. 조명은 프런트 직원과 고객의 표정이 서로 자세히 보이도록 500lx 이상의 밝은 조도가 필요함. 밝은 조명은 현관과 로비에서 눈에 쉽게 띄어 유인성(誘引性)을 더해주고, 일반적으로 프런트데스크의 뒤쪽으로 위치함으로써 백오피스(back office)라고도 함.

프런트카운터(front counter) : ⇨프런트데스크(=).

프런티스피스(frontispiece) : 건물의 주파사드 또는 주출입구 부분.

프레리하우스(prairie house) : ①프랭크 로이드 라이트(Frank Lloyd Wright ; 1867~1959)가 설계(1902~1909)한 50여 점 이상의 주택 중 특히 미국의 중서부 지방에 독특한 스타일로 설계된 독립주택인 초원주택은 라이트의 '일체화된 주거공간 개념'이 두드러진 작품으로서 당시에 새로운 주거양상을 제시하였음. ②대표적인 작품은 1908년 일리노이에 있는 Coonly House와 시카고에 있는 Robie House가 있고, 프레리하우스의 공간개념은 라이트에게 있어서 자연을 의미하는 미국의 초원-광활한 대지·지평선·산구릉 등-에서 받은 느낌을 조형적으로 표현하는 것임. 우선 대초원 위에 지어진 작은 주택들은 수평선이 강조되어 있어서 뻗어나가려는 듯한 선적인 느낌에 의해 자연에 순응하려는 뜻이 내포되어 있고, 서정적인 효과를 높이기 위해 일본의 전통적인 건축양식을(Wright는 1905년까지 일본을 방문한 적은 없었으나 동양의 건물과 판화에서 동양미학을 연구하여 세련된 비례, 정교한 공사, 간결한 소재 사용, 자연과의 절묘한 만남 등을 그의 작품에 반영) 적용하고 있음. 그리고 실내공간에는 자연의 이미지를 표현하기 위해 유리를 의도적으로 사용했거나 사막의 자갈·숲 속의 자연석이 그대로 이용되었고, 자연 본래의 성질을 지닌 재료의 사용과 주위 자연환경과 조화를 이루는 부드러운 중성색이 사용되었음. 프레리하우스에서 추구한 공간의 일체화는 전체공간을 하나의 방으로 간주하고, 프라이버시가 요구되는 부분만을 가구나 칸막이벽으로 구분하는 개방평면(open plan)에서 잘 나타나고 있으며, 이러한 개방평면의 중앙에는 난로가 설치되는 것이 일반적이어서 공간에서의 핵(核)을 이루고 있음. 즉 난로를 구심점으로 각각의 단위공간－식당·거실·침실 등－들이 연결되고 유동적인 동선흐름을 형성하고 있으며, 이렇게 형성된 공간의 유동성은 낮은 칸막이벽이 설치된 실내공간에서 입구·발코니·테라스 등 외부공간으로 이어져 내부와 외부공간이 상호 관입되는 효과를 지니고 있음. 그리고 개방평면으로 된 실내공간은 명암(明暗)과 고저(高低) 등을 이용하여 극적인 효과를 연출하는 공간의 변화가 두드러지게 나타나 있으며, 라이트는 전체 공간계획에서 세부에 이르기까지 하나로 통일된 패턴으로 건축 외관과 실내공간의 형태·가구·소품 등을 설계하여 토털디자인(total design)을 추구하고, 더불어 난방과 배관 시스템은 일체화된 구조 속에 통합체의 일부로써 설계되었고, 특히 붙박이 가구(built in furniture)를 설치함으로써 프레리하우스 공간의 일체화는 완벽하게 표현되었음.

프레밍(framing) : 단면형상(치수)이 주어지고, 구조물을 지지하도록 설계된 비교적 가늘고 긴 부재들 사이에 맞춤과 결합에 대한 작용이나 과정 또는 골조구성 방법.

프레밍앵커(framing anchor) : 경량의 목구조 부재들을 연결하는데 사용하는 여러 가지 형태의 철판으로 된 연결철물. 일반적으로 측면에서 박아 넣는 특수한 못을 사용함.

프레스(press) : 의복이나 리넨(linen)류를 넣어두기 위해 중세 유럽에서 사용된 참나무(oak)로 만든 육중한 장. 17세기 이후에 세분화되어 의복장(clothes press)·리넨장(linen press)·아르므와르(armoire)·워드로브(wardrobe) 등으로 변함.

프레스도어(press door) : 강판 또는 알루미늄판을 프레스하여 만든 스틸도어의 일종. 주로 주택의 문에 사용함.

프레스성형(－成型, press casting) : 기계로 눌러 찍어내는 것. 타일인 경우 3~10%의 수분을 함유한 분말을 프레스 금형에 넣고, 200~300kg/㎝ 제공의 압력으로 찍어냄. 프레스로 제작하는 경우는 홈이 1.5㎜ 이하이므로 부착력이 좋지 않음. ⇨건식성형.

프레스컵보드(press cupboard) : 17세기 영국과 미국에서 사용된 두 단으로 이루어진 참나무 찬장.

프레스컵보드

프레스코(fresco[이]) : ①이탈리아어 'fresco' 혹은 'fresh'에서 유래된 용어. ②새로 갓 바른 축축한 회벽 위에 수채화로 그리는 기법이나 그림. 마르면 그림과 플라스터가 화학적 작용에 의해 영구히 결합됨. ③벽체의 회반죽이 마르기 전에 채색하여 벽이 마르면서 물감도 정착되도록 하는 대표적인 고전벽화 제작기법. 지오토(Giotto)·마사치오(Masaccio)·미켈란젤로(Michelangelo) 등의 명작이 남아 있으며, 완전히 마른 벽 위에 채색하는 것을 세코(secco)라고 함.

프레스코벽화(－壁畵) : ⇨프레스코(＝).

프레시도어(fresh door) : ⇨목재문(＝).

프레시콘크리트(fresh concrete) : ⇨생콘크리트(=).

프레온(freon) : 탄소·염소 및 불소가 혼합된 유기적 화합물로써 상업용 목적에 따라 여러 가지 유형이 있으며, 가정용 냉장고를 포함한 많은 냉동 시스템에서 냉매(refrigerants)로 사용하고 있으며, 프레온은 무색에 비연소성이고 독성이 없으며 부식성은 없음.

프레임(frame) : 문 또는 창문 등의 개구부에 설치하는 틀. 즉 문틀 또는 창문틀.

프레임워크(frame work) : 지지하거나 윤곽을 명확히 하기 위해 또는 틀을 끼워 넣기 위해 부분적으로 맞추고, 서로 결합하는 골격구조.

프레젠테이션(presentation) : ①일반적으로 디자이너가 문제를 풀어가는 과정에서 언어 및 시각적 방법에 의해 단계별로 고객에게 디자이너의 생각이나 의도를 전달하는 것. 이때 고객(顧客, client)에게 문제해결 내용에 대해 이해하도록 하여 고객의 결심을 유도하고, 문제해결 과정에도 적극적인 관심을 갖도록 함으로써 최종적으로는 가장 적절한 해결방안을 도출할 수 있도록 함. ②종류는 정형적인 방법과 비정형적인 방법. 정형적 방법은 일정한 형식에 따라 그룹을 대상으로 단계별 결과에 대한 이해를 돕도록 준비하며 이를 위한 시간과 경비의 사용은 커지게 되겠지만 성공적인 결과를 위해 디자이너는 모든 노력을 다해야 함. 비정형적 방법은 가장 손쉽게 이루어질 수 있는 커뮤니케이션으로, 디자이너는 필요에 따라 고객과 접촉하여 필요한 자료를 얻거나 간단한 시각적 도구를 사용하여 그 의도를 전하고 고객의 의견을 청취하고, 문제해결에 반영할 자료를 만듦. 상업공간에서의 프레젠테이션은 보이는 것 또는 컨셉이나 아이디어·디자인 등을 의뢰인에게 보이는 것.

프레젠테이션드로잉(presentation drawing) : 전시(展示)·평가(評價) 및 출판(出版)을 위해 디자인 개념이나 제안을 고양시키거나 나타내기 위해 만들어진 디자인 그림의 일단(一端).

프레젠테이션모형(－模型) : ①가장 일반적인 모형으로 클라이언트와 타협하기 위한 전시용 모형. 디자인 결정을 좌우하는 것이므로 그 제작에 세밀한 주의가 필요하며, 치수상으로 정확하고 재질 및 색채 등도 가급적이면 실제적인 마무리의 느낌을 나타내야 함. ②재료는 화장합판·투명 플라스틱판·착색 플라스틱판·천이나 나뭇결이 있는 종이 등 목적에 따라 폭넓게 사용됨. 모형제작의 스케일은 인테리어 모델의 경우 1/10·1/20·1/30·1/50, 가구인 경우에는 1/2·1/5·1/10 등이 일반적임.

프레젠테이션보드(presentation board) : 고객에게 제출·설명하기 위해 또는 전시용으로 제작한 보드. 일반적으로 내용 안의 의미나 이미지를 한눈에 파악할 수 있도록 평면도·입면도·천장도·투시도 및 선정된 색채·재료의 샘플 등을 넣어 구성함.

프레즈널렌즈(presnal lens) : 하향조명이나 스포트라이트에서 빛을 어떤 형태로 모으기 위해 사용하는 얇은 유리 및 플라스틱의 볼록렌즈.

프레지덴셜슈트룸(presidential suite room) : ⇨스위트룸(=).

프레콜롬비아미술 : 마야 미술로서 처음에는 멕시코 저지(低地)에서 일어났으나, 후에 유카탄 반도에서 6~10세기경에 번영한 마야족의 미술.

프레팅(fretting) : ⇨격자세공(=).

프렌치도어(French door) : ①바닥에서 천장까지 닿는 여닫이문(casement door). 주위는 도어 프레임(door frame)으로 설치되고, 거의 모든 부분은 유리로 되어 있으며, 좌우 양쪽을 당겨서 열게 되어 있음. 이는 손잡이를 돌리면 창의 위·아래에 멈춤장치가 나와 있어 창을 고정시킨 에스파뇰레트(Espagnolette)가 만들어진 후에 만들어졌음. ⇨프렌치윈도(=). ②사각 유리판이 문의 길이에 따라 연속적으로 끼워져 있는 문. 짝을 이루기도 함. ⇨격자문(=).

프렌치벌(french burl) : ⇨월넛.

프렌치블루(French blue) : ⇨군청(=).

프렌치윈도(French door) : ⇨프렌치도어(=). ⇨격자창(=).

프렌치 타일(French tile) : 프랑스식 지붕기와의 일종.

프렌치회색(-灰色, French gray) : 약간 보라색 기운이 도는 부드럽고 밝은 회색으로 2차 세계대전 이전에 벽이나 카펫에 유행된 색.

프렛(fret) : ①물결 모양의 곡선이 연속된 무늬. ②반복적인 기하학 형태를 갖는 띠(band)로 구성된 장식적인 디자인. ③고대 그리스 등의 고전건축에서 많이 볼 수 있는 기하학적 장식문양으로 수평과 수직의 직선을 함께 사용하고, 이 모티브를 연속적으로 이어 만든 장식을 뇌문세공(雷紋細工)·뇌문장식(fretwork) 또는 만문(卍紋, key pattern)·능사문(綾絲紋)이라고도 함. 벽체에서 바닥의 모자이크에 이르기까지 폭넓게 사용되고 있으며, 민더(meander)라고도 하고, 특히 그리스 뇌문은 lslabyrinthfret 또는 key pattern이라고 함. 프렛은 중국에서도 연속되는 파도 모양의 모티브를 사용했는데, 이를 비트루비안 스크롤(vitruvian scroll) 또는 런닝 도그 웨이브 스크롤(running dog wave scroll)이라고 함. 키패턴(=).

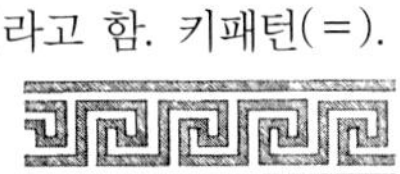

프렛

프로그래밍(programming) : 해야 할 일들의 목록(list)을 만드는 일이며, 계획과정의 일부.

프로그램(program) : ①디자인 프로젝트의 목적과 세부사항에 대한 1차적 단계. ②문제를 풀기 위한 절차 및 프로젝트를 위한 배경·조건·요구사항·목표를 보여주는 진술.

프로나오스(pronaos[그]) : ①고대 그리스나 로마 신전 입구의 현관. 양옆은 벽으로 막혀 있고, 앞쪽에는 기둥이 열(列)지어 있음. ②고전적인 신전의 셀라(cella)로 들어가기 전의 개방된 현관. ⇨오피스토도모스(⇔).

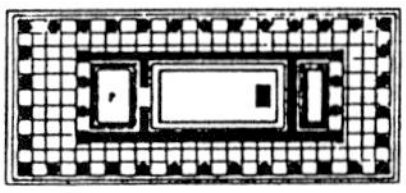

프로나오스

프로덕트스포터(product spotters) : 상품에 고객의 주의를 환기시킬 수 있도록 제작된 화살표 및 내뿜는 형식의 POP. 용도는 셀프 토커(shelf talker)와 유사하지만 사용하는 장소는 자유로움.

프로도무스(prodomus[라]) : 고대 로마의 주택에서 현관 홀·전실(前室).

프로메네이드타일(promenade tile) : ⇨쿼리타일(=).

프로모셔널디스플레이(promotional display) : 일정한 기간 동안 일정한 제품을 판매하려는 계획된 디스플레이를 의미하는 POP 용어.

프로미네이드(promenade[그]) : ⇨프로미나드(=).

프로미나드(promenade[그]) : ⇨프롬나드(=).

프로빈셜인테리어(provincial interior) : 포크로어 인테리어(forklore interior)와는 구분되는 것으로 시골풍 또는 지방색이 짙은 실내디자인.

프로세니움(proscenium[그]) : ⇨프로시니엄(=).

프로세니움무대(-舞臺, proscenium stage) : ⇨프로시니엄무대(=).

프로세니움아치(proscenium arch) : ⇨프로시니엄아치(=).

프로스타일(prostyle) : 주랑(portico)이 전면(前面)에만 있는 전주식(前柱式)으로 다른 3면은 벽으로 쌓은 고대의 신전형식.

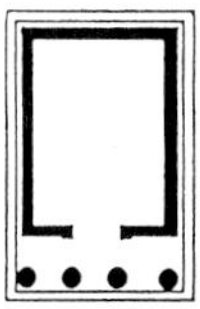

프로스타일

프로스틸로스(prostylos[그]) : ⇨프로스타일(=).

ㅍ

프로시늄(proscenium) : ⇨프로시니엄(=).

프로시니엄(proscenium) : ①고대 그리스 및 로마 극장의 무대 앞부분으로 그 위에서 배우들이 공연함. ②현대의 극장에서 무대와 관람석 사이를 구분하는 경계 부분. 관객은 이 프로시니엄을 통해 공연물을 감상하고, 공연에 따라서는 무대가 프로시니엄 속에 한정되지 않고 프로시니엄을 넘어 객석 속으로 확장되는 경우도 있음. 역할은 관객의 시선(視線)을 무대에 쏠리게 하는 시각적 효과를 갖고 있는 것과 관객의 시선에 연기부분 무대 및 무대 배경을 제외한 다른 부분, 즉 조명기구나 막(膜)과 같은 것 또는 기타 장치를 놓은 곳 등 후면무대(back stage)를 가리는 역할을 하는 것임. 아치로 테두리를 하고, 커튼을 드리우는 것이 일반적임. 프로시니엄 개구부는 일반적으로 직사각형으로 그 가로·세로 비율은 황금비의 비례가 많음.

프로시니엄무대(−舞臺, proscenium stage) : 프로시니엄 아치가 프레임으로 보이도록 만들어진 무대.

프로시니엄스테이지형식(−形式, proscenium stage type) : ①관객이 연기자를 향해 한 방향으로 관람하는 형태. ②투시도법을 무대공간에 응용함으로써 발생한 것으로, 연극의 내용을 한정된 고정액자 속에서 보는 듯한 하나의 구성화와 같은 느낌이 들게 함. ③배경은 한 폭의 그림과 같은 느낌을 주어 전체적인 통일의 효과를 얻는데 가장 좋은 형태임. ④객석 부분과 무대 부분을 별개의 공간으로 막아 연기자와 관객의 접촉면이 한정되어 있으므로 많은 관람석을 두려면 거리가 멀어져 객석의 수용능력에 있어서 제한을 받음.

프로시니엄아치(proscenium arch) : 무대와 객석을 나누고 있는 아치. '프로시늄'이라고도 함.

ㅍ

프로시믹스(proxemics) : ①인간에게 근접한 공간영역의 문화적 연구. ②개인적·문화적 공간의 요구와 인간과 공간과의 상호작용에 대한 연구로서 에드워드 홀(Edward Hall)은 모든 인간에게 공통된 심리적 기반이 있으며, 여기에 구조와 의미를 부여하는 것을 문화라 하고, 문화에 따른 프록시믹스 연구에서 세 가지 공간을 제안. 즉 고정공간(fixed feature space)·반고정공간(semifixed feature space)·비고정공간(informal space)임. ③⇨인간공간학(=). ⇨근접학(=). ⇨공간학(=).

프로젝트(project) : ①건축이나 인테리어 설계 및 시공의 대상이 되는 공사. ②네트워크 공정표 용어 중 하나로 네트워크에 표현하고자 하는 대상공사. ③대략 스케치 형태로 표현된 디자인을 위한 최초의 스킴(scheme).

프로젝트매니저(project manager) : ①일반적으로 5년 이상의 직업경력을 가지고 있으며, 회사가 요구하는 디자인 능력을 갖춘 사람. ②고객과 다른 디자이너들을 다루는데 있어서 융통성 있는 의사소통 능력을 발휘해야 함. 통솔 디자이너로서 다른 디자이너들을 감독하고, 고객을 만나 필요사항을 결정하고, 실내디자인의 중요한 부분을 담당하며, 다른 사람들의 디자인 서류를 완성하는 일을 감독하거나 자신이 직접 준비하기도 하며, 주문 및 설치감독의 책임을 맡고 있음. 또한 회사의 서비스 마케팅을 담당하여 새로운 프로젝트를 얻고, 디자인 계약을 협상할 의무를 가짐. 선임디자이너·선임프로젝트 디자이너(=).

프로크카펫 : 접착제를 바른 바탕천에 나일론의 얇은 섬유를 흡착시킨 것으로 표면은 컷 파일(cut pile)상임.

프로토도릭식 오더(−式−, proto doric order) : ①단면이 다각형으로 된 기둥머리에 방형(方形)의 아버커스(abacus, 접시받침)를 가진 오더. ②이집트 건축에서 볼 수 있으며, 형식상 도리스식 오더의 원주에 앞서 사용한 형태로 붙여진 명칭. ③베니 핫산(Beni Hassan)의 암굴분묘 전실 기둥이 도릭 오더와 비슷하여 붙여진 이름. ④매우 단순한 기둥형태의 비례와 단순성을 보고, 이집트 학자 챔필리온(J. F. Champollion)에 의해 붙여진 이름.

프로토아르누보(proto art nouveau) : 유럽의 어떠한 아르누보 작품보다 빠른 보이지(Charles F. Annesley Voysey : 1857~1941)·맥머도(Arthur Heygate Mackmurdo : 1851~1942) 등이 가구·벽지·텍스타일 등에서 보여준 미술공예작품의 경향.

프로토콜(protocol) : 디자이너를 대상으로 실시한 인지실험에서 나타나는 피험자의 언어보고 내용·스케치와 노트·시청각 장치를 이용하여 관찰한 내용 등으로 구성되는 것으로서 디자이너의 인지활동을 기록한 실험자료.

프로토콜분석법(-分析法, protocol analysis) : 인지심리학에서 문제해결 과정을 연구하기 위한 데이터 수집 및 분석기법 중의 하나로 인간 피험자가 주어진 인지작업을 수행하는 중에 자신의 머리 속에 떠오르는 생각을 보고하도록 함으로써 그것을 데이터로 사용하여 분석하는 기법.

프로토타입(prototype) : 특정 분야의 디자인 지식을 종합적으로 표현한 일반적인 지식 스키마를 의미.

프로톰캐피털(protome capital) : ⇨캐피털.

프로티라(prothyra[그]) : 그리스에서는 주택 전면의 현관이나 포치(porch)를 말하며, 로마에서는 diathyrum이라고 하는 한쪽으로는 가로측 출구가 있고, 다른 한 쪽으로는 건물 내의 중정에 면한 문이 배치되어 있는 주택현관 부분.

프로파일론(propylon) : 파일론의 형태를 한 독립된 출입구. 고대 이집트 신전이나 신성한 구역으로의 주출입구.

프로판가스(propane gas) : ⇨엘피가스(=).

프로퍼(proper) : 정가판매를 하는 상품. 바겐세일 상품에 반대하여 본래의 가격으로 판매하는 것에서 전해졌음.

프로포션(proportion) : ⇨비례(=).

프로퓰라이어(propylaia[그]) : ⇨프로필리어(=).

프로프(prop) : 디스플레이할 때 상품이 첨가되는 것. 예컨대 알로하셔츠에 팜트리(palm-tree)를 곁들일 때 또는 프로퍼티(property)의 약어로 연극용어에서 전용(轉用)된 것으로서 디스플레이에 사용되는 작은 도구를 의미하며, 자질구레한 것이 많음.

프로필(profile) : ①건축물이나 가구 등 사물의 측면도나 종단면도. ②코니스·리브 등 벽면이나 측면으로부터 튀어나와 보이거나 나타낸 형태 및 구조의 외곽선(外廓線, outline). ③수평면에 직각으로 잘리는 형태의 선을 가상으로 만든 물체의 외곽선. ④옆얼굴·측면상(側面像)을 의미.

프로필레움(propylaeum[그]) : ⇨프로퓰라이어(=). ⇨프로필리어(=).

프로필리어(propylaea) : ①신전이나 사원·궁전 등 신성한 건물의 입구. ②고대 그리스·로마의 신전에 있는 전각(前閣). 아테네의 아크로폴리스에 있는 맨 처음의 문으로 신전 정문으로 이용되었고, 여기에 세워진 것은 B.C. 437년부터 5년간에 걸쳐 공사가 진행되었던 것으로, 좌우에 3개씩 세운 원주는 이오니아식과 도리아식 주두의 기둥을 혼합하여 사용하는 것이 특징.

프로필리어

프롬나드(promenade[그]) : ①산책·전시·행사 등을 위해 실내에 만든 복도 또는 홀. ②극장에서 객석실 전후·좌우에 있는 넓은 통행로. ③산책용이나 보행용의 공공공간, 즉 유보랑(遊步廊). ④선박의 갑판(deck). ⇨콜로네이드(=). ⇨유보로(=).

프롬프터박스(prompter box) : 극장에서 연기자의 대사를 알려주는 곳.

프루덴셜빌딩(prudential building) : ⇨개런

티빌딩(=).

플루오르(fluorine/Fluor) : ⇨불소(=).

플루오르수지(-樹脂, fluoro-carbon resin): ①폴리에틸렌 수지의 일부 또는 전부를 플루오르로 바꾼 수지의 총칭. 테플론이라는 상품명으로 미국 뒤퐁사에서 시판되는 것이 많음. ②특징은 내약품성·발수성(물을 받지 않는 성질)·내후성·내열성이 특히 뛰어나고, 또 마찰계수가 작아 미끄러지기 쉬우며, 점착되지 않음. 만능수지라고도 함. ③⇨불소수지(=).

프리마베라(Primavera) : ①목질이 단단하며, 줄무늬의 결이 있는 밝은 색의 나무. 고품질의 가구를 제작하는데 쓰이며, 흰마호가니(white mahogany)라고 함. ②봄의 여신, 곧 계절의 여왕.

프리마켓(free market) : ⇨플리마켓(=).

프리미엄샘플피오피(premium sample POP) : 프리미엄 캠페인의 시작을 고지하며, 프리미엄의 견본을 조합시켜 놓은 POP.

프리스트레스(prestress) : 외력에 의한 응력에 대항하기 위해 계획적으로 부재에 미리 가하는 응력이나 응력도.

프리스트레스트콘크리트(prestressed concrete) : PC강재를 사용하여 프리스트레스를 도입한 철근콘크리트의 일종으로 콘크리트 인장응력이 생기는 부분에 미리 압축력을 가하여 콘크리트의 외견상 인장강도를 증가시켜서 휨저항이 커지게 고안한 공법. 공법에는 프리텐션공법과 포스트텐션공법이 있으며, 부재에 휨균열이 발생하지 않으므로 스팬이 큰 가구(架構)가 가능한 장점이 있음. ⇨피에스콘크리트(=).

프리액세스플로어(free access floor) : 전산실 등 케이블을 설치하기 위하여 바닥에서 약 30cm 정도 공간을 두고 마감하는 바닥구조.

ㅍ

프리어드레스오피스(free address office) : 직위와 직능이 다른 다양한 면적 표준의 난잡함을 해결하기 위해 모두 같은 표준을 채용한 오피스.

프리젠테이션(presentation) : ⇨프레젠테이션(=).

프리젠테이션드로잉(presentation drawing) : ⇨프레젠테이션드로잉(=).

프리젠테이션모형(-模型) : ⇨프레젠테이션모형(=).

프리젠테이션보드(presentation board) : ⇨프레젠테이션보드(=).

프리즈(小壁, frieze) : ①코니스(cornice)와 아키트레이브(architrave) 사이에 있는 수평부분으로 얕은 부조로 장식되기도 함. ②고전건축의 오더에서 엔태블러처(entablature)의 아키트레이브(기둥 바로 윗부분)와 코니스(위에 돌출된 몰딩 부분) 사이에 있는 장식부분인 소벽(cornice)으로 코니스보다 아래에 위치한 수평의 연속적인 줄무늬 및 패널. 그 문양은 오더마다 다르고, 이오니아식이나 코린트식에서는 풍부하게 연속되는 띠 형태의 그림이지만 부조로 문양장식이 새겨진 반면, 도리아식 오더에서는 도리의 끝부분을 표시하는 세로홈이 새겨진 직사각형의 트리글리프(triglyph)와 도리의 끝부분이 사각형의 메토프(metope)로 이루어졌음. ③내부벽의 상부나 코니스의 바로 아래에 설치된 장식띠 및 외벽에 길게 설치된 조각적 돌출장식. ④매우 강하고 변폭의 크기까지 유지하기 위해 직기 줄로 매우 촘촘한 변폭의 표면으로 짠 평평한 천. 주로 소파 및 가구용 직물로 사용. ⑤고전건축의 엔태블러처 중앙부분 또는 쇠시리장식의 위와 기둥머리(柱頭)에 얹힌 부분 사이의 띠 모양 장식. 이오니아식이나 코린트식에서는 이 부분에 신(神)이나 사람·동물을 조각하였음.

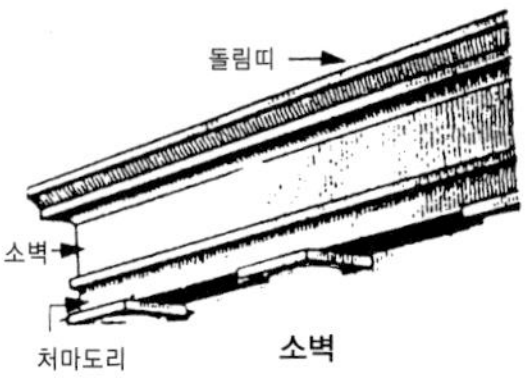

소벽

프리즈매틱(prismatic) : 프리즘(prism)은 양측면이 평행사변형과 유사한 모양을 지닌 견고한 모양. 프리즈매틱 형태들은 공간을 커버하는 공간 프레임(frame)에서 발견됨.

프리즘글라스(prism glass) : ⇨덱 글라스(=). ⇨톱라이트 글라스(=). ⇨포도유리(=). ⇨프리즘유리(=).

프리즘유리(−琉璃, prism glass) : ①보도 평지붕 등에 넣어서 채광판으로 쓰는 것. ②투사광선의 방향을 변화·집중·확산시킬 목적으로 프리즘의 원리를 이용하여 만든 유리제품으로서 덱유리(deck glass)·톱라이트유리(top light glass)·포도유리(pavement glass)라고도 함. ②형상은 각형·원형·특수형 등이 있으며, 단면 모양에 따라 지향성과 확산성으로 구분함. 주로 지하실이나 지붕 등의 채광용으로 사용.

프리즘타일(prism tile) : 색유리로 만든 타일. 프리즘처럼 빛을 난반사하는 아름다운 벽면장식 재료.

프리캐스트공법(−工法, precast method) : ⇨피시공법(=).

프리캐스트철근콘크리트(−鐵筋−, precast reinforced concrete) : 공장이나 현장 근처의 가설공장에서 콘크리트를 미리 부어넣어 만든 철근콘크리트 부재.

프리캐스트콘크리트(precast concrete, PC concrete) : ①기계시설을 갖춘 공장에서 기둥·보·바닥판 등의 부재(部材)를 철제 거푸집을 사용하여 제작하고, 고온다습한 증기보양실에서 단기 보양하여 기성 제품화한 콘크리트. ②프리캐스트콘크리트의 특징은 양질의 부재를 경제적으로 얻고, 노동력을 줄이며, 공기단축과 동기(冬期) 공사가 유리한 장점이 있지만 접합부의 이음이 약하고, 큰 치수의 부재에 대한 운반이 어려우며, 기타 콘크리트 제품에 비해 부가가치가 적은 단점이 있음. 그러나 최근에 대형 건물의 경우 대부분 철골조공법이 이용되며, 공기단축이나 시공상 번거로움을 피하기 위해 PC공법에 의해 건설되고 있는 실정임. 이에는 PC강재(鋼材)에 인장(引張)을 주는 방법에 따라 프리텐션방법(pretensioning method)과 포스트텐션방법(postensioning method)이 있음.

프리캐스트콘크리트부재(−部材, precast concrete member) : 이 부재는 공장에서 기계시설을 갖추고 필요한 부재를 철제 거푸집으로 제작하고, 고온다습한 증기보양실에서 단기 보양하여 기성제품화한 것으로 PC부재 또는 조립식 부재라고도 함.

프리콘(pre−con) : 프리스트레스콘크리트(pre−stress concrete), 프리캐스트콘크리트(pre−cast concrete) 등으로 제작한 조립식 구조체의 일종.

프리쿨링(precooling) : ①콘크리트 양생방법 중의 하나. ②물·조골재의 일부 또는 전부를 냉각함. ③서중 또는 매스콘크리트에 사용. ④얼음 사용시에는 비빔 완료 전에 완전히 녹도록 함.

프리텐션(pretension method) : ⇨프리텐션방식.

프리텐션공법(−工法, pretensioned construction method) : ⇨프리텐션방식.

프리텐션방식(−方式, pretensioned method) : ①재(材)의 인장측에 보강재(補强材) 피아노선(線) 등을 이용하여 이에 인장력을 가하면서 콘크리트를 치고, 콘크리트가 경화한 후에는 선의 양단을 절단하여 부착력으로 콘크리트에 압축응력을 준 것. ②프리텐셔닝에 의해 프리스트레스트 콘크리트를 만드는 공법. 롱 라인법(long line method)과 인디비주얼법(individual method)의 두 가지 방법이 있음.

프리패브(prefab) : ⇨프리패브리케이션(=).

프리패브공법(−工法, prefab methods) : ⇨프리패브리케이션공법(=).

프리패브리케이션(prefabrication) : ①신속한 조립과 설치를 위해 공장에서 표준화한 건축물의 구성재를 대량으로 제작·생산하고, 현장에서 이것을 조립하는 공법. ②산업혁명 이후 새로운 기술혁신의 시기로부터 시작된 건축의 공업화 방법으로 건축의 고층화와 대규모 구조의 필요성에 따라 발전되었고, 1851년 런던만국박람회의 수정궁(水晶宮, Crystal Palace)이 프리패브 건축의 최초라고 할 수 있음. 철·콘크리트·플라스틱·알루미늄 등 새로운 소재의 발전과 모듈나누기 확립(modular coordination) 등의 움직임에 따라 구조와 관계없이 건물의 표면을 유리나 금속판으로 덮는 커튼 월(curtain wall)과 같은 간단한 방식에서부터 칸막이·바닥판의 프리패브화가 진전되었음. 또한 근대건축 초기에는 부재의 양산화와 현장에서의 조립으로 인해 작업비용을 절감시켰으며, 건축의 새로운 미학을 여는 것으로 생각되었고, 주택에서는 W. 그로피우스(Walter Gropius : 1883~1969)의 건식구법(乾式構法, trochenbau[독]) 제안(1927) 등으로 가능성이 개척되었음. 프리패브 또는 공장생산이라고도 함.

프리패브리케이션건축(−建築, prefabrication architecture) : 프리패브리케이션 구법(構法)으로 지은 건축.

프리패브리케이션공법(−工法, prefabrication) : ①프리패브리케이션을 채용한 건축공사의방법. ②기존콘크리트판·규산칼슘판·PC판 등으로 철골가구를 내화피복하는 공법. ③특징은 현장작업의 단순화·공기단축을 도모할 수 있음.

프리패브리케이션구법(−構法, prefabrication) : 프리패브리케이션을 채용한 건축의 구조방법.

프리패브리케이션주택(−住宅, prefabrication house) : 프리패브리케이션 수법을 이용한 주택 또는 프리패브리케이션 수법을 많이 이용한 주택.

프리팩트콘크리트(prepacked concrete) : ① 미리 특정한 입도를 가진 굵은 골재를 거푸집에 채워 넣고, 그 굵은골재 사이의 공극에 플라이애시(fly ash)·감수제·팽창제 등을 혼합한 특수 모르타르를 주입시켜 만든 콘크리트. ②골재의 최소치수는 15㎜ 이상인 것으로 하고, 거푸집에 충전(充塡)했을 때의 공극률은 가능하면 작은 것을 사용함. ③특징은 건조수축이 적고 내구성·수밀성이 뛰어나며 부착력이 크고 동결융해에 대한 저항성 및 염류에 대한 저항성이 크며, 시공용이·수중 시공 가능 등의 장점이 있음. ④기존 건축물의 보수·보강공사, 수중 타설 콘크리트, 파이프공사, 주열식 지수벽 공사 등에 사용. ⑤ 일반적인 시공의 원리 순서는 ㉠충분한 지지력이 얻어지는 지반에 강제 또는 철근콘크리트조의 케이슨을 설치하여 고정함. ㉡케이슨 내에 주입관을 넣어 세우고 골재를 투입하여 가득 채움. ㉢주입관으로 모르타르를 펌프 압송하여 케이슨 저부로부터 골재의 공극을 순차적으로 충진함. ㉣주입관은 모르타르의 주입높이를 고려하여 점차 끌어 올리며 주입완료시에는 빼냄.

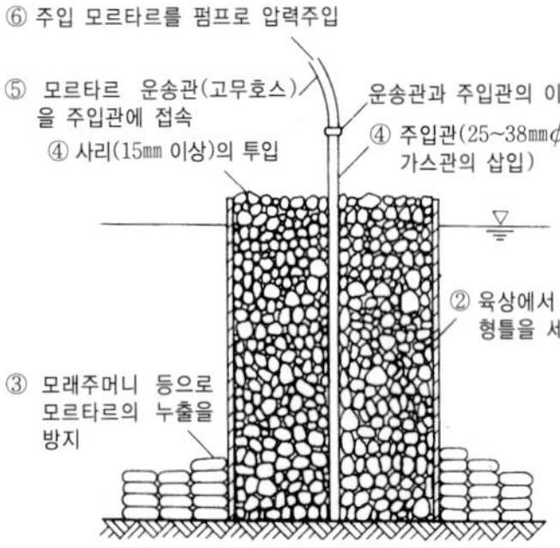

프리팩 콘크리트의 일반적인 시공법

프리패브하우스(prefab house) : ⇨조립식 주택(=).

프리플로트(free float) : 모든 작업이 가장 빠른 개시시각(EST)으로 작업될 때 해당 작업이 이용 가능한 여유시간으로서의 후속작업에 영향을 주지 않음. 자유여유(=).

프리피니시(prefinish) : 합판 생산 공장에서 양산(量産)하는 형태로 합판에 각종 도장을 하는 것.

프리핸드(freehand) : ⇨프리핸드드로잉(=).

ㅍ

프리핸드드로잉(freehand drawing) : ①문자 그대로 손으로 그리는 것. ②자나 컴퍼스 등 제도기구 및 기계적 장치 등의 도움 없이 지각(知覺)의 재현(再現)이나 생각의 시각화를 손으로 그리는 기술 및 과정 또는 기법.

프리헝도어(pre-hung door) : 벽에 설치하기 전의 문틀(doorframe)에 경첩을 장치한 문. 벽이 철물이나 문선(門線)으로 미리 마무리되거나 맞추어짐.

프린지(fringe) : 의자 및 커튼의 장식으로 술처럼 늘어져 있는 것.

프린트(print) : ①금속판·목판 등에 조각한 그림이나 무늬를 복제한 판화. ②직물에 안료를 사용하여 무늬를 찍어내는 날염.

프린트실(-室, print room) : 프린트된 그림이나 판화로 도배하듯 장식한 방. 18세기 중반 영국에서 프린트물을 수집하는 것이 유행하면서 일어난 현상으로 19세기 초까지 계속되었음. 프린트된 그림의 가장자리는 책에서 오려낸 띠모양 장식(border)·리본(ribbon)·뇌문(fret)·꽃줄장식(festoon) 등을 둘러서 강조함으로써 벽에 극적인 효과를 줌.

프린트직물벽지(-織物壁紙, print fabric wall-paper) : ①직물벽지의 일종. ②짜여진 천 뒤에 색이나 무늬 모양을 프린트하여 종이에 배접한 것. ③천연 직물의 포근함이 장점이나 시공성이 나쁘며 오염에 약한 단점이 있음.

프린트커튼(print curtain) : ①면·아크릴계 및 레이온 등의 바탕천에 추상무늬, 나뭇잎 등 무늬를 인쇄하여 넣은 커튼. ②종류는 핸드 스크린 프린트(hand screen print)·오토 스크린 프린트(auto screen print)·기계 프린트(machine print)·기타 특수 프린트 등으로 구분.

프린트타일(print tile) : 타일 표면에 유약을 프린트하여 여러 가지 색이나 모양을 나타내는 타일. 철분을 없애면 순색(純色)을 얻을 수 있음.

프린트합판(-合板, printed plywood) : ①특수 가공 화장합판의 일종(KS F 3201). ②나왕·베니어·코어 합판의 표면에 불투명한 도료로 착색한 후 가공무늬(나무무늬·기타 무늬)를 인쇄한 합판. 표면의 색상에 따라 단색 프린트 합판·다색 프린트 합판 등의 종류가 있음. ③주로 실내건축용이나 가구용으로 많이 사용하지만 내후성과 내열성이 약해 일광(日光)에 갈라지고, 변색될 수 있으며, 화재시에는 유독가스를 발생하는 것도 있기 때문에 선택할 때 세심한 주의가 필요함. 특히 천정 마감재로 사용되는 프린트합판을 인천(印天)이라고도 함.

프릴커튼(frill curtain) : 커튼의 아랫부분이나 몸체에 주름 장식이 있는 천을 덧대서 부드럽고 장식적인 느낌이 들도록 한 커튼.

프소우도디프트럴(pseudodipteral[그]) : 기둥의 간격은 디프테럴(dipteral)과 같은 배치를 갖지만 2열의 기둥 중 안쪽 것이 생략되어 있는 형태.

프슈도돔(pseudo dome[그]) : ⇨뾰족돔(=).

프슈도딥테랄(pseudodipteral[그]) : 내부의 주랑 없이 딥테랄 구조를 연상시키면서 기둥의 배열을 가지고 있는 것. ⇨딥테랄(⇔).

프슈도아치(pseudo arch[그]) : ⇨뾰족아치(=).

프슈도페립테랄(pseudoperipteral[그]) : 측면에 묻힌 기둥이 있는 것. ⇨페립테랄(⇔).

프시케(psyché[프]) : ①그리스 신화에서 에로스에게 사랑을 받는 미소녀인 프시케. ②19세기 제국양식(Empire style)으로 디자인된 슈발거울(cheval glass)을 일컬음. 앞면과 뒷면에 도금되어 있으며, 바닥에 세워 놓음. 슈발거울(=). ③19세기 초 그리스 곡선으로 디자인된 직물로 씌운 소파.

프와송비(-比, Poisson's ratio) : ⇨푸아송비(=).

프탈산수지(-酸樹脂, phthalic acid resin) : 무수(無水) 프탈산. 도료용으로는 건성유(乾性油) 및 반(半)건성유 등의 지방유로 변성하여 사용. 불포화(不飽和) 폴리에스

ㅍ

테르수지를 포함하여 알키드수지라고 함.

프탈산수지도료(-樹脂塗料, phthalate resin paint) : ①건조성 지방산 변성형의 프탈산수지로 만든 도료. ②프탈산 수지는 각종 지방산과 무수프탈산·다가알코올과의 에스테르화 반응에 의해서 생성된 프탈산 수지에 건조제 등이 들어간 산화중합형의 상건형 도료. ③종류는 에나멜(enamel)과 클리어(clear)가 있음. ④주로 일반기계류나 건축물 등에 사용됨.

프테로마(pteroma[그]) : ①그리스·로마신전에서 벽과 열주 사이의 공간. ②주랑(柱廊)과 신전 내진(內陣) 사이의 통로. ③신상실(神像室, cella) 외벽과 외측 주열(外側柱列) 사이의 공간. ⇨패립테랄.

프테론(pteron[그]) : 평행한 주랑(柱廊)이지만 신전의 내진(內陣)으로부터 떨어진 곳. ⇨패립테랄.

프티포엥(petit-point[프]) : 1인치(25.4㎜)에 약 20개의 바늘땀이 들어갈 정도로 정교하게 놓는 자수기법. 가구용 직물·커튼이나 벽의 휘장·장식품 등에 쓰임.

플라머네이드 : ⇨카스네이드(=).

플라스터(plaster) : ①광물질의 분말과 물을 섞어 사용하는 마감재료를 총칭. ②석고 및 석고를 주재료로 사용하는 작업을 말하며, 스터코(stucco)라고도 함. 보통 백색이며, 실내 벽체·천장 마감재 및 프레스코의 제작이나 장식조각물 제작에 사용됨. 플라스터 표면은 거칠거나 부드러우며, 장식으로 사용되거나 다른 재료의 대용으로 사용되는 등 장식적 모티프로 작용. 때로는 인조재료의 표면을 거칠게 하는 질감을 만듦.

플라스터보드(plaster board) : ⇨석고보드(=). ⇨집섬보드(=).

플라스터 트랩(plaster trap) : 병원의 치과 또는 정형외과의 깁스실에 설치하는 조집기로서 금·은재(金銀材)의 부스러기 및 플라스터를 걸러냄.

플라스티시티(plasticity) : ①거푸집에 쉽게 다져 넣을 수 있고, 거푸집을 제거하면 천천히 형상이 변하기는 하지만 허물어지거나 재료가 분리하는 일이 없는 굳지 않은 콘크리트의 성질. ②굳지 않은 콘크리트의 성능평가에서 가동성·안정성을 지배하는 요인으로 변형의 속도와 저항력에 의해서 결정되는 점성(粘性)의 강하기 성질.

플라스틱(plastic) : ①어떤 온도범위에서 가소성(可塑性, plasticity)을 갖는 고분자화합물(高分子化合物)을 총칭하는 용어. ②1872년 독일의 바이에르(Baeyer)가 페놀수지를 처음으로 발명하였고, 그 후 미국의 베이클랜드(L. H. Bakeland)가 1909년 공업적 생산에 성공함으로써 베이클라이트(페놀수지의 상품명)를 발명하고, 1929년 시타우딩거가 고분자화학의 이론체계를 확립한 후 급속히 전개되었음. 현재 석유화학공업의 발전으로 원료공급이 풍부하면서도 비약적으로 발전하였고, 종류는 열가소성 수지와 열경화성 수지로 대별됨. 합성수지(=).

플라스틱 수축균열(-收縮龜裂) : ①콘크리트 표면의 물이 증발속도가 블리딩 속도보다 빠른 경우와 같이 급속한 수분증발이 일어나는 경우에 콘크리트면에 생기는 가늘고 얇은 균열. ②플라스틱 수축균열을 방지하기 위해서는 수분의 증발을 방지하고 마무리를 지나치게 하거나 콘크리트 표면에 급격한 온도변화가 일어나지 않도록 하여야 함. ③콘크리트의 균열 중 하나. ⇨침하수축균열.

플라스틱스펀지(plastic sponge) : 각종 합성수지를 사용하여 해면상(解綿狀)으로 만든 제품으로써 단열성이 크고 흡음률이 높으며 가공이 쉽고 절단하기도 쉬울 뿐만 아니라 접착도 간단하여 단열재 또는 흡음재로 많이 사용함. 스티로폼(염화비닐스펀지)·폴리우레탄폼·합성고무스펀지 등의 종류가 있음.

플라스틱 타일(plastic tile) : 염화비닐, 기타 플라스틱을 원료로 하여 만든 타일 또는 타일형판(型板)으로 만든 것.

플라스틱퍼니처(plastic furniture) : ①인조합성재인 플라스틱을 성형하여 만든 가구. ②1940년대 이래 꾸준히 제작되었으며, 1949년 찰스 임즈(Charles Eames)가 최초의 플라스틱 의자를 만들었음. 형태와 색채가 제한되지 않으므로 매우 다양한 형태가 제작 가능하며, 금속이나 목재가구에 비해 가격이 저렴하므로 널리 사용됨. 에로 사리넨(Eero Saarinen)·찰스 임즈·로빈 데이(Robin Day) 등이 대표적인 디자이너.

플라이(ply) : 합판을 구성하는 단판(單板, veneer)의 한 겹.

플라이갤러리(fly gallery) : ①그리드아이런(gridiron)에 올라가는 계단과 연결되도록 무대의 주위 벽에 6~9m 높이로 설치되는 좁은 통로. ②대규모 공연장에서는 2층·3층으로 설치되는 경우도 있음. 또한 플라이 갤러리 중앙의 프로시니엄 아치(proscenium arch) 바로 뒤에 설치된 것을 라이트 브리지(light bridge)라고 함. 여기서는 조명조작을 하거나 눈 및 꽃을 뿌리기도 함. 통로의 폭은 일반적으로 폭 1.2~2.0m 정도로 벽에서 캔틸레버로 돌출시킬 수 있지만 라이트 브리지는 프로시니엄 뒤에 있는 방화막이나 무대막이 설치됨.

플라이래프터(fly rafter) : 박공지붕에서 벽면보다 앞으로 튀어나온 서까래.

플라이로프트(fly loft) : 무대의 상부 공간.

플라이 쇼 폼(flying shore form) : ⇨플라잉폼(=).

플라이애쉬(fly ash) : ⇨플라이애시(=).

플라이애시(fly ash) : ①고체 연료의 연소로(燃燒爐)에서 발생하는 폐가스로부터 채집한 재의 미립자. ②석탄을 사용하는 보일러에서 배출되는 매연 중에 회분이 용융상태로 부유된 것을 공기 중에 고화시켜 만든 구형이 되어 미립자를 전기수진기(電氣收塵器)로 수집한 것. ③플라이애시가 콘크리트용 혼화재로 사용된 것은 1955년 무렵부터임. ④특징은 ㉠실리카 65%·알루미나 30% 정도. ㉡분말도 3,000~4,000㎠/g 정도. ㉢비중은 1.95~2.40 정도. ㉣채취공장에 따라 채취시기에 따라 품질이 다름. ㉤시공연도 조절용으로 사용함. ⑤효과는 ㉠콘크리트의 워커빌리티를 좋게 하며, 펌핑(pumping)성을 향상시키나 사용단위수량을 감소시킴. ㉡초기 재령의 강도는 약간 저하하지만 장기재령의 강도는 향상됨. ㉢수화 초기의 발열량이 감소됨. 따라서 단면이 큰 구조물의 경우 콘크리트 내부온도 상승에 의한 균열발생 등을 억제함. ㉣콘크리트의 조직이 치밀해지므로 투수성·수밀성·화학저항성이 크게 개선됨. ㉤콘크리트의 내부온도 상승에 의한 균열발생을 억제함. ㉥저알칼리 시멘트 효과를 나타냄. 콘크리트 내부의 알칼리를 감소시키기 때문에 중성화를 촉진시킬 염려가 있음. ⑥주로 댐콘크리트, 매스콘크리트, 프리팩트콘크리트용의 주입용 모르타르 등에 증량재로 사용하며, 품질에 대한 충분한 시험을 거친 후 사용.

플라이애시시멘트(fly ash cement) : 포틀랜드시멘트에 플라이애시를 혼합한 것. 콘크리트의 워커빌리티가 커지게 되고 수밀성이 좋으며 수화열과 건조·수축이 적어짐. 또한 화학적 저항성이 크며 초기강도는 작고 장기강도는 큰 특징을 가짐. 일반건축·토목공사 등에 널리 사용되고 특히 댐공사에 사용.

플라이우드(fly wood) : 베니어를 여러 겹 붙인 합판. ⇨합판(=).

플라이트(flight) : 계단에 있어서 계단참이나 다음 층으로 끊어질 때까지 연속된 일련의 단.

플라잉거푸집(flying form) : 기존의 거푸집·장선·멍에·동바리를 공장에서 미리 일체화시켜 그 형태를 유지하면서 수평·수직방향으로 이동하는 거푸집으로서 아파트·호텔객실·병원의 병실 등 규격화되고 반복적인 구조물에 주로 사용. 장점은 거푸집의 조립·해체작업이 간단·신속하여 공기단축·노동력 절감 효과가 있고, 콘크리트의 노출면이 평활하여 마감에 유리하며,

거푸집의 잔재가 발생하지 않으므로 현장 정리·안전사고 예방에 효과적이고, 작업대가 설치되어 있어서 안전작업이 가능하며, 거푸집의 전용률이 높아 경제적임. 단점은 투자비가 높고 수평·수직이동에 타워 크레인 등의 장비가 동원되어야 함. ⇨플라잉 쇼어.

플라잉버트레스(flying buttress) : ①플라잉 버트레스란 신랑(身廊) 측벽의 아치의 힘이 집중하는 부분과 측랑 외벽의 공벽(butress)을 연결하여 설치한 것. 반원아치를 바깥쪽 지면과 연결된 기둥 같은 부재가 이를 지지하여 신랑 측벽에 작용하는 횡압력을 지지하도록 하는 것이 목적임. 플라잉 버트레스의 사용에 의해 커다란 창이 가능케 됨. ②높은 볼트(vault) 천장을 가진 지붕의 하중은 벽면에 그대로 전달되어 이 하중을 하부에 전달하기 위해 주벽체(主壁體)로부터 약간 떨어져 경사진 아치 모양으로 벽을 받치는 것과 기둥을 세워 건물과 연결하는 아치모양의 보. 고딕 건축의 독특한 양식으로 석조천장(石造天障)의 하중은 첨두아치·교차볼트에 의해 수직력은 주부(柱部)로, 수평력은 비공(飛拱)으로 전달·지지됨. 첨탑이나 급물매와 더불어 발전되어 수직감을 상승시켰으며, 하중의 부담이 적은 벽체의 큰 창에 적합하고, 측벽 면에서 추력이 가해지는 지점에 기대어 건너지른 반아치의 보로서 추력을 떨어져 있는 버팀벽이나 기둥에 전달시키는 역할을 함. 'arcboutant'라고도 함.

플라잉폼(flying form) : ①거푸집의 장선·멍에·동바리를 유닛(unit)화하여 수평·수직 이동할 수 있도록 한 대형 바닥판 거푸집. ②크레인(crane)으로 이동하는 대형 거푸집으로 고층 건물의 지붕과 콘크리트 바닥을 만드는 데 사용. ③특징은 거푸집의 처짐량 적음·기계화 작업으로 시공능률 향상·노동력 절감·건물형태의 제약·대형 양중장비 필요 등.

플라자(plaza) : ①도시 및 마을에 있는 광장이나 열려진 공간. ②큰가로·거리 또는 계단 등의 조합에 의해 다양한 방식으로 디자인된 한 개나 그 이상의 층을 가지고 있는 개방된 사각형의 광장 및 상업지역.

플라크(plaque) : 벽에 걸거나 가구에 끼워 넣는 사각형·원형·타원형 등의 얇고 평평한 판. 보통 금속·나무·유리 등의 판에 풍부한 장식을 가했으며, 18세기에는 프랑스의 세브르(Severes)나 영국의 웨지우드(Wedgwood)사에서 제조한 도자판을 문이나 가구에 끼워 장식함.

플라크

플라타너스(platanus) : 플레인 나무의 일종. ⇨플레인나무(=).

플라테레스코(Plateresco) : ⇨플라테레스크양식(=).

플라테레스코양식(-様式, Plateresco style) : ⇨플라테레스크양식(=).

플라테레스크양식(-様式, Plateresque style[프]) : ①15세기 말에서 16세기 초에 걸쳐 스페인 건축을 지배한 섬세하고 복잡한 장식 양식. ②스페인 건축에서 고딕식 건물과 르네상스식 건물에 사용된 화려한 표현장식 형태. ③회교도의 지배를 받고 있던 이베리아 반도에서 가구에 적용한 중세의 기하학적 장식. 은세공(銀細工)이란 의미의 플라테로(platero)라는 말에서 유래된 명칭. 후기 고딕양식에 이탈리아 르네상스양식과 무어족의 이슬람양식이 혼합된 독특한 양식. 가구는 그 형태가 단순한 대신 표면에 복잡하게 상감된 마키트리(marquetry)가 특징임. 모티프로는 마스크(mask)·항아리(urn)·그로테스크(grotesque) 등이 이탈리아 르네상스 모티프와 스페인의 중세 무데하르(Mudejar) 모티프가 주로 쓰임. ④건축의 파사드 벽면을 다양하고 가는 장식 모티프(motif[프])로 가득 채운 것이 특징임. 사라민카의 성 에스테반 성당이 대표적임.

플라톤의 입체(-立體, platonic solid) : 4면체·6면체·8면체·12면체·20면체의 다섯 입체 중 하나.

ㅍ

플란타주넷양식(-様式, Plantagenet style) : ⇨플랜태저넷양식(=). ⇨앙주파(=).

플랑드르식(-式, Flanders, Flemish) : 프랑스 플랑드르 지방에서 사용된 디자인상의 특징. 플랑드르는 중세에 유럽 서부에 있던 나라로서 현재의 벨기에 서부와 프랑스 북부 및 네덜란드의 서북부를 포함하고 있음. 르네상스시대에는 예술의 한 중심이었음.

플랑드르식 가구의 발(-式家具-, Flemish foot) : 17세기 플랑드르·영국·프랑스 가구에 흔히 나타나는 S자나 C자 모양의 소용돌이 발 모양.

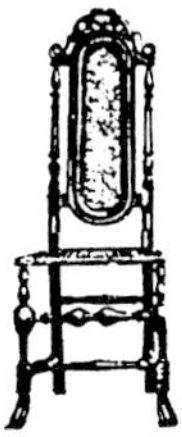

플랑드르식 가구의 발

플랑드르식 벽돌쌓기(-式壁乭-, Flemish bond) : ①벽돌의 마구리면과 길이면이 하나씩 교대로 놓여서 이어지는 벽돌쌓기 방법. 마구리면은 위와 아래에 쌓인 길이면의 중심에 위치하고 있음. ②불식쌓기(=). ③ ⇨벽돌쌓기.

플랑드르식 소용돌이문양(-式-文様, Flemish scroll) : 플랑드르식 르네상스 가구에서 사용되던 S자나 C자 모양의 소용돌이 장식문양. 17세기 영국의 가구에서 자주 나타남.

플랑드르식 소용돌이문양

플랑드르식 소용돌이형 다리(-式-型-, Flemish scroll leg) : 17세기에 유행한 다리가 시작되는 부분과 바닥에 닿는 부분이 소용돌이형으로 되어 있는 가구의 다리. 아래쪽의 소용돌이형은 안쪽으로 말려 있고 위쪽의 소용돌이형은 안쪽 또는 바깥쪽으로 말려 있음. 장이나 궤 등의 상자형 가구(case furniture) 다리는 그 길이가 짧아 플랑드르 소용돌이형 다리와 구별됨.

플랑드르식 체어(-式-, Flemish chair) : 17세기말 영국에서 사용된 등받이가 높은 의자. 팔걸이가 있는 것도 있고 없는 것도 있으며, 등판은 등나무를 얇게 엮어서 만든 것과 직물을 씌운 것이 있으며, 등받이 상부의 머리장식은 정교하게 조각되었음. 다리는 선반가공으로 곡선형태이며, 소용돌이 모양의 발에 연결되어 있음. 다리버팀대는 중앙부의 오목한 곡선 양편에 볼록한 곡선으로 이루어져 있음.

플랑부아양식(-様式, Flamboyant style[프]) : ①프랑스 고딕 말기 양식으로 어원은 불꽃을 의미하는 프랑스어 flmbeau로 '화염양식(火焰様式)'이라고도 함. ②프랑스 고딕은 초기고딕식·레요낭식·플랑부아양양식의 3기로 구분하고, ㉠초기 고딕은 12세기 후반부터 13세기까지의 양식으로 아치는 첨두아치이고 천장은 6분 볼트임. 볼트에서 내려온 기둥은 하부에서 주두로 지탱되고 하나 걸러 번갈아 굵게 되어 있음. 신랑(身廊)의 벽면은 아케이드·갤러리·트리포리엄·클리어스토리로 이루어지며, 선이 굵은 중후한 느낌을 줌. 12~13세기의 파리 대성당이나 랑스 대성당이 대표작. ㉡레요낭(Rayonnant)식은 13세기 양식으로 천장은 4분 볼트이며, 볼트를 지탱하는 모든 기둥이 같은 굵기로 되어 있으면서 동시에 약간 가늘어짐. 신랑(身廊)의 벽면에서는 갤러리 또는 트리포리엄이 생략되고 볼트도 높아졌으며, 따라서 수직성이 강조되고 동시에 내진(內陣)방향으로 깊이감이 강조되어 있음. 스테인드글라스의 아름다움으로 잘 알려진 샤르트르 대성당(12~13세기)이나 볼트천장이 40m를 넘은 아미앵 대성당(13세기)이 대표적인 예. ③화염모양의 트레이서리·복잡한 장식·실내공간의 복잡화 등이 특징.

플래너셰이빙(planer shaving) : ⇨플레이너셰이빙(=).

플래닝(planning) : 건축물의 배치나 공간배분 및 각 부분의 관계 등을 결정하는 계획. 건축에 있어서 공간에 따른 동선·채광·전망 및 가구배치 등에 관한 사항을 고려하여 보다 편리하고 쾌적한 환경이 되도록 계획해야 함.

플래닝그리드(-技法, planning grid) : 평면

계획을 스케치하기 위해 단위치수로 분할한 그리드 또는 건축설계의 준비에 사용하는 방안(方眼).

플래닝기법(-技法, planning method) : 건축의 배치나 평면을 계획할 때 적용하는 조직적인 수법.

플래드(plaid) : 스코틀랜드 고지 사람들이 왼쪽 어깨에 걸친 어깨걸이의 무늬로부터 유래된 것으로, 일반적으로 격자무늬·바둑판무늬가 있음.

플래시 볼트(flash bolt) : 꽂이쇠의 일종.

플래시 오버과정(過程, flash over process) : ①건축물의 화재성상 과정 중 급격한 온도상승을 수반하며 연소범위가 화재실 전체로 확대하는 과정. ②CO가스 등을 함유하는 연기가 실 전체에 확산되는 과정. ③건물의 화재성상 과정 중 가장 큰 영향을 미치는 실내 확대단계로 재료의 연소성상에 따라 다음 4과정으로 구분함. 즉 실내초기화재과정(성장기) → 플래시오버과정 → 최성기화재 과정 → 화재감쇠과정(하강기).

플래셋(placet) : 17세기 유럽에서 널리 사용된 4개의 다리와 직물로 씌워진 좌판이 있는 매우 낮은 스툴(stool).

플래셋

플래카드(placard) : ①옥외광고물의 일종. ②천·종이 또는 비닐 등에 문자도형 등을 표시하여 지주 및 일정한 게재시설에 양끝을 가로로 매달아 표시하는 광고물.

플래토(plateau) : 테이블 중앙에 장식품(center piece)을 올려놓을 때 이 장식품을 받치기 위해 사용되는 다리가 낮은 받침대. 크기가 큰 장식적인 접시를 지칭하기도 함.

플랜(plan) : 디자인이나 설계의 전반부에 해당되며 주로 분석적이고 수많은 가능성을 검토하는 과정. ⇨계획(=).

플랜지(flange) : 구조 형강의 강도 또는 경도를 높이기 위해 모서리에 부재면과 직각으로 돌출되어 있는 넓은 판이나 한 쌍의 판.

플랜지 파이프(flange pipe) : 전이 있는 철판.

플랜태저넷양식(-樣式, Plantagenet style) : ①플랜태저넷 왕조가 지배한 프랑스 서부 앙주·포아토 등의 지방에 12세기 중엽부터 유행한 초기 고딕건축양식을 일컬음. ②단일 신랑 또는 할렌키르헤(Hallenkirche [독])와 같은 3랑(廊)형식이고, 중앙이 높은 돔과 비슷한 리브 볼트 등이 특색임. 앙주의 대성당·성 세르즈 대성당·포아티에의 대성당 등이 유명함. ⇨앙주파.

플랜트(plant) : 벽면에 몰딩(molding)을 부착하는 작업.

플랜트박스(plant box) : 나무 및 꽃 등의 식물을 심기 위해 또는 화분을 넣기 위해 상자모양을 한 상자. 일반적으로 실내 디자인상 경계선이나 낮은 칸막이로 사용.

플랜티드스톱(planted stop) : 문틀이나 창틀에 조각부재가 덧대어 이루어진 문받이.

플랩경첩(-硬貼) : ⇨플랩정첩.

플랩정첩(-釘貼) : ⇨플랩힌지.

플랩힌지(flap hinge) : ①두 개의 리프를 모두 문짝과 문틀의 인접면에 부착하는 정첩. ②경첩이 몸통 하나로 되어 있어서 부착이 간편하지만 지지력이 약하므로 소품 가구에만 적용이 가능함. ⇨백플랩힌지. ⇨풀서피스힌지.

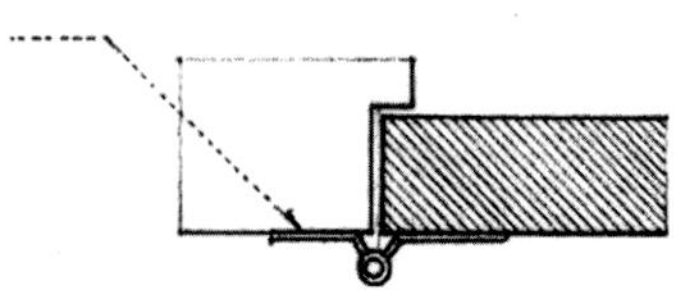
플랩힌지

플랫(flat) : 아파트를 영국에서는 플랫이라고 함. 보통 플랫은 하나의 집이 하나의 층에 들어 있는 평범한 형식의 집합주택. 또한 하나의 집이 2층 또는 그 이상의 층에 걸쳐 있는 유형은 메조네트(maisonnette)라고 함.

플랫루프(flat roof) : ⇨평지붕(=).

플랫슬래브(flat slab) : ①바닥에 보가 없이 기둥만으로 지지되는 슬래브로서 기둥 둘레의 전단력과 부(負)모멘트를 감소시키기 위해 드롭 패널(drop panel)과 기둥머리를 둔 슬래브. ②전단강도와 모멘트에 대한 저항능력을 증대시키기 위해 기둥 위에 칼럼 캐피털(column capital)과 드롭 패널로 지지되는 두꺼운 평판으로 큰 하중을 받는 스팬에 적합. ③슬래브 두께는 15㎝ 이상으로 하고, 기둥 상부는 드롭 패널과 기둥머리를 두며, 기둥의 폭은 기둥 중심 간격의 1/20이나 30㎝ 이상 및 층높이의 1/15 이상, 드롭 패널의 경사는 45° 이하로 함. ④장점은 구조가 간단하고 시공이 쉬우며 공사비가 저렴하고 실내 이용률이 높으며 고층 건물의 층고를 낮게 할 수 있음. 단점은 주두의 철근이 여러 겹으로 되어 있어 복잡하고 바닥판이 두꺼워 고정하중이 커지며 하변위의 강성이 약함. ⑤비교적 낮은 층인 학교·창고·오피스텔 등에 사용.

플랫아치(flat arch) : 쐐기모양의 아치 돌을 거의 수평으로 쌓은 아치. 평아치(=).

플랫에코(flat echo) : 마주 본 두 개의 평행한 벽·천장·바닥으로 둘러싸인 공간에서 손뼉을 칠 때 발생하는 특유의 잔향(殘響, echo). 이는 진동에너지가 감소하지 않고 음이 왕복하면서 발생되고 이러한 효과는 천장과 바닥이 굽어 있으면 더욱 유효하게 나타남.

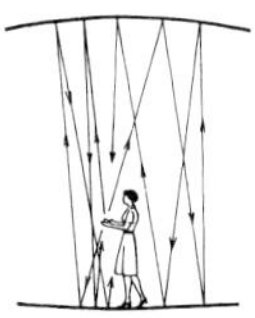
플랫에코

플랫틀릿(flatlet) : 거실 겸 침실과 목욕실·부엌뿐인 아파트.

플랫폼베드(platform bed) : 목재나 플라스틱으로 단을 만들고, 그 위에 매트리스를 올려놓은 침대. 단을 낮추고 매트리스를 그 속에 끼워 넣는 방법. 침대(=).

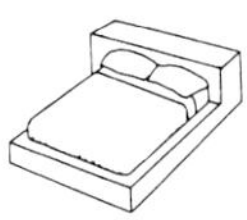
플랫폼베드

플랫폼흔들의자(-椅子, platform rocker) : 흔들리지 않는 기단이나 플랫폼 위에 설치된 후 스프링에 의해 움직이는 흔들의자. 스프링 흔들의자(spring rocker)라고도 함. 20세기 초까지 유행되었고, 그 후에는 일반적인 흔들의자로 대체되었음.

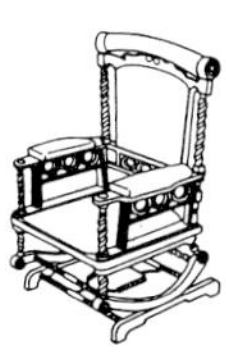
플랫폼흔들의자

플랫플레이트(flat plate) : 캐피털(capital) 없이 슬래브를 기둥으로 직접 지지하는 구조.

플랫형(-型, flat type) : 공동주택의 단면 형식에 따른 분류의 하나. 하나의 주호가 같은 층에만 한정되는 형식이고 대부분의 공동주택이 여기에 속하며, 일반적으로 아파트의 대명사로 불림. 단층형(=).

플랭크(plank) : 보통 두께가 50~150㎜·폭 220㎜ 이상인 두꺼운 널판자.

플러그(plug) : 기기(器機)와 기기 사이, 기기와 전원 사이, 코드(cord) 상호간 등을 전기로 접속·절단하기 위해 코드 끝에 붙여서 사용하는 볼록형(凸形) 접속기.

플러그인(plug-in) : 1964~70년에 아키그램(Archigram)그룹이 제안한 새로운 형식의 건축물. 수송과 통신 서비스 및 일련의 분리된 요소들을 하나의 생활시스템으로 연결하여 주거환경·상점·레저활동 등이 한 공간이나 블록에 인접되어 배치되었음.

플러그퓨즈(plug fuse) : 나사식 구조의 자기 또는 특수 유리제의 플러그 안에 가용성 금속선을 넣은 퓨즈.

플러드라이트(flood, Flood Lamp, flood light) : 비교적 균등한 수준의 조명을 넓은 면적에 비추거나 확산하도록 디자인된 램프. ⇨스포트라이트(⇔).

플러드램프(flood lamp) : ⇨플러드라이트(=).

플러시(flush) : ①건축물이나 벽의 한 표면에 인접하는 또 다른 표면이 동일한 평면으로 서로 밀접하게 맞이음되는 것. ②목재문(木材門). ③텍스처(카펫 표면의 파일형상)상의 분류로 본 컷 파일(cut pile)의 일종으로 약간 거친 느낌이 나는 것이 보편적임. ⇨컷 파일.

플러시도어(flush door) : ⇨목재문(=).

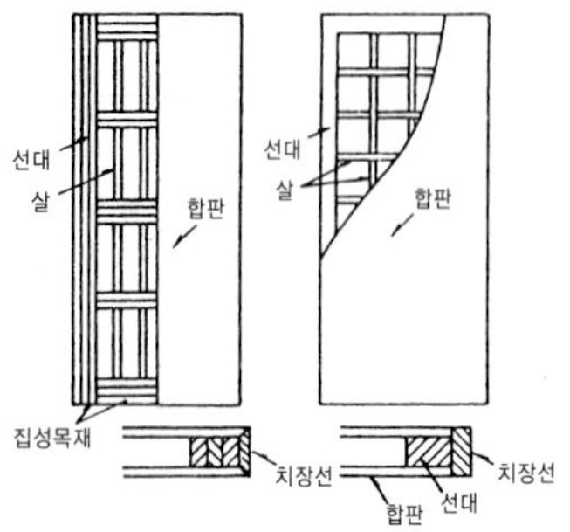

플러시도어

플러시버트용접(-鎔接, flush butt welding) : 전기저항용접.

플러시볼트(flush bolt) : 문짝 끝에서 튀어 나오게 되어 있는 볼트.

플러시비드(flush bead) : 비드의 바깥 표면 높이가 인접한 패널의 표면과 같은 높이인 비드. 구슬장식(=).

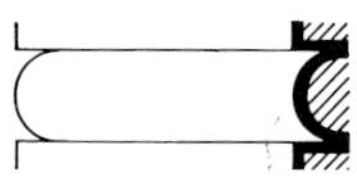
플러시비드

플러시조인트(flush joint) : ①조인트 부분을 동일 면(同一面)으로 마감하는 것. ②널과 널을 평평히 접착하는 이음방법으로 종류에는 맞댄이음·겹친이음·따낸이음·제혀쪽매·딴혀쪽매·너비장쪽매 등이 있음.

플러시카펫(plush carpet) : 파일의 길이가 5~10㎜ 정도의 가장 일반적인 컷 파일(cut pile) 카펫을 일컬음.

플러시프레임(flush frame) : 벽면과 문틀이 일면(一面)으로 되어 있는 문틀. ⇨일면문틀(=).

플러터에코(flutter echo) : ①마주보는 평행한 면이나 오목한 면에 의한 반복반사에 의해 발생하는 현상으로 높은 주파수의 울림이나 버저소리(buzzer sound)처럼 들림. ②실내의 천장과 바닥·양쪽 벽 등이 서로 평행하고 또한 반사재료로 되어 있을 때, 박수치는 소리 및 발소리 등이 평행면 사이를 복반사(復反射)하여 이중·삼중으로 들리는 현상. ③방지법 ; ㉠평행한 표면을 피하는 형태로 할 것. ㉡흡음재를 적절히 사용할 것. ㉢경사진 면(splay elements)을 사용할 것 등.

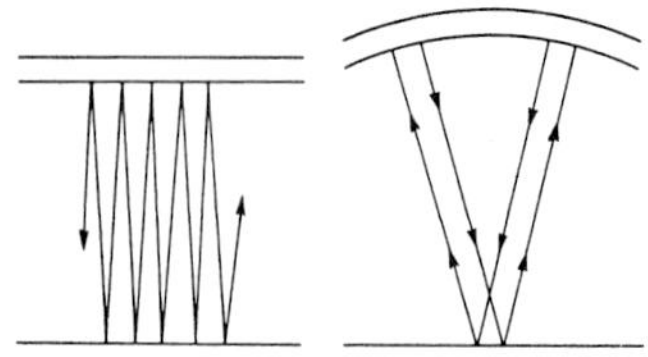
플러터에코

플럭스(flux) : '흐름'이란 의미의 라틴어 'flux'가 어원으로서 1962년 딕 히긴스·알리슨 놀스·벤자민 패터슨·에밋 윌리엄즈·볼프 보스텔·백남준 등이 조지 마키우나스의 기치 하에 한 자리에 모여 플럭스 '국제 신음악 페스티벌'이라는 플럭스 행사를 개최함으로써 탄생되었음. 플럭스 정신은 반예술 정신이요, 삶의 예술이라는 아이디어에 기초한 예술임. 딕 히긴스(D. Higgins)에 의하면 국제주의(Internationalism)·실험주의 및 우상파괴주의(experimentalism & iconoclasm)·인터미디어(intermedia)·미니멀리즘(minimalism)·인생/예술이분법의 해소(the resolution of art/life dichotomy)·함축성(implicativeness)·놀이 또는 익살(play or gag)·순간성(ephemerality)·특수성(specificity)을 제시했고, 켄 프리드만은 1992년 히긴스의 9가지 기준 외에 우연·예증주의·음악성을 첨부하여 12가지 기준을 만들었지만 우연은 실험주의 기준에, 예증주의는 특수성에, 음악성은 그 밖의 모든 기준 등에 해당될 수 있는 포괄적인 기준임. ㉠도자기를 만드는 점토에 포함된 알칼리 성분. 유리질화에 필수적인 성분이므로 저온에서 소성하기 위해 점토 및 유약에 첨가함. ㉡금속면에 생기는 산화물을 제거해 주거나 용접 또는 땜질로 접합하는 부분에 더 이상의 산화가 발생하지 않도록 해주는 송진과 같은 물질.

플럭스코어드아크용접(-鎔接, flux cored arc welding) : 중심에 기화 플럭스가 들어 있어 용접부 주변에 가스 실드를 형성해 주는 튜브 형상의 철제 전극봉을 사용하는 아크 용접봉.

플레더마우스의자(-椅子, Fledermous chair) : 요셉 호프만(Josef Hoffmann : 1870~1956)이 1905년 비엔나에 있는 플레더마우스 카페를 위해 디자인한 것으로 이 카페는 예술가와 소설가들이 만나는 장소로 유명함.

플레미시본드(Flemish bond) : ⇨프랑스식 쌓기(=).

플레미시쌓기(Flemish bond) : ⇨프랑스식 쌓기(=).

플레슈(fleche) : ⇨플레쉬(=).

플레쉬(fléche[프]) : ①고딕양식의 교회에서 십자형 평면의 교차부에 설치되는 목재로 된 작은 뾰족탑. ②지붕 용마루에 솟아나온 가는 첨탑(尖塔)으로서 특히 고딕 성당의 교차부 위에 있는 것. ③보통 고딕양식의 교회 십자로에서 발견되는 가느다란 뾰족탑을 뜻하는 프랑스어.

플레어(flare) : 후면보다 전면이 더 넓은 의자의 좌판과 같이 바깥쪽으로 퍼지는 형태.

플레어

플레어마구리(flare header) : 무늬벽돌쌓기에서 마구리에 사용하는 쌓기로서 노출되는 면의 검은 벽돌.

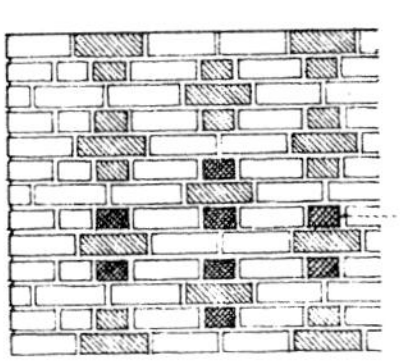

플레어 마구리

플레이너세이빙(planer shaving) : 치수가 일정치 않은 파티클(particle). 두께의 변이가 심하고, 때로는 나선상(螺旋狀)으로 꼬여 있으며, 이것으로 만든 좁은 의미의 파티클 보드(particle board).

플레이룸(play room) : 어린이가 운동을 하거나 게임놀이를 하는 방. 유희실(=).

플레이크(flake) : 보통 두께에 비해 길이가 길고 폭이 넓은 납작한 모양이며, 두께가 일정하고 치수가 정해진 파티클(particle).

플레이크보드(flake board) : 나이프링과 임펠러가 서로 반대방향으로 회전하면서 만든 플레이크를 이용하여 만든 파티클 보드.

플레이트거더(plate girder) : ①강판 또는 형강을 용접이나 리벳으로 접합하여 조립한 강재보. I형 단면을 가진 철골 조립보의 하나로 웨브(web)재로 강판(鋼板)을 전면에 쓴 것. ②강재(鋼材)가 많이 소요되므로 고가(高價)이며 각(各) 점(點)에 전단력이 크게 작용하는 철교나 크레인 등 큰 이동하중(移動荷重)이 작용할 때 사용. ⇨판보(=). ⇨플레이트보(=).

플레이트글라스(plate glass) : 용해유리를 롤러를 이용하여 평활하게 만들어 식힌 후 연마·광택 처리한 소다석회유리. ⇨후판유리(=).

플레이트레일(plate rail) : 홈이 형성되어 접시를 받칠 수 있도록 벽에 부착된 가느다란 레일 및 선반.

플레이트룸(plate room) : 식기(食器), 특히 은(銀)식기의 보관실.

플레이트보(plate girder) : ⇨플레이트거더(=).

플레이트트레이서리(plate tracery) : ⇨트레이(=).

플레인나무(plane wood) : 플라타너스 나무를 총칭. 특히 이란에서 유럽에 걸쳐 야생하는 흰색의 경목. 영국의 가구 제작자인 셰라턴(Sheraton)은 펨브루크 테이블(pembroke table)이나 채색마감 의자(painted chair) 등에 주로 사용.

플렉소타일(flexo tile) : 도료의 일종으로 특징은 도막이 유연하고 탄성이 있어서 벽체의 수축·팽창에 따른 미세한 균열이 생겨도 직접 영향을 받지 않으므로 표면에 균열형상이 나타나지 않으며, 내구성이 뛰어나고 무늬의 모양은 부드럽고 매우 자연스러운 복층무늬 도료임. 주로 주위에 진동이 심하여 미장면에 미세한 균열이 생길 수 있는 곳이나 이미 균열이 발생한 내·외부 벽면에 사용.

플렉시글라스(plexiglass) : ①가볍고 투명하며 내후력(耐候力)이 큰 아크릴수지의 상표명. ②합성수지로 주형성(鑄型性)이 우수하며 투명도가 높은 아크릴수지판으로 주로 항공기의 방풍유리 및 창문과 조명 설치물에 사용.

플렉시블금속도관(-金屬導管, flexible metal conduit) : 전동기(電動機)나 그밖에 진동(震動)이 발생하는 전기장치를 연결하는 도관. ⇨그린필드도관.

플렉시블 오피스(flexible office) : ⇨홈 오피스(=).

플렉시블합판(-合板, flexible plywood) : 단판(單板) 2장을 섬유방향이 평행하도록 포개서, 그 사이에 탄력성이 있고 질긴 특수고무로 만든 얇은 판을 끼워 넣고 가열·접착한 합판. 기둥의 곡면·벽 등에 쓰임. ⇨가요성 합판(=).

플렉시빌리티(flexibility) : 일반적으로 변화에 쉽게 대응하고 조정할 수 있는 성질. 유연성(柔軟性)·가변성(可變性)·신축성·융통성을 의미.

플로(flow) : 재료가 고온도에서 연질이 되면 하중이 가해진 방향으로 흘러서 변형되는 것.

플로렌타인모자이크(florentine mosaic) : 흑(黑)과 백(白)의 대리석 표면에 색이 있는 돌을 새겨 넣는 기법으로 만든 모자이크.

플로렌타인아치(florentine arch) : 기둥이나 창문 사이의 벽에서 곧바로 솟아올라 만들어진 반원아치. 아치의 바깥쪽 선은 중심이 뾰족하게 되어 있고, 안쪽선은 반원형으로 되어 있으며, 중세 후기와 초기 르네상스시대에 플로렌스 지방에서 사용되었음.

플로어(floor) : 다른 요소나 같은 종류의 재료로 만들어진 한 층과 다른 층 사이를 분리하는 실(室) 및 구조의 가장 낮은 표면. 그것은 어떤 실이나 구조의 기초평면이며, 평평한 하나의 표면 및 여러 개의 단차이(段差異)를 가진 일련의 평평한 표면이 특징.

플로어덕트(floor duct, under-floor raceway) : 이중바닥(access floor)이나 콘크리트 건조물 밑에 종횡(縱橫)의 십자(十字)로 매설(埋設)하여 밑에 아웃렛(outlet ; 콘센트)을 설치하는 배선에 사용되는 덕트. 건물 바닥과의 절연(絶緣)이 무엇보다 중요함.

플로어라이트(floor lights) : 무대 앞부분에 설치되는 조명 열로서 보통 공연자의 발 정도 높이에 가깝게 맞추어 약간 파인 곳에 넣어져 있음.

플로어램프(Floor Lamp) : ①바닥에 세워 놓는 키가 큰 이동식 조명. ②일반적인 목적이나 방향 등으로 쓰이는데 램프의 형태 및 전등갓에 따라 쓰임새가 달라짐. 어깨높이에서 비춰지면 독서용 램프로서의 효과가 더욱 좋음.

플로어링(flooring) : ⇨플로어링보드(=).

플로어링못(flooring nail) : 작은 원추형(圓錐形) 못머리를 가지고 몸대는 기계로 홈을 파놓았으며, 몸 끝은 뭉뚝한 다이아몬드형으로 된 못. 주로 마루판을 까는데 사용.

플로어링보드(flooring board) : 판재의 표면을 곱게 대패질하여 마감하고, 양측면을 제혀쪽매로 하여 접합에 편리하게 만든 바닥재에 사용되는 목재의 부재를 일반적으로 플로어링이라고 함. 두께 9㎜·너비(폭) 60㎜·길이 600㎜가 많이 사용됨. 주로 재질이 단단하고 무늬가 아름다운 참나무·미송·나왕·괴목(느티나무)·삼나무·단풍나무·벚나무·마호가니·티크·너도밤나무·떡갈나무·참나무·밤나무·아피통(apiton) 등의 경재(硬材)인 활엽수가 많이 이용됨. 체육관이나 볼링장은 탄력성이 뛰어난 단풍나무(maple)가 쓰이고, 특히 버마산(産) 티크는 고급바닥재로 선호되고 있음. 재료의 함수율·비중·옹이 등의 결점 유무에 따라 그 강도에 차이가 나고, 플로어링 사용공간의 바닥에 따라 재질·두께·장선간격 등을 결정함. 플로어링보드의 규격은 한국산업규격(KS F 3103), 무늬목치장합판 플로어링보드의 규격은 한국공업규격(KS F 3111), 가압식 방부처리 플로어링보드의 규격은 한국공업규격(KS F 3121)에 각각 규정되어 있음.

플로어링붙이기 : ⇨목재바닥.

플로어링블록(flooring block) : ①플로어링 길이를 그 너비(폭)의 정수배로 하여 3장 또는 5장씩 붙여서 길이와 너비가 동일하게 4면을 제혀쪽매로 하여 만든 정사각형의 블록으로서 쪽매널 블록이라고 함. ②나무는 주로 괴목·참나무·벚나무 등이 사용. 최근에는 플로어링 블록을 합판에 붙여놓은 것도 있음. 종류는 목조 바닥용과 콘크리트 바닥용이 있고, 목조 바닥용은 교착제(膠着劑) 또는 숨은못치기로 고정시키고 콘크리트 바닥용은 뒷면을 방부처리하여 콘크리트 슬래브 위에 고정철물을 넣고 모르타르로 접착시킨 것임. 플로어링 블록의 규격은 한국공업규격(KS F 3123)에 규정되어 있음.

플로어링판깔기(-板-, flooring board) : 플로어링판을 장선에 직접 붙여댈 때의 장선간격은 450㎜를 표준으로 하고, 판의 이음위치는 엇갈리게 이으며, 길이 45㎜ 이상의 못으로 장선에 숨은못치기로 하며 기타 내용은 쪽매널깔기에 따름.

플로어링판붙이기 : ⇨목재바닥.

플로어머천다이저(floor merchandiser) : 머천다이저로서 바닥에 놓아 사용하는 판매 POP. 일반적으로 대형 상품의 진열수납이 크고 이동용 캐스터(caster)가 달려 있는 것이 많음.

플로어머천다이저디스펜서(floor merchandiser dispenser) : 플로어 머천다이저로서 상품을 한 개 꺼내면 그 출구에서 다음의 상품이 나오도록 만들어진 것.

플로어사인(floor sign) : 점두(店頭)나 점내(店內)·쇼룸(showroom) 등의 플로어에 사용할 수 있도록 디자인된 사인.

플로어스탠드(floor stand) : 이동 조명의 일종. 실내의 바닥에 놓는 조명기구로서 주로 거실에서 독서를 한다거나 가족끼리 단란한 분위기를 연출하는데 사용. 또는 매장 및 전시장에서 바닥에 설치하는 진열대의 일종. 공간이 넓은 슈퍼마켓·셀프서비스점포·매장 등에서 흔히 볼 수 있는 것으로 여러 형태가 공간의 성격이나 용도·목적에 따라 다양하게 제작.

플로어스탠드램프(floor stand lamp) : ⇨플로어스탠드(=).

플로어앵커(floor anchor) : 상향으로 작용하는 풍력(風力)이나 지진력(地震力)에 목구조물이 저항할 수 있도록 해주는 띠쇠철물.

플로어워싱(floor washing) : ⇨월워싱기법.

플로어인플레터블피오피(floor inflatable POP) : 인플레터블 POP로 바닥에 놓아 사용하는 POP. 펀치 볼 등이 대표적인 것으로 주로 점두에 놓음.

플로어카탈로그스탠드(floor catalog stand) : 카탈로그 스탠드로서 슈퍼·쇼룸이나 점두의 플로어에 놓아 사용하는 것.

플로어캐비닛(floor cabinet) : 부엌의 작업대 아래에 설치되는 캐비닛. ⇨월캐비닛. ⇨톨캐비닛.

플로어커버링(floor covering) : 비닐타일·자기질 타일 등과 같이 바닥을 덮기 위한 재료 중 특히 비(非)섬유질 재료.

플로어쿠션(floor cushions) : 다수인인 경우 바닥 위에 깔아 놓고 푹신푹신한 방석으로 사용하며, 바닥에 누울 때는 베개로도 사용.

플로어트랩 [1](floor trap) : 배우자가 무대의 등장과 퇴장을 임의의 곳에서 할 수 있도록 설치한 시설.

플로어트랩 [2](floor trap) : 바닥의 배수를 할 때 사용하는 드럼트랩(drum trap)의 일종.

플로어프레밍(floor framing) : 바닥의 구조틀을 만드는 방법이나 과정.

플로어플러그(floor plug, floor receptacle)

: 바닥면에 수평으로 위치한 전기콘센트.

플로어피오피(floor POP) : 점두·점내 및 쇼룸의 플로어에 사용할 수 있도록 디자인된 POP로 플로어 머천다이저·플로어 카탈로그 스탠드 등의 명칭으로 불리지 않는 것을 총칭.

플로어피오피라이트(floor POP light) : 플로어 POP로서 효과를 높이기 위해 전구나 형광등 등의 광원을 비추어 밝기·점멸 등의 요소를 더한 것.

플로어피오피모션(floor POP motion) : 플로어 POP로서 효과를 높이기 위해 모터 등을 사용하여 움직임의 효과를 더하는 것.

플로어피오피사운드(floor POP sound) : 플로어 POP로서 효과를 높이기 위해 음악·효과음·내레이션(narration) 등의 소리가 나오는 장치를 조합시켜 놓은 것.

플로어 힌지(floor hinge, pivot type hinge) : ①여닫이문 위아래에 문지도리가 달리게 만든 철물. ②오일(oil)이나 스프링(spring)을 이용하여 자재여닫이문을 자동으로 닫히게 하는 장치를 바닥에 설치하고, 문장부를 끼우고, 위는 지도리를 축대로 하여 돌게 한 것. 경첩으로 유지할 수 없는 무거운 자재문에 일반적으로 쓰임.

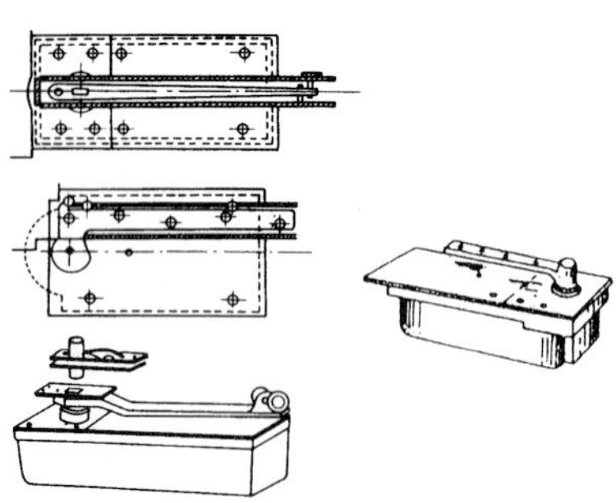

플로어힌지

플로킹(flocking) : 중세에 값싼 천을 벨벳처럼 보이도록 하기 위해 모(毛)섬유의 가루를 종이나 천 위에 접착제로 붙이는 방법. 대체로 돋을새김과 같은 패턴을 지니며, 이런 방법으로 만들어진 벽지(velvet paper)는 17세기에 소개되었고, 18세기에는 부유층을 위한 벽지로 유행되었음. 이후에는 모(毛)섬유뿐만 아니라 실크·호분·조개 및 금속의 가루까지도 플로킹의 소재가 되었음.

플로킹벽지(-壁紙, flocking wall paper) : ①직물(섬유) 벽지의 일종. ②종이 시트 위에 단섬유를 정전기로 식모하거나 규산염 페레트를 진동법으로 접착한 것. ③섬유를 잘게 잘라서 이지에 접착시킨 직물벽지의 일종. ④원사 없이 종이가 원료가 되며 섬유조직화하여 종이에 배접함. ⑤특징은 벨벳(비로드)과 같이 부드럽고 고급스러운 질감을 갖고 있으며 우아한 멋을 느끼게 함. ⑥17세기경부터 영국에서 만들기 시작하여 최근에는 표면가공을 통해 인조피혁 효과를 내는 등 여러 가지 형태의 식모벽지가 제조되고 있음. ⑦식모벽지(=).

플로 테스트(flow test) : 콘크리트 워커빌리티(workability) 시험법의 일종.

플로트(float ; F) : 공사의 전체 공기에 영향을 주지 않는 범위(한도) 내에서 각 작업에 허용되는 시간적인 여유. 작업여유(=).

플로트글라스(float glass) : 표면이 평활하고 상(像)의 일그러짐 현상이 거의 없는 소다석회 판유리.

플로트볼(float ball) : 지하탱크·옥상탱크·기타 탱크의 액면의 상승·하강에 따라 작동하는 볼탭(플로트)의 부력에 의해 밸브가 자동적으로 개폐되는 기구. 볼탭 밸브·구전(=).

플로트스위치(float switch) : 액체 위의 부표식(浮漂式) 도체에 의해 점멸되는 스위치로서 액체 높이에 따른 점멸동작을 하는 스위치.

플로트유리(-琉璃, float glass) : ①녹인 금속의 층 켜 위로 녹인 유리를 띄움으로써 생산되는 판유리. ②플로트방식(float process)에 의해 생산되는 맑은 유리로 마판유리와 같은 정도의 평활한 표면이고, 다시 연마하지 않고 거울유리 및 강화유리·접합유리·복층유리 등에 그대로 사용할 수 있음. 크기는 두께 3·4·5·6·8·12·15·19㎜인 것이 있고, 최대 크기는 1,219×2,483㎜·1,829×3,048㎜·2,134×3,048㎜·2,483×3,048㎜·3,048×8,382㎜ 등.

플뢰롱(fleuron) : 코린트양식의 기둥 맨 윗부분인 애버커스(abacus)의 중앙을 장식하는 작은 꽃문양. 일반적으로 작은 꽃 모양의 장식문양을 총칭하기도 함.

플뢰롱

플뢰어드리(fleur-de-lis, fleur-de-lys[프]) : ①프랑스 왕족의 문장을 표현하기 위해 둘러싸인 띠에 의해 묶여진 세 잎 붓꽃문양. ②중세 이후 왕위를 상징하는 문장과 장식으로 사용된 백합형태의 장식모티프를 일컬음. 이 문양은 세 개의 양식화된 꽃잎으로 구성되는데, 중앙의 것은 수직으로 서 있고 양 옆의 것은 바깥쪽으로 기울어져 있음. 꽃잎은 아래쪽 끝에서 약간 위로 묶여 있으며, 밑부분에 돌출되어 나온 부분도 위와 마찬가지로 휘어져 있음. 루이 14세 이후에는 프랑스 왕조를 상징하는 문장으로 사용되었고, 아직도 국가적 상징으로 사용되고 있음.

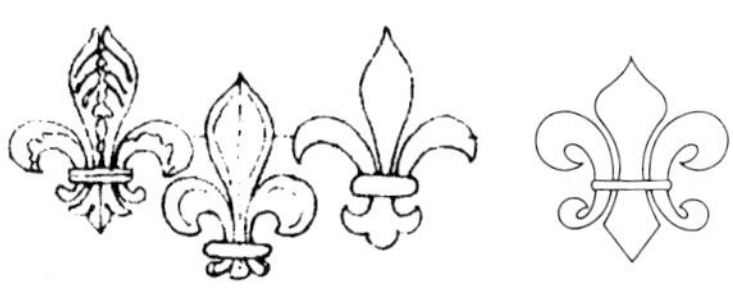

플뢰어드리

플루트(flute) : ①홈의 폭을 직경으로 한 반원호. ②기둥 몸체의 수직 홈. ③원형 쇠시리(molding)로서 스트리아(stria)라고도 함.

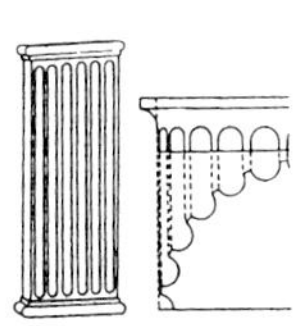

플루트

플루팅(fluting) : 고전건축에서 원주의 주신(柱身)이나 편개주(片蓋柱) 등에 새겨진 세로홈 장식 또는 장식모티프. 폭이 좁고 얕은 세로홈은 실루엣이 조여지는 것과 동시에 음영감이 생겨 인상적인 외관이 됨. 플루팅 단면은 보통 반원형으로 도리아식 오더에서는 일반적으로 20줄이 새겨져 있고, 뾰족한 능선(arris)이 형성되어 날카로워 깨지기 쉬움. 이오니아식 오더는 24줄로 되어 있고 그 사이에 평평한 부분(fillet)으로 남김. ⇨세로홈장식. ⇨필렛.

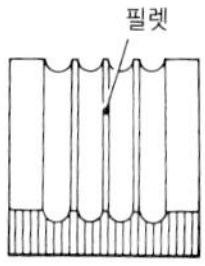

플루팅

플리넘(plenum) : ①천장이나 마루 밑의 빈 공간으로 HVAC시스템이나 건축조명시설을 설치해 두는 곳으로 사용. ②공기의 순환이나 배선·배관 등으로 사용되는 아래층의 천장 윗부분과 위층의 바닥 밑부분 사이의 빈 공간.

플리넘시스템(plenum system) : 천장이나 바닥에 설치한 배관을 통해 공기를 방으로 유입시키는 강제환기 시스템.

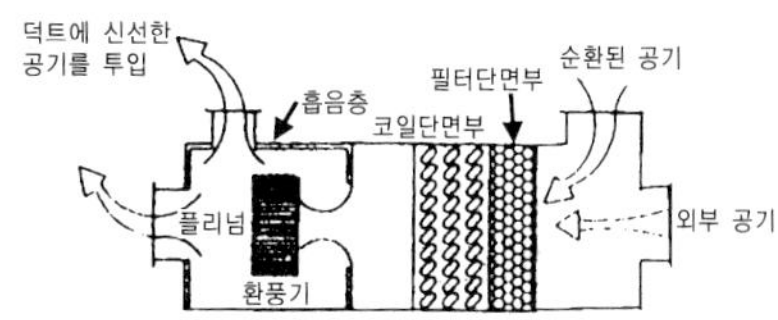

플리넘환기장치(-換氣裝置, plenum ventilation) : 환기가 필요한 공간에 대기압보다 약간 높은 기압으로, 신선한 공기를 불어넣고 혼탁한 공기를 배출시키는 장치.

플리앙(pliant[프], ployant) : X자형 다리의 접이식 스툴. 다리에는 조각장식을 했고, 좌판은 직물이나 가죽으로 씌운 것이 보편적임. 고대부터 사용되었으나 프랑스에서는 17세기 후반부터 베르사유궁전을 비롯한 왕실의 공식 행사에 사용되었음.

플리앙

플리츠스크린(pleats screen) : 주름에 따라 말아 올리는 커튼. 주름을 많이 잡으면 방 전체의 빛을 조절할 수 있음. 소재는 천과 종이 등이 있으며, 현대적인 인테리어 공간에도 적합함.

플리치(flitch) : ①두꺼운 나뭇조각. ②슬라

한 것이고, 대성당에 부속된 8각형으로 된 예배당(11세기)의 조토와 A. 파사로가 건조한 종탑(높이 82m·1334~59년)도 유명함.

피로(疲勞, fatigue) : ①재료가 반복하중을 받는 경우 정적 강도보다 낮은 강도에서 파괴되는 현상. ②부품에 주기적으로 하중을 줌으로써 그 부품이 결국 균열이 발생하고 완전히 파괴되는 과정. 이 피로는 흔히 재료의 항복점을 상당히 밑도는 응력 수준에서 발생하기 때문에 피로가 한번만 적용할 경우에는 재료가 통상 파괴되지 않음. ③재료가 최대 정전 강도 이하의 수준에서 주기적인 응력을 받아 파괴되는 현상. 재료가 반복적이고 반대 방향의 응력을 받으면 파손되는 가장 흔한 형태 중의 하나. 외형·주파수·응력 차이·환경 및 온도는 모두 피로 파괴 인자의 일부라 할 수 있음. ④작업을 장시간 계속하여 생기는 탈력감(脫力感)·기력감퇴 및 작업능률의 저하현상. 즉 신체의 일부 또는 전신을 너무 많이 사용함으로써 발생하는 현상. ⑤실제로 몸에 생기는 변화, 즉 자각할 수 있는 권태감이나 인간이 노동을 하는 경우 작업경과에 따르는 작업능률의 저하 등에 대한 총칭. ⑥피로의 증상은 눈의 피로·졸림·나른함·국소 근육의 위화감·초조감·작업력의 감퇴·작업의욕의 감소 등.

피로강도(疲勞强度, fatigue strength) : ①재료가 반복하중을 받는 경우 정적 강도보다 낮은 강도에서 파괴되는 응력의 한계. ②콘크리트 등의 부재가 반복하중을 받거나 일정한 하중을 지속적으로 받을 경우 피로로 인해 정적 파괴하중(靜的破壞荷重)보다 작은 하중에서도 파괴되며, 이때에 전자(반복하중을 받는 것)를 피로파괴(fatigue fracture)라 하고, 후자(일정한 하중을 지속적으로 받는 것)를 크리프 파괴(creep strength)라고 함. 실제로는 무한한 반복에 견딜 수 있는 응력의 극한값을 피로강도라 하고, 응력의 최대치와 최소치의 차이가 어떤 한도 이하이면 무한회수하중(無限回數荷重)을 되풀이하여 작용시켜도 파괴되지 않는 한계를 피로한계(fatigue limit) 또는 내구한계(endurance limit)라고 함. 이 피로한계 이상의 응력이 되풀이되면 콘크리트는 파괴되고, 콘크리트가 지속적인 하중을 받는 경우 파괴를 일으키지 않는 한계를 크리프한계(creep limit)라고 하는데, 이 경우 10회의 반복하중에 견디는 피로강도는 압축강도의 50~60% 정도임.

피로균열(疲勞龜裂, fatigue failure) : 재료에 반복 외력을 가했을 때 생기는 균열.

피로한계상태(疲勞限界狀態, fatigue limit state) : 주요 구조부재가 반복하중을 받아 피로(疲勞)파괴되기 직전의 상태.

피뢰도선(避雷導線) : ①뇌전류를 지중에 흘러 보내는 역할을 하는 돌침부에서 접지전극까지 수직도체의 부분. ②유의사항 ; ㉠피뢰도선은 동선일 경우에는 30㎟ 이상, 또한 알루미늄선의 경우에는 50㎟ 이상의 것을 사용하지만 지중매설은 할 수 없음. ㉡피뢰도선의 굽힘 곡률 반경은 20㎝ 이상. ㉢피뢰도선은 도중에서 접속하는 것을 피함. ㉣피뢰도선은 전등선, 전화선, 가스관 등으로부터 1m 이상 띄워야 함.

피뢰침(避雷針, lighting rod) : ①낙뢰(落雷)에 대한 피해를 줄이고 뇌격전류를 신속하게 땅으로 방류시켜 인명과 건축물을 보호하기 위해 설치하는 전도체 금속물. ②건축법에는 지반면상 20m 이상의 건축물에는 반드시 피뢰침을 설치하도록 규정하고 있고, 중요한 건조물이나 천연기념물, 많은 사람들이 모이는 건물, 위험물을 취급하는 건물 등은 20m 이하인 경우에도 피뢰침을 설치하는 것이 바람직함. ③낙뢰의 피해를 안전하게 보호하는 돌침 및 수평도체의 보호각은 일반 건축물에서는 60°, 위험물(화약류) 관계 건축물의 경우에는 45°로 해야 하고, 피뢰침의 보호각은 가급적 작게 잡는 것이 안전함. ④피뢰침은 돌침부(突針部)·피뢰도선(避雷導線)·접지전극(接地電極)으로 구성됨.

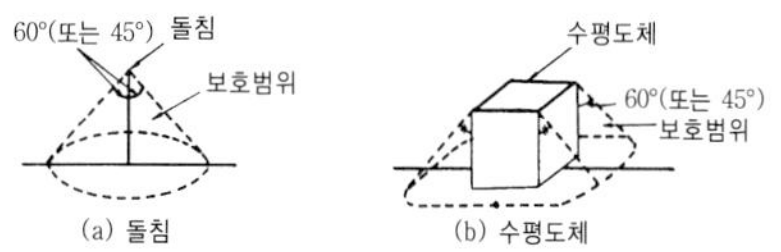

피뢰침 보호범위

피막(皮膜, skinning) : ①도료의 저장 중 또는 용기 내 방치시 도료의 표면에 생기는 얇은 막. ②유성·알키드계 도료의 표면이 용기 중의 공기에 의해 산화건조되어 생기는 경우가 많음.

피막보양(皮膜保養, tapetum curing and protecting) : 콘크리트 표면에 피막보양제를 뿌려 콘크리트 중의 수분증발을 막아 보양하는 진공양생방법으로 포장콘크리트 보양 등에 주로 사용.

피막양생(皮膜養生, membrane curing) : ① 콘크리트 표면에 피막양생제를 뿌려 콘크리트 중의 수분증발을 방지하는 양생방법으로 포장콘크리트 양생에 이용. ②검정색·담색·흰색이 있으며 검정색은 직사광선이 없는 곳에 사용함.

피막처리(皮膜處理, skin coat) : ①얇은 층을 덮는다는 의미의 최종적인 회반죽마감법. ②⇨샌드피니시.

피막현휘(皮膜眩輝, veiling glare) : 어느 물체를 볼 때, 그 사이에 있는 먼지나 연기로 인하여 번뜩여서 잘 안 보이거나 유리에 먼지가 묻어 물체가 잘 보이지 않는 현상.

피맛골 : 조선시대, 종로통을 오가던 평민들이 고관대작의 행차를 피해 다니던 골목길.

피벗경첩(pivot hinge) : ⇨피벗힌지(=).

피벗정첩(-釘貼, pivot hinge) : ⇨피벗힌지(=).

피벗힌지(pivot hinge) : 경첩이 창이나 문 옆에 붙어 있는 일반적인 형식이 아니라, 각각 위·아래에 구멍을 내고, 그 속에 끼워 넣어져 있으므로 회전하여 열리도록 된 경첩. 지도리(=).

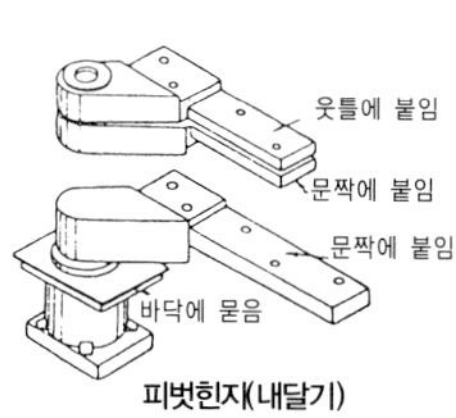

피벗힌지(내달기)

피보나치급수(Fibonacci series) : ⇨피보나치비례(=).

피보나치비례(-比例, Fibonacci proportion) : ①그 이전에 있는 두 개의 숫자의 합에 의해 만들어지는 모든 수의 연속. 이 연속된 두 숫자 사이의 비율은 대략 황금분할비와 일치함. ②첫 번째 두 항이 1과 1이고 계속 이어지는 항이 각각 앞의 두 항을 합한 값과 같은 무한수열을 말함. 즉 1-2-3-5-8-13-21-34... 등 이와 같이 앞의 두 수를 더하여 진행되는 비례를 가진 급수를 피보나치급수라고 하고, 황금비에 가까운 비율로 대용되기도 함. ③황금비 혹은 대략 1.618에서 가산급수의 하나는 8, 13, 21, 34, 55, 89, 144··· 등과 같은 불변수이고, 이것은 13세기 초 이탈리아의 수학자 레오나르도 피보나치(Leonardo Fibonacci)가 한 쌍의 토끼번식률에서 계산한 이래 붙여진 이름임.

피보나치수열(-數列) : ⇨피보나치비례.

피복두께(被服-, covering depth) : ①철근을 콘크리트로 덮은 두께. ②콘크리트 표면에서 가장 가까운 철근의 측면까지의 거리. ③화재나 부식작용으로부터 콘크리트 내의 철근을 보호하기 위해 필요한 콘크리트량(量)으로 콘크리트 단면의 두께에 의해 결정됨. 철근에 대한 콘크리트 피복두께의 최소값은 다음과 같음.

피복두께

장　소	피 복 두 께
바닥·비내력벽	2㎝ 이상
기둥·보·내력벽	3㎝ 이상(다만, 옥내에 면하는 부분으로 유효한 마감을 한 경우에는 2㎝ 이상, 흙에 직접 하는 경우에는 4㎝ 이상)
기초	6㎝ 이상

피봇경첩(pivot hinge) : ⇨피벗힌지(=).

피봇정첩(-釘貼, pivot hinge) : ⇨피벗힌지(=).

피봇힌지(pivot hinge) : ⇨지도리(=). ⇨피벗힌지(=).

피부색[1)](皮膚色, volume color) : 얼음덩어리와 같이 투명한 물질을 뭉쳐 놓았을 때 느끼는 색.

ㅍ

피부색 2)(－色) : 관용색명으로 연한 주황. 먼셀 5YR8/5.

피브이시랩(PVC lap) : ①염화 비닐수지 랩이라고도 하며 현재 우리나라에서 주로 식품포장재 랩으로 사용됨. ②영업용과 가정용으로 구분. 가정용 사용의 큰 증가 추세. 식품의 유통 및 신선도 유지와 부패방지 등 다양한 용도로 사용. 가소제와 안정제가 첨가물로 쓰이며 가소제는 인체에 해로우며 기름기가 많은 음식에 닿으면 바로 흡수됨. 가소제는 실온에서도 식품에 닿으면 냉동냉장 상태보다 더 잘 유출됨.

피비지(problem behavior graph : PBG) : 지식상태의 흐름을 이해하기 위해 부호로 표시한 것으로서, 결절점(nodes)은 지식상태를 나타내고 연결선(lines)은 지식상태의 변화작용을 표현함.

피사의 탑(tower of pisa) : ①이탈리아 중서부에 위치한 피사 대성당(Duomo di Pisa)의 부속건물(대성당·세례당·종탑) 중 3번째이며 마지막 구조물로써 중세 도시국가 피사가 팔레르모 해전에서 사라센 함대에 대승한 것을 기념하기 위해 세워진 종탑. ②피사에서 태어난 갈릴레오 갈릴레이가 낙체(落體)실험을 한 곳으로 알려진 이 탑은 1271년에 제럴드의 설계로 착공됐으나 무른 지반 때문에 건축 중에 기울기 시작했음. ③흰 대리석으로 지어졌으며, 꼭대기 종루를 포함해 8층으로 이루어져 있고 높이는 55.8m, 무게는 14,500t이나 됨. 탑의 내부는 나선형으로 된 294개의 계단을 통해 종루까지 올라갈 수 있고, 종루에는 각각 다른 음계를 가진 7개의 종이 걸려 있음. 1174년에 착공된 피사의 사탑은 이탈리아 천재 건축가 보라노 피사논의 설계도에 따라 탑을 만들어가던 중, 3층까지 쌓아올렸을 때 공사관계자들은 지반 한쪽이 붕괴되고 있다는 사실을 알아냈으며, 책임기술자였던 보나노 피사노는 기울어진 모양을 보정하기 위해 새로 층을 올릴 때 기울어져 짧아진 쪽을 더 높게 만들었으나, 추가된 석재의 무게로 건물은 더욱 가라앉게 되었음. 기술자들이 해결방안을 찾으려고 몇 번씩 공사를 중단했으나 결국 1350년에 맨 꼭대기층이 기울어진 채 완성됨. 물론 건축 당시부터 의도적으로 기울어진 탑을 세운 것은 아님. 1년에 1㎜ 정도 기울어지는 미세한 자연현상이 누적되다 보니 오늘날 탑의 꼭대기가 수직선에서 무려, 높이는 북면이 약 54.9m, 남면이 약 52.9m. 이 탑은 약 4m가 기운 것으로 알려졌는데, 1991년 6월에 측정한 결과 2.9㎜가 바로 선 것으로 밝혀졌음. 현재는 탑의 기울기가 멈춘 상태임. 전문가들은 그 원인을 폭우 때문으로 봄. 최근 영국 런던대학의 토질 기계학과 존 부를랜드 교수는 "피사의 사탑은 이제 기우는 것은 멈췄다. 이는 지난 7세기만에 이룩한 개가"라고 말했으며, 사탑이 이처럼 위태로운 상태에서도 수천 년 동안 무너지지 않는 이유를 과학적으로 설명하기는 어려움.

피사의 탑

피스 염색 : ⇨실염색(＝).

피시강(－鋼, P.C.) : ⇨ 피시강선(＝).

피시강선(PC 鋼線) : PS콘크리트(prestressed concrete)에서 프리스트레스를 주기 위해 사용하는 고강도의 강선. 강도는 150~200㎏/㎟, 프리텐션 방법에는 5㎜ 이하의 강선을 쓰고 포스트텐션 방법에서는 5㎜ 이상의 강선을 사용함.

피시공법(－工法, PC methods) : ①공장이나 현장 플랜트(plant)에서 생산된 부재를 양중 장비를 이용하여 현장에서 조립·시공하는 공법. ②종류는 판식(횡벽구조·종벽구조·양벽구조)·골조식(HPC공법·RPC공법·적층공법)·상자식(Space unit 공법·Cubicle unit 공법)·기타(합성 슬래브·Lift slab·다기능 패널·장막식) 등으로 분류하며 성력화·기계화·건식화를 추구하는 공법. ③프리캐스트공법(＝).

피시너(piscina) : 성당의 제단용 용구를 씻기 위한 배수로가 달린 얕은 석조 수반.

피시너

피시시에스(PCCS) : ①practical color coordinate system의 약자. ②색채의 물리적 성질에 따라 일본 색채연구소가 제정한 표색체계. ③PCCS는 색상환의 배열을 청색·적색·황색·녹색으로 정하고, 심리적인 보색을 반대방향에 위치시킨 후 색채지각상의 차이에 따라 전체를 24로 나누어 각각 색상기호를 붙인 표색계임. ④명도는 검정을 1.0, 하양을 9.5로 하여 17단계로 나누고, 채도는 9단계로 구분하여 3R-4.5-9S 또는 5B-8.5-3S 등의 방법으로 표시.

피시아이(fish eye) : 용접결함의 일종으로 블로홀(blow hole) 및 혼입된 슬래그가 모여서 둥근 은색 반점이 생기는 결함현상.

피시주택성능평가제도(-住宅性能評價制度) : ①P.C주택성능 향상을 유도하고 성능 결함으로부터 소비자를 보호하기 위해 P.C주택 성능을 국가가 인정해 주는 제도. ②국가에서 신청자의 적격여부를 판단하고 일정수준 이상의 성능을 확보하여 소비자를 보호하는데 목적이 있음. ③대상은 조립식주택, 시공성과 양산성이 확보된 공법, 주택의 주요 구조부를 공장생산 부재로 사용하는 경우에 성능 인정함. ④성능평가는 안전성·거주성·내구성 등의 항목이 대상임.

피시콘크리트(PC concrete, precast concrete) : ①기성제품을 만드는 콘크리트. ②공장에서 고정 시설을 가지고 필요한 부재를 철제거푸집에 의하여 제작하고 고온다습한 증기 보양실에서 단기 보양하여 기성 제품화한 것.

피시피(PCP) : Penta Chloro Phenol(C_6Cl_6OH)의 약어로 대표적인 유용성 방부제의 일종. 방부력이 매우 우수하고 열이나 약제에도 안정적이며, 거의 무색 제품이 생산되어 그 위에 보통페인트를 칠할 수 있음.

피아노경첩(piano hinge) : ⇨연속경첩(=).

피아노노빌레(piano nobile[[이]]) : ①문자상 '숭고한 층'을 의미하는 이탈리아 르네상스시대의 용어. 고대 건축물에서는 첫 번째, 그리고 기초적인 층을 일컬음. ②르네상스 건축이나 그 이후의 대규모 저택과 궁전 등에서 응접실이나 주인실 등 가장 중요한 방이 마련된 층으로 주요층을 의미하며, 지면보다 1층 높인 2층으로 천장도 다른 층에 비해 높고 외관도 개성있게 함.

피아노선(-線, piano wire, piano string) : ①피아노선은 탄소함유량 0.6~1.05%의 고탄소강을 반복 냉간인발(冷間引拔) 가공하여 가는 줄(지름 10㎜ 이하의 강선)로 만든 것으로서 원래 피아노·기타 등의 악기줄(music wire)로 사용했기 때문에 붙여진 명칭. ②프리스트레스트 콘크리트(prestressed concrete)에 쓰이는 PC간선 중 지름이 10㎜ 이하인 선.

피아노스툴(piano stool) : 좌석 밑에 굵은 나사가 붙어 있어 좌측이나 우측으로 돌리면 좌석이 올라가거나 내려가도록 만든 의자. 18세기 후반에 개발.

피아노스툴

피아자(piazza) : ①특히 이탈리아의 도시나 마을에서 흔히 볼 수 있는 건물로 둘러싸인 광장 및 공공 공간. ②도시 속의 개방 공간 또는 공공 공간. ③기둥이나 지붕이 있는 회랑.

피앙크(pinakes[프]) : 공연 중에 장소를 암시하는 단순한 그림을 그린 무대, 즉 배경화.

피어(pier) : ①지반을 굴착하여 지상과 지하에 걸쳐 기둥모양으로 만든 지점을 총칭하고, 건물의 구조체를 떠받치는 역할을 함. ②문·창문·기타 개구부 사이의 벽체 부분. 피어는 항상 건물을 지지하는 부재이고, 벽기둥·반기둥·기둥 등과 결합되거나 중첩되기도 함. 돌받침대(=).

피어글라스(pier glass) : 창과 창 사이 또는 문과 문 사이의 벽에 거는 거울이나 콘솔(console) 테이블 위에 거는 거울. ⇨피어테이블(=).

피어글라스

피어테이블(pier table) : 창과 창 사이의 벽 앞에 놓는 콘솔(console)테이블. 보통 그 위쪽에 피어거울(pier glass)이라 불리는 키 큰 거울을 걸었고, 17세기에 사용되기 시작하여 19세기에 유행.

피어테이블

피언드(piend) : ⇨애리스(=).

피에드비치(pied de biche[프·이]) : 의자나 테이블 등에 쓰인 짐승의 갈라진 발굽 모양의 발(foot), 이탈리아·영국·프랑스의 후기 르네상스시대에 사용되었음.

피에스콘크리트(PS concrete) : ⇨프리스트레스트콘크리트(=).

피에이알전구(−電球, PAR bulb, Parabolic Aluminized Reflector bulb) : ⇨피에이알램프(=).

피에이알램프(PAR lamp, Parabolic Aluminized Reflector lamp) : 빛의 조절이 정확한 타원형의 알루미늄 반사경을 가진 무겁고 열에 강하며 반사되는 유리전구. 필라멘트와 빔 각도를 조절하는 렌즈의 위치가 정확하고 내부에 반사면을 가진 백열 밀폐광.

피에이치(PH, pH) : ①물속의 수소이온(ion) 농도를 나타내는 지표. ②용액의 산성, 알칼리성을 나타내는 척도. ③수용액에 존재하는 수소 이온의 그램이온(수소이온농도)은 1보다 훨씬 작은 수인 경우가 많으므로 수소 이온 농도의 역수에 대한 상용로그를 수소이온 지수로 나타내 사용하는 것이 pH임. ④pH는 0에서 14까지 있으며, 용액이 산성이면 pH는 7보다 작고, 알칼리성이면 7보다 큼. 산성비는 pH 5.6 이하의 비.

피에타(pietás[프]) : 예수의 시체를 안고 슬퍼하는 마리아상. 중세와 르네상스 초기의 조각과 회화에 자주 등장하는 소재로 사용되었음.

피에트라 듀라(pietre dura) : ⇨피에트르 듀르(=).

피에트르 듀르(pietre dure[이]) : 대리석·라피스라줄리(lapislazuli)·마노(瑪瑙)·자수정 등의 단단한 광석으로 상감하는 16세기 이탈리아 르네상스시대의 모자이크장식 기법. 테이블의 상판·장의 패널 표면 등에 사용되었고, 보통 아라베스크(arabesque)나 그로테스크(grotesque) 또는 새와 꽃·풍경 등을 모자이크함.

피엔엘(PNL, Perceived Noise Level) : 소리(音)의 시끄러움을 지각소음(知覺騷音)레벨 또는 단위[noy]에 의한 등(等)노이즈니스(noisiness) 곡선으로부터 구한 레벨. PNdB이라고도 함.

피오에스(POS) : ①포인트 오브 세일(point of sale)의 약어로 '판매시점'을 의미함. 판매시점에서 수집한 정보를 컴퓨터로 처리하는 방법을 '판매시점 정보관리 시스템' 또는 '점포판매 시스템'이라고도 하며, 이것은 전자식 금전등록기·가격독취(價格讀取) 장치·크레디트 카드의 자동판별 장치 등을 컴퓨터에 작동·연결시켜 상품을 관리하는 시스템. ②POS는 유통정보화의 필수요건으로 제조업체와 연계하여 생산성을 극대화할 수 있는 시스템. ③미리 상품의 종류, 가격 등을 선(바코드)으로 표시해 두고 자동적으로 판독케 하여 판매시점에서 즉시 판매관리 정보를 수집할 수 있음. ④판매시점 정보관리(=).

피오이(Post-Occupancy Evaluation ; POE) : ①완공된 후 건축물이 본래의 기능을 수행하고 있는지 사용해 보고 난 후에 반응을 평가하는 거주 후 평가. ②근대적인 의미의 POE에 대한 최초의 중요한 노력은 1960년대 중반에 이루어졌는데 여기서는 건축환경과 관련하여 환경적 문제를 해결하기 위한 노력의 일환으로 정신병원과 교도소에 대한 평가에 초점이 맞추어졌음(Osmond, 1966). ③POE와 관련된 평가가 건축에서 보다 합리적이고 엄격한 디자인 과정으로 자리 잡은 것은 POE 분야를 연구한 초기의 선구자로서 Christoper Alexander의 노력에 의해서 이루어졌으며 POE와 관련한 저서를 집필하였음(Notes on the Synthesis of Form (1964), Houses Generated by Patterns (1969), A Pattern Language(1977).

피오피광고(-廣告, Point of Purchase Advertising, POP 廣告) : ①고객의 구매시점에서 행해지는 광고(購買視點廣告). ②이는 소비자가 상품을 구매하는 장소에서 직접적으로 판매촉진 효과를 노리는 광고로서 구매장소에 있어서의 모든 광고, 즉 옥외광고·포스터 등을 포함한 상점 내의 천장이나 선반에 부착된 진열류의 일체. POP광고는 대중매체를 통한 광고와 함께 상품판매 촉진에 중요한 기능과 역할을 하고, 대상물을 공간에 효과적으로 구성하여 참신한 내용으로 상품정보와 특징을 전달하며, 행사의 분위기를 연출하여 소비자의 주의를 끌고 구매 욕구를 유발시키는 전시형태.

피지(皮紙) : 닥나무 섬유로 만든 튼튼한 한지(韓紙)의 일종.

피진홀(pigeonhole) : ①17세기 후반과 18세기에 사용되었던 책상에 달린 작은 구획물. ②서류정리 선반 등의 작은 칸.

피치[1](peach) : ①잘 익은 복숭아의 색. 이보다 더 연한 색은 피치 핑크(peach pink)라고 함. 식욕을 돋우는 색으로 알려져 있음. 노랑 기미의 핑크(yellowish pink). 관용색명으로 밝은 회주황. ②먼셀기호 3.5YR 8.0/3.5.

피치[2](pitch) : ①지붕의 구배이고, 보통 수직과 수평의 비로 나타나는데, 구배 및 물매라고도 함. ②계단의 구배(계단의 수평길이와 단위높이의 비). ③나사못·너트·볼트 등에서 인접한 두 개의 나삿니(thread) 간의 간격, 즉 볼트·리벳·고력볼트 등의 중심간 거리 또는 띄움(斷續)용접에서 용접중심 간의 거리. ④직조된 카펫 686㎜ 폭에 가로로 엮인 파일사의 수. ⑤콜타르 증류 후의 잔류물이고 암갈색의 점성이 있는 반고체·비휘발성이고 가열하면 유동체가 됨. 비교적 비중이 크고 겉모양은 아스팔트와 유사함. 감온비가 높고 고체로서 액체로 급히 변함. 방청도료로 사용되며 지하실 방수제로 사용됨. ⑥음의 높낮이 간격.

피치[3](pichi) : 오스트레일리아 원주민이 사용하는 삽이나 곡괭이에서 요람대 혹은 접시에 이르기까지 다용도로 사용되는 사발.

피치램프(pitch lamp) : 오스트레일리아 원주민이 사용하는 피치를 셰이드(shade)로 이용하여 만든 조명으로서, 간단한 독서를 위한 조명역할을 하거나 항아리에 담겨진 푸른 팜나무(palm tree)에 실루엣 효과를 주는 온화한 배경조명.

피코(pico) : 10^{-12}=0.000,000,000,0001를 나타내는 표준 접두사. 부호는 P.

피코크그린(peacock green) : ①공작 수컷의 날개털에서 볼 수 있는 청록색. 산뜻한 청록색(vivid blue green). ②먼셀기호 7.5BG 4.5/9.0.

피코크블루(peacock blue) : ①공작의 수컷의 날개털에서 볼 수 있는 녹색 기미의 청색. 산뜻한 청록색(vivid blue green). 관용색명으로 청록. ②먼셀기호 10.0BG 4.0/10.0.

피큐제도(-制度, PQ ; Pre-Qualification system) : ①공공공사 입찰 전에 입찰참가자격을 부여하기 위한 사전자격심사제도로서 발주자가 각 건설업자의 시공능력을 정확히 파악하여 그 능력을 기준으로 수주기회를 부여하는 제도. ②공사 입찰시 참가자의 기술능력(35점)·시공경험(30점)·관리 및 경영상태(35점)·신인도(±3점) 등을 종합·평가하여 공사의 특성에 따라 입찰자격을 사전에 심사하는 제도. ③적용 공종대상 공사는 22개종 공종으로써 적용대상은 100억 이상의 대형 공사·댐·지하철·고속도로공사 등에 주로 적용됨.

피크노스타일(pycnostyle) : 로마시대의 건축가 비트루비우스(Vitruvis)가 창안한 기둥의 지름을 단위로 하는 기둥간격(徑間, intercolumniation) 배치방법의 하나로서, 기둥간격이 기둥지름의 1.5배인 양식.

피크노 스타일

피클마감(pickled finish) : 밝은 색의 마감 위에 석고가루를 바르고 페인트를 칠한 후 닦아냈을 때 흰색이 얼룩얼룩 남게 되는 가구의 마감처리 방법.

피타일(P-tile) : ⇨비닐타일(=).

피토튜브(pito tube) : 기류에 의한 압력을 이용하여 속도를 산출하며, 나머지는 기류에 의한 냉각력을 이용하여 풍속을 측정하는 방식.

피트 [1](feet) : 발의 뒷부분에서 발톱 끝까지의 길이.

피트 [2](pit) : ①각종 배관 안지름의 120배 이상이 되도록 만든 콘크리트의 암거(暗渠). 배관의 접합장소 및 방향전환부 중간 요소의 청소를 목적으로 설치. ②작은 구멍이 용접부 표면에 생기는 결함(현상).

피티화랑(-畵廊, Pitty Gallery) : 이탈리아 피렌체에 있으며, 르네상스의 이탈리아 회화의 걸작을 소장하고 있고, 자화상의 컬렉션으로도 유명함.

피팅룸(fitting room) : 의류점에서 구매욕구를 가진 고객이 의류를 입어보는 공간. 피팅룸은 인체치수와 옷을 갈아입는 동작을 고려하여 여유있게 해야 함. 일반적으로 표준형은 (1,000~1,200㎜)×(1,000~1,200㎜) 정도이며, 간이형은 900×900㎜ 정도임. 피팅룸의 내부는 옷을 걸어 둘 수 있는 옷걸이와 작은 선반·거울 등을 설치하며, 높이 50㎜ 정도의 스테이지(stage)를 설치하기도 하고, 거울은 매장에 위치시켜서 입은 상태를 점검하거나 판매원 및 고객의 동행자가 조언을 구할 수 있도록 하는 것이 좋음.

피피(PP) : Point of sale Presentation의 약어로서 VMD 구성기법 중 하나. 그룹핑(grouping)된 점두상품(店頭商品)의 표현으로 매장 내에 고객의 시선이 닿는 벽면이나 집기류 상단에 연출하는 전시기법.

피피엠(PPM) : 백만분의 일이란 뜻으로 Part Per Million의 약어. 보통 미량(微量)의 농도를 나타내는 단위로 사용.

픽노스타일(pycnostyle) : ⇨피크노스타일(=).

픽스새시(fixed sash) : ⇨붙박이창(=).

픽처네스크(picturesque) : ⇨픽처레스크(=).

픽처레스크(picturesque) : 그림과 같은 '회화적(繪畵的)' 의미를 갖는 이탈리아어의 '화가에 대하여'라는 의미의 'pittoresco'에서 유래한 용어. 18세기 후반에서 19세기 초반에 걸쳐 영국의 건축·조경 분야에서 유행한 양식으로 소박한 재료·자연의 전원·이국적인 취향·비대칭의 미학이 특성이며, 주로 중·상류계층의 주택이나 별장에 사용. 건축물의 외관은 회화적이라는 인상을 주는 것으로 유명하며, 런던의 리젠트 공원(Regent park)과 세인트 제임스 공원(St. James park)까지 이어지는 리젠트 스트리트(Regent street, 19세기)가 있음.

픽처레일(picture rail) : ⇨픽처몰딩(=).

픽처몰딩(picture moulding) : 그림이 걸릴 수 있도록 천장 가까이에 부착된 수평 몰딩.

픽처윈도(畵面窓, 展望窓, picture window) : ①바닥에서부터 거의 천장까지 닿는 근대적 양식의 커다란 창. 정원·발코니 등의 외부로 직접 연결되어 나갈 수 있는 문을 설치하기도 함. ②창문을 통해 전망(展望)이 한 폭의 그림과 같은 효과가 있는 바닥에서 천장까지 닿는 창으로 문을 설치하기도 하며, 창문을 통해 보이는 외부의 조망이 액자에 넣은 한 폭의 그림과 같은 효과를 준다고 하여 붙여진 명칭. ③중간에 창살이나 선틀(mullion)의 보강부재 없이 한 장의 대형유리로 된 창문으로서, 보이는 조망이 한 폭의 그림처럼 느껴지는 바닥에서 천장까지 구성되는 대형 고정창. 이는 외부로 최대의 흥미를 돋우는 조망을 표현하기 위해 자리 잡고 있는 개폐가 가능한 창문들 사이에 끼워진 커다란 창유리. ④전망창·화면창(=).

픽처프레임스테이지(picture frame stage) : ⇨프로시니엄스테이지형식(=).

픽토그래프(象形文字, pictograph) : 그림과 같은 기호 및 상징. 보통 상형문자(象形文字)라고 함.

픽토그램(pictogram) : 국제적인 행사 등에서의 사용을 목적으로 제작된 그림문자로서, 언어를 초월하여 직감으로 이해할 수 있도록 한 그래픽의 심벌. 즉 의미하는 내용의 형태를 상징적으로 시각화함으로써 사전에 교육을 받지 않고서도 모든 사람이 즉각적으로 이해할 수 있도록 체계적으로 제작된 시각언어. 1909년부터 현대적인 픽토그래픽의 형식을 갖추게 되어 교통표지·국제공항·세계무역박람회·올림픽경기 등에 이용됨으로써 이용자의 시각적 전달효과 및 생산성과 능률에 지대한 영향을 주어 실내의 장식효과에도 기여함.

핀(pin) : 인접한 부재를 접합시키거나 동일 평면 내에서 움직일 수 있도록 하기 위해 그 부재의 구멍을 관통하는 가는 막대.

핀업(pin up) : 핀으로 상품을 벽이나 패널 등에 붙이든지 펼치든지 하는 일. 상품의 전시법에 재미를 첨가할 때의 특징을 솔직하게 보일 때 사용.

핀워크(pin work) : 마네킹에 원단을 감는 기술. 양재(洋裁)와 드레이퍼리(drapery)의 기술을 절충한 것.

핀이음(pin joint) : 회전은 허용되지만 어떤 방향의 변위도 허용하지 않는 구조적 결합. ⇨힌지연결(=).

핀접합(-接合) : ⇨핀이음(=).

핀 홀(pin hole) : 도료를 도장하여 건조할 때 도막에 바늘로 찌른 듯한 조그만 구멍이 생긴 현상.

핀홀라이트(pin hole light) : 건축화 조명인 다운라이트의 일종으로 조명기구의 개구부가 극히 작은 다운라이트. 다운라이트(=).

필그레이(feel gray) : ①관용색명으로 회노랑. ②먼셀기호 2.5Y6.5/0.5.

필기용 책상(筆記用冊床, writing table, writing desk) : 상판 아래에 서랍과 필기도구를 넣는 칸막이가 있는 평평한 상판이 덮인 책상. 사용자가 편안하게 사용할 수 있도록 다양한 형태로 디자인. 대표적인 예로는 뷰로 플레이트(bureau plate)가 있음. ⇨플레이트.

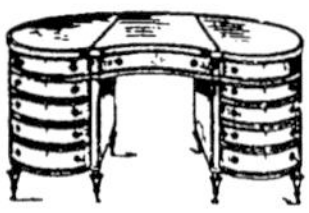

필기용 책상

필드(field) : 질감·활동성 등에 의해 특성을 부여받은 구역.

필드공법(-工法, field method) : ①공사현장에서 거푸집을 짜서 콘크리트를 부어 넣는 공법. ②건축구조의 시공상 공법에 의한 분류.

필드패널(field panel) : 목재로 된 가구 및 문이나 벽장식에 있어서 중앙부가 평평하게 튀어나오고, 그 가장자리는 경사지게 깎거나 경사진 몰딩을 붙인 장식 패널.

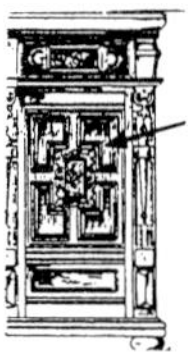

필드패널

필라그리 : ⇨필리그리(=).

필라델피아치펜데일(Philadelphia Chippendale) : ⇨미국식 치펜데일 가구.

필라델피아학파(-學派, Philadelphia School) : 하버드에서 펜실베이니아대학을 재건하기 위해 초청된 Holmes Perkins를 시발로, David A. Crane·Louis Kahn·컬럼비아 주립대의 Romaldo Giurgola·Robert Geddes·Thomas R. Vreeland 등이 주축이 되어 이룬 근대건축의 학풍 그룹.

필라멘트(filament) : ①전류가 흘러 열과 빛을 내는 전등 안에 있는 가늘고 긴 전기전도체. ②긴 섬유를 일컫는 용어로서 주로 아세테이트·레이온 등의 합성섬유에 있어서 질이 좋고 긴 섬유.

필라스터(pilaster) : ①주두와 기초가 있고 기둥과 같이 취급되며, 벽으로부터 구획된 얇은 사각형태. ②보통 벽에 포함시키

ㅍ

는 직사각형의 기둥. ③기둥을 벽에서 돌출시켜 양각(relief)으로 나타낸 것. 벽기둥은 통상적으로 벽 속에 숨겨져 있는 정사각형의 기둥을 눈에 띄도록 바깥으로 돌출시킨 것으로 여겨지고, 벽기둥은 항상 장식적이지만 기둥에 대응하여 사용될 때, 즉 엔태블러처가 벽을 지나 외부의 기둥까지 돌출될 때 그 부분의 벽을 두껍게 보강시킨다는 의미에서 의사(疑似)구조의 기능을 갖기도 함. ④기둥의 대부분이 평평한 벽에 깊숙이 묻혀서 박혀 있으며, 약간 돌출된 것처럼 보이는 얇은 각기둥으로 토대와 기둥머리를 가진 창문 사이의 벽. 주초(base)와 주두(capital)를 가지며, 주신(shaft)에는 수직홈(fluting)이 있음. ⑤벽기둥(=).

필라스터스트립(pilaster strip) : 벽기둥의 형태를 띠지만 장식적인 용도로만 사용되는 낮은 부조로 새겨진 수직선.

필러(pillar) : 고전적 건축을 기술하는데 있어 특별한 의미를 지니지 않고, 통상적으로 사용되는 단어로서 아치 및 다른 가중된 하중을 지지하는 기둥. 무리를 이루거나 혼합된 기둥은 그 주위에 집단으로 만들어진 더 작은 기둥들과 함께 중심의 축을 이루고 있으며, 대체로 벽돌이나 돌 등을 사용하여 만든 비교적 세장한 직립 구조재로 건물을 지지하거나 기념물과 같이 단독으로 서 있음. 지주(=).

필러

필러도장(-塗裝, filler coating) : ⇨눈메꿈도장(=).

필러스터(pilaster) : ⇨필라스터(=).

필러스터스트립(pilaster strip) : ⇨필라스터스트립(=).

필러와 소용돌이받침테이블(pillar and scroll table) : 1830년 이후 프랑스 왕정복고양식(Restoration style)의 미국형. 테이블의 받침으로 테이블 상판 아래의 가운데에 필러가 있고, 그 주위에 S나 C자형의 소용돌이 장식으로 된 지지대가 있음.

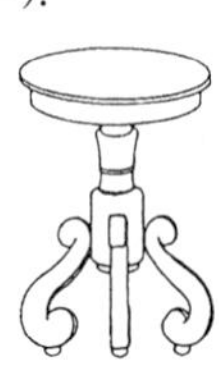

필러와 소용돌이받침테이블

필렛(fillet) : ①큰 몰딩과 분리하기 위해 사용되는 작고 평평한 단조로운 외관으로 돌출되거나 움푹 들어간 그리스 몰딩. ⇨리스트(=). ②주신(柱身, shaft)의 플루트(flute) 사이에 남겨진 좁은 부분. ③쇠시리 장식을 서로 구분시켜 주는 좁고 납작한 띠로 기둥의 세로홈을 분리시켜 주기도 함. ④코니스 및 기초에 있어서 곡선으로 된 큰 몰딩들을 구분시켜 주는 좁은 수평띠. ⇨파스시아(⇔). ⇨몰딩.

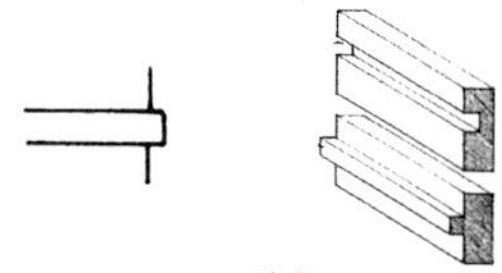

필렛

필로우(pillow) : 보통 소파 위의 장식을 목적으로 종종 사용되며, 개개인의 자세를 받쳐주고 푹 꺼진 곳을 채워주는 목적으로도 널리 쓰임. 최근에는 일종의 섬유 및 폼(foam)으로 채워지는 추세임.

필로티(pilotis) : ①원래 기초말뚝을 의미하며, 기초기둥을 지상 2~3m까지 노출시켜 그 위에 세운 건물의 하부. ②열려진 대지 위에서 건물을 지지하는 일련의 기둥. ③공중의 통행이나 차량의 주차에 전용될 수 있도록 건물의 일부분 중 1~2층이 벽체는 없고 기둥만 있는 공간. ④말뚝 또는 막대 기둥을 의미하는 프랑스어에서 도출된 현대건축용어. ⑤건물의 1층은 기둥만 세워 개방하고, 2층 이상을 축조하는 것. 르 코르뷔지에 의해 1925년경부터 활용되기 시작한 이래로 많은 건축가에 의해 사용되었고, 1층은 벽을 제거하고 기둥만 세움으로써 조형적 의미는 물론 기능적으로도 공간 활용의 가능성을 높일 수 있으며, 강한 시각적 표현 연출이 가능한 장점이 있음. 경쾌함이나 투명감을 특징으로 하는 근대건축의 성격을 잘 표현할 수 있는 수법이고, 르 코르뷔지에의 근대건축 5원칙의 하나. 르 코르뷔지에는 도시에 대한 그의 슬로건처럼 건물을 대지로부터 들어올려 태양·공기·푸르름을 실천하려고 했음. 3백만 인구를 위한 도시, 빛나는 도시와 독일과 프랑스에 세운 그의 초기 주택(Villa Savoye·Weissenhof Siedlung)에서 만년의 마르세유 유니테(Unite d'habitation)에 이르기까지 일관된 표현기법으로 나타나고 있음. 고밀도 도시공간의 지상레벨을 공적 공간으로 개방하거나 아시아 선수촌(1986)처럼 필로티를 통해 연속적인 보행통로를 만들기도 함.

필로티형(-型, pilotis type) : 주요공간을 2층 이상에 두고 1층은 기둥만 세워 개방하는 형식으로, 1층을 주차공간·서비스공간 또는 보행용으로 개방하거나 녹지대로 두며, 건물 외관은 마치 공중에 떠 있는 모양이 됨.

필름(film) : 합성재료인 플라스틱을 액체로 만든 후, 사출이나 압연법에 의해 극히 얇은 상태로 만든 재료. 매끈하거나 거친 질감·패턴 등을 만들 수 있고, 필요에 따라 다양한 두께로 생산됨.

필름색(-色, film color) : ①균일하게 빛이 반사되는 한 면을 검은 스크린에 뚫린 조그마한 구멍을 통해 표면을 보고 지각할 수 있는 색. ②먼 산이나 들과 같이 먼 거리의 물체 표면이 반사되는 색파장과 관계없이 전체적으로 비슷한 색으로 보이는 현상. 이는 물체로부터 반사된 색파장이 먼 공기층을 통과하면서 산란되기 때문이며, 이처럼 먼 거리의 물체로부터 지각되는 색은 마치 필름이 씌워진 것처럼 보이기 때문에 필름색이라고 함.

필리그리(filligree[이]) : 복잡한 디자인을 가지는 오픈워크(openwork).

필리스터헤드(fillister head) : ①윗면이 약간 둥글게 솟아오른 원통형이고, 접촉면은 평평한 나사못머리. ②개탕머리(=).

필리핀마호가니(Philippine mahogany) : ⇨적나왕(=)·나왕.

필릿(fillet) : ⇨필렛·리스트(=).

필반자(-半子) : ⇨평반자(=).

필암서원(筆岩書院) : ①사적 제242호, 선조23년(1590년) 창건, 인조2년(1624년) 병화로 소실된 것을 재건. 현종13년(1672년) 이건. ②하서 김인후(河西 金麟厚, 1510~60)를 주향으로 하는 서원. ③완전한 평지에 입지한 서원으로 남북자오선의 중심축을 설정해 놓고 그 선상에 주요건물을 배치한 유교건축의 정형임. 축선상의 전면에는 이 서원의 정문인 곽연루가 배치되고 그 앞에는 신성한 구역임을 알리는 홍살문이 세워져 있음. ④곽연루(廓然樓)는 정면 3칸, 측면 3칸의 이층 기와집으로 영조 연간에 중·개수됨. 문루의 편액은 우암 송시열의 글씨. 문루를 들어서면 정면 5칸, 측면 3칸의 단층 기와집인 강당 청절당(淸節堂)이 있는데 이 건물에는 9칸 대청과 좌우의 3칸 협실이 있고 대청에는 동춘(同春) 송준길(宋浚吉)의 글씨로 된 편액이 있으며 처마 밑에는 병계(屛溪) 윤봉구(尹鳳九)의 글씨로 된 필암서원이란 편액이 있음. 그 뒷편 서측의 숭의재(崇義齋)와 동측의 진덕재(進德齋)는 영조와 고종 때 개수된 것으로 서원의 동서재를 이루고 있는데 그 재호는 모두 동춘 송준길의 글씨이고 각기 6칸으로 대청과 좌우에 협실이 있음. 서재 옆으로 3칸의 장경각이 있어서 인종의 어필묵죽(御筆墨竹)을 소장하였고 액호는 정조의 어필임. 청절당 뒤편 중앙에는 사묘로 들어가는 신문이 있음. 그 뒤에는 사묘인 4칸 반의 우동사가 배치되었는데 북벽에는 하서를 동벽에는 고암을 모심. 이 서원의 외부공간은 평지에 서원이 조영된 관계로 지대의 고저차로 인한 공간의 위계성은 찾아 볼 수 없으나 축선에 따라 점점 더해지는 공간의 깊이는 잘 나타남. 특히 방형의 담장으로 명확히 구획되어 있는 매개·교육·제향공간 간에 절점 역할을 해주고 있는 크고 작은 문들과 건물의 형태가 이들 공간 사이를 유기적으로 잘 연결시켜 줌.

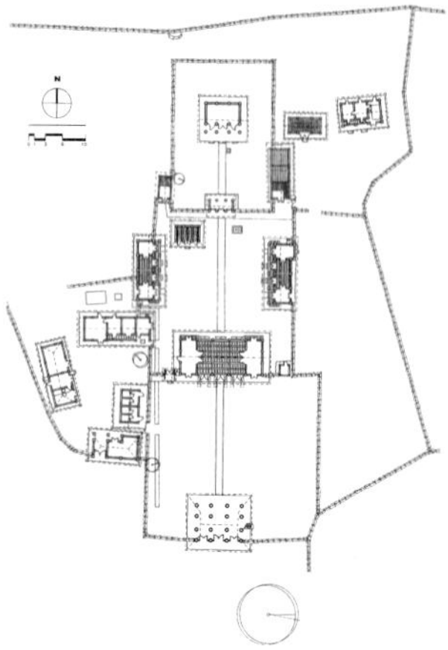

필요양식(必要様式, Nutzstil[독]) : 근대생활은 오로지 필요에 의해 형성된다는 양식 개념(style concept)으로, 1895년 발간된 바그너(Otto Wagner : 1841~1918)의 근대건축에서 제시된 개념.

필요환기량(必要換氣量) : 실내공기의 오염이 어느 수준 이상이 되지 않도록 외부에서 신선한 공기를 주입하는데 필요한 최소한의 환기량.

필지(筆地) : 하나의 지번(地番)이 붙는 토지의 등록단위.

필탑(pele tower, peel tower) : 탑 모양의 주택 겸용 성채. 16세기 잉글랜드와 스코틀랜드의 국경지방에서 볼 수 있었던 외적의 침입에 대비한 작은 주택이나 탑.

필탑

필터(filter) : 투과되는 빛의 양이나 광학적 구성을 변화시키는 장치. 투과되는 빛의 양만 조절하고 광학적 구성을 변화시키지 않는 경우는 중성 필터라고 함.

핑거조인트(finger joint) : ⇨손가락이음(=).

핑거조인트머신(finger joint machine) : 부재와 부재 조립시 핑거식으로 조립할 수 있도록 가공하는 목공기계. 동시에 양쪽에서 가공할 수 있고, 최대규격은 1,800(너비)×100(길이)×50(높이)㎜임.

핑크색(−色, pink color) : ①패랭이꽃(石竹, pink)의 꽃 색깔. ②현재는 그 꽃의 색조와는 관계없이 색 이름으로 독립되어 있음. ③약간의 보라 기미를 띤 연한 적색의 색을 중심으로 명도 높은 연한 적색계통의 넓은 의미로 사용. ④분홍(pink). 관용색명으로 연한 빨강. ⑤먼셀기호 2.5R7.0/5.0.

핑크나왕(−羅王, pink lauan) : ⇨백나왕(=).

핑크노이즈(pink noise) : ⇨마스킹현상.

핑크트러스(belgian truss) : 수평선의 중심에 기본이 되는 이등변삼각형을 세우고, 그 양 옆으로는 경사진 지붕선을 따라 이등변삼각형을 만드는 방법의 대칭적인 트러스. 경사가 완만한 큰 지붕에 사용됨.

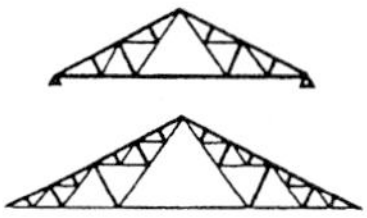

핑크트러스

【ㅎ】

하급벽돌(下級甓乭, under burned brick) : 잘 구어지지 못한 막치기 벽돌.

하기아소피아대성당(-大聖堂, Hagia Sophia Cathedral) : ①532~37년대 유스티니아누스제(帝)의 명을 받아 이스탄불(Istanbul)에 세운 전기(前期) 비잔틴의 대표적인 대성당. ②3랑식(三廊式) 바실리카와 돔 집중형식을 결합한 플랜으로 되고, 신랑(身廊) 중앙에 거대한 돔이 있음. 돔은 펜던티브(pendentive)를 통해 4개의 기둥으로 지지하고, 동·서 양쪽에 2개의 반(半)돔에 접속되고, 측랑(側廊)과 나르텍스(narthex)에는 층상랑(層上廊)이 있으며, 서쪽에 아트리움(atrium)이 부속됨.

하냥 뱃바닥 : 평고대 뱃바닥 따위에 무늬없이 긋기한 것.

하늘가새(horizontal brace) : ⇨수평가새(=).

하늘색(-色, sky blue) : ①맑은 하늘과 같은 색이라 하여 붙여진 명칭. ②파랑색의 밝고 연한 범위의 색을 총칭하는 색이름. ③녹색을 띤 청색에서 자색을 띤 청색까지 넓은 범위의 색이 있음. 관용색명으로 밝은(엷은) 파랑. ④먼셀기호 9.5B 7.5/5.5. ⑤스카이블루(=).

하단근(下端筋) : ⇨하단철근(=).

하단철근(下端鐵筋) : ①철근콘크리트 휨재, 즉 보·슬래브의 아랫면에 배치한 철근. ②하단근(=).

하대웅전(下大雄殿) : ①한 경내에 두 법당을 지을 때 낮은 곳에 지은 법당. ②상대웅전(⇔).

하도급(下都給, subcontract) : ①도급받은 공사의 일부 또는 전부를 수급인(受給人)이 제3자인 건설업자와 체결하는 도급계약. ②경제적·기술적으로 열등한 지위에 있는 중소기업이 특정 대기업에 종속되어 그 지배·통제 하에 주문을 받아 생산하는 일. 하청(下請)이라고도 함. ③하도급의 이유는 대기업이 중소기업의 저임금을 우회적으로 이용하여 생산비를 절감할 수 있고 중소기업을 경기변동의 안전판으로 활용할 수 있으며 자본절약, 자본설비의 고정화를 피하는 이점이 있음.

하도급자(下都給者, subcontractor) : ①원도급업자가 특정한 일을 시키기 위해 고용하는 사람. ②특정 건설 프로젝트의 일부 작업을 수행하기 위해 원도급자와 계약한 개인이나 단체. ③전문건설업자·하수급자·협력업자(=).

하도급업자(下都給業者) : ⇨하도급자(=).

하도도장(下塗塗裝) : 착색제가 상도도료 중에 번지는 것을 방지하고 필러작업 후에 착색이 벗겨지지 않도록 하는 초벌도장.

하도롱지(-紙, brown wrapping-paper, patron[프]) : ①모자이크 타일 뒷면에 붙이는 종이로서, 타일시공 후 보양용으로 사용. ②크라프트지(=).

하드롤지(-紙, hard rolled paper) : ⇨하도롱지.

하드번드(hard-burned) : 거의 유리화(琉璃化)되는 높은 온도에서 소성하는 것으로 낮은 흡수성과 높은 압축력을 가짐.

하드보드(hardboard) : ①목재 섬유를 압착(press)하여 만들거나 열과 압력을 가해 단단하게 만든 섬유보드의 유형. 메조나이트는 잘 알려진 상품명. ②목재 펄프를 압착·성형하여 만든 섬유소(纖維素) 판재(板材)를 총칭. 경량이며 작업성과 내구성이 우수하고 강도 및 두께가 다양함. 실내의 비내력벽(curtain wall)이나 칸막이(partition)로 사용. ③경질섬유판(=).

하드보드코어합판(-合板, hardboard core

plywood) : 특수 구조합판의 일종으로 심판(芯板)을 하드보드를 사용하여 표면과 이면에 나왕 단판을 접착한 합판으로서 단단하여 주로 건축재로 많이 사용.

하드웨어(hardware) : ①건축·실내 및 가구 제작에 사용되는 모든 철물을 총칭하는 용어. 예컨대 자물쇠·손잡이·도어 클로저·창호철물류·설비철물류·경첩 등. 일반적으로 건축용(문손잡이·경첩·걸쇠·자물쇠 등)과 가구용(경첩·걸쇠·손잡이 등)으로 구분. ②컴퓨터 시스템 중 전기와 기계부분·디스크 드라이브·회로판·주변 설비물 등으로 소프트웨어(software)와의 대응 부분.

하드오일퍼티(hard oil putty) : 스파 바니시(spar varnish)와 연백(鉛白)을 혼합하여 호상(糊狀)으로 만든 것으로서 주로 눈먹임에 사용.

하드윅홀(Hardwick Hall) : ①건축가는 불확실하지만 양식상의 유사성으로 보아 스미슨(Robert Smythson : 1535~1614년경)인 것으로 추정되는 저택(邸宅). ②홀의 긴 갤러리는 태피스트리(tapestry)와 스트랩워크(strapwork)·플라스터 천장이 있는 영국 엘리자베스시대 저택의 좋은 예임. 방은 건물 전체 길이에 걸쳐 있으며, 오른쪽의 창문으로는 빛이 넘쳐흐름.

하드텍스(hard tex) : ⇨반경질섬유판(=).

하드트위스트(hard twist) : 파일(pile)사(絲)의 강한 꼬임으로 방향성이 적고 거친 느낌이 나는 컷 파일(cut pile)의 일종.

하라파건축(-建築, Harappa architecture) : 청동기시대의 문화로서 인더스 강 계곡에서 B. C.2300년경부터 1500년까지 존재함.

하록색(夏綠色) : ⇨청록색(=).

하마비(下馬碑) : ⇨하마석(=).

하마석(下馬石) : ①말에 오르내릴 때에 발돋움용으로 놓은 돌. ②댓돌 앞에 놓아 말이나 가마를 타고 내릴 때 딛는 계단형 또는 방형(方形)으로 된 큰 돌.

하모니(harmony) : ⇨조화(=).

하모니카전시(-展示, harmonica display, harmonica exhibition) : ①전시내용이 통일된 형식 속에서 규칙·반복되어 나타나는 전시기법. ②동일 종류의 전시물을 반복하여 전시하는 경우에 이용. ③전시평면이 하모니카의 흡입구처럼 생겨서 붙인 이름으로 동일하게 연속된 공간이 배치됨으로써 전시체계가 질서있고 전시항목의 구분이 짧고 명확하지만, 획일화된 배치로 인해 단조롭고 지루해지기 쉬운 단점이 있음. 구획은 3×3m를 단위로 하여 배수에 의한 반복을 기본으로 하지만 45°·135°의 경사각 구성도 공간조건에 따라 사용함. 벽은 이동형 간이칸막이로 구획하고, 한 단위 부스(booth)의 천장은 개방·반개방·폐쇄를 조정함.

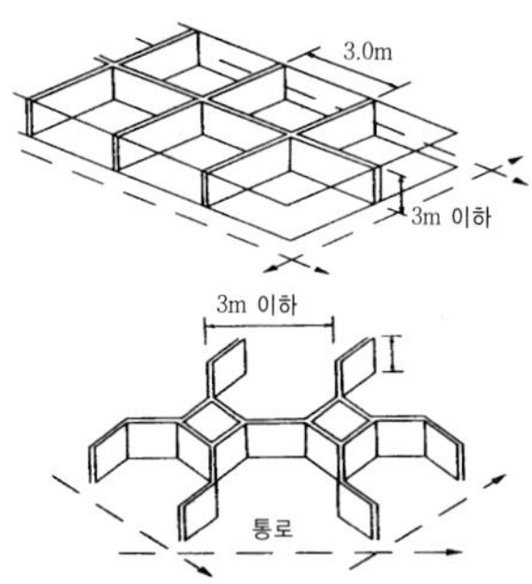

하모니카 전시

하방(下枋) : ①기둥뿌리에 결구되는 수장재. ②하인방(下引枋)의 준말.

하방담(下防墻) : ①건물의 아랫벽을 담 모양으로 쌓은 것. ②집의 아랫 부분을 담을

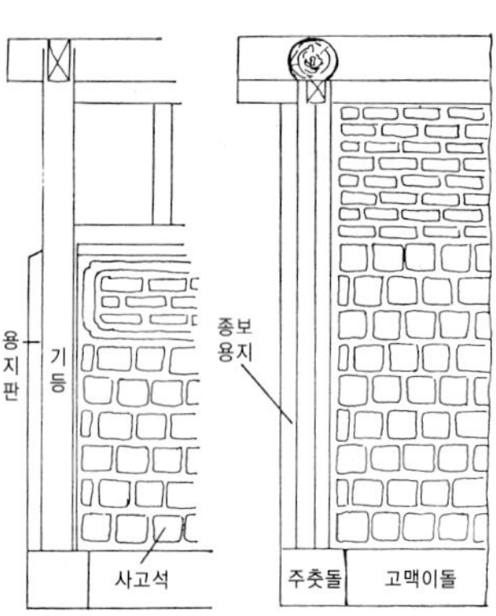

반하방

쌓듯이 치는 벽. ③방화벽과는 다름. ④반하방(=).

하버호텔(Harbor hotel) : ⇨시포트호텔(=).

하병수가옥(昌寧河丙洙家屋) : ①중요민속자료 10호, 창건 미상, 조선 초 1498년 무오사화 이후 낙향한 하자연이 1508년에 지은 집이라고 전함. 상량문에 건륭25년인 조선 영조37년(1761)으로 명기. ②원래 사랑채 위치에 샛집으로 된 4칸 홑집의 사랑채가 있었고 그 앞에 대문채가 길에 면하여 있었고, 대문채에 골방과 하인방, 곳간, 마방 등이 있었다고 함. 또한 살림채의 서측편에 2칸 겹집의 광이 있었다고 함. 이는 서부경남의 사대부가에서 흔히 보이는 대문채·사랑채·안채가 삼자형(三字型)으로 병렬배치된 형태로 이 지방의 전형적인 민가형 평면임. 안채는 중앙에 대청을 둔 4칸 홑집. 지붕재료는 창녕우포늪에서 구한 갈대로 만든 억새지붕. 특히 처마의 깊이가 거의 기둥의 높이에 가까울 정도로 깊은데, 이는 일조량과 강우량을 고려한 남부지방 가옥의 특징이라고 할 수 있음. 산석(山石)을 떠다 흙과 섞어서 마당에 쌓아 기단을 만들고 그 위에 죽담을 앉힘. 대청 앞쪽과 부엌문 앞에는 돌층계를 쌓아 죽담을 오르내릴 수 있도록 했음. 주춧돌은 산석을 떠다 그대로 사용하고 그 위에 네모기둥을 세웠음. 기둥이 높지는 않지만 간 사이가 넉넉해 전체적으로 집의 안정감을 줌. 안방과 건넌방의 문은 밖여닫이와 눈꼽재기 창을 단 완자무늬 미닫이가 겹창으로 이루어진 창호(당초의 원형과는 다소 변형된 것으로 추정됨). 대청은 통나무를 윗부분만 평평하게 깎아 만들었으며, 천장은 흙을 깔지 않아 억새가 그대로 노출되고, 안방과 건넌방은 추위를 고려해 천장을 따로 만듦. 구조수법은 기둥이나 서까래가 가늘고, 맞걸이 3량구조, 15cm의 폭도 안 되는 귀틀마룻장, 못을 사용하지 않은 결구법, 알매흙을 바르지 않아 지붕의 산자가 그대로 노출된 건새천장. 서까래에 구멍을 내어 대나무실로 엮은 연침 등 거의 고식적(古式的)인 구조수법임.

하부구조(下部構造, substructure) : 건물이나 다른 구조물의 밑에 있는 구조물.

하부근(下部筋, bottom bar) : ⇨하부철근(=).

하부철근(下部鐵筋, bottom steel bar) : 콘크리트보(concrete girder)나 슬래브(slab)에서 정모멘트를 받는 부분의 주근(主筋, main bar).

하부틀(下部-, bottom rail) : 양판문(兩板門, paneled door)이나 창새시(window sash)의 선대(가로틀)가 만나는 가장 하위의 막이대(가로틀).

하비스트테이블(harvest table) : ①18세기 미국에서 사용된 길고 좁은 접이용 테이블. ②양끝에 접히는 날개는 보통 사각형 또는 원형임.

하비호스(Hobby Horse) : '목마'의 뜻으로 맥머드(Arthur Heygate Mackmurdo : 1851~1942)가 1882년에 설립한 센트리 길드(Century Guild)의 잡지명.

하수(下水, sewage, drainage, foul water) : 오수나 빗물 또는 공장폐수 등의 총칭.

하수급자(下受給者) : ⇨하도급자(=).

하숙호텔(下宿-, boarding hotel) : ⇨펜션(=).

하앙(下昻) : ①중도리와 주심도리를 잇는 경사진 살미부재의 일종. ②하앙구조(=).

하앙계(下昻系) : ⇨하앙계 공포(=).

하앙계 공포(下昻系栱包) : 공포를 짜고 위에서 경사져 내린 하앙을 뻗쳐 장식되는 계통의 공포(예 ; 완주 화암사 극락전).

하앙구조(下昻構造) : ①한국 전통건축의 지붕구조에서 공포를 짜고, 위에서 경사져 내린 하앙을 뻗쳐서 장식하는 계통의 공포구조로 유일하게 완주 화암사(花岩寺) 극락전에 남아 있음. ②도리 바로 밑에 있는 살미부재가 서까래와 같은 경사를 이루고 받치는 처마도리와 중도리를 지렛대 형식으로 받고 있는 공포형식. ③지붕의 서까래와 도리 밑에서 밖으로 길게 뻗어 나와 처마를 받쳐주는 경사진 부재.

④보통 내단(內端)은 보나 도리에 고정시켜 지붕 상부의 하중을 받게 하고, 외단(外端)은 처마를 받치게 하여 두공을 중심으로 서로 균형을 이루는 구조. ⑤다른 공포형식보다 처마를 길게 뺄 수 있고 공포와 상부가구를 견고히 결구하여 지붕의 하중을 효과적으로 분담할 수 있는 장점이 있으나 한편으로 하앙이 미끄러져 내려올 수 있는 결점이 있음. ⑥경사지게 놓이는 두공부재로 역학적으로는 지렛대의 원리를 이용한 것임. ⑦하앙식은 처마를 많이 빼기 위한 공포형식 중 하나이나 사선부재인 하앙과 공포부재간의 맞춤이 어려워 많이 사용되지 않았음. ⑧중국의 송대(宋代)까지는 여러 가지 명칭(飛昻·英昻·斜昻·下昻)으로 부르다가 청대에 이르러 앙(昻)으로 통일된 것으로 보임. 중국에서는 요나라와 금나라 건축에서 주심포양식의 하앙식을 찾아 볼 수 있으며, 일본에서는 아스카·나라시대의 고대건물에서 많이 나타나는데, 한국에서는 조선시대 이전의 건축물에서 중국의 영향으로 하앙구조가 사용되었음. ⑨부여 박물관에 보존되어 있는 백제시대 금동불감에서 찾아 볼 수 있음.

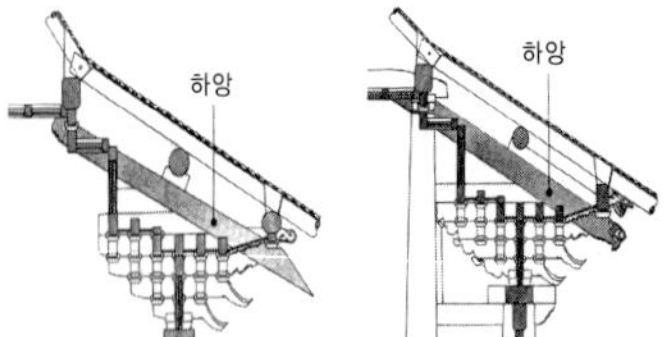

하앙구조

하앙식(下昻式) : ①하앙부재를 갖고 있는 공포형식. ②하앙구조(=).

하앙식공포(下昻式栱包) : 하앙이라는 부재가 사용된 공포형식.

하연(下椽) : ⇨들연(=).

하엽동자(荷葉童子) : 난간 두겁돌을 받치는 꽃모양으로 조각된 장식물을 쓴 동자기둥.

하우스라이트(house light) : 오디토리엄이나 객석부분에 전반조명으로 사용되는 조명.

하우스러커사(-社, Haus-rucker Co) : ①1967년 L. 오르트네르·G. Z. 켈프·M. 오르트네르에 의해 빈(Vienna)에서 결성된 건축가 그룹. 1970년에는 뒤셀도르프에서만 활동하다가 1971년부터는 뉴욕에서도 활동. ②미술과 건축 사이의 중간 수준을 유지하는 이 그룹의 작품은 '놀라움의 학파(school of astonishment)'로 알려져 있음. 그들은 일시적이고 처분이 가능한 건축을 선전했고, 환경 속에서 기대되는 변화를 예측할 수 있는 개념을 주창하였음. 대표적인 작품으로는 빈에서 Ballon for Two(1967)·크레펠트 호랑주박물관 주변의 셸(shell, 1971)·카젤에 있는 Documenta 5에서의 Oasis Number 5(1972) 등이 있음. 그밖에 독특한 계획안인 종이계획안(paper projects)과 압축공기막을 이용하여 뉴욕 전체를 덮고자 했던 뉴마코즘(Pneumacosm, 1967)과 The Big Piano(1972) 등이 있음.

하우스리턴제(-制, house return system) : ①입주예정자가 집 골조가 70% 가량 완성된 때에도 집 모양 그대로 지어지는 샘플하우스를 둘러보고 마음에 들지 않을 경우 예약을 파기해도 위약금을 물지 않고 예약을 취소할 수 있는 제도. ②이 제도는 집이 거의 완성된 뒤 매입 여부를 최종 결정할 수 있으며 마음에 들지 않아 입주를 포기해도 계약금 등을 떼이지 않기 때문에 입주예정자에게 유리함. ③식구수가 변하거나 유행의 변화 등으로 당초 설계가 마음에 들지 않아 입주하면서 개조하는 사람들이 많다는 점에 착안, 국내에선 우방건설이 1997년 6월 논현동에 고급빌라를 분양하면서 처음으로 도입했음.

하우스베드(house bed) : ①사용 후 벽체에 수납하여 공간의 활용도를 극대화시킨 벽장으로서, 수직으로 수납되는 침대. ②수평으로 설치된 베드를 수직으로 정리하는 방법의 스페어베드(spare bed)로 유사시뿐만 아니라 주간(晝間)에도 실내공간을 넓게 사용할 수 있는 장점이 있어서 좁은 공간에 적합. ③로터리베드·폴드업베드·접힘침대·머피베드(=).

하우스스타일(house style) : 기업의 디자인 정책방법 중 하나. 기업체의 건축·간판·쇼룸·각종 광고매체 등에 일관된 스타일을 적용하여 기업의 존재를 명확히 인식시키는 것 또는 상품의 경우에는 경쟁상품과 명확히 구별하기 위해 아이덴티피케이션(identification) 효과를 갖는 트레이드마크(trade mark)를 중심으로 패키지의 형태·색채·패턴 등에 시각적인 공통성을 갖는 것.

하우스에이전시(house agency) : ①광고대리점 가운데 특정 광고주의 자본하에 있는 것으로 그 기업의 경영지배를 받는 일종의 전속 광고대리점. ②대기업 산하에 있으면 매체수수료가 안정돼 있어 경영이 견실함과 아울러 기업측은 기업비밀을 유지할 수 있는 이점이 있으나 독창적인 활동이 결여될 우려가 있음.

하우스커튼(house curtain) : 공연 중 장과 막 사이에서 프로세니움 창(proscenium window)을 달기 위한 커튼. 액트 드롭(act drop)이라고도 함.

하우스콜러의자(-椅子, Haus Koller chair) : 1911년 호프만(Josef Hoffman : 1870~1956)이 설계·제작한 의자로 파리 아르데코운동의 선구적인 작품.

하우징(housing) : ①거주지 또는 은신처를 위한 주거공간. ②동상(銅像)을 세우기 위한 벽감(壁龕, niche). ③목재의 한쪽에 모서리가 끼워질 수 있도록 파 놓은 홈.

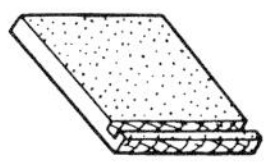

하우징

하우트러스(Howe truss) : 미국인 G. 하우가 고안한 트러스를 말함. ⇨트러스.

하웰 · 킬릭 · 파트리지 · 아미스(Howell, Killick, Partridge and Amis) : 1959년 W. C. 하웰·J. A. W 킬릭·J. A. 파트리지·S. F. 아미스 등이 모여 결성한 그룹. 이들의 작품 경향은 조형적 독창성을 강하게 추구하는 것을 특징으로 하며, 프리캐스트 콘크리트로 된 발코니 부분을 가우디식 파사드로 처리한 버밍햄대학교의 상대 건물과 사회과학대 계획안과 고도의 기술로 표면을 곡형(曲形) 블록으로 구성·처리한 옥스퍼드대학교의 성 안네대학 재개발계획 등이 있음.

하이겐스의 원리(-原理, principle of Huygens) : ①어느 방향에서도 성질이 같다고 생각되는 매질(媒質, medium)을 전파가 전할 때의 성질을 나타내는 것으로서 다음과 같음. ㉠파동이 도달한 모든 점은 그 시각부터 하나의 파의 원으로 되어 새로운 파(素元波)를 사방으로 보냄. ㉡각기의 소원파는 관측될 수 없고, 실제로 관측되는 파는 각 소원파에 공통으로 접하는 곡면(包絡面)을 파면으로 하는 파. ②이 원리에 의해 음파의 반사와 음파의 회절을 설명함.

하이그로메트리(hygrometry) : ①습도의 측정법. 습공기의 절대습도는 실험실 내에서 무게를 정밀하게 재고, 이를 건조시킴으로써 측정할 수 있음. 그러나 일반적으로는 습공기의 다른 성질들을 측정한 후 이들을 이용하여 상대습도를 계산하게 됨. ②사이클로메트리(=).

하이더그래프(hither graph) : ⇨클라이모그래프(=).

하이드런트(hydrant) : ⇨소화전(=).

하이라이저(high riser) : 하나의 침대 밑에 저장된 또 하나의 침대.

하이라이트(highlight) : ①표현기법의 하나로 그 화면의 중심에서도 가장 밝은 부분. 일반적으로 금속·유리·플라스틱에 많음. 금속질의 하이라이트는 가장 밝은 색 옆에 가장 어두운 색을 넣게 되면 경질의 광택을 표현할 수 있음. ②발광점(發光點)처럼 보이는 음영(陰影) 그림 중 가장 밝은 부분(영역). ③강조기법(=).

하이라이트조명(-照明, highlight lighting) : 어떤 목표물의 밝기를 그 배경보다 5배 이상 높게 하여 시선을 집중시켜 행위를 유도하는 조명방식.

하이릴리프(high relief) : ⇨릴리프·알토릴리보(=).

하이바(high tensible bar) : ⇨고강도철근(=).

하이백체어(high backed chair, high backed easy chair, grandfather chair) : ①등받이가 높은 휴식용 안락의자. 일반적으로 다리를 올려놓는 오토만(ottoman)과 함께 사용. ②의자등받이의 세로로 된 널판 대신에 가로로 가로대(rail)가 연속으로 대어져 사다리(ladder) 모양을 한 등받이를 가진 의자. ③특히 등받이가 높고 매킨토시(C. R. Mackentosh, 1868~1928)가 1902년에 설계한 의자로 알려진 영국 헤렌즈바라에 있는 힐 하우스(Hill House, 1902~03)의 래더 백 체어, 치펜데일의 래더 백 체어 등이 유명.

하이보이(highboy, tallboy, double chest) : ①17세기 영국 바로크시대에 사용되던 의류를 넣어두는 키 큰 서랍장(tall boy, 장롱)이 18세기에 미국에 소개되면서 붙여진 명칭. ②특히 1690~1780년에 유행. 형태는 낮은 서랍장인 로 보이(low boy)나 코모드(commode) 위에 4~5개의 서랍을 가진 또 하나의 서랍장이 얹혀져 있는 형태로 상층부는 주로 고전형태의 옥반(屋盤)을 모방한 열린 박공(broken pediment) 형태로 장식하고 옥반의 회양대(檜様臺)를 흔히 궁형(弓形)으로 장식했으며, 그 속에 비밀서류를 간직하는 서랍을 두었음. 다리는 굽어진 캐브리올(cabriole leg)로 장식되어 있는 것이 일반적이고, 하단부에는 보통 1단으로 구성된 3개의 서랍이 있으며, 상단부에는 4단 정도의 서랍으로, 제일 상단부는 2~3개의 작은 서랍으로 구성. 보통 긴 다리가 달림. ③로우보이(⇔).

하이보이

하이브래킷(high bracket) : ①빛을 상하로 비추는 간접조명방식으로 장식장. ②선반내 매입조명, 배관상에서 밸런스 조명의 균형을 잡기 위해 벽면에 사용. ③취부높이는 창 또는 문의 높이에 따라 결정. ④브래킷조명. 로브래킷(⇔).

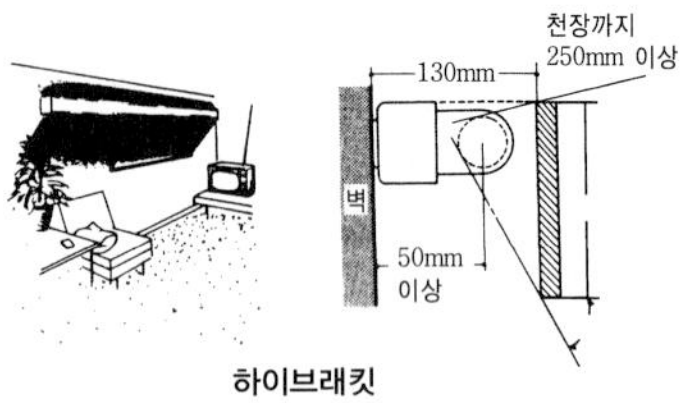

하이브래킷

하이브리드구조(-構造, hybrid structure) : 두 종류 이상의 재료·부재·구조형식을 조합하여 역학적인 기능을 향상시킨 구조. 넓은 의미의 합성구조·혼합구조·복합재료가 포함됨.

하이브리드빔(hybrid beam) : 부분적으로 휨강도를 높이기 위해 플랜지에 고장력강을 사용하는 보.

하이사이드라이팅(high side lighting) : ①측창채광(側窓採光) 중에서 눈높이보다 높은 위치에 있는 창문을 통한 고창채광(高窓採光). ②특징은 균일한 조도분포가 가능하며, 하단부 벽체를 이용할 수 있으므로 주로 미술관이나 공장 등에서 많이 사용.

하이솔리드래커(high solid lacquer) : ①래커에나멜의 장점과 합성수지 에나멜의 장점을 조합한 도료로서 휘발되지 않는 성분이 35% 이상 함유된 래커. ②주로 자동차 도료에 사용. 광택·부착력·내후성 등은 좋지만 보통 래커에 비해 건조가 느리며 연마성이 좋지 않음.

하이체어(high chair) : ①어린이가 어른과 같은 높이의 식탁에서 식사할 수 있도록 가늘고 긴 다리로 좌판을 높게 설치한 식탁용 의자. 18세기 이후에 널리 사용됨. ②하이 카운터나 하이 테이블에 맞도록 좌면이 높은 의자. 발이 공중에 뜨기 때문에 의자의 하단부에 발걸이가 달려 있음. ③유아나 어린이용 의자를 보통 식탁에 맞도록 좌면을 높게 한 것도 '하이 체어'라고 함. ④콘크리트 보 또는 슬래브에서 상부근을 지지하는 데 사용되는 높게 고이는 받침철근. ⑤보울스터(⇔).

하이케이스(high case) : ①높이 1,200㎜ 전후로 시선높이보다 낮은 진열장. ②벽면에 기대어 놓거나 매장의 중앙에 위치함. 벽면에 위치할 경우에는 벽면형 하이케이스로, 케이스 윗면은 무드 스페이스(mood space)로 상품이 디스플레이되고, 매장의 분위기에 영향을 줌. ③소형이고 귀중한 상품이거나 외기에 접했을 때 손상되기 쉬운 상품인 경우에 투명한 유리문을 설치함. ④바닥에서 500㎜ 높이 이하는 스톡 스페이스(stock space)를 사용하는 것이 일반적임. 선반은 동일한 깊이로 하지 않고 차이를 두어 시각적으로 상품이 한눈에 보일 수 있도록 하는 것이 바람직함. 매장의 중앙에 위치한 독립형 하이케이스는 양측면에서 사용되므로 적절한 통로의 폭을 유지시켜야 함.

하이케이스조명(-照明, high-case lighting) : 손 그늘이 생기지 않도록 각 선반보다 선형(線形)의 형광등을 설치하며 광원이 직접 보이지 않도록 커버 처리함. 또한 천장에 스포트라이트로 조명할 경우에는 빛의 조사방향에 유의하며, 선반의 크기를 단계별로 작게 하여 하부의 선반까지 빛이 닿도록 함.

하이콘트라스트(high contrast) : 심한 대립을 보이는 대비. 특히 명도차가 많이 나는 경우를 말하지만 색상의 차이가 있는 경우도 포함.

하이키(high key) : 적은 대조로 된 밝은 농담(濃淡)을 갖는 것.

하이탱크식(-式, high tank system) : ①높은 곳에 세정탱크를 설치하고 급수관을 통하여 물을 채운 다음, 이 물을 세정관을 통해 변기에 사출함으로써 세정목적을 달성하는 대변기 세정급수장치. 가장 일반적인 하이탱크 방식은 가장 많이 사용되는 수동 사이펀관식 하이탱크식임. ②시스턴 밸브식 하이탱크가 있음. ③고수조식·시스턴식(=).

하이테크 : ⇨하이테크디자인(=).

하이테크공해(-公害, high-tech pollution) : ①첨단기술인 IC산업에서 유발되는 유해(有害) 화학물질에 의한 오염. ②환경오염은 물론 인체에 심각한 악영향을 주는 이 공해현상은 미국의 실리콘 밸리 같은 곳에서 크게 문제되고 있음.

하이테크디자인(high-tech design) : ①공장이나 산업시설의 설비·장비·재료 등을 디자인 요소에 포함하는 양식으로서 산업건축 디자인의 특성을 띤 실리적인 양태를 갖게 됨. ②1970년대 후반에 건축·실내 및 가구디자인·산업·항공·기타 다른 선진기술을 종합화하는 하나의 디자인 양식으로 등장한 하이아트(high-art) 또는 하이스타일(high-style)에 테크놀로지(technology)를 구사한 합성어이자 디자인 경향. 공장과 병원·선박·사무실 등의 기능이 우선하는 가구와 기구·조명을 인테리어 요소로 주택에 도입하는 방법이며, 비교적 적은 비용으로 쓸데없는 장식이 없고, 기능이 우선적인 경쾌한 디자인임. 콘크리트에서 벗어나 스테인리스·아크릴·고무 등이 이미지 소재이고, 색은 무채색·금속색이 기본임. 매끄러움과 빛나는 기계적 외관과 산업부품을 실내용품으로 사용하는 것이 특징. 과학과 공학기술이 요구하는 모든 영역에 기술적 미학의 가능성을 최대한 표현한다는 개념을 가지고 있음. 하이테크의 개념은 1950년대 우주 테크놀로지를 표현한 폴리건과 아키그램(Archigram)에서 비롯되어, 1978년 크로아와 슬래진(Joan Kroa & Suzanne Slesin)의 하이테크, 1979년에는 『The Industrial Style and Source Book for the Home』이라는 공동저서를 통해 확립됨. 하이테크는 다양한 표현방법-과장된 구조·트러스·파이프·금속다리·철제 빔 등의 이미지 강조-으로 형성된 공간요소들이 그리드에 의해 배치되어 개방적인 공간을 유지하는데, 기계적인 요소-설비·배관-들이 그대로 노출되어 장식적인 효과를 나타냄. 대표적인 작품으로는 로저스(Richard Rogers : 1933~)와 피아노(Renzo Piano : 1937~)가 공동설계한 파리의 퐁피두센터(Centre Georges Pompidou, 1977), 모포시스(Mayne-Rotondi Morphosis)의 만틸리니 레스토랑, 특히 포스터(Norman Robert Foster : 1935~)의 홍콩 상하이은행(Hong Kong Shanghai Bank), O.M.A와 츄미(Bernard Tshumi : 1944~)의 예술과 미디어 기술센터는 하이테크 미학이 21세기의 첨단과학기술을 총 집약시킨 기술적 건물의 이미지로 확대되고 있음.

하이테크건축(-建築, high-tech architecture) : ①재료·구조법·조립시공방식·설비기술 등의 경로를 통해 현대 공업기술의 역량을 건축생산 및 조립과정에 충분히 반영하고, 나아가 표현영역에까지 확대시켜 독특한 기술적 이미지를 창조하는 건축. ②길게는 200년, 짧게는 20년 전부터 광범위하게 공장·사무소·주택 등에서 인식되기 시작한 이 건축경향의 4대 건축가로는 R. 로저스(Richard Rogers : 1933~), N. 그림쇼우(Grimshaw), M. 홉킨스(Hopkins), N. 포스터(Norman Foster : 1935~) 등. 관련 작품으로는 세베르나(Severn)강의 주철교(1779), 버튼(Button)이 설계한 Palm House(1848), 에펠탑(Eiffel Tower, 1889), 팩스턴(Paxton)이 설계한 수정궁(1851), 이탈리아 미래파나 러시아 구성주의자들의 일부 작품, 풀러(Fuller)가 설계한 Dymaxion House(1927), Geodesic dome 아키그램과 메타볼리스트의 작품 등이 있으며, 최근 20년 동안에 완성된 건축물로는 R. 로저스와 N. 포스터가 설계한 Reiliance Controls Factory(1967), 퐁피두(Pompidou)센터(1977), 포스터가 설계한 홍콩(Hong Kong)은행(1986), 로저스가 설계한 로디스(Lioyds)보험회사 사옥(1986) 등이 대표적임. 그러나 J. Stirling이 설계한 Han Common집합주택(1955~58)은 부르탈리즘 계열에 속하는 초기 작품.

하이테크놀로지아트(high technology art) : ①최첨단 기술이란 의미로 현대건축이나 디자인 분야에서 1960년대부터 하이 아트(high art)나 하이 스타일(high style)과 테크놀로지(technology)가 결합된 조합어로 줄여서 하이테크라고도 함. 첨단기술에 의한 소재를 표현매체로 활용한 예술적 창작행위. ②첨단기술인 컴퓨터·전자기술을 현대 건축물에 도입하여 기념비적인 기능성 추구의 극치를 이루었다고 할 수 있음. 이른바 인텔리전트 빌딩(intelligent building)은 이 경향의 대표적 표현이라 할 수 있고, 그 외에도 건설에 있어서 공업화를 추구하는 조립식 구조인 프리패브(prefabrication)도 그 한 예이기도 함. ③대표적인 작품으로는 파리의 퐁피두센터(1977), 홍콩의 상하이은행(1986), 서울의 포스코 빌딩(1995) 등이 있음.

하이텐션(high-tension) : 항복점 강도가 큰 고장력(高張力). 예컨대 고력볼트·고장력강 등을 말함.

하이텐션볼트(high-tension bolt) : ⇨고장력볼트(=).

하이퍼리얼리즘(hyperrealism) : ⇨극사실주의·슈퍼리얼리즘(=).

하이퍼마켓(hypermarket) : ①영국·프랑스 등 유럽에서 최근에 생긴 소매형태. ②철저한 할인판매로 급속하게 세력을 신장하고 있음. ③판매장 면적이 2,500㎡ 이상의 규모로 창고식 점포에 셀프서비스 방식을 채용하고 식품·비식품·내구소비재 등을 취급함. ④슈퍼마켓보다 값이 싸 하이퍼라는 명칭이 붙었음.

하이퍼볼릭(hyperbolic) : 모든 하이퍼볼릭 형상들은 아치나 볼트의 형상과 대비되는 것으로서, 두 방향으로 포선되어 있음. 그것들은 하나의 조화를 이루는 평면에 평행한 모든 단면들은 포물선을 가지고 있음. 쌍곡선과 포물선은 모든 원뿔의 단면임.

하이펄론(hypalon) : 미국 듀퐁사의 상품명. 내후성·내오존성·내약품성 등이 좋고, 착색이 자유롭고, 칠막 방수도료·방수용 도료로 사용.

하이페트랄(hypethral) : 부분이나 전체가 외부로 노출된 고전적 신전의 부분.

하이포스타일(hypo style) : 고대 이집트에서 발달된 돌 지주와 보 계통.

하이포코스트(hypocaust) : 벽돌 및 돌로 지어진 고대 로마의 지하실이나 바닥의 난방을 위해 지하온돌의 더운 공기가 벽의 수송관을 통해 방을 데우는 일종의 중앙난방장치.

하이포트라켈리움(hypotra-chelium) : 고전 원주(圓柱)의 주신(柱身)과 주두(柱頭) 사이의 부분.

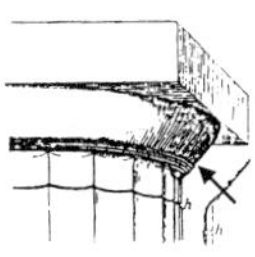
하이포트라켈리움

하이햇(hight hat) : 파여진 곳에 설치된 하향조명.

하인방(下引枋) : ①기둥뿌리에 결구되는 수장재. ②벽의 하단부에 가로지르는 인방. ③하방·지방·밑인방(=)·상인방(⇔).

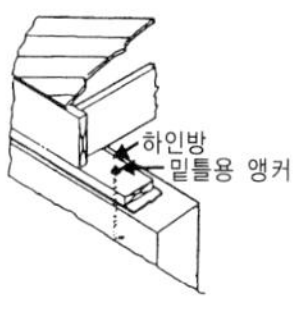

하인방

하인방석(下引枋石) : ⇨문지방돌(=).

하자(瑕疵, defect) : 건설공사에서 도면이나 시방서 또는 재료의 특성 등을 무시하고 시행한 부적합한 시공. 하자에 대한 수급인 담보책임기간은 보통 1년임.

하자담보(瑕疵擔保, guarantee against defected) : ①도급계약에서 준공·인도 후에 계약 목적물에 결함이 있는 경우, 수급인이 발주자에 대해 책임을 지는 보증. ②보통 하자보증기간은 1년임.

하주(下柱) : ⇨누하주(=).

하중(荷重, load) : ①구조물이 외부로부터 받는 힘, 즉 구조물에 작용하는 외력. ②일반적으로 고정하중·적재하중·적설하중·풍하중·지진력으로 분류하며, 그 외에 수압력·토압력 등이 구조물에 따라 하중으로 작용함. 또는 작용시간·방향·위치 및 상태에 따라 구분됨. ㉠작용시간에 따라 장기하중(長期荷重 ; 고정하중·적재하중과 같이 장시간 계속해서 작용하는 하중)·단기하중(短期荷重 ; 풍하중·지진력 등과 같이 일시적으로 작용하는 하중)으로 구분. 이외에 반복하중(反復荷重)·교대하중(交代荷重)·충격하중(衝擊荷重) 등이 있음. ㉡작용방향에 따라 수직하중(垂直荷重 ; 고정하중·적재하중·적설하중 등과 같이 수직으로 작용하는 하중)과 수평하중(풍하중·지진력 등과 같이 수평방향으로 작용하는 하중)으로 구분. 토압(土壓)·수압(水壓)은 수직·수평 2방향으로 작용함. ㉢작용위치에 따라 중심하중(中心荷重 ; 부재단면의 중심에 작용하는 하중)·편심하중(偏心荷重 ; 부재 단면의 중심에서 벗어난 위치에 작용하는 중력)으로 구분. ㉣분포상태에 따라 집중하중(集中荷重 ; 1점에 집중하여 작용하는 하중)과 분포하중(分布荷重 ; 고정하중과 같이 전 구조물에 분포되어 작용하는 하중)으로 구분. 분포하중은 등분포하중(等分布荷重)과 등변분포하중(等變分布荷重)이 있고, 특히 하중의 작용점이 이동하는 이동하중(移動荷重)이 있음. ㉤작용상태에 따라 직접하중(直接荷重 ; 구조물에 직접 작용하는 하중)과 간접하중(間接荷重 ; 간접적으로 작용하는 하중)이 있음.

하중계수(荷重係數, load factor) : 설계용 하중을 설정할 때 하중의 특성, 하중의 불확실성, 하중의 편차 등을 고려하여 하중특성치에 곱하는 안전계수.

하중도리(下中道里) : ①여러 개의 중도리를 걸 때 아래쪽에 있는 중도리. ②칠량집에서 중도리 위아래로 도리가 하나씩 더 놓이는데 이 때 중도리를 기준으로 아래의 중도리.

하중점 스티프너(荷重點−) : ①집중하중을 받는 부분에 스티프너가 설치되었을 때는 스티프너와 그 근방의 웨브 플레이트(web plate)의 유효폭으로 구성되는 압축재로 취급. 웨브 플레이트의 유효폭은 중간 스티프너에서는 스티프너의 양쪽에 웨브 두께의 15배 이하, 단부 스티프너에서는 한쪽으로 15배 이하로 해야 하며, 좌굴길이는 보춤의 0.7배로 함. ②스티프너.

하중특성치(荷重特性値, characteristic value of load) : 건축물이 일정 재현기간 내에

만날 것으로 고려되는 최대 하중의 기대치.

하지(夏至, summer solstice) : 북반구에 있어서 태양이 천구(天球)의 최북단점에 도달하는 때. 북반구에서는 1년 중 낮의 길이가 가장 길고, 정오의 태양고도가 가장 높으며, 일반적으로 매년 6월 21일이나 22일경임.

하천휴식년제(河川休息年制) : 특정 하천을 지정해 오수 및 오물의 배출 금지는 물론 일반인의 출입까지 통제하는 종합적인 하천정화 방식의 하나.

하층(下層, down stairs) : 여러 층을 가진 건물에서 아래쪽에 있는 층이나 어느 층의 밑에 있는 층 또는 밑층.

하토르기둥(hathor headed capital) : 고대 이집트 건축의 기둥 양식으로 원주의 주두(柱頭, capital)에는 암소의 귀를 가진 여신인 하토르(Hathor)의 얼굴을 조각했음.

하퇴높이(下腿高, caput fibulae height) : ①발바닥에서 무릎까지의 높이. ②의자높이를 구할 때 기준이 됨.

하트우드(heart wood) : 통나무 단면에서 중심부에 형성되어 있는 진한 색조의 목재. 이 부분은 옹이가 없고 나뭇결이 보다 조밀하며 수분이 적고 단단함. 따라서 가장자리 목재(sap-wood)보다 더 좋은 것으로 평가되며 가격도 비쌈.

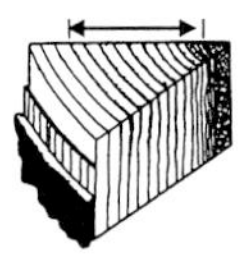
하트우드

하프라운드(half round) : ①반원형의 단면을 가지는 몰딩. ②반원(=).

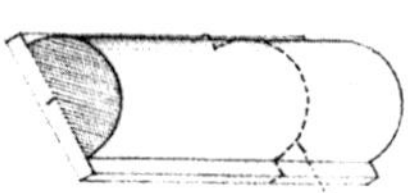
하프라운드

하프라운드단판절삭(-單板切削, half round veneer cutting method) : ⇨하프라운드베니어(=).

하프라운드베니어(half round veneer) : ①기계에 고정한 통나무를 주축(主軸)과 함께 회전시켜 절삭 날을 자동 이송하여 계속적으로 절삭한 단판(單板, veneer). ②껍질을 벗긴 원목을 반원으로 켜서 껍질 쪽을 고정시키고, 이것이 고정된 날에 접하면서 원호를 그리며 상하로 움직여 단판을 벗겨내는 것으로 아름다운 결을 갖는 고급목재로부터 무늬목을 얻을 수 있음. ③로터리 베니어(rotary veneer)와 슬라이스드 베니어(sliced veneer)의 중간형태로 특수한 로터리 래스(lathe)를 사용하여 단판을 제조하며, 아름다운 나뭇결을 얻기 위해 사용. 주로 천연목의 치장재에 사용. ④반원 슬라이스드 베니어(=).

하프릴리프(half relief) : ⇨메조릴리보(=).

하프미러(half mirror) : ⇨매직글라스(=).

하프슬래브(half slab) : ①옴니어(Omnia) 철근을 하부 슬래브에 매입하여 공장에서 대량 생산으로 P.C. 제품화하여 현장 반입·설치하고 슬래브 상부를 현장에서 토핑(topping) 콘크리트를 타설하여 일체화시키는 바닥판 공법으로 P.C에서의 하프 슬래브(half slab)를 의미함. ②특징은 공장생산으로 고품질 확보, 가설재 절약으로 원가절감, 작업공간 확보, 공기단축, 처짐 휨 발생, 운반 양중시 충격으로 인한 파손, 다기능 숙련공 확보.

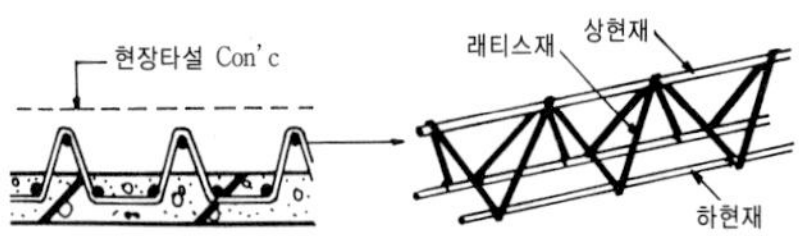

Half slab　　옴니어 철근

하프톤(half tone) : 가장 밝은 부분과 가장 어두운 부분의 중간단계 또는 회색부분. 중간색(=).

하프팀버(半木材, half timber) : ①돌·벽돌·블록·플라스터 등으로 채운 부분. ②건축물의 주요 골재인 기둥·보 등을 나무구조로 하고, 돌·벽돌·회반죽 등을 사용하거나 외부마감을 판자벽(weather board)으로 마무리하는 목구조 양식. 팀버 프레임(timber framing)이라고도 함. 유럽 중세 건축, 특히 주택건축 방법으로 벽에서 지붕까지가 구조적으로 일체화되어 2층 이상도 가능함.

하항복점(下降伏點, lower yielding point, Y2점) : ①건축재료의 역학적 성질 중 응력-변형률 곡선(應力-變形率曲線)의 상항복점(上降伏點)에서 일단 저하한 응력에서 변형률이 진행되는 Y2점의 응력. ②응력-변형률선.

하향(下向, pronation) : ①팔·다리 및 다른 신체 부위의 동작 중 손바닥을 아래로 향하는 동작. ②상향(⇔).

하향광속률(下向光速率, lower flux utilance : LFU) : 조명기구로부터 출력되어 작업면에 도달하는 비율(직접 작업면에 도달하거나 반사에 의해 도달함).

하향급수배관(下向給水配管) : 순환식(이관식)의 일종으로 급탕 주관을 건물 최고층까지 끌어올려 최고층에서 수평 주관을 늘려서 각 파이프 샤프트에 수지관을 내려 세워 그 수지관에서 각 층 기구에 급탕하고, 각 최말단 기구에서 환수주관을 연결함.

하향조명(下向照明, down light) : ⇨다운라이트(=).

하현재(下弦材, lower chord, bottom chord) : 트러스(truss) 구성 부재 중 아래쪽에 배치되는 하부인장재(弦材).

학원도시(學園都市, campus town) : 대학·문화·연구기능, 특히 도시의 기반경제가 학교 활동을 중심으로 이루어지는 도시(예 : 미국 Princetone, Ann Arbor, 영국 Oxford, Cambridge, 일본 츠쿠바 등).

학포당(學圃堂) : ①전라남도 기념물 제92호, 1521년(중종16) 창건, 1920년 중수. 전남 화순군 이양면 쌍봉리 411에 위치. ②조선 중종(재위 1506~44) 때 학자이자 서화가인 학포 양팽손의 서재였으나 지금 있는 건물은 당시의 건물이 아니고 1920년대에 후손들이 지은 것. 양팽손(1488~1545)은 조선 중기 문신으로 중종11년(1516) 과거에 급제한 후 정언, 전랑, 수찬, 교리 등의 직을 역임. 중종14년(1519) 기묘사화로 관직을 잃은 뒤 고향으로 내려와 1521년 학포당을 짓고 제자들을 가르치며 시와 그림으로 하루를 보냈음. 글과 그림에 능하였으며 저서로는 『학포유집』 2책이 전하고 있음. 조광조의 절친한 친구 학포는 삭관탈관직을 당하는 조광조의 희생을 보고 임금께 달려가 조광조의 무고를 간절히 외쳤으나 오히려 조광조와 함께 학포의 고향인 화순 능주로 유배됨. 조광조는 귀양온 지 35일 만에 38세 나이로 사약을 받음. 주변의 선비들은 조광조의 시신을 추스르면 자신에게 화를 미칠까봐 누구도 시신을 거두려 하지 않았음. 그러나 학포는 친구의 시신을 도리의 중조산에 은닉한 다음 이듬해 봄 경기도 용인으로 운구하여 은닉장소에 사우(祠宇)를 지어 봄과 가을에 향사(享祀)를 지냄. 1994년 학포당을 보수하였고, 1995년에 외삼문을 원래대로 지었음. 1996년에 담장을 설치했으며, 1997년에 담장 보수를 했음. ③정면 3칸·측면 2칸 규모로 막돌 허튼층쌓기 기단 위에 덤벙주초를 놓고 그 위에 두리 기둥을 한

학포당

학포당 근경

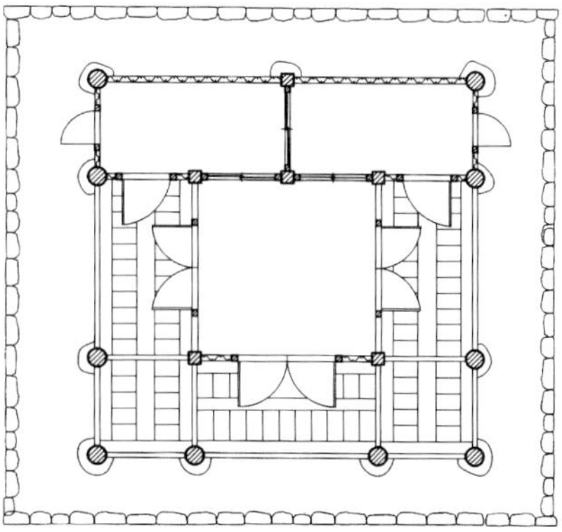

학포당 평면도

ㅎ

대에 지은 것으로 추정되는데, 장교동에서 이곳으로 옮기면서 없어진 솟을대문, 좌우 행랑채를 다시 지었고, 중문간 행랑채와 사잇담도 복원하였음. 한규설은 조선 후기의 무신으로 서울에서 태어나 장교동에 살았으며, 과거에 급제하여 여러 무관직을 지냈음. 한규설은 고종의 절대적인 신임을 얻어 의정부 찬성 등을 역임하고, 1905년에는 참정대신으로 내각을 조직하였음. 이 해에 일본이 을사조약을 강요하자 한규설은 무조건 반대를 하였으므로 참정대신에서 쫓겨났음. ③이 집은 서울에서 흔히 나타나는 안채의 평면에서는 부엌이 안방의 정면인 남쪽에 붙어 동-서로 면하는 데 비하여 이 안채는 안방 뒤쪽으로 배치되어 안방을 남쪽으로 배치한 점이 특이함. 이것은 집터모양에 맞추어 지은 것으로 추정됨. 건물구조는 안채·사랑채·뒷채의 마루가 모두 우물마루이며, 대부분의 창틀은 현대식으로 개조되어 있음. 안채와 사랑채 사이에는 사당(祠堂)이 위치함. 안채 서북쪽에는 'ㄱ자형'의 평면을 가진 또 다른 별채가 있음.

한난대비(寒暖對比) : ①색의 차고 따뜻함에 변화가 오는 대비. ②따뜻한 색은 차가운 색과 함께 있을 때 더욱 따뜻하게 느껴지고, 차가운 색도 따뜻한 색과 함께 있을 때 더욱 차갑게 느껴지는 현상. ③중성색 옆의 따뜻한 난색은 더욱 따뜻하게, 차가운 한색은 더욱 차갑게 느껴지고, 소음지역에서 녹색은 소음을 견디게 하는데 현저한 효과가 있으며, 밝은 노랑색은 둔탁한 소음을 덜 시끄럽게 느끼게 하는 효과가 있음. 또한 지각적으로 먼 곳에서도 쉽게 지각되는 효과도 있음. ④⇨색의 대비.

한 대(限大) : ①다포형식과 출목익공형식의 귀포에서 45° 방향으로 걸리는 살미. ②우한대·귀한대(=).

한데 : ①아래 위를 덮거나 사방을 가리지 않은 곳. ②집채의 바깥.

한마구리평블록 : ⇨이형블록(=).

한면브이형 용접(一面V形鎔接, single-vee welding) : 접합하는 부재의 선단을 동일면에서부터 경사지게 한 홈용접.

한반 : ①돌이나 나무 따위의 가운데를 질러서 나가는 자리. ②기둥의 한반은 심목(心木)이라고 함.

한반먹 : 한반에 그린 먹줄.

한벌대 : ⇨외벌대·일단지대(=).

한벽당(寒碧堂) : ①전라북도 유형문화재 제15호로 지정(1971.12.2). 전북 전주시에 있는 조선시대 초기의 누각. 1404년 창건, 1828년 중건. ②승암산(僧岩山) 기슭 발산(鉢山) 머리의 절벽을 깎아 터를 만들어 세운 누각. 1404년(태종4) 조선의 개국공신이며 집현전 직제학(直提學)을 지낸 조선 초기의 문신 최담(崔霮)이 그의 별장으로 지은 것. 누각의 규모는 정면 3칸, 측면 2칸의 겹처마 팔작지붕이며, 건평은 7.8평. 정면은 모두 마루로 되어 있으며, 주위는 난간만을 시설하여 자연과 일치를 이루려는 누정건축의 특성이 잘 나타나 있음. 공포는 특이하게 쇠서 끝을 당초문(唐草紋)으로 조각한 이익공(二翼工) 구조임. 특히 주두는 연꽃모양의 하엽주두(荷葉柱科)이지만 첨차는 간단히 끝을 사절(斜切)하고 아래는 수평으로 키목하였음. 화반(花盤)은 단순한 원형의 모습임. 처음에는 여기를 최담의 호인 월당(月塘)을 따서 월당루(月塘樓)라고 불렀던 것 같은데, 언제부터 한벽당으로 고쳐 부르게 되었는지는 확실하지 않음. 벽옥한류(碧玉寒流)라는 글귀에서 한벽(寒碧)이라는 어귀를 따서 후세 사람들이 붙인 이름으로 추정됨.

한벽당

한상계(桿狀計, large sliding calipers) : 인체계측(人體計測)에 사용되는 측정기구. 신

장계(身長計)의 일부를 떼어서 짧게 만든 대형 캘리퍼스이며, 주로 인체의 너비, 가슴 두께 등 비교적 큰 부분을 측정하는 데 사용.

한상체(桿狀體, rod) : ①눈의 망막에 있는 2개의 시세포 중 밝고 어두움만을 느끼는 작용을 하는 세포. ②간상체(=).

한색(寒色, cool color) : ①찬 느낌을 주는 색상(色相, hue)이나 색조(色調, tone). ②한색의 저채도는 종속적이며 편안해짐. ③차가운 색(=).

한수석(寒水石) : ①백색이나 청홍색의 광택이 나는 석회암. ②대리석 장식과 조각·테라초석의 종석(種石)으로 사용.

한와(韓瓦) : ⇨조선기와(=).

한중콘크리트(寒中-, cold weather concrete, winter concrete) : ①콘크리트 붓기 후 4주까지의 예상 평균기온이 약 3℃ 이하에서 시공되는 콘크리트. ②특히 기온의 영향을 많이 받으므로 1일 평균기온이 4℃ 이하가 되는 기상조건하에서는 콘크리트가 굳을 때까지의 기간이 길어지고, 굳은 후부터의 강도 증진도 느리고 콘크리트가 동결될 우려가 있으므로 적절한 시공 준비를 해야 함. 일반적으로 동결온도는 약 −0.5℃~−2℃임. 콘크리트 타설시 온도는 10~20℃의 유지를 원칙으로 하고, 물시멘트비(w/c)는 60% 이하로 함.

한증막(汗蒸幕) : ①증기와 높은 온도 속에서 몸을 덥게 하여 땀을 빼내는 한증을 하기 위해 옹기굴처럼 만든 시설. ②주로 비만의 부인들이 많이 이용. 속칭 '찜질방'이라고도 함.

한지(韓紙, Korean paper) : 우리나라에서 자생하는 닥나무의 속껍질인 인피(靭皮) 섬유를 사용하고, 닥풀을 사용하여 손으로 뜬 종이. 한장 한장 손으로 뜨는 독특한 느낌이 있고, 부드러우면서도 질긴 중성지이므로 그 수명도 천년을 간다고 함. 또한 우아하고 따뜻한 질감은 현대에 대량생산되고, 양지(洋紙)에 비해 독특한 운치와 정서를 가짐. 실내공간에서는 주로 창호지로 사용되고, 최근에는 '한지 아크릴'이라는 제품이 생산되고 있음.

한지벽지(韓紙壁紙) : ①닥피지·운용지 등 전통 한지를 재현하여 쑥·단풍나무·대나무·국화잎 등을 특수가공·처리하여 합지(合紙)를 한 벽지. ②기존 한지의 단점을 보완하여 먼지가 붙지 않고 종이가 처지지 않아 관리와 시공이 쉬움.

한짝문(-門, wing door) : 짝(쌍) 문이나 회전문의 문짝 중 하나.

한쪽통맞춤(stopped dado joint) : 부재의 전폭을 가로질러 절단하지 않는(보통 1/2이나 2/3) 통맞춤(dado).

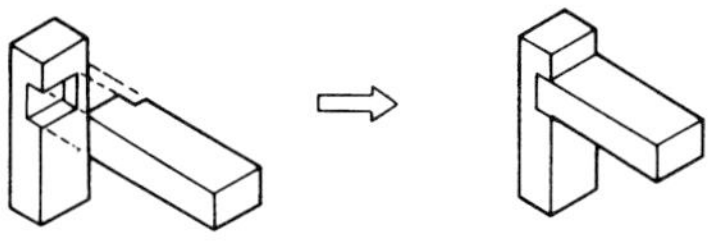

한쪽통맞춤

한편숨은주먹장틀맞춤(lap dovetail, half behind dovetail) : 모서리에서 주먹장부가 오직 한쪽 면에서만 보이는 주먹장맞춤.

할렬(割裂) : ⇨크랙(=).

할로겐램프(halogen lamp) : ①백열등의 일종으로 내열성이 강한 석영유리로 된 전구에 할로겐 원소가 미량(微量) 포함된 불활성가스를 넣어 할로겐 사이클(halogen cycle)에 의해 관벽의 흑화현상이 일어나지 않고 광속저하와 색온도의 변화가 억제되는 소형의 고성능 전구. ②특징 ; ㉠초소형 경량으로 크기가 작고 가벼워서 설계상 편리하게 디자인할 수 있음. ㉡벌브벽(bulb wall)이 석영유리이므로 작은 크기로도 높은 광출력을 낼 수 있음. ㉢할로겐 사이클에 의해 필라멘트 소모가 방지되므로 수명이 길고, 사용되는 동안 조도가 일정함. ㉣온도분포 일정. ㉤석영유리를 재료로 사용하므로 열충격에도 강한 성질이 있음. ㉥높은 효율을 가지고 있어서 점등수를 줄일 수 있으므로 에너지 절감의 효과가 있음. ㉦전광원에 가까

ㅎ

운 빛을 낼 수 있으며, 적당한 반사경으로 고도의 광을 조절할 수 있고, 정확한 빔(beam)을 가지고 있음. ⓒ연색성이 우수하여 쾌적한 빛을 낼 수 있고, 자연광에서와 같이 색의 구별이 쉬워서 색을 선명하게 재현시킬 수 있음. 특히 할로겐 등기구(halogen fixture)의 모양이나 형태가 다양하여 디스플레이 및 실내디자인 등 상업공간이나 전시공간에 널리 사용됨. ③할로겐램프의 종류는 ㉠용도에 따라 인테리어용·자동차용·사진용(TV스튜디오용·영사기용), 전자복사기 및 적외선(히터)용·일반조명용·특수조명용 등 매우 다양함. ㉡형태에 따라 싱글코일형(single coil type)·다이크로형(dichroic type)·싱글베이스형(single base type)·더블베이스형(double base type) 등이 있음. 싱글코일형은 콤팩트하게 설계되어 있어서 적용범위가 넓고, 주로 매입등으로 사용되므로 거실이나 응접실 등에 분위기 있는 빛을 제공함. 또한 스포트라이트용 광원으로서 박물관이나 화랑·진열장·쇼윈도 등의 악센트조명으로 가장 널리 사용. 다이크로 타입은 높은 온도를 피해야 하는 물체에 스포트라이트를 주기 위해 특수도장된 반사경(reflector)을 부착한 할로겐램프. 주로 식료품이나 예술품과 같이 열로부터 보호되어야 하는 피사체의 조명에 유리하고, 특히 빔 각이 8°(스포트라이트용)에서 60°(투광조명)까지 다양함. 또 개방형(open)과 프리즘을 부착시킨 밀폐형(sealed)이 있음. 싱글베이스형은 일반전압(220V)용 할로겐램프로서 탁월한 연색성은 자연광과 유사한 느낌을 줌. 더블 앤디드 타입은 일반전압(220V)에서 사용이 가능한 램프로서 전력소모가 적을 뿐만 아니라 많은 광량을 제공받을 수 있는 이상적인 광원임. 광속의 범위가 넓어서 주택·전시장·매장 등 실내공간은 물론 건축물·도로·주차장·운동장·광장·공항 옥외공간의 조명으로도 많이 사용됨. ④주의해야 할 점은 램프의 유리벽을 손으로 만져서는 안됨. 염분이나 기름에 의해 오염되면 유리가 부식되어 수명이 짧아지고 밝기도 변하므로 교체할 때는 장갑이나 손수건 등을 이용해야 하며 더러워졌을 때는 알코올로 닦아주고, 특히 높은 열(800~900℃)이 발생하므로 손으로 만지면 화상을 입을 우려가 있고, 인화물질을 가까이에 두면 화재발생의 위험이 있음. 또한 저전압(6V·12N·24V)의 할로겐램프를 사용할 때는 전압을 내려주는 트랜스포머(transformer) 사용이 필수적임.

할론가스(Halon gas) : ①새로 개발된 소화제(消火劑). ②종래의 소화기는 물이나 탄산수소나트륨 등을 사용, 진화 후 화재현장이 온통 물에 젖거나 소화기에서 나온 화학약품들이 진화된 물체에 뒤엉키고 또 탄산가스 소화기의 경우 불을 끌 수 있는 탄산가스의 농도(40%)에서 질식사할 우려 때문에 함부로 사용하기 곤란함. ③할론가스는 공기 중의 농도가 5%만 되면 10초 이내에 불이 꺼지며 불탄 찌꺼기가 없어 편리함. ④주로 귀중품 전시장, 정밀기기시설, 위험물 창고 등에 널리 쓰이며 군대에서도 적의 공격에 따른 화재피해의 극소화를 위해 도입하고 있음. ⑤현재 미국, 일본 등에서 생산중이며 우리나라도 1982년 한국과학기술원이 개발했음.

할인(割引, discount) : 권장소매가격에서 일정한 비율로 감해주는 것.

할인점(割引店, discounter store) : ①대기업의 상품이나 개인 상표의 물건을 정해진 가격보다 저렴하게 파는 상점으로서, 일반적으로 생산자와 직거래하여 유통과정을 줄임으로써 소비자에게 가격이 저렴하다는 인상을 주게 됨. ②보통 판매방식은 낱개판매가 아닌 상자(box)판매·세트(set)판매 또는 케이스(case)판매로 이루어짐. 백화점과 비교해보면 종업원 수를 줄일 수 있는 낮은 운영비, 도심지로부터 벗어난 비교적 임대료가 싼 지역과 건물, 고객에 의한 셀프 서비스(self service),

빠른 상품유통, 주차장을 가진 대형 상점 등의 특징이 있음. 광고에서는 저렴한 가격을 강조하며, 디스플레이는 단순히 상품들을 상품군(商品群)으로 진열하는 정도로 수평·수직으로 쌓아놓는 편임. 다른 소매업종에 비해 상품진열에 대한 노력이나 연구가 부족하고, 최근에는 전자제품·농수산물·레코드류·주방용품 등 전문점에서 품목별 할인점이 생기고 있음. 개러지 세일(garage sale)이라고도 함.

할증률(割增率) : ①시방서 및 설계도면에 의하여 산출된 재료의 정미량에 재료의 운반·절단·가공 및 시공 중에 발생하는 손실량을 가산하여 주는 백분율(%). ②품셈에서 할증이 포함 또는 표시되지 아니한 경우에 한하여 적용함. ③가공 및 시공품 및 재료비를 적용할 때에는 할증률에 대하여 품을 추가로 적용하지 않음. ④재료비는 단가에 할증량을 포함한 실소요량을 곱하여 산출하고 재료의 운반품은 정미수량에 할증량을 포함한 실소요량으로 적용함.

함(函) : ①상부 전면이 뚜껑으로 되어 있어서 경첩이 없는 수납용 상자. ②깊은 밑짝에 운두가 얕은 뚜껑을 경첩으로 연결하여 여닫을 수 있도록 한 상자. 귀중품을 넣는 용도로 쓰였기 때문에 자물쇠로 채우도록 되어 있음. 근래에는 혼인 때 신랑집에서 혼서지와 채단을 넣어 신부집에 보내는 데 사용. ③물건을 넣어 두는 나무궤짝. 경첩의 유무에 따라 함과 궤로 구분됨. 함은 상부 전면을 뚜껑으로 만들어 열도록 되어 있어서 뚜껑면에 경첩이 보이지 않으며 필요에 따라 크기 및 형태가 다양함. 궤는 전면이나 상부를 두 면(面)으로 나누어 경첩을 달아 한 면만 열도록 되어 있는 형. ④함이 사용되기 시작한 시기는 정확히 알 수 없으나, 중국에서는 함이라는 명칭이 없으며 이러한 형태의 가구를 상(箱)이라고 함. ⑤종류는 용도에 따라 수정함(水晶函, 사리를 담은 함)·유리함(琉璃函)·은함(銀函)·조함(詔函)·책함(冊函, 임금의 칙명을 담은 함)·표함(表函, 임금에게 올리는 글을 담은 함)·문서함(文書函) 등이 있음.

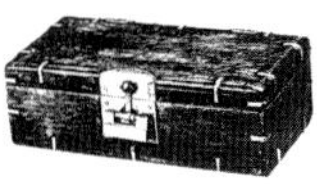
함

함농(函籠) : ⇨함롱(=).

함대식가옥(江陵 咸大植家屋) : ①강원도 문화재 자료 92호, 1910년 함영식에 의해 창건. ②담장과 대문 없이 열려진 앞마당과 일자형 형태의 겹집으로 부엌에 붙여 돌출된 광과 외양간을 구성. 정면과 측면에 조성된 툇마루와 부엌을 거치지 않고 방을 출입 구성. 부엌을 통해서 출입하는 좁은 면적의 뒷마당에는 장독대가 있으며 뒷담 대신 가파른 언덕이 대신하고 있음.

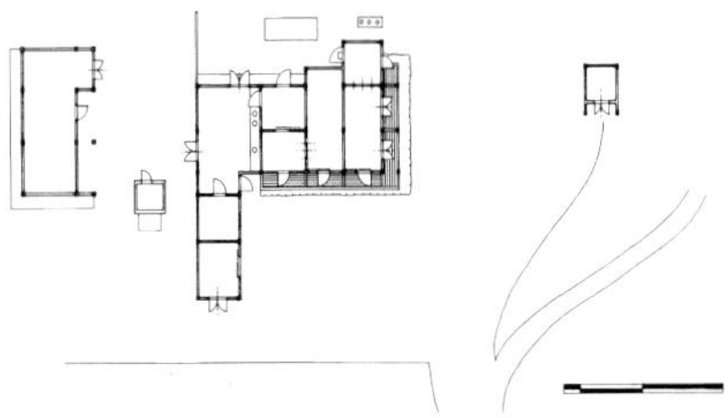
함대식가옥 도면

함롱(函籠) : ①크기가 같은 함을 두 개 포개어 놓은 것. 그러나 함롱이라는 별도의 가구가 있는 것은 아니었음. ②천판에 경첩이나 장식 없이 두 개를 포개 놓을 수 있으며, 옷을 담도록 크게 만들어 포개어 놓도록 된 것.

함벽당(涵碧堂) : ①문화재 자료 제260호. 경북 안동시 서후면 광평리 1260에 위치. ②조선 명종(재위 1545~65) 때 무신 강희철이 지은 건물로 관직에서 은퇴한 후 마음 편히 살던 곳. 강희철 선생이 함경당이라 이름짓고 지내다 후에 도촌에 살았던 권위 선생에게

함벽당

ㅎ

소유권이 넘어갔음. 다시 이 마을에 터를 잡고 살던 함벽당 유경시(1666~1737) 선생의 소유가 된 뒤 오늘에 이름. 현재의 건물은 철종 13년(1862)에 다시 고친 것. 규모는 앞면 3칸·옆면 3칸의 맞배지붕. 정자에는 안동부사가 쓴 '함벽당'이라는 현판이 걸려 있고, 정자 앞에는 높이 쌓아 올린 축대가 있음.

함벽정(涵壁亭) : ①전라북도 유형문화재 127호. 전북 익산시 왕궁면 동룡리 572-4에 위치. 1920년에 왕궁 저수지의 완공을 기념하기 위하여 송병우(宋炳宇)가 건립한 정자. ②정자는 낮은 외벌대 기단 위에 높지 않은 초석을 놓고 비교적 낮게 마루를 구성. 초석은 두 종류를 혼용. 즉 외진은 사각형 초석받침 위에 배가 부른 고복초석이고, 내진은 네모진 각형초석임. 이에 따라 기둥도 외진은 두리기둥, 내진은 사각기둥임. 내부는 모두 터져 있지만 외진과 내진 사이에 문비(門扉)가 시설되었고 내진도 실이 구획되어 있음. 공포는 이익공인데 평주 위에도 좌우 45° 방향으로 2조(條)의 사공(斜栱)이 짜여져 있음. 정면 5칸 측면 4칸의 이익공계(二翼工系) 양식의 겹처마 팔작지붕으로 추녀 끝에 활주가 받치고 있음. 정각으로는 큰 규모에 속함. 특히, 기둥 위의 공포(拱包)는 이익공계의 양식을 따르고 있으나, 일반적으로 평주(平柱) 위 공포의 쇠설(牛舌)이 전면으로만 돌출되는 데 비해 이 건물에서는 좌우 대각선 방향으로도 돌출시켜 마치 귀 기둥에서의 공포결구수법(貢包結構手法)과 같이 짜여져 특이한 형태를 이룸.

함석(函錫, galvanized sheet iron) : ⇨아연도금철판(=).

함석도료(函錫塗料, galvanized paint) : 함석 표면에 약간의 기름기가 있으며 칠이 잘 되지 않으므로 함석면에 염산동·초산동·황산동을 칠하여 물씻기를 한 후에 보통 도료를 칠함.

함석판(函錫板, galvanized sheet plate) : ① 아연을 도금한 철판 또는 강판. 길이는 1.8m·폭은 0.9m·두께는 번호로 표시. ②아연도금강판·아연도철판(=).

함수율(含水率, water content, moisture content) : ①재료의 함습수분중량의 건조중량에 대한 비율. ②목재에 함유된 수분의 양. 절대건조 상태의 목재무게에 대한 백분율로 표시. ③재료 중에 포함되어 있는 수분의 중량을 그 재료의 건조시 중량으로 나눈 값. 완전히 건조된 함수율은 0이고, 건축재료에서는 습윤중량 함수율보다 건조중량함수율을 쓰는 경우가 많음.

㉠ $\text{함수율} = \dfrac{\text{함수량}}{\text{건조수량}} \times 100(\%)$

㉡ $\text{함수율} = \dfrac{W_1 - W_2}{W_2} \times 100(\%)$

W_1 = 목재의 함수중량

W_2 = 목재의 절건중량

함실(函室) : 부뚜막을 두지 않고 방바닥 밑에서 직접 불을 지피게 만든 불아궁이. 건물의 기단 안쪽으로 깊게 함실을 만들어 불을 지피도록 한 것.

함실아궁이(函室) : ⇨함실(=).

함실장(函室板) : ①불아궁이에 놓는 크고 두꺼운 구들장. ②주로 구들 아랫목에 놓은 판돌을 말함.

함안무기연당(咸安舞沂蓮塘) : ⇨무기연당(=).

함양람계서원(咸陽람溪書院) : ⇨람계서원(=).

함양우명리정씨고가(咸陽牛鳴里鄭氏古家) : ⇨정씨고가(=).

함양허삼둘가옥(咸陽許三-家屋) : ⇨허삼둘가옥(=).

함자물쇠(箱鍵, bit key lock, rim lock) : ①함 속에 장치를 넣게 된 자물쇠. ②자물쇠를 작은 상자에 장치한 것으로서 출입문이나 문의 울거미 표면에 붙이는 자물쇠. ③종류 ; ㉠기구에 따라 레버 텀블러 자물쇠(lever tumbler lock)·핀 텀블러 자물쇠(pin tumbler lock)·콤비네이션 자물쇠(combination lock) 등이 있고, ㉡설치방법에 따라 홈파기 함자물쇠(mortise lock)·면붙이기 함자물쇠(rim lock)·연결 자물쇠(unit lock) 등이 있음. ④함자물쇠 규격은 한국공업규격(KS F 4504)에 규정되어 있음.

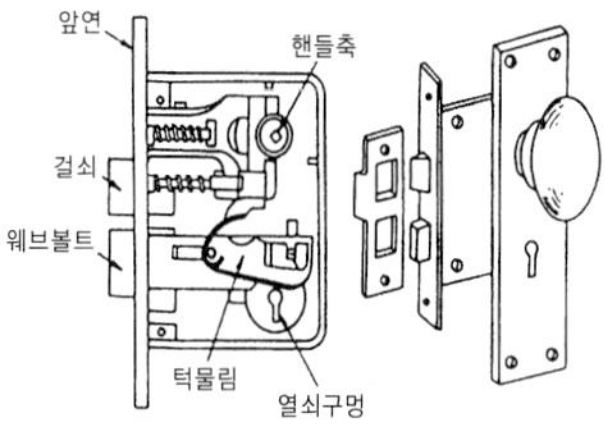

함자물쇠

함허정(涵虛亭) : ①전라남도 유형문화재 제160호. 과거 옥과현의 향음례(鄕飮禮)가 치루어졌던 유서 깊은 곳. 조선 중종38년(1543) 심광형이 이 지역 유림들과 풍류를 즐기기 위해 지은 정자로 일명 호연정(浩然亭)이라고도 함. 증손자 심민각이 오래된 정자를 옛터 아래 쪽으로 옮겨 다시 지었으며 5대손 심세익이 중수. 지금 있는 건물은 1980년에 수리를 한 것. ②정면 4칸·측면 2칸 규모의 팔작지붕. 구성은 3면이 트인 마루 1칸과 방 2칸 반, 나머지 오른쪽 반칸은 한단 높인 쪽마루형 마루를 놓고 함실아궁이를 만듦. 외벌대의 낮은 콘크리트 기단 위에 윗면만 다듬은 덤벙주초를 놓고 외진주는 원주를, 내진주는 방주를 세움. 기둥머리의 주간에는 창방을 걸치고 소로를 끼워 장여받침 굴도리를 그 위에 얹음. 기둥 윗부분에는 주두와 보아지를 놓아 보뺄목을 아래에서 받침. 대들보는 평주 위에 얹고 그 위에 동자주를 세워 우물천장을 만듦. 좌측 단부인 우물천장부분은 도리에서 직접 대들보를 충량에 연결하여 공간을 만든 기법. 창문은 전에 빗살문이었으나 현재는 띠살문임. 벽은 심벽구조로 회를 발랐음. ③약 100m 가량 떨어진 곳에 심광정이 세운 군지촌정사(중요민속자료 제155호)가 있음. 당대 학문을 익히던 선비들의 수양지와 휴식처를 빼어난 경치와 함께 감상할 수 있는 곳.

함허정

함허정에 오르는 길

함허정 편액

문에서 본 함허정

천장구조 및 편액들

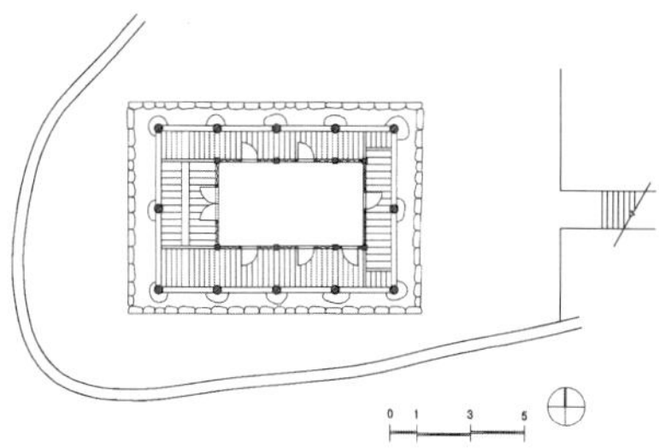

함허정 평면도

함형찬가옥(咸炯贊家屋) : ①강원도 고성 왕곡마을의 가옥. ②전면 4칸, 측면 2칸에 서측으로 외양간이 돌출된 ㄱ자형 팔작기와집. ③마루방과 사랑방 사이에 작은 방이 있는 것과 외부공간구성이 특징임.

합각(合閣) : ①지붕 위 용마루 옆면에 삼각형 벽으로 꾸민 부분, 지붕 위쪽의 옆에 박공으로 八자 모양을 이룬 각. ②합각벽(=).

합각마루(合閣-) : ①박공 위에 있는 마루. ②합각 내림마루.

합각머리(合閣-) : ①합각지붕의 삼각형으로 된 윗부분. ②이 부분에는 가지의 장식으로 꾸밈.

합각벽(合閣壁) : ①합각의 삼각형 공간을 막는 벽체. ②박공머리의 삼각형으로 된 벽. ③팔작지붕 위 용마루 옆면(박공머리)에 삼각형의 벽으로 꾸민 부분. 박공 아래에 벽을 설치하는 것.

합각지붕(合閣-, hipped and gabled roof) : ①좌우 측면에 합각이 있는 사면(四面) 구성의 기법. ②기와지붕 중에서 가장 아름다운 구성미를 지닌 지붕. ③좌우 측면에 합각(合閣)이 있는 4면 구성의 지붕. ④처마 끝은 모임지붕처럼 되고 용마루 부분에 삼각형의 벽을 만든 지붕. ⑤합각이 있으므로 마루도 용마루·내림마루(합각마루)·추녀마루(귀마루) 등이 형성되고 각각 마루에 장식 기와들을 장치하여 의장(意匠)과 화엄(華嚴)도 화려하며 합각에도 현어(懸魚)·지네철·회면벽 등의 치장이 있어 더욱 장중함. 한국건축의 지붕양식 중 가장 아름다운 형태. ⑥지붕 위에 박공(朴工)이 달린 삼각형의 벽이 있는 사면 경사지붕. ⑦모임지붕(hipped roof)과 박공지붕(gabled roof)을 조합시킨 형식. 즉 박공지붕의 사방으로 지붕을 이어내린 듯한 4면 경사지붕. ⑧조선시대의 궁궐·사찰·관아·상류주택 등에서 가장 일반적으로 사용됨. 현존하는 중요 법당의 대부분은 팔작기와 지붕의 구조. ⑨주로 다포양식(多包樣式) 건축물에 사용되었으며, 내부 천장은 대부분 우물천장임. 합각부(合閣部)에는 독특한 장식을 부가했으며, 처마안허리와 조로기법을 이용하여 처마선과 용마루선을 곡선화(曲線化)하여 수평선인 경우 중앙이 쳐져 보이는 착시현상을 미리 역(逆)으로 교정함. 따라서 처마부분은 추녀가 되고 용마루 부분은 합각이 되는 지붕형식. ⑩팔작지붕·팔작옥개. 팔모지붕(=).

합각지붕

합각집(合閣-) : ①지붕 마루부분에 삼각형의 벽을 꾸며 까치박공을 단 집. ②네 귀에 모두 추녀를 달아서 지은 집. ③팔작집(=)·팔모집(=)·합작가(=).

합금(合金, alloy) : ①하나의 금속에 하나 이상의 다른 금속 또는 비금속을 가해서 금속적인 성질을 나타내는 것으로 강(鋼)·청동(靑銅)·황동(黃銅)·특수강 등 모든 금속을 일반적으로 합금이라 할 수 있음. ②합금의 제조방법은 ㉠금속과 금속 또는 금속과 비금속을 용융상태에서 융합시키는 방법, ㉡압축 소결(燒結)에 의한 방법. ㉢삼탄(滲炭)처리와 같은 고체상태에서 확산을 이용해서 합금을 부분적으로 만드는 방법 등. ③특징은 ㉠단일 금속 때보다 강도·경도가 증대됨, ㉡합금강은 방청효과가 있음.

합금강(合金鋼, alloy steel) : 크롬(Cr)·코발트(Co)·구리(Cu)·망간(Mn)·몰리브덴(Mo)·니켈(Ni)·텅스텐(W)·바나듐(V)과 같은 다양한 요소를 필요한 물리적·화학적 성질을 얻기에 요구되는 양만큼 추가한 탄소강. 종류는 구조용 강·공구강·내부식 강(스테인리스강)·자석강 등으로 구분.

합동(合同, congruent) : 겹쳐 놓았을 때 모든 점이 일치하는 것.

합력(合力, resultant) : ①물체에 작용하는 여러 개의 힘을 이와 똑같은 효과를 갖는 1개의 힘으로 나타내는 힘. ②분력(⇔).

합리주의(合理主義, rationalism) : ①19세기 중반의 디자인 동향으로 자재와 질감의 장식적 사용을 장식요소로서가 아닌 구조체의 일부분으로 강조함. ②20세기 초기의 건축운동으로서 가장 합리적인 디자인 문제해결을 목표로 하는 합리적·기능적·경제적·사회적·양식적인 면을 포괄적으로 내포하는 이념. 건축이란 합리적으로 이해될 수 있는 일종의 과학이라고 언급한 비트루비우스(Marcus Vitruvius Pollio : 기원 전 46~30년에 활동)로부터 공식적인 체계가 이루어진 이후 20세기 합리주의는 시대적 상황에 부응하여 역사주의나 아르누보·표현주의와 달리 기능주의적이고, 현실에 적응성을 갖는 일반적 규격을 추구함으로써 다원적인 건축적 운용으로 개인주의적이라기보다는 총체적인 것이 되어 국가적·국제적인 이념을 추구함. 이러한 점에서 합리주의는 국제주의와 맥을 같이 한다고 할 수 있고, 합리주의는 많은 반대와 반박에도 불구하고 급속도로 발전되어 유형적·한정적인 형태언어를 가진 완전히 통합된 양식으로 예술운동상의 첫 번째 실례가 되었음. 특징은 새로운 재료인 철·유리·콘크리트를 사용하여 산뜻하게 밀폐된 공간구성과 윤곽이 분명한 개구부 판유리로 덮여진 외관, 직사각형의 볼륨(volume), 내·외두 공간의 연결, 역사적 요소와 장식 배제, 구조적·기능적인 부분들의 시각적 처리 등임. 대표적인 작품으로는 P. 베렌스의 AEG 터빈공장(1908~1909), 아돌프 로스(Adolf Loos : 1870~1933)의 슈타이너 저택(1910), 미스 반 데어 로에(Ludwig Mies van der Rohe : 1886~1969)의 시골주택(1922)과 바르셀로나 세계박람회의독일관(1929)·르 코르뷔지에의 슈타인 저택(1927) 등이 있음.

합목적성(合目的性) : ①어떤 물건의 존재가 일정한 목적(주로 실용상의 목적)에 부합되는 것. ②일정한 목적을 달성하는 데 적합한 행위 및 대상의 성질. 즉 디자인에 있어서 합목적성(즉 기능의 문제)은 조형(造形)의 출발점이라고 할 수 있는 필요조건으로서, 객관적인 지적조작으로 추진되는 것으로 다른 조건과 종합하여 가장 적절한 표현이 이루어지도록 해야 함. 합리주의의 궁극적인 가치로서 건축이나 디자인에서 가장 중요한 조건(요소)으로 작용. ③종류는 외적 합목적성과 내적 합목적성으로 구분. ④실용성(=)·기능성(=).

합성건구온도(合成乾球溫度, ℃ dry resultant temperature) : ⇨합성온도(=).

합성고무(合成-, synthetic rubber, synthetic gum) : ①화학처리로 만들어진 인조고무. ②특성이나 용도면에서 천연고무와 비슷한 엘라스토머(elastomer)의 일종으로서 부틸렌(butylene)이나 이소프렌처럼 불포화 탄화수소의 중합작용으로 생성되거나 탄화수소를 스티렌이나 부타디엔으로 공중합체시켜 만듦. ③합성고무계 접착제는 주로 부타디엔·스티렌·아크론니트릴레·이소부털렌 등의 공중합물이므로 공중합되는 물질과 그 비에 따라 여러 가지 접착제를 만들 수 있음. 일반적으로 스티렌 고무·니트릴 고무·네오프렌 고무·부털 고무·아크릴산·에스테르 고무·규소 고무·우레탄 고무 등으로 분류하며, 접착제로서 최근에는 목재·금속·플라스틱 등의 접착에 합성고무계 접착제가 이용되고 있음. 특히 목재가공에는 니트릴(nitrile) 고무·네오프렌(neoprene) 고무가 많이 사용됨.

합성공법(合成工法) : ①이종(異種)의 재료에 의해 합성된 내화피복. ②특징은 내화피복의 중복시공을 피하고 공사비 절감 및 공기단축을 도모함. ③주로 강구조에서 외벽에 PC판을 사용하여 마감하는 경우, 외측과 내측의 내화피복을 달리하는 경우에 유효함.

합성구조(合成構造, composite construction) : ①부재 단면이 다른 재료에 의해 구성된 구조로 합성보·합성기둥·합성상판·합성벽 등이 대표적인 예임. ②철근콘크리트 구조·프리스트레스트 콘크리트 구조·강관 콘크리트 구조 등이 여기에 포함됨. ③일반적으로 구조용 강재와 현장에서 부어 넣은 콘크리트 또는 철근콘크리트가 합성된 휨재 또는 압축재로서 이질(異質)의 2요소가 서로 결합되어 단일체처럼 작용하는 구조. 단면 해석은 ㉠시공 중 지지를 하지 않을 때 콘크리트 강도가 설계기준강도의 75%에 도달하기 전에 재하되는 고정하중은 강재 보의 단면이 부담하고, 75% 이상의 강도에 도달한 이후에 재하되는 하중은 합성 단면이 부담함, ㉡콘크리트 강도는 75% 이상의 강도에 도달할 때까지 지지할 때는 합성 단면이 전하중(全荷重)을 부담하는 것으로 함, ㉢콘크리트의 압축강도는 300kg/㎠ 이하로 봄. ⇨철골철근콘크리트 구조.

합성기둥(合成-, composite column) : ①콘크리트 기둥 단면 내에 강재기둥·축방향 철근 및 나선철근으로 구성되는 기둥. ②

수직근과 나선철근이 배근된 철근콘크리트 기둥 내에 철제기둥을 혼합한 기둥. ㉠합성기둥 내부의 강재 단면적은 전(全) 콘크리트 단면의 20%를 초과하지 못하고 원통형(圓筒形)의 중공단면(中空斷面), 강재기둥의 중공부분은 콘크리트로 채움, ㉡강재기둥의 면과 나선철근 사이의 간격은 75㎜ 이상 떨어져야 함. 단, H형 단면기둥의 플랜지 끝에서는 50㎜ 이상 떨어져야 함.

합성라멘(合成-, composite frame, composite rahmen) : ①강절(剛節)과 활절(滑節)을 겸용하여 연결·접합시킨 골조. ②골조의 일부에 트러스재(材)를 결합한 라멘.

합성보(合成-, composite beam) : 두 가지 이상의 재료를 결합하여 일체가 되어 작용하도록 만든 보.

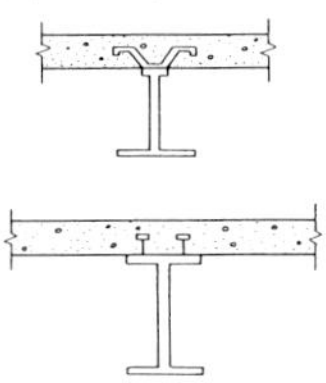

합성보

합성섬유(合成纖維, synthetic fiber) : 화학적 반응에 의해 형성된 합성물질로 만든 섬유.

합성수지(合成樹脂, synthetic resin) : ①자연산 수지의 결점인 약한 내수성과 미생물에 대한 저항성을 높이기 위해 인공적으로 합성한 수지. ②합성수지는 석탄·석유·천연가스 등의 원료를 인공적으로 합성시켜 얻어진 고분자 물질. ③가소성을 가진 고분자 화합물을 총칭. ④가소성이 풍부한 성질이 있으므로 플라스틱과 같은 의미로 사용되는 경우도 많음. ⑤특징은 가공성이 용이하고 색채가 미려하며 착색이 자유롭고 강도·경도·내식성·내후성·내수성·내열성·내구성 등이 우수하여 경량구조재·수장재로서의 타일·시트류(類)·피복재·접착재·도료 등 건축물의 내·외장재로 많이 사용됨. ⑥종류는 크게 열경화성수지와 열가소성수지로 구분. ⑦플라스틱(≒).

합성수지바니시(合成樹脂-, synthetic varnish) : ①합성수지를 건성유에 가열·용해한 도료. ②일반적으로 건조가 빠르고 도막광택이 나며, 투명한 합성수지를 첨가하는 경우에는 도막도 선명함. ③내·외부용으로 사용.

합성수지치장합판(合成樹脂治裝合板) : ①특수가공 화장합판의 일종(KS F 3201). ②합판 표면에 멜라민수지와 폴리에스테르수지를 칠(overlay)한 합판. ③특징 ; ㉠표면이 단단하여 충격에 강함, ㉡내수성·내마모성·내산·내알칼리·내약품성 등 기능성이 강함, ㉢물걸레 청소 등 사후관리가 쉬움.

합성수지수성페인트(合成樹脂, synthetic water paint) : ①안료를 물로 용해하여 합성수지 교착제를 사용해서 만든 도료. ②에멀션 페인트(=).

합성수지유성페인트(合成樹脂油性-, synthetic oil paint) : ⇨합성수지페인트(=).

합성수지페인트(合成樹脂塗料, synthetic paint) : 합성수지를 용제에 희석하여 만든 도료로서 산화(酸化)반응형(反應形)이 아니기 때문에 시멘트 모르타르나 회반죽 등의 알칼리성 바탕에 도장이 가능함.

합성온도(合成溫度, resultant temperature ; RT) : ①프랑스의 A. Missenrad에 의해 창안되었으며, 영국에서 많이 사용되고 있는 ET와 유사하게 건구온도(DBT)·평균복사온도(MRT)·풍속(v)·상대습도(RH)를 조합한 지표. ②기온과 복사온도 및 기류의 조합으로 기류가 약할 때 사용. ③합성건구온도.

합성재(合成材, synthetic material) : 자연재 대신 인공재와 화학성분을 합성하여 생산되는 플라스틱류 재료. 건축과 실내마감 재료로는 고탄력 마루타일인 리놀륨(linoleum), 실내에서는 유리를 대신하는 투명하거나 채색된 아크릴·거친 마감의 판재를 감싸기 위한 멜라민 라미네이트(melamine laminate) 등이 있음.

합성피혁(合成皮革) : 석유를 원료로 하는 나일론·폴리에틸렌 등의 합성품으로서 피혁과 유사하게 만든 것.

합유리(合琉璃, laminated glass) : ⇨접합유리(=).

합장(合掌) : ①목구조 건축에서 마룻대와의 좌우이동을 방지하고자 종량에 빗방향으로 버티어 대는 부재. ②솟을합장(=).

합장천장(合掌天障) : ⇨빗천장·사천장(=).

함정균가옥(咸丁均家屋) : ①강원도 문화재자료 78호, 19세기 중엽 창건. 고성 왕곡마을의 대표적인 가옥이자 전형적인 영동북부지방 가옥. ②전면 4칸, 측면 2칸에 외양간이 부엌 앞에 연이어 1칸이 돌출된 겹집형태. 안채의 서쪽으로 배치된 2칸의 부엌은 집안 출입의 주통로이자 외부에서 뒷마당으로 출입하는 통로로 사용. 부엌과 마루사이에는 칸막이가 없고 부엌과 외양간이 트인 것은 정주간이 있는 함경도지방의 평면과 남쪽지방의 마루가 합쳐진 형상으로 부엌에서의 체열채난(體熱採暖)에 의한 온기를 자연대류시키기 위함. 부엌의 전후벽면은 판벽처리. 안방 뒤 뒷마당 쪽은 툇마루 설치. 동쪽은 사랑방과 고방 설치. 장마루깔기한 마루 전면은 다른 방의 외벽과 같이 창호와 벽으로 구성, 창호는 채광과 통풍의 기능을 주로 함. 섬돌이 없으며, 실내 출입은 실제로 부엌문을 통해 하는 것은 겨울철 찬바람이 출입구를 통하여 실내로 직접 유입되는 것을 막기 위한 방풍실 역할을 함. 후면은 안방·윗방·도장방이 위치하며, 세벌로 쌓은 기단 위에 자연석 주초석을 두고 방형기둥을 세운 후 굴도리로 결구하고 있으며, 고방과 사랑방 사이에 벽체를 외부로 연결하여 쌓은 후 지붕을 달아내어 서까래를 걸고 헛간으로 사용함.

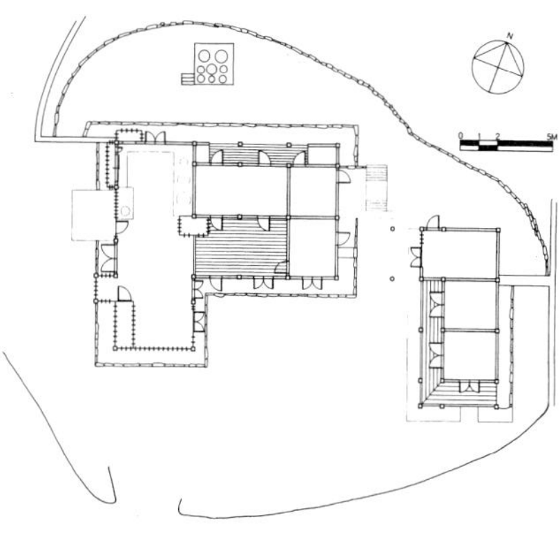

함정균가옥 도면

합중방(合中枋) : ①여러 조각으로 짜지 아니하고 긴 널을 통째로 가로 대어 막은 머름. ②통머름(=).

합지벽지(合止壁紙) : ⇨엠보싱코팅벽지(=).

합판(合板, plywood) : ①목재를 얇은 판, 즉 3매 이상의 얇은 단판(單板, veneer)을 1매마다 섬유방향이 직교(直交)하도록 홀수로 접착제로 겹쳐서 가열압착(加熱壓着, hot press)하여 붙여 만든 판. 보통 베니어판(veneer board) 또는 베니어합판(veneer plywood)이라고도 함. ②침엽수 합판은 무거운 무게의 강인성과 부피의 부동성 및 벽·마루·지붕을 신속하게 덮을 수 있는 효율성이 있음. 활엽수 합판은 주로 장식용으로 사용됨. 가구용으로는 파티클보드 위에 활엽수 합판을 쓰는 것이 일반적이며, 단판(單板)의 겹치는 매수는 3·5·7매 등의 홀수로 되고, 단판두께는 보통 1~30㎜ 정도로 함. ③합판의 크기는 삼육(3자×6자, 900×1,800㎜)·사팔(4자×8자, 1,200×2,400㎜) 합판 등이 있으며, 두께는 3.2·5.5·9㎜ 등이 있지만 가구에는 주로 3·5.5㎜가 사용되고, 벽체에는 9·12㎜가 주로 사용됨. ④고급목재를 엷게 벗겨 넓은 면적에 유용할 목적으로 시도된 합판은 자연목재의 이점(利點)을 유지하면서 재료의 여러 가지 결점을 개선하여 합판의 특징을 형성하고 있음. ⑤원료목재의 비중보다 5~15% 정도 증가함.

합판유리(合板琉璃, laminated glass) : ⇨접합유리(=).

합판의 분류(合板-分類) : ①내수성의 강도에 따른 분류 : 특류 합판(완전 내수성 합판)·1류 합판(고도 내수성 합판)·2류 합판(보통 내수성 합판)·3류 합판(비내수성 합판) 등. ②사용상의 목적에 따른 분류 : 내장용 합판(실내용)·외장용 합판(실외용) 등. ③구성 또는 가공방법에 따른 분류 : 보통합판·특수합판 등. 특수합판은 ㉠구

성 특수합판 : 적층 특수합판(two ply 합판·斜交합판)·코어 특수합판(럼버코어 합판-라민보드·블록보드·베튼보드·보드류(類) 코어 합판-파티클보드 코어 합판·파이버보드·코어보드·페이퍼 샌드위치 합판, 발포합성수지 코어 합판, 경량 합판-허니콤 코어·롤 코어 합판·기타 코어 특수합판-금속판 코어 합판·석면 코어 합판). ㉡표면 특수합판 : 표면 기계가공합판(형갑합판·유공합판)·오버레이합판(단판 오버레이합판·합성수지 오버레이합판·지포류 오버레이합판·금속 오버레이합판)·기타 오버레이합판, 도장합판 : 프린트합판·투명도장합판·불투명도장합판, 약제처리합판·방화합판·방부합판·방충합판·경화합판·성형(곡면)합판 등.

합판의 역사(合板-歷史) : ①세계 최고의 베니어 접착수법은 고대 이집트 왕국의 토트메스(Thothmes)3세 시대의 테베 조각에서 발견됨. ②이집트에서 발굴된 유적에는 목재가구·상자·괴 등에 장식적 단판에 의한 오버레이(overlay) 수법이 상아·금속·보석류의 상감(inlay)과 같이 사용된 흔적이 발견되어 현재도 카이로 박물관에 보존되어 있음. 이들 발굴된 가구는 일반적으로 사용하지 않고 신을 모시는 제단·석관·의자·침대 등에 아름다운 목재를 접착시켜 사용된 것으로 알려짐. 이러한 목재의 사용은 항상 장식적으로 이용되었으며, 도장·조각·상감 등에 베니어 기술이 응용됨. 또한 2000년 전 로마제국에서도 베니어 접착수법은 가구에 많이 이용됨. 중세에 이르러 고대의 베니어 접착수법이 시대적인 국민의 습관, 풍속과 함께 목공(木工), 특히 가구의 스타일이 되었음. 즉 로마가구의 전통을 계승한 문화의 13~15세기에 이르러 전통을 발달시킨 고딕양식에도 베니어 접착수법이 사용된 바 있음. 그 후 13세기 말부터 시작한 르네상스운동이 유럽 각국에 전파됨에 따라 고딕양식에 대한 고전적 취미로 기목기술(奇木技術)이 어느 때보다도 고도로 발달함. 특히 프랑스 왕조가구에 있어서 루이 스타일은 호화가구로 유명함. 목재가 가지고 있는 아름다운 목리(木理)의 장식적 가치를 극도로 발휘시키는 공법에 의한 조형양식은 수종(樹種)으로 구분되며, 앤 여왕조(1689~1720)를 월넛(walnut)시대와 마호가니시대(mahogany period)라고 하며, 조지(1720~1820)는 인도지방에서 사용하는 새틴우드(satin-wood)가 상용되어 새틴우드시대(satin-wood period)라고 불림. 이 시대에도 베니어 접착수법이 벽면·도어·내부장식재·가구 등에 성행. 이와 같은 수공업적 공법이 제작된 것은 1650년경부터 1808년까지로, 이 시기에는 초보적인 제조기계가 만들어졌고, 베니어 슬라이서는 1830년경 프랑스에서 제작되었다고 함. 베니어 선반은 1840년 존 드레서(John Dresser)가 미국에서 특허를 얻은 것이 최초임. 우리나라에서 합판공업이 시작된 것은 1936년경으로서, 1953년 휴전 후 각종 복구사업이 활발히 진행되고 내수용 합판의 수요가 증대되었으며, 1964년 수출산업으로 지정되면서 합판공업은 비약적으로 성장하여 1965~74년까지 수출면에서 연평균 30% 이상의 급격한 신장을 했으나 1978년을 정점으로 그 이후의 합판 생산량은 감소함.

합판의 특징(合板-特徵) : ①넓은 면적의 판을 얻을 수 있음 ; 넓은 면적의 판을 구하기 위해서는 로터리 컷 베니어(rotary cut veneer)로 사용목적에 맞는 넓은 면적의 판을 얻을 수 있으며, 단판·합판을 제작하는 기계, 특히 판의 접착·압축하는 강도에 따라 그 크기가 조절됨. ②자연목재의 흠 제거 및 분산에 의한 영향을 적게 받음 ; 합판제조 공정에서 자연목재의 송진 구멍, 썩은 부분, 갈라진 부분 등 흠이 있는 부분을 제거하거나 분산시켜 판을 합치기 때문에 그 재질에 미치는 영향이 적음. ③단판의 교착접착에 의한 수축·팽창 해소 ; 목재의 물리적 성질은 목재를 구성하는 세포요소, 즉 섬유질 방향에 따라 다르므로 단판에서 보통 접선 방향으로 수축·팽창이 심해 비틀어지기 쉬운 것을 직각방향으로 서로 교차·접착하여 합판을 만듦으로써 수축·팽창은 서로 견제되고 비틀림이 방지됨. 또한 엷은 판은 갈라지기 쉽지만 합판에서는 갈라짐이 거의 없음. ④수지와 약제로 처리한 판을 쉽게 얻을 수 있음 ; 얇은 단판은 수지와 약제로 처리한 다음 접착하여 소요되는 두께의 판으로 만들면 전체가 균일하게 처리된 제품을 쉽게 얻을 수 있음.

핫래커(hot lacquer) : 하이 솔리드 래커의 일종으로 하이 솔리드 래커보다 니트로셀룰로오스, 기타 도막형성 물질이 많이 함유된 도료로 열을 가하면 점도(粘度)가 낮아지는 것을 이용하여 칠하도록 만든 래커. 여름에는 점도가 떨어지고 겨울에는 높아짐. 70~80℃로 가열하여 유동성을 증대시켜 스프레이(spray)도장함.

핫스폿응력(-應力, hot spot stress) : 이음부 등 응력이 집중하는 장소에 발생하는 최대 국부응력(局部應力).

항(桁) : 도리 또는 보 칸(間). 현재 '정면 몇 칸' 하는 '정면'에 해당함.

항공소음(航空騷音) : 항공기 활주, 이륙, 비행, 착륙 시에 나는 소음. 소음원은 주로 엔진음과 기체를 감싸고 도는 공기 흐름으로 발생하는 공력음임. 고도가 낮아지는 공항 주변에서 피해가 특히 심함.

항구성(恒久性, constancy) : 크기에 있어서 대소의 차이는 거리와 무관하게 물건의 지각을 일정한 크기와 불변하는 색깔 및 질감을 가지고 있는 것으로 지각되는 시·지각적인 특성.

항복비(降伏比, veiled ratio) : 항복점 또는 내력과 인장강도의 비. 강구조에서 보통 쓰이는 인장강도가 41kg/㎟ 정도의 강재인 경우에는 0.6~0.7 정도이지만, 80kg/mm 정도의 고장력강이면 0.9 정도로 커짐.

항복전압(降伏電壓, breakdown voltage) : 절연물에 전압을 가하여 점차 상승시켜 절연파괴에 이르게 되었을 때의 전압.

항복점(降伏點, yield point) : ①응력변화가 없는데도 불구하고 변형도가 갑자기 늘어나는 점. ②응력의 증가 없이 변형의 증가가 일어나는 응력/변형 곡선상의 점. 이 응력은 최대로 얻을 수 있는 응력보다 작을 수 있음. 강직한 재료는 항복점이 나타나지 않음.

항상가정(恒常假定, constant hypothesis) : 어떤 특정 감각기관에 일정한 세기의 자극을 주면 어떠한 경우에도 일정한 감각이 일어난다는 가정.

항상성(恒常性, constancy) : ①대상의 물리적인 변화에 관계없이 대상의 지각은 비교적 변화하지 않는다는 것. 예컨대 사람의 뒷모습은 10m에서 20m로 멀어지면 1/2로 축소되지만, 지각으로서는 대략 같은 크기로 보임. ②보는 밝기나 색·조명·형태·크기·거리·위치 등의 물리적 변화에 따라 망막자극의 변화가 비례하지 않는 것을 색, 또는 밝기(명도)의 항상성, 형태의 항상성, 크기의 항상성이라고 함. ㉠밝기(명도)의 항상성은 밝은 물건 쪽이 강하고, 어두운 물건 쪽이 약하며, 관찰시간이 짧으면 항상성이 약함. 반사율이 같은 면의 휘도는 조도에 비례하여 변화하지만 면의 밝기에 대한 휘도보다도 반사율에 의해 좌우되고 있으며, 휘도변화에 대한 밝기는 비교적 일정함. 예컨대 백지를 밝은 곳과 어두운 곳에서 볼 때, 어두운 곳에서 볼 때 더 어둡게 보이는 것이 사실이지만 같은 백지로 인지하는 것. 밝은 태양 아래에 있는 석탄은 어두운 곳에 있는 백지보다 빛을 많이 반사하고 있는데도 불구하고 석탄은 검게, 백지는 희게 보이는 현상. ㉡색의 항상성은 밝기의 항상성에 비해 약하지만 색광시야가 크고 시야의 구조가 복잡하면 항상성이 강함. 조명이 단색광이고 가까이 있으면 항상성이 약함. ㉢형태의 항상성은 직사각형의 문은 문이 열었다 닫히기까지 개폐의 정도에 따라 여러 가지 형태를 갖더라도 같은 모양의 문으로 지각하는 것. ㉣크기·깊이의 항상성은 대상이 위치한 거리에 상관없이 그 크기가 같다고 인지하는 현상.

항상시(恒常視) : ⇨색각항상.

항성시(恒星時, sidereal time) : ①춘분점을 하나의 천체로 보았을 때의 시각(時角 ; 천구상의 한 점과 하늘의 극을 연결하는 원이 자오선과 이루는 각). ②항성시는 그 지점의 자오선에 의거하므로 정확히는 지방 항성시임. ③춘분점은 천구상에서 고정된 점이 아니라 위치가 바뀌는데, 그것은 세차(지구의 자전축이 원추형을 그리며 2만6천년에 한 바퀴씩 도는 현상)와 장동(세차의 원차위에 진폭이 작은 주기적인 진동)에 의한 것. ④세차만을 받고 이동하는 춘분점을 평균 춘분점, 그것에 의한 시각을 평균 항성시라 부르는데, 평균 태양시의 0.99726957배가 됨. ⑤태양시는 태양의 일주운동에 의해 정해지는 시간이며 이것을 1년을 통해 평균한 것이 평균 태양시임.

항아리보 : ①단면을 항아리 모양으로 다듬어 쓴 보. ② 대부분 고려시대에 주심포집에 쓰였음.

항아리보

항아리와 공형선반가공재(-型旋盤加工材, vase and ball turning) : 항아리와 공이 번갈아가며 결합된 것처럼 보이는 선반가공부재.

해남 윤두서고택(海南 尹斗緖古宅) : ⇨윤두서고택(=).

해남윤씨 녹우당(海南 尹氏 綠雨堂) : ⇨녹우당(=).

해남윤탁가옥(海南 尹鐸家屋) : ⇨윤탁가옥(=).

해남정명식가옥(海南 鄭明植家屋) : ⇨정명식가옥(=).

해돌이 : ①나무의 줄기에 해마다 한 돌이씩 생기는 무늬. ②나이테·연륜(=).

해들리체스트(hadley chest) : 17세기 후반과 18세기 초에 미국 코네티컷 지방에서 만들어진 장. 미국의 자코비안(Jacobean) 가구 양식으로 참나무나 소나무의 재료에 네 개의 높은 발과 2~3개의 서랍이 있고, 전면의 작은 사각형 안에는 엉킨 나뭇잎·꽃무늬 등의 평평하게 조각된 장식이 있는 매우 단순하고 튼튼한 가구.

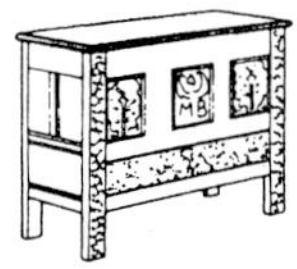

해들리체스트

해리기법(-技法, Harry method) : ①실제로 찍은 화면을 30분의 1초씩 컴퓨터로 특수합성 편집해 공상영화와 같은 장면을 연출하는 새로운 광고영상기법. ②텔레비전의 음향이 촛불을 끄거나 사람이 TV로 변하고, TV가 사람으로 변하는 장면, 또는 기타를 칠 때마다 번갯불이 찌르르 흐르는 것 등이 해리라는 컴퓨터 장비를 활용한 광고들임.

해리슨포일훅스아브람비치사무소(-事務所, Harrison, Fouilhoux and Abramvitz) : 1934년에 창설된 설계사무소. SOM과 함께 미국의 전통적 마천루를 발전시킨 공로가 크고, Lincoln Center(1960~64)·UN Building(1948~50)·First Presbyterian Church(1959) 등의 작품이 있음.

해막(解幕) : ①임산부를 위한 임시거처. 충청남도 도서지방에서는 마을을 등진 산기슭에 해막을 지어놓고 임산부가 이곳에 가서 해산을 하게 함. ②해막은 보통 방 두 칸에 부엌 한 칸으로 막지기 부부가 상주하면서 해산을 도움. ③해막의 발생은 어민들이 갖고 있는 부정에 대한 엄격한 금기의 관념과 관계가 있어서 개인뿐만 아니라 마을에 닥치는 재앙을 물리치고, 부정 자체를 마을에서 멀리 쫓기 위해 생겨난 것으로 보임. 마을에서 해산한 집이 있으면 어선의 출항까지 금하기도 했고, 임산부가 해산을 했어도 동제(同祭)가 진행되는 경우는 기다렸다가 동제가 끝난 후에야 마을로 돌아갈 수 있었음.

해머브레이스(hammer brace) : 해머빔(beam)을 지지하기 위한 버팀목.

해머빔(hammer beam) : ①벽의 상단부에 지붕틀 대신에 설치한 캔틸레버 보. 지붕틀을 사용하지 않기 때문에 개방적인 공간처리가 가능하며, 빔의 끝에 조각이나 버팀대(brace)에 장식처리를 하여 목조의 경쾌함과 장려함이 돋보이므로 주택이나 교회 등에 이용되었음. ②벽판에 있는 서까래와 연결된 두 개의 짧은 수평부재.

해머빔루프(hammer beam roof) : 해머 빔에 의해 지지되는 지붕.

해머스톤(hammer stone) : ⇨해머톤(=).

해머톤(hammer tone) : 알루미늄 분말을 첨가한 도료를 칠하고, 알루미늄판을 해머로 두드려서 울퉁불퉁하게 만드는 도장 방법.

해머포스트(hammer post) : 중도리를 지지하기 위해 평보 상부에서 망치형 보(hammer beam)의 단부에 연결되는 대공.

해머톤에나멜(hammer tone enamel) : 금속면을 망치(hammer)로 곱게 두드린 것 같은 아름다운 은색의 입체적 모양을 형성하는 도료로서 실리콘 수지와 알루미늄 분말을 섞어 만든 도료. 도장은 뿜칠(spray)로 함.

해바라기색(-色, sun flower) : ①관용색명으로 해맑은 노랑. ②먼셀기호 2Y8/14.

해방목수(解放木手) : ①해방이 된 뒤에 목수 일을 배운 목수. ②일본 연장이나 서양 연장을 쓰면서 일본식과 서양식 기술을 익힌 목수.

해변가호텔(海邊-) : ①해변 또는 호숫가에 세운 호텔. ②예컨대 산정호수호텔 등. ③레이크사이드호텔(=).

해비타트운동(-運動, Habitat Movement) : ①무주택 서민의 주거문제를 해결하기 위한 기독교의 초교파적 민간운동. ②1976년 미국인 밀러드 풀러에 의해 시작됐으며, 우리나라에서는 1992년 사랑의 집짓기운동연합회로 시작됐음.

해상공항(海上空港, offshore airport) : 매립식·부함식(浮函式)·고정식 등의 하부구조에 의해 바다 위에 건설되는 공항.

해상도(解像圖, resolution) : 화면 또는 출력지에 얼마만큼 세밀하게 문자 또는 화상을 출력할 수 있는가 하는 정도.

해상도로(海上道路, ocean road, road on the sea) : 유각식·제방식·부함식 등의 하부구조를 가지는 바다 위에 건설된 도로.

해상도시(海上都市, marine city, sea city) : 사면이 바다로 둘러싸인 형태로서 인공적으로 조성된 도시 기능을 가지는 인공섬으로 육지에 연속된 매립지나 자연적인 섬은 이에 해당되지 않음.

해상력(解像力, resolving power) : 관측하려는 두 물체가 서로 접근해 있을 경우 그 둘을 개개의 대상으로 식별할 수 있는 능력을 나타내는 양. 분리능·분해능이라고도 함. 예를 들어 해상력이 1㎜라 하면 1㎜보다 좁게 떨어져 있는 두 물체는 식별할 수 없다는 뜻임.

해석(海石) : ⇨속돌(=).

해소크(hassock) : ①직물로 씌워진 발을 올려놓기 위한 스툴. 르네상스시대에는 종교적인 의례 및 의식 등의 자리에서 무릎을 꿇을 때 사용되기도 했음. ②풋스툴(=).

해안각(蟹眼刻) : ⇨게눈각(=).

해암정(海岩亭) : ①1361년(고려 공민왕 10년)에 진주군 심동로가 벼슬을 버리고 이곳에 내려와 생활할 때 건립한 정자. 후학양성과 풍월로 여생을 보낸 곳. 화재로 소실된 것을 1530년(조선 중종 25년)에 심언광이 중건하였고, 1794년(조선 정조 18년)에 중수. ②전면 3칸, 측면 2칸으로 10개의 기둥은 원주, 정면을 제외한 3면은 모두 4척 정도의 높이까지 벽체를 세우고

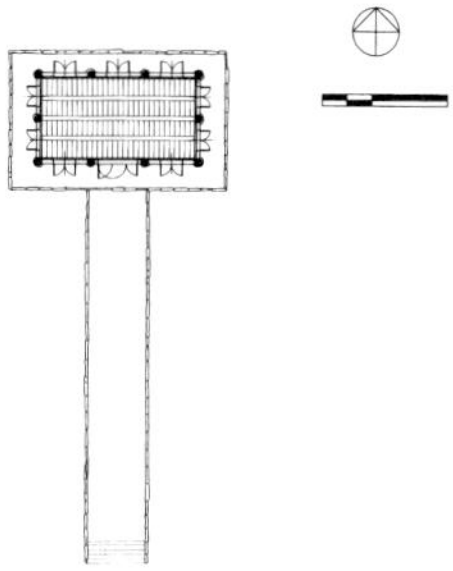

해암정 도면

ㅎ

상부는 개방. 초익공양식으로 수서를 조성하고 창방에 소로를 놓고 장여와 도리를 얹음. 홑처마에 팔작지붕으로 구성.

해양건축(海洋建築, oceanic architecture) : 해양개발이나 워터 프런트 개발 등의 목적을 달성하기 위해 필요한 해양건축물을 건설·정비하는 것.

해양건축물(海洋建築物, ocean structure) : ①해양건축의 목적에 대응하여 건설된 건축물. ②하부구조의 형식에 구애됨이 없이 해양공간에서 인간의 활동공간으로서 건축물과 이것을 원활하게 가능하도록 하거나 보완하기 위한 공작물을 포함한 것.

해양공간(海洋空間, ocean space) : 해상·해중·해저 및 이들을 포함한 해양의 영역.

해우소(解憂所) : 근심을 해결하는 곳, 즉 사찰의 뒷간을 이른 명칭.

해운정(海雲亭) : ①보물 183호. ②조선 상류가옥의 별당형식으로의 정자건축에 속하는 목조건물. ③1530년(조선 중종 25년)에 심언광(沈彦光)이 강원도 관찰사로 있을 때 지은 건물. 적절한 기단과 비례가 어우러진 입면구성과 조선 전기의 절제된 기품있는 별당양식의 정자. ④자연석과 사괴석을 두 벌 쌓은 기단 위에 화단을 꾸민 후 그 위에 규모가 큰 화강석·사괴석 두 벌대쌓기를 하여 전체 3단의 계단식 기단을 가짐. 정면 3칸, 측면 2칸의 단층 팔작지붕으로 자연석 주초석 위에 25cm 각의 방주를 세우고 초익공으로 결구. 정면 3칸 중 우측 2칸은 대청마루로 하고 좌측 1칸은 온돌방으로 꾸밈. 대청 전면에는 사분합의 띠살문을 달아 전체를 개방할 수 있도록 하였으며, 측면과 후면은 벽을 쳐서 두 짝 판문을 달았고, 주위에는 쪽마루를 돌렸음. 공포는 간소하고 기둥머리에 꽂은 쇠서와 주두만으로 대들보를 받게 하고 도리 밑에 소로를 배열. 천장은 연등천장, 지붕의 합각 아래 부분은 우물천장. 대청과 온돌방 사이에는 기둥을 세워 벽을 치고 칸막이를 하여 출입문을 달았으며, 방의 중간에 미닫이문을 두어 필요에 따라 분리·사용하도록 함. ⑤정자의 현액인 해운정은 송시열(宋時烈)이 씀.

해자(垓子, moat around an imperial palace, city wall) : ①성벽 외부에 적의 침입을 방지하기 위하여 둘러 판 못. ②성벽 밖에 적이 접근이 어렵게 파 놓은 참호 시설로 물을 채워 놓음.

해창(-窓) : 햇빛이 들어오도록 낸 창.

해체주의(解體主義, deconstructivism) : ①구성요소가 분리되어 있거나 부분적으로 연결되지 않은 부분을 재조립하는 최근의 디자인 접근방식. ②1960년대에 특히 문학연구 분야에서 시작된 철학과 비평의 한 동향. 현실을 나타낸다는 언어의 능력에 대한 전통적 가정을 부인하고, 한 단어는 근본적으로 오직 다른 단어만을 지칭하기 때문에 문장(text)은 안정된 표현대상(reference)을 가질 수 없다는 견해를 지니고 있음. 결국 독자는 모든 추상적 추론이나 민족 중심적(ethnocentric) 가정을 배제한 채 능동적인 의미의 정의를 통해 또는 어원학(ethymology)과 신조어에 의존하여 문장에 접근해야 한다고 주장. ③포스트 구조주의의 문학이론으로 1960년대에 프랑스의 비평가 J. 데리다가 제창한 비평이론. 주어진 것으로서의 전체성, 즉 신(神)이나 이성 등 질서의 기초에 있는 것을 비판하고 사물과 언어, 존재와 표상(表象), 중심과 주변 따위 이원론을 부정하고 다원론(多元論)을 내세움. ④1980년대를 전후로 젊은 건축가들은 의도적으로 건축과 디자인의 전통적 미학을 부정하고, 과거의 모든 형태·질서와 기본원리를 해체하려는 새로운 디자인 방향을 모색하여 완벽성·일관성·획일성에 새로운 긴장감을 주는 형태로 디자인하거나 파괴적·미완성적 성향을 나타냄. 해체주의 프로젝트에서 디자인 요소들은 통일된 전체로 구성하는 대신에 해체되고 분리되어 때로는 날카롭게 각지고 중첩되며 상호관입되는 형태를 가짐. 실외의 요소는 실내로 침투되고 실내는 명확한 경계를 갖지 않음. 또한 해체주의는 금속·플라스틱·유리·와이어·섬유질 등 이질적인 재료를 서로 혼합 사용함으로써 과거의 공간디자인에서 경시되어 왔던 모든 구조적 요소를 새롭게 노출시켜 일상성에서 벗어난 새로운 공간을 지향하고 있음. 특히 해체주의 작가들은 그들의 형태 개념을 강화하기 위해 검정·빨강·노랑·파랑 등 강렬한 원색을 사용함. ⑤체르니코프와 레오니도우(Leonidou)와 같이 1920년대 구성주의자들의 작품으로부터 다수의 형태를 받아들인 네오모던 건축양식(Neo-modern architecture style) 또는 포스트 고전주의(post classicism) 경향. 그것은 극단적으로 근대주의자의 추상적 개념을 받아들이며, 이미 알려져 있는 모티프(motif[프])들을 과장되게 표현. 그것은 사고력 있는 추상개념에 기초를 둔 반사회적 건축양식이고, 프랑스의 해체주의 철학자 자크 데리다(Jacques Derrida)를 사상적 기초로 하여 러시아 구성주의의 영향을 받아 1984~88년경부터 시작된 건축운동으로서, 특정 기하학(幾何學)을 설정해 놓고 적어도 1개 이상의 다른 기하학을 서로 충돌하도록 중첩(重疊)시켜 놓은 듯한 디자인을 추구. 대표적인 건축가와 작품으로는 피터 아이젠만(Peter Eiesenman : 1932~)의 주택시리즈(Houses)·웩스너(Wexner) 시각예술 센터(미국 오하이오 주)·I-BA주택(독일 베를린, 1982~1987) 등과 버나드 츄미(Bernard Tschumi : 1944~)의 라 빌레트공원(Parc de la Villette, 프랑스 파리), 프랑크 게리(Frank. O. Gehry : 1929~)의 게리주택(Gehry House), 일본 고베 일식당·로욜라 법학 대학(미국 캘리포니아, 1982~1984)·캘리포니아 항공우주박물관(캘리포니아, 1982~1984)·비트라(Vitra) 디자인 박물관(독일)·렘 쿨하스(Rem Koolhaas : 1944~)의 국립무용극장(네덜란드 헤이그, 1984~1987)·자하 하디드(Zaha. M. Hadid : 1950~)의 홍콩 피크공원(Hong Kong Peak Park) 계획안(1982~1983)·쿱 힘멜브라우(Coop. Himmeblau : 1968~)의 오사카 폴리(Folly, 1990)·모포시스(Morphosis : 1974~)의 종합 암센터(미국 캘리포니아)·케이트 만틸리니 레스토랑(미국 캘리포니아 말리브, 1990) 등.

해초문양마키트리(海草文様-, seaweed marquetry) : 해초(seawood)나 꽃상치 잎 형태의 목재 쪽매 세공장식으로 섬세한 소용돌이 장식이나 아라베스크(arabesque)형으로 디자인하였고, 영국의 윌리엄과 메리(William and Mary), 앤 여왕(Queen Anne) 시대에 특히 성행한 기법. 프랑스 가구 제작자 블레(Boulle)의 작품으로, 구성재료가 금속과 자개에서 다양한 수종의 베니어로 바뀐 것이 특징.

해초문양마키트리

해초벽지(海草壁紙) : 해변가의 습지에서 자생하는 부들을 원료로 만든 벽지. 느낌이 완포벽지와 유사하며, 잎이 성장하여 두꺼워지기 전에 채취하는 것이 좋음.

해초풀(海草-) : 미역 등의 바닷말(바다풀)을 끓여서 만든 풀물로 미장재료의 하나임. 소석회, 흙 등에 섞으면 점착성(粘着性)과 가소성(可塑性)이 커짐.

해초호(海草糊) : ⇨해초풀(=)

해치(hatch) : ①지붕 위나 지붕 속 또는 상·하의 층으로 물품이, 배 위의 승강구 등으로 사람이 출입할 수 있도록 지붕·천장·바닥 등에 설치하는 문이 달린 작은 개구부. ②식당의 배식구(配食口). ③해칭한 도면의 표현.

해칭(hatching) : ①일정한 도형의 내부를 정해진 패턴을 사용하여 규칙적으로 채워 나가는 것. ②좁게 그려진 세밀한 선으로 구성된 음영(陰影). ③판화·소묘에 세밀한 평행선이나 교차선을 이용해 대상의 음영이나 명암을 나타내는 기법. ④다양한 길이의 선의 수량과 밀도로써 음영강도를 조절함. ⑤교차선으로 표현하는 경우 크로스 해칭이라고 함.

해칭선(-線, crosshatch, crosshatching) : 제

도에서 단면을 표시하는 방법의 하나. 보통 45° 각도로 평행의 사선을 촘촘히 그을 것.

해탈문(解脫門) : 극락에 가기 위한 마지막 관문이라고 해서 붙여진 불이문(不二門)에 대한 다른 말.

해풍부원군윤택영댁재실(海豊府院君尹澤榮宅齋室) : ①서울특별시 민속자료 제24호, 서울특별시 중구 필동 2가 84번지 1호 일원(한옥마을), 1906년 건립. 동대문구 제기동 224번지에 있던 것을 이곳으로 이전, 복원하였음. ②가옥은 순종의 장인인 해풍부원군 윤택영이 그의 딸 순정황후(純貞皇后)가 1906년 황태자비로 책봉되어 창덕궁에 들어갈 때 지은 집. ③건축자재는 경운궁(慶雲宮)을 헐 때 그 재목을 이용한 것으로 재질은 홍송(紅松). ④평면은 우리나라에서 보기 드문 '으뜸 원(元)자' 모양. '一자'형(一字形)인 사당(祠堂)은 '원자(元字)'의 머리에 위치하여 집의 제일 안쪽 높은 터에 자리 잡았음. 그 앞 남쪽 한단 낮은 터에 원자의 '兀형' 몸채를 두었음. 몸채의 구조는 안채와 사랑채가 연속되어 '一자'형(一字形)으로 兀의 一를 이루고, 그 앞 동서로 행랑채가 儿를 이루며 연속되어 있음. 사당은 1960년에 소실되었던 것을 복원하였으며, 사당 앞에 두 단의 석축(石築)을 쌓아 화계(花階)를 구성하였음. '兀형' 평면의 중앙은 자연히 가운데 마당이 되는데, 전면 동서 행랑채 벽선을 따라 담장을 치고 일각대문을 두어 마당으로 드나듦. 안마당은 서쪽 행랑의 중문을 통하고, 사랑마당에는 동쪽 행랑 끝에 뻗어 나온 담장의 일각대문으로 드나들게 되어 있음. 지붕은 팔작지붕으로 사랑채는 부연(附椽)을 단 겹처마이고 나머지는 홑처마. 행랑채는 삼량가구(三樑架構)로서 맞배지붕을 이루고 있음. 가옥 전체의 분위기는 살림집이라기 보다는 재실(齋室) 용도에 걸맞게 되어 있음. 때문에 대청을 중앙에 두고 안방과 사랑방이 마주한 것 등 특수한 요소가 많은 가옥임.

해피콜(happy call) : ①고객만족경영이라는 기치 아래 고객의 소리를 접수, 처리한 뒤 해당 소비자에게 결과를 사후 통보해 관리하는 고객 서비스 제도. ②이를 위해 기업은 전국의 서비스정보를 최고 경영진이 개인용 컴퓨터로 손쉽게 파악할 수 있도록 근거리통신망(LAN)을 설치하고, 나아가 모든 서비스요원들이 휴대용 개인정보 단말기를 통해 상담센터나 고객과 정보를 교환할 수 있도록 추진 중임.

핵(核, kern) : 기둥과 벽의 수평 단면적의 중심은 그 단면에 압축응력이 존재하더라도 그 결과 모든 압축응력은 기둥과 벽의 수평 단면적 중심부위를 통과해야 함. 그 중심부위 밖에 작용하는 압축력은 단면적의 인장응력을 증가시킴.

핵점(核點, kern point) : 수평기둥에 도심축과 핵 지역 범위로 정의된 벽 단면의 점.

핵점포(核店鋪, kern shop) : 상점가(商店街) 또는 쇼핑센터(shopping center)에서 그 시설군(群)의 중핵(中核)이 되는 점포. 보통 백화점, 버라이어티 스토어(variety store) 또는 대규모의 슈퍼마켓이 핵점포임.

핸드레일(handrail) : ①계단이나 계단참의 측면에 설치하여 기대거나 손으로 잡을 수 있게 한 계단난간. ②계단난간(=).

햄버거커넥션(hamburger connection) : ①목장을 조성하기 위해 열대림을 파괴하는 것. ②유럽과 미국에서 소비하는 쇠고기의 일대 생산지인 중앙아메리카 열대림에서 사육되는 것으로 미국인 입맛에 맞지 않아 대부분 햄버거용으로 사용됨. ③중앙아메리카에서 사육되는 소는 1960년대부터 1980년대까지 20년 동안 두 배로 늘어 남. ④주로 니카라과, 곤두라스, 과테말라, 코스타리카 등에서 사육됨.

햇빛가리개 : 햇빛이 닿지 않도록 가리는 물건. 차양이나 자동차의 앞 유리창 상단에 있는 물건 따위를 가리킴.

햇살 : 해가 내쏘는 광선.

햇살문양(-文樣, sunburst) : 원의 중심에서 방사하는 햇빛을 양식화한 장식 모티프·

조각·채색·상감기법으로 표현되었으며, 18세기 중엽의 미국 톨보이(tallboy)와 뷰로(bureaux)에는 반원형의 햇살문양이 조각됨. 루이14세 양식에서는 태양왕(the sun king)이라 불림.

햇살문양

행각(行閣) : ⇨행랑(=).

행거(hanger) : ①의류나 소품들을 걸기 위한 진열대. 일정한 모듈의 유닛으로 하면 다양한 변화가 가능하므로 통일된 치수체계로 계획하는 것이 바람직하고, 자유로이 움직이는 가동식과 바닥이나 벽·천장에 고정되어 있는 고정식이 있음. 특히 고정식 행거는 디자인 의도에 따라 건축적 진열장과 조합되거나 벽면을 함몰시켜 행거를 고정시키는 등 개성있는 매장구성이 가능함. ②지붕 아래의 홈통을 들어 받치는 금속조각. 고정된 것이든 제거할 수 있는 것이든 홈통을 매달기 위한 모든 형태의 고안품을 지칭.

행거디스플레이(hanger display) : 천장에 매다는 방식으로 설치한 디스플레이를 총칭하는 용어로 실링 디스플레이(ceiling display)라고도 함. 모빌(mobile)이 대표적인 예.

행거머천다이저(hanger merchandiser) : 머천다이저로서 끈 등을 이용하여 아래로 내려뜨려 사용하는 것.

행거머천다이저디스펜서(hanger merchandiser dispenser) : 행거 머천다이저로서 상품의 출구가 정해져 있어 상품을 하나 꺼내면 그 출구에서 다음의 상품이 나올 수 있도록 만들어진 것.

행거인플래터블피오피(hanger inflatable POP) : 인플래터블 POP로 천장 등에서 내려뜨려 사용하는 POP.

행거피오피(hanger POP) : 끈을 사용하여 밑으로 내려뜨려 점두(店頭) 아니면 매장의 공간에 사용되는 POP. 비슷한 것으로 모빌 피오피(mobile POP)가 있음. 효과를 높이는 것으로서, 음악·효과음·내레이션 등의 소리가 나오는 장치를 조합시키는 것(사운드), 전구·형광등 등의 광을 갖추어 밝기·점멸 등의 요소를 더한 것(라이트) 등이 있음.

행거피오피모션(hanger POP motion) : 행거 POP로 효과를 높이기 위해 모터 등을 사용하여 움직임의 요소를 더한 것.

행공(行栱, 行工) : ①주심포에 있어 외목도리와 장여를 받치는 첨차. ②한식나무 구조 건축의 공포에 있어서 외출목도리(外出目道里)와 장여(長舌)를 받치는 첨차. ③공포에 있어 외목도리와 장여를 받치는 첨차. ④익공양식 공포에서 익공부재와 직각으로 짜이는 도리방향으로 걸리는 공포부재. ⑤다포와 주심포의 첨차에 해당하는 부재. ⑥고주와 동자주 및 대공위에서 도리와 장여를 받치고 있는 도리방향의 첨차형 부재. ⑦초익공에서는 이공과 창방이 직교하여 결구되므로 행공이 쓰이지 않지만 이익공에서는 일반적으로 이익공과 직교하여 행공이 놓임. ⑧단장여모양으로 된 것도 있음.

행공첨차(行工檐遮) : ⇨행공(=).

행궁(行宮) : 왕이 행차하여 잠시 머무르기 위해 지은 별궁.

행동(行動, behaviour) : ①출근행동 등 일정한 목적이나 욕구가 충만된 상태로 현재 상태를 변화시키는 행위의 연속된 집합. ②고객의 구매심리 5단계 중 다섯 번째 또는 네 번째 단계로 상품구매에 대한 확신을 행동으로 옮기는 것. ⇨아이드마법칙. ⇨아이드카법칙. ⇨아이다스법칙.

행동과학(行動科學, behavioral science) : 사회학과 인류학처럼 사회에서의 인간행동을 관찰하여 일반적인 진리를 밝혀내려는 모든 과학.

행랑(行廊, rooms on both sides of the main gate where servants live ; servants' quarters) : ①대문의 양쪽에 있는 방 또는 그 집채. ②궁궐 또는 공공건축물의 정전 주위에 둘러 지은 집. ③조선시대 서울 장거리에 줄대어 있던 이층의 전방(廛房).

④회랑 ; 사찰에서 출입문 좌우를 연결하여 구역을 표시하는 복도. 예컨대 불국사, 황룡사 등에는 행랑이 있었음. ⑤행랑·월랑·행각·회랑(=).

행랑사(行廊舍, the servants quarters on both sides of the gate) : ⇨행랑채(=).

행랑살이(行廊-) : ①조선 후기에 행랑채를 가진 큰 집에 하층 영세민이 무세(無稅)로 들어가 살면서 주인집에 일이 있을 때 주인집 하령(下令)에 따라 주인에게 무료로 또는 약간의 급료 내지 음식을 제공받고 노동을 해주고 나머지 시간은 행상이나 품팔이를 하는 살이를 말함. ②조선시대에 주택보급률이 부족하여 영세민 대다수는 행랑살이를 하였음. ③말하자면 가구주는 '비상시적 머슴살이', 주부는 '상시 가정부' 노릇을 하는 피용주거제도(被傭住居制度) 생활. ④주인집의 행랑채나 문 앞의 오두막에 거처함. ⑤호지살이·청량살이·담살이(=).

행랑살이집(行廊-) : 행랑살이를 위해 사용되는 행랑채.

행랑채(行廊-, servants quarters) : ①행랑으로 된 집채. ②주택에서 대문간의 좌우 또는 그 앞에 둘러 세운 부속집. ③대문간에 붙어 있는 집. ④대문의 양쪽이나 문간 옆에 있는 방. ⑤행랑채는 주로 하인들이 사용하며 곳간과 마구간 등을 두기도 함. 강릉 선교장 행랑은 일상용품인 약재와 생활용품 공급을 자급자족할 수 있도록 약방과 공방을 두었다고 함. ⑥행랑사·문간채(=).

행성열차(行星列車) : ①지하에서 음속의 18.4배(시속 2만 2,500km)의 속도로 달리는 열차. ②1950년대 미 공군의 엔지니어 설터가 고안한 계획. ③그는 극초음속기 개발팀을 이끌면서 지하에서도 공중과 같은 상태만 조성해 준다면 새마을호의 최고 시속 140km의 161배에 달하는 행성운행 속도만큼의 운송이 가능함. ④계획은 지하 100m에 지름 12m의 진공튜브식 터널을 뚫고 여기에 초전도자석으로 운행하도록 자석레일과 자석열차를 만든다는 것. ⑤이 열차는 진공 속을 운행하므로 외부저항을 받지 않고 레일 위를 약간 떠서 달리므로 마찰도 없음. ⑥뉴욕과 로스앤젤레스를 잇는 이 계획은 엄청난 소요자금이 최대 난제임.

행소루(行小累) : 가장 보편적이고 많이 쓰이는 소로.

행위(行爲, activity) : ①인체 전체의 상태 변화를 말하며, 동작의 집합으로 관찰됨. ②보행·정지·착석 등 욕구를 수반하지 않는 신체상태의 변화로 동작의 집합. 즉 보행은 구매행동과 출근행동에 모두 필요한 행위.

행위의도(行爲意圖, intention) : 다른 많은 행위의 가능성이 있음에도 불구하고 오직 하나의 행위에 스스로 집중한 심적 상태, 즉 동기가 부여된 상태를 의미. 행위의 발생은 행위 의도에 의해 직접적으로 영향을 받으며, 행위가 일정기간 동안 지속적으로 실행될 수 있는 원인도 행위 의도에 있음.

행잉(hanging) : 상품을 실이나 루프 같은 것으로 매어 늘어뜨리는 것.

행태(行態, behavior) : ①행동양식·몸짓 또는 짓거리로서 유기적 생물체의 유전적·본능적인 행동양식 ②환경자극이나 자아성향적(self-generated) 자극에 반응해서 형성되고, 조정되는 명확한 행동(J. D. Porteous).

행태학(行態學) : 인간의 지각·심리·행동의 특징을 패턴화하여 디자인에 적용시키기 위한 연구.

향교(鄕校, country public school annexed to the Confucian shrine) : ①고려시대부터 시작되어 조선시대에 계승된 지방 교육기관. ②옛 선현들을 봉사하고 교육을 위하여 공립으로 지은 학교.

향균병(向菌病) : 레지오넬라병으로 모래·흙 속과 건물의 냉각탑·응축수 탱크·가습기·수영장 등에서 서식하며 공기 중으로 비산하여 실내로 유입되어 폐렴과 위장, 신장,

중추신경장애 등을 유발하는 병원균.

향기문(香氣紋) : 꽃 언저리에 향기 모양으로 된 무늬.

향나무(香木, aromatic trees, aloeswood, Chinese juniper, Juniperus chinensis L[학]) : ①향나무과의 상록침엽교목으로 조각·가구·향료로 사용. 우리나라 전국 온·냉대 특히 중남부와 일본·중국에 분포하며, 표고 800m 이하에서 생장함. 특히 울릉도는 중요한 산지이고, 수고 23m, 흉고(胸高) 직경 1m에 달하는 상록침엽교목으로 관상수로 이용되며, 수피는 흑갈색이 얇은 섬유질로 되어 있음. 강한 방향성(芳香性) 목재로서 재질이 굳고 딱딱하며 대패질이나 연삭(硏削)을 하면 광택이 나고, 비중은 0.64~0.73으로 국내산 침엽수 중 가장 크며, 내수·내후·내구성이 좋으며 가공성과 건조성이 양호함. ②종류는 상태에 따라 침엽의 길이가 3~5㎜로 작고 비스듬히 눕는 것을 눈향나무(var. sargentii), 지면으로 기어가는 것을 섬향나무(var. procumbens)라고 함. 원줄기가 없고 곧게 자라지 않고 여러 대가 한꺼번에 자라서 공처럼 둥근 수형이 되는 것을 둥근향나무(var. globosa) 또는 옥향나무라고도 함. 한국 특산종으로 가지와 원대가 비스듬히 자라다가 전체가 수평으로 퍼지며 대부분 침엽으로 되는 것을 뚝향나무(var. horizontalis)라고 하며, 잎의 일부가 은백색 또는 금색으로 되는 것을 은반향나무·금반향나무라고 함. 어린 가지가 옆으로 꼬이며 침엽이 없는 것은 나사백(var. kaizuka)이라고 함. ③주로 기구(器具)·상자·내장·장식·조각·무늬단판 등에 쓰임. ④침향·가라(=).

향균도장(香菌塗裝) : ①인체에 유해한 영향을 미치는 각종 세균을 제거하기 위해 사용되는 도장. ②특징 ; 내오염성·내약품성·내구성·작업성·인체무해·신속한 건조. ③분류 ; 유기계와 무기계로 구분함. ④시공시 유의사항 ; ㉠기온이 5℃ 이하 작업금지 ㉡인체동물 등에 유해 여부 확인 ㉢시험을 통해 장기적 효과 확인 ㉣신속한 건조를 위해 적당량의 건조제 혼합. ⇨살균도장(=).

향단(香壇) : 양동마을 이언적의 가택으로 여강 이씨 향단파의 종택. 당초99칸, 현재 52칸.

허가연(虛假椽) : ⇨덧서까래(=).

허니서클장식(-裝飾, honeysuckle ornament) : ⇨앤티미온(=).

허니콤(honeycomb) : ①정육각형의 구조나 패턴 또는 이와 유사한 구조. 패널문·양판문 등의 판재 내부구조에 사용. ②콘크리트를 칠 때 모르타르가 고르게 펴지지 않아 생겨난 구멍. ③부식이나 불완전한 주조로 인해 금속의 표면에 생긴 문양.

허니콤보(honeycomb beam, castellated beam) : H형강의 웨브(web)를 잘라서 웨브에 6각형 구멍을 여러 개가 생기도록 다시 웨브를 용접하여 춤을 크게 만든 보. 강재량에 비해 단면성능이 좋으며, 웨브 중간에 여러 개 생긴 6각형 구멍은 덕트(duct) 등 배관이나 배선에 이용함.

허니콤빔(honeycomb beam) : ①H형강의 웨브(web)를 지그재그로 절단한 뒤 다시 용접·조립한 보. ②웨브에 벌집 모양의 구멍을 만든 보. ③강축에 대한 단면 2차모멘트를 크게 한 것으로 덕트 및 배관 등을 설치하는 데도 편리하며, 보 부재에 적합.

허니콤재(-材, honeycomb materials) : ①얇은 염화비닐판이나 페놀수지액에 적신 크라프트(craft)지 등을 사용하여 여러 겹으로 겹치거나 벌집 모양으로 만든 제품을 총칭. ②특징은 단열과 흡음이 우수하고, 코어(core)로서의 강도도 충분함. 얇은 염화비닐의 작은 골판 방향이 서로 직각되게 몇 층씩 겹쳐 붙인 염화비닐 허니콤판(poly vinyl honeycomb board)은 흡음판으로 사용되고, 크기는 600×600㎜각, 두께 25㎜인 제품 생산. 또한 페놀수지액을 크라프트지에 침투시켜 골판으로 만들거나, 적층(積層)하거나, 벌집모양으로 만든 페놀침투지 허니콤 코어(phenol sheet honeycomb core board)는 단열성·

흡음성이 우수하여 내장재로 사용. 최근에는 허니콤 코어를 이용하여 경량칸막이용으로 벌집심 플러시 도어(honeycomb core flush door) 또는 벌집심 합판(honeycomb core plywood) 등의 제품을 생산.

허두(虛頭) : 보나 왕지도리의 끝머리를 통재로 만들지 아니하고 따로 잘라 만들어 끼워넣은 머리.

허례주의(虛禮主義) : ⇨매너리즘(=).

허리돌림띠(string course) : 건물 외부의 전면에서 연속되는 수평 조적조의 돌출 띠나 몰딩. 각 층의 중간에 위치하여 기둥처럼 장식성을 갖기도 하고 물끊기 작용도 함.

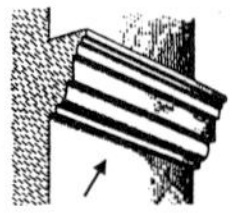
허리돌림띠

허리맞춤 : 재의 옆면에 다른 재를 그대로 대어 쓰는 것으로서, 이대로는 불완전하므로 턱솔을 넣거나 다른 맞춤과 같이 쓰는 경우가 많음. 또 보강철물을 써서 튼튼하게 죄어야 함. 주로 보강철물 보강에 사용.

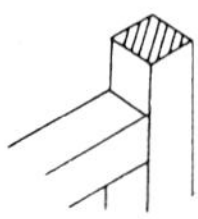
허리맞춤

허리창(-窓) : ①일반적인 창 높이로 바닥에서 1,200㎜ 정도의 허리높이를 창 하부로 한 창. ②창 높이에 따른 명칭의 일종.

허리케인램프(hurricane lamp) : 키가 큰 유리관이 촛불을 덮어 씌워 불꽃이 흔들리는 것을 방지하도록 한 램프. 17세기 말에 소개되어 18세기까지 사용. 현대에는 프리즘으로 장식되어 한 쌍으로 쓰이는데, 초 대신에 불꽃 모양의 전구가 쓰임.

허리케인앵커(hurricane anchor) : ①서까래(rafter)나 트러스(truss)를 벽판에 접합시켜 이 부재가 수평방향과 상향으로 작용하는 풍력이나 지진력에 저항하도록 고정시키는 앵커. ②허리케인타이(=).

허리케인타이(hurricane tie) : ⇨허리케인 앵커(=).

허마그리드착시 : ⇨헤르만그리드착시(=).

허브(hub) : 자전거 바퀴살의 한복판에 자리잡아 바퀴살을 유지하고 지탱하게 하는 중심 부분을 뜻하는 말.

허브개념공항(-槪念空港, hub concept airport) : ①어느 지역의 중심(center)역할을 하며 24시간 운영이 가능한 최신의 전천후 공항. '중추(中樞)공항'이라고도 함. ②건설교통부와 항공관계자들은 영종도에 건설된 수도권 신공항을 아시아·태평양권의 허브개념공항으로서 건설함.

허삼둘가옥(許三乧家屋) : ①중요민속자료 207호. 1918년 건립. 경남 함양군 안의면 금천리 196에 위치하는 일제 강점기에 건립된 부농층의 한옥. ②문화재 지정 당시 허삼둘 할머니밖에 없었기 때문에 당시 거주인의 이름을 빌려 호칭한 것이나 실용성을 중시하는 파격과 과감성 때문에 허삼둘 할머니 실세설과는 무관함. 유교적 규범은 소홀히 되면서 생활의 편의를 반영한 공간구성과 부를 과시하려는 요소들을 볼 수 있음. 솟을대문 형식이나 높이가 과장되고 3칸의 중앙이 아닌 협간(夾間)에 문간을 만든 것, 행랑채와 사랑채가 나란히 배치되어 영역구분이 없는 것 등 격식에 어긋나 사대부의 위엄보다는 자연농으로서의 농가적 성격이 강함. 그러나 사랑채의 평면이나 외관은 굵은 원주로 분절된 정면 7칸 대규모로 주고(柱高)도 높은 편이고, 돌출된 누마루는 계자난간과 삼분합 세살창으로 장식되었고 팔작지붕을 덮었으며, 추녀끝에는 팔각 장초석을 받친 활주(活柱)까지 두었고, 누마루 맞은 편 방 앞에도 툇마루에 계자난간을 두어 건물 좌우의 균형을 맞추는 등 상류계층의 고급스러운 건축요소들을 두루 갖춤. ③안채로 향하는 동선도 사랑채 앞을 가로질러 안쪽 행랑채의 중문으로 유도되어 조선 상류계층에서 사용하던 내외의 동선분리를 형식적으로 모방한 모습으로 격식을 벗어난 무리한 배치법. 안채

안채

안채 부엌문

는 ㄱ자형 겹집으로 모서리 부분에 부엌을 두고 방들을 양분시킨 희귀한 평면임. 양날개 동선을 연결하기 위해 툇마루 부분에서 모서리를 접어 사다리꼴 툇마루를 만듦. 부엌부분이 너무 커지기 때문에 모서리를 접어 사다리꼴로 만듦. 조선시대의 건축규범을 초월하는 시도로서 가사규제의 소멸, 봉건적 사회계층의 해체, 유교적 생활양식의 변화, 실용성의 추구 등 일제시기 때 부농주거의 존재양태와 전통격식의 해체를 적나라하게 보여주는 실례로 사회적 변화를 반영함. ④2004년 화재로 소실됨.

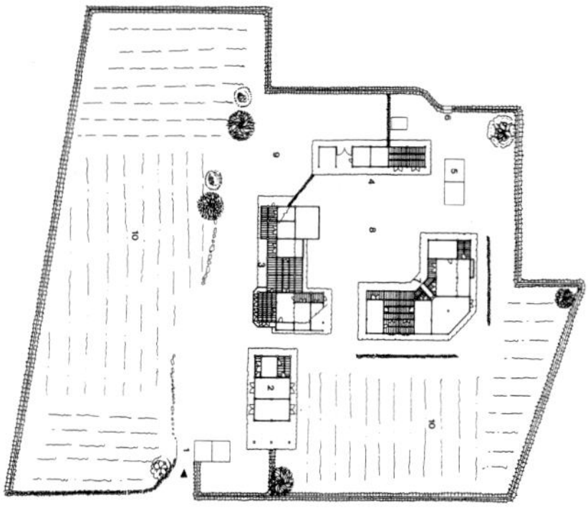

허삼둘가옥 도면

허스크장식문양(-裝飾文樣, husk ornament) : 밀이나 귀리 등 곡물이 잘 익었을 때의 껍질모양을 이용한 장식문양. 반으로 갈라진 모양으로부터 사슬과 같은 문양을 이루며, 아래로 갈수록 점차 가늘게 배열됨. 고대 그리스와 로마 장식에서 유행함.

허스크장식문양

허용응력(許容應力, permissible stress) : ①항복강도에 안전율을 곱하여 준 강도. ②재료가 가지는 극한강도를 안전율로 나눈 응력을 말하며, 재료의 치수를 결정할 때 사용상 안전을 고려한 재료의 강도로서 계산에 이용되는 값.

허용차(許容差) : ⇨공차·허용편차(=).

허용편차(許容偏差) : ⇨공차(=).

허첨차(虛檐遮) : ⇨헛첨차(=).

허청(虛廳) : ①나무 따위가 걸려 있거나 붙어서 연결되지 않는 곳. ②마루 끝을 보기로 삼으면 마당 쪽이 허청이 됨.

허치(hutch) : ①고딕양식의 건축에서 널리 사용되었던 찬장(cupboard)이나 캐비닛. 수납공간을 가리는 문이 달린 하부구조와 접시를 진열하는 개방된 선반으로 이루어짐. ②궤(櫃)는 가정에서 가장 중요한 귀중품을 보관하는 상자로 사용되었으며 침대 옆에 항상 놓여 있었음.

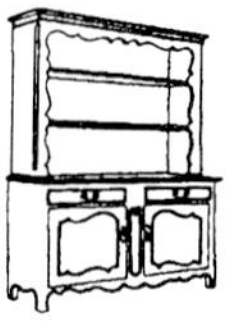

허치

허튼고래 : ①불길이 여러 곳으로 서로 통하여 들어가도록 굄돌을 흩어서 구들장을 놓은 방고래. ②⇨고래.

허튼장 : 중방 따위의 기둥에 끼우는 나무가 통째로 들어가도록 판 구멍.

허튼층쌓기 : ①불규칙한 돌을 사용하여 가로·세로줄눈이 일정하지 않게 흩트려 쌓는 일. ②막쌓기(=).

헌(軒) : ①원래 고대 마차의 한 부분으로서 마차 앞의 높은 곳. ②옛 수레와 같아 높은 곳에 올라 의기양양함을 북돋우는 곳. ③아름답고 활짝 트인 경관이 있는 높은 곳에 지어져, 그 자체가 아름다운 경관을 조성하는 요소로 건립됨. ④당(堂)과 같이 궁궐·관아·서원·주택 등에 지어졌으며 정원에도 건립됨. ⑤주택에 지어질 경우에는 별당형식을 취하는데, 강릉의 오죽헌이 부근의 오죽림을 완성하는 별당건축으로 지어진 것. ⑥용마루가 없는 맞배지붕 형식의 건물. 중국 명(明)나라 이후에 성행.

헌남포(軒檻包) : ⇨난간포(=).

헌사(獻詞) : 일을 감독하는 것.

헌치(haunch) : ①아치의 이마에서 아치굽받침까지 하향곡선을 이루는 아치의 어느 한 면. ②두께 또는 춤이 더 크게 만들어진 보의 일부분. 보다 큰 모멘트 저항을 일으키며, 일반적으로 축방향을 따라 변화하는 모멘트와 전단력의 값에 대응하여 그 치수를 결정함으로써 보의 효율을 높일 수 있음. ③홍예 시작점과 홍예머리 사이에 있는 아치의 중간부분. ④ 홍예허리(=).

헌함(軒檻) : ①건넌방·누각 등의 대청기둥 밖으로 돌아가며 깐 난간이 있는 좁은 마루. ②기둥 바깥쪽 툇마루에 두른 것. ③처마 밑이나 툇간의 가장자리를 둘러 댄 난간. ④정자 따위에서 난간이 달린 좁은 마루. ⑤대청이나 누각 따위의 기둥에 두른 난간. ⑥외머리살난간(=).

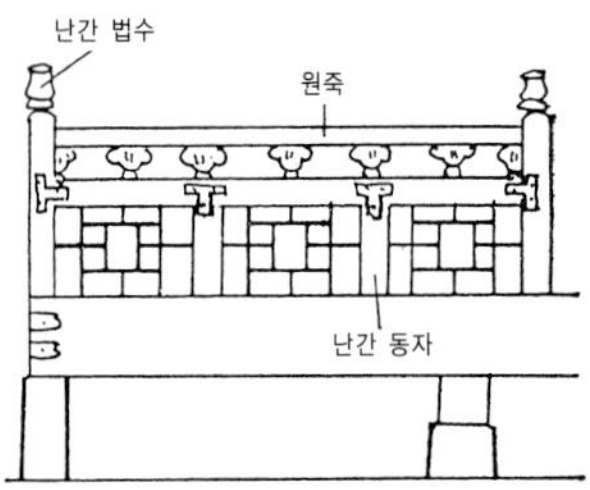

헌함

헌함포(軒檻包) : ①여러 층으로 된 정자 따위의 헌함 밑을 받친 공포. ②난간포(=).

헐레이션(halation) : 색이나 빛 등이 흐려지는 현상.

헛가리 : 널빤지 따위로 대충 허름하게 지은 집채.

헛기둥 : ①구조용 기둥이 아니고 칸막이용으로 사용된 기둥. ②주로 툇간골방(조응식가옥)·반침(어제연장군생가)·살강(김기응가옥)·보성 열화정(헛퇴) 등 공간 확장에 쓰임.

헛나이테(false annual ring) : 충해·한발 등으로 잎이 떨어지거나 잎의 기능이 심하게 약해지는 경우 1년 테의 도중에 추재 모양의 부분이 형성되는 일.

헛머리(虛頭) : ①보나 왕지도리의 끝머리를 통재로 만들지 아니하고 따로 잘라 만들어 끼워넣은 머리. ②허두(=).

헛물관(-管) : ⇨가도관(=).

헛서까래 : ①지붕 물매를 잡기 위하여 서까래 위에 덧걸어 지붕을 꾸미는 서까래. ②용마루의 꾸밈새가 낮아져서 지붕높이를 키우고자 할 때 산자 엮은 도연과 마루적심 위에 덧걸은 서까래. ③강릉 조옥현가옥 등에서 사용. ④덧서까래(=).

헛지붕(虛屋蓋) : ①지붕물매를 잡기 위하여 서까래를 덧대어 꾸민 지붕. ②덧지붕(=).

헛집서까래(虛家椽) : ⇨헛서까래(=).

헛응결(-凝結, false set) : ①시멘트 페이스트가 물과 혼합하여 발열하기 이전에 (10~20분 사이) 굳어졌다가 다시 풀리면서 응결하는 이상응결현상. ②시멘트에 물을 부어 비빈 뒤 몇 분 후에 유동성이 없이 급히 굳어져 광택 없이 마치 굳은 것처럼 보이는 현상. ③특성은 헛응결이 된 모르타르를 다시 비비면 정상적인 상태로 되지만 모르타르·콘크리트로는 좋지 않은 현상이 나타나며, 슬럼프가 감소되고 단위수량은 증가되며 강도가 저하되고 초기 균열발생과 이상 백화현상이 발생됨. ④이중응결(=).

헛자물쇠(thumb lath) : ①문을 닫으면 열쇠를 쓰지 않고 문을 걸어 잠글 수 있는 자물쇠. ②대부분 버튼장치를 하여 외부에서는 열지 못하게 된 것도 있음.

헛자물쇠볼트(latch bolt) : ⇨래치볼트(=).

헛집 : 서까래를 단연·장연으로 걸었을 때 물매조정에서 적심이 지나치게 많이 소요되면 덧서까래를 걸고, 이 때 생기는 원서까래와 헛서까래 사이의 공간.

헛집서까래 : ⇨헛집(=).

헛첨차(虛檐遮) : ①주심포계 공포 주두 아래에서 기둥머리를 뚫고 내밀어 소로를 얹은 위에 초제공을 받는 부재. ②주두머리에서 창방과 십자로 짜이는 초제공을 받는 짧은 살미. ③헛첨차는 고려 초기 건물인 봉정사 극락전과 부석사 무량수전에는 없고, 대부분 고려 주심포와 조선 초기 주심포 건물에서 나타남. ④허첨차(=)·살미·한대.

헛첨차(수덕사 대웅전)

헝가리행동주의(-行動主義, Hungarian activism) : 구성주의와 바우하우스 원리의 많

ㅎ

은 부분을 공유했던 문화적·예술적 한 운동으로서 행동주의 화가·작가·시인·조각가 같은 예술가들이 중심이 되어 결성함.

헝스팬(hung span) : ⇨서스펜디드스팬(=).

헤더(header) : 장선들보·상인방과 같이 개구부 위쪽에서 수평지지 역할을 하는 구조물.

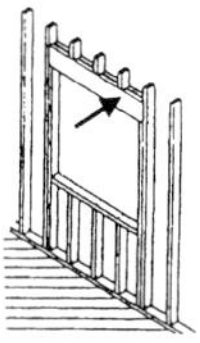

헤더

헤드로 : ①하천호수 또는 얕은 바다 등의 물 바닥에 쌓여 있는 부드러운 오니(슬러지). ② 가정이나 사업장에서 배출하는 폐수 물질이 헤드로가 되어 대량으로 쌓이게 되면 물 속 산소를 지나치게 소비하여 어패류에 피해를 끼치고 선박 운항에도 지장을 줌. 또한 헤드로가 유해물질을 발생시키는 경우도 있음. 특히 제지공장 폐수 중 오니에 의한 헤드로에는 유독성이 있음.

헤드루터(head router) : 몰딩 및 조각에 많이 사용되며 루터 날의 형태에 따라 다양한 몰드 및 조각의 형태를 만들 수 있음.

헤드룸(headroom) : 계단(stair) 디딤면의 계단코에서 상부면까지의 순 수직공간. 일반적으로 2,000㎜는 확보해야 함.

헤딩(heading) : 커튼 위쪽의 주름장식. 그 종류는 창문처리에 따라 다양함.

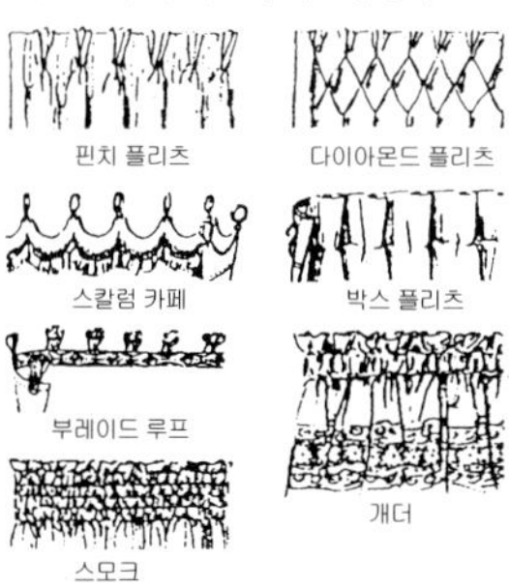

헤딩

헤레라양식(-樣式, Herrera style) : 16세기 후반 스페인에서 일어난, 장식이 절제된 건축과 가구의 양식. 이탈리아 르네상스의 풍부한 장식에 대한 반동으로 일어난 것으로, 엄격하게 절제되고 극도로 단순한 이 양식은 당시의 건축가 헤레라(Juan de Herrera : 1530년경~97)에 의해 창안되어 붙여진 명칭. 실내의 가구수 및 장식이 최소로 절제된 디자인이 특징. 무장식양식(des ornamentado style)이라고도 함. ⇨장식.

헤르마(herma) : 헤르메스(Hermes)의 흉상이 조각되어 있는 사각형의 석재 기둥. 사각기둥은 아래로 갈수록 가늘어지며 로마인들은 이 헤르마를 경계지표나 실외장식으로 사용했음.

헤르마

헤르만그리드착시(-錯視, Hermann grid illusion) : 십자(+)로 교차하는 흰 공간 중앙에 회색 기미가 느껴지는 착시현상.

헤르만그리드착시

헤르만밀러가구회사(-家具會社, Herman Miller Furniture Company) : 1923년 미국 미시건 주의 찌랜드라는 작은 마을에서 설립했는데, 한때 이곳은 세계 가구의 중심지였고, 처음에는 다른 가구들을 모조하는 것에서 출발하였으나 1931년에 산업디자이너인 길버트 로데(Gilbert Rohde : 1894~1988)가 설계를 담당함으로써 새로운 디자인 원리에 기초를 둔 근대가구회사로 발돋움하였음. 그 후 이 회사는 1944년 일본계 미국 조각가인 노구치(Isamu Noguchi : 1904~1944)의 '화가의 파레트'라는 작품형태를 이용한 유리를 덮은 테이블을 시리즈로 제작하면서 현대적 감각을 지닌 가구를 생산하였고, 넬슨과 기라드의 도움으로 주로 임즈(Charles Eames : 1907~1978)와 넬슨(George Nelson : 1908~1978)의 가구들을 제작하였음. 헤르만밀러회사가 제작·생산한 유명 가구들은 찰스 임즈가 설계한 포갤 수 있는 조개모양의 플라스틱 의자와 구부러진 합판에 검은 가죽을 씌운 오토만 의자(ottoman chair) 등이 있음. 그리고 1945년 넬슨이 이 회사의 디자인 디렉터가 된 후 직선적 구성에 의한 간결하고 단정한 인상을 주는 가구들을 지향함으로써 1949년 수납기능을 가진 사무실용 진열대를 시리즈로 생산했는데, 이러한 수납가구들은 가정용 선반·서랍·벽장·책상 등에도 계속 응용되어 사무실뿐만 아니라 가정용으로도 장식적 효과와 함께 공간을 분리하는 기능을 갖춘 아름다운 형태로 제작·생산되었음. 또한 당시 미국 각지의 대학에 학술자료를 제공하는 교육기관의 역할도 겸했음.

헤르메스상주(-像柱, herm) : 고대 그리스에서 경계를 나타내기 위해 사용된 것으로서(보통은 헤르메스 신의), 두상(頭像)이나 흉상(胸像)을 위에 붙인 단주(短柱). 이 형식은 르네상스 및 그 이후의 건축가들에 의해 장식을 목적으로 쓰임.

헤르츠(hertz) : 주파수의 단위로 1초당 1사이클에 해당. 약어로 Hz라고 함.

헤르쿨라네움(Herculaneum) : A.D. 79년 베수비오(Vesuvius) 화산의 분화로 폼페이(Pompeii)와 함께 묻혔다가 18세기 중반에 고고학자 에반스(Evance)에 의해 발굴된 역사적인 로마시대의 도시. 아담(Adam)형제와 셰라턴(Sheraton)을 비롯한 프랑스와 영국 디자이너들이 신고전양식을 부흥시키는 데 많은 영향을 줌.

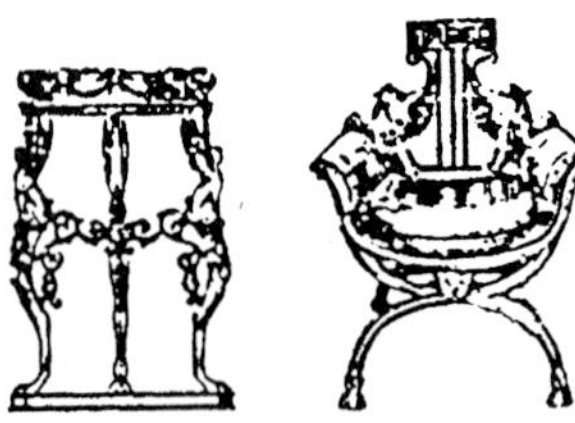

헤르쿨라네움

헤링본(herringbone) : 부서진 능직물은 수직 자르기로 만들어지는데, 자르는 방향은 오른손과 왼손으로 교대로 함. 또한 특히 넓은 줄이 쳐져 있을 때 '셰브론 짜기'로 불림. 오늬무늬(=).

헤링본매치(herringbone match) : 인접한 합판의 무늬가 반대방향으로 경사지게 한 북매칭(book matching).

헤링본패턴(herringbone pattern) : ①평행한 짧은 사선의 연속으로 서로 반대방향으로 교차되며 연속되는 문양. ②판 등을 직사각형에 사선으로 배치하여 전체적으로 산의 형상을 이루도록 한 문양. ③주로 건물의 벽체·천장·바닥(마루·도로 포장) 등에 이용. ④ 오늬무늬(=).

헤링본

헤링본(패턴)

헤링브로이어반사(-反射, Hering Breuer reflection) : 주로 반사적인 호흡리듬을 형성하고, 폐팽만(肺膨滿)에 의해 흡식중추(吸息中樞)가 억제되는 신경성 조절현상.

헤링의 반대색설(-反對色說, Hering's four primary color theory) : ⇨헤링의 4원색설(=).

헤링의 4원색설(-四原色說, Hering's four primary color theory) : ①1872년 헤링(Ewald Hering : 1834~1918)은 기본색을 4색이라고 주장한 괴테를 좇아 「색채지각에 관한 연구(Zur Lehre von Lichtsinn)」에서 4색을 기본으로 하는 새로운 색채지각설을 발표함. ②헤링의 이론은 근본적으로 하양-검정, 빨강-초록, 노랑-파랑이라는 3개의 짝을 이루는 3종류의 시세포 중에서 6종류로 수용된 뒤 망막의 신경과정에서 합성된다고 주장하고, 여기서 무채색을 제외한 빨강·초록·노랑·파랑의 4원색을 헤링의 4원색 또는 헤링의 반대색설·생리적 반대색설이라고 함. 그러나 오늘날까지 실험에서 헤링이 말하는 반대적인 현상은 망막에서 발견되지 못하고 있음.

헤링의 착시(-錯視, Hering illusion) : ①형상에 대한 판단이 그 배경에 의해 왜곡되어 보이는 현상. ②그림의 중간 수평선은 완벽한 직선이고 서로 평행을 이루고 있지만 선의 가운데가 바깥으로 볼록하게 나온 것처럼 보이고 안쪽으로 오목하게 들어가 보이는 현상. ③1861년 헤링이 만들어낸 착시. ④헤링착각·분트의 착시(⇔).

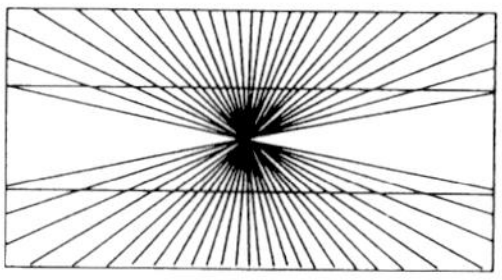

헤링의 착시

헤링착각 : ⇨헤링의 착시(=).

헤베(へいべい、square meter) : ①평방미터(㎡)에 대한 일본어. ②일본어 '헤이베이'의 줄임말.

헤어라인 마감처리(-處理, hairline finish) : 스테인리스 마감처리가 머리카락처럼 가는 선이 있는 마감기법.

헤어라인의 표면처리(-表面處理, hairline finish) : 금속이나 플라스틱 등의 표면에 가는 머릿결과 같은 질감을 만들어 매끄러움이나 광택을 없애는 표면처리방법.

헤비듀티(heavy duty) : 어떠한 혹사(酷使)에도 견딜 수 있도록 튼튼하게 설계·제조된 것.

헤어우드(hare wood) : 무늬가 있는 큰 단풍나무의 일종으로 은회색이 도는 연한 크림색의 목재. 18세기 가구제작자들은 이것을 염색하여 상감세공에 사용했으며, 절단방법에 따라 곡선형 무늬·가는 줄무늬·지문무늬 등의 다양한 무늬목을 얻을 수 있음.

헤어크랙(hair crack) : ①눈에 보이지 않을 정도로 극히 미세한 균열. ②콘크리트 표면에 발생하는 0.1~0.5㎜ 너비 정도의 매우 가는 균열. ③강재(鋼材)의 수축균열·용접균열·단련(鍛鍊)균열 등의 눈에 보이지 않을 정도의 가는 균열. ④실금(=).

헤어클로스(haircloth) : ①매우 단단하게 단일 말총 씨줄(a single horse-hair filling)과 무명실 날줄(cotton warp)로 만들어진 빳빳한 천. ②일반적으로 무색(無色)·착색(着色)·리노우(leno)·도비(dobby)로 짜고, 천의 폭은 속에 채워지는 말총의 길이에 의해 결정되며, 폭은 26인치(660.4㎜)를 넘지 않음.

헤어트랩(hair trap) : ①이발소·미용실 등의 세면기·세발기에 부착하여 머리카락이 배수관 안으로 흘러 들어가지 않도록 스트레이너와 함께 결합되어 있는 배수기구에 쓰이는 트랩의 일종. ②모발조집기(=).

헤일로(halo) : ①전통적으로 종교적 그림에 성자의 거룩함과 신비로움을 표현하기 위해 얼굴 주변과 배면에 구성되는 방사 빛의 고리나 원형. ②글로리·님버스(=).

헤파필터(hepa filter) : 클린 룸(clean room)의 주 필터 또는 최종단 필터로 사용되는 초고성능 필터이며 방사성 물질을 다루는 곳에서도 사용.

헤플화이트양식(-樣式, Hepplewhite style) : ①영국 18세기 후반의 가구 양식. ②치펜데일양식(Chippendale style)에 이어 18세기 후반(1760년)에 영국의 저명한 가구 제작자였던 조지 헤플화이트(G. Hepplewhite, 1786년 사망)가 창시한 가구양식. ③영국 신고전주의양식 중 극히 사적이고 개인적인 조지안 양식을 대표하는 가구 제작자의 이름이 가구의 명칭으로 된 가구양식. ④헤플화이트 사후 2년이 지나서 출판된 『가구 제작사와 장식사를 위한 입문서(Cabinet-Maker and Upholder's guide, 1788)』가 많은 가구제작자들에게 이용됨으로써 양식화되기에 이르렀음. ⑤18세기 후반 신고전주의의 대표적인 건축가 아담의 영향을 받아 실내장식 및 가구디자인의 모티프(motif [프])도 고전양식이 주류를 이루었음. ⑥헤플화이트는 고전 양식과 로코코양식을 절충하여 가구의 형태와 장식을 보다 단순화하여 좁은 주거공간에 적합한 간소하고 합리적이며 적당한 비례를 갖는 효용성 있는 서민용 가구를 만듦. 또한 매우 섬세하고 우아하며 세련된 아름다운 형태로 경쾌함과 강인함이 돋보임. 특히 아래로 내려갈수록 가늘고 긴 직선의 다리 끝을 어느 정도 부풀린 매우 꼼꼼하게 스페이드(spade)형으로 처리한 견고한 방식, 그리고 좌면이 부풀어 올라온 형태 등 우미(優美)한 곡선이나 등받이의 형태는 독특한 곡선의 방패형·낙타형·타원형·심장형·차륜형 등 5가지 형태의 매우 독창적인 디자인을 함.

암체어 체어 218체어

220캐비닛

헤플화이트양식

헥사(六, hexa) : '6'의 결합사임.

헥사건(六角形, hexagon) : ⇨육각형(=).

헥사그램(hexagram) : 육각형의 각 변을 연장하여 등변삼각형 형태로 육각형의 형태를 구성한 문양. 육선형(=).

헥사돔(hexadome) : 삼각형이 연속되어 정육각형으로 이루어진 돔을 이루는 지오데식 돔(geodesic dome)의 다른 명칭.

헥사스타일(hexastyle) : 고전 신전 건축물의 정면 입구(portico) 또는 전·후면에 6개의 기둥이 있는 주랑(柱廊).

헥사스타일

헥사스타일로스(hexastylos[라]) : ⇨헥사스타일(=).

헥스사인(hex sign) : 보통 독일인이 행운을 빌기 위해 주택 내부에 거는 육각형의 별모양이 들어 있는 상징.

헥타르(hectare) : 1/10,000평방미터(㎡) 또는 2.47에이커와 같은 면적의 미터계 단위. 단위기호는 ha를 사용.

헥토파스칼(Hectopascal) : ①압력의 단위(hPa). 세계기상기구(WMO)는 1993년 총회에서 기압(氣壓)의 단위를 94년 7월 1일부터 밀리바에서 헥토파스칼로 바꾸기로 결정, 현재 시행중. ②수치상으로는 밀리바와 같으며 1기압은 1013.25hPa.

헬레니즘양식(-樣式, Hellenistic) : 알렉산더 대왕 이후 그리스양식이 다른 나라의 여러 요소들과 혼합되어 나타난 양식. 고대 그리스에 비해 정교하며 우아한 특성을 지님. B.C. 700년부터 323년 알렉산더 대왕의 죽음까지를 이르는 헬레닉(hellenic)과는 구분됨. 헬레니즘양식은 그 후 A.D. 200년경 로마양식이 개발될 때까지 계속됨.

헬름홀츠공명기 : ⇨헬름홀츠공명체(=).

헬름홀츠공명체(-共鳴體, Helmholtz resonator absoebers) : 공동부분(空洞部分)과 공기가 통하는 작은 구멍으로 구성되어 있어서 이 공동 속에 들어간 음파가 공명을 일으켜 특정한 공명주파수의 음에너지를 흡수하게 만든 특수 흡음체로서 1862년에 헬름홀츠에 의해 제작되었음. 이 공명흡음체는 실내에서 특정 주파수음에 대하여 공명현상이 생길 때 실의 전반적인 평균 잔향시간에 영향을 미치지 않고, 그 공명음만을 흡음하는 방법으로 매우 유효하게 사용됨. 일반적으로 강당 등의 실내장식용으로 슬릿 공명체(slit resonator)가 많이 사용되고 있는 것은 이 원리를 이용한 것임.

헬름홀츠착시(-錯視, Helmholtz optical illusion) : 정방형의 틀 안에서 수평결은 수직으로 길어 보이고 수직결은 수평으로 길게 보이는 것. 그러나 의복인 경우 반대로 수평결은 굵어 보이고 수직결은 가늘어 보임. 건축인 경우에는 주로 커튼월(curtain

(a) (b)

헬름홀츠 착시

wall) 디자인으로 해결하고 있음.

헬리클라인(helicline) : 곡선형 경사로(ramp).

헬릭스(helix) : ①이오니아식 주두나 코린트식 주두(柱頭, capital)에 있어서 콜리큘러스(cauliculus)로부터 나온 안으로 휘감기는 volute와 같은 나선형 모양의 장식. ②아스트라갈·콤퍼지트 오더·코린트식 오더.

헬릭스

헴록(hemlock) : ⇨미국솔송나무(＝).

헵타스타일(heptastyle) : 건물의 정면에 7개의 기둥이 있는 주랑 현관.

헵타스타일

혀(tongue, feather) : 쪽매 등에서 다른 널의 옆면 홈에 끼이도록 널의 옆면에 깎아 만든 돌기. 종류에는 제혀와 딴혀가 있음.

혁신적 디자인(革新的−, innovative design) : 디자이너의 기존 지식과 문제해결 방법을 넘어 새로운 지식이나 방법을 요구하는 것으로서 문제공간의 범위가 디자이너의 경험과 지적 능력을 초과함. 또한 기존 지식의 내용이나 구조도 디자인 과정 중에 새로운 요구 및 제한조건의 변화에 따라 변경됨. 그러나 새로운 디자인 지식이나 문제해결 방법은 기존의 지식과 문제해결 방법을 확장하거나 개선하는 것으로서 기존의 것과 잘 통합되어야 하고, 이와 같은 디자인을 위해서는 다양한 디자인 전문가들이 협동으로 문제를 해결할 수 있으며, 전문 디자이너란 어느 정도 혁신적인 디자인을 수행할 능력을 갖춘 사람을 의미함.

현관(玄關, entrance, entrance hall, entry, entry hall, foyer, doorway, porch, portico) : ①문이 달린 틀구조 또는 건물의 외부에서 내부로의 진입이 이루어지는 입구 공간. 현관은 건축물의 초점이 되며 휴먼스케일(human scale)을 나타내는 디자인 요소로서 건물 내부로 인도되는 첫 번째 공간이므로 내부 전체에 대한 인상을 결정할 수 있는 중요한 파사드 구성요소임. ②덮개가 있는 접근 또는 문간을 형성하는 건물의 외부 부착물. ③기둥으로 지지되는 지붕을 가진 보통 건물의 출입구로 인도되는 현관. ④현관의 위치는 거실이나 다른 침실에 연결되는 곳이어야 하며, 바닥은 일반적으로 석판(石板)이나 타일로 마감하고, 최소폭은 1.8m 정도, 깊이는 2.4~3.0m 정도가 되어야 불편하지 않으며, 이때 거실과의 단차는 90~150㎜ 정도로 함. 특히 현관에는 신발·우산 등을 넣어두는 수납장이 설치되어야 함.

현관계단(玄關階段, stoop, hall stair) : 주택 입구에서 층계로 접근되고 때로는 지붕을 가지고 있는 올려진 현관입구의 계단.

현관시계(玄關時計, hall clock) : 주로 주택의 중앙홀이나 현관에 설치하는 대형 괘종시계, 그림은 18세기 셰라턴(Sher-aton)양식의 현관시계임.

현관시계

현관의자(玄關椅子, hall chair) : 18세기 초에 제작된 것으로 전체가 나무로 만들어진 의자. 현관 및 복도에 하인이나 다른 손님이 잠시 사용하는 용도로 제작. 매우 엄격한 형태가 일반적이며, 의자의 등받이에는 흔히 주인의 문장을 새기거나 그려 넣었음.

현관의자

현관장식(玄關裝飾, over door) : 출입문 위에 있는 그림이나 조각 등의 장식적 처리. 문 위의 박공장식(pediment)이나 반달형(lunette) 장식 등을 지칭하기도 함. 특히 영국 조지안시대에 아담 형제가 즐겨 썼던 방법.

현관장식

현곡(懸谷, hanging valley) : ①지류(支流)가 본류(本流)와 합류하는 지점에서 폭포나 급류를 이루고 있는 지형. 융기작용이 큰 산지에 많이 나타남. ②본류는 지류보다 수량(水量)이 많으므로, 본류의 밑바닥이

더 많이 깎임. 그 결과 밑바닥의 고도가 달라져 현곡이 생김. ③북유럽의 빙하에 의해 생긴 U자곡에는 현곡이 많이 발달됨. 이것은 본류 빙하의 침식력이 지류 빙하의 침식력보다 훨씬 크기 때문임. ④빙하에 의해 생긴 현곡은 특히 빙하현곡이라고 해 구분함.

현대디자인(現代-, contemporary design) : 현대 또는 최근에 디자인된 작품. 이 용어는 흔히 과거의 역사적 작품을 말하는 것도 아니고, 모더니즘과 관련된 강력한 스타일의 엄격성과 단순성을 표현하는 작품을 의미하지도 않은 작품을 묘사할 때 사용되는 용어. '과도기적'이라는 용어가 디자인에서 '현대적(contemporary)'이란 동의어로 잘못 사용되기도 함. 일반적으로 모던(modern)이란 근대의 의미로 사용됨.

현대색명(現代色名, contemporary color name) : ①현대에서부터 사용되기 시작한 색이름 또는 현재 사용되고 있는 색이름. ②관용색명(=)·고대색명(⇔).

현대적 가구(現代的家具, contemporary furniture) : 어떤 시대의 가구와 대조적으로 보아 그 당시의 가구를 말함.

현란반자(絢爛半子) : ⇨소란천장(=).

현무암(玄武岩, basalt, basanite) : 칼슘 성분이 많은 사장석(斜長石)이나 감람석(橄欖石)·휘석(輝石)을 주성분으로 하고, 입자가 잘거나 치밀하며 비중이 2.9~3.1 정도인 검정색 화성암의 일종. 일반적으로 안산암에 비해 결정도(結晶度)가 높고 색은 검정색·암회색이며 석질은 견고하여 가공이 곤란하므로 석축 등에 사용됨.

현반(懸盤) : ⇨선반(=).

현사시나무(Suwon poplar, Populus alba×glandulosa) : 버드나무과로 연륜이 뚜렷하지 않고, 심재는 회갈색, 변재는 담황갈색으로 심변재의 구분이 뚜렷하지 않음. 나무갗(나무재질)은 약간 거칠고 결이 곧으며 산공재(散孔材)임. 저비중재이고 수축성은 작고 흡수성은 보통임. 압축강도·휨강도·전단강도는 보통이고, 인장강도는 약하며 충격·휨·흡수에너지는 작으며 경도는 낮음. 제재가공성·대패가공성·휨가공성은 불량하고 건조성은 양호함. 접착성은 보통이고 도장성은 양호함. 합판제 조적성, 파티클보드제 조적성, 섬유판제 조적성은 보통이고, 시멘트 경화성과 내후성은 불량함. 목탄제조성은 보통이나 펄프화 적성은 불량함. 용도는 주로 단판제품(젓가락, 이쑤시개, 빙과류 꼬지)포장, 펄프 등에 사용.

현상설계(現想設計, competition design compéré[프]) : 우수한 설계안을 얻을 목적으로 건축 외의 설계에 여러 참가자들의 경기를 통해 구하는 것. 일반적으로 불특정 다수인(업체)에게 실시하는 공개설계와 몇 사람(업체)을 지정하여 실시하는 지명설계로 구분됨.

현색계(顯色系, color appearance system) : 색채(色彩)를 표시하는 표색계. 특히 색표(色表)에 의해 물체색의 표준을 정하여 여러 가지 물체들의 색과 비교할 수 있도록 그 표준색표에 번호 및 기호를 붙여 표시하도록 하는 체계. 대표적인 표색계로는 먼셀 표색계와 오스트발트 표색계가 있음.

현수곡선(懸垂曲線) : 지붕마루의 자연스런 곡선.

현수구조(懸垂構造, cable structure, suspension system) : ①로프(rope)나 와이어(wire) 등의 케이블로 지붕·천장 등 구조물을 매어 다는 구조방식의 일종. ②직압을 받는 기둥 대신에 바닥에 달아매는 방식으로 재료를 효율적으로 사용하게 한 것이며, 매달린 외측 케이블은 중앙 코어로부터 캔틸레버로 내밀어진 트러스에 하중을 전달하는 형식의 구조.

현수막(懸垂幕, owing) : 긴 천이나 종이 등에 광고 메시지를 기재하여 상·하부에 각각 봉과 같은 지지대로 늘어뜨려 전시하는 POP을 말함. 매장 내의 소형에서 점두(店頭)의 중형, 빌딩 외벽의 초대형까지 다양한 크기의 것이 있음.

현수선(懸垂線, catenary, catenary arch) : ①두 개의 걸림점 사이에 자유롭게 매달려 있는 균일한 밀도의 체인이나 줄에 의해 형성되는 원호 또는 곡선·벽·천장 등의 실내장식을 위한 조각과 가구 치장을 위한 조각장식으로 많이 사용됨. ②매우 유연하고 균일한 케이블이 동일한 수직선상에 있지 않은 두 점에 지지되었을 때 만들어지는 곡선. 수평으로 투사된 등분포하중이 작용하면 곡선의 형태는 포물선에 가까워짐.

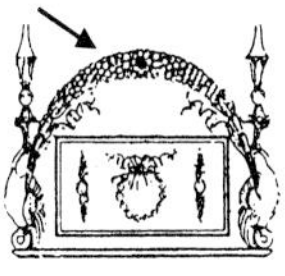
현수선

현수원(懸垂園) : ⇨공중정원(=).

현수흡음체(懸垂吸音體, suspended absorber) : ⇨매단흡음체(=).

현실적 형태(現實的形態, real form) : ①현실의 대상이 나타나는 형태, 즉 주위에 존재하는 모든 형태(자연형태와 인위형태). 우리 자신도 현실의 것이며 현실적 형태인 것임. 자연형태와 인위형태 또는 인공형태로 구분함. ②이념적 형태(⇔).

현실주의(現實主義) : ⇨사실주의(=)·리얼리즘(=).

현애장식(縣厓裝飾) : ⇨캐스케이드(=).

현어(懸魚) : ①합각에서 박공 아래로 장식한 것. ②박공판이 마주치는 이자 부분 꼭대기 하부에 다는 물고기 및 조화체의 장식.

현열(顯熱, sensible heat) : ①물질의 온도변화 과정에서 상태의 변화 없이 흡수되거나 방출된 열에너지. ②습공기의 온도변화에 따라 출입하는 열. ③물체의 온도 상승·하강에 따라 출입하는 열량을 말하며, 물을 가열하면 비등점에 도달할 때까지는 현열이고, 그 이내에서는 열량의 증가에 따라 온도가 상승함. ④물체의 상(相)이나 조성을 바꾸지 않고 온도가 변하는 데에만 소비되는 열. ⑤온도계 등으로 측정할 수 있는 열량이며, 온도변화에 영향을 미침. ⑥현열과 잠열을 합하여 엔탈피(enthalpy)라고 하며, 그 기준은 0℃임. ⑦⇨잠열.

현인의돌(賢人-, philosopher's stone) : 중세 연금술사들이 어떤 병도 치료할 수 있을 뿐만 아니라 비금속(卑金屬)을 은이나 금으로 변화시키는 힘을 가졌다고 믿었던 공상적인 돌. 연금술사들은 이 신비의 돌이 적색(赤色)인 것으로 믿음.

현자의돌(賢者-) : ⇨현인의 돌(=).

현장경비(現場經費, field expense, field overhead expenses, site overhead expenses) : ①현장을 운영·관리하는데 필요한 간접적 비용. 현장경비는 공사 현장에서의 경비 중 일반 관리 경비에 가까운 성격을 갖는 것의 총칭. ②공사의 실시에 있어서 현장의 관리 기능면에 투입되는 경비. 현장 경비와 일반 관리비 등을 합쳐 제경비라 함.

현장계량 용적배합(現場計量容積配合) : 콘크리트를 비비는데 소요되는 여러 재료 중 시멘트는 포대수로, 골재는 보통 현장계량 방법에 의한 용적으로 표시한 배합. 즉 시멘트 : 모래 : 자갈은 1 : 2 : 4 또는 1 : 3 : 6 등임.

현장관리비(現場管理費) : ①현장 운영상 소요되는 경비. ②공사원가에서 차지하는 비용이 점차 높아짐. ③현장관리비 절감은 공사 수익성에 직결되므로 간접비상의 현장관리비를 최소화할 수 있도록 공기를 준수하여야 함. ④현장관리비 구성은 전력비·운반비·기술비 및 특허 사용료·품질관리비 및 연구개발비·가설 및 수도광열비·보험료·보관 및 지급임차료·복리후생비·소모품비·교통비·통신비·세금·공과금·폐기물처리비·도서인쇄비·환경전비·보상비 등

현장관리인(現場管理人) : 건축법상 용어의 정의는 건축주로부터 위임 등을 받아 건설업법이 적용되지 않는 공사를 행하는 자. 이 경우 현장관리인이 될 수 있는 자의 범위는 대통령령으로 정함.

현장구조(現場構造) : 자재를 현장에서 제작·가공하여 조립·설치하는 구조. 공사기간

이 길어지는 것이 단점.

현장사무소(現場事務所, field office, site office) : 시공자가 공사 관리를 하기 위해, 또는 건축주나 공사 감리자가 공사 감리 등을 하기 위해 현장에 가설하는 사무소. 또 공사 관계자 전원의 협의의 장.

현장조합(現場調合) : ⇨현장배합(=).

현장소장(現場所長) : ⇨현장대리인(=).

현장배합(現場配合, field mix, job mix) : ① 계획 조합의 콘크리트가 얻어지도록 공사 현장에서 하는 조합. ② 현치도(=).

현재(弦材, chord member) : 트러스의 상·하에 배치되어 하나는 인장력을, 다른 하나는 압축력을 받는 부재의 총칭.

현종식가옥(玄宗植家屋) : ①전라남도 민속자료 제14호. 전남 영암군 학산면 학계리에 위치. 건립년대는 1902년으로 추정. ② 원래는 남쪽의 가옥과 한집으로 안사랑채와 안채의 관계이고 바깥사랑채도 있었다고 함. 남쪽의 가옥은 이미 주인이 현행주씨에서 다른 사람으로 바뀌었으며 이로 인해 협문은 폐쇄된 것으로 보임. ③건물의 배치는 나란히 축으로 구성해서 안사랑채는 남서향으로 자리하고 안채는 그보다 남쪽으로 비껴 약간 앞쪽으로 배치. 안사랑마당에 조그마한 정원시설을 하였고 안사랑채와 직각방향으로 서쪽에 부속채를 둠. 안사랑채 맞은편에 바깥사랑채 터와의 경계를 이루는 내담이 있고 담 너머로 바깥사랑채 터가 있음. 그 앞에 5간의 솟을대문이 있으나 담 안쪽의 솟을대문은 지붕이 허물어져 있는 상태. 안사랑채의 남쪽으로 안채 역할을 했던 건물과의 사이에는 협문의 흔적이 있으며 안채는 정방형의 돌담으로 둘러싸임. ㉠안사랑채는 일자형 5간 양통(兩通)집으로서 전후좌우 퇴를 두었고 후퇴에 다시 우측 4칸은 쪽마루를 내어 아주 큰 공간을 형성함. 평면의 간살이는 맨 서쪽이 부엌칸으로 상하 2칸에 좌퇴를 합한 아주 큰 부엌을 두고 있고 뒤로는 후퇴와 쪽마루 공간까지 합하여 찬방을 둠. 다음 칸은 큰방으로 상하 2칸 크기이고 옆에 1칸의 가운데 방이 있고 방 뒤에는 1칸의 안마루가 있음. 이들의 뒤쪽에는 후퇴나 쪽마루의 마루 공간이 있음. 이어서 2칸 반의 대청이 있고 동쪽 끝에는 앞칸에 다른 방보다 약간 높고 마루를 깔아놓은 공루를 두고 뒷칸에는 칸반의 사랑방이 있음. 그 옆으로 우퇴를 시설함. ㉡안채의 평면구성은 H자형의 평면으로서 이 지방에서는 흔히 찾아볼 수 없는 특이한 구조. 몸채는 4간 전후툇집이며 동서쪽 날개채는 각각 정면 1칸, 측면 4칸으로 전후면이 각각 몸채보다 1칸씩 더 내밀었음. 간살이는 서쪽 날개채 앞 3칸에 부엌을 두고 뒤 1칸에 정지방을 두었음. 몸채는 서쪽에 2칸의 큰방이 있고 그 다음에 2×2칸 규모의 대청이 있음. 동쪽 날개채는 맨 앞칸에 1칸의 공루를 두고 중간에 1칸의 작은 방을, 그 뒤로 2칸의 마루방을 배치. 공루 아래의 공간은 광으로 사용. 지붕은 몸채나 날개부분 모두 합각이고 뒷마당에는 장독대가 있음.

현종식가옥 솟을대문

현촌도(現寸圖) : ⇨현치도(=).

현치(現値, full size) : 제도에 있어서의 실물 크기. 원척(=).

현치도(現値圖, full size drawing) : ①시공도면에서 실제 크기로 그려진 도면. 즉 공사현장에서 직접 필요로 하는 도면으로 특수한 구조 및 세밀한 공작을 요하는 부분·공법 마무리·재료상 시공이 난해한 부분 등을 실물(實物) 크기의 치수로 도시(圖示)하여 제작·시공하기 위한 일종의 공작도(工作圖). ②원척도·현촌도(=).

현탁고형물(懸濁固形物) : ⇨부유물질(=).

현판유리 : ⇨ 형판유리(=).

현휘(眩輝, glare, dazzle) : ⇨글레어(=). ⇨ 눈부심(=).

혈암(頁岩, shale) : ⇨이판암(=).

혈암점토(頁岩粘土, shale clay) : ①층상구조(層狀構造)로 된 경화점토(硬化粘土). ②주로

토관·벽 타일의 원료로 쓰임.

혐기성(嫌氣性, anaerobic) : ①세균 등이 공기를 싫어하는 성질. ②호기성(≒).

혐기성균(嫌氣性菌, anaerobic bacteria) : 산소가 거의 없는 곳에서 발육할 수 있는 세균.

혐오시설(嫌惡施設) : ①주변에 거주하는 지역 주민들에게 공포와 고통을 주며, 주변 지역의 쾌적성이 훼손됨으로써 집값이나 땅값이 내려가는 등 부정적인 외부효과를 유발하는 시설. ②대표적인 시설로는 쓰레기 매립장, 원자력발전소, 소각장, 유류저장소 등이 있음.

협력업자(協力業者, subcontractor) : ⇨하도급자(=).

혈(穴) : 풍수지리에서 지맥(地脈) 중 기(氣)와 정(精)이 가장 잘 모이는 곳.

혈압(血壓, blood pressure) : ①혈관 속을 혈액이 흐를 때 혈관 벽에 미치는 측압력(側壓力). 일반적으로 동맥혈압이라고도 함.

협간(夾間) : ①어간(御間)의 양측에 있는 주칸. ②정문(正門)의 좌우 양측에 있는 주문(柱門). ③전면이 여러 칸으로 된 건물에서 어간 다음에 있는 칸. ④정간의 오른쪽과 왼쪽에 있는 칸. ⑤대개 중앙보다 작게 함.

협문(夾門) : 마당의 일각문(一角門).

안동 태고정의 내외벽이 있는 협문

협문과 내외문

협업백화점(協業百貨店) : ①구매업자가 공동으로 만든 백화점으로서 일괄 종합쇼핑의 판매행위에 호소하는 형태가 많음. ②경영상의 특성에 의한 백화점 분류 중 하나임.

협호(夾戶) : 한 집에서 딴 살림하게 된 집채.

형[1](形, shape) : ①물체나 공간의 윤곽. ②어떤 형체(形體)의 윤곽. 즉 이차원적인 표현이지만 대상의 형이 물체적인 형체의 실제적인 경계선과 반드시 동일한 것은 아님. 왜냐하면 진정한 형은 그 본질적인 공간적 특성에 의해 형성되기 때문이며, 예컨대 사람의 얼굴은 반드시 윤곽선에 의해서가 아니라도 표현이 가능함. ③형상·형태(≒).

형[2](型, mould) : ①부어서 만드는 물건의 모형. ②어떤 특징을 형성하는 형태·타입. 예컨대, 최신형·신경질형 등.

형[3](桁) : ⇨항(=).

형강(形鋼, shape steel) : 열간압연(熱間壓延, hot rolling)하여 만든 특정의 단면형상을 이루고 있는 구조용 강재의 총칭. 형강은 건축 외에 토목·차량·선박 등 대형 구조물에 사용됨.

형과 정리의 법칙(形-整理-法則) : ①근접의 요인 ; 가까운 곳에 있는 것은 하나로 정리됨. ②유사의 요인 ; 닮은 것끼리는 하나로 정리되기 쉬움. ③폐쇄의 요인 ; 윤곽선으로 닫혀진 공간은 하나의 도형으로 정리됨. ④연속의 요인 ; 급격한 변화는 부자연스럽게 인식됨. ⑤공통운명의 요인 ; 같이 움직이는 것은 하나로 인식되기 쉬움.

형광(螢光, fluorescent, fluorescence) : 수은증기 입자들끼리의 충격으로 인한 방전을 통해 발산되는 빛. 이러한 형광물질을 이용하는 전구를 형광등(fluorescent lamp)이라 함.

형광도료(螢光塗料) : 일광(日光) 또는 인공광선(人工光線) 등 외부로부터 조사(照射)하는 것으로서, 육안으로 볼 수 없는 자외선(紫外線)을 흡수하여 이것을 육안으로 볼 수 있음. 가시광선(可視光線)으로 바꾸어 빛을 반사하는 안료를 사용한 도료. 이 안료는 아연(亞鉛) 및 카드뮴(cadmium)의 황화물(黃化物)이 사용되고, 광고·장식·표시·그림 등에 사용.

형광등(螢光登, fluorescent lamp) : ①수은과 아르곤의 혼합가스를 봉입한 방전광으로 유리관 내벽에 칠(coating)한 형광물체를 자극시켜서 가시부에서 형광을 발산시키도록 하는 방전등. ②1930년대 미국에서 발명되어 전 세계로 확산되었으며 백열전구에 비해 수명이 현저히 길고 효율도 4~5배이며 휘도는 무광택 전구의 ⅓임. 종류는 순식간에 점등하는 래피드 스타터(rapid starter)와 점등까지 2~3초가 걸리는 예열시동형, 일반적으로 사용하는 수동 또는 글로 스타터(glow starter) 등 3종류가 있음. 형광등의 발광효율은 주위의 온도에 많은 영향을 받으며 일반적으로 20℃가 최적온도이고 특히 저온인 경우에는 점등이 잘 안됨. ③일반조명의 형광등은 색온도(色溫度, color temperature)에 따라 주광색 형광등·백색 형광등·온백색 형광등으로 분류. ㉠주광색 형광등은 색온도가 약 6,500°K로 흐린 날씨일 때의 하늘로부터 빛을 혼합한 색에 가까운 빛을 발산하고, ㉡백색 형광등은 색온도가 약 4,500°K로서 고도가 낮은 태양의 직사일광 빛의 색에 가까운 빛을 발산하며, ㉢온백색 형광등은 색온도가 약 3,500°K에서 약 3,000°K로서 백열전구에 가까운 빛을 발산함. ㉣삼파장역 발광형 형광등은 색온도가 5,000°K로, 특히 적색·녹색·청색 대역(帶域)의 빛을 많게 한 것으로 물체의 색채가 선명하고 아름답게 보이는 것이 일반적이며, 최근에는 삼파장역 형광등이 많이 사용됨. ㉤고연색성(高演色性) 형광등은 연색성(演色性)을 개선하기 위해 장파장역(域)의 빛을 보강한 형광등이고 저휘도이며 광색조절이 비교적 쉬움. 열방사가 적으며, 점등까지는 약간의 시간이 소요됨. ④일반적으로 사용하는 형광등은 직관형·환형(環形, circle type)이 많지만 U자형·평판 모양의 형광등도 있음. 특히 최근에는 안정기나 점등회로를 내장하고, 전구용의 소켓(socket)에 그냥 꽂아 쓸 수 있는 전구형 형광등 일명 '장미등'이라고 하는 절전형 형광등이 많이 사용됨.

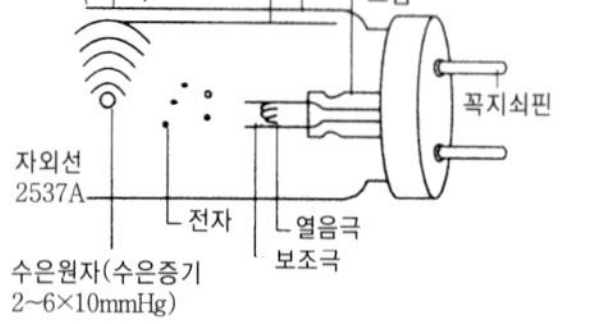

형광등의 발광원리

형광색(螢光色, fluorescent color) : 형광물질을 사용한 도료의 색(色)도 특정한 파장의 강한 반사를 일으키는데, 이러한 형광물질의 반사색. 특히 야간의 도로표지판에 자동차의 불빛을 받아서 생기는 색이나 야간 작업장 또는 불빛이 어두운 조건의 작업장에서 착용하는 작업복 및 작업모에 부착된 '생명선' 내지는 '안전표시' 등과 같은 경우에서 사용됨.

형광도료(螢光塗料) : 일광(日光) 또는 인공광원(人工光源) 등 외부로부터 조사(照射)하는 것으로 육안(肉眼)으로 볼 수 없는 자외선(紫外線)을 흡수하여 이것을 육안으로 볼 수 있는 가시광선(可視光線)으로 바꾸어 빛을 반사하는 안료(顔料)를 사용한 도료. 이 안료는 아연(亞鉛) 및 카드뮴(cadmium)의 황화물(黃化物)이 사용되고, 주로 광고·장식·표시·그림 등에 사용.

형광물질(螢光物質, phosphor) : 복사에너지에 의해 자극되면 빛을 발생하는 여러 종류의 물질.

형문(衡門) : 일반적인 담장의 문.

형상(形象, shape, figure) : ①특정한 형태나 모양의 외형(outline) 및 표면 윤곽. 일반적으로 형태(form)는 전체에 통일감을 주며 매스감이나 볼륨감을 포함하고 있는 반면에, 형상은 매스나 구획된 영역을 강조하는 외형을 나타냄. ②경계선이나 외부 표면선에 의해 형성되는 형태의 모양 또는 배치된 기하학적 요소의 결합. ③추상적인 형태. ④3차원의 형상은 삼각형·사각형·다각형·원·기타 기하학적인 형태로 존재함. ⑤외곽선에 의해 또는 외부의 표면에 의해 결정되는 모양이나 형태. 삼각형은 안정을, 정방형은 순수성과 합리성을 나타냄. 네 변과 네 각의 같음이 규칙성과 시각적인 명확함에 유리하게 작용하기 때문이며, 장방형은 명확성과 안정성을 주고 건축이나 인테리어 디자인에 있어 표준임.

형상배경(形象背景, figure ground) : 보이는 부분을 실제의 것으로 보면서 잘 구분된 물체가 덜 명확한 배경보다 눈에 띄는 것으로 보이는 경향.

형식(型式 type) : ①대표적이고 보편적인 유형·무형의 개념. ②분류는 제작 행위에 따라 구분되어지는데, 즉 기술적 형식(technological type), 기능적 형식(functional type), 양식적 형식(stylistic type) 등으로 구분함.

형식(形式, form) : 일반적으로 생각이나 사상·이념·경향 등을 나타내고자 하는 내용을 담고 있는 객관적·감각적인 구조를 형식이라고 함. 형식의 내용은 대립되는 사회적 개념으로 쓰임.

형식적 균형(形式的均衡, formal balance) : ⇨대칭적균형(=).

형식적 구성(形式的構成, formal composition) : 근본적인 형식적 구조의 존재를 내포하면서 엄격한 규칙의 질서를 나타내는 구성.

형식적 구조(形式的構造, formal structure) : 어떤 특정 종류의 규칙을 보여주는 형식적 구성을 이루도록 단위형태의 배열에 영향을 주는 구조.

형식주의(形式主義, formalism) : 미국의 건축양식에 있어서 신고전주의로 향하는 경향. 다른 모든 특성을 양보하고 형태에 대해 우선권을 부여하는 1950~1965년과 1970~1976년의 경향을 말함. 미스 반 데어 로에(Ludwig Mies van der Rohe ; 1886~1969)·폴 루돌프(Paul Rudolph ; 1918~1997)·미노루 야마사키(Minoru Yamasaki ; 1912~1986)의 건축물에서 명백히 나타나고 있음. 서로 관계가 없는 것처럼 형태(모양·구조·양식 전체에 대한 부분의 조합)와 내용(실질·주제)이 전개됨.

형식학(型式學, typology) : ⇨유형학(=).

형용무늬(形容-) : 인물·동물 등의 조각이 그대로 꽃병이나 그릇 모양으로 이용되는 것.

형이상학(形而上學) : 초경험적인 우주의 근본원리를 연구하는 학문. 철학의 한 분야.

형의 항상성(形-恒常性) : 대상이 경사진 위치에 있든 그렇지 않든 관찰자의 시각 방향에 상관없이 같은 모양을 가진다는 것으로 인지하는 경향. 예컨대 문이 열렸다가 닫히기까지 여러 가지 모양이 변하지만 같은 모양의 문으로 봄.

형태(形態, form) : ①시각적·촉각적·심리적으로 느낄 수 있는 자연적·인위적인 사물의 생김새와 그 현상을 총칭하는 용어로 실체 또는 그것을 구성하는 물질과 구별되는 외형(형상) 및 구조로서 색과 함께 대상의 시각적 경험을 형성하는 감성적 요소. 조형 용어로는 형 또는 형식과 구별됨. 형은 어떤 형체의 윤곽으로 이차원적이지만 형태는 삼차원적인 표현 용어임. 형태는 형으로 이루어진 윤곽·내부요소·구조요소들을 가지고 있는 본질적인 모습임. 내부요소는 한 형태의 내부에서 각 부분들 사이의 관계, 그리고 구조요소란 형태의 물질적 상태 및 구조에 따른 형태를 말함. 예컨대 옆에서 본 자전거 바퀴는 두 개의 타원형(shape)을 가지고 있으나 그것은 바퀴살을 가지고 있고, 외부가 타이어로 이루어진 바른 원형의 형태(form)로 지각됨. 일반적으로 형태의 구성요소로는 점·선·면·입체 등이 있으며, 뚜렷한 외형은 선·윤곽·배열·형상에 의해 결정됨. 일정한 사물의 형태는 윤곽·외부·구조라는 3가지 형태가 있음. ②서로 관련된 이미지를 만들어내기 위해 구성체의 각 부분을 조합하고 배열하는 기술. ③물질이나 재료와는 구별되는 어떤 형상 및 구조. ④평면 및 볼륨을 암시하거나 나타내면서 모양·크기·색깔·질감의 모든 시각적 요소로 이루어진 눈에 보이는 모든 실재물. ⑤대상물(object)이 그 주변의 배경(ground)과 경계되어 지각되어지는 실체. ⑥형태는 형(形, shape)과 태(態, form)로 차별화되고 태는 고정된 물리적 대상뿐만 아니라 그것이 지각되는 유기적 구성(organization)에 더 큰 의미가 있음. 즉 form의 동사형은 organize이며, 명사형은 organization으로서 shape로 지각되는 내적 구성요소들의 유기적 관계이며, 동적(dynamic)이고 총체적(holistic)인 현상. ⑦분류는 자연형태와 인위형태로 대별하고, 인위형태는 현실적 형태와 순수형태 또는 추상형태인 이념적 형태로 구분됨. 그밖에 재현적 형태·언어적 형태·서예적 형태·유기적 형태·기하학적 형태(순수형태)·기술적 형태 등이 있음. ⑧형[1](=).

형태기호(形態嗜好, preference of form) : 형태에 대한 기호성(嗜好性). 색채가 주로 인간의 정서(情緖)에 영향을 미치는 반면, 형태는 사고(思考)에 관계함.

형태변형(形態變形, form metamorphose) : 복잡하고 분석적인 형상을 표현하는 용어. 즉 정해진 규칙에 따라 단계적으로 이루어지는 형태의 범주 내에서 변형.

형태심리학(形態心理學) : ⇨게슈탈트심리학(=).

형태의 강약(形態-强弱) : ⇨강한 형태·약한 형태(=).

형태의 대칭성(形態-對稱性) : 대칭적인 감각자료는 한데 뭉쳐 체제화(體制化)되어 형태를 이루기 쉽다는 원리.

형태의 비치환성(形態-非置換性) : 형태란 기존의 요소를 재구성하는 것이 아니므로 그 일부가 다른 것으로 치환될 수 없으며, 치환되면 형태 자체가 이미 변질된다는 것.

형태의 의미성(形態-意味性) : 의미를 갖는 방향으로 감각자료들이 체제화된다는 원리. 이때의 원리가 추상적인 것이 될 수도 있음.

형태의 지각심리(形態-知覺心理) : 형태를 지각하는 인간의 심리현상은 연령·경험·학력 등에 따라 다를 뿐만 아니라, 사실적 형태를 비사실적 형태로 보는 현상이 발생되기도 함. 이러한 현상에는 그림(도형)과 바탕(배경)의 관계·형과 정리·착각과 항상·착시현상 등이 있음. ㉠접근성(factor of proximity) : 보다 더 가까이 는 2개 또는 그 이상의 시각요소들은 패턴이나 그룹으로 지각될 가능성이 크다는 법칙. 즉 공간의 면적이 작을수록 그것이 형태로 보일 가능성이 커짐. 모든 면은 선을 둘러싸는데 이러한 선들의 근접성이 클수록 선 안의 면이 모양으로 보일 가능성이 큼. ㉡유사성(factor of similarity) : 형태·규모·색채·질감 등에 있어서 유사한 시각적 요소들이 서로 연관되어 자연스럽게 그룹핑(grouping)하여 하나의 패턴으로 보이는 법칙. 종류는 형태·크기·위치의 유사성과 의미의 유사성으로 대별되며, 유사성은 접근성보다 지각의 그룹핑에 있어서 다소 강하게 지각됨. ㉢연속성(factor of continuity) : 유사한 배열이 하나의 그룹핑으로 지각되는 것으로 공동운명의 법칙이라고도 함. 예컨대, 영화의 장면은 이미지의 연속적인 장면임. ㉣폐쇄성(factor of closure) : 시각요소들이 어떤 형상을 지각하게 되는데 있어서 폐쇄된 느낌을 주는 법칙. 완전한 선은 불완전한 선보다 더욱 폐쇄적임.

형태주의 건축(形態主義建築, formalism architecture) : ①1960년대 현대건축의 전환기에 미국에서 성행한 건축사조. ②거장을 중심으로 한 합리주의, 기능주의 위주의 현대건축이 쇠퇴한 이후 탈현대주의 건축의 선구적인 역할을 함. ③건축구성원리 및 특징은 건축의 표현적·조형적 특성을 강조하는 미학적 측면에 관심을 두고 건축의 내용보다는 형태를 강조. 현대건축에서 배제되었던 전통적·상징적 요소를 도입하여 건축에 있어서 형태표현의 영역을 확장하려 시도. 과거의 전통적 건축이 지니고 있던 장식적 요소를 현대화하고 현대건축의 규범 속에서 표현의 가능성을 예시. ④주요 건축가로는 에로 사리넨(Eero Saarinen, 1919~61), 필립 존슨(Philip Johnson, 1906~2005), 폴 루돌프(Paul Rudolph, 1918~97), 미노루 야마사키(Minoru Yamasaki, 1912~87), 에드워드 듀렐 스톤(Edward Durell Stone, 1902~78) 등.

형태적장(形態的場, behavioral setting) : 디자이너가 디자인한 물리적 실체 그 자체뿐만 아니라 환경적·심미적·심리적으로 디자인된 공간으로 창조된 공간은 사용될 때의 형태적 장이 존재함. 형태적 장에는 전형적인 행동패턴이 있으며, 시간에 따라 일련의 프로그램을 가지고 진행됨.

형태학(形態學, morphology) : ①인간신체의 해부학적 특질을 알고 이를 디자인에 적용시키기 위한 학문. ②어떤 유기체의 성장 거동, 그 성장에 미치는 영향·구조 및 형태를 연구하는 학문.

형태학적 측정(形態學的測定) : ①인체 부위의 크기와 모양에 대한 측정. ②인체 각 부위의 길이·둘레·너비·두께·무게 등을 측정하는 것. ③⇨생리학적 측정.

형틀용블록 : ⇨거푸집블록(=).

형판유리(形板琉璃, pattern glass, rolled glass, figured glass) : ①롤러(roller)법으로 제판할 때, 롤러에 조각한 모양을 판유리에 새겨 넣은 판유리. ②유리의 한 면에 각종 무늬의 모양이 있어 투시성이 없는 반투명 판유리로서 현판유리라고도 함. ③특징은 ㉠장식성 ㉡빛 확산에 의한 부드러운 밝음 확보 ㉢빛의 차단에 의한 프라이버시 확보 ④모양의 종류에 따라 다이아몬드형·모루형·주름형 등이 있음. ⑤주로 주택·일반건물의 창문·칸막이 등에 사용.

혜산서원(惠山書院) : ①경상남도 유형문화재 298호, 영조 29년(1735년)에 창건, 20세기 중수. ②전체 영역이 전(田)자 형태로 4개 영역으로 구획됨(사당영역, 강당영역, 전사청영역, 서당영역). 배치방식은 좌묘우학(左廟右學)의 배치. ③강당은 정면 5칸, 측면 2칸으로 정면에 툇간을 둠. 양쪽에 온돌방을 두고 중앙 3칸에 귀틀마루 대청을 둠. 구조는 이익공계 팔자기와지붕으로 주간창방 위에는 화반을 설치하고 귀기둥에는 귀한대를 둠. 보위에 장여를 놓고 그 위에 소로를 놓아 다시 도리장여를 받치도록 설치된 이중장여가 특이함. 서당은 정면 6칸, 측면 2칸의 건물로서 정면에 툇간을 두고 좌측으로부터 2칸 방, 2칸 대청, 1칸 방, 1칸 마루 등 다소 독특한 평면 구조임. 다원서당 앞에는 연못을 둠.

혜산서원

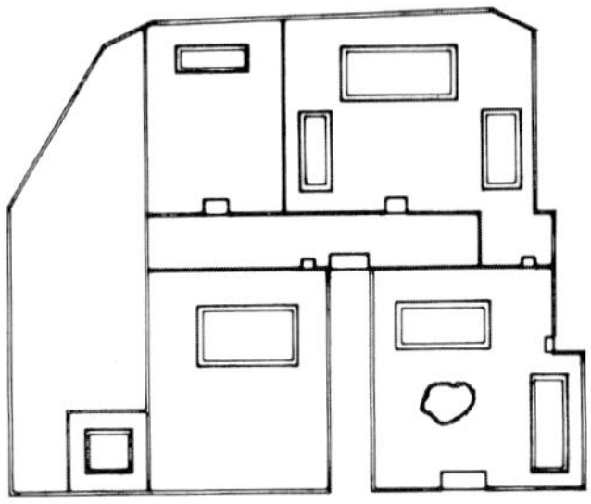

혜산서원 도면

호(壕, ditch) : 성벽 둘레에 외적의 침입을 막기 위해 그 주위를 역청이나 물로 채워 넣은 도랑.

호거드체어(Hogarth chair) : ①퀸앤 장식양식(Queen Ann chair)의 등판 형태를 갖는 의자. ②영국 18세기의 동판화가 호거드(W. Hogarth ; 1697~1764)의 그림 속에 있는 의자를 보고 붙여진 명칭으로서, 캐브리올다리를 가진 부드러운 곡선의 로코코양식이 특징임.

호거드체어

호기성(好氣性, aerobic) : 세균이 발육에 필요한 산소가 있는 공기를 좋아하는 성질.

호도나무 : ⇨호두나무(=).

호두나무(胡-, walnut, Juglans nigra L[학]) : ①아시아·아프리카·유럽·미국 등지에서 자생하는 밝은 황갈색조의 경재(硬材). ②변재는 백색 또는 담황갈색·심재는 담갈색 또는 짙은 초콜릿색·자갈색이며, 나이테는 뚜렷하며, 추재(秋材)는 치밀하고 진한 색으로 나타냄. 나뭇결이 고르고 아름다울 뿐만 아니라 다루기도 쉬운 편이어서 가구재로 많이 사용. 전건비중은 0.56, 수축률은 방사방향 5.5%, 접선방향 7.8%,

용적수축률 12.8%로 보통이고, 강도는 휨강도 1,026kg/㎠, 압축강도 532kg/㎠, 전단강도 96kg/㎠로 보통임. 내구성이 낮고 절삭가공·건조·접착성은 보통이며 도장성은 양호함. 종류로는 블랙 월넛(black walnut)·매우 정교한 소용돌이무늬가 있는 시캐니언 월넛(circassian walnut)·나뭇결이 선명한 버터넛(butternut)·곱슬무늬가 있는 페르시아 산(産)의 프렌치 벌(french burl) 등이 있음. ③17세기말부터 18세기에는 궤(chest)·뷰로(bureau) 등의 가구에 호두나무를 주로 사용하여 이 시대를 '호두나무시대'라고 함.

호두나무시대(胡-時代, age of walnut) : 호두나무가 인테리어나 가구제작에 주로 사용되었던 1660년부터 1714년 사이의 영국 왕정복고·스튜어트·윌리엄과 메리 앤 여왕 시대.

호두나무시대

호모켄(Homoken) : 균일한 목질로 된 차음(遮音)·단열판(斷熱板).

호박색(琥珀色, amber, umber) : ①관용색명으로 칙칙한 빨강을 띤 노랑. ②먼셀기호 8YR 5.5/6.5.

호돌로지공간(-空間, hodological space) : ①길을 의미하는 그리스어 'hodos'에서 유래. ②운동이 가능한 공간(짧은 거리·안전성·최소작업량·최대경험량 등과 같은 여러 가지 영역을 절충시켜 주는 바람직한 선택 통로)을 의미함.

호령창(湖嶺窓) : 되창 또는 바래기창.

호르투스(hortus) : 현대 이탈리아 빌라의 정원과 유사한 고대 로마의 정원양식.

호리존트(horizont) : ①공간의 느낌을 연출하기 위해 무대 뒤에 설치하는 벽이나 조망. ②사이클러래머(=).

호마이카(formica) : ⇨미노라민치 장판(=).

호모모벤스(homo movence) : ①라틴어로 사람이라는 뜻의 호모(homo)와 움직인다는 뜻의 모벤스(movence)의 합성어로 탈공업화사회·정보화사회에서의 새로운 인간의 개념. ②옛날부터 인간을 정의하는 말로 표현된 것은 그리스인이 정의한 호모사피엔스(생각하는 사람), 독일의 철학자 M. 셸러가 정의한 호모파베르(만드는 사람), 네덜란드의 문화사가(文化史家) J. 호이징가가 정의한 호모루덴스(노는 인간) 등. 그러나 이것만으로는 고도의 정보화사회에 사는 인간을 충분히 파악할 수 없음. 이 격변하는 혼돈 속에서 '움직인다'는 것을 적극적으로 평가하는 새로운 가치를 가진 인간형을 일본의 건축가 구로카와(黑川紀章)는 호모모벤스라고 해 다음 세대를 담당할 인간의 전형으로 보았음.

호모사피엔스(Homo Sapience) : ①동물분류학에 의해 현생 인류를 나타낸 학명. ②'지혜가 있는 사람'이라는 뜻. ③18세기에 스웨덴의 식물학자 린네가 사용한 용어. ④오늘날의 인류는 엄밀한 의미에서 단일종임. 화석 인류의 전모가 밝혀짐에 따라 호모 사피엔스에 속하는 인류의 범위가 확대됨. 1950년대 말부터 네안데르탈(Neanderthal) 인류는 현생 인류와 같은 종이라는 생각이 강해짐.

호모파베르(Homo Faber[독]) : ⇨호모모벤스(=).

호박(琥珀) : ⇨호박석(=).

호박돌(玉石, cobble stone) : 개울에서 생긴 지름 200~300㎜ 정도의 둥글넓적한 돌. 잡석다짐 또는 바닥콘크리트 지정 등에 쓰임.

호박돌주초(-柱礎) : ⇨덤벙주초(=).

호박석(琥珀石, amber, river rock) : ①지질시대의 수지가 땅 속에서 수소·산소·탄소 등과 화합하여 돌처럼 된 광물. 누런빛으로 거의 투명하며 광택이 있어서 장식용으로 사용. ②발틱(Baltic)해 남부 해안에서 발견되는 석재. 고대에 묻혀진 전나무 숲이 화석화된 수지(樹脂)로 이루어진 황동색의 투명한 돌로 중세부터 보석화병 등의 장식용 오브제(objet[프])·가구장식에 사용되었고 밝은 밤색·밝은 오렌지 등의 호박석도 있음.

호박주춧돌 : ⇨덤벙주초·호박돌주초(=).

호분(胡粉) : ①흰가루. ②고급소석회의 가루. ③백분(=).

호비칼 : ①나무의 속을 호비어 파는 데 쓰는 칼. ②몸이 바짝 굽고 날이 양쪽으로 나 있음. ③낫모양으로 둥그스름하고 양쪽에 날이 있는 조각칼.

호석(護石, stone slabs around the base of a large tumulus) : ①큰 무덤의 봉토가 무너지지 않도록 아랫부분을 둘러막은 돌. ②둘렛돌(=).

호소(湖沼) : ①내륙의 와지(窪地)에 고여 있거나 완만하게 흐르는 수괴. 일반적으로 호수라고도 부르는데 호수, 소택지, 연못 등은 구분이 명확하지 않음. 다만, 소택지에는 관목·초본 등이 비교적 많이 자생하고 있으며 연못은 호수에 비해 크기가 작음. ②우리나라의 호소는 대부분 각종 오염에 시달리고 있음. 이는 무계획적이고 비생산적인 호수와 댐 조성계획이 가장 큰 원인임. 새로 조성된 호소에는 갑작스런 부영양화가 두드러지게 나타나는데, 호소 내 영양물질에 의한 광합성 작용과 태양 에너지가 호소에 투여될 때 무기물질이 조류의 성장을 촉진했기 때문임. 산소의 과다공급과 함께 조류의 호흡 활동이 활발해지면서 유기물질 분해를 촉진하고, 그 결과 이산화탄소와 영양물질이 방출됨. 다시 말하면 조류의 광합성 작용과 호흡작용이 균형있게 이루어지지 않아 조류가 비정상적으로 증식된 것임. 호소의 부영양화 현상은 비정상적인 조류의 증식으로 유기물 부하가 높아지고 산소가 불균형을 이루어 어패류가 서식할 환경을 악화시킴.

호스텔(hostel) : 원래 고대 영국의 숙박장소를 의미하지만 현대에는 자전거 여행이나 하이킹 등을 하는 젊은이들을 위한 숙박업소 및 합숙소.

호스슈아치(horseshoe arch) : ⇨말굽형 아치·편자형 아치(=).

호스피스(hospice) : ①종교단체 등이 운영하는 여행자 숙박소 또는 빈민 행려병자(行旅病者)들을 위한 수용소를 가리키는 말. ②최근 미국의 의학계에선 말기 암환자 등 죽음이 임박한 환자들을 간호하는 의료시설을 가리키는 개념으로 쓰임. 이는 단순히 생명을 연장시키려는 취지가 아니라 육체적 고통의 경감과 정신적으로 평온한 죽음을 맞이할 수 있도록 돌보는 데에 목적을 둠. ③영국의 성(聖)크리스토퍼 호스피스가 최초의 것. 호스피스가 많이 보급된 미국에서는 죽기 3~6개월 전의 기간을 말기로 설정함.

호스피스케어(hospice care) : 죽어가는 환자와 그 가족들의 육체적·정신적·감정적·심리적·사회적·경제적·법적 요구사항을 만족시켜 주는 치료. 병원이나 집 또는 복합적인 분야에서 전문가·자원봉사자들에 의해 이루어지며, 환자가 죽은 후 가족들의 심리적 안정을 도모하기 위한 가족 치료까지 포함.

호스피탈윈도(hospital window) : ⇨호퍼윈도(=).

호연정(浩然亭) : ①경상남도 유형문화재 198호, 16세기 창건, 17세기 중수, 경남 합천군 율곡면 문림리에 위치. ②정면 3칸, 측면 2칸에 대청과 방을 둠. 구조는 기묘하고 장식적임. 익공계 팔작집이지만 다양한 양식이 혼합됨. 방부분이나 후면 기둥 사이에 포작을 두어 다포계 형식을 갖춤. 중도리에서 주간포작에 걸쳐 우미량을 사용한 주심포계 성격도 있음. 귀포를 제외한 포작은 이익공인데 귀포는 삼익공으로서 귀한대까지 두어 네 귀에서 화려한 꽃다발이 만들어짐. 귀기둥에서 출목이 나오다가 끊어진 모습임. 익공쇠서의 초각은 화려하고 세련되며, 앙서형 쇠서, 봉두를 조각하여 장식성을 완결한 보머리 등으로 보아 17세기 이전으로 추정. 기둥

호연정

중에는 직경 2자가 넘는 거목도 있고, 심하게 뒤틀린 부재도 그대로 사용하였으며, 대청부분의 창방은 일부러 만곡된 부재를 사용하여 궁륭(穹窿)처럼 아름다운 입면을 만듦. 대청의 천장 가구 중 충량은 S자로 올라가면서 휘어져 우산살처럼 펼쳐지고 사실적으로 조각된 용두(龍頭)가 충량의 뒤틀림을 용신(龍身)의 비상과 그 몸부림으로 상징화하는 등 건축부재로서의 인공적 절제나 정연성을 거부한 채 자연 그대로의 모습을 재현한 것으로 직설적 자연주의를 나타냄.

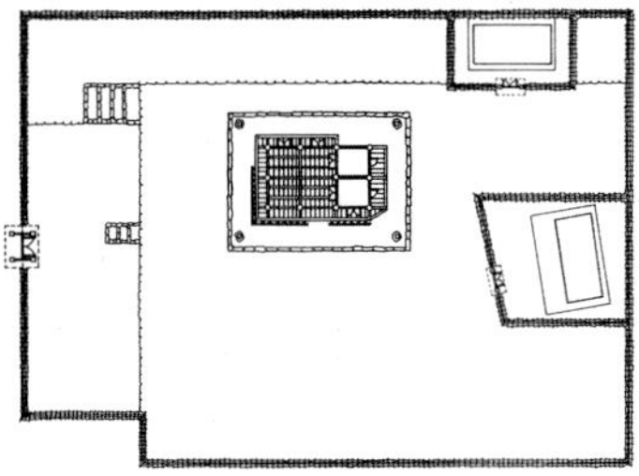

호연정 배치도

호이스트(hoist) : ①화물을 수직으로 감아 올리는 데 쓰는 기계. ②펌프·팬 등의 정비를 위해 장비를 들어 올리거나 이동하는 것으로 전동기, 감속기, 와인딩 드럼을 일체로 통합시킨 소형의 감아 올리는 장치. ③사용 동력에 따라 전기 호이스트·공기 호이스트·수동(手動) 호이스트로 나눌 수 있으나, 보통으로는 전기 호이스트를 말함.

호족반(虎足盤) : 다리의 발목이 잘록하고 종아리가 날렵하여 마치 호랑이 다리와 같이 생긴 다리로 된 소반.

호지(護持) : 새경을 받는 하인인 머슴과는 달리 생활권을 따로 가지고 있으며, 대개 남자들은 소작을 살고 아녀자들은 주인집의 집안일을 거드는 등 경제적 예속상태에 있는 신분을 말함.

호지문(護持門) : ①보호하여 부지(扶持)한 문. ②석왕사 호지문 등이 있음.

호지살이(護持-) : ⇨행랑살이·담살이(=).

호지집(護持-) : 노비들이 거처하는 가랍집.

호텔머신(hotel machine) : 프런트 데스크의 회계를 담당하는 부분에 설치하며, 숙박계의 객실·요리음식·시설·전화 등의 요금이 계산되어 자동적으로 표시됨.

호텔/모빌오피스(hotel/mobile office) : 21세기 호텔이나 자동차를 이용한 새로운 사무환경을 의미하는 신용어.

호퍼(hopper) : 호퍼 라이트의 양측에 설치한 삼각형 모양의 통풍 차폐물.

호퍼라이트(hopper light) : 창 하부에 경첩이 달려 있어 내부로 열 수 있는 창문으로 '안 젖힘 환기창'이라고 함.

호퍼윈도(hopper window, hospital window) : 창 하부에 경첩이 달려 있어 내부로 당겨 열게 되어 있는 창문. 이러한 창문은 일반적으로 붙박이로 된 큰 창문과 함께 사용하고, '안 젖힘 창'이라고 함.

호퍼윈도

호피목(虎皮木) : ①자연목의 무늬를 최대한 살리도록 가공한 솜씨의 목재. ②매우 고급스런 느낌을 주어 매우 호사스런 주거 건축양식에 많이 쓰임. ③승주 조순탁가옥 등에서 사례 확인.

호형첨차(弧形檐遮) : ①고구려와 통일신라에서 사용한 첨차의 양단 마구리를 수직으로 자르고 하단은 45° 정도로 하거나 둥그스름하게 구린 만두모양의 교두형(교두형) 첨차. ②안압지에서 출토된 첨차부재와 쌍봉사 철감선사 부도 및 실상사 석탑 등의 석조물에서 그 흔적을 찾아 볼 수 있음.

호화주택(豪華住宅) : ①1가구 1주택이라도 양도소득세를 물어야 하는 소득세법상의 고급주택. ②단독주택의 경우는 건축연면적이 80평 이상이거나, 대지가 150평 이상으로서 양도가액이 5억원을 넘으면 호화주택으로 분류. 또 이 기준에 미달하더라도 엘리베이터나 에스컬레이터, 20평 이상의 수영장 가운데 한 개만 갖추고 있으면 호화주택으로 판정됨. ③아파트를 비롯한 공동주택은 전용면적기준 50평이 넘으면서 양도가액 5억원 이상이면 호화주택으로 분류돼 양도세를 물어야 함.

호환성(互換性, changeability) : ①다양성(多樣性)·적응성(適應性)·정합성(整合性) 등을 총체적인 관점에서 종합한 개념. ②건축물·건축공간·건축구성재를 대상으로 치수·접합부 성능 등의 확보를 추구함. 또한 모듈접합(MC ; Modular Coordination)을 바탕으로 한 건물의 오픈부품화(OCS ; Open Component System)와 건축의 개방형 시스템(OSB ; Open System Building)이 추구하는 목표가 됨. ③호환성의 유형 ㉠생애주기에 의한 호환성. ㉡목적 변경을 위한 호환성. ㉢다양한 용도에 공통적으로 사용되는 호환성. ㉣다양한 부품이 다양한 건물에 사용되는 호환성. ㉤모양 바꾸기를 위한 호환성. ㉥계획상의 호환성.

호프만요(-窯, Hoffman kiln) : ①점토제품의 소성요로 주로 벽돌 소성시에 많이 사용함. ②타원형으로 각 방에서 나온 열기가 다음 방으로 돌게 되어 여열(餘熱)로 건조시키며, 점토 벽돌을 소성케 만든 요.

혹두기(rock face finish) : ①거친돌 면의 돌출 부분을 쇠메로 쳐서 요철(凹凸)이 없게 대충 다듬는 정도의 돌 표면 마무리. ②메다듬기한 돌 면 그대로이지만 약간 가공하여 심한 요철이 없게 한 것으로 마름돌 면 또는 거친돌 면이라고도 함. ③큰 혹두기와 작은 혹두기로 구분.

혼돈(混沌, chaos) : 완전히 불규칙적이거나 무질서한 상태.

혼례용가구(婚禮用家具) : 신혼부부가 살림을 차리는 데 사용되는 가구.

혼색(混色, color mixture) : 원하는 색을 얻기 위해 색을 혼합하는 것. 색채학에서는 혼합이라고도 함. 즉 가법혼색을 가법혼합, 감법혼색을 감법혼합이라고 함.

혼색계(混色系, color mixing system) : 색(色)을 표시하는 표색계. 심리·물리적인 빛의 혼합을 실험하는 것에 기초를 둠으로써 오늘날 측색학 영역에서 중시되고 있으며, CIE(표준)표색계 또는 XYZ표색계가 대표적임.

혼색원판(混色圓板, Maxwell disc) : ①원판 위에 서로 다른 부채꼴 색 면을 늘어놓고 그것을 아주 빨리 돌림으로써 가법혼색을 일으키는 기구를 말하는 것으로, 개발한 맥스웰의 이름을 따서 '맥스웰 회전원판'이라고 함. ②회전혼합· 회전혼색(=).

혼전(混戰, a hall with the spirits tablets of the decreased kings and queens for 3 years) : 궁궐에서 돌아가신 왕이나 왕비의 신주를 모셔놓고 상례기간 동안 제사를 드리던 건물.

혼천시계(渾天時計) : ①고대 중국의 우주관이던 혼천설을 기초로 천체의 운행과 위치를 측정하기 위해 만든 측각기의 일종. ②혼의기(渾儀器) 또는 선기옥형(璇璣玉衡)이라고도 하며, 고대와 중세 동아시아의 기본적인 천문의기. ③중국에서는 기원전 2세기경에 처음으로 제작, 사용됐던 것으로 알려져 있지만 우리나라에서는 삼국시대 후기나 통일신라시대부터 사용됐을 것으로 추측됨.

혼합개발(混合開發) : ①토지개발방식의 하나로 개발이 끝난 후 사업착수 시점의 땅값에 개발이익을 얹어 되돌려주는 것을 조건으로 토지소유자로부터 무상으로 일단 토지를 수용해 개발하는 방식. ②사업자는 초기 토지보상금의 과다지출에 따른 사업비 부담을 덜 수 있고 토지보상 관련 민원으로 인한 사업기간 지연을 막을 수 있으며 토지소유자는 개발이익을 사업자와 공유할 수 있어 상대적으로 개발에 대한 저항감이 덜함.

혼화재(混和材) : ①사용량이 비교적 많아 그 자체의 부피가 콘크리트의 배합계산에서 고려되는 것으로 시멘트 중량의 5% 이상, 경우에 따라서는 50% 이상 다량으로 쓰며, 콘크리트를 반죽할 때나 시멘트에 미리 섞어서 사용. ②혼화재는 화학제품이 많고 혼화재는 주로 광물질 분말임. ③콘크리트용 혼화재는 플라이애시·고로

슬래그·규산백토 미분말·콘크리트용 팽창재·규산질 미분말·착색제·폴리머 증량재·광물질 미분말 등이 있음.

혼화제(混和劑) : ①사용량이 비교적 적어 그 자체의 부피가 콘크리트의 배합계산에서 무시되는 것으로 콘크리트 속의 시멘트중량에 대해 5% 이하, 보통은 1% 이하라는 극히 적은 양을 사용. ②사용량의 대소에 따른 혼화재료의 구분임. ③콘크리트용 혼화제는 AE제·감수제·AE감수제·고성능감수제·유동제·촉진제·지연제·급결제·방수제·기포제·발포제 등이 있음.

혼합(混合, blending) : ①조형적·디자인적 의미로는 하나의 물체가 다른 것과 점진적으로 융합되는 것. 즉 하나로 합치(合致)되는 과정. ②관련된 유사용어로는 병합(incorporation)·통일(unification)·결합(union) 등이 있음.

혼합결(混合-, mixed grain) : ①곧은 결과 널결이 혼합되어 나타나는 나뭇결. ②얼곧은결(=).

혼합구조(混合構造, mixed structural system) : ①다른 재료로 구성된 부재 등을 조합하여 결합시킨 구조 시스템. ②입체라멘 고가교나 도로고가교의 교각 등에서 볼 수 있음. ③예컨대 기둥 부분이 철근콘크리트 구조이며 보나 지붕이 철골구조인 경우가 여기에 해당됨.

혼합석고플라스터(混合石膏-, mixed gypsum plaster) : 순백색(純白色)이나 순백에 가까운 백색으로 물만을 혼합하여 즉시 사용할 수 있는 정벌용과 물과 모래 등을 혼합하여 즉시 사용할 수 있는 초벌용이 있음.

혼합식 기둥머리(混合式-, composite capital) : ①이오니아식의 소용돌이꼴 장식과 코린트식의 아칸서스잎 장식을 결합시킨 5개의 고전적 오더 중의 하나. ②콤퍼지트오더(=).

혼합식기둥머리

혼합조명(混合照明) : ⇨전반국부병용조명(=).

혼합시멘트(混合-, mixed cement, blended cement) : ①포틀랜드 시멘트의 클링커(clinker)에 적당한 혼화제를 넣고 미분쇄하여 만든 시멘트로서 시멘트의 내구성·장기강도의 발현·화학적 저항성·수밀성·내수성 등의 성질을 향상시키거나 경량화하고 작업을 쉽게 하는 등 특수효과를 얻기 위해 만든 것. ②종류는 고로시멘트·실리카시멘트·플라이애시시멘트로 구분하고 혼합물질량에 따라 A·B·C종으로 구분함.

혼합시멘트의 종류

종류	혼합재료의 양에 의한 종별		
	A종	B종	C종
고로시멘트	고로광재의 양 30% 이하	30~60%	60~70%
실리카시멘트	실리카량 10% 이하	10~20%	20~30%
플라이애시 시멘트	플라이애시량 10% 이하	10~20%	20~30%

혼합밸브(混合-, mixing valve) : 급탕과 급·배수관에서 각각 나오는 냉·온수의 양을 상대적으로 제어하기 위한 밸브.

혼합형 쇼윈도(混合形-, mixed type show-window) : ①평형·곡면형·경사형을 기본으로 전면의 크기·계획의 처리에 따라 혼합처리한 쇼윈도. ②상품 크기의 차이가 큰 경우에는 쇼윈도의 깊이를 깊게 처리하되 경사지게 하여 시선의 흐름과 동선을 자연스럽게 유도하며, 아케이드 식으로 중앙에 독립케이스를 위치시키면 중심성이 형성됨. ③상점의 전면 길이가 부족하면 측면으로 깊은 쇼윈도로 하여 흡인력 있게 계획할 수 있고, 장식 면적은 넓지만 쇼윈도의 면적이 감소함. ④쇼윈도 자체가 조형성이 있어서 통행인에게 흥미를 크게 일으킴. ⑤양화점(洋靴店)과 같이 상품이 작고 같은 형상의 상품인 경우에 적당함.

혼합형 오피스(混合型-, combination type office) : ①오픈 오피스에서 부문별로 개인의 프라이버시를 보완할 수 있도록 개별 작업공간을 최대한 많이 확보하여 두는 방식. ②오피스를 집중적인 개인 환경과 확산적인 조직환경으로 구성하여 집무를 위한 개인실을 창측에 배열하고 홀(hall) 사이는 대형 유리 칸막이를 설치하여 홀에는 공유해야 할 정보의 수납시설·사무기기류·회의 코너 등과 같은 관계 베이스(relationship base) 및 의사소통 베이스(communicationship base)장치가 설치되어 각각의 개인적인 작업특성과 조화시킨 형태. ③배치는 외벽의 길이와 홀 면적과의 상호관계에 의하여 오피스의 기준층 규모가 결정됨.

혼화재(混和材, admixture) : ①다량으로 사용하여 콘크리트의 물성을 개선하는 혼화재료. ②미경화 콘크리트나 경화콘크리트의 성질·물성을 개선하여 경제성 향상을 목적으로 콘크리트 비빔시 첨가하여 사용하는 재료. 혼화재는 화학제품이 많고, 주로 광물질 분말임. ③사용량이 비교적 많아 그 자체의 부피가 콘크리트의 배합계산에서 고려되는 것으로 시멘트 중량의 5% 이상, 경우에 따라서는 50% 이상 다량으로 쓰며, 콘크리트를 반죽할 때나 시멘트에 미리 섞어서 사용. ④종류에는 포졸란(플라이애시·고로슬래그·규산백토 미분말)·콘크리트용 팽창재·규산질 미분말·착색제·폴리머 증량재·광물질 미분말 등의 감수제·촉진제·지연제·급결제 등이 있음.

혼화재료(混和材料, admixture) : ⇨혼화재(=).

혼화제(混和劑, admixture) : ①사용량이 비교적 적어 그 자체의 부피가 콘크리트의 배합계산에서 무시되는 것. ②일반적으로 그 사용량이 콘크리트 속의 시멘트량의 1% 정도 이하로서 약품적으로 극히 적은 양이 사용되는 것. ③그 자체의 용적이 콘크리트나 모르타르의 혼합시의 용적에 포함되지 않는 것. ④사용량의 대소에 따른 혼화재료의 구분임. ⑤종류는 AE제(protex·panform·air-fire·lipon·new-rex·neoclest·selux·cemesol·vinzal·darex·wilson·selcon)·감수제·AE감수제·고성능감수제·유동제·촉진제·방청제·지연제·초지연제·급결제방수제·방동제·수축저감제·보수제·수화열 억제제·기포제·발포제 등이 있음. ⑥혼화제는 표면활성제, 계면활성제라고도 함.

홀(hall) : ①현관·로비와 같은 건물이나 방의 큰 입구. ②중세 영주의 저택에서 중심에 위치한 공간. 그 의미가 점차 변화되어 부유층의 편안함과 화려함의 공간으로 발전. 르네상스 이전까지는 주택에서 가장 화려한 시각적 포인트가 되었고, 16세기 이후에는 대기실이나 현관의 개념으로 변화됨.

홀교회(-敎會, hall church) : ①전체 건물 내부의 천장높이가 일정한 교회. 따라서 채광층이 없음. ②이탈리아·독일·스칸디나비아 등지의 중세풍 교회에서 가장 보편적으로 나타난 형태임.

홀드다운(hold-down) : ①상향으로 작용하는 풍력(風力) 또는 지진력(地震力)에 경량 목구조의 바닥판이 저항할 수 있도록 긴결(緊結)해주는 철물. ②샛기둥에는 보강 스틸 앵글 볼트로 고정하고, 콘크리트 기초에는 나삿니가 있는 볼트로 고정.

홀든도어(holden door) : 강제 새시·도어 셔터 등을 만드는 특수한 창호 재료로 된 창호.

홀로그래피(holograph) : ①레이저 광선을 이용해 사진필름이나 건판에 피사체의 입체상을 기록 재생하는 기술. ②기록된 필름을 홀로그램(hologram)이라고 함. ③1948년 영국의 데니스 가볼이 원리를 제안, 63년 시카고의 기술자에 의해 실현됨. ④물체의 정확한 3차원상(像)을 재현할 수 있고 방대한 정보량을 기록할 수 있어 물체의 요철(凹凸)부분 계측이나 컴퓨터 정보의 기록 등 공업적 용도에 쓰이는 외에 예술·교육·선전 등 시각매체로 쓰이기 시작했음. ⑤이전까지는 입체상의 재생에 주로 레이저 광선을 이용했으나 최근에는 전구나 태양광선으로 입체상을 떠오르게 하는 레인보 홀로그램(rainbow hologram)이 장식용으로 보급되었음.

홀로닉(holonic) : 생태학에서 나온 말로 '개체와 전체의 유기적 조화'를 뜻함.

홀로닉매니지먼트(holonic management) : ① 조직과 개인을 일체화한 생물학적 경영원리로 기업의 구성원 각자가 자율적으로 문제해결이나 사업구조의 개혁에 참가하고, 그것이 개인과 조직 전체의 발전을 위해 서로 조화와 균형을 이루면서 기업목표의 실현을 향해 나아가는 상태를 의미. ②중요한 것은 개인의 자율과 창의가 최대한 발휘되도록 하는 것이고 그러다 보면 조직의 발전은 저절로 이루어진다는 것.

홀마크(hallmark) : 금속세공품의 질적인 면에 있어서 공인을 받았다는 표시. 특히 영국 런던의 금속세공 홀(hall)의 인정을 뜻함.

홀웨이(hallway) : ⇨홀(=).

홈 [1](chase) : 덕트(duct) 및 파이프·전선을 죄고 있는 수직 샤프트(shaft).

홈 [2](groove) : ①용접 접합하는 두 부재 사이에 만든 홈. ②목재를 연결하기 위해 가장자리나 표면에 길고 좁게 파놓은 골. 나뭇결을 가로지르는 홈은 데도(dado)나뭇결이라 하고, 수평한 것은 플로(plow)라고 함.

홈 [3](throat) : 철재 문틀에서 벽면보다 돌출된 부분의 옆 두께 사이가 비어 있는 부분.

홈끌 : 속에 홈이 패어진 끌.

홈네트워킹(home networking) : ①정보통신망으로 연결돼 데이터 송수신이 가능토록 설계된 차세대 가전제품인 네트워크 가전들로 연결되는 미래의 가정시스템. ②가정 내 냉장고·전자레인지·에어컨 등의 제어용 가전제품과 PC·전화기·TV·오디오, 휴대단말기 등 정보용 가전제품에 대해 네트워크와 홈 서버를 매개로 하여 양방향 서비스를 구현하는 것. ③정보통신기술의 발달과 고속 인터넷 등 디지털 인프라가 구축되면서 소비자들은 이제 세탁, 쇼핑, 요리, 친지와의 연락, 건강 등 일상의 모든 일을 처리하는 데 전자가정서비스를 이용해 시간을 절약하면서도 더욱 편리하게 사용할 수 있게 될 전망임.

홈대 : 미세기·미닫이 창문이 끼어 여닫게 되는 홈을 판 창문틀 또는 인방(sill)을 말하며, 한식 또는 절충식 구조에서 인방 자체가 수장을 겸하는 창문틀이 됨. 이것을 홈대라고 하며, 윗홈대·중간홈대·밑홈대가 있음.

홈대패 : 창문틀에 홈을 팔 때 사용하는 대패.

홈메이커(home maker) : ①미국 신문계에서 쓰는 말로 housewife(주부)라는 말 대신 사용되고 있으며 주부뿐만 아니라 남성도 포함됨. ②가사(家事)노동을 여성(주부)만이 아니라 남성도 분담하게 된 사회적 변화를 반영하고 있음.

홈명암레벨(−明暗−, home value level) : 어떤 색상이 그 색상으로서 가능한 가장 강한 채도를 이루었을 때의 명암레벨.

홈바(home bar) : 주택의 거실·가족실·응접실 등의 한 구석에 설치된 음주(飮酒)를 위한 설비 및 공간.

홈쇼핑(home shopping) : 외출하지 않고 가정에서 백화점·슈퍼마켓 등의 상품 정보를 보고 물건을 사는 통신판매의 일종.

홈스테이(home stay) : ①외국인을 대상으로 하는 민박집으로 방 1칸은 6~7평 크기가 적당. ②최근에는 가정집에서 단기간 지내는 것을 말하기도 함.

홈시어터(home theater) : ①DVD(디지털 비디오 디스크)를 이용한 안방극장. ②이 시스템을 구축하면 지금의 TV보다 두 배 정도 선명한 화질에 소형 극장에서 구현할 수 있는 웅장한 사운드를 즐길 수 있음. ③보통 DVD플레이어·AV리시버·6개의 스피커로 구성됨.

홈오토메이션(home automation ; HA) : ①가정 내의 기기 및 주방가구의 자동화·고기능화·정확화를 실현하는 수단을 말하며, '홈 일렉트로닉스'라고도 함. ②전자기술과 마이크로컴퓨터를 가정생활의 모든 면에 보급시켜 쾌적한 생활환경을 조성하고자 하는 시스템. 사무의 합리화를 뜻하는 OA의 가정판이라 할 수 있음. ③지능을 갖춘 인텔리전트 하우스(intelligent house)를 통한 쾌적하고 편리한 생활·문화 창조의 총칭. 반도체·컴퓨터 통신 등 하이테크 기술을 이용하여 우리의 모든 가정생활을 자동화·기계화시킨 것을 홈오토메이션 시스템이라고 함. ④HA는 에너지 절약과 같은 가정생활의 효율화뿐만 아니라 방범 및 영상통신·홈뱅킹 등 안전성과 편리성을 추구하는 등 응용 분야가 매우 광범위함. ⑤HA시스템이 확립되면 직접 출근하지 않고 가정에서 회사업무를 처리하는 외에도 물건을 사거나 은행에 현금을 입·출금하기 위해 시장 또는 은행에 나갈 필요가 없음. ⑥기능은 가사(house keeping)·관리(management)·문화(culture)·통신(communication) 4가지로 대별됨. 가사는 가장 기본이 되는 요소로 가정보안(home security)과 가사조정(home control)으로 구분. 가정보안은 출입문 자동개폐·방범·방재(security)·경보 등이고, 가사조정은 온도·습도조절·조명 등 에너지절약과 안전성·편리성 등이며, 그밖에 홈쇼핑·홈뱅킹 등이 가능해져 계획적인 가계관리가 이루어질 수 있음. 비디오 폰(video phone)·원격제어장치(remote control)가 부가됨.

홈오피스(home office) : ①가정 내에 오피스를 설치하고 집에서 재택근무가 가능한 오피스 형태의 업무공간. ②주방이나 식당의 한쪽에 설치된 주부의 작업공간. 벽에 부착된 책상 및 서랍달린 선반·벽에 부착된 전화·책상 위에 부착된 게시판 등이 필수적임. ③컴퓨터 사용만으로도 사무실의 일을 집에서 처리할 수 있도록 마련된 공간. ④장거리 통근의 부담을 경감시키기 위해 통신기능을 가진 오피스를 주택 내에 설치한 오피스. ⑤통근에서 완전히 해방되는 점 이외에 고령자와 여성·신체부자유자 등의 고용도 가능하다는 점에서 뛰어난 효과가 기대됨. ⑥주로 사용하지 않는 방이나 거실의 일부, 간혹 침실이나 차고 등 여유있는 곳을 효율적인 사무공간으로 꾸며, 가사와 업무를 엄밀히 분리함. ⑦일명 '더메스틱오피스(domestic office)'·'레지던스 오피스(residence office)'·'플렉시블오피스(flexible office)'라고도 함.

홈용접(-鎔接, groove welding) : 접합하는 금속부재 사이에 톱니 모양의 트임새를 미리 내어 용접하는 것.

홈이음 : 한쪽은 홈을 파고, 다른 한쪽은 턱솔을 지어 잇는 것.

홈일렉트로닉스(home electronics) : ⇨홈오토메이션(=).

홈줄눈째기(rodded joint) : ①브이(V)형을 좁게 홈처럼 판 줄눈. ②⇨치장줄눈·비줄눈(≒)·민줄눈째기(≒).

홈통(down-spout, gutter) : 지붕에서 흘러내리는 빗물을 운반하기 위해 설치하는 수직 홈통으로, 물을 받아내고 배수하기 위해 지붕처마 끝에 있는 금속·플라스틱 또는 목재로 만든 얇은 홈(pipe).

홈통주둥이(gargoyle) : ⇨가고일(=).

홍두깨 : ①(쟁기질이 서툴러) 갈리지 않고 남은 고랑 사이의 생땅. ②홍두깨흙(=).

홍두깨흙 : ①한식 기와지붕에서 수키와 밑에 넣은 흙. ②기와를 이을 때에 수키와가 붙어 있도록 수키와 밑에 괴는 반죽한 흙.

홍매화색(紅梅花色) : ①관용색명으로 칙칙한 빨강. ②먼셀기호 2.5R6.5/7.5.

홍보(弘報, public relations) : 회사에 대한 대중의 여론에 영향을 주기 위해 어떤 이미지를 창출하려는 회사의 모든 노력.

홍문(紅門) : ⇨홍살문(=).

홍살(紅箭) : ①솟을대문 등의 문 바로 위에 청사 모양으로 공간을 막아 세워 댄 화살. ②대문 위쪽에 창살 모양으로 공간을 막아 세워 댄 살. ③홍살문 위에 댄 살. ④대부분 빨간 단청을 함.

홍살문(紅-門, red arrow gate) : ①궁전·관아·능원(陵園)·향교·묘 등에 들어가는 어귀에 세운 지붕이 없는 붉은 살을 세워 댄 두 기둥. ②홍문(=).

홍색(紅色) : ①관용색명으로 해맑은 빨강. ②먼셀기호 3R4/14.

홍송(紅松, Ceder, Korean white pine, Pinus koraiensis S. et Z.[학]) : ①시베리아·만주·한국·일본의 중북부 산간지역에 분포. '베니마쯔'라고 불리는 일본 소나무. 우리나라에서는 잣나무를 홍송이라고도 하는데 백두산 언저리에서 많이 자람. ②심재는 통직하고 나무 표면은 거칠지만 윤이 나고 경연(硬軟)하며 치밀함. 기건비중 0.41, 수축이 작고 비틀림이 적으며 가공이 용이하고 강도는 압축강도 305kg/㎠, 휨강도 682kg/㎠, 인장강도 1,066kg/㎠, 전단강도 89kg/㎠로 약함. 내구·접착·도장성은 양호하고 미건조재는 균의 침입을 받기 쉽고 변색됨. ③주로 건축·기구·건구 등에 사용. ④북양잣나무(=).

홍예(虹霓) : ⇨아치(=).

홍예굽(虹霓-, impost) : ①아치의 시작과 끝이 되는 바로 밑부분에서 트러스를 받치고 분배하는 벽기둥·지주 또는 받침대 꼭대기에 있는 아치의 밑 부분에 사용되는 돌출된 까치발 모양의 수평 몰딩이나 기둥머리(柱頭). 여러 개의 아치가 있는 경우에 연결부가 되면서 아치의 끝부분을 지지해 줌. ②아치 끝부분에서 트러스를 받치고 분배하는 벽기둥·지주 또는 받침대의 꼭대기에 있는 수평의 몰딩이나 기둥머리. ③창문에 있는 중앙의 세로창살.

홍예높이(虹蜺-) : 홍예밑과 홍예머리와의 거리.

홍예돌(虹蜺-, voussoir[이]) : ⇨홍예석(=).

홍예문(虹蜺門, arch gate) : ①문얼굴의 윗머리가 무지개 같이 반쯤 둥근 반원형이 되게 만든 문. ②무지개문·아치홍예(=).

홍예받이(虹蜺-, spring, abutment) : 아치(arch)·궁륭(vault)·돔(dome)의 높이가 시작되고 지지되는 점으로서 '아치굽'이라고도 함.

홍예받침대(虹蜺-臺, abutment) : ①아치 측면의 추력(推力)을 떠받치고 있는 석조 구조물. ②창문 사이의 벽 또는 벽의 견고한 부분. ③아치 또는 볼트의 횡압을 지지하기 위한 견고한 돌쌓기 부분 또는 아치의 양끝을 받쳐주는 대. ④아치가 시작되는 조적의 받침대. ⑤어버트먼트(=).

홍예벽돌(虹蜺甓乭, arch brick) : ①홍예문을 쌓는 데에 쓰이는 단면이 사다리꼴인 벽돌. ②아치벽돌(=).

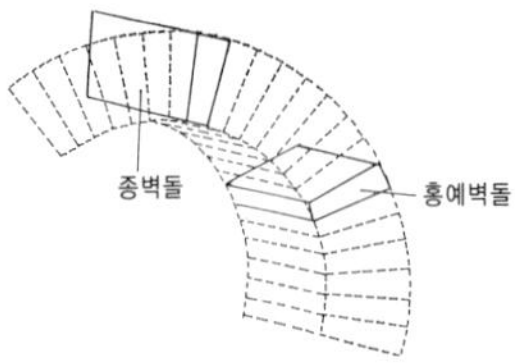

홍예벽돌

홍예보(虹蜺樑) : ①아치형으로 굽은 보. ②둥그스름하게 아치 모양으로 장식된 들보. ③바닥을 걷어 내고 깎은 보를 다듬는 기법 또는 그렇게 다듬은 보. ④수평으로 이루어진 보와는 달리 아치모양으로 구부러진 보로서 모양이 무지개 같다고 하여 '홍량'이라고도 함. ⑤주로 층이 다른 보의 연결 또는 회랑이나 툇간의 보 등에 사용.

홍예석(虹蜺石, voussoir[이]) : 조적식 아치나 궁륭(穹窿)식 구조의 요소를 형성하는데 사용되는 돌. 중심으로부터 사방으로 뻗은 측면들을 한 점에 모으는 일련의 쐐기형 돌이나 벽돌 및 사다리꼴로 만든 돌. '종석(keystone)'이라고도 함.

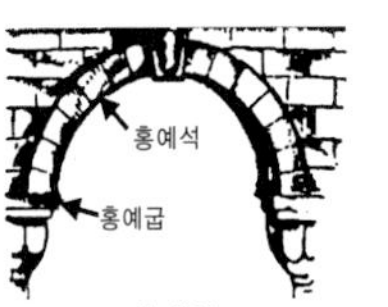

홍예석

홍예틀(虹蜺-) : 볼트 또는 아치를 구성하는 석재들이 자체적으로 지지할 수 있게 되기까지의 그 상태를 받쳐주는 작업 형태의 임시구조물.

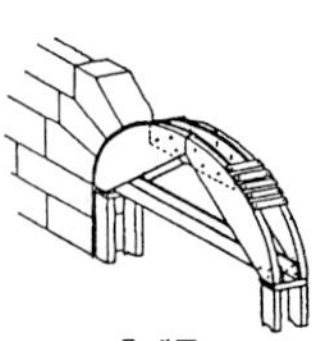
홍예틀

홍예허리(虹蜺-, haunch) : ⇨헌치(=).

홍장(紅粧) : 방안으로 튀어나온 기둥의 모서리를 안 보이게 하려고 벽에 각재를 대고 종이 따위를 바른 벽.

홍적색(紅赤色) : ①관용색명으로 해맑은 노랑을 띤 빨강. ②먼셀기호 7R5/14.

ㅎ

홍종문가옥(洪鍾文家屋) : ①서울특별시 민속자료 제29호 지정(1994.2.28), 서울특별시 종로구 체부동 158, 1910년대 건립. ②체부동 홍종문가옥은 1910년대 당시의 전통한옥 형태를 잘 보여주고 있음. 통소로를 사용한 점, 기단 장대석의 처리, 그리고 평면형식에서 사랑채가 분리되어 있지 않은 점 등에서 이러한 특징을 찾을 수 있음. 전체 773평 대지 위에 한옥 3동과 연못·정원 등이 있으나 그 중 원형이 잘 보존되고 건축양식이나 조형미 등에서 우리 고유의 멋을 간직하고 있는 한옥 2동 71평이 보존 대상 건물.

홍종문가옥

홍채(虹彩, iris) : 눈알의 각막과 수정체 사이에 있는 원반상의 얇은 막으로 빛의 양을 조절하고 영상을 선명하게 하는 역할을 함.

홍토(紅土, laterite) : 수산화철(水酸化鐵), 수산화 알루미늄 등으로 된 점토.

홑마루 : ①작은 간 사이인 경우 다른 부재의 도움 없이 층도리·칸막이도리에 장선을 직접 걸쳐 대어 마룻널을 받치게 한 것. ②칸막이도리 위에 장선을 걸고 마룻널을 깐 마루. ③장선은 간사이에 적합한 평각재를 450㎜ 간격으로 받이재에 걸침턱으로 걸쳐대고 못질을 하며, 장선의 춤이 크면 장선 크기의 목재를 잘라 약 900㎜ 간격으로 장선 사이에 대고 못질을 하거나 오림목을 X자형으로 대고 못질을 함. ④장선마루틀(=)·마루.

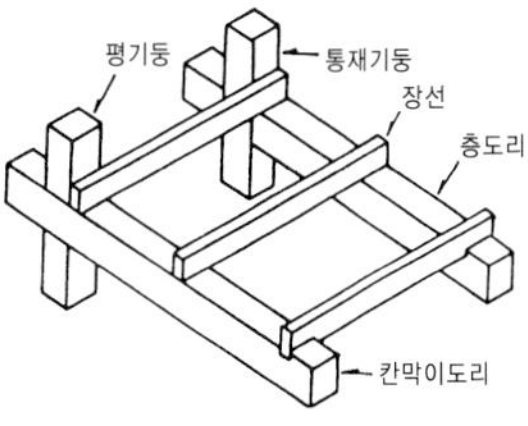

홑마루틀

홑마루틀 : ⇨홑마루.

홑문(−門) : ①한 겹으로 된 문. ②겹문(⇔).

홑집 : ①전후에 방을 들이지 않고 방이 한 줄로 배열된 집. ②용마루 아래 모든 방이 한 줄로 배열된 집. ③대들보 밑에 방을 일렬로 배치한 집으로 우리나라의 서부와 남부에 많이 분포되어 있고, 홑집은 채광과 통풍이 좋아 한서의 차가 큰 우리나라 기후에 적당하므로 우리나라 전역에 걸쳐 나타나고 있음. ④종류는 일(一)자집과 기역(ㄱ)자집으로 구분하고, 일자집은 부속물이 붙어서 二자형·ㄴ자형·ㅁ자형 등의 변형이 형성되기도 함. 일자집은 부엌·아랫방·윗방으로 구성되는데 우리나라 어느 곳에서나 볼 수 있는 전형적인 서민주택임. 기역자집은 ㄴ자형이 기본으로 부속건물이 붙어서 ㄷ자형·ㅁ자형·ㄴㄱ자형 등의 변형이 생겨났고, 서울과 개성 등 중부지방에 있는 ㄱ자집은 대청이 있으나, 평안도의 ㄱ자집은 부엌이 모퉁이에 배치되며 보통은 대청이 없으며, 강원도의 ㄱ자집은 몸채 부엌 쪽에 외양간이 꺾이어 달려서 ㄱ자형을 이루는 특징이 있음. ⑤외통집(=)·쌍채집(=).

홑처마 : ①처마가 들연·서까래만으로 구성된 것. ②부연을 달지 않고 처마 서까래만 걸어 꾸민 처마. ③처마 끝의 서까래가 한 단으로 된 처마. ④부연을 달지 아니한 처마. ⑤단첨(=)·겹처마(⇔).

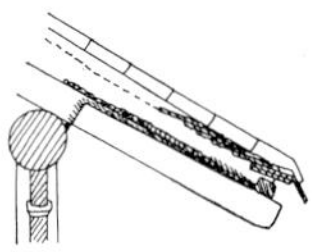
홑처마

화각(華角) : ①투명도가 높은 소의 뿔을 종잇장같이 얇게 펴서 각지(角紙)로 만든 뒤, 각지 뒷면에 화려한 채색그림을 그려 이것을 만들고자 하는 가구의 목재 표면에 붙여서 장식한 목공예술. ②화각공예는 한국 고유의 독창적인 공예로서 목공예나 나전칠기의 종류와 달리 기물 자체의 쓰임새 및 아름다움에 채색의 효과를 더함으로써 무료해지기 쉬운 생활공간에 활기를 주는 매우 중요한 공예임.

화각장(樺角欌) : 얇게 저민 소뿔에 그림을 그려 장식한 장.

화강석(花崗石) : ⇨화강암(=).

화강암(花崗岩, granite) : ①화성암의 일종. 쑥돌이라고도 함. ②심성암(深成岩)의 일종으로서 주성분으로는 장석(長石) 65%·석영(石英) 30%·운모(雲母) 등으로 아름답고 다양한(백색·흑색·홍색·청색·갈색 등) 유색(有色)의 광물들로 구성된 결정암반. 구성이나 빛깔의 종류에 따라 흑운모(黑雲母) 화강암·백운모(白雲母) 화강암 등으로 구분함. 경도·강도·내마모성·광택·내구성이 크고, 매우 단단하며, 흡수성이 적고, 돌결의 간격이 크며, 돌금이 있어 큰 재를 얻을 수 있으므로 석재 중에서는 가공성이 가장 풍부함. 구조용뿐만 아니라 장식용으로도 우수하지만 화열에 의해 균열이 발생하고 붕괴되는 결점이 있음. 내화도는 섭씨 800℃가 되면 가열·분해되고, 기념비나 건축용 석재로 흔히 사용됨. 그리스·이탈리아·캐나다 등에서 우수한 화강석이 생산되고, 우리나라에서도 서울·황주·전주 등지에 우수한 석재가 생산됨. 장석석영·운모 등의 결정이 큰 것은 후립(厚粒)화강암, 미세한 것은 세립(細粒)화강암이라고 함. 종류는 일반적으로 산지에 따라 포천석상주석·황등석·전주석·충주백석·마천석·취옥석·파주석 등이 있음. ③쑥돌(=)·어영석(=).

화계(花階) : ①계단식으로 만들어 수목이나 화초를 심은 화단. ②계단형태의 화단.

화공(花栱) : ①꽃무늬를 새기거나 초새김을 한 공포의 고어(古語). ②대들보를 받치는 모아지의 앞머리를 꽃 모양으로 치장한 공포. ③동양 목조건축에서 장식을 겸하여 처마 하중을 받게 여러 부재를 짜 놓은 것. ④포·공포(=).

화구(火口, the opening of the firebox) : ①가마나 방·솥·구덩이 같은 데에 불을 때기 위하여 만든 구멍. ②아궁이(=).

화금(火金) : 문짝에 끼워 문짝이 문틀에 끼우게 만든 문지도리의 장부 숫쇠.

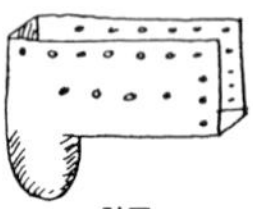

화금

화덕(火−, hearth) : ①벽난로 안이나 벽돌·타일·석재로 만들어진 벽난로 바닥과 주변. 초기에는 벽난로 대신 화덕이 방의 중앙에 위치했음. ②낮은 단을 쌓거나 바닥을 움푹 파고 장작 받침대를 놓아 사용했으며, 연기는 지붕으로 빠져나가도록 했음.

화덕

화란식 쌓기(和蘭式−, Dutch bond) : ①조적조의 한 방법으로 벽의 모서리 또는 끝에서 반절을 사용하지 않고 칠오토막을 사용하여 길이쌓기와 마구리쌓기를 번갈아 가며 쌓는 것. 작업하기가 쉽고 모서리가 약간 견고하므로 실제로 가장 많이 사용하는 방법. ②한 면은 마구리와 길이가 교대로 나오고, 다른 면은 영식 쌓기를 하는 방법으로 모서리에는 칠오토막을 사용. ③네덜란드식 쌓기(=).

화랑(畵廊, art gallery, museum) : ⇨미술관(=).

화류(樺榴, Chinese quince) : ①열대지방산 굳은 목재. ②자단나무를 재목으로 쓸 때에 이르는 말. ③붉은 빛을 띠고 결이 고우며 몹시 단단하여 집이나 가구, 미술품 따위를 만들 때에 쓰는 고급 재목.

화류목(樺榴木) : ⇨화류(=).

화류장(樺榴欌) : 붉은색의 결이 고운 화류목으로 만든 장.

화면(畵面, picture plane ; PP) : 지면에 수직으로 세운 면.

화면창(畵面窓, picture window) : ⇨통창·픽처윈도(=).

화문담(花紋墻) : 벽돌로 꽃모양을 그려서 쌓은 담.

화물용 엘리베이터(貨物用−, freight elevator) : 화물 전용 엘리베이터로 화물의 상·하차에 필요한 인원과 승강기 운전원만 타는 중량 화물수송을 위한 엘리베이터.

화반(花盤, flower vase) : ①꽃으로 새겨 장식한 판재(板材)로 동물형상을 조각하기도 함. ②초방 위에 장여를 받치기 위하여 끼우는 널조각. ③연꽃·연잎·당초무늬·구

ㅎ

름무늬 등을 새김. ④주심에서는 이익공으로 짜고, 창방이나 문인방 위 중간에 얹어서 주심도리 밑 장여를 받는 초새김한 받침. ⑤포와 포 사이의 포벽에 놓여 장여 중간을 받치고 있는 부재. ⑥주로 익공집이나 드물게 주심포집에서 사용됨. ⑦장혀가 중간에서 처지는 것을 방지해주는 다포형식의 간포(間包)와 같은 역할을 함. ⑧화반 위에는 보통 소로가 놓여 장여를 받음. ⑨종류는 모양과 형태에 따라 인자형화반·동자주형화반·제형화반·방형화반·원형화반(한벽당)·복화반형화반·첨차형화반·귀면화반(쌍계사)·동물모양화반(화엄사 구층암) 등이 있음. ⑩엉거시과 식물의 두상화 가운데 부분.

화반대공(花盤臺工) : ①화반 모양으로 만든 대공. ②꽃 모양의 대공. ③매우 화려하고 장식적임. ④송광사 하사당에서 사용됨.

화반대공

화반자(花半子) : ⇨소란천장(=).

화방벽(火防壁) : ①불이 난 경우에 불이 번지는 것을 막는 구실을 하는 벽. ②조선조 서울에서 불이 자주 나서 불이 나는 것을 막으려고 여러 가지 방법을 연구하였으며, 다만 서울에서는 불이 자주 나서 초가집을 없애고 기와집을 짓도록 했다는 기록이 있음. ③반하방·하방벽·하방담(≒).

화방장(火防墻) : 벽체 전체를 사괴석 쌓기(방화 목적)로 한 것. ⇨반화방장.

화백(花柏) : ⇨화백나무(=).

화백나무(花柏木, Sawara Cypress[영], Chamaecyparis pisifera(Sieb. et Zucc) Endl[학]) : ①측백나무과로 중부 이남에서 관상용으로 식재하며, 일본이 원산지로서 1924년 도입되었음. 남부 산간지방에 식재하고 있으며, 표고 500m 이하에서 생장함. ②변재는 황백색이며 심재는 황갈색으로 심·변재의 구분이 명확함. 나무갗은 곱고 결은 고우며 치밀하며 변화가 적음. 수지구는 없음. 기건비중 0.34·전건비중 0.31·함수율 1% 변화에 대한 평균수축률은 방사방향 0.09·접선방향 0.22%로 적으며, 강도는 압축강도 330kg/㎠·휨강도 550kg/㎠ ·인장강도 800kg/㎠로 약함. 가공내수 보존성 및 건조성이 양호하고, 도장성·연삭(硏削)은 보통이며, 할렬(割裂)이 잘 되며, 주로 건축용재(지붕판·천장판)·건구재·기구재·통재(물통·목욕통) 등으로 사용됨. 잎은 살충재로 쓰임.

화분받침대(花盆-臺, flower stand) : 18세기 실내장식용으로 유행한 화초 및 꽃화분을 올려놓는 받침대. 영국의 아담(Adam) 형제는 경사진 다리·양의 머리·화환 등을 모티프로 화분받침대를 디자인함.

화분받침대

화산자갈(火山砂利, volcano gravel) : 화산에서 생긴 자갈.

화살선형 네트워크(-線形-, arrow type network) : ①네트워크 용어의 하나. ②화살선으로 작업을 나타내는 네트워크로서, 일명 I-J식 네트워크라고도 함.

화살촉굴대(arrow spindle) : ①화살촉 모양의 장식적으로 납작한 굴대(spindle), 셰라턴 의자등받이. ②미국 연방(American Federal)시대 구인 미국식 윈저의자에서도 사용되었음.

화살촉굴대

화살형 등받이 윈저의자(-形-椅子, arrow back Windsor chair) : 머리부분이 아래로 향하고 있는 일련의 화살형 굴대로 등받이가 만들어진 미국 신고전주의양식의 윈저의자.

화살형 장식(-形裝飾, arrow) : ①한쪽 끝은 삼각형의 뾰족한 촉이고 다른 한쪽 끝은 깃털로 된 가는 몸체의 장식. ②루이 16세에 시작하여 집정시대(Directorial)·제국시대(Empire)·독일의 비더마이어(Biedermeier) 시대를 통해 계속 사용되었음.

화성암(火成岩, igneous rock) : ①화강암과 같이 규산염(硅酸鹽)을 주성분으로 한 화산의 마그마(magma)라 불리는 용식체(熔蝕體)가 고결(固結)하여 광물의 집합체를 이룬 것. ②지구 내부에서 생긴 것을 심성암(深成岩)이라 하고, 지표에 유출되어 굳은 것을 화산암이라 하며, 중간 것은 반심성암이라고 함. ③종류는 화강암·안산암·현무암·감람석·부석 등이 있음.

화실(火室, firebox) : 벽난로의 불이 지펴지는 곳.

화씨(Fahrenheit) : 빙점과 비등점을 32°F와 212°F로 잡고, 그 사이를 180등분한 것으로 단위는 °F로 표시.

화암사극락전(花巖寺極樂殿) : ①완주군 경천면 가천리 1078에 위치하는 현존하는 유일한 하앙식 구조의 백제계 목조건축물. ②보물 663호. 1425년(세종7년)부터 1429년에 걸쳐 당시 공조판서인 성달생(成達生, 1376~1444)이 중창한 후 정유재란 때 건물 일부가 불타고 1605년 재건됨. ③하앙구조는 일반적으로 주심포집에 사용하나 극락전은 다포계 건물로서 외 2출목, 내 3출목의 구조이나 그 위에 하앙이라는 장재(長材)가 빗걸려 있는 구조가 특징. ④건물은 정면 3칸, 측면 3칸의 맞배집. 초·이제공 살미는 살짝 들린 앙서형(仰舌形)으로 강건한 맛이 남아 있는 중기 이전의 형상. 중건할 때 불에 타고 남은 일부 부재를 참고하여 옛 모습대로 건축한 것으로 보임. 여의주를 쥐고 있는 용의 발톱·주간포·연화당초 등 조각한 내부 공포와 장엄한 효과가 외부까지 확대되는 모습은 17세기 이후 불전에 나타나는 새로운 경향임. 공포는 전면보다 후면이 고식(古式)임. 내부는 고주 없이 통칸으로 이루어짐. 천장은 우물천장으로 처리했고, 중도리 안쪽을 한단 높게 하여 층급을 두었으며 반자에는 운학(雲鶴)과 연화문 등이 그려져 있음.

화엄사각황전(華嚴寺覺皇殿) : ①화엄사는 지리산 남쪽 기슭에 있는 절로 통일신라시대에 지었다고 전함. 조선시대에는 선종대본산(禪宗大本山) 큰절이었는데, 임진왜란 때 완전히 불타버린 것을 인조 때 다시 지어 오늘에 이르고 있음. 원래 각황전터에는 3층의 장륙전이 있었고 사방의 벽에 화엄경이 새겨져 있었다고 하나, 임진왜란 때 파괴되어 만여 점이 넘는 조각들만 절에서 보관하고 있음. ②조선 숙종 28년(1702)에 장륙전 건물을 다시 지었으며, '각황전'이란 이름은 임금(숙종)이 지어 현판을 내린 것이라고 함. 이 건물은 신라시대에 쌓은 것으로 보이는 돌기단 위에 앞면 7칸·옆면 5칸 규모로 지은 2층 집. 지붕은 옆면에서 볼 때 여덟 팔(八)자 모양인 팔작지붕으로, 지붕 처마를 받치기 위해 장식하여 짜인 구조가 기둥 위뿐만 아니라 기둥 사이에도 있는 다포양식이라 매우 화려한 느낌을 줌. 건물 안쪽은 위·아래층이 트인 통층으로 3여래불상과 4보살상을 모시고 있음. 천장은 우물 정(井)자 모양인데, 벽쪽 사방으로 돌아가면서 경사지게 처리함. 화엄사 각황전은 건물이 매우 웅장하며 건축기법도 뛰어나 우수한 건축 문화재로 평가받고 있음.

각황전

외부공포

각황전의 내부모습

화엄전(華嚴殿) : ⇨대적광전(=).

화열가리개(火熱-) : ⇨파이어스크린(=).

화염양식(火焰樣式) : ⇨플랑부아양양식(=).

화염처리(火焰處理, framing treatment) : ⇨제트버너처리(=)·버너처리(=).

화엽장식(花葉裝飾) : ⇨포일(=).

화이트나왕(White Lauan, Pentacme contorta Merr[학]) : ①필리핀의 최북쪽 섬에

서부터 민다나오 지역에 이르는 전역에 고루 분포. ②변재는 담회색, 심재는 벌채 초기에는 담회색에서 담홍색으로, 변화하며 심·변재 구별은 명확치 않지만 시간이 지나면서 차츰 구별됨. 목리는 교착하며 나무 표면은 대체로 거칠고 기건비중 0.49, 수축률은 방사방향 3.3%·접선방향 6.6%로 적고, 강도는 압축강도 411kg/㎠· 휨강도 780kg/㎠·전단강도 93kg/㎠로 약함. 내구성은 약하고 접지사용은 불량하며, 건조·가공·접착성은 양호하고 도장성은 보통. ③용도는 가구·합판·단판·창틀·내장·플로어링 등에 사용. ④레드 메란티(=)·필리핀 마호가니(=)·랑(=).

화이트도그효과(-效果, white dog effect) : 조명의 감소로 인하여 흰색과 회색 사이에서 발생되는 명시(明示) 대비의 증가 현상. 램프의 정격수명은 약 2,000시간임.

화이트메란티(White Meranti) : ①필리핀·인도·스리랑카·캄보디아·인도네시아·말레이시아에 분포. ②심·변재의 구분이 벌채 초기에는 백색으로 불분명하지만 변재는 차츰 담황색으로, 심재는 갈색 줄무늬가 있는 황갈색으로 구분이 뚜렷해지고 목리는 교착하지만 리본무늬가 나타나며 나무 표면은 거칠며, 기건비중 0.50~0.74, 수축률은 방사방향 3.0~4,5%, 접선방향 7~9%로 보통. 강도는 압축강도 350~450kg/㎠, 휨강도 640~870kg/㎠로 약함. 내구력은 낮고 접지사용은 불가능하며, 방부제의 주입이 쉽지 않고 포삭은 불량하지만 건조접착 도장성은 보통이고 거단성은 양호함. 용도는 합판·건축·플로어링·단판·창틀 등에 사용.

화이트세라야(White seraya, Meranti, Parashorea maloanonan Merr.[학]) : ①필리핀·태국·미얀마·보르네오섬에 분포. ②변재는 담색으로 황갈색 띠가 있으며, 심재는 담홍황색 또는 담황색으로 대기 중에 노출되면 암색으로 변하며, 심·변재의 구분이 불명확함. 목리는 교착하고 나무 표면은 거칠고 광택이 나며, 기건비중 0.53, 수축률은 방사방향 4.9%, 접선방향 8.8%로 보통이고 강도는 압축강도 518kg/㎠, 휨강도 984kg/㎠, 전단강도 105kg/㎠로 보통. 가공이 용이하지만 내구력은 작고 내구성은 높으며 건조·접착·도장성은 보통. ③합판·단판·바닥재·가구·내장·창틀·건축 등에 사용. ④배그티칸(=)·

화이트스프루스(White Spruce) : 미국 미네소타 북서부에서 캐나다·알래스카 전 지역에 분포. 변재는 백색 또는 담황갈색으로 심재와 구분되지 않으며 연륜은 뚜렷함. 추재는 좁지만 매끄럽고, 목리는 통직하고 조직은 비교적 곱고 가벼움. 전건비중 0.43, 수축률은 방사방향 3.4%, 접선방향 6.4%, 용적수축률 10.8%로 적음. 강도는 압축강도 385kg/㎠, 휨강도 689kg/㎠, 전단강도 76kg/㎠로 약하고, 거단(鋸斷)·건조·접착·도장성은 양호하며 포삭성은 보통임. 용도는 건축·합판·하드보드·파티클보드 등에 사용.

화이트시다(美栢, White Cedar, Tuja occidentalis L[학]) : ①남동지역은 캐나다 마니타바에서 노바스코디아까지, 미국의 메인주에서 뉴욕주까지, 서부는 일리노이 북부 및 노스캐롤라이나 지역에 분포. ②변재는 곧고 조직은 치밀하며 균일. 전건비중 0.31, 수축률은 방사방향 2.1%, 접선방향 4.7%, 용적수축률 7.0%로 매우 적음. 강도는 휨강도 457kg/㎠, 압축강도 278kg/㎠, 인장강도 880kg/㎠, 전단강도 60kg/㎠로 약하며, 내후성은 보통이고 갈라짐이 심하며 건조는 어려움. 접착이 용이하며 도장성은 보통이고, 향기가 많음. ③건축·가구·기구·합판·문구·목기(木器) 등에 사용.

화이트오크(White oak, Quercus alba L[학]) : ①미국·캐나다산(産) 활엽수로 심재는 부착저항력이 강하고, 색은 회(암)갈색에서 적(담)갈색이며 얇음. 변재는 거의 백색이며, 강도성이 적당하고, 견고한 목재로 연륜은 뚜렷하고 향기가 없음. 춘재는 도관이 크며 관공이 육안으로 보임. 목리는 통직하지만 조직은 거칠고, 기건비중은 0.72, 수축률은 방사방향 4.7%, 접선방향 6.0%, 용적수축률 15.6%로 보통임. 내구성은 강하고 광택이 있으며 연삭(硏削)이 잘되며, 접착·도장성은 보통이지만 거단(鋸斷)·건조성은 불량함. ②주로 고급가구·마루용·베니어·팔레트[프]·펄프재자재로 쓰이며, 높은 탄인산 함유량으로 와인이나 위스키 저장의 양조통으로 적합함. 건축으로는 주로 가구재 및 실내장식 마감재로 사용.

화이트칼라(white collar) : ①정신적·지적 노동을 주로 하는 노동자의 속칭. 사무노동자나 기술자 등이 이에 해당됨. 육체노동을 주로 하는 블루칼라에 대응하는 호칭. ②직원과 공원(工員)을 구분하는 경우 전자가 대개 화이트칼라에 속함. 이 말의 유래는 일을 할 때 전자가 신사복과 넥타이, 후자가 청색 작업복을 착용한 데서 비롯됨. 후자는 일급제(日給制)의 임금을 받는 데 대해 전자는 월급제의 봉급을 받는 경우가 많아 샐러리맨으로도 불림. 오늘날에 와서는 양자의 구분은 불분명해지고 있으며, 생산공정에서 관리직 업종에 종사하는 자 등 중간층을 그레이컬러로 부르기도 함. 최근에는 생산부문의 물적 생산성이 높아져 블루칼라 노동자수가 상대적으로 감소하는 반면 화이트칼라 노동자수의 상대적·절대적 증가를 볼 수 있음.

화이트코르크(white cork) : 채취한 코르크를 평평하게 압축건조하여 5~6분 솥에서 끓여 건조한 것.

화이트파인(White Pine, Western white pine, Mountain white pine, Pinus monticola Dougl[학]) : ①캐나다의 브리티시 콜롬비아에서부터 미국의 캘리포니아 중북부·몬타나 서부·시라에바다 산맥지역에 분포. ②변재는 담황백색으로 좁고 심재는 담적갈색으로 대기 중에서 진한 색으로 변하며 연륜은 뚜렷하지 않음. 목리는 통직하고 연하며 가볍고 기건비중 0.43, 수축률은 방사방향 4.1%, 접선방향 7.4%, 용적수축률 11.8%로 보통이고 강도는 압축강도 395kg/㎠, 휨강도 668kg/㎠, 전단강도 60kg/㎠로 약함. 내구성은 낮고 절삭·가공·건조·접착·도장성은 양호하며, 용도는 건축·내장·합판 등에 사용.

화이트퍼(冷杉, White Fir, Silver Fir, Concolor Fir, Abies concolor Hidebr) : ①미국 알래스카 중부에서 브리티시 콜롬비아 주 전역, 로키산맥 중남부인 멕시코지역에 분포. ②변재는 담백 또는 담황갈색으로 심재와 구분이 되지 않으며 연륜은 뚜렷함. 목리는 통직하고 균일하며, 기건비중은 0.41, 경도는 중간 정도. 수축률은 방사방향 3.2%, 접선방향 7.1%로 적음. 강도는 압축강도 390kg/㎠, 휨강도 668kg/㎠, 전단강도 77kg/㎠로 약함. 내구성은 낮고 절삭·가공·건조·접착성은 양호하며 포삭성·도장성은 보통. 용도는 건축·내장·합판 등에 사용

화장대(化粧臺, dressing table) : ⇨배니티(=).

화장석재(化粧石材, dressing) : 건축물의 개구부 및 모서리 주위에 사용되는 벽면 부착재료들보다 더 좋은 질의 석조물과 몰딩.

화장실(化粧室) : 변소(=). 해우소(=).

화장합판(化粧合板, dressing plywood) : ①내수합판 위에 똑바로 곧은 나뭇결이나 이음매의 단판을 붙여 화장한 것. ②합판 표면에 오버레이(overlay)·프린트(print)·도장 등의 가공을 한 특수합판으로서, 무늬목 화장합판·도장합판·방화합판·방부합판·내수합판 등이 있음. ③장천(=).

화재감지체계(火災感知體系, fire detection system) : 화재 발생을 감지하고 자동적으로 경보기에 신호를 보내기 위한 온도조절장치 또는 입증된 센서(sensor) 시스템.

화재경보체계(火災警報體系, fire alarm system) : 화재감지 시스템이 작동할 때 자동적으로 경보음이 울리도록 건물 내에 설치되어 있는 전기시스템.

화재위험온도(火災危險溫度) : 무염착화(無炎着火)된 부분에 공기가 보급되면 빠르게 화염이 발생하여 화재의 위험신호를 나타

내는 상태. 목재는 260℃를 화재위험온도라고 함.

화재피난계단(避難階段, fire escape stair) : ①지상으로 직접 통하는 피난상의 유효한 계단. ②내화구조로 된 벽으로 구획되어 있고, 옥내에서 나가는 출입구 등에 대해서도 규정에 적합한 계단. 건축물의 5층 이상 또는 지하 2층 이하로 통하는 계단은 피난계단이나 특별계단으로 해야 함.

화줏머리 : 솟대의 꼭대기.

화창(火窓) : ①부엌의 안방 쪽 부뚜막 위벽을 뚫어 만든 일종의 배기구멍으로 땔감에서 나는 연기와 솥에서 올라오는 수증기를 마당으로 뽑아내기 위한 창. ②부엌과 안마당 사이의 벽에 구멍을 비교적 크게 뚫어 창틀 아래쪽에 납작한 돌이나 암키와 같은 넓적한 것을 놓아 받침대를 만든 다음, 이곳에 관솔불을 지펴서 조명용도로 쓰임. ③불씨의 보존을 위한 용도를 목적으로 사용하는 창.

화초장(花草欌) : 상류층에서만 사용한 화각 대신에 유리를 재료로 하여 화초무늬를 채색한 뒤 판재에 붙여 만든 장식장.

화통가지 : 기둥머리에 도리 따위를 물리기 위하여 낸 네 귀의 촉.

화통집(火筒-) : ⇨귀틀집(=)

화투(火鬪) : ⇨화티(=)

화티(火-) : ①부뚜막 옆에 진흙으로 발라 놓은 불씨의 보존용구. ②돌을 조립하고 흙으로 쌓아 발랐으며, 높이 77cm, 가로 87cm, 길이 95cm의 정지의 난방을 겸한 고정된 화로와 같은 것. ③추운 산간지방의 너와집에서 사용됨. ④화투(=)

화학선(化學線, actinic ray) : 자외선(紫外線, ultraviolet)으로서의 광선은 황색과 백악색(白堊色)으로 광화학적 효율을 생성하고, 페인트 코팅 부분을 분해함. 건강선(=).

화학저항성(化學抵抗性) : 재료가 산·알칼리·염류·기름 등의 작용에 대해 저항하는 성질. 예컨대 철강재는 대기 중에서 녹이 슬고 염분이 많은 해안가에서 빨리 부식되며, 알루미늄 새시는 알칼리성인 콘크리트나 시멘트에 접하면 부식되고, 대리석을 우수(雨水)에 노출되는 실외에 사용하면 장기간에 걸쳐 광택이 상실되어 장식적 효과가 감소됨.

화학적 부식(化學的腐植) : ⇨건부식(=).

화학적 산소요구량(化學的酸素要求量) : ⇨시오디(=).

화환(花環, wreath) : 잎·과일·꽃 등으로 채워져 장식된 로마의 고리형 모티프. 르네상스시대와 고전양식 부흥시기에 다시 사용되었고, 프랑스 제국시대에는 나폴레옹의 첫 글자인 N이나 독수리 문양 등으로 중앙부를 막아 중요 장식문양으로 사용함.

화환

화환장식(花環裝飾, garland) : 나뭇잎·꽃·리본으로 묶인 나무열매 등을 화환으로 엮은 모양의 장식. 실내의 천장이나 벽면 또는 가구의 표면에 조각하거나 그림으로 그리는 장식문양.

확금(確金) : ①문지도리의 장부가 끼이는 구멍이 있는 쇠. 신쇠를 받게 됨. ②확쇠(=).

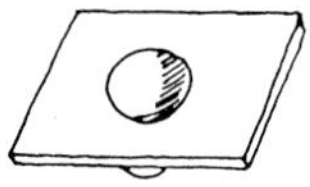
확금

확돌 : ①보리를 대끼거나 고추를 빻기 위해 우묵하게 파 놓은 돌. ②주먹만한 돌을 손에 쥐고 으깨듯 문지름. ③호남 남부 지역에서는 오지로 구운 것을 씀.

확쇠 : ⇨확금(=).

확대도(擴大圖, expanded view) : ⇨분해도(=).

확률(確率, probabilities) : ①어떤 일정한 법칙하에 발생할 수 있는 사상(事象)을 알아내는 척도(尺度). ②가능한 모든 경우(cases)의 수(數)에 대해 일어날 수 있는 경우의 수의 비율.

확산(擴散, diffusion) : 불규칙적인 표면에서 흩어지는 빛의 반사 또는 반투명한 물질을 통한 빛의 불규칙한 분산.

확산반사(擴散反射, diffuse reflection) : ①불규칙한 표면에서의 분산. 무광택면에서의 반사광선은 여러 방향으로 확산됨. ②예컨대 빨강 꽃을 보는 경우로서 먼저 광이 꽃이라는 물질에 닿아 그 물질에 의해 반사된 광을 보는 경우임. 이것은 광이 물질에 의해 그 빛에 변화를 주어 우리의 눈을 자극함으로써 일어나는 현상. 일반적으로 색채라고 하는 것이 이러한 경우의 색임. 변화반사(=).

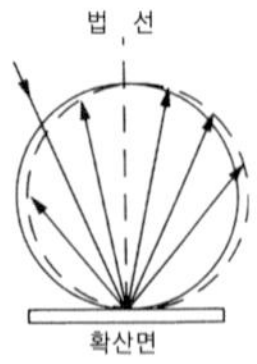

확산반사

확산조명(擴散照明, diffused lighting) : ①한 곳에 집중되지 않고 전체 표면에 고르게 퍼지는 조명. ②직접조명과 간접조명을 병용한 것으로 위·아래로 향하는 빛의 양이 40~60%로 균등하게 확산·배분되는 조명방식. 모든 방향으로 동일하게 빛이 분산되며, 충분한 수의 조명과 올바른 조명의 배열로 실내의 조명 강도가 일정하게 유지되지만 공간의 분위기상 특별한 강조점이 부족함.

확산조명

확산판(擴散板, diffuser, diffusing panel) : 전구의 눈부심을 막고 빛을 고르게 확산시키기 위해 전구를 가리는 투명하거나 우윳빛으로 처리한 조명기구의 한 부분.

확산형 전구(擴散型電球) : 비교적 넓은 각도의 빛을 내는 백열등.

확신(確信, confidence) : 고객의 구매심리 5단계 중 네 번째 단계로 상품구매에 대한 안전성·경제성 등을 보여주고, 상점에 대한 신뢰감을 갖게 하여 구매의 확신을 갖게 하는 것.

확장(擴張, extension) : ⇨신전(=)· 굴곡(⇔)· 유착(⇔).

확장식 가구(擴張式家具, extensible furniture) : 상판의 면적을 필요에 따라 확장할 수 있도록 특수한 장치를 한 것으로 주로 테이블에 이용.

확정일자(確定日字) : ①증서가 작성된 날짜에 관한 완전한 증거가 될 수 있는 것으로 법률상 인정되는 날짜. ②확정일자는 날짜를 소급해 증서를 작성하는 것을 막기 위해 인정된 제도로 개인이 만든 증서에 공증인사무소 등에서 날짜가 있는 인장을 날인한 경우의 날짜.

확정일자인(確定日字印) : 세입자들로 하여금 월세보증금이나 전세금을 다른 담보·저당보다 우선하여 변제받을 수 있도록 하는 주택임대차보호법상의 법적 장치. 전입신고를 마친 뒤 법원이나 공증사무소·동사무소 등에서 확정일자를 받을 수 있으며, 임대차계약 성립을 확인하는 문서임.

환경(環境, environment, milieu[프]) : ①인간이 행동하고 있는 장(場)에 직속하고 있는 모든 조건. 사람들의 활동을 포함하면서 우리를 둘러싸고 있는 인간의 사고(思考)까지를 포함. 물리적 환경과 인문적(人文的) 환경 또는 대인(對人)환경으로 구분하고, 물리적 환경은 가시적·물리적·공간적 의미를, 인문적 환경은 인간·민족·인류 등의 의미를 가지며, 역사적 환경은 인문적 환경에 포함됨. ②유기적 생명체를 둘러싸고 있는 유형·무형의 모든 것. ③인간을 포함한 온갖 생물을 둘러싸고 있으면서 생명체에 영향을 미치는 외계. 지구는 대류권, 성층권, 해양권, 육지권 등 환경영역으로 구성됨. 대류권에는 산소 및 질소로 구성된 공기가 있으며, 성층권에는 오존층이 있음. 해양에는 물이 대량으로 있는데 그 안에 염분을 비롯한 수많은 물질이 용해되어 있음. 육지에는 암석과 그것이 풍화하여 된 모래·흙·식물 및 동물 등의 부패 분해물, 철이나 망간 같은 금속이 혼합되어 있음. 대기·바다·호수·강·산악·삼림 등은 자연환경이라고 하는데 이러한 자연환경을 지구차원에서 생각할 때 지구환경이라고 하며 지역수준에서 관찰할 때 '지역환경'이라고 함. 한 국가의 범위를 넘어 지구규모에서 자연환경이 파괴되고 그로 인해 생물이 영향받는 것이 지구오염이며, 국내 지역규모의 환경파괴는 공해 혹은 지역오염임. 인간의 집단적 생활을 둘러싼 외계는 '사회환경'이라고 함. 거대도시의 과

밀, 산촌지역의 과소, 슬럼가의 형성 등은 사회환경의 문제. 지구나 지역의 환경오염이 진행되면서 '환경'이라는 말은 다양하게 사용되어 왔음.

환경개선부담금제(環境改善負擔金制) : ①오염원인자 부담원칙에 따라 오염물질을 배출한 오염원인자에게 오염물질 처리비용을 부담토록 하는 제도. ②부과대상자는 폐수나 대기오염물질을 많이 배출하는 호텔·병원·백화점·수영장·음식점 등의 건물과 경유자동차이며 지방자치단체는 이들로부터 3월과 9월 1년에 두 차례 부담금을 징수함. ③환경개선부담금이 면제되는 건물은 단독주택 아파트 등 공동주택, 160㎡ 미만의 시설물·공장·창고·주차장 등. ④지방자치단체가 징수한 환경개선부담금은 징수비용(징수금액 중 10%)을 제외하고는 전액 환경부의 환경개선 특별회계로 귀속되며 환경부는 이 자금으로 하수종말처리장이나 쓰레기매립지, 쓰레기소각로 등 환경기초시설을 건설하는 데 사용함.

환경개선촉진법안(環境改善促進法案) : ①환경오염방지사업을 추진하는 중앙정부 및 지방자치단체가 환경오염물질을 배출하는 사업자에 대해 오염방지시설 비용의 일부 또는 전부에 해당하는 오염방지시설 비용 부담금을 물릴 수 있도록 한 법안. ②이 법안에 따른 오염부담금 부과대상은 숙박시설·사무시설·음식점·판매 및 종합레저타운 등 시설물과 모든 종류의 자동차 소유자이며 부과 기준은 시설물의 경우 용도별·규모별로 차등부과하며 자동차는 사용 연료별, 배기량, 차령별로 부과됨. ③오염방지시설 부담금은 해당사업자의 사업종류 규모 및 오염물질 배출정도에 따라 부과하되 국세 및 지방세 부과기준을 원용토록 했음.

환경건축(環境建築, environmental architecture) : 자연에 새로운 질서를 부여하기보다는 자연과의 평형을 중시함으로써 자연의 물성을 이용하여 쾌적한 환경을 제공하며, 자연에 합일(合一)하는 생태적 건축. 거시적으로는 지구환경을 보전하는 관점에서 에너지, 자원, 폐기물 등의 한정된 지구자원을 고려하고, 미시적으로는 주변의 자연환경과 치밀하고 아름답게 조화를 이루게 하여 거주자가 생활 속에서 자연과 조화를 이룰 수 있도록 체험하는 건강하고 쾌적하게 생활할 수 있는 지구환경에 대한 관심으로부터 출발함. 사례로는 유럽의 "Schafbrhi 생태주거단지", "미래주택 Housing 2000", "Kielhassee 생태주거단지", 하노버의 "잔디지붕 주거단지", "Kassel 주거단지", 일본의 시범주택인 "NEXT 21(1993)", 키타큐슈시 "지구마을 1번지(1995)", "마테르아노우(1995)", 한국 대우건설의 "그린 홈", "클린 아파트(1994)"와 현대건설의 "생명존중아파트" 등이 있음.

환경계사인(環境界記號, environmental sign) : 도시가 갖는 복잡한 언어를 사람들에게 의사소통해 주는 매개체, 즉 기호(記號). 사인계획은 사용자의 입장에서 환경에 대한 종합적 대책을 갖고 해야 하며, 환경계사인은 도시구조의 전달요소로서 정보센터·안내센터·방향 유도센터·시설기명 사인·가로기명 사인·공공시설 사인·자동차용 사인 등이 있음. 도시경관을 만드는 사인요소로는 가로조명·포장패턴·식재·발라드(ballad)·셸터(shelter)·게시판·광고탑·벤치·휴지통·전화 부스(booth)·시계탑·횡단보도·게이트(gate)·지하도 셸터·고가 밑 등 가로생활상 필요한 집기류(類)나 도시경관상 포인트가 되는 대상을 망라함.

환경공생주택(環境共生住宅) : ①지구환경을 보존하는 관점에서 에너지·자원·폐기물 등의 면에서 충분한 배려가 되고 주변의 자연환경과 친밀하게 조화를 이루는 구조가 있으며, 또 거주자가 주체적으로 관련되면서 건강하고 쾌적하게 생활할 수 있도록 고안된 주택 및 환경. ②1990년 이래 일본의 건설성을 비롯한 행정기관이나 많은 공익·민간기업·연구기관 등이 "환경공생주택연구회"를 구성하여 종합적으로 추진하고 있는 그린주택의 개념.

환경공학(環境工學, environmental engine-ering) : ①작업능력에 환경인자(環境因子)를 고려하고, 그 작업장의 인자를 분석·관리하는 학문. ②공해나 환경파괴 문제가 심각해지면서 환경공학이라는 학문 분야가 새롭게 생겨났음. 기존에도 하수·상수·폐기물 등은 위생공학이나 토목공학에서, 대기 및 수질오염은 화학공학, 주택 및 실내환경은 건축공학, 소음 및 진동은 기계공학에서 다루는 등 이미 공학 차원에서 환경에 관한 전문 분야가 세분화되어 있으나 공해 및 환경파괴를 미연에 방지하기 위해서는 환경을 종합적으로 이해하고 기술적으로 응용해 가는 능력이 요구되고, 환경공학의 기초를 위해 물리, 화학, 생물, 지학, 기상학, 철학, 과학기술론 등을 포함하는 종합적인 환경과학의 확립이 절실히 요청됨.

환경관리인(環境管理人) : ①1980년대 후반 환경문제가 부각되면서 생긴 새로운 직업인. ②대학에 환경관련 학과가 생기고 환경기사 자격증 시험을 실시하였으나 막상 졸업을 하고 자격증을 취득하여 공해방지 시설업체나 대기업 및 중소기업의 환경관리인으로 취업. 또한 대다수 사람들은 환경 전담과가 아닌 공무과나 총무과에 소속되어 업무성격도 분명하지 않은 채 자격증만 걸어 놓고 있다가 단속반에 걸려 문제가 생기면 책임지는 희생양이 되기도 하여 이직률이 높고 직업에 대한 애착이나 사명감이 생길 수 없었음.

환경교환(環境交換) : ①개발도상국의 누적 채무 변제 부담을 경감해 주는 대신에 자연보호사업을 추진하는 것. '채무와 자연보호 교환(DNS)'이라고도 함. ②구체적인 방법은 ㉠금융기관이 가진 개발도상국의 채무를 자연보호단체 등 비정부기구(NGO)가 구입해 인수함, ㉡NGO는 채무의 구입 자금을 선진국의 기업으로부터 기부받아 조달함, ㉢NGO는 개발도상국의 삼림 및 생물 보호 계획을 세워 채무 변제 부담이 가벼워진 개발도상국의 자연보호 계획을 재정면에서 지원한다는 일석이조의 효과를 기대한 제도.

환경권(環境權) : ①건강하고 쾌적한 환경 속에서 인간답게 살 수 있는 권리. ②환경의 침해를 거부할 수 있는 배타적 권리로서 생존권적 기본권의 하나. ③우리 헌법 33조는 '모든 국민은 환경보전을 위해 노력해야 한다'고 명백히 밝히고 있음. ④환경권의 법리(法理)는 우선 환경오염의 배제를 청구할 수 있고 그 위험이 예상될 경우에 예방청구권을 행사할 수 있어야 함. ⑤1972년 스웨덴의 스톡홀름에서 '유엔 인간환경선언'이 채택된 이후 환경권의 이념이 세계 각국의 법체계에 흡수됐고 종래의 사후(事後) 피해방지나 단순한 위생법적·공해법적인 성격을 넘어 보다 적극적인 적정관리체제로의 변화를 모색하게 됐음. ⑥그 법적 근거를 환경공유(共有)의 원리와 환경법규의 사회법적 적용에서 구하며 실정법적 경향은 헌법 및 기본정책법과 개별법으로 입법화되고 있음. ⑦환경권을 실현하는 실체법으로는 환경보전법을 비롯해 해양오염방지법, 오물청소법과 건축법, 도시계획법, 하천법 등이 있음.

환경그래픽(環境, environmental graphic) : ⇨슈퍼그래픽(=).

환경기능사(環境技能士) : ①대기·수질·폐기물 등 날로 심각해지는 환경문제를 다루는 전문직종. ②응시자격은 만 18세 이상의 남녀로 학력·경력의 제한이 없음. ③시험은 객관식으로 대기오염방지·폐수처리·소음진동방지·폐기물처리의 4과목, 실기로 환경오염 공정 시험법이 치러짐.

환경기후(環境氣候, environmental climate) : 인간의 생활환경에서 춥고 더운 체감에 영향을 미치는 기후요소의 상태를 말하며, 이에는 온도·습도·기류·복사열 등이 있음.

환경도시(環境都市) : ⇨에코폴리스(=).

환경디자이너(環境-, environmental designer)

ㅎ

:환경을 구성하는 많은 요소를 통합하는 총체적인 시점에서 계획하고 조형화하는 디자이너. 독립된 디자인 분야로서의 독자적인 설계기법을 갖지는 않음. 예컨대 건축디자인의 설계기법·시각디자인의 표현기법 등으로부터 환경디자인을 디자인 개념으로 하기 때문이고, 디자인 각 분야의 전문가가 함께 모여 공통된 개념 아래 각자의 디자인 분야에서 계획하고 조형하는 데 환경디자인의 의의가 있음.

환경디자인(環境-, environmental design) : ①건축·토목·조경·도시의 계획 및 디자인을 수단으로 하여 물리적 환경에 질서를 주는 일. ②인간생활을 중심으로 이루어지는 주변의 제반 요소에 대한 디자인. 즉 인공적인 환경에 대한 과학적 디자인과 조정이 특징인 1970~1990년대의 건축양식. 이것은 건축·공학·구조·조경·도시계획·엔지니어링·조명·난방·방음, 그리고 인간공학과 같은 주제들을 고려한 종합 환경에 대한 관심을 나타냄. 건축 및 실내디자인을 중심으로 산업디자인·시각디자인·공예디자인과 정원·공원·광장·도로 등을 지칭하는 것으로 모든 디자인 분야를 포괄적으로 통합하여 하나의 체계로 묶으려는 상위 개념으로서, 1960년대 환경문제가 사회적 문제로 대두되면서 일반화되었음. 예컨대 실내와 여러 도구·주택과 정원·주택과 도로 또는 도로와 수목·스트리트퍼니처·강과 다리와 제방 등 환경을 구성하는 여러 요소의 상관성에서 그 조화를 추구하는 디자인.

환경마크제도(環境-制度) : ①환경에 피해를 덜 주는 저공해 상품에 환경부가 공인표시를 해주는 제도. ②1992년 6월부터 시행된 이 제도는 소비자에게는 저공해상품의 소비를 유도하고 기업에는 청정기술개발 및 저공해 상품 개발을 촉진시키는 이점이 있음. ③환경마크 대상품목은 ㉠90% 이상 재생지를 사용한 화장지류, ㉡50% 이상 재생지를 쓴 종이제품류, ㉢60% 이상 재생률의 플라스틱제품류, ㉣프레온가스(CFC)를 전혀 사용하지 않은 스프레이류 등 4종류, ㉤이 제도는 79년 독일이 처음 시행한 후 일본·미국·캐나다·프랑스 등 선진국에서 채택해 시행중임.

환경모니터링(環境-, environmental monitoring) : 환경의 변화를 감시·분석하는 것.

환경 및 개발에 관한 유엔회의(環境-開發-關-會議) : 리우회의(=).

환경보전을 위한 국가선언(環境保全-爲-國家宣言) : ①날로 악화되고 있는 우리 환경을 개선하고 헌법에 규정된 환경권을 구현하기 위해 국가가 강력한 의지를 표명한 선언. ②1992년 6월 5일 세계환경의 날에 선포됐음. ③전문과 환경보전 기본원칙 14개조로 구성돼 있음.

환경산업(環境産業, environmental industry) : ①환경오염방지산업·폐기물처리산업·오염물질측정대행업 등 환경보호와 관련된 일을 하는 산업. ②산업활동이나 국민의 일상생활에 수반되는 오염물질의 측정, 사전·사후처리 등에 투입되는 모든 제품·설비·서비스. 협의적 개념에서 보면 환경관련 법률에 의한 각종 용역서비스업, 설계·시공업 등을 지칭. ③환경오염의 심각성이 제기된 이후 세계 각국은 환경산업에 관련된 기술개발에 많은 투자를 하고 있음.

환경스와프(環境-, environmental swap) : ①오염물질 배출이 많은 개발도상국의 대외채무와 그 나라의 환경보전을 교환(스와프)하는 것으로 '자연보호-채무 스와프'라고도 함. ②개도국의 채무를 선진국 민간단체 등이 매입하여 이를 탕감해주는 대신 그 국가의 정부로 하여금 자체 재정으로 자연보호대책을 실시토록 하는 방식으로, 개도국의 외채 및 환경보전자금 조달문제 해결방법으로 주목받고 있음. ③미국의 민간단체가 1987년 볼리비아에 대해 처음 실시한 후 전 세계적으로 확대되는 추세임.

환경연출(環境演出) : 명확한 개념에 근거하여 시간과 공간의 정보를 프로그램화하고, 그 공간이 갖는 각종 요소를 활성화시켜 부가가치를 더욱 높이는 종합적인 디자인. 연출요소는 색채·조명·영상·이벤트 등을 들 수 있고, 환경디자인의 연출 목적은 처음부터 연출요소를 도입함으로써 공간의 완성 후에도 늘 새로운 공공시설의 기능적·문화적 가치 등의 부가가치를 창출하는 데 있음.

환경영향평가(環境影響評價) : ①환경에 중대한 영향을 미치게 되는 개발행위 등에 대하여 사업시행에 앞서 그 사업이 환경에 미칠 예상되는 영향 관계를 예측·검토·분석·평가하여 환경에 부정적인 영향을 끼치는 요소들을 제거하거나 감소시킬 수 있는 방안 등 그에 대한 대책을 수립해 이행 또는 모색하게 하는 것. ②고속도로, 댐, 비행장, 대규모 공장, 골프장 등 거대 개발이 자연환경에 어떠한 영향을 주는가에 대해 사전 조사하고 평가하는 제도. '환경평가'라고도 함. ③1969년 미국에서 국가환경정책법을 제정해 환경평가가 세계에서 처음으로 제도화된 이후 주요 선진국에서는 개발사업에 앞서 반드시 환경평가를 실시할 것을 법률로 규정하였으며, 우리나라는 1977년 환경정책기본법을 제정해 이 제도를 도입, 시행해 오다 환경의 중요성에 대한 인식이 증대되면서 1992년에 별도 법령인 환경영향평가법을 제정했음.

환경영향평가제(環境影響評價制) : ⇨환경영향평가.

환경예술(環境藝術, environmental art) : ①간단히 '인바이어런먼트'라고도 함. ②현대의 새로운 미술작품은 전시(展示)형태에서도 새로운 기법을 요구하고 있어 작품과 작품을 보는 사람의 전체적인 교류를 의도, 보는 사람의 주위를 작품(회화·조각·오브제 등)으로 둘러싸고 때로는 소리·빛도 동원해 독특한 환경을 만들어냄. ③최근 성행하고 있는 팝아트가 일상적인 환경의 반영인 만큼 환경예술적인 규모로 작품이 만들어지고 배치되는 일이 성행하고 있음.

환경오염방지기금(環境汚染防止基金) : 환경오염 규제가 날로 강화됨에 따라 오염방지시설 설치에 따른 기업의 자금수요도 매년 급증하고 있으나 영세 중소기업체의 경우 자금압박으로 제때 투자하지 못하는 경우가 많음. 공공차원에서 이 같은 문제점을 해결하기 위해 설치한 제도임.

환경온도(環境溫度, ℃, environmental temperature) : 기온과 복사온도의 조합. 즉 tei=2/3tr+1/2tei임.

환경용량(環境容量) : ①자연환경이 스스로 정화(淨化)할 수 있는 능력. ②생태계의 자정(自淨) 능력에는 일정한 한계가 있으며, 이 한계를 초과할 정도로 공해가 발생할 경우 생태계가 파괴됨. ③환경보호 문제의 심각성을 설명해 주는 개념.

환경음악(環境音樂, environmental music, background music, ambient music) : ①음악이 청중을 콘서트홀이라는 한 장소에 모아서 들려주려고 하는 것에 반해 보다 개방된 장소에서 듣는 것을 강요하지 않고 자연스럽고 가볍게 들을 수 있도록 마련한 음악의 총칭. 특정한 메시지를 갖지 않은 채 청중들에게 접근함. ②청취자에게 특별히 명확한 음악적 의미를 갖지 않는 자극을 주고, 청각 이외에 주의를 집중시키기 위하여 구성되고 정리된 음의 흐름. ③공장·호텔·백화점 등에서 실내에 경쾌한 음악을 제공하여 소음을 심리적으로 차단하는 것. ④간단한 멜로디와 비디오 아트를 짜맞춘 새로운 음악. ⑤배경음악(=). 비지엠현상(=).

환경이미지(環境-, environmental image) : ①환경을 대하는 지각적 심상(心想). ②구성요소는 아이덴티티(identity)·구조(structure)·의미(meaning) 3요소로 구성되며, 각 요소들은 항상 동시에 나타남. ③분류 ; ㉠경로탐색(주위의 환경으로부터 얻어지는 몇 가지의 감각적인 단서가 지속적으로 이용되고 조직됨으로써 가능함), ㉡참조의 일반틀(이미지는 인간들이 행동하고 지식을 축적하는데 참조되는 틀로서 작용하며, 이는 가치관·관습·문화체계와 같음), ⓒ행동의 유도(특정장소가 지닌 이미지는 그곳에서 인간에게 공간적인 특성에 적합한 행동을 하도록 유도함), ⓔ안정감 부여(이미지는 환경에 대한 두려움을 순화시키고, 정서적으로 안정된 관계를 정립시킴).

환경정보(環境情報, the environmental information) : 자신을 둘러싸고 있는 모든 환경적 요소.

환경장치(環境裝置) : 거시적인 면과 미시적인 면을 결합시키는 시점. 즉 중간적인 면을 말하며, 사람들의 요구에 대응하여 만들어지는 기술을 갖는 도시공간의 구성요소가 환경인자에 의한 시스템에 의해 구축되는 전체. ⇨환경장치디자인.

환경장치디자인(環境裝置意匠) : 환경장치 디자인이란 개념에 나타난 내용을 구체적으로 실천하기 위해 환경인자의 시스템에 의해 요소간의 관계를 재구축한 환경장치에 도시환경의 공간·정보·시간가치를 정신적인 측면에서 체계화한 것. 공간가치는 그 장소의 맥락에 의해 형태를 가지며, 정보가치는 알기 쉽게 하기 위하여 질서화하며, 시간가치는 변화에 대응한 연계를 행함. 환경장치디자인의 역할은 각 가치의 통합을 이루는 데 있음.

환경적 장비(環境的裝備) : 사회와 자연을 매개하는 것. 즉 자연에서 인간의 생활공간인 환경을 말하며, 사회의 비유기적(非有機的) 신체(身體)임. 예컨대 주택은 가족이라는 사회집단의 신체이고, 물적 존재(物的存在)로서의 도시(都市)는 도시공동체의 신체임. ⇨디자인의 삼각구조.

환경정화수(環境淨化樹) : ①대기오염물질을 많이 빨아들이는 나무. ②환경부가 선정한 우리나라에서 구하기 쉽고 잘 자라는 환경정화수는 은행나무·느티나무·목련·감나무·개나리·녹나무·팔손이 등 42종.

환경조각(環境造刻, environmental sculpture) : 도시의 거리나 광장 또는 공원 등에 설치하는 조각을 지칭하는 용어로서, 설치되는 주위의 환경이나 공간을 동시에 파악하여 그 도시환경에 알맞은 설계와 제작이 이루어져야 함. 따라서 조각 그 자체의 자립성보다는 설치장소의 환경과 특성에 대한 적합성이 고려되어야 함.

환경조명(環璟照明, environmental light) : ①전체적인 매장의 기본적 조명, 즉 전체 조명을 말함. 매장의 분위기와 기본적인 밝기를 얻기 위한 기본(base)조명과 특별한 상점의 개성있는 표현을 위해 장식(decorated)조명으로 구분함. ②작업면 이외의 조명은 작업면에서 요구되는 시작업(視作業)이 쾌적하게 이루어지기 위한 조명. ③일반적으로 천장 전면에 광원을 균등하게 배치하거나 천장면을 면광원으로 처리하는 방법을 사용하고, 조도는 중점조명의 조도와 적절한 비율로 하여 입체적 효과를 갖도록 하며, 매장 전체에 비교적 고르고 광범위하게 조명함으로써 상품을 구별하고 매장을 안내하는 등 고객의 행동에 적합하도록 함. 조광장치를 하여 공간이용에 가변성을 주고, 에너지를 효과적으로 사용하도록 함. ④상품조명(⇔).

환경친화건축(環境親和建築) : ①건축을 독립적으로 존재하는 시각적 사물이 아니라 자연생태계의 일부로서 존재하는 "주변환경에 순응하는 건축 또는 자연과 함께 하는 건축"을 의미함. ②환경친화건축은 인간중심의 일정한 건축물 자체에 한정된 것이 아니라 건축과 주변 환경과의 연계라는 광범위한 문제를 종합적으로 처리하고 있음. ③물질적 순환이 가능한 건축자재의 사용을 의미하는 재활용(recycle), 건축부품을 조립·해체함으로써 다시 사용하는 의미의 재사용(reuse), 그리고 화석연료의 사용을 최대한 자제하는 것으로 태양에너지의 이용·자연조건을 활용한 실내기후 조절·자연에너지의 사용을 장려하는 의미의 재생 가능성(renewable)·식생을 이용한 건물 외피의 보호 등은 이에 대한 구체적인 실천항목으로 제시되고, 건축물의 배치 및 형태·재료 선택 시 대지와 주변여건의 고려, 자연환경과의 유기적 관계 속에 다양한 동식물들이 서식할 수 있도록 주변 환경을 조성하는 것도 환경친화건축을 실천하기 위한 방법. ④환경친화건축에는 생태건축·그린빌딩·지속 가능한 건축·환경공생건축 등이 있음.

환경친화적 기업경영제도(環境親和的企業經營制度) : ①기업으로 하여금 스스로 기업활동 전 과정에 환경경영계획을 세우도록 하는 제도. ②기업이 매년 상반기 중 자재구입에서부터 오염물질 배출단계까지 경영 전 과정에 걸쳐 1년간의 환경목표를 설정, '환경기업' 지정을 신청하면 환경부는 이를 토대로 매년 말 그 이행 여부를 심사, 환경친화적 기업으로 인정해 줌. ③한국은 영국·일본에 이어 세계에서 세 번째로 1995년 4월 17일부터 시행.

환경평가(環境評價, environmental assessment) : ①개발에 따른 환경영향의 정도와 범위, 그 방지대책에 대한 대안의 비교 검토를 포함한 종합적인 사전평가. ②그린벨트 구역조정을 위해 정부가 처음으로 도입한 제도로 구역 내 자연환경 실태를 파악해 해제기준을 정하는 척도로 사용하기 위한 것. ③특정한 개발사업을 시행할 때 주변환경에 미치는 영향을 파악하는 환경영향평가와 다름. ④환경평가의 기준은 표고·경사도·경관 등 12개 항목으로 이루어져 있음.

환경형성(環境形成, umweltgestaltung[독]) : 모든 디자인의 공통적이고 궁극적인 목표를 인간의 환경으로 파악하는 개념. 스위스의 건축가 빌(Max Bill : 1908~)이 1950년대 초에 제안한 것으로 어휘상으로는 환경디자인과 동일한 개념. 기본적으로는 생활이나 작업을 위해 필요한 보다 나은 환경조성에 관련되므로 모든 디자인의 공통된 목표를 환경형성에 두는 개념. 이는 인위적으로 하는 쾌적한 환경조성에 있다는 주장.

환경호르몬(環境-, environmental hormone) : ①정식 명칭은 외인성 내분비교란물질. ②인체에 들어가면 여성호르몬과 똑같은 작용을 한다고 해서 붙인 용어. ③남성의 정자수를 감소시키고, 성장억제·생식이상 등을 일으키는 것으로 의심받음. ④1996년 3월 미국에서 「잃어버린 미래(Our Stolen Future)」라는 책이 출판되면서 세계적인 관심을 끌게 됐음. ⑤다이옥신 등 70여 종의 화학물질이 여기에 해당되는 것으로 알려져 있음.

환공재(環孔材, ring-porous wood) : ①활엽수의 유공재 횡단면에서 춘재부의 관공이 다른 부분의 관공보다 훨씬 커서 연륜에 따라 환상의 배열을 하는 목재. ②참나무류·물푸레나무류·밤나무류 등. ③산공재(≒).

환기(換氣, air change, ventilation) : 실내공간 내의 공기를 유출하고, 외기를 유입하는 것으로 통풍(通風)을 의미함. 인체의 건강과 쾌적에 직접적인 영향을 미치는 중요한 요소이며, 실내의 온·습도 및 표면온도에도 간접적인 영향을 미치며, 개략적으로 점유자 1인당 공기환기량이 0.47 L/s인 경우 산소평형을 이룰 수 있고, 주택의 욕실은 2~3회/h 정도, 화장실은 자연배기방식일 때 3~4회/h, 사용빈도수가 많은 화장실에서는 기계배기방식일 때 10회/h 정도임. 전반환기와 부분환기로 구분하고, 최근에는 에너지절약의 시책에 따라 더욱 기밀해진 건축물이 건설됨으로써 환기의 중요성이 더욱 요구됨. 거실의 환기를 위한 개구부의 면적은 거실 바닥면적의 1/20 이상으로 함. 단, 환기설비를 설치한 경우에는 그렇지 않고, 창문이 없는 거실이나 집회실에서는 재실자 1인당 20㎥/h 이상의 환기량을 요구하고 있음. ①환기의 목적과 기능은 ㉠호흡에 필요한 산소의 적절한 공급, ㉡CO_2가스 및 수증기량(호흡에 의한)을 제거, ㉢인체 및 실내에서 발생되는 각종 냄새(배기·끽연 등) 제거, ㉣오염공기에 의한 감염될 위험 감소. ㉤쾌적한 환경조성에 필요한 적절한 기류(샛바람이 아닌 신선한 공기의

ㅎ

흐름), ㉥건물 내부의 결로방지, ㉦실내 열의 방출 등이 있음, 이상에서 ㉠~㉣를 건강환기·㉤를 쾌적환기·㉥과 ㉦은 구조체 냉각환기 기능이라고 함. ②필요환기량은 ㉠8시간 이상의 실내작업은 탄산가스의 함량이 0.5% 이하이어야 함. ㉡공장과 사무실은 법정 최소기준은 11.5㎥/인, 주택의 부엌과 화장실의 최소 외기 공급량은 1㎡의 바닥면적당 10L/s로 규정되어 있음. ㉢실내의 탄산가스 농도는 0.5% 이하로 유지되어야 함. ㉣앉아 있을 때의 신선한 공기요구량은 1인당 4㎥/h, 수작업을 할 때에는 1인당 약 12㎥/h임. ㉤일반가정에서는 1m의 틈새길이당 약 1.7㎥/h의 극간풍이 온도차로 생김. 일반 아파트에서는 최소환기량 이상인 약 250㎥/h의 극간풍이 일어남. ③쾌적환기는 환기량보다는 환기속도(air velocity)와 깊이 관계 있음. 일반적인 기후조건에서 기속(氣速)이 0.01㎧ 이하이면 답답한 느낌을 주고, 활동량과 착의량이 보통인 경우 1,623℃의 기온에서 기속이 0.1㎧ 이하이거나, 25℃에서 최고 기속이 0.45㎧를 초과하지 않으면 쾌적함. 냉각효과를 얻기 위해 필요한 기속은 기온이 높아짐에 따라 증가함. ④가장 효율적인 환기는 유입구(流入口)가 유출구(流出口)보다 낮게 위치하는 것이고, 환기방식은 기계환기방식(또는 강제환기방식)과 자연환기방식으로 분류하며, 기류의 방향에 따라 상향환기·하향환기·하향환기분사식으로 분류됨. 기계환기방식은 송풍기 또는 배풍기를 이용하여 환기의 목적을 달성하는 것으로 후드(hood)·덕트(duct)·팬(fan)이 환기설비에 해당함. 자연환기방식은 풍향·풍속 및 실내외 공기의 온도차·밀도차에 의해 자연적으로 실내외의 공기가 교환되는 방식으로서 그릴(grill)·마루 밑의 통풍·화장실의 배풍구 등이 자연환기를 위해 설치해 놓은 개구부임.

환기량(換氣量, amount of ventilation) : ①환기에 의해 실내에 공급하거나 실외에 배출되는 단위시간당 공기용적. ②단위시간당 공급되는 신선한 공기량(L/s), 즉 시간당 환기횟수로 표시함. 시간당 환기횟수 1회란 실용적과 같은 양의 신선한 공기가 1시간에 실내로 확산된다는 것을 의미. ③1인당 기적(氣積)을 규정함.

환기량 기준

	환기량	조 건
작업실	30㎥/h·인	1인당 기적(氣積)이 바닥 위 4m 이하에서 10㎡ 이내 또는 창문면적이 바닥면적의 1/20 이내일 때
무창(無窓) 공장	35㎥/h·인 또는 15㎥/㎡·h 바닥면적	
옥내주차장	환기횟수가 10회/h 이상	창문의 크기가 바닥면적의 1/10 이내일 때
주차장	외기 25㎥/㎡·h 이상	주차면적의 500㎡ 이상 이고, 창문의 크기가 바닥면적의 1/10일 때
극장·영화관·연예장·관람장·회관·집회장	외기 75㎥/㎡·h 객석면적 공기조화설비가 있을 때는 전풍량 75㎥/㎡·h 외기량 25㎥/㎡·h	객석바닥 면적이 400㎡ 이상 또는 지하흥행장(제1종). 지상인 경우 150~400㎡(제1종, 제2종 중 하나). 지상으로서 150㎡ 이하(제1종, 제2종, 제3종 중 하나)
지하건축물	30㎥/㎡·h 바닥면적 공기조화설비가 있을 때 외기량 10㎥/㎡·h	바닥면적 1,000㎡ 이상인 층(제1종). 1,000㎡ 이하의 층(제1종, 제 2종 중 하나)

환기량측정(換氣量測定) : 실의 환기량은 환기구나 창문 등의 출입구 틈새에서 환기량을 일일이 측정하기 곤란하므로 일반적으로 트레이서 가스법(tracer gas method)에 의해 측정됨. 트레이서 가스로는 CO_2·아르곤·헬륨 등이 사용되고, 그 실내 가스의 농도 변동을 측정하면 그로부터 환기량을 측정할 수 있음.

환기목적(換氣目的) : ⇨환기.

환기설비(換氣設備, ventilation equipment) : ⇨환기.

환기열손실(換氣熱損失) : 창문·출입구 등의 틈새로부터 유입되는 공기(隙間風, infiltration)와 신선한 공기의 공급에 의해 이루어지고, 그와 같은 양의 공기가 다른 틈새로부터 유출되는데, 이때 함께 실내의 열이 실외로 유출되어 손실되는 것을 말함. 환기에 의한 열손실은 환기량에 의해 조절됨. 난방이나 공조를 하는 건물에서 환기량을 최소로 하면 기밀성이 높아지고 틈새바람은 감소함.

환기창(換氣窓, operable window) : 개폐가 가능한 환기용 창.

환기횟수(換氣回數) : ①1시간에 실의 공기를 몇 번 교체하느냐를 말함. 즉 환기횟수(n) $n=\frac{Q}{V}$, 여기서 Q=환기량[㎥/h]. V=실용적[㎥]임. 환기횟수는 실의 틈새풍량 등을 나타낼 때도 사용되며, 실의 기밀 정도를 나타내는 척도로 사용되는 경우가 많음. ②일반적으로 환기횟수는 0.25~2회/h이며, 건물·개구부·창·문의 형태·표면과 체적간의 비와 온도차에 의해 결정되고 가장 일반적으로는 1회/h를 사용함.

환벽당(環碧堂) : ①광주광역시 기념물 제1호. 조선 명종 때 창건, 광주광역시 북구 충효동 387에 위치. 인종 때 사촌 김윤제(金允悌, 1501~1572)가 친근하게 지내던 임억령의 동생 임백령이 주동이 되어 일으켰던 을사사화에 연류되어 나주목사를 그만두고 향리로 돌아와 세운 정자. 송강 정철이 16세 때 김윤제를 만나 그의 외손녀와 혼례를 치르고 당시 호남 유학의 거목 김인후, 기대승, 김윤제 등의 석학에게 학문을 배우고, 또한 송순, 임억령, 양응제 등에게 시를 배움. ②정면 3칸, 측면 2칸의 중앙 및 좌측 2칸은 벽장을 가진 방으로 그 사이는 미닫이 장지문을 설치하고 우측 우물마루쪽에는 사분합 들어열개문을 달았음. 기단은 막돌 허튼층쌓기를 하고 자연석 주춧돌 위에 두리기둥을 세워 창방과 주두, 소로, 보아지, 들보를 장여와 굴도리에 결구한 5량가 구조임. 천장은 연등천장에 우물천장을 구성한 눈썹천장이며 서까래는 선자서까래에 홑처마 팔작지붕. ③환벽당은 푸름이 벽을 이루었다고 하여 지어진 이름인데 정자로 이르는 돌계단과 이를 둘러싸고 있는 우거진 나무는 시야를 좁게 하지만 포근한 느낌을 줌. 환벽당 현판은 송시열이 이곳에 들러 쓴 것.

편액

환벽당

환벽당 측면

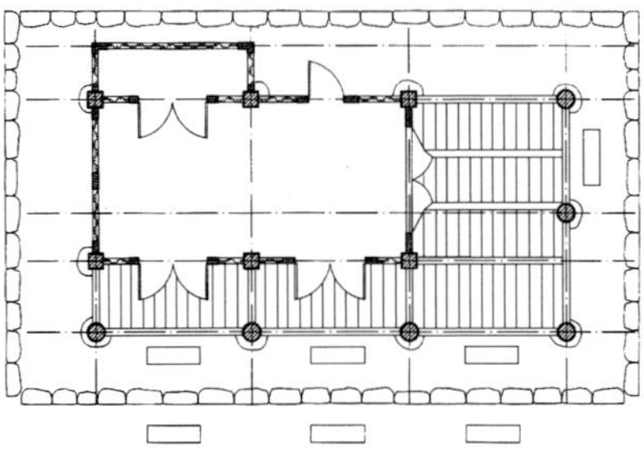
환벽당 평면도

환산증발량(換算蒸發量) : 실제의 증발량(단위시간에 발생하는 증기량 kg/h를 말하는 것으로 사용하는 연료에 따라 좌우됨)이 흡수한 전열량을 가지고 100℃의 온수에서 같은 온도의 증기로 할 수 있는 증발량.

환상(幻像, fancy) : 상상력을 불러일으키는 마음 속의 작용. 특히 실제와는 다른, 별나고 흥미있는 마음 속의 허상(虛像).

환상궁륭(環狀穹窿, annular vault) : 고리 모양의 원형 평면을 가진 배럴 볼트(barrel vault).

환상배열형(環狀配列形) : 매장계획시 진열대 배치유형의 하나로 평면의 중앙에 쇼케이스·진열 스테이지 등을 직선 또는 곡선에 의한 고리모양으로 설치하는 형식. 계산대 및 포장대는 상점 내의 깊숙한 곳에 위치하고, 상점의 고리 모양을 2개 이상으로 함. 중앙의 고리모양 부분에는 소형의 고액 상품을 대면 판매하는 부분으로 하고, 벽면에는 대형 상품을 진열하며, 고객에게 상품에 대한 설명이 필요한 수예품·민예품 등에 적합함.

환승센터(換乘 center) : 지하철역 인접부지에 주차장·자동차 정류장·일반업무시설·유동시설 등을 건립하여 이용자에게 편의를 제공함으로써 차량의 도심유입을 억제하는 한편, 이용자가 도심에 진입할 경우에는 승용차를 시설물에 주차시킨 후 지하철·버스·택시 등 대중교통수단을 이용함으로써 도심의 주차난 해결과 교통의 원활한 소통을 도모하기 위한 도시교통환승시설.

환지(換地) : ⇨공용환지(=).

환풍기(煥風器) : 건축기술의 발달로 기밀성이 증가하여 자연환기량이 감소하므로 강제환기의 여러 가지로 고안되고 있음. 종류는 프로펠러형(propeller fan)과 열풍형(sirocco fan)이 있음. 프로펠러형 팬의 설치위치는 부엌의 가열기 바로 위 천장면이 가장 적당하고, 후드(hood)를 세우면 더욱 효율적임. 최근에는 천장매입형 팬과 열풍형 팬이 개발되어 덕트에 배기됨. 주택용 프로펠러 팬의 직경은 150~400㎜ 정도.

환화고무 : 내알칼리성이 크고 방향족계와 염소화 탄화수소계 용제에 녹여 접착제·도료·전기절연제 등으로 사용함.

활동(活動, activity, job) : ⇨작업(=).

활래정(活來亭) : 강릉 선교장 입구의 우측 연못 안에 있는 누마루를 가진 정자. 1816년(조선 선조 16년) 오은 거사에 의해 건립. 당호는 주자의 「관서유감」 중 "…위유원두활수래(爲有源頭活水來)…"에서 의미를 취함. 현재 건물은 이근우(李根宇)가 중건함. ㄱ자형으로 대청이 연지(蓮池) 속으로 들어가 돌기둥으로 받쳐져 있는 누각형식으로 2개의 온돌과 대청으로 구성. 창호는 2~4분합의 띠살문으로 주로 늦봄부터 초가을까지 지내는 별당건축. 대청 뒤쪽에는 접객용 다실이 있음. 선교장에 드나드는 모든 사람과 행동을 한눈에 바라볼 수 있는 곳에 위치.

활비비 : ①활모양으로 굽은 나무에 시위를 매고 그 시위에 송곳 자루를 걸어서 구멍을 뚫은 송곳. ②활송곳.

활성적 구조(活性的構造, active structure) : 공간을 제한된 구조분할면으로 활발하게 나누고, 형태의 진로를 차단하며, 그 일부를 잘라낼 수 있는 구조선을 갖춘 구조.

활송곳 : 활모양으로 굽은 나무에 시위를 매고 그 시위에 송곳자루를 걸어서 구멍을 뚫는 것.

활엽수(闊葉樹, broad-leaved tree) : ①수목(樹木)의 잎이 넓적한 나무를 활엽수 또는 광엽수(廣葉樹)라고 함. ②도관(導管)·목섬유(木纖維)·유세포(柔細胞) 등의 여러 세포로 구성되어 있어서 재질이 불균일하고 수체(樹體)를 지지하는 기계적 기능을 지니는 목섬유로 인하여 단단한 성질을 가지고 있어 경재(硬材)라고 함. ③도관이 절단된 관공(管孔) 존재 여부에 따라 활엽수를 유공재(有孔材)라고 함. ④관공이 연륜에 따라 환상 배열한 것을 환공재(環孔材, ring porous wood), 관공이 연륜에 관계없이 무수히 산재하는 경우를 산공재(散孔材, diffuse porpous wood)라고 함. ⑤밤나무·은행나무·오동나무·단풍나무·자작나무 등. ⑥주로 치장재 및 가구재료로 많이 사용함.

활절(滑節, hinge, pin) : ①구조역학상(構造力學上) 한쪽의 부재가 이동하지 않는다고 생각되었을 때 다른 부재가 절점을 중심으로 회전할 수 있는 절점구조(節點構造). ②강절(=).

활주(活柱) : ①맞배집의 긴 뺄목이나 추녀 있는 집에서 그 밑둥을 떠받치는 기둥. ② 추녀 뿌리를 받친 가는 기둥. ③궁궐이나 대웅전 따위에서 길게 나온 추녀 뿌리를 받친 기둥. ④사찰(寺刹)의 주불전(主佛殿) 등의 건물에서 건물 외부로 지나치게 돌출된 처마의 하중을 지지하기 위해 건물 모서리의 처마 밑에 세우는 기둥. ⑤ 원형(圓形)이나 팔각형(八角形) 기둥을 많이 사용함. ⑥산기둥(=)·기둥.

활하중(活荷重, live load) : ①움직이는 장비, 배수되는 눈·비 또는 건물을 사용함으로써 구조물에서 발생하는 이동하거나 이동할 수 있는 모든 하중. ②적재하중은 일반적으로 수직하향으로 작용하지만 이동하중의 성질에 따라 수평방향으로 작용하기도 함. ③적재하중(≒).

합금(合金, alloy) : 한 가지 금속에 다른 원소를 1종 이상 첨가한 것으로서 금속의 강도를 높이고 특정의 성질을 개선함. 현재 일반적으로 사용하고 있는 금속은 대부분 합금이 사용됨.

횟낫(what not) : 선반이 4개의 가는 기둥으로 지지되는 장식장. 골동품이나 도자기류를 얹어놓는 용도로 사용되었고, 방의 모서리에 맞도록 디자인되기도 했음. 프랑스의 에타제르(étagere)와 유사하며, 빅토리아시대에 전성기를 이룸.

황갈색(黃褐色, claybank, yellowish brown color, tawny color) : 검은 빛을 띤 누른 빛.

황금률(黃金率) : ⇨황금비율(=).

황금분할(黃金分割, golden section) : ①전체를 똑같지 않은 두 개의 부분으로 나누어 작은 쪽과 큰 쪽의 비율이 큰 부분과 전체의 비율과 같도록 나눴을 때의 독특한 관계를 정의한 것. ②각종 비례 중에서 가장 이상적이라는 의미에서 황금이란 이름을 붙인 비례법으로서 비례란, 전체에 있어 부분과 부분과의 관계 또는 부분과 전체와의 관계를 말하는바, 이 비례의 쾌적한 관계를 황금비례(黃金比例), 황금비율(黃金比率) 또는 황금평균(黃金平均, golden mean)이라고도 함. 황금분할은 B.C. 1세기 로마의 건축가였던 비트루비우스(Marcus Vitruvius Pollio : B.C. 46~30년에 활동)가 그의 저서 『건축십서(建築十書, De architectural)』에서 건축양식이 1 : 1.618의 비례로 적용된 것을 발견한 이래로 중시되어 오다가 1930년대에 르 코르뷔지에(Le Corbusier : 1887~1966)는 인체를 황금비로 분석하여 고전적인 비례개념을 적용시켰으며, 공업생산에까지도 적용시켰음. 즉 공간 규모를 측정하는 기본으로 황금비인 1 : 1.618을 인체치수에 적용하여 모듈러(modulor)로 명명하고, 모듈(module)개념을 처음으로 건축설계에 적용하였음. 색채조화에 황금분할을 적용시킨 사람은 요하네스 이튼(Johannes Itten : 1888~1967)임.

황금비(黃金比, golden ratio, golden mean) : ①선분 AB를 점 C로 내분하고, AC : BC=AB : AC가 되도록 했을 때의 비(比)로 그 비는 AC : BC=($\sqrt{5}$+1) : 2가 됨. 피보나치수열에 인접한 2항의 비는 항이 진행되면 급속히 황금비에 가까워지고, 2변의 길이가 황금비인 장방향에서 짧은 쪽을 1변으로 하는 정방형을 잘라내면 나머지 장방형 2변의 길이도 황금비가 되며, 그 신비로움과 안정감으로 인해 조형미를 얻는 데 사용되어 왔음. 인체 각 부분의 치수비율이 이와 유사하므로 건축과 같이 인체치수와 관련이 깊은 분야에서는 실용적 의미가 있음. 또한 등비수열이지만 가산성(加算性)이 있기 때문에 건축을 구성하기에 편하며, 모듈로서 적합한 조건을 갖추고 있음. ②등비수열 1, 1.618, 2.618… 등의 항수(項數). 황금비율(=).

황금비사각형(黃金比四角形, gold rectangle) : 사각형의 가로·세로 비가 황금비가 되는 1 : 1.618의 관계를 이루는 사각형. 황금비사각형의 작도법은 정사각형을 수직으로 이등분하고, 이 중 한 사각형에 대각선을 그린 후, 이 대각선을 반지름으로 하는 원호를 그려 아래쪽 수평선의 연장선과 접점으로 직사각형을 그림으로써 이루어짐.

황금비율(黃金比率, golden proportion) : ⇨황금분할.

황금색(黃金色) : ①관용색명으로 빨강을 띤 노랑. ②먼셀기호 10YR7.5/13.

황동(黃銅, brass) : ①황동은 일명 놋쇠(眞鍮)라고도 하며 주로 구리(동) 70%와 아연 30%로 된 합금. 합금의 내용에 따라 상·중·하로 구분되지만 실용화되고 있는 것은 보통 아연이 약 40% 이하인 것이며 아연을 50% 정도 함유한 것은 황금색을 띠고 비중은 8.3 정도임. ②압연(壓延)·인발(引拔) 등의 가공이 쉽고 내식성이 크므로 정첩·창문의 레일·난간·장식철물 및 나사·볼트·너트 등에 널리 사용. 황동은 강도와 내식성이 크지만 산·알칼리 및 암모니아에 침식되기 쉬우므로 사용하는 데 특히 주의. ③7세기 통일시대 합금술의 발달은 중국에까지 명성이 알려져 황동을 신라동(新羅銅)이라고 함.

황동철물(黃銅鐵物, brasses) : 황동으로 제조된 철물(hardware) 또는 장식적인 손잡이·방패형 바탕 장식(escutcheon)·경첩(hinge) 등.

황동판(黃銅板, brass plate) : 놋으로 만든 얇은 판.

황록색(黃綠色) : ①관용색명은 연두색. ②먼셀기호 1GY7.5/8.

황마벽지(黃麻壁紙) : 황마의 섬유를 이용하여 만든 외관이 부드럽고 깨끗한 느낌을 주는 초경벽지의 일종으로 원단은 표백과정과 염색과정을 거쳐 완제품을 만듦.

황변(黃變, yellowing) : ①빛·열·화학물질·대기 중 산소 등의 영향에 의하여 변색되는 것. ②황변은 백색 또는 물색으로부터의 색상 편차로 정의할 수 있음.

황사(黃砂) : ⇨황사현상.

황사현상(黃砂現狀) : ①상류기류에 실린 토사가 지상 4~5km 상공까지 도달한 후 강한 고층 기류에 의해 먼 지역까지 확산되는 현상. ②우리나라에 영향을 미치는 황사는 중국 내륙 건조지대 및 고비사막 등에서 발생. 중국에서 발생한 황사가 우리나라에 도달하는 시간은 생각보다 빨라 편서풍을 타고 하루나 이틀 정도 걸린다고 함. 이 먼지바람과 함께 최근 중국의 급속한 공업화에 따라 중국 대륙에서 발생한 오염물질까지 싣고 오며, 황사가 심한 날에는 가시거리를 감소시켜 멀리 있는 산은 물론 높은 빌딩조차 구분하기 어려운 경우가 많음. 우리나라 일부 학자가 관측한 바에 따르면 황사현상이 있을 경우 먼지의 농도는 평상시에 비해 약 2~4배 정도 증가하며, 기관지와 폐포까지 도달하는 미세한 호흡성 먼지의 농도가 크게 증가하여 황사기에 호흡기질환이 느는 것은 호흡성 먼지의 증가와 밀접한 관련이 있음.

황소눈거울(黃-, bull's eye mirror) : ⇨황소의 눈.

황소의 눈(bull's eye mirror) : ①원형 또는 타원형의 창문·개구부. 프랑스에서는 외일 드 보후(oeil de boeuf)라 불림. ②동심원의 형태 및 장식. ③돌 또는 네 개의 종석이 있는 이중 아치로 된 프레임의 개구부를 봉합하고 있는 장식물. ④가운데가 올라온 유리 원반. ⑤장식적인 프레임에 볼록유리 또는 오목유리를 끼워놓은 원형 거울. 거울틀은 장식의 변화에 따라 다양함.

황소코형(黃-形, bull nose) : ①둔각이거나 둥그스름한 외부 모서리. ②계단·창문턱·문 같은 것의 둥근 모서리를 가진 구조적 부재 또는 가장자리 장식(trim). ③미장공사에서 둥근 모서리가 요구되는 외부 코너벽에 사용되는 수직 금속비드(bead). ④목재가구나 테이블·책상의 상판 테두리에 사용되는 얇은 판재 및 대리석의 둥근 모서리.

황소코형 몰딩(黃-形-, bull nose moulding) : ⇨황소코형(=).

황정목(荒柾木) : 목재의 곧은결이 결의 간격조밀 정도에 따른 나뭇결.

황종척(黃鐘尺) : 각종 악기의 제조와 음률을 맞추는 표준자.

황토(黃土, loess) : ①실트 크기의 지름 0.002~0.005㎜인 입자로 이루어진 퇴적물. ②모래질 진흙으로 20~150μ 사이인데 대부분 석회석으로 구성되어 있음. ③빙하기 동안에 바람에 의해서 옮겨진 것으로 이 황토층은 기후가 다시 더워지거나 습

ㅎ

윤해지면 다른 황토(lehm)로 변함. ④뢰스빙하기 동안 생긴 고황토(古黃土)와 뷔름빙하기에 생긴 신황토(新黃土)로 구분되며, 후자에는 후기 구석기유물이 잘 보존되어 있음. ⑤보통 뢰스(loess)라고도 하는 황토는 중국 본토인 황하강(黃河) 유역에 널리 분포하는데, 그 밖에 미국의 미시시피강 유역, 유럽 중앙부 등에도 분포. 중국 본토의 황토는 북서부에 있는 사막으로부터 편서풍에 의하여 운반되어 퇴적된 것이며, 그 밖의 것은 빙하가 후퇴한 뒤의 퇴적물이 바람에 운반된 것. 황갈색을 띠고 풍화를 잘 받지 않으며, 모난 수직 벽면을 만들고 주로 석영을 함유하며 그 밖에 휘석·각섬석 등을 함유하여 석회질. 빙하 퇴적점토와 함께 스텝기후하의 체르노젬 등의 비옥한 토양의 모재가 됨.

황토색(黃土色, yellow ocher) : ⇨옐로오커(=).

황화(黃樺) : ⇨옐로버찌(=).

회갈색(灰褐色) : ①관용색명으로 회노랑. ②먼셀기호 5YR6/1.

회나무(檜木, spindle tree) : 남해지방산 양질의 침엽수.

회다지꾼 : 무덤이나 집터의 흙과 회를 다지는 사람.

회덕쌍청당(懷德 雙淸堂) : ⇨쌍청당(=).

회덕향교대성전(懷德鄕校 大成殿) : ①충청남도 문화재자료 5호, 조선 초기 창건, 1812년 중수. ②향교 입구에 있는 홍살문을 지나면 중심축선을 두고 외삼문, 명륜당, 내삼문, 대성전이 전학후묘(前學後廟)식 배치를 이룸. 동무·서무·동재·서재는 없고 대성

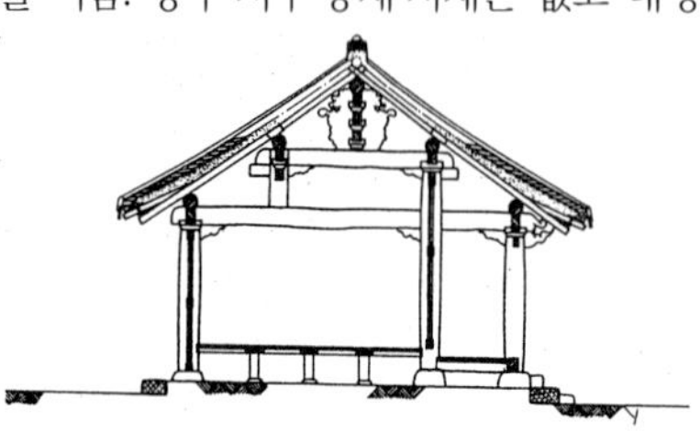

회덕향교대성전 단면도

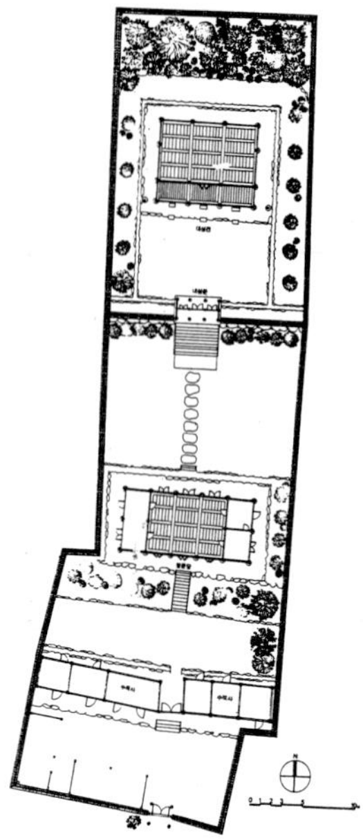

회덕향교대성전 배치도

전내 동방 18현의 위패를 봉안하고 명륜당내 좌우에 온돌방을 두어 동서 양재를 대신하고 있음. ③대성전(제식공간)은 정면 3칸, 측면 3칸의 겹처마 맞배지붕이고 2고주 5량가 구조, 전면 1칸통은 툇간으로 마루를 깔았음. 두 자 높이 기단 위에 방형초석을 놓고, 약한 배흘림 원주를 세움. 기둥 위에 창방 생략되고 대신 주두와 첨차, 소로와 장여를 직접 받침. 장여 위에는 주심도리가 얹힘. 외진주와 내부 동자주에는 첨차와 소로가 장여를 받치고 있음. 다만 후면 외진주만 소로가 생략됨. 내고주 2/3 정도의 높이에서 외진주 주두 위로 툇보가가 걸쳐 보강됨. 중보 위에 화려한 파련대공, 그 위에 첨차와 소로를 설치하고 종도리를 올림. 공포는 초익공을 짜 올림. 정면 가운데 칸은 쌍여닫이 장판문, 좌우 벽면은 회벽칠을 하고 그 상부에 각각 교살창을 둠. 실내는 마룻바닥에 연등천장. ④명륜당(교육공간)은 정면 5칸, 측면 2칸의 팔작지붕으로 무고주 5량가 구조. 가운데 3칸은

대청마루이고 양측 각 1칸씩은 온돌방. 4자 높이의 막돌 허튼층쌓기한 기단 위에 대충 다듬은 주초석을 놓고 그 위에 원주를 세움. 공포는 무출목초익공식을 짜 올림.

회도배(灰塗褙) : 벽에 횟물을 칠하는 것.

회랑(回廊, cloister, ambulatory, quadrangular colonnade) : ①한쪽에는 벽면, 지붕이 있고, 맞은편은 개방된 길고 좁은 복도형 건물. ②정당의 좌우에 있는 기다란 집채. ③개방된 아케이드·안마당 주변의 산책길 또는 전체의 안마당으로 둘러싸인 사각형의 뜰. ④천장이 덮인 유보회랑(遊步廻廊, ambulatory)으로 둘러싸인 개방된 사각 중정으로, 다른 곳과 격리된 평온한 장소라는 점 때문에 세속적인 중정과 구별됨. 주로 교회나 수도원에 접해 있으며, 실내 중정 둘레에 있는 천장이 덮인 통로 또는 중정 자체를 가리키기도 하고, 중세 건축에 특히 많이 사용되었음. ⑤수평지붕이나 볼트(vault)를 얹은 통로에 의해 둘러싸인 중정. 통로는 수도원의 교회와 주거 부분을 이음. ⑥안마당과 연결된 한쪽 면에 열주 및 아케이드가 설치된 통로로서, 상부는 덮여 있음. ⑦교회의 성가대 또는 챈슬(chancel)의 끝부분을 둘러싼 보도. '디앰블러터리(deambulatory)'라고도 함. ⑧사찰에서 탑·금당·강당 둘레를 연결하는 복도(마루). 예컨대 흥륜사·황룡사·불국사·감은사에는 회랑이 있었음. ⑨행랑(=).

회로(回路, circuit) : 전류가 흐르는 완전한 경로이며, 전기에너지의 공급원과 여러 가지 회로 소자(素子)로 구성됨.

회로차단기(回路遮斷器, circuit breaker) : 전기회로를 개폐시키기 위해 사용하는 기기. 회로의 손상방지와 유사시 전기의 과대한 유출로 인한 화재위험을 방지하도록 전기회로를 자동 중단시키는 장치.

회물(灰-, lime wash) : 석회를 물에 푼 물.

회반죽(灰-, plaster, parget) : ①석회 또는 석고에 모래와 여물·풀물 등으로 반죽한 미장재료. ②강화하기 위해 섬유류(類)를 첨가하기도 함. 건조되면 단단해지며, 보통 실내의 벽·천장 표면을 마감하는 데 사용됨.

회반죽공사(灰-工事, plaster work) : 회반죽에 의한 마무리 작업이나 치장벽토(stucco) 등의 실내 벽체마감 또는 건축 표면마감을 하는 미장공사, 특히 르네상스·바로크·로코코시대에 성행했으며, 과일·꽃·새·초상이 들어 있는 메달리온(medallion) 등의 모티프를 고부조(high relief)로 만들어 벽이나 천장에 장식.

회반죽바름(灰-) : 해초풀에 여물·모래·소석회를 넣어 반죽한 것을 사용함. 점도를 높이기 위해서는 해초풀을, 균열방지를 위해서는 여물을 사용. 소석회는 알칼리성임. 시공은 ㉠해초풀을 초벌·재벌용은 2.5㎜체로 1회, 정벌용은 1.2㎜체로 2회 침. ㉡모래는 마른 것을 체로 쳐서 2.5㎜체에 100% 통과하는 것을 사용하고, 지나치게 젖은 것이나 물 뿌린 것은 쓰지 않음. ㉢재료는 삼을 사용하고, 벽에는 700㎜ 정도, 천장용은 550㎜ 정도의 수염을 2등분으로 접어서 못으로 고정시킴. ㉣초벌을 바른 후 10일 이상 두었다가 재벌을 바름. ㉤재벌이 반건조했을 때 정벌을 바름. ㉥바름 총두께는 벽 15~18㎜, 천장은 12㎜로 함.

회반죽반자(灰-半子) : ①바름반자의 일종. ②반자틀에 졸대(나무 외)를 약 75㎜ 정도 사이를 떼어 나란히 못박아두고, 그 위에 수염을 약 30㎝ 평방에 하나씩 박아 늘이고 회반죽을 바른 반자. ③콘크리트바탕일 때는 모든 도장재료를 다 바를 수 있고, 졸대 철망바탕일 때는 모르타르로 바르게 되지만, 모르타르면은 콘크리트면과 같은 바탕이 됨. ④회반죽은 떨어지기 쉬우므로 주의하여 시공하고, 진동 또는 빗물의 우려가 있는 반자에는 나무에 메탈라스를 치고 회반죽을 바르면 안전함.

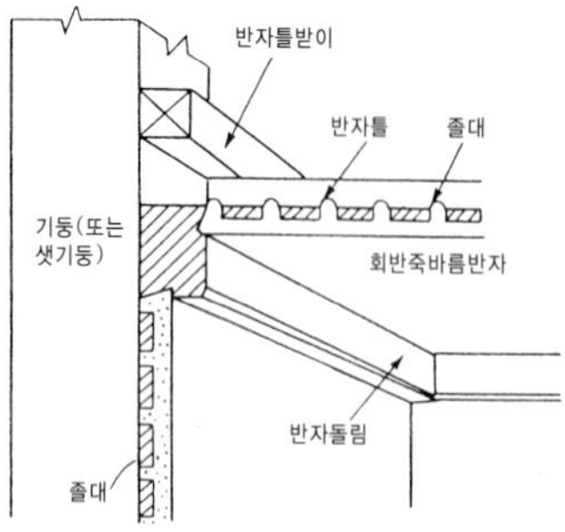

회반죽반자

회반죽시공(灰-施工) : ⇨회반죽바름.

회반죽장식(灰-裝飾, pargeting) : 건조되지 않은 플라스터 표면에 스크래치(scratch)나 주형된 패턴에 의해 장식되는 것.

회사무리 : ⇨회삼물(=).

회사반죽(灰沙-) : 석회·모래를 물로 반죽한 미장재료.

회사벽질(灰沙壁-) : 회·백토·가는 모래를 섞어서 버무린 것으로 벽질을 끝맺는 것.

회삼무리 : ⇨삼물(=).

회삼물(灰三物) : ①회·황토·모래를 섞은 것. ②회사무리(=).

회색(灰色) : ⇨회색조.

회색조(灰色調, gray) : 하양색과 검정색 사이의 무채색.

회색체(灰色體, gray body) : 임의의 물체의 단색방사도가 모든 파장에 걸쳐 이와 같은 온도의 흑체보다 일정비율로 작은 복사를 한다고 가상한 물체. 즉 그 비율인 $\varepsilon = \frac{e\lambda}{e\lambda_1 b}$을 회색체의 방사율이라고 함.

회색체의 방사율 : ⇨회색체.

회양목(-楊木, box wood) : 상감이나 작은 장식품에 사용된 밝은 색의 조밀한 나뭇결이 있는 단단한 서인도산 나무. 16세기에 호두나무 및 오크에 상감목으로 사용되었으며 18세기에는 새틴우드(satin wood) 가구의 가장자리 테두리에 사용됨.

회전계단(回轉階段) : ⇨돌음계단(=).

회전다리(回轉-, swing leg) : 테이블의 상판 밑에 고정되어 있다가 필요할 때 회전할 수 있는 다리. 상판의 한 끝이나 양 끝이 아래로 접혀지는 테이블(butterfly table, gate leg table)보다 넓게 사용하고자 할 때에는 접혀진 부분을 들어 올려서 상판 밑에 고정되어 있던 다리를 회전시켜서 받쳐줌. 스윙레그(=).

회전단(回轉端, roller end) : 지점(支點)은 어느 방향으로도 이동할 수 없으나 회전만은 자유로운 구조.

회전문(回轉門, revolving door) : ①4장의 유리문을 축(軸)에 장치하여 회전하면서 개폐가 이루어지는 문. 이 문은 안팎의 1/4이 개방되고 나머지는 좌우 옆벽과 천장으로 밀폐된 원통형 출입구의 중앙에 세운 심대(芯棒)에 십자로 직교하는 네 짝의 문을 달아 회전시킴. ②출입 인원의 조절 및 실내외 공기유동을 방지하여 먼지의 유입과 냉난방의 손실을 방지하고, 개폐시 방풍을 목적으로 설치하는 십자형의 네 짝으로 구성되고, 원통형으로 된 현관 내에서 중심 수직축을 따라 회전하는 문. 어떤 회전문은 밀었을 때 출구 쪽으로 자동으로 접혀져 문 축의 양쪽에 넓은 통로가 생김. 호텔이나 은행, 대형서점 등 사람의 출입이 잦은 장소에 설치하고, 출입하는 사람이 충돌할 위험이 없으며, 방풍실(防風室)을 겸할 수 있는 장점이 있음. ⇨문.

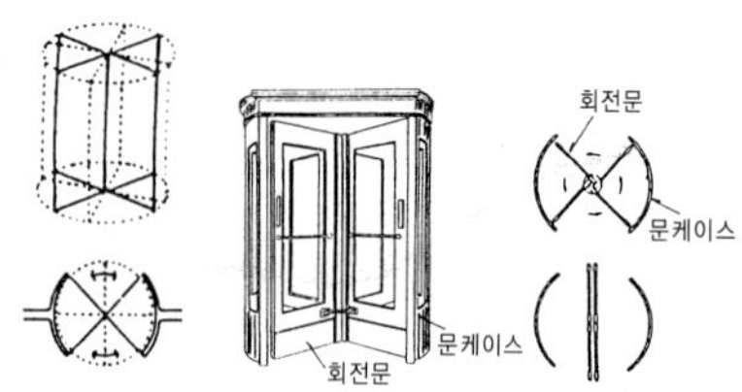

회전문

회전원판혼합(回轉圓板混合) : ⇨회전혼합(=).

회전의자(回轉椅子, swivel chair, revolving chair) : 좌판이 중앙의 선회축(pivot)에 부착되어 있어서 앉는 부분이 자유롭게 회전되며, 높낮이도 조절할 수 있는 의자. 중세 말기에 소개되어 19세기부터는 다양한 형

ㅎ

태로 개발되었으며, 현대에는 사무용 가구로 널리 사용되고 있음.

회전창(回轉窓, pivoted window) : ①레버핸들을 바꿈으로써 한 개의 창호가 안쪽으로도 열리고 바깥쪽으로도 열려 회전할 수 있는 편리한 창. ②좌우 선틀 중간에 회전 지도리를 대고 창의 위는 안으로, 밑은 밖으로 돌려 여는 창. ③선틀의 중간에 회전축을 달아 창밑을 밖으로 내밀어 회전시키는 창으로 실의 사용에 있어 방해가 되므로 주로 고창(高窓)에 이용됨. 개폐는 미들쇠막대(pole hook)·사슬·끈 등을 이용. ④피벗 힌지(pivot hinge)를 사용하여 360° 회전이 가능한 창. 종류는 젖힘 창과 회전방향에 따라서 수평회전창(창호의 세로문틀 중앙에 경첩을 부착하고, 틀에는 베어링을 달아 축을 중심으로 창호를 회전시켜 상부는 안쪽, 하부는 바깥쪽으로 여는 창)·수직회전창(창호의 상하문틀 중앙에 경첩을 달아 이를 축으로 해서 앞뒤로 여는 창)으로 구분. 다층(多層) 또는 고층 건물의 공기조절·청소·유지관리·긴급환기 등을 위해 사용. ⇨젖힘창. ⇨수평회전창.

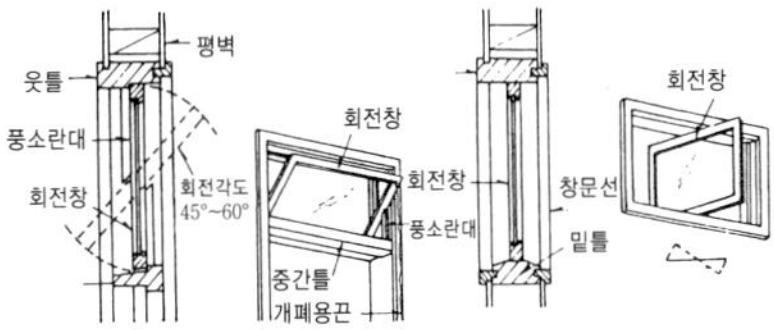

(a) 가로축회전　(b) 세로축회전

회전창

회전창문(回轉窓門) : ⇨회전창(=).

회전책장(回轉冊欌, revolving bookcase) : 상부에서 하부로 갈수록 크기가 작아지는 원형 선반층이 중앙의 원기둥을 회전하는 구조로 되어 있는 책을 놓는 선반. 사각 회전책장은 19세기까지 제작되었음.

회전철물(回轉鐵物, swivel) : 의자의 좌판이나 탁자 상판 아래에 부착되어 있어 레이지 수잔(lazy susan)이나 덤웨이터(dumb waiter)처럼 360°까지 회전할 수 있도록 고안된 철물. 주로 책상·의자·피아노 스툴(stool)·TV 받침대 등에 부착됨.

회전축(回轉軸) : ⇨지도리.

회전취재무늬목(回轉取材-木, rotary cut veneer) : ⇨무늬목취재법.

회전행동의 법칙(回轉行動-法則, slalom) : 스키의 회전경기에서 볼 수 있는 것과 같이 약간씩 돌아가는 것. 사람들이 걷는 길의 모양은 직선보다 완만한 곡선 쪽이 걷기 쉽다고 함. 이것은 산책로나 정원 등의 디자인에 응용할 수 있음.

회전형태(回轉形態, rotated form) : 축을 중심으로 회전시키고, 중심점이 같은 또 하나의 위치에 회전을 반복하는 모양에 의해 형성되는 디자인 형태.

회전혼합(回轉混合) : ①두 가지 이상의 색을 회전 원판 위에서 혼합하는 것. 회전원판 혼합이라고도 하고, 이러한 현상은 맥스웰(James Clerk Maxwell : 1831~79)이 처음으로 이론화하였으므로 맥스웰 혼합이라고도 함. 이 방법으로 명도단계나 채도단계를 실험할 수 있으며, 심리보색과 물리보색의 판별 실험도 가능함. ②혼합하는 색을 서로 다른 부채꼴에 그려서 빨리 돌리면 가법혼색의 법칙에 따라 새로운 중간색이 보임. 이 때의 밝기는 그 색들의 면적에 따른 밝기가 됨.

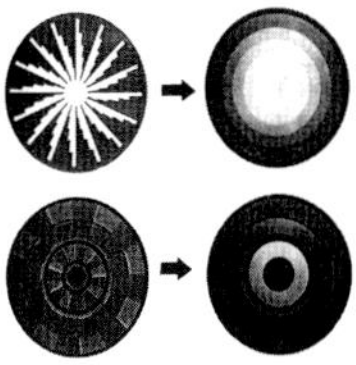
왼쪽의 원판을 회전혼색 했을 때 오른쪽같이 보임을 나타냄.

회전혼합

회전활강곡선(回轉滑降曲線, slalom) : 자연이나 인간에 의한 속도에 따라 자연스럽게 그어지는 괘도곡선으로 바람에 의한 사막 위의 곡선, 산맥이 이루는 곡선, 눈 위에 사람의 발자국 등이 있음. 디자인할 때 이러한 곡선을 활용하면 자연스럽고 우아하며 아름다운 디자인이 가능함.

회절(回折, diffraction) : ①음파·전파·광파 등이 장애물 뒤쪽까지 구부러져 들어가는 것. ②빛이나 음파가 진행 경로상에 있는 물체의 끝부분에서 휘게 되는 현상.

③빛을 차단하는 물체가 있을 때, 기하광학적인 그늘의 부분에까지 빛이 돌아 들어오는 현상. ④수면에 평행하는 수면파를 만들어 파장의 진행방향에 따라 장애물이 있을 때 이 지점에서 평행의 수면파와 다르게 그 각을 중심으로 하여 구면파(球面波)가 되는 현상으로 장애물의 뒷면까지 되돌아와서 진행이 되는 경우.

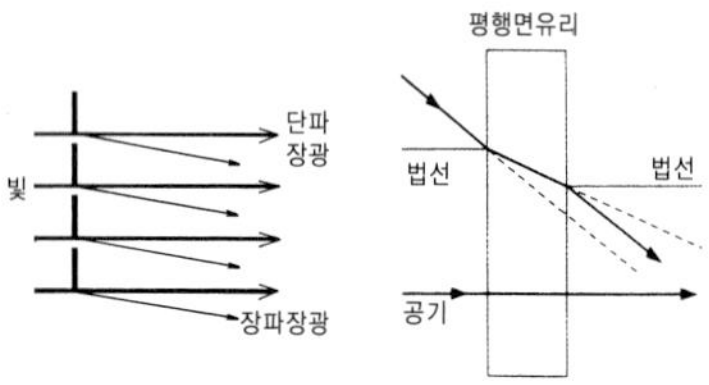

빛의 회절

회절음(回折音, diffracted sound) : ⇨회절.

회중석(會衆席, nave) : 교회의 가운데에 신자들이 앉는 공간. 일반적으로 입구인 나르텍스(narthex)에서 성단(chancel)까지의 세로로 긴 공간으로 보통 이곳보다 낮고 좁은 측랑(aisle)이 양쪽에 있음.

회진흙반죽(灰－) : 백회와 진흙을 반죽한 미장재료.

회첨(會檐) : ①서까래를 받는 경사재. ②ㄱ자집의 안귀(구석)에 있는 처마. ③지붕골에 있는 처마. ④고삽(＝)

회첨곡(會檐谷) : ⇨회첨골(＝).

회첨골(會檐－) : ①처마 끝에서 암키와를 두 줄 깔기하고 중간에 수키와를 덮어 설치하는 구조. ②처마가 'ㄱ'자 모양으로 꺾여 굽은 곳. ③ㄱ자형의 건물 평면에서 직교하는 지붕면이 마주치는 곳에 있는 지붕의 골짜기. ④회첨곡·지붕마루.

회첨연(會檐椽) : 지붕회첨에서 골추녀에 붙거나 지붕골 부분에 건 서까래.

회첨추녀(會檐－) : ⇨곡춘설·골추녀(＝).

회침 : 지붕과 지붕 사이의 골.

회합(會合, meeting) : 디자인적 의미로는 함께 나타나는 것 또는 표현되는 것.

회화나무(槐樹, Japan pagoda tree, Sophora japonica[학]) : ①중국이 원산지로 우리나라 각지와 일본·중국 등지에 분포. 주로 촌락 부근에 자생하는 콩과의 낙엽활엽교목. ②변재는 황백색, 심재는 암갈색으로 구분이 뚜렷하며, 나이테의 경계도 뚜렷함. 나무표면은 대체로 거칠고 목리는 통직임. 기건비중 0.74, 전건비중 0.66으로 무거운 편이고, 강도는 압축강도 528kg/㎠, 휨강도 787kg/㎠로 보통이며, 단단하고 강하며 할렬(割裂)이 쉬움. ③성장이 느리고 병충해에 약하며 강풍(强風)·공기오염 등의 공해에 특히 강하여 용도는 실내장식재 또는 가구재로 사용. ④⇨괴목·느티나무(＝).

회화조명(繪畵照明, picture lighting) : 각 작품에 직접 투사(投射)되는 조명. 투사거리는 약 610㎜ 정도가 가장 실용적이며, 조사각(照射角)은 그림을 정면에서 바라보는 경우 수평의 60°가 바람직함. 주위와의 휘도대비는 6 : 1 정도가 이상적이고, 대비가 너무 크면 어두운 곳의 작은 물체를 식별하기 어려우며, 반대로 낮으면 공간성이 흐려져 밋밋한 평면으로 됨.

횡간(橫間) : 집의 앞쪽에 있는 귀기둥과 귀기둥 사이 칸의 수효.

횡근형블록(橫筋形－) : ①모양에 따라 분류한 블록의 일종. ②수평철근을 배근하기 위한 블록. ③⇨블록.

횡단리브(橫斷－) : ⇨아크더블로(＝).

횡단면도(橫斷面圖, cross section) : ①건물의 긴 축인 세로축(longitudinal axis)에 대해 직각으로 자른 단면. ②종단면도(⇔).

횡단면아치(橫斷面穹窿, transverse arch) : 원통형 궁륭(barrel vault)의 좌우 받침대를 형성하는 수평열.

횡대(橫臺, cross rail) : 의자 등받이에 가로로 대는 부재.

횡선식 공정표(橫線式工程表, bar chart, gantt chart) : ①종축(從軸)에 공사종목별로 각 공사명을 작업순서에 따라 배열하고, 횡축에 날짜를 기입한 다음, 공사명별 공사의 시작과 끝을 횡선의 길이로 소요시간에 대응시켜 단순하게 작도(作圖)한 그래프. ②시각적인 명료성 때문에 공사에 관계되는 모든 사람에게 이해가 쉽고, 작업진도(進度)의 감시, 장비와 작업장의 일정을 작성하므로 공사진도 기록 등의 사용에 쉽고 편리한 수단으로 실내디자인 현장에서 주로 사용. 그러나 작업상호간의 관계가 불명료하고, 공사진척도를 개괄적으로 판단해야 하는 불편이 있음. ③장단점으로는 ㉠장점 : 작성하기가 쉽고 간단함, 개략공정의 내용을 나타내는 데 적합, 즉각적으로 볼 수 있고 이해하기 쉬움, ㉡단점 : 작업관계가 표현되지 않음. 공기일이 나타나지 않음, 문제점이 명확하지 않음. ④막대그래프(=).

횡성운암정(橫城 雲岩亭) : ⇨운암정(=).

횡성육절여(橫城 六節閭) : 임진왜란 때 진주목사로 있다가 왜적들에게 진주성이 함락되면서 순국한 서례원과 일가족을 기리기 위해 나라에서 내린 정려(旌閭). 정면 4칸, 측면 1칸으로 원주 사용, 홑처마의 굴도리 맞배지붕, 네 벽은 건물 높이의 2/3 정도에 띠방을 두르고, 홍살문을 돌려세움, 양측면에는 방풍판을 설치.

횡절(橫切, cross cutting) : 합판의 제작공정 중 원목의 양단면을 정횡단하여 레이드(lathe)에 완전히 부착시킬 수 있도록 자르는 것. 횡절할 때 굽음(曲部)·절부·할렬부 및 기타 결점부분을 제거. 원목을 횡목하는 데는 횡절톱(cross cut saw)·체인톱(chain saw)·드래그톱(drag saw) 등을 사용함.

횡창(橫窓) : ⇨교창(=).

횡축회전창(橫軸回轉窓) : ⇨수직회전창(=).

효과온도(效果溫度) : ⇨작용온도(=).

효용가치(效用價値) : ①제품을 실제로 사용할 때 나타나는 실천적 요소로서의 효용성. 예컨대 의자의 효용가치가 있느냐 없느냐는 생활장소에서 사용해 봐야 판단할 수 있음. ②⇨미적 가치.

효용예술(效用藝術) : ⇨응용예술.

효율(效率, efficiency) : 에너지를 한 형태에서 다른 형태로 변환시키는 설비의 유효성에 대한 척도. 효율=출력에너지(output energy)/입력에너지(input energy)=유효에너지/2차 에너지임.

후각(嗅覺, olfaction) : 냄새로 외계(外界)를 감지하는 심리적 변화. 후각에 대하여 계통적으로 연구한 사람은 독일의 한스 헤닝(Hans Henning). 원시적인 감각으로 의사들이 진단하는 데 도움이 됨. 예컨대 괴혈병은 썩은 냄새·장티푸스는 갓 구운 빵냄새·디프테리아는 달콤한 냄새를 풍기며, 호흡 시 내뿜는 아세톤의 양은 당뇨병·장암·간경화증을 탐지하는 하나의 방법.

후각의(嗅覺−, olfactory) : 냄새 감각에 기인하는 또는 관련된 것.

후각의 피로(嗅覺−疲勞) : 냄새가 자극함으로써 일정한 시간이 경과하면 후각이 점차 쇠퇴되어 나중에 냄새를 맡을 수 없게 되는 현상.

후강판(厚鋼板, steel plate) : ①두께 6㎜ 이상의 강판으로서 두꺼운 강판이라고 함. ②후판(=).

후경(後景, background) : 화면의 부분이면서 뒤에 속해 있는 부분으로 전경(前景)의 반대인 부분.

후광(後光, back light) : 시각적 깊이를 증가시키거나 사물이 배경과 분리되어 보이도록 하기 위해 물체의 뒤에서 조명하는 것.

후광조명(後光照明, haloeffect) : ①조명 대상 또는 조명 부위의 뒷면에 위치하는 조명원으로부터의 조명. 전체적으로 어둡고 차분한 조명으로 일정한 초점이 없는 간접조명. 배광조명(=). ②⇨배경조명.

후광조명기법(後光照明技法, back lighting) : 빛을 아크릴·스테인드글라스와 같이 반투명 재료를 통과하게 하여 배면의 빛을 확산시키는 방법. 무광택의 흰색 패널 뒤에 일반적으로 형광등을 부착하여 반투명의 확산판을 통해 빛을 분산시킴. 강조부분이나 색이 어둡거나 투명한 상품의 배경조명에 효과적이고, 주로 광창조명·광천장 조명에 사용.

후광효과(後光效果, halo effect) : 일련의 특질이 다른 특질에 영향을 미칠 때 일어나는 것으로, 만일 어떤 사람이 자신의 업무수행에서 낮은 평가를 받았다면 그 사람의 창의성은 높은 수준임에도 불구하고 다른 특성에 대해 낮은 평가를 받는 경향.

후기르네상스양식(後期-樣式, latter Renaissance style, cinquecento[이]) : ①1500~1600년간의 양식으로 전반기는 이탈리아 르네상스의 최고 절정기로 간주되며, 친퀜첸토(cinquecento)라는 이름은 당시에 만들어진 작품에 붙여진 양식의 하나. 석고와 채색에 의한 장식은 자취를 감추고 로마시대 양식의 조각장식이 크게 유행하였음. ②프랑스의 후기 르네상스양식(1589~1643)은 이탈리아 르네상스양식과 독일 및 플레미시(Flemish)의 영향이 복합적으로 작용한 양식으로서 북부지방은 3각이나 4각의 피라미드 형태의 의자가 나타났는데, 번피트(bunfeet) 장식과 소용돌이 장식을 조각한 프레미스식 나선형의 다리가 사용된 것이 특징. 고급가구는 색이 대비되는 나무를 조각·상감하거나 준(準)보석류 및 청동을 부착시켰으며, 특히 탁자와 장롱의 다리는 꽃병 모양의 판각(板脚)으로 만들어졌음.

후기모더니즘(後期-, late modernism) : ①1920~1950년대까지의 발전된 양식으로 모더니즘양식을 계속 유지하고 있는 최근 작품을 지칭하는 용어로 사용됨. ②현대건축운동의 시각적 단조로움에 대한 반발로서, 존재하고 있는 이념과 가치를 연결해 놓은 것. 레이트 모더니즘은 고도의 기술과 조각적인 기념비처럼 보이게 하기 위해 국제주의양식의 감각과 기술을 과장시키고 있고, 또한 풍부한 색채와 하이테크한 표현, 매끄러운 표면을 조합하여 건축적 언어로 부활시키고 있으며, 대중의 이미지를 얻기 위해 계속 노력하고 있음. 그리고 극도의 논리, 순환계통 및 기계장비에 대한 극도의 강조, 기술공학의 양식적이고 장식적인 사용, 국제주의 양식의 복잡화·관습적인 형태언어보다는 추상적인 형태언어의 사용으로 특징지을 수 있음.

후기인상주의(後期印象主義, post-impressionism) : 20세기 초 인상주의에 대한 반발로 일어난 세잔(P. Cezanne)·반고호(V. van Gogh)·고갱(P. Gauguin) 중심의 작품 경향을 말함. 영국의 미술평론가 로저 프라이가 1910년~1911년 런던에서 기획하여 전시가 개최된 "마네와 후기인상주의전"이란 표제에서 유래한 명칭. 세잔은 인상주의 작품에서 물체의 형태가 용해되어 공간표현이 애매해지는 것에 대한 불만을 갖고 물체의 실재감과 견고한 화면구성으로 큐비즘(Cubism, 입체파)에의 길을 열었고, 고호는 정열적인 감정의 강한 표현으로 표현주의의 선구자가 되었으며, 고갱은 인간의 생과 사·영적인 것의 표현을 추구하여 상징주의적 경향(색채)을 추구함으로써 인상주의를 탈피한 포비슴(Fauvisme, 야수파)의 길을 개척하였음. 인상주의에서 발전하여 개성적인 표현방법을 확립하고, 20세기 회화의 발전을 마련했다는 점에서 후기인상주의는 그 의의가 큼.

후기조지안시대(後期-時代, latter Georgian period) : ①영국 신고전주의의 초기 가구양식으로 가구제작자의 이름이 가구의 명칭으로 된 것이 특색. 일반적인 특징은 고전양식으로 상징되며, 고대의 양식과 똑같이 복제되지는 못했지만 근대의 경제적·기술적인 면이 허용되는 범위 내에서 가구 디자인의 기본 양식으로 존재했음. ②1758년 아담(Adam) 형제에 의해 치펜데일(Chippendale)의 가구는 로코코양식에서 고전적인 성격으로 변형되며, 따라서 치펜데일의 후기 가구는 아담가구라고 함. 일반적으로 치펜데일의 가장 두드러진 특징은 구조와 비례에 있어서 장중하고 내구성이 뛰어나다는 점인 반면에, 헤플화이트(Hepplewhite) 가구는 대부분의 경우 구조면에서 약함. 이것은 가구의 디자인에 있어서 빈약한 비례가 그 원인의 하나이지만 가구의 아름다운 색채와 장식이 이러한 단점을 보완하고 있음. 셰라턴(Sheraton) 가구는 헤플화이트 가구보다 직선을 더욱 광범위하게 주요한 선으로 사용하여 가구의 표면은 거의 평면으로 구성되어 있음.

후기현대주의건축(後期現代主義建築, late-modernism architecture) : ①현대건축의 구조·기능·기술 등의 합리적 해결방식을 수용하여 현대건축의 이념과 원리를 계승하고 발전시킴으로써 새로운 미학을 창조하려는 건축사조. ②특성은 기계미학(발달된 공업기술을 바탕으로 하여 기술적 이미지를 과장, 규격화·표준화·공업화되고 극단적으로 분절된 건축부재를 사용), 구조의 왜곡과 표피(表皮)의 강조(유리 커튼월의 투명성·반사성·평활성에 의해 Slick-tech적인 미학을 표현), 미니멀리스트(minimalist)적 표현(주변환경과 맥락을 고려치 않고 건물을 독립적·자립적 대상으로서 고려, 장식이 배제된 기하학적 형태에 의해 건물 자체의 단순성을 표현, 복잡한 도시 조직 속에서 발생되는 다양한 문화적 요구를 건축에 수용하지 못함) 등. ③대표 건축가로는 시저 페리(Cesar Pelli), 케빈 로쉬(Kevin Roche), 존 포트만(John Portman), 아이엠 페이(I. M. Pei), 리처드 마이어(Richard Meier), 헬뮤트 얀(Helmut Jahn) 등과 노만 포스터(Norman Foster), 리처드 로저스(Richard Rogers), 아라타 이소자키(Arata Isozaki), 헤르만 헤르츠버거(Herman Herzbeger) 등.

후노상(後爐床, back hearth) : 벽난로 자체 안으로 포함되는 노상의 일부. 내부 노상(=).

후드(天蓋, hood) : ①열기·수증기·유해가스·연기·금속분 등이 나오는 곳의 상부에 설치하고 이것을 국부적으로 모아서 덕트(duct)에 의해 옥외로 배출하는 뚜껑 모양의 것. ②스크린 또는 거친 날씨에 대한 보호기능을 충족시키는 실내의 문·창문·벽난로 등과 같이 개구부 위에 있는 지붕 모양을 이룬 돌출부. ③가구의 상판이 앞으로 돌출되어 천개를 이루는 부분. ④난로·벽난로·굴뚝·환기장치 등에 딸린 금속덮개 및 천개. ⑤부엌의 가열기 위에 설치하여 연소가스와 수증기를 배출하는 국소적인 환기설비. 후드 위에는 덕트가 연결되어 있는데, 이 덕트의 크기가 충분하지 않으면 배기가 원활하게 이루어지지 않음. 가열기(range)보다는 평면을 크게 하고, 가열기에서부터의 높이에 따라 환기량이 크게 달라짐.

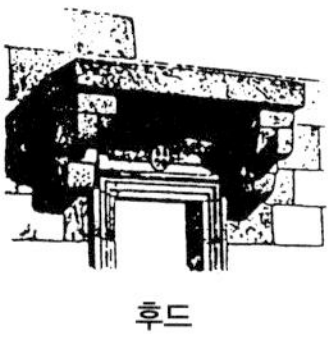

후드

후드몰딩(hood moulding) : ⇨드립스톤(=).

후라미레(Framire) : ①기니·시에라리온의 산림지대에서 카메룬까지 분포. ②심·변재의 구별이 안 되며, 심재는 밝은 황색에서 광택이 있는 담갈색, 황색으로 종종 불규칙한 갈색의 줄무늬가 있음. 나무 표면은 상당히 거칠고 도관(導管)은 불규칙하게 분포하며, 판목(板目)에는 독특한 아름다운 나무 표면을 얻을 수 있음. 교착목리가 불규칙하게 나오며 정목(柾木)에서는 뚜렷한 리본무늬가 나타나지 않음. 경연재(輕軟材)로 기건비중 0.45~0.67(평균 0.54)이고, 수축률은 방사방향 4.6%, 접선방향 6.2%, 용적수축률 14.2%이고, 강도는 압축강도 444kg/㎠, 휨강도 844kg/㎠, 전단강도 89kg/㎠로 보통임. 기계가공·손가공 모두 용이하고 공구의 마모면의 털거스름은 없음. 포삭(鉋削)이 용이하고 광택이 좋지만 교착목리가 장해가 될 때도 있음. 건조가 용이하고 빠르며 자연건조에도 잘 건조되어 갈라짐(割裂)이나 변형의 위험이 없으며, 내구성도 좋고 접착과 도장성은 양호함. 용도는 내장·가구·합판 등에 사용.

후라케(Fraké, Terminalia superba Engl. et Diels[학]) : ①시에라리온에서 자이레북부까지, 남쪽은 앙골라 북동부까지 넓게 분포. 심·변재는 구분되지 않으며 판재는 회백색에서 도백색이나 황갈색으로 변함. 나무 표면은 상당히 거칠고 교착목리는 거의 없음. 수축률은 방사방향 4.4%, 접선방향 6.2%, 용적수축률은 10.1%로 작고, 강도는 압축강도 430~500kg/㎠, 휨강도는 870~1,300kg/㎠, 전단강도 75~100kg/㎠로 보통임. 원목은 곤충·부후균의 침해를 받기 쉬우며 목재 중에는 0.04%의 실리카가 있어 칼날의 수명을 단축시키고 포삭·연삭·로터리·슬라이스 절삭가공은 용이하며 접착도장과 건조가 용이함. 목편은 피부를 자극하는 경우가 있으며, 용도는 실내장식·합판·무늬단판·가구 등에 사용. ②림바(=).

후림 : 지붕의 수평면상에서 네변을 포물선 모양으로 안쪽으로 후려 네 귀를 뻗게 하는 기법. 이는 팔작지붕 등에 적용되며, 착시현상을 교정하기 위한 것임. ⇨조로(⇔).

후림

후마(Fuma, Ceiba pentandra Gaertn) : ①콩고·자이레·세네갈·리베리아·나이지리아 등 적도 아프리카 지역을 중심으로 중부 지역에 분포. 특히 코트디브아르·카메룬의 주수종. ②심·변재 구분이 없으며 백색 또는 담갈색임. 목리는 교착 또는 통직하며 나무갗은 거칠고, 기건비중 0.26, 수축률은 방사방향 3.1%, 접선방향 6.7%, 용적수축률 11.6%로 작고, 강도는 압축강도 360kg/㎠, 휨강도 500kg/㎠로 매우 약하며 재질이 가볍고 연함. 거단(鋸斷)시 표면에 털 거스름이 일어나기 쉽고 가공성은 불량하며 흡음성도 불량. 용도는 합판·가구·건축 등에 사용.

후박나무(紅楠, common machilus, Machilus Thunbergii) : ①울릉도와 남부 온대지역·일본 남부와 중국·대만 등지에 자생하며, 표고 200~700m에 분포. ②변재는 담황갈색, 시재는 진한 홍갈색으로 심·변재는 희미하게 구분되는 정도이고, 나이테는 명확함. 무늬가 좋으며 나무 표면은 거칠고 광택이 강함. 기건비중 0.65, 전건비중 0.61, 함수율 1% 변화에 대한 평균수축률은 방사방향 0.17%, 접선방향 0.36%로 보통이며, 강도는 압축강도 400kg/㎠, 인장강도 800kg/㎠, 휨강도 700kg/㎠, 전단강도 120kg/㎠로 보통임. 내후 보존성이 보통이고 건조·접착·할렬이 곤란하며, 절삭가공·도정·표면 마무리는 보통이고, 주로 가구재·건구재 등으로 사용됨.

후속작업(後續作業) : 네트워크 공정표 용어의 하나로 앞(전방)의 작업으로부터 뒤(후방)의 작업을 볼 경우, 후속작업 또는 후공정(後工程)이라고 함.

후실(後室) : ①뒷방. ②무덤에서 현실의 뒤쪽. ③입구와 반대쪽에 위치한 방.

후염선염직물벽지(後染渲染織物壁紙) : 제직용 원사를 염색하거나 원면을 염색하여 실을 뽑은 메란지사로 제작하여 염색효과를 내는 방법과 원단을 염색하여 이지를 배접(褙接)하는 방법으로 만드는 직물벽지.

후진(後陳, apse) : ⇨앱스(=).

후크(hook) : ⇨훅(=).

후크의 법칙(-法則, Hook's law) : ⇨훅의 법칙(=).

후퇴(後退) : 집의 뒤쪽에 붙인 툇간.

후퇴색(後退色, receding color) : ①배경색보다 뒤로 후퇴·축소하는 것처럼 느껴지는 색. 이는 관찰자 쪽에서부터 멀어져 보이는 공간적 착각을 일으키는 색으로, 차가운 색이 따뜻한 색보다, 어두운 색이 밝은 색보다, 저채도 색이 고채도 색보다, 무채색이 유채색보다 더 후퇴되는 느낌을 주고, 이러한 현상은 색의 물리적 파장에 대한 수정체의 반응이 다르기 때문에 일종의 착각이 생기고 파장이 짧은 차가운 한색인 파랑·초록 등은 후퇴성을 띔. ②진출색(⇔).

후판유리(厚板琉璃) : ①두께 6㎜ 이상의 두꺼운 판유리. ②2~3장 또는 그 이상의 유리판을 약간의 공간과 가소성의 막을 두고 접착한 것으로, 보온·방음이 좋고 강도가 큼. ③채광용보다는 주로 실내차단용·칸막이용·스크린·통유리문·가구 및 특수구조 등에 사용됨.

후판초자(厚板硝子) : ⇨후판유리(=).

후프라인(hoop line) : ⇨위도선(=).

후프백체어

후프백체어(hoop back chair) : 의자의 등받이에 대는 상부 가로대가 휘어져 곡선을 이루는 형태의 의자.

훅(hook) : ①적절한 정착길이를 내기에 불충분한 곳에 사용되는 것으로, 철근 단부에 정착길이와 동등한 길이를 구부린 것. 표준 훅(standard hook)에는 90°, 135°, 180°가 있음. ②걸거나 걸어서 잡아당기는 갈고리 또는 갈고리 모양의 걸쇠. 보통 나사못처럼 돌리는 형태임. ③종류는 기능과 형태에 따라 매우 다양함. ④스크루 후크(=).

훅의 법칙(-法則, Hook's law) : 물체에 주어진 변형력은 변형력이 물질의 탄성한계를 넘지 않으면 그로 인해 만들어지는 변형과 직접적으로 비례한다는 법칙.

훅카펫(hook carpet) : 1개 바늘의 전동기계(電動機械)를 사용하여 면 바탕천 안에 파일사 수를 놓고 파일을 만듦. 컷 파일(cut pile)과 루프 파일(loop pile) 모두 가능하며, 파일사의 종류, 밀도가 자유롭게 나타나므로 보급품의 현관 매트(mat)에서 단통과 같은 고급품까지 생산할 수 있음. 수입되는 천진(天津) 훅도 같은 종류임.

휘도(輝度, brightness, leuchtdichte[독], luminance[프]) : ①발광원(發光原)의 밝기 또는 투광면이나 반사면의 밝기를 말함. 밝기란 시대상의 휘도를 말하며, 밝기가 클수록, 즉 시대상의 휘도가 클수록 보기가 용이함. ②광원 또는 반사면의 밝기를 나타내는 정량적 척도. 주어진 방향에서 보이는 표면 또는 광원의 단위투영면적당 광속. ③단위투사면적당(單位投射面積當)의 광도(光度). ④빛나는 정도의 단위. ⑤단위는 nt(니트)·sb(스틸프)·cd/m^2(칸델라/제곱미터)·광도/수광면적임. ⑥눈의 휘도순응은 어둠에서 밝음으로 이행할 때 빠르고, 밝음에서 어둠으로 이행할 때 늦는 것이 특징. 이러한 순응은 눈의 순응수단으로서 단시간 내에 명암이 바뀌면 눈이 쉽게 피로해짐. ⑦시작업면의 휘도와 시작업면 주위의 휘도와의 비를 유지시켜야 눈의 휘도순응이 부드럽게 일어나 시각적 안락성과 시작업이 효과적으로 일어남. 작업면 주위의 배경 휘도가 작업면 휘도보다 커서는 안되고, 최적의 배경 휘도는 작업면과 작업배경의 휘도비를 2 : 1로 유지해야 하지만 이 휘도비를 초과하면 가시도(可視度)는 감소. 그러나 실내공간에서 휘도비가 가장 어두운 부분과 밝은 부분이 2 : 1일 때는 느낌이 단조로워지기 쉬우며, 그 비가 10 : 1 이상이면 너무 강한 음영이 생겨 경직된 느낌을 줌. 바람직한 휘도비는 3 : 1로 적당한 음영으로 적당한 입체감을 줌.

휘도계(輝度計) : 한정된 시각에서 빛을 수광소자에 입사하여 측정하는 계측기기. 일반적으로 휘도계는 시각(視角)이 0.1~2°, 측정범위는 10^{-4}~$10^{-6}cd/m^2$ 정도이며, 실내의 시환경을 측정하기 위해서는 시각 0.5° 정도의 스폿형 간이휘도계가 편리하게 이용될 수 있음.

휘도대비(輝度對比) : ①작업면의 휘도(또는 광원의 휘도)와 작업면 주변의 휘도와의 비로서 이 값이 너무 크게 되면 시각적으로 불쾌감을 느끼게 됨. 이상적인 작업면 휘도는 주변의 휘도값과 같거나 약간 큰 값을 가져야 하므로 작업면 주변의 휘도가 작업면 휘도보다 더 커서는 안 됨. ②시대상(視對象)과 그 배경의 휘도차. ③천장에서의 휘도는 수평에서의 휘도보다 3배가 큼. ④독서나 TV를 시청할 때 만족할만한 시환경을 조성하기 위해 책면이나 TV스크린면의 휘도와 주변의 휘도와의 휘도대비가 1 : 3일 때 적정하

다수 존재. 기건비중 0.54, 전건비중 0.49, 수축률은 방사방향 4.39%, 접선방향 8.33%, 용적수축률 13.10%로 보통. 강도는 압축강도 465kg/㎠, 인장강도 1,139kg/㎠, 휨강도 994kg/㎠, 전단강도 137kg/㎠로 보통. 내구·접착·도장성은 보통이고 가공성이 양호하며 건조속도는 빠르고 약제 주입성은 비교적 양호하며 적송보다는 수지의 함유량이 많고 공작이 약간 곤란하고 재질은 떨어짐. 용도는 건축재 등 적송과 같은 용도로 쓰임. ②곰솔(=).

흑요석(黑曜石, obsidian) : 화강암과 구성 성분에 있어서 매우 유사한 화산유리임. 보통 밝은 광택을 지닌 검은 색이며, 얇은 조각일 때 투명함.

흑창(黑窓) : ①덧문과 영창 사이에 있는 문. ②안팎으로 두터운 종이를 바른 문. ③흑창을 닫으면 빛은 물론 외풍(外風)까지도 차단됨. ④흑창과 갑창은 단지 사용처에 따라 구분되는 말. 즉 흑창과 갑창은 같은 것으로 처음에는 갑창이라고 하다가 19세기 초에 이르러 두껍닫이(두꺼비집)창호로 쓰이던 것을 갑창이라 하고, 쌍창 다음에 설치하던 미닫이를 갑창을 두껍닫이 갑창과 구별하여 흑창이라 부르는 것이라고 판단됨. ⑤갑창(=).

흑철관(黑鐵管, black pipe) : 아연도금하지 않은 주철관.

흑체(黑體, black body) : 표면에 입사하는 모든 열복사를 완전히 흡수하는 물체. 방사물체 색의 온도를 색온도(色溫度, CT)라고 하며, 따라서 색온도는 흑체방사에만 적용되고 그 흡수율은 1임.

흑체방사(黑體放射, black body radiation) : 흑체의 열방사.

흑체방사

물체색온도	방사 물체색의 온도
800°K	적색
3,000°K	황색
5,000°K	백색
8,000°K	담청색
60,000°K	진청색

흑혈효과(黑穴效果) : 야간에 실내에서 밖을 내다볼 때 지각되는 빛의 유출현상.

흑호두나무(黑胡桃, black walnut, Juglans nigra L.) : ①미국 동부 전역 로키산맥 동부에 고루 분포. ②변재는 백색 또는 담황갈색, 심재는 담갈색 또는 진한 초콜릿색·자갈색이며 연륜은 뚜렷하고 추재는 치밀하고 색이 진함. 반공재(半孔材)로 목리는 통직 또는 불규칙하며 파상목리(波狀木理)이고 무늬가 양호. 전건비중은 0.56, 수축률은 방사방향 5.5%, 접선방향 7.8%, 용적수축률 12.8%로 보통이고, 강도는 압축강도 532kg/㎠, 휨강도 1,026kg/㎠, 전단강도 96kg/㎠로 보통. 내구성이 낮고 절삭·가공·건조·접착성은 보통이고 도장성은 양호. 용도는 가구·내장·무늬단판 등에 사용.

흔들의자(-椅子, rocking chair) : 굽은 막대(rocker) 위에 얹혀 사용자가 앞뒤로 흔들 수 있는 의자. 비슷한 기능의 아기요람에서 발전된 형태로 추측되며, 19세기 초 미국 보스턴에서 신체의 휴식을 목적으로 한 최초의 흔들의자가 디자인되었음. 목재를 휘어서 만든 흔들의자부터 철제 프레임에 직물을 덮어씌운 흔들의자 등 다양한 형태가 개발되었으며, 토넷(Thonet) 형제가 제작한 '곡목 흔들의자(bentwood rocker)'는 디자인의 독창성이나 제작방법에 있어 매우 성공적인 제품으로 평가되고 있음.

토넷의 흔들의자

흘게 : 매듭이나 사개 따위의 단단히 죈 정도나 무엇을 맞추어서 짠 자리.

흘럭자 : 고정되지 않고 움직이게 된 기역자 혹은 기역자의 자.

흘림[1] : 서까래 설치에 있어서 수평을 기준으로 하는 경사의 각도.

흘림[2] : ①아래와 위의 너비나 굵기가 다른 것. ②민흘림·배흘림(=).

흘림기단(-基壇) : ①단차가 있는 기단. ②주로 경사지를 그대로 이용하여 집을 배치하는 경우 발생함. ③남원 몽심재의 안채 등.

흘림기둥 : ①배흘림의 한 기둥. ②기둥의 몸이 기둥머리나 기둥뿌리보다 배가 조금 부른 기둥. ③민흘림기둥(=).

흘림장부(-丈夫) : ①장부의 상부가 한쪽으로 경사진 것. ②⇨장부.

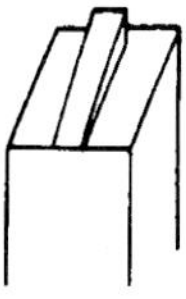
흘림장부

흙기와(土瓦) : ⇨기와(=).

흙도배(-塗褙) : 벽에 진흙물을 칠하는 것.

흙바닥 : ①가장 원시적인 바닥양식. ②흙바닥 온돌인 지철. ③주택의 부엌·궁궐·사찰의 회랑 바닥에 이용.

흙받기 : 미장을 할 때에 흙 따위를 받기 위한 나무판.

흙받기

흙손(trowel) : ①미장을 할 때에 흙 따위를 떠서 바르고 평평하게 고르는 데 쓰이는 연장. ②콘크리트나 모르타르 및 플라스터와 같은 성형성 재료를 붙이고 펴고 고르는 작업에 사용하는 보통 금속으로 만든 것으로 위에 손잡이가 달린 작업공구. ③나무흙손은 '플로트(float)'라고 하고, 주로 표면을 매끈하게 하거나 질감이 있는 표면으로 만드는 데 사용함.

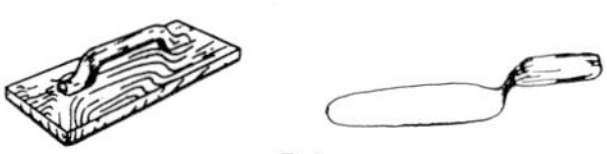
흙손

흙손질(floating) : 흙손을 이용하여 벽이나 바닥 등의 표면에 회반죽·치장벽토·시멘트 등을 펴 바르는 작업.

흙심벽(-心壁) : 심벽을 흙으로 마감한 벽.

흙창(-窓) : 창살의 안팎으로 종이를 발라 컴컴하게 만든 창.

흙체 : 흙을 고르게 체질할 때 쓰는 연장.

흝치기 : ①대패로 자귀로 깎을 수 없는 아주 좁은 곳을 깎는 둥근 칼. ②일본의 낫대패(배희찬 목수).

흠집(defects) : 목재에 흠이 생긴 부분.

흡방습(吸放濕) : 같은 재료에서 상대습도가 일정하면 온도상승과 함께 평형 함습률이 극히 미미하지만 작아지는 재료의 성질.

흡방습의 이력현상(吸放濕-履歷現象) : 건조상태의 재료를 방치했을 때 나타나는 평형 함습률이, 습윤상태가 동일한 재료를 방치했을 때 나타나는 평형 함습률보다 작은 성질을 갖는 재료의 특성. 노송나무(檜木)가 이 성질을 가지고 있음.

흡수(吸水, suction of water, water suction) : 어떤 물질이 결정이나 무정형 고체 덩어리 또는 액체의 내부로 스며드는 것.

흡수비(吸收比, absorptance, absorptivity) : ①어떠한 물체에 의해 흡수된 복사에너지와 흑체에 의하여 흡수된 복사에너지와의 비. ②표면의 총입사량에 대한 표면에서 흡수된 복사량의 비.

흡수율(吸水率, coefficient of water absorption, water absorption ratio, absorptionindex) : ①흡수포화되었을 때의 물중량과 실질부분과의 중량비. ②골재인 경우 흡수포화되었을 때의 물중량과 전중량과의 비. ③표건상태일 때에 포함하고 있는 수량을 절건중량으로 나눈 값의 백분율. ④보통 표건상태의 골재를 24시간 수중침지했을 때의 함수상태. ⑤재료를 일정시간 물속에 넣었을 때 재료의 건조중량에 대한 흡수량의 비율은 물질의 다공성(多孔性)·조직침수(組織浸水)·기간(期間)·압력상태에 따라 다름.

흡습(吸濕, occluding) : ①기체 또는 수증기가 고체에 흡수되어 고체의 내부로 들어가는 현상. ②흡장(=).

흡열유리(吸熱琉璃) : ⇨적외선반사유리(=).

흡음(吸音, sound absorption) : ①음에너지가 흡수에 의해 감소하는 일. ②재료의 구조에 의해 음에너지의 일부를 열에너지 및 다른 형태의 에너지로 전환시켜 재질에 흡수시킴으로써 실내에 반사음을 줄이는 것. ③음에너지가 고체를 진동시켜 기계에너지로 변화하거나, 다공질 재료 중에서 공기의 점성에 의해 열에너지로 변화하거나, 건조대기 중에 고주파 음의 분자 흡수가 높아지는 것 등이 흡음의 예. 소음을 외부로 내보내지 않기 위해서는 우선 차음을 검사하고 흡음은 보조로서 생각하는 것이 원칙. ④음악당이나 소음이 심한 공공공간의 설계에 반드시 고려해야 할 요소이고, 흡음력의 단위는 세이빈(sabin)이 사용됨.

흡음계수(吸音係數, noise reduction coefficient) : 재료의 흡음성능 계량방법. 일반적으로 250·500·1,000·2,000Hz의 주파수에 대한 재료의 흡음률을 산술평균한 값으로 정의됨.

흡음률(吸音率, acoustic absorptivity) : ①재료면에 투사한 음의 에너지(ε)와 그 재료에 흡수된 음에너지(ε)의 비율을 나타내는 값을 말하며, 그 기호를 d라 하면 $d=\varepsilon/\varepsilon$임. 일반적으로 투사음(投射音)의 주파수마다 다르므로 옥타브밴드마다 표시함. ②특정 주파수에 대한 재료의 흡음성능 계량방법. 그 특정 주파수에서 입사음 에너지에 대한 재료에 흡수된 에너지의 비.

흡음벽지(吸音壁紙) : 100%의 폴리프로필렌 섬유를 특수벽지 종이 위에 특수부착(non-woven type)한 것으로 흡음성·단열성·정전기 방지·내화성이 있고 화재발생시에 유독성이나 질식성 가스를 발생하지 않으며 물을 흡수하지 않는 방수재질로서 크기의 변화가 전혀 없음. 폴리프로필렌 섬유 이외에 특수 색염료로 염색하여 자외선 및 각종 빛에 변색되지 않으며, 냄새의 흡착성·내마모성이 우수함. 주로 호텔 연회장·극장·영화관·콘서트홀·호텔 객실 및 로비·개인주택 등에 다양하게 사용.

흡음용구멍석고판(吸音用-石膏板) : 평석고판에 흡음용 구멍을 뒷면까지 관통하여 뚫은 판(KS F 3003).

흡음유리(吸音琉璃, acoustic glass) : 수지막을 이용하여 접합하거나 흡음처리된 유리. 주로 음향조절용으로 사용.

흡음재(吸音材, acoustical material) : ①실내에서 소리를 감소시키거나 흡수하도록 디자인된 자연산 또는 제조 생산된 건축재료. ②흡음특성은 주로 주파수에 따라 다르나 흡음재료의 설치위치, 표면마감의 상태·두께 및 밀도·설치방법·기타 재료나 공기층의 구성방법 및 표면처리 등 실내면의 흡음성능에 따라서도 특성이 영향을 받음. 따라서 음원의 특성을 충분히 고려한 다음 흡음특성을 유효하게 이용할 수 있는 재료 및 구성법의 선택이 중요함. 특히 실내건축의 내장마감을 많이 하나 표면처리를 달리하면 본래의 재료보다 흡음특성이 낮아지기도 함. ③종류는 다공재료, 판 또는 막재료, 유공재료 등 3가지로 구분함.

흡음재료(吸音材料) : ⇨흡음재.

흡입환기(吸入換氣) : ⇨기계환기(=).

흡장(吸濕) : ⇨흡습(=).

흡착(吸着, adhesion by suction) : ①기체가 고체에 달라붙는 현상. ②접촉하고 있는 기체나 용액의 분자를 표면에 달라붙게 하는 모든 고체 물질의 성질. ③흡착은 고체의 바깥 표면이나 안쪽 표면(모세관이나 갈라진 틈의 벽)으로 분자가 모이는 것. ④기체나 녹아 있는 물질들을 흡착시키는 고체를 흡착제라고 하며, 흡착되는 분자들은 피흡착질이라고 함. 좋은 흡착제로는 기류에서 독성물질이나 불순물을 제거하는 방독면에 쓰이는 숯을 들 수 있음.

흥미(興味, interest) : ①고객의 구매심리 5단계 중 두 번째 단계로, 일단 시선이 끌린 통행인은 접근하여 대상 상품에 관심을 갖고 디스플레이의 호소력에 따른 공감을 갖는 것. ②⇨아이드마법칙·아이드카법칙·아이다스법칙.

흥미로운 가구(興味-家具, fun furniture) : 1960년대 영국에서 짧은 전성기를 누린 가구로 테렌스 코난(Terence Conran)에 의해 보기 좋고 기능적인 가구의 대량판매가 가능해졌고, 이탈리안 스타일의 소파·미국의 하이테크 램프·독일의 수납형 유닛·일본의 방석에 이르기까지 다양한 스타일이 영국의 전통양식에 융합되었음.

흥분색(興奮色, excitant color) : ⇨적극적 색채·따뜻한 색·난색(=).

흥주사만세루(興住寺萬歲樓) : ①충청남도 유형문화재 133호, 1527년 창건, 1798년 중수. ②정면 3칸, 측면 3칸의 2고주 5량가 구조이며 풍판을 달지 않고 박공으로 처리. 만세루는 이 사찰의 중문에 해당하는 문루

(門樓)이지만 누하(樓下)를 모두 막아 정면에서는 중층이나 배면에서는 단층건물. 자연석 덤벙주초의 초석 위에 원주를 세움. 기둥 상부의 공포는 후면을 생략하고 전면에만 주심포식 1출목 이익공을 짜올림(고려 후기 주심포에서 익공식으로 변천하는 과도기적 특징). 각 칸의 창방 위에는 초각한 화반을 하나씩 끼워 둠. 평주에 대들보를 걸고 동자주를 세운 다음 종량을 올렸으며, 종량 가운데는 파련대공을 놓고 종도리를 받침. 파련대공 좌우로 솟을합장을 짜 맞춤. 우물마룻 바닥에 연등천장, 양측면은 심벽처리.

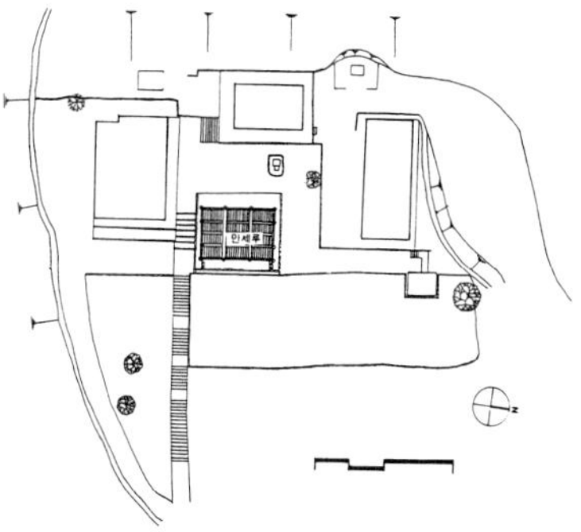

흥주사만세루 배치도

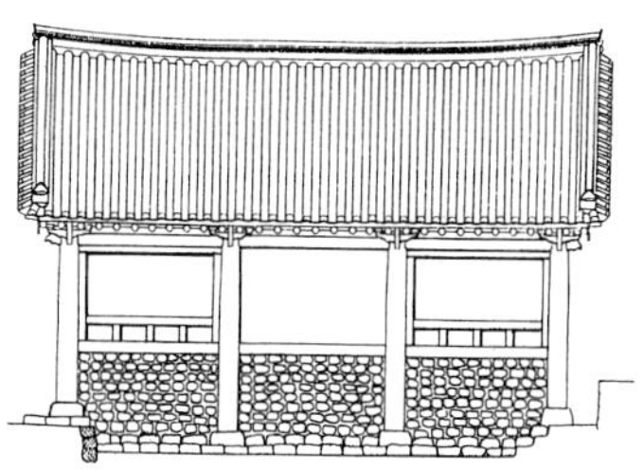

흥주사만세루 정면도

희: ①머리초 끝에 띠 모양으로 그린 다섯 빛깔의 무늬. ②종류는 단희·이희·삼희·사희·오희·육희 따위가 있음.

희석소화(稀釋消火): 가연물 가스의 산소 농도와 가연물의 조성을 연소 한계점보다 묽게 하는 소화방법.

희석환기(稀釋換氣, dilution ventilation): ⇨전반환기(=).

히드리아(hydria): 그리스시대의 손잡이가 세 개 달린 물항아리.

히스립(Hisee lip): 염화비닐제 내장판(內裝板)으로 색채가 아름답고 내수내약품성 등이 우수한 수장재.

히스토그램(histogram): ①시공의 품질관리를 진행시키기 위한 통계수법의 하나. ②가로축에 특성값(치)을, 세로축에 도수를 잡고, 구간의 폭으로 주상의 그림을 그린 도수도. ③공사 또는 제품의 품질상태가 만족스러운 상태에 있는가의 여부를 판단하는데 사용. ④길이·중량·시간 등 계량한 데이터가 어떤 분포를 하고 있는가를 막대그래프로 나타냄. ⑤통상적으로 상한·하한의 규격치를 구함. ⑥작성은 데이터 수를 가능한 한 많이 수집(N값)하여 범위 R값을 구하며(최대값－최소값), 급의 폭·경계값·도수분포를 구한 후 히스토그램을 작성하고 안정·불안정을 검토함.

히스파노무레스크(Hispano－Mauresque): 무어양식과 르네상스의 영향을 받은 스페인 예술작품. 말발굽 모양 아치·석재세공·격자창틀·화려한 장식 등이 특징.

히에라코스핑크스(hieraco sphinx): ①매의 머리를 지닌 사자의 형상. ②이집트시대에 조각상의 모티프로 사용한 상상의 동물.

히에라코스핑크스

히에라틱(hieratic): 이집트에서 사용되었던 상형문자의 단순화 형태. 주로 종교적인 문서에 사용된 것이 보존되어 있음.

히에로글리피스(hero glyphics): 이집트에서 사용되던 문자체계. 상형문자와 표음문자가 조합되어 이루어졌음.

히커리: ⇨히코리(=).

히코리(hickory): ①미국 중동부 전역의 전 지역에 분포. ②변재는 백색 또는 담갈색, 심재는 담갈색 또는 갈색·적갈색으로 연륜은 뚜렷함. 춘재는 관공(管孔)이 커서 육안으로 구분되며, 추재는 관공이 작고 치밀하며 확대경으로 볼 수 있으며 산공재(散孔材)로 목리는 통직함. 비중은 0.62~0.78, 수축률은 방사방향 7.0%, 접선방향

10.0%, 용적수축률 16.7%로 약간 큼. 강도는 압축강도 450kg/㎠, 휨강도 1,390kg/㎠, 전단강도 140kg/㎠로 강함. 나뭇결이 우아하고 치밀하며 목재가 단단해서 가구의 재료 및 장식용 합판의 무늬목으로 사용됨. 거단·건조상은 불량, 연삭·포삭성은 양호, 도장성은 보통, 접착력은 약하며, 내후·내구성은 강하고 갈라짐(할렬)은 잘 안 되며 구멍뚫기는 나쁨. 용도는 주로 무늬목이나 가구 및 실내장식 마감재로 사용.

히타이트건축(-建築, Hittite architecture) : 소아시아와 북부 시리아 지역을 B. C. 2000년에서 1200년까지 지배한 히타이트 제국의 건축. 거석쌓기로 된 성벽과 성문의 장식조각 등이 특징.

히트아일랜드현상(-現狀, heat island phe-nomenon) : 태고 때부터 축적되어 온 태양에너지인 화석(火石) 연료들이 수백 년 동안 열을 방출하고 있기 때문에 도시 부분이 주변지역보다 따뜻해지는 현상.

히트펌프(heat pump) : ①낮은 온도의 열원으로부터 열을 추출하여 높은 온도의 열로 향상시키는 장치. ②고온측에서 증발한 물은 저온측으로 확산되어 응결하면서 다량의 잠열을 방출하고, 이 응결수는 모세관현상으로 다시 고온측으로 이동하여 열에너지를 공급받는 순환을 반복하는 현상. ③히트펌프는 일반적인 냉동 사이클을 적용하고, 압축식 시스템을 쓰는 것이 보편적임.

히트펌프의 성적계수(-性的係數, COPH) : 히트펌프를 작동시키는 데 필요한 에너지에 대한 발생열의 비율. 즉 COPH=발생된 열에너지/히트펌프로의 입력에너지= T_1/ T_1-T_2임. T_1 : 발생열의 절대온도(°K), T_2 : 열원의 절대온도(°K)임. COPH는 항상 1보다 크며, 히트펌프는 항상 공급된 에너지보다 더 많은 에너지를 생산해내고 있음.

히트펌프현상(-現狀) : ⇨히트펌프.

히트펌프효과(-效果) : ⇨히트펌프.

히퍼드롬(hipperdrome) : 고대로마의 경기장.

히프드루프(hipped roof) : ⇨모임지붕(=).

히프드앤드게이블드루프(hipped and gabled roof) : ⇨팔작지붕(=)·합각지붕(=).

힌지(hinge) : ⇨정첩(=).

힌지스타일(hinge stile[그]) : 힌지를 고정시켜 문을 회전시키는 수직 구조재.

힐하우스의자(-椅子, hill house chair) : 헬렌스버그(Helensburgh)에 있는 힐 하우스(Hill House)의 침실에 배치된 유명한 흑단색 참나무로 만든 사다리 등받이 모양을 한 의자.

힘(power) : ①일이 되는 율(率). ②에너지가 한 형태에서 다른 형태로 변환되는 율의 척도임. ③힘(P)=열에너지/시간이고 단위는 와트(watt ; W, 1watt=1joule/second)임.

힘의 팔걸이(force arm) : ⇨모멘트 팔걸이(=).

힙(hip, hipped) : ①두 개의 경사진 지붕 또는 지붕 양측면 결합부의 외측 각도. ②두 개의 경사진 지붕이 마주치는 각에 있는 서까래. ③남부의 현(弦)이 경사진 하단의 지주가 마주치는 점에서 브리지 트러스(bridge truss)의 결합부.

영한대역

【A】

A : 에이
Aachen Pfalzkapelle Cathedral : 아헨 대성당
Aaron's rod : 아론스로드
abacus : 아바커스
abating : 어베이팅
abduction : 외전
abele : 백양나무
Abies concolor Hidebr : 화이트퍼
Abies firma S.et Z[학] : 일본잣나무
Abies holoylla Maxim[학] : 전나무
Abies Koreand : 구상나무
Abies nephrolepis Max[학] : 분비나무
abnormal body temperature : 이상체온
a bracket with orthogonal projection : 익공
Abram's law : 아브람법칙
abrasion : 마모
abrasion resistance : 내마모성
absolute age : 절대연대
absolute dry condition : 절대건조상태, 절건상태
absolute humidity : 절대습도, 용적절대습도
absolute temperature : 절대온도
absolute zero degree : 절대영도
absorbed water in wood : 목재결합수
absorptance : 흡수율[1], 흡수비
absorptionindex : 흡수율[2]
absorptivity : 흡수율[1], 흡수비
abstract : 추상적인, 앱스트랙트
abstract art : 추상예술
abstract design : 추상적 디자인
abstract expression : 추상표현주의
abstract form : 추상적 형태
abstraction : 추상
a building with elevated floors : 다락집
abutment : 어버트먼트, 홍예받이, 홍예받침대
abutment joint : 맞댐면
acade : 아케이드
acanthus : 아칸서스
accelerator : 촉진제
accent : 악센트
accent color : 강조색, 악센트컬러
accent light : 악센트 라이트
accent lighting : 강조조명, 악센트조명, 악센트라이팅
access : 접근성, 액세스
access ceiling : 액세스실링
access door : 액세스 도어
access floor : 점검구, 액세스플로어
access flooring system : 액세스플로어링 시스템
accessibility : 액세스빌리티
accessible : 장애인용 시설물
accessory : 액세서리, 장식물
accidential color : 우생색
accolade : 애콜레이드
accordion curtain : 아코디언 커튼
accordion door : 아코디언 도어, 접이문
Account Executive ; AE : 어카운트 이그제큐티브
accouplement : 어커플먼트, 쌍기둥
accrued expenses : 미지급비용
acculturation : 문화접변
Acer triflorum kom.[학] : 복자기
acetate : 아세테이트
achromatic adaptation : 무채순응
achromatic color : 무채색
achromatic : 무색, 무색의
acid fog : 산성안개
acid lake : 산성호수
acid proof : 내산
acid proof brick : 내산벽돌
acid proof cement : 내산시멘트
acid proof mortar : 내산모르타르
acid proof paint : 내산도료, 내산성 도료
Aconion : 아코니언
acorn nut : 도토리너트

acorn : 도토리형 장식
acoustic absorptivity : 흡음률
acoustic board : 어쿠스틱 보드, 음향효과판
acoustic decking : 어쿠스틱 덱킹
acoustic glass : 흡음유리
acoustic tex : 어쿠스틱 텍스
acoustic tile : 어쿠스틱 타일
acoustical ceiling : 음향천장
acoustical cloud : 음향반사판
acoustical design : 음향설계
acoustical material : 흡음재
acoustical treatment : 음향처리
acoustics : 음향학
acrolith : 아크롤리스
acropodium : 아크로포디움
acropolis : 아크로폴리스
acroter : 아크로터
acroteria : 아크로테리아
acroterion : 조상대
acroterion ; ridge-end ornamental tiles : 치미
acroterium : 아크로테리움
acrylamide : 아크릴아미드
acrylic : 아크릴
acrylic color : 아크릴컬러
acrylic fiber : 아크릴사
acrylic light : 아크릴라이트
acrylic paint : 아크릴도료
acrylic resin : 아크릴수지
acrylic rubber : 아크릴고무
acrylonitrile-butadiene-styrene : 아크릴로니트릴-부타디엔-스티렌
act drop : 액트드롭
act of pariliament clock : 팔러먼트시계
acting area : 액팅에리어
acting door : 자재문
acting hinge : 자유경첩
actinic glass : 액티닉글라스
actinic ray : 화학선
action : 동작, 실행
action display : 액션디스플레이
action paint : 액션페인트
active balance : 능동적 균형
active control : 설비형 조절
active leaf : 사용문짝
active solar energy system : 액티브 솔라 에너지 시스템
active structure : 활성적 구조
activity : 액티비티, 작업, 행위, 활동
activity room : 액티비티룸
acute angle : 예각
acute arch : 어큐트 아치
ad lib : 애드립
Adam green : 아담그린
Adam style : 아담스타일
adaptability : 융통성
adaptable stage : 가변형 무대
adaptation : 순응
adaptive reuse : 개조재사용
ad-balloon : 애드벌룬
addition : 가산
additional bar : 보조철근
additional works : 추가공사
additive color mixture : 가산혼합
additive color : 색광혼합색
additive complementary color contrast : 보색대비
additive complementary colors : 보색
additive farbmisschung[독] : 가산혼합
addorsed : 등맞댐장식
adduction : 내전[2)]
adhesion : 접착, 접착력
adhesion by suction : 흡착
adhesive : 접착제
adhocism : 애드호키즘
adhocist approach : 애도키스트접근
adiabatic materials : 단열재료
adjacency : 인접도
adjacent space : 인접공간
adjustable chair : 자재의자
adjustable door frame : 조절문틀
adjuster : 개폐조정기
admixture : 혼화제, 혼화재, 혼화재료

adobe[스] : 날벽돌, 어도브, 어도비
adorsed[프] : 등맞댐장식
adult day health carez : 성인요양원
advance : 어드밴스
advancing color : 진출색
advertising tower : 광고탑, 선전탑
advertising ; ad : 광고
advertorial : 애드버토리얼, 논설식 광고
advocacy advertising : 애드버커시광고, 옹호적 광고
adze : 자귀
AE cement : 에이이시멘트
AE concrete : 에이이콘크리트
aedicula[이] : 에디쿨라
aedynontack furniture : 애디논택가구
aegicranes : 이지크라네
aeolotropy : 이방성
Aer mono Maxim.[학] : 고로쇠나무
aeration : 풍화
aerial perspective : 색투시
aerina : 애리나
aerina stage type : 애리나스테이지형식
aerobic : 호기성
Aesculus turbinate[학] : 마로니에
aesthetic : 미적
aesthetic category : 미적 범주
aesthetic consciousness : 미의식
aesthetic contemplation : 미적 관조
aesthetic enjoyment : 미적 향수
aesthetic experience : 미적 체험
aesthetic factor : 미도계수
aesthetic factors : 미의 구성요소
aesthetic feeling : 미적 감정
aesthetic measure : 미도
aesthetic object : 미적대상
aesthetic principles of form : 미적 형식원리
aesthetic principles : 미의 구성원리
aesthetic sense : 미적 감각
aesthetic space : 미학적 공간
aesthetic value : 미적 가치
aesthetic value judgment : 미적 가치 판단
aestheticism : 유미주의
aesthetics : 미학
affiche[프] : 포스터
affluenza : 애플루엔자
affronte : 아프론테
Afromosia : 아프로모시아
after image : 잔상
after market : 애프터마켓
after school : 애프터스쿨
Afzelia : 아프젤리아, 도우시
Afzelia bipindensis Harms[학] : 도우시
agalloch : 침향
agate : 마노
agate ware : 마노무늬도기, 아지트웨어
Agathis : 아가티스
age of mahogany : 마호가니시대
age of oak : 오크시대
age of satin wood : 새틴우드시대
age of walnut : 호두나무(월넛)시대
agent admixture : 제(혼화제)
aggregate : 골재
aggregate separation : 골재분리
aging : 노화
agitator truck : 애지테이터 트럭
Aglaia sapindina Harms.[학] : 파삭
agora : 아고라
agraffe : 아그라페, 애그래프
a hall with the spirits tablets of the decreased kings and queens for 3 years : 혼전
AI ; Artificial Intelligence : 인공지능
AIA ; American Institute of Architects : 에이아이에이, 미국건축사협회
Aica : 아이카
AIID : 에이아이아이디
Ailanthus Altissima Swingle[학] : 가죽나무
air : 에어
air borne sound : 공기전송음, 공기전달음, 공기전파음

air brick : 유공벽돌, 통풍벽돌
air brush : 에어브러시
air chamber : 에어챔버
air change : 환기
air compressor : 에어컴프레서
air condition ; AC : 공기조화
air conditioner : 공기조절기
air conditioning : 에어컨디셔닝
air conditioning plan : 공기조화계획
air curtain : 에어커튼, 공기커튼
air cushion : 공기쿠션
air diffuser : 공기확산장치, 디퓨저
air door : 에어도어
air drain : 에어드레인
air dried lumber : 자연건조목
air dried specific gravity : 기건비중
air dried weight : 기건중량
air dried wood : 기건목재, 기건재
air dried : 공기건조
air dry condition state : 기건상태
air duct : 덕트[1)]
air entraining agent : 공기연행제, 발포제, 에이이제(AE. agent)
air entraining portland cement : 공기연행제 포틀랜드시멘트
air filter : 에어필터
air foil fan : 익형송풍기
air handling troffer : 공조조명기구
air hardening : 기경성
air inlet : 급기구, 공기흡입구
air ions : 공기이온
air leakage : 누기, 침기
air permeability : 투기율
air permeance : 투기계수
air seasoning : 자연건조
air seeting cement : 기경성 시멘트
air space : 공기층
air spray gun : 에어스프레이건
air switch : 공기스위치
air tacker machine : 에어태커머신
air tool : 타카
air trap : 에어트랩
air valve : 공기밸브
air vent valve : 에어벤트밸브
air washer : 공기세정기, 에어와셔
airport hotel : 공항호텔, 에어포트호텔
airscape : 조감도
airtight sash : 에어타이트새시
airtightness : 기밀, 기밀성
aisle : 측랑, 통로
ajuster : 어저스터
akossika : 아고시카
ala : 알라[1)]
alabaster : 앨러배스터
alabaster glass : 앨러배스터글라스
alae[그] : 알라[2)]
albata : 양은
Albert cottage : 앨버트관
Albizzia julibrissin Durazz[학] : 자귀나무
ALC ; Autoclaved Lightweight Concrete : 에이엘시, 경량기포콘크리트
ALC panel : 에이엘시패널
alcohol painting : 휘발성 도료
alcohol thermometer : 알코올온도계
alcohol varnish : 알코올 바니시, 휘발성 바니시
alcove bed : 벽감침대
alcove cupboard : 알코브컵보드
alcove : 알코브
Alder : 사방오리목, 오리나무
alett : 알레트
algorism : 알고리즘
algorithm : 알고리듬, 알고리즘
algum : 백단
Alhambra Palace : 알람브라궁전
Alhambresque : 알람브레스크
Alice blue : 앨리스블루, 회색띤연푸른색
aligning punch : 정열펀치
alignment valve : 일렬밸브
alignment : 선형
alkali resistance : 내알칼리성
alkali-proof paint : 내알칼리성 도료

Alkimia : 알키미아
alkyd paint : 알키드페인트
alkyd resin : 알키드수지
alkyd resin adhesives : 알키드수지 접착제
alkyd resin paint : 알키드수지도료
allèe[프] : 가로수길, 앨레이
allegory : 알레고리
allen head : 육각홈머리
alligator closedring dowel : 앨리게이터치형 다웰
allite : 엘라이트
allowable stress for temporary loading : 단기허용응력, 단기허용응력도
alloy : 합금
alloy steel : 합금강
alloyed copper : 동합금
allure : 앨러, 얼루어, 회랑
ally : 앨리
almery : 앰브리
Alnus firma Sieb. et Zucc[학] : 사방오리목
Alnus hirsuta Rupr[학] : 물오리나무
aloeswood : 향나무
Alone : 알론
Alphonsea javanica Scheff.[학] : 멈피상
altar : 알타, 제단
alternating current ; AC : 교류
alternation : 교체
alternative : 대안
alternative design : 대안적 디자인
alternative tender : 대안입찰
alternator : 교류발전기
alterraum[독] : 내진
altitude : 높이, 태양고도
alto relievo : 고부조, 알토릴리보
alumina : 알루미나
alumina brick : 알루미나벽돌
alumina cement : 알루미나시멘트
aluminium ally : 알루미늄합금
aluminium paint : 은색페인트, 알루미늄페인트
aluminium-plating : 알루미늄도금
aluminium sash : 알루미늄새시
aluminium zinc alloyed steel sheet : 알루미늄아연합금도금강판
aluminized sheet : 알루미늄도금강판
aluminum : 알루미늄
aluminum window : 알루미늄창호
alumite : 알루마이트
alundum : 알런덤
alundum tile : 알런덤타일
amarante : 아마란테
amarillo : 아마릴로
amber : 앰버, 호박색, 호박석
ambiance[프] : 실내분위기, 아비앙스
ambient lighting : 주변조명
ambient music : 환경음악
ambiguity : 모호성, 애매성, 애매함
ambo : 성경봉독대, 암보
ambon(u) : 성경봉독대
amboyna wood : 암보이나우드
ambry : 앰브리
ambulatory : 앰뷸러터리, 유보회랑, 회랑, 주보랑
amenities : 어메니티, 편의시설
amenity : 어메니티, 쾌적성
Amen-Re : 아멘레
American beech : 미국너도밤나무
American bond : 미국식쌓기, 미식쌓기
American chestnut : 미국밤나무
American Chippendale style : 미국식치펜데일양식
American colonial Georgian style : 미국식민지조지안양식
American colonial style : 미국식민지양식
American country style : 미국컨트리양식
American early colonial style : 미국식민지초기양식
American elm : 미국느릅나무
American empire style : 미국식제국양식
American Empire style : 아메리칸앙피르스타일

American federal style : 미국연방양식
American Greek revival style : 미국식그리스부흥양식
American pine : 미송
American plane tree : 양버즘나무
American school : 아메리칸스쿨
American Victorian style : 미국식빅토리아양식
ami-tex : 아미텍스
ammonia ; NH3 : 암모니아
Amoora cucullate Roxb[학] : 베칵
Amoora : 아무라
amorino[이] : 아모리노
amorphous form : 무정형형태
amortization : 감가소각, 감가상각
amortizement : 아모타이즈먼트
amount of ventilation : 환기량
amount of water absorption of aggregate : 골재의 흡수량
amperage : 암페어수, 전류량
ampere ; A : 암페어
ampere-hour : 암페어시
amphibole : 각섬석
amphiprostyle[그] : 앰피프로스타일
amphithalamos[그] : 엠피타라모스
amphitheater : 앰피시어터, 원형극장
amphora : 암포라
amplitude : 진폭
Amsterdam School : 암스테르담파
Amur maackia : 다릅나무
anabolism : 동화작용
Anaconda : 아나콘다
anaerobic : 혐기성
anaerobic bacteria : 혐기성균
anaglypta : 아나글립타
analogous color : 근접색, 유사색
analogy : 유추
analysis : 분석
anamorphosis : 아나모르포시스, 왜상화법
anchor : 앵커, 정착철물
anchor bolt : 기초볼트, 앵커볼트
anchor plate : 앵커플레이트
anchorage : 앵커, 정착
ancient architecture : 고건축
ancon : 안콘, 첨차
ancona[이] : 안코나
ancone : 첨차
andesite : 안산암
Andirainermis(W. Wright) H. B. K.[학] : 안젤린
andiron : 안다이런, (난로의) 철제 장식받침
Andoung : 안동
androsphinx : 앤드로스핑크스
anechoic room : 무향실
aneroid barometer : 아네로이드기압계
angel industry : 에인절산업
angel light : 엔젤라이트, 천사창
Angelin[학] : 안젤린
angle : 앵글
angle bead : 앵글비드
angle brace : 귀잡이, 귀잡이보
angle bracket : 앵글브래킷
angle column : 모서리기둥
angle door : 앵글도어
angle iron : 앵글철물, 기역자쇠
angle joint : 앵글조인트
angle of direction : 방위각
angle of incidence : 입사각
angle of reflection : 굴절각
angle rafter : 가지지붕틀, 귓자보
angle ridge : 가지지붕틀
angle tie : 귀잡이, 귀잡이보
angle tile : 기역자형 타일
angle valve : 앵글밸브
anglet : 앵글렛
Anglo Saxon architecture : 앵글로색슨건축
Angouléme cathédrale : 앙굴렘대성당
Angstrom ; Å : 옹스트롬
angular capital : 각주두
angular perspective : 유각투시
anhydrite : 경석고
anhydrite plaster : 경석고플라스터
anhydrous gypsum plaster : 무수석고

플라스터
Aniégré[프] : 안니에그레
animated : 애니메이티드
animation : 애니메이션
Aningeria robusta Aubr R Pellegr[학] : 안니에그레
anisochromopsie : 부동색각
anisotropic : 이방성(의)
anisotropy : 공간의 이방성, 애니소트로피, 이방성
ankh : 앙크
Ann's queen style : 앤여왕양식
anneal : 소둔
annealed glass : 서냉유리
annealing : 어닐링, 별관, 별채, 풀림
annealing embrittlement : 어닐링취성
annex : 어넥스
annual ring : 나이테, 연륜
annular vault : 환상궁륭
annulet : 애뉴렛, 도리아식 오더
annuli : 애뉼라이
annulus : 애뉼러스, 고리, 환형
anode : 양극
anodic protection : 양극방식
anodizing : 아노다이징
anomalous vision : 색약
anomaly : 변칙, 아노말리
anonymous : 애노니머스, 익명의
another building : 별채
A. N. Richards Medical Research Building : 리처드의학연구소
anta(e)[그·영] : 안타, 안태
antechamber : 앤티챔버
antefix : 장식기와
antefix(a) : 막새, 안테픽스, 앤티피사
antefixae : 막새
antelope chair : 앤터롭의자
antenna shop : 안테나숍
antependium : 안티페디움
anteroom : 앤티룸
anthemion : 앤티미온, 안테미온
anthemion back chair : 앤티미온등받이 의자
anthernion : 인동문양
anthropology : 인류학
anthropometrics : 인체계측학
anthropometry : 인체측정, 인체계측, 인체측정학
anthropomorphize : 의인화
anti-corrosion : 내식성
anti-corrosion steel : 내식성 강
anti-academism : 반아카데미즘
anti-borer plywood : 방충합판
antic : 앤틱
anti-condensation covering : 방로피복
anti-corrosion : 방식
anti-corrosion methods : 방식방법
anti-corrosion mortar : 내식모르타르
anti-corrosive : 녹막이
anti-corrosive agent : 녹막이제
anti-corrosive paint : 방식도료, 방식페인트
anti-corrosive pigment : 녹막이안료
anti-design : 반디자인
anti-freezer : 방동제
antifreezing admixture : 동결방지제, 방동제
antimacassar : 앤티마카사르
antiquarian : 앤티쿼리언
antique : 골동품, 앤티크
antique glass : 앤티크글라스
antiquing : 앤티킹
antirust : 방청제
anti-sweat covering : 방로피복
Antoni Gaudi : 안토니오 가우디
a pair of stone pillar in front of a tomb : 망주석
apartment : 아파트먼트
apartment hotel : 아파트먼트호텔
apartment house : 아파트먼트하우스
aperture color : 개구색
apex stone : 왕두겁돌
apitong : 아피통
apollo glass : 아폴로유리

apophyge[그] : 아포피지
apostilb ; sab : 어포스틸브
apparatus : 기기, 장치
apparel : 어패럴
apparel industrial : 어패럴산업
apparent brightness : 어패런트브라이트니스
apparent movement : 가현운동
apparent specific gravity : 겉보기비중
apperance lumber facing : 치장재
apple green : 애플그린
application system : 어플리케이션시스템
applied art : 응용예술
applied decoration : 응용장식
applied force : 외력
applied science : 응용과학
applied trim : 맞춤테두리
appliqué[프] : 아플리케
appoint competitive tender : 지명경쟁입찰
approach : 어프로치
appropriation art : 어프로프리에이션아트
approximate symmetry : 근사대칭
Apres Guerre[프] : 아프레게르
apricot : 살구색
apricot : 에이프리코트
apron : 에이프런
apron piece : 에이프런피스
apron stage : 에이프런스테이지
APSDA : 에이피에스디에이
apse : 앱스, 후진
apse aisle : 앱스아일
aptitudinal scale : 적정규모
aptitudinal temperature : 적정온도
aqua blue : 물색
aquamarine : 아쿠아마린
aquatint : 애쿼틴트
aqueous rock : 수성암
arabescato[이] : 아라베스카토
arabesque[프] : 아라베스크
arabesque pattern : 당초문
aramid fiber : 아라미드섬유
Arazzo[이] : 아라조
arbeit wissenschaft[독] : 노동과학
arbor : 아버
arc : 아크
arc doubleau[프] : 아크더블로
arc joint electric arc welding : 아크용접
arc lamp : 아크램프
arc light : 아크라이트
arc pipe : 아크관
arc welding : 아크용접
arca : 아카
arcaded back : 아케이드형 등받이
arcaded panel : 아케이드형 패널
arcading : 아케이딩
arch : 아치, 층도리아치
arch action : 아치작용
arch ad tower : 아치광고물
arch bond method : 아치쌓기법
arch brick : 아치벽돌, 홍예벽돌
arch crown : 아치정점
arch gate : 홍예문
arch lamp : 아치램프
arch lib : 아치리브
arch order : 아치기둥
arch way : 아치웨이
archaic : 아르카익
arched form : 아치형태
arched stretcher : 아치형 다리버팀대
archetype : 원형
archigram : 아키그램
archimedean spiral : 등차나선
arching effect : 아치작용
architect : 건축가
architect's copartnership : 건축가조합
architect's desk : 건축가용 책상
architect's period : 건축가시대
architectonics : 건축술(의), 건축학
architectural carpenter : 건축목공
architectural concrete : 건축용 콘크리트
architectural concrete finish : 제물치장콘크리트

architectural design : 건축의장, 건축설계
architectural equipment : 건축설비
architectural graphic : 건축그래픽
architectural ideas : 건축적 아이디어
architectural light : 건축화조명
architectural millwork : 건축목공제품
architectural ornament : 건축장식
architectural philosophy : 건축철학
architectural planning : 건축계획
architectural scale : 건축스케일
architectural sculpture : 건축조각
architectural space : 건축공간, 건축적 공간
architecture : 건축(술)
Architext : 아키텍스트
architrave : 문선, 아키트레이브, 처마도리
architrave cornice : 아키트레이브코니스, 처마도리돌림띠
archivolt : 아치테두리, 아키볼트
Archizoom : 아키줌
arcuate(d) : 궁형, 아큐에이트(드)
arcuated arch : 아큐에이티드아치, 공식
ardabil rug : 아르다빌러그
ardish : 아르디시
ardoise[프] : 아르드와즈
are[프] : 아르
area diagram : 면적다이어그램
area effect : 면적효과
area harmony : 면적조화
area of interior design : 실내디자인 영역
area plan : 지역평면
area rug : 부분카펫
areaway : 에어리어웨이, 지하실 출입구
arena theater : 아레나극장, 원형극장
arena type : 아레나형식
areostyle : 아레오스타일
argil : 점토
argillite : 점토암
argyle chair : 아가일체어, 아르질체어
Arhats hall : 나한전
arithmetical spiral : 등차나선
ark of the convenant : 계약의 궤
arm bow Windsor chair : 궁형팔걸이윈저 의자
arm chair : 암체어, 팔걸이의자
arm stump : 팔걸이받침대
arm : 암, 팔대
armadio[이] : 아르마디오
armarium : 아마리움
armature : 전기자
armchair shopping : 암체어쇼핑
armchair : 안락의자
Armloeffel chair : 암로펠의자
armoire : 아르무아르, 아르므와
armoire à deux corps[프] : 아르므와아 듀코르
armored cable : 외장케이블
armour : 아머
armpad : 암패드, 팔걸이패드
armrest : 암레스트
armuar[프] : 아르무아르, 아르므와
Aromatic cedar : 미국향나무
aromatic trees : 향나무
Arquitectonica : 아키텍토니카
arrange : 어레인지
arrangement : 어레인지먼트
Arras-tapestry : 아라스태피스트리
arris : 아리스, 애리스
arris gutter : 애리스거터
arrow : 화살형 장식
arrow back Windsor chair : 화살형 등받이 윈저의자
arrow spindle : 화살촉굴대
arrow type network : 애로형 네트워크, 화살선형 네트워크
art beauty : 예술미
art board : 아트보드
art consultant : 아트컨설턴트
Art Déco[프] : 아르데코
art design : 조형
art education : 조형교육
art fair : 아트페어
art furniture movement : 예술가구운동
art gallery : 미술관, 아트갤러리, 화랑

art mosaic tile : 아트모자이크 타일
Art Nouveau[프] : 아르누보
art of space : 공간예술
art pen : 아트펜
art povera[프] : 서민용 가구
art show window : 아트쇼윈도
art théâtral[프] : 무대미술
art window display : 아트윈도디스플레이
arte povera[이] : 아르테포베라
Artek : 아르텍
artesonado : 아르데소나도
articulate : 아티큘레이트
articulated : 아티큘레이티드
articulation : 분절, 접합
artificial : 아티피셜
artificial aggregate : 인공골재
artificial forms : 인위적 형태
artificial grinding stone : 인조석갈기
artificial hill : 가산
artificial light weighty aggregate : 인공경량골재
artificial lighting : 인공조명
artificial marble : 인공대리석
artificial stone : 인조석
artificial window : 인공창
artisans : 공장(工匠)
Arts and Craft Movement : 미술공예운동, 아트앤크래프트운동
arts and crafts : 공예
Asam : 아삼
Asamela : 아사멜라
asbest core plywood : 아스베스트코어합판
asbestos : 석면
asbestos board : 석면판
asbestos firebrick : 석면내화벽돌
asbestos slate : 석면슬레이트
asbestos wallpaper : 아스베스토스벽지
ash : 물푸레나무, 미국물푸레나무, 애시
ash concrete : 애시콘크리트
ashed of rosed : 애시오브로즈
ashlar : 각석, 마름돌, 애슐러
ashlar joint : 마름돌줄눈
ashlar line : 외곽선
ashlar masonry : 마름돌쌓기
ashlar paving : 마름돌깔기
ashler : 각석
ash pit : 애시피트, 재구덩이
ash pit door : 애시피트도어, 재구덩이문
ASID ; American Society of Interior Designers : 에이에스아이디[1)]
ASID ; Association of Swiss Interior Designers : 에이에스아이디[2)]
asile : 아일
aspect : 견해
aspen populus maximowiczii : 백양나무
aspen : 아스펜
asphalt : 아스팔트, 역청, 흑바니시
asphalt block : 아스팔트블록
asphalt cauking materials : 아스팔트코킹재
asphalt cement : 아스팔트시멘트
asphalt compound : 아스팔트컴파운드
asphalt felt : 아스팔트펠트
asphalt mortar : 아스팔트모르타르
asphalt paste : 아스팔트접착제
asphalt primer : 아스팔트프라이머
asphalt roofing : 아스팔트루핑
asphalt shingle : 아스팔트싱글
asphalt tile : 아스팔트타일
asphalt water roof : 아스팔트방수
Aspidosperma polyneuron M. Arg : 페로바
Assacu : 아사쿠
assemblage : 어셈블리지
assembling press : 건구조립기
assembly : 어셈블리
assembly language : 어셈블리언어
assessment : 어세스먼트
assimilation effects : 동화효과
assimilation illusion : 동화착시
assimilation optical illusion : 유화착시
assimilation phenomenon : 동화현상
assisted living : 보조주택

Assmann dry and wet bulb : 아스만통풍식 건습구온도계
Assyria ornament : 아시리아장식
Assyria : 아시리아
Assyrian architecture : 아시리아건축
astigmatic eyes : 난시안
astigmatism : 난시안
astragal[그] : 마중선, 구슬선, 아스트라갈, 애스트러걸
a style of architecture : 건축양식
asymmetrical vault : 비대칭궁륭
asymmetry balance : 비대칭균형
asymmetry : 비대칭, 애심메트리, 에이심메트리
Atelier 5 : 아틀리에 5
atelier[프] : 공방
athenienne : 아테니엔느
atlantes : 남상주
atlantis : 아틀란티스
atlas : 남상주
atmospheric corrosion-resistant steel : 내후성 강
atmospheric humidity : 대기습도
atmospheric radiation : 대기복사
atmospheric transmittance : 대기투과율
atrandom : 애트런덤
atrium : 아트리움, 중정
atrium house : 아트리움주택
attached chimney : 붙인굴뚝
attached column : 붙임기둥
attached furniture : 부연가구
attached methods : 붙임공법
attached wall : 붙임벽
attachment : 부착
attach-to-merchandise POP : 어태치투머천다이즈피오피
attention : 주의
attenuation : 감쇠
attic : 고미다락, 다락방, 더그매, 보꾹, 애틱
attic base : 애틱베이스
attic-floor : 보꾹층
attic order : 애틱오더
attic stor(e)y : 애틱스토리
attractiveness : 유목성
attribute : 속성
Aubusson : 오뷔송
audio frequency : 가청주파수
audition : 색청
auditorium : 오디토리움
auditory display : 청각표시
auditory fatigue : 청각피로
auditory sensation area : 청야
auger flame : 나사송곳형 장식
aumbry[프] : 옴브리
aureole : 오리오울
auricular style : 귀모양양식
aurora : 오로라
austenite : 오스테나이트
Austrian curtain : 오스트리안커튼
Austrian shade : 오스트리안셰이드
auto air filter : 자동공기필터
auto door : 오토도어
auto kinetic movement : 자동운동
auto theater : 오토시어터
autoclave : 오토클레이브
autoclave curing : 오토클레이브보양
automatic door : 자동문
automatic switch : 자동개폐기
automatism : 오토매티즘
autumn wood : 추재
auxiliary heating system : 보조난방체계
avant garde[프] : 아방가르드
avant gardism : 아방가르디즘
aventurine lacquer : 사금석형 래커
average daylight factor : 평균주광률
average illumination : 평균조도
Avodire[이]·Avodiré[프] : 아보디레
award : 낙찰
awning : 오닝
awning blind : 차양블라인드
awning window : 오닝윈도, 오닝창
axis : 주축, 축, 축선
axis of symmetry : 대칭축
Axminster carpet : 액스민스터카펫

axonometric : 액소노메트릭
axonometric projection : 축측투상도
azimuth : 방위각, 태양방위각
Azobé : 아조베
Aztec architecture : 아즈텍건축
Aztec style : 아즈텍양식
azulejos : 아줄레조스

【B】

BA chair : 비에이의자
Baboen : 바븐
baby blue : 베이비블루
baby cot : 유아용 침대
baby pink : 베이비핑크
baby spotlight : 베이비스포트라이트
baby switch : 베이비스위치
Babylonia : 바빌로니아
Babylonian architecture : 바빌로니아 건축
baccara(t)[프] : 바카라
bachelor's chest : 배철러스체스트
bachick : 바치크
back arch : 보강아치
back bar : 백바
back-cloth : 배경막
backdrop : 백드롭
back flap hinge : 백플랩힌지
back ground noise : 암소음
back hearth : 벽난로바닥, 후노상
back light : 배광선, 배광조명, 후광
back lighting : 배경조명, 백라이팅, 후광조명기법
back office : 백오피스
back putty : 받침 퍼티
back rest : 백레스트, 등받이
back room : 머릿방
back stage : 백스테이지
back stool : 백스툴
back syphon breaker : 역류방지기
back up materials : 백업재
back vent pipe : 각개 통기관
back yard : 백야드
backed finish : 소부도장
backer board : 바탕석고판
backgammon table : 백가몬테이블
background : 배경, 후경
background music : 배경음악
background sound level : 암소음레벨
backing : 백킹, 안벽, 속널
backing bed : 바탕
backing out : 백킹 아웃
backset : 백셋
back-up materials : 뒤채움재
backwater valve : 역류방지밸브
baffle : 배플, 격벽
baggage rack : 백에이지 랙, 선반
baguette : 배게트, 몰딩
Bahia : 바히아
bahut[프] : 바윗, 바혓
baignoire[프·영] : 베인와
bail handle : 반원형 손잡이
bailey : 베일리
Bakau : 바카우
baked epoxy resin paint : 소부형 에폭시 수지도료
baked polyester resin paint : 소부형 폴리에스테르수지도료
Bakelite : 베이클라이트
bakelite board : 베이클라이트판
baking paint : 베이킹도료
balance : 밸런스, 균형, 평형
balance chair : 밸런스체어
balance composition : 밸런스구성
balance of sounding : 음평형
balance point : 밸런스포인트
balance point temperature : 균형점온도
balance window : 밸런스창
balanced door : 평형문
balanced sash window : 밸런스 오르내리창
balancing : 평형

Balau : 발라우
balcony : 발코니, 퇴
balcony access : 발코니액세스
balcony front : 발코니프런트
Bald Cypress : 미국낙우송
baldacchino[이] : 닫집, 볼더킨, 발다키노
baldachin : 당가, 볼더킨
baldaquin : 당가, 볼더킨[프]
bale : 베일
ball and claw bracket foot : 여의주와 용발톱브래킷형 발
ball and claw foot : 볼앤드클로형 발, 여의주와 용발톱형 발
ball bearing hinge : 볼베어링힌지
ball clay : 볼클레이
ball cock : 볼코크
ball flower : 구슬꽃송이장식, 볼 플라워
ball foot : 공형 발
ball foot cap : 볼풋캡
ball tap : 볼탭
ball tap valve : 볼탭밸브
ball turning : 공형 선반가공재, 볼터닝
ballade wall paper : 발라드벽지
ballast : 밸러스트, 안전기, 안정기, 자갈
balloon : 벌룬
ballon curtain : 풍선형 커튼
balloon back chair : 풍선형 등받이의자
balloon frame : 벌룬프레임
balloon frame construction : 경골구조
balloon framing : 벌룬프레이밍
balsa : 발사
Balsam Fir : 발삼퍼
baluster : 난간동자, 밸러스터
baluster column : 난간동자기둥
baluster side : 밸러스터사이드
baluster turning : 난간동자형 선반가공재, 밸러스터터닝
balustrade : 계단난간, 난간, 난간동자, 밸러스트레이드
balustrade with bracket : 계자난간
Bamberg Dom[독] : 밤베르크대성당
bambino[이] : 밤비노
bamboo fence : 바자울
bamboo turning : 대나무형 선반가공재, 뱀부터닝
bambooing : 밤부잉
banana chart : 바나나차트
Banana phenomenon : 바나나현상
Banana symptoms : 바나나증후군
Banana syndrome : 바나나신드롬
band : 대역, 띠장식, 줄무늬
band hotel : 밴드 호텔
band noise : 대역잡음
band saw : 띠톱
banded column : 띠돌림원기둥
banded rustication : 줄무늬러스티케이션
banderole : 배데롤
banding : 띠돌림, 밴딩, 줄무늬장식
bandy legged : 밴디레그드
bangalo[독] : 방갈로
banister : 난간동자, 배니스터
banister back chair : 배니스터백의자, 배니스터등받이의자
banjo clock : 밴조시계
bank : 은행
banner : 배너
banner pole supporting posts : 당간지주
banner vane : 배너베인
banquet hall : 연회장
banquet room : 뱅퀴트룸
banquette[이] : 방켓트
bantam work : 밴텀기법
baptism : 세례
baptistery : 뱁티스터리, 세례당
bar : 바
bar arrangement : 배근
bar arrangement drawing : 배근도
bar back : 막대형 등받이
bar bender : 바벤더
bar chart : 횡선식 공정표, 막대그래프, 바차트
bar graph : 막대그래프
bar spacing : 철근간격
bar steel : 봉강

bar stool : 바스툴
bar tracery : 바트레이서리
baraque[프] : 바라크
barbed wire : 가시철선
barbican : 바비칸, 성문탑
Barcelona chair : 바르셀로나체어
bargeboard : 박공널, 바지보드, 박공장식
barium glass : 바륨유리
bark : 나무껍질, 수피
bark pocket : 껍질박이
baroque : 바로크
Baroque architecture : 바로크건축
Baroque style : 바로크양식
barrack : 바라크
barred door : 창살문
barrel bolt : 오르내리꽂이쇠
barrel chair : 원통의자
barrel roof : 반원지붕
barrel vault : 배럴볼트
barrier free : 배리어프리
barrier free design : 장애인용 디자인
baryte : 버라이트
baryte concrete : 버라이트콘크리트
baryte mortar : 버라이트모르타르
basalt : 바솔트, 현무암
basalt ware : 바솔트웨어
basanite : 현무암
base : 베이스, 주초, 초반, 토대
base board : 베이스보드
base cap : 베이스캡
base concrete : 베이스콘크리트
base light : 전반조명
base line : 기선
base metal : 모재
base molding of wall : 굽도리
base moldings : 베이스몰딩
base of stupa finial : 노반
base plate : 베이스플레이트
base shoe : 베이스슈
basement : 지하, 지하실, 지하층
basic bid : 기본입찰
basic color : 기본색, 기조색
basic design : 베이직디자인
basic drawing : 기본설계도
basic grid : 기본격자
basic lighting : 기본조명
basic metabolic rate ; BMR : 기초대사, 기초대사율
basic pigment : 염기성 안료
basic refractories : 염기성 내화물
basic refractory brick : 염기성 내화벽돌
basic sound : 기본음
basic stimuli : 기초자극
basicity : 염기도
basileus : 바실레우스
basilica : 바실리카
Basilica Palladiana[이] : 바실리카 팔라디아나
basket : 바스켓
basket arch : 바스켓아치
basket capital : 바스켓캐피탈
basket handle arch : 바스켓핸들아치, 삼중심아치
basket weave : 바구니형 직조법, 바스켓 직조법
Basralocus : 바스라로커스
bas-relief : 바스릴리프, 박육조, 배스릴리프, 양각, 저부조
bass : 바스[1], 참피나무
Bass Wood : 미국피나무, 바스우드, 참피나무, 피나무
basso rilivo : 저부조
basso-relievo : 바소릴리보
bastard saw : 널결켜기
bastion : 능보
bat : 배트, 토막, 토막벽돌
batcher plant : 배처플랜트
bath : 바스[2]
Bath stone : 석회석
bath tub : 바스터브
bathron : 바트론
bathroom : 배스룸, 욕실
batic : 바틱

batik : 바틱
bátonnet[프] : 간상체
batten : 누름대
batten rail : 펠대
batter brace : 버팀대
battered form : 경사진 형태
battered type show window : 경사형 쇼윈도
battery : 축전지
batting : 배팅
battlement : 배틀먼트
battleship gray : 배틀십그레이
Bauhaus[독] : 바우하우스
Bauhütte[독] : 바우휘테
Bautehnik[독] : 구조공학
bauxite : 보크사이트
bauxite clay : 보크사이트 점토
bay : 간(격), 베이
bay window : 내달이창, 베이윈도, 퇴창
bay wood : 베이우드
bayeux tapestry : 바이유태피스트리
bazaar : 바자
BBPR : 비비피알
beach hotel : 비치호텔
bead : 구슬선, 누름대, 비드, 소란
bead and butt : 원형 수직몰딩
bead and reel moulding : 비드앤드릴몰딩
bead and reel ornament : 비드앤드릴장식
bead emboss : 구슬선
bead moulding : 비드몰딩
beaded joint : 내민둥근줄눈, 볼록줄눈
beading : 구슬선, 비딩
beak : 비크
beak moulding : 버드비크
beak moulding : 새부리장식 몰딩
beakhead : 비크헤드
beakhead : 새부리장식 몰딩
beam : 들보, 보, 빔, 작은보
beam calipers : 간상양각기
beam ceiling : 보천장
beam compass : 빔컴퍼스
beam daylighting : 광선일광조명
beam hanger : 안장쇠
beam lamp : 빔램프
beam lighting : 빔조명
beam play : 광선연출조명기법, 빔플레이
beamed ceiling : 보노출반자
bearer : 베어러
bearing stress : 지압강도
bearing wall : 내력벽
beau brummel table[프] : 보브럼멜테이블
beaufait[프] : 뷔페
beauty of art : 예술미
beauty of space : 공간미
beauty : 미
Beauvais Cathédrale [프] : 보베대성당
Beauvais[프] : 보베
Beaux-Arts' classicism : 보자르고전주의
Beaux-Arts : 보자르
bed chamber : 베드챔버
bed curtain : 베드커튼
bed house : 베드하우스
bed joint : 가로줄눈
bed joint : 베드조인트
bed joint : 수평줄눈
bed light : 베드라이트
bed making : 베드메이킹
bed moulding : 베드몰딩
bed post : 베드포스트
bed radio : 베드라디오
bed side table : 베드사이드테이블
bed sitter : 베드시터
bed sitting room : 베드시팅룸
bed space : 베드스페이스
bed spread : 침대덮개
bed stead : 침대틀
bedstep : 오름대
bed steps : 침대용 계단
Bed Town : 베드타운
bed : 베드, 침대
bedding : 베딩
bedroom : 침실
bedstead : 베드스테드
beech : 너도밤나무, 미국너도밤나무, 비치

beer garden : 비어가든
behavior : 인간행태, 행태
behavioral science : 행동과학
behavioral setting : 형태적장
behaviour : 행동
beige color : 베이지색
Bekak : 베칵
bel étage[프] : 벨에타지
bel : 벨
belfry : 벨프리, 종루
Belgium : 벨기에
belite : 벨라이트
bell and baluster turning : 벨앤드밸러스터터닝
bell and baluster turning : 종과 난간동자형 선반가공재
bell arch : 종아치
bell arch : 종형아치
bell capital : 벨캐피털
bell roof : 벨루프
bell tower : 캠퍼닐리, 종탑
bell trap : 벨트랩
bell turning : 벨돌려깎기
bell : 벨
bell : 이수
bell-flower : 초롱꽃문양
belt course : 벨트코스
belt wobbler : 벨트워블러
belvedere[이] : 벨비더, 전망대, 벨베데레
bema : 베마, 비머, 지성소
Ben-Ben : 벤벤
bench : 벤치
bench mark : 벤치마크
bench marking : 벤치마킹
bench terrace : 벤치테라스
bended back chair : 곡목등받이의자
bending member : 휨재
bending moment : 휨모멘트
bending moment diagram : 휨모멘트도
bending stress : 휨응력
bengala[네] : 벵갈라
bengala grid : 벵갈라격
bent : 벤트
bent bar : 굽힘철근
bent pipe : 곡관
bent wood : 곡목
bentonite : 벤토나이트
bentwood : 벤트우드
bentwood chair : 곡목의자, 벤트우드체어
Berangan : 버랑안
Bergére[프] : 베르제르
Berlin blue : 베를린블루
Bernoulli's theorem : 베르누이의 정리
Beta fiber : 베타파이버
Bété[프] : 베데
béton brut[프] : 베턴브룻, 제물치장 콘크리트
Betula costata Trautv[학] : 거제수나무
Betula ermani Cham.[학] : 사스래나무
Betula papyrifera Marsh.[학] : 미국자작나무, 비치목
Betula platyphylla var. japonica[학] : 자작나무
Betula Schmiditi Regel[학] : 박달나무
bevel : 면접이, 베벨
bevel edge board : 베벨에지보드
bevel head rivet : 납작머리리벳
bevel joint : 베벨조인트
bevel moulding : 면접이몰딩
bevel shoulder notch : 안장맞춤
bevel siding : 엇두께판벽
bevelled bat large : 큰빗토막
bevelled haunched joint : 빗턱장부맞춤
bezant : 베전트, 원반형 장식
Bezold effect : 베졸드효과
BGM effects ; back ground music effects : 비지엠현상
Biach chair : 비아치의자
bianco carrara[이] : 비앙코카라라
Bibiena : 비비에나
Bible box : 성경함
Biblioteca Apostolica Vaticana : 바티칸 도서관

bibliothèque[프] : 비블리오테크
Bicology : 바이콜로지
bidding : 입찰
bidet[프] : 비데
Biedermeier stil[독]·[오] : 비더마이어양식
bifrons : 비프론
big store : 백화점
bilateral symmetry : 좌우대칭
Bilbao : 빌바오
bi-level : 준이층주택
Bilinga : 빌링가
billboard : 빌보드
billet : 빌레트, 빌릿
billing rates : 청구율
bimetal : 바이메탈
binder : 접착제
binocular disparity : 양안시차
binocular vision : 양안시
Bintangor : 빈탕골
bi-nuclear plan : 이핵평면
bio clean room : 바이오클린룸
bioclimatic chart : 생체기후도
biodegradable : 생물분해성
biomorphic : 생체묘사
Biomorphic Art : 바이오모픽아트
Bionic Design : 바이오닉디자인
bionics : 바이오닉스
biorhythm : 바이오리듬
bio-texture : 바이오텍스처
Birch : 거제수나무, 미국자작나무, 박달나무, 비치목, 사스래나무, 자작나무
bird cherry : 귀룽나무
bird's beak moulding : 버드비크, 새부리몰딩
bird's eye maple : 새눈형 단풍나무
bird's eye veneer : 새눈형 무늬목
bird's eye perspective : 조감도
birdcage oclock : 새장시계
birdcage support : 새장형 받침
biscuit : 비스킷
biscuit tufting : 비스킷터프팅
bisected vault : 이분형 궁륭
bisellium[그] : 바이셀리움
bisque[프] : 비스킷
bistro : 비스트로
bit : 비트
bit key lock : 함자물쇠
bitumen : 역청
black body : 흑체
black body radiation : 흑체방사
black box type : 블랙박스형
black brick : 검정벽돌
black cork : 탄화코르크
black ebony : 블랙에보니
Black jack pine : 폰데로사 파인
black light : 블랙라이트
black light lamp : 블랙라이트램프
black line pen : 먹줄펜
Black Moor : 블랙무어
black-moor stand : 블랙무어스탠드
black oak : 블랙오크
black pine : 흑송
black pipe : 흑철관
black varnish : 흑바니시
black walnut : 흑호두나무
blank window : 모양창, 벽창호
blanket brand : 블랭킷브랜드
blanket chest : 침구함
blast furnace slag : 고로슬래그
bleaching : 표백
bleeding : 블리딩
blended cement : 혼합시멘트
blending : 혼합
bleu de cobalt[프] : 불뢰드코발트
blind : 블라인드
blind arcade : 블라인드아케이드, 폐쇄형 아케이드
blind arch : 블라인드아치
blind joint : 블라인드조인트
blind mortise : 숨은장부구멍
blind nail : 블라인드 네일, 숨은못
blind story : 블라인드스토리, 무창층
blind tracery : 블라인드트레이서리
blind wall : 블라인드벽

blind window : 모양창, 벽창호
blinded concrete : 밑창콘크리트
blinding glare : 맹목글레어, 맹목현휘
blister : 블리스터
block : 가구, 블록
block and vase turning : 블록앤드베이스 터닝, 사각토막과 항아리형 선반가공재
block bond : 블록쌓기
block capital : 블록상주두
block construction : 블록구조
block curtain wall : 블록장막벽
block foot : 블록푸트
block front : 블록프런트
block front bureau : 블록프런트뷰로
block plan : 배치도
block plane : 목귀대패
block planning : 배치계획
block with horizontal bar : 가로근용 블록
blocking : 블록킹
blocking course : 블록킹코스
blond : 블론드
blond wood : 블론드우드
blondel : 블론델
blow lamp : 블로램프
blower : 블로어, 송풍기
blown asphalt : 블로운 아스팔트
blue color : 블루컬러
blue green : 청록색
blue print matching : 블루프린트접합
blue shortness : 청열포성
blue sky light : 청공광
blue stone : 청석
bluish green : 청록색
blunt arch : 블런트아치
BMS ; Building Management System : 생태건축물
board : 널, 널재, 판재
board and batten : 보드앤배튼, 판자와 널빤지
board foot : 보드푸트
board lintel : 평인방
board measure : 보드메저
board paper : 보드지
board rule : 보드 룰
boarder ceramic tile : 보더타일
boarder pattern : 보더패턴
boarder tile : 보더타일
boarding hotel : 하숙호텔
boat shaped table : 보트형 테이블
bobbin tuning : 통실패형 선반가공재
BOD : 비오디, 생물학적 산소요구량
body art : 신체예술
body dimension : 인체치수
body vanish : 보디바니시
bodying : 증점
bog oak : 보그오크
bogenfries[독] : 보겐프리즈
Bohemian glass : 보헤미안유리
boil bat : 반토막
boil seasoning : 자비건조
boiled oil : 보일드오일, 보일드유, 보일유
boiler : 보일러
boiler horse power : 보일러마력
boiling : 자비, 보일링
bois clair[프] : 브와클레르
bois de spa[프] : 브와드스파
bois durci[프] : 브와듀르시
boiserie[프] : 브와제리, 내장재
bolection : 물림선, 볼렉션
bolection molding : 볼렉션몰딩, 물림선
Bolognese school : 볼로냐파
bolster : 볼스터
bolster block : 볼스터톱
bolster block joint : 베개이음
bolt : 볼트
bolt gauge : 볼트 게이지
boltel : 볼텔
Bombay black wood : 타가야산
bombé[프] : 봄베
Bon Marché[프] : 봉마르셰
bond : 이어쌓기, 접착
bond beam : 기초보, 본드빔
bond breaker : 본드 브레이커
bond forms : 보증서

bond strength : 부착력
bone tile : 본타일
boneheur du jour[프] : 본네르뒤쥬르
bonnet scroll[프] : 보닛스크롤
bonnet top : 보닛톱
bonnetièr[프] : 보네티에르
book match : 북매치
Book of Kells : 켈사본
book smart : 북스마트
booklet : 부클릿, 소책자
booster type : 부스터방식
booth : 부스
booth to booth type : 부스 투 부스 타입
bordeaux[프] : 보르도
border : 보더
border light : 보더라이트
border line : 보더라인
borer proof plywood : 방충합판
borne[프] : 본
borrowed light : 차광창
boss : 보스
Bossé : 보세
boster : 보스터
boston rocker : 보스턴흔들의자
botel : 보텔[1)]
both side block : 양마구리블록
bottega[이] : 보테가
botticino[스] : 보티치노
bottle green : 보틀그린
bottle necker : 보틀네커
bottle shapped head figure : 병머리초
bottle topper : 보틀토퍼
bottom : 보텀
bottom bar : 하부근
bottom chord : 하현재
bottom light : 보텀라이트, 저광창
bottom rail : 밑띠장, 밑막이대, 하부틀
bottom steel bar : 하부철근
bouchon[프] : 부숑
bouclé[프] : 부클레
boudoir[프] : 브드와르
boudoir chair[프] : 브드와르의자
bouillotte lamp[프] : 뷔요트램프
bouillotte table[프] : 뷔요트테이블
bouleuterion[그] : 불레우테리온
boulevard[프] : 불바르
boulle furniture[프] : 부울가구
Boulle(work) : 불워크, 상감세공(의 가구)
boultine[프] : 보텔[2)], 불틴
bounce light : 바운스라이트
bouncing : 바운싱
boundary face : 계면
boundary line of street : 도로경계선
bouquet[프] : 부케
Bourbon period : 부르봉시대
boussoir[이] : 보우쏘와
boutell : 보텔[2)]
boutique[프] : 부티크
bow : 보우
bow back chair : 궁형 등받이의자
bow form : 보우거푸집
bow front : 궁형 전면
bow pen : 보우펜
bow window : 궁형 창, 보우윈도, 출창
Bowdichia nitida Spruce[학] : 스쿠피라
bower : 바우어
Bower-Barff process : 바워바프법
bowtell : 보텔[2)]
box and modular structure : 상자 또는 모듈러구조
box frame : 내력벽, 내력벽구조
box girder : 박스거더
box joint : 상자맞춤
box office : 박스오피스
box pleating : 상자주름
box seat : 박스시트
box set : 박스세트
box spring bed : 박스스프링베드
box stretcher : 상자형 다리버팀대
box wood : 회양목
Boyle Charle's law : 보일샤를의 법칙
brace : 가새, 귀잡이
brace and bit : 브레이스앤드비트
brace ground sill : 귀잡이토대

brace moulding : 브레이스몰딩
braced back : 보강등받이
braced frame : 가새골조, 가새보강골조
Brachystegia cynometroides Harms. [학] : 나가
bracing : 가새
bracing of king truss : 대공가새
bracket : 브래킷, 산미, 살미, 측벽등, 팔대
bracket arm : 첨차
bracket clock : 브래킷시계
bracket foot : 브래킷푸트, 브래킷형 발
bracket leg : 까치발다리
bracket light : 벽부착등, 브래킷조명
bracket sets : 공포
bracket structure : 공포
bracket system : 제공
bracket under beam : 양봉
braid : 브레이드, 장식술
brainstorming : 브레인스토밍
branch pipe : 분기관
brand : 브랜드
Brand competition : 브랜드경쟁
brand image : 브랜드이미지
brand name : 브랜드네임
brass : 황동
brass antiquded : 앤틱처리황동
brass furniture : 브라스가구
brass plate : 황동판
brasses : 황동철물
Bratishing : 브래티싱
Brazil wood : 브라질목
breach of contract : 계약위반
break line : 절단선, 파단선
breakdown voltage : 항복전압
breakfast table : 조반테이블
breakfront : 브레이크프런트
breaking joint : 막힌줄눈
breaking strength : 파괴강도
breast timber : 웨일, 목재, 용재
breeze block : 브리즈블록
Breuer chair : 브로이어체어
brewster chair : 브루스터의자
brick construction : 벽돌구조
brick masonry : 벽돌쌓기
brick pagoda : 전탑
brick red : 벽돌색, 브릭레드
brick veneer : 벽돌베니어
brick wall : 벽돌벽
brick work : 벽돌공사, 벽돌시공, 벽돌쌓기
bridge : 브리지
bridge board : 브리지 보드
bridging : 장선가새, 장선잡이
brightness : 밝기, 휘도
brightness and darkness : 명암
brightness constancy : 명도의 항상
brilliance[프] : 밝기
Brinell hardness : 브리넬경도
brise-soleil[프] : 브리즈-솔레이유
British Museum : 대영박물관, 브리티시 뮤지엄
brittle failure : 취성파괴
brittle stone : 푸석돌
brittleness : 취성
brittleness temperature : 취성온도
broach : 브로치
broached spire : 브로치스파이어
Broad Acre : 브로드에이커
broadcloth : 브로드클로스
broad-leaved tree : 활엽수
broadloom : 광폭융단, 브로드룸
brocade : 브로케이드
brocatelle[이] : 브로카텔레
broché[프] : 브로셰
broched spire : 팔각뾰족탑
brochure : 브로슈어
brocken pediment : 브로켄페디먼트
broken arch : 열린아치
broken front : 파형전면
broken gravel : 깬자갈
broken line : 파선
bronze : 브론즈, 청동, 청동색
bronze color : 브론즈색
bronze red : 금적
Brosimum alicastrum Sw : 틸로

Brosimum paraense[학] : 무이라피랑가
Brosimum utile Pittier[학] : 산데
Broussonetia kazinoki[학] : 닥나무
brown coat : 재벌, 재벌바름
brown color : 브라운컬러
brown stone : 브라운석
brown wrapping-paper : 하도롱지
browsing room : 브라우징룸
bruno chair : 브르노의자
Brusel's carpet : 브뤼셀카펫
Brutalism in architecture : 브루탈리즘
bubble diagram : 버블다이어그램
bubbling : 기포
bubinga : 부빙가
buckler : 버클러
buckling : 좌굴
buckling load : 좌굴하중
buckram : 버크럼
bucranium : 부크라니움
Buddhist halls : 불전
Buddhist temple : 가람, 절, 사찰
buff : 버프
buffet : 뷔페
buffet restaurant : 뷔페레스토랑
bugle head : 나팔머리
buhl(work) : 불세공
bühnenausstattung[독] : 무대장치
building : 건물, 빌딩
building brick : 보통벽돌
building code : 건축법규
building coverage : 건폐율
Building damage from wind : 빌딩풍해
building facility : 건축설비
building imagery : 건물실상
building load coefficient : 건물난방부하계수
building materials : 건축재료
building paper : 방수지
building permit : 건축법규
building site : 공사현장
building task : 건축과제
built-in : 붙박이
built-in bed : 붙박이식 침대
built-in furniture : 붙박이가구, 빌트인 퍼니처
built-in system furniture : 붙박이시스템가구
built up beam : 겹보
bukrania[그] : 부크라니아
bulb turning : 구근형 선반가공재, 벌브터닝
bulbous dome : 볼버스돔, 파총형 돔
bulbous form : 볼보스형태
bulk : 부피
bulkhead : 격벽, 벌크헤드, 지하실문
bulking : 벌킹
bulking agent : 충전제
bulky color : 공간색
bull float : 고무래
bull nose : 황소코형
bull nose moulding : 황소코형 몰딩
bull stretcher : 불스트레처
bulla[그] : 불라
bullet resistant glass : 방탄유리
bull's eye mirror : 황소눈거울, 황소의 눈
bullnose : 불노즈
bullpen type office : 불펜형 오피스
bulrush mat pattern : 삿자리무늬
bumper : 문받이
bun foot : 번푸트
bundle : 베일
bundle order : 일괄발주
bundle tube construction : 번들튜브구조
bunfeet style : 번피트양식, 번핏양식
bungalow : 방갈로
bungalow housing : 방갈로주택
bunk bed : 이층침대
bunk house : 벙크하우스
bureau : 자개, 뷰로
bureau à cylindre[프] : 뷰로아실랭드르
bureau en pente[프] : 뷰로앙팡트
bureau plat[프] : 뷰로플랫
bureau table : 뷰로테이블
burgndiner : 자개

burgos : 자개
Burgundy[프] : 버건디
Burgundy style : 버건디양식, 부르고뉴양식
burl : 벌, 옹이
burn foot : 둥근 빵형 발
burner finish : 버너구이마감, 버너처리
burner treatment : 버너처리
burnt amber : 번트앰버
burnt brick : 소성벽돌
burnt gypsum : 소석고
burnt sienna : 번트시에나
burnt umber : 번트엄버
burr : 버르
bus : 모선
bus duct : 모선덕트, 버스덕트
bush hammer : 도드락망치
bush hammer finishing : 도드락다듬
bush hammered finish : 도드락다듬, 도드락마무리
business hotel : 비즈니스호텔
business reengineering : 비즈니스리엔지니어링
bustel : 버스텔
butcher furniture : 부처가구
butler's tray table : 버틀러스트레이 테이블
butress : 부벽
butt : 맞쪽매
butt end : 마구리, 원구
butt joint : 맞대기이음, 맞댄이음, 맞댄쪽매, 버트조인트
butt type hinge : 나온정첩
butt welding : 맞댄용접
butt wood veneer : 나무밑동무늬목
butterfly : 은장, 주먹장
butterfly hinge : 나비경첩
butterfly joint : 나비장이음, 나비장쪽매, 은장이음
butterfly nut : 나비형 너트
butterfly roof : 나비지붕, 나비형 지붕, 버터플라이지붕
butterfly spline joint : 주먹장 딴혀쪽매
butterfly table : 나비테이블, 버터플라이 테이블
butterfly wedge : 주먹장
butternut : 버터넛
Button wood : 양버즘나무
buttress : 버트레스, 버팀벽
buttressed retaining wall : 부축벽옹벽
butyl rubber : 부틸고무
buyers type : 바이어스 타입
by pass : 바이패스
Byte : 바이트
Byzantine : 비잔틴
Byzantine architecture : 비잔틴건축
Byzantine art : 비잔틴예술
Byzantium : 비잔티움

【C】

CAAD ; Computer Aided Architectural Design : 캐드
cabaret[프] : 카바레
cabinet : 캐비닛
cabinet chair : 캐비닛의자
cabinet drawing : 캐비닛드로잉
cabinet maker : 캐비닛메이커
Cabinet Secretaire : 캐비닛세크레테르
cabinet stand : 캐비닛스탠드
cabinet vitrine : 유리장식장
cabinet work : 캐비닛워크
cable fluting : 밧줄형 세로홈장식
cable molding : 케이블몰딩
cable moulding : 밧줄형 몰딩
cable structure : 현수구조
cable tray : 케이블트레이
cable : 케이블
cabochon[프] : 카보숑
cabriole[프] : 캐브리올
cabriole leg : 캐브리올다리
cabriole style : 캐브리올양식
cacqueteuse[프] : 카켓투즈

CAD operator : 캐드오퍼레이터
cad weld joint : 캐드 웰드 이음
cad welding : 캐드웰딩
CAD ; Computer Aided Design : 캐드
caddy : 캐디
cadmium ; Cd : 카드뮴
café[프] : 카페
café curtain[프] : 카페커튼
café terrace[프] : 카페테라스
cafeteria : 간이식당, 카페테리아
cairn : 케른
caisson : 우물천장, 잠함, 케이슨
calacatta[이] : 칼라카타
calamander : 칼라만데
calamander wood : 칼라만데우드
calcimine : 칼시민
calcite : 방해석
calcium carbonate : 탄산석회
calcium hydroxide : 수산화석회
calcium-silicate board : 칼슘실리케이트 보드
caldarium : 칼다리움
calendering : 캘린더링
calf's tongue : 캐프스텅
callus : 껍질박이
Calophyllum brasiliense Camb.[학] : 산타마리아
calophyllum : 칼로필럼
Calophytlum inophyllum[학] : 빈탕골
calorie : cal : 칼로리
Calowlex glass : 캘로렉스유리
cam wood : 캠우드
camber : 솟음, 치올림, 캠버
camber bar : 캠버바
camber piece : 캠버피스
came : 카메
camel : 낙타색
camel back : 낙타등형 등받이, 캐멀백
cameo : 카메오
camp bed : 캠프베드
camp bungalow : 캠프방갈로
camp ceiling : 캠프천장
camp chair : 캠프체어
camp stool : 캠프스툴
campaign chair : 캠페인체어
campaign furniture : 캠페인퍼니처
campanile[이] : 캠퍼닐리, 종탑
Campidoglio : 캄피돌리오
campo[이] : 캄포
campo santo[이] : 캄포산토
campus town : 학원도시
camus method : 까뮤공법
can meeting : 캔미팅
Canalete[프] : 카나레떼
canapé[프] : 카나페
canapé à confidante[프] : 카나페아 콘피당트
canary yellow : 카나리아색
cancelli[라] : 캔셀리, 칸첼리
candela : 칸델라
candelabra : 가지형 촛대
candelabrum : 가지형 촛대
candle : 캔들
candlepower : 촉, 촉광, 캔들파워
candlepower distribution : 배광
candle stand : 촛대받침대
candle stick : 촛대
cane : 케인
canephora : 카네포라
canephorus[프] : 카네포라
canon : 인체비례
canopy : 닫집, 당가, 차양, 천개, 캐노피
canopy bed : 캐노피베드
canopy chair : 천개의자
canopy door : 캐노피도어
canopy lighting : 캐노피조명
canopy switch : 캐노피스위치
cant : 경사면
cant bay window : 캔트베이윈도
canted : 캔티드
canted column : 다각주
canterbury : 캔터베리
Canterbury Cathedral : 캔터베리대성당
cantharus[그] : 캔타러스

cantilever : 외팔보, 캔틸레버
cantilever beam : 내민보, 외팔보
cantilever chair : 캔틸레버체어
cantilevered : 캔틸레버드
cantilevered form : 캔틸레버형태
canton : 돌출장식기둥, 캔톤
canton china : 캔톤차이나
cantonnière[프] : 칸토니에르
canvas : 캔버스
canvas chair : 캔버스체어
cap flashing : 굽도리널
cap nut : 캡너트
Capathian elm burl : 카파티아산느릅나무
Capella Pazzi : 파치대성당
Capella Sistina : 시스티나성당
capital : 기둥머리, 주두, 캐피털
capitol : 카피톨
capo di monte[스] : 카포디몬테
capping : 난간두겁
capping stone : 두겁돌
captain's chair : 선장의자
caption : 캡션
caput fibulae height : 하퇴높이
caqueteuse : 카크더즈
Carapa guianensis Aubl.[학] : 크랩우드
carat : 캐럿
caravan : 캐러밴
caravansary : 캐러밴서리
carbide : 카바이드
carbon : 카본, 탄소
carbon-arc lamp : 탄소아크램프
carbon black : 카본블랙
carbon brick : 카본브릭, 탄소벽돌
carbon dioxide : 탄산가스
carbon steel : 탄소강
carbon steel pipe for ordinary piping : 배관용 탄소강관
carbon steel tubes for general structural purposes : 일반구조용 탄소강관
carbonization : 탄화
carbonization calcium : 탄화칼슘
carbonized test : 탄화시험
carborundum : 카보런덤
carborundum tile : 카보런덤타일
carboy : 카보이
carbuncular sand : 카르분클러모래
carcass : 카르카스, 골조
card board : 마분지
card table : 카드테이블
cardinal red : 카디널레드
cardo : 카르도
caricature : 캐리캐처
carillon[프] : 카릴론
Cariniana legalisMart. O.Ktze[학] : 제퀴티바
Carlton house table : 칼턴하우스테이블
carmine : 카민, 카마인
Carolean period : 캐롤리언시대
Carolingian architecture : 카롤링거건축
carpel tunnel syndrome : 카펠터널증후군
carpenter gothic : 목수고딕
carpentry : 목공
carpentry work's : 목공사
carpet : 카펫
carpet curtain : 카펫커튼
carpet pad : 카펫패드
carpet pading : 카펫패딩
carpet strip : 카펫스트립
carpet tile : 카펫타일
carpet underlayment : 카펫밑깔개
Carpinus caroliniana Walt.[학] : 미국서어나무
Carpinus cordata Blume[학] : 까치박달
Carpinus tschonoskii Maxim : 개서어나무
carport : 카포트
carreau[프] : 캐로
carrefour : 캐러퍼
carrel : 캐럴
carriage : 계단멍에
carrot orange : 캐로트오렌지
carrying rod of ceiling : 달대받이
Carson Pirie and Scott Department Store : 카슨피리스콧백화점

cartel clock : 카르텔시계
cartier : 카르티에
carton display : 카톤디스플레이
cartoniere[프] : 카르토니에르
cartoon : 카툰
cartouche[이][프] : 소용돌이곡선문양, 카르토시, 카르투시, 카르투슈
cartridge fuse : 카트리지퓨즈, 통퓨즈
carved rug : 카브드러그
carver chair : 카버체어
caryatid : 여상주
caryatides : 카리아티데스
casa[이] : 카사
Casa dei Vettii[이] : 베티의 집
Casa del Fasio[이] : 카사델파쇼
Casa del Popolo[이] : 카사델포폴로
Casa Mila[스] : 카사밀라
cascade : 캐스케이드
case bay : 케이스베이
case furniture : 상자형 가구, 케이스가구
case piece : 케이스피스
cased opening : 케이스드오프닝
casein : 카세인
casement : 케이스먼트
casement adjuster : 개폐조정기
casement cloth : 케이스먼트천
casement curtain : 케이스먼트커튼
casement window : 여닫이창, 케이스먼트윈도
casework : 목공제품, 케이스워크
cash counter : 캐시카운터
cashew : 캐슈
cashew paint : 캐슈도료
cashew resin putty : 캐슈수지퍼티
cashless checkless society : 캐시리스체크리스소사이어티
cashless society : 캐시리스사회
casing : 문선, 케이싱
casing bead : 케이싱 비드
casino : 카지노
casket : 카스킷
casnade : 카스네이드
Cassabella[이] : 카사벨라
cassapanca[이] : 카사팡카
cassia siamea Lam[학] : 철도목
cassia siamea[학] : 타가야산
Cassina furniture company : 카신
cassone[이] : 카소네
cassoni[이] : 카소니
cast aluminum : 캐스트알루미늄
cast iron : 주철
cast iron furniture : 주철가구
cast stone : 모조석, 인조대리석, 인조석, 캐스트스톤
Castama crenata Sieb. et Zucc.[학] : 밤나무
castellated : 총안장식
castellated nut : 캐스털레이티드너트
castellation : 축성
caster : 캐스터
Caster aralia : 엄나무
casting : 주금, 주물, 주조
casting plaster : 소석고
cast-in-place concrete : 제자리콘크리트
cast-in-situ concrete : 제자리콘크리트
castle nut : 캐슬너트
casual : 캐주얼
casual interior : 캐주얼인테리어
cat bar : 고두꽂이쇠
Catacomb : 카타콤
catalyst : 촉매
catch phrase : 캐치프레이즈
catchment area : 권역
category killer : 카테고리킬러
catenary : 현수선
cathedra[그] : 카테드라, 카세드라
cathedral : 대성당
cathedral ceiling : 가람천장
cathedral glass : 판상유리
Cathedral Sens[프] : 산스대성당
cathédrale[프] : 카테드랄
Cathedrale Reims : 랭스대성당
catherine wheel : 캐서린휠, 장미창
cathetus : 카세토스

Catholic church : 성당
Cativo : 까띠보
catwalk : 캣워크
caucasian rug : 코카시안러그
cauking : 코킹
caulicoli[그] : 콜리컬러스
caulicolus : 콜리컬러스
cause and effects diagram : 특성요인도
causeuse : 코우저즈
causeway : 코즈웨이
cavaedium[그] : 카바에디움
cavalier drawing : 캐벌리어드로잉
cavalier projection : 캐벌리어투영
cavea[라] : 카베아
cavetto[라] : 카베토
cavetto cornice : 카베토코니스
cavetto moulding : 카베토몰딩
cavitation : 공동현상
cavity brick : 공동벽돌
cavity wall : 공간쌓기, 공동벽, 중공벽
cavo relief : 카보릴리프
CBS ; closed building system : 폐쇄형 건축시스템
C-croll : 시자형 소용돌이장식
cedar : 삼목, 시더, 홍송
Cedrela odorata L.[학] : 쎄드로
Cedrela sinensis A. Juss.[학] : 참죽나무
Cedro : 쎄드로
Ceiba pentandra Gaertn : 후마
ceiling : 반자, 실링, 천장
ceiling board : 반자널, 반자돌림대
ceiling cavity : 천장공간
ceiling display : 실링디스플레이
ceiling frame : 반자틀
ceiling height : 반자높이, 천장높이
ceiling joist : 반자대, 반자틀
ceiling light : 실링라이트, 천장등
ceiling rose : 실링로즈
ceiling switch : 실링스위치
ceiling washing : 실링워싱
ceinture : 고리띠장식
celadon : 청자색
celestial sphere : 천구
celite : 셀라이트
cell : 셀, 전지
cell type office : 세포형 오피스
cella[라][프] : 내진, 켈라, 셀라
cella column : 내진
cellar : 지하, 지하실
cellare[프] : 셀라레
cellaret(te)[프] : 셀라레테
cellular decking : 셀룰러덱킹
cellular office : 세포형 오피스
celluloid : 셀룰로이드
cellulose : 섬유소, 셀룰로오스
cellulose adhesive : 셀룰로오스접착제
cellulose coating : 섬유소도료
cellulose fiber board : 셀룰로오스 섬유판
cellulose heat insulation : 셀룰로오스 보온재
cellulose painting : 섬유소도료
cellulosic plastic : 섬유소계수지
celour[프] : 셀루어
Celsius : 섭씨
Celsius degree : 섭씨온도
Celsius temperature : 섭씨온도
Celtic cross : 켈트크로스
Celtis jessoensis koidzumi. [학] : 풍게나무
Celtis philippinensis Blanco[학] : 셀티스
Celtis Sinensis Pers : 팽나무
cemendam : 시멘다인
cement : 시멘트
cement board : 석면시멘트판, 시멘트판
cement brick : 시멘트벽돌
cement mortar : 시멘트모르타르
cement paste : 시멘트페이스트
cement plastering : 모르타르마무리
cement roofing tile : 보통시멘트기와, 시멘트기와
cemented excelsior board : 목모시멘트판
cementite : 시멘타이트
cenatio[그] : 세나티오

cenotaph : 세노타프
centaur : 센토, 켄타우로스
center : 센터, 환승센터
center cross : 센터크로스
center joint : 심이음
center line : 중심선
center of version : 심점
center table : 센터테이블
centering : 가설받침대, 센터링
centigrade : 섭씨
centimeter : 센티미터
central air conditioning : 중앙공기조절
central air conditioning system : 중앙공기조절장치
central axis of vision : 시각중심축
central color : 중심색
central heating : 중앙난방
central mixed concrete : 센트럴믹스트 콘크리트
central plan : 센트럴플랜
central vision : 중심시
centralized organization : 중심배치
centrifugal structure : 원심적 구조
centripetal structure : 구심적 구조
Centrolobium paraense[학] : 아마릴로
century housing system : 백년주택
ceradon : 세라돈
ceramic : 세라믹
ceramic coat : 세라믹코트
ceramic fiber : 세라믹파이버
ceramic mosaic tile : 세라믹모자이크타일
ceramic pipe : 도관
ceramic roofing tile : 점토기와
ceramic tile : 도기질타일, 세라믹타일
ceramic veneer : 세라믹베니어
ceramics : 도자기
cercis[그] : 세시스
certificate of occupancy : 사용검사필증
certosina[이] : 체르토시나
cerulean blue : 세룰리언블루
cescachair : 세스카체어
CG ; computer graphic : 시지
chaffeuse : 샤페즈
chaiere[프] : 셰르
chain door fastener : 고리문잠금쇠, 도어체인, 체인도어파스너
chain of command : 명령체계
chain store : 체인스토어, 체인점
chair : 의자, 자궁의자, 체어
chair-back settee : 의자등세티
chair bed : 체어베드
chair rail : 의자가로대, 체어레일
chair table : 체어테이블
chaise á l'officier[프] : 셰이즈아로피시에
chaise brisée[프] : 셰즈브리제
chaise courante[프] : 셰즈쿠랑트
chaise en cabriole[프] : 셰즈앙캐브리올레
chaise longue[프] : 셰즈롱그, 셰즈롱
chaise longue basculante[프] : 셰즈롱그바스큘랑트
chaise longue type long chair : 체이스로그식 의자
chaise meublante[프] : 셰즈뫼블랑트
chaise percée[프] : 셰즈페르세
chaitya : 차이티야
Chalse Ⅱ chair : 찰스2세의자
Chamaecyparis Lawsoniana Parl.[학] : 미국편백
Chamaecyparis obsa Sieb. et Zucc.[학] : 노송나무
Chamaecyparis pisiferaSieb. et Zucc Endl [학] : 화백나무
chamber : 올림, 챔버
chamber chair : 챔버체어
chamber horse : 챔버호스
chamfer : 면접이, 모서리면
chamfer strip : 챔퍼스트립
chamfered form : 챔퍼형태
chamfered rustication : 챔퍼드러스티케이션
chamfering : 모따기, 모접기
chamotte : 샤모트
chamotte brick : 샤모트벽돌
champleve[프] : 바탕새김칠보

chancel : 내진, 성단소, 챈슬
chancel screen : 내진칸막이, 칸첼리
chandelier : 상들리에
change : 변화
change masters : 체인지마스터스
change order : 변경명령
changeability : 호환성
channel between the rows of tiles : 개와곡
channel : 채널
channel steel : 디귿(ㄷ)강
channel tile : 디귿(ㄷ)자토관
channeled joint : 줄눈째기
channelled : 두모치기
chantry : 챈트리
chaos : 혼돈
chapel : 채플
chaplet[프] : 샤플레
chapter : 참사회
chapter house : 참사회관
chaptrel : 챕트럴
character industry : 캐릭터산업
characteristic value of strength of material : 재료강도특성치
characteristic value of load : 하중특성치
charcoal : 목탄
charcoal gray : 차콜그레이
charcoal paper : 목탄지
charnel house : 납골당
charpoy : 차포이
charrette[프] : 샤레트
Charte d'Athènes : 아테네헌장
Chartres Cathédral : 샤르트르대사원
chartreuse[프] : 샤르트뢰즈
chase : 체이스, 홈
chase long : 체이스롱
chase mortise : 체이스머티스
Château de Blois : 블로와의 성관
Château de Vaux-le-Vicomte : 보르비공트관
château[프] : 샤토
châtelet[프] : 샤틀레
chatterbox chair : 채터박스체어
chauffeuse[프] : 샤페즈
Chaux : 쇼
chayers à dorseret[프] : 셰이에아도르세레
chayres[이] : 샤이레
check : 체크
check pattern : 체크무늬
check sheet : 체크시트
check valve : 체크밸브
checker : 체커
checkerboard : 체커보드
checkerboard bond : 장기판무늬
checkered form : 체크무늬형태
checkered plate : 곰보판
checkered steel plate : 무늬강판
checkerwork : 바둑판무늬
check-in : 체크인
check-out : 체크아웃
cheek : 틀받이
cheek piece : 치크피스
Chelsea porcelain : 첼시자기
chemical proof : 내약품성
chemical wall paper : 케미컬벽지
Chemin de Ronde[프] : 쉬멩드롱드
chenille carpet : 셔닐카펫
cherry blossom : 벚꽃색
cherry hard brick : 과소벽돌
cherry tree : 벚나무
cherry wood : 벚나무, 체리목, 체리우드
chesca : 체스카
chest : 궤, 머릿장, 체스트
chest of drawer : 서랍장
chest of drawers : 장
chest on chest : 이층서랍장, 체스트온체스트
chesterfield : 체스터필드
chestnut brown : 밤색
chestnut tree : 밤나무
cheval glass : 슈발거울
cheval screen : 슈발스크린
cheveret[프] : 슈브레
chevet[프] : 슈베

coffin nail : 관정
coffret : 코프렛
cogged joint : 걸침턱맞춤
cognac chair : 꼬냑의자
cognition : 인지
cognition distance : 인지거리
cognitive mapping : 인지맵핑
cognitive schemata : 인지쉐마
cognitive space : 인식적 공간
coherent : 일관
cohousing : 코-하우징
CoID ; Council of Industrial Design : 코이드, 시오아이디
coiffeuse : 콰페즈
coign : 귓돌, 코인
coin : 코인
coincidence effects : 코인시던스효과
cold bridge : 냉교
cold bridges : 냉교현상
cold cathode light : 냉음극등
cold draft : 콜드드래프트
cold joint : 콜드조인트
cold press : 냉압기
cold rolling : 냉간압연
cold weather concrete : 한중콘크리트
collage[프] : 꼴라쥬, 콜라주
collar beam : 조임보, 컬러빔
collar joint : 세로줄눈, 연결줄눈
collection : 컬렉션
collegiate style : 대학양식
colonial architecture : 콜로니얼건축
colonial furniture : 식민지가구, 콜로니얼퍼니처
colonial style : 식민지양식, 콜로니얼스타일
colonna[이] : 콜로나
colonnade : 열주, 열주랑, 주랑, 콜로네이드
colonnette : 콜로넷
color : 색, 색채
color appearance system : 현색계
color arrangement : 컬러어레인지먼트
color assimilation : 색의 동화
color association : 색의 연상성
color blindness : 색맹
color cabinet : 색채캐비닛
color cement : 컬러시멘트
color change : 변색
color chart : 색채차트, 색표, 컬러차트
color circle : 색상환
color code : 색채코드
color conditioning : 색채조절, 컬러컨디셔링
color constancy : 색각항상
color content : 순색량
color content of hue : 색상의 색량
color contrast : 색의 대비
color control : 색채관리, 컬러컨트롤
color coordination : 컬러코디네이션
color design : 컬러디자인
color design method : 배색법
color difference : 색차
color dimension : 색채차원
color dynamics : 컬러다이내믹스
color flag : 컬러플래그
color gamut : 색역
color hardener : 컬러하드너
color harmonic planning : 배색계획
color harmony : 색채조화, 컬러하모니
color harmony manual : 컬러하모니매뉴얼
color hearing : 색청
color line : 컬러라인
color matching : 등색
color mixing system : 혼색계
color mixture : 혼색
color name : 색명
color perception : 색지각
color policy : 색채계획
color refraction : 색채굴절
color rendering : 연색성
color rendering index, CRI : 연색평가지수, 색채 렌더링 인덱스, 연색지수
color reproduction : 색재현
color rhythm : 색채리듬, 색채율동
color scale : 색채계열
color scheme : 색채설계, 컬러스킴

color sensation : 색각, 색감, 색감각
color sense : 색채감각
color solid : 색입체
color space : 색공간
color standard : 색채표준
color stimulus : 색자극
color stimulus specification : 색자극치
color symbolism : 색채상징
color temperature ; CT : 색온도
color tolerance : 색의 허용도
color tree : 색나무
color triangle : 색감각도
color visual field : 색시야
colorama lighting : 컬러라마조명
coloration : 배색
colored glass : 색유리
colored shadow : 색음(色陰)
colorimeter : 측색
coloring agent : 착색제
coloring : 컬러링
color−marketing : 컬러마케팅
colorway : 컬러웨이
colossal order : 콜로슬오더
colosseum : 콜로세움
colour : 색, 색채
colour contrast : 색대비
colour rendition : 연색
colouring : 채색
column : 기둥, 원주, 칼럼
column base plate : 기둥바닥판
column cap : 칼럼캡
columner bracker set : 주심포
columniation : 열주식
comb back windsor chair : 머리빗형 등받이윈저의자
comb back : 콤백
combination : 결합
combination door : 콤비네이션도어
combination résumé : 결합형 이력서
combination space : 공동공간
combination type office : 혼합형 오피스
combination window : 콤비네이션윈도
combination : 병합
combine painting : 콤바인페인팅
combined glass : 장결합유리
combined pollution : 복합오염
combined stresses : 조합능력
combustible : 가연성
combustion : 연소
comfort chart : 쾌감선도
comfort meter : 쾌적환경측정기
comfort ventilation : 쾌적환기
comfort zone : 쾌감대, 쾌적영역
comitium[그] : 코미티움
commencement of work : 착공
commercial hotel : 커머셜호텔
commercial interior design : 상업공간 실내디자인
commercial space : 상업공간
commercial style : 상업적 양식
commissary : 간이식당
commission : 수수료
commode : 코모드
common bolt : 보통볼트
common brick : 보통벽돌
common dovetail : 커먼도브테일
common logarithm : 상용대수
common machilus : 후박나무
Common persimmon : 미국감나무
common rafter : 서까래
common steel bar : 보통철근
common use space : 공용부분
communication : 커뮤니케이션
communication space : 커뮤니케이션공간
communion rail : 성찬란
communion table : 제단, 커뮤니언테이블
compaction : 간결화
compartment : 칸막이, 컴파트먼트
compartment ceiling : 소란반자, 우물천장
compass : 컴퍼스
compass saw : 실톱
compass timber : 곡재
compass window : 컴퍼스윈도
compatibility : 양립성

compensation : 보상, 보수
compression wood : 압축이상재
comperé[프] : 꽁페
competition : 콤퍼티션
competition design : 설계경기
competition design comperé[프] : 현상 설계
competitive bidding : 경쟁입찰
competitive tendering : 경쟁입찰
complementary color : 보색
complete black body : 완전흑체
completed part : 기성고, 기성부분
completion : 준공
complex recilinear : 복합적 선형체
complex sound : 복합음
complexity : 복합성, 복합체
compluvium[그] : 콤프루비움
component : 분력
component building : 건축구성재
component materials : 구성재
components : 구성요소
composite beam : 합성보
composite capital : 콤퍼지트캐피털, 혼합식 기둥머리
composite column : 합성기둥
composite construction : 합성구조
composite decking : 구조덱킹, 콤퍼지트덱킹
composite frame : 합성라멘
composite materials : 복합재료
composite order : 콤퍼지트양식, 콤퍼지트 오더
composite order style : 콤퍼지트기둥양식
composite panel : 복합패널
composite rahmen : 합성라멘
composite wood : 콤퍼지트우드
composition : 구도, 구성, 콤퍼지션
compound : 컴파운드, 콤파운드
compound apartment : 복합아파트
compound form : 복합형태
compreg veneer : 고압베니어
compressed laminated : 강화합판
compression : 압축, 압축력, 컴프레션
compression carpet : 압축카펫
compression member : 압축재
compression reinforcement : 압축철근
compression test : 압축강도시험
compressive force : 압축력
compressive strength : 압축강도
compressive strength of concrete mix design : 배합강도
compressive stress : 압축응력
computer graphics : 컴퓨터그래픽스
computopolis : 컴퓨토폴리스
concatenation : 연쇄
concave : 오목면, 콘케이브
concave joint : 오목원줄눈, 오목줄눈
concave roof : 욱은지붕
concealed lighting : 은폐조명
concealed nailing : 블라인드 네일
concentrated lighting : 상품조명, 중점 조명
concentrated load : 집중하중
concentration structure : 집중구조
concentric illusion : 동심원착시
concentric structure : 동심적 구조
concentric zone concept : 동심원설
concept : 개념, 컨셉
concept furniture : 개념가구
concept selling : 디자인아이디어판매
conception : 구상, 컨셉션
conceptual architectural style : 개념적 건축양식
conceptual art : 개념미술, 개념예술
conceptual lighting : 개념조명
conceptual style : 컨셉추얼스타일
concession space : 컨세션스페이스
conch : 콘치
concourse : 콩코스
concrete : 콘크리트
concrete art : 구체미술, 구체예술
concrete block : 콘크리트블록
concrete creep : 콘크리트 크리프
concrete grilles : 콘크리트그릴
concrete head : 콘크리트 헤드

concrete mix : 콘크리트배합
concrete mixer : 콘크리트믹서
concrete nail : 콘크리트못
concrete neutrality : 콘크리트 중성화
concrete panels : 콘크리트 패널
concrete placement : 콘크리트타설
concrete placing : 콘크리트부어넣기
concrete saw : 콘크리트톱
concrete side pressure : 콘크리트 측압
concrete waterproof : 구체방수
concrete with crushed stone : 쇄석콘크리트
concrete work : 콘크리트공사
concurrent engineering : 동시공학
condensation phenomenon : 결로현상
condensation with instruction : 내부결로
condition of design : 디자인의 조건
condition of interior design : 실내디자인조건
condominium : 콘도미니엄
condominium member rules : 콘도미니엄회원제
conductance : 컨덕턴스
conduction : 전도
conductivity : 도전율
conductor : 도체
conduit : 도관
cone of vision : 원추형 시계
cones : 원추세포, 추상세포, 추상체
confer : 참조
conference : 담합
confidence : 확신
configuration factor : 입체각투사율
congé[그][프] : 콘제, 칸제이
conglomerate : 콩글로머리트
conglomerchant : 콩글로머천트
congregate housing : 집합주택
congruent : 합동
conical : 원뿔꼴
conical vault : 코니컬볼트
coniferous tree : 침엽수
connected load : 접속부하
connecticut chest : 코네티컷체스트
connecting bolt & nut : 커넥팅볼트와너트
connecting casing : 커넥팅케이싱
connection : 맞춤, 연관
connection joint : 이음
connector : 커넥터
conservation : 보존
conservatory : 온실
consideration : 대가
consistence : 컨시스턴시
consistency : 반죽질기
console[프] : 소용돌이까치발, 콘솔
console leg : 콘솔레그
console table : 콘솔테이블
consolidation : 다짐
consortium : 컨소시엄
constancy : 불변성, 항구성, 항상성
constant air volume : 정풍량방식
constant hypothesis : 항상가정
constant volume single duce system : 정풍량단일덕트방식
constant wettedness line : 등습윤선
constantan : 콘스탄탄
construction : 시공
construction documents : 시공도서
construction drawing : 시공도면, 실시설계
construction frame : 구조재
construction joint : 시공이음, 시공줄눈
construction management ; C.M : 건설관리제도, 공사관리, 시엠제도
construction method : 공법
construction noise : 건설소음
construction supervision : 공사감리
constructivism : 구성주의, 구성파
consultant : 컨설턴트
constant temperature type fire detector : 정온식 화재감지기
contemporary : 컨템퍼러리
contemporary color name : 현대색명
contemporary design : 현대디자인

contemporary furniture : 현대적 가구
Contents : 콘텐츠
context theory : 콘텍스트이론
contextualism : 맥락주의
continuity : 연속성
continuous beam : 연속보
continuous footing : 연속기초, 연속푸팅 기초
continuous hinge : 연속정첩
continuous plating : 연속도금
continuous spectrum light : 연속스펙트럼광
continuous welding : 연속용접
continuum[라] : 컨티니엄
contour : 윤곽, 콘투어
contour chair : 콘투어체어
contour drawing : 콘투어드로잉
contour interval : 등고선 간격
contour line : 등고선
contract : 계약, 도급
contract administration phase : 계약관리 단계
contract design : 계약디자인, 비주거용 디자인, 콘트랙트디자인
contract documents : 계약도서
contract documents phase : 계약도서단계
contract drawing : 계약도면, 실시도면
contract work : 도급공사
contraction joint : 수축이음
contractor : 도급자, 수급자, 시공자
contractual capacity : 법적 자격
contradiction : 모순
contrast : 대비, 대조, 콘트라스트
contrast of value : 명암대비
contrast sensitivity : 대비감도
contrast structure : 대조구조
contrastive color : 수축색
contre boulle[프] : 콘트레불레
contre partie[프] : 콘트레파르티
contrive : 창안
control desk : 컨트롤데스크
control joint : 조절줄눈, 컨트롤조인트
control switch panel : 배전반
convection : 대류, 대류현상
convector : 대류식 난방기, 컨벡터
convenience goods : 컨비니언스상품
convenience outlet : 콘센트
convenience store : 컨비니언스스토어, 편의점
convent : 콘벤트
convention center : 컨벤션센터
convention hall : 컨벤션홀
convention hotel : 컨벤션호텔
convention industry : 컨벤션산업
conventional activated : 표준활성오니방식
conventional casewowork : 컨벤셔널케이스워크
convergence : 수렴, 집중
convergence phenomena : 수렴현상
conversation chair : 대화용 의자, 컨버세이션체어
conversation pit : 컨버세이션피트
conversion of timber : 마름질
convertible furniture : 전용가능가구
convertible room : 컨버터블룸
convertible suite room : 컨버터블스위트룸
convex : 컨벡스
convex angle : 철각
convex roof : 부른지붕
cook shop : 쿡숍
cooking fireplace : 부뚜막
cool color : 차가운 색, 한색
cool media : 쿨미디어
cool tube system : 쿨 튜브 시스템
cooler : 냉방장치
cooling degree day : 냉방도일
cooling effects : 냉각효과
cooling load : 냉방부하
cooling tower : 냉각탑, 쿨링타워
cooperative house : 코퍼레이티브주택, 코포레이티브하우스
coordinate : 코디네이트
coordinate fashion : 코디네이트패션
coordination : 정합성, 코디네이션

copal : 코펄
copal varnish : 코펄바니시
cope : 코프
coped joint : 코우프조인트
Copenhagen rib : 코펜하겐리브
Copenhagen rib board : 코펜하겐리브판
COPH : 히트펌프의 성적계수
coping : 갓돌, 난간두겁, 두겁대, 코핑
coping stone : 두겁돌
coplanar force : 평면력
copolymer : 공중합체
copolymerization : 공중합
copper : 구리, 동
copper alley : 구리합금
copper plate : 동판
copyright : 저작권
copyright notification : 저작권표시
copywriter : 카피라이터
coquillage[프] : 코키야쥬
coquina : 코키너
coral pink : 산호색
corallite : 산호석
corbel : 내쌓기, 코벨
corbel arch : 내쌓기아치, 코벨아치
corbel gable : 코벨박공
corbel table : 내민선반, 코벨테이블
corbel vault : 코벨볼트
corbeled vaulted ceiling : 말각조정식 천장, 모줄임천장
corbeling : 내쌓기구조, 코벨링
corbelled coursing : 내쌓기
corbie step : 코비단
cord : 코드
cord carpet : 코드카펫
cord connector : 코드커넥터
cord pendant : 코드펜던트
cord switch : 코드스위치
cord type blind : 코드식 블라인드
Cordia trichotoma Arrab : 빼떼레비
cordovan leather : 코도반가죽
core : 심재, 철심, 코어
core plan : 코어플랜
core system : 코어시스템
core temperature : 코어온도
core test : 코어테스트
cores : 심판
coretti[이] : 코레티
corex method : 코렉스공법
Corinthian order : 코린트식 오더, 코린티안오더
Corinthian order style : 코린트기둥양식
cork : 코르크
cork board : 코르크보드
cork carpet : 코르크카펫
cork flooring : 코르크깔개
cork oak : 굴참나무
cork plate : 코르크판
cork tile : 코르크타일
cork wallpaper : 코르크벽지
corkwood : 코르크우드
corn : 콘
corn bolt : 콘볼트
corner : 귀, 코너
corner bead : 코너비드
corner block : 코너블록
corner cabinet : 코너캐비닛
corner chair : 코너체어
corner column : 우주(隅柱)
corner cupboard : 코너컵보드
corner furniture : 코너퍼니처
corner lighting : 코너조명
corner locking machine : 코너로킹머신
corner shop : 코너숍
corner sofa : 코너소파
cornerstone : 귓돌, 주춧돌, 초석[2)], 코너스톤, 머릿돌
corner tower as a sentry post : 각루
cornice lighting : 코니스조명
cornice : 돌림띠, 처마장식, 코니스
cornucopia[그] : 코누코피아
cornucopia sofa : 코누코피아소파
Cornus zcontroversa controversa Hemsl[학] : 층층나무
coromandel lacquer : 코로만델래커

coromandel screen : 코로만델스크린
coromandel wood : 코로만델우드
corona(e)[그] : 코로나
coronet : 코로네트
corporate art : 코퍼레이트아트
corporate image : 기업이미지
corporated identity : 코퍼레이티드아이덴티드
corporationalism : 코퍼레이셔널리즘
corrected effective temperature ; CET : 수정유효온도
correlated color temperature ; CCT : 상관색온도
corridor access type : 코리더액세스타입
corridor : 복도
corridor floor : 복도층
corridor type office : 복도형 오피스
corrosion : 부식
corrosion-inhibiting admixtures : 방청제
corrosion prevention : 방식
corrosion proof materials : 내부식재, 내식재료
corrugated fastener : 파형죔쇠
corrugated form : 물결모양의 형태
corrugated iron sheet : 파형철판
corrugated sheet iron : 골함석
corrugated wired glass : 파형망입유리
cortile[이] : 뜰, 안뜰, 안마당, 코르틸, 코르틸레, 코틸레이
cosine : 코사인
cosmati : 커스마티
cosmos : 코스모스
cost : 코스트
cost plus : 실비정산
cost slope : 비용기울기, 코스트 슬로프
cot : 카트, 캇
cotangent : 코탄젠트
cottonwood : 미루나무
Cotswold School : 코츠월드학파
cottage : 코티지
cottage orne : 코티지오네
cotter : 메뚜기, 산지
cotter hole : 산지구멍
cotter pin joint : 산지이음
couch : 카우치
couchette[프] : 쿠셰트
couleur[프] : 색
couleur induisant[프] : 유도색
couleurs complémentaires[프] : 보색
coulisse : 쿨리스
coumarone resin : 쿠마론수지
counter : 카운터
counter bore : 맞따내김
counter ceiling : 달반자
counter culture : 카운터컬처
counter display : 카운터디스플레이
counter flashing : 굽도리널
counter pane : 침대덮개
counterpoint : 대위, 대위법
counterpoise : 상충(相衝)
counter service restaurant : 카운터서비스레스토랑
countersink : 카운터싱크
counter table : 카운터테이블
counter vault : 카운터볼트
country furniture : 컨트리가구
country hotel : 컨트리호텔
country house : 컨트리하우스
country style : 컨트리양식
country-yard house : 중정형 주택
couple : 우력(偶力)
coupled beam : 배합보
coupled column : 쌍기둥, 커플칼럼
coupled columns : 배합기둥
coupled window : 짝창
couplement : 커플먼트
coupling : 커플링
coupon room : 쿠폰실
course : 가로층, 코스
coursed random work : 바른층막쌓기
courses in masonry work : 돌나누기
court : 안마당, 중정, 코트
court cupboard : 코트컵보드
court house : 코트하우스

courting chair : 코팅체어
courting mirror : 코팅미러
courtyard : 안마당, 중정, 코트야드
cove ceiling : 굽인반자, 코브천장
cove flashing : 굽도리널
cove lighting : 코브조명
cove moulding : 코브몰딩
coved ceiling : 굽인반자, 코브드실링
coved vault : 코브볼트
cover of reinforcement : 철근피복
cover plate : 커버플레이트
covering depth : 철근피복두께, 피복두께
covering type furniture : 커버링식 가구
coverlet : 침대덮개
coving : 코브
cow horn stretcher : 소뿔형 다리버팀대
cowl : 카울
CP ; critical path : 시피, 크리티컬패스, 주공정선
CPM : 최단경로방식, 시피엠
Cr : 크롬
Crab Wood : 크랩우드
crack : 갈라짐, 균열, 크랙
crack pattern : 균열
crackle : 잔금내기
cradle : 요람
craft : 수공예, 크라프트
craguelure : 잔금내기
cramp joint : 은장이음
crane : 크레인
crapaud : 두꺼비의자
crape myrtle : 배롱나무
crash point : 크래시포인트
Crate chair : 크레이트의자
crater : 크레이터
crawl space : 포복공간
crazing : 잔금내기, 크레이징
cream : 크림색
creative design : 창조적 디자인
creative imagination : 창조적 상상
creativity : 창조력, 창조성
credence[프] : 크레덴스
credenza[이] : 크레덴자
creep : 크리프
creep's intensity : 크리프강도
crema marfil[tm] : 크레마마필
cremon bolt : 양꽂이쇠
crenel : 크레널, 크리넬
crenelatde molding : 총안몰딩
crenellated : 총안, 크레닐레이티드
crenellation : 크레닐레이션, 톱니모양
crenelle[프] : 크리넬, 크레널
creosote : 크레오소트
creosote oil : 크레오소트오일
crepidoma : 크레피도마
crescent : 초승달형 건물, 크레센트
crescent stretcher : 초승달형 다리버팀대
crescent-moon beam : 대들보, 대량
cresol : 크레졸
cresol resin adhesive : 크레졸수지접착제
crest : 마룻대장식, 머리장식
crest rail : 크레스트레일
cresting : 마룻대장식, 크레스팅, 머리장식
crewel : 크루엘, 털실자수
crewel work : 털실자수
crib : 유아용 침대
cricket : 크리켓
cricket table : 귀뚜라미테이블, 크리켓 테이블
crimson : 크림슨
criosphinx : 크리오스핑크스
crisscross curtain : 크리스크로스커튼
criterion : 표준
critical bulking load : 한계좌굴하중
critical frequency : 임계주파수, 한계주파수
Critical Path Method : CPM : 주공정 계획표, 크리티컬패스법
critical temperature : 임계온도
crockery : 도자기
crocket : 잎장식, 크로켓
crocketing : 크로켓팅
crocking : 크로킹
cromlech : 크롬렉

Cromwell period : 크롬웰의 통치시대
Cromwellian chair : 크롬웰체어
crook : 뒤틀림
croquis[프] : 크로키
cross : 십자가, 크로스
cross axis : 직교축
cross-banding : 크로스밴딩
cross beam : 도리, 들보, 량, 크로스빔
cross bridging : 크로스브리징
cross connection : 크로스커넥션
cross contour drawing : 크로스콘투어 드로잉
cross cutting : 횡절
cross fire : 크로스파이어
cross formée : 크로스포미
cross grain : 교주목리, 엇결
cross hatching : 크로스해칭
cross lap joint : 반턱맞춤, 십자형 반턱맞춤, 직각교차맞춤
cross light monitor : 모니터지붕채광
cross over : 크로스오버
cross rail : 가로대, 크로스레일, 횡대
cross rib : 교차리브
cross section : 횡단면도
cross stretcher : 십자형 다리버팀대, 엑스형 다리버팀대
cross vault : 교차궁륭, 십자형 궁륭
cross ventilation : 맞통풍
crosshatching : 해칭선
crossing : 교차부, 교차부쌓기, 십자교차부
crotch veneer : 크라치무늬목
crow's foot : 까마귀발
crown glass : 왕관유리, 크라운글라스
Crown Hall : 크라운홀
crown molding : 크라운몰딩
crown prince's residence : 동궁
crude rubber : 생고무
cruising : 크루징
crushed stone : 깬자갈
crux immissa : 크룩스이미사
crypt : 납골당, 크리프트, 크립트
cryptomeria japonica : 삼목
Cryptomeria japonica(L.fil) D.Don[학] : 삼나무
Crystal Palace : 수정궁
crystalline form : 크리스털 형태
crystalline glass : 크리스털글라스
crystallized glass : 결정화유리
crystallizing point : 응고점
CSCA ; Superior Council of Architectural College of Spain : 시에스시에이
cubic block : 큐빅블록
cubic effect : 입체감
cubicle system : 큐비클시스템
cubiculum[라] : 쿠비쿨룸
cubism(e)[프] : 입체주의, 입체파, 큐비즘
cubit : 큐빗
Cucumber tree : 미국목련
cul-de-four[프] : 컬드포
Cul de lampe : 람페
cull : 컬
culmination : 남중(南中)
cultural assets : 문화재
cultural properties : 문화재
culture : 문화
culvert : 암거
cuoule[그] : 쿠울
cup : 컵
cup and cover turning : 컵과 컵뚜껑형 선반가공재, 컵앤드커버터닝
cup and cover turning : 컵형 선반가구
cup shakes : 두리갈램
cup turned leg : 컵형 선반가공다리
cup turning : 컵터닝, 컵형 선반가공재
cupboard : 찬장, 컵보드
cupola : 큐폴라
cupola brick : 큐폴라벽돌
cupped leg : 컵형 다리
curator : 큐레이터
curb roof : 커브루프
cure : 보양, 양생
curing : 보양, 양생
curing shrinkage : 경화수축
curing temperature : 보양온도

curl veneer : 곱슬무늬목
curly grain : 무늿결
current : 전류
curricle chair : 이륜마차형 의자
curtail step : 커테일스텝
curtain : 막, 장막, 커튼
curtain box : 커튼박스
curtain design : 커튼디자인
curtain line : 커튼라인
curtain rail : 커튼레일
curtain runner : 커튼러너
curtain style : 커튼스타일
curtain wall : 커튼월
curtain wall construction : 커튼월구조
curule chair : 대관용 의자, 큐어럴의자
curule leg : 쿠룰레그
curve ceiling : 꺾인반자
curve line : 곡선
curve of candle-power : 배광곡선
curve of light distribution : 배광곡선
curve roof : 꺾인지붕
curve ruler : 곡선자
curve stairs : 꺾은계단
curved glass : 곡면유리
curved plywood : 곡면합판
curved surface show window : 곡면형 쇼윈도
curved surface : 곡면
curvilineal style : 곡선장식양식
curvilinear : 곡선형태
curvilinear style : 곡선양식, 곡선장식양식, 커빌리니어양식
curvilinear tracery : 곡선창살트레이서리
curvimeter : 커비미터
cushion capital : 받침주두, 쿠션상주두, 쿠션캐피털
cushion frieze : 쿠션프리즈
cusp : 커스프
cuspidation : 커스피데이션
cusping : 쿠스핑
custom millwork : 맞춤목공제품
customer satisfaction : 고객만족
customer's area : 고객권
cut glass : 새김유리, 컷글라스
cut lock : 파넣기식 자물쇠, 파넣은 자물쇠
cut nail : 커트못
cut off stop : 컷오프스톱
cut pile : 컷파일
cut stone : 절단석재
cut string : 따낸옆판
cutaway : 커터웨이
cut-off stop : 도려낸문버팀대
cut-out switch : 컷아웃스위치
cutting : 마름질
cutting brick : 벽돌마름질
CWQC ; Company-Wide Quality Control : 전사적 품질관리
cyan : 시안
cyan blue : 시안블루
cybernetics : 사이버네틱스
cycle graph : 사이클그래프
cycling : 사이클링
cyclobal anopsis myrsinaefolia : 가시나무
cycloid : 사이클로이드
cyclone : 저기압
cyclopean : 사이클로피안
Cyclopean masonry : 거석쌓기, 사이클로피안조적
cyclorama : 사이클로라마, 원형파노라마
cyclostyle : 사이클로스타일
cylinder front desk : 원통형 책상
cylinder illumination : 원통조도
cylinder lock : 실린더자물쇠
cylinder top desk : 원통형 책상
cyma[그] : 반곡, 사이머
cyma curve : 사이머곡선, 사이머커브
cyma recta : 사이머렉타
cyma recta moulding : 사이머렉타몰딩
cyma reversa : 사이머리버사
cyma reversa moulding : 사이머리버사 몰딩
cypher splat : 암호등받이세로대
cypress : 사이프러스, 노송나무

cyrtostyle : 실토스타일

【D】

D.P.G. system : 디피지공법
D.W.B. ; Der Deutsche Werkbund : 독일공작연맹
dabbed finish : 잔다듬
dacron : 데이크론
Dadaism(e)[프] : 다다이즘
dado : 다도, 데도, 데이도, 징두리판벽, 통
dado and rabbet joint : 단형 통맞춤
dado cap : 데도캡, 징두리테
dado joint : 통맞춤
dado rail : 징두리테
Dagobert chair : 다고베르의자
Dahurian larch : 북양낙엽송, 북양젓나무
dais : 데이스
dalbergia cearensis ducke : 킹우드
Dalbergia rutusa Hems. : 코코보로
Dalbergia sissoo Roxb[학] : 시수
daltonism : 달톤이즘
damascening : 대머스닝
Damascus work : 다마스커스워크, 대머스닝
damask : 다마스크
dammar : 다마르
Dammerstock Siedlung[독] : 다메르슈톡지들룽
damp proof course : 방습층
damp proof material : 방습재료
damp proofing : 방습
damper : 공기조절판, 댐퍼
dampproofing : 방습
damyo oak : 떡갈나무
dancette[프] : 당케트
dandelion : 민들레색
dandy : 댄디
Daniellia thurifera Benn : 파하로
Danish Modern : 데니시모던
Danish modern style : 덴마크식 모던양식
Dante chair : 단테형 의자
Dante sca : 단테형 의자
Dantesca : 단테스카
dao : 다오
dap : 댑
darby : 다비
Darex : 다렉스
dark adaptation : 암순응
dark ages : 암흑시대
dark blue : 다크블루
dark color : 암색, 저명도
dark stage : 다크스테이지
Darmstadter Sezession[독] : 다름슈타트세제션
dashed line : 쇄선
datum color : 기준색
davenport : 대븐포트
Davis-Gibson filter : 데이비스깁슨필터
day bed : 데이베드
day room : 데이룸
daylight : 주광
daylight factor : 주광률
daylight factor method : 주광률법
daylight source : 주광광원
daylighting : 자연채광, 주광조명, 채광
daylighting control equipment : 채광조절장치
dazzle : 현휘
De Stijl[네] : 데 스틸
dead area : 데드에리어
dead bolt : 데드볼트
dead knot : 죽은옹이
dead light : 데드라이트
dead load : 사하중
dead lock : 데드록, 본자물쇠
dead point : 사점
dead room : 데드룸
dead space : 데드스페이스, 사장공간
dead spot : 사점
dead storge : 데드스토리지
deadening : 방음장치

death mask : 데스마스크
debt capital : 부채자본
decagon : 데카건, 십각형
decalcomania : 데칼코마니아
décalcomanie[프] : 데칼코마니
decanter : 디캔터
decastyle : 데카스타일, 십주식
decastylos : 데카스튤로스
decay of sound : 음감쇠
decay rate : 감소율
decay resistance : 내부패성
decibel : 데시벨
decibel of sound : 음데시벨
deck : 덱
deck chair : 덱의자, 덱체어
deck glass : 데크글라스, 덱글라스
deck glass roof : 덱글라스지붕
deck plate : 데크플레이트, 덱플레이트
deck roof : 평지붕
decking : 덱킹
DECOMAS : 데코마스
deconstructivism : 해체주의
decorate : 데커레이트
decorate board : 치장널
decorated shed : 데커레이티드쉐드
decorated style : 데커레이티드스타일, 장식양식
decoration : 데커레이션, 장식
decorative art : 장식미술, 장식예술
decorative goods : 장식용재
decorative lamp : 장식전구
decorative lighting : 장식조명
decorative plywood : 치장합판
decorative tile standing at the end of roof ridge : 망와
decorator : 데커레이터
décors[프] : 무대장치
decoupage[프] : 데코파주
decumanus : 데쿠마누스
deep : 짙은
deep blue : 남색
deep ecology : 딥에콜로지
deep sensation : 심부감각
defect : 하자
definition of interior design : 실내 디자인 정의
deflection : 처짐
deformation : 변형
deformed bar : 이형봉강
deformed block : 이형블록
deformed brick : 이형벽돌
deformed rigid frame : 이형라멘
deformed steel bar : 이형철근
déformer[프] : 데포르메
degree day : 도일(度日)
degree hour : 도시(度時)
degree of saturation : 포화도
Degree−Kelvin ; °K : 켈빈온도
dehumidifier : 제습기
dekastylos : 데카스튤로스, 데카스타일
Delboeuf illusion : 델뵈프의 착시
delft blue : 델프트블루
delivered energy : 이차에너지
della rob−bia ware : 델라로비아세공품
deluge system : 델루지시스템
demi−column : 데미기둥
demi patera : 데미파테라
demi relief : 데미릴리프
demidome : 데미돔
demilune : 반달형 가구
demister : 데미스터
demiton[프] : 드미톤
demoiselle a atourner : 데마세이유아아뚜르네
demonstration : 실연전시
demonstration POP : 데몬스트레이션 피오피
den : 덴
dendrochronology : 나이테연대측정법
denim : 데님
densified laminated wood : 경화적층재
density : 비중
density of wood substance : 목재실비중
denticulation : 덴틸

drum : 드럼
drum table : 드럼테이블
drum tower : 고루
drum trap : 드럼트랩
dry air : 건공기, 건조공기
dry area : 드라이 에리어
dry bond : 메쌓기
dry bulb temperature ; DB : 건구온도
dry coat : 건코트
dry construction : 건식구조
dry fiberboard : 건식섬유판
dry joint : 드라이조인트, 빈줄눈
dry materials : 기건재
dry mix : 건비빔
dry pipe system sprinkler device : 건식스프링클러
dry pipe system : 건식파이프시스템
dry point : 드라이포인트
dry press process : 드라이프레스과정
dry process : 건식법
dry resultant temperature : 합성건구온도
dry shake finish : 건뿌림마감
dry sink : 드라이싱크대
dry tex : 건텍스
dry wall : 건식벽
dryer : 드라이어
drying oil : 건성유
drying shrinkage : 건조수축
dryrot : 건부식
dryvit : 드라이비트
drywall frame : 드라이월프레임
dual duct system : 이중덕트방식
dubbing : 고름질
dubbing out : 고름질
dübel[독] : 뒤벨, 듀벨
duchess : 뒤셰스
duchess bed : 뒤셰스침대
duct : 덕트
duct lighting methods : 덕트채광방식
duct rail : 덕트레일
ductile failure : 연성파괴
ductility : 연성
Duhamel's theorem : 두하멜의 정리
dull : 덜
dull colour : 탁색
dumbwaiter : 덤웨이터
dummy : 더미, 모의작업
dummy activity : 명목상작업
dump bin : 덤프빈
dump truck : 덤프트럭
dungeon : 던전
duomo[이] : 두오모
Duomo di Siena : 시에나대성당
Duomo Firenze : 피렌체대성당
duplex : 듀플렉스
duplex apartment : 듀플렉스아파트
duplex floor : 이중바
duplex headed nail : 이중머리못
duplex house : 듀플렉스하우스
duplex wall : 이중벽
duplicate : 듀플리키트
durability : 내구성
durable goods : 내구재
durable period : 내용연수
durable years : 내용연수
duralumin : 두랄루민, 듀랄루민
duramen : 심재
duration : 소요시간
Durham Cathedral : 더럼대성당
Durisol : 듀리졸
dust : 더스트, 진개, 진애
dust board : 먼지막이판
dust chute ; DC : 더스트슈트
dust ruffle : 더스트러플, 먼지막이주름장식
Dutch bond : 네덜란드식쌓기, 화란식 쌓기
dutch colonial : 더치콜로니얼
Dutch door : 네덜란드식 문
Dutch foot : 네덜란드식 발
Dutch leg : 네덜란드식 다리
dwarf arch : 드와프 아치
dwarf gallery : 드와프 갤러리
dwarf wall : 드와프월
drawing : 인발
dwelling : 주거

dwelling unit : 주호
dycloic mirror : 다이클로익미러
dynamic : 다이내믹
dynamic anthropometry : 동적 인체치수
dynamic dimension : 역동적 치수
dynamic display : 다이내믹디스플레이
dynamic fit : 동적 일치
dynamic load : 동하중
dynamic space : 동적 공간
dynamic unity : 동적 통일
dynamic visual acuity : 동시력
dynamics : 동역학, 동태
dynamism(e)[프] : 역동주의
dyne : 다인

【E】

eagle : 이글
Eames lounge chair : 임즈라운지체어
Eames side chair : 임즈보조의자
ear : 귀
Early American style : 초기미국양식
Early Christian architecture : 초기기독교 건축
Early English style : 초기영국양식
Early French style : 초기프랑스건축
Early Georgean style : 초기조지안양식
Early Renaissance style : 초기르네상스 양식
early wood : 춘재
earth leakage circuit breaker : 누전 차단기
earthenware : 도기, 도자기, 토기
earthenware pipe : 도관
earthware : 어스웨어
eased edge : 굴린 모서리, 이지드에지
easement : 이즈먼트
east dormitory : 동재
Eastern white pine : 스트로브잣나무
Eastlake style : 이스트레이크양식
Eastlake style furniture : 이스트레이크 가구
easy chair : 안락의자, 이지체어
easy order method : 이지오더방식
eave : 처마
eave supporter : 공포
eave supporter style : 공포양식
eaves : 이브즈, 차양
eaves course : 처마코스
Ebbinghaus illusion : 에빙하우스의 착시
Ebbinghouse figure : 에빙하우스도형
Ebéniste[프] : 에베니스트
Ebiara : 에비아라
ebo latch : 에보래치
ebonite : 에보나이트
ebony : 흑단
Ebony, Diospyros ebenum Koem[학] : 에보니
eccentricity : 편심
echinus : 이카이너스
echinus and astragal : 이카이너스와 애스트러걸
echo : 반향, 음반향
eclecticism : 절충주의
Ecocentrism : 생태지향주의
Ecofeminism : 에코페미니즘
Ecole d'Anjou[프] : 앙주파
Ecole de Nancy[프] : 낭시학파
Ecole de Paris[프] : 에콜드파리
École des Beaux-Arts[프] : 에꼴데보자르, 에콜데보자르
ecological architecture : 생태건축, 생태학적 건축, 이콜로지컬아키텍처
ecological refugee : 생태학적 난민
ecological theory : 생태심리학
ecologie[프] : 에꼴로지, 에콜로지
ecologism : 생태주의
ecology : 생태학
Ecology Urban : 생태도시
Eco-mark system : 에코마크제도
economizer cycle system : 이코노마이저 사이클 시스템

economy : 경제성
economy brick : 경제형 벽돌
ecopolis : 에코폴리스
ecran : 불가리개
écritoire[프] : 아크레뜨와르
écru[프] : 에크뤼
ectype : 모사
edge : 에지
edge butt joint : 맞댄쪽매
edge crack : 에지크랙
edge distance : 에지디스턴스, 연단거리
edge grain : 곧은결
edge joint : 맞대기이음
edge moulding : 모서리이음, 에지몰딩
edge press : 에지프레스
edge shaft : 모서리기둥
edger : 모서리용 흙손
edifice : 대건축물
Edwardian Louis XVI style : 에드워드 루이십육세양식
Edwardian style : 에드워드양식
Eerrera style : 에라라양식
effect : 이펙트
effective area : 유효면적
effective depth : 유효높이, 유효춤
effective flange width : 유효너비
effective length : 유효길이, 좌굴길이
effective length factor : 좌굴계수
effective section area : 유효단면적
effective span : 유효간사이, 유효스팬
effective temperature ; ET : 유효온도
effective temperature chart : 유효온도 도표
efficiency : 효율
efflorescence : 백화
effusive rock : 분출암
EFT ; Earliest Finishing Time : 이에프티
egg and dart : 난촉장식, 에그앤드다트
egg chair : 에그체어
egg craft : 알공예
egg stone : 어란석
eggcrate : 에그크레이트, 조립식 천장
egg's color : 계란색
eggshell : 에그셸
Egyptian architecture : 이집트건축
Egyptian style : 이집트양식
Ehrenstein illusion : 에렌슈타인착시
Eiffel tower : 에펠탑
einfühlung[독] : 감정이입
Einstein turm[독] : 아인슈타인타워
el : 엘[1], 엘자
elastic body : 탄성체
elastic limit : 탄성한계
elastic modulus : 탄성계수
elastic sealant : 탄성실런트
elasticity : 융통성, 탄성
elbow : 엘보우
electric appliance circuit : 전기기구 회로
electric arc welded carbon steel pipes : 배관용아크용접탄소강관
electric charge : 전하
electric curling : 전기양생
electric curing and protecting : 전기 보양
electric dumbwaiter : 전동덤웨이터
electric dust collector : 전기집진기
electric furnace : 전기로
electric motor : 전동기
electric power : 전력
electric protection : 전기방식
electric voltage : 전압
electric welding : 전기용접
Electrical Metallic Tubing ; EMT : 전기식 금속튜브
electrode : 전극
electrodeposition coating ; ED : 전착도장
electroencephalogram : 뇌파
electrolysis : 전기분해
electrolyte : 전해질
electrolytic corrosion : 전식
electromagnetic waves : 전자파
electromotive force ; emf : 기전력
electromyogram : 근전도

electroplating : 전기도금
element : 엘레먼트
elements : 요소
elements of design : 디자인요소
elevated tank : 고가탱크
elephant trunk leg : 코끼리코형 다리
elevated water tank : 고가수조
elevation : 엘레베이션, 입면
elevation drawing : 입면도
elevator : 엘리베이터
elevator hall : 엘리베이터홀
elevator shaft : 엘리베이터샤프트
elevator tower : 엘리베이터타워
ell : 엘[1], 엘자
ellipse : 타원
elliptic arch : 타원아치
elliptical arch : 타원형 아치
elm tree : 느릅나무
ema coat : 에마코트
embankment bank : 제언(堤堰)
embedded spaces : 삽입공간
emblem : 휘장
emblemata : 엠블레마타
emboss : 엠보스
emboss coating wallpaper : 엠보스코팅 벽지
emboss wall paper : 엠보스벽지
embossed glass : 무늬유리, 엠보스드글라스
embossing : 엠보싱
Embossing wall paper : 엠보싱벽지
embrasure : 엠브레이저
emerald green : 에메랄드그린
emergency exit : 비상구
emergency lighting : 비상조명
emergency stair : 비상계단
emphasis : 강조
emphasis color : 강조색
emphasis lighting methods : 강조조명 기법
Empire bed : 앙피르침대
empire green[프] : 앙피르그린
Empire style : 앙피르양식, 엠파이어양식, 제국양식, 프랑스제국양식
emulsifier : 유화제
emulsion : 에멀션
emulsion adhesive : 에멀션접착제
emulsion paint : 에멀션페인트
enamel : 에나멜, 칠보
enamel lacquer : 에나멜래커
enamel paint : 에나멜페인트
encaustic : 납화법
encaustic tile : 납화타일
enceinte[프] : 앙셍트
enclosed type : 인클로즈드타입
encoignure[프] : 모서리장
end crack : 마구리갈램
end distance : 엔드디스턴스
end effect : 단말효과
end fitting of yoke : 멍에투겁
end grain : 마구리결
end joint : 마구리이음
end lap joint : 반턱맞춤
end nail : 엔드네일
end table : 보조탁자
end tap : 엔드탭
end-piece ornament : 끝장식, 단금구, 선금구
engage : 주의끌기
engaged column : 인게이지드기둥, 인게이지드원주, 인게이지드 칼럼
engaged wall : 붙임벽
engineer : 기술공학자
engineered brick : 엔지니어벽돌
engineering : 공학
engineering plastic : 엔지니어링플라스틱
English bond : 영국식 벽돌쌓기
English cross bond : 영국식 가로질러쌓기
English garden : 영국식 정원
English Renaissance style : 영국르네상스 양식
engraving : 인그레이빙
engraving glass : 조각유리
engraving in relief : 양각
enneastyle[그] : 구주식, 에네아스타일

enrichment : 표면장식
entablature : 엔태블러처
entail : 음각
Entandrophragma candollei Harms. : 코시포
Entandrophragma utile Sprague[학] : 시포
entanglements : 가시철선
entasis : 배흘림, 배흘림기둥, 엔타시스
entasis of a column : 배흘림기둥
Enterolobium saman Prain : 레인트리
entertainment : 엔터테인먼트
enthalpy : 엔탈피
entrained air : 연행공기, 인트레인드에어
entrance : 문간, 입구, 현관
entrance hall : 현관
entrance room : 엔트런스룸
entrapped air : 인트랩트에어, 잠재공기
entropy : 엔트로피
entry space : 진입공간
envelope table : 편지봉투형 테이블
environment : 환경
environmenta sculpture : 환경조각
environmental architecture : 환경건축
environmental art : 환경예술
environmental assessment : 환경평가
environmental climate : 환경기후
environmental design : 환경디자인
environmental designer : 환경디자이너
environmental engineering : 환경공학
environmental graphic : 환경그래픽
environmental hormone : 환경호르몬
environmental image : 환경이미지
environmental industry : 환경산업
environmental light : 환경조명
environmental monitoring : 환경모니터링
environmental music : 환경음악
environmental sign : 환경계사인
environmental swap : 환경스와프
environmental temperature : 환경온도
epicrantis : 에피크란티스
epinaos : 에피나오스
Episcaenium[그] : 에피스카에니움
epoxide resin adhesives : 에폭시수지 접착제
epoxy bond : 에폭시본드
epoxy-coated reinforcing steel bar : 에폭시수지도장철근
epoxy mortar : 에폭시모르타르
epoxy paint : 에폭시계 도료, 에폭시페인트
epoxy resin : 에폭시수지
epoxy resin paint : 에폭시수지도료
épure[프] : 에피르
equal loudless curve : 등라우드니스곡
equation of time : 균시차
equi-energy spectrum : 등에너지스펙트럼
equilateral arch : 등변뾰족아치, 등변형 아치, 이퀼래터럴아치
equilateral pointed arch : 등변형 아치
equilateral triangle : 정삼각형
equilibrium : 균형, 평형
equilibrium moisture content : 기건함수율, 평형함수율
equipoise : 균배
equivalent reflectance : 등가반사율
equivalent temperature : 등가온도
equivalent warmth ; EqwT : 등온감각
Erechtheion : 에레크테이온
ergonomics : 감성공학, 에르고노믹스, 인간공학
ergonomics furniture : 인체계가구
erosion : 손식, 침식
eroticism : 에로티시즘
Ersatz architektur[독] : 에르사츠건축
Erythrophloeum micranthum Harms : 다리
escabeau[프] : 에스까보
escabelle[프] : 에스카벨르
escabellie[프] : 에스까베이유
escalation articles : 에스컬레이션조항
escalator : 에스컬레이터
escape equipment : 피난설비
escritoire[프] : 에크리트와르
escutcheon : 방패형 바탕장식

espagnolette[프] : 에스파뇰레트
espagnolette bolt : 양꽂이쇠
esquisse[프] : 에스키스
essences : 본질
essential conductance : 고유컨덕턴스
EST ; Earliest Starting Tme : 이에스티
estate bed : 에스테이트침대
estate chair : 에스테이트체어
esthetics : 미학
estimate : 견적, 견적서, 적산
estimation : 견적, 견적서
estimator : 견적인
estrangement phenomenon : 괴리현상
estrde[프] : 에스트라드
ET* ; New Effective Temperature : 신유효온도
ET ; Earliest node Time : 이티
étagère[프] : 에타제르
etching : 에칭
etching glass : 에칭유리
ethnic : 에스닉
ethnic furniture : 에스닉퍼니처
Ethos space system : 에토스스페이스 시스템
etiquette chair : 예식용 의자
Etruscan architecture : 에트루니아건축
Etruscan style : 에트루스칸양식
ettringgite : 에트링가이트
Euclayptus deglupta Blume : 카마레레
Euclidean space : 유클리드공간
eugenia jambolana Lamk[학] : 워터검
eupatheoscope : 유파씨오스코프
euro form : 유로거푸집
european red cherry : 귀룽나무
eurythmy : 동적 조화
eustyle : 우스타일
eustylos[그] : 에우스튤로스
evaluation : 평가
evaporation : 기화
even texture : 균질목조직
event : 결합점, 단계, 이벤트
evolutional architecture style : 진화적 건축양식
evolutional style : 진화적 양식
excitant color : 흥분색
excubitorium[그] : 엑스쿠비토리움
execution : 시공
exedra[이] : 엑세드라
exedrae[라] : 엑세드라에
exedre[프] : 에세드레
exhaust gas : 배기
exhaust of grille louver : 배기그릴
exhaust opening : 배기구
exhibition : 박람회
Exhibition Good Design : 굿디자인전
exhibition room : 전시실, 전시장
existent form : 실존적 형태
existential space : 실존적 공간
exit : 출구
exite : 익사이트
exonarthex : 엑소나르텍스
expand metal : 익스팬드메탈
expanded metal lath : 익스팬디드메탈 라스
Expanded Polystyrene, EPS : 발포 폴리스티렌
expanded view : 확대도
expansion : 신축, 팽창
expansion bolt : 팽창볼트
expansion cement : 팽창시멘트
expansion factor : 팽창률
expansion joint : 신축이음, 신축줄눈, 팽창이음, 팽창줄눈
expansion shield : 익스팬션실드
expansion sleeve : 익스팬션슬리브
expansion tank : 팽창탱크
expansion valve : 팽창밸브
expansive color : 팽창색
expert : 전문가
explosive rivet : 폭발리벳
EXPO ; Exposition : 엑스포
exposed aggregate finish : 노출마감골재
exposed tumbler switch : 노출텀블러스위치

exposition : 박람회
expression : 표현
expression style : 표현양식
expressionism : 표현주의
expressive art : 표현적 예술
expressive design : 표현주의적 설계접근
expressive space : 표현적 공간
extender : 증량제
extensible furniture : 확장식 가구
extension : 신전, 확장
extension bolt : 익스텐션볼트
extension line : 연장선, 치수보조선
extension rafter : 덧서까래, 부연
extension table : 연장테이블, 익스텐션 테이블
exterior : 익스테리어
exterior wall : 외벽
extra mild steel : 극연강
extra strong pipe : 고강도강관
extrados[이] : 엑스트라도스
extrusion : 압출성형
eye : 눈
eye height : 시고
eye point : 시점
eye stop : 아이스톱
eyeball : 아이볼
eyebrow : 눈썹지붕
eyelet : 아일릿
eyelet window : 아일릿윈도
eyesight : 시력
Eyong : 용

【F】

fabric : 짜임새, 천, 패브릭
fabric banner : 패브릭배너
fabric wallpaper : 직물벽지
fabric weave : 직조
fabrication assembling : 조립
facade : 파사드
façade[프] : 파사드
facade display : 파사드디스플레이
face : 면, 페이스
face brick : 미장벽돌, 치장벽돌
face nail : 페이스네일
face out : 페이스아웃
faceplate : 덮개
facilities planning : 시설계획
facility : 설비
Facility Management ; FM : 퍼실리티 매니지먼트
facing : 페이싱
facing brick : 미장벽돌, 치장벽돌, 페이싱 브리크
factory lumber : 수장재료
facts : 사실
fade in : 페이드인
fade out : 페이드아웃
Fagus crenata : 너도밤나무
Fagus grandigolia Ehrh[학] : 비치
Faguswerke[독] : 파구스구두공장
Fahrenheit : 화씨
faience[프] : 파양스
failure : 파괴
fair : 페어
fair-faced concrete : 치장콘크리트
fall front desk : 폴프런트데스크
Falling Water : 낙수장
false annual ring : 헛나이테
false ceiling : 달반자
false front : 가벽면
false heartwood : 위심재
false set : 헛응결
false window : 모양창
false wood : 나뭇결처리
false work : 가설작업
family brand : 패밀리브랜드
family life cycle : 라이프사이클
family make-up : 가족구성
family room : 가족실, 패밀리룸
family shrine : 가묘
fan : 송풍기, 팬

fan back Windsor chair : 부채형 등받이 의자
fan coil unit system ; FCU : 팬코일 유닛방식
fan design : 팬디자인
fan light : 부챗살창문, 팬라이트
fan motif[프] : 팬모티프
fan shape tenon joint : 부채장부맞춤
fan surging : 팬서징
fan tracery : 부챗살트레이서리
fan vault : 부챗살궁륭, 팬볼트
fan work : 팬워크
fancy : 환상
fancy furniture : 팬시퍼니처
fang bolt : 가시볼트
fanlight : 고창
Farbe[독] : 색
färben anordnung farbe[독] : 배색
farbenkonstanz[독] : 색각항상
farbtemperatur[독] : 색온도
farbton[독] : 색상
farbtonkreis[독] : 색상환
farbwiedergabe[독] : 연색성
Farnsworth house : 판스워스주택
Faro : 파하로
farongleiche wellenlange[독] : 주파장
farthingale chair : 파팅게일체어
fascia[이] : 띠모양의 벽면, 장식띠벽, 페이셔
fascine : 섶
fascine hurdle : 섶가지
fashion color name : 유행색명
fashion statement : 패션스테이트먼트
fast food restaurant : 패스트푸드레스토랑
fast pin hinge : 패스트핀힌지, 패스트핀정첩
fat mix : 부배합
fathom : 발[1)]
fatigue : 피로
fatigue failure : 피로균열
fatigue limit state : 피로한계상태
fatigue strength : 피로강도
fauces : 파우세스
faudesteuil[이] : 포데스테이유, 포테스테이유
fauteuil[프] : 포터이, 포틸
fauvism : 포비즘
Fauvism(e)[영][프] : 포비슴
favrile glass[프] : 파브릴글라스
feather board : 비늘판, 영식비닐판벽
feather glass : 페더글라스
Fechner color : 페히너컬러
Fechner's law : 페히너의 법칙
federal style : 연방양식, 페드럴양식
feed back : 반복, 피드백
feed back control : 피드백제어
feed water pump : 급수펌프
feel gray : 필그레이
feet : 피트
feldspar : 장석
felt : 펠트
felt back seat : 펠트 백 시트
feminine : 페미닌
fence : 울담
fender : 벽난로망, 펜더
fenestella : 페네스텔라
fenestration : 창내기, 창문내기, 창문배열
ferrite : 페라이트
Ferro cement : 페로시멘트
ferrous metal : 철금속
ferrule : 페룰
festoon : 꽃줄기장식, 꽃줄장식, 페스툰
fiber : 섬유, 섬유질
fiber board : 섬유판, 파이버보드, 섬유판재
fiber concrete : 섬유콘크리트
fiber glass : 섬유유리, 파이버글라스
fiber glass reinforced plastics : 강화플라스틱
fiber insulation board : 연질섬유판
fiber saturation point : 섬유포화점
fiber work : 섬유미술
Fibonacci proportion : 피보나치비례
Fibonacci series : 피보나치급수
fiddle back chair : 바이올린등받이의자, 피들백체어

field : 공사현장, 필드
field bed : 야전침대
field expense : 현장경비
field method : 필드공법
field mix : 현장배합
field of vision : 시계
field office : 현장사무소
field overhead expenses : 현장경비
field panel : 필드패널
field theory : 장이론
figure : 도[2), 도형, 형상
figure and ground : 그림과 바탕, 도형과 배경, 전경과 배경
figure ground : 형상배경
figured glass : 형판유리
filament : 필라멘트
filet[프] : 그물눈
filet lace[프] : 그물눈레이스
fill bar : 끼움쪽
filled insulation : 유연성단열재
filler : 충전제, 끼움쪽, 접합, 체질안료
filler coating : 눈메꿈도장, 필러도장
filler metal : 용가재
filler plate : 끼움목
fillet : 모살, 틈막이쪽매, 평몰딩, 평아치, 필렛, 필릿
fillet weld : 모살용접
filligree[이] : 필리그리
filling : 사춤
filling mortar : 사춤모르타르
fillister head : 필리스터헤드
fill-up concrete block : 거푸집콘크리트블록
fill-up concrete block structure : 거푸집콘크리트블록구조
film : 필름
film color : 필름색
film of paint : 도막
filon[프] : 파일론
filter : 필터
final stable posture : 최종안정자세
fine aggregate : 잔골재
fine art : 미술, 순수예술
fine ceramics : 파인세라믹스
fine grain : 가는결, 곧은결
fine texture : 고운목조직
fineness : 분말도
Fineness Modulus ; FM : 조립률
finger joint : 손가락맞춤, 손가락이음, 핑거조인트
finger joint machine : 핑거조인트머신
finial : 꼭지장식, 용마룻널장식, 파이니얼, 피니얼
finish : 마감
finish floor : 마감바닥
finish hardware : 창호철물
finish schedule : 마감표
finishability : 피니셔빌리티
finished joint : 덧댄이음
finished size : 마무리치수
finisher : 피니셔
finishing : 마무리
finishing carpentry : 수장
finishing nail : 피니싱못
fir abies firma[이] : 전나무
fire alarm system : 화재경보체계
fire back : 벽난로반사판
firebox : 화실
fire brick : 내화벽돌
fire clay : 내화점토
fire clay brick : 내화점토질벽돌
fire cut : 파이어컷
fire damper ; FD : 방화댐퍼
fire detection system : 화재감지체계
fire division wall : 방화벽
fire-dogs : 장작받침쇠
fire door : 방화문
fire escape : 외부피난계단
fire escape stair : 비상계단, 화재피난계단
fire escaping floor : 피난층
fire exit : 비상구
fire extinguisher : 소화기
fire hydrant box : 소화전상자
fire irons : 벽난로용 금속용구, 파이어아

이론
fire partition : 방화구획, 벽난로칸막이
fire place : 벽난로, 파이어플레이스
fire proof board : 방화용 보드
fire proof glass : 방화유리
fire proof gypsum board : 방화석고보드
fire proof paint : 방화도료
fire proof shutter : 방화셔터
fire proofing : 내화피복
fire proofing materials : 내화재료, 내화피복재료
fire proofing wall : 내화벽
fire protection : 방화구조
fire resistance mortar : 내화모르타르
fire resisting : 내화
fire resisting wall : 방화벽
fire resistive construction : 내화구조
fire retardant timber : 방화목재
fire screen : 벽난로가리개, 파이어스크린
fire stop : 방화칸막이
fire wall : 방화벽
fire window : 방화창
fireplace chair : 벽난로의자
fireside figures : 벽난로인물판
first angle projection : 제일각법
first coating : 초배지
first floor : 일층, 퍼스트플로어
fish bone diagram : 특성요인도
fish eye : 피시아이
fishplate : 덧판
fitch hole : 송진구멍
fitting list : 건구도
fitting room : 갱의실, 피팅룸
Five N : 파이브엔
Five S Service : 파이브에스서비스
fixed arch : 고정지점아치
fixed door : 붙박이문
fixed end : 고정단
fixed end beam : 고정단보
fixed end connection : 고정단접합
fixed fitting : 붙박이
fixed load : 고정하중
fixed sash window : 붙박이창
fixed sash : 픽스새시
fixed window : 고정창
fixture : 수장, 장비
flagging : 판석깔기
flagstone : 판석
flake : 플레이크
flake board : 플레이크보드
Flamboyant style[프] : 플랑부아양식, 불꽃양식
flammability : 인화도
Flanders : 플랑드르식
flange : 플랜지
flange pipe : 플랜지 파이프
flap hinge : 플랩힌지
flap table : 날개탁자
flare : 플레어
flare header : 플레어마구리
flared joint : 나팔이음
flash bolt : 플래시 볼트
flash over process : 플래시오버과정
flash point : 인화점
flashing : 물흘림, 비흘림
flashing setting : 순결
flat : 무광택, 플랫
flat arch : 평아치, 플랫아치
flat ceiling : 평천장
flat drawn sheet glass : 판유리
flat echo : 플랫에코
flat fee method : 균일요금제
flat glass : 보통판유리
flat grain : 나뭇결면, 널결
flat head : 평머리
flat head nail : 민머리못
flat joint : 민줄눈, 평줄눈
flat lump hammer : 날망치
flat plate : 플랫플레이트
flat roof : 평지붕, 플랫루프
flat slab : 무량판구조, 평판슬래브, 플랫슬래브
flat slab construction : 무량판구조, 평판구조

focus : 초점, 포커스
focusing : 집점
foil : 꽃잎장식문양, 포일
foilage : 나뭇잎장식문양
foiliation : 포일리에이션
foils : 잎무늬장식
folded plate structure : 절판식 구조
folded plates form : 접힌 플레이트 형태
folding bed : 접이식 침대, 접침대, 폴딩 베드
folding casement : 접이창
folding chair : 접의자, 접이식 의자, 폴딩 체어, 접문, 접이문, 폴딩도어
folding doors : 분합문
folding furniture : 접이가구
folding scale : 폴딩스케일
folding screen : 병풍, 폴딩스크린
folding stool : 폴딩스툴
folding table : 접이테이블
folding window : 접이창
fold-up bed : 폴드업베드
foliage scrolls : 당초문
foliate : 폴리에이트
folk art painting : 포크아트페인팅
folklore interior : 포크로어인테리어
folling tracery : 곡선창살트레이서리
folly : 폴리
font : 폰트
font dome : 각형 돔
foot : 가구의 발, 풋
foot light : 풋라이트, 푸트라이트
Foot Line ; FL : 족선, 풋라인
foot stool : 풋스툴, 푸트스툴
foot-candle : 풋캔들, 푸트캔들
footing beam : 기초보
footing of floor post : 동바리돌
foot-lambert : 풋람베르트
fora : 포라
force arm : 힘의 팔걸이
forced circulation system : 강제순환식 온수난방법
forced convection : 강제대류
forced ventilation : 강제환기
fore stage : 포스테이지
forecourt : 앞마당, 전정
foreground : 전경
foreman : 도편수
foreshortening : 원근단축법
forge : 단조
forging : 단금
form : 거푸집, 삼차원형태, 폼, 형식, 형태
form block : 거푸집블록
form block structure : 거푸집블록조
form chair : 폼체어
form decking : 거푸집덱킹, 폼덱킹
form follows Eco-system : 생태적 형태
form glass : 폼 글라스
form metamorphose : 형태변형
form of living room : 거실의 형태
form oil : 박리제
form tie : 폼타이
form tier : 긴결재
formal : 정식적
formal balance : 정형균형, 정형적 공간, 형식적 균형
formal composition : 형식적 구성
formal structure : 형식적 구조
formaldehyde : 포름알데히드
formalin : 포르말린
formalism : 형식주의
formalism architecture : 형태주의 건축
formed plywood : 곡면합판
formeret[프] : 포르므레, 포머릿
formica : 포마이커, 호마이카
forming : 포밍
forming agent : 발포제
forming wall paper : 발포벽지
form-work : 거푸집공사
Foro : 포로
Foro Romano : 포로로마노
forum : 광장, 포럼
foul water : 하수
foulding stool : 접걸상
foundation : 기초

foundation beam : 기초보, 지중보
foundation bolt : 기초볼트
foundation slab : 기초판
foundation wall : 기초벽
four centered arch : 사원아치
four element of color perception : 색지각의 사요소
four poster bed : 네기둥침대
Four S Principle : 포에스원칙
four way switch : 사로스위치
foveal vision : 중심시
fox bolt : 폭스볼트
fox wedge : 폭스웨지
foxtail wedge : 폭스테일웨지
foyer[프] : 포아에, 현관
fractable : 갓돌, 프랙터블
fracture : 파단
fragility : 취성
frailero[이] : 프라일레로
Fraké : 후라케
frame : 골조, 구체, 뼈대, 울거미, 프레임
frame construction : 틀구조
frame house : 목조건물
frame plan : 골조도
frame timber : 구조재
frame work : 골조, 프레임워크
framed structure : 가구식 구조, 골조구조
frameless door : 무테문
framework form : 틀구조형태
framing anchor : 프레밍앵커
framing elevation : 축조도
framing treatment : 화염처리
framing : 프레밍
Framire : 후라미레
france hinge : 프랑스정첩
France style : 프랑스양식
Franklin stove : 프랭클린난로
Fraxinus americana L. Fraxinus nigra Marsh[학] : 미국물푸레나무
fraxinus mandshurica rupr[학] : 들메나무
fraxinus mashurica[학] : 물푸레나무
Fraxinus spp.[학] : 애시
free access floor : 프리액세스플로어
free address office : 프리어드레스오피스
free end : 자유단
free fall : 낙하부어넣기
free float : 자유여유, 프리플로트
free form : 자유형식
free hinge door : 자재문
free market : 프리마켓
free open stack system : 자유개가식
free space : 자유공간
free water : 유리수, 자유수
free water in wood : 목재자유수
freedom sound space : 자유음장
freehand : 프리핸드
freehand drawing : 프리핸드드로잉
freestone : 연석
freezing mixture : 동결제
freezing point : 응고점
freight elevator : 화물용 엘리베이터
French arch : 프랑스식 아치
French blue : 프렌치블루
French bracket foot : 프랑스식 브래킷형 발
french burl : 프렌치벌
french curve irregular curve : 운형자
French door : 프렌치도어
French garden : 프랑스식 정원
French gray : 프렌치회색
French heading : 프랑스식 주름접기
French polish : 프랑스식 광택마감
French Provincial style : 프랑스지방양식
French roof : 프랑스식 지붕
French tile : 프렌치 타일
French window : 프랑스식 창
freon : 프레온
frequence range : 대역
frequency : 주파수, 진동수
fresco[이] : 프레스코
fresh concrete : 굳지 않은 콘크리트, 생콘크리트, 프레시콘크리트
fresh door : 목재문, 프레시도어
fresh energy curtain : 생에너지커튼

fret : 뇌문, 프랫, 프렛
fret lead : 납살
fretting : 격자세공, 프레팅
friction type connection : 마찰접합
frictional force : 마찰력
frictional resistance : 마찰저항
frieze : 프리즈, 소벽
frieze panel : 소벽패널
frieze rail : 소벽가로대
frill curtain : 프릴커튼
fringe : 프린지
fringe benefits : 부가급여
frmiana plataniforia[학] : 벽오동
front : 프런트
front counter : 프런트카운터
front desk : 프런트데스크
front office : 프런트오피스
front putty : 누름퍼티
front screen : 프런트스크린
frontispiece : 정면, 프런티스피스
frost damage : 동해
frost formation glass : 결상유리
frosted glass : 불투명유리
frosting : 무광택처리
F.R.P. : 에프알피
fruit festoon : 과일덩굴장식
fuchsia : 퓨셔
fulcrum : 팔크럼, 펄크럼
full mall : 풀몰
full mortise and tenon : 내다지장부
full penetration welding : 전체용착용접
full scale : 실척
full size : 실척, 원척, 현치
full size drawing : 원척도, 현치도, 실치수도
full spectrum : 완전스펙트럼광
full surface hinge : 풀서피스힌지
full through mortise and tenon joint : 내다지장부맞춤
Fuma : 후마
fume : 연기성 먼지, 퓸
fun furniture : 흥미로운 가구
function : 기능
function of department : 백화점의 기능
functional analysis : 기능분석
functional body dimension : 기능적 인체치수
functional color design : 기능배색
functional design : 기능적 디자인
functional diagram : 기능도
functional dimension : 기능적 치수
functional grouping : 기능적 배치
functional nature : 기능성
functional planning : 기능계획
functional résume : 실무이력서
functionalism : 기능주의, 펑셔널리즘
fundamental tone : 기본음
funerary stupa of Buddhist monk : 부도
funerary stupa of buddhist monk with circle oriented octagon : 팔각원당형 부도
fungus resisting paint : 곰팡이방지도료
funicular arch : 연력아치
funicular polygon : 다각형의 밧줄형태
furan resin : 푸란수지, 프란수지
furnished room : 퍼니시드룸
furnishing : 퍼니싱
furniture : 가구, 건구도
furniture arrangement method : 가구의 배치방법
furniture arrangement : 가구배치
furniture design : 가구디자인
furniture detail : 가구상세도
furniture drawing : 가구도, 가구드로잉
furniture materials : 가구재
furniture partition : 가구칸막이
furring : 띠장, 퍼닝
furring nail : 거멀못
furring strip of ceiling : 반자대
fuse : 퓨즈
fusible metal : 가용성 금속, 퓨즈
fusion-bonded carpet : 융합접합 카펫
fusion carpet : 퓨전카펫

fusion inlay : 퓨전인레이
fusion interior : 퓨전인테리어
fusion welding : 용접
future reseach : 미래학
futurism(e)[프] : 미래주의
futurismo[이] : 미래주의

【G】

gabbro : 반려암
gable : 게이블, 박공
gable board : 게이블보드, 박공널, 박공장식
gable house : 박공집
gable wall : 박공벽
gable window : 박공창
gabled ceiling : 맞배반자, 박공천장
gabled roof : 게이블드루프, 맞배지붕, 박공지붕
gabology : 가볼리지
gaboon : 가분
gadroon : 가드룬, 거드룬
gadroon moulding : 가드룬몰딩
gadrooning : 가드룬닝
gadrorn : 가드룬
gain : 게인
galerie[프] : 갤러리
galilee : 갤릴리, 소예배당
galleria : 갤러리아
gallery : 갤러리
gallery and corridor type : 갤러리 및 복도형, 갤러리 및 코리더형
gallery kitchen : 갤러리키친
galloon : 갤룬
galvanized iron : 양철
galvanized paint : 함석도료
galvanized plate : 아연철판
galvanized sheet iron : 함석
galvanized sheet plate : 함석판
galvanized steel plate : 갈바철판
gamblel roof : 갬브럴루프
game table : 게임테이블
gang form : 갱 폼
gang rip saw : 갱립소
gang seating : 갱시팅
ganister sand : 규사
gantt chart : 횡선식 공정표
ganzfeld[독] : 전시야
gap : 공극
Gapinol : 구아삐놀
garage : 차고
garden : 정원
garden chair : 가든체어
garden city : 전원도시
garden furniture : 가든퍼니처, 정원가구
garden stool : 정원용 스툴
garden wall bond : 정원벽쌓기
garde-robe : 가드로브, 가르드로브
garget bed : 가짓침대
gargouille[프] : 가고일
gargoyle : 가고일, 가르고일, 홈통주둥이
garland : 가랜드, 화환장식
garnering display : 수장전시
garnering exhibition : 수장전시
garnet : 석류석
garret(t) : 고미다락, 다락방
garth : 가르스
gas cromato graph : 가스크로마토그래프
gas pipe : 가스관
gas welding : 가스용접
gas welding joint : 가스압접이음
gas welding splice method : 가스압접 공법
gasket : 개스킷
gasolier : 가솔리에
gasoline interceptor : 가솔린조집기
gasoline trap : 가솔린 트랩
gate leg table : 게이트레그테이블
gate of nonduality : 불이문
gate post : 문기둥
gate valve : 게이트밸브
gateway : 대문

gathedrall glass : 개더드럴 글라스
gauge : 게이지
gauge cock : 게이지콕
gauge line : 게이지라인
gauged arch : 바른아치, 본아치
gauze : 거즈
gazebo : 가제보, 전망대, 정자
G. E. A. M ; Group d'Etude d'Architecture Mobile : 지이에이엠, 젬
geison[그][독] : 게이손, 가이존
gelatine : 젤라틴
gelation : 겔화
general color name : 일반색명
general contractor : 원도급자, 원청자, 제네콘
general corrosion : 전면식
general diffuse lighting : 전반확산조명
general drawing : 일반도
general excavation : 온통파기
general light : 전반조명
general lighting : 전반조명
general merchandise store ; GMS : 대중양판점, 양판점
general purpose circuit : 일반회로
general ventilation : 전반환기
general working area : 통상작업역
genuine metal : 순금속
Genus : 속
geodesic dome : 지오데식돔
geodesic form : 지오데식 형태
geometric : 기하학적
geometric design : 기하학무늬
geometric graph : 기하학적 그래프
geometric portion : 기하비례
geometric shape : 기하학적 형상
geometric style : 기하학적 양식
geometrical acoustics : 기하음향, 기하음향학
geometrical form : 기하학적 형태
geometrical optical illusions : 기하학적 착시
geometrical pattern : 기하학무늬
geometrical style : 기하학양식
Georgian : 조지안
Georgian architecture : 조지안건축
Georgian period : 조지안시대
Georgian style : 조지안양식
geotopia : 지오토피아
Gerber's beam : 게르버보
German Pavilion at the Inter national Exhibition at Barcelona : 바르셀로나만국박람회 독일관
German Romanesque architecture : 독일로마네스크건축
German silver : 양은
Geronggang : 게롱간
Gerutu : 게루투
gesamtkunstwerk[독] : 총체예술
gesims[독] : 게짐스
gesso : 제소
Gestalt[독] : 게슈탈트
Gestalt psychology : 게슈탈트심리학
Gestalt theory : 게슈탈트학
Gestalt's factor : 게슈탈트사법칙
gestaltung[독] : 구성, 디자인
gesture : 제스처
gesture drawing : 제스처드로잉
gewölbe[독] : 궁륭
Ghent : 겐트제단화
ghost line : 고스트라인
ghost pattern : 고스트패턴
giant arborviate : 미목
Giant dog wood : 층층나무
giant graphic : 자이언트그래픽
giant order : 자이언트오더
giant timber bamboo : 왕대
gib door : 지브도어
gibbs surround : 깁스장식
giebel[독] : 게이블
giga : 기가
gilded : 금박벽지
gilding : 금박장식, 도금
gilt wood : 금박목
gingerbread style : 진저브레드스타일

gingerbread : 진저브레드
gingham : 깅엄
Ginkgo biloba L.[학] : 은행나무
girandole : 지란돌
girder : 거더, 대들보, 보, 큰보
girt : 거트
girth : 층도리
Gizeh Pyramid : 기제피라미드
glare : 글레어, 눈부심, 현휘
glare index method : 글레어인덱스법
glare prevention of show window facade : 쇼윈도 전면의 눈부심 방지
glare zone : 글레어존
Glasgow Boys : 글래스고보이즈
Glasgow group : 글래스고그룹
glass : 유리
glass block : 글라스블록, 유리블록
glass box type : 글라스박스형
glass brick : 유리벽돌
glass ceramics : 결정화유리
glass curtain : 글라스커튼, 유리커튼
glass door : 유리문
glass fiber : 유리섬유
glass fiber reinforced concrete ; G. R. C : 섬유보강콘크리트
glass long wool : 유리장섬유
glass putty : 유리퍼티
glass roof tile : 유리기와
glass screen open window : 유리스크린 오픈형 윈도
glass screen window : 유리스크린윈도
glass tile : 글라스타일, 유리타일
glass wool : 글라스울, 유리면
glastonbury chair : 글라스톤베리의자
glaucophane : 남섬석
glazed roofing tile : 청기와
glazed tile : 글레이지드타일
glazing : 시유
glazing light : 글레이징조명
glazing light methods : 글레이징조명기법
glazing work : 유리공사
glin tile : 글린 타일
global local design : 글로벌로컬디자인
globe chair : 글로브체어
globe valve : 글로브밸브
G-loc splice : 지-록 스플라이스
glory : 글로리
gloss : 광택
gloss painting : 유광도장
glossiness : 광택
glove : 글로브
glove lighting : 글로브조명
glove thermometer : 글로브온도계
glow lamp : 글로램프
glow starter : 글로스타터
glow switch : 글로스위치
glue : 아교
glue lam : 집성목재
glue laminated timber : 집성목재
Gluta renghas L.[학] : 렝아스
glycerinephthalic acid resin : 글리세린프탈산수지
glyptal resin : 글립탈수지
gneiss : 편마암
goal of interior design : 실내디자인 목표
goals : 목적
goat hoof foot : 고트후프풋
Gobelins : 고벨린, 고블랭
Goddard : 고다드
godroon : 가드룬
gold : 금, 금색
gold leaf : 금박
gold mirror : 골드미러
gold rectangle : 황금비사각형
gold size : 골드 사이즈
gold size vanish : 골드 사이즈 바니시
golden : 골든
golden line : 골든 라인
golden oak furniture : 골든 오크가구
golden printing board : 골든 프린팅 보드
golden proportion : 황금비율
golden ratio : 황금비
golden roofing : 골든 루핑
golden section : 황금분할

golden space : 골든 스페이스
golf house : 골프 하우스
golftel : 골프텔
golgi tendon organ : 골기소체
Gollins Melvin Ward Partnership : 골린스멜빈워드파트너십
gondola : 간이달비계, 곤돌라
gondola bed : 곤돌라침대
gondola chair : 곤돌라의자
gondola end POP : 곤돌라엔드피오피
good design : 굿디자인
Good Form : 굿폼
goods coordinator : 상품코디네이터
goods planing : 상품계획
goods traffic line : 상품동선
gooseneck lamp : 구스넥램프
gopura : 고푸라
gorgeous : 고저스
Gothic : 고딕
Gothic arch : 고딕아치
gothic architecture : 고딕건축
Gothic revival : Partnership : 골린스멜빈워드파트너십, 고딕부흥양식
Gothic style : 고딕양식
gouache : 구아슈
gousche : 과슈
government artisans : 관장
government-constructed market : 시전
gradation : 계조, 그라데이션, 점이, 점증
grade : 그레이드, 물매
grade of aggregate : 골재의 입도
grade strip : 기준대
gradient : 경사
gradin(e) : 그라딘
grading : 고르기
grading plan : 경사평면
graffito : 그라피토
grain : 결, 나뭇결
grain pattern : 나뭇결무늬
grain stain : 나뭇결착색
grain storehouse : 곡간
graining : 나무무늬도장, 나뭇결처리, 나뭇결칠
granary : 곡간
grand arcade : 그랜드아케이드
grand residence : 고대광실
grand tier : 그랜드티어
grandfather chair : 그랜드파더체어, 대형안락의자, 하이백체어
granite : 화강암
granulated slag : 고로슬래그
granulated slag concrete : 고로슬래그콘크리트
granulated slag with crushed stone : 고로슬래그 쇄석
granulation : 그래뉼레이션, 누금세공
granule : 왕모래
graphic : 그래픽
graphic design : 그래픽디자인
graphic designer : 그래픽디자이너
graphic image : 그래픽이미지
graphic mode process : 표그래프식 공정
graphic scale : 그래픽스케일, 도형축척
graphic style process : 표그래프식 공정
graphic symbol : 그래픽심벌
graphite fiber : 탄소섬유
grass cloth : 갈포
grass green : 그래스그린, 풀색
grating grill : 격자
gravel : 자갈
gravity circulation : 중력식
gravity hinge : 중력식 정첩, 중력식 힌지, 중력감
gravure[프] : 그라비어
gravure wall paper : 그라비어벽지
gray : 회색조
gray body : 회색체
gray scale : 그레이스케일, 명도단계, 무채색단계표
gread beam : 지중보
grease trap : 그리스트랩
grease wood : 그리스우드
great circle : 대원
great hall : 그레이트홀, 중앙홀

grecian sofa : 그리스식 소파
Greco Roman : 그레코로만
Greco Roman style : 그레코로만양식
greece tile : 그리스식 기와
Greek : 그리스
Greek Architecture : 고대그리스건축, 그리스건축
greek cross : 그리스크로스
Greek Doric : 그리스도릭
greek furniture : 그리스가구
greek key pattern : 그리스키패턴
Greek Order style : 그리스 주범양식
Greek Revival style : 그리스부흥양식
greek theatre : 그리스식 극장
green : 녹색
green belt : 그린벨트
green building : 그린빌딩
green design : 그린디자인
green flower : 녹화
green flower head figure : 녹화머리초
green GNP : 그린지앤피
green lumber : 생목
green marketing : 그린마케팅
green office : 그린오피스
green room : 그린룸
greenfield conduit : 그린필드도관
greenheart : 그린하트
greenhouse effect : 그린하우스이펙트, 온실효과
Greenwich Time ; GT : 그리니치시
greige goods : 그레이지굿
grid : 격자, 격자선, 그리드
grid organization : 그리드배치
grid pattern : 그리드패턴
grid plan : 그리드플랜
grid planning : 격자계획, 그리드계획, 그리드플래닝
gridiron : 그리다이언, 그리드아이언, 그리디론
gridiron pattern : 그리드패턴
griffin : 그리핀
griffonnage[프] : 그리포나즈
grill : 그릴[1)]
grillage footing : 뗏목기초
grille : 그릴[2)]
grinding : 그라인딩
grip : 그립
grip bolt : 그립 볼트
grip joint method : 그립 조인트 공법
grisaille[프] : 그리자일, 그리자일유
grisciel[프] : 그리시얼
groin : 궁륭, 그로인
groin vault : 교차궁륭, 그로인볼트
grommet : 그로밋
groove : 도내기, 홈
groove and tongue : 제혀쪽매맞춤
groove welding : 홈용접
grooved and spline joint with exposed spline : 줄눈이 있는 딴혀쪽매
grooved plywood : 그루브합판
gross margin : 총마진
gross point : 그로스포인트
gross salary : 총급여
grotesque : 그로테스크
grotto[이] : 그로토
ground : 그라운드, 대지, 바탕, 배경, 접지
ground color : 바탕색
ground floor : 지반층, 지상층
ground glass : 불투명유리
ground line ; GL : 기선, 지면선
ground plane ; GP : 지표면
ground wire : 접지선
grounding electrode : 접지극
grounding outlet : 접지아웃렛
grounding plug : 접지플러그
Group 7 : 그룹세븐
group space office : 집단형 오피스
grouping : 군화의 법칙, 그룹핑
grouping of masses : 집합방식
grouping type office : 집단형 오피스
grout : 그라우트
grouted frame : 그라우티드 프레임
grouting : 그라우팅
growth rings : 나이테

groyne : 그로인
Gruppe ABC : 그루페아베체
Gruppo 7[이·독] : 그룹세븐, 그루포제테
guadamacileria : 과다마칠레리아
guarantee against defected : 하자담보
Guaranty Building : 개런티빌딩
guard rail : 난간두겁
Guarea cedrata Pellegr[학] : 보세
Guayacan : 구아야칸
Gucci : 구찌
gueridon[프] : 제리동
guéridóns[이] : 궤리돈
guest room : 객실, 게스트룸
guest room service restaurant : 객실 서비스레스토랑
Guibourtia arnoldiana J. Léonard[학] : 무테니에
guide pully : 가이드풀리
guide vane : 가이드베인
Guijo : 기조
Guild House : 길드하우스
guilloche[이] : 기요셰, 길로슈, 새끼줄장식, 이음고리장식
guillotine door : 길로틴 문
guimpe : 김프
gum : 고무
gum tile : 고무타일
gun metal : 포금
gundera[독] : 뾰족날망치
gunite : 거나이트, 건나이트
gusset plate : 거싯판, 거싯플레이트
guttae[그] : 굿타이, 거티, 구타에, 물방울 장식
gutter : 홈통
gypsum : 석고
gypsum board : 석고판, 집섬보드
gypsum plaster : 석고반죽, 석고플라스터, 석고플라스터바름
gypsum plaster board : 보드용 석고플라스터

【H】

Habitat Movement : 해비타트운동
habitation[프] : 아비타시옹
hachiku bamboo : 솜대
Hackberry : 팽나무
hades hall : 명부전
hadley chest : 해들리체스트
Hagia Sophia Cathedral : 하기아소피아 대성당
hair crack : 잔금, 헤어크랙
hair hygrothermo-meter : 모발습도계
hair interceptor : 모발조집기
hair trap : 헤어트랩
haircloth : 헤어클로스
hairline finish : 헤어라인 마감처리, 헤어라인의 표면처리
halation : 헐레이션
halbsäule[독] : 반원주
half bat : 반토막
half behind dovetail : 한편숨은주먹장틀 맞춤
half blind mortise and tenon joint : 짧은반장부맞춤
half block : 반블록
half circle rotary veneer : 반원로터리 베니어
half column : 반원기둥, 반원주
half hard steel : 반경강
half lap : 반턱이음
half mirror : 하프미러
half relief : 하프릴리프
half round : 하프라운드
half round gutter : 반원홈통
half round veneer cutting method : 하프라운드단판절삭
half round veneer : 하프라운드베니어
half slab : 하프슬래브
half span roof : 부섭지붕
half story : 중간층
half surface hinge : 반면붙이기식 힌지

half timber : 하프팀버
half timber construction : 반목재구조
half tone : 중간색조, 하프톤
half-mortise hinge : 반파넣기식 힌지
half-turn staircase : 중공계단
hall : 전, 홀
hall chair : 현관의자
hall church : 홀교회
hall clock : 현관시계
hall in the inner and private quarters of the royal palace : 내전
hall in the public quarters of the royal palace : 외전
Hall of confucius : 대성전
Hall of Eight Phases of the Buddha : 팔상전
hall of hundred columns : 백주전
hall of priest'portraits ; a building in a monastery compound to house portraits of venerated monks : 조사당
Hall of Sakyamuni : 대웅전
hall stair : 현관계단
hall with temporary spirit tablets of decreased kings and queens during 3 years : 빈전
hall with the portrait of the decreased kings and queens : 진전
Hallea ciliata Leroy[학] : 바히아
hallmark : 홀마크
hallway : 홀웨이
halo : 헤일로
halo effect : 후광효과, 후광조명
halogen lamp : 할로겐램프
Halon gas : 할론가스
halving : 반턱, 반턱이음
hamburger connection : 햄버거커넥션
hammer : 마치, 망치
hammer beam roof : 외팔들보지붕, 해머빔루프
hammer beam : 해머빔
hammer brace : 해머브레이스
hammer post : 해머포스트
hammer stone : 해머스톤
hammer tone : 해머톤
hammer tone enamel : 해머톤에나멜
hand : 감촉
hand-adze : 자귀
hand feed planer : 수압대패기계
hand mixing : 손비빔
hand rail : 난간
hand tool finish : 손다듬기
handle : 돌림손잡이, 손잡이
handrail : 계단난간, 난간두겁, 핸드레일
hanger : 감잡이쇠, 달대, 달쇠, 행거
hanger display : 행거디스플레이
hanger inflatable POP : 행거인플래터블피오피
hanger merchandiser : 행거머천다이저
hanger merchandiser dispenser : 행거머천다이저디스펜서
hanger POP : 행거피오피
hanger POP motion : 행거피오피모션
hanging : 행잉
hanging floors : 매단바닥구조
hanging Garden Babylon : 공중정원
hanging of ceiling : 달대
hanging over : 내물려쌓기
hanging post : 달대공
hanging roofs : 매단지붕구조
hanging scaffold : 달비계, 매단비계
hanging screen : 막
hanging structure : 매단구조
hanging valley : 현곡
hanker chief table : 손수건형 접이탁자
happy call : 해피콜
Harappa architecture : 하라파건축
Harbor hotel : 하버호텔
hard fiber board : 경질섬유판
hard light : 강광
hard maple : 단풍나무
hard oil putty : 하드오일퍼티
hard rolled paper : 하드롤지
hard rubber : 경질고무
hard stone : 경석

hard tex : 하드텍스
hard twist : 하드트위스트
hard urethane foam : 경질우레탄폼
hard vinyl chloride : 경질염화비닐
hard water : 경수
hard wood : 경목
hardboard : 하드보드
hardboard core plywood : 하드보드 코어합판
hard-burned : 하드번드
hardening : 경화작용, 담금질
hardening and heaping of earth : 판축
hardness : 경도, 경화
hardness test : 경도시험
hardware : 창호철물, 철물, 하드웨어
hardware cloth : 아연도철망
Hardwick Hall : 하드윅홀
hare wood : 헤어우드
harmonic progression : 조화수열
harmonic proportion : 조화비례, 조화적 비례
harmonic series : 조화급수
harmonica display : 하모니카전시
harmonica exhibition : 하모니카전시
harmonics : 배음
harmonie[독·불] : 조화
harmony : 조화, 하모니
harmony of contrast of scale : 대비단계의 조화
harmony of identity : 동일성의 조화
harmony of scale : 단계적 조화
Harrison, Fouilhoux and Abramvitz : 해리슨포일혹스아브람비치사무소
Harry method : 해리기법
harvest table : 하비스트테이블
hasp : 넓적걸쇠
hassock : 해소크
hatch : 해치
hatching : 해칭
hathor headed capital : 하토르기둥
haunch : 아치허리, 헌치, 홍예허리
haunched mortise and tenon joint : 단형장부맞춤
haunt relief : 고부조
Haus Koller chair : 하우스콜러의자
Haus-rucker Co : 하우스러커사
head : 창위틀
head joint : 마구리줄눈
head penetrating sill : 창방
head rest : 머리받침대
head room : 머리공간
head router : 헤드루터
head space : 머리공간
headboard : 머리판
header : 마구리, 마구리쌓기, 장선받이, 헤더
header bond : 마구리쌓기
heading : 헤딩
heading bond : 마구리쌓기
heading course : 마구리켜
headroom : 헤드룸
health ventilation : 건강환기
healthy housing : 건강주택
hearing : 청각기관
hearing defect : 청력장애
heart shake : 방사균열
heart shaped chair : 심장형 의자
heart wood : 심재, 적심재, 하트우드
hearth : 노상, 화덕
heat bridge : 열교
heat bridge phenomenon : 열교현상
heat cracks : 열균열
heat insulated cover : 보온통
heat insulating brick : 보온벽돌
heat insulating material : 보온재, 단열재료, 보온재료
heat insulating : 보온효과
heat insulation : 단열
heat insulation brick : 단열벽돌
heat insulation construction : 단열구조
heat insulation mortar : 단열모르타르
heat insulator : 보온재
heat island phenomenon : 열섬현상, 히트아일랜드현상
heat of hydration : 수화열

heat of radiation : 복사열
heat pollution : 열오염
heat proof : 내열성
heat pump : 지열원펌프
heat quantity : 열량
heat radiation : 열복사
heat radiation line : 열복사선
heat ray : 열선
heat reserving : 보온
heat reserving material : 보온재
heat resistant paint : 열방지도료
heat resisting paint : 내열도료
heat strengthened glass : 열강화유리
heat stress index ; H.S.S : 열스트레스 지수
heat transmission : 열관류
heat treatment : 열처리
heating degree day : 난방도일
heating load : 난방부하
heating proof materials : 내열재
heating surface : 전열면적
heavy aggregate concrete : 중량 콘크리트
heavy block : 중량블록
heavy duty : 헤비듀티
heavy metal : 중금속
heavy water : 중수
heavy weight aggregate : 중량골재
hectare : 헥타르
Hectopascal : 헥토파스칼
height : 높이
helicline : 헬리클라인
helix : 나선, 나선계단, 나선식, 헬릭스
Hellenistic : 헬레니즘양식
Helligkeit[독] : 밝기
helligkeit einer körperfarbe[독] : 명도
Helmholtz optical illusion : 헬름홀츠 착시
Helmholtz resonator absoebers : 헬름홀츠공명체
hemholz resonator : 공동공명기
hemihydrate plaster : 소석고
hemispherical : 반구체
hemlock : 헴록
hemlock spruce : 솔송나무
hemp : 마
hempseed oil : 마유
Henri II style : 앙리2세양식
hepa filter : 헤파필터
Hepplewhite style : 헤플화이트양식
heptastyle : 헵타스타일
Herculaneum : 헤르쿨라네움
Hering's four primary color theory : 헤링의 4원색설, 헤링의 반대색설
Hering Breuer reflection : 헤링브로이어 반사
Hering illusion : 헤링의 착시
herma : 헤르마
Herman Miller Furniture Company : 헤르만밀러가구회사
Hermann grid illusion : 헤르만그리드착시
hermetic : 기밀성
hero glyphics : 히에로글리피스
Herrera style : 헤레라양식
herringbone : 헤링본
herringbone joint : 엇빗이음
herringbone match : 헤링본매치
herringbone pattern : 헤링본패턴
hertz : 헤르츠
heuristic rules : 경험적 규칙
hex head : 육각머리
hex sign : 헥스사인
hexa : 헥사
hexadome : 헥사돔
hexagon : 육각형, 헥사건
hexagonal bars : 육각강
hexagonal pattern : 귀갑무늬
hexagram : 헥사그램
hexastyle : 헥사스타일
hickory : 히코리
HID lamp ; high intensity discharge lamp : 에이치아이디등
hidden line : 숨은선, 은폐선
hidden nail : 숨은못

hieraco sphinx : 히에라코스핑크스
hierarchy : 계급체계, 위계
hieratic : 성문자, 히에라틱
high-rise building : 고층건축
high altar : 성대, 주제단
high angle : 부감
high angle drawing : 부감도
high anticyclone : 고기압
high backed chair : 하이백체어
high bracket : 하이브래킷
high carbon steel : 고탄소강
high case : 하이케이스
high chrome steel : 고크롬강
high color : 고명도
high color rendering fluorescent lamp : 고연색성형광등
high contrast : 하이콘트라스트
high early strength portland cement : 조강포틀랜드시멘트
high frequence wave : 고주파
high frequency curing and protecting : 고주파양생
high frequency gathering machine : 고주파집성기
high intensity discharge lamp ; HID lamp : 고압방전등, 고강도방전램프
high key : 고도, 하이키
high lighting : 강조조명기법
high output fluorescent lamp : 고출력형광램프
High Performance Concrete, HPC : 고기능성콘크리트공법, 고성능콘크리트
high pressure laminated : 고압력라미네이트
high pressure mercury vapor lamp : 고압수은등
high pressure solidium lamp : 고압나트륨등
high rate trickling filter process : 고속살수여상방식
high relief : 고부조, 하이릴리프
high side lighting : 고창채광, 하이사이드라이팅
high solid lacquer : 하이솔리드래커
high speed elevator : 고속엘리베이터
high strength steel : 고장력강
high tank : 고가탱크
high tank system : 하이탱크식
high technology art : 하이테크놀로지아트
high tensible bar : 하이바
high tension aluminum alloy : 고력알루미늄합금
high tension bar : 고강도철근
high tension bolt : 고력볼트, 고장력볼트
high tension steel bar : 고력철근
high voltage : 고압
highboy : 하이보이
high-case lighting : 하이케이스조명
highlight : 고광, 하이라이트
highlight lighting : 하이라이트조명
high-rise city : 공중도시
hight hat : 하이햇
high-tech architecture : 하이테크건축
high-tech design : 하이테크디자인
high-tech pollution : 하이테크공해
high-tension : 하이텐션
high-tension bolt : 하이텐션볼트
high-tension concrete : 고강도콘크리트
highway lighting : 도로조명
hill house chair : 힐하우스의자
Himmelblau Coop : 쿠프
hinge : 지두리, 활절, 힌지
hinge butt : 정첩
hinge sile : 지두리대
hinge stile[그] : 힌지스타일
hinged door : 여닫이문
Hinoki : 노송나무
hip : 귀마루, 우동, 힙
hip and gable roof : 팔작지붕
hip knob : 피니얼
hip rafter : 가지지붕틀, 귀추녀
hip roof : 모임지붕, 우진각지붕
hipped : 힙
hipped and gabled roof : 합각지붕,

히프드앤드게이블드루프
hipped roof : 모임지붕, 히프드루프
Hisee lip : 히스립
Hispano-Mauresque : 히스파노무레스크
histogram : 히스토그램
historic preservation : 역사적 보존
historic site : 유지
historical remains : 고적
historicism : 역사주의
history archives : 사고
hither graph : 하이더그래프
Hittite architecture : 히타이트건축
Hobby Horse : 하비호스
Hochzeitsturm[독] : 성혼기념탑
hodological space : 호돌로지공간
hodometer : 노정계
Hoffman kiln : 호프만요
hog and eye pivot : 돌쩌귀
Hogarth chair : 호거드체어
hoist : 승강기, 호이스트
hoistway : 승강로
hold-down : 홀드다운
holden door : 홀든도어
hollow back : 따낸뒷면
hollow-backed : 뒷면파기
hollow brick : 공동벽돌, 구멍벽돌, 중공벽돌
hollow chisel mortizer : 각끌기계
hollow core door : 속빈문
hollow core slab : 동공슬래브
hollow sections : 공허체적
hollow tile : 중공타일
holograph : 홀로그래피
holonic : 홀로닉
holonic management : 홀로닉매니지먼트
holy ark : 성궤
holy of holies : 지성소
Homalium foetidum[학] : 말라스
home automation ; HA : 홈오토메이션
home bar : 홈바
home electronics : 홈일렉트로닉스
home maker : 홈메이커
home networking : 홈네트워킹
home office : 재택근무, 홈오피스
home shopping : 홈쇼핑
home stay : 홈스테이
home theater : 홈시어터
home value level : 홈명암레벨
Homo Faber[독] : 호모파베르
homo movence : 호모모벤스
Homo Sapience : 호모사피엔스
homocromatic after image : 등색잔상
homogeneity : 균질성, 동질성
Homoken : 호모켄
honeycomb beam : 허니콤빔, 허니콤보
honeycomb core flush door : 벌집심플러시도어
honey core plywood : 벌집심합판
honeycomb : 허니콤
honeycomb materials : 허니콤재
honeysuckle motif : 인동덩굴문양
honeysuckle ornament : 허니서클장식
hood : 차양, 후드
hood moulding : 후드몰딩
hoof foot : 발굽형발
hook : 후크, 훅
hook bolt : 갈고리볼트
hook bolt lock : 갈고리자물쇠
hook carpet : 훅카펫
hook nail : 갈고리못
hooked latch : 갈고리걸쇠
hooking rug : 고리짜임양탄자
Hook's law : 후크의 법칙, 훅의 법칙
hoop : 대근
hoop back chair : 굴렁쇠형 등받이의자, 후프백체어
hoop bar : 대근
hoop force : 위도선힘
hoop line : 위도선, 후프라인
Hopea sangal Korth.[학] : 메라왕
hopper : 호퍼
hopper light : 호퍼라이트
hopper window : 호퍼윈도
horizon : 수평선

horizontal blind : 수평블라인드, 수평적 블라인드
horizontal brace : 하늘가새
horizontal bracing : 귀잡이
horizontal bracing beam : 귀잡이보
horizontal exit : 수평비상구
horizontal intensity distributing curve : 수평배광곡선
horizontal joint : 가로줄눈
horizontal line : 수평선
horizontal louvre : 수평루버
horizontal shearing stress : 수평전단응력
horizontal stiffener : 수평스티프너
horizontal type signboard : 가로형 간판
horizontal visual field : 수평시야
horizontal working area : 수평작업역
horizontally sliding window : 미세기창
horn beam : 개서어나무, 까치박달, 미국서어나무, 서어나무, 자작나무
horn beam color : 자작나무색
horn furniture : 각재가구
hornblende : 각섬석
horse dressing glass : 슈발거울
horse screen : 벽난로가리개
horseshoe arch : 말굽형 아치, 호스슈아치
horseshoes arch : 말발굽형 아치
hortus : 호르투스
hospice : 호스피스
hospice care : 호스피스케어
hospital hinge : 병원정첩
hospital hotel : 병원호텔
hospital window : 호스피탈윈도, 호퍼윈도
hostel : 호스텔
hot air seasoning : 열기건조
hot lacquer : 핫래커
hot metal : 용선
hot rolled steel : 열간압연강재
hot rolled steel plates : 열간압연강판
hot spot stress : 핫스폿응력
hot water apparatus : 급탕설비
hot water heating : 온수난방
hot weather concrete : 서중콘크리트
HOT ; Humid Operative Temperature : 습작용온도
hotel machine : 호텔머신
hotel/mobile office : 호텔/모빌오피스
hot-roll : 열간압연
hourly wage : 시간제급여
house agency : 하우스에이전시
house bed : 하우스베드
house building : 가옥
house curtain : 하우스커튼
house for multiple-house hold : 다가구주택
house light : 하우스라이트
house of installment sale : 분양주택
House of Medici : 메디치가
house reacted over a monument : 비각
house return system : 하우스리턴제
house style : 하우스스타일
house trap : 가옥트랩
house with a log frame : 귀틀집
house with a water clock : 보루각
house with several wings : 겹집
house with square girder : 각도리가
household shrine : 가묘
housing : 주택, 하우징
Howe truss : 하우트러스
Howell, Killick, Partridge and Amis : 하웰·킬릭·파트리지·아미스
HPC method : 에이치피시공법
H-stretcher : 에이치형 다리버팀대
hub : 중추, 허브
hub concept airport : 허브개념공항
hue : 색상
hue circle : 색상환
hue circuit : 색상환
hue contrasts : 색상대비
hue key : 색조
Hugenottenstil : 위그노양식
human bioclimatology : 인문생리기후학
human engineering : 휴먼엔지니어링
human factor : 인적요인, 휴먼팩터
human measurement : 인체측정

human scale : 인체척도, 휴먼스케일
humanism modern : 휴머니즘모던
hume concrete pipe : 흄관
humid air : 습공기
humidifier : 가습기
humidistat : 습도조절기
humidity : 습도
humidity ratio : 질량절대습도
hung span : 헝스팬
Hungarian activism : 헝가리행동주의
hunting pink : 진홍색
Hura crepitans L.[학] : 아사쿠
hurricane anchor : 허리케인앵커
hurricane lamp : 허리케인램프
hurricane tie : 허리케인타이
husk ornament : 허스크장식문양
hut : 막
hutch : 허치
HVAC : 에이치브이에이시
HVAC systems : 에이치브이에이시시스템
hybrid beam : 하이브리드빔
hybrid structure : 하이브리드구조
hydrant : 소화전, 하이드런트
hydration : 수화반응, 수화작용
hydraulic cement : 수경성시멘트, 수경시멘트
hydraulic lime : 소석회
hydraulicity : 수경성
hydria : 히드리아
hydrocarbon : 탄화수소
hygrometry : 하이그로메트리
hylé : 질료
Hymenaea courbaril L.[학] : 구아삐놀
hypalon : 하이펄론
hyper extension : 초확장
hyperbola : 쌍곡선
hyperbolic : 하이퍼볼릭
hyperbolic paraboloid roof : 쌍곡포물선 지붕
hypermarket : 하이퍼마켓
hyperrealism : 하이퍼리얼리즘
hypethral : 하이페트랄
hypo style : 하이포스타일
hypocaust : 구들방식난방장치, 온돌, 하이포코스트
hypothesis : 가설
hypotrachelium : 하이포트라켈리움

【 I 】

I-beam : 아이빔
ice green : 아이스그린
ice terminal storage system : 빙축열 시스템
icon : 성상, 아이콘
iconoclastic movement : 이코노클라스틱 운동
iconology : 이코놀로지
iconostas : 아이코노스타스
iconostasis : 아이코노스타시스
icosa : 아이코사
ID : 아이디
idea finding : 발상법
idea sketch : 아이디어스케치
ideal : 이상
ideal form : 이념적 형태
idealism : 이상주의
identity : 아이덴티티
IFI : 아이에프아이
igneous rock : 화성암
ignition : 발화, 인화
ignition loss : 강열감량
ignition point : 발화점
IIT : 아이아이티
Il palazzo : 일팔라초
illuminant : 발광체
illuminate color : 광원색
illuminated ceiling : 천장조명
illuminating color : 조명색
Illuminating Engineering Society ; IES : 아이이에스
illumination : 조도, 채색장식

illumination meter : 조도계
illumination plan : 조도계획
illusion : 일루션, 착각, 착시
illustrate : 일러스트레이트
illustration : 일러스트레이션
illustration board : 일러스트레이션보드
Ilomba : 이롬바
image : 심상, 이미지
image consumption : 이미지소비
image display : 이미지 디스플레이
image sketch : 이미지 스케치
image strategy : 이미지전략
imageability : 이미지어빌리티
imaginary line : 가상선
imagination : 상상력
imaging color : 이미지배색
imbrex : 임브렉스
imbrication : 비닐문양
imitation[프] : 이미테이션, 모방
imitation stone : 모조석
imitation stone finish : 모조석바름
imitation wood : 모조목
impact : 임팩트
impact brittleness test : 충격취성시험
impact noise : 충격소음
impact resistance : 내충격성
impact sound : 고체전파음
impact strength : 충격강도
impedance : 임피던스
imperfect arch : 불완전아치
imperial villa. : 이궁
imperial yellow : 임페리얼옐로
implement : 도구, 충족
impluvium : 임플루비움
impost : 임포스트, 홍예굽
impressionism : 인상주의
improved wood : 개량목재
inactive structure : 비활성구조
Inca architecture : 잉카건축
incandescent filament lamp : 백열전등
incandescent lamp : 백열등, 백열전구
Incense Cedar : 인센스시더
incentive : 인센티브
inch : 인치
incidence : 입사
incident : 부수
incident light : 입사광속
incised : 음각, 인사이즈드
inclination angle : 물매
inclination pitch : 구배
incline : 물매
incombustibility : 난연성
incombustible materials : 난연재료
incombustible plywood : 난연합판
incombustible transaction : 난연처리
incomplete combustion : 불완전연소
incrustation : 인크러스트테이션
indentation of Brinell : 브리넬타각법
indented moulding : 인덴티드몰딩
Independants[프] : 앙데팡당
independent chimney : 독립굴뚝
independent column : 독립기둥
independent fire place : 독립형 벽난로
independent float : 인디펜던트플로트
independent float ; INDF : 독립여유
Independent Group : 인디펜던트그룹
independent type window : 독립형 윈도
index : 지표
index barometer : 척도
India print : 인디아프린트
indicial admittance : 단위응답
indigenous : 토산물
indigo : 남색, 인디고
indirect action advertising : 간접광고
indirect construction cost : 간접공사비
indirect daylight factor : 간접주광률
indirect glare : 간접글레어
indirect heating water boiler method : 간접가열식 급탕방식
indirect illumination : 간접조도
indirect lighting : 간접조명
indirect load : 간접하중
indirecting heating : 간접난방
indiscreet : 인디스크릿

individual circuit : 개별회로
individual color name : 관용색명
individual distance : 개인거리
individual negotiation : 특명입찰
individual vent pipe : 각개 통기관
indohurries : 인도산융단
indoor illumination : 실내조도
Indoportugese style : 인도포르투기즈양식
inducing color : 유도색
induction unit system : 유인유닛방식
induced movement : 유도운동
industrial arts : 공예
industrial arts objects : 공예품
industrial design : 공업디자인, 공예예술, 산업디자인, 인더스트리얼디자인
industrial designer : 공업디자이너
industrial music : 산업음악
industrial scrapped material : 산업폐기물
industrial standard : 공업표준화
industrial waste matters : 산업폐기물
inert gas : 불활성가스
inertia : 관성
inertia coefficient : 질량계수
inferential information : 추론정보
infill system : 가변요소
infiltration : 극간풍, 틈새바람
inflection : 변경, 변곡
inflection point : 반곡점, 변곡점
informal structure : 비형식적 구조
information society : 정보화사회
informel art[프] : 앵포르멜미술
infrared radiation : 적외선
infrared ray absorbent glass : 적외선흡수유리
infrared ray transmitting glass : 적외선투과유리
infrasonic noise : 초저주파소음
infra-structure : 인프라스트럭처
inglenock : 잉글누크
inglenook : 노변
ingot steel : 강괴
ingrain : 인그레인
inherence color : 고유색
initial cost : 이니셜코스트
initiation : 초기화
injector : 인젝터
inking : 잉킹
inlay : 상감
inner bark : 내수피
inner entrance hall : 내현관
inner form : 내부형태
inner hearth : 내부노상
inner room : 내실
inner waterproof : 안방수
innovative design : 혁신적 디자인
inorganic compound : 무기화합물
inorganic fiber board : 무기질섬유판
insecticide net : 방충망
inside landscape : 인사이드랜드스케이프
inside scaffold : 내부비계
insol : 불용해잔분
insoluble residue : 불용해잔분
inspector : 인스펙터
installation : 설치
instrument : 도구
instrumentation : 계장
insulating concrete : 단열콘크리트
insulating fire brick : 내화단열벽돌
insulating glass : 단열유리
insulation : 단열재료, 보온
insulation material : 절연재료
insulator : 애자, 절연체
insula : 인슐라
intaglio[이] : 음각, 인타글리오, 인테글리오
intaille[프] : 음각
intarsia[이] : 인타르시아
integrate : 통합
integrated ceiling : 일체식 천장
integrity : 완전성
integrity reflecting body : 완전반사체
intelligent : 인텔리전트
intelligent apartment : 지능아파트
intelligent building system : 인텔리전트 빌딩

intelligent housing : 인텔리전트주택
intelligent kitchen : 인텔리전트키친
intelligent materials : 인텔리전트재료
intelligent robot : 지능로봇
intelligent sensor : 인텔리전트센서
intensity distribution : 배광
intensity of compressive stress : 압축응력도
intention : 행위의도
inter : 인터
inter coursing : 상호관입
inter gutter : 안홈통
intercellular space : 세포간극
interceptive wall : 차단적 벽체
interceptor : 조집기
intercolumniation : 기둥간격배치, 기둥사이, 인터컬럼니에이션, 경간
interdesign : 인터디자인
interdome : 인터돔
interest : 흥미
Interface : 인터페이스
interference : 간섭
interference color : 간섭색
interference reflection : 간섭반사
interfering float : 간접여유, 인터퍼닝 플로트
inter flection : 상호반사
interieur[프] : 실내화
interior : 인테리어
interior architecture : 실내건축
interior carpenter : 내장목공
interior color : 인테리어컬러
interior coordinator : 인테리어 코디네이터
interior decoration : 내부수장, 실내장식
interior decoration plywood : 내장용 합판
interior design : 실내디자인, 인테리어 디자인
interior designer : 실내디자이너, 인테리어 디자이너
interior elevation : 실내전개도
interior environment : 실내환경
interior extending : 실내전개도
interior fabrics : 인테리어패브릭스
interior finish work : 내장공사
interior finishing materials : 내장재
interior layout : 실내배치도
interior maintenance management : 실내유지관리
interior space : 내부공간
interior tall column : 고주
interior tile : 벽타일
interior trim : 실내장식부재
interior wall : 내벽
interlace : 엮음장식
interlaced arch : 교차된 아치
interlaced arches : 교차아치
interlaced chair back : 엮음장식 등받이
interlaced ornament : 겹쳐진 장식
interlacing arcade : 엮음아케이드, 인터레이싱아케이드
interlacing arch : 인터네이싱아치
interlocking spaces : 맞물린 공간
intermediate column : 중간기둥
intermediate key : 중명도
intermediate wood : 이행재
internal air temperature : 내부기온
internal dormer : 인터널도머
internal treatment : 내루
international architecture : 국제건축
International Brutalism : 국제적 브루탈리즘
International Design Congress : 국제디자인회의
International Federation Interior Designers : 국제인테리어디자이너연맹
International Society of Interior Designers ; ISID : 국제실내디자이너협회
international style : 국제양식, 인터내셔널 스타일
internationalism style : 국제주의양식
interpenetration : 관입
intersecting arcade : 엮음아케이드
intersecting triangular ceiling : 모줄임

천장
intersection : 교차
intersection type recilinear : 직교식 선형체
intersection vault : 교차궁륭
interstice : 인터스티스
interstitial condensation : 내부결로
intertrigrief : 인터트라이글리프
interval : 간, 간격
intimate distance : 밀접거리
intrados : 인트라도스
intredos : 안둘레
Intsia palembanica Miq[학] : 멀바우
intuition : 직관
intuitive approach : 직관적 접근방법
intumescent paint : 팽창페인트
inundate : 이넌데이트
inventer turnover ratio : 상품회전율
inverted arch : 거꾸로아치
inverted bowl : 복발
invisible hinge : 숨은정첩
invisible ray : 불가시광선
invisible structure : 비가시적 구조
invoice : 인보이스
inward opening : 안여닫이
Ionic order : 이오니아식 오더, 이오닉 양식, 이오닉오더
Ionian order style : 이오니아주범양식
Ipê Roxo : 이뻬록소
iridescent glass : 무지갯빛유리
iris : 붓꽃색, 홍채
Iroko : 이로코
iron : 철
iron hydroxide : 수산화철
iron ore : 철광석
iron oxide pigment : 산화철안료
iron rail : 철정
iron steel plate : 철판
iron wood : 철도목
ironwork : 철제세공
irradiation : 광삼
irregular reflection : 난반사
irregular rigid frame : 부정형 라멘
ISCC-NBS ; Inter Society Color Council-National Bureau of Standard Color Name's Method : 아이에스시시-엔비에스색명법
ischial tuberosities point : 좌골결절점
Islam : 이슬람교
Islamic architecture : 이슬람건축
island bed : 아일랜드침대
island display : 아일랜드전시
island kitchen : 아일랜드키친
isle of man stretcher : 만섬형 다리 버팀대
isochrome : 등색도계열
isochrome series : 등순색계열
isointerval wave length : 등간격파장법
isolated footing : 독립기초
isolation material : 절연재료
isometric : 등각투영, 등축투상, 아이소메트릭
isometric drawing : 등각투영도, 등축투상도
isometric projection : 등축투상도
isothermal line : 등온선
isotint series : 등백색계열
isotone series : 등흑색계열
ISO type : 아이소타입
isovalent series : 등가색환계열
Italian Baroque Style : 이탈리아바로크 양식
Italian garden : 이탈리아식 정원
Italian Renaissance Architecture : 이탈리아르네상스건축
Italian Renaissance Style : 이탈리아르네상스양식
Italian rococo furniture : 이탈리아 로코코가구
ivory : 아이보리
ivory color : 상아색
iwan : 이완
IX chart : 아이엑스선도
Izombé[프] : 이좀베

【J】

Jabot[프] : 자보
jack : 잭
jack arch : 평아치
jack knife sofa bed : 잭나이프소파베드
Jack pine[학] : 방크스소나무, 재크파인
jack plane : 막대패
Jacobian style : 자코비안양식
jacquard : 자카드
jacquard design : 자카드디자인
jade : 비취색
jalousie[프] : 잘루지, 잴루지
jalousie window : 비닐창, 잴루지창
jamb : 문선, 문설주, 벽선, 선틀, 수직선틀, 잼
jamb anchor : 선틀앵커, 잼앵커
jamb shaft : 문설주기둥
jamb stone : 잼스톤
Jananese Quercus serrata Thunb[학] : 졸참나무
Janenese elm : 느릅나무
Janus : 야누스
Japan pagoda tree : 회화나무
Japanese black pine : 곰솔
Japanese ceder : 삼나무
Japanese cypress : 노송나무
Japanese larch : 일본잎갈나무
Japanese torreya : 비자나무
Japanism : 일본주의
Japanning : 일본식 칠, 재패닝
Japonaiserie : 자포네제리
Jardinière[불] : 자르디니에르
jardinière table : 자르디니에르탁자
jardinière velvet : 자르디니에르벨벳
Jarrah wood : 자라목재
jasper : 벽옥, 재스퍼
Jasper ware : 재스퍼도자기
Jastrow illusion : 자스트로착시
Jastrow's illusion : 야스트로의 착시
jelutong : 젤루통
Jequitibá : 제퀴티바
Jersey pine : 버지니아소나무
jesting beam : 장식들보
Jesuitical style : 제수이트양식
jet burner treatment : 제트버너처리
jet cement : 제트시멘트
jet water effect : 분수효과
jetty : 방파제형 위층, 제티
jib door : 지브도어
jig saw : 실톱
jig saw mirror : 실톱거울
job : 작업, 활동
job coordination : 시공정합
job mix : 현장배합
job site : 공사현장
joggle : 장부, 장부촉, 조글, 촉
joggle post : 장부대공
joggled arch : 턱물림아치
John Hancock Center : 존핸콕센터
joiner : 소목장, 조이너
joiner's work : 창호공사
joinery : 목공작업, 수장
joint : 널쪽매, 맞춤, 이음, 이음매, 절리, 절점, 접합, 줄눈, 쪽매
joint compound : 조인트컴파운드
joint of framework : 절점
joint of lumber : 목재접합
joint partition : 연결칸막이
joint plan : 줄눈나누기
joint plywood : 널쪽매합판
joint putty : 조인트퍼티
joint stain : 줄눈착색
joint venture, J. V. : 공동도급
jointing of board : 널쪽매
jointing of successive pours : 이어붓기
joist : 보, 장선, 조이스트
joist anchor : 조이스트앵커
Jongkong : 종콩
joule : 주울
Joule's law : 줄의 법칙
Judd's Principles : 색채조화의 공통원리
judgment : 판단

Jugendstil : 유겐트스틸
juggle : 꽂임촉
Juglans mandshurica Maxim[학] : 가래나무
Juglans nigra L.[학] : 흑호두나무, 호두나무
Juglans sinensis Dode[학] : 월넛
Juhani pallasma : 주하니 파라즈마
jumble display : 점블디스플레이
jumbo brick : 점보벽돌
junction : 접합
junction box : 접속상자
Juniperus chinensis L[학] : 향나무
Juniperus communis var. nipponica[학] : 곱향나무
Juniperus rigida[학] : 노간주나무
Juniperus virginiana L.[학] : 미국향나무
juxtapose : 병렬
juxtaposition : 병치
juxtapositional mixture : 병치혼합

【K】

Ka'ba : 카바
Kabreeol[프] : 캐브리올레
Kakiemon : 까끼에몬
Kalantas[필] : 카란타스
kali[라] : 칼리
kali glass : 칼리유리
Kalopanax pictum(Thunb.) Nakai[학] : 엄나무
kalsomine : 칼시민
Kamarere[뉴니] : 카마레레
kamin : 카민
kanape : 카나페
kaolin(e) : 카올린, 고령토
kapok : 케이폭
Karman vortex street : 카르만소용돌이
Karman vortices : 카르만소용돌이
kas[네] : 카스
Kassettendecke[독] : 격천장
Kata thermometer : 카타온도계
Kato[필] : 가토
Kaufmann House : 카우프만저택
keel : 킬
keel arch : 용골아치
keel moulding : 용골몰딩, 킬몰딩
Keene's cement : 킨즈시멘트
keep : 아성, 키프
Kelampayan[인네] : 꺼럼파얀
kelim : 켈림
Kelmscott press : 케름스코트프레스
Kelvin : 켈빈
Kempas : 켐파스
kerfing : 커핑
kerman rug : 케르만러그
kern : 핵
kern point : 핵점
kern shop : 핵점포
kerr effects : 커효과
Keruing[인] : 케루잉
Kevlar : 케블라
kewclamp iron : 엇꺾쇠
key : 산지
key color : 키 컬러
key hole : 산지구멍
key pattern : 키패턴
key plan : 키플랜
keystone plate : 키스톤플레이트
key switch : 키스위치
key tenant : 키테넌트
keyed compound beam : 겹보
keyed joint : 산지이음
keystone : 이맛돌, 초석[1)], 키스톤
khaki : 카키색
khakie[힌] : 카키
kibotos : 키보토스
kibrah : 키브라
kick plate : 챌판
kidney table : 콩팥형 탁자
KIID : 키드
killed steel : 킬드강

kiln : 가마, 킬른
kiln dry : 가마건조
Kinematies[독] : 운동학
Kinesthesia[독] : 근육운동지각, 근감각
kinetic architecture : 키네틱건축
kinetic art : 키네틱아트
king closer : 킹클로저, 엇모토막
king ebony : 킹에보니
king post : 왕대공, 킹포스트
king post roof truss : 왕대공지붕틀
king post truss : 킹포스트트러스
king size bed : 킹사이즈베드
king wood : 킹우드
kiosk : 키오스크
kitchen : 부엌, 주방
kitchen furniture : 주방가구
kitchen house : 반빗간
kitchenette : 키친네트
Kitsch[독] : 공예품, 키치
Klassik[독] : 고전주의
kline : 클라인
klismos : 클리스모스
knee brace : 버팀대
kneehole desk : 니홀데스크
knee stone : 까치발석재
knife box : 나이프박스
knife case : 나이프케이스
knife switch : 나이프스위치
knife urn : 나이프언
knife－blade fuse : 칼날퓨즈
knit : 니트
knit carpet : 니트카펫
knob : 노브
knob and tube wiring : 놉튜브배선
knob pull : 노브풀
knob switch : 노브스위치
knob turning : 노브 선반 가공재
knock down furniture : 조립식 가구, 분해식 가구
knockdown : 녹다운
knocker : 노커, 두드리개
knockout : 녹아웃
Knole settee : 놀세티
Knoll furniture Co. : 놀가구회사
knot : 옹이
knotted rug : 매듭양탄자
know how : 노하우
knuckle : 너클
knuckle carving : 너클조각
knuckle joint : 관절형 맞춤
Koguryo's scale : 고려척
kohen wall paper : 갈포벽지
Kohler illusion : 코흘러의 착시
köller illusion : 퀼러착시
Kompensative[독] : 보색
Kondroti : 콘드로티
Koompassia excelsa Taub.[학] : 멍가리스
Korai : 코라이
koran : 코란
Korean ash : 물푸레나무
Korean decoration : 한국식 장식
Korean Industrial Standard ; KS : 한국산업규격
Korean larch : 잎갈나무
Korean paper : 한지
Korean pine : 잣나무
Korean Society of Interior Designers : 한국인테리어디자이너협회
Korean stewartia : 노각나무
Korean white pine : 홍송
Körperfarbe[독] : 물체색
KOSID : 코시드
Kosipo : 코시포
Koto, Pterygota macrocarpa K. Schum [학] : 고토
kraft paper : 크라프트지
Krause's corpuscles : 크라우제소체
Kresol[독] : 크레졸
krypton, Kr : 크립톤
krypton light : 크립톤전구
Ktibé., Nesogordonia papaverifera R. Cap[학] : 고티베

K−truss : 케이트러스
Kubismus[독] : 큐비즘
Kubus chair : 큐브스의자
Kundt illusion : 쿤트의 착시
K−value : 케이값
kylin : 킬린
kylix[그] : 킬릭스

【L】

La Chaise : 라체이스
La Libre Esthetique : 자유미학전
La Pedrera[스] : 라페드레라
l'art moderne[프] : 모던아트
L'art nouveau : 라르누보
L'Esprit Nouveau[프] : 레스프리누보
L'Esprit Nouveau Pavillion[프] : 레스프리누보파빌리온
L'Exposition Internationale des Arts Décoratifs et industrials Modernes : 장식미술전
La Villa Redieuse[프] : 빛나는 도시
La Villette : 라빌레트
label : 레이블
label moulding : 빗물막이몰딩
label stop : 빗물막이멈추개
labour management : 노무관리
labour saving : 성력화
labyrinth fret : 래버린스뇌문
labyrinth : 래버린스, 미로문양
lac : 랙
lace : 레이스
lace curtain : 레이스커튼
lacing : 레이싱
lack : 랙, 선반
lacking cornice : 레이킹코니스
Laconicum : 라코니쿰
lacquer : 래커, 랙커
lacquer enamel : 래커 에나멜
lacquer paint : 래커 페인트
lacuna : 소란천장
lacunar : 우물천장
lad−air temperature : 라드에어온도
ladder back chair : 래더백체어
ladder back : 래더백, 사다리형 등받이
Ladd−Franklin : 라드프랭클린발달설
ladening : 계단참
lady chapel : 마리아당, 성모성당
lag balt : 래그볼트
lag screw : 래그스크루
laitance : 레이턴스
lake asphalt : 레이크아스팔트
lake pigment : 레이크안료
lake side hotel : 레이크사이드호텔
Lakeshore Drive Apartment : 레이크쇼어드라이브아파트먼트
Lamaism : 라마교
Lamassu : 라마수
Lambert : 람베르트
Lambert decrease law : 람베르트의 감퇴법칙
lambrequin[프] : 람브르칸, 람브리퀸, 가리개, 램브러킨
lamella tear : 라멜라 티어
lamina : 래미너
laminate : 라미네이트
laminated block : 라미네이티드블록, 집성블록
laminated board : 라미네이티드보드
laminated glass : 박판유리, 복합유리, 접합유리, 합유리, 합판유리, 라미네이티드글라스
laminated plastic : 적층성형, 적층플라스틱
laminated safe glass : 라미네이티드세이프글라스
laminated veneer lumber : 집성목재
laminated wood : 적층재
lamp : 램프, 전등
lampshade : 전등갓
lanai : 라나이
lancashire spindle back chair : 랭커셔굴대등받이의자

lancet : 랜싯
lancet arch : 랜싯아치
lancet window : 랜싯윈도
land style garden : 풍경식 정원
land surveying instrument : 규형
landmark : 랜드마크
Landolt rings : 란돌트환
landscape : 랜드스케이프, 조경
landscape architecture : 조경건축, 조원, 랜드스케이프아키텍처
landscape design : 배경
langhausbau[독] : 장방형 교회당
language of express : 표현언어
lantern : 랜턴, 정탑, 채광탑
lantern clock : 랜턴시계
lantern light : 랜턴라이트
lantern top light : 랜턴천창
lap dovetail : 한편숨은주먹장틀맞춤
lap joint : 겹친이음, 겹침이음
lapis lazuli : 라피스라줄리
larch : 낙엽송, 라치, 미국잎갈나무
large metal strap : 감잡이쇠
large sliding calipers : 한상계
Larix dahurica Turcz.[학] : 북양낙엽송, 북양젓나무
Larix gmelini var : 잎갈나무
Larix laricina K. Koch[학] : 미국잎갈나무
Larix leptolepis[학] : 낙엽송, 일본잎갈나무
larkin administration building : 라킨빌딩
Lascaux cave : 라스코동굴
latch : 걸쇠, 래치
latch bolt : 래치볼트, 헛자물쇠볼트
latch lock : 래치록
late modernism : 후기모더니즘, 레이트모더니즘
late-modernism architecture : 후기현대주의건축
late wood ratio : 추재율
latent heat : 잠열
lateral bracing : 수평가새
lateral file : 가로파일
lateral rotation : 외선
laterite : 홍토
latex : 라텍스
latex paint : 라텍스페인트
lath : 라스
lath mosaic tile : 라스모자이크타일
Latin cross : 라틴십자가, 라틴크로스
Latin cross plan : 라틴십자가계획, 장십자형
latitude : 위도
latten shade : 래턴셰이드
latter Georgian period : 후기조지안시대
latter Renaissance style : 후기르네상스양식
lattice : 격자, 래티스
lattice bar : 래티스바
lattice column : 격자원기둥, 래티스기둥
lattice dome : 격자돔, 래티스돔
lattice form : 격자형태
lattice girder : 격자보, 래티스거더, 래티스보
lattice pattern : 격문, 격자무늬
lattice pediment : 래티스페디먼트
lattice window : 격자창, 래티스윈도
lattice work : 격자장식
latticed door : 격자문, 래티스도어
lauan : 나왕, 라왕
laundry chute : 세탁물투하로
laundry interceptor : 세탁장조집기
laundry room : 세탁실
laundry trap : 런드리트랩
laurel : 월계수
lavabo : 라바보
lavatory bowl : 세면기
lavatory gravity hinge : 래버터리그레이비티힌지
lavatory hinge : 래버터리힌지
lavatory spring hinge : 래버터리스프링힌지
lavatory : 세면장
lavender : 라벤더

law's factor of continuity : 연속성의 법칙
law's factor of proximity : 접근성의 법칙
law-E glass : 로이유리
law of threshold : 역치의 법칙
lawn : 론
laws : 조례
lawson cypress : 로손시프레스
lawson : 로손, 로슨
layered wood : 적층목
laying masonry : 벽돌쌓기
laying panel : 가로판벽
layout : 레이아웃
layout drawing : 배치도
layout planning : 배치계획
lazy susan : 레이지수잔
Le Style Anglais : 앵글레스타일
Le Style Louis XIV[프] : 루이14세양식
Le Style Louis XV[프] : 루이15세양식
Le Style Louis XVI[프] : 루이16세양식
lead : 납, 리드
lead glass : 납유리
lead holder : 제도용 홀더
leaded window : 납유리창
leader : 참고선
leader head : 깔때기홈통
leaf and dart : 잎과 화살촉문양
leaf and dart ornament : 리프앤드다트 장식
leaf green : 리프그린
leaf work : 잎사귀조각장식
leakage current circuit breaker ; ELCB : 누전차단기
lean mix : 빈배합
lean mix concrete : 빈배합콘크리트
lean to roof : 눈썹지붕, 부섭지붕, 차양
lean-to house : 부섭집
lean-to-roof : 달개지붕, 린투리프
lease : 리스
leather : 레더, 레저
lecture hall : 강당, 명륜당
lectus : 렉투스, 렉터스
Leda[인네] : 레다
ledge : 돌출선반, 레지
ledger : 가로대, 레저, 비계띠장
ledger strip : 장선받이
ledges : 레지스
leg : 가구의 다리, 가로대
legend : 리젠드, 범례
leghorn color : 레그혼색
legibility : 가독도, 레지빌리티, 리지빌리티
leisure center : 레저센터
lekytos[그] : 레키토스
lemon yellow color : 레몬옐로색
length : 길이, 춤
lengthening joint : 마구리이음
lens : 수정체
Leoba system : 레오바시스템
lesene : 레세니
Letchworth : 레치워스
lettering : 레터링
lettering set : 레터링세트
letto[이] : 레토
leuchtdichte[독] : 휘도
Levantine : 레반트
Levantine architecture : 레반트건축
Levantine revival : 레반트 리바이벌
level : 레벨
level loop : 레벨루프
level off mortar : 고름모르타르
level recorder : 레벨레코더
leveling : 고르기, 레벨링
lever : 지레
lever handle : 레버핸들
Lever House : 레버 하우스
lewis bolt : 루이스볼트
lexan : 렉산
lexan sheet : 렉산시트, 폴리보네이트레진
LFT ; Latest Finishing Time : 엘에프티
libido : 리비도
Libocedrus decurrens Torr : 인센스시다
library steps : 도서관용 사다리
licensed : 등록필, 면허필
licensing : 면허법
licht[독] : 빛

lierne : 리에른, 보조리브
lift : 리프트
life area : 생활권
life cycle : 라이프사이클
life size cut out POP : 등신대피오피
life size figure : 등신대
life size out display : 등신대디스플레이
life space : 생활공간
life style : 라이프스타일, 생활양식
lift slab construction : 리프트슬래브구조
lift up method : 리프트업공법
lifting table : 리프팅테이블
lifting window : 들창
lifting : 리프팅
light : 라이트, 빛
light adaptation : 명순응
light alloy : 경합금
light art : 라이트아트
light bridge : 라이트브리지
light by the borrowed light : 간접채광
light color : 고명도, 색광
light colored picture : 담채화
light directional window : 지향성창
light frame construction : 경량골조구조
light limen : 광각역
light metal : 경금속
light partition : 경량칸막이
light shelf : 빛선반, 광선반
light source : 광원
light source color : 광원색
light table : 투사대
light tonus : 라이트토너스
light wall : 광벽
light weight aggregate : 경량골재
light weight block : 경량블록
light weight brick : 경량벽돌
light weight concrete : 경량콘크리트
light weight plywood : 경량합판
light weight shape steel : 경량형강
light well : 광정, 라이트웰
lighted soffits : 소핏조명
lighting : 라이팅, 조명
lighting angle : 조명각도
lighting box : 조명박스
lighting design : 조명디자인
lighting designer : 조명디자이너
lighting fixture : 조명기구
lighting function : 조명기능
lighting glass : 조명유리
lighting mortar : 경량모르타르
lighting plan : 조명계획도
lighting rod : 피뢰침
lighting system : 조명방식
lightness : 명도, 색의 밝기
lignin : 리그린
ligniton loss : 가열감량
lignoid : 리그노이드
lilac : 라일락
lime : 석회
lime mortar : 석회 모르타르
lime stone : 석회암
lime wash : 회물
lime wood : 라임나무
limed oak : 라임드오크
liminal lighting method : 리미널조명방식
limit path : 리미트패스
limit state : 한계상태
limited bid : 지명경쟁입찰
limited competition design : 지명설계경기
limited open bid : 제한경쟁입찰
limited oxygen index ; LOI : 한계산소지수법
line : 라인, 선
line diffuser : 라인디퓨저
line drop : 선로전압강화
line lighting : 라인조명
Linear City : 선형도시
linear diffuser : 라인디퓨저
linear expansion : 선팽창
linear organization : 선적배치
linear pattern : 리니어패턴
linear perspective : 선원근법, 선투시
linear source : 선광원

linen : 리넨
linen chute : 리넨슈트
linen cupboard : 린넨컵보드
linen room : 리넨룸, 리넨실
linenfold : 리넨폴드, 리닌폴드
liner perspective : 선형투시도
liniére[프] : 리니에르
lining : 라이닝
lining paper : 초배지
lining sheathing : 판벽
link : 연결
linked space : 연결공간
linoleum : 리놀륨
linoleum tile : 리놀륨타일
lintel : 린텔, 상인방, 웃인방, 인방, 창방
lintel girder : 인방보
lintel stone : 인방돌
lion monopodium[그] : 사자모노포디움
lion motif[프] : 사자모티프
lion's mask : 사자마스크
lion's paw foot : 사자주먹형 발
lip moulding : 입술형 몰딩
liquefaction : 액상화, 액화
Liquefied Natural Gas ; LNG : 엘렌가스
Liquefied Petroleum Gas ; LPG : 엘피가스, 액화석유가스
liquid water proofing : 액체방수
list of drawing : 도면리스트
list of drawings : 도면목록
lit[프] : 리, 리트카나페이
lit à colonnes[프] : 리타콜로네
lit á la duchesse[프] : 리탈라뒤셰스
lit à la français[프] : 리탈라프랑세
lit à la polonaise[프] : 리탈라폴로네즈
lit canapé[프] : 리카나페
lit d'ange[프] : 리 당즈
lit de repos[프] : 리드레포
lit droit[프] : 리드로와
lit en bateau[프] : 리앙바토
Litchocarpus densiflora : 탄오크
literal translation : 직역
litharge : 리사지
lithin coat : 리신바름
lithin finish : 리신마무리
lithograph : 석판인쇄미술
Lithophone : 리토폰
livability : 거주성
live load : 활하중
Liverty and company : 리버티상회
Liverty's company : 리버티회사
livery cupboard : 리버리컵보드
living cycle : 생활주기
living design : 리빙디자인
living dining ; LD : 리빙다이닝
living dining kitchen : 리빙다이닝키친
living kitchen : 리빙키친
living room for the master of the house : 사랑
living room : 거실, 리빙룸
living space : 리빙스페이스
living space : 주거공간
living table : 리빙테이블
Livingtel : 리빙텔
L. N. G ; Liquified Natural Gas : 액화천연
load : 부하, 하중
load bearing wall : 내력벽
load factor : 하중계수
load indicating washer : 로드인디케이팅워셔
loading material : 충전제
lobby : 로비
Loblolly pine[영] : 테다소나무
local cell : 국부전지
local color : 지방색
local corrosion : 국부부식
local ecology : 지역생태계
local exhaust : 국소환기
local government office : 감영
local government office of a governor : 동헌
local lighting : 국부조명
local or spot ventilation : 국소환기
local private schools : 서당

local resistance : 국부저항
local symmetry : 부분대칭
lochfarbe[독] : 개구색
lock : 자물쇠
lock bolt : 꽂이쇠
lock nut : 록 너트
lock rail : 문손잡이 가로대, 중막이대, 중앙틀
lock stile : 손잡이대
lock washer : 록 워셔
locker : 로커
locker room : 라커룸
locking bar : 문빗장
lodge : 로지
Lodge pole Pine : 로지폴파인
loess : 황토
loft : 다락, 다락방, 로프트
loft building : 로프트 빌딩
log : 통나무
log cabin : 귀틀집
logarithmic spiral : 등비나선
loggia : 로지아
logging : 벌목
logo : 로고
logo mark : 로고마크
Lombard architecture : 롬바르드 건축
lon plate : 론 플레이트
lon roofing : 론 루핑
lon tile : 론 타일
London Tower : 런던타워
long & short work : 장단쌓기
long age strength : 장기강도
long and shot : 롱 앤드 숏
long column : 장주
long lattice window : 분합문
long oil type : 장유성
long pedestal stone : 장대석
long scale : 장척
long span construction : 장스팬구조
longitude : 경도
longitudinal joint : 세로줄눈
longitudinal section : 종단면도
Longleat : 롱글리트 저택
longueur d'onde dominante[프] : 주파장
loom : 룸, 베틀, 직기
loop : 루프
loop back chair : 고리형 등받이의자
loop pile : 고리형 파일, 루프파일
loop vent pipe : 루프통기관
loophole : 루프홀
loose : 죽은옹이
loose cover : 루스커버
loose joint hinge : 돌쩌귀정첩, 루스조인트정첩, 루스조인트힌지
loose pin hinge : 루스핀정첩, 루스핀힌지
loosen sofa : 루슨소파
Lophira alata Banks[학] : 아조베
Los Angeles smog : 로스앤젤레스 스모그
lost wax : 밀납형법
lot : 로트
lotus : 로터스, 로투스, 연화문
lotus capital : 로터스 주두, 연꽃주두
lotus column : 로터스 기둥
lotus flower pattern ornament on top of the stupa : 앙화
lotus ornament : 연꽃무늬장식
loudness : 음크기
loudness level : 음크기레벨
Louis Philippe style : 루이필립양식
Louis Quatorze[프] : 루이카토르즈
Louis Quinze[프] : 루이퀸즈
Louis Seize : 루이세즈
lounge : 라운지
lounge chair : 라운지체어
lounge kitchen : 라운지키친
lounge sofa : 라운지소파
LouroVermelho : 로우로벨메료
lout chair : 라우트체어
louver : 루버
louver ceiling lighting : 루버천장조명
louver door : 루버 도어, 비늘문
louver lighting : 루버 라이팅
louver window : 루버 윈도

louvered ceiling : 루버천장
louvered door : 루버도어
love seat : 러브시트
love wave : 러브파
Lovell House : 로벨저택
low back chair : 낮은등받이의자, 로백체어
low bracket : 로브래킷
low building : 저층건물
low emissivity glass : 열선반사유리
low frequence : 저주파
low heat cement : 저열시멘트
low house : 연립주택
low key : 로우키, 저명도
low partition : 로 파티션
low partition system : 낮은칸막이시스템, 로우파티션시스템
low pressure laminated : 저압력라미네이티
low pressure laminated : 저압수은등
low pressure sodium lamp : 저압나트륨등
low relief : 로우릴리프, 박부조, 저부조
low spacing : 로우스페이싱
low tank system : 로우탱크식
low velocity duct system : 저속덕트방식
low voltage : 저압
low voltage natrium light : 저압나트륨등
lowboy : 로우보이
lowe glass : 열선반사유리
lower chord : 하현재
lower combered flat arch : 밑솟음평아치
lower flux utilance : LFU : 하향광속률
lower limit : 최소허용치수
lower yielding point : 하항복점
low-temperature cold brittleness : 저온취성
lozenge : 능형문, 마름모문양
lozenge form : 마름모꼴형태
lozenge fret : 다이아몬드뇌문
lozenge pattern : 다이아몬드형 문양
lozenges : 로젠지
LP ; Longest Path : 엘피
LPG : 엘피지
LPM : 엘피엠
LST ; Latest Starting Time : 엘에스티
L-strap : 기역자쇠
LT ; Latest node Time : 엘티
lubricant : 윤활제
lucarne : 루카네
lucite : 루사이트
Ludditism : 러다이트이즘
lumber : 목재, 제재목
lumber core : 럼버코어
lumber core plywood : 램버코어합판
lumen : 루멘
lumen design method : 광속법
lumen method : 광속법, 루멘법
lumiere[프] : 빛
lumina ceiling : 루미나 실링
luminaire : 루미네어, 조명기구
luminance contrast : 휘도대비
luminance factor : 규약반사율
luminance[프] : 휘도
luminescence : 냉광현상, 루미네센스, 발광
luminous : 루미너스
luminous beam : 루미너스 빔
luminous body : 발광체
luminous ceiling : 광천장, 조명천장
luminous ceiling lighting : 광천장조명
luminous efficiency : 비시감도곡선, 시감도
luminous emittance : 광속발산도
luminous flux : 광속
luminous intensity distribution : 광도분포
luminous intensity ; I : 광도
luminous paint : 발광도료
lunch hall : 런치홀
lunch room : 런치룸
lunett[프] : 반월창
lunette : 루넷, 뤼네트, 아치형 채광창
lunette window : 루넷 윈도
lustre : 광택

Luther chair : 루터체어
Luther condition : 루터조건
lux : 럭스, 룩스
LVL, I−beam : 집성목재
lx : 룩스

【M】

Maakia amurensis Rupr. et Maxim.[학] : 다릅나무
Macaranduba : 마사란두바
Macaroni Style : 마카로니스타일
macaroon : 장미장식
machang : 마창
Machare : 마카레
machicolation : 돌출하향총안, 매시컬레이션, 머치코레이션, 총안
Machilus Thunbergii : 후박나무
machinary and tools : 기기
machine aesthetics : 기계미학
machine screw : 머신스크루
macrame : 매듭기법
madder red : 꼭두서리색, 연지
madras gingham : 마드라스깅험
madrasah : 마드라사
magenta[이] : 마젠타
magic glass : 매직글라스
magma : 마그마
magnesia : 마그네시아
magnesia brick : 마그네시아질 내화벽돌
magnesia cement : 마그네시아시멘트
magnesia firebrick : 고토질내화벽돌
magnesia lime : 마그네시아석회
magnesite : 마그네사이트
magnesite chrome brick : 마그네사이트 크롬벽돌
magnesium : 마그네슘
magnesium carbonate : $MgCO_3$: 탄산마그네슘
magnesium chloride : 염화마그네슘
magnet : 마그넷
magnet display : 마그넷디스플레이
magnet effect : 마그넷이펙트
magnetic catch : 마그네틱캐치
magnetite : 자철광
magnolia : 마그놀리아
Magnolia acuminata L.[학] : 미국목련
mahogany : 마호가니
maidan : 마이단
maidenhair tree : 은행나무
main bar : 주근
main Buddhist hall : 금당, 전
main building : 본채
main crossbeam : 대들보, 대량
main hall of Royal palace : 정전
main house : 내당
main life style : 주생활양식
main palace : 정궁
main ridge of roof : 용옥척
main room : 내실
main space : 주요공간
main stone : 옥신석
maintainability : 보전성
maintenance factor : 보수율, 유지율, 메인터넌스
Mainz Dom[독] : 마인츠대성당
maisonette : 메조넷
maisonette type : 메조네트형
maize[이] : 메이즈
majolica[이] : 마졸리카
major : 장명도
major repair : 대수선
makoré : 마코레
malachite : 공작석
malachite green : 말라카이트그린
Malas : 말라스
malenit : 멀레닛
mall : 몰
malleability : 전성
Malmaison : 말메종
Maltese cross : 말티스십자가

man machine system : 맨머신시스템
management diagram : 관리도
manchette : 맨셔트, 팔걸이패드
Manchurian Ash : 들메나무
Manchurian Maple : 복자기
mandorla : 만돌라
Mandshurica Walnut : 가래나무
manganese : 망간
manganese chrome steel : 망간크롬강
Mangifera indica L[학] : 망고
Mango : 망고
Mangrove[뉴니] : 망그로브
manhole : 맨홀
Maniera Greca[그] : 마니에라그레카
manière[프] : 마니에, 마니에르
Maniérisme[프] : 마니에리슴, 마니에리즘, 매너리즘
Manierisomo[이] : 매너리즘
Manifesto on Absolute Architecture : 절대건축선언
manikin : 마네킹
Manilkara huberi Standle[학] : 마사란두바
man-machine system : 인간-기계체계
man-made form : 인공형태
mannequin[불] : 마네킹
mannerism : 기교주의, 매너리즘
mansard roof : 만사드지붕, 망사르드지붕, 맨사드루프, 이중구배지붕
mansard roof truss : 망사르드트러스
Mansart roof[프] : 망사르드지붕
mansion : 맨션
Mansonia altissima A. Chev[학] : 베데
mantel : 맨텔, 맨틀
mantel shelf : 맨틀
mantelpiece : 맨틀피스
mantelshelf : 맨틀셀프
manteltree : 맨틀트리
manual : 매뉴얼
manufactural norm : 심형판
manufactured housing units : 생산주택
many-storied building : 각
maple tree : 단풍나무
maple : 단풍나무, 매플, 메이플
maquette : 마케트
mararunga chair : 마라룬가체어
marble : 대리석, 마블
marble tile : 마블타일
marbling : 마블링
Marchand-Mercier[프] : 마르샤메르시에
Marcian[그] : 미키안
Marfim : 마르핌
margin draft : 가장자리장식, 마진드래프트
marigold window : 매리골드윈도, 휠윈도
marine blue : 마린블루
marine city : 해상도시
Mariotte's blind spot : 맹점, 마리오트의 맹점
mark : 마크, 시각기호
mark down : 마크다운
mark up : 가산액, 마크업
marker : 마카
market : 마켓
market center : 마켓센터
marketing : 마케팅
marketing analysis : 마케팅분석
markets streets : 시전
marking : 먹매김
Marlborough leg : 말보로다리
maroon : 마룬, 머룬
marque : 마크
marquee : 마르키, 마키
marquees : 마키스
marquetrie : 마키트리, 상감세공
marquetry : 마키트리, 상감세공, 쪽매붙임기법
marquette : 마키트
marquise chair : 마르키즈체어
marquisette : 마아퀴셋
marronnier[프] : 마로니에
MARS Group : 근대건축연구그룹, 마르스그룹
Marshall & Faulkner Co. : 마샬앤폴크너

상회
Martha Washington chair : 마사워싱턴 체어
mascaron : 마스카론, 메스케론
mascot design : 마스코트디자인
mashrebeeyah : 퇴창
mashrebeeyeh : 퇴창
Masjid[아] : 마스지드
mask : 마스크
masking : 마스킹
masking of sound : 음마스킹
masking tape : 마스킹테이프
masonite : 메조나이트
masonry : 돌쌓기, 메이슨니, 석구조, 석조물, 조적, 조적공사
masonry arch : 조적아치
masonry block construction : 단순조적 블록구조
masonry primer : 조적공사밑칠
masonry structure : 조적조
masonry work : 돌공사
mass : 매스
mass concrete : 매스콘크리트
mass contrast : 면적대비
mass display : 매스디스플레이
mass effect : 크기효과
mass produced housing : 대량생산주택
massing : 매스
mastaba(h)[프][아] : 마스타바
master architect : 도편수
master key : 마스터키
master plan : 마스터플랜, 종합계획
mastic : 마스틱
mat foundation : 온통기초
matching : 맞춤
matching stimulus stimuli messvalenzen [독] : 기계원자극
matelasse : 마틀라세
material age : 재령
material coefficient : 재료계수
material management : 자재관리
material separator : 재료분리대
material volume : 재적
materials : 소재
matrix : 고착제
matrix chart : 매트릭스차트
matted paint : 무광페인트
matter : 질료
mattress : 매트리스
maturity : 적산온도
Mausoleum[그] : 마우솔레움
mauve[프] : 머브, 모브
Maximianus chair : 막시미아누스사교좌
maximum working area : 최대작업영역
maximum allowable carbon dioxide content : 탄산가스허용량
maximum spectral luminous efficacy : 최대시감도
Maxwell color mixture : 맥스웰혼합
Maxwell disc : 맥스웰원판, 혼색원판
mayapis : 마야피스
Mckim·Mead & White : 맥킴미드앤드 화이트
MDF concrete : 엠디에프콘크리트
MDF ; (Macro Defect Free) Cement : 엠디에프 시멘트
MDF ; medium density fiberboard : 중밀도섬유판, 엠디에프
mean color mixture : 중간혼합
Mean Radiant Temperature, MRT : 평균복사온도
mean solar time : 평균태양시
meander : 뇌문, 미로문양
means of egress : 대피수단
measure : 치수
measurement : 치수
measuring line : 측정선
mecca : 메카
mechanical drawing : 기계제도
mechanical properties : 기계적 성질
mechanical property : 역학적 성질
mechanical scale : 기계적 스케일, 기계적 척도
mechanical ventilation : 기계환기

mechanics : 역학
medallion : 메달리온, 원형 양각
medallion moulding : 메달리온몰딩
Medang : 메당
media : 매체
medial rotation : 내선
mediating space : 메디에이팅스페이스
medieval architecture : 중세건축
meditation place : 선원
Mediterranean sea style : 지중해양식
medium heat portland cement : 중용열 포틀랜드시멘트
medium steel : 중탄소강
medullary ray : 사출수
meeting : 회합
meeting stile : 마중대, 미팅스타일, 여밈대
mega : 메가
megalith : 거석
megalopolis : 메갈로폴리스
megaron[그] : 메가론
mega-structure : 메가스트럭처
Meissener porzellan : 마이센자기
Meissner : 마이스너소체
melamine : 멜라민
melamine board : 멜라민치장판
melamine resin : 멜라민수지
melamine resin paste : 멜라민수지 접착제
melon bulb turning : 멜론벌브터닝, 참외형 선반가공재
melon bulb : 참외형 장식
melon dome : 멜론돔, 참외형 돔
melon foot : 참외형 발
Melsawa : 멜사와
member of framework : 부재
membrane absorbers : 판막진동 흡음재
membrane curing : 피막양생
membrane structure : 막구조
membranes form : 막조직형태
memo motion camera : 메모모션카메라
memorial architecture : 기념건축
memorial space : 기념물공간
memory color : 기억색
memory information : 기억정보
Memphis Group : 멤피스그룹
Mempisang : 멈피상
Mendlesham Windsor chair : 멘들샴 윈저체어
Mengaris : 멍가리스
menhir : 멘히르, 선돌
Mensa Lunata : 멘사루나타
mental template : 심형판
mention : 별장
menuisiers[프] : 메뉘이지에, 목공
Merawan : 메라왕
Merbau : 멀바우, 메바우
merchandiser : 머천다이저
merchandising : 머천다이징
merchandizing : 상품판매계획
mercury in glass thermometers : 수은온도계
mercury switch : 수은스위치
mercury vapour lamp : 수은등, 수은증기등
merge : 순응
Méridienne[프] : 메리디엔느
meridional force : 자오선힘
meridional line : 자오선
merkel : 메르켈
Merkusi Pine : 멀쿠시파인
merlon : 멀런
merry-making restaurant : 유흥적 식당
meshrebeeyeh : 퇴창
Mesopisches Sehen[독] : 박명시
message for the framework-rasing ceremony : 상량문
meta acrylic resin : 메타아크릴수지
meta cognition activity : 메타인지활동
metabolism : 대사, 메타볼리즘
metal : 금속
metal color : 금속색
metal decking : 메탈덱킹, 철제덱킹
metal foam : 메탈폼

metal haloid lamp : 메탈할로이드램프
metal hoop for lifting door and window : 조철
metal inlaying : 금속상감
metal lath : 메탈라스
metal surface treatment : 금속표면처리
metal touch : 메탈터치
metal wallpaper : 금속박벽지
metal work : 금속공사
metallic coating. metallization : 금속피복
metallic joiner : 줄눈대
metallicon : 메탈리콘
metamerism : 조건등색
métamérisme[프] : 조건등색
metamorphic rock : 변성암
metaphor : 은유
meter : 미터
meter arch : 미터아치
meter candle : 미터캔들
methacrylic resin : 메타크릴수지
method : 방법
method of projection : 투상법
methodology : 방법론
metope : 메토프
metric sabin : 미터세이빈
metric system : 미터법
metrix type : 메트릭스형
Métro Style[프] : 메트로식
Metropolitan Museum of Art, New York : 메트로폴리탄박물관
meubles[프] : 가구
meubles[프] : 뫼블
mews : 뮤즈
mezzanine : 메자닌, 중이층, 중층
mezzo relief : 메조릴리프
mezzotint : 메조틴트
mezzotinto[이] : 메조틴트
mG : 밀리가우스
micro : 마이크로
micro−climate : 미기후
micron[프] : 미크론
middle age : 중세
middle lintel : 중인방
middle Renaissance style : 중기 르네상스양식
middle stiffener : 중간스티프너
midnight blue : 미드나이트블루
mid−rise : 중층건물
midway Ⅰ : 미드웨이Ⅰ
midway Ⅱ : 미드웨이Ⅱ
migrant culture : 이입문화
mihrab : 미랍
Mihrab[프] : 미흐라브
mike stand : 마이크스탠드
Milano Cathedral : 밀라노대성당
mild steel : 연강
mile : 마일
milestone : 중간관리일
milieu[프] : 환경
military projection : 밀리터리투영법
milky glass : 젖빛유리
mill board : 마분지
Millettia launrentü De Wild. : 웽제
milli : 밀리
millimeter : 밀리미터
millwork : 목공제품
mimbar : 밈바르
mimesis[그] : 모방
minaret : 광탑, 미너렛, 첨탑, 미나레트
mineral fiber : 광물섬유, 광석면, 광섬유
mineral fiber board : 광물섬유판
mineral insulated cable : 광물 절연케이블
mineral spirits : 미네랄스피리츠
mineral wool : 광물섬유
miniature : 미니어처
miniature furniture : 미니어처가구
minimal art : 미니멀아트
minimalism : 미니멀리즘
minimum audible sound : 최소가청음
minimum measurement : 최소치수
minimum perceptible acuity : 최소인식시력
minium : 광명단도료
minium glass : 광명단유리

Minoan architecture : 미노아건축
minor : 단명도
minster : 민스터
minus option : 마이너스옵션
mired : 미레드
mirror glass : 거울유리
mirror lighting : 거울조명
mirrored color : 경영색
misericord : 미저리코드
mission style : 미션양식
mission style furniture : 미션양식가구
mist : 미스트
miter : 마이터
miter dovetail : 숨은주먹장
miter joint with spline : 딴혀연귀, 딴혀연귀맞춤
miter joint : 연구, 연귀, 연귀맞춤, 연귀이음
miter tenoner machine : 마이터테노너머신
Mittelpunksvalenzen[독] : 기초자극
mix proportion : 배합
mixed cement : 혼합시멘트
mixed grain : 배합나뭇결, 혼합결
mixed gypsum plaster : 혼합석고플라스터
mixed media : 믹스트미디어
mixed structural system : 혼합구조
mixed type showwindow : 혼합형 쇼윈도
mixed-use : 주상복합
mixer : 믹서
mixing proportion : 배합
mixing proportion : 조합
mixing ratio : 배합비
mixing time : 비빔시간
mixing valve : 혼합밸브
Moabi : 모아비
moat : 모우트, 해자
mobbing : 모빙
mobile : 모빌
mobile display : 모빌디스플레이
mobile home : 이동주택
mobile house : 모빌하우스
mobile office : 모빌오피스, 이동사무실
mobile POP : 모빌피오피
Möbius strip : 뫼비우스의 띠
mock up : 목업, 실물크기모형
moda : 모다
modacrylic fiber : 모드아크릴섬유
model : 모델, 모델화, 모형
model house : 모델하우스
model room : 모델룸
modeling : 모델링, 조형
modelletto[이] : 모델레토
modello : 모델로
moderate heat cement : 중용열 포틀랜드 시멘트
modern architecture : 근대건축
modern architecture : 근대주의 건축
modern art : 모던아트
modern design : 모던디자인
modernism : 근대주의, 모더니즘
modernisme : 모데르니스모
modernismo : 모더니스모
modesty panel : 가림패널
modified wood : 개량목재
modify : 수정
modillion : 모딜리온
modular : 모듈러
modular brick : 모듈벽돌
modular casework : 모듈러케이스워크
modular chair : 모듈러의자
modular coordination : 모듈러좌표계, 척도조정
modular coordination ; MC : 모듈러 코디네이션
modular design : 모듈러설계
modular furniture : 모듈러가구
modular house : 모듈러주택
modular lounge seating : 모듈러라운지시팅
modular planning : 모듈러플래닝
modular system : 모듈러시스템
modulation : 조정
module : 모듈, 모듈화

module company : 모듈기업
module furniture : 모듈가구
module grid : 모듈격자
module plant : 모듈 플랜트
modulor : 모듈러
modulus[라] : 모듈러스
modulus of elasticity : 탄성률
Moh's scale : 모우의 스케일
mohair : 모헤어
Mohs scale : 모스경도계
moire : 나뭇결, 무아레, 므와레
moiré[프] : 므와레, 므와르, 므왈레
moire effect : 모아레
moist : 습기
moist air : 습공기
moisture content : 수분함유량, 함수율
moisture permeability : 투습성
moistureproof : 내습성
Molave : 모라베
mold : 몰드, 주형
mold plywood : 성형합판
mole : 몰
Mollier chart : 몰리에르선도, 몰리어선도
Moly : 몰리
molybden[독] : 몰리브덴
molybden steel : 몰리브덴강
MOMA : 엠오엠에이
moment : 모멘트
moment arm : 모멘트팔걸이
moment center : 모멘트중심
monastery : 모나스터리, 모나스트리, 수도원
Mongolian oak : 신갈나무
monitor roof : 모니터루프, 모니터지붕 채광, 솟을지붕
mono chromatic triangle : 단색상삼각형
monochromatic color chord : 단색채코드
mono−chromatic color : 단일색
mono−chromatic harmony : 단색조화
mono−chromatic light : 단색광
mono−chromatic specification : 단색 표시
monochromatic : 단색성, 단색조
monochrome : 단색조, 모노크롬
monocular disparity : 단안시차
monocular movement parallax : 운동 시차
monogram : 모노그램
monolith : 단일석재, 마너리스, 모놀리드, 모놀리스
monolithic form : 단일체형태
monolithic structure : 일체식 구조
monolithic terrazzo : 일체식 테라초
monolock : 모노록
Monopetalanthus heitzji Pellegr[학] : 안동
monopodium : 모노포디움
monopteral[그] : 모노프테랄
monopteron : 모놉테론
monopteros[그] : 모노프테로스
monotriglyphic : 모노트리글리프식
montage[프] : 몽타주
monument : 기념건축, 모뉴먼트
monumental scale : 기념비적 척도
mood : 무드
mood advertising : 무드광고
mood light : 무드조명
Moody graph : 무디선도
moongate : 만월문
moonlight : 부업
Moon−Spencer's colour harmonic theory : 문스펜서의 색채조화론
Moor : 무어인
Moor style : 무어양식
Moorish arch : 무어식 아치
Moorish architecture : 무어건축
mop board : 걸레받이, 맙보드
moquette : 모우켓
Mora : 모라
Mora spp[학] : 모라
Moral : 모랄
moresque[프] : 모레스크
morphing : 모핑
morphology : 형태학

Morphosis : 모포시스
Morris and Company 모리스회사
Morris, Marshall, Faulkner & Co : 모리스마샬폴크너회사
mortar : 모르타르
mortar coating : 모르타르바름
mortice : 장부구멍
mortice and tenon : 메뚜기장부
mortice hinge : 파넣기식 힌지
mortice lock : 파넣기식 자물쇠, 파넣은 자물쇠
mortise : 장부구멍
mortise & tenon : 장부맞춤
mortise and tenon joint : 메뚜기장이음, 장부이음
mortise joint : 장부이음
mosaic : 모자이크
mosaic floor : 모자이크바닥
mosaic glass : 모자이크글라스
mosaic tile : 모자이크타일
mosque : 모스크, 사원
moss green : 모스그린, 이끼색
motel : 모텔
motif[프] : 모티브, 모티프
motion and time study : 동작과 시간연구
motion picture projection : 동적 영상전시
motion space : 동적 공간
motion study : 동작연구
motion-time : 동작시간
motor hotel : 모터호텔
mouchette[프] : 무셰트
mould : 거푸집, 몰드, 용범, 형
moulding : 몰딩, 쇠시리, 조형
mount : 마운트
mountain fortress wall : 산성
mountain villa : 산장
Mountain white pine : 화이트파인
mounting : 마운팅
mouvement[프] : 무브망
movable corridor : 이동복도
movable partition : 이동칸막이
movable partition of accordion type : 아코디언식 이동칸막이
movable partition of panel type : 패널식 이동칸막이
movable partition wall : 가동칸막이
movable visual field : 동시야
movement : 신축
movement joint : 신축이음, 신축줄눈
movement water pressure : 동수압
Movimento Italiano per I'Architettra Razionale : 이탈리아합리주의 건축운동
moving image : 동감
moving line : 동선
moving load : 이동하중
moving slide system : 무빙슬라이드 시스템
movingui : 모빙기
mozarabic : 모사라빅, 모자라빅
Mozarabic architecture : 모자라빅양식
Mudéjar : 무데자, 무데하르
Mudéjar style : 무데하르양식
mudstone : 이암
muebel[프] : 메볼
muffle kiln : 머플노
Muirapiranga : 무이라피랑가
mule chest : 뮬체스트
multi-level loop pile : 다층고리형 파일
Müller Lyer optical illusion : 뮐러라이어 도형착시, 뮐러라이어착시, 뮬러라이어의 착시
mullion : 멀리언, 멀리온, 중간선틀
mullion louver : 멀리온루버
multi-zone unit method : 멀티존유닛방식
multi color painting on the pillars and rafters of a building : 단청
multi family dwelling : 집합주택
multi halogen lamp : 멀티할로겐등
multi outlet assembly : 멀티아웃렛 어셈블리
multicellular glass : 다포유리

multi-coloring paint finish : 다채무늬 도료
multi-family structures : 다세대주택
multifoil : 멀티포일
multi-level loop : 멀티레벨루프
multi-media : 멀티미디어
multiple boring machine : 멀티플보링 머신
multiple dovetail : 사개
Multiple dwellings : 다가구주택
multiple tongue and groove joint : 양편 제혀쪽매
multiple : 멀티플
multiple window : 연창
multiplication : 증식
multipurpose : 다목적화
multi-purpose room : 다용도실
multi-purpose space : 다목적 공간
multiscreen : 멀티스크린
multi-slide system : 멀티슬라이드시스템
multi-story building : 고층건축
multi-story octagonal pagoda : 팔각 다층탑
multi-story : 고층
multi-story pagoda : 다층탑
multi-vision system : 멀티비전시스템
Munsell color solid : 먼셀색입체
Munsell color circle : 먼셀색상환
Munsell color notation : 먼셀색채표기법
Munsell color system : 먼셀표색계
Munsell Reovation System : 수정먼셀 표색계
Munsell signal : 먼셀기호
Münster[독] : 뮌스터
muntin : 문살, 중간선대, 창살
mural painting : 뮤럴페인팅, 벽화
mural : 벽화
mural tomb : 벽화고분
Murphy bed : 머피침대
Murphy·Jahn : 머피·얀
murr(h)ine : 머린
museographia : 뮤제오그라피아
Museum of Modern Art, New York : 뉴욕근대미술관
museum : 미술관, 화랑
mushroom construction : 머쉬룸구조, 무량판구조
mushroom structure : 버섯모양구조
music stool : 뮤직스툴
Muslim : 이슬람교도
muslin : 모슬린
mustard : 겨자색, 머스타드
Mutenye : 무테니에
mutule[그] : 뮤툴
mutulus : 무툴루스
mylar : 마일라
myopia : 근시안
mystery spot : 미스터리 스폿

【N】

Nâga[프] : 나가
nail : 못
nail head : 네일헤드, 못머리장식
nail head moulding : 네일헤드몰딩, 못머리몰딩
nail joint : 못접합
nailing : 못박기, 못질
naissance : 네상스
nano : 나노
nanometer : 나노미터
nanotechnology : 나노기술
naos[그] : 나오스
nap : 냅
naphtha[독] : 나프타
Naples yellow : 네이플즈옐로
Narra[필] : 나라
narrow joint : 실줄눈
narthex : 나르텍스, 배랑
national brand : 내셔널브랜드
National Confucian Academy : 성균관
National Confucian Shrine : 문묘

national park : 국립공원
national treasures : 국보
natrium sodium vapor lamp : 나트륨등
natte[프] : 나트
natural aggregate : 천연골재
natural asphalt : 천연아스팔트
natural beauty : 자연미
natural cement : 천연시멘트
natural convection : 자연대류
natural design : 자연적 디자인
natural draft : 자연통풍, 자연환기
natural form : 자연적 형태, 자연형태
natural interior : 내추럴인테리어
natural landscape : 자연경관
natural light : 자연채광
natural lighting : 자연조명
natural pattern : 자연적 무늬
natural resin : 천연수지
natural rubber : 천연고무
natural seasoning : 자연건조, 자연건조법
natural shade : 내추럴셰이드
natural ventilation : 자연환기
Naturalism : 자연주의
nature for the beautiful : 심미성
Nauclea diderrichii Merill[학] : 빌링가
nave : 내진, 네이브, 본당, 신랑, 회중석
nave arcade : 네이브 아케이드
navy blue : 감색, 네이비블루
NC curves : 엔시곡선
NCS : 스웨덴의 표준색계
near sightedness : 근시안
necessarium : 네시서리움
necessary house : 네시서리하우스
necking : 기둥목, 네킹
Necropolis : 네크로폴리스
needed illuminance : 소요조도
needle point : 니들포인트
needle punched carpet : 니들펀치드 카펫
needle spire : 바늘형 첨탑
needle-leaved tree : 침엽수
negative : 네거티브
negative after image : 부의 잔상, 음성잔상
negative direction : 소극적 방향
negative form : 네거티브형태, 소극적 형태
negative space : 네거공간, 네거티브스페이스, 소극적 공간
neighbourhood units : 근린주구
Neo-Renaissance : 네오르네상스
Neo Classicism style : 신고전주의양식
Neo Gothic style : 신고딕양식
Neo Greek style : 신그리스양식
Neo-Baroque : 네오바로크, 신바로크
Neo-Byzantine style : 네오비잔틴양식
Neo-Classicism : 네오클래시즘, 신고전주의
Neo-Corbusierian : 네오코르뷔지어리언
Neo-Dadaism : 네오다다이즘
Neo-Expressionism : 신표현주의
Neo-Formalism : 신형식주의
Neo-Gothic : 네오고딕
Neo-Greek : 네오그리크
Neo-Impressionism : 신인상주의
neo-liberty : 신자유
Neo-Modernism : 네오모더니즘
neon lamp : 네온램프
neon sign : 네온사인
neon tube lamp : 네온관등
Neo-Plasticism : 네오플라스티시즘, 신조형주의
neoprene : 네오프렌
neoprene paste : 네오프렌접착제
neoprene rubber : 네오프렌고무
neoprene sheet waterproof : 네오프렌시트방수
Neo-Productivism architecture : 신공업기술주의건축
Neo-Realism : 네오리얼리즘
Neoréalisme : 신사실주의
Neo-Romanesque : 네오로마네스크
nero marquina : 네로마퀴나
nest table : 네스트테이블
nested tables : 네스트테이블
nesting arm chair : 네스팅안락의자
nesting table : 네스팅 테이블
net price : 정가

net vault : 망형 볼트
net work progress chart : 네트워크 공정표
netted door : 망사문
network : 네트워크
network type : 네트워크형
neue-sachlichkeit[독] : 신즉물주의, 노이에자흐리히카이트
neuron : 뉴런, 신경세포
neutral : 뉴트럴
neutral action : 중성화작용
neutral axis : 중심축
neutral color : 중성색
neutral gray : 뉴트럴 그레이
neutral zone : 중성대
neutralization : 중화
New Baroque : 뉴바로크
New Bauhaus : 뉴바우하우스
New Brutalism : 뉴브루탈리즘, 신부르탈리즘
new building : 신축
new construction : 신축
new criticism : 신비평
New German Bauhaus : 뉴저먼바우하우스
new golden ratio : 뉴황금비
New Materials : 신소재
new office : 뉴오피스
New Painting : 뉴페인팅
New Regionalism : 신지방주의
New Regionalism Architecture : 신풍토주의건축
new stainless steel : 신스테인리스강
new town : 뉴타운
New York Five : 뉴욕파이브
New York school : 뉴욕파
newel : 뉴얼, 엄지기둥
newel post : 엄지기둥
newel stairs : 뉴얼스테어
newton : 뉴턴
Niangon[프] : 니안곤
nib[프] : 니브
niche[프] : 감실, 벽감, 니치
niche for Buddhist images : 불감
niche in temple : 감실
Niche Industry : 니치산업, 틈새산업
nichrome : 니크롬
nichrome wire : 니크롬선
nickel : 니켈
nickel chrome steel : 니켈크롬강
nickel plating : 니켈도금
nickel silver : 니켈실버
nickel steel : 니켈강
nicking : 새김장식
Niddle fir : 전나무
niddle punch : 니들펀치
night latch : 나이트래치
night light : 나이트라이트, 야등
night purge : 야간외기냉방
night stand : 나이트스탠드
night table : 나이트테이블
nile blue : 나일블루
nimbus : 님버스
nit : 니트
nit cement : 니트시멘트
nitro-cellulose paint : 니트로셀룰로오스도료
no fuse circuit breaker : 차단기
No.24 chair : 이십사번의자
noble metal : 귀금속
node : 결합점, 노드, 단계, 옹이
nog : 나무벽돌
nogging : 노깅
noise : 소음
noise level : 소음레벨
noise reduction : 차음도
noise reduction coefficient : 소음감소율, 흡음계수
noise source : 소음원
nomadic furniture : 유목민가구
nominal cross section : 공칭단면
nominal cross sectional area : 공칭단면도
nominal diameter : 공칭직경
nominal dimension : 공칭치수, 제재치수

nominated bid nominated tender : 지명입찰
non-combustible materials : 불연재료
non-drying oil : 불건성유
non-objective design : 추상적 디자인
non-bearing wall : 비내력벽
Non-destruction Testing : 비파괴검사
nonferrous metal : 비철금속
non-grounding system : 비접지방식
non-inter-section type linear : 비직교식 선형체
non-objective : 비구상적
non-profit display : 비영리적 전시
non-profit exhibition : 비영리적 전시
non-rem : 논렘수면
nonslip : 논슬립
nonsuch furniture : 논서치가구
non-time scale progress graphic chart : 비타임스케일공정도
non-typical stone pagoda ; a pagoda other than the standard four-sided, 3 or 5 stories : 이형석탑
nonvitreous tile : 비자기질타일
nook : 누크
normal dimension : 명목치수
normal mode : 노멀모드
normal non-reinforced concrete : 보통무근콘크리트
normal portland cement : 보통포틀랜드 시멘트
normal temperature : 상온
normal working area : 정상작업영역
normalizing : 불림
Norman architecture : 노르만건축
Norman brick : 노르만벽돌
Northern pitch pine : 리기다소나무
Norway spruce : 독일가문비
Norwegian brick : 노르웨이벽돌
nosing : 계단코, 노징
notan : 농담
notation : 기호
notch : 노치
Notre Dame [프] : 노트르담 대성당
Noyon Cathedral : 노와이용 대성당
NR curves : 엔알곡선
NRC ; Noise Reduction Coefficient : 소음감소계수
nuance[프] : 뉘앙스
nursing home : 너싱홈
nut : 너트
Nutzstil[독] : 필요양식
Nyatoh[인] : 니야토
nylon : 나일론
nymphaeum : 님파에움

【O】

O.A : 오에이
oak : 떡갈나무, 오크
oak period : 참나무시대
Obelisk : 오벨리스크
object : 대상
object color : 물체색
object line : 실선
objet[프] : 오브제
oblique butt joint : 빗턱맞춤
oblique drawing : 경사투영도
oblique force : 사력
oblique line : 사선
oblique mortise and tenon joint : 빗장부맞춤
oblique projection : 경사투영도, 사각투상도, 사투상도, 사투영
oblique section : 사단면
oblique stress : 사응력
oblique tenon : 빗장부
oblique unit stress : 사응력도
oblique : 사각투상, 사투상
OBS ; Open Building System : 개방형 건축시스템
obscure glass : 반투명유리, 젖빛유리
obscured glass : 뽀얀유리

observatory : 간의대
obsidian : 흑요석
obtuse angle : 둔각
obuson[프] : 오뷔송
obzëë[프] : 오브제
occasional chair : 다목적 의자
occasional table : 다목적 탁자
occluding : 흡습
occupancy load : 적재하중, 거주자하중
occupant load : 거주자하중
ocean road : 해상도로
ocean space : 해양공간
ocean structure : 해양건축물
oceanic architecture : 해양건축
Ochroma spp[학] : 발사
Ocotea rodiei Mez.[학] : 그린하트
Ocotea rubra Mez[학] : 로우로벨메료
octagon : 옥타건, 팔각형
octagonal form : 팔각형 형태
octastyle : 옥타스타일, 팔주식
octave : 옥타브
octave analysis : 옥타브분석
octave band : 옥타브밴드
oculus : 오큘러스
odometer : 보척기
oeil de boeuf[프] : 오에일드뵈프
off set : 오프셋
off-black : 오프블랙
office automation : 사무자동화, 오피스 오토메이션
office automation furniture : 오에이가구
office landscape : 오피스랜드스케이프
office of a provincial governor : 선화당[1)]
office system furniture : 사무용 시스템 가구
officetel : 오피스텔
official space : 업무공간
offset head nail : 스파이크
offset printing : 옵셋인쇄
offset tongue and groove joint : 개탕식 제혀쪽매
offshore airport : 해상공항
off-white : 오프화이트
Ogee : 오지, 파총
ogee arch : 연꽃형 아치, 오지아치, 총화아치, 파총아치
ogee bracket foot : 오지브래킷형 발
ogee moulding : 오지몰딩
ogive[프] : 오지브, 맞보, 오지
ohm : 옴
ohm's law : 옴의 법칙
oil caulking material : 유성코킹재
oil paint : 유성페인트
oil stain : 오일스테인, 착색제
oil varnish : 유성바니시, 오일바니시
oinochoe : 오이노코, 오이노코에
okladias[그] : 오클라디아스
Ökologisches Bauen[독] : 생태건축
oktastylos[그] : 옥타스튜로스
old house : 고가, 고택
old rose : 올드로즈
olefin : 올레핀
olfaction : 후각
olfactory : 후각
olive : 올리브
olive drab : 국방색, 올리브드랩
olive green : 올리브그린
olive yellow : 올리브옐로
Olivetti company : 올리베티회사
olivine : 감람석
OMA : 오엠에이
ombré effect[프] : 옹브레효과
omnier slab : 옴니어슬래브
on center : 중심거리, 온센터
one dimension : 일차원
one hour cement : 원아우어시멘트
one pipe system : 단관식
one point perspective : 일소점투시도
one room residence : 원룸주거
one room system : 원룸시스템
one stop shopping : 원스톱쇼핑
one story show window : 단층형 쇼윈도
one way : 일방향
one way slab : 일방향 슬래브

onion dome : 양파형 돔, 어니언돔
onion foot : 양파형 발
onyx : 오닉스
oolite : 어란석
op art : 옵아트
opal green : 오팔그린
open : 오픈
open assembly time : 개방퇴적시간
open building : 오픈빌딩
open cell ceiling : 조립식 천장
open competitive selection : 공개경쟁 선정
open component system : 오픈부품화
open corridor : 퇴
open display : 오픈디스플레이
open feeling : 개방감
open housing : 오픈하우징
open office : 개방형 오피스, 오픈오피스
open plan office : 오픈플랜오피스
open plan : 오픈플랜
open planning : 개방평면계획, 오픈플래닝
open sandwich structure : 오픈샌드위치 구조
open school : 오픈스쿨
open shelf system : 개가식
open space : 개방공간, 오픈스페이스
open specification : 개방시방서
open stack system : 개가식
open stage type : 오픈스테이지형식
open string : 따낸옆판
open system : 개방형 시스템, 오픈시스템
open time : 오픈타임
open twist turning : 꼬임형 선반가공재
open web : 오픈웨브
open web girder : 오픈웨브보
open work : 투각
opening : 개구부, 문꼴, 오프닝
opening in the wall : 봉창
opening leaf : 사용문짝
opening wall : 개방적 벽체
open-timbered : 오픈팀버드
openwork : 오픈워크
opera house : 오페라하우스
operable window : 환기창
operative temperature ; OT : 작용온도
ophiolite : 사문암
opisthodomos[그] : 오피스토도모스
opposition : 대립, 대치
optical anisotropic : 이방성
optical balance : 시각적 균형
optical fiber : 광섬유
optical illusion : 착시
optical mixing : 광학적 혼합
optical pyrometers : 광학온도계
optimum climate : 최적기후
optimum illumination : 최적조도
optimum reverberation time : 최적 잔향시간
optimum temperature : 최적온도, 쾌적온도
optimum working area : 최적작업영역
opus alexandrinum : 오퍼스알렉산드리엄, 오푸스알렉산드리움
opus incertum[그] : 거친돌막쌓기, 오푸스인체르툼
opus listatum : 오푸스리스타툼
opus quadratum : 오푸스쿼드라툼
opus reticulatum[그] : 마름모쌓기, 오푸스레티클라툼
opus sectile : 오퍼스섹타일, 오푸스섹틸레
opus tessellatum : 오푸스테셀라툼
opus vermiculatum : 오퍼스버미큘라텀
orange : 오렌지
orangery : 오렌지리
oratory : 오라토리
Orbison illusion : 오비슨착시
orchestration : 통합
orchid : 오키드
order : 오더
order style : 주범양식
ordinal scale : 서열척도
ordinary construction : 일반구조
ordinary plywood : 보통합판
ordinary portland cement : 보통포틀랜드

시멘트
organic : 유기적
organic form : 유기적 형태
organic glass : 유기유리
organic paint : 오가닉 페인트
organic pattern : 유기적 패턴
organic request : 유기적 요구
organic shape : 유기적 형상
organic space : 유기적 공간
organic style : 유기적 양식
organisme[프] : 오르가니슴
organization : 조직
organic architecture : 유기적 건축
oriel : 오리얼
oriel window : 내닫이창
oriental blue : 오리엔탈블루
oriental oak : 굴참나무
Oriental white oak : 갈참나무
orientation : 방위, 오리엔테이션, 정위, 정향
Oriented Strand Board ; OSB : 배향성 스트랜드보드
originality : 독창력, 독창성
or-mo-lou[프] : 오르몰루
ormolu : 오르몰루, 오무르, 오믈루
ornament : 오너먼트, 오너멘트, 장식, 장식무늬
ornament style : 장식양식
ornamental beak of bracket : 교두
ornamental form : 장식형태
ornamental hinge : 나비경첩
ornamental stud : 거멀장식
ornamental top in the form of hornless dragon for a stele : 이수
ornamental top on the hip roof : 절병통
ornamental window : 장식창
ornamental wooden sculpture with phoenix-head design : 봉두
ornamentation : 장식
ornemanistes : 오르네매니스트
ornemantalism : 장식주의
orthoclase : 정장석
orthodox : 오더독스
orthodox interior : 오소독스인테리어
orthogonal projection : 직각투영법
orthographic : 정투상
orthographic projection : 정사영법, 정투상도, 정투영도법
OSB ; Open System Building : 건축의 개방형 시스템
Osirian column : 오사이리언기둥
Ostwald's color system : 오스트발트 표색계
Ostwald color solid : 오스트발트색입체
Ostwald color circle : 오스트발트색상환
ottoman : 오토만
ottoman architecture : 오토만건축
ottoman chair : 오토만체어
Ottonian Architecture : 오토건축
oubliette : 우블리에트
out line : 윤곽선
out of center joint : 내이음
out waterproof : 바깥방수
outdoor air : 외기
outer bark : 외수피
outhouse : 별채
outlet : 아웃렛
outlet box : 아웃렛박스
outlet store : 아웃렛스토어
outline : 외곽선
outrigger scaffold : 내밀이비계
outside order : 외주
outward thrust : 외향추력
oval back : 타원형 등받이
oval head : 둥근접시머리
oven dry : 절대건조
oven dry condition : 절건상태
over crowding sleeping : 과밀취침
over door : 현관장식
over flow : 오버플로우
over hang sash window : 들창
overcast sky : 담천공
overcast skylight : 담천광

overcrowding : 폭주
overcrowding angle : 폭주각
overdoor : 윗문
overhang : 내물림
overhanging : 오버행잉
overhanging beam : 내민보
overhead door : 오버헤드도어
overhead expenses : 간접비
overhung : 오버헝
overlap : 오버랩
overlapping : 중첩
overlapping form : 오버래핑형태
overlay plywood : 오버레이합판
overload : 과부하
overtone : 배음
ovolo : 오볼로
ovolo moulding : 오볼로몰딩
ovra : 오브라
owing : 현수막
owner : 건축주
oxeye window : 옥스아이윈도
oxidation : 산화
oxide : 산화물
oxide coating : 산화물피복법
oxygen debt : 산소빚
oystering : 굴껍질장식, 오이스터링

【P】

package air condition : 패키지형 공조기
package air conditioning : 패키지방식
package deal contract : 턴키계약
package unit method : 패키지유닛방식
packing : 충전제
pad eye : 패드아이
pad foot : 패드형 발
padlock : 통자물쇠
padouk : 파독
pagoda : 사리탑, 탑, 파고다
Paimio chair : 파이미오의자
paint : 도료, 페인트
paint putty : 페인트퍼티
paint skin : 도막
paintbrush foot : 붓형 발
painted display : 페인티드디스플레이
painted furniture : 채색마감가구
Painted maple : 고로쇠나무
painted stainless steel : 도장스테인리스강
painter's work : 도장공사
painting : 단청, 도장
painting work : 도장공사
pair glass : 겹유리, 다층유리, 복층유리, 이중유리, 페어글라스
pair of twin tenon : 두쌍장부
paisley : 페이즐리
palace : 궁, 궁궐
palace de Louvre : 루브르궁전
Palace de Versailles : 베르사유궁전
palace hall : 전
Palace of Luxemburg : 룩셈부르크궁전
palace of Riccardi : 리카르디궁전
palace of Rucceliai : 루셀라이궁전
palais stoclet[프] : 팔레스톡레
palampore : 팰럼포르
Palaquium[학] : 니야토
palazzo : 팔라초
Palazzo Spada : 스파다궁
Palazzo Vaticano[이] : 바티칸궁전
pale : 연한
paling : 페일링
palisade wall : 팰리세이드월
Palladian motif : 팔라디안모티프
Palladian style : 팔라디안양식
Palladian window : 팔라디안윈도
Palladiana : 팔라디아나
Palladianism : 팔라디안양식
pallet : 팰릿
palm : 종려나무장식
palm capital : 야자주두
palm vault : 종려잎궁륭
palmated : 팰메이티드장식
palmette[프] : 팔메트문양, 종려나뭇잎장식

palosapia[핀] : 팔로사피아
pampre[그] : 포도형 장식
pan head : 팬헤드
panchetto[이] : 판체토
panel : 격간, 양판, 패널
panel air method : 복사방식
panel air system : 복사냉난방방식, 패널에어방식
panel back chair : 패널등받이의자
panel board : 거울판, 분전반, 양판
panel curtain : 패널커튼
panel heater : 패널히터
panel heating : 복사난방, 패널히팅
panel length : 격간길이
panel point : 격점, 절점
panel saw : 패널톱
panel screen : 패널스크린
panel tracery : 패널트레이서리
paneled door : 양판문, 패널도어 패널문
panelling : 판벽널
panetiere : 파네띠에르
panetière[프] : 파네띠에르, 파니티에르
panic : 패닉
panic bar : 패닉바
panic handle : 패닉핸들
panneau d'affichage[프] : 간판
panneled ceiling : 소란천장
panorama display : 파노라마디스플레이, 파노라마전시
panorama exhibition : 파노라마전시
Pansa House : 판사의 주택
pansy : 팬지
pantheon : 판테온
Pantheon dome : 판테온돔
Pantheon temple : 판테온신전
pantile : 에스형 기와
panton stacking chair : 팬톤스태킹체어
pantry : 배선실, 팬트리
paorosa : 파오로사
papelera[스] : 파펠레라
paper ceiling : 종이반자
paper hangers work : 도배공사
paper hanging work : 도배공사
paper hygrothermometer : 종이습도계
paper mulberry : 닥나무
paper plan : 페이퍼플랜
papered floor : 장판, 장판지
papering with water : 물갈기
papier collé[프] : 빠삐에꼴레, 파피에콜레
papier-mâché[프] : 파피에마쉐
papillotement[프] : 플리커
papyrus : 파피루스
papyrus capital : 파피루스주두
PAR bulb : 피에이알전구
PAR lamp : 파전구, 피에이알램프
para rubber tree : 고무나무
parabola : 포물선
Parabolic Aluminized Reflector bulb : 피에이알전구
Parabolic Aluminized Reflector lamp : 피에이알램프
parabolic arch : 포물선아치
paraboloid : 파라볼로이드
paracas : 파라카스
paradigm : 패러다임
paradise : 파라다이스, 패러다이스
paraetonium[그] : 파라에토니움
paraffin stain : 파라핀스테인
paraffin[영·독] : 파라핀
Parak[인네] : 파락
para-line drawing : 평행선도
parallax : 시차, 패럴랙스
parallel perspective : 평행투시도
parallel projection : 평행투영
parallel rule : 평행자
parallel type kitcchen : 병렬형 부엌
parapet : 난간, 난간벽, 파라펫, 패러피트, 패러핏
parapet gutter : 안홈통
parapet wall : 난간벽
parascenium[그] : 파라시니움
Parashorea maloanonan Merr.[학] : 화이트세라야

Parashorea paruifolia Waytt−Smith : 게루투
paraskenion[그] : 파라스케니언
parcel gilt : 부분도금
parclose : 파클로즈
parenchyma : 유조직
pareto diagram : 파레토그램
parge work : 파지트리
parget : 파지트, 파짓, 회반죽
pargeting : 파지트리, 파지팅, 회반죽장식
pargetry : 파지트리
parging : 파지트리
park and ride method : 파크앤드라이드 방식
parkerizing : 파커라이징
parkerizing process : 파커라이징법
parlor : 팔러
parlor chair : 팔러의자
parlour : 접객실, 팔러
parodos[그] : 파로도스
parquet : 파케트
parquet flooring : 파케트플로어링
parquetry : 쪽매널, 파키트리
parquetry block : 파키트리블록
parquetry board : 파키트리보드
Parson's table : 파슨스테이블
parterre[그] : 파르테르
parti : 파티
parti[프] : 빠르티
partial contract : 공사별 도급, 분할도급
partial details : 부분상세도
partial light : 국부조명
partial plan : 부분평면도
particle board core plywood : 파티클보드코어합판
particle board : 파티클보드
particle−size distribution of aggregate : 골재의 입도분포
particular estimation : 명세견적
partition wall : 격벽
partition : 칸막이, 파티션
partner's desk : 파트너데스크
party wall : 경계벽
parvis : 파비스
Pasak : 파삭
pascal : 파스칼
pass through window : 전달창
passenger elevator : 승객용 엘리베이터
passive control : 자연형 조절
passive solar heating : 자연태양열난방
pastas[그] : 파스타스
paste : 페이스트
paste paint : 견련페인트
pastel : 파스텔
pastel color : 파스텔색조, 파스텔컬러
pastiche : 패스티시
pastiglia[이] : 파스티글리아
pate de verre[프] : 패트드베르
patera : 파테라
paterae[그] : 파테라
path : 패스
patina : 파티나, 패티너
patio[그] : 파티오, 안뜰, 중정
patio house : 파티오주택, 파티오하우스
pattern : 무늬, 문양, 패턴
pattern glass : 형판유리
Pattern Language : 패턴랭귀지
pattern recognition : 패턴인식
pattern stain : 패턴스테인
pattern staining : 얼룩무늬현상
pattern wood : 무늬목
patterned glass : 무늬유리
Paulownia tomentosa, Uyeki[학] : 참오동나무
paulownia tomentosa[학] : 오동나무
Paun House : 파운주택
pavement brick : 포도용 벽돌
pavement glass : 페이브먼트글라스
paver tile : 포장타일
pavilion : 정, 정자, 파빌리온, 퍼빌리온, 파빌롱[프]
pavilion roof : 방형 지붕, 파빌리온루프

paw and ball foot : 동물주먹과 공형 발
P.C. : 피시강
PC concrete : 프리캐스트콘크리트, 피시콘크리트
PCCS : 피시시에스
PC methods : 피시공법
PCP : 피시피
peach : 피치
peacock blue : 피코크블루
peacock chair : 공작의자
peacock green : 피코크그린
pearl gray : 펄그레이
pearl molding : 펄몰딩
pearlite board : 펄라이트판
pearlite spray : 펄라이트뿜칠
pebble : 잔자갈, 조약돌
pechka[러] : 페치카
pedestal : 페데스탈
pedestal chair : 페데스탈체어
pedestal desk : 페데스탈데스크
pedestal table : 페데스탈테이블
pedestrian mall : 페데스티리언몰
pedestrian way : 페데스티리언웨이
pediment : 박공, 박공장식, 페디먼트
peel tower : 필탑
peeling : 박리
PEL ; Practical Equipment Ltd : 펠
pele tower : 필탑
pelmet : 펠미트
Peltogyne spp[학] : 아마란테
pembroke table : 펨브루크테이블
pencil cedar : 펜슬시다
pendant : 달대공, 펜던트
pendant finial : 달린 꼭지장식
pendant lighting : 펜던트조명
pendant switch : 펜던트스위치
pendentif[프] : 팡당티프, 펜덴티브
pendentive : 구면삼각형, 펜덴티브
pendentive dome : 펜덴티브돔
penetrated mortise and tenon : 내다지장부
penetrating stain : 침투성 스테인
pennant : 페넌트
penny : 페니
pension : 펜션
pent house : 차양
pent roof : 눈썹지붕, 차양
Pentacme contorta Merr[학] : 화이트나왕
Pentacme contortaVidal Merr. & Roife [학] : 백나왕
pentadoron[그] : 펜타도론
pentagon : 오각형, 펜타곤
pentastyle : 펜타스타일
pentastylos : 펜타스튤로스
penthouse : 옥탑층, 펜트하우스
pentrated mortise and tenon joint : 내다지장부맞춤
pen−work : 펜워크
perceived color : 지각색
percent of total aggregate by weight : 골재율
percentage articulation : 명료도
percentage of solids : 실적률
percentage of sunshine : 일조율
percentage of voids : 공극률
percentile : 백분위수, 퍼센타일
perceptible limit : 지각한계
perception : 지각
perceptual space : 지각적 공간
perceptual structure : 지각구조
perceptual thinking : 퍼셉추얼씽킹
perfect arch : 완전아치
perfect elasticity : 완전탄성
perfect plastic body : 완전소성체
perfect plasticity : 완전소성
perfectly black body : 완전흑체
perfectly transmitting body : 완전투명체
perforated brick : 구멍벽돌
perforated panel : 유공판
perforated plywood : 유공합판
perforation : 퍼퍼레이션
performance reliability : 성능신뢰도
performance specification : 성과시방서
performance specification : 성능시방서

pergola[이] : 퍼걸러, 파골라
Pericopsis elata Van Meeuwen[학] : 아사멜라
peridot : 감람석
period color scheme : 시대색계
period furniture : 시대적 가구
period room : 시대적 방
peripteral : 일열주양식, 패립테랄, 페립터랄
peripteros[그] : 페리프테로스
peristyle : 열주랑, 페리스타일
peristylium : 페리스튤룸
periwing chair : 가발의자
perlato royal[그] : 펄라토로열
perlite : 퍼라이트, 펄라이트
permanent form : 영구거푸집
permanent markets : 시전
permeability : 침투성, 투습률
permissible carbon dioxide content : 탄산가스허용량
permissible stress : 허용응력
permissive limit of dust concentration : 먼지허용도
Peroba : 페로바
perpendicular style : 수직식 고딕양식, 퍼펜디큘러양식
perron : 페런, 페론
Persian architecture : 페르시안건축
Persian carpet : 페르시안카펫
personal distance : 개인거리
personal identity : 자기확인성
personal space : 개인공간
personality : 개성, 퍼스낼러티
perspective : 원근법, 전망, 투시도, 퍼스팩티브
perspective drawing : 투시도
perspective projection : 투시투상도
PERT ; Program Evaluation and Review Technique : 퍼트
pestle : 공이
Peterebi : 뻬떼레비
petit-point[프] : 프티포엥
petroleum resin : 석유수지
petticoat : 페티코트
petticoat valance : 페티코트밸런스
pew : 신자용 벤치
phantom line : 가상선
phantom view : 가상도
Pharaoh : 파라오
pharmacy lamp : 약국등
phase : 단계, 위상
phenol : 페놀
phenol formaldehyde : 페놀수지
phenol formaldehyde board : 페놀수지판
phenol resin : 페놀수지
phenol resin adhesive phenol resin paste : 페놀수지접착제
phenolic resin : 페놀수지
phenolic resin paint : 페놀수지도료
Philadelphia Chippendale : 필라델피아치펜데일
Philadelphia School : 필라델피아학파
Philippine mahogany : 필리핀마호가니
phillips head : 십자형 머리
philosopher's stone : 현인의돌
Phoenix tree : 벽오동
phon : 폰
phosphor : 형광물질
photo : 포토
photo door : 포토도어
photo portfolio : 사진포트폴리오
photo wall : 포토월
photo wallpaper : 사진벽지
photochemical : 광화학
photochemical smog : 광화학스모그
photoelectric colorimeter : 광전 색채계
photometer : 광도계
photomural : 사진벽화
photopic vision : 명소시
phthalate resin paint : 푸탈산수지도료, 프탈산수지도료
phthalic acid resin : 프탈산수지
phyllite : 천매암
Phyllostachys bambusoides S. et Z =P. reticulata koch[학] : 왕대

Phyllostachys nigra var. henosis Stapf [학] : 솜대
physical acoustics : 파동음향, 파동음향학
physical function : 생리적 기능
physical functional : 물리적 기능
physiologic climatology : 생리기후
piano hinge : 피아노경첩
piano nobile[[이] : 피아노노빌레
piano stool : 피아노스툴
piano string : 피아노선
piano wire : 피아노선
piazza : 피아자
Piazza del Campidoglio : 캄피돌리오광장
Picea abies Korst[학] : 독일가문비
Picea jezoensis Carr.[학] : 가문비나무
picea Koraiensis[이] : 종비나무
Picea sitchensisBong. Carr[학] : 시트카 스프루스
pichi : 피치[3)]
pickled finish : 피클마감
pico : 피코
pictogram : 픽토그램
pictograph : 픽토그래프
picture frame stage : 픽처프레임스테이지
picture lighting : 회화조명
picture moulding : 픽처몰딩
picture plane : 투시화면, 화면
picture rail : 픽처레일
picture window : 대형 창, 전망창, 픽처윈도, 화면창
picturesque : 픽처네스크, 픽처레스크
pie-crust table : 파이껍질테이블
pied de biche[프·이] : 피에드비치, 파이드드비치
piend : 피언드
pier : 돌받침대, 피어
pier glass : 피어글라스
pier table : 피어테이블
pierced splat : 투각세로대
pietás[프] : 피에타
pietre dura : 피에트라 듀라
pietre dure[이] : 피에트르 듀르
pig iron : 선철
pigeonhole : 비둘기장형 정리칸, 피진홀
pigment : 안료
pigment figure : 색소문리
pigmented stain : 안료성 스테인
pigtail : 피그테일
pilaster strip : 필라스터스트립
pilaster : 기둥, 벽기둥, 필라스터, 필러스터
pile : 파일
pile density : 파일밀도
pile weight : 파일무게
pilgrim furniture : 순례자용가구
pillar and scroll table : 필러와 소용돌이 받침테이블
pillar : 기둥, 산기둥, 지주, 필러
piller standing in the middle of pedestal : 탱주
pillow : 필로우
pillow capital : 베개형 주두
pillow joint : 베개이음
pillow top : 베개장식가로대
pilot hole : 파일럿홀
pilot shop : 파일럿숍
pilotis type : 필로티형
pilotis : 필로티
pin : 산지, 핀, 활절
pin hole : 산지구멍, 핀 홀
pin hole light : 핀홀라이트
pin joint : 핀이음
pin up : 핀업
pin work : 핀워크
pinakes[프] : 피앙크
pineapple : 파인애플장식
Pinheiro Do Parana[프] : 뻰헤이로도빠라나
pining : 피닝
pink color : 핑크색
pink lauan : 핑크나왕
pink noise : 핑크노이즈
pinnacle : 소첨탑, 작은 뾰족탑
pinnacle[프] : 피너클
pinned joint : 촉장부맞춤
pinned mortise and tenon joint doweled

tenon joint : 산지장부맞춤
point sound source : 점음원
Pinus banksiana Lamb : 방크스소나무
Pinus Bungeana : 백송
Pinus contorta Dougl[학] : 로지폴파인
Pinus densiflora S. et. Z[학] : 소나무
Pinus koraiensis S. et Z [학] : 시더, 홍송
Pinus koraiensis Sieb. et Zucc[학] : 잣나무
Pinus lambertiana Dougl[학] : 슈가파인
Pinus merkusii Jungh & De Vr.[학] : 멀쿠시파인
Pinus monticola Dougl[학] : 화이트파인
Pinus palustris Mill[학] : 서던옐로우파인
Pinus ponderosa dougl. : 폰데로사 파인
Pinus radiate D. Don[학] : 라디에타미송
Pinus rigida Mill[학] : 리기다소나무
Pinus rigida X P. taeda hybrid[학] : 리기테다소나무
Pinus strobus : 스트로브잣나무
Pinus strobus L[학] : 스트로브잣나무
Pinus taeda L.[학] : 테다소나무
Pinus thunbergii Parl. : 곰솔
Pinus thunbergii Parl[학] : 흑송
Pinus virginiana Mill[학] : 버지니아 소나무
pipe : 파이프
pipe cooling : 파이프 쿨링
pipe duct : 파이프덕트
pipe furniture : 강관가구
pipe handle : 파이프손잡이
pipe rail : 파이프 레일
pipe scaffold : 파이프비계
pipe shaft : 파이프샤프트
pipe support : 파이프서포트
pipe trap : 관트랩
piping : 파이핑
piscina : 피시너
pit : 피트
pit house : 움집터
pitch : 경사, 도, 물매, 송진, 피치, 고갱이, 수, 수심
pitch beam : 목철배합보
pitch lamp : 피치램프
pitch of sound : 음높이
pito tube : 피토튜브
Pitty Gallery : 피티화랑
pivot : 돌쩌귀, 지도리, 추축
pivot hinge : 돌쩌귀, 돌쩌귀정첩, 바닥지도리, 피벗경첩, 피벗정첩, 피벗힌지, 피봇경첩, 피봇정첩, 피봇힌지
pivot type hinge : 플로어 힌지
pivoted door : 추축문
pivoted window : 회전창
placard : 플래카드
placement : 벽돌나누기, 타설
placet : 플래셋
plaid : 플래드
plafond : 장식천장
plagioclase : 사장석
plaid : 격자무늬
plain concrete : 무근콘크리트
plain concrete construction : 무근콘크리트조
plain joint : 맞대기쪽매, 맞댄쪽매
plain lap : 단순겹침
plain miter joint : 맞댄연귀
plain saw : 널결켜기
plain sawn : 나뭇결면
plain surface : 평활한 면
plain weave : 평직
plan : 평면, 평면도, 플랜
plan module : 평면모듈
plan view : 평면도
plane : 면
plane wood : 플레인나무
planer shaving : 플래너세이빙, 플레이너세이빙
plank : 널, 널판, 두꺼운 널, 플랭크
plank flooring : 판재바닥
planned unit development : 계획단위개발
planning : 순서계획, 평면계획, 플래닝
planning and design : 설계
planning grid : 플래닝그리드

planning method : 플래닝기법
planning of progress : 공정계획
plans of value : 명암계획
plant : 플랜트
plant box : 플랜트박스
Plantagenet style : 플란타주넷양식, 플랜태저넷양식
planted stop : 플랜티드스톱
plaque : 플라크
plaquette : 돋을새김
plaster base : 바름바탕
plaster board : 플라스터보드
plaster lath board : 석고라스보드
plaster of paris : 소석고
plaster trap : 플라스터 트랩
plaster : 플라스터, 회반죽
plaster work : 미장공사, 회반죽공사
plasterboard : 석고보드
plastering : 미장바름, 바르기, 바름
plastic : 플라스틱
plastic art : 조형미술, 조형예술
plastic body : 소성체
plastic furniture : 플라스틱퍼니처
plastic mix : 된비빔
plastic sponge : 플라스틱스펀지
plastic tile : 플라스틱 타일
plasticity : 가소성, 소성, 플라스티시티
plasticizer : 가소제
Platanus occidentalis L.[학] : 귀룽나무, 양버즘나무
platanus : 플라타너스
plate : 평판
plate form : 평형
plate girder : 판보, 플레이트거더, 플레이트보
plate glass : 판유리, 플레이트글라스
plate rail : 플레이트레일
plate room : 플레이트룸
plate steel : 철판
plate stone : 판석
plate tracery : 플레이트트레이서리
plateau : 플래토
Plateresco : 플라테레스코
Plateresco style : 플라테레스코양식
Plateresque style[프] : 플라테레스크양식
platform : 대지
platform bed : 플랫폼베드
platform rocker : 플랫폼흔들의자
plating : 도금
platonic solid : 플라톤의 입체
play room : 유희실, 플레이룸
plaza : 플라자
pleating : 플리팅
pleats screen : 플리츠스크린
plenum : 플리넘
plenum barrier : 천장방음벽
plenum system : 플리넘시스템
plenum ventilation : 플리넘환기장치
plexiglass : 플렉시글라스
pliant[프] : 플리앙
plinch block : 주춧대
plinth block : 문선굽, 플린스블록
plinth : 걸레받이, 초반, 플린스
plot plan : 배치도
plot planning : 배치계획
plug : 플러그
plug fuse : 플러그퓨즈
plug-in : 플러그인
plum wood : 서양오얏나무
plumbing : 급배수설비
plume : 깃털장식
plural form : 복수형태
pluralism : 다원주의
plush carpet : 플러시카펫
ply : 플라이
plywood : 합판
pneumatic applied concrete method : 뿜칠콘크리트공법
pneumatic architecture : 공기건축
pneumatic placement : 압축공기타설
pneumatic riveter : 압축공기식 리벳터
pneumatic structure : 공기막구조
PNL, Perceived Noise Level : 피엔엘
pocket coil : 포켓코일

pocket door : 미닫이문, 주머니형 문, 포켓도어
pocket park : 포켓파크
podium : 기단, 포디엄
podium[그] : 포디움
Poggendorf illusion : 포겐도르프착시
point : 점
point by point method : 축점법
point method : 축점법
point of attention : 주시점
point of purchase advertising : 구매시점 광고, 피오피광고
point of sale presentation : 포인트오브 선세일프레젠테이
Point of Sale ; POS : 판매시점, 판매시점 정보관리
point source light : 점광원
pointed arch : 뾰족아치, 첨두아치, 첨탑 아치
pointed dome : 뾰족돔
pointed roof : 뾰족지붕
pointillism : 점묘법, 점묘화법
pointing : 사춤, 줄눈마감, 치장줄눈
Poisson's ratio : 푸아송비, 프와송비
Poisson's rumber : 푸아송수
polarized plug : 성극플러그
pole : 비계기둥
pole display : 폴디스플레이
pole plate : 처마도리
pole POP : 폴피오피
pole screen : 폴스크린
pole sign : 폴사인
poligonal pagoda : 다각탑
polished brass : 유광황동
polished glass : 광낸유리
polished plate glass : 마판유리
polishing : 광내기
poly : 폴리
polyamide : 폴리아미드
polyant[프] : 폴리앙
polybonate resin : 폴리보네이트레진
polycarbonate : 폴리카보네이트
polychromatic : 다색조
polychrome : 다색채장식
polyester : 폴리에스테르
polyester decorated board : 폴리에스테르 치장판
polyester fiber : 폴리에스테르섬유
polyester hard board : 폴리에스테르 강화판
polyester resin : 폴리에스테르수지
polyester resin paint : 폴리에스테르 수지도료
polyethylene film : 폴리에틸렌필름
polyethylene pipe : 폴리에틸렌 파이프
polyethylene resin : 폴리에틸렌수지
polyethylene, PE : 폴리에틸렌
polygon : 다각형
polyhedral structure : 다면체구조
polyhedron : 다면체
polymer cement : 폴리머시멘트
polymer concrete : 폴리머콘크리트
polypropylene resin : 폴리프로필렌수지
polystyrene : 폴리스티렌
polystyrene foam : 폴리스티렌폼
polystyrene resin tile : 폴리스티렌수지 타일
polystyrene transparent plane : 폴리 스티렌투명판
polyurethane : 폴리우레탄
polyurethane foam : 폴리우레탄폼
polyurethane resin paint : 폴리우레탄수 지계 도료
polyurethane resin : 폴리우레탄수지
polyurethane varnish : 폴리우레탄바니시
polyvinyl acetate resin : 초산비닐수지
polyvinyl alcohol fiber : 폴리비닐 알코올섬유
polyvinyl butyrate : 폴리비닐낙산
polyvinyl chloride board : 염화비닐판
polyvinyl chloride resin : 염화비닐수지, 폴리염화비닐수지
polyvinyl chloride tile : 염화비닐타일
polyvinyl chloride wallpaper : 염화

비닐칩벽지
polyvinyl fluoride : 불화비닐수지
poly-vinyl resin : 폴리비닐수지
polyvinyl sponge tile : 비닐스펀지판
polyvinylidene chloride : 폴리염화비닐리덴
Pometia pinnata Forster[학] : 타운
Pompeiian style : 폼페이양식
ponde : 폰드
ponderosa pine : 폰데로사 파인
ponti chair : 폰티체어
Pontigny : 퐁튀니
Ponzo illusion : 폰조의 착시
poodruz[프] : 푸드루즈
pool type office : 풀형오피스
poor man's art : 서민용 가구
poor mix : 빈배합
pop architecture : 팝건축
pop art : 팝아트
pop furniture : 팝가구
poplar : 포플러나무
Poplus deltoides Marsh : 미루나무
Popular : 백양나무
population : 모집단
population stereo type : 포퓰레이션 스테레오타입, 스테레오타입
population value : 최대집단치
populism architecture : 대중주의건축
Populus alba×glandulosa : 현사시나무
Populus sieboldji Miq[학] : 북양사시나무
porcelain : 자기
porcelain clay : 고령토, 도토
porcelain enamel : 법랑, 자기에나멜
porcelain insulator : 애자
porcelain tile : 자기질타일, 자기타일
porch : 문간, 퇴, 포치, 현관
pore : 관공
porosity : 다공성
porous absorbent materials : 다공질 흡음재
porous brick : 다공질벽돌
porous material : 다공질재료
porous wood : 유공재
porphyry : 반암
port cochère[프] : 포트코셰어
Port Orford Cedar : 미국편백
portal : 정문, 포틀
portcullis : 포트컬리스
porte[프] : 포트
porte-cochére : 포르트-코세르
porter chair : 문지기의자
portfolio : 포트폴리오
portico : 주랑현관, 포티코, 현관
pórtico : 포르티코
portière : 포티에르
portique[프] : 포티코
portland blast furnace cement : 고로시멘트
portland cement : 포틀랜드시멘트
portland stone : 포틀랜드스톤
portland vase : 포틀랜드화병
portone[프] : 포톤
POS : 피오에스
positive : 포지티브
positive after image : 양성잔상, 정의 잔상
positive color : 적극적 색채
positive form : 포지형태
positive moment : 정모멘트
positive shear : 정방향전단력
positive space : 포지티브스페이스
post : 기둥, 동자, 동자기둥, 포스트
post-and-beam : 포스트와 빔
post base : 포스트베이스
post cap : 포스트캡
post door : 문설주
post hole : 주공, 기둥구멍
post lintel construction : 가구식 구조
poster : 포스터
poster color : 포스터컬러
postern : 옆문, 포스턴, 포우스턴
post-forming : 이차성형
postiche[프] : 포스티쉬
post-impressionism : 후기인상주의
postmodern thought : 포스트모던사고

postmodernism : 포스트모더니즘
Post-Occupancy Evaluation POE : 피오이
post occupancy evaluation : 준공후평가
Postsparkassenamt in Wien : 빈우편저금국
posttension : 포스트텐션
pot table : 포트테이블
potash lime glass : 칼리석회유리
potassium glass : 칼리유리
potassium lead glass : 칼리납유리
potential : 전위
potential difference : 전위차
pottery pipe : 도관
poudreuse : 푸드루즈
pouf[프] : 푸프
pouffe[프] : 푸페
powder room : 파우더룸
Powell & Moya : 포웰과 모야
power : 전력, 힘
power distribution : 배전
power level, PWL : 파워레벨
power race way : 패널전선통로
power trowel : 기계흙손
pozzolan : 포졸란
pozzolana : 포졸란
pozzolona : 포졸란
pozzuolana[이] : 포촐라나
PP : 피피
PQ ; Pre-Qualification system : 피큐제도
practice : 실행
pragmatic restaurant : 실용적 식당
pragmatic space : 실용적 공간
pragnanz principles : 프래그넌츠원리
prairie house : 프래리하우스, 프레리하우스
pratt truss : 프랫트러스
prayer hall : 원당
precast concrete member : 프리캐스트콘크리트부재
precast concrete : 프리캐스트콘크리트, 피시콘크리트
precast method : 프리캐스트공법
precast reinforced concrete : 프리캐스트철근콘크리트
precious metal : 귀금속
precipitation : 강수량
pre-coated galvanized steel sheet : 착색아연도강판
pre-con : 프리콘
precooling : 프리쿨링
predecessor : 선행작업
predicted four hour sweat rate ; P4SR : 네시간발한예측
prefab : 프리패브
prefab house : 조립식 주택, 프리패브하우스
prefab methods : 프리패브공법
prefabricate : 조립식
prefabricated : 조립식
prefabricated flue : 조립식 연도
prefabricated plate structure : 조립식구조
prefabricated scaffolding : 강관틀비계
prefabricated structure : 가구식, 조립구조
prefabrication : 프리패브리케이션공법, 프리패브리케이션구법
prefabrication architecture : 프리패브리케이션건축
prefabrication furniture : 분해식 가구, 조립식 가구
prefabrication house : 프리패브리케이션주택, 공장생산주택
preference of form : 형태기호
prefinish : 프리피니시
prefinished plywood : 도장합판
preheat lamp : 예열식 전등
prehung door : 미리단문, 프리형도어
preliminary design : 기본설계
preliminary drawing : 기본도면
preliminary estimate : 개산견적
premium sample POP : 프리미엄샘플피오피

prepacked concrete : 프리팩트콘크리트
prepaid expenses : 선지급비용
preparation : 사전검토
preparation of surface : 바탕만들기
Pre-Raphaelite Brotherhood : 라파엘전파
presbytery : 사제석
presentation : 프레젠테이션
presentation board : 프레젠테이션보드
preservate : 방부제
preservative method : 방부법
presidential suite room : 프레지덴셜 슈트룸
press casting : 프레스성형
press cupboard : 프레스컵보드
press door : 프레스도어
press tank type : 압력탱크방식
press : 압착, 프레스
pressed glass : 압착유리
pressing : 압착
pressure reducing valve : 감압밸브
pressure sensation : 압각
pressure tank system : 기압탱크식
prestress : 프리스트레스
prestressed concrete : 프리스트레스트 콘크리트
pretension method : 프리텐션
pretensioned construction method : 프리텐션공법
pretensioned method : 프리텐션방식
price card : 프라이스카드
price line : 프라이스라인
price range : 프라이스레인지
price zone : 프라이스존
priedieu : 기도용 의자
primary coat : 밑칠, 바탕칠
primary color : 원색, 일차색
primary energy : 일차에너지
Primavera : 프리마베라
primer : 프라이머
priming coating : 밑칠
prince of Wales feathers : 웨일즈왕자의 깃털장식
prince of Wales plumes : 웨일즈왕자의 깃털장식
principle : 원리
principal beam : 주보
principal rafter : 시옷(ㅅ)자보
principal reinforcement : 주근
principle of closure : 폐쇄성의 원리
principle of design : 디자인원리
principle of Huygens : 하이겐스의 원리
principle of motion economy : 동작경제의 법칙
principle of proximity : 근접성의 원리
print : 청사진, 프린트
print curtain : 프린트커튼
print fabric wallpaper : 프린트직물벽지
print room : 프린트실
print tile : 프린트타일
printed plywood : 프린트합판
Printemps[프] : 쁘렝땅
printing : 날염
Prioria copaifera Griseb[학] : 까띠보
prism : 각주
prism glass : 프리즘글라스, 프리즘유리
prism tile : 프리즘타일
prismatic : 프리즈매틱
privacy : 프라이버시
private academies : 서원
Private Auction : 제한입찰
private distance : 사적 거리
private office : 개인존중형 오피스
private room : 개실, 사적 공간
private school : 서원
private space : 프라이빗스페이스
private tender : 지명경쟁입찰
Prize of Rome : 로마상
pro forma : 견적서
probabilities : 확률
problem behavior graph : PBG : 피비지
process : 공정, 과정
process art : 개념예술
process management : 공정관리
process of association : 연상작용

process plan : 공정계획
process space : 과정공간
product differentiation : 제품차별화
product spotters : 프로덕트스포터
profile : 측면도, 프로필
profusely bracket system : 다포
program : 프로그램
programming : 프로그래밍
progress control : 공정관리
progress graphic chart : 공정도
progress of work : 공정
progress schedule : 공정표
progression : 진행
project : 투상, 프로젝트
project manager : 프로젝트매니저
projected and awning window : 들창
projected window : 미들창
projecting joint : 내민줄눈
projecting sign : 돌출간판
projecting type window : 돌출형 윈도
projecting window : 미들창
projection : 투영, 투영법
projection drawing : 투영도
promenade[그] : 프로미네이드, 프로미나드, 프롬나드
promenade tile : 프로메네이드타일
promotional display : 프로모셔널 디스플레이
prompter box : 프롬프터박스
pronation : 하향
prop : 프로프
propagation : 음전파
propane gas : 프로판가스
propensity to consume : 소비성향
proper : 프로퍼
property : 도구
proportion : 비례, 프로포션
proportional compus : 비례컴퍼스
proportional limit : 비례한계
proposal : 제안
proprietary specification : 지정형 시방서
propriety : 적정화
propylaea : 프로필리어
propylaeum[그] : 프로필레움
propylon : 프로파일론
proscenium : 프로시늄, 프로시니엄
proscenium arch : 프로세니움아치, 프로시니엄아치
proscenium stage : 프로세니움무대, 프로시니엄무대
proscenium stage type : 프로시니엄스테이지형식
proscenium[그] : 프로세니움
prosocial : 친사회적 공간
prosocial distance : 친사회적 거리
prospect : 잠재고객, 전도
prospecting : 고객발굴
prostyle : 프로스타일
protection : 내화피복
protective mortar : 보호모르타르
protective scaffold : 보양비계
protective screen : 보양철망
prothesis : 성찬준비소
prothyra[그] : 프로티라
proto art nouveau : 프로토아르누보
proto doric order : 프로토도릭식 오더
protocol : 프로토콜
protocol analysis : 프로토콜분석법
prototype : 원형, 전형, 프로토타입
provincial interior : 프로빈셜인테리어
provincial style : 지방양식
proxemics : 근거리학, 근접학, 프로시믹스
proximity : 근접성
prudential building : 프루덴셜빌딩
Prunus sargentii Rehder[학] : 산벚나무
Prunus serrulata : 벚나무
Prussian blue : 감청색, 프러시안블루
PS concrete : 피에스콘크리트
pseudo arch[그] : 프슈도아치
pseudodipteral[그] : 프슈도딥테랄
pseudo dome[그] : 프슈도돔
pseudodipteral[그] : 프소우도디프트럴, 의사딥테랄
pseudoperipteral[그] : 프슈도페립테랄, 의사페립테랄

Pseudotsuga menziesji Franco.[학] : 미송
psyche : 사이키, 시케
psyché[프] : 프시케
psycho physical color : 심리물리색
psychological distance : 심리적 거리
psychological function : 심리적 기능
psychological scale : 심리적 척도
psychology of design : 디자인심리
psychrometer : 사이크로미터
psychrometric chart : 습공기선도
pteroma[그] : 프테로마
pteron[그] : 프테론
P-tile : 피타일
public art : 공공미술
public relations : 홍보
public space : 고객대기실, 공공부분, 공용부분, 공적 공간, 퍼블릭스페이스
public way : 공용도로
publicity : 퍼블리시티
puddle weld : 퍼들용접
pull out power : 인발력
pull switch : 풀스위치
pull up chair : 풀 업 체어
pull up drape : 풀업드레이프
pull-out : 인발
pulp : 펄프
pulp cement boards : 펄프시멘트판
pulp cement pearlite boards : 펄라이트시멘트판
pulp wallpaper : 펄프벽지
pulpit : 설교단, 풀핏
pulpitum : 풀피텀
pulse pressure : 맥압
pulvin[라] : 펄빈, 풀빈
pulvinar : 풀비나리아
pulvinaria : 풀비나리아
pumice : 경석, 속돌
pumice stone : 부석
pump : 히트펌프
pump concrete : 펌프콘크리트
punching metal : 펀칭메탈
Punk : 펑크
pupil : 동공
purchase order : 발주서
pure color : 순색
pure form : 순수형태
pure gypsum plaster : 순석고플라스터
pure metal : 순금속
pure tone : 순음
pure tone sounds : 순음
purfle : 퍼플
purge valve : 공기밸브
Purism : 순수주의
purism : 퓨리즘
Purisme[프] : 순수주의
Purkyně effect : 푸르키녜효과, 푸르킨예효과, 푸르킨예현상
Purkyně Phenomenon : 푸르키녜현상
purlin : 중도리
purline : 도리
purple : 자주색, 퍼플
push button switch : 푸시버튼스위치
push in : 푸시인
push up window : 들창, 내리닫이
putlog : 비계장선
putti : 푸토
putting up the ridge beam : 상량
putto : 푸토
putty : 퍼티
PVC lap : 피브이시랩
PVDF ; Poly Vinylidene De Fluoride method : 불소수지피막공법
Pycnanthus nggolensis exell. : 이롬바
pycnostyle : 피크노스타일, 픽노스타일
pylon : 탑문, 파일론
pylon[프] : 파일런
pyramid : 피라미드, 피라밋
pyramid roof : 방형 지붕
pyramidal roof : 삿갓지붕
pyramidal roof house : 삿갓집
pyrex-glass : 파이렉스글라스

【Q】

QC ; Quality Control : 품질관리
qibla : 키블라, 키프라
quadrangle : 쿼드랭글
quadrangular aisle attached : 퇴
quadrangular colonnade : 회랑
quadrant drawer : 사분원형 서랍
quadrature : 쿼드러처
quadripartite arch : 쿼드리파타이트 아치
quadripartite vault : 사분볼트
Quality Assurance : 품질보증
Quality Management : 품질경영
Quality Verification : 품질인증
quarrel : 쿼럴
quarry : 쿼리
quarry stone : 막돌
quarry tile : 석재타일
quarry tiles : 쿼리타일
quarter closer : 이오토막
quarter foil : 쿼터포일
quarter round : 쿼터라운드
quarter sawn grain : 곧은결
quartering : 사등분취재
quartesaw : 곧은결 켜기
quartetto table : 콰르테토테이블
quartz : 석영
quartz glass : 석영유리
quartz sand : 규사
quartzite : 규암, 석영암
quartzite firebrick : 규석질내화벽돌
quatrefoil : 네잎장식, 캐트러포일
quattro libri : 쿠아트로리브리
quattrocento[이] : 초기르네상스양식
Quebracho Colorado : 퀘브라초콜로라도
Queen Anne arch : 앤여왕식 아치
Queen Anne chair : 퀸앤체어
Queen Anne revival style : 퀸앤부흥양식
Queen Anne style : 퀸앤양식
Queen block : 길이토막벽돌
queen closer : 반절, 퀸클로저
queen closer quarter : 반반절
queen dowager's house hold : 왕태후궁
queen ebony : 퀸에보니
Queen Elizabeth style : 엘리자베스양식
queen post truss : 쌍대공지붕틀, 퀸포스트트러스
queen post : 동자기둥, 쌍대공
queen size bed : 퀸사이즈베드
quench : 소입
quenching : 담금질
Quercus acutissima Carruth[학] : 상수리나무
Quercus alba L[학] : 화이트오크
Quercus aliena Blume[학] : 갈참나무
Quercus crispula[학] : 물참나무
quercus dantata thunb[학] : 떡갈나무
Quercus mongolica Fisch.[학] : 신갈나무
Quercus rubra L. : 레드오크
Quercus suber[라] : 코르크나무
Quercus variabilis blume : 굴참나무
quick hardening : 급경
quick lime : 생석회
quick service space : 퀵서비스공간
quick setting : 급결
quick setting admixtures : 급결제
quick setting cement : 급결성 시멘트
Quickborner : 퀵보너
quilted figure : 누빈형상
quirk : 개탕, 쿼크
quirk bead : 개탕구슬선
quoin : 귓돌, 담의 귀돌, 쿠오인, 쿼인, 퀴언
quoin[프] : 코인
quotation : 견적

【R】

Ra : 라
rabbet : 개탕, 리베이트, 턱솔홈
rabbet joint : 사개맞춤

rabbeted stop : 물림문받이, 래비티드스톱
rabbit : 은촉이음
rabbit joint : 반턱맞춤
raceway : 레이스웨이
rack : 랙
rack display : 랙디스플레이
rack scaffold : 선반비계
rack type storage : 랙식 창고
racking : 띄어쌓기, 랙킹
racking back : 단내기, 들여쌓기, 층단 들여쌓기
racking bond : 떼어쌓기
racking rake out : 줄눈파기
radial balance : 방사균형
radial sawing : 방사켜기
radial shaped city : 방사상도시
radial symmetry : 반사대칭
radian : 라디안
radiance : 발광
radiant flux : 방사속
radiant heat : 복사열
radiant heating : 복사난방
radiant illumination : 복사조도
Radiata pine : 라디에타미송
radiating body : 복사체
radiation shielding concrete : 차폐 콘크리트
radiation : 발광, 방사, 방사형, 복사, 복사현상
radiative symmetry : 방사대칭
radiator : 라디에이터
radiator valve : 방열기밸브
radical design : 급진적 디자인
radical modern : 급진적인 모던
radical structure : 방사구조
radioactivity : 방사능
radius : 아르, 반지름
radlux : 래드럭스
radon : 라돈
raffle leaves : 래플문양
raft foundation : 뗏목기초
rafter : 서까래, 연목
rag bolt : 가시볼트
rahmen construction : 라멘구조
rahmen construction plan : 라멘도
rahmen[독] : 가구
rahmen[독] : 골조, 라멘
rail : 가로대, 가로틀, 레일, 울거미
rainbow roof : 레인보우루프
rainwater head : 장식홈통
rainwater trap : 빗물트랩
raised panel : 돋움양판
rake : 레이크
raked joint : 파낸줄눈, 평줄눈
raking cornice : 경사돌림띠
rally column : 랠리칼럼
ram : 달고
ram's horn arm : 양뿔형 팔걸이
ramin : 라민
rammer : 달고
ramp : 경사로, 램프
rampant arch : 경사아치, 램펀트아치
rampant vault : 램펀트볼트
ramped floor : 램프바닥
ranch house : 랜치하우스
ranch window : 랜치창문
random ashla(e)r : 랜덤애슬러
random match : 임의조합
random matching : 랜덤매칭
random noise : 랜덤노이즈
random rubble : 막쌓기
random wave : 랜덤파
Rang : 랑
range : 권역
range work : 바른층쌓기
ranger : 웨일
rapid start fluorescent lamp : 래피드 스타트형광등, 순간점등형광등
raspberry red : 라즈베리레드
ratchet : 랫치
ratio : 비, 비율
ratio of absolute volume : 실적률
ratio scale : 비율척도

rationalism : 합리주의
rattan : 등나무
Raum : 라움
Raumkunst[독] : 공간예술
Raumplan : 람플랑
raw rubber : 생고무
ray : 수선
Rayleigh wave : 레일리파
rayon : 인조견
rayonnant style : 라요난양식, 레요낭양식
reaction : 반력
reaction time : 반응시간
readability : 가독성
reading chair : 독서용 의자
reading stand : 독서대
ready mixed concrete : 레디믹스트 콘크리트
ready mixed paint : 배합페인트, 조합페인트
real : 실재, 실재적
real form : 현실적 형태
Realism : 리얼리즘, 사실주의
Réalisme[프] : 레알리슴, 리얼리슴
reamer : 리머
rear dos : 리어도스
rear garde : 리어가르드
rear screen : 리어 스크린
reason : 이성
rebate joint : 은촉이음
rebate : 리베이트, 턱솔홈
rebated and broken joint : 턱물림쪽매
rebated arch : 턱물림아치
rebated joint : 반턱이음, 턱이음
rebound curve : 복원곡선
recamier : 레카미에
recapture : 파단
receding color : 후퇴색
receiving furniture : 수납가구
receiving wall : 수납벽
receptacle : 리셉터클
reception space : 리셉션공간
reception table : 응접테이블
receptor : 수용기
recess : 레세스
recess bed : 리세스베드
recess bond : 떼어쌓기
recess lighting : 리세스조명
recessed and beaded joint : 둥근줄눈
recessed carving : 음각새김
recessed joint : 들인평줄눈
recessed light : 매입등
recessed lighting fitting : 매설형 조립기구
recessed luminaire : 매설형 조립기구
reclining seat : 리클라이닝시트
reclining type furniture : 리클라잉식가구
recomposed veneer : 재생무늬목
reconstruction : 재구성
recreation hotel : 휴양형 호텔
rectangular : 직사각형 형태
rectangular system : 직교법
rectangular timber : 각재
rectilinear : 렉틸리니어
rectilinear style : 렉틸리니어스타일
red : 적색
red and green : 단청
red arrow gate : 홍살문
red blue chair : 레드블루체어
red brick : 붉은벽돌, 적벽돌
Red Cedar : 레드시다, 적삼목
Red Elm : 레드느릅나무
red fir : 미송
Red House : 레드하우스
red house : 붉은집
red iron oxide : 벵갈라
red juniper : 레드쥬니퍼
red lauan : 레드나왕, 적나왕
red lead : 광명단도료
red lead glass : 광명단유리
red leaded color : 연단색
red leaded paint : 연단도료
Red meranti : 레드메란티
red oak : 레드오크
red oxide rouge : 벵갈라

restoration style : 영국왕정복고양식, 프랑스왕정복고양식
restructuring : 리스트럭터링
resultant : 합력
resultant temperature ; RT : 합성온도
retable : 리테이블
retail price : 리테일프라이스, 소매가격
retaining wall : 옹벽
retarder : 리타더, 지연제
retempering : 되비비기
reticulate : 그물모양, 래티큐레이트
reticulated form : 그물모양의 형태
reticulated molding : 그물형 몰딩
reticulated work : 그물모양의 작품, 레티큘레이티드워크, 엇모쌓기
retina : 망막, 추상체
retirement housing : 고령자주택
retiring room : 대기실
retro : 리트로
retrochoir : 리트로콰이어
return : 리턴
return air : 리턴에어
return bend : 리턴벤드
return cock : 리턴콕
return ventilation : 순환환기
return wall : 리턴월
reveal : 리빌, 문설주
reverberation : 반향, 잔향
reverberation time : 잔향시간
reverberatory time : 반향시간
reverse diamond match : 역다이아몬드형 조합
reverse trap : 리버스트랩
reversibility : 반전성
reversing arch : 반전아치
reversing development : 반전현상
revision : 개수
revival : 리바이벌
Revival style : 리바이벌스타일, 부흥양식
revolving bookcase : 회전책장
revolving chair : 회전의자
revolving door : 회전문
Reynolds number : 레이놀즈수
rheostat : 가감저항기
Rhizophora apiculata Blume[학] : 꺼럼파얀, 바카우
Rhodognaphalon brevicuspe Roberty [학] : 알론
rhombus : 마름모문양
rhythm : 리듬
rhythmical image : 율동감
rhytidome : 외수피
rib : 리브
rib lath : 리브라스
rib vault : 리브볼트, 서까래궁륭
ribband back : 리벤드백
ribband back chair : 리본등받이의자
ribbed : 리브
ribbed arch : 리브아치
ribbed fluting : 밧줄형 세로홈장식
ribbed slab : 리브슬래브
ribbed vault : 리브볼트
ribbon back chair : 리본등받이의자
ribbon ornament : 리본장식
ribbon window : 리본윈도
rich mix : 부배합
rich mix concrete : 부배합콘크리트
Richardson style : 리처드슨양식
Richardsononian Romanesque : 리처드소니언로마네스크
ridge : 마루, 용마루, 지붕마루
ridge beam : 리지빔
ridge direction : 도리방향
ridge purlin : 종도리
ridge rib : 용마루궁륭, 용마루띠
ridgepole and beam : 동량
rift : 돌결
right angle : 직각
right of light : 일조권
rigid arch : 강절점 아치
rigid frame : 라멘
rigid frame construction : 일체식 구조
rigid joint : 강절, 강접이음
rigid metal conduit : 금속도관

rigida Kiefer[독] : 리기다소나무
rigidity stiffness : 강성
Rigitaeda Pine : 리기테다소나무
rim joist : 마무리장선, 장선받이
rim lock : 함자물쇠
rinceau[프] : 란소, 랭소, 린소
rind-gall : 껍질박이
ring dowel : 가락지듀벨
ring dübel : 가락지듀벨
ring handle : 고리형 손잡이, 링핸들
ring pull : 고리형 손잡이
ring turing : 링터닝
ring turning : 고리형 선반가공재
ringed column : 띠돌림원기둥
ring-porous wood : 환공재
Rio Conference : 리우회의
ripewood tree : 숙재수
ripple mark : 리플마크, 연문
rippled glass : 리플드글라스
rise : 단높이, 라이즈, 아치높이
riser : 단높이, 라이저, 입상관, 챌면, 챌판
rising hinge : 라이징힌지
river gravel : 강자갈
river rock : 호박석
river sand : 강모래
rivet : 리벳
rivet gauge : 리벳게이지
rivet head : 리벳머리
rivet holder : 리벳홀더
rivet hole : 리벳구멍
rivet joint : 리벳접합
rivet length : 리벳길이
rivet set : 리벳세트
riveting : 리벳접합, 리벳팅
riwaq : 리와크
RMR ; Relative Metablolic Rate : 알엠알
road on the sea : 해상도로
Robie House : 로비저택
Robinson anemometer : 로빈슨풍속계
robot ergonomics : 로봇공학
robot workstation : 로봇워크스테이션
rock asphalt : 로크 아스팔트, 록 아스팔트
rock face finish : 혹두기
rock lath : 록 라스
rock wool : 암면, 암면섬유
rocking chair : 로킹 체어, 흔들의자
Rococo : 로코코
Rococo architecture : 로코코건축
Rococo furniture : 로코코가구
Rococo Revival style : 로코코부흥양식
Rococo style : 로코코양식
rod : 간상체, 로드, 봉상체, 한상체
rod cell : 간상세포
rod vision : 봉상체시각
rodded joint : 오목원줄눈, 홈줄눈째기
rodding : 로딩
broken pediment : 열린 박공장식
role of interior designer : 실내디자이너 역할
roll blind : 롤 블라인드
roll core plywood : 롤 코어 합판
roll core veneer : 롤 코어 베니어
roll moulding : 롤몰딩
roll over arm chair : 둥근팔걸이의자
roll process : 압연법
roll screen : 롤 스크린
roll top desk : 롤 톱 데스크
rolled glass : 형판유리
rolled gravel : 구른돌
rolled steel : 압연강재
roller coat : 롤러 코트
roller coater : 롤러 코터
roller end : 이동단, 회전단
roller latch : 래치
roller painting : 롤러 칠
roller shade : 롤러 셰이드
rolling : 압연, 전압
rolling door : 롤링 도어, 셔터문
rolling shutter : 롤링셔터
rolling shutter door : 롤링도어
rolling shutters : 롤링도어
roll-up door : 롤링도어
Roma : 스파다궁

roman arch : 로만아치, 반원아치
Roman architecture : 로마건축
Roman art : 로마미술
roman blind : 로만블라인드
roman brick : 로만벽돌
roman cement : 로만시멘트
Roman furniture : 로마가구
roman mosaic : 로만모자이크
Roman order style : 로마기둥양식
roman shade : 로만셰이드
Roman style : 로마양식
romance room : 로맨스룸
romance seat : 로맨스시트
Romanesque architecture : 로마네스크 건축
Romanesque : 로마네스크
Romanesque style : 로마네스크양식
romantic : 로맨틱
Romanticism : 낭만주의, 로맨티시즘
romantisme[프] : 낭만주의, 로망티슴
romayne work : 로메인작업
romex cable : 로멕스케이블
Ronchamp Notre-Dame-du-Haut : 롱샹 교회
rood : 루드
rood loft : 루드 로프트
rood screen : 루드 스크린, 칸첼리
roof : 지붕
roof board : 개판, 루프보드
roof drain : 루프드레인
roof garden : 루프가든
roof light : 루프라이트, 천창
roof plan : 지붕평면
roof stone : 옥개석
roof tile : 기와
roof tile and brick : 와전
roof tile with monster design : 귀면기와, 귀면와
roof truss : 양식지붕틀
roof ventilator : 루프벤틸레이터
roof window : 루프윈도
roof-end tile : 와당
roofing : 루핑
roofing nail : 루핑못
roofing paper : 방수지
roofing tile : 개와, 기와
room : 간, 실
room acoustics : 실내음향
room cavity : 실공간
room cooler method : 룸쿨러방식
room divider : 룸디바이더
room dry condition : 공기중건조상태
room index : 실지수
room indicator : 인디케이터
rooms on both sides of the main gate where servants live ; servants' quarters : 행랑
root : 루트
root rectangle : 루트사각형
rope molding : 로프 몰딩
rosa aurora[포] : 로사오로라
rosace[불] : 로자스
rose : 로즈
rose gray : 로즈그레이
rose moulding : 장미몰딩
rose pink : 로즈핑크
rose red : 로즈레드
rose window : 로즈윈도, 원화창, 장미창
rosette : 로제트, 로젯
rose wood : 장미목
rosin : 로진
Rossetta stone : 로제타스톤
rosso alicante[스] : 로소알리칸테
rosso verona[이] : 로소베로나
rostra : 로스트라
rotary bed : 로터리 베드
rotary cut veneer : 회전취재무늬목
rotary lathe : 로터리 레이드
rotary planer : 로터리 플레이너
rotary switch : 로터리 스위치
rotary veneer : 로터리 단판, 로터리 베니어
rotary veneer cutting method : 로터리 단판

절삭
rotated form : 회전형태
rotonde[프] : 로톤드
rotring : 로트링
Rotterdam group : 로테르담 파
rotunda : 로툰다, 원형홀
rouge de Venice [프] : 베네치아레드
rough arch : 거친아치
rough coat : 라프코트, 러프코트
rough cut joint : 민줄눈
rough estimate : 개산견적
rough opening : 러프오프닝
rough planing : 막대패질
rough puttying : 바탕퍼티바름
rough relieving arch : 보강아치
rough sketch : 러프스케치
rough stringer : 계단멍에
roughed arch : 막만든아치
round about chair : 라운드어바웃체어
round arch : 라운드아치, 원아치
round beam : 굴도리
round chair : 라운드체어
round fortress : 곡성
round head : 둥근머리
round head nail : 둥근머리못
round head rivet : 둥근머리리벳
round point : 라운드포인트
round steel bar : 원형철근
round steel bars : 원형강
round timber : 통나무
rounded form : 구형형태
roundel decoration : 원형장식
roundel display space : 원형전시공간
roundel window : 원형창
Round-Mound Altar ; the national altar to worship the Heaven : 원구단
Rousseau diagram : 루소도
rout : 라우트
router : 루터
rowlock : 층두리
rowlock arch : 층두리아치
roy croft furniture : 로이크로프트가구
royal blue : 로열블루
Royal council hall : 편전
royal palace : 궁, 궁궐, 대궐
Royal paulownia : 참오동나무
royal pavilion : 로열파빌리온
royal registered seowon : 사액서원
royal suite room : 로열스위트룸
royal tomb : 릉
royal villa : 별궁
RP10 Chair : 알피십의자
RP6 Nesting Chair : 알피육네스팅의자
RPC construction method : 알피시공법
rubber : 고무
rubber back moulding : 백몰딩
rubber bed : 방진고무
rubber concrete : 고무콘크리트
rubber spring : 방진고무
rubber tile : 고무타일, 러버타일
rubbing : 러빙, 물갈기, 물연마
rubbing stone : 러빙스톤
rubble : 막돌
rubble concrete : 잡석콘크리트
rubble masonry : 막돌쌓기
rubble quarry stone : 뗀돌
rubble stone : 잡석
rubble work : 거친돌막쌓기
Rubin's reversal figure : 루빈의 반전 도형
ruby : 루비
rudder : 루더
Ruffini's corpuscle : 루피니소체
rug : 러그, 양탄자, 탄츠
rule : 규칙
ruled : 브이V자홈줄눈
rules : 조례
run : 런
Rundbogenstil : 룬트보겐스틸
runner : 대공밑둥잡이, 러너, 반자틀받이
runner foot : 러너푸트
running : 흐름성
running bond : 길이쌓기, 러닝쌓기
running cost : 러닝코스트

running dog : 러닝도그
rupture : 파괴
rush mat sheet : 돗자리
rush seat : 골풀좌판
rush seating : 골풀좌판
Russia Byzantine style : 러시아 비잔틴스타일
rust : 녹
rust prevention : 녹방지, 방청
rust proofing paint : 녹막이페인트, 녹방지페인트, 방식도료
rust proofing : 녹막이
rust proofing pigment : 녹막이안료
rustic : 러스틱
rustic furniture : 전원풍가구
rustic terrazzo : 러스틱테라초
rusticated column : 러스티케이드 칼럼
rustication : 거친돌막쌓기, 러스티케이션, 모치기
rustication strip : 러스티케이션스트립
rustproof paint : 녹막이도료
rustproofing : 녹막이처리
rust-proofing : 녹방지, 방청
rya rug : 리아러그

【S】

Saarinen armchair : 사리넨 팔걸이의자
Saarinen pedestal table : 사리넨 페데스탈 테이블
saber leg : 세이버다리
sabin : 세이빈
Sabine's reverberation time formula : 세이빈잔향식
sabot[프] : 사보
saccadic eye movement : 시선운동
Sachlichkeit : 즉물주의
Sachlichkeit[독] : 작흐리카이트
sacked joint : 맞댄줄눈, 민줄눈
sacked-concrete process : 포대콘크리트 공법
sacristy : 성물안치소
saddle : 문지방, 새들
saddle backing coping : 새들두겁대
saddle bar : 새들바
saddle cheek : 새들치크
saddle coping : 새들두겁대
saddle seat : 말안장형 좌판
saddle stone : 새들스톤
saddle style hanger : 안장쇠
saddle tree : 거목
saddleback roof : 게이블드루프, 맞배지붕, 박공지붕, 새들백루프
Safari chair : 사파리의자
safe light : 안전등
safe valve : 안전밸브
safety color : 안전색
safety engineering : 안전공학
safety glass : 복합유리, 안전유리
sag : 처짐
sagging : 흐름성
Sagrada Familia Cathedral[스] : 사그라다파밀리아성당
sailor : 세일러
saint[프] : 세인트
Saint Denis église abbatiale : 성드니 수도원성당
Saint Lorenzo fuori le Mura : 성로렌초 푸오리레무라성당
Saint Marco : 성마르코대성당
Saint Savin Sur Gartempe : 성사방성당
Saint Sernin : 성세르낭성당
Saint sophia : 성소피아성당
Saint Vitale : 성비텔리성당
sales promotion : 판매촉진, 판매촉진정책
salient : 철각
Salix koreensis : 버드나무
salmon pink : 샐먼핑크
salomonica : 살로모니카
salon[프] : 살롱
salon des refusés[프] : 낙선전
salt glaze : 오지

salt glazed roofing tile : 오지기와
salt water resistance wood : 내염수성 수목
sa-man-yair[불] : 사마니에르
Samba : 삼바
same size office : 세임사이즈오피스
sample : 견본
sample board : 샘플보드
sampling : 표본추출법
sanctuary : 생크추어리, 성소, 지성소
sand : 모래색
sand blast glass : 샌드블라스트글라스
sand blasting : 모래분사법
sand interceptor : 사조집기
sand paper : 사포
sand roofing : 샌드루핑
sand spray : 샌드스프레이
sand stone : 사암, 샌드스톤
sand trap : 샌드트랩
sand wich structure : 샌드위치구조
sandarach[그] : 계관석
Sande : 산데
Sander illusion : 샌더의 착시
Sander parallel quadrangle : 샌더의 평행 사변형
sanding paper : 연마지
sanding sealer : 샌딩실러
sand struck brick : 샌드스트럭벽돌
sandwich board : 샌드위치보드
sandwich panel : 이중패널
sandy clay : 사질점토
sanitary tee : 새니터리티
sanitary ware : 위생도기
Santa Fé style : 산타페양식
Santa Maria : 산타마리아
sap : 변재
sap side : 널거죽
sap tree : 백변재
sap wood : 변재
Sapelli : 사페리
sapwood tree : 변재수
Saracen Architecture : 사라센건축
sarcophagus : 사르코퍼거스, 석관
Sargent cherry : 산벚나무
sash : 새시, 창짝
sash adjuster : 창개폐조정기
sash bar : 새시바, 창살
sash chain : 도르래사슬
sash cord : 도르래 줄
sash curtain : 새시커튼
sash fastener : 크레센트
sash lift : 손걸이
sash roller : 문바퀴
sash window : 내리닫이, 새시윈도
sassafras : 사사프러스
satellite office : 새틀라이트오피스, 위성오피스
satisfaction : 만족
saturated air : 포화공기
saturated surface dry condition : 표건상태, 표면건조포화상태
saturated vapour pressure : 포화수증기압
saturation contrast : 색상대비, 채도대비
saturation : 순도, 채도
saturation[프] : 채도
satyr[그] : 사티르, 사티로스
saucer dome : 소서돔
sauna : 사우나
sausage turning : 소시지형 선반가공재
Savaonnerie : 사보네리
savonarola chair[이] : 사보나롤라의자, 사보나롤라체어
savonarrola chair : 사보나롤라
Savonnerie carpet : 사보네리에카펫
saw : 거(鋸, 톱)
saw tooth roof : 톱날지붕
saw tooth roof lighting : 톱날지붕채광
Sawara Cypress[영] : 화백나무
sawed veneer : 소드베니어
sawing : 제재
Sawleaf zelkova : 느티나무
sawn veneer cutting method : 손단판 절삭
sawn veneer : 무늬단판, 손베니어

Sawtooth oak : 상수리나무
saw-tooth pattern : 거치문
saxe blue : 삭스블루, 색스블루
saxony : 색소니
scaffold : 비계
scaffold board : 비계다리
scaffold clamp : 비계클램프
scaffold for ceiling : 천장비계
scaffold log : 비계통나무
scaffolding : 본비계
scaffolding board : 발판, 비계발판
scaffolding works : 비계공사
scagliola[프] : 스캘리올러
Scala Regia[이] : 스칼라레지아
scalar : 스칼라
scalar moment : 스칼라모멘트
scale : 스케일, 척도, 축척
scale arrangement : 스케일 배열
scale planning : 규모계획
scaling : 비늘기법, 스케일링
scalling : 스캘링현상
scallop shell : 스캘럽셸, 조가비문양
scallop : 스캘럽, 조가비문양
scalloped arch : 조가비형 아치
scalloped capital : 스캘럽캐피탈, 조가비형 주두, 패상주두
scamilli[그] : 스카밀리
scamilli impares[그] : 스카밀리임파레스
scamillus[그] : 스커밀러스
scamnum : 스캄눔
Scamozzi Ionic : 스카모치 이오닉
Scandinavia style : 스칸디나비아양식
Scandinavian Modern : 스칸디나비아모던
scarf cotter joint : 엇걸이산지이음
scarf joint : 거멀이음, 빗이음, 스카프조인트, 엇걸이이음, 엇이음, 엇턱맞춤
scarfing : 엇턱이음
scarlet : 스칼렛, 스칼릿
scatter diagram : 산포도
scatter rug : 스캐터러그
scattered reflection : 난반사
scattering : 산란
scattering of sound : 음의 산란
scenic art : 무대미술
schedule float : 스케줄플로트, 일정계획 여유
scheduling : 일정계획
schelnbegung[독] : 가현운동
schema : 스키마
schematic design phase : 기본디자인단계
schematic design : 기획설계
schematic diagram : 계통도, 구성도
scheme : 스킴
scheme design : 기본설계
Schinopsis lorentzji Engl. : 퀘브라초콜로라도
Schmidt hammer : 슈미트해머
schmidt hammer test : 슈미트해머시험
School of Amsterdam : 암스테르담파
School zone : 스쿨존
Schrank[독] : 슈랭크, 슈렌크
schwedler dome : 셰들러돔
Schweizer ischer Werkbund[독] : 스위스공작연맹
science : 과학
science of arts : 예술학
scientific management : 과학적 관리법
scimitar leg : 세이버다리
scissors chair : 가위형 의자, 엑스형 의자
scissors truss : 가위형 트러스
sconce : 스콘스
sconcheon : 스콘천
sconcheon arch : 스콘천아치
scoop seat : 국자형 의자
scoria : 스코리아
scotch carpet : 스카치카펫
Scotch pine : 구주소나무
scotia moulding : 스코셔 몰딩, 스코티아 몰딩
scotia : 스코셔, 스코티아
scotopic vision : 스코토픽 비전, 암소시
scottellia spp[학] : 아고시카
SCR brick : 에스시알벽돌
scrape work : 스크랩워크

scratch : 스크래치
scratch coat : 초벌칠
scratch sketch : 스크래치스케치
scratch tile : 스크래치타일
scratching : 긁기
scratching carving : 스크래치카빙
screed : 고름대, 규준대, 수평규준대, 스크리드
screen : 스크린
screen door : 망사문, 스크린도어
screen table : 스크린테이블
screen tone : 스크린톤
screende bid : 지명입찰
screende tender : 지명입찰
screw : 나사, 나사못
screw anchor : 스크루앵커
screw eye : 나사못눈, 스크루아이
screw joint : 나사이음
scribble : 스크리블
scribbling : 스크리블
scribe joint : 도려내기맞춤
scribed joint : 코우프조인트
scroll : 소용돌이곡선문양, 소용돌이장식, 스크놀, 스크롤
scroll arm : 소용돌이형 팔걸이
scroll foot : 소용돌이형 발, 스크롤푸트
scroll leg : 소용돌이형 다리
scroll moulding : 소용돌이형 몰딩, 와형장식
scroll pattern : 소용돌이곡선문양, 스크롤문양
scroll pediment : 스크롤페디먼트
scrub pine : 재크파인
sculpture : 스컬프처, 조각
sculpture glass : 조각유리
scuncheon : 스콘천
scuttle : 스커틀
SDM ; Semantic Differential Method : 에스디엠법
sea city : 해상도시
sea port hotel : 시포트호텔
sea sand : 바닷모래
sea side hotel : 시사이드호텔
Seagram building : 시그램빌딩
seal coat : 실코트
seal material : 실재
seal water : 트랩의 봉수
sealant : 실런트
sealed window : 봉창
sealer : 실러
sealing materials : 실링재
sealing water proof method : 실링방수공법
seamless steel tubes : 이음매없는강관
season color : 계절색
seasonable goods : 계절상품
seasoned : 건조
seasoning : 목재건조
seat rail : 좌판가로대
seating flat forms : 시팅플랫폼
seawater-resistant steel : 내해수성강
seaweed marquetry : 해초문양마키트리
secant : 시컨트
secco : 세코
secession : 분리파, 시세션
second empire style : 이차제국양식
second empire[프] : 스콩앙피르
second grade brick : 이급벽돌
second grade fire door : 을종방화문
second house : 세컨드하우스
secondary beam : 이차보
secondary color : 보색, 이차색
secret dovetail : 숨은주먹장
secret hinge : 숨은정첩
secret nailing : 블라인드 네일
secret tenon : 지옥장부
secrétaire à abattant[프] : 세크리테르아아바탕
secrétaire en armoire[프] : 세크리테르앙아르무와르
secrétaire en pente[프] : 세크레테르앙팡트
secrétaire en tombeau[프] : 세크리테르앙통보
secrétaire[프] : 세크리테르

secretary : 세크러터리
secrete nail : 숨은못
section : 단면, 단면도, 섹션
section drawing : 단면도
section line : 단면선
sectional chair : 섹셔널체어
sectional detail drawing : 단면상세도
sectional detail : 규준도
sectional force : 단면력
sectional furniture : 섹셔널가구, 조합가구
security head : 안전머리
Sedan chair : 세단체어
sedia[이] : 세디아
sedilia : 세딜리어
sedimentary rock : 퇴적암
seeding : 시딩
segmental arch : 결원아치, 세그멘탈아치, 원호아치
Segmental Methods : 세그멘탈공법
seismic intensity : 진도
sekurit : 세큐릿
Selangan batu : 세랑강바뚜
selection : 선택
selection of design : 디자인도태
self levelling : 셀프레벨링
self load : 자중
self service restaurant : 셀프서비스 레스토랑
self siphonage : 자기사이펀작용
self tapping screw : 셀프탭핑스크루
self-service : 셀프서비스
sella curulis[그] : 셀라큐룰리스
selling floor space allocation : 매장구성
semainier : 사마니에르
Semantic Differential Method : 의미미분법
semi double bed : 세미더블베드
semi drying oil : 반건성유
semi hard board : 중질섬유판
semi hard stone : 준경석
semi indirect light : 반간접조명
semi mall : 세미몰
semi open stack system : 반개가식
semi silica brick : 반규석벽돌
semi-channel : 세미채널
semi-circular arch : 반원아치
semi-circular canal : 삼반규관
semi-circular window : 반월창
Semi-Detached House : 세미디태치드 하우스
semi-direct lighting : 반직접조명
semi-formal composition : 반형식적 구성
semi-hard drying : 반경화건조
semi-hard fiber board : 반경질섬유판
semi-metopes : 세미메토페
semi-non-combustible : 준불연재료
semiology : 기호학
semiotic : 기호학
semiotics : 기호론, 기호학
semi-porcelain : 반자기
semi-porcelain tile : 반자기질타일
sensation of hearing : 청각
sensation of space : 공간의 감각
sense : 감각
sensibility : 미적감각
sensible heat : 현열
sensory information : 감각정보
sensory scale : 감각척도
sensory temperature : 체감온도
sentiments : 감흥
Seoul Station : 서울역사
separating material : 박리재
separating rating compound : 박리재
separation display : 세퍼레이션진열
separator : 분리대
seperates : 세퍼레이츠
sepetir : 세퍼티르
sepia : 세피아
sepia print : 세피아프린트
septic tank : 부패조, 정화조
sequence : 시퀀스
sequoia : 세쿼이아
serdab : 서답
series : 직렬
series display : 시리즈디스플레이

serliana[프] : 세를리아나
serpeggiante[이] : 설피잔테
serpentine curve : 에스(S)자곡선
serpentine front : 뱀형 전면
serpentine stretcher : 뱀형 다리버팀대
serpentine : 사문석, 사문암
serpentine[프] : 서펀틴, 세르팡틴느
serre-papier[프] : 세르파피에
servante[프] : 세르반테
servants quarters : 행랑채
service : 공공시설
service area : 서비스면적, 서비스에어리어
service conductor : 인입선
service core system : 서비스코어시스템
service drop : 가공인입선
service entrance : 보조출입구, 서비스 엔터런스, 서비스출입구
service entrance conductor : 옥내인입선
service equipment : 옥내배선
service lateral : 지중인입선
service mark : 서비스마크
service merchandiser : 서비스머천다이저
service room : 배선실
service sink : 서비스싱크, 청소용 싱크
service space : 서비스공간
service switch : 인입개폐기
set : 세트, 응결
service yard : 서비스야드
set design : 무대디자인
set designer : 세트디자이너
set screw : 세트스크루
settee : 세티
setting shrinkage : 응결수축
settle chair : 세틀의자
settlement joint : 세틀먼트조인트
several contract : 분할도급
severy : 세버리
sewage : 오수, 하수
Sezession : 세제션
sfumato[이] : 스퓨마토
sgabello[이] : 스가벨로
sgraffito[이] : 스그라피토
shackle : 섀클
shade : 가리개, 셰이드, 암색조, 음영, 저명도, 전등갓
shade colour : 셰이드컬러, 암색
shade curtain : 차광커튼
shades : 음영
shades & shadows : 음영과 그림자
shading : 음영
shading coefficient : 차양계수
shading devices : 차양장치
shadow : 그림자
shadow box : 섀도박스
shadow box show window : 섀도박스 쇼윈도
shadow play : 그림자 연출기법, 음영 연출조명기법
shadowless light : 무영등
shaft : 샤프트, 주신
shaft ring : 샤프트링
shafted impost : 샤프티드임포스트
shag : 섀그
Shaggy-barked tree : 참중나무
shagreen[프] : 섀그린
shaker modern : 셰이커모던
Shaker style : 셰이커양식
Shakers furniture : 셰이커가구
shale : 혈암
shale clay : 혈암점토
Shamal : 샤말
shank : 몸대, 셍크
shape : 형, 형상
shape steel : 형강
sharp shade : 샤프셰이드
sharping : 샤핑
shaving table : 셰이빙테이블
she bolt : 쉬볼트
shear : 전단
shear connector : 시어커넥터
shear diagram : 전단력도
shear force : 전단력
shear plate : 시어플레이트
shear stud : 시어스터드

shear wall : 전단벽
shearing strength : 전단강도
shed roof : 셰드루프, 외쪽지붕
sheet : 평판
sheet and strip in cut length : 열간압연 강판
sheet glass : 박판유리, 박판초자, 보통판 유리, 시트글라스, 판유리
sheet metal screw : 시트메탈스크루
sheet number : 도면번호
sheet waterproof : 시트방수
sheetrock : 시트록
shelf : 선반, 장식장
shelf extender : 셸프익스텐더
shelf talker : 셸프토커
shelf talker motion : 셸프토커모션
shell : 셸
Shell chair : 셸의자
shell pink : 셸핑크
shell roof : 곡면지붕
shell structure : 셸구조, 셸구조
shell temperature : 셸온도
shellac varnish : 셸락 바니시
shellwork : 조가비세공
shelter system : 건축계가구
Sheraton style : 셰라턴스타일, 셰라톤스타일
shevret[프] : 셰브레
shield back chair : 방패형 등받이의자
shield metal arc welding : 실드금속 아크용접
shielded cable : 실드케이블
shielding door for radioactive rays : 방사선차폐문
shim : 끼움목
shiner : 신너
shingle : 개판
shingle style : 싱글스타일
ship-lap : 모서리반턱맞춤
shiplap : 반턱쪽매
shock : 쇼크
shoe : 슈
shoji : 쇼지
shoji panel : 쇼지패널
shoji screen : 쇼지스크린
shop : 상점
shop drawing : 숍드로잉, 시공도면, 실시도면, 제작도
shop drawings : 작업도
shop front advertising : 점두광고
shop front display : 점두진열
shop lighting : 상점의 조명
shop lumber : 수장재료
shopping center : 쇼핑센터
shopping mall : 쇼핑몰
Shore hardness : 쇼어경도
Shorea guiso Blume[학] : 세랑강바뚜
Shorea negrosensis : 적나왕
short age strength : 조기강도
short circuit : 단락
short column : 단주
short dashed line : 파선
short of length material : 단척물
short oil length : 단유성
short oil varnish : 단유성바니시
short pillar to hold purlins : 대공
short rafter : 단연
shotcrete : 숏크리트
shoulder joint : 반턱맞춤
shoulder out : 숄더아웃
shoved joint : 줄눈쌓기
show room : 쇼룸
show window : 쇼윈도
showcard : 쇼카드
showcase : 쇼케이스
showcase lighting : 쇼케이스조명
showcase POP : 쇼케이스피오피
showcase POP kit : 쇼케이스피오피키트
showcase POP light : 쇼케이스피오피 라이트
showcase POP motion : 쇼케이스피오피 모션
shower bath : 샤워바스
shower booth : 샤워부스

shower curtain : 샤워커튼
shower effect : 샤워효과
showing : 쇼잉
shrine : 감실, 사당, 삿집, 영묘
shrine of the moutain gods : 산신각
shrink mixed concrete : 쉬링크믹스트 콘크리트
shrinkage : 건조수축, 수축
shrinkage and swelling of wood : 목재수축과 팽창
shrinkage reinforcement : 온도철근
shrub : 관목
shutter : 셔터
shutter blind : 셔터블라인드
shutter door : 셔터
siamese : 사이어미즈, 쌍가지소화전
siamese connection : 사이어미즈커넥션
siamoise[이] : 시아무아즈
Siberian fir : 북양젓나무
siccatif[프] : 건조제
side and end table : 사이드엔드테이블
side arm : 사이드암
side block : 마구리평블록
side board : 사이드보드
side box signboard : 돌출간판
side chair : 보조의자, 사이드체어
side cleat : 거멀띠
side corridor : 갓복도
side down : 사이드다운
side frame : 사이드프레임
side room : 곁간, 곁채
side stage : 사이드스테이지, 측면무대
side table : 사이드테이블
side tower : 궐
side view : 측면도
sidelight : 측광, 측광창, 측창
sidereal time : 항성시
siding board : 사이딩보드
Siebold poplar : 북양사시나무
Siedlung[독] : 지들룽
Siége Curule : 고관의자
Sienese school : 시에나화파
sienna : 시에나
Sienna marble : 시에나마블
sieve analysis : 체가름
sieving : 체가름
sightline : 시선
sigma[그] : 시그마
sign : 기호, 사인
sign board : 간판
signal : 시그널, 신호
signal presentation : 기호적 표현
signal red : 시그널레드
signature system : 시그너처시스템
signinum[그] : 시그니눔
si-ke[프] : 시케
silence space : 정적 공간
silex : 규석
silhouette : 실루엣, 실루엣현상
silic acid : 규산
silica : 실리카
silica brick : 규산벽돌, 규석벽돌
silica cement : 실리카시멘트
silica glass : 석영유리
silica sand : 규사
siliceous clay : 규산질점토
silicon : 규소
silicon dioxide : 규산
silicon resin : 실리콘수지
silicone : 실리콘
silicone rubber : 실리콘고무
silk : 실크
silk light : 실크라이트
silk screen : 실크스크린
silk tree : 자귀나무
sill : 밑인방, 밑틀, 밑홈대, 창문턱
sill anchor : 실앵커
sillon de frailero : 실론드프레일레로
sillón frailero[프] : 실리온프레일레로
silo : 사일로
silt : 실트, 침니[1)]
silver : 실버
silver color : 은색
Silver Fir : 실버퍼, 화이트퍼

silver gray : 실버그레이, 은회색
silver industry : 실버산업
Silver Program : 실버프로그램
Silver Town : 실버타운
Simarouba amara Aubl[학] : 시마루바
Simaruba : 시마루바
similarity : 동류성, 유사성
similarity harmony : 유사조화
similes : 직유
Simmon possum wood : 미국감나무
simo chart ; simultaneous motion cycle chart : 사이모차트
simple beam : 단순보
simple stress : 단순응력
simple tone : 순음
Simulation Art : 시뮬레이션아트
simulation : 모의실험, 시뮬레이션
simultaneity : 동시성
simultaneous contrast : 동시대비
simultaneous of contrast : 명도대비
Sindora wallichii Benth[학] : 세퍼티르
sine : 사인
singerie[프] : 셍제리, 싱제리, 상즈리
single acting door : 외짝쪽자유문
single bed : 싱글베드
single bed room : 싱글베드룸
single belt sander : 싱글벨트샌더
single bullnose : 외무코벽돌
single category display : 싱글카테고리 디스플레이
single cushion type bed : 싱글쿠션식 침대
single duct system : 단일덕트방식
single office : 싱글오피스
single pedestal desk : 외서랍책상
single phase : 단상
single phase current : 단상교류
single phase three wire system : 단상3선식
single phase two wire system : 단상2선식
single pipe scaffolding : 단관비계
single promotion display : 싱글프로모션 디스플레이
single reinforcement : 단근
single shear : 단전단
single side window : 편측창
single sloped ceiling : 외짝쪽반자
single span beam : 단순보
single spindle shaper : 싱글스핀들세이퍼
single story show window : 단층형 쇼윈도
single swing : 외여닫이
single swing door : 외여닫이문
single swing window : 외여닫이창
single type office : 싱글형 오피스
single-family housing units : 단독주택
single-vee welding : 한면브이형 용접
sink : 개수대, 싱크
sink table : 싱크대
Sipo : 시포
sisal hemp carpet : 사이잘 카펫
sisal wallpaper : 사이잘 벽지
Sissoo : 시수
site : 대지, 사이트
site furniture : 사이트퍼니처
site line : 사이트라인
site of ancient building : 건물지
site of house : 주거지
site office : 현장사무소
site overhead expenses : 현장경비
site plan : 배치도
Sitka Spruce : 미국전나무, 미전나무, 시트카스프루스
sitting room : 시팅룸
six pillars of architecture : 사리넨의 여섯 가지 기둥
size : 사이즈, 크기
size perspective : 크기투시도
skeletal muscle : 골격근
skeletal structure : 골격구조
skeleton : 골조, 구체
skeleton construction : 골조구조
skene[그] : 스케네, 스킨

sketch : 스케치
sketch suggestion : 스케치안
skew arch : 빗아치
skew lines : 공간곡선
skew tenon : 빗장부
skewback : 기공석, 스큐백, 아치받침대
Skidmore, Owings & Merrill ; SOM : 솜
ski lodge : 스키로지
skillful master carpenter : 대목장
skin coat : 피막처리
skinning : 피막
skip floor : 스킵플로어, 스킵플로어형
skirt : 걸레받이, 스커트
skirting : 걸레받이
skirting board : 걸레받이, 스커팅보드
skons[프] : 스콘스
sky blue : 스카이블루, 하늘색
sky factor : 입체각투사율
sky gray : 스카이그레이
sky light : 천공광, 천광, 천창
sky lighting : 천창채광
sky radiation : 천공일사
sky scraper style : 스카이스크래퍼양식
skylight : 스카이라이트
skyline : 스카이라인
skyscraper : 마천루
slab : 슬래브
slack : 슬랙
slag : 광재, 슬래그감싸돌기
slag brick : 광재벽돌, 슬래그벽돌
slag cement : 고로시멘트
slaked lime[$CaOH_2$] : 소석회
slalom : 회전행동의 법칙, 회전활강곡선
slant top desk : 상판경사형 책상, 슬랜트톱데스크
slanting ceiling : 빗천장
slanting chair : 경사의자
slanting suppoet ceiling : 꺾임천장, 꺾임천정
slanting support ceiling : 평사천장
slat : 솔기대, 슬랫
slat back chair : 슬랫백체어
slat block : 슬랫블록
slat-back chair : 장식판등받이의자
slate : 슬레이트, 점판암, 천연슬레이트
slate gray : 슬레이트그레이
slate roof tile : 슬레이트기와
sleeper : 멍에
sleeping chair : 슬리핑체어, 침의자
sleeping chayles[이] : 슬리핑샤이레
sleeping room : 침실
sleeve : 슬리브
sleeve expansion and contraction joint : 슬리브신축이음
sleeve flexible joint : 슬리브신축이음
sleeve grouting joint method : 슬리브충진공법
sleeve joint : 슬리브이음
sleeve pipe : 슬리브배관
sleeve pressure joint : 슬리브압착이음
slenderness ratio : 세장비
sliced veneer : 무늬목, 슬라이스드베니어
sliced veneer cutting method : 슬라이스드단판절삭
sliced veneer fancy plywood : 무늬목화장합판
slicer : 슬라이서
slide damper : 슬라이드댐퍼
slide out window : 미들창
slide projection : 정지영상전시
sliding door : 미세기문
sliding door sheave : 문바퀴
sliding form : 슬라이딩거푸집, 슬라이딩폼
sliding joint : 슬라이딩이음
sliding pocket door : 미닫이문
sliding scale : 슬라이딩스케일
sliding wall : 슬라이딩월
slight detail : 규준대
slim crack : 슬림균열
slim line flourescent lamp : 슬림라인형광등
slip : 슬라이프
slip bar : 슬립 바
slip cover : 슬립 커버

slip form : 슬립거푸집
slip form system : 슬립폼시스템
slip joint : 슬립이음
slip matching : 슬립매칭
slip seat : 슬립좌판
slipper chair : 슬리퍼체어
slipper foot : 슬리퍼형 발
Slippery elm : 레드느릅나무
slit : 슬릿공명기
slope : 물매
slope of grain : 엇결
slope of roof : 지붕물매
slope way : 경사로
slope-front desk : 전면경사책상
slotted head : 일자형 머리
slow service space : 슬로우서비스공간
slow setting cement : 완결성 시멘트
sluice valve : 슬루스밸브
slump : 슬럼프
slump corn : 슬럼프콘
slump test : 슬럼프테스트, 슬럼프시험
slype : 슬라이프
Small leaves European lime tree : 북양피나무
small monument with rounded top : 갈
small post : 동바리
small window : 바라지
smalto : 스말토
smart building : 스마트빌딩
smart house : 스마트하우스
smog curtain : 스모그 커튼
smog phenomenon : 스모그현상
smoke blue : 스모크블루
smoke chamber : 연실
Smoke Damper ; SD : 방연댐퍼
smoke detector : 연기감지기
smoke dome : 연기돔
smoke eliminating equipment : 배연설비
smoke perceiver : 연기감지기
smoke shelf : 연실선반
smoke tower : 배연실
smoke vent : 스모크벤트
smokestack : 스모크스택
smoothing plain : 마무리대패
snack bar : 스낵바
snack counter : 간이식당
snack stand : 간이식당
snake foot : 뱀형 발, 스네이크푸트
snap switch : 스냅스위치
snap table : 스냅테이블
snap tie : 스냅타이
snow white : 스노화이트
soap : 솝
soapstone : 동석
SOBS ; semi-open building system : 부분개방형 건축시스템
social distance : 사회거리, 사회적 거리
social function : 사회적 기능
social realism : 사회주의적 사실주의
sociofugal space : 사회원심적 공간
sociology : 사회학
sociopetal space : 사회구심적공간
socket : 소켓
socket pipe : 소켓관
socle : 받침돌, 소클
soda glass : 소다석회유리
sodium carbonate : 탄산소다
sodium fluoride : 불화소다
sodium hydroxide : 가성소다
sodium light : 나트륨등
sodium silicate : 규산소다
sodium vapour lamp : 나트륨등, 나트륨램프
sofa : 소파
sofa bed : 소파베드
sofa table : 소파테이블
soffit : 소핏
soffit lighting : 소핏조명
soffite[프] : 소핏
softboard : 소프트보드, 연질섬유판
Soft elm : 레드느릅나무, 미국느릅나무
soft furniture : 소프트가구
soft goods : 소프트상품
soft ground : 연약지반

soft light : 연광
soft mud process : 소프트머드과정
soft steel : 연강
soft tex : 소프트텍스
soft water : 연수
soft wood : 침엽수
soft-burned : 소프트번드
softening point : 연화점
softwood : 연목
SOHO ; Small Office Home Office : 소호
soil concrete : 소일콘크리트
sol-air temperature : 상당외기온도
solar : 솔라
solar collector : 태양열집열판
solar heating : 태양열난방
solar house : 솔라하우스, 태양열주택
solar photovoltatic power generation : 태양광발전
solar radiation : 일사
solar screen : 솔라스크린
solar system : 솔라시스템, 태양열시스템
solar water heater : 태양열온수기
solar window : 태양창
solarium : 솔라리엄, 솔라리움
solarization : 솔라리제이션
solder : 땜납, 백랍, 솔더
soldier : 세워쌓기, 솔저
soldier course : 솔저켜, 옆세워쌓기
sole proprietorship : 개인회사
solicitation : 소구력
solid : 입체
solid angle : 입체각
solid block flooring : 솔리드블록플로어링
solid bone sound : 고체전파음
solid bridging : 솔리드브리징
solid core door : 솔리드코어도어
solid damping : 고체감쇠
solid wall : 솔리드월
solidifying point : 응고점
solium : 솔리움
Solomon R. Museum : 구겐하임미술관
Solvay Hôtel : 솔베이저택
solvent : 솔벤트, 용매, 용제
solventless varnish : 무용제바니시
somatometry : 인체계측
sone : 손
Sophora japonica[학] : 회화나무
soprappórto[이] : 소프라포르토
sorel cement : 소렐시멘트
sorption : 수착
sorts of elevator : 엘리베이터의 분류
sound : 음향
sound absorbing material : 방음재료
sound absorption paint : 방음도료
sound absorption : 흡음
sound block : 음향블록
sound deadening material : 방음재료
sound energy density : 음에너지밀도레벨
sound insulating wall : 방음벽
sound insulation door : 차음문
sound insulation : 방음장치, 차음
sound insulation materials : 차음재료
sound insulator : 차음재료
sound intensity : 음강도, 음세기
sound isolation : 방음, 차음
sound knot : 산옹이
sound level meter : 소음계, 소음기
sound masking system : 사운드매스킹시스템
sound pressure : 음압
sound pressure level : 음압레벨
sound proof : 방음
sound proof chamber : 방음실
sound proof door : 방음문
sound proof material : 방음재료
sound resonator : 공동공명기
sound source : 음원
sound speed : 음속
sound wave : 음파
sounding board : 공명판
soundproof curtain : 방음커튼
soundproof work : 방음공사
sounds : 소리

soundscape : 사운드스케이프
source of light : 광원
source of noise : 소음원
South Kensington Museum : 사우스 켄싱턴박물관
south sea : 남양
south sea timber : 남양재
Southern yellow pine : 서던옐로우파인
spa : 스파
space : 공간
space composition : 공간구성
space connection : 공간연결
space contrast : 공간대비
space danger index : 공간위험지수
space distance : 공간거리
space division : 공간의 분할
space form : 공간형태
space frame : 공간프레임, 스페이스 프레임, 입체골조, 입체트러스
space frame construction : 입체구조
space graphic : 스페이스그래픽
space planner : 스페이스플래너
space planning : 공간계획
spacer : 간격재
spade foot : 삽형 발, 스페이드푸트
spading : 스페이딩
Spain : 스페인
spalling : 스폴링
span : 간, 기둥사이, 스팬, 칸
spancrete synthetic method : 스팬크리트 합성공법
spandrel : 공복
spandrel glass : 스팬드럴글라스
spandrel panel : 스팬드럴패널
spandrels : 스팬드럴
spandril[이] : 스팬드럴
spandril panel : 스팬드럴패널
spangle : 달개
Spanish Colonial revival : 스페인식민지 부흥양식
Spanish foot : 스페인식 발
Spanish furniture : 스페인가구
spannung[독] : 긴장감, 스파눙
spar : 스파
spar varnish : 스파바니시
sparkle : 섬광, 스파클
sparver : 스파버
spat : 스팻
spatial city : 공중도시
spatial image : 공간의 이미지
spatial layout : 공간의 레이아웃
spatial orientation : 공간의 정위
special appointment contract : 특명계약
special appointment tender : 특명입찰
special brick : 특수벽돌
special guest room : 특실
special nursing facility : 특수요양시설
special plywood : 특수합판
special space : 특수공간
special steel : 특수강
special steel plate : 특수강판
special suite room : 스페셜스위트룸
specially center : 스페셜리센터
specially store : 스페셜리스토어
Species : 종
specific acoustic resistance : 고유음향 저항
specific gravity of wood substance : 진비중
specific gravity : 비중
specific gravity of wood : 목재비중
specific heat capacity : 비열
specific heat of wood : 목재비열
specific humidity : 비습
specific latent heat : 비잠열
specific surface area of cement by blaine : 블레인값
specification : 스펙, 시방서
specification writer : 시방서작성자
specificed achromatic lights·weisses licht[독]·lumières achromatiques spécifiees[프] : 표준광원
specified : 지정한
spectral color : 스펙트럴컬러

spectral composition : 분광조성
spectral distribution : 분광분포
spectral distribution curve : 분광분포곡선
spectral reflection factor : 분광반사율
spectral transmisfactor : 분광투과율
spectrophotometer : 분광측광기
spectrum : 스펙트럼
specular reflection : 경면반사
specular reflector : 반사판
sphere : 권역
spherical form : 구형형태
sphinx : 스핑크스
spider leg table : 거미다리형 탁자
spike : 스파이크
spike grid : 스파이크그리드
spill : 스필
spill light : 산란색, 스필라이트
spindle : 굴대, 스핀들
spindle back windsor chair : 굴대등받이 윈저의자
spindle tree : 회나무
spiral : 나선
spiral column : 꼬임기둥, 나선기둥
spiral form : 나선형 형태
spiral hoop : 나선철근
spiral leg : 나선형 다리, 스파이럴다리, 스파이럴레그
spiral motif pattern : 나선문
spiral pattern : 나선무늬
spiral reinforcement : 나선철근
spiral shape : 나선형
spiral stair : 나선계단
spiral stairs : 돌음계단
spiral traffic line : 와선
spiral-shaped handle : 나선형 파수
spire : 스파이어, 첨탑
spirit stain : 스피릿스테인
splat : 등받이세로대, 스플랫
splay : 넓힘틀, 스플레이
splay moulding : 스플레이몰딩
splay window : 스프레이윈도
splayed : 몰매내기, 물매내기
splayed coping : 스플레이드두겁대
splayed joint : 빗걸이이음, 빗이음, 엇이음
splice joint : 덧댄이음
splice plates joint : 양면댐판이음
splicing girder : 덧도리
spline : 딴혀, 딴혀쪽매, 스플라인
spline joint : 딴혀쪽매, 딴혀쪽매맞춤
splint seat : 미늘형 좌판
split : 가로반절벽돌, 갈림
split complementary : 엇보색
split contract : 분할도급
split damper : 스플릿댐퍼
split level : 스플릿레벨, 중이층주택
split ring : 스플릿링
spoke lathe : 스포크 라스
sponge : 스펀지
sponge sheet : 스펀지시트
sponge stippling : 스펀지점묘법
spool furniture : 실패형 가구
spool turning : 실패형 선반가공재
spoon back chair : 스푼백체어, 스푼형 등받이 의자
sports hotel : 스포츠호텔
spot : 스포트
spot light : 스포트라이트
spot showing : 스포트쇼잉
spot type senser : 스포트식 감지기
spray : 뿜칠, 스프레이
spray gun : 스프레이건
spraying distance : 뿜칠거리
spreader : 간격재
spreading effect : 전파효과
spreading speed : 전파속도
spring : 홍예받이
spring butts : 자유정첩
spring compass : 스프링컴퍼스
spring hinge : 스프링힌지, 용수철 정첩
Spring Leaf Chair : 스프링리프의자
spring pole POP : 스프링폴피오피
spring wood : 춘재
sprinkler : 스프링클러
sprinkler equipment : 스프링클러설비

sprinkler head : 스프링클러헤드
Spruce : 미국전나무, 스프러스, 스프루스
spur : 스퍼
SQC : Statistical Quality Control : 통계적 품질관리
squab : 스쿠아브, 스쿠업
square : 스퀘어
square bar : 각강
square bench : 스퀘어 벤치
square form : 정사각형 형태
square head : 사각머리
square hipped roof : 방형지붕
square meter : 제곱미터(m^2), 헤베
square post stone : 방주석
square recessed joint : 들인평줄눈, 파낸줄눈
square splice joint : 단형 반턱이음
square stone : 각석
square timber : 각재
square type : 스퀘어 타입
squared splice joint : 단형 반턱이음
squinch : 스퀸치
squinch arch : 스퀸치아치
squint : 스퀸트
spring : 아치굽
springer : 아치굽
S.S.G. system : 에스에스지공법
St. Hagia Sophia Catholic Church : 소피아성당
St. Peter chair : 성피터의자
St. Peter's Cathedral Rome : 베드로성당
St. Vitale Catholic Church : 비탈레성당
stäbchen[독] : 간상체
stability : 안정성
stable : 안정
stable structure : 안정구조물
stack : 입상관
stack bond : 스택본드, 통줄눈쌓기
stack chair : 스택의자
stack effect : 굴뚝효과
stack joint : 통줄눈
stack vent pipe : 신정통기관
stacking chair : 스태킹 체어, 쌓기식 가구
stacking plan : 스태킹플랜
stadium : 스타디움
stadt[독] : 도시
staff designer : 스태프디자이너
stage design : 무대디자인
stage installation : 무대장치
stage light : 무대조명
stage-scenery : 무대장치
staggered intermittant fillet weld : 엇모용접
staging : 동바리
stain : 변색, 스테인, 착색
stain tempered glass : 착색강화유리
stained glass : 스테인드글라스, 착색유리
stainless steel : 스테인리스스틸
stainless steel pipes : 배관용스테인리스강관
stainless steel plate : 스테인리스강판
stair : 계단
stair case : 계단실
stair landing : 계단참
stair way : 계단
stair-case : 계단실
stairs : 계단
stairs detail : 계단상세도
stairs non-slip : 계단논슬립
stake chair : 스테이크체어
stalactite work : 스탈랙타이트워크, 종유석장식
stamba : 스탬바
stamped earth : 판축
stanchion : 스탠천
stand : 스탠드
stand counter : 스탠드카운터
stand display : 스탠드디스플레이
stand point : 입점
standard : 규격, 비계기둥
standard color : 표준색
standard deviation : 표준편차
standard effective temperature ; SET : 표준유효온도

standard grain size : 골재의 표준입도
standard hook : 표준훅
standard number of air change : 표준환기횟수
standard public housing ; SPH : 에스피에이치공법
standard sand : 표준모래
standard size : 정척
standard strength of design : 설계기준강도
standard terrazzo : 스탠더드테라초
standardization : 규격화
standardized component : 규격구성재
standing wave : 정상파, 정재파
staple : 거멀못, 스테플
staple fiber : 인조섬유
star form : 별모양
star observatory : 첨성대
Star of David : 다비드의 별
star ribbed vault : 스타리브볼트
star shake : 방사균열
star shape : 별모양
star vault : 스타볼트
star-glaze : 스타글레이즈
state bed : 의전침대
static dimension : 정적 치수
static display : 스타틱디스플레이
static fit : 정적 일치
static pressure : 정압
static strength : 정적 강도
static unity : 정적 통일
static water pressure : 정수압
statically determinate arch : 정정아치
statically determinate structure : 정정구조물, 정정구조
statically determined : 정정
statically indeterminate : 부정정
statically indeterminate arch : 부정정아치
statically indeterminate structure : 부정정구조물
statics : 정역학
station hotel : 스테이션 호텔
station point : 입점
stationary wave : 정상파
stave church : 스테이브교회
STC : Sound Transmission Class : 에스티시, 소음전달등급
steam curing and protecting : 증기보양
steam curling : 증기양생
steam heating : 증기난방
steam seasoning : 증기건조
steam trap : 증기트랩
Steamboat Gothic : 스팀보트 고딕
steamboat style : 증기선양식
steamer chair : 스티머체어
steel : 강, 강철, 강철재, 스틸, 철
steel bar : 봉강, 철근
steel beam : 강재보
steel form : 강제거푸집
steel frame : 스틸프레임
steel frame construction : 철골구조
steel framed house : 스틸하우스, 철골주택
steel furniture : 철제가구
steel glass : 강철유리
steel gray : 스틸그레이
steel house : 철골조주택
steel partition : 강제칸막이
steel pipe column : 강관기둥
steel pipe scaffolding : 강관비계
steel pipe support : 강관받침기둥
steel pipe : 강관, 강관말뚝
steel plate : 강판, 박강판, 후강판
steel reinforced concrete : 철골철근콘크리트
steel reinforced prefab methods : 철근프리패브공법
steel sash : 강제창호
steel sash bar : 스틸새시바
steel sheet : 철판
steel shutter : 강제셔터
steel structure : 강구조
steel support : 스틸서포트
steel wire : 강철사

steeping stone : 디딤돌
steeple : 스티플, 첨탑
Steiner House : 슈타이너주택
stele[그] : 돌기둥
stella : 스텔라
stellar : 성형궁륭
stellar vault : 스타볼트, 스텔라볼트
stem : 비계기둥
stencil : 스텐실
stencil paint : 스텐실페인트
step light : 스텝라이트
stepped form : 계단식 형태
stepping process : 침지법
steps : 계단
steradian : 스테라디안
stereopsis : 입체시
stereoscopic acuity : 입체시력
Stewartia korean Nakaij[학] : 노각나무
stick effect : 연돌효과
stick style : 스틱양식
sticker : 스티커
stiff back : 스티프백
stiff consistency concrete : 된비빔콘크리트
stiff mix : 스티프믹스
stiffener : 보강재, 스티프너
stiffening member : 보강재
stiff-leaf : 스티프리프
stiff-leaf capital : 스티프리프캐피탈
stilb : 스틸브
stile : 문설주, 선대, 세로대, 스타일, 울거미
stille liberty[이] : 스틸레리버티
stilted arch : 상심아치, 상심원아치, 스틸티드아치
stimmung[독] : 무드
stimulus bar de base[프] : 기초자극
stimulusstimuli de comparison[프] : 기계원자극
stip mud process : 스팁머드과정
stipple : 스티플
stipple coating : 스티플코팅
stipple finish : 스티플마감
stipple paint : 스티플페인팅
stippling : 스티플
stirrup : 감잡이쇠, 늑근, 스터럽, 안장쇠
stoa : 스토아
stock furniture : 수납장
stone : 석재
stone arch : 돌아치, 석조아치
stone bond : 돌쌓기
stone chair : 스톤체어
stone cladding : 돌붙이기
stone construction : 돌구조
stone dust : 석분
stone facing : 돌붙이기
stone jointing : 스톤조인팅
stone lantern : 석등
stone mound tomb : 적석총
stone pattern : 돌무늬
stone paving : 돌깔기
stone post or bronze vessel : 이수
stone powder : 석분
stone slabs around the base of a large tumulus : 호석
stone storage for ice : 석빙고
stone wall : 석장
stonehenge : 스톤헨지
stoneware clay : 석기점토
stoneware : 석기
stonework : 석공사, 스톤워크
stool : 스툴, 측판재스툴
stoop : 스툽, 현관계단
stop : 문받이, 스톱
stop valve : 스톱밸브
stopped dado joint : 한쪽통맞춤
stopped fluting : 밧줄형 세로홈장식
stopped lap dovetail joint : 숨은 주먹장 틀맞춤
stopped lap dovetail joint : 숨은주먹장
stopped mortise : 숨은장부구멍
stopper : 스토퍼
storage house : 고간
storage pit : 저장공
store : 상점

storm door : 덧문, 스톰도어
storm sash : 덧창
storm window : 덧창, 스톰윈도
story : 스토리, 층
straight asphalt : 스트레이트아스팔트
straight grain : 곧은결, 직선목리, 통직목리
straight grain surface : 곧은결면
straight joint : 십자줄눈, 통줄눈
strain hardening : 변형률 경화
strain intensity : 변형도
strain : 변형, 변형률
strainer : 스트레이너
straining beam : 종량, 종보
straining piece : 종량, 종보
strand : 스트랜드
strand board : 스트랜드보드
strap : 감잡이쇠, 달대, 띠쇠, 안장쇠
strap bolt : 주걱볼트
strap hinge : 띠형 정첩
strap work : 띠장식, 스트랩워크
stratification : 층별, 층분리
Stratosphere : 성층권
straw : 스트로우
straw marquetry : 밀집마키트리
straw mat : 다다미
strawberry : 스트로베리
streak color : 조흔색
streak of stone : 돌무늬
Street Art : 스트리트아트
street furniture : 스트리트퍼니처
Street smart : 스트리트스마트
streetscape : 가두풍경
strength : 강도, 근력, 내구력, 내력
strength and weakness feeling : 강약감
strength of repeated load : 반복강도
stress : 응력
stress corrosion : 응력부식
stress intensity : 응력도
stressed skin construction : 표면응력 구조
stressed skin panel : 구조표면패널
stress-strain curve : 응력도-변형률곡선
stretcher : 길이벽돌, 길이쌓기, 다리버팀대, 스트레처
stretcher bond : 길이쌓기
stretching bond : 길이쌓기
stretching course : 길이방향 켜
striges : 세로홈
strik : 받이쇠
striking plate : 받이쇠
string : 계단옆판, 옆판
string course : 돌림띠, 스트링코스, 허리돌림띠
stringer : 계단옆판, 스트링거
stringing : 가는 띠장식
strip flooring : 널재바닥, 스트립플로어링, 연속푸팅기초, 줄기초
strip light : 스트립라이트
strip of wood supporting beam : 장여
stripped joint : 줄눈대줄눈
stripping : 스트립핑
Stroboscope effect : 스트로보효과
stroke sander : 스트로크샌더
strong back : 스트롱백
strong glass : 스트롱글라스
Strozzi palace : 스토로찌궁, 스토로치궁
struck joint : 빗줄눈, 역빗줄눈
structural body dimension : 구조적 인체치수
structural clay tile : 구조적 점토타일
structural crack : 구조적 균열
structural decoration : 구조적 장식
structural design : 구성디자인, 구조계획
structural dimension : 구조적 치수, 구조치수
structural engineering : 구조공학
structural facing tile : 구조적 치장타일
structural form : 구조적 형태, 구조형태
structural light weight concrete : 구조용 경량콘크리트
structural lighting : 구조적 조명
structural lumber : 구조재
structural rationalism : 구조파
structural sealant glazing system :

에스에스지공법
structural shape : 구조강
structural steel : 구조강
structural texture : 구조적 질감
structural timber : 구조재, 체목
structural tubing : 구조강
structuralism : 구조주의
structuralism architecture : 구조주의건축
structure : 결구
structure bone sound : 고체전달음, 고체전파음
structure design : 구조디자인, 스트럭처 디자인
structure system : 결구
strut : 동바리, 동자, 동자기둥, 스트럿
Stuart style : 스튜어트양식
stub foot : 토막형 발
stub mortise and tenon joint : 짧은장부 맞춤
stucco : 스터코, 치장벽돌, 치장벽마감
stucco work : 치장벽마감
stud : 샛기둥, 스터드
stud bolt : 치장못
studio : 스튜디오
studio apartment : 스튜디오아파트먼트
studio couch : 스튜디오카우치
studio divan : 스튜디오다이반
study : 스터디
study model : 스터디모델
stuff paint : 견련페인트
stump leg : 스텀프레그
stump veneer : 나무밑동무늬목
stupa : 사리탑, 스투파, 탑
stupa final : 상륜
style : 스타일, 양식
style in antis : 안티스 내의 스타일
style liberty : 스타일리버티
style republicaine[프] : 프랑스공화정양식
style sketch : 스타일스케치
styling : 스타일링
stylized design : 양식화된 디자인
stylized pattern : 양식화 무늬
stylobate[그] : 스타일로베이트, 스티로바테스, 스틸로베이트
stylobates : 스틸로바테스
styrofoam : 스티로폼
styrol resin : 스티롤수지
styrol[독] : 스티롤
styropor[독] : 스치로폴
sub approach : 부출입구
sub hoop : 부띠철근
sub rib : 보조리브
sub space : 부공간
subbasement : 지하이층
subcontract : 하도급
subcontractor : 하도급자, 협력업자
subculture : 서브컬처
subfloor : 기초바닥
subflooring : 바탕바닥
subjective brightness : 밝기
subjective color : 주관색
sublimation : 승화
submerged arc welding : 서브머지드 아크용접
submodule size : 서브모듈치수
subordination : 종속
subordination art : 종속예술
subrental space : 서브렌탈스페이스
subsidence of ground : 지반침하
sub-slab concrete : 밑창콘크리트
substation : 변전소
substructure : 하부구조
subterranean dwelling : 움집터
subtraction : 감산
subtractive color : 감산혼합, 감색혼합, 색료혼합색
suburban : 서버반
suburban hotel : 교외호텔
successive contrast : 계시대비, 연변대비, 연속대비
successive diminution ratio : 체감률
suction of water : 흡수
suction zone : 부압부위
Sucupira : 스쿠피라

Sugar pine : 슈가파인
suggested retail price : 권장소매가격
Sugi : 삼나무, 수기
sugi-finish : 수기마감, 수기피니시
suite : 스위트
suite room : 슈트룸, 스위트룸
sulfate resistance cement : 내황산염 시멘트
Sullivan style : 설리번양식
Sumer : 수메르
Sumerian architecture : 수메르건축
summer : 섬머
summer bed : 섬머베드, 써머베드
summer resort hotel : 섬머리조트호텔
summer solstice : 하지
summer tree : 섬머트리
summer wood : 추재
sun catcher : 선캐처
sun deck : 선덱
sun dried brick : 날벽돌
sun flower : 해바라기색
sun screen : 선스크린
sunburst : 햇살문양
sunburst light : 선버스트라이트
suncatcher baffle : 선캐처배플
sunken floor : 선큰플로어
sunken garden : 선큰가든
sunkrelief : 선크릴리프
sunlight : 일광
sunroom : 선룸
sunscoop : 선스쿠프
sunshine : 일조
super beam : 슈퍼보
super column : 슈퍼기둥
super graphic : 슈퍼그래픽
super organizing ideas : 총체적 구성아이디어
super plasticizer : 유동화제
super quick service space : 슈퍼퀵서비스공간
super sensualism : 초감각주의
super structure : 슈퍼스트럭처
super superstore : 슈퍼슈퍼스토어
Super ton : 슈퍼톤
superalloy : 초합금
supercolumniation : 대열주랑
superconductivity : 초전도
superette : 슈퍼렛
superimposed order : 다층기둥
supermarket : 슈퍼마켓
Superrealism : 슈퍼리얼리즘
superstore : 슈퍼스토어
superstructure : 상부구조
superstudio : 슈퍼스튜디오
supervising : 감리
supervisor : 감리자
supination : 상향
supply air : 급기
support : 동바리, 지점
support lighting : 보조등
support of the stupa finial : 찰주
support system : 고정요소
suprématisme[프] : 절대주의
surbase : 서베이스
surbased arch : 납작아치
surface's source of light : 면광원
surface active agent : 표면활성제
surface color : 표면색
surface condensation : 표면결로
surface raceway : 표면레이스웨이
surface treatment : 표면처리
surface water of aggregate : 골재의 표면수
surface wave : 표면파
surface active agent : 계면활성제
surfaced dry : 표면건조
surfactant : 서팩턴트
surfer dioxide : 아황산가스
surfer dioxide environment standard : 아황산가스환경기준
surging : 서징
Surrealism : 쉬르리얼리즘, 초현실주의
Surréalisme[프] : 쉬르레알리슴, 슈르레알리슴

surround : 장식틀
surround theater : 원형극장
suspended absorber : 매단흡음체, 현수 흡음체
suspended ceiling : 내림천장, 달대천장, 달반자
suspended roofs : 매단지붕구조
suspended scaffold : 달비계
suspended span : 서스펜디드스팬
suspended structure : 서스펜션구조
suspension method : 서스펜션공법
suspension structure : 서스펜션구조
suspension system : 현수구조
Sussex chair : 서섹스체어
sustainable architecture : 서스테이너블 아키텍처, 지속가능한 건축
Suwon Poplar : 수원포플러, 현사시나무
swag : 스웨그
swan : 스완
swan's neck pediment : 스완스넥 페디먼트
swan chair : 백조의자, 스완체어
swan neck handle : 백조목형 손잡이
swan neck pediment : 백조목형, 백조목형 박공장식
swastika : 스와티카
swastika pattern : 만자문양
swatch : 견본
swedish Modern : 스웨디시모던
swedish window : 스웨디시윈도
sweet room : 스위트룸
swept leg : 세이버다리
swing door : 여닫이문, 자재문
swing latch : 도래걸쇠
swing leg : 회전다리
swing sticker : 스윙스티커
swinging scaffold : 달비계
swinging scaffolds : 간이달비계
Swintonia floribunda Griff[학] : 멜바우
swirl : 소용돌이꼴
swirl finish : 소용돌이마감
switch : 개폐기, 스위치, 점멸기
switch board : 배전반
switchgear : 개폐장치
switchgear room : 개폐기실
swivel : 회전철물
swivel chair : 회전의자
Sycamore : 사이케모어, 시커모어
sylvester method : 실베스터법
symbol : 기호, 상징, 심벌
symbol color : 상징색
symbol manipulation : 상징조작
symbol mark : 심벌마크
symbolical boundary : 상징적 경계
symbolical wall : 상징적 벽체
symbolism : 상징주의
symbolisme[프] : 상징주의
symbolize division : 상징적 분할
symbolize form : 상징적 형태
symmetry : 균제, 균형, 대칭, 심메트리, 시메트리
symmetry balance : 대칭적 균형
sympathetic vibration : 공진
Symphonia globulifera L. f.[학] : 마카레
Symposium : 심포지엄
synagogue[그] : 시나고그
synapse : 시냅스
synectics : 창조공학
synesthesia : 공감각
synthesis : 종합
synthetic fiber : 합성섬유
synthetic gum : 합성고무
synthetic material : 합성재
synthetic oil paint : 합성수지유성페인트
synthetic paint : 합성수지페인트
synthetic resin : 합성수지
synthetic rubber : 합성고무
synthetic varnish : 합성수지바니시
synthetic water paint : 합성수지수성 페인트
synthetisme[프] : 종합주의
syphon : 사이펀
syphonage : 사이펀작용
syphon-jet type : 사이펀제트식 변기

syphons type : 사이펀식 대변기
syrian arch : 시리아식 아치
syrinx : 시링크스
system : 시스템, 체계
system architecture : 시스템건축
system bath room : 시스템욕실
system building : 조립식 건축
system chairs : 시스템의자류
system coordination : 시스템코디네이션
system design : 시스템디자인
system furniture : 시스템가구, 시스템퍼니처
system glass : 시스템유리
system kitchen : 시스템키친
system light : 시스템조명
system of cooling off : 쿨링오프제도
system of flues of a hypocaust : 고래
system of the city and mountain fortress wall : 평산성
system partition : 시스템파티션
system receiving furniture : 시스템수납가구
system trap : 조립트랩
systematic approach : 체계적 접근방법
systematic design : 체계적 설계접근
systematic process type : 시스템프로세스형
systematic science : 시스템과학의 적용
systematize furniture : 시스템가구
systéme Domino : 도미노시스템
systyle : 시스타일
szenische kunst[독] : 무대미술

【T】

T.africana Pierre[학] : 마코레
TAB ; Testing Adjusting & Balancing : 티에이비
Tabebuia avellanedae Lorenz : 이뻬록소
Tabebuia guayacan[학] : 구아야칸
tabernacle : 감실, 벽감, 태버내클, 태버너클
table : 탁자, 테이블
table chair : 테이블체어
Table dog wood : 층층나무
table form : 테이블폼
table lamp : 테이블램프
table press : 테이블프레스
table service restaurant : 테이블서비스레스토랑
table stand : 테이블스탠드
table stand lamp : 테이블스탠드램프
table tap : 테이블탭
table-hunched mortise and tenon joint : 경사단형장부맞춤
tablet : 태블릿
tablet chair : 서판의자
tablinum[라] : 타블리눔
ta-boo-ret[프] : 타부레
TAC ; The Architects Collaborative : 티에이시, 택
tactile sense : 촉각
tactile texture : 촉감적 질감
tactual sensation : 촉각
Taedaföhre[독] : 테다소나무
taenia : 태리나, 티니어
tagayasan : 타가야산
tail beam : 끼움보
tail railing : 고란
tailpiece : 테일피스
take out type selling method : 테이크아웃형 판매방식
Tali[세] : 다리
Taliesen West : 탈리어센웨스트
tall building : 고각, 고층건축
tall flat form for firing a canon within fortress : 돈대
tall platform for shooting an arrow within fortress : 노대
tallboy : 톨보이, 하이보이
Tan Oak : 탄오크
tan : 탠
tangent : 탄젠트

tangerine : 귤색
tangile : 탱기일
tank less booster : 탱크없는 부스터방식, 수조없는 부스터방식
tap : 탭
tape measure : 권척(卷尺=줄자)
tape seat : 테이프시트
tapered gypsum board : 테퍼드석고보드
tapered leg : 테이퍼드레그
tapestry : 타피스트리, 태피스트리
tapestry tile : 태피스트리타일
tapetum curing and protecting : 피막 보양
tapis : 태피스
tapisserie des gobelin : 고블랭직
tapping screw : 탭핑스크루
taquillon : 타퀼론
tar : 타르
tar pitch : 타르피치
Tarrietia utilis Sprague[학] : 니안곤
tarsia : 타시어
task lighting : 작업조명
tassel : 타셀, 타슬, 터셀
Tassel House : 타셀저택
tasselled friengr : 장식술
taste : 취미
Taun[뉴니] : 타운
tavern table : 태번테이블
tawny color : 황갈색
Taxodium distichum Rich.[학] : 미국 낙우송
Taxodium distichum[학] : 낙우송
Taxus cuspidata S.et Z.yow[학] : 주목
Tayler System : 테일러시스템
tazza[이] : 탓자
tea caddy : 차용기, 차통
tea table : 차탁자
teak : 티크
Team X : 팀텐
teapoy[인] : 티포이
Teaser advertizing : 티저광고
teaser : 티서
technic : 기술, 테크닉
technical form : 기술적 형태
technical pen : 테크니컬펜
technique : 기법
techno savy tribe : 테크노새비족
technoart : 테크노아트
technobelt : 테크노벨트
technocrat : 테크노크라트
technological design : 과학기술디자인, 테크놀로지컬디자인
technology : 기술과학
technology art : 테크놀로지아트
technology housing : 테크놀로지하우징
technomart : 테크노마트
technopolis : 테크노폴리스
Tection group : 텍톤그룹
Tectona grandis L.f. : 티크
tectonics : 구축술, 축조학
tee : 티
teinte[프] : 색상
telamone[로] : 텔라몬
tele-commute : 전기통근
tele-commuter : 전기통근자
telecommuting center : 텔레커뮤팅센터
tell : 텔
teller counter : 텔러카운터
temenos[그] : 테메노스
temper : 뜨임질
tempera : 템페라
temperate hues : 온화색상
temperature : 기온
temperature bar : 온도철근
temperature control valve : 온도조절 밸브
température de couleur[프] : 색온도
temperature feeling : 온도감
temperature susceptibity : 감온성
tempered door : 강화유리문, 템퍼드도어
tempered glass : 강화유리, 템퍼드글라스
tempered safety glass : 강화유리
tempering : 뜨임질

template : 보받이, 템플레이트, 템플릿
template hinge : 템플레이트힌지
temple : 사원, 템플, 보받이
Temple of Luxor : 룩소르신전
temple of Parthenon[그] : 파르테논신전
Temple of Solomon : 솔로몬신전
temporary residence of a traveler : 객사
temporary work : 가설공사
temporary work cost : 가설공사비
ten cent store : 십센트스토어
tenant shop : 테넌트숍
tenia : 티니어
tenon : 장부
tensile strength : 인장강도, 인장력, 장력
tensile structures : 장력구조
tensile systems : 막구조
tensile test : 인장시험
tension : 긴장, 긴장감, 인장, 장력
tension member : 인장재
tension reinforcement : 인장철근
tension ring : 텐션링
tension structure : 텐션구조
tension wood : 인장이상재
tent : 장막
tent bed : 텐트형 침대
tent structure : 텐트구조
tepidarium[그] : 테프다리움
tera : 테라
term : 텀
term of work : 공기
terminal department : 터미널백화점
terminal hotel : 터미널호텔
terminal : 끝머리장식, 단자
Terminalia superba Engl. et Diels[학] : 후라케
tern foot : 세갈래발
terrace : 테라스
terrace house : 연립주택, 테라스하우스
terra-cotta[이] : 테라코타
terra-cotta clay : 테라코타점토
terra-cotta work : 테라코타공사
terrazzo board : 테라초판
terrazzo[이] : 테라초, 인조대리석, 인조석
terrazzo finish : 테라초현장바름
territoriality : 영역성
tertiary beam : 삼차보
tertiary color : 삼차색
tessera : 테서라
tesserae[그] : 테서라
test : 시험
test cylinder : 공시체
tester : 설교단, 테스터
testudinate[그] : 테스튜디네이트
Testulea gabonensis Pellegr[학] : 이좀베
tête-à-tête[이] : 테트아테트
tetrad color : 사차색
tetrad colors : 사색조화
Tetradoron[그] : 테드라도론
tetrastyle : 테트라스타일
tetrastylos[그] : 테트라스틸로스
tetron : 테트론
tex : 섬유판, 텍스
textile : 직물, 텍스타일
textile design : 텍스타일디자인
textile finishing : 텍스붙임
textile wall paper : 섬유벽지
texture perspective : 질감투시도
texture : 재질감, 질감, 텍스처
thalamos[그] : 타라모스
the alter for the land and grain god : 사직단
The American Institute of Architects : 미국건축가협회
The Architecture of Ecology : 생태적 건축
The Arstronomical Observatory : 첨성대
the art of architecture : 건축예술
the building science of construction : 건축술
The Chair : 더체어
The Citadel of Sargon : 샤르곤궁전

The Cole circle : 콜의 집단
The Compagnie des Arts Français : 프랑스예술가단체
the environmental information : 환경정보
the framework-rising ceremony : 상량식
The Great Exhibition the Works of Industries of All Nations : 대영박람회
The Great Exhibition : 대박람회, 영국만국박람회
the great : 거찰
the hall containing the King's bed-chamber : 침전
the harmony of a dominant colored light : 주조색 빛의 조화
the harmony of contrast of colors : 색채대비의 조화
the harmony of contrast of hues : 색상대비의 조화
the harmony of hues : 색상의 조화
The Ishtar Gate : 이슈타르문
The Korean Institute of Interior Design : 한국실내디자인학회
the main building of a temple : 대웅전
the main gate : 정문
the main hall ina Buddhist temple : 법당
the main temple : 대웅전
The Milano School : 밀라노학파
The MS Experiment : 엠에스의 실험
The Munich Group : 뮌헨그룹
The Nancy School : 낸시학파
the opening of the firebox : 화구
the point of joint : 장부
the Royal Ancestral Shrine : 종묘
The Scroll chair : 스크롤의자
the servants quarters on both sides of the gate : 행랑사
the seven light of architecture : 건축의 칠등
The Shakers : 셰이커교도
the size of a room : 간
The Studio : 스튜디오지
the Temple of Zwus : 제우스신전
the third sector : 제삼섹터
the three elements of color conditioning : 색채조절의 삼요소
the unfloored area between two rooms : 봉당
theatre : 극장
theater in the round : 아레나극장
theater restaurant : 시어터레스토랑
Thebes chair : 티브스의자
Thebes stool : 티브스스툴
theme : 주제
theme building : 주제건물, 테마빌딩
theme painting : 주제화
theme park : 테마파크
theory : 이론
theory of built space : 공간론
theory of Rubin : 루빈의 이론
theory of structural analysis and design : 구조역학
Therblig symbols : 더블리그기호
thermae[라] : 테르마에
thermae[이] : 서미
thermal bridging : 열교
thermal comfort index : 열쾌적지표, 쾌적지표
thermal conductance : 열전도
thermal conductivity : 열전도율
thermal endurance : 내열성
thermal expansion coefficient : 열팽창계수
thermal expansion of wood : 목재열팽창
thermal factor : 온열요소
thermal insulator : 단열재
thermal radiation : 열복사
thermal resistance : 열저항
thermal stress : 열응력
thermal transmittance : 열전달
thermo dynamic temperature : 열역학적 온도

thermo plastic : 열가소성, 열가소성 플라스틱
thermo plastic resin : 열경화성수지
thermo resin : 열가소성수지
thermo-con : 서머콘, 서모콘
thermoelectric thermometers : 열전기온도계
thermoluminescence : 열루미네센스
thermometers : 온도계
thermosetting : 열경화성
thermostat : 서모스탯, 자동온도조절기
thick plate : 두꺼운 널
thickness : 두께
thickness of coating : 바름두께
thimble foot : 팀블풋
thinner : 시너, 신너
third angle projection : 제삼각법
tholobate : 톨로베이트
tholos : 톨로스
Thonet chair : 토넷의자
thread : 트레드
three back Windsor chair : 삼단등받이윈저의자
three bay : 쓰리베이
three centered arch : 삼중심아치
three dimension : 삼차원
three dimensional forms : 삼차원형상
Three Dirty Industry : 삼디산업
Three E Movement : 쓰리이운동
Three I Industry : 쓰리아이산업
three layer construction : 삼층구조
three phase four line system : 삼상사선식
three phase three wire system : 삼상삼선식
three point perspective : 삼소점투시도, 삼점투시도
three primary color : 삼원색
three quarters bat : 칠오토막벽돌
three receptor : 삼원색
Three S Movement : 쓰리에스운동
three way bulbs : 삼단전구
three way switch : 삼로스위치
three-hinged arch : 삼힌지아치
three-phase alternating current : 삼상교류
threshold : 문지방, 밑틀부재, 역, 역치
threshold of hearing : 가청치
thresholds of audibility : 최소가청치
throat : 목, 목두께, 물끊기, 홈
throatt : 목두께 불량
through mortise and tenon joint : 내다지장부
through single dovetail joint : 세겹 주먹장 틀맞춤
thrown chair : 스론의자
thrust : 추력
thrust stage type : 트러스트스테이지형식
Thuja plicata D. Don : 레드시다
thumb lath : 헛자물쇠
thumb nut : 엄지너트
thumb piece : 섬피스
thumb screw : 엄지나사못
thumb-turn : 섬턴
thuya : 투야
tiahuanaco : 티아와아나코
Tiama Entandrophragma angolense C. DC. : 티아마
Tichener illusion : 티치너의 착시
ticking : 티킹
tidal wave : 쯔나미
tie : 타이
tie back curtain : 묶음커튼
tie bar : 타이바
tie beam : 연결보, 종량, 지붕보, 지중보, 타이빔
tie hoop : 대근
tie rod : 결속봉
tie work : 타일붙이기
tied arch : 타이드아치
tied column : 띠기둥
Tieghemella spp. T. heckelii Pierre : 마코레
tier : 티어

tierceron : 부리브
tierceron vault : 티에르세론 볼트
tierceron[그] : 티에르세론
Tiffany : 티파니
Tiffany glass : 티파니글라스
TIG welding : 티그용접
tight fit : 조밀한 배치
tile backer board : 타일바탕석고판
tile dividing : 타일나누기
tile facing : 타일붙이기
tile kiln : 와요
tile pin : 기와못
tile pipe : 도관
tile work : 타일공사
tile : 건식타일, 타일
Tilia americana L.[학] : 미국피나무
Tilia amurensis var glabra[학] : 참피나무
Tilia cordate Mill.[학] : 북양피나무
tiling : 타일공사, 타일붙이기
tilt top table : 상판직립형 탁자
tilt up construction : 틸트업구조
tilt up method : 틸트업공법
timber : 목재, 팀버
timber connector : 팀버커넥터
timber framing : 목재골조
timber house : 목조주택
timber scaffold : 통나무비계
timber structure : 나무구조
timbered structure : 나무구조
time and space : 시공
time art : 시간예술
time leg : 시간지연
Time Marketing : 시간마케팅
time of haul : 운반시간
time scale progress graphic chart : 타임스케일공정도
time schedule : 공정표
Time Study : 시간연구
time-lag : 타임래그
time-series analysis : 시계열분석
tin : 주석
tinned sheet iron : 생철판
tint : 고명도, 명색조, 색조, 틴트
tint color : 틴트컬러
tinted glass : 착색유리, 틴티드글라스
tip end : 끝마구리
titan white : 티탄백
titanium pigment : 티탄백
title bock : 표제란
tivoli light : 티볼리등
Tizio lamp : 티지오램프
toenail : 토우네일
toggle bolt : 토글볼트
toggle switch : 토글스위치
toile de jouy[프] : 트왈드주이
toilette[프] : 트왈레트
tokonoma : 도코노마
Tola : 톨라
tole : 톨
tolerable carbon dioxide content : 탄산가스허용량
tolerance : 공차
toll[프] : 톨
tomb stele : 묘비
tonal color : 탁색
tone : 색조, 톤
tone in tone : 톤인톤
tone on tone : 톤온톤
Toneraj armchair : 토르네라이암체어
tongue : 제혀, 턱솔, 혀
tongue and groove : 제혀턱솔, 텅그앤드그로브
tongue and groove miter joint : 안촉연귀, 안팎촉연귀
tongued miter : 안촉연귀
tool : 공구, 도구
tool cabinet : 툴캐비닛
tooled joint : 치장줄눈
tool-making tool : 공구
Toona calantas. & Rolfe : 카란타스
toothed plate : 투스드플레이트
top bar : 상부근
top board : 천판

top chord : 상현재
top desk : 톱데스크
top hinged out swinging window : 들창
top hinged outswing window : 돌출창
top light : 정광, 천창, 톱라이트
top light glass : 톱라이트글라스
top lighting : 천장채광, 천창채광
top out : 상량
top pivot : 돌쩌귀
top rail : 상부가로대, 상부틀, 윗막이대
top side lighting : 정측광
top steel bar : 상부철근
topiary : 토피어리
topknot-shaped tenon joint : 상투이음
topos : 토포스
topping : 마감층
top-toptable : 쟁반형 상판탁자
torch lamp : 토치램프
torchere : 토로체
torchère[프] : 토르세르, 토세어, 토치어
tori : 토리
tormentor : 토멘터
torque : 염력
Torreya califorinica Torr[학] : 미국비자나무
Torrya nucifera[학] : 비자나무
torsel : 보받이
torso : 토르소
tortoise-shaped pedestal : 귀부
torus : 토러스, 토루스
torus molding : 토러스몰딩
total cost ; TC : 총공사비
total design : 토털디자인
total float ; TF : 총여유, 토털플로트
total floor area : 연면적
total floor area of floor : 바닥연면적
total pressure : 전압
Tottolite bath : 토틀라이트배스
touch : 터치
touching button : 터치버튼
toughened glass : 강화유리, 터픈드글라스
toughness : 인성
tourist hotel : 관광호텔
Toward a new architecture : 새로운 건축을 향하여
tower : 타워, 탑
Tower of Babel : 바벨탑
Tower of London : 런던타워
tower of pisa : 피사의 탑
Tower of Winds : 바람의 탑
tower style : 타워식
town : 도시
town house : 타운하우스, 도시주택
town planning : 도시계획
townscape : 타운스케이프
T-pillow : 티T형 쿠션
TQC : Total Quality Control : 종합적 품질관리
trabeated construction : 상인방식 구조, 인방보식 구조
trabeation : 상인방식 구조
trace : 트레이스
trace line : 추적선
tracery : 트레이서리
tracheid : 도관세포, 가도관
trachelion : 트라켈리온
trachelium : 트라켈리엄
tracing paper : 트레이싱지, 트레이싱페이퍼
track lighting : 트랙조명
traction type elevator : 권상식 엘리베이터
trade dress : 트레이드드레스
trade sources : 거래원
trading area : 트레이딩에어리어
tradition : 전통
traditional : 트레디셔널
traditional architecture : 고건축
traditional color : 전통색
traditional fabricated construction : 가구식 조립구조
Trafalgar Chair : 트라팔가르체어
Trafalgar suite : 트라팔가르의자
traffic diagram : 트래픽다이어그램

traffic line : 동선
traffic line diagram : 동선도
traffic line of department : 백화점의 동선계획
traffic line plan : 동선계획
Trans-Avant-Garde : 트랜스아방가르드
transept : 익랑, 트랜셉트
transformation : 변형
transformer : 변압기
transformer substation : 변전소
trans-high-tech : 트랜스하이테크
transient hotel : 트랜전트호텔
transit mixed concrete : 트랜싯믹스트 콘크리트, 트랜지트믹스트콘크리트
transit regulator : 규준선
transitional style : 과도기양식, 트랜지셔널 스타일
translation : 전이
translucency : 반투명
transmission : 전도, 투과
transmission factor : 투과율
transmission loss : 투과손실
transmittance : 투과율
transmitted light : 투과광
transom : 중간틀, 트랜섬
transom catch : 트랜섬캐치
transom window : 채광창, 트랜섬윈도
transparency : 투명성
transparent colo(u)r : 투명색
transparent finish clear coating : 투명도장
transparent window : 투명창
transverse arch : 트랜스버스아치, 횡단면 아치
transverse beam : 충량
transverse joint : 가로줄눈
transverse reinforcement : 배력근
transverse shear : 전단력
trap : 트랩
trap dip : 트랩딥
trap wier : 트랩위어
trapezoidal : 사다리형태
trave : 트레이브
travée[프] : 트라베
travelling form : 트래블링거푸집, 트래블링폼
travertine[포] : 트래버틴
tread : 단나비, 단너비, 디딤면, 디딤판, 발판
tread mark : 트레이드마크
treadboard : 디딤판
trébol : 뜨레볼
tree : 나무, 수목
tree of heaven : 가죽나무
tree of life pattern : 생명나무문양
trefoil arch : 삼엽아치
trefoil : 세잎장식, 트레포일
trellis : 트렐리스
tremie process : 트레미공법
trench : 트렌치
trend : 트렌드
trestle : 트레슬
trestle scaffolding : 발돋음비계
trestle table : 트레슬테이블
triad : 등간격삼색, 삼각구조
triads color : 삼색조화
triangle : 트라이앵글
triangle band pattern : 거치문
triangle ruler : 삼각자
triangle tile : 삼각타일
triangular arch : 삼각아치
triangular form : 삼각형 형태
triangular load distribution : 삼각하중 분포
triangular scale : 삼각스케일
Trianon[프] : 트리아농
tribunal[그] : 트리뷰널
tribune : 옥좌, 트리뷴
tricalcium silicate : 트리칼슘실리케이트
trickling filter process : 살수여상방식
triclinium[그] : 트리콜리니움
tricoteuse[프] : 트리코퇴즈
tric-tractable : 트릭트랙테이블
tridarn : 트리단

tridarn cupboard : 트리단컵보드
tridymite : 인규석
Triennale[이] : 트리엔날레
triforium : 트라이포리엄, 트리포리엄, 트리포리움
triglyph : 트라이글리프, 트리글리프
triglyphos[그] : 트리글류포스
trigonometric function : 삼각함수
trigonometrical coordinates of color : 색삼각좌표
trihospher[독] : 삼중형광물질
trilithon : 트릴리톤
Trillo : 틸로
trim : 문선, 트림
tri-metric projection : 삼각투상도
trimmer : 트리머
trimmer arch : 벽난로아치, 트리머아치
trimming : 바심, 바심질, 트리밍
tripartite : 트리파타이트
tripartite vault : 삼분형궁륭
triplex : 복합유리, 트리플렉스
triplex glass : 트리플렉스글라스
triplex type : 트리플렉스형
Triplochiton scleroxylon K. Schum : 삼바
tripod stand : 세발장식대
tripod table : 세발탁자, 트리포드테이블
tripod : 트라이포드, 트리포드
tristimilus values of a light : 삼자극치
triumphal arch : 개선문, 트라이엄펄아치
triumphal motive : 개선문 모티브
troffer : 트로퍼
troffer lighting : 트로퍼조명
trompe[프] : 트롱프
trompe I'oeil : 트롱프뢰유, 입체화법
trompe I'oeil[프] : 트롱플뢰이유
tromploy[프] : 트롱프뢰유
trophy : 트로피
tropical wood : 남양재, 열대재
trotoise shell[프] : 별갑
troubadour style : 트루바두르양식
trowel : 흙손
troweled joint : 시공줄눈
truck mixer : 트럭믹서
truckle bed : 바퀴침대, 트러클베드
true specific gravity : 진비중
trulli[이] : 트룰리
trullo : 트룰로
trumeau : 트루모
trumeau[프] : 트뤼모
tru-mo[프] : 트루모
trumpet leg : 트럼펫다리, 트럼펫형 다리
trumpet tuning : 트럼펫형 선반가공재
truncation : 절단
trundle bed : 바퀴침대, 트런들침대
trunk room : 트렁크룸
truss : 트러스
truss arch : 트러스아치
truss bar : 트러스바
truss head : 트러스헤드
truss method : 트러스공법
truss post : 대공
trussed form : 트러스형태
trussed girder : 트러스보
T-shaped shrine for tomb rites : 정자각
T-square : 티자
Tsuga heterophylla Sarg.[학] : 미국솔송나무
Tsuga sieboldii[학] : 솔송나무
tsunami : 쯔나미
tuan tzu : 탄츠
tub chair : 터브체어
tube construction : 튜브구조
tube in tube construction : 튜브인튜브구조
tube rug : 튜브러그
tuber ischiaddicum point : 좌골결절점
Tuberculosis Sanatorium at Paimio : 파이미오의 새너토리엄
tubular furniture : 파이프가구
tubular system : 튜브시스템
Tudor arch : 뾰족아치, 튜더아치
Tudor architecture : 튜더건축

Tudor flower : 튜더식 꽃문양
Tudor rose : 튜더장미
Tudor style : 튜더양식
tufa : 투파
tufa tuff : 응회암
tufted carpet : 터프티드카펫
tufting : 터프팅
Tugendhat House : 투겐트하트저택
Tuja occidentalis L[학] : 화이트시다
tulip chair : 튤립체어
tulip wood : 튤립나무, 튤립우드
tum up table : 상판접이탁자
tumbler switch : 텀블러스위치
tumulus[그] : 고분, 투물러스
tungsten : 텅스텐
tungsten halogen lamp : 텅스텐할로겐램프
tungsten lamp : 텅스텐전구
tunnel form : 터널거푸집
tunnel-formed ceiling : 굴천장
tupelo : 튜펠로
turbo blower : 터보블로어
turbo fan : 터보블로어
turflite glass : 강화유리
turkey sofa : 터키소파
Turkey work : 터키직물
Turkish bath : 터키탕
Turkish rug : 터키융단
turkish rugs : 터키양탄자
turn buckle : 턴버클
turn key : 턴키
turn key contract : 턴키계약
turn key contract method : 턴키계약방식
turned chair : 선반가공의자
turnery : 목선반가공
turning : 선반, 선반가공재
turning bar : 터닝바
turnip dome : 순무형 천장
turnip foot : 순무형 발
turpentine oil : 테레빈유, 테레핀
turquoise blue : 터크와즈블루
turquoise green : 터크와즈그린
Turraeanthus africana Pellegr[학] : 아보디레
turret : 터닛, 터렛
Tuscan bed : 토스카나식 침대
Tuscan order : 터스칸오더, 토스카나기둥양식, 투스칸양식
Tuscan order style : 터스칸기둥양식
Tuscan style : 에트루스칸양식
tusk : 터스크
tuxedo : 턱시도
tweed : 트위드
twilight vision : 박명시
twin bed : 트윈베드
twin bed room : 트윈베드룸
twist turning : 트위스트형 선반가공재
twisted column : 꼬임기둥
two dimension : 이차원
two phase current : 이상교류
two pipe system : 복관식
two point latching bolt : 양쪽 꽂이쇠
two point perspective : 이소점투시도
two quarter : 반토막
two side planer : 이면대패기계
two way : 이방향
two way slab : 이방향 슬래브
twofold eaves : 겹처마
two-hinged arch : 이힌지아치
tympan[프] : 탕팡
tympanon : 튬파논
tympanum[그] : 팀파눔
type : 유형, 형식
type of symmetry : 심메트리 유형
type of traffic line : 동선의 유형
type two plywood : 이류합판
type X-plaster board : 타입엑스석고판
types sorts of living room : 거실의 유형
typisierung : 유형화
typology : 유형학, 형식학

【U】

U.A.M ; Union des Artistes Modernes : 유에이엠
Übergansstil[독] : 과도기양식
ubiquitous : 유비쿼터스
UBR : 유비알
UBR system : 유비알시스템
UCLS color notation system : 유시엘에스표색계
UCS color notation system : 유시에스표색계
Ulm Münster[독] : 울름대성당
Ulmus americana L.[학] : 미국느릅나무
Ulmus Davidiana var. japonica Nakai : 느릅나무
Ulmus laciniate Mayr[학] : 난티나무
Ulmus rubra Muhl[학] : 레드느릅나무
ultimate strength : 극한강도
ultimate strength limit state : 극한강도 한계상태
ultra frequence : 초주파
ultra modern design : 초현대디자인
ultra violet ray absorption glass : 자외선흡수유리
ultramarine : 울트라마린
ultramarine blue : 군청색
ultrasonic noise : 초음파소음
ultraviolet : 자외선
ultraviolet radiation : 자외선
umber : 호박색
umber core plywood : 럼버코어합판
umbrella dome : 우산형 돔
umweltgestaltung[독] : 환경형성
un lit de parement[프] : 귀빈실
unbraced length : 언브레이스드길이
unbuntlicht[독] : 백색광
under bed : 기초모르타르
under burned brick : 하급벽돌
under pitch vault : 비대칭궁륭
undercroft : 언더크로프트
undercut : 언더컷
undercut tenon : 언더컷테넌
underfelt : 언더펠트
under-floor hearing system of a room : 온돌
under-floor raceway : 플로어덕트
underground : 언더그라운드
underlayment : 언더레이먼트
under-pitch vault : 언더피치볼트
underwater concrete : 수중콘크리트
undulating tracery : 곡선창살트레이서리
uneven settlement : 부동침하
uneven texture : 불균질목조직
unfinished concrete : 치기콘크리트
unformal balance : 비정형적 균형
unglazed tile : 무유타일, 언글레이즈드타일
uni curve : 유니커브
uni latch : 유니래치
unification : 유닛화
uniform grading of aggregate : 골재의 균일분포
uniformed distributed load : 등분포하중
uniformity : 균일, 균일성
uniformity factor : 균제도
uniformity of attraction : 겉보기의 일양성
uniformity ratio of illumination : 균제도
uniformity space : 균일공간
unimart : 유니마트
uninterruptible power supply : 무정전 전원장치
union : 결합, 통일
Union des Artistes Modernes[프] : 근대예술가연맹
unit : 단위, 유닛
unit absorber : 단위흡음체
unit block : 유닛블록
unit chair : 유닛체어
unit construction : 단위구조
unit form : 단위형태
unit furniture : 단위가구, 유닛가구

unit heater : 유닛히터
unit of material volume : 재적단위
unit price : 유닛프라이스
unit price contract : 단가도급
unit space : 단위공간
unit type office : 유닛형 오피스
unit weight : 단위용적중량
Unité d'Habitation Marseille : 유니테다비타시옹아파트
Unité d'Habitation Marseille[프] : 마르세유아파트
unitlock : 모노록
units : 구성단위
unity : 통일성
Unity Church : 유닛교회
universal design : 유니버설디자인
universal saw : 고속톱
universal space : 무한정공간, 유니버설스페이스
unoccupied land : 공한지
unorganic request : 비유기적 요구
unsaturated polyester resin : 불포화폴리에스테르수지
unstable structure : 불안정구조물
unsymmetry : 비대칭균형, 에이시머트리
up light : 업라이트
up lighting : 상향등, 업라이팅
upholstery : 가구용 직물, 의자씌우개
upholstery fabric : 가구용 직물
upholstery furniture : 업홀스터리가구
upper chord : 상현재
upper flux utilance : 상향광속률
upper limit : 최대허용치수
upper yielding point : 상항복점
upright : 통세로대
upright post : 비계기둥
upturned bowl : 복발
urban area : 도시
urban climate : 도시기후
urban decline : 어번디클라인
urban design : 도시설계, 어번디자인
urban form : 도시형태
urban furniture : 어번퍼니처
urban house : 도시주택
urban lighting : 도시조명
urban morphology : 도시형태학
urban noise : 도시소음
urban planning : 도시계획
ureaform aldehyde resin : 요소수지
urethane : 우레탄
urethane form : 우레탄폼
urethane resin : 우레탄수지
urethane waterproof : 우레탄방수
urinal : 소변기
urn : 장식항아리
useful energy : 유효에너지
utility core : 설비실
utility furniture : 실용가구
utility kitchen : 다용도부엌
utility room : 다용도실, 유틸리티룸
U trap : 유트랩

【V】

vacant land : 공한지
vacuum concrete : 진공콘크리트
vaisselie[프] : 베셀리에
valance : 가리개, 발란스
valance lighting : 밸런스조명
valance valence : 밸런스
valeur[프] : 발뢰르
valley : 지붕골
value : 명도, 밸브
value-oriented fee method : 가치근거제
value engineering : 가치공학, 밸류엔지니어링
value harmony : 명도조화
value key : 명암기조
value level : 명암레벨
value rhythm : 명암리듬
value scale : 명도단계, 명암계열
Van Dyke brown : 밴다이크브라운

vandalism : 반달리즘
Vandyke brown : 반다이크브라운
vanish : 니스, 바니쉬
vanishing point ; VP : 소실점, 측정선, 소점
vanishing trace : 소실적
vanity : 배니티
vanity unit : 배니티유닛
vapor pressure : 수증기분압
vaporization : 기화
vapo(u)r : 증기
vapour flow : 습류
vapour permeability : 투습성
vapour pressure : 수증기압, 습압
vapour resistivity : 투습비저항
vargueño[스] : 바게뇨
vargueño[이] : 바르게뇨
variable absorber : 가변흡음체
variable air volume single duct system : 가변풍량 단일덕트방식
Variable Air Volume ; VAV : 변풍량방식
variation : 베리에이션
variety : 변화
variety store : 버라이어티스토어
Varignon's theorem : 바리뇽의 정리
varnish stain : 바니시스테인
varnishing : 베르니사즈
varqueno : 바르퀴에노
vase : 베이스
vase and ball turning : 항아리와공형선반가공재
Vatican library : 바티칸도서관
vault : 궁륭, 궁륭천장, 볼트
vaulting bay : 볼팅베이
vaulting boss : 볼팅보스
vaulting shaft : 궁륭주신
VAV system : 단일덕트가변풍량방식
VDT ; Video Display Terminal : 브이디티
vector : 벡터
vee : 빗모치기
vee & channelled : 세모치기
Vee-Bee consist meter : 비비컨시스트미터
Vee-Bee test : 비비실험
vehicle : 비클
veiled ratio : 항복비
veiling glare : 피막현휘
veiling reflection : 광막반사
veilleuse[프] : 베이예즈
vellum : 벨렘
vellum paper : 모조지
velour : 벨루어
veludo : 빌로도
velvet : 벨벳, 빌로도
velvet carpet : 벨벳카펫
velvet tapestry carpet : 벨벳태피스트리카펫
velveteen : 벨베틴
vemis martin[프] : 베르마르탱
vending : 절곡
veneer : 단판, 베니어
veneer core plywood : 나왕베니어코어합판, 베니어코어합판
veneer cut : 무늬목취재법
veneer drying : 단판의 건조
veneer match : 무늬목조합
veneer overlay plywood : 단판오버레이합판
veneer preparation : 조판
veneer wall paper : 무늬목벽지, 단판벽지
veneer wood : 무늬목
veneering : 베니어링
Venetian blind : 베네시안블라인드, 베니션블라인드
Venetian dentil : 베니션덴틸
Venetian door : 베니션문
Venetian furniture : 베네치아가구, 베니션가구
Venetian painted furniture : 베니션채색가구
Venetian window : 베니션창
Venezia : 베네치아
Venezia arch : 베네치아아치
Venezia architecture : 베네치아건축

Venezia blind : 베네치아블라인드
Venezia dentil : 베네치아덴틸
Venezia door : 베네치아도어
Venezia glass : 베네치아글라스
Venezia red : 베네치아레드
Venezia school : 베네치아파
Venezia turpentine : 베네치아테레빈
Venezia window : 베네치아윈도
vent : 통풍구
vent pipe : 통기관
ventilating : 에이치브이에이시
ventilation equipment : 환기설비
ventilation : 환기
ventilator : 벤틸레이터
veranda : 베란다, 퇴
verandah : 베란다
verbal form : 언어적 형태
verd antique : 사문석
verde alpi[이] : 베데알피
vermeil : 버메일
vermiculated work : 벌레무늬내기
vermiculation : 버미큘레이션
vermiculite : 질석
vermiculite mortar : 질석모르타르
vermiculite plaster : 질석플라스터
vermiculite wallpaper : 질석벽지
vermilion : 버밀리온, 버빌리언, 주색
vernacular : 버나큘러, 지역주의, 풍토성
vernacular architecture : 토속건축
vernacular design : 버나큘러디자인
vernacular folk design : 토속적 디자인
vernier visual acuity : 유척시력
vernissage[프] : 베르니사즈
verre eglomise[프] : 베르에글로미제
vert paon[프] : 베르파옹
vertical blind : 버티컬블라인드, 수직블라인드, 수직적 블라인드
vertical city : 공중도시
vertical file : 수직파일
vertical illumination : 수직배광
vertical intensity distribution : 수직배광곡선
vertical joint : 세로줄눈
vertical line : 수직선
vertical location : 수직적 위치
vertical louvre : 수직루버
vertical member : 수직재
vertical module : 수직모듈
vertical shearing stress : 수직전단응력
vertical stiffener : 수직스티프너
vertical working area : 수직작업역
very brilliant colors : 금단청
vesica pisces : 베시커피시스
vessel : 도관
vessel in the form of a house : 가형토기
vestibule : 베스티블, 문간, 베스티블리움, 전실
vestibulium[러] : 베스티블리움
VF : 비닐론섬유
Via Appia : 아피아
via-à-vis : 비자비
viae : 비아
vibration isolation : 방진
vibration level meter : 진동측정기
vibration : 진동다짐
vibrator : 진동기
Victorian architecture : 빅토리아건축
Victorian furniture : 빅토리안가구
Victorian mansion : 빅토리아맨션
Victorian Oak : 빅토리안오크
Victorian style Gothic : 빅토리아식 고딕
Victorian style : 빅토리아양식
video art : 비디오아트
video synthesizer : 비디오신시사이저
videotex : 비디오텍스
Vienna chair : 비엔나의자
Vienna Secession : 비엔나분리운동
viewing angle : 시각
vignette[프] : 비넷, 비네뜨
Viipuri Library : 비푸리도서관
Villa : 빌라
Villa Ast chair : 빌라아스트의자
Villa Rotonda[이] : 빌라로톤다

Villa Savoye : 사보이저택
village school : 서당
vimana[범] : 비마나
vine : 덩굴문양
vinette[프] : 비넷, 비네뜨
vinsol : 빈솔
vinyl : 비닐
vinyl asbestos : 비닐석면타일
vinyl astile : 비닐아스타일
vinyl butyral resin : 비닐부티랄수지
vinyl cork sheet : 비닐코르크시트
vinyl curtain : 비닐커튼
vinyl floor : 비닐바닥재
vinyl gilt plate : 비닐길트판
vinyl laminate wallpaper : 비닐라미네이트 벽지
vinyl leather : 비닐레더
vinyl leather wall paper : 비닐레더벽지
vinyl mortar : 비닐모르타르
vinyl paint : 비닐도료, 비닐수지도료
vinyl pattern : 비닐문양
vinyl resin : 비닐수지
vinyl resin paste : 비닐수지접착제
vinyl sheet : 비닐시트
vinyl sheet water proof : 비닐시트방수
vinyl tile : 비닐타일
vinyl wall paper : 비닐벽지
vinyl wiping wall paper : 비닐와이핑벽지
vinylon : 비닐론
violet : 바이올렛, 자주색
violet[프] : 비올레
Vion-pannel : 비온패널
Virginia pine : 버지니아소나무
viridain : 비리디언
Virola surinamensis[학] : 바븐
virtual mass force : 질량력
virtual reality skill : 가상현실기술
vis[프] : 비스
viscosity : 점성
visibility : 가독도, 가시도, 비지빌리티, 시인성
visibility level : 가시도 레벨
visible radiation : 가시광선
visible ray : 가시광선
visible spectrum : 가시광선
visible structure : 가시적 구조
vision : 비전
vision centrale[프] : 중심시
vision mésopique[프] : 박명시
vista[이] : 비스타, 조망
visual acuity : 시명료도
visual angle : 시각
visual communication : 비주얼커뮤니케이션
visual communication : 시각적 전달
visual design : 비주얼디자인, 시각디자인
visual display : 비주얼디스플레이
visual distance : 시거리
visual elements : 시각적 요소
visual fatigue : 시각피로
visual field : 비주얼필드, 시계, 시야
visual field coefficient : 시야계수
visual identity : 비주얼아이덴티티
visual language : 비주얼랭귀지, 시각언어
visual line ; VL : 시선
visual literacy : 시각적 이해능력
visual merchandising : 비주얼머천다이징, 시각적 판매계획
visual optical illusion : 시각착시
visual perception : 시지각
visual presentation : 비주얼프레젠테이션
visual rays : 가시광선
visual response : 시각감응
visual scale : 시각적 스케일, 시각척도
visual scandal : 비주얼스캔들
visual task : 시작업
visual texture : 시각적 질감
visualize : 구상화
visuospatial : 공간시각
Vitex cofassus Reinw[학] : 모라베
vitreous : 유리화
vitrified clay pipe : 경질도기
vitrify : 자기화
vitrine : 유리장
Vitruvian opening : 비트루비우스식 개구부

Vitruvian scroll : 비트루비안스크롤
V-joint : 비줄눈
VMD ; Visual Merchandising : 브이엠디
V-mestic : 브이메스틱
void floor : 보이드플로어
void : 보이드
voile : 보일
volcanic rock : 분출암
volcano gravel : 화산자갈
voltage : 전압
volume : 볼륨, 부피, 양감
volume color : 공간색, 피부색
volume damper : 풍량조절댐퍼
volume goods : 볼륨상품
voluntary chain : 볼런터리체인
volute : 나선, 벌류트, 볼루트, 볼류트, 소용돌이꼴, 소용돌이장식
vorticism : 보티시즘, 와권파주의
voussoir[이][프] : 부스와르, 홍예돌, 홍예석
voûte[프] : 궁륭
V shaped : 비줄눈
V-shaped joint : 브이V자홈줄눈
vulcanization : 가황
vulcanization rubber : 가황고무
vulcanized rubber : 가류고무

【W】

wafer : 웨이퍼
wafer board : 웨이퍼보드
waffle construction : 와플구조
waffle flat slab : 와플플랫슬래브
waffle form : 와플거푸집, 와플폼
waffle plate construction : 와플플레이트구조
waffle slab : 와플슬래브
wagon : 왜건
wagon bed : 손수레베드
wagon vault : 왜건궁륭
waincoating : 징두리판벽
wainscot : 웨인스콧
wainscot chair : 웨인스콧의자
Wainwright building : 웨인라이트빌딩
waist : 웨이스트
waiting room : 고객대기실, 대기실
wale : 비계띠장, 웨일
waler : 웨일
wales vault : 웨일즈궁륭
wall : 궐방, 벽, 성, 장
wall board : 벽보드, 벽판재, 월보드
wall board materials : 벽판재
wall brace : 벽가새
wall bracket : 벽선반
wall cabinet : 월캐비닛
wall coverings : 벽마감재
wall display : 월디스플레이
wall garden : 월가든
wall girder : 테두리보
wall hangings : 벽지
wall hung units : 벽걸이식 수납가구
wall materials : 벽재
wall newspaper : 벽보
wall niche : 벽감, 벽감실
wall painting : 벽화
wall paper : 벽지, 종이벽지
wall plate : 깔도리, 장선받이
wall primer : 벽초벌재
wall rib : 벽붙이아치
wall surface line : 벽면선
wall to wall : 전면깔기
wall to wall carpet : 월투월카펫
wall to wall method : 월투월방식
wall washer : 월워셔
wall washing lighting methods : 월워싱조명기법
wallpaper : 금박벽지
walnut : 월너트, 월넛, 호두나무
wane : 죽
Ward : 워드
wardrobe : 워드로브, 장, 장롱
warm air heating : 온풍난방
warm color : 난색

warm curtain : 웜커튼
warp : 웝
warp printing : 경사날염
warping : 뒤틀림
warren truss : 워렌트러스
wash : 물흘림, 물흘림경사
wash-down type : 세락식대변기
wash basin : 세면기
wash down : 수세식
wash−down type : 세락식변기
washer : 와셔
wash−out type : 세출식변기
waste : 파상나뭇결
waste pipe : 배수관
watch tower : 망대, 망루
water bed : 물침대
water cement ratio : 물시멘트비
water cement ratio theory : 물시멘트비설
water color : 수채물감
water content of aggregate : 골재의 함수량
water content : 함수율
water curing : 수중보양
water distribution : 배수
water front : 워터프런트
water glass : 물유리
water gum : 워터검
water hammer : 수격, 수격작용
water hammering : 수격현상
water heater room : 탕비실
water hole : 물구멍
water jet : 물제트
water leaf pattern : 워터리프문양
water paint : 수성페인트
water proof materials : 내수재료
water proof plywood : 내수합판
water proofing : 방수
water proofing kinds : 방수방법
water proofing method : 방수공법
water ratio : 흡수율
water reducing agent : 감수제
water resistance board : 방수용 석고판
water resisting materials : 내수재료
water seal : 봉수
water seasoning : 침수건조
water stain : 수성스테인
water struck brick : 워터스트럭벽돌
water suction : 흡수
water tight concrete : 수밀콘크리트
water vliet : 워터블릿
water zone : 워터존
Waterloo leg : 세이버다리
waterproof : 내수성, 방수턱
waterproof adhesives : 내수성접착제
waterproof concrete : 방수콘크리트
waterproof gypsum psum board : 방수석고보드
waterproof material : 방수재료
waterproof paper : 방수지
waterproofing mortar finishing : 모르타르방수
watertightness : 수밀성
Watt Hour meter : 적산전력계
Watt : 와트
wattage : 전력량
wave : 웨이브, 파
wave acoustics : 파동음향, 파동음향학
wave glass : 파형유리
wave length ; λ[m] : 파장
wave motion : 파동
wave pattern : 파도문양
wave scroll : 파도문양
wavy form : 물결모양의 형태
wax : 납, 왁스
wax painting : 납화법
weather joint : 빗줄눈
weather moulding : 웨더몰딩
weather resistance : 내후성
weather strip : 문풍지
weatherability : 내후성
weathered slope : 물흘림경사
weathering : 물흘림, 물흘림경사, 풍화
weatherproof : 내후성
web : 웨브

web member : 웨브재
web members : 복부재
web plate : 웨브플레이트
webbing : 웨빙
webbing tape : 웨빙테이프
Weber's Law : 웨버의 법칙
Weber-Fechner's law : 베버페히너법칙, 웨버-페히너법칙
WECPNL ; weighted equivalent continuous PNL : 지각소음레벨
wedge : 쐐기
wedging : 부리까기
wedgwood : 웨지우드
wedgwood blue : 웨지우드블루
weekly mansion : 위클리맨션
weep hole : 물구멍
weeping hole : 위핑홀
weight feeling : 중량감
Weissenhof Siedlung[독] : 바이센호프지들룽
weld : 용접, 용접결함
weld crack : 용접균열
welded joint : 용접접합
welded splice joint : 용접이음
welded steel wire fabric : 용접철망
welding : 용접, 용접결함
welding joint : 용접기호
welding rod : 용접봉
welding symbol : 용접기호
welfare housing : 복지주택
well : 웰
well being : 웰빙
Wellington chest : 웰링턴체스트
Wells Cathedral : 웰즈대성당
welsh dresser : 웰시드레서
welting : 웰팅
Wemgé : 웽제
wenge : 웬지
werkstatt[독] : 공방
Werthemier's Theory : 워터하이머의 이론
west front : 서측정면
West Indian Satinwood : 서인디안 새틴우드
Western Hemlock : 미국솔송나무
western red cedar : 미목, 웨스턴레드시더
western roof tile : 양식기와
western stick style : 웨스턴스틱양식
Western white pine : 화이트파인
western yellow pine : 폰데로사 파인
Western Yew : 미국주목
wet air : 습한 공기
wet bond : 찰쌓기
wet bulb temperature : 습구온도
wet bulb thermometer ; WBGT : 습구온도
wet condition : 습윤상태
wet construction : 습식구조
wet corrosion : 습식
wet joint : 습식조인트
wet mix : 진비빔
wet pipe system : 습식파이프시스템
wet sprinkler : 습식스프링클러
wet vent pipe : 습윤통기관
what not : 홧낫
wheat ear ornament : 보리이삭장식
wheel back Windsor chair : 바퀴형 등받이윈저의자
wheel window : 바퀴창, 휠윈도
whiplash curve : 채찍형 곡선
whiplash pattern : 휘플래시패턴
whirl pool : 소용돌이욕조
whispering gallery : 속삭임회랑
whispering gallery effects : 속삭이는 회랑효과
White Cedar : 화이트시다
white cement : 백색시멘트
white collar : 화이트칼라
white copper : 백동
white cork : 화이트코르크
white dog effect : 화이트도그효과
White elm : 미국느릅나무
White Fir : 화이트퍼
white lauan : 백나왕, 화이트나왕
white light : 백색광
White Meranti : 화이트메란티

white metal : 양은
white noise : 백색소음, 백색잡음
White oak : 화이트오크
white pig iron : 백주철
white pigment : 백색안료
White Pine : 화이트파인
white portland cement : 백색포틀랜드 시멘트
White seraya : 화이트세라야
white smog : 백색스모그
white smog of cooling tower : 쿨링타워의 백연현상
White Spruce : 화이트스프루스
white walnut : 버터넛
whiteoak·turkey oak : 갈참나무
whitish : 백색광
whole : 온장
wicker : 위커
wicket made of woven brushwood : 시문
wide belt sander : 와이드벨트샌더
wide color advertising : 와이드컬러광고
width : 나비
width of tread : 단너비
Wien Belvedere : 벨베데레궁전
Wiener Werkstatte[독] : 빈공방
wiggle nail : 위글못
wigwam : 위그웜
William and Mary style : 윌리엄과 메리장식
willow pattern : 버들문양
willow tree : 버드나무
Wilton carpet : 윌턴카펫
wimperg[독] : 장식박공
wind chill : 윈드칠, 풍속냉각
Wind Chill Index : 윈드칠지수
wind curtain : 윈드커튼
wind force ventilation : 풍력환기
wind load : 풍하중
wind scoop : 윈드스쿠프
wind speed : 풍속
winder : 돌음디딤면, 디딤판
winding stairs : 나선계단, 돌음계단
window and door : 창호
window and door detail : 창호상세도
window and door drawing : 창호도
window area ratio : 창면적비
window blind : 윈도블라인드
window case : 윈도케이스
window display : 윈도디스플레이
window head : 웃인방
window lift : 손걸이
window mantel : 창문맨틀
window POP : 윈도피오피
window sash : 창문새시
window seat : 윈도시트, 창의자
window shade : 윈도셰이드
window sill : 밑틀, 중방, 창대, 창대쌓기, 창밑틀
window sill block : 창대블록
window sill stone : 창대돌
window stool : 밑틀, 선판
window treatment : 창문처리
window wall : 윈도월, 창문벽
windowless building : 무창건축
wine red : 와인레드
wine table : 와인테이블
wing : 날개
wing chair : 날개의자, 윙체어
wing door : 한짝문
wing nut : 나비형 너트, 윙너트
wing of antechamber : 감실
Winslow house : 윈슬로저택
winter concrete : 한중콘크리트
winter resort hotel : 겨울리조트호텔, 동계리조트호텔
winter solstice : 동지
winter sport hostel : 동계스포츠호스텔
wire : 전선
wire glass : 망입유리, 와이어글라스
wire lath : 와이어라스
wire mesh : 와이어메시
wire nut : 와이어너트
wire rope : 와이어로프
wire screen : 망사문

wire tier : 긴결재
wire wobbler : 와이어워벌러
wired glass : 그물유리, 철망유리
wired sheet glass : 망입유리
wiring arrangement : 배선도
wiring diagram : 배선도
wistaria : 등꽃색
wistaria floribunda : 등나무
women' s quarters : 내당
wood : 나무, 목재
wood chip cement board : 목편시멘트판
wood color : 재색
wood door : 목재문
wood filler : 나무눈메움재, 눈먹임재
wood filling : 눈먹임
wood flooring : 목재바닥마감재, 우드플로어링
wood for fixture : 수장목
wood grain : 나뭇결
wood lath : 엇평, 졸대
wood lathe machine : 목선반
wood mosaic : 쪽매널
wood pattern : 우드패턴
wood primer : 목재바탕칠
wood product : 목재제품
wood screw : 나사못
wood stain : 목재착색재
wood texture : 나무갗
wood weight : 재중
wood working machine : 목공기계
wood working tool : 목공구
woodcraft : 목재공예
woodcut : 목판화
wooden : 목제
wooden block : 모탕
wooden brick : 나무벽돌
wooden brick floor : 나무벽돌마루
wooden chamber tomb with stone mound : 적석목곽묘
wooden chest : 궤
wooden coffin with stone mound : 적석목관묘
wooden construction : 나무구조
wooden fittings : 목제창호
wooden floor : 마루
wooden floor hall : 대청
wooden gate : 띠장문
wooden house : 목조주택
wooden inlay : 나무상감
wooden lath : 졸대
wooden mosaic : 쪽매널
wooden peg : 산지
wooden peg hole : 산지구멍
wooden pillow : 퇴침
wooden putty : 나무퍼티
wooden wall : 목책
woodlack : 우드락
woods bathing : 삼림욕
woodwool cement board : 목모시멘트판
woodwork : 목공
woodworking : 목공작업, 목재공예
wool : 모
woolen fabric : 모직물
work account : 품셈
work curve : 작업곡선
work drawing : 실시도면
work efficiency : 작업효율
work factor method : 워크팩터법
work-in closet : 워크인클로젯, 수납공간
work intensity : 작업강도
work metabolism : 노동대사
work out : 워크아웃, 즉결식 회의체
work plane : 작업면
Work Sharing : 시간분할제, 워크셰어링
work space envelop : 작업공간포락면
work triangle : 삼각동선
workability : 시공연도, 워커빌리티
working area in three dimensions : 입체작업영역
working area : 작업영역
working chair : 작업용 의자
working drawing : 실시설계도
working lifetime : 내용연수
working table : 작업대

workroom : 가사실
workshop : 공방
work-space : 작업영역
workstation : 워크스테이션
worktable : 워크테이블
world exposition : 만국박람회
Worms dome[독] : 보름스대성당
woven carpet : 오우번카펫
wreath : 레스, 리드, 리스, 화환
wreathed column : 꼬인기둥
Wren's City Church : 렌의 도시교회
wrench : 렌치
Wright style : 라이트양식
writing armchair : 서판팔걸이의자
writing bureau : 라이팅뷰로
writing chair : 라이팅체어
writing desk : 라이팅데스크, 필기용 책상
writing table : 필기용 책상
wrought iron : 연철
WT type structure : 더블유티형구조
Wundt illusion : 분트의 착시
wythe : 위드

【X】

Xanthus[그] : 산투스
xenodocheum : 제노도케움
Xenon lamp : 크세논램프
X-chair : 엑스체어, 엑스형 의자
X-frame : 엑스형 의자
X-shaped chair : 엑스형 의자
X-stretcher : 엑스형 다리버팀대
xylem : 목질부
xyst : 지스트
XYZ color system : 엑스와이제트표색계

【Y】

yacht house : 요트하우스
yakal : 야칼
yam-dye : 실염색
Yang Shao culture : 앙소문화
yard : 야드
yarn : 방사
Yeddo spruce : 가문비나무
yellow : 노랑
yellow fir : 미송
yellow ocher : 옐로오커, 황토색
yellowing : 황변
yellowish brown color : 황갈색
Yew : 미국주목
Yezo spruce : 가문비나무
yield point : 항복점
yoke : 요크, 조임쇠
yoke back chair : 요크등받이의자
yoke front chest : 요크형 서랍장
yoke rail : 요크가로대
yoke vent pipe : 결합통기관
Yorkshire chair : 요크셔체어
Yorkshire window : 요크셔윈도
yotel : 요텔
Young's modulus : 영계수, 영률
Young's modulus ratio : 영계수비
youth hostel : 유스호스텔

【Z】

Z-bar : 제트형강재
zebra wood : 지브라나무
zebrano : 지브라나무
zee : 제트형강재
Zelkova : 느티나무
Zelkova serrata Makino[학] : 느티나무
Zelkova tree : 느티나무
zenith : 천정
zentrales sehen[독] : 중심시
zeugdruck[독] : 날염
ziggurat : 지구라트

zigzag chair : 지그재그의자
zigzag form : 지그재그형태
zinc white : 아연화
zincromate paint : 징크로메이트도료
ziyada : 지야다
Zöller illusion : 체르너착시
zone : 구역, 존
zoning : 공간구획, 조닝
zoning planning : 조닝계획
zoophorus : 조우아포러스, 주포러스
zopfstil[독] : 변발양식
zophorus : 조프러스
Zygia : 자작나무

【기타】

α−ray : 알파선
ω−space : 오메가공간
3bay : 스리베이
3.3 square meter : 평

저자

황세옥

현) 한국고건축문화재기술연구소

극동전문대 실내디자인과 겸임교수, 국민대, 호서대, 청운대 시간강사 역임.

국민대학교 테크노디자인대학원 건축디자인학과 실내디자인 전공/디자인학 박사

신경주

현) 한양대학교 생활과학대학 실내건축디자인학과 교수

미국 캔자스 주립대학, 미주리대학(컬럼버스 캠퍼스), 버지니아 폴리테크닉 주립대학, 플로리다대학 초빙방문교수(Visiting Courtesy professor) 역임.

일본 대판시립대학 생활환경학대학원(Design and Environmental Analysis) 학술박사(Ph.D)

일본 국립대학그룹 나라여자대학 주환경학 대학원(Human Environment) 석사, 동 대학 주거학과 주거학 전공, 영남대학교 학사

남경숙

현) 한양대학교 생활과학대학 실내건축디자인학과 교수

미국 미주리 콜롬비아대학교 교환교수

한국실내건축가협회 부회장

파리1 팡데옹소르본느대학교 박사

파리1 팡데옹소르본느대학교 DEA 졸업

파리 아카데미샤르방디에 실내건축 전공 졸업

정원주

현) 한양여자대학교 인테리어디자인과 교수

서인 종합건축사사무소, 한양대학교 설계실(건축설계)

한양대학교 대학원 박사과정 수료

한양대학교 건축공학과 졸업

오찬옥

현) 인제대학교 디자인학부 실내디자인전공 교수

한국실내디자인학회 회장

연세대학교 주거환경학과/실내건축학과 학사, 석사, 박사

미국 신시내티대학교 건축학 석사

실내건축용어대사전

2015년 6월 1일 1판 1쇄 인쇄
2015년 6월 5일 1판 1쇄 발행

저　　자　황세옥 · 신경주 · 남경숙 · 정원주 · 오찬옥
발 행 인　강 해 작
발 행 처　기 문 당
주　　소　서울시 성동구 무학봉 28길 4-1
전　　화　02)2295-6171(代)~5
팩　　스　02)2296-8188
출판등록　1976. 10. 7(1-44)
홈페이지　http://기문당
　　　　　http://www.kimoondang.com
I S B N　978-89-6225-655-0　93540
정　　가　65,000원

이 도서의 국립중앙도서관 출판시도서목록(CIP)은 서지정보유통지원시스템 홈페이지(http://seoji.nl.go.kr)와 국가자료공동목록시스템(http://www.nl.go.kr/kolisnet)에서 이용하실 수 있습니다.
(CIP제어번호 : CIP2015012562)